분자 세포 생물학

Molecular Cell Biology

Molecular Cell Biology

분자 세포 생물학

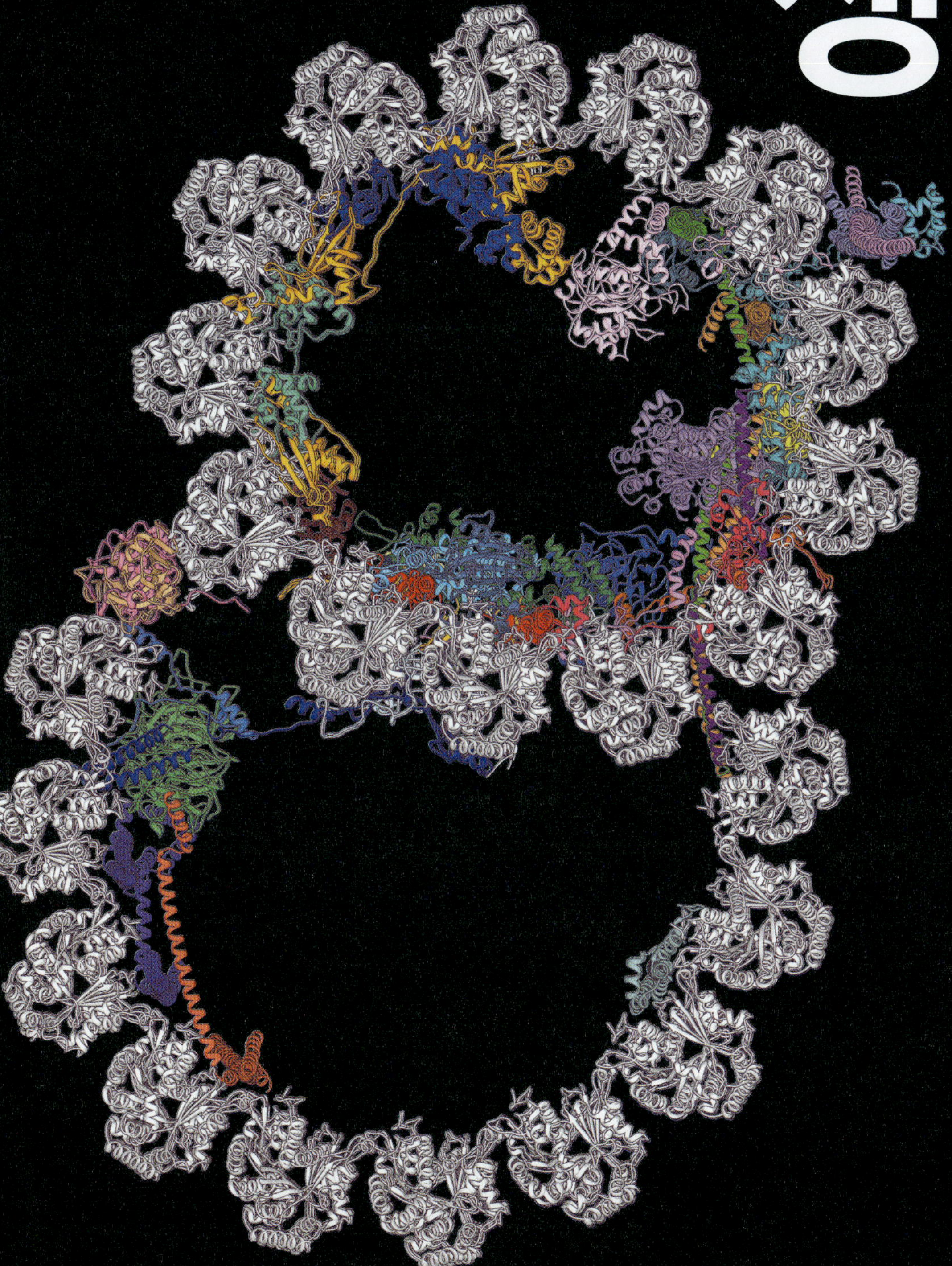

9판

Harvey Lodish

대표역자
조진원

고재원 · 신동혁 · 양원호
이선경 · 이승택 · 이주헌
이태호 · 이한웅 · 이 호
장세헌 · 최철용 · 홍준영

월드사이언스
worldscience.co.kr

Molecular Cell Biology 9e

분자 세포 생물학 제9판

인 쇄 | 2023년 1월 10일
발 행 | 2023년 1월 20일

저 자 | Lodish · Berk · Kaiser · Krieger · Bretscher
Ploegh · Martin · Yaffe · Amon
역 자 | 고재원 · 신동혁 · 양원호 · 이선경 · 이승택 · 이주헌 · 이태호
이한웅 · 이 호 · 장세헌 · 조진원 · 최철용 · 홍준영

발 행 인 | 신정숙
발 행 처 | (주)도서출판 월드사이언스
주 소 | 서울특별시 서초구 도구로 115(월드빌딩 3층)

등록일자 | 1988년 2월 12일
등록번호 | 제 16-1601호
대표전화 | (02) 581-5811~3
팩 스 | (02) 521-6418

E-mail | worldscience@hanmail.net
U R L | http://www.worldscience.co.kr

정 가 | **60,000원**
I S B N | 978-89-5881-316-3

DEDICATED TO THE MEMORY OF ANGELIKA AMON,
valued friend, colleague, and coauthor,

TO OUR STUDENTS AND TO OUR TEACHERS,
from whom we continue to learn,

AND TO OUR FAMILIES,
for their support, encouragement, and love

저자 소개

HARVY LODISH는 Massachusetts Institute of Technology의 생물학 및 생명공학 교수이며, Whitehead Institute for Biomedical Institute의 창립 멤버이다. Lodish 박사는 또한 National Academy of Sciences와 American Academy of Arts and Sciences의 회원이며, American Society for Cell Biology의 회장(2004)을 역임했다. 그는 세포-막 생리학, 특히 많은 세포 표면 단백질의 생합성, erythropoietin receptor 및 TGF-β receptor와 같은 여러 세포 표면 receptor 단백질의 cloning과 기능 분석에 대한 연구로 잘 알려져 있다. 그의 실험실은 또한 hematopoietic cell과 adipocyte의 발달과 기능을 조절하는 long noncoding RNA와 micro-RNA를 연구하고 있다. Lodish 박사는 세포생물학과 생명공학에 관해 학부 및 대학원 과정에서 강의하고 있다. *Photo credit: John Soares*

ANOLD BERK는 미생물학, 면역학, 분자유전학과의 분자세포생물학 UCLA Presidential Chair이며, University of California, Los Angeles Molecular Biology Institute의 회원이다. Berk 박사는 또한 American Academy of Arts and Sciences의 fellow이다. 그는 RNA splicing과 바이러스의 유전자 제어 메커니즘을 발견한 사람 중 하나이다. 그의 실험실은 포유류 세포에서 전사 개시를 조절하는 분자 상호작용을 연구하는데, 특히 adenovirus 조절 단백질에 초점을 맞추고 있다. 그는 nucleus에 관한 세포생물학의 고급 학부 과정과 유전자 발현 생화학의 대학원 과정을 가르친다. *Photo credit: Penny Jennings/UCLA Department of Chemistry & Biochemistry*

CHRIS A. KAISER는 Massachusetts Institute of Technology의 생물학과 Amgen Inc. 교수이다. 그는 또한 MIT의 전직 학과장이었으며, Provost였다. 그의 실험실은 유전학과 세포생물학적 방법을 사용하여 새로 합성된 membrane protein과 secretory protein이 어떻게 구조를 잡고, secretory pathway의 compartment에 저장되는지 연구하고 있다. Kaiser 박사는 수년 간 학부생과 대학원생들에게 유전학을 가르쳐 왔으며, MIT에서 최고의 교육자로 인정받고 있다. *Photo credit: Chris Kaiser*

MONTY KRIEGER는 Massachusetts Institute of Technology 생물학과 Whitehead 교수이면서, Broad Institute of MIT and Harvard의 Senior Associate Member이다. Krieger 박사는 또한 National Academy of Sciences의 회원이기도 하다. 대학원 세포생물학 과정뿐만 아니라 학부 생물학과 인간 생리학에 대한 혁신적인 가르침으로 그는 수많은 상을 받았다. 그의 실험실은 Golgi apparatus를 통한 membrane trafficking을 이해하는 데 대해 큰 기여를 했고, HDL receptor를 포함하여 세포 내부와 외부로 콜레스테롤의 이동과 병원체 인식에 중요한 receptor 단백질을 cloning하고 특성을 규명했다. *Photo credit: Monty Krieger*

ANTHONY BRETSCHER는 Cornell University의 세포생물학 교수이자 Weill Institute for Cell and Molecular Biology의 회원이다. 그의 실험실은 액틴 세포골격의 새로운 구성 요소를 확인하고 특성을 규명하며, 세포 극성과 membrane traffic과 관련하여 그들의 생물학적 기능을 규명한 것으로 잘 알려져 있다. 이 연구를 위해, 그의 실험실은 척추동물의 epithelial cell과 budding yeast라는 두 가지 모델 시스템에서 생화학적, 유전학적, 세포생물학적 접근방법을 이용하고 있다. 그는 American Academy of Arts and Sciences 회원이다. Bretscher 박사는 Cornell University에서 학부생들에게 세포생물학을 가르치고 있다. *Photo credit: Anthony Bretscher*

HIDDE PLOEGH는 Boston Children's Hospital의 Program of Cellular and Molecular Medicine에서 면역체계의 생화학을 연구하는 선임 연구원이다. National Academy of Science와 American Academy of Arts and Sciences의 회원인 그는 면역계 세포의 분자적 이해와 바이러스가 면역계 탐지를 회피하는 메커니즘에 대한 세계 최고의 연구자 중 한 명이다. Massachusetts Institute of Technology와 Harvard Medical School에서 면역학과 세포생물학을 가르쳤다. *Photo credit: Hidde Ploegh*

KELSEY C. MARTIN는 생물학 및 정신의학 교수이며, University of California, Los Angeles의 David Geffen School of Medicine의 학장이다. 그녀는 Biological Chemistry Department의 학과장을 역임했다. 그녀의 실험실은 경험이 뇌의 뉴런들 사이의 연결을 장기간의 기억으로 저장하기 위해 변화시키는 방법—synaptic plasticity로 알려진 과정—을 연구한다. 그녀는 이 과정의 기초가 되는 분자 및 세포생물학적 메커니즘을 설명하는 데 중요한 기여를 했다. Martin 박사는 학부생, 대학원생, 치과생, 의대생들에게 신경과학의 기본 원리를 가르치고 있다. *Photo credit: Phuong Pham*

MICHAEL B. YAFFE는 Massachusetts Institute of Technology, Departments of Biology and Biological Engineering의 David H. Koch Professor of Science이자 Broad Institute of MIT and Harvard의 Senior Associate Member이다. 그는 또한 학술지인 Science Signaling의 Academic Editor-in-Chief이기도 하다. 그의 실험실은 스트레스와 부상에 대한 세포 반응을 연구하며, 분자 신호 회로를 형성하는 모듈식 단백질 도메인과 protein kinase를 발견했고 그 특성 연구로 잘 알려져 있다. Yaffe 박사는 학부 생화학 및 대학원 세포생물학 과정을 가르치고 있으며, 강의를 인정받아 많은 상을 받았다. 그는 또한 자신이 주치의로 있는 Beth Israel Deaconess Medical Center의 중환자실에서 의대생들과 레지던트들을 지도하고 있다. *Photo credit: Michael B. Yaffe, Koch Institute for Integrative Cancer Research*

ANGELIKA AMON은 Massachusetts Institute of Technology 생물학과 교수, Koch Institute for Integrative Cancer Research의 회원, Howard Hughes Medical Institute의 연구원이다. 그녀는 또한 National Academy of Sciences의 회원이기도 하다. 그녀의 실험실은 유사분열과 감수분열 동안 염색체 분리를 지배하는 분자 메커니즘과 이러한 메커니즘이 정상적인 세포의 증식 실패와 암 발생 동안 일어나는 결과인 aneuploidy를 연구한다. Amon 박사는 세포생물학과 유전학의 학부 과정과 대학원 과정을 가르친다. *Photo credit: Pamela DiFraia/Koch Institute/MIT*

실험 및 연구에 기반을 둔 텍스트

Molecular Cell Biology는 실험을 강조한다. 이 분야의 역사를 정의하고, 미래를 가리키는 흥미로운 돌파구에 대해 학생들의 관심을 이끌어 내며, 세포생물학을 이해하도록 실험을 강조한다.

실험 증거와 개념 사이에는 균형이 잘 잡혀 있다. 학생이 정보를 어떻게 얻었는지 매번 이해할 수 있다면, 자료를 이해하는 데 도움이 된다.

— Jamie Snyder, *California State Polytechnic University, Pomona*

으로 생성하고, ER 막에 삽입된다. Temperature-sensitive VSV G 단백질을 암호화하는 돌연변이 유전자를 사용하면 연구원들은 이 단백질의 후속 수송이 가능하게 혹은 가능하지 못하게 할 수 있다. Restrictive temperature (제한 온도)인 40°C에서 새로 만들어지는 VSV G 단백질은 misfold 되어 13장에서 논의된 quality control 메커니즘에 의해 ER 내에 축적되어 ER을 못 떠나게 되는 반면, permissive temperature (허용 온도)인 32°C에서 단백질은 올바르게 구조를 잡고 세포 표면으로 분비 경로를 통해 운반된다. 중요한 것은, 온도에 민감한 VSV G 단백질이 구조 잡는 것은 가역적이기 때문에 돌연변이 VSV G 단백질을 합성하는 세포를 40°C에서 성장시킨 후 32°C로 바꿔 배양하면, ER에 축적되어 있던 구조를 잡지 못했던 돌연변이 VSV G 단백질은 정상적으로 다시 구조를 잡고서 운반될 것이다. 온도에 민감한 돌연변이를 효과적으로 사용하는 이 영리한 실험은 후속 수송될 수 있는 단백질 집단을 형성할 수 있다.

이 기본적인 실험 과정을 사용하여 다음 설명하는 두 가지 실험 방법에 의해 VSV G 단백질의 수송을 모니터링할 수 있다. 이 두 가지 현대적인 trafficking 분석 방법을 사용한 연구 결과는 Palade의 초기 연구와 동일한 결과를 보여준다: 포유류 세포에서 vesicle-mediated transport에 의해 단백질 분자가 합성되는 rough ER에서 세포막까지 도달하는 데 30분에서 60분이 걸린다.

GFP-Labeled VSV G Protein의 현미경 관찰 VSV G 단백질의 이동을 관찰하기 위한 한 가지 방법은 바이러스 유전자에 자연적으로 형광을 발하는 green fluorescent protein (GFP, 초록 형광 단백질)을 암호화하는 유전자와 융합되는 hybrid gene를 사용하는 것이다(4장 참조). Hybrid gene은 6장에서 설명한 방법으로 배양되는 세포에 transfection 한다. Temperature-sensitive한 hybrid protein (VSVG-GFP)을 발현하는 세포를 restrictive temperature (40°C)에서 배양하면 VSVG-GFP는 ER에 축적되는데, 이를 형광현미경으로 세포를 관찰하면 ER 막은 레이스 형의 network로 관찰된다. 이 세포를 permissive temperature (32°C)로 바꿔 배양하면, 먼저 VSVG-GFP는 핵의 가장자리에 밀집된 Golgi complex의 막으로 이동한 다음 세포 표면으로 이동하는 것을 관찰할 수 있다(그림 14-3a). 세포를 permissive temperature로 바꿔 배양한 후 서로 다른 시간에 VSVG-GFP의 분포를 관찰함으로써, VSVG-GFP가 분비 경로에 있는 각 소기관에 머무는 시간을 알 수 있다(그림 14-3b).

Compartment (구획)-Specific Oligosaccharide Modification의 탐지 분비단백질의 수송을 따라가는 두 번째 방법은 분비 경로를 거치는 동안 각 단계마다 일어나는 탄수화물 곁사슬의 변형을 이용하는 것이다. 이러한 방법을 이해하기 위해, ER을 떠나는 많은 분비단백질은 oligosaccharide *N*-linked oligosaccharide $Man_8(GlcNAc)_2$가 하나 이상 결합되어 있다는 사실을 기억해야 한다(그림 13-18 참조). 단백질이 Golgi complex를 통해 이동함에 따라, *cis*-, *medial*- 그리고 *trans*-Golgi cisternae에 위치하고 있는 서로 다른 효소들은 이 장의 뒷부분에 설명된 바와 같이, $Man_8(GlcNAc)_2$ 사슬을 순차적으로 변형한다. 예를 들어, 특히 *cis*-Golgi에 존재하는 glycosidase는 oligosaccharide로부터 mannose residue를 순차적으로 잘라내어 절단된 형태인 $Man_5(GlcNAc)_2$를 생성한다. 과학자들은 *N*-linked oligosaccharide의 trimming을 모니터링함으로써 *cis*-Golgi에 들어간 glycosylated VSV G 단백질과 ER에 남아 있는 VSV G 단백질을 구별할 수 있다. *Endoglycosidase D*로 알려진 carbohydrate-cleaving enzyme은 *N*-linked oligosaccharide

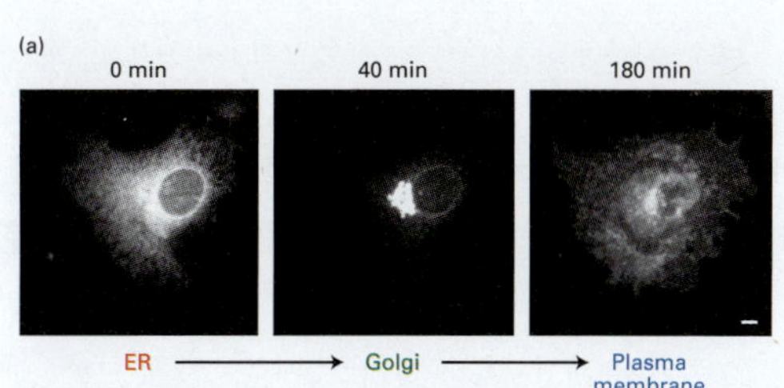

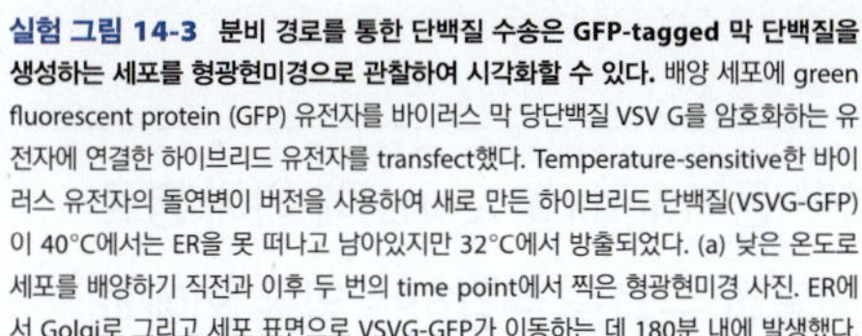

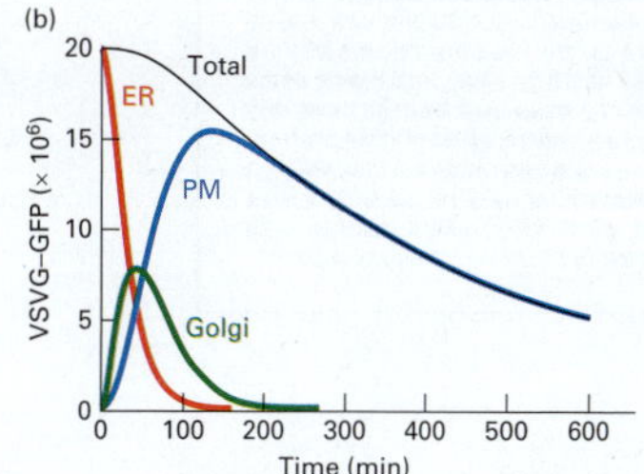

실험 그림 14-3 분비 경로를 통한 단백질 수송은 GFP-tagged 막 단백질을 생성하는 세포를 형광현미경으로 관찰하여 시각화할 수 있다. 배양 세포에 green fluorescent protein (GFP) 유전자를 바이러스 막 당단백질 VSV G를 암호화하는 유전자에 연결한 하이브리드 유전자를 transfect했다. Temperature-sensitive한 바이러스 유전자의 돌연변이 버전을 사용하여 새로 만든 하이브리드 단백질(VSVG-GFP)이 40°C에서는 ER을 못 떠나고 남아있지만 32°C에서 방출되었다. (a) 낮은 온도로 세포를 배양하기 직전과 이후 두 번의 time point에서 찍은 형광현미경 사진. ER에서 Golgi로 그리고 세포 표면으로 VSVG-GFP가 이동하는 데 180분 내에 발생했다. Scale Bar는 5 μm이다. (b) Permissive temperature로 세포를 배양한 후 각각 다른 time point에서 endoplasmic reticulum (ER), Golgi, 세포막 (PM)에 존재하는 VSVG-GFP의 양의 plot. 한 소기관에서 다른 소기관으로 이동하는 kinetics는 이러한 데이터를 사용한 컴퓨터 분석으로 재구성될 수 있다. 나중에 일어나는 총형광의 감소는 아마도 GFP 형광이 느리게 불활성화되기 때문인 것 같다. [Jennifer Lippincott-Schwartz and Koret Hirschberg, Metabolism Branch, National Institute of Child Health and Human Development.]

학생들을 위한 의학과 식물학에 연관된 내용

Medical Connection **(의학과 연관된 내용)**은 학생들이 배우고 있는 기초 과학의 임상적 적용에 대한 이해를 제공하기 위해 장 전체에 걸쳐 기술되어 있다.

(a)
DNA transposons
Gene 1
Transposase excision from gene 1
Insertion site
Gene 2
Transposase insertion into gene 2

(b)
Weak poly(A) signal
Gene's poly(A) signal
Gene 1
LINE
3′ exon
Transcription and polyadenylation at end of downstream exon
AAAA
Insertion site
Gene 2
ORF2 reverse transcription and insertion
LINE

그림 7-19 Transposition에 의한 exon shuffling. (a) Homologous DNA transposon에 둘러싸인 exon이 Gene 2의 내부로 transposition. 그림 7-10의 단계 **1**에서처럼, transposase는 transposon의 inverted repeat의 끝을 인식하여 자를 수 있다. 만약 Gene 1에서 transposase가 왼쪽에 위치한 transposon의 왼쪽 끝과 오른쪽에 위치한 transposon의 오른쪽 끝을 잘라낸다면, 그 사이에 존재하는 gene 1의 exon을 포함하는 모든 DNA가 gene 2 intron의 특정 위치로 이동하게 된다. 이것은 gene 1의 exon이 gene 2로 삽입되는 결과를 낳는다. (b) LINE transposition을 통한 한 exon의 다른 유전자로의 삽입. 일부 LINE은 약한 poly(A) signal을 가지고 있다. 만약 그런 LINE이 gene 1의 가장 3′에 있는 intron에 위치한다면, 그것의 transcription은 자신의 poly(A) signal을 통과해서 3′ exon 쪽으로 계속 진행되고, 결국 gene 1 그 자체의 cleavage 및 polyadenylation signal을 포함하는 transcript가 형성된다. 이 RNA는 LINE ORF2 단백질(그림 7-17 참조)에 의해 reverse transcription을 거쳐 gene 2의 어떤 intron으로 삽입될 수 있고, 이는 gene 2에 결국 새로운 3′ exon (gene 1로부터)을 삽입하는 결과가 된다.

shuffling으로 인해 EGF domain을 암호화하는 exon이 이들 유전자의 조상형태 intron에 삽입되었을 것이다.

DNA transposon과 LINE retrotransposon은 그림 7-19에 도식화된 메커니즘에서 볼 수 있듯이, 어떤 새로운 위치로 이동할 때 종종 exon을 포함하는 flanking sequence와 함께 이동하는 것으로 알려져 왔다. 또한 이러한 메커니즘이 현대의 유전자로 진화하는 동안 exon shuffling에 기여해 왔던 것으로 보인다.

이러한 mobile element 사이의 recombination 및 DNA transposon과 retrotransposon 근처로 DNA가 transposition되는 것은 유전체 내 coding sequence의 변화를 일으키는 것뿐만 아니라, 유전자의 발현을 제어하는 regulatory sequence의 진화에도 큰 역할을 한 것으로 보인다. 앞에서 언급한 것처럼, 진핵세포 유전자는 수만 base pair 이상 떨어진 거리에서도 작동할 수 있는 enhancer라 불리는 transcription-control region을 포함하고 있다. 많은 유전자의 경우 transcription은 여러 가지 enhancer element의 조합을 통해 조절된다. 그런 transcription-control region 근처로 mobile element가 삽입되면, 아마도 새로운 조합을 가지는 enhancer sequence의 진화가 일어날 수 있었을 것이다. 다음 장에서 논의하겠지만, 이러한 조합은 현대의 생명체 내에서, 특정 세포 유형에서 어떤 유전자가 발현될 것인지, 또 어느 정도의 양으로 단백질을 만들 것인지를 결정하게 된다.

이런 고찰은 mobile DNA element가 완전히 selfish molecular parasite (이기적인 분자 기생충)라는 초기의 관점이 mobile DNA element의 중요성을 간과했다는 것을 지적한다. 오히려 mobile element는 (1) 유전자 duplication을 통한 유전자 family의 형성, (2) 이미 존재하던 exon의 shuffling을 통한 새로운 유전자의 창조, (3) 유전자 발현의 다양한 제어가 가능한 좀 더 복잡한 regulatory region의 형성 등을 통해 multicellular organism의 진화에 깊이 관여해 오고 있는 것으로 생각된다. 현재 연구자들은 유전자 치료의 일환으로 therapeutic 유전자를 환자에 삽입하는 데 transposition mechanism을 활용하려고 노력하고 있다.

그림 7-19a에서 보여준 것과 유사한 process는 현대의학의 주요 골칫거리인 pathogenic 박테리아에서 antibiotic resistance (항생제 내성)가 빨리 퍼지는 것의 원인이 된다. Antibiotics를 불활성화시키는 효소를 coding하는 박테리아 유전자(drug resistance 유전자)의 양 끝에 insertion sequence를 가지고 있는 drug resistance transposon이 생성되었다. 의약품과 농업에서 antibiotics를 광범위하게 사용함에 따라 drug resistance transposon의 positive selection이 유도되었다. 이러한 transposon은 conjugating plasmid에 삽입된 형태로 발견된다. 이 conjugating plasmid는 단백질들을 encoding하는데, 이들은 plasmid를 replication하고 pilus라고 불리는 macromolecular tube를 통해 다른 박테리아에 전달하게 된다. *R factor*라고 불리는(drug

이 꼬리를 펼쳐서 머리를 꼬리로부터 풀어줌으로써 myosin 모터가 작동할 수 있다(그림 17-36d, e). Myosin V가 운반한 화물을 어떻게 방출하는지는 다음의 예 외에는 잘 알려져 있지 않다. 이 경우에는, myosin과 결합하는 소기관의 수용체가 이 소기관이 목적지에 배달되면 분해된다. Budding yeast는 많은 세포소기관들을 운반하기 위해 미오신 V와 극성을 가진 actin 필라멘트를 사용하는 반면, 동물 세포들은 많은 동일한 세포소기관들을 동물 세포 내에서 더 먼 거리에 걸쳐 운반하기 위해 microtubule과 그들의 모터를 사용한다. 우리는 다음 장에서 이러한 운송 메커니즘에 대해 논의한다.

아마도 myosin V에 의한 움직임의 가장 극적인 예는 *Nitella* (니텔라)와 *Chara* (카라)와 같은 거대한 녹조류에서 볼 수 있을 것이다. 이 조류는 여름 동안 연못에서 발견되며, 간단한 현미경으로 그들의 움직임을 쉽게 관찰할 수 있다. 길이가 2 cm에 달하는 커다란 세포에서 그들의 세포질은 분당 4.5 mm에 가까운 속도로 세포 내부 둘레를 따라 끝없이 순환한다(그림 17-37). 이러한 cytoplasmic streaming (세포질 유동)은 세포 대사물을 분배하는 주요 메커니즘이며, 식물세포나 아메바와 같은 다른 큰 세포에서도 볼 수 있다. *Nitella* 같은 녹조 세포는 세포 길이를 따라 정렬된 actin 필라멘트 다발들을 갖고 있으며, 이 다발들은 세포막에 인접한 움직이지 않는 엽록체 바로 위에 놓여 있다. 대부분의 cytosol (세포질액)은 actin 필라멘트에 인접한 ER의 일부에 부착된 myosin V (식물에서는 *myosin XI*로 알려져 있음)에 의해 추진되어 움직인다. *Nitella*의 세포질액의 유속은 다른 myosin에 의해 생성되는 운동보다 약 15배 빠르다. ■

17.6절의 주요 개념

Myosin이 동력을 공급하는 운동

- 골격근에서, 수축성 근원섬유는 *sarcomere*라고 불리는 수천 개의 반복 단위로 구성되어 있다. 각각의 sarcomere는 두 가지의 서로 맞물린 필라멘트—thick myosin filament와 thin actin filament—로 구성되어 있다(그림 17-29 참조).
- 골격근 수축은 sacomere의 길이를 줄이고, 따라서 myofibril의 길이를 짧게 만들기 위해 myosin thick filament가 ATP 의존적으로 actin

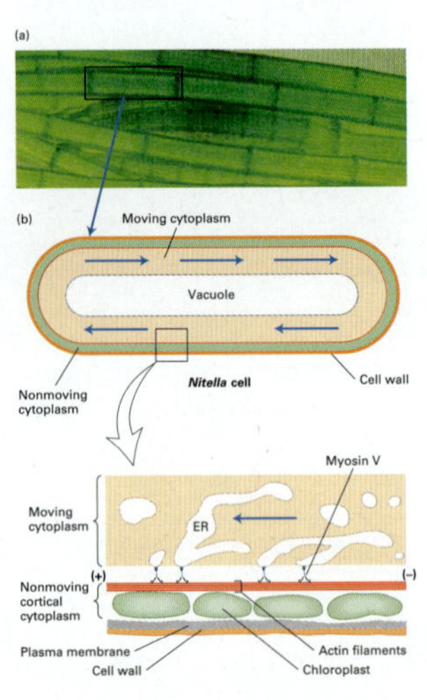

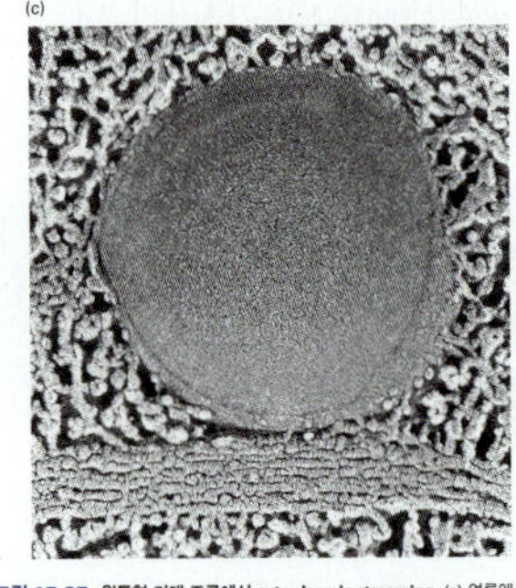

그림 17-37 원통형 거대 조류에서 cytoplasmic streaming. (a) 여름에 연못에서 흔히 볼 수 있는 민물 조류인 *Nitella*의 세포. 아래에 설명된 세포질 운동은 간단한 현미경으로 쉽게 관찰할 수 있다. 그러니 *Nitella* (또는 관련 조류)를 찾아서 이 놀라운 현상을 보라! (b) *Nitella* 세포의 중심은 움직이는 세포질 층(파란색 화살표)으로 둘러싸인 물로 채워진 하나의 큰 액포(vacuole)로 채워져 있다. 엽록체로 채워진 피질 세포질의 움직이지 않는 층은 원형질막 바로 아래에 있다(확대된 그림. 아래쪽). 이 층의 안쪽에는 정지해 있는 actin 필라멘트 다발(빨간색)이 있으며, 모두 같은 극성을 가지고 있다. 운동단백질(파란색, 식물 myosin V)은 actin 필라멘트를 따라 소포체의 일부를 운반한다. ER 네트워크의 움직임은 ER 네트워크에 얽힌 세포소기관을 포함한 점성 세포질 전체의 움직임을 일으킨다. [Part (c) Courtesy Bechara Kachar.]

Plant Biology Connection (식물학과 연관된 내용)은 식물 생명공학과 식물에서 관찰되는 세포생물학의 독특한 측면을 강조한다.

나는 oncogenic transformation에서의 Ras, 유방암에서의 HER2, "거품소년" 등 "medical icons"에 의해 명료하게 하이라이트되어 있는 많은 훌륭한 의학적 사례를 사랑한다. 나의 세포생물학 수업을 수강하는 많은 의예과 학생들은 이것들을 좋아할 것이다.

— Adam Bohnert, *Louisiana State Polytechnic*

저자 서문

Molecular Cell Biology (분자 세포 생물학) 제9판에는, 많은 분야에 혁명을 가져온 새로운 실험 기술에 의해 생물 의학 분야에서 지난 4년 동안 진행되어 이룩된 많은 놀라운 업적들을 보충하여 기술하였다. 모델 생명체의 돌연변이를 생성하고 연구하며, 인간의 질병을 유발하는 돌연변이를 mapping하기 위해 효율적인 방법과 결합된 빠른 DNA 염기서열 분석 기술을 통해 당뇨병과 암 같은 질병에 영향을 미치는 수백 개의 인간 유전자를 포함하여 많은 세포 구성요소의 기능에 대한 기본적인 이해가 가능하게 되었다.

새로운 판을 쓰기 위해서는 그 분야의 가장 최신의 발전을 조사하는 것이 항상 우선이지만, 세포생물학의 근본적인 개념을 잘 전달하기 위해서는 가능한 한 많은 외부적인 세부 사항을 털어내고 세포생물학의 기본을 명확하게 전달하는 것도 우리에게 중요하다. 이를 위해 새로운 발견과 기술을 소개하는 것은 물론, 학생들을 위해 과정과 개념을 명확히 전달하고자 여러 장을 간소화하고 재구성했다.

새로운 공동저자, Michael B. Yaffe

Molecular Cell Biology 제9판 저술에 참가한 우리 팀의 새로운 멤버를 소개한다. Yaffe 박사는 Massachusetts Institute of Technology, Departments of Biology and Biological Engineering의 David H. Koch Professor of Science이자 Broad Institute of MIT and Harvard의 Senior Associate Member이다. 그는 또한 학술지인 *Science Signaling*의 Academic Editor-in-Chief이기도 하다. 그의 실험실은 스트레스와 부상에 대한 세포 반응을 연구하며 분자 신호 회로를 형성하는 모듈식 단백질 도메인과 protein kinase를 발견했으며, 그 특성 연구로 잘 알려져 있다. Yaffe 박사는 학부 생화학 및 대학원 세포생물학 과정을 가르치고 있으며, 강의를 인정받아 많은 상을 받았다. 그는 또한 자신이 주치의로 있는 Beth Israel Deaconess Medical Center의 중환자실에서 의대생들과 레지던트들을 지도하고 있다.

개정된 최첨단 내용

Molecular Cell Biology 제9판에는 다음과 같은 새로운 장과 개선된 장이 수록되어 있다:

- "기본적인 분자 유전 메커니즘"(5장)은 DNA의 구조와 복제로 시작해서 DNA 수리와 재조합으로 재구성되었다. 유전자 코드를 사용하여 돌연변이의 영향을 예측하는 것뿐만 아니라, DNA의 정보 전달 능력에 대한 새로운 논의가 추가되었다.
- "유전자, 염색질, 그리고 염색체"(7장)는 염색질이 유전자 발현에 미치는 영향을 더욱 잘 이해하도록 변경되었다. 7.4절은 euchromatin (진정염색질)과 heterochromatin (이질염색질)의 분자적 관점에서의 차이, 염색질 영역이 한 형태에서 다른 형태로 변형되는 과정, 그리고 이러한 변형을 유발하는 단백질 변형 및 신호 전달 경로에 대한 세부 정보를 제공한다.
- "Biomembrane 구조"(10장)는 "이온과 작은 분자들의 Transmembrane Transport" 바로 앞에 위치함으로써 Part II의 전달 내용을 개선하기 위해 Part II의 후반부(이전 7장)로 옮겨졌다.
- "Cellular Energetics"(12장)는 에너지 획득을 최적화하는 개념적인 관점에서 energetics로 설명하도록 개정되었다. Membrane contact sites (MCSs)뿐만 아니라, 세포 내와 세포 간 미토콘드리아 이동에 대한 새로운 논의가 추가되었다.
- "진핵세포의 세포주기"(19장)는 G_1 phase부터 M phase까지, 그리고 G_1으로 돌아가는 흐름을 이야기처럼 보여주는 세포주기의 개요로 시작한다. 19.3절은 세포주기를 제어하는 피드백 루프와 단백질 변형에 대한 최신 이해를 설명한다. 그림은 광범위하게 수정되었고, 많은 새로운 그림이 추가되어 cyclin-dependent kinase를 제어하는 연속적인 조절 과정의 개요를 설명하며, 단백질 복합체가 세포주기의 세심하게 제어되는 많은 단계를 어떻게 조절하는지 명확히 보여준다.
- "세포 환경에 대한 반응"(21장)은 새로운 장이다. 온도의 변화, 세포외 기질과 다른 세포와의 접촉뿐만 아니라, 포도당, 아미노산, 콜레스테롤, 산소 등 환경의 영양소 변화에 반응하는 세포들이 수행하는 많은 중요한 신호전달 경로를 다룬다. Circadian rhythm도 다루어진다.

새로운 발견과 새로운 방법

- *Schizosaccharomyces pombe* (세포주기 조절)(1장)
- 네안데르탈인의 진화와 유전체학(1장)
- Single-cell RNA sequencing 및 새로운 유형의 세포 식별(1장과 6장)
- 단백질 활성 조절에 대한 강화된 설명(3장)
- Kinase에 관한 강화된 설명: 가계도, kinase 구조 및 조절(3장)
- 단백질 구조 예측에 관한 최근의 혁신(3장)
- 생체분자 응축물 연구 및 확인 방법 포함(3장)
- Chaperone 및 proteasome의 메커니즘 및 기능 업데이트(3장)
- 동시 다중 시료 분석을 위한 iTRAQ 및 TMT 방법(3장)
- 업데이트된 CryoEM 해상도(3장)
- 세포 내 단백질의 위치 파악을 위한 질량 분석법과 결합하여 효소에 의한 proximity-dependent labeling의 사용(3장)
- Organoid (장기 유사체) 생성 및 사용(4장)

광유전학의 사용(4장)

- DNA의 정보 전달 능력에 대한 새로운 설명(5장)
- 돌연변이의 영향 예측에서 유전자 코드 판독에 대한 새로운 설명(5장)
- Parent와 daughter strand을 구별하는 메틸화에 대한 새로운 설명(5장)
- 유전자 기능의 네트워크를 밝히는 이중 돌연변이 조합의 전반적인 분석에 관한 새로운 절(6장)
- cDNA 라이브러리와 그 한계에 대한 심층 설명(6장)
- 질병으로부터 보호하는 대립 유전자에 의해 확인된 의학적으로 중요한 유전자에 관해 설명한 새로운 절(6장)
- 암세포의 원인 돌연변이 확인에 관해 설명한 새로운 절(6장)
- CRISPR-Cas genome 편집에 대한 업데이트된 설명(6장)
- 염색질 구조에 관한 개정된 절(7장)
- 핵 내 염색질 packing 및 염색질 압축에 대한 SMC 단백질 복합체의 역할에 대한 최신 정보를 다룬 새로운 절(7장)
- Preinitiation complex의 cryoelectron microscopy 모델(8장)
- Transcriptional condensate에 관해 설명한 새로운 절(8장)
- 폭발적으로 일어나는 전사에 관해 설명한 새로운 절(8장)
- Spliceosome에 대한 업데이트된 설명(9장)
- 비정상적인 RNA splicing과 질병에 관해 설명한 새로운 절(9장)
- V-class proton pump에 대한 좀 더 깊숙하고 업데이트된 설명(11장)
- K^+ channel 업데이트(11장)
- 세균의 Na^+ galactose symporter에 관한 좀 더 깊숙한 설명(11장)
- Anion Exchanger 1에 대한 좀 더 깊숙한 설명(11장)
- 최첨단 초해상도 현미경(예, grazing incidence-structured illumination microscopy)을 사용한 미토콘드리아 구조와 역동성(예, 융합과 분열)에 대한 새롭고 업데이트된 설명(12장)
- 미토콘드리아와 Parkinson's disease 사이의 관계에 대한 업데이트(12장)
- Membrane contact site에 관해 설명한 새로운 설명(12장)
- Electron-transport chain supercomplex 구조의 업데이트된 설명(12장)
- 광합성에 관한 설명의 개편 및 업데이트(12장)
- Photoelectron transport 중 단일상태 산소(singlet oxygen)와 같은 활성 산소에 의한 손상으로부터 세포를 보호하는 메커니즘에 관한 업데이트된 설명(12장)
- G protein–coupled receptor family (15장)
- 인간 실명을 치료하기 위한 유전자 치료(15장)
- 인슐린 receptor의 구조 및 활성화(16장)
- 심각한 복합 면역 결핍을 치료하기 위한 Interleukin 2 (IL-2) receptor와 유전자 치료(16장)
- Gamma secretase의 분자 구조(16장)
- 거대 세포 표면 signalsome (신호체)(16장)
- Microtubule nucleator augmin에 관해 설명한 새로운 설명(18장)
- Mitosis 중 스핀들 위치 설정을 설명한 새로운 절(18장)
- 세포질 분열 동안의 contractile ring 조절을 설명한 새로운 절(18장)
- 사이클린 발견 및 cyclin-CDK regulation에 관해 설명한 새로운 섹션(19장)
- 유전 공학을 통해 CDK 기질을 식별하기 위한 Thiol-labeled γ phosphate 기반 접근법(19장)
- SCF ubiquitin ligase 및 anaphase-promoting complex에 대한 최신 설명(19장)
- 피드백 루프 및 phosphoserine/threonine-binding domain이 세포 주기를 제어하는 방법을 설명한 새로운 절(19장)
- Aurora와 Polo-like kinase에 관한 깊숙한 설명(19장)
- Centrosome duplication에 관해 설명한 새로운 절(19장)
- 세포질 분열에 관한 심층적인 업데이트(19장)
- DNA 손상 및 세포 주기 감시에 대한 업데이트된 설명(19장)
- bar-coding neuron에서의 부착 및 역할에 대한 protocadherin 메커니즘(20장)
- Mechanotransduction에 대한 업데이트된 설명(20장)
- 세 가지 conformation model에 대한 새로운 설명을 포함한 integrin activation에 대한 업데이트된 설명(20장)
- Talin 매개를 통한 inside-out과 outside-in 신호전달과 mechanotransduction 메커니즘(20장)
- *O*-linked glycoprotein과 *O*-mannose linked oligosaccharide에 대한 업데이트된 설명(20장)
- Claudin-mediated paracellular transport에 대한 업데이트된 설명(20장)
- 식물의 plasmodesmata 구조와 조성에 대한 업데이트된 설명(20장)
- Biomolecular condensate 및 adhesion에 대해 설명한 새로운 절(20장)
- 식물 adhesion molecule과 mechanotransduction에 대한 폭넓은 업데이트(20장)
- mTOR pathway와 영양소 및 에너지 수준에 의한 세포 성장 신호의 통합에 대한 업데이트 및 확대 설명(21장)
- HIF-1α와 낮은 산소 수준에 대한 세포 반응에 관해 설명한 새로운 절(21장)
- Heat-shock response에 관해 설명한 새로운 절(21장)
- Circadian rhythm에 대해 설명한 새로운 절(21장)
- Mechanotransduction에 대한 업데이트 및 확대된 설명(21장)
- Intestinal stem cell을 보충하기 위해 탈분화하는 intestinal crypt(창자움)에 있는 세포에 대한 업데이트 및 확대 논의(22장)
- Cell polarity를 제어하는 Cdc42 및 피드백 루프에 대한 업데이트된 설명(22장)
- Apoptotic cell의 "eat me" phosphatidylserine signal 신호에 대해 설명한 새로운 절(22장)
- Programmed cell death의 염증 형태인 necroptosis에 대한 업데이트된 설명(22장)
- 뉴런과 신경 구조를 명확히 보여주기 위해 여러 개의 수정된 그림

(23장)

- Blood-brain barrier에 대한 자세한 설명(23장)
- Piezo1과 Piezo2 receptor에 대한 새로운 설명(23장)
- 현재 ILC라고 불리는 natural killer (NK) cell을 설명한 새로운 절(24장)
- 집단 면역과 소아 예방 접종의 이점에 대한 새로운 설명(24장)
- 암 치료를 위한 면역 요법에 대해 설명한 새로운 절(25장)
- 암 genome 염기서열 분석에 관한 업데이트 설명(25장)

의학과 연관된 내용

기초 세포생물학과 분자생물학의 많은 발전은 암과 다른 인간의 질병에 대한 새로운 치료법의 개발로 이어졌다. 이렇게 발전된 의학과 관련된 예는 학생들이 배우고 있는 기초 과학을 임상에 적용하는 것에 대한 이해를 돕기 위해서 이 책 전체에 걸쳐 삽입되어 있다. 이러한 응용의 많은 부분은 세포내 multiprotein complex, 즉 세포의 움직임을 이끄는 복합체; DNA 전사, 복제, 복구를 조절하는 복합체, metabolism을 조정하는 복합체; 세포 밖 환경에서 세포를 다른 세포, 단백질 및 탄수화물에 연결하는 복합체를 자세하게 이해하는 데 달려 있다.

- 약물로서 작은 분자의 입체 이성질체—입체 구조로 이루어진 순수한 분자는 혼합물과 다른 효과를 갖는다(2장)
- 콜레스테롤은 소수성이며, lipoprotein 운반체인 LDL 및 HDL에 의해 운반되어야 한다(2장).
- 필수 아미노산은 가축 사료에 제공되어야 한다(2장).
- 포화, 불포화 및 트랜스 지방: 이들의 분자 구조와 영양상의 중요성(2장)
- 알츠하이머 및 파킨슨병과 같은 신경퇴행성 질환의 단백질의 잘못 접힘과 아밀로이드(3장)
- 효소 활성을 억제하는 작은 분자는 약물(아스피린) 또는 화학전(sarin 가스)으로 사용될 수 있다(3장).
- Proteasome의 작은 분자 억제제는 특정 암을 치료하기 위해 사용된다(3장).
- 돌연변이와 병원체에 의한 GTPase, GAP, GEF, 그리고 GDI의 교란은 다양한 질병을 유발한다(3장).
- 3-D 프린팅 기술을 사용하여 대체 장기를 배양할 수 있다(4장).
- 단일클론 항체는 의학에서 진단 및 치료 도구로 사용될 수 있다(4장).
- Mismatch repair 단백질의 돌연변이는 유전성 nonpolyposis colorectal cancer를 일으킬 수 있다(5장).
- Nucleotide excision-repair 단백질은 xeroderma pigmentosum (색소성건피증) 환자에서 확인되었다(5장).
- Ribosome의 고해상도 구조는 새로운 항생제의 설계에 사용된다(5장).
- Sickle-cell allele은 검사 대상 표현형에 따라 dominant 특성과 recessive 특성을 모두 나타내는 하나의 예이다(6장).
- DNA microarray는 의료 진단 도구로 유용할 수 있다(6장).
- 재조합 DNA 기술은 인슐린과 G-CSF와 같은 치료에 유용한 단백질을 대량 생산하는 데 사용된다(6장).
- Microsatellite repeat은 확장 경향이 있어 헌팅턴 병, myotonic dystrophy (근위축증) 등과 같은 neuromuscular disease (신경근육질환)을 일으킬 수 있다(7장).
- L1 transposable element는 genome의 새로운 부위에 삽입하여 유전적 질병을 일으킬 수 있다(7장).
- Exon shuffling은 항생제에 대한 박테리아 내성을 야기할 수 있으며, 이는 병원에서 점점 더 큰 문제가 되고 있다(7장).
- Telomerase는 대부분의 암에서 비정상적으로 활성화되어 있다(7장).
- TFIH subunit은 stalled RNA polymerase와 연관된 DNA repair의 결함을 일으키는 subunit의 돌연변이를 기반으로 처음 확인되었다(8장).
- HIV는 Tat 단백질을 암호화하여 RNA polymerase II에 의한 전사 종료를 억제한다(8장).
- Synthetic oligonucleotide는 Duchenne muscular dystrophy 치료에 사용되고 있다(9장).
- Splicing enhancers의 돌연변이는 spinal muscular atrophy (척수성 근위축증)에서 일어나는 exon skipping을 유발할 수 있다(9장).
- Myelodysplastic syndrome (MDS, 골수이형성증후군)은 비정상적인 myelocytes (phagocytic white blood cells)의 완화된 생산으로 특징지어지는 혈액 세포 질병군이다. MDS 환자에서 단백질 기능을 바꾸는 개별 splicing factor 유전자의 돌연변이가 확인되었다(9장).
- Thalassemia (지중해 빈혈)는 일반적으로 splicing 효율을 감소시키지만, pre-mRNA와 snRNP와의 결합을 막지는 않는 globin-gene splice site의 돌연변이에 의해 발생한다(9장).
- ABO 혈액형은 적혈구 표면의 당단백질에 부착된 탄수화물에 의해 결정된다(10장).
- 동맥에 콜레스테롤, 기타 지질, 기타 생체 물질이 축적되어 나타나는 atherosclerosis (죽상경화증)은 미국에서 심혈관 질환으로 인한 사망의 대부분을 차지한다(10장).
- Aquaporin 2 양은 콩팥에 의해 형성되는 소변으로부터의 수분 재흡수 속도를 조절한다(11장).
- 특정 cystic fibrosis (낭포성섬유증) 환자는 돌연변이 단백질이 세포 표면으로 정상적으로 이동할 수 있게 하는 작은 분자로 치료받고 있다(11장).
- 인간 Na^+/glucose symporter인 SGLT2의 억제제가 개발 중이거나 제2형 당뇨병의 치료를 위해 승인되었다. Antidepressant (항우울제) 및 기타 치료 약물 및 남용 약물 치료는 neurotransmitter의 재흡수 및 재활용에 대한 역할 때문에 Na^+-powered symporter를 대상으로 한다(11장).
- 심장 근육 세포에서 Na^+/K^+ ATPase를 억제하는 약물은 congestive heart failure (울혈성 심부전) 치료에 사용된다(11장).
- Rehydration therapy (재수화 치료)는 장내 병원균에 의해 야기되는 콜레라와 다른 질병들을 치료하기 위한 간단하고 효과적인 방법이다

(11장).

- Chloride ion channel인 ClC-7의 돌연변이는 유전성 뼈 질환인 osteopetrosis (골화석증)의 특성인 bone resorption의 결함으로 나타난다(11장).
- Chloramphenicol을 포함한 aminoglycoside 종류의 항생제에 대한 미토콘드리아 ribosome의 민감성은 환자에게 독성을 유발할 수 있다(12장).
- mtDNA의 돌연변이 및 큰 결실은 Leber's hereditary optic neuropathy (레베르 유전성 시신경병증) 및 Kearns-Sayre syndrome (컨스-세이어증후군)과 같은 특정 질병을 유발한다(12장).
- PINK1과 Parkin 단백질을 암호화하는 두 유전자의 돌연변이에 의해 파킨슨병의 유전적인 조기 발병의 원인이 된다(12장).
- Cyanide는 미토콘드리아에서 ATP 생성을 차단하기 때문에 독극물이 있다(12장).
- 활성 산소 물질은 세포를 손상시킬 수 있는 전자 전달의 부산물이다(12장).
- ATP/ADP antiporter 활성은 독성 허브의 효과 조사를 통해 2000년도 넘은 이전에 처음 연구되었다(12장).
- Emphysema (폐기종)의 유전적인 형태는 endoplasmic reticulum에서 단백질이 잘못 접혀서 발생한다(13장).
- 결함 있는 퍼옥시좀 조립을 유발하는 autosomal recessive mutation은 Zellweger syndrome과 연관된 것과 같이 종종 두개골 이상과 연관된 여러 발달 결함을 초래할 수 있다(13장).
- Cystic fibrosis의 어떤 경우는 CFTR 단백질의 돌연변이로 인해 이 chloride channel이 ER에서 세포 표면으로 이동하지 못하게 되어 발생한다(14장).
- Lysosomal storage disease에 대한 연구를 통해서 lysosomal sorting pathway의 핵심 요소를 밝혀냈다(14장).
- 유전성 질환인 familial hypercholesterolemia는 *LDLR* 유전자의 다양한 돌연변이에 기인한다(14장).
- EGF는 많은 종류의 epithelial cell 증식을 자극한다. 유방암의 약 25%에서, 종양 세포는 *HER2*라고 불리는 특정한 종류의 EGF receptor의 양이 증가되어 있다(15장).
- Agonist isoproterenol은 epinephrine보다 기관지 평활근세포의 epinephrine-responsive receptor에 더 강하게 결합하며, 기관지 천식, 만성 기관지염, 폐기종 치료에 사용된다(15장).
- 일부 세균 독소(예, *Bordetella pertisis*, *Vibrio cholerae*, *E. coli*의 특정 변종)는 장내 세포의 G protein의 변형을 유발하여 세포 내 cAMP를 증가시켜서 전해액과 수액의 손실을 초래한다(15장).
- 2017년, 미국 Food and Drug Administration (FDA)은 결함이 있는 RPE65 효소 때문에 발생한 실명을 치료할 수 있는 생체 내 인간 유전자 치료를 미국 최초로 승인했다(15장).
- HER2에 결합하여 EGF에 의한 신호를 차단하는 단일클론 항체는 HER2를 과도하게 발현된 종양을 치료하는 데 유용하다(16장).
- GTP에 결합하지만 가수분해할 수 없는, 따라서 활성화된 GTP 결합 상태로 존재하는 돌연변이 Ras 단백질은 oncogenic transformation이 일어나게 한다(16장).
- 돌연변이 Raf 단백질로 인한 melanomas (흑색종) 환자를 대상으로 Raf의 강력하고 선택적인 억제제를 임상적으로 테스트하고 있다(16장).
- 여러 종류의 advanced cancer (진행암)에서는 *PTEN* 유전자가 소실되어 있어 PTEN 단백질이 없게 됨에 따라 세포가 통제되지 않는 성장을 하게 된다(16장).
- Epo와 G-CSF는 신장병을 앓고 있는 환자들과 골수에서 혈액 세포 형성에 영향을 미치는 특정 암을 치료하는 동안 적혈구를 더 많이 만들어 낼 수 있도록 사용된다(16장).
- Severe combined immunodeficiency (SCID)의 많은 경우는 IL-2 receptor gamma chain의 결핍으로 인해 발생하며, 유전자 치료로 치료할 수 있다(16장).
- TGF-β receptor 또는 Smad 단백질이 불활성화 된 돌연변이를 갖고 있으며, TGF-β에 의한 성장 억제를 받지 않는다(16장).
- 비정상적으로 과활성화 된 Wnt 신호전달에 의해 야기된 많은 양의 free β-catenin은 많은 암에서 성장을 촉진하는 유전자의 활성화와 관련이 있다(16장).
- Primary cilia와 관련된 Hh 신호의 부적절한 활성화는 여러 유형의 종양의 원인이 된다(16장).
- ADAM의 활동 증가는 암 발생과 심장병을 촉진할 수 있다(16장).
- 유전성 spherocytic anemia (구상적혈구성빈혈)는 spectrin, band 4.1 그리고 ankyrin의 돌연변이에 의해 발생할 수 있다(17장).
- Duchenne muscular dystrophy (뒤셴 근육 영양장애)는 단백질 dystrophin에 영향을 미쳐 골격근의 점진적인 약화를 초래한다(17장).
- Hypertrophic cardiomyopathy (비후성 심근증)는 심장 수축에 관여하는 단백질의 다양한 돌연변이에 기인한다(17장).
- 심장 특화 troponin 양을 측정하는 혈액 검사를 사용하여 심장마비가 얼마나 심각한지를 판단한다(17장).
- 일부 약물(예, colchicine)은 tubulin dimer에 결합하여 microtubule로 중합되는 것을 억제하는 반면, 다른 약물(예, taxol)은 microtubule에 결합하여 microtubule의 탈중합을 방지한다(18장).
- LIS1에 결함이 있으면 초기 뇌 발달에 Miller-Dieker Rissencephaly (밀라-디커 증후군)를 유발하여 이상을 초래한다(18장)
- ADPKD (상염색체 우성 다낭성 신종) 및 Bardet-Biedl syndrome과 같은 일부 질병은 primary cilia 및 intraflagellar transport에 결함이 있다는 것을 알게 되었다(18장).
- Keratin filament는 세포 간의 연결을 기계적으로 강화함으로써, epithelial tissue의 구조적 온전함을 유지하는 데 중요하다(18장).
- 인간 유전자 lamin A에 대한 돌연변이는 *laminopathy*라고 불리는 다양한 질병을 일으킨다(18장)
- Cohesinopathy에서 발견되는 cohesion subunit 또는 cohesion loading factor의 돌연변이는 발육에 중요한 유전자의 발현을 방해하여 사지 및 두개안면 이상과 지적 장애를 초래한다(19장).
- DNA repair protein인 BRCA1의 돌연변이는 familial breast cancer

를 일으킨다(19장).

- Aneuploidy (염색체 이수성)는 유전자의 잘못된 조절을 초래하고 암 발생에 기여할 수 있다. Aneuploid 난자는 감수분열 I에서 염색체 분리가 잘못되거나 분리되지 않음으로써, 유산이나 Down syndrome으로 이어지는 경우가 많다(19장).
- CDHR3 단백질은 class C rhinoviruses (RV-C)가 기도 epithelial cell에 결합하여 들어가 복제되어 호흡기 질환을 유발하고 천식을 악화시킨다(20장).
- Cadherin desmoglein은 피부병 pemiphigus vulgaris에서 자가항체의 주요 표적이다(20장).
- C형 간염 바이러스와 장내 세균인 *Vibrio cholerae*와 같은 일부 병원체는 분자를 tight junction에 있는 분자를 이용하도록 진화했다(20장).
- Connexin 유전자의 돌연변이는 다양한 질병을 유발한다(20장).
- Glomerular (사구체) basement membrane의 결함은 renal failure (신부전)로 이어질 수 있다(20장).
- Ascorbate (비타민 C)가 결핍된 세포에서 pro-α collagen chain은 건강한 혈관, 힘줄, 피부에 필요한 콜라겐의 구조적 지지를 형성하기에 충분히 수산화되지 않아 scurvy (괴혈병)을 유발한다(20장).
- Type I collagen과 관련 단백질에 영향을 미치는 돌연변이는 osteogenesis imperfecta (골형성부전증)을 포함한 다양한 질병을 유발한다(20장).
- 골격 및 심혈관 이상(예, Marfan syndrome)과 관련된 다양한 질병은 elastic fiber의 구조적 단백질 또는 적절한 조립에 기여하는 단백질을 인코딩하는 유전자의 돌연변이에서 비롯된다(20장).
- Muscular dystrophy (근위축증)은 세포 외 기질과 세포골격 사이의 연결에 결함이 있다(20장).
- Leukocyte-adhesion deficiency는 유전적 결함으로 인해 발생하며, leukocyte가 감염과 싸울 수 없고 이로 인해 반복적인 세균 감염이 일어난다(20장).
- 당뇨병은 혈당 조절이 제대로 되지 않는 것이 특징으로 치료하지 않으면 큰 합병증으로 이어질 수 있다(21장).
- mTORC1 경로의 구성요소를 암호화하는 유전자가 많은 암에서 돌연변이 되어 있으며, 다른 치료법과 결합된 mTor inhibitor는 종양 성장을 억제할 수 있다(21장).
- von Hippel-Landau (VHL) 유전자에 돌연변이가 있는 신장 종양에서 VHL 단백질 활성의 손실은 VEGF를 포함한 Hif-1α 표적 유전자의 발현 증가로 이어진다(21장).
- Circadian rhythm (일주기 리듬)은 조직 배양에서 세포의 사용에서부터 Alzheimer's disease와 autism spectrum disorder (자폐 스펙트럼 장애)와 같은 장애에 이르기까지 중요하다(21장).
- iPS 세포는 이해하기 어려운 질병을 가진 환자의 체세포로부터 얻을 수 있으므로, amyotrophic lateral sclerosis (ALS, 루게릭병)를 포함한 여러 고통스러운 질병의 분자 및 세포의 기초를 밝혀내는 데 매우 귀중한 것으로 입증되었다(22장).
- 이식된 골수에 있는 줄기세포는 모든 종류의 기능성 혈액세포를 생성할 수 있어 특정 유전성 혈액질환자의 장기이식에 유용할 뿐만 아니라, 방사선조사나 화학요법을 받은 암 환자에게도 유용하다(22장).
- 일부 형태의 epilepsy (간질)를 포함한 channelopathy (이온통로병증)는 이온 채널을 암호화하는 유전자의 돌연변이에 의해 발생한다(23장).
- 국소 마취제 lidocaine은 voltage-gated Na^+ channel을 따라 아미노산 잔기에 결합하여 개방 상태이지만 막힌 상태를 유지하게 한다(23장).
- Multiple sclerosis (다발성 경화증)의 원인은 알려져 있지 않지만, myelin basic protein과 반응하는 자가 항체 생산이나 myelin 단백질을 파괴하는 protease의 분비를 수반하는 것으로 보인다(23장).
- Peripheral myelin은 자가면역질환의 표적으로, 주로 P0에 대한 항체 형성을 수반한다(23장).
- Neurotransmitter exocytosis에서 VAMP의 주요 역할은 botulinum toxin의 작용 메커니즘에서 확인할 수 있다(23장).
- Neurotransmitter transporter는 다양한 남용 약물(예, 코카인)과 정신의학에서 일반적으로 사용되는 치료 약물(예, Prozac, Zoloft, Paxil)의 표적이다(23장).
- 뇌 뉴런에서 생성되는 nicotinic acetylcholine receptor는 학습과 기억력에 중요하다. 이러한 receptor의 손실은 schizophrenia (조현병), 간질, 약물 중독, 알츠하이머병에서 관찰된다(23장).
- 특정 냄새를 감지하는 능력은 사람마다 크게 다르다(23장).
- 국소 mRNA의 synaptic translation은 신경회로의 형성과 경험 의존적 가소성에 매우 중요하다. 이 과정의 변화는 신경 발달 및 인지 장애를 초래한다(23장).
- RAG 유전자 기능에 결함이 있는 사람은 B세포가 없고 심각한 면역 결핍으로 인해 고통 받는다(24장).
- 면역억제제 cyclosporine은 cyclosporine-cyclophilin complex 형성을 통해 calcineurin 활성을 억제하여 성공적인 allogenic tissue transplantation (동종이형 조직 이식)이 가능하다(24장).
- 백신은 다양한 병원체에 대한 보호 면역을 이끌어낸다(24장).
- 면역체계는 또한 암을 예방하는 데 도움을 줄 수 있다(24장).
- 종양의 분자 세포 생물학에 대한 이해 증가는 암의 진단과 치료 방식에 혁명을 일으키고 있다(25장).
- 종양에서 표적 화학요법을 위해 DNA repair의 소실을 사용함(25장).
- 분자 세포 생물학 기술이 암 치료와 일시적인 암 처방에 어떻게 영향을 끼쳤는지 보여주는 예로서 유방암(25장).

식물학과 연관된 내용

농업, 환경 과학, 대체 에너지 생산의 발전은 식물의 분자 세포 생물학이 우리의 삶과 점점 더 관련이 있다는 것을 증명했다. 광합성과 엽록체를 이해하는 것은 식물생물학의 시작에 불과하다. 본문 전체에 걸쳐 식물의 고유한 세포 구조와 기능의 측면, 식물 발달, 그리고 농업과 의학의 문제 해결을 위한 식물 생명공학 응용 등 식물에 특화된 주제를 강조했다.

- Vascular plant (관다발식물)는 단단한 세포벽을 가지고 있으며, 똑바로 서서 성장하기 위해 turgor pressure (팽압)를 사용한다(11장).
- Vacuolar Na^+/H^+ antiporter를 과발현하는 형질전환식물은 염분 농도가 높은 토양에서 성공적으로 자랄 수 있다(11장).
- Chloroplast transformation은 감염에 저항을 갖는 식물뿐만 아니라, 단백질 약물을 만드는 데 사용될 수 있는 engineered 식물을 만들도록 하였다(12장).
- Nitella와 같은 거대한 녹조류에서는 myosin V를 사용해서 세포질을 빠르게 흐르게 한다(17장).
- Spindle과 cytokinesis의 형성은 식물에서만 보이는 독특한 특징이다(18장).
- Venus flytrap (파리지옥풀)은 눈으로 보이는 식물 mechanosensation의 잘 알려진 예이다(20장).
- 세포벽 분해 효소 그룹의 발현과 pectin 분해에 의한 세포벽의 리모델링은 과일의 연화 속도와 정도를 결정하는 데 핵심적인 역할을 한다(20장).
- Meristem (분열조직)은 식물에서 줄기세포를 얻기 좋은 곳이다(22장).
- Negative feedback loop에 의해 어린 싹의 apical stem-cell population의 크기가 유지된다(22장).
- 뿌리 meristem은 구조와 기능에서 어린 싹 meristem과 유사하다(22장).

감사의 글

Macmillan Learning의 출판 파트너들의 신중하고 헌신적인 협업이 없었다면 이 개정판의 출판은 불가능했을 것이다. 우리는 모든 면에서 뛰어난 책을 만들기 위해 노고와 기꺼이 야근을 해준 Daryl Fox, Sandy Lindelof, Lisa Lockwood, Will Moore, Debbie Hardin, Katrina Mangold, Karen S. Misler, Nathan Livingston, Tracey Kuehn, Jennifer MacMillan, Krystyna Borgen, Cassandra Korsvik, Lisa Kinne, Peter Jacoby, Diana Blume, Paul Rohloff, Natasha Wolfe, John Callahan, Matt McAdams, Keri deManigold, 그리고 Daniel Comstock에게 감사하다.

특히, 텍스트 편집자인 Michael Zierler, Maria Lokshin, Anna Bristow의 재능과 헌신을 높이 평가하고 싶다. 그들은 뛰어난 편집자들이다. 이번 개정판에서 해준 모든 것에 감사하다.

우리는 또한 H. Adam Steinberg의 교육학적 통찰력과 아름다운 분자 모델과 삽화의 개발에 많은 도움을 받았다.

우리는 이전 판을 제작할 때 직접적인 공헌을 해주어 이 개정판 제작에도 계속 영향을 미친 사람들, 특히 Ruth Steyn에게 감사를 표하고 싶다.

우리 스텝인 Sally Bittancourt, Diane Bush, Mary Anne Donovan, Carol Eng, James Evans, Julie Knight, George Kokkinogenis, Guicky Waller, Nicki Watson, 그리고 Rob Welsh에게 감사를 전한다.

우리에게 영감을 주고 책을 쓸 수 있는 시간을 주신 가족에게 특별히 감사드리며, 우리의 연구를 격려해주고, 우리가 알고 있는 많은 것을 가르쳐준 멘토와 조언자들에게도 감사드린다: (*Harvey Lodish*) 내 아내인 Pamela; 내 아이들과 손주인 Heidi와 Eric Steinert 그리고 Emma와 Andrew Steinert; Martin Lodish, Kristin Schardt, 그리고 Sophia, Joshua, 그리고 Tobias Lodish; 그리고 Stephanie Lodish, Bruce Peabody, 그리고 Isaac 그리고 Violet Peabody; 멘토인 Norton Zinder과 Sydney Brenner; 그리고 또한 이 책의 초판에서 함께 작업했던 David Baltimore와 Jim Darnell; (*Arnold Berk*) 내 아내 Sally, Jerry Berk, Shirley Berk, Angelina Smith, David Clayton, 그리고 Phil Sharp; (*Chris A. Kaiser*) 내 아내인 Kathy O'Neill, 나의 멘토인 David Botstein과 Randy Schekman; (*Monty Krieger*) 내 아내인 Nancy Krieger, 부모님인 I. Jay Krieger 그리고 Mildred Krieger, 아이들인 Joshua과 Ilana Krieger 그리고 Jonathan Krieger 그리고 Sofia Colucci, 그리고 손주인 Joaquin, Alejandro과 Ari Krieger; 나의 멘토인 Robert Stroud, Michael Brown, 그리고 Joseph Goldstein; (*Anthony Bretscher*) 내 아내인 Janice, 그리고 딸인 Heidi와 Erika, 그리고 지도교수였던 A. Dale Kaiser와 Klaus Weber; (*Kelsey C. Martin*) 내 남편인 Joel Braslow, 아이들인 Seth, Ben, Sam과 Maya, 아버지인 George M. Martin, 그리고 멘토인 Ari Helenius과 Eric Kandel; (*Michael B. Yaffe*) 내 아내인 Sung-Yun Pai 그리고 아들인 Samkyu와 Minkyu, 그리고 멘토인 Himan Sternlicht와 Lewis Cantley; (*Angelika Amon*) 내 남편인 Johannes Weis, Theresa와 Clara Weis, Gerry Fink 그리고 Frank Solomon.

마지막으로, 우리는 이 책을 업데이트하고, 수정하고, 다시 쓰는 과정에서 많은 동료들로부터 소중한 도움을 받았다. 관심 있는 분야를 다룬 장에 기여하고, 그들이 가르치는 강좌에 대한 자세한 정보를 제공하거나, 하나 이상의 장을 읽고 의견을 주는 등 시간과 전문성을 아낌없이 준 다음 분들에게 감사드린다.

Jennifer Achiro, *University of California, Los Angeles*
Christa Adam, *Prairie State College*
R. Claudio Aguilar, *Purdue University–Main Campus*
Mohammed AlQuraishi, *Harvard University*
Kyle Anderson, *University of Saskatchewan*
Dragana Antic, *University of California, Berkeley Extension*
David Baker, *University of Washington*
Benjamin Barad, *The Scripps Research Institute*
David P. Bartel, *Whitehead Institute for Biomedical Research*
Uwe Beffert, *Boston University*
Jeffrey Benovic, *Philadelphia University and Thomas Jefferson University*
Michael W. Black, *California Polytech State University, San Luis Obispo*
Jonathan Bogan, *Yale University, Yale School of Medicine*
Adam Bohnert, *Louisiana State University & A&M College*
Jim Bonacum, *University of Illinois Springfield*
Roberto Botelho, *Ryerson University*
Federica Brandizzi, *Michigan State University, East Lansing*
Chloe Bulinski, *Columbia University in the City of New York*
Sharon K. Bullock, *University of North Carolina at Charlotte*
Dean Buonomano, *University of California, Los Angeles*
Samantha Butler, *University of California, Los Angeles*
Kevin P. Campbell, *University of Iowa*
Steve Carr, *Broad Institute*
David C. Chan, *California Institute of Technology*
Chaoping Chen, *Fort Lewis College*
James Darnell, *Rockefeller University*
Zhicheng Dou, *Clemson University*
Arri Eisen, *Emory University*
Ray Enke, *University of Delaware*
Irene M. Evans, *Rochester Institute of Technology*
Daniel Finley, *Harvard Medical School*
Christine M. Fleet, *Emory & Henry College*
James C. Fleet, *Purdue University–Main Campus*
Kenneth Frauwirth, *University of Maryland College Park*
Margaret Fuller, *Stanford University*
Mary Gehring, *Whitehead Institute and Massachusetts Institute of Technology*
Michael A. Glotzer, *University of Chicago*
Daniel A. Gold, *Saint Edward's University*
Alfred Goldberg, *Harvard Medical School*
Ben Goult, *University of Kent*
Berthold Gottgens, *Wellcome Trust; MRC Stem Cell Institute; Cambridge University*
Eric Guisbert, *Florida Institute of Technology–Melbourne*
Ronald G. Haller, *University of Texas Southwestern Medical Center*

Wendy Hanna-Rose, *Pennsylvania State University–Main Campus*
Craig Hart, *Louisiana State University & A&M College*
Ian C. Haydon, *University of Washington*
Andreas Herrlich, *Washington University School of Medicine*
Barry H. Honig, *Columbia University*
Richard O. Hynes, *Massachusetts Institute of Technology*
Mack Ivey, *University of Arkansas–Fayetteville*
Rudolf Jaenisch, *Whitehead Institute and Massachusetts Institute of Technology*
Michael G. Jonz, *University of Ottawa*
Torah Kachur, *University of Alberta, Edmonton*
Fedor Karginov, *University of California, Riverside*
Naohiro Kato, *Louisiana State University & A&M College*
Randy Kaufman, *Sanford Burnham Prebys Medical Discovery Institute*
Amy Keating, *Massachusetts Institute of Technology*
Eirini Kefalogianni, *Washington University School of Medicine*
Thomas Keller, *Florida State University–Tallahassee*
Greg Kelly, *University of Western Ontario*
Baljit Khakh, *University of California, Los Angeles*
Lou W. Kim, *Florida International University*
Maria Krasilnikova, *Pennsylvania State University–Main Campus*
Arnold Kriegstein, *University of California, San Francisco*
Iwo Kucinsky, *Wellcome Trust–MRC Stem Cell Institute–Cambridge University*
Salil Lachke, *University of Delaware*
Pranav Lalgudi, *Massachusetts Institute of Technology*
Vivienne K. Y. Lam, *University of British Columbia*
Eric Lander, *Broad Institute and Massachusetts Institute of Technology*
Daniel Leahy, *University of Texas at Austin*
Pulin Li, *Whitehead Institute and Massachusetts Institute of Technology*
Song-Tao Liu, *University of Toledo*
Andrew Lombardo, *Cornell University*
Richard L. Londraville, *University of Akron*
Sebastian Lourido, *Whitehead Institute and Massachusetts Institute of Technology*
Quentin Machingo, *Manhattan College*
Anita Mandal, *Edwards Waters College*
Emilie Marcus, *University of California, Los Angeles*
Heidi McBride, *McGill University*
Mill Miller, *Wright State University–Main Campus*
Vamsi Mootha, *Massachusetts General Hospital and Harvard Medical School*
Aristidis Moustakas, *Uppsala University*
Alexander Murashov, *East Carolina University*
Brion W. Murray, *Turning Point Therapeutics*
Hao Nguyen, *California State University, Sacramento*
Benjamin Novitch, *University of California, Los Angeles*
Oliver R. Oakley, *Eastern Kentucky University*
Yuki Oka, *California Institute of Technology*
Jamie Parker, *Fordham University–Bronx*
Joel Parker, *State University of New York, Plattsburgh*
Samantha Parks, *Georgia State University*
Ardem Patapoutian, *The Scripps Research Institute*
Mark Peifer, *University of North Carolina*
Richard Posner, *Northern Arizona University*
Marianne Poxleitner, *Gonzaga University*
Peter Reddien, *Whitehead Institute and Massachusetts Institute of Technology*
David Reich, *Harvard Medical School*
Kacper B. Rogala, *Whitehead Institute*
Rajat Rohatgi, *Stanford University*
Jatin Roper, *Duke University Medical School*
Joel Rovnak, *Colorado State University–Fort Collins*
Richard Roy, *McGill University*
Alapakkam Sampath, *UCLA School of Medicine*
Philip J. Santangelo, *Georgia Institute of Technology*
Gabriela S. Schlau-Cohen, *Massachusetts Institute of Technology*
Felix Schweizer, *University of California, Los Angeles*
Hao Shen, *University of Washington*
Peter Sicinski, *Harvard Medical School*
Jamie Siders, *Ohio Northern University*
Jeffrey D. Singer, *Portland State University*
Jonathan Snow, *Barnard College*
Jamie C. Snyder, *California Polytech State University–Pomona*
Michelle Snyder, *Towson University*
Merav Socolovsky, *University of Massachusetts Medical School*
Bao-Liang Song, *Wuhan University*
Kay Song, *Georgia State University*
Susan Spencer, *Saint Louis University*
Timothy Springer, *Boston Children's Hospital and Harvard Medical School*
Christine Suetterlin, *University of California, Irvine*
Sergei I. Sukharev, *University of Maryland*
Aurelian Tartar, *Nova Southeastern University*
Alison Taylor, *Harvard University*
Robert G. Van Buskirk, *State University of New York, Binghamton*
Matthew G. Vander Heiden, *Massachusetts Institute of Technology*
John P. Vessey, *University of Guelph*
Crystal M. Weyman, *Cleveland State University*
Forest White, *Massachusetts Institute of Technology*
Amy M. Wiles, *Mercer University–Macon*
Roderick Wilson, *University of Connecticut–Stamford*
Hao Wu, *Boston Children's Hospital and Harvard Medical School*
Hao Xu, *University of Southern Mississippi*
Yukiko Yamashita, *University of Michigan*
Omer Yilmaz, *Massachusetts Institute of Technology*
Junying Yuan, *Harvard Medical School*
Riasat Zaman, *Cornell University*

역자 서문

1996년 본인이 연세대학교 생물학과 세포학 담당 교수로 임용되면서 세포생물학 교재를 선정하기 위해 여러 교재를 검토하였다. 그중 "Lodish의 Molecular Cell Biology (분자세포생물학)" 3판을 선정하여 지금까지 이 책을 세포생물학 교재로 사용하여 왔다. 이제 은퇴를 앞두고 9판 번역에 참여하게 되어 26년 간 담당했던 세포생물학 강의를 총정리할 수 있어서 기쁘게 생각한다. 이 교과서는 생명 관련 학문을 배우는 학생 혹은 가르치고 연구하는 연구자들에게는 성경과 같은 책이다. 3~4년 마다 새로운 발견을 업데이트하여 개정판이 출간되기 때문에 필수적인 최신 정보를 빠뜨리지 않고 얻을 수 있어 개정판이 나올 때마다 어떤 것이 새롭게 첨가되었는지를 확인하는 것은 큰 즐거움이었다. 이처럼, Molecular Cell Biology (분자세포생물학)는 학생들에게 언제나 최신 정보를 전달하여 주기에 믿음직스러운 교과서이다.

되도록 많은 전문 용어를 우리말로 번역하고자 하였지만, 이 책을 읽는 독자들은 최소한 생명과학에 대한 어느 정도의 지식을 습득하고 있을 것이라 생각되기 때문에 영어를 그대로 사용하여 번역하였다. 교과서를 번역한다는 것은 역자들의 희생 없이는 불가능하다. 따라서 이번 번역에 참여하신 모든 역자 선생님들의 무한한 노력을 기억해야 할 것이다.

지금까지 오랜 기간 동안 자신의 본업인 교육과 연구에 몰두하면서도 많은 희생을 감수하며, 이 책의 번역을 맡아주신 연세대학교 신동혁 교수님(제2, 4장), 양원호 교수님(제19, 16장), 이승택 교수님(제11, 20장), 이태호 명예교수님(제19, 24장), 이주헌 명예교수님(제17, 18장), 이한웅 교수님(제25장), 홍준영 교수님(제5, 10장), 한양대학교 이선경 교수님(제6, 12, 21장), 성균관대학교 최철용 교수님(제3, 7, 22장), 국립암센터의 이호 박사님(제8, 9장), 대구대학교 장세헌 교수님(제1장), 그리고 대구경북과학기술원 고재원 교수님(제23장)께 큰 감사를 드린다. 본인은 제13, 14장과 저자 소개, 서문, 감사의 글, 용어 설명을 번역하였다.

또한, 이전 판부터 훌륭한 교과서 번역본의 출간을 떠맡았던 월드사이언스사(대표 신정숙)에 감사드리며, 번역을 기획하신 한용희 이사님, 편집을 담당하신 고승혜 실장님, 교정을 담당하신 정창기 실장님께 감사드린다.

이 책을 번역하면서 번역을 맡으신 분들의 수가 많아 상당히 어려움을 겪었다. 각 장을 번역하신 분들은 각자의 개성이 있어서 모든 면에 있어서 의견의 일치를 찾기가 쉽지 않았지만 여러 번 검토하여 일관성을 갖도록 노력하였다. 그럼에도 불구하고, 많은 오류가 발견될 것이다. 독자들의 많은 이해를 부탁드린다. 이 책이 의생명과학을 공부하고자 하는 모든 이들에게 작으나마 도움이 되기를 진심으로 바란다.

연세대학교 생명시스템대학 시스템생물학과

조진원

역자 소개

고재원 (Jaewon Ko, Ph.D.) 교수는 현재 대구경북과학기술원 뇌과학과에 재직하고 있다. 2022년 6월부터는 과학기술정보통신부와 한국연구재단에서 지원하는 리더연구자 지원사업(센터명: 시냅스 다양성 및 특이성 조절 연구센터)의 연구책임자를 역임하고 있다. 2011년 연세대학교 생명시스템대학 생화학과에서 조교수로 부임한 이후 현재까지 뇌기능을 매개하는 기본 단위인 시냅스/신경회로를 구성하는 핵심 분자원리를 탐색하고 있으며, 시냅스 접착단백질 관련하여 세계적인 연구성과를 도출해 오고 있다.

신동혁 (Donghyuk Shin, Ph.D.) 교수는 현재 연세대학교 생명시스템대학 시스템생물학과에 재직하고 있으며, 병원균들과 숙주 사이의 상호작용에 대한 연구를 수행하고 있다. 특히, 숙주의 중요 신호전달 방법 중 하나인 유비퀴틴 신호체계를 병원균들이 어떻게 교란하고 있는지를 구체적으로 연구하고 있으며, 분자 수준에서의 작용 기작을 이해하기 위해, 단백질 구조 분석과 생화학, 생물리학 기법을 활용하여 연구를 수행하고 있다.

양원호 (Won Ho Yang, Ph.D.) 교수는 현재 연세대학교 생명시스템대학 시스템생물학과에 재직하고 있다. 암, 당뇨, 염증성장질환, 패혈증 등 다양한 인간 질병의 기전에서 당수식화의 역할을 규명하는 연구를 하고 있다. 최근에는 세포의 핵과 세포질에서 발견되는 당수식화인 O-GlcNAc 수식화 연구에 초점을 맞추고 있다.

이선경 (Sun-Kyung Lee, Ph.D.) 교수는 연세대학교 생화학과에서 학사 및 석사 과정을 마치고, 미국 Purdue University에서 신경생물학으로 박사학위를 취득하였으며, 현재 한양대학교 자연과학연구소 생명과학과에 재직하고 있다. 동물이 외부 환경을 인식하고 그에 대하여 반응하는 과정에서 어떻게 유전자들이 작동하는지, 그리고 이 현상이 어떻게 생식, 성장, 생존에 영향을 미치는지에 대하여 깊은 관심을 갖고 있다. 특히 예쁜꼬마선충 모델에서 유전학적 탐색 방법을 이용, 칼슘과 그 결합 단백질 및 그 연관 유전자들의 역할을 밝히는 데 주력하고 있다.

이승택 (Seung-Taek Lee, Ph.D.) 교수는 연세대학교 생명시스템대학 생화학과에 재직하고 있다. 암과 노화 조직을 대상으로 단백질체나 유전체 분석을 수행하여 표적 후보 유전자를 발굴하고, 이 단백질들의 발현 및 활성 변화에 따른 세포 성장, 사멸, 노화 신호전달 분석과 extracellular matrix (세포외 기질) 구성성분의 생성과 분해 과정 분석을 통하여 암 발생과 전이 및 노화 과정에 관여하는 유전자들에 대한 연구를 수행하고 있다.

이주헌 (JooHun Lee, Ph.D.) 명예교수는 University of Pittsburgh에서 박사학위를 취득한 후 Cold Spring Harbor 연구소에서 박사 후 연구원을 거친 후 1991년부터 2020년까지 연세대학교 생물학과(현 시스템생물학과)에 재직하였으며, 주로 미세소관계의 형성과 기능에 대하여 연구하였다.

이태호 (Tae Ho Lee, Ph.D.) 명예교수는 New York University에서 박사학위를 취득하였으며, 연세대학교 생명시스템대학 시스템생물학과에 2020년까지 재직하였다. 연구분야는 체액성 면역 조절에 관여하는 follicular dendritic cell (여포성 수상세포)의 활성화 기작과 종양괴사인자 계열 사이토카인에 의한 세포사멸 및 증식 조절 과정을 연구했었다.

이한웅 (Han-Woong Lee, Ph.D.) 교수는 현재 연세대학교 생명시스템대학 생화학과에 재직하고 있으며, Mouse molecular genetics를 이용하여 cancer와 aging에 대한 분자유전학적 기전을 연구하고 있다. 지난 25여 년 동안 연구해 온 유전자들 중 확실한 암의 표적을 발견하여, 이를 이용한 항암 치료제 개발에 주력하고 있다. 또한 오랜기간 국내의 mouse genetics 발전과 보급에 많은 노력을 해 왔으며, 이를 토대로 현재는 기초학문과 신약개발의 중간 다리 역할인 비임상 연구에서 필수적인 새로운 마우스 모델의 확보에 힘쓰고 있다.

이 호 (Ho Lee, Ph.D.) 박사는 현재 국립암센터 연구소 바이오분자기능연구과에 재직하고 있으며, 국제암대학원 대학교 시스템종양생물학 교수를 겸직하고 있다. 유전자 변형 암모델 마우스을 개발하고, 이를 활용한 암 유전자의 기능 및 암 발생 기전 등을 연구하고 있다. 특히 암유전자에 의한 tumorigenesis, metastasis, aging, embryo development 영향에 중점을 둔 연구를 진행 중이다.

장세헌 (Sei-Heon Jang, Ph.D) 교수는 대구대학교 자연과학대학 의생명과학과에 재직하고 있다. 연구 분야는 저온 단백질의 특이성과 저온 적응 기작에 대한 생화학적 연구 및 산화 그래핀을 활용한 바이오센서 개발 연구를 수행하고 있다.

조진원 (Jin Won Cho, Ph.D) 교수는 현재 연세대학교 생명시스템대학 시스템생물학과에 재직하고 있으며, 당 수식화 네트워크 연구센터(Glycosylation Network Research Center) 센터장을 맡고 있다. 연세대학교에 재직하면서 줄곧 세포생물학을 강의해 왔다. 단백질에 달라붙어 단백질의 기능을 조절하는 O-GlcNAc 연구를 수행 중이며, 지난 26년 간 국내 당생물학 발전에 많은 노력을 해 왔다. 한국당과학회, International Glycoconjugate Organization과 한국분자세포생물학회 회장을 역임했다.

최철용 (Cheol Yong Choi, Ph.D.) 교수는 현재 성균관대학교 자연과학대학 생명과학과에 재직하고 있다. 연구 분야는 질병 특이적 단백질 대사 이상을 규명하고, 이 과정에서 중심이 되는 조절 단백질의 기능을 밝힘으로써 치료제 개발의 표적을 제공하고 있다. 단백질의 기능 변화를 주로 phosphorylation (인산화), ubiquitination (유비퀴틴화), SUMOylation (수모화)을 중심으로 하는 세포 신호전달 경로 기전을 통해 설명함으로써, 암 발생 및 전이, Alzheimer (알츠하이머병)과 같은 퇴행성 뇌질환에서 단백질 대사 조절 이상 등을 주로 연구하고 있다.

홍준영 (Jun Young Hong, Ph.D.) 교수는 현재 연세대학교 생명시스템대학 시스템생물학과에 재직하고 있으며, 생애 초기의 환경이 발생에 어떻게 영향을 주어 평생 지속되는 표현형을 수립할 수 있는지를 발달 프로그래밍의 관점에서 연구를 수행하고 있다. 특별히 환경에 민감한 면역계를 중심으로 해서 이 주제에 대한 다양한 연구를 진행 중이다.

주요 목차

세부 목차

25 암 (Cancer) 1149

25.1 암세포는 정상 세포와 어떻게 다른가 1151

25.2 암의 유전학적 및 유전체학적 기초 1157

25.3 Tumorigenesis는 Cell Growth와 Developmental Pathway가 비정상적으로 조절됨으로써 시작된다 1168

25.4 세포예정사와 Immune Surveillance 과정의 회피 1177

CHAPTER 1

진화: 분자, 유전자, 세포 및 생명체 (Evolution: Molecules, Genes, Cells, and Organisms)

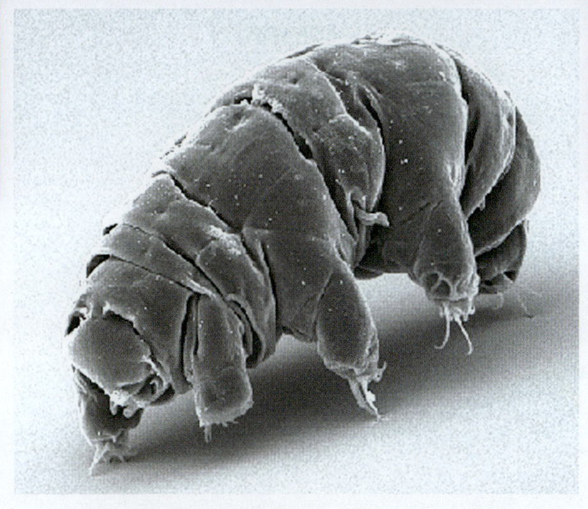

Tardigrade는 다른 생명체들이 죽는 극한 조건에서도 생존하여 진화한 크기가 0.05 mm인 작은 무척추동물이다. 이들은 대기권 밖처럼 압력이 낮고 방사선이 강렬한 치명적 환경에서도 살아남는 것으로 알려진 유일한 후생동물이다. [Schokraie E., Warnken U., Hotz-Wagenblatt A., Grohme M. A., Hengherr S., et al. 2012. Comparative proteome analysis of *Milnesium tardigradum* in early embryonic state *versus* adults in active and anhydrobiotic state. *PLoS ONE* **7**(9): e45682. https://doi.org/10.1371/journal.pone.0045682]

OUTLINE

생물학은 진화를 빼고서는 이야기할 수 없다.

— Theodosius Dobzhansky, 1973, essay in *American Biology Teacher* **35**:125–129

생물학은 물질의 변하지 않는 성질을 수식으로 나타낼 수 있는 물리학이나 화학과는 근본적으로 다른 과학(학문)이다. 물론 생체(물)계도 물리 및 화학의 법칙을 따르지만, 생물학은 역사학이다. 왜냐하면, 현존하는 생명체의 구조와 형태는 수십억 년에 걸친 진화의 결과이기 때문이다. 진화를 통해 살아있는 것과 멸종된 모든 생명체는 먼 과거에 살았던 primitive single-celled organism (원시 단세포 생명체)에서 현재의 다양한 동식물과 미생물에 이르기까지 진화 가계도에서 연결된다(그림 1-1, 표 1-1). Charles Darwin (찰스 다윈)의 위대한 업적 자연선택의 원리는 그의 뛰어난 통찰력에 의해 완성되었다. 즉, 생명체는 주어진 환경 속에서 자원을 중심으로 경쟁하면서 무작위로 변한다. 생존에 살아남아서 자손을 낳은 것만이 genetic trait (유전 형질)을 다음 세대로 전할 수 있다(그림 1-2).

생물계는 미세한 fern (양치류)에서부터 커다란 전나무까지, 현미경을 사용해야만 볼 수 있는 박테리아 및 protozoan (원생생물)처럼 단세포 생명체에서부터 다양한 다세포 동물에 이르기까지 놀랄 만큼 다양하다. 살아있는 모든 생명체가 세포로 구성되어 있다는 것은 생물학에서 가장 주목할 만한 발견 중 하나이다. 실제로, 세포는 놀랍도록 다양한 크기와 모양을 가지고 있다(그림 1-3). 일부 세포는 amoebae (아메바)와 rotifer (윤형동물) 영화에서 볼 수 있듯이, 빠르게 움직이고 빠르

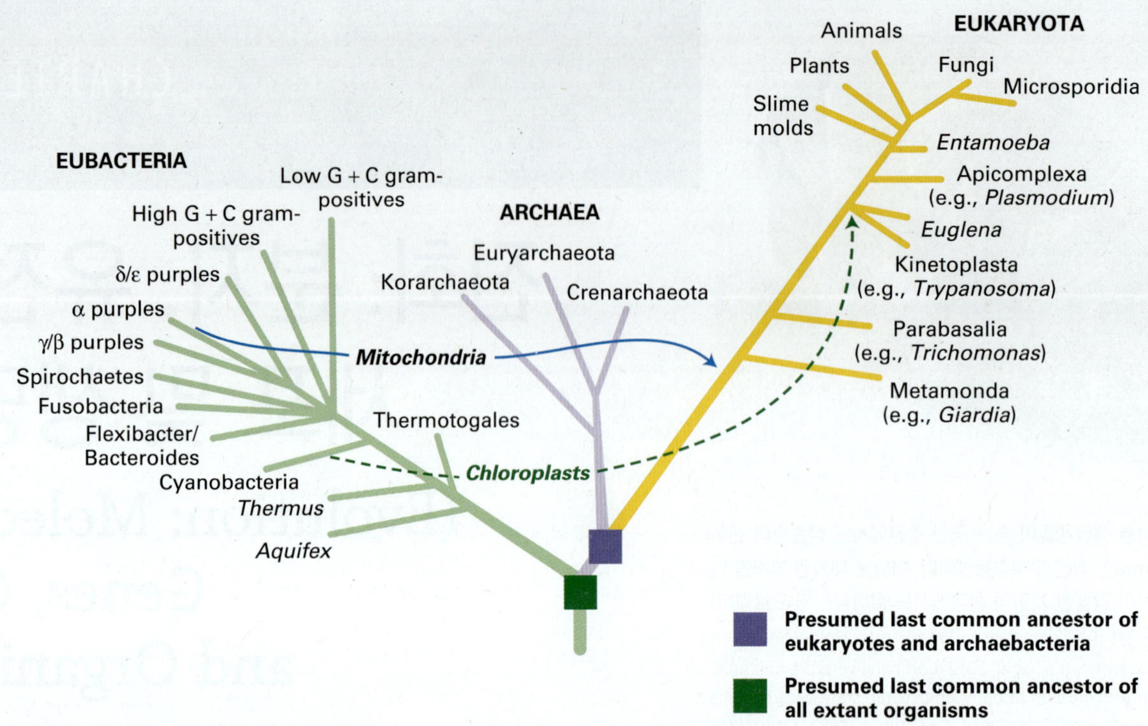

그림 1-1 모든 생명체는 공통 조상 세포로부터 유래하였다. 단순한 박테리아에서 복잡한 포유류에 이르기까지 모든 생명체는 아마도 단세포로 된 공통 조상으로부터 진화하였을 것이다. 위의 evolutionary tree (계통수)는 생명체의 세 가지 주요 혈통 간의 관계를 나타낸 것이다. 계통수는 초기에는 형태학적 기준에서 작성되었다. 즉, 생명체의 외형이 비슷한 것들은 서로 가까이 배치하였다. 최근에는 생명체의 DNA 염기서열과 단백질의 아미노산 서열을 조사해서 더 다양한 정보를 기준으로 계통 관계를 결정한다. 이들 거대분자 염기서열의 유사성이 일치할수록 더 진화학적으로 근접한 생명체로 간주한다. 형태학적 비교와 화석 기록에 근거하여 작성된 계통수는 분자적 정보에 근거하여 작성된 계통수와 거의 일치한다. Evolutionary tree에는 가지가 있다. 박테리아와 같은 생명체는 서로 DNA genome의 조각을 서로 교환하며, mitochondria와 엽록체는 현재의 진핵생물을 탄생시킨 생명체 내부에 거주했던 원시 박테리아에서 유래한 것으로 생각된다. [Data from J. R. Brown, 2005, "Universal Tree of Life," in *Encyclopedia of Life Sciences*, Wiley InterScience (online).]

게 변화하는 구조이다. 다른 것들은 대체로 고정적이며 구조적으로 안정하다. 산소는 일부 세포를 죽이지만, 다른 세포에서는 절대적으로 필요하다. 다세포 생명체의 세포 대부분은 다른 세포들과 밀접하게 관련되어 있다. 일부 단세포 생명체는 혼자서 생활하지만(그림 1-3a), 다른 단세포 생명체는 colony (군체)를 형성하거나 혹은 다른 유형의 생물과 밀접하게 연합하여 생활한다(그림 1-3b, d). 이것은 마치 식물이 공기에서 질소를 추출하는 데 도움이 되는 박테리아와 공생하거나 장에 살면서 음식을 소화하는 데 도움을 주는 박테리아가 서식하는 것과 같다.

그렇지만 겉으로 보이는 생물학적 형태의 혼란스러운 배열은 강력한 균일성 위에 놓여 있다. 즉, 모든 생명체를 구성하는 화학 분자는 같으며 세포를 구성하는 원리도 비슷하다. 수십억 년의 진화를 거치면서도 생명체의 기본적인 구성 분자는 변하지 않았지만, 이들 구성 분자들로 형성되어 세포 및 생명체의 기능을 담당하는 물질은 많은 변화를 겪어왔다.

Deoxyribonucleic acid (DNA)로 구성된 유전자는 궁극적으로는 생물학적 구조를 결정하고 세포 기능을 총괄한다. 유전자는 특정 단백질의 합성을 지시하는 **전령 RNA (mRNA)**로 전사되고, 세포 구조의 기본 물질이자 세포 기능을 수행하는 단백질로 번역된다. 유전자 구조 및 배열 변이 혹은 돌연변이(mutation)는 생물학적 구조 및 기능 변화를 무작위로 일으킨다. 무작위로 발생하는 대부분의 돌연변이는 유전자 혹은 단백질 기능에 영향을 미치지 않지만, 어떤 것은 매우 해로운 결과를, 극소수의 돌연변이는 생명체의 진화에 유리한 결과를 초래한다. 생명체의 DNA에는 돌연변이가 지속해서 발생하는데, 이런 과정은 오랜 시간을 두고 보면 세포의 구조 및 기능에 유리한 작은 변화를 유도한다. 완전히 새로운 구조는 결단코 만들어지지 않는다. 즉, 기존 세포 구조는 생명체가 새로운 환경에 더 잘 적응하게 변한다. 단백질에서 약간의 변화는 기능에 중요한 변화를 일으키거나 기능을 완전히 없앨 수 있다.

예를 들어, 어떤 생명체에서 어떤 유전자가 중복되어 2개가 된다. 이 중 1개는 원래의 기능을 유지한 단백질을 만들고, 다른 1개는 돌연변이가 발생하여 시간이 지나면서 원래의 단백질과는 기능이 약간 다른 혹은 완전히 기능이 다른 단백질을 만든다. 일부 생명체의 진화 과정에서 전체 genome (게놈)이 중복되어 많은 유전자의 두 번째 사본에 돌연변이가 일어나 새로운 기능이 생성된다. 이 과정에서 핵심적인 역할을 하는 것은 생명체의 cellular organization (세포 구성)으로 세포 내에 발생한 소소한 변형을 새로운 기능이 추가된 세포로 진화시킨다. 그 결과 유연관계가 높은 생명체에서는 유전자, 단백질 및 세포 구성이 유

표 1-1 • 화석 기록과 최근의 DNA 염기서열 분석으로 결정된 지구상 생명체의 진화 연대표

4600 million years ago	The planet Earth forms from material revolving around the young sun.
~3500 million years ago	Cells resembling prokaryotes appear. These first organisms are chemoautotrophs: they use carbon dioxide as a carbon source and oxidize inorganic materials to extract energy.
3000 million years ago	Photosynthesizing cyanobacteria evolve; they use water as a reducing agent, thereby producing oxygen as a waste product.
1850 million years ago	Unicellular eukaryotic cells appear.
1200 million years ago	Simple multicellular organisms evolve, mostly consisting of cell colonies of limited complexity.
580–500 million years ago	Most modern phyla of animals begin to appear in the fossil record during the Cambrian explosion.
535 million years ago	Major diversification of living things in the oceans: chordates, arthropods (e.g., trilobites, crustaceans), echinoderms, mollusks, brachiopods, foraminifers, radiolarians, etc.
485 million years ago	First vertebrates with true bones (jawless fishes) evolve.
434 million years ago	First primitive plants arise on land.
225 million years ago	Earliest dinosaurs (prosauropods) and teleost fishes appear.
220 million years ago	Gymnosperm forests dominate the land; herbivores grow to huge sizes.
215 million years ago	First mammals evolve.
65.5 million years ago	The Cretaceous-Tertiary extinction event eradicates about half of all animal species, including all of the dinosaurs.
6.5 million years ago	First hominids evolve.
~2 million years ago	First members of the genus *Homo* appear in the fossil record.
~450 thousand years ago	Neanderthals appear.
~300 thousand years ago	Anatomically modern humans appear in Africa.
~40 thousand years ago	Extinction of Neanderthals.

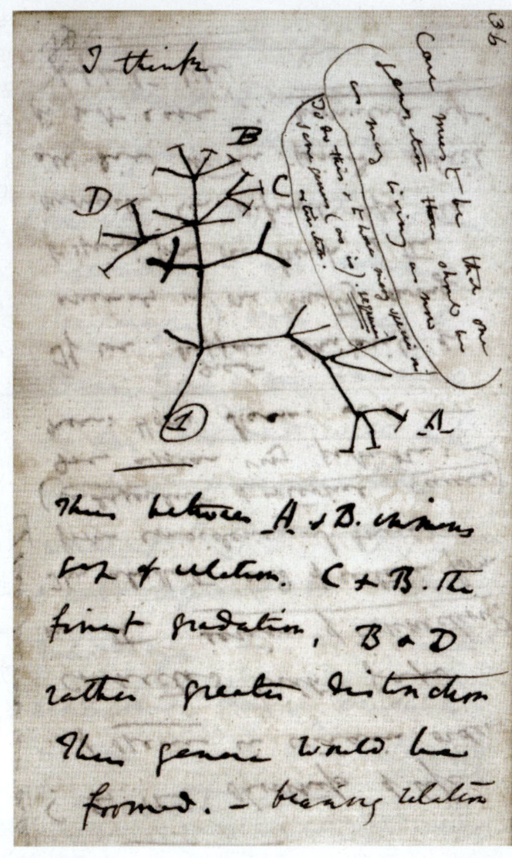

그림 1-2 Charles Darwin의 노트북에 있는 최초의 evolutionary tree. HMS 비글호를 타고 장대한 항해를 한 지 1년 후, Darwin은 이미 *On the Origin of Species* (1859)에서 출판될 자연선택의 개념을 공식화하기 시작하였다. 왼편의 사진은 종의 변환에 대해서 다윈이 1837년에 작성한 "B" 노트의 36페이지이다. 그는 첫 번째 evolutionary tree 위에 "나는 생각한다"라고 적었다. 그는 *On the Origin of Species*에서 생존하는 생명체와 멸종된 생명체 모두에 대한 진화 역사를 더 자세히 설명하고 더 정교한 가상의 evolutionary tree를 제시하였다. [Page 36 of Charles Darwin's 1837 "B" notebook on *Transmutation of Species*.]

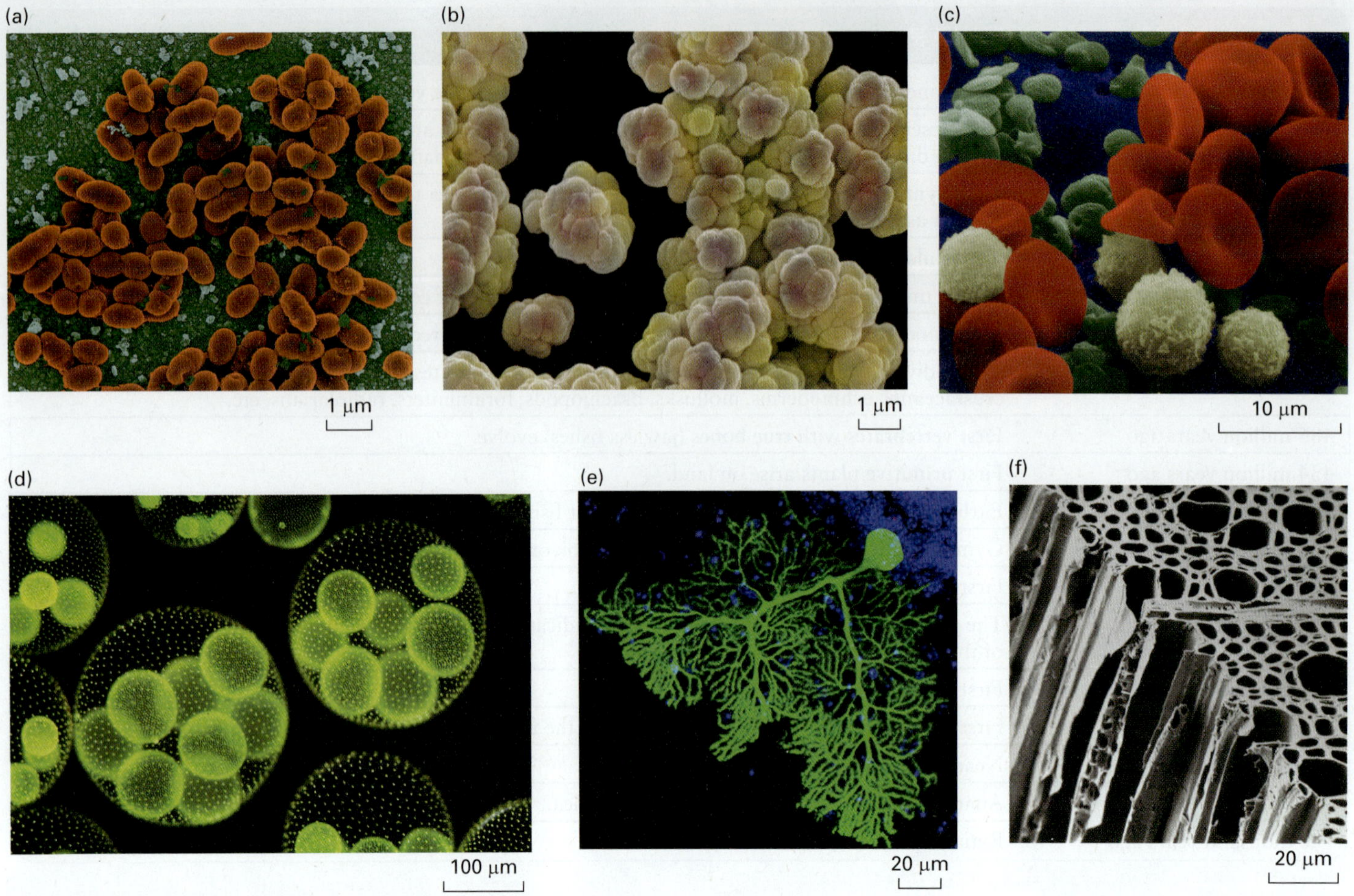

그림 1-3 세포는 모양과 크기가 놀랍도록 다양하다. 세포의 morphological (형태학적) 다양성 중 일부를 위 사진들에서 제시하였다. 세포는 morphology 외에도 움직이는 능력, 내부 조직(원핵세포 vs 진핵세포) 및 대사 활동이 다르다. (a) Eubacteria: Roquefort, Brie 및 Camembert처럼 치즈를 생산하는 데 사용되는 *Lactococcus lactis*. 분열하는 세포를 눈여겨 보라. (b) 이산화탄소와 수소 가스를 메탄으로 전환하여 에너지를 생산하는 archaeans (고세균)인 *Methanosarcina* 덩어리. 소의 rumen (반추위)에 사는 일부 종은 매일 150ℓ 이상의 메탄 가스를 생산한다. (c) 가상의 색으로 나타낸 인간 혈액 세포. 적색 세포는 산소를 함유한 erythrocyte (적혈구)이고, 백색 세포 (leukocyte)는 면역계의 일원으로 감염과 싸우며, 녹색 세포 조각은 상처를 막고 혈액 응고를 시작하는 물질이 있는 platelet (혈소판)이다. (d) 군집 단세포 alga (녹조류)인 *Volvox aureus*. 큰 구의 표면에는 파란색 또는 녹색 점으로 보이는 수천 개의 individual cell이 있다. 내부의 노란색 덩어리는 각각 많은 세포로 구성된 daughter colony이다. (e) cerebellum (소뇌)의 단일 Purkinje neuron는 dendrite (수상돌기)의 분지 네트워크를 통해 다른 세포와 10만 개 이상의 연결을 형성할 수 있다. 세포는 gene-coding 녹색 형광 단백질을 도입하여 볼 수 있게 되었다. 핵이 있는 cell body는 오른쪽 위쪽에 전구 모양처럼 생긴 것이다. (f) 관다발 식물의 식물세포는 단단한 셀룰로오스 골격에 의해 지지되어 제자리에 단단히 고정되어 있다. 세포 사이의 공간은 연결되어 튜브를 형성하며 물과 영양분을 운반한다. [Part (a) Dr. Gary Gaugler/Science Source. Part (b) Power and Syred/Science Source. Part (c) Science Source. Part (d) micro_photo/Getty Images. Part (e) Courtesy of Dr. Helen M. Blau (Stanford University School of Medicine) and Dr. Clas B. Johansson (Karolinska Institutet). Part (f) Biophoto Associates/Science Source.]

사하다.

인체를 비롯한 다세포 생명체는 서로 긴밀하게 상호작용하는 요인들로 구성되었다. 생명체는 organ (기관)으로, 기관은 tissue (조직)로, 조직은 세포로 구성되었다(그림 1-4). Living system (생체계)의 조화된 반응은 여러 단계의 상호작용으로 조절되어 나타난다. 즉, 화학물질은 기관에서 기관으로 세포에서 세포로 신호를 전달하며, 세포가 분비하는 화학물질에 의해 조직은 다른 조직과 구분되고 통합도 된다. Biological system (생물학적 시스템)을 작은 단위로 나누어도 각각은 상호작용한다.

Biological system을 알기 위해서는 living system의 작은 부분부터 알아야 한다. 기관은 상호작용하는 세포들로 구성되었으므로 세포생물학을 먼저 고찰하는 것이 타당하다. 지구상의 모든 생명체의 최초 공통 조상은 단세포이다(그림 1-1 참조). 모든 생명체는 세포 수준에서 놀랄 만큼 비슷하다. 모든 세포는 동일한 구성 물질로 구성되었으며, 유사한 방식으로 유전 정보를 저장하고 유지하고 발현한다. 구조, 에너지 대사, 물질 수송, 신호전달, 발생 과정 등도 또한 유사하다.

이 장에서는 세포의 공통적인 특성을 소개한다. 먼저 생명체에 존재하는 기본적인 macromolecule (거대분자) 및 구성 분자를, 다음은 오늘

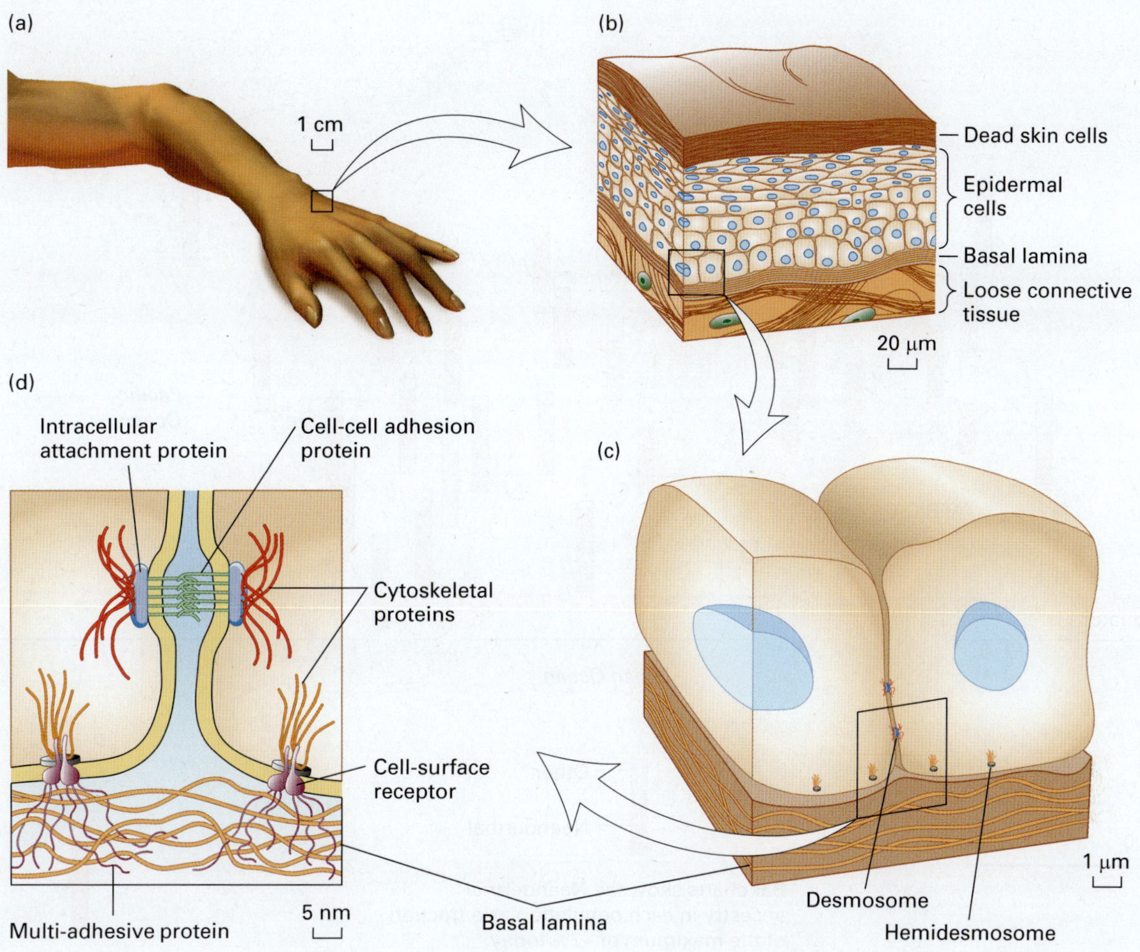

그림 1-4 Human body처럼 living system은 서로 연관된 인자들로 구성되었다. (a) 손 표면은 피부라는 organ으로서 여러 층의 tissue로 구성되었다. (b) 각질처럼 죽은 피부 세포는 신체를 상처, 감염 및 탈수 등으로부터 보호한다. 각질층은 끊임없이 epidermal cell로부터 재생되며, epidermal cell은 동물의 털이 된다. 근육의 더 깊은 층과 결합조직에는 피부에 색조와 탄력성을 준다. (c) Tissue는 세포들이 desmosome 및 hemidesmosome이라는 접착 구조를 이용하여 서로 결합하여 쌓인 것이다. (d) 세포 접착의 핵심적인 요소는 세포막의 성분인 인지질 및 단백질과 같은 구성물이다. 세포막을 관통하는 단백질은 섬유 다발처럼 된 단백질과 막 내외에서 강한 결합을 이루기도 한다.

날 생명체에서 보존된 세포 구조와 기능의 기본적인 측면에 대해 논의하는데, 우선 핵이 없는 단세포 생명체인 **원핵생물** 생명체에 초점을 맞추고서 이들이 생명의 기본 분자를 연구하는 데 사용되는 것을 설명한다. 그런 다음, 우리는 많은 세포소기관에 초점을 맞춰서 핵을 지닌 **진핵세포**의 구조와 기능에 대해 논의한다. 그 다음은 단세포로 이루어진 진핵생물 생명체인 yeast를 이용하여 분자 및 세포 생물학의 기본 현상 및 생명에 필수적인 유전자의 돌연변이를 생성하고 분석하는 연구를 설명한다. 인간과 모기 숙주 내에서 세포가 변형하는 말라리아를 유발하는 기생충에 대한 것도 설명한다.

그 다음은 조직과 기관을 형성하는 세포–세포 상호작용에 초점을 맞춘 다세포 동물인 후생동물(metazoan)의 구조와 기능을 살펴본다. 수천 개의 원핵생물과 단세포로 이루어진 진핵생물뿐만 아니라 많은 후생동물 genome의 완전한 서열이 밝혀졌다. 이런 염기서열은 유전자와 생명체의 진화에 대한 상당한 통찰력을 제공한다. 이 염기서열 데이터가 어떻게 생물학에 더 많은 정보를 제공하는 새로운 데이터 기반 및 컴퓨터 기반에 근거한 *genomics* (유전체학) 및 *bioinformatics* (생물정보학)의 개발로 이어졌는지 논의한다. 예를 들어, 수천 개의 인간 DNA에 대한 완전한 염기서열 분석으로 인간 질병을 유발하는 많은 유전자의 돌연변이를 규명하였다. 고대 DNA 시료를 분석함으로써, 현대인과 멸종된 Neanderthals (네안데르탈인) 간의 관계를 알게 되었고, 오늘날 많은 인간이 수천 년 전 교배의 결과로 DNA genome의 최대 2%가 네안데르탈인에게서 유래했다는 사실을 밝혀냈다(그림 1-5). 이러한 DNA 연구로 고대 인류가 아프리카에서 그리고 아프리카에서 현재 위치로 이동한 이동 경로를 설명할 수 있게 되었다. 개별 인간 세포에 존재하는 mRNA 분석을 통해 인체에 완전히 새로운 유형의 세포가 존재함을 밝혔다. 앞으로 몇 년 동안 인공 지능 및 기계 학습의 발전과 함께 genomics 및 bioinformatics의 지속적인 발전은 human biology (인체 생물학) 및 질병의 많은 측면을 분명하게 밝힐 것이다.

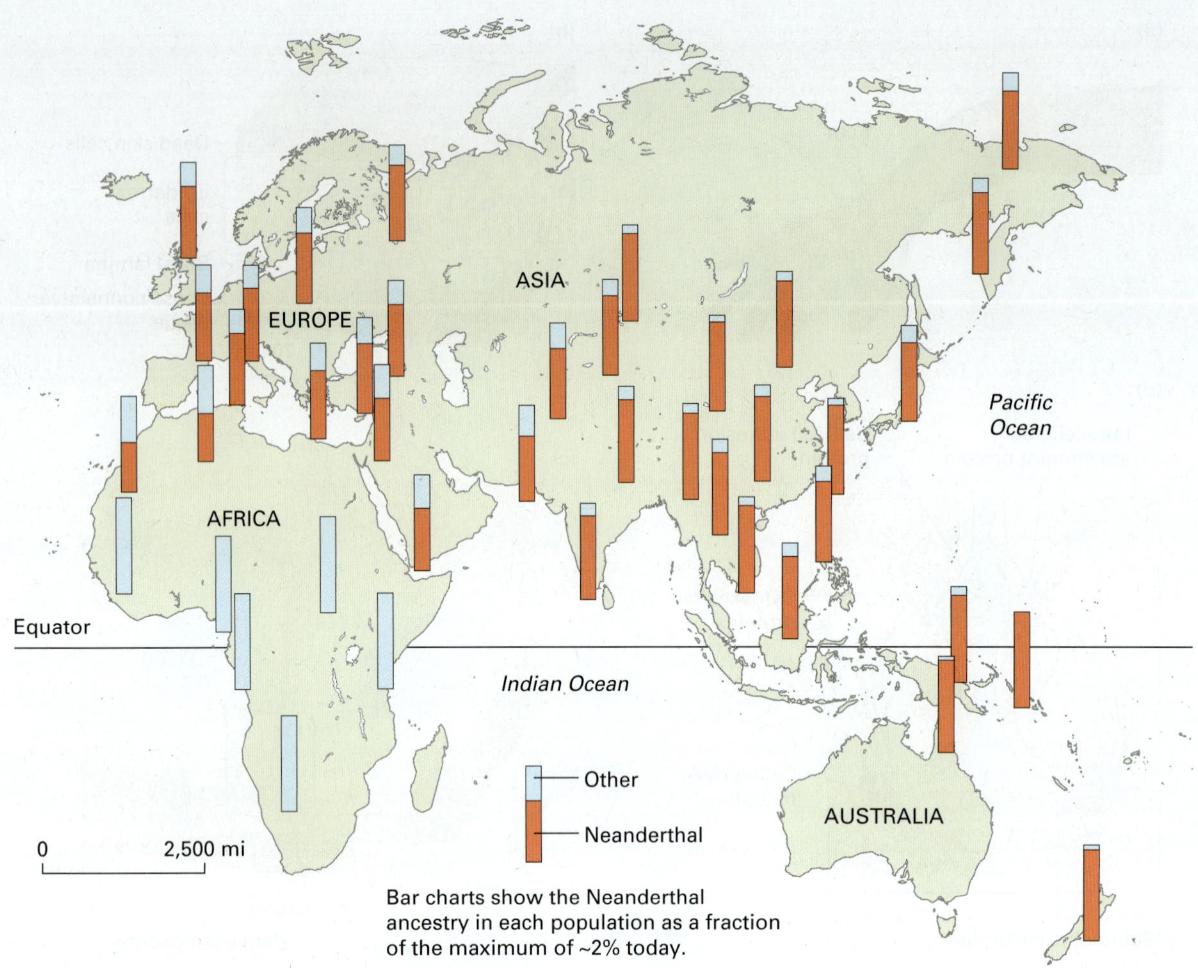

그림 1-5 현생인류에서 발견된 Neanderthal DNA의 대략적인 비율. 먼 과거에 Neanderthal과 교배된 인간이 존재할 확률은 오늘날 유럽에서 가장 가능성이 크고, 현재 인간의 DNA 중 최대 2%가 Neanderthal DNA에서 파생된 염기서열을 갖고 있다. 이 그래프는 다양한 장소에 거주하는 인간들에게서 관찰된 Neanderthal인 DNA의 양을 최대 2%에 대한 상댓값을 나타낸 것이다. Neanderthal genome 전체의 염기서열은 Croatia의 한 동굴에서 발견된 40,000년 된 뼈에서 처음으로 결정되었다. 분명히 Neanderthal은 유라시아에서 현생 인류의 조상과 짝짓기를 했으며, 우리는 Neanderthal DNA의 어떤 부분이 아프리카인이 아닌 다른 현대인들에게 남아있는 것을 볼 수 있다. Neanderthal DNA는 남아프리카에 사는 토착민들에게서 거의 발견되지 않았는데, 아마도 그들의 조상 대다수가 Neanderthal을 만난 적이 없기 때문일 것이다. [Data from: "Map" by Oliver Uberti, copyright © 2018 by David Reich & Eugenie Reich; from *Who We Are and How We Got Here: Ancient DNA and the New Science of the Human Past* by David Reich, Pantheon Books.]

이 장의 마지막 절에서 후생동물의 발생과 기능에서 여러 유전자의 보존된 역할을 밝히는 데 유용한 초파리 *Drosophila melanogaster*, 선충 *Caenorhabditis elegans*, *planaria* 및 *zebrafish Brachydanio rerio*와 같이 널리 연구된 여러 후생동물을 소개한다. 얼마나 많은 유전자 데이터의 양이 축적되고 있는지 알아보고, 이 데이터를 이용하여 human development, 기능 및 질병에 대한 이해뿐만 아니라 생명체 간의 진화 관계를 명확히 분석할 것이다. 실제로, 생물학자들은 진화를 연구 도구로 활용한다. 모든 후생동물에 보존된 유전자와 그 단백질이 단세포 생명체에서는 발견되지 않는다면, 그 단백질은 아마도 모든 후생동물에서 중요한 기능을 하므로 모든 후생동물 연구에 가장 적합하다. 많은 유형의 후생동물 세포의 구조와 기능이 또한 보존되어 있어 근육과 간세포, 장을 감싸고, 우리 몸을 형성하는 상피세포층을 포함한 많은 종류의 세포 구조와 기능을 상당히 자세하게 이해하고 있다. 그러나 다른 많은 세포, 특히 우리의 신경계와 면역계를 형성하는 여러 유형의 세포는 여전히 규명해야 할 과제이다. 인체를 구성하는 이들 세포 및 기타 세포 시스템과 기관에 대해서 훨씬 중요한 세포생물학적 실험이 필요하다.

1.1 생체 물질

커다란 polymer (중합체)가 분자세포 생물학의 주된 관심사이지만, 크기가 작은 분자에 의해서 세포 내의 모든 과정이 시작된다. 생명체 무게의 75–80%를 차지하는 것은 물, 무기이온(inorganic ion) 및 분자량이 작은 다양한 organic molecule (유기 분자)이며, 물은 세포 부피의 75%를 차지한다(그림 1-6). 물을 비롯한 이런 작은 분자는 세포 내에서

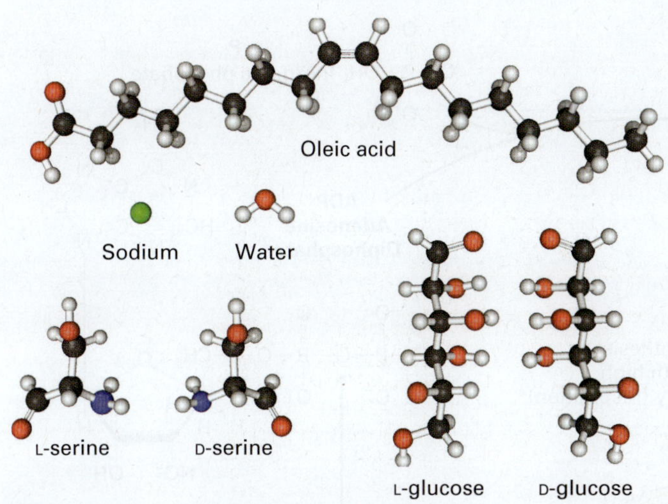

그림 1-6 세포에 존재하는 많은 작은 분자들의 예. 제시된 serine처럼 L-형태 아미노산만이 세포에 존재하며 단백질 합성에 이용되지만, 거울상 이성질체인 D-형태 serine은 단백질 합성에 이용되지 않는다. D-형태 glucose는 세포에서 CO_2와 H_2O로 대사되지만, L-glucose는 대사되지 않는다.

일어나는 에너지 대사 및 cell signaling (세포 내 신호)과 같은 반응의 substrate (기질)로 작용한다. 세포는 이런 작은 분자들을 여러 방법으로 획득한다. 이온, 물 및 분자량이 작은 유기 분자는 세포 내로 수송되고(11장 참조), 그 밖의 작은 물질들은 세포에서 일련의 화학 반응으로 합성된다(12장 참조).

Sugar (당), 비타민, 아미노산처럼 분자량이 작은 분자에서도 진화 흔적을 볼 수 있다. 예를 들어, glycine (글리신)을 제외한 모든 아미노산은 비대칭 탄소가 있어 L-stereoisomer (L 형태의 입체이성질체) 아미노산만이 단백질 합성에 이용된다. 이와 마찬가지로 세포 내에는 D-stereoisomer glucose (포도당)만이 존재한다. 즉, L-stereoisomer glucose는 세포에 존재하지 않는다(그림 1-6 참조). 생명체의 진화 초기에 공통 조상 세포는 한 형태의 stereoisomer만 반응할 수 있게 진화하였다. 이런 선택이 어떻게 일어났는지 모르지만 고착되었다.

세포 내의 작은 분자는 다양한 기능을 가진다. 예를 들어, **Adenosine triphosphate (ATP, 아데노신삼인산)**는 진화적으로 보존되어 모든 생명체에 존재하는 작은 분자로서 화학 에너지를 저장한다. ATP에 저장된 에너지는 쉽게 이용되며, 이 에너지는 ATP를 형성한 결합(bond)들 중에서 2개의 bond에 존재한다(그림 1-7). ATP에 존재하는 에너지가 높은 2개의 bond 중 하나가 끊어지면, **adenosine diphosphate (ADP, 아데노신이인산)**와 HPO_4^{2-} (P_i, 무기인산염)가 생성되면서 에너지가 방출된다. 방출된 에너지는 단백질 합성 혹은 muscle contraction (근수축)처럼 에너지를 요구하는 생체 반응에 이용된다. 많은 종류의 세포들은 ATP 합성에 필요한 에너지를 얻기 위해 음식물을 분해한다. 예를 들어, sugar가 CO_2와 H_2O로 분해될 때 sugar 분자에 내재한 화학 에너지는 ATP의 energy-rich bond에 상당 부분 저장된다(12장 참조). 박테리아, 식물, 동물의 모든 세포는 위에 언급된 방식으로 ATP를 생성한다. 더구나, 식물과 일부의 생명체는 빛을 이용하여, 즉 photosynthesis (광합성) 방식으로 ATP를 생성한다. 극한 환경에 사는 일부 원핵생물은 H_2S (황화수소)를 환원제로 사용하여 ATP를 생성한다.

호르몬 및 성장 인자(growth factor)처럼 크기가 작은 분자는 세포 활동을 지시하는 신호로 작용한다(15, 16장 참조). Neuron (뉴런, 신경세포)도 크기가 작은 분자인 serotonin (세로토닌)을 분비하고 인지하여 서로 신호를 주고받는다(23장 참조). 인체에 강력한 영향을 주는 놀람은 순간적으로 adrenaline (아드레날린)이라는 크기가 작은 호르몬이 체내로 순간적으로 흘러나와 생기는 현상이며, adrenaline은 '싸우거나 멀리 달아나는' 반응을 유도한다(15장 참조).

크기가 작은 어떤 **분자(monomer)**가 반복적으로 공유 결합하여 **polymer** (혹은 **거대분자**라 한다)를 생성한다. 이런 polymer를 형성한 작은 분자를 monomer (단위체)라 한다. 세포는 다당류, 단백질, 핵산 등 세종류의 거대분자를 생성한다. 예를 들어, sugar는 다당류를 만드는 데 사용된 monomer이다. D-glucose의 polymer인 cellulose (셀루로즈)는 plant cell wall (식물 세포벽)의 중요한 성분이며(20장 참조), glycogen (글리코겐)은 간과 근육에서 glucose의 저장 물질이다(15장 참조). 세포는 거대분자를 합성하는 데 사용되는 선구물질인 monomer를 절제된 방식으로 제공한다.

단백질은 세포의 구조를 형성하며 세포 활동의 대부분을 수행한다

세포에서 일꾼 역할을 하는 단백질은 세포에 존재하는 거대분자 중에서 가장 큰 비율을 차지하며 다양한 기능을 갖는다. 세포는 20종류의 **아미노산**을 일렬로 연결해서 특정 아미노산 서열을 갖는 단백질을 생성한다(그림 2-14 참조). 이렇게 생성된 단백질의 아미노산의 수는 100–1,000개이다. 아미노산을 중합하는 과정에서 일렬로 연결된 아미노산의 사슬은 복잡한 형태로 접혀서 특이한 3차 구조와 기능을 지닌 단백질이 된다(그림 1-8). 인간은 아미노산을 섭취한 단백질을 분해하여 혹은 다른 분자들로부터 합성하여 얻는다.

단백질은 세포 내에서 다양한 기능을 수행한다. 단백질 대부분은 화학 반응을 촉진하는 효소이다(3장 참조). 어떤 단백질은 단백질 합성 단계를, 또 어떤 단백질은 DNA 및 RNA와 같은 거대분자 합성을 촉진한다(5장 참조). 기다란 섬유 다발 구조인 *cytoskeletal* protein (세포골격 단백질)은 세포의 구조를 담당하는 성분으로 세포 내 골격을 형성한다. Cytoskeleton과 결합한 어떤 단백질은 ATP에 저장된 에너지를 이용하여 chromosome (염색체) 같은 세포 내 구조, 심지어는 세포 자체를 움직인다(17, 18장 참조). 어떤 단백질은 이웃한 세포와 함께 결합하거나 extracellular matrix (세포외 기질)을 형성한다(그림 1-4 참조). 단백질은 세포의 온도, 이온 농도 혹은 특성이 변함에 따라 모양이 변하는 센서 역할을 한다. 세포의 plasma membrane (원형질막, 세포 표면에 존재하는 막)에 박혀 있는 단백질은 크기가 작은 다양한 분자 및 이온을 수송한다(11장 참조). Insulin (인슐린)처럼 어떤 단백질은 호르몬이

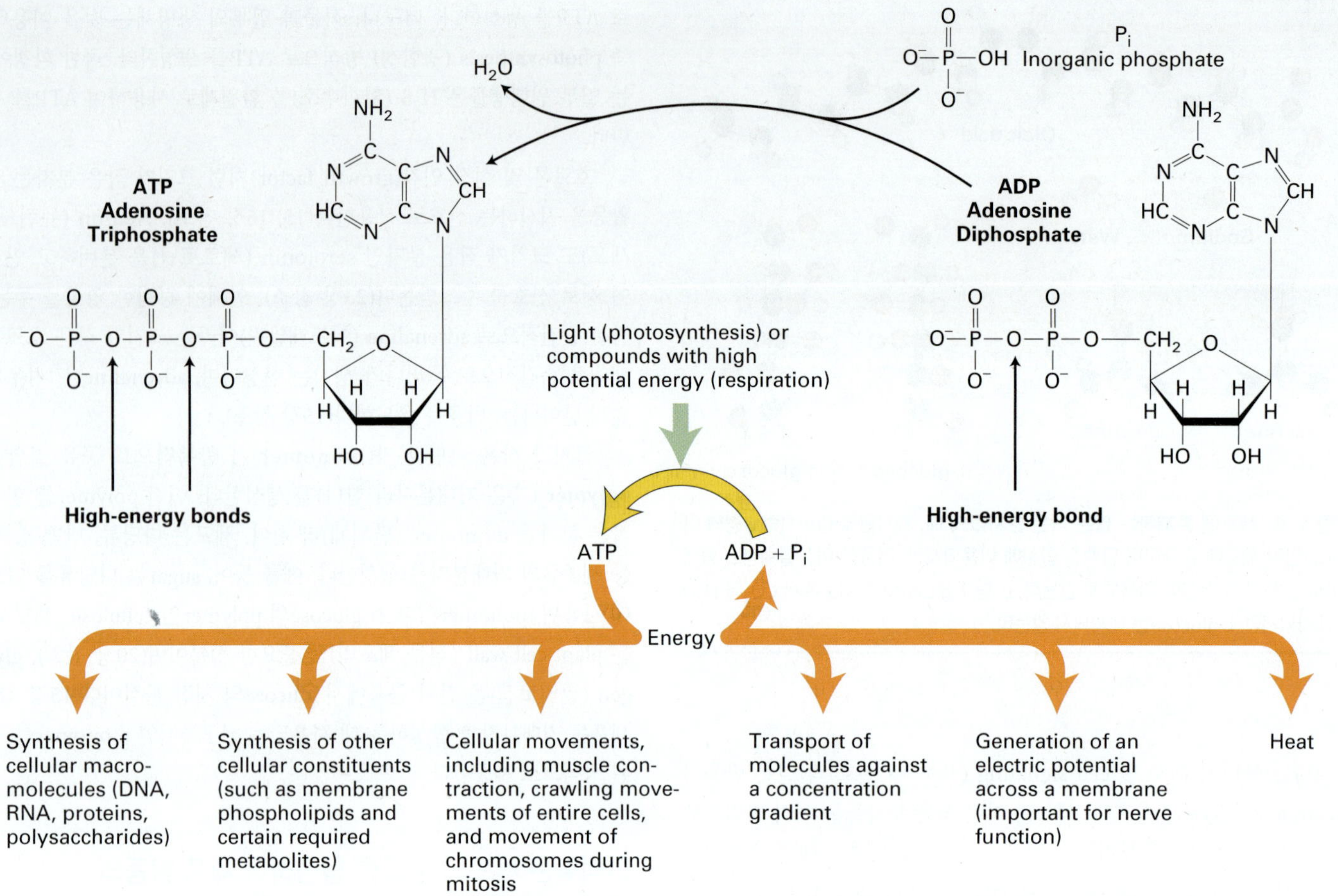

그림 1-7 Adenosine triphosphate (ATP)는 세포가 에너지를 포집하고 저장하고 전달하는 데 사용하는 가장 보편적인 분자이다. ATP는 식물과 photosynthetic algae (광합성 조류)에서는 photosynthesis에 의해서 그리고 나머지 대부분 세포에서는 당과 지방을 분해해서 ADP와 inorganic phosphate (P_i) (무기인산염)로부터 생성된다. ATP에서 P_i로 가수분해될 때 방출되는 에너지는 세포에서 일어나는 많은 과정을 촉진한다.

고, 어떤 단백질은 호르몬과 결합하는 receptor (수용체)이다. 특정한 단백질과 결합한 receptor는 세포의 특정한 기능을 조절하는 신호를 만든다(15, 16장 참조). 어떤 단백질은 DNA의 특이한 염기서열에 결합해서 유전자 발현을 조절한다(8장 참조). 실제로, 분자세포 생물학은 특정 세포에서 특정 단백질의 기능을 연구한다.

핵산은 적시적소에 단백질을 만드는 정보를 갖고 있다

대중들의 관심이 집중된 거대분자는 DNA이다. 이 물질의 기능상 특징 때문에 DNA는 세포를 관장하는 분자이다. 1953년에 James D. Watson과 Francis H. Crick은 Rosalind Franklin이 X-선으로 DNA의 crystal (결정)을 분석한 결과에 근거하여 DNA의 3차 구조를 제안하였다. 이 DNA의 3차 구조는 helix (나선형)의 two strand (2가닥)가 서로 밧줄 모양처럼 꼬여서 형성된 **double helix (이중나선)**이다(그림 1-9). DNA의 이중나선 구조는 한 세대에서 다음 세대로 전해지는 **유전**적 특성, 즉 유전 현상을 설명하는 데 핵심이다.

DNA strand는 nucleotide (뉴클레오타이드)라 불리는 monomer로 구성되었다. Nucleotide는 유기화합물로 고리 구조의 염기성 물질이므로 *base* (염기)라고도 부른다(5장 참조). 네 종류의 nucleotide, 즉 A, T, C, G가 서로 결합하여 DNA strand를 형성할 때, base는 strand 중심 축으로부터 안쪽에 위치한다. Strand 2개가 서로 마주 보며 안쪽에 있는 base들이 수소 결합한 stand가 꼬여 double helix를 형성한다. DNA 이중나선에서 한 strand에 있는 base가 A이면 다른 strand에 있는 base는 T이고, G이면 C이다(그림 1-9 참조). 두 strand의 base 사이의 **상보적** 결합은 매우 강해서, 두 strand가 적절한 온도와 salt (염) 조건에서 서로 떨어져도 이들은 다시 붙는다. 이런 현상은 5장에서 배울 DNA replication (복제)과 유전에 매우 중요하며, 또한 6장에 자세히 설명한 DNA 분자 연구 기술의 기초가 된다.

DNA의 유전 정보는 strand에 일렬로 연결된 nucleotide, 즉 염기서열에 있다. 유전자는 DNA의 특정한 조각에 해당하며 특정한 단백질을 만드는 정보를 갖고 있다. 일반적으로 유전자는 단백질의 아미노산을 지정하는 coding region (코딩 부위)과 이 유전자의 발현을 조절하는

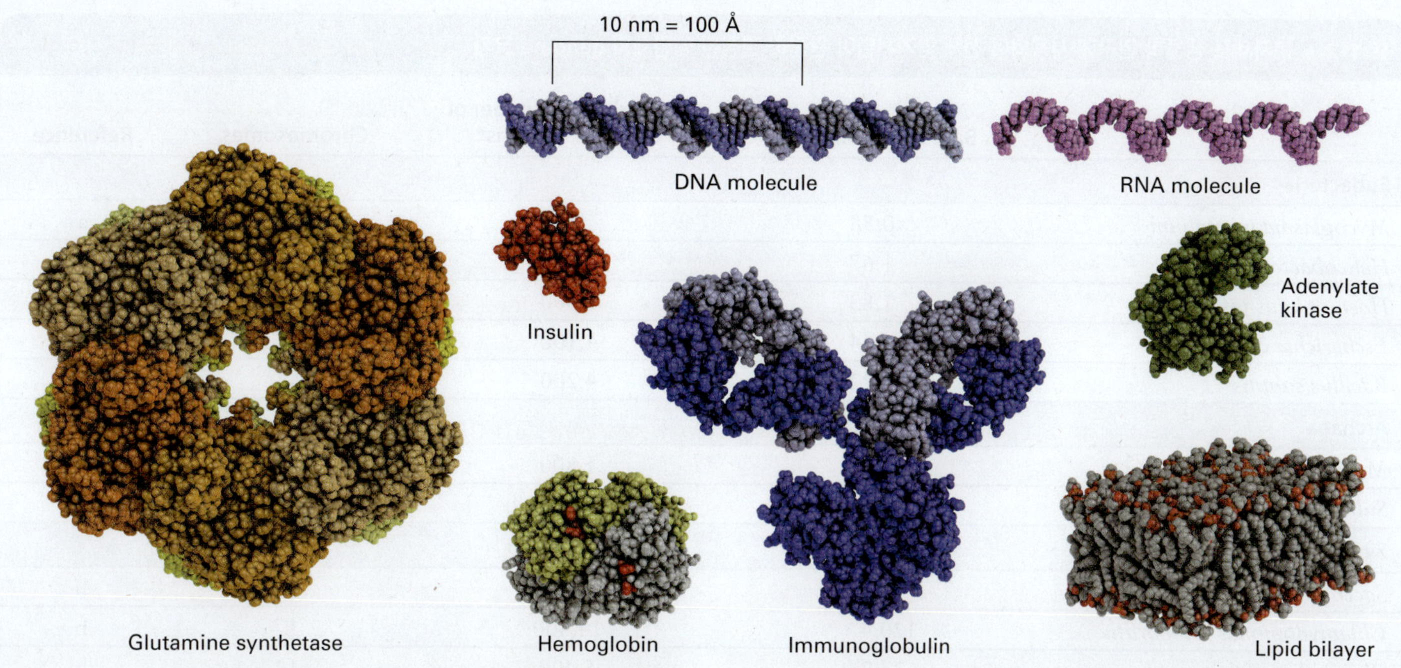

그림 1-8 대표적인 단백질들의 모형을 일정한 비율로 나타내서, DNA, RNA 및 lipid bilayer 일부분과 비교하였다. 각각의 단백질은 수많은 공유 및 비공유 결합으로 형성된 고유한 3차 구조를 갖는다. 위에 나타낸 단백질은 효소(glutamine synthetase, adenylate kinase), 항체(immunoglobulin), 호르몬(insulin) 및 적혈구의 산소 운반체(hemoglobin)이다. [Glutamine synthetase data from H. S. Gill and D. Eisenberg, 2001, *Biochemistry* **40**:1903–1912, PDB ID 1fpy. Insulin data from E. N. Baker et al., 1988, *Phil. Trans. R. Soc. Lond. B Biol. Sci.* **319**:369–456, PDB ID 4ins. Hemoglobin data from G. Fermi et al., 1984, *J. Mol. Biol.* **175**:159–174, PDB ID 2hhb. Immunoglobulin data from L. J. Harris et al., 1998, *J. Mol. Biol.* **275**:861–872, PDB ID 1igy. Adenylate kinase data from G. Bunkoczi et al., PDB ID 2c9y.]

어떤 특이한 단백질이 결합하는 regulatory region (조절 부위)으로 구성된다. 생명체에 존재하는 유전자의 수는 박테리아에는 수천 개, yeast (효모)와 그 밖의 단세포 진핵생물은 5,000개, 사람을 비롯한 후생동물에는 13,000–23,000개이고, 많은 식물에는 이보다 더 많은 유전자가 있다(표 1-2).

이 장의 후반에서 언급된 내용인데, 박테리아의 많은 유전자는 모든 생명체에 공통으로 존재하는 glucose 대사, 핵산 및 단백질 합성과 같은 반응을 촉매하는 단백질 서열을 지정한다. 이들 유전자와 이들이 암호화된 단백질은 모든 살아있는 생명체에 걸쳐 보존되어 있으므로, 박테리아 세포에서 유전자와 단백질 기능에 관한 연구는 기본적인 생명 과정에 대한 심오한 통찰력을 제공한다. 마찬가지로, 단세포 진핵생물인 yeast의 유전자에서 생성되는 많은 단백질 또한 원핵생물에는 없지만 모든 진핵생물에는 공통으로 존재하므로, yeast의 cell division (세포분열) 현상은 cancer cell (암세포)을 연구하는 데 적용된다.

DNA 서열에 저장된 정보가 어떻게 단백질로 전환되는가? 세포는 일련의 2단계를 거쳐 DNA에 저장된 정보로부터 단백질을 만든다(그림 1-10). 첫 단계는 **transcription (전사)**으로 유전자의 coding region을 single strand 형태의 **ribonucleic acid (RNA)**로 만드는 과정이다. 이때 생성되는 RNA의 염기서열은 DNA의 double strand 중 한 strand의 염기서열과 같다. **RNA polymerase (RNA 중합효소)**는 DNA를

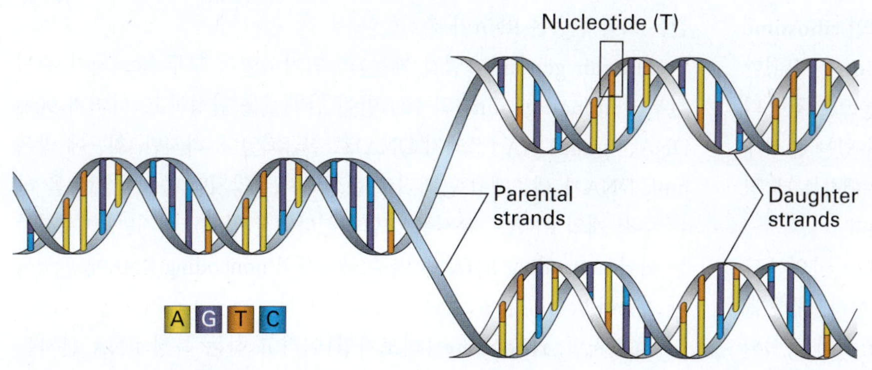

그림 1-9 DNA는 상보적인 strand 2개로 구성되었는데, 이들 가닥이 서로 꼬여서 형성된 이중나선 구조이다. 이중나선은 A와 T, C와 G 염기 간의 약한 수소결합과 쌓인 염기 사이의 상호작용으로 안정화된다. Replication이 일어나는 동안에, 두 strand는 풀어지며, complementary strand를 만들기 위한 template로 이용된다. 그 결과 본래의 double helix와 동일한 double helix 2개가 생성되고, 각 copy는 본래 strand와 새로 만들어진 complementary strand를 가진다.

표 1-2 • 분자세포 생물학 연구에 사용되어 전체 염기서열이 완전히 결정된 생명체의 genome 크기

	Base Pairs (Millions)	Approximate Number of Encoded Proteins*	Chromosomes†	Reference
Eubacteria				
Mycoplasma genitalium	0.58	500	1	a
Helicobacter pylori	1.67	1,500	1	a
Haemophilus influenzae	1.83	1,600	1	a
Escherichia coli	4.64	4,100	1	a
Bacillus subtilis	4.22	4,200	1	a
Archaea				
Methanococcus jannaschii	1.74	1,800	1	a
Sulfolobus solfataricus	2.99	3,000	1	a
Single-Celled Eukaryotes				
Saccharomyces cerevisiae	12.16	6,700	16	b
Chlamydomonas reinhardtii	120.4	14,400	17	b
Plasmodium falciparum	23.26	5,400	14	b
Multicellular Eukaryotes (Metazoans)				
Drosophila melanogaster	168.74	13,900	6	b
Caenorhabditis elegans	100.29	20,500	6	b
Schmidtea mediterranea (planarian)	480	>20,000‡	4	c
Danio rerio (zebrafish)	1412.46	26,500	25	b
Gallus gallus (chicken)	1072.54	15,500	33	b
Mus musculus (mouse)	3480.96	23,100	21	b
Homo sapiens (human)	3326.74	20,800	24	b
Arabidopsis thaliana	135.67	27,400	5	b

*Numbers of encoded proteins are current estimates rounded to the nearest 100 based on genome DNA sequences. They will most likely change slightly in Eubacteria and Archaea because of the inclusion of newly discovered genes that code for very small proteins, and modestly in eukaryotes because of newly discovered small genes and because of pseudogenes that are not expressed.
†Only nuclear chromosomes are counted in eukaryotes, including distinct sex chromosomes in metazoans.
‡Predicted value.
SOURCE: Table courtesy of Dr. Juan Alvarez-Dominguez. References: a, http://www.ncbi.nlm.nih.gov/genome/; b, http://ensemblgenomes.org/; c, http://www.genome.gov/12512286.

template (주형가닥)로 해서 nucleotide를 연결하여 RNA를 합성한다. 진핵세포에서 초기 상태의 RNA는 일련의 과정을 거쳐 크기가 작아진 mRNA (전령 RNA)로 processing (가공)되어 **cytoplasm (세포질)**으로 나온다. 이곳에서 RNA와 단백질로 구성된 거대한 복합체인 **ribosome (리보솜)**이 mRNA와 결합하여 두 번째 과정인 **translation**을 진행한다. Translation 과정에서 ribosome은 모든 생명체에 공통으로 적용되는 **genetic code (유전 암호)**에 따라 mRNA 염기서열에 있는 순서대로 아미노산을 연결한다. Transcription과 translation을 수행하는 데 필요한 구체적인 세포의 구성 요소에 대해서는 5장에서 다룬다.

RNA는 핵에 있는 정보를 세포질로 전달하는 기능 이외에도 molecular machine (분자 기계)을 만드는 부품으로 작용한다. 예를 들어, ribosome은 RNA 4개와 50개 이상의 단백질이 결합하여 형성된 molecular machine으로서, mRNA의 염기서열을 정확하게 읽고 해독하여 단백질을 합성한다. 세포 내에서 대부분의 화학 반응은 단백질에 의해 촉진되지만, 아미노산을 연결하는 peptide bond (펩티드 결합)와 같은 화학 반응은 RNA가 촉진한다.

Human genome (인간 게놈)의 염기서열이 모두 밝혀지기 훨씬 전부터 human genome의 10%만이 단백질을 합성하고, 나머지 90% DNA는 junk DNA (쓰레기 DNA)로 취급되었다. 하지만, 최근에 많은 junk DNA가 세포에서 단백질로 합성되지는 않지만 중요한 기능을 하는 수천 개의 RNA로 복사됨이 밝혀졌다(9장 참조). 하지만, 현재까지는 이런 noncoding RNA 중 아주 극소수의 noncoding RNA에 관해서만 기능이 밝혀졌다.

효소처럼, **ribozyme (리보자임)**이라고 하는 특정 RNA 분자는

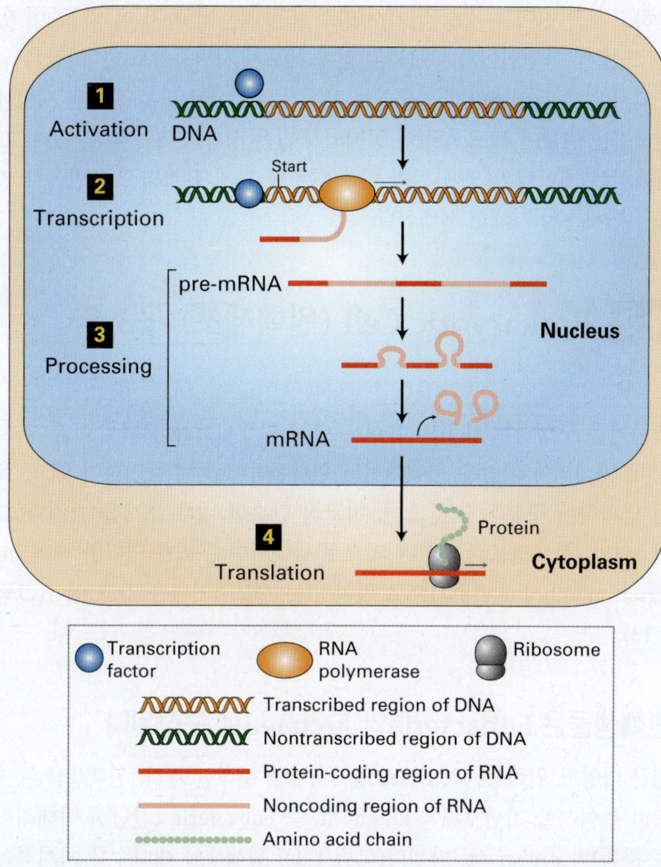

그림 1-10 진핵생물 세포에서 DNA의 암호화된 정보는 여러 과정을 통해 단백질의 아미노산 서열로 바뀌게 된다. 단계 **1**: Transcription factor (전사 인자)와 기타 단백질이 특정 유전자의 regulatory region (조절 부위)에 결합하여 유전자를 조절하고 활성화한다. 단계 **2**: RNA polymerase (RNA 중합효소)는 활성화된 유전자의 특정 위치, 즉, 시작 부위에서 transcription (전사)을 개시한다. Polymerase는 하나의 DNA strand를 template로 하여 DNA를 따라서 이동하면서 single-stranded pre-mRNA transcript를 만든다. 단계 **3**: Nontemplate strand의 염기서열과 동일한 transcript는 non-coding sequence들을 제거하는 과정을 거친다. 단계 **4**: 성숙한 mRNA는 cytoplasm으로 이동하여 mRNA의 염기서열을 해독하는 ribosome과 결합한다. Ribosome은 아미노산을 한 번에 하나씩 화학적으로 결합하여 linear chain 형태로 연결된 단백질을 합성한다.

ribosome에 존재하는 RNA처럼 화학 반응을 촉매한다. 많은 과학자는 자신을 복제할 수 있는 RNA 분자가 현재 생명체의 선구자라는 RNA world (RNA 세계) 가설을 지지한다. 이 가설은 수십억 년 전, RNA가 오늘날 생명체의 DNA, RNA 및 단백질로 점차 진화하였다는 것이다.

모든 생명체는 유전자가 어느 시기에, 어떤 장소에서 발현되어야 하는지를 조절한다. 우리 신체의 모든 세포는 같은 genome을 가지고 있지만, 세포 종류에 따라 유전자가 활성화되고 합성되는 단백질은 다르다. 예를 들어, 간세포는 신장 세포에는 없는 단백질을 생성하고, 신장 세포는 간세포에 없는 단백질을 생성한다. 더구나, 많은 세포는 외부 신호 혹은 외부 환경 변화에 반응해서 특정한 유전자를 활성화하거나 비활성화하여 변화에 필요한 단백질을 생성한다. 일반적으로 단백질 코딩 유전자는 두 부분으로 구성된다. 코딩 영역은 단백질의 아미노산 서열을 지정하고, 조절 영역은 8장에서 설명할 특정 유전자의 전사를 활성화하거나 억제하는 스위치 역할을 하는 **전사 인자(transcription factor)**라고 하는 특정 단백질이 결합하는 영역이다. 이 방법으로 조절 영역은 유전자의 암호화된 단백질이 언제 그리고 어떤 세포에서 생성되는지를 조절한다.

Phospholipid (인지질)는 모든 세포막의 구성 단위체이다

생명체의 세포는 세포와 환경의 경계를 형성하는 세포막으로 둘러싸였다. 진핵생물에서 막은 **세포소기관**이라고 하는 모든 내부 구획도 둘러싸고 있다. *Phospholipid* (인지질)이라고 하는 작은 분자는 서로 자발적으로 뭉쳐서 막 층의 기본 구조를 형성한다. 각각의 인지질 분자는 hydrophilic (친수성) 부분과 hydrophobic (소수성) 부분을 가지고 있다. 세포막은 주로 인지질 분자의 2층으로 구성되어 있다. 막의 두 인지질층에서 모든 친수성 끝은 막의 안과 바깥의 표면 쪽에 위치하며, 소수성 부위는 막 내부에 묻혀 있다(그림 1-11). 인지질에 비하여 적은 양을 차지하는 cholesterol과 같은 지질은 인지질 사이에 끼어 있다. 세포막은 세포 크기와 비교하면 매우 얇다. 박테리아 또는 yeast 세포를 축구공 크기만큼 약 10,000배 확대한다면, 원형질막은 종이 한 장 정도의 두께이다!

물, 이온 및 크기가 작은 친수성 분자는 인지질 막 층을 통과하지 못하므로, 세포막은 이들 물질을 특이적으로 통과시킬 수 있는 단백질을 갖고 있다. 일부 막단백질은 세포가 이웃한 세포와 혹은 세포 주변을 싸고 있는 polymer와 결합할 수 있게 한다(그림 1-4 참조). 또 일부의 단백질은 세포가 세포 모양을 만드는 데 또는 모양을 바꾸게 한다. 막에 대한 더 자세한 내용과 분자가 막을 통해 어떻게 이동하는지에 대해서

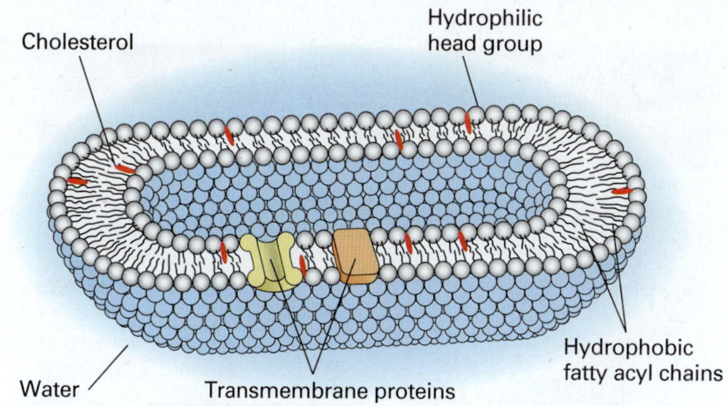

그림 1-11 세포 내부의 수용액은 두 층의 인지질로 이루어진 원형질막으로 둘러싸여 있다. 인지질 분자의 hydrophobic fatty acyl chain (검은색 곡선)은 내부로, hydrophilic head group (백색구)은 외부로 향하는 방향성을 가지고 있다. 그러므로 세포 안팎의 수용액 층과 인접해 있는 막의 양쪽 면은 charge를 띤 phosphate를 포함하는 head group으로 채워져 있다. 모든 생체막은 기본적으로 인지질 이중층 구조로 되어 있다. Bilayer에 cholesterol (적색)과 각종 단백질이 박혀 있다. 실제 세포의 내부 공간은 이 그림에서 묘사된 원형질막의 부피보다 훨씬 더 크다.

는 10, 11장에서 다룰 것이다.

세포분열로 parental cell (모세포)로부터 새로운 세포가 생성된다. DNA가 새로 만들어질 때 parental DNA의 double strand 각각을 template로 사용하여 새로운 DNA가 생성된다. 그 결과, 새로 생성된 DNA와 parental DNA의 염기서열은 같다. 이와 유사한 관점에서 새로 생성되는 세포막은 parental cell 막에 지질과 단백질이 삽입되고 fission (분열)에 의하여 생성된다. 따라서 막 합성도 DNA 합성처럼 기존에 존재하는 구조를 본뜬다.

생명을 유지하는 데 필수적인 것은 모든 세포에 존재하는 거대분자를 정교하게 조절하는 것이다

모든 세포는 내부의 거대분자를 손상할 수 있는 잠재적으로 위험한 화학물질과 방사선에 지속해서 공격을 받으며, 세포는 손상된 분자, 특히 DNA를 수리하거나 분해하기 위해 상당한 양의 에너지를 소비한다. 단백질은 적절한 3차원 구조로 접혀 있을 때만 기능한다(그림 1-8 참조). 접히지 않거나 온도 상승과 같은 스트레스의 결과로 펼쳐지는 단백질은 일반적으로 세포 내 효소에 의해 빠르게 분해되어 아미노산으로 되고, 이들 아미노산은 새로운 단백질을 만드는 데 재사용된다. 그러나 때때로 잘못 접힌 단백질이 세포 내부에서 뭉쳐서 세포에 손상을 입힌다. 3장에서 논의한 것과 같이, 뇌 신경세포에서 시간이 지남에 따라 형성되는 이러한 단백질 응집체가 Alzheimer (알츠하이머) 및 기타 신경 퇴행성 질환의 원인으로 여겨진다.

자외선과 감마선, 그리고 많은 화학물질은 DNA를 손상시켜 정상적인 DNA 서열을 변화시킬 수 있다. 이러한 돌연변이는 DNA 복제에 오류를 일으킬 수 있으며, 올바른 단백질 합성을 지시할 수 없는 서열을 초래할 수 있다. 세포에는 5장에서 논의된 것과 같이 DNA의 손상을 복구하고 돌연변이를 정상 염기서열로 전환하는 몇 가지 메커니즘이 있다. 드물게, 돌연변이가 복구되지 않아 세포가 사멸하기도 한다. 간혹 복구되지 않은 돌연변이가 엉뚱하게 잘못된 세포에서 또는 잘못된 시간에 단백질을 만들어 세포 성장이 통제되지 않은 상황을 초래할 수 있다. 25장에서는 개인의 일생에 걸쳐 발생하는 몇 가지 유형의 돌연변이가 암을 유발하는지 자세히 설명한다.

1.2 Prokaryotic Cell (원핵세포) 구조와 기능

생물계를 구성하는 세포의 유형은 크게 원핵세포와 진핵세포 두 가지이다. 박테리아와 같은 원핵세포는 원형질막에 의해 둘러싸여 있고, 핵이 명확하게 구분되지 않으며, 비교적 단순한 내부 조직을 가진다(그림 1-12). 진핵세포는 내부에 막으로 둘러싸여 구조가 명확한 핵과 internal membrane (내막)으로 싸여 있는 세포소기관을 갖고 있다(그림 1-13).

원핵생물은 Eubacteria와 Archaea로 구성된다

최근 다양한 원핵생물의 DNA 염기서열을 분석한 결과, 원핵생물은 명확한 특이성을 지닌 2개의 kingdom, 즉 eubacteria (간단히 박테리아로 부름)와 *archaea*로 나뉜다(그림 1-1). 원핵생물 대다수를 차지하는 eubacteria는 하나의 세포로 구성된 생명체이고, 광합성을 하는 cyanobacteria (청록세균) 또는 blue-green algae (남조류)도 eubacteria에 속한다. 그림 1-12는 박테리아 세포의 일반적인 구조를 나타냈으며, archaea 세포도 이와 유사한 구조를 갖는다. 박테리아 세포의 크기는 1–2 μm이며, cytoplasm과 이를 둘러싼 원형질막으로 구성되어 있다.

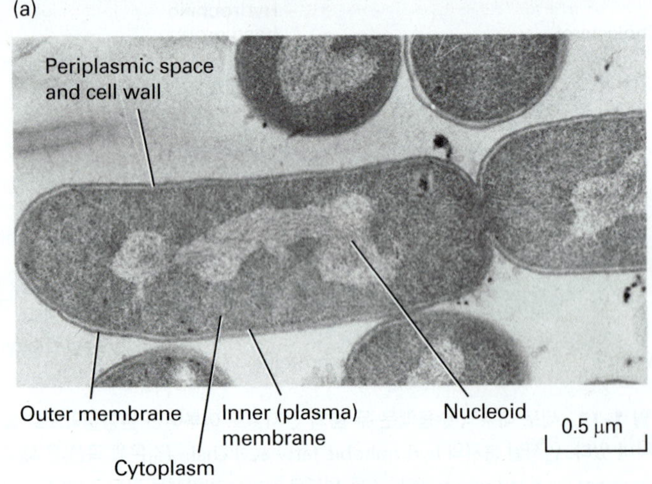

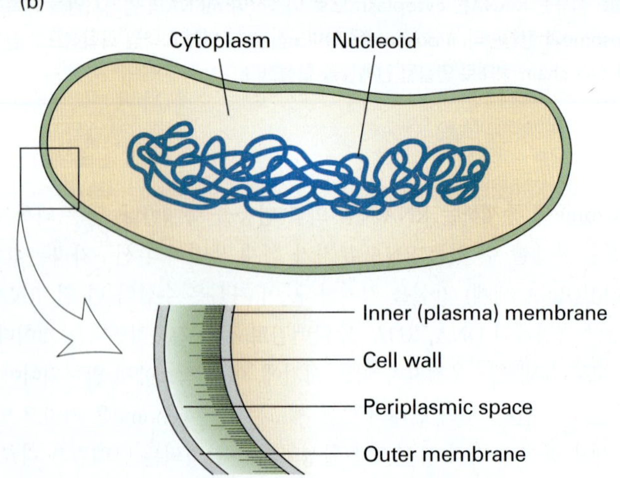

그림 1-12 원핵세포는 비교적 단순한 구조로 되어 있다. (a) 장내 세균인 *Escherichia coli*의 단면을 나타낸 전자현미경 사진. 박테리아 DNA로 구성된 핵양체는 막으로 둘러싸여 있지 않다. *E. coli* 및 gram-negative 박테리아는 막이 2개이며, 이들 막 사이의 공간을 periplasmic space라 한다. 내막 가까이에 얇은 세포벽이 있다. (b) 그림으로 나타낸 것은 gram-negative bacterium의 핵양체(파란색)와 세포질을 둘러싼 거대한 층이다. 세포에 존재하는 물, 단백질, 이온 및 기타 분자는 이 그림의 척도에 비하면 너무 작아서 나타내지 않았다. [Part (a) Courtesy of I. D. J. Burdett and R. G. E. Murray.]

(a)

Animal cell

Plant cell

1 Plasma membrane controls movement of molecules in and out of the cell and functions in cell-cell signaling and cell adhesion.

2 Mitochondria, which are surrounded by a double membrane, generate ATP by oxidation of glucose and fatty acids.

3 Lysosomes, which have an acidic lumen, degrade material internalized by the cell and worn-out cellular membranes and organelles.

4 Nuclear envelope, a double membrane, encloses the contents of the nucleus; the outer nuclear membrane is continuous with the rough ER.

5 Nucleolus is a nuclear subcompartment where most of the cell's rRNA is synthesized.

6 Nucleus is filled with chromatin composed of DNA and proteins; site of mRNA and tRNA synthesis.

7 Smooth endoplasmic reticulum (ER) contains enzymes that synthesize lipids and detoxify certain hydrophobic molecules.

8 Rough endoplasmic reticulum (ER) functions in the synthesis, processing, and sorting of secreted proteins, lysosomal proteins, and certain membrane proteins.

9 Golgi complex processes and sorts secreted proteins, lysosomal proteins, and membrane proteins synthesized on the rough ER.

10 Secretory vesicles store secreted proteins and fuse with the plasma membrane to release their contents.

11 Peroxisomes contain enzymes that break down fatty acids into smaller molecules used for biosynthesis and also detoxify certain molecules.

12 Cytoskeletal fibers form networks and bundles that support cellular membranes, help organize organelles, and participate in cell movement.

13 Microvilli increase surface area for absorption of nutrients from surrounding medium.

14 Cell wall, composed largely of cellulose, helps maintain the cell's shape and provides protection against mechanical stress.

15 Vacuole stores water, ions, and nutrients, degrades macromolecules, and functions in cell elongation during growth.

16 Chloroplasts, which carry out photosynthesis, are surrounded by a double membrane and contain a network of internal membrane-bounded sacs.

17 Plasmodesmata are tubelike cell junctions that span the cell wall and connect the cytoplasms of adjacent plant cells.

(b)

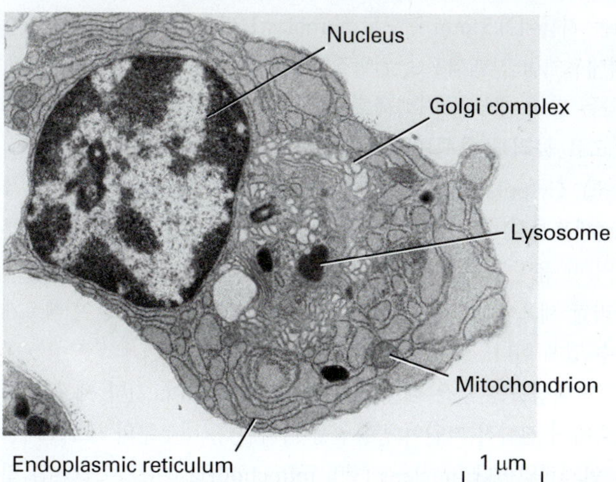

그림 1-13 진핵세포의 세포 내 조직. (a) 전형적인 동물세포(*위쪽*)와 식물세포(*아래쪽*) 그리고 이들 세포 내부의 주요 구조에 대한 개요. 모든 종류의 세포가 그림에 나타낸 모든 세포소기관, granules (과립) 및 섬유 구조를 함유하고 있지 않으며, 다른 유형의 substructure (하위 구조)가 일부 세포 유형에 존재할 수 있다. 또한, 세포는 모양, 그리고 하위 구조와 다양한 세포소기관의 중요성이 다르다. (b) 항체를 분비하는 백혈구의 일종인 plasma cell을 전자현미경으로 관찰하여 촬영한 사진. 이 그림에서 크기가 상대적으로 큰 세포소기관의 일부를 나타냈다. 모든 세포소기관에 라벨을 붙여 나타내지 않았다. [Part (b) Courtesy of I. D. J. Burdett and R. G. E. Murray.]

원핵생물의 genome은 이중가닥 DNA 분자로 구성된 단일 원형이다. 많은 원핵생물에는 *plasmid* (플라스미드)라고 하는 작은 원형의 DNA 분자가 존재한다. 박테리아 세포에는 핵으로 특징지어진 부위가 없지만, DNA는 많이 꼬이고 응축되어진 *nucleoid* (핵양체)가 세포의 중앙부에 존재한다. 많은 단백질이 cytosol (세포기질), 핵양체, 원형질막 또는 세포벽에 정확하게 위치함으로써, 세포는 정교한 구조와 기능이 조직화되어 있다.

대부분의 ribosome은 세포질에 존재한다. 진핵생물의 mRNA와 달리(그림 1-10 참조), 박테리아 mRNA에서는 processing (가공)이 제한되어 있다. 박테리아 DNA와 cytoplasm 사이에 막 장벽이 없어, ribosome은 mRNA 일부가 RNA polymerase (RNA 중합효소)에 의해 합성되자마자 mRNA에 결합할 수 있다. 따라서 원핵생물에서 transcription과 translation이 동시에 일어난다.

박테리아 세포에는 원형질막 외부에 단백질과 oligosaccharide로 구성된 peptidoglycan (펩티도글리칸)으로 이루어진 세포벽이 있다. 세포벽은 세포를 보호하며 형태를 유지하는 데 기여한다. *E. coli* (대장균)와 같은 박테리아는 얇은 세포벽이 inner membrane과 outer membrane 사이에 존재하는데, 이들 사이의 공간을 periplasmic space (주변세포질 공간)라 한다. 이런 형태의 박테리아는 Gram (그램) 염색법에 따라 염색되지 않아서 gram-negative (그램음성균)라 한다. *Bacillus polymyxa*와 같은 박테리아는 세포벽이 두껍고 outer membrane이 존재하지 않아 Gram 염색되므로 gram positive (그램 양성균)라 한다.

Archaea (고세균)와 진핵생물을 구분하는 DNA 염기서열의 차이 외에도 Archaea의 세포막 조성은 eubacteria 및 진핵생물과 현격히 다르다. 상당수의 archaea는 생명이 처음 출현했던 원시 지구의 조건과 유사한 극한 환경에서 성장한다. 예를 들어, halophile (호염균)은 생존을 위해서 고농도의 salt (염)를 필요로 하며, thermoacidophile (호열성, 호산성균)은 pH가 2보다 낮은 뜨거운 유황 온천(80°C)에서 서식한다.

*Escherichia Coli*를 비롯하여 많은 박테리아가 생물학 연구에서 널리 사용된다

박테리아 중에서 *Escherichia coli*는 실험용으로 널리 사용되는 생명체로서 토양 및 동물 내장에 보편적으로 존재한다. *E. coli* 및 일부의 박테리아는 실험용 생명체로 사용하기에 여러 가지 장점이 있다. 이들 생명체는 glucose와 salt로 조성된 저렴한 배지에서 빨리 자란다. 이런 단순한 배지에서도 이들 생명체는 성장하는 데 필요한 모든 아미노산, 지질, 비타민 및 그 외의 필수 분자들을 합성할 수 있다. 모든 박테리아처럼, *E. coli*는 유전자 활성을 조절하는 기작을 가지고 있다. 과학자들은 이 생명체를 genetic 방법으로 분석할 수 있는 유용한 시스템을 개발하였다. 이런 시스템 개발이 가능한 이유는 박테리아는 genome 크기가 작고, mutant (돌연변이체)를 얻기 쉬우며, 유전자를 박테리아로 들여보내는 기술이 개발되었고, 박테리아 유전자 조절 및 단백질 기능에 대하여 엄청난 지식이 축적되었으며, 박테리아 genome 상에서 유전자의 위치를 작성하는 것이 상대적으로 쉽기 때문이다. 6장에서 *E. coli*가 여러 종류의 recombinant DNA (재조합 DNA) 연구에 어떻게 사용되는지를 볼 것이다.

토양 및 인간의 내장을 비롯한 다양한 환경 조건에서 자라는 *E. coli*처럼 박테리아는 약 4,000개의 유전자와 이와 거의 같은 수의 단백질을 가지고 있다(표 1-2 참조). *Chlamydia* (클라미디아)처럼 인간 세포 안에서만 생장하면서 특정 질병을 일으키는 박테리아는 1,000개의 유전자만 가지고 있다. 이들 박테리아는 기생하는 숙주 세포로부터 아미노산을 비롯한 생장에 필요한 영양분을 얻으며, 아미노산과 특정 지질을 합성하는 효소를 만드는 유전자가 없다. *Mycoplasma* (마이코플라즈마)와 같이 어떤 박테리아는 심지어 유전자 수가 더 적다.

DNA, RNA, 단백질 합성 및 막 기능에 필수적인 단백질을 만드는 박테리아 유전자는 모든 생명체에서 진화적으로 보존되어 존재한다. 우리가 알고 있는 세포 내의 대다수의 반응 과정은 *E. coli*와 같은 박테리아를 이용하여 규명하였다. 예를 들어, *E. coli*의 어떤 막단백질은 아미노산을 세포 내로 들여보내는 작용을 하는데, 이 단백질의 아미노산 서열을 비롯한 구조와 기능이 mammalian brain (포유동물의 뇌) 세포에서 *neurotransmitter* (신경전달 물질)를 받아들이는 막단백질과 매우 유사하다(11, 23장 참조).

앞으로 1장에서 기술할 내용은 대장균처럼 기르고 연구하기에 수월한 진핵세포 생명체를 대상으로 설명할 것이다. 물론, 많은 박테리아는 심각한 질병을 일으킨다. 질병을 유발하는 박테리아를 연구하는 것은 이들에 대한 독특한 생물학적 특성을 이해하고, 선택적으로 박테리아는 죽이지만 인간이나 동물 숙주는 죽이지 않는 항생제, 예를 들어 세포벽 형성을 방해하는 약물과 같은 항생제를 개발하려는 것이다.

1.3 Eukaryotic Cell (진핵세포) 구조와 기능

진핵생물은 식물과 동물계의 모든 구성원뿐만 아니라 단세포인 protozoan (원생생물)으로 구성되며, fungi (진균류)와 amoeba (아메바)가 protozoan에 속한다. 진핵세포의 크기는 지름이 10–100 μm로서 박테리아보다 크다. 그리고 인간의 connective tissue (결합 조직)를 형성하는 세포인 fibroblast (섬유아세포)의 지름은 15 μm 정도이며, 그 건조 중량은 *E. coli* 세포보다 수천 배 크다. 이 밖에도 단세포 protozoa인 amoeba는 지름이 0.5 mm 정도로 fibroblast보다 30배 이상 크다.

원핵세포처럼 진핵세포도 원형질막으로 둘러싸여 있다. 하지만, 원핵세포와는 달리 대부분 진핵세포 (human의 적혈구는 예외)에는 내부에 막으로 둘러싸인 특이한 기능을 하는 **세포소기관**이 있다(그림 1-13 참조). Cytoplasm (세포질)에서 소기관을 제외한 나머지 부분을 **cytosol (세포기질)**이라 하며, 이 cytosol에는 물, 용해된 이온, 작은 분자 및 다양한 유형의 단백질이 존재한다. 식물세포와 대부분의 fungi 세포를 둘러싼 세포벽은 세포를 단단하게 하고 또한 세포 확장이 빠르게 진행할 수 있게 한다.

모든 진핵생물은 많은 세포소기관이 서로 같으며, 기타 세포내 구조도 비슷하여 진화적 기원이 공통임을 나타낸다. 대부분의 세포소기관은 단일 인지질막이나, nucleus (핵), mitochondria (미토콘드리아) 및

chloroplast (엽록체)는 이중 막이다. 세포소기관 막과 세포소기관 내부의 공간에는 각각 일련의 특정한 단백질이 존재하여 각각의 세포소기관이 독특한 생리 기능을 한다. 예를 들어, 미토콘드리아와 엽록체는 ADP와 P_i로부터 ATP를 생산한다. 그리고 세포에서 분비되는 많은 lipid (지질), 막단백질, 분비단백질은 rough endoplasmic reticulum (조면소포체)에서 합성된다. 낡거나 잘못 접힌 많은 단백질은 lysosome (리소좀)에서 분해되어 아미노산으로 되고, 이 아미노산은 재활용된다. 자동차나 컴퓨터를 만드는 공장처럼, 이런 기능의 구획화는 세포가 하나의 단위로 효율적으로 작동할 수 있게 한다.

세포소기관을 형성하는 막은 세포소기관 내부의 이온 조성을 조절하는 단백질이 있으므로, 세포소기관의 이온 조성은 cytosol 및 다른 세포소기관과 다르다. 아래에서, 모든 진핵생물에 공통으로 있는 세포소기관과 특정한 진핵생물에서만 발견되는 몇 가지 세포소기관을 설명한다. 먼저, 진핵생물 세포에 형태를 부여하고 세포소기관을 구성하는 단백질부터 설명한다.

Cytoskeleton (세포골격)는 많은 중요한 역할을 한다

세포질에는 **cytoskeleton**이라는 fibrous protein (섬유성 단백질)이 집적되어 있다(17, 18장 참조). Cytoskeleton을 구성하는 fibrous protein은 **microtubule (미세소관)**, **microfilament (미세섬유)** 및 **intermediate filament (중간섬유)** 등 세 종류이다. **Microtuble**은 tubulin 단백질이 모여서 형성된 tubulin polymer로, 지름은 20 nm이다. Actin (액틴) 단백질로 구성된 **microfilament**의 지름은 7 nm, **intermediate filament**의 지름은 10 nm이다. 모든 fibrous protein은 하나 이상의 작은 단백질 단위체가 많이 모여서 형성된 기다란 사슬이다(그림 1-14).

Cytoskeleton는 많은 중요한 역할을 한다. Cytoskeleton으로 인하여 세포는 견고하고 강직해져서 세포 형태를 유지한다. 이런 현상은 neuron에서 가장 명백하게 관찰된다. Neuron의 axon (엑손)과 dendrite (수상돌기)는 (그림 1-3e와 23장 참조) microtubule과 다른 섬유성 단백질이 neuron에서 돌출되어 형성된 것으로 neuron마다 특이한 기능을 하게 한다. 특정 cytoskeleton 단백질은 세포소기관이 이동할 수 있는 도로를 형성하여 많은 세포소기관이 cytosol에서 정확한 위치에 놓이게 한다. 또한 어떤 fibrous protein은 세포의 운동성과 근세포의 수축 능력에 중요한 역할을 한다. 아마도 가장 중요한 것은 mirotubule이 모여 형성된 cytoskeleton과 이것과 결합한 단백질들로 형성된 조직적인 체제가 없다면 세포분열과 두 딸세포로의 세포소기관 분리가 일어날 수 없다(19장).

Cilia (섬모)와 **flagella (편모)**는 세포 표면의 손가락처럼 확장된 형태이다. 이들은 원형질막으로 둘러싸여 있으며, microtubule 다발로 구성되어 cilia 또는 flagella 모양을 만들고 운동 단백질과 함께 작용하여 리듬감 있게 박동한다. 이것들은 epithelial (상피) 표면을 가로질러 물질을 밀어내고(그림 1-15), sperm (정자)이 헤엄칠 수 있게 하며, 난관을 통해 egg (난자)를 밀어낸다(18장 참조). 16장에 자세히 설명되어 있듯이, 대부분 척추동물 세포에는 세포와 세포 사이의 신호전달에서 핵심적인 역할을 하는 cilia가 하나 이상 있다.

핵에는 DNA genome과 DNA와 RNA 합성에 필요한 장비 및 섬유질 조직이 있다

성장하거나 분화하는 세포에서, 핵은 동물세포에서 가장 큰 세포소기관으로, DNA replication이 일어나고, ribosomal RNA, mRNA 및 다양한 noncoding RNA가 합성되는 곳이다(5장과 8장 참조). 핵은 2개의 막으로 둘러싸여 있고, 각 막은 다양한 유형의 단백질로 구성된 인지질 이중층이다(그림 1-16). 핵의 내막으로 둘러싸여 있는 부분이 실제로 핵이다. 대부분 세포에서 핵의 외막이 확장되어 소포체의 막이 되고, 핵의 내막과 외막 사이의 막 공간은 소포체의 lumen (내강)과 연결되어 있다(그림 1-16a). 2개의 핵막은 내막과 외막에 내장된 특정 막단백질로 구성된 고리 모양의 구조인 **nuclear pore complex (핵공 복합체)**에서 결합하는 것 같다. RNA와 단백질은 이러한 핵공을 통해 핵과 세포질 사

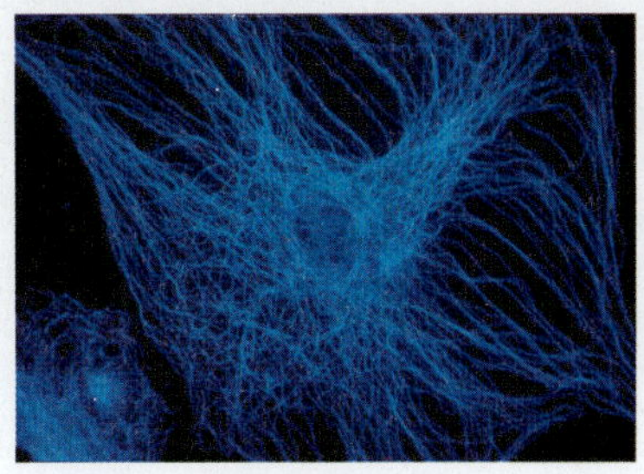
Microtubules

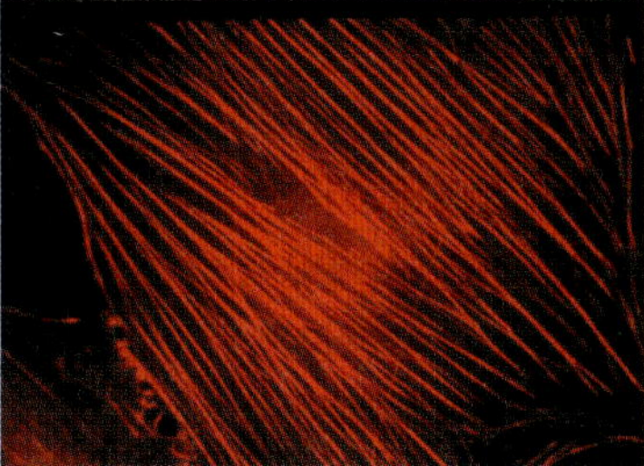
Microfilaments

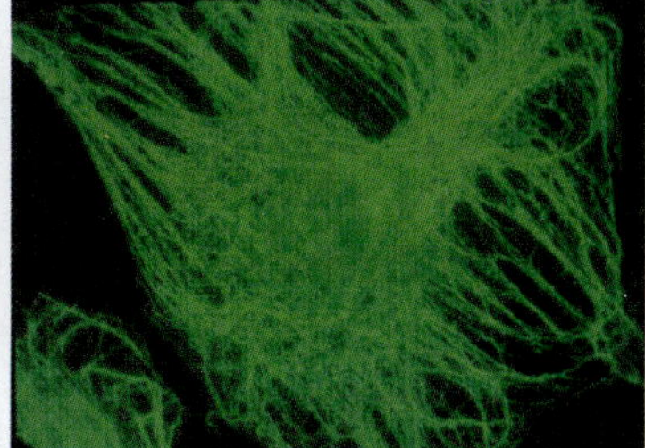
Intermediate filaments

그림 1-14 포유류 세포에는 세 가지 유형의 cytoskeletal filament가 특징적으로 분포한다. 동일한 세포에서 관찰한 모양. 배양한 fibroblast (섬유아세포)를 세제로 처리하여 큰 분자가 투과되도록 한 다음, 3종류의 항체로 각각 반응시켜 나타낸 모습이다. 각 항체에는 서로 다른 색을 나타내는 fluorescent dye (청색, 적색, 녹색)가 화학적으로 결합되어 있다. 각각의 항체는 각 filament를 구성하는 단백질 monomer에 특이적으로 결합하기 때문에 형광현미경으로 염색된 세포를 관찰하면 각각의 항체와 서로 다르게 결합한 filament의 위치를 확인할 수 있다. 이 실험에서, microtubule은 청색, microfilament는 적색, intermediate filament는 녹색으로 나타난다. 이러한 fiber system (섬유계)은 세포의 모양과 움직임에 기여한다. [Courtesy of V. Small.]

그림 1-15 Scanning electron microscope (주사전자현미경)으로 관찰한 mammalian trachea (포유동물의 기관)를 감싸고 있는 ciliated epithelium (섬모상피)의 표면. Microtubule core (9 + 2 구조)로 구성된 섬모를 휘저어 점액과 이물질을 호흡기로 배출해서 폐와 기도를 깨끗하게 유지한다. [NIBSC/Science Source.]

이를 이동한다(red arrow in Figure 1-16a). Nuclear pore 구조와 이를 통한 물질의 수송에 관한 조절은 9장과 13장에 자세히 설명되어 있다. Intermediate filament 단백질로 구성된 **lamin (라민)**은 **nuclear lamina**라고 불리는 2차원 네트워크를 형성하여 내막의 안쪽 면에 달라붙어 모양과 단단함을 부여한다. Lamina는 세포분열 초기에 분해되어 2개의 딸세포가 서로 분리된 후에 재조립된다. 이에 관한 내용은 19장에서 자세히 기술되어 있다.

생명체에서 genome은 모든 DNA 전체를 의미한다. 원핵세포는 거의 모든 유전 정보를 길이가 약 1 nm인 1개의 circular DNA에 갖고 있다. 이 circular DNA는 자체적으로 여러 번 감겨 크기가 1 μm인 세포의 중심부에 놓인다(그림 1-12와 표 1-2 참조). 반면, 진핵세포에서 DNA는 핵 내에 위치하며, 여러 개의 커다란 직선형 **chromosome (염색체)**에 나뉘어 있다. 같은 생명체에서 모든 세포 안에 존재하는 염색체의 크기 및 개수는 똑같다(표 1-2 참조). 7장에 자세히 기술된 것처럼, 각 염색체는 수많은 히스톤 및 다른 단백질과 연관된 단일 DNA 분자로 구성된다. 세포분열이 일어나지 않는 핵에서는 염색체는 흩어져 있어 광학현미경으로 관찰할 수 있을 만큼 밀도가 높지 않다.

일반적인 핵에는 막으로 둘러싸이지 않은 특정한 기능을 가진 여

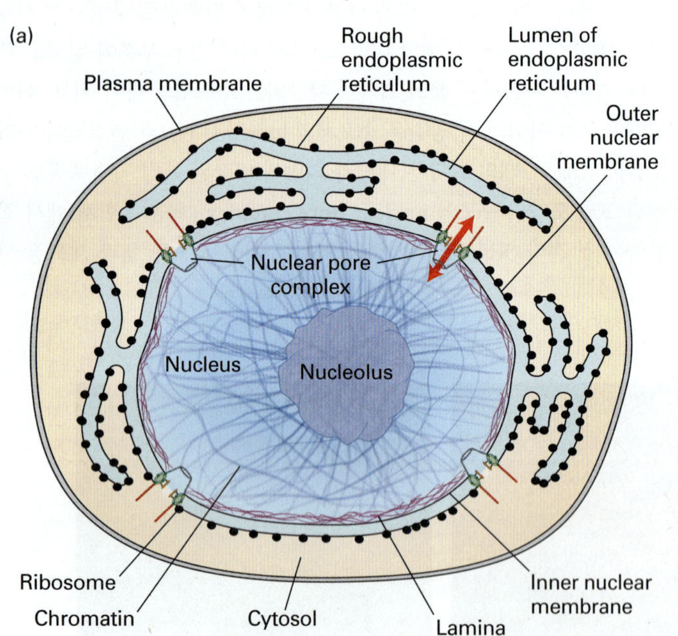

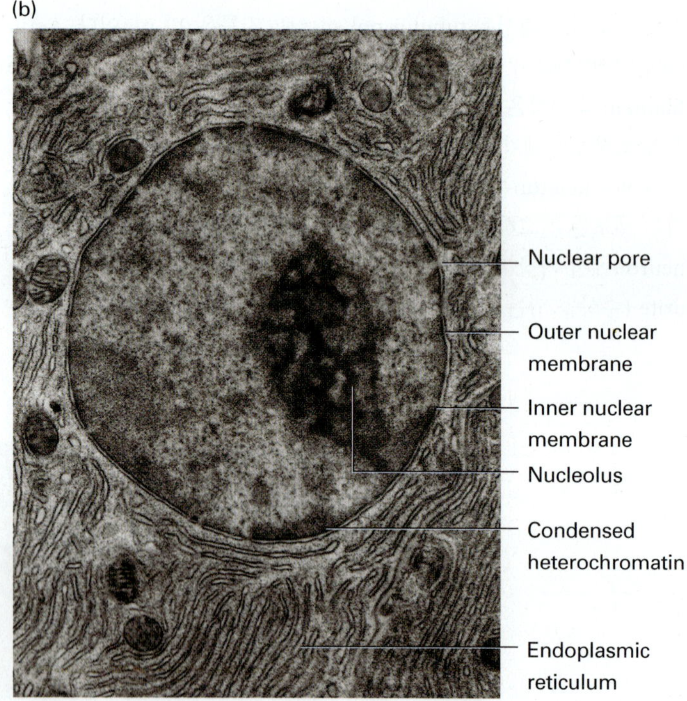

그림 1-16 핵 구조. (a) 전형적인 세포핵의 구조와 outer nuclear membrane (외부 핵막)과 연결된 조면소포체를 나타낸 모식도. 조면소포체의 막에 부착된 작은 검은 점들은 막단백질과 분비단백질을 합성하는 ribosome이다. 빨간색 화살표는 작은 분자가 nuclear pore (핵공)을 통해 핵과 cytosol 사이를 양방향으로 이동하는 것을 나타낸 것이다. 단순하게 표현하려고 세포질에 있는 많은 세포소기관(그림 1-13 참조)은 나타내지 않았다. (b) 박쥐 *Myotis lucifugus*의 pancreatic acinar cell (췌장 포상 세포)의 전자현미경 사진. Nucleolus (인)는 핵의 subcompartment (하위 구획)이며 막으로 둘러싸여 있지 않다. Ribosomal RNA는 nucleolus에서 생성되고, ribosome은 이곳에서 ribosomal RNA와 ribosomal 단백질이 조립되어 형성된다. Nucleolus 외에 핵 영역에서 어둡게 염색되는 부분은 heterochromatin 영역이며, 이 부분의 chromatin은 조밀하여 mRNA로 전사되지 않는다. [Part (b) Don W. Fawcett/Science Source.]

러 하위 구획이 있다. 가장 큰 *nucleolus* (핵소체 또는 인)는 ribosomal RNA를 합성하는 유전자가 있는 염색체 부위들이 모이는 곳이며, 또한 ribosomal RNA와 ribosomal 단백질이 ribosome으로 조립되는 장소이다.

분열하지 않는 세포를 전자현미경으로 관찰하면, *nucleoplasm* (핵질)이라는 비핵성 영역은 염색이 어둡게 되는 영역과 밝게 염색되는 영역을 관찰할 수 있다. 가끔 핵막과 밀접하게 연결된 어두운 영역은 **heterochromatin (이질염색질)**이라 하며, 이곳에 있는 DNA는 RNA로 전사되지 않는다(그림 1-16b 참조).

염색체는 염기성 염색 시약으로 염색되는데, 세포분열 중에만 light (광학) 또는 electron microscope (전자현미경)으로 관찰된다. 왜냐하면, 이 시기에 DNA는 꽉 뭉쳐져 있기 때문이다(그림 1-17). 원핵생물의 genomic DNA도 단백질과 결합되어 있지만, 박테리아 염색체에서 유전자 배열은 진핵생물의 직선형의 염색체에서의 배열과 다르다. 왜냐하면, 박테리아 염색체는 원형이며 염색체와 결합한 단백질도 진핵생물 염색체에 결합한 단백질과 다르기 때문이다.

Endoplasmic Reticulum에서 많은 지질뿐만 아니라 막단백질 및 분비단백질 대부분이 합성된다

앞서 각 유형의 세포소기관은 세포소기관마다 특정한 기능을 수행하는 일련의 단백질들이 막과 세포소기관의 내부 공간에 있음을 설명하였다. 일반적으로 진핵생물에 있는 단백질의 약 1/3은 원형질막, 세포소기관의 막 또는 내부 공간에서 발견된다. 따라서 합성된 후 다른 위치로 이동하는 지질과 단백질이 많다. 즉, 진핵생물에서 합성된 Proteome (단백질 전체)의 약 1/3이 합성 후 다른 위치로 이동한다. 지질, 분비단백질 및 여러 유형의 막단백질의 합성은 진핵생물에서 막 표면이 가장 큰 **endoplasmic reticulum (ER, 소포체)**에서 일어난다.

ER은 **cisternae (시스터나)** (그림 1-18; 그림 1-16a 참조)들이 광범위하게 네트워크를 형성한 형태이다. Cisternae는 납작한 막으로 둘

(a)

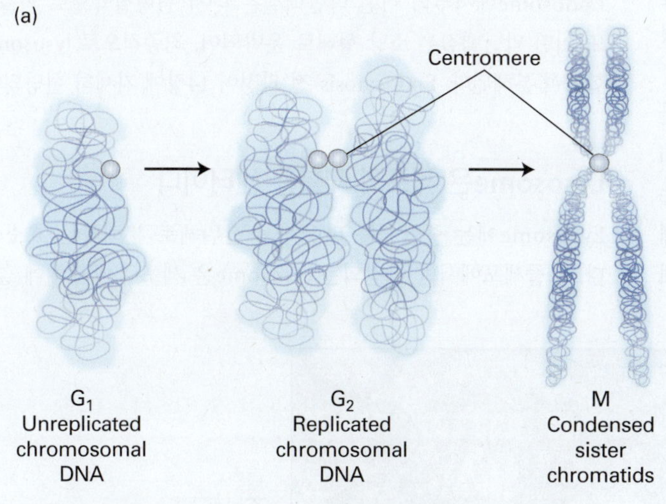

(b)

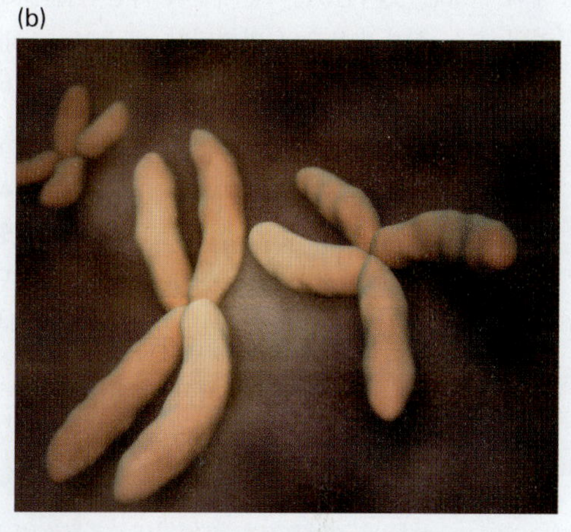

(c)

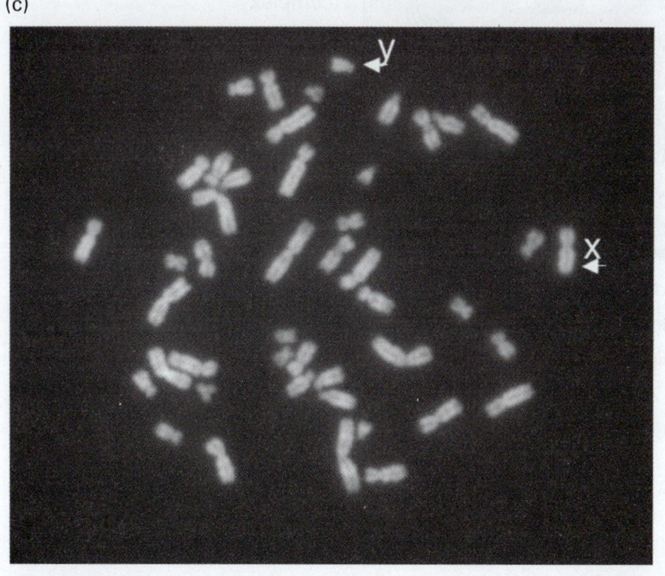

그림 1-17 세포의 각 염색체는 cell division (mitosis) 과정에서 관찰된다. (a) Cell cycle의 S기(그림 1-22 참조)에서 부착된 단백질(그림에서 나타내지 않음)과 함께 염색체의 DNA가 복제되고, 생성된 *sister chromatid* (자매분체)는 서로 centromere에 붙어있다. (b) Mitosis 과정에서 chromosomal DNA는 매우 응축되어 그림에 나타낸 것처럼, sister chromatid 쌍이 electron microscope으로 관찰된다. (c) Microtuble를 탈중합시키는 화학물질 colcemid (콜세미드)를 처리하여 mitosis의 metaphase에서 멈춘 human male lymphoid 세포를 광학현미경으로 관찰한 chomosome 모양. X와 Y 염색체는 복제되어 한 쌍이고 나머지 염색체는 두 쌍이다. [Part (b) MedicalRF.com/Getty Images. Part (c) Courtesy of Tatyana Pyntikova.]

러싸인 주머니 모양이다. ER은 **smooth ER** 영역과 **rough ER** 영역으로 세분된다. Smooth ER은 ribosome이 붙어있지 않기 때문에 매끄러우며 지방산(fatty acid)과 인지질이 합성되는 곳이다. 그 반면에 rough ER의 cytosol 측면은 ribosome이 박혀 있다. 이 ribosome에서 세포소기관의 막단백질 및 세포소기관 단백질 그리고 세포 밖으로 분비되는 모든 단백질이 합성된다(13장 참조). 새로 만들어진 막단백질은 rough ER 막과 결합하고, 분비될 단백질은 ER의 수용성 내부인 **lumen (내강)**에 축적된다.

Golgi complex (골지 복합체)는 세포의 최종 목적지별로 분비단백질과 많은 막단백질을 분류한다

분비단백질과 막단백질은 rough ER에서 합성된 후, 대부분은 몇 분 후에 지름이 약 50 nm (0.05 μm)인 작은 막으로 둘러싸인 수송 vesicle (소낭)으로 세포소기관을 빠져나온다. 이 소낭은 거친 ER에서 ribosome이 붙어있지 않는 부분에서 돌출하여 단백질을 다른 막으로 둘러싸인 Golgi complex로 단백질을 운반한다(그림 1-18 참조). 14장에 자세히 설명한 것처럼, 분비단백질과 막단백질은 Golgi complex에서 일련의 효소 촉매 반응으로 변형된다. Golgi complex에서의 단백질 변형 과정은 단백질이 정상적으로 기능하는 데 필수적이다.

이들 단백질은 Golgi complex에서 변형된 후, Golgi complex의 한 부분에서 돌출되는 또 다른 형태의 지름 0.05 μm 작은 소낭으로 Golgi complex 밖으로 나온다. 이 소낭은 단백질을 원형질막, lysosome 또는 다른 소기관으로 운반하거나 세포 외 공간으로 단백질을 방출한다. 세포내 수송 소낭의 형성 방법, 어떻게 특정 단백질을 특정한 막으로 보내는지, 그리고 어떻게 막과 융합하여 내용물을 전달하는지에 대해 14장에서 설명한다.

Endosome (엔도솜)은 세포 외부에서 세포 내로 단백질과 입자를 이입한다

원형질막의 운반 단백질은 인지질 이중층을 가로질러 세포 안으로 이온과 작은 분자의 이동을 매개하지만, 세포 밖에 있는 단백질, 바이러스와 같은 입자 및 기타 수용성 거대분자는 **endocytosis (세포내이입)** 방식에 의해 세포 안으로 유입된다. 이 과정에서 원형질막의 어떤 부분이 함입되며, 이 함입된 *coated pit* (피막)의 cytosol과 면한 부분에 일련의 특정한 단백질들이 결합해서 소낭이 형성된다. 이렇게 함입된 피막은 막으로 둘러싸인 지름이 약 0.05 μm인 작은 소낭으로 떨어진다. 이 소낭에는 extarcellular 물질이 들어있다. 이 소낭은 세포 내의 **endosome (엔도솜)**으로 전달되고 endosome과 융합한다. Endosome은 소낭과 막이 있는 세관(튜브)으로 형성된 물류 센터 같은 곳으로 분류하는 역할을 한다. 막이 있는 세관은 Golgi complex에서 유래한 것이다(그림 1-19). Endosome에서부터 어떤 막단백질은 다시 원형질막으로 되돌아가고, 또 어떤 막단백질은 소낭 형태로 운반되어, 최종적으로 lysosome과 융합하여 분해된다. Endocytosis 전 과정이 14장에 자세히 설명되어 있다.

Lysosome은 세포의 재활용 센터이다

Lysosome에는 중합체를 단량체 소단위체로 분해하는 효소들이 있다. 동물세포에서만 발견되는 lysosome은 세포나 생명체에 쓸모없는

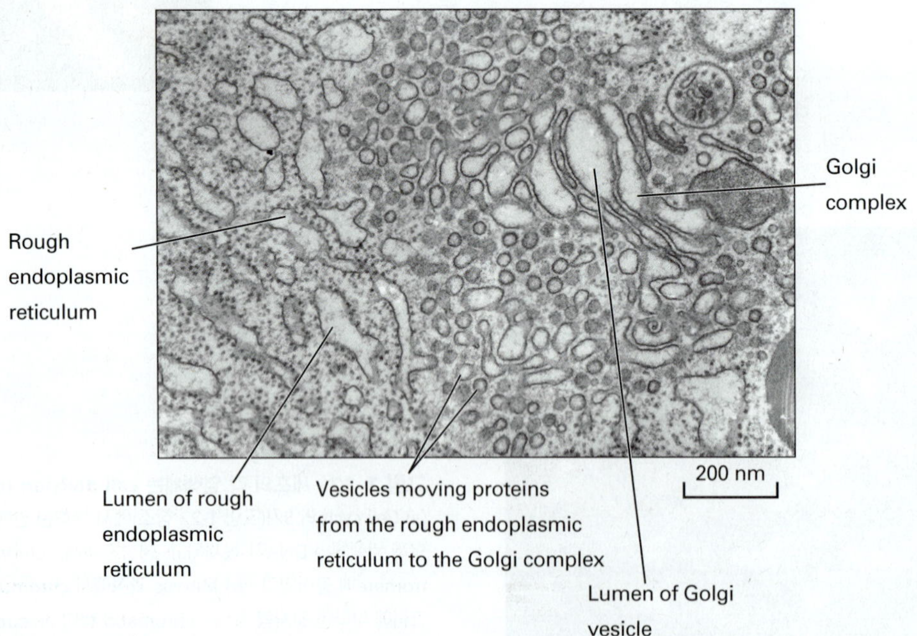

그림 1-18 Golgi complex와 rough endoplasmic reticulum. 사람 간세포의 박편을 전자현미경으로 찍은 사진. 이 사진은 세포 안에 ribosome이 박혀 있는 조면소포체 및 Golgi complex가 매우 많고, 또한 많은 ribosome이 cytosol에 자유롭게 있음을 보여준다. [Courtesy George E. Palade EM Slide Collection, University of California, San Diego.]

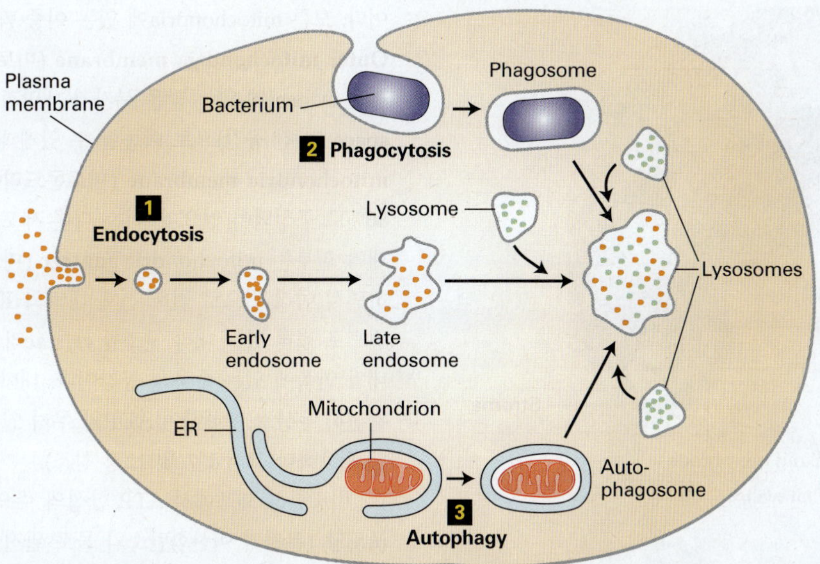

그림 1-19 Endosome과 기타 세포 구조는 물질을 lysosome으로 전달한다. 물질이 lysosome으로 전달되는 세 가지 경로에 대한 개략적인 개요. Lysosome의 산성 lumen에 있는 가수분해효소에 의해 단백질, 핵산, 지질 및 기타 큰 분자들이 분해된다. **1** 세포 표면의 단백질과 결합한 가용성 거대분자 혹은 분자는 그 주변의 원형질막 일부가 함입되어 세포 내로 흡수되고, endocytosis (세포내이입) 경로를 통해 lysosome으로 전달된다. Endosome은 lysosome과 융합하고 내용물이 서로 섞인다. **2** 세포 전체 또는 기타 큰 불용성 입자는 phagocytosis (식세포) 경로를 통해 세포 표면에서 lysosome으로 이동한다. Phagosome은 lysosome과 융합하고 내용물이 서로 섞인다. **3** 마모된 세포소기관 및 cytoplasm 덩어리는 autophagic (자가포식) 경로를 통해 lysosome으로 전달된다.

물질을 분해하는 역할을 한다. 예를 들어, nuclease는 RNA와 DNA를 mononucleotide로, protease (단백질 분해효소)는 다양한 단백질과 peptide를 아미노산으로 분해한다. Phosphatase (탈인산화효소)는 mononucleotide, 인지질 및 기타 화합물에서 인산기를 제거한다. 또 다른 효소는 복잡한 polysaccharide (다당류)와 지질을 더 작은 단위로 분해한다. 이렇게 생성된 작은 분자는 일반적으로 새로운 단백질, 핵산 및 탄수화물을 만들기 위해 세포에서 재사용된다. 이러한 모든 lysosome 효소는 acid hydrolase (산 가수분해효소)로서 산성 pH에서 가장 효율적으로 작동한다. lysosome 내의 산성 pH 5.0은 단백질을 변성시켜 lysosomal hydrolase가 작용하기 수월하게 한다. Lysosomal hydrolase는 세포와 대부분 세포외액의 중성 pH에서 활성이 감소한다. 따라서 lysosome이 pH가 7.0에서 7.3 사이인 cytosol로 효소를 방출하면 lysosomal 효소는 cytosol의 물질을 거의 분해하지 못한다. lysosome의 낮은 pH는 11장에 상세히 설명한 것처럼 cytosol에서 lysosome의 lumen으로 양성자(H^+ 이온)를 펌프질하는 lysosome 막에 있는 단백질에 의해 생성된다. Lysosome의 예에서 보듯이, 세포소기관의 막은 세포소기관 lumen의 조성(수용성 내부)을 cytosol의 조성과 현격히 다르게 할 수 있다.

노화된 세포소기관은 **autophagy (자가포식작용**, "자신을 먹는 것") 과정에 의해 lysosome에서 분해된다. Endocytosois 또는 phagocytosis (식균작용)에 의해 세포로 들어온 물질도 lysosome에서 분해될 수 있다(그림 1-19 참조). Phagocytosis에서 크고 불용성인 입자(예, 박테리아)는 원형질막으로 둘러싸여 밀봉되어 세포 내로 이입되어 lysosome으로 운반되어 분해된다. 세포질과 핵에 존재하는 단백질은 일반적으로 lysosome에서 분해되지 않으며, 오히려 세포질 내의 큰 다중단백질 복합체인 proteasome (프로테아솜)에서 분해된다(3장 참조).

식물 Vacuole (액포)는 물, 이온 및 설탕 및 아미노산과 같은 작은 분자 영양소를 저장한다

대부분의 식물은 적어도 하나의 막으로 둘러싸인 **vacuole**을 갖고 있다. Vacuole 막에 있는 다양한 막단백질들이 물, 이온 그리고 설탕 및 아미노산 같은 작은 분자 영양소를 cytosol에서 vacuole lumen으로 수송한다. Vacuole의 수와 크기는 세포 유형과 발달 단계 모두에 따라 달라진다. 즉, 1개의 vacuole이 성숙한 식물세포에서 80%의 공간을 점유할 수 있다(그림 1-20). Lysosome처럼 액포의 lumen에는 일련의 분해효소가 있으며, lumen의 pH도 산성이다. 이 산성도는 lysosome처럼 lumen 막의 양이온 펌프질 단백질에 의해 유지된다. 따라서 식물 vacuole도 동물세포의 lysosome과 유사한 분해 기능을 나타낸다. Green algae (녹조류)나 fungi 같은 많은 미생물에는 식물 vacuole와 유사한 저장용 vacuole이 있다.

Peroxisome (퍼옥시좀)과 식물의 Glyoxisome은 ADP와 P_i로부터 ATP를 생성하지 않으면서 지방산 및 기타 작은 분자를 분해한다

모든 동물세포(적혈구 제외)와 많은 식물 및 fungal 세포에는 지름이 0.2–1.0 μm인 구형의 세포소기관인 **peroxisome**이 있다. Peroxisome의 주요 기능은 탄소 수가 많은 긴 사슬 구조의 지방산을 CO_2로 분해하

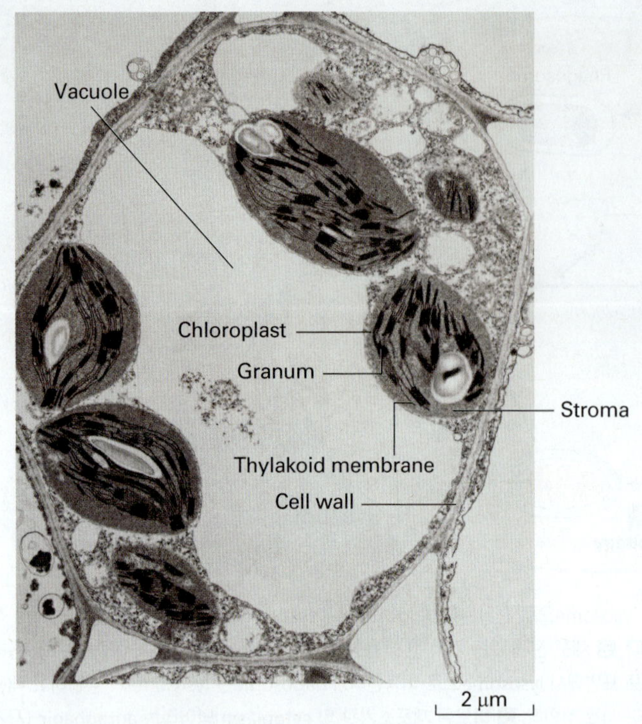

그림 1-20 잎 세포의 얇은 박편을 전자현미경으로 관찰하여 찍은 사진. 이 세포에서 하나의 큰 vacuole (액포)가 세포 부피의 많은 부분을 차지한다. 5개의 엽록체 일부와 세포벽도 보인다. 엽록체의 내부 하위 구획을 눈여겨 보라. [Biophoto Associates/ Science Source.]

이다. 모든 mitochondria에 있는 이중 막은 구성과 기능이 서로 다르다. **Outer mitochondria membrane (미토콘드리아 외막)**에 있는 단백질들은 cytosol에 있는 많은 분자가 내막과 외막 사이의 **intermembrane space (막간 공간)**으로 이동할 수 있게 한다. 투과성이 훨씬 낮은 **inner mitochondria membrane (미토콘드리아 내막)**은 지질 20%와 단백질 80%로 구성되어 있으며, 이는 다른 세포막에 비해 단백질 비율이 높다. 내막 일부는 mitochondria **matrix** (미토콘드리아 **기질**) 쪽으로 돌출하면서 여러 겹으로 접혀 전체 내막의 표면적이 증가한다. 이렇게 여러 겹으로 접혀 있는 내막 구조를 **cristae**라 한다. mitochondria matrix는 내막 안쪽에 있는 수용성 공간이다. 내막에 있는 많은 단백질은 연료를 완전히 유산소 분해하여 ADP와 무기 인산염으로부터 ATP를 생성하는 데 필요하다(그림 1-7 및 12장 참조).

비광합성 세포에서 ATP 합성의 주요 연료는 지방산과 포도당이다. 포도당 1분자가 이산화탄소와 물로 완전히 유산소 분해되면 ADP와 무기 인산염으로부터 최대 30개의 ATP 분자가 합성된다(그림 1-7 참조). 진핵생물에서 포도당 분해의 초기 단계는 세포질에서 일어나며, 이 과정에서 포도당 1분자당 2개의 ATP 분자가 생성된다. 산화와 ATP 합성의 마지막 단계는 mitochondria matrix와 내막에 존재하는 효소에 의해 진행되며(12장 참조), 이 과정에서 포도당 1분자당 28개의 ATP 분자가 생성된다. 마찬가지로, 지방산이 이산화탄소로 산화될 때, 생성되는 거의 모든 ATP는 mitochondria에서 생성된다. 따라서 mitochondria는 세포의 발전소라 할 수 있다.

는 것이다. 12장에서 논의한 바와 같이, mitochondria도 지방산을 CO_2로 분해하는 효소가 있지만, mitochondria와 달리 peroxisome은 ADP와 P_i로부터 ATP를 합성하지 않는다. Peroxisome에 있는 효소 중 일부는 산화효소로 다양한 유기물을 산소를 이용하여 산화하며, 이 과정에서 부식성 물질인 과산화수소(H_2O_2)가 생성된다. 또한, peroxisome에는 과산화수소를 분해해서 물과 산소로 전환하는 *catalase* (카탈라아제)가 다량 존재한다(12장 참조).

식물 씨앗에는 저장된 지질을 산화하여 세포 성장에 필요한 탄소와 에너지원을 제공하는 작은 세포소기관인 glyoxisome이 있다. Peroxisome과 유사한 glyoxisome에는 peroxisome에 존재하는 효소 외에도 지방산을 포도당 전구체로 전환하는 효소가 있다.

Mitochondria는 Aerobic Cell (호기성 세포)에서 ATP를 생산하는 주된 장소이다

세포의 모든 활동은 ATP 분자에 저장된 에너지에 의해 구동된다. 호기성 대사(산소가 있어야 하는 대사)에서 ATP를 생성하는 주된 장소는 **mitochodria** (그림 1-21)이며, 이 세포소기관은 세포질 부피의 최대 25%를 차지할 수 있다. Mitochondria는 복잡한 세포소기관이며, 크기 면에서 mitochodria보다 큰 세포소기관은 핵, vacuole 그리고 엽록체뿐

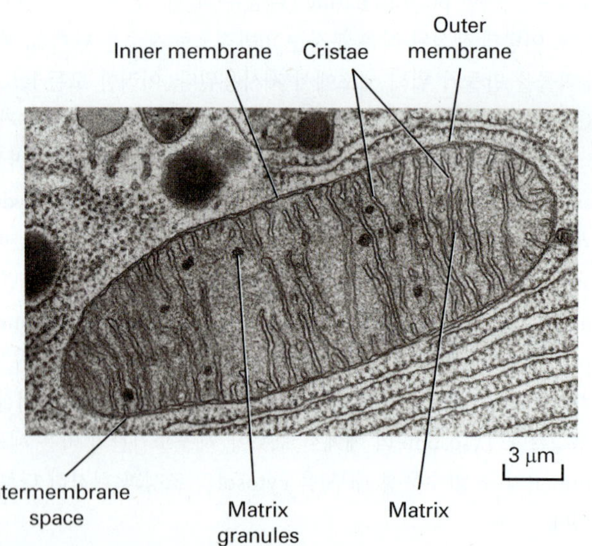

그림 1-21 Pancreas cell의 mitochondria를 전자현미경으로 관찰하여 찍은 사진. 매끄러운 외막은 mitochondria의 외부 경계를 형성한다. 내막은 외막과 구별되며 함입되어 시트와 튜브를 모양을 한 *cristae*라는 구조를 형성한다. ATP는 cristae의 막에 내장된 단백질에 의해 생성된다. 내막과 외막 사이의 수용성 공간(intermembrane space)과 내막의 내부 공간(matrix)에는 각각 당, 지질 및 기타 분자의 대사에 중요한 특정한 단백질이 있다. [Keith R. Porter/Science Source.]

12장에서 논의된 바와 같이, 널리 알려진 *endosymbiont hypothesis* (내공생설)는 mitochondria는 고대 호기성 박테리아가 진핵세포의 전구체 세포에 세포내이입(endocytosis)되어 생성되었다는 것이다. 즉, 이 가설은 박테리아의 원형질막이 진화하여 mitochondria 내막이 되었다는 것이다. 실제로, mitochondria에는 소수의 mitochondria 단백질을 암호화하는 크기가 작은 DNA가 있으며, 이는 고대 박테리아의 DNA genome에서 유래한 것으로 생각된다.

Chloroplast에는 Photosynthesis (광합성)가 일어나는 내부 구획이 있다

엽록체는 식물과 green algae (녹조류) 세포에서 vacuole을 제외하고는 제일 크기가 크고 가장 특징적인 세포소기관이다(그림 1-20 참조). Endosymbiont hypothesis (12장 참조)는 이러한 세포소기관은 원시 광합성 박테리아의 endocytosis (세포내이입)에 의해 시작되었다는 학설이다. 엽록체는 길이가 10 μm이고 너비는 일반적으로 0.5–2 μm이지만, 세포 유형에 따라 크기와 모양이 서로 다르다. 특히 조류에서 그러하다. 엽록체를 둘러싸고 있는 내막과 외막 외에도 이 세포소기관의 내부에는 마치 소낭들이 상호 연결된 막으로 묶여 납작한 디스크 모양의 **thylakoid (틸라코이드)**라고 하는 것이 광범위하게 펼쳐져 있다. Thylakoid가 쌓여 형성된 구조를 *grana* (그라나)라 하는데, grana는 *stroma* (엽록체 기질)라 하는 수용성 기질(stroma)에 놓여있다. Thylakoid 막에는 chlorophyll (엽록소)과 빛을 흡수하는 기타 색소뿐만 아니라 photosynthesis 과정에서 ADP와 무기 인산염으로부터 ATP를 생성하는 효소가 존재한다. 일부 ATP는 stroma에 있는 효소에 의해 이산화탄소를 탄소 3개로 구성된 중간산물로 전환하는 데 사용한다. 생성된 중간산물은 cytosol로 내보내고 당으로 전환된다.

Mitochondria와 엽록체에서 ATP가 생성되는 분자 기작은 12장에서 설명한 바와 같이 매우 유사하다. 엽록체와 mitochondria는 2개의 막으로 둘러싸여 있다는 점 외에도 또 다른 공통점이 있다. 즉, 이들은 모두 세포 내에서 위치 이동을 하고, mitochondria 또는 엽록체는 자체에 DNA를 갖고 있다. 이 DNA는 이들 세포소기관의 기능에 핵심 역할을 하는 일부 단백질을 암호화한다(12장 참조). Mitochondria 또는 엽록체 DNA에 의해 암호화된 단백질은 이들 세포소기관에 있는 ribosome에서 합성된다. 그러나 이들 세포소기관에 있는 단백질 대부분은 nuclear DNA에서 암호화되어 cytosol에서 합성된 후, 세포소기관과 결합하여 정확한 막이나 공간(기질을 의미)에 놓인다. 이 과정은 13장에 기술되었다.

막은 없지만, 세포소기관과 유사한 구조가 많다

막으로 둘러싸인 세포소기관 외에도, 진핵세포에는 막으로 둘러싸이지 않았지만 중요한 생화학 반응이 일어나는 다양한 하위 구조가 있다. 막이 없는 이와 같은 세포소기관의 크기는 약 0.1–3 μm이다. 이러한 하위 구조 중에서 명확한 예가 핵에 존재하는 **nucleolus**이다. 이곳에서 ribosomal RNA가 합성되고, ribosome이 조립된다(그림 1-16b와 9장 참조). 핵에 존재하는 또 다른 하위 구조가 4장에서 기술된 새로운 현미경 기법으로 최근에 관측되었다. **Nuclear speckle (핵 반점)**이 좋은 예이다. 이곳에서 RNA polymerase (RNA 중합효소)와 유전자 조절 단백질들이 모여서 RNA가 합성되고 processing (가공)된다.

Cytosol에 있는 하위 구조의 예는 RNA가 분해되는 **P bodies**, mRNA가 단백질로 번역되기 전에 모여 있는 곳이자 단백질 번역 신호를 기다리는 대기 장소인 **cytosolic stress granule**이 있다.

이러한 막이 없는 세포소기관의 형성에 관해 연구할 것이 많이 있지만, 최근 연구 결과에 따르면 막이 없는 세포소기관은 주변의 수용성과 상호작용하지 않고 핵산과 단백질 사이의 약하지만 많은 특정한 상호작용으로 형성된다. 이들의 특성은 화학적 성질이 다른 액체에 액체 방울이 떠 있는 특성과 같은 것이며, 이들을 생체 **biomolecular condensate (생체분자 응축물)**라 한다(3장 참조). 이들의 구조는 단백질이 이러한 응축물 안팎으로 확산할 수 있어 매우 역동적이다. 이들의 형성, 구조 및 생물학적 기능에 관해 연구할 것이 분명히 많다.

모든 진핵세포는 유사한 Cycle (주기)를 사용하여 세포분열을 조절한다

단세포 진핵세포를 비롯하여, 동물과 식물의 **cell cycle**은 근본적으로 같다. Cell cycle은 세포가 분열을 준비하고 실제로 분열하는 일련의 과정으로서, **mitosis (체세포분열)**라 한다. 진핵생물의 cell cycle은 일반적으로 4단계로 나뉜다(그림 1-22). 염색체와 DNA는 **S (synthesis) phase (합성기)** 동안에 복제되며, 복제된 염색체는 먼저 응축되고(그림 1-17 참조), **M (mitotic) phase** 동안 나누어지게 되므로 세포분열 동안에 각 딸세포는 각 염색체를 한 copy씩 가지게 된다. M phase와 S phase 사이에는 **G_1 phase**와 **G_2 phase**가 있는데, 이 시기에 mRNA 및 단백질, 지질과 그 밖의 세포 구성물들이 합성돼서 세포 크기가 커진다.

*E. coli*와 같은 박테리아는 최적 조건에서 20분마다 분열하여 2개의 딸세포를 만들 수 있다. 대부분 진핵생물은 성장하고 분열하는 데 일반적으로 몇 시간이 걸리므로 상대적으로 시간이 오래 걸린다. 더구나, 진핵생물의 cell cycle은 고도로 조절된 작용으로 일어난다(19장 참조). 이런 정교한 조절 때문에 세포 및 조직이 영양분 혹은 호르몬이 부족하여도 불균형적으로 과도하게 성장하지 못한다. 성체가 된 동물에서 neuron (신경세포)이나 heart muscle cell (심근세포)처럼 고도로 분화된 세포는 거의 분열하지 않는다. 하지만, 생명체는 항상 수명이 다된 세포는 새로운 세포로 대체하거나 필요한 경우는 더 많은 세포를 만든다. 예를 들어, muscle이 손상된 경우나 운동을 해서 muscle을 키우는 경우에 비분화된 stem cell로부터 새로운 세포가 만들어진다. 또 다른 예는 인간이 산소가 희박한 고도가 높은 곳으로 올라가면 더 많은 산소를 포획하기 위하여 적혈구 수가 증가하는 것이다. 암의 근본적인 결함은 세포의 성장과 분열을 조절하는 능력이 없다는 것이다. 세포 증식을 제대로 하지 못하거나 조절하지 못하는 분자적, 세포생물학적인 과정들에 대해서는 25장에서 살펴볼 것이다.

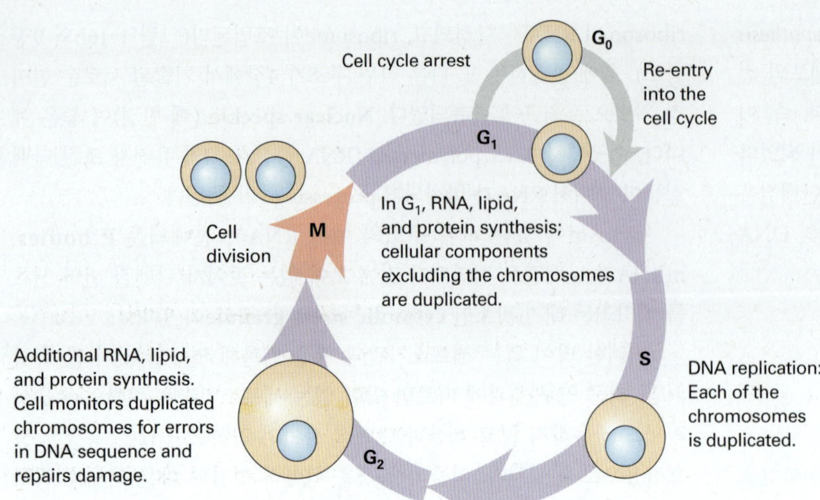

그림 1-22 생장하는 동안, 모든 진핵세포는 cell cycle의 4단계를 지속해서 진행한다. 증식하는 세포에서는 cell cycle의 4단계가 연속적으로 진행된다. 인간의 경우 세포 유형이나 발달 상태에 따라 cell cycle이 10–20시간 정도 걸린다. Yeast는 훨씬 빨리 분열한다. G_1, S, G_2 단계로 이루어진 interphase (간기) 동안 세포의 질량은 대략 2배가 된다. DNA가 S기에 복제되어 세포에 각 염색체의 2개의 복사본을 남긴다(그림 1-17c 참조). 체세포분열 M기에서 염색체가 2개의 딸세포로 똑같이 나누어지는데, cytoplasm은 대부분 중간선을 따라 대략 반으로 나누어진다. 영양분이 부족하거나 tissue가 최종 크기에 도달한 것과 같은 특정 조건에서, 세포는 cycle를 멈추고 휴지기 상태의 G_0기에서 머물러 있게 된다. G_0의 일부 유형의 세포는 조건이 변경되면 cell cycle를 재개한다.

1.4 세포생물학 연구에 널리 이용되는 Unicellular Eukaryotic Organism (단세포 진핵생명체)

분자학적 수준에서 진핵세포의 기능에 대하여 밝혀진 내용은 주로 소수의 **모델 생명체**에 의존하여 연구가 진행되었다(그림 1-23). 진화적으로 유전자, 단백질, 세포소기관, 세포 유형 등이 보존되었기 때문에, 실험 대상 생명체에서 얻어진 생물학적 기능과 구조에 대한 발견은 다른 생명체에도 적용된다. 따라서 과학자들은 당면한 주제에 대하여 신속하고 완벽한 답을 얻기에 적합한 생명체를 대상으로 연구한다.

박테리아는 세포의 기능을 연구하기에 훌륭한 연구 대상이지만, 진핵생물에는 존재하는 세포소기관이 없다. Yeast는 단세포 진핵생물로 진핵세포의 구조와 기능을 연구하는 데 널리 사용된다. 세포보다 복잡한 조직이나 기관을 연구하고 또한 development (발생)를 연구하려면 roundworm (선충), 초파리 및 생쥐와 같은 후생동물 생명체가 필요하다. 이 절과 다음 절에서는 이런 복잡한 cell system과 작용 방식을 살펴보는데, 앞에서 언급한 후생동물 외에도 널리 이용되는 다른 후생동물도 소개한다.

Yeast는 진핵세포의 구조와 기능에 대한 기본적인 내용을 연구하는 데 사용된다

Yeast는 단세포로 이루어진 진핵생물 중의 하나로서, 진핵세포의 형성 및 기능을 molecular 및 genetic 분석법으로 연구하는 데 매우 유용한 모델 생명체이다. Yeast의 사촌인 mold는 다세포이지만 yeast와 함께 모두 fungi 군에 속한다. Fungi는 동·식물의 사체를 분해하여 재사용하게 함으로써 생태학적으로 중요한 역할을 담당한다. 이들은 또한 많은 종류의 antibiotic (항생제)을 만들며 빵, 맥주 및 포도주를 제조하는 데 사용된다.

빵과 맥주 제조에 일반적으로 사용되는 yeast 종인 *Saccharomyces cerevisiae*는 훌륭한 실험 대상 생명체로 증명되었기 때문에 이 책에서 자주 언급될 것이다. *S. cerevisiae*는 모세포의 측면에서 딸세포가 출아하여 분열하는 구형 세포이며, 출아한 딸세포는 최종적으로 모세포로부터 분리된다(그림 1-24a, b). *S. cerevisiae* 세포에서 발현되는 6,600여 종의 단백질과 유사한 많은 단백질이 거의 모든 진핵생물에 존재한다(표 1-2 참조). 이들은 yeast의 단백질과 유사한 homologue protein (상동 단백질)으로서 세포분열 또는 진핵생물의 각 세포소기관 기능에 중요하다. 단백질 분비를 담당하는 소포체 및 Golgi apparatus에 존재하는 단백질 대부분은 유전학적 연구 방법을 통해 yeast에서 최초로 규명되었다(14장 참조). Yeast는 또한 DNA replication, transcription 및 cell cycle 조절에 관여하는 단백질을 규명하는 데 필수적이다.

3억 년에서 6억 년 사이에 *S. cerevisiae*에서 분기된 것으로 추론되는 효모 종 *Schizosaccharomyces pombe*도 연구에 널리 사용된다. *S. cerevisiae*와 달리, *S. pombe*는 끝이 늘어나면서 자라는 막대 모양의 세포이다. 인간 세포처럼 세포 중간 지점이 갈라지면서 분열한다(그림 1-24c, 그림 1-22 참조). 또한 *S. cerevisiae*와 달리, *S. pombe*의 유전자 대부분에는 인간 세포의 유전자처럼 intron이 있다. 이 부위는 핵에서 RNA 전사체가 processing될 때 제거된다(그림 1-10 참조). *S. cerevisiae, S. pombe* 및 기타 효모는 분자 및 세포생물학 분야를 연구하는 사람에게 많은 이점을 제공한다:

- Yeast 세포 1개로부터 대량의 yeast 세포를 저렴한 비용으로 손쉽게 배양액에서 길러 얻을 수 있다. 배양하여 얻은 모든 세포 **clone**의 유전자는 모두 같고 또한 biochemical (생화학적) 특성도 같다. 대량으로 획득한 세포로부터 개별 단백질 혹은 다단백질 복합체를 정제하여 단백질의 특성을 자세히 연구할 수 있다.
- Yeast 세포는 haploid (반수체: 각 염색체가 하나씩 존재) 혹은 dip-

(a)

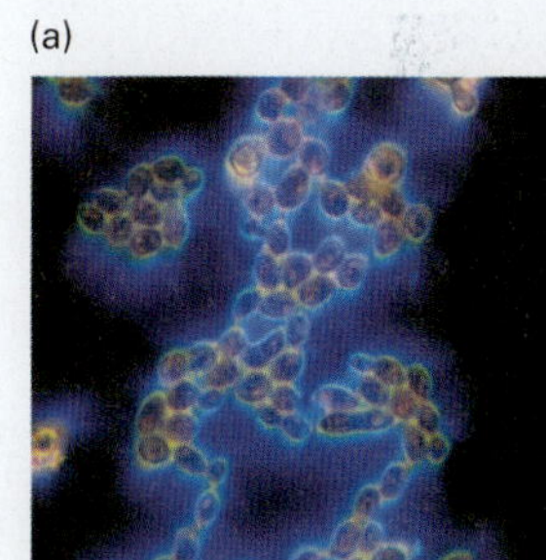

(b)

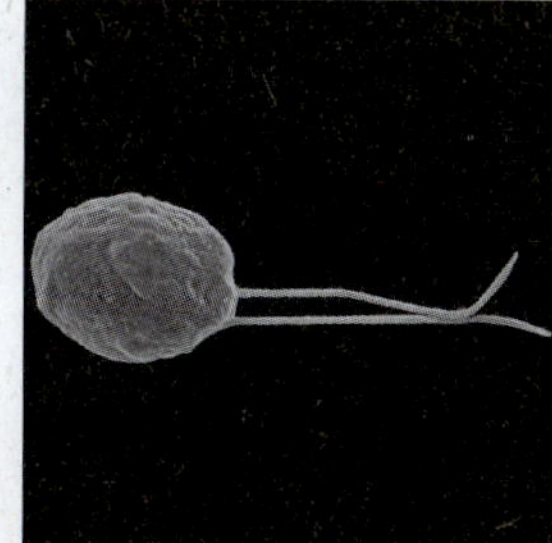

(c)

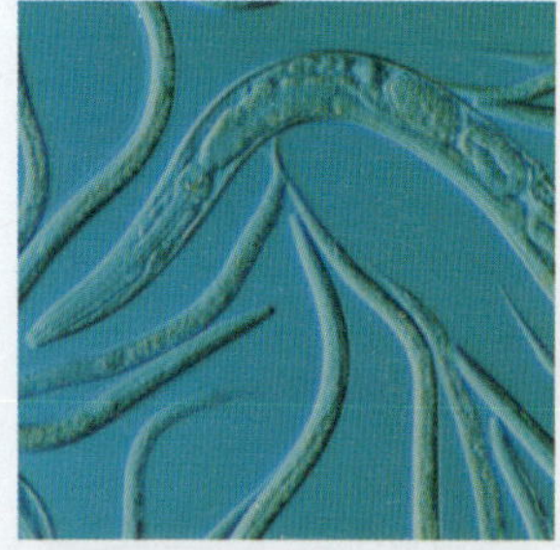

(d)

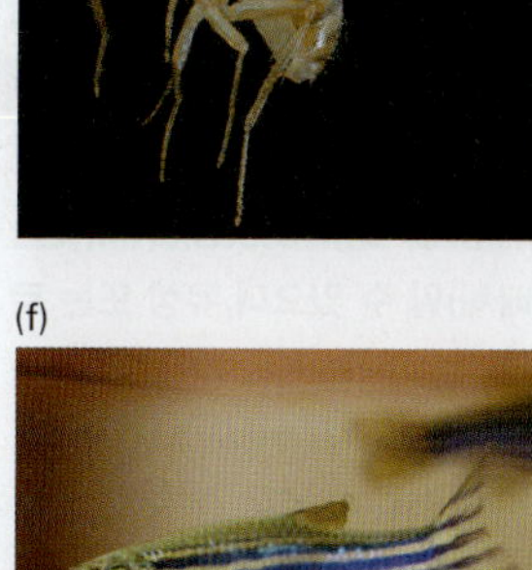

(e)

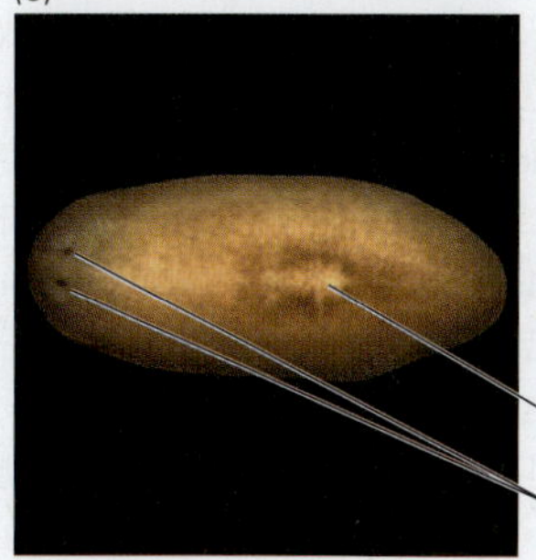

(f)

(g)

(h)

그림 1-23 세포생물학에서 사용되는 모든 실험용 생명체는 특정 연구에 적합한 서로 다른 장점이 있다. Yeast *Saccharomyces cerevisiae* (a)는 세포 구성면에서는 진핵생물이지만 기르기 쉽고 유전적으로 조작하기가 쉬운 단순한 단세포 생명체이다. 녹조류 *Chlamydomonas reinhardtii* (b)는 광합성과 flagella (편모)의 구조 및 기능을 연구하는 데 널리 사용된다. 선충인 *Caenorhabditis elegans* (c)는 적은 수의 세포로 이루어져 있는데, 이들 세포는 모든 선충에서 똑같은 방법으로 배열되어 있어 각개 세포의 형성을 추적할 수 있다. 초파리 *Drosophila melanogaster* (d)는 처음으로 염색체의 특성을 발견하는 데 사용하였으며, embryonic development를 조절하는 유전자를 동정하는 데 매우 유용하다. 이러한 유전자 대부분은 인간에서 진화적으로 보존되어 있다. Planaria (e)는 머리와 photoreceptor (광수용체)를 포함하여 절단된 신체의 어떤 부분이라도 재생시킬 수 있는 편형동물이다. 새로운 세포와 조직을 생성하는 stem cell은 광범위하게 연구되고 있다. Zebrafish (얼룩무늬 관상어) *Danio rerio* (f)는 척추동물의 development와 organogenesis (기관형성)를 조절하는 유전자들을 genetic screen (유전자 검색)으로 신속히 찾는 데 유용하다. Experimental animal system (실험동물군) 중 생쥐인 Mus musculus (g)는 진화적으로 인간에 가장 가깝고 다양한 human genetic disease 및 infectious disease (감염성 질환)를 연구하는 데 이용된다. Mustard-family (겨자과) 풀인 *Arabidopsis thaliana* (h)는 식물 생활사에 관여하는 유전자들을 동정하기 위한 genetic screen에 사용되었다. [Part (a) Michael Abbey/Science Source. Part (b) William Dentler, University of Kansas. Part (c) Sinclair Stammers/Science Source. Part (d) Darwin Dale/Science Source. Part (e) Peter Reddien, MIT Whitehead Institute. Part (f) Anthony Wallace/AFP/Getty Images. Part (g) J. M. Labat/ Jacana/Science Source. Part (h) Darwin Dale/Science Source.]

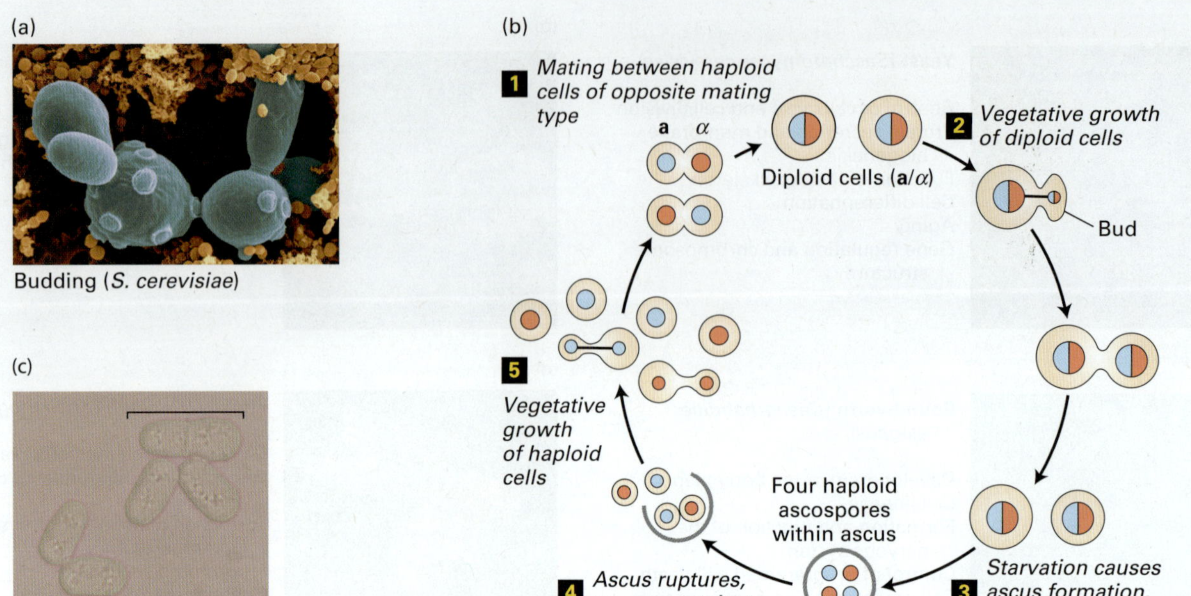

그림 1-24 Yeast 종인 *Saccharomyces cerevisiae*와 *Schizosaccharomyces pombe*는 haploid (반수체) 또는 diploid (이배체)일 수 있으며 유성 또는 무성생식을 할 수 있다. (a) 출아 중인 yeast *Saccharomyces cerevisiae*의 scanning electron micrograph (주사전자현미경 사진). Yesat는 *mitotic budding* (유사분열 출아)이라는 특이한 세포 분열법으로 생장한다. Daughter nucleus (딸핵) 하나는 모세포에, 다른 daughter nucleus는 bud (출아)로 이동하여 bud가 자라면서 새로운 세포로 떨어져 나온다. Bud cell이 떨어져 나온 부위는 흔적이 남기 때문에 모세포에서 bud가 몇 번 생성되었는지 알 수 있다. 주황색은 박테리아이다. (b) Haploid yeast 세포는 **a** (파란색) 혹은 α (주황색)라는 mating type (교배 유형)을 갖는다. 이들은 yeast 염색체가 1개씩 있으며 mitotic budding 법으로 성장한다. Mating type이 서로 다른 haploid는 서로 융합하여 염색체가 한 쌍인 **a**/α diploid를 형성한다. Haploid 세포 **a**는 α 세포 표면의 수용체 단백질에 결합하는 *mating factor* ***a*** (교배인자 **a**)라는 페로몬 단백질을 분비하고, 반대로 α 세포는 a 세포 표면의 수용체에 결합하는 α mating factor α를 분비한다. 따라서 각 mating type 세포는 반대 mating type 세포에서 생성된 mating factor를 인식하며, 이들 호르몬은 **a** 세포와 α 세포의 융합을 유발한다. **a**/α diploid 세포에는 각 염색체가 쌍으로 있고, diploid 세포도 haploid 세포처럼 mitotic budding 법으로 성장한다. 영양 부족과 같은 상황에 놓이면 diploid 세포는 meiosis를 일으켜 4개의 haploid ascospore (자낭포자)를 형성한다. Ascus (자낭)를 깨면 haploid spore 4개가 방출되어 haploid 세포 **a**와 α로 성장한다. 이들도 무성생식으로 증식한다. (c) *Schizosaccharomyces pombe*의 haploid와 diploid 세포 모두는 *S. cerevisiae*의 mitosis 주기와 다른 유사분열 주기를 가지며, *S. cerevisiae*보다는 인간 세포의 주기와 더 유사하다. 브래킷은 mitosis 중인 세포를 나타낸 것이다. [Part (a) SCIMAT/Science Source. Part (c) Roland Gromes.]

loid (이배체: 각 염색체가 쌍으로 존재)로 존재하며, 이들 모두 mitosis에 의하여 분열할 수 있다. 이런 특성 때문에 세포 활동에 필수적인 단백질에 대한 유전자의 돌연변이를 선별하고 특성을 파악할 수 있다. 이러한 내용은 다음 절에 기술되었다.

- Yeast도 다른 많은 생명체처럼 세포 간에 유전자를 교환하는 sexual cycle (성주기)이 있다. Diploid 세포는 굶주린 상태에 놓이면 meiosis (감수분열; 19장 참조)에 의해 haploid 딸세포가 형성된다. Haploid *S. cerevisiae* 세포는 a 및 α 세포의 두 가지 유형이 있다. Haploid **a** 세포와 α 세포가 서로 가까워지면 각 세포에서 서로 다른 유형의 호르몬이 분비되어, **a**와 α 세포가 융합해 diploid 세포 **a**/α가 생성된다. 이 diploid 세포는 각 haploid 세포의 chromosome을 모두 갖고 있어 똑같은 염색체가 쌍으로 존재한다(그림 1-24b).

*S. cerevisiae*와 같은 단일 종을 모델 생명체로 하여 전 세계 수만 명의 과학자가 다양한 실험 기법으로 얻은 연구 결과에 의해 이 세포를 깊이 이해하게 되었다. 이 책에서 자주 접하게 될 것처럼 *S. cerevisiae*와 *S. pombe*에서 얻은 연구 결과에 기초하여 도출한 결론은 모든 진핵생물에 대해서도 참이다. 이런 결과들은 다세포인 동물과 식물에 존재하는 좀 더 복잡한 과정의 진화를 연구하는 데 기초가 된다.

Yeast에서 발생한 돌연변이에 근거하여 Cell Cycle에서 핵심 역할을 하는 단백질을 밝혔다

생화학적 연구는 단백질 자체에 대하여 설명할 수는 있지만, 세포분열 혹은 세포에서 일어나는 그 밖의 과정에 단백질이 필요하다는 것을 증명할 수는 없다. 단백질이 세포에서 중요한지는 단백질이 합성되지 않는 혹은 기능을 수행할 수 없는 단백질을 만드는 돌연변이가 세포에 어떤 영향을 주는지를 밝히면 알 수 있다.

고전 genetics (유전학)의 접근 방식은 정상 생명체의 특정 능력을 상실한 mutant (돌연변이체)를 분리하고 특성을 연구하는 것이다. "Genetic screening" (유전자 검색)을 광범위하게 시도하여 세포분열이나 muscle 형성과 같은 특별한 과정을 수행하지 못하는 다양한 mutant (예, 초파리 또는 yeast)를 탐색하였다. 무작위로 돌연변이를 일으키는 화학 약품, 물리적 방법과 같은 *mutagen*을 사용하여 돌연변이를 얻는다. 하지만, 이 방법의 문제점은 세포에 필수적인 단백질을 만드는 유전자에 돌연변이가 일어나면 생명체가 죽는다. 세포분열처럼 생존에 필요한 일련의 과정이 상실된 mutant를 어떻게 분리하고 유지할 수 있는가?

한 가지 방법은 **temperature-sensitive mutant (온도 민감성 돌연변이체)**를 분리하는 것이다. 이들 mutant는 *permissive temperature* (생장 허용 온도)에서는 생장할 수 있으나, 비교적 높은 온도 조건인 *nonpermissive temperature* (생장 저해 온도)에서는 성장하지 못한다. 정상 세포는 양쪽 온도 모두에서 생장할 수 있다. Temperature-sensitive mutant에서 생성된 돌연변이 단백질 대부분은 생장 허용 온도에서는 작용하지만, 생장 저해 온도에서는 구조가 변형되어 작용하지 못한다. 이러한 temperature-sensitive screening (온도 민감성 검색)은 유전자가 1개만 존재하여 돌연변이의 결과를 바로 알 수 있는 yeast와 같은 haploid 생명체에서 손쉽게 수행된다.

Haploid yeast 세포의 division을 변경시키는 다양한 temperature-sensitive 돌연변이의 영향을 분석하여, 유전학자들은 세포분열에 관여하는 유전자 대부분을 발견하였는데, 초기에는 이러한 유전자가 암호화하는 단백질이 무엇인지, 이 단백질이 세포분열 과정에 어떻게 관여하는지는 전혀 알지 못한 상태였다. 일반적으로 genetics의 강점은 biochemical identity와 molecular function에 대한 사전 지식이 없이도 세포의 특정 기능에 필요한 단백질의 존재와 연관성을 밝히는 것이다. 이런 돌연변이 규명 유전자를 5장에서 다룰 recombinant DNA 기술로 분리할 수 있다. 분리한 유전자를 확보하게 되면 암호화되는 단백질을 *in vitro*이나 조작된 박테리아에서 생산할 수 있다. 이런 방법으로 생화학자들은 세포분열에 필요한 유전자가 다른 단백질이나 DNA와 결합하거나 세포분열 동안 특정 화학 반응을 촉매하는 단백질을 암호화하는지를 조사할 수 있다(19장 참조).

Yeast cell cycle에 관여하는 유전자 대부분은 인간 세포에도 있으며, 이들 유전자에서 생성된 단백질의 아미노산 서열은 두 종 사이에 서로 비슷하다. 서로 다른 생명체에 존재하지만, 아미노산 서열이 서로 비슷한 단백질은 서로 **homologous**하며, 이들 단백질의 기능은 서로 같거나 유사하다. 놀랍게도, 인간의 세포 주기를 조절하는 어떤 단백질을 homologous yeast 단백질에 결함이 있는 돌연변이 yeast에서 발현시키면, 돌연변이 yeast 세포가 정상적으로 생장한다. 이 결과는 서로 종이 매우 다른 진핵생물에서 단백질이 기능할 수 있음을 나타낸다. 이 실험 결과는 yeast와 인간의 공통 조상은 10억 년 전에 살았음을 고려할 때 매우 특이하다. Paul Nurses는 이 실험 결과와 함께 cell cycle에 관여하는 많은 다른 유전자를 규명하고 이 유전자에 대한 특성을 연구하여 Nobel Prize (노벨상)를 받았다. 진핵세포 cycle과 세포 주기를 촉매하고 조절하는 많은 유전자와 단백질은 분명히 생물학적 진화 과정에서 초기에 진화하여 그 후 오랜 진화 과정에서도 매우 일정하게 유지되었다. 후속 연구에 따르면, yeast 세포 주기에 관여하는 단백질에 발생한 돌연변이는 세포 성장을 조절하지 못한다. 이 현상은 인간의 암에서도 나타난다(25장 참조). 모든 진핵생물에서 이러한 단백질의 중요한 기능이 보존되었다는 것을 입증한다.

Alga (조류) *Chlamydomonas reinhardtii*에 관한 연구로 뇌 기능을 연구할 수 있는 매우 유용한 기술이 개발되었다

2개의 긴 flagella (편모)를 사용하여 헤엄치는 녹색 단세포 alga인 *Chlamydomonas reinhardtii* (그림 1-23b 참조)는 이 flagella의 구조, 기능 및 형성 연구에 널리 이용된다. 부분적으로는 현재 이용 가능한 강력한 유전 기술 때문에 *Chlamydomonas*는 엽록체 형성 및 photosynthesis 연구에도 사용된다. *Chlamydomonas* genome (표 1-2 참조)은 효모에 없는 세포소기관인 flagella와 엽록체를 만드는 데 필요한 단백질을 비롯하여 효모보다 훨씬 더 많은 단백질을 암호화한다.

이 생명체를 실험용으로 사용하여 얻은 한 가지 중요한 결과는 *Chlamydomonas*의 phototaxis (광택성)에 관한 연구로부터 얻었다. Phototaxis는 생명체가 광원을 향해 혹은 광원에서 멀어지는 방향으로 움직이는 행동이다. *Chlamydomonas*는 성장과 분열하는 데 필요한 에너지를 photosynthesis 방법으로 생성하므로 빛을 향해 움직이지만, 너무 강한 빛은 엽록체에 손상을 주기 때문에 빛에서 멀어지는 방향으로 움직인다. *Chlamydomonas phototaxis*에 관한 연구로 원형질막에서 phototaxis 반응에 관여하는 단백질 2개를 발견하였다. Phototaxis 반응은 이들 단백질이 빛을 흡수하면 막의 channel이 열려 Ca^{2+} 이온이 세포 밖 기질에서 cytosol로 들어올 때 일어난다. 23장에서 자세히 설명했듯이, recombinant DNA 기술을 이용하여 이런 단백질 중 하나를 생쥐 뇌의 특정 neuron에서 발현시킨 후, 점광원을 사용하여 뇌세포 1개 또는 몇 개의 세포를 활성화할 수 있다. 따라서 이 보잘 것 없는 alga에 관한 연구는 뇌 기능 연구에 중요한 실험 시스템인 optogenetics (광유전학)로 이어졌다.

Malaria 질병을 일으키는 Parasite (기생충)에는 괴이한 Life Cycle (생활사)를 진행하는 특이한 세포소기관이 있다

효모는 빵, 맥주, 포도주 및 치즈 제조에 사용되는 반면, 일부 단세포 진핵생물은 인간에게 심각한 질병을 유발한다. 인간에게는 해를 끼치지 않고 이들 생명체를 죽일 수 있는 백신이나 약물을 개발하기 위해 이들 생명체에 관한 연구가 광범위하게 진행되고 있다. *Entamoeba histolytica*는 이질을, *Trichomonas vaginalis* (질편모충)는 질염을, 그리고 *Trypanosoma brucei*는 수면병을 유발한다. 이들 protozoan (원생동물) 중 최악인 *Plasmodium falciparum*과 관련 종에 의해 매년 2억 명 이상이 말라리아 질병에 걸리며, 연간 150만–300만 명이 이 질병으로 죽는다. 이 protozoan은 포유류와 모기에 교대로 서식하며, 각각의 서식 숙주에서 일어나는 신호에 반응하여 형태와 행동이 변한다.

*Plasmodium*의 복잡한 생활사는 단일 세포가 어떻게 여러 환경에 적응할 수 있는지를 극적으로 보여준다(그림 1-25a). 또한, 인간 적혈구를 감염시키는 *merozoite* (낭충, 분열소체) 형태에는 대부분의 진핵생물에서 발견되지 않는 rhoptries, polar ring, microneme 그리고 세포 외부에 있는 fuzzy surface (솜털 같은 표면) 외피 등의 세포소기관은 기

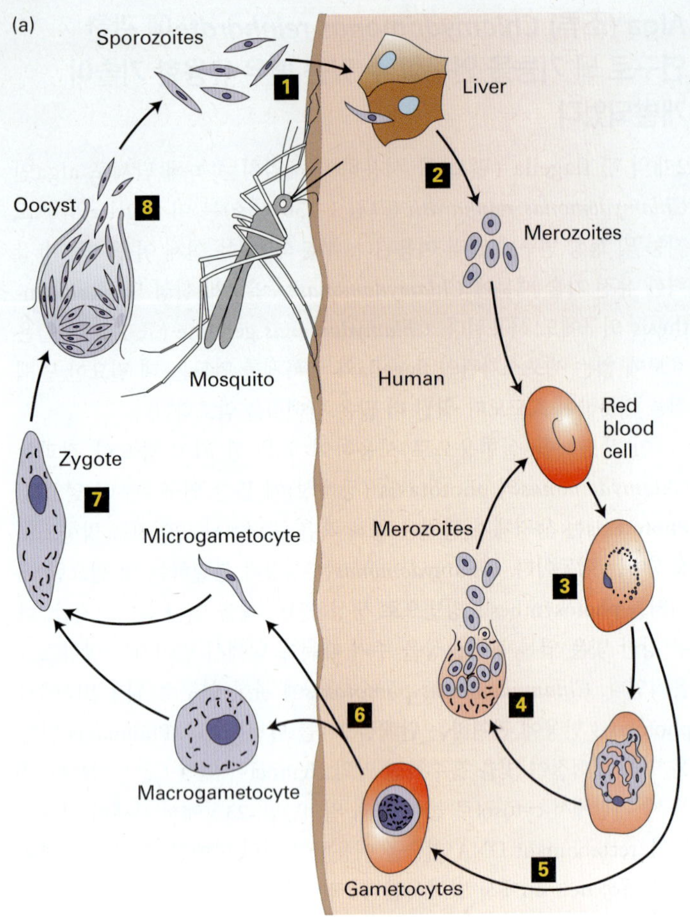

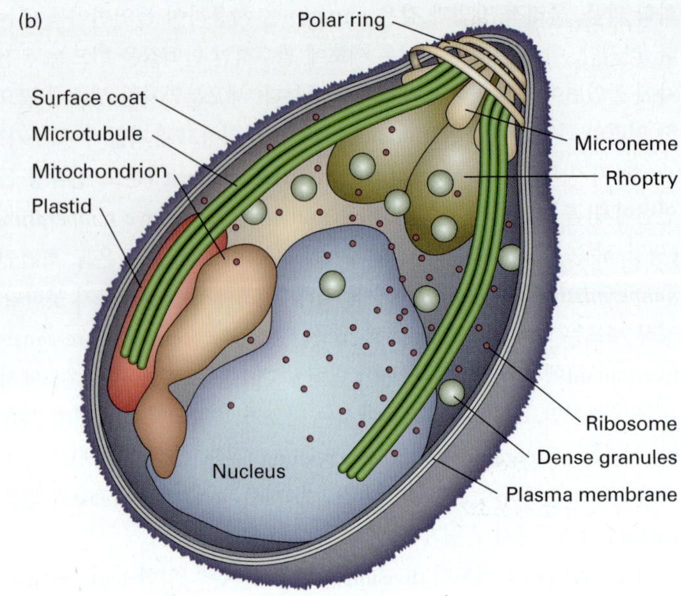

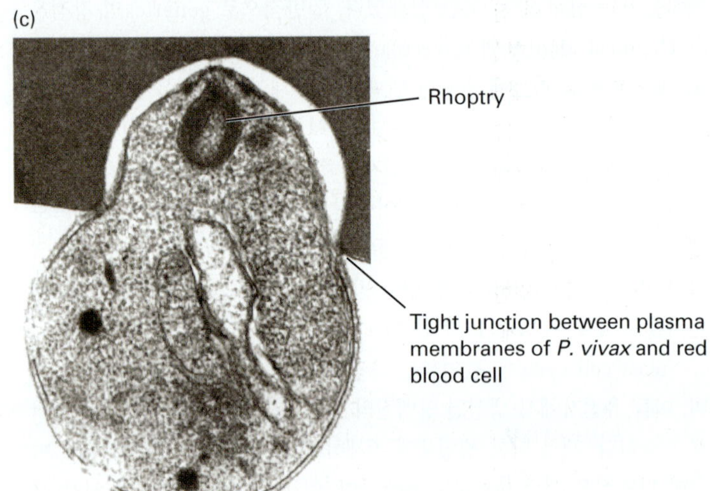

그림 1-25 말라리아 질병을 일으키는 기생충인 *Plasmodium* 종은 괴이한 life cycle (생활사)를 가진 single-celled protozoan이다. 많은 *Plasmodium* 종이 알려져 있으며 곤충과 척추동물 숙주 사이를 오가며 다양한 동물을 감염시킬 수 있다. 인간에게 말라리아를 일으키는 4가지 종은 사람과 모기 숙주 내에서 몇 가지 극적인 형태로 변한다. (a) 생활사를 나타낸 다이어그램. 많은 yeast처럼 *Plasmodium*은 생활사 대부분을 단일 사본의 유전자를 가진 haploid 생명체로 산다. 단계 **1**: 감염된 *Anopheles* 모기가 인간을 물 때 haploid sporozoite가 인간 숙주로 들어간다. 단계 **2**: 간으로 이동하여 merozoite로 발달하여 blood로 방출된다. Merozoite는 sporozoite와 크게 다르므로 이 변형은 metamorphosis (그리스어로 "변형" 또는 "많은 모양")이다. 단계 **3**: 순환하는 merozoite는 적혈구(RBC)를 침범하여 그 안에서 번식한다. 일부 *Plasmodium* 종에 의해 생성된 단백질은 감염된 RBC의 표면으로 이동하여 세포가 혈관 벽에 부착하도록 한다. 이것은 감염된 RBC가 spleen (비장)으로 순환하는 것을 막아준다. 비장에서는 면역계 세포가 RBC와 그들이 보유하고 있는 *Plasmodium* 생명체를 파괴한다. 단계 **4**: 각 *Plasmodium* 종에 따라 기간이 다르지만, 특정 기간 RBC에서 성장 및 번식한 후, merozoite는 갑자기 감염된 많은 세포에서 동시에 터진다. 말라리아의 잘 알려진 증상인 발열과 오한은 이때 일어난다. 방출된 merozoite 중 일부는 다시 RBC를 감염시켜 번식과 감염 주기를 만든다. 단계 **5**: 결국 일부 merozoite는 또 다른 metamorphosis (변형)인 male과 female gametocyte (생식모세포)로 발생한다. 이 세포는 더는 복제되지 않고, 혈액을 따라 흐르다가 *Anopheles* 모기가 혈액을 흡입할 때 이전한다. 단계 **6**: 모기의 위장에서 gametocyte는 microgametocyte (sperm) 또는 macrogametocyte (egg)로 변형되며, 날씬한 운동성 정자의 발달로 이어지는 또 다른 metanorphosis가 이어진다. 단계 **7**: sperm과 egg의 융합으로 diploid zygote (이배체 접합체)가 생성되며, 이 접합체는 위 내벽에 착상되어 oocyst (난모낭)로 성장한다. Oocyst 내에서 기생충은 meiosis을 거쳐 염색체 함량이 haploid로 되고, 여러 번의 mitosis을 거쳐 많은 sporozoite를 많이 만들 수 있는 공장과 같은 상태로 된다. 단계 **8**: Oocyst의 파열로 인해 수천 개의 sporozoite가 방출되고, 이들은 침샘으로 이동하여 다른 숙주인 인간을 감염시킬 준비를 한다. (b) *Plasmodium vivax merozoite*의 세포소기관. 이러한 세포소기관 중 일부는 *Plasmodium*과 이와 유사한 eukaryotic parasitic microorganism에서만 발견된다. (c) Human 적혈구를 침범하는 *Plasmodium vivax merozoite*의 단면. A. Cowman and B. Crabb, 2006, *Cell* **124**:755–766. [Part (c) Masamichi Aikawa.]

생충이 적혈구를 침범할 수 있게 한다(그림 1-25b, c). 적혈구 내로의 기생충 진입은 특정 기생충 세포 표면 단백질이 적혈구 표면의 단백질과 결합함으로써 시작되며, 이때 microneme과 rhoptries에 저장된 단백질이 분비된다. 두 원형질막 사이에 tight junction이 형성되고, 기생충이 숙주 세포에 들어갈 때 솜털 같은 외피가 없어진다(그림 1-25c).

Plasmodium 생활사에서 발생하는 모든 세포 변형은 이 기생충의 유전자에 암호화된 지침에 의해 일어난다(표 1-2 참조). *Plasmodium* genome은 효모 *S. cerevisiae*와 거의 같은 수의 단백질 코딩 유전자를 가지고 있지만, 이 중에 약 2/3는 *Plasmodium*과 이와 연관된 parasite에 고유한 것으로 보인다. 이 생명체에 존재하는 많은 독특한 유전자는 **Apicomplexa** genus에 속하는 이 기생충(그림 1-1 참조)과 대부분의 다른 진핵생물 사이의 진화적 거리가 멀 뿐만 아니라 복잡한 생활사에 필요한 특이한 세포소기관이 존재함을 나타낸다.

1.5 Metazoan (후생동물)의 구조, 기능 및 evolution과 differentiation (분화)

다세포 생명체로의 진화는 세포가 분열 후에도 개별 세포로 분리되지 않고 작은 군체를 형성하면서 시작되었을 것이다. 많은 fungi와 slime mold뿐만 아니라 몇몇 원핵생물과 군락을 형성하는 algae *Volvox* (그림 1-3d 참조)는 기본적으로 이러한 사회적 행동을 보인다. 그러나 multicellularity (다세포성)의 만개(full flowering)는 세포가 분화하여 group 또는 조직으로 조직화 되어 세포가 특화된 기능을 수행하는 후생동물이라 불리는 진핵생물에서 일어났다. 이 절에서는 후생동물의 주요 특징 중 일부를 설명한다. 예를 들면, 세포 간의 결합 및 소통 그리고 생명체에서 적시 적소에 올바른 세포가 생성되도록 하는 발생 조절이다.

Multicellularity (다세포성)가 되려면 세포들 사이에 그리고 세포와 Cell Matrix 사이에 접착이 필요하다

고등 식물의 세포는 인접한 세포의 세포벽과 견고하게 결속하여 형성된 chamber에 둘러싸여 있으며, 세포들 사이에는 **plasmodesmata (원형질연락사)**라는 다리로 연결되어 있다(그림 1-13a 참조). 동물세포들은 세포 표면에 존재하는 **cell-adhesion protein (세포부착 단백질, cell-adhesion molecule**이라고도 함, **CAM)**에 의해 세포들이 서로 붙어, 사슬 또는 구형 혹은 얇은 판을 쌓아 올린 모양을 이룬다(그림 1-4d와 20장 참조). 어떤 CAM은 세포들이 서로 붙게 하고, 또 어떤 CAM은 세포가 fibrous protein과 polysaccharide로 형성된 **extracellular matrix (세포외 기질)**에 붙게 해서 cohesive unit (응집 단위)를 형성한다. 동물에서 extracellular matrix는 세포를 충격으로부터 보호하며, 영양분은 세포 안으로 그리고 노폐물은 세포 밖으로 확산시킨다. Collagen (콜라겐)과 같은 단백질과 polysaccharide로 구성되어 특별히 단단한 구조를 가진 **basal lamina (기저막)**라는 matrix는 그 아래 존재하는 얇은 판 모양의 세포층을 지탱하며, 세포가 떨어져 나가지 않도록 보호하는 역할을 한다(그림 1-4 참조). 인간에게서 발견되는 많은 CAM과 extaracellular matrix protein은 무척추동물에도 있다. 이는 후생동물 진화에 이들 물질이 얼마나 중요한지를 나타낸다.

유사하게, 후생동물에서 신호 분자로 사용되는 단백질과 작은 분자 중 많은 것은 인간을 비롯한 많은 무척추동물에서도 보존되어 있다. 이러한 신호 분자들과 결합하여 수용 세포에서 효과를 유발하는 세포 단백질인 receptor (수용체)도 보존되었다.

Epithelia (상피)는 진화 초기에 생겼다

바다와 같은 염분 환경에서 진화하였다고 추론되는 후생동물은 근본적인 문제를 해결해야 했다. 즉, 생명체의 내부와 외부 환경을 분리하는 것이었다. 모든 후생동물의 외부 표면과 내부 기관의 표면은 **epithelium**라고 하는 홑이불과 같은 tissue 층으로 덮여 있다. Epithelia는 일반적으로 피부를 형성하는 epidermal cell (표피세포)의 시트지로 설명되는 것처럼 장벽 및 보호 표면 역할을 한다(그림 1-4 참조). 어떤 epithelia는 하나의 세포층으로 두껍고 소장과 같은 내부 장기로 이루어져 있으며, 소화 산물(예, glucose 및 아미노산)을 혈액으로 흡수하고 운반하는데 중요하다(11장 참조). 20장에서 논의된 바와 같이, 서로 다른 신체 부위에 있는 epithelia는 특징적인 형태와 기능이 있다.

Epithelial tissue를 형성하는 세포는 이들의 원형질막이 적어도 2개의 분리된 영역으로 구성되어 있어 분극화되었다고 한다. 일반적으로 분극화된 epithelia 세포에는 2개의 표면이 있다. 하나는 **apical (상단)** 표면으로 외부 세계와 마주하고, 다른 하나는 **basal (기저)** 및 **lateral (측면)** (총칭하여 **basolater**: 기저외측) 표면으로 생명체의 내부와 마주한다. 그림 1-4에서 볼 수 있듯이, basal 표면은 일반적으로 세포외 기질인 basal lamina (기저판)와 접촉한다. 20장에서 논의된 바와 같이, basolateral membrane의 특수 접합 단백질은 인접한 세포들을 서로 연결하고 또한 세포들을 basal lamina에 결합한다.

세포는 조직으로, 조직은 기관으로 조직화된다

후생동물의 세포는 혼자서는 작동하지 않는다. 즉, 분화된 세포들이 모여 특정한 집단을 형성한 것이 조직이며, 이들은 기관을 구성하는 주성분이다. 예를 들어, blood vessel (혈관)은 다양한 유형의 조직층으로 구성되었다. Blood vessel의 lumen (내강)은 endothelial cell (**내피세포, endothelium**) 층으로 둘러싸였으며, 이 층으로 인해 혈구가 새어나가지 못한다(그림 1-26). Smooth muscle tissue (평활근) 층은 endothelium과 basal lamina를 둘러싸고 수축하여 혈액 흐름을 제한한다. 겁에 질리면 peripheral vessel (말초혈관)이 수축하고, 이에 따라 더 많은 혈액이 중요한 organ으로 보내진다. Blood vessel의 muscle 층은 fiber와 세포를 연결하는 connective tissue (결합조직)의 외층으로 둘러싸여 vessel cell이 손상되거나 파괴되는 것이 방지된다.

단지 조직층의 두께만 다르지, tissue의 조직화는 다른 blood vessel에서도 같다. Major artery (대동맥)의 wall은 높은 혈압을 견디어 내기 위해 minor vessel보다 두껍다. 좀 더 복잡한 기관을 형성하는 방법은

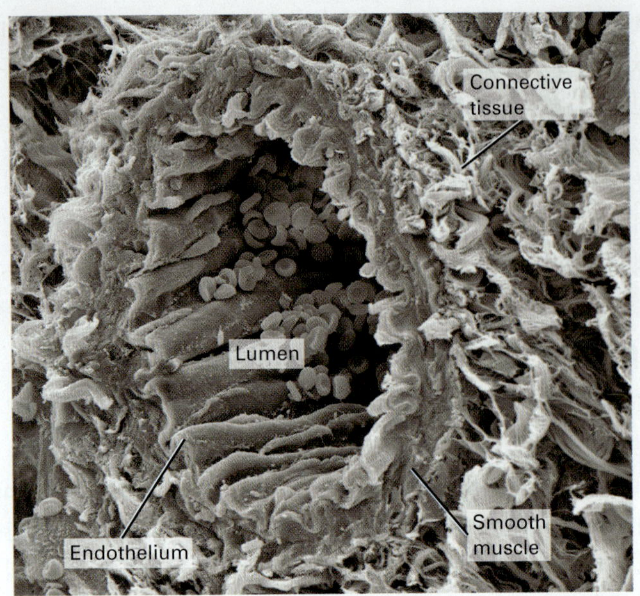

그림 1-26 모든 organ은 arteriole (소동맥)의 단면에서 보는 것처럼 다양한 tissue가 배열되어 형성된다. Blood는 endothelium을 형성하는 endothelial cell 층으로 배열된 vessel lumen을 통해 흐른다. 이 조직은 smooth muscle tissue 위층과 붙어서 근육층의 수축으로 혈관을 통한 혈류를 조절한다. 결합조직의 섬유성 층은 혈관을 둘러싸고 다른 조직과 연결된다. [SPL/Science Source.]

서로 다른 조직을 그룹으로 나누어 층을 만드는 것이다. 어떤 경우든 기관의 기능은 기관을 구성한 조직의 기능에 의해 결정되며, 조직을 형성한 각 세포는 조직이 기능을 제대로 하도록 특정한 그룹의 단백질을 만든다.

Genomics (유전체학)은 후생동물 진화와 세포 기능에 대한 중요한 내용을 밝혔다

후생동물(초파리 *D. melanogaster* 및 선충 *C. elegans*와 같은 무척추동물 또는 생쥐와 인간과 같은 척추동물이 여기에 속한다.)은 13,000–26,000개 사이의 단백질 코딩 유전자를 갖고 있다. 이는 효모의 약 2–4배이다(표 1-2 참조). 전체 genome의 염기서열을 결정하여 분석한 결과 이들 유전자 중 많은 부분이 후생동물 사이에 보존되어 있다. 유전 연구에 따르면 이들 중 다수는 특정 조직과 기관의 형성 및 기능에 필수적이라는 것이 밝혀졌다. 따라서 표 1-2에 나열된 많은 생명체는 세포 발생 및 기능에서 서로 보존된 단백질들의 역할을 연구하는 데 사용된다.

인간과 생쥐 genome에서 암호화된 총 단백질 개수는 선충 *C. elegans* 그리고 개구리와 물고기의 총 단백질 개수와 거의 같지만, 포유동물 세포의 DNA 양은 선충보다는 약 30배, 개구리나 물고기보다는 2–3배 더 많다. 인간 DNA의 약 10%만이 단백질을 암호화하지만, 나머지 90%도 중요한 기능이 있다는 것이 밝혀지고 있다. 8장에 자세히 설명된 것처럼, *enhancer*라고 불리는 많은 DNA 조각은 이 DNA 조각 근처에 있는 유전자의 발현을 조절하는 단백질과 결합한다. 이러한 조절 염기서열은 상당히 많으며, 많은 유전자의 발현은 조절 염기서열에 의해 조절된다. 다중 enhancer의 조절 작용으로 각 포유동물의 유전자는 다양한 유형의 세포 각각에서 정확히 필요한 양만큼의 mRNA와 단백질을 만든다.

DNA의 어떤 부분들은 단백질을 합성하지 않지만 유전자 발현을 조절하는 기능이 밝혀진 수천 개의 RNA 분자를 합성하는 데 사용된다. 예를 들어, 20–25개 nucleotide로 구성된 수백 종류의 micro-RNA가 후생동물 세포에 매우 많다. 각 microRNA는 단백질로 번역되는 일련의 특정 mRNA들과 결합해서 이들 RNA를 분해하거나 단백질로 번역되는 것을 방해해서 이들 RNA의 활성을 억제한다(9장 참조). 이런 방식으로 microRNA 각각은 많은 유전자의 활성을 간접적으로 조절할 수 있다.

이 nonprotein-coding DNA (비단백질 암호화 DNA) 중 일부는 아마도 우리를 독특하게 인간으로 만드는 유전자의 발현을 조절한다. 실제로 물고기와 인간은 서로 약 20,000개 정도의 같은 개수의 단백질 코딩 유전자를 가지고 있지만, 위에서 언급한 것처럼 human genome의 크기는 물고기보다 두 배 이상 크다(표 1-2 참조). 인간의 뇌는 교과서를 읽고 쓰는 것과 같은 복잡한 정신 과정을 수행할 수 있다. 어떻게든 이 20,000개의 인간 유전자들은 정교하게 조절돼서, 인간은 약 1,000억 개의 뉴런을 가진 뇌를 만들어내고, *synapse* (시냅스)라고 불리는 약 100조 개의 상호작용 부위에서 서로 소통한다.

생명체들의 전체 DNA 염기서열에 관한 연구를 하는 **genomics (유전체학)**는 인간이 Neanderthals (네안데르탈인) 및 인간과 가장 가까운 비인류인 유인원과 얼마나 가까운지를 보여준다(그림 1-27). 인간의 DNA 염기서열은 침팬지와 bonobo (보노보)의 DNA 염기서열과 99% 같다. 1%의 차이는 약 3,000,000 염기쌍이지만, 이 차이는 약 500만 년 전에 공통 조상으로부터 과거에 인간 두뇌의 진화처럼 우리 종 사이의 명백한 차이를 어떻게든 설명한다.

고생물학적 발견과 맞물려 genomics는 인간과 생쥐는 약 7천 5백만 년 전에 살았던 mammalian (포유동물) 공통 조상의 후손이다. 그런데도, 이 두 생명체 간의 유전자 수는 거의 같고 생쥐의 단백질 코딩 유전자의 약 99%는 인간에서 상동성을 가지며, 그 반대의 경우도 마찬가지이다. 생쥐와 human genome의 90% 이상이 **synteny** 영역으로 구획되었다. 즉, 염색체에 특정한 DNA 염기서열과 유전자가 두 종에서 같은 순서로 되어 있는 DNA 조각 부위가 있다. 이 사실은 인간과 생쥐의 가장 최근의 공통 조상에 있는 유전자의 순서가 이 두 종에서 모두 보존되었음을 나타낸다(그림 1-28). 물론 생쥐는 인간이 아니다. 인간과 비교하면, 생쥐에는 immunity (면역), reproduction (생식) 및 olfactory (후각) 관련 gene family (유전자 군)들이 확장되어 인간과 생쥐의 생활 방식이 다르게 되었다

우리가 관심이 있는 것은 인간의 진화만이 아니다! 북극곰은 북극에 살면서 고지방 음식인 바다표범을 먹는다. 최근 genome 염기서열 분석을 통해서, 연구자들은 북극곰과 온대 기후에 사는 불곰의 가장 최근의 공통 조상이 약 50만 년 전, 혹은 겨우 20,000세대 전이라고 추정할 수 있었다. 그 짧은 진화 기간에 북극곰 genome에는 심혈관 기능, 지방 대사, 심장 발달을 조절하는 많은 유전자에 변이가 일어나서 지방이 매우 풍부한 음식을 섭취할 수 있었다.

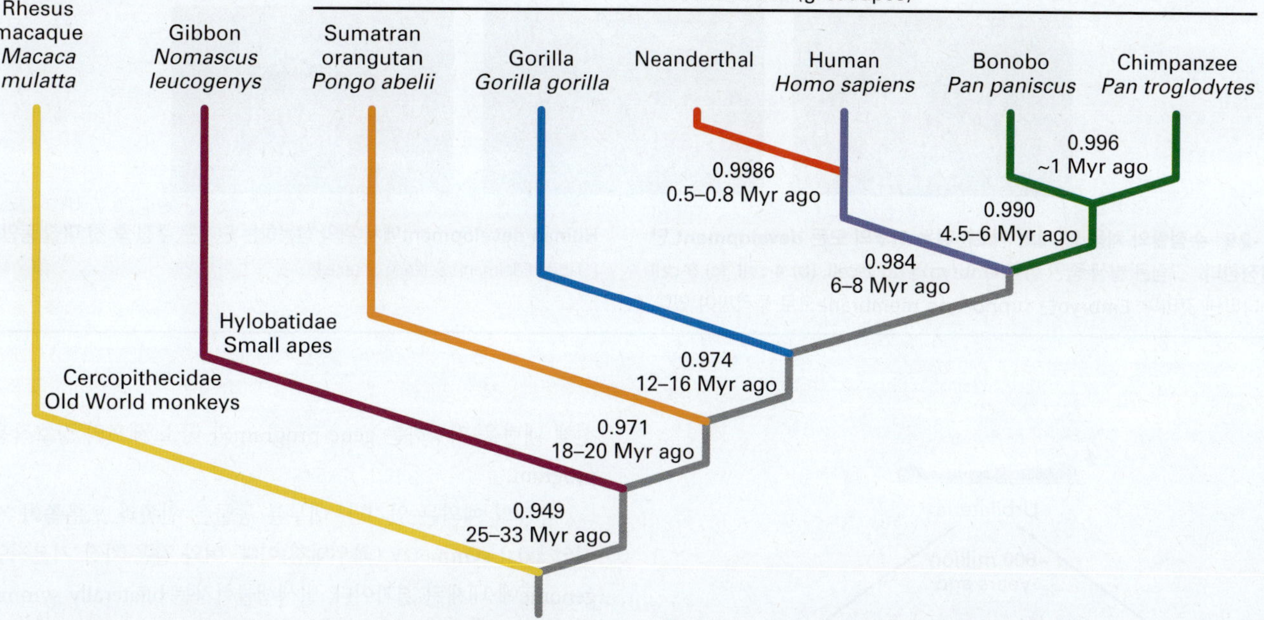

그림 1-27 Monkeys, apes (유인원), human을 잇는 evolutionary tree. 인간, Neanderthals, 거대 apes, 작은 apes 및 old world monkey에 대한 이 evolutionary tree는 이들의 genome DNA 염기서열의 차이로부터 추정하였다. 전체 genome의 DNA 염기서열을 정렬하여 고유한 DNA 서열의 평균 nucleotide 분기를 추정하였다. 각 분기점에 표시된 서로 다른 종들로 갈라진 시간에 대한 추정치는 DNA 염기서열 동일성에 기반하여 수백만 년(Myr) 단위로 계산되었다. ~1 Myr은 대략 1백만 년 이하를 의미한다. [Data from D. P. Locke et al., 2011, *Nature* **469**:529–533 and K. Prüfer et al., 2014, *Nature* **505**:43.]

Development (발생)은 보존된 일련의 Master transcription factor (마스터 전사 인자)를 사용하고 DNA 및 DNA와 결합한 Histone 단백질에 Epigenetic Modification (후성유전학적 변형)을 수반한다

예리한 독자는 앞서 기술한 내용이 역설적이라고 생각할 것이다. 만약 정말로 인간의 단백질 코딩 유전자 대부분이 유인원 및 쥐와 공유되고 또한 많은 유전자가 초파리 및 선충들과 공유된다면, 어떻게 이들 생명체의 형태와 기능이 서로 다른가? 이들 생명체가 어떻게 다르게 보이고 기능하는 것일까? 이 질문에 대한 답은 수정란이라는 단일 세포에서 모든 후생동물이 발생하는 동안 유전자가 조절되는 방식에 있다. 7장과 8장에서 설명하는 바와 같이, 각 단백질 코딩 유전자에 있는 조절 DNA 염기서열은 생명체마다 서로 다르다. 이러한 조절 염기서열 대부분은 특정 유형의 세포에서 유전자의 발현을 조절하는 단백질과 결합한다. 그 결과로 유전자로부터 생성되는 단백질량이 조절된다. 조절 염기서열에 결합하는 단백질 중 일부는 *master transcription factor*라 한다. Master transcription factor는 진화 전반에 걸쳐 보존되었으며, 종종 연속적으로 진행되는 발생 단계에서 혹은 발생의 다른 단계에서 일련의 유전자들을 활성화하거나 억제해서 특정 유형의 세포 발생을 조절한다.

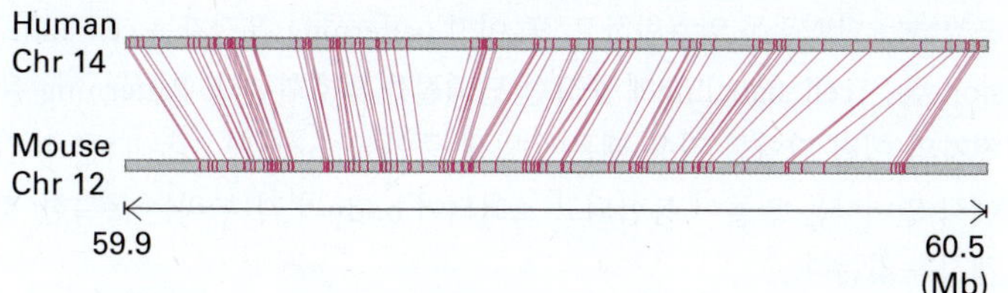

그림 1-28 인간과 생쥐 사이의 synteny 보존. 그림은 인간 염색체 14번의 600,000bp DNA와 공통 조상을 공유하는 생쥐 염색체 12번의 510,000 bp를 나타낸 것이다. 분홍색 선은 두 genome에서 보존된 고유한 DNA 서열을 연결한 것이다. Mb, 100만 염기쌍. [Data from Mouse Genome Sequencing Consortium, 2002, *Nature* **420**:520.]

발생 과정에서, 각 염색체의 많은 부분은 효소 반응으로 화학적 변형이 일어난다. 염색체에서의 이러한 변형을 **epigenetic modification (후생유전학적 변형)**이라 한다. 이러한 변형은 변형된 염색체 부위에 있는 유전자가 RNA로 전사되는 능력에 영향을 준다. 예를 들어, DNA의 어떤 부위에서 다수의 cytosine 염기에 메틸기(CH_3)가 첨가되면 DNA가 응축되고, 응축된 heterochromatin이 형성되어 RNA를 만드는 transcription이 일어나지 못한다. DNA와 결합한 histone 단백질에도 효소 반응으로 여러 종류의 변형이 일어난다. 어떤 변형은 RNA polymerase에 의해 전사가 증가하고, 어떤 변형은 전사가 억제된다. 8장에서 자세히 설명하지만, 이러한 변형 중 많은 부분이 복제되어 딸세포로 유전된다. 이러한 유전 현상을 cell heredity (세포 유전)이라 한다. 이 경우 딸세포 genome의 염기서열은 변하지 않았다.

인간 embryo의 발생 초기 단계는 생쥐와 유사하다. 발생 초기 단계의 특징은 세포분열이 매우 빠르고(그림 1-29), 이어서 세포가 조직으로 분화하는 것이다. 모든 생명체에서 공간적으로 tissue와 신체 부위를 배치하는 embryonic body plan은 다음 두 요인에 의해 영향을 받는다.

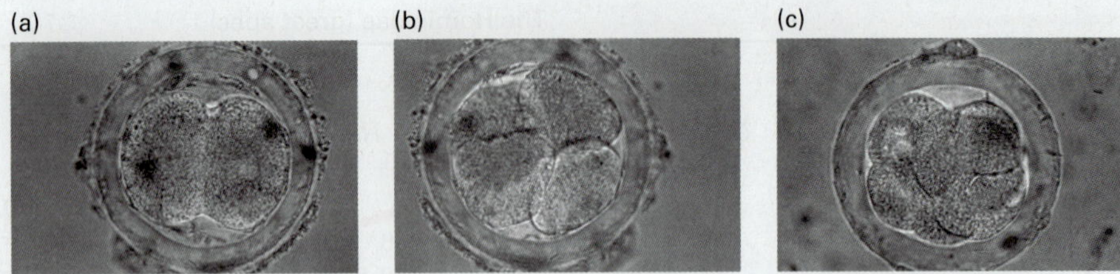

그림 1-29 수정란의 처음 몇 개의 세포분열은 이후의 모든 development 단계를 설정한다. 그림은 발생 중인 생쥐 embryo의 (a) 2-cell, (b) 4-cell, (c) 8-cell 단계를 나타낸 것이다. Embryo는 supporting membrane으로 둘러싸여 있다. Human development에서 위와 상응하는 단계는 수정 후 첫 며칠 동안 일어난다. [Claude Edelmann/Science Source.]

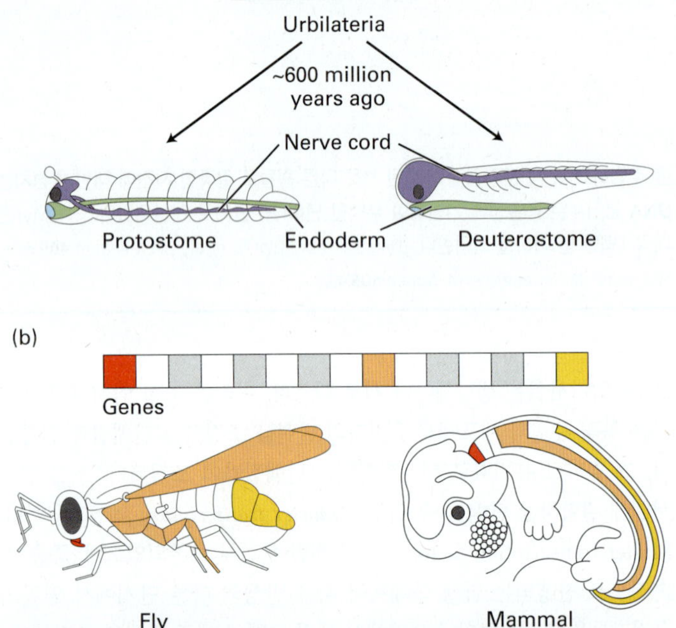

그림 1-30 진화 과정에서 보존된 유사한 master transcription factor는 다양한 동물에서 초기 development process를 조절한다. (a) Urbilateria는 6억 년 전에 존재하였던 protostome과 deuterostome의 공통 조상으로 추정된다. 그림에 Nerve chord (보라색), surface ectoderm (주로 피부를 형성하는 외배엽, 흰색) 및 endoderm (주로 소화 기관을 형성하는 내배엽, 연녹색)의 위치를 나타냈다. (b) Embryonic development 과정에서 body segment의 운명을 결정하는 *Hox protein*은 고도로 보존된 master transcription factor로 protostome (선구동물)과 deuterostome (후구동물) 모두에서 발견된다. Hox 유전자는 대부분 혹은 모든 동물 염색체에서 cluster로 존재하며 다른 유전자의 활성을 조절하는 연관된 master transcription factor를 암호화한다. 그림에서 색깔로 표시한 것처럼, 많은 동물에서 서로 다른 Hox 유전자가 머리에서 꼬리에 이르는 여러 segment의 development를 지시한다. 각 Hox 유전자는 머리부터 꼬리에 이르기까지 모든 특정 부위에서 활성화되어 그 위치에서 조직의 성장과 발달을 조절한다. 예를 들면, deuterostome인 생쥐에서 특정 Hox 유전자는 척추의 독특한 모양을 결정하는 데 관여한다. Protostome인 초파리에서 Hox 유전자에 영향을 미치는 돌연변이는 머리에 더듬이 대신 다리가 나오는 것과 같이 잘못된 위치에 신체 부위가 형성되도록 한다. 위에 예를 든 생명체에서 보듯이, Hox 유전자는 머리부터 발끝까지 올바른 주소와 같은 정보를 제공하여 적절한 위치에서 적절한 구조가 형성되도록 한다.

신체 패턴을 지정하는 gene program과 국소 세포의 상호작용에 의한 program.

약간의 예외는 있지만, 대부분 동물은 왼쪽과 오른쪽이 거울에 대칭인 axial symmetry (좌우대칭)이다. 이와 같은 가장 기본적인 패턴은 genome에 내재된 결과이다. 발생생물학자는 bilaterally symmetric animal phyla (좌우대칭 동물문)를 입과 anus (항문)가 초기 embryo에서 어느 곳에 형성되는가에 따라 크게 2그룹으로 분류한다. **Protostome (선구동물)**은 초기 embryo의 **blastopore (원구)**에 근접한 곳에서 입이 발생하며 ventral nerve cord (복부 신경삭)가 있다. 모든 종류의 worm (환형, 선형, 편형동물), insect 및 mollusk (연체동물)는 protostome에 속한다. **Deuterostome (후구동물)**은 embryo의 balstopore 근처에 anus가 발생하며 dorsal central nervous system (중추신경계)을 갖고 있다. 성게와 불가사리가 속하는 echinoderm (극피동물) 및 척추동물이 deuterostome에 속한다. Protostome과 deuterostome의 body는 체절 되는데, 이 현상은 embryo 발생 초기에 형성된다. Protostome과 deuterostome은 약 6억 년 전에 생존하였던 *Urbilateria*라 칭하는 공통 조상으로부터 진화하였다(그림 1-30a).

많은 **patterning 유전자**는 다른 유전자의 발현을 조절하는 master transcription factor를 암호화하고 또한 생명체의 몸체를 anterior (앞쪽)—posterior (뒤쪽), dorsal (등)—ventral (배) 및 왼쪽-오른쪽으로 구획하며, 최종적으로 머리, 가슴, 복부 및 꼬리로 특성화한다. 매우 단순한 worm에서 포유동물(mammal)에 이르기까지 axial symmetry가 보존되었다는 사실은 이들 생명체의 genome에 patterning 유전자가 보존되었음을 의미한다. 어떤 patterning 유전자는 다른 유전자의 발현을 조절하는 단백질을 암호화하고, 또 어떤 patterning 유전자는 cell adhesion 혹은 cell signaling에 중요한 단백질을 암호화한다. Patterning 유전자의 이런 다양한 작용 때문에 발생 중인 embryo의 서로 다른 부위에서 일어나는 일들이 통합되고 조화되어 body의 각 부위는 독특한 정체성을 갖는다.

Master transcription factor가 암호화하는 많은 patterning 유전자는 놀랍게도 protostome과 deuterostome 모두에서 매우 크게 보존되어 있다(그림 1-30b). 이처럼 body plan의 보존은 서로 다른 생명체에서 발생을 조절하는 분자적 및 세포학적 기작의 공통성을 유지하려는 evolutionary pressure (진화압)가 반영된 결과이다.

1.6 세포생물학 연구에 널리 이용되는 후생동물 생명체

많은 무척추동물과 척추동물은 세포생물학 연구에 엄청나게 유용했으며, 앞으로도 계속 유용할 것이다. 모체 밖에서 발생하는 커다란 embryo 세포를 가진 무척추동물(예, sea urchin, sea star)은 여러 tissue를 형성하는 세포의 운명을 추적하고 생화학적으로 연구하기에 적합한 추출물을 만들기에 매우 유용하다. 예를 들어, 인간을 포함한 모든 진핵생물에서 세포분열을 조절하는 특정 핵심 단백질(key protein)은 불가사리와 성게 배아를 대상으로 한 연구에서 처음 확인되었고, 이들 배아의 추출물에서 정제되었다(19장 참조). 특정한 ecological niches (생태학적 틈새)에 적응하는 특성 때문에 연구되는 생명체들이 있다. 그 예로는 길이가 0.5 mm이고 다리가 8개인 무척추동물 tardigrade (타디그레이드: 1장 첫 페이지의 사진 참조)이다. Tardigrade는 극한의 온도, 고압 및 저압, 탈수 및 영양분이 없는 환경에 노출되어도 생존하는 능력 때문에 널리 연구되고 있다. 실제로, 이 생명체는 압력이 낮고 방사선이 강렬한 대기권 밖에서도 살아남는 것으로 알려진 유일한 생명체이다.

몇몇 무척추동물, 특히 선충 *Caenorhabditis elegans*, 초파리 *Drosophila melanogaster* 및 Planarian *Schmidtea mediterranea*는 다양한 실험적 접근 방식에 특히 적합하다. 이들 무척추동물은 다양한 실험 기법으로 수천 개의 연구실에서 광범위하게 연구되었다. 이들 생명체 및 기타 무척추동물에 관한 연구는 동물 발생 및 세포 기능에 대한 중요한 통찰력과 많은 인간 질병에 대한 이해로 이어졌다.

Drosophila melanogaster 및 *Caenorhabditis elegans*는 동물의 발생을 조절하는 유전자를 식별하는 데 사용된다

*D. melanogaster*는 Thomas Hunt Morgan이 1910년에 컬럼비아 대학교에 초파리 실험실을 설치한 이래로 실험용 생명체로 사용되었다. 실험실에서 쉽게 기를 수 있고, 염색체가 4쌍 밖에 없고, 빠르게 번식하며, 많은 알을 낳기 때문에 여전히 연구에서 널리 사용된다(그림 1-23d 참조). 이 생명체의 각 발생 단계는 잘 알려져 있다. 즉, 수정란에서 embryonic larval (배아 유충), pupal (번데기) 단계를 거쳐 성숙한 성체가 되는 각 발생 단계가 잘 알려졌다. 무엇보다도, 발생 과정에 중요한 많은 유전자에서 일어난 돌연변이에 대한 특징이 상세히 규명되었다. 이런 실험 결과들은 유전자가 암호화하는 단백질들의 기능에 대한 중요한 정보를 제공하였다. 예를 들어, 초파리 눈 발생에 중요한 많은 유전자가 확인되었고, 이들 중 하나인 *eyeless*는 눈 발생을 시작하는 master transcription factor이다. 초파리와 인간의 눈은 구조, 기능 및 신경 연결이 서로 매우 다르다. 그런데도, 초파리의 *eyeless* 유전자와 인간의 *Pax6* 유전자는 공통 조상에서 유래한 것으로 매우 연관성이 크며 다른 유전자들의 활성을 조절한다. *Eyeless* 혹은 *Pax6* 유전자에 돌연변이가 일어나면 매우 비정상적인 눈이 형성된다(그림 1-31).

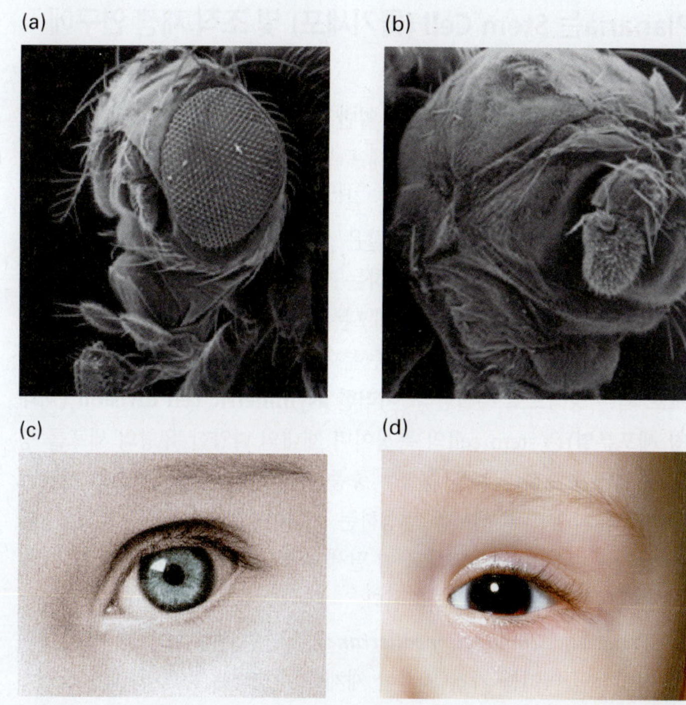

그림 1-31 Homologous 유전자는 *Drosophila*와 Human의 눈 발달을 조절한다. (a) 초파리의 커다란 compound eye (겹눈, 복안)의 development에는 mutant phenotype을 표현하는 명명법으로 *eyeless*라 불리는 유전자가 필요하다. (b) *eyeless* 유전자가 불활성화되어 있는 초파리는 눈이 존재하지 않는다. (c) 정상적인 인간 눈은 *eyeless* 상동 유전자 *Pax6* 유전자가 필요하다. (d) *Pax6*의 적절한 기능이 상실된 인간은 눈에 iris (홍채)가 없는 aniridia (홍채결여증)라는 유전질환을 갖는다. *Pax6*와 *eyeless*는 서로 상동이고 같은 조상의 유전자로부터 유래하였으며, 다른 유전자의 활성을 조절하는 매우 관련성이 높은 master transcription factor를 암호화한다. [Parts (a) and (b) Courtesy Andreas Hefti, Interdepartmental Electron Microscopy (IEM), Biocenter of the University of Basel. Part (c) © SimonFraser/Science Source. Part (d) © Mediscan/Alamy.]

선충 *Caenorhabditis elegans*는 1960년대에 Sydney Brenner에 의해 실험용 생명체로 개발되었다. 성충(그림 1-23c 참조)은 길이가 약 1 mm이고 지름이 70 μm이며 hermaphrodite (자웅동체: 수컷과 암컷의 장기가 모두 있는 벌레로 스스로 수정하고 생존 가능한 자손을 낳을 수 있음) 또는 male (수컷: 자웅동체를 수정시킬 수 있다)로 존재한다. 이 비정상적인 번식 행동은 발생 또는 세포 기능에 영향을 미치는 돌연변이를 신속하게 선별하고 특성을 규명하는 데 많은 장점이 있다. Hermaphrodite는 정확히 959개의 somatic 세포(체세포: 비생식세포)가 있고, 수컷에는 1,031개의 세포가 있다(그림 22-26d 참조). 이 적은 수의 세포는 모든 선충에서 거의 동일한 방식으로 배열되어 있다. 과학자들은 선충의 발생 과정을 추적하기 위해 현미경을 사용하여 수정란에서 성숙한 벌레까지 *C. elegans*의 각 somatic 세포의 계보를 추적하였다(그림 22-26c 참조). 22장에서 논의하는 바와 같이, *C. elegans*의 발달 과정 중에 태어난 많은 세포는 **programmed cell death (세포예정사)** 혹은 **apoptosis (세포자살)**라 명명되는 과정에 의해 죽는다. 유사한 단백질을 사용하는 유사한 과정이 많은 인간 세포에서도 일어나는데, 인간에서 세포예정사가 없으면 암 발생이 유발된다.

Planaria는 Stem Cell (줄기세포) 및 조직 재생 연구에 사용된다

단세포 생명체에서 두 딸세포는 일반적으로(항상 그런 것은 아니지만) 모세포와 유사하다. 비슷하게 다세포 생명체에서, 많은 종류의 세포들이 분열할 때 딸세포는 거의 모세포 같다. 예를 들어, 간세포가 분열하여 생성되는 간세포는 모세포와 똑같은 성질과 기능을 갖는다. 이는 pancreas (췌장)에서 인슐린을 생성하는 세포도 마찬가지이다. 대조적으로, **stem cell**과 기타 특정 미분화 세포는 여러 종류의 분화된 후손 세포를 생성할 수 있다. 이들 세포는 종종 분화된 2개의 딸세포가 서로 다른 세포로 되는 방식으로 분열한다. 이러한 **asymmetric cell division (비대칭 세포분열)**은 stem cell의 특징이며 체내의 다양한 유형의 세포를 생성하는 데 중요하다(22장 참조). 종종 하나의 딸세포는 미분화 상태로 여러 종류의 분화된 세포를 생성하는 능력이 있는 모세포와 닮았다. 다른 딸세포는 여러 번 분열하고 이 딸세포의 딸세포 각각은 하나 또는 여러 종류의 특정한 세포로 분화한다.

Planarian *Schmidtea mediterranea*는 아주 잘게 토막 낸 어느 부위도 정상적인 머리를 가진 완전한 개체로 재생되는 능력이 있는 생명체로 가장 잘 알려져 있다(그림 1-23e 참조). Planaria에는 정상적인 전환으로 손실된 세포를 대체하는 *neoblast* (신아세포)라는 stem cell이 있다. 잘게 토막 난 동물의 일부에서 neoblast는 여러 번의 세포분열을 걸쳐 재생에 필요한 모든 종류의 세포를 생성한다. 이들 stem cell은 각각 다양한 종류의 세포로 구성된 머리와 꼬리가 어떻게 형성되는지를 밝혀내는 강력한 실험 시스템 역할을 했다(16장과 22장 참조). 신체의 다른 부분에 있는 stem cell에게 특정 유형의 세포를 생성하도록 지시하는 호르몬은 인간을 비롯한 포유동물이 발생 과정에서 사용하는 것과 유사하므로(16장 참조), planaria 재생에 관한 향후 연구는 과학자들에게 손이나 눈과 같은 인체 부분을 재생하는 방법을 알려줄 수 있을 것이다.

Fish, Mice 및 기타 척추동물 생명체에 관한 연구는 Human Development 및 질병 연구에 정보를 준다

Zebrafish *Danio rerio* (그림 1-23f 참조)는 무척추동물에서는 볼 수 없는 기관 특히 뇌와 중추신경계의 발생과 기능을 연구하는 데 널리 사용된다. 이 생명체의 세대 시간, 즉 수정란에서 딸세포의 수정란까지의 발생 시간은 척추동물보다 짧은 불과 3개월이다. 수정란은 빠르게 투명해져서 발생 중인 기관을 시각적으로 관찰할 수 있고, embryo도 빠르게 성장하여 수정 후 36시간 이내에 모든 주요 기관의 전구체가 나타난다.

생쥐는(그림 1-23g 참조) 다른 실험에 사용하는 생명체에 비해 한 가지 엄청난 이점이 있다. 즉, 수년 동안 강력한 유전적 접근이 가능했던 어떤 동물보다도 인간과 가장 밀접하게 관련되어 있다. 생쥐와 인간은 수천 년 동안 주거 공간을 공유하였고, 면역계(immune system)와 nervous system (신경계)이 유사하고 많은 동일한 pathogen (병원균)에 의해 감염될 수 있다. 앞서 언급한 것처럼, 이 두 생명체 간의 유전자 수는 거의 같고, 생쥐의 단백질 코딩 유전자 약 99%는 human genome에 homolog가 있으며 그 반대도 마찬가지이다.

6장에 설명된 Cas9 및 기타 실험 시스템을 사용하여 연구자들은 원하는 유전자를 비활성화하여 이 유전자의 단백질이 생성되지 않게 할 수 있다. 이 접근법은 생쥐뿐만 아니라 다른 동물에서도 인간 유전질환을 지닌 동물 버전을 제작하는 데 광범위하게 사용된다. 예를 들어, autism spectrum disorder (자폐 스펙트럼 장애)가 있는 인간은 종종 특정 유형의 신경세포 발생을 조절하는 특정 단백질 코딩 유전자에 돌연변이를 가지고 있다. 이러한 돌연변이의 역할을 이해하기 위해, 생쥐와 최근에는 macaque monkey (마카크 원숭이)에서 이 유전자를 비활성화하였다. 이러한 동물들은 인간에서 나타나는 질병 증상처럼 종종 과도한 몸치장과 같은 반복적인 행동을 나타낸다. 이는 인간 유전자에서 발생한 돌연변이가 실제로 장애를 유발하는 역할을 한다는 것을 강력하게 시사한다. 이러한 접근 방식은 학습 및 기억과 같은 고차원 작업을 하는 뇌에서 특정 유전자의 역할을 밝히거나, 인간과 비인간 영장류만을 감염시키는 바이러스 연구에 유용할 수 있다. 일단 인간 질병의 동물 모델을 사용할 수 있게 되면, 연구자는 질병을 유발하는 분자적 결함에 관한 연구를 추가로 수행하고 새로운 치료법을 테스트할 수 있으므로 인간에 대한 신약 테스트를 최소화할 수 있다.

Human Genetic Disease (인간의 유전질환)는 세포 기능의 중요한 면들을 밝혀준다

특정 단백질이 결핍된 돌연변이 생명체를 연구하여 그 유전자와 암호화된 단백질의 정상적인 기능에 대한 정보를 얻을 수 있다. 다른 생명체처럼 실험적으로 인간에게서 돌연변이를 유도할 수 없지만, 인간에서 자연적으로 발생하는 돌연변이는 연구할 수 있다. 많은 유전질환은 single 단백질에 일어난 돌연변이로 인해 유발된다. 따라서 이러한 질환을 지닌 인간에 관한 연구도 해당 단백질의 정상적인 기능을 밝혀줄 수 있다. 예를 들어, *muscular dystrophy* (근육위축증)로 통칭하는 유전성 muscle-wasting disease (근육 소모성 질환)중 가장 흔한 유전질환인 Duchenne muscular dystrophy (DMD)를 살펴보자. DMD는 X 염색체에 연관된 dystrophin (디스트로핀) 유전자가 돌연변이 되어 발생하는 유전질환이다. 소년 3,300명당 1명에게 영향을 미치며, 일반적으로 10대 후반 또는 20대 초반에 심장 또는 호흡 부전으로 사망한다.

이 질환을 분자적 수준에서 이해할 수 있게 한 첫 실마리는 dystrophin 유전자를 cloning하면서이다. 17장과 20장에 자세히 설명되어 있듯이, 이 유전자에 의해 암호화된 매우 큰 단백질은 근육 세포의 다른 단백질과 결합하여 커다란 multiprotein complex를 형성한다. 기다란 dystrophin 단백질의 한쪽 끝은 수축 장치의 구성 요소인 actin microfilament (액틴 미세섬유)에 결합한다(그림 1-14 참조). 다른 한쪽 끝은 muscle 원형질막에 있는 단백질 복합체에 결합한다(그림 20-41 참조). 그 결과 생성된 거대한 multiprotein assemblage (다중단백질 집합체)인 dystrophin glycoprotein complex (DGC)는 세포외 기질 단백질 laminin을 근육 세포 내의 cytoskeleton에 연결하여 수축 중에 근육 세포가 찢어지는 것을 방지한다. Dystrophin 또는 기타 DGC 구성 요소에 돌연변이가 발생하면 근육 세포의 외부와 내부 간의 DGC 매개 연결이 파괴되어 근육이 약해지고, 결국에는 근육이 악화가 되어 죽음에 이른다. 전체 dystrophin glycoprotein complex를 식별하는 첫 번째 단계는 정상인과 Duchenne 환자의 DNA를 사용하여 dystrophin encoding 유전자를 cloning 하는 것이었다.

Unbiased Single Cell을 Sequencing하여 새로운 유형의 세포를 식별한다

생쥐나 인체를 구성하는 세포의 종류는 몇 가지일까? 특정 유형의 세포들은 매우 중요한 기능을 수행하지만, 특정 기관이나 조직에 극소량으로 존재하기 때문에 그들의 존재 자체가 눈에 띄지 않을 수 있다!

Single cell RNA sequencing이라는 새로운 기술(6장)을 통해 연구자들은 소량으로 존재하는 세포 유형을 식별할 수 있다. 이 기술은 분리한 single cell에서 최대로 mRNA 5,000종류를 식별한다. 조직에서 분리한 많은 개별 세포에 이 기술을 적용하면, mRNA 구성, 즉 그들이 암호화하는 단백질 구성이 알려진 유형의 세포와 다른 새로운 유형의 세포를 식별할 수 있다.

Single-cell RNA sequencing 기법을 사용하여 과학자들은 생쥐와 인간의 기도에서 수만 개의 세포를 분석하여 세포 유형에 따라 이들의 위치를 분류하여 tissue의 세포 지도를 작성하였다. 컴퓨터 프로그램을 사용해 각 세포에서 발현되는 mRNA 유형 간의 전반적인 유사성을 분석하여, 유사한 mRNA 집단을 발현하는 6개의 세포 그룹을 손쉽게 찾았다. 이 6개 세포 그룹은 trachea (기관)에 존재하는 잘 알려진 6개의 세포 유형에 해당한다. 이들은 기관에 매우 많은 basal cell (기저 세포)과 club cell (곤봉 세포), ciliated cell (섬모 세포) 그리고 neuroendocrine cell (신경내분비세포), goblet cell (술잔세포) 그리고 희귀한 tuft cell이다. 세포군의 약 1%를 차지하는 어떤 매우 희귀한 세포 유형은 알려진 6개 세포와는 완전히 다른 mRNA 프로파일을 가지고 있었다. 과학자들은 이 새로운 세포를 *pulmonary ionocyte* (폐 이온세포)라 명명하였다. 놀랍게도, pulmonary ionocyte에서는 다른 어떤 세포 유형보다 *CFTR* 유전자가 많이 발현된다. CFTR 단백질은 기도의 기능에 중요하다. *CFTR* 유전자의 돌연변이는 인간에게 cystic fibrosis (낭포성 섬유증)를 유발한다. 수십 년 동안 과학자와 임상의는 *CFTR* 유전자는 기도 전체에 퍼져 있는 ciliated cell에서 매우 적게 자주 발현된다고 생각하였다. 새로운 데이터에 따르면, CFTR의 대부분은 인간이 지금까지 존재조차 몰랐던 몇 개의 세포(그림 1-32)에서만 발현된다.

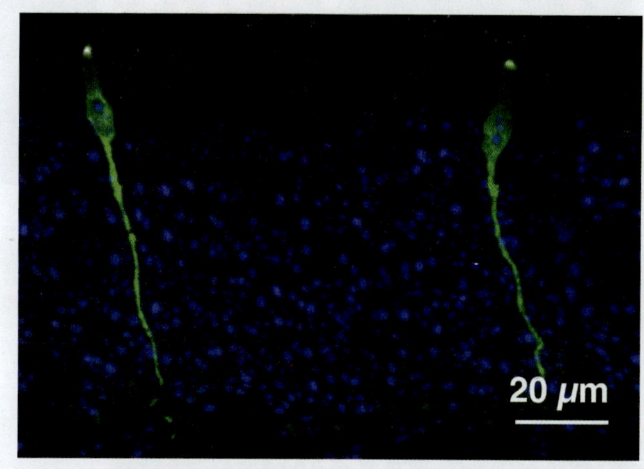

그림 1-32 mRNA를 unbiased single-cell sequencing 기법으로 규명한 후, 생쥐 기도에서 확인된 new cell type. CFTR 단백질을 발현하는 생쥐의 upper respiretory tract (상기도)의 비주류 세포인 Ionocyte는 이 세포에서만 발현되는 단백질을 검출하는 antibody와 반응하면 녹색으로 염색된다. 모든 세포 nuclei는 청색으로 염색된다. 조직 단면에 있는 청색 핵의 수를 세어, Ionocyte는 생쥐의 기도를 둘러싸고 있는 세포의 약 1%를 구성한다는 것을 알 수 있다. 이 세포들은 인접한 epithelial cell 층을 통해 기도 표면으로 확장된다. 이러한 세포를 확인하는 방법에 대한 설명은 본문을 참조하라. [Republished with permission of Nature Publishing Group, from D. Montoro et. al., 2018. A revised airway epithelial hierarchy includes CFTR-expressing ionocytes. *Nature* **560**:319; permission conveyed through Copyright Clearance Center, Inc.]

이 책의 다음 장들에서는 세포 Structure와 Function을 밝힌 많은 Experimental Technique과 Experimental Data를 소개하고 설명한다

이 책은 cellular processes에 관한 내용을 자세히 다루었다. 2장에서는 세포를 구성하는 물질의 화학적 성질 및 거대분자의 process를 이해하는 데 필요한 기본적인 화학 반응 과정을, 3장에서는 단백질의 기능과 구조를, 4장에서는 세포 배양과 분획 기술 및 세포 내의 특정 단백질이나 구조물을 시각적으로 관찰하는 기술들에 대하여 논의하였다. 5장에서는 DNA가 어떻게 복제되는지 또한 DNA에서 어떻게 RNA가 만들어지는지, 그리고 ribosome에서 단백질이 어떻게 합성되는지를 기술하였다. 6장에서는 특정 유전자를 돌연변이 시킨 동물을 만드는 기술을 비롯해서, 유전자 연구, gene expression (유전자 발현) 및 단백질 기능 연구에 사용되는 많은 기법을 설명하였다. 유전자와 염색체의 구조 및 gene expression 조절에 관한 내용은 7, 8, 9장에 기술하였다. 10장에서는 생체막 구조에 대하여 설명하였다. 이온 및 크기가 작은 분자의 막 수송에 관한 내용은 11장에, 세포 에너지와 mitochondria 및 엽록체의 기능에 관한 내용은 12장에 설명하였다. 13과 14장의 주된 내용은 막 생합성, 단백질 분비 및 단백질을 세포 내의 합당한 장소로 수송에 관한 것이다. 세포가 세포 활동을 조절하고 전달하는 여러 종류의 signal과 signal receptor에 관한 내용은 15와 16장에 기술하였다. 17과 18장은 cytoskeleton과 세포 이동을, 19장은 cell cycle과 세포분열 조절을 다루었다. 20장은 tissue 및 organ을 형성하는 세포 사이의 상호작용 및 세포와 extracellular matrix 간의 상호작용을 기술하였다. 이 책의 개정판에서 새로 추가된 21장에서는 세포가 환경의 변화, 특히 산소 농도, 온도, 낮과 밤, 영양소 수준 변화에 어떻게 반응하는지 자세히 설명하였다. 이 책의 마지막 몇 장은 특화된 중요한 유형의 cell type으로 stem cell (22장), neuron (23장), 면역계를 이루는 세포(24장) 등을 기술하였다. 25장에서는 cancer 그리고 돌연변이에 의해 세포 성장과 분화가 변하는 여러 방식을 기술하였다.

NaCl (염화 나트륨) 결정 구조 모형. 이 사진은 로버트 크리클 박사가 40,100개의 공으로 만든 가장 큰 높이(3.1 m)의 결정염 ball-and-stick (볼 앤 스틱) 구조 모델을 보여준다. [Dr. Robert Krikl]

CHAPTER 2

화학적 기초 (Chemical Foundations)

OUTLINE

2.1 Covalent Bond (공유결합)와 Noncovalent Interaction (비공유결합)

2.2 세포를 구성하는 Chemical Building Block (단위 화합물)

2.3 Chemical Reaction (화학 반응)과 Chemical Equilibrium (화학 평형)

2.4 Biochemical Energetica (생화학적 에너지학)

The life (생명)는 세포(cell) 내에서 시공간적으로 정교하게 구성되어 조화를 이루는 수천 개의 화학 반응 혹은 화학적 상호작용에 의존하며, 세포의 유전 정보 및 주위 환경에 의해서 영향을 받는다. 이런 화학 반응 및 상호작용을 molecular level (분자수준)에서 이해함으로써 세포 수준의 생명현상에 대한 다음과 같은 근본적인 의문을 풀 수 있을 것이다. 세포는 어떻게 주위 환경으로부터 중요한 영양분과 정보를 얻어내는지? 영양분 내에 저장된 에너지를 어떻게 움직임 또는 신진대사로 전환시키는지? 영양분을 어떻게 생존에 필요한 cellular component (세포 구성요소)로 변환시키는지? 세포는 genetic information (유전정보)를 어떻게 다음 세대에 전달하고 또 이 정보를 활용하여 살아남고 번성할 수 있는지? 세포는 어떻게 다른 세포와 결합하여 tissue (조직)를 형성하는지? 세포들이 어떻게 서로 소통하여 효율적으로 기능하는 유기체로 발달하고 살아갈 수 있는지? 이 책의 목적 중 하나는 이러한 질문 및 세포와 생명체의 구조와 기능에 관한 의문점들에 대한 답을 분자(molecule)와 이온(ion)의 성질을 기반으로 제시하는 것이다.

예를 들어, 물 분자는 모든 세포의 진화, 구조, 기능 등을 조절한다. 물이 어떻게 생명체의 화학 작용을 조절하는지 모르면 생물학을 이해하기 어렵다. 생명체는 최초에 물이 많은 환경(watery environment)에서 발생하였으며, 물은 세포 무게의 70–80%를 차지하고 있다. 실제로 물은 biological system (생물계)에서 가장 풍부한 분자다. 물을 제외한 유기체의 나머지 부분은 작은 분자들과 이온들, 그리고 이들이 서로 결합해서 형성된 더 큰 macromolecule (고분자), 그리고 그러한 고분자들이 모여서 형성된 cell machinery (세포 기계) 및 구조들로 구성된다. 앞서 언급한 작은 분자들은 일반적으로 1000 dalton (달톤, 무게 단위)보다 작은 분자량을 가지며, 여기에는 아미노산(amino acid; 단백질의 구성성분), nucleotide (뉴클레오티드; DNA, RNA의 구성성분), lipid (지질; 생체막의 구성성분), carbohydrate (당; 탄수화물 복합체의 구성성분) 등이 포함된다.

세포에 있는 수많은 biomolecule (생체 분자; 예, sugar)들은 물에 쉽게 녹는다. 이런 분자들을 **hydrophilic (친수성)**이라 하고, cholesterol (콜레스테롤)처럼 물과 섞이지 않는 분자들을 **hydrophobic (소수성)**이라 한다. 한편, phospholipid (인지질)와 같은 생체 분자들은 친수성과 소수성 영역을 함께 지니고 있어 **amphipathic** 또는 **amphiphilic (양친매성)**이라고 한다. 인지질은 세포와 세포 안의 organelle (세포소

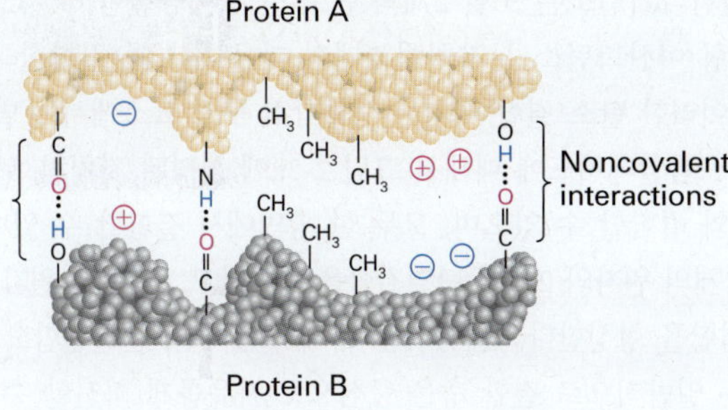

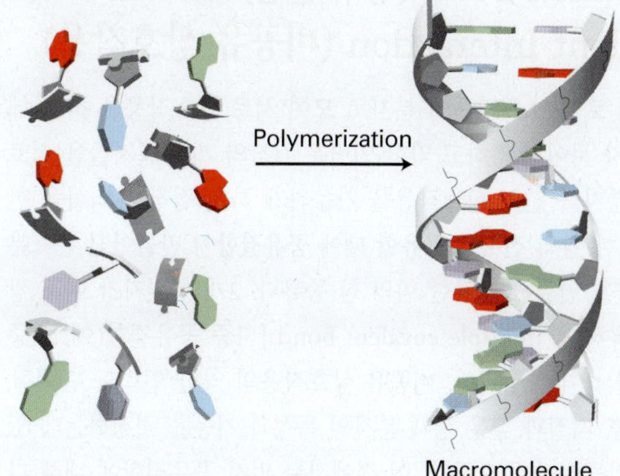

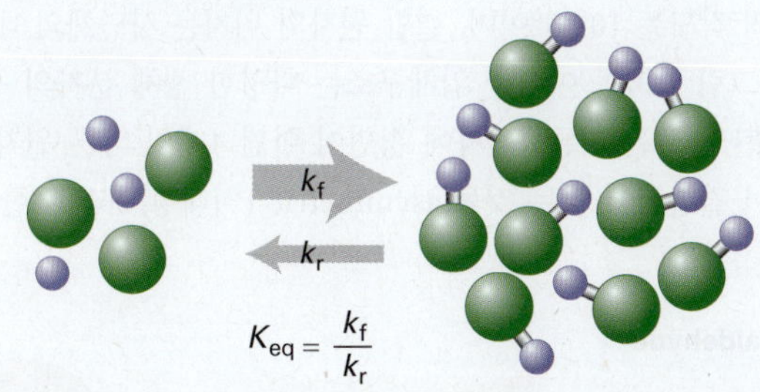

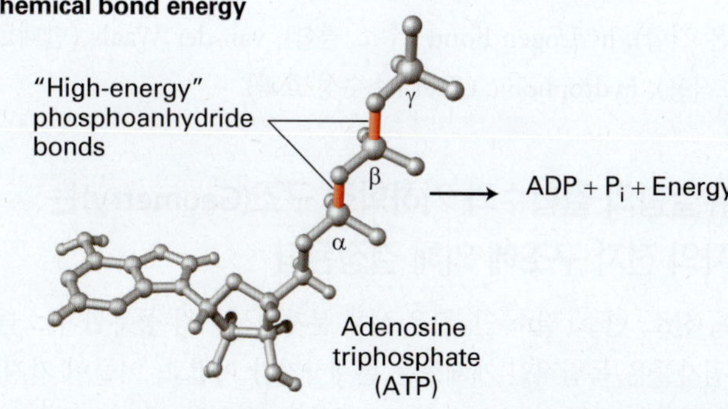

그림 2-1 Chemistry of Life: 네 가지 주요 개념. (a) Molecular complementarity (분자들의 상보성)는 모든 biomolecular interaction의 핵심이다(2.1절 참조). 형태와 화학적 성질이 상보적인(complementary) 두 분자가 접근하면 견고하게 결합되어 있는 complex (복합체)를 형성한다. (b) 작은 분자들은 큰 분자의 building block (단위 화합물)으로서의 역할을 한다. 예를 들어, 정보를 지닌 DNA는 4개의 nucleotide building block이 covalent bond에 의해 긴 사슬의 polymer를 만들고, polymer 2개가 서로 꼬여서 double helix를 형성한 것이다. (c) 화학 반응은 가역적이며, reactant (왼쪽)와 product (오른쪽) 간의 chemical (화학물질)의 분포는 forward reaction (k_f, 위쪽 화살표)과 reverse reaction (k_r, 아래쪽 화살표)의 rate constant에 의해 결정된다. 이들 constant (상수)의 비율인 K_{eq}은 equilibrium (평형 상태)에서 존재하는 reactant와 product의 상대적인 양을 나타낸다(2.3절 참조). (d) 많은 경우 세포에서 일어나는 화학 반응의 에너지원은 ATP molecule의 hydrolysis (가수분해)이다(2.4절 참조). 이 energy는 ATP molecule (빨간색)의 β와 γ phosphate group를 연결하는 높은 energy를 지닌 phosphoanhydride bond (무수인산 결합)가 water molecule에 의해 hydrolysis되어 ADP와 P_i를 형성할 때 방출된다.

기관)을 감싸고 있는 flexible (신축성 있는) membrane (막)을 형성하는 데 사용된다. 세포, 조직, organism (생명체) 등의 유기적 기능은 이러한 크고 작은 분자들에 의해 이루어진다. 실제로 가장 간단한 proton (양자, H^+)도 화학 작용 측면에서는 거대한 DNA 분자처럼 인간 세포의 생존에 있어 중요하다[human chromosome (인간 염색체) 1번의 DNA 질량은 proton 질량의 8.6×10^{10}배이다!]. 이러한 크고 작은 분자들 및 물 분자들 사이 사이의 화학 결합들이 생명체의 본질을 정의한다.

수많은 종류의 생체 분자들이 매우 다양하고 복잡한 방식으로 반응하고 상호작용하여 온전한 기능을 지닌 세포 혹은 생명체를 형성한다. 그렇지만, 다행히도 세포 내의 작용 메커니즘을 분자 수준에서 이해하는 데는 비교적 적은 종류의 화학 지식만 필요하다(그림 2-1).

첫째, 생체 분자들은 그들의 표면이 가지는 모형과 화학적 성질에 따라 서로 결합할 수 있다 — 예를 들면 음전하를 띤 표면과 양전하를 띤 표면(그림 2-1a). 둘째, 앞서 본 것처럼, 화학적 단위의 화합물들은 서로 결합하여 고분자들을 형성한다(그림 2-1b). 셋째, 이러한 조립 과정이 가능한 이유는 분자들이 화학 반응을 통해 서로 반응할 수 있고, 이로써 새로운 생성물을 형성하기 때문이다. 또한, 이러한 화학 반응은 화학적 평형 또는 평형 상태에 도달하게 된다. 마지막으로, 잘 조절된 메커니즘을 통해 분자들은 그들의 화학 결합에 저장된 에너지를 방출하여 세포의 활동을 위한 에너지를 공급한다(그림 2-1d). 이 장에서는 여러분이 이미 잘 알고 있는 이러한 핵심 원리들을 다룬다. 왜냐하면, 이러한 화학 지식이 분자세포생물학을 이해하는 데 큰 도움이 될 수 있기 때문이다. 먼저, 원자를 분자로 연결하는 공유결합과 분자 내부와 분자 사이의 원자 그룹을 안정화시키는 비공유 상호작용에 대해서 다룬다. 다음으로, 고분자들과 이들을 구성하는 기본적인 단위 화합물들을 다룬다. 끝으로, 생물학적 시스템과 가장 관련이 있는 화학 평형을 검토한 후, 세포 대사에서 에너지를 포획하고 전달하는 ATP (adenosine triphosphate)의 중심 역할을 포함한 생화학 에너지학의 기본 원리를 다루고서 장을 마무리한다.

2.1 Covalent Bond (공유결합)와 Noncovalent Interaction (비공유 상호작용)

모든 생물학의 토대는 원자들이 분자로 모여 서로 상호작용을 하는 데 놓여 있다. 원자 사이의 강하고 약한 인력은 각각의 개별 분자들을 서로 붙잡고 다른 분자들 간의 상호작용을 가능하게 하는 접착제 역할을 한다. 두 원자가 한 쌍의 전자를 공유할 때에 **공유결합**이 만들어진다—분자에서 원자들을 연결하는 강한 힘의 한 종류다. 2개의 원자가 여러 쌍의 전자를 공유하면, multiple covalent bond [다중 공유결합(예, 이중 또는 삼중 결합)]이 형성된다. **비공유 상호작용**의 약한 인력도 단백질, 핵산, 탄수화물, 지질과 같은 생체 분자의 특성과 기능을 결정하는데 있어 공유결합 만큼이나 중요하다. 이 절에서는 먼저 공유결합에 대해 다룬 후 4가지의 주요한 비공유 상호작용에 대해 논의한다: ionic bond (이온 결합), hydrogen bond (수소 결합), van der Waals (반데르발스 상호작용), hydrophobic effect (소수성 효과).

공유결합의 결합수와 기하학적 구조(Geometry)는 원자의 전자 구조에 의해 결정된다

수소, 산소, 탄소, 질소 인, 황은 생체 분자에서 가장 풍부한 원소들이다. 이 원자들은 독립적인 개체로는 존재하기가 어렵고, 이들이 가지고 있는 최외각 전자들을 이용하여 공유결합을 쉽게 형성한다(그림 2-2). 공유결합이 이루어질 때 각각의 원자들은 특정 숫자만큼의 공유결합을 형성한다. 이러한 결합은 원자의 크기, 그리고 핵 주변을 돌고 있는 전자의 분포와 공유할 수 있는 전자의 개수에 의해서 잘 정의된 입체 모형을 이루게 된다. 어떤 경우에는 원자 하나가 만들 수 있는 공유결합수가 고정되어 있다; 예를 들어 탄소는 항상 4개의 공유결합을 형성한다. 다른 경우에서는 안정적인 공유결합의 수가 다를 수 있다. 예를 들어, 황은 2개, 4개, 6개의 공유결합을 형성할 수 있다.

모든 생물학적 구성 요소는 탄소 원자를 중심으로 구성되어 있다.

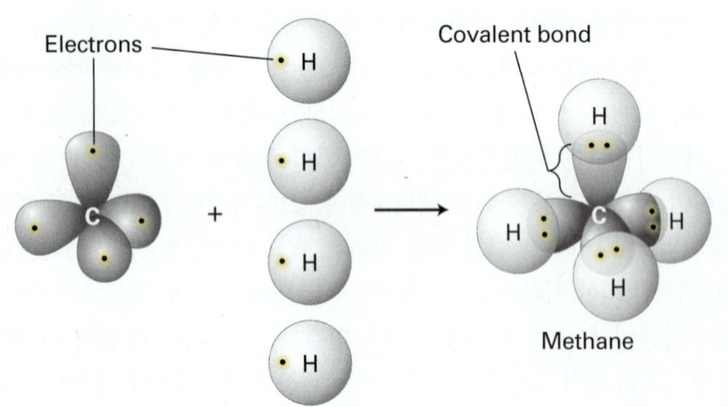

그림 2-2 Covalent bond는 전자를 공유하여 형성된다. Covalent bond는 atom들을 붙잡아 분자를 만드는 강한 힘을 지닌 결합으로서 atom들이 최외각(outermost electron orbital)에 있는 electron을 서로 공유할 때 형성된다. 각각의 atom들은 각자에게 정해진 covalent bond의 수에 따른 기하학적 모양(geometry)을 가지고 있다.

이러한 유기 생체 분자에서, 각각의 탄소는 보통 3개 또는 4개의 다른 원자와 결합한다. [탄소는 또한 2개의 탄소-산소 이중결합(O=C=O)을 갖는 선형 이산화탄소 분자처럼 2개의 다른 원자와 결합할 수 있다. 그러나 이러한 탄소 결합 배치는 생물학적 구성 요소에서는 발견되지 않는다] 포름알데히드에 대해서 그림 2-3a에 설명된 것처럼, 탄소는 3개의 원자와 결합할 수 있으며, 모두 한 평면에서 결합할 수 있다. 탄소 원자는 2개의 원자와 2개의 단일결합을 형성하고, 세 번째 원자와 하나의 이중결합을 형성한다. 만약 다른 제약이 없다면, 단일결합으로 결합된 원자는 일반적으로 결합 축을 중심으로 자유롭게 회전할 수 있는 반면, 이중결합으로 연결된 원자는 그렇지 못하다. 이중결합에 의해 부여되는 단단한 planarity (평면성)은 인지질, 단백질, 핵산과 같은 생체 분자의 모양 및 유연성에 중요한 의미를 갖는다.

탄소는 또한 3개의 원자가 아닌 4개의 원자와 결합할 수 있다. 메탄(CH_4)에서 알 수 있듯이, 탄소가 4개의 다른 원자와 결합할 때, 2개의 결합 사이의 각도는 109.5°이며, 결합 원자의 위치는 사면체의 네 꼭지점이 된다(그림 2-3b). 이러한 입체구조는 다양한 생체 분자의 구조를 결정한다. 탄소(또는 다른) 원자에 평면이 아닌 4개의 다른 원자 또는 원자 그룹이 결합되어 있는 것을 asymmetric (비대칭)이라고 한다. 비

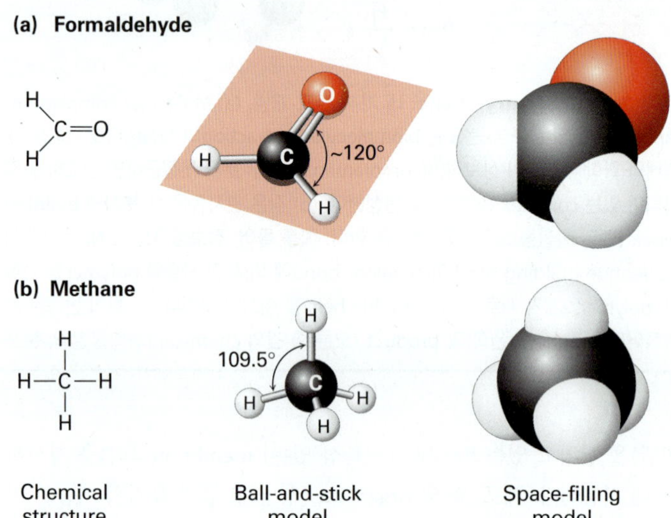

그림 2-3 Carbon (탄소)이 4개 또는 3개의 다른 atom과 covalent bond를 이룰 때의 기하학적 결합 형상. (a) Carbon atom은 formaldehyde (CH_2O)와 같이 atom 3개와 화학결합을 할 수 있다. 이 경우, carbon의 bonding electron (결합전자)들은 2개의 single bond와 1개의 double bond를 이룬다. 이 화학결합들은 같은 평면에 위치한다. Single bond로만 연결된 원자들은 보통 결합 축을 중심으로 자유롭게 회전할 수 있지만, double bond를 한 원자들은 회전할 수 없다. (b) Carbon atom이 methane (CH_4) 처럼 4개의 single bond를 이룬다면, carbon atom과 결합되어 있는 atom (이 경우는 모두 H)은 공간상에서 tetrahedron (사면체)을 형성한다. 왼쪽에 있는 알파벳으로 그려진 그림은 각각의 원자 조성과 결합 형태를 명확히 나타내고 있다. 중심에 있는 ball-and-stick model (공-막대 모형)은 atom과 화학결합의 기하학적 구조는 보여 주지만, 공이 표시하고 있는 원자들의 직경과 nonbonding electron (고립 전자쌍)은 결합 길이에 비해 비현실적으로 작다. 오른쪽의 space-filling model (공간 채우기 모형)에 있는 electron cloud의 크기는 3차 구조를 좀 더 정확히 표현하고 있다.

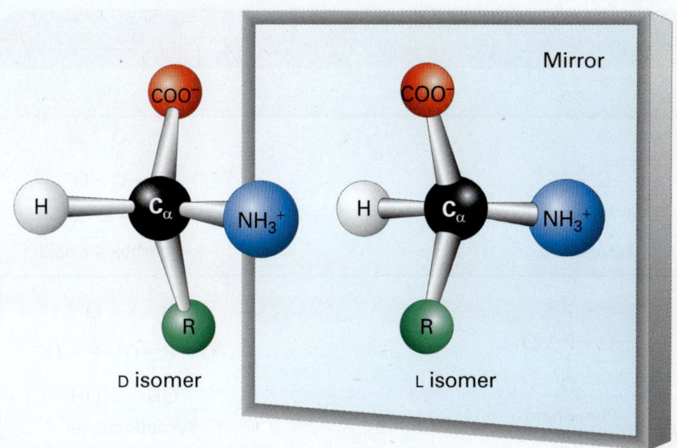

그림 2-4 Stereoisomer. 세포에 존재하는 많은 분자들에는 asymmetric carbon이 적어도 1개 이상 있다. Asymmetric carbon에 의해 형성된 4개의 결합은 3차원 공간에서 2개의 서로 다른 사면체 구조로서 거울상 이성질체, 즉 stereoisomer를 이룰 수 있다. 이 그림에는 2.2절에서 논의할 R group을 포함한 4개의 group이 붙어 있는 central asymmetric carbon으로 구성된 일반적인 아미노산의 구조가 그려져 있다. 아미노산은 L과 D로 표기되는 2개의 거울상 이성질체로 존재한다. 이들 이성질체의 화학적 성질은 동일하지만 생물학적 활성은 다르다. 단백질에는 L 아미노산만이 존재한다.

대칭 탄소 원자에 사면체 방향으로 연결된 4개의 원자는 3차원 공간에 두 가지 서로 다른 방법으로 배열될 수 있고, 이때 두 분자는 서로에게 mirror image (거울상)를 가지는데, 이러한 성질을 chirality[키랄성: 그리스어로 cheir은 "hand (손)"을 뜻함]라고 한다(그림 2-4). 이러한 분자는 *optical isomers* (광학 이성질체) 또는 입체 이성질체라고 불린다. 세포 내 많은 분자는 *chiral carbon* (키랄 탄소) 원자라고 불리는 적어도 하나의 비대칭 탄소 원자를 포함하고 있다. 다른 입체 이성질체들은 보통 완전히 다른 생물학적 활동을 하는데, 그 이유는 그들 구조 내의 원자 배열에 따라 다른 분자와 상호작용하는 능력이 다르기 때문이다.

약들 중 일부는 small molecule stereoisomer가 혼재되어 있으며, 이들 중 한 형태만이 생물학적 활성을 지닌다. 생물학적 활성이란, 예를 들어 특정 단백질의 기능을 억제하는 효과를 말한다. 불행하게도, 생물학적 활성이 있는 입체 이성질체와 생물학적 활성이 없는 입체 이성질체 모두 위험한 부작용이 있을 수 있다. 혼합물 대신 순수한 단일 입체 이성질체를 사용하면 부작용이 적은 더 강력한 약물을 얻을 수 있을 것이다. 예를 들면, antidepressant drug (우울증 억제제)인 *citalopram* (Celexa)의 경우 여러 stereoisomer 중 특정한 형태가 다른 것들보다 약효가 170배나 강하다. 어떤 stereoisomer들은 전혀 다른 활성을 나타낸다. Darvon은 pain reliever (진통제)인데, 이 약품의 stereoisomer인 Novrad (*Darvon*의 알파벳을 역순으로 쓴 것)는 cough suppressant (기침약)이다. Ketamin (케타민)의 stereoisomer 중 하나는 anesthetic (마취제)이며, 다른 형태는 hallucination (환각)을 일으킨다. ■

표 2-1 • Biomolecule에 가장 많이 존재하는 atom들의 bonding property (결합 성질)

Atom and Outer Electrons	Usual Number of Covalent Bonds	Typical Bond Geometry
H·	1	—H
·Ö·	2	Ö (bent)
·S̈·	2, 4, or 6	S̈ (bent)
·N̈·	3 or 4	N̈ (trigonal)
·P̈·	5	=P (five bonds)
·Ċ·	4	C (tetrahedral)

생체 분자를 구성하는 원자들의 공유결합의 전형적인 숫자가 표 2-1에 표시되어 있다. 수소 원자는 단 하나의 공유결합 만을 형성한다. 산소 원자는 일반적으로 2개의 공유결합을 형성하지만, 비공유 상호작용에 참여할 수 있는 2 쌍의 전자(표에는 점으로 표시되어 있음)를 추가적으로 지니고 있다. 이렇게 공유결합에 공유되지 않는 전자들은 비결합 또는 **비공유** 전자라고 불리기도 한다. 추후 다른 장에서 보게 될 것처럼, 이러한 비공유 전자들은 생체 분자 간의 화학 반응에서 중요한 역할을 담당할 수 있다. 황은 황화수소(H_2S)에서는 공유결합을 2개 형성하지만, 황산(H_2SO_4, 황산)처럼 6개의 공유결합을 형성할 수도 있다. 질소와 인은 공유할 수 있는 전자를 5개 가지고 있다. 암모니아(NH_3)의 경우, 질소 원자는 3개의 공유결합을 형성하며, 결합에 참여하지 않은 한 쌍의 전자는 비공유 상호작용에 관여한다. 암모늄 이온(NH_4^+)에서 질소 원자는 공유결합 4개를 형성하여 사면체 구조를 이룬다. 인은 H_3PO_4 (인산) 또는 핵산의 골격을 구성하는 인산 유도체와 같이 일반적으로 5개의 공유결합을 형성한다. 단백질과 공유결합으로 결합된 인산기는 단백질 활성 조절에 중요한 역할을 하며, 세포내 에너지학에서 중요한 역할을 하는 분자인 ATP는 3개의 인산기를 가지고 있다(2.4절 참조). 분자에 특징적인 화학적 성질을 부여하는 일반적인 공유결합들과 작용기들이 표 2-2에 요약되어 있다.

모든 공유결합이 동일하지는 않다: 전자들은 공유결합에서 균등하게 혹은 불균등하게 공유된다

원자가 전자를 끌어당기는 정도를 *electronegativity* (전기음성도)라 한다. 탄소-탄소 단일결합 (C—C)과 탄소-수소 단일결합 (C—H)처럼, 전기음성도가 동일하거나 비슷한 원자들 사이의 결합에 참여하는 전자들은 두 원자 사이에서 균등하게 공유된다. 이러한 결합을 **nonpolar (비극성)**라고 한다. 하지만 수많은 분자들의 경우, 결합에 관여하는 원자들

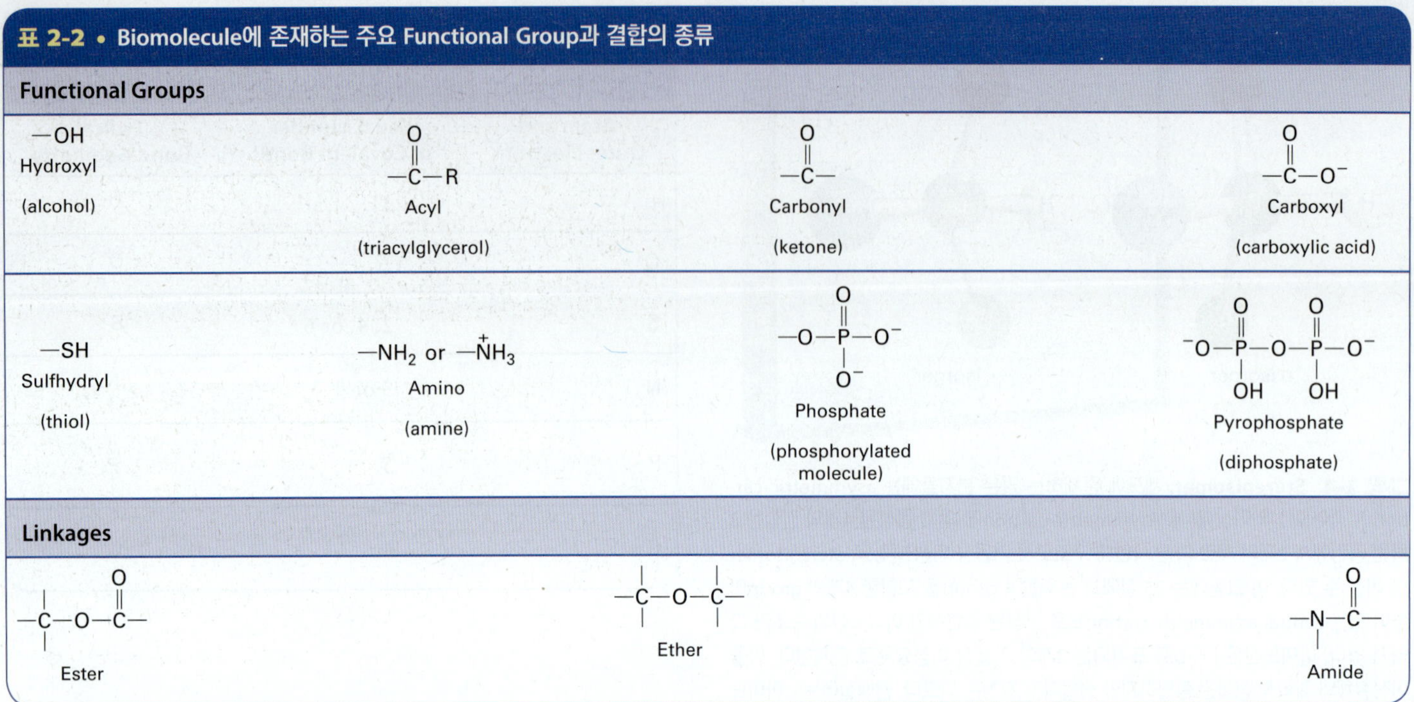

표 2-2 • Biomolecule에 존재하는 주요 Functional Group과 결합의 종류

Functional Groups			
—OH Hydroxyl (alcohol)	O=C(—)—R Acyl (triacylglycerol)	—C(=O)— Carbonyl (ketone)	—C(=O)—O⁻ Carboxyl (carboxylic acid)
—SH Sulfhydryl (thiol)	$—NH_2$ or $—\overset{+}{N}H_3$ Amino (amine)	—O—P(=O)(O⁻)—O⁻ Phosphate (phosphorylated molecule)	⁻O—P(=O)(OH)—O—P(=O)(OH)—O⁻ Pyrophosphate (diphosphate)
Linkages			
—C—O—C(=O)— Ester	—C—O—C— Ether		—N—C(=O)— Amide

의 전기음성도가 서로 다르며, 따라서 전자들이 균등하지 않게 공유되고 있다. 이러한 경우의 결합을 **polar (극성)**라고 한다.

극성 결합의 한쪽 끝은 부분적으로 음전하(δ^-)를, 다른 쪽 끝은 부분적으로 양전하(δ^+)를 띤다. 예를 들어, O—H 결합에서 산소 원자는 수소 원자보다 전기음성도가 크다. 그 결과, 공유결합에 참여하는 전자들은 수소보다 산소 원자 주변에서 더 많은 시간을 보내게 된다. 따라서 O—H 결합은 양전하와 음전하를 지닌 electric **dipole** (전기적 **쌍극자**)를 가진다. O—H 쌍극자에서 산소 원자의 음전하량(δ^- charge)은 전자 하나가 소유한 음전하량의 약 25%이며, 수소 원자는 산소와 동등한 양전하량(δ^+ charge)을 갖는다.

쌍극자에서의 charge separation (전하 차이)의 정도나 세기를 **dipole moment (쌍극자 동력**, 쌍극자 모멘트), μ로 나타낸다. 특정 화학결합에 대한 쌍극자 모멘트는 각 원자의 부분 전하와 그 두 원자 사이의 거리로부터 산출한다. 많은 분자들이 여러 개의 쌍극자를 지니기도 한다. 이러한 경우, 분자 전체의 전하 차이의 양—분자 자체의 쌍극자 모멘트—는 그 분자에 존재하는 모든 원자 간 화학결합에 대한 쌍극자 모멘트를 모두 합한 것과 분자의 기하학적 구조(각 결합의 쌍극자 모멘트의 상대적인 배열)에 의해 좌우된다.

물 분자(H_2O)를 예로 들면, 하나의 물 분자는 2개의 O—H 결합, 즉 2개의 독립적인 결합 쌍극자를 가지고 있다. 만약 물 분자가 2개의 쌍극자 모멘트를 산소 원자를 중심으로 정반대에 가지고 있는 선형의 분자라면, 분자 양 끝에 놓인 두 쌍극자는 그 크기가 동일하지만 서로 반대 방향으로 존재할 것이다. 따라서, 두 쌍극자 모멘트는 서로 상쇄되고 분자 전체의 쌍극자 모멘트는 0이 될 것이다. 그러나 물 분자는 V자 모양을 이루고 있으며, 두 O—H 결합의 독립적인 쌍극자는 모두 산소 원자를 향하고 있다. 물 분자의 한쪽 끝(산소 원자가 놓인 말단)은 부분적으로 음전하를 갖고, 다른 쪽 끝(2개의 수소 원자가 놓인 말단)은 부분적으로 양전하를 띠게 된다. 결과적으로, 이 분자는 아주 명확한 쌍극자 모멘트를 가지는 쌍극자인 것이다(그림 2-5). 이렇게 산소와 수소 원자가 가지는 쌍극자 모멘트와 전기적 성질에 의해서, 물 분자는 물 분자들끼리 혹은 다른 분자들과 정전기적, 비공유 상호작용을 할 수 있게 된다. 곧 다루겠지만, 이러한 상호작용은 세포와 유기체에서 거의 모든 생화학적 상호작용에서 매우 중요한 역할을 한다.

극성의 또 다른 중요한 예시는 H_3PO_4의 O═P 이중결합이다. 다음 장에 있는 H_3PO_4의 구조를 보면, 선들은 단일결합과 이중결합을 뜻하며 결합에 관여하지 않고 있는 전자들은 점으로 표시되어 있다(각 점은 하나의 전자를 의미한다):

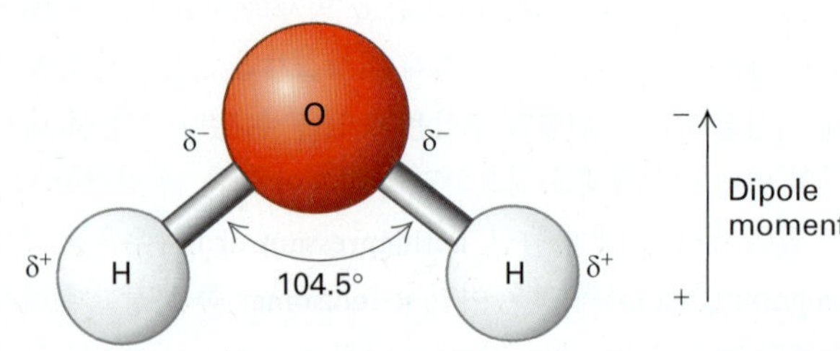

그림 2-5 Water molecule의 dipole. 기호 δ는 partial charge (부분 전하; electron 하나 혹은 proton 1개가 가진 전하보다 약한 전하)를 나타낸다. H와 O가 가지고 있는 electronegativity (전기음성도)의 차이 때문에 각각의 polar H—O 결합은 물에서 순간적인 dipole을 띤다. 각 결합에 생기는 dipole (양극성)의 크기와 방향은 분자 전체에서 charge 사이의 거리와 charge separation (혹은 dipole moment)의 크기를 결정한다.

$$H-O-P(=O)(-OH)-O-H \longleftrightarrow H-O-P^{+}(-OH)(-O^{-})-O-H$$

O=P 이중결합의 극성을 고려하면, H_3PO_4는 오른쪽 구조처럼 나타낼 수도 있는데, O=P 이중결합으로부터 전자 하나가 산소 원자 주변에 축적되어, 산소 원자에는 음전하를 주고 인 원자를 떠나면서 인 원자는 양 전하를 띠게 한다. 이러한 전하들은 비공유 상호작용에서 중요하다. 이 그림에 있는 두 모델도 H_3PO_4의 전기적 상태를 정확히 묘사하지는 못하고 있다. 실제 구조는 이 두 가지 구조의 사이에 표시한 양방향 화살표가 의미하는 것처럼, 두 구조의 intermediate (중간체) 혹은 hybrid (혼성상태)라고 생각할 수 있다. 이러한 중간체 구조를 *resonance hybrid* (공명 혼성)라고 한다.

공유결합은 비공유 상호작용보다 훨씬 더 강하며 안정하다

공유결합은 강한 결합이라고 여겨진다. 왜냐하면, 이를 끊기 위해서는 실온(25°C) 혹은 체온(37°C)의 열에너지보다 훨씬 높은 에너지가 필요하기 때문이다. 결과적으로, 공유결합은 이러한 온도에서 안정하다. 예를 들면, 25°C에서 열에너지는 mole당 약 0.6 kcal/mol인데, ethene (에텐)의 C—C 결합을 끊는 데 필요한 에너지는 약 140배 크다(그림 2-6). 그 결과 ethene은 실온(25°C)에서 ethene 분자 10^{12}개 중 하나 이하만이 한 쌍의 CH_3 분자로 분리되고, 이들은 unpaired (짝이 없는) 비결합 전자들을 가지고 있다[이들을 radical (라디칼)이라고 부른다].

생체 분자의 단일 공유결합은 ethane의 C—C 결합 에너지와 비슷한 크기의 에너지를 가지고 있다. 이중결합은 단일결합보다 더 많은 전자를 공유하므로 결합을 끊는 데 단일결합보다 더 많은 에너지가 필요하다. 예를 들어, C—O의 단일결합을 끊는 데 필요한 에너지는 84 kcal/mol이지만, C=O의 이중결합을 끊는 데는 170 kcal/mol의 에너지가 필요하다. 생체 분자에 가장 많이 존재하는 이중결합은 C=O, C=N, C=C, 그리고 P=O이다.

반면에, 비공유 상호작용을 끊는 데 소요되는 에너지는 단지 1–5 kcal/mol로 공유결합보다 훨씬 적다(그림 2-6 참조). 실제로 비공유 상호작용은 매우 약해서 실온에서 끊임없이 형성되고 끊어진다. 비록 이런 약한 상호작용들은 생리적 온도(25–37°C)에서 일시적으로 존재하지만, 여러 개의 비공유 상호작용이 고분자들 사이에서나 혹은 분자 내에서 함께 작용하여 매우 안정적이고 특이적인 결합을 형성한다. 좋은 예로, 단백질-단백질 상호작용과 단백질-핵산의 상호작용들이 비공유 상호작용이다. 지금부터 비공유 상호작용 네 종류를 설명하고, 이들이 생체 분자 간의 결합에서 어떤 역할을 하는지 알아본다.

이온성 상호작용은 상반된 전하를 띤 이온 사이의 정전기적 인력에 의해 형성되는 비공유 상호작용이다

Ionic bond (**이온 결합**, 또는 *ionic interaction*)은 양전하를 띠는 **cation** (**양이온**)과 음전하를 띠는 **anion** (**음이온**) 간의 인력에 의한 것이다. 예를 들면, sodium chloride (NaCl, 소금)에서 sodium 원자가 제공한 결합 전자는 Chloride 원자에게 완전히 전달된다(그림 2-7a). 이온성 상호작용은 이온 주위에 형성된 정전기장이 모든 방향에서 동일하기 때문에, 공유결합처럼 특정한 기하학적 구조를 가지지 않는다. 고체 상태의 NaCl은 상반된 전하를 가진 이온들이 번갈아 가면서 단단하게 뭉쳐서 규칙적으로 잘 배열된 결정 형태 또는 격자를 이루는데, 이것이 전형적인 소금 결정의 형태다(그림 2-7b 및 이 장의 도입 그림). 이온성 상호작용을 깨는 데 필요한 에너지는 이온 사이의 거리와 이온 환경의 전기적 특성에 따라 달라진다.

고체 상태의 염이 물에 녹으면, 이온들은 서로 분리되고 물 분자들과의 상호작용에 의해 안정화된다. 생물학적으로 중요한 Na^+, K^+, Ca^{2+}, Mg^{2+} 및 Cl^-와 같은 간단한 이온들은 수용액에서 물 분자들로 이루어진 안정적인 껍질에 의해 둘러싸이며 수화되는데, 중앙에 있는 이온과 반대되는 전하를 띠는 물 분자들 사이의 이온성 상호작용에 의하여 이루어진다(그림 2-7c). 이온들이 물 분자들과 단단히 결합하면서 수용액에서 퍼져나갈 때 에너지가 방출되는데, 이는 무질서 또는 엔트로피가 증가하기 때문이다(2.4절 참조). 대부분의 이온 화합물들은 물에 쉽게 용해되는데, 이는 수화되는 에너지가 결정 구조를 안정화시키는 격자 에너지보다 크기 때문이다. 이온이 단백질과 직접 상호작용할 때

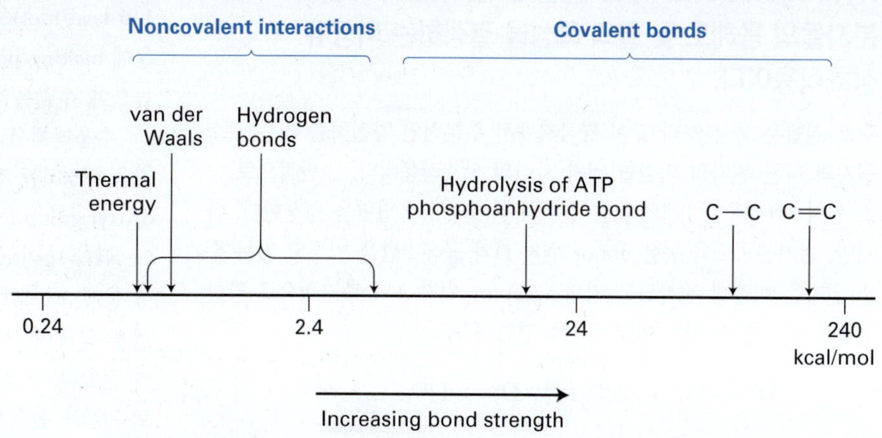

그림 2-6 Covalent bond와 noncovalent interaction의 상대적 energy. Bond energy (결합 에너지)는 RT 특정 결합을 연결을 끊는 데 필요한 energy로 정의하고 있다. 그림에 다양한 linkage (결합)를 끊기 위하여 필요한 energy를 log scale로 표시하였다. Single (C—C) 및 double (C=C) carbon-carbon bond를 포함한 covalent bond는 noncovalent interaction보다 10–100배 정도 강하다. 그리고 noncovalent interaction은 room temperature (상온, 25°C)에서의 thermal energy보다 약간 더 크다. 많은 생체 반응은 ATP에 있는 phosphoanhydride bond의 hydrolysis (가수분해)에서 나오는 energy와 함께 coupling되어 일어난다.

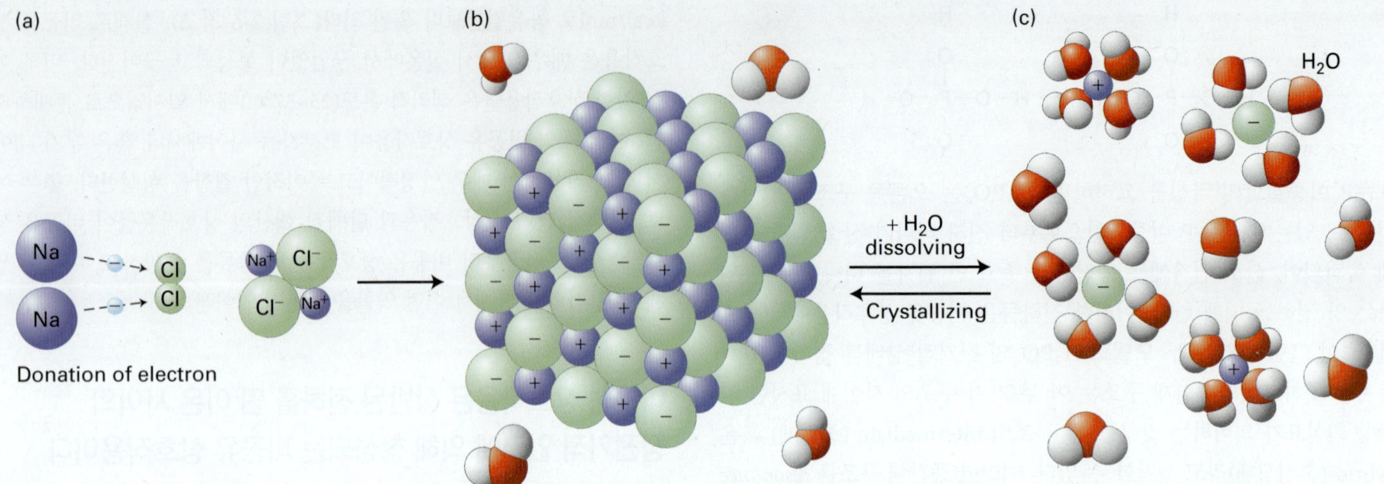

그림 2-7 Crystal (결정체)과 aqueous solution (수용액)에서 salt (염, NaCl)의 반대 전하를 띤 이온들 간의 electrostatic interaction (정전기적 인력). (a) Crystalline table salt (소금 결정체)에서 sodium atom은 electron을 하나 잃어버림으로써 charged ion (Na^+)이 되며, chloride atom은 electron을 하나 얻음으로써 negatively charged ion (Cl^-)이 된다. (b) 고체 상태에서, 이온들은 규칙적으로 잘 배열되어 positive 및 negatively charged ion들이 서로 balance를 이루고 있는 crystal (결정체)을 형성한다. (c) Crystal이 물에 녹으면 이온은 분리되어 반대 전하를 띤 인접한 이온과 balance를 이루지 못하게 되며, 대신 polar water molecule과 결합하여 안정해진다. Water molecule이 가지고 있는 oxygen과 hydrogen에 형성된 partial charge (부분 전하)가 이온의 charge와 electrostatic interaction을 이룸으로써 water molecule과 이온은 서로 붙게 된다. Aqueous solution에서 모든 이온들은 water molecule의 hydration shell (수막)에 의해 둘러싸여 있다.

는 *hydration shell* (수화 껍질)의 일부 또는 전부가 이온으로부터 제거되어야 한다. 예를 들어, 이온이 nerve conduction (신경 전도) 중에 세포막의 단백질 구멍을 통과할 때 이온의 수화 껍질은 제거된다.

서로 다른 전하를 띤 2개의 이온 A^-와 C^+ 간의 상대적 상호작용의 크기는 용액에 존재하는 다른 이온들의 농도에 의존한다. 다른 이온의 농도(예, Na^+, Cl^-)가 높으면 높을수록 이온 A^-와 C^+가 다른 이온과 상호작용하는 확률이 높아지므로, 이온 A^-와 C^+ 간의 상호작용을 끊는 데 소요되는 에너지는 작아진다. 따라서 생체 분자가 녹아 있는 수용액에 NaCl과 같은 염의 농도를 증가시키면 생체 분자들을 서로 붙잡고 있는 이온성 상호작용은 약해지거나 파괴된다. 이 원리는 단백질 복합체와 같은 복잡한 혼합물들로부터 개별적인 구성물들을 순수하게 분리하기 위해 사용될 수 있다.

Hydrogen Bond (수소 결합)는 전하를 띠지 않는 분자들의 용해도 및 물의 특성을 결정하는 비공유 상호작용이다

수소 결합은 물 분자와 같이 쌍극자에서 부분적인 양전하를 띄는 수소 원자와 다른 원자의 비결합 전자 사이의 상호작용이다. 일반적으로 수소 원자 하나는 단 1개의 다른 원자와 하나의 공유결합을 형성한다. 하지만, 전기음성도가 높은 donor 원자 D와 공유결합을 이루고 있는 수소 원자는 비결합 전자쌍을 지닌 acceptor 원자 A와 추가적으로 약한 결합을 형성할 수 있고 이것이 수소 결합이다.

$$D^{\delta-}—H^{\delta+} + :A^{\delta-} \rightleftharpoons D^{\delta-}—\underbrace{H^{\delta+}\ldots\ldots:}_{\text{Hydrogen bond}}A^{\delta-}$$

공유결합 D—H 결합의 길이는 acceptor가 donor로부터 수소를 끌어당기기 때문에 수소 결합이 없을 때보다 약간 길다. 모든 수소 결합이 가지고 있는 중요한 성질은 방향성이다. 수소 결합이 아주 강하면 donor 원자와 hydrogen 원자 그리고 acceptor 원자는 모두 일직선상에 놓인다. Nonlinear (일직선상으로 위치하지 않고 있는; 비선형) 수소 결합은 linear (일직선을 형성한; 선형) 수소 결합보다 약하지만, 비선형 수소 결합들이 여러 개 모여서 단백질의 3차원적 구조를 안정화시킨다.

수소 결합은 동일한 원자들 사이에 형성된 공유결합보다 약하며, 결합 길이도 길다. 예를 들어, 서로 가까이에서 수소 결합을 이루고 있는 수소 원자와 산소 원자의 핵 사이의 거리는 약 0.27 nm인데, 이것은 물 분자 하나 안에 존재하는 공유결합인 O—H 결합의 길이보다 2배 길다(그림 2-8a). 물 분자 안에 존재하는 수소 결합의 결합력(약 5 kcal/mol)은 생물학적 분자들에서 볼 수 있는 다른 수소 결합의 수소 결합력(1–2 kcal/mol)보다는 크지만, 공유결합 O—H 결합의 결합력(대략 110 kcal/mol)보다는 훨씬 작다. 물은 물 분자들 사이의 수소 결합 때문에 melting point (녹는점)와 boiling point (끓는점)가 비정상적으로 높으며, 수많은 다른 분자들을 녹일 수 있다.

수용액에서 전하를 띄지 않는 물질의 용해도는 주로 물과 수소 결합을 형성하는 정도에 의존한다. 예를 들어, alcohol ($—CH_2OH$)의 hydroxyl group (—OH, 수산기)과 amine ($—CH_2NH_2$)의 amino group ($—NH_2$, 아미노기)은 물 분자와 여러 개의 수소 결합을 형성하기 때문에 물에 고농도로 용해될 수 있다(그림 2-8b). 일반적으로, 물과 수소 결합을 쉽게 형성하는 극성 결합을 지닌 분자나 물 분자에 있는 쌍극자와 결합할 수 있는 전하를 띤 분자 및 이온은 물에 잘 녹을 수 있으므로 이들을 친수성이라고 한다. 많은 생물학적 분자들은 hydroxyl group

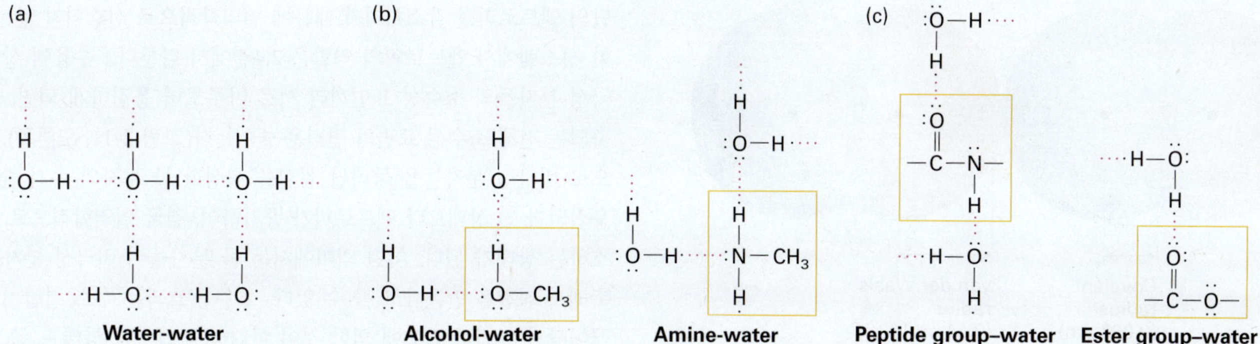

그림 2-8 물과 물, 그리고 물과 다른 분자와의 hydrogen bond. Oxygen 또는 nitrogen atom의 nonbonding outer electron pair (비공유전자쌍)는 hydrogen bond에서 hydrogen atom 하나를 받아들일 수 있다. Hydroxyl group과 amino group도 물과 hydrogen bond를 형성할 수 있다. (a) Liquid water에서, 각각의 water molecule은 여러 water molecule들과 transient (순간적인) hydrogen bond를 이루고 있어서 역동적인 hydrogen bonded molecule로 된 네트워크를 만든다. (b) 물은 또한 alcohol 및 amine과 hydrogen bond를 형성할 수 있으며, 따라서 이들 물질들은 solubility (용해도)가 매우 높다. (c) 많은 biomolecule에 존재하는 peptide group과 ester group은 물 또는 다른 polar 그룹과 hydrogen bond를 형성한다.

과 amino group 이외에도 물과 수소 결합을 형성할 수 있는 peptide (펩티드) group과 ester (에스터) group을 가지고 있고(그림 2-8c), 이 group의 carbonyl oxygen에 있는 비결합 전자들이 물 분자와 수소 결합을 형성한다. 그림 2-9와 같이, X-ray crystallography (X-선 결정학)와 컴퓨터 분석을 활용하면 공유결합에 존재하는 전자와 원자의 최외각에 존재하는 전자들의 분포를 정확하게 묘사할 수 있다.

Van der Waals Interaction (반데르발스 상호작용)은 일시적인 쌍극자에 의해 유도되는 약한 상호작용이다

두 원자가 서로 가깝게 접근하게 되면, 그 사이에 **반데르발스 상호작용**이라고 불리는 약한 인력이 형성된다. 이러한 상호작용은 원자의 전자 분포가 순간적으로 무작위로 변동되는 현상에 의해서 형성된다. 이러한 무작위적인 변동은 순간적인 전자 분포의 불균형을 유도하게 되어 일시적인 쌍극자를 형성하게 된다. 공유결합을 형성하지 않은 원자 2개가 서로 충분히 인접해 있으면, 한 원자의 전자는 다른 원자의 전자를 교란시켜 두 번째 원자에 일시적인 쌍극자를 만들며, 형성된 2개의 쌍극자는 서로를 약하게 끌어당긴다(그림 2-10). 유사한 방식으로 하나의 분자에 있는 극성 공유결합은 다른 분자의 반대 전하를 띤 쌍극자를 끌어당긴다.

반데르발스 상호작용은 일시적인 전기적 쌍극자와 영구적인 전기적 쌍극자 모두에 관련이 있어, 극성 혹은 비극성을 가지는 모든 종류의 분자에서 일어난다. 특히 heptane [헵테인, $CH_3-(CH_2)_5-CH_3$]처럼, 다른 분자들과 수소 결합 혹은 이온성 상호작용을 형성할 수 없는 비극성 분자 간의 응집력은 반데르발스 상호작용에 의한 것이다. 반데르발스 상호작용의 강도는 거리가 멀어지면 급격하게 감소한다. 따라서 이러한 비공유결합은 원자들이 서로 상당히 근접해 있을 때만 형성될 수 있다. 그러나 원자들이 서로 너무 근접하게 되면 그들의 전자들이 가지

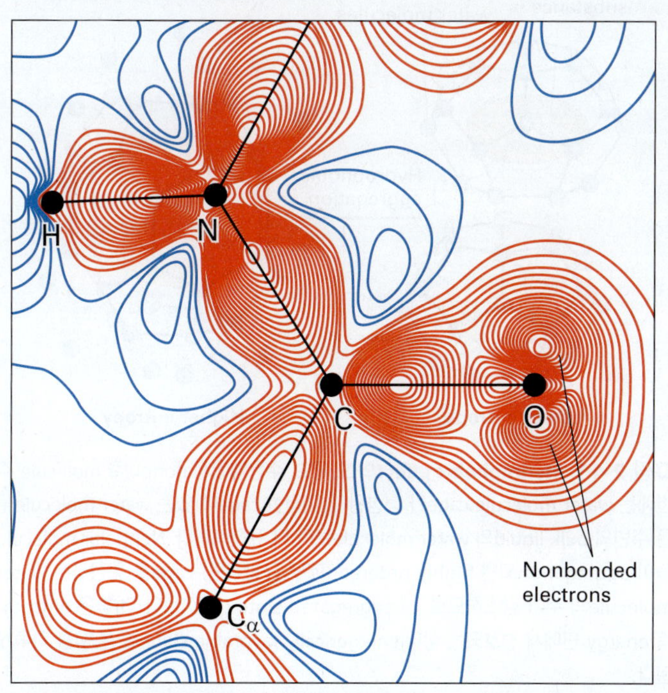

그림 2-9 Peptide group에 있는 bonding electron과 nonbonding electrons의 분포. 그림에서는 *crambin*이라고 하는 단백질에서 2개의 아미노산을 연결하는 peptide bond 하나를 예로 들었다. Crambin 보다 더 높은 해상도로 구조가 밝혀진 단백질은 아직 없다. 검은색 선은 atom들 간의 covalent bond를, 빨간색 선(negative)과 파란색 선(positive)은 X-ray crystallography (X-선 결정학)와 컴퓨터를 이용해서 밝혀진 charge (전하)의 contour (분포, 윤곽)를 표시하고 있다. Contour line (분포선)의 수가 많을수록 charge가 크다. Atom들 사이에 빨간색 선의 밀도가 높은 부분은 covalent bond[shared electron pairs (공유전자쌍)를 나타낸다. Oxygen (O) 주변에 있으면서 covalent bond (검은색 선)에 참여하지 않고 있는 2쌍의 빨간색 contour line은 hydrogen bond에 참여할 수 있는 oxygen의 nonbonded electron pair 2개를 나타낸다. Nitrogen (N)과 결합된 hydrogen (H) 근처에 있는 밀도가 높은 파란색 선은 partial positive charge를 나타내며, 이 hydrogen은 hydrogen bond에 참여할 수 있다는 것을 나타낸다. [From *Proc. Nat'l. Acad. Sci. USA*, 2000, **97**(7):3171–3176, Fig. 3A. Accurate protein crystallography at ultra-high resolution: Valence electron distribution in crambin, by Christian Jelsch et al., copyright (2000) National Academy of Sciences, USA.]

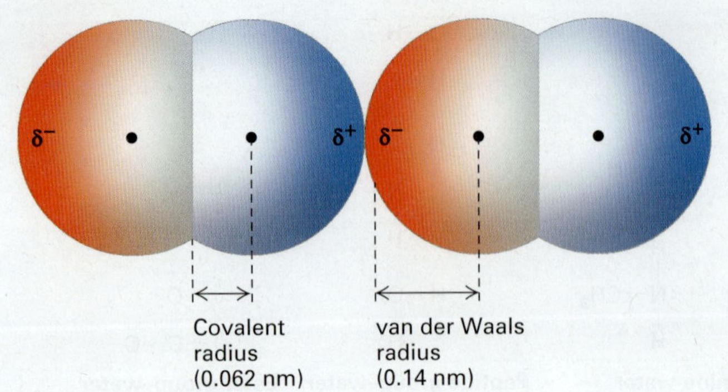

그림 2-10 Van der Waals contact를 하고 있는 2개의 oxygen molecule. 이 모형에서 빨간색은 negative charge를, 파란색은 positive charge를 나타낸다. 모든 atom의 electron cloud (전자 구름)에 생기는 transient dipole은 *van der Waals interaction*이라고 하는 약한 인력을 일으킨다. 각각의 atom은 다른 atom과 van der Waals interaction을 가장 잘 형성할 수 있는 고유의 van der Waals radius (반지름)를 가지고 있다. 만약 atom 2개의 outer electron들이 서로 겹칠 정도로 그 두 atom이 가까이 가게 되면 서로 반발력이 생기게 된다. 그러므로 van der Waals radius는 한 atom의 주변을 감싸고 있는 electron cloud의 크기를 측정하는 척도로 이용된다. 이 그림에 있는 covalent radius는 O═O double bond에 대한 것이다. Oxygen의 single-bond covalent radius는 약간 더 길다.

고 있는 음전하에 의해 repulsive force (척력)가 발생한다. 두 원자 사이의 반데르발스 인력이 두 원자의 전자에 의한 척력과 균형을 이룰 때, 원자들은 반데르발스 접촉을 하고 있다고 한다. 반데르발스 상호작용의 세기는 수소 결합보다 작은 약 1 kcal/mol이며, 이 크기는 실온에 있는 분자들의 평균 열 에너지보다 약간 크다. 따라서, 여러 개의 반데르발스 상호작용 또는 다른 비공유 상호작용과의 복합적인 상호작용이 있어야만 반데르발스 상호작용을 통해 분자 내 그리고 분자들 간의 상호작용을 안정화시킬 수 있다.

비극성 분자들은 소수성 효과에 의해 서로 결합할 수 있다

비극성 분자들은 전하를 띤 작용기나 쌍극자 모멘트를 가지고 있지 않으며, 또한 수화되지 않기 때문에 물에 완전히 혹은 거의 녹지 않는다. 그래서 이를 hydrophobic (소수성)이라고 한다. 생체 물질에서 비극성 공유결합의 가장 대표적인 예는 탄소와 탄소 그리고 탄소와 수소 사이의 공유결합이다. 탄소와 수소만으로 구성된 **hydrocarbon (탄화수소)**은 물에 녹지 않는다. 또한 동물성 지방과 식물성 기름의 주성분인 triacylglyceride (중성지방, triglyceride라고도 함)도 물에 녹지 않는다. 이러한 분자들의 구조는 대부분 긴 탄화수소 사슬로 되어 있다. Triacylglyceride를 물과 섞은 후 놔두면 층으로 분리된다. 친숙한 예로, 식초와 오일로 만든 샐러드 드레싱을 자세히 보면 이러한 현상을 볼 수 있다.

비극성 분자 혹은 분자 내의 비극성 부분은 **소수성 효과**에 의해 수용액에서 서로 응집하려는 경향을 갖는다. 물 분자는 비극성 물질과 수소 결합을 이룰 수 없기 때문에 물 분자는 수소 결합으로 연결된 pentagon (5각형) 혹은 hexagon (6각형) 모양의 비교적 견고한 "껍질"을 만들어 비극성 분자를 둘러싼다(그림 2-11, 왼쪽). 이런 상태는 물 분자 집단의 엔트로피를 감소시키기 때문에 열역학적으로 선호되지 않는다. (화학 시스템에서 엔트로피의 역할은 2.4절에서 다룬다.) 수용액 상에서 비극성 분자들의 소수성 표면끼리 서로 마주보며 응집하게 되면, 물에 노출되는 전체 소수성 표면의 면적은 줄어든다(그림 2-11, 오른쪽). 결과적으로 비극성 분자들을 둘러싼 껍질을 형성할 물 분자의 수가 줄어들고, 응집되기 전 상태보다 엔트로피가 증가하여, 결국 열역학적으로 더욱 선호하는 상태가 된다. 어떤 의미에서는 물 분자들이 비극성 분자들을 압축해서 침전을 만든다고 볼 수 있다. 소수성 효과는 수소 결합처럼 서로 끌어당기는 인력 작용에 의한 것이 아니라 불안정한 상태 — 즉, 과량의 물이 비극성 분자들을 둘러싸는 현상을 만들지 않으려는 결과이다.

비극성 분자들은 반데르발스 상호작용에 의하여 약하지만 서로 결합할 수 있다. 소수성 상호작용과 반데르발스 상호작용의 총합에 의하여 소수성 분자들은 서로(물과의 결합이 아니라) 매우 잘 결합할 수 있다. 간단히 말해서 *like dissolves like* (같은 것이 같은 것을 녹인다), 즉 '유유상종'처럼 극성 분자는 물과 같은 극성 용매에, 비극성 분자는 hexane과 같은 비극성 용매에 녹는다.

콜레스테롤은 가장 잘 알려져 있는 소수성 분자 중 하나다(2.2절 참조). Triacylglyceride와 콜레스테롤을 포함한 비수용성 분자들을 **지질**이라고 한다. 아미노산이나 glucose와 같은 친수성 분자들과 달리, 지질은 혈액, 즉 우리 몸 전체를 돌며 분자들과 세포들을 전달하는 시스템인 aqueous circulatory system (수용성 순환계)에 쉽게 용해될 수 없다. 따라서 콜레스테롤과 같은 지질들은 *lipoproteins* (지질단백질), 이라고 불리는 특별한 친수성 운반체에 포장되어야 하고, 이를 통해 혈액에 녹게 되며, 이로써 몸 전체에 운반된다. 수백, 수천 개의 지질 분자

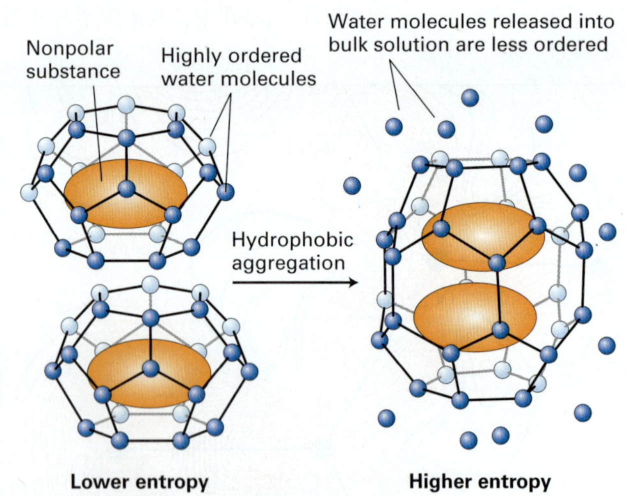

그림 2-11 Hydrophobic effect의 모식도. 수용액에서 nonpolar molecule 주변에는 water molecule cage가 형성된다. 이러한 cage에 있는 water molecule들은 주변의 bulk liquid의 water molecule보다 더 규칙적이다. Nonpolar molecule들이 aggregation되면 highly ordered (매우 규칙적인) cage를 형성하는 water molecule의 수가 감소하므로, unaggregated state (왼쪽)보다 더 높은 entropy, 즉 energy 면에서 선호되는 상태(energetically favorable state, 오른쪽)를 이루게 된다.

들이 이러한 지질 단백질의 중심부에 놓이게 된다. 이러한 소수성 중심부는 양친매성 분자들에 의해 둘러싸여 있다. 양친매성 분자는 물과 반응하는 친수성 부위와 스스로 또는 중심부와 결합하는 소수성 부위를 둘 다 가지고 있는 분자를 말한다. 지질단백질에 의해 지질들이 포장(14장에서 살펴본다)됨에 따라 이들은 혈액에서 효과적으로 수송될 수 있으며, 이것은 마치 장거리 수송을 할 때 화물선이나 화물차를 이용하여 컨테이너를 싣는 것과 비슷하다.

High-density lipoprotein (HDL, 고밀도 지질 단백질)과 Low-density lipoprotein (LDL, 저밀도 지질 단백질)은 대표적인 두 가지 지질 단백질로서, HDL은 심장 질환을 경감시키는 기능을 가지고 있으므로 "좋은" 콜레스테롤이라 하고, LDL은 그 질환을 악화시킨다고 해서 "나쁜" 콜레스테롤이라 한다. 사실 HDL과 LDL이 운반하는 콜레스테롤의 종류는 본질적으로 동일하며, 그 자체로는 좋지도 나쁘지도 않다. 그러나 HDL과 LDL이 세포에 미치는 영향은 매우 다르다. "나쁜" 콜레스테롤이라고 불리는 LDL은 동맥의 응집을 촉진하여[*atherosclerosis* (동맥경화)] 심장 질환이나 뇌졸중을 일으킬 수 있다. HDL이 어떤 작동 방식으로 심장 질환을 경감시키는지에 대해서는 아직 분명하지 않다. ■

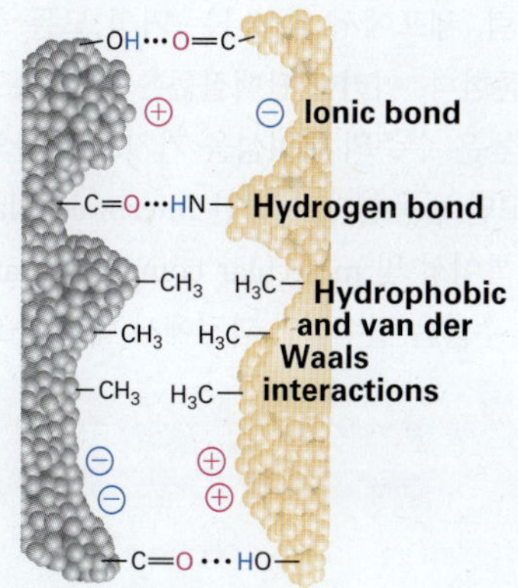

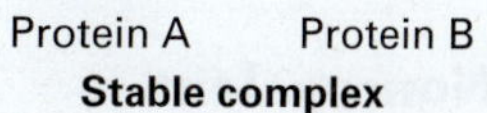

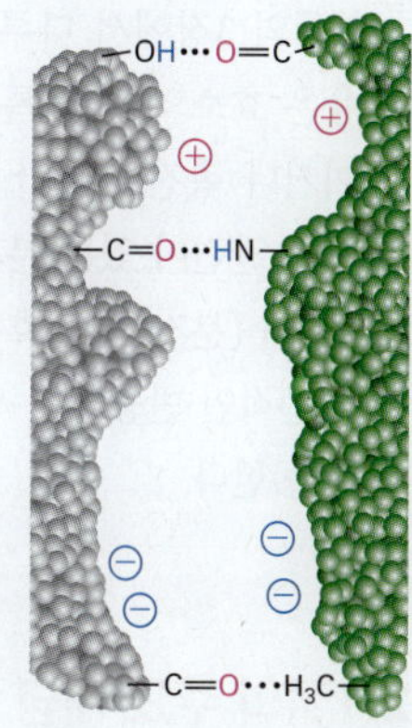

그림 2-12 여러 개의 noncovalent interaction을 통한 molecular complementarity (분자 상보성)에 의하여 단백질들 사이에 단단한 결합이 이루어질 수 있다. 두 protein surface (단백질 표면)의 complementary shape (서로 상보적인 모양), charge (전하), polarity (극성), 그리고 hydrophobicity (소수성)에 의해 여러 개의 약한 인력이 생길 수 있으며, 이들 인력이 합쳐져서 강력한 인력과 결합을 이룰 수 있다. Molecular complementarity가 잘 맞지 않으면 결합이 현저하게 약해지므로, 특정 biomolecule의 특정 부위가 단지 1개 혹은 아주 제한된 수의 다른 분자들 하고만 단단히 결합한다. 왼쪽 그림의 두 protein molecule은 오른쪽 그림의 두 protein molecule보다 complementarity가 크므로 서로 훨씬 더 강하게 결합한다.

비공유 상호작용에 의한 molecular complementarity (분자 상호보완성)에 의해 생체 분자들 사이에 Lock-and-Key Fit (자물쇠와 열쇠가 맞는 모양)이 형성된다

분자 및 이온들은 세포 안팎에서 끊임없이 서로 충돌한다. 단위 부피당 어떤 두 종류 분자의 농도가 증가할수록 두 분자가 서로 부딪칠 확률은 커진다. 2개의 분자가 서로 마주칠 때, 분자들을 붙잡는 비공유 상호작용은 그 결합력이 약하고 생리학적 온도에서 일시적으로만 생기므로 분자들은 서로 튕겨나간다. 두 분자가 서로 마주쳤을 때, 그들은 단순히 튕겨져 나갈 가능성이 가장 높다. 왜냐하면, 그들을 결합시키는 비공유 상호작용은 약하고 생리적인 온도에서 일시적이기 때문이다. 그러나 2개의 분자들은 그들의 모양, 전하 또는 다른 물리적 특성에 따라 lock-and-key fit (자물쇠와 열쇠가 맞는 모양)과 같은 **molecular complementarity**를 나타낼 수 있다. 이렇게 구조적으로 상호보완적인 두 분자들은 가까운 거리에서 복수의 비공유 상호작용을 형성할 수 있다. 이러한 두 분자가 서로 부딪힐 때, 이러한 복수의 상호작용은 그들이 서로 붙거나 결합하는 결과를 낳는다.

그림 2-12는 다양한 복수의 약한 상호작용이 어떻게 2개의 가상 단백질을 단단히 결합시킬 수 있는지를 보여준다. 이러한 단백질 대 단백질 사이 molecular complementarity의 수많은 예를 이 책 전체에 걸쳐서 찾아볼 수 있다(예, 그림 16-9 및 16-18b 참조). 두 표면에 있는 동일한 원자 그룹이 다르게 배열되면 분자들이 그렇게 단단히 결합할 수 없을 것이다. 단백질의 분자 내부 영역 사이에서의 molecular complementarity는 단백질이 독특한 3차원 형태로 접힐 수 있게 하고(3장 참조); 또한 DNA의 이중 나선구조에서 DNA의 두 사슬을 함께 유지하게 한다(5장 참조). 유사한 상호작용들이 분자 그룹들로부터 multimolecular assemblies, or complexes (다분자 집합체 또는 복합체)의 형성, muscle fiber (근육 섬유)의 형성, solid tissue (고체 조직)에 있는 세포 사이의 접착제와 같은 결합, 그리고 수많은 다른 세포 구조와 연관되어 있다. Pathogen (병원균)을 중화시키는 데(24장 참조) 도움을 주는 antibody (항체)도 유사한 molecular complementarity 원리를 사용하여 병원균과 결합한다.

두 분자 사이의 비공유 상호작용의 수와 세기 및 환경에 따라, 그들 사이의 결합은 단단하거나 느슨할 수 있으며, 그 결과 지속적이거나 일시적일 수 있다. 서로에 대한 두 분자의 *affinity* (친화도)가 클수록 분자 적합성이 좋아지고, 더 많은 비공유 상호작용이 형성될 수 있으며, 그들은 서로 더 단단하게 결합할 수 있다. 친화력의 중요한 정량적 측정은 2.3절에 설명된 dissociation constant (결합 해리 상수) K_d이다. 세포생물학의 많은 경우, 분자들은 서로 결합해야 한다. 그러나 그 후에 separate [dissociation, 분리(해리)]될 수도 있어야 한다. 즉, 결합은 reversible (가역적)하여야 한다. 따라서 결합이 너무 강하지 않아야 한다. 그렇지 않으면, 분자들은 필요할 때 서로 해리 될 수 없을 것이다. 많은 종류의 큰 생체 분자들은 단단한 구조가 아니라 다소 유연할 수 있다는 것을 유념해야 한다. 따라서 하나의 분자와 다른 분자 사이의 결합은 결합 파트너의 형태 변화를 유도할 수 있는 잠재력을 가지고 있다. 이렇듯 상호작용 후 molecular complementarity가 증가할 때, 이 과정을 *induced fit* (유도 적합)이라고 한다.

이 책의 3장에서 다루는 것처럼, 세포에서 일어나는 거의 모든 화학 반응은 효소의 결합 특성에 의존한다. 이러한 단백질들은 반응 속도를 높이거나 촉진할 뿐만 아니라 높은 수준의 **특이성**을 가지고 하나의 분자 또는 관련이 있는 분자들 하고만 반응한다. 이러한 intermolecular interaction (분자 간 상호작용)의 특이성 및 molecular complementarity에 의존적인 반응들은 생명체의 수많은 필수적인 과정에서 매우 중요한 역할을 한다.

2.1절의 주요 개념

Covalent Bond (공유결합)와 Noncovalent Interaction (비공유 상호작용)

- **친수성**, **소수성**이라는 용어는 각각 분자가 물을 좋아하고 물과 상호작용할 수 없는 경향을 의미하며, **양친매성**이라는 용어는 두 가지의 특성을 모두 가지는 것을 의미한다. 친수성 분자들은 일반적으로 물에 쉽게 녹는 반면에 소수성 분자들은 물에 잘 녹지 않는다.
- 공유결합은 2개의 원자가 전자쌍을 공유하여 형성된다. 공유결합으로 형성된 분자에서 원자는 특정 기하구조를 갖게 된다.
- 세포 내의 많은 분자들은 4개의 다른 원자와 결합할 수 있는 비대칭성 탄소를 적어도 1개 가지고 있다. 이러한 분자들은 D 혹은 L로 표시되는 거울상 이성질체(거울상 이미지; 그림 2-4 참조)로 존재하며, 각각 생물학적 활성이 다르다. 생물학적 시스템에서 거의 모든 sugar (당)는 D isomer이며, 거의 모든 아미노산들은 L isomer이다.
- 공유결합에 관여하는 전자들은 균등하게 혹은 불균등하게 분포된다. 전기음성도가 서로 다른 원자들이 형성하는 극성 공유결합에서는 전자들이 불균등하게 분포되어 있다. 극성 결합의 한쪽 끝은 부분적인 양전하를 다른 한쪽 끝은 부분적인 음전하를 띤다(그림 2-5 참조).
- 공유결합을 끊기 위해서는 실온(25°C)이나 체온(37°C)이 제공하는 열역학에너지보다 훨씬 큰 에너지(50–200 kcal/mol)가 필요하기 때문에 공유결합은 생물학적 시스템에서 안정하다.
- 원자들 간의 비공유 상호작용은 공유결합보다 훨씬 약하며, 그 에너지의 크기는 대략 1–5 kcal/mol이다(그림 2-6).
- 생물학적 시스템에 존재하는 네 종류의 대표적인 비공유 상호작용은 이온 결합, 수소 결합, 반데르발스 상호작용 그리고 소수성 효과이다.
- 이온 결합은 이온의 양전하와 음전하 사이에 발생하는 정전기적 인력에 의하여 이루어진다. 수용액에 있는 모든 양이온과 음이온은 물 분자들이 결합되어 있는 수막으로 싸여 있다(그림 2-7c 참조). 용액에서 염(예, NaCl) 농도가 증가하면 생체 분자들 간의 이온 결합은 약해지며 때로는 결합이 끊어지기도 한다.
- 수소 결합에서, 전기음성도가 큰 원자와 결합하고 있는 수소 원자는 수소를 끌어당기는 비공유 전자를 지닌 acceptor 원자와 결합한다(그림 2-8 참조).
- 비교적 비특이적이며 약한 결합인 반데르발스 상호작용은 모든 분자에서 일시적인 쌍극자 간의 인력에 의하여 이루어진다. 이 결합은 2개의 원자가 서로 가까이 인접할 때 형성된다(그림 2-10 참조).
- 비극성 분자 혹은 분자의 비극성 부분은 수용액에서 소수성 효과에 의해 서로 응집되며, 이에 따라 물 분자와 직접 접촉하는 표면적이 감소한다(그림 2-11 참조).
- 분자 상호보완성은 모양, 전하 및 물리적 성질이 서로 상보적인 두 분자 사이에 존재하는 열쇠-자물쇠 모양의 결합을 의미한다. 상호보완적인 분자들 사이에는 많은 비공유 상호작용이 형성될 수 있으며, 이로써 이 분자들이 서로 단단히 결합할 수 있게 된다(그림 2-12 참조). 이와는 반대로 이러한 결합은 상보적이지 않은 분자들 사이에는 형성될 수 없다.
- 분자 상호보완성에 의해서 이루어지는 높은 결합특이성은 분자들 사이의 상호작용을 결정짓는 특성 중의 하나로서, 생명체의 수많은 필수적인 과정에서 매우 중요하다.

2.2 세포의 화학적 단위 화합물

생물학에서 공통적인 주제는 작은 분자 단위체로부터 큰 **macromolecule (고분자)**과 macromolecular complexes (고분자 복합체)를 만드는 것이다. 종종 이런 소단위체들은 유사하거나 동일하다. 생물학적 고분자의 세 가지 주요 유형에 해당하는 단백질, 핵산 및 다당류는 여러 개의 공유결합에 의해 연결된 작은 분자 또는 **monomer (단량체)**로 구성된 **polymer (중합체)**이다(그림 2-13). **단백질**은 펩타이드 결합으로 연결된 수천 개의 아미노산을 포함하는 선형 중합체다. **핵산**은 **phosphodiester bond (포스포다이에스터 결합)**에 의해 연결된 수십에서 수백만 개의 뉴클레오타이드를 포함하는 선형 중합체다. **Polysaccharide (다당류)**는 glucose (포도당)과 같은 monosaccharide (단당류, 설탕)들이 **glycosidic bond (글리코사이드 결합)**로 연결된 선형 또는 branched (가지 달린) 중합체다.

단량체들 사이의 공유결합 형성 과정은 복잡하지만, 앞으로 보게 될 것처럼, 일반적으로 단량체 2개가 공유결합을 이룰 때 단량체 1개로부터 수소(H) 하나가 빠져나오고, 다른 단량체로부터는 수산기(OH) 하나가 빠져나오므로 — 전체적으로 물 분자 하나가 빠져나오는 것과 같다 — 이 반응을 *dehydration reaction* (탈수 반응)이라고 한다. 이렇게 이루어진 중합체 내의 공유결합을 다시 깨뜨리는 것은 *hydrolysis* (가수분해)라고 하는, 즉 물을 첨가하는 역반응에 의해 일어난다. 가수분해는 중합체 말단에서 하나의 단량체를 떼어내거나 중합체 사슬의 어딘가에서 짧으면서 보통 길이가 다른 2개의 중합체들로 분해할 수 있다. 이렇게 단량체들을 연결하고 있는 결합들은 보통의 생물학적 조건(예, 37°C, 중성 pH)에서 안정하므로, 이러한 biopolymer (생체고분자물질)는 안정하여 세포에서 정보 저장, 화학 반응 촉진, 세포의 모양과 운동을 결정짓는 구조적 역할 등의 매우 다양한 역할을 한다. 고분자 복합체는 비공유 상호작용에 의해서도 형성된다. 세포막의 **이중층** 구조는 인지질이

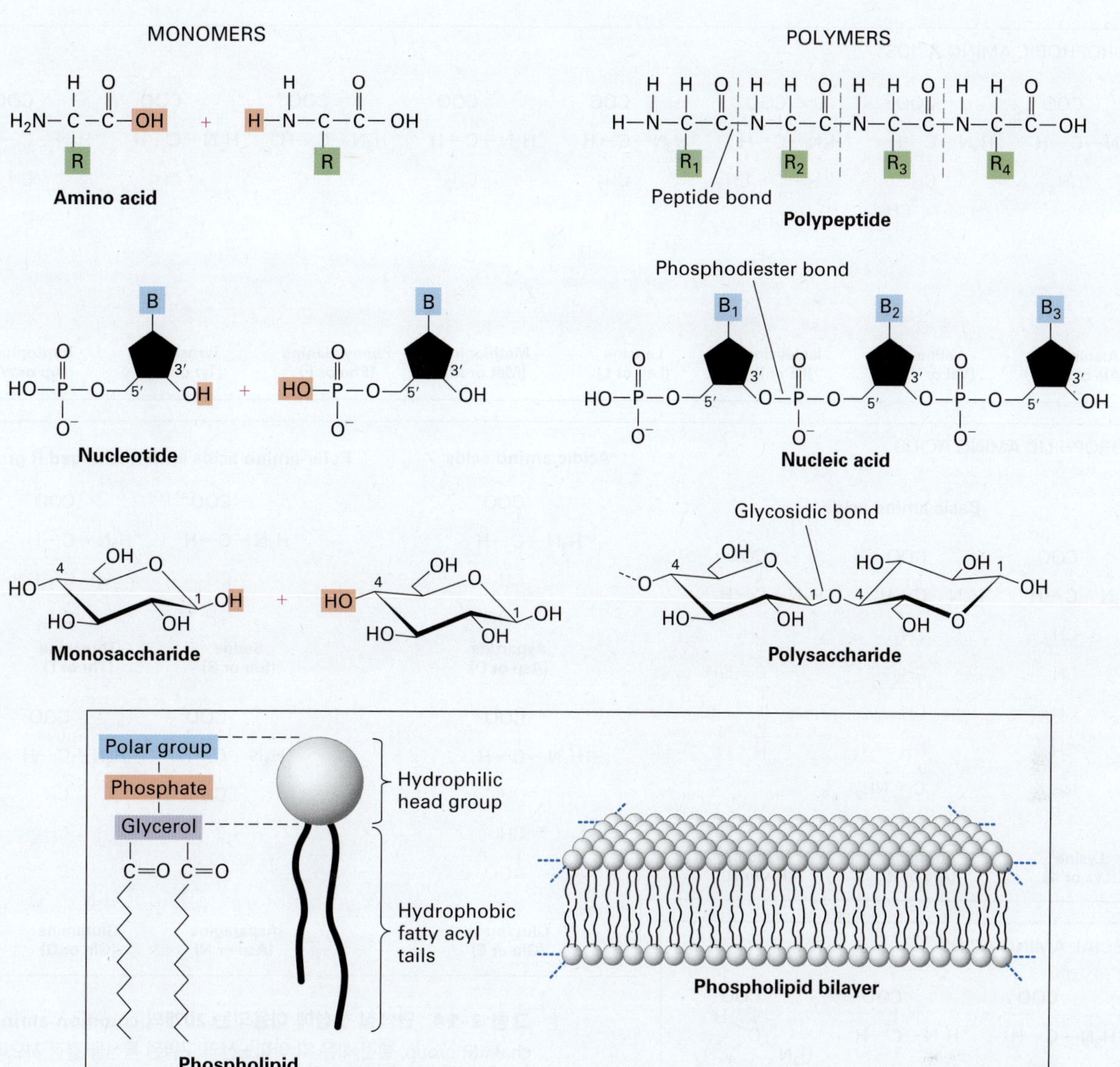

그림 2-13 세포의 주요 chemical building block (단위 화합물). (*위*) 주된 biological macromolecule 세 가지는 모두 특정 타입의 여러 small molecule (monomer)들이 polymerization (중합)되어 만들어진다. 아미노산으로 구성된 단백질(3장 참조)과 nucleotide로 구성된 nucleic acid (5장 참조), 그리고 monosaccharide (sugar)로 구성된 polysaccharide가 그것이다. Monomer들이 covalent bond로 연결되면 polymer가 형성되는데, 이 반응의 결과로서 water molecule이 제거된다(dehydration). (*아래*) 반면, phospholipid monomer는 noncovalent bond에 의해 bilayer structure로 조립되어 모든 cell membrane의 기초가 된다(10장 참조).

라고 하는 작은 분자 수천 개가 비공유결합으로 조립된 고분자 이중층으로 형성된 구조이다(그림 2-13 참조).

이 장에서는 세포를 구성하는 화학적 단위 화합물, 즉 아미노산, 뉴클레오타이드, 당, 인지질 등에 대하여 다룬다. 단백질, 핵산, 다당류 및 생체막 등의 구조, 기능, 조립에 대해서는 다음 장에서 살펴본다.

Side Chain (곁사슬)만 서로 다른 아미노산에 의하여 단백질이 구성된다

단백질을 구성하는 단위 화합물(monomeric building block)은 20개의 **아미노산**이며, 이 아미노산들이 결합하여 단백질로 되었을 때, 이들을 **residue (잔기)**라고 부르기도 한다. 모든 아미노산은 **alpha carbon atom (C_α; 알파탄소 원자)**을 중심에 붙어 있는 서로 다른 4개의 화학기(그림 2-14), 즉 amino ($-NH_2$) group과 carboxylic acid 혹은 carboxyl group ($-COOH$) (이 두 group 때문에 *amino acid*라는 이름이 붙여졌다), 그리고 수소 (H) 원자와 곁사슬 혹은 *R group*이라고 불리는 variable group이 연결된 구조이다. Glycine (글라이신)을 제외한 모든 아미노산의 α 탄소는 비대칭이므로, 아미노산은 *D* (dextro) 이성질체 혹은 *L* (levo) 이성질체로 표기되는 거울상이성질체로 존재한다(그림 2-4 참조). 이 두 가지 이성질체는 분자 내의 화학 결합이 끊어졌다

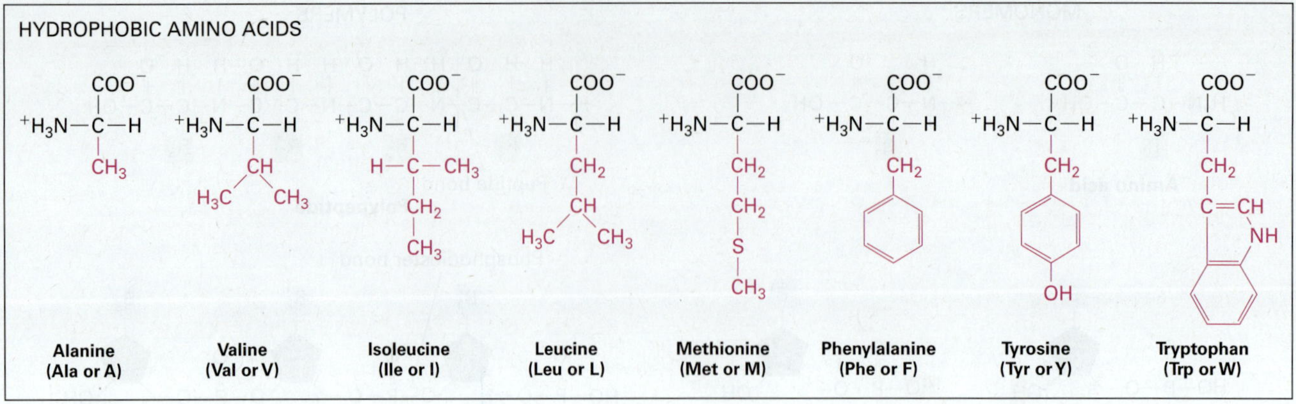

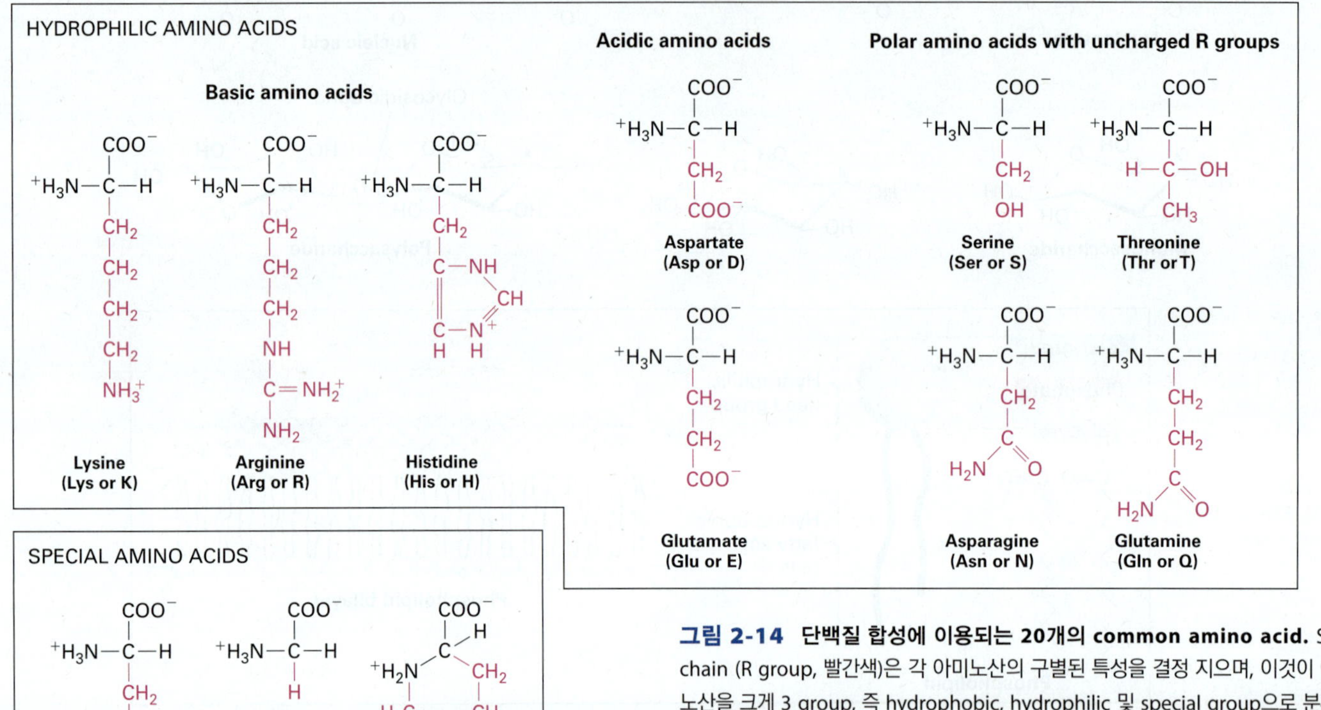

그림 2-14 단백질 합성에 이용되는 20개의 common amino acid. Side chain (R group, 빨간색)은 각 아미노산의 구별된 특성을 결정 지으며, 이것이 아미노산을 크게 3 group, 즉 hydrophobic, hydrophilic 및 special group으로 분류하는 기초가 된다. 그림에는 cytosol의 pH (~7)에 존재하는 아미노산의 ionized form을 그려 놓았으며, 괄호 안에는 아미노산의 이름을 세 글자와 한 글자 약어로 표기하였다.

가 다시 연결되지 않는 이상 서로 바뀔 수가 없다(각각 동일한 분자가 될 수 없다). 극히 예외인 경우를 제외하면, 모든 단백질은 L form 아미노산으로 구성된다. 그러나 D 아미노산들은 세균 세포벽과 다른 미생물 생성물에 널리 퍼져 있다.

3장에서 자세히 설명할 단백질의 3차원 구조 및 기능을 이해하려면 곁사슬에 의해 결정되는 각 아미노산들의 특성을 잘 알고 있어야 한다. 이러한 특성은 그들의 곁사슬에 의해 결정된다. 단백질이 어떻게 작동하는지를 이해하기 위해서 각각의 곁사슬의 구조를 외우지는 않아도 된다. 왜냐하면, 아미노산은 곁사슬의 크기, 모양, 전하, 소수성 정도 및 반응성에 근거하여 몇 개의 그룹으로 분류되기 때문이다(그림 2-14).

비극성 곁사슬을 지닌 아미노산들을 *hydrophobic amino acid* (소수성 아미노산)라고 하는데, 이들은 물에 잘 녹지 않는다. 비극성 곁사슬의 크기가 클수록 아미노산은 더 소수성을 띤. *Alanine, valine, leucine, isoleucine*의 곁사슬은 모두 ring (고리)을 형성하지 않는 linear (선형) 혹은 branched (가지가 달린) 탄화수소이므로 *aliphatic amino acid* (지방족 아미노산)라고 한다. 이들은 모두 methionine과 같은 비극성 아미노산들이다. *Methionine*은 황 원자를 함유하고 있다는 것만 제외하면 이들 4개의 지방족 아미노산과 매우 비슷하다. *Phenylalanine, tyrosine,* 그리고 *tryptophan*은 크고, 소수성인, 방향족 고리를 곁사슬로 가지고 있다. 이러한 소수성 곁사슬들이 소수성 효과에 의해서 어떻게 단백질의 내부에 들어가거나 단백질의 표면에 선을 이뤄서 생체막의 소수성 영역 내에 박혀서 놓이게 되는지는 뒤의 다른 장에서 상세히 다룰 것이다.

극성 곁사슬을 가진 아미노산들을 *hydrophilic amino acid* (친수성 아미노산)라고 한다. 친수성 정도가 가장 큰 아미노산들은 생물학적인 용액의 pH인 pH 7에서 곁사슬이 전하를 띠고 이온화되어 있는 아미노산 종류들이다(2.3절 참조). 양전하를 띠고 있는 곁사슬을 가지고 있는 *arginine*과 *lysine*은 염기성 아미노산이라고 하며, *aspartic acid*와 *glutamic acid*는 side chain에 carboxyl group을 가지고 있어서 음전하를 띠기 때문에 산성 아미노산이라고 한다(Aspartic acid와 glutamic acid의 side chain이 전하를 띠고 있을 때, 이들을 각각 *aspartate*, *glutamate*라고 한다). 다섯 번째 아미노산인 *histidine*은 *imidazole*이라고 하는 2개의 질소가 포함된 고리형의 곁사슬을 가지고 있는데, 이 곁사슬은 주변의 산성도에 따라(pH에 따라) 양전하를 띠거나 전하를 띠지 않은 형태로 변한다(2.3절 참조).

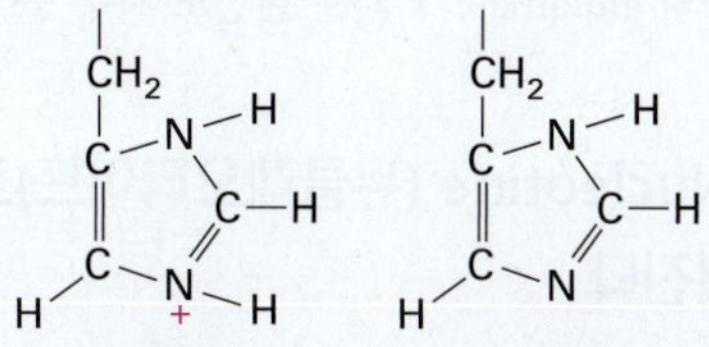

pH 5.8 pH 7.8

많은 경우 단백질의 활성은 주변의 산성도에 따라 변하게 되고, 이러한 변화는 histidine 곁사슬의 protonation (양성자화) 혹은 deprotonation (탈양성자화)에 의해 조절된다. *Asparagine*과 *glutamine*은 전하를 띠고 있지 않지만 수소 결합 능력이 매우 큰 amide group을 포함하고 있는 극성 잔기를 가지고 있다. 마찬가지로, *serine*과 *threonine*도 전하를 띠고 있지 않지만, 극성 수산기를 가지고 있어서 다른 극성분자와 수소 결합을 형성한다.

마지막으로, *cysteine*, *glycine*, *proline*은 이들의 독특한 특성 때문에 단백질에서 특별한 역할을 한다. *Cysteine*의 곁사슬은 반응성이 있는 *sulfhydryl group* (—*SH*)을 가지고 있다. Sulfhydryl group 하나는 양자(H^+)가 방출되면 thiolate anion (S^-)으로 전환된다. 특정 효소들에서 thiolate anion은 촉매 작용, 특히 단백질을 분해하는 효소인 protease 들에서 중요한 기능을 한다. 세포에서 분비되는 많은 단백질들이나 세포막에서 extra cellular fluid (세포 외액)로 뻗어나가는 단백질들에서는 2개의 인접한 sulfhydryl group이 산화될 수 있으며, 각각 하나의 양성자와 전자를 제공하여 이황화공유결합(—*S*—*S*—)을 형성하게 된다.

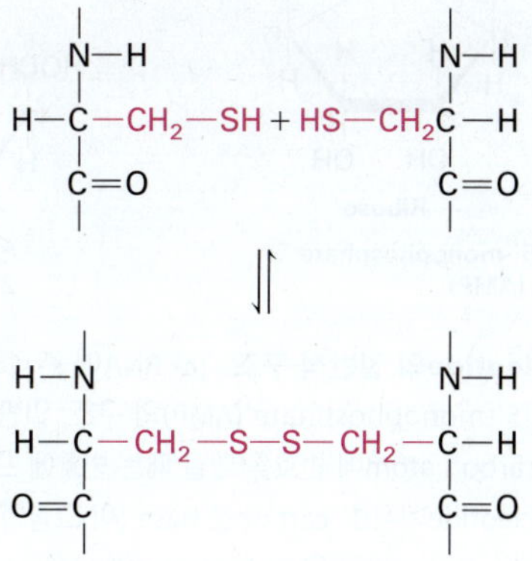

Disulfide bond는 하나의 polypeptide chain 내에서 (intramolecular) 혹은 2개의 다른 chain들 사이에서(intermolecular) "cross-link"하는 역할을 한다. 또한 disulfide bond는 단백질의 접힘 구조(folding)를 안정화시키기도 한다.

가장 작은 아미노산인 *glycine*은 R group에 수소 원자 1개만 있으며, Glycine은 크기가 작기 때문에 빈틈이 거의 없는 공간에도 놓일 수 있다. 사람에서 가장 흔한 단백질인 *collagen* 구조가 이러한 좁은 공간에 배열된 경우다(20장 참조).

다른 일반적인 아미노산과는 다르게, *Proline* (프롤린으로 발음한다)의 곁사슬은 구부러져서 C_α에 붙어 있는 amino group의 질소 원자와 공유결합을 통해 고리를 형성한다. 결과적으로, proline은 매우 단단하여, amino group은 일반적인 수소 결합 형성에 참여할 수 없게 된다. 단백질 chain에서 proline 잔기는 고정된 구부러진 구조(fixed kink)를 형성하게 하고, 이로 인해 proline residue 근처에서는 단백질이 folding 되는 방법이 제한된다.

단백질에서 어떤 아미노산들은 다른 아미노산들보다 더 많이 존재한다. Cysteine, tryptophan, methionine은 풍부한 아미노산이 아니며, 일반적인 단백질에서 이들 아미노산의 함유량은 세 가지를 합하여 대략 5%이다. Leucine (소수성), serine (극성), lysine (양전하를 띠는), glutamic acid (음전하를 띠는)의 네 가지 아미노산은 단백질에서 가장 높은 비율로 분포하며, 일반적인 단백질에서 아미노산 조성의 32%를 차지한다. 그러나 아미노산 조성비는 단백질에 따라 매우 크게 다르다.

사람을 비롯한 포유동물은 20개의 아미노산들 중에서 11개를 스스로 합성할 수 있다. 정상적인 단백질 합성을 위해서는 나머지 9개의 아미노산을 음식을 통해 섭취하여야 하는데, 이들을 *essential amino acid* (필수 아미노산)이라 한다. 필수 아미노산들에는 phenylalanine, valine, threonine, tryptophan, isoleucine, methionine, leucine, lysine, histidine이 속한다. 이들 필수 아미노산을 적절하게 공급하는 일은 사료산업에서 매우 중요하며, 실제로 lysine을 다량 포함한 유전자 조작 옥수수는 동물의 생장을 촉진시키기 위한 고급 사료로 사용되고 있다. ■

세포는 단백질의 초기 합성에 그림 2-14에 있는 20개의 아미노산을 사용하지만, 세포내 단백질 분석을 통해서, 세포에는 100종 이상의 다른 아미노산들이 있다는 것이 밝혀졌다. 이것은 단백질이 합성된 후, 다양한 종류의 화학구조들이 아미노산에 붙으면서 일어나는 공유결합성 변형들 때문에 일어난다(그림 2-15). 중요한 변형 중 하나가 acetyl group (아세틸기, CH_3CO)가 붙으면서 일어나는 acetylation (아세틸화)이다. N-terminal (N-말단)에 있는 잔기의 amino group에 일어나는 acetylation은 가장 흔한 아미노산의 공유결합성 변형이며, 80% 이상의 단백질에 영향을 준다.

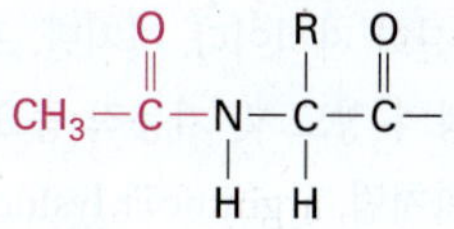

Acetylated N-terminus

이 변형은 단백질 수명을 조절하는 데 중요한 역할을 하고 있는 것으로

Acetyl lysine

Phosphoserine

Phosphotyrosine

Phosphothreonine

3-Hydroxyproline

3-Methylhistidine

γ-Carboxyglutamate

O-GlcNAc-threonine

그림 2-15 단백질에 존재하는 아미노산의 일반적인 modification. 단백질의 아미노산들은 polypeptide chain이 합성되는 과정 중이나 합성 후에, amino acid side chain에 다양한 chemical group (빨간색)이 붙어서 그림과 같이 modification될 수 있다.

생각된다, 왜냐하면, non-acetylated (비아세틸화) 단백질들은 세포 내에서 매우 빠르게 분해되기 때문이다.

또 다른 중요한 변형 중 하나는 serine, threonine, 그리고 tyrosine residue의 hydroxyl group에 인산기(PO_4)가 부착되는 인산화이다. 가역적인 인산화 및 탈인산화에 의해 활성이 조절되는 단백질의 예를 앞으로 많이 볼 것이다. 박테리아, 곰팡이, 식물에서는 histidine 곁사슬의 질소가 잘 알려져 있는 인산화 자리이다. 하지만, 포유동물과 같은 고등 진핵생물에서 이러한 변형의 정도 및 기능적 중요성은 아직 잘 정의되지 않았다. 인산화-탈인산화처럼, arginine과 lysine side chain에 일어나는 잘 조절된 메틸화와 탈메틸화 과정도 중요한 조절 과정이다. 예를 들어, *histone* (히스톤)이라고 하는 단백질의 곁사슬에 일어나는 methylation은 진핵생물에서의 유전자 발현에 있어서 중요한 조절자로 작용한다 (8장 참조). Arginine, serine, 그리고 threonine의 곁사슬에는 선형 탄화수소와 비선형 탄화수소가 부착되는 현상, 즉 당수식화 과정이 일어날 수 있다. 수많은 분비 단백질과 막 단백질들은 당이 수식화된 잔기를 가지고 있으며, 특정 serine과 threonine의 hydroxyl group이 *N-acetylglucosamine*이라고 하는 당에 의해서 비가역적으로 변형되는 현상은 단백질의 활성을 조절하기도 한다. 또 다른 아미노산 변형에는 collagen의 proline과 lysine 잔기가 hydroxylation되거나(20장 참조), 막수용체의 histidine 잔기가 methylation되는 경우, 또 prothrombin과 같은 blood-clotting factor (혈액응고인자; 20장 참조)에 있는 glutamate의 γ-carboxylation 등이 있다. Asparagine과 Glutamine이 deamination되어 각각 aspartate와 glutamate가 되는 현상도 자주 볼 수 있다.

다섯 종류의 Nucleotide (뉴클레오타이드)로부터 핵산이 만들어진다

화학적으로 유사한 두 가지 형태의 핵산인 **DNA (deoxyribonucleic acid)**와 **RNA (ribonucleic acid)**는 세포의 중요한 분자들로서 유전 정보를 가지고 있다. RNA는 또한 촉매작용을 하여 화학 반응들을 돕기도 한다. DNA와 RNA는 **nucleotide (뉴클레오타이드)**라고 하는 단량체로부터 만들어진다. 모든 뉴클레오타이드는 pentose (five-carbon) sugar (오탄당)에 phosphoester bond에 의하여 인산기가 붙어 있으며, *base* (염기)라고 하는 질소와 탄소로 구성되어 있는 고리 구조가 그 당의 다른 한쪽에 결합되어 있는 공통적인 구조로 구성되어 있다(그림 2-16a). RNA의 오탄당은 *ribose*이며, DNA에서는 2′ 위치에 hydroxyl group 대신 proton이 붙어 있는 *deoxyribose*이다(그림 2-16b). (다음 쪽에서 sugar의 구조에 대해 더 상세히 다룬다.) 염기인 *adenine, gua-*

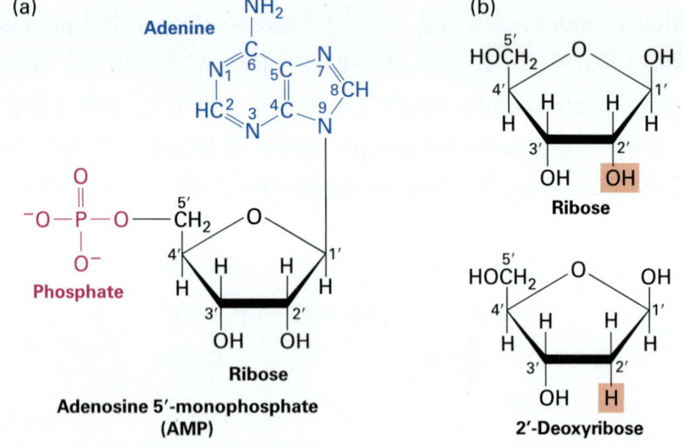

그림 2-16 Nucleotide의 일반적 구조. (a) RNA에 존재하는 nucleotide 중 하나인 adenosine 5′-monophosphate (AMP)의 구조. 일반적으로 nucleotide pentose sugar의 carbon atom에 번호를 매길 때는 번호에 프라임(′) 기호를 붙인다. 자연 상태의 nucleotide에서 1′ carbon은 base (이 그림의 경우는 adenine)에 β linkage로 연결된다. Base (파랑)와 5′ hydroxyl의 phosphate (적색)는 sugar ring 평면의 위쪽으로 나와 있다. (b) Ribose는 RNA의 pentose이고, deoxyribose는 DNA의 pentose이다.

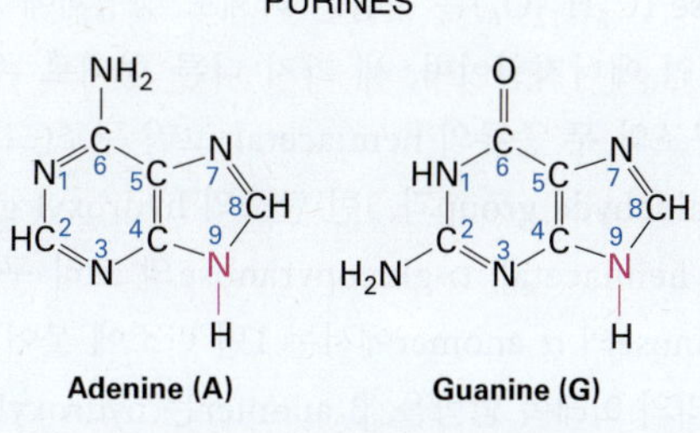

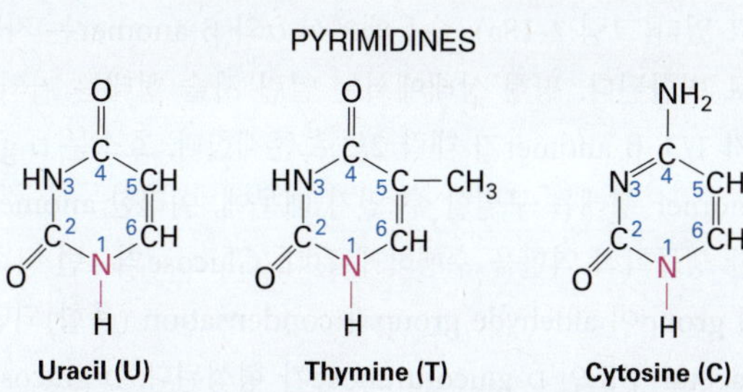

그림 2-17 Nucleic acid에 존재하는 주요 base의 화학적 구조. Nucleic acid와 nucleotide에서 purine의 9번 nitrogen과 pyrimidine의 1번 nitrogen (적색)은 ribose 또는 deoxyribose의 1′ carbon과 결합한다. U는 RNA에만 존재하고, T는 DNA에만 존재하며, RNA와 DNA 모두 A, G, C를 가진다.

nine, *cytosine*은 DNA와 RNA 모두에 있지만(그림 2-17), *thymine*은 DNA에만, *uracil*은 RNA에만 존재한다. Base는 일반적으로 *A*, *G*, *C*, *T*, *U*라는 약자로 표기된다. 이 약자들은 핵산 중합체의 전체 뉴클레오타이드를 기록할 때 보통 사용된다.

Adenine과 guanine은 한 쌍의 고리 구조가 서로 붙어 있는 **purine**이고, cytosine, thymine, uracil은 단일 고리를 가진 **pyrimidine**이다(그림 2-17 참조). 뉴클레오타이드에서 당(ribose 혹은 deoxyribose)의 1′ 탄소 원자는 purine의 9번 질소(N_9)나 pyrimidine의 1번 질소(N_1)와 결합한다. 예를 들어, deoxyribose가 adenosin 5′-monophosphate (AMP)에 연결된 모습이 그림 2-16a에 나와 있다. 뉴클레오타이드는 인산기 때문에 산성을 띠며, 인산기는 일반적인 세포내 환경에서 수소 이온(H^+)을 방출하여 음전하를 띤다(그림 2-16a). 대부분의 핵산은 세포 내에서 단백질들과 결합되어 있는데, 이러한 결합은 음전하를 띠는 인과 이온 결합 및 핵산의 다른 부분을 통한 비공유 상호작용을 통해 일어난다.

유기체 내의 세포와 세포 외 유액에는 인이 붙어 있는 당과 염기 하나로 구성된 **nucleoside**가 낮은 농도로 존재한다. Nucleotide는 nucleoside에 하나, 둘, 혹은 3개의 인이 ribose에 ester bond를 통해 결합된 형태를 말한다. Ester bond는 공유결합으로서 carboxylic acid 또는 phosphoric acid와 같은 acid를 alcohol과 연결하는 결합이다. 이러한 bond를 *esterification*이라고 하며, 이 과정은 acid로부터 하나의 hydroxyl group (—OH)과 alcohol에 있는 hydroxyl group으로부터 하나의 양성자(—H)를 떨어뜨려내서 하나의 물 분자를 만드는 과정을 수반한다. 뉴클레오타이드에서 하나의 phosphoric acid는 ribose의 5′ hydrozyl group에 의해 esterified 된다(그림 2-16a 참조). Nucleoside monophosphate는 하나의 esterification된 인산기를 갖고(그림 2-16a 참조); nucleoside diphosphate는 하나의 pyrophosphate group을 가진 것이다:

$$
^{-}O-\overset{\overset{O}{\|}}{\underset{\underset{O^-}{|}}{P}}-O-\overset{\overset{O}{\|}}{\underset{\underset{O^-}{|}}{P}}-O-
$$

Pyrophosphate

Nucleoside triphosphate는 세 번째 인사기를 하나 더 가지고 있다. 표 2-3에 핵산 내의 nucleoside 및 nucleotide의 이름과 다양한 형태의 nucleoside phosphate를 정리해 놓았다. 이 장의 후반부에서(2.4절), nucleoside triphosphate ATP의 자세한 구조에 대해 다루게 될 것이다(그림 2-1d와 2-31 참조). 5장에서 설명하는 것처럼, nucleoside triphosphate는 핵산을 합성하는 데 사용된다. 또한 세포 내에서의 다른 기능으로서, GTP는 세포 내 신호전달 과정에 참여하며, 특히 단백질 합성에서 에너지 저장물질로서 작용하는데, ATP는 생체 내에서 가장 광범위하게 사용되는 에너지 전달 물질이다.

표 2-3 • Nucleoside와 Nucleotide의 명명법

		Purines		Pyrimidines	
Bases		Adenine (A)	Guanine (G)	Cytosine (C)	Uracil (U) Thymine (T)
Nucleosides	in RNA	Adenosine	Guanosine	Cytidine	Uridine
	in DNA	Deoxyadenosine	Deoxyguanosine	Deoxycytidine	Deoxythymidine
Nucleotides	in RNA	Adenylate	Guanylate	Cytidylate	Uridylate
	in DNA	Deoxyadenylate	Deoxyguanylate	Deoxycytidylate	Deoxythymidylate
Nucleoside monophosphates		AMP	GMP	CMP	UMP
Nucleoside diphosphates		ADP	GDP	CDP	UDP
Nucleoside triphosphates		ATP	GTP	CTP	UTP
Deoxynucleoside mono-, di-, and triphosphates		dAMP, etc.	dGMP, etc.	dCMP, etc.	dTMP, etc.

단당류는 공유결합을 통해서 선형 혹은 가지를 가지는 다당류를 형성한다

다당류의 단위 화합물은 **단당류**, 즉 단순한 당이다. 단당류는 탄소와 물이 1:1 비율$(CH_2O)_n$로 공유결합을 하고 있는 **탄수화물**을 말한다(여기서 n은 3, 4, 5, 6 또는 7이다). **Hexose** (n = 6)와 **pentose** (n = 5)가 이들 중에서 가장 일반적인 단당류다. 모든 단당류는 hydroxyl group (—OH)과 더불어 aldehyde 또는 keto group를 가지고 있다:

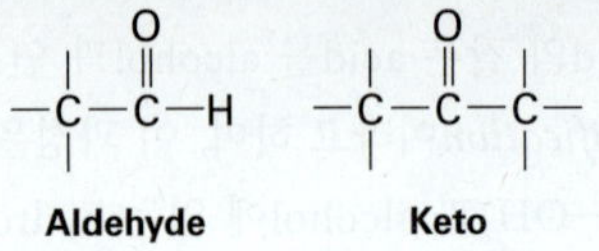

Aldehyde　　Keto

생물학적으로 중요한 당은 대부분 glucose, mannose, galactose와 같은 hexose이다(그림 2-18). Mannose는 2번 탄소에 붙어 있는 hydroxyl group의 방향이 반대인 것을 제외하고는 glucose와 구조가 동일하다—이들은 steroisomer다(*epimers*라고 불리기도 한다). 마찬가지로 또 다른 hexose인 galactose도 4번 탄소에 붙은 hydroxyl group의 방향이 glucose와 반대인 것을 제외하고 glucose와 구조가 동일하다. Glucose가 mannose 혹은 galactose로 전환되려면 공유결합이 끊어지고 다시 결합되어야 하는데, 이러한 반응은 *epimerase*라고 하는 효소에 의해 일어난다.

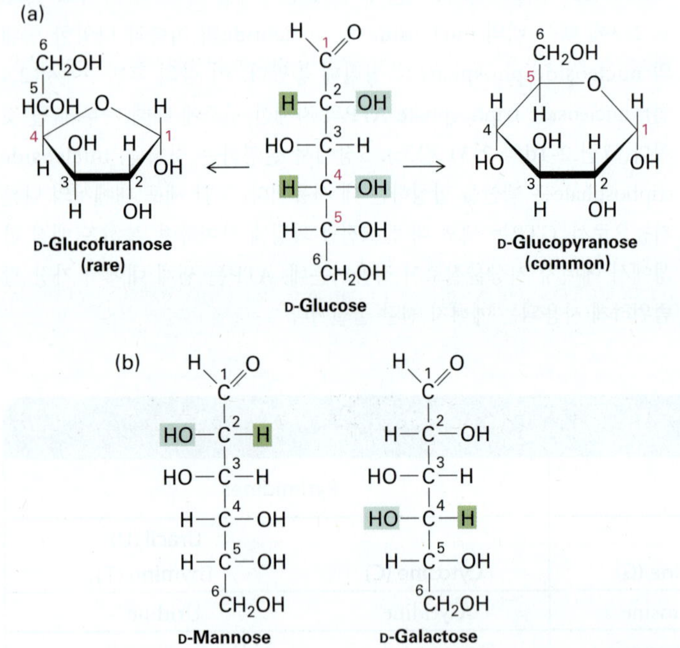

(a) D-Glucofuranose (rare)　D-Glucose　D-Glucopyranose (common)

(b) D-Mannose　D-Galactose

그림 2-18 Hexose의 화학적 구조. 모든 hexose는 chemical formula (화학적 조성비, $C_6H_{12}O_6$)가 같으며, aldehyde 또는 keto group을 갖는다. (a) Ring form으로 있는 D-glucose는 linear molecule의 1번 carbon의 aldehyde와 5번이나 4번 carbon의 hydroxyl group이 반응함으로써 형성된다. Pyranose form (오른쪽)이 생명계에서 대부분이지만, 이 세 가지 형태는 쉽게 서로 전환될 수 있다. (b) D-mannose와 D-galactose에서 한 carbon에 붙어 있는 H (초록색)와 OH (파란색)의 상대적 배치가 glucose와 다르다. Glucose와 같은 sugar는 주로 pyranose form (six-member ring)으로 존재한다.

D-glucose ($C_6H_{12}O_6$)는 복잡한 다세포 생명체에 있는 세포 대부분의 기본적인 에너지원이며, 세 가지 다른 형태로 존재한다: 한 종류의 선형 구조와 두 종류의 hemiacetal 고리 구조(그림 2-18a)이다. 1번 탄소의 aldehyde group과 5번 탄소의 hydroxyl group이 반응하면 육각형의 hemiacetal, D-glucopyranose의 고리 구조가 형성된다. D-glucopyranose의 α anomer에서는 1번 탄소에 붙어 있는 hydroxyl group이 고리의 아래쪽 방향을, β anomer는 hydroxyl group이 위쪽을 향하고 있다(그림 2-18a). 수용액에서 α와 β anomer는 자발적으로 쉽게 서로 변환된다. 평형 상태에서는 열린-사슬 형태는 거의 없고, α anomer가 1/3, β anomer가 대략 2/3로 존재한다. 효소는 D-glucose의 α와 β anomer 형태를 구별할 수 있기 때문에, 이러한 anomer들은 각각 독특한 생물학적 역할을 수행하게 된다. Glucose의 4번 탄소에 붙은 hydroxyl group이 aldehyde group과 condensation (축합)되면 오각형의 hemiacetal 구조인 D-glucofuranose가 형성된다. D-glucose의 이러한 세 가지 형태는 생명체에 모두 존재하며, 그중 pyranose (육각형 고리) 형태가 가장 많다.

그림 2-18a의 pyranose ring은 평면으로 묘사되어 있다. 탄소 원자는 사면체 구조를 형성하기 때문에, pyranose ring structure의 가장 안정적 형태는 평면이 아닌 의자 모양이다. 이 형태에서 고리를 형성하고 있는 carbon과 결합한 nonring atom (예, H 또는 O)들의 결합 방향은 고리의 수직 방향(a)과 거의 평면 방향(e) 두 가지이다:

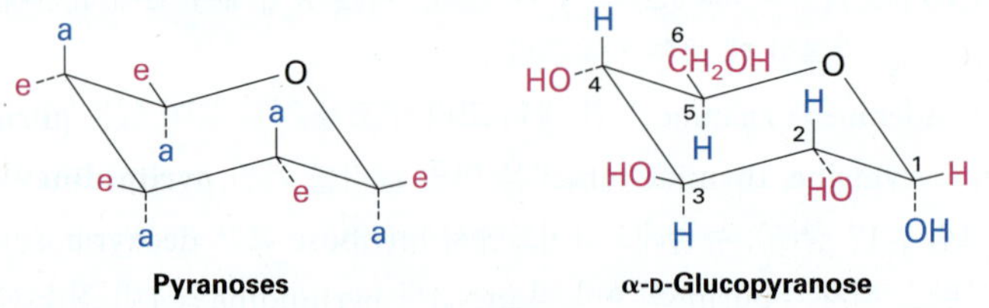

Pyranoses　α-D-Glucopyranose

Disaccharide (이당류)는 2개의 단당류 구성된 가장 간단한 다당류다. Galactose와 glucose로부터 만들어진 이당류인 lactose (젖당)는 우유에 들어 있는 주요 당 성분이다. Glucose와 fructose로 형성된 이당류인 sucrose (설탕)는 식물에서 이루어지는 광합성의 주생산물로서, 정제하여 설탕으로 사용된다(그림 2-19).

수십 개 혹은 수백 개 이상의 단당류로 구성된 더 큰 다당류들은 포도당의 저장소로, 혹은 구조를 형성하는 물질로서, 또 조직에서 세포들을 서로 붙들어 매는 접착제로서 작용하기도 한다. 동물 세포에서 가장 일반적인 저장 탄화수소는 포도당으로 된 가지를 가지면서 형성된 매우 긴 중합체인 **glycogen (글리코겐)**이다. 간 전체 무게의 10% 정도는 glycogen이라고 할 수 있다. 식물 세포에 있는 가장 중요한 저장 탄화수소는 **starch (전분)**이며, 이것 또한 포도당 중합체이다. 전분은 가지가 없는 형태(amylose)와 몇 개의 가지를 가진 형태(amylopectin)로 존재한다. Glycogen과 starch는 모두 glucose의 α anomer로만 구성된다. 하지만 식물 세포벽의 주성분인 **cellulose**는 glucose의 β anomer가 가지 없이 연결된 중합체다. Cellulose는 수많은 식물 구조가 경직성을 띠게 한다(20장 참조). 사람의 소화효소는 전분의 α glycosidic bond를 가수분해시킬 수 있지만, cellulose의 β glycosidic bond는 가

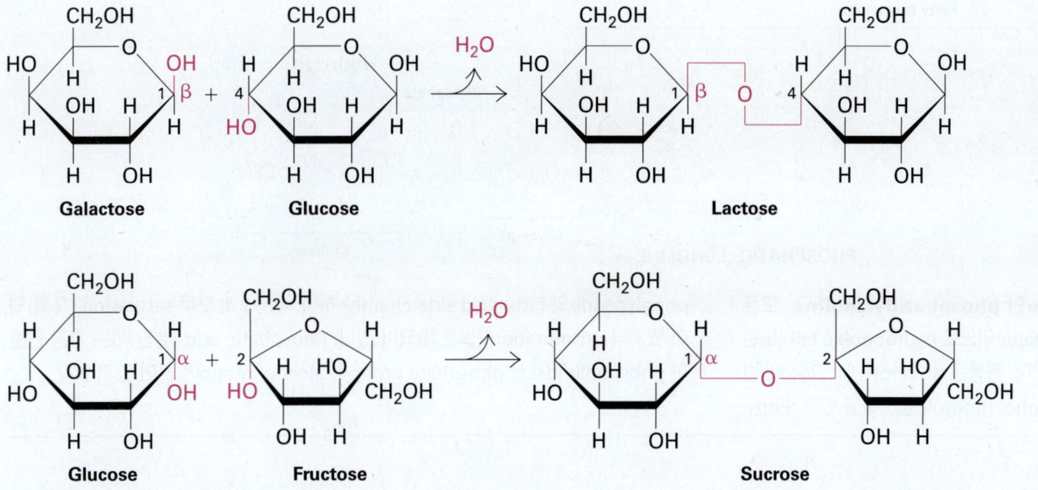

그림 2-19 Disaccharide인 lactose와 sucrose의 형성. Glycosidic bond에서 어떤 sugar molecule의 anomeric carbon (α 혹은 β 형태 모두)은 다른 sugar molecule의 hydroxyl oxygen과 결합하며, 그 결합의 형태에 따라 이름이 붙여진다. 즉, lactose는 β(1→4) bond를, sucrose는 α(1→2) bond를 이루고 있다.

수분해시키지 못한다. 많은 종류의 식물, 박테리아, 그리고 곰팡이들은 cellulose 분해효소를 생산한다. Cow (소)와 termite (흰개미)는 창자에 cellulose를 분해시키는 박테리아가 있어서 cellulose를 분해할 수 있다. 박테리아의 세포벽은 cellulose 대신에 **peptidoglycan**으로 구성되어 있다. Peptidoglycan은 펩타이드 교차결합에 의해 cross-link되어 있는 다당류 사슬로 되어 있으며, 이를 통해 세포의 견고함과 모양을 유지한다. 사람의 눈물과 gastrointestinal fluid에는 박테리아 세포벽에 있는 peptidoglycan을 가수분해시킬 수 있는 효소인 lysozyme이 포함되어 있다.

단당류가 glycosidic bond로 연결되어 다당류가 되는데, 이 결합을 만드는 효소는 당 하나의 α 또는 β anomer, 특히 당의 hydroxyl group에 대하여 특이적이다. 기본적으로 당 분자 2개는 다양한 방법으로 결합될 수 있는데, 이는 각 단당류가 glycosidic bond를 이룰 수 있는 여러 개의 hydroxyl group을 가지고 있기 때문이다. 또한 단당류는 2개 이상의 다른 단당류와 결합할 수 있고, 이를 통해 갈라지는 부위를 만들어 가지를 가진 비선형 중합체가 될 수도 있다. Glycosidic bond는 일반적으로 공유결합으로 변형된 단당류와 길어지고 있는 다당류 사슬 사이에 형성된다. 이러한 변형에는 인산(예, glucose 6-phosphate) 또는 뉴크레오타이드(예, UDP-galactose)가 있다:

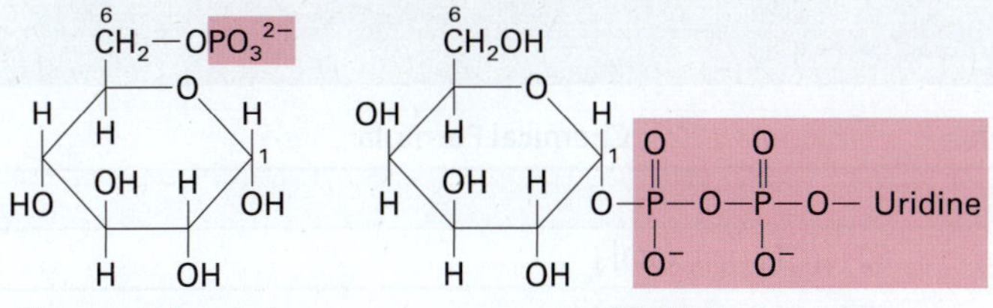

Glucose 6-phosphate **UDP-galactose**

단당류를 서로 변환시킬 수 있는 효소인 epimerase는 치환되지 않은 당보다는 뉴클레오타이드-당을 사용하여 반응한다.

복잡한 다당류들은 특히 amino, sulfate, acetyl group과 같은 다양한 작은 작용기와 공유결합으로 연결된 당을 가지고 있다. 이러한 변형은 20장에서 논의할 extracellular matrix (세포외 기질)의 주요 다당류 구성물인 **glucosaminoglycan**에서 많이 발견된다.

이 장에서 뿐만이 아니라, 이 책 전반에 걸친 수많은 예를 통해 알 수 있듯이, 비교적 작은 종류의 단당류들이 광범위하고 다양한 형태의 다당류들로 결합되어 다양한 생물학적 기능을 가진다.

인지질이 비공유결합으로 연결되어 세포막의 기본 이중층 구조를 형성한다

세포막은 커다랗고 유연한 2개의 층(two-ply 혹은 bilayer)으로 된 구조다. 세포막은 세포와 세포 내부 소기관들의 경계를 만들며, 바이러스들의 외부 표면을 형성하기도 한다. 막은 한 마디로 무엇이 세포인지 (막과 막 내부의 성분들) 무엇이 세포가 아닌지(막 밖의 세포 밖 공간)를 구분한다. 단백질과 핵산, 그리고 다당류와는 다르게 막은 단위 화합물들이 비공유결합으로 연결되어 있다. 모든 생체막의 주 단위 화합물은 **phospholipid (인지질)**이며, 인지질의 물리적 특성은 막의 병풍 같은 이중층 구조를 형성하는 데 기여한다. 인지질 이외에도 세포막은 콜레스테롤, 당지질, 단백질 등의 다양한 분자들을 포함할 수 있다. 생체막의 구조와 기능은 10장에서 상세히 논의할 것이다. 이 장에서는 생체막의 인지질에 초점을 두겠다.

인지질의 구조를 이해하기 위해서는 먼저 인지질이 어떠한 성분들로 이루어져 있으며, 이들이 어떻게 서로 연결되어 있는지 이해할 필요가 있다. 인지질은 2개의 비극성 지방산이 작은 극성 그룹이 연결된 (일반적으로 ester bond를 통해서) 물질이다. 이러한 극성 그룹은 일반적으로 glycerol (trihydroxy propane), 인산, 또는 작은 유기분자로 이루어진다(그림 2-20).

Fatty acid (지방산)은 탄화수소 사슬이 carboxyl group (—COOH)에 붙어 있는 구조이다. 설탕처럼, 지방산은 동물 세포에서 중요한 에너지원이다(12장 참조). 이들의 길이는 다양한데, 세포에 존재하는 대부분의 지방산은 보통 14, 16, 18, 20과 같은 짝수 개의 탄소 원자를 갖는다. 표 2-4에는 인지질에 존재하는 주요 지방산을 나열하였다. 지방산은 약어 *Cx:y*로 표시하기도 하는데, 여기서 *x*는 사슬의 탄소 개수를 의미하

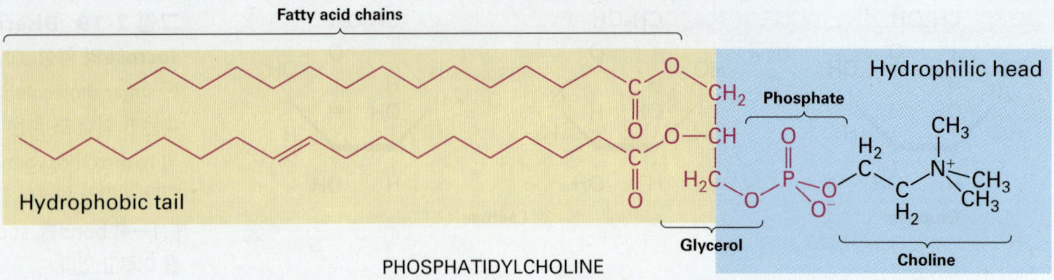

Fatty acid chains

Hydrophobic tail

Hydrophilic head

Phosphate

Glycerol

Choline

PHOSPHATIDYLCHOLINE

그림 2-20 전형적인 phosphoglyceride인 phosphatidylcholine. 모든 phosphoglyceride는 amphipathic phospholipid이므로 hydrophobic tail (노란색)과 hydrophilic head (파란색)로 나눌 수 있다. 몸통은 glycerol인데, 그중 세 번째 carbon이 phosphate group을 통해서 alcohol group과 결합하고 있다. Phosphoglyceride의 fatty acid side chain은 하나 혹은 2개 모두 saturation (포화)되어 있거나 unsaturation (불포화)되어 있다. Phosphatic acid (빨간색)는 가장 단순한 phospholipid로서 phosphate group이 alcohol group에 붙어 있지 않다.

고, *y*는 이중결합의 수를 의미한다. 탄소 원자의 수가 12개 이상인 지방산은 탄화수소의 소수성 때문에 수용액에 거의 녹지 않는다.

탄소-탄소 결합에 이중결합이 없이 모두 단일결합으로 되어 있는 지방산은 **saturation (포화)**되었다고 하며, 이중결합이 적어도 1개 이상 있으면 **unsaturation (불포화)**되었다고 한다. 탄소-탄소 이중결합을 2개 이상 가진 불포화 지방산은 **polyunsaturated (다중 불포화)** 지방산이라고 한다. 두 가지 필수 다중 불포화 지방산인 linoleic acid (C18:2)와 linolenic acid (C18:3)는 생체 내에서 합성되지 않기 때문에 음식을 통해서 흡수되어야만 한다. 포유류는 다른 일반적인 지방산은 합성할 수 있다.

인지질에 있는 지방산은 esterification에 의해 다른 분자에 붙을 수 있다. 이 반응으로 형성된 문자에서 지방산으로부터 온 부분을 *acyl group*, 또는 *fatty acyl group*이라고 한다. Phospholipid 중 가장 일반적인 형태는 **phosphoglyceride**인데, 이 분자는 2개의 acyl group이 glycerol에 있는 3개의 hydroxyl group 중 2개와 결합하고 있다(그림 2-20 참조). 다른 종류의 인지질은 10장에 기술되어 있다(그림 10-8 참조).

Phosphoglyceride에서 glycerol의 hydroxyl group 하나는 인산에 esterification되어 있고, 다른 2개의 hydroxyl group은 지방산에 esterification되어 있다. 가장 단순한 인지질인 phosphatic acid는 이러한 구조로만 되어 있다. Phosphatic acid와 같은 인지질들은 막의 구성성분일 뿐 아니라 매우 중요한 신호전달 물질이기도 하다. 예를 들어, lysophosphatidic acid는 강력한 세포분열 유도자로 작용한다(**mitogen**이라고 불림). 이러한 인지질에서, 2번 위치에 있던 acyl group은 (glycerol의 중심 탄소에 있는 hydroxyl group에 연결된) 제거되어 있어 비교적 물에 잘 녹는다. 막에 존재하는 대부분의 인지질의 경우 인산기 그룹은 다른 친수성 분자의 hydroxyl group과 esterification되어 있다. 예를 들어, phosphatidylcholine에서는 인이 *choline*이라고 하는 작은 분자에 공유결합되어 있다(그림 2-20 참조).

음전하를 띠는 인산뿐만 아니라 인산과 결합하고 있는 극성 그룹 혹은 전하를 띄는 그룹은 물과 강하게 상호작용할 수 있다. 인산 및 인산과 esterification되어 있는 group을 인지질의 머리 group이라고 하며, 이는 친수성이다. 반면 지방산 사슬은 꼬리라고 하며, 소수성이다. 표 2-5는 널리 알려진 phosphoglyceride들과 이들의 머리 부분을 나열한 것이다. 인지질처럼 소수성과 친수성 부분을 동시에 가지고 있는 분자를 *amphipathic* (양친매성)이라고 한다. 인지질의 양친매성 성질 때문에 지방산 꼬리 부분은 sheet 내부로, 머리 부분은 수용액에서 외부로 향하게 되어 종이처럼 얇은 이중층이 형성된다(그림 2-13 아래 참조).

지방산은 또한 다른 지방 분자들과 공유결합될 수 있는데, **triacylglycerol (triglyceride**라고도 함)은 acyl group 3개가 glycerol에 esterification되어 있다:

표 2-4 • Phospholipid에 가장 많이 존재하는 Fatty

Common Name of Acid (ionized form in parentheses)	Abbreviation	Chemical Formula
Saturated Fatty Acids		
Myristic (myristate)	C14:0	$CH_3(CH_2)_{12}COOH$
Palmitic (palmitate)	C16:0	$CH_3(CH_2)_{14}COOH$
Stearic (stearate)	C18:0	$CH_3(CH_2)_{16}COOH$
Unsaturated Fatty Acids		
Oleic (oleate)	C18:1	$CH_3(CH_2)_7CH{=}CH(CH_2)_7COOH$
Linoleic (linoleate)	C18:2	$CH_3(CH_2)_4CH{=}CHCH_2CH{=}CH(CH_2)_7COOH$
Arachidonic (arachidonate)	C20:4	$CH_3(CH_2)_4(CH{=}CHCH_2)_3CH{=}CH(CH_2)_3COOH$

표 2-5 • 일반적인 Phosphoglyceride들과 그 Head Group

Common Phosphoglycerides	Head Group
Phosphatidylcholine	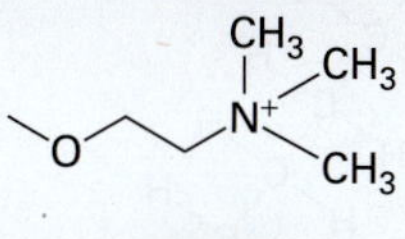 Choline
Phosphatidylethanolamine	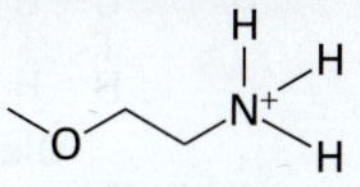 Ethanolamine
Phosphatidylserine	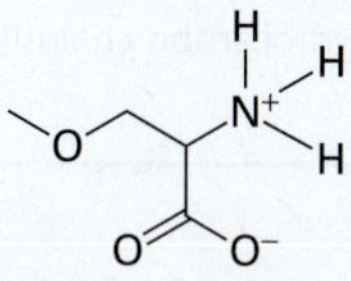 Serine
Phosphatidylinositol	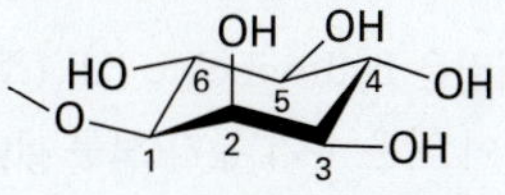 Inositol

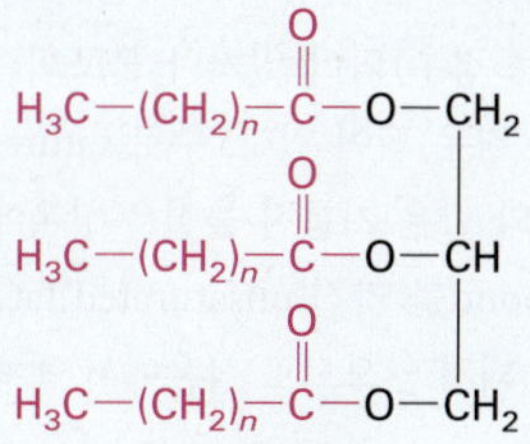

Triacylglycerol

또한 지방산은 매우 소수성이 강한 분자이면서 alcohol이기도 한 콜레스테롤에 공유결합하여 cholesteryl ester를 생성하기도 한다:

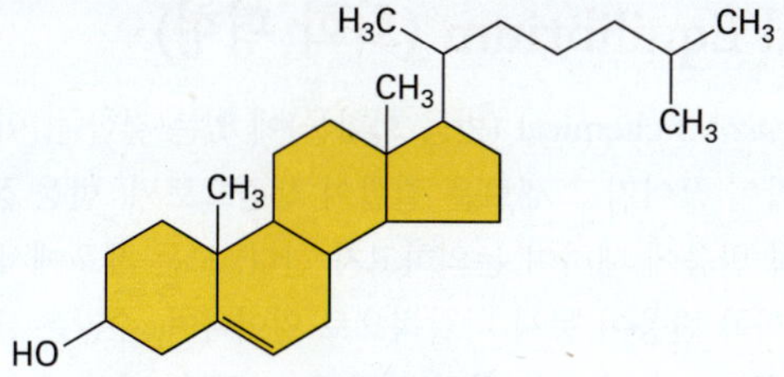

Cholesterol

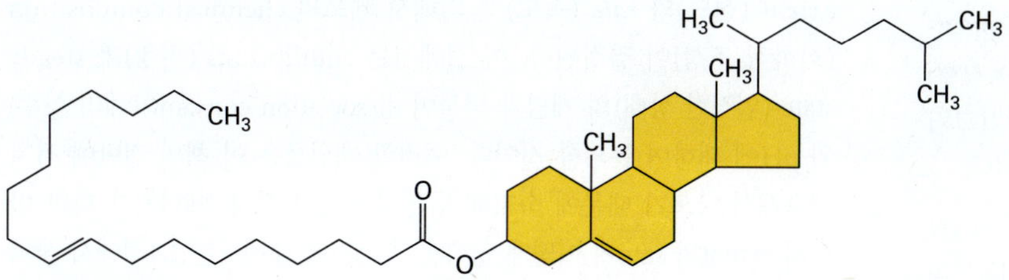

Cholesteryl ester

triglyceride와 cholesteryl ester는 전혀 물에 녹지 않는 특성을 가지므로, 지방산과 콜레스테롤은 이러한 형태로 체내에서 저장되거나 운반된다. 그러므로 triglyceride는 adipose tissue (지방조직)의 fat cell에서 지방산의 저장소가 되며, dietary fat의 주성분이 된다. Cholesteryl ester와 triglyceride는 *lipoprotein*과 같은 특별한 운반체에 의하여 혈류를 통해 조직에서 조직으로 운반된다(14장 참조).

이번 장에서 알아본 바와 같이, phospholipid와 triglyceride의 둘 다를 구성하는 중요 성분인 지방산은 포화 또는 불포화 상태일 수 있다. 불포화 지방산이 가지고 있는 탄소-탄소 이중결합 (C=C) 때문에 이 결합 하나의 주변에 두 가지 stereoisomeric configuration, 즉 cis와 trans가 형성될 수 있다는 점이 중요하다:

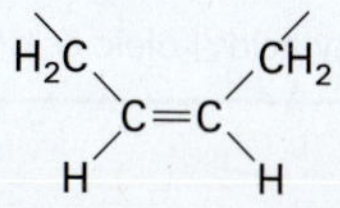

Cis 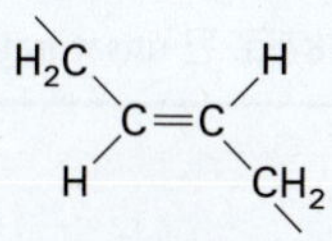　　Trans

포화 지방산의 유연하며, 곧은(straight) acyl chain은 *cis* 이중결합으로 인해 딱딱한 비틀림 구조(rigid kink)로 전환된다(그림 2-21). 일반적으로 생명체에 존재하는 불포화 지방산의 이중결합은 cis 형태만 있다. 포화 지방산은 뒤틀림이 없기 때문에 서로 밀접하게 정렬되어 불포화 지방산보다 녹는점이 높다. 버터에 있는 주요 지질 분자는 포화 지방 사슬을 가진 triglyceride이며, 이 때문에 butter는 실온에서 고체 상태이다. 반면에 불포화 지방산 혹은 cis 이중결합 뒤틀림을 가진 fatty acyl chain은 포화 지방 사슬처럼 서로 가까이 정렬되지 못한다. 그러므로 불포화 지질 부분을 가진 triglyceride로 만들어진 식물성 오일은 실온에서 액체로 존재한다. 식물성 오일 등의 오일들을 부분적으로 hydrogenation (수소화)시켜서 불포화 지질 사실을 포화 지질 사슬로 일부 전환시킴으로써 수소화된 식물성 오일이 경화되어 marganine (마가린)이 만들어진다. 수소화 반응의 부산물은 지질 사슬의 일부를 소위 일반적으로 *trans fat* (트랜스지방)이라고 부르는 트랜스 지방산으로 전환시키는 것이다. 예를 들어, 수소화된 마가린이나 그 밖의 식품에 있는 트랜스 지방은 천연적인 것이 아니다. 포화 지방산과 트랜스 지방산의 물리적 성질은 유사하다. 예를 들면, 이 둘은 모두 실온에서 고체로 있는 경향이 있다. 불포화 지방과 비교해 보면, 이들을 많이 섭취할 때 plasma (혈장)의 콜레스테롤 수치가 높아지므로, 일부 영양학자들은 이것의 섭취를 반대하고 있다. ■

Palmitate
(ionized form of palmitic acid)

Oleate
(ionized form of oleic acid)

그림 2-21 지방산 구조에 미치는 double bond의 영향. 그림은 탄소 원자 16개로 구성된 saturated fatty acid인 palmitic acid의 ionized form (이온화된 형태)과 탄소 원자 18개로 된 unsaturated fatty acid인 oleic acid를 나타낸 것이다. Saturated fatty acid의 hydrocarbon chain은 보통 직선이다. Oleate는 cis double bond 때문에 hydrocarbon chain이 비틀어진다.

2.2절의 주요 개념

세포의 화학적 단위 화합물

- 거대분자란 탈수 반응을 통해서 단량체 단위들이 공유결합으로 서로 연결된 중합체를 말한다. 세포에는 세 종류의 중요한 거대분자들이 있다. 첫째는 아미노산이 펩타이드 결합으로 연결되어 형성된 단백질이고, 둘째는 뉴클레오타이드가 phosphodiester 결합으로 연결되어 형성된 핵산이며, 셋째는 단당류가 glycosidic 결합로 연결되어 형성된 다당류(그림 2-13 참조)이다. 네 번째 단위화합물이라 할 수 있는 인지질은 비공유결합되어 생체막을 만든다.

- 아미노산 20종이 가지고 있는 각 곁사슬의 크기, 모양, 전하, 소수성 그리고 반응성은 단백질의 화학적, 구조적 특징을 결정한다(그림 2-14참조). 곁사슬은 소수성, 친수성(염기성, 산성, 극성) 그리고 특수성(그림 2-14 참조) 세 가지 카테고리로 나뉜다. 각각의 아미노산들이 어떤 범주에 속하는지 기억하는 것은 도움이 된다.

- DNA와 RNA를 구성하는 뉴클레오타이드가 가지고 있는 base (염기)는 carbon (탄소)과 nitrogen (질소)으로 구성된 고리(ring) 구조로서 pentose sugar (오탄당)와 결합한다. Base는 다음의 두 그룹으로 나누어진다. 2개의 ring 구조를 가지는 Purine — adenine (A)과 guanine (G) — 과 1개의 링을 가지는 pyrimidine — cytosine (C), thymine (T)과 uracil (U) (그림 2-17 참조). A, G, T와 C는 DNA에, A, G, U와 C는 RNA에 있다.

- Glucose와 같은 hexose는 세 가지 형태로 존재할 수 있다: open-chain linear structure (열린 사슬 직선 구조)나 pyranose (육각형) 또는 furanose (오각형)의 ring (고리) 형태로 존재할 수 있다(그림 2-18 참조). 생물계에는 pyranose 형태의 D-glucose가 지배적이다.

- Glycosidic bond는 α나 β anomer 형태의 sugar와 다른 sugar의 hydroxyl group 사이에서 이루어지며, 이로써 disaccharide 등의 polysaccharide가 만들어진다(그림 2-19 참조).

- 인지질은 hydrophobic tail (소수성 꼬리) (보통 2개의 fatty acyl chain)이 작은 유기 분자(보통 glycerol)에 의해서 hydrophilic head (친수성 머리)에 연결되어 있는 amphipathic molecule (양친매성 분자)이다(그림 2-20 참조).

- 지방산이 가지고 있는 긴 탄화수소 사슬은 포화(carbon-carbon double bond가 없는 경우)되어 있거나 불포화(하나 이상의 double bond를 가지고 있는 경우)되어 있다. 주로 saturated fatty acyl chain으로 되어 있는 버터와 같은 기름진 물질은 상온에서 고체로 존재하는 반면에, cis double bond를 가진 unsaturated fat은 chain이 구부러져서 스스로 배열이 잘 되지 않으므로 상온에서 액체로 존재하기 쉽다.

2.3 Chemical Reaction (화학 반응)과 Chemical Equilibrium (화학 평형)

지금부터는 *reactant* chemical (반응 화합물)에 있는 결합들, 이 중에서 주로 공유결합이 끊어지고 새로운 결합이 생김으로써, 반응 생성물이 형성되는 화학 반응에 대하여 논의하고자 한다. 모든 세포에서는 항상 수백 종류의 화학 반응이 동시 다발적으로 일어나며, 수많은 chemical (화학물질)들은 여러 단계의 화학 반응을 거친다. 반응이 진행되는 *extent* (정도)와 *rate* (속도)에 의해서 세포의 chemical composition (화학적 조성)이 결정된다. 이 절에서는 equilibrium (평형)과 steady state (일정한 상태)의 개념과 더불어 dissociation constant (해리 상수)와 pH에 대하여 논의할 것이다. 이러한 개념들은 이 책의 전반에 걸쳐 계속해서 나오기 때문에 숙지해 두는 것이 중요하다. 에너지가 화학 반응의 extent와 rate에 어떻게 영향을 주는지에 대해서는 2.4절에서 살펴본다.

Forward Reaction (정반응)과 Reverse Reaction (역반응)의 속도가 같을 때, 그 Chemical Reaction은 Equilibrium (평형 상태)에 있다

반응물이 처음 함께 혼합되었을 때, 즉 어떤 생산물도 만들어지기 전에는 생성물을 형성하는 forward reaction (정반응)의 rate (속도)는 반응물들이 서로 부딪쳐서 반응하게 되는 정도를 결정하게 되는 반응물의 초기 농도에 의해 부분적으로 결정된다(그림 2-22). 반응의 생성물이 축적됨에 따라 각 반응물의 농도는 감소하므로 정반응 속도도 감소하게 된다. 동시에 생성물 중 일부는 reverse reaction (역반응)을 통해서 반응물을 재생산하게 된다. 이렇게 되돌아가는 역방향 반응의 능력을 *microscopic reversibility* (미세한 가역성)라고 한다. 역반응은 처음에는 천천히 일어나지만, 생성물의 농도가 증가하면서 점점 빨라지게 된다. 결국에는 forward reaction (정반응)과 reverse reaction의 속도가 같아져서 반응물과 생성물의 농도는 더 이상 변하지 않는다. 이 상태를 **chemical equilibrium** (**화학적 평형**, 복수는 *equilibria*)이라고 한다.

평형에 도달하였을 때 반응물에 대한 생성물의 농도 비율을 **equilibrium constant, K_{eq} (평형 상수)**라고 하며, 이는 고정된 값이다. 그러므로 K_{eq}는 평형에 도달하는 시간까지 반응이 일어나는 정도(extent)의 측정치(measure)를 의미한다. 화학 반응의 속도는 **catalyst (촉매)**에 의해 증가될 수 있는데, catalyst는 다른 분자 내에 존재하는 공유결합을 끊고 연결해 주는 과정을 촉진시키지만, 자신은 반응 동안 전혀 변화하지 않는다. 촉매는 반응 속도는 증가시키지만 평형 상수를 바꾸지는 않는다(2.4절 참조).

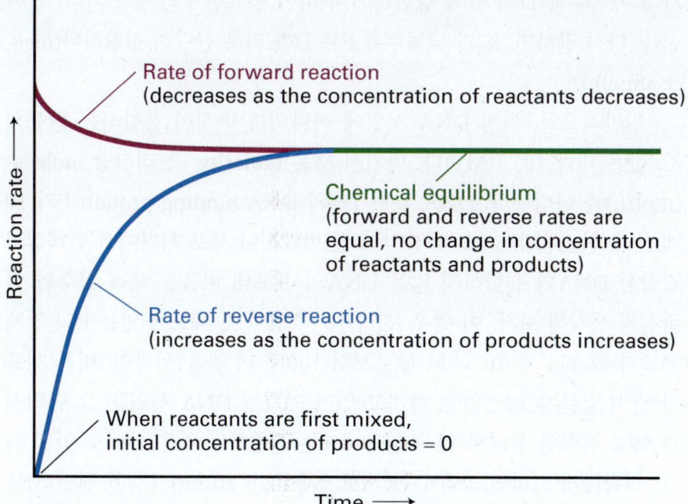

그림 2-22 시간에 따른 chemical reaction rate (화학 반응 속도)의 변화. Forward reaction과 reverse reaction의 속도는 부분적으로 reactant와 product의 초기 농도에 의존한다. Reactant의 농도가 감소하면, forward reaction의 속도는 느려지고 product의 농도가 증가하므로 reverse reaction의 속도가 빨라진다. Equilibrium 상태에서 forward reaction과 reverse reaction의 속도는 같으며, reactant와 product의 농도는 일정하게 유지된다.

Equilibrium Constant (평형 상수)는 화학 반응의 정도를 반영한다

어떠한 화학 반응에서도 K_{eq}는 반응물과 생성물의 특성, 온도, 그리고 압력(특별히 기체를 포함한 반응에서)에 의해서만 좌우된다. Standard physical condition (표준물리적 조건, biological system에서는 25°C, 1기압)에서 주어진 반응에 대한 K_{eq}는 촉매의 존재와 상관없이 언제나 일정하다.

반응물 세 가지와 3종의 생성물로 구성된 아래 반응을 보자,

$$aA + bB + cC \rightleftharpoons zZ + yY + xX \tag{2-1}$$

이 식에서 대문자는 특정 분자나 원자를 나타내고 소문자는 각각의 개수를 의미한다. 이러한 반응의 equilibrium constant (평형 상수)는 아래와 같다.

$$K_{eq} = \frac{[X]^x[Y]^y[Z]^z}{[A]^a[B]^b[C]^c} \tag{2-2}$$

이 식에서 대괄호는 평형 상태에서 존재하는 분자들의 농도를 나타낸다. 2-2 공식에서 반응물과 생성물의 농도는 평형 상태에서의 농도이다. Forward reaction (정반응) (공식 2-1)에서 왼쪽에서 오른쪽으로 가는 반응의 rate (속도)는 다음과 같으며,

$$\text{Rate}_{\text{forward}} = k_f[A]^a[B]^b[C]^c$$

이 식에서 k_f는 forward reaction의 **rate constant (속도 상수)**다. 마찬가지로, reverse reaction (역반응) (공식 2-1에서 오른쪽에서 왼쪽으로 진행되는 반응)의 속도는 다음과 같으며,

$$\text{Rate}_{\text{reverse}} = k_r[X]^x[Y]^y[Z]^z$$

이 식에서 k_r은 reverse reaction (역반응)의 rate constant이다. 이러한 reaction rate 공식은 반응이 평형에 도달하는 여부에 상관없이 적용된다. 이때 reactant (반응물) 혹은 product (생성물)의 농도가 변함에 따라 반응의 정반응 속도와 역반응 속도는 변할 수 있지만, 정반응/역반응 상수는 변하지 않는다는 것이 중요하다. 이에 따라서 *constant* (상수)라는 이름이 붙여진 것이다. 종종 rate (속도)와 rate constant (속도 상수)가 혼동되어 실수하는 경우가 많다. 평형 상태에서는 정반응과 역박응 속도가 동일하므로 $\text{Rate}_{\text{forward}}/\text{Rate}_{\text{reverse}} = 1$이다. 이 식들을 정리하면 평형상수를 아래처럼 속도 상수의 비율로 나타낼 수 있다.

$$K_{eq} = \frac{k_f}{k_r} \tag{2-3}$$

K_{eq}의 개념은 화학 반응이 일어날 때 방출되거나 흡수되는 에너지에 대하여 생각하고자 할 때 특히 유용하다. 이 내용은 2.4절에서 상세히 논의하도록 하겠다.

세포에서의 화학 반응은 Steady State (일정한 상태)로 유지된다

반응 조건이 적합하고 시간이 충분히 주어진다면, *in vitro*에서 진행되

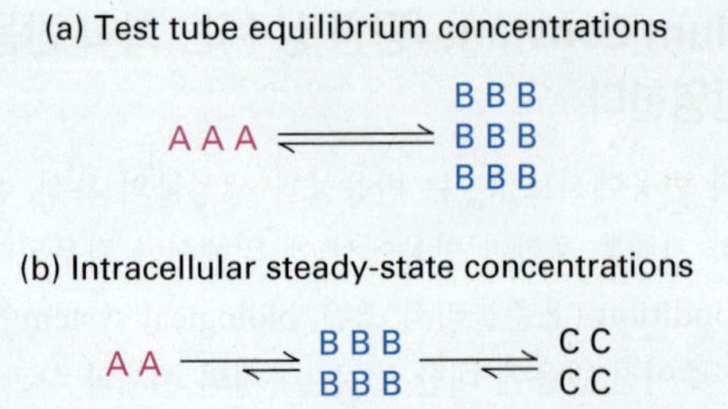

(a) Test tube equilibrium concentrations

$$\text{AAA} \rightleftharpoons \begin{matrix}\text{BBB}\\ \text{BBB}\\ \text{BBB}\end{matrix}$$

(b) Intracellular steady-state concentrations

$$\text{AA} \rightleftharpoons \begin{matrix}\text{BBB}\\ \text{BBB}\end{matrix} \rightleftharpoons \begin{matrix}\text{CC}\\ \text{CC}\end{matrix}$$

그림 2-23 Equilibrium 상태에서의 반응과 steady state에서의 반응에 대한 비교. (a) *in vitro*에서 biochemical reaction (생화학 반응, A → B)은 언젠가는 forward reaction과 reverse reaction의 속도가 같아지고 (같은 길이의 반응 화살표로 표시함), 상대적인 reactant와 product의 농도가 바뀌지 않는 (이 경우, B:A의 equilibrium에서의 비율은 9:3) equilibrium에 도달하게 된다. (b) 세포 안에서 일어나는 metabolic pathway (대사 경로)에서 product B는 일반적으로 C로 변환됨으로써 소비된다. 일련의 연결된 반응에서 intermediate (중간 생성물; 예, B)의 형성 속도와 분해 속도가 같아지는 steady state (일정한 상태)가 유지된다. 화살표의 길이가 다름에서 알 수 있듯이, metabolic pathway를 구성하는 각각의 reversible reaction은 equilibrium에 도달하지 않는다. 더 나아가 steady state에서의 intermediate의 농도는 equilibrium 상태에서의 농도와는 다를 수 있다.

는 생화학 반응들은 언젠가는 평형에 도달하게 되며, 정반응과 역반응의 속도가 같아지므로 반응물과 생성물의 농도가 변하지 않을 것이다. 그러나 세포 안에서는 많은 반응들의 경로가 서로 엮여 있어서, 한 반응의 생성물이 단순하게 변하지 않고 남아 있거나 역반응을 통해서 반응물로 되돌아오지 않기도 한다. 예를 들어, 한 가지 반응의 생성물은 다른 반응의 반응물이 될 수도 있고, 세포로부터 방출되어 나가버릴 수도 있다. 이렇게 더욱 복잡한 상황에서는 본래의 반응의 생성물 중 일부가 반응물로 되돌아 올 기회가 없기 때문에 절대로 평형에 도달할 수 없다. 그럼에도 불구하고 비평형 상태에서는 물질의 형성 속도가 소비되는 속도와 같아질 수 있으며, 결과적으로 물질의 농도는 시간이 지남에 따라 일정하게 유지된다. 이러한 환경에서 물질을 생성하고 소비하는 연결된 반응계를 **steady state**에 있다고 말한다(그림 2-23). 이렇게 서로 연결된 반응의 결과 중 하나는 이들이 과도한 중간체의 축적을 막을 수 있다는 것이며, 이를 통해 높은 농도가 되었을 때 독성을 띄게 되는 중간체에 의한 해로운 영향으로부터 세포를 보호하게 된다. 어떤 반응이 진행되고 있는 상황에서 생성물의 농도가 변화하지 않는다는 것은 반응이 평형에 도달했거나 steady state 상태로 있을 때를 말한다. 생체 내에서 혈당 수치와 같은 metabolite (대사물질)의 농도가 일정한 수준에서 유지되는 상태를 *homeostasis* (항상성) (그리스어에서 유래되었다; *homoios*는 유사한, *stasis*는 안정성을 의미한다)이라고 하며, 이러한 상태는 평형 상태라기보다는 steady state로 인한 결과이다.

결합 반응의 Dissociation Constant (해리 상수)는 반응 분자 간의 결합력을 반영한다

평형의 개념은 공유결합성 변화가 일어나지 않는 분자와 분자 사이의 결합에도 적용된다. 앞서 기술된 것처럼, 세포의 많은 중요한 과정들은, 공유결합보다는 다양한 비공유 상호작용이 반복적으로 형성되고 깨지는 현상을 포함한 결합 반응에 의하여 좌우된다. 이러한 비공유 결합은 상대적으로 약하거나 느슨할 수 있고, 또 다른 경우에서는 매우 강하고 단단할 수 있다. 일반적인 예로서, **ligand (라이간드;** 예를 들면 hormone인 insulin이나 adrenaline)가 cell surface (세포 표면)의 **receptor (수용체)**에 결합해서 intracellular signaling pathway (세포내 신호전달 경로) 반응을 일으키는 것이 있다(15장 참조). 또 다른 예는 DNA 분자의 특정 서열에 단백질이 결합해서 근처에 있는 유전자의 발현을 증가시키거나 감소시키는 것이다(8장 참조). 결합 반응의 평형 상수 값을 알면, 그 결합에 의하여 형성되는 복합체가 세포 내에서 얼마나 안정할지 예상할 수 있다. 이제 2개의 분자가 단단하거나 느슨하게 결합하는지에 대해 고려할 때 사용되는 가장 일반적인 접근법을 검토할 것이다.

일반적인 상황을 고려하기 위해서, 단백질(P)이 긴 DNA (D) 분자 상에 존재하는 As, Ts, Gc 그리고 Gc로 구성된 짧은 특정 서열에 결합하는 평형인 상황에서 형성된 protein-DNA complex (PD)의 양을 계산해보자:

$$\text{P} + \text{D} \rightleftharpoons \text{PD}$$

일반적으로, 결합 반응은 평형 상수의 역수 **dissociation constant K_d**로 나타낸다($K_d = 1/K_{eq}$). 위 반응에 대한 해리 상수는 다음과 같은 식을 통해서 세 분자가 평형에 도달했을 때의 농도로부터 계산될 수 있다.

$$K_d = \frac{[\text{P}][\text{D}]}{[\text{PD}]} \tag{2-4}$$

이러한 binding reaction에서 DNA의 반이 단백질에 결합할 때 ([PD] = [D]), P의 농도는 K_d와 같다는 것은 중요하게 알아 둘 부분이다. K_d가 낮아질수록 D의 반에 결합하기 위하여 필요한 P의 농도는 더 낮아진다. 다시 말하면, K_d가 낮을수록 P는 D에 더욱 단단히 결합한다(*higher* affinity).

일반적으로, 특정 DNA 서열에 하나의 단백질이 결합하는 반응의 K_d 값은 대략 10^{-10} M이다. 여기서 M은 molarity, 즉 리터당 mole 수 (mol/L)를 나타낸다. DNA 분자 1개와 DNA-binding protein P가 10개 존재하는 부피가 1.5×10^{-15} L인 박테리아 세포 하나에서 단백질과 결합한 DNA와 결합하지 않은 DNA의 세포내 비율을 해리 상수와 연관시켜 생각해 보자. 이 경우 K_d가 10^{-10} M이고, 세포에 있는 P의 전체 농도가 약 111×10^{-10} M (K_d 보다 100배 더 높음)이라면, 비록 세포가 단백질 분자 10개만을 가지고 있어도 특정 DNA 서열은 그 단백질과 99% 결합한 상태로 있게 되고, 1%는 결합하지 않은 상태로 있게 된다! 명확하게 말하면, P와 D는 서로에게 high affinity (강한 결합력)를 가지고 강하게 결합한다는 것이고, 이것은 낮은 dissociation constant (해리 상수)로 설명이 된다. 단백질-단백질 그리고 단백질-DNA 사이의 결합에서, K_d 값이 10^{-9} M (nanomolar)보다 작으면 단단한 결합이고, 10^{-6} (micromolar) 근처는 적당한 결합, 10^{-3} M 근처(milimolar)이면 약한 결합이다.

단백질처럼 커다란 생체 고분자들은 많은 다른 분자들과 결합할 수

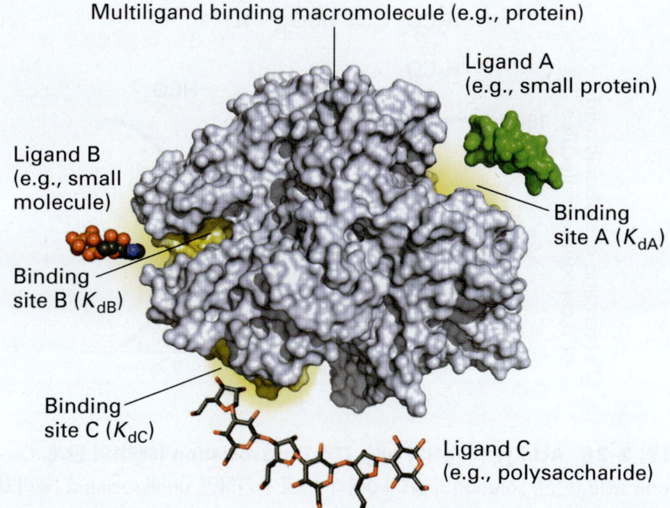

그림 2-24 Macromolecule은 여러 ligand가 붙을 수 있는 특징적인 binding site (결합 자리)를 가질 수 있다. 그림은 binding site (노란색, A–C) 3개를 가지고 있는 거대한 macromolecule (예, 단백질; 보라색)을 나타낸 것이다. 각 binding site는 각 ligand (ligands A–C)에 대하여 고유한 dissociation constant (K_{dA-C})를 갖는다.

있는 영역이 존재한다(그림 2-24). 어떤 고분자의 경우에 이들 결합 반응은 일정하며, 고유한 K_d를 가지고 독립적으로 일어난다. 또 어떤 경우에는 고분자의 특정 부위에 어떤 분자가 결합함으로써 고분자의 다른 결합 자리의 3차원적 구조나 형태가 변한다(**allostery**라고 불리는 현상, 3장 참조). 그 결과로 인하여 고분자와 결합하는 분자의 상호작용이 변한다(K_d가 바뀐다). 앞서 언급되었던, 아미노산의 곁사슬에 일어나는 공유결합성 변형은 종종 결합 자리의 3차원 구조에 영향을 주므로 이러한 결합 상호작용에 필요하다. 이러한 공유결합성, 비공유결합성 상호작용들은 어떤 분자와 결합하는 분자가 다른 분자의 구조 및 결합 활성을 조절하는 중요한 메커니즘이다. 이 조절 메커니즘은 3장에서 자세히 설명할 것이다.

Biological Fluid (체액)는 특징적인 pH 값을 갖는다

세포의 안쪽과 모든 extracellular fluid (세포외 유동액)에 있는 용매는 물이다. 모든 aqueous solution (수용액)의 특징을 결정짓는 중요한 요인은 양전하를 띤 hydrogen ion [수소 이온 (H^+)]과 negative charge (음전하)를 띤 hydroxyl ion [수산화 이온 (OH^-)]의 농도이다. 이들 이온은 H_2O에서 해리된 분해산물이기 때문에 모든 살아 있는 생물의 구성성분이 되며, 세포 내의 분자들 사이에서 일어나는 모든 반응으로부터 유리된다. 위벽 세포에서 강산성의 gastric juice (위액)가 분비되는 예에서 보는 바와 같이, 이들 이온들은 또한 세포 안팎으로 수송되기도 한다.

물 분자 하나가 해리될 때, 물 분자의 polar H—O 결합 중 하나는 끊어진다. 그 결과로 나오는 hydrogen ion (수소 이온)을 *proton* (양성자)이라고 하는데, 이것은 free ion처럼 수명이 짧고 물 분자와 신속히 결합하여 hydronium ion (H_3O^+)을 형성한다. 수용액에서 hydrogen ion의 농도 $[H^+]$는 실제로 hydronium ion의 농도 $[H_3O^+]$를 의미하지만, 편의상 $[H_3O^+]$를 $[H^+]$로 나타낸다. H_2O가 dissociation (분해)되면 H^+ 1개마다 OH^- 이온 하나가 만들어진다. 물의 해리는 가역 반응이다:

$$H_2O \rightleftharpoons H^+ + OH^-$$

25°C에서 $[H^+][OH^-] = 10^{-14}\ M^2$이므로, 순수한 물에서 $[H^+] = [OH^-] = 10^{-7}$ M이다.

용액에서 수소 이온의 농도는 편의상 수소 이온 농도의 음의 로그로 정의되는 **pH**로 나타낸다. 25°C에서 순수한 물의 pH는 7이다:

$$pH = -\log[H^+] = \log\frac{1}{[H^+]} = \log\frac{1}{10^{-7}} = 7$$

pH 값의 1 단위 차이는 양성자 농도 10배 차이를 나타낸다. pH 수치가 7.0이면 neutral (중성) solution이고, 7.0 이하이면 acidic (산성의) solution (높은 $[H^+]$), 7.0 이상은 basic 혹은 alkaline (염기성)

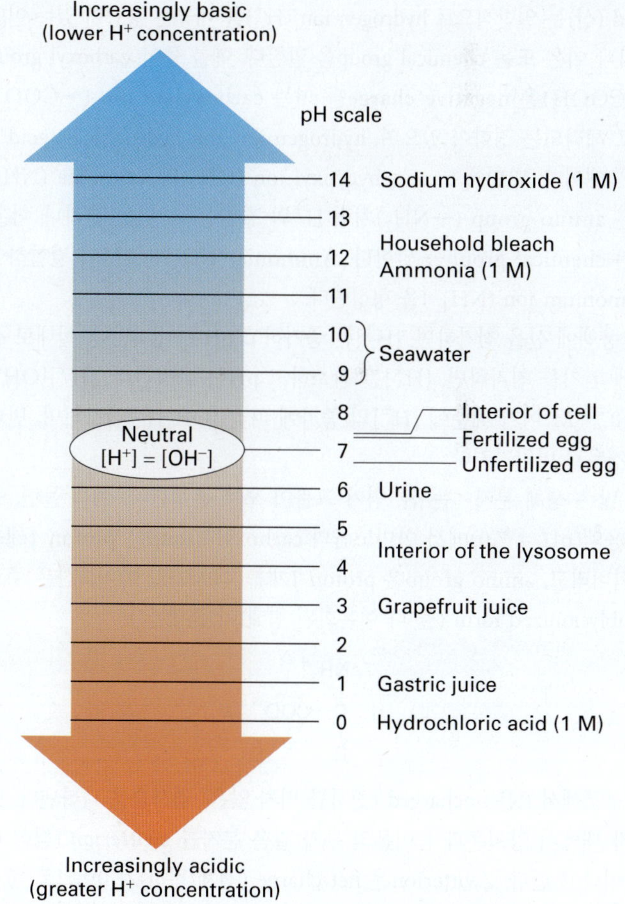

그림 2-25 일반적인 용액의 pH 값. Solution의 pH는 hydrogen ion concentration (수소 이온 농도)을 −log 값으로 나타낸 것이다. 대부분의 intracellular 및 extracellular biological fluid의 pH는 7에 근접하며, 세포와 organelle, 그리고 cellular secretion의 기능에 적합하도록 조절된다. amonia와 hydro chloric acid 용액의 pH는 1 M 용액일 때의 값이다.

solution 임을 나타낸다(그림 2-25). 예를 들어, hydrochloric acid (염산 [HCl])가 많은 gastric juice의 pH는 1 정도이다. 따라서 이 juice의 $[H^+]$는 pH가 약 7.2–7.4인 세포질의 $[H^+]$보다 약 100만 배가 높다.

세포 세포질의 pH는 약 7.2이지만, 진핵세포(1장 참조)에 있는 어떤 소기관 내부는 pH가 훨씬 낮기도 하다. 예를 들면, lysosome의 internal (luminal, 내부) fluid의 경우 pH는 약 4.5이다. Lysosome 내의 많은 degradative enzyme (분해효소)들의 활성은 산성 조건에서 최대이며, 세포질과 같은 중성 pH 조건에서 억제된다. 따라서 소기관들이 역할을 효율적으로 하려면 특정 pH가 유지되어야 한다. 반면에 pH의 급격한 변화는 세포 활동을 조절하는 데 중요한 역할을 한다. 예를 들어, 수정되지 않은(unfertilized) sea urchin (바다성게) egg (알)의 cytoplasm의 pH는 6.6이다. 그러나 fertilization (수정)이 되면 1분 안에 pH는 7.2로 증가한다. 즉, H^+의 농도는 초기 농도에 비해 1/4 정도로 줄어드는데, 이 변화는 수정 후 알의 성장과 분열에 필수적이다.

Acid (산성 물질)는 Hydrogen Ion (수소 이온)을 방출하고 Base (염기성 물질)는 흡수한다

Acid (산)는 일반적으로 hydrogen ion (H^+)을 내놓는 경향이 있는 어떤 분자나 이온 또는 chemical group을 말한다. 예를 들어, carboxyl group (—COOH)은 negative charge를 띠는 carboxylate ion ($-COO^-$)으로 해리되는 경향이 있으며, hydrogen ion rhk hydrochloric acid도 좋은 예이다. 반면에 **base**는 hydroxyl ion (OH^-)과 ammonia (NH_3) 혹은 amino group ($-NH_2$)처럼 H^+와 결합할 수 있는 분자나 이온, 또는 chemical group을 말한다. Ammonia (NH_3)는 H^+와 결합하여 ammonium ion (NH_4^+)을 형성한다.

용액에 산을 첨가하면, $[H^+]$는 증가하고 pH는 내려간다. 반대로 용액에 염기를 첨가하면, $[H^+]$는 감소하고 pH는 올라간다. $[H^+][OH^-] = 10^{-14}\ M^2$이기 때문에 $[H^+]$의 증가에 따라 $[OH^-]$은 감소하며, 반대의 경우도 마찬가지다.

많은 생체 분자에는 산, 염기 그룹이 모두 존재한다. 예를 들면, 중성 용액(pH = 7.0)에서 아미노산의 carboxyl group은 proton 1개를 잃어버리고, amino group은 proton 1개를 얻으므로, 아미노산은 주로 doubly ionized form (둘 다 이온화된 형태)이 존재한다:

$$\begin{array}{c} NH_3^+ \\ | \\ H-C-COO^- \\ | \\ R \end{array}$$

이 구조에서 R은 uncharged (전하를 띠지 않은) 곁사슬을 나타낸다. 한 분자 내에서 양이온과 음이온의 수가 같은 분자를 *zwitterion* (쌍성 이온)이라고 한다. Zwitterion은 net charge (전체 전하)가 0이므로 중성이다. pH가 극히 높거나 낮으면, 아미노산의 ionizable group (이온화될 수 있는 그룹) 2개 중 하나는 전하를 띄게 된다: $-NH_2^+$는 낮은 pH에서, $-COO^-$는 높은 pH에서.

Acid인 HA (또는 더 큰 분자의 경우는 acid group)에 대한 dissociation reaction (해리 반응)은 HA $\rightleftharpoons H^+ + A^-$로 나타낼 수 있다.

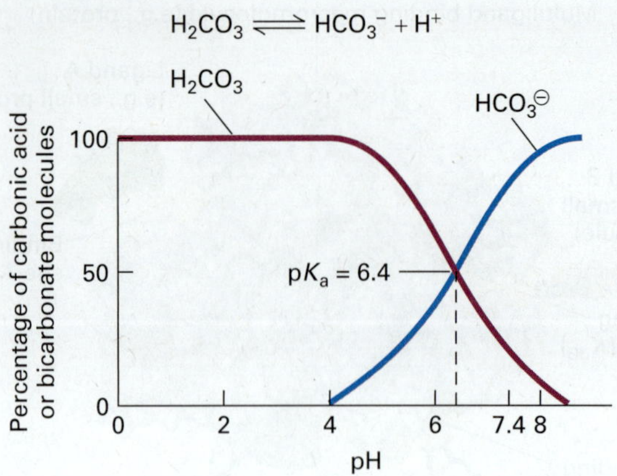

그림 2-26 Acid (산)의 pH와 pK_a, 그리고 dissociation (해리)의 관계. Carbonic acid (탄산) solution의 pH가 0에서 8.5로 증가하면, undissociated (해리되지 않은, 혹은 non-ionized) form (H_2CO_3)은 100%로에서 감소하며, ionized form (이온화된 형태)은 증가한다. pH 값(6.4)이 acid의 pK_a와 같아질 때, carbonic acid의 50%는 ionized form이다. pH가 8 이상으로 올라가면 carbonic acid는 전부 ionization되어 bicarbonate form (HCO_3^-)으로 존재하게 된다.

이 반응의 평형 상수 $K_a = [H^+][A^-]/[HA]$이다(K_a의 *a*는 "acid"를 나타낸다). 양변에 로그를 취하여 식을 정리하면 평형 상수 K_a와 pH의 관계를 다음과 같이 나타낼 수 있다:

$$pH = pK_a + \log\frac{[A^-]}{[HA]} \tag{2-5}$$

이 식에서 $pK_a = -\log K_a$이다.

*Henderson–Hasselbalch equation*으로 알려진 이 수식으로부터 알 수 있듯이, 산의 pK_a는 분자의 반이 해리되고, 반은 neutral [undissociated (해리되지 않은)]일 때의 pH와 같다. 즉 $[A^-] = [HA]$이면 $\log([A^-]/[HA]) = 0$이므로, pK_a = pH이다. Solution의 pH와 acid의 pK_a를 알면, Henderson-Hasselbalch 식으로 acid의 dissociation 정도, 즉 dissociated된 형태와 undissociated된 형태의 비율을 계산할 수 있다. 용액의 pH 함수로서 $[A^-]$와 [HA]를 실험적으로 측정하면, acid의 pK_a와 dissociation reaction (해리 반응)에 대한 평형 상수 K_a를 계산할 수 있다(그림 2-26). 어떤 분자의 pK_a를 정확히 알게 되면 용액의 산성도를 조절하는 데에 이들 특성을 이용할 수도 있고, 생체 시스템이 어떠한 방식으로 체액의 특성을 조절하는지에 관한 정보도 얻을 수 있다.

Buffer (완충용액)는 Intracellular Fluid와 Extracellular Fluid의 pH를 유지시킨다

활발하게 대사를 하는, 살아 있는 세포는 다양한 acid metabolic product를 생산하고 있음에도 불구하고 세포질의 pH를 약 7.2–7.4로 일정하게 유지해야 한다. 세포는 **buffer**라고 하는 약산과 약염기의 저장소를 가지고 있고, Metabolism (대사)에 혹은 분자나 이온의 흡수 또는 분비 과정에 의하여 H^+ 또는 OH^-가 다소 변화해도 세포의 cytoplasmic

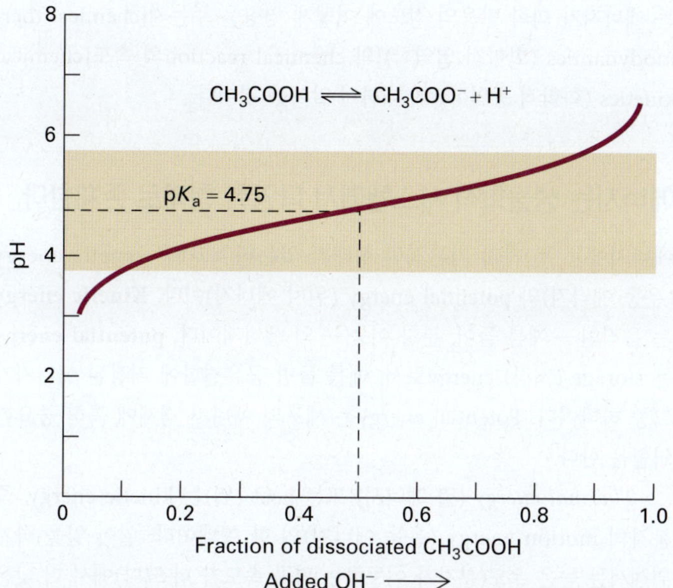

그림 2-27 CH_3COOH (아세트산) buffer의 titration curve (적정 곡선). Acetic acid가 hydrogen ion과 acetate ion으로 dissociation되는 pK_a는 4.75이다. 이 pH에서 acetic acid molecule의 반은 dissociation된다. pH는 로그 수치에 의해 측정되기 때문에, pH 3.75에서 용액 속의 CH_3COOH는 91%이나, pH 5.75에서는 CH_3COOH 형태는 9%이다. Acetic acid는 이 pH 범위에서 최대의 buffering capacity를 가진다.

pH는 이러한 buffer에 의해서 비교적 일정하게 유지된다. Buffer는 H^+ 또는 OH^-가 세포에 많아지거나 metabolism에 의해 생성될 때 이들을 soaking up (흡수)함으로써 이러한 일을 하는 것이다. 이러한 buffer들은 solution의 pH가 buffer의 pK_a과 유사할 때 가장 효과적으로 작용한다.

pH 값과 pK_a 값이 동일한 buffer에 산 혹은 염기를 첨가하면, 이 용액의 pH는 변하지만 buffer가 없을 때의 pH 변화보다는 작다. 그 이유는 첨가한 acid로부터 나온 proton을 ionized form인 buffer (A^-)가 흡수하기 때문이다. 마찬가지로 첨가한 base로부터 방출된 hydroxyl ion은 해리되지 않은 형태의 buffer (HA)가 방출하는 양성자에 의해 중화된다. 물질이 hydrogen ion을 방출하거나 흡수하는 능력은 그 물질이 proton을 흡수하거나 방출하는 정도에 부분적으로 의존하며, 이것은 다시 물질의 pK_a 값과 비례해서 용액의 pH에 의존하게 된다. pH의 변화를 최소화시키는 buffer의 능력을 *buffering capacity* (완충능)이라 하는데, 이것은 buffer의 농도와 Henderson–Hasselbalch 식에서 표현된 pK_a와 pH의 관계에 따라 좌우된다.

그림 2-27에 그려진 acetic acid (아세트산)의 titration curve (적정곡선)는 un-ionized form (HA)과 ionized from (A^-)의 분자 비율에 대한 pH의 영향을 나타낸다. pH 값이 pK_a 값과 같을 때, acetic acid의 절반은 해리(점선으로 표시)된다. 어떤 acid의 pK_a 값보다 1 unit이 작은 pH면, 그 분자의 91%는 HA form으로 존재한다. 반대로 pH 값이 pK_a 값보다 1 unit이 더 크면, 이 분자의 91%가 A^- 형태로 존재한다. pK_a 값보다 1 unit이 더 높거나 낮은 pH (그림 2-27에서 음영표시가 되지 않은 영역)에서는 weak acid와 weak base의 buffering capacity가 급격히 떨어진다. 예를 들어, NaOH를 통한 hydroxyl ion의 첨가와 같이 일정한 mole의 base를 HA와 A^-가 섞여 있는 용액에 첨가할 때, pH가 pK_a와 유사한 경우에, HA와 A^-가 존재하지 않는 경우 혹은 pH 값이 pK_a 값과 큰 차이를 보이는 용액의 경우보다 pH의 변화가 더 적을 것이다.

모든 생체계는 하나 이상의 buffer를 가지고 있다. Phosphoric acid의 ionized form인 phosphate ion은 세포에 상당히 많이 존재하고 있으며, cytoplasm의 pH를 유지하는 중요한 요소이다. Phosphoric acid (H_3PO_4)는 dissociation (해리)될 수 있는 proton 3개를 가지고 있지만, 이 양성자들은 동시에 해리되지 않는다. 그림 2-28에서 볼 수 있듯이, 각각의 proton의 손실은 독립적인 dissociation reaction과 pK_a로 여겨질 수 있다. hydroxyl ion이 phosphoric acid 용액에 첨가될 때, 3개의 pK_a 근처의 pH에서는 pK_a 근처가 아닌 pH에서보다 pH의 변화가 훨씬 작게 일어난다(음영 표시 영역). H_3PO_4의 titration curve에서 알 수 있듯이, 두 번째 proton의 pK_a는 7.2이다. 따라서 Henderson-Hasselbalch 식에 따라, pH 7.2에서 세포 내의 H_3PO_4는 $H_2PO_4^-$와 HPO_4^{2-}가 각각 50%씩 존재한다. 이런 이유 때문에 H_3PO_4는 cytoplasm (pH 7.2)과 사람의 혈액(pH 7.4)에서 작용하는 훌륭한 buffer이다. 아미노산의 곁사슬 중 amino (lysine), guanidinium (arginine). carboxylate (aspartate, glutamate) 부분과 N-, C-말단의 amino, carboxylate 부분도 proton과 결합하거나 양성자를 방출할 수 있다. 따라서, 세포 내부 또는 extracellular fluid에 높은 농도로 존재하는 단백질들은 그들 자체가 buffer로 작용한다.

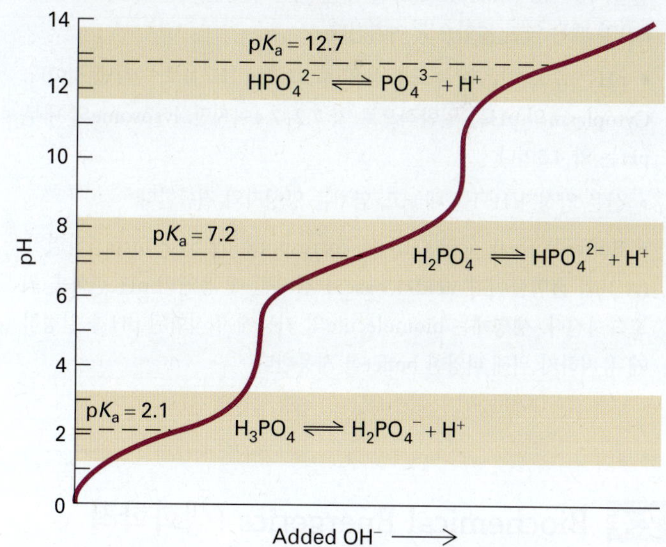

그림 2-28 Biological system에서 사용되는 일반적인 buffer인 phosphoric acid (H_3PO_3)의 titration curve. 생체내 어디에나 존재하는(ubiquitous) 이 분자는 서로 다른 pH에서 dissociation되는 hydrogen atom을 3개 가지고 있다. 따라서 H_3PO_4는 그래프에 나타난 것처럼, 3개의 pK_a를 가진다. 음영 부분은 H_3PO_4의 buffering capacity가 높은 pH 범위를 나타낸다. 음영으로 나타낸 pH 범위에서는 acid (또는 base)를 첨가해도 pH는 상대적으로 크게 변하지 않는다.

2.3절의 주요 개념

Chemical Reaction (화학 반응)과 Chemical Equilibrium (화학 평형)

- Chemical reaction (화학 반응)은 forward reaction의 속도와 reverse reaction의 속도가 같아져서, reactant (반응물)와 product (생성물)의 농도에 더 이상 변화가 없을 때 equilibrium (평형 상태)에 도달하여 있다고 말한다.
- 반응의 equilibrium (평형 상수) K_{eq}는 평상 상태에서 반응물에 대한 생성물의 비율을 나타내므로, 반응 정도와 반응물과 생성물의 상대적 안정성에 대한 측정치가 된다.
- K_{eq}는 온도, 압력, 그리고 반응물과 생성물의 화학적 특징에 의해 좌우되지만, 반응 속도와 반응물과 생성물의 초기 농도에 의해서는 영향을 받지 않는다.
- 평형 상수 K_{eq}는 정반응의 반응 상수와 역반응의 반응 상수 비율 (k_f/k_r)이다. 반응물이 생성물로 전환되는 속도, 혹은 그 반대는 반응 상수와 반응물 또는 생성물의 농도에 의존한다.
- 세포 안에서 대사 경로에 관여하는 반응들은 일반적으로 평형에 있는 것이 아니고, 중간체의 생성 속도와 분해 속도가 같은 steady state에 있다(그림 2-23 참조). 따라서 중간체의 농도는 변하지 않는 상태이다.
- 비공유결합된 두 분자 사이의 dissociation constant (해리 상수) K_d는 분자들(예, ligand-receptor 혹은 protein-DNA complex) 사이의 결합이나 복합체의 안정성을 나타낸다. K_d가 낮을수록 더 강한 결합력, 더 단단한 결합을 한다. K_d가 10^{-9} M (nanomolar)일 때 강한 결합, 10^{-6} M (micromolar)일 때는 적당히 강한, 10^{-3} M (millimolar)일 때는 약한 결합으로 여겨진다.
- pH는 수소 이온의 농도를 음의 로그(–log [H^+])로 나타낸 것이다. Cytoplasm의 pH는 일반적으로 약 7.2–7.4이지만, lysosome의 내부 pH는 약 4.5이다.
- 산은 양성자(H^+)를 내놓고, 염기는 양성자와 결합한다.
- Buffer는 weak acid (HA)와 corresponding base form [짝염기, (A^-)]의 혼합물이며, acid나 base가 첨가될 때 용액의 pH 변화를 최소화시킨다. 생명체는 biomolecule의 기능에 최적화된 pH를 일정하게 유지하기 위해 다양한 buffer를 사용한다.

2.4 Biochemical Energetics (생화학적 에너지학)

에너지를 얻고, 저장하고 이용하는 것은 세포 생활의 중심이 된다. 에너지는 "일을 할 수 있는 능력"으로 정의할 수 있으며, 자동차의 엔진과 전기 발전소에 비유될 수 있다. 화학 결합에 내재된 에너지는 세포의 화학적인 일과 물리적인 움직임을 지원하는 데 이용된다. 이 절에서는 에너지가 화학 반응의 정도에 어떻게 영향을 주는지[chemical thermodynamics (화학적 열역학)]와 chemical reaction의 속도[chemical kinetics (화학적 동역학)]에 대하여 알아볼 것이다.

에너지는 생물학적 시스템에서 다양한 형태로 존재한다

에너지에는 두 가지 기본적인 형태가 있는데, 그것은 kinetic energy (운동 에너지)와 potential energy (위치 에너지)이다. **Kinetic energy**는 움직임 — 예를 들어, 분자 이동 — 의 에너지이다. **potential energy**는 storage (저장) energy로서, 예를 들면 공유결합에 저장된 에너지가 그중 하나이다. Potential energy는 세포의 에너지 경제에 특히 중요한 역할을 한다.

Thermal energy (열 에너지) 또는 heat (열)는 kinetic energy, 즉 분자의 motion energy (운동 에너지)의 한 형태이다. 열이 일을 하기 위해서는 높은 온도(분자가 이동하는 평균 속도가 더 크다)에서 더 낮은 온도로 이동해야 한다. 비록 세포의 안과 바깥 환경 사이에 온도의 차이가 존재하지만, 이러한 온도 기울기는 보통 세포 활동에 필요한 에너지 공급원으로 사용되지 않는다. Thermoregulation (체온조절) 메커니즘을 진화시킨 warm-blooded animal (정온동물)의 열 에너지는 주로 체온을 일정하게 유지하는 데 사용된다. 수많은 세포내 활동들은 온도 의존적이므로 이렇게 체온을 유지하는 것은 매우 중요한 항상성 기능인 것이다. 예를 들어, 평소 체온이 37°C인 동물 세포의 체온을 4°C로 낮추면 많은 세포내 반응들이 사실상 "얼거나" 멈춰질 수 있다(예, 세포내 막의 움직임). Overheating (과열)은 생체 고분자 및 고분자 복합체의 구조 및 기능을 유지시키는 비공유 상호작용들을 방해할 수 있기 때문에 매우 치명적일 수 있다.

Radiant energy (복사 에너지)는 photon (광자) 또는 light wave (빛 파동)의 kinetic energy로 생물학에서 매우 중요하다. 복사 에너지는 열 에너지로 전환될 수 있다. 예를 들어, 분자가 흡수한 빛 에너지는 분자를 운동시킨다. 분자가 흡수한 복사 에너지는 분자의 전자 구조를 변경시켜 전자를 고에너지 준위로 이동시키며, 그 전자는 다시 원래 상태로 되돌아오면서 일을 한다. 예를 들어, Photosynthesis (광합성) 과정에서 chlorophyll (엽록소)과 같은 pigment (색소)가 흡수한 light energy는 화학 결합을 만드는 화학 에너지로 전환된다(12장 참조).

Mechanical energy (역학에너지)는 생물학에서 kinetic energy의 주 형태로서 보통 저장되어 있는 화학 에너지로부터 전환된 것이다. 예를 들어, 화학 에너지로부터 형성된 기계적인 힘에 의한 cytoskeletal filament의 길이 변화는 막과 소기관들을 밀고 당길 수 있는 힘을 생성한다 (17장과 18장 참조).

Electric energy (전기 에너지) — 전자나 전하를 띤 입자들을 움직이는 에너지 — 는 kinetic energy의 또 다른 주요 형태이며, electrically active neuron과 같이 막의 기능에 특히 중요하다(11, 12, 23장 참조).

여러 형태의 potential (잠재적) 에너지들이 생물학적으로 매우 중요하다. 생물학의 중심은 **chemical potential energy**로서, 분자를 이루는 원자들의 결합에 내재된 에너지를 말한다. 이 책에 기술된 대부분의 생화학적 반응들은 공유 화학 결합을 적어도 1개 이상 만들거나 끊으면서 일어난다. 일반적으로, 생체 분자 내에 공유결합을 만들기 위해서 에너지가 사용되고, 이러한 결합들이 끊어질 때 에너지가 방출된다. 예를 들어, 포도당의 공유결합에 내재된 높은 potential energy는 세포에서 조절되는 효소적 연소에 의해 방출된다(12장 참조). 이 에너지는 세포가 여러 종류의 일을 하는 데 이용된다.

두 번째로 중요한 potential energy의 한 형태는 **concentration gradient (농도 기울기)**에 의한 에너지이다. 막과 같은 장애물을 경계로 하여 양쪽의 물질 농도가 다를 때 농도 기울기가 생긴다. 모든 세포는 영양분이나 버려지는 생성물, 그리고 이온들을 주변 환경과 선택적으로 교환함으로써 세포의 interior fluid (내액)와 extra fluid (외액) 사이에 농도 기울기를 형성한다. 또한 세포 안에 있는 소기관(예, mitochondria, lysosome)의 이온 등 분자들의 농도는 세포질과 다르다. 예를 들어 지난 절에서 본 것 같이, Lysosome (pH ~4.5)의 경우에 안쪽의 양성자의 농도는 세포질 (pH 7.2–7.4)보다 약 500배 정도 높다. 막을 사이에 두고 형성된 양성자의 농도 기울기는 mitochondria에서의 에너지 생성에 있어 중요한 역할을 한다(12장 참조).

세포에 중요한 세 번째 potential energy의 형태는 **electric potential (전위)**, 즉 charge separation의 energy이다. 예를 들어, 사실상 모든 세포의 세포막 사이에는 1 cm당 약 200,000 volt의 전위차가 있다. 세포막을 사이에 두고 농도 기울기와 전위차가 어떻게 발생하고 유지되는지는 11장에서 다룰 것이며, 12장에서는 이들이 어떻게 chemical potential energy로 전환되는지를 설명할 것이다.

세포는 한 형태의 에너지를 다른 형태의 에너지로 변환시킨다

Thermodynamics (열역학) 제1법칙에 의하면, 에너지는 창조되거나 파괴되지는 않지만 한 형태에서 다른 형태로 전환될 수는 있다. (핵반응에서 질량은 에너지로 전환되지만, 이런 상황은 생명계에서는 적용되지 않는다.) 에너지의 전환은 생물학에서 매우 중요하다. 예를 들어, 광합성에서 빛의 복사 에너지는 포도당이나 전분 분자를 구성하는 원자들을 결합시키는 공유결합의 화학적 에너지로 변환된다. 근육이나 신경에서 공유결합에 저장된 잠재적 화학 에너지는 근육 수축의 kinetic energy와 nerve transmission (신경 전달)의 전기 에너지로 변환된다. 모든 세포에서 화학적 결합이 끊어짐으로써 방출되는 잠재적 에너지는 농도 기울기나 electric potential gradient의 형태로 potential energy를 창출하는 데 사용된다. 마찬가지로 화합물 농도 기울기나 전기적 위치에너지가 지닌 에너지는 화학 결합을 만들거나 분자를 막의 한쪽에서 다른 쪽으로 이동시켜 농도 기울기 를 만드는 데 이용된다. 농도 기울기는 포도당과 같은 영양분을 특정 세포 내로 이동시키거나 폐기물을 세포 밖으로 내보는 과정에서 일어난다.

에너지의 모든 형태는 서로 전환되기 때문에 같은 측정 단위로 표현될 수 있다. 비록 에너지의 기준 단위는 joule이지만, 생화학자들은 전통적으로 *calorie* (1 joule = 0.239 calorie)라는 단위를 사용해 왔다. 1 calorie는 물 1 gram을 1°C 올리는 데에 필요한 에너지의 양을 말한다. 이 책에서는 에너지의 변화를 측정하는 단위로 *kilocalorie*를 사용한다(1 kcal = 1000 cal). 음식에서 사용되는 “Calorie” (C 가 대문자)라는 단어는 1 kcal를 의미한다.

Free Energy (자유 에너지)의 변화는 화학 반응이 자발적으로 일어날지를 결정한다

화학 반응은 에너지가 그 과정에서 흡수되는지 혹은 방출되는지의 여부에 따라 두 타입으로 나눌 수 있다. **Exergonic** (“energy-releasing”) reaction (발열 반응)에서는 생성물이 반응물보다 더 적은 에너지를 가진다. 따라서 발열 반응은 자발적으로 일어난다. 여기에서 생기는 에너지는 보통 열[molecular motion (분자의 움직임)의 energy]로서 방출되며, 일반적으로 목재의 oxidation [burning (연소)]에서처럼 온도의 상승을 초래한다. **Endergonic** (“energy-absorbing”) reaction (흡열 반응)에서는 생성물이 반응물보다 더 많은 에너지를 가지며, 반응이 일어나는 동안 주변으로부터 에너지가 흡수된다. 흡열 반응을 진행시킬만한 에너지가 외부로부터 공급되지 않으면 이 반응은 일어나지 않는다. 우리가 상처를 입었을 때 상처 부위의 온도를 빠른 속도로 낮출 때 사용하는 아이스팩의 기능이 이러한 흡열 반응인 것이다. 팩을 세게 누르면 반응물이 부서지면서 섞여서 반응이 시작되는 것이다.

반응이 발열인지 아니면 흡열인지, 즉 자발적으로 반응이 일어날지를 이해하는 데 있어서 가장 근본적으로 중요한 개념을 free energy (G) 또는 *Gibbs free energy* (깁스 자유 에너지)라고 하는데, 이는 J. W. Gibbs 교수의 이름을 따서 명명되었다. Gibbs 교수는 1863년 미국에서 engineering을 전공하여 Ph.D 학위를 받았고, 그 후 “모든 시스템은 자유 에너지 [*G*]가 최소화되는 방향으로 변한다”라는 사실을 밝혔다. 다시 말하면, 화학 반응은 생성물의 자유 에너지가 반응물의 자유 에너지보다 더 작을 때 자발적으로 일어난다는 뜻이다. 반응물이 생성물로 변하는 화학 반응에서, **자유 에너지 변화, Δ*G***는 다음과 같이 나타낸다.

$$\Delta G = G_{\text{products}} - G_{\text{reactants}}$$

화학 반응의 방향과 Δ*G*와의 관계는 다음과 같이 세 문장으로 요약할 수 있다:

- Δ*G*가 negative (음)이면, 정반응(product를 생성하는 일)이 자발적으로 일어나며 에너지가 방출된다(exothermic reaction; 발열 반응) (그림 2-29a). Δ*G*가 음인 반응을 thermodynamically (열역학적으로) 선호된다고 말한다.
- Δ*G*가 양이면, 정반응이 자발적으로 일어나지 않는다. 에너지를 가해야 반응물이 생성물로 될 수 있다(endothermic reaction; 흡열 반응. 그림 2-29b).
- Δ*G*가 0이면, 정반응과 역반응의 속도는 같으며, 반응물이 생성물로 자발적으로 변환되거나 그 반대의 경우도 일어나지 않고, 이러한 반응은 평형 상태에 있다.

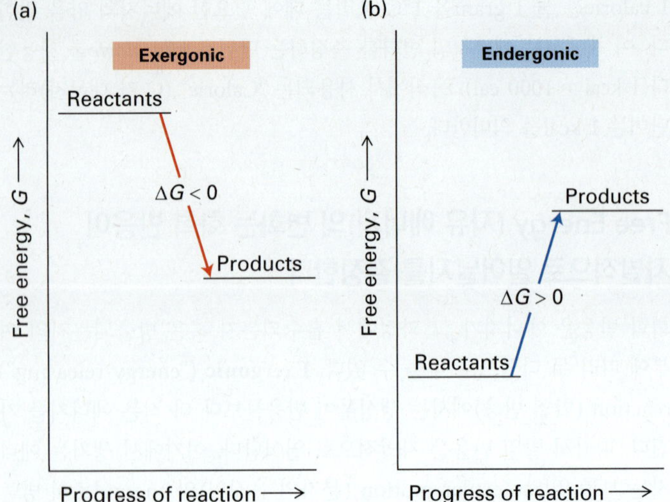

그림 2-29 Exergonic reaction과 endergonic reaction에서의 free energy change (Δ*G*). (a) Exergonic reaction에서 product의 free energy는 reactant보다 낮으므로 반응은 자발적으로 일어나고, 반응이 진행될 때 열이 방출된다. (b) Endergonic reaction에서 product의 free energy는 reactant보다 크므로 반응은 자발적으로 일어나지 않는다. 반응이 진행되려면 외부로부터 energy가 공급되어야 한다.

어떤 반응의 *standard free-energy change* $\Delta G^{\circ\prime}$는 298 K (25°C), 1기압, pH 7.0 (순수한 물의 pH)에서, 모든 반응물과 생성물[10^{-7} M (pH 7.0)]의 농도로 유지되는 proton은 제외하고 초기 농도가 1 M일 때의 자유 에너지 변화 값이다. 일반적으로 생체 반응의 환경은 standard condition (표준 상태)과 달라서 reactant의 농도가 보통 1 M보다 작으며, 포유동물에서 온도는 37°C이다.

Chemical system의 free energy $G = H - TS$로 정의되는데, H는 시스템의 bond energy (결합 에너지), 즉 **enthalpy (엔탈피, *H*)**, T는 Kelvin (K)으로 나타낸 절대온도, S는 randomness (혹은 disorder, 무질서도)를 나타내는 **entropy (*S*)**이다. 열역학 제2법칙에 의하면 자연계의 모든 시스템은 무질서의 방향으로 진행한다. 즉, entropy가 증가하도록 진행된다. 예를 들어, ink 한 방울이 큰 용기에 담긴 물에 떨어졌을 때, ink는 자발적으로 퍼져나가게 되지만(무질서화 되면서), 응축된 형태로 가만히 남아있지는 않는다. Enthalpy의 변화와 entropy의 변화를 합쳐서 ΔG가 더 낮아질 때만 반응은 자발적으로 일어날 수 있다. 만약 온도가 일정하게 유지된다면, 반응은 아래 수식에서 free energy change ΔG가 negative일 경우에만 자발적으로 진행된다:

$$\Delta G = \Delta H - T\Delta S \tag{2-6}$$

Exothermic ("heat-releasing", 발열) 화학 반응에서 ΔH는 음이며, **endothermic** ("heat-absorbing", 흡열) 반응에서는 ΔH가 양이다. Enthalpy와 entropy 모두의 변화를 합친 결과에 의하여 반응의 ΔG가 양인지 음인지가 결정되며, 반응이 자발적으로 일어나는지도 결정된다. 엔트로피가 증가하는($\Delta S > 0$) exothermic reaction ($\Delta H < 0$)은 자발적으로 일어나며($\Delta G < 0$), endothermic reaction ($\Delta H > 0$)은 ΔS가 충분히 증가해서 $T\Delta S$ 값이 양의 ΔH 값보다 클 때 자발적으로 일어난다.

많은 생체 반응들은 질서의 증가를 유발하므로 entropy는 감소된다($\Delta S < 0$). 가장 명백한 예는 아미노산을 연결시켜 단백질을 만드는 반응이다. 단백질이 물에 녹아 있으면, 같은 아미노산들이 서로 연결되지 않고 물에 녹아 있을 때보다 entropy가 낮다. 왜냐하면 이 아미노산들이 서로 결합되어 단백질이 되면 긴 사슬에 결합되어 있는 상태가 되므로 각 아미노산의 free movement (자유 운동)가 제약을 받게 되기 때문이다. 그러므로 단위 구성물들로부터 단백질과 같은 중합체를 합성할 때는 세포가 단량체들 사이의 결합을 형성하고 중합반응 시 발생하는 entropy의 손실을 극복하기 위한 energy를 효과적으로 전달할 수 있을 때만 중합 반응은 자발적으로 일어나게 될 것이다. 이러한 현상은 세포에서 쉽게 볼 수 있는데, entropy가 낮아지는 합성 반응을, ΔG가 매우 negative 한 또 다른 독립적인 반응과 *coupling* 시킴으로써 이루어진다, 예를 들면 nucleoside triphosphate의 hydrolysis 같은 반응이다(이 절의 후반부에 다루게 될 것이다.). 이러한 방식으로 세포는 환경에서 얻은 에너지원을 생명에 필수적인 매우 정돈된 구조를 형성하고 대사과정이 이루어지는 방향으로 전환할 수 있는 것이다.

반응 중에 자유 에너지 ΔG의 실제 변화는 온도, 압력, 그리고 반응물과 생성물의 초기 농도에 의해 영향을 받기 때문에, 일반적으로 standard free-energy change $\Delta G^{\circ\prime}$과는 다르다. 대부분의 생체 반응은—aqueous solution (수용액)에서 일어나는 반응들처럼—solution의 pH에 영향을 받는다. 아래 수식 2-7을 이용해서 온도와 초기 농도가 표준 조건과 다른 경우에 대한 자유 에너지 변화를 측정할 수 있다.

$$\Delta G = \Delta G^{\circ\prime} + RT \ln Q = \Delta G^{\circ\prime} + RT \ln \frac{[\text{products}]}{[\text{reactants}]} \tag{2-7}$$

이 수식에서 R은 1.987 cal/(degree · mol)인 gas constant (기체 상수)이고, T는 절대온도(degree Kelvin)이며, Q는 반응물에 대한 생성물의 *initial* ratio (초기 비율)이다. 두 분자가 결합해서 세 번째 분자를 형성하는 반응 $A + B \rightleftharpoons C$에 대하여, 수식 2-7의 Q는 [C]/[A][B]이다. 이 반응에서 [A]나 [B]의 초기 농도가 증가하면 ΔG는 큰 음수 값을 가지므로, 반응은 product C가 많이 생성되는 방향으로 자발적으로 진행된다.

어떤 특정 생화학 반응은 $\Delta G^{\circ\prime}$과 상관없이 세포 내에 주어진 반응물과 생성물의 농도 조건에서 ΔG가 negative이면 세포 내에서 자발적으로 일어난다. 예를 들어, 포도당 분해 과정에서 생성되는 중간체인 glyceraldehyde 3-phosphate (G3P)가 dihydroxyacetone phosphate (DHAP)로 변하는 과정에서(12장 참조),

$$\text{G3P} \rightleftharpoons \text{DHAP}$$

$\Delta G^{\circ\prime}$는 −1840 cal/mol이다. 만약 G3P와 DHAP의 초기 농도가 동일하다면, $RT \ln[\text{products}]/[\text{reactants}] = 0$이므로 $\Delta G = \Delta G^{\circ\prime}$이다; 이 경우, 가역 반응인 G3P $\rightleftharpoons$ DHAP는 평형에 도달할 때까지 DHAP를 형성하는 방향으로 자발적으로 진행될 것이다. 하지만 다른 반응 조건이 표준상태이고, DHAP와 G3P의 초기 농도가 각각 0.1 M과 0.001 M

이라면, 수식 2-7에서 Q는 0.1/0.001 = 100이므로, ΔG의 값은 +887 cal/mol이다. 따라서 반응은 G3P가 형성되는 방향으로 진행된다.

반응의 ΔG는 reaction rate (반응 속도)와 무관하다. 일반적인 생리적 조건에서 생명 유지에 필요한 생화학 반응은 거의 모두 반응 속도를 증가시키는 메커니즘으로 일어난다. 아래에서 그리고 3장에서 논의되겠지만, 생체 시스템에서는 ΔG 값을 변화시키지 않고 반응물로부터 생성물의 형성을 촉진시키는 단백질 촉매인 **enzyme (효소)**의 활성에 의해 반응 속도가 결정된다.

K_{eq}를 알면 Reaction의 $\Delta G^{\circ\prime}$을 계산할 수 있다

Equilibrium (평형 상태)에 있는 화학 혼합물은 자유 에너지가 최소인 안정한 상태에 있다. 표준 조건에서 평형 상태에 있는 시스템($\Delta G = 0$, $Q = K_{eq}$)에 대해서는 아래와 같이 수식 2-8을 적용할 수 있다(로그의 base가 10으로 바뀐 것에 주의하라).

$$\Delta G^{\circ\prime} = -2.3RT \log K_{eq} = -1362 \log K_{eq} \tag{2-8}$$

따라서 평형 상태(예, K_{eq})의 반응물과 생성물의 농도가 결정되면, $\Delta G^{\circ\prime}$ 값을 계산할 수 있다. 예를 들어, 표준 상태에서 glyceraldehyde 3-phosphate가 dihydroxyacetone phosphate로 바뀌는 반응(G3P $\rightleftharpoons$ DHAP)의 K_{eq}는 표준 조건에서 22.2이다. 수식 2-8에 K_{eq} 값 22.2를 대입하여 계산하면, 이 반응의 $\Delta G^{\circ\prime}$는 −1840 cal/mol이다.

수식 2-8을 정리한 후 로그를 제거하면, 수식 2-8은 수식 2-9처럼 표현된다.

$$K_{eq} = 10^{-(\Delta G^{\circ\prime}/2.3RT)} \tag{2-9}$$

이 식에서 $\Delta G^{\circ\prime}$ 값이 음이면 지수는 양의 값이 되므로 K_{eq}는 1 보다 커진다. 따라서 평형 상태에서는 반응물의 농도가 생성물보다 더 많다. 다시 말하면, 반응물이 생성물로 전환되는 반응이 더 쉽게 이루어진다. 반대로 $\Delta G^{\circ\prime}$ 값이 양이라면, 지수는 음의 값이 되므로 K_{eq}는 1보다 작다. K_{eq}와 $\Delta G^{\circ\prime}$ 사이의 관계로부터 reaction이 자발적으로 일어날 가능성에 대하여 반응물과 생성물의 상대적인 자유 에너지가 중요함을 알 수 있다.

Reaction Rate (반응 속도)는 반응물을 Transition State (전이 상태)로 만드는 데 필요한 Activation Energy (활성화 에너지)에 의존한다

화학 반응이 진행됨에 따라 반응물들은 서로 근접하면서, 기존 결합은 끊기고, 새로운 결합이 형성되는 현상이 일어난다. 전이 상태 동안에 분자가 어떤 상태로 있는지를 생각하는 하나의 방법은 원자의 electronic configuration (전자 배열)과 원자 간의 결합에 strain들이 존재한다는 것이다. 비교적 안정한 상태로 존재하는 반응물로부터 일련의 원자들은 반응이 진행하는 동안 전이, 중간 단계, 그리고 고에너지 상태로 이동하게 된다(그림 2-30). 화학 반응 과정에서 시스템의 에너지 level이 가장 높은 상태를 **transition state (전이 상태)**라고 하며, 이때의 반응물들을 **transition state intermediate (전이 상태 중간체)**라고 한다. 반응물을 이러한 전이 상태로 가게 하는 데 필요한 에너지를 반응의 **activation energy (활성화 에너지)**라 한다. 활성화 에너지는 반응물과 전이 상태 중간체 사이의 자유 에너지 차이이고, 보통 $\Delta G^{\ddagger}$로 나타내며, 우리가 이미 살펴본 Gibbs free energy change (ΔG) 표기법과 유사하다. 전이 상태로부터 일련의 원자들은 반응 생성물이 생성됨에 따라(그림 2-30에서 오른쪽으로 진행되는 반응), 또는 에너지를 방출하거나 원자들이 뒤로 돌아가서 원래의 반응물을 다시 생성함에 따라 에너지를 방출할 수 있다(그림 2-30에서 왼쪽으로 진행되는 반응).

주어진 조건(온도, 압력, 반응물의 농도)에서 반응물이 반응 과정에서 생성물로 전환되는 속도(V)는 전이 상태에 있는 물질의 농도에 의해 결정된다. 이 농도는 (1) 반응물이 전이 상태로 변환되는 속도, 활성화 에너지와 (2) 전이 상태가 생성물로 전환되는 반응 상수(ν)에 의해 결정된다. 활성화 에너지가 클수록 전이 상태에 도달하는 반응물이 적어져서 전체 속도(rate)는 점점 느려진다. 반응물의 농도와 ν, 그리고 V 사이의 관계식은 다음과 같다.

$$V = \nu[\text{reactants}] \times 10^{-(\Delta G^{\ddagger}/2.3RT)}$$

이 식에서 알 수 있듯이, 활성화 에너지 $\Delta G^{\ddagger}$를 낮추면, 즉 전이 상태와 반응물 사이의 자유 에너지 차이를 감소시키면 전체 속도 V는 증가한다. $\Delta G^{\ddagger}$가 1.36 kcal/mol 낮아지면 속도는 10배 증가하며, 2.72 kcal/mol 낮아지면 rate는 100배 증가한다. 그러므로 비록 $\Delta G^{\ddagger}$가 약간만 변해도 전체 속도는 크게 변한다.

효소(3장에서 더 상세히 토의함)와 같은 촉매 전이 상태 에너지, 즉 전이 상태에 도달하게 하기 위하여 필요한 활성화 에너지를 낮춤으로써

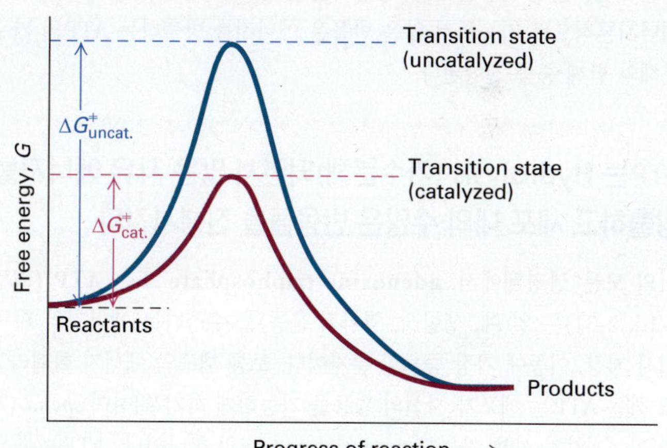

그림 2-30 Catalyst를 사용한 chemical reaction과 catalyst를 사용한 chemical reaction의 activation energy. 가상적인 반응 경로(파란색)에서의 free energy change를 나타낸 것이다. Product의 free energy가 reactant보다 작으면($\Delta G < 0$), 반응은 자발적으로 일어난다. 하지만, 모든 화학 반응은 하나 이상의 high-energy transition state를 통과하며, rate는 활성화 에너지($\Delta G^{\ddagger}$)에 반비례한다. 활성화 에너지는 reactant와 transition state 간의 자유 에너지 차이이다. Catalyzed reaction (촉매 반응, 빨간색)에서, reactant와 product의 free energy는 변하지 않지만 transition state의 자유 에너지는 낮아지므로 reaction의 velocity (속도)는 증가한다.

반응 속도를 증가시킨다(그림 2-30 참조). 반응물과 생성물의 상대적인 에너지는 반응이 열역학적으로 가능한(thermodynamically favorable; negative ΔG) 반응인지를 결정하는 반면에, 활성화 에너지는 생성물이 얼마나 빨리 생성될 수 있는지, 즉 반응 동역학을 결정한다. 활성화 에너지가 너무 높으면 열역학적으로 가능한 반응이 일어나지 않는다.

에너지론적으로 가능하지 않은(Energetically Unfavorable) 화학 반응도 가능한(Favorable) 반응과 Coupling되면 반응이 일어난다

세포에서 많은 과정들은 에너지론적으로 선호되지 않아서(energetically unfavorable, $\Delta G > 0$) 자발적으로 일어나지 않는다. 아미노산들이 단백질들로 합성되는 과정이나 물질들이 세포막을 통해 농도가 낮은 곳에서 높은 곳으로 이동되는 것들을 예로 들 수 있다. 세포는 에너지 요구 반응(흡열 반응, $\Delta G_1 > 0$)과 에너지 방출 반응(발열 반응, $\Delta G_2 < 0$)을 coupling시킨 전체 반응의 ΔG 합이 음이면 흡열 반응을 수행할 수 있다.

예를 들어, 반응 $A \rightleftharpoons B + X$의 ΔG는 +5 kcal/mol이고, $X \rightleftharpoons Y + Z$의 ΔG는 −10 kcal/mol이라고 하자:

$$\begin{array}{llll}
(1) & A \rightleftharpoons B + X & \Delta G & = +5\ \text{kcal/mol} \\
(2) & X \rightleftharpoons Y + Z & \Delta G & = -10\ \text{kcal/mol} \\
\hline
\textit{Sum}: & A \rightleftharpoons B + Y + Z & \Delta G^{\circ\prime} & = -5\ \text{kcal/mol}
\end{array}$$

두 번째 반응이 없다면, 평형 상태에서 A는 B보다 훨씬 많다. 하지만 X가 Y + Z로 변환되는 과정은 선호되는 반응(favorable reaction)이기 때문에 첫 번째 반응을 B가 생성되는 방향으로 진행시킨다. 세포에서 에너지론적으로 가능하지 않은 반응은 에너지를 방출하는 ATP의 가수분해와 함께 종종 진행된다.

ATP는 Hydrolysis (가수분해)되면서 많은 자유 에너지를 방출하고 세포 내의 수많은 반응들을 진행시킨다

거의 모든 생명체에서, **adenosine triphosphate** 또는 **ATP** (그림 2-1d, 2-31)는 일(예, 생합성, 역학적 운동)을 수행하는 에너지의 획득, 임시 저장, 이동에 가장 중요한 분자이다. 보통 세포의 에너지 화폐라고도 하는 ATP는 세포가 자신의 활동을 가능하게 하기 위하여 *spend* (지출)할 수 있는 사용 가능한 potential energy의 하나이다. ATP는 독일의 위대한 생화학자인 Otto Meyerhof 교수와 함께 일하고 있었던 Kurt Lohmann 교수와 미국의 Cyrus Fiske 박사와 Yellagaprada SubbaRow 박사가 1929년 동시에 발견하면서 그 역사가 시작되었다. [1948년에 53세의 나이로 세상을 떠난 SubbaRow 박사의 경우 다음의 몇 가지 질병에 대한 치료법을 개발하기도 했다. anemia (빈혈)에 대한 folic acid, cancer and rheumatoid arthritis (암과 류마티스 관절염)에 대한 methotrexate, bacterial infections (박테리암 감염)에 대한 first tetracycline antibiotic.] 그 후 1930년대에 muscle contraction이 ATP에 의존한다는 사실이 밝혀졌다. ATP가 세포의 에너지 수송을 위한 주된 중간체라는 제안은 1941년 Fritz Lipmann 박사의 업적으로 돌아갔으며, ATP 자체와 세포내 에너지 대사에서의 ATP 역할에 대한 연구 결과에 여러 개의 Nobel Prize가 수여되었다. 분자세포생물학을 이해하는 데에 있어서 ATP의 중요성은 여전히 매우 중요한 과제 중 하나이다.

ATP 분자에 내재된 유용한 에너지는 **phosphoanhydride bond** 안에 있으며, 이 결합은 phosphate 두 분자가 condensation (축합)될 때 물 분자가 떨어져 나오면서 형성된 공유결합이다:

$$\mathrm{O^-{-}\overset{\overset{\large O}{\|}}{\underset{\underset{\large O^-}{|}}{P}}{-}OH + HO{-}\overset{\overset{\large O}{\|}}{\underset{\underset{\large O^-}{|}}{P}}{-}O^- \rightleftharpoons O^-{-}\overset{\overset{\large O}{\|}}{\underset{\underset{\large O^-}{|}}{P}}{-}O{-}\overset{\overset{\large O}{\|}}{\underset{\underset{\large O^-}{|}}{P}}{-}O^- + H_2O}$$

그림 2-31에 표시된 것처럼, ATP 분자 에는 2개의 중요한 phosphoanhydride (*phosphodiester*라고도 함) 결합이 있다. ATP에 이 결합(기

Phosphoanhydride bonds

Adenosine triphosphate (ATP)

H_2O

Phosphoanhydride bond

Inorganic phosphate (P_i)

Adenosine diphosphate (ADP)

그림 2-31 Adenosine triphosphate (ATP)의 hydrolysis (가수분해). ATP molecule에서, phosphate group 3개를 연결하고 있는 2개의 phosphoanhydride bond (빨간색)는 각각 hydrolysis 시 −7.3 kcal/mol의 $\Delta G^{\circ\prime}$ 값을 갖는다. 이들 결합의 hydrolysis — 특히 마지막 결합 — 는 biological system에서 에너지를 필요로 하는 많은 반응에서 에너지원으로 작용한다. ATP의 Phosphoanhydride bond 중 특히 가장 말단을 가수분해하는 것은 발열반응(exergonic)인데(그림 2-29a), 이러한 결합들을 가수분해하는 것은 생체 내에서 에너지가 요구되는 다양한 반응의 에너지원이다.

호 ~로 표시함)을 만들려면 에너지의 유입이 필요하다. 이 결합이 가수분해되면, 즉 물을 가하여 잘리게 되면 그 에너지가 방출된다. 각각의 phosphoanhydride bond가 가수분해될 때 $\Delta G^{\circ\prime}$의 값은 매우 높은 음의 값으로서 약 –7.3 kcal/mol이다:

$$\underset{(ATP)}{Ap\sim p\sim p} + H_2O \rightarrow \underset{(ADP)}{Ap\sim p} + P_i + H^+$$

$$\underset{(ATP)}{Ap\sim p\sim p} + H_2O \rightarrow \underset{(AMP)}{Ap} + PP_i + H^+$$

$$\underset{(ADP)}{Ap\sim p} + H_2O \rightarrow \underset{(AMP)}{Ap} + P_i + H^+$$

P_i는 inorganic phosphate (무기인산, PO_4^{3-})를, PP_i는 phosphate group 2개가 phosphodiester bond에 의해 연결된 inorganic pyrophosphate (피로인산)를 나타낸다. 맨 위의 두 반응에서처럼, ATP에서 phosphate 하나가 제거되면 adenosine diphosphate (ADP)가 생성되고, pyrophosphate group이 제거되면 adenosine monophosphate (AMP)가 생성된다.

Phosphoanhydride bond 또는 다른 *high-energy bond*들은 (energy가 높은 결합; 일반적으로 ~로 표시한다) 다른 covalent bond와 본질적으로 다르지 않다. High-energy bond는 물이 첨가(hydrolysis)되면서 결합이 끊어질 때 많은 양의 에너지를 방출한다. 예를 들면, ATP의 phosphoanhydride bond 1개가 hydrolysis될 때의 $\Delta G^{\circ\prime}$ (–7.3 kcal/mol)는 glycerol 3-phosphate의 phosphoester bond (빨간색)가 가수분해될 때의 $\Delta G^{\circ\prime}$ (–2.2 kcal/mol)보다 3배 이상 크다:

$$HO-\overset{\overset{\displaystyle O}{\|}}{\underset{\underset{\displaystyle O^-}{|}}{P}}-O-CH_2-\overset{\overset{\displaystyle OH}{|}}{CH}-CH_2OH$$

Glycerol 3-phosphate

$\Delta G^{\circ\prime}$ 값이 차이 나는 근본적인 이유는 ATP 및 ATP의 가수분해 산물인 ADP와 P_i가 중성 pH에서 전하를 띠기 때문이다. ATP 합성 시 많은 양의 에너지가 필요한데, 이 에너지들은 ADP와 P_i의 음 전하를 함께 묶는 데 사용된다. 이와 반대로 ATP가 ADP와 P_i로 가수분해 될 때에는 에너지가 방출된다. 반면에, glycerol에 있는 uncharged (전하를 띠지 않는) hydroxyl group과 P_i 사이의 phosphoester bond에는 상대적으로 적은 에너지가 필요하며, 따라서 이 결합이 가수분해될 때는 그 만큼 적은 에너지가 방출된다.

세포는 phosphoanhydride bond가 가수분해될 때 방출되는 자유에너지를 효소들이 다른 분자에 전달하는 수송 메커니즘을 개발하여 에너지학적으로 선호되지 않는 반응이 진행될 수 있게 하고 있다. 예를 들어, 반응 B + C → D의 ΔG 값이 양수이지만 ATP 가수분해 반응에서의 ΔG 절대 값보다 작다면, 위 반응은 ATP 가수분해와 함께 쌍을 이루어 favorable하게 정방향으로 진행된다. 이러한 *energy coupling*의 보편적인 작용 방식은 phosphoanhydride bond에 내재된 energy를 하나의 reactant에 전달하는 방식이며, (여기서는 B에 해당된다) bond가 끊어지면서 해리되어 나온 phosphate group과 반응물이 공유결합을 만든다. 이렇게 만들어진 phosphorylated intermediate는 C와 반응하여 D + P_i를 형성하며, 이 반응의 ΔG 값은 음수이다:

$$B + Ap\sim p\sim p \rightarrow B\sim p + Ap\sim p$$

$$B\sim p + C \rightarrow D + P_i$$

전체 반응은 다음과 같다.

$$B + C + ATP \rightleftharpoons D + ADP + P_i$$

위 반응은 에너지론적으로 favorable하다(쉽게 일어난다; $\Delta G < 0$). 유사하게, GTP에서 GDP로의 가수분해 반응도 일을 하기 위한 에너지를 제공할 수 있고, 대표적인 예가 ATP 합성이다(12장 참조). 하지만 대부분의 경우 GTP 가수분해는 에너지 재료로 사용되기 보다는 세포 시스템(예를 들어, 단백질 합성, 호르몬 신호전달)을 조절하는 데 이용된다(15장 참조).

Energy coupling의 또 다른 작용 방식은 ATP의 가수분해에 의해 방출된 에너지를 사용해서 분자의 입체 구조를 *energy-rich* stressed state로 바꾸는 것이다. 바꾸어 말하면 분자의 긴장된 입체 구조(conformational stress)에 내재된 에너지는 분자가 안정한 구조로 되돌아올 때(relaxed unstressed conformation) 방출된다. 만약 이러한 relaxation process (완화 과정)가 다른 반응과 쌍을 이루어 함께 일어난다면(coupled), 방출되는 에너지가 세포 내의 중요한 반응을 일으키는 데 이용될 수 있는 것이다.

많은 생합성 반응들처럼 분자가 세포 안이나 밖으로 이동하는 반응은 종종 ΔG가 양수이므로, 이러한 경우 반응이 진행되기 위해서는 에너지의 유입이 필요하다. 이러한 단순 수송 반응은 직접적으로 공유결합을 형성하거나 깨지 않으므로 $\Delta G^{\circ\prime}$ 값은 0이다. 세포 안으로 물질이 이동하는 경우, 수식 2-7은 수식 2-10이 된다.

$$\Delta G = RT \ln \frac{[C_{in}]}{[C_{out}]} \qquad (2\text{-}10)$$

여기에서 $[C_{in}]$은 세포 안쪽에 있는 물질의 초기 농도이고, $[C_{out}]$은 세포 밖에 있는 물질의 초기 농도이다. 수식 2-10에서 알 수 있듯이, $[C_{in}] > [C_{out}]$일 때 농도 기울기에 역행하여 물질이 세포 안으로 이동하는 경우 ΔG의 값은 양수이다. 이러한 uphill transport를 수행하는 에너지는 ATP의 가수분해에 의해 제공된다. 반대로 물질이 농도가 높은 곳에서 낮은 곳으로 이동할 때($[C_{out}] > [C_{in}]$), ΔG의 값은 음수이다. 이런 downhill transport는 energy-requiring reaction, 예를 들면 농도 기울기에 역행하는 세포막 통과 반응 혹은 ATP의 합성 반응 등과 coupling 된다(11, 12장 참조).

ATP는 Photosynthesis (광합성)와 Respiration (호흡)의 과정에서 생성된다

수많은 세포 활동에 에너지를 공급하기 위해 ATP는 계속적으로 가수분해된다. 하루에 가수분해되는 ATP의 양은 그 사람의 몸무게와 맞먹는다는 연구결과도 있다. 세포의 기능을 지속하기 위해서는 세포가 ATP

를 지속적으로 공급해야 한다. ATP를 지속적으로 재생산하려면 세포는 환경으로부터 에너지를 항상 얻을 수 있어야 한다. 거의 모든 세포에서 가장 중요한 에너지원은 햇빛이다.

어떤 생명체는 햇빛을 직접 사용할 수 있다. **Photosynthesis (광합성)**를 통해 식물과 algae [조류(藻類)], 그리고 photosynthetic bacteria는 햇빛의 energy를 포획해서 ADP와 P_i로부터 ATP를 합성하는 데 사용한다. 광합성에서 생성된 ATP의 대부분은 가수분해되어 *carbon fixation* (탄소 고정) 과정, 즉 carbon dioxide (이산화탄소)를 six-carbon sugar (육탄당)로 전환시키는 과정에 필요한 에너지로 제공된다.

$$6\ CO_2 + 6\ H_2O \longrightarrow C_6H_{12}O_6 + 6\ O_2 + \text{energy}$$

광합성 동안에 만들어진 당은 음식의 원천, 즉 에너지가 되는데, 이를 만들어내는 식물이나 광합성 유기체들 뿐만 아니라, 광합성을 하지 않는 유기체들, 예를 들면 식물을 직접 섭취한 동물들 또는 식물을 섭취한 동물을 잡아먹은 동물들에게도 간접적으로 에너지를 제공한다. 이러한 방법으로 햇빛은 대부분의 생명체에 직접적 혹은 간접적인 에너지의 원천이 된다(12장 참조).

식물과 동물 등 거의 모든 생명체에서, 음식으로부터 만들어지는 당과 같은 분자에 있는 자유 에너지가 **glycolysis (해당작용)**와 **cellular respiration (세포 호흡)** 과정에 의하여 방출된다. 세포 호흡 과정에서 음식물(예, glucose)에 포함되어 있는 energy-rich molecule은 carbon dioxide와 물로 산화된다. Glucose의 완전한 oxidation은 다음의 식으로 표시할 수 있으며,

$$C_6H_{12}O_6 + 6\ O_2 \rightarrow 6\ CO_2 + 6\ H_2O$$

이 반응의 $\Delta G^{\circ\prime}$의 값은 −686 kcal/mol이고, photosynthetic carbon fixation 반응의 역반응이다. 세포는 일련의 정교한 단백질 매개 반응을 수행함으로써 포도당 한 분자의 산화 반응을 ADP 분자 30개로부터 ATP 30개를 합성하는 과정에 coupling시킨다. 이러한 포도당의 산소-의존적(**aerobic**) 분해 작용(**catabolism**, **이화 작용**)은 모든 동물 세포와 비광합성 식물 세포, 그리고 많은 박테리아에서 ATP를 합성하기 위한 가장 중요한 과정이다. 지방산(fatty acid)의 catabolism도 ATP를 얻을 수 있는 중요한 소스가 될 수 있다. 광합성과 세포 호흡의 작용 메커니즘에 대해서는 12장에서 다룬다.

광합성에서 흡수된 빛 에너지가 세포에서 화학 반응의 가장 중요한 원천이 되기는 하지만, 유일한 것만은 아니다. 햇빛이 완전히 없는 깊은 해양에 사는 어떤 microorganism (미생물)은 reduced (환원된) inorganic compound (무기화합물)를 산화시켜 ADP와 P_i를 ATP로 전환시키는 데 필요한 에너지를 얻는다. 이러한 환원된 화합물은 지구의 중심에서 생성되며 심연의 구멍(vent)에서 방출된다.

NAD^+와 FAD는 생물학적 Oxidation-Reduction Reaction (산화-환원 반응)에 Coupling되어 있는 경우가 많다

화학 반응에서 전자는 어떤 원자나 분자에서 다른 원자나 분자로 전달되는 경우가 많다. 이러한 전자 수송은 새로운 화학 결합이 형성되거나 열을 방출하면서 다른 반응과 coupling되기도 한다. 어떤 원자나 분자가 전자를 잃는 것을 **oxidation (산화)**, 전자를 얻는 것을 **reduction (환원)**이라고 한다. 산화의 한 예로서, cysteine 2개의 sulfhydryl group에서 electron이 제거되면서 disulfide bond (2.2절에서 설명하였음)를 형성하는 반응이 있다. 전자는 화학 반응에서 생성되거나 파괴되지 않기 때문에 한 원자나 분자가 산화되면 다른 원자나 분자는 환원되어야만 한다. 예를 들어, carbohydrate가 mitochondria에서 분해되는 과정에서 산소는 Fe^{2+} (ferrous) 이온으로부터 전자를 얻어 Fe^{2+}를 Fe^{3+} (ferric) 이온으로 만든다. 각각의 산소 원자는 2개의 Fe^{2+} 이온 각각으로부터 전자를 1개씩 받는다:

$$2\ Fe^{2+} + \tfrac{1}{2}\ O_2 \rightarrow 2\ Fe^{3+} + O^{2-}$$

따라서 Fe^{2+}는 산화되고 O_2는 환원된다. 이렇게 한 분자는 환원되고, 다른 분자는 산화되는 것을 **redox reaction (산화-환원 반응)**이라고 한다. Oxygen은 aerobic (호기성) 환경에서 세포에서 많은 redox reaction의 electron acceptor (전자 수용체) 역할을 한다.

생체 내의 중요한 oxidation reduction reaction 중 상당수는 isolated electron (고립된 전자)을 이동시키는 것보다는 hydrogen atom (수소 원자; proton plus electron)을 제거하거나 첨가한다. 이러한 예는 mitochondria에서 succinate가 fumarate로 되는 oxidation 과정에서 볼 수 있다(그림 2-32). 양성자는 수용액에 녹지만(H_3O^+의 형태로), 전자는 녹지 않으므로 물에 녹는 중간체 없이 어떤 원자나 분자에서 다른 원자나 분자로 직접 전달되어야 한다. 이런 형태의 산화 반응에서 전자는 *coenzyme* (조효소)이라고 하는 작은 electron-carrying molecule (전자 운반 분자)에 의해 이동된다. 이런 전자 운반체에서 가장 일반적인 것이 reduction에 의해서 NADH가 되는 **NAD^+ (nicotinamide adenine dinucleotide)**와 $FADH_2$로 reduction되는 **FAD (flavin adenine dinucleotide)**이다(그림 2-33). 환원된 coenzyme들은 다른 분자로 양성자와 전자를 이동시켜 그들을 reduction시킨다.

Ferrous ion (Fe^{2+})과 oxygen (O_2)의 반응 같은 redox reaction을 이해하려면, 반응을 2개의 half-reaction (반쪽 반응)으로 나눠서 생각하는 것이 쉽다:

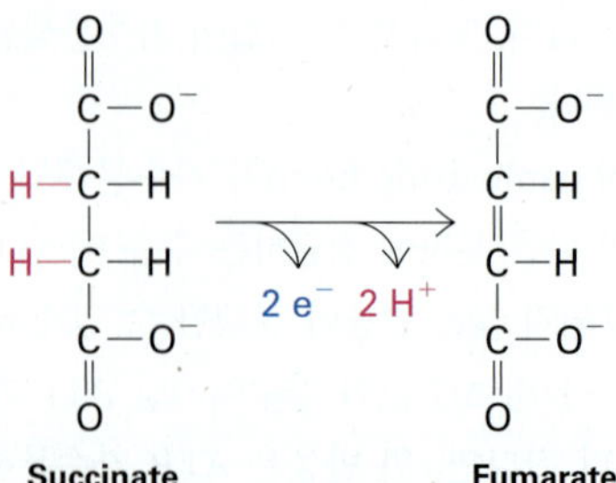

그림 2-32 Succinate가 Fumarate로 변하는 과정. Citric acid cycle의 한 과정으로서 mitochondria에서 일어나는 이 oxidation reaction을 보면, succinate가 electron 2개와 proton 2개를 잃는다. 이 electron과 proton들은 FAD로 옮겨져서 FAD를 $FADH_2$로 reduction시킨다.

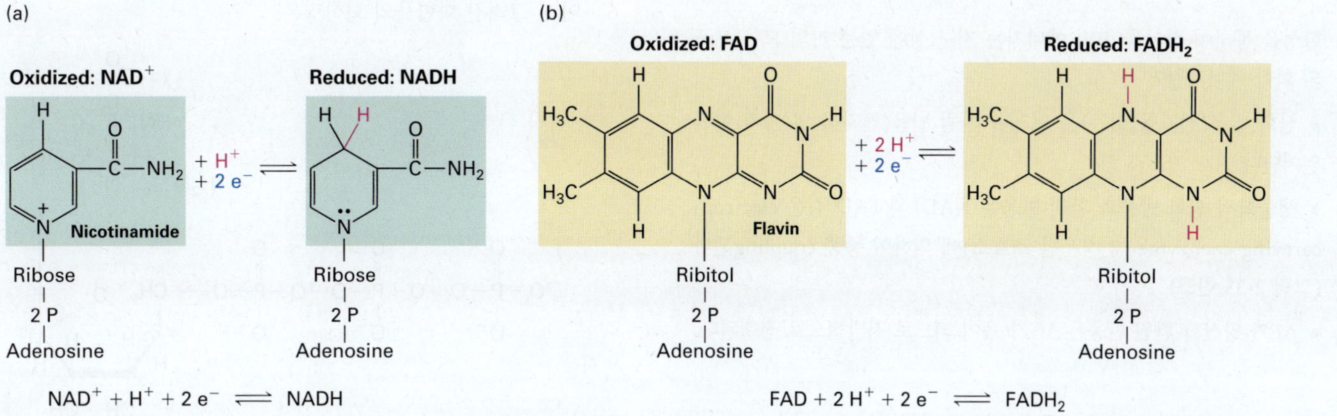

(a)

Oxidized: NAD^+ + H^+ + 2 e^- ⇌ **Reduced: NADH**

Nicotinamide; Ribose – 2 P – Adenosine

$$NAD^+ + H^+ + 2\,e^- \rightleftharpoons NADH$$

(b)

Oxidized: FAD + 2 H^+ + 2 e^- ⇌ **Reduced: $FADH_2$**

Flavin; Ribitol – 2 P – Adenosine

$$FAD + 2\,H^+ + 2\,e^- \rightleftharpoons FADH_2$$

그림 2-33 Electron-carrying coenzyme인 NAD^+와 FAD. (a) NAD^+ (nicotinamide adenine dinucleotide)는 2개의 electron과 1개의 proton을 동시에 얻음으로써 reduction되어 NADH가 된다. biological system에서 볼 수 있는 많은 redox reaction에서 한 쌍의 hydrogen atom (2개의 proton과 2개의 electron)이 한 분자로부터 제거된다. 어떤 경우에는 proton 1개와 electron 2개가 NAD^+에 전달되며, 남은 proton 1개는 용액으로 방출된다. (b) Succinate가 fumarate로 전환되는 과정에서 볼 수 있듯이(그림 2-32 참조), FAD (flavin adenine dinucleotide)는 electron과 proton을 각각 2개씩 얻음으로써 $FADH_2$로 reduction된다. 이 반응은 두 단계에 걸친 반응으로서, 먼저 proton과 electron이 1개씩 첨가되어 수명이 짧은 semiquinone intermediate (그림에서는 생략됨)가 되고, 그 후에 electron과 proton을 하나씩 더 얻는다.

$$\textit{Oxidation of } Fe^{2+}:\quad 2\,Fe^{2+} \rightarrow 2\,Fe^{3+} + 2\,e^-$$

$$\textit{Reduction of } O_2:\quad 2\,e^- + \tfrac{1}{2}\,O_2 \rightarrow O^{2-}$$

이 반응에서, reduced oxygen (환원된 산소, O^{2-})은 양성자 2개와 반응하여 물 분자 (H_2O) 하나를 형성한다. 원자나 분자가 전자를 *gain* (얻는)하는 경향을 **reduction potential *E* (환원 전위 *E*)**로 수식화할 수 있다. 전자를 *lose* (잃는)하는 경향을 **oxidation potential (산화 전위)**이라 하며, reverse reaction에 대한 reduction potential과 크기는 같지만 부호가 반대이다.

환원 전위는 standard condition (25°C, 1기압, 1 M의 반응물) 하에 아래의 half-reaction의 reduction potential을 0으로 하여 상대값을 volt (V) 단위로 나타낸 것이다:

$$H^+ + e^- \underset{\text{oxidation}}{\overset{\text{reduction}}{\rightleftharpoons}} \tfrac{1}{2}\,H_2$$

Standard condition에서 분자나 원자의 reduction potential (E)은 standard reduction potential (표준 환원 전위) E'_0와 같다. E'_0가 양수인 분자나 이온은 표준 조건에서 H^+ 이온보다 전자에 대한 affinity가 더 크다. 반대로 음의 E'_0을 가지는 분자나 이온은 표준 조건에서의 H^+ 이온보다 전자에 대한 친화도가 낮다. 세포에서 반응물의 농도는 1 M이 아니므로, $\Delta G^{\circ\prime}$ 값처럼 세포 내에서의 환원 전위 값도 표준 환원 전위와는 다소 차이가 난다.

환원 반응에서 전자들은 보다 많은 양의 환원 전위를 가지는 원자나 분자쪽으로 자발적으로 이동한다. 바꾸어 말하면, 보다 큰 음의 환원 전위를 가진 화합물은 보다 큰 양의 환원 전위를 가진 화합물로 전자를 자발적으로 이동시킬 수 있다(즉, 환원시킬 수 있다). 이런 형태의 반응에서, 전위 변화 ΔE는 두 half-reaction에 대한 산화 환원 전위의 합과 같다. 환원 전위의 ΔE는 자유 에너지 ΔG의 변화와 관련이 있으며, 다음과 같은 관계식으로 나타낸다.

$$\Delta G\ (\text{cal/mol}) = -n\,(23{,}064)\,\Delta E\ (\text{volts}) \qquad (2\text{-}11)$$

이 관계식에서 n은 이동하는 전자의 수이다. ΔE 값이 양수인 환원 반응은 ΔG가 음수이므로 반응은 정방향으로 자발적으로 진행된다.

2.4절의 주요 개념

Biochemical Energetics (생화학적 에너지학)

- 자유 에너지 변화(ΔG)는 생체계에서 자발적으로 일어나는 화학 반응의 능력(potential)을 예측하는 데 가장 유용한 측정 단위이다. 화학 반응은 ΔG가 음의 값을 갖는 방향으로 자발적으로 진행되는 경향이 있다. ΔG 값의 크기는 reaction rate (반응의 속도)과는 무관하다. ΔG가 음인 반응을 thermodynamically favorable (열역학적으로 가능한) 하다고 한다.
- 화학적 자유 에너지 변화 $\Delta G^{\circ\prime}$는 $-2.3RT \log K_{eq}$이다. 따라서 $\Delta G^{\circ\prime}$ 값은 평형 상태에 있는 반응물과 생성물의 농도에 의해 결정된다.
- 반응 속도는 반응물 전이 상태로 옮기는 데 필요한 activation energy (활성화 에너지)에 의해 좌우된다. 효소와 같은 촉매는 활성화 에너지를 낮추어 속도를 높인다.
- ΔG의 값이 양인 화학 반응도 ΔG의 절대값이 더 크며, 음인 반응과 쌍을 이루면 반응이 진행될 수 있다.
- ATP의 phosphoanhydride bond의 가수분해에 의해 에너지론적으로 가능성이 없는(energetically unfavorable) 세포 내의 많은 반응들이 진행될 수 있다(그림 2-31 참조).
- 직접적이든 간접적이든 식물과 algae, 그리고 광합성 박테리아가 광

합성을 통하여 잡아들인 빛 에너지는 지구 상에 있는 거의 모든 세포의 화학 에너지원이다.

- 산화 반응(전자를 읽는)은 언제나 환원 반응(전자를 얻는)과 함께 일어난다.
- 생물학적 산화 반응과 환원 반응은 NAD^+와 FAD 같은 electron-carrying coenzyme (전자운반 조효소)에 의하여 종종 coupling된다 (그림 2-33 참조).
- ΔE가 양산화-환원 반응은 ΔG가 음이 되므로 자발적으로 진행된다.

개념 복습

1. Gecko (도마뱀붙이)는 유리처럼 매끄러운 표면도 기어오를 수 있는 대단한 능력을 가진 파충류이다. Gecko는 발바닥의 격막(septae)과 부드러운 표면 간의 반데르발스 상호작용에 의해서 부드러운 표면에 붙는다는 것이 최근 밝혀졌다. 이 방법이 어떻게 공유결합보다 나은가? 가장 약한 분자적 결합 중의 하나인 반데르발스 상호작용으로 어떻게 gecko의 발이 효과적으로 붙을 수 있는가?

2. K^+ 채널은 막횡단 단백질(세포막의 phospholipid bilayer에 걸쳐 있는 단백질)의 한 예이다. 어떤 아미노산들이 (a) K^+이 통과하는 channel의 lining (단면)에 있으며, (b) fatty acyl group을 지닌 phospholipid bilayer (인지질 이중층)의 hydrophobic core와 접촉하고, (c) 막횡단 단백질의 cytosolic domain에 있으며, (d) 단백질의 extracellular domain 쪽(막횡단 단백질의 세포 밖)에 있는가?

3. V-M-Y-Y-E-N: 이것은 어떤 peptide의 아미노산 각각을 한 글자 약어로 나타낸 것이다. pH 7.0에서 이 peptide의 전체 전하는 얼마인가? Enzyme인 *protein tyrosine kinase*는 tyrosine의 hydroxyl group에 phosphate 를 붙인다. Tyrosine kinase에 의해 phosphorylation된 후 pH 7.0에서 이 peptide의 전체 전하는 얼마인가? 이 반응에서 kinase가 사용하는 phosphate는 어디에서 오는가?

4. Disulfide bond는 단백질의 3차원적 구조를 안정화시킨다. 어떤 아미노산이 disulfide bond (이황화 결합)에 관여하는가? Disulfide bond가 형성되면 entropy (ΔS)는 증가하는가? 혹은 감소하는가?

5. 1960년대 약물 *thalidomide*는 임산부의 아침 입덧을 치료하는 데 처방되었다. 그러나 thalidomide는 이 약물을 복용한 일부 여성의 아이들에게 심각한 팔다리의 손상을 유발함에 따라 사용이 중지되었다. 원인을 규명한 결과, thalidomide는 stereoisomer가 혼합된 것으로서 한 형태는 아침 구토를 완화시키지만 다른 형태는 기형을 유발하였다. Stereoisomer란 무엇인가? 매우 유사한 연관된 두 화합물이 왜 서로 다른 생리적 작용을 가지는가?

6. 아래 그려진 화합물의 화학명은?

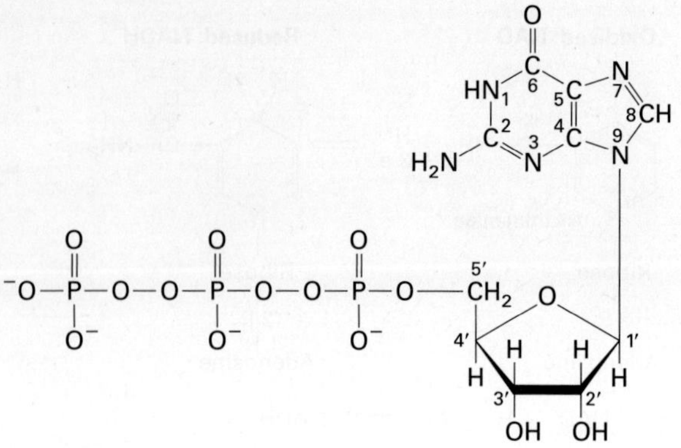

이 nucleotide는 DNA인가 RNA인가? 아니면 둘 다인가? 이 화합물의 또 다른 기능은 무엇인가?

7. Blood-group specificity (혈액형 별 특이성)는 red blood cell (적혈구) 표면에 존재하는 carbohydrate에 의하여 생긴다. Carbohydrate는 엄청난 구조적 다양성을 가진다. 4개의 sugar (당)로 형성된 oligosaccharide는 아미노산 4개로 형성된 oligopeptide보다 구조적으로 훨씬 복잡하다. Carbohydrate의 어떠한 특징 때문에 이렇게 구조적 다양성이 커지는가?

8. Equilibrium 상태의 순수한 물 1 L의 pH를 계산하라. 여기에 0.008 mole의 strong base (강염기)인 NaOH를 녹이면 pH는 어떻게 변하겠는가? 용액의 61%는 약산 형태로, 나머지 39%는 MOPS conjugate base로 존재하는(MOPS의 pK_a는 7.20임) 약산인 3-(*N*-morpholino) propane-1-sulfonic acid (MOPS) 50 mM aqueous solution의 pH를 계산하라. 이 MOPS buffer 1 L에 0.008 mole의 NaOH를 첨가하면 최종 pH는 얼마가 되는가?

9. Ammonia (NH_3)는 산성 조건에서 다음 반응식에 의해 protonated 되어 (proton을 얻어) ammonium ion이 되는 약염기이다.

$$NH_3 + H^+ \rightarrow NH_4{}^+$$

NH_3는 lysosome을 포함한 생체막을 자유롭게 통과한다. Lysosome은 pH가 약 4.5–5.0 정도되는 subcellular organelle이며, 세포질의 pH는 7.0이다. 세포가 암모니아에 노출되면 lysosome의 pH에는 어떤 영향이 미치는가? 주의: Protonation된 ammonia는 막에서 자유롭게 확산되지 않는다.

10. 결합 반응 L + R → LR에서, L은 ligand이고 R은 수용체이다. 수용체의 농도가 5×10^{-2} M인 용액에 ligand 1×10^{-3} M을 첨가하였을 때, L의 90%는 R과 결합하여 LR을 형성한다. 이 반응의 K_{eq}는 얼마인가? 이 결합 반응을 촉진하는 단백질이 첨가되면 K_{eq}는 어떤 영향을 받을까? Dissociation equilibrium constant K_d는 얼마인가?

11. Cytoplasm에서 phosphoric acid의 ionization state (이온화된 형태)는? Phosphoric acid는 생리적으로 왜 중요한 화합물인가?

12. 반응 X + Y → XY의 $\Delta G^{\circ\prime}$는 −1000 cal/mol이다. X, Y, XY의 초기 농도가 모두 0.01 M일 때, 25°C (298 Kelvin)에서 ΔG 값은? 이 반응을 에너지론적으로 선호되게 만드는 방법 두 가지를 제시하시오.

13. 건강 전문가들에 따르면, animal fat으로부터 나오는 saturated fatty acid들은 coronary heart disease (관상동맥 심장병)의 주요 원인이라고 한다. saturated fatty acid와 unsaturated fatty acid를 구별하는 기준은 무엇이며, *saturated* (포화) 지방산은 무엇을 의미하는가? 최근, 몸의 총 cholesterol 수치를 높이는 trans unsaturated fatty acid들, 즉 trans fat은 심장병과 관련이 있다고 알려졌다. cis stereoisomer는 trans와 어떻게 다르며, cis 구성은 fatty acid chain 구조에 어떤 영향을 미치는가?

14. 아미노산의 화학적 변형은 단백질의 다양성과 기능에 기여한다. 예를 들어, 특정 아미노산의 γ-carboxylation은 단백질을 생물학적으로 활성화시키기 위해 필요하다. 어떤 특정한 아미노산이 이러한 변형을 겪으며, 그것의 생물학적 관련성은 무엇인가? 많은 식물에 존재하는 coumarin의 유도체인 warfarin은 아미노산의 γ-carboxylation를 억제하여, 과거에는 쥐약으로 사용되었다. 현재는 사람에게도 임상적으로 사용된다. 어떤 환자들이 warfatin을 처방받을 수 있으며, 그 이유는 무엇인가?

CHAPTER 3

단백질의 구조와 기능

(Protein Structure and Function)

컴퓨터로 설계한 가상의 4가닥 섬유 단백질(fiber protein)을 섬유 축 아래에서 본 그림. 포도상구균 핵산분해효소(nuclease) 단백질의 아미노산 서열을 고도의 단백질 설계 방법을 이용해 수정하여 각각의 접힌 단백질(folded protein) chain (다른 색상으로 표시)이 긴 가닥으로 쌓이게 나타내었다. 단백질 설계를 통해 4개의 긴 가닥이 4가닥의 섬유소(fiber)를 이루고, 이들은 섬유소 중앙에 있는 소수성 나선(hydrophobic helix) 결합에 의해 서로 고정될 것이라 예상할 수 있다. [Data from H. Shen et al., 2018, *Science* **362**:705–709.]

OUTLINE

Protein (단백질)은 아미노산의 polymer (중합체)인 *polypeptide* (폴리펩티드)가 3차원으로 접혀져서 만들어지며 형태와 크기가 다양하다. 단백질의 3차원적 구조가 다양한 이유는 기본적으로 아미노산의 서열과 길이가 다양하기 때문이다. 일반적으로 단백질을 구성하는 아미노산은 단백질에 따라 1개 또는 몇 개의 구조적으로 매우 비슷한 3차원적 구조를 형성하는데, 이를 **conformation**이라고 한다. 단백질이 어떻게 기능하는지 알기 위해서는 단백질의 기능이 3차원 구조로부터 파생되고, 단백질의 3차원 구조는 아미노산 서열과 단백질 구조를 안정화시키는 *noncovalent interaction* (비공유 상호작용)에 의해 결정된다는 핵심 개념을 이해해야 한다.

많은 경우에서, 단백질이 다른 molecule (분자) 또는 이온과 covalent 또는 noncovalent하게 결합 여부에 따라 단백질의 conformation과 기능이 달라질 수 있다. 이러한 결합을 통해 단백질의 기능 또는 *activity* (활성)를 "켬", "끔" 또는 "증가", "감소"시키는 방법으로 *regulation* (조절)함으로써, 세포가 외부 조건 변화에 적응할 수 있게 한다. 외부 조건 변화에는 nutrient availability (양분 가용성, 21장), hormonal signaling (호르몬 신호전달, 15장과 16장), 다른 세포와 정보 교환(20장과 23장), 개체의 발생 상태, 병원체 존재 여부(24장)를 포함한 다양한 요인들이 있다.

대표적인 진핵세포에는 얼마나 많은 단백질이 존재할까? 계산상으로는 간세포에 대략 7.9×10^9개의 단백질 분자가 있다. (이 계산은 3.1절에서 설명한다.) 간세포에는 대략 10,000개의 서로 다른 단백질이 있으며, 하나의 단백질은 평균적으로 백만 개 분자가 존재한다고 추측할 수 있다. 그러나 실제로 단백질의 양은 단백질마다 차이가 매우 커서 insulin-결합 수용체 단백질은 세포 당 2×10^4 분자 정도로 양이 적지만, 구조단백질 actin은 세포당 5×10^8 분자 정도로 많은 양이 존재한다. 모든 세포는 특정 시기에 세포가 필요한 양만큼 적절한 양의 단백질을 가질 수 있도록 각 단백질의 양을 면밀히 조절한다. 우리는 이번 장과 8장, 9장에서 세포가 단백질의 양을 조절하기 위해 어떤 메커니즘(기전)을 사용하는지 살펴볼 것이다.

단백질은 서로 매우 다른 다양한 구조와 화학적 특성을 가지고 있으므로, 생명 유지에 필요한 기능을 하거나, 세포 또는 개체에 진화적으로 이점을 가져다 줄 수 있는 매우 다양한 기능을 세포 내부 또는 세포 바깥에서 수행한다. 따라서 단백질의 구조와 활성을 파악하거나, 단백질 조절 과정에서 구조와 활성이 어떻게 변화되는지 연구하는 것은 세포가 어떻게 기능하는지 이해하기에 앞서 기본적으로 선행되어야 한다. 단백질이 어떻게 다른 단백질 또는 다른 분자(예를 들어, DNA)와 상호작용을 통해서 세포가 적절히 기능하며 살아갈 수 있도록 하는지 살펴보는 데 이 책의 많은 부분을 할애하였다. 이 장에서는 단백질의 구조와 기능, 활성 조절에 대한 기본 원리를 살펴볼 것이다. 또한 이러한 연구에 사용되는 몇 가지 실험 방법에 대해서도 다룰 것이다.

단백질의 구조는 매우 다양하지만, 대부분의 단백질은 넓은 범위의 기능을 기준으로 몇 개의 그룹으로 나눌 수 있다. 예를 들어, *structural protein* (구조 단백질)은 세포의 모양과 extracellular environment (세포 밖 환경)를 결정하고 분자와 세포소기관이 세포 내에서 움직일 수 있도록 돕는 guide wire나 rail의 역할을 한다. 구조 단백질은 여러 개의 단백질 subunit을 조립하여 종종 매우 크고 긴 구조를 형성한다. *Scaffold protein* (비계 단백질)은 다른 단백질들을 일정한 배열로 결합시켜서 순서대로 정렬시킴으로써 단백질들이 결합되지 않을 때보다 훨씬 효율적으로 특정 기능을 수행하도록 한다. *Enzyme* (효소)은 화학 반응(때로는 *molecular transformation*이라 부른다)을 촉진시키는 단백질이다. 이러한 molecular transformation은 metabolic pathway (대사 과정)의 핵심적인 요소이며(12장), 결과적으로 protein modification (단백질 변형)을 통해 단백질의 활성을 변화시킨다[예를 들어, 단백질의 phosphorylation (인산화)과 dephosphorylation (탈인산화)을 통해 단백질을 활성화시키거나 불활성화시킴]. *Membrane transport protein* (막 수송 단백질)은 세포에 있는 막에 박혀 있어서 이온과 분자가 세포에 있는 막을 통해서 흐르게 한다. *Regulatory protein* (조절 단백질)은 세포의 활성을 조절하기 위한 signal, sensor 또는 switch로 기능함으로써 다른 단백질과 유전자의 기능을 변화시켜 궁극적으로 세포의 활동을 조절한다. Extracellular signal (세포 외부 신호)을 세포 내부에 전달하는 cell-surface 수용체나 hormone (호르몬)과 같은 *signaling* 단백질이 regulatory 단백질에 속한다. *Motor protein* (운동 단백질)은 다른 단백질, 세포소기관, 세포 그리고 심지어 전체 organism도 이동시키는 기능을 한다. 어떤 단백질은 이러한 단백질 class 중 하나에 정확히 속하지 않는 경우도 있다. 예를 들어, 남극의 notothenioid (노토테니오이드)와 북극의 cod (대구)와 같이 차가운 물에 사는 물고기는 체내의 물이 어는 것을 방지하기 위하여 circulatory system (순환계)에 antifreeze protein (부동 단백질)을 가지고 있다. 많은 단백질은 하나 이상의 단백질 class에 속하기도 한다. 어떤 cell-surface signaling 수용체는 화학 반응을 촉진시켜서 세포 외부에서 내부로 signal을 전달하기 때문에 효소이기도 하면서, 동시에 regulatory 단백질로 분류될 수 있다. 어떤 단백질은 다양한 기능을 효율적으로 수행하기 위해서 large complex를 이루는데, 이를 *molecular machine*이라 부른다.

단백질들이 어떻게 다양한 기능을 하는 것일까? 단백질은 세 가지 단순한 메커니즘을 통해 다양한 기능을 수행한다. 가장 기본적으로 단백질은 다른 단백질, 또는 DNA와 같은 다른 macromolecule (거대분자), 작은 분자나 이온에 *binding* (결합)한다. 앞서 2장에서 살펴본 바와 같이, 결합은 단백질과 결합 partner와의 molecular complementarity (분자적 상보성)에 의해 일어난다. 두 번째 메커니즘은 enzymatic *catalysis*이다. 단백질이 적절한 conformation을 가지게 되면, 아미노산 side chain과 backbone의 carboxyl group과 amino group들이 적절한 위치에서 다른 분자(효소의 기질이라고 부름)의 covalent bond (공유결합)의 재배열을 촉진시킨다. 세 번째 메커니즘은 단백질 활성을 *regulation*하는 것이다. 일반적으로 단백질이 noncovalent하게(결합) 또는 covalent하게(catalysis) 다른 분자 또는 이온과 결합하면 단백질의 모양과 활성이 변한다. 많은 경우에 이러한 결합 또는 catalysis가 단백질의 conformation 변화를 유도하고 활성에 영향을 준다.

세포가 생존하고 성장하기 위해서, 단백질들이 어떤 기능을 하는지 완벽히 이해하기 위해서는 세포에 있는 모든 단백질의 종류와 특징을 알 필요가 있다. 어떤 면에서 molecular cell biologist들은 모든 단백질 'parts list (부품)'를 나열하고 이 단백질이 작용하는 방법에 대한 포괄적인 'user's manual (사용자 설명서)'을 만들기를 원한다. 최근 점점 더 많은 organism에 대한 genome (complete sets of genes)의 sequence (서열)가 밝혀짐에 따라 더 많은 단백질 목록에 대한 정리가 용이해지고 있다. 유전체 서열을 컴퓨터로 분석하면 DNA가 암호화하고 있는 단백질의 대략적인 수와 아미노산 서열을 추론해낼 수 있다(6장 참조). 또한 각 세포의 mRNA의 서열을 결정하거나 상대적인 양을 알아낼 수도 있으며, 유사한 세포들에서 발현되는 mRNA 전체(transcriptome)로부터 유전체에 암호화되어 있는 단백질 중에서 어떤 단백질들이 특정 세포에서 발현되는지(*expressed*) 추정할 수 있다. DNA와 mRNA를 sequencing하는 것은 세포에 발현되는 단백질들의 특징을 간접적으로 알 수 있는 방법이다. 세포에 발현되는 단백질들을 직접 측정하는 방법도 있는데, 이는 3.5와 3.6절에서 다룰 것이다.

Proteome (단백질체)라는 용어는 한 organism, organ 또는 organism의 특정 세포 유형에 있는 전체 protein complement를 말한다. 인간 유전체에는 단백질을 암호화할 수 있는 약 21,500개의 유전자를 가지고 있다. 그러나 alternative splicing (9장 참조)과 같은 mRNA 생산에서의 variation 그리고 100가지 이상의 protein modification 때문에 수십만 개의 서로 다른 인간 단백질이 만들어질 수 있다. 기능이 알려지지 않은 단백질의 구조와 서열을 기능이 알려진 단백질의 그것과 비교해 봄으로써, 과학자들은 알려지지 않은 단백질의 기능을 추론해낼 수 있다. 과거에는 특정 단백질을 동정하기 위하여 유전적, 생화학적, 생리학적인 방법들을 사용하여 단백질의 기능을 분석하였다. 그러나 현대의 유전체와 proteome의 시대에서는 단백질의 기능을 밝히기 전에 단백질 자체에 대한 동정이 먼저 이루어진다.

이 장에서는 우선 이 책 전체에 흐르는 중요한 논점, 즉 단백질의 구조가 그 기능에 어떻게 영향을 주는가 하는 문제로 시작하겠다(그림 3-1). 3.1절은 아미노산 linear chain들이 어떻게 3차원의 structural hierarchy (단계적 구조)를 이루는지 알아본다. 다음 절에서는 단백질이 어떻게 접혀서 이러한 구조를 이루는지에 대해 논의한다. 그리고 화학 반응을 촉매하는 특별한 단백질 class인 효소에 초점을 두고 단백질 기능에 대해서 다룬다. 우리가 초점을 맞추고 있는 단백질의 기능과 구조는 세포생물학에서 다양한 관심을 받고 있는 생물체의 구조와 기능 연관성의 일부분이다. 생물학적 기능과 구조에 대한 원리는 Johann von Goethe (1749–1832), Ernst Haeckel (1834–1919), D'Arcy Thompson (1860–1948)과 같은 생물학자에 의해서 정리되었으며, 생물학과 다른 학문 분야에도 영향을 주었다. 이들은 "form follows function (형태는 기능을 따른다)" (Louis Sullivan) 그리고 "form is function (형태가 기능이다)" (Frank Lloyd Wright)라는 명언으로 대표되는 20세기 초 "organic" architecture 학파에 영향을 주었다. 이 단원에서는 단백질의 구조와 기능을 먼저 살펴본 후에, 단백질의 활성과 수명을 조절하기 위해 세포가 사용하는 다양한 메커니즘에 대해서 다룬다. 특히 중요한 조절 메커니즘들은 allosteric effector-binding (다른자리입체성 작동체 결합), covalent phosphorylation (공유성 인산화), protein ubiquitinylation (단백질 유비퀴틴화)이다. 이어서는 단백질을 분리하고 그 특징을 밝히는 데 생물학자들이 많이 사용하는 technique와 새로이 급성장하는 proteomics 분야에 대한 논의로 마무리한다.

(a)
MOLECULAR STRUCTURE
Primary (sequence)
Secondary (local folding and hydrogen bonding)
Tertiary (overall conformation)
Supramolecular (large-scale assembly)
Quaternary (multimeric structure)
(b)
Structure
Signaling
FUNCTION
Binding
Catalysis
Regulation
Movement
Transport
Molecular transformation
A
B

그림 3-1 단백질 구조와 기능의 개요. (a) 단백질들은 단계적인 구조를 가지고 있다. Polypeptide에서 peptide bond로 연결된 일직선의 아미노산 서열(1차 구조)는 접혀서 부분적으로 helix나 sheet (2차 구조)를 이루고, 이들은 다시 촘촘하게 쌓여서 복잡한 three-dimensional structure (3차 구조)를 이룬다. 어떤 polypeptide는 서로 결합하여 multichain complex (4차 구조)를 이루며, 때로는 수십 개에서 수백 개의 subunit으로 이루어진 매우 큰 complex를 이룬다(supramolecular complexes). (b) 단백질들은 다음과 같은 여러 가지 기능을 갖는다. 예를 들면, 3차원 공간에서 유전체, 세포소기관, cytoplasm, 단백질 complex 그리고 membrane의 구성(*structure*), 환경 변화의 감지 및 신호전달(*signaling*), small molecule이나 이온의 수송(*transport*), chemical reaction을 촉진하여 하나의 분자를 다른 분자로 전환(*molecular transformation*), 운동을 위한 힘 발생(motor protein을 통해서) 등이다. 이러한 기능들은 *결합, catalysis, regulation*을 포함하는 메커니즘을 통해서 발생한다.

3.1 단백질의 Hierarchical Structure (계층 구조)

여기서 단백질의 구조를 4단계, 즉 1차, 2차, 3차, 4차 구조로 나누어 살펴보자(그림 3-2).

단백질의 1차 구조는 아미노산의 직선 배열로 이루어져 있다

2장에서 살펴본 것처럼, 단백질은 20가지 아미노산으로 이루어진 poly-

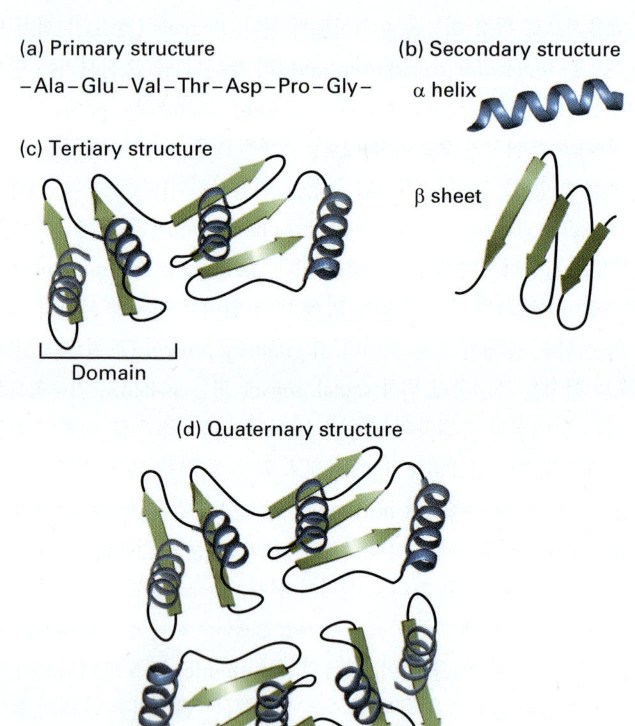

그림 3-2 단백질의 네 가지 단계적 구조. (a) Peptide bond에 의해 서로 연결된 아미노산의 일직선 서열이 1차 구조이다. (b) Polypeptide chain이 접혀서 부분적으로 이루는 α helix나 β sheet를 2차 구조라 한다. (c) 하나의 polypeptide chain 내에서 다양한 loop이나 turn 구조와 함께 secondary structural element들이 좀 더 큰 독립적으로 안정적으로 이루는 구조를 3차 구조라 한다. 이 구조는 독립적인 domain들로 구성된다. (d) 어떤 단백질은 2개 이상의 polypeptide가 서로 결합하여 구성되는데, 이를 4차 구조라 한다.

(a)

$$^{+}H_3N-\underset{R_1}{\overset{H}{C_\alpha}}-\overset{O}{\overset{\|}{C}}-O^- + {}^{+}H_3N-\underset{R_2}{\overset{H}{C_\alpha}}-\overset{O}{\overset{\|}{C}}-O^-$$

$$\downarrow \; H_2O$$

$$^{+}H_3N-\underset{R_1}{\overset{H}{C_\alpha}}-\overset{O}{\overset{\|}{C}}-\underset{H}{N}-\underset{R_2}{\overset{H}{C_\alpha}}-\overset{O}{\overset{\|}{C}}-O^-$$

Peptide bond

(b)

$$^{+}H_3N-\underset{R_1}{\overset{H}{C_\alpha}}-\overset{O}{\overset{\|}{C}}-\underset{H}{N}-\underset{R_2}{\overset{H}{C_\alpha}}-\underset{O}{\underset{\|}{C}}-\overset{H}{N}-\underset{R_3}{\overset{H}{C_\alpha}}-\overset{O}{\overset{\|}{C}}-\underset{H}{N}-\underset{R_4}{\overset{H}{C_\alpha}}-\overset{O}{\overset{\|}{C}}-O^-$$

Amino end (N-terminus)

Carboxyl end (C-terminus)

(c)

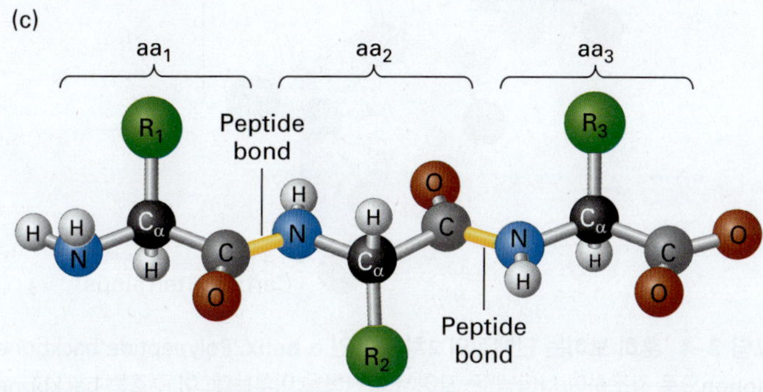

그림 3-3 Polypeptide의 구조. (a) 각 아미노산은 peptide bond에 의해서 서로 연결된다. Peptide bond는 물 분자를 잃어버리는 반응을 통해 형성된다. R_1, R_2 등은 각 아미노산의 side chain (R group)을 나타낸다. (b) Peptide bond에 의해 서로 연결된 일직선의 아미노산 polymer를 *polypeptide*라 하며, 이 구조는 free amino end (N-말단)과 free carboxyl end (C-말단)을 갖는다. (c) Ball-and-stick model에서 peptide bond (노란색)가 한 아미노산의 amino nitrogen 원자(파란색)와 이웃하고 있는 아미노산의 carbonyl carbon 원자(회색) 사이를 연결하고 있는 것을 알 수 있다. 아미노산의 α carbon 원자(검정색)에서 R group (녹색)이 뻗어 나와 있다. 이러한 side chain들이 각 단백질의 서로 다른 특성들을 대부분 결정한다.

mer (중합체)이다. 각각의 아미노산은 **peptide bond**에 의해 가지 없는 일직선의 사슬로 연결된다. 한 아미노산의 amino group과 인접한 다른 아미노산의 carboxyl group 사이에 peptide bond가 형성된다(그림 3-3a). 단백질의 한 아미노산을 때로는 *residue* (잔기)라고 부른다. Amide N, α carbon (C_α), carbonyl C, 아미노산 잔기의 산소 원자들이 반복되어 단백질 분자의 *backbone* (골격)을 이루고, 여기에서 다양한 side-chain group이 뻗어 나온다(그림 3-3b, c). 따라서 단백질의 한 쪽 끝은 free (unlinked) amino group (*N-terminus*)을 가지고 있고, 다른 쪽 끝은 free carboxyl group (C-*terminus*)을 가지고 있다. 단백질의 **primary structure (1차 구조)**는 단백질을 구성하는 아미노산 잔기의 직선적 배열, 즉 서열이다. 단백질 chain의 서열은 관습적으로 왼쪽에 N-말단 아미노산을 오른쪽에 C-말단 아미노산을 적는다. 그리고 아미노산은 N-말단에서부터 순서대로 번호를 매긴다.

단백질의 최초의 1차 구조는 1950년대 초에 밝혀진 insulin이다. 현재까지 천만 개 이상의 단백질의 아미노산 서열이 밝혀졌으며, 그 숫자는 날마다 증가하고 있다. 아미노산의 polymerization에 의해 생성되는 이 사슬을 설명하는 데는 많은 용어가 사용된다. Peptide bond로 연결된 특정 서열을 가지는 아미노산 사슬이 짧으면 **oligopeptide** 혹은 간단히 **peptide**라 하고, 더 길면 **polypeptide**라고 한다. Peptide는 대개 20–30개보다 작은 숫자의 아미노산 잔기로 이루어진 데 반해, polypeptide는 200–500개 잔기 또는 그 이상의 길이로 이루어진다. 지금까지 34,000개 이상의 잔기로 이루어진 근육 단백질 titin이 가장 길다고 알려져 있다. 보통 특정한 3차원 구조를 형성하고 있는 polypeptide 또는 polypeptide complex를 **protein (단백질)**이라고 부른다.

단백질 혹은 polypeptide의 크기는 분자량을 **dalton** (dalton은 1 atomic mass unit, 즉, 원자량)으로 나타내거나 혹은 molecular weight (MW)로 표시한다. 예를 들면, 10,000 MW 단백질은 10,000 dalton (Da), 혹은 10 kilodalton (kDa)의 질량을 갖는다. 3.5절에서 단백질의 크기와 물리적인 특징들을 측정하는 방법들을 다룰 것이다. Covalent modification이 일어나지 않은 단백질의 정확한 분자량은 단백질을 구성하는 모든 아미노산의 질량을 모두 더하여 얻을 수 있다. 예를 들면, 효모 유전체에 의해 암호화된 단백질은 평균 52,728 MW이고, 약 466개의 아미노산 잔기를 가지고 있다. 단백질을 구성하는 아미노산의 평균 분자량은 그들의 평균 상대적 양(relative abundance)을 고려하면 113이다. 이 값은 분자량을 근거로 단백질 안의 아미노산 숫자를 계산하거나, 반대로 잔기 숫자로 분자량을 추정할 때 사용된다. 단백질의 어느 하나 또는 여러 개의 아미노산에 인산화 또는 glycosylation (2장과 13장 참조)과 같은 covalent modification이 일어나면 해당 아미노산 잔기의 질량이 변하고, 따라서 단백질 전체 질량도 변한다.

도입부에서 진핵세포는 평균적으로 7.9×10^9 분자의 단백질을 가지고 있다고 언급하였다. 이 숫자를 어떻게 추정하였을까? 포유동물의 대표적인 간세포에서 간단히 계산해보자. 간세포는 한 면이 대략 15 μm (0.0015 cm)인 정육면체로서, 3.4×10^{-9} cm^3 (또는 milliliter, ml)의 부피를 갖는다. 세포 밀도가 1.03 g/ml이라고 가정하면, 세포는 3.5×10^{-9} g의 질량을 갖는다. 단백질은 전체 세포 질량의 20% 정도를 차지하기 때문에 세포의 단백질 총질량은 7×10^{-10} g이다. 단백질이 평균적으로 53,000 g/mol을 갖는다면, 총단백질 질량, 아보가드로의 수, 화합물의 mole 당 molecule 수(6.02×10^{23})로부터의 계산을 통해 간세포는 7.9×10^9 분자의 단백질을 가지고 있다고 추정할 수 있다.

2차 구조는 단백질 구조의 핵심 요소이다

단백질 구조의 두 번째 단계는 **secondary structure (2차 구조)**이다.

2차 구조는 polypeptide chain이 안정되게 공간에 배열된 구조로, backbone amide와 carbonyl group 사이가 hydrogen bond에 의해 연결되고 종종 반복되는 structural pattern을 보인다. 하나의 polypeptide chain 조각이 이루는 특정한 2차 구조는 아미노산 서열에 따라 달라진다(3.2절 참조). 하나의 polypeptide는 서열에 따라서 chain의 여러 위치에서 다양한 2차 구조를 가진다. 중요한 2차 구조에는 **alpha (α) helix**, **beta (β) sheet**, 짧은 U-shaped **beta (β) turn**이 있다. Polypeptide의 어떤 부분은 앞에서 언급한 구조를 이루지는 않지만, 뚜렷하고 안정된 모양을 가지기 때문에 *irregular* structure를 가지고 있다고 말한다. 고정된 3차 구조를 가지지 않고 상당히 유동적인 polypeptide는 *random coil*이라고 부른다. Random coil은 *disordered* (무질서한) 되어 있다고 말한다. 보통 단백질의 경우 polypeptide chain의 60%는 α helix나 β sheet로 존재하고 나머지는 irregular structure, 또는 coil이나 turn 모양이거나 disordered되어 있다. 따라서 α helix나 β sheet는 대부분 단백질을 내부적으로 지지하는 중요한 구성 요소이다. 이 절에서는 2차 구조의 모양과 이런 모양을 선호하게 하는 힘(force)에 대해서 알아보고, 다음 절에서 2차 구조가 어떻게 좀 더 크고 복잡한 배열, 즉 *tertiary structure* (3차 구조)를 형성하는지 알아본다.

α Helix α helix로 fold된 polypeptide에서 backbone은 나선형을 이루고, 각 peptide bond의 carbonyl oxygen atom은 아미노산 chain을 따라서 C-말단 방향으로 4개의 잔기만큼 떨어진 아미노산의 amide hydrogen atom과 hydrogen bond (수소결합)를 이룬다(그림 3-4). α helix 안에서 helix의 시작과 끝을 제외한 모든 backbone amino group과 carboxyl group은 서로 hydrogen bond를 이루므로 매우 안정된 구조를 가진다.

α helix에서 hydrogen-bonded 아미노산의 안정된 배열로 인해 backbone은 반듯한 막대 실린더 모양을 형성하고 side chain은 바깥쪽으로 돌출되어 있다. 단백질에서 특정 helix의 hydrophobic (소수성) 혹은 hydrophilic (친수성) 성질은 완전히 side chain의 특성에 따라 결정된다. 수용성 단백질의 경우 hydrophilic helix는 수용성 환경과 작용하기 쉽게 외부 표면에 위치한다. 반면에 hydrophobic helix의 경우는 접힌 단백질의 안쪽에 묻혀 있다. 세포막의 hydrophobic core에 묻혀 있는 단백질(10장 참조)은 20–25개 잔기로 구성된 하나 또는 여러 개의 hydrophobic helix를 통해 세포막을 관통한다. 아미노산 proline은 α helix 안에서 찾기 보기 어렵다. 왜냐하면, proline의 amino group과 side chain의 carbon과의 covalent bonding 때문에(그림 2-14 참조) 정상적인 hydrogen bonding을 통해 안정적인 backbone을 형성할 수 없기 때문이다. 전형적인 α helix는 본질적으로 가장 안정적이고, 단백질에서 가장 흔한 helix 형태이지만 더 단단하게 혹은 더 느슨하게 꼬인 변형된 helix도 있다. 예를 들어, *coiled coil* (앞으로 여러 절에서 언급 예정)이라고 불리는 특별한 helix의 경우 훨씬 조밀하게 꼬여 있다(3.5 residue, 0.51 nm per turn).

β Sheet β sheet는 β *strand*가 측면으로 쌓인 구조이다. 각각의 β

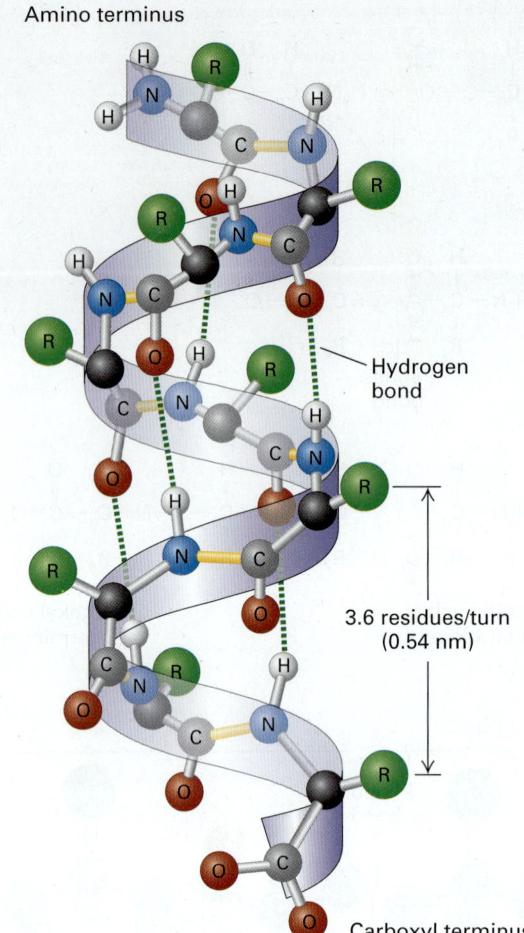

그림 3-4 흔히 보이는 단백질의 2차 구조인 α helix. Polypeptide backbone (ribbon으로 강조하여 나타냄)은 꼬여서 나선형을 이루는데, 이 구조는 backbone의 oxygen과 nitrogen에 연결된 hydrogen 원자 사이의 hydrogen bond에 의해 유지된다. Bond를 이루고 있는 hydrogen만을 표시하였다. Helix의 바깥쪽 표면에 side chain R group (녹색)이 위치한다. 나선형은 3.6 잔기당 한 번 회전한다. 36개의 아미노산으로 이루어진 α helix는 10번 회전하며 5.4 nm 길이를 가진다(0.54 nm/turn).

strand는 5–8개 잔기 정도로 짧고 거의 완전히 펼쳐진 polypeptide segment이다. β sheet에서는 하나의 β strand의 carbonyl oxygen과 인접한 별개의 β strand의 amide hydrogen 사이에서 hydrogen bonding이 일어난다. Hydrogen bonding은 β strand의 backbone과는 수직 방향으로 일어난다(그림 3-5a). 이런 서로 다른 β strand (그림에서 녹색과 파란색 화살표로 표시)는 segment 사이에 짧거나 혹은 긴 loop을 갖고, 하나의 polypeptide chain 안에 있기도 하지만, 여러 개의 polypeptide로 구성된 단백질의 다른 polypeptide chain에 있는 β strand 사이에 hydrogen bonding이 일어나기도 한다.

그림 3-5b는 2개 혹은 그 이상의 β strand가 나란히 인접하여 배열됨으로써, 거의 2차원적인 β pleated sheet (β 병풍구조 혹은 간단히 *pleated sheet*)를 만드는 방법을 보여 주고 있다. Sheet 안의 hydrogen

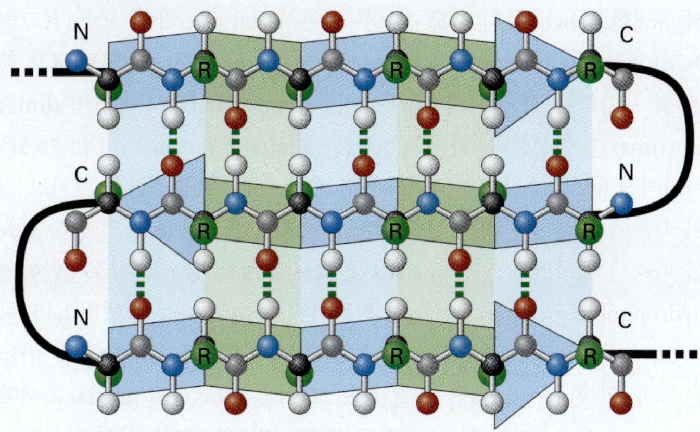

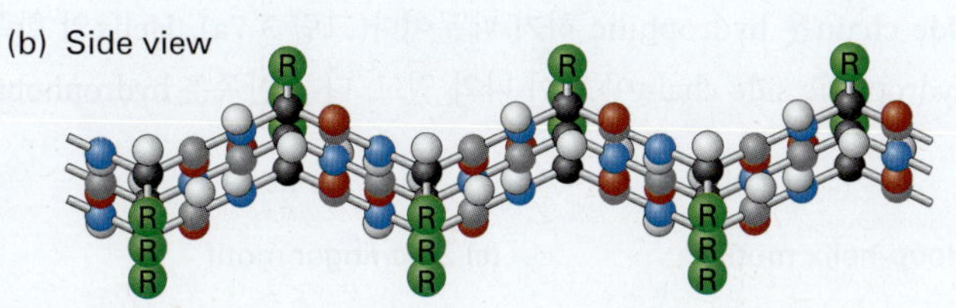

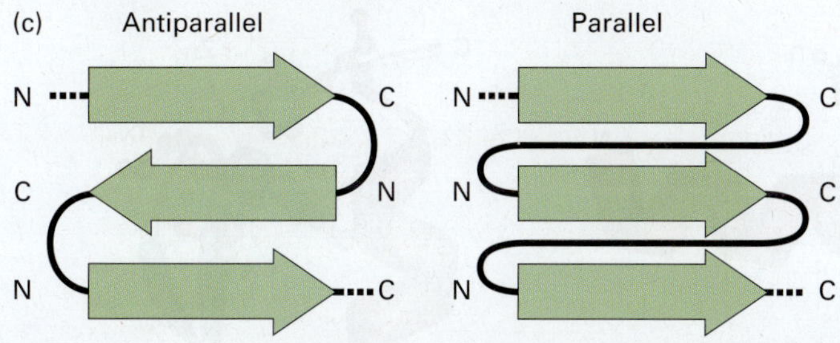

그림 3-5 흔히 보이는 단백질의 또 다른 2차 구조인 β sheet. (a) 세 가닥 strand로 이루어진 β sheet를 위에서 본 그림. 각 strand는 N-to-C 방향을 나타내기 위해 파란색과 녹색 조각으로 이루어진 리본 모양의 화살표로 강조하였다. 각 strand를 이어주는 loop는 검정색 line으로 표시하였다. 이러한 역 평행의 β sheet에서 각 strand의 화살표 방향은 인접한 strand의 방향과 반대이다. 구조를 안정화시키는 hydrogen bond가 β strand 사이에 연결되며 녹색 점선으로 표시되어 있다. (b) anti-parallel β sheet의 측면 그림. Sheet 평면의 위와 아래로 돌출되어 있는 R group (green)을 이 그림에서는 명확히 볼 수 있다. Polypeptide backbone의 고정된 각도 때문에 병풍 모양이 만들어진다. (c) 2개의 β sheet를 위에서 본 그림으로 N-to-C 방향은 화살표로 표시하였다. 각 strand는 서로 반대 방향인 antiparallel (왼쪽)이거나 같은 방향인 parallel (오른쪽)이다.

bond는 β strand들을 서로 지탱하고 있으며, side chain들은 plane 위쪽 또는 아래로 돌출되어 있다. Pleated sheet에서 β strand는 peptide bond의 방향에 따라 방향성을 보이며(N-말단에서 C-말단 방향), 인접한 β strand는 같은(평행) 방향(그림 3-5c, 오른쪽)으로나 반대(역 평행) 방향(그림 3-5a와 3-5c, 왼쪽)으로 배열된다. 어떤 단백질의 경우 β sheet들이 곡선으로 감아 돌면서 β *barrel*이라 불리는 실린더 모양을 이루기도 한다. 이러한 단백질이 세포막에 박혀 있으면 실린더 모양의 β sheet가 hydrophilic central pore를 이뤄서 이 구조를 통해 이온이나 small molecule이 이동할 수 있다(10장 참조).

β Turn 4개의 잔기로 구성된 β turn은 단백질의 표면에서 U-shape의 급격히 구부러진 모양을 형성한다. β turn은 polypeptide backbone의 방향을 반대로 향하게 하며, 말단 잔기 사이에서 hydrogen bond를 형성해 안정된 구조를 이룬다(그림 3-6). 이 구조는 긴 polypeptide가 접혀져서 매우 compact 한 구조를 이루게 한다. Polypeptide의 긴 segment가 구부러지거나 loop을 형성하면서 다양한 conformation을 이룸으로써 polypeptide backbone의 방향성은 반대 방향으로 바뀌게 된다.

어떤 경우에는 polypeptide의 서로 멀리 떨어진 부분 사이에서 상호작용에 의해 2차 구조가 결정되는 경우도 있지만, 많은 경우에 polypeptide segment의 2차 구조는 주로 아미노산 서열에 의해 결정된다. 아미노산 서열과 2차 구조와의 상관관계를 단백질 구조가 알려진 약 50,000여 개의 단백질에서 분석하였다. 연구자들은 이러한 연관성을 이용하여 구조가 알려지지 않은 polypeptide (약 250 million sequence, 약 86 billion amino acids)에 있는 2차 구조를 예측할 수 있다. 연구자들은 2차 구조를 예측하기 위해 다양한 매우 발전된 방법들을 사용하였고, 여기에는 진화적 상관관계를 고려한 방법이나 artificial neural network를 기반으로 deep learning을 사용하는 인공지능도 포함된다. 이러한 예측 방법은 완벽하지는 않아도 매우 유용하다. 실험적으로 구조가 결정된 단백질을 대상으로 구조 예측을 할 경우 정확도는 84%에 달한다. 주목할 만한 점은 coil이나 loop보다는 β sheet에 대한 예측이 더 정확하고, β sheet보다는 α helix에 대한 예측이 더 쉽다는 것이다. 이러한 구조 예측은 어느 유전자에 일어난 돌연변이가 단백질의 2차 구조

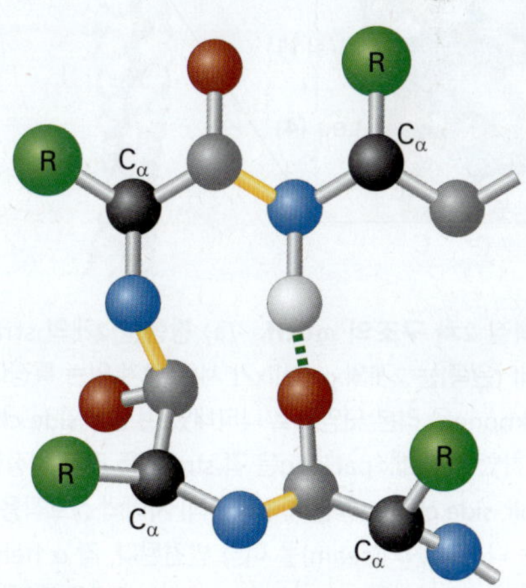

그림 3-6 β turn의 구조. 4개의 잔기로 구성된 β turn은 polypeptide의 방향을 역전시킨다(180° U-turn). β turn에는 종종 glycine과 proline이 발견된다. Glycine에는 large side chain이 없고, proline은 자체적으로 구부러진 모양을 하기 때문에 polypeptide backbone이 촘촘한 U자형으로 접힌다. 첫 번째와 네 번째 C_α carbon은 보통 0.7 nm 이하만큼 가까이 위치해서 이들 사이에 종종 hydrogen bond를 이룬다. β turn은 긴 polypeptide가 접혀 촘촘한 구조를 이루게 한다.

와 기능에 미치는 영향을 예상하는 데 사용할 수 있다.

Structural Motif는 2차 구조의 규칙적인 조합이다

2개 혹은 그 이상의 2차 구조의 조합이 독립적인 3차 구조를 형성하며, 이 구조가 여러 단백질에서 발견될 때, 이 3차 구조를 **structural motif**라고 부른다. Structural motif는 다른 이름으로 *supersecondary structure*라고 불리며 종종 단백질의 특정 기능과 연관되어 있다. 예를 들면, 특정 structural motif는 ATP와 같은 small molecule이나 calcium과 같은 이온에 결합하는 데 관여한다. 몇몇 structural motif는 단백질로부터 분리해 내더라도 안정적으로 존재하기 때문에 *structural domain*이라 부르기도 한다. 그러나 다른 structural motif는 단백질의 나머지 부분이 없으면 열역학적으로 불안정하기 때문에 독립적인 structural domain으로 간주되지 않는다.

보편적인 structural motif로는 α helix-based *coiled coil*을 들 수 있다. 이 motif는 2, 3, 때로는 4개의 서로 다른 polypeptide chain에서 유래한 α helix들이 서로 서로를 감아서 coil of coils를 만든다(그림 3-7a). Fibrous protein이나 *transcription factor* (전사조절인자, 8장 참조)를 포함하는 많은 단백질들은 coiled-coil motif를 사용하여 dimer나 trimer를 형성한다. 각각의 helix는 aliphatic [aromatic (방향족)은 아니지만 hydrophobic한] side chain (leucine, valine 등)을 가지고 있기 때문에 서로 단단하게 결합한다. 이 side chain은 helix의 한쪽 side를 따라서 위치하고, 인접한 helix에 있는 유사한 strip과 상호결합하면 hydrophobic group을 물로부터 격리시킬 수 있기 때문에 여러 helix들이 모여서 안정적으로 결합을 유지하게 한다. 이런 hydrophobic strip은 helix의 한쪽 side에만 배열된다. 그 이유는 helix의 primary 서열은 *heptad* 또는 *heptad repeat*라고 불리는 7개의 아미노산이 반복되는데, 그중에서 첫 번째와 네 번째 잔기의 side chain은 aliphatic이고, 다른 side chain은 hydrophilic 하기 때문이다(그림 3-7a). Helix의 한쪽은 hydrophilic side chain이 뻗어 나와 있고, 다른 한쪽은 hydrophobic

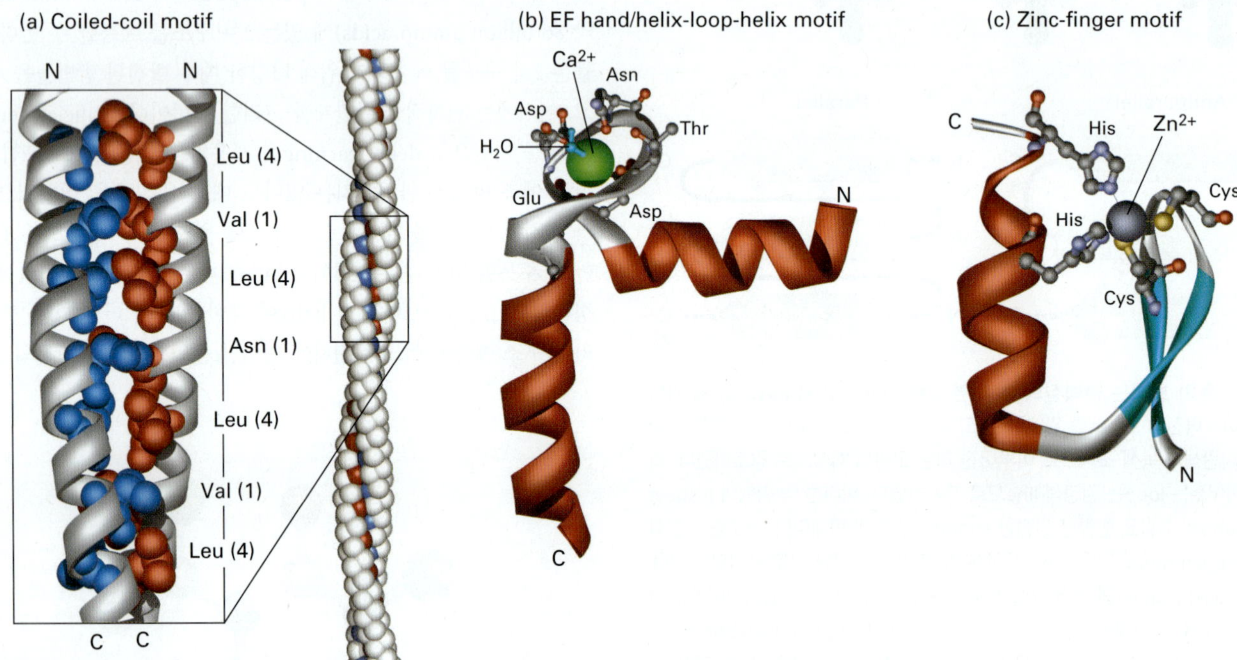

그림 3-7 단백질 2차 구조의 motif. (a) 평행한 2개의 strand로 이루어진 coiled-coil motif (*왼쪽*)는 2개의 α helix가 서로 감겨 있는 특징이 있다. 그림 3-4에서와 같이 backbone은 리본 모양으로 나타내었고, 일부 side chain에 있는 원자들은 ball로 표시하였다. Helix packing은 각 strand를 따라 일정한 간격으로 존재하는 hydrophobic side chain (빨간색과 파란색) 사이의 상호작용으로 안정화되며, 서로 휘감고 있는 나선의 솔기(seam)를 따라 발견된다. 각 α helix는 그림에 나타낸 바와 같이, 1번과 4번 위치에 hydrophobic side chain을 가지는(항상 그런 것은 아니다) 특징적인 heptad repeat sequence를 갖는다. 이러한 structural motif의 coiled-coil 특성은 이러한 sequence motif를 많이 가지고 있는 long coiled coil 구조에서 좀 더 명확히 볼 수 있다(오른쪽). (b) Helix-loop-helix motif의 일종인 EF hand는 특정 구조에서 짧은 loop으로 연결된 2개의 helix로 구성되어 있다. 잔기의 backbone은 리본 모양으로 나타내었고, 일부 side chain은 ball (atoms)과 stick (bond)으로 표시하였다. 이러한 structural motif는 많은 calcium-결합 단백질과 DNA-결합 regulatory 단백질을 포함한 다양한 단백질에서 찾아볼 수 있다. Calmodulin과 같은 calcium-결합 단백질에서 산성의 glutamate와 aspartate가 풍부한 loop 내의 5개 잔기와 하나의 물 분자에서 유래한 oxygen atom과 큰 Ca^{2+} 이온(녹색) 사이에서 ionic bond가 형성된다. (c) Zinc-finger motif는 transcription을 조절하는 많은 DNA-결합 단백질에 존재한다. Zn^{2+} 이온은 한 쌍의 cysteine residue와 한 쌍의 histidine residue에 의해 형성되는 한 쌍의 β strand (파란색)와 하나의 α helix (빨간색) 사이에 유지된다. 이러한 25개-잔기 motif에서 2개의 불변하는 cysteine residue는 보통 3번과 6번에 위치하고, 2개의 불변하는 histidine residue는 보통 20번과 24번에 위치한다. [Part (a) Data from L. Gonzalez, Jr., D. N. Woolfson, and T. Alber, 1996, *Nat. Struct. Biol.* **3**:1011–1018, PDB IDs 1zik and 2tma. Part (b) Data from R. Chattopadhyaya et al., 1992, *J. Mol. Biol.* **228**:1177–1192, PDB ID 1cll. Part (c) Data from S. A. Wolfe, R. A. Grant, and C. O. Pabo, 2003, *Biochemistry* **42**:13401–13409, PDB ID 1llm.]

side chain이 나와 있는데, 서로 helix의 반대 방향으로 뻗어 있기 때문에 전체 helix의 구조는 amphipathic (양쪽 친매성)이다. 종종 leucine은 네 번째 위치에 있고 hydrophobic side chain은 지퍼의 이처럼 합쳐지기 때문에 이런 structural motif를 **leucine zipper**라고 부르기도 한다.

Heptad repeat는 *sequence motif*의 한 예로서, 단백질 조각에 있는 아미노산 pattern이며 많은 단백질에서 발견된다. 그리고 때로는 하나의 단백질에서 여러 copy가 존재하기도 한다. Sequence motif는 여러 단백질에서 동일한 서열을 가지기도 하고, heptad repeat 내에 동일한 길이의 aliphatic residue를 갖는 것과 같이 동일하지는 않지만 유사한 잔기로 구성되기도 한다.

다른 많은 structural motif는 α helix로 구성된다. **EF hand**라고 불리는 calcium-결합 motif는 2개의 짧은 helix가 loop으로 연결되어 있다(그림 3-7b). 몇 가지 **helix-turn-helix**와 **helix-loop-helix** structural motif 중의 하나인 이 structural motif는 100개 이상의 단백질에서 발견되며, 세포에서 calcium level을 인지하는 데 사용된다. 세포내 Ca^{2+}의 농도에 따라 Ca^{2+} 이온이 loop의 잘 보존된 잔기에 있는 산소 원자에 결합하며, calcium이 결합하면 때때로 단백질의 conformation 변화와 활성에 영향을 미친다. 따라서 calcium 농도는 단백질의 구조와 기능을 직접적으로 조절한다. 약간 다른 helix-turn-helix와 **basic helix-loop-helix (bHLH)** structural motif는 DNA에 단백질이 결합하게 함으로써, 결과적으로 유전자의 활성을 조절하는 기능을 한다(8장 참조). 그러나 RNA 혹은 DNA에 결합하는 단백질에서 흔히 보이는 motif는 **zinc finger**이다. Zinc finger는 3개의 2차 구조, 즉 antiparallel orientation (역평행 방향)을 가진 2개의 β strand와 1개의 α helix로 이루어져 있으며, zinc 이온과의 결합에 의해 손가락 모양을 형성한다(그림 3-7c).

Polypeptide chain의 primary 구조와 이 primary 서열이 접혀서 만들어내는 structural motif 사이의 상관관계가 항상 간단하지는 않다. 서로 다른 단백질에 있는 특정 structural motif에 대한 primary 서열은 서로 매우 유사하다. 즉, 공통의 *sequence motif* 때문에 공통적인 3차적 structural motif가 생길 수 있다. Heptad repeat가 coiled coil을 형성하는 것이 그 예이다. 그러나 겉보기에는 상관없어 보이는 primary 서열이 같은 structural motif로 fold되기도 하므로, 어떤 아미노산 서열이 어떤 structural motif를 이룰지 예측하는 것이 항상 가능한 것은 아니다. 이와 반대로 공통으로 생기는 sequence motif가 잘 정렬된 structural motif를 형성하지 않기도 한다. 때로는 proline, aspartate, glutamate 같은 특정 아미노산을 특이하게 많이 가지고 있는 short sequence motif를 *domain*이라 부른다. 그러나 이런 짧은 segment들은 domain이라기보다 *sequence motif*라고 부르는 게 더 적절하다. Domain은 다른 의미를 가지며 아래에서 설명한다.

이 장의 끝 부분과 다른 장에서 많은 다른 motif에 대해 언급할 것이다. 서로 다른 단백질에서 동일한 motif가 유사한 기능을 한다는 사실은 2차 구조의 조합이 evolution (진화) 과정에서 보존되어 왔다는 것을 의미한다.

Polypeptide chain은 전체적으로 접혀져서 Tertiary structure (3차 구조)를 이룬다

3차 구조는 polypeptide chain의 전체적 conformation, 즉 모든 아미노산 잔기의 3차원 배열을 의미한다. 2차 구조는 hydrogen bond에 의해 안정화되는 데 반해, 3차 구조는 nonpolar (비극성) side chain 간의 hydrophobic interaction 그리고 polar (극성) side chain과 backbone amino group, carboxyl group 간의 hydrogen bond에 의해서 안정화된다. 3차 구조를 안정화하는 힘은 2차 구조의 요소들(α helix, β strand, turn, loop)과 structural motif들을 단단하게 결합시킨다. 그러나 3차 구조를 안정화하는 힘은 2차 구조를 안정화시키는 힘에 비해 약하기 때문에 단백질의 3차 구조는 엄격하게 고정되어 있지 않고 지속적으로 미세하게 변화한다. 어떤 단백질의 3차 구조 안에 있는 어떤 부분은 너무나 유동적이어서 질서가 없는 것처럼 보인다. 구조의 이런 변이는 단백질의 기능과 regulation (조절)에 중대한 영향을 준다.

아미노산 side chain의 화학적 성질에 따라 3차 구조가 결정된다. 세포 외부로 분비되거나 세포막 표면에서 세포 밖 환경에 접해 있는 어떤 단백질의 경우, cysteine 잔기의 side chain 사이의 *disulfide bond* (이황화결합)가 형성된다. Disulfide bond는 단백질의 특정 부분들끼리 서로 연결시키기 때문에 단백질의 mobility는 둔화되면서 3차 구조의 stability는 증가한다. Charged hydrophilic polar side chain을 가지는 아미노산은 단백질의 외부 표면에 존재하는 경향이 있다. 따라서 물과 작용하여 단백질이 수용성 용액에 녹을 수 있게 한다. 더구나 이러한 polar side chain은 물에 녹을 수 있는 분자 또는 다른 단백질들과 noncovalent하게 상호결합을 할 수 있게 한다. 반면에 hydrophobic nonpolar side chain을 가진 아미노산의 경우는 단백질에서 물과 접촉하는 표면이 아닌 물에 녹지 않는 중심부를 형성한다. 물을 싫어하는 hydrophobic 또는 oily core 때문에 protein conformation의 *oil drop model*이라고 부른다(그림 3-8). Uncharged hydrophilic polar side chain은 water-soluble 단백질의 표면이나 내부 중심부 모두에 존재한다.

예상할 수 있듯이, primary 서열로부터 2차 구조를 예측하는 것만큼 대부분 단백질들의 3차 구조를 예측하기는 어렵다. 3차 구조를 얼마나 정확히 예측할 수 있는지 측정하는 한 가지 방법은 global distance test (0에서 100까지 범위)로서 실험적으로 결정된 구조와 예측 값을 비교하는 것이다. 20 미만의 값은 잘못된 예측을 의미하며, 80–90 사이의 값은 거의 근접하게, 100은 완벽하게 예측하였다는 의미이다. 현재 사용하고 있는 방법은 57 정도인데, 이는 전체적인 chain folding을 나타내기에는 충분하지만, 실험적 결과와 비교하였을 때 종종 심각한 오류를 나타내기도 한다. 현재는 polypeptide의 길이가 150개 잔기 미만의 짧은 경우에 좀 더 정확한 예측을 할 수 있다.

단백질의 conformation을 묘사하는 방법에 따라 전달하는 정보도 달라진다

3차원 구조를 표현하는 가장 간단한 방법은 backbone atom, 때로는 C_α

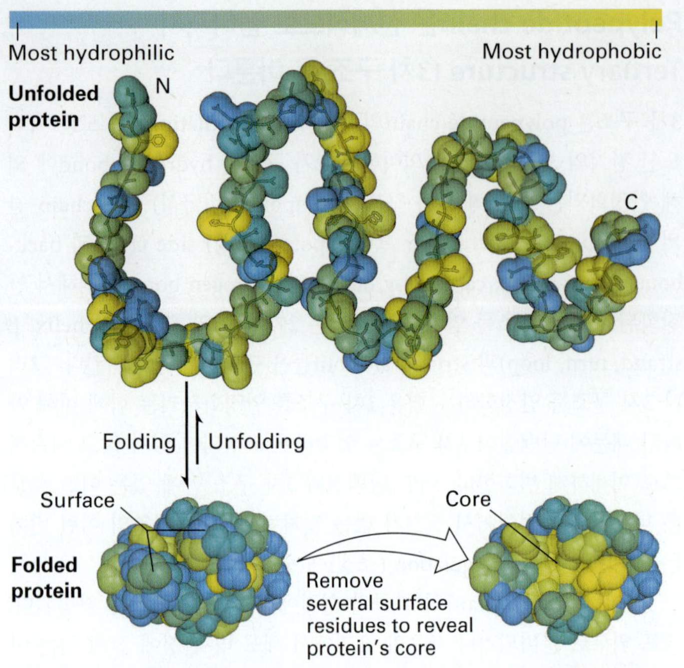

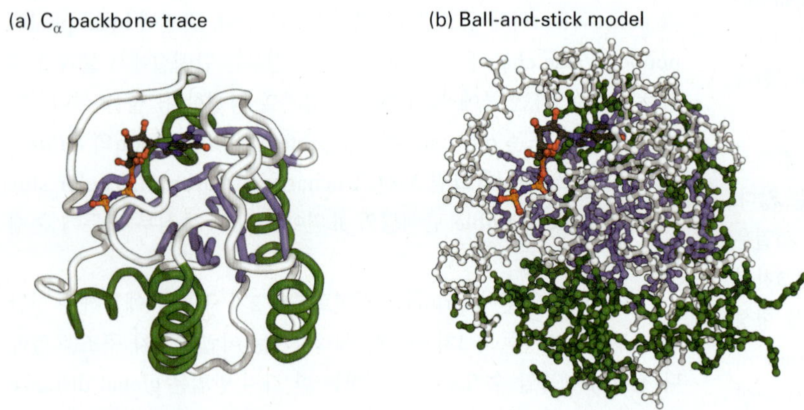

그림 3-8 단백질 folding의 oil drop model. Polypeptide chain의 hydrophobic residue와 hydrophilic residue는 unfolded 단백질에서 나타낸 바와 같이 linear sequence의 전체에 걸쳐서 분포해 있다(*위*). Color scale (색상 척도)은 가장 hydrophilic residue (파란색)에서 가장 hydrophobic residue (yellow)까지 나타내었다. 단백질의 folding이 일어날 때(*왼쪽 아래*), hydrophilic (charged and uncharged polar) side chain은 종종 단백질의 surface에 노출되어 주변의 물 또는 이온과 안정적인 상호작용을 한다. 반면에 hydrophobic residue는 단백질의 inner core에서 수용액에 있는 oil drop과 같이 서로 결합하려는 경향성을 가지고 있어서 hydrophobic effect (2장 참조)에 의해 주변의 수용액 환경과 멀어지는 특성을 보인다. 이러한 core residue는 표면에 존재하는 몇 개의 잔기를 제거하면 좀 더 쉽게 관찰할 수 있다(*오른쪽 아래*). [Data from M. C. Vaney et al., 1996, *Acta Crystallogr., Sect. D.* **52**:505, PDB ID 193l.]

의 경로를 직선 또는 얇은 관 모양(C_α *backbone trace*, 그림 3-9a)으로 그리는 것이고, 가장 복잡한 model은 모든 원자를 자세히 표시하는 것이다(*ball-and-stick model*, 그림 3-9b). C_α *backbone trace*는 아미노산의 side chain을 고려하지 않고 polypeptide chain의 전체적인 folding을 보여 준다. 후자의 ball-and-stick model (ball은 원자를, stick은 결합을 나타냄)은 backbone 원자뿐만 아니라 단백질의 conformation을 안정화시키는 side chain 원자 간의 상호결합도 자세히 나타낸다. 두 가지 방법 모두 유용하지만, 이들 model에서 2차 구조들은 쉽게 파악할

(a) C_α backbone trace

(b) Ball-and-stick model

그림 3-9 GDP와 결합하고 있는 Ras protein을 시각화하는 다섯 가지 방법. (a) C_α backbone trace 방법은 어떻게 polypeptide가 small volume으로 촘촘하게 packing되는지 보여준다. (b) Ball-and-stick 방법은 모든 atom의 위치를 나타낸다. (c) Turn과 loop은 helix와 strand 쌍을 서로 연결한다. (d) Water-accessible surface 방법은 단백질 표면에 있는 lump (덩어리 모양), bump (돌기) 그리고 crevice (갈라진 틈)를 나타낸다. Positive와 negative charge를 띠고 있는 부분은 각각 파란색과 빨간색으로 표시하였다. (e) Hybrid model에서는 ribbon model과 transparent surface model을 조합하였다. [Data from E. F. Pai et al., 1990, *EMBO J.* **9**:2351–2359, PDB ID 5p21.]

(c) Ribbon diagram

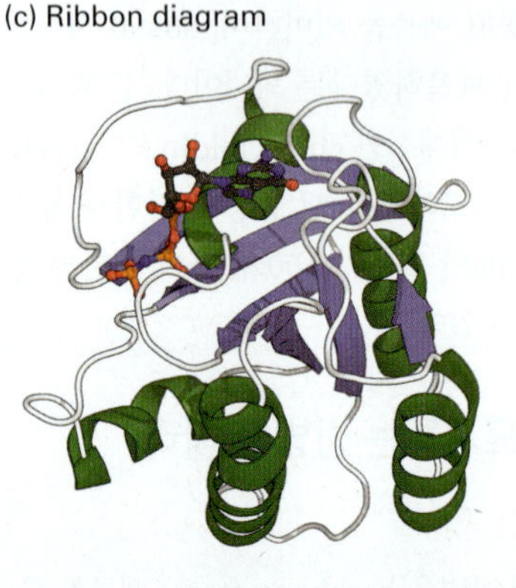

(d) Water-accessible surface

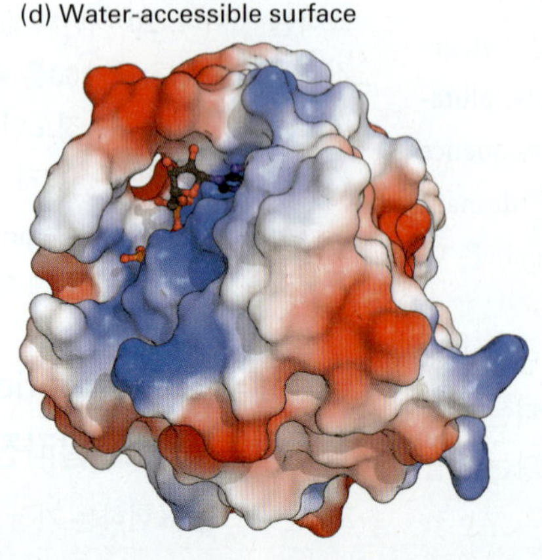

(e) Hybrid model

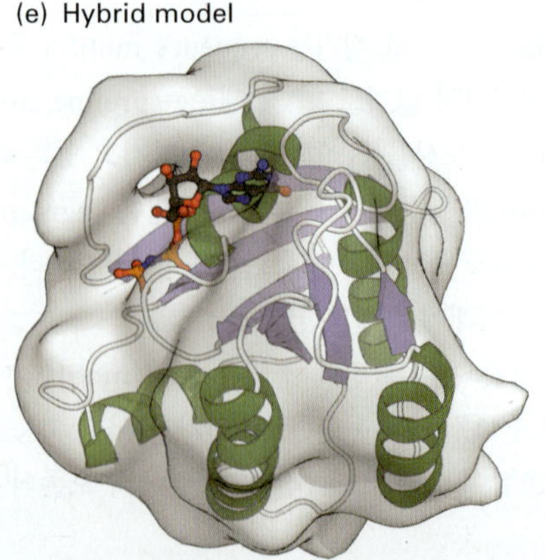

수 없다. 또 다른 방법은 *ribbon diagram*을 이용하여 2차 구조를 간단한 symbol로 나타내는 것이다. 예를 들면, coiled ribbon이나 원통 모양은 α helix를, 납작한 리본이나 화살표는 β strand를, 가변형의 가는 선은 β turn, loop과 coil을 나타낸다(그림 3-9c). Ribbon diagram의 변형으로 ball-and-stick이나 space-filling model의 side chain의 전체 또는 일부분을 backbone 리본에 추가하여 나타낼 수 있음을 그림 3-7에서 보았다. 이러한 방법으로, 단백질의 2차 구조를 가장 잘 표현하는 리본 모형 위에 원하는 부분의 side chain을 추가하여 나타내기도 한다.

그러나 단백질 구조를 표현하는 위의 세 가지 방법 어느 것도 다른 분자와 결합하는 단백질 부위의 표면에 관한 정보를 나타내지는 못한다. 단백질의 표면은 다른 분자와 결합하는 영역이기 때문에 관심이 가는 부위이다. 따라서 다른 유용한 방법은 단백질 표면의 hydrophobicity 또는 hydrophilicity, positive (basic) 또는 negative (acidic) side chain과 같은 공통적인 화학적 특성을 서로 다른 색을 이용하여 나타내는 것이다(그림 3-9d). 이 model은 다른 분자가 결합하는 cleft (옴폭 들어간 부분)를 잘 나타낼 뿐 아니라 다른 분자들과 결합하는 데 중요한 단백질 표면의 형태와 전하(charge)의 분포 등을 잘 표현할 수 있다. 이렇게 나타낸 그림으로 다른 분자에 의해 인지되는 형태 그대로를 잘 표현할 수 있다. Hybrid model (그림 3-9e)은 단백질을 나타내는 여러 가지 형태를 조합한 것이다.

Domain은 3차 구조의 Module이다

단백질 3차 구조에서 다른 부분과 구별되는 특정 부분을 **domain**이라고 한다. 단백질 domain에는 3종류, 즉 functional, structural, topological domain이 있다. *Functional domain*은 단백질의 다른 부분과 독립적으로도 그 단백질의 특징적인 활성을 나타내는 단백질의 영역을 말한다. 예를 들면, 단백질의 어떤 영역은 catalytic activity (예, kinase domain은 다른 분자에 phosphate group을 붙이는 기능을 한다)를 담당하거나 다른 분자에 결합 능력(예, DNA-결합 domain, membrane-결합 domain)을 보인다. Functional domain은 polypeptide의 peptide bond를 자르는 효소인 **protease**를 사용하여 단백질을 기능을 가지고 있는 가장 작은 단위로 줄이는 실험을 통해 결정할 수 있다. 다른 방법으로는 특정 단백질을 암호화하는 DNA를 조작하면, 조작된 DNA로 full-length 단백질에서 특정 영역, 즉 domain만을 가지는 단백질을 만들 수 있다. 따라서 어떤 단백질의 어느 특정 부분 때문에 단백질이 그런 활성을 보이는지 알 수 있다. 실제로, functional domain은 종종 이에 상응하는 structural domain과 관련되어 있다.

*Structural domain*은 길이가 약 40여 개 또는 그 이상의 아미노산을 가지고, 하나 또는 그 이상의 2차 구조로 구성된 안정된 3차 구조로 배열되어 있으며, 때때로 단백질의 나머지 부분과 상관없이 독특한 다른 특징을 가진 구조를 만들 수 있다. 따라서 서로 다른 structural domain을 짧거나 긴 *spacer*로 연결하여 큰 multidomain protein을 형성한다. 예를 들면, flu virus의 trimeric hemagglutinin의 subunit은 globular domain과 fibrous domain을 각각 1개씩 가진다(그림 3-10a).

Structural domain도 종종 functional domain으로 작용해서 단백질의 나머지 부분과 독립적으로 활성을 나타낸다. Structural domain은 여러 단백질 안에서 하나의 module처럼 행동한다. 거대 단백질은 뚜렷한 활성들을 보이는 다양한 domain이 모자이크처럼 구성되어 있어서 여러 기능을 동시에 수행할 수 있기 때문에 단백질 구조를 module로 나누어 접근하면 거대 단백질을 이해하기 쉽다. Eukaryote (진핵생물) 단백질의 80%는 여러 개의 structural domain으로 이루어져 있다. 여러 개의 domain으로 이루어진 단백질에서 domain들의 구성(또는 순서)을 *domain architecture*라고 한다. 비유하자면, 하나의 단백질은 하나의 문장(sentence)과 같다. 아미노산 잔기는 문자, 공간, 구두점들과 같고, structural domain은 단어와 같아서 각 단어가 독립된 의미를 지니고서 서로 연결되어 하나의 *sentence*를 이루듯이, 서로 독립된 기능을 가지는 단백질이 만들어진다.

단백질에 수천 개의 structural domain이 알려졌다. 어떤 domain은 흔하지 않고, 어떤 domain들은 서로 다른 많은 단백질에서 발견된다. 실제로 아홉 가지 주요한 structural domain이 모든 단백질 structural domain의 1/3을 차지한다. X-ray crystallography, nuclear magnetic resonance (NMR) 분석에 의해 단백질의 구조를 분석하거나 전자현미경 상의 이미지에서 structural domain을 볼 수 있다(3.5절 참조). 예를 들면, epidermal growth factor (EGF) domain은 여러 단백질에 존재하는 structural domain이다(그림 3-11). EGF는 작은 soluble (용해되는) peptide 호르몬으로서 embryo와 성인의 skin과 connective tissue (결합 조직)의 세포에 결합하여 세포 분열을 촉진한다. EGF는 membrane spanning domain에 의해 세포막과 결합되어 있는 EGF precursor 단백질로부터 EGF domain이 proteolytic cleavage됨으로써 생성된다. EGF peptide hormone의 서열과 유사하지만 똑같지는 않은 EGF domain은 다른 여러 단백질에도 존재하고 proteolysis에 의해 분리될 수 있다. 예를 들면, 심장병 환자의 응고된 피를 녹이는 데 사용되는 protease인 tissue plasminogen activator (TPA), embryonic differentiation (배아 세포 분화)에 관여하는 Neu protein, 발생 단계에 중요한 signaling (신호전달)에 기능하는 수용체 단백질인 Notch protein 등이 EGF module을 가지고 있는 단백질이다(16장 참조). 앞에서 열거한 단백질들은 EGF domain 외에도 다른 단백질에서 발견되는 또 다른 domain을 가지고 있다. 예를 들면, TPA는 몇몇 protease에서 functional domain인 trypsin domain을 가지고 있다.

단백질의 region 사이의 공간적 거리에 따라 정의되는 단백질의 영역을 *topological domain*이라 한다. 예를 들어, 세포 표면의 membrane에 박혀 있는 단백질들은 cytoplasm 내부로 뻗어 있는 부분(cytoplasmic domain), phospholipid bilayer membrane에 묻혀 있는 부분(membrane spanning domain), 세포 외 영역으로 뻗어 있는 부분(extracellular domain)으로 나눌 수 있다. 이러한 각각의 topological domain은 하나 또는 그 이상의 structural domain과 functional domain으로 구성될 수 있다. 단백질의 N-말단과 C-말단도 흔히 각각 *N*-말단 *domain*과 *C*-말단 *domain*으로 불린다.

7장에서 domain에 해당하는 gene segment가 진화 과정에서 섞

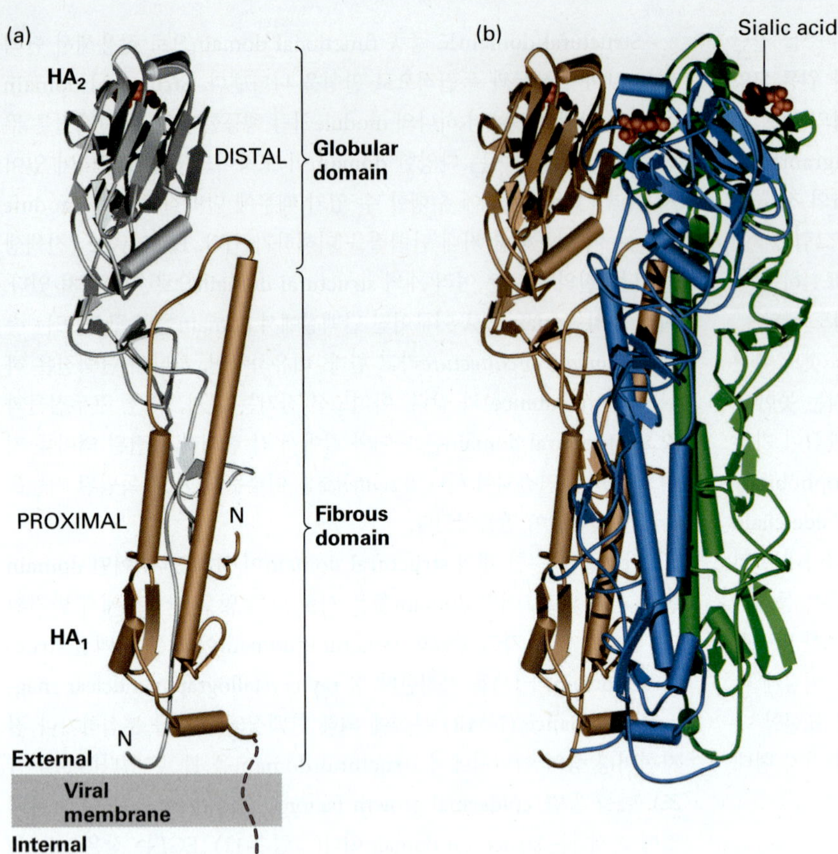

그림 3-10 3차 및 4차 구조. 여기서 그림으로 나타낸 hemagglutinin (HA)은 influenza virus의 표면에 존재한다. 긴 multimeric molecule은 3개의 동일한 subunit을 가지고 있고, 각 subunit은 HA_1과 HA_2의 2개의 polypeptide로 구성되어 있다. (a) 각 HA subunit의 3차 구조는 helix와 strand가 접혀져서 13.5 nm 길이의 촘촘한 구조를 이루며 2개의 domain으로 나뉘어 있다. Viral membrane에서 먼 쪽(silver)은 globular conformation을 이루고, 가까운 쪽(gold)은 HA_1의 β strand와 HA_2의 2개의 긴 α helix (cylinder)의 배열 때문에 막대 모양의 fibrous conformation을 이룬다. 보통 분자의 표면에 존재하는 짧은 turn과 긴 loop은 helix와 strand 사이를 연결시킨다. (b) HA의 4차 구조는 triple-stranded coiled-coil 구조를 형성하는 3개의 subunit (금색, 파란색, 녹색)의 fibrous domain에 있는 긴 helix (cylinder) 사이의 수평적 상호작용에 의해 그 구조가 안정화된다. HA의 globular domain은 표적 세포의 표면에 있는 sialic acid (빨간색)와 결합한다. 다른 많은 막 단백질처럼, HA는 공유결합으로 연결된 몇 개의 carbohydrate chain을 가지고 있지만 여기서는 표시하지 않았다. [Data from S. J. Gamblin et al., 2004, *Science* **303**:1838–1842, PDB ID 1ruz.]

여 여러 단백질에서 나타나는 현상에 대해 알아본다. 특정 단백질에서 functional, structural 또는 topological domain이 밝혀지면, 다른 단백질에도 비슷한 domain이 존재하는지 찾아볼 수 있으며, 따라서 그 domain을 가지고 있는 단백질도 비슷한 기능을 할 것이라고 유추할 수 있다.

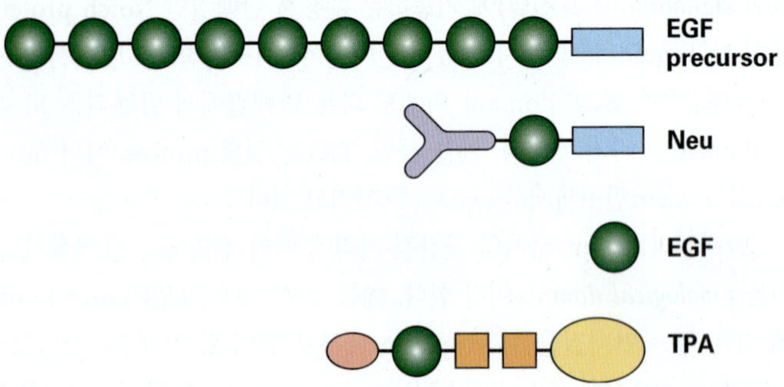

그림 3-11 단백질 domain들의 modular 특성. Epidermal growth factor (EGF)는 여러 개의 EGF domain (녹색)과 membrane-spanning domain (파란색)을 가지는 precursor 단백질이 protease에 의해 잘라져서 생성된다. EGF domain은 Neu 단백질과 tissue plasminogen activator (TPA)에도 존재한다. 이러한 단백질들은 각각 다른 모양과 색깔로 표시하였듯이 다른 단백질들에 널리 분포하는 다른 domain들도 가지고 있다. I. D. Campbell and P. Bork, 1993, *Curr Opin. Struc. Biol.* **3**:385 참조.

단백질 서열과 구조를 비교하여 단백질의 기능과 진화를 유추할 수 있다

많은 다양한 단백질들을 분석해 보면, 아미노산 서열, three-dimensional structure 그리고 단백질의 기능 사이에 서로 상관관계가 있음을 알 수 있다. 경험적으로 두 polypeptide chain 사이에 서열 유사성이 높을수록 두 단백질이 유사한 three-dimensional structure와 유사한 기능을 가졌다. 이렇게 비교 분석하는 방법이 매우 유용하지만, 아미노산 서열의 유사성만 갖고서 하나의 단백질 또는 단백질의 일부분이 다른 단백질과 비슷한 구조와 기능을 갖는다고 판단하는 것은 매우 주의해야 한다. 왜냐하면, 전체적으로 비슷한 구조를 가지는 단백질이 다른 기능을 가지기도 하고, 매우 유사한 3차 구조를 가지고 있음에도 불구하고 아미노산 서열이 유사하지 않고 기능적으로도 연관되어 있지 않은 경우도 있기 때문이다. 그러나 많은 경우에 이러한 아미노산 서열의 비교 분석은 단백질 구조와 기능에 대한 중요한 통찰력을 제공해 준다.

최근 많은 organism의 유전체와 transcriptome sequence가 알려짐에 따라 단백질 기능과 구조를 추론하기 위해 서열을 비교하는 방법이 널리 사용되고 있다. 왜냐하면, nucleic acid (핵산) 서열을 통해 약 250 million에 달하는 단백질 서열을 추정할 수 있기 때문이다. 20세기 후반부, 지난 수십 년 동안 분자생물학의 발달로 인해 단백질의 아미노산 서열의 유사성과 차이점에 근거한 생물 분류(biological classification)의 새로운 체계가 확립되었다. 공통의 ancestor를 가지는 단백질은 **homolog**라고 한다. 단백질 간의 **homology (상동 관계)**, 즉 common ancestry에 대한 증거는 구조나 서열의 유사성이며, 이는 종종 구조의 유사성에 반영된다. 따라서 homologous 단백질은 하나의 *family*에 속한다고 간주하고, 그 서열을 비교하여 진화적 관점에서 얼마나 가깝고 먼 연관성을 가지는지 lineage (계통)를 추적할 수 있다. 일반적으로 상관관계가 높은 단백질은 상관관계가 먼 단백질에 비해 서열 유사성이 높다. 왜냐하면, 오랜 진화 과정 동안 단백질을 encoding하는 유전자에 돌연변이가 축적되기 때문이다. Homologous 단백질은 심지어 1차 구조의 일부가 서로 달라도 형성된 three-dimensional structure는 같다.

아미노산 서열, 구조적 유사성, 진화적 역사와 기능을 기반으로 하여 서로 연관된 단백질들을 *superfamily*, *group*, *subgroup*, *family*, *subfamily*와 같이 단계적으로 구분한다. 하나의 family에서 각 subfamily에 속하는 단백질 서열은 다른 subfamily에 속하는 단백질보다 더 유사성이 높다. 연구 초기에는 상당히 높은 서열 유사성(50% 이상 정확하게 match하거나 *identity*를 보이는 아미노산을 갖는 경우)을 가지며, 기능 혹은 구조가 연관되어 있는 단백질을 진화적으로 관련된 family라고 정의했다. 반면에 2개 이상의 family를 포함하는 superfamily는 family 간의 sequence identity가 30–40%로 한 family 안에서보다 유사성이 낮다. 30% 정도 sequence identity를 보이는 단백질들은 유사한 3차 구조를 가진다고 일반적으로 생각한다. 그러나 서열이 일치하는 정도가 이보다도 낮지만 유사한 구조를 보이는 단백질도 있다.

Homologous 단백질 사이의 유사성 관계는 서열 분석을 기초로 tree diagram (수형도)을 그려보면 쉽게 알 수 있다. 예를 들면, hemoglobin과 myoglobin 그리고 박테리아, 식물, 동물에 있는 globin의 아미노산 서열을 보면, 이들이 공통적으로 ancestral monomeric oxygen-결합 단백질에서 진화되었다는 사실을 알 수 있다(그림 3-12a). 시간이 지남에 따라 ancestral 단백질의 유전자는 DNA 서열이 무작위로 변화

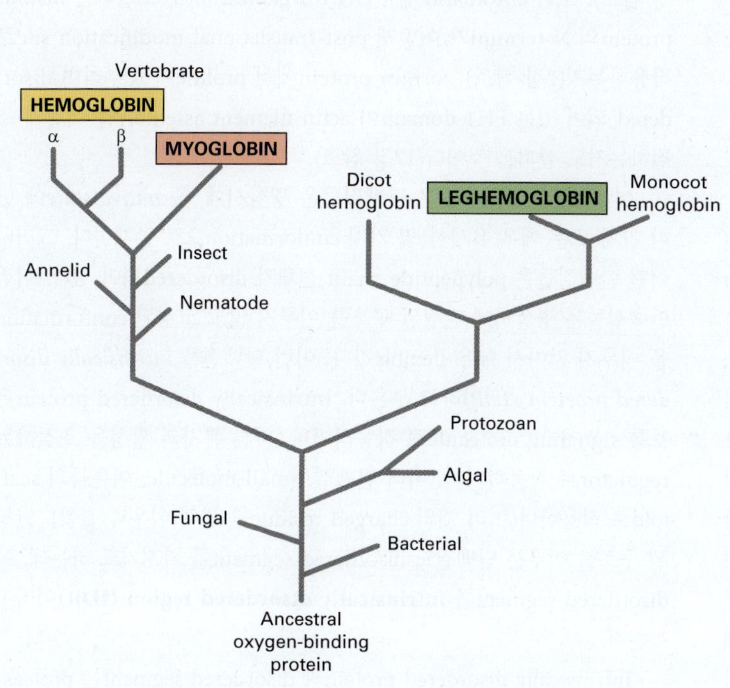

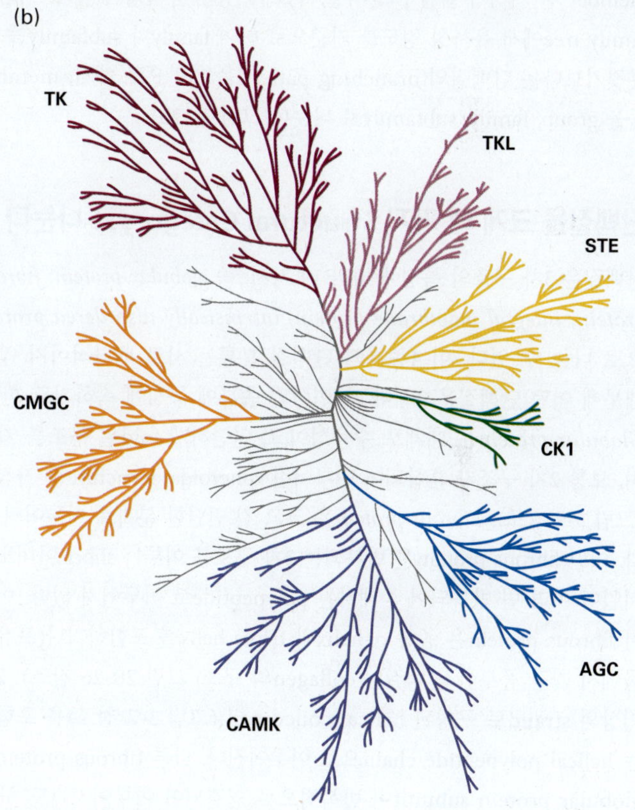

그림 3-12 단백질 family의 진화. (a) 원시 형태의 단량체 oxygen-결합 globin은 현재의 blood hemoglobin, muscle myoglobin, 식물 leghemoglobin들의 조상이라고 생각되어진다. 서열을 분석해 보면, globin 단백질의 진화가 동식물의 진화와 유사하다는 것을 알 수 있다. 동물 globin에서 식물 globin이, hemoglobin에서 myoglobin이 분기되면서 큰 변화가 일어났다. 이후에 gene duplication이 일어나서 hemoglobin의 α와 β subunit이 생겨났다. R. C. Hardison, 1996, *Proc. Nat'l. Acad. Sci. USA* **93**:5675 참조. (b) 478개의 human protein kinase의 family tree에서 protein kinase family (405개 kinase로 구성)를 7개의 major group으로 나누어 각각 CMGC, CAMK, AGC, CK1, STE, TKL, TK라고 명명하였다. 각각은 family와 subfamily로 구성된다. 이어지는 장에서 이러한 group에 속하는 많은 kinase들의 중요한 기능에 대해 기술할 것이다. 예를 들면, TK (tyrosine kinase) group의 member들은 tyrosine residue의 side chain을 인산화시킨다는 점이 차별화된다. TK member 중의 하나는 insulin hormone의 수용체이다(16장 참조). [Part (b) Republished with permission of American Association for the Advancement of Science, from G. Manning et al., 2002, "The Protein Kinase Complement of the Human Genome," *Science* **298**:1912–1934; permission conveyed through Copyright Clearance Center, Inc.]

하여 동물과 식물 globin의 계통으로 갈라졌다. 그 이후 점차로 myoglobin이 생겨나고, gene duplication을 통해 circulatory system (순환계)에서 tetrameric hemoglobin molecule ($\alpha_2\beta_2$)의 α와 β subunit으로 변화가 발생한 것이다.

하나의 개체에서 일련의 duplication과 divergence를 통해 매우 크고 많은 가지를 가지는 gene family가 생겨났다. 그림 3-12b에는 하나의 공통 조상에서 유래된 478개의 human protein kinase enzyme family를 나타내었다. 모든 kinase는 ATP에서 phosphate group을 떼어서 serine, threonine 또는 tyrosine (약 15%를 tyrosine에 인산화시킴) side chain에 있는 hydroxyl group에 covalent하게 붙여준다(그림 2-15 참조). 적은 숫자의 kinase는 serine (또는 threonine)과 tyrosine에 동시에 인산화시키는데, 이를 *dual-specificity* kinase라 한다. 40개의 다른 kinase는 다른 precursor에서 유래하였으며, 따라서 총 518개의 kinase를 *human kinome*이라 한다. 이러한 큰 family tree에서 한 member와 다른 member 사이의 선의 길이의 합은 두 단백질 사이의 진화적 거리(evolutionary distance)에 비례하므로 tree 내에서 두 member 간 거리가 짧을수록 서열, 구조, 기능의 유사성이 높다. 이러한 family tree에서 유사성 정도를 기준으로 하여 family나 subfamily를 구분짓기보다는 단백질의 branching pattern을 기반으로 해서, member들을 group, family, subfamily로 나눈다(그림 3-12b).

단백질을 크게 네 가지 Structural Category로 나눈다

단백질은 3차 구조의 특징에 따라 네 가지, 즉 *globular protein*, *fibrous protein*, *integral membrane protein*, *intrinsically disordered protein*으로 나눌 수 있다. 이 4종류의 단백질 분류는 서로 배타적이지 않기 때문에 어떤 단백질은 2개나 그 이상의 종류에 동시에 속하기도 한다. *Globular protein*은 대체로 수용성이고, 단단하게 fold된 구조를 가지며, 보통 2차 구조가 혼합되어 이루어진 spheroidal structure를 가진다(그림 3-9 참조). *Fibrous protein*은 크고 긴 단단한 분자로 이루어져 있다. 어떤 fibrous protein은 반복되는 2차 구조를 이루는 short 아미노산 서열이 여러 번 반복되어 존재하는 polypeptide로 이루어져 있다. 이러한 fibrous protein은 종종 α-helix와 triple helix를 포함하거나(포유동물에서 가장 풍부한 단백질인 collagen의 구조, 그림 20-26 참조), 2개 이상의 strand로 구성된 helical coiled coil (그림 3-7 참조)을 포함하는 helical polypeptide chain으로 이루어진다. 다른 fibrous protein은 globular protein subunit이 반복적으로 연결되어 이루어지기도 하며, G-actin protein monomer가 나선형으로 배열하여 F-actin microfilament를 이루는 것이 그 예이다(17장 참조). Fibrous protein은 모여서 물에 녹지 않는 거대 multiprotein fiber를 형성하여 세포 이동에 참여하기도 하고 구조적 역할을 하기도 한다. *Integral membrane protein*은 세포와 세포소기관을 둘러싸고 있는 membrane의 phospholipid bilayer (인지질 이중막) 안에 묻혀 있다. 이 단백질의 membrane-spanning domain은 약 20개 잔기 길이의 α-helix와 β-barrel을 하나 또는 여러 개 가진다. 이 내용은 10장에서 논의할 것이다.

단백질을 3차 구조에 따라 구분하는 것과 상관없이 단백질의 특정 부분은 열역학적으로 안정된 구조를 이루지 않는 *disordered* 구조를 갖는다. Disordered protein 조각은 flexible한 conformation을 가지며, 이러한 flexibility가 그 부위가 특정 기능을 하는 데 핵심적인 요소이다. 특정 단백질에서 disordered 부분은 그 단백질에서 안정된 구조를 이루는 부분끼리 서로 연결시켜 주는 linker로 작용하거나, 다른 단백질과 결합하는 장소로 사용되거나(그림 3-13a), 몇 종류의 post-translational modification site로 사용되거나(예를 들면, phosphate group을 붙여주는 인산화나 sugar를 붙여주는 glycosylation), 단백질 활성을 조절하는 protease digestion의 target으로 사용되거나, 단백질 내부에 박혀서 자신의 활성을 스스로 억제하는 autoinhibition site로 작용하거나, 세포 내에서 sorting을 유도하는 signal로 작용하기도 한다(13장 참조). Disordered segment를 가지고 있는 단백질에 대해서는 다음 장에서 다룰 것이다. 예를 들면, proline, threonine, serine을 포함하고 있는 seven-amino acid 서열이 여러 번 반복되어 disordered 구조를 가지고 있는 RNA polymerase II(그림 8-12 참조)의 C-말단 domain(CTD)이 어떻게 인산화되어 mRNA 합성을 조절하는지 알아볼 것이다(8장과 9장 참조). 또한 chromatin에서 DNA organization을 조절하는 histone protein의 N-termini가 어떻게 post-translational modification site로 작용하는지(7장 참조), formin protein에서 proline이 풍부하며 disordered 되어 있는 FH1 domain이 actin filament assembly를 어떻게 조절하는지도 살펴볼 것이다(17장 참조).

이 책에서 다루는 많은 단백질들은 평상시에, 즉 *native state*에 단 한 가지 또는 매우 유사한 몇 가지 conformation으로 존재한다. 그러나 어떤 단백질들은 polypeptide chain 전체가 disordered되어 있다. 이런 단백질들은 평상시에 안정된 구조를 이루지 않고 고정된 conformation을 이루지 않아서 매우 flexible하다. 이런 단백질을 *intrinsically disordered proetein (IDP)*라고 부른다. Intrinsically disordered protein은 보통 signaling molecule로 작용하거나, 다른 분자의 활성을 조절하는 regulator로 작용하거나, 여러 단백질, small molecule, 이온들의 scaffold로 작용한다(여러 개의 charged residue를 통해 이온과 결합). 안정된 구조를 이루는 단백질도 disordered segment를 가지기도 하는데, 이 disordered segment를 **intrinsically disordered region (IDR)**이라고 부른다.

Intrinsically disordered protein과 disordered segment는 protease digestion에 대한 sensitivity (disordered region은 protease에 의해 매우 쉽게 잘린다)와 같은 생화학적 방법이나, spectroscopy와 같은 생물물리학적 방법을 이용하여 실험적으로 확인할 수 있다. 이러한 단백질 또는 protein segment의 disorder (무질서)는 안정된 구조를 가지는 단백질에 비해 상대적으로, proline, polar 아미노산, net charge가 풍부한 반면에 hydrophobic한 아미노산은 적게 가지고 있다(그림 3-13b). 아미노산의 composition, 특히 hydrophobicity나 net charge를 계산하는 algorithm을 이용하여 어떤 단백질 또는 단백질 segment가 disordered 되어 있는지 예측한다. 추정치에 의하면, 약 30%나 그 이상의 eukaryotic 단백질이 적어도 하나 이상의 50개 잔기로 구성된 disordered seg-

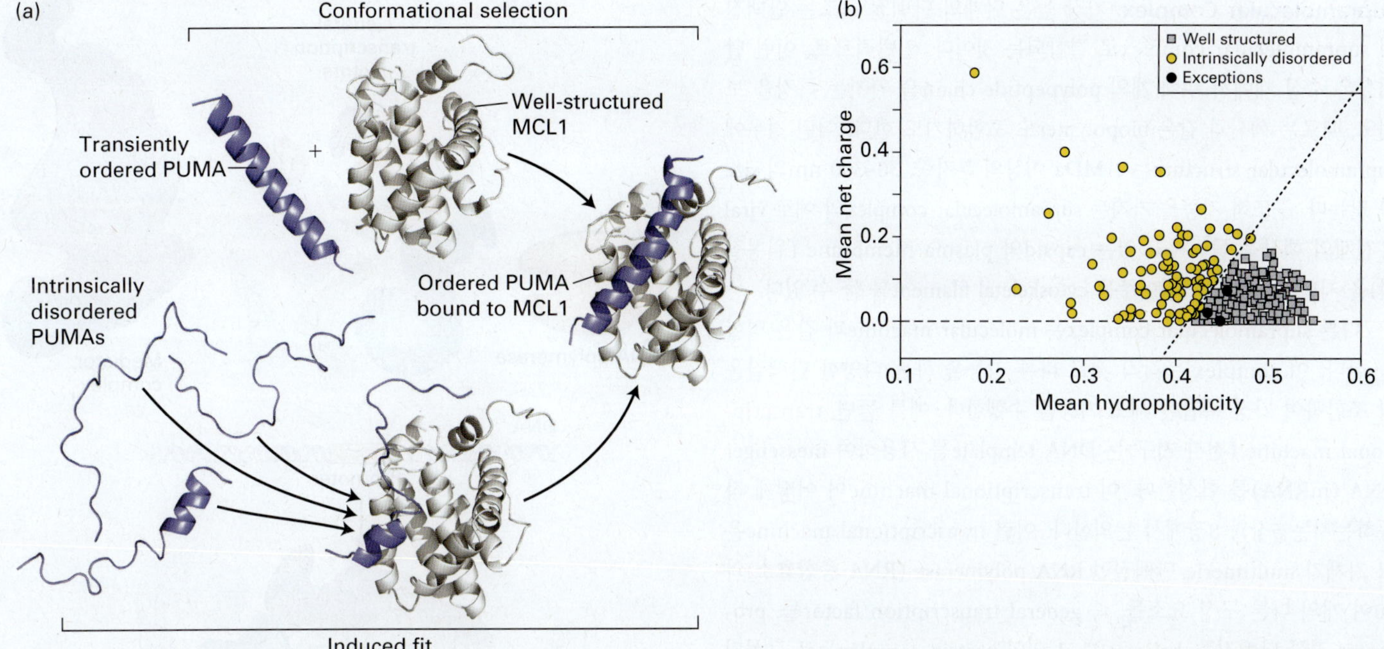

실험 그림 3-13 Intrinsically disordered 단백질: 잘 정렬된 단백질에 결합하는 메커니즘과 hydrophobicity와 net charge를 기반으로 한 식별. (a) Intrinsically disordered 단백질(PUMA, 파란색)이 잘 정렬된 단백질(MCL1, 회색)과 결합하면 이전에 disordered 단백질이 잘 정렬된 구조(well-defined structure)로 전환된다. 두 단백질이 정렬된 구조를 가진 complex를 형성하는 것을 설명하기 위해 conformational selection (*위쪽 경로*)와 induced fit (*아래쪽 경로*)이라는 두 가지 메커니즘이 제안되었다. Conformational selection 모델에서 disordered 단백질 (PUMA)은 결합 상태에서 가질 수 있는 구조를 때때로 그리고 일시적으로 가지고 있다. 잘 정렬된 결합 partner (MLC1)는 일시적으로 ordered conformation을 가지고 있는 PUMA와 결합하여 비교적 안정된 bound complex를 형성한다. Induced fit 모델에서는 disordered 단백질은 여전히 disordered 상태로 well-ordered partner와 결합하기 시작한다. 결합이 이루어지는 동안 안정된 heterodimeric complex에 존재하는 ordered conformation을 이루도록 유도된다. 실험 결과에 의하면, induced fit mechanism이 PUMA와 MCL1의 결합을 가장 잘 설명한다. (b) 275개의 well-ordered 단량체의 globular 단백질(gray square)과 91개의 intrinsically disordered 단백질(검은색 및 노란색 원)의 서열을 분석하여 각 단백질에서 잔기당 평균 hydrophobicity를 계산하여 0 (least hydrophobic)에서 1 (most hydrophobic, *x* 축)까지 나타내었다. 그리고 pH 7.0에서 잔기당 net charge의 평균값은 *y* 축에 나타내었다. 단 3개의 예외적인 경우를 제외하고(검정색 원), 단백질들은 두 가지 서로 다른 분포를 보였다: hydrophobicity는 낮고 net charge는 높은 intrisically disordered 단백질(노란색 원)과 hydrophobicity는 높고 net charge는 낮은 잘 정렬된 단백질(회색 사각형). Well-ordered population과 겹치는 3개의 disordered 단백질(검정색 원)은 well-ordered conformation을 이루는 단백질 서열을 명백히 압도할 만한 disordered (low hydrophobicity, high net charge) segment를 상당 부분 가지고 있다. [Part (a) From J. M. Rogers, A. Steward, and J. Clarke, 2013, "Folding and Binding of an Intrinsically Disordered Protein: Fast, but Not 'Diffusion-Limited,'" *J. Am. Chem. Soc.* **135**(4):1415–1422; ttps://doi.org/10.1021/ja309527h. Part (b) Data from V. N. Uversky, J. R. Gillespie, and A. L. Fink, 2000, *Proteins* **41**:415–427.]

ment를 가지고 있다. 어떤 경우에는 intrinsically disordered protein이나 segment가 매우 안정된 구조로 변환되기도 한다(그림 3-13a 참조).

여러 Polypeptide들이 모여서 Quaternary Structure (4차 구조), Supramolecular Complex, Biomolecular Condensate를 이룬다

Multimeric (다중결합) 단백질은 2개나 그 이상의 polypeptide로 구성되며, 이 경우에 각 polypeptide를 *subunit*이라 부른다. 단백질 구조의 네 번째 단계인 **4차 구조**는 multimeric 단백질에서 subunit의 개수(stoichiometry, 화학량)와 subunit의 상대적 위치, 각 subunit의 3차 구조에 대한 정보를 준다. Multimeric 단백질은 동일하거나(homomeric) 또는 서로 다른(heteromeric) subunit이 다양한 숫자로 구성되며, subunit은 보통 noncovalent bond로 연결된다. 예를 들면, flu virus hemagglutinin은 3개의 동일한 subunit이 noncovalent bond에 의해 결합되어 있는 trimer (삼량체)이다(그림 3-10). 많은 경우에 multimeric 단백질의 각 monomer subunit은 multimeric 단백질을 구성하지 않고 단독으로는 기능을 할 수 없다. 어떤 경우에는 multimeric 단백질로 결합(oligomerization)하면 단백질의 배열이 병렬이기 때문에 하나의 pathway에서의 작용이 순차적으로 일어나서 효율성이 높아지며, 이 현상을 *metabolic coupling*이라 한다. 이러한 coupling의 예로는, fungus (곰팡이)에서 지방산을 합성하는 효소인 fatty acid synthase와 항생제 erythromycin과 같이 다양한 의약품으로 사용되는 *polyketide*를 박테리아에서 합성하는 polyketide synthase를 들 수 있다.

Supramolecular Complex 가장 높은 단계의 단백질 구조는 단백질이 supramolecular complex로 결합되는 것이다. 일반적으로, 이런 단백질은 수십 개에서 수백 개의 polypeptide chain을 가지는 특징을 보이고, 때로는 핵산과 같은 biopolymer도 포함하기도 한다. 어떤 경우에 supramolecular structure는 1 MDa 이상의 분자량, 30–300 nm의 size를 갖는다. 구조적 기능을 가지는 supramolecular complex의 예로 viral 유전체의 핵산을 둘러싸고 있는 capsid와 plasma membrane (원형질막)을 지탱하고 형태를 잡아주는 cytoskeletal filament를 들 수 있다.

다른 supramolecular complex는 molecular machine과 같은 역할을 한다. 이 complex는 각각 서로 다른 기능을 하는 다양한 단백질을 잘 조합하여 가장 복잡한 세포 기능을 수행한다. 예를 들면, transcriptional machine (전사 기구)는 DNA template를 사용하여 messenger RNA (mRNA)를 합성한다. 이 transcriptional machine이 어떻게 작동하는지는 5장과 8장에서 논의한다. 이런 transcriptional machine은 그 자체가 multimeric 단백질인 RNA polymerase (RNA 중합효소)와 50여 개의 다른 구성 요소들, 즉 general transcription factor들, promoter-결합 단백질들, helicase와 그 외의 protein complex들로 구성되어 있다(그림 3-14). 또한, 5장에서 다룰 ribosome도 여러 개의 protein complex와 여러 개의 핵산으로 구성되어 단백질을 합성하는 molecular machine이다. 가장 복잡한 multiprotein assembly는 cytoplasm (세포질)과 nucleoplasm (핵질) 사이에 macromolecule이 이동하는 통로 역할을 하는 nuclear pore (핵공)이다(13장 참조). Nuclear pore는 약 30개의 서로 다른 단백질이 여러 개 모여서 복합체를 구성하며, 분자량은 대략 50 MDa 정도로 추정된다. ATP 합성을 위한 energy를 공급하는 electron-transport chain에서 여러 반응을 통합하는 미토콘드리아의 *supercomplex* I/III_2/IV뿐만 아니라, 위에서 언급한 fatty acid synthase와 polyketide synthase도 supramolecular machine이다. 미토콘드리아의 supercomplex (그림 12-23)는 3개의 supramolecular complex와 64개 이상의 polypeptide chain으로 구성된다(12장 참조).

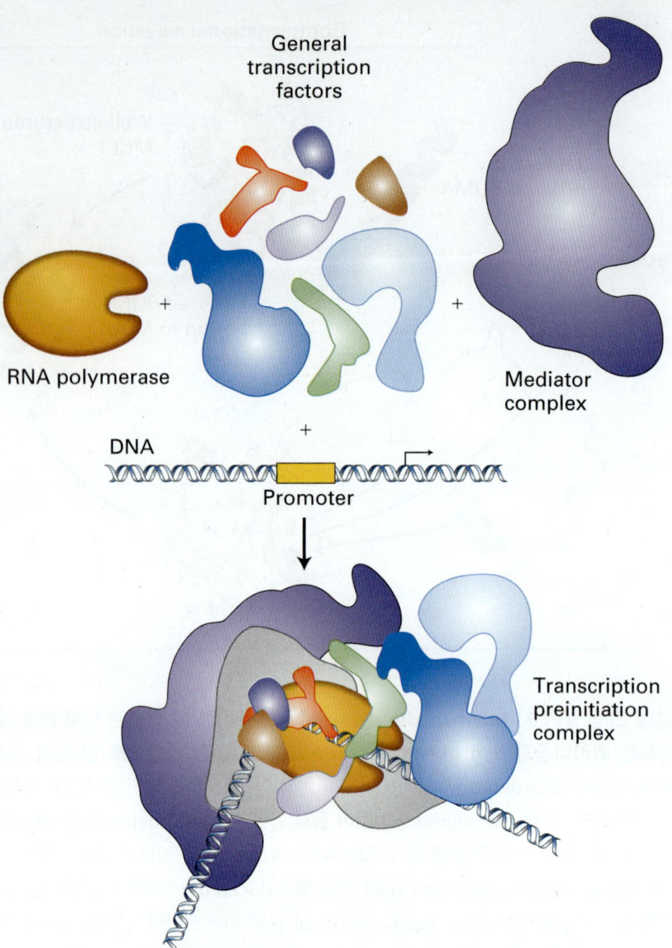

그림 3-14 Macromolecular machine: transcription initiation complex. DNA의 promoter에는 해당 RNA를 합성하기 전에 core RNA polymerase, general transcription factor, 약 20개의 subunit으로 구성된 mediator complex 그리고 여기서 나타내지 않은 다른 단백질 complex들이 결합되어 있다. Polymerase가 transcription을 개시하지만, polymerase와 결합하고 있는 다른 단백질들도 polymerase가 특정 promoter에 최초로 결합하여 transcription을 개시하는 데 필요하다. Transcription preinitiation complex에서 DNA가 구부러져 있는 점을 주목하라. 이러한 다양한 component들이 하나의 machine으로서 함께 기능한다.

Biomolecular Condensate 많은 숫자의 macromolecule이 함께 모여서 형성되는 **biomolecular condensate**는 세포생물학의 여러 관점에서 중요한 기능을 수행한다. Biomolecular condensate는 세포 내에서 membrane으로 둘러싸이지 않으면서도 주위와 물리적으로 화학적으로 구분되는 구조로서 종종 liquid droplet과 비교된다. Biomolecular condensate에서 하나 또는 그 이상의 macromolecule이 여러 개 모여서 그 주변과 구별되는데, 이 과정을 *liquid-liquid phase separation*이라고 한다. Phase separation 과정을 통해서 종종 단백질이나 RNA와 결합한 단백질과 같은 macromolecule은 세포질이나 nucleoplasm 주변 수용액보다 높은 농도로 특정 지역에 서로 모이고 응축하여 형성된다(그림 3-15). 위에서 언급하였던 supramolecular complex와는 달리, biomolecular condensate는 크기가 다양하며(수백에서 수천 nanometer), 이를 구성하는 component의 화학량도 고정되어 있지 않고 일정한 4차 구조를 가지지도 않는다.

Biomolecular condensate는 막으로 둘러싸인 세포소기관(ER, Golgi apparatus, lysosome, 미토콘드리아; 1장 참조)을 대체할 수 있는 방법이며, 다양한 세포 활성을 시간과 공간적으로 통합하여 조절하기 위하여 세포의 특정 위치에 분자를 집중시킨다. 우리는 14장에서 small transport vesicle과 같은 membrane-bound compartment가 서로 융합하여 내용물이 서로 섞인 다음, vesicle이 나머지 큰 구조로부터 떨어져 나오는 과정을 보게 될 것이다(예를 들면, ER에서 membrane vesicle이 떨어져 나와서 Golgi apparatus에 fusion하는 과정). Biomolecular condensate는 마치 salad dressing과 같은 oil이 물 위에서 행동하는 것과 마찬가지로 좀 더 작은 liquid droplet으로 나누어지거나 (disperse), 좀 더 큰 구조로 합쳐지기도 한다(coalesce). 또한 이 구조는 disordered liquid에서 안정된 구조의 gel이나 고체와 유사한 형태로 상변화(phase transition)가 일어날 수도 있다.

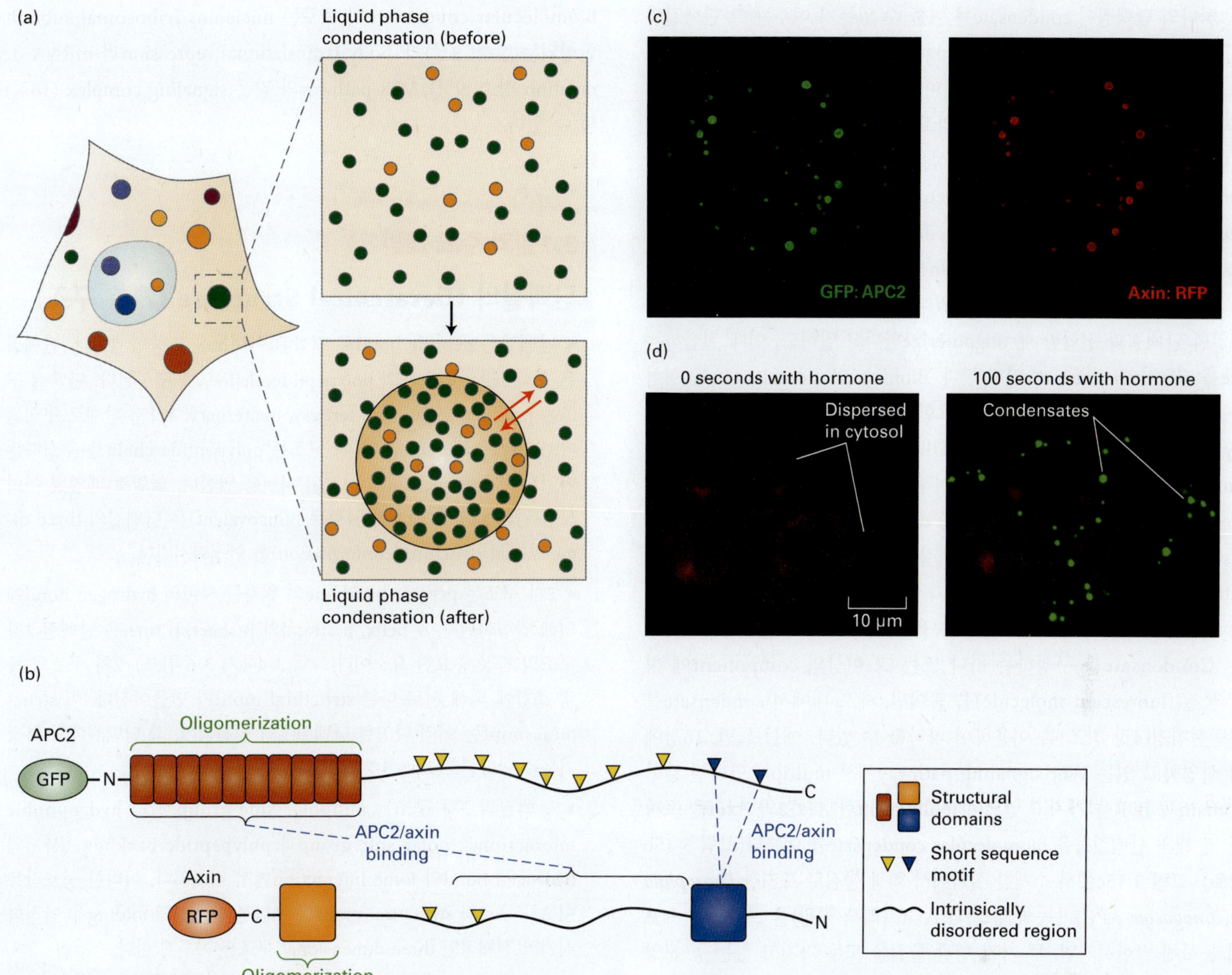

실험 그림 3-15 Intrinsically disordered region과 더불어 다른 특성도 가지고 있는 multivalent 단백질은 biomolecular condensate를 형성한다. (a) 세포는 핵과 세포질에 액체 방울과 같은 다양한 membrane-less condensate를 가지고 있다(colored circle, *왼쪽*). Macromolecule (확대한 이미지에서 condensation 이전에 small circle로 표시, *오른쪽 상단*)들은 liquid-liquid phase separation (condensation 이후에 large green circle, *오른쪽 하단*)으로 인해 주변 fluid에서 분리되고 농축되어 biomolecular condensate를 이룬다. 이러한 macromolecule은 condensate 내부나 외부로 확산될 수 있다(빨간색 화살표). (b) Fruit fly (*Drosophila melanogaster*)에서 Wnt signaling pathway에 관여하는 2개의 큰 단백질, APC2와 Axin에 대한 모델(16장 참조). 포유동물을 포함한 많은 종에서 APC2와 Axin의 homologue가 발현된다. 이러한 multivalent 단백질은 여러 domain (rectangle and square), intrinsically disordered region (검정색 선), 중요한 기능을 담당하는 short sequence motif (triangle) 등을 가지고 있다. 노란색 삼각형으로 표시한 sequence motif는 다른 Wnt signaling에 관여하는 다른 분자들과 결합에 관여한다(16장). APC2와 Axin을 fluorescent 단백질(oval)에 결합된 상태로 배양 세포에 발현시키면 confocal fluorescence microscopy로 관찰할 수 있다(4장). 각 단백질은 녹색 괄호로 표시한 domain을 통해 oligomerize하여 큰 complex를 형성한다. (c) APC2와 Axin을 동시에 발현시키면 서로 결합하여(결합 site는 (b) panel에서 파란색 점선으로 표시) 두 단백질을 모두 포함하는 biomolecular condensate를 형성한다(green GFP:APC2 on the *left*, red Axin:RFP on the *right*, 다양한 크기의 condensate에서 두 색상이 모두 관찰된다). (d) Fluorescent (녹색)를 띠고 있어서 microscopy로 쉽게 관찰이 가능한 단백질을 포함해서 2개의 인공적인 multivalent 단백질을 인간 세포에 발현시켰다. 이 두 단백질은 cytoplasm에 있으며, fluorescent 단백질이 Protein kinase A (PKA, 3.4절과 15장 참조)에 의해 인산화되지 않으면 서로 결합할 수 없다. Hormone isoprenaline (*왼쪽* panel, 0 second with hormone)이 없으면 PKA가 inactive 해서 두 단백질은 서로 결합할 수 없고, green fluorescent 단백질은 세포질에 퍼져 있다(*왼쪽* panel). 이 조건에서 단백질은 핵(빨간 타원형)으로 들어갈 수 없고, DNA는 *histone 2B* (7장 참조)라고 하는 fluorescently labeled DNA-결합 단백질 때문에 빨간색으로 염색되었다. Isoprenaline을 넣은 뒤 100초가 경과하면(오른쪽 panel), PKA가 활성화되고 fluorescent 단백질에 인산화가 일어나서 결합하게 된 두 단백질은 세포질에서 농축되어 biomolecular condensate를 형성한다(녹색 점이 *왼쪽* panel에서 퍼져 있는 녹색보다 더 밝게 보임). [Panel (a) Data from Y. Shin and C. P. Brangwynne, 2017, *Science* **357**(6357):eaaf4382. Panel (b) Data from Figure 1, M. I. Pronobis et al., 2017, *Mol. Biol. Cell* **28**:41–53; and Figure 3, K. N. Schaefer and M. Peifer, 2019, *Dev. Cell* **48**(4):429–444. Panel (c) Photos courtesy of Xiaokun Shu, from Q. Zhang et al., 2018, *Mol. Cell. (left)*; D. Yu et al., 2015, *Nat. Methods (right)*. Panel (d) Republished with permission from Elsevier, Inc., from K. N. Shaefer and M. Peifer, 2019, "Wnt/Beta-Catenin Signaling Regulation and a Role for Biomolecular Condensates," *Dev. Cell*. **48**(4): 429–444; permission conveyed through Copyright Clearance Center, Inc.]

하나의 단백질이 condensate를 이룰 수 있는지 여부는 그 단백질의 구조, 농도와 더불어 pH, ionic strength, temperature, 다른 분자의 존재 여부와 같은 주변 fluid의 조건에 따라 결정된다. 이러한 조건을 세포의 *physiologic state* (생리적 상태)라고 한다. 따라서 세포 내부에서 이러한 조건이 변하면 condensate 형성을 조절할 수 있다. Biomolecular condensate를 형성하는 macromolecule은 다른 분자와 결합할 수 있는 site를 여러 개 가지는, 즉 multivalent하다는 특징을 가진다. 특히, 이 macromolecule은 여러 개의 domain을 가지고 있어서 여러 가지의 다른 단백질 또는 핵산과 결합할 수 있다. 하나의 단백질이 다른 copy의 동일한 단백질과 결합할 때 oligomerize한다고 말하고, 이때 결합하는 site를 *oligomerization site*라고 한다. Biomolecular condensate를 형성하는 macromolecule의 또 다른 중요한 특징은 intrinsically disordered region (IDR)을 갖는다는 것이다. IDR의 아미노산 서열은 이 단백질이 condensate를 이루는 데 관여할지 여부와 형성된 condensate의 특성에도 영향을 준다. 그러나 현재는 다중 domain을 가지거나 intrinsically disordered segment를 가지는 단백질이 *in vivo*에서 반드시 condensate를 이루는 데 참여할 것이라고 가정할 수는 없지만, 이러한 특징들이 그러한 단백질에 대해 중요한 기능을 하는 것으로 보인다.

Condensate를 구성하는 하나 또는 그 이상의 component에 형광 물질(fluorescent molecule)을 붙이면, 세포 내에서 condensate를 형광현미경(4장 참조)을 이용하여 파악할 수 있다. 예를 들면, 16장에서 설명하고 있는 Wnt signaling pathway에서 multiple 단백질 결합 domain과 IDR을 가지고 있으며 multivalent한 *APC2*와 *Axin*을 포함한 몇 개의 단백질들은 biomolecular condensate를 이룬다(그림 3-15b 참조). 그림 3-15c에서 소개한 실험에서 형광 물질로 표지한 *Drosophila melanogaster* APC2 (녹색 형광)과 Axin (적색 형광)을 포유동물 세포에 동시에 발현시키면, 두 가지 형광 물질을 모두 가지고 있는 공 모양의 condensate를 형성한다.

Condensate의 특성은 pH와 같은 세포 외부 조건이나, condensate를 이루는 단백질(어떤 경우에는 RNA)의 유형에 따라 조절할 수 있다. 예를 들면, 그림 3-15d에서 2개의 인위적인 단백질이 condensate를 형성하는 것을 보여주고 있고, 둘 중 하나에 형광 물질이 표지되어 있다. 평상시에는 두 단백질이 condensate를 이루지 않아서 형광 물질로 표지된 단백질이 세포질에 퍼져 있다(왼쪽 *panel*, 0 sec, 상대적으로 약한 녹색 형광을 보임). 호르몬을 100초 동안 처리하면(오른쪽 *panel*) 형광 물질로 표지된 단백질이 화학적으로 변형이 일어난다(*kinase*에 의해 인산화가 일어난다; 3.4절에서 설명). 그 결과 인산화 단백질 결합 domain을 가지고 있는 다른 단백질과 결합하여 condensate를 형성하는 것을 알 수 있다(오른쪽 panel, condensate에서는 fluorescent molecule의 농도가 세포질에 퍼져 있을 때에 비해 높아지기 때문에 매우 밝은 녹색 punctate droplet이 보임). 호르몬을 처리하는 시간이 길어지면 condensate들은 서로 합쳐져서 좀 더 큰 droplet을 만든다. 이러한 spherical structure는 (1) 역동적으로 합쳐지거나 쪼개지기도 하고, (2) sphere 내부에서 확산되거나 sphere 주변으로 확산되기도 하므로 형광으로 표지된 분자가 condensate 형성에 관여하고 있다는 증거가 된다.

Biomolecular condensate의 예로는 nucleolus (ribosomal subunit이 합성되는 장소; 9장), P-body (translational repression과 mRNA degradation 장소; 9장), Wnt pathway와 같은 signaling complex (16장)를 들 수 있다.

3.1절의 주요 개념

단백질의 Hierarchical Structure (계층 구조)

- 단백질은 peptide bond로 결합된 아미노산의 중합체이다. 단백질은 하나 또는 여러 개의 polypeptide chain으로 구성된다. 단백질 구조는 primary, secondary, tertiary, quaternary, 4가지 단계로 구성된다. Polypeptide chain의 1차 구조는 polypeptide chain을 구성하는 아미노산이 covalent하게 연결된 서열을 말한다. 일렬로 배열된 아미노산 간의 다양한 상호작용(주로 noncovalent)은 단백질의 three-dimensional structure (conformation)를 안정화시킨다.

- 2차 구조는 peptide backbone의 원자들 사이의 hydrogen bond에 의해 안정화된다. α helix, β strand와 β sheet, β turn은 단백질 2차 구조의 가장 중요한 요소이다(그림 3-4에서 3-6 참조). 2차 구조의 특정 조합에 의해 서로 다른 structural motif가 만들어진다. 이 structural motif는 여러 다양한 단백질에서 발견되며, 각 단백질에서 특정 기능을 담당한다(그림 3-7 참조).

- 단백질의 3차 구조는 nonpolar side group 간의 hydrophobic interaction과 polar side group과 polypeptide backbone 사이의 hydrogen bond와 ionic interaction에서 비롯된다. 이러한 상호작용이 2차 구조와 structural motif를 포함한 단백질의 folding을 안정화시켜서 전체적인 three-dimensional 구조를 이루게 한다.

- 단백질은 종종 특징적인 domain을 가진다. 이 domain은 secondary 또는 3차 구조가 독립적으로 folding되어 특징적인 structural, functional, topological 특징을 가진다.

- 진화 과정에서 다양한 서로 다른 단백질에 서로 다른 domain들을 module로 배열함으로써 단백질의 구조와 기능에 다양성을 갖게 되었다.

- 유사한 아미노산 서열을 가지는 단백질은 일반적으로 유사한 three-dimensional structure와 기능을 가진다고 추측할 수 있다. 하지만 유사하지 않은 서열을 가진 polypeptide가 유사한 three-dimensional structure를 가지는 경우도 있다.

- Homologous 단백질은 공통 조상으로부터 유래된 단백질이다. 따라서 유사한 서열, 구조, 기능을 가진다. 이 단백질들을 하나의 family 또는 superfamily로 분류할 수 있다.

- 단백질 전체 또는 일부분을 4가지 structural category: globular protein, fibrous protein, integral membrane protein, intrinsically disordered protein 중 하나로 분류할 수 있다.

- Intrinsically disordered protein이 가지는 conformational flexibility 때문에 이들 단백질이 결합 partner, signaling molecule, 다른 분자의 regulator, scaffold, 단백질의 안정된 구조 사이를 연결, post-translational modification site, autoinhibitor, intracellular sorting signal로서의 기능을 할 수 있다.

- 단백질의 4차 구조는 multimeric 단백질의 각 polypeptide subunit 수(예, dimer 또는 trimer)와 구성(organization)에 따라 결정된다.
- 세포는 때때로 *molecular machine*이라 불리는 거대한 supramolecular complex를 가지고 있으며, 이 assembly에서는 수십 개의 polypeptide가 모여서 DNA, RNA, 단백질 합성, 광합성, ATP 합성, signal transduction과 같은 복잡한 세포 활동을 담당한다.
- Biomolecular condensate는 여러 분자들이 역동적으로 모여서 크고 막 구조를 가지지 않는(membraneless) 독립된 구획(compartment)을 형성한다. 이렇게 liquid-droplet과 유사한 condensate는 세포질과 nucleoplasm과 같은 주변 환경과 화학적이나 물리적으로 성질이 다르고 상이 분리된(phase-separated) 구조를 만든다. 어떤 단백질이 condensate를 형성할 수 있는지 여부는 단백질의 구조와 pH, temperature와 같은 주변 환경에 따라 달라진다. Condensate를 형성하는 단백질은 종종 다중 결합 domain (따라서 multivalent하다)과 intrinsically disordered region을 갖는다.

3.2 단백질 Folding

단백질의 구조(protein architecture)에 대해 설명할 때 "형태는 기능을 따른다(form follows function)"라고 앞에서 강조했다. 따라서 polypeptide가 특정 1차 구조(서열)를 가지고 합성될 때 적절한 2차, 3차 또는 4차 구조를 가지게끔 3차원적인 구조를 갖도록 folding이 일어나는 것이 필수적이다. 적절한 아미노산 서열을 가지는 단백질은 어떻게 생성될까? Polypeptide chain은 *translation* (번역)이라고 부르는 복잡한 과정에 의해 합성되며, 이 과정은 cytoplasm에 존재하는 *ribosome*이라 불리는 거대한 protein-nucleic acid complex에 의해 일어난다. Translation은 *messenger RNA (mRNA)*를 주형(template)으로 하여 이에 상응하는 아미노산이 특정 서열로 배열된다. 핵 안에서 transcription machinery에 의해 DNA의 nucleotide 서열이 RNA로 전환되는데, 이 과정을 전사(*transcription*)라고 한다. Transcription과 translation의 복잡한 과정에 대해서는 5장에서 다룰 것이고, 여기에서는 새로이 생성되거나 생성 중인(nascent) polypeptide가 ribosome에서 빠져나오는 동안 적절히 folding을 이루는 데 필요한 주요한 결정 요인들에 대해서 알아본다.

Peptide 결합이 편평하기 때문에 단백질이 접혀서 이루는 모양이 제한된다

chain이 어떻게 fold되는지를 결정하는 polypeptide의 중요한 구조적 특징은 peptide bond가 평면적 구조를 이룬다는 것이다. 그림 3-3은 polypeptide chain의 peptide bond에 있는 amide group을 보여 준다. Peptide bond 자체가 부분적으로 double bond처럼 역할을 하기 때문에 polypeptide chain에서 peptide bond의 양쪽에 있는 X와 Y 부분은 peptide bond와 상대적으로 trans 또는 cis 방향으로 배열된다.

trans   cis

우리는 2장에서 unsaturated fatty acid의 carbon-carbon double bond가 cis와 trans isomer로 배열되는 것을 보았다. 결정 구조 분석을 통해 단백질에서 Y 위치에 proline이 오는 경우를 제외하고서 99.97%의 peptide bond가 trans configuration을 가지고 있는 것을 알 수 있다. (Y 위치에 proline이 오는 경우에 대해서는 곧바로 살펴본다.) Peptide bond에서 carbonyl carbon, amide nitrogen 그리고 여기에 직접 연결된 atom들은 고정된 평면(plane)에 배열되어 있어야 한다(그림 3-16). 따라서 peptide bond 그 자체는 거의 회전(rotation)이 일어날 수 없다. 하지만 polypeptide chain은 flexible하고, 꼬이거나 방향 전환이 가능해서 다양한 three-dimensional shape을 가진다. 결과적으로, polypeptide chain에서 유일하게 flexible해서 다양한 구조가 가능하게 하는 것은 peptide bond의 고정된 plane이 다음 두 bond에 대해 회전하는 것이다. 즉, C_α–amino nitrogen bond (Φ라고 불리는 rotational angle)와 C_α–carbonyl carbon bond (Ψ라고 불리는 rotational angle) 사이에서 peptide bond의 고정된 plane을 회전시키는 것이다.

더구나 polypeptide chain이 취할 수 있는 conformation의 가능성은 더욱 제한적이어서 단지 몇 개의 Φ와 Ψ angle만이 가능하다. 그 이

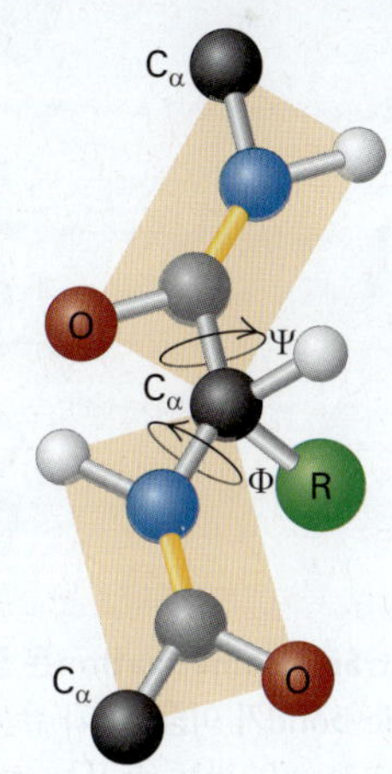

그림 3-16 단백질의 planar peptide group들 사이의 회전. Peptide bond에서 carbonyl carbon과 amide nitrogen의 atom들 사이에서 만들어지는 bond는 고정된 평면(orange rectangle)에 놓여 있다. C_α–amino nitrogen bond (Φ angle)와 C_α–carbonyl carbon bond (Ψ angle) 사이에서 회전이 가능하다. 이러한 polypeptide backbone의 회전은 이론적으로는 매우 다양한 conformation을 가질 수 있다. 그러나 polypeptide backbone의 구조에서 기인하는 구조적 제한과 아미노산 side chain의 특성 때문에 어느 특정 단백질이 가질 수 있는 conformation은 매우 제한적이다.

유는 대부분의 Φ와 ψ angle의 경우 backbone이나 side chain의 원소들이 서로 너무 가까이 위치해 있어서 conformation이 매우 불안정하거나 물리적으로 conformation 형성이 불가능하기 때문이다.

Peptide folding이 Proline Isomerase에 의해 촉진된다

이미 살펴보았듯이, polypeptide chain에서 peptide bond의 양쪽 면(X와 Y)은 거의 항상 trans configuration으로 존재한다(그림 3-17a). 하지만, Y 위치에 proline이 있을 때 trans configuration이 cis configuration보다 에너지 측면에서 훨씬 더 유리하지 않다(그림 3-17b). 구조가 이미 밝혀진 단백질 중에서 Y 위치에 proline을 가지지 않은 peptide bond는 0.03%만 cis configuration을 보이는 데 비해, Y 위치에 proline을 가진 peptide bond는 약 5–7%가 cis configuration을 보인다.

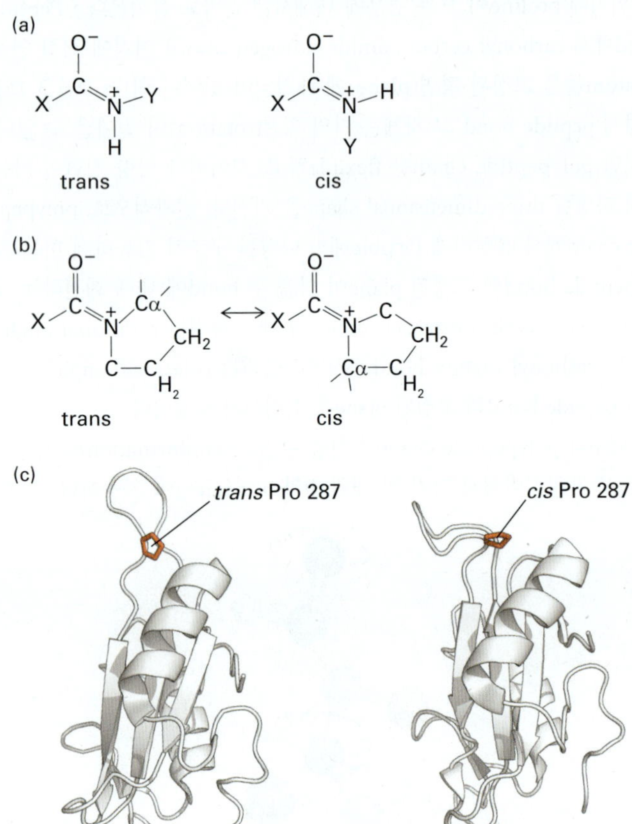

그림 3-17 Proline cis/trans isomerization은 단백질의 folding과 구조에 영향을 준다. (a) Peptide bond가 이중결합과 유사한 특성을 가지기 때문에 polypeptide chain의 양쪽 side (X와 Y)는 cis 또는 trans configuration을 갖게 된다. Y 부분의 잔기가 proline이 아닌 경우에 잘 정렬된 단백질의 99.97%는 trans configuration으로 존재한다. (b) Y가 proline인 경우, 5–7%의 peptide bond가 cis configuration을 갖는다. Proline isomerase는 단백질 folding을 용이하게 하기 위해서 cis/trans isomerization을 촉매한다. (c) 여기서는 SH2 단백질 domain을 나타내었는데(16장 참조), 어느 한 proline의 cis/trans isomerization으로도 단백질의 부분적인 구조가 급격히 바뀌고, 이러한 구조 변화가 단백질의 활성에도 영향을 준다. [Part (c) Trans data from E. V. Pletneva et al., 2006, *J. Mol. Biol.* **357**:550–561, PDB ID 2etz; cis data from R. J. Mallis et al., 2002, *Nat. Struct. Biol.* **9**:900–905, PDB ID 1lui.]

Proline을 포함하고 있는 peptide에서 cis와 trans configuration이 자연발생적으로 isomerization이 일어나는 속도는 상대적으로 느리지만(수 millisecond에서 수 second 정도), 단백질 folding 과정은 훨씬 빠르게 진행된다(수 microsecond에서 수 millisecond 정도). 따라서 세포가 peptidyl-proline isomerase (PPIase)를 이용하여 cis/trans isomerization을 촉진시키면 folding이 일어나고 있는 단백질은 빠르게 적절한 isomer를 형성할 수 있다. 또한 proline의 cis/trans isomerization은 conformation을 변화시키는 스위치로 작용해서 이미 안정된 구조를 이루고 있는 단백질의 활성을 변화시킬 수 있다. 실제로, 어떤 단백질의 경우 이러한 isomerization에 의해 상당한 구조 변화가 일어난다(그림 3-17c). 인간에는 이처럼 folding과 conformation을 스위치할 수 있는 45개의 서로 다른 PPIase를 가지고 있다.

단백질의 아미노산 서열이 Folding을 결정한다

Backbone bond angle이 매우 제한적이긴 하지만 몇 개의 잔기로 이루어진 polypeptide라도 원칙적으로 여러 conformation을 이룰 수 있다. 예를 들면, 만일 Φ와 Ψ angle이 단지 8가지 조합이 가능하다고 가정하면 *n*-residue를 가진 polypeptide는 8^n가지의 conformation이 가능하다. 단지 10개의 잔기를 가진 polypeptide의 경우라도 약 8.6 million의 conformation이 가능하므로 매우 큰 숫자이다. 그러나 일반적으로 어느 특정 단백질이 intrinsically disordered protein이 아니라면 단지 한 가지 또는 매우 유사한 몇 가지 functional conformation을 가지는데, 이를 native state라고 한다. 대부분의 단백질의 경우, native state는 가장 안정적으로 접혀서 정상적인 기능을 가지는 상태를 의미한다. 열역학적으로 native state는 가장 낮은 free energy (*G*)를 가지는 conformation이다(2장 참조).

단백질의 어떤 특징이 여러 가능한 conformation 중에서 하나의 구조만을 가지도록 제한하는가? Polypeptide backbone의 아미노산 서열과 더불어 side chain의 특성(예를 들면, 크기, hydrophobicity, charge, hydrogen bond나 ionic bond를 형성할 수 있는 능력)이 제한의 주요 요인이다. 예를 들면, tryptophan의 큰 크기의 side chain은 다른 부위와 아주 가까이 packing 되지 않도록 하는 반면에, arginine과 같이 positive charge를 가지는 side chain은 aspartic acid와 같이 반대로 charge된 side chain을 가지는 polypeptide를 끌어들이려고 한다. 앞에서 논의한 다른 예로는 helix의 상호결합을 촉진하여 coiled coil을 형성하는데, heptad repeat에서 aliphatic side chain의 역할을 들 수 있다. 따라서 *polypeptide*의 *primary* 서열이 2차, 3차 그리고 4차 구조를 결정한다.

단백질이 적절하게 구조를 이루기 위한 정보를 아미노산 서열이 가지고 있다는 초기 증거는 노벨상 수상자인 Christian Anfinsen에 의해 1960년대에 이루어진 순수 분리한 RNA를 자르는 효소 ribonuclease A protein을 refolding시키는 *in vitro* 연구에서 얻을 수 있었다. 다른 연구에서도 단백질의 native conformation을 안정화시키는 noncovalent interaction을 화학적 또는 물리적 방법으로 파괴하면 정상적인 3차원적 구조가 파괴되는 것을 알 수 있다. 단백질의 2차 또는 3차 구조를 파괴하는 과정을 **denaturation (변성)**이라 한다. 열의 형태인 thermal energy, 아미노산 side chain의 charge를 바꾸는 극단적 pH 변화, 6–8 M의 urea나 guanidine hydrochloride와 같은 *denaturant* 등은 단백질의 native conformation을 안정화시키는 noncovalent interaction을 파괴시켜서 단백질을 denaturation시킨다. 단백질에 β-mercaptoethanol과 같은 reducing agent를 처리하면 disulfide bond가 깨져서 disulfide bond를 포함하고 있는 단백질은 더 불안정해진다. 그러한 unfolding 또는 denaturing 조건에서 일정한 구조를 가지고 있던 단백질이 unfold 또는 denature되어서 다양한 non-native 또는 생물학적으로 활성을 가지지 못하는 구조로 바뀐다. 앞에서 살펴보았듯이, 매우 많은 non-native conformation이 가능하다(예, $8^n - 1$). 단백질에서 대략 두 가지 종류의 non-native conformation이 있다: (1) monomeric unfolded 또는 denatured structure, (2) 이 장의 후반부에 다룰 disease와 연관된 amyloid fibril과 같이 비정형(amorphous)이거나 잘 조직된 구조를 가질 수 있는 응집체(aggregate). 원칙적으로 aggregate는 한 종류의 단백질이 많은 양 존재하거나(homogeneous aggregate), 서로 다른 단백질들이 섞여 있기도 한다(heterogenous aggregate).

Denatured protein은 많은 non-native conformation을 가지기 때문에(무질서 정도가 증가) denatured protein에서 entropy가 매우 증가하는 것을 고려하면 denaturing 조건에서 단백질이 저절로 unfolding이 일어나는 것은 놀라운 일은 아니다. 그러나 놀라운 것은 한 가지 형태로 unfold된 순수 분리한 단백질을 정상적인 조건으로 회복시켰을 때(체온, 정상 pH, denaturant의 감소 또는 제거), 어떤 denatured polypeptide는 스스로 native state를 이뤄서 생물학적으로 활성을 가진 상태로 refold될 수 있다는 사실이 Anfinsen의 실험에서 밝혀졌다. 이러한 refolding 실험 결과는 화학적으로 합성한 단백질이 적절하게 folding되는 실험 결과와 마찬가지로 단백질의 primary 서열 안에 folding을 결정짓는 충분한 정보가 포함되어 있다는 것을 잘 보여 준다. 새로이 합성되는 단백질도 denatured 단백질과 마찬가지로 적절한 conformation을 이루는 것처럼 보인다. 3.1절에서 살펴보았듯이, 비슷한 아미노산 서열이 비슷한 3차 구조를 만든다는 사실은 단백질의 primary 서열이 *in vivo*에서도 단백질 folding을 결정짓는다는 증거이다. 2차 구조나 structural motif는 folding 과정의 초기에 형성되며, 이어서 좀 더 조밀하고 복잡한 structural domain이 형성된 뒤 최종적으로 좀 더 복잡한 3차와 4차 구조가 형성된다(그림 3-18).

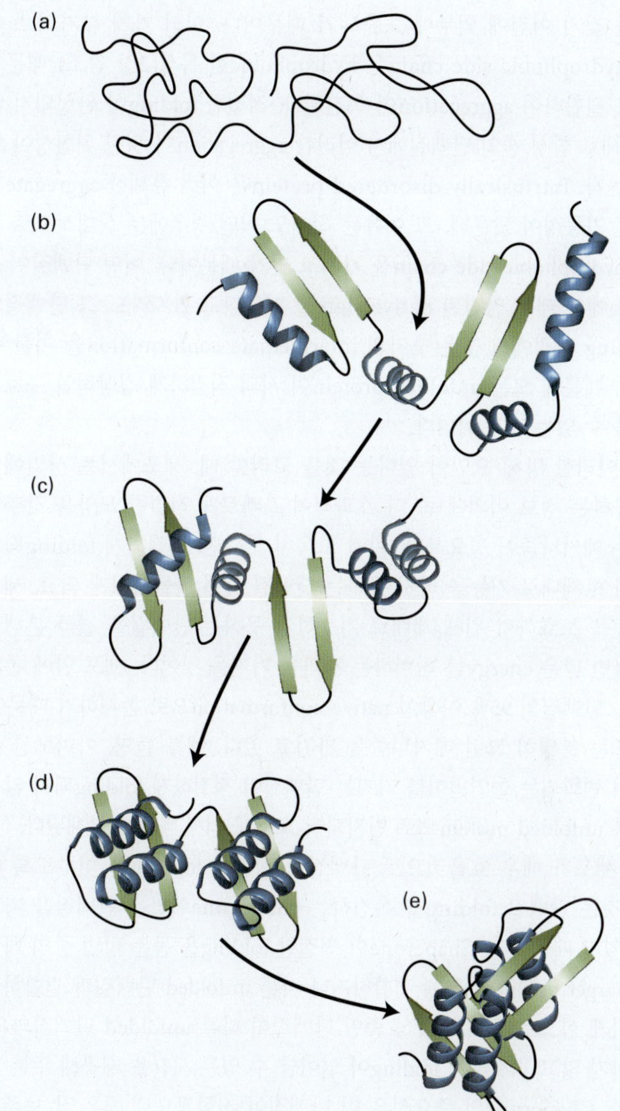

그림 3-18 단백질 folding 과정에 대한 가설. Monomeric 단백질의 folding은 primary (a) → secondary (b–d) → tertiary (e)와 같이 단계적으로 이루어진다. 작은 structural motif (c)의 형성이 먼저 선행되고, 이어서 더 안정적인 domain (d)과 최종적인 3차 구조 (e)가 이루어진다.

In vivo (생체)에서 단백질 Folding은 Chaperone에 의해 촉진된다

Test tube 안에서 일어나는 denatured protein의 refolding 과정은 아마도 세포 내에서 새로 합성되는 polypeptide의 folding 과정과는 매우 다르다. 세포 안에는 매우 높은 농도로 다른 biomolecule이 존재하며, 그중 일부는 새로 합성되어 아직 folding의 초기에 있거나 folding이 일어나는 과정에 있는 단백질도 있어서, 이런 분자들이 aggregate를 형성함으로써 하나의 단백질이 저절로 folding이 일어나는 데 방해가 될 수도 있다. 어떤 단백질은 세포질에 매우 높은 농도로 존재하고, 포유동물 세포에서 총 세포질 단백질의 농도는 약 300 mg/ml 정도에 달한다. 이렇게 단백질 농도가 높으면 합성 중인 단백질이 적절하게 folding이 되기 이전에 다른 단백질을 만나서 aggregate를 형성하기 쉽다. Folding이 일어나기 이전이거나 부분적으로 folding이 일어난 단백질은 크고 water-insoluble한 aggregate를 형성하기 쉬우며, 어떤 특정 단백질이 이 aggregate에서 분리되어 자신의 적절한 conformation을 이루는 것은 매우 어렵다. 이러한 aggregation이 생기는 부분적인 이유는 hydrophobic side chain이 folded protein의 내부 중심에 묻힐 기회를 갖기 이전에 외부에 노출되기 때문이다. 여러 가지 분자의 노출된 hydrophobic side chain은 hydrophobic한 특성(2장 참조) 때문에 서로 결합하여 aggregation이 촉진된다. 적절한 folding이 완성되지 않은, 새로 합성 중인 단백질에서 이러한 aggregation이 생길 위험성이 매우 높다. Intrinsically disordered protein은 이런 유해한 aggregate가 생길 가능성이 낮은데, 그 이유는 적어도 어떤 경우에는 상대적으로 적은 hydrophobic side chain을 가지고 있기 때문이다. 어떤 단백질이 *in vitro*에서 매우 안정된 native state를 이룬다고 할지라도 그 단백질의 folding 과정에서 많은 숫자의 intermediate conformation을 이룰 수 있기 때문에 모든 unfolded protein이 시의 적절하게 정상적인 구조를 이룰 수 있는 것은 아니다.

이러한 방해 요인이 있다는 것을 고려할 때, 세포에서는 서열에서 제공하는 정보 이외에 좀 더 효과적이고 빠르게 적절한 모양을 갖추게 하는 메커니즘이 필요하다. 이런 도움이 없다면, 적절하게 folding되지 못하여 제대로 기능을 하지 못하는 단백질 들이 만들어지게 되고, 세포 기능을 보호하기 위해 제대로 기능하지 못하는 단백질을 결국 분해시킨다면 많은 energy를 허비하는 결과를 가져올 것이다. 세포 안에 존재하는 단백질의 95% 이상이 native conformation으로 존재하기 때문에, 세포는 분명히 그런 메커니즘을 가지고 있다. 예를 들면, 아미노산 서열이 변화되는 돌연변이를 가지는 단백질이 적절하게 folding되지 않을 경우 unfolded protein으로 인지되어 효소에 의해 빠르게 분해된다.

세포가 매우 효율적으로 단백질이 적절한 folding을 이루도록 하는 것은 단백질 folding을 촉진하는 **chaperone**이라는 단백질을 가지고 있기 때문이다. Chaperone이 적절한 folding을 돕는 방법 중의 하나는 target polypeptide에 결합하거나 다른 unfolded 단백질과 결합하지 못하게 함으로써 새로 합성 중인 단백질이 다른 unfolded 단백질과 접촉하지 않고 적절하게 folding이 일어날 수 있는 시간을 제공해 주는 것이다. Chaperone의 중요성은 이 단백질이 진화적으로 매우 잘 보존되어 있다는 점에서 알 수 있다. Chaperone은 박테리아에서 인간까지 모든 organism에서 발견되며, 그들 중 일부는 sequence similarity가 높은 homolog들로서 단백질 folding을 돕기 위해서 거의 동일한 메커니즘을 이용한다. 진핵세포에서 chaperone은 세포질뿐 아니라 endoplasmic reticulum (소포체), 미토콘드리아, 핵과 같은 세포소기관 내부에도 존재한다.

Chaperone은 새로 합성되는 단백질의 folding이나 misfolded 또는 unfolded 단백질의 refolding을 돕는다. 나중에 자세히 언급하겠지만, chaperone이 단백질 folding을 돕는 과정에서 표적 단백질이 성숙하고 안정적인 conformation을 이루지 못하는 경우도 있다. 이 경우에 chaperone은 표적 단백질이 적절한 folding을 이룰 때까지 추가적으로 chaperone-mediated folding을 진행한다. 또한 chaperone은 단백질의 misfolding에 의해 생겨난 잠재적으로 독성을 가질 수 있는 단백질 aggregate를 해체하거나, 크기가 큰 multiprotein complex를 형성 또는 해체하거나, 어떤 단백질이 active 상태와 inactive 상태로 전환되도록 매개하는(어떤 protein kinase의 경우 open form과 closed form으로 전환, 뒤이어 논의함) 기능도 가지고 있다. 따라서 chaperone은 매우 중요하다!

Chaperone이 folding을 돕기 위하여 결합하는 표적 단백질을 *substrate* (기질) 또는 *client protein*이라 부른다. Chaperone이 기능을 하기 위해서 일련의 구조적 변화가 필요하며, 이를 위해 chaperone은 ATP와 결합, ATP를 ADP로 가수분해, ADP를 새로운 ATP로 교체하는 과정을 반복한다. Chaperone은 구조에 따라 몇 가지 종류로 분류할 수 있지만, (1) 표적 단백질과 결합을 증가시키기 위해서, 또는 (2) chaperone의 conformation을 변화시키기 위해서 ATP 결합과 hydrolysis를 이용한다. ATP에 의존적인 chaperone의 conformation 변화는 (1) 기질의 구조 형성을 최적화시키고, (2) chaperone이 원래의 형태로 되돌아가서 새로운 기질과 결합하게 해주며, (3) 단백질의 refolding이 ATP 가수분해 시간 안에 일어나야 하므로 refolding의 시간을 제한하는 역할을 한다.

다음과 같이 두 가지 family의 chaperone이 알려져 있다.

- Molecular chaperone은 단백질 기질의 짧은 segment에 결합하여, unfold되거나 부분적으로 fold된 단백질을 안정화시켜서 이 단백질들이 aggregation (응집)되거나 분해되는 것을 막는다. Molecular chaperone은 새로 합성되는 단백질이 합성이 완료되기 이전에 ribosome에서 빠져나오는 동안 단백질의 nascent chain에 결합한다(13장 참조).
- Chaperonin은 작은 folding chamber를 형성한 다음 그 안에 unfolded 단백질을 붙잡아서 적절하게 folding이 일어날 시간과 환경을 제공한다.

Molecular Chaperones Hsp70과 Hsp90은 molecular chaperone의 두 가지 주요 유형이다. Hsp70의 기질은 새로 합성되는 단백질과 같은 unfolded protein이다. Hsp70은 Hsp90과 함께 partially folded protein이 folding되도록 돕거나, 특정한 형태로 접혀 있는 단백질의 conformation을 변형 또는 변경시키는 기능을 한다. Hsp70과 Hsp90이 다른 단백질의 folding에 관여하는 것을 그림 3-19에 나타내었다.

Hsp70 세포질에 존재하는 heat-shock protein Hsp70과 그것의 homolog들은 세포가 온도 상승, 즉 heat-shock에 의해 스트레스를 받았을 때 빠르게 증가하는 현상을 통해서 처음으로 알려졌다(*Hsp*는 "*h*eat-*s*hock *p*rotein"을 의미함). Cytosolic Hsp70의 homolog에는 미토콘드리아 matrix의 Hsp70, 소포체의 BiP, 박테리아의 DnaK 등이 있다. Hsp70과 그 homolog들은 모든 organism에서 주요한 chaperone들이며, 기질의 적절한 folding을 촉진시키기 위하여 ATP-dependent cycle을 이용한다(그림 3-19a). Hsp70 cycle의 다섯 가지 과정은 다음과 같다.

1. "open" 형태의 ATP-bound Hsp70에 기질 결합
2. 기질이 결합하면 ATP가 hydrolysis되어 ADP로 전환됨에 따라 Hsp70은 "closed" 형태의 ADP-bound Hsp70이 되어 기질과 좀 더 강하게 결합
3. 기질이 closed Hsp70에 강하게 결합하고 있는 동안 기질의 misfolding이나 aggregation이 억제됨. 즉, Hsp70은 부적절한 단백질 folding

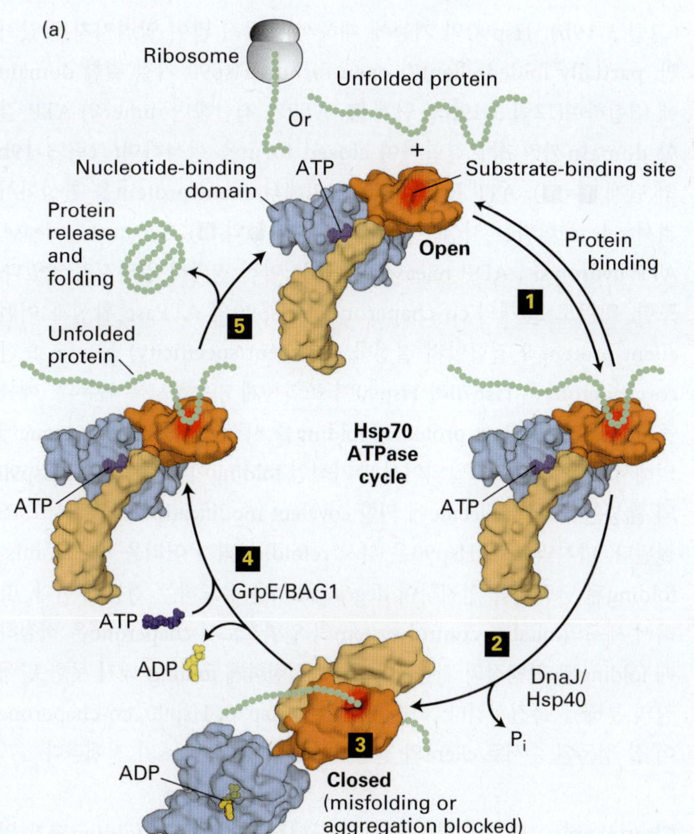

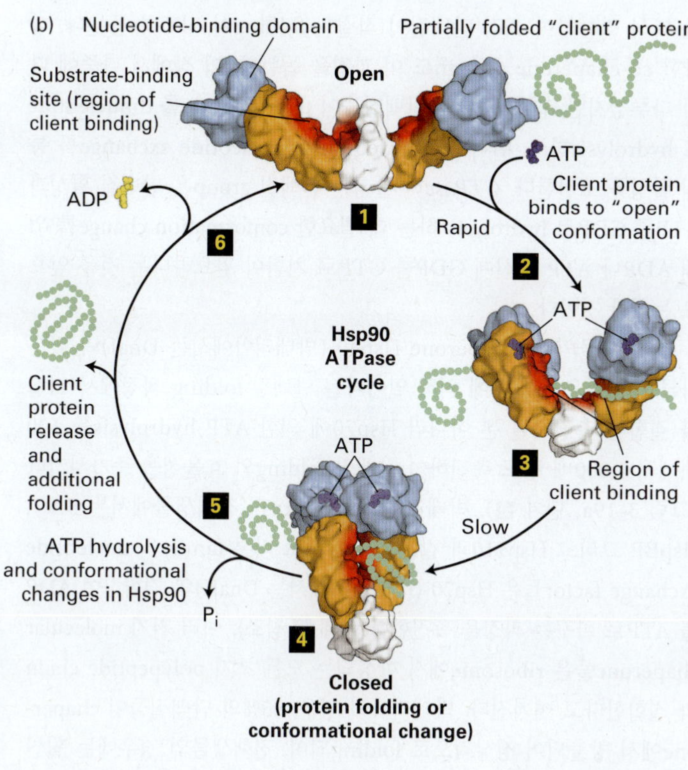

그림 3-19 Molecular chaperone에 의한 단백질 folding. (a) 많은 단백질들은 Hsp70 또는 Hsp70-like 단백질의 도움을 받아 그들의 적절한 three-dimensional structure로 folding된다. 이러한 chaperone들은 ribosome으로부터 합성되어 나오는 nascent polypeptide나 다른 이유로 unfold된 단백질에 일시적으로 결합한다. Hsp70 cycle에서, ATP (보라색)가 Hsp70의 nucleotide 결합 domain (연푸른색)에 결합할 때, 기질인 unfolded 단백질은 그 기질 결합 domain (밝고 어두운 주황색)의 open conformation에서 Hsp70의 기질 결합 site (빨간색)에 결합하여 평형 상태에 도달한다(단계 **1**). 기질 결합 domain은 cycle이 진행되는 동안 상대적인 위치와 conformation이 바뀌는 2개의 subdomain으로 구성되어 있다. Co-chaperone accessory 단백질 (DnaJ/Hsp40)은 ATP를 ADP로 hydrolysis되도록 해서 기질 결합 domain의 conformation change를 유도함으로써 closed conformation에서 기질이 기질 결합 domain에 단단히 고정되어 부적절한 folding이나 aggregation이 일어나는 것을 방지한다(단계 **2**와 **3**). 다른 accessory 단백질인 co-chaperone 단백질(GrpE/BAG1)에 의해 결합되어 있던 ADP가 ATP로 치환되고, Hsp70이 다시 open conformation (단계 **4**)이 되면서 빠져나오는 기질은 추가적으로 적절히 folding이 일어난다(단계 **5**). 기질이 방출되면 Hsp70은 다른 기질과 결합한다. 만일 방출된 기질이 적절한 folding을 이루지 못하면 다른 chaperone에 다시 결합하여 동일한 과정이 반복된다. (b) 항상 그런 것은 아니지만 많은 경우에 있어서 Hsp70에 의해 partially folded 단백질은 Hsp90으로 넘겨져서 추가적인 folding이 일어난다. Dimeric Hsp90 molecular chaperone은 세 가지 conformational 상태가 있어서 기질 단백질(*client*라고도 함)의 remodeling에 관여한다. Client 단백질은 기질 결합 site (빨간색 surface)에 결합한다. 기질 결합 site는 기질 결합 domain (주황색)과 C-말단 dimerization domain에 걸쳐서 존재하며, ATP 결합과 hydrolysis에 반응하여 conformation이 변하는 것으로 생각된다. Hsp90 cycle은 nucleotide-결합 domain (연푸른색)에 nucleotide가 결합되어 있지 않고, dimer가 open conformation (단계 **1**)일 때 시작된다. Open conformation은 client가 결합할 수 있는 유연한 구조이다. 빠르게 ATP가 결합하면 conformation change (단계 **2**)가 일어나는데, 이 구조에서는 nucleotide-결합 domain과 기질 결합 domain이 서로 이동하여(단계 **3**에서 보이는 중간 단계) closed conformation을 이루며, 이때 nucleotide-결합 domain은 서로 결합해 있다(단계 **4**). Hsp90이 closed conformation에 있을 때 client 단백질의 folding이 일어난다. 어떤 경우에는, folded 단백질이 closed conformation을 가지는 Hsp90에 결합하면(단계 **4**) conformation 변화가 일어난다. Client가 Hsp90의 어느 위치에 결합하는지는 client마다 다르다. ATP hydrolysis에 의해 Hsp90의 conformation 변화가 일어나며(단계 **5**), 이로 인해 Hsp90은 매우 조밀한 형태를 가지게 되고, client의 folding이 일어나며, client 단백질이 방출되어 추가적인 folding이 일어난다. ADP와 결합하고 있는 Hsp90은 매우 조밀한 형태를 포함한 여러 형태로 존재한다. ADP가 방출되면(단계 **6**) 초기에 유연한 open state가 만들어짐으로써, cycle은 종료되고 새로운 client와 결합할 수 있다. 기질 방출, ATP 가수분해, ADP 방출의 순서는 아직 명확히 밝혀진 것은 아니다. E. D. Kirschke et al., 2014, *Cell* **157**:1685; and M. Taipale, D. F. Jarosz, and S. Lindquist, 2010, *Nat. Rev. Mol. Cell Biol.* **11**:515 참조. [Solvent-accessible surface model of HSP90 courtesy of Elaine Kirschke and David A. Agard, UCSF. Open (ATP) PDB ID 2ior, closed (ATP) PDB ID 2cg9, closed (ADP) based on PDB ID 2cg9.]

을 억제함.

4. Hsp70에 결합되어 있는 ADP가 ATP로 치환되면서 "open" conformation으로 바뀜.

5. 기질이 Hsp70에서 분리되면서 적절한 folding이 일어남.

만일 표적 단백질이 적절하게 folding이 일어났다면, Hsp70과 다시 결합하지 않는다. 그러나 만일 부분적으로 unfold되어 있다면 chaperone

과 다시 결합하여 표적 단백질이 적절한 folding이 되도록 돕는다. 다양한 co-chaperone protein도 이 과정을 돕는다. 이 장에서 나중에 다시 다루겠지만, 많은 종류의 단백질들이 trinucleotide를 dinucleotide로 hydrolysis하고, 뒤이어 dinucleotide/trinucleotide exchange를 통해 활성을 조절한다. *GTPase*라 불리는 단백질 group은 단백질 활성과 GTP를 GDP로 hydrolysis 하는 데 필요한 conformation change를 위해 ADP나 ATP 대신에 GDP를 GTP로 치환이 필요하다는 것을 앞으로 논의할 것이다

진핵생물의 co-chaperone Hsp40 (박테리아에서는 DnaJ)과 같은 다른 단백질은 Hsp70에 의해 일어나는 단백질 folding 과정에서 기질과 결합을 촉진시킬 뿐 아니라 Hsp70에 의한 ATP hydrolysis를 100배에서 1,000배 정도 촉진하여 단백질 folding의 효율성을 증가시킨다(그림 3-19a, 단계 **2**). 박테리아에서는 GrpE, 진핵생물에서는 BAG, HspBP 그리고 Hsp110과 같은 4가지 서로 다른 family의 nucleotide exchange factor들은 Hsp70 (박테리아에서는 DnaK)와 결합하여 ADP를 ATP로 바꾸는 과정을 촉진한다(단계 **4** 참조). 여러 가지 molecular chaperone들은 ribosome에서 합성되는 모든 초기 polypeptide chain과 결합한다고 여겨진다. 박테리아의 경우, 85%의 단백질들이 chaperone에서 방출되어 정상적으로 folding되며, 진핵생물의 경우에는 훨씬 높은 비율의 많은 단백질들이 이런 과정을 거친다.

Hsp90 Hsp90-family molecular chaperone은 일반적으로 *client*라고 불리는 partially fold된 기질을 인지한다. 진화적으로 연관성을 가지는 Hsp90 family member는 archaea (고대 박테리아)를 제외한 모든 organism에 존재한다. 이들이 진화적으로 강하게 보존되어 있다는 것은 대장균과 인간의 Hsp90 사이에 55% 정도로 높은 아미노산 서열 유사성을 보인다는 사실에서 알 수 있다. 대부분 진핵세포에는 세포질에는 2가지, 소포체와 미토콘드리아에 각각 1개씩, 총 4가지 Hsp90이 있다. 세포질에는 전체 단백질의 1–2%를 차지할 정도로 Hsp90은 양이 매우 많은 단백질이다. Hsp90 chaperon의 기질 범위가 다른 chaperone만큼 다양하지는 않지만(적어도 10%의 효모 단백질이 Hsp90의 기질로 여겨짐), 세포 기능에는 매우 중요하다. Hsp90는 partially folded client의 folding을 돕거나(그림 3-19b 참조), heat shock과 같은 stress에 의해 denature된 단백질의 folding을 돕거나, client를 inactive 상태에서 active 상태로 전환시키기도 하고, 기능을 할 수 있는 conformation을 유지하게 한다. 어떤 경우에는 Hsp90이 client protein과 안정적인 complex를 이루고 있다가, 적절한 signal이 전달된 이후에 client를 놓아줌으로써 client protein의 기능을 조절하기도 한다. 많은 유전자의 활성을 조절하여 sexual development 과정을 조절하는 estrogen 또는 testosterone 수용체와 같은 transcription factor가 Hsp90에 의해 조절되며(8장 참조), 많은 단백질을 인산화로 조절하는 *kinase*도 Hsp90의 조절을 받는다(3.4절과 15, 16장 참조).

Monomer로 기능하는 Hsp70과 다르게, Hsp90은 dimer로 기능하며, ATP 결합, hydrolysis, ADP release 과정이 client protein의 conformational change, 결합, 활성화, release와 연계되어 일어난다(그림 3-19b). Hsp90의 기능에 대해서는 아직 많이 알려지지 않았지만, partially folded client가 open form의 Hsp90 기질 결합 domain에 결합하며(그림 3-19b의 단계 **1**, ATP가 결합하면 dimer의 ATP 결합 domain끼리 상호결합하여 closed form을 형성하며(그림 3-19b의 단계 **1**–**4**), ATP hydrolysis에 의해서 client protein을 활성화시켜서 release한다는 사실은 명확하다(단계 **5**와 **6**). Substrate release, ATP hydrolysis, ADP release의 순서는 아직 명확히 알려지지 않았다. 또한, 적어도 20개의 co-chaperone이 Hsp90의 ATPase 활성과 어떤 client protein과 결합할지 결정하도록(client specificity) 돕는다. 또한 co-chaperone은 Hsp70과 Hsp90이 조화롭게 기능하도록 돕는다. 예를 들면, Hsp70이 client protein의 folding을 시작하다가 co-chaperone에 의해서 Hsp90으로 전달되어서 추가적인 folding이 이루어진다. Hsp90의 활성은 small molecule에 의한 covalent modification에 의해서도 조절된다. 마지막으로, Hsp90은 다시 refolding되기 어려울 정도로 misfolding된 단백질을 인지하여 degradation을 유도하는 기능도 한다. 따라서 세포의 quality-control system의 일환으로서 chaperone은 적절하게 folding된 단백질의 기능을 돕거나, 적절하게 folding 되지 못한 단백질의 분해를 촉진시킨다. 어떤 경우에는 Hsp70, Hsp90, co-chaperone이 잘 정돈된 순서로 client와 결합하여 folding process가 진행된다.

Chaperonin 새롭게 합성된 많은 단백질들이 바르게 folding되기 위해서는 다른 종류의 단백질인 *Hsp60*라 불리는 chaperonin의 도움 또한 필요하다. Chaperonin은 거대한 원통 모양의 supramolecular assembly이며, 중앙에는 chamber가 있어서 unfolded protein의 전체 혹은 일부가 그 안으로 들어간다. Chamber는 아래 설명과 같이 ATP 결합 및 hydrolysis cycle과 folding 과정에서 chamber를 닫는 과정과 뚜껑을 여는 과정에서 발생하는 단백질 folding을 돕는 환경을 제공한다. Folding chamber는 2개의 ring으로 구성되며, 각 ring은 oligomer로 이루어져 있다. Chaperonin은 구조, molecular mechanism, location이 서로 다른 2개의 그룹으로 나뉜다. Group I chaperonin은 prokaryote, chloroplast, 미토콘드리아에 존재하며, 2개의 ring으로 구성된다. 각각의 ring은 homoheptameric co-chaperone *lid*와 결합하는 7개의 subunit으로 이루어져 있다. 각 ring은 folding chamber로서 그 안으로 unfolded 단백질이 들어간다. 박테리아 group I chaperonin으로 알려진 *GroEL/GroES*가 그림 3-20a에 나타나 있다. *E. coli*에서 GroEL은 전체 단백질의 약 10%의 folding에 관여한다. Group II chaperonin은 진핵세포 세포질 또는 archaea에 존재한다. 이러한 chaperonin은 하나의 ring에 8개에서 9개의 homomeric 또는 heteromeric subunit을 가지며, 그 안에 lid의 기능까지 가지고 있어서 독립적인 lid가 필요 없다. ATP hydrolysis가 group II chaperonin의 lid를 닫히게 촉진하는 것으로 보인다.

그림 3-20b는 GroEL/GroES에 의한 단백질 folding 과정을 나타낸다. 부분적으로 folding되거나 misfolding된 60 kDa 미만의 polypeptide는 GroEL chamber 입구 부위의 hydrophobic residue에 의해 인지되어 folding chamber로 들어간다(그림 3-20b에서 upper chamber).

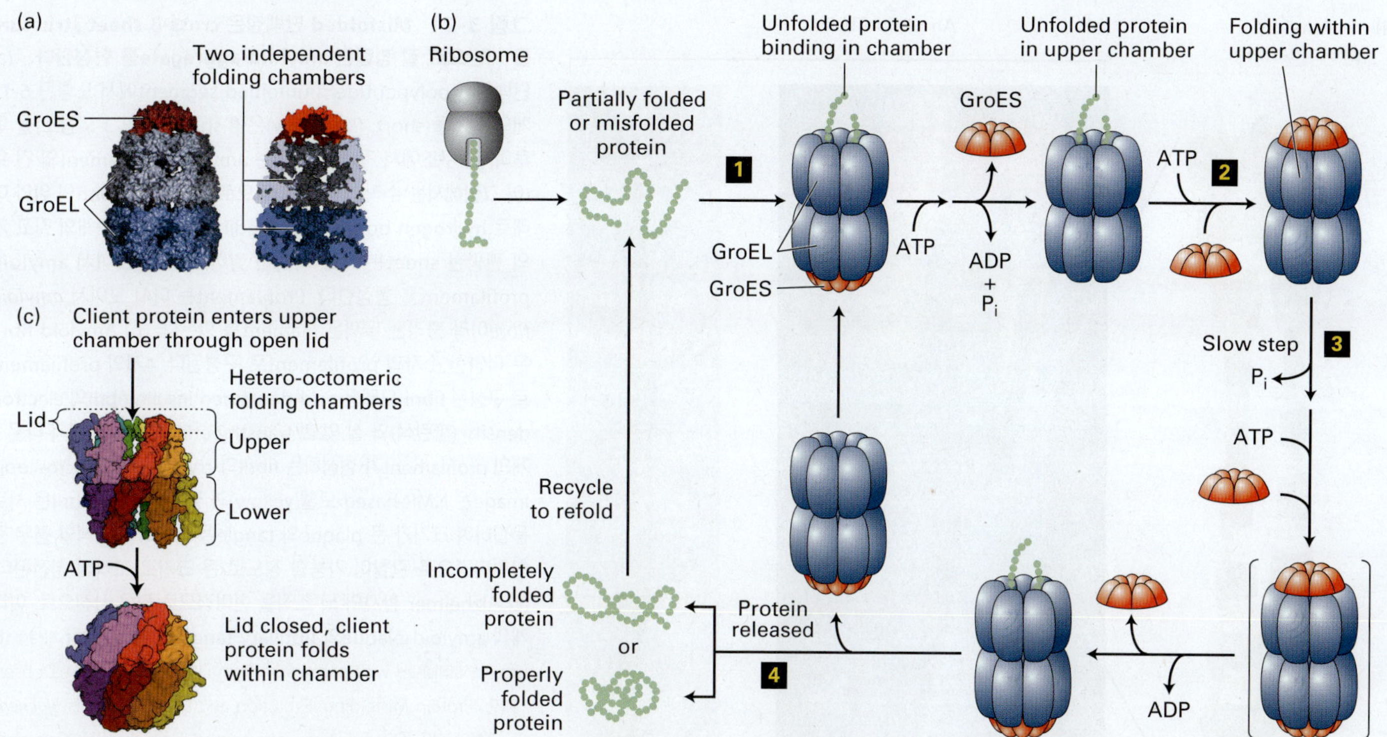

그림 3-20 Chaperonin에 의한 단백질 folding. 어떤 단백질의 적절한 folding은 prokaryotic group I chaperonin GroEL과 group II chaperonin TRiC와 같은 chaperonin에 의해 일어난다. (a) GroEL은 분자량이 약 60,000 MW인 subunit이 14개 모여 원통형의 complex를 이루며, 한 층에 7개 subunit으로 이루어진 2개의 층(파란색)으로 배열되어서 2개의 polypeptide folding chamber를 이루고 있다. GroES (빨간색)는 7개의 동일한 subunit으로 구성되어 있으며, 통 모양의 양쪽 끝에 결합하여 chamber를 막는다(오른쪽의 cutaway view). (b) GroEL-GroES folding cycle. 부분적으로 folding되거나 misfolding된 polypeptide가 folding chamber의 어느 한쪽으로 들어간다(단계 **1**). Second chamber가 GroES lid에 의해 막힌다. 7개의 GroEL subunit으로 구성된 각 ring에서 7개의 ATP가 결합하여 가수분해되면서 GroES의 결합과 배출 그리고 polypeptide의 결합, folding, 배출이 조화롭게 순차적으로 일어난다. GroEL의 conformational change가 chamber를 막는 GroES lid의 결합을 조절한다(단계 **2**). Lid에 의해 막혀진 chamber 안에서 polypeptide의 folding이 일어난다. 가장 느리게 일어나면서 rate-limiting step ($t_{1/2}$~10 s) (단계 **3**)인 ATP hydrolysis가 일어나면 또 다른 ATP 결합을 유도하고 새로운 GroES가 다른 ring에 결합한다(괄호로 표시한 일시적인 중간산물). 그 다음 단계로, peptide를 포함하고 있는 ring에 결합되어 있는 GroES lid와 ADP가 배출되어 chamber가 열린 구조가 되고 적절하게 folding된 단백질이 chamber 밖으로 빠져나온다(단계 **4**). 만일 polypeptide가 적절하게 folding되었다면 세포에서 정상적인 기능을 할 수 있다. 그러나 만일 여전히 부분적으로 folding되어 있거나 misfolding되어 있다면 새로운 GroEL에 결합하여 동일한 cycle이 반복된다. D. L. Nelson and M. M. Cox, 2013, *Lehninger Principles of Biochemistry*, 6th ed., Macmillan 참조. (c) Lid open (위쪽)과 lid closed (아래쪽) 효모 TRiC의 CryoEM structure. 2개의 hetero-octamer가 eukaryotic cytosolic group II chaperonins (TRiC)의 위쪽과 아래쪽 반구체(hemosphere)를 형성한다. Client는 open lid (검정색 점선)를 통해서 folding chamber 안으로 들어간다. ATP가 결합하고 hydrolysis가 일어나면 lid가 닫히고 chamber 안에서 client의 folding이 일어난다. ADP와 inorganic phosphate가 방출되면 lid가 열리고 client가 방출됨에 따라서 chamber는 새로운 과정을 시작한다(not shown). [Part (a) Data from Z. Xu, A. L. Horwich, and P. B. Siegler, 1997, *Nature* **388**:741–750, PDB ID 1aon. Part (c) Data from movie S1, from M. Jin et al., 2019, *Proc. Nat'l. Acad. Sci. USA* **116**(39):19513–19522.]

두 번째 chamber는 GroES lid에 의해 막혀 있다. GroEL의 14개 subunit 각각은 ATP와 결합하고 가수분해하여 ADP를 배출한다. 하나의 ring에 있는 7개의 subunit에서 이러한 반응이 일어나며, 이로 인해 conformational change가 일어난다. ATP와 결합하면 GroES lid가 chamber를 막고 chamber 내부의 환경이 변화하여 polypeptide folding이 일어난다. Lid에 의해 닫혀 있는 chamber 안에 polypeptide가 머물러 있으며 ATP hydrolysis가 일어나기 이전까지 folding이 진행된다. ATP hydrolysis는 가장 느리게 일어나는 rate-limiting step으로서 ATP hydrolysis가 일어나면 새로운 ATP가 결합하고 GroES가 다른 ring에 결합한다. 다음 단계로는 peptide를 포함하고 있는 ring에 결합하고 있는 GroES lid와 ADP가 떨어져 나가면서 chamber가 열리므로 folded protein이 chamber 밖으로 빠져나온다. 만일 polypeptide가 적절하게 folding된 경우는 세포 내에서 제 기능을 하지만 여전히 부분적으로 folding되거나 misfolding된 경우는 새로운 GroEL에 결합하여 동일한 과정이 반복된다.

GroEL의 2개의 ring 사이에는 상호 연관성이 있다. GroES에 의해서 하나의 chamber가 닫히면 그 chamber 안에 있는 단백질의 folding이 진행되고, 이와 동시에 다른 ring chamber에 있던 단백질은 chamber 밖으로 배출된다(그림 3-20b에서 첫 번째 chamber와 동시에 일어나는 두 번째 chamber에서의 결합, folding, release 과정은 표시하지 않았음). 단백질의 folding을 돕는 뚜껑이 있는 원통형 모양의 GroEL/GroES의 모양과 단백질 degradation에 관여하는 26S proteasome의

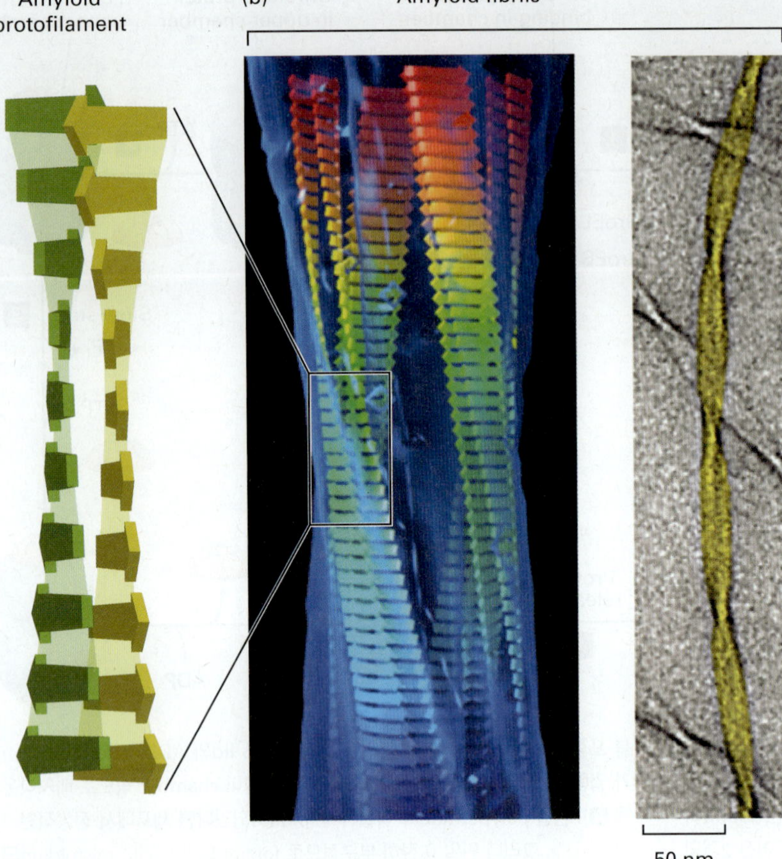

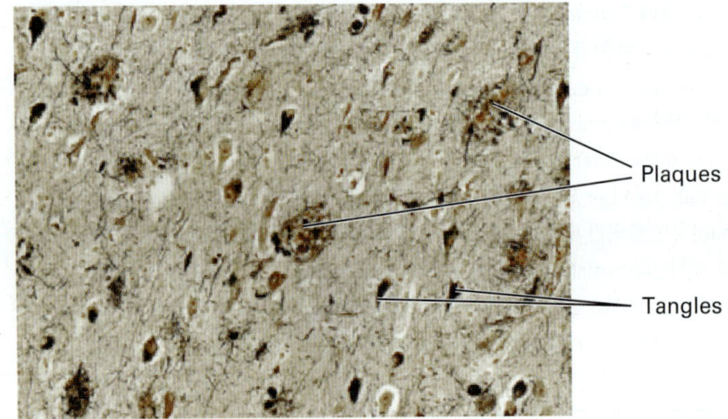

그림 3-21 Misfolded 단백질은 cross-β sheet structure를 기반으로 잘 정렬된 amyloid aggregate를 형성한다. (a) 단백질과 polypeptide의 unfolded segment에서 노출된 6-12개의 잔기들(short, flat arrow)은 β sheet (그림 3-5 참조)을 이루며, 이 구조에서 각 β strand는 amyloid profilament의 긴 축(이 그림에서는 수직 방향)과 수직으로 배열되고 strand의 위와 아래로 hydrogen bond (light shading)를 이룬다. 2개의 길고 거의 편평한 sheet는 서로 가까이 쌓이고, 서로 꼬여서 amyloid profilament를 형성한다. Profilament는 다시 모여서 *amyloid fibril*이라 불리는 두꺼운 filament를 만든다. (b) Amyloid fibril은 다양한 숫자의 profilament로 구성된다. 4개의 profilament로 구성된 fibril 모델은 acid-denatured insulin fibril의 electron density (파란색)와 잘 맞고, transthyretin fragment에서 나온 2개의 profilament가 형성하는 fibril의 cryoelectron microscopic image는 NMR-based 모델(yellow)과 잘 일치한다. Fibril은 서로 응집하여 크기가 큰 plaque와 tangle을 형성하며 염색할 경우 광학현미경으로 관찰이 가능할 정도로 큰 크기로 조직에 침전된다. (c) Alzheimer 환자의 뇌 조직을 현미경으로 찍은 사진으로, 여러 개의 amyloid plaque와 fibrillary tangle을 볼 수 있다. [Part (b, *left*) Republished with permission from Elsevier, from C. M. Dobson, 1999, "Protein Misfolding, Evolution and Disease," *Trends Biochem. Sci.* **24**(9):329–332, Fig. 3; permission conveyed through Copyright Clearance Center, Inc. Part (b, *right*) Reprinted with permission from Nature Publishing Group, from T. P. J. Knowles et al., 2014, "The Amyloid State and Its Association with Protein Misfolding Diseases," *Nat. Rev. Mol. Cell Biol.* **15**(6):384–396, Fig. 3a; permission conveyed through Copyright Clearance Center, Inc. Part (c) Thomas Deerinck, NCMIR/Science Source.]

구조는 매우 유사하다(3.4절에서 논의). 추가적으로, ATPase의 AAA^+ family 중 일부 단백질들은 central pore를 가진 hexameric ring으로 구성되어 있으며, 기질이 central pore로 들어가서 folding, unfolding 또는 proteolysis를 겪게 된다. 실례는 3.4절과 13장에서 다룰 것이다.

진핵세포 세포질에 존재하는 group II chaperonin에서(예, 그림 3-20c에 있는 효모 TRiC) ATP 결합과 hydrolysis의 결과는 GroEL/GroES의 경우와 다르다. TRiC의 경우에는 client protein이 결합하고 있을 때 ATP 결합과 hydrolysis에 의해 lid가 닫히고 folding chamber 안에서 client의 folding이 일어난다. Inorganic phosphate가 떨어져 나오면 lid가 열리고 기질이 빠져나오면서 ADP에 의해 TRiC chamber가 새로운 client molecule과 결합하게 된다.

비정상적으로 접힌 단백질은 질병과 관련된 아밀로이드를 형성할 수 있다

단백질은 돌연변이, 부적절한 post-translational modification, 혹은 주변 환경의 화학적(예, pH), 물리적(예, heat) 변화에 의해 비정상적인 three-dimensional structure를 이룰 수 있다. 이런 misfolded protein은 정상적 기능을 할 수 없을 뿐 아니라 proteolytic degradation에 의해 분해되는데, 이 장의 후반부에 다시 설명할 것이다. 그러나 degradation이 완전하지 않거나 misfolded protein의 생성 속도를 따라가지 못하면 misfolded protein이나 proteolytic fragment가 세포 내부 또는 외부에 aggregate 또는 *plaque* 형태로 계속 쌓이게 된다. 이러한 plaque는 뼈 사이의 관절, 간, 뇌를 포함한 다양한 장기(organ)에 존재한다. Intrinsically disordered protein 또는 protein fragment와 같이 일반적으로 aggregate를 잘 형성하지 않는 단백질이나 protein fragment도 농도가 충분히 높아지거나 환경 조건의 변화가 생기면 aggregate를 형성할 것이다.

위에서 언급하였듯이, 이러한 aggregate는 비정형(amorphous)이거나 잘 조직된 구조를 가질 수 있으며, 이를 *amyloid state*라고 한다. 놀랍게도 많은 다양한 단백질이 응집되어 *cross-β sheet*라고 불리는 공통 구조를 가지는 amyloid fibril을 만든다. 일반적으로 unfolded 또는 misfolded protein에서 6–12개 잔기 길이의 짧은 segment가 hydrogen bond로 서로 연결되어서 긴 filament 모양의 β sheet을 형성한다. 이 배열에서, 각 β strand는 filament의 긴 축에 거의 수직이고, 2개의 길고 거의 평평한 β sheet는 서로 가깝게 모이고 꼬여서 protofilament를 형성하며, 더 두꺼운 filament로 조립되는데 이 구조를 *amyloid fibril*이라고 한다. 각 protofilament 내에서 β strand는 평행하거나 역방향일 수 있다(그림 3-5 참조). 일부 단백질은 본래의 기능적인 상태에서 amyloid fibril을 형성하기도 하지만, 대부분의 amyloid fibril은 단백질 misfolding에 의해 만들어진다.

Amyloid는 조직에 축적된 단백질 aggregate에서 처음으로 발견되었다. 이 구조는 효소에 의해 분해되지 않으며, *amyloidose*라고 불리는 수십 가지 disease와 연관되어 있다. 인간에게 나타나는 Alzheimer's disease (치매)나 Parkinson's disease, 소, 양의 transmissible spongiform encephalopathy ("mad cow" disease: 광우병)와 같은 neurodegenerative disease가 이러한 질병에 포함된다. 이러한 질병들은 악화되는 뇌에 filament 형태의 plaque를 가진다는 특징이 있다(그림 3-21b). Amyloidose는 대부분 노화와 함께 발생하지만, aggregating protein을 암호화하는 유전자에 돌연변이가 일어나면 조기에 amyloid가 형성되고 질병이 발생할 수 있다. 이런 plaque를 형성하는 amyloid fibril은 많은 양이 존재하는 natural protein에서 비롯된다. 즉, plasma membrane에 포함되어 있는 amyloid precursor protein의 조각이 Alzheimer's disease 환자의 뇌에서 발견되는 plaque를 형성하며, infectious protein인 prion protein이 prion disease에서 fibril을 형성하는 것이 그 예이다. Alzheimer's disease에서 정상적으로는 microtubule-결합 단백질(18장 참조)인 Tau protein이 hyperphosphorylated form이 되면 *tangle*이라고 하는 twisted fiber를 형성한다. 상대적으로 짧은 water-soluble profilament 또는 긴 insoluble fibril 형태의 이러한 amyloid들은 독성이 있으며, amyloidose의 병리학에 직접적으로 기여하는 것으로 생각된다. ■

3.2절의 주요 개념

단백질 Folding

- 단백질의 1차 구조(아미노산 서열)는 특정한 three-dimensional conformation을 이루게 하며, 이 구조가 기능을 결정한다. 즉, 기능은 구조에서 유래되고, 구조는 아미노산 서열에서 유래한다.
- 단백질 기능이 구조에서 유래하기 때문에 새로 합성된 단백질이 적절하게 기능하기 위해서는 알맞은 구조를 이루어야 한다.
- Peptide bond의 편평한 구조 때문에 하나의 polypeptide가 가질 수 있는 conformation 경우의 수에는 한계가 있다(그림 3-16 참조).

Peptidyl-proline isomerase는 proline을 포함하고 있는 peptide bond가 적절한 conformation을 이루도록 촉진한다.

- 단백질의 아미노산 서열이 특정 3차원적 구조, 즉 native state로 접히도록 지시한다. 단백질은 3차원적 구조를 안정화시키는 noncovalent interaction을 깨는 조건에 있으면 unfold되거나 denature된다.
- misfolded 또는 denatured protein을 2가지 부류로 구분할 수 있다: (1) monomeric unfolded 또는 denatured structure. (2) 비정형(amorphous) 또는 잘 정돈된 구조를 가지는 aggregate.
- *In vivo*에서 단백질 folding은 ATP-dependent chaperone의 도움으로 일어난다. Chaperone은 단백질 misfolding 또는 aggregation을 막거나, 적절한 folding을 이루도록 돕거나, 단백질 활성에 필요한 적절하고 안정적인 구조를 유지하게 하는 등 다양한 방법으로 단백질 기능에 영향을 미친다(그림 3-19 참조).
- 두 부류의 chaperone이 존재한다: (1) 단백질 기질의 짧은 조각에 결합하는 molecular chaperone. (2) unfolded protein이 적절하게 folding되도록 적절한 시간과 환경을 제공하는 chamber를 형성하는 chaperonin. ATP 결합, hydrolysis 그리고 뒤이어 생성된 ADP를 새로운 ATP로 치환하는 과정이 반복되면서 chaperone에 의한 protein folding이 일어난다.
- 많은 misfolded 또는 denatured protein은 *amyloid fibril*이라고 하는 잘 배열된 aggregate를 형성한다. 이 구조는 *cross-β structure*라고 불리는 fibril axis에 수직으로 뻗어 있는 긴 배열의 β sheet을 형성하는 짧은 길이의 polypeptide에 의해 형성된다. Amyloid fibril은 효소에 의해 degradation이 잘 일어나지 않고, *amyloidoses*라고 불리는 수십 가지의 disease와 연관되어 있다. Alzheimer's disease, Parkinson's disease와 같은 neurodegenerative disease가 그 예이다.

3.3 단백질 결합과 Enzyme Catalysis (효소 촉매작용)

단백질들은 세포 내부나 세포 외부에서 매우 다양한 기능을 하고 있지만, 다양한 기능의 대부분은 단백질의 공통적인 활성, 즉 결합에서 기인한다. 단백질은 자기 자신, 다른 macromolecule, small molecule 그리고 이온 등에 결합한다. 여기서는 단백질 결합 과정에서 특징적인 현상에 대해 기술할 것이며, 이어서 enzyme (효소)이라는 그룹의 단백질에 대해 자세히 다룰 것이다. 다른 functional class의 단백질(structural, movement, transport, signaling)의 활성에 대해서는 다른 장에서 기술할 것이다.

Ligand와 특이적 결합은 대부분의 단백질 기능의 기초가 된다

단백질에 결합하는 분자를 종종 ligand라 부른다. 어떤 경우에 ligand가 결합하면 단백질의 모양이 변하기도 한다. Ligand 결합에 의해 단백질의 conformation이 변하는 것은 많은 단백질이 기능을 수행하는 메커니즘이기도 하고 단백질 활성을 조절하는 데에도 중요하다.

단백질의 두 가지 특성이 ligand와의 결합을 결정한다. *Specificity*는 단백질이 다른 분자에 비해 특정한 하나 또는 몇 개의 분자에 선택적으로 결합하는 능력을 의미한다. *Affinity*는 결합의 세기, 즉 tightness를 말하며 보통 dissociation constant (K_d, 해리 상수)로 나타낸다. 특정 protein-ligand complex에서 K_d는 결합 반응에서 equilibrium constant K_{eq}의 역수이며, affinity를 정량적으로 표현하는 가장 일반적인 방법이다(2장 참조). 단백질과 ligand의 결합이 강할수록 K_d 값은 작다. 단백질의 ligand에 대한 specificity와 affinity는 단백질의 *ligand-결합 site* 구조에 따라 달라진다. High-affinity로 매우 specific하게 결합이 일어나기 위해서는 단백질 결합 site의 모양과 화학적 성질이 ligand의 그것들과 상보적(complementary)이어야 하며, 이러한 특성을 molecular complementarity라고 한다. 2장에서 살펴보았듯이, molecular complementarity로 인해 분자들 사이에 근접한 거리에서 많은 noncovalent interaction이 일어나며, 그 결과 분자가 서로 결합한다.

가장 많은 연구가 이루어졌으며, high affinity로 정교한 specificity를 갖는 protein-ligand 결합의 잘 연구된 한 예는 antigen (항원)에 결합하는 antibody (항체)이다. 항체는 혈액을 따라 순환하는 단백질이며, infectious agent (박테리아나 바이러스) 또는 다른 외부 물질(꽃가루에 있는 polysaccharide나 단백질)에 있는 macromolecule과 같은 물질의 침입에 반응해서 immune system (면역계)에 의해 생산된다. 서로 다른 항원에 대해 서로 다른 항체가 만들어지며, 이들 항체는 항원 일부분에 매우 specific하게 결합하는 ("recognizing") 특성을 갖는다. 처음에 항체 생산을 유발하였던 단백질의 일부분을 *epitope*이라 하며, 이 부분이 항체에 의해 인지된다. 항체는 항원을 인지하는 sensor와 같은 역할을 하며, 항원-항체 complex를 형성하면 면역계에 의해서 일련의 방어 반응이 시작된다. 24장에서 항체가 어떻게 만들어지고 면역계에서 기능은 무엇인지 다룰 것이며, 이 장의 후반부에 항체를 이용하여 단백질을 연구하는 기술에 대해 논의할 것이다. 여기서는 간단히 항체의 구조와 항체가 epitope에 결합하는 것을 소개한다.

모든 항체는 2개의 긴 *heavy* chain과 2개의 짧은 *light* chain이 Y-shape을 이룬다. IgG antibody (immunoglobulin이라고도 부른다; 그림 3-22a와 b)에서 각 heavy chain에 하나씩, 총 4개의 globular domain과 각 light chain에 하나씩 총 2개의 globular domain을 가지며, 이들을 통칭해서 *immunoglobulin (Ig) domain*이라고 부른다. 항체의 각 arm은 하나의 light chain이 하나의 heavy chain과 disulfide bond로 연결되어 있으며, 2개의 heavy chain 사이는 2개의 disulfide bond가 연결시킨다. 각 arm의 끝에는 *complementarity-determining region (CDR)*이라 하는 매우 variable 한 6개의 loop이 있어서 항원 결합 site를 형성한다. 6개 loop의 서열은 항체마다 매우 달라서, 서로 다른 epitope에 대해 매우 specific한 complementary ligand-결합 site를 형성한다(그림 3-22c). 두 분자의 표면 사이에 일어나는 매우 밀접한 결합은 많은 noncovalent interaction에 의해 안정화되며 항체가 나타내는 매우 정확한 결합 특이성은 여기에서 기인한다.

항체의 specificity는 한 종의 각 개체 간의 세포들도 구분할 정도로 정확하며, 어떤 경우에는 단지 하나의 아미노산만 차이나는 단백질도 구별할 수 있으며, 동일한 아미노산 서열을 가지지만 post-translational modification이 다르게 일어난 단백질도 구분할 수 있다. 항체는 speci-

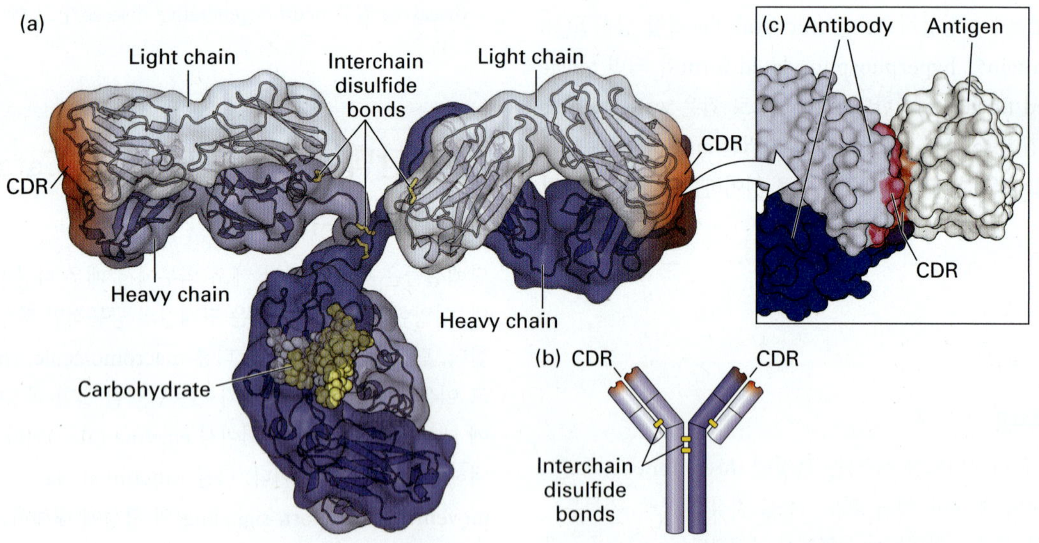

그림 3-22 항체의 단백질-ligand 결합. (a) 항체의 hybrid (surface and ribbon) 모델. Immunoglobulin IgG class의 모든 항체는 2개의 동일한 heavy chain (중간과 어두운 파란색)과 2개의 동일한 light chain (연푸른색)으로 구성되며, 이들은 disulfide bond (yellow)로 연결되어 있다. 항원 결합 site를 나타내는 complementarity-determining region (CDR)은 빨간색 그림자로 표시하였다. (b) 삽입한 그림은 2개의 heavy chain (longer)과 2개의 light chain (shorter)으로 구성된 항체의 전체적인 구조를 보여주고 있으며, 노란색 bar는 disulfide bond를 나타낸다. (c) 항체와 항원의 epitope (이 그림에서는 chicken egg-white lysozyme) 사이의 결합이 손에 장갑을 낀 것(hand-in-glove fit)과 같이 꼭 들어맞는다. 항체는 CDR에 있는 잔기들을 통해 항원과 결합한다. [Part (a) Data from L. J. Harris et al., 1997, *Biochemistry* **36**:1581–1597, PDB ID 1igt. Part (b) Data from E. A. Padlan et al., 1989, *Proc. Nat'l. Acad. Sci. USA* **86**:5938–5942, PDB ID 3hfm.]

ficity가 높고 쉽게 생산할 수 있기 때문에(24장 참조) 이후 장에서 논의할 많은 연구에 매우 유용한 reagent이다.

이 책의 여러 장에서 수용체에 결합하는 호르몬 (15장 참조), DNA에 결합하는 regulatory molecule (8장 참조), extracellular matrix에 결합하는 cell adhesion molecule (20장 참조) 등을 포함하는 많은 protein-ligand 결합의 예를 보게 될 것이다. 다음 장에서는 단백질의 한 class인 효소와 ligand 결합이 어떻게 세포의 기능과 생존에 꼭 필요한 chemical reaction (화학 반응)들에 촉매 역할을 하는지 살펴볼 것이다.

효소는 매우 효율적이고 특이적인 Catalyst (촉매)이다

화학적 반응을 촉진하는, 즉 covalent bond를 새로 만들거나 반대로 끊는 단백질을 효소라고 하며, 그 ligand를 기질이라고 한다. 효소는 매우 중요한 기능을 하는 다양한 그룹의 단백질이며, 실제로 세포에서 일어나는 거의 모든 화학 반응이 특정 효소에 의해서 촉진된다. 다른 종류의 catalytic macromolecule로는 RNA가 있으며, 이 RNA를 **ribozyme**이라 한다(5장 참조).

수천 가지 서로 다른 종류의 효소가 알려졌으며, 각각의 효소는 한 가지 또는 매우 유사한 몇 가지 화학 반응을 촉진한다. 공통적인 cellular product (예, protein, nucleic acid, phospholipid)를 합성하거나, nutrient로부터 에너지 생산(예, cellular respiration 동안 glucose와 oxygen을 carbon dioxide와 물로 전환; 12장 참조)에 관여하는 효소들은 대부분의 세포에 존재한다. 특정 세포 유형에서만 일어나는 화학 반응(예, 신경 세포에서 tyrosine을 neurotransmitter인 dopamine으로 전환하는 효소)을 촉진하는 효소들은 특정 세포에만 존재한다. 세포생물학에서 특별히 중요한 class의 효소는 세포의 내부와 외부의 상태에 대한 정보를 전달해 주는 효소들이다(signaling enzyme). 이 group의 효소로는 phosphate를 단백질 또는 지질에 붙여 주는 kinase, phosphate를 떼어내는 phosphatase, small GTP-hydrolyzing protein들이 있다. 다른 중요한 효소는 nuclear DNA의 구조를 변화시켜 유전자 발현(gene expression)을 조절한다. 이러한 효소들로는 topoisomerase, polymerase, DNA-결합 histone을 acetylate, de-acetylate 또는 methylate 시키는 chromatin-modifying enzyme이 있다. 대부분의 효소는 세포 내부에 존재하지만, 일부분은 세포 외부로 분비되어서 blood (clotting enzyme), digestive track (식이 고분자를 분해하는 hydrolase)과 같은 세포 외부에서 기능하며, 독사의 독액에 있는 toxic enzyme과 같이 organism의 밖으로 분비되어 기능하는 효소도 있다.

모든 *catalyst*와 마찬가지로(2장 참조), 효소는 반응의 속도를 증가시킬 뿐 반응물과 생성물 사이의 free energy ΔG의 변화로 결정되는 반응의 정도에는 영향을 주지 않으며, 자신이 관여하는 화학 반응의 결과로 영구히 변하지도 않는다. 효소는 *transition state*의 energy, 즉 결과적으로 *activation energy*를 낮춤으로써 reaction rate를 증가시킨다(그림 3-23). Test tube에서 석탄(charcoal)이나 백금(platinum) 같은 catalyst들은 반응을 원활하게 하지만, 대개는 높은 온도 또는 압력, 아주 높거나 낮은 pH에서, 혹은 organic solvent 안에서 반응을 촉진한다. 그러나 세포의 protein catalyst로서의 효소는 수용성 환경, 37°C, 1기압, pH 6.5–7.5의 생리적 pH 환경에서 효율적으로 기능해야 한다. 효소는 매우 강한 catalytic power를 가지고 있어서 비슷한 조건에서 촉매작용이 없는 반응에 비해 10^6–10^{12}배 정도로 반응 속도를 증가시킨다.

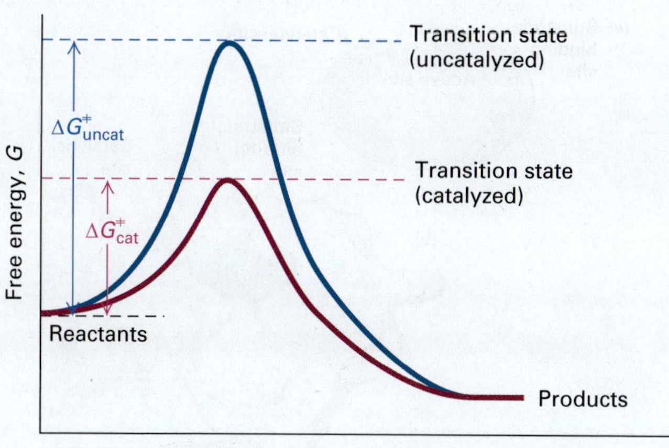

그림 3-23 효소가 화학 반응의 activation energy에 미치는 영향. 이 가상적인 반응은 반응 과정에서 free energy G 값의 변화를 나타낸다. 반응은 단지 생산물의 총 G 값이 반응물의 G 값보다 더 적은 경우에만 자발적으로 일어날 것이다(negative ΔG). 그러나 모든 화학 반응은 하나 또는 그 이상의 high-energy transition state (고에너지 변환기)를 거쳐서 진행되고, 반응 속도는 반응물과 transition state (반응경로에서 최고 지점) 사이의 free energy 차이인 activation energy ($\Delta G^{\ddagger}$)에 반비례한다. 효소와 그 밖의 catalyst들은 transition state의 free energy 감소, 즉 $\Delta G^{\ddagger}$의 감소에 의해 반응 속도를 촉진한다.

효소의 Active Site (활성부위)는 기질에 결합하여 촉매작용을 한다

효소의 어떤 아미노산은 specificity와 catalytic power를 결정하는 데 특히 중요하다. 효소의 native conformation에서 이들 아미노산들은 서로 근접하게 위치해서(일반적으로, polypeptide linear sequence의 서로 다른 부분에서 온다) 단백질 표면에 오목한 구조를 형성하는데, 이를 **active site**라 한다(그림 3-24). 대부분의 active site는 전체 단백질의 작은 부분만을 차지하고, 나머지 부분은 polypeptide의 folding, active site의 조절, 다른 분자와의 상호작용 등에 관여한다.

Active site는 기능적으로 중요한 두 가지 영역으로 구성된다. 하나는 기질을 인식하고 결합하는 **기질 결합** *site*이고, 다른 영역은 기질과 결합하고 나서 반응을 촉진시키는 *catalytic site*이다. Catalytic site의 catalytic group은 아미노산 side chain과 backbone의 carbonyl, amino group으로 구성된다. 어떤 효소에서는 catalytic site와 기질 결합 site가 서로 겹치기도 하고, 다른 경우는 이 두 영역이 구조적으로 구별되기도 한다.

기질 결합 site가 효소의 substrate specificity (기질 특이성)를 결정짓는다. 효소가 인지하는 기질에 하나 또는 몇 개의 원자에 구조적 변화가 일어나거나 substrate geometry (예, stereochemistry, 입체 화학)

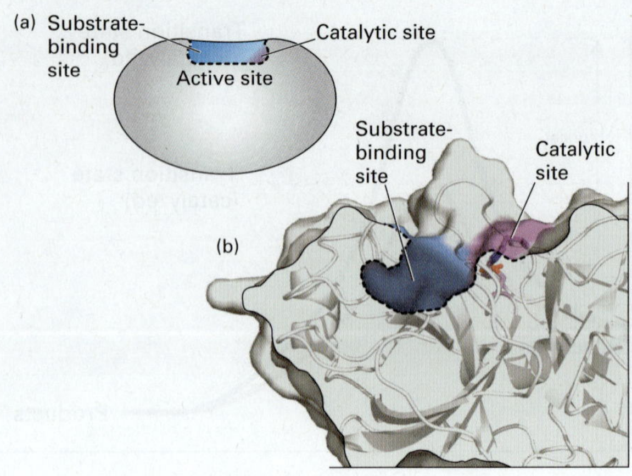

그림 3-24 Enzyme trypsin의 active site. (a) 효소의 active site (dashed line)는 기질에 특이적으로 결합하는 기질 결합 site (파란색)와 catalysis를 일으키는 catalytic site (보라색)로 구성된다. (b) Serine protease trypsin의 surface-and-ribbon model. Catalytic site (보라색, catalytic triad Ser-195, Asp-102 그리고 His-57의 side chain, 그림 3-28 참조)와 *side-chain-specificity 결합 pocket* (파란색)이라 불리는 기질 결합 site의 일부분을 포함하고 있는 active site cleft가 잘 나타나 있다. [Data from B. Sandler, M. Murakami, and J. Clardy, 1998, *J. Am. Chem. Soc.* **120**:595–596, PDB ID 1aq7.]

에 미묘한 변화가 일어나도 효소가 더 이상 기질로 인지하지 못한다. 앞에서 항원을 특이적으로 인지하는 항체의 경우에서 언급했듯이, 이러한 enzyme specificity는 기질 결합 site와 기질 사이의 정확한 molecular complementarity의 결과이다. 보통 하나 또는 몇 개의 기질이 단백질의 기질 결합 site에 정확히 들어맞음으로써 촉매작용(catalysis)이 일어난다.

Key가 lock에 정확히 들어맞는 것과 같은 원리로 효소가 기질과 결합해서 기능할 것이라는 생각은 1894년 Emil Fischer가 처음으로 제안하였다. 1940년대 후반에 Linus Pauling은 효소는 기질 자체보다 반응의 transition state에 강하게 결합해서 transition state를 안정화시켜 activation energy $\Delta G^{\ddagger}$를 낮춤으로써 촉매작용을 촉진할 것이라고 제안하였다(그림 3-23 참조). 1958년에 Daniel Koshland는 *induced fit*라 불리는 lock-and-key model의 변형을 제안하였다. Induced fit model은 기질 결합 site가 lock처럼 단단하지 않고 유연하며, 기질 결합이 효소의 구조를 변화시키고, 그 결과로 transition state에 강하게 결합하여 촉매작용을 최적화한다고 가정한다. 1913년에 Leonor Michaelis와 Maud Leonora Menten이 효소-기질-결합 hypothesis를 뒷받침하는 결정적 증거를 제시하였다. 그들은 enzymatic reaction이 기질의 농도가 낮을 때는 기질의 양에 비례하여 반응 속도가 빨라지지만, 기질 농도가 증가함에 따라 반응 속도는 $\boldsymbol{V_{max}}$ **(maximal velocity)**에 근접하고 기질 농도와 독립적이게 되며, V_{max} 값은 반응물 안에 있는 효소의 양과 직접적으로 비례한다는 것을 증명하였다(그림 3-25).

Michaelis와 Menten은 높은 기질 농도에서 더 이상 반응 속도가 증가하지 않는 것은 substrate molecule (S)이 한정된 수의 enzyme (E)과 결합하기 때문이라고 추측하였고, 서로 결합하고 있는 분자를 *enzyme-substrate (ES) complex*라고 불렀다. 기질의 농도가 높을 때 효소의 결합 site는 모두 기질과 결합하고 있는데, 이 조건은 기질 결합 site가 기질에 의해 *saturated*되었다고 하며, active site에 추가로 결합할 수 없으므로 화학 반응이 maximal velocity에 이르렀다고 한다. Michaelis와 Menten은 ES complex가 결합하지 않은 효소와 기질과 equilibrium (평형 상태)을 이루는데, 이 complex는 궁극적으로 기질이 product (P)로 전환하기 위한 중간 단계라고 제안하였다(그림 3-26).

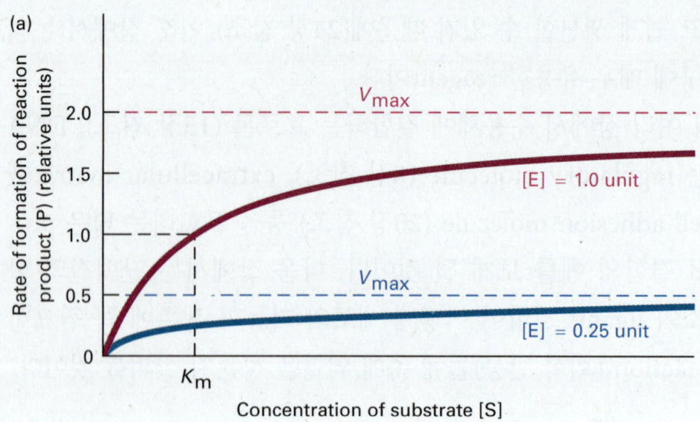

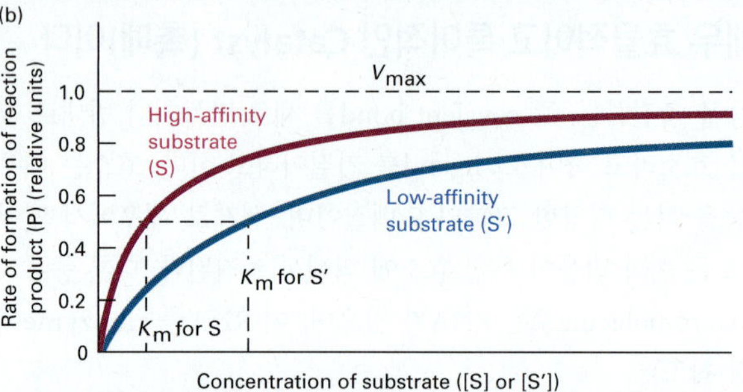

그림 3-25 효소에 의한 촉매 반응 동안의 $\boldsymbol{K_m}$과 $\boldsymbol{V_{max}}$. K_m과 V_{max}는 기질 농도에 대해 초기 반응 속도가 얼마나 영향을 받느냐에 따라 결정된다. 이러한 가상적인 kinetic curve는 1개의 substrate (S)가 생산물(P)로 변환되는 간단한 효소 촉매 반응의 특징적인 모양이다. 반응 초기 속도는 효소를 기질에 첨가하고 기질 농도가 상당히 변화되기 전에 측정한다. (a) 두 가지 서로 다른 농도의 enzyme [E]의 substrate 농도 [S]에 따른 초기 반응 속도를 그린 것이다. Half-maximal 반응 속도를 나타내는 [S]가 Michaelis 상수 K_m이며, S에 대한 E의 친화력을 나타낸다. 효소 농도를 4배 증가시키면 이에 비례해서 반응 속도도 증가하고, 따라서 maximal velocity V_{max}도 4배가 된다. 그러나 K_m 값은 변하지 않는다. (b) 효소에 high-affinity를 가지는 기질 S와 low-affinity를 갖는 기질 S′의 농도 변화에 따른 초기 반응 속도를 그린 것이다. 두 기질에 대해 V_{max}는 같지만, low-affinity 기질인 S′에 대한 K_m 값은 S에 대한 값보다 더 크다.

$$E + S \rightleftharpoons ES \rightarrow E + P$$

원칙적으로, 모든 효소 반응은 glycolytic pathway (해당 과정)에서 볼 수 있듯이 가역적이다(그림 12-3 참조). 그러나 반응들이 진행되는 조건이나 화학 반응의 종류에 따라서 많은 다른 효소 반응들은 실제로 비가역적으로 일어난다. 그리고 특정 기질 농도 [S]에서 product를 형성하는 반응 속도 V_0는 *Michaelis-Menten equation*이라 불리는 다음 식으로 나타낼 수 있다.

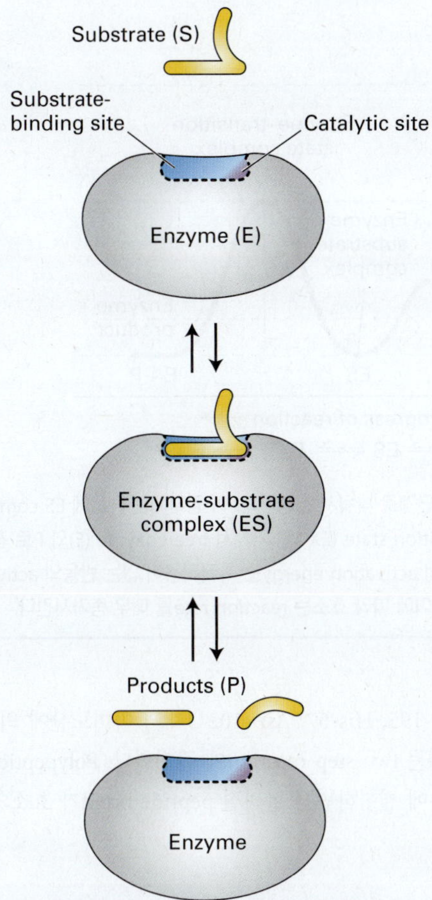

그림 3-26 효소의 reaction mechanism의 도식적 model. Enzyme kinetics에 의하면, enzyme (E)은 고정된 한정된 숫자의 site (active site)를 통해서 substrate molecule (S)와 결합한다. 결합된 종류를 *enzyme-substrate (ES) complex*라 한다. ES complex는 결합하지 않은 효소 그리고 기질(double arrow)과 평형 상태를 이루며, 기질이 product (P)로 전환되기 위한 중간 과정이다.

$$V_0 = V_{max}\frac{[S]}{[S]+K_m} \tag{3-1}$$

여기서 **Michaelis constant K_m**은 효소의 기질에 대한 affinity를 나타내며, half-maximal reaction rate (즉, 그림 3-25에서 1/2 V_{max})를 나타내는 기질 농도를 의미한다. 따라서 K_m은 dissociation constant K_d와 같지는 않지만 유사하다(2.3절 참조). K_m 값이 작을수록 희석된 기질 농도에서 product를 생성하는 데 더 효율적이며, half maximal velocity에 이르는 데 더 작은 농도의 기질로도 가능하다. K_d 값이 작을수록 ligand의 50%가 결합하는 데 필요한 ligand 농도도 낮아진다. 세포 내의 small molecule의 농도는 매우 다양하므로, 여기에 기능하는 서로 다른 효소의 K_m 값도 다양하다. 경험적으로 어림잡아서 세포 내의 기질 농도는 결합하는 효소의 K_m 값과 같거나 약간 높다.

기질이 충분한 양이 존재할 때 반응 속도는 효소에 따라 매우 다르다. 1초에 하나의 enzyme active site에 의해 product로 전환되는 기질 분자의 최대 숫자를 *turnover number*라고 하며, 매우 반응 속도가 느린 효소의 경우 1 미만이다. 가장 빠른 효소 중 하나인 carbonic anhydrase의 turnover number는 6×10^5 molecule/s이다.

많은 효소는 최종 product가 생성되기 이전에 여러 서로 다른 화학 반응으로 나누어 진행되므로 하나의 반응 product가 이어지는 반응의 기질이 된다. 이러한 일련의 반응으로 인해서, 최종 product가 생성되기 전에 여러 개의 서로 다른 enzyme-substrate complex (ES, ES′, ES″ 등)가 만들어진다.

$$E + S \rightleftharpoons ES \rightleftharpoons ES' \rightleftharpoons ES'' \rightleftharpoons \ldots E + P$$

이러한 multistep reaction의 energy profile을 보면 여러 개의 hill과 valley를 가진다(그림 3-27). 이러한 화학 반응에서 intermediate (중간 산물)를 검출할 수 있는 방법들이 개발됨에 따라, 효소가 어떻게 화학 반응을 촉진하는지 자세히 알 수 있다.

Serine Protease를 이용하여 효소의 Active Site가 어떻게 기능하는지 알게 되었다

단백질을 자르는 proteolytic enzyme family 중의 하나인 serine protease는 음식의 소화(pancreatic enzyme trypsin, chymotrypsin 그리고 elastase), 혈액 응고 조절(enzyme thrombin) 그리고 누에나방이 고치를 뚫고 나오는 과정(enzyme cocoonase)에 이르기까지 생물계에서 널리 사용된다. 이 종류의 효소는 기질을 product로 전환하기 위해서 여러 과정에서 기질 결합 site와 catalytic site가 협력하여 기능하는지를 증명하는 데 매우 유용하게 사용되었다. 여기서 우리는 trypsin과 이와 진화적으로 매우 유사한 pancreatic protease인 chymotrypsin과 elastase가 어떻게 peptide bond를 자르는 과정을 촉진하는지 알아볼 것이다.

$$X{-}C({=}O){-}N(H){-}Y + H_2O \rightleftharpoons X{-}C({=}O){-}O^- + NH_3^+{-}Y$$

위 그림에서 X는 절단될 peptide bond의 N-말단 쪽에 있는 단백질의 일부분이고, Y는 C-말단 쪽에 있는 일부분이다. 우리는 먼저 serine protease가 어떻게 기질을 특이적으로 인지한 후 어떻게 촉매작용을 일으키는지 자세히 살펴볼 것이다.

그림 3-28a는 기질 peptide가 trypsin active site에 있는 기질 결합 site에 어떻게 결합하는지 보여주고 있다. 다음과 같이 두 가지 중요한 결합 상호작용이 일어난다. 첫째, 기질(black polypeptide backbone)과 효소(blue polypeptide backbone)가 β sheet와 유사한 hydrogen bond를 형성한다. 둘째, 기질의 어떤 peptide bond가 잘릴지 결정하는 기질의 key side chain이 효소의 *side-chain-specificity binding pocket* 안으로 들어간다. 결합 pocket의 아랫부분에는 negative하게 charge된 Asp-189가 존재한다. Trypsin은 hydrolyzing substrate에서 긴 positively charged side chain (arginine or lysine)의 carboxyl side (C=O)를 선호한다. 그 이유는 positively charged side chain이 specificity binding pocket에 있는 negative Asp-189에 의해 안정화되기 때문이다.

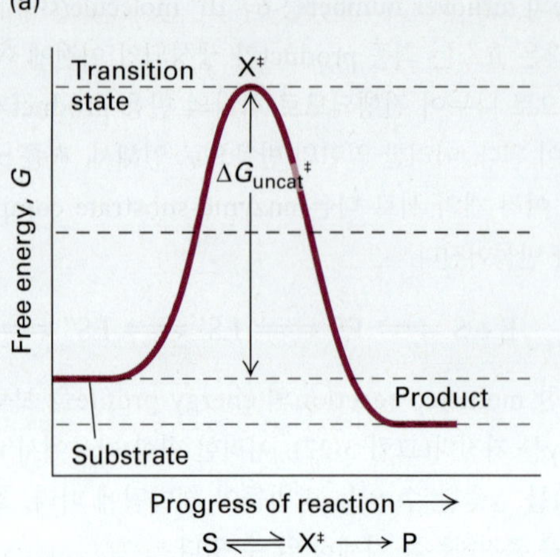

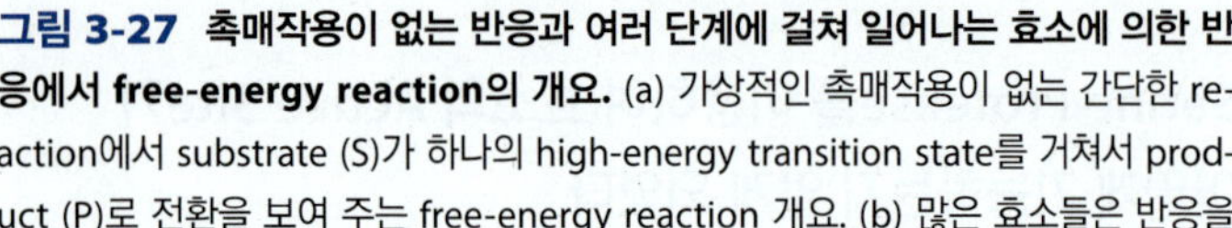

그림 3-27 촉매작용이 없는 반응과 여러 단계에 걸쳐 일어나는 효소에 의한 반응에서 free-energy reaction의 개요. (a) 가상적인 촉매작용이 없는 간단한 reaction에서 substrate (S)가 하나의 high-energy transition state를 거쳐서 product (P)로 전환을 보여 주는 free-energy reaction 개요. (b) 많은 효소들은 반응을 서로 다른 여러 단계로 나눠서 진행한다. 이 경우에는 처음에 ES complex를 형성한 뒤 single transition state (EX‡)를 거쳐서 free enzyme (E)와 P로 전환된다. 이 반응의 각 단계에서 activation energy는 촉매작용이 없는 반응의 activation energy보다 훨씬 낮다. 이에 따라 효소는 reaction rate를 매우 증가시킨다.

다음 경우처럼, trypsin과 유사한 2개의 serine protease가 비슷한 결합 pocket을 가지지만 작은 구조 차이 때문에 substrate specificity가 달라진다. Chymotrypsin은 큰 aromatic group (Phe, Tyr, Trp)을 선호하며, elastase는 Gly과 Ala과 같은 작은 side chain을 선호한다(그림 3-28b). Chymotrypsin의 uncharged Ser-189 때문에 pocket에 크고 uncharged hydrophobic side chain이 안정적으로 결합할 수 있다. Elastase에는 trypsin의 pocket의 glycine 위치에 valine (Val-216, Val-190)이 가지는 branched aliphatic side chain이 있어서 large side chain을 가지는 기질과는 결합할 수 없다(그림 3-28b). 그 결과 기질의 large side chain 대신에 작은 alanine이나 glycine side chain과 안정적으로 결합하며 뒤이어 peptide bond cleavage가 일어난다.

세 가지 효소 모두 기질의 peptide bond를 hydrolysis하는 데에 catalytic site의 195번 아미노산 위치에서 serine의 hydroxyl group을 사용한다. Ser-195, His-57, Asp-102 3개의 아미노산에 의해 형성되는 catalytic triad는 two-step reaction에 관여한다. Polypeptide 기질이 효소의 결합 site에 결합하면서 잘려질 peptide bond가 효소의 active site

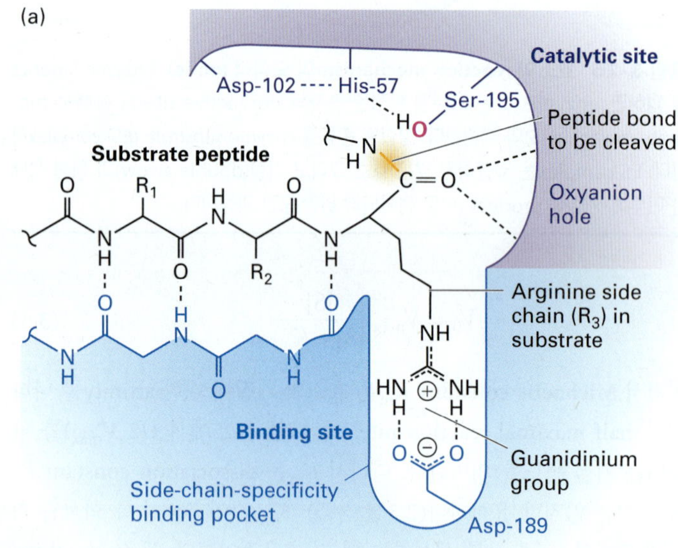

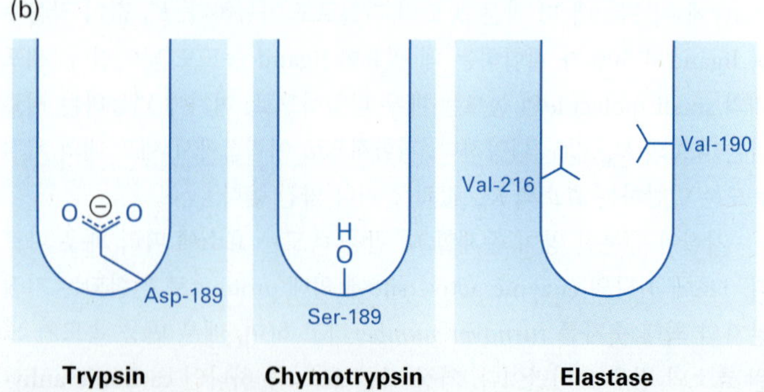

그림 3-28 Trypsin-like serine protease의 active site에서 기질 결합. (a) 기질(black molecule)이 결합된 상태의 trypsin의 active site (보라색과 파란색 molecule). 기질은 trypsin의 기질 결합 site와 두 strand로 이루어진 β sheet을 형성하고 기질의 arginine (R_3)의 side chain은 결합 site의 side-chain-specificity 결합 pocket과 결합한다. Arginine의 positively charged guanidinium group은 효소의 Asp-189의 side chain이 가지는 negative charge에 의해 안정화된다. 이러한 결합은 arginine의 peptide bond가 효소의 active-site catalytic triad (Ser-195, His-57 그리고 Asp-102의 side chain)에 의해 hydrolysis 일어나기 적절하게 배열되게 한다. (b) Side-chain-specificity 결합 pocket의 안쪽 표면에 위치하는 아미노산들이 모양과 charge를 결정하고, 따라서 결합 pocket의 결합 property를 결정짓는다. Trypsin은 lysine과 arginine의 positive charged side chain; chymotrypsin은 phenylalanine과 같이 크고 hydrophobic한 side chain; elastase는 glycine이나 alanine과 같이 크기가 작은 side chain을 인지하여 결합한다. Panel (a) data from J. J. Perona and C. S. Craik, 1997, *J. Biol. Chem.* **272**:29987-29990.

catalytic triad에 위치하게 된다. 그림 3-29에 catalytic triad가 peptide bond를 자르는 데 어떻게 협력하는지, Ser-195의 hydroxyl oxygen이 기질의 carbonyl carbon을 공격하는 데 Asp-102와 His-57이 어떻게 돕는지 나타나 있다. Hydroxyl oxygen에 의해 attack이 일어날 때 carbon에 연결된 4개의 group과 불안정한 transition state가 만들어진다(tetrahedral intermediate). C—N peptide bond가 깨지면서 단백질의 한쪽(NH_3—Y)이 떨어져 나가지만, 다른 한쪽은 serine의 oxygen과 ester bond (에스테르 결합)를 통해 효소에 공유결합된 상태로 남아서 비교적 안정적인 acyl enzyme intermediate를 형성한다. 이어서 또 다른 불안정한 tetrahedral intermediate를 형성하면서 oxygen이 물에서 온 oxygen으로 치환되면 최종 반응 생성물(X—COOH)이 떨어져 나온다. Tetrahedral intermediate는 보통 *oxyanion hole*이라 불리는 효소의 backbone amino group과의 hydrogen bond에 의해 안정화된다. Active site에 serine을 가지는 수많은 serine protease와 이와 유사한 효소들이 사용하는 reaction mechanism은 다른 효소들이 비슷한 반응을 촉진할 때에도 사용된다.

Serine protease에 의한 메커니즘을 통해 enzymatic catalysis 과정에서 일반적인 몇 가지 특성을 알 수 있다. 첫째, 효소의 catalytic site는 transition state의 결합을 안정화해서 activation energy를 낮추고 전체적인 반응을 촉진시키는 방향으로 진화되어 왔다. 둘째, polypeptide backbone과 함께 여러 side chain이 3차원적으로 잘 배열되어 동시에 작용함으로써 보통 여러 단계를 거쳐 화학적으로 기질을 product로 전환시킨다.

셋째, serine protease의 His-57의 imidazole group이 Ser-195의

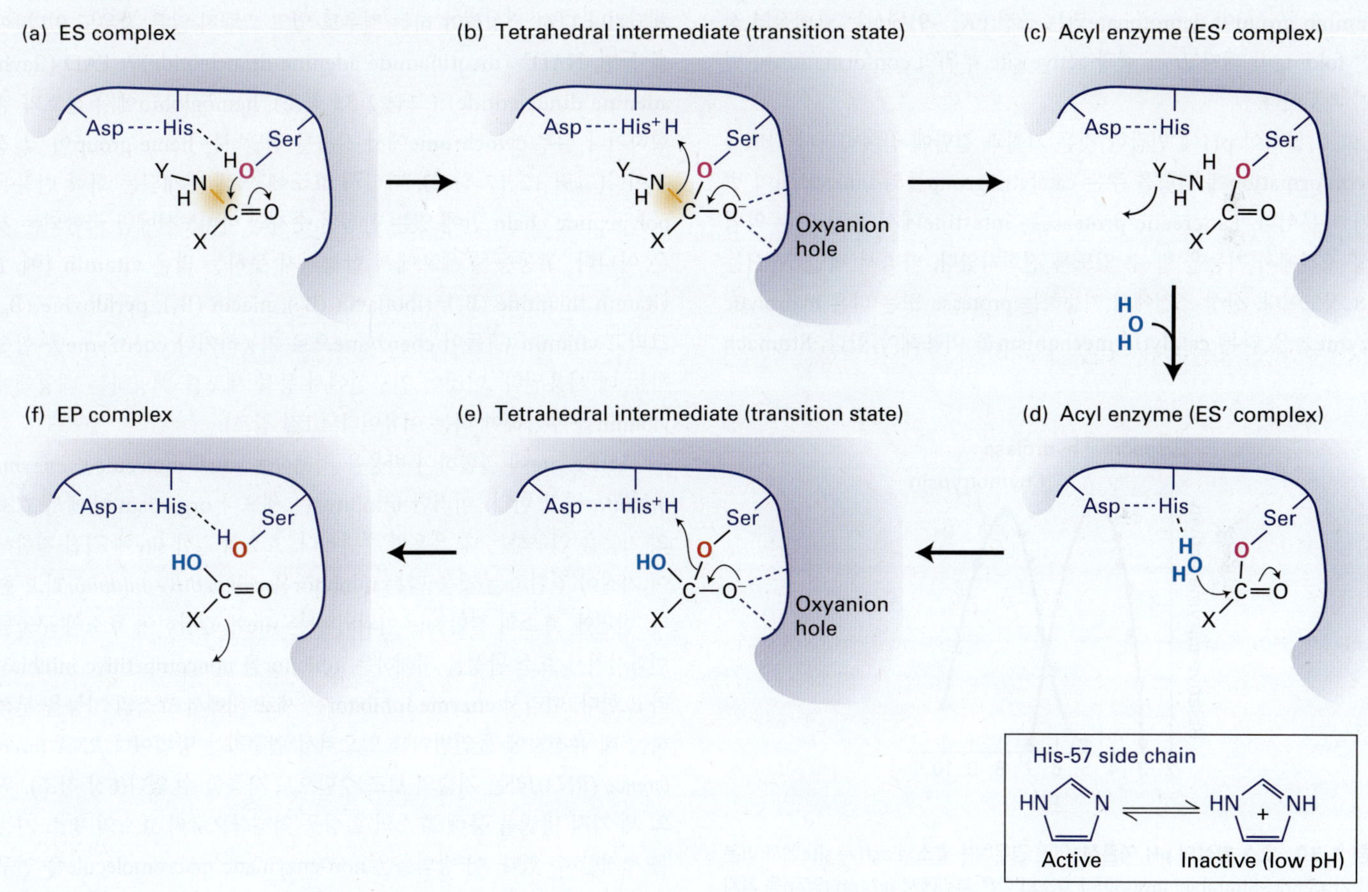

그림 3-29 Serine protease에 의한 peptide bond 가수분해 기작. Serine protease의 active site에 있는 Ser-195, His-57 그리고 Asp-102가 형성하는 catalytic triad가 여러 과정을 거쳐서 표적 단백질의 peptide bond를 가수분해한다. (a) Polypeptide 기질이 active site에 결합하여(그림 3-27 참조) ES complex를 이루면, Ser-195의 hydroxyl oxygen이 기질의 target peptide bond (노란색)의 carbonyl carbon을 공격한다. 전자의 이동이 화살표로 나타나 있다. (b) Hydroxyl oxygen의 공격은 *tetrahedral intermediate*라 불리는 transition state를 만들고, 이 형태에서 기질 oxygen의 negative charge는 효소의 *oxyanion hole*과 이루는 hydrogen bond에 의해 안정화된다. (c) 추가적인 electron movement에 의해 peptide bond가 끊어지고, 반응 생성물 중의 하나(NH_2—Y)가 떨어져 나오며, acyl enzyme (ES′ complex)이 생성된다. (d) 물 분자의 oxygen이 acyl enzyme의 carbonyl carbon을 공격한다. (e) 이 공격은 second tetrahedral intermediate를 형성한다. (f) 추가적인 electron movement에 의해 Ser-195-substrate bond (EP complex 형성)가 끊어지고 최종 반응 생성물(X—COOH)이 떨어져 나온다. Asp-102의 side chain과 hydrogen bond를 통해 적절한 방향으로 위치하고 있던 His-57의 side chain은 그림에서 따로 표시한 바와 같이 반응 과정 동안 proton을 주고받으면서 catalysis를 촉진시킨다(삽입한 그림). 만약 pH가 너무 낮고, His-57의 side chain이 proton을 가지고 있는 상태가 되면, 효소가 활성을 가지지 못하고 catalysis에 참여할 수 없다.

hydroxyl group에서 hydrogen을 가져오기 위한 base로 사용하는 경우에서처럼, 효소는 하나 또는 그 이상의 side chain에 의해 매개되는 acid-base catalysis 과정을 이용한다. 그 결과 catalytic site의 하나 또는 몇 개의 아미노산 side chain이 특정 ionization 상태(protonated or nonprotonated)일 때에만 catalysis가 일어난다. 따라서 효소의 활성은 pH에 의존적이다. 예를 들면, serine protease의 His-57 imidazole group의 pK_a는 대략 6.8이며, protonated되어 있지 않을 때에만 Ser-195의 hydroxyl group의 attack을 돕는다. 따라서 imidazole이 protonate되어 있는 pH 6.8 이하일 때에는 protease의 활성이 낮으며, pH 4–8 사이에서 pH 활성 변화 추이는 His-57 side chain의 적정 곡선과 잘 일치한다. 이 변화는 Henderson-Hasselbalch 공식으로 나타낼 수 있으며 pH 6.8 근처에서 꺾이는 형태를 갖는다(그림 3-30에서 chymotrypsin data와 2장 참조). 효소 활성은 더 높은 pH에서는 떨어져서 bell-shape의 곡선을 그린다. 그 이유는 단백질의 amino terminus의 amino group이 deprotonate되는 조건(pK_a ~9)에서는 단백질의 적절한 folding이 깨지고, 그 결과 active site 부위의 conformation이 변하기 때문이다.

효소 활성이 pH에 민감한 것은 기질과 결합에 참여하거나 단백질의 conformation에 영향을 주는 catalytic group들의 ionization이 변하기 때문이다. Pancreatic protease는 intestine에서 중성 또는 약염기성 조건에서 기능을 할 수 있도록 진화하였다. 따라서 적절한 pH는 약 8 정도이다. 산성 조건에서 기능하는 protease 또는 다른 hydrolytic enzyme들은 다른 catalytic mechanism을 이용해야 한다. Stomach

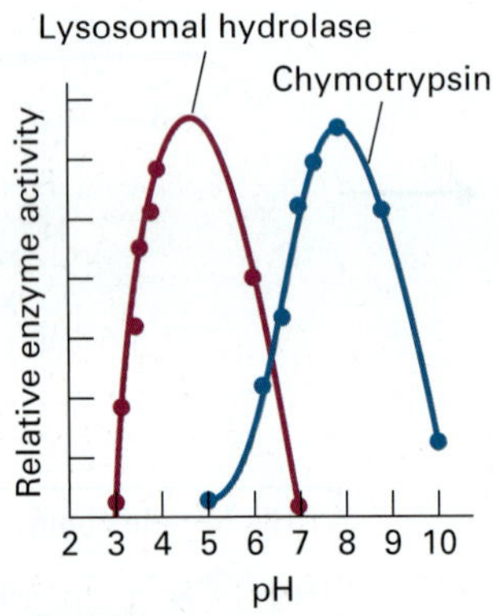

그림 3-30 효소 활성의 pH 의존성. 어떤 경우에는 효소의 active site에서 이온화가 가능한(pH-titratable) group이나 효소의 다른 부위에서 proton (양자)을 가지거나 내놓는 것은 적절한 기질 결합, catalysis, 또는 효소의 적절한 conformation을 위해 필요하다. pH의 변화에 대해서 효소 활성을 측정하여 이러한 group들의 pK_a 값을 알 수 있다. Chymotrypsin과 같은 pancreatic serine protease는 active site His-57(catalysis에 필요하며, His-57의 deprotonated imidazole side chain의 pK_a ~6.8)과 단백질의 N-말단(적절한 conformation에 필요, pK_a ~9)의 titration (적정) 때문에 pH 8 근처에서 최적의 활성을 보인다. 많은 lysosomal hydrolase는 낮은 pH (~4.5)에서 최적의 활성을 나타내도록 진화하여 왔다. 이는 이 효소들이 기능하는 lysosome 내부의 pH가 낮기 때문이다. [Data from P. Lozano, T. De Diego, and J. L. Iborra, 1997, *Eur. J. Biochem.* **248**:80–85, and W. A. Judice et al., 2004, *Eur. J. Biochem.* **271**:1046–1053.]

(pH ~1)에서 작용하는 pepsin과 같은 protease나 세포 안에서 macromolecule을 분해하는 데 중요한 역할을 하는 lysosome (pH ~4.5) 안의 protease들이 이러한 경우이다(그림 3-30, lysosomal hydrolase data). 실제로 다양한 biomolecule (단백질, 지질 등)을 분해하는 lysosomal hydrolase는 세포질의 pH (~7)에서 비교적 활성을 갖지 못하기 때문에 membrane으로 싸인 lysosome에서 나온다고 하더라도 효소에 의해 self-digestion이 일어나는 것을 방지하는 역할도 한다.

Enzymatic catalysis 과정에서 많은 다른 효소에는 있으나 serine protease에서 볼 수 없는 한 가지 중요한 특징은 *cofactor* 또는 *prosthetic group*이다. 이 helper group은 nonpolypeptide small molecule이거나 이온(예, iron, zinc, copper, manganese)으로서 active site에 결합하여 reaction mechanism의 중요한 기능을 담당한다. 효소에서 작은 organic prosthetic group은 *coenzyme*이라 부른다. 이들 중 일부는 반응이 일어나는 과정에서 chemically modify되어서 매 반응 때마다 대체되거나 다시 생성해야 하는 경우도 있고 그렇지 않은 경우도 있다. 예를 들면, NAD^+ (nicotinamide adenine dinucleotide)와 FAD (flavin adenine dinucleotide) (그림 2-33 참조), hemoglobin에서 산소와 결합하거나 일부 cytochrome에서 전자를 전달하는 heme group이 그 경우이다(그림 12-17 참조). 따라서 효소에 의해 매개되는 화학 반응은 polypeptide chain 안에 있는 한정된 숫자의 아미노산에만 국한되는 것은 아니다. 고등동물 세포에서 합성되지 못하는 많은 vitamin [예, B vitamin thiamine (B_1), riboflavin (B_2), niacin (B_3), pyridoxine (B_6) 그리고 vitamin C]들이 coenzyme으로 기능하거나 coenzyme을 합성하는 데 사용된다. 이것이 연구실에서 동물 세포를 배양하는 배양액에 vitamin을 추가해야 하는 이유이다(4.1절 참조).

Active site에 결합하여 반응을 억제하는 small molecule을 *enzyme inhibitor*라고 한다. 이러한 inhibitor는 세포나 organism 내에서 효소의 기능을 연구하는 데 유용한 수단이다. 효소의 결합 site에 직접 결합하여 기질이 결합하는 것을 막는 inhibitor를 *competitive inhibitor*라고 한다. 반면에, 효소의 결합 site 이외의 다른 site에 결합하여 효소의 구조를 변화시켜서 효소 활성을 저해하는 inhibitor를 noncompetitive inhibitor라고 한다. 따라서 enzyme inhibitor는 세포 내에서 효소의 기능을 분석하는 데 유전자에 돌연변이를 일으켜서 연구하는 방법이나 *RNA interference (RNAi)*라는 기술의 보조 수단으로 사용할 수 있다(6장 참조). 위의 세 가지 방법을 통해 효소의 활성을 억제함으로써 효소의 평소 기능을 추정할 수 있다. 이 방법들은 non-enzymatic macromolecule을 연구할 때에도 사용할 수 있다. 그러나 종종 inhibitor가 하나 이상의 단백질의 활성을 억제하는 경우는 그 결과를 해석하는 것이 복잡할 수 있다.

대부분의 drug이나 화학전에 사용되는 작용제들은 small molecule로 단백질 활성을 저해하는 원리를 이용한다. Aspirin은 통증을 유발하는 *cyclooxygenase*라는 효소를 억제하며, sarin이라는 신경가스나 다른 종류의 신경가스는 신경 전달 과정에서 중요한 기능을 하는 serine protease 또는 이와 유사한 acetylcholine esterase의 serine hydroxyl group과 반응한다(23장 참조). ■

같은 Pathway에 있는 효소들은 종종 물리적으로 서로 결합하고 있다

공통의 metabolic process [예를 들어, glucose를 pyruvate로 분해하는 glycolysis (해당 과정); 12장 참조]에 참여하는 효소들은 특정 세포소기관의 내부, 세포막, 세포질 등의 동일한 cellular compartment에 위치한다. 같은 compartment 안에서 일어나는 하나의 reaction에서 나온 product들은 diffusion (확산)에 의해 같은 pathway의 다음 효소로 이동한다. 그러나 diffusion은 무작위적 이동을 수반하며, 널리 분산되어 있는 효소들 사이에서 분자를 이동시키는 것은 느리고 비효율적이다(그림 3-31a). 이런 문제점을 극복하기 위해 세포는 같은 pathway에 있는 효소들을 가까이에 위치하게 하는 *metabolic coupling*이라는 과정을 발달시켰다.

이런 메커니즘 중 가장 간단한 형태는 서로 다른 catalytic activity를 가진 polypeptide들이 multimeric 효소의 subunit들로써 가까이 모이거나, 하나의 *scaffold* (골격) 위에 모두 결합하게 하는 것이다(그림 3-31b). 이런 배열 때문에 한 reaction의 product들이 pathway의 다음 효소로 직접 향하게 된다. 어떤 경우에는 독립적인 단백질들이 genetic level에서 융합되어 다양한 기능을 수행하는 하나의 multidomain, multifunctional enzyme을 만들어낸다(그림 3-31c). Metabolic coupling이 거대한 크기의 multiprotein complex에 의해 일어남을 이 장의 초반에 언급하였다.

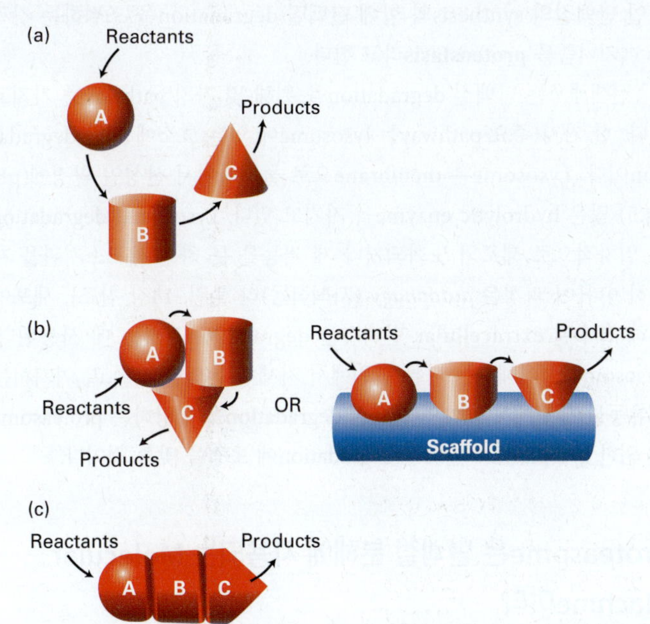

그림 3-31 Enzyme assembly에 의한 효율적인 multienzyme complex 형성. 여기에 그림으로 표현된 가상적인 반응경로에서 초기 반응물은 A, B, C라는 서로 다른 효소들이 연속적으로 작용하여 최종 산물을 생성한다. (a) 효소가 용액에 자유로이 있으면, 또는 세포의 한 compartment 안에 존재하더라도, 반응의 중간 산물은 한 효소에서 다음 효소로 확산되어야 하고, 따라서 반응은 느린 속도로 일어난다. (b) 효소가 자체로 multisubunit complex를 이루거나 scaffold 단백질의 도움으로 complex를 이루고 있으면 확산 과정이 필요 없거나 매우 줄어든다. (c) 효소들이 유전자 수준에서 융합되어 단일 polypeptide chain의 domain들을 구성하게 되면 서로 다른 catalytic activity가 가장 가까이 위치하게 된다.

3.3절의 주요 개념

단백질 결합과 Enzyme Catalysis (효소 촉매작용)

- 단백질의 기능은 단백질이 다른 분자(*ligand*)에 결합하는 능력에 달려있다. 예를 들면, 항체는 항원이라는 ligand에 결합하고, 효소는 기질에 결합하여 화학 반응을 통해 product를 만든다.
- 단백질의 특정 ligand에 대한 specificity는 1개 혹은 몇 개의 관련된 ligand들과 선택적으로 결합하는 것을 말한다. 단백질의 특정 ligand에 대한 affinity는 결합의 세기를 말하며, 보통 dissociation constant K_d로 나타낸다.
- 단백질의 ligand-결합 site와 이에 상응하는 ligand는 molecular complementarity를 가지므로 서로 결합할 수 있다.
- 효소들은 catalytic protein으로써 activation energy를 낮추고 transition-state intermediate를 안정화시킴으로써 반응 속도를 가속화시킨다(그림 3-23 참조).
- 효소의 active site는 일반적으로 단백질의 작은 일부분을 차지하는데 두 가지의 기능적인 부분, 즉 기질 결합 site와 catalytic site로 구성되어 있다. 기질 결합 site는 기질과 molecular complementarity를 가지기 때문에 효소가 정교한 specificity를 갖게 한다.
- Substrate (S)가 enzyme (E)과 결합하면 enzyme-substrate complex (ES)를 형성하고, 효소의 catalytic group에 의해 촉진되는 하나 또는 그 이상의 반응을 거쳐서 최종 생산물(P)이 생성된다.
- 반응 속도와 기질 농도와의 상관관계를 그린 그래프에서 효소의 두 가지 특징적인 parameter가 결정된다: Michaelis constant K_m은 기질을 product로 전환시키는 효소의 affinity를 의미하며, maximal velocity V_{max}는 catalytic power를 나타낸다(그림 3-25 참조).
- 효소에 의해 촉매되는 반응의 속도는 turnover number (기질이 충분한 조건에서 하나의 active site에 의해 product로 전환되는 기질의 숫자)가 1 미만에서부터 6×10^5 molecule/s에 이르기까지 매우 다양하다.
- 많은 효소들은 기질을 product로 전환하는 데 여러 가지 enzyme-substrate complex (ES′, ES″ 등)가 관여하는 서로 다른 여러 개의 화학 반응으로 나누어서 진행한다.
- Serine protease는 Ser-195, His-57 그리고 Asp-102의 side chain을 catalytic group으로 이용하여 단백질 기질의 peptide bond를 가수분해한다. Serine protease의 결합 site에 있는 specificity binding pocket을 구성하는 아미노산들이 가수분해될 단백질 기질의 잔기를 결정한다. 이로써, trypsin, chymotrypsin 그리고 elastase 등의 specificity가 달라진다.
- 효소들은 반응을 일으키는 데 있어서 serine protease His-57의 imidazole group과 같이, 하나 또는 그 이상의 아미노산에 의해 매개되는 acid-base catalysis를 이용한다. Catalytic group의 protonation이 pH에 의존적(pK_a)으로 일어나므로 효소의 활성이 pH에 따라 달

라진다.

- 어떤 효소의 경우, *cofactor* 또는 *prosthetic group*이라 불리는 non-polypeptide small molecule 또는 이온이 효소의 active site에 결합하여 enzymatic catalysis에 결정적인 역할을 한다. 효소에 결합하는 크기가 작은 organic prosthetic group을 *coenzyme*이라 한다. 고등동물 세포에서 합성되지 않는 vitamin은 coenzyme으로 기능하거나 coenzyme을 생산하는 데 사용된다.
- 공통의 pathway에 있는 효소들은 세포의 특정 compartment에 위치하기도 하고, monomeric protein의 domain들을 구성하거나 multimeric protein의 subunit가 되기도 하며, 공통의 scaffold 위에 서로 결합하고 있는 protein complex의 한 구성 요소가 되기도 한다(그림 3-31 참조).

3.4 단백질 기능의 조절

세포 안에서 일어나는 대부분의 과정은 서로 독립적으로 일어나지도 않고, 항상 일정한 속도로 일어나는 것도 아니다. 모든 단백질과 biomolecule의 활성은 세포가 생존하는 데 가장 적합하도록 함께 조절된다. 예를 들면, 효소의 catalytic activity는 최종 반응 생성물이 세포가 필요한 정도 만큼 생성되도록 조절된다. 그 결과, 기질과 product의 steady-state concentration (평형 상태의 농도)은 세포의 조건에 따라 변화한다. Membrane channel의 개폐에 관여하거나 macromolecular complex를 형성하는 nonenzymatic protein의 조절도 중요하다.

일반적으로, 단백질의 활성을 조절하는 세 가지 방법이 있다. 첫째, 세포는 단백질의 합성, 단백질의 분해 또는 두 가지 방법을 모두 이용해서 단백질의 steady-state level을 증가시키거나 감소시킨다. 둘째, 세포는 단백질의 양과는 독립적으로 단백질의 활성을 조절할 수 있다. 예를 들면, noncovalent 또는 covalent interaction을 통해 기질과 결합 affinity를 변화시키거나, 단백질이 inactive conformation으로 존재하는 시간에 비해서 active conformation으로 존재하는 시간의 비중을 변화시킬 수 있다. 셋째, 세포 내에서 단백질 자체의 location과 concentration의 변화, 단백질이 활성을 나타내는 target의 변화(예, 효소의 기질), 단백질이 활성을 나타내는 데 필요한 다른 분자(예, 효소의 cofactor)의 변화에 의해서 조절이 가능하다. 모든 세 가지 조절 양식은 세포의 기능과 생존에 결정적인 역할을 한다. 이 절에서는 단백질의 양을 조절하는 메커니즘을 먼저 살펴본 후, 이어서 noncovalent와 covalent interaction을 통하여 단백질 활성을 조절하는 과정을 살펴본다.

단백질의 Synthesis와 Degradation 조절은 세포의 기본적인 특성이다

단백질의 합성 속도는 단백질을 encoding하는 DNA가 mRNA로 전환되는 속도(transcription), 세포 내에서 active mRNA의 steady-state amount, mRNA가 새로운 단백질로 합성되는 속도(translation) 등에 의해서 결정된다. 이러한 중요한 pathway들은 5장에서 자세히 설명할 것이다.

세포내 단백질의 수명은 mitotic cyclin과 같이 수분 밖에 안 되는 경우도 있고, 눈의 lens를 구성하는 단백질과 같이 organism의 수명과 동일한 경우도 있어서 매우 다양하다. Mitotic cyclin의 짧은 수명은 세포 분열 중 mitotic stage의 진행을 조절하는 데 필요하다(19장 참조). 단백질의 수명 조절은 일차적으로 단백질의 분해를 조절함으로써 이루어진다.

단백질 degradation은 두 가지 중요한 기능을 한다. 첫째, toxic하거나 적절히 folding을 이루지 못하거나 잘못 assemble된 단백질 그리고 돌연변이가 일어난 유전자의 product와 active cell metabolite 또는 stress (예, heat shock)에 의해 손상된 단백질들을 제거하는 기능을 한다. 적절하게 단백질 folding이 일어나도록 chaperon이 돕고 있음에도 불구하고 새로 합성된 단백질이 misfolding될 경우 빠른 속도로 degradation이 일어난다. 단백질 folding을 유도하기 위해 chaperone이 적절한 시간 이내에 결합하지 못했거나 complex assembly가 잘못된 경우에는 이러한 degradation이 필요할 수 있다. 포유동물 세포에서 대부분의 단백질들은 시간당 1–2% 정도의 매우 느린 속도로 degradation이 일어난다. 둘째, 단백질의 양과 활성을 적절한 수준으로 유지하고, 변화하는 환경에 대응하여 빠른 속도로 단백질의 level을 조절하기 위해서, 정상적인 단백질의 synthesis와 함께 단백질 degradation을 조절하는 강력한 메커니즘을 **proteostasis**라고 한다.

진핵세포는 단백질 degradation을 위해 몇 가지 pathway를 가지고 있다. 한 가지 주요 pathway는 lysosome에 있는 효소에 의한 degradation이다. Lysosome은 membrane으로 둘러싸여서 산성인 환경에(pH ~4.5) 많은 hydrolytic enzyme을 가지고 있다. Lysosomal degradation은 일차적으로 세포의 노화되거나 제 기능을 못 하는 세포소기관을 제거하거나[이 과정은 *autophagy* (자식작용)라 불림, 14장 참조], 세포에 의해 흡수된 extracellular 단백질을 degradation시키는 데 사용된다. Lysosome에 대해서는 다른 단원에서 자세히 논의할 것이고, 여기서는 포유동물 세포에서 90%의 단백질 degradation을 담당하는 proteasome에 의한 cytoplasmic 단백질 degradation에 초점을 맞출 것이다.

Proteasome은 단백질 분해에 사용되는 Molecular Machine이다

Proteasome은 매우 크며, 여러 개의 subunit으로 이루어진 protein-degrading macromolecular machine으로서, 세포 주기(19장 참조), transcription과 DNA repair (5장 참조), 세포예정사 또는 세포자살(22장 참조), 감염에 대한 인지 및 반응(24장 참조), misfolded protein의 제거와 같은 매우 다양한 cellular function에 관여한다. Proteasome에 의한 단백질 degradation은 세 가지 중요한 단계로 이루어진다. 첫째, 단백질은 proteasomal degradation의 target으로 tagging이 일어난다. 세포는 특정 단백질의 tagging을 조절하여 그 단백질이 proteasome에 의해 분

해되는 속도를 조절할 수 있다. 둘째, proteasome은 tag를 통해 표적 단백질과 결합하고 unfolding하여 자신의 internal chamber로 이동시킨다. 셋째, proteasome chamber 내부에 있는 protein-cutting subunit이 표적 단백질을 작은 peptide로 분해하고 추가적인 과정을 위하여 세포질로 방출된다. 이제 proteasome의 구조와 세 가지 단계로 구성된 메커니즘을 자세히 살펴보자.

보통 포유동물 세포에는 대략 30,000개의 proteasome이 존재한다. Proteasome은 약 60개의 protein subunit으로 구성되어 있으며, 약 2.4×10^6 Da의 분자량을 갖는다. Proteasome은 원통형의 barrel 모양의 catalytic core를 가지고 있고(그림 3-32a), 이를 20S *proteasome*이

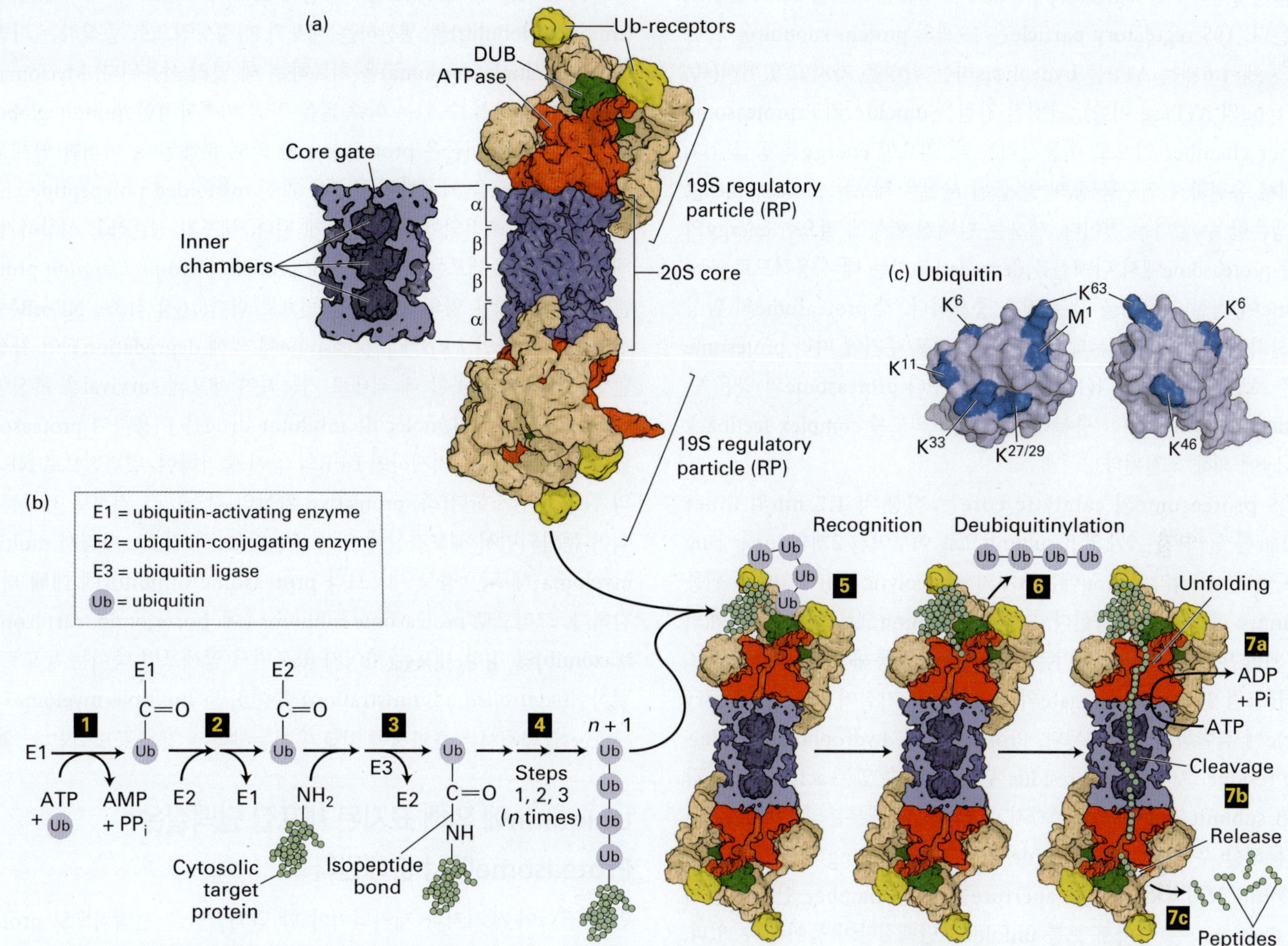

그림 3-32 Ubiquitin과 Proteasome에 의한 단백질 분해. (a) 오른쪽: 26S proteasome은 원통형으로 이루어져 있으며, 20S core particle의 한쪽 또는 양쪽 끝에 19S regulatory particle (RP)이 결합하고 있다. 19S RP(여러 색상으로 나타내었음)의 19개의 서로 다른 subunit은 hexameric ring을 이루는 6개의 AAA-ATPase subunit (Rpt1-6, 빨간색), 3개의 ubiquitin (Ub) 수용체(Rpn1, Rpn10, Rpn13, 노란색), Rpn8과 heterodimer를 이루는 deubiquitinase enzyme (DUB, Rpn11, 녹색)들을 포함하고 있다. 또한 19S RP는 scaffolding 단백질과 또 다른 단백질들도 포함하고 있다. 그림에 나타낸 2개의 19S RP는 페이지의 평면을 기준으로 반대 방향을 향하고 있다. 20S core는 4개의 heptameric ring이 층을 이루고 있으며(직경 약 110 Å × 길이 160 Å), 각 heptameric ring은 α (outer ring) subunit 또는 β (inner ring) subunit (파란색)으로 구성된다. *왼쪽*: 20S core를 잘라서 나타낸 그림에서 inner chamber와 core gate를 보여주고 있다. 단백질의 proteolysis는 β ring으로 이루어진 core의 inner chamber에서 일어난다. (b) Polyubiquitinylation된 단백질들은 proteasomal degradation의 target이 된다. E1 enzyme은 ubiquitin (Ub)과의 결합을 통해 활성화된 후(단계 **1**), 결합된 Ub을 E2 enzyme의 cysteine residue에 전달한다(단계 **2**). Ubiquitin ligase (E3)가 E2에 결합된 Ub을 표적 단백질에 있는 lysine residue의 side-chain $-NH_2$로 전달하여 isopeptide bond를 형성한다(단계 **3**). 단계 **1**–**3**의 반복에 의해 먼저 추가되었던 Ub에 isopeptide bond를 통해 추가적으로 Ub을 결합시켜서 polyubiquitin 사슬을 형성한다(단계 **4**). Polyubiquitinylation된 target은 proteasome의 19S RP에 있는 Ub 수용체에 의해 인지된다(단계 **5**). 뒤이어 19S RP의 conformation 변화가 일어나면서 일련의 조정 단계가 일어난다. 표적 단백질이 hexameric ATPase 근처로 이동하면서 Ub group은 deubiquitinase에 의해 제거된다(단계 **6**). 단계 **7**에서는 ATP hydrolysis를 통해 hexameric ATPase subunit (빨간색)가 기질을(좁은 central pore를 통해 밀고 당김으로써) 펼쳐진 구조가 되게 하여 open된 core gate를 통해 20S core의 proteolysis chamber로 보낸다(단계 **7a**). 어떤 경우에는 단계 **6**처럼 단백질이 short peptide digestion fragment (단계 **7b**)로 잘려서 방출된다(단계 **7c**). (c) Ubiquitin의 space-filling 모델로서 파란색으로 표시한 lysine (K)과 amino terminus (M1)에 추가적으로 ubiquitin이 covalent하게 결합되면 polyubiquitin chain이 형성된다(polyubiquitin chain에 대한 논의는 이 장의 후반부에 다시 할 것이다). [Part (a) Courtesy of Antje Aufderheide and Friedrich Foerster, data from P. Unverdorben et al., 2014, *Proc. Nat'l. Acad. Sci. USA* **111**(15):5544–5549, PDB ID 4cr2. Part (c) From R. Yau and M. Rape, 2016, *Nat. Cell Biol.* **18**:579–586.]

라 부르며(*S*는 Svedberg unit으로서 particle의 침강 특성에 따라 결정되며 크기에 비례한다), 높이는 14.8 nm, 직경은 11.3 nm에 달한다. 이 core의 끝에 결합하는 하나 또는 2개의 19S *regulatory particle (RP)* complex가 proteasome 활성을 조절한다. 2개의 cap-containing complex와 core가 결합하여 형성되는 complex는 크기가 30S에 달하지만, 하나 또는 2개의 19S regulatory particle이 결합된 형태를 *26S complex*라 부른다. 19S regulatory particle은 19개의 protein subunit을 가지며, 그중에서 6개는 ATP를 hydrolysis하는 활성을 가지고 있어서(즉, AAA type의 ATPase 이다), 단백질 기질을 unfold시키고 proteasome의 inner chamber 안으로 이동시키는 데 필요한 energy를 공급한다. 효모에서 유전학적 연구를 통해 알게 된 사실은 세포는 proteasome 없이는 생존할 수 없다는 것이다. 세포는 단백질 합성에 필요한 energy의 30%를 proteasome에서 단백질을 degradation하는 데 사용하므로 proteasome이 적절한 활성을 갖는 것은 중요하다. 각 proteasome의 활성은 인산화에 의해 조절되는데, 예를 들면 세포 주기에 따라 protesome 활성은 조정이 이루어진다(19장 참조). 더구나 proteasome의 양은 단백질 degradation을 위한 충분한 양이 확보되도록 complex feedback pathway에 의해 조절된다.

20S proteasome의 catalytic core는 직경 약 1.7 nm의 inner chamber를 둘러싸는 7개의 β subunit으로 이루어진 2개의 inner ring으로 구성된다. 각각의 ring에는 3개의 proteolytic active site가 원통형의 inner chamber로 향한다. 7개의 α subunit으로 이루어진 2개의 outer ring은 *core gate*라 불리는 entry pore를 통해 기질의 접근을 조절한다(그림 3-32a). Core gate의 opening은 기질이 19S regulatory particle에 결합하면서 조절된다. Proteasome은 hydrophobic residue, acidic residue 그리고 basic residue 뒤를 끊을 수 있는 active site를 각각의 β subunit ring에 3개씩 가지고 있으므로 대부분의 단백질을 완전히 분해할 수 있다. Polypeptide 기질은 outer ring의 중앙에 있는 약 1.3 nm 크기의 core-gate aperture를 통해 chamber 안으로 들어간다. Core gate는 좁아서 보통 unfolded 단백질만이 들어갈 수 있다. 26S proteasome에서 core gate의 opening은 19S RP에 있는 ATPase에 의해 조절된다. 이러한 ATPase는 기질을 unfolding시키고 unfolded polypeptide를 catalytic core의 inner chamber로 이동시키는 데도 관여한다(그림 3-32b, 오른쪽 하단 그림 참조). 일단 inner chamber 안으로 들어오면, polypeptide는 2-24개 잔기 길이의 peptide로 분해된다. 이러한 짧은 peptide는 chamber를 빠져나와서 세포질에 있는 peptidase에 의해 빠르게 분해돼서, 결국 각각의 "free" 아미노산들로 전환된다. 따라서 proteasome은 "cellular chamber of doom"이라는 말이 생겨났고, 여기서 단백질은 수백 번 잘려서 죽게 된다.

Proteasome 기능의 inhibitor는 실험실과 치료의 목적으로 매우 유용하다는 것이 입증되었다. MG132와 같은 proteasome을 억제하는 small molecule inhibitor는 실험실에서 proteasome에 의한 단백질 degradation을 억제하는 데 사용함으로써, proteasome의 기능을 밝히거나 앞으로 살펴볼 내용과 같이 많은 다양한 과정에서 polyubiquitinylation이 일어나는 것을 밝히는 데 도움을 주었다. 다른 small-molecule proteasome inhibitor는 치료용으로 사용되어 왔다. 세포에서 proteasome에 의한 단백질 분해는 넓은 범위에서 중요하게 작용하므로 proteasome을 지속적으로 완전히 억제하면 세포도 죽게 된다. 그러나 proteasome의 활성을 부분적으로 그리고 간헐적으로 억제하는 방법이 cancer chemotherapy 방법에 도입되어 왔으며, 특히 antibody (immunoglobulin)를 생산하는 세포가 비정상적으로 증식하는 다발성 골수종(multiple myeloma)을 치료하는 데 널리 사용된다. Myeloma 세포는 독성을 가질 수 있는 아주 많은 양의 비정상적인 immunoglobulin을 만들어내고, 이들은 proteasome에 의해 분해된다. 이러한 암세포에서 proteasome을 억제하면 독성을 가진 misfolded polypeptide chain이 세포 내에 축적되어 세포는 죽게 된다. 세포가 생존하고 성장하기 위해서 myeloma 세포는 *pro-survival* protein과 *pro-proliferation* protein 뿐만 아니라 많은 양의 *NF-κB*를 필요로 한다(16장 참조). NF-κB는 자신의 inhibitor인 *I-κB*가 proteasome에 의해 degradation되어 자신의 활성을 방해하지 못할 때 최대로 기능하여 세포의 survival을 촉진한다(16장 참조). Small molecule inhibitor drug을 이용하여 proteasome 활성을 부분적으로 억제하면 I-κB의 양이 증가하여, 결과적으로 NF-κB의 활성이 감소한다(즉, protective 활성의 감소). 그 결과로 세포는 증식이 둔화되면서 세포자살에 의해 죽는다(21장 참조). 따라서 multiple myeloma 세포는 정상 세포보다 proteasome inhibitor에 대해 더 민감하다. 그러므로 proteasome inhibitor (예, bortezomib, carfilzomib, ixazomib)를 정상 세포는 죽이지 않으면서 암세포만 죽이는 농도로 조절하여(*controlled* administration) 투여하면, multiple myeloma라는 cancer에 대해서는 효과적인 치료가 가능하다는 것이 증명되었다. ■

Ubiquitin에 의해 표지된 세포질 단백질은 Proteasome에서 분해된다

만일 결함이 생기거나 제거되어야 할 단백질만을 선택적으로 proteasome이 degradation시킨다면, degradation되어야 할 단백질과 그렇지 않은 단백질들을 구별할 수 있어야 할 것이다. 이 문제를 해결하기 위하여 세포는 효모에서부터 인간까지 아주 잘 보존된 76-residue polypeptide인 *ubiquitin (Ub)*을 분해되어야 할 단백질에 linear chain의 형태로 여러 copy를 공유결합을 통해 부착시킨다. 이러한 *polyubiquitin tail*은 proteasome에서 분해할 단백질을 표지하는 "kiss of death"로 작용한다. Ubiquitinylation 과정(그림 3-32b, 단계 **1**-**3**)은 다음 세 가지 단계를 거친다.

1. Ubiquitin 분자가 결합되면 *ubiquitin-activating enzyme (E1)*이 활성화되며, 이 과정은 ATP를 필요로 한다.
2. 이 ubiquitin 분자는 *ubiquitin-conjugating enzyme (E2)*의 cysteine residue로 옮겨진다.
3. *Ubiquitin-protein ligase (E3)*의 촉매작용에 의해 E2와 결합되어 있는 ubiquitin molecule C-말단 76번 glycine의 carboxyl group과 표적 단백질의 lysine residue의 amino group 사이에 covalent bond

가 형성된다. 이러한 형태의 화학 결합은 α-amino group이 아닌 side chain의 amino group과 carboxyl group 사이의 covalent bond이므로 *isopeptide bond*라고 부른다. 이어지는 ligase reaction은 표적 단백질에 polyubiquitin chain을 covalent하게 붙이기 위하여 연속적으로 ubiquitin molecule을 추가해 나간다(단계 **4**). Ligase의 기능에 의해서 이미 결합하고 있던 ubiquitin의 lysine 48 side chain에 추가적으로 새로운 ubiquitin의 C-말단 glycine과 isopeptide bond를 형성한다. (곧바로 다른 lysine side chain을 통한 ubiquitin linkage에 대해 논의할 것이다.)

일반적으로 특정 단백질에 4개 또는 그 이상의 ubiquitin이 부착된 polyubiquitin chain이 형성되면, 26S proteasome의 19S regulatory protein은(accessary protein의 도움이 필요한 경우도 있다) polyubiquitin으로 표지된 단백질을 Ub 수용체를 통하여 인지한다(그림 3-32a 참조). Regulatory protein은 hexameric ATPase를 통하여 단백질을 unfold시키고 proteasome core로 보내 degradation시킨다. Polyubiquitinylated 기질이 구조적으로 풀려서 proteasome core를 통과하는 동안 *deubiquitinase (Dub)*라는 효소가 기질과 ubiquitin 사이의 결합 또는 polyubiquitin chain에서 ubiquitin 사이의 결합을 끊음으로써 ubiquitin monomer로 전환시키고, 이들은 새로운 protein modification에 재사용된다(그림 3-32b 참조). 인간 유전체 염기 서열을 분석한 결과 약 100개의 Dub가 존재하며, 그중 80%는 앞에서 설명했던 serine protease처럼 catalytic triad에 cysteine을 사용한다(serine의 side chain에 있는 hydroxyl group 대신에 cysteine side chain에 있는 sulfhydryl group 사용). 어떤 Dub는 catalytic reaction에 zinc가 관여하는 경우도 있다.

Degradation의 Specificity Proteasomal degradation 과정에서 특정한 단백질만을 표적화하는 것은 E3 ligase가 substrate specificity를 갖기 때문이다(그림 3-32b, 단계 **3**). 그 기능의 중요성을 입증하듯이, 인간 유전체에는 600개 이상의 E3 ligase가 있을 것으로 예상된다. 포유동물 세포에는 많은 수의 E3 ligase가 존재하기 때문에 필요할 경우에 매우 다양한 단백질의 polyubiquitinylation이 일어난다. 어떤 E3 ligase는 unfolded 또는 misfolded protein을 인지하는 chaperone과 결합하고 있다. 예를 들면, E3 ligase CHIP은 Hsp70의 co-chaperone이다. Co-chaperone, escort factor 또는 adaptor와 같은 다른 단백질들은 적절하게 refolding되지 못하여 제 기능을 못하는 단백질의 proteasome으로의 수송을 매개한다. 이 경우에 chaperone-ubiquitinylation-proteasome system은 서로 협력하여 단백질 quality를 조절한다. Proteasome을 통한 quality control system은 mistranslation 되었거나, 세포 내에서 적절한 위치로 이동하지 못하였거나, 응집체를 이루었거나, 화학적으로 변형되었거나, 적절한 multipeptide 4차 구조를 이루지 못한 경우와 같이 유해한 단백질들을 제거하도록 돕는다. Quality control 이외에도 ubiquitin-proteasome system은 세포내 중요한 단백질의 활성을 조절하는 데도 사용된다. 세포 주기를 조절하는 *cyclin*의 degradation을 조절하는 것이 한 예이다(19장 참조).

Ubiquitin과 Ubiquitin-related molecule의 다른 기능 Ubiquitin과 매우 유사하게, E1, E2 그리고 E3를 이용하여 활성화시키고 최종적으로 acceptor substrate에 전달하는 분자들이 있다. 이들 ubiquitin-like modifier로는 nuclear import를 조절하는 Sumo와 autophagy regulator로 작용하는 Atg8/LC3 등이 있다(14장 참조). 어떤 ubiquitinylation은 표적 단백질의 degradation 이외에 다른 기능을 가지며, ubiquitin의 Lys48 이외의 다른 site를 통해서 polyubiquitin chain이 생성된다. 이에 대해서는 이 장의 후반부에 다시 논의할 것이다.

Protein ubiquitinylation과 마찬가지로 deubiquitinylation도 proteasome을 매개로 단백질 degradation 이외의 다른 과정에도 관여한다. 이 장의 후반부에 기술하겠지만, 대량으로 mass spectroscopy를 이용한 *proteomic* 방법과 정교한 computational 분석 방법을 종합하여 분석한 결과, 종종 multiprotein complex에 결합하여 존재하는 Dub가 세포 분열, 세포 주기 조절(19장 참조), membrane trafficking (14장 참조), cell signaling pathway (15, 16장 참조)와 같은 매우 다양한 종류의 세포 기능에 관여하고 있을 것으로 예상되었다.

Noncovalent 결합으로 인해 단백질의 Allosteric 또는 Cooperative, Regulation이 일어난다

단백질의 양을 조절하는 것 이외에 세포는 단백질의 활성을 조절하기도 한다. 단백질 기능을 조절하는 가장 중요한 메커니즘 중의 하나는 allosteric interaction (다른자리입체성 상호작용)을 통하는 것이다. 넓은 범위에서 allostery (그리스어로 "other shape")는 ligand가 noncovalent하게 결합하여 단백질의 3차 또는 4차 또는 두 가지 모두의 구조가 변화하는 것을 의미한다. Ligand가 단백질에서 하나의 site (A)에 결합하여 conformation의 변화를 가져와서 다른 site (B)의 활성에 변화를 준다면, 이 ligand를 단백질의 *allosteric effector*라고 부르고, site A를 *allosteric-binding site*, 그 단백질을 *allosteric protein*이라 부른다. 당연히 allosteric protein은 여러 개의 결합 site를 가지고 있고, 한 종류의 allosteric effector에 대해서 적어도 하나의 결합 site를 가지며, 단백질이 결합하는 다른 종류의 분자에 대해서도 적어도 하나의 결합 site를 갖는다. 단백질 활성의 allosteric change는 긍정적이거나 부정적일 수 있다. 즉, 단백질 활성을 증가시키거나 감소시킬 수 있다. Negative allostery는 종종 여러 단계로 이루어진 biochemical pathway의 최종 산물에서 그 예를 찾아볼 수 있다. Pathway의 최종 산물은 pathway의 초기 단계 또는 반응 속도를 조절하는 효소에 결합하여 활성을 감소시킴으로써 최종 산물이 과도하게 축적되는 것을 방지한다. 이런 방식으로 metabolic pathway를 조절하는 것을 *end-product inhibition* 또는 *feedback inhibition*이라 한다. Allosteric regulation은 multimeric enzyme이나 한 subunit의 변화가 인접한 subunit으로 전달 가능한 단백질들에서 일반적으로 볼 수 있다.

Cooperativity (협동성)라는 용어도 *allostery*와 같은 의미로 사용되며, 한 site에 ligand의 결합이 같은 종류의 ligand가 다른 site에 결합하는 데 영향(positive or negative)을 미치는 경우를 의미한다.

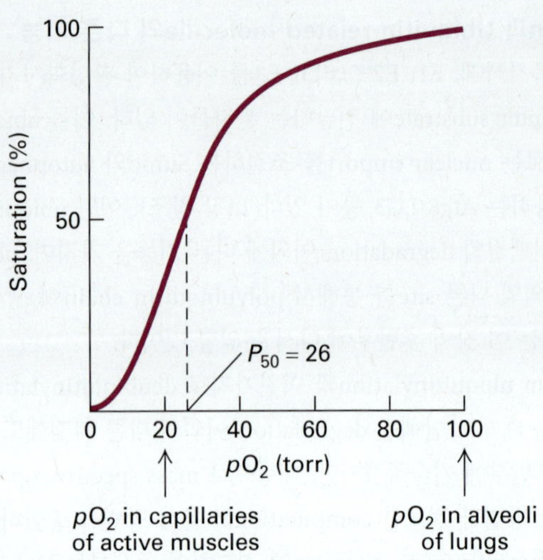

실험 그림 3-33 Hemoglobin은 cooperative하게 산소와 결합한다. Tetramer로 이루어진 hemoglobin 단백질은 4개의 oxygen-결합 site를 가지고 있다. 포화상태에서 4개의 site 모두에 산소가 결합된다. 조직에서 산소의 농도는 보통 부분 압력(pO_2)으로 나타내며, 단위는 torr (표준 조건에서 수은 1 mm에 해당하는 압력의 표준 측정값)이다. P_{50}은 oxygen-결합 site의 반이 산소로 채워졌을 때의 산소의 부분 압력(pO_2)을 뜻한다. 이것은 효소 반응에서 K_m과 동등한 의미를 갖는다. pO_2 값이 작게 변하는 범위 내에서, 결합된 산소 양이 크게 변하므로 근육 같은 말단 조직에서 효과적으로 산소가 분리되게 한다. Ligand 농도에 대한 상대적인 포화도 곡선이 S자형 모양을 보이는 것은 cooperative 결합을 의미하며, 한 oxygen molecule의 결합이 다른 oxygen의 결합에 allosteric 하게 영향을 준다. Cooperative 결합이 없다면, 결합 곡선은 그림 3-25에서 보는 것처럼 쌍곡선(hyperbola)을 나타낼 것이다.

Hemoglobin은 positive cooperative 결합을 보여 주는 고전적인 예로서, oxygen (O_2)이라는 하나의 ligand가 결합하면 다음 oxygen 분자에 대한 결합 affinity가 증가한다. Hemoglobin 4개의 subunit 각각은 하나의 heme 분자를 갖고 있다. Heme group은 hemoglobin의 oxygen-결합 component이다. 4개의 hemoglobin subunit 중 하나의 heme 분자에 oxygen이 결합하면 conformation이 변화하고, 이는 다른 subunit으로도 전파되어 나머지 heme group에 추가적으로 oxygen이 결합할 때 K_d 값을 낮추어서(affinity를 증가시켜서) 좀 더 쉽게 산소가 결합하므로, sigmoidal (S자 모양의) oxygen-결합 curve가 그려진다(그림 3-33). Oxygen-saturation curve가 S자 모양을 그리기 때문에 oxygen의 농도가 4배 증가하면 hemoglobin의 oxygen 결합 site가 saturation되는 비율이 10%에서 90%로 상승한다. 반대로, 만약 cooperativity가 없고 curve가 Michaelis–Menten(그림 3-25 참조) 유형의 결합을 한다면, 같은 정도의 oxygen saturation을 위해서는 81배의 oxygen 농도가 필요하다. 이러한 cooperativity로 인해서 hemoglobin은 산소의 분압이 높은 허파에서 매우 효율적으로 결합하고, 산소의 분압이 낮은 말단 조직에서는 산소를 쉽게 내어 놓는다. 따라서 cooperativity는 ligand의 농도 변화에 대한 sensitivity를 증폭한다. 이런 메커니즘은 많은 경우에 진화적으로 이점을 갖는다.

Calcium과 GTP의 Noncovalent 결합은 단백질 활성을 조절하는 Allosteric Switch로 널리 사용된다

Hemoglobin의 활성을 점진적으로 변화시키는 oxygen과는 다르게, 다른 allosteric effector들은 많은 다른 단백질들에 noncovalent하게 결합하여 단백질 활성을 on 또는 off 상태로 조절하는 switch와 같은 역할을 한다. 이 책의 전체에 걸쳐서 여러 번 소개되고, 특히 cell signaling pathway 측면에서(15, 16장 참조) 중요한 두 가지 allosteric switch는 Ca^{2+}와 GTP이다.

Ca^{2+}/Calmodulin에 의한 Switching 세포질에 free하게 존재하는 (물 이외의 다른 분자와 결합하지 않음) Ca^{2+}의 농도는 Ca^{2+}를 세포 밖으로 배출하는 membrane transport protein들 때문에 아주 낮게(~10^{-7} M) 유지된다(11, 15장 참조). 11장과 15장에서 배우겠지만, 세포 surface membrane에 있는 Ca^{2+}-permeable channel이 열려서 extracellular Ca^{2+}이 유입되면 cytosolic Ca^{2+} level은 10–100배 증가한다. Cytosolic Ca^{2+}의 상승은 다른 단백질들을 turn on 또는 off시킬 수 있는 Ca^{2+}-결합 단백질들에 의해 감지된다. Extracellular Ca^{2+}이 세포 활성에 중요하다는 사실은 1883년 S. Ringer에 의해서 처음으로 증명되었다. 그는 Ca^{2+}이 많은 런던의 수돗물을 이용하여 만든 NaCl 용액에서는 분리한 쥐의 심장이 잘 박동하였지만, 증류수를(Ca^{2+}-depleted) 사용한 경우에는 잘 박동하지 못하고 금방 멈춰버리는 현상을 발견하였다. Cytosolic Ca^{2+} 농도는 소포체에 있는 Ca^{2+}-permeable channel이 열려서 저장되어 있던 Ca^{2+}이 세포질로 흐르면 증가할 수 있다.

많은 Ca^{2+}-결합 단백질은 앞에서 논의하였던 EF hand/helix-loop-helix structural motif를 이용하여 Ca^{2+}와 결합한다(그림 3-7b 참조). 잘 알려진 EF hand protein인 *calmodulin*은 모든 진핵세포에서 발견되고, multimeric protein의 subunit로서 혹은 개개의 monomeric protein으로 존재한다. 아령 모양의 분자인 calmodulin은 10^{-6} M의 K_d 값을 가지며 4개의 Ca^{2+}-결합 EF hand를 가지고 있다. Ca^{2+}가 calmodulin에 결합하면 conformation에 변화가 일어나서 Ca^{2+}/calmodulin이 다양한 표적 단백질의 conserved sequence에 결합하여(그림 3-34), 단백질 활성을 on 또는 off 상태로 조절한다. 따라서 calmodulin 또는 이와 유사한 EF hand protein들은 Ca^{2+}와 조화롭게 작용하여 *switch protein*으로써 다른 단백질의 활성을 조절한다.

Guanine Nucleotide-결합 단백질에 의한 Switching 세포내 switch protein의 다른 group으로는 *GTPase superfamily*가 있다. 이름에서 알 수 있듯이, 이들 단백질은 GTPase 효소로서 GTP (guanosine triphosphate)를 GDP (guanosine diphosphate)로 hydrolysis한다. 여기에는 monomeric Ras protein과 trimeric G protein들의 subunit인 G_α가 포함된다. Ras의 구조는 그림 3-9에 나타나 있고, Ras와 결합하고 있는 GDP는 파란색으로 표시하였다. 이들 단백질은 15장과 16장에서도 논의될 것이다. Ras와 G_α는 plasma membrane에 결합하여 세포 신호 전달 과정에 기능함으로써 세포 증식과 세포 분화에 중요한 역할을 한

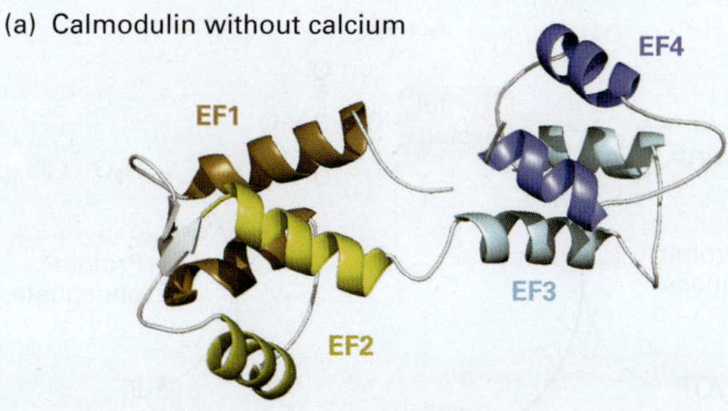

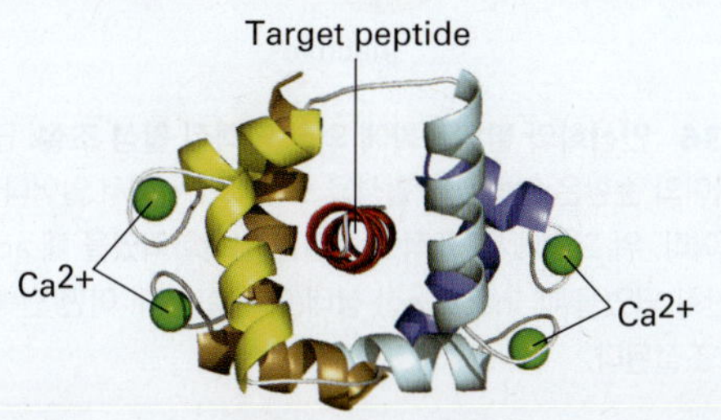

그림 3-34 Ca^{2+}이 calmodulin에 결합하여 유도되는 conformational change. Calmodulin은 4개의 Ca^{2+}-결합 site를 갖고 있으면서 세포질에 골고루 분포하는 단백질이고, calmodulin 내의 하나의 EF hand (helix-loop-helix) motif에는 하나의 Ca^{2+}가 결합하게 된다(EF1–EF4; 그림 3-7 참조). Ca^{2+}이 결합하기 전에는 dumbbell-shape (a)을 하고 있으며, 세포질의 칼슘의 농도가 5×10^{-7} M 이상일 때, Ca^{2+}이 calmodulin에 결합하면 단백질의 conformation이 변화하여 hydrophobic side chain이 용액에 좀 더 노출된 상태가 된다. 그 결과 Ca^{2+}/calmodulin complex는 다양한 표적 단백질들의 노출된 helix 구조들을 감싸게 되고(b), 이에 따라 그 단백질의 활성이 변하게 된다. [Part (a) Data from H. Kuboniwa et al., 1995, *Nat. Struct. Biol.* **2**:768–776, PDB ID 1cfd. Part (b) Data from W. E. Meador, A. R. Means, and F. A. Quiocho, 1992, *Science* **257**: 1251–1255, PDB ID 1cdl.]

다. GTPase superfamily에 속하는 다른 단백질들은 여러 가지 기능, 즉 protein synthesis, 핵과 세포질 사이의 protein transport, coated vesicle의 형성과 target membrane과의 fusion, vesicle-mediated membrane trafficking 그리고 actin cytoskeleton의 rearrangement 등의 기능을 수행한다. 어떤 GTPase protein은 lipid chain이 공유결합으로 연결되어 있어,서 이를 통해 membrane과 결합할 수 있다(그림 10-19 참조). 우리는 앞으로 몇 개의 장에서 다양한 GTPase switch protein이 intracellular signaling과 다른 과정들을 조절하는 데 있어서 어떤 기능을 하는지 살펴볼 것이다.

모든 GTPase switch protein들은 두 가지 형태 또는 conformation으로 존재한다(그림 3-35): (1) GTP (guanosine triphosphate)와 결합하고 있는 active ("on") form으로 특정 표적 단백질들의 활성을 조절하고, (2) GDP (guanosine diphosphate)와 결합하고 있는 inactive ("off") form이다. 결합하고 있던 GDP가 GTP로 치환되면 단백질의 conformation이 inactive 상태에서 active 상태로 변하면서 turn on된다. 이런 switch protein들의 GTPase 활성은 결합하고 있는 GTP를 GDP로 서서히 가수분해하여 inactive form을 만들어낸다. 어느 특정 GTPase switch가 active 상태로 남아 있는 시간은 그 GTPase의 활성에 따라 결정된다. 따라서 GTPase 활성은 이 switch를 조절하는 timer와 같은 역할을 한다.

세포에는 어느 특정 GTPase switch에 있어서 본래의 GTPase 활성을 조절하여 얼마나 오랫동안 switch가 on 상태로 남아 있게 하는지 조절하는 다양한 단백질들을 가지고 있다. 예를 들면, GTPase-activating protein (GAP)은 GTPase 활성을 증가시켜 GTPase가 active form으로 있는 시간을 줄인다. 또한 세포에는 결합된 GDP를 GTP로 치환하여(*GDP/GTP exchange*) inactive한 GTPase를 active하게 전환하는 단백질도 있다. 이러한 단백질을 *guanine nucleotide exchange factor*, 즉 *GEF*라 한다. Lipid anchor를 가지고 있는 GTPase는 lipid chain에 결합하여 세포에 있는 막과 상호작용에 영향을 주는 *guanine nucleotide dissociation inhibitor (GDI)*에 의해 조절된다.

GAP, GEF, GDI는 그 자체로 조절을 받으며, GTPase와 함께 다양한 세포 활성을 제어하는 복잡한 regulatory network에 관여한다. 그러므로 돌연변이 또는 pathogen에 의해 regulatory network가 정상적으로 작동되지 않으면 다양한 질병이 생긴다는 것은 놀라운 일이

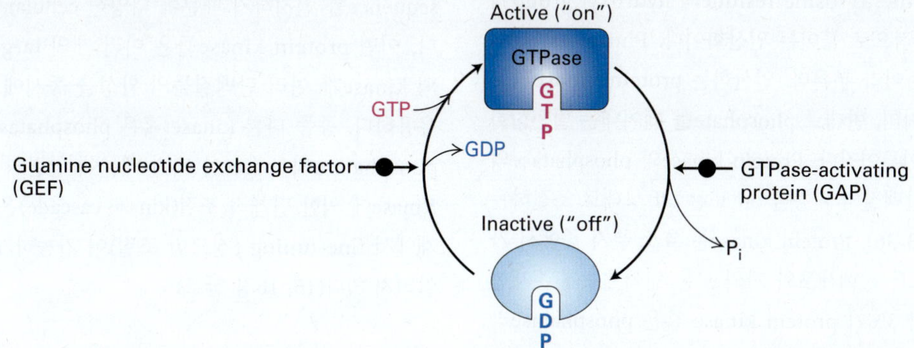

그림 3-35 GTPase switch. GTPase는 GTP를 GDP로 가수분해하는 효소이다. GTPase에 GTP가 결합되어 있으면, GTPase는 active 또는 "on" 상태의 conformation을 가지므로 표적 단백질과 결합한다. GTPase 자체에 가지는 GTPase 활성에 의해 GTP가 GDP로 가수분해되면 GDP와 결합된 상태의 GTPase는 inactive 또는 "off" 상태의 conformation이 된다. GTPase switch는 *GEF* (*guanine nucleotide exchange factor*)라 불리는 다른 단백질이 결합된 GDP를 GTP로 치환시키면 원래의 상태로 되돌아간다. GTPase-activating 단백질(GAP)은 GTP hydrolysis의 속도에 영향을 준다. GTPase active form이 표적 단백질과 결합하는 것은 일종의 noncovalent regulation이다.

아니다. 이러한 network에 영향을 주는 질병으로는 Noonan syndrome (developmental disease, 발달장애), retinitis pigmentosa (degenerative eye disease, 퇴행성 눈 질환) 그리고 X-linked mental retardation 등이 있다. Pathogen에 의해 network가 망가지는 예로는 bacterially induced food poisoning (세균성 식중독), dysentery (inflammation of the intestine with diarrhea, 이질), Legionnaires' disease (severe type of pneumonia that involves lung inflammation, 재향군인병), plague [*Black Death*, 흑사병이라고도 불리며 1347-1351년 사이에 중국(~50% 사망률)과 유럽(~33% 사망률)의 인구를 감소시켰다] 등이 있다. ■

단백질의 Covalent Modification으로 활성을 조절할 수 있다

위에서 기술한 noncovalent regulator 이외에 세포는 단백질 활성을 조절하기 위하여 covalent modification을 이용한다. **Post-translational modification (PTM)**이라 불리는 이러한 modification으로는 phosphate group을 공유결합으로 붙여주는 인산화, methyl group (methylation), nitric oxide (nitrosylation), acetyl group (acetylation), carbohydrate, fatty acyl 또는 hydrocarbon chain (lipidation), small protein [예, ubiquitin (ubiquitinylation)] 등이 있다. Covalent modification은 표적 단백질의 surface characteristic (shape과 charge 등등)을 바꾸고 다른 분자와 결합하는 능력 또는 conformation을 변화시킴으로써 modified protein의 활성을 증가 또는 감소시킨다. 표적 단백질을 covalent하게 modify하는 효소를 *writer*라고 하고, modified protein을 인지하는 단백질을 *reader*, covalent modification이 가역적인 경우에 modification을 제거하는 효소를 *eraser*라고 한다.

인산화와 탈인산화는 단백질 활성을 Covalent하게 조절한다

단백질 활성을 covalent하게 조절하는 가장 보편적인 메커니즘 중의 하나는 serine, threonine, tyrosine residue의 hydroxyl group에 phosphate group을 가역적으로 붙이는 **인산화**이다. Phosphorylated protein을 *phosphoprotein*이라 부른다. 인산화는 protein **kinase**라고 하는 효소에 의해 이루어지며, 반대로 phosphate를 떼어내는 **탈인산화**는 **phosphatase**에 의해 이루어진다. Protein kinase와 phosphatase의 상반되는 활성은 다양한 단백질의 기능을 on 또는 off 상태로 조절하는 switch 역할을 한다(그림 3-36). Protein kinase는 효소 분자 중에서 가장 큰 family를 이루며, 모든 진핵세포와 거의 모든 원핵세포에 존재한다. 모든 효모 단백질의 약 3%가 protein kinase 혹은 phosphatase라는 사실은 인산화와 탈인산화가 단세포에서도 중요하다는 것을 의미한다. 인간 유전체를 분석한 결과, 대략 500개의 human protein kinase가 human *kinome*을 구성한다(그림 3-12b 참조). 간략한 설명을 위해 앞으로 진핵생물 protein kinase에 국한해서 논의할 것이다.

Writing과 erasing, 즉 인산화와 탈인산화는 세포 내에서 단백질의

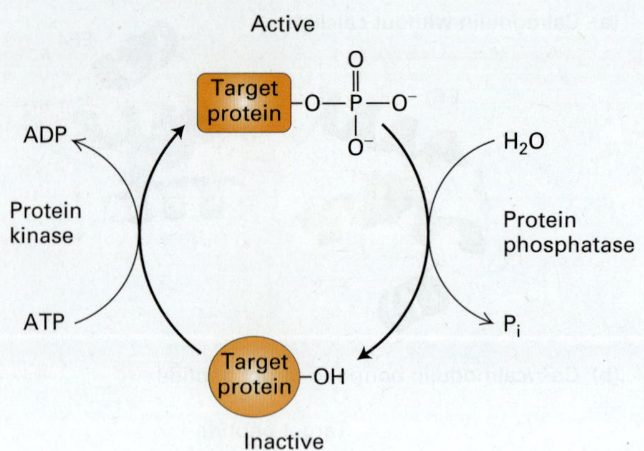

그림 3-36 인산화와 탈인산화에 의한 단백질 활성 조절. 단백질의 인산화와 탈인산화 사이의 순환은 단백질의 활성을 조절하기 위해서 일어나는 대표적인 cellular 메커니즘이다. 위 그림에서, 표적 단백질은 인산화되었을 때 active한 상태(*위쪽*)이고, 탈인산화 되었을 때 inactive한 상태(*아래쪽*)이다. 어떤 단백질들은 이와 반대의 양식으로 조절된다.

location (예, plasma membrane의 inner surface에 attachment), 효소의 구조나 intrinsic activity, stability (degradation 속도), further covalent modification 능력에 영향을 줄 수도 있고, metabolite, DNA 또는 다른 단백질과 같은 다른 분자에 결합하는 능력에도 영향을 줄 수 있다. 더구나 SH2 domain (그림 16-9 참조)과 같은 conserved protein domain은 phosphorylated peptide (reader)에 특이적으로 결합한다. 따라서 인산화는 protein complex 형성을 매개함으로써 매우 다양한 세포 활성을 유도하거나 사라지게 할 수 있다. 이러한 내용은 다른 단원에서 논의할 것이다.

Structural protein, scaffold, 효소, membrane channel, signaling molecule 등을 포함한 모든 종류의 단백질들은 kinase/phosphatase를 통한 modification에 의해 조절된다. 나중에 다시 논의하겠지만, 서로 다른 protein kinase와 phosphatase는 각각의 표적 단백질에 대해 특이적이고, 종종 인산화될 잔기를 포함하고 있는 서로 다른 linear sequence를 인지하기 때문에 다양한 cellular pathway를 조절할 수 있다. 어떤 protein kinase들은 여러 개의 target을 가지기 때문에 하나의 kinase가 여러 단백질들의 활성을 동시에 통합적으로 조절하는 데 유용하다. 종종 다른 kinase 혹은 phosphatase가 protein kinase 또는 phosphatase의 target이 되기 때문에 일련의 단계적 조절이 일어난다. Kinase에 의한 단계적 조절(kinase cascade)은 signal의 증폭과 여러 단계에서 fine-tuning (정교한 조절)이 가능하게 하고, 그러한 많은 예가 알려져 있다(15, 16장 참조).

Protein Kinase A는 많은 Kinase의 전형적인 구조와 기능을 갖는다

Protein kinase에 의해 단백질 기질로 전달되는 phosphate group은 ATP에 의해 제공되며, ATP에 있는 3개의 phosphate는 α, β, γ (빨간

색)로 표시한다.

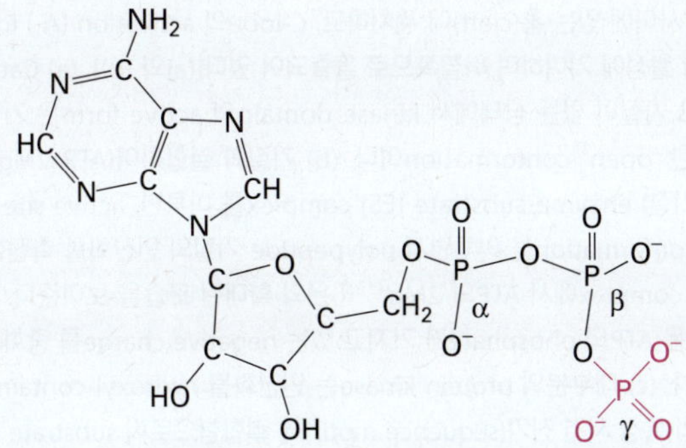

γ-phosphate는 polypeptide 기질의 serine, threonine, tyrosine으로 전달된다. 구체적으로, 이들 3개의 아미노산의 side chain에 있는 hydroxyl group이 phosphate group으로 대체된다.

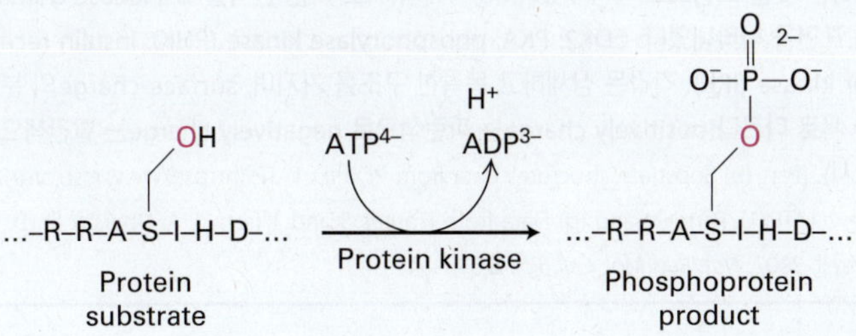

...–R–R–A–S–I–H–D–... (Protein substrate) + ATP^{4-} → (Protein kinase) → ...–R–R–A–S–I–H–D–... (Phosphoprotein product) + ADP^{3-} + H^{+}

인산화 반응 결과, ADP, H^{+} 그리고 phosphorylated protein, 즉 phosphate ester를 가지고 있는 단백질이 생성된다(분자에 있는 charge는 superscript로 표시). 이 경우에 아미노산 서열은 protein kinase A (PKA)의 기질이다. 앞으로 PKA는 이 책에서 여러 번 언급할 것이다.

모든 protein kinase는 약 250개 잔기로 이루어져 있고, phosphate를 붙여 주는 기능을 하는 *kinase domain*을 가지고 있다. 많은 protein kinase는 kinase domain 이외에 추가적으로 protein domain 또는 결합 partner를 가지고 있어서, 이들이 protein 기질을 선택하거나, kinase의 효소 활성을 조절하는 데 관여하거나, 다른 cellular protein (scaffold)과 multiprotein complex를 형성하는 것을 돕거나, 효소를 세포내 특정 위치로 보내는 기능을 한다.

protein kinase A의 catalytic kinase domain의 x-ray crystal structure가 1991년에 처음으로 밝혀졌다. 그것의 bilobed structure는 강낭콩과 유사한 구조를 가지고 있다(그림 3-37a). N-말단을 포함하는 lobe은 *N-lobe*이라 하고, C-말단을 포함하는 lobe은 *C-lobe*이라 한다. C-lobe 안에 있는 *activation loop*은 kinase의 효소 활성을 조절하는데, 이는 나중에 논의할 것이다. 대부분의 단백질 catalytic domain은 유사한 구조를 가지고 있어서 비슷한 메커니즘으로 표적 단백질을 인산화시킨다. 여기서 우리는 가장 연구가 많이 이루어진 prototypical kinase인 PKA에 초점을 맞추어 논의할 것이다.

Kinase active site는 2개의 lobe 사이에 있는 홈 주변에 위치한다(그림 3-37a 참조). Active site 안에 포함되어 있는 기질 결합 site는 cleft 내에 있는 ATP 분자(2가의 magnesium, Mg^{2+}도 결합되어 있음)와 cleft 주변의 ledge에 있는 polypeptide와 결합하여 적절하게 방향을 정해준다. 이러한 결합이 serine, threonine, tyrosine side chain에서 phosphate를 받아들일 hydroxyl group과 ATP 및 kinase의 key catalytic 잔기가 적절하게 위치를 갖게 해준다(그림 3-37b 참조). 기질이 없을 때 active site cleft는 "open"되어 있다(그림 3-37a 참조). 기질이 결합하면 ATP의 γ-phosphate를 polypeptide 기질의 acceptor 아미노산 상의 hydroxyl group과 가까이 위치시킨다. 그리고 induced fit model에서와 같이 N-lobe의 conformation이 cleft가 좁아지는 형태로 변해 "closed" conformation을 가짐으로써 catalysis에 최적화된 구조를 형성한다. 또한 active site에는 ATP의 γ-phosphate를 polypeptide 기질로 전달을 촉진하는 catalytic site도 포함되어 있다.

적절한 substrate motif를 가지고 있는 매우 일부분의 단백질 서열만이 active site에 결합하여 인산화될 수 있다. Protein kinase enzyme들은 각기 다른 substrate specificity를 갖는다. 특정 kinase enzyme의 substrate specificity는 기질의 다른 region의 영향을 받기는 하지만, 주로 acceptor 잔기 근처의 아미노산 서열에 따라 달라진다. 예를 들면, PKA는 sequence motif RRX**S**Φ 또는 RRX**T**Φ 안에 있는 serine과 threonine을 인산화시킨다. 이때 X는 모든 아미노산, Φ는 hydrophobic 아미노산(그림 3-37c 참조), phosphorylated residue는 bold로 표시하였다.

PKA kinase domain의 active site에서 substrate specificity에 대한 molecular basis를 엿볼 수 있다(그림 3-37c). 기질 결합 site에 있는 3개의 negatively charged acidic side chain은 substrate motif에 있는 2개의 positively charged Arg (R) side chain과 결합하고, PKA의 hydrophobic pocket은 substrate motif의 serine과 threonine의 바로 뒤 C-말단에 있는 hydrophobic amino acid side chain을 인지한다. 그러므로, 이러한 sequence motif를 가지고 있는 단백질만이 PKA와 결합하여 인산화될 수 있다. 다른 kinase들의 substrate specificity도 이와 유사하게, charge distribution과 결합 pocket의 위치(그림 3-37d) 등과 같은 기질 결합 site의 특성과 기질 polypeptide 사이의 molecular complementarity에 의해 결정된다. 또한 substrate specificity는 kinase와 기질 polypeptide의 다른 region의 영향을 받기도 한다.

기질 결합 site 이외에도 기질 결합과 catalysis에 중요한 2개의 아미노산 stretch로는 *G-loop*과 *A-loop*이 있다. Kinase가 ATP-$2Mg^{2+}$ 또는 다른 단백질과 결합하면 기질과의 결합이 증가하는 것은 cooperative 결합의 예가 될 수 있으며, 이로 인해 conformation이 변화하는 것은 induced fit의 예가 될 수 있다. 일단 active site에서 ATP와 polypeptide 기질이 적절하게 배열하면(그림 3-37b), catalytic site는 uncatalyzed phosphorylation reaction에 비해 10^{9}–10^{11}배의 속도로 ATP의 γ-phosphate를 polypeptide 기질의 acceptor 아미노산 상의 hydroxyl group에 붙여준다. Catalytic mechanism은 하나의 Mg^{2+}가 결합되어 있는 phosphoprotein product와 하나의 Mg^{2+}가 결합되어 있는 ADP가 차례로 방출되면서 완료되는데, 어떤 kinase의 경우에는 ADP 방출이 가장 느리게 일어나는 과정이다. 여러 단계로 일어나는 enzyme-mediated catalysis에서 가장 느리게 일어나는 단계는 전체 reaction의 속도에 가장 큰 영향을 미치므로 rate-limiting step이라 한다.

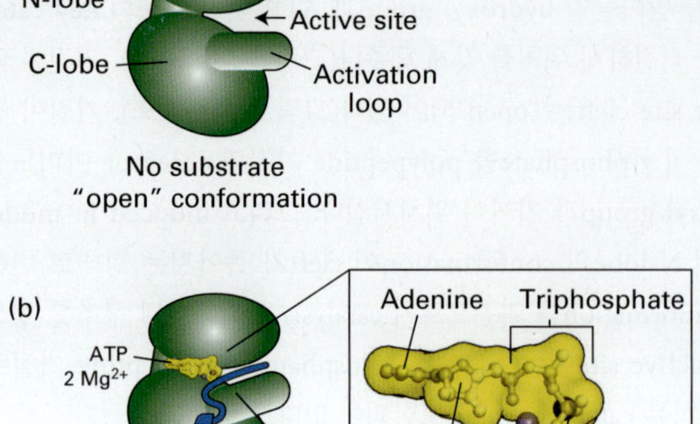

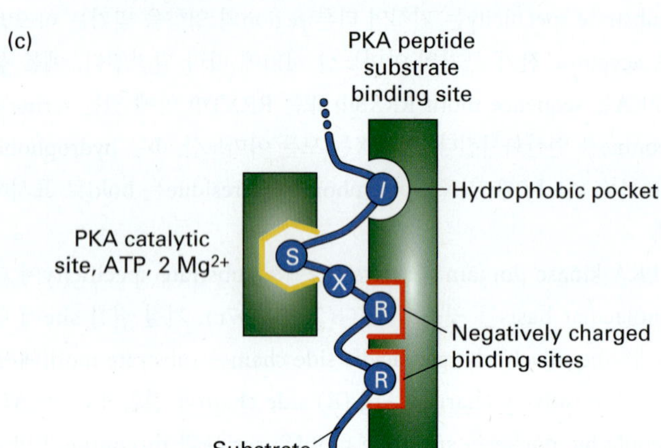

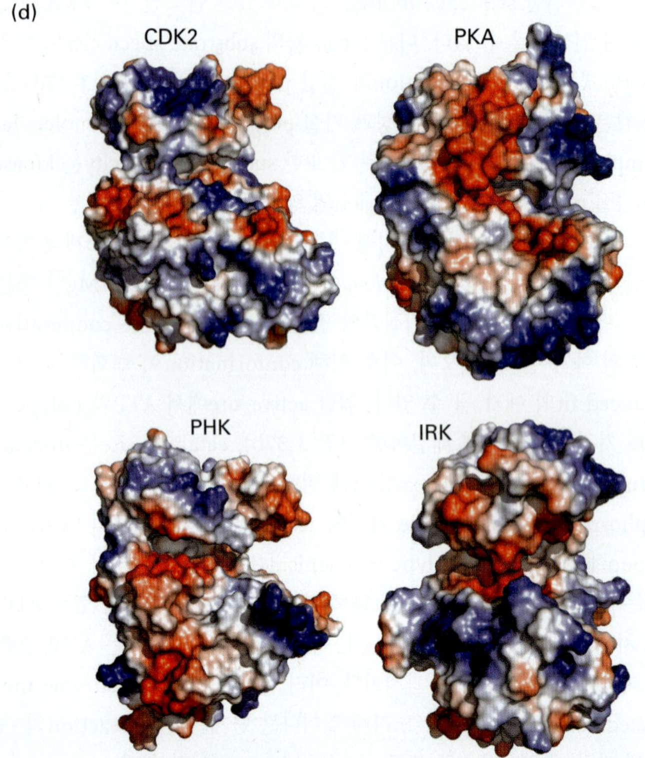

그림 3-37 Protein kinase의 kinase domain의 구조와 기질 결합. Kinase domain은 2개의 globular lobe (N-lobe과 C-lobe)으로 구성된다. Active site는 2개의 lobe 사이에 있는 홈(cleft)에 위치하고, C-lobe의 activation (A-) loop은 active site의 활성에 기여하며 바깥쪽으로 돌출되어 있다[(a)와 (b)]. (a) Catalytically active하고 기질이 없는 상태에서 kinase domain의 active form은 기질과의 결합이 용이한 "open" conformation이다. (b) 기질과 결합하여(ATP, $2Mg^{2+}$, polypeptide 기질) enzyme-substrate (ES) complex를 이루면, active site는 좁아져 "closed" conformation을 이루면서 polypeptide 기질의 인산화를 촉진한다. 삽화에서는 ES complex에서 ATP와 $2Mg^{2+}$ 이온의 확대된 모습을 보여준다. Divalent metal ion은 ATP의 phosphate가 가지고 있는 negative charge를 중화시키는 데 도움을 준다. (c) 대부분의 protein kinase는 인산화될 hydroxyl-containing residue 양쪽의 특정 서열 잔기(sequence motif)에 결합함으로써 substrate specificity (기질 특이성)를 나타낸다. PKA의 기질 결합 site (오른쪽)에 있는 결합 pocket은 R-R-X-(Ser 또는 Thr)-hydrophobic (예, isoleucine)에 대한 specificity를 보인다. Negatively charged 결합 site (rectangle)가 기질의 Arg 또는 Lys의 side chain을 인식하고, hydrophobic pocket (round)가 기질의 hydrophobic side chain을 인식하는 것을 그림으로 나타내었다. (d) 4개의 서로 다른 단백질에서 kinase domain의 표면을 나타내었다: CDK2; PKA, phosphorylase kinase (PHK); insulin receptor kinase (IRK). 각각은 상세하고 독특한 구조를 가지며, surface charge의 분포가 서로 다르다(positively charge는 파란색으로 negatively charge는 빨간색으로 표시). [Part (b) Substrate structures data from PDB ID 1ATP (https://www.rcsb.org/3d-view/1ATP/1). Parts (c) and (d) Data from Figures 3 and 1 from J. A. Ubersax and J. E. Ferrell, 2007, *Nat. Rev. Mol. Cell Biol.* **8**:530–541.]

Protein Kinase Activity는 종종 Kinase의 인산화에 의해 조절된다

만약 단백질 기질의 활성이 protein kinase에 의한 인산화의 영향을 받는다면 protein kinase 자체를 조절하는 메커니즘이 있어야 하며, 실제로 그런 메커니즘이 존재한다. 우리는 여기서 많은 protein kinase를 inactive state에서 active state로 바꿔주는 메커니즘을 살펴볼 것이다. 이 메커니즘은 kinase의 A-loop의 특정 잔기에 인산화를 시키는 것이다. 따라서 많은 kinase는 active하게 되어 자신의 기질을 인산화시키기 전에 다른 kinase에 의해 인산화가 일어나는 일종의 enzyme cascade (효소 연쇄 반응)이 일어난다. Kinase가 인산화되면 기질 결합 site와 catalytic site가 적절한 방향으로 배열하도록 conformation 변화가 일어나서 효율적으로 기질에 결합하여 phosphate group을 전달하게 된다. 위에서 언급한 G-loop과 A-loop은 많은 kinase에서 잘 보존된 서열을 가지고 있으며, kinase의 효소 활성을 조절하는 중요한 기능을 한다.

G-loop에 잘 보존된 서열은 G-X-G-X-X-G-X-V이다(X는 모든 아미노산, G는 glycine을 의미함). 이 서열에 있는 잔기는 ATP의 β와 γ phosphate와 결합한다. A-loop residue는 기질 결합을 조절하고 catalysis에 영향을 준다. 인산화되었을 때 A-loop에 있는 잔기가 활성화를 유도하므로, *activation (A) loop*이라고 한다. 기질이 생산적으로 결합하고, phosphate group이 효율적으로 전달되기 위해서는 단백질에서 두 loop의 잔기들이 적절한 방향으로 잘 배열되어야 한다. 그림 3-38에는 PKA의 A-loop에 있는 Thr-197 (그림에서 왼쪽)이 인산화되지 않으면,

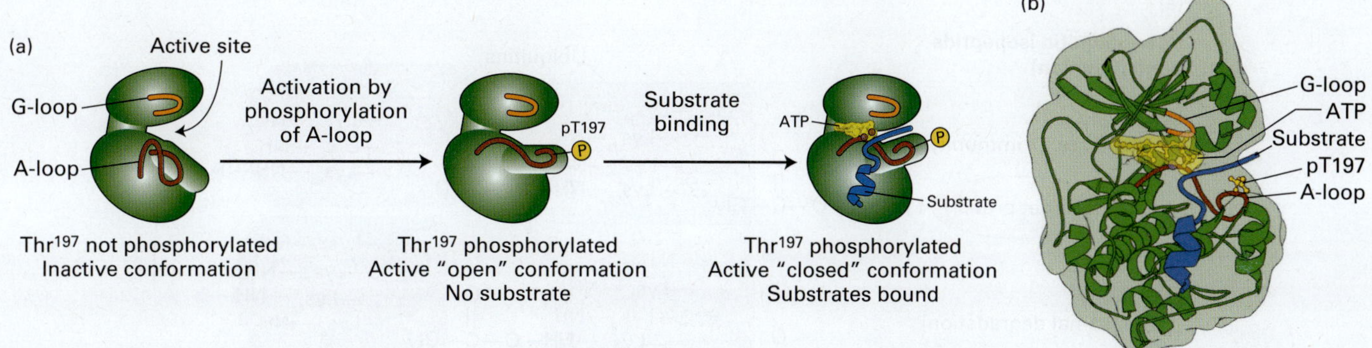

그림 3-38 PKA의 G-loop, catalytic loop, A-loop이 기질 결합과 catalysis를 매개하고, A-loop 인산화에 의해 활성화된다. (a) PKA의 protein kinase domain은 A-loop (굵은 빨간색 선)에서 Thr-197의 인산화(노란색 원)에 의해 inactive conformation (*왼쪽*)에서 active, open conformation (*가운데*)으로 전환된다. 인산화는 A-loop과 G-loop (굵은 주황색 선)의 conformation 변화를 가져온다. 이어서 기질 결합(ATP, 노란색; $2Mg^{2+}$, 갈색; peptide 기질, 파란색)이 active, closed conformation (오른쪽)을 형성하여 기질 인산화가 일어난다. (b) ATP (노란색)와 polypeptide 기질이 결합하고 있는 active, closed conformation 상태의 phosphorylated PKA를 surface-and-ribbon (녹색) 모델로 나타내었다. Phosphorylated tyrosine (pT197)은 노란색으로 표시하였다. [Data from E. A. Madhusudan et al., 2002, *Nat. Struct. Biol.* **9**:273–277; S. S. Taylor and A. P. Kornev, 2011, *Trends Biochem. Sci.* **36**:65–77; and J. M. Steichen et al., 2010, *J. Biol. Chem.* **285**:3825–3832.]

A-loop (thick red line)과 G-loop (thick orange line)이 모두 적절한 conformation을 이루지 못하고, 그 결과 kinase는 inactive 하다는 것을 보여준다. Thr-197 인산화(yellow circle, 가운데)는 효소의 conformation 변화를 유도하여 기질이 결합할 수 있는 open structure를 만든다(그림 3-38a 오른쪽과 3-38b). 서로 다른 많은 kinase의 active structure에서 A-loop의 conformation은 비슷하지만, inactive structure에서 A-loop의 구조는 kinase마다 매우 다르다. 다음 장에서는 세포에 중요한 기능을 조절하기 위해 protein kinase를 어떻게 활성화 또는 불활성화시키는지에 대한 많은 사례들을 살펴볼 것이다. 또한, A-loop의 인산화와 G-loop의 conformational change 이외에 protein kinase와 결합하여 활성에 영향을 주는 매우 다양한 scaffold 단백질과 inhibitory 단백질이 있다는 것을 보게 될 것이다.

Ubiquitinylation과 Deubiquitinylation은 단백질 활성을 Covalent하게 조절한다

우리는 앞에서 어떻게 polyubiquitinylation을 통해 단백질을 표지하여 proteasome에서 degradation시키는지 살펴보았다. Ubiquitin과 ubiquitin-like 단백질(인간에 12가지 이상이 존재한다)은 표적 단백질에 covalent하게 연결되며, 이 과정은 인산화와 마찬가지로 표적 단백질의 활성을 조절하는 데 사용할 수 있다. 또한 deubiquitinase (Dub)는 phosphatase가 phosphate를 떼어내는 것과 마찬가지로 ubiquitin을 잘라낸다. **Ubiquitinylation**은 single ubiquitin을 표적 단백질에 붙이는 *monoubiquitinylation*, single ubiquitin을 표적 단백질의 여러 site에 여러 개 붙이는 *multiubiquitinylation*, polymeric ubiquitin chain을 표적 단백질에 붙여서 proteasomal degradation을 위한 단백질 tagging에 사용되는 *polyubiquitinylation* 등이 있다. 또 다른 다양성은 polyubiquitin chain의 인접한 ubiquitin 사이에서 ubiquitin 내의 서로 다른 amino group이 C-말단 Gly-76과 isopeptide bond를 형성할 수 있다. Ubiquitin 내에 있는 모두 7개의 lysine (Lys-6, Lys-11, Lys-27, Lys-29, Lys-33, Lys-48 그리고 Lys-63)과 ubiquitin의 N-말단 amino group (그림 3-32c 참조)이 이러한 linkage를 이루는 데 참여할 수 있다. 서로 다른 ubiquitin ligase는 ubiquitinylation될 target에 대한 specificity를 가질 뿐 아니라, isopeptide linkage를 형성할 때 ubiquitin 내의 어떤 lysine residue를 이용할지에 대한 specificity도 갖는다(Lys-63 또는 Lys-48 등) (그림 3-39a). 하나의 ubiquitin 분자에는 다른 ubiquitin 분자가 붙을 수 있는 여러 개의 lysine들이 있기 때문에(그림 3-32c), polyubiquitin chain은 linear (그림 3-39a)이거나 branch 모양을 이루기도 한다(그림 3-39b).

이와 같이 여러 형태의 ubiquitinylation으로 인해 매우 다양한 recognition surface들이 생성되기 때문에 12가지 이상의 서로 다른 ubiquitin-결합 domain (UBD)을 가지고 있는 수백 개의 단백질(인간에서는 200개 이상)과 단백질-단백질 상호작용이 가능하다. 또한, 특정 polyubiquitin chain은 하나 이상의 UBD-containing protein과 동시에 결합할 수 있기 때문에 multiprotein complex 형성이 가능하다. 어떤 deubiquitinase는 modified 단백질로부터 polyubiquitin chain ("anchored" chain)을 통째로 떼어내서 어떤 단백질에도 결합되어 있지 않은 polyubiquitin chain ("unanchored" chain)을 만들 수 있다. 이렇게 생성된 unanchored chain은 regulatory 기능을 할 수도 있다.

Ubiquitinylation된 단백질의 구조적 다양성 때문에 ubiquitinylation과 deubiquitinylation은 많은 서로 다른 cellular function을 조절하는 데 이용된다.

이러한 다양한 cellular function으로는 endocytosis를 통한 molecule internalization (14장 참조), damaged DNA의 repair, metabo-

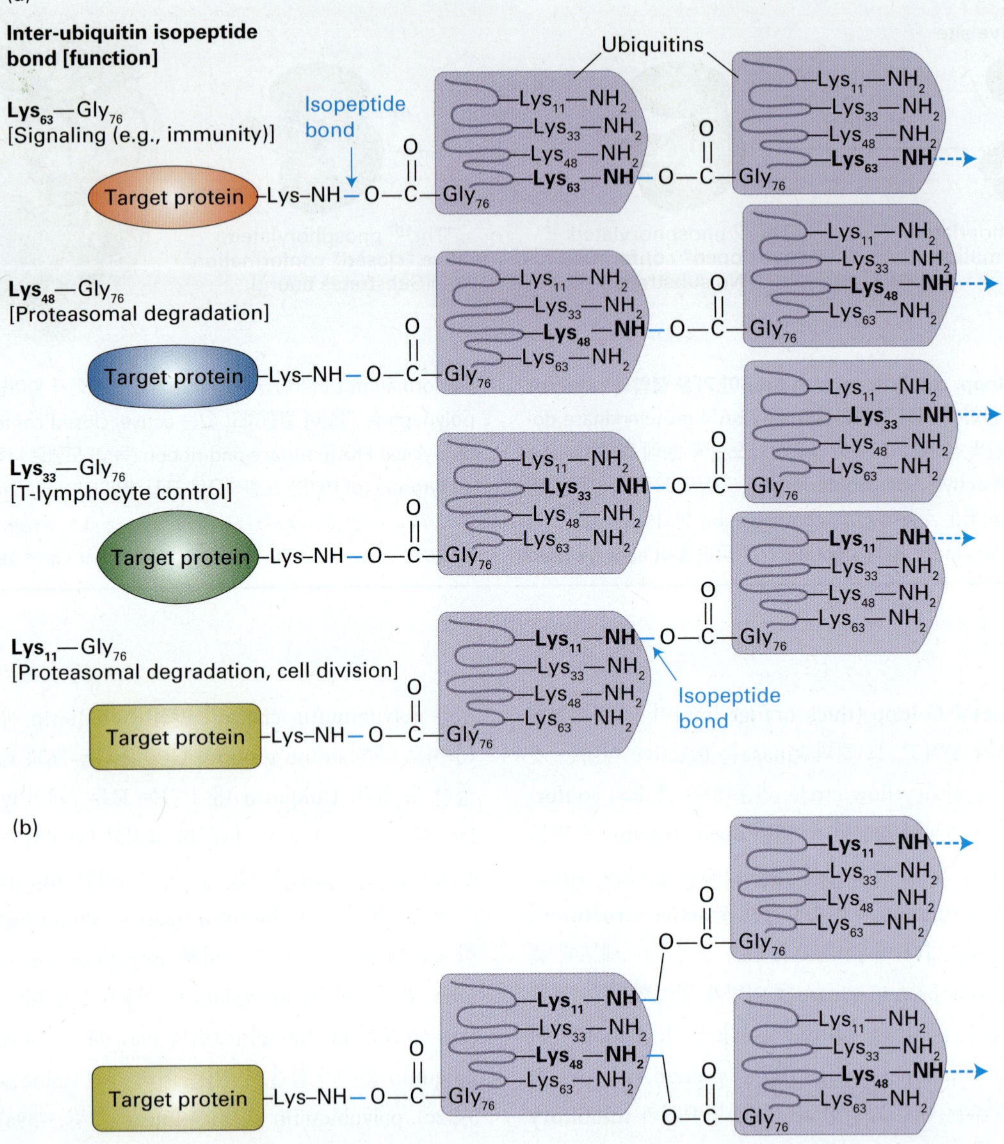

그림 3-39 Ubiquitin을 연결하는 isopeptide 결합에 사용되는 lysine에 따라 polyubiquitin의 기능이 다르다. (a) 서로 다른 ubiquitin ligase는 서로 다른 target (기질) (채색된 타원형)에 polyubiquitinylation을 시킬 때, ubiquitin (보라색) 내의 서로 다른 lysine residue를 사용하여 인접한 ubiquitin의 Gly76과 inter-ubiquitin isopeptide linkage (파란색)를 형성한다. 점선 파란색 화살표는 여기서 나타내지는 않았지만, chain에 추가적인 ubiquitin이 있다는 것을 의미한다. Isopeptide bond에 사용된 lysine에 따라 polyubiquitinylation의 기능이 달라진다. 예를 들면, Lys-48:Gly-76 isopeptide bond를 가지는 polyubiquitin은 target이 proteasome을 통해 degradation되게 한다. Lys-63, Lys-33 그리고 Lys-11은 각각 signaling, T-lymphocyte 조절, 세포 분열에 관여한다. Lys-6, Lys-27, Lys-29 그리고 여기서 나타내지는 않았지만, N-말단 amino group을 포함하는 isopeptide bond도 polyubiquitin chain 형성에 사용된다. (b) 2개의 ubiquitin molecule을 하나의 ubiquitin에 있는 서로 다른 2개의 amino group (이 경우에는 Lys_{48}과 Lys_{11})에 covalent하게 부착시키면 branched polyubiquitin chain이 만들어진다.

lism, mRNA 합성, pathogen (병원체)에 대한 방어, 세포 분열과 세포 주기 진행, 세포 신호전달 경로, 세포 내에서 protein trafficking (단백질 수송), apoptosis (세포자살) 등이 있다. Inter-ubiquitin isopeptide bond를 이루는 데 사용되는 lysine residue는 조절 대상이 되는 cellular system에 따라 다르다(그림 3-39). 예를 들면, Lys-48 residue를 통한 polyubiquitinylation이 proteasomal degradation을 위해 사용되는 것을 살펴보았고, 다른 Lys residue (예, Lys-11, Lys-33, 그러나 Lys-63 제외)를 통한 polyubiquitinylation도 proteasomal degradation에 사용된다. Lys-63을 통한 polyubiquitinylation은 세포 내부에 바이러스 또는 박테리아가 존재하는지 인지하여 이러한 pathogen이 lysosome에서 분해되도록 유도할 뿐만 아니라, 이를 방어하기 위한 immune response를 유도하는 데 이용된다. Lys-11을 통한 polyubiquitin chain은 세포

분열을 조절한다. Lys-33을 통한 polyubiquitin chain은 *T lymphocyte* 라는 특정 white blood cell에 존재하는 수용체의 활성을 억제함으로써 이러한 수용체를 가지고 있는 lymphocyte의 활성과 기능을 조절한다(24장 참조). 또한 표적 단백질에 붙어 있는 ubiquitin 분자에 인산화나 acetylation과 같은 추가적인 post-translational modification을 시킴으로써 표적 단백질을 조절할 수도 있다.

Proteolytic Cleavage는 단백질을 비가역적으로 활성화하거나 억제한다

가역적으로 일어나는 인산화 또는 ubiquitinylation과는 다르게, proteolytic cleavage에 의한 단백질 기능의 활성화 또는 불활성화는 단백질 활성을 비가역적으로 조절한다. 예를 들면, insulin과 같은 많은 polypeptide 호르몬은 긴 precursor로 합성된 뒤 세포에서 분비되기 전에 적절하게 folding이 이루어지기 위해서 peptide bond의 일부가 hydrolyze된다. 어떤 경우에는 하나의 긴 *prohormone* polypeptide가 잘려서 여러 다른 active 호르몬을 만들기도 한다. Pancreatic serine protease가 small intestine에 도달하기 이전에 단백질을 부적절하게 digest하는 것을 방지하기 위하여 활성을 가지지 않는 precursor 단백질인 *zymogen*으로 합성된다. Trypsinogen (trypsin의 zymogen)의 N-말단 근처의 peptide bond가 intestine에 있는 specific protease에 의해 잘리면서 생성된 새로운 N-말단 (Ile-16)의 amino group이 peptide 내부의 aspartic acid의 carboxylic acid side chain과 ionic bond를 형성한다. 그 결과, conformation이 변하면서 기질 결합 site가 노출되고 효소가 활성을 갖게 된다. 활성을 가진 trypsin은 trypsinogen, chymotrypsinogen 그리고 다른 zymogen들을 활성화시킨다. 비슷하지만 좀 더 정교한 protease cascade (한 protease가 다른 inactive precursor를 활성화시킴)는 최초 signal을 증폭시키게 되며, blood-clotting cascade나 complement system과 같은 몇 가지 시스템에서 매우 중요한 기능을 한다(24장 참조). 이러한 시스템의 정교한 조절이 매우 중요하다는 사실은 명백하다. 왜냐하면, 부적절한 clotting은 circulatory system (순환계)를 막히게 하는 반면, 불충분한 clotting은 출혈을 멈추게 하기 어렵기 때문이다.

보기 드물게, *protein self-splicing*이라는 proteolytic processing이 박테리아나 특정 진핵생물에서 관찰된다. 이 과정은 film을 편집하는 과정과 비슷해서, polypeptide의 internal segment를 잘라내고 polypeptide end를 다시 이어 붙이는 과정이 일어난다. 다른 proteolytic processing과 다르게 protein self-splicing은 autocatalytic process로서 다른 특정 효소의 도움 없이 스스로 일어난다. 잘려진 peptide 조각은 특정 RNA 분자에서 일어나는 메커니즘(9장 참조)과 비슷한 방식으로 단백질에서 제거된다. 척추동물 세포에서 어떤 단백질의 processing은 self-cleavage가 일어난 후 다시 조각을 이어붙이는 과정은 일어나지 않는다. 많은 발생 과정 중에 membrane-bound signaling molecule로 중요한 작용을 하는 Hedgehog이 그런 예 중의 하나이다(16장 참조).

고차원적 조절은 단백질 Location을 통제하는 것이다

지금까지 살펴본 regulatory mechanism은 단백질이 기능하는 장소에서 단백질의 양을 조절하거나, 활성을 turn on 또는 off시키는 것이었다. 그러나 세포의 정상적인 기능을 위해서는 단백질이 세포 내의 미토콘드리아, 핵, lysosome과 같은 특정 compartment로 분리될 필요가 있다. 효소의 compartmentation은 기질의 공급과 product의 배출을 조절할 수 있을 뿐 아니라 세포의 다른 부분에서 서로 경쟁적인 반응이 동시에 일어나는 것도 가능하게 한다. 세포가 다양한 단백질들을 서로 다른 compartment로 이동하게 하는 메커니즘에 대해 13장과 14장에서 기술한다. 우리는 지금까지 단백질의 기본적인 특성에 대해 살펴보았지만, 이제는 이를 연구하기 위한 연구 방법에 대해 살펴본다.

3.4절의 주요 개념

단백질 기능의 조절

- 단백질은 noncovalent 또는 covalent interaction을 통해 protein synthesis, protein degradation, 단백질의 intrinsic activity 등이 조절된다.
- Intracellular 단백질들의 수명은 proteolytic degradation에 대한 susceptibility에 의해 대부분 결정된다.
- 많은 단백질들은 ubiquitin ligase에 의해 polyubiquitin tag으로 표지된 뒤 interior chamber에 다양한 protease를 가지고 있는 큰 원통형의 proteasome 안에서 degradation된다(그림 3-32 참조).
- 단백질의 ubiquitinylation은 deubiquitinylation 효소 때문에 가역적으로 일어난다.
- Allostery에서, 하나의 ligand molecule, 즉 allosteric effector가 noncovalent하게 결합하면 conformation이 변화하고, 그 결과로 단백질의 활성이나 다른 ligand에 대한 affinity가 바뀐다. Allosteric effector는 다른 ligand와 구조가 다르거나 같을 수 있고, ligand의 결합에 영향을 준다. Allosteric effector는 activator 또는 inhibitor로 기능할 수도 있다.
- Hemoglobin처럼, 여러 개의 동일한 ligand molecule (예, oxygen)이 결합하는 multimeric 단백질의 경우에 하나의 ligand molecule이 결합하면 다음 ligand molecule의 affinity가 증가하거나 감소한다. 이런 유형의 allostery를 *cooperativity*라 한다(그림 3-33 참조).
- 여러 가지 allosteric mechanism은 가역적으로 단백질의 활성을 turn on하거나 off 하는 switch와 같은 역할을 한다.
- 이온 또는 분자를 표적 단백질에 covalent 또는 noncovalent하게 결합시킴으로써 표적 단백질의 활성을 조절할 수 있다.
- 두 가지 종류의 intracellular switch 단백질이 다양한 cellular process를 조절한다: (1) Ca^{2+}-결합 단백질 (예, calmodulin), (2) Active GTP-bound form과 inactive GDP-bound form 사이를 오가면서 기능하는 GTPase superfamily (예, Ras) (그림 3-35 참조). GTPase는

GTPase를 active 상태와 inactive 상태로 순환하도록 조절하는 단백질들(GAP, GEF, GDI)을 포함하는 복잡한 regulatory network에 관여한다.

- Protein kinase와 phosphatase에 의한 serine, threonine, 또는 tyrosine residue들의 side chain hydroxyl group의 인산화와 탈인산화는 많은 단백질들을 가역적으로 on/off로 조절한다(그림 3-36 참조).
- 대부분의 protein kinase는 공통적인 bilobed catalytic domain을 가지고 있으며, 동일한 catalytic mechanism을 통해 그들의 기질을 인산화시킨다.
- Ubiquitinylation은 proteasome-mediated degradation 이외에도 단백질의 활성 또는 location 변화와 같은 매우 다양한 cellular function을 담당한다(그림 3-39 참조). 조절하는 cellular system에 따라 ubiquitin을 단백질에 결합시키는 유형은 다양성을 보인다(ubiquitin monomer 사이에 다양한 linkage를 포함하는 monoubiquitinylation, multiubiquitinylation, polyubiquitinylation).
- 여러 유형의 covalent와 noncovalent regulation은 가역적이지만, proteolytic cleavage와 같은 유형의 regulation은 비가역적이다.
- 고차원적 조절에는 단백질의 intracellular location, 즉 compartmentation의 조절을 들 수 있다.

3.5 단백질의 Purifying (순수분리), Detecting (검출), Characterizing (특성 분석)

단백질의 구조와 작용에 대한 메커니즘을 연구하기 위해서는 먼저 purify를 해야 한다. 그러나 모든 단백질은 size, shape, oligomerization 상태, charge, water solubility가 다양하기 때문에 한 가지 방법으로 모든 단백질을 분리할 수 없다. 세포 내에 존재하는 약 10,000가지의 단백질에서 하나의 단백질을 분리하는 작업은 단백질을 분리하는 방법과 특정 단백질의 존재를 알아내는 방법이 필요하기 때문에 간단하지 않다.

물리적, 화학적 특징의 차이를 기초로 해서, 단백질, 탄수화물, 핵산과 같은 분자를 다른 분자로부터 분리할 수 있다. 두 단백질 간의 차이가 크고 다양할수록 더 쉽고 효율적으로 단백질을 분리할 수 있다. 실질적으로는 sample 안에 특정 단백질의 양이 많이 존재할수록 다른 분자와 쉽게 분리할 수 있다. 단백질을 분리하는 데 가장 널리 사용되는 세 가지 특징은 length 혹은 mass로 정의되는 *size*; net electrical charge; 특정 ligand에 대한 결합 *affinity*이다. 이 절에서는 간단히 단백질을 분리하는 몇 가지 중요한 technique에 대해 다룬다. 이런 technique들은 핵산과 다른 biomolecule을 분리하는 데도 역시 유용하다. (막으로부터 막 단백질을 분리하는 특별한 방법들은 이런 단백질의 특징을 먼저 살펴본 뒤 10장에서 다룰 것이다.) 그리고 biological activity를 추적하기 위해 radioactive compound를 사용하는 방법도 알아본다. 마지막으로, 단백질의 mass, 서열, three-dimensional structure 등의 특성을 밝히는 몇 가지 technique에 대해서 설명한다.

Centrifugation으로 Mass (질량) 또는 Density (밀도)가 다른 Particle과 분자를 분리한다

전형적인 protein-purification의 첫 번째 단계는 centrifugation (원심분리)이다. Centrifugation의 원리는 다른 질량과 밀도를 가진 두 particle이 suspension (현탁액)에서 다른 속도로 tube 바닥에 가라앉는다는 것이다. 기억해 둘 것은 질량은 sample의 weight이고(dalton 또는 molecular weight unit으로 나타냄), 밀도는 부피에 대한 질량의 비율이다(밀도를 측정하는 방법 때문에 gram/liter로 나타냄). 단백질의 질량은 다양하지만, 밀도는 그렇지 않다. 단백질에 지질이나 탄수화물이 붙어 있지 않다면 단백질 밀도의 변화는 평균 단백질 밀도, 즉 1.37 g/cm^{3}의 15% 범위보다 크지 않을 것이다. 원심분리에서는 무겁고 밀도가 높은 분자가 가볍거나 밀도가 낮은 분자보다 더 빨리 침전한다(*sediment*).

Centrifuge (원심분리기)는 현탁액의 입자들에 중력(g)의 100만 배 크기의 원심력을 줌으로써 10 kDa 정도로 작은 입자도 침전시킬 수 있다. 최신 ultracentrifuge는 1분당 150,000회전 속도(rpm)로, 혹은 더 빠르게 힘을 가할 수 있다. 그러나 5 kDa 혹은 더 작은 질량을 가진 작은 입자들은 이런 빠른 속도에서도 일정하게 침전하지 않는다. 최신 ultracentrifuge는 American football 크기의 수 pound 정도 무게가 되는 rotor를 1초당 2,500회 회전시킬 수 있을 만큼 빠르다.

Centrifugation은 두 가지 목적으로 사용된다: (1) 후속 실험을 수행하기에 충분한 material을 얻기 위한 목적으로 한 가지 형태의 material을 다른 재료와 분리하기 위한 준비 technique로 사용, (2) macromolecule의 분자량, density, shape, equilibrium-binding constant와 같은 물리적 특징을 재는 분석 기술로 사용된다. 단백질의 sedimentation constant (침강 상수)인 *s*는 sedimentation rate를 측정한 것이다. Sedimentation constant는 Svedberg unit (S)로 표시된다. 큰 단백질 complex는 3–5S이며, proteasome은 26S, 진핵세포 ribosome은 80S이다.

Differential Centrifugation (분획 원심분리) 단백질 purification에서 가장 흔한 첫 번째 단계는 *differential centrifugation*을 이용해 불용성 세포 물질로부터 수용성 단백질을 분리하는 것이다. 통상 starting mixture로 사용하는 cell homogenate (기계적으로 파괴한 세포)를 tube에 부어서 일정 시간 회전시키면, 핵, 깨지지 않은 세포, 큰 세포 조각과 같은 세포소기관들이 바닥에 pellet (침전) 형태로 쌓이고, 용해되어 있는 단백질들은 *supernatant* (상층액)에 남아 있다(그림 3-40a). Supernatant 또는 pellet은 다시 모아서 다른 purification method를 이용하여 그 안에 포함되어 있는 다른 단백질들과 분리할 수 있다.

Rate-Zonal Centrifugation (속도 침강 원심분리) Density가 차례로 증가되어 있는 *density gradient* (밀도 구배)라고 부르는 용액에서 단백질들을 mass 차이에 따라 centrifugation을 이용하여 분리할 수 있다. 농축된 sucrose 용액은 density gradient를 만드는 데 흔히 사용된다(tube 바닥으로 갈수록 sucrose 농도가 높아서 높은 density를 이루게 한다, 그림 3-40b). 단백질 혼합물을 tube의 sucrose gradient 표면

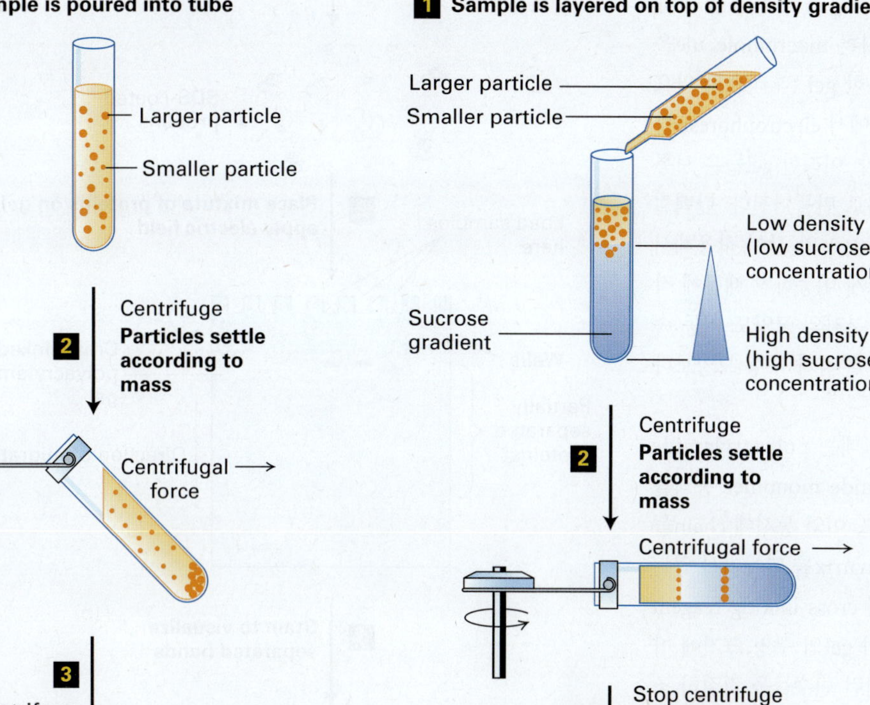

실험 그림 3-40 Centrifugation으로 mass와 density가 다른 particle을 분리할 수 있다. (a) Differential centrifugation에서 cell homogenate 또는 다른 종류의 혼합물을 density가 큰 particle (예, 세포소기관, 세포)의 침전이 생길 정도로 오래 돌리면 *in vitro* 바닥에 작은 덩어리로 남는다(단계 **2**). 용해성 단백질이나 핵산과 같이 작은 particle은 상층액(supernatant)에 남는데, 이것은 다른 tube에 옮길 수 있다(단계 **3**). (b) Rate-zonal centrifugation에서 혼합물을 원심분리하면(단계 **1**) globular 단백질이나 RNA molecule처럼 모양이나 density는 비슷하지만 mass가 다른 분자들이 농축된 sucrose 용액에 의해 생성되는 density gradient의 서로 다른 구획(discrete zone)으로 구분된다. Tube의 바닥으로부터 차례로 분획(fraction)을 얻어서 필요한 분석(assayed)에 사용한다.

위에 놓고 원심분리하면 혼합물에 있는 각각의 단백질은 physical property에 따라 다른 속도로 tube 아래로 이동한다. 모든 단백질들은 tube 위의 thin layer (얇은 층)에서 시작하여 서로 다른 속도로 gradient를 이동하는 동안 다른 mass의 단백질로 구성된 여러 band (실제로 disk 임)로 분리된다. *Rate-zonal centrifugation*이라고 하는 이 분리 기술에서는 sample들을 충분한 시간 동안 원심분리하여 관심 있는 분자를 서로 다른 zone으로 분리할 수 있다(그림 3-40b). 만약 sample을 너무 짧은 시간 동안 원심분리하면 다양한 단백질 분자들이 충분히 분리되지 않으며, 필요 이상으로 너무 오랫동안 원심분리하면 모든 단백질들이 tube 바닥에서 서로 섞이게 된다.

Sedimentation rate는 particle mass에 크게 영향을 받지만, rate-zonal centrifugation은 정확한 분자량을 결정하는 데 효과적이지 않다. 왜냐하면, 형태의 다양성도 sedimentation에 영향을 주기 때문이다. 특히 단백질이나 single-stranded nucleic acid molecule처럼 다양하고 복잡한 형태를 띠는 분자의 경우 shape이 sedimentation rate에 미치는 영향은 정확히 측정하기 어렵다. 그럼에도 불구하고, rate-zonal centrifugation은 다양한 형태의 polymer와 particle을 분리하는 가장 실용적인 방법임이 증명되어 왔다. 두 번째 density-gradient technique인 *equilibrium density-gradient centrifugation* (평형 밀도 구배 원심분리법)은 DNA, 순환계를 통해 지질을 수송하는 lipoprotein, 또는 세포 소기관들을 분리하는 데 주로 사용된다(그림 4-37 참조).

Electrophoresis (전기영동)는 Charge와 Mass의 비율을 기준으로 Molecule을 분리한다

Electrophoresis는 전기장을 걸어서 혼합물로부터 분자를 분리하는 방법이며, 단백질과 핵산을 연구하는 데 가장 자주 사용되는 technique 중의 하나이다. 용해되어 있는 분자들의 전기장에서의 움직임과 이동은 charge대 mass의 비율(charge:mass)과 분자가 이동하는 medium의 물리적 성질에 의해 결정된다. 예를 들어, 두 분자가 같은 mass와 형태를 가지고 있다면 더 큰 net charge를 가진 분자가 opposite polarity를 가진 전극(electrode)을 향해 더 빨리 움직인다.

SDS Polyacrylamide Gel Electrophoresis 크기와 형태가 다른 많은 단백질과 핵산은 거의 동일한 charge:mass의 비율을 가지고 있기 때문에 용액에서 electrophoresis를 하면 크기가 다른 macromolecule을 분리하기가 쉽지 않다. 그러나 액체가 아닌 다양한 gel (후식으로 나오는 응고된 gelatin과 비슷한 반고체의 현탁액) 속에서 electrophoresis를 하면 단백질과 핵산을 성공적으로 분리할 수 있다. 이러한 gel들은 보통 한 쌍의 유리판 사이에 평평하고 얇은 판의 형태로 만들어진다. 단백질 혼합물을 gel 속에 넣고 전기를 흘려주면 gel이 sieve와 같이 작용해서 작은 분자가 큰 분자보다 pore를 통해서 더 빠르게 이동하기 때문에 작은 단백질들이 큰 단백질보다 더 빨리 이동한다. 분자의 모양도 이동 속도에 영향을 준다(같은 mass라도 길고 비대칭의 분자가 구형 모양보다 더 느리게 이동한다).

단백질을 electrophoresis를 통해 분리하는 데는 polyacrylamide gel이 가장 많이 사용된다. 이러한 gel은 acrylamide monomer 용액을 polyacrylamide chain의 중합체를 형성하게 하고, 이와 동시에 chain들 사이를 서로 연결(cross-linking)하여 반고체의 matrix를 만들어서 얻는다. Gel의 pore (구멍) 크기는 polyacrylamide와 cross-linking reagent의 농도에 따라 조절할 수 있다. 전기장의 세기와 gel의 구멍 크기에 따라 단백질이 gel을 통과하는 속도가 결정된다. 이런 변수들을 적절히 조절하면 *poly*acrylamide *g*el *e*lectrophoresis (PAGE)를 이용하여 다양한 크기의 단백질들을 잘 분리할 수 있다.

단백질 혼합물을 분리하는 가장 좋은 방법은 단백질을 ionic detergent (이온성 계면활성제)인 SDS (sodium dodecyl sulfate)와 먼저 결합하게 한 뒤 SDS가 있는 조건에서 gel electrophoresis하는 것이다(그림 3-41). SDS는 hydrophobic side chain과 결합함으로써, 단백질이 안정된 conformation을 이루는 데 기여하는 단백질 내부의 hydrophobic interaction이 파괴되어 단백질을 denature시킨다. SDS treatment와 disulfide bond를 끊는 reducing agent (환원제)가 있는 상태에서 끓이는(heating) 과정을 병행한다. 이러한 조건에서 대부분의 multimeric 단백질은 각 subunit으로 분리된다. 일반적으로 단백질에 결합하는 SDS의 양은 polypeptide의 서열과는 관계없이 polypeptide의 길이에 비례한다. 비슷한 크기의 두 단백질에는 같은 양의 SDS가 결합하는 반면, 크기가 2배인 단백질에는 2배의 SDS가 결합한다. 단백질 mixture를 SDS와 heat를 조합하여 denaturation시키면, 각 polypeptide는 extended conformation으로 변하고, dodecyl sulfate는 negative charge를 가지기 때문에 모든 polypeptide chain은 비슷한 charge:mass 비율을 가지게 된다. 왜냐하면, negative charge를 띠고 있는 dodecyl sulfate에 의해 주로 charge가 결정되기 때문이다. SDS-bound 단백질이 polyacrylamide gel을 통해 이동할 때 단백질은 gel이 sieve (체)와 같은 역할을 하기 때문에 size에 따라서 분리가 일어난다. 따라서 SDS를 처리하면 단백질 형태 차이의 효과가 없어지므로, 결과적으로 *SDS-polyacrylamide electrophoresis (SDS-PAGE)*에서는 mass에 상응하는 chain length가 단백질의 이동 속도를 결정하는 주요 인자가 된다. 분자량이 10% 미만으로 차이나는 chain들도 이 방법으로 분리할 수 있다. 더구나 하나의 단백질이 gel을 이동하는 거리와 알려진 분자량을 가진 단백질(molecular weight "standard"라고 부른다)이 이동하는 거리를 비교하면 그 단백질의 분자량도 추정할 수 있다(migration 거리와 분자량의 log 값 사이에는 대략 직선 관계가 있다). Gel 안에 있는 단백질은 추출하여 추가적인 분석(예, 아래에서 기술할 방법들에 의한 단백질 동정)에 이용할 수 있다.

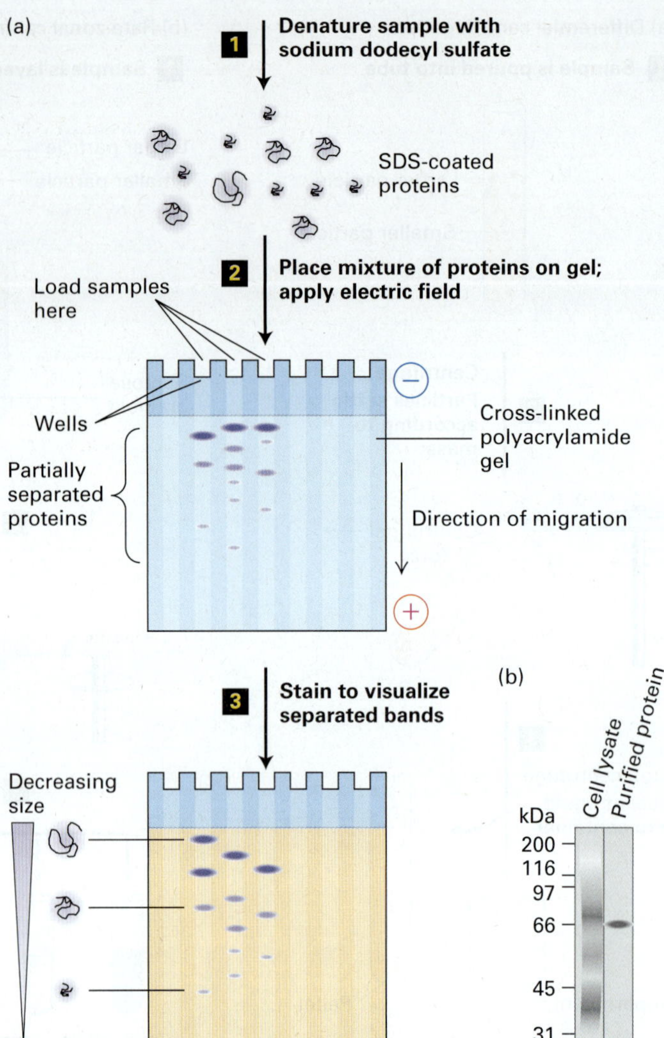

실험 그림 3-41 SDS-polyacrylamide gel electrophoresis (SDS-PAGE)는 단백질을 mass에 따라 분리한다. (a) Negative charge를 띠는 detergent인 SDS를 처리하면 multimeric 단백질이 분리되고 모든 polypeptide chain이 denature된다(단계 1). Electrophoresis 동안 SDS-단백질 complex는 polyacrylamide gel을 통해서 이동한다(단계 2). Small complex는 large complex보다 gel 안의 pore를 통해 더 빨리 이동한다. 따라서 단백질들은 이동하는 동안 자신의 크기에 따라 band로 구분된다. 분리된 단백질 band는 dye로 염색하여 볼 수 있다(단계 3). (b) 전체 세포 추출물(detergent로 용해된 세포)의 모든 단백질을 SDS-PAGE로 분리한 예이다. *왼쪽*: 분리하여 염색된 단백질이 많아서 연속적으로 존재하는 것처럼 보인다. *오른쪽*: 한 단계의 antibody-affinity chromatography를 거쳐서 lysate에서 순수 분리한 단백질이다. 단백질들은 silver-based dye로 염색하였다. [Part (b) Data from B. Liu and M. Krieger, 2002, *J. Biol. Chem.* **277**:34125–34135.]

만일 2개나 그 이상의 polypeptide가 disulfide bond에 의해 crosslinking되어 있다면, SDS-PAGE 상에서 단백질의 migration은 그 단백질이 전기영동 이전에 disulfide bond가 끊어졌는지 여부에 따라 달라진다. Cross-linked 단백질은 reduce된 각각의 subunit보다 더 크게 보인다. Reduction을 시키거나 시키지 않은 sample을 비교해 보면, 그 단백질과 구성성분 polypeptide들을 확인할 수 있다.

Two-Dimensional Gel Electrophoresis (2차원 젤 전기영동) 순수 분리한 세포소기관, 세포 전체, 조직과 아주 복잡한 mixture를 SDS-PAGE를 이용해서 electrophoresis하면 mass 차이가 상대적으로 큰 단백질은 분리할 수 있지만, 비슷한 mass (예, 41 kDa과 42 kDa의 단백질)의 단백질을 분리할 수는 없다. 비슷한 mass를 가진 단백질을 분리하기 위해서는 다른 물리적인 특징을 이용해야 한다. 가장 흔하게 이용되는 단백질의 물리적 특징은 electric charge로서, 이는 pH와 단백질이 가지는 positive와 negative charged group의 상대적인 숫자, 즉 ionization 가능한 group (일반적으로 amino and carboxyl termini 및 lysine과 aspartic acid의 side chain)들의 pK_a 값에 의해 결정된다(2장 참조). 비슷한 mass를 가진 서로 관련 없는 단백질들은 서열이 다르기 때문에, 즉 acidic 혹은 basic residue의 개수가 다르기 때문에 일반적으로 동일한 net charge를 가지지 않는다.

Two-dimensional gel electrophoresis 방법에서 단백질들을 처음에는 *isoelectric focusing (IEF)*라고 하는 매우 sensitive 한 방법을 이용하여 charge에 따라 분리하고, 뒤이어서 SDS electrophoresis를 이용하여 mass에 의해 순차적으로 분리할 수 있다. Isoelectric focusing (IEF)는 단백질을 **isoelectric point (pI**, 그림 3-42)에 따라 분리하며, 단지 하나의 charge unit만 달라도 명확히 분리할 수 있다. Two-dimensional gel electrophoresis는 동일한 단백질의 phosphorylated version과 nonphosphorylated version도 구별이 가능할 정도로 충분히 sensitive 하다. 아래에서 설명할 정교한 mass spectrometry (질량분석법)는 종종 two-dimensional gel electrophoresis 대신에 서로 다른 생물학적 시료에서 component의 양 변화를 비교할 수 있을 뿐 아니라, 복잡한 sample에서 단백질 component를 분리하거나 찾아내는 데 사용된다.

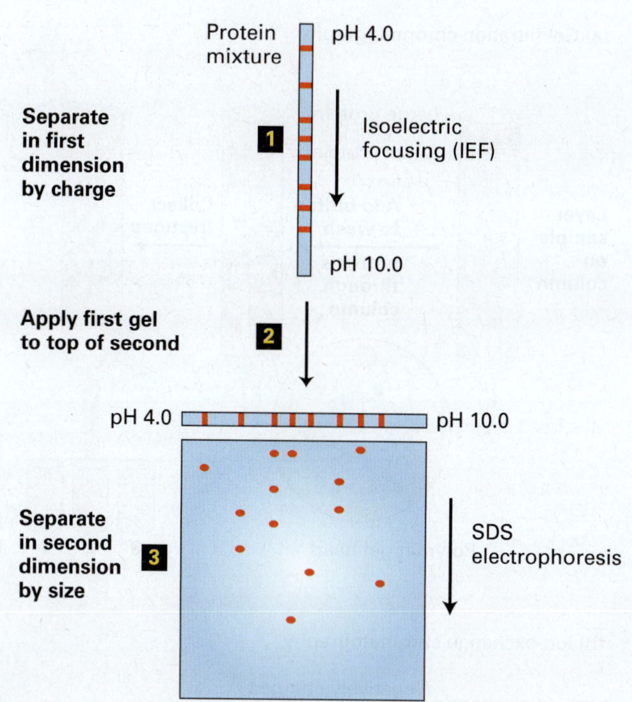

실험 그림 3-42 Two-dimensional gel electrophoresis는 charge와 mass의 차이에 따라 단백질을 분리할 수 있다. 이 방법에서 단백질은 먼저 isoelectric focusing에 의해 그들의 charge에 따라 일차적으로 분리된다(IEF, 단계 **1**). IEF를 사용한 첫 번째 단계에서 세포 또는 조직 추출물을 높은 농도의(8 M) urea를 이용하여(때로는 SDS를 사용) 완전히 denature하고 urea를 포함하고 있는 gel strip 위에 올려놓으면 결합하고 있는 SDS는 모두 제거된다. Gel 안에는 polyanionic과 polycationic small molecule로 구성된 ampholyte (양쪽성 전해질)에 의해 gel의 길이 방향으로 pH 3에서 pH 10까지 연속적인 pH gradient를 보인다. Gel에 전기장을 걸어주면 ampholyte는 이동한다. Negative charge를 띠고 있는 ampholyte는 anode 방향으로 이동하여(단계 **1**에서 위쪽 방향) acidic pH를 형성하고, positive charge를 띠고 있는 ampholyte는 cathode 방향으로 이동하여 alkaline pH를 형성한다. Ampholyte mixture를 신중하게 선택하고 gel을 세심하게 준비하면 pH 3에서 pH 10까지 안정적인 pH gradient를 만들 수 있다. Gel의 한쪽 끝에 놓인 charged 단백질은 단백질의 net charge가 0이 되는 pH, 즉 isoelectric point (pI)에 도달할 때까지 전기장의 영향 아래 gradient를 따라 이동한다. Net charge가 없어졌을 때 단백질은 더 이상 이동하지 않고 gel 안에서 얇은 band 또는 strip을 형성한다. 2차원으로 분리하기 위해, 생성된 gel strip을 SDS-polyacrylamide gel (단계 **2**)위에 올려놓고서 분자량에 따라 단백질을 분리할 수 있다. IEF gel strip은 직사각형 또는 정사각형 모양의 polyacrylamide gel 바깥쪽 가장자리에 길이 방향으로 올려놓는다. 이번에는 SDS로 saturation시켜서 IEF에서 분리된 각 단백질이 다소 일정한 charge:mass ratio를 갖게 한다. 전기장을 걸어주면 IEF gel에 있던 단백질은 SDS gel 안으로 이동한 다음 mass에 따라 분리되어 2차원 공간에서 pI와 분자량이 서로 다른 spot을 형성하게 된다(단계 **3**). Polypeptide spot은 dye로 염색하여 관찰하거나, 단백질이 radioactive한 경우에는 autoradiography로 확인할 수 있다.

Liquid chromatography (액체 크로마토그래피)는 Mass, Charge, 결합 Affinity에 따라 단백질을 분리한다

다른 분자 또는 단백질 fragment나 단백질 혼합물을 분리하는 세 번째 방법은 용액에 용해된 분자가 분자와 특정 고체 표면의 물리적, 화학적 성질에 따라 고체 표면과 서로 다른 정도로 상호작용(결합하거나 분리)한다는 원리를 이용한 것이다. 만일 용액이 고체 표면으로 흐를 때 그 표면과 자주 상호작용하는 분자는 그 표면과 덜 접촉하는 분자보다 표면에 결합되어 있는 시간이 많아서 더 천천히 움직인다. **Liquid chromatography (LC, 액체 크로마토그래피)**라고 불리는 이 방법은 유리 실린더 안에 spherical bead (공 모양의 구슬)로 조밀하게 가득 찬 column 위에 sample을 올려놓는다(그림 3-43). 그러면 sample은 중력에 의해서, 유체역학적인 힘에 의해서 또는 pump의 도움에 의해서 column을 통해 아래로 흐른다. 일부 LC system에서는 column을 통해 빠져나오는 액체의 composition을 지속적으로 monitoring한다(예, spectroscopy를 이용해서). Column을 빠져나오는 용액의 일정량(*fraction*이라 부름)을 차례로 모아서 단백질 구성과 chemical property를 분석한다(예, 효소 활성). 어떤 성질을 가지는 bead를 사용하느냐에

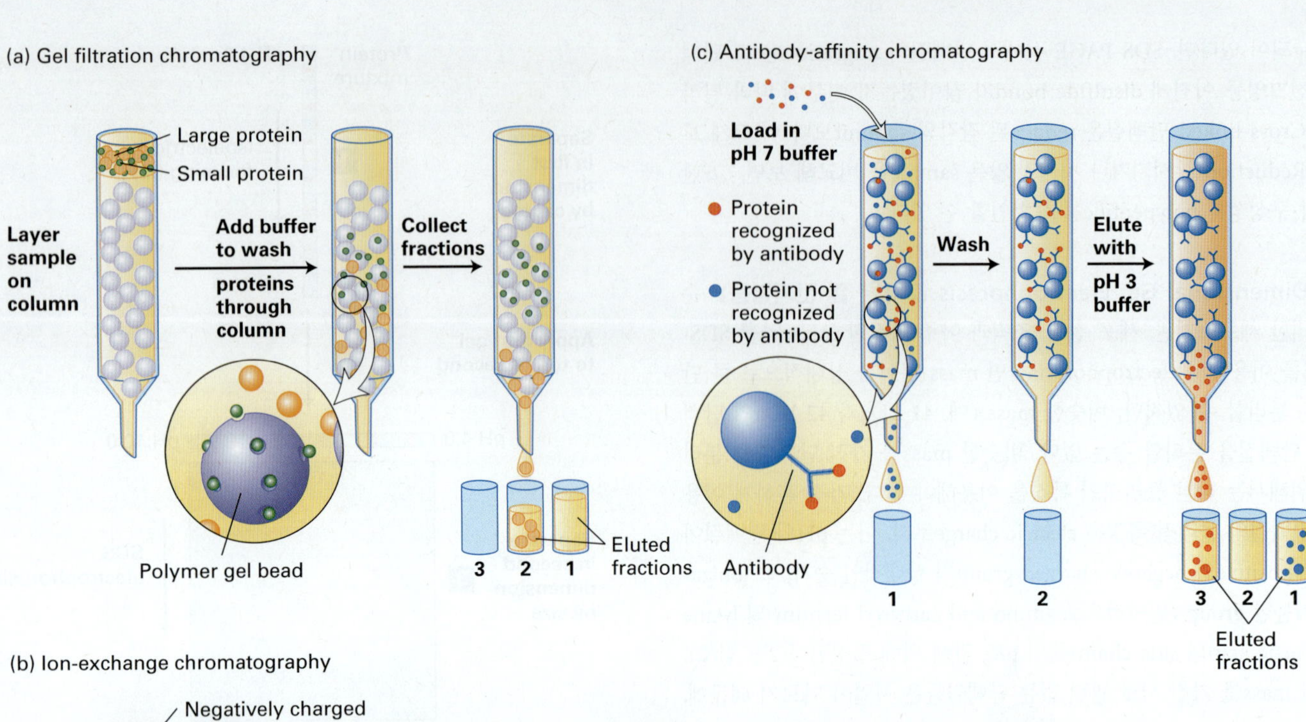

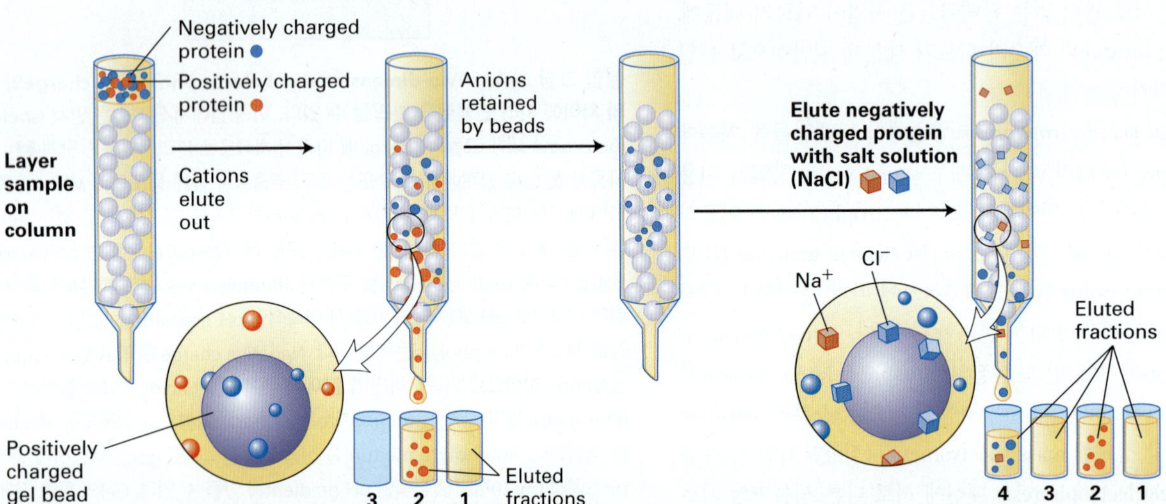

실험 그림 3-43 흔히 사용되는 세 가지 liquid chromatography 방법으로 단백질을 mass, charge 또는 특정 결합 partner에 대한 affinity에 따라 분리할 수 있다. (a) Gel filtration chromatography는 크기가 다른 단백질을 분리할 수 있다. 단백질 혼합물을 구멍이 뚫려 있는 bead로 채워진 유리 원통에 조심스럽게 붓는다. 작은 단백질은 큰 단백질보다 좀 더 빈번하게 column을 관통하여 이동하므로 이동 속도가 느리다. 따라서 서로 다른 단백질들은 다른 시간에 column을 빠져나오며 (다른 elution volume), column의 bottom으로부터 개별적인 tube (이를 *fraction*이라고 한다)에 모을 수 있다. (b) Ion-exchange chromatography는 net charge가 다른 단백질들을 분리한다. Column은 여기서와 같이 positive charge를 띠고 있는 bead 또는 negative charge를 띠고 있는 특별한 bead로 채워진 것을 사용한다. Bead와 동일한 net charge를 가지는 단백질은 bead와 결합하지 않고 빠져나오며, 반대 charge를 가지는 단백질은 구조에 따라 다소 tight하게 bead와 결합한다. 이 그림에서는 negative charge를 띠는 단백질이 결합되어 있으며, 결합된 단백질은 보통 NaCl이나 KCl과 같은 salt gradient를 column에 통과시키면 얻을 수 있다. 이온들이 bead에 결합하면서 결합되어 있던 단백질을 bead로부터 떨어뜨린다. 강하게 결합한 단백질을 떼어내기 위해서는 더 높은 농도의 salt가 필요하다. (c) Antibody-affinity chromatography에서는 specificity를 가지는 항체가 column의 bead에 공유결합으로 붙어 있고 단백질 mixture를 이 bead로 채워진 column에 흘려준다. 이 항체에 높은 affinity를 가지는 단백질만이 column에 남고 나머지는 빠져나온다. Column을 씻어준 다음, 결합된 단백질은 산성 용액이나 항원-항체 complex를 분리시킬 수 있는 다른 용액으로 추출하여 차례로 모을 수 있다.

따라서 단백질을 mass, charge 또는 결합 affinity (예, bead에 부착되어 있는 물질에 대한 affinity)의 차이를 이용해 분리할 수 있다.

Gel Filtration Chromatography Mass가 다른 단백질들은 polyacrylamide, dextran (박테리아의 polysaccharide) 혹은 agarose (해초의 파생물)로 만들어진 구멍 있는 bead로 구성된 column을 이용해 분리할 수 있는데, 이 방법을 *gel filtration chromatography* (젤 여과 크로마토그래피)라고 한다. Gel filtration chromatography에서 단백질은 둥

근 bead 사이로 흘러내려 가는 동안 bead 표면에 나 있는 크게 움푹 파인 홈에 잠시 머무른다. 작은 단백질들은 큰 단백질보다 쉽게 이러한 홈 안으로 들어가기 때문에 gel filtration column을 다 통과하는 데 큰 단백질들보다 시간이 더 걸린다(그림 3-43a). (대조적으로 electrophoretic gel에서는 단백질들이 구멍을 관통하기 때문에 작은 단백질들이 큰 단백질들보다 더 빨리 움직인다.) Gel filtration column에서 단백질이 빠져나오는 데 필요한 액체의 양(elution volume)은 단백질의 mass에 달려 있다. 즉, mass가 작을수록 bead에 더 오랜 시간 머물게 되고, 따라서 elution volume은 더 많아진다. 알려진 mass를 가진 단백질의 elution volume과 혼합물에 섞여 있는 어떤 단백질의 elution volume을 비교하여 단백질의 mass를 추정할 수 있다. 단백질의 mass와 더불어 긴 모양인지 또는 압축된 작은 모양인지와 같은 단백질의 모양도 elution volume에 영향을 준다.

Ion-Exchange Chromatography Ion-exchange chromatography (이온교환 크로마토그래피)에서 단백질들은 charge의 차이에 따라 분리될 수 있다. 이 방법은 특별히 변형된 bead, 즉 표면이 amino group 혹은 carboxyl group으로 감싸여 있어서 중성 pH에서 양전하(NH_3^+) 혹은 음전하(COO^-)를 띠는 bead를 사용한다.

혼합물 속의 단백질들은 주어진 pH에서 다양한 net charge를 가진다. 단백질 혼합물 용액이 양전하 bead로 이루어진 column에 흐르면 net negative charge (산성 단백질)을 가진 단백질들만 bead에 달라붙고, 중성이거나 양전하 단백질들(염기성 단백질)은 방해받지 않고 column을 흘러내려 온다(그림 3-43b). Column에 결합한 산성 단백질들은 salt solution의 농도를 단계적으로 올리면서(salt gradient) column에 흘려줌으로써 선택적으로 분리할 수 있다. 낮은 salt concentration에서는 단백질 분자와 bead가 서로 반대 charge를 갖고 있기 때문에 서로 결합하고 있다. 그러나 높은 salt concentration에서는 음전하 salt ion이 양전하 bead에 결합하여 음전하 단백질을 분리시킨다. 단계적으로 salt concentration을 높이면 약한 전하를 띠는 단백질이 먼저 분리되고 높은 전하의 단백질은 나중에 분리된다. 마찬가지로, 음전하의 column도 염기성 단백질(positively charged)과 결합하여 분리시키는 데 사용될 수 있다.

Affinity Chromatography Affinity chromatography (친화성 크로마토그래피)의 원리는 단백질이 특정 분자에 특이적으로 결합하는 성질을 이용한다. 이 방법에서는 관심 대상의 단백질과 결합하는 ligand 분자들을 column 안의 bead에 공유결합시킨다. Ligand는 효소 기질, inhibitor 또는 이와 유사한 물질이거나 특정 단백질에 결합하는 다른 small 분자일 수 있다. 이 방법 중에 많이 사용되는 *antibody-affinity* 또는 *immunoaffinity chromatography*에서 bead에 붙어 있는 ligand는 원하는 단백질에 특이적으로 결합하는 항체이다(그림 3-43c). (단백질을 연구하는 도구로서의 항체는 다시 논의할 것이다. 24장에서는 항체가 어떻게 만들어지는지 기술하였다.)

원칙적으로, affinity column에서 bead에 붙은 ligand에 결합할 수 있는 단백질을 제외한 나머지 단백질들은 ligand와 결합하지 않기 때문에 charge나 mass에 상관없이 bead와 결합하지 않고 column을 통과한다. 이러한 방식으로 세포나 조직을 포함한 매우 복잡한 mixture에서 한 종류의 단백질을 한 단계만 거쳐서 분리할 수 있다. 그러나 남아 있는 단백질이 다른 분자와 상호작용하여 complex를 형성한다면 전체 complex가 column에 남게 된다. Column에 결합하고 있는 단백질을 떨어뜨리기 위해 많은 양의 ligand를 첨가하거나, detergent에 노출시키거나, salt concentration이나 pH를 변화시키면, affinity column에 결합되어 있던 단백질들은 분리된다. 특정 단백질을 분리할 수 있는 이 방법의 성공 여부는 다른 단백질보다 원하는 단백질에 더 강하게 결합할 수 있는 적절한 결합 partner의 선택에 달려 있다.

Affinity chromatography의 한 가지 변형된 방식은 관심을 가지는 단백질을 어떤 compound로 covalent하게 modify하여 bead에 있는 affinity reagent와 결합시키는 것이다. 예를 들면, 단백질을 biotin (vitamin B)과 같은 small molecule로 화학적으로 cross-link시킨 다음, biotin과 강하게 결합하는 박테리아 단백질 streptavidin이 link되어 있는 bead에 통과시켜서 affinity purify할 수 있다. 다른 방법으로는 유전자를 조작하여 bead에 있는 affinity reagent와 강하게 결합할 수 있는 단백질 또는 peptide와 관심 단백질이 fusion되어 하나의 single polypeptide chain으로 발현되도록 할 수 있다. Enzyme glutathione-S-transferase (GST)를 포함하고 있는 fusion 단백질은 small molecule glutathione이 결합되어 있는 bead를 이용해서 affinity purify할 수 있다. Polyhistidine residue로 이루어진 short peptide를 가지고 있는 fusion 단백질은 Ni^{2+} 또는 Zn^{2+}와 같은 divalent metal이 결합되어 있는 bead를 이용하여 순수분리할 수 있다. Short peptide를 포함하고 있는 fusion 단백질은 short peptide와 결합할 수 있는 항체가 결합되어 있는 bead를 이용하여 순수분리할 수 있다.

고도의 특이성(highly specific)을 가진 효소와 항체를 이용하여 각 단백질을 검출할 수 있다

단백질 또는 다른 분자를 purification (정제)하기 위해서는 다른 분자로부터 분리하고 난 뒤(column fraction, density-gradient fraction, gel band 또는 spot), 원하는 분자를 검출할 수 있는 특정 *assay* (분석 시험)가 필요하다. Assay는 단백질의 아주 특별한 특징들, 즉 특정 ligand에 결합하거나 특정 반응을 촉진하거나 특정 항체에 의해 인식되어지는 능력들을 이용한다. Assay는 간단하고 신속해야만 실수를 최소화하고 assay가 진행되는 동안 관심 대상 단백질이 변성되거나 분해되는 가능성을 줄일 수 있다. Purification의 목적은 연구를 위해 충분한 양의 단백질을 분리하는 것이다. 따라서 유용한 assay는 이용 가능한 단백질을 적은 분량만 사용해도 될 정도로 충분히 민감해야 한다. 많은 일반적인 단백질 assay는 10^{-9}에서 10^{-12} g 정도를 필요로 한다.

Chromogenic Enzyme Reaction (발색 효소 반응) 많은 assay는 단백질의 기능을 측정하도록 설계된다. 예를 들어, enzyme assay는 기질

이 소모되거나, product가 형성되는 것을 측정한다. 어떤 enzyme assay는 반응이 일어나는 동안 색깔이 바뀌는 chromogenic substrate를 사용한다. (어떤 기질은 자연적으로 발색하지만, 그렇지 않은 기질은 chromogenic molecule에 연결시킬 수 있다.) 효소는 기질에 대해 특이성을 가지기 때문에 chromogenic substrate와 다른 필요한 반응 요소가 존재할 때 그 효소를 포함하는 sample만 색이 변하며, 색이 변하는 속도를 근거로 해서 존재하는 효소의 양을 잴 수 있다. 이런 chromogenic enzyme들은 항체와 융합하거나 화학적으로 연결하여 항원의 존재 여부나 위치를 파악하는 데 사용한다(아래 설명 참조).

Antibody Assay 앞에서 언급했듯이, 항체는 항원에 특이적이면서도 강하게 결합하는 특성을 갖는다. 따라서 특정 단백질을 인지하는 항체를 만들면 그 단백질이 다른 단백질과 섞여 있거나(건초 더미에서 바늘을 찾는 것에 비유할 수 있음) 또는 부분적으로 또는 완전히 순수 분리된 용액에서 그 단백질의 존재 여부를 검출하는 데 이용할 수 있다. 항원의 존재 여부는 항체에 효소, fluorescent molecule, radioactive isotope를 부착하여 검출할 수 있으며, 각각 enzyme assay, fluorescence microscopy 또는 spectroscopy, radiation detector를 사용하여 검출할 수 있다. 예를 들면, firefly나 특정 박테리아에 존재하는 luciferase라는 효소는 항체에 결합시킬 수 있다. 기질로 작용하는 luciferin과 ATP가 있으면 luciferase는 발광 반응(light-emitting reaction)을 촉진시킨다. 항체가 원하는 단백질에 결합하고 난 뒤 결합하지 않은 항체는 씻어낸 다음, 연결된 효소의 기질을 첨가하면 나오는 색깔이나 빛을 관찰할 수 있다. 발광이나 발색의 정도는 enzyme-linked antibody의 양에 비례하고, 따라서 sample에 있는 항원과도 비례한다. 다른 방법으로는 labeled 되지 않은 first (또는 'primary') 항체가 표적 단백질에 결합한 이후에, first 항체에 결합할 수 있는 labeled된 second ("secondary") 항체를 넣어주면 first 항체와 표적 단백질이 이루는 complex에 결합한다. Labelled secondary 항체는 first 항체의 여러 site에 결합할 수 있는 항체를 섞어서 사용하기 때문에 primary 항체를 labeling하는 것보다 훨씬 강한 signal을 만들어낸다. 따라서 이렇게 primary와 secondary 항체를 조합하면(때로는 항체 "sandwich"라고 부른다) 표적 단백질을 매우 민감하게 검출할 수 있다. 항체는 표적 항원에서 epitope 부분만 인지하고 결합한다는 것을 기억해야 한다. 예를 들면, 부분적으로 unfolding 되거나 post-translational modification을 통해 epitope이 변하거나, 항원 단백질이 다른 분자와 결합하여 epitope이 가려지면 항체의 결합은 감소하거나 완전히 사라질 수 있다. 따라서 항체가 결합하지 못한다는 것이 반드시 sample 안에 항원이 존재하지 않는다는 것을 의미하는 것은 아니며, 단지 표적 항원의 epitope 부분이 없거나 항체가 접근할 수 없는 상태라는 것이다.

단백질에 대한 항체를 만들기 위해서는(24장에서 논의) 온전한 단백질이나 단백질의 조각을 토끼, 생쥐, 염소와 같은 동물에 주입한다. 때로는 관심 단백질의 서열에 있는 10–15개 잔기 길이의 짧은 synthetic peptide를 항체 형성을 유도하기 위한 항원으로 주입하기도 한다. Synthetic peptide를 크기가 큰 단백질 carrier와 연결시켜서 항체 형성을 유도하면 full-sized natural 단백질의 epitope 부분에 특이적으로 결합하는 항체가 만들어진다. 연관이 없는 단백질에 epitope을 생합성 방법(biosynthetically) 또는 화학적 방법으로 붙이는 것을 *epitope tagging*이라 한다. Synthetic peptide epitope 또는 intact 단백질을 이용하여 만든 항체가 단백질의 분리, 검출, 특성 분석과 같이 매우 다양한 용도로 사용할 수 있다는 것을 이 책 전체에 걸쳐서 보게 될 것이다.

Green Fluorescent 단백질 부착에 의한 단백질 검출 Epitope tagging을 변형시킨 다른 하나의 예는 해파리에서 발견되는 천연 fluorescent 단백질인 *green fluorescent protein (GFP)*을 사용하여 살아 있는 세포 안에서 특정 단백질을 탐지하는 것이다(그림 4-16 참조). 관심 단백질과 GFP가 하나의 polypeptide chain으로 만들어지도록 조작한 유전자를 세포에 도입하면 chimeric 단백질이 세포에 발현된다. Chimeric 단백질의 양과 세포내 분포는 쉽게 알 수 있다. 이러한 chimeric 단백질에 대해서는 4장에서 언급할 것이다.

Gel에서의 단백질 검출 Gel에 있는 단백질은 보통 보이지 않는다. Gel 안에 있는 단백질을 검출하는 두 가지 방법은 단백질이 gel 안에 있는 채로 또는 nitrocellulose나 polyvinylidene difluoride로 만들어진 membrane으로 전기적으로 이동시킨 뒤 label해서 보거나 stain해서 보는 것이다. Gel 안에 있는 단백질은 organic dye나 silver를 이용한 염색으로 육안으로 관찰할 수 있으며, fluorescent dye를 이용한 염색은 특별한 검출 장치를 이용해서 관찰이 가능하다. Coomassie blue는 가장 일반적으로 사용하는 organic dye로서 보통 약 1000 ng의 단백질을 검출하며 가장 적게는 4–10 ng까지도 볼 수 있다. Silver staining이나 fluorescence staining은 더욱 민감하다(lower limit ~1 ng). Coomassie나 다른 염색 방법은 membrane으로 옮겨진 단백질을 관찰하는 데도 사용 가능하다. 그러나 이러한 membrane에서 단백질을 관찰하는 가장 보편적 방법은 immunoblotting이다.

Immunoblotting은 보통 *Western blotting*이라 부르기도 하는데, gel eletrophoresis의 단백질을 분리하는 특성과 항체의 specificity를 조합하여 이용한다. 여러 단계로 이루어지는 이 과정은 단백질을 분리하고 특정한 단백질을 동정하는 데 자주 사용된다. 그림 3-44에서 보는 바와 같이, 사용된 두 가지 항체 중에서 하나는 원하는 단백질에 특이적으로 결합하는 것이고(primary 항체), 두 번째 항체는 첫 번째 항체와 결합할 수 있으면서 효소나 다른 분자와 연결되어 있어서 첫 번째 항체를 검출할 수 있게 되어 있다(따라서 first 항체에 결합되어 있는 원하는 단백질을 검출할 수 있다). Second 항체에 결합되어 있는 효소는 눈으로 볼 수 있는 색을 내거나 *chemiluminescence*라 불리는 과정을 통해 film이나 민감한 electronic detector에 기록이 가능한 빛을 만들어낸다. Immunoblotting을 이용한 실험의 예를 그림 15-10에 나타내었다. 만약 특정 단백질에 대한 항체는 존재하지 않지만, 그 단백질을 encoding하는 유전자를 가지고 있을 경우, recombinant DNA method (5장 참조)을 이용해서 normal 단백질 sequence에 small peptide epitope (epitope tagging)이 삽입되도록 조작하여 발현시키면 그 단백질은 상업적

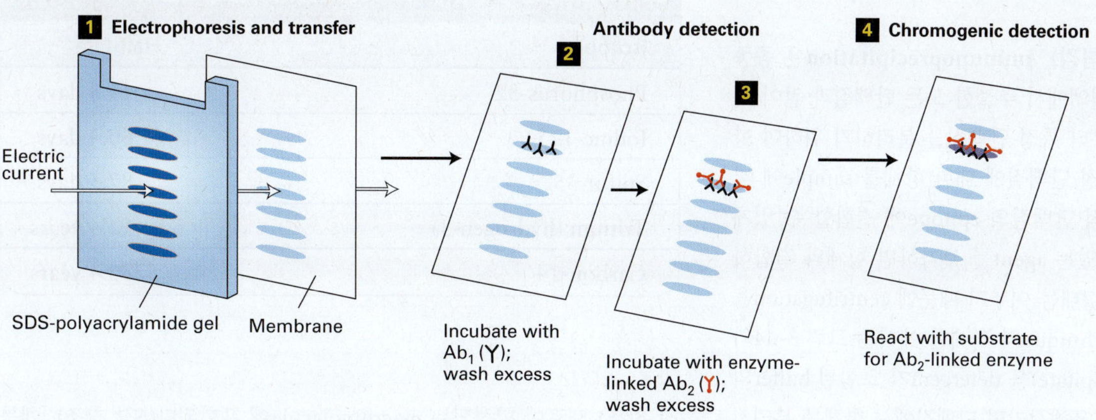

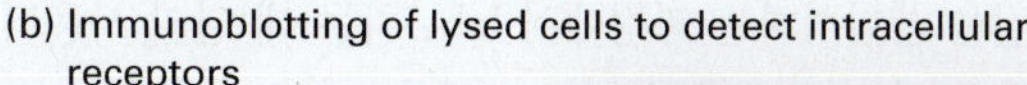

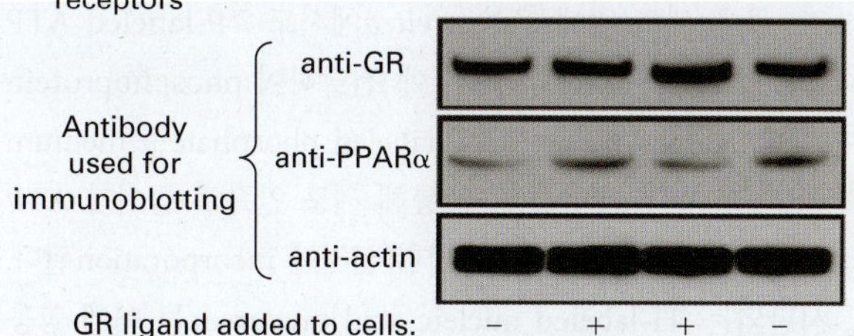

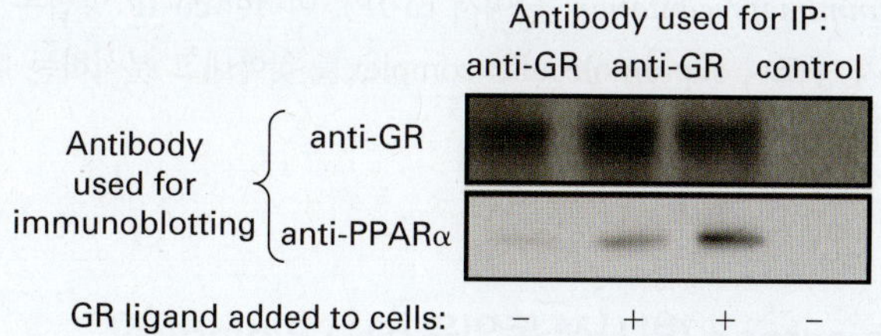

실험 그림 3-44 Immunoblotting (IB, 또는 Western blotting)과 co-immunoprecipitation (co-IP)은 특정 단백질과 결합 partner를 검출하기 위해 사용한다. (a) Immunoblotting 방법. 단계 **1**: 단백질 혼합물을 SDS gel을 통해 electrophoresis 한 후 분리된 band (two-dimensional gel의 경우는 spot)를 gel로부터 membrane으로 옮긴다(blotted). 이 단계에서 각 단백질(파란색 타원)은 아직 보이지 않는다. 단계 **2**: 원하는 단백질에 특이적으로 결합하는 항체(Ab_1) 용액에 membrane을 담근다. Ab_1은 membrane에 있는 다른 단백질에는 결합하지 않고 오직 관심 단백질(second from the top)에만 결합하여 단백질의 위치에 상응하는 항체 층을 형성한다(단백질의 위치는 아직 보이지 않는다). Membrane을 씻어내면 결합하지 않은 Ab_1는 제거된다. 단계 **3**: Membrane에 붙어 있는 Ab_1과 결합할 수 있는 second 항체(Ab_2)를 반응시킨다. 이 second 항체에는 chromogenic 반응을 촉진하거나 빛을 방출하는(예, chemiluminescence) 효소가 공유결합으로 연결되어 있다. Radioactive isotope나 쉽게 검출할 수 있는 다른 기질도 second 항체와 연결하여 사용 가능하다. 단계 **4**: 최종적으로, 결합하고 있는 Ab_2의 위치와 양을 검출할 수 있다(chromogenic reaction에 의한 색상 변화 또는 chemiluminescence에 의해 방출되는 빛을 측정하기 위한 detector 또는 film을 이용하여). 관심 단백질의 mass는 electrophoretic mobility에 의해 결정되고, 단백질의 양은 band의 intensity에 의해 결정한다. (b) Immunoblotting을 이용하여 intracellular 수용체를 검출하고, 수용체에 ligand를 노출시켰을 때 영향을 분석하였다. 이 실험에서 적혈구의 전구 세포(precursor cell)를 petri dish에서 배양하면서 ligand를 처리하지 않거나 (가장 왼쪽과 오른쪽에 –로 표시), glucocorticoid receptor, GR에 결합하는 ligand를 처리하였다(중앙의 duplicated sample, +로 표시). 세포를 detergent를 이용하여 파괴한 뒤 세포 추출물 전체를 3개의 서로 다른 항체를 이용하여 immunoblotting하였다. 사용한 항체들은 GR receptor (anti-GR), *PPARα*라는 수용체(anti-PPARα), ligand 처리에 의해 변화하지 않으면서 양이 많은 actin이라는 단백질에 대한 항체이다. [이 실험에서는 gel에 있는 서로 다른 lane에 있는 band의 intensity를 비교하기 위하여(각 sample에서 해당 단백질의 양을 나타냄) 각 lane에는 동일한 양의 세포 추출물을 loading해야 한다. 이 실험에서 "loading control"은 각 lane에 보이는 actin의 양이다. Anti-actin 항체로 검출한 band intensity가 동일하기 때문에(bottom row), gel의 각 lane에는 동일한 양의 세포 추출물이 loading 되었다고 결론지을 수 있다. 따라서 각 lane 간 band intensity를 비교하는 것은 의미가 있다.] GR ligand를 처리하기 전후에 GR과 PPARα의 band intensity를 보면, ligand가 이들 단백질의 양에 크게 영향을 주지 않았음을 알 수 있다. Part (b)에서 immunoblotting에 사용하였던 동일한 세포 추출물을 part (c)에서 immunoprecipitation/immunoblotting에 사용하였다. (c) GR ligand를 처리하면 GR과 PPARα가 안정적인 complex를 형성하는지 보기 위해 immunoprecipitation (IP)에 이어서 immunoblotting을 사용하였다(한꺼번에 *co-IP*라 부른다). 세포 추출물의 일부분을 GR 또는 PPARα와 결합하지 않는 control 항체(오른쪽 lane)와 GR에 결합하는 항체(왼쪽과 가운데 lane)로 immunoprecipitation하였다. Centrifugation을 통해 immunoprecipitate를 나머지 lysate와 분리하고, anti-GR (위쪽 box) 또는 anti-PPARα (아래쪽 box)를 이용한 immunoblotting으로 분석하였다. 예상한 대로, 위쪽 box에서 보는 바와 같이 GR 단백질은 control 항체로 얻은 immunoprecipitate에서는 검출되지 않았지만, anti-GR 항체를 이용해서 얻은 immunoprecipitate를 동일한 항체로 immunoblotting 하였을 때는 검출되었다. 놀랍게도 immunoprecipitate를 anti-PPARα로 immunoblotting 하였을 때(아래쪽 box) 상당한 양의 PPARα가 GR ligand가 있을 때만 검출되었다(가운데 lane). 반면에 control immunoprecipitate (오른쪽 lane)와 GR ligand가 없을 때(왼쪽 lane)에는 PPARα가 거의 검출되지 않았다. 이 결과로 GR ligand가 glucocorticoid receptor와 PPARα가 complex를 이루도록 유도한다는 것을 알 수 있다. 하지만, 이 결과로는 GR ligand가 존재할 때 GR과 PPARα가 서로 직접 결합하는지 또는 GR과 PPARα을 강하게 붙잡아 주는 매개 단백질이 있는지 여부에 대해서는 알 수 없다. [Reprinted by permission from Nature Publishing Group, from H. Y. Lee et al., 2015, "PPAR-a and Glucocorticoid Receptor Synergize to Promote Erythroid Progenitor Self-Renewal," *Nature* **522**:474–477; permission conveyed through Copyright Clearance Center, Inc.]

으로 구입 가능한 epitope에 대한 항체를 이용하여 검출할 수 있다.

Immunoprecipitation (면역 침강) **Immunoprecipitation**은 종종 **IP**로 축약하여 쓰는데, 세포나 혈액에서 추출한 모든 단백질과 같이 복잡한 mixture에서 다른 분자로부터 특정 단백질을 분리하기 위하여 항체의 specificity를 이용한다. 특정 단백질에 대한 항체를 sample에 넣고 항체가 일정한 시간 동안 표적 단백질의 epitope에 결합할 수 있게 한다. 뒤이어 항체와 결합할 수 있는 agent를 추가하면 항체와 결합하고 있는 표적 단백질이 particle 형태를 이루기 때문에 centrifugation을 통해 분리할 수 있다. 이러한 technique의 자세한 예시는 그림 3-44와 15장에 소개하였다. 침전물(precipitate)을 detergent가 포함된 buffer와 같은 denaturing condition에서 용해시키면 단백질에서 항체를 분리시킬 수 있고, immunoprecipitation된 표적 단백질을 분석할 수 있다. 만약 immunoprecipitation된 표적 단백질이 다른 분자에 강하게 결합되어 있다면, 결합되어 있는 단백질도 표적 단백질과 함께 precipitation된다(*co-immunoprecipitation*, 줄여서 *co-IP*). 이러한 co-IP 방법은 단백질의 4차 구조나 supramolecular complex를 찾아내고 분석하는 데 빈번히 사용된다.

Radioisotope (방사성 동위원소)는 Biological Molecule을 탐지하는 데 반드시 필요한 도구이다

단백질이나 다른 biological molecule을 추적할 수 있는 민감한 방법은 분자에 radioisotope를 도입시키고 거기서 방출되는 radioactivity (방사능)를 측정하는 것이다. Radiolabeled (방사능 표지된) molecule에서 최소한 한 원자는 radioactive form, 즉 **radioisotope** 형태로 존재한다.

생물학적 연구에 유용한 Radioisotope 다양한 radioisotope로 label된 수백 개의 biological compound 들(예, 아미노산, nucleoside, 다양한 small-molecule metabolite)을 시중에서 구입할 수 있다. 이런 제품들은 *specific activity*에 있어서 상당한 다양성을 보인다. Specific activity는 millimole당 disintegrations per minute (dpm)로 측정되며, material 단위당 radioactivity의 양을 나타낸다. Labeled compound의 specific activity는 *half-life* (반감기)로 표시되는 radioisotope의 activity가 반감되는 데 걸리는 시간에 달려 있다. 대체로 radioisotope의 half-life가 짧을수록 specific activity는 더 높다(표 3-1). Labeled compound의 specific activity는 방출되는 radiation을 정확히 검출할 수 있을 만큼 충분히 높아야 한다.

세포 안에 있는 macromolecule (단백질, RNA, DNA)을 radiolabeling하는 일반적인 방법은 radiolabeled biosynthetic precursor를 extracellular medium [예, ^{3}H 또는 ^{35}S-labeled 아미노산, ^{32}P-labeled phosphate (^{32}P-labeled ATP의 precursor), 또는 deoxythymidine (간단히 thymidine)과 같은 ^{3}H-labeled nucleic acid precursor]에 넣어 주는 것이다. 이 precursor는 transporter를 통해 세포 안으로 들어가(11장 참조) 새로이 합성되는 macromolecule에 포함된다(5장 참조). 예를 들어, sulfur-35 (^{35}S)로 label된 methionine과 cysteine은 높은 specific activity (>10^{15} dpm/mmol)를 가진 아미노산들을 구할 수 있기 때문에 cellular 단백질을 생합성하는 과정에서 label하는 데 널리 사용되고 있다. Kinase들은 세포 내에서나 *in vitro*에서도 ^{32}P-labeled ATP로부터 ^{32}P-labeled phosphate를 단백질에 전달하여 phosphoprotein을 label할 수 있다. Intact 세포에서 ^{32}P-labeled phosphate를 medium에 넣어주면 phosphate transporter를 통해 세포 안으로 들어가 ATP를 포함한 phosphate를 가지고 있는 다양한 분자에 incorporation된다. 마찬가지로, 시판되는 ^{3}H-labeled nucleic acid precursor는 이에 상응하는 ^{14}C-labeled 제품보다 더 높은 specific activity를 가진다. 대부분의 실험에서 전자가 더 선호되는데, 그 이유는 incorporation 후 짧은 시간 안에 이들이 RNA 혹은 DNA가 label되게 하고, 더 적은 수의 세포로도 연구가 가능하기 때문이다. Phosphorus atom이 radioisotope phosphorus-32로 이루어진 다양한 phosphate-containing compound도 쉽게 구입이 가능하다. 높은 specific activity 때문에 ^{32}P-labeled nucleotide들은 cell-free system에서 핵산을 label하는 데 자주 사용된다.

표 3-1 • 생물학 연구에 자주 사용되는 방사성 동위원소

Isotope	Half-Life
Phosphorus-32	14.3 days
Iodine-125	60.4 days
Sulfur-35	87.5 days
Tritium (hydrogen-3)	12.4 years
Carbon-14	5730.4 years

분자에 있는 정상적인 원자를 radioisotope로 치환한 labeled compound는 상응하는 label되지 않은 compound와 화학적으로 같은 특성을 가진다. 예를 들어, 효소는 이런 방법으로 label된 기질과 label 안 된 기질을 구분하지 못한다. 그러한 radioactive atom의 존재는 isotope에 앞쪽에(hyphen 없이) 각괄호(bracket)를 하여 나타낸다(예, [^{3}H] leucine). 이와는 달리, 대부분의 biomolecule (예, 단백질 또는 핵산)을 radioisotope iodine-125 (^{125}I)로 label하기 위해서는 정상적으로는 그 구조의 일부에 iodine을 가지고 있지 않은 분자에 ^{125}I를 covalent하게 붙여 주어야 한다. 이런 labeling 과정은 단백질이나 핵산의 화학적 구조를 변화시키기 때문에 labeled molecule의 biological activity는 label되지 않은 형태와는 약간 다를 수 있다. 이러한 형태의 radioisotope은 isotope을(각 괄호 없이) hyphen으로 연결하여 앞쪽에 표시한다(예, ^{125}I-trypsin). 단백질을 보통 방법으로 ^{125}I으로 labeling하면, 우선적으로 tyrosine side chain (mono- and diiodotyrosine)의 aromatic ring에 결합된다. Nonradioactive isotope가 세포생물학, 특히 nuclear magnetic resonance 연구와 mass spectroscopy에서 쓰임새가 증가하고 있는데, 이는 다시 논의할 것이다.

Labeling 실험과 Radiolabeled Molecule의 검출 Labeled compound를 2차원의 detector (photographic emulsion 또는 electronic detector)에 노출시키는 **autoradiography (방사선 자기방사법)**를 사용하거나 radioactivity를 적절한 *counter*를 사용하여 측정하더라도 sample에 있는 radiolabeled compound의 양을 정확히 측정할 수 있다.

Autoradiography의 경우, 조직, 세포나 세포의 구성성분을 radioactive molecule로 label하고 결합하지 못한 radioactive material은 씻어낸 뒤, macromolecule을 chemically cross-linking ("fixation")하거나 얼림으로써 sample의 구조를 안정화시킨다. 다음 과정으로 sample 위에 방사능에 민감한 photographic emulsion (감광 유제)을 올려놓는다. Emulsion을 현상시키면, 방사성 물질과 일치하는 위치에 작은 은색 알갱이(small silver grain)가 만들어지며 현미경으로 관찰할 수 있다. 세포에 autoradiography를 적용한 연구는 다양한 macromolecule들이 합성되는 세포내 위치와 세포 안에서 이 macromolecule들의 움직임을 파악하는 데 결정적인 역할을 하였다. 4장에서 다룰 fluorescent microscopy를 사용한 다양한 방법들이 이러한 연구에서 autoradiography를 대체하고 있다. 하지만 autoradiography는 분리된 특정 DNA 혹은 RNA 서열을 특정 조직에서 검출하는 다양한 assay에 많이 사용되며, 이를 *in situ* hybridization이라고 한다(6장 참조).

Label된 물질에서 radioactivity의 양을 정량적으로 측정하는 데 여러 도구를 이용할 수 있다. Geiger counter는 radioisotope로부터 방출되는 β 입자나 γ 선에 의한 gas에서 생성되는 이온을 측정한다. 이 기구는 손에 들고 조작할 수 있는 소형으로써 연구실에서 과량의 방사선에 노출되는 것을 방지할 목적으로 radioactivity를 측정하는 데 사용된다. Scintillation counter (섬광 계수기)를 이용한 측정을 위해서는 radiolabel된 sample을 fluorescent compound를 포함한 액체와 섞는다. 이 compound는 radioisotope가 붕괴할 때 방출하는 β 입자나 γ 선의 energy를 흡수하면 번쩍이는 빛을 방출한다. Scintillation counter 안의 phototube (광전관)는 번쩍이는 빛을 탐지해서 그 세기를 측정한다. Phosphorimager는 작은 pixel의 표면적당 방사능의 붕괴가 일어날 때 분당 붕괴의 숫자를 계수화하여 저장함으로써, 2차원적인 detector를 이용하여 radioactivity를 검출하는 데 사용된다. 이런 도구들은 일종의 재사용할 수 있는 전자 film처럼 gel electrophoresis에 의해 분리된 radioactive molecule을 수량화하는 데 사용함으로써 photographic emulsion을 대체하고 있다.

Labeling 실험에서는 labeling과 생화학적 technique 그리고 시각적이고 양적인 식별 방법들을 종종 조합해서 사용하게 된다. 예를 들어, 특정 세포에서 합성되는 주요 단백질을 밝히기 위해서 세포를 몇 분 동안 radioactive amino acid (예, [^{35}S]methionine)와 함께 배양한다. 그 시간 동안 labeled amino acid는 세포 내부로 들어가서 unlabeled amino acid와 섞이고, 그중 일부는 새로이 합성되는 단백질에 끼어 들어가게 된다. 단백질에 끼어 들어가지 못한 radioactive amino acid를 세포에서 씻어낸다. 세포를 harvest하여 cellular 단백질을 추출하고(예를 들면, detergent solution을 이용하여), cellular 단백질의 혼합물을 complex 단백질에서 각 component를 분리하기 위해 흔히 사용하는 방법을 이용하여 분리한다. 이 과정에서 gel electrophoresis와 autoradiography 또는 phosphorimager를 조합하는 것이 가장 흔하게 사용하는 방법이다. 이때 관찰되는 radioactive band는 radiolabel 된 아미노산을 함유하고 있는 새롭게 합성된 단백질을 의미한다. 생합성 과정의 전체 단백질이 아니라 특정한 하나의 단백질을 검출하기 위해서는 immunoprecipitation 방법을 사용한다. 예를 들면, precipitate는 SDS를 포함하고 있는 buffer로 denaturing 조건에서 solubilize시켜서 SDS-PAGE를 거쳐서 autoradiography를 함으로써 radiolabeled 단백질을 detection할 수 있다. 이런 실험에서 radiation ("scintillator")에 의해서 활성화되는 fluorescent compound를 electrophoretic separation이 끝난 gel에 흡수시키면 film이나 two-dimensional electronic detector를 이용하여 labeled 단백질의 존재를 찾을 수 있다. 이 실험의 한 예를 그림 3-45에 기술하였다. 이 방법은 ^{3}H과 같이 약한 β 선을 방출하는 경우에 특히 유용하다.

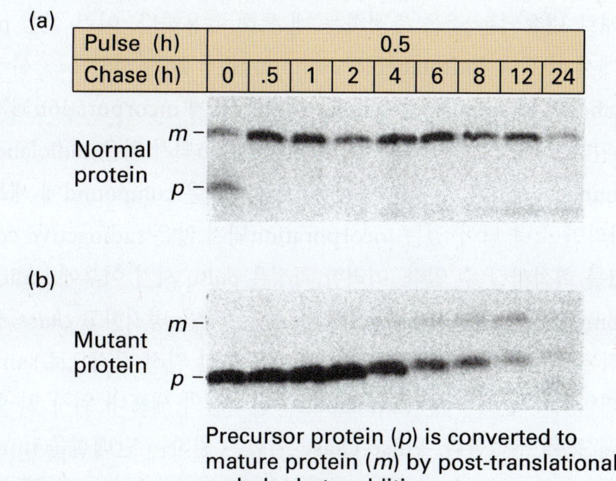

실험 그림 3-45 Pulse-chase 실험으로 세포 안에서의 단백질의 modification pathway를 추적할 수 있다. (a) 새로 합성되는 특정한 단백질의 운명을 추적하기 위하여 세포를 [^{35}S]methionine이 있는 배지에 0.5 hr (pulse) 동안 배양하면, 새로 합성된 단백질은 모두 label된다. 세포에 끼어들어 가지 못한 radioactive 아미노산은 씻어낸다. 세포를 여러 시간대로 최대 24시간까지 더 배양(chase)하고 난 후 각 시간대의 sample에서 immunoprecipitation을 통해 특정한 단백질(여기서는 low density lipoprotein receptor)을 분리한다. Immunoprecipitate를 SDS-PAGE하여 autoradiography를 하면 특정 단백질을 볼 수 있다. 이 단백질은 최초에 small precursor (*p*)로 합성되지만 carbohydrate에 의해 빠르게 modify가 일어나서 크기가 더 큰 mature form (*m*)이 된다. Pulse 시간 동안 약 반 정도의 labeled precursor form에서 mature form으로 전환되고, 나머지 반은 chase 시간 0.5 hr 동안 전환이 일어난다. 단백질은 degradation이 개시되기 이전에 6–8시간 동안은 안정된 상태로 남아 있다(band intensity가 줄어드는 것으로 알 수 있다). (b) Mutant 단백질을 발현하는 세포를 가지고서 동일한 실험을 수행하였다. Mutant *p* form은 *m* form으로 적절하게 전환되지 못하고, 정상 단백질보다 좀 더 빠른 속도로 degradation이 일어난다. [©1986 Kozarsky et al. *J. Cell Biol.* **102**:1567–1575. doi:10.1083/jcb.102.5.1567]

Pulse-chase experiment (펄스 추적 실험)는 단백질의 세포내 위치의 변화, 또는 단백질이나 metabolite가 시간이 경과함에 따라 다른 형태로 변형되는 것을 추적하는 데 특히 유용하다. 이런 실험 protocol에서 세포를 radiolabeled compound에 짧은 시간 노출시키면 radiolabeled compound는 cellular molecule에 incorporation되거나 attach된다(*pulse*). 완충 용액으로 incorporation되지 않은 radiolabeled compound를 제거하고, 많은 양의 label되지 않은 compound에 세포를 노출시키면 소량 남아 있는 incorporation되지 않은 radioactive compound를 희석시킬 수 있다. 이러한 과정은 pulse 시기 이후에 radioactive compound가 추가로 incorporation되는 것을 방지하고 *chase* 시기가 시작된다(그림 3-45 참조). Chase 기간 동안 일정 간격으로 sample을 수거하여 시간에 따른 radiolabeled 단백질의 세포내 위치 및 화학적 형태 등을 분석한다. Pulse-chase 실험은 원하는 단백질을 immunoprecipitation과 SDS-PAGE로 분리한 후 autoradiography로 검출하는 과정으로 진행되며, 이 실험은 단백질 합성, modification 그리고 degradation을 추적하기 위해 종종 사용된다. 이 실험은 pulse 시간 동안 아미노산 precursor를 이용하여 labeling한 후, chase 시간 동안 남아 있는 단백질의 양과 특성을 측정해서 관찰할 수 있다. 따라서 단백질에 sugar를 covalent하게 붙여주는 것(13, 14장 참조)과 같은 postsynthetic modification, 단백질의 electrophoretic mobility의 변화를 가져오는 proteolytic cleavage, 시간이 지남에 따라 signal이 사라지는 것을 통해서 특정 단백질의 degradation 속도를 관찰할 수 있다. Pulse-chase technique이 사용되었던 고전적인 예는 세포 외부로 분비될 분비 단백질이 그들의 합성 장소인 소포체에서부터 세포 표면까지 이동하는 과정을 밝히는 연구에 사용되었다(14장 참조).

Mass Spectrometry로 단백질의 Mass와 서열을 결정할 수 있다

Mass spectrometry (MS)는 특히 단백질과 단백질 fragment의 mass를 재는 것처럼, 단백질의 특성을 파악하는 강력한 기술이다. MS에서 얻은 정보로 단백질의 전체 서열이나 단백질의 부분적인 서열을 결정할 수 있다. 이 방법으로 charged molecule (molecular ion)의 charge (*z*)에 대한 mass (*m*)의 비율, 즉 *m*/*z*를 매우 정확하게 결정할 수 있다. 또한, molecular ion의 절대적 mass를 추정하는 데 사용할 수 있다.

모든 mass spectrometer는 4가지 중요한 부분으로 구성된다. 첫 번째는 이온 source로서, 여기에서 보통 proton의 형태로 charge가 peptide나 단백질 분자에 전달되면 peptide가 이온화된다. 높은 전기장을 걸어주면, 이러한 이온이 형성되며 charged molecular ion은 두 번째 key component인 mass analyzer로 이동한다. 항상 높은 진공 상태의 chamber 안에 위치하는 mass analyzer는 서로 다른 mass-to-charge (*m*/*z*) ratio에 따라 이온들을 물리적으로 분리한다. 이렇게 분리된 이온들은 세 번째 key component인 detector에 다다르게 되고, 여기에서 sample에 있는 각 이온들의 m/z ratio와 상대적인 양을 측정하게 된다. 네 번째 component는 computerized data system으로서 결과를 얻고, 저장하고, 분석하며, 기계가 초기 결과를 바탕으로 추가적인 특정 유형의 data를 자동으로 계산하도록 조정하는 기능을 한다. 이런 유형의 automated feedback은 아래에서 기술할 tandem MS (MS/MS) peptide-sequencing에도 사용된다.

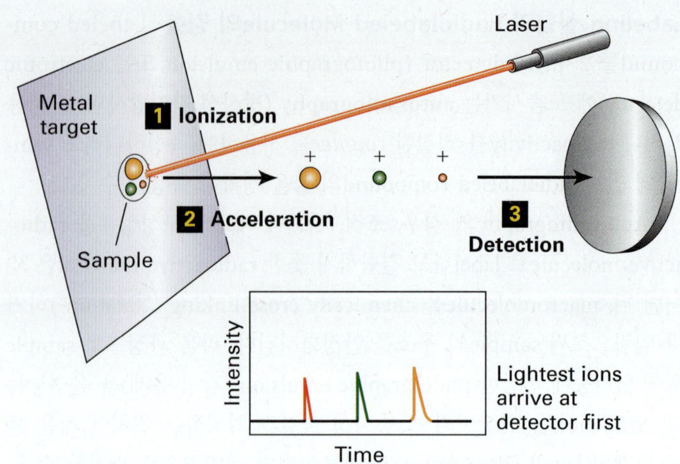

실험 그림 3-46 Matrix-assisted laser desorption/ionization time-of-flight (MALDI-TOF) mass spectrometry를 이용하여 molecular mass를 결정할 수 있다. MALDI-TOF mass spectrometer에서 metal target에 흡수되어 있던 단백질 또는 peptide mixture는 laser에서 나오는 light pulse에 의해 이온화된다(단계 **1**). Mass analyzer에 있는 electric field는 sample의 이온을 detector 방향으로 가속화시킨다(단계 **2**와 **3**). 이온이 detector에 이르는 시간은 분자의 mass-to-charge (*m*/*z*) 비율의 square root 값에 비례한다. 같은 charge를 가진 이온의 경우 작은 이온이 더 빨리 이동한다(detector에 도달하는 시간이 짧다). Sample에서 나온 각 이온의 분자량은 standard molecule의 flight 시간을 이용하여 계산한다.

단백질이나 단백질 fragment에 이온을 형성시키는 데 가장 자주 사용되는 두 가지 방법은 (1) matrix-assisted laser desorption/ionization (MALDI)와 (2) electrospray (ES)이다. MALDI (그림 3-46)에서는 peptide 또는 단백질 sample을 저분자이면서 UV를 흡수하는 organic acid인 matrix와 혼합한 뒤 금속 target 위에서 건조한다. 여기에 laser를 쪼이면, laser에서 나온 에너지가 matrix에 흡수되고 이어서 heat로 전환된다. 그 결과 sample은 기화되면서 protonation에 의해 이온화되면서 singly charged molecular 이온들이 만들어진다. ES (그림 3-47a)에서는 용액 상태로 있는 단백질이나 peptide를 대기압에서 가는 모세관을 통해 분사시키면 가는 안개 모양의 아주 작은 물방울로 바뀐다. 여기에 높은 전기장을 걸어주면 물방울이 charge를 띠게 된다. Mass spectrometer의 analyzer의 입구까지 이동하는 수 mm 정도의 짧은 거리에서, solvent는 증발하고 단백질 또는 peptide에서 multiply charged ion이 형성된다. 기화된 이온은 MS의 analyzer 부위로 들어간 뒤에는 전기장에 의해 가속화되면서 *m*/*z* 값의 차이에 따라 mass analyzer에 의해 분리된다.

가장 자주 사용되는 mass analyzer는 time-of-flight (TOF)와 ion trap이다. TOF 기계는 이온이 analyzer를 통과하여 detector에 도착하는 데 걸리는 시간은 *m*/*z*의 square root 값에 비례한다는 사실을 이용한다(작은 이온은 같은 charge를 가지는 큰 이온보다 빠르게 이동한다;

그림 3-46 참조). Ion-trap analyzer에서는 조정 가능한 electric field를 이용해서 특정한 m/z 값을 가지는 이온을 붙잡아서 또는 "trap"해서 붙잡은 이온을 m/z ratio 순서대로 analyzer에서 detector로 보낸다(그림 3-47a). Electric field를 조절함으로써 넓은 범위의 m/z 값을 가지는 이온들을 하나씩 분석하여 mass spectrum을 만들게 되고, 그 결과는 x 축에 m/z 값이, y 축에 신호의 강도가 그려진 그래프로 나타낼 수 있다

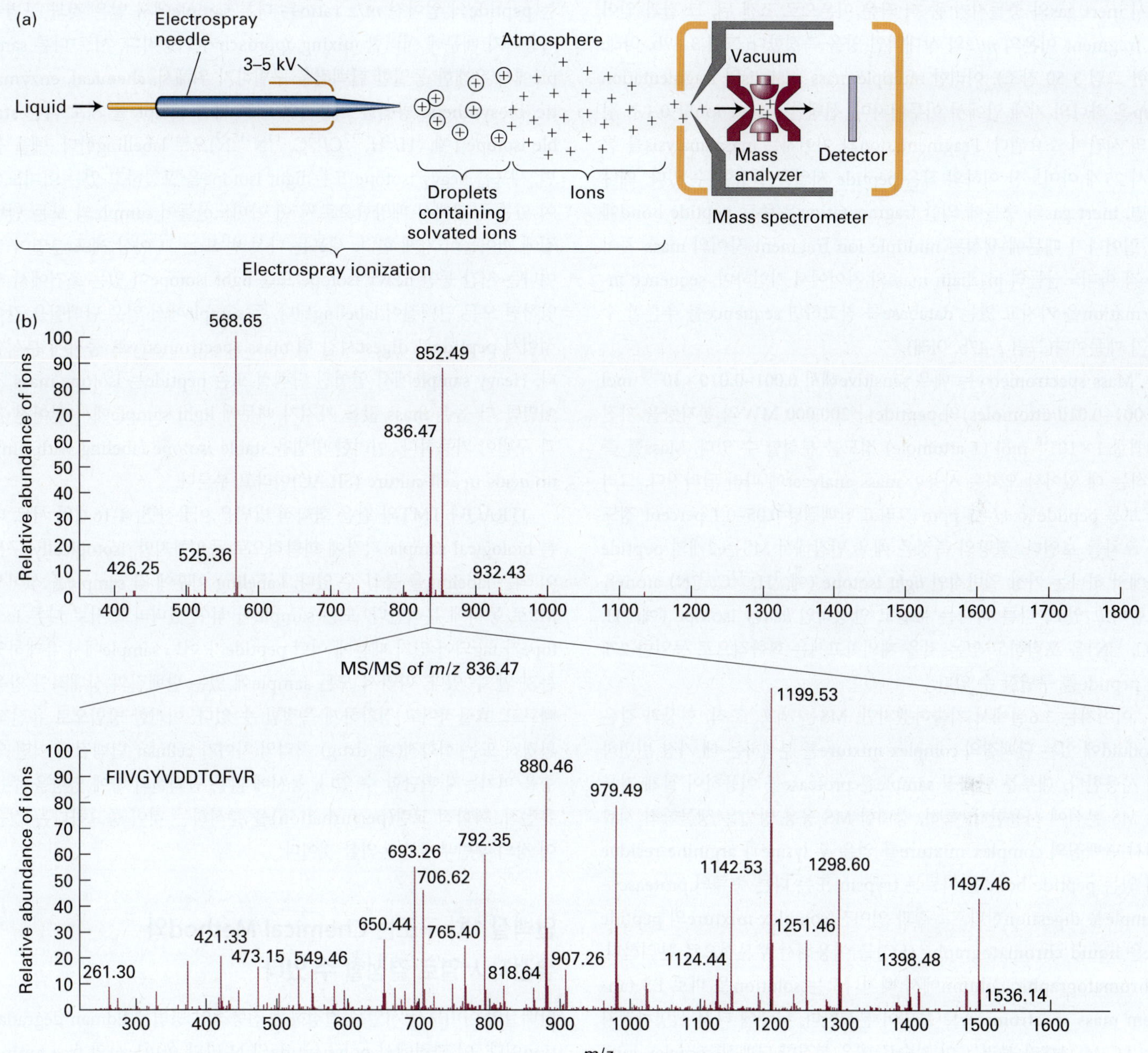

실험 그림 3-47 Electrospray ionization ion-trap mass spectrometry를 이용하여 단백질이나 peptide의 molecular mass를 결정할 수 있다. (a) Electrospray (ES) ionization은 높은 전압(물방울을 charging)이 걸려 있는 needle (물방울 형성)을 통해 solution을 통과시켜서 단백질 또는 peptide를 highly charged gaseous ion으로 전환시킨다. 용매가 증발하면서 생긴 gaseous ion은 mass spectrometer로 들어간다. Ion-trap mass analyzer는 이온을 m/z 비율로 분리하여 detector 방향으로 움직이게 해서 이온을 분석한다. (b) *위쪽*: 생쥐 H-2 class I histocompatibility antigen Q10 α chain에서 유래한 3개의 주요 peptide와 몇 개의 부수적인 peptide mixture의 mass spectrum이 나타나 있다. 결과는 mass-to-charge (m/z) 비율(x 축)에 대해 detector에 도달한 이온들의 상대적인 양(y 축)으로 그려져 있다. *아래쪽*: part (a)에서 보여 준 ion trap과 같은 MS/MS 기계에서는 특정 peptide를 선택하여 좀 더 작은 이온으로 쪼개어 분석할 수 있다. MS/MS spectrum (*product-ion spectrum*이라 부르기도 한다)에서 peptide의 서열 정보를 포함하여 parent ion에 대한 자세한 구조적 정보를 알 수 있다. 여기서는 836.47 m/z를 가지는 이온을 선택하여 조각으로 나눈 뒤 product ion의 m/z mass spectrum을 측정하였다. Parent ion은 더 작게 쪼개졌기 때문에 836.47 m/z를 가지는 이온은 더 이상 존재하지 않는다. 이러한 실험에서는 peptide bond가 깨지며, 각 개별적인 아미노산 fragment에 대한 m/z 값이 알려져 있으므로, 여러 다양한 크기의 product ion을 분석하여 database와 비교하면 peptide의 서열을 FIIVGYVDDTQFVR로 추측할 수 있다. [Part (b) Unpublished data from S. Carr.]

(그림 3-47b, 위).

Tandem 또는 MS/MS에서는 처음의 mass spectrum (그림 3-47b, 위)에서 어느 특정 parent ion 값을 가지는 peptide를 추가 분석을 위해 선택할 수 있다(mass-selected). 선택한 이온을 second chamber로 보내서 inert gas와 충돌시켜 좀 더 작은 이온으로 쪼갠 뒤, 그 결과 얻어진 fragment 이온의 m/z와 상대적인 양을 측정한다(그림 3-47b, 아래; 또한 그림 3-50 참조). 이러한 multiple mass-analysis와 fragmentation step은 하나의 기계 안에서 이루어지며, 선택한 parent ion당 0.1초 정도의 시간이 소요된다. Fragmentation과 이어지는 mass analysis를 통해서 25개 아미노산 이하의 작은 peptide 서열을 결정할 수 있다. 왜냐하면, inert gas와 충돌에 의한 fragmentation은 주로 peptide bond에서 일어나기 때문에 생성된 multiple ion fragment 사이의 mass 차이는 각 아미노산들의 in-chain mass의 차이에서 기인하며, sequence information을 가지고 있는 database를 참고하면 sequence를 추론할 수 있기 때문이다(그림 3-47b, 아래).

Mass spectrometry는 매우 sensitive해서 $0.001–0.010 \times 10^{-18}$ mol (0.001–0.010 attomoles)의 peptide나 200,000 MW의 분자량을 가진 단백질 1×10^{-18} mol (1 attomole) 정도를 분석할 수 있다. Mass를 측정하는 데 있어서 오차는 사용한 mass analyzer에 따라 달라진다. 그러나 보통 peptide당 +/– 5 ppm 그리고 단백질당 0.05–0.1 percent 정도의 오차를 보인다. 질량의 측정은 매우 민감해서 MS는 2개의 peptide 중에서 하나는 가장 일반적인 *light* isotope (예, ^{1}H, ^{12}C, ^{14}N) atom을 포함하고 있고, 다른 하나는 무겁고 안정적인 *heavy* isotope (예, ^{2}H, ^{13}C, ^{15}N)을 포함하고 있는 것을 제외하고서는 화학적으로 동일한 2개의 peptide를 구별할 수 있다.

이어지는 3.6절에서 기술하겠지만, MS는 세포, 조직, 혈장과 같은 biofluid에 있는 단백질의 complex mixture를 분석하는 데 가장 빈번하게 사용한다. 대부분 단백질 sample은 protease를 이용하여 잘게 자른 후 MS 분석에 사용한다. 특히, 강력한 MS 응용 방법은 생물학적 시료에서 단백질의 complex mixture를 얻은 후 lysine과 arginine residue에 있는 peptide bond를 자르는 trypsin 또는 다른 종류의 protease로 sample을 digestion한다. 그 결과 얻어진 complex mixture의 peptide들은 liquid chromatography (LC)를 이용해서 부분적으로 분리한다. Chromatographic column에서 빠져나오는 solution을 바로 ES tandem mass spectrometer로 보내어 분석한다. 나중에 다시 설명하겠지만, *LC-MS/MS*라 불리는 이 기술로 매우 복잡한 단백질 complex mixture를 분석할 수 있다.

어느 특정 sample에서 mass spectrometry를 이용해 결정한 이온의 abundance는 상대적인 양이지 절대적인 값은 아니다. 그러므로 만약 2개의 서로 다른 sample (예, 정상과 mutant organism에서 얻은 sample)에서 어느 특정 단백질의 상대적인 양을 비교하기 위해서는 두 sample에서 양이 동일한 internal standard가 필요하다. 그러면 원하는 단백질의 양을 standard의 양과 상대적인 양으로 측정할 수 있다. 이러한 방법으로 sample 간의 단백질 level을 정량적으로 정확히 측정할 수 있다. 다른 방법으로는 2개의 서로 다른 세포 또는 조직에서 얻은 sample을 섞어서 동시에 단백질 양을 측정할 수 있다. 서로 다른 sample은 유전적으로 서로 다른 sample (wild-type과 mutant 세포, 서로 다른 환자에서 얻은 clinical sample)이거나 서로 다른 환경 조건(예, drug이나 호르몬 처리)에서 얻은 sample일 수 있다. 각 sample에 있는 단백질 또는 peptide의 얻어진 m/z ratio는 다른 sample에서 얻은 것과 구별이 가능하기 때문에 이러한 mixing approach가 가능하다. 서로 다른 sample에서 유래한 동일한 단백질을 구별하기 위해서, chemical, enzymatic, biosynthetic 방법을 이용하여 서로 다른 sample을 서로 다른 stable isotope (예, $^{1}H/^{2}H$, $^{12}C/^{13}C$, $^{14}N/^{15}N$)으로 labelling한다. 예를 들면, 세포를 heavy isotope 또는 light isotope을 포함하고 있는 아미노산이 있는 상태에서 배양함으로써 이 아미노산들이 sample의 모든 단백질에 끼어들어 가게 한다. 세포는 다섯 번 또는 그 이상 세포 분열이 일어나는 시간 동안 heavy isotope 또는 light isotope이 있는 조건에서 배양하면 모든 단백질이 labeling된다. 두 sample에서 얻은 단백질을 같이 섞어서 peptide로 digest시킨 뒤 mass spectrometry로 동시에 분석한다. Heavy sample에서 얻어진 단백질 또는 peptide는 isotope mass 차이만큼 더 높은 mass 값을 가지기 때문에 light sample에서 얻어진 것과 구별이 가능하다. 이러한 방법을 *s*table *i*sotope *l*abeling with *a*mino *a*cids in *c*ell culture (SILAC)이라고 부른다.

iTRAQ나 TMT와 같은 화학적 방법을 이용하면, 4-16개의 서로 다른 biological sample 각각에 화학적으로 동일하지만, isotopically 구분이 되는 labeling을 붙일 수 있다. Labeling 이후에 각 sample을 섞어서 MS로 동시에 분석한다. 모든 sample이 섞여 있더라도 서로 다른 isotope가 tag되어 있기 때문에 어떤 peptide가 어느 sample에서 유래하였는지 알 수 있다. 따라서 모든 sample에 있는 단백질의 상대적인 양을 빠르고, 효율적이고 정확하게 측정할 수 있다. 이러한 방법으로 유전적, 환경적 또는 화학적(예, drug) 처리의 차이가 cellular 단백질에 어떤 영향을 미치는지 판단할 수 있다. 동시에 많은 단백질의 양에 영향을 주는 유전적, 화학적 교란(perturbation)을 분석하는 것이 중요하다는 것을 이 장의 후반부에서 논의할 것이다.

단백질 1차 구조는 Chemical Method와 유전자 서열로 결정할 수 있다

단백질의 아미노산 서열을 결정하는 전통적인 방법은 Edman degradation이다. 이 과정에서 polypeptide의 N-말단 아미노산의 free amino group을 label한 뒤, 아미노산을 polypeptide로부터 잘라내어 고압의 liquid chromatography에 걸어 판별한다. Polypeptide는 한 잔기만큼 짧아지고 N-말단에는 새로운 아미노산이 위치한다. 이러한 과정을 짧아지는 polypeptide에 반복해서 수행하고, 모든 잔기들이 확인될 때까지 진행한다.

약 1985년 이전까지는 생물학자들이 단백질 서열을 밝히기 위해 Edman degradation 방법을 사용하였다. 그러나 지금은 단백질 서열이 주로 유전체와 mRNA 서열 분석에 의해 결정된다. 여러 organism에 대한 모든 유전체들이 이미 sequence되었고, 인간 그리고 많은 model organism의 유전체 염기 서열에 대한 database는 급속히 늘어나고 있다. 6장에서 다루겠지만, 단백질 서열은 단백질을 암호화한다고 예견되는 DNA 서열로부터 유추할 수 있다.

분리한 단백질의 1차 구조를 결정하는 강력한 방법은 MS와 sequence database의 사용을 접목하는 것이다. 우선 MS를 단백질의 peptide mass fingerprint를 알아내는 데 사용한다. *Peptide mass fingerprint*는 단백질을 trypsin과 같은 특정 protease로 잘랐을 때 나오는 peptide의 분자량을 나열한 것이다. 원래의 단백질과 그것의 protease에 의한 조각들의 분자량을 가지고서 유전체 database와 비교하면 동일하거나 유사한 peptide mass fingerprint를 가진 비슷한 크기의 단백질을 찾을 수 있다. Mass spectrometry는 위에서 설명한 것처럼 MS/MS를 이용하여 직접 peptide의 sequence를 하는 데 이용할 수도 있다.

단백질 Conformation을 정교한 물리적 방법을 이용하여 결정한다

이 장에서 단백질 기능은 단백질 구조에 의존한다는 사실을 강조했다. 따라서 단백질이 어떻게 기능하는지 알기 위해서 단백질의 three-dimensional structure에 대해서 알아야 한다. 단백질의 conformation을 규명하기 위해서는 정교한 물리적 방법과 실험 데이터에 대한 복잡한 분석이 필요하다. 여기에서 단백질의 3차 구조를 결정하는 데 사용되는 세 가지 방법을 간단히 살펴보자.

X-Ray Crystallography 1950년대에 Max Perutz와 John Kendrew가 단백질의 3차 구조를 밝히기 위해 x-ray crystallography (x-선 결정학)를 처음 사용하였다. 이 방법에서는 x-ray 광선이 수백만 개의 단백질 분자들이 단백질의 특징에 따라 고정된 배열로 정렬되어 있는 단백질 결정체를 통과한다. X-ray의 파장은 약 0.1–0.2 nm로 단백질 결정체의 원자들을 분석할 수 있을 정도로 충분히 짧다. 결정체의 원자에 있는 electron들은 x-ray를 분산시켜서 photographic film이나 electronic detector에 상이 맺히게 하면 세밀한 점들로 이루어진 diffraction (회절) pattern이 만들어진다(그림 3-48). 이런 pattern은 아주 복잡하여 작은 단백질의 경우에도 25,000개 이상의 diffraction spot으로 구성되어 있다. 측정한 spot의 intensity는 electron의 분포에 따라 달라지므로 결국은 단백질의 three-dimensional conformation이나 atomic structure에 의해 결정된다. Diffraction pattern을 해석하고, electron의 분포(*electron density map*이라고 함)를 계산하기 위해서는 단백질에 대한 정교한 계산과 heavy metal 결합과 같은 단백질 modification에 대한 고려가 이루어져야 한다. 단백질의 electron density map의 일부분이 그림 2-9에 나와 있다. Three-dimensional electron density map을 얻으면 electron density map과 일치하는 molecular model을 얻는다. 이러한 model들은 이 책 전체를 통해서 단백질의 여러 diagram의 형태로 찾아볼 수 있다(예, 그림 3-9 참조). 이 과정은 연못에 던진 돌이 만드는 물결을 근거로 돌의 정확한 모양을 추정하는 것과 유사하다. X-ray crystallography를 통해 한 분자의 구조를 얼마나 정밀하게 파악하는가는 분석에 사용되는 crystal의 질과 crystal 격자 내에서 flexible한 부분을 얼마나 가지고 있는지에 달려 있다. 구조의 정밀도(precision)는 해상도(*resolution*)로 나타내며 단위는 Angstrom (Å)이다. 매우 해상도가 높은 단백질 구조의 경우 resolution은 1 Å 미만이며 (그림 2-9), 각 atom의 위치를 파악할 수 있다. Resolution이 1과 3 Å 사이인 경우, 많은 side chain의 위치는 파악할 수 있지만, 개별 atom의 위치는 유추해야 한다. 때로는 단백질의 특정 부위의 구조를 파악하는 것이 어려울 때도 있지만, x-ray crystallography를 하는 연구자들은

(a)

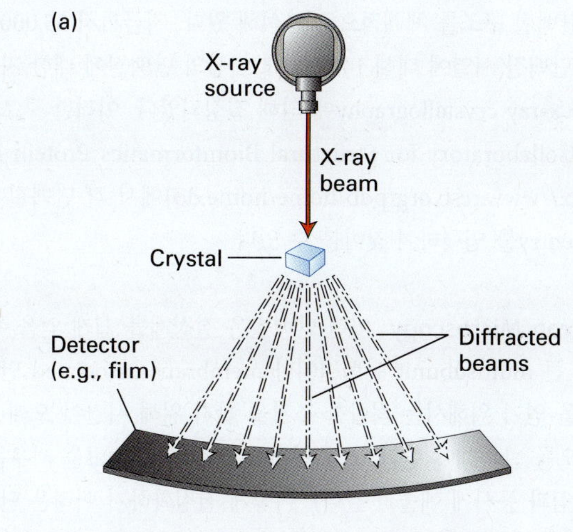

(b)

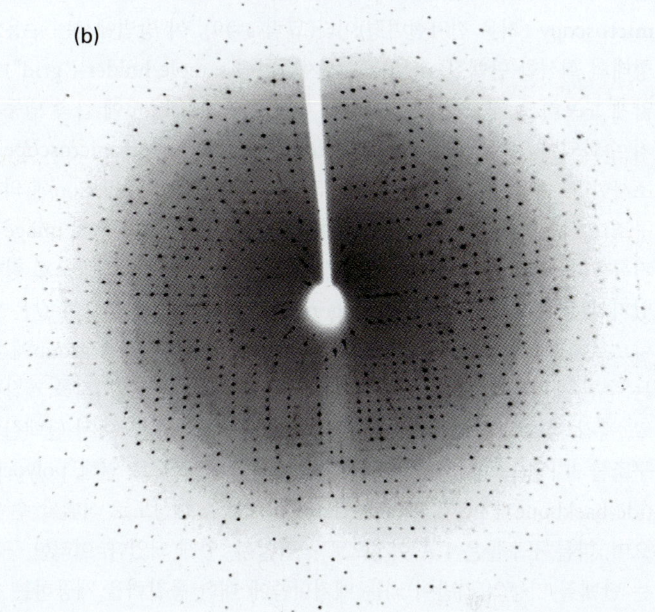

실험 그림 3-48 X-ray crystallography는 diffraction data를 제공하며, 이를 통해 단백질의 three-dimensional structure를 결정할 수 있다. (a) X-ray crystallography의 기본 구성. 가는 x-ray 빛이 crystal에 부딪히면 그 빛의 일부는 관통하고 나머지는 여러 방향으로 흩어진다(분산된다). 분산된 파장은 x-ray film이나 solid-state electronic detector (고체의 전자 detector)에 강도에 따라 diffraction spot이 주기적 배열로 기록된다. (b) Solid-state detector에 모인 단백질 crystal의 x-ray 회절 pattern. 이런 spot의 pattern에 대한 복잡한 분석으로부터 단백질의 모든 atom의 위치를 결정할 수 있다. [Part (b) Courtesy of James M. Berger.]

대부분의 단백질 구조를 체계적으로 분석해 왔다. 지금까지 35,000개의 서로 다른 단백질 서열에 대해 140,000개 이상의 단백질에 대한 자세한 3차 구조가 x-ray crystallography에 의해 결정되었다. 이러한 구조들은 Research Collaboratory for Structural Bioinformatics Protein Data Bank (http://www.rcsb.org/pdb/home/home.do)에서 각 단백질에 대한 "PDB" entry를 입력하여 찾아볼 수 있다.

Cryoelectron Microscopy 어떤 단백질은 결정체를 쉽게 얻을 수 있지만, 특히 큰 multisubunit 단백질이나 membrane-associated 단백질의 crystal을 얻기 위해서는 적합한 조건을 찾기 위해 시간이 오래 걸리는 시행착오를 반복해야 한다(구조 연구에 적절한 crystal을 키우는 일은 science임과 동시에 예술과 같다). 이렇게 결정화하기 어려운 단백질들의 구조를 결정하는 몇 가지 방법이 있다. 그중 하나는 cryoelectron microscopy (저온 전자현미경)이다(그림 3-49). 이 방법에서는 수용액 형태의 희석한 단백질 sample을 전자현미경 sample holder ("grid")에 얇게 도포하고, 구조를 잘 보존하기 위하여 액체 helium에 급속 냉동시켜 수화되어 있는 상태(hydrate state)에서 cryoelectron microscope로 조사한다. 여러 각도에서 단백질의 image를 분석하며, radiation에 의한 구조 손상을 막기 위해 저선량의 electron을 사용하여 film에 image를 기록한다. 얼어 있는 sample에서 각 단백질은 서로 다른 방향으로 향해 있기 때문에 정교한 computer algorithm이 image를 분석하여 같은 방향으로 향해 있는 image를 하나의 group으로 분류한다. 각 group에 있는 수천 개의 다른 분자 이미지로부터 각 방향의 평균 이미지를 계산하고, 각각 다른 방향에서 보이는 모양의 평균 이미지를 모아서 단백질의 구조를 3차원으로 재구성한다. 최근 이 기술의 발전으로 인해, polypeptide backbone과 아미노산 side chain을 약 2 Å 해상도로 식별할 수 있으며, 다른 구조들은 4 Å 이상으로 구별할 수 있게 되었다. 이러한 구조는 단백질 기능의 기반이 되는 메커니즘에 대한 통찰력을 제공하는 데 도움이 된다. 세포의 구조를 파악하기 위하여 cryoelectron microscopy와 다른 유형의 electron microscopy를 사용하는 것에 대해서는 4장에서 논의할 것이다.

NMR Spectroscopy 약 200개 정도의 아미노산을 포함하는 작은 단백질의 3차 구조는 nuclear magnetic resonance (NMR) spectroscopy (핵자기 공명 분광법)로 연구할 수 있다. 이보다 좀 더 큰 단백질에도 이 방법을 적용하기 위해 특별한 접근 방법도 사용할 수 있다. 이 방법에서는 농축된 단백질 용액을 magnetic field (자기장)에 놓고서, 다양한 radio frequency에서 각각의 원자들의 nuclear spin state에 미치는 효과를 측정한다. 어떤 특정 원자의 spin state는 인접한 잔기의 이웃한 atom에 의해 영향을 받고, 먼 거리의 원자보다 가까운 잔기에 위치한 근접한 원자에 영향을 더 받는다. 영향을 받는 정도를 근거로 잔기 간의 거리를 삼각 측량과 비슷한 방식으로 계산할 수 있으며, 이 거리는 단백질의 3차 구조에 대한 model을 만드는 데 사용된다. X-ray crystallography와 NMR spectroscopy의 중요한 차이점은 전자는 atom의 위치를 직접 측정하지만, 후자는 atom 사이의 거리를 직접 측정하여 구조를 유추한다는 것이다.

NMR은 단백질을 결정화할 필요가 없다는 장점이 있지만, 80 kDa 보다 작은 단백질에만 사용할 수 있다는 단점도 있다(새로운 기술로 인해 더 큰 단백질의 역학 분석이 가능함에도 불구하고). NMR structure는 약 2 Å 정도의 해상도를 가진다. NMR은 하나의 단백질이 매우 유사하면서도 서로 다른 conformation을 가지는 것을 분석할 수 있으며, 서로 다른 conformation 사이의 전환(단백질 dynamics)도 분석할 수 있다. 이러한 단백질 dynamics는 단백질의 일반적인 특징으로서 단백질은 고정된 구조를 가지는 것이 아니라, 숨을 쉬듯이("breathe") 단백질을 구성하는 atom들의 상대적인 위치가 미세하게 변화가 일어난다. 어떤 경우에는 이러한 미세 변화가 단백질의 기능에 중요한 의미를 가지는 경우도 있다. 예를 들면, 단백질끼리 상호결합하는 데 영향을 미치기도 한다. NMR을 통한 구조 분석은 단백질의 특정 domain을 연구하는 데 유용하게 사용되어 왔다. 왜냐하면, 단백질의 domain은 독립적으로도 안정된 구조를 이룰 수 있고, 크기도 NMR 분석하기에 충분히 작기 때문이다. 현재까지 13,000개 이상의 단백질이 NMR을 통해 구조가 알려졌으며, Protein Data Bank에서 찾아볼 수 있다.

단백질 dynamics와 단백질-단백질 상호작용을 연구하는 데 또 다른 유용한 방법은 hydrogen/deuterium exchange mass spectrometry (HXMS)이다. 단백질이 deuterated water (D_2O)에 용해되어 있을 때 peptide bond의 amide에 있는 hydrogen이 deuterium으로 치환되는 속도는 amide가 solvent에 얼마나 노출되어 있느냐에 달려 있다. 단백질의 표면에 있는 amide는 solvent에 노출되어 빠르게 proton/deuterium exchange를 보인다. 다른 단백질과 hydrogen bond를 이루고 있거나, 단백질의 중심부에 묻혀 있거나, 단백질-단백질 interface에 존재하는 amide는 느리게 proton/deuterium exchange가 일어난다. 단백질 conformation에 변화가 있거나 다른 분자와 결합을 하면, 하나 또는 몇 개의 amide의 proton/deuterium exchange rate에 변화가 생길 수 있는 가능성이 있다. MS analysis를 통해 이러한 conformation 변화를 매우 민감하게 분석함으로써, 단백질에서 다른 분자와 결합하는 부분이나 conformation의 변화가 일어나는 부분을 찾아낼 수 있다.

3.5절의 주요 개념

단백질의 Purifying (순수분리), Detecting (검출), Characterizing (특성 분석)

- 특정 단백질의 물리적, 화학적 특성에 따라 세포의 다른 구성요소 또는 다른 단백질들로부터 그 단백질을 분리할 수 있다.
- Centrifugation은 mass와 shape에 영향을 받는 단백질의 sedimentation rate에 따라 단백질을 분리한다(그림 3-40 참조).
- Electrophoresis는 적용된 electric field에서 단백질의 이동 속도에 따라 단백질을 분리한다. SDS-polyacrylamide gel electrophoresis (SDS-PAGE)는 분자량이 10% 정도 차이가 나는 polypeptide chain

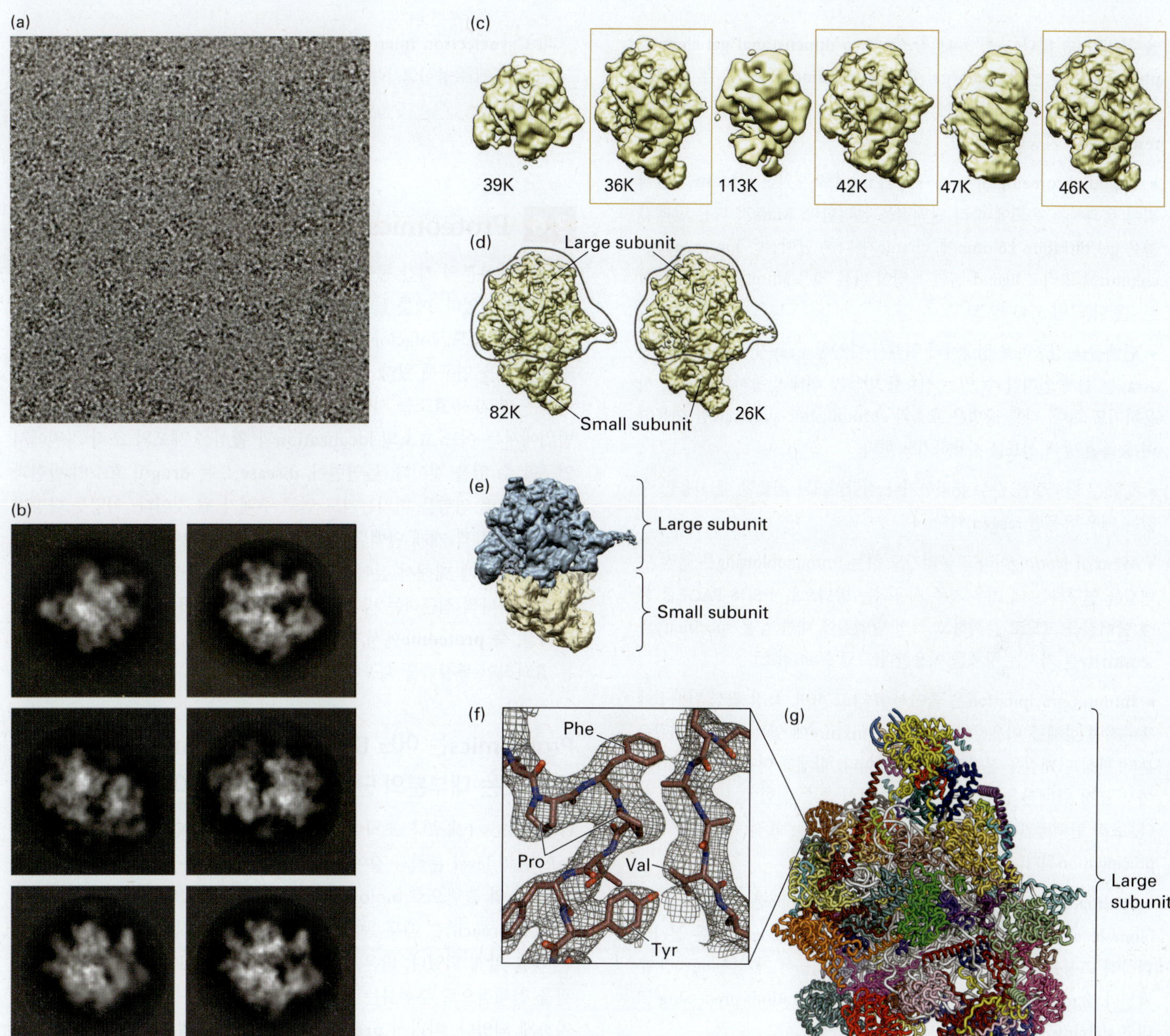

실험 그림 3-49 인간 미토콘드리아 ribosome의 구조를 cryoelectron microscopy로 분석하였다. 미토콘드리아는 복잡하고 여러 기능을 하는 세포소기관으로서 energy carrier ATP를 합성하는 것으로 잘 알려져 있다(12장 참조). 인간 미토콘드리아는 미토콘드리아 DNA에서 암호화하는 단백질들을 *mitochondrial ribosome*이라 부르는 크고(1.7 MDa), multiprotein (적어도 78개 polypeptide)과 multi-RNA로 구성되며, cytoplasmic ribosome과 약간 다른 complex를 이용해서 합성한다. (a) 순수 분리한 인간 미토콘드리아 ribosome의 cryoelectron micrograph. Ribosome과 buffer solution 사이의 대비(contrast)가 낮으므로, 사진에서 무작위로 방향을 하고 있는 각각의 frozen ribosome particle을 선명하게 보기는 어렵다. (b) 323,292개의 각 particle을 자동적으로 이미지 처리하여 orientation에 따라 class를 나누고, 각 class 내에서 평균화 작업을 함으로써 ribosome의 좀 더 선명한 image를 얻을 수 있다. (c) 수만 개 particle의 추가적인 computational 분석을 통해 뚜렷한 구조를 얻을 수 있다(각 그림의 아래에는 각 구조를 얻기 위해 분석한 particle의 숫자를 thousands [K]로 나타내었다.) 사각형으로 표시한 구조를 선택하여 추가 분석을 통해 (d)에 나타낸 바와 같이 사실상 동일한 large subunit을 가지고 있는 2개의 매우 유사한 모델을 만들었다. (e) Large (파란색)와 small (노란색) subunit의 electron density에 대하여 색상 코드화된 저해상도 모델. Small subunit의 conformation이 일정하지 않고 다양해서 고해상도의 구조를 결정하기는 어렵다. (f) Large subunit 안에 있는 단백질의 일부분에서 실험적으로 electron density (meshwork)를 결정하여 확대한 그림. 이 그림에서는 polypeptide chain의 superimposed molecular model을 만들기 위해 electron density가 어떻게 사용되는지 보여준다. Proline (Pro), phenylalanine (Phe), valine (Val), tyrosine (Tyr) residue들의 side chain을 쉽게 찾을 수 있고, cryoelectron microscopy를 이용해 단백질 구조를 매우 높은 해상도로 결정할 수 있음을 보여준다. (g) 48개의 subunit (서로 다른 색으로 표시)으로 구성된 large subunit의 구조를 3.4 Å resolution으로 결정한 모델. [Republished with permission of American Association for the Advancement of Science, from A. Brown et al., 2014, "Structure of the Large Ribosomal Subunit from Human Mitochondria." *Science* **346**(6210): 718–722; permission conveyed through Copyright Clearance Center, Inc.]

을 분리할 수 있다(그림 3-41 참조). Two-dimensional gel electrophoresis는 첫 번째는 charge (first dimension)에 의해, 두 번째는 mass (second dimension)에 의해 단백질을 분리함으로써 추가적인 resolution을 제공한다.

- Liquid chromatography는 구형의 bead로 채워진 column을 단백질이 통과하는 속도에 따라 단백질을 분리한다. Mass가 다른 단백질들은 gel filtration column에, charge가 다른 단백질은 ion-exchange column에 그리고 ligand-결합 특징이 다른 것은 affinity column에서 분리된다(그림 3-43 참조).

- 단백질을 검출하고 정량하기 위해서 다양한 assay가 사용된다. 어떤 assay는 쉽게 인지할 수 있는 신호를 만들기 위해 발광하는 반응을 사용하기도 한다. 다른 방법은 효소와 chromogenic substrate를 이용하여 증폭된 발색 신호를 사용하기도 한다.

- 항체는 단백질을 순수 분리하거나 정량하거나 검출할 때 사용할 수 있는 매우 유용한 reagent이다.

- *Western blotting*이라고 불리기도 하는 immunoblotting은 특정 단백질을 연구하는 데 매우 자주 사용되는 방법으로서 SDS-PAGE를 통해 단백질을 고도로 분획하고 특정 단백질에 대한 높은 specificity와 sensitivity를 가지는 항체를 이용한다(그림 3-44 참조).

- Immunoprecipitation은 줄여서 *IP*라고 하며, 특정 관심 단백질에 특이적인 항체를 이용하여 complex mixture에 있는 다른 단백질로부터 관심 단백질을 분리해내는 방법이다. 항체를 이용하여 solution에서 표적 단백질을 precipitation시켜서 후속 실험에 사용할 수 있다. 표적 단백질과 강하게 결합하고 있는 분자는 표적 단백질과 같이 precipitation된다(co-immunoprecipitation).

- Radioactive isotope과 nonradioactive isotope은 단백질과 다른 biomolecule을 연구하는 데 결정적인 역할을 한다. Isotope은 분자의 화학적 조성을 바꾸지 않고도 그 분자에 끼어들어 가거나 tag처럼 추가된다. Radioisotope은 단백질의 synthesis, location, processing 그리고 stability 등을 연구하는 데 사용할 수 있다.

- Autoradiography는 cell, tissue, electrophoretic gel에서 photographic emulsion이나 electronic detector와 같은 two-dimensional detector를 이용하여 방사성 동위원소로 label된 분자를 탐지하는 데 사용된다.

- Pulse-chase 실험은 단백질과 다른 metabolite의 세포내 이동 및 변화를 추적할 수 있다(그림 3-45 참조).

- Mass spectrometry는 단백질과 peptide의 detection, identification 그리고 characterization에 사용되는 매우 sensitive하면서도 정확한 방법이다.

- 단백질의 3차 구조는 x-ray crystallography, cryoelectron microscopy, NMR spectroscopy에 의해 얻을 수 있다. X-ray crystallography는 가장 자세한 구조를 보여주지만, 단백질을 먼저 결정화해야 한다. Cryoelectron microscopy는 결정화하기 힘든 크기가 큰 단백질 complex에 유용하고, NMR 분석은 상대적으로 작은 단백질에만 적용할 수 있다.

3.6 Proteomics (단백질체학)

20세기 대부분의 기간 동안, 단백질 연구는 주로 개개 단백질의 분석에 국한되어 있었다. 예를 들면, 하나의 효소에 대해서 효소 활성(기질, 생성물, 반응 속도, cofactor의 필요성, pH 의존성 등등), 구조, action 메커니즘 등을 연구해 왔다. 어떤 경우에는 어느 metabolic pathway에 관여하는 몇 가지 효소들 사이의 상관관계를 연구하기도 했다. 좀 더 넓은 범위에서는 어느 효소의 localization과 활성을 세포와 조직 차원에서 연구할 수 있을 것이다. 돌연변이, disease 또는 drug이 효소의 발현과 활성에 어떤 영향을 미치는지도 연구 주제가 될 것이다. 이렇듯 다방면의 분석으로 각 개개 단백질이나 몇 가지 관련 단백질의 기능과 action mechanism에 대해서 깊이 이해하게 되었다. 그러나 단백질의 연구에 이렇게 하나씩 접근하는 방식은 세포, 조직 또는 전체 organism의 모든 단백질, 즉 **proteome**에서 전체적으로 무슨 일이 일어나는지에 대해서는 효과적인 통찰력을 제공해 주지 못한다.

Proteomics는 어느 Biological System에 있는 모든 또는 대부분의 단백질에 대한 연구이다

Genomics (세포나 조직에 있는 genomic DNA의 sequencing과 mRNA의 level 분석과 같이 genomic DNA의 분석과 연관 있는 technology)의 출현으로 biology에 대한 전체적인 접근(global 또는 systems approach)은 매우 독특하면서도 가치 있는 통찰력을 제공해 준다는 것을 알게 되었다. 많은 과학자들은 biological system에 있는 단백질을 전체적으로 분석하는 것도 마찬가지로 매우 가치 있는 일임을 인지하게 되었다. 따라서 **proteomics**라고 하는 새로운 연구 분야가 탄생하게 되었다. Proteomics는 whole organism, tissue, cellular 그리고 subcellular level에서 모든 단백질 또는 대부분의 단백질에 대한 amount, modification, 상호작용, localization 그리고 기능을 체계적으로 연구하는 것이다.

Proteomic 연구에 있어서 광범위한 많은 질문이 제기되었다.

- 특정 sample (개체 전체, 조직, 세포, subcellular compartment)에서 전체 proteome의 어느 부분이 발현되는가? (예, 어떤 단백질이 존재하는가?)

- Sample에 존재하는 단백질들의 상대적인 양은 어떠한가? 특정 단백질의 상대적인 양은 그 단백질이 세포의 행동, 기능, 환경과 상호작용에 어떤 영향을 주는가에 대한 척도를 제공한다. 비록 mRNA level이 해당 단백질의 양에 분명한 영향을 미치지만(8장 참조), 단백질의 상대적인 양과 상응하는 mRNA의 양 사이에는 상관관계를 보이지 않는 경우가

많다. 왜냐하면, 단백질 level은 translation의 효율과 조절, post-translational modification, 단백질 degradation 속도 등의 영향을 받기 때문이다(9장 참조). 결과적으로, mRNA의 양으로 단백질의 양을 예측하기 어렵다. 따라서 단일 세포를 포함한 sample 안에 있는 mRNA 양을 빠르고, 효율적이고, 저렴하게 분석할 수 있는 방법이 있음에도 불구하고(6장 참조), 단백질 양을 조절하는 메커니즘과 단백질의 cellular function을 이해하기 위해서는 단백질의 양을 직접적으로 측정하는 것이 필요하다.

- 단백질 중에서 서로 다르게 splicing이 일어나거나 chemically modified 단백질 (예, phosphorylated, methylated, fatty acylated)들의 상대적인 양은 어떠한가?

- 크기가 큰 multiprotein complex에 어떤 단백질들이 존재하며, 각 complex에는 어떤 단백질이 있는가? 이들 complex의 기능은 무엇이며 어떻게 상호작용하는가?

- 세포의 상태(성장 속도, 세포 주기 단계, 분화, 스트레스 정도)가 변화되었을 때, 세포 안의 단백질들이나 세포로부터 분비되는 단백질들이 어느 특정 유형(*fingerprint*-like)으로 변하는가? 어떤 단백질이 변하며, 어떻게(relative amounts, modification, splice form 등) 변하는가? [이 질문에 대답하기 위해서는 8장에서 논의할 *transcriptional (mRNA) profiling*을 보완할 수 있는 일종의 *protein expression profiling*이 필요하다.]

- 그러한 fingerprint-like 변화를 진단의 목적으로 사용할 수 있는가? 예를 들면, 특정 cancer나 heart disease가 blood 단백질에 특징적인 변화를 가져올 수 있는가? 단백질 level의 특정 pattern으로 disease의 위험이 높다고 예측할 수 있는가? Proteomic fingerprint가 어떤 cancer가 특정 화학 요법(chemotherapeutic drug)에 민감한지 저항성을 가지는지 결정하는 데 도움이 될 수 있는가? [Proteomic fingerprint는 어느 상태의 변화를 조절하는 메커니즘을 연구하는 starting point가 될 수 있다. 특정 상태를 진단하는 데 사용되는 단백질 또는 다른 biomolecule을 *biomarker*라고 부른다.]

- 세포 내의 어떤 단백질이 서로 가까이 존재하는가? 어떤 단백질이 서로 결합하여 독립적인 단백질로써 안정적인 multiprotein complex (예, 미토콘드리아의 matrix 또는 inner membrane space; 12장 참조)를 이루거나, 호르몬이 세포 상태 변화를 유도하는 과정에서 신호가 전달되는 동안 일시적으로 complex를 이루는가?

- Proteome의 변화는 drug의 target이나 drug이 유도할지도 모르는 유해한 side effect (부작용)에 대한 메커니즘을 제시하는 데 도움이 될 수 있을까? 만약 그렇다면, side effect를 줄일 수 있도록 drug을 변형시키는 것도 가능할 것이다. Proteomics 방법으로 small-molecule drug이 결합하는 cellular 단백질을 찾아낼 수 있다. 따라서 drug의 잠재적 단백질 target을 찾아낼 수 있다.

- 단백질은 chemical modification, stability 변화, 다른 분자와 결합, 세포내 location의 변화 등과 같은 post-translational change가 일어난다. 유전체 상의 유전자에 돌연변이나 copy number variation과 같은 변화에 의해 단백질에는 어떤 post-translational change가 일어나는가? 이러한 post-translation change 중에서 일부는(예, 인산화 또는 탈인산화) 단백질을 직접 분석해야만 알 수 있다.

이들은 proteomics를 이용하여 대답할 수 있는 몇 가지 질문들에 불과하다. 이런 질문에 대답하기 위한 방법들은 질문들만큼이나 다양하고, 그 방법들의 숫자도 빠르게 증가하고 있다.

발전된 Mass Spectrometry 기술들은 Proteomic 분석에 매우 중요하다

Proteomic technology (예, mass spectrometry)의 발전은 실제 연구가 가능한 질문의 유형에 막대한 영향을 미치고 있다. 복잡한 biological sample에서 단백질 component를 찾아내는 데 가장 널리 사용되는 방법은 *high-throughput LC-MS/MS*이다. 그림 3-50에서 일반적인 LC-MS/MS의 개요를 보여 주고 있다. LC-MS/MS에서는 단백질의 complex mixture를 protease로 잘라서, 그 결과 얻어진 수 없이 많은 peptide를 LC로 분획하여 덜 복잡한 여러 개의 fraction을 얻는다. LC column을 빠져나오는 fraction들은 계속해서 electrospray ionization을 거쳐서 tandem mass spectrometer로 분석한다. LC column의 첫 번째 fraction은 mass spectrometer로 들어가고, 그 fraction의 많은 peptide (주황색 및 청록색)는 첫 번째 MS analyzer에 이온의 형태로 머무른다. Mass를 기준으로 이 중 하나(주황색)가 선택되어 좀 더 작은 조각으로 잘려지고 second MS analyzer에서 서열을 분석한다. 이러한 selection, fragmentation, sequencing 과정은 first MS analyzer에 머무르고 있던 첫 번째 fraction에 있는 다른 peptide들에도 차례로 진행된다. Mass spectrometer에 들어간 각 fraction은 차례로 최초의 peptide mixture에 있던 모든 peptide의 서열이 얻어질 때까지 여러 cycle의 MS/MS 분석(peptide selection, fragmentation, sequencing)을 한다. 그 결과를 이미 sequencing된 peptide와 protein database와 비교하여 최초 biological sample에 있던 단백질을 동정한다. Sample 당 단지 수십 μg의 단백질을 이용하여 세포나 조직에서 활발히 발현되는 proteome의 상당 부분을 검출하고 정량화할 수 있는데, 그 숫자는 10,000–12,000개의 단백질에 이른다. 현재는 1–2 μg 정도 적은 양의 sample에서 5,000–7,000개의 단백질을 검출할 수 있다. 이 정도 양의 sample은 세포의 종류와 재료의 준비 과정에서 손실에 따라 다르지만 10,000–15,000개의 세포에서 얻을 수 있다. 궁극적으로는 하나의 세포 안에 있는 proteome을 분석할 수 있도록 민감도를 향상시키는 노력이 진행되고 있다.

LC-MS/MS를 이용하여 세포소기관에 있던 수많은 단백질들을 동정한 예가 그림 3-51에 나타나 있다. 생쥐의 간 조직에서 얻은 세포를 기계적으로 분쇄하여 세포소기관을 얻고, 세포소기관들을 density-gradient centrifugation을 통해 부분적으로 분리한다. Gradient에서 세포소기관의 위치는 이미 알고 있는 세포소기관 특이적 단백질에 대한 항체를 이용한 immunoblotting으로 확인한다. Gradient에서 얻은 각각

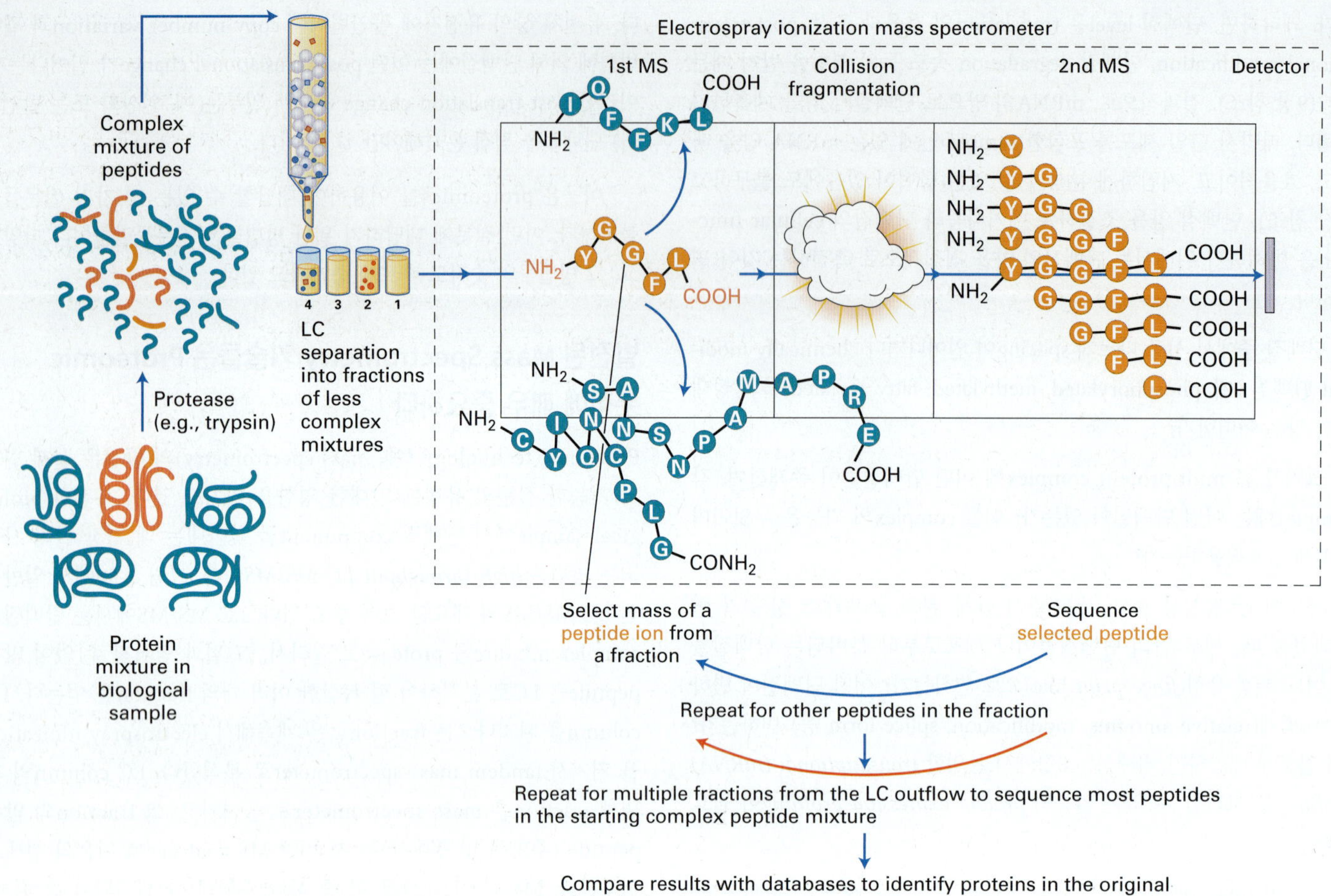

실험 그림 3-50 LC-MS/MS는 복잡한 biological sample에서 단백질들을 동정하는 데 사용된다. Biological sample에서 단백질의 complex mixture (예, 순수 분리한 Golgi 세포소기관)을 protease로 digest하였다. 그 결과 생성되는 peptide mixture를 liquid chromatography로 분획하면 여러 개의 조금 덜 복잡한 fraction을 얻게 된다. 이렇게 얻어진 fraction은 electrospray ionization에 의해 tandem mass spectrometer로 계속해서 서서히 injection된다. First MS analyzer (orange and teal)에 있는 각 fraction의 peptide 중에서 하나(orange)를 선택하여 fragmentation과 sequencing을 한다. Fraction에 있는 나머지 peptide들도 차례로 fragmentation과 sequencing을 반복한다. 최초의 complex mixture에 있는 모든 peptide의 mass와 서열이 결정될 때까지 후속 fraction들을 mass spectrometer에 보내서 차례로 동일한 MS/MS 분석을 반복한다. 이렇게 알게 된 mass와 peptide sequence를 database와 비교하여 최초의 biological sample에 있던 단백질들을 동정한다.

의 fraction에 있는 단백질들을 LC-MS/MS를 이용하여 동정하고, gradient에서 각 단백질의 분포와 세포소기관 내에서의 분포를 비교한다. 이러한 방법으로 각 단백질들이 하나 또는 그 이상의 세포소기관에 존재하는지를 알 수 있다(organelle proteome profiling). 최근에 세포소기관 순수 분리, MS, biochemical localization, computational method들을 조합함으로써, 인간과 생쥐의 미토콘드리아에 적어도 1,000개의 서로 다른 단백질이 존재한다는 것을 증명하였다.

물리적으로 접촉하고 있거나 세포 내에서 단순히 co-localize하고 있어서 공간적으로 가까이 존재하는 단백질들을 식별하는 강력한 방법은 enzyme-catalyzed, proximity-dependent labeling을 mass spectrometry와 연결하여 사용하는 것이다. 이 방법에서는 세포를 관심 단백질이 specialized enzyme과 fusion되어 발현하는 recombinant DNA를 갖고 있도록 조작한다. 세포를 효소의 기질에 노출하면 효소는 기질을 관심 fusion 단백질과 가까이(대략 10–20 nm) 존재하는 단백질에 covalent하게 label하는 reactive chemical로 바꿔준다. 단백질에 효소를 fusion할 때 단백질의 정상적 location이나 결합 partner와의 결합이 방해받지 않도록 주의해야 한다. Proximity-dependent labeling에 가장 보편적으로 사용하는 기질은 small molecule biotin이며, biotin은 효소에 의해 활성화되어 근처의 단백질에 covalent하게 부착된다. 살아있는 세포에서 labeling reaction이 완료되면, 세포에서 모든 단백질을 추출한 다음, fused 단백질의 근처에 있던 biotinylated 단백질은 biotin에 매우 강하게 결합하는 streptavidin이라는 단백질이 결합되어 있는 bead를 이용한 affinity chromatography (그림 3-43c 참조)로 분리해낸다. 분리한 biotinylated 단백질의 정체는 LC-MS/MS를 통해 알아낸다.

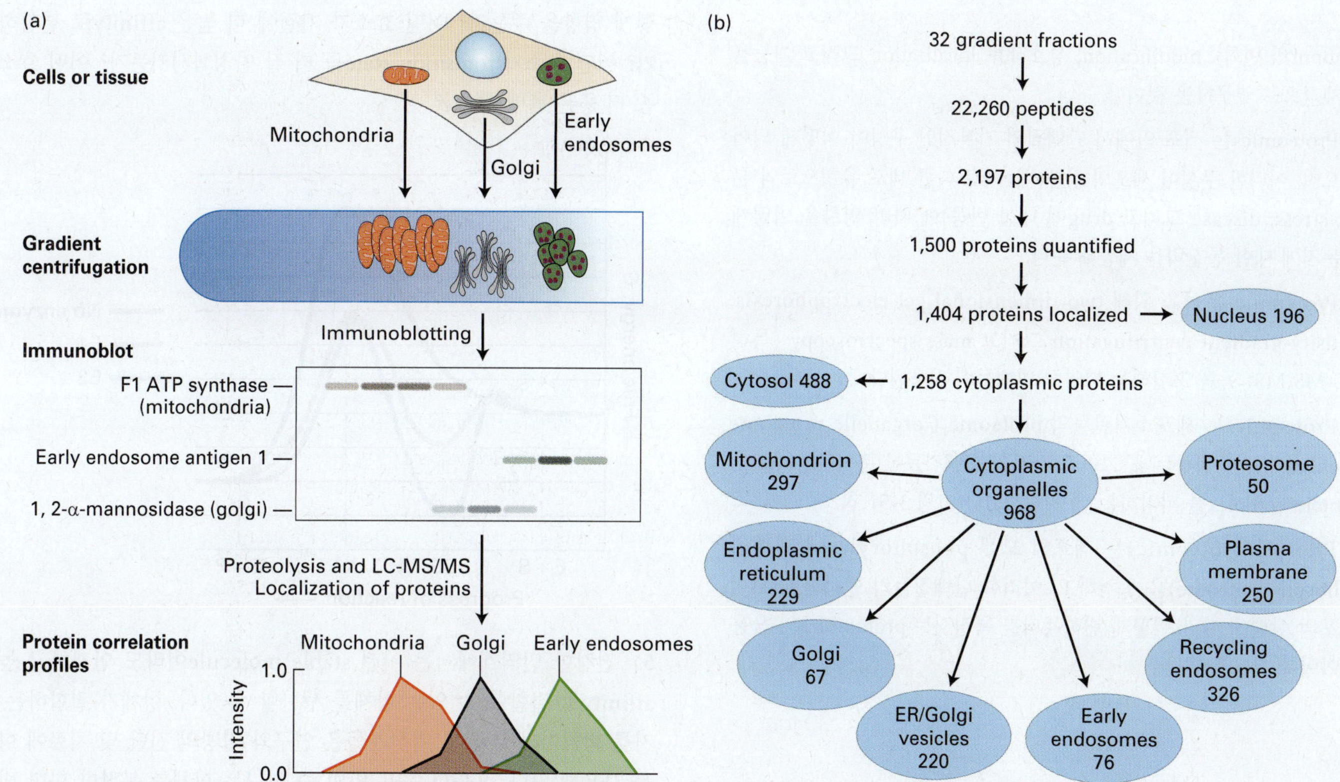

실험 그림 3-51 Density-gradient와 LC-MS/MS를 조합하여 세포소기관의 많은 단백질들을 동정할 수 있다. (a) 간 조직에 있는 세포를 기계적으로 파괴하여 세포소기관이 빠져나오게 한 뒤, density-gradient centrifugation을 이용하여 부분적으로 세포소기관을 분리한다. Gradient에서 세포소기관은 여러 위치에 걸쳐져 있고 때로는 서로 겹치기도 한다. 따라서 원하는 세포소기관의 위치를 미리 알고 있던 세포소기관 특이적 항체를 이용한 immunoblotting으로 확인해야 한다. Gradient에서 얻은 fraction을 proteolysis시킨 뒤 LC-MS/MS를 통해 각 fraction에 있는 단백질과 peptide를 동정한다. Gradient 상에서 각 세포소기관의 위치와 비교하면 (*protein correlation profiling*이라 부른다), 많은 각각의 단백질들이 하나 또는 그 이상의 세포소기관에 포함되는지를 알 수 있다(organelle proteome identification). (b) Part (a)에서 얻은 data의 단계적 분석. 동정된 모든 단백질이 세포소기관을 구성하는 단백질은 아니며, 어떤 단백질은 둘 이상의 세포소기관에 동시에 존재하는 경우도 있다. [Data from L. J. Foster et al., 2006, *Cell* **125**:187–199.]

이런 방법을 통해 미토콘드리아에 *matrix* (12장)라는 subcompartment에 495개의 단백질이 존재한다는 사실을 알게 되었다. 그러나 세포의 다른 subcompartment에 있는 단백질들은 생화학적으로 분리해 내기는 어렵다. 서로 가까이 존재하는 단백질들이 기능적으로도 연관성이 있는지를 알기 위해서는 추가적인 실험이 필요하다.

Proteomic 방법을 molecular genetic method와 함께 사용하여 진핵세포에 존재하는 모든 단백질 complex를 동정하려는 연구가 진행 중이다. 예를 들면, 효모 *Saccharomyces cerevisiae*에서는 대략 500개의 complex가 확인되었고, complex당 평균 4.9개의 서로 다른 단백질이 존재하며, 이 complex들은 적어도 400개 정도의 complex-to-complex interaction에 관여한다. 이렇게 체계적인 proteomic 연구는 세포 내의 단백질 구성과 세포가 생존하고 기능하기 위해서 단백질들이 어떻게 서로 같이 일하는지에 대한 새로운 통찰력을 제공해 주고 있다.

Complex mixture에 있는 단백질들에서 인산화 site를 찾고 정량화하는 방법인 phosphoproteomics는 세포 대사와 조절 분석에 점차 더 큰 역할을 하고 있다. 이미 살펴본 바와 같이, kinase와 phosphatase에 의한 가역적인 인산화는 세포의 단백질 기능을 조절하는 key mechanism이다. Phosphoproteomics를 이용하여 많은 단백질의 인산화 상태를 동시에 결정할 수 있으므로 복잡한 cellular regulatory network을 분석하는 중요한 도구로 사용되고 있다. 대부분 특정 단백질의 일부분에서, 어떤 경우에는 극히 일부분에서 인산화된다. 따라서 phosphoproteomics 분석을 위해서는 표준 proteomic analysis에 비해서 50–100배 많은 양의 세포 또는 조직 sample이 필요하다(sample당 약 2.5 mg에서 20 mg의 총 단백질). 따라서 보통 metal을 포함하거나(예, Fe^{3+} 또는 TiO_2), 항체를 포함하고 있는 column을 이용한 affinity chromatography를 통해 phosphopeptide를 얻은 다음(phosphopeptide enrichment) LC-MS/MS를 이용하여 분석한다.

3.6절의 주요 개념

Proteomics (단백질체학)

- Proteomics는 whole organism, tissue, cellular 그리고 subcellular level에서 모든 단백질 또는 대부분의 단백질에 대한 amount (그리고

amount의 변화), modification, 상호작용, localization 그리고 기능을 체계적으로 연구하는 것이다.

- Proteomics는 세포 안에서 단백질의 기본적인 구성이 어떻게 되어 있으며, 이러한 구성이 세포의 상태(예, 서로 다른 세포 유형으로의 분화, stress, disease 그리고 drug에 대한 반응)에 따라 영향을 어떻게 받는지에 대한 통찰력을 제공해 준다.
- Proteomic 분석을 위해 two-dimensional gel electrophoresis, density-gradient centrifugation 그리고 mass spectroscopy (특히 LC-MS/MS) 등을 포함하는 다양한 방법들이 사용된다.
- Proteomics는 세포소기관들의 proteome ("organelle proteome profiling")을 동정하는데, 그리고 각각의 단백질들이 구성하는 multi-protein complex를 파악하는 데 기여하였다(그림 3-51 참조).
- Phosphoproteomics는 세포의 모든 phosphorylated 단백질 (phosphoproteome)을 동정하고, 이러한 단백질들의 인산화 level이 세포의 상태에 따라 어떻게 변하는지를 특징짓는 proteomics의 응용 분야이다.

개념 복습

1. 단백질의 three-dimensional structure는 단백질의 primary, secondary, 3차 구조에 의해 결정된다. *Primary*, *secondary*, 3차 구조가 무엇인지 정의하시오. 가장 흔한 2차 구조는 무엇인가? 2차 구조와 3차 구조를 유지하는 힘은 무엇인가?

2. 단백질의 적절한 folding은 biological 활성을 위해 중요하다. 일반적으로 특정 단백질의 functional conformation은 가장 낮은 에너지 상태의 conformation이다. 이 말은 unfolded 단백질이 평형 상태를 이루도록 내버려 둔다면 자동적으로 functioning folded state로 전환될 수 있다는 것을 의미한다. 그렇다면, 세포는 왜 molecular chaperone과 chaperonin을 필요로 하는가? 단백질의 folding에서 molecular chaperone과 chaperonin은 어떤 다른 기능을 하는가?

3. 효소는 화학적 반응을 catalyze한다. 효소의 active site는 무엇으로 구성되어 있는가? 효소의 turnover number, Michaelis constant (K_m), maximal velocity (V_{max})는 무엇인가? Carbonic anhydrase의 경우 turnover number는 5×10^5 molecules/s이다. 이 값은 "rate"가 아니라 "rate constant"이다. 무엇이 다른가? 실제로 product production rate (V)를 결정하기 위해서는 rate constant에 어떤 농도 값을 곱해 주어야 하는가? 어떤 환경에서 rate가 효소의 maximal velocity (V_{max})와 같아지는가?

4. 다음 도표는 substrate molecule (S)이 효소가 없거나 하나 또는 2개의 효소(E1, E2)가 존재하는 환경에서 transition sate ($X^‡$)를 거쳐서 안정적인 product (P)로 전환되는 과정을 보여 주고 있다. 각 효소를 추가하면 반응이 일어나는 데 있어서 Gibb's free energy 변화(ΔG)에 어떻게 영향을 주는가? 어떤 효소가 기질에 더 높은 affinity로 결합하는가? 어떤 효소가 transition state를 더 잘 안정화시키는가? 어떤 효소가 좀 더 좋은 촉매제인가?

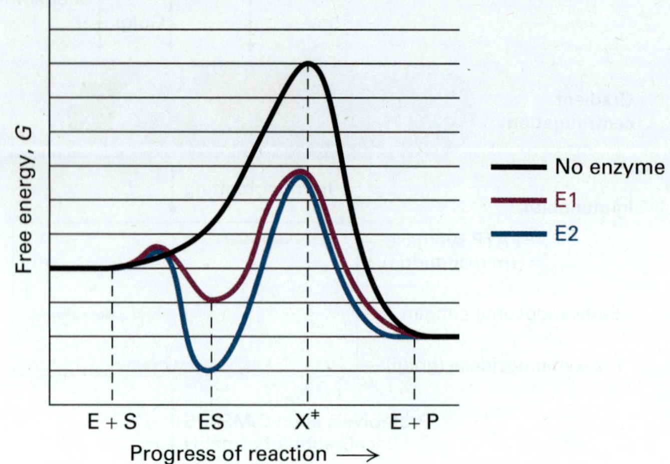

5. 건강한 면역계에서는 어떤 stable molecule이라도 인지하고 높은 affinity로 결합할 수 있는 항체를 생산할 수 있다. 항체가 결합하는 분자를 항원이라 부른다. 과학자들은 연구와 질병의 진단 및 치료에 항체를 사용해 왔다. 훌륭한 응용 방법 중 하나는 항체를 복잡한 화학 반응을 매개하는 효소와 같이 기능하도록 만드는 것이다. 만일 그러한 catalytic 항체를 만들고 싶다면 항원으로 무엇을 사용하는 것이 좋은가? 화학 반응의 기질 또는 product를 항원으로 사용해야 하는가? 이외에 무엇을 항원으로 사용할 수 있는가?

6. 단백질은 세포 내에서 분해된다. Ubiquitin은 무엇이고, degradation될 단백질을 표지할 때 ubiquitin이 어떤 역할을 하는가? 단백질 degradation에서 proteasome의 역할은 무엇인가? Proteasome inhibitor가 어떻게 chemotherapeutic (cancer-treating) agent로 사용될 수 있는가?

7. 단백질의 기능은 다양한 방법으로 조절된다. Cooperativity는 무엇이며, 단백질 기능에 어떻게 영향을 주는가? 단백질 인산화와 proteolytic cleavage가 단백질 기능을 어떻게 조절하는지 설명하시오.

8. 수많은 방법들이 mass의 차이를 이용해 단백질을 분리한다. 이 방법들 중 하나인 centrifugation과 gel electrophoresis에 대해서 설명하시오. Blood 단백질 transferrin (MW 76 kDa)과 lysozyme (MW 15 kDa)은 rate-zonal centrifugation 혹은 SDS-polyacrylamide gel electrophoresis로 분리할 수 있다. Centrifugation 동안 둘 중 어느 단백질이 더 빨리 침전되는가? 그리고 electrophoresis 동안 어느 것이 더 빨리 움직이는가?

9. Liquid chromatography는 단백질을 분리하는 데 사용하는 분석적인 방법이다. Gel filtration, ion-exchange, affinity chromatography에 의해 단백질을 분리하는 각각의 원리를 설명하시오.

10. 단백질을 검출하는 다양한 방법이 개발되었다. 단백질을 label하고 검출하는 데 radioisotope와 autoradiography가 어떻게 사용되는지 설

명하시오. Western blotting은 단백질을 어떻게 검출하는가?

11. 단백질의 conformation을 결정하기 위하여 종종 물리적 방법이 사용된다. X-ray crystallography, cryoelectron microscopy 그리고 NMR spectroscopy가 단백질의 구조를 결정하는 데 어떻게 사용되는지 설명하시오. 각 method의 장점과 단점은 무엇인가? 작은 단백질의 구조 결정에 가장 적절한 방법은 무엇인가? Huge macromolecule assembly 분석에 적절한 방법은 무엇인가?

12. Mass spectrometry는 proteomics에 매우 강력한 도구이다. Mass spectrometer의 4가지 중요한 특징은 무엇인가? MALDI와 two-dimensional polyacrylamide gel electrophoresis가 정상적인 건강한 세포에서는 발현되지 않고 암세포에서만 발현되는 단백질을 찾아내는 데 어떻게 사용될 수 있는지 간단히 기술하시오.

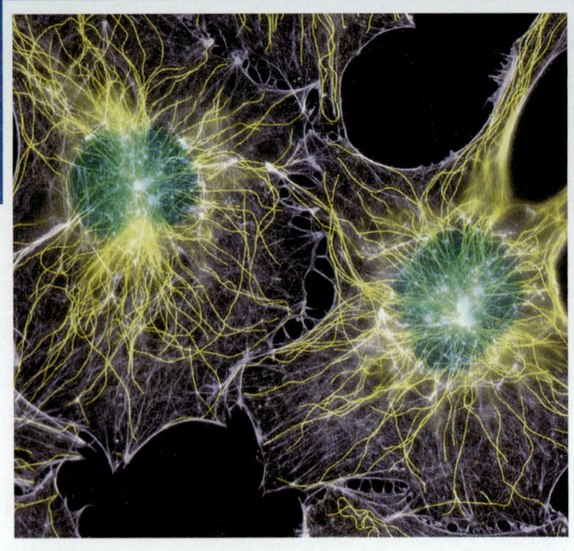

Fluorescence microscopy (형광현미경)을 통해 2개의 배양된 세포 내의 DNA (초록색), microtubule (노란색), microfilament (보라색)의 위치가 보여지고 있다. 이 세포는 화학적으로 고정된 후, antibody들이 들어갈 수 있도록 약한 detergent로 처리되었다. Microtubule들은 tubulin에 해당하는 antibody로; microfilament는 F-actin에 선택적으로 결합하는 toxin인 phalloidin으로; DNA는 DNA에 결합하는 염색시료로 시각화되었다. [Torsten Wittman, University of California, San Francisco.]

CHAPTER 4

세포의 배양 및 시각화 (Culturing and Visualizing Cells)

OUTLINE

모든 생물체는 세포로 이루어졌다는 것이 200년 전까지도 알려지지 않았다는 것은 놀라운 사실이다. 1655년 Robert Hooke는 초기 현미경을 이용하여 cork 조각을 관찰하여 직사각형들이 배열된 것을 확인하였다. 이들은 죽은 식물 세포의 벽이었는데, Robert Hooke는 monastery (수도원)의 monk cell (수도실)을 떠올리고서 *cell* (세포)이라는 단어를 사용하였다. 이후 오래지 않아, Antonie van Leeuwenhook는 자신의 현미경 관찰을 통해 microorganism (미생물)을 그림으로 그렸는데, 이것이 최초로 살아 있는 세포를 묘사한 것이다. 이후 200년이 지나 Matthias Schleiden과 Theodore Schwann은 각각의 세포가 여러 식물, 동물, 그리고 single-celled organism에서 생명의 기본 유닛을 구성함을 제안하였다. 종합적으로, 이러한 발견들은 생물학에서 가장 위대한 것들 중 일부였고, 세포들이 어떻게 조직되고 기능하는가에 대한 문제를 제기하였다.

하지만 오늘날에도, 많은 기술적 제한 때문에 온전한 상태의 동식물 세포를 연구하는 것에 어려움이 있다. 하나의 대안은 동물에서 분리된 intact organ (온전한 장기)을 사용하여 physiologic integrity (생리학적으로 온전한 상태)와 기능이 유지되도록 처리하는 것이었다. 하지만 장기의 organization (조직, 구조)은 너무 복잡하여 연구에서 많은 문제가 발생한다. 그리하여 molecular cell biologist (분자세포생물학자)는 종종 organism (생물체)에서 분리된 세포에서 실험을 수행한다. 4.1절에서 다양한 세포 종류를 어떻게 유지하고 배양하는지, 어떻게 복잡한 혼합물에서 특정 세포를 분리하는지를 살펴볼 것이다.

많은 경우, 분리된 세포는 세포 성장이 가능한 조건에서 유지될 수 있는데, 이러한 과정을 *culturing* (배양)이라고 한다. 배양된 세포는 intact organism과 비교하여 cell biology research (세포생물학 연구)를 하기 위한 여러 가지 장점을 가지고 있다. 하나의 특정한 종류의 세포가 배양될 수 있고, 실험 조건이 더 잘 제어될 수 있으며, 많은 경우 하나의 세포가 동일한 세포로 이루어진 colony로 자랄 수 있다. 이렇게 만들어지는 유전적으로 동일한 세포를 **clone**이라 한다. 하지만 세포 배양 역시 자연 상태가 아니기 때문에, 현재 연구자들은 동물에서의 환경과 가장 유사한 three-dimensional environment (3차원적 환경)에서 세포를 배양하고 있다.

세포 구조의 발견은 현미경의 발달과 밀접하게 연관되어 있다. 이러한 사실은 400년 전과 마찬가지로 현재에도 모두 적용된다. 광학현미경은 세포의 아름다운 구조를 처음으로 보여 주었고, 오늘날 매우 정교한 현미경들이 세포 기능의 분자 기작을 점점 깊게 연구하기 위해 성능이 지속적으로 개선되고 있다. 4.2절에서는 광학현미경에서 유용하고 오랫동안 사용되어 왔으며 여전히 가치 있는 방법을 논의하고자 한다. 그리고 최근 개발된 몇몇 유용한 방법을 설명하고, 끝으로 가장 새로운 cutting-edge technology (최첨단 기술)까지 설명할 예정이다. 가장 큰 진보는 1960년대와 1970년대 immunofluorescence microscopy (면역형광현미경 기술) 개발과 함께 이루어졌다. Immunofluorescence microscopy 개발로 인하여 고정된 세포에서 특정 단백질의 위치 파악이 가능해지고, opening figure에 있는 것과 같은 static image (정지된 이미지)를 얻는 게 가능해졌다. 이러한 연구를 통해 membrane과 각 organelle (세포소기관)의 interior space (내부 공간)는 특유의 단백질 그룹을 가지고 있다는 중요한 개념이 알려졌다. 이 단백질은 세포소기관이 고유의 기능을 수행하는 데 필수적이다. 1990년대 중반 chimeric protein expressing이라는 단순한 idea (생각, 아이디어)로부터 중요한 진보가 이루어졌다. *Chimeric* 단백질은 연구 대상 단백질에 자연에서 유래한 형광 단백질이 covalent link (공유 결합)되어 있는데, 이를 이용하여 생물학자들이 살아 있는 세포에서 각 단백질의 움직임을 관찰할 수 있게 되었다. 이로 인하여 세포의 dynamic nature (역동적 성질)를 이해할 수 있게 되었고, 기존의 static image와는 구별된다. 이러한 높은 sensitivity (감도)를 가진 현미경과 resolution (해상도)을 높이기 위한 다양한 방법들을 통해, 연구자들은 세포의 dynamics 및 상세한 구조에 대한 정보를 더 많이 얻고 있다. 또한 Fluorescence 기술에 의해서 단백질-단백질 상호작용을 추적 관찰할 수 있는 방법과 이 장에서 다룰 수많은 정교한 molecular technology들이 개발되었다. 수십 년 동안 광학현미경은 visible light (가시광선)의 wavelength (파장)으로 인한 한계 때문에 해상도가 약 200 nm에 머물렀다. 이러한 해상도 장벽을 극복하기 위해 지난 몇 년 동안 개발된 방법, 예를 들면 *super- resolution microscopy* (초해상도 현미경)와 같은 방법에 대해 알아본다.

광학현미경의 놀라운 발달에도 불구하고, 가시광선은 ultrastructural detail (초미세구조 세부)한 세포를 관찰하기에는 너무 낮은 resolution을 제공한다. 전자현미경은 보다 높은 resolution을 제공하지만, 이를 이용하기 위해서는 세포가 고정되어 잘린 상태여야 하기에 모든 cell movement (움직임)가 정지된 상태이다. 전자현미경 또한 연구자들로 하여금 고분자 복합체 또는 단일 고분자의 구조 연구를 가능하게 하였다. 4.3절에서는 전자현미경에서 관찰을 위한 specimen (시료)을 준비하는 다양한 방법을 개략적으로 알아보고, 이로부터 알아낼 수 있는 정보의 종류를 기술한다.

광학현미경과 전자현미경을 통해 모든 eukaryotic (진핵생물의) 세포가 *organelle* (세포소기관)이라고 하는 비슷한 repertoire의 membrane-limited compartment를 포함하고 있음이 알려졌다. Microscopy의 발달과 동시에 cellular fractionation 방법도 발달되어 cell biologist가 각각의 세포소기관들을 좀 더 순수하게 분리 정제할 수 있게 되었다. 4.4절에서 자세히 설명된 이러한 기술은 세포소기관의 단백질 조성과 생화학적 기능에 대한 중요한 정보를 지속적으로 제공하는 데 도움을 주고 있다.

4.1 세포 배양 및 분석

세포 배양이 가능해짐에 따라 세포에 대한 연구가 매우 용이해졌다. 세포를 배양함으로써 microscopy를 통해 세포를 관찰할 수 있게 되었고, controlled condition에서 specific treatment가 가능해졌다. Unicellular bacteria (단세포 세균), fungal, protist (원생동물) 세포를 배양하는 것은 비교적 쉽다; 세포 배양이 가능한 rich medium (배양액)에 세포를 놓아두기만 하여도 잘 배양된다. 하지만 동물 세포는 multicellular organism (다세포 생물)에서 분리되는데, 이러한 점 때문에 하나 또는 small group의 세포 배양이 더 어렵다. 이 절에서는 어떻게 동물 세포를 배양할 수 있는지, 다른 종류의 cell type이 분리되어 연구에 이용될 수 있는지 설명한다.

동물 세포 배양을 위해서는 Nutrient (영양분)-Rich Media와 Special Solid Surface (단단한 표면)가 필요하다

Cultured tissue나 세포가 정상적으로 살아 기능을 하게 하기 위해서는 온도, pH, ionic strength (이온 강도), 필수 영양분이 intact organism과 최대한 유사하도록 공급되고 유지되어야 한다. 분리된 동물 세포는 일반적으로 특수한 coated plastic dish (코팅된 플라스틱 접시) 또는 flask 안에서 *culture medium* (배양액)이라고 불리는 nutrient-rich liquid에서 배양된다. 배양 dish 또는 flask는 incubator (배양기) 안에 보관되는데, 이 incubator 안의 온도, 공기, 습도는 필요한 대로 조절할 수 있다. Bacterial 또는 fungal contamination (오염)을 줄이기 위해서 culture media에 항생제를 넣어주기도 한다. 오염을 더 줄이기 위해 연구자들은 dish 안에서 세포를 유지하고 culture medium에 reagent를 넣어줄 때, specimen을 특수한 cabinet 안에서 실험을 진행한다. 이 cabinet 안에는 filtered circulating air가 유지되어 microorganism과 다른 공기 중 오염물질이 제거된다.

동물 세포를 배양하는 media는 9종류의 아미노산(phenylalanine, valine, threonine, tryptophan, isoleucine, methionine, leucine, lysine, histidine)들을 포함하고 있다. 이들 아미노산들은 adult vertebrate (척추동물) 동물 세포에서는 합성되지 않는다. 또한 대부분 cultured cell은 추가적인 세 종류의 아미노산 (cysteine, tyrosine, arginine)들을 필요로 한다. 이들 아미노산들은 intact animal의 특정 세포에서만 합성된다. 추가로 nitrogen source (질소원)로 필요한 glutamine도 필요하다. 동물 세포 배양에 필요한 medium 성분은 vitamin, 다양한 salt (염), fatty acid (지방산), glucose (포도당), serum (혈청)이다. Serum은 blood의 noncellular part (plasma, 혈장, 플라스마)가 clot되고 남은 fluid이다. Serum은 다양한 단백질 factor를 포함하고 있는데, 여기에는 polypeptide hormone insulin; bioaccessible (생화학적으로 접근 가능한) 형태의 iron (철분)을 공급하는 transferrin; 수많은 성

장 인자가 포함되어 있다. 추가로 어떤 cell type의 경우 serum에 들어 있지 않은 specialized protein growth factor를 필요로 한다. 예를 들면, 적혈구 세포의 progenitor (전구물질, 조상)는 erythropoietin을 필요로 하고 T lymphocyte (림프구)는 interleukin 2를 필요로 한다(16장 참조). 몇몇 mammalian cell type은 chemically defined, serum-free medium에서 배양할 수 있는데, 이 medium에는 아미노산, glucose, vitamin, salt 뿐만 아니라 trace mineral (미량 무기질), specific protein growth factor, 그 외 여러 구성성분이 들어 있다.

Suspension (부유액) 상태로 자랄 수 있는 bacteria와 yeast cell과 달리, 대부분 동물 세포는 solid surface에 붙은 채로만 자랄 수 있다. 이로 인하여 **cell-adhesion molecule (CAM)**이라 불리는 cell-surface (세포 표면) 단백질의 중요성이 부각되었다. CAMs는 세포가 adjacent cell과 붙을 때나 collagen 또는 fibronectin 같은 extracellular matrix (ECM, 세포외 기질)의 성분에 붙을 때 이용된다(20장 참조). 이러한 ECM 단백질은 solid surface (일반적으로 유리 또는 plastic)을 coat하게 되는데, 이 ECM 단백질은 serum에 포함되어 있거나 세포 배양 중 세포에서 분비된다. 유리 또는 plastic 위에서 배양되는 단일 세포는 성장 속도에 따라 4일에서 14일 정도 증식하면 눈에 보일 정도의 *colony*로 자라는데, 이 colony 안에는 유전적으로 동일한 수천 개의 세포가 있다. 일부 specialized blood cell과 tumor (종양) 세포는 단일 세포로서 suspension 상태로 유지되거나 자랄 수 있다.

Primary Cell Culture와 Cell Strain은 제한된 시간 동안만 유지 가능하다

Primary cell (초기 세포, 1차 세포)이란 tissues로부터 직접 분리된 세포들을 말한다. *Primary cell culture*를 하기 위해 일반적으로 정상 animal tissue (조직) [예, skin (피부), kidney (신장), liver (간)] 또는 whole embryo (배아)가 이용된다. Primary culture를 위한 individual tissue cell을 준비하기 위해서는 cell-cell 그리고 cell-matrix 상호작용이 파괴되어야 하는데, 이를 위해서 tissue fragment에 protease combination (단백질 분해효소 조합물) (예, trypsin, collagen-hydrolyzing enzyme collagenase, 또는 둘 다)과 divalent cation (2가 양이온) chelator (예, EDTA)를 처리한다. Divalent cation chelator는 medium에서 free Ca^{2+}를 고갈시키는 역할을 한다. 많은 cell-adhesion molecule은 calcium을 필요로 하기 때문에 calcium에 제거된다면 cell-adhesion molecule은 inactivate된다. Calcium을 필요로 하지 않는 cell-adhesion molecule도 존재하는데, 이 경우 세포를 분리하기 위해서는 이들이 protease에 의해 분해되어야 한다. 분리된 세포를 nutrient-rich, serum-supplemented medium이 들어있는 culture dish에 넣어주면 세포는 dish surface와 자신들끼리 붙는다. Culture dish에 붙은 adherent 세포를 떼어낼 때 또는 subculturing (한 culture dish에서 또 다른 culture dish로 옮기는 작업)을 할 때도 같은 protease-chelator solution이 사용된다.

Fibroblast (섬유아세포)는 connective tissue (결합 조직)에 많이 존재하는데, cell-adhesion molecule에 결합하는 collagen과 같은 ECM component를 만들어내어 세포를 culture dish surface에 anchoring (고정)할 수 있게 한다. Fibroblast는 tissue에서 분리된 다른 세포보다 빠르게 분열하기 때문에, 세포를 분리하는 과정에서 fibroblast를 제거하는 특별한 처리가 없다면 primary culture를 했을 때 가장 많이 자라나는 cell type은 fibroblast이다.

Embryo 또는 adult animal에서 분리된 세포가 배양될 때, 대부분의 adherent cell이 분열하는 횟수는 제한되어 있어서 결국에는 growing을 멈춘다(*cell senescence*, **세포 노화**). 예를 들면, human fetal fibroblast는 약 50번 분열하게 되면 성장을 멈추게 된다(그림 9-1a). 10^6 세포로 배양을 시작했을 때, 50번 doubling (2배 증식)하게 되면 $10^6 \times 2^{50}$ 또는 10^{20} 이상의 세포가 자라게 되며, 이는 약 1,000명의 사람 몸무게에 해당한다. 이렇게 배양된 세포의 극히 일부만으로도 일반적인 실험이 가능하다. 따라서 세포의 lifetime (수명)이 제한되어 있기는 하지만, 주의해서 세포를 유지한다면 cell culture를 시작한 후 여러 cell generation (세대)에 걸쳐 연구가 가능하다. 이와 같이 하나의 initial primary culture에서 유래한 cell lineage (혈통)를 **cell strain (세포주)**이라고 한다.

정상 세포의 life가 유한하다는 것에 한 가지 예외가 있는데, 이는 *embryonic stem cell* (배아 줄기세포)이다. 이름에서 알 수 있듯이, 배아에서 분리되었고 development 과정에서 모든 tissue가 만들어질 수 있다. 22장에서 논의된 바와 같이, embryonic stem cell은 적절한 condition에서 무한정 배양이 가능하다.

Cell strain을 얼리고 원하는 시간이 지난 후 해동하여 살리는 것이 가능하기 때문에 cell strain을 이용한 연구는 쉬워졌다. Cell strain은 suspended animation (가사)상태로 얼려지고, liquid nitrogen temperature (액체질소 온도, –196°C)에 오랜 기간 보관이 가능하다. 이때 얼음결정이 생기는 것을 막기 위해 preservative가 이용된다. 얼려진 세포를 녹였을 때 모든 세포가 살아나지는 않지만 대부분의 세포가 살아남아 성장을 시작한다.

Transformed cell은 무한정 배양이 가능하다

Individual cell을 clone화하고, cell behavior를 변형하며, mutant를 골라내기 위해서, biologist는 50번 이상 doubling할 수 있는 기간 동안 cell culture를 유지하기를 원한다. 몇몇 tumor에서 유래한 세포의 경우에는 그와 같은 긴 기간 동안 세포 배양이 가능하다. 또한 primary cell 중 극히 일부 세포가 spontaneous oncogenic (발암유전자) 돌연변이 (mutation)를 가지게 되면 *oncogenic transformation* (변형)이 일어난다 (25장 참조). 이러한 세포는 oncogenically transformed 또는 간단하게 *transformed*되었다고 얘기하는데, 무한대로 자랄 수 있다. 무한대로 자랄 수 있는 세포는 immortal (불멸)이라고 여겨지며, **cell line (세포계)**이라 불린다.

HeLa cell line은 처음으로 확립된 human cell line인데, 1952년 uterine cervix의 malignant tumor (carcinoma)에서 처음 만들어졌다.

이 세포는 Henrietta Lacks라는 여성으로부터 동의 없이 얻어졌고, 이로 인해 생물학적 소유권에 대한 윤리적인 문제를 야기했다. 다른 human cell line도 cancer에서 만들어지기도 하고, oncogene 발현에 의한 transforming을 통해 immortal한 cell line이 만들어지기도 한다.

어디로부터 유래했는지에 관계없이, immortalized cell은 abnormal DNA 서열를 가진 염색체을 가지는 경우가 많다. 또한 이러한 세포의 염색체 수는 일반적으로 정상 세포의 염색체 수보다 많고, 세포가 연속적으로 분열하기 때문에 염색체 수가 변하게 된다. 예외적으로, human cell line 중 hematopoietic (조혈) origin의 cell line은 8번 염색체를 제외하고는 모든 염색체이 haploid (반수체)이다. diploid (이배체) 세포에서는 gene의 두 복사본 중 하나가 불활성화되어도 표현형을 생성하지 않기 때문에, gene의 single copy (단일 복사본)만 있을 경우, model organism에서 사용되는 genetic screens (유전자 검사 유형)을 가능하게 하므로 유전자 분석(genetic analysis)에 매우 유용하다. 비정상적인 염색체 수를 가진 세포를 *aneuploid* (염색체 이수성)하다고 한다.

Flow Cytometry (유세포 분석기술)를 이용하면 Cell Type 별로 분리가 가능하다

Density (밀도)가 다른 세포는 물리적 성질의 차이를 이용하여 분리할 수 있다. 예를 들면, erythrocyte는 nucleus가 없기 때문에 white blood cell (백혈구, leukocytes)과 red blood cell (적혈구, erythrocytes) 간의 density 차이가 크다; 따라서 이러한 세포는 equilibrium density centrifuge (평형원심분리기) (4.4절에서 설명)에 의해 분리될 수 있다. 대부분의 cell type은 이와 같이 쉽게 분리되지 않기 때문에, flow cytometry와 같은 다른 기술을 이용해야 한다.

여러 세포가 섞여 있는 mixture에서 한 type의 세포를 분리하려면, 원하는 세포를 표기하고 분류하는 방법이 필요하다. 각각의 cell type은 cell surface에 서로 다른 분자를 발현한다. 아래에서 보게 되겠지만, 형광 단백질 (형광 단백질)을 세포에서 발현시켜서 특정 세포들을 표시할 수 있다. 하지만, population 중 일부의 세포에서만 형광 단백질이 발현된다면, 형광을 띠지 않는 세포들과 어떻게 분리할 수 있을까? 이러한 세포들은 *flow cytometer* (유동 세포계측기)를 이용하여 분석할 수 있다. Flow cytometer에서 세포는 레이저 광선을 빠르게 통과한다. Laser beam은 세포가 산란하는 light와 emit하는 fluorescent를 측정하여, 원하는 type의 세포의 수를 정량화할 수 있다. Flow cytometry 원리에 기초한 **fluorescence-activated cell sorter (FACS)**는 cell analyze (분석)도 가능하고, 섞여 있는 다른 세포로부터 원하는 세포를 분리하여 culture dish에 옮기는 것도 가능하다(그림 4-1). 이러한 분석을 위해서, 세포들은 buffer와 혼합되고 vibrating nozzle (진동하는 노즐)을 통해 아주 작은 물방울을 만들게 된다. 이러한 아주 작은 물방울 하나에 하나의 세포만이 들어갈 수 있을 정도로 세포의 농도가 적당하게 조정되어야 한다. 노즐 바로 직전에서 세포들은 laser beam을 통과하게 되고 scattered light (산란된 빛)은 detector (검출기)를 통해 기록이 되는데, 이를 통해 세포의 존재 여부와 크기를 알 수 있고, 두 번째 detector인 형광 detector를 통해 방출된 fluorescent light의 양을 정량화될 수 있다. 만약 물방울 안에 세포가 존재하면, 물방울은 노즐 밖으로 나오면서 negative electric charge를 띠게 된다. 그 후 물방울은 electric filed (전기장)을 생성하는 2개의 판을 지나게 되는데, 이 전기장의 세기는 위에서 감지된 fluorescence의 크기에 비례한다. 이러한 전기장은 물방울들을 밖으로 빠질 수 있도록 하는 힘을 생성하게 되고, noncharged 물방울들과 분리시켜 튜브에 담기게 한다. 이러한 힘의 크기는 물방울 안의 세포로부터 방출된 fluorescence 크기에 비례하기 때문에, 각기 다

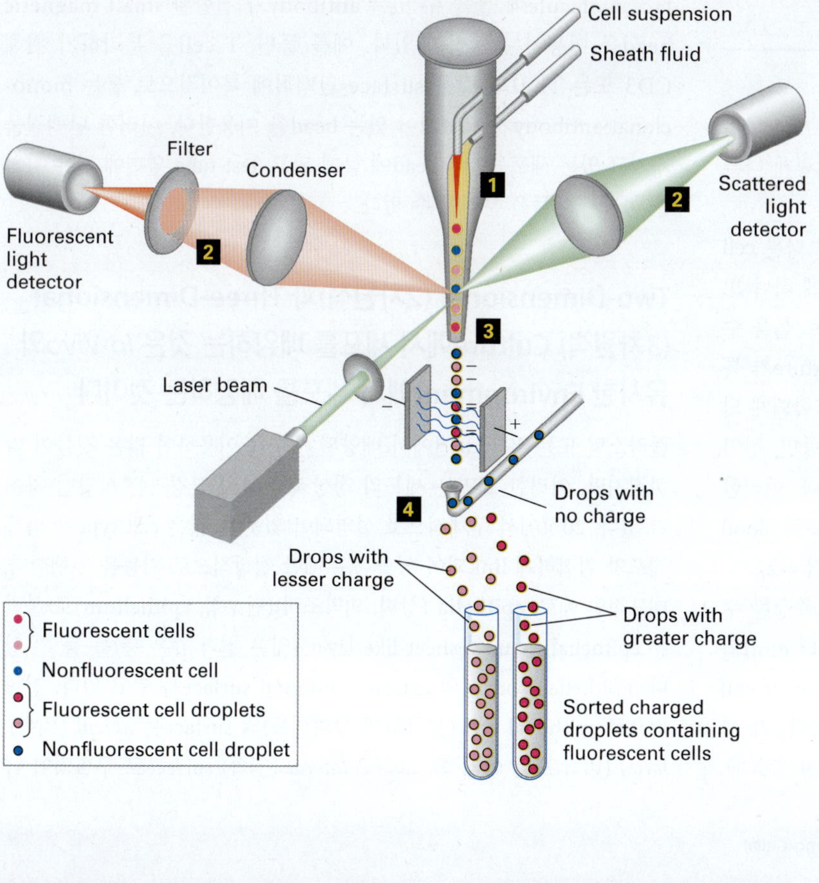

그림 4-1 Fluorescence-activated cell sorter (FACS)를 이용하면, 서로 다른 fluorescent level을 가지는 세포를 분리할 수 있다. 단계 **1**: Labeled cell이 농축된 suspension을 buffer (sheath fluid)와 섞고 세포가 laser light beam을 single-file 상태로 통과하도록 한다. 단계 **2**: 각 세포에 의해 만들어진 emitted fluorescent light와 scattered light 모두를 측정한다; Scattered light를 측정하면 세포 크기와 모양을 결정할 수 있다. 단계 **3**: 그 후 cell suspension이 nozzle을 통과하도록 하는데, nozzle을 통과하면 하나의 세포만을 가진 droplet이 만들어진다. Nozzle 끝에서 droplet이 만들어질 때, 세포를 가진 droplet은 앞에서 측정된 세포의 fluorescence와 비례한 negative electric charge (음전하)를 가진다. 단계 **4**: Droplet이 electric field (전기장)를 통과할 때, electric charge가 없는 droplet은 버려지는 반면, electric charge를 가진 droplet은 비슷한 electric charge를 가진 것끼리 분리되고 모아진다. 각 droplet을 sort하는 데는 millisecond 밖에 걸리지 않기 때문에, 시간당 1,000만 개의 세포를 통과시킬 수 있다.

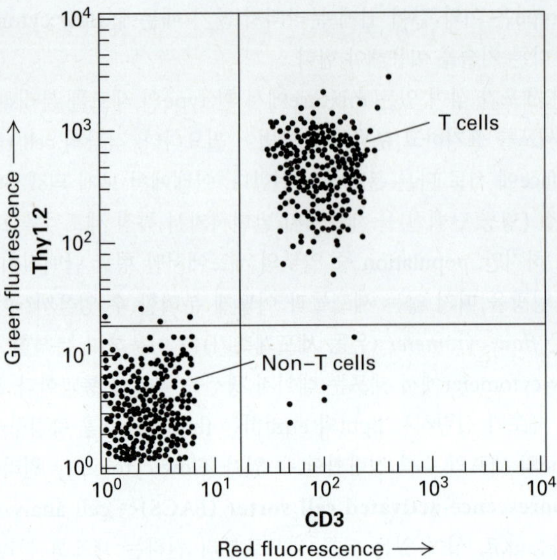

실험 그림 4-2 FACS를 사용하면, 2개의 cell-surface 단백질에 대한 fluorescence-tagged antibody가 붙은 T cell을 다른 white blood cell과 분리할 수 있다. Mouse spleen에서 분리된 세포에 두 종류의 antibody를 처리하였다. 하나는 CD3 cell-surface 단백질에 특이적으로 붙는 red fluorescence monoclonal antibody이고, 다른 하나는 Thy1 cell-surface 단백질에 특이적으로 붙는 green fluorescence monoclonal antibody였다. 세포가 FACS machine을 통과할 때, 각 세포에서 emit되는 green과 red fluorescence의 강도를 기록하였다. 각 점은 하나의 세포에 해당한다. 수천 개 spleen cell에 대한 기록을 모아서 red fluorescence (수평 축)에 대한 green fluorescence (수직 축)를 그려보면, 세포 중 약 절반 — T cell — 은 surface에 CD3와 Thy1 단백질을 발현함을 알 수 있다(위-오른쪽 quadrant). Low fluorescence (아래-왼쪽 quadrant)를 보이는 세포는 CD3와 Thy1.2를 background level로 발현하고 있는 다른 종류의 white blood cell이다. 양축은 logarithmic scale (대수 계산자)임을 기억하라. [Data from Chengcheng Zhang, Whitehead Institute.]

른 fluorescence 크기를 가지는 세포들이 분류될 수 있다. 이렇게 다른 세포들로부터 분리된 세포들은 추가로 배양이 가능하다.

FACS product는 일반적으로 white blood cell에서 서로 다른 cell type을 분리하는 데 이용되는데, 각각의 cell type은 surface에 하나 또는 그 이상의 단백질을 가지고 있어서 그 단백질에 특이적으로 붙을 수 있는 monoclonal antibody와 결합할 수 있다. 만약 cell mixture가 특정 단백질에 특이적이면서 동시에 형광을 띠는 antibody와 혼합되게 되면, 원하는 세포들만 fluorescence를 띠게 될 것이다. 예를 들면, 면역계의 T cell은 surface에 CD3와 Thy1 단백질을 가지고 있다. 이러한 surface 단백질의 T cell surface에 존재하기 때문에 다른 type의 blood cell 또는 spleen cell에서 T cell을 손쉽게 분리할 수 있다(그림 4-2).

Flow cytometry를 이용하면 세포 내의 다양한 값들을 측정할 수 있다. 예를 들면, 세포의 DNA 양 (DNA-binding dye로부터 emit되는 fluorescence 양을 이용하여 측정) 또는 세포의 모양과 크기 cell size (scattered light의 양을 이용하여 측정)를 측정할 수 있다. 각 세포의 DNA content (양)을 측정하면 세포가 cell cycle을 진행할 때, DNA replication이 얼마나 진행되었는지 알 수 있다(19장 참조). Flow cytometry는 또한 각기 다른 fluorescent molecule (형광 분자) 달린 cell-type specific antibodies (세포 타입에 특이적인 항체)를 사용하여 특정한 cell type을 전체 population에서 찾아내는 데도 사용될 수 있다. 예를 들면, 혈액 샘플 내에 존재하는 다양한 종류의 세포를 분리하는 것이다. 또한, single-cell level (단세포 수준)에서 신호전달 경로를 연구하는 데에도 사용될 수 있다. 많은 경우에, 신호전달 경로를 자극하게 되면 특정 단백질들이 phosphorylation되고 (15장과 16장에 기술되어 있음) 각각의 phosphorylation 자리를 인식하는 phospho-specific (인산-특이적) antibody (3장 참조)들을 이용한 western blot 분석을 통해서 전체 population에서도 관찰이 가능하다. 하지만, 이것은 population average (모집단 평균)의 결과이므로, 개별 세포에서 특정 단백질의 phosphorylation 수준을 정량화하기 위해 flow cytometry 방법이 적용되었다. 다양한 fluorescent reporter (형광 리포터)가 covalently 결합된 phospho-specific antibodies들이 사용된다. 예를 들어, 하나의 antibody는 green fluorescence을 방출하는 fluorochrome (형광체)와 연결되고, 또 다른 antibody는 red fluorescence을 방출하는 fluorochrome와 연결된다. 세포들은 antibody가 투과될 수 있지만(permeabilize), phosphorylated 단백질은 유지될 수 있도록 처리된다. 다음으로, permeabilized cell은 phospho-specific antibodies와 함께 배양되고, flow cytometry에서 분석되게 되는데, green 또는 red 신호의 양에 따라 단백질의 phosphorylation 정도가 측정된다. 이러한 방식으로 다른 종류의 신호전달 경로의 활성화에 따른 단백질의 phosphorylation 정도를 평가할 수 있다.

특정 cell type 분리에 이용되는 또 다른 방법으로는 특정 cell-surface molecule에 붙을 수 있는 antibody가 결합된 small magnetic bead를 이용하는 방법이 있다. 예를 들면, T cell을 분리하기 위해 CD3 또는 Thy1와 같은 surface 단백질에 특이적으로 붙는 monoclonal antibody가 coat되어 있는 bead를 이용한다. 이러한 단백질을 가지고 있는 세포들만이 bead에 붙게 되고, test tube 옆면에 작은 자석을 놓아서 이들을 분리할 수 있다.

Two-Dimensional (2차원적)과 Three-Dimensional (3차원적) Culture에서 세포를 배양하는 것은 *In Vivo*와 유사한 Environment에서 세포를 배양하는 것이다

플라스틱 또는 유리 표면에서 배양된 세포를 이용하여 많은 것들이 밝혀졌지만, 이러한 표면은 세포의 정상적인 조직 환경과는 상당한 차이가 있다. 20장에서 구체적으로 설명되어 있듯이, 많은 cell type은 다른 세포와 밀접하게 link되어 있을 경우에만 정상적으로 기능을 수행한다. 대표적인 예로, **epithelia (상피, 피막조직)**(단수형, **epithelium**)로 불리는 epithelial tissue의 sheet-like layer (얇은 천과 같은 층)를 들 수 있다. Epithelia는 organ의 external, internal surface를 덮고 있다. 전형적으로 epithelial cell (분극화된 상피세포)의 surface는 *apical* (위쪽), *basal* (바닥 또는 아래쪽), 그리고 *lateral* (옆쪽) surface로 구별되어 나

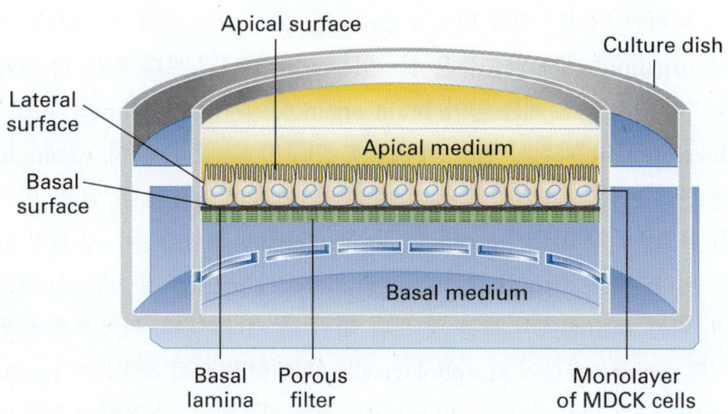

그림 4-3 Madin-Darby canine kidney (MDCK) cell을 specialized container에서 배양하는 것은 epithelial cell을 연구하기 위한 유용한 experimental system이 된다. MDCK cell은 collagen과 basal lamina component로 한쪽 면이 coat된 porous membrane에서 배양하면 polarized epithelium을 형성한다. 그림에 보이는 special culture dish를 사용하여, filter 양쪽 (monolayer의 apical side와 basal side)의 medium을 experimentally manipulate할 수 있고, layer 안팎으로 molecule 이동을 monitor할 수 있다.

넌다(그림 20-11 참조). Basal surface는 *basal lamina* (기저판, 바닥판)로 불리는 underlying extracellular matrix와 접하고 있는데, basal lamina의 composition과 function은 20.3절에 설명되어 있다. Epithelial cell은 종종 epithelial sheet를 가로질러 특정 종류의 분자를 이동시키는 역할을 한다; 예를 들면, intestine (장, 창자)의 epithelial lining (내벽)은 apical surface를 통해 세포 안으로 nutrient를 이동시키기도 하고, basolateral surface를 통과하여 bloodstream (혈류) 쪽으로 nutrient를 이동시키기도 한다. Plastic 또는 glass에서 세포가 자랄 때, epithelial cell은 제대로 기능을 수행하지 못한다. 따라서 basal lamina로 작용하는 porous (구멍이 많은) surface를 갖도록 특수한 container가 설계되었다. Epithelial cell은 basal lamina로 작용하는 porous surface에 붙어 uniform two-dimensional sheet를 형성한다(그림 4-3). Dog kidney (개 신장) epithelium에서 유래한, 가장 일반적으로 사용되는 cell line은 *Madin-Darby canine kidney* (*MDCK*) cell인데, 이 세포는 epithelial sheet의 형성과 function을 연구하는 데 자주 이용된다.

하지만 two-dimensional sheet라고 할지라도, 세포에게 normal environment와 완전히 똑같은 환경을 제공하지는 않는다. 현재 extracellular matrix 성분으로 채워진 support (지지대)를 이용하여 three dimension에서 세포가 자랄 수 있게 하는 method가 개발되고 있다(20장에서 다룸). MDCK cell이 적절한 condition에서 배양된다면, MDCK cell은 secretory gland (분비선) duct (관) 또는 tubular (관) organ에 가까운 tubular sheet를 형성할 것이다. 이러한 three-dimensional 구조에서 epithelial sheet의 apical aspect는 lumen (내강)을 따라 배열되고, basal side은 extracellular matrix와 접하게 된다(그림 4-4).

유사한 방식으로, primary hepatocyte (1차 간세포) (간으로부터 유래된)도 분리되고 배양될 수 있다. 적절한 조건에서, 이들은 hepatocyte spheroid (간세포 스피로이드)를 형성하고, 계속해서 배양을 통해 유지될 수 있으며, 살아있는 동물에서의 liver (간)과 거의 같은 방식으로 약물에 반응한다. 이것은 살아있는 동물의 세포와 조직에 더 가깝게 일치하도록 개발 중인 organ culture (장기 배양) 시스템 분야의 두 가지 예에 불과하며, 이를 통해 생리학적으로 보다 적절한 실험들이 많이 수행되어지고 있다.

(a)

(b)

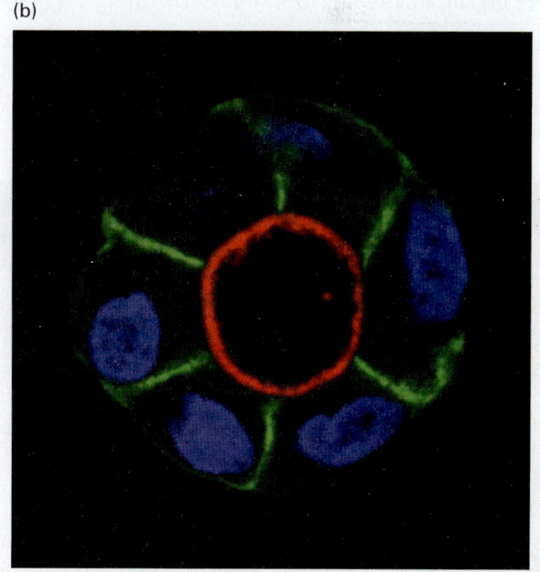

실험 그림 4-4 MDCK cell을 배양하면 cyst (낭포, 물혹)가 형성될 수 있다. (a) Supported extracellular matrix에서 MDCK cell을 배양하면, 세포가 polarize되어 중간에 lumen을 가진 tubular single layer (*cyst*라 불림)를 만드는 cell group을 형성한다. (b) Apical (빨간색)과 basolateral (녹색) membrane에서 발견되는 단백질 localization을 분석해 보면, 이 세포는 fully polarize되어 apical side가 lumen에 접해 있다. 이러한 양상은 세포가 유래한 kidney tubule의 organization을 recapitulate (개략적으로 대표)한다. Nuclei DNA는 파란색으로 염색되었다. [Institute of Cancer Sciences/CRUK Beatson Institute, University of Glasgow, Garscube Estate, Switchback Road.]

Stem cell (줄기세포)를 배양하고 분화시켜서 Organoid (오가노이드)를 만든다

22장에서 다루겠지만, embryonic stem cell (배아 줄기세포)는 초기 mammalian embryo (포유류 배아)의 inner cell (내세포)들로부터 분리될 수 있다. 이러한 세포들은 *pluripotent* (만능)하다. 즉, embryo의 모든 tissue가 될 수 있다. Mature animal들은 *adult stem cell* (성체 줄기세포)를 그들의 tissue에 가지고 있다. 이 세포들은 pluripotent하지 않지만, 그럼에도 cell regeneration (세포 재생)이나 tissue repair (조직 재생)에 있어 중요하다. animal에서 세포의 division (분열)이나 differentiation (분화)는 많은 요소에 의해 세심하게 조절되는데, extracellular matrix (세포외 기질)이나 다른 세포들, soluble factor에 대한 반응, gene expression의 일시적인 변화 등을 포함한다. extracellular matrix에 대한 연구(20장에서 다룸)와 developmental studies에 의해 밝혀진 신호전달 경로(15, 16장 참조), gene expression 조절(8장에서 다룸) 등의 주요한 발전에 의해서 이러한 differentiation pathway들의 분자수준에서의 세부 내용에 대해서 알게 되었다. 이제는 developmental events를 배양 상태에서 보여주는 것도 가능해졌다.

Intestine으로부터 얻어진 adult stem cell이 적절한 환경에서 3차원 배양될 경우, 이 세포들은 intestinal organoid를 형성하고, small intestine의 정상적인 crypt (선와, 분비선)와 villous (융모) 구조를 가지게 된다. 획기적인 발전을 통해서, 연구자들은 human pluripotent cell을 배양하여 brain organoid를 만들어냈는데, 구조와 배열이 태아의 brain과 매우 유사하다(그림 4-5). Organoid는 brain, intestine, stomach, kidney, heart, tongue과 같은 다양한 organ으로 개발되어져 왔다. 현재, organoid는 태아에서 관찰되는 수준까지 와 있지만, adult organ에서 보이는 organization까지는 진행되지 못하고 있다. 이러한 매우 획기적인 연구 결과들은 세포들이 divide, differentiate하고 complex structure로 배열될 수 있는 고유의 내재된 program을 가지고 있다는 것을 알려준다.

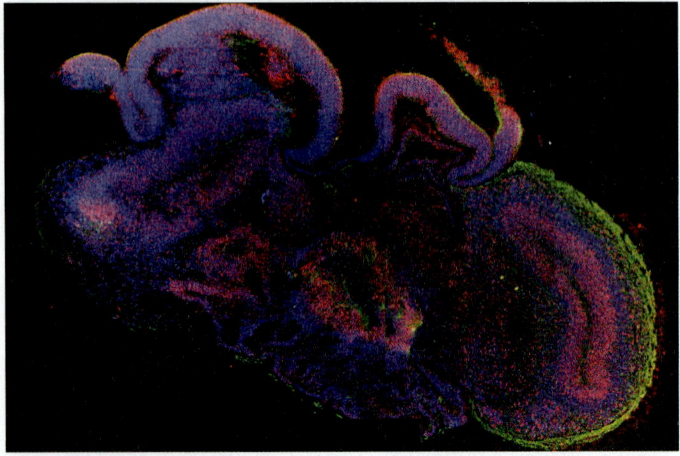

실험 그림 4-5 Pluripotent stem cell로부터 만들어진 Brain organoid. 이 organoid 절편에서, neural stem cell들은 빨간색, neuron들은 초록색으로 표지 되었다. 모든 cell nuclei들은 파란색으로 염색되었다. [IMBA/ Madeline Lancaster.]

이러한 뛰어난 성과 외의 organoid를 통해 어떤 것이 가능할까? 먼저, organoid 내에 세포들은 살아있는 animal에서 보다 훨씬 더 쉽게 추적이 가능하다. 예를 들어, brain organoid에서 human brain의 초기 development 과정이 훨씬 더 자세히 연구될 수 있다. 둘째, organoid를 만드는 데 사용되는 stem cell에 돌연변이를 도입할 수 있고, 이러한 돌연변이가 어떻게 organoid development에 영향을 주는지 관찰 할 수 있다. 셋째, drug의 효과를 organoid development에서 볼 수 있으며, 이는 animal에서 보는 것 보다 훨씬 더 쉽다. 넷째, 환자로부터 제거된 tumor cell들이 morphologically (형태학적으로) 특징적인 tumor organoid를 만들어낼 수 있다는 것이 밝혀졌는데, 이를 통해서 약물의 잠재적인 효능을 환자에게 투여하기 전에 테스트해 볼 수 있다. 이것들은 단순히 몇 개의 대표적인 organoid 사용에 대한 예시이며, 더 많은 창의적인 활용법들이 기초 과학과 의학 분야에서 개발되고 있다.

우리가 장기 이식이 가능한 whole organ (온전한 장기)을 자라게 할 수 있을까? 위에 설명된 것처럼, 현재 organoid의 배양을 통해서는 adult organ이 분화될 수 없다. 하지만 biomedical engineering에서의 최근 발전을 통해서 의미있는 전략들이 실험 동물에서 개발되고 있다. 이러한 방법의 한 가지 예로서, 3-D 프린터가 replacement ear (대체 귀)를 만드는 데 활용되고 있다. 먼저 ear의 정확한 computer image가 만들어진다. 이 이미지는 3-D 프린터가 pliable matrix (신축성이 있는 기질) — 생물학적으로 분해가 가능한 support material과 적절한 extracellular matrix가 포함되어 있음 — 를 정확한 모양의 ear로 조립하는 데 사용된다. 이 matrix는 skin cell이 배양 상태에서 또는 피부 아래에 장기 이식된 이후 자라는 데 필요한 support를 제공하고, 궁극적으로 합성된 장기는 수술을 통해 살아있는 동물에 결합될 수 있다. 3-D 프린터를 활용하는 또 다른 방법은 matrix를 조립해서, 이를 적절한 세포들과 함께 심는 방법이다. 이러한 도전적이고 흥미로운 기술의 목표는 적절한 세포와 matrix를 가지는 몇 개의 layer를 프린트하여 다양한 종류의 세포를 포함하는 synthetic organ을 만드는 것이며, 이를 통해 복잡한 three-dimensional organ을 만들고 언젠가는 환자의 결함이 있는 장기와 교체하는 것이다. 극복해야 할 많은 과제가 남아있지만, 환자로부터 stem cell을 만들고 배양을 통해 differentiation을 유도해서 immunological rejection (면역 거부) 반응을 해결할 수 있는데, 이것은 아마도 synthetic organ을 만드는 데 필요한 세포를 제공하는 데 중요한 부분이 될 것이다. ■

Hybridoma (융합세포)는 충분한 양의 Monoclonal Antibody를 만든다

Culture cell은 cell function 연구를 위한 research model로 유용할 뿐만 아니라, 특정 단백질을 만드는 "factory"로도 이용될 수 있다. 예를 들어, cell biological research의 여러 분야에서 널리 이용되는 experimental tool인 monoclonal antibody를 만들기 위해 special culture cell이 이용된다. Monoclonal antibody는 medicine (의학 분야)에서 점

점 널리 이용되는 추세인데, 이는 뒷장에서 자세히 설명하기로 한다.

Monoclonal antibody를 만드는 과정을 이해하기 위해서는 포유동물이 antibody를 어떻게 만드는지 간단히 review (검토)할 필요가 있다; 24장에 좀 더 자세히 설명되어 있다. Antibody는 while blood cell에서 분지되는 단백질로 antigen (항원)에 대한 high affinity (친화도)를 갖는다(그림 3-22 참조). 각각의 mammal normal antibody-producing B lymphocyte는 한 종류의 antibody를 만들 수 있는데, 이 antibody는 antigen (항원) molecule의 특정 determinant (결정기) 또는 **epitope (항원결정기)**에 붙을 수 있다. 일반적으로, epitope은 antigen의 한 부분인데, 예를 들어 몇 개의 아미노산로 구성된다. Animal에 antigen을 주사하면, 해당 antigen을 인식하는 antibody를 만드는 B lymphocyte가 stimulate (자극)되어 증식되고 antibody를 분비한다. 각 antigen-activated B lymphocyte는 spleen (비장) 또는 lymph node (림프절)에서 cell clone을 형성하는데, 한 clone의 세포는 같은 antibody만을 만든다 — 이것이 **monoclonal antibody**이다. 대부분 natural antigen은 여러 epitope를 가지고 있기 때문에 antigen에 노출되면 수많은 다양한 B-lymphocyte clone의 형성이 stimulate되고, 각 clone은 각기 다른 antibody를 만든다. 결과적으로, 많은 B-lymphocyte에서 만들어진 antibody mixture는 하나의 antigen에 대해 서로 다른 epitope을 인식할 수 있으므로, 이를 *polyclonal* (다클론성)하다고 한다. 이러한 **polyclonal antibody**들은 혈액 (blood)에서 순환되고 하나의 group으로 분리될 수 있다.

Polyclonal antibody는 매우 유용하지만, 단백질의 한 위치에 붙을 수 있는 reagent가 필요로 하는 다양한 experimental, medical application에는 monoclonal antibody가 보다 적합하다; 예로 cell-surface receptor (세포 표면 수용체)에 대한 ligand와 compete (경쟁)하는 antibody를 들 수 있다. 불행하게도, blood에서 한 종류의 monoclonal antibody를 biochemical purification하는 것은 두 가지 이유 때문에 실현 가능하지 않다: 대부분 antibody는 극히 낮은 농도로 존재하고, 모든 antibody의 basic molecular architecture가 같기 때문에 서로 구분하기는 매우 어렵다(그림 3-22 참조).

Monoclonal antibody를 만들고 정제하기 위해서는 우선 원하는 antibody를 만드는 B-lymphocyte clone을 배양할 필요가 있다. 하지만 normal B lymphocyte의 primary culture는 life span이 제한되어 있기 때문에 monoclonal antibody를 충분히 만들어내는 데 한계가 있다. 따라서 monoclonal antibody를 만드는 첫 단계는 immortal, antibody-producing cell을 만드는 것이다(그림 4-6). Immunized animal에서 얻어진 normal B lymphocyte를 스스로는 antibody를 만들어내지 못하는 *myeloma cell* (골수종 세포)로 불리는 transformed, immortal lymphocyte와 fusing하고, **hybridoma**라고 불리는 hybrid cell을 선별하여, immortal, antibody-producing cell을 만들 수 있다. Myeloma cell처럼, hybridoma cell은 빠르게 자라고 immortal하다. 각 hybridoma는 B-lymphocyte parent (부모)가 encode하던 것과 같은 monoclonal antibody를 만든다. 이들 중 원하는 antibody를 생성할 수 있는 hybridoma들은 다시 선별해서 보다 많은 양으로 배양하여 충분한 양의

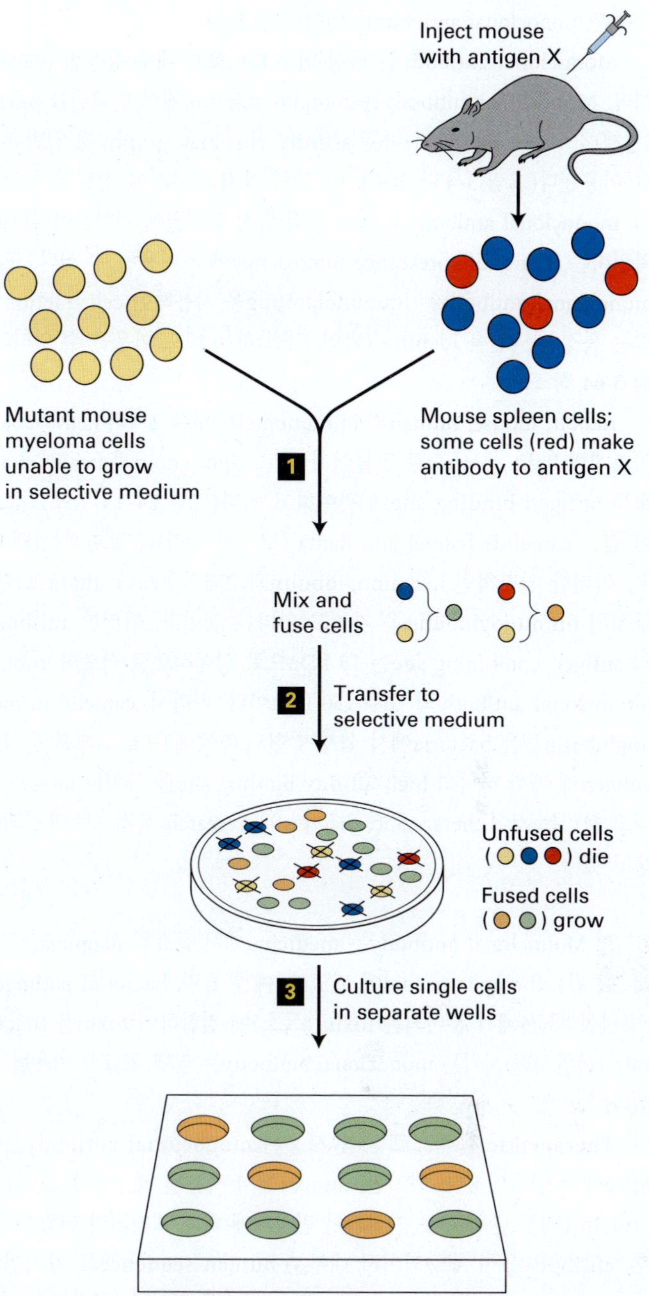

그림 4-6 특정 단백질에 대한 monoclonal antibody를 만드는 hybridoma를 얻기 위해 cell fusion과 selection 과정을 거친다. 단계 **1**: Immortal myeloma cell은 thymidine kinase를 가지고 있지 않기 때문에 special condition에서 purine을 합성할 수 없다. Antigen X로 immunized animal에서 분리한 normal antibody-producing spleen cell과 myeloma cell을 fuse한다. 단계 **2**: Special selective medium에서 배양하면, unfused와 self-fused cell은 자라지 못한다: mutant myeloma cell은 selective medium에 purine이 없기 때문에 자랄 수 없고, spleen cell은 limited life span 때문에 계속 자라지 못한다. 결과적으로, myeloma cell과 spleen cell이 fused된 세포만이 selective medium에서 살아남게 되고, hybridoma라 불리는 clone으로 proliferate (증식)한다. 각 *hybridoma*는 한 종류의 antibody를 만든다. 단계 **3**: 각 hybridoma를 test하면, antigen X를 recognize하는 clone을 찾을 수 있다. 원하는 antibody를 만드는 hybridoma를 확인하고, 그 clone을 배양하면 많은 양의 antibody를 얻을 수 있다.

순수한 monoclonal antibody를 얻어낼 수 있다.

Monoclonal antibody는 특정 연구 tool로서 매우 유용한 reagent이다. Monoclonal antibody는 complex mixture에서 단백질을 purify (정제)하고 isolate (분리)하는 affinity chromatography에 일반적으로 이용된다(그림 3-43c 참조). 이 장의 마지막 부분에 설명되어 있듯이, monoclonal antibody는 세포 안의 특정 단백질에 결합하여 위치를 확인하는 immunofluorescence microscopy에도 이용될 수 있다. 또한 monoclonal antibody는 immunoblotting을 사용하여 cell fraction에 있는 특정 단백질을 identify (확인, 식별)하는 데도 이용될 수 있다(그림 3-44 참조).

Rabbit, mouse, human의 immunoglobulin은 2개의 heavy chain과 2개의 light chain으로 만들어져 있고, light chain과 heavy chain 모두 antigen binding site에 관여하고 있다(그림 24-14 참조). 중요한 점은 camelids [camel and llama (낙타와 라마)를 포함하는]의 경우, 이러한 일반적인 immunoglobulin과 2개의 heavy chain으로만 구성된 immunoglobulin을 가지고 있다는 점이다. 이러한 antibody의 antigen-combining site는 15 kDa으로 상대적으로 작으며, mouse monoclonal antibody의 경우 150 kDa이다. 따라서, camelid immunoglobulin들은 bacteria에서 쉽게 발현되고 정제된다. 그래서 특정한 antigen에 대한 하나의 high-affinity binding site를 가지는 *nanobody*라고 불리는 것이 therapeutic, diagnostic, research 목적으로 개발되어 오고 있다.

Monoclonal antibody는 medicine에서 중요한 diagnostic (진단), therapeutic tool이 되었다; 예를 들면, bacterial pathogen (병원성 세균)에서 분비되는 toxin (독소)에 결합하여 toxin을 inactivate (불활성화)시키는 monoclonal antibody는 질병 치료에 이용될 수 있다.

Therapeutic 목적으로 처음 사용된 monoclonal antibody들은 mice에서 만들어졌다. 하지만, human에서 사용될 때 이들은 foreign protein (외부 단백질)로 인식되어 면역계에 의해 제거되어 버렸다. 이후, antibody들이 개량되어서 대부분 human sequence를 가지면서 mouse의 antigen-binding region을 가지게끔 되었다. 이러한 therapeutic antibody의 초창기 예로 악성 breast cancer를 치료하기 위한 antibody인 Herceptin의 개발이 있다. 이러한 cancer들이 HER2라는 EGF receptor tyrosine kinase 계열의 막 단백질을 과발현하고 있다는 사실이 알려져 있었다(16장 참조). HER2의 extracellular domain에 대한 monoclonal antibody가 만들어지고, mice에서 HER2를 과발현하는 tumor를 줄이는 antibody들이 선별되었다. 이 mouse monoclonal antibody를 개량하고 humanizing (사람에 가깝게)하여서 Herceptin이 개발되었고, 약 50만 명의 HER2-positive breast cancer 환자들을 치료하는 데 사용되고 있다.

기술적으로 복잡하긴 하지만, 오늘날 약 85–90% human sequence에 해당하는 therapeutic antibody들이 이용 가능하다. 보다 나은 해결책은 human B cell로부터 직접 monoclonal antibody를 만들어내는 방법일 것이다. 최근에는 이러한 방법들도 가능해지고 있다.

Human monoclonal antibody를 만들기 위해서 수백만 개의 naive B cell들이 tonsil (편도)로부터 분리된다. 이렇게 분리된 세포들은 무한정 번식할 수 없기 때문에, 이들은 Epstein Barr virus 감염을 통해 immortalized된다. 이러한 Immortal naive B cell들은 class-switching과 somatic mutation을 거칠 수 있도록 유도되어(24장에서 다루고 있음) 각각의 clone이 특정 monoclonal antibody를 만들어내는 방대한 B cell library가 제작된다. B cell library는 antigen을 통해서 원하는 monoclonal antibody를 만들어내는 것만 선별된다. 이러한 방법을 통해 human-based therapeutic monoclonal antibody를 분리하는 것이 가능할 것이다. ■

광범위하고 다양한 Cell Biological Process들이 배양된 세포를 통해 연구될 수 있다

이 장의 도입부에서 소개한 것처럼, 동물 세포를 연구할 때 다양한 조작이 가능한 culture 상에서 연구하는 것이 온전한 animal에서 연구하는 것보다 훨씬 쉽다. Cultured cell들은 특히 fundamental process를 밝혀내는 데 유용하다. Biological process를 이해하는 한 가지 방법은 세포 내부의 하나의 요소를 방해하고 여기서 나오는 결과물을 보는 것인데, 이러한 방법은 자동차가 어떻게 작동되는지 이해하기 위해서 구성품을 제거하고 어떤 부분이 잘못되는지 살펴보는 방법과 유사하다. 종종, 특정한 cell component의 genetic defects와 연관되어 human disease에 대해서 연구할 때 환자로부터 얻어진 cultured cell을 사용한다. 예를 들어, 심장질환이나 stroke를 일으킬 수 있는 hypercholesterolemia를 야기하는 genetic defect를 가진 환자로부터 얻어진 cultured cell을 분석하는 것은, receptor mediated endocytosis의 기본 과정들을 밝혀내는 데 매우 중요했다(14장 참조). 또한, 자연적으로 발생하는 genetic lesions외에도 특정한 component들의 발현을 통해서 cultured cell을 조작할 수 도 있다. 6장에서 다루겠지만, cultured cell 내에서 특정한 단백질에 해당하는 mRNA를 knocking down하여 단백질의 발현을 낮추는 것도 가능하고, 이러한 변화에 따른 특정 세포 내부의 process에 대한 영향을 살펴 볼 수도 있다. 6장은 또한 최근에 개발된 gene editing 기술을 소개하고 있는데, 이를 통해 cultured cell의 genome 상에 있는 특정한 gene을 inactivate할 수 있고, 특정한 RNA나 단백질이 완전히 소실되었을 때 세포 기능에 어떤 영향을 미치는지를 알아볼 수 있다.

Drug은 Cell Biology 연구에 자주 이용된다

Biological processes를 연구하는 또 다른 효과적인 방법은 특정한 cell component에 결합하는 drug은 세포에 처리하여 이를 inactivate 또는 activate시키는 것이다. 이번 절에서는 새로운 drug에 의해 특정한 cell process들이 어떻게 개발될 수 있는지 다룬다.

자연에서 만들어진 drug이 수 세기 동안 이용되어 왔지만, 그 drug이 어떻게 작용하는지 모르는 경우가 많다. 예를 들면, meadow saffron

(콜히쿰)의 extract는 gout (통풍)을 치료하는 데 이용되었다. Gout는 joint inflammation 때문에 생기는 고통스러운 질병이다. 오늘날 meadow saffron extract는 colchicine (콜히친)을 가지고 있음이 알려져 있다. Colchicine은 microtubule을 depolymerize시키고, white blood cell이 inflammation site로 움직이는 것을 방해하는 drug이다 (18장 참조). Alexander Fleming은 특정 fungi가 bacteria를 죽이는 compound (antibiotics)를 분비함을 발견하였는데, 이는 결국 penicillin (페니실린)의 발견을 낳았다. Penicillin이 몇몇 bacteria의 cell wall assembly를 block함으로써 bacterial cell division을 방해한다는 사실은 나중에 알려졌다.

이와 같은 많은 예를 통해, 세포의 specific, essential process를 방해하는 데 유용한 매우 다양한 drug이 발견되었다. 결과적으로, 많은 경우 연구자들은 drug의 molecular target을 identify하게 되었다. 좋은 예로 prokaryotic protein synthesis에 영향을 주는 많은 antibiotic drug을 들 수 있다.

새로운 drug을 어떻게 하면 발견할 수 있을까? 가장 널리 이용되는 approach는 10,000–100,000개의 서로 다른 compound로 구성된 *chemical library*를 이용하여 specific process를 inhibit하는 chemical을 찾는 것이다. High-throughput microscopic technique과 함께 chemical library screening을 수행하는 것은 drug discovery에서 new lead (새로운 단서)를 찾는 좋은 방법 중 하나가 되고 있다. 이러한 종류의 approach가 어떻게 작동하는지 설명해 주는 예를 하나 들어보고자 한다.

예를 들어(그림 4-7a), 연구자가 mitosis를 inhibit하는 compound를 identify하고자 한다고 하자. Mitosis는 duplicated 염색체이 *mitotic spindle* (유사분열 방추)로 불리는 microtubule-based machine에 의해 정확하게 분리되는 과정이다(18장에서 다룸). Spindle assembly (방추 조립)가 compromise (위태롭게)되면, 세포는 mitosis에서 arrest (정지)된다. 첫 단계로 automated robotic 방법을 이용하여 세포가 mitosis에 arrest되게 하는 compound를 찾는 screen을 수행한다. 다음 단계로, candidate compound가 microtubule assembly에 영향을 주는지 알아보기 위해 candidate compound의 inhibition 원리를 분석한다. Microtubule assembly를 inhibit하는지는 관심이 없기 때문에, microtubule의 주된 단백질인 tubulin에 붙는 antibody를 이용하는 immunofluorescence microscopy를 통해 나머지 candidate compound가 spindle structure에 영향을 주는지를 결정한다. 16,000개 이상의 compound가 screen되었고, 이 중 한 compound는 abnormal spindle을 가진 세포가 생기게 하는 것으로 확인되었다. Abnormal spindle을 가진 세포는 2개의 aster (별 모양)를 가지지 않고 하나의 aster를 가지는데, 이는 *monoastral array*라 불린다(그림 4-7b). 현재 *monastrol*로 불리는 이 drug은 *kinesin-5*로 불리는 microtubule-based motor를 inhibit함으로써 spindle assembly를 interfere하는 것이 알려졌다(mitotic spindle에 대한 좀 더 자세한 설명은 18장 참조). 비록 monastrol은 clinically 효과적인 drug으로 사용되기에 필요한 특성을 지니고 있지 않지만, 다른 kinesin-5 inhibitor들이 개발되었고, 이들은 현재 임상 실험 중이다.

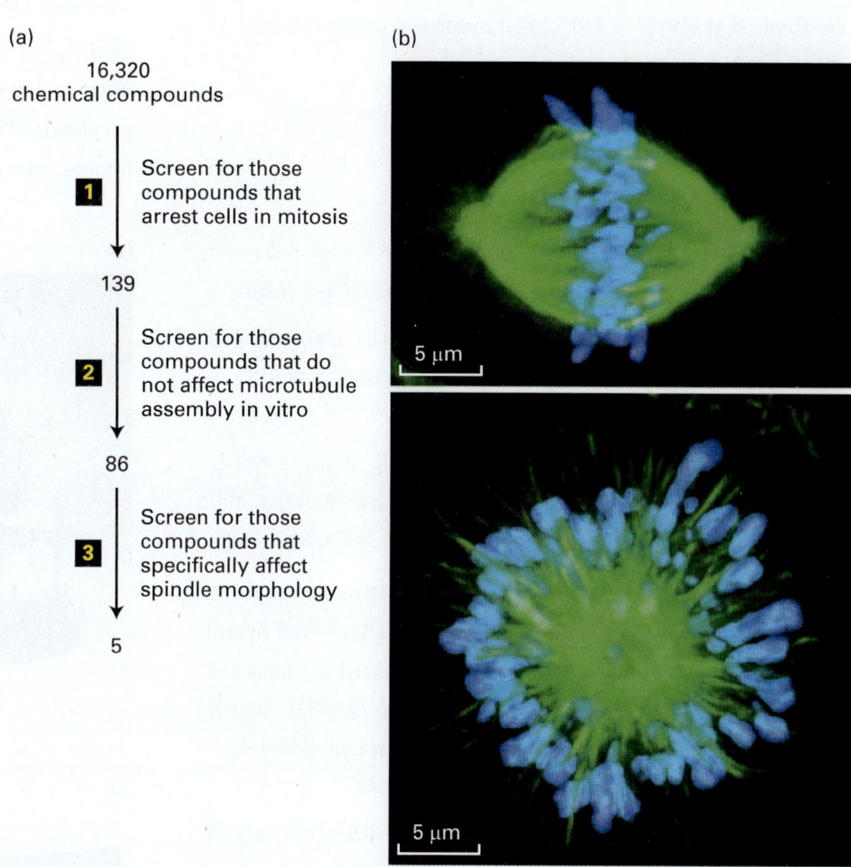

그림 4-7 Specific biological process에 영향을 미치는 drug에 대한 screening. (a) 제시된 예시에서, Mitosis inhibitors를 위해서 16,320개의 서로 다른 chemical로 구성된 chemical library는 일련의 screening되었다. 이러한 inhibitor는 세포를 mitotic stage에 잡아둘 것으로 기대되기 때문에, 첫 번째 screen (단계 **1**)은 mitotic cell에 특이적인 marker의 level을 증가시키는 chemical을 찾는 것이며, 139개의 후보물질이 걸러졌다. Microtubule은 mitotic spindle을 구성하고 연구자들은 microtubule을 공격하는 새로운 drug에는 관심이 없다, 따라서 두 번째 screen (단계 **2**)에서 연구자들은 139개의 compound가 microtubule assembly에 영향을 주는지 screen하였으며, 이 과정을 통해 53개의 후보물질이 제거되었다. Tubulin (microtubule의 주요 구성 분자)에 특이적인 antibody를 사용한 immunofluorescence microscopy와 DNA 염색이 그 다음 세 번째 screen (단계 **3**)이며, spindle을 파괴하는 chemical을 찾기 위해 수행한다. (b) Untreated mitotic spindle (*위쪽*)과 screen을 통해 선별된 5개의 compound들 중 하나인 *monastrol*을 처리하였을 때, Tubulin (초록색)과 DNA (파란색)의 위치. Monastrol은 18장에서 다루게 될 내용인 mitotic spindle의 pole을 분리시키는 데 필수적인 microtubule-based motor protein인 kinesin-5를 저해하고, 양 극단은 결합된 상태로 남게 되어 monopolar spindle을 형성한다. [Part (b) Republished with permission of American Association for the Advancement of Science from Mayer, T.U. et al., "Small molecule inhibitor of mitotic spindle bipolarity identified in a phenotype-based screen," 1999, *Science* **286**:971–974; permission conveyed through Copyright Clearance Center, Inc.]

4.1절의 주요 개념

세포 배양 및 분석

- 동물 세포는 natural environment에 가까운 condition에서 배양될 수 있다. 일반적으로, 이러한 condition에서는 필수 아미노산와 growth factor supplement가 세포에 공급된다.
- 대부분의 동물 세포는 solid surface에 붙어서 자란다.
- Tissue에서 분리된 primary cell은 제한된 기간 동안만 자란다.
- Tumor에서 유래한 세포와 같은 transformed cell은 기간 제한 없이 지속적으로 배양할 수 있다.
- 이와 같이 지속적으로 자랄 수 있는 세포를 *cell line*이라 한다.
- 많은 cell line은 aneuploid하다. 즉, cell line의 염색체 수는 parent 동물 세포가 가지는 염색체 수와 다르다.
- 형광 단백질을 발현하는 세포는 *fluorescent–activated cell sorter* (*FACS*)라는 machine을 이용하여 분리될 수 있다(그림 4-2 참조).
- 서로 다른 세포는 cell surface에 서로 다른 surface marker를 발현한다. 이 surface marker는 fluorescent marker로 label될 수 있고, 이를 통해 FACS machine에서 분리될 수 있게 된다.
- Epithelial cell들은 그들의 functional polarity를 모방하기 위해 특수한 용기에서 배양된다. 또한 normal environment에 가깝게 하기 위해서 세포들은 three-dimensional matrices에서 키워지기도 한다.
- Antigen에 있는 하나의 epitope에 붙을 수 있는 monoclonal antibody는 *hybridoma*라는 cultured cell에서 분비된다. 이러한 hybrid cell들은 antibody-producing B-세포와 immortalized myeloma cell의 fusing에 의해 만들어지며, 원하는 antibody를 생산하는 clone을 찾아내게 된다. Monoclonal antibody는 basic research 분야에서, 그리고 therapeutic agent로서 중요하다(그림 4-6 참조)
- 배양 상태에서의 세포들은 온전한 동물에서의 세포들보다 훨씬 더 쉽게 조작이 가능하다.
- Basic biological process들은 genetic mechanism이나 특정 drug의 활용을 통해서 특정한 cell component들의 조작을 통해 연구될 수 있다.
- Specific process를 target하는 compound를 찾기 위해 large chemical library를 screen하고, 찾아진 compound는 specific process를 연구하거나 새로운 drug을 identify하는 데 이용된다.

4.2 광학현미경: Cell Structure 분석 및 세포 내부의 Protein Visualizing

Primitive 광학현미경(light microscopy)에 의해서 생명 현상에 cellular basis가 존재함이 알려졌다. 그 이후, cell biology progress는 광학현미경의 기술적 발전과 궤를 같이 하였고, 때로는 광학현미경의 기술적 발전에 의해 cell biology progress가 이루어지기도 하였다(그림 4-8). 여기에서 광학현미경의 중요한 기술적 발전을 살펴보고, 이러한 발전이 어떻게 cellular process 연구를 진보시켰는지 알아본다. 우선 unstained cell과 structure 또는 chemical stain으로 처리된 재료를 관찰하기 위한 광학현미경의 기본적인 사용에 대해 알아본다. 다음으로 형광현미경(fluorescent microscope)을 이용하여 fixed cell 안의 특정 단백질의 localize (위치 판독)하는 것을 알아본다. 관심 있는 단백질과 naturally 형광 단백질이 융합된 단백질을 발현하게 할 수 있는 molecular genetic approach (분자유전학적 연구방법)를 이용하면, live cell 안의 특정 단백질의 움직임을 추적하는 것이 가능한데, 이를 통해서 living cell의 organization이 매우 역동적이라는 것이 알려졌다. 이와 같은 specimen preparation의 발전과 동시에, optical advance (광학 발전)도 이루어져 fluorescence microscopy의 이미지(상)의 상태가 향상되고 더 또렷해졌

(a)

(b)

(c)

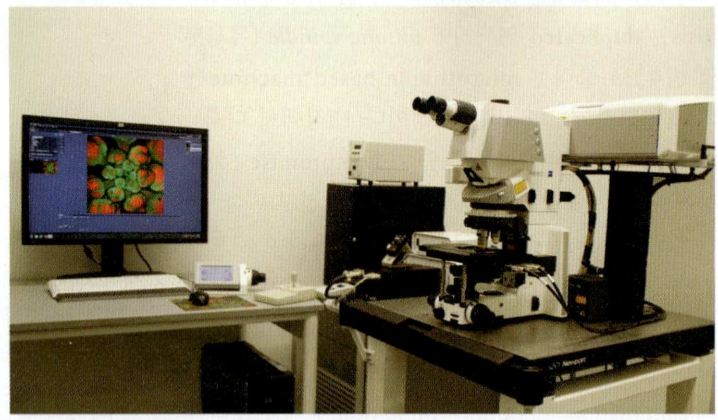

그림 4-8 광학현미경의 발달 (a) 1660년대 Robert Hooke가 사용한 것과 유사한 초창기 microscope. 이 microscope는 specimen을 빛을 비추기 위해 lens 또는 mirror를 사용하였다. (b) 19 세기 동안 general microscope와 광학현미경의 optics가 엄청나게 발달되었고, 20세기 중반까지 매우 정교한 microscope가 일반적으로 사용되었는데, 이 microscope는 light resolution 제한이 있었다. (c) 20세기 후반에 fluorescence microscopy와 confocal 기술을 사용한 digital image가 발달되면서 오늘날 다용도의 microscope가 발달되었다. [Part (a) SSPL/Getty Images; Parts (b) and (c) courtesy of A. Bretscher.]

으며, 이로 인하여 전례 없이 선명한 cellular structure가 밝혀졌다. 이러한 기술적 발전을 바탕으로 많은 specialized technology가 생겨났는데, 이 중 중요한 몇 가지를 설명하기로 한다.

지금까지 다룬 많은 현미경 기술들은 살아있는 상태의 세포를 관찰할 수 있도록 해준다. 살아있는 세포를 이미지화하거나, 살아있는 세포가 성장인자와 같은 특정 자극에 반응하는지 또는 다른 세포와 어떻게 상호작용하는지 등을 알아볼 수 있는 것이다. 이러한 기술들을 통해, 과학자들은 살아 있는 세포가 가지고 있는 각각의 구성성분의 기능에 대해 연구할 수 있게 되었다.

광학현미경의 Resolution은 약 0.2 μm이다

Microscope를 이용하면 작은 물체에 대한 확대된 이미지를 얻을 수 있다. 하지만 이미지의 nature는 microscope의 종류와 specimen이 준비된 방법에 따라 달라진다. Conventional (평범한, 재래식) *bright-field* (명시야) 광학현미경에 쓰이는 compound microscope (복합현미경)는 specimen의 이미지를 확대하는 여러 개의 lens를 가지고 있다(그림 4-9a, b). 총확대 배율은 각 lens 배율을 종합하여 결정된다: specimen에 가장 가깝게 위치하게 되는 *objective lens* (대물 렌즈)가 100배로 확대하고(일반적으로 사용되는 최고 배율, 100×) 이미지를 카메라에 맺히게 하는 *projection lens* (투사 렌즈)가 10배로 확대하면, 최종 확대 배율은 1,000배가 된다. 또는 빛이 ocular 또는 *eyepiece* (접안 렌즈)로 직접 향하게 되고, 이 렌즈가 10배로 확대하는 경우에는 우리 눈으로 보게 되는 배율 역시 1,000배가 된다.

하지만 microscope의 가장 중요한 property는 확대가 아닌 resolving power 또는 **resolution (해상도)**이다: Resolution은 매우 가까이 있는 두 물체를 구별할 수 있는 능력이다. 이미지가 흐릿하여 specimen을 단순히 확대한 이미지로는 아무것도 할 수 없다. Microscope lens의 resolution은 두 물체를 구별할 수 있는 최소 거리 (*D*)와 numerically equivalent (정비례)한다. *D* 값이 작을수록 resolution이 좋아진다. *D* 값은 다음 equation (방정식)에 따라 계산된다.

$$D = \frac{0.61\lambda}{N \sin \alpha} \tag{4-1}$$

α는 specimen으로부터 object lens로 들어가는 light cone (원뿔)의 angular aperture (구경각)이고, *N*은 specimen과 objective lens 사이 medium의 refractive index (굴절률)이며(예를 들면, 공기 중 light velocity (속도)를 기준으로 했을 때 medium에서 light velocity의 상대적인 값), λ는 incident light (입사빛)의 wavelength (파장)이다. 짧은 wavelength의 light를 사용하거나 (λ 값이 감소) 더 많은 light를 모음으로써(*N* 또는 α의 증가) resolution을 높일 수 있다. Oil (기름)은 높은 refractory index (1.56, 공기는 1.0, 물은 1.3)를 가지고 있고, 이러한 refractive index는 유리와 더 가깝기 때문에 (1.52) light를 최대로 회수할 수 있고, 따라서 high-resolution microscopy에 사용되는 lens는 lens와 specimen 사이에 oil을 두고 작동하도록 설계되었다. Angle α (α 각)를 최대로 하기 위해서(즉, sin α를 최대로 하려면), lens들은 specimen을 덮는 얇은 coverslip에 매우 가깝게 focus (초점을 맞추다) 되도록 만들어진다. *N* sin α는 *numerical aperture* (*NA*)로 알려져 있으며, 보통 objective lens에 표기된다. 좋은 high-magnification lens는 약 1.4의 NA를 갖고 가장 좋은 lens는 1.5에 가까운데, 이 lens의 값은 중형차 가격이다! 이 equation에는 magnification이 들어가지 않음을 주목하라.

Light의 물리적 성질에 의해 결정되는 α, λ, 그리고 *N* 값의 limitation 때문에, 400 nm의 light를 이용한 광학현미경의 *limit of resolution*은 약 0.2 μm (200 nm)이다. 이미지를 아무리 여러 배 확대하더라도 conventional 광학현미경은 약 0.2 μm보다 작게 떨어져 있는 object를 구별하지 못하고, 약 0.2 μm보다 작은 detail을 볼 수 없다. 하지만 몇몇 새로운 정교한 technology가 개발되어 기존의 resolution을 뛰어넘어 수십 nanometer 떨어진 object를 구별하여 볼 수 있게 되었다. 뒷절에서 이러한 super-resolution microscope에 대해 설명한다.

Phase-Contrast Microscopy (위상차 현미경 기술)와 Differential-Interference-Contrast Microscopy (차등 간섭 대비 현미경 기술)를 이용하면 Unstained Live cell을 볼 수 있다

세포는 약 70%의 물, 15%의 단백질, 6%의 RNA, 그리고 적은 양의 lipid, DNA small molecule로 구성되어 있다. 이와 같은 주요 molecule은 어떠한 것도 색을 가지고 있지 않고, light transmission을 거의 방해하지 않기 때문에, microscope에서 세포를 관찰하기 위해서는 특별한 방법을 사용해야 한다. 가장 단순한 microscope는 *bright-filed* optics에서 세포를 관찰하는데(그림 4-9b), 자세한 부분을 관찰하기는 어렵다(그림 4-10, 왼쪽). Live cell과 unstained tissue를 이미지화하여 contrast (대비)를 주는 방법에는 일반적으로 두 가지 방법이 있는데, cellular material의 refractive index와 thickness (두께)의 차이를 이용한다. *Phase-contrast microscopy*와 *differential-interference–contrast (DIC) microscopy* (또는 *Nomarski interference microscopy*)라고 불리는 이 방법들을 이용하면 눈으로 보기에 차이가 나는 이미지를 만들 수 있고, cell architecture의 서로 다른 특징을 구별할 수 있게 한다. 그림 4-10은 이 두 가지 method와 standard bright-field microscopy를 이용하여 얻은 live, cultured cell의 이미지를 서로 비교해 놓았다. 광학현미경은 고가이기 때문에, 하나의 microscope stand에 여러 종류의 microscopy를 할 수 있도록 set up하는 경우가 많다(그림 4-9a–d 참조).

Phase-contrast microscopy에 만들어지는 이미지를 보면, 시료의 어둡고 밝음의 정도는 *refractive index*에 따라 결정된다. 높은 refractive index를 가진 medium (매질)에서 light는 느리게 움직인다. 따라서 medium에서 transparent object로 들어갈 때 그리고 다시 transparent object에서 medium으로 나올 때 light는 refracted (bent, 굴절)된다. Phase-contrast microscope의 경우 condenser lens (콘덴서 렌즈)의 annular diaphragm (고리 모양 가로막)에서 나오는 light cone

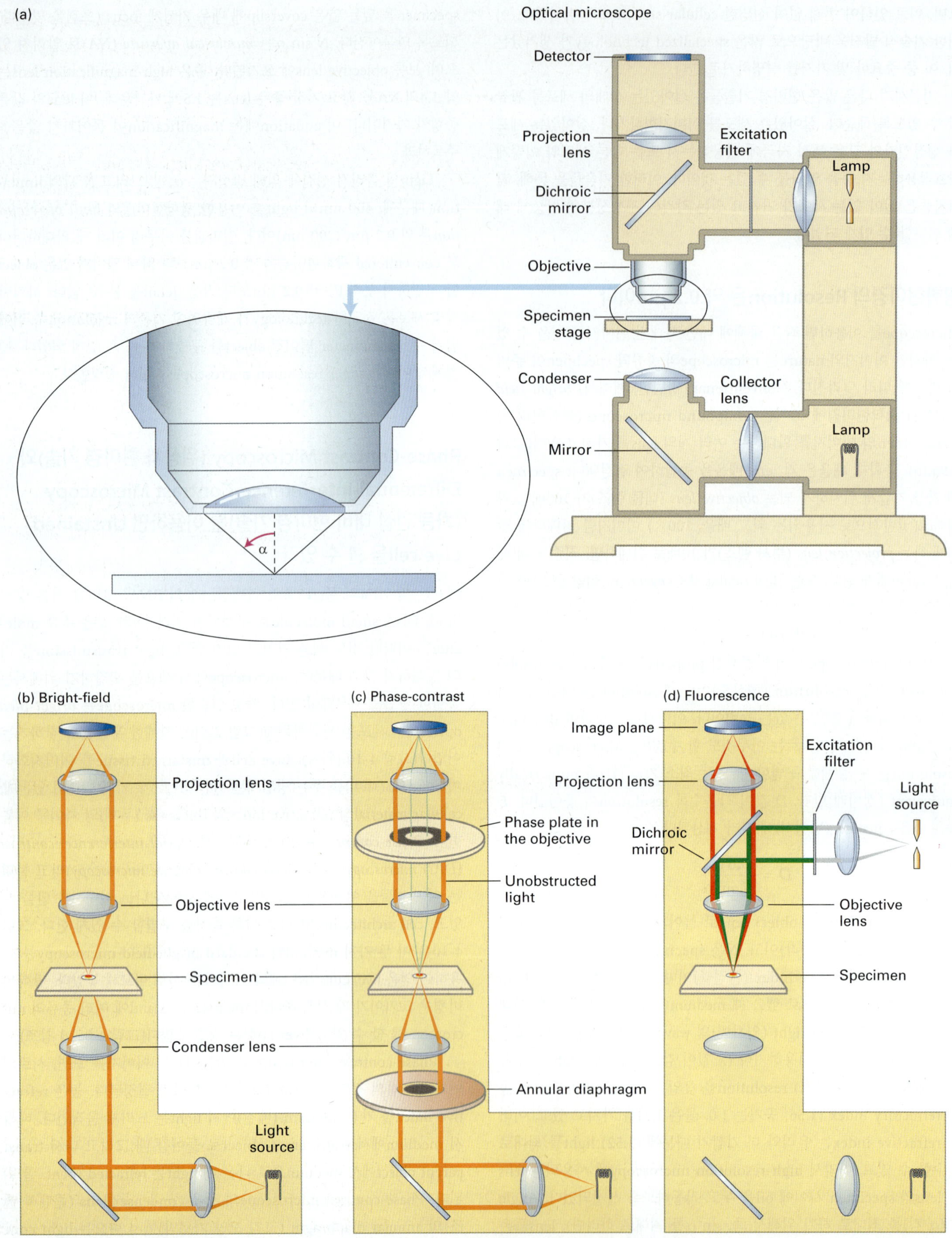

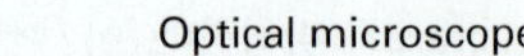

(a)
Optical microscope
Detector
Projection lens
Excitation filter
Lamp
Dichroic mirror
Objective
Specimen stage
Condenser
Collector lens
Lamp
Mirror
α

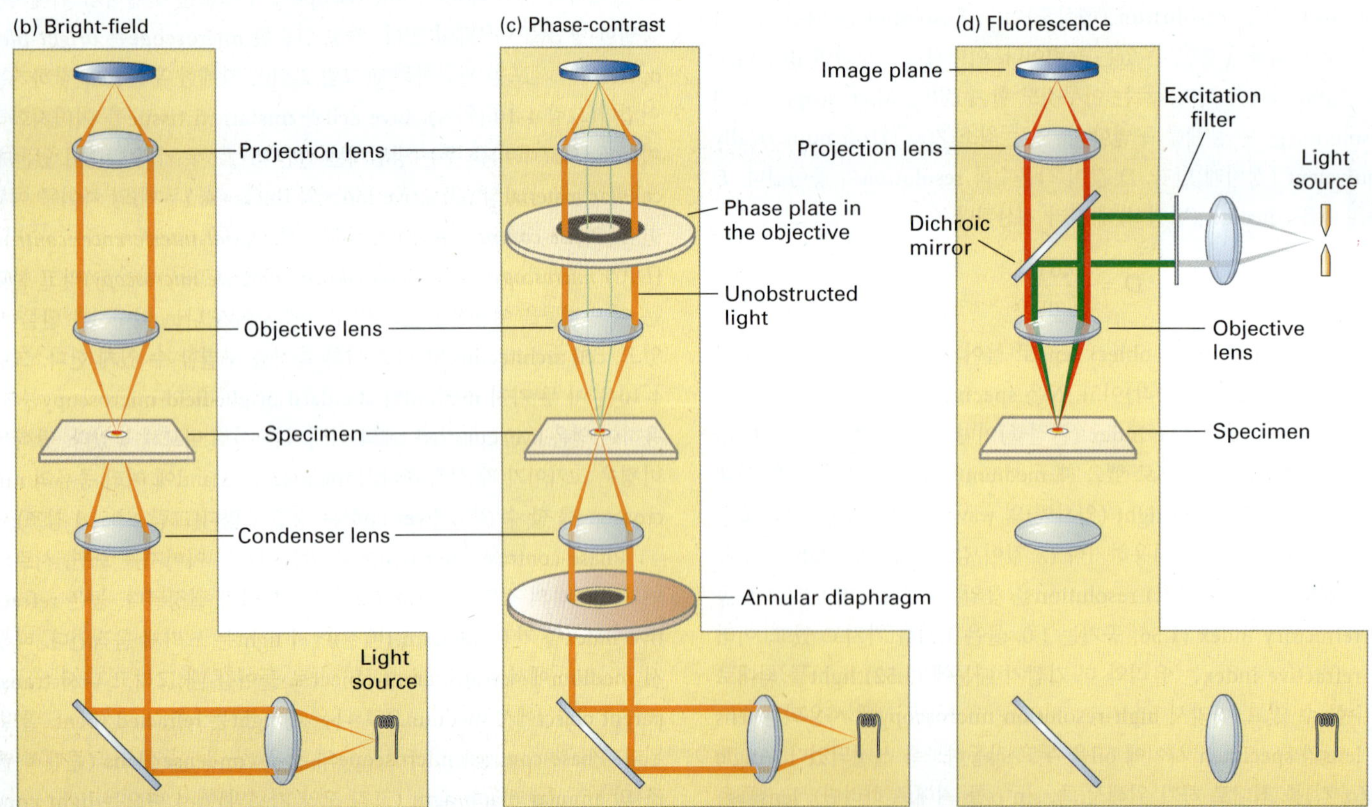

(b) Bright-field
Projection lens
Objective lens
Specimen
Condenser lens
Light source
(c) Phase-contrast
Phase plate in the objective
Unobstructed light
Annular diaphragm
(d) Fluorescence
Image plane
Projection lens
Excitation filter
Light source
Dichroic mirror
Objective lens
Specimen

그림 4-9 일반적으로 bright-field, phase-contrast, 그리고 fluorescence microscopy를 모두 할 수 있도록 optical micro-scope를 configure한다. (a) Typical 광학현미경에서는 specimen이 transparent glass slide에 mount되고 movable specimen stage에 고정시킨다. (b) Bright-field microscopy에서 tungsten lamp (텅스텐 전구)에서 나온 light는 stage 아래 condenser lens에 의해 specimen에 focus된다; light는 노란색으로 표기된 경로를 따른다. (c) Phase-contrast microscopy에서 light가 annular diaphragm을 통과하면, 고리 모양의 light가 시료에 focus된다. Specimen을 통과하면서 unobstructed light는 objective lens에 의해 phase plate의 두꺼운 gray ring에 focus된다. Phase plate의 두꺼운 gray ring은 들어오는 light의 일부를 흡수하고 light phase를 1/4 wavelength 만큼 변화시킨다. Light가 specimen을 통과할 때 refracted (bended) 또는 diffract되면, 일부 light의 phase는 변하게 되고(녹색 선), 그 light wave는 phase plate의 clear region을 통과한다. Refracted light와 unrefracted light는 다시 image plane에 모이게 되고 이미지를 형성한다. (d) Fluorescence microscopy에서는 mercury lamp (수은등)에서 나오는 light beam (회색 선)이 excitation filter로 향한다. Excitation filter는 correct wavelength light (녹색 선)만을 통과시킨다. 통과된 light는 dichroic mirror에 반사되고, objective lens를 통과하여 시료에 focus된다. 시료에서 emit되는 fluorescent light (빨간색)는 다시 objective와 dichroic mirror를 통과하여 image plane의 detector에 기록된다.

이 specimen을 비춘다(그림 4-9c 참조). Light이 specimen을 지나 objective lens를 통과하고, unobstructed (방해받지 않은) direct light은 phase plate를 지나게 되는데, 이 부분은 매우 낮은 비율로 light를 통과시키고 light phase도 약간 변화시킨다. Specimen을 통과한 light wave 중 일부는 refracted되는데, 이는 specimen을 통과하지 않은 light wave와는 out of phase (out of synchrony)가 될 것이다. Light wave의 phase가 얼마나 차이가 나는지는 두 경로의 refractive index와 specimen thickness에 따라 결정된다. Refracted light와 unrefracted light는 image plane에서 합쳐져서 이미지를 만들게 된다. 두 light wave가 합쳐질 때, in phase면 light는 더 밝아질 것이고 out of phase면 덜 밝아질 것이다(그림 4-10, 가운데). Phase-contrast microscopy는 single cell 또는 thin cell layer를 관찰할 때 적합한 반면, thick tissue 관찰에는 적합하지 않다. 특히, phase-contrast microscopy는 live cell 내의 larger 세포소기관의 location과 movement를 연구하는 데 유용하다.

DIC microscopy는 light을 2개의 perpendicular (수직) 성분으로 나눈 뒤 specimen을 통과하게 하고, 그들이 다시 결합할 때 나타나는 interference (간섭) 패턴에 기반을 두고 있고, 매우 작은 detail과 thick object를 볼 때 선택할 수 있는 방법이다. Contrast는 object와 surrounding medium의 refractive index의 차이에 의해 만들어진다. DIC image에서 object는 한 면에 그림자를 드리운 것처럼 보인다. 이 shadow는 specimen의 topography (지형)라기 보다는 specimen의 refractive index의 차이를 의미한다. DIC microscopy는 nucleus (핵)이나 vacuole (액포)와 같은 large 세포소기관의 outline을 쉽게 나타낸다. DIC 이미지는 3차원의 모양 외에도 물체를 통과하는 얇은 *optical section* (광학 단면) 또는 슬라이스라고 할 수 있다(그림 4-10, 오른쪽). 따라서 두꺼운 specimen nucleus의 detail [예를 들면, 온전한 한 마리 *Caenorhabditis elegans roundwarm* (회충), 그림 22-26d 참조]은 여러 장의 optical section으로 관찰될 수 있고, object의 three-dimensional structure는 각각의 DIC image와 결합하여 재구성될 수 있다. Phase-contrast microscopy와 DIC microscopy는 *live cell microscopy*에서도 이용될 수 있는데, 하나의 세포를 일정한 간격으로 사진을 찍어 movie를 만들게 되고, 이를 통해 cell movement 연구가 가능하다.

Subcellular Detail을 이미지화하기 위해서는 Sample을 Fix (고정)하고, Section (절단)하며, Stain (염색)하는 과정이 필요하다

지금까지 본 것처럼, live cell과 tissue는 light를 흡수하지 않기 때문에 광학현미경 상에서 거의 보이지 않는다. 앞에서 설명한 특수한 기술을 이용하여 세포를 관찰할 수 있다고 하더라도 structure의 fine detail까지 관찰하기는 어렵다.

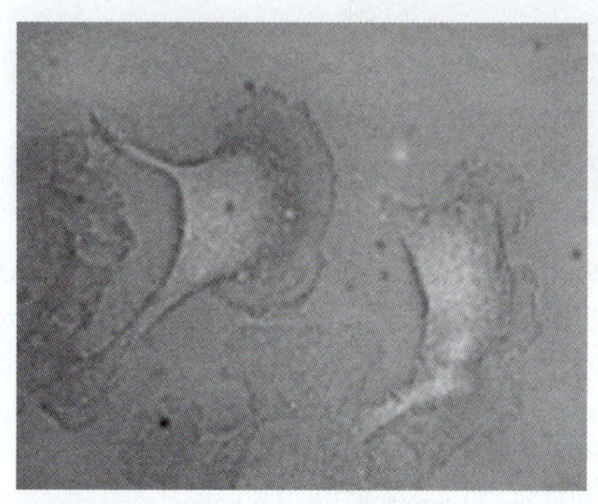
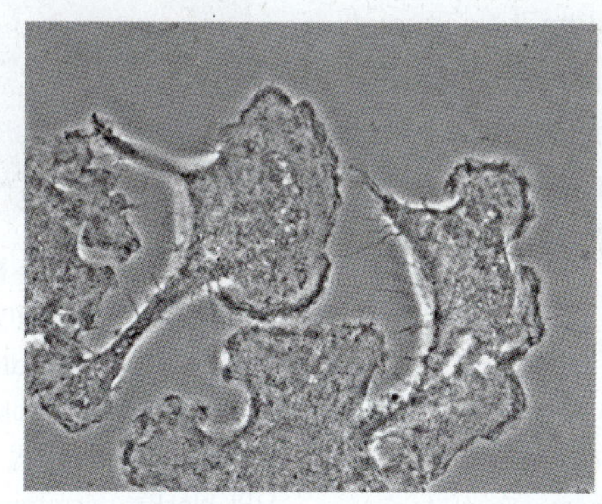
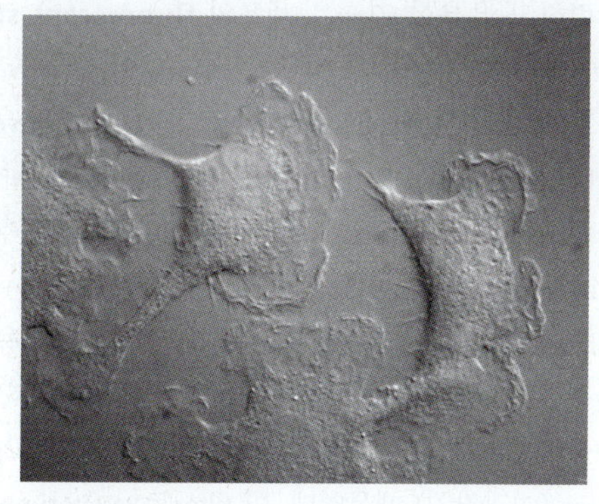

그림 4-10 Interference를 이용하여 contrast를 만드는 microscopy 기술을 이용하면 live cell을 관찰할 수 있다. Bright-field microscopy (*왼쪽*), phase-contrast microscopy (*가운데*), 그리고 differential-interference-contrast (DIC) microscopy (*오른쪽*)를 이용하여 관찰한 live, cultured macrophage cell의 micrograph (현미경 사진). Phase-contrast image에서 세포는 alternating dark와 light band로 둘러싸여 있음을 볼 수 있다; phase-contrast microscope에서는 in-focus와 out-of-focus detail이 모두 이미지화된다. DIC image에서 pseudo-relief (양각, 부조)처럼 보인다. 매우 좁은 범위의 in-focus region만이 이미지로 만들어지기 때문에, DIC image는 object의 optical slice라 할 수 있다. [Courtesy of N. Watson and James Evans.]

광학현미경에 쓰이는 specimen은 일반적으로 단백질과 nucleic acid를 cross-link하는 chemical이 들어 있는 solution (용액)으로 fix된다. 일반적인 fixative (고정액)인 formaldehyde는 가까이 있는 molecule의 amino group을 cross-link한다; 이러한 covalent bond는 단백질-단백질 상호작용과 protein-nucleic acid 상호작용을 안정화시켜, 다음 처리 단계가 진행되는 동안 molecule이 녹지 않고 안정되게 유지되도록 한다. Fixation 이후, 광학현미경 관찰을 위해 tissue sample은 보통 paraffin에 embed되고 약 5-μm 두께의 section (절편)으로 잘린다(그림 4-11a). glass coverslip에서 자란 세포는 충분히 얇기 때문에 in situ (제자리에서, 원 위치에서) fix가 가능하고, sectioning을 하지 않고도 광학현미경에서 visualize가 가능하다.

광학현미경을 위한 sample 준비의 마지막 단계는 세포 또는 조직의 main structural feature를 visualize하기 위한 specimen stain이다. 많은 chemical stain은 specific feature (특성)를 갖는 molecule에 붙는다. 예를 들면, histological sample은 *hematoxylin*과 *eosin* ("H&E stain")으로 stain하는 경우가 많다. Hematoxylin은 많은 다른 종류 단백질의 basic 아미노산 (lysine and arginine)에 붙고, eosin은 acidic molecule에 붙는다(예, DNA, 그리고 aspartate와 glutamate의 side chain). Hematoxylin과 eosin의 서로 다른 결합 능력 때문에, 이들 dye는 다양한 cell type을 충분히 구별할 수 있을 정도로 stain하여 눈으로도 다양한 cell type 구별이 가능하다(그림 4-11b). Colorless precursor를 colored 또는 visible precipitate로 바꾸는 반응을 촉매하는 enzyme이 있다면, cell section 위에서 이러한 colored reaction이 이루어짐으로써 이 enzyme이 detect될 수 있다. 이러한 staining 기술은 한때 일반적으로 사용되었지만, 다음에 설명할 특정 단백질을 visualizing하는 다른 technique으로 대체되고 있다.

Fluorescence Microscopy는 Live cell에서 특정 분자를 Localize하고 Quantify할 수 있다

아마도 광학현미경을 이용하여 세포 안의 분자를 localize할 수 있는 강력하고 유용한 기술은 세포의 **fluorescent staining**과 *fluorescent microscopy* 관찰일 것이다. Chemical이 한 wavelength의 light를 흡수하고(excitation wavelength) 좀 더 긴 특정 wavelength의 light를 emit한다면(fluoresce), 이 chemical은 *fluorescent*하다고 한다. 형광현미경에서 excitation light은 objective lens를 통과한 후 sample을 비추고 sample에서 나오는 emitted fluorescent light는 다시 objective를 통해 되돌아오는데, emitted fluorescent light는 사용자에 의해 선택적으로 관찰할 수 있도록 되어 있다. 이와 같은 fluorescent sample 관찰이 가능한 이유는 *dichroic mirror* (색선별 거울)라고 불리는 특수한 종류의 filter (여과장치) 때문인데, 이 filter는 excitation light를 굴절시켜 sample 쪽으로 향하게 하고, sample에서 emit되는 좀 더 긴 wavelength의 light는 observer (관찰자) 쪽으로 향하게 한다(그림 4-9d 참조). 이제 fluorescence microscopy를 통해 세포 내의 특정한 분자를 관찰하는 몇 가지 방법에 대해 알아본다.

(a)

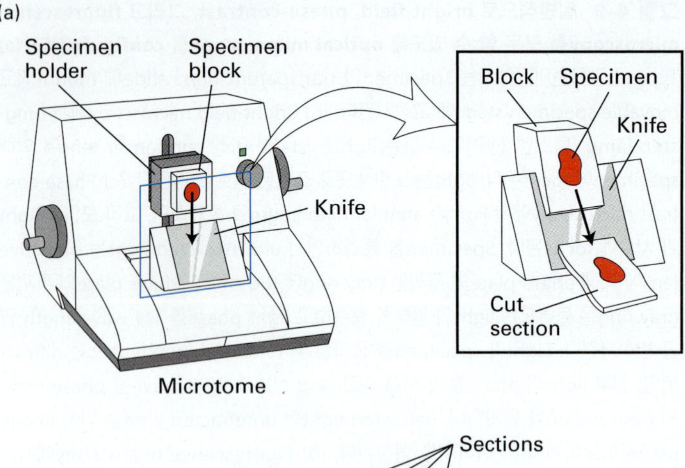

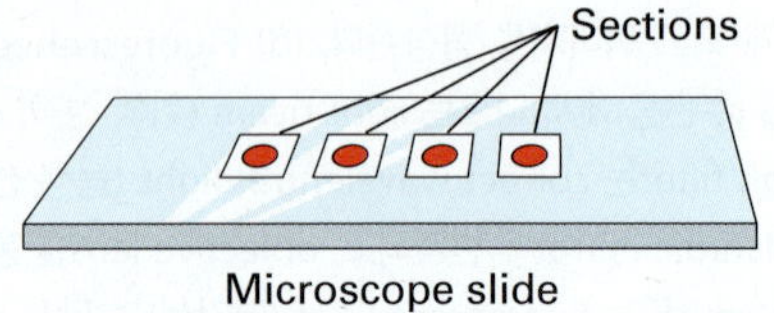

(b)

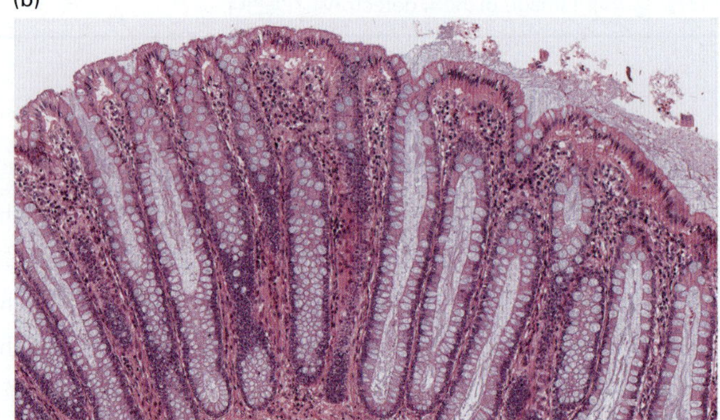

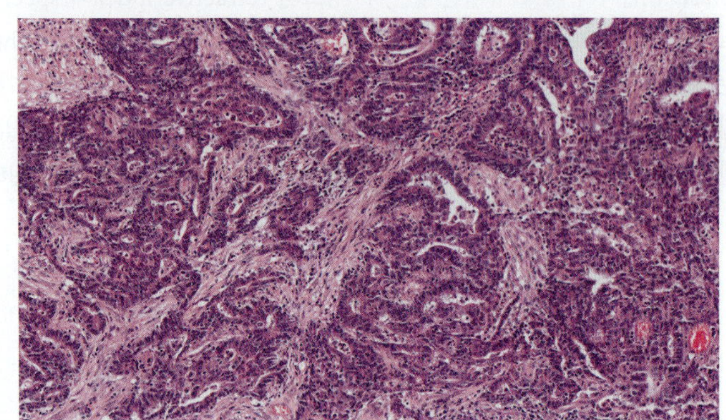

그림 4-11 Tissue는 fix되어 solid medium에 embed되고 thin section으로 자르면, 광학현미경에서 관찰할 수 있다. (a) Tissue를 일련의 alcohol-water solution에 담가 dehydrate (탈수화)시킨 후, 마지막으로 embedding medium과 조성이 같은 organic solvent에 담근다. Tissue를 sectioning을 하기 위해서 tissue는 liquid paraffin (유동 파라핀)에 놓이게 된다. Specimen이 들어있는 block이 굳으면, block을 microtome (박편절단기) arm에 올려놓고서 knife로 잘라 slice를 만든다. 광학현미경에 많이 쓰이는 section cut의 두께는 5 μm이다. 잘라진 section을 microscope slide에 모으고 적절한 agent로 염색한다. (b) H&E stain한 정상인 상태 (*위쪽*)와 암인 상태 (adenocarcinoma, *아래쪽*)의 human colon의 절편. Cancer tissue에서 세포들이 disorganization된 점을 주목하자. [Part (b) courtesy of Dr. Alexander Nikitin, Cornell University.]

Ion-Sensitive Fluorescent Dye를 활용하여 Intracellular Ion concentrations을 측정할 수 있다

Live cell 안의 Ca^{2+} 또는 H^+ 농도는 fluorescent dye (또는 *fluorochrome*)을 활용하여 측정할 수 있다. 이 fluorescence dye의 fluorescence는 Ca^{2+} 또는 H^+의 농도에 따라 결정된다. 뒷장에서 설명되듯이, intracellular Ca^{2+}와 H^+ 농도는 많은 cellular process에 뚜렷한 영향을 미친다. 예를 들면, 평상시 cytosolic Ca^{2+}은 약 10^{-7} M인데, 많은 hormone과 다른 stimuli (자극)에 의해 cytosolic Ca^{2+} 농도가 10^{-5} 또는 10^{-4}M까지 증가하고, 이러한 cytosolic Ca^{2+} 증가는 muscle contraction (근육 수축) 같은 다양한 cellular response를 일으킨다.

Ca^{2+}에 결합할수 있는 fluorochrome인 *Fura-2*를 세포 내에 도입하게 되면, 세포 내부에서 일시적으로 증가되는 Ca^{2+}를 추적할 수 있다. fura-2의 결합은 cytosolic Ca^{2+} 농도에 비례하고, 결합이 되면 특정 wavelength의 fura-2 fluorescence가 증가한다. 또 다른 두 번째 wavelength의 fluorescence는 Ca^{2+}이 붙는 것과 관계없기 때문에, 이를 이용하면 세포의 한 region에 존재하는 fura-2의 total amount를 측정할 수 있다. Fluorescence microscope에서 세포를 계속 관찰하고, 두 wavelength의 fura-2 fluorescence 비율 변화를 측정하면, 전체 fura-2 중 Ca^{2+} 이온이 결합된 fura-2의 비율 변화를 quantify할 수 있고, 결과적으로 cytosolic Ca^{2+} 농도 변화를 quantify할 수 있다. Fura-2는 Ca^{2+} 수준을 연구하기 위해서 그동안 광범위하게 사용되었지만, 이 장의 뒷부분에서 소개될, Ca^{2+} 결합 시 fluorescence를 내는 단백질인 Ca^{2+} sensor를 발현시키는 방법이 Ca^{2+} sensitive dyes들을 대체하고 있다.

Fluorescence dye 중 H^+ 농도에 sensitive한 dye들은 living cell의 cytosolic pH를 monitor하는 데 사용된다. 또 다른 유용한 probe는 weak base에 연결된 fluorochrome으로 구성되어 있는데, 여기서 weak base는 neutral pH에서 부분적으로 protonate (양자 첨가)되어 있어서 cell membrane을 자유롭게 침투할(permeate) 수 있다. 하지만 acidic organelle에서 이러한 probe는 protonate된다; protonated probe는 organelle membrane을 recross할 수 없기 때문에 protonated probe는 cytosol보다는 lumen에 몇 배 이상 축적되어 있다. 따라서 이러한 종류의 fluorescent dye는 live cell에서 mitochondria와 lysosome을 특이적으로 stain할 때 사용될 수 있다(그림 4-12).

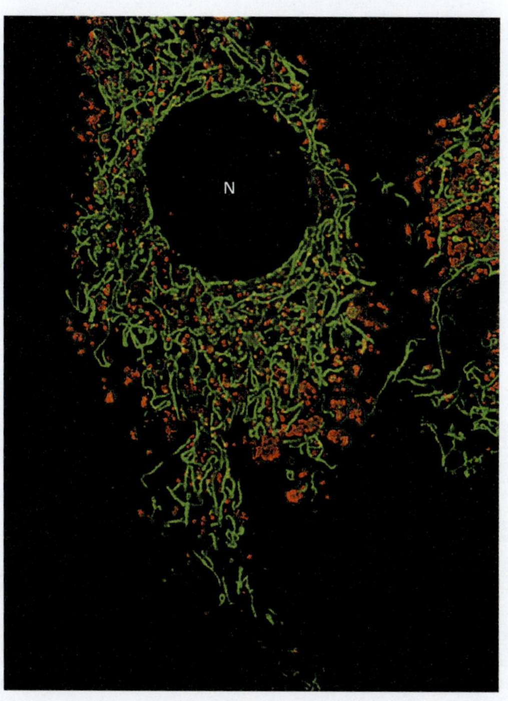

실험 그림 4-12 배양된 living bovine pulmonary artery endothelial cell에서 lysosome과 mitochondria의 location. Mitochondria에 특이적으로 붙은 green-fluorescence dye와 lysosome에 특이적으로 incorporate되는 red-fluorescence dye를 이용하여 세포를 염색하였다. Deconvolution computer program을 이용하여 이미지를 선명하게 만들었는데, 이에 대해서는 본문에 설명되어 있다. N, nucleus. [© 2020 Thermo Fisher Scientific, Inc. Used under permission.]

Immunofluorescence Microscopy에서 Fixed cell의 Specific Protein을 Detect할 수 있다

위에서 설명된 일반적으로 사용되는 chemical dye는 nucleic acid 또는 많은 종류의 단백질을 stain하는데, 추가로 specific protein이 있는지 없는지 그리고 위치하는 곳까지 알 수 있다면 훨씬 더 informative (유용한 정보를 주는)할 것이다. *Immunofluorescence microscopy*는 antibody를 이용하여 specific protein을 detect하는 데 널리 이용되는 method이다. 사용되는 antibody에는 fluorescence dye가 covalently 붙어 있다. Immunofluorescence microscopy를 하기 위해서 먼저 specific 단백질에 붙는 antibody를 만들어야 한다. 4.1절에서 짧게 설명하였고, 24장에서 자세히 다루겠지만, 실험동물에 antigen (항원)을 주입하게 되면, vertebrate immune system은 antigen에 존재하는 서로 다른 epitope을 인식하는 polyclonal antibody들을 만들게 된다. 이렇게 antigen을 특이적으로 인식하는 antibody들은 blood serum (혈청) 내에 존재하는 다른 수 많은 antibody들이나 단백질들로부터 정제되는데, antigen이 고정된 resin (수지)를 사용하는 affinity chromatography (친화 크로마토그래피)를 통해서 정제하게 된다(그림 3-43c 참조). 반면에, 이 장 앞부분에서 설명되었듯이, antigen의 특정 epitope에 붙는 antibody를 분비하는 clonal cell line을 만드는 것도 가능하다; 이렇게 만들어진 antibody를 *monoclonal antibody*라 한다.

단백질을 localize하기 위해 polyclonal 또는 monoclonal antibody를 사용하는데, 이를 위해 먼저 모든 component가 원위치에서 움직이지 않도록 세포 또는 조직을 고정하고, antibody가 membrane을 통과할 수 있도록 permeabilize (투과성 있게 하다)해야 한다. 보통 세포를 non-ionic detergent (계면 활성제)에 incubate하거나 organic solvent (유기 용제)로 lipid (지질)를 extract (추출)하면 세포가 permeabilize된다. surface protein을 localize하는 경우에는 세포를 fix하지만, 이 경우에는 permeabilize시킬 필요는 없다. Immunofluorescence microscopy의 한 방법으로 fluorochrome을 antibody에 covalently link하는 것이 있다. 보통 사용되는 fluorochrome은 rhodamine과 Texas red인데, 이

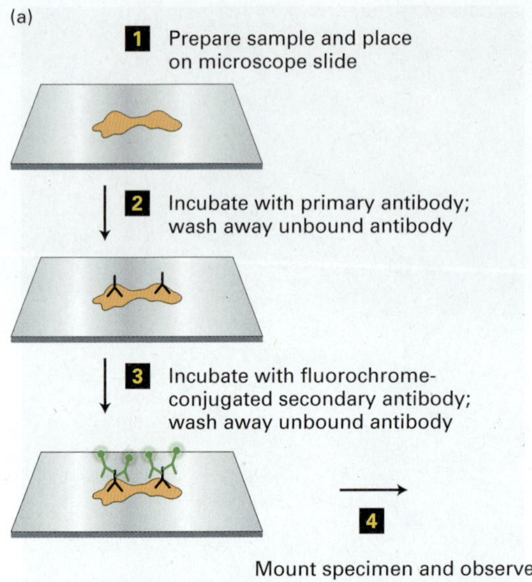

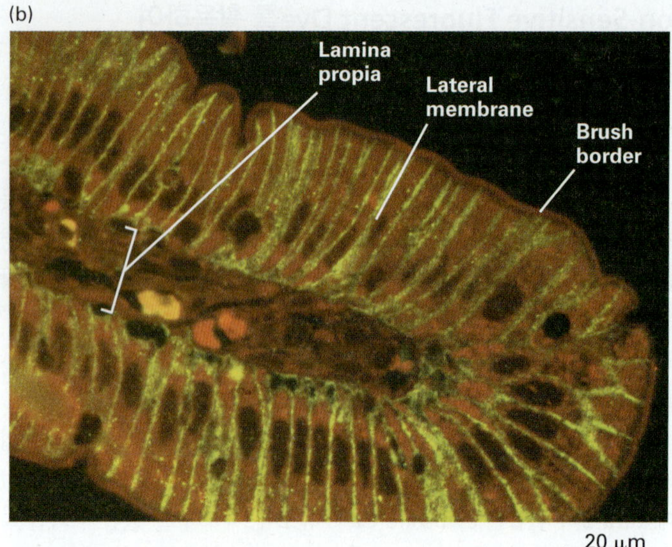

그림 4-13 Indirect immunofluorescence microscopy를 이용하면, fixed tissue section에서 specific protein을 localize할 수 있다. (a) Immunofluorescence microscopy를 이용하여 단백질을 localize하기 위해, tissue section 또는 cell sample을 chemically fix하고, antibody가 permeable하도록 처리해야 한다(단계 **1**). 그 후 sample에 관심 있는 antigen에 특이적으로 붙는 primary antibody를 넣은 후 incubate하고 unbound antibody는 washing하여 제거한다(단계 **2**). 다음으로 sample을 primary antibody에 특이적으로 붙는 fluorochrome-labeled secondary antibody를 넣어 incubate하고 붙지 않은 secondary antibody는 washing하여 제거한다(단계 **3**). 그 후 sample을 specialized mounting medium에 mount하고 fluorescence microscope에서 관찰한다(단계 **4**). (b) 이번 예는 rat intestinal wall (쥐 소장 벽) section을 nonspecific red fluorescence를 내는 Evans blue2로 염색하였고, indirect immunofluorescence microscopy를 이용하여 glucose transport protein GLU2를 localize하였다. GLU2 (노란색)는 intestinal cell의 basal과 lateral side에는 있지만 brush border에는 존재하는 않음을 볼 수 있다. Brush border는 intestinal lumen에 접하는 apical surface에 microvilli (미세 융모)가 매우 빽빽하게 차 있는 곳이다. Capillary는 epithelial layer 아래 loose connective tissue인 lamina propria (고유판)에 퍼져 있다. [Part (b) from B Thorens et al., 1990, *Am. J. Physiol.* **259**:C279; courtesy of B. Thorens.]

들은 red light를 emit한다; Cy3는 orange light를 emit한다; fluorescein은 green light를 emit한다. photostable (빛에 안정한)하면서 새로 개발된 fluorochromes들은 blue부터 far-red의 emission wavelength를 가진다. Permeabilized cell 또는 tissue section에 fluorochrome-antibody complex를 넣어주면, 이 complex는 맞는 antigen에 결합하게 되고, exciting wavelength를 illuminate하면 빛나게 된다. 서로 다른 wavelength에서 fluoresce하는 dye를 이용하여 specimen을 stain하면, 같은 세포 안에서 DNA 뿐만 아니라 다양한 단백질을 localize할 수 있다.

이 technique 중 가장 널리 이용되는 방법은 관심 있는 단백질에 특이적인 antibody가 indirectly detected되는 *indirect immunofluorescence microscopy*이다. 이 기술에서는 unlabeled monoclonal 또는 polyclonal antibody를 세포 또는 fixed tissue section에 넣은 다음, first antibody의 constant (Fc) segment에 결합하는 second fluorochrome-tagged antibody를 넣어준다. 예를 들면, secondary antibody는 모든 rabbit IgG antibody에 공통으로 존재하는 Fc segment로 immunizing된 goat에서 만들어진 antibody이다. 이 second antibody가 fluorochrome과 couple되면 "*goat-anti-rabbit*"이라 불리고, tissue 또는 cell stain에 사용된 rabbit antibody를 detect할 수 있다(그림 4-13). 하나의 rabbit antibody molecule에 여러 개의 goat-anti-rabbit antibody molecule이 결합할 수 있기 때문에, directly coupled single fluorochrome이 사용될 때보다 secondary antibody를 사용할 때 fluorescence가 훨씬 밝다. 이 방법은 *double-label fluorescence microscopy*에 응용되기도 한다. Double-label fluorescence microscopy에서는 두 단백질이 동시에 visualize될 수 있다. 예를 들면, 서로 다른 animal (예, 토끼와 닭)에서 만들어진 primary antibody들과 서로 다른 fluorochrome으로 label된 second antibody (예, goat-anti-rabbit과 sheep-anti-chicken)를 이용한 indirect immunofluorescence microscopy를 수행하면 두 단백질이 동시에 visualize될 수 있다. 또 다른 응용 방법으로, 첫 번째 단백질은 indirect immunofluorescence microscopy에 의해 visualize하고, 두 번째 단백질은 이 단백질에 특이적으로 결합할 수 있는 dye에 의해 visualize하는 방법도 있다. 각각의 이미지를 fluorescence microscope에서 찍은 다음, 이미지를 electronically 하나로 합칠 수 있다(그림 4-14 및 이 장을 소개하는 그림 참조).

*Epitope tag*라고 불리는 짧은 아미노산 sequence와 fused된 recombinant protein을 encoding하는 cDNA를 만드는 molecular biology technique 또한 널리 이용되는 응용 방법이다. 이 cDNA가 세포에서 발현되면, specific tag이 link된 단백질이 만들어질 것이다. 널리 이용되는 epitope는 FLAG과 myc인데, FLAG는 아미노산 sequence DYKDDDDK (single-letter code)를 encoding하고, myc은 아미노산 sequence EQKLISEEDL를 encoding한다. FLAG 또는 myc epitope에

(a)

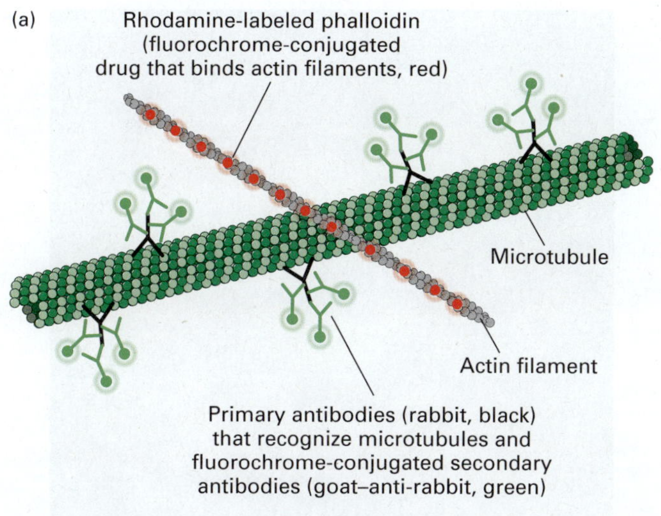

(b)

실험 그림 4-14 Double-label fluorescence microscopy를 이용하면, 서로 다른 두 단백질의 상대적인 위치를 localize할 수 있다. Double-label fluorescence microscopy에서 각 단백질은 서로 다른 fluorochrome으로 label되어야 한다. (a) cultured cell는 fix되고 permeabilize된 후 filamentous actin에 특이적으로 붙는 reagent인 Rhodamine-labeled phalloidin과 함께 incubate한다. 여기에 microtubule이 major component인 tubulin에 붙는 antibody도 함께 incubate한 후, fluorescein-labeled second goat-anti-rabbit-antibody를 넣고 incubate한다. 위쪽 panel에서는 fluorescein-stained tubulin (왼쪽)과 Rhodamine-stained actin (오른쪽)을 볼 수 있고, 아래쪽 panel에서는 두 이미지가 하나로 합쳐진 것을 볼 수 있다. [Part (b) Courtesy of A. Bretscher.]

붙는 fluorochrome-coupled monoclonal antibody를 이용하면, 세포에서 발현된 recombinant protein을 detect할 수 있다. 이 technology를 응용하여, 한 단백질은 FLAG으로 tag하고 두 번째 단백질은 myc으로 tag하면, 두 단백질을 동시에 visualization할 수 있다. 다음으로 각각의 단백질들은 서로 다른 color로 visualize될 수 있는데, 예를 들면 myc epitope은 green light를 emitting하는 antibody로, FLAG epitope은 red light를 emitting하는 antibody로 볼 수 있다. 이렇게 tagged protein을 사용한 실험에서는 tag이 단백질의 function과 localization에 간섭을 주지 않도록 주의해야 한다.

형광 단백질으로 Tag하면 Live cell에서 Specific Protein을 Visualize할 수 있다

Jellyfish (해파리) *Aequorea victoria*는 *green* 형광 단백질(*GFP*, 약 27 kDa)이라 불리는 naturally 형광 단백질을 발현한다. GFP 단백질은 serine, tyrosine, glycine sequence를 가지고 있는데, 이 sequence의 side chain은 blue light를 비추면 simultaneously cyclize하여 green-fluorescing chromophore를 형성한다. Recombinant DNA technology를 이용하면, 관심 있는 단백질의 coding sequence에 GFP의 coding sequence가 fuse된 DNA construct를 만들 수 있다. 이 DNA construct를 세포에 넣고서 발현시키면, 관심 있는 단백질과 GFP가 하나의 polypeptide로 covalently 연결된 GFP tagged protein이 만들어진다. GFP는 medium-size protein이지만, 단백질에 fuse된 GFP가 단백질의 function에 영향을 주는 경우는 많지 않다. 이와 같이 GFP를 visualize함으로써 관심 있는 단백질도 visualize할 수 있다. 이를 이용하면, GFP-tagged 단백질의 localization을 바로 볼 수 있을 뿐만 아니라, living cell에서 시간에 따른 protein distribution을 볼 수 있기 때문에 다양한 cell treatment 후 protein dynamics를 access하거나 protein localization을 track할 수 있다. Specific protein을 GFP로 tagging한다는 단순한 idea는 cell biology에 획기적인 혁명을 가져 왔으며, 수많은 다양한 fluorescent 단백질의 개발을 가져 왔다(그림 4-15). 다양한 color의 형광 단백질이 개발되었기 때문에, different-colored 형광 단백질으로 tag된 2개 이상의 단백질도 동시에 visualize할 수 있게 되었다. 다음 절에서 fluorescent를 이용하는 추가적인 기술을 설명한다.

Deconvolution Microscopy와 Confocal Microscopy를 이용하면, Three-Dimensional Fluorescent Object를 더 자세하게 관찰할 수 있다

Conventional fluorescent microscopy는 두 가지 limitation을 가진다. 첫 번째 limitation은 sample에서 나오는 fluorescent light이 focus plane뿐만 아니라 focus plane 위와 아래쪽에 있는 molecule에서도 나오는 fluorescent light가 있다는 점이다; 따라서 연구자는 세포의 여러 곳에 위치한 molecule에서 만들어진 fluorescent image의 superposition (중첩) 때문에 blurred (흐릿한) image를 보게 된다. 이와 같이

(a)

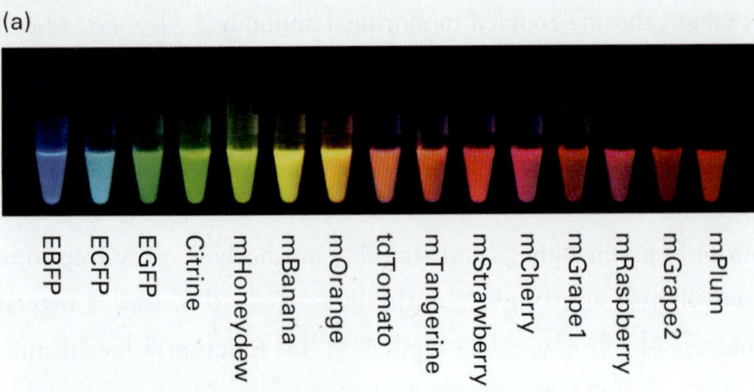

(b)

그림 4-15 다양한 color를 가진 형광 단백질이 현재 이용 가능하다. (a) 다양한 fluorescence 단백질의 이름과 emission color를 볼 수 있다. (b) 몇 개 다른 colored 형광 단백질을 발현하는 bacteria가 자라는 agar dish에 빛을 쪼이면 형광을 내는 bacteria를 볼 수 있다. [Courtesy of Roger Tsien.]

실험 그림 4-16 Deconvolution fluorescence microscopy를 이용하면 high-resolution optical section을 얻을 수 있다. DNA (파란색), microtubule (녹색), 그리고 microfilament-membran linking protein ezrin (빨간색)에 특이적으로 붙는 fluorochrome-labeled reagent로 mitosis에 있는 세포를 염색하였다. Consecutive focal plane에서 얻어진 여러 장의 연속적인 fluorescent image (optical section)가 세포 전반에 걸쳐 얻어졌다. 하나의 plane이 보여지고 있으며, 왼쪽 절반은 raw image, 오른쪽 절반은 deconvolution processing을 거쳤다. 염색체(파란색)과 microtuble (녹색)이 processing 후에 얼마나 더 명확하게 보이는지 주목하자. [Courtesy of Anthony Bretscher.]

이미지가 흐려지기 때문에 actual spatial arrangement (공간적 배열)를 결정하는 데 어려움이 있다. 두 번째 limitation은, 두꺼운 specimen을 visualize하기 위해서, sample의 depth에 따른 consecutive (serial) image를 얻은 다음, 이를 original thick tissue의 구조를 reconstruct할 수 있도록 align해야 한다는 점이다. High-resolution three-dimensional information을 얻기 위해서 다음의 두 가지 방법이 일반적으로 이용된다. 이 방법들을 이용하면, 이미지를 electronically 모은 다음 필요에 따라 computationally manipulate할 수 있게 된다.

첫 번째 방법은 *deconvolution microscopy*라 불리는데, sample의 out-of-focus에서 나오는 fluorescence를 computational 방법을 이용하여 제거한다. Three-dimensional sample을 가정하고, 이 sample의 서로 다른 3개의 focal plane에서 이미지가 만들어진다고 생각해 보자. 전체 sample이 illuminate되기 때문에, plane 2에서 만들어지는 이미지는 plane 1과 plane 3에서 나오는 out-of-focus fluorescence도 포함한다. Plane 1과 plane 3에서 만들어지는 out-of-focus fluorescence가 plane 2에 모아지는 light에 어떻게 영향을 미치는지 정확하게 알 수 있다면, out-of-focus fluorescence는 computationally 제거될 수 있다. 가지고 있는 microscope를 이용하여 이러한 information을 얻고자 한다면, 약한 fluorescent bead가 포함된 test slide를 이용하여 여러 focal plane으로부터 여러 장의 이미지를 얻을 수 있다. 각 bead는 focal plane 바깥쪽에 위치하여 blurred object가 될 수 있는 light의 pinpoint (빛이 비추는 아주 작은 지점)라 할 수 있다; 이렇게 해서 얻은 이미지로부터 *point spread function*이 결정되면, out of focus일 때 "blur" 현상이 일어나게 하는 fluorescent point source의 분포를 계산할 수 있다. 이러한 방식으로 microscope가 calibrate되면, 실험에서 얻어진 여러 장의 이미지는 computationally deconvolve될 수 있다. 상업적으로 판매되고 있는 automated stage가 달려 있는 microscope에서는 각각의 이미지가 모아지고, 이에 맞는 software program을 통해서 이미지가 deconvolve된다. Deconvolution에 의해 restore된 이미지는 그림 4-16에서 볼 수 있듯이 어떠한 blurring도 없는 인상적인 detail을 보인다.

좀 더 나은 three-dimensional information을 얻는 두 번째 방법은 *confocal microscopy*라 불리는 방법이다. Confocal microscopy는 특정한 focal plane의 이미지는 받아들이고 다른 plane에서 나오는 light는 제거하는 optical 방법을 사용한다. Sample의 vertical depth를 따라 focus된 여러 장의 이미지를 모으면, 정확한 three-dimensional representation이 computationally 생성될 수 있다. 오늘날 두 종류의 confocal microscope가 널리 이용되는데, 하나는 *point-scanning* confocal micro-scope (*laser-scanning confocal microscope* 또는 *LSCM*이라고도 알려져 있음)이고, 다른 하나는 *spinning disk* confocal microscope이다. 각 microscope의 기본 idea는 out-of-focus light를 제거함과 동시에 focal plane의 small area에서 emitted fluorescence를 모으는 것이다. 이러한 idea는 emitted light가 pinhole을 통과한 다음 detector에 도달하게 함으로써 구현되는데, 이 과정에서 focal plane에서 나오는 light는 통과되는 반면, 다른 focal plane에서 나오는 light는 대부분 제외된다. 전체 focal plane에 걸쳐 illuminated area를 바꾸면서 이미지를 얻은 다음, electronically 모아 새롭게 만든다. 두 종류의 microscope는 이미지를 어떻게 cover 하느냐는 점이 서로 다르다.

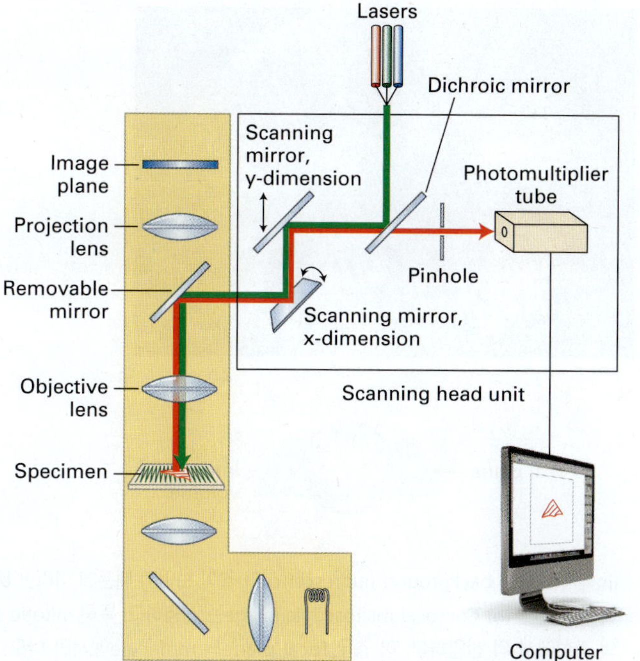

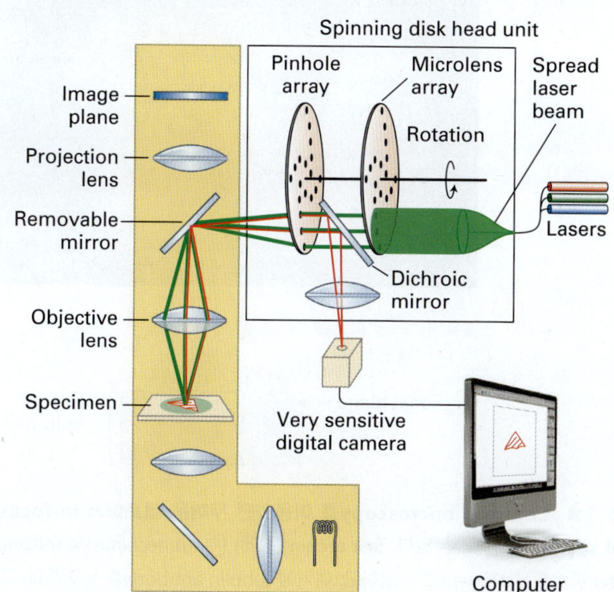

그림 4-17 두 종류의 confocal microscopy를 위한 light path. 두 종류의 confocal microscopy 모두는 conventional fluorescence microscope 옆에 assemble된다(노란색 음영). (a) confocal microscope의 light path. Laser에서 나온 single-wavelength point의 light는 dichroic mirror에서 굴절되고, 2개의 scanning mirror에서 반사되어 objective lens를 통과한 후 specimen의 한 지점을 비추게 된다. Scanning mirror가 앞뒤로 움직이면서 raster 방식으로 (specimen의 녹색 선) specimen을 scan한다. Specimen에서 emitted fluorescence는 다시 objective lens를 통과하고, scanning mirror에서 반사되어 dichroic mirror에 도달한다. Dichroic mirror를 지난 light는 pinhole을 통과하는데, pinhole은 out-of-focus focal plane에서 나온 light는 제거하기 때문에, focal plane의 illuminated spot에서 온 light만이 선택적으로 photomultiplier에 도달할 수 있다. Computer는 이러한 signal을 모으고 이미지를 재구성한다. (b) spinning disk confocal microscope의 light path. 여기에서는 2개의 scanning mirror를 사용하는 대신, laser beam이 spread되어 coupled spinning disk의 pinhole들을 비추게 되는데, microlens로 구성된 첫 번째 disk가 두 번째 disk의 pinhole에 light을 focus한다. Excitation light는 objective lens를 통과하여 specimen의 수많은 spot에 point illumination을 만든다. Emitted fluorescence는 다시 objective로 lens로 돌아오고 spinning disk의 hole을 통과한 후, dichroic mirror에 반사되면 sensitive digital camera에 도달한다. Disk가 돌아가면서 specimen의 모든 부분을 여러 번에 걸쳐 빠르게 illuminate하도록 scanning disk의 pinhole이 배열되어 있다. Disk가 5000 rpm 정도로 빠르게 돌아가면, live cell에서 일어나는 매우 dynamic한 event를 기록할 수 있다.

Point-scanning microscope는 excitation wavelength의 point laser light source를 사용하여 raster (TV 래스터, 점 방식) 방식으로 focal plane을 빠르게 scan하고, photomultiplier tube (광전자 배증관)에 모아진 emitted fluorescence를 이용하여 이미지를 build up한다(그림 4-17a). 이렇게 확보된 sample의 서로 다른 depth의 여러 이미지를 활용하여 three-dimensional reconstruction할 수 있다. Point-scanning confocal microscope는 매우 훌륭한 two dimension과 three dimension의 high-resolution image를 만들 수 있다(그림 4-18). 물론 두 가지 작은 limitation도 존재한다. 첫 번째는 각 focal plane을 scan하는 데 많은 시간이 걸린다는 점이다. 따라서 매우 dynamic process를 이미지할 경우 point-scanning microscope는 dynamics를 쫓아갈 만큼 충분히 빠르게 이미지를 모으지 못한다. 두 번째는 강한 laser light를 각 spot에 illuminate하기 때문에 fluorochrome이 bleach (빛바램)되어 모을 수 있는 이미지의 수가 제한된다는 점이다.

Spinning disk microscope는 point-scanning microscope가 가지는 두 가지 limitation을 가지지 않는다(그림 4-17b). Laser에서 나오는 excitation light는 빠른 속도로 (예, 5000 rpm) 돌아가는 disk의 작은 부분을 illuminate한다. 실제로 이 disk는 2개의 linked disk로 구성되어 있다: 첫 disk에는 20,000개의 lens가 있으며, 이 lens를 통과한 laser는 두 번째 disk의 20,000개 pinhole에 focus된다. Disk가 한 바퀴 돌 때마다 sample의 focal plane을 여러 번 complete scan할 수 있도록, pinhole이 배열되어 있다. Emitted fluorescent light는 다시 두 번째 disk의 pinhole로 되돌아오고, dichroic mirror에 의해 굴절되어 highly sensitive digital camera로 focus된다. 이와 같은 방식을 적용하면 millisecond 내에 sample을 scan할 수 있기 때문에, fluorescent reporter가 매우 dynamic하더라도 fluorescent reporter의 real-time location capture가 가능하다(그림 4-19). Spinning disk microscope의 현재 limitation은 pinhole size가 고정되어 있어서 objective의 magnification (확대)에 맞춰 관찰해야 된다는 점이다. 일반적으로 63× 또는 100× objective를 사용하도록 configure되어 있기 때문에, tissue section을 관찰할 때 필요한 lower-magnification image에는 사용하기 어렵다. 따라서 point-scanning과 spinning disk confocal microscope

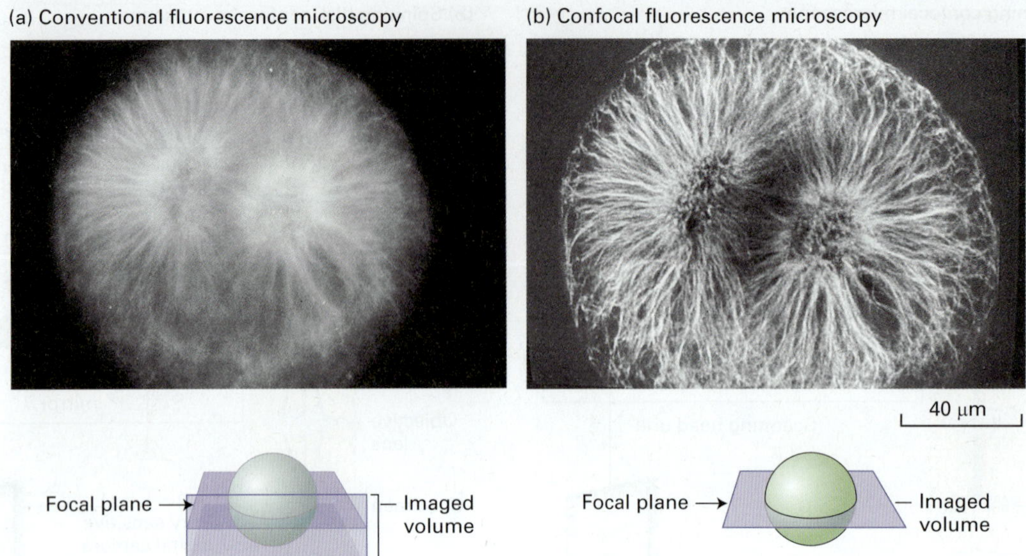

그림 4-18 Confocal microscopy를 이용하면 두꺼운 세포에서 in-focus optical section을 만들 수 있다. Sea urchin (성게) (*Psammechinus*)의 mitotic fertilized egg를 detergent로 lysis하고, 여기에 tubulin antibody를 넣어준다. 그 후 anti-tubulin antibody에 붙는 fluorescein-tagged antibody를 넣어준다. (a) Conventional fluorescence microscopy로 관찰하면, mitotic spindle이 blurred 되어 보인다. Sketch (요약 그림)에 그려진 바와 같이, focal plane 위 아래쪽 tubulin에서 나오는 background fluorescence가 같이 보이기 때문에 이러한 blurring이 나타난다. (b) Confocal microscopic image는 선명하고, 특히 mitotic spindle의 중심에서 더 선명하다. 이 경우 focal plane의 molecule에서만 나오는 fluorescence가 detect되고, 따라서 매우 얇은 optical section을 만들게 된다. [Micrographs ©1987 White et al., *J. Cell Biol.* **105**:41–48. https://doi.org/10.1083/jcb.105.1.41]

의 강점은 서로 중복되는 점도 있고 상호 보완적인 점도 있다.

Two-Photon Excitation Microscopy를 통해 Tissue Sample의 깊은 곳을 imagin할 수 있다

바로 앞에서 point-scanning confocal microscopy가 어떻게 out-of-focus plane에서 나오는 fluorescence를 제거하는지에 대해 살펴보았다. 이를 위해서, cone of laser light은 focal plane을 가로지르며 scan하는 spot에 focus된다. 이러한 focal plane의 위나 아래쪽도 cone of light에 의해 illuminate되게 되고 out-of-focus에서 오는 signal을 만들어내게 되며, 이는 pinhole 통해서 나오는 light을 모으는 것을 통해 제거하게 된다. 이처럼 강한 cone of light은 또한 photobleaching (형광 단백질을 불화성화 함)을 일으키거나 phototoxicity에 의해 sample에 damage를 주기도 한다. 만약 sample이 매우 얇다면, 이러한 부분은 큰 문제가 아니지만, sample이 두꺼워짐에 따라 이 문제들은 도드라지게 된다. 이러한 문제들을 피하기 위해서 하나의 photon에 의해 excited되는 fluorochrome이 개발되었다. 예를 들면 488 nm의 에너지를 갖는 1개의 photon 또는 960 nm에서 절반의 에너지를 갖는 2개의 photon을 사용하는 두 경우에서 모두 같은 emission wavelength가 만들어진다(그림 4-20a). 따라서, 만약 960-nm의 cone of laser light이 하나의 plane 위에 놓인 spot에 focus되면 focal point에만 충분한 밀도의 photon이 있게 되고, fluorochrome을 excite시키게 되며(그림 4-20b), out-of-focus signal은 나오지 않고, 적은 수준의 photobleaching이나 phototoxicity가 발생한다. Focal plane에 놓인 fluorochrome만이 excited되기 때문에, two-photon microscopy를 통해 보다 두꺼운 시료를 살펴볼 수 있고, pinhole이나 out-of-focus light을 제거할 필요가 없게 된다. 게다가, 960-nm light은 480-nm보다 biological sample을 더 깊이 투과할 수 있다. 하지만, two-photon excitation microscopy에서 두 photon은 약 femtosecond 내에서 서로 놓여야 하기 때문에 rapid laser pulse를 이용하는 매우 강한 laser intensity가 요구된다. 만약 animal 내의 각각의 세포들이 각기 다른 종류의 형광 단백질을 발현하게 되면, two-photon microscopy를 통해 살아있는 animal에서 (*intravital imaging*이라고 불

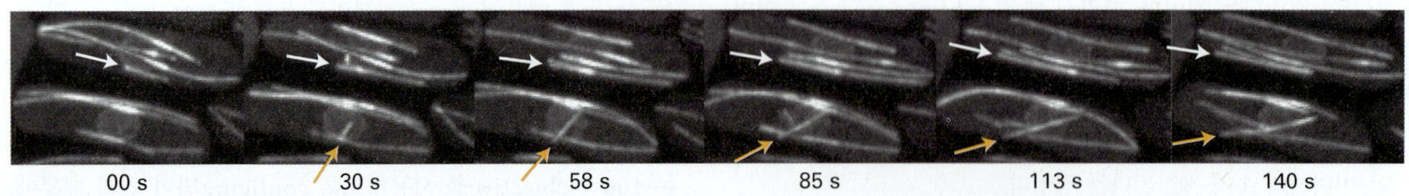

실험 그림 4-19 Spinning disk confocal microscope를 이용하면, microtubule dynamics를 이미지할 수 있다. 2개의 fission yeast rod-shape cell에서 GFP-tubulin을 촬영한 movie 중 6개 frame. 화살표는 shrinking하고 growing하는 microtubule을 가리킨다. [Courtesy of Fred Chang.]

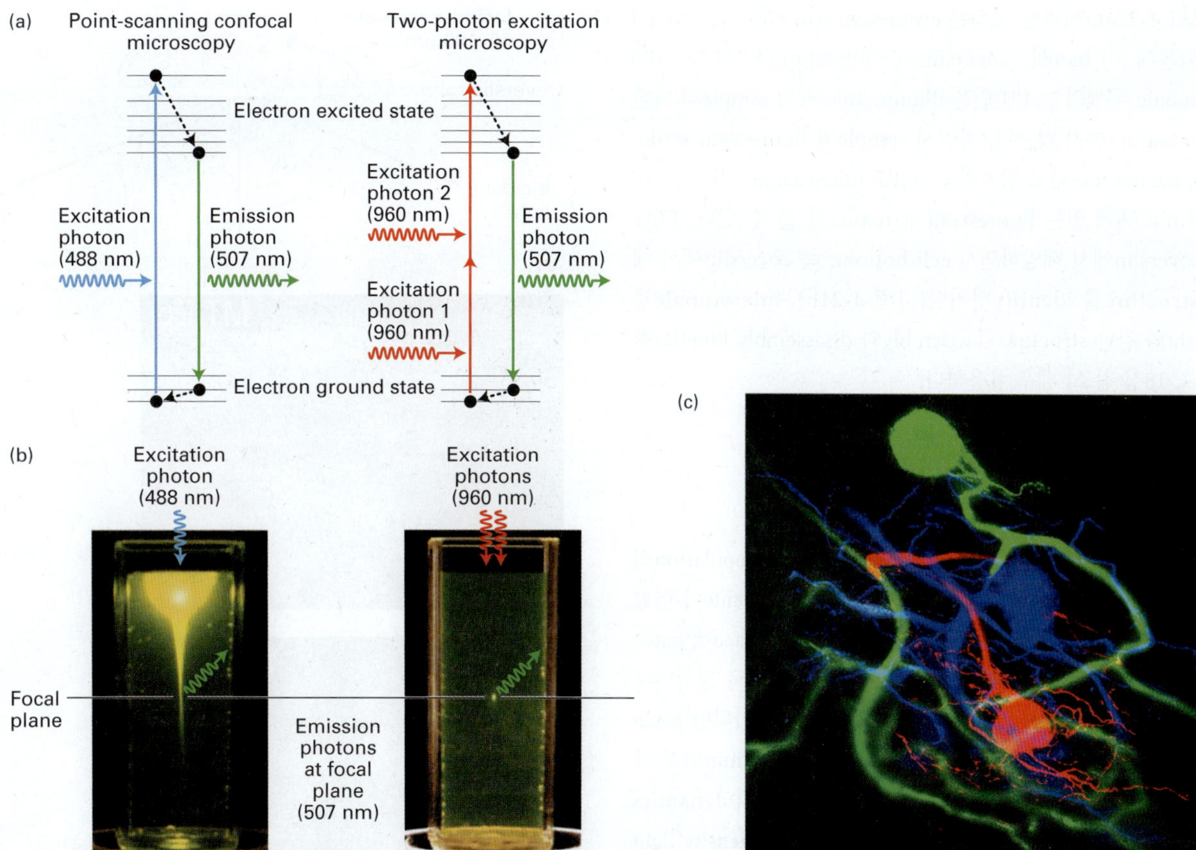

그림 4-20 Two-photon excitation microscopy는 focal plane에 illumination을 고정시켜서 intravital imaging을 위한 deep penetration을 가능하게 한다. (a) Conventional point-scanning confocal microscopy와 two-photon microscopy에서는 서로 다른 excitation 방법이 사용된다. Conventional system에서는 적절한 wavelength에 해당하는 하나의 photon (여기서는 488 nm, 파란색 화살표)의 흡수가 electron을 excitation state로 jump하게 한다. 그 다음 vibrational relaxation (black dashed arrow)를 겪게 되고, electron은 ground state로 내려오면서 하나의 photon을 더 긴 파장(더 작은 energy), 여기서는 507 nm (초록색 화살표)을 방출한다. Two-photon excitation에서는 적절한 파장에 해당하는 2개의 photon들이 (여기서는 960 nm, 빨간색 화살표) 거의 동시에 도착하고, 이들은 모두 흡수되어 electron이 excited state에 jump하도록 유도한다. Electron은 vibrational relaxation (black dashed)를 겪게 되고, ground state로 내려오면서 하나의 photon을 방출한다(507 nm). (b) Fluorescent material이 포함된 cuvette이 conventional confocal microscopy와 같이 488 nm (왼쪽) 그리고 two-photon microscopy와 같이 960 nm의 강한 light로 비춰졌다. Conventional ststem에서는 focal plane 밖에 밝은 cone of excitation이 생성되지만, two-photon excitation에서는 focal plane 내의 단 하나의 spot만이 비춰지는 것에 주목하라. (c) Lobster의 neuron이 label된 intravital imaing의 예시. [Part (b) Reprinted by permission from Nature Publishing Group, from Zipfel, W. R., et al. 2003. "Nonlinear magic: multiphoton microscopy in the biosciences," *Nat. Biotechnol.*, **21**:1369–1377; permission conveyed through Copyright Clearance Center, Inc.; part (c) unpublished data from Peter Kloppenburg and Warren R. Zipfel.]

린다) 약 1 mm 이내의 표면에서의 현상을 관찰할 수 있다(그림 4-20c).

TIRF Microscopy는 하나의 Focal Plane에서 얻어진 매우 우수한 이미지를 제공한다

위에서 설명한 confocal microscope는 놀랍고도 유익한 정보를 주는 이미지를 제공한다. 하지만 confocal microscope도 완벽하지는 않는데, 실험을 진행하는 몇 가지 상황에서 surface에 가까운 thin focal plane의 fluorescence imaging이 필요한 경우가 있다. 예를 들면, confocal image는 세포와 coverslip 사이의 adhesion site의 protein detail을 분석하거나 coverslip에 붙은 microtubule assembly의 kinetics를 follow 하기에는 이상적이지 않다. 과학자들은 특수 환경에 최적화된 시스템을 계속 개발하고 있다. 일부 실험 상황에서는 surface에 인접한 thin focal plane에서 fluorescence imaging이 필요하며, 여기서 out-of-focus을 최소화하는 것이 이상적이다. 예를 들어, confocal imaging은 세포와 coverslip 사이의 adhesion (접착) 부위에 있는 단백질을 자세히 탐색하거나 coverslip에 부착된 microtubule의 kinetics를 연구하기에는 이상적이지 않다. 이러한 두 가지 상황에서는 *total internal reflection fluorescence* (*TIRF*) microscopy를 사용하면 high sensitivity를 가진 이미지를 얻을 수 있는데, 이 경우 coverslip에 아주 가까운 시료의 부분만이 빛을 내게 된다. 가장 널리 사용되는 TIRF microscopy의 configuration은 light excitation beam이 objective lens에서 나오는 것이다. Light가 coverslip에 도달하는 angle은 critical angle, θ_c (임계각)으로 adjust되어 있기 때문에, light는 coverslip에서 반사되어 objective로 되

돌아온다(그림 4-21a). 이러한 방식은 *evanescent wave*라는 좁은 band를 만들게 되는데, 이 band는 coverslip에 접한 sample의 약 50–100 nm (microtubule 두께의 2–4배)만을 illumination하고, sample의 다른 부분은 illumination하지 않는다. 따라서 sample의 fluorescent structure가 complex mixture라고 할지라도, TIRF microscope에서는 cover slip 50–100 nm 내에 있는 fluorescent structure를 볼 수 있다. TIRF는 세포를 coverslip에서 배양하면서 cell bottom, 즉 coverslip에서 매우 가까운 structure를 identify하거나(그림 4-21b), microtubule과 actin filament와 같은 structure의 assembly와 disassembly kinetics를 측정할 때(17, 18장 참조) 매우 유용하다.

FRAP를 이용하면, Cellular Component의 Dynamics를 밝힐 수 있다

Live cell fluorescence imaging은 fluorescent molecule population의 localization과 bulk dynamics를 밝혀 주지만, 각각의 molecule이 어떻게 dynamic하는지는 알려주지 않는다. 예를 들면, cell surface에 patch (작은 조각)를 형성하는 GFP-labeled protein을 현미경으로 관찰한다면, 이것이 형광 단백질 molecule의 stable collection인지 아니면 patch 안팎으로 움직이는 fluorescent 단백질의 dynamic equilibrium인지 알 수 있을까? 이 질문에 대한 답은 patch에 있는 molecule의 dynamics를 관찰함으로써 얻을 수 있다(그림 4-22). Patch에 high-intensity light를 쬐어 fluorochrome (예, GFP)을 영원히 bleach한다면, 처음에는 patch에서 fluorescence가 나오지 않고, fluorescence microscope에서 검게 보일 것이다. 하지만 patch의 component가 세포의 다른 곳에 있는 unbleached molecule과 dynamic equilibrium 상태라면, bleached molecule은 unbleached molecule의 자리를 대치할 것이고, patch에서는 fluorescence가 다시 나올 것이다. Fluorescence recovery 속도로부터 molecule dynamics를 측정할 수 있다. *Fluorescence recovery after photobleaching* (*FRAP*)라 불리는 이러한 기술은 세포 안에 존재하는 많은 component가 얼마나 dynamic한지 알려준다. 예를 들면, 이 기술은 cytoskeletal 및 membrane protein (그림 10-10 참조)의 diffusion coefficient를 측정하는 데 사용되었다. tagged 단백질의 dynamics을 측정하기 위해서 적절한 파장의 레이저를 사용하면 작동되는 다양한 종류의 형광 단백질이 개발되었는데, 이 경우 green light을 emitting하는 것에서 red light을 emitting하는 것으로 전환될 수 있다. 이러한 방식으로, red-emitting molecule population의 dynamics가 이미지화될 수 있다.

FRET을 이용하면, Fluorochrome 사이의 거리를 측정할 수 있다

Förster resonance energy transfer (FRET)라 불리는 기술을 이용하여 두 단백질이 *in vivo*에서 상호작용하는지 결정하는 데 fluorescence microscopy를 이용할 수 있다. 이 기술은 2개의 형광 단백질을 이용하는데, 첫 단백질의 emission wavelength는 두 번째 단백질의 excitation wavelength와 가깝다(그림 4-23a). 예를 들어, cyan 형광 단백질(CFP)

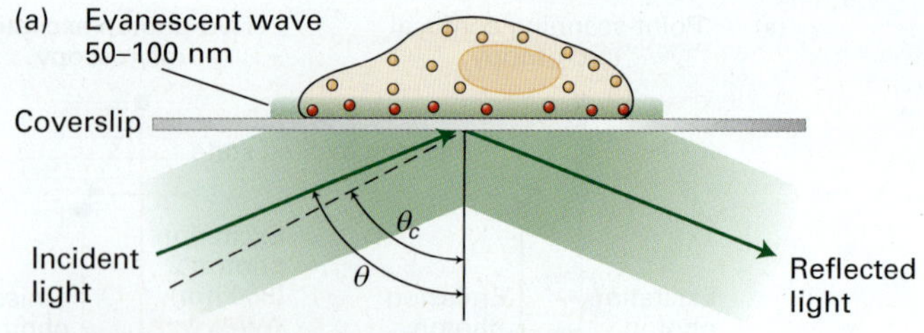

(b)

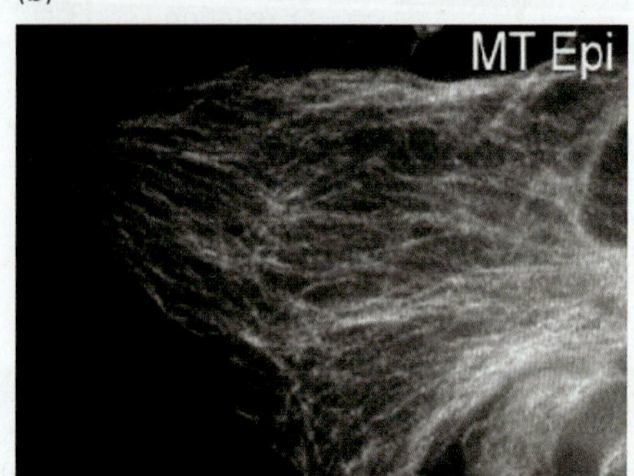

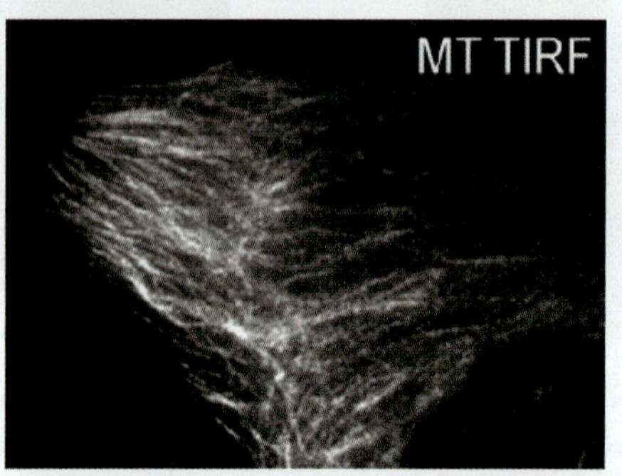

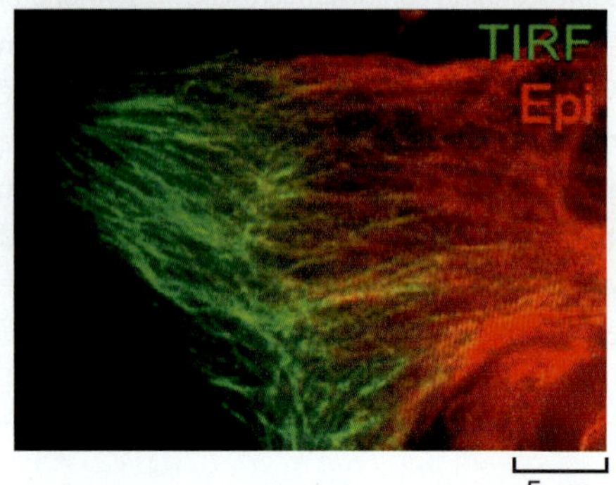

실험 그림 4-21 Total internal reflection fluorescence (TIRF) microscopy를 이용하면, restricted focal plane에 있는 fluorescent sample을 이미지할 수 있다. (a) TIRF microscopy의 illumination setup. glass-water interface에서 light이 굴절되는 각을 *critical angle* θ_c라고 한다. 이 각보다 작을 때 light은 specimen을 통과하게 되고, 이 각보다 클 때 light은 굴절된다. TIRF microscopy에서 incident beam의 각은 θ_c보다 약간 커서, 대부분의 light은 굴절되게 하지만 매우 작은 부분이 illumination될 수 있게 하는데, 이는 *evanescent wave* (연한 녹색으로 표시됨)라고 불린다. (b) Tubulin antibody로 immunofluorescence microscopy를 수행하면, conventional fluorescent microscopy (위쪽 panel), TIRF (가운데 panel), 그리고 merged image를 통해 microtubule을 볼 수 있다. 두 이미지를 merge하고서 녹색과 빨간색으로 채색하면, coverslip에 가까운 microtubule이 merged image에서 강조되어 나타난다. [Part (b) © 2010 J. B. Manneville et al., *J. Cell Biol.* **191**:585-598. https://doi.org/10.1083/jcb.201002151]

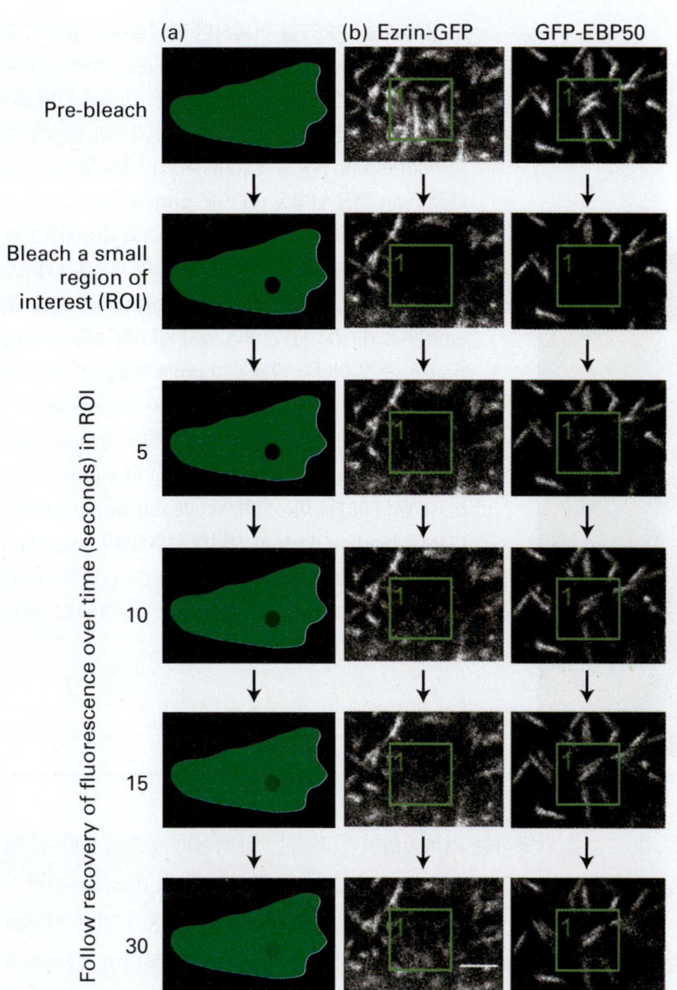

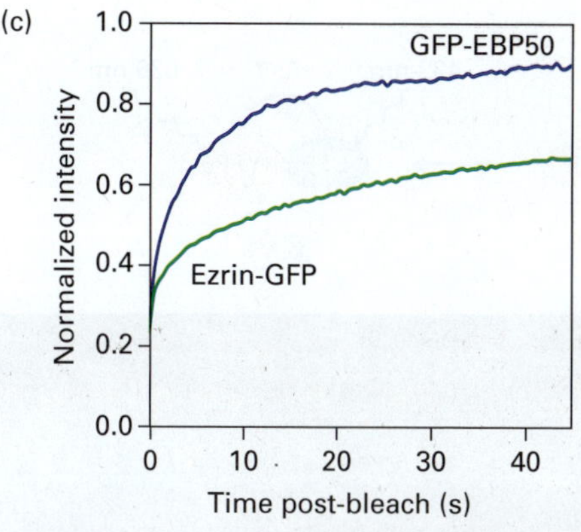

실험 그림 4-22 Photobleaching 이후 fluorescence recovery (FRAP)를 이용하면, molecule dynamics를 알 수 있다. Living cell에서 GFP-labeled protein distribution을 보면, 그 단백질이 전반적으로 어떻게 분포하고 있는지 알 수 있다. 하지만 이것만으로는 각 molecule이 얼마나 dynamic하게 움직이는지 알 수 없다. 각 molecule의 dynamics는 FRAP을 통해 알 수 있다. (a) FRAP에서는 관심 있는 region (ROI)에 강한 laser light를 짧게 비추어 GFP fluorochrome이 bleach되게 한다. Light에 의해서 molecule은 irreversibly bleach되고, 다시 관찰되지 않는다. 그 region에서 fluorescence가 다시 관찰된다면, 이는 unbleached molecule이 ROI로 이동했다고 할 수 있다. (b) Epithelial cell의 표면에서, microvilli의 두 가지 구성요소인 EBP50와 ezrin의 exchange rate을 측정하기 위해서 FRAP이 사용되었다(흰색 선으로 보임). GFP-EBP50이나 ezrin-GFP를 발현하는 세포에서, 녹색 box로 표시된 영역에서 GFP가 bleach되었고, unbleached 단백질에 의해 recovery되는 과정이 수반되었다. GFP-EBP50의 fluorescene는 매우 빠르게 돌아왔는데, 이는 fast exchange rate을 가지고 있음을 시사하고 반면에, ezrin-GFP의 fluorescence는 천천히 회복되어 늦은 exchange rate을 의미한다. (c) recovery 정도를 정량화하여, EBP50와 ezrin의 dynamic property를 결정할 수 있다. [Parts (b) and (c) ©2012 D. Garbett and A. Bretscher, 2012, *J. Cell Biol.* **198**:195–203. https://doi.org/10.1083/jcb.201204008]

이 433-nm wavelength light로 excite되면, CFP는 475 nm light를 fluoresce하고 emit한다. 만약 CFP 근처에 yellow 형광 단백질 (YFP)이 있다면, CFP는 475 nm의 빛을 emiy하는 대신에, FRET에 의해 YFP에게 energy를 전달하게 되고, YFP는 530 nm의 light를 emit할 것이다. FRET의 efficiency는 R^{-6}에 비례하는데, R은 fluorophore (형광단) 사이의 거리이다. 따라서 energy transfer efficiency는 거리의 작은 변화에도 민감하며, >10 nm에서는 detectable하지 않는다. 따라서 sample에 433-nm light를 illuminate하고서 530 nm 파장에서 빛을 관찰하면, 각각 CFP와 YFP로 tagged된 두 단백질이 매우 가까이 있는지 떨어져 있는지 판단할 수 있다. 예를 들면, FRET sensor는 세포 안에서 small GTP-binding protein과 effector 사이에 signaling이 있는지 결정할 수 있도록 개발되었다(그림 4-23b).

FRET을 영리하게 활용한 방법인 *FRET biosensor*를 이용하면 세포 내의 local biochemical environment를 감지할 수 있다. 기본적인 아이디어는 하나의 polypeptide에 CFP와 YFP가 모두 발현되게 하는데, 이 둘 사이에 biochemical signal의 변화에 따라 conformation change가 일어나는 region을 놓아서 둘을 분리시켜 두는 것이다. 만약 signal이 없다면, CFP와 YFP는 서로 멀리 떨어져 있어서 충분한 FRET이 일어나지 않는다. 하지만, 만약 signal이 감지되는 경우 conformational change에 의해 CFP와 YFP가 서로 가깝게 놓이고 FRET이 발생된다. 이러한 기술을 사용하여 특정한 protein kinase의 local activity를 측정할 수 있다. 이 경우에, CFP와 YFP 사이에는 protein kinase의 substrate인 *sensor domain*과 phosphorylated substrate에 특이적으로 결합하는 *ligand domain*이 놓인다(그림 4-24a). Kinase에 의해 sensor domain이 phosphorylated되면 ligand domain이 여기에 붙게 되고, 결과적으로 CFP와 YFP가 충분히 FRET을 겪을 정도로 가까워진다. Protein phosphorylation은 dynamic process이기 때문에, 적절한 phosphatse에 의한 sensor domain의 dephosphorylationdms FRET biosensor를 deactivate한다. 따라서, FRET signal은 세포 내에서 kinase activity가 phosphatase activity를 뛰어넘는 영역을 보여준다. 하나의 예로서, 과학자들은 cAMP라는 signaling molecule에 의해 증가되는 protein kinase A의 활성을 측정하는 FRET biosensor를 개발했다(15.1절 참조). Protein kinase A bionsensor를 발현하는 세포에서 cAMP의 pharmacological elevation은 빠른 FRET을 유도한다(그림 4-24b). 창의적인 연구자들이 다양한 종류의 local environments를 비추기 위한 FRET bionsensor들을 개발하고 있다. 예를 들어, Ca^{2+}의 concentration과 location을 측정할 수 있는 bionsensor (그림 4-27 참조)와 GTPase switch protein들의 활성화 상태를 측정할 수 있는 sensor

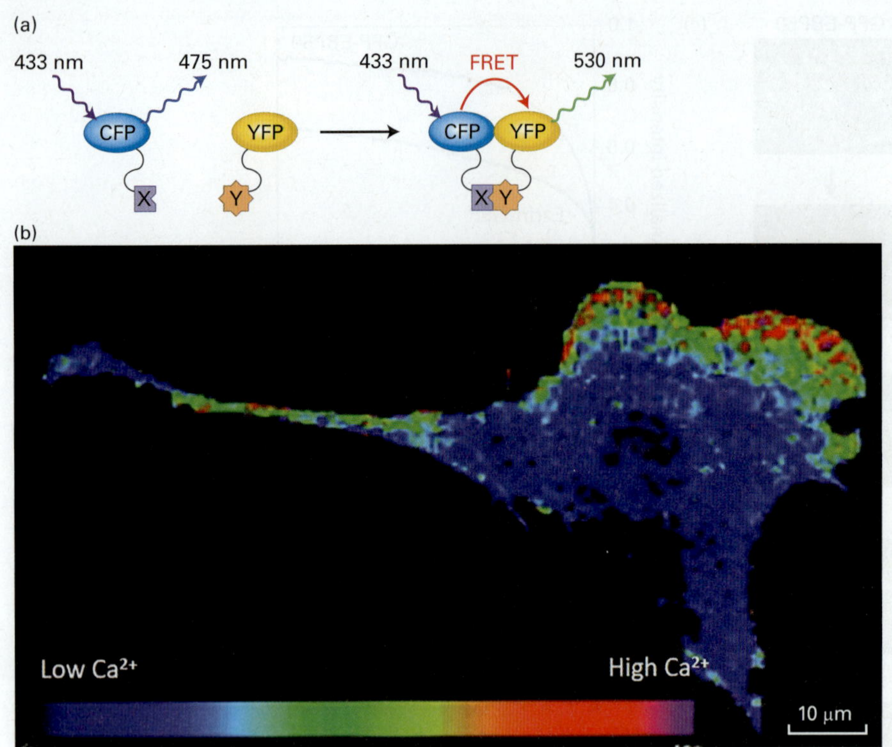

그림 4-23 FRET를 이용하면 단백질-단백질 상호작용을 visualize할 수 있다. FRET의 기본 원리는 서로 다른 두 형광 단백질을 이용하는 것이다. 한 형광 단백질이 excite되면, 발생한 energy가 충분히 가까이 있는 두 번째 fluorescent 단백질에 transfer되는 것이다. (a) 그림에서 cyan 형광 단백질 (CFP)은 protein X와 fuse되고, yellow 형광 단백질 (YFP)은 protein Y와 fuse되었으며, 두 단백질은 live cell에서 발현되었다. 이 세포에 433-nm light를 쪼이면, CFP는 475 nm fluorescent signal을 emit한다. YFP가 CFP 근처에 있지 않다면(왼쪽), energy transfer는 일어나지 않고 530 nm에서 light이 emit되지 않는다. 하지만 protein X가 protein Y와 interact한다면(오른쪽), FRET에 의해 energy가 YFP로 transfer되고, YFP는 530 nm light를 emit한다. (b) 이 mouse fibroblast에서 FRET을 이용하여, active regulatory protein (Rac)과 binding partner 사이의 상호작용이 migrating cell 앞쪽에서 일어남을 보이고 있다. [Part (b) ©2003 R. B. Sekar and A. Periasamy, 2003, *J. Cell Biol.* **160**:629–633. https://doi.org/10.1083/jcb.200210140]

들이 존재한다(그림 3-35 참조).

Optogenetics는 light이 spatial과 temporal (시공간적)인 방식으로 현상을 조절하게 한다

Light이 biochemical reaction을 조절하는 데 사용될 수 있다는 생각은 green algae (녹조류)인 *Chlamydomonas reinhardtii*의 phototaxis (빛에 끌리는) 연구로부터 시작되었다. 과학자들은 밝은 light의 pulse가 단백질의 cation channel이 열리는 것을 유도하는 것을 밝혀내었으며, 이 단백질은 *channelrhodopsin*으로 알려졌다. channelrhodopsin이 neuron에서 발현되게 되면, light에 의한 channel의 열림으로 인해 매우 급격한 Na^+의 유입이 일어나고, 이에 따라 membrane이 depolariztion (탈분극)된다. 23장에서 보게 되겠지만, 특정 neuron에서 channelrhodopsin을 발현하고, 국소적인 pulsed light을 이용하여 neural circuit에 대해 살펴볼 수 있다.

이와 연관되어서 light을 이용하여 biochemical reaction을 국소적으로 조절하는 방법들이 개발되었다. 이러한 기술은 plant의 phototropism (light을 향하거나 피하는 움직임)을 조절하는 단백질들을 찾아내도록 했다. 하나의 예로 light에 민감한 LOV domain이 있으며 매우 광범위하게 사용되고 있다. 이 방법이 사용되고 있는 것을 보여주는 예로서, light을 이용하여 nucleuse 안에 있는 enginnered protein을 cytosol로 이동시키는 것을 유도한 것이 있다. 13장에 기술된 것처럼, nucleus로 향하게 되는 단백질들은 짧은 nuclear localization sequence (NLS)를 가지고 있고, nucleus로부터 방출되는 단백질들은 짧은 nuclear export sequence (NES)를 가지고 있으며, 이 sequence는 cytoplasm으로의 수송을 담당하는 *exportin*이라고 하는 단백질과 상호작용한다. 형광 단백질-NLS-LOV-NES (그림 4-25a)로 구성된 multidomain 단백질이 만들어졌다. 이 construct는 어두운 상태에서는 NLS가 접근 가능하고 NES는 가려지게 된다. 어두운 상태의 세포에서 발현되면, 단백질은 nucleus에 놓이게 되는데, 이는 NES가 exportin과 상호작용할 수 없기 때문이다(그림 4-25a, 위쪽). 하지만, 빛을 쪼이게 되면, LOV domain에 conformation change가 일어나게 되어 NES가 노출되고 exportin가 결합하게 된다(그림 4-25a, 아래쪽). 이러한 변화는 nucleus로부터 단백질이 방출되게 한다. 비추던 빛을 끄게 되면, LOV domain의 conformation이 돌아가서 NES를 가리게 되고 단백질은 다시 nucleus로 돌아간다(그림 4-26b). 만약 형광 단백질 대신에 nuclear regulator를 construct에 포함하게 되면, light에 의해 activity를 조절하는 것이 가능해진다. 이러한 종류의 접근 방법은 많은 다른 종류의 환경에서 사용되고 있는데, 예를 들면 단백질을 plasma membrane으로 유도하거나, 신호전달 경로를 활성화시키는 것이 있다.

Point source fluorescent object는 nanometer resolution에 놓일 수 있다

비록 conventional microscope는 200 nanometer보다 가깝게 놓인 두 물체를 구별할 수 없지만, 정지된 물체를 수 nanometer 내에 놓는 것은 가능하다. 만약 point-source of fluorescene—즉 하나의 fluorescently tagged protein—를 가지고 있고, 민감도가 높은 camera를 사용하여 mutiple photon들을 빠르게 모아서 이미지화한다면, tagged 단백질의 정확한 위치 주변으로 fluorescence intensity의 Gaussian curverk

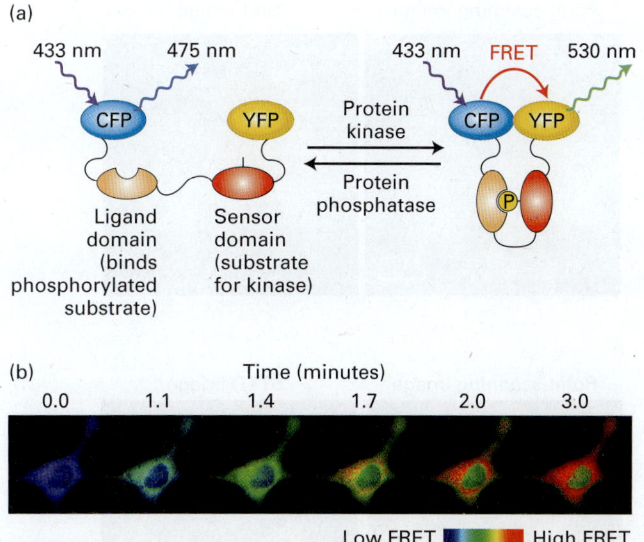

실험 그림 4-24 FRET biosensor를 이용하면 local biochemical en-nvironment를 detect할 수 있다. (a) FRET biosensor는 2개의 형광 단백질이 연구 중인 environment에 sensitive한 region으로 연결된 fusion protein이다. 여기에서는 CFP와 YFP가 specific kinase에 의해 phosphorylated되는 특정 sequence (sensor domain)를 포함하는 부분과, sensor domain이 phosphorylated되었을 때 결합하는 부분(ligand domain)으로 연결되었다. kinase의 activity가 없을 때, 2개의 형광 단백질들은 FRET이 일어나기에는 서로 많이 떨어져 있는 반면에, active kinase에 의해 sensor domain이 phosphorylated되면 lignad domain이 여기에 결합하게 되고, CFP와 YFP는 FRET이 일어날 수 있는 충분히 가까운 거리에 놓이게 된다. Sensor는 또한 phosphate를 제거해 주는 적절한 phosphatase를 만나서 deactivated 될 수 있다. 따라서, biosensor는 local enviroment에서의 kinase와 phosphatase activity의 비율을 알려주게 된다. (b) Protein kinase A FRET biosensor 사용의 예. 여기서, cAMP의 생성을 유도하는 약물인 forskolin이 $t = 0$에 첨가되었고, 이후 다양한 시간대에서 이미지가 모아졌다. 이미지를 통해서 active kinase의 활성화의 rate과 localization을 볼 수 있다. [Part (b) from J. Zhang et al., 2001, *Proc. Nat'l. Acad. Sci. USA* **98**:14997–15005. © 2001 National Academy of Sciences, U.S.A.]

이 만들어 질 것이다. 다음으로, computer가 position의 평균값 계산을 통해 수 nanometer 내에서 center of object를 찾아낸다. 이러한 방법을 통해서, computer algorithm은 single object의 위치를 track하거나 각각의 이미지에서의 exposure time이 충분히 짧다면 움직이고 있는 object도 track할 수 있다. 뒤의 장에서 다루겠지만, 이 기술을 통해 cytoskeletal filament를 따라서 움직이는 molecule과 vesicle들이 nonometer-sized 단계에서 측정되었다(그림 17-28, 17-29 참조).

Super-Resolution Microscopy를 이용하면, Nanometer Accuracy를 가지고 단백질 위치를 파악할 수 있다

앞서 기술한 것처럼, 이론적인 fluorescence microscopy의 resolution limit은 0.2 μm (200 nm)이다. 새로운 두 가지 방법(일반적으로 *super-resolution microscopy*라고 알려진)들이 이러한 한계에 도달하기 위해

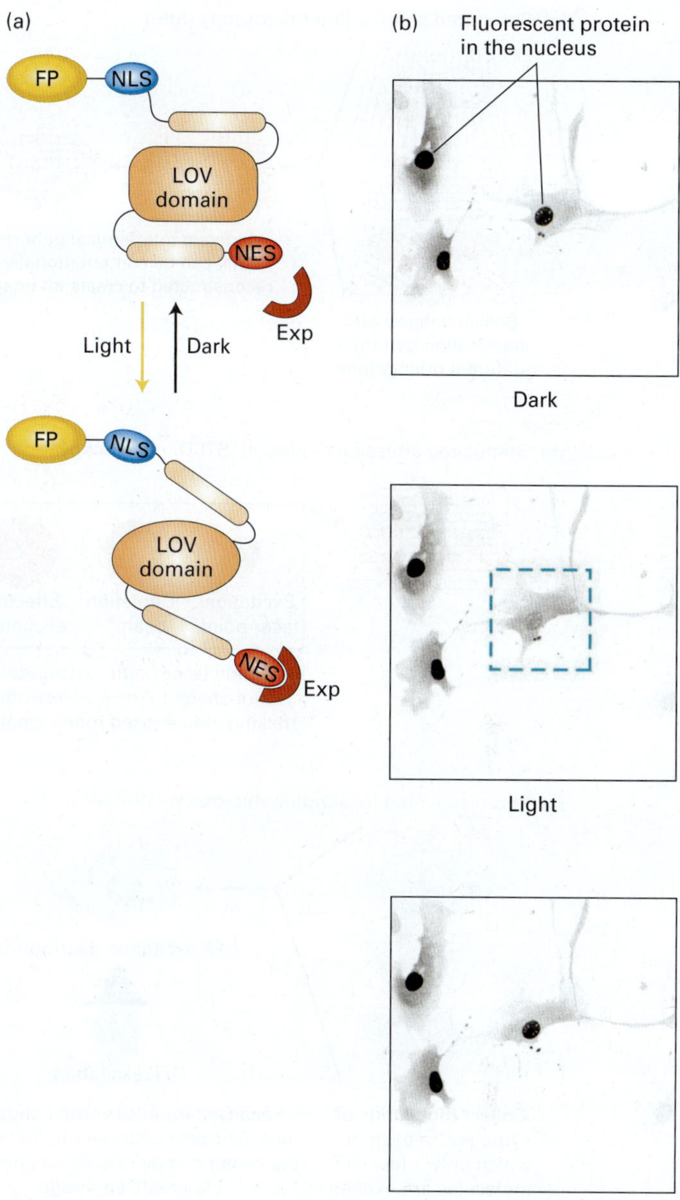

실험 그림 4-25 단백질의 localization에 변화를 주기 위한 LOV domain과 light의 사용. (a) 이 예시에서, nuclear localization sequence (NLS), LOV domain, nuclear export sequence (NES)가 fuse된 construct가 만들어졌다. 어두운 상태에서 NES sequence는 exportin (Exp)과 상호작용할 수 없지만, 빛을 비추게 되면 LOV domain에 일어나는 conformational change가 NES를 노출시키게 되고 exportin과 상호작용할 수 있게 된다. (b) 이 construct가 세포 내에서 발현되면, 이 construct의 NLS sequence는 노출되어 있지만, NES는 그렇지 않아서 nucleus에 localize된다. 하지만 하나의 세포가 blue light (box)에 의해 비춰 지게 되면, LOV domain에 conformation change가 일어나게 되고, NES를 노출시켜 exportin이 인식할 수 있게 되며, 단백질은 nucleus 밖으로 수송되게 된다. 이 과정은 가역적이라서 illumination을 멈추게 되면, 단백질은 nucleus로 돌아오게 된다. (b)에 표시된 이미지는 이 construct를 발현하는 세포의 inverted fluorescence image를 보여준다. [Republished with permission of Nature Publishing Group from Yumerefendi H, et all, Light-induced nuclear export reveals rapid dynamics of epigenetic modifications. *Nat. Chem. Biol.*, 17 Apr 2016, **12** (6): 399–401. Permission conveyed through Copyright Clearance Center, Inc.]

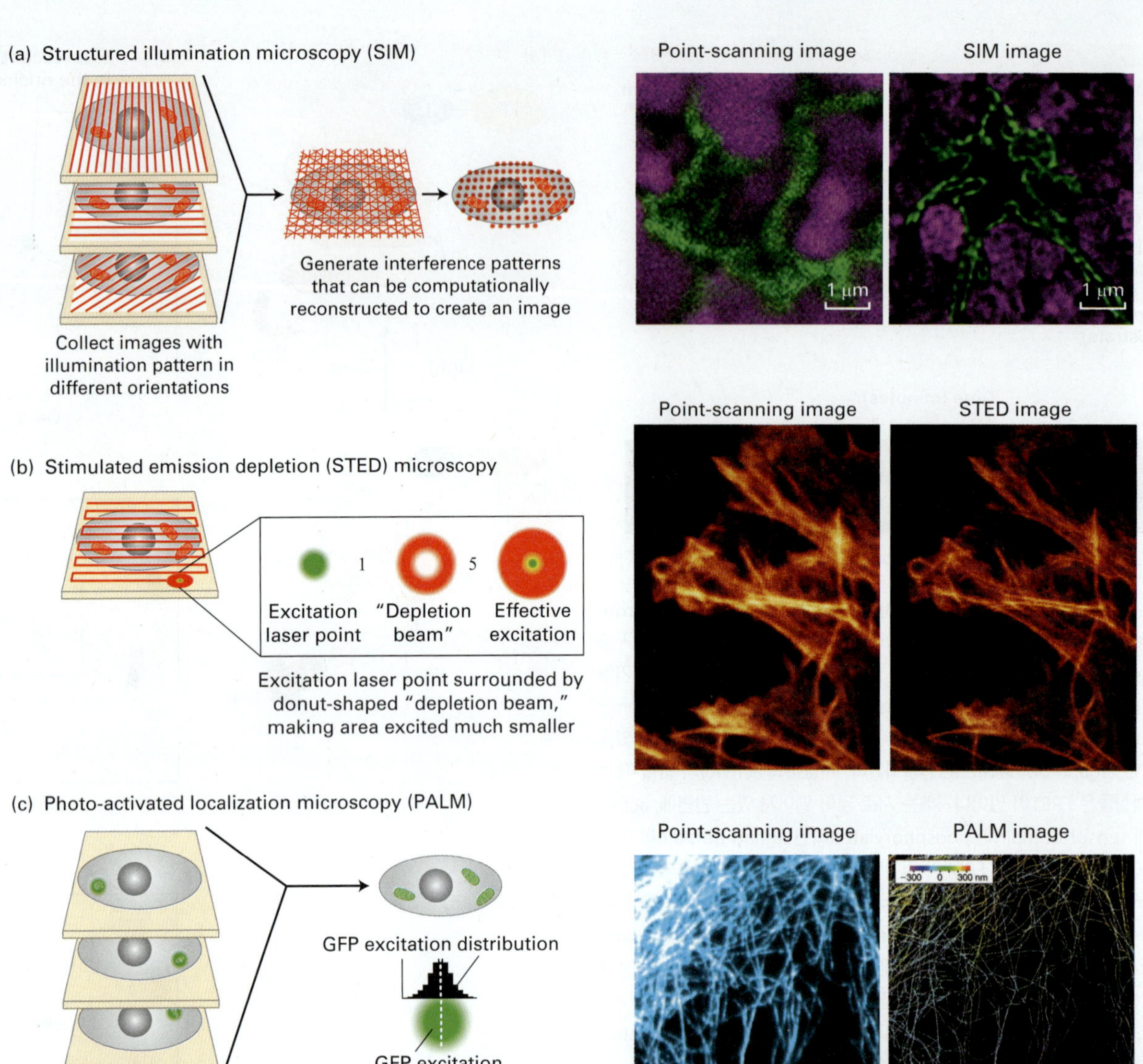

실험 그림 4-26 Super-resolution microscopy를 이용하면 nanometer resolution을 가진 light-microscope image를 얻을 수 있다. 광학현미경의 theoretical resolution은 super-resolution microscopy에 의해 극복될 수 있다. 이 technology 중 하나는 fixed sample에서 photo-activate GFP에 fused protein을 이미지하는 것이다. (a) Structured illumination microscopy (SIM)에서 sample은 밝고 어두운 패턴의 light에 의해 비춰 지고, rotation되면서 여러 장의 이미지가 얻어진다. 이러한 기술은 interference pattern을 만들고, 이 pattern은 수학적으로 재구성되어 higher-resolution 이미지를 만들게 된다. 오른쪽에 있는 이미지는 nucleus의 의 비슷한 영역에 대한 conventional point-scanning confocal microscopy와 해상도가 2배 이상 향상된 SIM으로 얻어진 이미지를 각각 보여준다(lamin 초록색, DNA 빨간색). (b) Stimulated emission depletion (STED) microscopy에서 sample은 point-scanning microscopy와 같은 방식으로 scan되지만, emission laser와 donut 모양의 emission depletion zone에 의해 형성된 매우 작은 point의 빛에 의해서만 scan된다. 오른쪽에 있는 sample은 actin fiber가 stain된 세포의 일부 이미지로서, point-scanning microscopy와 STED에 의해 얻어진 이미지를 보여준다. (c) photoactivated localization microscopy (PALM)에서는 excitation wavelength와 다른 wavelength에서 photoactivated될 수 있는 GFP가 사용된다. 작은 수의 GFP 분자들이 activate되어 excite되면, 각각의 GFP 단백질은 수천 개의 photon를 방출하는데, 우리는 이에 대한 정보를 모을 수 있다. 이 정보로부터 emitting GFP가 위치한 곳을 중심으로 형성된 Gaussian curve가 만들어진다; Gaussian curve의 중심은 GFP가 위치한 곳을 nanometer accuracy로 알려준다. 또 다른 GFP 분자를 excite하는 과정을 수백 번 반복하여 이미지를 모으면, high-resolution image가 만들어진다. 오른쪽에 Microtubule의 confocal image와 three-dimensional arrangement가 color code되어 있는 high-resolution image가 비교되어 있다. [Micrographs in (a) republished by permission of the American Association for the Advancement of Science, from: Schermelleh, L. et al., 2008. "Subdiffraction multicolor imaging of the nuclear periphery with 3D structured illumination microscopy," *Science*, **320**: 1332–1336; permission conveyed through the Copyright Clearance Center, Inc.; in (b) from Dr. Elise Stanley, Toronto Western Research Institute; (c) republished by permission of the American Association for the Advancement of Science, from: Huang, B. et al., 2008. "Three-Dimensional Super-Resolution Imaging by Stochastic Optical Reconstruction Microscopy," *Science*, **319**: 810–813; permission conveyed through the Copyright Clearance Center, Inc.]

개발되어왔다. 첫 번째 방법은 illuminating light이 패턴화되도록 해서 고해상도의 이미지는 얻는 방법이다. *structured illumination microscopy* (*SIM*)에서 시료는 밝고 어두운 패턴을 가지는 light에 비춰지게 되고, 이러한 pattern을 돌려가며 여러 장의 이미지가 얻어진다. 이미지들의 Computational 분석을 통해 약 100 nm이 resolution을 얻을 수 있고, 이것은 nuclear envelope 일부를 관찰하고 있는 micrograph를 통해 보이는 것처럼, conventional confocal microscope보다 두 배 높은 해상도를 가진다(그림 4-26a). SIM은 live cell imaging을 할 때 특히 좋은데, three-dimensional image를 4초마다 모을 수 있기 때문이다. *stimulated emission depletion* (*STED*) *microscopy*에서, sample은 point-scanning microscopy와 같이 scan되지만, 중요한 차이점이 있다: focused excitation laser point가 donut 모양의 depletion beam에 의해 둘러싸여 있고, 이를 통해서 excited되는 영역을 훨씬 더 작게 효과적으로 만들어낸다. computer는 excited되는 spot과 거기서부터 나오는 emission을 정확하게 기록하기 때문에 매우 뛰어난 이미지를 만들어내고, 30 nm resolution을 최적으로 산출하게 되며, antin fiber image의 예처럼 연구자가 관찰할 수 있는 부분이 매우 자세하게 향상된다(그림 4-26b).

두 번째 방법은 이전 절에서 설명된 것처럼, point-source detection과 localization을 이용하는 것이다. 어떻게 작동하는지 이해하기 위해 75 nm 떨어진 2개의 fluorescent spot을 가정하자. 이를 이미지화하게 되면 두 fluorescence는 Gaussian distribution을 보이는데, 두 fluorescence가 너무 overlap되면 하나의 spot으로 보이게 된다. 하지만, 각각의 spot을 따로 이미지하고 각각의 Gaussian curve의 center를 찾게 되면, 75 nm 떨어진 spot들의 분리할 수 있는 resolution에 도달할 수 있다. 이러한 방법 중 하나가 *photoactivated localization microscopy* (*PALM*) 또는 *stochasitic optical reconstruction microscopy* (*STORM*)이다. PALM에서는 GFP variant가 photoactivate (광활성화)되는 현상을 이용한다; 즉, GFP variant는 excitation wavelength와는 다른 specific wavelength의 light에 의해 activate되었을 때만 fluorescent해진다. 단 하나의 GFP를 activate한다면 어떠한 일이 일어날 것인지 생각해 보자. Sample이 excite되면 하나의 activated GFP는 수백 개의 photon을 emit하여 Gaussian distribution을 보일 것이다(그림 4-26c). 각 photon을 분석하는 것만으로는 GFP의 정확한 위치를 알 수 없지만, photon이 분포하는 중심부를 알 수 있다면 GFP가 위치한 곳을 nanometer accuracy를 갖고서 정할 수 있다. 또 다른 GFP가 activate된다면, 이 GFP 역시 nanometer accuracy를 갖고서 위치한 곳을 정할 수 있다. PALM/STORM에서는 한 곳에 있는 GFP만을 activate하여 그 위치를 정하고, 다시 다른 곳으로 옮겨 그곳에 있는 GFP set를 activate하여 그 위치를 정한다. 이러한 작업을 반복함으로써 high-resolution image가 만들어진다. 실제로, super-resolution image는 focal plane에서 dir 30 nm, 수직으로는 50 nm의 resolution을 가진다. 예를 들어, microtubule의 three-dimensional distribution을 훨씬 높은 선명도로 볼 수 있다. 이러한 선명도는 다른 어떤 light-microscopic 방법을 이용하는 것보다 높다(그림 4-26c 참조). 이러한 종류의 이미지를 얻는 데는 매우 많은 시간이 걸릴 수 있기 때문에, 이러한 기술의 활용은 fixed image에 제한되고, live cell의 protein imaging에는 사용될 수 없다. 그럼에도 불구하고, super-resolution microscopy는 엄청난 장점들을 가지고 있기 때문에 sensitivity, speed, spatial resolution을 향상시키고자 하는 많은 노력들이 이뤄지고 있고, 이를 통해 우리는 급진적인 발전을 기대해 볼 수 있다. 실제로, *MINFLUX*라고 불리는 새로운 형태의 PALM/STORM과 결합된 STED가 보고되었는데, 비록 특수한 환경에서만 사용되긴 하지만 약 1 nm에 해당하는 resolution을 가진다고 한다.

Light-sheet 현미경으로 살아있는 조직의 세포를 빠르게 촬영할 수 있다

위에서 논의한 대부분의 confocal imaging 접근법은 동일한 objective lens를 통해 fluochrome을 비추고 검출한다. 이는 sample의 excitation과 emission된 fluorescence이 이미지가 동일한 focal plane에서 발생하도록 보장한다. 이러한 방법의 결과로 이미지화할 수 있는 sample의 depth에는 제한이 있다. 이러한 한계를 극복하기 위한 새로운 기술이 개발되었다. *light-sheet microscopy*에서 sample은 측면에서 조명된 다음 직교 방향으로 관찰된다(그림 4-27a). focused laser beam이 sample을 앞뒤로 sweep하여 단일 평면을 비춘다. 그런 다음, illuminated plane에 대해 직각으로 관찰할 대상을 촬영한다. three-dimensional image를 생성하려면 sample의 모든 surface을 이미지화해야 한다. 이는 illuminating sheer와 detection objective를 sample을 통해 조정하여 image stack을 생성한 다음, 계산적으로 3차원 렌더링으로 조합할 수 있다.

이 기술을 사용한 한 예로, 과학자들은 살아있는 zebrafish brain의 세포에서 Ca^{2+}의 농도를 촬영했다. zebrafish brain에 있는 neuron은 GCaMP라고 불리는 Ca^{2+} biosensor를 발현하도록 만들어졌는데, GFP는 Ca^{2+}가 없을 때 fluorescence을 발현하도록 설계되어 있다(그림 4-27b). 이 biosensor는 N 말단 domain과 C 말단 domain이 연결되어 있지만 단백질의 중간이 잘려진 GFP로 구성되어 있다. Ca^{2+} sensor domain은 GFP의 한쪽 끝에, ligand domain은 다른 쪽 끝에 부착되어 있다. GFP의 구조가 잘려 있기 때문에 적절한 조명 light에 의해 excitation되어도 단백질은 더 이상 형광을 띠지 않는다. sensor domain은 작은 Ca^{2+} 결합 단백질인 calmodulin (그림 3-34 참조)에서 파생되었으며, 4개의 Ca^{2+} 이온과 결합할 때 형태가 변한다. ligand domain은 calmodulin이 결합 Ca^{2+}에 의해 활성화된 후에 calmodulin과 결합한다. activated calmodulin이 ligand domain과 결합하면, 잘렸된 GFP의 형태를 변화시켜 excitation시키고 fluorescence을 만들 수 있다. 이러한 방식으로 calmodulin을 활성화하기에 충분한 Ca^{2+} 수치가 상승할 때마다 fluorescence signal이 검출된다. 23장에서 논의한 바와 같이, neuron이 의사소통할 때, 이 커뮤니케이션의 일부는 Ca^{2+} level의 상승을 포함한다. 이러한 neuron communication은 GCaMP biosensor를 발현하는 살아있는 zebrafish brain에서 *in vivo* light-sheet microscopy로 잘 촬영될 수 있다(그림 4-27c).

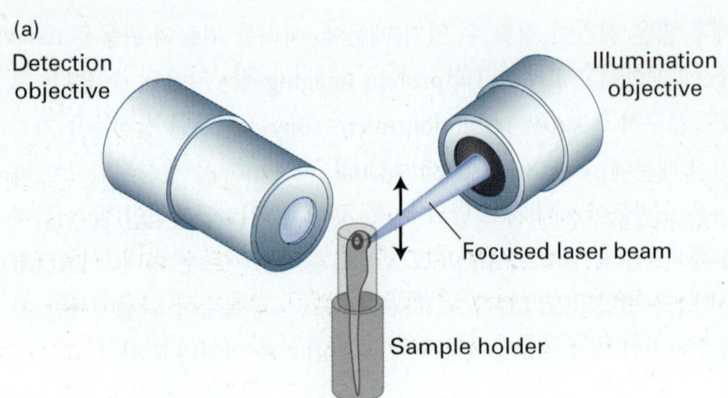

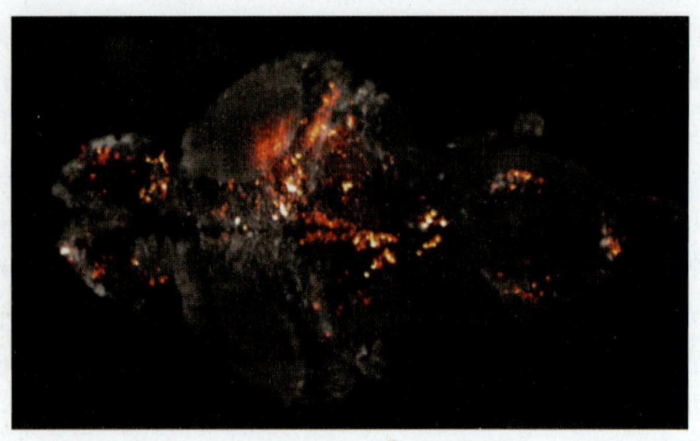

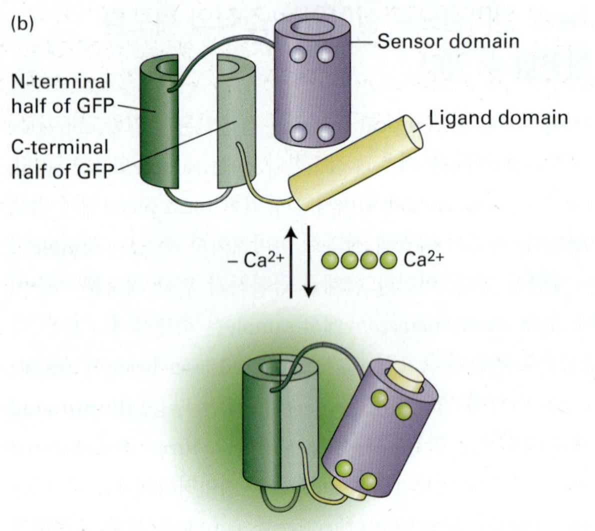

그림 4-27 Light-sheet microscopy은 living tissue에서 일어나는 rapid event를 이미지화할 수 있다. (a) light-sheet microscopy에서 tissue sample은 focused laser beam에 의해서 측면에서 비춰지게 되고, 이를 통해 sheet of light이 만들어진다. Sample은 detection objective에 의해 orthogonal direction에서 관찰된다. Three-dimensional 이미지를 얻기 위해서, illuminating, detection objective는 동시에 움직이게 되고, sample의 깊이에 따라 이미지를 얻어 낸다. (b) GCaMP로 알려진 Ca^{2+} biosensor. 이 biosensor는 재조합 DNA 기술을 통해서, 중간 부분이 절단되어 있는 N-, C-말단에 해당하는 GFP에 해당하는 polypeptide를 통해 만들어졌다. 한쪽의 절단 부분은 sensor domain으로서 Ca^{2+}-결합 단백질인 calmodulin으로 구성되어 있다. 다른 한쪽은 ligand domain으로서 Ca^{2+} 이 있을 때 calmodulin이 가서 붙을 수 있는 target sequence를 포함하고 있다. Ca^{2+} 이 없으면, GFP는 절단되어 있어 기능을 가지지 못한다. Ca^{2+}이 있을 때, calmodulin은 4개의 Ca^{2+} 이온과 결합하게 되고, conformationl change를 겪게 되며, ligand domain과 결합할 수 있게 된다. 이러한 conformation change는 GFP의 두 부분을 가깝게 놓이게 해서 형광 단백질이 기능을 가지게 한다. (c) 살아있는 zebrafish의 brain에서의 국소적인 Ca^{2+} level의 증가, 빨간색으로 임의로 표시. [Part (c) reprinted by permission from Nature Publishing Group, from Ahrens, M.B., et al., 2013. "Whole-brain functional imaging at cellular resolution using light-sheet microscopy," *Nat. Methods* **10**:413–420; permission conveyed through the Copyright Clearance Center, Inc.]

4.2절의 주요 개념

광학현미경: Cell Structure 분석 및 세포 내부의 Protein Visualizing

- Light wavelength 때문에 광학현미경의 resolution은 약 0.2 μm로 제한된다.
- phase-contrast microscopy와 differential-interference-contrast microscopy를 이용하여 단일 세포를 관찰할 때, cellular component의 refractive index의 차이에 의해서 cellular component를 관찰할 수 있게 된다.
- 일반적으로 세포와 subcellular structure를 관찰하기 위해서는 tissue를 fix하고, section한 후에 stain해야 한다.
- Fluorescence microscopy는 한 wavelength의 light를 흡수하고 더 긴 wavelength의 light를 emit하는 compound를 이용한다.
- Ion-sensitive fluorescent dye를 활용해서 Ca^{2+}와 같은 intracellular concentration을 측정할 수 있다.
- Immunofluorescence microscopy는 fixed, permeabilized cell의 specific component를 localize하기 위해 antibody를 이용한다.
- Indirect immunofluorescence microscopy는 처음에 unlabeled primary antibody를 사용하고, 이어서 primary antibody를 recognize하는 fluorescently labeled secondary antibody를 사용하여 primary antibody가 위치한 곳을 정한다.
- Epitope tag을 encoding하는 short sequence는 protein-encoding sequence에 덧붙여질 수 있는데, epitope tag에 붙는 antibody를 사용하면 expressed 단백질의 localization이 가능하다.
- Green fluorescence protein (GFP)과 derivative는 naturally occurring 형광 단백질이다.
- 관심 있는 단백질에 GFP를 붙이면, living cell에서 GFP-단백질의 localization과 dynamics를 분석할 수 있다.
- Deconvolution microscopy와 confocal microscopy는 out-of-focus fluorescent light를 제거함으로써 매우 향상된 선명도를 가진 fluorescent image를 제공한다.
- Total internal reflection (TIRF) microscopy에서는 coverslip에 가까운 fluorescent sample을 높은 선명도로 볼 수 있다.

- Fluorescence recovery after photobleaching (FRAP)을 활용하면, molecule population이 dynamics 분석이 가능하다.
- Forster resonance energy transfer (FRET)는 두 형광 단백질이 매우 가까이 위치할 때 한 fluorescent 단백질에서 다른 형광 단백질으로 light energy가 transfer되는 technique이다. 이를 이용하면 세포 안에서 두 molecule이 가까이 있는지 떨어져 있는지 알 수 있다.
- Optogenetics를 통해 light에 의해 유도되는 국소적이고 빠른 biochemical changes에 따른 영향을 *in vivo*에서 이미지화할 수 있다.
- Super-resolution microscopy는 nanometer resolution을 가진 detail fluorescent image를 제공한다.
- Light-sheet microscopy는 측면에서 쬐어 주는 sheet of light를 통해서 두꺼운 시료의 fluorescent image를 제공할 수 있다.

4.3 전자현미경: High-Resolution Imaging (고해상도 이미지화)

하나의 단백질, organelle, 세포 그리고 조직과 같은 biological sample의 전자현미경은 광학현미경에서 얻을 수 있는 것보다 훨씬 높은 resolution을 제공한다. Electron의 짧은 wavelength 때문에, transmission electron microscope의 resolution limit는 이론적으로는 0.005 nm (원자 하나의 지름보다 작음)이다. 이는 광학현미경의 resolution보다 40,000배 그리고 인간 눈의 resolution보다 2백만 배이다. 하지만 biological system 연구에서 transmission electron microscope의 실제 resolution은 이론적인 것보다 상당히 낮다. 최적화된 상황에서 transmission electron microscope의 resolution은 0.10 nm로, conventional high-resolution 광학현미경보다 2,000배이다.

전자현미경의 기본 원리는 광학현미경의 기본 원리와 유사하다; optical lens에서 사용되는 visible light 대신 electromagnetic lens는 high-velocity electron beam을 focus한다는 점이 큰 차이점이다. **Transmission electron microscope (TEM)**에서 electron은 filament에서 emit하고, electric filed에서 가속화된다(그림 4-28, 왼쪽). Condenser lens는 sample 쪽으로 electron beam을 focus한다; objective와 projector lens는 specimen을 통과한 electron을 focus해서 viewing screen 또는 다른 detector에 project되도록 한다. 공기 중 원자는 electron을 흡수하기 때문에, electron source와 detector 사이의 전체 tube는 ultrahigh vacuum 상태로 유지된다. 따라서 살아 있는 material은 전자현미경에서 이미지될 수 없다.

이 절에서는 전자현미경을 활용하여 biological material을 볼 수 있는 다양한 방법에 대해 설명한다. 가장 널리 이용되는 instrument는 transmission electron microscope이고, *scanning electron microscope (SEM)* 또한 널리 이용된다. SEM은 complementary information을 제공하는데, 이 절 끝 부분에서 이에 대해 설명한다(그림 4-28, 오른쪽).

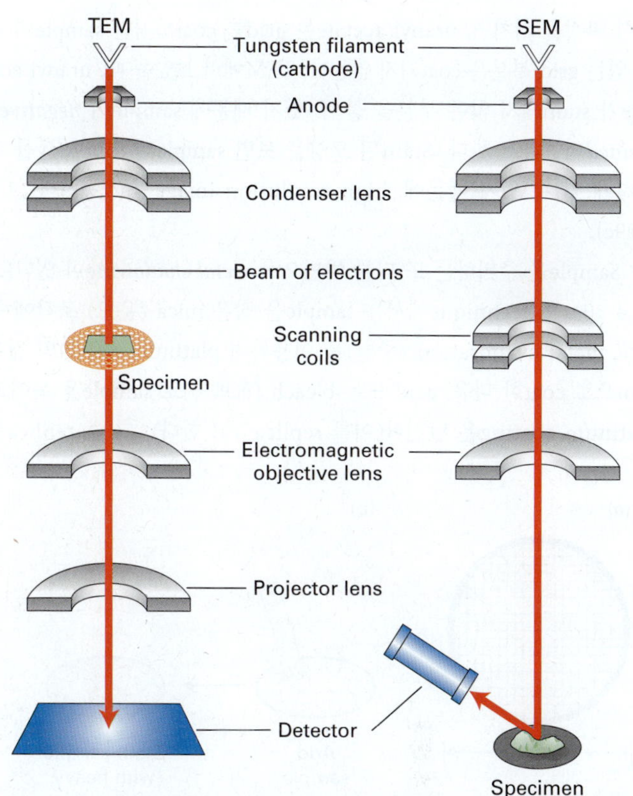

그림 4-28 전자현미경에서는 specimen을 통과한 electron 또는 metal-coated specimen에서 scattered된 electron으로부터 이미지가 얻어진다. Transmission electron microscope (TEM, 왼쪽)에서는 heated filament에서 나온 electron은 electric field에서 가속화되고, magnetic condenser lens에 의해 specimen에 focus된다. Specimen을 통과한 electron은 여러 개의 magnetic objective와 projector lens에 focus된 후 detector에 specimen의 이미지를 형성한다. Detector는 fluorescent viewing screen, photographic film 또는 charged-couple-device (CCD) camera 중 하나이다. Scanning electron microscope (SEM, 오른쪽)에서는 condenser와 objective lens에 의해서 electron이 metal-coated specimen에 focus된다. Scanning coil은 specimen을 가로질러 beam을 움직이고, metal에서 scattered electron은 photomultiplier tube detector에 모아진다. Electron은 공기 중에서 쉽게 scatter되기 때문에 2종류 microscope의 전체 공간은 진공 상태로 유지된다.

Negative Stain 또는 Metal Shadowing을 통해 Single Molecule 또는 Structure의 이미지가 가능하다

단백질, nucleic acid 같은 single macromolecule 또는 바이러스와 cytoskeleton을 구성하는 filament 같은 structure의 구체적인 모양을 분석하는 것은 생물학에서 흔히 있는 일이다. 이러한 macromolecule 또는 structure가 incident electron을 scatter하는 heavy metal로 stain된다면, transmission electron microscope에서 이들을 관찰하는 것은 비교적 쉽다. Sample을 준비하기 위해, 먼저 plastic과 carbon의 얇은 film으로 coat된 3-mm *electron microscope grid*에 sample을 붙인다(그림 4-29a). 그 후 sample을 uranyl acetate같은 heavy metal solution (중금속 용액)에 잠기게 하고 여분의 solution은 제거한다(그림 4-29b). 이

러한 과정을 거치면, uranyl acetate는 grid를 coat하지만 sample이 붙어 있는 grid 부분은 coat되지 않는다. TEM에서 보았을 때, uranyl acetate가 stain되지 않은 부분을 볼 수 있기 때문에 sample이 *negatively stained*되었다고 한다. Stain된 모양을 보면 sample의 topology를 정확하게 알 수 있기 때문에, high-resolution image가 가능하다(그림 4-29c).

Sample을 준비하는 또 다른 방법으로 *metal shadowing*이 있다(그림 4-30). 이 technique에서는 sample을 작은 mica (운모) 조각에 붙이고 metal evaporation (증발)을 이용하여 platinum (백금)의 얇은 film으로 coat한 다음, acid 또는 bleach (표백제)로 sample을 녹이고, platinum coating은 남긴다(이를 replica라고 한다). 그 후 replica를 grid로 옮긴 다음 TEM에서 관찰하게 되면, sample의 three-dimensional topology에 대한 information을 알 수 있다.

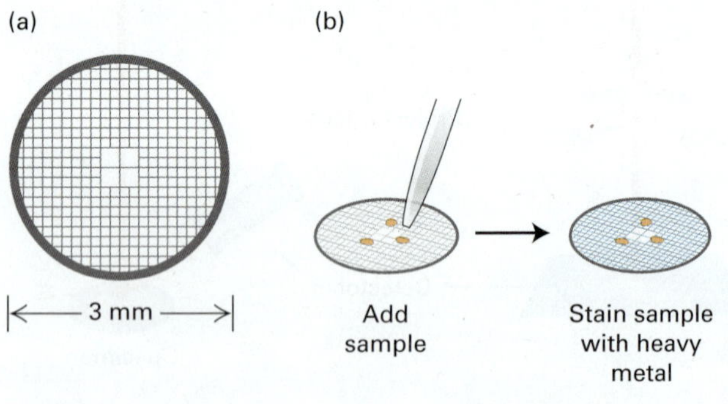

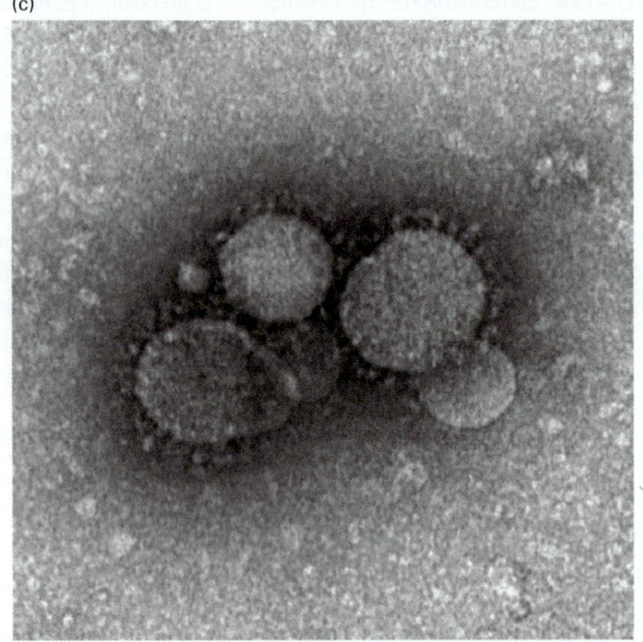

그림 4-29 Negatively stained sample을 transmissionel ectron microscopy로 관찰하면 fine feature를 볼 수 있다. (a) Transmission electron microscopy (TEM)를 하기 위해서, sample은 보통 작은 copper 또는 gold grid에 올려서 준비한다. Grid는 sample이 붙을 수 있는 plastic과 carbon의 매우 얇은 film으로 덮는 것이 일반적이다. (b) 그리고 uranyl acetate와 같은 heavy metal과 함께 sample을 incubate한 다음 여분의 stain은 제거한다. (c) TEM에서 sample을 관찰할 때, stain된 부분은 보이지 않기 때문에 negative outline으로 보인다. (c)에서 보이는 것은 COVID-19 pandemic을 일으킨 바이러스와 매우 유사한 corona virus의 negative stain이다. [Part (c) CDC/Maureen Metcalfe; Azaibi Tamin, Ph.D.]

세포와 Tissue를 전자현미경으로 관찰하기 위해서는 Thin Section으로 잘라야 한다

하나의 세포와 tissue 조각은 standard transmission electron micro-scope에서 직접 보기에는 너무 두껍다. 하나의 세포와 tissue 조각을 관찰하기 위해서 세포와 tissue를 *thin section*으로 자르는 기술이 개발되었다. 이 thin section을 전자현미경으로 관찰하여 cell interior의 organization, beauty, complexity를 볼 수 있게 되었고, 이는 cell biology의 혁명으로 이어졌다—처음으로 새로운 organelle과 cytoskeleton의 first glimpse가 관찰되었다.

Thin section을 준비하기 위해서는 sample을 chemically fix하고 dehydrate하여 단단하게 만들어 주는 liquid plastic (Plexiglas와 유사)으로 impregnate (스며들게 하다)하는 과정이 필요하다. 그 후 약 5–100 nm 두께로 section을 자른다. Structure를 보기 위해 sample은 uranium (우라늄)과 lead (납) salt 같은 heavy metal로 stain하는데, 이러한 stain은 plastic에 sample을 embedding하기 전이나 section이 잘려진 이후에 모두 가능하다. Thin-section electron microscopy로 관찰된 세포와 tissue의 예는 이 책 전반에 걸쳐 언급된다(그림 4-31). 얻어진 이미지는 세포의 얇은 절편 한 조각임을 인식하는 것이 중요하다. 따라서 three-dimensional view를 얻기 위해서는 sample 전체의 *serial section*을 자르는 것과 여러 장의 연속된 이미지를 이용하여 sample을 재구성하는 것이 필요하다(그림 4-32).

Immunoelectron Microscopy는 Ultrastructural Level로 단백질을 Localize한다

Light-microscope level에서 단백질을 localize하는 immunofluorescence microscopy와 같이, 전자현미경 레벨에서 thin section의 단백질을 localize하는 데 antibody를 이용하는 method가 개발되었다. 하지만 전통적으로 사용해 온 thin section을 준비하는 harsh procedure는—chemical fixation과 plastic embedding—antigen을 denature (변성) 또는 modify하기 때문에 specific antibody에 의해 recognize되지 않는다. 좀 더 약한 method가 개발되었는데, 이 방법은 light fixation, liquid nitrogen (액체 질소) 온도에서 freezing한 후 material sectioning, 그리고 room temperature (상온)에서 antibody incubation의 과정을 거친다. 전자현미경에서 antibody를 보이게 하기 위해, antibody에 electron-dense marker를 붙인다. Electron-dense marker를 붙이는 방법 중 하나는 단백질 A로 coat된 electron-dense gold particle을 사용하는 것이다. 단백질 A는 모든 antibody molecule의 Fc segment에 결합하는 박테리아 단백질이다(그림 4-33). Gold particle은 incident electron을 diffract (회절)시키기 때문에, gold particle은 dark spot으로 보인다.

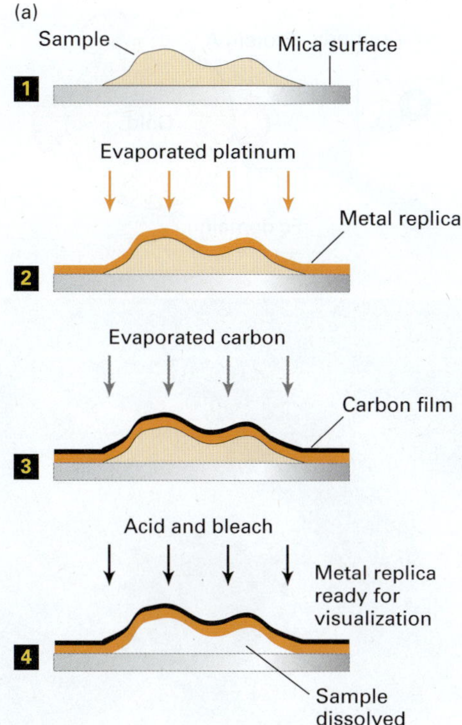

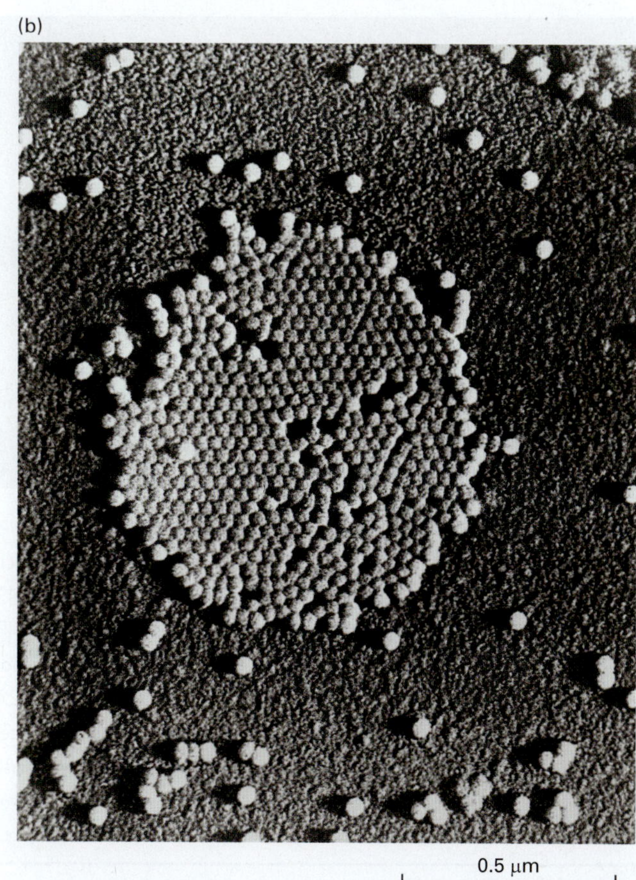

그림 4-30 Metal shadowing을 이용하면, transmission electron microscopy에서 매우 작은 object의 surface detail을 만들 수 있다. (a) Mica surface에서 sample을 뿌리고 vacuum evaporator에서 말린다(단계 **1**). Sample grid를 platinum 또는 gold와 같은 heavy metal의 얇은 film으로 coat한다. 이때 heavy metal은 electrically heated metal filament에서 evaporate된다(단계 **2**). Metal replica (모형)를 안정화시키기 위해, overhead electrode에서 evaporate된 carbon으로 specimen을 coat한다(단계 **3**). 다음으로 biological sample을 acid와 bleach로 녹여내면(단계 **4**), 남아 있는 metal replica를 TEM에서 관찰할 수 있다. (b) Poliovirus particle의 Platinum-shadowed replica. [Part (b) Omikron/Science Source]

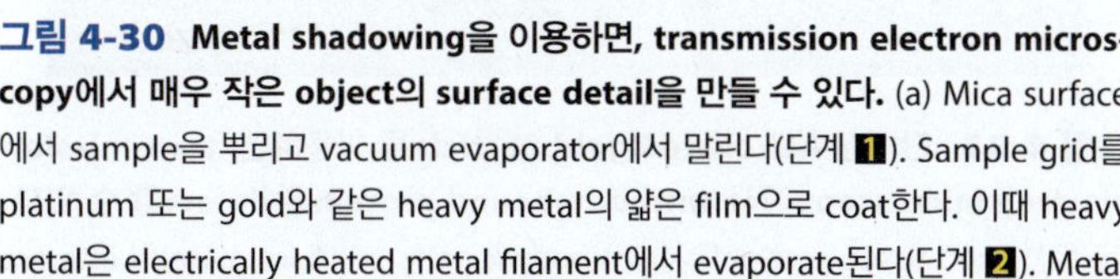

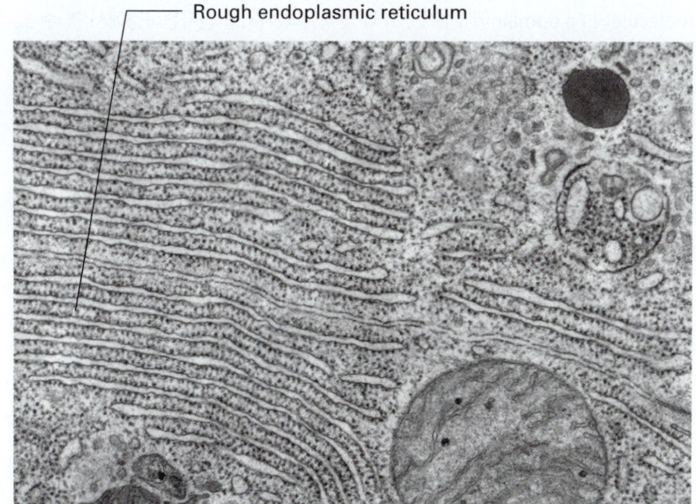

그림 4-31 Transmission electron microscopy를 통해 보여지는 thin secntion의 예. Pancreatic cell의 절편에서 digestive enzyme의 합성 및 방출에 연관된 extensive한 roug endoplasmic reticulum이 보여진다. [Keith R. Porter Archive, University of Maryland, Baltimore County.]

Cryoelectron Microscopy는 Fixation 또는 Staining 과정 없이 Specimen을 Visualize할 수 있다

Standard transmission electron microscopy는 live cell 연구에는 이용될 수 없다. 그리고 물이 없기 때문에 macromolecule은 denatured되고 nonfunctional하다. 하지만 hydrated, unfixed, unstained biological specimen이 얼려진 상태라면 transmission electron microscope에서 바로 볼 수 있다. **Cryoelectron microscopy**라고 불리는 이 technique에서는 sample의 aqueous suspension을 grid의 매우 얇은 film에 놓고 liquid nitrogen으로 얼린 다음 special mount를 이용하여 얼려진 상태를 유지한다. 그리고 얼려진 sample을 전자현미경에 올려놓는다. 매우 낮은 온도(−196°C) 때문에 진공 상태임에도 불구하고 물이 증발하지 않는다. 따라서 fixing이나 heavy metal staining 과정을 거치지 않고도 native, hydrated state의 detail을 관찰할 수 있게 된다. 수백 개의 이미지를 computer-based averaging함으로써, atomic resolution을 가진 three-dimensional model이 만들어질 수 있다. 예를 들면, 이러한 method는 11장에 설명된 muscle calcium pump, ribosome의 model

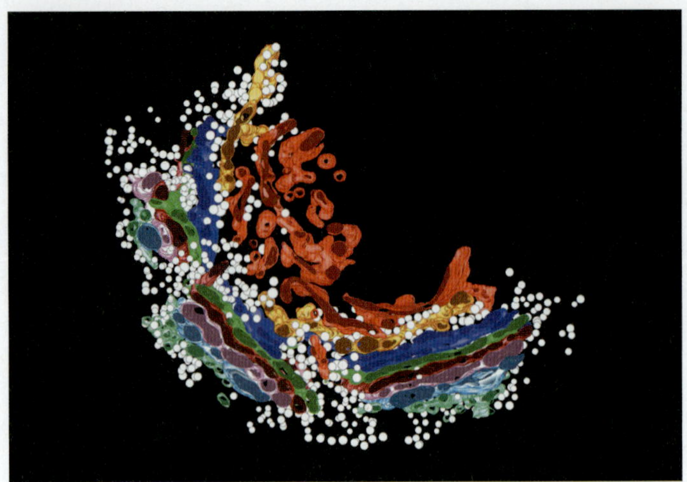

그림 4-32 전자현미경 이미지를 three-dimensional reconstruction한 것을 근거로 한 Golgi complex 모델. Rough ER에서 bud off된 transport vesicle (하얀 구)은 Golgi complex의 cis membrane (연푸른색)과 fuse된다. 14장에 설명된 메커니즘과 같이 단백질이 *cis* region에서 *medial* region으로 이동하고, 마지막으로 Golgi complex의 *trans* region으로 이동하게 된다. 결국 vesicle은 *trans*-Golgi membrane을 bud off (주황색과 빨간색)해서 cell surface 또는 lysosome으로 움직인다. Golgi complex는 rough endoplasmic reticulum처럼 secretory cell에 유난히 많다. [Reprinted by permission from Nature Publishing Group, from: Marsh, B.J. & Howell, K.E., "The mammalian Golgi–complex debates," *Nat. Rev. Mol. Cell Biol.*, 2002, **3**: 789–785; permission conveyed through the Copyright Clearance Center, Inc.]

을 만드는 데 이용될 수 있다. 지난 몇 년간, cryo-electron microscopy를 활용하여 거대 단백질이나 protein comple의 atomic structure를 결정하는 기술들이 개발되어 왔다. 3장에 자세히 기술되어 있는 이 기술은 얼음 내에 서로 다른 orientation으로 존재하는 분자들의 이미지를 백만 장 이상 모아서 computation analysis를 통해 3차원 구조를 만든다. 이러한 방식은 structural biology 분야에 혁명을 가져 왔는데, x-ray crystallography에서 필수적으로 요구되는 protein crystal를 만들지 않아도 되기 때문이다.

이러한 기술이 확장되어, *Cryoelectron tomography*의 technique를 응용하여, 살아 있는 상태에 가까우면서 얼음에 embed된 organelle 또는 whole cell의 three-dimensional architecture를 결정할 수 있게 되었다. 한 장의 2차원 사진은 깊이에 대한 정보가 빠진 구조 정보를 제공한다. 하지만, 같은 구조를 여러 각도에서 살펴보게 되면 3차원 구조 정보를 얻을 수 있게 된다. 실제로, cryoelectron tomography에서는, specimen holder가 electron beam에 직각이 되는 축 근처에 약간 기울어져 있다; 따라서 서로 다른 방향에서 보이는 object image가 얻어진다(그림 4-34a, b). 얻어진 이미지는 computationally 합쳐져서 *tomogram* (단층 사진)이라 불리는 three-dimensional reconstruction이 만들어진다(그림 4-34c, d). Cryoelectron tomography의 단점은 sample의 두께가 약 200 nm로 상대적으로 얇아야 한다는 점이다; 200 nm는 confocal microscopy에서 분석할 수 있는 sample의 두께 (200 μm)보다 상당히 얇다.

(a)

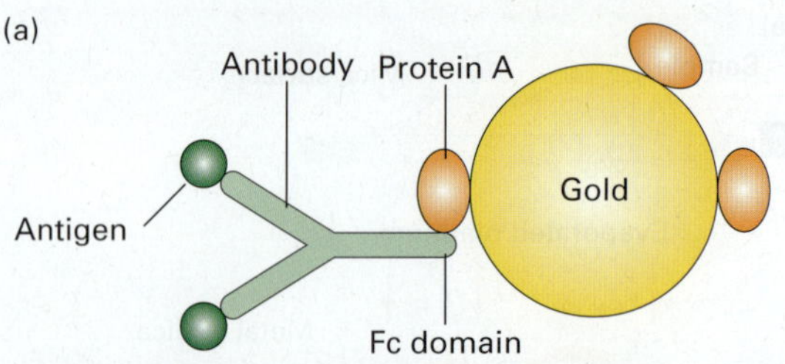

(b)

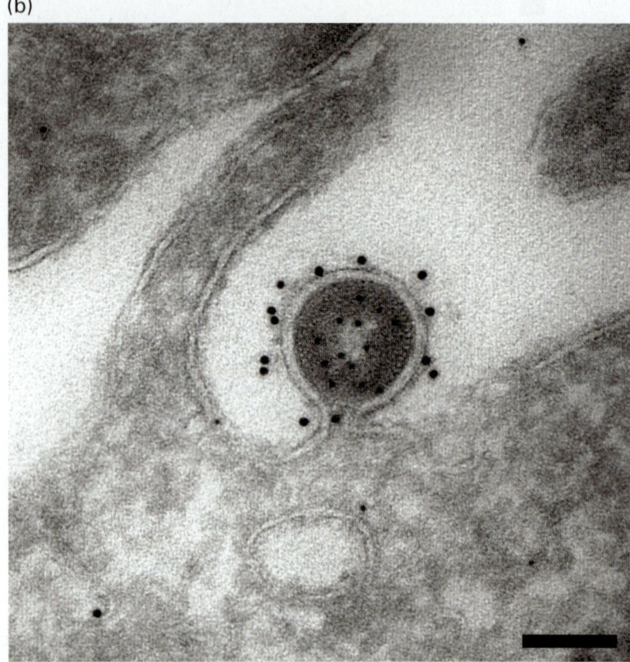

그림 4-33 단백질 A로 coated gold particle을 이용하면, transmission electron microscopy에서 antibody-bound protein을 detect할 수 있다. (a) 우선 fixed tissue section에서 antibody와 antigen (예, catalase)이 interact할 수 있게 한다. 그리고 bacterium *Staphylococcus aureus*의 단백질 A로 coated된 electron-dense gold particle을 section에 처리한다. 단백질 A가 antibody molecule의 Fc domain에 붙으면, 표적 단백질의 위치를 전자현미경에서 볼 수 있다. (b) 감염된 HeLa cell로부터 떨어져 나오는 HIV particle. Internal capsid 단백질의 위치를 알기 위해서, 준비된 specimen의 cryosection과 capsid 단백질에 대한 antibody와 incubation된 후에, 5-nm gold particle로 coat된 단백질 A와 incubation되었다. 결합이 이루어지지 않은 단백질 A 부위는 불활성화되었고, specimen은 membrane bound EnV 단백질에 대한 antibody에 이어서 10 nm로 coatinf된 단백질 A와 incubation되었다. 5-nm gold로 label된 capsid 단백질과, 10-nm로 labeling된 Env protein을 볼 수 있다. Scale bar는 100 nm. [Annegret Pelchen-Matthews and Mark Marsh, MRC-Laboratory for Molecular Cell Biology, University College London.]

Metal-Coated Specimen의 Scanning Electron Microscopy는 Surface의 특성을 알려준다

과학자들은 **scanning electron microscopy (SEM)**를 이용함으로써

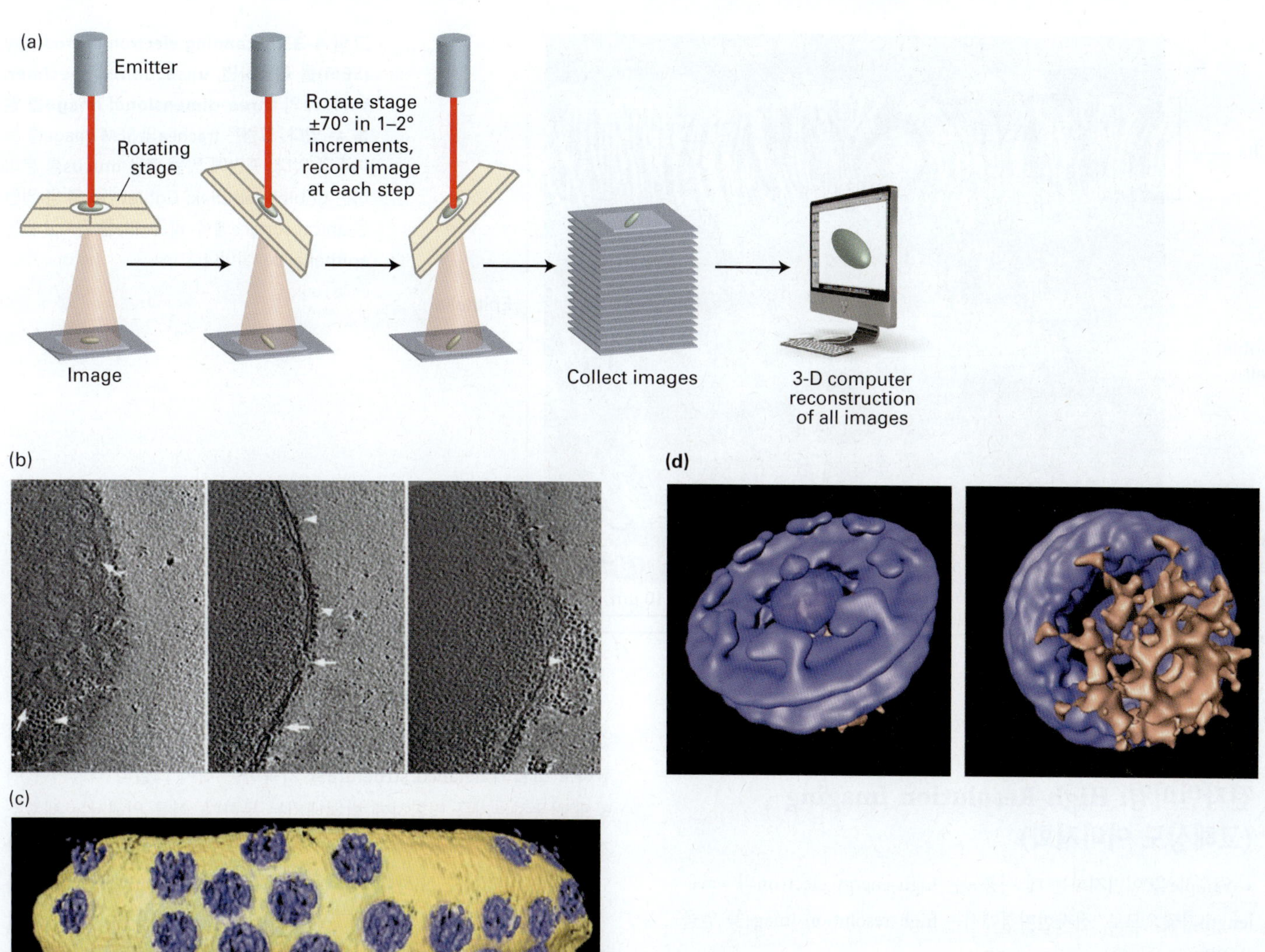

그림 4-34 Cryoelectron tomography에서 이미지화된 nuclear pore complex (NPC) 구조. (a) Cryoelectron tomography에서는 중심에 위치한 three-dimensional specimen으로부터 two-dimensional projection image의 semicircular (반원형의) image가 얻어진다; electron optics와 detector는 움직이지 않고 정지되어 있는 동안, specimen이 tilt (기울임)된다. 각기 다른 방향 (왼쪽 panel의 화살표)에서 나오는 electron에 의해 object가 이미지되면 여러 장의 two-dimensional image가 얻어지는데, 이 two-dimensional image를 이용하면 three-dimensional structure가 compute (계산)된다. (b) Cellular slime mold (세포성 점균류) *Dictyostelium discoideum*에서 분리된 nuclei를 liquid nitrogen에 급속냉동 시켜서, 전자현미경에서 sample을 관찰할 때도 얼려져 있는 상태를 유지한다. Panel에서 3개의 연속적인 tilted image를 볼 수 있다. NPC (화살표)를 위쪽에서 본 모양 (왼쪽과 중앙)과 옆쪽에서 본 모양(오른쪽)이 나와 있다. Outer nuclear membrane과 연결된 ribosome이 보인다(화살촉). (c) NPC가 박혀 있는 nuclear envelope membrane (노란색)의 한 segment의 computer-generated surface-rendered representation. (d) 여러 개 nuclear pore를 averaging함으로써 보다 자세하고 섬세한 모양이 얻어질 수 있다. S. Nickell et al., 2006, *Nat. Rev. Mol. Cell Biol.* **7**:225 참조. [Republished with permission of American Association for the Advancement of Science, from M. Beck. et. al. 2004. "Nuclear pore complex structure and dynamics revealed by cryoelectron tomography," *Science* **306**: 1387–1390; permission conveyed through the Copyright Clearance Center, Inc.]

unsectioned metal-coated specimen의 surface를 볼 수 있게 되었다. Microscope 안에서 강한 electron beam은 sample을 빠르게 scan한다. Coating 안에 있는 molecule이 excite되면 secondary electron이 방출되고, 이 secondary electron은 scintillation detector로 focus된다; 결과적으로 만들어진 signal은 conventional television과 유사한 cathoderay tube (브라운관, 음극선관)에서 볼 수 있다(그림 4-28, 오른쪽 참조). Sample의 한 지점에서 만들어지는 secondary electron의 수는 surface에 대한 electron beam의 각에 의해 결정되기 때문에, 결과적으로 얻어진 scanning electron micrograph는 three-dimensional appearance를 보인다(그림 4-35). Scanning electron microscope의 resolving power는 약 10 nm로 transmission instrument보다 상당히 작고, metal coating 두께에 의해 제한을 받는다.

그림 4-35 Scanning electron microscopy (SEM)를 이용하면, unsectioned specimen surface의 three-dimensional image를 얻을 수 있다. 그림은 trachea의 SEM image를 보여주고 있다. 중간에 있는 것은 mucus를 분비하는 goblet cell dlek. Goblet cell의 양 말단은 apical surface에 수 많은 cilia를 가지고 있는 epithelial cell들이다. [Steve Gschmeissner/Science Source.]

4.3절의 주요 개념

전자현미경: High-Resolution Imaging (고해상도 이미지화)

- Sample을 이미지하는 데 이용되는 high-energy electron의 wavelength가 짧으므로, 전자현미경에서는 high-resolution image를 얻을 수 있다.
- Transmission electron microscopy (TEM)에서 단백질 또는 바이러스 같은 simple specimen을 관찰하기 위해서는 heavy metal을 이용하여 negatively stain되거나 shadow되어야 한다.
- TEM에서 두꺼운 section을 관찰하기 위해서는 fix하여 dehydrate 한 후, plastic에 embed시켜서 section하고 electron dense heavy metal로 stain해야 한다.
- Small gold particle과 같은 heavy metal marker가 붙은 specific antibody를 활용하면 specific 단백질의 localize가 TEM에서 가능하다.
- Cryoelectron microscopy에서는 매우 낮은 온도에서 specimen을 유지함으로써 TEM에 올려진 hydrated, unfixed, unstained biological specimen 관찰이 가능하다.
- Metal-shadowed material을 이용한 scanning electron microscopy (SEM)를 활용하여 specimen의 surface 특성을 알 수 있다.

4.4 세포 세포소기관의 분리

광학 및 전자현미경으로 세포를 관찰함으로써, 1장에 소개된 것처럼 eukaryotic cell이 공통적으로 같은 organelle을 가진다는 점을 알게 되었다(그림 1-13a 참조). 하지만, microscopy를 통해 세포소기관들을 관찰하고 그들의 detailed structure를 기록하는 것이 그들의 역할이나 어떻게 작동하는지를 명확하게 밝혀내지는 못한다. 이를 위해서는 세포소기관들을 native state에서 분리하고, 각각의 구성 물질들의 기능을 찾고 분석하는 것이 필요하다. 이러한 이유로, microscopy의 발전과 함께, 세포소기관들을 확인하고 그 특징을 알아내는 방법들이 같이 개발되어 왔다. 예를 들어, 1장에 소개된 것처럼 lysosome은 biological 분자들이 분해되는 세포소기관이다. Lysosome은 microscopy 상에서 관찰되어져 왔지만, 그들의 기능은 lysosome을 분리하는 방법이 개발되고 난 직후에서야 밝혀졌다. 하나의 organelle을 정제할 수 있는 방법이 개발되면, organelle을 구성하는 모든 component들을 정리할 수 있고, 각각의 기능을 탐색하는 것이 가능해진다. 또 다른 예로, 전자현미경을 통해서 ribosome의 일부가 endoplasmic reticulum에 결합되어 있다는 것이 밝혀졌는데, 이를 통해서 ER이 단백질 합성의 장소임이 제안되었다. 오늘날 우리는 세포 밖으로 분비되는 단백질들이 이러한 ribosome에 의해 만들어지는 것을 알고, nascent (초기) secretory protein (분비 단백질)들이 membrane을 거쳐 endoplasmic reticulum의 lumen에 translocated된다는 사실을 안다. 13장에서 설명하듯이, 이러한 메커니즘을 이해하기 위해서는 endoplasmic reticulum을 분리하고, secretory protein을 합성하고 translocation하는 *in vitro* assay의 개발이 요구된다. 따라서, organelle들의 기능을 완벽하게 이해하기 위해서는 각각의 component들의 기능을 탐색할 수 있는 biochemical assay들이 개발될 필요가 있으며, 궁극적으로 정제된 component들을 통해서, 기능을 가지는 organelle을 reconstitute할 수 있어야 한다.

Lipid bilayer 안쪽에 있는 대부분의 organelle는 specific function을 수행한다. 이러한 function을 수행하기 위해, 각 organelle은 구별

되는 structure를 갖고, 고유의 function을 수행하기 위한 단백질 세트를 포함하고 있다. Cell biologist는 이러한 사실을 이용해서 specific organelle을 identify한다. 예를 들면, 12장에서 설명하였듯이 세포 안의 대부분 ATP는 ATP synthase에 의해 만들어진다. ATP synthase는 ADP를 ATP로 바꾸어 주고 mitochondria에 위치하기 때문에, ATP synthase는 mitochondria의 좋은 marker이다. 다음에 설명되어 있듯이, 세포소기관의 specific marker를 활용하면 organelle purification 방법을 개발할 수 있다.

이 절에서는 organelle purification을 하기 위해 세포를 open up하는 방법을 설명한다. 마지막으로, 세포소기관의 complete inventory를 정의하는 데 필요한 proteomics 분야의 최근 발전에 대해 설명한다.

세포가 파괴되면 Organelle과 다른 Content들이 배출된다

Subcellular structure를 정제하는 첫 단계는 plasma membrane과 cell wall을 파괴함으로써 cell's content를 배출시키는 것이다. 우선 세포를 적절한 pH와 salt content를 가진 solution에 푸는데, 이때 isotonic sucrose (0.25 M) 또는 cell interior와 유사한 salt combination이 일반적으로 이용된다. 그 후 high-speed blender에서 cell suspension을 돌리거나 ultrahigh-frequency sound (*sonication*)에 세포를 expose하면 세포가 깨진다. Plasma membrane을 깨기 위한 또 다른 방법으로 special pressurized tissue homogenizer를 이용하는 방법이 있는데, 이 homogenizer에서 plunger (플런저)와 vessel wall 사이의 매우 좁은 공간을 세포가 통과하게 한다; vessel wall과 plunger 사이에서 형성된 pressure에 의해 세포가 깨진다.

세포가 hypotonic solution에 놓이면 물이 세포 안쪽으로 들어감을 기억하라. Hypotonic (저삼투압의, 저장성의) solution은 이온과 small molecule의 농도가 세포 안쪽보다 낮은 solution이다. 이러한 osmotic flow (삼투 흐름) 때문에 세포가 부풀어 오르고, 결국 plasma membrane이 약화되고 쉽게 깨지게 된다. 일반적으로, enzyme과 다른 constituent가 세포로부터 배출되면 이들을 잘 보관하기 위해 cell solution을 0°C에 보관한다.

세포를 파괴하면 suspended cellular component의 혼합물, 즉 *homogenate* (균질 현탁액)이 만들어지는데, 이 혼합물에서 원하는 organelle을 retrieve (회수)할 수 있다. Rat liver는 많은 양의 single cell type을 가지고 있기 때문에, rat liver는 세포 세포소기관의 많은 classic study에 이용되었다. 하지만 동일한 isolation principle이 사실상 모든 세포와 tissue에 적용되어 있고, 이러한 cell-fractionation 기술을 응용하면 원하는 component를 분리하고 정제할 수 있다.

Centrifugation을 하면 여러 종류의 Organelle을 분리할 수 있다

3장에서 centrifugation의 원리와 단백질과 nucleic acid를 분리하기 위한 centrifugation technique 이용에 대해 생각해 보았다. 서로 다른 organelle에서 membrane, 단백질 및 nucleic acid의 구성이 다른 특징을 가지고 있기 때문에 위와 같은 방법을 통해 그들을 분리할 수 있다. size와 density가 서로 다르기 때문에 서로 다른 속도로 sedimentation (침강, 퇴적)된다.

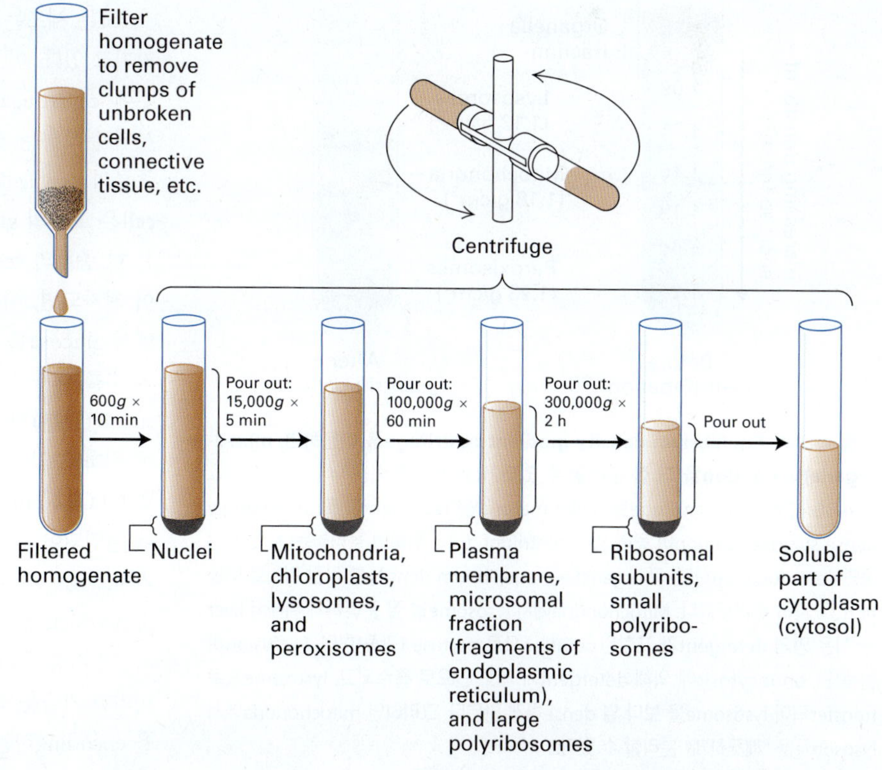

그림 4-36 Cell homogenate를 fractionating하는 첫 단계는 보통 differential centrifuge이다. 세포를 파괴하여 얻어진 homogenate는 unbroken cell을 제거하기 위해 filter한 다음, nucleus (가장 큰 organelle)만을 pellet하기 위해 fairly low speed로 centrifuge한다. Undeposited material (the supernatant)에서 mitochondria, chloroplast, lysosome 그리고 peroxisome을 가라앉히기 위해 좀 더 높은 speed로 centrifuge한다. Supernatant를 다시 100,000*g*에서 60분 동안 ultracentrifuge하면, plasma membrane, endoplasmic reticulum, large polyribosome이 가라앉는다. Ribosomal subunit, small polyribosome, enzyme complex와 같은 particle을 얻기 위해서는 더 높은 speed로 한 번 더 centrifugation을 해야 한다. 300,000g로 2시간 동안 centrifugation하면 supernatant에는 cytosol — cytoplasm의 soluble aqueous part — 만이 남는다.

대부분 cell-fractionation procedure의 첫 단계는 점점 증가하는 speed로 filtered cell homogenate를 *differential centrifugation*하는 것이다(그림 4-36). 각 speed에서 적절한 시간 동안 centrifuge한 다음, vessel의 위쪽에 남아 있는 liquid (*supernatant*라 함)를 pour off하고, 다시 더 높은 speed로 centrifuge한다. Differential centrifuge에서 얻어진 pelleted fraction에는 일반적으로 organelle mixture가 포함되어 있다. 물론 때때로 이러한 과정을 거치면서 nuclei와 viral particle이 완전하게 정제되는 경우도 있다.

Differential centrifuge에서 얻어진 impure organelle fraction은 *equilibrium density gradient centrifugation*을 통해 더 정제될 수 있다. Equilibrium density gradient centrifugation에서는 density에 따라 cellular component가 분리된다. Organelle fraction을 resuspend한 후 dense non-ionic substance (예, sucrose 또는 glycerol)의 gradient를 가진 solution 위쪽에 올려놓는다. Tube를 high speed (약 40,000 rpm)에서 몇 시간 동안 centrifuge하게 되면, 주변 liquid의 density가 particle의 density와 같은 equilibrium position 쪽으로 움직이게 된다(그림 4-37). Centrifuge가 끝난 후 tube에 좁은 구멍을 내고서 fraction을 모으면, 분리된 층을 각 tube에 구별해서 받을 수 있다(Classic Experiment 4-1 참조).

각 organelle은 고유의 morphological feature를 가지고 있기 때문에, organelle preparation의 purity는 전자현미경에서 관찰하면 알 수 있다. Purity를 알 수 있는 다른 방법은 organelle-specific marker 분자를 quantify (정량화)하는 것이다. 예를 들면, protein cytochrome *c*는 mitochondria에만 존재한다. 따라서 lysosome fraction에 cytochrome *c*가 존재한다는 것은 lysosome fraction에 mitochondria가 contamination되었음을 의미한다. 또한 catalase는 peroxisome에만 존재한다; acid phosphatase는 lysosome에만 존재한다; ribosome은 rough endoplasmic reticulum 또는 cytosol에만 존재한다.

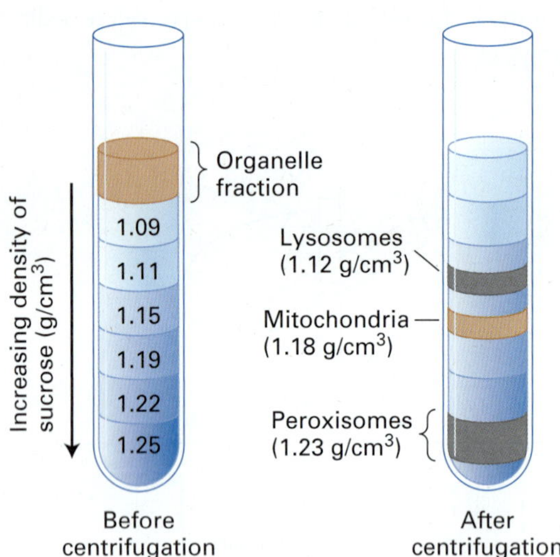

그림 4-37 Equilibrium density-gradient centrifuge를 이용하면, mixed-organelle fraction을 더 잘 분리할 수 있다. Rat liver를 이용하여 15,000*g* (그림 4-36 참조)에서 centrifuge한 pellet material을 resuspend하고 increasingly dense sucrose solution이 들어 있는 centrifuge tube 위쪽에 올려놓는다. 몇 시간 동안 centrifugation하면, 각 organelle은 equilibrium density를 가진 위치로 이동하고 그 자리에 머무른다. Mitochondria에서 lysosome을 잘 분리하기 위해서 liver를 적은 양의 detergent가 포함된 solution으로 perfuse (관류)한다. Perfusion하는 동안, endocytosis에 의해 detergent가 세포 안으로 흡수되고, lysosome으로 transfer되어 lysosome을 보다 덜 dense하게 만든다. 그리하면 mitochondria에서 lysosome을 "깨끗하게" 분리할 수 있다.

Organelle-Specific Antibody는 Highly Purified Organelle을 얻는 데 유용하게 이용된다

Differential centrifuge와 equilibrium density-gradient centrifugation을 하고 남은 cell fraction에는 보통 한 종류 이상의 세포소기관이 포함되어 있다. 이러한 cell fraction에서 정제를 더 진행하는 방법으로 다양한 organelle-specific membrane 단백질에 대한 monoclonal antibody를 이용하는 효과적인 tool이 있다. Vesicle purification이 좋은 예가 된다. Vesicle의 outer surface는 protein **clathrin**으로 덮여 있다; 이러한 coated vesicle은 receptor-mediated endocytosis가 일어나는 동안 plasma membrane의 coated pit에서 만들어진다. 이 내용은 14장에서 자세히 설명되어 있다. 단백질 A를 발현하는 죽은 bacterial cell에 결합된 clathrin에 대한 antibody는 membrane의 crude fraction에 있는 vesicle에만 선택적으로 붙는데, 이러한 whole antibody complex는 low-speed centrifugation에서 분리된다(그림 4-38). Specific antibody로 둘러싸인 작은 metallic bead를 사용하는 유사한 technique도 있다. Organelle가 antibody에 붙으면 결국 metallic bead와 연결되고, test tube의 옆면에 작은 magnet을 붙이면 cell preparation에서 antibody에 붙은 organelle을 분리 정제할 수 있다.

모든 세포는 10여 종류 이상의 작은 membrane-limited vesicle을 가지고 있다. 이 vesicle의 size (지름 50–100 nm)와 density가 같기 때문에, centrifugation technique만으로 원하는 vesicle을 다른 vesicle로부터 분리하는 것은 매우 어렵다. Immunological 기술은 이러한 특정 종류의 vesicle을 정제하는 데 매우 유용하다. 예를 들면, fat과 muscle cell은 고유의 glucose transporter (GLUT4)를 가지고 있고, GLUT4는 한 종류의 vesicle의 membrane에 localize되어 있다. 세포에 insulin이 첨가되면, 이러한 vesicle은 plasma membrane과 fuse되고 blood에서 glucose를 세포 안쪽으로 이동시킬 수 있는 glucose transporter의 수를 증가시킨다. 15장에서 알 수 있듯이, 이러한 과정은 blood에서 sugar (당분)의 적절한 농도를 유지하기 위해 매우 중요하다. Cytosol에 접하고 있는 GLUT4 단백질의 한 부분에 붙는 antibody를 사용하면 GLUT4-containing vesicle을 정제할 수 있다. 이와 비슷하게, 14장에 설명되어 있는 다양한 transport vesicle은 unique surface protein을 가지고 있는데, 이 단백질에 붙는 antibody를 이용한다면 다양한 transport vesicle을 분리할 수 있다.

연구 중인 organelle에 특이적으로 붙는 antibody가 없을 경우에도 이러한 기술을 적용할 수 있다. Organelle-specific membrane protein을 encoding하는 gene에 epitope tag을 encoding하는 segment를 추가

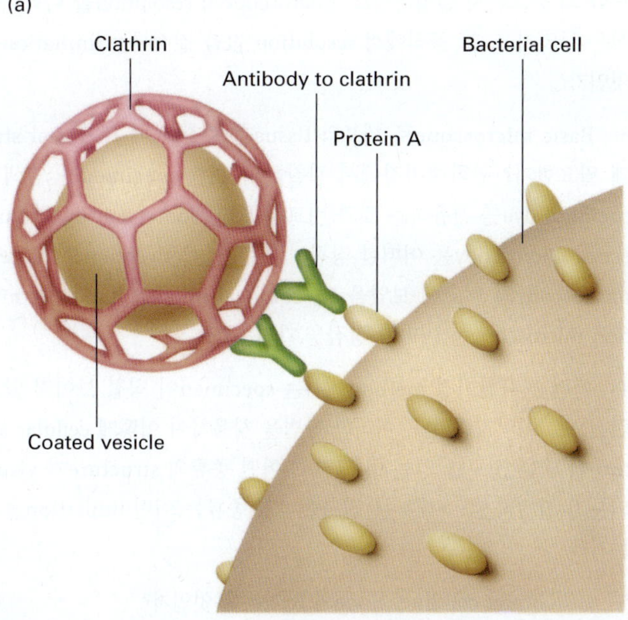

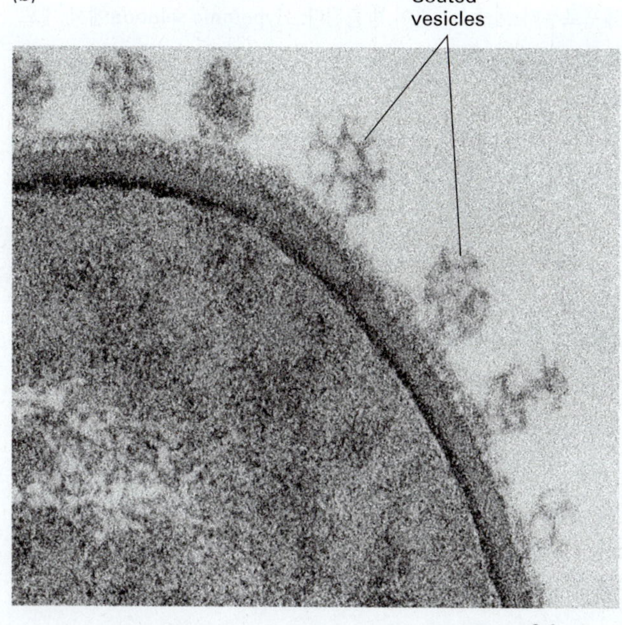

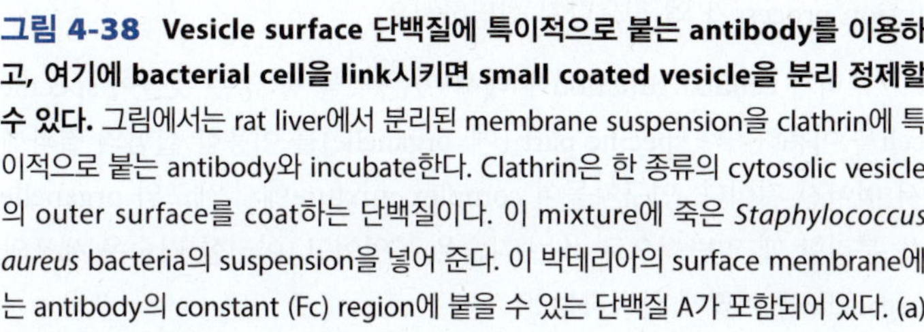

그림 4-38 Vesicle surface 단백질에 특이적으로 붙는 antibody를 이용하고, 여기에 bacterial cell을 link시키면 small coated vesicle을 분리 정제할 수 있다. 그림에서는 rat liver에서 분리된 membrane suspension을 clathrin에 특이적으로 붙는 antibody와 incubate한다. Clathrin은 한 종류의 cytosolic vesicle의 outer surface를 coat하는 단백질이다. 이 mixture에 죽은 *Staphylococcus aureus* bacteria의 suspension을 넣어 준다. 이 박테리아의 surface membrane에는 antibody의 constant (Fc) region에 붙을 수 있는 단백질 A가 포함되어 있다. (a) Clathrin과 antibody가 붙고, antibody와 단백질 A가 붙으면, 결과적으로 clathrin-coated vesicle과 박테리아 세포가 link된다. 그 후 low-speed centrifugation을 수행하면 vesicle-bacteria complex를 분리 정제할 수 있다. (b) Thin-section electron micrograph를 보면 *S. aureus cell*에 붙어 있는 clathrin-coated vesicle을 확인할 수 있다. E. Merisko et al., 1982, *J. Cell Biol.* **93**:846 참조. [Micrograph courtesy of George Palade.]

하여 modify할 수 있다; 이 tag은 cytosol에 접하는 단백질 부위에 붙게 된다. 연구 중인 세포에서 recombinant protein을 안정적으로 발현하고 anti-epitope monoclonal antibody (위에서 설명됨)를 사용하면 원하는 organelle을 정제할 수 있다.

Proteomics (단백질체학)는 세포소기관의 Protein Composition을 밝혀준다

지금까지 organelle을 분리하고 이들이 가진 component들을 identify하는 것이 얼마나 중요한지를 강조했다. 많은 시간 동안, organelle들이 가진 각각의 단백질들을 완벽하게 알아내는 데 있어 과학 기술은 충분하지 못했다. 하지만 최근에 발전된 genomics와 mass spectrometry로 인해 이것이 가능해졌다. 이러한 접근 방법은 organelle isolation과 3장에서 소개한 proteomics 기술을 활용한다.

Organelle에 있는 모든 단백질을 identify하기 위해서는 세 가지 단계가 필요하다. 첫 번째는 high purity로 정제된 organelle을 확보해야 한다. 두 번째는 세포소기관의 모든 protein sequence를 identify하는 방법이 있어야 한다. 먼저 polypeptide의 lysine과 arginine residue를 digest하는 trypsin과 같은 protease (단백질 분해효소)로 모든 단백질을 절단하고, mass spectrometry (질량 분석기)를 이용하여 잘려진 peptide의 mass와 sequence를 결정하면, protein sequence를 identification할 수 있다. 세 번째는 단백질을 identify할 수 있는 genomic sequence를 가지고 있어야 한다. 이와 같은 방식으로 많은 세포소기관의 proteome이 결정되었다. 좋은 예로서, mitochondria에 대한 최근 proteomic 연구가 있다. 최근 proteomic 연구를 통해 생쥐의 brain, heart, kidney, liver에서 분리된 mitochondria에는 591 mitochondrial protein이 있음이 밝혀졌는데, 이 중 163 단백질은 mitochondria와 관련되어 있다는 것이 이전에는 알려져 있지 않은 단백질이었다. 몇몇 단백질은 특정 종류의 mitochondria에서만 발견된다. 이러한 새로 밝혀진 mitochondrial protein과 관련된 function을 결정하는 것이 mitochondria에 대한 최근 연구의 주된 목표가 되고 있다.

4.4절의 주요 개념

세포 세포소기관의 분리

- Microscopy를 이용하여 eukaryotic cell에 공통적으로 존재하는 organelle을 알 수 있다.
- Vigorous homogenization, sonication, 또는 다른 기술을 이용하

면 세포로부터 세포소기관이 방출된다. Hypotonic solution에서 세포는 부풀어 오르고 plasma membrane이 약화되어 세포를 파괴하기 쉬워진다.

- Cell homogenate를 sequential differential centrifugation하면 mass와 density가 다른 partly purified organelle fraction을 얻을 수 있다.
- Cellular component를 density에 따라 분리하는 equilibrium density-gradient centrifugation을 이용하면, differential centrifugation에 의해 얻어진 cell fraction을 좀 더 정제할 수 있다.
- Organelle-specific membrane 단백질에 붙는 antibody를 사용하는 immunological 기술은 비슷한 size와 mass를 갖는 organelle과 vesicle을 정제하는 데 특히 유용하다.
- Proteomic analysis를 하면 purified 세포소기관의 모든 protein component를 identify할 수 있으며, tissue별 세포소기관의 차이를 알아 낼 수 있다.

개념 복습

1. 광학현미경과 전자현미경은 모두 세포, cell structure 그리고 specific molecule localization을 보기 위해 널리 이용되고 있다. 연구자가 왜 연구 목적에 하나 또는 또 다른 microscopy 기술을 선택하는지 설명하시오.

2. 특정 현미경에서 확대 가능한 배율이 어느 정도인지는 microscope의 중요한 특징이다. 하지만 매우 가까이 있는 두 object를 구별하는 능력, 즉 resolution이 microscope 성능에 훨씬 더 중요하다. 더 섬세한 것을 보기 위해서는 microscope의 resolution power가 magnification보다 왜 중요한지 설명하시오. Microscope의 resolution을 나타내는 공식은 무엇이고, 그 공식에서 resolution 값을 결정하는 limitation은 무엇인가?

3. Basic microscope로 세포와 tissue를 관찰할 때 chemical stain이 왜 필요한가? 광학현미경에서 관찰하기 위해 specimen을 염색할 때 chemical dye를 사용하는 것과 비교해 보면, fluorescent dye와 fluorescence microscopy는 어떠한 장점이 있는가? Conventional fluorescent microscopy와 비교해 보았을 때, confocal microscopy와 deconvolution microscopy는 어떠한 장점을 가지는가?

4. 어떤 전자현미경 method에서는 specimen이 직접 보이지 않고 간접적으로 이미지화된다. 이러한 방법을 사용하여 어떻게 cellular structure에 대한 정보를 얻는지, 그리고 어떤 종류의 structure가 visualize되는지 설명하시오. 대부분 전자현미경 종류는 어떤 limitation을 가지는가?

5. Cell strain, cell line, clone의 차이는 무엇인가?

6. 연구 목적에 쓰이는 monoclonal antibody를 만드는 과정에 cell fusion process가 왜 필요한지 설명하시오.

7. 우리가 cellular function에 대해 아는 것들 중 많은 것들이 specific cell을 이용하거나 specific part (예, organelle)를 이용한 실험의 결과에서 얻어진 것이다. 연구자들이 complex mixture에서 세포와 organelle을 분리할 때 일반적으로 쓰는 기술은 무엇이고, 이러한 기술은 세포와 organelle을 어떻게 분리하는가?

8. Hoechst 33258은 live cell에서 DNA에 특이적으로 결합하는 화학 염료로서, 자외선에 의해 흥분되면 visible light 스펙트럼에서 형광을 낸다. Hoechst 33258을 사용하여 연구자가 세포 주기의 G_2 단계에 있는 fibroblasts를 interphase의 fibroblasts부터 분리하는 구체적인 실험 방법을 설명하시오.

CHAPTER 5

핵심적인 분자 유전학 메커니즘 (Fundamental Molecular Genetic Mechanisms)

DNA를 복제하는 과정에서 *Escherichia coli*의 DNA polymerase I의 모델. DNA에서 정보를 복사하는 보편적인 메커니즘은 놀라운 복사 및 교정 기계인 DNA polymerase에 의한 복제이다. 여기서 보여준 대장균 DNA polymerase는 초당 약 500 염기의 속도로 템플릿 가닥의 상보적인 복사본을 합성할 수 있어 10^5 염기마다 단 한 번만 실수를 한다.

OUTLINE

세포생물학의 기본 원리 중 하나는 다세포 유기체를 구성하는 세포는 자율적이라는 것이다. 각 세포는 세포의 구조, 세포내 촉매, 그리고 각 세포별 기능의 담당을 위한 각종 구성 요소를 만들기 위한 일련의 유전적 지침을 자신들이 다 가지고 있다. 3장에서 설명한 바와 같이, 이러한 세포의 활동을 위한 구성 요소의 대부분은 단백질이다. 개별 단백질의 특정 기능은 아미노산의 서열의 순서에 의해 결정되고, 궁극적으로 생물학적 정보를 전달하는 분자인 **deoxyribonucleic acid (DNA)**의 nucleotide(뉴클레오티드)의 서열로 암호화되어 있다. 23개의 염색체를 모두 포함하는 인간 genome의 DNA는 길이가 약 3.3×10^9 nucleotide이며, 약 20,000개의 다른 단백질을 암호화한다. 물리적인 측면에서, genome의 한 사본(copy)의 DNA 사슬은 총길이가 약 1미터가 되지만, 미세하고 가늘기 때문에 우리 몸을 구성하는 약 4×10^{13} 각각의 세포의 핵 안에 압축될 수 있다. 이 정보는 복잡한 조절 네트워크의 통제 하에 읽혀지고 해독되어 신체의 각 특정 세포에서 각 유형에 적합한 단백질을 발현하게 한다. 따라서 세포의 정보가 자율적으로 작동하는 기본 원리는, 가늠하기 어려울 정도로 방대한, 유전 정보가 저장되고 표현되는 시스템 안에 담겨 있다고 할 수 있다. 그럼에도 불구하고, 생물학적 정보가 어떠한 방식으로 조절되는지에 대한 일반적인 규칙은 현재 잘 이해되고 있는데, 이는 이런 규칙의 원리가 매우 간단(straightforward)하고 거의 모든 형태의 생명체에서 동일하게 작동하기 때문이다. 이 장에서는 생물학적 정보의 저장(storage), 복제(replication) 및 발현(expression)에 대한 기본 원리를 설명한다. 이 주제를 완전히 이해하려면, 관련된 분자의 구조와 생화학적 특성에 대한 이해뿐만 아니라 생물학적 정보 이론에 대한 이해도 필요하다.

정보 이론이 어떻게 DNA의 정보의 용량을 계산하고, 또 이를 컴퓨터의 메모리 용량과 비교하는 데 응용될 수 있는지 살펴보자. 디지털 컴퓨터든 생물학적 시스템이든 정보의 가장 작은 단위는 *bit* (비트)이다. 그것은 디지털 컴퓨터에서 1과 0, 두 값 중 하나만을 가질 수 있는 최소 단위에 해당한다. DNA는 2개의 상보적인 가닥으로 이루어져 있고, 각 위치에 4개의 염기(base; A, G, C 또는 T)를 가질 수 있다. n 비트의 정보가 있으면 2^n개의 가능한 값을 지정할 수 있고, 따라서 각각의 base는 2비트로 이해될 수 있으며, 2비트를 갖는다고 할 수 있다. 그런데, DNA의 두 가닥은 염기쌍의 원리에 따라 연결되었다. 예를 들어, A는 항상 T와 이루고 G는 항상 C와 쌍을 이룬다. 염기쌍을 위한 고정된 규칙 때문에, DNA의 두 번째 가닥의 서열은 다른 가닥에 의해 결정된다. 따라서 이 가닥은 DNA의 정보량을 증가시키지는 않지만, 그러나—상보적인 정보를 갖고 있다는 점에서—정보의 중복성을 더한다. 이는 이후에 우리가 보게 될 것처럼, DNA가 쉽게 복제될 수 있게 해주고 DNA 손상으로부터 지켜주는 역할을 한다. 인간의 genome은 총 3.3×10^9개의 염기쌍(base pair)을 포함하며, 총합 정보 용량은 6.6×10^9비트이고, 약 8×10^8 *byte* (바이트)의 정보에 해당한다(8비트 = 1바이트, 컴퓨터 메모리를 측정하는 데 사용되는 단위). 인간 genome의 하나의 copy는 무게가 3.6×10^{-12}그램 밖에 나가지 않는다. 그래서 단위 무게 기준으로 보면, DNA는 엄청난 정보 용량을 가지고 있는 것이다. 저장된 정보의 양으로만 보면, 이론적으로, 1테라바이트 노트북 컴퓨터 100만 대의 하드에 담겨 있는 정보가 모래 알갱이 하나 크기의 DNA 덩어리에 저장될 수 있다.

세포가 분열할 때, 각각의 딸세포(daughter cell)는 반드시 DNA 정보의 정확한 하나의 사본을 받아야 한다. DNA는 상호 보완적인 2개의 가닥으로 분리되어 복제되는데, **DNA polymerase**가 각 가닥을 주형(template)으로 사용하여 염기쌍 법칙에 따라 본 가닥(parental strand)과 동일한 사본(copy)을 만든다. 정보의 복제라는 관점에서는 우리는 genome의 복제 속도와 정확도(*fidelity*)에 관심을 갖게 된다. 정확도는 복사하는 동안 생성되는 오차의 빈도를 의미한다. 화학의 근본적 법칙을 적용해 보면, 정확도는 복제 과정에서 올바른 염기쌍을 형성하였을 때와 잘못된 염기쌍을 형성하였을 때의 에너지 차이에 영향을 받을 것이다. 전형적인 DNA polymerase (중합효소)는 2 millisecond마다 하나의 nucleotide를 합성하게 되는데, 이러한 속도라면 이론적으로는 10^5 염기에 하나씩 오류(error)가 발생하게 된다. 실제로 가장 간단한 DNA polymerase (역자 주: 예를 들면 proofread 기능이 없는 DNA polymerase)의 정확도를 측정해 보면 예측 값과 비슷하다. 하지만, 사람의 genome이 이와 같은 정확도로 복제가 된다면, 세대에서 다음 세대로 100만 개의 새로운 돌연변이를 자손에게 전달하게 될 것이다. 실제 측정을 해 보면, 세대에서 세대로 약 10^8 염기 중 하나 꼴로 돌연변이가 발생한다. 이것은 정교한 교정(proofreading)과 수선(repair) 과정이 존재하여, 이것이 복제와 DNA 정보 전달에 있어서 약 1,000배의 정확도를 높여 주기 때문인데, 이번 장에서 자세히 살펴 볼 것이다.

유전자 발현(Gene expression)은 DNA 서열상의 정보가 지침으로 사용되어, 기능을 가진 단백질 또는 RNA가 합성되는 과정이다. 단백질을 암호화하고 있는 유전자 (protein-coding gene)의 경우, 정보는 세포 내에서 DNA → RNA → 단백질의 흐름을 따라 가며, 이는 분자생물학의 중심 교의(*central dogma*)로 잘 알려져 있다. 정보가 DNA에서 단백질까지 어떻게 흐르게 되는지 그 구체적인 내용이 알려지기 전에도, 분자생물학자들은 information theory (정보 이론)의 기본 원리를 이용하여 4개의 글자(A, G, C, T)로 구성된 DNA 서열을 통해 20개의 아미노산으로 구성된 단백질을 어떻게 만들어낼 수 있는지 추론하였다. 이론상으로는 적어도 5비트 정보가(32개의 다른 가능성을 만들 수 있는) 20개의 아미노산 중 하나를 특정하기 위해 필요하다. nucleotide를 조합하여 이를 한 블록으로 하는 가장 간단한 code를 만든다고 할 때, 각각의 아미노산에 대한 정보가 이 code 안에 담기려면, 최소 3개의 nucleotide로 이루어진 블록의 크기가 요구될 것이다. 실제 연구를 통해, 우리는 이제 유전자의 nucleotide 서열이 **codon (코돈)**으로 알려진 블록에서 3개의 nucleotide 서열로 구성되어 정보가 읽혀진다는 것을 알게 되었다. 64개(역자 주: 3자리에 4개의 가능한 nucleotide가 있으므로 경우의 수는 4^3개임)의 가능한 codon 각각에 의해 아미노산이 암호화되는 보편적인 유전자 코드를 알아낸 것은 20세기 과학의 기념비적인 업적이었다. **Genetic code**의 표는 새로운 유전체 서열에서 이것이 암호화하고 있는 단백질 서열을 추론하는 데 핵심적 역할로 사용된다.

DNA의 nucleotide 서열의 정보는 아미노산 서열로 직접 번역(translation)되지 않는다. DNA에 저장된 정보는 **messenger ribonucleic acid (mRNA)**으로 **transcription (전사)**된다. DNA와 마찬가지로, RNA는 4개의 nucleotide의 조합에 의한 배열의 형태로 정보를 전달하며, 염기쌍의 규칙은 DNA 주형으로부터 상보적 서열의 mRNA를 합성하는 데도 사용되기 때문에 DNA 복제와 유사하다. RNA는 일반적으로 단일가닥이며, RNA는 DNA보다 화학적으로 덜 안정적이다. 따라서 mRNA는 각 유전자의 임시 사본 역할을 하면서 각 유전자의 발현이 독립적으로 일어날 수 있게 한다.

mRNA 분자의 nucleotide 염기서열은 아미노산의 정확한 순서를 지정하는 정보를 포함하고 있어 정확한 단백질 합성이 진행될 수 있게 한다. **translation (번역)**으로 알려진 이 과정에서, mRNA 분자의 nucleotide 서열이 **transfer RNA (tRNA)**라고 불리는—mRNA와는 다른—두 번째 유형의 RNA에 의해 읽혀진다. mRNA의 세 nucleotide codon 각각과 tRNA의 상보적인 anticodon triplet이 염기쌍을 이룬다. 아미노산의 단백질로의 정확하고 단계적인 결합은 세 번째 유형의 RNA인 **ribosomal RNA (rRNA)** 및 관련 단백질로 구성된 리보솜(ribosome)에서 일어나는데, 이는 매우 놀라운 고분자 기계라고 할 수 있다. 올바른 아미노산이 서열에 따라 tRNA에 의해 운반되면 리보솜에서 peptide bond에 의해 단백질로 연결된다.

DNA로 암호화되는 또 다른 유형의 정보는, 유전자 발현을 조절하고, 각 세포 유형에 따라 어떤 유전자가 켜지고 꺼지는지를 결정하는 control sequence (조절 서열) 안에 들어 있다. 일반적으로 유전자 발현은 전사의 개시, mRNA 안정성 조절, 번역의 개시 등 세 가지 가능한 통제 지점에서 조절된다. 유전자 promoter에서 control 서열에 의한 전사 개시의 조절과 이것들과 상호작용하는 protein *transcription factor* (단백질 전사 인자)는 9장에서 논의된다. 이미 만들어진 mRNA가 번역되는 속도 또는 mRNA가 분해되는 속도를 지배하는 다른 유형의 control sequence는 10장에서 논의된다.

이 장에서, 우리는 먼저 DNA의 화학적, 구조적 특성을 고찰하여, 어떻게 DNA가 세포 내에서 유전 정보의 전달자로 사용되기에 적합한 분자가 될 수 있는지 살펴보겠다. 다음으로, DNA 복제가 일어날 때 발생하는 여러 분자 수준의 문제와 유전 물질의 정확한 복제를 보장하는 복잡한 세포 기구를 살펴볼 것이다. 다음 절에서는 DNA의 손상이 어떻게 수선(repair)되는지, 재조합 과정에서 서로 다른 DNA 분자의 영역이 어떻게 교환되어 한 종의 개별 생명체(individual organism)에 새로

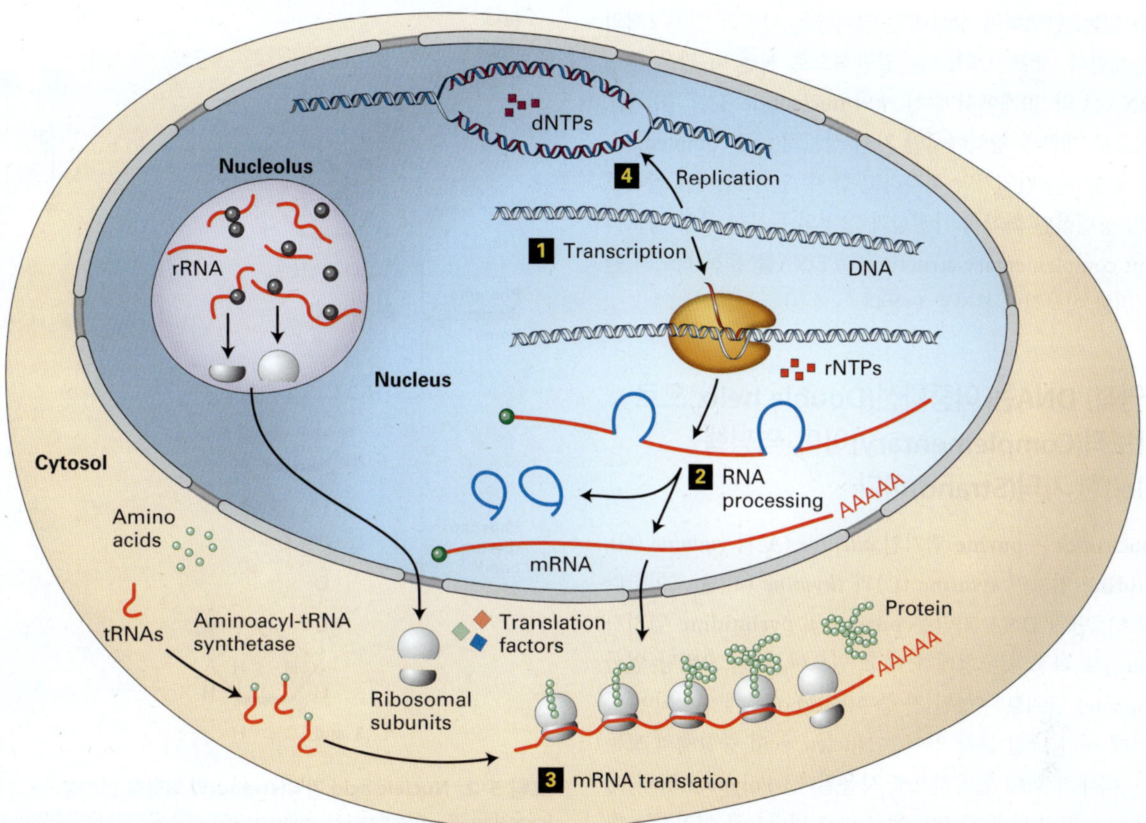

그림 5-1 네 가지의 기본적인 분자 유전학적 과정(molecular genetic process). 이 장에서 우리는 단백질 생산을 위한 세 가지 과정(**1**–**3**)과 DNA 복제 과정(**4**)을 살펴볼 것이다. RNA polymerase에 의한 유전자의 전사(**1**)를 통해 단백질의 아미노산 서열을 암호화하고 있는 4개의 염기(four-base)로 된 DNA 암호(code)가 ribonucleoside triphosphate monomer (rNTP)의 polymerization (중합화) 반응을 통해 precursor messenger RNA (pre-mRNA)로 *transcribe* (전사)된다. *RNA processing*을 통해 pre-mRNA에서 noncoding 서열을 제거하고 다른 변형(modification) (**2**) 과정을 거치면 기능을 갖는 mRNA가 생산된다. 이것은 cytoplasm으로 옮겨진 후, *translation* (번역; **3**)을 통해 mRNA의 4개의 염기로 된 암호가 해독되어 단백질의 20개의 아미노산으로 된 "language (언어)"가 된다. Transfer tRNA (tRNA)는 mRNA에서 3개 nucleotide의 codon을 읽는 adaptor이다. 번역의 준비 과정에서, tRNA는 올바른 아미노산으로 aminoacyl-tRNA synthetases에 의해 충전(charge)된다. mRNA를 번역하는 거대한 분자 기계(macromolecular machine)인 ribosome은 nucleolus에서 ribosomal RNA (rRNA)와 복수의 단백질이 조립되어 만드는 2개의 subunit으로 되어 있다(*왼쪽*). Cytoplasm으로 수송된 이후에 ribosomal subunit은 mRNA에 결합하고, transfer RNA (tRNA)와 여러 전사인자(translation factor)의 도움으로 단백질을 합성한다. 분열을 준비하고 있는 세포에서 관찰되는 DNA 복제(replication; **4**) 동안, deoxyribonucleotide triphosphate monomer (dNTP)의 polymerization 반응을 통해 각 염색체 DNA 분자와 동일한 사본의 합성이 일어난다. 각 daughter cell은 동일한 사본 중 하나를 받는다.

운 특성(trait)의 조합이 생성되는지 설명한다.

다음 여러 절에서, 우리는 그림 5-1에 요약된 기초적인 과정을 논의할 것이다: DNA가 mRNA precursor로부터 전사되는 과정과 성숙화된 기능을 가진 mRNA 분자를 만들기 위해서 mRNA precursor가 어떻게 처리되는지 그 과정을 볼 것이다. 단백질 합성에서 mRNA, tRNA 및 rRNA의 기능을 설명한 후, translation의 생화학적 단계에서 이들 및 기타 구성요소에 대해 자세히 설명한다.

이 장의 마지막 절에서는 DNA 복제, 전사 및 단백질 합성을 위해 세포내 분자기기(cellular machinery)를 이용하는 parasite (기생충)인 바이러스(virus)에 대한 기본 정보를 보게 된다. 바이러스는 단지 중요한 pathogen (병원균)일 뿐만 아니라, 거대분자 합성 및 기타 세포 과정의 세포 메커니즘(mechanism)을 연구하기 위한 중요한 모델로 사용된다. 바이러스는 오늘날에도 우리에게 분자세포생물학의 중요한 원리를 계속해서 가르쳐 주고 있으며, 현재 인간 유전자 치료에서 세포에 유전자를 도입하기 위한 실험 도구로 채택되어 그 임상효과에 대해 테스트 중이다.

5.1 DNA의 이중나선 구조(Double-Helical Structure)

DNA와 RNA는 1차 구조가 매우 유사하다. 두 분자 모두 다 4개의 다른 nucleotide로 구성된 linear **polymer** (선형 **중합체**)이다. 2장에서 다룬 것처럼, 모든 nucleotide는 5번 탄소에 연결된 phosphate group (인산기)를 지닌 five-carbon sugar(오탄당)와 이에 연결된 염기로 구성되어 있음을 기억해 보자. 화학적으로 유사하지만, 세포의 DNA와 RNA 고분자는 3차원 구조가 상당히 다르다. 세포의 DNA는 수억 nucleotide

만큼 길어질 수 있는, 완벽하게 상보적인 염기쌍을 이루고 있는 2개의 긴 가닥으로 존재한다. 세포의 RNA는 일반적으로 훨씬 더 짧은 분자로 존재한다(RNA는 약 20개에서 수천 개의 nucleotide 길이 범위임). RNA는 일반적으로 제한된 영역에서만 자기 상보적(self-complementary) 염기쌍을 형성하는 단일가닥 분자라고 할 수 있다. 뒤에서 살펴보겠지만, DNA의 상대적인 화학적 안정성과 그것의 독특한 중복 상보적 구조(redundant complementary structure)는 DNA를 유전 정보의 안정적인 저장을 위한 이상적인 분자로 만든다.

Native (자연적) DNA는 이중나선(Double helix)으로 이루어진 상보적(Complementary)이며, 역평행(Antiparallel)한 가닥(Strand)이다

DNA의 4개 nucleotide는 **purine** 염기인 *adenine* (A)과 *guanine* (G), 그리고 **pyrimidine** 염기인 *cytosine* (C)과 *thymine* (T)을 포함한다(그림 2-17 참조). 단일 DNA 가닥은 purine 및 pyrimidine 염기가 측기(side group)로 확장되는 형태를 띠고 있으며, 이는 오탄당-인산(pentose-phosphate) 단위로 구성된 긴 중추(backbone)에 연결되어 있다(이러한 염기에 대한 단일 문자 약어는 Nucleic acid 중합체의 모든 nucleotide를 나타내기 위해 일반적으로 사용된다.) Polypeptide와 마찬가지로, nucleic acid 가닥은 한 말단에서 다른 말단으로 이어지는 화학적 방향을 갖는다: 5′ 말단(*5′ end*)은 당의 5′ 탄소에 hydroxyl 또는 phosphate group을 갖고 3′′ 말단(*3′ end*)은 일반적으로 당의 3′ 탄소에 hydroxyl group을 가지고 있다(그림 5-2). 합성이 항상 5′에서 3′으로 진행된다는 사실과 함께 이러한 방향성은 polynucleotide 서열이 5′ → 3′ 방향(왼쪽에서 오른쪽)으로 쓰여지고 읽혀지게 되는 현재의 관습과 연결된다. 예를 들어, 시퀀스 ATG는 (5′)ATG(3′)로 가정된다. 일반적으로, **phosphodiester bond**라고 하는 인접한 nucleotide 사이의 화학적 연결은 실제로는 2개의 phosphodiester 결합으로 구성된다. 하나는 인산염의 5′ 쪽에 있고, 다른 하나는 3′ 쪽에 있다.

유전 정보가 DNA의 염기 서열에 어떻게 저장되는지에 대한 이해는 1953년 James D. Watson과 Francis H. C. Crick이 DNA가 이중나선(double helix) 구조를 갖는다고 제안하면서 구체화되기 시작했다. 그들의 제안은 Rosalind Franklin과 Maurice Wilkins가 생성한 DNA 구조가 나선형임을 보여주었던 DNA 섬유의 X-선 회절 패턴 분석을 기반으로 했으며, Erwin Chargaff와 동료들이 분석한 여러 유기체에서 DNA의 기본 구성을 기반으로 한다. Chargaff의 연구에 따르면, DNA의 기본 구성(A, T, G, C의 백분율)은 멀리 떨어진 관련 유기체 간에 크게 다르지만, A의 백분율은 항상 T의 백분율과 같고 G의 백분율은 항상 C의 백분율과 동일했다. 이러한 발견과 4개 nucleotide의 구조를 기반으로, Watson과 Crick은 세심한 분자 모델 구축을 통해 이중나선 구조를 제안했다. A는 항상 T에 수소결합(hydrogen bond)으로 결합하고, G는 항상 중심축을 따라 C에 수소결합으로 결합하여, DNA의 구조와 같은 **double helix (이중나선)** 구조를 만들게 된다.

Watson과 Crick 모델의 가장 두드러진 특징은 4개의 염기쌍이 각

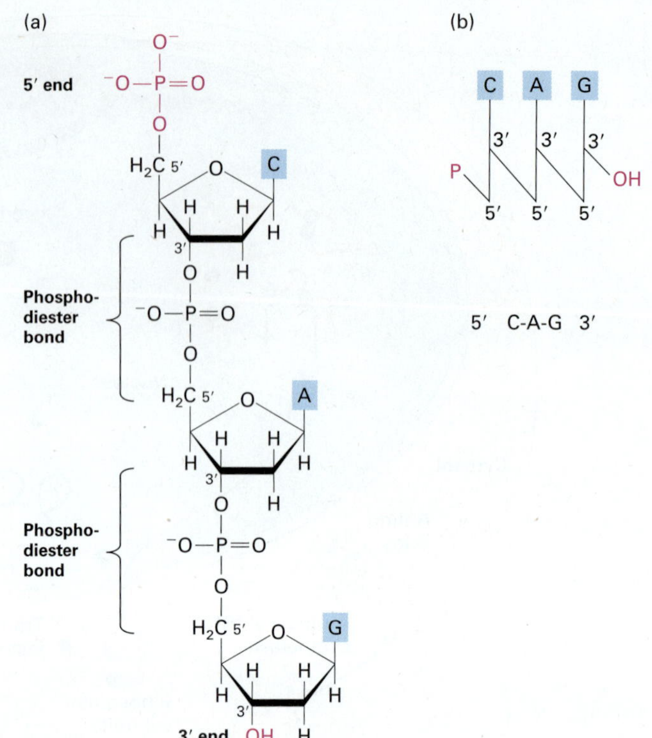

그림 5-2 Nucleic acid 가닥(strand)의 화학적 방향성. 이 그림은 3개의 염기 [cytosine (C), adenine (A), guanine (G)]만을 포함한 단일가닥의 DNA이다. (a) 화학적 구조를 보면 3′ 말단에 있는 hydroxyl group과 5′ 말단의 phosphate group을 알 수 있다. 2개의 phosphoester 결합이 인접한 nucleotide를 연결하고 있다는 것에 유념하자. 이와 같은 결합을 보통 *phosphodiester bond*라고 한다. (b) "stick" diagram (*위쪽*)에서는 sugar (당)는 수직선으로, phosphodiester bond는 사선으로 표시한다. 염기들은 한 글자의 약자로 표시되었다. 가장 간단한 방식의 표현법으로는 염기만으로 표시한다(*아래쪽*). 특별한 언급이 없다면, 관례적으로 poly-nucleotide 서열은 항상 5′ → 3′ 방향(왼쪽에서 오른쪽)으로 쓰인다.

각 같은 방식으로 염기쌍을 이룸으로써 나선형 중추(backbone)의 구조에 정확히 들어맞는다는 것이다. 따라서 nucleotide의 임의적인 서열과 상관없이 항상 동일한 이중나선 구조에 의해 수용될 수 있는 것이다. 이것은 디지털 컴퓨터 메모리가 1과 0의 시퀀스로 인코딩된 정보를 포함하는 것처럼, DNA가 네 글자 A, G, C, T의 시퀀스로 유전 정보를 전달함으로써 정보 분자로 기능한다는 것과 직관적으로 연결된다. 정보를 전달하는 DNA의 놀라운 능력은 약 50개의 원자에 불과한 각 염기가 DNA 서열상에서는 2비트의 정보를 저장할 수 있게 된다는 사실과 연결된다. 사실 가장 발전한 컴퓨터 메모리라 할지라도 1비트의 정보를 저장하기 위해서는 수천 개의 원자가 필요하다.

DNA는 이중나선을 형성하기 위해 함께 감기는 2개의 연관된 polynucleotide 가닥으로 구성된다. 2개의 sugar-phosphate 뼈대는 이중나선의 외부에 있고, 염기는 내부로 돌출되어 있다. 각 가닥의 인접한 base는 평행한 평면에서 서로의 위에 쌓인다(그림 5-3a). 두 가닥의 방향은 **역평행**(*antiparallel*)이다. 즉, 5′ → 3′ 방향으로 보았을 때 두 가닥의 진행 방향이 반대이다. 두 쌍 가닥 사이에 형성된 **염기쌍(base pair)**으로 인해 각 가닥은 정확한 위치에 유지된다. A는 2개의 수소결합을

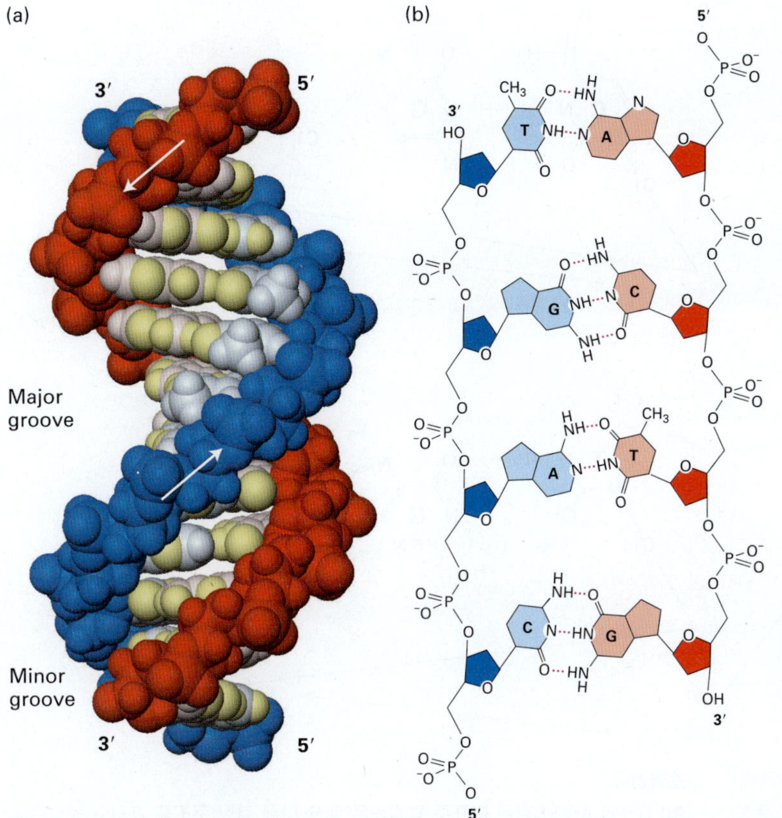

그림 5-3 DNA 이중나선 구조. (a) 세포 내의 DNA의 형태 중 가장 일반적인 B-DNA의 space-filling (공간 채움) 모델. 염기(밝은 색 음영)들은 각각의 sugar-phosphate backbone (당 인산 뼈대; 진한 빨간색과 파란색)으로부터 안쪽으로 향해 있지만, major groove와 minor groove를 통해 염기의 가장자리로부터 접근이 가능하다. 화살표는 각 가닥의 5′ → 3′ 방향을 가리킨다. 염기 사이의 수소결합은 이 구조의 중앙에 존재한다. Major groove와 minor groove들은 가능한 수소결합의 donor와 acceptor (노란색으로 강조)에 의해 순차적으로 정렬된다. (b) DNA 이중나선의 화학적 구조. 2개의 sugar-phosphate backbone과 Watson-Crick 염기쌍(A·T와 G·C)의 수소결합을 보여 준다. See R. E. Dickerson, 1983, *Sci. Am.* **249**:94. [Part (a) Data from R. Wing et al., 1980, *Nature* **287**:755, PDB ID 1bna.]

통해 T와 쌍을 이룬다. G는 3개의 수소결합을 통해 C와 쌍을 이룬다(그림 5-3b). 이 염기쌍 상보성(base-pair complementarity)은 염기의 크기, 모양 및 화학적 조성의 결과이다. DNA 분자에 수천 개의 수소결합이 존재하면 이중나선의 안정성에 크게 기여한다. 또한 적층되어진 인접한 염기쌍 사이에는 소수성 결합(hydrophobic interaction) 및 반데르발스 인력(van der Waals interaction)이 작용하여 이중나선 구조를 더욱 안정화하게 된다.

자연적 DNA에서, A는 항상 T와 수소결합하고 G는 C와 수소결합해서, 그림 5-4와 같이 A·T 및 G·C 염기쌍을 형성한다. 더 큰 purine과 더 작은 pyrimidine 사이의 이러한 연관성은 종종 *Watson-Crick base pairs* (*Watson-Crick* **염기쌍**)이라고 한다. nucleotide가 이러한 염기쌍을 형성하는 특정 부분 혹은 2개의 polynucleotide 가닥 전체를 **complementary (상보적)**이라고 이야기한다. 그러나 이론상으로는 합성 DNA에서 다른 염기쌍이 형성될 수 있다. 예를 들어, Guanine (purine)은 나선에서 이용 가능한 공간 내에서 이론적으로 thymine (pyrimidine)과 수소결합을 형성할 수 있다. 유사하게, Adenosine과 Cytosine 사이의 염기쌍 형성도 가능하다. 그러나 그림 5-4와 같이 이러한 비표준 G·T 및 A·C 염기쌍은 자연적 염기쌍의 정확한 기하학적 제약(geometry)을 벗어나게 되어, 이후 이 장에서 다루게 될 DNA 복제 효소에 의해 이중가닥 DNA에서 제외된다.

세포의 거의 모든 DNA는 *right-handed helix* (**오른손 나선**)의 형태를 취한다. DNA의 X-선 회절(diffraction) 패턴은 적층되어진 염기가 나선 축을 따라 일정하게 0.34-nm 간격으로 배열되어 있음을 보여준다. 나선은 배열에 따라 3.4~3.6 nm마다 한 바퀴를 회전하므로, 한 바퀴에 약 10~10.5개의 염기쌍들이 존재하게 된다. *B form of DNA* (**DNA의 B형**)이라고 불리는 이런 형태의 나선형은 대부분의 세포에 존재하는 정상적인 형태이다. 나선의 외부에서는 서로 얽힌 가닥 사이의 공간이 *major groove* (**큰 홈**)과 *minor groove* (**작은 홈**)로 설명되는 폭이 다른 2개의 나선형 groove를 형성한다(그림 5-3a 참조). 그 결과, 이 groove 안에 있는 각 염기의 가장자리 쪽에 있는 원자들은 나선의 바깥쪽에서부터 접근될 수 있으며, 그 결과 두 가지 형태의 결합 표면(binding surface)을 형성하게 된다. DNA에 결합하는 단백질은 major groove 또는 minor groove의 원자와 접촉함으로써 이중나선 상태에서 직접적으로 DNA의 염기 서열을 읽을 수 있다.

비록 major groove와 minor groove의 표면을 향하는 원자들은 네 개의 염기 사이에 다르지만, 이들이 만들어내는 DNA 가닥의 전체 구조는 염기서열과 관계없이 균일하다. 화학적 손상이나 염기의 잘못된 결합으로 인한 DNA의 불규칙성은 이 균일한 구조를 방해할 것이며, 5.3절에서 볼 것처럼 DNA 수선 효소(repair enzyme)가 손상 부위를 식별하여 손상 부위에 작용할 수 있을 것이다.

표준 B형 DNA의 구조에서 중요한 변형(modification)은 특정 DNA 서열에 대한 단백질 결합의 결과로 발생한다. 염기 사이에 존재하는 다수의 수소결합 및 소수성 결합이 DNA에 안정성을 제공하지만 이중나선의 긴축은 유연한 특징을 지닌다. DNA는 단백질의 α 나선과는 달리(그림 3-4 참조), 나선 축에 평행한 수소결합을 가지고 있지 않다. 이러한 특성은 전사인자인 TBP와 같은 DNA-결합 단백질과 결합할 때 DNA가 구부러질 수 있게 한다(그림 5-5). DNA의 구부러짐은 또한 진핵세포의 핵 속의 DNA가 protein-DNA 복합체인 염색질(chromatin)을 형성할 때 높은 밀도로 응축될 수 있도록 중요한 역할을 한다(8장 참조).

어떻게 RNA가 아니라 DNA가 세포 내에서 유전적 정보를 지니게 진화되었을까? 두 분자 중 deoxyribose의 2′ 위치에 수소가 있는 DNA는, ribose의 2′ 위치에 hydroxyl group (수산기)를 가지는 RNA보다 매우 안정하다(그림 2-16 참조). RNA의 2′ hydroxyl group은 화학적으로 느린 반응이기는 하지만, OH^-에 의해 촉매가 되어 중성 pH에서도 phosphodiester (인산이에스테르) 결합을 가수분해시킬 수 있다(그림

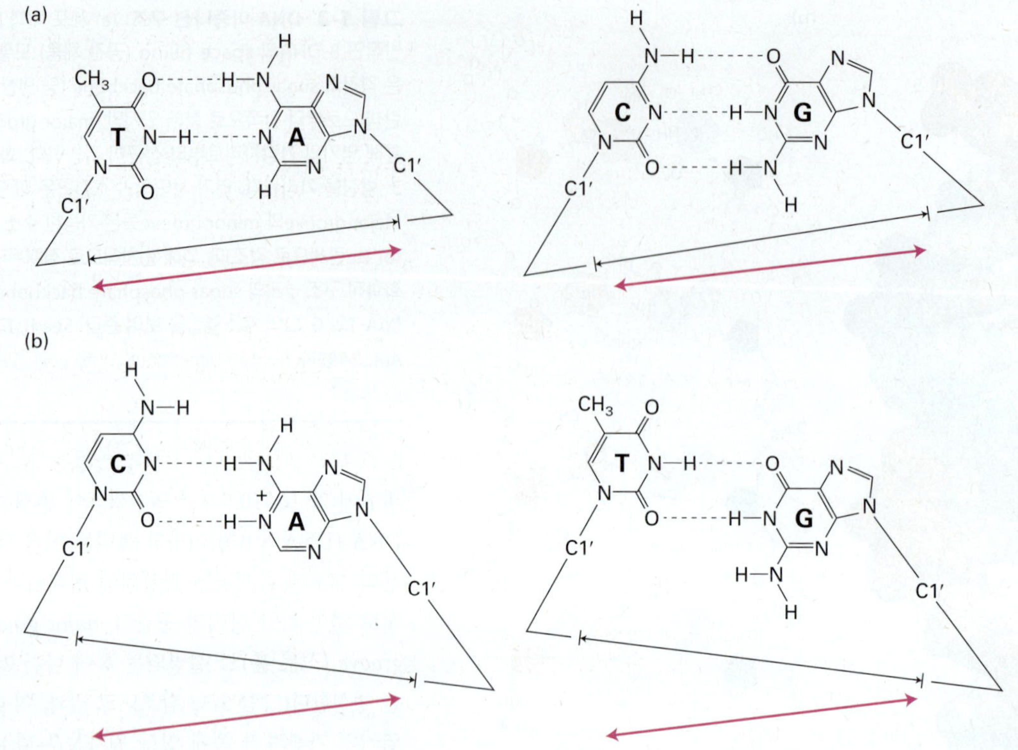

그림 5-4 (a) 염기들과 ribose-phosphate backbone을 연결하는 결합 사이의 각도와 거리를 보여주는 표준 A·T와 G·C 염기쌍의 구조이다. 염기쌍의 기하학적 구조(geometry)가 거의 동일하기 때문에, 두 염기쌍은 모두 DNA의 이중나선 구조 안에 수용된다.
(b) G·T와 A·C와 같은 비표준 염기쌍은 매우 다른 결합 구조를 가지고 있으므로, DNA polymerase의 복제 메커니즘에 의해 자연적인(natural) DNA에서 제외된다.

5-6에 보여진 것처럼). DNA에서는 2′-hydroxyl group이 없으므로 이런 과정이 생기지 않는다. 결론적으로, DNA가 deoxyribose로 구성되어 있기 때문에 DNA는 유전적 정보를 오랫동안 보관하는 기능 수행에 있어 매우 필요한, 더욱 안정한 분자의 형태를 유지할 수 있는 것이다.

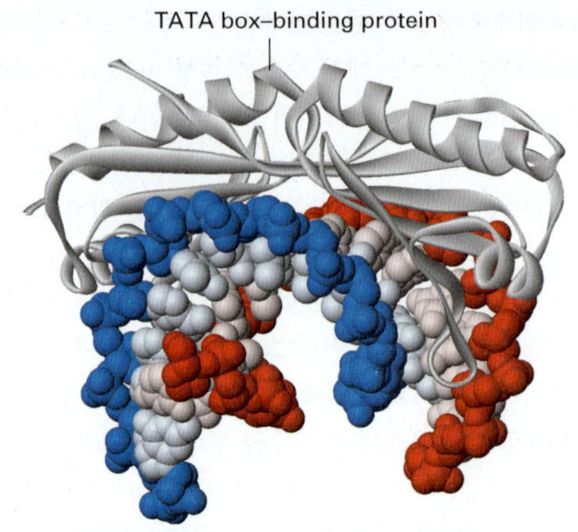

그림 5-5 TBP와 같은 단백질과의 상호작용은 DNA를 구부러지게 할 수 있다. TATA box-binding protein (TBP)의 보존된 C-terminal domain (C-말단 domain)은, A와 T의 비율이 높은 서열을 갖는 DNA 부분의 minor groove에 결합하여, 이중나선의 꼬임을 약화(untwist)시키거나 큰 각도로 구부러뜨리게 된다. 대부분의 진핵세포의 genome의 전사는 TBP를 필요로 한다. [Data from D. B. Nikolov and S. K. Burley, 1997, *Proc. Nat'l. Acad. Sci. USA* **94**:15, PDB ID 1cdw.]

DNA 가닥은 가역적 분리(Reversible Separation)가 될 수 있다

DNA의 복제와 전사가 진행되는 동안, DNA의 이중나선(double helix)은 새로 만들어지는 polynucleotide 사슬에서 새로운 염기쌍을 형성하기 위해 분리될 수 있어야 한다. 이번 절의 후반부에서는, 복제와 전사 과정에서 보여지는 DNA의 분리와 재배열의 세포적 메커니즘에 대해 공부할 것이다. 먼저 우리는 DNA의 분리와 재조합에 영향을 주는 근본적인 요인을 알아보기로 한다. 이러한 DNA의 특성들은 *in vitro* 실험을 통하여 밝혀지게 되었다.

Denaturation (변성) 혹은 **melting**은 DNA의 가닥이 풀려서 분리되는 현상을 말한다. 이는 DNA 용액의 온도를 증가시킴으로써 실험적으로 유도될 수 있다. 열에너지가 증가하게 되면 분자의 운동량이 증가하게 되어 이중나선 구조를 유지하며 안정화시켜 주는 수소결합 및 다른 상호작용들이 파괴된다. Denaturation 온도를 기점으로 이보다 약간이라도 온도가 증가하게 되면 DNA 분자에 형성되어 있는 여러 개의 약한 결합들이 동시에, 그리고 빠르게 끊어진다(그림 5-7a). 적층된 여러 염기로 구성된 이중가닥(double strand) DNA는 적층되지 않은 단일가닥(single strand) DNA 보다 더 적은 양의 자외선(ultraviolet, UV)을 흡수하기 때문에 DNA 가닥이 서로 분리되면 자외선에 대한 흡광도가 갑자기 올라가게 되는데, 이러한 현상을 *hyperchromocity*라고 하며, 이 현상을 이용해서 DNA denaturation을 관찰할 수 있다.

그림 5-6 2′-hydroxyl group에 의한 자발적(spontaneous) RNA의 가수분해(hydrolysis). RNA의 2′-hydroxyl group은 phosphodiester 결합을 공격하는 nucleophile로서의 기능을 수행한다. 2′,3′ cyclic monophosphate derivative (순환인산염 유도체)는 2′과 3′ monophosphate의 혼합물로 한 번 더 가수분해된다. 중요한 점은, 이런 손쉬운(facile) phosphodiester bond의 가수분해 과정은 2′-hydroxyl group이 없는 DNA에서는 일어나지 않는다는 것이다.

DNA 가닥이 분리 되는 시점의 온도를 *melting temperature* (T_m)라고 하는데, 이는 몇 가지 요인에 따라 달라진다. G·C 염기는 삼중 수소결합을 형성하기 때문에 G·C 염기가 많은 분자는 이중 수소결합을 가지는 A·T 염기보다 denature (변성)되려면 훨씬 더 높은 온도가 필요하다. 실제로, T_m을 통해서 DNA의 G·C 함량을 유추할 수 있다(그림 5-7b). 또한, 두 가닥에 존재하는 음전하를 띠고 있는 phosphate group이 양전하를 띤 이온(ion)에 의해 안정화되기 때문에 이온의 농도도 T_m 값에 영향을 준다. 이온의 농도가 낮을 때에는 양이온에 의해 감싸지는 것이 낮기 때문에 음이온을 띠고 있는 두 가닥 사이에 밀어내는 힘이 증가하여 T_m은 줄어든다. 수소결합을 불안정하게 만드는 formamide나 urea 같은 물질도 T_m 값을 낮춘다. 마지막으로, 극도로 낮거나 높은 pH도 영향을 주는데, 이 경우 온도가 낮아지면 DNA가 denaturation된다. pH가 낮은 경우(산성), 염기들이 protonated (양자화)되어 양성 전하를 띠게 되기 때문에 서로 밀어낸다. 높은 pH (알칼리)에서는 염기가 전하를 잃어서 음전하를 띠게 되고, 같은 전하 때문에 서로를 밀어낸다. 대부분의 세포에서는 pH와 온도가 일정하게 유지된다. DNA가 이렇게 분리될 수 있다는 성질은 실험실에서 DNA를 다루는 데 매우 유용하게 사용된다.

DNA가 denaturation되면 조직화된 구조를 갖지 못하고 무작위로 꼬여 있는 단일가닥의 DNA 분자가 된다. 온도를 낮추거나 이온의 농도를 증가시키거나 pH를 중화시키면 두 상보적인 가닥이 완벽한 이중나선으로 다시 재결합한다. 이를 *renaturation*이라 하는데, renaturation의 정도는 시간, DNA 농도, 그리고 이온의 농도에 의해 결정된다. 서열이 서로 관련이 없는 두 DNA 가닥은 무작위적으로 꼬여진 채(random coil)로 유지되거나 renaturation되지 못한다. 이때의 중요한 점은, 각각의 DNA 분자들이 각기 상보적인 DNA 짝을 찾거나 renaturation되는 데에 있어서 서로 독립적이므로 서로 방해하지 않는다는 것이다. DNA의 denaturation과 renaturation의 성질은 두 DNA의 관련성을 찾거나 여러 다른 DNA가 섞여 있는 곳에서 원하는 DNA를 분리하여 검출하는 데 사용되는 좋은 기술인 nucleic acid **hybridization**의 기초가 된다(6장 참조).

DNA 분자는 비틀림 응력(Torsional Stress)을 받게 된다

많은 박테리아 세포의 genomic DNA와 많은 바이러스의(viral) DNA는 circular molecule (구형 분자)이다. Circular DNA 분자는 거의 대

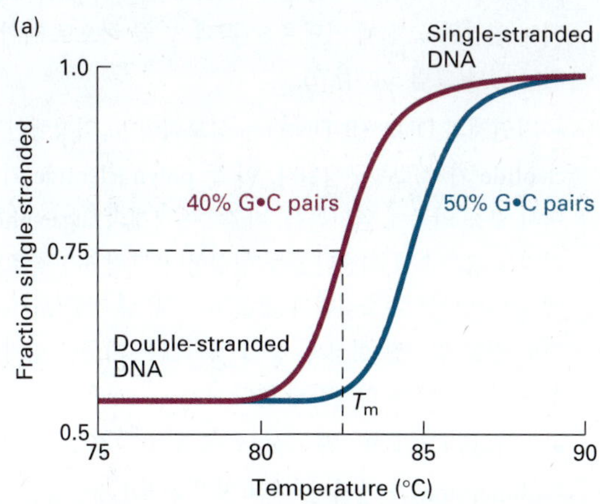

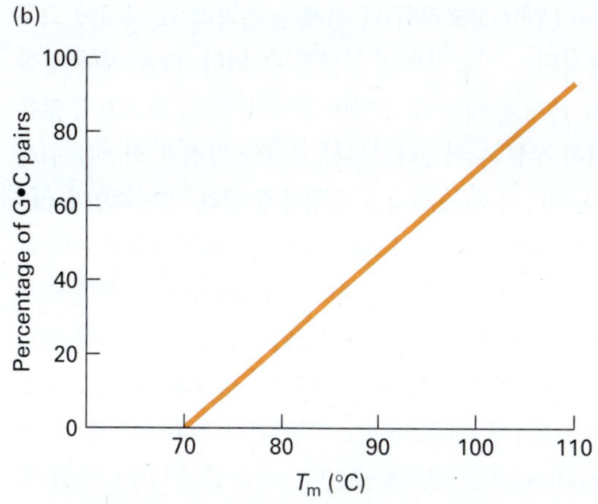

실험 그림 5-7 DNA의 G·C 함량은 melting temperature에 영향을 미친다. DNA가 denaturation되는 온도는 G·C 함량이 많을수록 높아진다. (a) 이중가닥(double-stranded) DNA의 melting은 260 nm에서의 자외선(ultraviolet light) 흡광도를 통해서 알 수 있다. 단일가닥(single-stranded) DNA의 흡광도는 이중가닥 DNA의 흡광도보다 약 2배 높다. 이중가닥 DNA의 염기 중 절반이 denaturation되는 온도를 T_m ("Temperature of melting")이라고 한다. (b) T_m은 DNA의 G·C 함량과 상관관계가 있다. G + C의 양이 많을수록 T_m은 높아진다.

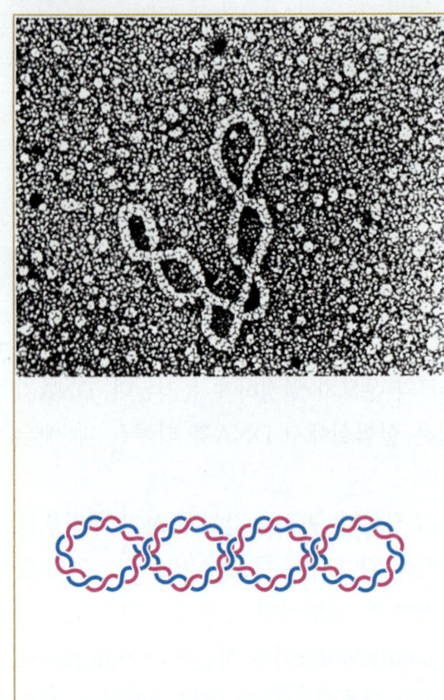

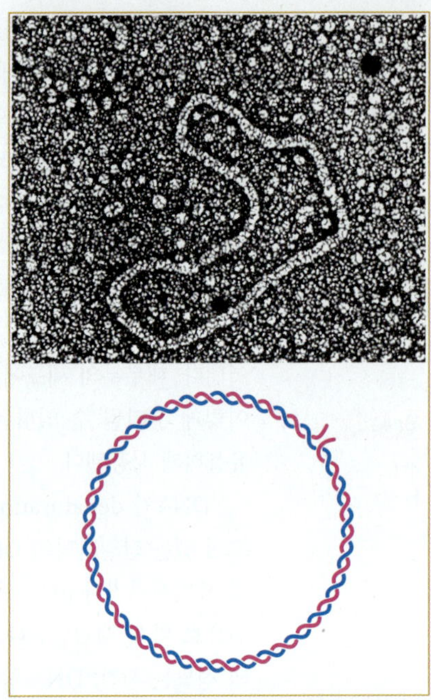

실험 그림 5-8 Topoisomerase I은 DNA의 비틀림 응력(torsional stress)을 완화시킨다. (a) SV40 바이러스 DNA의 전자현미경 사진. SV40 바이러스의 원형(circular) DNA를 분리하고 결합되어 있던 단백질들을 제거하면, DNA 이중나선은 풀리고(underwound) supercoil의 형태가 되는 것으로 생각된다. (b) 만약 supercoiled DNA에 절개(nick) 부분이 생기면(즉, 한 가닥이 끊어지면), supercoil의 형태를 잃게 되어 풀리게 된다. Topoisomerase I이 이러한 반응을 촉매하고, 또한 끊어진 끝을 나중에 *reseal* (*재연결*)한다. 분리된 supercoil 형태로 있는 SV40 DNA에 이 효소의 일련의 반응이 진행되면, supercoil이 모두 없어지고 relaxed-circle 형태로 된다. 이해하기 쉽게사진 밑에 분자의 모양을 그려 놓았다. [Photos courtesy of Laurien Polder, from A. Kornberg (1980) DNA Replication, p. 29, W. H. Freeman, New York.]

부분 진핵세포에서 존재하는 미토콘드리아(mitochondria)와 식물에 존재하는 엽록체(chloroplast), 그리고 몇 종의 단세포 진핵생물(single cell eukaryote)에서 발견된다. 진핵생물의 핵(nuclear)의 DNA는 linear (선형)이지만, DNA의 긴 loop는 염색체 안에 고정되어 있다(8장 참조). Circular DNA 분자 또는 진핵세포의 염색체의 고정된 loop에서 각각의 두 가닥은 말단 부분이 자유롭게 움직일 수 없는 닫힌 구조를 형성하며, 따라서 뒤틀림 응력을 받게 된다.

DNA가 더 감겼거나 또는 덜 감겼을 때—즉, 동일한 길이의 B형 선형 DNA보다 나선형 회전이 많거나 적다면—비틀림 응력은 DNA 분자가 *supercoil*을 형성하면서 다시 자신의 분자 위에 뒤틀림을 형성함으로써 완화될 것이다(그림 5-8a). Turn과 supercoil 사이의 topological interconversion (위상 상호전환)의 관계는, 손가락 끝 사이에 고무밴드를 굴릴 때 형성되는 비틀림으로 입증될 수 있다. 다음 절에서 볼 수 있듯이, DNA가 복제될 때는 두 가닥이 풀려야 한다; 풀려지지 않은 DNA 분자의 나머지 부분은 이중나선에서 가닥의 완전한 회전을 위해 10개의 염기쌍마다 하나의 supercoil을 형성하게 된다. 일반적인 replication fork (복제 분기점)는 초당 약 500개 염기 만큼의 속도로 이동하기 때문에, supercoil은 초당 50개의 속도로 replication fork 앞쪽 부분의 DNA에 만들어지게 된다. 복제 중에 형성된 supercoil에 의해 야기되는 뒤틀림 응력을 완화하기 위해, 모든 세포는 *topoisomerase I*을 갖고 있다. 이 효소는 DNA의 random site (무작위적 부위)에 결합한 뒤 한 가닥의 phosphodiester 결합만을 끊는다. 이와 같이 DNA의 한 가닥만 끊어지는 것을 *nick*이라고 부른다. 잘리지 않은 가닥을 중심으로 잘려진 가닥의 끈이 풀리면서 supercoil을 잃게 한다(그림 5-8b). 마지막으로, 같은 효소가 끊어진 가닥의 두 끝 부분을 ligate (연결)해 준다. 다른 종류의 효소인 *topoisomerase II*는 연결된 DNA의 이중가닥을 모두 끊어 버린다. 그 결과, topoisomerase II는 torsional stress를 없앤 후에 다시 2개의 circular DNA molecule을 religate (재연결)한다.

5.1절의 주요 개념

DNA의 이중나선 구조(Double-Helical Structure)

- 유전 물질인 Deoxyribonucleic acid는 nucleotide로 구성된 2개의 길고 가지가 없는 polymer로 이루어져 있다. nucleotide는 purine-adenine (A) 또는 guanine (G), 혹은 pyrimidine-cytosine (C) 또는 thymine (T)과 연결된 phosphorylated pentose로 구성된다. polynucleotide에서 인접한 nucleotide들끼리 phosphodiester 결합에 의해 연결된다. 전체 가닥은 5′ 끝과 3′ 끝 쪽으로 화학적 방향성을 가지고 있다(그림 5-2 참조).
- 자연계의 DNA (B-DNA)는 상보적이며, 역평행인 2개의 polynucleotide 가닥으로 구성된다. 이 두 polynucleotide 가닥들은 서로 꼬여서 보통 안쪽에 염기들을, 바깥쪽에 2개의 sugar-phosphate 뼈대를 가지는 오른손형 이중나선을 형성한다(그림 5-3 참조). 두 가닥 사이에서 일어나는 수소결합과 같은 바 공유성 결합(noncovalent bond)으로 인한 염기쌍 형성과, 동일 가닥에서 이웃한 염기들 사이의 소수성 결합은 구조를 안정하게 한다.
- Watson-Crick 염기쌍—G·C와 A·T—은 거의 동일한 구조적 크기(dimension)를 가지며, 이런 염기쌍만이 자연적인 이중나선 구조를 형성한다.
- DNA에 단백질이 결합하면 DNA 나선의 구조가 변형되어 DNA 분자가 부분적으로 휘어지거나 풀릴 수 있다.

- 열을 가하면 DNA 이중나선은 분리(denaturation)될 수 있다. DNA의 melting temperature인 T_m은 G·C 함량에 의해 증가된다. 적절한 조건에서 분리된 상보적 nucleic acid 가닥들은 다시 renaturation된다.
- DNA 분자가 지나치게 꼬여있거나(overwinding) 혹은 지나치게 꼬여있지 못하면(underwinding), DNA 분자가 스스로 꼬여 supercoil이 형성된다(그림 5-7 참조). Chromosomal DNA는 복제 과정에서 풀려지는데, 이때 다량의 supercoil이 형성될 수 있으나, *topoisomerases*가 이런 뒤틀림 응력을 만드는 supercoil를 제거함으로써 이 응력을 완화한다.

5.2 DNA의 복제(Replication)

인간 세포에서 DNA로 암호화된 유전 정보는 23쌍의 염색체 안에 존재하며, 각 염색체는 수억 개의 nucleotide (뉴클레오티드)로 구성된 이중나선 분자로 구성되어 있다. 세포가 분열할 때, 두 딸 세포 각각은 부모세포와 정확히 똑같은 유전 정보를 가져야 한다. 따라서 모든 세포 분열이 일어날 때는 DNA 복제라고 알려진 과정을 통해 각 염색체의 DNA 서열을 정확하게 복제 되어야 한다. Watson과 Crick에 의해 밝혀진 이중나선 DNA 구조의 주요 특징은 염기쌍 규칙(rules of base pairing; A는 T와, G는 C와 쌍을 형성)인데, DNA polymer의 한 가닥 안에는 다른 가닥의 정보가 상호보완(complementary)적인 형태로 담겨 있다는 것이다. DNA 복제는 DNA polymer의 두 가닥을 분리한 다음, 각 가닥을 새로운 상보적 가닥의 합성을 위한 주형(template)으로 사용하여 2개의 중복된 이중가닥을 생성함으로써 달성될 수 있게 된다.

DNA 복사를 위한 생화학적 메커니즘에 대한 이해는 1956년 Arthur Kornberg와 동료 연구자들에 의해 대장균(*Escherichia coli*) 세포의 추출물로부터 최초의 template-directed DNA polymerase를 분리함으로써 시작되었다. 비록 우리는 이렇게 분리된 DNA polymerase I 효소가 대장균 염색체의 복제가 아닌 DNA 수선(repair)에 관여한다는 것을 알고 있지만, 이 효소는 모든 template-directed (주형에 의해 유도되는) DNA polymerase와 동일한 기본 규칙에 의해 작동되고 있었다. DNA polymerase I을 통해 얻은 지식은 보편적임이 증명되었다.

DNA polymerase는 복제(Replication)를 시작하기 위해 주형(Template)과 Primer를 필요로 한다

모든 DNA polymerase는 새로운 DNA 가닥의 합성을 위해 동일한 요구사항을 갖는다.

i) 단일가닥 DNA 주형.

ii) 3′ 말단의 free hydroxyl group에 새로운 nucleotide를 합성하기 위한, 주형과 염기쌍을 이루는 RNA **primer**. (역자주: 원서 오류. 첫 primer는 RNA)

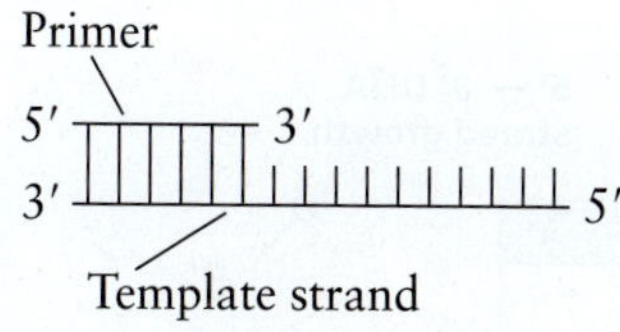

iii) Deoxyribonucleoside 5′-triphosphate (dNTP)의 precursor.

Primer가 주형 가닥과 염기쌍을 이룬 상태에서, DNA polymerase는 primer의 3′ 말단에 주형 가닥에 대응하는 deoxyribonucleotide를 더하게 된다. 이 반응을 위한 에너지는 각 dNTP의 α phosphate와 primer의 3′ oxygen 분자와 사이에 phosphoester 결합이 형성될 때 발생하는 diphosphate의 방출로부터 나온다. 이로 인해 반응의 평형에서 정반응으로 더 진행될 수 있게 되는데, 방출된 PPi를 inorganic phosphate 2분자로 분해하는 효소인 pyrophosphatase에 의해 chain elongation (사슬 신장)이 더 많이 유도된다(그림 5-9). Nucleotide가 더해진 후 다시 새롭게 만들어진 primer의 3′ 말단은 다음 nucleotide를 수용하기 위해 준비된다. Polymerization (중합)은 5′ → 3′ 방향으로 진행되며, primer의 끝이 주형 가닥의 끝에 도달할 때까지 계속된다.

염색체 DNA의 정확한 복제는 생명에 매우 중요한데, DNA polymerase는 놀라운 속도와 정확도로 DNA를 복제하도록 진화했다. 전형적인 DNA polymerase는 약 2 millisecond 안에 하나의 nucleotide를 새로운 사슬에 더할 수 있지만, 이 시간은 너무 짧아서 polymerase에게 정확한 염기쌍을 이룬 nucleotide와 부정확한 염기쌍을 이룬 nucleotide를 구별하는 데 충분한 시간을 주지는 않는다. Polymerase의 정확도가 염기쌍이 바르게 형성된 nucleotide 짝(nucleotide pair)과 부정확하게 형성된 nucleotide 짝 사이의 에너지 차이에만 의존할 경우, polymerase는 50 nucleotide당 최소 1개의 오류를 범할 것이다. 그러나 정상적인 Watson-Crick 염기쌍에 의해 만들어지는 기하학적 구조(geometry)는 Polymerase의 활성 부위(active site)에 받아들여질 수 있지만, 일반적이지 않은 염기쌍으로 만들어진 기하학적 구조는 받아들일 수 없게 되어 있어 훨씬 높은 정확도를 달성할 수 있다(그림 5-4 참조). 이러한 유형의 기하학적 선택(geometric selection)을 사용함으로써, 대부분의 polymerase는 10^4 (10,000)의 nucleotide당 약 1개의 nucleotide 오류율을 달성할 수 있다.

대부분의 유기체에서 DNA 복제에 의해 새로운 가닥이 합성될 때, DNA 복제의 정확도는 10^9 (10억) nucleotide당 약 1개의 오류율이며, 이는 염기쌍에 의한 선택성을 최대로 고려한다하더라도 이것만으로 설명될 수 있는 것보다 훨씬 정확하게 이루어진다고 할 수 있다. 이 놀라운 정확성은 주로 DNA polymerase에 의한 *proofread* (교정) 덕분이다. Proofread는 일부 DNA polymerase가 갖고 있는 3′ → 5′ 방향의 *exonuclease* 활성에 의존한다. DNA 합성 중에 잘못된 염기가 결합되면, 초기 가닥의 3′ nucleotide와 주형 가닥 사이의 염기쌍 형성이 정상적으로 발생하지 않는다. 그 결과, polymerase는 일시 정지하게 되는데, 그러면 길어지고 있는 가닥의 3′ 말단이 효소의 exonuclease 부위로 옮겨지고, 잘못된 염기쌍이 형성된 부분이 제거된다(그림 5-10). 그런 다음 3′ 말단은 polymerase 부위로 다시 이송되고, 이 부위는 올바르게 복제된다.

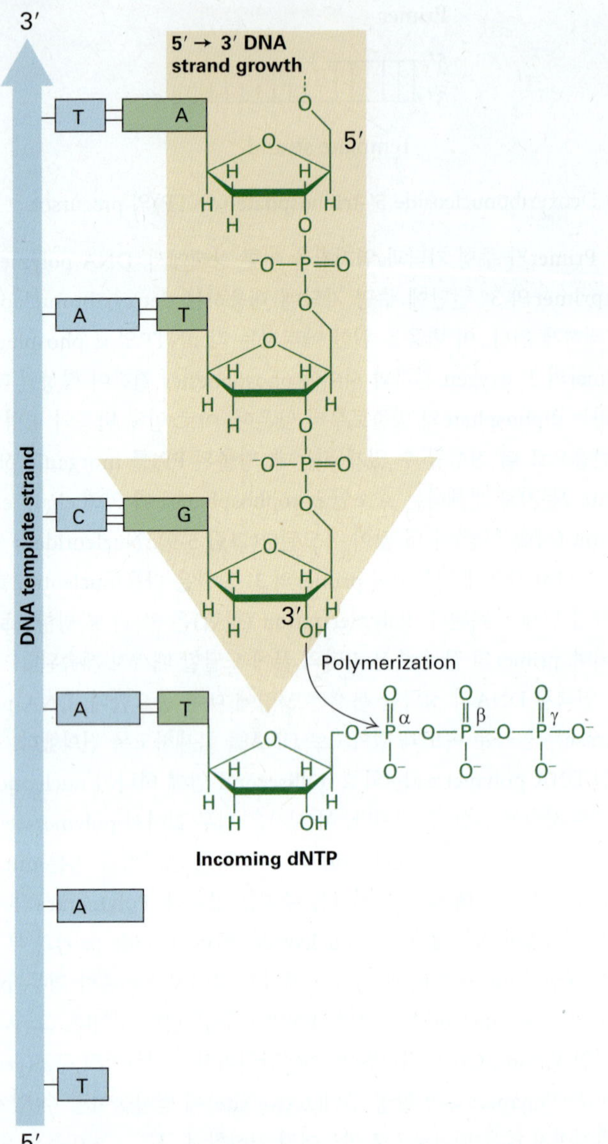

그림 5-9 DNA는 dNTP precursor로부터 5′ → 3′로 합성된다. DNA 합성을 위한 세 가지 요건은 자유로운(free) 3′ 말단을 갖는 primer strand, primer와 염기쌍인 template 가닥, deoxyribonucleoside triphosphates (dNTP)의 공급이다. DNA polymerase는 주형 DNA 가닥과 염기쌍을 이루는 dNTP를 primer 가닥의 3′ 말단에 새로 추가하기 위해 작용한다. DNA polymerase는 primer 가닥의 3′ oxygen과 올바르게 염기쌍을 이룬 dNTP의 α phosphate 사이에 phosphodiester bond의 형성을 촉매한다. 새로운 DNA 가닥은 항상 5′ → 3′ 방향으로 합성되며, 주형 DNA 가닥과 polarity (극성)가 반대이다.

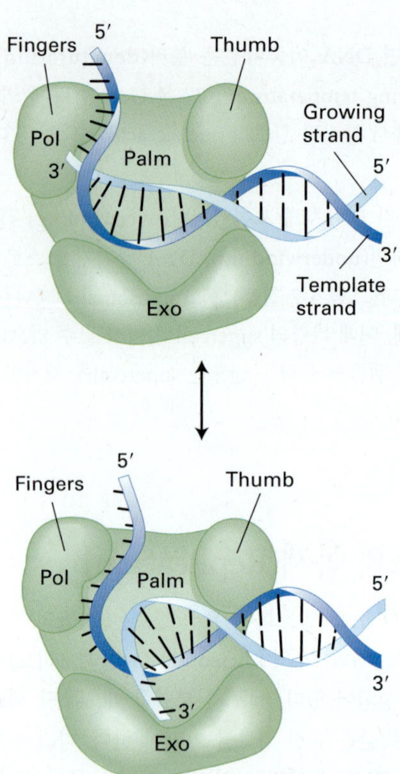

그림 5-10 DNA polymerase에 의한 Proofreading. 모든 DNA polymerase는 반정도 편 오른손의 모양(half-opened right hand)과 유사한 3차 구조를 가지고 있다. "finger (손가락)"는 주형 가닥의 단일가닥(single-stranded) segment에 붙어 있으며, polymerase의 효소의 활성 (Pol)은 finger와 "palm (손바닥)"의 연결 부위에 놓여 있다. 올바른 nucleotide가 신장하는 가닥(growing strand)의 3′ 말단에 첨가되는 한, 가닥은 polymerase site에 그대로 남아있다. 옳지 않은 염기가 3′ 말단에 병합되면, 그 다음 nucleotide와의 결합을 위한 polymerase의 요건을 만족시키지 못하고, polymerase가 멈춘다. Primer 가닥의 3′ 말단이 주형과 완전히 염기쌍을 이루고 있지 않기 때문에, 이는 3 nm 떨어져 있는 3′ → 5′ exonuclease site (Exo)로 옮겨져서 잘못 짝 지워진(mispaired) 염기는 제거된다. 그 후에, 새로운 3′ 말단은 주형과 정상적으로 염기쌍을 형성하고, polymerization은 다시 재개된다. C. M. Joyce and T. T. Steitz, 1995, *J. Bacteriol.* **177**:6321, and S. Bell and T. Baker, 1998, *Cell* **92**:295 참조.

대부분의 DNA 중합효소는 높은 수준의 정확도를 요구하므로 proofread 기능이 있다. 예를 들어, 세 가지 대장균 DNA polymerase는 모두 proofread를 위한 3′ → 5′ exonuclease 효소 활성을 가지고 있다.

Duplex DNA가 풀리면서 DNA Replication Fork에서 Daughter Strand (딸 가닥)가 형성된다

복제가 진행되는 동안, 이중나선(duplex)의 DNA가 주형으로서 기능을 하기 위해서는 얽혀 있는 2개의 가닥이 풀려서(melt) 염기들로 하여금 dNTP의 염기와 염기쌍(base pairing)을 형성할 수 있게 되어야 한다. 이렇게 염기쌍이 형성되기 시작하면 polymerization (중합반응)이 일어나고 새로이 daughter strand가 생성된다. 이렇게 parental DNA strand가 풀리기 시작하는 것은 DNA 분자의 *replication origin* (복제 기점) 혹은 간단히 *origin*이라고 불리는 특별한 지점에서 시작되며 **helicase**에 의해 이루어진다. 유기체(organism)마다 origin 부분의 구체적인 nucleotide 서열은 매우 다르지만, AT-rich sequence라는 공통점이 있다. 그런데, DNA polymerase는 자기 자신만으로는 새로운 복제를 시작할 수 없다. 왜냐하면, 우리가 보았듯이 이러한 polymerase는 모두 primer의 자유로운(free) 3′ 말단을 필요로 하기 때문이다. 그러나 DNA polymerase와 유사한 메커니즘(mechanism)을 가진 RNA polymerase는 기존 primer 없이 주형에서 새로운 가닥 합성을 시작할 수 있는 능력이 있다(그림 5-23a 참조). 일단 helicase가 기점에서 parental DNA를 풀면, **primase**라고 하는 특별한 RNA polymerase가 풀려진 주형 가닥에 상보적인 짧은(~12-nucleotide) RNA primer를 형성한다. 상보적인 DNA 가닥과 염기쌍을 이루고 있는 상태에서, primer는 *DNA polymerase* α에 의해 25개 정도 길이의 nucleotide로 연장되어 5′ 말단에는 RNA로, 3′ 말단에는 DNA로 구성된 새로운 primer로 확장된다. 이 primer는 DNA polymerase δ에 의해 추가로 연장되기 시작해서 새로운 daughter 가닥을 형성한다.

Daughter strand를 합성하기 위해 앞에서 설명한 이러한 단백질들이 모이는 DNA 부위를 **replication fork**라고 한다. Replication이 진행함에 따라, replication fork와 복제에 관련된 단백질들이 함께 움직여서 origin으로부터 멀어진다. 초기에 설명했던 것처럼, 이중나선 DNA가 부분적으로 풀리면 또 다른 쪽이 더 꼬이게 되는데(supercoil), 이러한 뒤틀림 응력은 topoisomerase I에 의해 해소된다. DNA polymerase가 이중나선의 DNA를 따라 움직이면서 복제하기 위해서는 helicase가 먼저 이중나선을 풀어야 하고, topoisomerase는 생성된 supercoil을 풀어 주어야 한다.

DNA replication fork가 작동하는 데에 생기는 문제점이 있는데, 이는 DNA의 두 가지 특성에 의해 발생된다. 먼저 Parental DNA의 이중나선을 형성하는 두 가닥(strand)은 역평행이라는 점이며, 두 번째는 DNA polymerase (RNA polymerase처럼)가 새롭게 생성되는 가닥에 오직 5′ → 3′ 방향으로만 nucleotide를 추가할 수 있다는 점이다. 새롭게 복제되어 생성되는 가닥 중, **Leading strand**라고 하는 daughter strand의 한쪽 가닥의 합성은 single RNA primer로부터 5′ → 3′ 방향(*replication fork*의 움직임과 같은 방향)으로 계속 진행될 수 있다(그림 5-11). 그러나 문제는 **lagging strand**라고 불리는 daughter strand의 다른 한 가닥의 합성에서 발생한다.

왜냐하면, lagging strand도 길어지는 반응은 5′ → 3′ 방향으로 일어나야만 하는데, 이는 *replication fork*의 움직이는 방향과 반대 방향이기 때문이다. 각 세포는 이러한 어려움을, replication fork가 움직여서 parental strand가 조금씩 더 풀려갈 때, 100에서 200 nucleotide마다 새로운 primer를 합성하는 것을 통해서 극복한다. 주형 가닥에 염기쌍을 이루는 각각의 primer들은 결국 **Okazaki fragment** (Reiji Okazaki 교수가 발견함)라고 하는 비연속적인 조각들을 형성하면서 5′ → 3′ 방향으로 신장(elongation)된다(그림 5-11 참조). 각 Okazaki fragment의 RNA primer들은 제거되고 서로 이웃하고 있는 Okazaki fragment들은 RNA가 아닌 DNA의 사슬로 대체된다. 그리고 최종적으로 *DNA ligase*라고 하는 효소가 인접한 fragment들을 연결시켜 하나의 가닥으로 만든다.

여러 단백질들의 협업으로 DNA Replication이 진행된다

DNA 복제에 참여하는 진핵세포의 단백질에 대해서 자세히 알게 된 것은 작은 바이러스(small viral)의 DNA, 특히 구형(circular) genome을

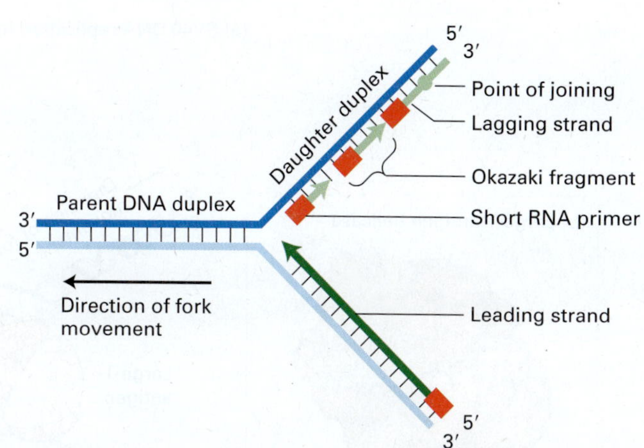

그림 5-11 Leading strand DNA와 lagging strand DNA의 합성. Nucleotide는 DNA polymerase에 의하여 신장되고 있는(growing) daughter strand에 5′ → 3′의 방향(화살표)으로 추가된다. Leading strand는 5′ 말단에서 single RNA primer (빨간색)로부터 계속해서 합성된다. 그러나 lagging strand는 parental duplex의 새로운 부분이 풀림과 동시에, 주기적으로 형성되는 다수의(multiple) RNA primer로부터 불연속적으로 합성된다. 이 primer가 신장(elongation)되면 일단 Okazaki fragment가 된다. 이들 각 fragment들이 점점 길어져서 앞의 primer에 도달하게 되면, primer는 제거되고 fragment들은 서로 연결된다. 이러한 과정이 반복되면서 궁극적으로 전체 lagging strand가 합성된다.

가진 SV40 DNA의 연구를 통해서이다. 바이러스에 감염된 세포들은 짧은 시간 내에 많은 수의 바이러스 genome을 복제한다. 이것은 DNA 복제의 기본적인 측면을 연구하는 데에 이상적인 시스템을 제공해준다. 왜냐하면, SV40과 같은 간단한 바이러스들은 숙주 세포(host cell; 이 경우에는 원숭이 세포)의 DNA 복제 메커니즘을 매우 크게 의존하여 동일한 원리를 이용하기 때문이다. 이러한 성질로 인해 세포내 단백질에 의한 여러 개의 작은 DNA 분자의 복제를 연구하는 데에 바이러스는 좋은 재료가 되었다. 그림 5-12는 replication fork에서 SV40 DNA의 복제를 조절하는 다양한 단백질을 보여주고 있다. Replication fork에서 조합된(assembled) 단백질들은 3장에서 소개된 분자기계(molecular machine)의 개념의 실제적인 예를 보여준다. 이러한 다양한 구성의 복합체 분자는 세포가 중요 기능을 달성하는 데 필요한 일련의 과정들을 수행하도록 해준다.

SV40 DNA를 복제하는 분자적 기계(molecular machine)는 오직 하나의 바이러스성 단백질만을 가지고 있다. 그 외 SV40 DNA 복제에 참여하는 모든 다른 단백질들은 숙주 세포가 만든다. 이 바이러스성 단백질인 *large T-antigen*은 replication fork에서 ATP를 사용하여 parental strand를 푸는 hexameric *replicative helicase*를 형성한다. 이후 Leading 및 lagging daughter strand DNA의 합성을 위한 primer가 합성되는데, 이는 먼저 *primase* 복합체에 의해 짧은 (약 12 nt) RNA primer가 합성된 후, 여기에 DNA polymerase α (Pol α)가 deoxynucleotide를 RNA primer에 덧붙이는 과정으로 연결된다. 이에 의해 혼합형인 RNA-DNA primer (약 25 nt 길이)가 형성된다.

짧은 RNA-DNA primer는 3′ → 5′ exonuclease 활성을 기반으

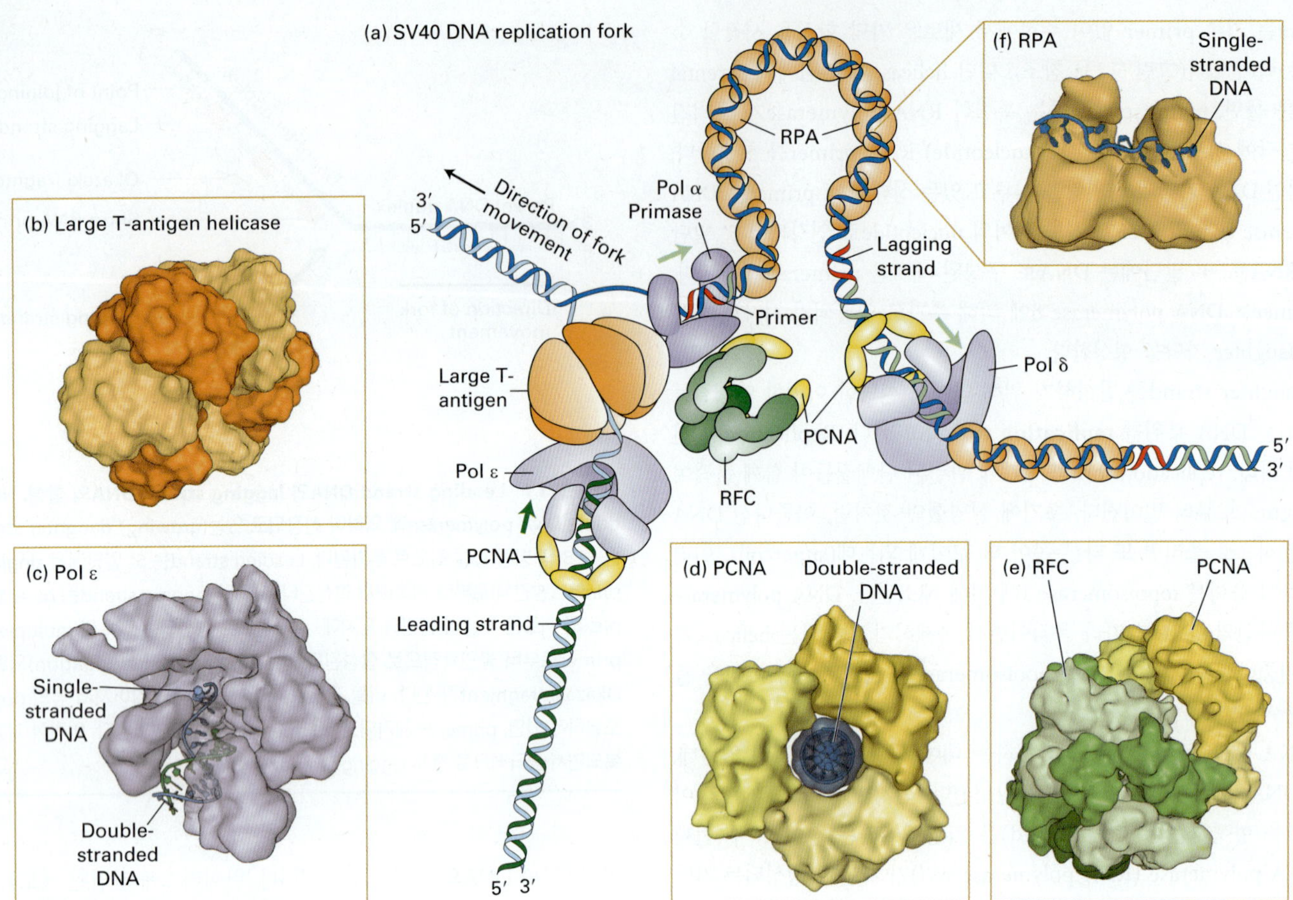

그림 5-12 SV40 DNA replication fork (복제 기점)의 모형. (a) Hexamer로 된 바이러스 단백질인 large T-antigen은 parental DNA 가닥을 푸는 helicase로서의 역할을 한다. Leading strand는 DNA polymerase ε (Pol ε)에 의해 replication fork까지 연장된다. Pol ε는 daughter double-stranded DNA를 둘러싸고 있는 PCNA의 ring에 결합하는데, 이는 Pol ε–PCNA의 복합체가 replication fork에 안정적으로 결합하게 한다. T-antigen helicase에 의해 생성된 lagging-strand template의 단일가닥 부분은 여러 개의 heterotrimeric 단백질인 RPA와 결합한다. Lagging-strand 합성(빨간색은 RNA, 연두색은 DNA)에 필요한 primer는 DNA polymerase α (Pol α)와 primase의 복합체에 의해 합성된다. Pol α-primase에 의해 합성된 각 primer의 3′ 말단은 PCNA–Pol δ 복합체와 결합하여 primer로부터 DNA를 연장하고 각 Okazaki fragment 대부분을 합성한다. (b) SV40 T-antigen의 helicase domain은 hexameric replicative helicase를 형성한다. Subunit들은 밝고 어두운 주황색으로 번갈아 표시되었다. (c) DNA polymerase ε가 leading strand의 3′ 말단을 연장(extend)하는 모델. (d) 세 가지 다른 노란색 음영으로 처리된 PCNA의 subunit은 daughter DNA의 이중가닥이 통과할 수 있도록 가운데가 뚫려 있는 원형(circular) 구조로 되어 있다. (e) Pentameric "clamp-loader"인 RFC (monomer는 다른 녹색 음영으로 처리되어 표시됨)는 PCNA *clamp*가 열리기 전에 원형 trimer PCNA에 결합되어 있음이 보여진다. (f) RPA의 large subunit은 단일가닥 DNA와 결합하는 2개의 domain을 가지고 있다. 단일 DNA 가닥은 염기가 최적의 위치하면서 길어지게 되는데, 이것은 Pol δ에 의한 복제가 최적으로 일어날 수 있도록 형성된 구조이다. M. O'Donnell, L. Langston, and B. Stillman, 2013, *Cold Spring Harbor Perspect. Biol*. **5**:a010108 참조. [Part (b) Data from D. Li et al., 2003, *Nature* **423**:512, PDB ID 1n25. Part (c) Data from M. Hogg et al., 2014, *Nat. Struct. Mol. Biol.*, **21**:49, PDB ID 4m8o. Part (d) Data from J. M. Gulbis et al., 1996, *Cell* **87**:297, PDB ID 1axc. Part (e) Data from G. D. Bowman, M. O'Donnell, and J. Kuriyan, 2004, *Nature* **429**:724, PDB ID 1sxj. Part (f) Data from A. Bochkarev et al., 1997, *Nature* **385**:176, PDB ID 1jmc.]

로 한 proofreading 메커니즘을 갖고 있는 *DNA polymerase δ* (Pol δ)에 의해 길어진다. DNA가 복제되는 동안, Pol δ는 lagging strand를 합성하고 두 번째 polymerase인 *DNA polymerase ε* (Pol ε)는 대부분의 leading strand를 합성한다. Pol δ와 Pol ε는 *PCNA* (*p*roliferating *c*ell *n*ucelar *a*ntigen)와 복합체를 이뤄서 primer를 합성하는 primase–Pol α를 대체한다. 그림 5-12d에서처럼, PCNA는 daughter duplex DNA가 통과할 수 있게 가운데에 구멍이 뚫린 homotrimeric 단백질로, PCNA–Pol δ 복합체와 PCNA–Pol ε 복합체가 주형(template)으로부터 분리되는 것을 막는다. 이처럼 PCNA는 Pol δ와 Pol ε가 수천 개의 nucleotide로 구성된 단일 template 가닥과 안정적으로 연결되게 하는 *sliding clamp*로 알려져 있다. pentameric protein인 *RFC* (*r*eplication *f*actor *C*)는 PCNA ring을 열어서 Pol α에 의해 합성된 DNA 이중나선 부분을 감싸게 하며, 따라서 RFC를 *clamp loader*라 부르기도 한다.

Parental DNA가 replication fork에서 단일가닥 주형으로 분리된 후, leading strand는 Pol ε에 의해 replication fork에서 계속 신장(extend)된다. Lagging-strand의 합성을 위한 단일가닥 주형은 heterotrimeric 단백질인 RPA (*r*eplication *p*rotein *A*)가 많이 결합한 상태가 된다(그림 5-12c). RPA가 결합함으로써 DNA polymerase에 의한 복

제가 잘 일어나도록 동일한 형태(uniform conformation)로 주형이 유지된다. 결합된 RPA 단백질은 Pol δ에 의해 다시 떨어져 나오는데, parental strand에 상보적인 염기쌍이 형성되어 가면서 parental template로부터 분리된다.

그림 5-12에 표시되어 있지 않은 DNA 복제에 관여하는 진핵세포 단백질들도 많이 있다. 예를 들어, Topoisomerase I은 DNA helicase 앞쪽에서 parental strand와 결합하며(그림 5-12의 T-antigen 좌측에 결합하는 것과 같은 방식으로) parental strand에 발생하는 비틀림 응력을 제거해 준다(그림 5-7a 참조). Ribonuclease H와 FEN I은 Okazaki fragment의 5′ 말단에 있는 ribonucleotide를 제거한다. 이렇게 제거된 Ribonucleotide는 그 위치의 upstream 쪽(역자주: 제거된 ribonucleotide가 있던 위치에서 5′ 말단의 상단 방향)에 존재하는 다른 Okazaki fragment가 DNA polymerase δ에 의해 연장함으로써 deoxynucleotide로 대체된다. 연속된 Okazaki fragment는 DNA ligase에 의해 일반적인 방향인 5′ → 3′으로 phosphoester bond로 결합된다. 일부 DNA polymerase들은 DNA 손상 부위 및 mismatch 부위의 수선(repair)에 특화되어 있다(5.3절 참조).

DNA 복제는 각각의 Origin에서 양쪽 방향으로 일어난다

그림 5-11 및 5-12와 같이, replication fork에서 풀려져서 노출된 parental DNA strand의 양쪽 사슬 모두 각각 daughter strand로 복제된다. 이론상으로는 DNA 복제 과정에서 하나의 origin으로부터 한 방향으로만 움직이는 replication fork 만이 만들어질 수도 있다. 그러나 실제로는 2개의 replication fork가 단일 기점에서 시작하여 서로 반대 방향으로 움직임으로써, daughter strand는 *bidirectional growth* (양방향성 성장)을 한다.

우리는 이제 모든 박테리아(bacterial), 고세균(archaeal) 세포와 진핵세포(eukaryotic cell)들 모두 bidirectional DNA 복제 기전을 이용한다는 것을 알고 있다. SV40 DNA의 경우, 2개의 large T-antigen hexameric helicase가 한 부분의(single) SV40 origin에 붙고, 다른 단백질들과 조립되어 2개의 replication fork를 형성하면서 복제가 시작된다. 이때 이 2개의 fork는 SV40 origin에서부터 서로 반대 방향으로 움직이게 되며, leading strand와 lagging strand의 합성이 양쪽에서 동시적으로 진행된다. 그림 5-13에서 보이는 것과 같이, 왼쪽 방향으로 움직이는 replication fork는 왼쪽 방향으로 DNA를 합성하여 연장하고, 오

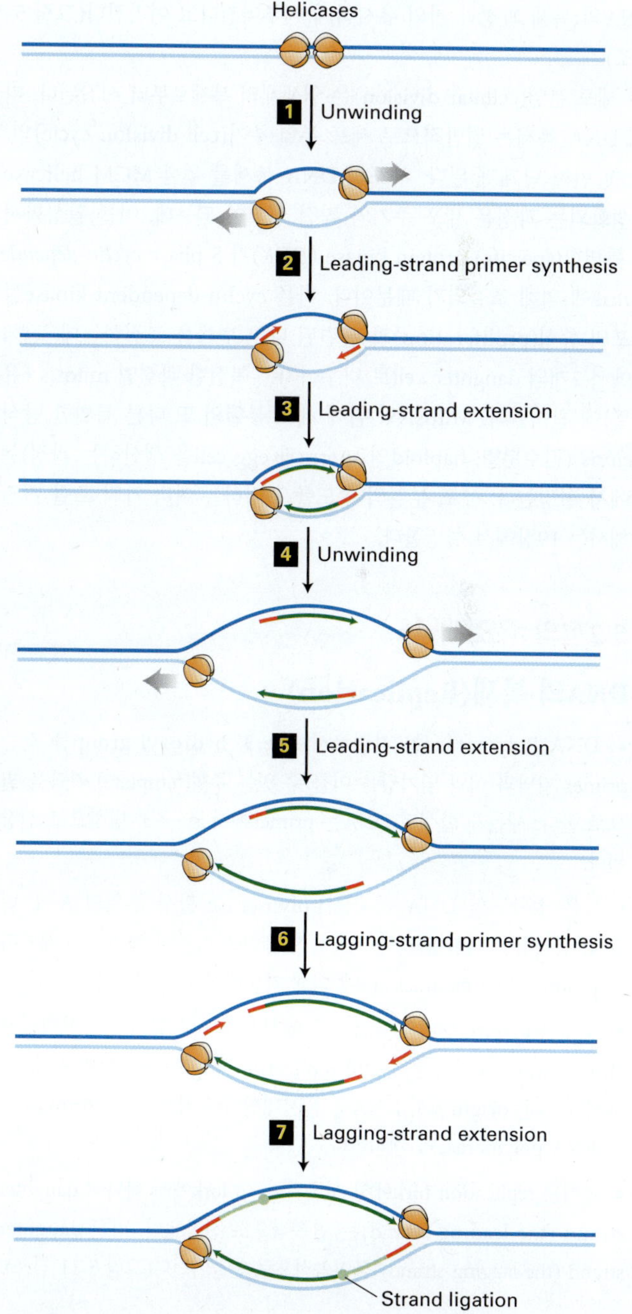

그림 5-13 DNA 복제의 Bidirectional 메커니즘. 왼쪽 replication fork (복제 기점)는 그림 5-29 (그림은 large T-antigen 외에 여기 그림에 없는 다른 단백질도 있다)에 있는 replication fork 모식도와 비슷하다. *위쪽*: 2개의 large T-antigen hexameric helicase는 replication origin에서 반대 방향으로 마주보며 결합해 있다. 단계 **1**: ATP 가수분해로부터 얻은 에너지를 이용해서 각각의 helicase는 반대 방향으로 이동하며, parental DNA를 풀어 RPA 단백질(그림에는 없음)이 붙을 수 있는 단일가닥(single-strand) 주형(template)을 만들어낸다. 단계 **2**: Primase–Pol α 복합체는 각각의 분리된 parental strand에 염기쌍을 이루는 short primer (빨간색)를 합성한다. 단계 **3**: PCNA-Rfc–Pol ε 복합체는 Primase–Pol α 복합체가 빠져나간 자리에 대신 들어가서 short primer를 연장하고, 각각의 replication fork에서 leading strand (진한 초록색)를 생성한다. 단계 **4**: Helicase는 parental strand에 더욱 더 작용하여 이를 풀고, 새로 생긴 단일가닥 부위(single-strand region)에 RPA 단백질이 붙도록 작용한다. 단계 **5**: PCNA-Rfc–Pol ε 복합체는 leading strand를 더욱 더 연장시킨다. 단계 **6**: Primase–Pol α 복합체는 각각의 replication fork에서 lagging-strand의 합성을 위해 primer를 만들어낸다. 단계 **7**: PCNA-Rfc–Pol δ 복합체는 primase–Pol α 복합체를 대신하여, lagging-strand의 Okazaki fragment (옅은 초록)를 길게 연장한 후, 마지막으로 이들을 leading strand의 5′의 말단 부분에서 연결한다. 연결(ligation)이 일어나는 위치는 원으로 표시되어 있다. 복제(replication)는 parental strand를 계속적으로 풀어내고, 단계 **4**–**7**에서처럼 leading과 lagging strand를 합성하며 연속적으로 진행된다. (각 단계들은 개별적으로 묘사되었지만, leading과 lagging strand가 풀어지는 것과 합성되는 것이 거의 동시에 진행된다.)

른쪽 방향으로 움직이는 replication fork는 왼쪽 fork와 유사한 방식으로 DNA 합성을 오른쪽 방향으로 진행한다.

진핵세포의 염색체의(chromosomal) DNA 분자는 SV40 DNA와 다르게 수십 kb로부터 수백 kb까지 다양하게 분리된 replication origin을 가지고 있다. 6개의 subunit으로 구성된 *ORC* 단백질(*o*rigin *r*ecognition *c*omplex)은 각각의 서로 떨어져 있는 origin 부위에 붙어 다른 단백질들과 상호 협력해서 세포의(cellular) hexameric helicase인 *MCM* 단백질(*m*ini*c*hromosome *m*aintenance)을 불러들인다. 2개의 MCM helicase가 서로 반대 방향으로 움직이면서 각각의 origin에서 parental strand가 분리되게 하며, RPA 단백질은 helicase에 의해 분리된 단일가닥(single-stranded) DNA에 결합한다. 그 이후 세포의 DNA에 대한 복제의 과정, 즉 primer의 합성과 그 다음 진행 과정은 SV40 DNA의 복제 과정과 거의 유사하게 이루어진다고 여겨진다(그림 5-13 참조).

세포 분열(cellular division)은 염색체의 복제로부터 시작된다. 따라서, DNA 복제는 일반적으로 세포 분열 주기(cell division cycle)의 가장 첫 번째 단계가 된다. 세포의 DNA 복제를 위한 MCM helicase가 활성화되는 과정은 세포 주기와 직접 연결이 되는데, 이를 활성화시키는 특별한(speicifc) protein kinase (*DDK*)가 S-phase *cyclin-dependent kinase*에 의해 조절되기 때문이다. 다른 cyclin-dependent kinase들도 세포의 증식(proliferation)과 관련된 다른 면들을 조절하는데, 진핵세포에서 2개의 daughter cell로 나누어지는 복잡한 과정인 mitosis (유사분열)에 관여한다. Mitosis와 함께 세포 분열의 또 다른 특별한 방식인 *meiosis* (감수분열; haploid인 sperm과 egg cell을 생산하는 과정)는 6장에서 설명한다. 세포 분열의 속도를 결정하는 여러 가지 조절 기전에 대해서는 19장에서 설명한다.

5.2절의 주요 개념

DNA의 복제(Replication)

- DNA Polymerase는 기질로서 free 3′ hydroxyl group를 갖는 primer 가닥과 이와 염기쌍을 이룰 수 있는 주형(template) 가닥을 필요로 한다. 새롭게 합성된 DNA는 primer에서 5′ → 3′ 방향으로 신장된다.
- 높은 정확도의 DNA 복제는 polymerase 활성 부위의 A·T 및 G·C 염기쌍에 대한 엄격한 기하학적 제약과 잘못된 염기쌍을 제거하는 proofreading exonuclease에 의해 가능해진다.
- 복제는 *origin* 부위의 특정서열에서부터 시작된다. 각 진핵세포 chromosomal DNA는 복수의 replication origin들을 갖고 있다. 복제의 과정은 origin에서 DNA를 풀어내면서 시작되고, 또 primase라는 RNA polymerase가 개시한다.
- 복제는 replication fork에서 시작되며, 이 fork에서 하나의 daughter strand (the leading strand)는 연속적으로 신장된다. 다른 daughter strand (the lagging strand) 불연속적으로 만들어진다(그림 5-11 참조).
- Lagging strand의 불연속 복제에 의해 매 100에서 200 nucleotide당 형성되는 Okazaki fragment들이 만들어진다. Okazaki fragment의 5′ 말단의 Ribonucleotide primers가 제거되면, 그 앞쪽에서 신장되고 있던 Okazaki fragment의 3′ 말단의 사슬이 길어져서 채워진다. 최종적으로, 인접한 Okazaki fragments들이 DNA ligase에 의해 연결된다.
- Helicase는 ATP 가수분해로부터 생성되는 에너지를 이용하여 parental (template) DNA strand를 분리시킨다. 이 Parental DNA strand는 초기에는 단일가닥(single stranded) DNA binding protein인 RPA가 결합한다. Primase는 template DNA에 염기쌍을 형성할 수 있는 짧은 RNA primer를 합성한다. 초기에 DNA polymerase α (Pol α)는 합성된 primer의 3′ 말단에 작용하여 가닥을 연장시키므로, 짧은 RNA와 DNA daughter strand가 형성된다.
- 진핵세포의 대부분의 DNA는 Pol δ와 Pol ε에 의해 합성되는데, 이들은 daughter strand를 Pol α로부터 이어받아, 5′ → 3′ 방향으로 신장되게 한다. Pol δ 대부분의 lagging strand를 Pol ε는 leading strand를 합성한다. Pol δ와 Pol ε는 daughter DNA의 이중나선을 감싸고 있는 trimeric 단백질인 PCNA와 결합하여 sliding clamp로 작용함으로써 주형과 안정적으로 결합되어진 상태를 유지하게 한다.
- DNA 복제는 일반적으로 2개의 양방향(bidirectional)의 메커니즘에 의해 origin으로부터 시작하여 반대 방향으로 움직이는 두개의 replication fork를 형성하며, 두 주형 가닥은 각 fork에서 복제된다.
- MCM helicase는 chromosomal DNA를 따라서 여러 origin에서 진핵세포의 DNA 복제를 진행한다. 진핵세포의 DNA의 합성은 helicase의 결합과 활성에 의해 영향을 받는다.

5.3 DNA 수선(Repair)과 재조합(Recombination)

DNA의 손상(damage)은 피할 수 없으며, 수많은 방식으로 일어난다. 이러한 DNA의 손상은 DNA를 구성하는 화학결합(chemical bond)이 자연적으로 절개되거나(spontaneous cleavage), 자외선(Ultraviolet, UV)과 이온화 방사선(ionizing radiation)과 같은 환경인자(environmental agent)가 작용하거나, 혹은 genotoxic chemical (유전자 독성 화학물)들이 정상적인 세포의 대사(cellular metabolism) 과정 또는 세포 외부 환경에서 부산물(by-product)로 만들어질 때 발생할 수 있다. 정상적인 DNA 서열이 바뀌어지는 **돌연변이(mutation)**는 복제 시 손상된(damaged) 주형을 이용하는 경우에서 DNA polymerase가 엉뚱한 nucleotide를 삽입시킬 때 발생할 수 있다. 또한 돌연변이는 주형이 손상을 받지 않은 경우에도 DNA polymerase 자체에 의한 복제 오류(copying error)에 의해 낮은 빈도로 발생하기도 한다. 만약 이러한 돌연변이가 제대로 수선되지 않아 genome의 일관성(integrity)를 크게 손상시킨다면, 이는 특별히 사람에게서 질병과 같은 원치 않는 결과로 이어지게 될 것이다. 더욱이 germ cell (생식세포)의 DNA에 수많은 돌연변이가 축적되면 자손에게 이 돌연변이가 전달되며, 이는 주로 질병과 같은 좋지 않은 결과를 초래한다. 또한 somatic cell (체세포)에서의 돌연변이는 통제되지 않는 세포의 분열로 연결되어 종양의 생성(tumor formation)과 암(cancer)으로 연결될 수 있다. 따라서, 세포가 손상된 DNA를 수선(repair)하고 서열상의 오류를 고칠 수 있도록 진화하여 DNA의 일관성(integrity)를 유지하는 기전을 갖게 된 것은 놀라운 일이 아니다.

DNA 수선(repair)은 상보적인 가닥에 내재하는 정보의 중복성(redundancy of information)을 이용하는데, 손상된 가닥의 손상된 부위에 대한 정보를 손상되지 않은 상보적인 가닥으로부터 가져와서 DNA 수선이 진행된다. 이를 위해 대부분의 DNA 수선은 일반적으로 동일한 과정을 따른다. 모든 수선 과정은 먼저 손상된 부위(lesion)를 특정해 냄으로써 시작된다. 이는 주로 DNA 나선(helix)의 일반적인 구조의 이상이 있는 부위를 scan함으로써 진행된다. 이렇게 손상된 부위가 특정되면, 대부분의 수선 과정에서는 손상된 부위가 제거되고, 손상되지 않은 상보적 가닥에 있는 정보를 이용하여 다시 채워진다. 이번 절에서는, 염기의 mismatch (불일치), 화학적으로 치환된 염기(chemically altered base), DNA 말단의 break (파괴)에 대한 수선 기전에 대해 살펴본다.

DNA에 화학적 손상(Chemical Damage)과 방사선 손상(Radiation Damage)이 가해지면 돌연변이가 발생할 수 있다

DNA는 끊임없이 DNA에 손상을 가하는 화학 반응에 노출되어 있다. 사람의 개개의 세포에서 매일 발생하는 DNA 손상은 10^4~10^6번이나 되는 것으로 예상된다. 이러한 DNA에 손상을 가할 수 있는 화합물들로부터 DNA를 완벽하게 방어한다하더라도, DNA의 구조는 그 자체가 유전학적으로 불안정한(unstable) 형태로 존재한다. 예를 들면, 생리학적 정상 상태에서도 purine 염기가 deoxyribose에 붙어 있는 화학 결합의 경우에도, 적은 비율로 가수분해(hydrolysis)가 일어나는 경향이 있으므로, 염기가 붙어 있지 못한 당을 만든다. 그러므로, 이런 경우 단백질에 대한 coding 정보를 잃게 되고, DNA 복제가 진행하는 동안 돌연변이가 발생할 수 있다. 미토콘드리아(mitochondria)의 electron-transport chain (전자전달계)을 통한 전자(electron)의 진행과 peroxisome (퍼옥시좀)에서 일어나는 지질의 산화(lipid oxidation)와 같은 정상적 세포 활동에서도 hydroxyl radical과 superoxide (O_2^-)와 같은 반응성이 좋은 화합물이 발생하여 DNA에 손상을 줄 수 있다(12장 참조). 이러한 화합물들은 암을 일으키는 돌연변이를 쉽게 발생시킨다.

자연적으로 자주 일어나는 돌연변이는 DNA 서열의 단일 염기쌍(single base pair) 중 하나의 nucleotide가 바뀐 **point mutation (점 돌연변이)**이다. Point mutation이 유전자의 단백질 coding 영역 내에 있으면, 돌연변이는 하나의 codon을 다른 codon으로 바꿔서 coding되는 단백질의 아미노산의 서열을 바꿀 수 있다. 또 다른 가능성은 돌연변이가 단백질 서열에서 stop codon을 만들어 단백질 합성의 조기 종료를 일으키는 것이다. Coding 영역 외부의 point mutation이 일어나게 되면, 예를 들어 8장에서 논의되는 것처럼, 유전자의 전사를 변경함으로써 유전자 기능을 방해할 수 있다. Point mutation의 가장 흔한 원인 중 하나는 cytosine (C) 염기의 *deamination*로, 이때 cytosine은 uracil (U) 염기로 치환된다. 또 다른 하나는 변형된 염기인 5-methylcytosine의 deamination이며, deamination될 때 thymine을 형성한다. DNA가 복제되기 전에 이러한 변형이 수정되지 않으면, 세포는 U 또는 T를 포함하는 가닥을 주형으로 사용하여 U·A 또는 T·A 염기쌍을 형성하게 되는데, 이에 따라서 DNA 염기서열에 영구적인 돌연변이를 생성한다(그림 5-14).

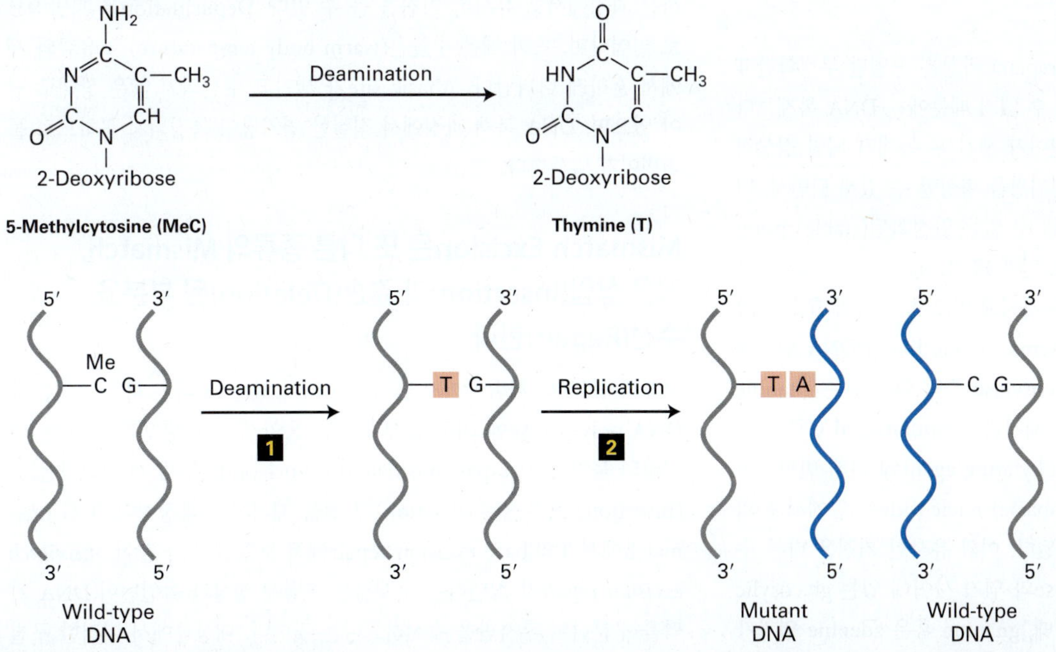

그림 5-14 Deamination은 point mutation을 일으킨다. 자연적(spontaneous) point mutation (점 돌연변이)은 5-methylcytosine (C)에 deamination을 일으켜서 thymine (T)으로 바뀌는 반응에 의해 일어날 수 있다. 만약 T·G 염기쌍이 base excision-repair 메커니즘에 의해 정상적인 C·G 염기쌍으로 원상복귀 되지 못하면(단계 1) DNA 복제 후 서열은 영구적으로 변하게 될 것이다(단계 2). 복제가 한 바퀴 진행된 후에는 daughter DNA 분자 하나가 돌연변이 T·A 염기쌍을 가지게 되고, 다른 하나는 정상형(wild-type)의 C·G 염기쌍을 가질 것이다.

충실도가 높은 DNA Excision-Repair System은 손상(Damage)을 인식하고 수선(Repair)한다

DNA excision-repair system은 *E. coli*에 대한 유전적 연구와 생화학 연구를 통해 처음 밝혀졌다. 효모에서 인간에 이르기까지 핵심 세균 단백질의 homolog들이 진핵세포에도 존재하며, 이는 이러한 오류가 없는(error-free) 메커니즘이 DNA 정보를 보호하기 위해 진화의 초기에 발생했음을 나타낸다. 이러한 시스템(system)은 매우 비슷한 방식으로 작동한다: 손상된 DNA 가닥이 인식되고, 손상된 DNA 가닥의 일부가 제거되며, 상호보완적(complementary)인 DNA 가닥을 주형으로 사용하여 발생한 공백(gap)을 다시 DNA polymerase와 ligase로 채운다.

Base Excision은 T-G Mismatch와 손상된 염기(Damaged Base)를 수선한다

사람에서 가장 자주 발생하는 point mutation은 5-methyl C가 T로 deamination됨에 따라 생기는 C → T mutation이다(그림 5-14 참조). 염기가 일치하지 않아 생기는 DNA의 손상된 부위 (lesion)를 교정할 때 직면한 문제는 어느 DNA 가닥이 정상이고, 어느 DNA 가닥이 돌연변이인지를 결정하는 것이다. G·T mismatch는 거의 항상 C가 U 혹은 5-methyl C가 T로 화학적으로 변환(chemical conversion)되어 발생하는 것이기 때문에 수선 시스템(repair system)은 T를 제거하고 그 자리를 C로 치환시키도록 진화되었다.

G·T mismatch는 DNA glycosylase에 의해 인식되며, 이 효소는 나선(helix)구조의 바깥으로 thymine base를 뒤집고(flip) 가수분해하여, 당-인산(sugar-phosphate)의 DNA 중추(backbone)에서부터 잘라낸다. 이러한 초기의 절개(incision) 후에, endonuclease인 APE1은 abasic site (역자주: 염기가 없어진 위치) 근처의 DNA가닥을 자른다. 염기가 없어진 deoxyribose phosphate는 제거되고 주형 가닥에서 G를 읽는 특별한 DNA polymerase에 의해 이 부분에 상보적인 C가 삽입된다(그림 5-15).

초반에 언급했듯이, 이러한 수선(repair) 과정은—일단 부정확한 T가 병합되면 계속 돌연변이가 전달될 수 있기 때문에—DNA 복제보다 선행되어야 한다. 일단 이렇게 돌연변이가 생긴 후 복제가 되면 정상적인 것처럼 인지되어 Watson-Crick 염기쌍을 형성할 수 있게 되면서, 더 이상 수선(repair) 기전에 의해 인지될 수 없는 안정화된(stable) point mutation이 발생하게 된다(그림 5-14, 단계 **2** 참조).

인간 세포는 수많은 glycosylase를 가지고 있으며, 각각의 효소는 각기 다른 종류의 화학적으로 변형된(chemically modified) DNA 염기에 특이적으로 작용한다. 예를 들면, glycosylase 중의 한 종류는 guanine의 oxidized 형태인 8-oxyguanine을 제거하며, undamaged G로 대치시킨다. 다른 종류의 glycosylase는 alkylating agent에 의해 변형되어진 염기를 제거한다. 염기가 잘려진(abasic) nucleotide는 앞에서 논의된 바와 같은 수선 기전에 의해 복구된다. 이와 유사한 기전은 다른 수선 과정에서도 보여진다. Deoxyribose와 염기 사이에 있는 glycosylic bond가 가수분해(hydrolysis)되었을 때, guanine 혹은 adenine 염기가 없어지는 *depurination*의 결과가 초래되는데, 이때 생기는 손상을 수선하는 과정에서도 유사한 기전을 볼 수 있다. Depurination은 자발적으로 일어나며, 특히 체온이 높은(warm body temperature) 포유류와 새에서 흔하게 나타난다. Abasic site가 생기고 수선되지 않은 상태로 남아 있으면, DNA 복제 과정에서 적절한 염기쌍이 특정되지 못하므로 돌연변이가 발생한다.

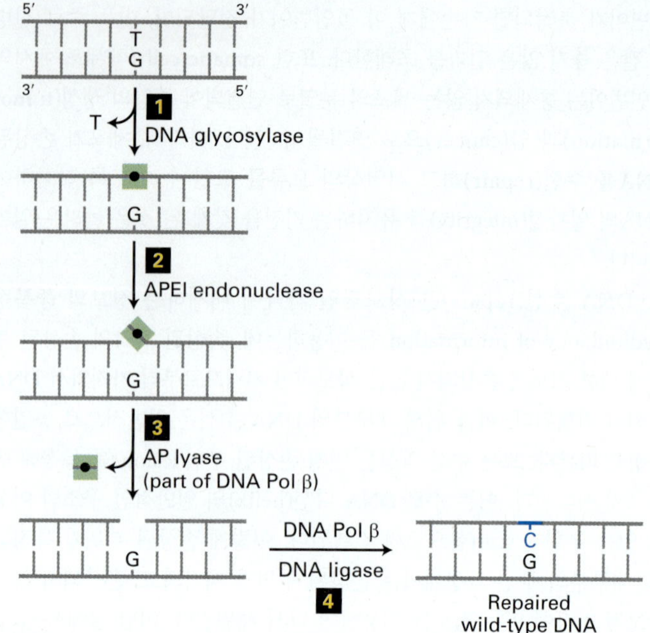

그림 5-15 T · G mismatch의 base excision repair. 5-methyl C (그림 5-34 참조)에 deamination으로 형성된 G·T mismatch는 특정한 DNA glycosylase에 의해 나선 바깥으로 thymine을 튀어나오게 하고, DNA 뼈대(backbone)로부터 sugar-phosphate를 잘라낸 뒤(단계 **1**), deoxyribose만을 남겨둔다(검정색 점). 염기가 사라진(abasic) 위치에 특이적 endonuclease (apurinic endonuclease 1, APE1)에 의해 DNA 뼈대 만을 자르고(단계 **2**), endonuclease의 한 종류인 apurinic lyase (AP lyase)는 수선(repair)에 사용되는 특별한 DNA polymerase인 DNA polymerase β와 협동하여(단계 **3**) deoxyribose phosphate를 제거한다. 발생한 간극(gap)은 DNA Pol β에 의해 채워지고, DNA ligase에 의해 마감(seal)된 뒤(단계 **4**), 본래의 G·C 염기쌍으로 원상 복귀시킨다. O. Schärer, 2003, *Angewandte Chemie* **42**:2946 참조.

Mismatch Excision은 또 다른 종류의 Mismatch, 작은 삽입(Insertion)과 결손(Deletion)된 부분을 수선(Repair)한다

박테리아로부터 사람에게까지 널리 보존되어 있는 또 다른 과정이 있는데, DNA polymerase에 의해 복제가 되는 동안 우연히 발생할 수 있는 염기쌍의 불일치(base-pair mismatch)나 nucleotide 두세 개 이하가 삽입(insertion) 혹은 결손(deletion)된 것을 제거하는 과정이다. T-G mismatch에서 T의 base excision repair에서 보았던 것과 같이, *mismatch excision repair*가 직면하는 문제점은 어떻게 정상과 돌연변이 DNA 가닥을 구분하여 후자만을 수선하느냐는 것이다. 대장균에서 이러한 구별은 가장 최근에 합성된 DNA 가닥에서 염기를 우선적으로 교정함으로써 이루어진다. 두 DNA 가닥의 상대적인 나이를 감지하는 것은 2개의 사슬이 형성되는 과정에서 DNA에 발생하는 methylation 반응을 이용한다. Methylation은 DNA 합성 후 시간차를 두고 진행되기 때문에 새로 합성된 가닥은 상대적으로 적은 methylation을 갖게 되고, 이를 통해 식별될 수 있다. 사람의 세포도 DNA 복제 직후 새로 합성된 가닥과 주형 가닥을 구별할 수 있다. 그러나 이러한 구별은 DNA의 methylation에 기초한 것으로 보이지 않고, 대신에 새로 합성된 가닥의 3′ 말단을 인식하는 것과 관련되어진 것을 보인다. 일단 식별되면, daughter strand의 염기쌍이 잘못되어진 부분—복제 오류가 있는 부분—을 잘라내서 제거하고 수선하여 주형 가닥에 정확하게 상보적인 것을 만든다(그림 5-16). Base excision repair와 달리, mismatch excision은 DNA 복제 이후에 일어난다.

Hereditary (유전적) nonpolyposis colorectal cancer (비용종증 직장암)로 잘 알려진 colon cancer는 *MLH1* 혹은 *MSH2* 유전자 중 하나에 기능 상실 돌연변이(loss-of-function mutation)가 생겨 유전되는 사람에게서 더 높은 빈도로 발생한다. MSH2와 MLH1 단백질은 DNA mismatch repair에 필수적인 단백질이다(그림 5-16 참조). 이러한 유전자들 중에 최소한 하나의 사본(copy)에서 정상 기능을 할 수 있는 부분이 남아 있는 세포들은 mismatch repair를 정상적으로 작동시킬 수 있지만, 두 번째 사본에도 돌연변이가 생겨난 세포들은 훨씬 쉽게 종양 세포가 된다. 하나의 유전자(gene)에서 양쪽 사본 모두가 기능을 하지 못하면, mismatch-repair system은 작동할 수 없다. 이러한 유전자들의 기능을 상실하게 하는 돌연변이는 colon cancer의 noninherited form (역자주: colon cancer 중에서 유전적 취약성에 의해 발생하는 것이 아닌 형태)에서도 흔히 발생한다. ■

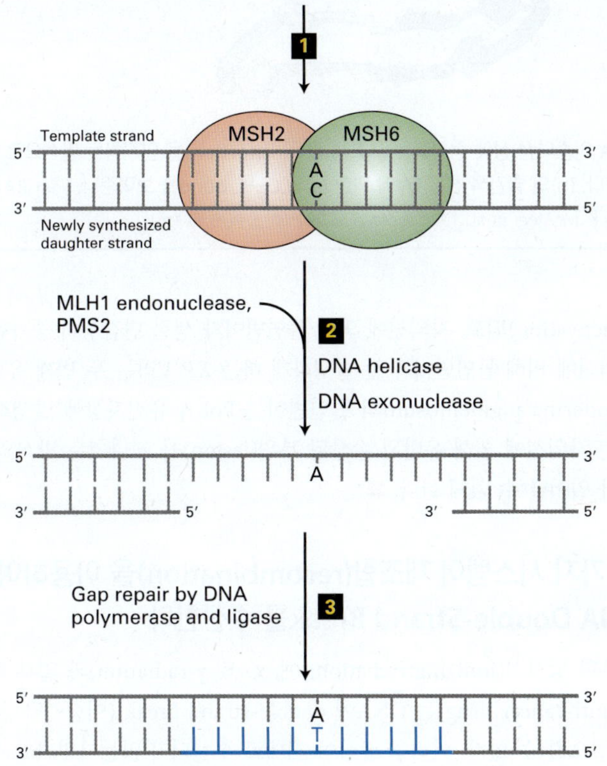

그림 5-16 사람의 세포에서의 mismatch excision repair. Mismatch excision-repair 경로는 복제에서 발생하는 오류(error)를 고친다. MSH2와 MSH6 단백질[박테리아의 *MutS homolog* 2(역자주: 원서 오류)와 6]은 잘못된 염기쌍을 이룬(mispaired) DNA segment에 붙어 정상적인 주형과 새로이 잘못 형성된 daughter strand (단계 **1**)를 구별한다. 이러한 것들은 MLH1과 PMS2 (이 둘 다 bacterial MutL의 homolog들임)의 결합을 촉진한다. DNA-protein 복합체는 endonuclease에 붙어 새로이 형성된 daughter strand를 자른다. 그 후, DNA helicase는 나선을 풀어내고 mismatch된 염기를 포함한 daughter strand의 끝 부분을 exonuclease가 잘라냄으로써 nucleotide를 제거한다(단계 **2**). 마지막으로, base excision repair와 함께 이 간극(gap)은 DNA polymerase (이 경우에는 Pol δ)에 의해 채워지고 DNA ligase에 의해 마감(seal)된다(단계 **3**).

Nucleotide Excision은 정상적인 DNA 모양을 변형시키는 Chemical Adduct (화학적 부가물)를 수선할 수 있다

세포는 *nucleotide excision repair*를 이용하여 *chemical adduct*라고 불리는 화학적으로 변형된 염기(chemically modified base)를 가진 DNA 부위를 고칠 수 있다. 이러한 chemical adduct가 형성되면 DNA의 정상적인 모양이 변형된다. 이러한 수선 과정의 핵심 과정은 DNA 분자의 이중나선 구조(double helix)의 표면을 따라 미끄러지듯 움직여 가며 이중나선 구조에서 조금이라도 튀어나오거나(bulging) 균일하지 않은(irregular) 구조를 발견할 수 있는 특정한 단백질에 의해 매개된다. 예를 들면, 이러한 기전에 의해 자외선에 의해 흔히 발생하는 손상인 *thymine-thymine dimer*가 수선될 수 있다(그림 5-17). 이러한 dimer들은 DNA의 복제와 전사를 작동시키지 못하게 한다. 그림 5-18은 nucleotide excision repair system이 손상된 DNA를 어떻게 수선하는지를 보여 준다.

Thymine-thymine dimer가 DNA의 이중나선 안에서 형성될 수 도 있지만, 먼저 다른 상황, 즉 replication fork의 단일가닥(single strand)에서 발생하는 상황을 가정하여 어떤 일이 일어나는지 살펴보자. 주형 가닥의 아직 수선되지 않은 채 존재하는 이러한 dimer에 의한 손상 부위는 정상적인 Watson-Crick 염기쌍 형성을 허용하지 않을 것이며, 따라서 polymerase가 복제를 진행하지 못하고 중단될 것이다. 이러한 경우, replication fork의 진행을 위해서 정확도가 높은 high-fidelity polymerase가 정확도가 낮은 low-fidelity *translesion polymerase* (전이중합효소)로 대체되고 복제가 지속된다.

주형 가닥의 수선되지 않은 thymine-thymine dimer가 존재하면, replication fork는 일시정지하게 되고, 이는 sliding clamp PCNA의 ubiquitylation로 이어지는 신호를 생성한다(그림 5-13 참조). 그 결과 Pol δ 또는 Pol ε와 같은 정상적인 replicative polymerase를 제거하게 되고, Pol η와 같은 translesion polymerase로의 치환이 유발된다. Pol η는 효소의 활성 부위(active site)에서 왜곡된(distorted) 염기쌍을 수용할 수 있으며, 3′ → 5′ exonuclease 활성이 없어서 proofread (교정 기능)를 하지 못한다. 이러한 특징들은 Pol η가 비정상적 염기쌍

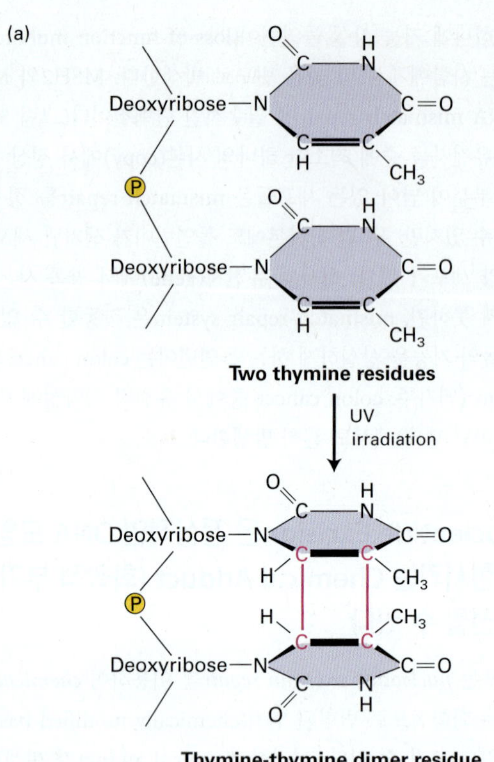

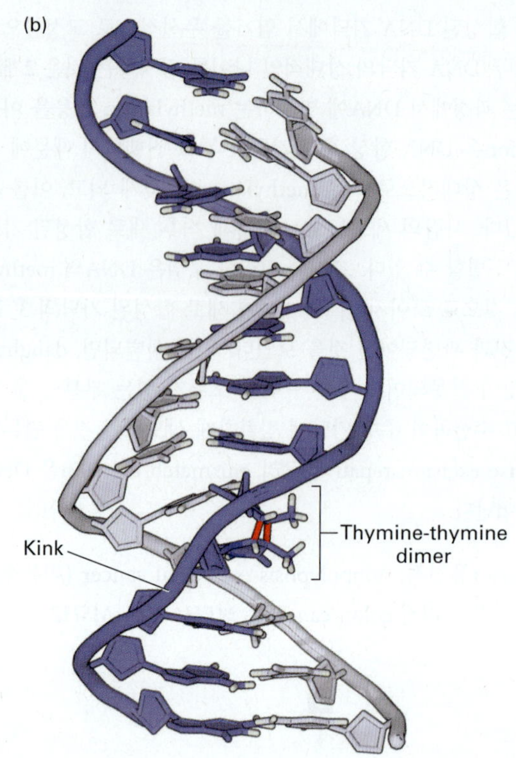

그림 5-17 Thymine-thymine dimer의 형성. (a) UV irradiation에 의해 발생하는 DNA 손상은 thymine-thymine dimer의 형태가 가장 빈번하다. (b) 이러한 손상 부위(lesion)는 excision-repair mechanism에 의해 수선될 수 있는데, 이는 DNA 이중나선 상에 형성되는 구조적 왜곡(distortion)을 인지하는 방식으로 이루어진다. (b)의 빨간색 선은 UV에 의한 (a)의 C—C bond를 보여준다. [Part (b) Data from K. McAteer et al., 1998, *J. Mol Biol.* **282**:1013, PDB ID 1ttd.]

(nonstandard base pair)을 형성해서 주형의 thymine-thymine dimer를 통과해 replication이 계속 진행될 수 있게 하지만, DNA 복제 과정 중의 오류가 나타나기 쉬운 조건을 만든다. 복제 과정 중에 translesion polymerase가 이러한 손상 부위(lesion)를 지나치고 나면, 복제는 결국 다시 정상적인 polymerase로 재설정된다. 궁극적으로 translesion polymerase에 의한 복제 과정에 의해, DNA의 손상 부위 근처는 다른 부분에 비해서 돌연변이를 갖게 될 확률이 높아지게 된다. 이것은 자외선에 의한 돌연변이 유발이 T-T dinucleotide 근처에서 다양한 돌연변이를 왜 일으키는지 설명해준다.

30여 개의 단백질들이 이러한 nucleotide excision repair 과정에 관여하는 것이 밝혀졌다. 이 중 처음으로 알려진 단백질은 유전병(hereditary disease)의 일종으로 암에 취약하도록 만드는 **xeroderma pigmentosum (색소성 건피증)**을 가진 환자의 세포를 이용하여 연구되었고, 이 단백질이 DNA 수선 과정에 관여하고 있는 것이 밝혀졌다. 암으로 쉽게 진행되기도 하는 이 질병은 햇빛에서 나오는 자외선에 피부가 노출되면, *melanoma*와 *squamous cell carcinoma*와 같은 skin cancer (피부암)로 진행되게 되었다. 이러한 환자들의 세포는 nucleotide excision-repair system의 기능이 저하되어 있다. *XP-A*에서부터 *XP-G*까지 적어도 서로 다른 7개의 유전자 중에 돌연변이가 생기면, 그림 5-18에 묘사된 nucleotide excision-repair 시스템이 불활성화(inactivation)되고, 자외선에 의한 돌연변이가 생길 민감성이 증가한다. 자외선에 의해 돌연변이가 잘 발생하게 하는 *XP-V*라는 두 번째 유형의 xeroderma pigmentosum의 돌연변이는 Pol η 유전자상에 발생하며, 이는 자외선에 의해 유발된 손상된 부위(lesion)를 지나치는 방식의 복제가 일어날 수 없게 한다. ■

두 가지 시스템이 재조합(recombination)을 이용하여 DNA Double-Strand Break를 수선한다

이온화 방사선(Ionizing radiation; 예, x- 및 γ-radiation)과 일부 항암제(anti-cancer drug)는 DNA에 double-strand break (이중가닥 절단)를 일으킬 수 있다. 이러한 손상이 제대로 수선되지 않는다면, break가 일어난 부분과 먼 말단 부위(distal) 염색체의 부분적 손실을 일으킬 수 있고, 대부분의 경우 매우 치명적 결과를 초래한다. 두 가지의 시스템이 이러한 double-strand break를 수선하기 위해 진화되었다. 하나는 다음 절에서 소개될 *homologous recombination*인데, 손상되지 않은 homologous 염색체의 정보를 이용해서 손상된 부분을 수선하는 것이다. 이러한 정확한 수선이 실패하는 상황에서는 부정확하며 오류를 많이 만들 수 있는(error-prone) 메커니즘인 *nonhomologous end-joining (NHEJ)*이 작동한다.

Nonhomologous End Joining에 의한 Error-Prone Repair Nonhomologous end joining에서는 이중나선의 절단된 DNA 말단이 Ku와 DNA-PK라는 두 단백질로 이루어진 복합체에 결합함으로써 추가적인 분해가 방지된다. DNA에 결합된 2개의 Ku 및 DNA-PK heterodimer는 DNA ligase를 포함한 추가 단백질의 도움으로 2개의 DNA 분자의 끝을 결합시킬 수 있다(그림 5-19). 점성이 있는 nucleoplasm (핵질) 내에서 DNA의 확산이 상당히 느리기 때문에, 끊어진 염색체의 끝부분이 확산으로 흩어지기 전에 종종 다시 결합될 수 있다. 그러나 정확한 말단이 다시 결합될 때에도, exonuclease의 불가피한 활성에 의해 결합 지점에서 여러 염기쌍의 손실이 초래된다. Coding 시퀀스 내에서 부정확한 말단 결합으로 인한 결손(deletion)이 발생하면 영향을 받는 유전자의 기능이 상실될 가능성이 높다.

그러나 때때로 한 염색체의 절단된 말단과 다른 염색체의 절단된 다른 말단이 결합하거나 혹은 동일한 염색체에서도 멀리 떨어져 부분의 절단된 말단끼리 결합되어 유전자의 기능에 영향을 미칠 수 있는 chromosomal rearrangement (염색체 재배열)가 초래될 수 있다. 예를 들어, 완전히 다른 유전자 간의 hybrid gene을 만들 수 있는 데, 이는 한 유전자의 아미노산 서열의 N-말단 부분에 다른 유전자의 아미노산 서열의 C-말단 부분이 융합되어 만들어질 수 있다. 또한, chromosomal rearrangement를 통해 한 유전자의 promoter를 다른 유전자의 coding 영역에 가까워져서 유전자 발현의 수준이 변화되거나 특정 유전자가 발현되는 세포의 종류가 바뀔 수 있다. 이러한 translocation (전좌)에 의해 생성되는 chimeric gene에 의해, 정상적인 세포 기능이 상실되고 통제할 수 없는 세포의 성장이 나타나는 등 암세포의 특징이 발현될 수 있다.

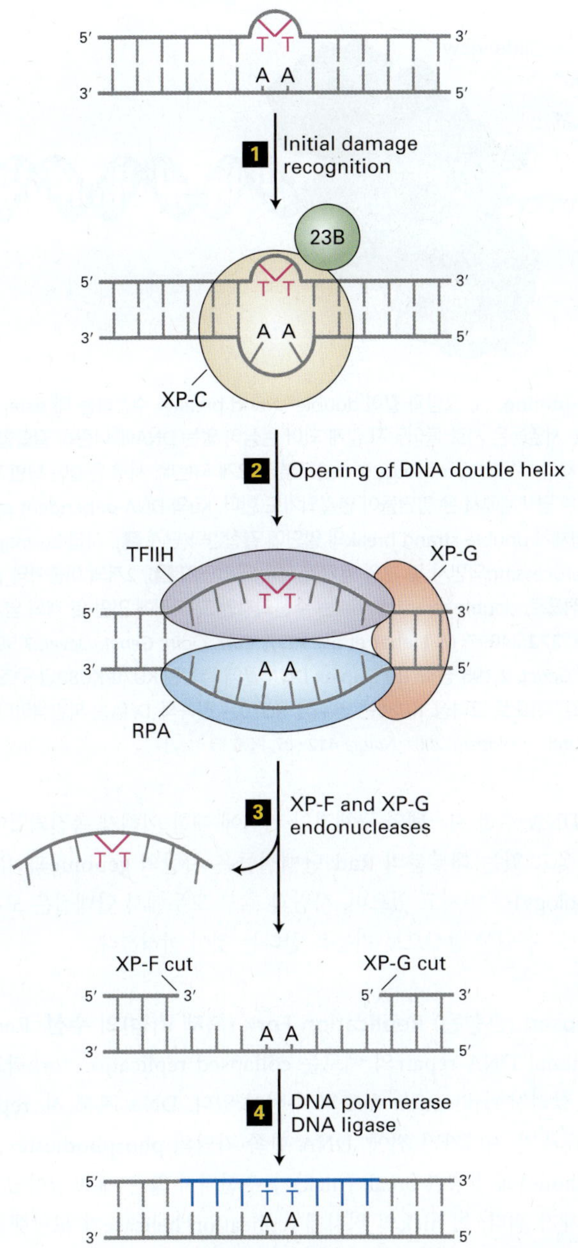

그림 5-18 인간 세포에서의 nucleotide excision repair. Thymine dimer와 같이 이중나선의 구조적 왜곡(distortion)을 일으키는 DNA 손상 부위(lesion)는 초기에 XP-C (xeroderma *p*igmentosum *C* protein)와 23B protein의 복합체에 의해 인지된다(단계 **1**). 이러한 복합체는 TFIIH를 이 부위로 오게 하는데(recruitment), 이것은 helicase subunit을 가지고 있으며, ATP 가수분해로부터 얻은 에너지를 이용하여 이중나선을 부분적으로 풀어내는 전사인자(transcription factor)이다. XP-G와 RPA protein은 복합체에 붙어 나선을 풀어내는 일(unwinding)을 더욱 진행시키며, 약 25 염기 정도의 bubble이 형성될 때까지 나선을 안정화한다(단계 **2**). 그리고 XP-G (이제부터는 endonuclease로 작용함)와 두 번째 endonuclease인 XP-F는 손상 부위로부터 24–32 염기만큼 떨어진 지점에서 손상된 가닥을 잘라낸다(단계 **3**). 이러한 작용은 손상된 염기를 가지고 있는 DNA 조각(fragment)을 떼어내고, 이렇게 떨어져 나간 조각은 mononucleotide로 분해된다. 마지막으로, 간극(gap)은 DNA 복제의 작용과 같이 DNA polymerase에 의해 정확히 메워지고, 남아 있는 절단 부위(nick)는 DNA ligase에 의해 연결된다(단계 **4**). J. Hoeijmakers, 2001, *Nature* **411**:366, and O. Schärer, 2003, *Angewandte Chemie* **42**:2946 참조.

Homologous Recombination은 DNA 손상을 수선하고 유전적 다양성을 만들 수 있다

앞에서 이야기한 다양한 방식에 의해서 수선되지 않은 다양한 종류의 DNA 손상 부위들(lesion)은 손상되지 않은 다른 염색체 사본(copy)의 DNA 서열(sequence)로부터 복제(replication)됨으로써 수선될 수 있다. 이러한 손상되지 않은 사본은 diploid 유기체의 경우 homologous chromosome (상동 염색체)이 될 수 있고, haploid나 diploid 모두에서 sister chromosome (자매 염색체)이 그 역할을 할 수 있다. 이렇게 독립된 DNA 분자의 가닥 간의 교환을 이루는 메커니즘을 **recombination (재조합)**이라고 한다.

DNA 수선(repair) 기능 외에도, 이러한 과정과 유사한 recombination 메커니즘은 앞서 언급된 germ cell (생식세포; sperm과 egg)의 생성이나 *meiosis* (그림 6-3 참조)와 같은 특수한 경우의 세포 분열에서도 작용하는데, 이때 광범위한 염색체 교환(chromosome exchange)에 관여하면서 유전적 다양성(genetic diversity)을 만드는 데 기여한다. 사실 *crossing over*라고 하는 homologous chromosome 상의 특정 부분에 대한 exchange는 meiosis (감수분열)의 첫 번째 세포 분열에서 염색체의 정확한 분리(segregation)에 필요한 과정이다. Meiosis와 재조합을 통한 maternal (모계) 유전자과 paternal (부계) 유전자의 새로운 조합에 대해서는 6장에서 자세히 다루고, meiosis에서 정확하게 염색체을

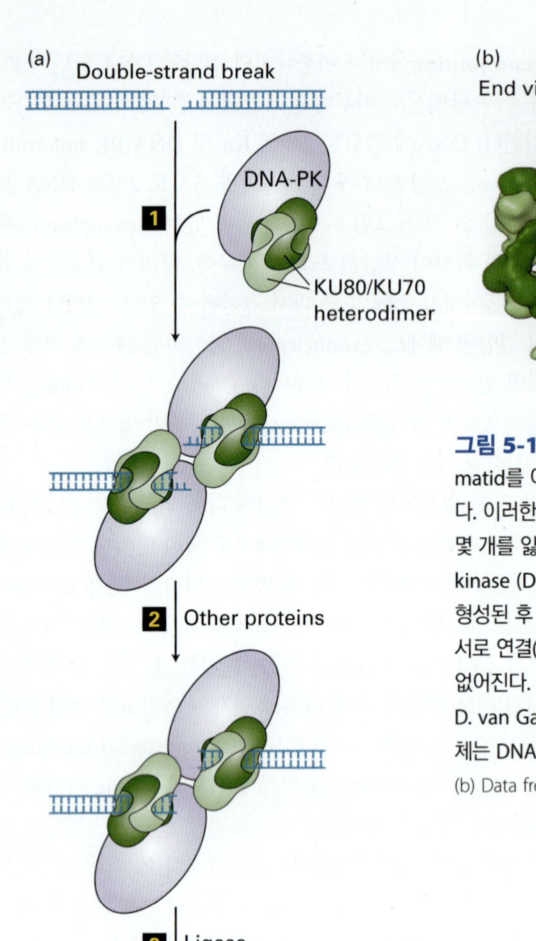

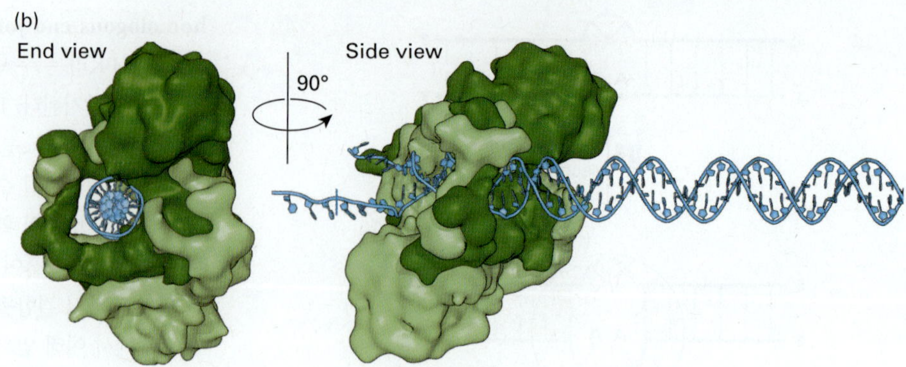

그림 5-19 Nonhomologous end-joining. (a) 그림과 같이 double-strand break를 수선하는 데 sister chromatid를 이용할 수 없을 때, nucleotide 서열들은 서로 들어맞지 않게 되어 손상이 없는 DNA에 나란히 결합할 수 없다. 이러한 DNA 말단은 주로 같은 염색체의 부위(chromosome locus)로부터 오게 되는데, 서로 연결이 되면 염기쌍 몇 개를 잃게 된다. 어떤 때에는 서로 다른 염색체에서 온 말단들이 연결되기도 한다. Ku와 DNA-dependent protein kinase (DNA-PK) 단백질이 결합된 복합체가 double-strand break의 말단에 결합한다(단계 **1**). 시냅스(synapse)가 형성된 후 말단들은 nuclease에 의해 processing되면서 몇 개의 염기가 제거되고(단계 **2**), 2개의 이중가닥 분자는 서로 연결(ligation)된다(단계 **3**). 결과적으로, double-strand break는 수선되지만 그 자리에 있던 몇 개의 염기쌍은 없어진다. G. Chu, 1997, *J. Biol. Chem.* **272**:24097; M. Lieber et al., 1997, *Curr. Opin. Genet. Devel.* **7**:99; and D. van Gant et al., 2001, *Nature Rev. Genet.* **2**:196 참조. (b) Duplex DNA 끝에 결합된 KU70/KU80의 구조. 복합체는 DNA 축 아래쪽(왼쪽)과 축 측면(오른쪽)으로 그려짐. KU80은 연두색, KU70은 진녹색, DNA는 파란색이다. [Part (b) Data from J. R. Walker, R. A. Corpina, and J. Goldberg, 2001, *Nature* **412**:607, PDB ID 1jey.]

분리하는 메커니즘은 19장에서 다룰 것이다. 여기에서는 2개의 DNA 분자들 간의 DNA strand가 교환되는 방식의 DNA recombination에 대한 분자적 메커니즘을 다룰 것이다.

한때 homologous recombination은 사람의 세포에서 드물게 일어나는 중요하지 않은 수선의 한 과정으로 여겨졌지만, 몇 가지 사람의 암(cancer)에서 homologous recombination repair에 필수적인 유전자에 유전성 돌연변이(inherited mutation)가 생기면 암 발생이 더욱 심해진다는 사실이 알려지고 나서부터는 생각이 바뀌었다. 예를 들어, 어떤 여성들은 유방암(breast cancer)에 유전적 취약성을 지니고 있는데, 이들은 *BRCA1*이나 *BRCA2*라고 하는 homologous recombination repair에 관여하는 단백질 둘 중 하나에 대한 돌연변이가 하나의 allele (대립인자)에 존재하고 있었다. 이러한 불활성화(inactivation)나 기능 상실을 일으키는 돌연변이가 한 쪽 allele에서 나타나면, DNA homologous recombination에 의한 수선 경로가 제대로 작동되지 않게 되는데, 그 결과 유방(mammary) 혹은 난소(ovarian) 상피세포에서 암이 유발될 수 있다. 효모(yeast)도 homologous recombination을 통하여 γ-irradiation (감마선)으로 인해서 야기된 double-strand break를 수선할 수 있다. 특별히 radiation sensitive domain (*RAD*)의 돌연변이형(mutant) 효모를 분리하고 연구함으로써, 이러한 homologous recombination에 의한 DNA 수선 시스템의 구체적인 기전에 대한 이해가 촉진되었다. 효모가 갖고 있는 대부분의 Rad 단백질들은 사람의 genome과 유사성(homology)를 가지고 있으며, 사람과 효모 모두에서 단백질은 모두 본질적으로 동일한 방식으로 기능을 한다는 것이 밝혀졌다.

Collapsed (손상된) Replication Fork (복제 기점)의 수선 Recombinational DNA repair의 예로는 collapsed replication fork라고 알려진, 잘려진 replication fork의 수선이 있다. DNA 복제 시, replication fork가 지나가기 전에, DNA 한쪽 가닥의 phosphodiester 뼈대(backbone)에 발생한 break (nick)가 수선되지 않은 채로 남아있게 되면 문제가 된다. 이 nick의 위치에 replication helicase가 도달했을 때, parental 가닥이 끊어져 있으므로 더 진행되지 못하고, daughter 염색체의 복제된 부분(replicated portion)과도 떨어져 나가게 된다. 이 과정을 *replication fork collapse*라 한다(그림 5-20, 단계 **1**). 이 상황에서 DNA가 수선되지 않은 상태 그대로 daughter DNA 분자가 만들어지면, 세포 분열시 적어도 한쪽 daughter 세포는 nick이 생긴 지점부터 염색체의 유전적 정보가 소실되었기 때문에 치명적(lethal)인 결과를 초래하는 경우가 대부분이다. 여기에서는 몇 가지만 언급했지만, double-strand break를 수선해서 replication fork를 다시 만드는 recombination에 관여하는 효소와 단백질은 무수히 많다.

Double-strand break 수선의 첫 번째 단계는 break가 발생한 가닥의 5′ 말단 부위가 exonucleolytic digestion에 의해 분해되는 것으로 시작하는데, 그 결과 이와 결합하고 있던 부분의 다른 쪽 가닥은 단일가닥(single-strand)의 상태로 남게 된다(그림 5-20, 단계 **2**). 그림 5-20의 단계 **2**에서 볼 수 있듯이, 새로 합성되고 있는 nascent lagging strand

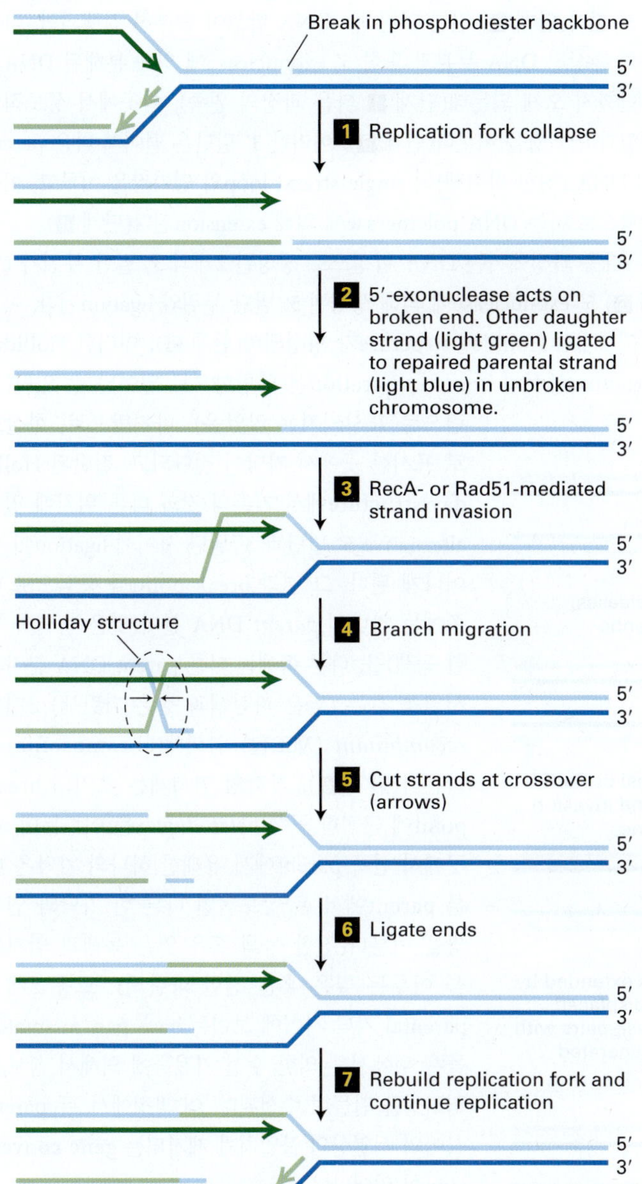

그림 5-20 Collapsed replication fork의 Recombinational Repair. Parental strand는 옅은 파란색과 진한 파란색으로 각각 표시되었다. Leading daughter strand는 진한 녹색으로, lagging daughter strand는 연녹색으로 각각 표시하였다. 단계 **3**에 보이는 대각선은 해당하는 색깔로 그려진 DNA 가닥에서 온 single phosphodiester bond를 의미한다. 단계 **4**의 작은 검정색 화살표는 Holliday structure의 DNA 가닥의 교차 부위(crossover)에 있는 phosphodiester bond의 절단(cleavage)을 의미한다.

(옅은 녹색)는 손상된 부분이 없는 parental 가닥(진한 파란색)에 염기쌍을 이루고 있는 데, 이 가닥(옅은 녹색)의 말단 부위가 parent 염색체의 아직 복제되지 않은 부분(unreplicated portion; 옅은 파란색)과 연결(ligation)된다. 박테리아의 RecA, 그리고 *Saccharomyces cerevisiae* (효모)와 같은 다른 진핵세포에 있는 RecA homologous인 Rad51은 이 다음 과정에서 대단히 중요한 단백질이다. 다양한 RecA/Rad51 분자들은 단일가닥(single-strand) DNA에 결합하게 되는데, 이를 통해서 homologous한 또 다른 이중가닥(double-stranded) DNA 분자 상에서 완벽하게 혹은 거의 완벽하게 염기쌍을 이루는 부분을 찾아서 hybridization을 형성하도록 촉진한다. 이렇게 상보적인 서열을 갖는 이중가닥 DNA (진한 파란색)는 떨어져(displaced) 나오면서 hybridization이 일어나는 invading (침투) 가닥의 위쪽으로 단일가닥(single-stranded)의 DNA loop를 형성한다(그림 5-20, 단계 **3**). RecA/Rad51에 촉매되는 이중나선(duplex) DNA에 대한 단일가닥의 *invasion* 과정은 재조합(recombination) 과정의 핵심적인 부분이다. 이와 같은 과정을 **strand invasion**이라고 부르고, 이 과정에서는 어떠한 염기쌍도 추가되거나 손실되지 않으므로 에너지의 사용이 필요하지 않다.

다음으로 target DNA 가닥과 invading 가닥 사이에 hybrid가 형성된 부분이 branch migration이라고 부르는 과정(역자주: 그림에서처럼 crossing을 하는 곳을 branch라고 부름)을 통해서 break가 있던 위치로부터 멀어지게 된다(그림 5-20, 단계 **4**). 그림에서 대각선(diagonal line)은 단지 하나의 phosphodiester bond를 의미한다. 분자 모델링과 또 다른 연구들에서 branch의 양쪽에 있는 첫 번째 염기는 상보적 nucleotide와 염기쌍을 이룬다는 것이 밝혀졌다. 이 branch가 왼쪽(left)로 *migrate*하는 동안, invading 가닥(진한 녹색)과 새롭게 이루는 염기쌍은 parent 가닥(파란색)에서 소실되는 숫자와 같기 때문에 염기쌍의 숫자는 변하지 않는다.

Hybrid 부위(region)가 움직이면서 5′ exonuclease에 의해 잘려진 broken strand (옅은 파란색)의 5′ 말단 부위를 지나가게 되면(단계 **2**), 이런 branch migration 과정에 의해 parental 가닥(옅은 파란색)의 부분이 단일가닥(single-strand)이 되며, 이는 상보적인 다른 parental 가닥(진한 파란색)을 만나 염기쌍을 이루게 된다(그림 5-20, 단계 **4** 참조). 이 결과로 생기는 구조는 **Holliday structure**라고 하는데, 이 명칭은 이러한 구조가 유전자 재조합(genetic recombination) 과정에서의 중간생성물(intermediate)로 만들어질 것이라고 처음 제안한 유전학자 Robin Holliday를 기려 이름을 붙인 것이다. 다시 말하면, 그림의 단계 **4**에서 보이는 대각선은 DNA의 stretch가 아니라 단일(single) phosphodiester bond를 의미해서, Holliday structure에 있는 모든 염기들은 parental 가닥에 있는 상보적인 염기와 염기쌍을 이루고 있다. 하나의 parental 가닥에서 다른 parental 가닥으로 *cross over* (교차)하는 phosphodiester bond에는 cleavage (잘려짐)가 일어나고(단계 **5**), 이후 parental 가닥과 염기쌍을 이룬 상태에서 각각의 5′와 3′의 말단에서는 연결(ligation)이 일어나서(단계 **6**) replication fork와 유사한 구조가 형성된다. Replication fork 단백질이 재결합하면서 처음의 break point를 지나서 leading strand의 extension이 가능해지고, 또한 lagging strand의 합성이 다시 시작되어(단계 **7**) replication fork가 재생성된다. 전체적으로 다시 살펴보면, 단계 **2** 직후 과정에서 아래쪽 DNA 분자의 위쪽 가닥(ligation이 일어난 가닥)이 단계 **7**의 leading strand를 extension하기 위한 주형으로 작용하였음을 알 수 있다.

Homologous Recombination에 의한 Double-Stranded DNA Break Repair 비슷한 메커니즘으로서 **Homologous recombination**

이라고 하는 것이 있는데, 이것은 염색체의 double-strand break를 수선할 수 있으며, 2개의 이중가닥 DNA 분자에서 커다란 부위(large segment)를 맞교환(exchange)할 수 있다(그림 5-21). 첫 번째, DNA 분자의 손상된 끝 쪽은 5′-exonuclease에 의해 잘려져서 단일가닥으로 된 3′ 말단을 남긴다(단계 **1**). 방금 살펴본 collapsed replication fork가 수선되는 과정과 마찬가지로, 박테리아의 RecA나 진핵생물의 Rad51은 이러한 3′ 말단이 homologous chromosome의 homologous한 부위로 잘 invade할 수 있게 촉진시킨다(단계 **2**). Invading DNA 가닥의 3′ end는 DNA polymerase에 의해서 extension되는데, 이는 기존의 parental 가닥들을 떨어뜨리면서(displace) DNA single-strand loop가 점점 커지게 한다(단계 **3**, 진한 파란색). DNA 합성이 충분히 진행되면, 다른 쪽의 손상된 DNA 부분과 또한 5′ exonuclease에 의해 분해된 DNA의 말단까지 오게 되는데(단계 **1** 다음 과정의 왼쪽), 이곳에서 상보적인 서열과 염기쌍을 이룬다(단계 **3**). 이러한 3′ 말단은 떨어져 나온 parental DNA (진한 파란색)의 single strand loop와 염기쌍을 이루고, 이를 주형으로 하는 DNA polymerase에 의해 extension된다(단계 **4**).

다음 과정에서는 DNA 합성으로 생성된 2개의 3′ 말단 부위가 (단계 **5**) 5′-exonuclease에 의해 생성된 5′ 말단 부위와 ligation된다. 이로 인해 2개의 Holliday structure가 형성되며(단계 **5**), 이러한 Holliday structure에서의 branch migration은 양방향으로 일어날 수 있다(그림으로 표시되지는 않았음). 마지막으로, 화살표로 표시한 곳에서 가닥이 절단되고, 절단된 Holliday structure에서 기존의 것과 다른 위치에 있는 alternative 5′ 말단과 3′ 말단 사이에 ligation이 일어나게 된다. 그 결과 break point를 중심으로 한 쪽에는 하나의 *parent* DNA 분자(옅은 녹색과 진한 녹색)를, 다른 쪽에는 다른 parent DNA 분자의 서열을 갖는 (옅은 파란색과 짙은 파란색) 2개의 *recombinant* (재조합) 염색체(chromosome)를 만든다(단계 **6**). 각각의 염색체는 초기의 break point에 근접한 곳에 *heteroduplex*를 이루는데, 이 곳에서 한쪽 parent에서 유래한 하나의 가닥은 다른 parent에서 온 상보적인 다른 한 가닥과 염기쌍을 이룬다(진한 녹색 혹은 옅은 녹색과 염기쌍을 이루는 옅은 혹은 진한 파란색). 보통 2개의 parental 가닥 사이에 보이는 base-pair mismatch들은 위에서 논의한 수선 기전들에 의해서 상보적 염기쌍을 만들며 수선된다. 이 과정에서, 두 parent 사이의 서열상의 불일치가 제거되는 **gene conversion**이 일어난다.

그림 5-22는 Holliday structure의 four-way strand junction에서 하나 혹은 다른 쌍(pair)으로 된 가닥이 잘려지게(cleave)되면, parental molecule 혹은 recombinant molecule이 어떻게 만들어지는지를 보여 준다. Holliday structure의 *reso-*

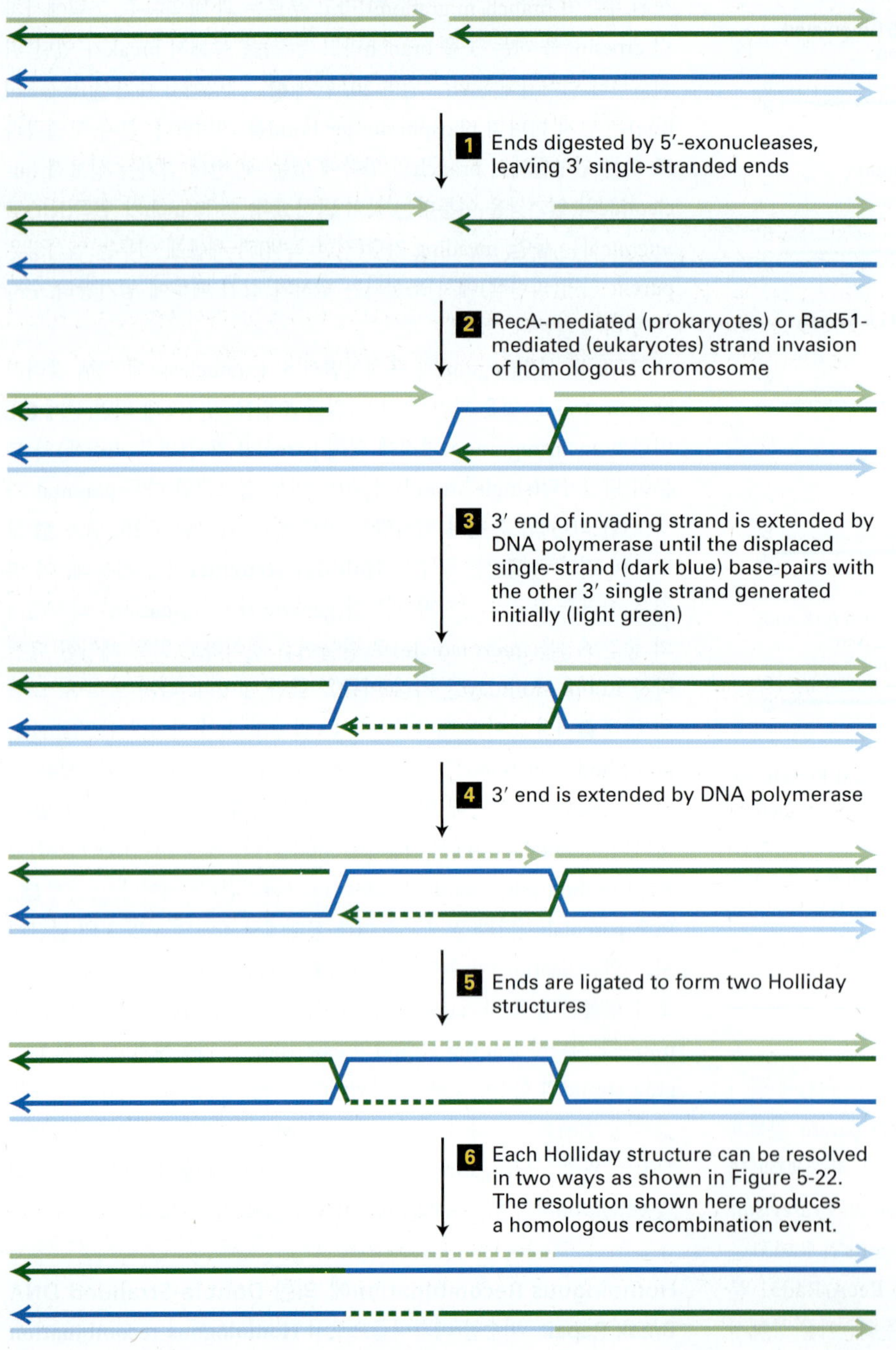

그림 5-21 Homologous recombination에 의한 double-strand DNA break 수선. 간단히 표현하기 위해, 각각의 DNA 이중나선은 2개의 평행한 선으로 나타내었고, 극성(polarity)은 3′ 말단을 화살표 머리로 표현하였다. 위쪽 분자는 double-strand break를 가지고 있다. 오른쪽이 3′ 말단인 가닥을 위에 그렸고, 아래에 있는 DNA 분자에서는 오른쪽이 3′ 말단인 가닥을 아래에 그렸다. 논의를 위해 본문을 참조할 것. T. L. Orr-Weaver and J. W. Szostak, 1985, *Microbiol. Rev.* **49**:33 참조.

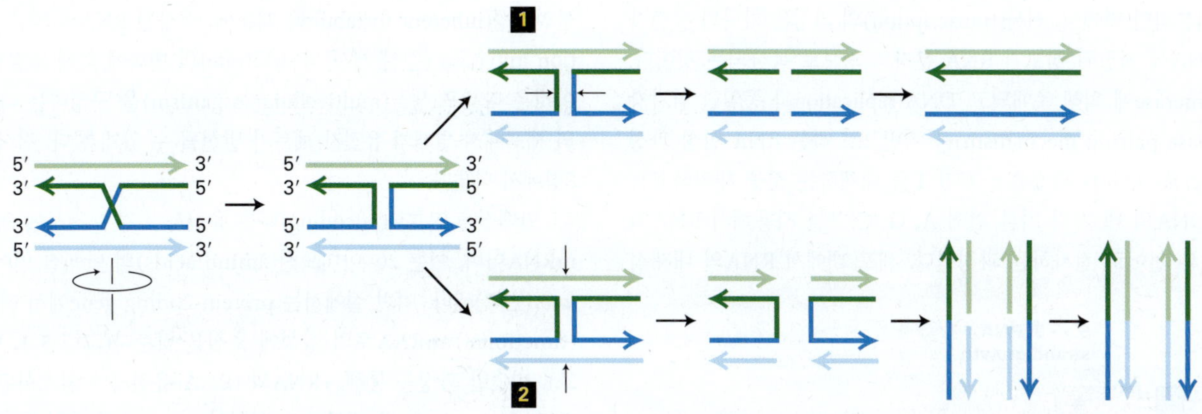

그림 5-22 Holliday structure의 alternative resolution. 대각선과 수직선은 모두 single phosphodiester bond를 의미한다. 위쪽과 아래쪽 분자는 같은 방향성을 가지도록 180° 회전시킨다고 생각하면 간단하다. 단계 1에서처럼, bond를 자른 후 자른 끝을 연결(ligation)하면, 본래의(original) 염색체(chromosome)가 생성된다. 단계 2의 그림처럼, 가닥을 자른 후 아래 그림과 같이 재연결(religation)하면 재조합 염색체(recombinant chromosome)가 형성된다.

*lution*이라고 하는 이 과정은 RecA/Rad51이 촉매하는 strand invasion 과정에 의해 처음 연결되었던 DNA molecule들을 분리한다. 각 Holliday structure는 그림 5-21의 단계 5 이후에 intermediate를 만든 후, 그림 5-22의 검정색 화살표로 표시된 것과 같은 두 가지 가능한 방법으로 cleavage된 후에 다시 religation 될 수 있다(그림 5-22, 단계 1 또는 단계 2). 결과적으로, recombination 과정에 의해서 그림 5-21처럼 4개의 가능한 생성물(product)이 만들어지게 된다. 먼저 2개의 가능한 생성물은, parental chromosome을 다시 만들어지는 것인데, 이 경우에도 parental chromosome과는 다르게(exception) break point 주위에서는 gene conversion에 의한 heteroduplex region이 존재한다. 다른 2개의 가능한 생성물은 그림 5-21처럼 recombinant chromosome들이다.

5.3절의 주요 개념

DNA 수선(Repair)과 재조합(Recombination)

- DNA 복제 시 발생한 오류(error)와 여러 가지 물리 화학적 물질들로 인해 DNA sequence에 변화가 생길 수 있다.
- 진핵세포는 잘못 염기쌍을 이룬 염기를 교정하고 DNA에서 chemical adduct를 제거하기 위한 세 가지 excision-repair 시스템을 가지고 있다. Base excision repair, mismatch repair, nucleotide-excision repair 등은 높은 정확도로 진행되며, 일반적으로 오류가 발생하지 않는다.
- Replication fork의 single-stranded template DNA에서 손상된 DNA 염기는 replicative DNA polymerase의 진행을 막게 된다. 이런 진행의 억제는 복제 과정을 위해 엄격한 염기쌍 형성에 대한 요구사항을 갖지 않는 translesion polymerase에 의해서 극복될 수 있다. Translesion polymerase는 error-prone (오류 발생 쉬운)이기 때문에, 손상 부위(lesion)의 근처에서 돌연변이를 생성하는 경향이 있다.
- Nonhomologous end joining 경로에 의한 double-strand break의 수선은 다른 염색체로부터 DNA의 segment를 연결하여 oncogenic chromosomal translocation를 형성할 수 있다. 이 수선 기전에서는 같은 염색체 segment들이 잘 결합되어 있다고 하더라도 small deletion을 만들게 된다.
- DNA의 double-strand break가 오류 없이(error-free) 수선되는 것은 undamaged sister chromatid를 주형으로 이용하는 homologous recombination을 통해 이루어진다.
- Xeroderma pigmentosum을 앓는 환자에서처럼, nucleotide excision-repair pathway가 유전적으로 문제가 생기면 피부암 발생 확률이 증가한다. Inherited (유전되는) colon cancer에서는 mismatch repair pathway에 필수적인 단백질의 변이가 자주 발견된다. *BRCA1*이나 *BRCA2* 유전자의 돌연변이는 homologous recombination을 통한 DNA 수선에 영향을 주며, 유방암(breast cancer)과 자궁암(uterine cancer)의 발병 가능성을 증가시킨다.

5.4 단백질을 암호화(Coding)하는 유전자의 전사(Transcription)와 mRNA의 형성

Gene (유전자)을 가장 간단히 정의한다면, "단일(single) polypeptide 사슬 또는 기능을 가진(functional) RNA (tRNA와 같은)의 합성을 구체화(specify)할 수 있는 정보를 가지고 있는 DNA의 단위"이다. 고등동물과 식물의 염색체는 수천 개의 유전자를 가지고 있는 반면에, 작은 바이러스(virus)의 DNA 분자는 단지 몇 개의 유전자들을 포함한다. 방대한 수의 유전자들은 단백질 분자를 만드는 정보를 가지고 있으며, 세포에 있는 mRNA 분자들이 이러한 *protein-coding gene* (단백질 암호화 유전자)들의 RNA 사본(copy)이다.

가장 기본적인 면에서, 전사(transcription)의 과정은 하나의 유전자에 대해 DNA에 저장된 정보가 RNA 분자의 정보로 복사되는 것이다. RNA polymerase에 의해 촉매되고, DNA replication과 동일한 염기쌍 메커니즘(base-pairing mechanism)을 기반으로 하는 RNA 합성 과정 또는 *transcribe* (전사) 과정은—U가 T를 대체하는 것을 제외하고는 동일한—DNA의 네 가지 기본 언어 A, G, C, T를 사용해서 RNA의 네 가지 기본 언어로 전사하는 과정이다. 세포 내에서 RNA의 내재적 불안정성(inherent instability) 때문에, 전사된 RNA의 양은 transcription initiation (전사 개시)의 속도(rate)의 변화에 의해 조절될 수 있다. 이것은 다세포 생물(multicellular organism)을 구성하는 다양한 종류의 세포에서 별개의 유전자 세트가 발현될 수 있게 한다. 전사의 조절은 8장에서 다룬다.

단백질을 암호화(encoding)하는 유전자의 경우 전사에 의한 산물은 mRNA이며, 이는 20-아미노산(amino acids)의 단백질 언어로 *translate* (번역)된다. 이번 절에서는 protein-coding gene에서 기능을 가진(functional) mRNA로의 형성에 초점을 맞춘다(그림 5-1, 단계 **1** 참조). 비슷한 과정을 통해, rRNA와 tRNA 유전자에 암호화된 rRNA와 tRNA의 precursor가 생성되며, 이러한 precursor는 기능적인 rRNA와 tRNA를 생성하도록 modify (변형)된다(8장과 9장 참조).

주형 DNA 가닥(Strand)은 RNA Polymerase에 의해 상보적인(Complementary) RNA 가닥으로 전사(Transcription)된다

DNA가 전사되는 동안, 하나의 DNA 가닥은 *template* (주형)으로 기능을 하여, ribonucleoside triphosphate (rNTP) monomer들의 연결 순서를 결정함으로써 상보적인 RNA 사슬이 polymerize (중합화)되도록 한다. 주형 DNA 상의 염기들은 새로 결합되는 rNTP와 염기쌍을 형성하는데, 이들은 **RNA polymerase**의 촉매 작용에 의해 polymerization

(a)

(b)

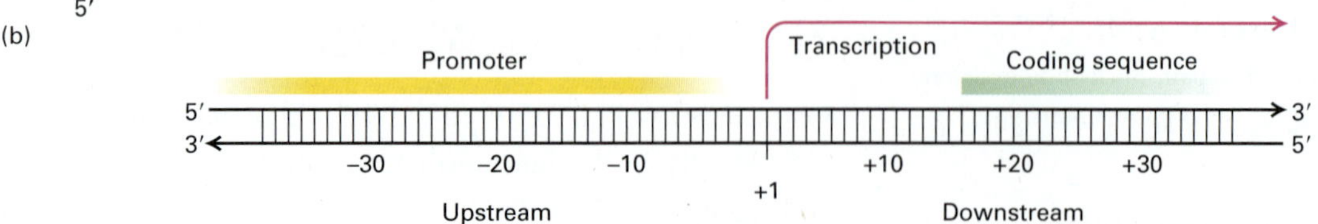

(c)

5′ CUGCCAUUGUCAGACAUGUAUACCCCGUACGUCUUCCCGAGCGAAAACGAUCUGCGCUGC 3′ Primary RNA transcript

Nontemplate strand 5′ CTGCCATTGTCAGACATGTATACCCCGTACGTCTTCCCGAGCGAAAACGATCTGCGCTGC 3′

Template strand 3′ GACGGTAACAGTCTGTACATATGGGGCATGCAGAAGGGCTCGCTTTTGCTAGACGCGACG 5′

DNA

그림 5-23 RNA는 5′ → 3′으로 합성된다. (a) 전사 과정 중 RNA polymerase에 의한 ribonucleotide의 polymerization. 신장되는(growing) RNA 가닥의 3′ 말단에 첨가되는 ribonucleotide는 주형 DNA 가닥의 다음 염기와 이와 상보적인 염기쌍을 형성하는 ribonucleoside triphosphate (rNTP)를 통해 특정된다. RNA polymerase가 결합하는 가닥의 3′ oxygen과 염기쌍을 형성한 rNTP의 α phosphate 사이의 반응에 의하여 phosphodiester bond가 형성된다. RNA 가닥은 항상 5′ → 3′ 방향으로 합성되며, 주형 DNA 가닥에 대해서는 반대 방향이다. (b) DNA nucleotide 상에 RNA polymerase에 의해 일어나는 전사 개시 위치에 +1 번호를 붙인다. DNA의 polymerase가 가는 방향은 *downstream*이고, downstream에 있는 염기는 양의 값으로 표시한다. 반대 방향을 *upstream*이라 하고, upstream쪽의 염기는 음의 값으로 표시한다. 몇 개의 중요한 유전자 조절을 위한 부분이 전사 개시 위치의 upstream에 있는데, 여기에는 RNA polymerase를 유전자로 위치하게 하는 promoter 서열도 있다. (c) 전사가 일어나는 DNA 가닥은 주형 가닥이다. 이의 상보적인 것이 주형이 아닌(nontemplate) 가닥이다. RNA는 template 가닥에 상보적이므로, thymine 대신 uracil이 있다는 사실을 제외하고는 nontemplate와 같은 서열을 갖는다.

되어 연결된다. 이러한 polymerization reaction에서는 길어지는(growing) RNA 사슬의 3′ oxygen이 nucleotide precursor의 α phosphate에 nucleophilic attack (친핵성 공격)을 하여 phosphodiester bond가 형성되고 pyrophosphate (PP_i)가 방출된다. 이러한 과정의 결과, RNA 분자는 항상 5′ → 3′의 방향성을 가진다(그림 5-23a).

관례적으로, RNA polymerase의 transcription initiation site (전사개시 위치)에는 +1 번호를 붙인다(그림 5-23b). *Downstream*이라는 용어는 주형 DNA 가닥이 전사되는 방향을 표시한다. *Upstream*은 반대 방향을 의미한다. Transcription initiation site로부터 downstream DNA sequence에 있는 nucleotide의 위치는 양(+)으로 표시하고 *upstream*은 음(-)으로 표시한다. RNA는 5′ → 3′으로 합성되기 때문에, RNA polymerase는 3′ → 5′ 방향으로 주형 DNA에서 움직인다. 새로운 RNA의 합성은 주형 DNA 가닥에 complementary (상보적)이다. 그러므로 thymine 대신 uracil이 있는 것을 제외하고는 nontemplate DNA 가닥과 서열이 동일하다(그림 5-23c).

전사의 단계 전사(transcription)를 실행하기 위해 RNA polymerase는 그림 5-24에서 보이는 바와 같이 몇 가지 특징적인 기능들을 수행한다. Transcription *initiation*에서 RNA polymerase는 다른 initiation factor들(박테리아의 s-factor와 진핵세포의 일반적인 전사인자(general transcription factor)의 도움으로, double-strand DNA의 특정 위치에 있는 **promoter**를 인식하여 결합한다(단계 **1**). Promoter에 붙은 후에 RNA polymerase와 initiation factor들은 template strand 상의 염기가 ribonucleotide와 새로 염기쌍을 형성하고 polymerization될 수 있도록 DNA 가닥을 분리(separate)시킨다(단계 **2**). 대략 transcription start site 주변에 있는 DNA 12–14개 정도의 염기쌍이 분리되고, template strand는 RNA polymerase 효소의 active site (활성 부위)에 들어갈 수 있게 된다. 이 *active site*는 template strand와 상보적인 rNTP들 간에 phosphodiester bond가 형성되는 곳이다. Polymerase 안에서 갈라져 있는 DNA 부분인 원래 12–14 염기가 쌍을 이루고 있었던 부분을 "*transcription bubble*"이라고 한다. Transcription initiation은 RNA 사슬(chain)의 첫 번째 두 ribonucleotide가 phosphodiester bond로 연결되었을 때 완료되었다고 본다(단계 **3**).

몇 개의 ribonucleotide가 polymerize된 후, RNA polymerase는 promoter DNA와 initiation factor [박테리아에서는 *σ-factor*, 고세균(archaea)과 진핵세포에서는 *general transcription factor*]들로부터 떨어져 나간다. *Strand elongation* 단계 동안, RNA polymerase는 이동 방향의 앞쪽으로 double stranded DNA를 풀고, 뒤로는 strand를 다시 transcription bubble이 끝나는 부분에서 reassociate시키며 주형 DNA를 따라 이동한다(단계 **4**). Strand elongation 동안, polymerase에 의해 한 번에 하나의 ribonucleotide가 신장되고(*nascent*) 있는 RNA 사슬(chain)의 3′ 말단에 더해진다. 이 효소는 transcription bubble이라고 하는 약 14–20 염기쌍의 melted region을 유지시킨다. Growing (신장되고 있는) RNA strand의 3′ 말단에 대략 8개의 nucleotide가 transcription bubble에서 주형 DNA와 염기쌍을 형성한 채로 남는다. *Elongation complex* (복합체)는 RNA polymerase와 주형 DNA 그리고 nascent RNA strand로 구성되는데, 이는 매우 예외적으로 보일 만큼 안정적이다. 예를 들어, RNA polymerase는 약 2백만 개의 염기쌍

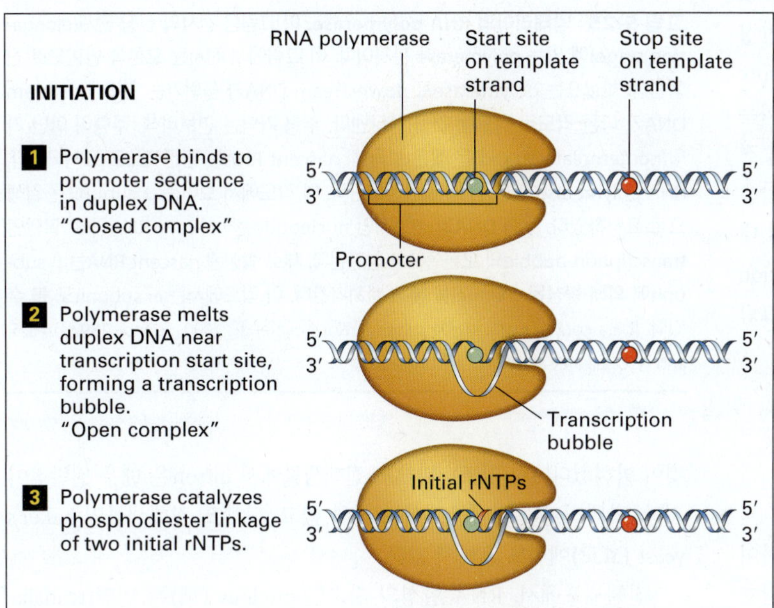

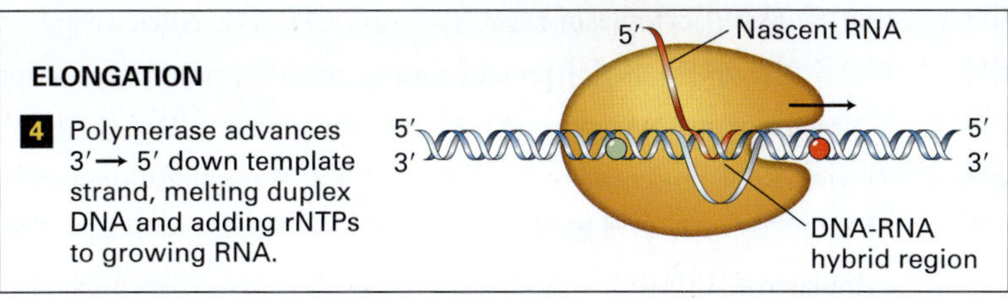

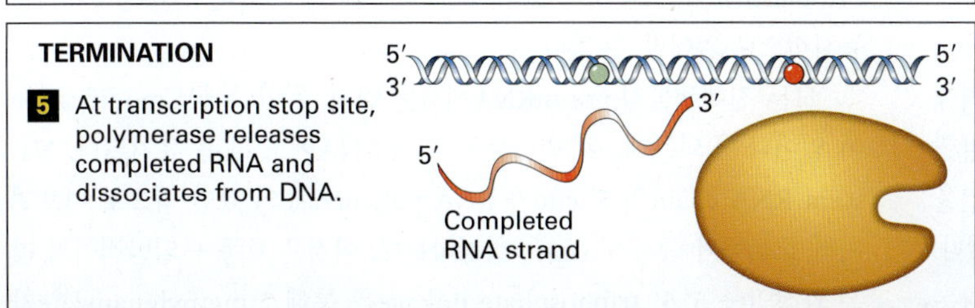

그림 5-24 전사(transcription)의 3단계. 전사 개시(transcription initiation) 과정 동안 promoter region 내에 위치한 start site에서 RNA polymerase가 transcription bubble을 형성하고, ribonucleotide (rNTP)의 polymerization reaction이 시작된다. 일단 DNA가 전사되면, 분리된 가닥이 이중나선으로 다시 결합한다. Nascent RNA 주형은 3′ 말단을 제외하고 주형에서 분리된다. RNA의 5′ 말단은 RNA polymerase 효소 내의 channel에 위치하게 된다. 종료(termination)는 polymerase가 특정 termination sequence (stop site)에 도달할 때 일어난다. 자세한 내용은 본문을 참조하라. 그림은 DNA의 나선을 4번 회전하면서 약 40개의 nucleotide로 이루어진 RNA를 암호화하는 전사 과정을 간략히 묘사한 것이다. 대부분의 RNA들은 상당히 길며, DNA 상의 전사될 수 있는 긴 부분(region)을 필요로 한다.

으로 이루어진 가장 긴 포유류(mammalian)의 유전자에서도, 자신이 DNA 주형으로부터 떨어져 나가거나 새로 합성되는 RNA를 떨어뜨리지 않고 계속 전사를 진행할 수 있다. RNA 합성은 37°C에서 1분당 약 1000–2000 nucleotide의 속도로 진행되기 때문에 elongation 복합체는 이러한 긴 유전자 상에서 pre-RNA 합성이 지속될 수 있게 24시간이 넘게 계속 유지 되어야만 한다. 여기서 기억할 것은, RNA의 전사는 DNA 복제와 생화학적으로 유사하지만, nucleotide 첨가 속도 측면에서 약 30배 더 느리게 진행된다는 점이다.

RNA 합성의 마지막 단계인 transcription *termination*에서는 완료된 RNA 분자가 RNA polymerase로부터 방출되고, polymerase는 주형 DNA로부터 분리된다(단계 **5**). 일단 방출되면, RNA polymerase는 이제 자유롭게 되어 또 다시 동일한 유전자의 전사를 시작하거나 다른 유전자 부위에서 전사를 개시할 수 있게 된다.

RNA Polymerase의 구조 박테리아와 고세균(archaea), 그리고 진핵세포들의 RNA polymerase는 근본적으로 구조와 기능이 흡사하다. 박테리아의 RNA polymerase는 2개의 거대 subunit (β′과 β), 2개의 작은 subunit (α), 그리고 1개의 subunit (ω)을 가지는 데, 5번째 subunit (ω)의 경우는 전사와 세포 생존에 필수요소는 아니지만 효소를 안정화하고 subunit들의 결합을 돕는다. 고세균과 진핵세포는 이러한 core complex와 결합하는 몇몇의 추가적인 작은 subunit을 가지는데, 이는 8장에 나와 있다. 그림 5-24에 나온 그림처럼, RNA polymerase의 전사 과정에서 보면 RNA polymerase는 보통 구조적으로 꺾이지 않은(unbent) DNA와 결합한다. 하지만, 박테리아 RNA polymerase에 대한 X-ray crystallography나 다른 연구들을 통해 DNA의 transcription bubble 지역이 elongation 단계 동안 꺾이는 것을 관찰하였다(그림 5-25).

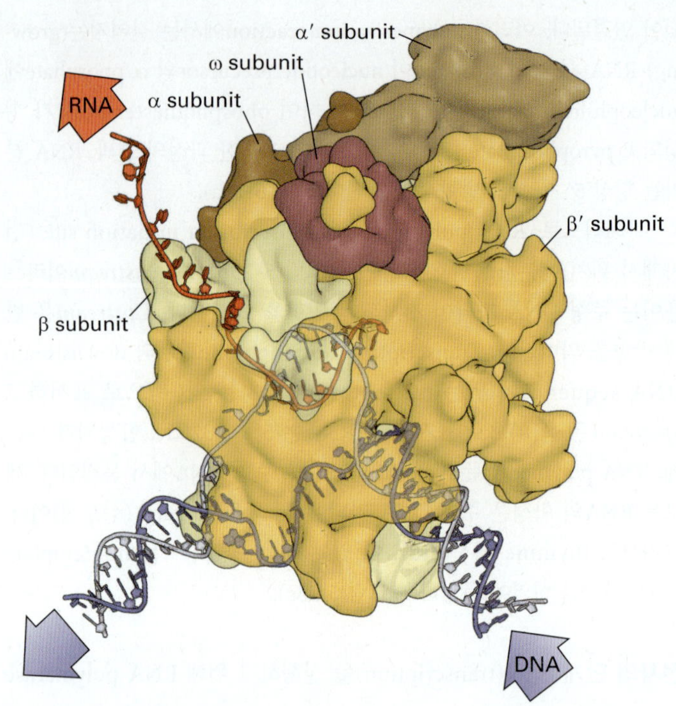

그림 5-25 박테리아의 RNA polymerase. 이 그림은 전사의 신장 단계(elongation stage)에 있는 polymerase 분자이다. 이 그림에서 전사는 오른쪽 방향으로 진행한다. 화살표는 polymerase로 downstream DNA가 들어가는 것과, upstream DNA가 다른 각도로 나오는 것을 나타낸다. 주형 가닥은 연보라색, 주형이 아닌 가닥(nontemplate strand)은 짙은 보라색, nascent RNA는 빨간색으로 표시되었다, RNA polymerase β′은 금색, β는 연노란색, 이 각도에서 보이는 α subunit은 갈색으로 표시하였다. 주형 DNA와 상보적인 nucleotide는 nascent RNA의 3′ 말단인 transcription bubble의 오른쪽에서 첨가된다. 새로 합성된 nascent RNA는 β subunit에 의해 형성된 channel을 통해 빠져나간다. 이 각도에서는 ω subunit도 볼 수 있다. [Data courtesy of Seth Darst; see N. Korzheva et al., 2000, *Science* **289**:619–625, and N. Opalka et al., 2003, *Cell* **114**:335–345.]

Eukaryotic Precursor mRNA는 Process되어 Functional mRNA가 된다

진핵세포 유전자의 구조에 대한 초기 연구는 동물을 감염시키는 바이러스에 대한 연구를 포함했다. 연구자들은 바이러스의 mRNA를 암호화하는 바이러스의 DNA 분자의 영역을 분석하였을 때, 단일 바이러스 mRNA의 nucleotide 서열이 바이러스 DNA 상의 여러 부위에 떨어져 있는 서열로 이루어져 있으며, 이렇게 떨어진 영역 중간의 DNA 서열은 mRNA에 없다는 사실을 발견하고 놀랐다. 이후에, 유전자 cloning과 DNA sequencing (6장 참조) 기술이 연구자들로 하여금 다세포 유기체(organism)의 genome DNA 서열과 이들에서 만들어지는 mRNA의 서열의 비교를 가능하게 했다. 이 연구는 대부분의 세포 mRNA는 intron이라고 하는 DNA의 서열에 의해 분리되어 여러 떨어져 있는 영역에 있는 exon이라는 genomic DNA을 해독해서 만들어진다는 것을 밝혔다. 추가 연구를 통해 유전자가 먼저 전사되어, exon과 intron 서열을 다 포함하는 long primary transcript로 만들어진다는 것이 밝혀졌다. 그리고, 그 이후에 intron들은 제거되고, exon들이 함께 splicing된다는 것이 밝혀졌다(9장 참조). 다세포 진핵생물에서 intron은 매우 일반적이지만, 박테리아나 고세균에서는 거의 없고, 단세포 진핵생물인 baker's yeast (효모)에서도 흔하지 않다.

진핵세포에서, RNA 합성의 장소인 nucleus (핵)는 번역(translation)의 장소인 cytoplasm (세포질)과 분리되어 있다. Nucleus에서 단백질을 암호화하는 유전자(protein coding gene)의 primary transcript — **precursor mRNA (pre-mRNA)** — 는 functional mRNA를 생성하기 위해, *RNA processing*이라고 불리는 여러 가지 modification을 거쳐야 한다(그림 5-1, 단계 **2** 참조). 이 mRNA는 단백질로 변환되기 전에 cytoplasm로 내보내져야 한다. 따라서 전사와 번역은 진핵생물에서는 동시적으로 일어날 수 없다.

모든 진핵생물의 pre-mRNA에서는 먼저 두 말단에서 modification이 일어나게 되는데, 이 변화는 이후 mRNA에도 계속 유지된다. Nascent RNA chain의 5′ end가 RNA polymerase의 표면 밖으로 나오면 여러 효소들이 즉시 *5′ cap*을 합성하는데, 이것은 보통 — 일반적이지 않은 과정인 — 5′,5′ triphosphate linkage를 통해 7-methylguanylate가

RNA의 끝 부분의 nucleotide와 결합함으로써 이루어진다(그림 5-26). Cap은 mRNA가 효소들에 의해 분해(enzymatic degradation)되는 것을 막고, cytoplasm으로 이동하도록 도우며, 다른 protein factor에 의해 결합되어 번역이 시작되는 데 사용된다.

Pre-mRNA의 3′ 말단은 endonuclease에 의해 free 3′-hydroxyl group이 생기게 되는 변화 과정을 겪게 되는데, 여기에 *poly(A) polymerase*라고 하는 효소에 의해 adenylic acid residue가 한 번에 하나씩 더해진다. 이 결과 100–250 염기 정도의 길이가 되는 *poly(A) tail*이 생기는데, 효모(yeast)와 무척추동물(invertebrate)에서 만들어지는 것이 척추동물(vertebrate)보다 그 길이가 더 짧다. Poly(A) polymerase는 단백질 복합체로서 transcript의 특정 위치에 결합하여 이것을 자를 수 있으며, 주형 없이 정확한 수의 A residue를 붙일 수 있다. 5.6절과 10장에서 더 논의되어 있는 바와 같이, poly(A) tail은 mRNA의 번역과 nucleus에서의 pre-mRNA의 안정성(stability) 및 nucleus와 cytoplasm에서 완전히 processing된 mRNA의 안정성에 중요한 기능을 한다.

그림 5-26 5′ Methylated cap의 구조. 진핵생물의 mRNA에서 볼 수 있는 5′ methylated cap의 화학적 특징은 (1) mRNA 분자의 첫 번째 nucleotide와 7-methylguanylate의 5′ → 5′ linkage, 그리고 (2) 첫 번째 nucleotide (base 1)의 2′ hydroxyl group에 붙은 methyl group이 있다. 이러한 특징은 모든 동물과 고등 식물에서 발견할 수 있다. 효모는 nucleotide 1에 methyl group이 없다. 척추동물(vertebrate)은 두 번째 nucleotide (base 2)에도 methylation이 되어 있다. A. J. Shatkin, 1976, *Cell* **9**:645 참조.

진핵생물 mRNA molecule의 processing에서 마지막 단계는 **RNA splicing**이다. 이는 transcript의 중간 부분을 잘라서 intron들을 절단해 낸 뒤 coding exon들을 ligation (이어줌)하는 과정을 말한다. 그림 5-27은 β-globin gene을 예로 해서 진핵생물 mRNA processing의 기본적인 단계를 요약하여 보여 준다. 우리는 9장에서 mRNA와 tRNA, 그리고 rRNA들의 processing을 수행하는 cellular machinery에 대해 살펴볼 것이다.

RNA processing에 의해 생성된 진핵생물의 기능을 가진(functional) mRNA에는 각 5′과 3′ 말단에 *untranslated region* (*UTR*)이라고 하는 noncoding region을 가지고 있다. 포유류의 mRNA의 경우 5′ UTR은 아마 100개 이상의 nucleotide로 이루어져 있고, 3′ UTR은 보통 수 kilobase로 이루어져 있다. 원핵생물(prokaryotic)의 mRNA도 일반적으로 5′과 3′ UTR을 가지지만, 일반적으로 10개 이하의 nucleotide로 되어 있어서 진핵생물 mRNA보다 훨씬 작다. 9장에서 논의된 것처럼,

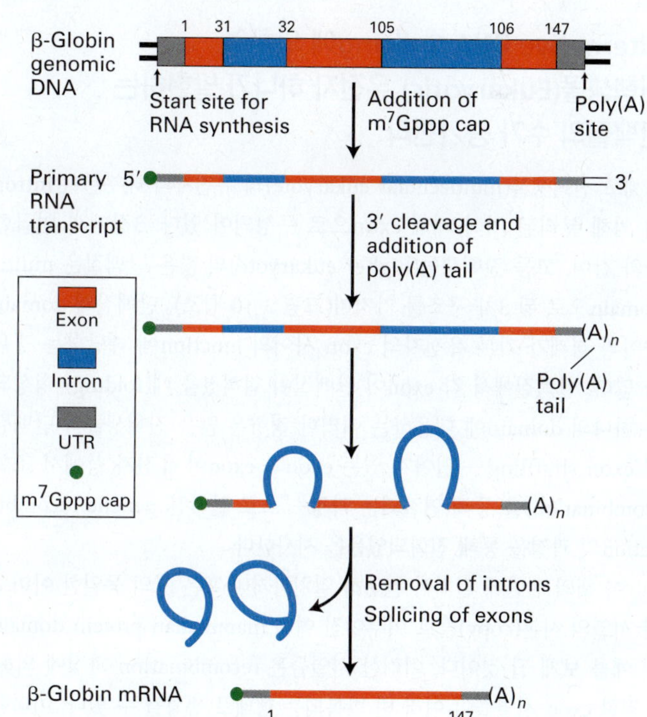

그림 5-27 RNA processing의 개요. 진핵생물은 RNA processing을 통해 기능을 갖는 mRNA를 생성한다. β-globin 유전자는 3개의 단백질을 암호화하는 (protein-coding) exon (coding region을 구성함)을 가지며, 2개의 noncoding intron 이 사이에 끼어 있다. Intron은 아미노산 codon 31에서 32 부분과 105에서 106 부분 사이에 끼여 있다. 진핵생물의 단백질을 암호화하는 유전자는 처음 아미노산의 이전부터, 마지막 아미노산의 뒷부분까지 전사되어 primary transcript의 끝 부분에 noncoding region이 생기게 한다. 이러한 untranslated region (UTR)은 processing 동안에도 그대로 남는다. Primary RNA transcript를 만드는 동안 5′ cap (m^7 Gppp)이 더해진다. Poly(A) site가 잘리고 여러 개의 A가 3′ 말단에 붙은 뒤, splicing이 일어나 intron을 제거하고 exon을 붙인다. 작은 숫자는 147개의 아미노산으로 되어 있는 β-globin의 서열 상에서의 위치를 나타낸다.

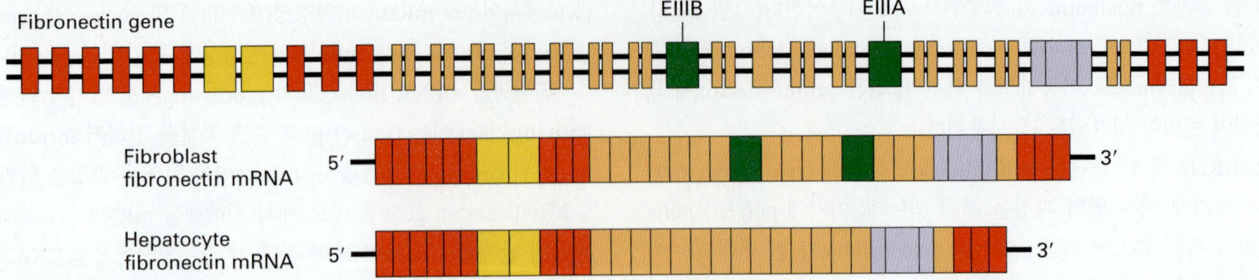

그림 5-28 Alternative Splicing. 약 75 kb 크기의 fibronectin 유전자(상단)는 여러 개의 exon으로 되어 있다. 세포의 종류마다 fibronectin transcript의 splicing이 다르다. EIIIB와 EIIIA exon (초록)은 fibroblast의 표면에 있는 특정 단백질에 결합할 수 있는 domain을 암호화한다. Fibroblast가 만들어내는 fibronectin mRNA는 EIIIA와 EIIIB exon을 가지고 있으며, 반면에 hepatocyte에서는 이러한 exon들이 splicing되어 없어진다. 위 그림에 있는 intron (위쪽 fibronectin 유전자 그림의 검정 선)의 길이는 실제와 같지 않다. Fibronectin의 intron의 대부분은 exon보다 훨씬 길다.

5′ UTR 및 3′ UTR 서열은 mRNA의 번역 및 안정성의 조절에 참여하며, 3′ UTR은 또한 많은 mRNA를 cytoplasm의 특정 region으로 위치시키는 데 기능한다.

Alternative RNA Splicing에 의하여 진핵생물(Eukaryotic) 유전자 하나가 발현하는 단백질의 수가 증가한다

다세포 진핵생물(multicellular eukaryote)의 유전자의 대부분은 intron에 의해 분리된 여러 개의 exon으로 구성되어 있다. 3장에서 언급한 바와 같이, 고등 진핵생물(higher eukaryote)의 많은 단백질은 multi-domain으로 된 3차 구조를 가지며(그림 3-10 참조), 단백질의 domain 사이의 경계가 기본 유전자의 exon 사이의 junction에 해당하는 경우가 많다. 단백질에서 각 exon이 단백질이 접혀졌을 때(folding) 형성되는 하나의 domain에 대응하는 이러한 경향은 많은 진핵생물의 단백질이 exon shuffling ― 떨어져 있는 exon과 exon이 유전자 상에서 조합(combination)을 통해 연결되는 과정 ― 으로 알려진, genetic recombination의 과정을 통해 진화되었음을 시사한다.

이 책의 전반에 걸쳐서 완전히 일치하거나 혹은 거의 동일한 아미노산 서열의 사본(copy)들로 이루어진 여러 mammalian protein domain의 예를 보게 될 것이다. 이러한 서열들은 recombination 과정에 의해, 동일한 exon 서열들이 여러 번 반복되는 형태로 생성될 수 있다. 이러한 intron gene에 의해, 하나의 유전자로부터, 단백질의 multiple variation이 만들어질 수 있으며, 이러한 과정을 **alternative splicing**이라고 한다. 고등 진핵생물에서 서로 다른 유형의 세포가 **isoform**이라고 불리는 다른 형태의 단백질을 생성할 때 alternative splicing이 중요하게 작용한다.

Fibronectin은 포유류에서 발견되는 multidomain 단백질로서 alternative splicing의 좋은 예이다(그림 5-28). Fibronectin은 길이가 긴 접착성 단백질(adhesive protein)이며, 세포 밖으로 분비되어 다른 단백질과 함께 결합할 수 있다. 이 단백질이 어디서 어느 것과 결합을 할지는 어떤 domain이 splicing되는지에 달려 있다. Fibronectin 단백질은 다양한 exon을 가지며, 특정 domain을 이루는 몇 가지 부분으로 나뉜다. Fibroblast는 EIIIA와 EIIIB exon을 포함하는 mRNA를 합성한다. 이러한 exon들은 fibroblast의 plasma membrane (원형질막) 단백질과 강하게 결합하는 단백질을 암호화(encode)한다. 결과적으로, 이러한 fibroblast가 만드는 fibronectin isoform은 extracellular matrix에 부착할 수 있게 한다. Hepatocyte는 간(liver)에 존재하는 주요 세포(major type cell)로서, 이 세포가 가지고 있는 fibronectin의 primary transcript는 alternative splicing되어 EIIIA와 EIIIB exon이 없는 mRNA를 만든다. 이 결과, hepatocyte에 의해 혈액으로 분비된 fibronectin은 fibroblast와 같은 대부분의 세포에 강하게 붙지 않으므로 혈액 내에서 계속 순환할 수 있다. 하지만, 혈액 응고 시 hepatocyte의 fibronectin이 가진 fibrin-binding domain을 통해 clotting (혈액응고)에 필수요소 중 하나인 fibrin에 결합한다. 결합된 fibronectin은 지나가는 platelet (혈소판)의 membrane에 있는 integrin과 결합하여 clot에 platelet를 추가시켜서 clot이 확대되도록 한다.

지금까지 20가지 이상의 fibronectin isoform들이 발견되었으며, 이들은 alternative splicing에 의해 독특하게 짜 맞춰진 fibronectin gene exon으로 구성된 mRNA에 의해 암호화되는 것이 밝혀졌다. 최근 사람의 다양한 조직에서 얻은 대량의 mRNA와 genome DNA 염기서열 분석(sequencing)을 통해 사람의 유전자 전체 중 거의 90%가 alternative spliced mRNA로 발현된다는 것을 알게 되었다. 이는 고등 다세포 유기체의 genome이 암호화하는 단백질의 수가 RNA splicing에 의해 현저히 증가한다는 것을 분명히 보여준다.

5.4절의 주요 개념

단백질을 암호화(Coding)하는 유전자의 전사(Transcription)와 mRNA의 형성

- DNA의 전사는 RNA polymerase에 의해 실행되어 RNA chain의 3′ 말단에 한 번에 하나의 ribonucleotide를 붙인다(그림 5-23 참조). 주형 DNA strand의 서열은 ribonucleotide들이 어떠한 순서로

polymerize되어 RNA chain을 형성할지 결정한다.

- Transcription initiation에서는 RNA polymerase가 DNA의 특정 위치(promoter)에 결합하여 double-stranded DNA를 부분적으로 melting시켜서 unpaired template strand를 만들고, template strand에 상보적인 첫 번째 위치에 있는 두 nucleotide를 polymerize한다. 여기에서 생긴 12–14 염기쌍 길이의 melted region을 "transcription bubble"이라고 한다.
- Strand elongation에서는 RNA polymerase가 DNA를 따라 움직이며, polymerase에 앞쪽에서 DNA를 melting한다. 이로써 template strand는 효소의 active site에 들어갈 수 있게 되고, 그 위치의 상보적인 DNA 가닥이 전사되며, 그 뒤에서는 reanneal된다. Transcription bubble은 polymerase와 함께 움직이며, 동시에 이 효소는 template strand에 상보적인 ribonucleotide들을 길어지는(growing) RNA chain의 3′ 말단에 붙인다.
- RNA polymerase가 DNA의 termination sequence에 도달하면 이 효소는 전사를 멈추어 완성된 RNA를 방출하고, 주형 DNA와 분리된다.
- 진핵생물 DNA에서는 각각의 단백질을 암호화(protein-coding)하는 유전자가 자기 자신의 promoter로부터 전사된다. Initial primary transcript는 coding region (exon) 사이에 noncoding region (intron)들이 많이 끼어들어 있다.
- 진핵생물의 primary transcript는 RNA processing을 거쳐야만 functional RNA를 만들 수 있다. Processing 동안 거의 모든 primary transcript들의 말단은 변형되어 5′ cap과 3′ poly(A) tail이 붙게 된다. Intron을 갖고 있는 유전자가 전사되면 splicing을 일으켜야 한다. 즉, intron들을 제거하고 exon들을 연결해야 한다(그림 5-27 참조).
- 고등 진핵생물에서 발견되는 multidomain 단백질의 각 domain들은 1개 혹은 소수의 exon들에 의해 암호화된다. Exon의 alternative splicing에 의해 생성되는 각각의 isoform들은 보통 세포의 종류에 따라서 각기 다르게 발현된다.

5.5 tRNA에 의한 mRNA의 해독(Decoding)

우리가 3장에서 공부한 바와 같이, 아미노산의 배열의 순서는 단백질의 3차 구조와 활성을 결정한다. 번역(translation)은 mRNA의 nucleotide 서열을 주형으로 사용해서, 아미노산들을 정해진 순서대로 연결시켜 정확한 polypeptide chain을 만드는 전체 과정을 말한다(그림 5-1, 단계 3 참조). 진핵세포의 경우, 단백질의 합성은 cytoplasm에서 이루어지고, 여기에 세 가지 유형의 RNA 분자들이 함께 모여 서로 다르지만 협동적인 작용을 수행한다(그림 5-29).

1. Messenger RNA (mRNA)는 DNA에서 전사(transcription)된 선형(linear)으로 된 정보를 갖고 있다. mRNA는 **codon**이라고 하는 3개의 nucleotide의 서열이 한 묶음(set of 3 nucleotide sequence)으로서 읽혀지며, 각 묶음(set)은 특정 아미노산을 지정한다.

2. Transfer RNA (tRNA)는 mRNA에 있는 codon을 해석하는 열쇠이며, 3개의 RNA 염기와 특정 아미노산을 연결하는 adaptor로 작용한다. 각각의 아미노산은 자기 자신과 연결된 tRNA의 subset들을 가진다. tRNA는 아미노산과 공유결합으로 연결되어 있는데, mRNA 상에서 해당하는 codon이 읽혀질 때 이 위치로 호출되고, 합성되고 있는 polypeptide chain의 말단으로 아미노산을 전달한다. 각각의 tRNA 분자는 mRNA의 codon과 염기쌍을 이루는 상보적인 three-nucleotide sequence, 즉 **anticodon**을 가지고 있기 때문에 정확한 tRNA와 이와 연결된 아미노산이 polypeptide chain의 합성 단계에서 선택될 수 있다.

3. Ribosomal RNA (rRNA)는 여러 단백질들과 함께 결합하여 ribosome (리보솜)을 형성한다. 이렇게 만들어진 복합체 구조(complex structure)는 mRNA의 codon과 tRNA의 anticodon이 정렬되는 일련의 과정이 잘 일어날 수 있도록 구조적 지지대(scaffold)의 역할을 한다. Ribosome은 또한 tRNA들이 각기 수송하는 아미노산들이 peptide bond로 연결되어 polypeptide chain이 되는 과정을 촉매한다. Ribosome은 하나의 large subunit과 하나의 small subunit으로 구성되어 있으며, 이들 각각은 한 가지 이상의 rRNA를 포함하고 있다.

모든 유기체(organism)에서 이 세 가지 RNA 분자들이 단백질 합성에

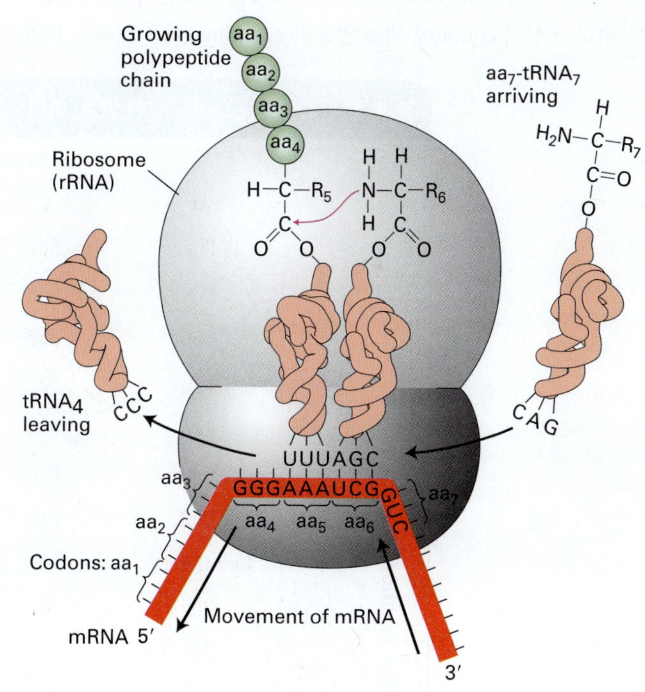

그림 5-29 단백질 합성에서 RNA의 세 가지 역할. Messenger RNA (mRNA)는 연결 기능(joint action)을 갖는 transfer RNA (tRNA)와 함께 여러 종의 단백질 및 두 가지 주요 ribosomal RNA (rRNA) 분자(그림에는 없음)로 구성된 ribosome에 의해서 단백질로 번역(translation)된다. tRNA anticodon과 mRNA의 상보적인 codon 사이의 염기쌍을 주목하라. 들어오는 aa-tRNA의 amino-group N과 길어지고 있는(growing) 단백질 사슬의 carboxy-terminal C 사이에 생기는 peptide bond의 형성은 rRNA 중 하나에 의해 촉매된다. aa = amino acid; R = side group. 이 그림은 tRNA와 ribosomal subunit에 대한 간소화된 그림임에 유의할 것. 실제의 구조는 그림 5-32b와 5-35에 있음.

관여한다. 이번 절에서 우리는 tRNA에 의한 mRNA의 해독(decoding)과 이들 RNA 분자들의 구조가 각기 갖고 있는 특정 기능과 어떻게 연관되는 지에 대해 중점적으로 알아볼 것이다. 다음 절에서는 ribosome과 다른 RNA 분자들 그리고 단백질 인자(factor)들이 어떻게 함께 단백질을 합성하는지 알아볼 것이다. 번역(translation)은 단백질 합성에 필수적인 과정이므로, 보통 이 두 가지 과정을 구분 없이 사용하며, 번역이라 하면 단백질 합성을 의미한다. 하지만, 번역 과정 자체에 의해 만들어진 polypeptide는 완성된, 즉 기능을 할 수 있는 단백질이 되기 위해 post-translational folding과 그 밖의 다른 변화(예, chemical modification, 다른 chain과의 결합)를 거쳐야 한다(3장 참조).

Messenger RNA는 DNA의 Three-Letter Genetic Code (세 개의 글자로 이루어진 유전 암호) 정보를 갖고 있다

위에서 언급했듯이, 세포가 사용하는 genetic code (유전 암호)는 *triplet* code, 즉 three-nucleotide sequence 혹은 codon으로, mRNA의 특정 시작 위치에서부터 읽혀진다. Genetic code에는 64개 ($4 \times 4 \times 4 = 64$)의 사용 가능한 codon이 있고, 이 중 61개는 각각의 아미노산을 암호화하며, 나머지 3개는 stop codon이다. 표 5-1은 대부분의 아미노산이 적어도 하나 이상의 codon에 의해 암호화(encoding)되고 있음을 보여 준다. 오직 methionine과 tryptophan만 하나의 codon을 가진다. 반면에, leucine, serine, 그리고 arginine은 6개의 다른 codon에 의해 암호화(coding)된다. 같은 아미노산을 지정하는 다른 codon들을 서로 *synonymous* (동의어)하다고 한다. 특정 아미노산이 여러 개의 codon에 의해 암호화될 수 있으며, 이러한 code를 *degenerate*하다고 한다.

원핵세포나 진핵세포 모두 methionine을 시작으로 polypeptide chain이 합성된다. 박테리아의 경우, formyl group이 methionine의 amino group에 붙어 있는 특수화된 형태의 methionine이 이용된다. 대부분의 mRNA의 경우, 이러한 amino-terminal methionine을 암호화하는 *start* (*initiator*) *codon*은 AUG이다. GUG가 initiator codon으로 사용되는 경우가 박테리아에서 소수 발견되었고, 진핵세포의 경우도 CUG가 methionine의 initiator codon으로 사용되기도 한다. 대부분의 세포에서 UAA, UGA, UAG의 세 가지 codon은 아미노산을 암호화하지 않고, 대신 polypeptide chain의 carboxyl terminus를 나타내는 *stop* (*termination*) *codon*을 구성한다. 특정 start codon으로부터 stop codon까지 진행되는 codon의 서열(sequence)을 **reading frame**이라고 한다. mRNA에는 이렇게 3개로 이루어진 ribonucleotide의 그룹이 정확하게 선상(linear)으로 정렬되어 있어서 이에 해당하는 아미노산 서열이 정확하게 특정되고, 이를 통해 선형(linear)의 polypeptide chain을 생산된다. 또 이 정보에 의해 polypeptide chain 합성의 시작과 종결이 결정한다.

표 5-1 • Genetic Code (유전 암호; 아미노산을 지령하는 codon들)*

First position (5′ end)	Second position: U	C	A	G	Third position (3′ end)
U	Phe	Ser	Tyr	Cys	U
	Phe	Ser	Tyr	Cys	C
	Leu	Ser	Stop	Stop	A
	Leu	Ser	Stop	Trp	G
C	Leu	Pro	His	Arg	U
	Leu	Pro	His	Arg	C
	Leu	Pro	Gln	Arg	A
	Leu (Met)*	Pro	Gln	Arg	G
A	Ile	Thr	Asn	Ser	U
	Ile	Thr	Asn	Ser	C
	Ile	Thr	Lys	Arg	A
	Met (Start)	Thr	Lys	Arg	G
G	Val	Ala	Asp	Gly	U
	Val	Ala	Asp	Gly	C
	Val	Ala	Glu	Gly	A
	Val (Met)*	Ala	Glu	Gly	G

*AUG is the most common initiation codon; GUG usually codes for valine; and CUG for leucine, but rarely these codons can also code for methionine to initiate a protein chain.

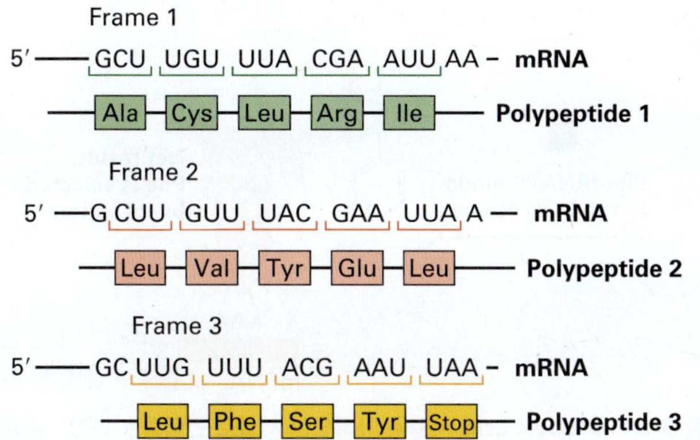

그림 5-30 mRNA 서열 상의 세 가지 가능한 reading frame. 위에 표시된 mRNA 서열의 번역이 2개의 다른 upstream start site (그림에 표시되지 않음)에서 시작된다면, 3개의 겹치는 reading frame이 가능하다. 이 예에서 codon이 오른쪽으로 하나의 염기만큼 이동한 것이 중간의 묘사된 frame이고, 오른쪽으로 2개의 염기만큼 이동한 것이 가장 아래쪽의 세 번째 frame이며, 각각 stop codon에서 종결된다. 그 결과, 같은 nucleotide 서열임에도 번역 과정을 통해서 다른 아미노산을 지정하게 된다. 주어진 mRNA 서열에 대한 올바른 reading frame은 일반적으로 stop codon에 의해 방해받지 않는 가장 긴 open reading frame으로 쉽게 식별될 수 있다.

Genetic code 표가 유용한 것은, mRNA의 서열을 통해 단백질의 아미노산 서열(amino acid sequence)을 추론할 수 있다는 점이다. Genetic code는 연속적이고 중복되지 않는 triplet code이며, codon 사이에 경계가 없기 때문에 각각의 mRNA는 이론상으로 세 가지 다른 reading frame으로 번역될 수 있다(그림 5-30). 일단 mRNA의 서열을 알게 되면(주로 DNA의 유전자 부위의 서열을 통해 정보를 알 수 있음), 3개의 가능한 reading frame 중에서 어느 것이 선택되어 ribosome에서 단백질의 서열로 번역되는지 알아야 한다. 이는 원리적으로 보면, translation의 시작 코돈인 AUG codon을 찾는 것으로 가능하다. 그렇지만, 실제적으로는 정확한 initiation codon을 찾는 과정에서 오류가 발생할 수 있으므로, 가장 많이 사용되는 방법은 가장 긴 **open reading frame**을 찾는 것을 통해 이루어진다. 이 접근법은 stop codon이 64개 중 3개이므로, 이것이 무작위 적으로 나타나게 될 산술적 확률에 근거하면, 부정확한(incorrect) reading frame에 의해서는 중간 중간에 stop codon들이 들어가 짧은 (평균적으로 20 아미노산 정도 되는) 단백질이 만들어지게 된다는 것이다. 따라서, mRNA의 reading frame은 복수의(multiple) stop codon으로 구성되는 2개의 reading frame과 stop codon에 의해 막히지 않는 1개의 long open reading frame을 갖게 될 것이고, 이러한 long open reading frame에 의해 단백질이 암호화된다는 것이다.

위와 관련된 genetic code의 사용의 또 다른 예는, 유전자에 발생한 돌연변이가 이 유전자에 의해 암호화되는 단백질에 미치는 영향에 대해서 추론하는 것이다. 다양한 가능성의 예를 보기 위해, 단백질의 coding의 한 가운데 위치에 있는 serine codon UCG의 돌연변이를 생각해보자. G → A 돌연변이는 UCA codon을 만들고, 이는 역시 serine을 만드는데, 이런 경우 *synonymous mutation*이라고 하며, 단백질의 기능에 어떤 영향도 주지 않을 것이라 예상할 수 있다. 그러나 C → U 돌연변이는 UUG codon을 만들고, 이는 leucine을 만든다. 이는 *missense mutation*이라고 하며, 이는 이 serine이 단백질에서 얼마나 중요한 위치에서 역할을 하고 있었는지에 따라서 단백질의 기능에 미치는 영향이 달라질 것이다. 또 다른 가능한 예로, C → A 돌연변이가 일어나면 UAG codon이 되고, 이는 stop codon이 된다. 이는 *nonsense mutation*이라고 하며, 단백질의 합성을 미리 종료시켜 버리기 때문에 대부분의 경우 단백질의 기능 상실을 일으키게 될 것이다. 마지막으로, 하나 또는 2개의 염기를 더하거나 빼면 reading frame이 바뀐다. *Frameshift mutation*으로 알려진 이러한 서열의 변화는 뒤죽박죽된(scrambled) 아미노산 서열과 함께 단백질의 조기 종료(early termination)가 발생하는 결과로 이어질 것이다. 이러한 frameshift mutation이 coding sequence의 종료지점 근처에서 일어나지 않는 한, 이 돌연변이는 단백질의 완전한 기능 상실을 초래할 것이다.

표 5-1의 genetic code는 대부분의 알려진 유기체(organism)에서 각각 codon의 의미가 동일하기 때문에 *universal code*라고 알려져 있으며, 지구 상의 생명체들이 동일한 진화를 겪었음을 지지해 주는 강력한 증거가 된다. 20개의 아미노산은 61개의 sense codon에 무작위적으로 분포하지 않으며, 이러한 universal code의 기본 구조는 optimal code가 어떻게 진화했는지에 대한 단서를 제공한다. Code를 전체적으로 볼 때 나타나는 가장 두드러진 패턴은 첫 번째 또는 세 번째 위치에서 하나의 pyrimidine을 다른 pyrimidine (C → U 또는 U → C)으로 바꾸거나 하나의 purine을 다른 purine (G → A 또는 A → G)으로 바꾸거나 했을 때, synonymous codon이 되거나 혹은 화학적으로 유사한 특성을 가진 아미노산의 codon이 된다는 것이다. 5.3절에서 보았듯이, 이러한 종류의 서열의 변화는 DNA 복제 중에 가장 빈번하게 발생할 수 있는 오류이다. Code는 DNA에서 가장 일반적인 유형의 돌연변이가 단백질의 아미노산 서열(amino acid sequence)에 대해 미칠 수 있는 유해한 영향을 최소화하게끔 진화했다.

tRNA의 접힘 구조(Folded Structure)는 자신의 해독 기능(Decoding Function)을 촉진한다

정보를 실어 나르는(Information-carrying) polymer라고 할 수 있는 두 분자인 DNA와 mRNA는 방대한 수의 동일하지 않은(different) 서열을 수용할 수 있는 유연성(flexibility)을 가지고서 기능을 수행한다. 반면에, tRNA는 tRNA 분자가 그들의 기능에 중요한 3차원 구조로 접힐 수(folding) 있도록 특정하게 고정(fix)되어진 서열을 가지고 있다. 단백질 합성에 참여하기 위해서, tRNA 분자는 고에너지 결합에 의해 특정한 아미노산과 화학적으로 연결되어 **aminoacyl-tRNA** (그림 5-31)를 형성해야 한다. *Aminoacyl-tRNA synthetase*라고 불리는 효소는 주어진 tRNA에 올바른 아미노산을 첨가하는 역할을 하며, 설명되는 바와 같이 tRNA의 독특한 구조를 인식함을 통해 이를 수행한다. 번역의 과정 중에, aminoacyl-tRNA는 ribosome 및 기타 단백질 인자와 상호작용하게 되는데, 이를 통해 이 분자의 anticodon 서열 부분이

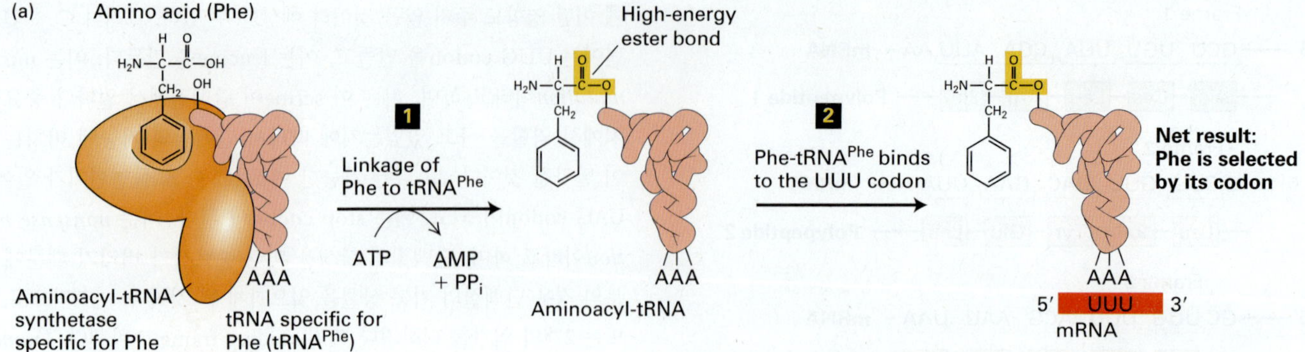

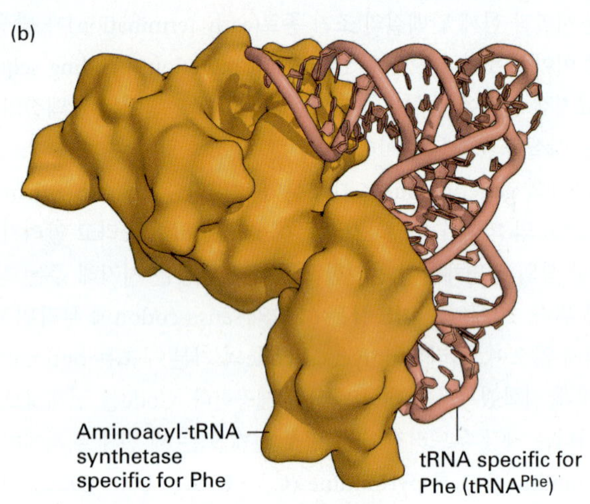

그림 5-31 Nucleic acid 서열을 아미노산 서열로 번역하는 과정. (a) mRNA의 nucleic acid 서열을 단백질의 아미노산 서열로 번역하는 과정은 두 단계로 이루어져 있다. 단계 **1**: Aminoacyl-tRNA synthetase가 대응하는 tRNA의 말단에 있는 adenosine의 2′ 혹은 3′ hydroxyl 중 하나에 고에너지 ester bond (노란색)를 통해 특정 아미노산과 결합한다. 단계 **2**: tRNA에 있는 3개의 nucleotide 서열(anticodon)은 아미노산을 지정하는 mRNA의 codon과 염기쌍을 형성하고, 이런 식으로 tRNA와 결합된 상태의 아미노산을 특정(specify)한다. 만약 이 둘 중 어느 단계에서든지 오류가 발생하면 잘못된 아미노산이 polypeptide chain으로 병합될 수도 있다. Phe = phenylalanine. (이 그림은 $tRNA^{Phe}$에 대한 간소화된 그림이며, 실제적인 구조는 그림 5-32b에 있음.) (b) 사람의 Phe를 위한 mitochondrial aminoacyl-tRNA synthetase가 $tRNA^{Phe}$와 이룬 구조의 분자 모델. [Data from L. Klipcan et al., 2012, *J. Mol. Biol.* **415**:527, PDB ID 3tup.]

mRNA의 codon과 염기쌍(base pair)으로 적절하게 결합된다. 이러한 모든 상호작용은 tRNA의 접힘 구조(folded structure)에 의존한다(그림 5-29 참조).

30–40종의 tRNA들이 박테리아 세포에서 밝혀졌으며, 동물과 식물 세포에서는 그보다 더 많은 50–100종의 tRNA들이 확인되었다. 즉, 대부분 세포에서 tRNA의 수는 단백질 합성에 사용되는 아미노산의 수(20가지)보다 많지만, genetic code에서 amino acid codon의 수(61가지)보다는 적다. 따라서 많은 아미노산들은 그들이 결합할 수 있는 tRNA를 적어도 하나 이상씩 가지고 있다(이 사실로서 아미노산들보다 더 많은 tRNA들이 어떻게 존재할 수 있는지를 설명할 수 있다). 더욱이 많은 tRNA들은 하나 이상의 codon과 쌍을 이룰 수 있다(이는 어떻게 tRNA보다 codon의 수가 더 많을 수 있는지에 대해 설명해 준다).

70–80 nucleotide 길이의 tRNA 분자는 처음에 tRNA 유전자에서 전사에 의해 형성된다. 정확한 3차원 구조와 기능을 가진(functional) tRNA 분자로의 primary transcript의 maturation (성숙)은 3단계로 일어난다. 첫 번째 단계는 특정 염기의 화학적(chemical) modification인데, inosine, dihydrouridine, 그리고 pseudouridine 같은 비표준적(nonstandard) nucleotide를 생성한다. 곧 알게 되겠지만, 이렇게 modified되어진 염기 중 일부는 단백질 합성에 중요한 역할을 하게 된다. 두 번째 단계는 2차원으로 봤을 때 클로버 잎과 유사한 형태를 생성하기 위해 한 tRNA 분자 안의 segment (부분) 간에 역평행 배열이 형성되고 상보적 염기쌍이 형성되는 과정이다(그림 5-32a). 짧은 이중나선을 만드는 4개의 segment들은 Watson-Crick 염기쌍에 의해 그 구조가 안정화되지만, G·U와 같은 비표준적 염기쌍(nonstandard base pair)도 DNA보다 훨씬 덜 균일한(uniform) tRNA의 나선 구조에 의해서는 수용될 수 있다. 4개의 나선(helical) stem (줄기) 중 3개는 끝 부분에 7 혹은 8개의 염기를 포함하는 loop들로 되어 있으며, 나머지 loop를 만들지 않는 stem 하나는 chain의 양쪽 끝 부분이 free 3′ 말단과 free 5′ 말단으로 남아 있다. Anticodon을 구성하는 3개의 nucleotide는 middle loop의 중앙에 위치하고 있어서 codon-anticodon 염기쌍 형성이 쉽게 일어날 수 있게끔 접근이 용이하도록 되어 있다. 모든 tRNA에서, loop를 이루지 않는 아미노산 *acceptor stem*의 3′ 말단에는 CCA 서열이 있는데, 이것은 대부분의 경우 tRNA의 합성과 processing이 끝난 뒤 더해진다. 마지막으로, 첫 번째와 세 번째 loop는 3차원으로 볼 때 작은(compact) L자 모양의 구조를 형성하기 위해서 염기쌍의 형태로 결합된다. anticodon loop와 acceptor stem은 접혀진(folded) tRNA 분자의 말단을 형성한다(그림 5-32b).

Codon과 Anticodon 사이에는 가끔 비표준적 염기쌍(Nonstandard Base Pairing)이 생긴다

만약 codon과 anticodon 사이에 완벽한 Watson-Crick 염기쌍이 항상 요구된다면, 세포는 정확하게 61종의 서로 다른 tRNA 종류만을 가져야 하며, 아미노산을 지정하는 각각의 codon은 하나씩만 존재하여야 한다. 그러나 위에서 언급했듯이, 세포는 61종 이하의 tRNA들을 가진다. 이 적은 수에 대한 해답은 하나의 tRNA anticodon이 주어진 아미노산에 대응하는 하나 이상의 codon을 인식하는 능력에 달려 있다. 이러한 폭

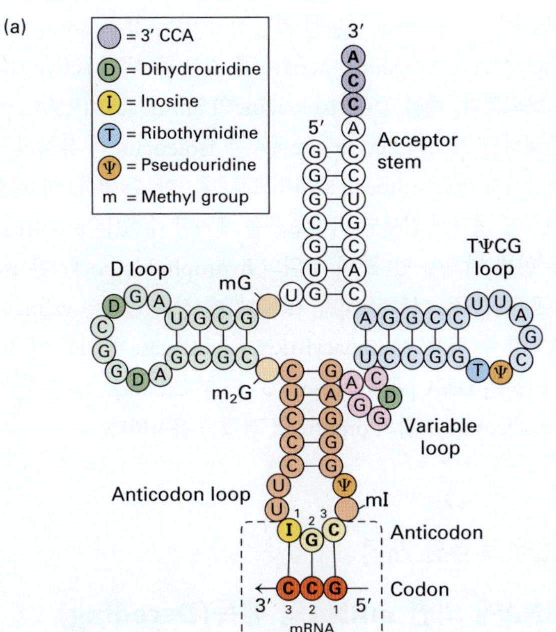

그림 5-32 tRNA의 구조. (a) 비록 tRNA들 사이에 nucleotide chain이 다를 수 있지만, 이들은 모두 염기쌍을 형성하는 4개의 stem들과 3개의 loop로 접힌다. 3′ 말단의 CCA 서열도 모든 tRNA에서 발견된다. 3′ A에 대한 아미노산의 결합은 aminoacyl-tRNA를 만들어낸다. 대부분의 tRNA에서 A, C, G, U 잔기들 중 일부는 전사 이후에 변형(modify)된다(key를 참조). Dihydrouridine (D)은 D loop에 거의 항상 존재한다. 마찬가지로, ribothymidine (T)과 pseudouridine (ψ)은 거의 항상 TψCG loop에 존재한다. 여기에 나타낸 효모의 alanine tRNA도 다른 변형된 염기들을 가지고 있다. Anticodon loop의 끝(tip) 쪽에 있는 triplet은 mRNA의 상응하는 codon과 염기쌍을 이루고 있다. R. W. Holly et al., 1965, *Science* **147**:1462 참조. (b) 모든 tRNA들의 일반적인 뼈대에 해당하는 3차원 모델. 분자의 L 형태에 주목하라. [Part (b) Data from J. G. Arnez and D. Moras, 1997, *Trends Biochem. Sci.* **22**:211, PDB ID 1vtq.]

넓은 인식은 소위 *wobble* position [mRNA codon의 세 번째(3′) 염기와 이것에 상응하는 tRNA anticodon의 첫 번째(5′) 염기를 말한다]라고 하는 염기에서 비표준적 염기쌍(nonstandard base pairing)이 형성될 수 있기 때문에 일어난다.

Codon의 첫 번째와 두 번째 염기는 거의 항상 각각에 상응하는 anticodon의 세 번째와 두 번째 염기들과 표준적인 Watson-Crick 염기쌍을 형성하지만, wobble position에 있는 염기와는 네 가지의 비표준적인 상호작용(interaction)을 할 수 있다. 특히 중요한 것은 codon과 anticodon의 3개의 염기 간의 RNA-RNA 이중나선이 형성되는 부위에서 표준적인 G·C pair 만큼이나 구조적으로 잘 맞는 G·U 염기쌍이다. 따라서 첫 번째(wobble) 위치에 G를 가지는 tRNA의 anticodon은 세 번째 위치에 pyrimidine (C 혹은 U)을 가지는 2개의 상응하는 codon과 염기쌍을 형성할 수 있다(그림 5-26 참조). 일례로, phenylalanine codon인 UUU와 UUC (5′ → 3′)는 둘 다 anticodon으로서 GAA (5′ → 3′)를 가지고 있는 tRNA에 의해 인식된다. 사실, 어느 두 codon이 NNPyr (N = 모든 base; Pyr = pyrimidine) 타입을 가지면 동일한 아미노산을 암호화(encode)하게 되며, anticodon의 첫 번째 (wobble) 위치에 G를 갖는 tRNA에 의해서 해독(decode)된다.

Adenine은 anticodon wobble position에서 거의 발견되지 않지만, adenine의 deaminated (탈아미노화된) 산물인 inosine (I)이 동물과 식물 tRNA의 wobble position에 상당히 많이 존재한다. Inosine은 A, C, U와 비표준적 염기쌍(nonstandard base pairing)을 형성할 수 있으므로, wobble position에 inosine을 가지는 tRNA는 세 번째(wobble) 위치에 A, C, U를 가지는 상보적인 mRNA codon들을 인식할 수 있다(그림 5-33 참조). 이런 이유로, inosine을 가지고 있는 tRNA는 단일 아미노산을 지정하는 유사한 codon들의 번역에 많이 사용된다. 예를 들어, leucine을 지령하는 6개의 codon 중 4개(CUA, CUC, CUU, UUA)는 모두 anticodon 3′-GAI-5′을 가지고 있는 동일한 tRNA에 의해서 인식된다. Wobble position의 inosine은 위의 4개의 codon과 세 번째 염기에서 비표준적 염기쌍을 형성한다.

아미노산은 cognate (상응하는) tRNA와 매우 높은 정확도로 연결된다

특정 tRNA가 아미노산을 지정하는 하나의 codon 또는 여러 개의 codon들을 인식하는 단계는 사실 유전적 정보가 번역되는 두 번째 단계이다. 적절한 아미노산이 tRNA에 결합하는 첫 번째 단계는 특이적인 aminoacyl-tRNA synthetase에 의해서 촉진된다. 20개의 다른 synthetase 각각은 *one* (하나의) 아미노산과 결합하며, 또한 그것과 적합한, 즉 *cognate* (상응하는) tRNA들 *all* (모두)을 인지한다. 이렇게 연결(coupling)하는 효소는 ATP가 필요한 반응을 통해서 tRNA 분자의 3′ 말단에 있는 adenosine의 free 2′ hydroxyl group 혹은 3′ hydroxyl group에 아미노산 하나를 결합시킨다. 이 반응에서, 아미노산은 고에너지 결합에 의해서 tRNA와 연결되므로 이러한 아미노산을 *activated*되

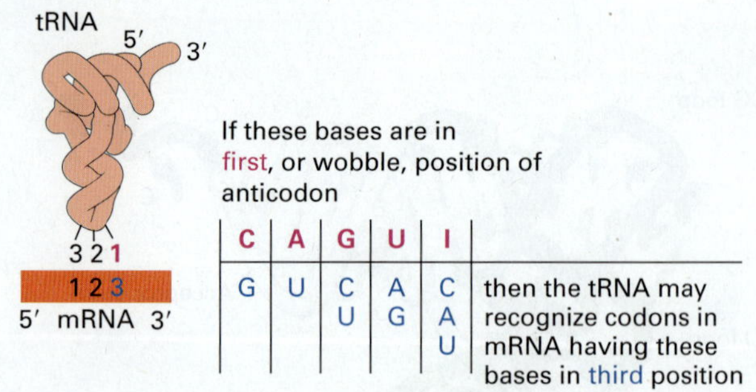

그림 5-33 Wobble position에 있는 비표준적 염기쌍(nonstandard base pairing). mRNA codon의 세 번째(혹은 wobble) 위치에 있는 염기는 종종 tRNA anticodon의 첫 번째(혹은 wobble) 위치의 염기와 비표준적인 염기쌍을 형성한다. 한 가지 종류의 동일한 아미노산만을 갖고 있는 tRNA일지라도, Wobble pairing을 통해 tRNA가 하나 이상의 mRNA codon을 인식하게 된다. Wobble position에 I (inosine)을 갖고 있는 tRNA는 세 가지 다른 codon들을 "읽을"(염기쌍을 형성해서) 수 있고, wobble position에 G 혹은 U를 가지는 tRNA는 두 가지의 codon들을 읽을 수 있다. A는 이론적으로 anticodon의 wobble position에 존재하는 것이 가능하지만, 자연 상태에서는 거의 발견되지 않는다. (이것은 간소화된 tRNA의 그림이다. 실제적인 tRNA의 구조는 그림 5-32b 참조.)

었다고 말한다. 이 결합 에너지는 polypeptide chain의 신장(growing) 과정에서 인접한 아미노산들 간의 peptide bond를 형성하는 데 이용된다. Aminoacylation reaction의 동적 평형(equilibrium)은 고에너지 phosphoanhydride bond가 가수분해되고 pyrophosphate가 방출되는 과정을 통해서 추가적으로 촉진되는데, 이로 인해 아미노산의 활성화 쪽으로 반응이 더 진행된다(그림 5-31a 참조).

각각의 aminoacyl-tRNA synthetase는 아미노산과 이에 상응하는 cognate tRNA라는 두 가지 기질(substrate)을 인식해야 한다. tRNA charging에서 발생하는 모든 오류(error)는 번역의 치명적 결과를 유발할 수 있으며, 따라서 aminoacyl-tRNA synthetase는 높은 정확도(fidelity)를 갖도록 진화하여 tRNA charging은 약 10^4번의 한 번 정도의 오류율을 가진다. 예상한 바와 같이, 대부분의 aminoacyl-tRNA synthetase는 anticodon loop와의 상호작용을 통해 tRNA를 인식한다. 그러나 여러 개의 codon이 있는 아미노산의 경우, 모든 cognate tRNA에 공통적인 다른 특징들이 효소의 구체적인 인지(recognition)에 기여한다. 극단적인 경우, *E. coli*에서 alanine에 대한 4개의 tRNA는 이들의 anticodon loop가 효소가 기질을 인식하는 데 전혀 기여하지 않는다. 대신에, 4개의 tRNA들은 acceptor stem에 고유한 G·U 염기쌍을 가지는데, 이 부분이 상응하는 aminoacyl-tRNA synthetase에 의해 특이적으로 인식될 때 사용된다. 또한, 구조적으로는 유사하지만 기질이 아닌(incorrect) tRNA의 경우, 이들 안에 있는 특정 염기서열에 때문에 효소와의 결합이 억제된다. 따라서 올바른 tRNA의 인지는 얼마나 올바른 상호작용(positive interaction)이 잘 일어나는지 그리고 얼마나 결합을 방해하는 상호작용(negative interaction)이 적은지에 달려 있다.

Aminoacyl-tRNA synthetase에 의한 tRNA의 charging 오류의 두 번째 원인은 잘못된 아미노산의 선택이다. 구조적으로 매우 유사한 아미노산에 의해 mischarge될 가능성이 있는 경우, aminoacyl-tRNA synthetase는 *proofreading* activity를 갖는 두 번째 active site를 갖도록 진화되었다. 예를 들어, isoleucine의 aminoacyl-tRNA synthetase에 존재하는 효소의 active site에서는 isoleucine과 유사하지만 하나의 메틸기가 없는 valine을 효과적으로 제거할 수 없다. 이 효소의 경우 $tRNA^{Ile}$에 첨가된 잘못된 아미노산을 제거할 수 있는 proofreading site가 두 번째 위치에 있다. 이 부위의 hydrophobic pocket은 isoleucine을 수용하기에는 너무 작지만, $tRNA^{Ile}$에 잘못 연결된 valine은 수용하고 제거할 수 있다. Aminoacyl-tRNA synthetase에 의한 이러한 proofread 기전은 DNA polymerase의 3′ → 5′ exonuclease 활성에 의한 잘못된 nucleotide 결합의 proofread 과정과 유사하다.

5.5절의 주요 개념

tRNA에 의한 mRNA의 해독(Decoding)

- 유전 정보는 DNA로부터 중첩되지 않는(non-overlapping) degenerate triplet의 암호 형태로 번역(translation)된다.
- 각각의 아미노산은 mRNA에 하나 이상의 3개 단위로 된 nucleotide 서열(codon)로 암호화되어 있다. 각각의 codon은 하나의 아미노산을 지정하지만, 대부분의 아미노산은 여러 개의 codon에 의해서 암호화된다(표 5-1 참조).
- Methionine에 해당하는 AUG codon은 단백질 사슬의 amino-terminus에 아미노산을 지정하는 가장 일반적인 start codon이다. 세 가지 codon (UAA, UAG, UGA)은 stop codon으로 기능을 하며 특정 아미노산을 지정하지는 않는다.
- 주어진 mRNA 서열의 번역에는 세 가지 가능한 reading frame이 있다. 단백질을 암호화하는 서열은 stop codon에 의해 중단되지 않는 long open reading frame으로 식별될 수 있다.
- Genetic code는 단백질 서열에서 선형(linear)의 아미노산 서열을 알아내고 암호화된 단백질에 대한 돌연변이의 영향을 추론하는 데 사용될 수 있다.
- 모든 tRNA는 특정 아미노산의 결합을 위한 acceptor stem과 그것의 끝 부분에 3개의 염기의 anticodon을 가지는 stem-loop 구조를 포함하는 3차원 구조를 가진다(그림 5-32 참조). Anticodon은 mRNA에서 그에 상응하는 codon과 염기쌍을 이룰 수 있다.
- 비표준적 상호작용(nonstandard interaction) 때문에, tRNA는 하나 이상의 mRNA codon과 염기쌍을 형성할 수 있다. 반대로, 특정 codon은 여러 개의 tRNA들과 염기쌍을 형성할 수 있다. 하지만 적합한 아미노산만이 신장되는(growing) polypeptide chain에 붙게 된다.
- 20개의 aminoacyl-tRNA synthetase 각각은 단일의 아미노산을 인식하며, 같은 계열의(cognate) tRNA와 아미노산을 공유결합으로 결합시킨다(그림 5-31 참조). 이 반응은 아미노산을 활성화(activation) 시켜서 peptide 결합 형성에 참여할 수 있게 한다.

5.6 리보솜(Ribosome)에서 일어나는 단백질의 순차적인 합성(Synthesis)

앞의 절에서는 단백질 합성의 주요 인자들, 즉 mRNA와 aminoacyl-tRNA를 보았다. 이번 절에서는 먼저 단백질 합성의 3번째 중요한 기구인 rRNA를 포함하고 있는 ribosome에 대하여 알아본다. 그리고 위의 세 가지 인자들이 함께 모여서 ribosome에서 polypeptide chain이 어떻게 만들어지는지 그 생화학적 과정에 대해 상세히 살펴볼 것이다. 번역(translation)의 복잡한 과정은 순서대로 3단계, 즉 initiation (개시), elongation (신장) 그리고 termination (종료)로 이어진다. 우리는 진핵세포에서 번역의 과정에 대해 초점을 두고 설명할 것이지만, 번역의 메커니즘은 근본적으로 모든 세포에서 동일하다.

Ribosome은 단백질 합성 기계(Protein Synthesizing Machine)이다

간단히 말해서, ribosome은 두 가지 역할을 수행하는데, mRNA의 순차적인 codon에 aminoacyl-tRNA의 결합을 촉진하는 구조적 지지대(scaffold)의 역할과 elongation (신장)하는 polypeptide에서 peptide bond의 형성을 위한 peptidyl transfer reaction 반응을 촉매하는 효소의 역할을 한다. Ribosome은 세포에서 모든 단백질의 합성을 담당하며, 또한 세포 안에서 가장 많은 양으로 존재하는 RNA-protein 복합체(complex)라고 할 수 있다. Polypeptide의 elongation은 초당 3개에서 5개의 아미노산이 첨가되는 속도로 발생하므로 작은 단백질은 1분 이내에 생성될 수 있지만, 약 30,000개의 아미노산으로 구성된 근육 단백질인 titin과 같은 매우 큰 단백질이 형성되는 데는 2–3시간이 걸린다. 따라서 ribosome은 정확해야 하며, 오랫동안 일할 수 있는 지속성(persistent)이 있어야 한다.

전자현미경의 도움으로, ribosome은 많은 양의 단백질을 합성하는 세포에서 다량의 RNA를 가지고 있는 별개(discrete)의 작은(small) 입자(particle)로서 처음 발견되었다. 그러나 단백질 합성에서 그들의 역할은 상당히 순수한 ribosome의 표본을 얻을 때까지 인식되지 못했다. 순수한 ribosome 표본을 이용한 *in vitro* radiolabeling 실험을 통해서, 방사능(radioactive)으로 표지된 아미노산이 아직 완전한 단백질 합성이 완성되기 전에는 ribosome과 결합된 polypeptide 상에서 발견되었다.

박테리아, 고세균, 진핵생물의 ribosome은 서로 다르지만 ribosome의 구조와 기능이 매우 유사한데, 이로부터 살아 있는 세포를 구성하는 기본적인 요소들이 공통적으로 진화하였다는 것을 알 수 있다. Ribosome은 3개(박테리아와 고세균) 혹은 4개(진핵생물)의 서로 다른 rRNA와 80여개의 단백질로 구성되는데, 이들은 large subunit과 small subunit으로 이루어져 있다(그림 5-34와 표 5-2). Ribosomal subunit과 rRNA 분자의 크기는 일반적으로 표준 상태에서 용액에 떠있는 입자를 원심분리할 때 침전율을 측정하는 단위인 Svedberg 단위(S)로 나타내는데, 이는 기본적으로 logarithmic의 크기 측정 단위이다. 작은 ribosomal subunit은 *small rRNA*라고 하는 단일 rRNA를 포함하고 있으며, 큰 subunit은 *large rRNA* 분자 하나와 5S rRNA, 그리고 진핵생물의 경우 5.8S rRNA를 포함한다. rRNA 분자들의 길이와 각 subunit에 있는 단백질의 양, 그리고 전체적인 subunit의 크기는 박테리아와 진핵세포가 서로 다르다(표 5-2 참조). 조립된(assembled) ribosome의 크기는 박테리아가 70S이며, 척추동물(vertebrate)은 80S이다.

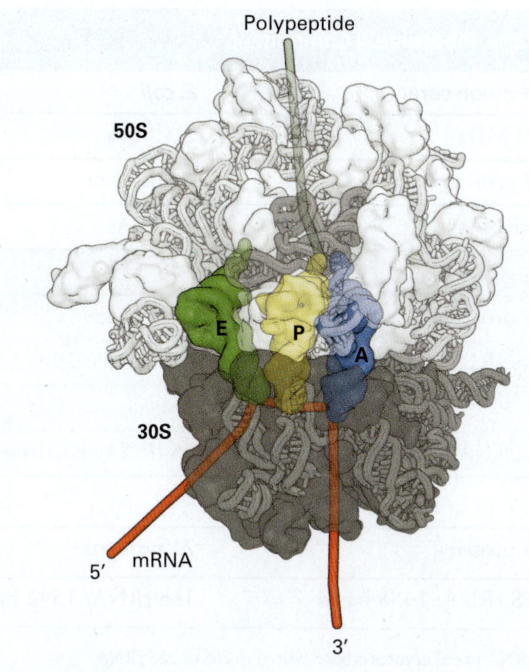

그림 5-34 박테리아의 ribosome 구조. 큰(50S) subunit과 작은(30S) subunit 사이의 접점을 따라 본 *Thermus thermophilus*의 ribosome 모델. 16S rRNA와 작은 small subunit의 단백질은 어두운 회색이다. RNA는 tube model로 묘사되어 있고, 단백질 표면이 표시되어 있다. 23S rRNA와 큰 subunit의 단백질은 옅은 회색이며, 5S rRNA는 회색의 중간 음영으로 표시되어 있다. Ribosome의 표면은 결합된 tRNA의 위치를 표시하기 위해 부분적으로 투명하게 표시되어 있다. Ribosomal 단백질은 주로 ribosome의 표면에 위치함을 주목하라. [Data from A. Korostelev et al., 2006, *Cell* **126**:1065–1077, PDB ID 4v4i.]

이제 우리는 여러 수천 종류의 유기체에서 small과 large rRNA의 서열을 알고 있다. 이러한 여러 유기체의 rRNA의 일차적인 염기 서열(primary nucleotide sequence)은 상당한 다양성을 보여주지만, 각 유형(type)의 rRNA의 동일한 부분은 내부적으로 염기쌍을 형성할 수 있는 상보적인 서열을 포함하고 있어, 모두 동일한 core (중심) 구조를 갖고 있음을 볼 수 있다. 모든 유기체들이 ribosome을 가지고 있기 때문에, rRNA 서열 간의 차이는 유기체 사이의 진화적 거리(evolutionary distance)를 결정하는 가장 신뢰할 수 있는 수단임이 입증되었다. 전체 게놈 서열(genome sequence)을 사용할 수 있는 오늘날에도, phylogenetic (계통학적) 비교는 일반적으로 각각의 rRNA 유전자의 서열 분석을 통해 먼저 이루어진다.

박테리아 및 효모 ribosome의 3차원 구조(그림 5-35 참조)와 고세균 ribosome의 large subunit은 x-ray crystallography (X-선 결정학)에 의해 밝혀졌다. 인간(그림 5-35d 참조)과 식물 ribosome의 구조는 또한 cryoelectron microscopy를 사용하여 관찰되었다. mRNA와 tRNA

표 5-2 • Ribosome의 Component

	Common core	*E. coli*	*S. cerevisiae*	Human
Ribosome	2.0 MDa	2.3 MDa	3.3 MDa	4.3 MDa
	34 proteins	54 proteins	79 proteins	80 proteins
	3 rRNAs	3 rRNAs	4 rRNAs	4 rRNAs
Large subunit		50S	60S	60S
	19 proteins	33 proteins	46 proteins	47 proteins
	23S rRNA: 2843 bases	23S rRNA: 2904 bases	25S rRNA: 3396 bases*	28S rRNA: 5034 bases*
			5.8S rRNA: 158 bases*	5.8S rRNA: 156 bases*
	5s rRNA: 121 bases	5S rRNA: 121 bases	5S rRNA: 121 bases	5S rRNA: 121 bases
Small subunit		30S	40S	40S
	15 proteins	21 proteins	33 proteins	33 proteins
	16S rRNA: 1458 bases	16S rRNA: 1542 bases	18S rRNA: 1800 bases	18S rRNA: 1870 bases

*5.8S rRNA in eukaryotes is base-paired to 25S or 28S rRNA.
Data from G. Yusupov and M. Yusupov, Ann. Rev. Biochem., 2014, 83:467.

가 결합하면서 peptide bond 형성이 촉매되는 부분인 common core의 rRNA의 구조는 세 가지 주요 생명계(three domain of life) 모두에서 유사하다. 그러나 고세균의 rRNA와 단백질은 박테리아 ribosome보다는 진핵생물의 ribosome과 더 유사하며, 이는 고세균이 공통 조상으로부터 나중에 갈라져 나왔음(divergence)을 반영한다(그림 1-1 참조). 대부분의 경우, 많은 종류의 ribosomal 단백질은 rRNA보다 훨씬 작고 ribosome의 표면과 결합되어 있다. Ribosome의 단백질 분자 수가 RNA 분자 수를 크게 초과하지만, RNA는 박테리아 ribosome의 약 60%, 사람 ribosome의 약 50%의 질량을 차지한다. 진핵생물의 ribosome은 일반적으로 박테리아의 ribosome과 유사하지만, 공통 핵심(common core) rRNA의 부분에 진핵생물 특이적인 RNA segment들이 더 추가 되어 있고, 또 더 많은 수의 단백질이 존재하기 때문에 더 크다(그림 5-35와 표 5-2 참조). 단백질 합성의 기본적인 측면은 세 가지 주요 생명계 모두에서 유사한 것으로 생각되지만, 나중에 논의될 진핵생물에서 번역(translation)이 개시(initiation)되는 과정은 더 복잡하고 추가적인 조절 메커니즘에 따른다.

가장 효과적인 항생제(antibiotics)의 target은, 박테리아 세포의 생존에 필수적인 생물학적 경로, 박테리아 세포와 포유류 세포에서 근본적으로 동일하지 않는(different) 경로를 target으로 한다.

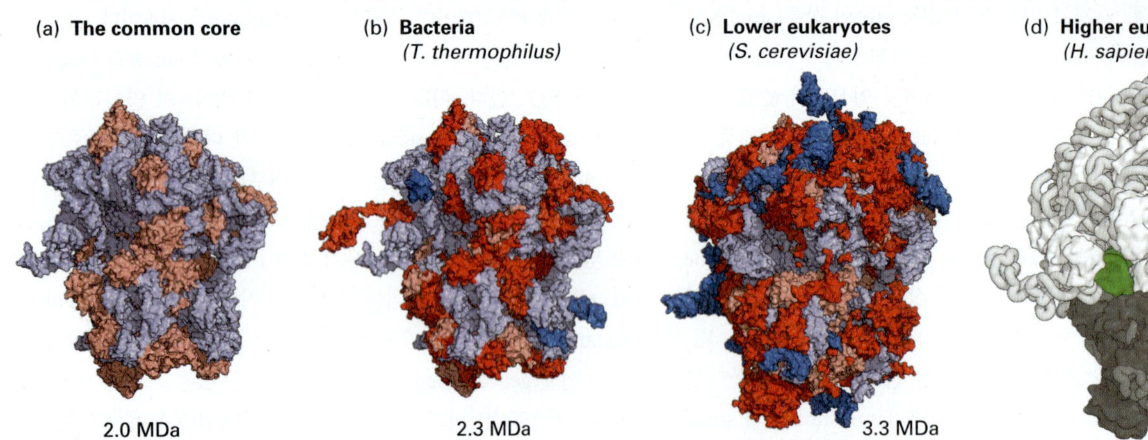
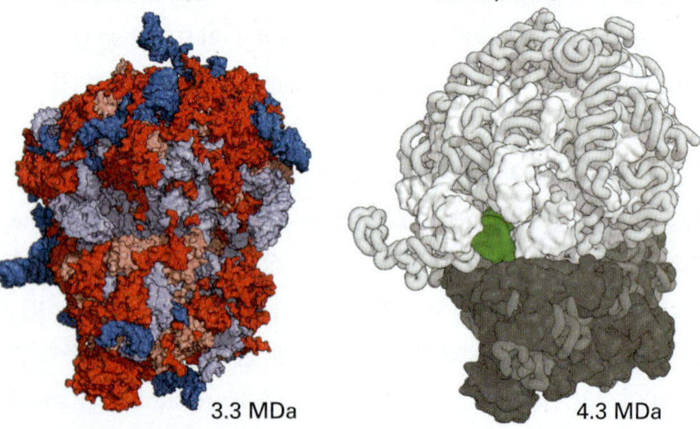

그림 5-35 모든 생명계와 박테리아, 효모, 인간 ribosome으로부터 ribosome의 중심에 있는 공통 core 구조의 비교. (a) Core structure의 RNA는 밝은 파란색으로, 모든 ribosome에 공통되는 단백질 domain은 분홍색으로 표시되어 있다. 일반적인 core 구조에 대해 추가된 부분은 RNA의 경우 짙은 청색으로 표시되고, *T. thermophilus* (b) 및 *S. cerevisiae* (c)의 ribosomal 단백질의 경우 빨간색으로 표시되어 있다. (d) 사람의 ribosome 구조의 전자현미경 사진. E site에서 볼 수 있는 tRNA는 녹색으로 표시되어 있다. [Parts (a, b, c) Data from G. Yusupova and M. Yusupov, 2014, *Annu. Rev. Biochem.* **83**:467; data for (d) from H. Khatter et al., 2015, *Nature* **520**:640; PDB ID 4ug0.]

Ribosome은 이 두 가지 기준을 모두 충족시키기 때문에 박테리아의 ribosome은 새로운 항생제 개발의 주요 target이 되어 왔다. Ribosome의 고해상도 구조 정보는 많은 항생제가 포유류 ribosome의 기능에는 영향을 미치지 않으면서 박테리아 단백질 합성을 억제하는 메커니즘에 대한 새로운 통찰을 제공한다. 이러한 통찰은 새로운 항생제의 설계와 합성에 중요한 단서를 제공하고 있다. 이러한 연구는 항생제 내성(resistant) 박테리아가 병원에서—자연적인 선택(positive selection)에 의해—점점 더 흔해지고 있기 때문에 더욱 절실하게 필요하다. ■

Methionyl-tRNA$_i^{Met}$은 AUG Start Codon을 인식한다

앞에서 언급했듯이, methionine에 대한 AUG codon은 대부분의 mRNA에서 start codon으로 작용한다. 번역 개시(translation initiation)에서 아주 중요한 부분은 start codon에서 단백질 합성이 시작되는 것인데, 이를 통해 전체 mRNA의 reading frame이 바르게(correct) 설정될 수 있게 된다. 박테리아와 진핵세포 둘 다 두 가지 다른 methionine tRNA를 가진다. 즉, tRNA$_i^{Met}$은 단백질 합성의 개시를 가능하게 하는 반면, tRNA^{Met}은 단백질 사슬(chain)이 합성되는 중간에 methionine을 끼워 넣을 때만 사용되고 번역 개시에는 관여하지 못한다. 같은 aminoacyl-tRNA synthetase (MetRS)가 methionine을 가진 이 두 가지 tRNA에 다 작용한다. 그러나 오직 Met-tRNA$_i^{Met}$ (tRNA$_i^{Met}$에 결합한 활성화된 methionine) 만이 polypeptide chain의 합성을 시작하는 small ribosomal subunit의 적합한 자리인 *P site*에 결합할 수 있다. 일반적인 Met-tRNA^{Met}를 비롯한 다른 아미노산이 붙어 있는(charged) 모든 tRNA는 나중에 설명할 또 다른 ribosomal site인 *A site*에 결합한다. tRNA는 공유결합으로 결합(covalently bound)된 아미노산을 신장(growing) 중인 polypeptide chain에 전달한 후 exit 또는 *E site*로 나간다.

번역 개시(translation initiation)는 보통 mRNA의 5′ 말단에서부터 첫 번째에 있는 AUG에서 발생한다

번역의 첫 번째 단계 동안, small 그리고 large ribosomal subunit은 mRNA를 중심으로 조립(assemble)되는데, 이때 Met-tRNA$_i^{Met}$이 ribosomal P site에서 start codon과 정확히 위치를 잡는다. 진핵세포에서 이 복합체의 조립은 **eukaryotic translation initiation factor (eIF)**로 알려진 특수한 단백질 세트에 의해 매개된다. 각 개별 구성요소가 복합체에 합류함에 따라 특정 eIF와의 상호작용에 의해 이후의 과정이 인도된다. 몇몇 initiation factor는 GTP에 결합하고, GTP를 GDP로 가수분해(hydrolysis)하는 것이 일종의 스위치(switch)로 작용해서, 조립(assembly) 과정이 질서정연하고 비가역적(irreversible) 방식으로 확실히 진행되도록 한다. GTP 가수분해는 본질적으로 비가역적인 단계이므로, 이 과정과 연결되는 것을 통해 일단 복합체가 만들어지면 안정화될 수 있게 된다.

그림 5-36은 척추동물(vertebrate)에서 번역 개시의 최근 모델을 보여주고 있다. 직전 번역(translation)을 마치고 다시 자유롭게 놓여진 large ribosomal subunit과 small ribosomal subunit은 서로 분리된 상태로 유지되는데, 이는 small ribosomal subunit (40S)에 eIF1, 1A, 3가 결합함으로써 유지될 수 있다(그림 5-36, 위쪽). 번역 개시(translation initiation)의 첫 단계는 *43S preinitiation* 복합체를 형성하는 것이다. Preinitiation 복합체는 eIF1, eIF1A, eIF3의 multisubunit으로 구성된 40S 복합체와 eIF5, 그리고 GTP와 결합한 eIF2, 그리고 Met-tRNA$_i^{Met}$로 구성된 ternary (셋으로 이루어진) 복합체가 서로 결합하여 43S preinitiation 복합체를 형성함으로써 완료된다(그림 5-36, 단계 **1**, **2**). Initiation factor eIF2는 GTP 혹은 GDP와 번갈아 결합하며, GTP와 결합하고 있을 때에만 Met-tRNA$_i^{Met}$과 결합할 수 있다. 세포는 GDP와 붙어 있는 eIF2의 serine residue를 인산화(phosphorylation)시켜서 단백질 합성을 억제할 수 있다. 인산화된(phosphorylated) 복합체는 GDP를 GTP로 바꿀 수 없고, 따라서 Met-tRNA$_i^{Met}$에 결합하지 못하여 단백질 합성을 억제하게 되는 것이다.

번역이 되어질 mRNA에는 eIF4 복합체가 결합한다. eIF4는 5′ cap과 결합할 뿐만 아니라 poly(A) tail에 결합하는 여러 개의 poly(A) binding protein (PABPC)과도 결합한다. 번역이 개시되기 위해서는 이 두 가지 결합이 필수적이다. 이러한 결합의 결과로 circular (원형) 복합체의 형성이 완료된다(그림 5-36, 단계 **3**). eIF4 cap-binding 복합체는 다른 기능을 하는 몇 가지 subunit으로 되어 있다. eIF4 복합체의 eIF4E subunit은 mRNA의 5′ cap 구조와 결합한다(그림 5-13 참조). Large eIF4G subunit는 mRNA poly(A) tail에 결합된 여러 개의 PABPC 단백질과 cooperative한 방식으로 결합하며, 다른 eIF4 subunit들이 결합할 수 있는 구조적 지지대(scaffold)를 형성한다. 그러면 mRNA-eIF4 복합체가 eIF3와 eIF4G의 상호작용에 의해서 preinitiation 복합체와 결합하게 된다(단계 **4**).

Initiation 복합체는 eIF4B에 의해 활성화(stimulation)된 eIF4A와 함께 mRNA를 따라 움직이며, 또는 *scan* (스캔)을 하면서 ATP 가수분해의 에너지를 사용하여 RNA의 2차 구조(secondary structure)를 푼다(단계 **5**). tRNA$_i^{Met}$의 anticodon이 start codon을 인식하면 scan이 중단되는데, 이는 대부분의 진핵세포 mRNA에서 5′ 말단에서부터 첫 번째 downstream에 있는 AUG이다. Start codon을 인식하면, eIF2와 결합된 GTP가 가수분해되어 *48S initiation complex*가 형성된다(단계 **6**). 이와 같이 initiation codon을 정확히 인식하는 과정은 eIF2 GTPase-activating 단백질인(GAP, 그림 3-35 참조) eIF5에 의해 촉진된다. Initiating AUG를 선택하는 것은 그 주변에 있는 특정 nucleotide 서열, 즉 (5′)**ACCAUGG**(3′) (Marilyn Kozak 박사가 발견하여 *Kozak sequence*라고 함)에 의하여 촉진된다. 밑줄 친 AUG 앞의 A (굵은 글씨)와 바로 뒤에 G는 번역 개시(translation initiation)의 효율에 영향을 미치는 가장 중요한 nucleotide이다.

GTP와 결합한 eIF5B에 의해 60S large subunit과의 결합이 촉진되며, 이때 많은 initiation factor들이 분리된다(단계 **7**). Ribosomal subunit들이 정확히 결합하게 되면, eIF5B의 GTP가 GDP로 가수분해되어 eIF5B-GDP와 eIF1A가 분리되고(단계 **8**), *80S initiation complex*가 완성된다. eIF5B의 GTP 가수분해와 ribosomal subunit의 정확한 결합 과정은 서로 연동되어 있으며, 이러한 이유로 subunit들의 정확한 결합

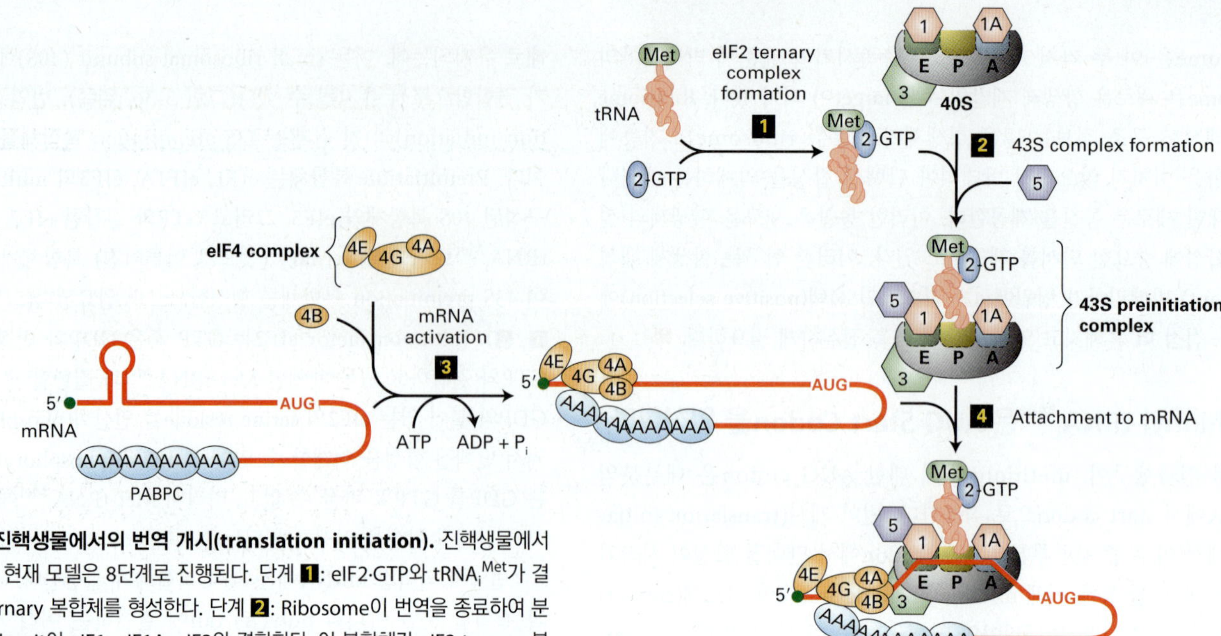

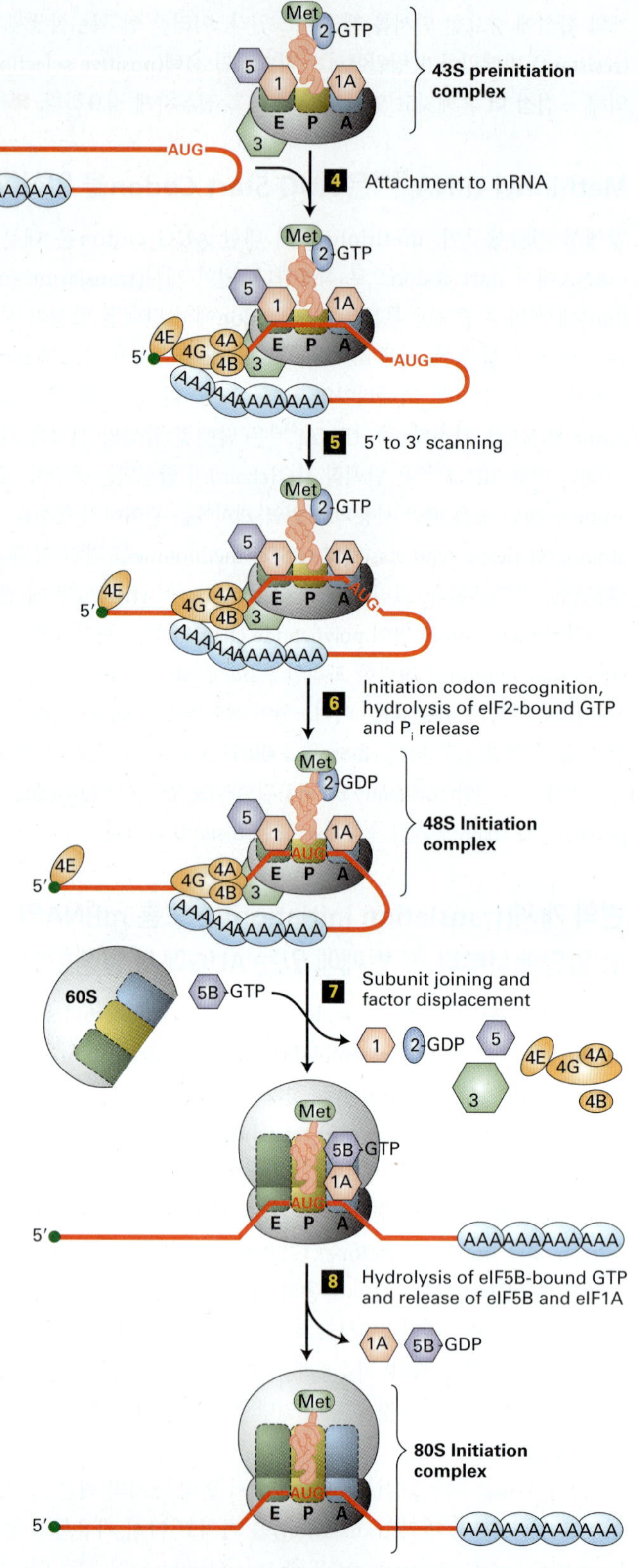

그림 5-36 진핵생물에서의 번역 개시(translation initiation). 진핵생물에서의 번역 개시의 현재 모델은 8단계로 진행된다. 단계 **1**: eIF2·GTP와 $tRNA_i^{Met}$가 결합하여 eIF2 ternary 복합체를 형성한다. 단계 **2**: Ribosome이 번역을 종료하여 분리되면, 40S subunit이 eIF1, eIF1A, eIF3와 결합한다. 이 복합체가 eIF2 ternary 복합체 및 eIF5와 결합하여 43S preinitiation 복합체가 형성된다. 단계 **3**: eIF4 복합체가 결합하면 mRNA가 활성화된다. eIF4E는 5′ Cap에 결합하고, eIF4G는 poly(A) tail에 결합되어 있는 여러 개의 PABPC (cytoplasmic Poly(A) Binding Protein)와 결합한다. 간소화를 위해 하나의 PABPC와 eIF4G의 결합만을 그림에 나타냈다. eIF4B는 eIF4A을 활성화시키는데, eIF4A는 helicase 활성을 가지고 있다. el4B는 이렇게 helicase 활성을 돕고, eIF4 복합체, mRNA 5′ cap, poly(A) tail로 구성된 원형(circular) 복합체의 구성에 참여한다. 단계 **4**: 43S preinitiation 복합체가 eIF4-mRNA 복합체에 결합한다. 단계 **5**: eIF4A는 helicase 활성에 의해 40S subunit이 start codon을 찾는 과정에서 mRNA의 5′ 말단에서부터 mRNA의 2차 구조를 풀어주는데, 40S subunit이 5′ → 3′ 방향으로 initiation codon을 확인할 때까지 scan한다. 간소화를 위해 eIF4E가 eIF4 복합체로부터 떨어져 나오는 것처럼 그림에 표시되어 있지만, 실제로는 mRNA의 5′ cap과 스캔하고 있는 eIF4 복합체 사이에 loop를 형성하면서 붙어있다. 단계 **6**: Initiation codon이 확인되면, eIF5는 eIF2에 결합되어 있는 GTP를 가수분해한다. GTP의 분해에 따른 구조 변화에 의해 스캔하던 복합체를 48S initiator 복합체로 만들며, 동시에 40S 복합체의 P site에 위치한 AUG codon에 $tRNA_i^{Met}$의 anticodon이 결합한다. 단계 **7**: 60S subunit이 40S subunit에 결합하면서 eIF5B-GTP가 ribosome의 A site에 위치한 eIF1A와 결합하고, 앞의 단계에서 작용했던 대부분의 eIF는 떨어져 나간다. 이때 분리된 eIF4 복합체와 eIF4B는 단계 **3**에서와 같이 5′ Cap 및 PABPC에 결합하여 다시 다른 43S preinitiation 복합체와 결합한다. 간소화를 위해 그림에 이 결합을 표시하지 않았다. 단계 **8**: 40S와 60S subunit이 바르게(correct) 결합하면 eIF5B의 GTP가 가수분해되며, eIF5B-GDP와 eIF1A가 분리되며, 마침내 ribosome의 P site에 위치한 initiator codon과 $tRNA_i^{Met}$ anticodon이 염기쌍으로 결합한 80S initiation complex가 완성된다. R. J. Jackson et al., 2010, *Nat. Rev. Mol. Cell Biol.* **11**:113 참조.

이 이루어졌을 때에만 번역이 계속 진행된다. 또한 위의 과정은 비가역적(irreversible)으로 진행되는데, 그 결과 ribosome subunit들은 전체 mRNA가 번역되고 단백질 합성이 종료될 때까지 분리되지 않는다.

진핵세포의 단백질 합성(protein-synthesizing)의 machinery는 5′ cap 말단으로부터 약 100 nucleotide 이내에서 대부분 mRNA의 번역을 시작한다. 그러나 어떤 세포의 mRNA는 5′ 말단에서 훨씬 downstream 쪽에 internal ribosome entry site (IRES)라고 하는 서열을 가지고 있다. 세포의 IRES는 eIF4A와 eIF4G의 복합체와 상

호작용하여 RNA 구조를 형성하는 것으로 생각된다. 이러한 eIF4A와 eIF4G의 복합체는 eIF3와 함께 결합하는데, eIF3는 eIF1과 eIF1A을 갖는 40S subunit에 결합되어 있다. 그 후 이 조립체(assembly)는 eIF2 ternary 복합체와 결합하여 근방에 있는 AUG codon 위에서 직접 initiation 복합체를 형성하게 된다. 그에 더해서 5′ cap이 없는 어떤 positive-stranded 바이러스성(viral) RNA의 경우, 바이러스의 IRES 서열에서부터 번역이 시작될 수 있다. 이들은 얼마나 많은 표준적인(standard) eIF가 initiation에 필요한가에 따라서 여러 종류로 나눌 수 있다. Cricket paralysis virus의 경우, 약 200-nt 정도 길이의 긴 IRES가 복잡한 구조로 접혀져서 40S ribosome과 직접 결합하며, eIF 없이 혹은 심지어 개시자(initiator)인 Met-$tRNA_i^{Met}$ 없이도 번역 개시를 시작한다.

사슬 신장(Chain Elongation) 동안 들어오는 각각의 Aminoacyl-tRNA는 3종의 Ribosomal Site를 거쳐 이동한다

제자리에 위치한 ribosomal–Met-$tRNA_i^{Met}$ 복합체는 이제 mRNA의 in-frame translation (frameshift가 아닌 정상적 frame에서의 번역)을 하며 아미노산을 순차적으로 붙여 나아갈 준비가 된 상태이다. 번역 개시(Initiation) 과정과 마찬가지로 특별한 단백질 세트가 사슬 신장(chain elongation) 과정에서 중요한데, **elongation factor (EF)**라고 하는 단백질이 필요하다. 신장(Elongation)에서 중요한 단계들은 다음과 같은데, codon에 상보적인 anticodon을 가지고 있는 aminoacyl-tRNA의 계속적인 유입(entry), peptide bond의 형성, 그리고 mRNA를 한 번에 한 codon씩 *translocation* (이동)시키는 과정이다.

앞에서 설명한 바와 같이, 번역 개시(translation initiation)가 종료될 때 Met-$tRNA_i^{Met}$은 80S ribosome의 P site에 결합하고 있었다(그림 5-37, 위쪽). Ribosome의 이 위치를 *P* site라고 부르는데, 이것은 growing poly*p*eptide chain에 화학적으로 연결된 tRNA가 여기에 위치하기 때문이다. 두 번째 aminoacyl-tRNA는 EF1α·GTP와 결합한 ternary 복합체로서 ribosome으로 들어와서 A site에 결합하게 된다. 이 위치는 *a*minoacylated tRNA들이 결합하는 장소이므로, *A* site라고 한다(단계 **1**). 이렇게 aminoacyl-tRNA에 결합한 EF1α·GTP는 A site에 들어오지만, tRNA anticodon이 coding region에 있는 두 번째 codon과 염기쌍을 이룰 때에만 번역의 다음 단계가 시작된다. 이 과정이 제대로 일어나면 EF1α·GTP에 결합된 GTP는 가수분해되면서 EF1α의 구조적 변화(conformational change)를 일으키고, 이에 따라 A site에 aminoacyl-tRNA가 강하게 결합하게 되며, 가수분해의 결과로 생긴 EF1α·GDP 복합체는 떨어져 나가게 된다(단계 **2**). 또한 이렇게 구조가 변하면 P site에 있는 Met-$tRNA_i^{Met}$의 3′ 말단이 A site에 와 있는 tRNA의 aminoacylated 3′ 말단에 가깝게 위치하게 된다. 만약 들어오는 aminoacyl-tRNA의 anticodon이 A site의 codon과 염기쌍을 형성할 수 없다면, GTP 가수분해도 일어나지 않으며 그로 인한 단단한 결

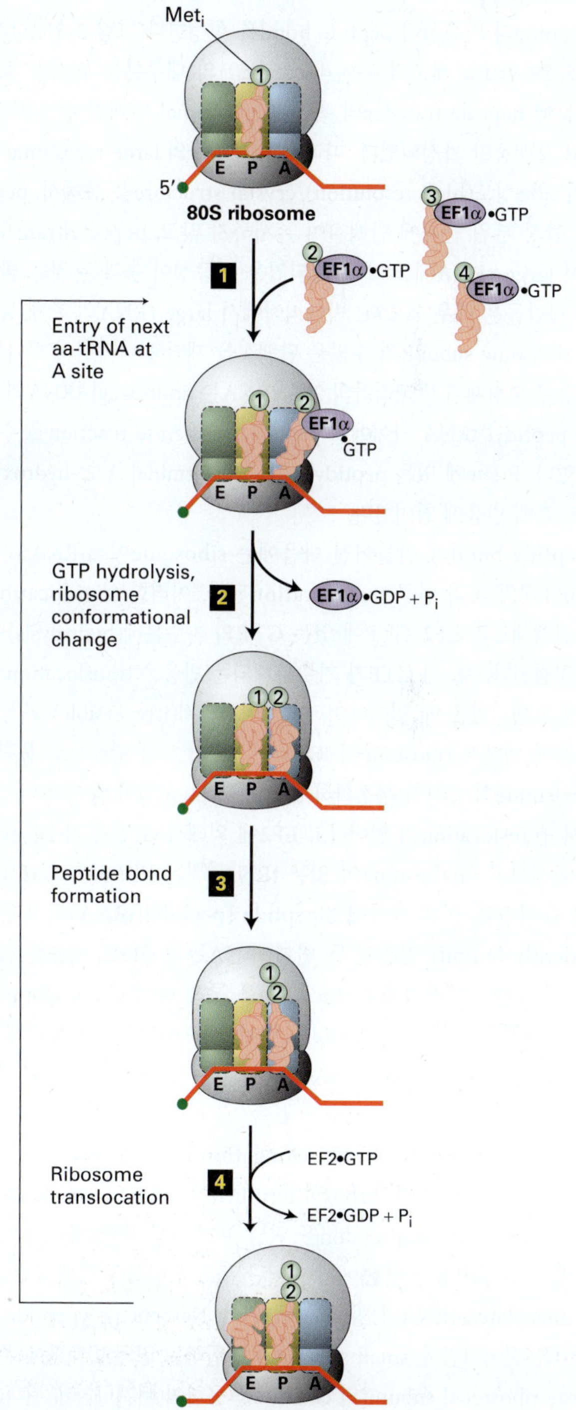

그림 5-37 진핵생물에서 사슬 신장(chain elongation). Ribosome의 P site에서 Met-$tRNA_i^{Met}$을 가지는 80S ribosome이 일단 조립되면(*상단*), mRNA에 의해 암호화된 두 번째 아미노산(aa_2)을 가지고 있는 ternary 복합체가 A site에 결합한다(단계 **1**). 다음, EF1α·GTP의 GTP가 가수분해되면서 ribosome의 구조가 변하게 되고(단계 **2**), large rRNA는 Met_i와 aa_2 사이에 peptide bond를 형성하는 반응을 촉매한다(단계 **3**). EF2·GTP의 GTP가 가수분해되면 ribosome에서 또 다시 구조적 변화가 일어나서 mRNA를 따라 한 codon translocation하게 된다. 동시에, 이때 unacylated $tRNA_i^{Met}$는 E site로 이동하고, peptide를 가진 tRNA는 P site로 이동한다(단계 **4**). 이제 aa_3를 가진 ternary 복합체는 이미 비어 있는 A site에 결합함으로써 cycle은 다시 시작할 수 있게 된다. 두 번째, 그리고 그 이후 계속해서 일어나는 신장(elongation) cycle에서 E site의 tRNA는 EF1α·GTP의 GTP가 가수분해될 때 일어나는 구조적 변화의 결과로서 단계 **2** 동안 빠져나가게 된다.

합도 형성되지 않는다. 이런 경우, ternary 복합체는 사라지고 올바르게 염기쌍을 이룬 tRNA가 결합할 때까지 A site가 빈 상태로 남겨지고 다른 aminoacyl-tRNA-EF1α·GTP 복합체에 결합할 수 있게 된다. 따라서 EF1α에 의한 GTP 가수분해는 A site에 올바른 aminoacyl-tRNA가 왔을 때에 단백질 합성이 진행되도록 하는 또 다른 차원의 proofreading 안전 장치인 셈이다. 이 과정을 통해 단백질 합성의 정확도(fidelity)가 증가한다.

번역 개시를 하는 Met-$tRNA_i^{Met}$가 P site에 있고, A site에 단단하게 결합된 두 번째 aminoacyl-tRNA가 있을 때, 두 번째 아미노산의 α-amino group은 개시자(initiator) tRNA의 *activated* (ester-linked) methionine과 반응하여 peptide bond를 형성한다(그림 5-37, 단계 **3**, 그림 5-29 참조). 세포의 촉매제(catalyst)의 대부분은 단백질 효소이기 때문에 peptide transfer의 촉매는 ribosomal 단백질 중 하나일 것이라고 오랫동안 가정되었다. 따라서 박테리아의 large ribosomal subunit의 고해상도(high resolution) crystal structure를 통해서, peptide bond 합성 부위 근처에 단백질이 존재하지 않고, peptidyltransferase 반응이 large rRNA에 의해 촉매되었을 가능성이 높다는 것을 밝혀졌을 때 사람들은 매우 놀랐다. 박테리아에서 large rRNA의 촉매 능력은 large ribosome subunit의 수많은 단백질을 제거해 나가면서 하나씩 밝혀졌다. 순수정제된 박테리아의 23S rRNA는 aminoacyl-tRNA의 analog와 peptidyl-tRNA 사이에서 peptidyltransferase reaction을 수행할 수 있었다. P site에 있는 peptidyl-tRNA의 terminal A 2′-hydroxyl 작용기도 촉매 반응에 참여한다.

Peptide bond가 만들어진 다음에는 ribosome이 mRNA를 따라 codon 1개의 거리 만큼 translocation된다. 이러한 translocation 단계는 진핵세포의 EF2·GTP에 있는 GTP의 가수분해(hydrolysis)에 의해 재점검된다. 즉, 이 GTP가 가수분해되는 반응은 translocation이 올바르게 진행되었을 때 일어나며, 또한 비가역적(irreversible) 과정인데, 이 반응에 의해서 ribosome이 RNA 선상에서 다른 방향으로 움직이거나 nucleotide의 숫자가 부정확하게 translocation되지 않게 된다. 그 결과로서, translocation이 일어나고 EF2에 의해서 GTP가 가수분해되면, 이제 활성화된 methionine이 없는 $tRNA_i^{Met}$은 ribosome의 *E* (*exit*) site로 옮겨진다. 이와 동시에 dipeptide (peptidyl-tRNA)에 공유결합(covalently bound) 연결된 두 번째 tRNA는 P site로 이동한다(그림 5-37, 단계 **4**). 따라서 translocation을 통해 다시 chain elongation cycle을 수행할 수 있도록 A site를 열어서 EF1α·GTP와 복합체를 이룬 또 다른 aminoacylated tRNA를 수용할 수 있도록 ribosome 구조로 되돌린다.

그림 5-37에 묘사된 것처럼, elongation cycle은 계속 반복되면서 길어지는 polypeptide의 carboxyl terminal에 mRNA의 nucleotide 서열이 지정하는 대로 stop codon을 만날 때까지 한 번에 하나의 아미노산을 계속 추가한다. 단계 **2**에서 일어난 구조적 변화에 의해서 E site로부터 unacylated tRNA가 방출(eject)된다. Nascent polypeptide 사슬(chain)은 길어지면서, small subunit과 결합하는 면의 반대쪽에 존재하는 large ribosomal subunit의 channel을 통하여 빠져나가게 된다(그림 5-34).

Ribosome이 없으면, A와 P site에 있는 tRNA anticodon과 mRNA codon 사이에 생기는 three-base-pair RNA-RNA hybrid는 안정하지 못하다. 2개의 독립된 RNA 분자 사이에 생기는 RNA-RNA duplex가 생리학적 정상 상태(physiological condition)에서 안정해지려면 상당히 길어야 한다. 그러나 large and small rRNA와 tRNA의 일반적 domain 사이에는 복수의 결합(multiple interaction)이 존재하기 때문에(예, D loop과 TψCG loop, 그림 5-32 참조) A site와 P site에 있는 tRNA는 안정화된다. 반면에, 다른 RNA-RNA interaction들은 올바른 codon-anticodon 염기쌍이 생기는지 감지하여 genetic code가 바르게 읽히는지 확인한다. 그러면, rRNA와 모든 tRNA의 일반적 domain들 사이에 생기는 결합에 의해서 tRNA는 ribosome이 mRNA를 따라 한 번에 3-nucleotide codon씩 translocate함에 따라, A, P 그리고 E site를 옮겨가게 된다.

번역은 Stop Codon에서 Release Factor에 의해 종료된다

개시(initiation)나 신장(elongation)과 마찬가지로, 번역의 마지막 단계는 mRNA–ribosome–peptidyl-tRNA 복합체의 운명을 결정하는 매우 특이적(specific)인 분자적 신호를 필요로 한다. 여기에 관여하는 진핵세포 단백질인 **release factor (RF)** 두 종류가 발견되었다. tRNA와 유사한 모양을 가지는 진핵세포의 첫 번째 eRF1은 ribosomal A site에 결합하고, stop codon을 직접 인식함으로써 그 기능을 한다. 두 번째 진핵세포의 release factor인 eRF3는 이전에 설명한 initiation과 elongation factor들 중 몇몇처럼 GTP-binding protein이다. eRF3·GTP는 eRF1과 협력을 통해서 peptidyl-tRNA의 분할(cleavage)을 촉진하여 완성된 단백질 사슬(chain)을 방출하고 번역을 종료한다(그림 5-38). P site에 있는 tRNA의 peptidyl-tRNA bond는 세 가지 stop codon 중 하나가 eRF1에 의해 올바르게 인식될 때까지 잘라지지 않는데, 이것은 단백질 합성에서 또 하나의 proofreading 단계의 예가 된다.

완성된 단백질이 방출되면 free tRNA가 P site에 남아 있게 되며, mRNA는 아직 80S ribosome과 결합한 상태이다. 또한, 이때 eRF1과 eRF3·GDP는 A site에 아직 결합되어 있는 상태이다. 진핵생물에서는 *ABCE1*이라는 단백질이 이런 post-termination complex (역자주: 번역 종료 후 아직 분해되지 않은 복합체)에 결합해서 ATP 에너지를 사용하여 각종 subunit들과 mRNA를 P site에서 분리시키게 되고, 이를 통해 ribosome이 다시 재활용된다. eIF1, eIF1A, eIF3 등의 initiation factor들은—이들은 subunit의 분해에도 필요하다—40S subunit에 결합하여 번역 개시(initiation) 과정을 다시 시작할 준비를 한다(그림 5-36, 위쪽 참조). 실제로는 번역 종료 후, 그림 5-25에서와 같은 형태로 free mRNA가 방출되지는 않으며(그림은 이해를 돕기 위해 단순화된 것임), 이들 mRNA는 항상 신장(elongation)의 다른 단계에 있는 다른 ribosome이 아직 결합되어 있다. 이때, PABPC는 mRNA의 poly(A) tail에 결합되어 있으며, eIF4는 5′-cap과 결합되어 있는 상태로 존재하여, 43S

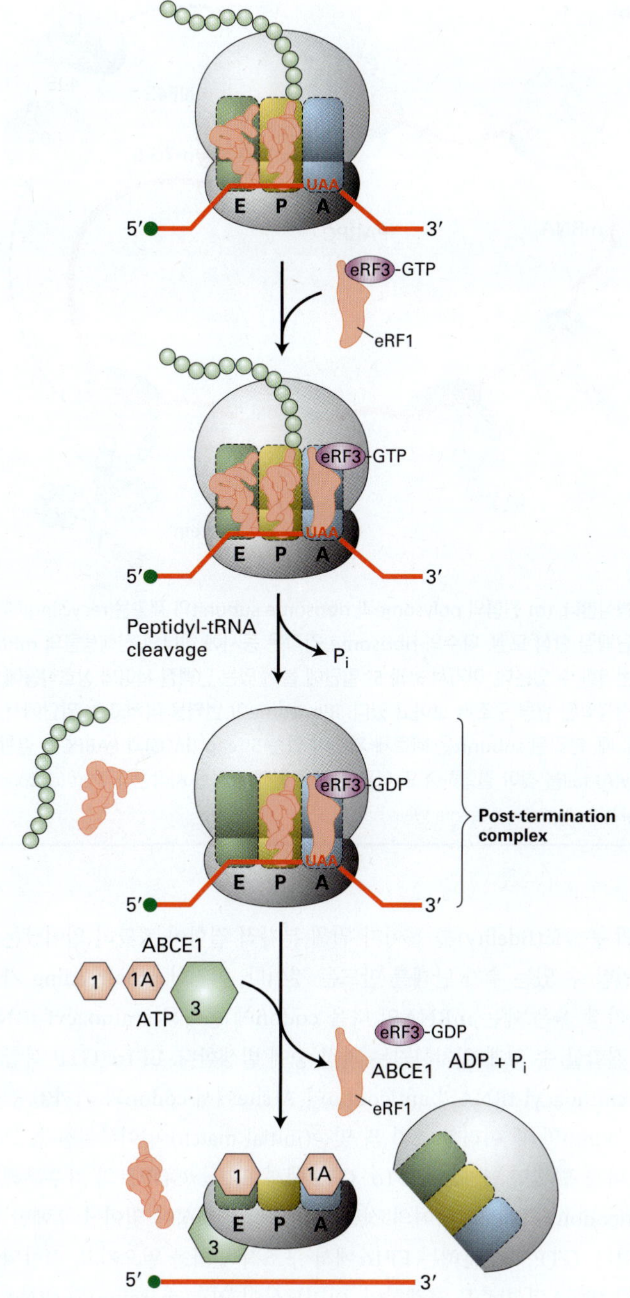

그림 5-38 진핵생물의 번역 종료(translation termination). Nascent protein chain을 가지고 있는 ribosome이 stop codon (UAA, UGA, UAG)에 도달하면, release factor eRF1이 eRF3·GTP와 함께 A site로 들어간다. 결합된 GTP가 가수분해됨과 동시에 P site에 있는 tRNA로부터 peptide chain이 끊어지고 tRNA와 두 ribosomal subunit이 방출(release)되어 post-termination 복합체를 만든다. Ribosomal subunit들은 eIF1, eIF1A, eIF3과 함께 ABCE1 ATPase 효소의 작용에 의해 분리된다. 40S subunit들은 이들 eIF에 결합된 상태로 방출되는데, 그 결과 또 다시 번역의 사이클을 시작할 준비가 된다(그림 5-36 참조).

preinitiation 복합체와 결합이 가능하며, 항시 번역을 즉시 재개할 준비가 되어 있는 상태로 존재한다(그림 5-36 참조).

단백질 합성의 이러한 기능 외에도, ribosome은 또한 ribosome 표면에서 polypeptide 사슬(chain)이 나올 때 folding되는 것을 돕는 단백질 charperone과 일시적으로 결합한다(그림 3-19 참조). 13장에서 보게 되듯이, endoplasmic reticulum (ER; 소포체)에 삽입될 운명을 가진 단백질을 합성하는 ribosome은 초기 polypeptide가 ER에 삽입(insertion)될 수 있도록 인도되어야 하며, 이를 위해 *SRP* (signal recognition particle)라고 불리는 ribonucleoprotein 복합체와 함께 결합한다. 이러한 SRP는 polypeptide가 ER안으로 들어갈 수 있도록 특화된(specialized) channel를 만날 때까지 단백질 합성을 일시정지시킨다. SRP는 또한 단백질 합성이 재개될 때 ER channel을 통해서 이러한 단백질의 삽입 및 사슬형성(threading)을 돕는다.

Polysome과 Ribosome의 빠른 재활용(Recycling)은 번역의 효율을 증가시킨다

앞에서 언급했듯이, 보통 크기의 단백질을 생산하는 단일 진핵세포의 mRNA 분자의 번역은 1~2분 정도 걸리지만, 다음의 두 가지 현상에 의하여 세포가 단백질을 합성하는 전체적인 속도는 상당히 증가한다: 다수의(multiple) ribosome이 단일 mRNA 분자에 결합하여 동시다발적으로(simultaneously) 번역이 일어나며, mRNA의 stop codon으로부터 떨어져 나온 ribosomal subunit들이 다시 빠르게 재활용(recycle)될 수 있다는 것이다. 다수의 ribosome이 동시에 mRNA를 번역시키는 현상은 전자현미경과 sedimentation (침강) 분석에 의해 쉽게 관찰이 가능한데, 한 mRNA에 nascent growing polypeptide 사슬을 가진 다수의 ribosome이 부착되어 있는 것이 관찰되었다. **Polyribosome** 혹은 *polysome*이라고 하는 이 구조들은 몇몇 전자현미경 사진에서 circular form (원형)으로 보인다.

순수 정제된 initiation factor에 대한 후속 연구는 polyribosome의 원형 형태를 설명하고 ribosome이 효율적으로 재활용되는 메커니즘을 제시했다. 이런 연구들이 보여준 것은, 복수의 사본(multiple copy)을 가지고 있는 cytosolic 단백질인 poly(A)-binding protein (PABPC)가 mRNA poly(A) tail과 eIF4의 subunit인 eIF4G와 상호작용을 한다는 것이다. 또한, eIF4의 subunit인 eIF4E는 mRNA의 5′ cap과 결합한다. mRNA의 양 말단 사이에 들어와 있는(intervening) 이러한 단백질의 상호작용의 결과로, mRNA 분자의 두 말단 사이에 다리가 형성되어 "circular" form의 mRNA를 형성하게 된다(그림 5-39a). Polysome의 두 말단은 서로 공간적으로 비교적 가까이 있게 되므로, mRNA의 stop codon으로부터 분리된 ribosomal subunit들은 5′ 말단 근처에 위치하게 되어, 40S subunit과 5′ cap에 결합한 eIF4에 의해 다시 reinitiation (번역의 재개시)가 쉽게 일어날 수 있게 된다. 그림 5-39b에 묘사된 circular pathway는 ribosome recycling을 촉진시키고, 그 결과 단백질 합성의 효율을 증가시킨다.

GTPase-Superfamily 단백질들이 번역의 여러 과정의 Quality-Control에 관여한다

번역 과정의 각 단계에 하나 이상의 GTP-binding Protein (GTP 결합 단백질)들이 관여함을 알 수 있다. 이 단백질들은 GTP와 결합한 상

(a)

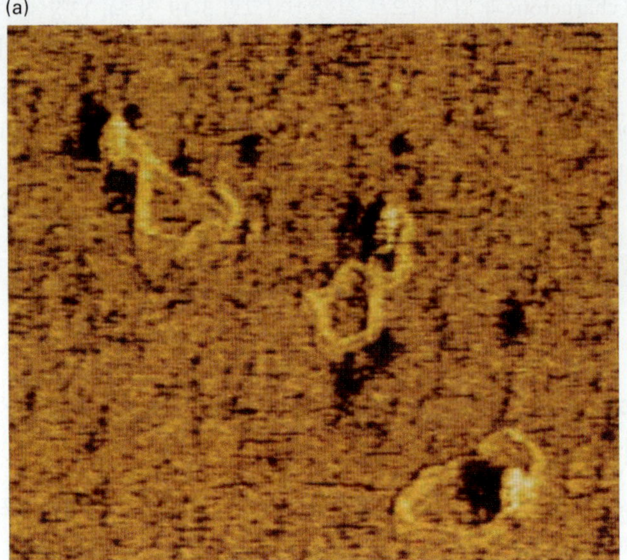

(b)

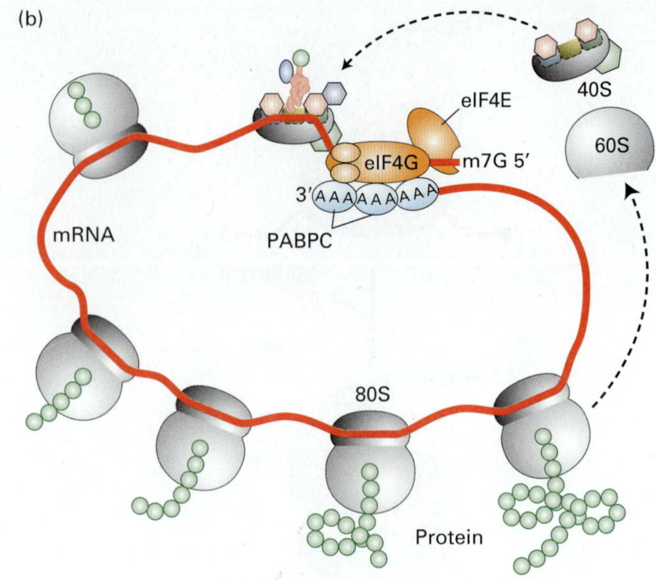

실험 그림 5-39 mRNA의 원형 구조(circular structure)는 번역의 효율성을 높인다. 진핵생물의 mRNA는 세 가지 단백질과 상호작용을 하면서 원형 구조(circular structure)를 형성한다. (a) 순수 정제된 효모 poly(A)-binding protein [PABP; *S. cerevisiae*에서는 단 하나의 PABP가 있는데, 고등 진핵생물에는 nuclear (PABPN)과 cytoplasmic (PABPC)가 있다]과 eIF4E, 그리고 eIF4G가 첨가되면 진핵생물의 mRNA는 force-field 전자현미경으로 관찰 가능한 원형 구조를 형성한다. 이 구조에서 단백질-단백질과 단백질-mRNA 상호작용은 mRNA의 5′과 3′ 말단 사이에 다리를 형성한다. (b) 원형의 polysome과 ribosome subunit의 재활용(recycling)에 관한 단백질 합성 모델. 다수의 ribosome 각각은 동시에 하나의 진핵생물의 mRNA를 번역할 수 있는데, 여기서 3′과 5′ 말단에 붙어 있는 단백질 사이의 상호작용에 의해 안정화된 원형 구조가 보이고 있다. Ribosome이 번역을 마치고 3′ 말단에서 분리될 때, 분리된 subunit은 빠르게 가까이 있는 5′ cap (m^7G)과 PABPC에 결합된 poly(A) tail을 찾아 결합하여 또 다른 단백질 합성 과정을 시작한다. [Part (a) Courtesy of Alan Sachs and Sandra Wells.]

태와 GDP와 결합한 상태를 반복적으로 오가는 **GTPase superfamily**에 속하는 switch 단백질이다(그림 3-35 참조). 일반적으로, 이전 단계 조립(assembly) 과정의 정확한 실행이 선행될 때에만, 결합된 GTP의 가수분해가 촉발된다. GTPase와 결합된 GTP의 가수분해가 이루어져 GDP와 결합된 형태가 되는 과정은 본질적으로 비가역적(irreversible)이며, 이로 인해 GTPase 자체의 형태 변화가 유발된다. 이로 인해, 번역과 관련된 상호 의존적(interdependent)인 조립의 단계가 rapidly (신속하게), unidirectionally (한방향으로), 그리고 high fidelity (높은 정확도)로 진행될 수 있게 보장된다. 번역의 세세한 부분(detail)에 대한 연구가 진행됨에 따라 GTP 가수분해의 두 가지 구별되지만 상호 모순적이지 않은 기능이 발견되었다. 첫 번째는 한 구성 요소가 올바른 방식으로 조립되면 다음 관련된 단백질이 제자리에 고정되는 방식으로 조립과정(assembly process)이 한쪽으로만 진행(unidirection)되도록 만드는 것이다. 이것의 좋은 예는 large ribosomal subunit과 small ribosomal subunit이 eIF5B에 의한 GTP의 가수분해를 통해 성공적으로 결합되는 과정이다(그림 5-36, 단계 **8**). 올바른 복합체가 형성되지 않는 경우, eIF5B·GTP는 GTP를 가수분해하지 않으며, 이때는 복합체가 불안정해져서 자유롭게 확산되고 분리되었다가 다시 시도되는 일이 일어난다. 신장(elongation)에 필요한 subunit의 정확한 정렬이 일어나면, eIF5B는 GTP를 GDP로 가수분해하여 올바른(correct) 복합체를 제자리에 고정시킨다. GTP의 고에너지 β-γ 결합에서 방출된 에너지는 반응을 단방향(one direction)으로 유도한다. GTP 가수분해의 두 번째 기능은 번역의 충실도(fidelity)를 높이기 위해 분자적 결합이 정확히 일어났는지 확인할 수 있는 추가 단계를 만드는 것이다. 이러한 proofreading 기능의 가장 좋은 예는 mRNA의 다음 codon에 올바른 aminoacyl-tRNA를 결합할 수 있게 일치시키는 과정 중에 발생한다. EF1α·GTP 복합체와 aminoacyl-tRNA의 anticodon이 A site에서 codon과 가까이 접근(docking)할 때 이러한 초기 짝 맞춤(initial match)이 이루어진다. 그러고 나서 별개의 단계로, EF1α·GTP에서 EF1α·GDP로의 가수분해는 anticodon과 codon 사이의 정확한 염기쌍의 형성이 일어난 후에만 일어난다. GTP 가수분해는 EF1α에서 구조적 변화를 일으키고, 결합되어졌던 tRNA의 방출을 초래하여, 아미노산이 연결(charging)된 tRNA의 aminoacylated 3′ 말단이 peptide bond 형성에 필요한 위치로 이동할 수 있게 한다(그림 5-37, 단계 **2** 참조). 실제로, anticodon과 codon 사이의 염기쌍은 두 번 확인되는데, 먼저 aminoacyl-tRNA가 처음 선택될 때, 그리고 방금 살펴본 EF1α·GTP의 가수분해와 연관된 과정에서 확인된다. 분자적 모델링(molecular simulation)은 이 두 번째 proofreading 과정이 번역의 충실도(fidelity)를 약 15배 높인다고 추정했다.

Nonsense Mutation은 tRNA Mutation을 억제(Suppress)함으로써 우회(Bypass)될 수 있다

우리가 보았듯이, 일반적으로 아미노산을 암호화하는 codon이 stop codon으로 변환되는 돌연변이는 번역의 미성숙한 종료(termination)

를 초래할 것이다. Nonsense mutation이라고 불리는 이 돌연변이는 보통 기능이 상실된(nonfunctional) 잘게 잘려진(truncated) 단백질을 만든다. 박테리아 *E. coli*를 이용한 유전학 연구에서 nonsense mutation의 영향은 tRNA 유전자에서 두 번째 돌연변이가 일어남으로써 억제(suppress)될 수 있다는 것을 보였다. 이것은 tRNA 유전자에 있는 anticodon을 암호화하는 서열이 stop codon에 상보적인 triplet 서열로 바뀔 때 일어난다. 예를 들어, UCG codon (serine)이 UAG codon (stop)으로 바뀌는 유전자의 nonsense mutation이 일어났을 때, tRNA의 anticodon 역시 CUA로 바뀌게 된다면 UAG stop codon과 염기쌍 형성을 할 수 있으므로 종종 full-length 단백질을 생성할 수 있다. 이를 위한 한 가지 방법은 $tRNA^{Tyr}$의 유전자에 돌연변이를 만들어 anticodon을 GUA에서 CUA로 바꾸는 것이다. 중요한 것은 anticodon 서열이 해당 aminoacyl-tRNA synthetase에 의한 인식에 필수적인 요건이 아니기 때문에 돌연변이형(mutant) $tRNA^{Tyr}$은 tyrosine aminoacyl-tRNA synthetase에 의해 여전히 인식될 수 있다. 원래의 첫 번째 돌연변이(stop codon을 만드는 돌연변이)와 $tRNA^{Tyr}$ 유전자의 anticodon 위치에 두 번째 돌연변이를 함께 가지고 있는 세포는 결과적으로 돌연변이로 인한 stop codon의 위치에 tyrosine을 집어넣을 수 있게 되어, 단백질 합성은 원래의 nonsense mutation 위치에서 멈추지 않고 계속 진행되는 것이다. 이러한 메커니즘은 효율적이지는 않아서 대부분의 일반적인 mRNA의 번역에서는 정상적인 UAG stop codon의 위치에서 번역이 종료된다. 만약 nonsense mutation을 가지고 있는 본래의 유전자(original gene)가 만드는 단백질이 충분히 많이 생산되어 필수적 기능을 잘 수행한다면, 첫 번째 돌연변이의 영향은 tRNA 유전자의 anticodon에 생긴 두 번째 돌연변이에 의하여 *suppressed* (억제)되었다고 말한다.

이러한 *nonsense suppression*의 기전은 박테리아의 유전학 연구에 매우 중요하고 강력한 도구이다. 예를 들면, 필수 유전자(essential gene)에 nonsense mutation을 가지고 있어서 정상 세포에서는 자라지 못하는 돌연변이형(mutant) 박테리아의 바이러스(bacterial virus)가 있을 때, nonsense-suppressing tRNA를 발현하는 세포에서는 자랄 수 있고, 이런 원리로 이러한 바이러스를 분리해낼 수 있다. Nonsense-suppressing 세포에서 자라는 이러한 돌연변이형 바이러스는 다른 실험에 사용될 수 있는데, 돌연변이를 suppress (억제)하지 못하는 정상 세포를 감염시키면, 돌연변이를 가진 단백질이 만들어지지 않는 상황에서 바이러스 life cycle의 어느 단계에 결손이 발생하는지를 분석함으로써 돌연변이 유전자의 기능을 알아낼 수 있다.

5.6절의 주요 개념

리보솜(Ribosome)에서 일어나는 단백질의 순차적인 합성(Synthesis)

- 박테리아, 고세균과 진핵생물의 ribosome — 번역(translation)이 일어나는 커다란 ribonucleoprotein 복합체 — 은 모두 small subunit과 large subunit으로 구성된다. 각 subunit은 다양한 여러 단백질들과 하나의 주된(major) rRNA 분자(small 또는 large)를 포함한다. Large subunit의 경우, 박테리아에는 보조(accessory) 5S rRNA가 하나 있고, 진핵생물에는 2개의 보조 rRNA가 있다(5S와 5.8S).
- 많은 다른 생물종의 유사한 rRNA는 단백질, mRNA 및 tRNA의 결합 부위뿐만 아니라 수많은 stem과 loop 부위를 포함하여 상당히 유사한(analogous) 3차 구조로 접힌다. 훨씬 더 작은 ribosomal 단백질은 rRNA의 주변에 결합되어 있다.
- 모든 세포에 존재하는 두 가지 methionine tRNA 중, 오직 한 종류($tRNA_i^{Met}$)만이 번역 개시(translation initiation)의 기능을 한다.
- 번역의 각 단계인 개시(initiation)과 사슬 신장(chain elongation) 그리고 종료(termination) 과정에는 GTP-binding protein과 같이 각 과정이 성공적으로 수행되었을 때 GTP에 붙어 이를 GDP로 가수분해시키는 단백질과 같은 특정 단백질 인자(protein factor)들이 필요하다.
- 번역 개시 중에는, ribosomal subunit이 mRNA 분자의 번역 개시 위치(translation start site)에서 조립(assemble)되는데, 이 위치에는 amino-terminal 부위에 methionine을 가진 tRNA (Met-$tRNA_i^{Met}$)가 start codon에 염기쌍을 형성하고 있다(그림 5-36 참조).
- 사슬 신장(chain elongation)은 다음의 4단계의 과정으로 이루어져 있고, 그 과정은 반복된다. Ribosome의 A site에 aminoacyl-tRNA가 들어가서 약한 결합을 이루고; ribosome에 올바른 aminoacyl-tRNA가 단단히 결합하면서 이미 역할을 다한 tRNA는 E site로 방출된다; 그러면, large rRNA의 촉매 작용에 의해서 growing peptide chain은 새로 들어오는 아미노산으로 옮겨(transfer)진다; 그런 다음, ribosome은 다음 codon으로 translocation되고, 그럼으로써 A site에 있는 peptidyl-tRNA를 P site로 이동시키게 되는데, P site에 있던 이제 더 이상 acylation되지 않은(unacylated) tRNA가 E site로의 이동하는 것이다(그림 5-38 참조).
- 사슬 신장(chain elongation)의 각 단계에서 ribosome은 GTP-binding protein에 의해 두 가지 구조적 변화를 일으키며, 과정의 정확한 이행을 관리(monitor)한다. 첫 번째는 이런 종류의 단백질(EF1α)은 A site에 들어오는 aminoacyl-tRNA의 단단한 결합(tight binding)을 유발시키고 E site로부터 tRNA의 방출을 일으키다. 두 번째(EF2)는 translocation이 정확히 일어날 수 있게 관리한다.
- 번역의 종결은 2종류의 termination factor (종료 인자)에 의해 수행된다. 한 종류는 stop codon을 인지하고, 다른 종류는 peptidyl-tRNA의 가수분해를 일으킨다(그림 5-39 참조). 다시 한 번 강조하면, stop codon의 올바른 인지는 GTPase (eRF3)에 의해 관리된다.
- 단백질 합성의 효율은 다수의 ribosome들이 polyribosome 혹은 polysome을 형성하여 단일(single) mRNA가 동시에 번역(translation)됨으로써 증가한다. 진핵생물에서는 단백질에 의한 상호작용(protein-mediated interaction)에 의해서 polyribosome의 두 끝이 서로 가까워지게 되고, ribosomal subunit이 신속하게 재사용되면서 단백질 합성의 효율은 더욱 증가한다(그림 5-39b 참조).

5.7 바이러스(Virus): 세포의 유전 시스템의 기생충(Parasite)

이 장을 우리가 지금까지 논의했던 유기체(organism)들과는 근본적으로 다른, 그럼에도 불구하고 핵심적 유전학적 과정(fundamental genetic process)에 동일하게 의존적인 **virus (바이러스)**에 대한 논의로 마무리한다. 바이러스는 Watson-Crick 염기쌍을 이용한 polymerase에 의해 복제(replication)되는 DNA나 RNA로 암호화되어진 정보를 전달하며, 이들의 유전자는 보편적인 genetic code를 따라 발현된다. 바이러스의 genome (viral genome)은 스스로 복제되는(self-replicating) 유전적 시스템으로 간주될 수 있다. 또한, 바이러스는 돌연변이를 만들 수 있고, 자연 선택(natural selection)의 과정을 통해 진화할 수 있다. 따라서 바이러스는 그들이 가지고 있는 생물학적 정보의 측면에서 자율적(autonomous)이다. 하지만 컴퓨터 프로그램이 이 명령어를 수행하는 컴퓨터 없이는 완전히 존재할 수 없는 것처럼, 바이러스의 유전적 지침(genetic instruction)을 이용해서 바이러스의 단백질(viral protein)을 합성하고 바이러스의 genome을 복제하기 위해서는 숙주 세포(cellular host)가 필요하다. 바이러스는 genome을 구성하는 nucleic acid의 종류에 따라 분류된다. 일반적으로, 숙주의 cytoplasm에서 복제되는 RNA 바이러스는 RNA genome을 가지고 있으며, 숙주 세포의 핵(nucleus)에서 복제되는 DNA 바이러스는 DNA genome을 가지고 있다(그림 5-1참조). 바이러스 genome은 유형에 따라 단일가닥 또는 이중가닥의 바이러스로 나눌 수 있다. 바이러스의 전염성을 갖는 바이러스 입자(virus particle)은 **virion**이라고 하며, 이는 **capsid**로 알려진 단백질 껍질(shell)에 싸인 nucleic acid로 구성되어 있다. 이는 바이러스의 nucleic acid를 보호하고 숙주 세포를 감염시키는 과정에서 기능을 한다. 알려진 가장 간단한 바이러스의 genome은 단 4개의 단백질만 암호화한다; 가장 복잡한(complex) 바이러스 genome은 약 200개의 단백질을 암호화할 수 있다. 바이러스는 질병의 원인으로서의 명백한 중요성을 가지지만, 그 외에도 이 장에서 논의되는 것과 같은 기본적 생명현상의 과정(basic biological process)을 연구할 때 연구 도구로서 매우 유용하다.

대부분의 바이러스 숙주(Viral Host)의 범위는 매우 좁다

감염(infection) 과정은 보통 virion의 표면(surface)이 숙주 세포 표면의 특정 단백질을 가로채고(hijack), 이에 결합하여 이를 수용체(receptor)로 사용할 때 시작된다. 이러한 상호작용은 보통 매우 특이적이기 때문에 *host range* (숙주의 범위)—바이러스가 감염시킬 수 있는 세포 종류—가 특정 종(species)의 매우 좁은 범위의 세포로 제한된다.

박테리아만을 감염시킬 수 있는 바이러스를 *bacteriophage* 혹은 간단히 줄여서 *phage*라고 부른다. 동물세포를 감염시킬 수 있는 바이러스를 일반적으로 animal virus라고 하며, 식물세포를 감염시키는 바이러스를 plant virus라고 한다. 대부분의 animal virus는 숙주의 범위가 특정 phylum (문)에 한정되어 있으며, 영장류(primate)와 같이 밀접한 관련이 있는 종(species)들만 감염시킨다. Vesicular stomatitis virus (수포성 구내염 바이러스)와 같은 일부 animal virus는 다양한 종류의 포유류뿐만 아니라 곤충도 감염시킬 수 있다. 식물이나 동물뿐만 아니라 이를 먹고 사는 곤충에서도 자랄 수 있는 바이러스의 경우, 이동성이 매우 높은 곤충이 감염에 취약성(susceptible)을 지닌 숙주들 사이에서 바이러스를 전달하는 vector (매개체) 역할을 할 수 있다. 일부 animal virus의 숙주 세포의 범위는 바이러스의 virion이 부착할 수 있는 표면 수용체(surface receptor)를 가지고 있는 세포로 제한된다. 한 예로 poliovirus는 장의 세포와—그리고 불행하게도—척수(spinal cord)에 있는 운동 뉴런(motor neuron)을 감염시킬 수 있어서 마비(paralysis)를 일으키게 되는 것이다. 또 다른 예로서, HIV-1는 면역 반응(24장 참조)에 필수적인 *CD4*$^{+}$ *T lymphocyte*라고 불리는 세포와 *glial cell*라고 불리는 중추신경계(central nervous system)의 다른 세포들을 감염시킨다.

Viral Capsid는 하나의 단백질 또는 몇 가지 종류의 단백질들이 규칙적으로 배열되어 있다

Viral capsid는 하나 혹은 몇 가지의 다른 단백질의 수많은 복제본(multiple copy)으로 구성되어 있으며, 각각의 단백질은 단일 바이러스 유전자가 암호화한다. 이러한 구조 때문에 바이러스는 소수의 유전자에서 상대적으로 큰 capsid를 만들기 위한 모든 정보를 암호화할 수 있다. 한정된 양의 DNA나 RNA만이, 그리고 그로 인해 제한된 숫자의 유전자만이 virion capsid 안에 담겨 질 수 있기 때문에 이러한 효율적인 유전 정보의 이용은 중요하다.

자연은 바이러스 genome을 capsid 단백질의 수많은 복제본으로 이루어진 반복되는 구조 속에 압축 포장(packing)하는 두 가지 방법을 터득하였다. 어떤 바이러스는 무수히 복제된 한 종류의 capsid 단백질을 *helical* (나선형) 구조로 만들어 바이러스의 RNA나 DNA를 둘러쌈으로써 보호하는데, 이를 통해 단백질 관(tube) 안에서 나선형의 홈(groove)을 형성한다. Tobacco mosaic virus와 같이 나선형 구조를 가지고 있는 바이러스는 rod-like shape (원추 모양)를 가진다(그림 5-40a). 또 다른 중요한 구조는 *icosahedron* (20면체)인데, 20개의 동일한 면을 가진 것이 모여서 거의 구형의 구조를 형성한다(그림 5-40b). 각 면은 적어도 3개의 단백질 subunit으로 구성되어야 하는 정삼각형이기 때문에, icosahedral capsid는 최소 60개의 subunit으로 구성되어야 한다. 감염 중에 일부 icosahedral 바이러스는 capsid subunit 간의 틈새(cleft)를 통해 숙주 세포 수용체와 상호작용한다. 다른 것들은 icosahedron의 꼭짓점에서 연장된 긴 섬유질(fibrous) 단백질을 통해 상호작용한다.

많은 DNA bacteriophage들에서 바이러스의 DNA는 rodlike *tail*에 부착된 icosahedral *head* (정이십면체 머리) 안에 위치한다. 감염 중에 꼬리 끝의 바이러스의 단백질은 숙주 세포의 수용체에 결합하고, 바이러스의 DNA는 꼬리를 따라 숙주 세포의 cytoplasm으로 들어간다(그림 5-40c).

어떤 바이러스는 동일한 단백질의 사본으로 이루어져서 대칭적 배열(symmetrically arranged)을 갖는 **nucleocapsid** 안에 바이러스

genome을 가지며, 이는 또한 **viral envelope (외피)**라고 하는 외부 막(external membrane)에 의해 둘러싸여 있다. 이런 경우, 그 envelope은 인지질 이중층(phospholipid bilayer)과 여기에 더해지는 한 두 종의 바이러스에 의해 암호화되는(virus-encoded) glycoprotein (당단백질)의 구성으로 이루어진다(그림 5-40d). 바이러스의 envelope를 구성하는 인지질은 감염되는 숙주 세포의 원형질 막(plasma membrane)과 같다. 사실, 바이러스의 envelope는 막(membrane)에서 budding (싹틔움)으로 파생되어 나왔지만, 대부분은 바이러스의 glycoprotein으로 구성되어 있다. 이 부분에 대해 곧 설명한다.

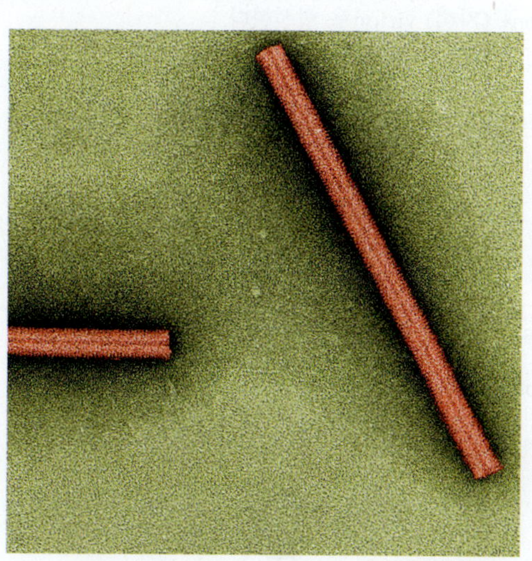

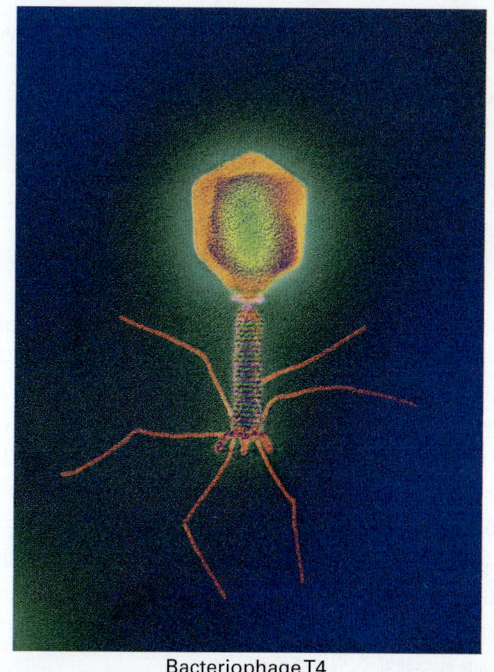

Lytic Viral Growth Cycle이 일어나면 숙주 세포는 죽게 된다

바이러스의 유형에 따라 미세한 차이는 있지만, *lytic cycle*을 보이며 성장하는 바이러스들은 다음의 일반적인 단계를 따른다.

1. *Adsorption* — Virion이 수많은 사본을 갖는 capsid 단백질을 통해 숙주 세포의 특정 수용체에 결합하여 숙주 세포와 상호작용을 시작한다.
2. *Entry* — 바이러스는 숙주 세포의 cytoplasm으로 들어간다. Membrane enveloped virus는 14장에서 설명하게 될 endocytic pathway를

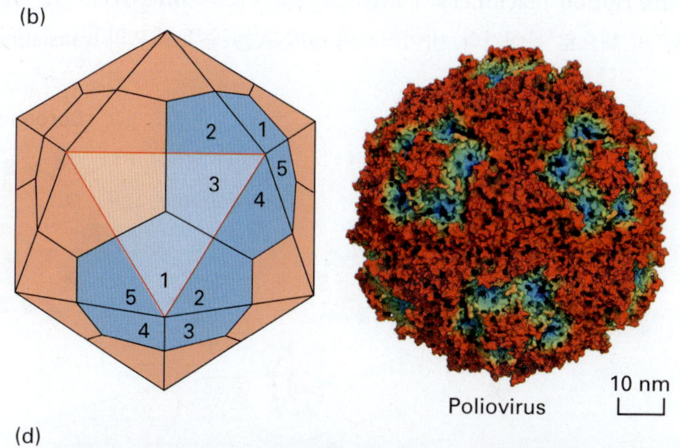

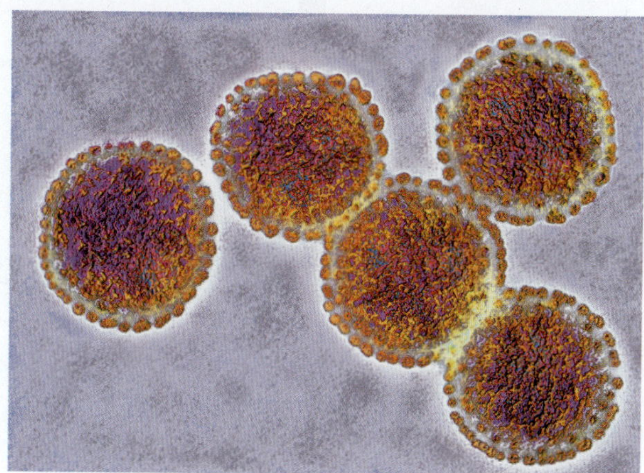

그림 5-40 Virion의 구조. (a) 나선형(Helical) tobacco mosaic 바이러스. (b, *왼쪽*) 작은 icosahedral (정이십면체) poliovirus의 구조도. 이 바이러스는 20개의 정삼각형 면으로 이루어져 있으며, 그 중 하나는 빨간색으로 윤곽이 그려져 있다. 각각의 면은 *capsomere*라고 불리는 3개의 윤곽이 있는 구조적 요소로 구성되어 있다. 여기 숫자들은 5개의 capsomere들이 정이십면체의 12개의 꼭짓점에서 어떻게 연결되는지를 보여준다. (b, 오른쪽) X-선 결정학에 기초한 poliovirus의 space-filling 모델. 이 모델은 virion의 중심으로부터의 거리에 따라 빨간색, 가장 가까운 파란색으로 색상이 구분된다. Virion은 각 꼭짓점 주위에서 푸른 "canyon (협곡)"으로 들어가는, 길고 좁은 세포 표면 단백질인 숙주 세포 수용체(그림에는 표시되지 않음)에 결합한다. (c) Bacteriophage T4. (d) Influenza 바이러스, enveloped virus의 예임. [Part (a) Omikron/Science Source. Part (b) data from D. J. Filman et al., 1989. *EMBO J.* **8**:1567, PDB ID 2plv. Part (c) Department of Microbi- ology, Biozentrum, University of Basel/Science Source. Part (d) James Cavallini/ Science Source.]

통해 들어올 수 있으며, 다른 바이러스는 숙주 세포의 원형질막(plasma membrane)과 직접 융합(fuse)된다. 단백질 capsid를 가진 바이러스는 원형질막의 일관성(integrity)을 깨뜨리지 않기 위해서 endocytic pathway를 통해 세포로 들어가야 한다.

3. *Early gene expression* — 최초로 발현되는 바이러스의 유전자는 보통 바이러스 genome의 복제와 바이러스의 구조를 형성하는 유전자들이다. Positive strand RNA virus의 경우, 초기 유전자(early gene)는 cytoplasm에서 바이러스 genome RNA의 직접적인 번역(translation)에 의해 발현된다. DNA 바이러스의 경우, viral DNA는 숙주 세포의 transcription machinery의 도움으로 바이러스의 mRNA가 생성되는 세포의 핵으로 들어간다. 바이러스의 mRNA는 숙주 세포의 translation machinery를 통해 번역된다.

4. *Genome replication* — 바이러스 genome의 여러 사본(copy)의 생산은 바이러스 단백질 단독으로 또는 숙주 세포 단백질의 도움으로 수행된다. RNA virus는 보통 cytoplasm에서 복제되는 반면, DNA virus는 핵 내에서 복제되어야 한다.

5. *Structural gene expression* — 바이러스는 바이러스의 구조 단백질의 전사와 번역을 위해 숙주 세포의 machinery를 사용한다. 여기에는 nucleocapsid 단백질과 membrane enveloped virus를 위한 membrane glycoprotein (막 당단백질)도 포함된다.

6. *Assembly* — 바이러스의 단백질 및 복제된 genome이 cytoplasm에서 progeny (자손) virion을 형성한다.

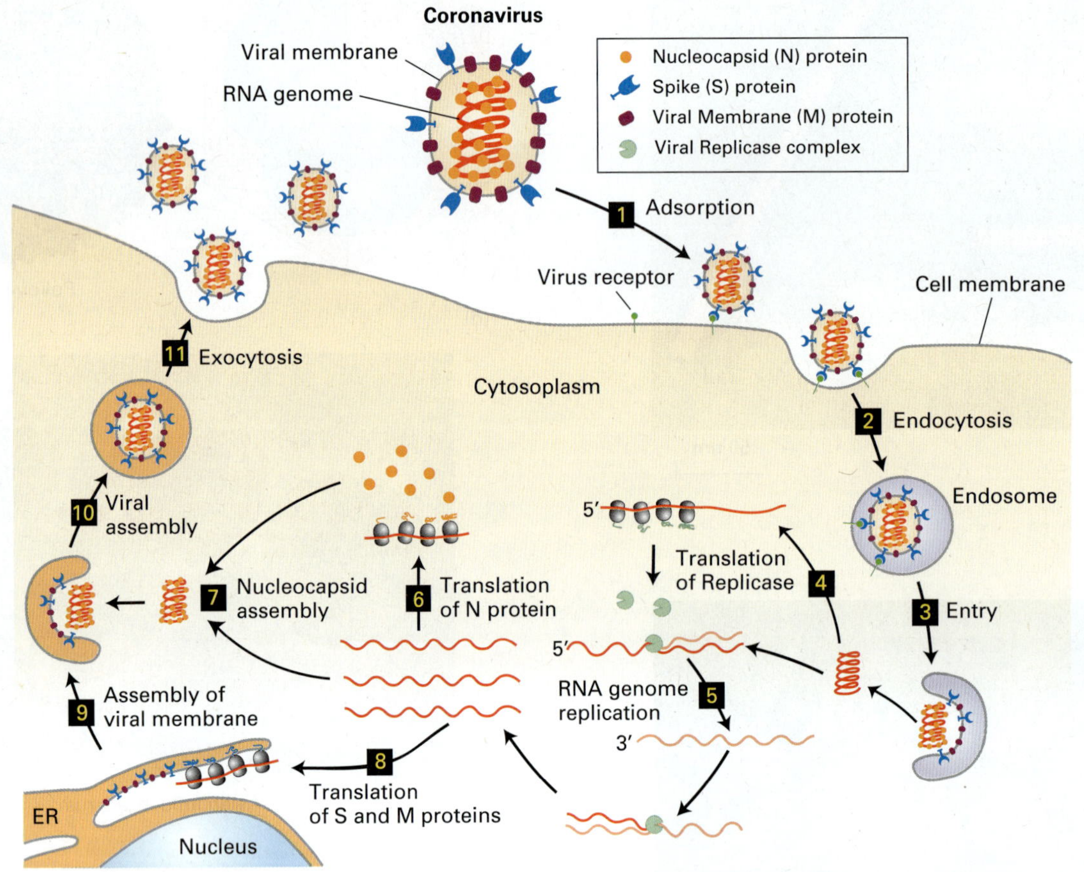

그림 5-41 Membrane enveloped RNA 코로나 바이러스(coronavirus)의 Lytic (용해성) 복제 cycle. 코로나 바이러스는 약 30개의 바이러스 단백질을 암호화하는 30kb의 단일가닥 RNA의 genome을 가지고 있다. Virion 내에서 RNA genome은 나선형(helical) nucleocapsid를 형성하는 viral nucleocapsid (N) 단백질 복합체 안에 있다. Nucleocapsid는 막 단백질(M)과 spike 단백질(S)이 주요 성분으로 이루어지는 바이러스 막 내에 포장되어 있다. 감염은 특정 세포 표면 수용체에 S 단백질이 결합함으로써 target 세포에 바이러스가 adsorption되면서 시작된다(단계 **1**). 그리고 이는 endosome으로 함몰되어 내입(engulf)된다(단계 **2**). S 단백질은 endosome의 산성(acidic)화된 내부에서 일어나는 proteolytic cleavage에 의해 활성화된 후 바이러스 막과 endosome의 막의 융합을 촉매하여 nucleocapsid가 cytoplasm로 들어갈 수 있게 한다(단계 **3**). 숙주 세포의 cytoplasm에 있는 ribosome은 바이러스의 RNA genome을 mRNA로 인식하고 바이러스의 Replicase (바이러스 복제 효소)를 암호화하는 초기 서열을 번역한다(단계 **4**). Replicase는 바이러스의 구조 단백질의 발현과 full length 바이러스 RNA genome의 대량 복제에 사용될 바이러스의 mRNA를 생산하기 위해 바이러스 게놈의 상보적인 사본을 생산한다(단계 **5**). 번역된 바이러스의 N 단백질(단계 **6**)은 새로 복제된 바이러스의 RNA genome과 결합하여 nucleocapsid 복합체를 형성한다(단계 **7**). 동시에, 바이러스 막 단백질 M과 S가 번역되고 ER의 막에 조립된다(단계 **8**). ER로부터 유래된 막에서, 이 바이러스 막 단백질은 바이러스 막의 precursor로 결합되고(단계 **9**), 그 후 nucleocapsid는 바이러스 결합의 마지막 단계에서 감싸이게 되며 외피(enveloped)가 만들어진다(단계 **10**). ER의 내부로 budding하여 형성된 성숙한 바이러스들은 exocytosis(단계 **11**)에 의해 세포에서 분비되어 다른 세포를 감염시키고 성장하는 또 다른 cycle을 수행할 수 있게 준비된다.

7. *Releas* — 숙주 세포가 갑자기 파열되면(**lysis**) 새로 형성된 모든 virion이 한 번에 방출되거나 점진적으로 분리(disintegrate)되어 천천히 방출될 수 있다. Membrane enveloped virus의 경우, 마지막 조립 단계에서는 막으로 둘러싸인 세포소기관(organelle)으로 들어가서 최종적으로 exocytosis되거나 또는 원형질 막(plasma membrane)에서 직접 budding되는 방식으로 세포로부터 방출된다.

우리는 COVID-19 대유행(pandemic)의 원인이 되는 코로나 바이러스(coronavirus)를 사용하여 lytic virus가 진핵세포의 compartment 사이를 어떻게 이동하는지 보여줄 것이다. 그림 5-41에 묘사된 코로나 바이러스의 life cycle (생주기)의 특징은 코로나 바이러스가 RNA genome으로 구성된 membrane enveloped virus라는 기본 특성에 의해 결정된다. 코로나 바이러스는 숙주 세포의 표면에 있는 수용체 단백질에 바이러스의 spike 단백질을 결합시킴으로써 target 세포에 들어가기 시작한다. 수용체에 결합하면 바이러스가 세포내 endocytic vesicle로 들어가 14장에서 설명하는 내용대로 세포 내부에서 budding할 수 있다. 상대적으로 낮은 pH는 바이러스의 spike 단백질의 단백질 분열을 유발하여 spike 단백질을 활성화하고, 바이러스의 막과 endosome 막의 융합(fusion)을 일으키며, nucleocapsid를 cytoplasm으로 방출한다.

코로나 바이러스는 plus stranded RNA virus인데, 이는 단일가닥(single stranded) RNA genome이 초기 바이러스의 유전자 산물(viral gene product)의 번역을 위해 cytoplasm에 있는 숙주 세포의 ribosome과 즉시 결합할 수 있다는 것을 의미한다. 코로나 바이러스의 초기 유전자는 Replicase로 알려진 단백질 복합체를 암호화하며, 이것은 바이러스 RNA genome의 복제를 담당한다. RNA template-dependent RNA polymerase (RNA를 주형으로 하는 RNA polymerase)를 포함하는 Replicase는 먼저 RNA genome을 주형으로 사용하여 상보적 RNA 가닥을 합성한다. 이러한 상보적 가닥은 바이러스의 구조 단백질의 번역을 위한 더 많은 바이러스의 mRNA 생성과 더 많은 바이러스의 genome 생성을 위한 주형으로 사용된다. 번역된 바이러스의 nucleocapsid 구조 단백질은 바이러스의 viral RNA와 결합하여 성숙한 나선형의 nucleocapsid 구조를 형성한다.

한편, 코로나 바이러스 막의 구조 단백질은 ER membrane (13장 참조) 또는 바이러스의 membrane의 전구체인 ER membrane의 cluster를 이루는 한 부위에서 합성된다. 바이러스가 ER 내부로 bud (싹틔움)되면서 바이러스 막(viral membrane)에 의해 nucleocapsid가 포장됨으로써 바이러스의 조립이 완성된다. 마지막으로, 성숙한 virion은 exocytosis에 의해 세포에서 방출된다(14장 참조). 그림 5-42의 measles 바이러스에 감염된 세포의 전자현미경 사진에서 볼 수 있듯이, 일부 membrane enveloped virus는 유사한 envelopment 과정에 의해 형성되지만 원형질막(plasma membrane)에서 직접 budding되면서 세포에서 방출된다.

우리는 RNA 바이러스의 경우, RNA genome의 복제와 바이러스의 mRNA 합성과 번역이 전적으로 cytoplasm 내에서 일어날 수 있다는 것을 보았다. DNA 바이러스의 경우, DNA genome은 바이러스

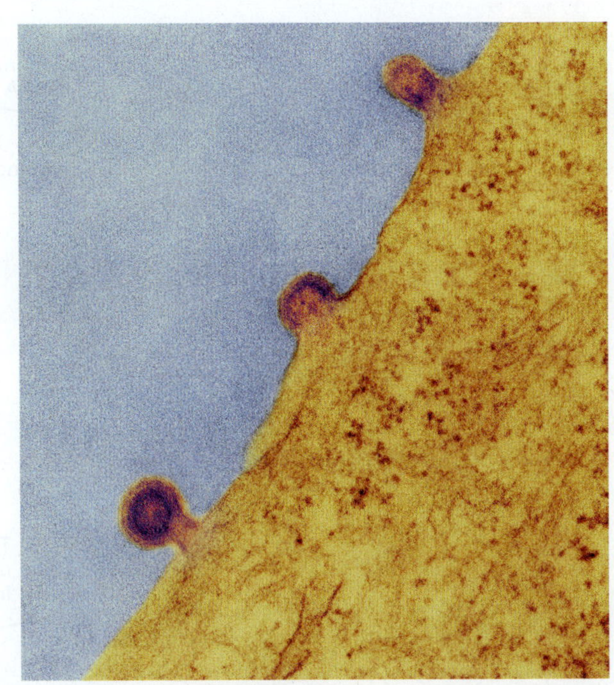

실험 그림 5-42 Progeny (자손) virion들은 budding에 의해서 방출된다. Membrane enveloped virus의 progeny virion은 감염된 세포로부터 budding에 의해서 방출된다. 사진은 measles 바이러스에 감염된 세포의 전자현미경 사진(TEM)으로서 virion bud(싹)가 세포 표면에서 튀어나온 모습을 볼 수 있다. Measles 바이러스는 나선형(helical) nucleocapsid를 가지고 있는 enveloped RNA virus이다. [Thomas Deerinck, NCMIR/Science Source.]

mRNA로 전사되고 nucleus의 DNA polymerase에 의해 복제되기 위해 nucleus 안으로 먼저 들어가야 한다. 숙주 세포에 들어간지 얼마 지나지 않아 바이러스의 DNA genome은 13장에서 묘사된 것처럼 nuclear pore를 통해 nucleus로 운반된다. 일단 nucleus 안에 들어가면, 바이러스의 DNA는 숙주의 transcriptional machinery에 의해 RNA로 전사된다. 숙주 세포의 효소에 의해 바이러스 RNA의 primary transcript가 process되면 바이러스의 mRNA가 생성되어 cytoplasm으로 운반되고 바이러스의 단백질로 번역된다. 초기 바이러스 단백질은 nucleus로 다시 운반되어 세포의 replication machinery와 결합하여 바이러스 DNA를 복제한다. Capsid를 구성하는 바이러스 단백질은 후기 감염 과정에서 발현된다. Capsid 단백질과 새로 복제된 바이러스 DNA의 결합은 nucleus에서 일어나 성숙한 progeny virion을 생성한다.

수백~수천 개의 새로운 virion의 합성이 완료된 후 바이러스와 숙주 세포의 종류에 따라 숙주 세포가 용해(lysis)되어 모든 virion을 한꺼번에 방출하거나 혹은 숙주 세포가 점차적으로 분해되면서 서서히 virion을 방출하게 된다.

Nonlytic Viral Growth Cycle을 통해 어떤 Viral DNA는 숙주 세포의 genome에 삽입된다

많은 종류의 동물 바이러스(animal virus)는 숙주 세포의 genome에 삽

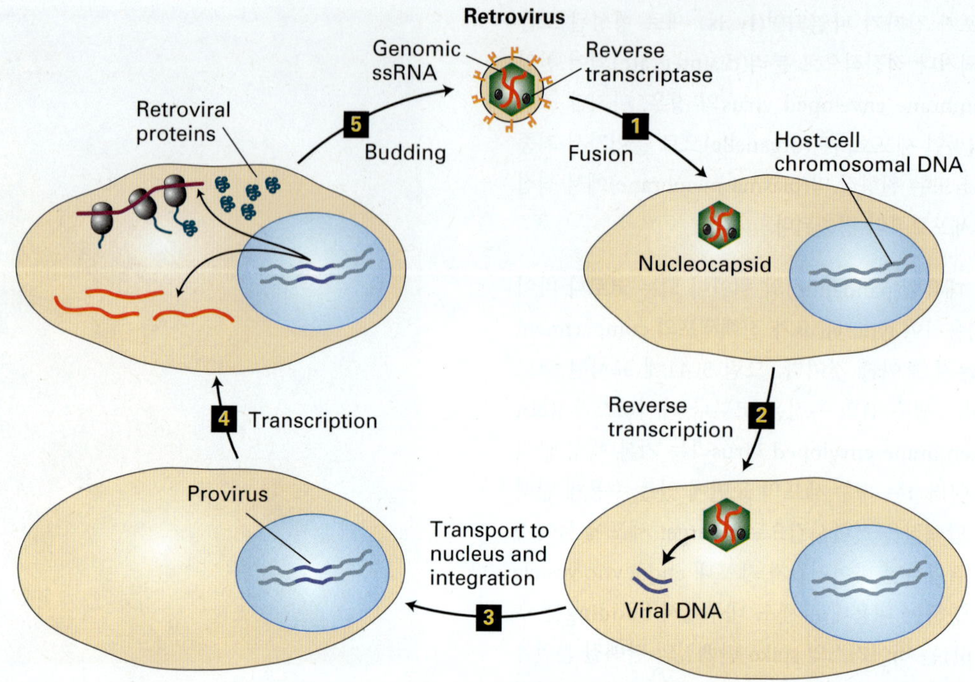

그림 5-43 Retroviral life cycle (생주기). Retrovirus는 2개의 동일한 단일가닥 RNA로 구성된 genome과 outer envelope (외피)를 가지고 있다. 단계 **1**: Envelope에 존재하는 바이러스의 glycoprotein이 숙주 세포의 특정 막 단백질과 결합한 후, retroviral envelope은 세포의 cytoplasm에 nucleocapsid가 들어갈 수 있도록 원형질막(plasma membrane)에 직접 융합된다. 단계 **2**: 바이러스의 reverse transcriptase (역전사효소)와 다른 단백질은 바이러스의 ssRNA genome을 이중가닥 DNA로 복제한다. 단계 **3**: 바이러스의 dsDNA는 nucleus 안으로 이동하고, 숙주 세포의 염색체 DNA의 삽입될 수 있는 여러 가능한 위치 중의 한 곳으로 병합(integrate)된다. 간소화를 위해 단 하나의 숙주 세포 염색체만 표시되었다. 단계 **4**: 삽입된 바이러스의 DNA (provirus)는 숙주 세포의 RNA polymerase에 의해 전사되어 mRNA (진한 빨간색)와 RNA genome을 만든다. 숙주 세포의 machinery는 바이러스의 mRNA를 glycoprotein과 nucleocapsid 단백질로 번역한다. 단계 **5**: 그 다음으로 progeny virion은 조립되고, 그림 5-42에서 보이는 것처럼, budding에 의해서 방출된다.

입될 수 있다. 가장 중요한 것들 중 하나가 **retrovirus**인데, 이들은 2개의 동일한 RNA 가닥으로 구성된 genome을 가진 enveloped 바이러스이다. 이들의 RNA genome은 DNA를 만들기 위한 주형으로 사용되기 때문에 retrovirus라고 한다—DNA에서 RNA로 전사되는 일반적인 유전적 정보의 흐름의 방향과 반대로 작용한다. Retroviral life cycle (그림 5-43)에서, **reverse transcriptase**라고 하는 바이러스의 효소는 초기에 virion RNA genome을 virion RNA에 상보적인 단일가닥(single-stranded) DNA로 복제한다. 그 후 같은 효소가 상보적인 DNA 가닥을 합성한다. (이 복합체의 작용 기작은 이와 유사한 세포내 기생충이라고 할 수 있는 *retrotransposon*을 다룬 7장에서 상세하게 설명한다.) 이 이중가닥(double-stranded) DNA는 virion이 갖고 있는 integrase 효소를 이용하여 감염된 세포의 염색체(chromosomal) DNA에 병합(integration)된다. *Provirus*라고 부르는 병합된 DNA는 세포가 가지고 있는 machinery에 의해서 RNA로 전사된다. 이 RNA는 바이러스 단백질로 번역되거나 또는 virion capsid 단백질 안으로 압축 포장(pack)돼서 들어가게 되어 progeny virion을 만들 수 있다. 이런 progeny virion은 이후 숙주 세포의 막으로부터 budding되며 방출된다. 대부분의 retrovirus는 그들의 숙주 세포를 죽이지 않기 때문에 감염된 세포는 계속해서 복제와 증식을 할 수 있고, 삽입된 proviral DNA와 함께 딸 세포를 만들 수 있다. 이러한 딸 세포는 지속적으로 proviral DNA를 전사하고 progeny virion을 탄생(bud)시키게 된다.

어떤 retrovirus는 암을 유발할 수 있는 유전자(*oncogene*)를 가지고 있어서, 이러한 retrovirus에 감염된 세포는 암세포로 형질전환(transform)되게 된다. 이러한 oncogenic retrovirus (주로 새와 쥐의 바이러스)의 연구로부터 정상 세포가 암세포로 형질전환되는 과정이 밝혀졌다(25장 참조).

잘 알려진 사람의 retrovirus는 두 가지 있는데, 백혈병(leukemia)의 원인이 되는 human T-cell lymphotrophic virus (HTLV)와 에이즈(acquired immune deficiency syndrome, AIDS)의 원인이 되는 human immunodeficiency virus (HIV-1)이다. 이 두 바이러스는 특정한 종류의 세포들만 감염시킬 수 있다. HIV의 경우, 주로 특정 면역계의 세포, 그리고 특정 중추신경계의 신경세포(neuron)와 신경교세포(glial cell)들만 감염시킬 수 있다. 이 세포들만이 바이러스의 envelope 단백질과 결합할 수 있는 세포 표면 수용체를 가지고 있기 때문에 이들 바이러스의 숙주 세포에 대한 특이성을 설명할 수 있다. 대부분의 다른 retrovirus와는 다르게 HIV-1는 결국 숙주 세포를 죽인다. 이로 인해 많은 면역 세포들이 죽게 되어, 결과적으로 에이즈의 특성인 면역 결핍상태가 초래된다.

HIV-1과 같은 retrovirus는 바이러스의 RNA에 있는 정보에 대한 DNA 복제본(replica)을 만든다. 이러한 복제 반응을 일으키는 효소는 reverse transcriptase (역전사효소)이며, DNA polymerase와 유사한 기능을 하지만 바이러스의 RNA를 주형으로 사용한다. 바이러스 유전자로 암호화되어 있는 reverse transcriptase는 proofreading 능력이 부족해서 세포의 DNA polymerase보다 오류가 발생하기 쉽다. 이 경우 복제의 충실도(replication fidelity)가 낮기 때문에 바이러스의 capsid 유전자의 잦은 돌연변이가 생길 수 있고, 이는 바이러스 virion의 표면의 항원(antigen)을 지속적으로 변화시키게 된다. 이런 특성을 통해 인간의 면역계를 회피할 수 있으며, 이는 바이러스에 유리하게 작용한다.

일부 DNA 바이러스는 숙주 세포의 염색체에 병합(integration)될 수도 있다. 한 가지 예는 사마귀(wart)와 다른 양성 피부 병변(benign skin lesion)을 가장 흔하게 일으키는 human papillomavirus (HPV)이다. 이러한 바이러스는 보통 숙주 세포의 염색체에 병합되지 않고 복제된다. 그러나 특정 HPV 아형(serotype)의 genome은 간헐적으로 자궁경부 상피세포(cervical epithelial cell)를 감염시켜 이들의 염색체에 병합되기도 한다. Retrovirus나 temperate bacteriophage와는 달리, 이러한 병합은 바이러스 단백질에 의해 수행되는 것이 아니라 숙주 세포의 DNA 수선(repair) 과정의 결과로서 발생한다. HPV의 경우 병합은 막다른 골목(dead-end)과 같다. 병합된 바이러스 DNA는 progeny 바이러스를 복제하고 생성할 수 없지만, 바이러스 단백질 중 oncogenic (암유발) 바이러스 단백질이 병합된 바이러스의 genome으로부터 발현되면 자궁경부암(cervical cancer)의 발병으로 연결될 수 있다. 이러한 암과 관련된 HPV 종류에 대한 백신이 개발되었으며, 이러한 백신은 바이러스에 의한 초기 감염으로부터 그리고 결과적으로 자궁경부암의 발생으로 부터 보호해 줄 수 있다.

5.7절의 주요 개념

바이러스(Virus): 세포의 유전 시스템의 기생충(Parasite)

- 바이러스는 한 세포에서 다른 세포로 이동할 수 있고, 유전자 발현과 복제를 위해 숙주 세포에 의존하는 유전적 정보의 작은 포장물(small package)이다. 바이러스 genome은 DNA (DNA virus) 또는 RNA (RNA virus)일 수 있으며, 단일 또는 이중가닥일 수 있다.
- 바이러스 genome을 둘러싸고 있는 capsid는 하나 또는 소수의 바이러스에 의해 암호화되는 단백질의 여러 사본들로 이루어져 있다. 일부 바이러스는 숙주 세포의 원형질막(plasma membrane)과 유사한 outer envelope (외피층)을 가지고 있으며, 여기에는 바이러스 막횡단 단백질이 포함된다.
- 대부분의 동물과 식물 DNA 바이러스는 바이러스 genome을 mRNA로 전사하고 progeny genome을 만들기 위해서 숙주 세포의 핵에 있는 효소를 필요로 한다. 반면 대부분의 RNA 바이러스는 RNA genome을 바이러스 mRNA로 전사하고 RNA genome을 만들 수 있는 효소를 스스로 만든다.
- 숙주 세포의 ribosome, tRNA, 그리고 전사인자(transcription factor)들은 감염된 세포에서 바이러스 단백질을 만드는 과정에 이용된다.
- Lytic 바이러스 감염은 adsorption, penetration, 바이러스 단백질과 progeny genome의 합성, progeny virion의 조립, 그리고 수백에서 수천 개의 virion의 방출의 과정을 수반하는데, 그 결과 숙주 세포를 죽게 만든다(그림 5-41 참조). Enveloped virus의 방출(release)은 숙주 세포의 원형질막을 통한 budding에 의해서 일어난다(그림 5-42 참조).
- Retrovirus는 단일가닥(single-stranded) RNA genome을 가지고 있는 enveloped 동물 바이러스(animal virus)이다. 숙주 세포에 침투한 후, virion이 가지고 있는 reverse transcriptase는 바이러스의 RNA genome을 염색체 DNA에 삽입될 수 있는 이중가닥(double-stranded) DNA로 만든다(그림 5-43 참조).
- 다른 retrovirus에 의한 감염과 달리, HIV-1 감염은 에이즈(AIDS)의 특성인 면역결핍을 일으켜서 숙주 세포를 죽게 한다.
- Oncogene을 가지고 있는 tumor virus는 RNA genome (예, human T-cell lymphotrophic virus)이나 DNA genome (예, human papillomavirus)을 가지고 있다. 이러한 바이러스의 경우에 숙주 세포의 염색체에 바이러스 genome이 삽입되면서 정상 세포가 암세포로 형질전환된다.

개념 복습

1. Watson-Crick 염기쌍(base pair)은 무엇인가? 그들이 왜 중요한가?

2. Plasmid DNA (double-stranded, circular)를 서열 분석(sequencing)하기 위해서 plasmid 주형(template)의 한쪽 가닥에 상보적이고, 짧으며, 단일가닥으로 된 oligonucleotide DNA primer를 annealing한다. 이 과정은 일반적으로 plasmid DNA와 primer를 90°C까지 가열하고 25°C로 천천히 식히면서 이루어진다. 이러한 방법을 왜 사용할까?

3. RNA와 DNA 사이에서 어떤 차이점이 DNA를 더 안정하게 만들었는가? 이것은 DNA의 기능을 위해서 어떤 의미가 있는가?

4. 원핵생물(prokaryotic) mRNA와 진핵생물(eukaryotic) mRNA의 합성과 구조에서 가장 큰 차이는 무엇인가?

5. 사람의 특정한 growth factor receptor 유전자를 연구하면서 과학자들은 하나의 유전자로부터 합성된 2개의 단백질을 발견하였다. 하나는 세포 표면에서 membrane-spanning domain을 이용해 성장 인자를 인지하는 역할을 하여 특정 세포의 신호전달을 조절하는 단백질이고, 다른 하나는 세포에서 분비되고, 혈액 속에 존재하는 성장인자들과 결합해서 세포의 신호전달을 차단하는 상대적으로 작은 단백질이다. 세포들이 서로 다른 이 단백질들을 어떻게 합성하는지 설명하시오.

6. Poly(A)-binding 단백질의 유전자의 돌연변이는 어떻게 번역(translation)에 영향을 미치는가? 전자현미경 사진에서 이러한 돌연변이의 polyribosome은 정상과 어떤 차이가 있는가?

7. DNA의 어떤 특성 때문에 DNA 합성이 지속될 수 없는가? 세포는 어떻게 Okazaki fragment와 DNA ligase를 이용하는가?

8. 진핵생물은 mutagen에 노출되고, 복제 과정에 오류 때문에 발생할 수 있는 돌연변이를 막기 위한 수선(repair) 시스템을 갖고 있다. DNA가 UV에 노출되었을 때 생길 수 있는 thymine-thymine dimer를 복구하기 위해서 진핵생물에서 발견되는 세 가지 excision-repair system은 무엇인가?

9. DNA 수선(repair) 시스템은 정상 세포에서 돌연변이가 빈번하게 발생함에도 genome의 일관성(genomic fidelity)을 유지하기 위해서 중요하다. (a) UV와 (b) ionizing radiation에 의해서 생길 수 있는 DNA 돌연변이는 무엇인가? 동물 세포에서 이러한 종류의 돌연변이를 복구하기 위한 시스템을 설명하시오. 왜 하나 이상의 DNA 수선 시스템이 기능하지 못할 때 암이 발생할 수 있는지 설명하시오.

10. DNA 손상을 수선함으로써 유전적 다양성을 가능하게 하는 과정에 붙여진 이름은 무엇인가? 두 과정, 즉 수선과 다양성 생성의 유사점과 차이점을 간단하게 설명하시오.

11. (a) 다음 그림의 위, 아래 두 DNA 가닥 중, DNA unwinding이 화살표 방향으로 일어날 때, 어느 가닥 RNA 전사의 주형(template)으로 작용할 것인지 표시하시오.

5′ ACGGACTGTACCGCTGAAGTCATGGACGCTCGA 3′
3′ TGCCTGACATGGCGACTTCAGTACCTGCGAGCT 5′

⟶

DNA unwinding 방향

(b) 전사 결과 합성되는 RNA 서열을 5′ → 3′ 방향으로 기입할 것.

12. 원핵생물과 진핵생물의 유전자의 특성을 비교 설명하시오.

13. 그동안 DNA 복제(replication)와 중심 교의(central dogma)에 대해서 배웠다. DNA 복제 과정의 여러 단계 중에서 다음의 사건이 큰 영향을 미칠 것으로 판단되는 단계를 설명하시오.

(a) Helicase는 DNA를 unwinding시키고 있지만, stabilizing 단백질에 변이가 일어나서 DNA에 결합하지 못함.

(b) mRNA가 AUG start codon 부위에서 self association에 의해 hairpin loop을 형성하였음.

(c) 세포가 tRNAiMet을 합성하지 못함.

14. 아래 그림의 DNA 서열과 DNA unwinding 방향, 그리고 codon table을 참조하여 아래 DNA 서열로 부터 생성될 것으로 예측되는 아미노산 서열을 기입하시오. Intron은 별도로 표시되어 있으며, 표에 있는 모든 codon이 사용되는 것은 아님.

5′ TTCTAAACGCATGAAGCACCGTCTCAGAGCCAGTGA 3′
3′ AAGATTTGCGTACTTCGTGGCAGAGTCTCGGTCACT 5′

⟶

DNA unwinding 방향

Asn = AAU Cys = TCG Gly = CAG His = CAU Lys = AAG
Met = AUG Phe = UUC Ser = AGC Tyr = UAC Val = GUC; GUA

15. 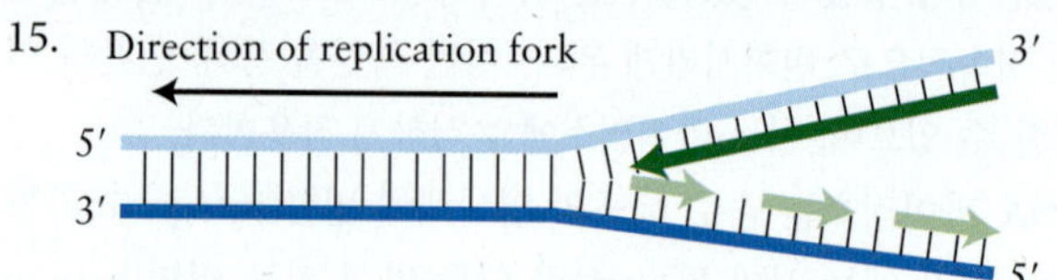

(a) 위 그림을 보고서, lagging strand의 합성이 왜 okazaki fragment로 합성될 수밖에 없는지 이유를 설명하시오.

(b) DNA polymerase가 위의 그림에서 아래 가닥에만 결합할 수 있는 상황이라면, 어떤 조건에서 윗부분 DNA의 합성이 이루어질 수 있을지 설명하시오.

16. DNA 손상 수선(repair) 시스템은 새롭게 합성되는 DNA 가닥을 target으로 일어난다. 이 현상의 중요성에 대해 설명하시오.

17. 아래에서 특정 유형의 point mutation을 식별하시오(보여지는 것은 RNA 서열에 대한 직접적인 DNA version임).

Original sequence: 5′ AUG TCA GGA CGT CAC TCA GCT 3′
Mutation A: 5′ AUG TCA GGA CGT CAC TGA GCT 3′
Mutation B: 5′ AUA TCA GGA CGT CAC TCA GCT 3′

18. Retrovirus의 genome은 숙주 세포의 genome에 병합(integration)될 수 있다. 많은 retrovirus는 특정 유형의 사람의 세포를 감염시킬 수 있다.

(a) Retrovirus에 고유한 유전자는 무엇이며, 왜 이 유전자에 의해 암호화되는 단백질이 retrovirus의 life cycle를 유지하기 위해 절대적으로 필요한가?

(b) 특정 세포 유형을 감염시키는 2개의 retrovirus를 나열하고, 이러한 감염으로 인한 의학적 영향과 왜 특정 세포만 감염되는지에 대해 간략히 설명하시오.

19. (a) Lytic virus 감염과 nonlytic virus 감염의 주요 차이점을 상세히 설명하고 각각의 예를 제공하시오.

(b) 다음 중 lytic과 nonlytic virus 감염 모두에서 발생하는 과정은 무엇인가?

(i) 감염된 세포는 viral particle를 방출하기 위해 파열된다.

(ii) 바이러스 mRNA는 숙주 세포의 translation machinery에 의해 전사된다.

(iii) 바이러스 단백질과 핵산은 virion을 생성하기 위해 포장(package)된다.

CHAPTER 6

분자유전학 기술 (Molecular Genetic Techniques)

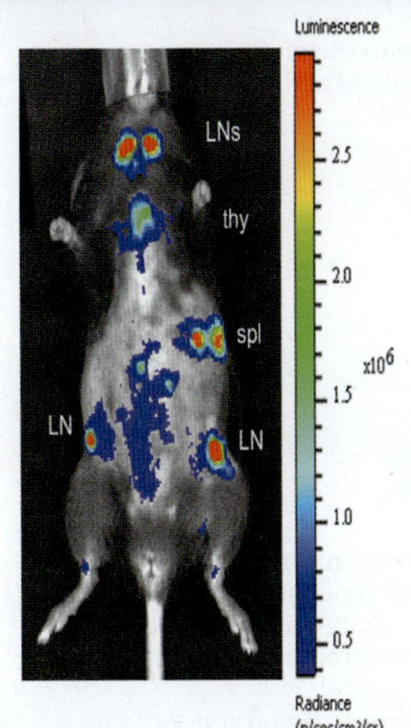

Genetic modification (유전자 변형)은 살아있는 쥐의 몸 안에서 특정 종류의 세포 위치를 추적하는 것을 가능하게 한다. 과학자들은 곤충의 luciferase (루시퍼레이즈)를 T 세포에서만 작동하는 CD2 유전자 promoter에 의해 발현시키는 transgenic mouse (형질전환 쥐)를 만들어 면역 세포를 label (표식)할 수 있다. 이 쥐에 luciferase와 반응하면 빛을 내는 substrate (기질)를 주사한 후 피부 밖으로 비쳐 나오는 빛을 30초 간 촬영한 사진이다. Lymph node (LN, 림프절), thymus (thy, 갑상선), 그리고 spleen (spl, 비장)에 위치한 T 세포들을 관찰할 수 있다. [From J. W. Kleinovink et al., 2019. A dual-color bioluminescence reporter mouse for simultaneous in vivo imaging of T cell localization and function. *Frontiers in Immunology* **9**:3097. https://www.ncbi.nlm.nih.gov/pmc/articles/PMC6333049]

OUTLINE

Molecular cell biology (분자세포생물학) 분야의 가장 기본적인 요소는 세포의 biological behavior (생물학적 행동)를 화학적 메커니즘과 분자적 메커니즘을 통해 이해하고자 하는 것이다. 새로운 molecular process (분자 과정)에 대한 연구는 종종 특정 단백질(protein)들의 기능 이해에 초점을 두게 된다. Cell biologist (세포생물학자)들이 새로 발견된 단백질에 대하여 연구할 때 다음과 같은 원초적인 질문을 한다. 살아 있는 세포에서 이 단백질의 기능은 무엇인가? 정제된 이 단백질의 biochemical function (생화학적 기능)은 무엇인가? 그리고 이 단백질은 세포 내, 어디에 위치하고 있는가? 그 단백질들은 언제 어디에서 발현하고 다른 단백질과는 어떤 관련이 있는가? 그리고, 그 단백질의 기능은 진화 과정 중 어떻게 형성되었는가? 이 질문들에 대한 해답은 항상, 해당 단백질을 coding (암호화)하는 특정 유전자를 조작하고 연구하는 과정에서 얻어진다. 이 장의 첫 번째 파트에서는 관심 있는 유전자들을 규명하고 분리하기 위한 전략에 대하여 알아본다. 그 다음, 해당 gene product (유전자 산물)의 세포내 기능을 결정하기 위한 전략들을 탐구한다(그림 6-1). 이들 전략은 유전자 조작을 위한 실험적 방법들을 필요로 한다.

흔히, 주요 cellular function (세포 기능)과 관련된 생화학적 활성을 갖는 단백질을 purification (정제)하거나, 적당한 mutant (돌연변이체)를 분리해 냄으로써 중요한 기능을 갖고 있는 단백질들을 발견할 수 있었다. 이 두 가지 접근 방식이 어떻게 서로 상호 보완하여 위대한 발견을 이끄는지를 보여주는 훌륭한 예로서 NSF의 발견을 들 수 있다. NSF는 이 책의 14장에 수록된 분비 과정에서 vesicle trafficking (소낭 유통)에 필요한 중요 단백질이다. 포유류의 NSF 단백질을 정제하여 소낭

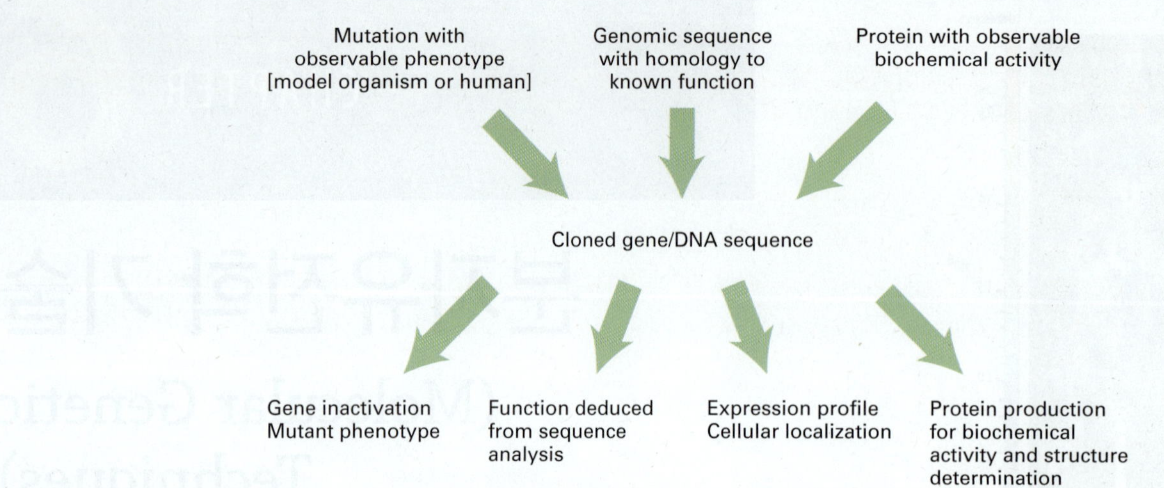

그림 6-1 유전자 그리고 genome 분석은 세포 기능을 분자 수준에서 이해하는 데 중심이 된다. 세포를 이루고 있는 각 부분의 기능을 이해하기 위한 일반적 전략의 첫 단계는 분리한 유전자를 식별하는 것이다. 이 과정은 돌연변이체, 정제된 단백질, 또는 genome 서열 데이터베이스를 분석하여 단백질-암호화 서열을 식별하는 것으로부터 출발한다. 실제 유전자는 DNA library로부터 클론을 분리하거나 유전체 DNA에서 증폭함으로써 얻을 수 있다. 유전자 서열은 genome 데이터베이스 안에서 비슷한 유전자 서열을 찾는 데 사용되며, 이는 해당 유전자의 일반적 기능 및 진화 과정에 대하여 직관적인 개념을 제공한다. 클론된 유전자가 분리되면, 해당 유전자의 산물인 단백질의 생화학적 기능을 연구하기 위하여 단백질을 대량으로 생산할 수 있도록 조정하거나 해당 유전자가 유기체에서 언제 어디서 발현하는지 연구하기 위한 probe를 design하는 데 이용된다. 또한, 클론된 유전자는 다양한 방법으로 불활성화시킬 수 있고, 돌연변이 세포나 돌연변이 생물체를 만드는 데 사용된다. 특정 유전자를 불활성화하는 돌연변이에 의한 표현형적 결과를 조사함으로써 유전학자들은 해당 유전자 산물인 단백질의 서열, 구조, 생화학적 활성 등에 대한 지식들을 살아있는 세포와 다세포 생물체의 맥락에서의 기능과 연결할 수 있다.

이 목표 지점의 membrane (막)과 어떻게 fusion (융합)하는지를 계측하는 biochemical assay (생화학적 측정방법)에 사용할 수 있다. 한편, 단백질 분비가 제대로 일어나지 않는 돌연변이 yeast (효모)를 찾는 과정에서 *sec18*이라고 알려진 효모 유전자에 돌연변이가 일어났다는 것이 밝혀졌다. 결국, 효모의 *sec18*과 포유류의 NSF는 서로 매우 유사한 염기 서열을 갖고 있다는 것이 밝혀졌을 때, 유전학적 방법과 생화학적 접근 방식이 모두 동일한 유전자로 귀결됨을 보여주었다. 단백질을 암호화하는 유전자와, 이 단백질의 기능이 결핍된 돌연변이 cell line (돌연변이 세포주) 또는 organism (유기체), 그리고 이 단백질의 생화학적 연구를 위하여 순수하게 분리한 단백질 그 자체를 주로 활용한다.

오늘날 인간과 모든 주요 실험동물들의 유전체 염기 서열이 알려져 있고, 따라서 어떤 유전자를 확인하고 연구하는 속도가 엄청나게 빨라졌다. 유전자 서열과 단백질을 coding하는 서열을 유전체 서열로부터 얻을 수 있고, 거의 모든 encoded protein (암호화된 단백질)의 전체 repertoire (레퍼토리)가 대부분의 실험동물에서 알려져 있기 때문이다. 따라서 관심 있는 유전자 서열은 이제 돌연변이의 염색체 위치 또는 정제된 단백질의 짧은 아미노산 배열로부터 쉽게 자동으로 확인될 수 있다. 게다가, 연구할 가치가 있는 유전자는 다른 유기체들로부터 나온 genome 서열을 비교함으로써 얻어진 서열 정보로부터 완전하게 식별될 수 있다. 이러한 접근 방식을 이용해서, 연구자들은 암을 일으킬 수 있는 인간 유전자의 기능을 비슷한 유전자를 갖고 있는 쥐, 심지어는 fruit fly (초파리)와 효모에서 해당 유전자를 조작함으로써 연구할 수 있다.

6.1 Gene (유전자)의 규명 및 연구를 위한 돌연변이의 Genetic Analysis (유전학적 분석)

제5장에서 기술한 바와 같이, 유전자의 DNA 서열은 세포에 있는 모든 단백질의 sequence (서열)를 결정하며, 그 결과로 단백질의 구조와 기능을 결정한다. 세포와 유기체를 연구하는 도구로서의 genetics (유전학)의 힘은 연구자들이 단백질을 암호화하는 유전자의 서열을 변경시켜서 세포내 존재하는 특정 단백질을 선택적으로 변형시킬 수 있다는 데 있다. 유전학자들은 유기체를 돌연변이를 유도하는 agent (요소)에 노출시킨 후 관심 있는 과정이 제대로 작동하지 않는 돌연변이체를 찾는다. 어떤 특정한 경로에 결함이 있는 돌연변이체를 유전학적으로 분석하면 다음과 같은 관계를 알아낼 수 있다. (1) 특정 생물학적 경로에 필요한 유전자, (2) 그 경로에서 유전자 생성물들인 단백질이 활동하는 순서, 그리고 (3) 그 단백질과 다른 유전자에 의해 암호화된 단백질과의 상호작용 여부를 밝힐 수 있다. 이와 같은 유전학 연구를 자세히 살펴보기 전에, 먼저 이 장 전반에 걸쳐서 시종일관 우리의 논의에 사용되는 기본적인 유전학 용어를 설명한다.

한 유전자의 다른 형태 혹은 variant (변이)를 **allele (대립유전자)**이라고 한다. 집단, 특히 human population (인간 집단)에는 변이가 많이 존재하는데, 이들 모두를 대립유전자라고 한다. **Mutation (돌연변이)**이라는 용어는 **mutagen (돌연변이 유발원)**을 처리하여 DNA 서열에 후세에게 유전이 가능한 변화를 초래하는 변화가 대립유전자에 새로이 생겨난 경우를 일컫는 용어이다.

엄격히 말하면, 한 개인이 갖고 있는 모든 유전자에 대한 특정 대립유전자 조합이 **genotype (유전자형)**이다. 그러나 이 용어는 제한적인 의미로서 검사 중인 특정 유전자의 대립유전자를 나타내기도 한다. Experimental organism (실험 유기체)에서는, breeding experiment (육종 실험)의 표준 유전자형을 지칭하기 위하여 **wild type (야생형)**이라는 용어를 사용한다. 그러므로 정상(normal), 즉 돌연변이가 아닌 대립유전자가 야생형으로 지칭된다. 사람 집단에는 자연적으로 발생한 대립유전자 변이가 다수 존재하기 때문에 *wild type*이라는 말은 주로 다른 가능한 어떤 다른 대립유전자보다 더 높은 빈도로 존재하는 대립유전자를 일컫는다.

유전학자들은 실제로 한 유기체의 *genotype*과 *phenotype* 간에 중요한 차이점을 둔다. **Phenotype (표현형)**은 주어진 genotype (유전자형)의 결과로 나타난 그 개인의 모든 외형적 속성들 또는 trait (특성)를 지칭한다. 그러나 실제로 *phenotype*이란 용어는 실험 중인 대립유전자에 의한 외형적 속성을 주로 가리킨다. 쉽게 관찰되는 외형적 특징들은 돌연변이의 유전학적 분석에 있어서 결정적인 자료가 된다.

Recessive (열성)와 Dominant (우성) Mutant Allele (돌연변이 대립유전자)은 유전자 기능에 상반된 효과를 갖는다

Experimental organism (실험 유기체)의 기본적인 유전적 차이는 그들의 세포가 chromosome (염색체)을 하나의 세트를 지니는가, 또는 두 세트들, 즉 한 쌍을 지니고 있는가이다. 전자를 *haploid* (반수체); 후자를 *diploid* (이배체)라 한다. 복잡한 multicellular organism [다세포 유기체, 예, fruit fly (초파리), mouse (마우스), human (사람)]은 이배체인, 반면에 다수의 간단한 단세포 유기체는 반수체이다. 효모인 *Saccharomyces cerevisiae*와 같이 어떤 유기체는 반수체 상태 또는 이배체 상태로도 존재할 수 있다. 일부 동식물의 정상적인 세포는 두 copy (복사본) 이상의 염색체를 지니고 있어 *polyploid* (다배수체)이다. 뿐만 아니라, 암세포는 이배체로 시작하지만 암세포로 transformation (형질전환) 되는 과정에서 하나 또는 그 이상의 염색체의 복사본을 추가로 얻게 되어 *aneuploid* (이수체)가 된다. 이 장에서의 유전학적 방법과 분석에 대한 논의는 효모를 포함한 이배체 유기체에 국한한다.

한 집단에는 서로 다른 개체가 한 유전자에 대해 서로 다른 대립유전자를 지닐 수 있어 다양한 대립유전자가 존재하지만, 개별 이배체 유기체는 각 유전자를 오로지 2 copy만 지니고 있으므로 최대 2개의 서로 다른 대립유전자만을 지닐 수 있다. 한 유전자에 대하여 2개의 대립유전자가 서로 다른 개인은 **heterozygous (이형접합)**이며, 서로 같은 대립유전자를 지닌 개인은 **homozygous (동형접합)**라고 한다. **recessive (열성)** 돌연변이 대립유전자란 돌연변이 표현형이 관찰되기 위해서 두 대립유전자가 모두 돌연변이형인 경우를 정의한다; 즉, 개인이 돌연변이 표현형을 보이기 위해서는 돌연변이 대립유전자에 대해 homozygous이어야만 한다. 이와는 대조적으로, **dominant (우성)** 돌연변이 대립유전자는 유기체가 돌연변이 표현형을 보이기 위하여 하나는 돌연변이 대립유전자, 또 다른 하나는 야생형 대립유전자를 지니는 heterozygous 개체이어야 한다(그림 6-2).

돌연변이 대립유전자가 열성인지 우성인지 아는 것은 영향을 받은 유전자의 기능과 원인이 되는 돌연변이의 본질에 대한 중요한 정보를 제공한다. 대부분의 열성 대립유전자는 영향을 받은 유전자가 불활성화되는 돌연변이로 유전자 산물의 기능을 부분적으로 또는 완전히 잃어버리게 된다(*loss of function*, 기능상실). 이러한 열성 돌연변이는 염색체의 유전자의 일부 또는 전부를 제거시키거나, 그 유전자 발현을 저해하거나 또는 그 암호화된 단백질의 구조를 변경시킴으로써 그 기능이 변형된다. 이와 반대로, 우성 돌연변이 대립유전자는 주로 *gain of function* (기능획득)을 일으키는 돌연변이의 결과이다. 이와 같은 우성 돌연변이는 단백질의 활성을 증가시키기도 하고, 새로운 기능을 제공하기도 하며, 부적절한 시기 및 위치에서 발현을 일으키기도 한다.

그러나 드물게, 일부 유전자의 우성 돌연변이는 기능 상실을 일으키기도 한다. 예를 들면, 어떤 유전자는 *haplo-insufficient* (반불충분)하다. 즉, 정상적인 기능을 위하여 두 대립유전자가 모두 필요한 경우이다. 이러한 유전자에서 하나의 대립유전자를 제거 또는 불활성화시키면 충분한 양의 유전자 산물이 생성되지 않아 돌연변이 표현형으로 된다. 또 다른 드문 경우에는, 우성 돌연변이의 한 대립유전자가 단백질의 구조를 변형시켜서 다른 야생형 대립유전자(wild-type allele)에 의해 암호화된 정상 단백질의 기능을 저해한다. 이런 형태의 돌연변이를 *dominant-negative*라고 하며, loss-of-function에서 볼 수 있는 표현형과 유사하다.

어떤 대립유전자는 열성과 우성 두 가지 특성을 모두 나타낸다. 이러한 경우에 대립유전자가 우성인지 열성인지 여부를 표현형으로 구분하여야 한다. 예를 들면, 사람에서 hemoglobin (헤모글로빈) 유전자의 대립유전자인 Hb^S는 하나 이상의 형질을 수반한다. Sickle-cell anemia (낫형 적혈구 빈혈증)에서, Hb^S 대립유전자는 homozygous

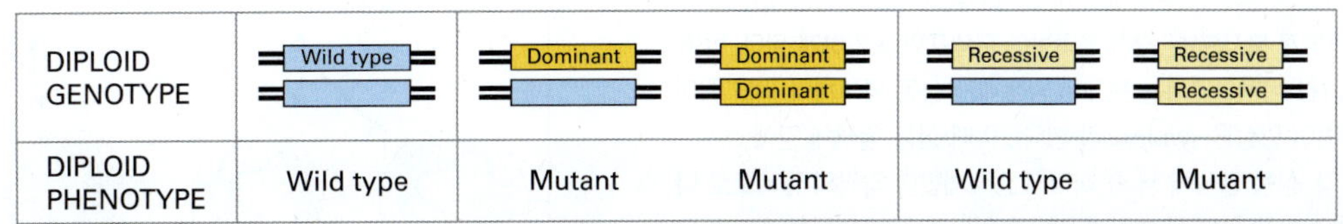

그림 6-2 우성 돌연변이 대립유전자와 열성 돌연변이 대립유전자가 이배체 유기체 표현형에 미치는 효과. 우성 대립유전자는 1 복사본만으로 돌연변이 표현형을 나타내는 반면, 열성 대립유전자는 2 복사본 모두 있어야 돌연변이 표현형을 나타낸다. 열성 돌연변이는 일반적으로 loss of function (기능상실)을 일으키는 반면, 우성 돌연변이는 주로 gain of function (기능획득)이나 altered function (기능변경)을 일으킨다.

(Hb^s/Hb^s)일 경우 낫형 적혈구 빈혈증을 나타내지만, heterozygous (Hb^s/Hb^a)일 경우는 정상으로 나타난다. 그러므로 Hb^s는 낫형 적혈구 빈혈증에 대하여 **열성**이다. 한편, heterozygous (Hb^s/Hb^a) 유기체는 homozygous 유기체 (Hb^a/Hb^a)보다 말라리아 저항성이 높으므로, Hb^s는 말라리아 저항성 형질에 대하여 우성으로 나타난다. ■

5장에 기술된 바와 같이, spontaneous mutation (자발적 돌연변이)은 DNA에 일어난 화학적 그리고 방사능에 의한 손상, 그리고 DNA 복제 과정에서 일어난 error (에러)의 결과로 일어나게 된다. 실험동물을 이용한 genetic screen (유전학적 검색)에서, 화학적 mutagen (돌연변이 유발원)을 적당히 조절하여 사용함으로써 가급적 많은 돌연변이를 일으키는 것이 좋다. 보편적으로 실험 유기체에 사용되는 mutagen에는 ethylmethane sulfonate (EMS)가 있다. 이 mutagen은 주로 DNA의 guanine (구아닌)을 화학적으로 변환시켜, G·C base pair를 A·T로 전환시킨다. 이러한 단일 염기쌍의 변화에 의한 유전자 서열의 변화를 **point mutation (점 돌연변이)**이라고 한다. 6.3절에서 기술된 바와 같이, 점 돌연변이는 유전자의 어디에서 일어나고 어떤 종류의 돌연변이가 일어났는지에 따라 loss-of-function 혹은 gain-of-function을 일으킬 수 있다.

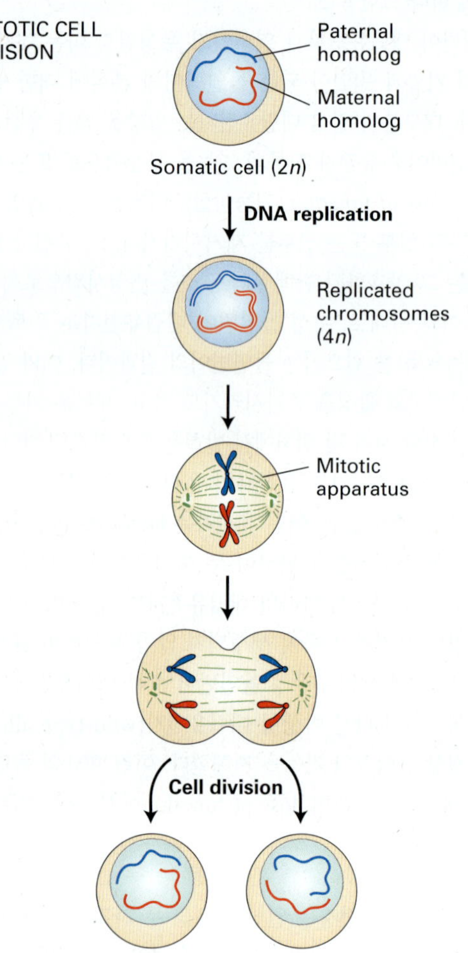

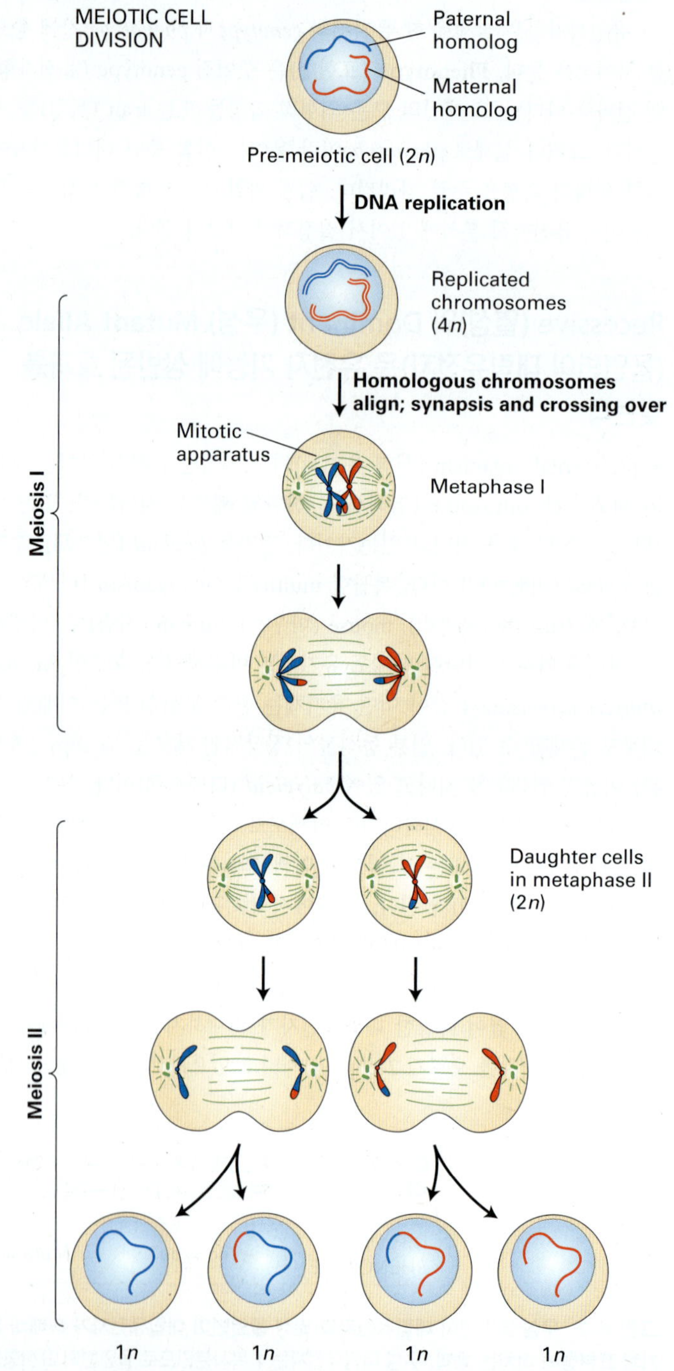

그림 6-3 Mitosis과 meiosis의 비교. 체세포와 meiosis 전의 germ cell (생식 세포)은 어머니 염색체와 아버지 염색체를 하나씩 물려받아 각 염색체에 대해 2개 사본씩 보유하고 있는 이배체 (2*n*)이다. Mitosis에서는 2개의 sister chromatid (자매염색분체)로 구성된 복제된 염색체가 세포 중앙에 정돈 나열되서, 딸세포들이 maternal copy (모계 복사본)와 paternal copy (부계 복사본)를 각각 물려받아 모세포와 동일하게 된다. 반면, 첫 번째 *meiotic* division (감수분열)에서는 복제된 염색체가 상동 염색체와 짝을 지어 세포 중앙에 나열하게 되며(이 양상을 *synapsis*라 한다), 이때 상동 염색체 간에 crossing over (교차)가 일어난다. 상동 염색체 쌍 중 하나의 염색체만이 각각의 딸세포로 나뉘고, 이들은 더 이상의 DNA 복제 없이 두 번째 분열이 일어나게 되어 염색체 수가 반으로 줄게 된다. 두 번째 meiosis가 일어나는 동안 자매염색분체의 나열과 분리는 mitosis과 동일하다. metaphase I에서 상동 염색체 쌍은 무작위로 일어나기 때문에 각 딸세포는 다양한 부모의 염색체 조합을 갖게 된다.

교배 실험을 통한 돌연변이의 Segregation (분리) 분석으로 돌연변이가 우성인지 열성인지를 규명한다

어떤 대립유전자가 우성인지 열성인지를 구별하기 위하여 멘델 유전을 어떻게 이용하는지 이해하려면, 우리는 먼저 gamete [고등 동식물의 sperm cell (정자)과 egg cell (난자)]을 생성하는 세포 분열 유형을 살펴봐야 한다. 대부분의 다세포 유기체의 body cell (somatic cell: 체세포)은 mitosis (유사분열)에 의해 만들어지는 반면, germ cell (생식세포)은 meiosis (감수분열)의 과정을 통하여 gamete (생식세포)으로 생성된다. 체세포와 마찬가지로, meiosis가 일어나기 전 생식세포는 한 쌍의 chromosome homolog (상동 염색체)를 가지고 있는 이배체이다. 각각의 homologous chromosome (상동 염색체)은 부모로부터 내려 받아 서로 다른 형태의 대립유전자로 존재할 수도 있다. 그림 6-3은 mitosis와 meiosis에서 일어나는 주요 사건들을 묘사한 것이다. Mitosis에서는 DNA 복제 후 세포 분열이 일어나 2개의 이배체 daughter cell (딸세포)을 생산한다. Meiosis에서는 1회의 DNA 복제 후, 2회의 서로 다른 세포 분열이 일어나서 각 쌍의 상동 염색체들 중 하나의 염색체만 포함하는 4개의 반수체($1n$) 세포를 생산한다. Meiosis의 첫 번째 세포 분열에서, 복제된 상동 염색체가 딸세포로 **segregation (분리)**될 때, 염색체의 조합이 무작위로 일어나므로(즉, 부계와 모계의 염색체가 독립적으로 분리되므로) 부계와 모계 염색체의 서로 다른 조합을 가진 딸세포가 생성된다.

관심 있는 대립유전자가 우성인지 열성인지를 결정하기 위한 열쇠는 breeding (번식) 실험을 해서 heterozygote (이형접합체)를 생성하는 것이다. 이때, 불필요한 복잡성을 피하기 위하여, 유전학자들은 관찰하고자 하는 유전자의 homozygous strain (동종 주)을 갖고 시작한다. 이와 같은 *true-breeding* strain (순계)에 있어서, 모든 유기체는 각각의 어버이로부터 동일한 대립유전자를 받기 때문에 한 세대에서 다음 세대로 바뀌어도 대립유전자 조합은 바뀌지 않는다. 한 순계 돌연변이 주를 다른 순계 야생형 주와 mating (교배)시키면, 제1세대 filial progeny (F_1, 1세대 자손)는 모두 heterozygous하다(그림 6-4). 만약 F_1 자손이 돌연변이 형질을 보이면, 돌연변이 대립유전자는 우성이다. 그러나 만약 F_1 자손이 야생형 형질을 보인다면 돌연변이 대립유전자는 열성이 된다. 돌연변이가 우성인지 열성인지에 따라 F_1개체 간의 crossing (교배)에서 다른 패턴의 inheritance (유전양상)를 보일 것이다. 우성 대립유전자를 가지고 있는 heterozygous F_1개체들 간의 교배에서는 F_2 자손의 3/4이 돌연변이 trait를 보이게 된다. 대조적으로 열성 대립유전자를 가지고 있는 heterozygous F_1 자손 간의 교배에서는 F_2 자손의 1/4만이 돌연변이 형질을 나타내게 된다.

앞에서 언급한 바와 같이, 중요한 실험 유기체인 효모 *S. cerevisiae*는 반수체 또는 이배체 상태로 존재할 수 있다. Unicellular eukaryote (단세포 진핵생물)에서는 돌연변이 대립유전자가 열성 또는 우성인지 여부를 반수체 세포 간의 교배를 통하여 결정지을 수 있다. 반수체 효모 세포에는 **a**와 α, 두 종류의 교배형 (교배형)이 있다. 서로 다른 교배형은 교배가 가능하며, 각 염색체를 2 사본씩 지닌 **a**/α 이배체를 생산한다. 반수체 주에서 관찰된 새로운 돌연변이가 우성인지 열성 대립유전자인지를 알기 위해서는 반수체 돌연변이 세포와 다른 교배형을 가진 야생형과 교배하여 **a**/α 이배체 세포를 생성해야 한다. 이 이배체는 돌연변이 대립유전자에 대하여 heterozygous이므로, 이 이배체가 돌연변이 형질을 나타내면 돌연변이 대립유전자가 우성이고, 야생형을 나타내

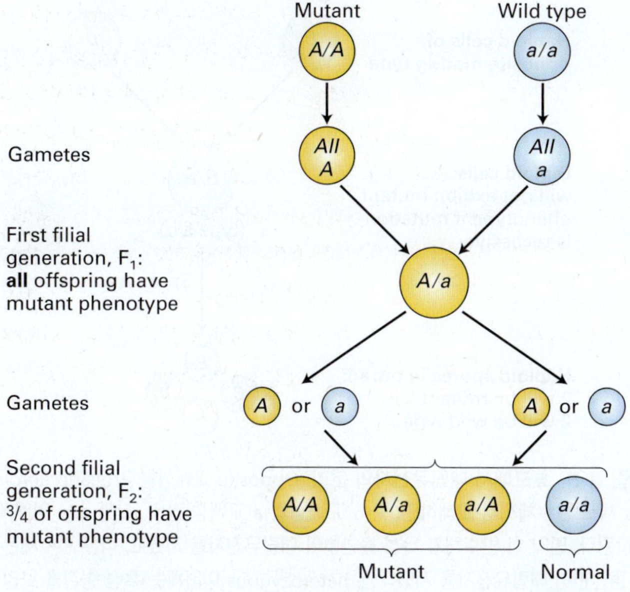

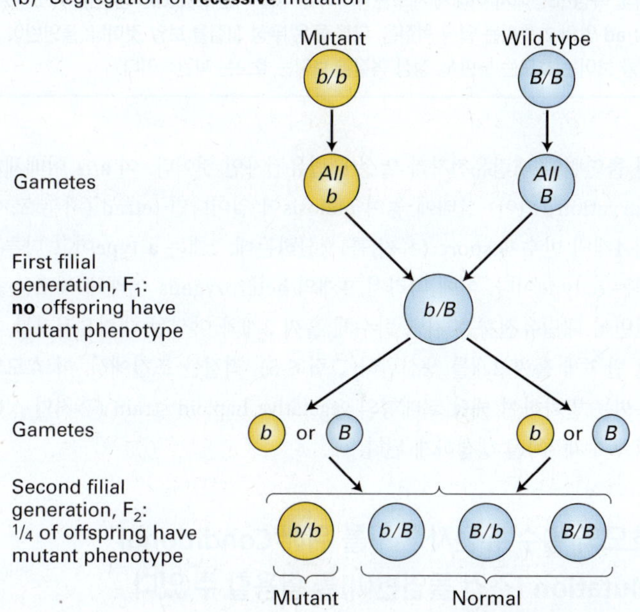

그림 6-4 이배체 유기체의 순계 strain 간의 교배에서 우성과 열성 돌연변이의 분리 양상. 제1세대(F_1) 자손들은 모두 heterozygous이다. 만약 돌연변이 대립유전자가 우성이면, F_1의 모든 자손은 돌연변이 표현형을 보일 것이다 (a). 돌연변이 대립유전자가 열성이면, F_1 자손은 야생형 표현형을 나타낼 것이다 (b). Heterozygous F_1 자손들끼리 교배하면 F_2에서 우성과 열성 돌연변이가 다른 비율로 생긴다. 돌연변이 표현형을 보이는 이배체 유기체는 노란색이고 정상 표현형을 보이는 것은 파란색이다.

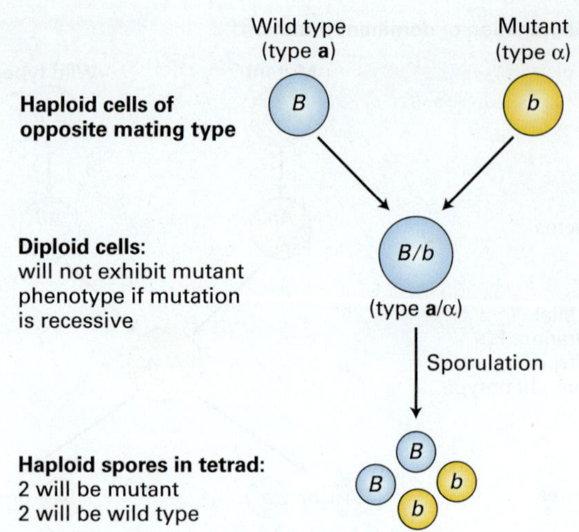

그림 6-5 효모에서 대립유전자의 분리. Opposite 교배형을 가진 *Saccharomyces* 세포 반수체끼리 교배하면(즉, α 교배형과 **a** 교배형 간의 교배) **a**/α 이배체가 생산된다. 만약 한 반수체가 우성 돌연변이 대립유전자를 지녔고, 다른 반수체는 열성 돌연변이 대립유전자를 지녔다면, heterozygous 이배체는 우성 형질을 보일 것이다. 특정 조건에서 이배체 세포는 4개의 홀씨를 지닌 tetrad를 생성할 수 있다. 이 tetrad 안의 2 홀씨는 열성 형질을, 다른 둘은 우성 형질을 보일 것이다. 돌연변이 형질을 보이는 효모는 노란색, 정상 형질을 보이는 효모는 파란색이다.

면 돌연변이 대립유전자가 열성 대립유전자인 것이다. 이 **a**/α 이배체가 starvation (기아) 상태에 놓여 meiosis이 일어나면 tetrad (사분 포자)에 4개의 반수체 spore (홀씨)를 생산하는데, 2개는 **a** type이고 다른 2개는 α type이다. 이에 따라서, 1개의 heterozygous 이배체 세포는 돌연변이 대립유전자를 지닌 반수체 홀씨 2개와 야생형 대립유전자를 지닌 반수체 홀씨 2개를 생산한다(그림 6-5). 적절한 조건에서, 이 효모의 홀씨는 발아하여 해당 교배형의 vegetative haploid strain (휴지기 상태의 반수체 주)을 생성하게 된다.

효모의 필수 유전자 연구를 위해 Conditional Mutation (조건 돌연변이)을 활용할 수 있다

돌연변이를 분리 및 동정하는 과정을 *genetic screen* (유전학적 검색)이라 부르는데, 이 과정은 실험 유기체가 반수체인지 이배체인지, 그리고 이배체라면 돌연변이가 열성인지 우성인지에 따라 동정 방법이 달라진다. 가장 흥미롭고 중요한 연구 대상은 생명 유지에 필수적인 단백질을 암호화하는 유전자들이다. 유기체의 생명 유지에 필수적인 유전자에 돌연변이가 일어나면 그 유기체의 죽음을 초래하게 되므로, lethal mutation (치사 돌연변이)이 일어난 유기체의 분리 및 보전을 위해서는 정교한 유전학적 검색이 요구된다.

효모 반수체 세포에 있어서, 필수 유전자에 대한 연구는 *conditional mutation* (조건 돌연변이)을 활용하여 수행될 수 있다. 가장 일반적인 조건 돌연변이는 *temperature-sensitive mutation* (온도감수성 돌연변이)이며, 이는 여러 온도에서 자랄 수 있는 박테리아와 하등 eukaryote (진핵생물)에서 분리할 수 있다. 예를 들면, 어떤 missense 돌연변이는 단백질의 열 안정성을 저하시킴으로써, 돌연변이 단백질은 일정 온도(예, 23°C)에서는 정상적으로 기능하지만, 다른 온도(예, 36°C)에서는 불활성화된다. 반면에 정상 단백질은 두 온도에서 모두 정상적으로 기능한다. 이때 돌연변이 표현형이 관찰되는 온도를 *nonpermissive* temperature (비허용 온도)라 부르고, 돌연변이 대립유전자가 있는 데도 표현형이 관찰되지 않는 온도를 *permissive* temperature (허용 온도)라 부른다. 그러므로 돌연변이 주는 허용 온도에서 유지할 수 있고, 돌연변이 표현형의 분석은 비허용 온도에서 subculture하여 연구할 수 있다.

1960년대 후반부터 1970년대 초반까지 L. H. Hartwell와 그의 동료들은 효모인 *S. cerevisiae*에서 온도감수성 돌연변이 탐색(screen)을 이용해서 매우 중요한 연구를 수행하였다. 그들은 세포 주기를 조절하는 데 중요한 역할을 하는 유전자를 분리하고자 하였다. 세포 주기는 세포가 단백질을 합성하고, DNA를 복제하며, mitotic 세포 분열을 통해 딸세포로 각 염색체를 분배하는 과정이다. 하나의 효모 세포는 20–30회 세포 분열을 거치면 기하급수적으로 증식되어 고체 배지에서 colony (콜로니, 군체)를 형성하게 된다. 세포 주기가 완전히 차단된 돌연변이는 콜로니를 형성할 수 없으므로, 세포 주기와 같은 기본적인 과정을 연구하기 위해서는 조건 돌연변이를 이용해야 했다. 이와 같은 돌연변이를 찾기 위해서, 연구자들은 23°C에서는 성장하지만 36°C에서는 콜로니가 형성되지 못하는 돌연변이 효모 세포를 분리하였다(그림 6-6a).

일단 온도감수성 돌연변이를 분리한 후, 후속 실험에서 일부 돌연변이가 세포 분열에 이상이 있음이 밝혀졌다. *S. cerevisiae*는 budding process (출아 과정)를 통하여 세포 분열이 일어나는데, 광학현미경 관찰로 측정한 bud (출아한 싹) 크기로 세포 분열의 단계를 결정지을 수 있다. 36°C에서 자라지 않는 돌연변이를 비허용 온도(36°C)에서 수 시간 배양한 후 현미경으로 관찰하였다. 여러 온도감수성 돌연변이를 관찰한 결과 세포 주기에서 특이하게 차단된 돌연변이들을 발견하였다. 이에 따라서, 이 돌연변이를 *cdc* (*c*ell-*d*ivision *c*ycle) 돌연변이라고 명명하였다. 중요한 것은 이들이 단순히 자라는 것을 멈춘 것이 아니라는 것이었다. 만약 이 돌연변이들이 일반적인 세포 metabolism (대사)에 영향을 미치는 돌연변이를 가지고 있었다면 자라는 것을 멈추었을 것이다. 그러나 이들 돌연변이는 비허용 온도에서 세포 주기의 일부 과정에서는 정상적으로 자라다가, 그 이후 특정 단계에서는 성장이 멈추는 이른바 세포 주기 멈춤(arrest) 현상이 일어난 세포가 다량 관찰되었다(그림 6-6b). 대부분의 cdc 돌연변이는 열성이다; 즉 반수체 cdc 주와 야생형 반수체를 교배하여 얻은 heterozygous 이배체는 온도감수성을 보이지도 않고 세포 주기에 결손도 일어나지 않는다.

이배체의 Recessive Lethal (열성 치사) 돌연변이는 Inbreeding (자가 교배)를 이용하여 동정하며 Heterozygotes로 유지할 수 있다

이배체 유기체의 열성 돌연변이는 돌연변이 대립유전자가 homozygous일 경우에만 표현형이 나타난다. 이배체 유기체의 mutagenesis (돌연변이 제작)는 전형적으로 한 쌍의 대립유전자로 이루어진 유전자에서 1개

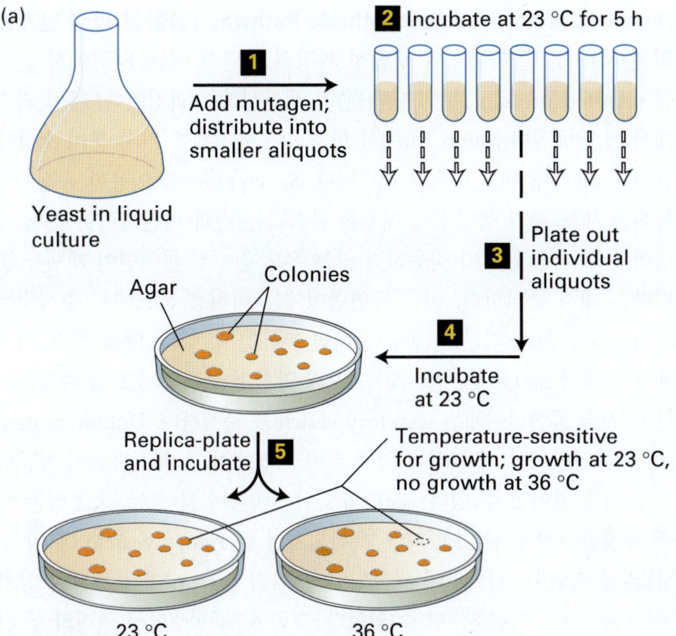

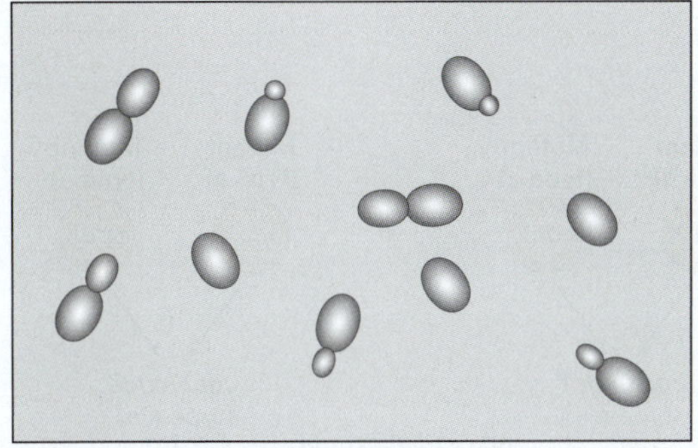

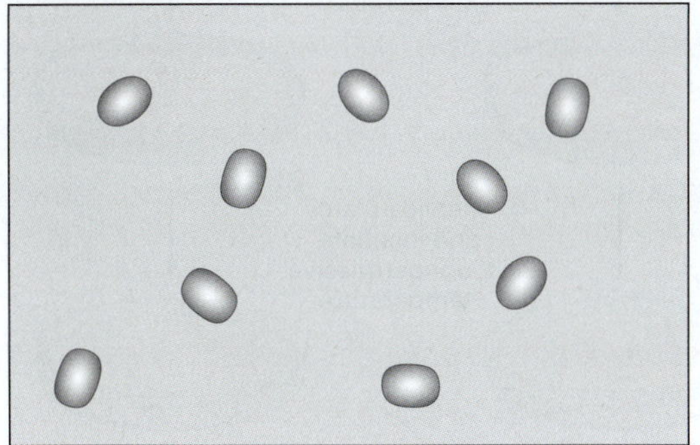

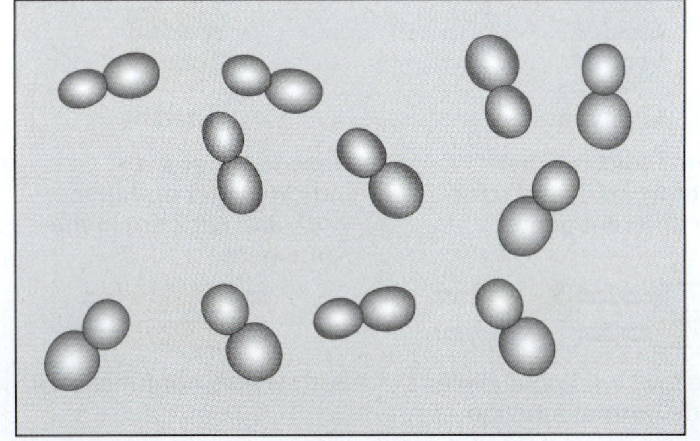

실험 그림 6-6 Temperature-sensitive lethal 돌연변이를 지닌 효모 반수체는 허용 온도에서 유지되며, 비허용 온도에서 분석된다. (a) 효모에서 temperature-sensitive cell division cycle (cdc) 돌연변이의 유전학적 검색. 23°C (permissive temperature)에서는 자라나서 콜로니를 형성하지만, 36°C (nonpermissive temperature)에서는 콜로니를 형성하지 못하는 효모는 세포 분열을 못하는 lethal 돌연변이를 가지고 있는 것이다. L. H. Hartwell, 1967, *J. Bacteriol.* **93**:1662 참조. (b) 세포 주기가 중단된 단계를 조사하기 위한 temperature-sensitive 돌연변이들은 일정한 세포 주기 단계에서 비허용 온도에서 멈춤되는 것으로 식별할 수 있다. 야생형 효모와 두 가지 서로 다른 temperature-sensitive 돌연변이를 비허용 온도에서 6시간 배양했을 때의 대표적 그림들이다. 야생형 세포는 계속 자라며, 세포 주기의 여러 단계에 속하는 세포들이 있으므로 다양한 크기의 bud (눈)를 볼 수 있다. 반면, 아래 두 장의 micrograph는 특정 세포 주기가 중단된 돌연변이를 나타낸다. *cdc28* 돌연변이는 새로운 bud가 분리되기 직전에 세포 주기가 arrest (단절)되어 bud가 없는 세포로 보인다. *cdc7* 돌연변이는 딸세포가 모세포로부터 분리되기 직전에 세포 주기가 멈춤되어 큰 bud를 가지고 있는 세포(튀어나와 있는 딸세포)로 보인다.

의 대립유전자만을 변화시켜 돌연변이 대립유전자에 대한 heterozygote를 생산한다. 그러므로 열성 돌연변이 연구를 위한 유전학적 검색에는 이들을 inbreeding (근친교배)시켜 homozygous 자손을 생산하는 과정이 포함되어야 한다. 유전학자 H. Muller는 초파리 *Drosophila*를 대상으로 일반적이면서 효율적인 적용 가능하며 효율적인 inbreeding screening (근친교배 검색) 방법을 개발하였다. *Drosophila* 혹은 다른 이배체 유기체의 열성 치사 돌연변이는 heterozygous 유기체로 유지되고 homozygous 상태에서 표현형으로 나타나는 형질을 분석할 수 있다.

이 Muller 방법은 C. Nüesslein-Volhard와 E. Wieschaus에 의해 *Drosophila* embryogenesis (배 발생)에 영향을 미치는 열성 치사 돌연변이를 체계적으로 검색하는 데 효과적으로 이용되었다. 이 방법을 이용하여 동정된 열성 치사 돌연변이를 지닌 죽은 homozygous 배아를 현미경으로 관찰하였을 때 특별한 형태학적 결함들이 발견되었다. 현재 알려진 다세포 유기체의 발생에 관한 메커니즘은 이와 같은 *Drosophila* 돌연변이 개체의 발생 특징들에 의하여 알려진 배아 발생 과정에 기초한 것이다.

Complementation Test는 서로 다른 열성 돌연변이가 동일 유전자에 존재하는지 여부를 결정한다

유전적 방법으로 특정한 세포 과정을 연구할 때 동일한 표현형을 나타내는 열성 돌연변이가 다수 분리된다. 이들 돌연변이가 동일한 유전자 혹은 서로 다른 유전자에 일어난 것인지 여부를 결정하는 실험이 *genetic complementation* test (유전적 상보성 실험)이다. 즉, 두 돌연변이 개체를 교배하여 표현형이 야생형으로 회복되는지 여부를 실험하는 것이다. 만약 두 열성 돌연변이, *a*와 *b*가 동일한 유전자에 일어난 것이면, 이 두 돌연변이에 대하여 heterozygous (하나의 *a* 대립유전자와 하나의 *b* 대립유전자 지님)인 이배체 유기체는 돌연변이 표현형을 나타낼 것이다. 왜냐하면, 두 대립유전자 모두 정상적인 기능을 하는 유전자의 복사본을 제공할 수 없기 때문이다. 반면에, 돌연변이 *a*와 *b*가 서로 다른 유전자에 있다면, 각 돌연변이 대립유전자를 하나씩 가진 heterozygous 유기체는 돌연변이 표현형을 보이지 않는다. 왜냐하면, 각 돌연변이 개체는 서로 다른 돌연변이에 대한 야생형 대립유전자를 가지고 있기 때문이다. 이러한 경우 돌연변이는 서로 *complement*하다(상보적이다)고 한다. Complementation analysis (상보성 분석)는 우성 돌연변이에서는 수행할 수 없는데, 이는 야생형의 대립유전자가 있어도 돌연변이 대립유전자에 의한 표현형이 관찰되기 때문이다.

동일 표현형을 보이는 돌연변이 개체의 세트에 대한 상보성 실험은 기능이 연관된 유전자를 발굴하는 데 활용된다. 물론 이 모든 유전자가 동일한 표현형을 나타내어야 한다. 예를 들면, 이미 위에서 기술한 *Saccharomyces*의 *cdc* 돌연변이 탐색에서 동일한 세포 주기 단계에 정체된 것으로 보이는 온도 감수성 돌연변이 개체를 찾아내었다. Hartwell은 얼마나 많은 유전자가 이 돌연변이에 의해 영향을 받는지 알아보기 위해서 그림 6-7에 요약된 프로토콜과 같은 pair-wise 상보성 실험을 모든 *cdc* 돌연변이에 대하여 실시하였다. 이를 통해, 100개 이상의 돌연변이가 약 20개 *CDC* 유전자에서 일어난 것으로 정리되었다. 이들에 대한 분자 생물학적 특성과 암호화된 단백질들의 자세한 기술은 19장에 서술하였으며, 이 정보는 효모에서 사람에 이르는 유기체의 세포 분열에 관한 기본 정보를 제공하고 있다.

Double Mutant (이중 돌연변이체)는 해당 단백질들이 기능하는 순서를 결정하는 데에 유용하다

특정 세포 과정과 관련된 돌연변이 표현형에 대한 세심한 분석을 통해서 관련된 유전자 세트에서 어떤 유전자가 먼저 발현되어 그 해당 단백질이 기능하는지, 유전자의 사용 순서를 추론할 수 있다. 이와 같은 분석이 적용될 수 있는 과정은 다음과 같다: (1) 한 precursor (전구체) 물질이 하나 또는 그 이상의 intermediate (중간 매개물)를 거쳐 최종산물로 전환되는 biosynthetic pathway (생합성 경로), (2) chemical intermediate (화학적 중간 매개물)보다는 정보의 흐름에 관여하며, 다른 과정들을 조절하는 신호전달 경로(signaling pathway)가 그에 속한다.

Ordering of steps in Biosynthetic Pathway (생합성 과정 단계들의 순서) 첫 번째 유형인 생합성 과정의 간단한 예는 14장에서 논의될 secreted protein (분비 단백질)을 생합성하는 과정이다. 분비 과정에서는, 단백질이 rough ER에서 합성되어 골지체를 거쳐 분비 소낭에 담긴 후 마침내 세포 밖으로 전달된다. *S. cerevisiae*를 이용한 유전학적 분석은 세포 주기 돌연변이 개체를 분석하는 것과 마찬가지로 분비 과정의 서로 다른 단계가 작동하지 않는 온도 감수성 돌연변이 개체를 분리하는 데서 출발한다. 이들 돌연변이체는 비허용 온도에서 축적되는 organelle (세포소기관)의 종류에 따라 분류될 수 있다. 예를 들면, 비허용 온도에서 *sec12* 돌연변이체는 ER의 막처럼 보이는 것들을 축적하는 반면, *sec4* 돌연변이체는 secretory vesicle을 축적한다. Double mutant (이중 돌연변이체)의 분석에 의해 분비 과정에서 그 유전자들이 작동하는 순서를 알아낼 수 있다. *sec12*와 *sec4* 돌연변이를 모두 갖고 있는 이중 돌연변이체에서는 ER 막은 축적되지만 secretory vesicle (분비 소낭)은 축적되지 않는 것이 관찰되었고, 따라서 *sec12*가 *sec4*보다 앞서 기능하는 것으로 결론내릴 수 있었다. 그림 6-8a는 생합성 과정의 두 단계에서 작동하는 유전자의 이중 돌연변이를 이용한 작동 순서를 정하는 논리를 보여준다.

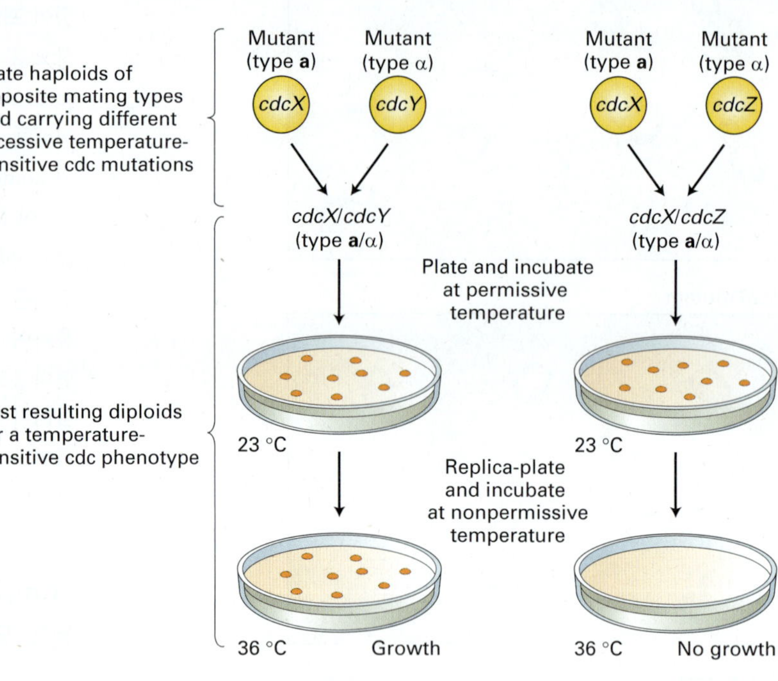

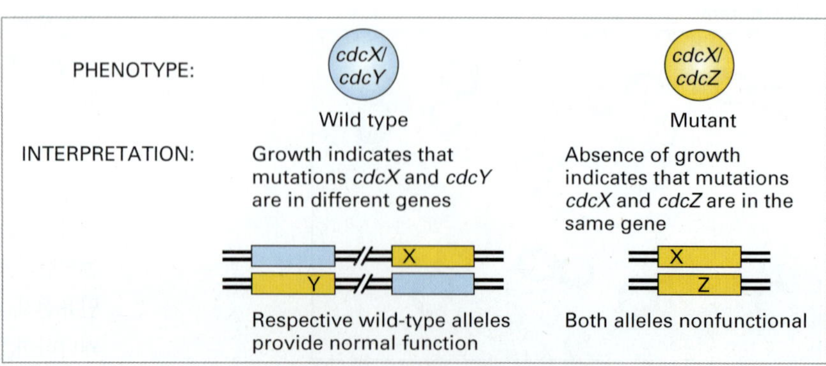

실험 그림 6-7 Complementation Analysis (상보성 분석)는 서로 다른 열성 돌연변이이 동일 유전자에 있는지 여부를 결정하는 데 활용된다. 효모에서 complementation test는 서로 다른 열성 돌연변이를 지닌 **a**와 α 반수체의 교배를 통해 이배체 세포를 생산하여 실행되었다. cdc 돌연변이 분석에서는 temperature sensitive 반수체 cdc 주를 체계적으로 교배하여 허용 온도와 비허용 온도에서 이배체가 성장하는지 시험하였다. 그림의 예에서, *cdcX*와 *cdcY* 돌연변이는 상호 complement하므로 서로 다른 유전자에 돌연변이를 갖는 반면, *cdcX*와 *cdcZ* 돌연변이는 complement하지 않으므로 동일 유전자에 돌연변이가 있는 것이다.

Ordering steps of Signaling Pathway (신호전달 단계들의 순서)

이 책의 뒷장에서 배우겠지만, 많은 진핵생물 유전자의 발현은 extracellular hormone (세포외 호르몬), 성장인자(growth factor), 그 외 signal (신호) 등에 의해 조절된다. 이와 같은 신호전달은 수많은 구성성분들을 포함하기 때문에 double mutant analysis (이중 돌연변이 분석)는 이러한 구성성분의 기능과 이들 간의 상호작용에 관하여 통찰력을 제공할 수 있다. 이러한 type의 분석에 필요한 전제 조건은 두 돌연변이가 동일한 조절 경로에 매우 다르거나, 서로 상반되는 효과를 나타내야 한다는 것이다. 즉, 가장 보편적인 것으로, 한 돌연변이는 신호가 있음에도 불구하고 reporter (보고자) 유전자의 발현을 억제하는 반면, 다른 돌연변이는 신호가 없어도 reporter 유전자 발현이 일어나야 한다(즉, constitutive 발현; 항상 발현). 그림 6-8b에서 설명한 바와 같이, 두 가지의 간단한 조절 메커니즘은 단일 돌연변이체에서는 동일한 것 같지만, 이중 돌연변이 표현형은 이들을 구분함으로써 해당 단백질이 어떤 순서로 작용하는지, 그리고 그들은 positive (양) 혹은 negative (음)의 regulator (조절자)인지에 대한 정보를 제공한다.

(a) Analysis of a biosynthetic pathway

A mutation in A accumulates intermediate 1.

A mutation in B accumulates intermediate 2.

PHENOTYPE OF DOUBLE MUTANT:	A double mutation in A and B accumulates intermediate 1.
INTERPRETATION:	The reaction catalyzed by A precedes the reaction catalyzed by B.

1 —A→ 2 —B→ 3

(b) Analysis of a signaling pathway

A mutation in A gives **repressed** reporter expression.

A mutation in B gives **constitutive** reporter expression.

PHENOTYPE OF DOUBLE MUTANT:	A double mutation in A and B gives **repressed** reporter expression.
INTERPRETATION:	A positively regulates reporter expression and is negatively regulated by B.

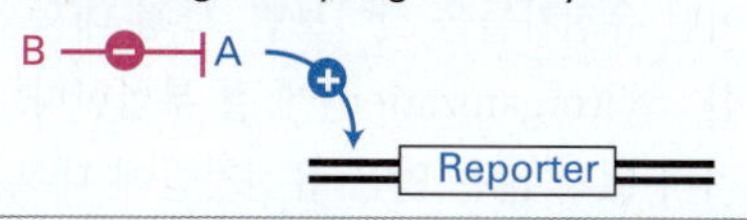

PHENOTYPE OF DOUBLE MUTANT:	A double mutation in A and B gives **constitutive** reporter expression.
INTERPRETATION:	B negatively regulates reporter expression and is negatively regulated by A.

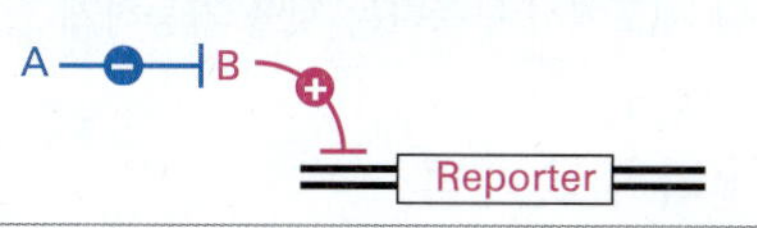

그림 6-8 이중 돌연변이 분석은 생합성 경로와 신호 경로의 순서를 결정한다. 다른 두 유전자의 돌연변이가 동일한 세포 과정에 영향을 미치지만 서로 다른 표현형을 지녔을 경우, 이중 돌연변이의 표현형이 종종 두 유전자의 활성 순서를 밝혀준다. (a) 두 돌연변이이 동일한 생합성 경로에 영향을 미칠 경우, 이중 돌연변이에는 야생형 유기체에서 먼저 작동하는 단백질이 촉매하기 바로 전 단계의 중간자(intermediate)가 축적될 것이다. (b) 신호 경로의 이중 돌연변이 분석은 두 돌연변이가 reporter 유전자에 서로 반대되는 영향을 미칠 때 가능하다. 이 경우, 이중 돌연변이의 관찰된 표현형은 단백질의 작동 순서에 관한 정보를 제공하며, positive regulator (긍정적 조절자)인지 또는 negative regulator (부정적 조절자)인지에 관한 정보도 제공한다.

이와 같은 접근 방법은 유전학자로 하여금 서로 다른 다양한 조절 경로의 중요한 과정을 결정지을 수 있게 해서 정확한 생화학적 분석을 가능하게 하였다.

이 이중 돌연변이 분석 방법은 우성 돌연변이와 열성 돌연변이에 모두 적용될 수 있다는 점에서 열성 돌연변이만 분석할 수 있는 상보성 분석과는 다른 점이다. 2개의 열성 돌연변이에 관해 연구를 할 때 이중 돌연변이는 2개의 돌연변이에 대하여 모두 *homozygous*여야 한다.

Genetic Suppression과 Synthetic Lethality로 상호작용하는 단백질인지 또는 Redundant (여분) 단백질인지를 규명한다

다른 두 가지 유전학적 분석은 살아 있는 세포 안에서 단백질들이 어떻게 서로 관계를 맺고 상호작용하여 세포에서 일어나는 제반 과정을 원활히 수행하여 나가는지, 그 메커니즘을 이해하는 데 단서를 추가로 제공하여 준다. 여러 실험 유기체에 적용할 수 있는 이 두 방법은 한 돌연변이에 의한 표현형이 제2의 돌연변이에 의하여 변경되는 이중 돌연변이체를 활용한다.

억제 돌연변이 첫 번째 종류의 분석은 *genetic suppression* (유전적 억제)에 기본을 두고 있다. 이 현상을 이해하기 위하여, 한 점 돌연변이가 단백질 (A)의 구조를 변화시켜서 동일한 세포 과정에 연루된 다른 단백질 (B)과의 상호작용을 해친다고 가정하자. 마찬가지로 단백질 B의 돌연변이가 조그마한 구조 변화를 일으켜서 단백질 A와의 상호작용을 저해한다고 하자. 더 나아가, 단백질 A와 B의 정상적인 기능은 이 두 단백질의 상호작용에 의존한다고 가정하자. 이때 이론적으로 단백질 A의 어떤 특별한 구조 변화는 단백질 B에서 일어난 변화가 보상적으로 작동하여 A와 B 돌연변이 단백질 간에 상호작용이 가능하게 된다고 하자. 드물기는 하지만, 이와 같이 suppressor mutation (억제 돌연변이)가 일어나는 경우에, 두 돌연변이 대립유전자를 함께 가지고 있는 주는 정상일 것이다. 반면에, 돌연변이 대립유전자를 하나만 지닌 경우에는 돌연변이 표현형을 갖게 될 것이다(그림 6-9a).

돌연변이 actin (액틴) 대립유전자(*act1-1*)와 다른 유전자(*sac6*)에서 일어난 두 번째 돌연변이를 지닌 효모 주에서 보인 유전적 억제를 관찰함으로써, 이들 두 단백질들이 *in vivo*에서 직접적인 상호 관계가 있다는 것을 규명하였다. 후에 생화학적 연구들을 통해 이 두 단백질들—Act1과 Sac6—이 세포 안에서 기능을 갖고 있는 액틴을 형성하는 과정에서 상호작용하고 있음이 규명되었다.

Synthetic Lethal 돌연변이 *Synthetic lethality* (합성 치사) 현상은 억제에서 보는 것과 반대의 표현형 효과를 보인다. 이 경우에는, 한 돌연

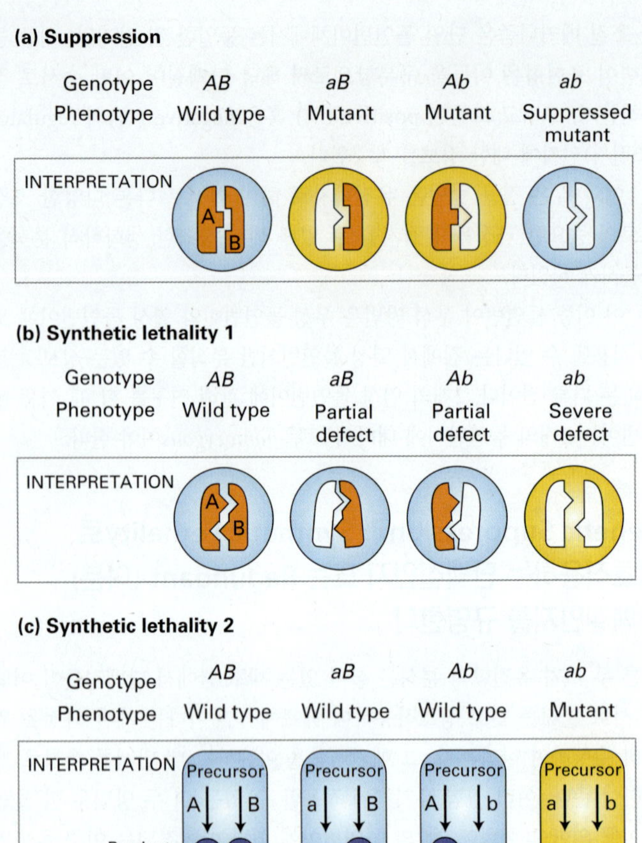

그림 6-9 유전자 억제나 합성 치사를 유발하는 돌연변이는 상호작용 혹은 중복적인 단백질 등을 규명한다. (a) 두 결손 단백질 (A와 B)을 지닌 이중 돌연변이는 정상 표현형을 갖고 있지만, 단일 돌연변이는 돌연변이 표현형을 나타내어 각각의 단백질 기능은 상호작용에 의존함을 나타낸다. (b) 이중 돌연변이가 하나의 돌연변이만 있는 돌연변이보다 더 심각한 표현형 결손을 나타내는 것은 정상 기능을 위해서 두 단백질(예, 기본 단위들이 heterodimer)이 반드시 결합하여야 한다는 것을 보여 준다. (c) 두 단백질에 대한 이중 돌연변이는 생존 불가능한 반면에, 각 단백질에 대한 돌연변이가 정상 표현형을 보인다면 이 두 단백질은 생존에 필요한 필수산물을 생산하는 중복된 경로에 관련되어 있음을 알 수 있다.

변이에 의한 영향이, 관련된 다른 유전자에 생긴 제2의 돌연변이에 의해서 더 크게 악화되는 것이다. 이와 같은 *synthetic lethal mutation* (합성 치사 돌연변이)이 생기는 경우를 그림 6-9b에 도식화하였다. 어떤 heterodimeric (이형이량체) 단백질의 예에서 각 subunit에 각각 돌연변이가 있는 경우, 이 이형이량체 단백질은 부분적으로만 불활성화 된다. 그러나 두 돌연변이를 모두 가지고 있는 이중 돌연변이체는 이들 subunit 간의 상호작용이 거의 일어나지 못하게 되어 결과적으로 심각한 표현형을 나타내게 된다. 또한 합성 치사 돌연변이는 세포의 필수 요소를 생산하는 과정의 중복된 경로에 연관된 단백질들의 유전자를 규명할 수 있다. 그림 6-9c에 나타낸 것과 같이 돌연변이에 의하여 어느 한 방향의 경로가 불활성화된다면, 다른 방향의 경로에 의하여 필요한 단백질 산물이 공급된다. 그러나 두 경로 모두 동시에 불활성화된다면, 필수 산물이 공급되지 않게 되어 이중 돌연변이체는 생존할 수 없게 된다.

Double mutant (이중 돌연변이체) 조합의 Global analysis를 이용하여 유전자 기능의 Network를 구현한다

앞에서 우리는 이중 돌연변이체의 표현형을 관찰하고 연구하는 것이 어떻게 두 유전자가 동일한 과정, 혹은 중복된 과정(redundant process)에 참여하는지에 대한 정보를 제공할 수 있는지 알게 되었다. 또한, 이중 돌연변이를 이용하여 두 유전자가 같은 생합성이나 조절 과정에서 작동하는 순서를 알아내는 것도 배웠다. 이중 돌연변이에 의한 결과는 보통 한 가지 이상의 방법으로 해석되며, 특정 이중 돌연변이의 표현형은 해당 유전자가 어떻게 서로 상호작용하는지에 대해서 분명하게 결론을 내는 경우는 극히 드물다. 그러나 여러 유전자 세트에 대한 쌍방 이중 돌연변이(pair-wise mutant)를 함께 분석할 때, 납득할만한 유전자 상호작용 패턴이 드러날 수 있다.

Genome 전체 규모의 이중 돌연변이 조합 분석은 약 6,000개의 유전자를 갖고 있는 *S. cerevisiae*에서 처음으로 이루어졌다. 약 1,000개의 필수 유전자(essential gene)에 대한 temperature-sensitive (온도 감수성) 돌연변이를 얻었고, 필수 유전자가 아닌 나머지 5,000개의 유전자는 6.6절에서 기술한 바와 같이 결실 돌연변이를 만들었다. 자동으로 genetic cross (유전적 교배)를 할 수 있는 시스템을 구축하여, 이들 돌연변이들에 대한 거의 모든 가능한 이중 돌연변이들을 구축하였고, 그 표현형을 각각의 단일 돌연변이체와 비교하였으며, 컴퓨터 알고리즘을 이용하여 유전적 상호작용의 종류와 강도를 결정할 수 있었다. 이 알고리즘은 유전자들의 기능이 얼마나 서로 가까이 연관되어 있는가에 따라서 cluster (클러스터)를 이루고 이에 대한 two-dimensional map (이차원 지도)을 생성하였다(그림 6-10). 놀랍게도, 이중 돌연변이의 표현형 분석에만 기반하여 만들어진 이 이차원 지도 안에서 기능의 일부가 알려진 어떤 유전자들을 찾아보면, 특정 대사 혹은 세포 생물학적 과정의 알려진 조직(organization)에 잘 부합한다. 중요한 것은, 아직 그 기능이 알려져 있지 않은 많은 유전자들에 대해서, 그들이 그 이차원 지도 어디에 위치하는지가 앞으로 진행할 생화학적 그리고 유전학적 연구에 중요한 단서를 제공하게 된다. 이제는 6.6절에서 설명한 바와 같이, CRISPR-Cas9을 이용한 방법을 이용하여 포유동물 세포에서 돌연변이를 일으킬 수 있다. 이러한 방법들은 비슷한 대규모 유전자 연관 네트워크를 사람 세포에서 구축하는 것을 가능하게 할 것이다.

6.1절의 주요 개념

Gene (유전자)의 규명 및 연구를 위한 돌연변이의 Genetic Analysis (유전학적 분석)

- 이배체 유기체는 각 유전자에 대하여 2개의 대립유전자를 가지고 있는 반면에, 반수체 유기체는 오직 하나의 대립유전자를 가지고 있다.
- 열성 돌연변이는 loss of function (기능상실)이 일어나므로, 유전자의 정상 대립유전자가 존재할 경우 이러한 손실은 표현되지 않는다. 돌연변이 표현형이 나타나기 위해서는 양쪽 대립유전자가 모두 돌연

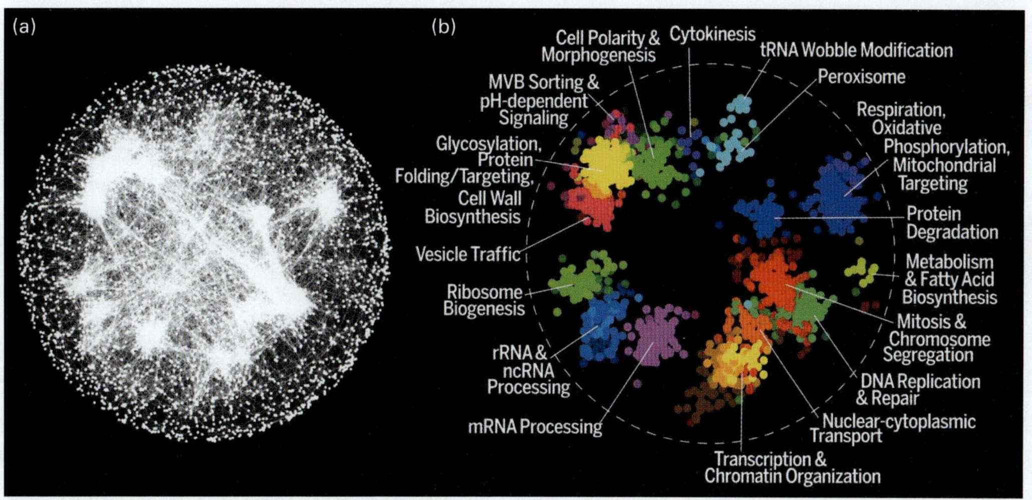

그림 6-10 ***S. cerevisiae*의 유전자 상호작용 네트워크.** *S. cerevisiae*의 약 6,000개 유전자들을 모든 가능한 pair-wise combination (총 2.3×10^7개의 이중 돌연변이를 구축함)에서 실험하였다. 컴퓨터 알고리즘을 이용하여 유전자들 사이의 관계를 유전적 상호작용의 유형과 강도를 계상, 이를 기반으로 정렬하였다. (a) 이 유전자 상호작용의 글로벌 지도에서, 각 포인트는 *S. cerevisiae*의 각 유전자를 표시하고 있고, 유전자 사이를 연결하는 선의 길이는 유전자들이 비슷한 유전자 상호작용을 보이는 정도를 나타낸다. 가장 가까운 위치의 유전자들끼리 가장 밀접한 상호작용을 보인다. (b) 기능이 알려져 있는 샘플 유전자들이 세포 기능에 따라 색깔로 암호화되어 유전자 상호작용의 글로벌 지도 위에 놓여 있다. [Reprinted by permission from American Association for the Advancement of Science, from M. Costanzo et al., 2016. A global genetic interaction network maps a wiring diagram of cellular function. *Science*, **353**(6306):aaf1420. https://doi.org/10.1126/science.aaf1420; permission conveyed through Copyright Clearance Center, Inc.]

변이를 지녀야 한다.

- 우성 돌연변이는 유전자의 정상 대립유전자가 존재해도 돌연변이 표현형을 보인다. 우성 돌연변이와 연관된 표현형은 주로 gain of function (기능획득)에 의하여 일어난다.
- Meiosis에서, 이배체 세포는 DNA가 한 번 복제되고 두 번의 세포분열을 통하여 4개의 반수체 세포를 생산한다. 이 과정에서 모계 대립유전자와 부계 대립유전자가 무작위로 조합된다(그림 6-3 참조).
- 우성 및 열성 돌연변이는 유전적 교배에서 각각 특징적인 segregation (분리) pattern을 보인다(그림 6-4 참조).
- 반수체 효모에서, 온도 감수성 돌연변이는 생존에 필수적인 유전자를 규명하고 연구하는 데 특히 유용하다.
- 하나의 과정에 기능적으로 관련된 다수의 유전자는 상보성 분석으로 밝혀낼 수 있다(그림 6-7 참조).
- Biosynthetic pathway (생합성 경로)나 신호전달 경로에 관여하는 유전자들의 기능 순서는 그 경로 중 두 단계에 결함이 있는 이중 돌연변이의 표현형으로부터 추론될 수 있다.
- 단백질들 사이에서 기능적으로 중요한 상호작용은 대립유전자 특이적 억제 돌연변이 또는 합성 치사 돌연변이의 표현형적 효과로부터 추론될 수 있다.
- 하나의 유기체의 모든 유전자에 대한 이중 돌연변이 조합을 살펴봄으로써 한 세포 안에서 기능하는 모든 유전자들의 상호작용에 대한 네트워크의 글로벌 지도를 만들 수 있다. *S. cerevisiae*의 6,000개 유전자에 대한 유전자 지도가 구축되었고, 20,000개의 포유류 유전자에 대한 유전자 지도를 만드는 것도 가능할 것이다.

6.2 DNA 클로닝과 성질 결정

분자 수준에서 유전자의 구조와 기능에 대한 상세한 연구를 위해서는 개개의 유전자가 순수한 형태로 다량 필요하게 된다. *Recombinant DNA technology* (*DNA* 재조합 기술)로 종종 언급되는 다양한 기술들이 동일한 DNA 분자를 대량으로 생산할 수 있는 **DNA cloning (DNA 클로닝)**에 이용된다. **Recombinant DNA (재조합 DNA)**는 단순히 다른 근원으로부터 유래한 서열로 구성된 DNA 분자를 의미한다.

원하는 DNA fragment (조각) 클로닝을 위한 열쇠는 이 DNA 조각을 host cell (숙주 세포)에서 복제 가능한 **vector (벡터)** DNA 분자와 연결시키는 것이다. 예를 들어, 벡터는 박테리아 플라스미드, 혹은 변형된 바이러스 genome이 이용되기도 한다. 벡터에 목표 DNA 조각이 연결되어 있는 재조합 DNA 분자 하나를 숙주 세포에 도입시키게 되면, 삽입된 DNA 분자는 벡터와 함께 복제하면서 많은 수의 동일한 DNA 분자를 만들게 된다. 기본적인 방법은 아래와 같이 요약될 수 있다:

벡터 + DNA 조각
↓
재조합 DNA
↓
숙주 세포에서 재조합 DNA의 복제
↓
분리, 서열의 확인, 그리고 정제된 DNA 조각을 조작함

위 과정은 DNA 클로닝에서 필수적인 단계이며, 연구자들은 여기에 여러 변화를 더하여 새로운 방법을 고안해낸다. 이번 절에서는, 서로 다

른 서열을 갖는 수많은 DNA 혼합물로부터 특정 DNA 서열을 분리하는 방법을 설명할 것이다. 이 과정에서는 전체 genome을 조각으로 조각내어 벡터에 삽입하는 것을 포함하게 되는데, 이는 전체 조각을 재조합 분자로 만들어 서로 다른 숙주 세포에서 증식시키기 위해서이다. 다양한 유형의 벡터가 존재하지만, 여기서는 가장 널리 사용되는 *E. coli*의 플라스미드 벡터를 주로 다룰 것이다. 이 DNA 조각의 총체적 모음으로부터 특정 DNA 서열을 동정하는 다양한 기술을 설명할 것이다. DNA 조각을 분리하여 연구대상 분자의 nucleotide 서열을 결정하는 방법을 설명한다. 마지막으로, polymerase chain reaction (중합효소 연쇄반응; PCR)을 다룰 것이다. 이 강력하고 다재다능한 기술은 특정 서열을 다량 얻거나 DNA를 조작하는 데 활용된다. 다음 절에서 클론된 DNA 조각을 이용하는 다양한 방법을 논의할 것이다.

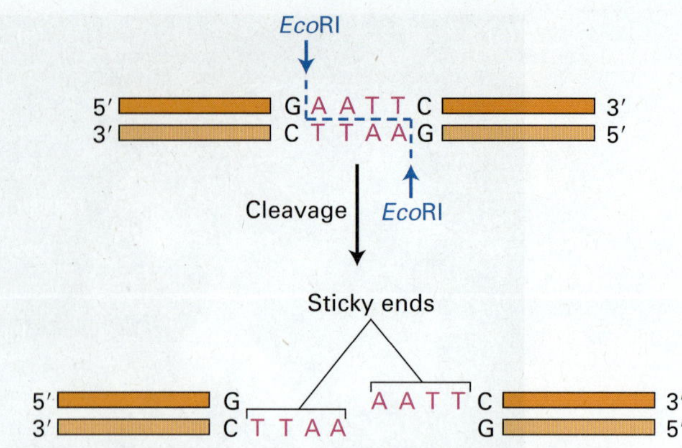

그림 6-11 ***Eco*RI 제한효소에 의한 DNA의 절단.** *E. coli*에서 정제된 이 제한효소는 6-bp의 palindromic sequence (회문 서열)의 특정 서열을 엇갈리게 절단한다. 이에 따라 상보적인 4-base의 접착성 말단을 가지는 단편을 생성한다. 다수의 다양한 제한효소들이 접착성 말단 조각을 만든다.

Restriction Enzyme (제한효소)과 DNA 연결효소를 이용하면 DNA 조각을 클로닝 벡터 안에 집어넣을 수 있다

DNA 클로닝의 주목적은 특별한 유전자를 구성하고 있는 DNA를 유기체의 전체 DNA로부터 분리하는 것이다. 또한, 벡터에는 주로 상대적으로 작은 DNA 분자만 클로닝이 가능하기 때문에, 유기체의 genome과 같이 매우 긴 DNA 분자가 벡터 DNA에 삽입되기 위해서는 우선 조각으로 잘려져야만 한다. 두 가지 효소[제한효소와 DNA ligase (연결효소)]가 재조합 DNA 분자 제조에 사용된다.

DNA 분자를 작은 조각으로 절단 **제한효소**는 박테리아에서 생산되는 endonuclease (내부 절단 효소)로 restriction site (**제한효소 인식 자리**)라고 불리는 4–8 bp 정도의 특이적인 서열을 인식, 그 site의 양쪽 DNA strand (가닥)를 절단한다. 제한효소 인식 자리는 보통 짧은 *palindrome* (**회문구조**) 서열이다; 즉, 제한효소 인식 자리 서열은 각 DNA 가닥 를 5′ → 3′ 방향으로 읽을 때 같은 서열이다(그림 6-11).

박테리아는 제한효소에 의한 절단으로부터 자신 고유의 DNA를 보호하기 위하여 자신의 DNA를 변형시킬 수 있도록 각 제한효소에 대한 *modification enzyme* (**변형효소**)을 생산한다. 이 변형 효소는 주로 제한효소 인식 자리의 한두 염기에 methyl group (메틸기)을 부착한다. 따라서 메틸기가 그곳에 있으면, 제한효소는 DNA를 절단할 수 없다. 제한효소와 메틸기를 부착하는 효소는 함께 restriction-modification (제한 변형) 시스템을 형성하여 침입해 들어온 외부의 DNA [예, bacteriophage (박테리오파지) DNA 또는 transformation (형질전환) 동안 유입되는 DNA]의 모든 제한효소 인식 자리를 절단해 파괴하지만 숙주 DNA는 보호한다.

많은 제한효소가 2개의 DNA 가닥에서 제한효소 인식 자리를 엇갈리게 절단해서 각각의 말단에 single stranded *tail* (단일가닥 꼬리)이 생기는 조각을 만든다(그림 6-11 참조). 같은 제한효소로 자른 모든 제한효소 인식 자리의 꼬리는 서로 상보적이어서 *sticky ends* (**접착성 말단**)라고 하고, 이들은 상온에서 동일한 제한효소로 절단되어 생성된 다른 DNA end와 일시적으로 결합한다.

각각의 유기체에서 분리된 DNA는 정해진 서열을 가지고 있고, 따라서 정해진 제한효소 인식 자리들이 존재한다. 일정한 DNA는 특정 제한효소에 의해 늘 동일한 *restriction fragment* (**제한단편**) 세트로 잘리게 된다. 제한효소가 DNA를 절단하는 빈도와 더불어 제한단편의 평균 길이를 결정하게 되는데, 이는 대부분 제한효소 인식 자리의 길이에 따라 결정된다. 예를 들면, 4-bp 제한효소 인식 자리를 인식하는 제한효소는 평균적으로 4^4, 즉 256 bp마다 한 번씩 절단하는 반면, 8-bp 서열을 인식하는 제한효소는 평균적으로 DNA를 4^8 bp (~65 kb)에 한 번 절단할 것이다. 제한효소는 수백 종의 다양한 박테리아에서 정제되어 제한효소 인식 자리에 따라 수많은 다양한 DNA 서열을 단편으로 절단할 수 있다.

DNA 조각을 벡터로 삽입 *DNA* **연결효소**를 이용하여 접착성 말단 또는 blunt end (뭉툭한 말단)를 가진 DNA 조각을 벡터 DNA에 삽입할 수 있다. 정상적인 DNA 복제 중에 DNA 연결효소는 짧은 DNA 조각의 end-to-end joining (ligation, DNA 말단과 말단의 결합)을 촉진한다. DNA 클로닝에서는 DNA 연결효소가 서로 상보적 말단을 갖고 있는 제한단편과 벡터 DNA를 3′ → 5′ phosphodiester 결합을 형성함으로써 결합시킨다(그림 6-12). 박테리오파지 T4 DNA 연결효소는 상보적 접착성 말단뿐만 아니라 2개의 뭉툭한 말단도 연결시켜 준다. 그러나 뭉툭한 말단을 연결하는 것은 접착성 말단 연결보다 비효율적이라 더 높은 농도의 DNA와 DNA 연결효소가 요구된다.

분리된 DNA 조각를 *E. coli* 플라스미드 벡터 안에 클로닝할 수 있다

플라스미드는 세포의 염색체 DNA와 구별되는 둥근 형태의 double stranded DNA (dsDNA)이다. 자연적으로 박테리아나 하등 진핵세포

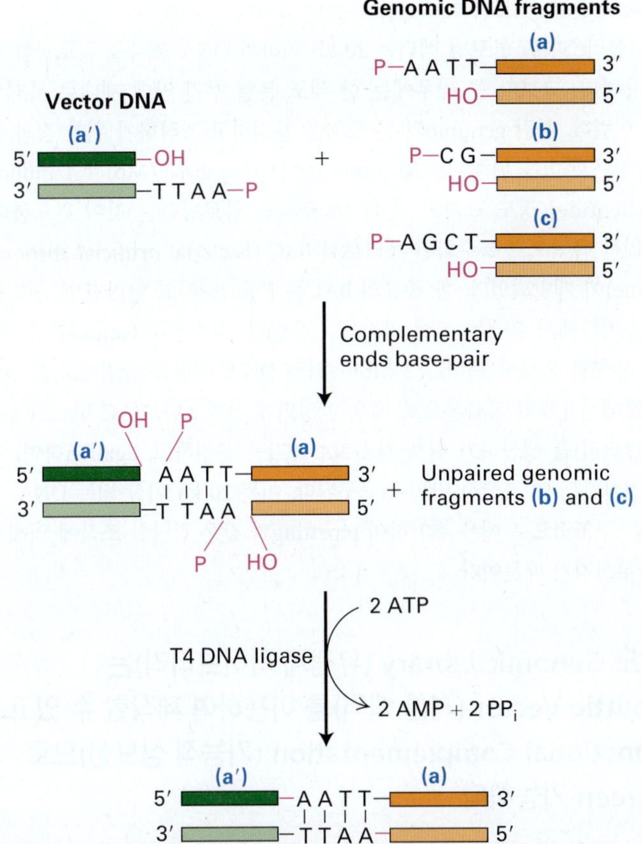

그림 6-12 Complimentary 접착성 말단을 지닌 제한단편의 ligation. 이 실험에서 *Eco*RI으로 절단된 벡터 DNA와 여러 종류의 제한효소로 절단된 제한단편들을 혼합한다. 각 조각 type의 짧은 염기서열로 구성된 접착성 말단이 표현되어 있다. 잘린 벡터 DNA (a′)의 접착성 말단은 혼합물 중 *Eco*RI 조각 (a)의 접착성 말단하고만 base-pair를 이룬다. T4 DNA 연결효소가 base-pair를 이룬 조각의 3′ hydroxyl group과 5′ phosphate group (빨간색) 사이에 공유결합을 형성하여 두 조각을 연결한다.

(예를 들면, 효모)에서 발견되는 extrachromosomal DNA (염색체 외 DNA)인 플라스미드는 그들의 숙주 세포와 parasitic (기생) 혹은 symbiotic (공생) 관계에 있다. 숙주 세포의 염색체 DNA와 마찬가지로 플라스미드 DNA는 세포 분열 전에 복제된다. 세포 분열 동안에 플라스미드 DNA의 복제물은 각각의 딸세포에 전달되어 숙주 세포의 연속적인 분열을 통해 플라스미드가 증식된다.

보통 재조합 DNA 기술에 사용되는 플라스미드는 대부분 *E. coli*에서 복제되는 것이다. 이러한 플라스미드들이 DNA 클로닝에 알맞게 벡터로 최적화되었다. 즉, *E. coli* 플라스미드로부터 필요 없는 부분을 제거하면서 둘레 길이 약 1.2–3 kb의 플라스미드 벡터를 만들었다. 이 플라스미드는 DNA 클로닝에 필수적인 부분인 replication origin (복제 기점; ORI), 보통 항생제 저항성을 보이는 유전자인 *selection marker* (선별 표지), exogenous DNA fragment (외부의 DNA 조각)가 삽입될 수 있는 부분을 포함하고 있다(그림 6-13).

그림 6-14는 *E. coli* 플라스미드 벡터를 이용한 DNA 조각 클로닝의 일반적인 과정을 보여준다. 재조합 벡터 DNA와 섞여 있는 *E. coli* 세포는 heat shock (열 충격)과 같은 스트레스 조건에서 일부 세포가 플라스미드 DNA를 받아들이게 되는데, 이를 **transformation (형질전환)**이라고 한다. 일반적으로, 10,000개 중 하나의 세포가 단일 플라스미드 DNA 분자를 받아들여 형질이 전환된다. 플라스미드 벡터가 *E. coli*와 함께 배양된 후, 플라스미드를 도입한 *E. coli* 세포는 그렇지 못한 많은 세포로부터 쉽게 선별될 수 있다. 즉, 만약 플라스미드가 antibiotics (항생제)인 ampicillin (암피실린) 저항성 유전자를 가지고 있다면, 형질전환된 세포는 암피실린이 들어 있는 배지에서도 자라지만 플라스미드를 지니고 있지 않은 세포들은 자라지 못할 것이기 때문이다. DNA 조각이 삽입된 재조합 플라스미드로 *E. coli* 세포를 형질전환시킬 때, 처음 형질전환된 세포로부터 유래한 모든 항생제-저항성을 갖는 자손 세포는 모두 동일한 DNA 조각을 지닌 플라스미드를 갖고 있다. 삽입된 DNA는 플라스미드 DNA의 나머지 부분과 함께 복제되며, 콜로니가 자랄 때 딸세포로 분리된다. 이런 식으로 처음에 도입된 DNA는 콜로니에서 매우 많이 복제되게 된다. 하나의 콜로니에서 나온 모든 세포는 하나의 형질전환 부모 세포에서 유래한 것이기 때문에, 그들은 세포의 **clone (클론, 복제체)**을 이루고 있으며, 부모 플라스미드로 삽입된 원래의 DNA 조각을 *cloned DNA* (클론된 복제 *DNA*) 또는 *DNA clone* (*DNA* 클론)이라고 부른다.

E. coli 플라스미드 벡터의 유용성은 원래의 플라스미드 DNA 서열에는 존재하지 않는 여러 가지 제한효소 인식 자리를 합성한 *polylinker* (다중 복제 부위)가 더해지면서 더욱 확대되었다(그림 6-13 참조). 대개, 이러한 벡터가 polylinker의 제한효소 인식 자리를 인식하는 두 가지 서로 다른 제한효소로 처리되면, 동일한 두 가지 제한효소로 절단한 접착성 말단을 갖고 있는 어떠한 DNA 조각이라도 DNA 연결효소를 이용

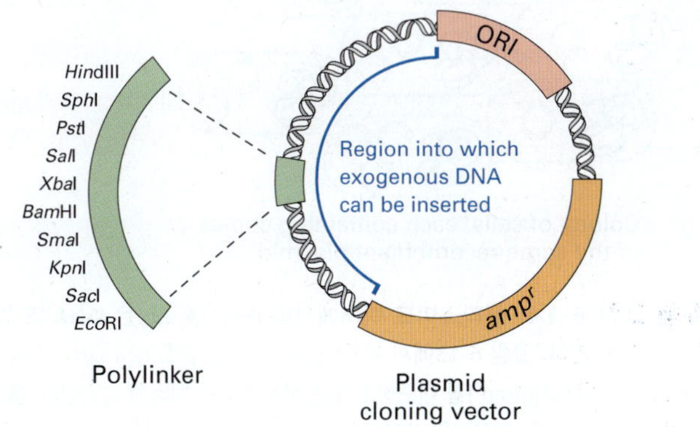

그림 6-13 *E. coli* 세포에서 복제할 수 있는 플라스미드 클로닝 벡터의 기본 요소. 플라스미드 벡터는 숙주 세포의 효소에 의해 복제가 시작될 수 있는 replication origin (ORI) 서열을 가지고 있다. 또한, *amp*^{r} 같은 selectable 유전자를 가지고 있는데, 이는 β-lactamase 효소를 암호화하며 ampicillin에 저항성을 나타낸다. 서로 다른 여러 제한효소들의 recognition 서열을 포함하고 있는 polylinker를 갖고 있는 플라스미드 벡터는 훨씬 활용성이 높다. 이 벡터는 polylinker의 제한효소 인식 자리들이 plamid 안에서 유일하게 존재할 수 있도록 설계된다. 외부 DNA는 polylinker에 삽입 가능하며, 플라스미드의 복제나 *amp*^{r} 유전자 발현에 영향을 미치지 않는다.

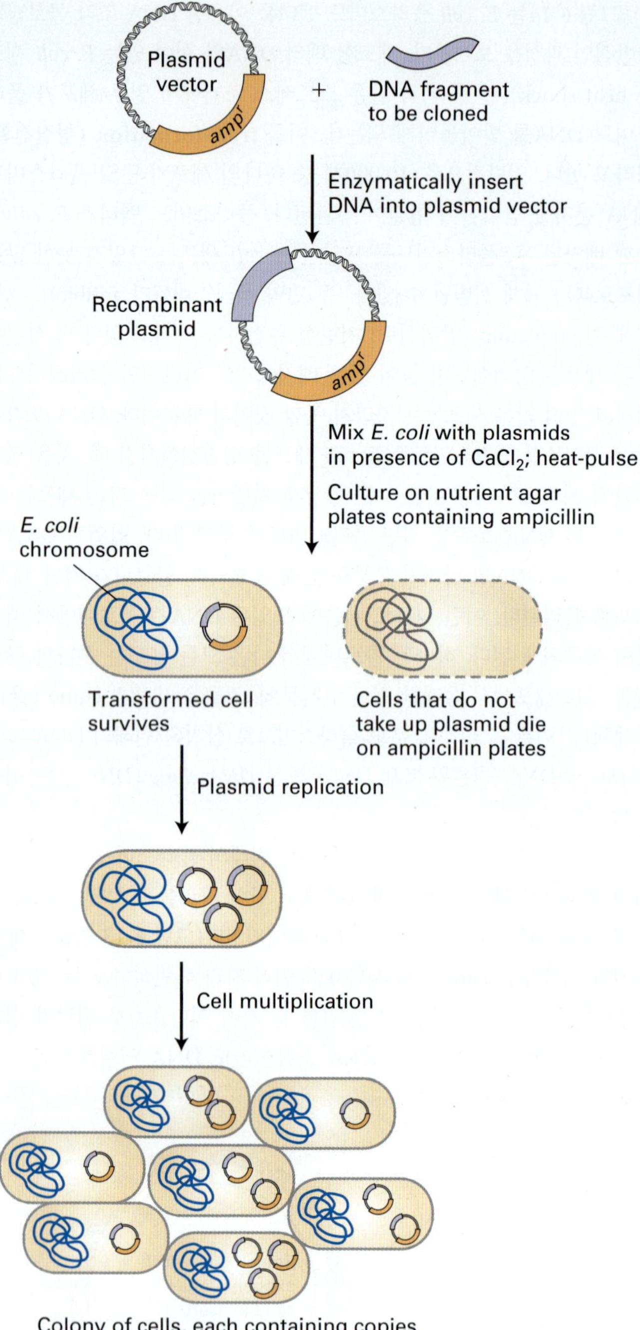

실험 그림 6-14 플라스미드 벡터에서의 DNA 클로닝은 DNA 조각을 증폭할 수 있게 한다. 그림 6-13에서 본 것과 같이, 우선 클로닝할 DNA를 ampicillin resistance 유전자(amp^r)를 내포하고 있는 플라스미드 벡터에 삽입한다. 플라스미드를 받아들인 소수의 형질전환 세포만이 ampicillin을 포함하고 있는 medium (배양액)에서 살 수 있을 것이다. 형질전환 세포에서 플라스미드 DNA가 복제하고 딸세포로 분리하면서 증식되어 ampicillin-resistant 콜로니를 형성한다.

하여 이 벡터에 결합될 수 있게 된다. 이 polylinker가 있는 플라스미드 벡터는 연구자들에게 같은 플라스미드 벡터에 다른 제한효소로 잘려진 DNA 조각의 클론을 만들 수 있게 하였다. 따라서 실험적인 과정을 간단하게 할 수 있도록 해주었다.

플라스미드 클로닝 벡터는 20 kb 이하의 DNA 조각을 클로닝할 때 유용하다. 그보다 큰 경우에는 한 세포 분열 주기 안에 제대로 복제되기 어렵다. 사람 genome의 큰 조각을 분리하고 조작하기 위한 것과 같은 연구 목적을 위해서는 몇 megabase [1 megabase (Mb) = 1 million nucleotide] 정도 크기의 긴 DNA 조각을 클로닝하는 것이 필요하다. 이러한 목적으로 특수화된 벡터로서 *BAC* (*b*acterial *a*rtificial *c*hromosome)이 개발되었다. 한 종류의 BAC은 *F factor*라고 알려진 *E. coli* 플라스미드에서 유래된 복제 기점을 사용한다. 이러한 F factor와 이로부터 유래된 클로닝 벡터는 2 Mb나 되는 DNA 서열을 삽입해도 *E. coli* 세포에서 1개의 복사본으로 매우 안정되게 유지된다. BAC library (라이브러리)를 생산하기 위해 긴 DNA 조각을 분리하고, ligation하며, 형질전환하는 데 특별한 방법이 요구된다. 이는 20 kb 이상 되는 DNA 조각은 구조적으로 매우 취약하여 pipetting과 같은 간단한 조작에 의해서도 부서지기 때문이다.

효모 Genomic Library (유전체 라이브러리)는 Shuttle Vector (셔틀 벡터)를 이용하여 제작할 수 있고, Functional Complementation (기능적 상보성)으로 Screen 가능하다

여러 DNA 조각들을 수집하여 각 하나씩 벡터에 클로닝해 모아 둔 것을 **DNA library (DNA 라이브러리)**라고 한다. 특정 유기체의 유전체 DNA로부터 그 모든 서열을 포함하는 DNA 조각들을 수집한 것을 *genomic library* (유전체 라이브러리)라고 하고, 이로부터 연구자들은 자신들이 연구하는 기능에 관련된 유전자를 분리할 수 있는 방법이 필요하다. 예를 들어, DNA library에서 자신들이 발견한 어떤 열성 돌연변이를 보완하는 기능을 갖는 단백질을 발현하는 능력이 있는 클론을 screen (탐색)할 수 있다. 이러한 screen 방법으로 실험 유기체에서 동정해낸 열성 돌연변이가 일어난 유전자를 분리할 수 있는데, 이를 **functional complementation (기능적 상보성)**이라고 한다.

효모에서 기능적 상보성 실험을 어떻게 할 수 있는지 살펴보자. 특정 *E. coli* 플라스미드에 클로닝된 효모 유전자를 돌연변이 효모 세포에 삽입하여 돌연변이 주에서 결손이 일어난 야생형 유전자를 확인한다. 효모 유전자 서열 중에서 특정 부위를 탐색하기 위해 만들어진 라이브러리는 통상적으로 cDNA보다는 유전체 DNA로부터 만들어진다. *Saccharomyces* 유전자는 다수의 intron (인트론)을 포함하지 않기 때문에, 대략 10개의 유전자 전체 서열이 1개의 플라스미드 벡터에 들어갈 수 있을 만큼 조밀하게 되어 있다.

효모 세포에서 기능적 상보성을 통해 탐색할 수 있는 플라스미드 유전체 library를 만들기 위해서, 플라스미드 벡터는 *E. coli*와 효모 세포 모두에서 복제될 수 있어야 한다: *E. coli*에서는 DNA 클론을 만들기 위해서, 그리고 효모 세포에서는 functional complementation (기능적 상보성)을 위해 필요하다. 이렇게 두 가지 다른 숙주에서 증식할 수 있는 종류의 벡터를 셔틀 벡터라 한다. 전형적인 효모 셔틀 벡터의 구조가 그림 6-15a에 나타나 있다. 셔틀 벡터는 *E. coli*에서 DNA 조각의 클로닝을 가능하게 하는 기본적인 요소들이 포함되어 있다.

효모 genome의 모든 부분이 성공적으로 플라스미드 library에 클로닝되고 존재하게 하는 가능성을 높이기 위해서, 대개 유전체 DNA를 partial digestion (불완전 절단)하여 약 10 kb 정도의 overlapping restriction fragment (겹쳐진 제한단편)를 만든다. 그런 다음, 이 조각을 셔틀 벡터에 연결시키는데, 이때 셔틀 벡터의 polylinker를 제한효소로 잘라서 효모 DNA 조각과 상보적인 접착성 end를 만들어 준다(그림 6-15b). 효모 DNA의 10 kb restriction 조각이 셔틀 벡터에 임의로 들어가기 때문에, DNA library에 특정 효모 DNA를 포함하는 클론이 적어도 1개 이상 존재할 확률을 높이기 위해서는 재조합 셔틀 벡터를 포함하는 *E. coli* 콜로니가 10^5개 이상 필요하다.

그림 6-16은 이번 장의 앞부분에 언급한 온도-감수성 *cdc* 돌연변이에 상응하는 야생형 유전자를 분리하기 위해 효모 유전체 library가 어떻게 탐색되었는지를 보여 주고 있다. 연구 대상의 효모 주는 *ura3*⁻ 돌연변이 때문에 생장에 uracil (유라실)을 필요로 하고, *cdc28* 돌연변이에 의해 온도 감수성을 보이는 것이 표현형으로 증명된 이중 돌연변이이다(그림 6-6b 참조). 효모 유전체 library에서 추출한 재조합 플라스미드들을 형질전환이 촉진되는 조건에서 효모 세포들과 섞는다. 형질전환된 효모 세포는 플라스미드에서 유래된 야생형 *URA3* 유전자의 복사본을 가지고 있기 때문에 uracil이 없어도 자랄 수 있어 선별이 가능하다. 대체로 각 페트리 접시당 약 500개의 형질전환된 효모들을 포함하므로 20개의 페트리 접시이면 전체 효모 genome을 포함하기에 충분하다. 이 형질전환된 효모들을 23°C에서 유지하게 되면 *cdc28* 돌연변이가 자라지만, 비허용 온도인 36°C에서는 *cdc* 돌연변이가 자라지 못한다. 그러나 *CDC28* 유전자의 야생형 복사본을 발현하는 재조합 플라스미드를 가지고 있는 효모 콜로니는 36°C에서도 자라기 때문에 선별될 수 있다. 온도-저항 효모 콜로니가 확인되면, 배양한 효모 세포에서 플라스미드를 분리하고 서브클로닝과 DNA 서열을 통해 분석하면 된다. 이 주제는 아래에서 곧 다루어진다.

cDNA Library는 단백질-암호화 유전자의 Sequence들을 대표한다

Genomic library (유전체 라이브러리)들은 박테리아나 효모 같은 간단한 유기체의 유전적 내용을 나타내는 데 이상적이다. 하지만 고등한 진핵생물의 유전체 내용물을 모두 포함하기에는 실험적으로 어려움이 있다. 왜냐하면, 고등 진핵 유기체의 유전자는 상당히 긴 인트론 서열을 포함하고 있어, 플라스미드 벡터에 삽입되기에 너무 크기 때문이다. 그 결과, 이러한 유기체의 유전자 서열은 조각이 난 채, 서로 다른 클론에 나누어져 있게 된다. 게다가, 유전체 DNA에는 인트론뿐만 아니라 유전자와 유전자 사이에 있는 intergenic region (유전자 간 영역)도 상당히 길기 때문에 정작 단백질을 암호화하는 유전자의 중요한 부분(exon, 엑손)을 알아내는 것은 어렵다. 실제로, 사람 genome의 1.5%만이 단백질-암호화 유전자 서열일 뿐이다. 많은 연구에서, 유전체 DNA에서 비-

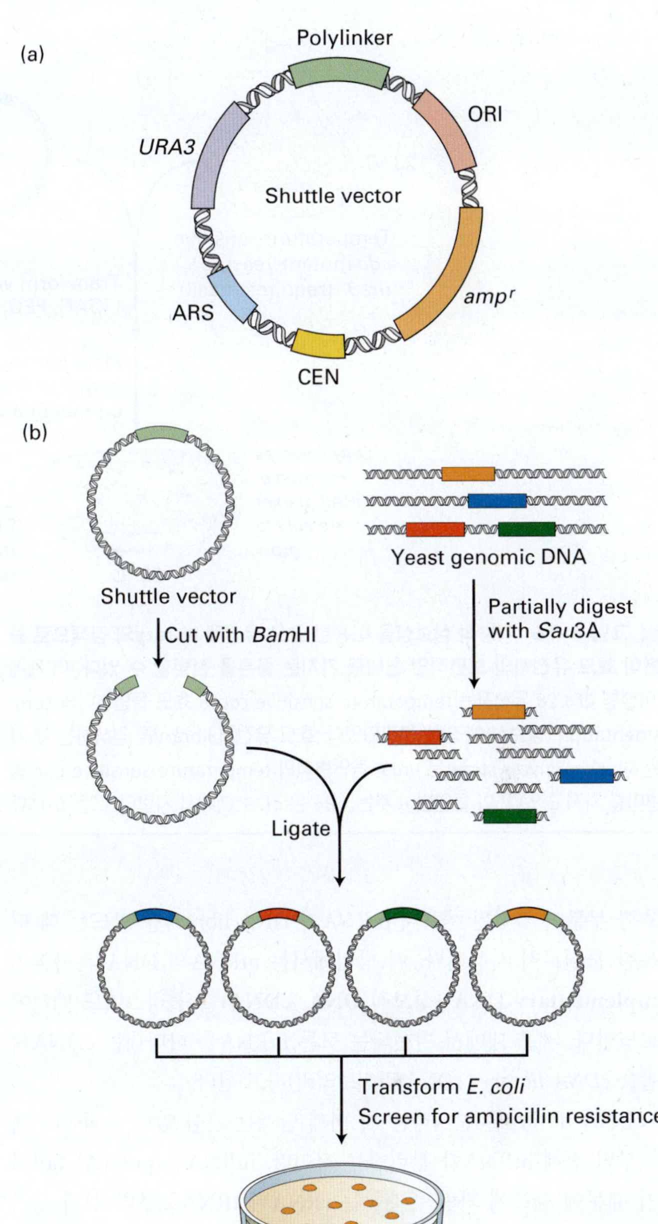

실험 그림 6-15 효모와 *E. coli*에서 모두 복제할 수 있는 플라스미드 셔틀 벡터로 효모 유전체 library를 만들 수 있다. (a) *Saccharomyces* 유전자를 클로닝하기 위한 전형적인 플라스미드 셔틀 벡터의 구성 요소. 효모 복제 기점(ARS)과 효모 centromere (CEN)의 존재가 효모 안에서의 안정적인 복제와 분리를 할 수 있게 한다. 또한 *ura3* 돌연변이가 배지에 uracil이 없어도 자랄 수 있게 해주는 *URA3*와 같은 selectable marker도 있어야 한다. 마지막으로, *E. coli*에서 복제와 selection 할 수 있는 서열 (ORI와 amp^r), 효모 DNA 단편이 쉽게 끼어들어갈 수 있게 해 주는 polylinker가 있어야 한다. (b) 효모 유전체 library를 만드는 전형적인 방법. Sau3A로 효모 유전체 DNA를 부분적으로 절단하여 평균 10 kb의 단편을 생성시킨다. *Sau3A*와 동일한 접착성 말단을 만드는 *Bam*HI으로 벡터를 잘라서 유전체 단편을 받아들일 수 있게 준비한다. Ampicillin 저항성에 대한 선별을 한 후에 자라는 변형자들은 한 가지 종류의 효모 DNA 단편을 포함한다.

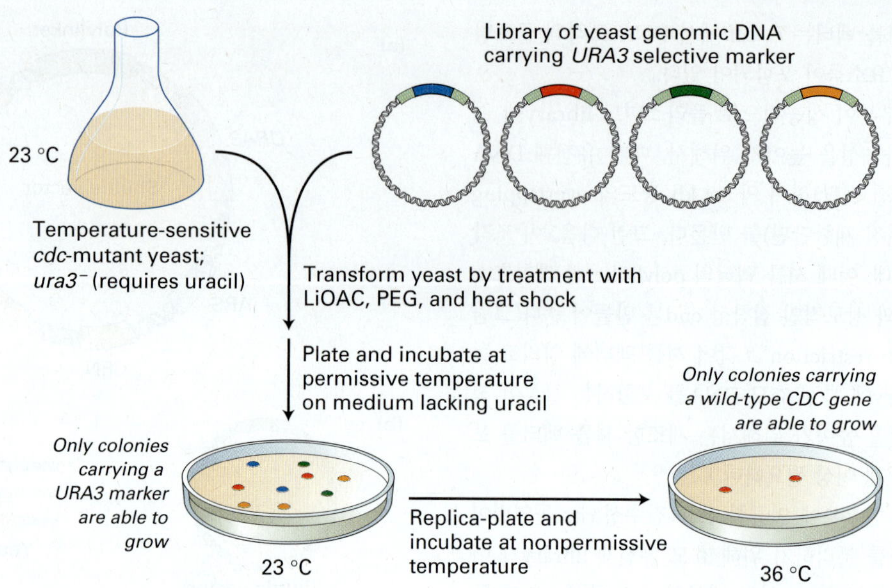

실험 그림 6-16 기능적 상보성을 이용한 효모 유전체 library의 검색으로 돌연변이 효모 유전자의 보편적인 형태를 가지는 클론을 선별할 수 있다. 이 예에서 야생형 *CDC28* 유전자는 temperature-sensitive *cdc28* 효모 돌연변이의 complementation (상보성)에 의해 분리되었다. 효모 유전체 library를 검색하는 데 사용된 *Saccharomyces* strain은 *ura3*⁻ 돌연변이와 temperature-sensitive cdc 돌연변이를 가지고 있다. 이 돌연변이 주는 허용 온도(23°C)에서 자란다. 그림 6-15에서 보여준 대로 준비된 재조합 플라스미드 집합체를 돌연변이 효모 세포와 함께 형질전환이 잘되는 조건에 두었다. 소수의 효모 세포가 재조합 플라스미드를 받아들여서 변형되며, 이들만이 uracil이 없는 23°C에서 자랄 수 있다. 변형된 효모 콜로니의 replica-plate를 36°C (nonpermissive temperature)에 두었을 때, 야생형 *CDC* 유전자를 포함하는 플라스미드를 가진 콜로니들만이 생존할 것이다. LiOAC = lithium acetate; PEG = polyethylene glycol.

암호화 부분이 결여된 세포내 mRNA가 DNA library를 만드는 데 더 유용한 물질로서 사용된다. 이 방법에서는 mRNA의 DNA 복사본인 **complementary DNA (상보적 DNA, cDNA)**를 플라스미드 벡터에 클로닝한다. 세포 내에서 발현되는 모든 mRNA를 나타내는 cDNA의 집합을 *cDNA library* (*cDNA* 라이브러리)라고 한다.

cDNA library를 준비하는 첫 번째 단계는 관심 있는 조직이나 세포로부터 전체 mRNA를 분리하는 것이다. mRNA는 poly(A) tail이 있기 때문에 세포에 과량 존재하는 rRNA나 tRNA로부터 쉽게 분리할 수 있다. 즉, matrix (기질)에 연결된 짧은 thymidylate (oligo-dTs) column (거름 장치)을 이용하여 쉽게 분리할 수 있는 것이다. *Reverse transcriptase* (역전사 효소)를 이용하여 mRNA로부터 cDNA를 합성한다. 이 효소는 retrovirus (레트로바이러스)에서 발견되는데, DNA polymerase와 유사하지만 RNA를 template (템플릿, 주형)로 상보적 DNA 가닥을 만들 수 있고, 이를 위하여 DNA primer (프라이머, 시발체)를 필요로 한다. mRNA의 poly(A) tail과 상보적으로 결합된 oligo-dT primer로부터 시작하여 각 mRNA 분자에 상보적 서열을 가진 DNA 가닥을 합성한다(그림 6-17). 그 결과로 생성된 cDNA-mRNA hybrid 분자(혼성화된 가닥)는 몇 단계를 거쳐 이중가닥 cDNA 분자로 전환된다. 그림 6-17은 cDNA library를 만드는 여러 방법 중 하나를 요약하고 있다.

오직 발현되는 유전자 서열만이 cDNA library에 남게 되므로, cDNA library를 검색하는 것은 포유류 유전체와 같이 크고 복잡한 유전체 내의 관심 유전자를 밝히는 데 매우 효율적인 방법이 될 수 있다. 그러나 cDNA library를 사용하는 데에는 두 가지 기술적 한계가 있다. 그 하나는 RNA 분자가 불안정하기 때문에 완전한 길이의 mRNA가 cDNA가 합성되기 전 분해될 수 있다는 것이다. mRNA가 길수록 잘 부서지기 때문에 아주 긴 mRNA의 cDNA 경우 5′ 말단이 포함되어 있지 않은 경우가 많다.

두 번째 한계는 서로 다른 유전자는 서로 다른 비율로 transcription (전사)된다는 것이다. 따라서 매우 많이 전사된 유전자로부터 만들어진 cDNA 클론은 cDNA library에 다수 존재하게 된다. 반면에, 드물게 전사되는 유전자에 상응하는 cDNA는 드물게 존재하거나 전혀 나타나지 않게 된다. 낮은 level로 전사되는 유전자에 해당하는 클론을 포함하는 cDNA를 얻으려면, 포유동물의 경우 cDNA library가 10^6–10^7개의 재조합 클론들을 포함하고 있어야 한다.

Polymerase Chain Reaction은 복합 혼합물에서 특정 DNA Sequence만을 증폭한다

만약 특별한 DNA 영역의 말단 nucleotide (뉴클레오티드) 서열을 알고 있다면, 그 사이에 낀 조각은 **polymerase chain reaction (PCR)**에 의해 증폭될 수 있다. 여기서 우리는 기본적인 PCR 기술과 PCR이 사용되는 세 가지 경우를 설명한다.

PCR은 교대로 이중나선 DNA 분자를 denature (변성)시키고 상보적 단일가닥을 hybridization (anneal, 결합)시키는 과정을 조절하는 능력을 이용한다. 그림 6-18에서 대략적으로 설명한 것처럼, 전형적인

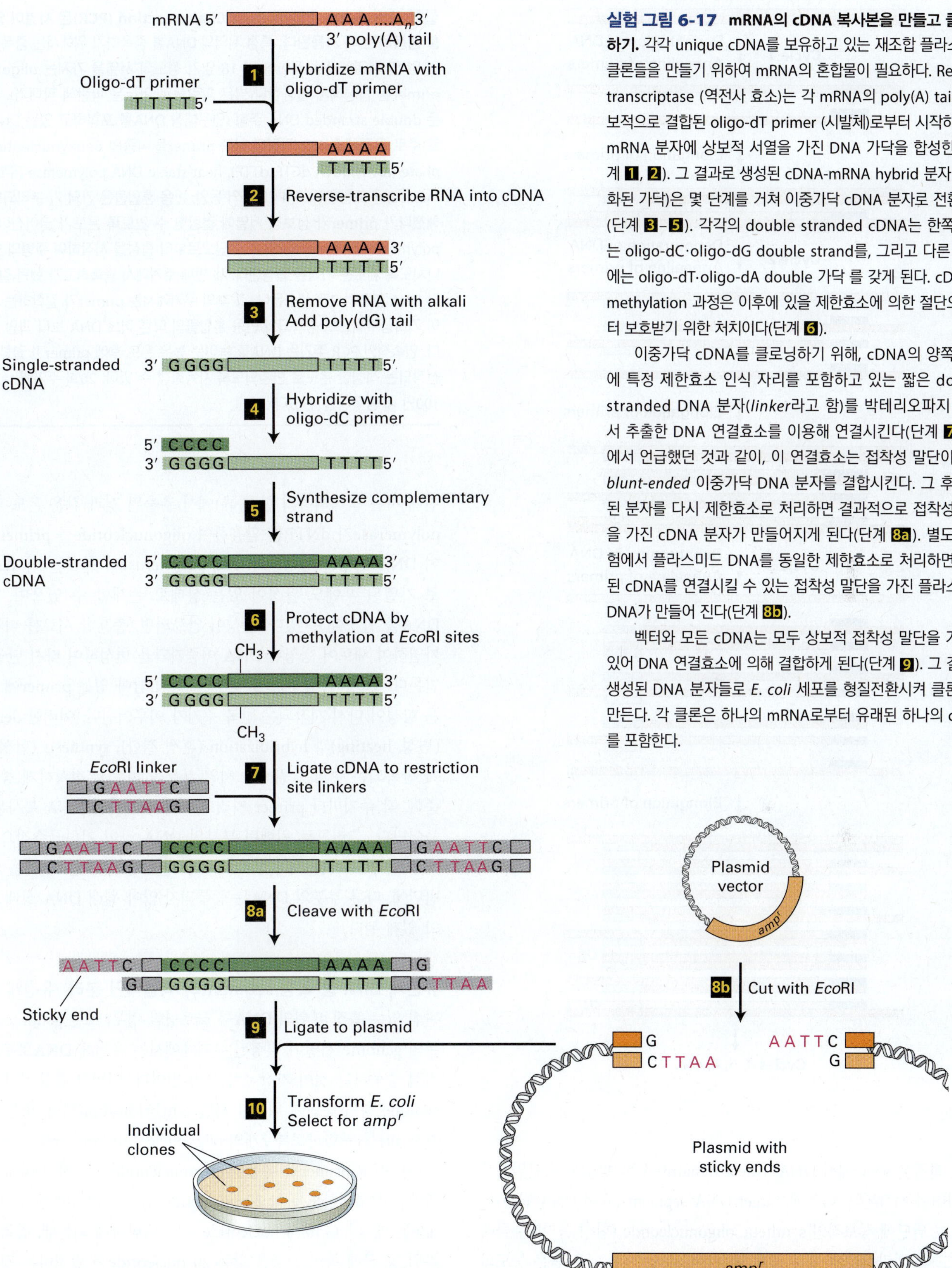

실험 그림 6-17 mRNA의 cDNA 복사본을 만들고 클로닝하기. 각각 unique cDNA를 보유하고 있는 재조합 플라스미드 클론들을 만들기 위하여 mRNA의 혼합물이 필요하다. Reverse transcriptase (역전사 효소)는 각 mRNA의 poly(A) tail과 상보적으로 결합된 oligo-dT primer (시발체)로부터 시작하여 각 mRNA 분자에 상보적 서열을 가진 DNA 가닥을 합성한다(단계 **1**, **2**). 그 결과로 생성된 cDNA-mRNA hybrid 분자 (혼성화된 가닥)은 몇 단계를 거쳐 이중가닥 cDNA 분자로 전환된다(단계 **3**–**5**). 각각의 double stranded cDNA는 한쪽 끝에는 oligo-dC·oligo-dG double strand를, 그리고 다른 쪽 끝에는 oligo-dT·oligo-dA double 가닥 를 갖게 된다. cDNA의 methylation 과정은 이후에 있을 제한효소에 의한 절단으로부터 보호받기 위한 처치이다(단계 **6**).

이중가닥 cDNA를 클로닝하기 위해, cDNA의 양쪽 말단에 특정 제한효소 인식 자리를 포함하고 있는 짧은 double stranded DNA 분자(*linker*라고 함)를 박테리오파지 T4에서 추출한 DNA 연결효소를 이용해 연결시킨다(단계 **7**). 앞에서 언급했던 것과 같이, 이 연결효소는 접착성 말단이 아닌 *blunt-ended* 이중가닥 DNA 분자를 결합시킨다. 그 후 결합된 분자를 다시 제한효소로 처리하면 결과적으로 접착성 말단을 가진 cDNA 분자가 만들어지게 된다(단계 **8a**). 별도의 실험에서 플라스미드 DNA를 동일한 제한효소로 처리하면 제조된 cDNA를 연결시킬 수 있는 접착성 말단을 가진 플라스미드 DNA가 만들어 진다(단계 **8b**).

벡터와 모든 cDNA는 모두 상보적 접착성 말단을 가지고 있어 DNA 연결효소에 의해 결합하게 된다(단계 **9**). 그 결과로 생성된 DNA 분자들로 *E. coli* 세포를 형질전환시켜 클론들을 만든다. 각 클론은 하나의 mRNA로부터 유래된 하나의 cDNA를 포함한다.

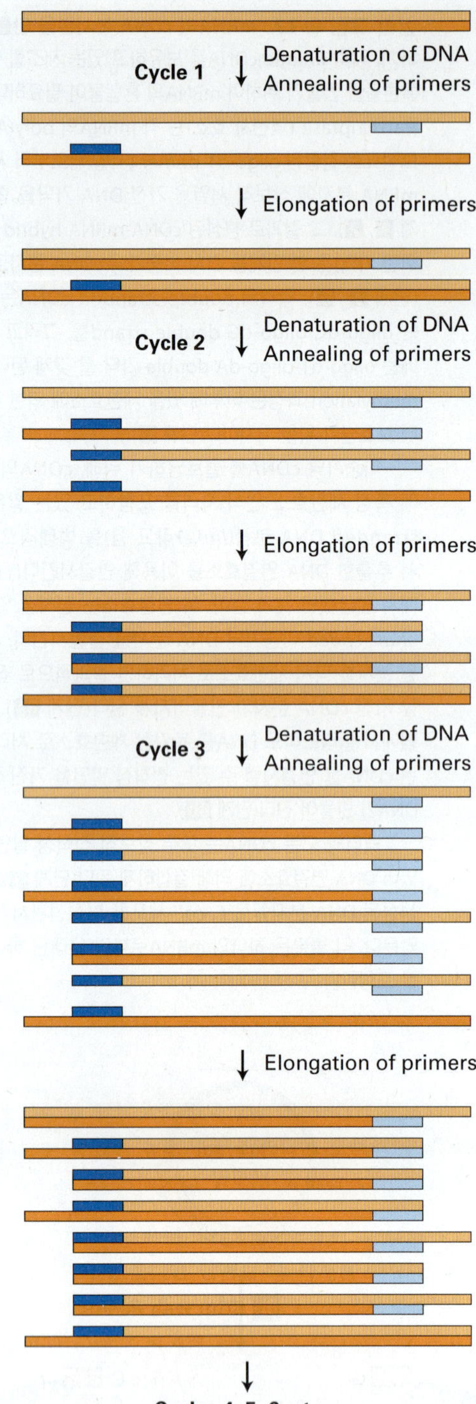

실험 그림 6-18 Polymerase Chain reaction (PCR)은 서열이 알려진 DNA를 증폭하는 데 사용된다. 특정 지역의 DNA를 증폭하기 위해서는 증폭하려는 DNA의 양 옆 서열에 상보적이며 약 18 염기 정도의 서열을 가지는 oligonucleotide primer를 합성해서 활용한다(밝은 파란색과 어두운 파란색 막대기). 반응 혼합물은 double stranded DNA 주형 (연구대상 DNA를 포함하고 있는 DNA complex로 주로 유전체 DNA), 과량의 양쪽 primer들, 4종의 deoxynucleotide triphosphate (dATP, dCTP, dGTP, dTTP), heat-stable DNA polymerase (주로 *Taq* polymerase)을 포함한다. 각 PCR 주기 동안, 반응 혼합물은 가닥 가 분리되도록 열이 가해졌다가 primer가 상보적 서열에 결합할 수 있도록 온도가 떨어진다. 그 후 *Taq* polymerase가 각 primer의 3′ 말단으로부터 합성을 시작하여 주형의 5′ 말단을 지나치도록 새로운 가닥을 합성한다. 세 번째 주기에서 증폭하고자 했던 길이의 이중가닥 DNA 분자가 2개 생성된다. 그 후의 주기에서는 primer가 결합하는 target 절편이 기하급수적으로 증폭되어 반응 혼합물의 다른 어느 DNA 보다 과량 존재하게 된다. 연속적인 PCR 주기는 DNA를 녹이는 높은 온도 후에 primer가 결합되고 가닥이 신장되는 적정한 온도로 변환되도록 자동화할 수 있다. 20회 주기면 target 서열을 100만 배 증폭시킬 수 있다.

PCR 과정은 95°C에서 DNA가 heat-denature (열-변성)되어 단일가닥이 되면서 시작된다. 다음에, target DNA segment (표적 DNA 단편)의 양쪽 3′ 말단에 상보적인 synthetic oligonucleotide (합성 올리고뉴클레오티드)를 과량 첨가하고 온도를 50–60°C로 낮춘다. 매우 높은 농도의 특이적인 oligonucleotide는 샘플 DNA의 상보적 서열과 결합하게 될 것이다. 반면에, 샘플 DNA의 긴 가닥들은 농도가 낮기 때문에 hybridization되지 않은 채 남아 있게 된다. 그런 후, *Thermus aquaticus* (온천에 사는 박테리아의 한 종류)에서 추출된 것과 같은 온도-저항 DNA polymerase가 dNTP를 활용하여 oligonucleotide를 primer로 사용하여 DNA 사슬을 합성한다. *Taq polymerase*라 불리는 이 효소는 95°C로 가열된 후에도 활성이 있는 상태로 존재할 수 있으며, 72°C에서 DNA를 합성할 수 있다. 합성이 완료되면, 총혼합 시료를 다시 95°C로 가열하여 새로이 형성된 DNA 이중가닥을 변성하여 다시 단일가닥으로 만든다. 그 후 다시 온도를 낮추어, 아직 남아 있는 primer에 의해 새로운 합성이 다시 시작되는 반복 주기가 이루어진다. 이러한 denaturation (변성, heating)과 hybridization (혼성 결합), synthesis (합성, cooling)가 반복되는 주기는 원하는 서열 부분을 빠르고 정확하게 증폭하게 해준다. 각 주기마다 primer 자리 사이에 존재하는 DNA 복사본은 2배로 늘어난다. 그러므로 원했던 부분의 DNA 양이 기하급수적으로 증가하게 되어 20주기를 지나면 약 100만 배 가량 증폭된 DNA를 얻게 된다. 반면에, 다른 부분의 DNA는 증폭되지 않아 원래 DNA 상태 그대로 남아 있게 된다.

유전체 DNA 중 특정 segment의 직접적인 분리 유전체 DNA에서 관심 있는 특정 부위의 DNA를 클로닝할 경우, 모든 genome 혹은 대부분의 genome 서열이 결정된 유기체에서는 유전체 DNA로부터 PCR로 직접 증폭하는 것이 가장 손쉬운 방법이다. 이러한 응용에서는, 원하는 genome 영역 측면에 위치한 서열에 hybridization되며, 또한 특정 제한효소 site를 포함하도록 2개의 oligonucleotide primer를 고안한다(그림 6-19). PCR primer로 유용한 oligonucleotide는 유전체 내에서 특이 서열에만 상보적하도록 약 20 nucleotide 정도가 되어야 한다. 20-nucleotide는 매 4^{20} ($\sim10^{12}$) nucleotide 마다 나타나게 되는데, 증폭을 원하는 부위 양 끝에 특이 서열을 갖는 20-nucleotide를 발견하는 것은 대체로 가능한 일이다.

약 20번의 PCR 주기를 통해 target 서열의 증폭 후에, primer에 고안되어 넣어 둔 자리에 해당하는 제한효소로 자르면, 접착성 end를 가

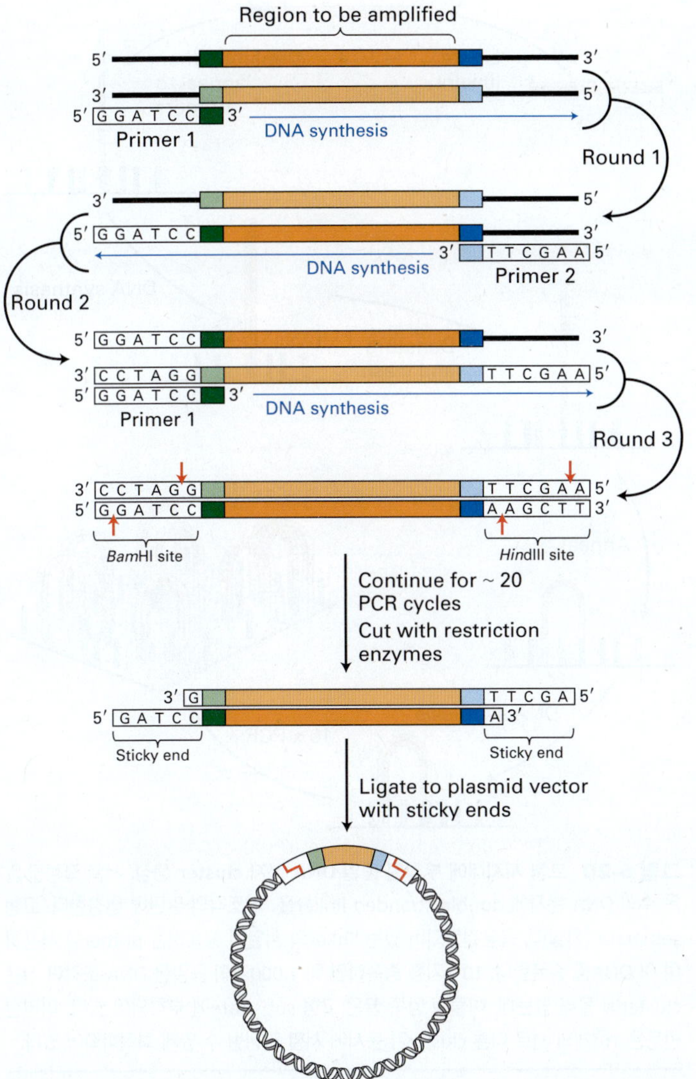

실험 그림 6-19 유전체 DNA에서 target 서열을 PCR로 증폭하여 클로닝할 수 있다. 각 primer는 target 서열에 상보적 서열을 포함하며 target 서열 안에 인식 서열이 없는 제한효소 자리를 포함하도록 제작한다. 본 예제에서 primer 1은 *Bam*HI 서열, primer 2는 *Hind*III 서열을 가지고 있다(설명을 위하여, 각 라운드에서 한쪽 가닥만 보여 주고 있다). 증폭 후 target 절편은 각 제한효소로 처리되어 접착성 말단을 가진 조각으로 전환된다. 이 조각은 적절한 방법을 통해 상보적 플라스미드 벡터에 삽입되어 *E. coli*에 클로닝된다(그림 6-14 참조).

진 조각이 되어 동일한 제한효소로 잘린 플라스미드 벡터에 효율적으로 연결될 수 있게 된다. 그 후, 이 재조합 플라스미드는 *E. coli* 세포에 클론된다. 정교한 PCR 증폭 방법을 활용하면 10 kb 이상의 DNA 조각도 증폭하여 클론할 수 있다.

이 방법은 유전체 DNA로부터 많은 수의 제한단편을 클로닝하지 않아도 되며, 뒤이어 일어나는 특정 조각을 선별하는 탐색 과정 또한 포함하지 않는다. 실제로 PCR 방법은 이러한 전통적인 접근 방법을 뒤집어, 전통적인 실험의 가장 지루한 부분을 피하게 해주었다. PCR 방법은 후에 언급되는 다양한 방법으로 조작될 유전자 서열을 분리하는 데 유용하게 사용된다. 이외에도, PCR 방법은 돌연변이 유기체로부터 유전자 서열을 분리하여 야생형과 어떻게 다른가를 결정하는 데 사용될 수 있다.

PCR 방법을 약간 변형하면, 세포의 mRNA로부터 특정 cDNA 서열 증폭이 가능하다. *Reverse transcriptase–PCR* (*RT-PCR*)로 알려져 있는 이 방법은 세포의 mRNA library로부터 cDNA를 분리하는 것과 동일한 과정(이미 언급한 것)을 거쳐 시작된다(그림 6-17 참조). 전형적으로 oilgo-dT primer가 mRNA의 3′ poly(A) tail에 hybridization되어 DNA 합성의 primer 역할을 하며 역전사 효소에 의해 첫 번째 가닥이 합성된다. 이 cDNA 복합물에서 연구하고자 하는 특정 cDNA를 분리하기 위해서는 대상 mRNA의 5′과 3′ 말단 서열에 상응하는 oligonucleotide primer를 이용해 cDNA 복합물을 주형으로 하여 PCR로 증폭한다. 앞에서 설명했듯이, primer에 제한효소 인식 자리를 포함하도록 고안하면 증폭된 cDNA를 플라스미드 벡터에 용이하게 삽입할 수 있다.

RT-PCR은 특정 세포 mRNA의 증폭하기 전의 양을 정확히 측정하는 데 활용되기도 한다. Quantitative RT-PCR (정량적 RT-PCR) 방법은 특정 mRNA가 증폭되는 것에 맞춰서 생성되는 이중가닥 DNA 서열의 양을 각 증폭 주기마다 결정하는 것이다. 이 만들어지는 양을 거꾸로 추정하여 mRNA의 초기 양을 측정하는 것이다. 조직이나 전체 유기체의 mRNA를 상대로 시행하는 정량적 RT-PCR은 특정 유전자의 발현 변화를 가장 정확하게 측정할 수 있다.

클론된 DNA 분자는 PCR을 이용한 방법으로 신속히 서열을 결정할 수 있다

클로닝한 DNA의 완벽한 규명을 위해서는 nucleotide 서열을 알아내는 것이 필요하다. DNA 조각의 서열을 결정하는 기술은 분자생물학 분야에서 가장 빠르게 개발이 이루어지고 있는 분야 중 하나이다. 1970년대에 F. Sanger와 그의 동료들은 chain termination procedure를 개발했는데, 이는 향후 30년 간 거의 모든 DNA sequencing (서열 결정, 씨퀀싱) 방법의 근간이 되었다. 이 방법의 기본 원리는 서열을 결정해야 할 DNA 조각으로부터 한쪽 끝이 표지가 되어 있는 daughter 가닥을 합성하는 것이다. 이때, 4개의 서로 다른 nucleotide 합성이 끝나는 다양한 길이의 새로운 DNA 가닥들을 합성하는 것이다. 합성이 끝난 daughter (딸) DNA 가닥 들을 gel electrophoresis (젤 전기영동)에 의해 분리하면 1개의 nucleotide 만큼씩 길이가 다른 가닥들이 분리가 되면서 각 가닥의 끝이 G, A, T, 또는 C로 끝나게 되어 원래 DNA 조각의 nucleotide 서열을 결정할 수 있게 된다. Sanger 방법은 점차 정교하게 되어 이제는 모든 과정이 자동화될 수 있다. 그러나 모든 새로운 DNA 서열은 개별적인 서열 결정 반응을 해야 하므로, 한 번에 실행할 수 있는 총 반응 수에 따라 DNA 서열이 생산되는 속도가 결정된다는 한계가 있다.

서열 결정 기계 한 대가 수억 개의 서열 결정 반응을 동시에 수행할 수 있도록 고안됨에 따라서 서열 결정 기술의 새로운 돌파구가 열렸다. 이 방법은 서열 결정 반응을 단단한 substrate (기질) 표면에 아주 작은 cluster로 집합하는 것이다. 이른바 *Next generation* sequencer가 상업적으로 판매되기 시작한 2007년 이래, 새로운 서열 생산 능력이 엄청나게 증가했으며, 그 후 매년 2배씩 증가하고 있다. 널리 사용되고 있는 한 방법에서는 수억 개의 서로 다른 DNA 가닥들의 말단에 double stranded linker (이중가닥 연결자)를 연결하여 서열 결정할 준비를 한다(그림 6-20). 그런 다음, DNA 조각들은 연결자 서열에 상응하는 primer를 활용하여 PCR로 증폭되는데, 이 primer는 단단한 substrate (기질 판)에 공유결합되어 있으므로, 그림 6-19에서 설명한 표준 PCR 증폭과는 다르다. 그러므로 PCR 증폭이 진행됨에 따라 각 daughter DNA 가닥의 한쪽 끝은 기질에 공유결합을 하게 되고, 증폭이 종료되면 ~1,000개의 동일한 PCR 산물이 cluster를 이루며 표면에 연결되어 있게 된다.

이 cluster들은 특별한 현미경에 의해 서열이 결정되는데, 이 현미경은 형광 표지된 deoxyribonucleotide (dNTP)들이 DNA polymerase에 의해 DNA 사슬로 한 번에 하나씩 추가될 때마다 영상화한다(그림 6-21). 우선 한 가닥은 잘려 씻겨 나가고 한 가닥만 남아 DNA 주형이 된다. 여기에 서열 결정 반응을 하게 되면 cluster에 있는 ~1,000개의 동일한 주형에서 한 번에 1개씩의 nucleotide가 서열 결정이 된다. 4개의 dNTP는 서로 다른 형광으로 표지되어 서열 결정 반응에 첨가된다. 새로운 primer로부터 이 표지된 dNTP를 활용하여 합성되면 기질의 이미지가 얻어지고 각 cluster의 색이 기록된다. 다음, 형광 표지는 화학적으로 제거되고 새로운 dNTP가 결합할 수 있는 조건이 된다. 이런 주기가 100회 쯤 반복됨으로써, ~100 nucleotide 서열이 수억 개 생산되는 것이다. 전체 과정이 진행되는 데 하루 정도면 가능하며, 약 10^{11} base를 기록할 수 있다.

유전체 DNA의 길고 연속된 부위나 또는 유기체의 전체 genome을 sequence하기 위해 보통 그림 6-22에 요약된 strategy (전략) 중 하나의 방법을 활용한다. 첫 번째 방법은 DNA 서열이 중복되는 DNA 클론을 수집하여야 한다. 먼저 이들 중 한 조각의 서열이 결정되면 이것을 바탕으로 oligonucleotide를 화학적으로 합성한다. 이 oligonucleotide는 인접하여 겹쳐진 조각의 서열 결정을 위한 polymerase 반응에 primer로 사용된다. 이런 방법으로, 길게 뻗은 DNA의 서열은 그것을 구성하는 서로 겹치는 클론된 DNA 조각의 서열 결정에 의해 점진적으로 결정된다. *Whole genome shotgun sequencing* (총유전체 산탄 염기서열 결정법)이라고 불리는 두 번째 방법은 전체 genome을 순서적으로 대표할 수 있는 DNA segment를 분리하는, 시간 소비가 막심한 과정을 우회한다. 이 방법은 단순히 유전체 library에 있는 클론을 무작위적으로 서열 결정하는 것이다. 평균적으로 genome의 특정 부분이 10번 정도 서열 결정될 정도로 많은 수의 클론을 선택한다. 이 정도의 서열 결정 범위라면 genome의 각 부분이 적어도 한 번은 서열 결정되는 정도이다. 중복되는 서열을 활용하여 모든 서열을 배열할 수 있는 컴퓨터 알고리즘을 이용하여 전체 유전체 서열을 배열할 수 있다. Whole genome shotgun sequencing은 긴 DNA를 가장 빠르고 경제적으로 서열 결정할 수 있는 방법으로 사람 genome을 포함하는 대부분의 genome이 이 방법으로 서열 결정되었다.

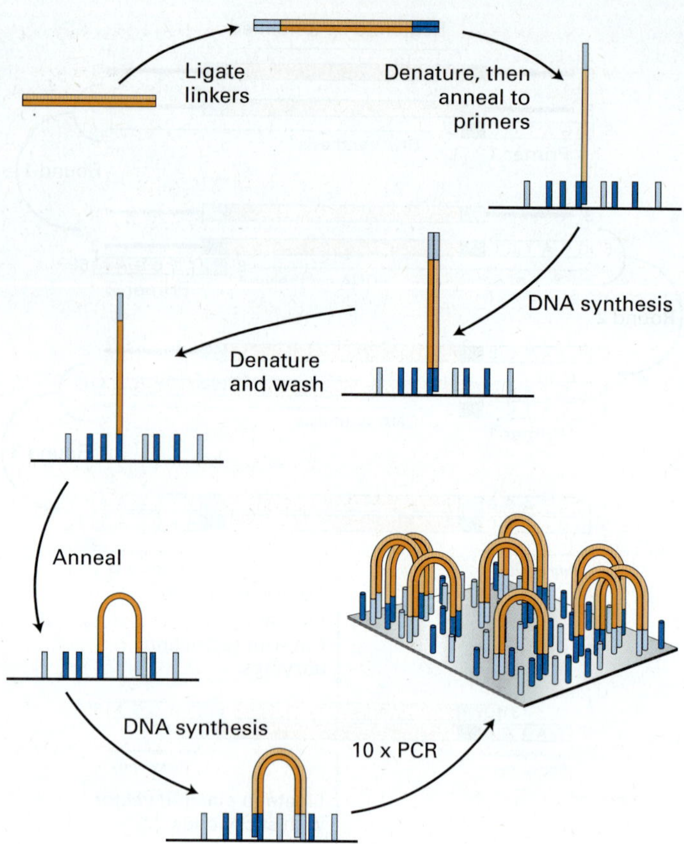

그림 6-20 고형 지지대에 부착된 동일 DNA 분자 cluster 생성. 서열 결정될 많은 수의 DNA 분자에 double stranded linker를 각 조각의 말단에 연결한다. 고형 substrate (기질)에 공유결합되어 있는 linker의 서열에 상응하는 primer를 사용하여 이 DNA를 증폭한다. 10주기를 증폭하면 약 1,000개의 동일한 DNA 조각이 작은 cluster에 몰려 있는데, 이들의 양쪽 끝은 고형 substrate에 부착되어 있다. 이러한 반응은 10^9개의 서로 다른 cluster가 동시에 서열 결정될 수 있게 최적화되어 있다.

6.2절의 중요 개념

DNA 클로닝과 성질 규명

- DNA 클로닝에서, 재조합 DNA 분자는 *in vitro* (시험관)에서 DNA 조각을 벡터 DNA 분자에 삽입하여 만들어진다. 그 후, 재조합 DNA 분자는 숙주 세포에 유입되어 그 안에서 복제를 통해 많은 수의 재조합 DNA 분자를 생산한다.
- 제한효소(endonuclease)는 전형적으로 특정 4–8-bp의 palindrome sequence (회문 서열)를 인식하여 잘라서, 정확한 조각을 만든다. 이 조각은 종종 자가 상보적인(self-complementary) 단일가닥 꼬리(sticky end)를 갖고 있다.
- 상보적 end를 가진 2개의 제한단편은 DNA 연결효소로 연결하여 재조합 DNA를 만든다(그림 6-12 참조).
- *E. coli* 클로닝 벡터 (플라스미드)는 다음 세 가지를 포함하는 작은 원형 DNA 분자이다: 복제 기점, drug-resistance 유전자, DNA 조각

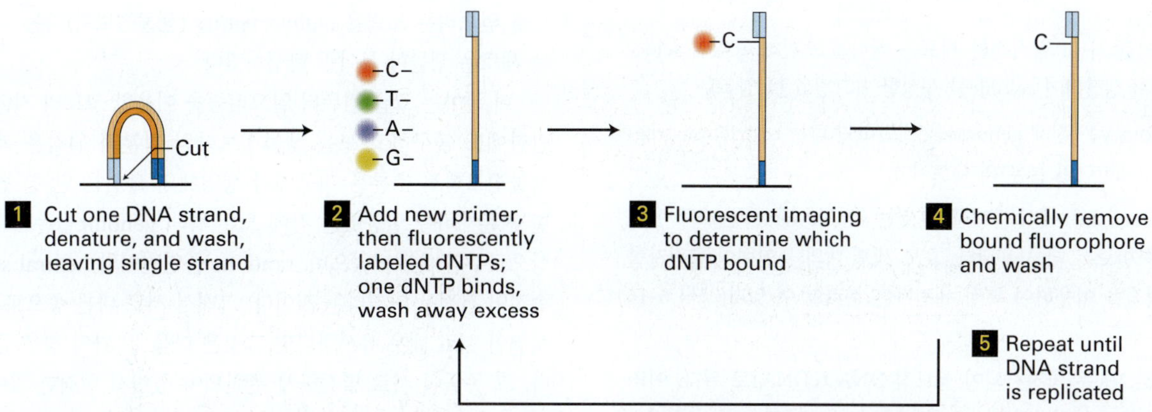

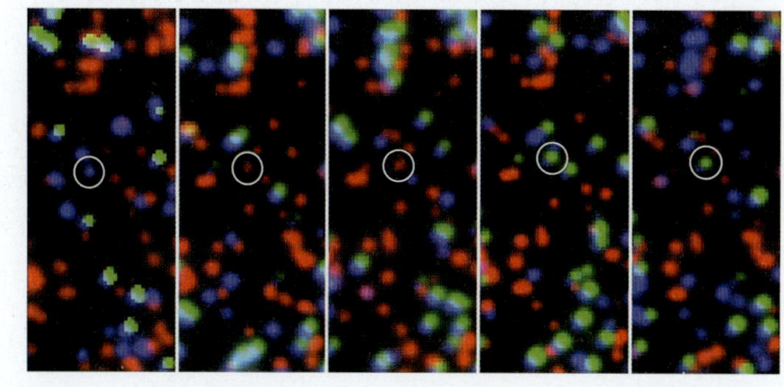

실험 그림 6-21 서열 결정에 Fluorescent-tagged deoxyribonucle-otide triphosphate 이용. (a) The reaction begins with the cleaving of one strand of the amplified, clustered DNA (그림 6-20 참조). 반응의 첫 번째 단계는 clustered DNA의 한쪽 가닥을 자르는 것이다. 변성 후에는 한쪽 가닥만이 flow 세포에 부착되어 있다. 합성된 oligodeoxynucleotide가 중합 반응의 primer로 사용된다. 이 반응에는 서로 다른 색으로 형광 표지된 4개의 dNTP가 포함되어 있다. 형광 표식은 dNTP의 3′ OH를 봉쇄하도록 고안되어 있어 형광 dNTP가 삽입되면 더 이상 중합이 일어나지 않는다. DNA polymerase가 동일한 형광 dNTP를 cluster에 있는 ~1,000개의 모든 DNA 복사본에 삽입시키므로 전체 cluster가 균일하게 동일한 형광색으로 표지될 것이다. 이 색을 특별한 현미경이 이미지화한다. (b) 같은 시야의 5개 이미지들 각각은 개개의 dNTP 삽입에 해당한다. 색깔이 서로 다른 점들은 각각 한 cluster의 동일한 DNA 조각들을 나타낸다. 모든 cluster의 형광색이 이미지화되면 화학 반응에 의해 형광 표식이 제거되고, primer의 새로운 말단이 다음 주기의 새로운 형광 dNTP와 반응할 수 있게 된다. 둥근 색점에서 보이는 바와 같이, 어떤 nucleotide가 DNA 조각들에 삽입되는 가에 따라 각 반응 주기마다 색이 변화한다. 전형적인 시퀀싱 반응은 100회의 중합 주기가 반복되어 각 cluster당 100 base의 서열이 결정될 수 있다. 그러므로 이런 유형의 서열 결정 반응은 약 이틀 만에 3×10^{11} 염기의 서열을 생산할 수 있다. [Part (b) A. Loehr and A. W. Zaranek for the Harvard Personal Genome Project.]

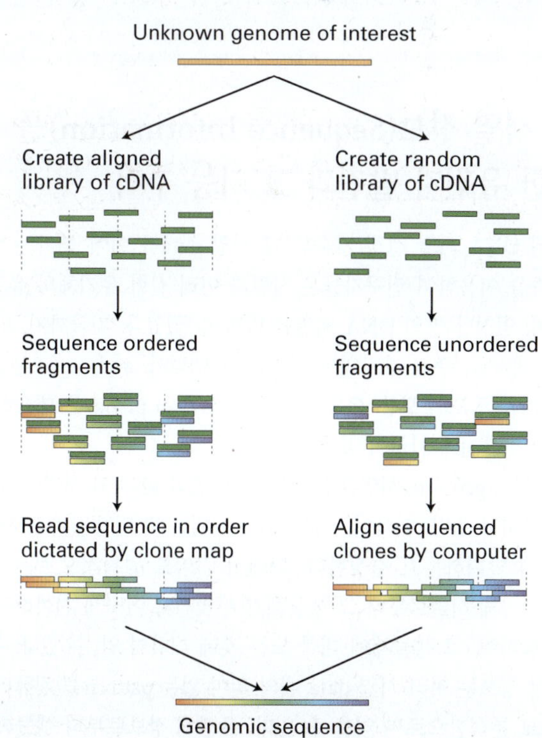

실험 그림 6-22 전체 genome 서열을 집합하여 정리하는 두 가지 방법. 한 가지 방법(왼쪽)은 genome 전체를 포함하는 클로닝된 DNA segment 세트를 분리하고 조립하는 것에 의존한다. 이것은 클론된 segment를 hybridization 또는 restriction-site map과의 비교를 통해 일치되는지 검증하여 조립할 수 있다. 배열된 클론들의 DNA 서열을 연결하여 전체 유전체 서열을 결정할 수 있다. 또 다른 방법(오른쪽)은 자동화로 DNA 서열 결정이 좀 더 손쉬워졌으며, library에 속한 클론된 DNA들의 순서를 결정짓는 어려운 단계를 우회한다. 충분한 수의 library 클론들을 무작위적으로 서열 결정하여 genome의 각 segment가 3~10번 정도 서열 결정되면 많은 수의 서열 조각을 컴퓨터가 배열하여 genome 서열을 재구성할 수 있다.

이 끼어 들어갈 자리. 형질전환 세포는 벡터를 포함하고 있어 selection 배지에서 생장하여 colonie를 형성한다(그림 6-14 참조).

- 유전체 library는 전체 genome을 절단하여 만든 restriction fragment clone (제한단편 클론)의 세트이다.
- 효모와 *E. coli* 모두에서 복제될 수 있는 shuttle vector는 효모 유전체 library를 만드는 데 사용된다. 효모 세포 내의 돌연변이 유전자를 상보하는 성질을 이용하여 특정 유전자를 분리할 수 있다(그림 6-16 참조).
- 발현된 mRNA는 역전사되어 상보적 DNA (cDNA)로 된다. 여러 가지 반응을 통해 단일가닥 cDNA를 이중가닥 DNA로 만들어 플라스미드 벡터와 연결하는 것이 cDNA 클로닝이다(그림 6-17 참조).
- Polymerase chain reaction (PCR)은 증폭하고자 하는 영역에 인접한 측면의 (flanking) 서열을 이용하여 원하는 서열을 단일 DNA molecule로부터 기하급수적으로 많은 수로 증폭하게 한다(그림 6-19 참조).
- PCR은 특정 유전체 DNA sequence나 cDNA 증폭뿐만 아니라 transposable element와 측면의 염색체 상 서열 사이의 junction sequence를 증폭하도록 프로그램이 가능하여 매우 다재다능하게 쓰인다.
- 약 100 nucleotide 길이의 DNA 조각은 PCR로 증폭하여 동일 분자 cluster를 만들고 DNA polymerase에 의해 형광표지된 dNTP가 추가되면서 그 이미지를 인지하여 서열 결정된다(그림 6-20, 6-21 참조).
- genome 서열은 유전체 library 내의 많은 수의 중복 클론의 서열로부터 조립하여 결정할 수 있다(그림 6-22 참조).

6.3 서열 정보(Sequence Information)를 이용한 유전자 발견과 그 기능 추적

자동화된 DNA 서열 결정 기술과 그 서열 data를 이어 붙이는 컴퓨터 알고리즘을 이용하여 연구자들은 사람과 여러 실험 유기체의 유전체를 포함하여, 엄청난 양의 DNA 서열을 밝힐 수 있었다. 지금까지, 모든 주요 모델 생물들, 수천 가지의 바이러스, 박테리아, archea (고세균), 그리고 35가지 정도의 모든 후생동물 문(metazoan phyla)을 대표하는 진핵생물들의 유전체 서열이 알려져 있다.

생물체의 genome 서열은 그 모든 단백질과 RNA의 서열에 대한 정보를 포함하고 있다. 더욱이, regulatory 서열은 각 단백질과 RNA가 언제 어디서 발현하는지 결정한다. 그래서 적어도 원칙적으로는 제대로 얻어진 유전체 서열로부터 그 생물체가 무엇인지 어떻게 진화하여 왔는지를 포함하여, 그 생물체에 대한 모든 것에 대하여 알 수 있다. 유용한 생물학적 정보는 여러 서열 data 내의 의미 있는 pattern을 컴퓨터를 이용해 비교 분석함으로써 얻을 수 있다. 유전체 정보로부터 생물학적 정보를 얻으려는 노력은 *bioinformatics* (생물정보학)라는 엄청난 힘을 갖는 새로운 생물학 분야를 탄생시켰다.

이 분야는 고급 컴퓨터 알고리즘을 이용한 고도의 기술적 응용에 기반함에도 불구하고 모든 생물정보학의 기본적 원칙은 복잡하지 않다. 생물정보학적 추론은 지구에서 생명체의 출현은 단 한 번 이루어졌고, 현재 존재하든 멸종했든 간에 모든 종의 genome들은 그 단 하나의 조상으로부터 유래되었으며, random 돌연변이와 natural selection의 지속적인 과정을 거쳤다는 것이다. 그래서 서로 다른 종으로부터 온 2개의 서열이 서로 매우 유사하다면 그것은 다음 두 가지 경우 중 하나일 것이다. 그 종들이 서로 밀접하게 관련되어 있어서 현격한 차이가 보일만큼 돌연변이들이 축적될 만한 시간이 흐르지 않았거나, 해당 서열이 매우 중요한 기능을 갖고 있어서 그 mutational variation들은 natural selection에 의해 진화 과정에서 점진적으로 제거된 경우이다. 이 후자의 경우를 **conservation (보존)**이라고 하고, 어떤 특정 서열이 변화하지 않고 진화적으로 볼 때 서로 멀리 떨어진, 즉 다른 대부분의 서열들은 많은 돌연변이들을 축적하여 서로 다르게 되어 버린 유기체들에게 남겨졌다면, 우리는 해당 서열이 conserved하다라고 말한다. 대부분의 생물정보학 추론은 다음과 같은 대전제를 따른다: 어떤 서열이 *distantly-related organism* (멀리 관련된 유기체)들 사이에서 *conservation*을 보이면 보일수록, 그 기능은 더 중요할 것이다.

이 절에서는 먼저 단백질을 암호화하는 유전자를 어떻게 유전체 서열에서 발견하는지를 살펴본다. 그 다음, 단백질들 사이의 기능적 진화적 관계를 어떻게 연구하는지도 알아본다. 마지막으로, 유기체의 복잡성과 그 유기체가 갖고 있는 단백질-암호화 유전자들의 수와 어떤 관련이 있는지 알아본다.

대부분의 유전자는 유전체 DNA 서열 안에서 쉽게 발견된다

유기체의 완전한 genome 서열은 해당 유기체의 세포들에 의하여 만들어지는 모든 단백질의 서열을 읽어내는 데 필요한 정보를 모두 갖고 있다. 원핵생물과 진핵생물의 단백질 서열을 읽기 위해 서로 다른 전략을 사용한다. 원핵생물의 genome에서는 단백질-암호화 서열이 인트론에 의해서 끊어지지 않고 연속적으로 reading frame을 형성한다. 그래서 단순히 **open reading frame (ORF, 오픈 리딩 프레임)**들을 찾는 것으로써 대부분의 단백질-암호화 서열을 찾을 수 있다. ORF는 stop codon (종결 코돈)을 포함하지 않는 triplet codon들의 연속적인 서열로 정의된다.

아미노산으로 전혀 번역되지 않는 ORF가 있기도 한다. ORF가 몇 개의 코돈을 갖고 있어야 유전자의 일부라고 여길 수 있을까? 이 수는 non-stop codon (비-종결 코돈)이 by chance (우연히)로 나타나는 확률을 이용하여 계산해 볼 수 있다. Random 서열에서 non-stop codon이 나타날 확률은 61/64, 즉 종결 코돈을 제외한 코돈의 수를 가능한 모든 코돈의 수로 나눈 것이다. n개 코돈 갖고 있는 ORF를 포함하는 random 서열이 나타날 확률은 $(61/64)^n$이며, 이는 종결 코돈이 n번에 걸쳐서 연속적으로 나타나지 않을 joint probability와 같다. 원핵생물 단백질의 평균 길이는 약 300 아미노산이고, 이 길이의 ORF가 우연히 나타날 확률을 계산하면 5.6×10^{-7}이다. 따라서 이 길이를 갖는 ORF가 4×10^{6} base pair를 갖는 박테리아의 전체 genome에서 단 1개도 나타나기 어렵다는 것을 알 수 있다. 사실상, 원핵생물 유전자는 약 100 코돈 이상의 ORF들을 search (검색)함으로써 쉽게 찾을 수 있다.

ORF 분석은 박테리아와 인트론을 많이 갖고 있지 않은 *S. cerevisiae* 처럼, 단순한 진핵생물들이 갖고 있는 유전자의 90% 이상을 찾아낼 수 있다. 그러나 이 방법은 가장 짧은 유전자들을 놓칠 수 있고, 종종 유전자가 아닌 긴 ORF가 떠오르기도 한다. 좀 더 정교한 분석 방법과 유전자 기능에 대한 유전학적 검사를 동원하면 이러한 오류를 수정할 수 있다. 이러한 방법으로 알아낸 유전자들의 절반 가량은 돌연변이 표현형처럼 그 기능적 영역이 이미 알려진 것들이다. 나머지 putative (추정) 유전자들이 암호화하는 단백질들의 기능은 다른 유기체에서 알려진 단백질들과의 서열 similarity (유사성)에 기반하여 그 기능이 추론된다.

더 복잡한 genome 구조를 갖고 있는 유기체에서 유전자를 찾아내려면 더 정교한 알고리즘을 사용해야 한다. 고등생물에서 유전자를 찾기 위하여 ORF를 훑어보는 것은 좋은 방법이 아니다. 왜냐하면, 대부분의 암호화 서열은 여러 개의 비-암호화 인트론에 의해 끊어져 있고(사람의 경우, 평균적으로 유전자 1개당 9개의 인트론이 있음), 엑손들에 의하여 형성된 비교적 짧은 ORF들은 genome에서 우연히 나타나는 많은 짧은 ORF와 구별하기 어렵기 때문이다. 유전체 DNA의 전형적인 유전자 크기를 갖고 있는 부분에서 평균 exon 길이보다 더 긴 수천 개의 가짜 ORF가 있을 것으로 추정된다. 진핵생물 유전자를 찾는 더 믿을만한 방법은 단순히 ORF를 찾는 것보다, 암호화를 가정한 아미노산 서열을 추적하는 것이다. 컴퓨터를 이용하면, 특정 유전체 서열의 모든 ORF를 가상적으로 translation (번역)하여 얻어진 수천 개에 달하는 모든 peptide 서열을 얻을 수 있다. 이 peptide 서열을 전체 단백질 서열 데이터베이스와 하나하나 비교하여 알려진 단백질 family와 유의미한 match를 하는지 살필 수 있다. 같은 DNA 지역에서 여러 개의 짧은 ORF가 알려진 단백질의 연이은 segment와 유사성을 보인다면, 그 ORF set는 한 사람 유전자의 한 세트의 exon이라는 증거가 될 수 있다.

유전자를 찾는 가장 좋은 알고리즘은 특정 유전체 자리에 존재하는 유전자의 존재를 제시할 수 있는 모든 가용한 데이터를 합친다. 이들 데이터는 검토 중인 서열을 full-length cDNA, 혹은 *expressed sequence tag* (*EST*, **발현된 서열 인식표**)라고 알려진 200–400 bp 정도의 partial cDNA 서열과 맞추어 본 alignment들, 엑손, 인트론 스플라이스 자리 서열 모델에 맞춰보기 그리고 다른 유기체들의 유전자와의 유사성 등을 포함한다. 컴퓨터-기반 생물정보학 방법(Computer-based bioinformatic method)을 이용하여 computational biologists (계산 생물학자)는 인간 genome에서 21,000개의 단백질-암호화 유전자를 식별했다.

인간 유전자를 식별하는 데 특히 강력한 방법은 사람 genome 서열을 다른 포유류들과 비교하는 것이다. 사람과 쥐는 대부분의 공통된 유전자를 갖고 있을 정도로 가깝게 관련되어 있다. 그러나 intron과 유전자와 유전자 사이 부위들과 같이 전반적으로 기능이 없는 DNA 서열은 매우 다른 편인데, 그 이유는 이들 지역이 selective pressure를 강하게 받지 않았기 때문이다. exon의 보존된 암호화 서열뿐만 아니라, intron-splice site 혹은 전사-조절 부위와 같이 유전자 구조와 기능에 중요한 부분들이 사람과 쥐의 genome에서 보존되어 있는 것을 알 수 있다.

Bioinformatic Principle은 돌연변이의 Functional Consequence를 추론하는 데 사용될 수 있다

유전자를 파악하면, 그 돌연변이 유전자와 야생형 유전자의 서열을 비교함으로써 그 돌연변이가 유전자 산물에 어떤 영향을 미칠 것인지를 추론할 수 있다. 유전자의 암호화 서열을 변화시키는 돌연변이들은 발현된 단백질의 기능에 대한 insight를 제공한다. 가장 심각한 변화를 주는 돌연변이는 이른 stop codon (*nonsense* mutation)을 만들거나, 염기를 추가하거나 없앰으로써 유전자의 reading frame을 변화시키는 것이다(*framshift* mutation). Nonsense 돌연변이와 frameshift 돌연변이는 거의 항상 유전자 기능을 완전히 없애버리기 때문에, 종종 *null allele* (삭제 대립유전자)라고 간주된다. Point 돌연변이는 한 아미노산을 다른 아미노산으로 치환(*missense* mutation)하는 결과를 갖고 오는데, 이는 유전자 기능에 엄청난 영향을 미칠 수도 있고, 전혀 영향을 미치지 않을 수도 있다. 유전자 내 기능적으로 중요한 부분의 보존은 주어진 missense 돌연변이의 효과가 얼마나 심각한지에 대한 추론을 할 수 있게 한다. 예를 들면, missense 돌연변이가 아주 잘 보존된 아미노산을 화학적으로 비슷하지 않은 다른 아미노산으로 바꾸었다면, 해당 단백질의 기능에 큰 영향을 줄 수 있다. 반면, 비-보존 아미노산의 경우에는 그 영향이 미미하거나 거의 없을 것이다. 한 코돈을 같은 아미노산을 암호화하는 다른 코돈으로 바꾸는 점 돌연변이는 유전자 기능에 거의 아무런 영향을 미치지 않으므로, *silent* 돌연변이라고 여겨진다.

고등 진핵생물에서는 암호화 부위가 아닌 곳에서 일어난 점 돌연변이가 표현형에 큰 영향을 미치는 경우는 매우 드물다. 이는 promoter (프로모터) 서열이나 splice site가 유전자 기능에 중요하지 않다는 것이 아니라, 이러한 cis-acting 서열들의 기능은 대체로 여러 nucleotide 잔기들에 의하여 중복적으로 이루어지기 때문에 단일 point 돌연변이가 큰 문제를 일으키지 않는 것이다. 유전자-암호화 서열이 아닌 곳에서 일어난 점 돌연변이가 유전자 기능에 가시적인 영향을 주는 경우는 대부분 pre-mRNA splicing을 방해하는 경우이고, 이들 돌연변이는 종종 pre-mRNA splice site를 올바르게 찾는 데 중요한 역할을 하는 매우 conserved 잔기에서 일어난 경우이다.

유전자와 단백질의 기능과 Evolutionary 기점은 Sequence로부터 추론될 수 있다

3장에서 고찰한 바와 같이, 비슷한 기능을 하는 단백질들은 3차 구조 상에서 중요한 기능적 domain에 해당하는 아미노산 서열이 서로 비슷한 경우가 많다. 알려진 기능을 갖는 단백질의 서열을 토대로 새로 클론된 유전자에 의해서 암호화된 단백질의 아미노산을 비교함으로써 단백질의 기능에 단서를 제공하는 서열 유사성을 알아보게 된다. 유전 암호는 degenerate (축퇴)되어 있기 때문에, 관련된 단백질들은 예외 없이 해당 유전자들보다 더 높은 서열 보존을 보인다. 이러한 이유로, 유전자 서열보다 단백질 서열을 비교하게 된다.

이러한 목적으로 가장 널리 사용되는 computer program이 바로 BLAST (*b*asic *l*ocal *a*lignment *s*earch *t*ool)이다. BLAST 알고리즘은 검사하고자 하는 단백질 서열(query sequence라고 함)을 여러 분절로 나눈 후 모든 서열이 보관된 database에서 significant match를 보이는 부분을 search한다. 이 matching program은 동일하게 match한 아미노산에 높은 점수를 부여하고, 동일하지는 않지만 관련 있는(예를 들어, hydrophobic, polar, positively charged, negatively charged) 아미노산에 대하여 낮은 점수를 준다. 주어진 부분에 significant match가 발견되면, BLAST 알고리즘은 유사성을 보이는 지역을 그 근처에서 넓혀나간다. Searching이 끝나면, 프로그램은 query 단백질과 여러 알려진 단백질들 사이에서의 match에 대하여 *p-value*에 따라 순위를 매긴다. 이 parameter는 두 단백질 서열 사이의 유사성 정도를 우연히 발견할 확률을 측정한 것이다. *p*-value가 낮을수록, 두 서열 사이의 유사성은 크다. *p*-value가 대략 10^{-3} 보다 낮은 경우, 두 단백질은 common ancestor를 통계적으로 유의한 증거라고 간주한다. BLAST으로 감지되는 것보다 더 멀리 연관된 단백질들 사이의 유사성을 알아낼 수 있는 많은 비슷한 computer program이 개발되었다. 이러한 방법들을 개발하는 것이 현재 생물정보학 연구 분야에서 활발하게 일어나고 있다.

이러한 서열-comparision 접근 방식의 힘을 설명하기 위하여, 인간 유전자 *NF1*을 살펴보자. *NF1*에 일어난 돌연변이는 유전되는 질환인 neurofibromatosis 1 (제1형 신경섬유종)과 연관되어 있다. 이 병은 여러 개의 종양이 말초 신경계에서 일어나면서 피부에 커다랗게 돌출된 부분을 형성한다. *NF1*의 cDNA 클론을 분리하여 sequence한 후, NF1 단백질의 서열을 유추해 내었고, 이를 GenBank에 있는 다른 단백질 서열과 비교하였다. NF1의 한 부분이 효모의 *Ira*라고 불리우는 단백질과 한 부분과 상당한 homology를 보인다는 것이 발견되었다(그림 6-23). 그 이전 연구들은 Ira가 Ras라고 불리우는 단일체 G 단백질의 GTPase 활성을 조절하는 GTPase-activating 단백질(GAP)이라는 사실을 알려주고 있었다(그림 3-35 참조). 그들의 상동성은 NF1이 Ras 활성을 조절할 수 있다는 것을 제시한다. 제16장에서 자세히 다루고 있는 바와 같이, GAP과 Ras 단백질은 보통 근처 세포로부터 온 신호에 반응하면서 세포 복제와 분화를 조절한다. 클론된 야생형 유전자를 발현하여 얻은 정상 NF1 단백질의 기능 연구는 확실히 Ras 활성을 조절하는 것을 보여준다. 이러한 발견들은 neurofibromatosis 환자가 NF1 돌연변이 단백질을 말초 신경계의 세포들에서 발현하여 Ras를 통한 signal이 비정상적으로 높다는 것을 시사한다. 이러한 증강된 signal이 지나친 세포 분열을 일으키고 tumor를 형성하는 등의 병증을 이끌어낸다.

심지어 BLAST 알고리즘이 전체적으로 유사성을 찾아내지 못하더라도, query 서열은 중요한 기능이 알려진 단백질의 짧은 서열을 갖고 있는 경우가 있다. **Structural motif**라고 불리는 이 짧은 부분은 다른 많은 단백질에서도 찾아볼 수 있다. 몇 종류는 3장에서 다루고 있으며, 그림 3-7에 설명되어 있다. 이러한 motif를 새로운 단백질에서 찾아보기 위해, 연구자들은 query 단백질 서열을 알려진 motif 서열을 담은 database와 비교한다.

Different Species에서 Related Sequence를 비교하는 것은 단백질들의 Evolutionary Relationship에 대한 단서를 제공한다

연관된 단백질 서열을 검색하는 BLAST 탐색은 단백질이 연관된 유기체들 사이에서 서로 공유하고 있는 단백질 family에 속하는 단백질을 찾아낼 수 있다. 예를 들어, cytoskeleton의 주요 구성원인 microtubule의 기본 subunit인 *tubulin* 단백질을 생각해 보자(18장 참조). 그림 6-24a에서 간단히 보여주는 바와 같이, 최초의 진핵세포는 단일 tubulin 유전자를 갖고 있는 것으로 보이고, 이 유전자가 진화상 초기에 duplicated되었다. 원본 tubulin 유전자 2개의 copy는 점진적으로 서열에 차이를 보이게 되었고, α-와 β-tubulin의 조상이 된다. 다른 종들이 이들 초기 진핵 세포들로부터 갈라져 나오면서, 유전자 서열은 더욱 변이를 보이게 되었고, 현재 각 종에서 발견되는 서로 약간 다른 α-와 β-tubulin을 탄생시키게 된다.

모든 tubulin family에 속한 유전자와 단백질들의 서열은 서로 유사하다는 것은 그들 모두 같은 조상으로부터 유래되었다는 것을 의미한다. 그래서 이 모든 서열을 *homologous*하다고 여긴다. 좀 더 자세히 보면, 유전자 duplication의 결과로 갈려 나온 서열(예를 들면, α-와 β-tubulin sequences)들을 *paralogous*하다고 표현한다. Speciation (종분화) 때문에 일어난 서열(예를 들면, 서로 다른 종의 α-tubulin 유전자)은 *orthologous*하다고 표현한다. 오늘날에는 그림 6-24b에서 보는 바와 같이, 서로 다른 유기체에서 나타나는 tubulin들의 서열 relatedness의 정도로부터 진화적 관계를 추측할 수 있다. 세 가지 서열 relationship 중, orthologous sequence들이 같은 기능을 공유할 가능성이 가장 높다.

유기체의 Biological Complexity는 그 genome의 단백질-암호화 유전자의 수와 무관하다

유전체 서열 결정과 유전자를 발견하는 컴퓨터 알고리즘 복합적으로 이용한 결과, 매우 다양한 유기체의 완전한 단백질-암호화 유전자 목록을 갖출 수 있게 되었다. 그림 6-25는 genome의 서열이 완전히 알려진 몇몇 진핵생물의 단백질-암호화 유전자의 총수를 보여준다. 이들 중 약 절반 가량의 기능들은 이미 알려져 있거나 서열 comparision에 기반하여 예측할 수 있다. 한 가지 놀라운 점은 서로 다른 유기체 안의 단백질-암호화 유전자의 수가 그 유기체에 대하여 직관적으로 느껴지는 biological complexity와 비례적이지 않다는 것이다. 예를 들면, 선충인 *C. elegans*는 보다 더 복잡한 body plan과 behavior를 보이는 초파리 *Drosophila*보다 분명히 더 많은 유전자를 갖고 있다. 그리고 인간은 *C.*

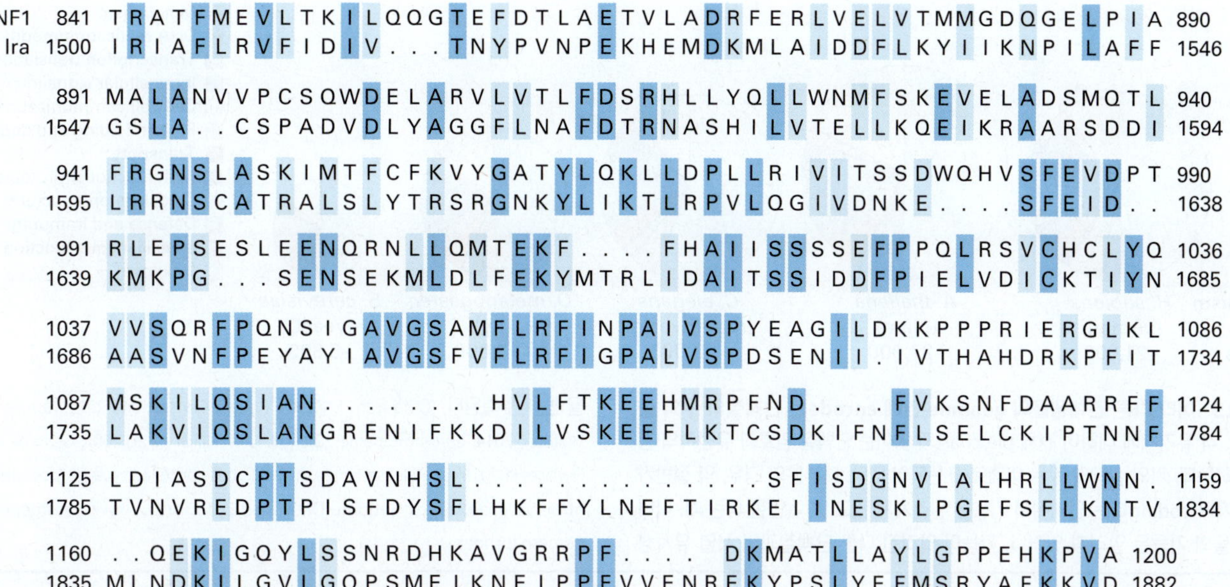

그림 6-23 사람 NF1 단백질과 *S. cerevisiae* Ira 단백질의 유의미한 서열 유사성을 보이는 지역을 비교함. 한 글자 아미노산 코드(그림 2-14 참조)로 표현된 NF1과 Ira 단백질의 서열들이 위 아래 두 줄로 나란히 정렬되어 있다. 두 단백질에서 동일한 아미노산들은 짙은 파란색으로 하이라이트되어 있다. 동일하지는 않지만 화학적으로 유사한 아미노산들은 연한 파란색으로 표시되어 있다. 검은색 점들은 서로 homologous한 아미노산들 두 서열 사이의 BLAST *p*-value는 10^{-28}이며, 이는 매우 높은 similarity (유사성)를 나타낸다. [Data from G. Xu et al., 1990, *Cell* **62**:599.]

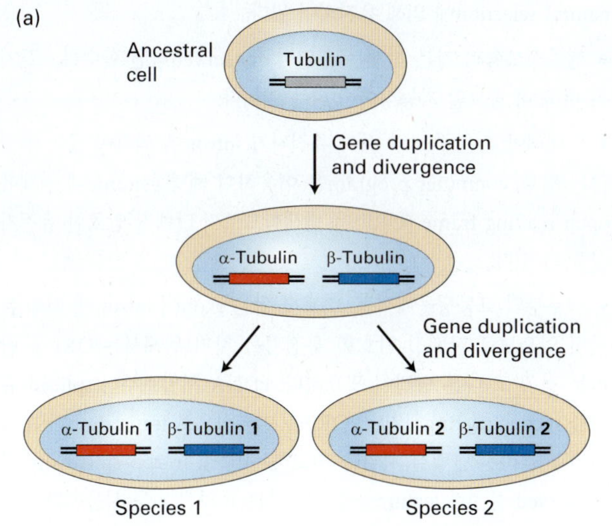

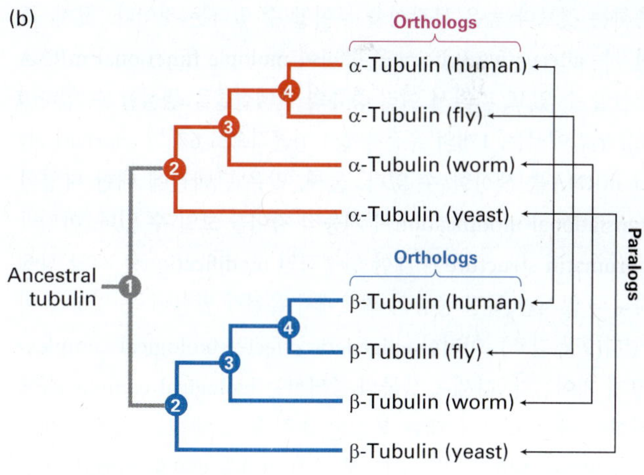

그림 6-24 진핵생물의 진화 과정 중 나타난 다양한 tubulin 서열들. (a) 현존하는 종들에서 발견되는 tubulin 유전자들을 탄생시킨 것으로 보이는 매커니즘. 서로 다른 종들(예, 사람과 효모)로부터 온 α-tubulin 서열들의 유사성이 한 종 내의 α-tubulin과 β-tubulin들 사이의 유사성보다 더 크기 때문에 종 분화 이전에 gene-duplication이 일어났다고 추론된다. (b) Tubulin 서열들 사이의 관계를 나타내는 phylogenetic tree. 번호로 표시된 branch point (node)는 두 서열이 갈라져 나오는 시점에서의 조상 유전자를 표시한다. 예를 들어, 1번 node는 α-tubulin과 β-tubulin family들을 탄생시킨 duplication event를 의미하고, 2번 node는 다른 종들로부터 효모가 특화된 사건을 표시한다. 중괄호와 화살표는 각각 종분화의 결과로 생성된 orthologous tubulin 유전자와 유전자 duplication에 의해서 생성된 paralogous tubulin 유전자들을 표시한다. 초파리, 선충과 사람들은 후에 일어난 유전자 dupulication event들의 결과에 의해 여러 개의 α-tubulin과 β-tubulin 유전자들을 갖고 있다는 것이 표시되지 않은 이 diagram은 어느 정도 간략화된 것이다.

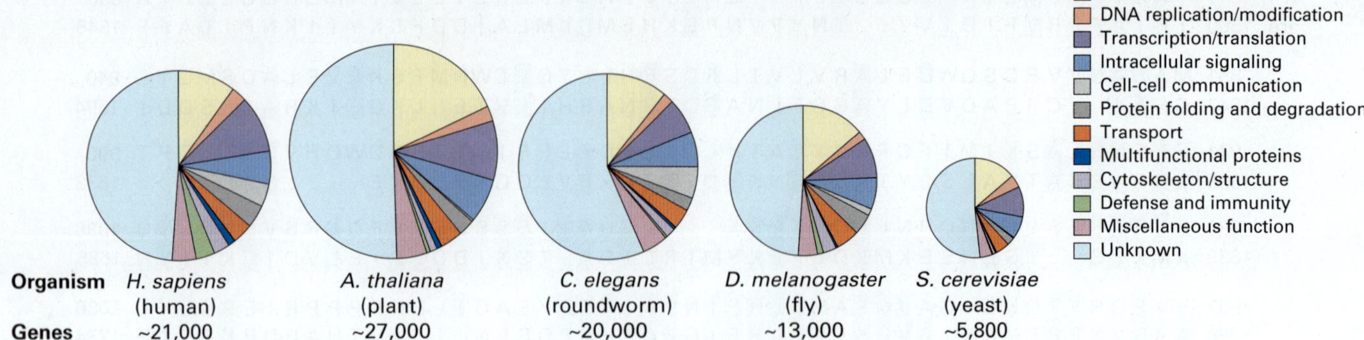

그림 6-25 여러 다른 진핵생물의 genome 안에 encode된 단백질의 수와 종류의 비교. 각 유기체에 대하여 전체 pie chart의 넓이는 단백질 암호화 유전자의 총 수를 의미하는데, 거의 실제와 같은 비례로 표현되어 있다. 대부분의 경우, 약 절반가량의 유전자가 coding하는 단백질의 기능은 알려지지 않고 있다(연한 파란색). 나머지 유전자들의 기능은 알려져 있거나, 기능이 알려진 다른 단백질과의 서열 유사성을 통해 추측된다. [Data from ENCODE Project Consortium, 2012, *Nature* **489**:57; J. D. Hollister, 2014, *Chromosome Res.* **22**:103; L. W. Hillier et al., 2005, *Genome Res.* **15**:1651; FlyBase: FB2015_02 Release Notes, http://flybase.org/static_pages/docs/release_notes.html; Saccharomyces Genome Data Base 2015, http://www.yeastgenome.org/genomesnapshot.]

elegans 보다 겨우 5% 정도 많은 단백질-암호화 유전자를 갖고 있을 뿐이다. 인간이 간단한 선충보다 아주 조금 더 복잡한 genome을 갖고 있다는 것이 알려지자, 단백질 수가 조금 증가한 것이 어떻게 그토록 엄청난 복잡성 차이를 만들어내는지 이해하기 어려웠다.

서로 다른 유기체의 genome 안에 존재하는 단백질-암호화 유전자의 수에 대한 단순한 양적 차이는 biological complexity의 차이를 설명하는 데 적당하지 않다는 것은 분명하다. 그러나 몇 가지 다른 현상은 고등생물에서 발현하는 단백질들에게 단순한 genome의 complexity에서 예측하는 것보다 높은 복잡성을 부여할 수 있다는 것이다. 첫째, 특정 유전자는 alternative splicing을 통하여 multiple functional mRNA들을 생산할 수 있고, 따라서 여러 종류의 단백질들을 생성할 수 있다(9장 참조). 인간에서는, 1개의 유전자에서 평균적으로 6개의 alternatively spliced mRNA를 생산할 수 있다. 둘째, 많은 단백질에 대한 다양한 post-translational modification이 기능적 차이를 보일 수 있다. 마지막으로, chromatin structure에 대한 안정적인 modification은 서열 상에서 나타나지 않지만 특정 종류의 세포에서 유전자 발현에 큰 영향을 미칠 수 있다(9장 참조). 이러한 epigenetic effect는 biological complexity에 크게 기여한다. 다세포 생물의 증가하는 biological complexity에 대한 진화는 세포 복제에 대한 복잡한 조절과 그 생물을 이루는 세포 내 유전자 발현에 대한 공간적 시간적 조절 양상을 필요로 하였고, 이는 embryological development에 대한 복잡성 증가를 이끌어내었다.

연구자들은 유전체 서열 비교를 통해서 알아낸 많은 유전자와 단백질에 대한 특별한 기능을 아직도 밝혀내지 못하고 있다. 그들이 서로 다른 유기체에서 각각의 단백질에 대한 기능과 다른 단백질과의 상호작용에 대한 자세한 내용들을 밝혀내면, 그 결과들은 곧 바로 다른 유기체의 homologous 단백질에 적용된다. 의심의 여지없이, 모든 단백질의 기능이 알려질 때, 복잡한 biological 시스템의 molecular basis에 대한 보다 정교한 이해가 떠오르게 될 것이다.

6.3절의 중요 개념

서열 정보(Sequence Information)를 이용한 유전자 발견과 그 기능 추적

- 모든 종들은 한 조상으로부터 갈려져 나왔으며, random 돌연변이와 natural selection에 의하여 진화되어 왔다. 멀리 연관된 종들 사이에서의 conserved 서열 pattern은 기능적으로 중요한 경우가 많고, natural selection에 의해 유지되어 왔다.
- 생물정보학의 기본 전제는 서열이 conserved하면 할수록, 그 기능은 더욱 더 중요할 가능성이 높다는 것이다.
- 박테리아 혹은 효모와 같이 유전자가 intron에 의하여 끊어져 있지 않는 경우, computer program을 이용하여 해당 genome에 전체에서 open reading frame (ORF)을 탐색함으로써 단백질-암호화 유전자를 찾을 수 있다.
- 대부분의 고등생물에서는, 비교적 짧은 exon이 intron에 의해 분리되어 있으므로 단백질-암호화 유전자를 찾기 위해서는 ORF를 탐색하는 것 말고 다른 방법이 필요하다. cDNA 서열로부터 spliced 유전자를 reconstructing하거나, ORF를 이론적으로 translation하여 얻은 서열과 알려진 단백질 서열을 비교하는 방법, intron-splice site 같은 conserved 유전자 feature들을 인식하는 등의 방법을 사용한다.
- 분리되지 않은 단백질의 기능은 그 아미노산 서열(query sequence)의 기능이 알려진 다른 단백질에 대한 유사성에 기반하여 예측하기도 한다.
- BLAST라고 알려진 컴퓨터 알고리즘은 알려진 단백질 서열로 이루어진 database를 탐색하여 query 단백질과 유사한 단백질들을 찾아낸다.

- 짧은 functional motif를 공통적으로 갖고 있는 단백질들은 통상적인 BLAST 탐색으로 찾기 어렵다. 그러한 짧은 서열은 structural motif database를 탐색함으로써 찾을 수 있다.
- 한 단백질 family는 같은 조상에서 유래한 모든 단백질로 이루어져 있다. 이들을 암호화하는 유전자는 해당 유전자 family를 이루고, 첫 번째 유전자 duplication에 의해 형성되기 시작한 후 speciation 중에 연이어 갈라져 나온 것들이다(그림 6-24 참조).
- 한 종에서 유전자 duplication의 결과에 의해서 탄생한 서로 연관된 유전자와 그 encoded 단백질은 paralogous하며, 서로 결합하여 microtubule의 building block인 αβ dimer를 이루는 α-와 β-tubulin 단백질들이 그 예이다. Speciation 과정에서 돌연변이가 축적되어 갈라져 나온 것들은 orthologous하다. Orthologous 단백질들은 대게 서로 다른 종에서 같은 기능을 한다.
- 몇 개의 서로 다른 유기체의 완전한 유전체 서열을 분석하면 biological complexity는 단백질-암호화 유전자의 숫자와 직접적인 연관성이 없다(그림 6-25 참조).

6.4 Human Traits (사람 형질) 유전자의 발견 및 동정

인간 단백질과 유전자의 기능은 세포생물학자에게는 제일의 관심사이다. 많은 경우, 세포생물학자는 모델 유기체를 이용한 연구를 통하여 밝혀진 세포생물학적 기능이 알려진 유전자의 인간 ortholog (동원체, 병렬상동체)를 연구할 것이다. 왜냐하면, 이들이 인간 세포 내에서도 중요한 기능을 할 가능성이 높기 때문이다. 그러나 중요한 기능을 하는 인간 유전자가 모델 유기체에서 밝혀지지 않고, 그 유전자의 돌연변이가 사람의 생물학적 모습에서 눈에 띄는 영향을 나타냄으로써 알려진 경우들도 있다. 이들 중 많은 유전자들은 인간 질환을 유발하거나, 기여 또는 예방하기에 알려지게 되었다.

표 6-1은 가장 흔한 inherited disease (유전질환)을 열거하고 있다. 어떤 "질환" 유전자는 preceding generation (선행 세대)에서 발생한 새로운 돌연변이의 결과일 수도 있지만, 대부분의 유전 질환의 경우는 이전에 이미 존재해 있던 돌연변이 대립유전자가 한 세대에서 다음 세대로 여러 세대 동안 유전되어 온 것이다.

어느 특정 유전 질환의 중요 원인을 규명하는 전형적인 첫 단계는 돌연변이가 발생한 유전자와 그것이 암호화하는 단백질을 규명하는 것이다. 역사적으로, 연구자들은 유전 질환의 molecular basis (분자생물학적 근거)에 대한 추측을 위하여 모든 가능한 표현형적 근거를 이용해왔다. 성공적인 추측의 예로는 blood cell (혈액 세포)의 질병으로 알려진 sickle-cell anemia (낫세포 빈혈증)가 hemoglobin (헤모글로빈)의 결함이 원인일 것이라는 추측이었다. 이런 추측은 hemoglobin의 특정 아미노산이 substitution (치환)된 변형된 hemoglobin 분자가 polymerization (중합체를 이룸)되는 것이 원인이라는 것을 규명하게 하는 계기가 되었다. 이 변형된 sickle-cell hemoglobin의 대립유전자인 Hb^s를 2 copy를 가지고 있는 사람의 red blood cell (적혈구)은 sickle (낫)과 비슷한 모양의 세포로 변형되는 것이다.

그러나 대부분의 경우에 있어서 유전병의 원인이 되는 유전자들은 그 해당 유전자이나 그것이 발현하는 단백질의 특성에 대해 알려진 지식이나 가설도 없는 상태로 발견되는 경우가 많다. 이 절에서는 한 가계의 혈통에서 유전 질환의 분리에 따라 유전적 질병의 원인이 되는 유전자를 규명하는 방법을 알아볼 것이다. 그것은 유전학자들이 여러 세대에 존재하였던 가족 구성원들 중 누가 이 병을 앓았고, 앓지 않았는지 추적한다. 그 다음, 병을 앓았던 가족 구성원에게서만 발견되는 DNA 서열에 존재하는 genetic marker (유전학적 마커)들을 찾아본다. 즉, 질환이 분리될 때 많은 다른 genetic marker들도 함께 분리되는데, 이들은 원인 유전자의 염색체 상의 position (위치)을 규명하는 데 도움이 된다. 사람 genome의 서열 정보와 함께 원인 유전자의 위치적 정보는 궁극적으로 변이된 유전자와 질병의 원인이 되는 돌연변이를 결정할 수 있게 해줄 수 있다.

Monogenic Disease (단일 유전자 질환)의 세 가지 Inheritance Pattern (유전 형식)

모델 유기체를 이용한 유전학적 분석이 가장 유용하게 사용되는 예는 돌연변이가 일으키는 표현형과 그 돌연변이가 열성인지 우성인지를 아는 것은 그 normal protein의 기능을 예측하는 데에 큰 도움이 된다. 모델 유기체에서 흔히 사용하는 test cross (검정 교배)를 인간에게 그대로 적용할 수 없다. 그럼에도 불구하고, 연구자들은 인간 형질이 우성한지 열성한지를 가족들과 사람 집단에서 그 형질이 어떻게 유전되는지를 조사함으로써 알아낼 수 있다. 따라서, 해당 유전자를 발견하는 것과 그 유전 형식 (the mode of inheritance)을 결정하는 것은 사람에 대한 유전학 연구의 주요 목표가 된다.

특정 단일 유전자의 돌연변이가 원인이 되는 사람 유전학 연구를 *monogenic disease* (단일 유전자 유전질환)라고 하며, 이들은 원인 유전자의 성격과 염색체 위치에 따라 서로 다른 inheritance pattern (유전 형식)을 나타낸다. 한 특징적 형식은 autosome (상염색체)에 있는 우성 대립유전자에 의해 나타난다(상염색체는 성염색체를 제외한 22개의 사람 염색체이다). *Autosomal dominant* (상염색체 우성) 대립유전자는 heterozygote에서 발현되기 때문에, 일반적으로 환자의 부모 중 최소한 한 명은 같은 유전병을 가지고 있다. 이런 유전병들은 생식 시기 이후에 발병하는 경우가 많다. 예를 들어, Huntington's disease (헌팅턴병)는 상염색체 우성으로 유전하며, 만약 부모 중 하나가 돌연변이 *HD* 대립유전자를 가지고 있다면, 자손 개개인(성에 상관없이)은 돌연변이 대립유전자를 유전 받아 병이 발현될 가능성이 50%가 된다(그림 6-27a).

우성을 보이게 하는 molecular mechanism은 무엇인가? Huntington's disease (헌팅턴 병)는 neural degenerative disease (신경 퇴화 질

표 6-1 • 빈번히 발견되는 사람의 유전 질환

Disease	Molecular and Cellular Defect	Incidence
Autosomal Recessive		
Sickle-cell disease	Abnormal hemoglobin causes deformation of red blood cells, which can become lodged in capillaries; also confers resistance to malaria.	1/625 of sub-Saharan African origin
Cystic fibrosis	Defective chloride channel (CFTR) in epithelial cells leads to excessive mucus in lungs.	1/2500 of European origin
Phenylketonuria (PKU)	Defective enzyme in phenylalanine metabolism (tyrosine hydroxylase) results in excess phenylalanine leading to mental retardation, unless restricted by diet.	1/10,000 of European origin
Tay-Sachs disease	Defective hexosaminidase enzyme leads to accumulation of excess sphingolipids in the lysosomes of neurons, impairing neural development.	1/1000 Ashkenazi Jews
Autosomal Dominant		
Huntington's disease	Defective neural protein (huntingtin) may assemble into aggregates, causing damage to neural tissue.	1/10,000 of European origin
Hypercholesterolemia	Defective LDL receptor leads to excessive cholesterol in blood and early heart attacks.	1/250 French Canadians
X-Linked Recessive		
Duchenne muscular dystrophy (DMD)	Defective cytoskeletal protein (dystrophin) leads to impaired muscle function.	1/3500 males
Hemophilia A	Defective blood clotting factor VIII leads to uncontrolled bleeding.	1/5000 males

환)이고, 신경세포 단백질인 HTT의 암호화 서열 내의 CAG triplet가 반복되어 수가 급격히 늘어나는 것이 그 원인이다. 돌연변이 HTT 단백질은 정상 단백질 보다 훨씬 많은 수의 glutamine 잔기를 갖고 있고, 이들은 단백질 침전을 만든다. 돌연변이 *HD* 대립유전자가 우성으로 유전된다는 것은 헌팅턴 병의 증세는 정상 HTT 단백질의 *loss* (결실)에 의하여 일어난 것이 아닌, 돌연변이 HTT 단백질이 침전물을 만드는 경향성을 *gain* (획득)했기 때문에 일어난 것이다. 헌팅턴 병과 같이 우성 대립유전자에 의하여 일어나는 질병들은 생식 시기를 지나 종종 인생의 중년이나 말년에 이르러 발병하게 된다. 만약 그렇지 않다면, natural selection (자연 선택)은 이들 대립유전자를 사람의 진화 과정에서 남김없이 없애 버렸을 것이다.

상염색체의 열성 대립유전자는 전혀 다른 분리 양상을 보인다. *Autosomal recessive* (**상염색체 열성**) 대립유전자의 경우에는 부모 둘 다 heterozygous *carrier* (보인자)이어야만 자녀가 질병의 위험에 처하는 상황이 발생한다. Heterozygous 부모들의 자식은 양쪽에서 열성 대립유전자를 받아서 질병을 유전 받을 가능성이 25%이고, 하나의 정상 대립유전자와 하나의 돌연변이 대립유전자를 받을 가능성이 50%이며, 2개의 정상 대립유전자를 받을 경우는 25%가 된다. 가까운 친척들(예, 사촌이나 육촌들)은 같은 열성 대립유전자에 대하여 carrier가 될 확률이 상대적으로 높다. 그래서 가까운 친척들이 결혼하여 자녀들을 갖는 경우가 그렇지 않은 경우보다 해당 돌연변이 대립유전자에 대하여 homozygous가 될 확률이 높다. 전반적으로는 사람에게서 희귀한 상염색체 열성 이상로 나타난다.

상염색체 열성 유전병의 대표적인 예로는 cystic fibrosis (낭포성섬유증)이 있다. 이 질환은 *CFTR*로 알려진 chloride channel gene (염화채널 유전자)의 결함에 의한 것이다(그림 6-26b). 이 질병은 폐와 장의 epithelial cell layer (상피세포층)를 가로지르는 이온들의 균형을 깨뜨린다. 낭포성섬유증은 열성 질환이므로, 이 질병은 상피세포의 염화 채널의 활성이 충분하지 못하여 일어나는 것임을 유추할 수 있다.

세 번째 유전 형식은 *X-linked recessive* (**X-연관 열성**) 대립유전자의 패턴이다. X 염색체의 열성 대립유전자는 거의 대부분 엄마쪽의 X 염색체를 받은 아들에게서 발현되며, 어머니와 아버지에게서 각각 X 염색체를 받은 여자에게서는 발현되지 않는다. 따라서 여자보다 남자에게서 더 질병이 나타나는 뚜렷한 sex-linked (성-연관) 분리 양상을 보이게 된다. 예를 들면, X 염색체의 열성 대립유전자에 의하여 발생되는 muscle degenerative disease (근육 퇴화 질병)인 Duchenne muscular dystrophy (DMD)는 특이적으로 남성에게만 나타나는 현상이 보인다. DMD는 성-연관 분리 양상을 보이는데, 일반적으로 엄마는 정상 표현형인 heterozygous carrier로서 아들에게 DMD 대립유전자를 전달하여 발병하게 될 확률은 50%이다(그림 6-26c).

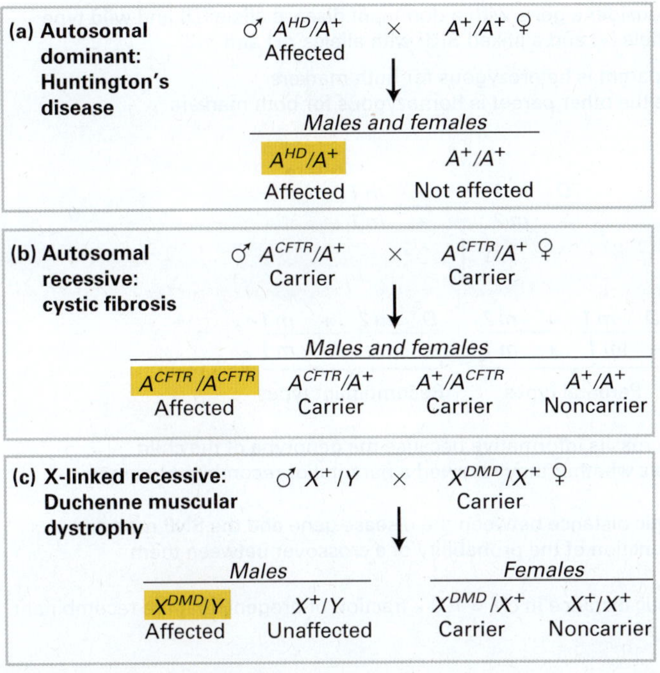

그림 6-26 사람의 유전적 질병의 세 가지 공통된 유전 형식. 야생형 상염색체 염색체 (A)와 성염색체(X와 Y)는 위첨자 플러스(+)로 표시되어 있다. (a) Huntington's disease (헌팅턴 병) 같은 상염색체 우성 질환의 경우, 돌연변이 대립유전자 하나로 질환이 발생한다. 만약 한 부모가 돌연변이 *HD* 대립유전자의 heterozygous라면, 그 자녀는 돌연변이 대립유전자를 받아 질환에 걸릴 확률이 50%이다. (b) Cystic fibrosis 같은 상염색체 열성 disorder의 경우, 돌연변이 대립유전자가 두 사본이 있어야 질환에 걸린다. 양쪽 부모 모두가 돌연변이 *CFTR* 유전자를 가지고 있는 heterozygous carrier여야만 자녀들이 병에 걸리거나 carrier가 될 위험에 처한다. (c) Duchenne muscular dystrophy 같은 X-연관 열성 질환은 X 염색체의 열성 돌연변이에 의해 일어나고 전형적 성-연관 분리 양상을 나타낸다. 돌연변이 *DMD* 대립유전자를 가진 heterozygous 엄마에게서 태어난 아들은 돌연변이 대립유전자가 유전되어 질병에 걸릴 확률이 50%이다. Heterozygous 엄마에게서 태어난 여자는 carrier가 될 확률이 50%가 된다.

DNA Polymorphism (다형성)은 사람 돌연변이의 Linkage Mapping (연관 지도 작성)을 위한 Marker로 사용된다

Inheritance mode (유전 양상)가 결정되면, 다음 단계에서는 질환 대립유전자의 위치를 결정하게 된다. 이는 이미 알려진 유전학적 marker에 대한 질환 대립유전자의 상대적인 유전학적 위치를 결정하는 것이다. Genetic mapping (유전자 지도 작성)은 meiosis 중에 일어난 유전 정보의 교환에 의존하여 알아낼 수 있다. 그림 6-27a에 보이는 바와 같이, genetic recombination (유전적 재조합)은 염색체의 homologous pair가 복제된 후, 첫 번째 감수 세포 분열이 일어나기 전, germ cell (생식 세포)에서 일어나게 된다. 이때, 부모로부터 물려 받은 chromatid 상의 homologous DNA 서열이 crossing over (교차)라는 과정을 통해 서로 교환된다.

Meiosis 중 유전적 재조합이 어떻게 일어나는지 알아보는 것은 유전자 사이의 거리를 mapping하는 기준이 된다. 2개의 서로 다른 돌연변이를 갖고 있는 한 개인을 생각해 보자. 각각의 돌연변이는 각 부모로부터 하나씩 물려 받았고, 그 위치는 같은 염색체 상에서 매우 가깝다. 그 개인은 meiosis 중에 돌연변이 사이에 교차가 일어나는가 여부에 따라 두 가지 다른 배우자를 생산할 수 있다. 교차가 일어나지 않았다면, 생성된 배우자는 두 가지 돌연변이 중 하나만 갖고 있는 *parental type* (부모 형)이 될 것이다. 반면, cross over가 두 돌연변이 사이에 일어났다면, 이때 생성된 배우자는 *recombination type* (재조합 형)이 된다. 이 경우 재조합 염색체는 두 가지 돌연변이를 모두 갖고 있거나, 두 가지 모두 갖고 있지 않은 상태가 된다. 재조합은 염색체를 따라 대체로 무작위적으로 일어나게 된다. 그래서 2개의 유전자가 서로 가깝게 위치할수록 재조합이 잘 일어나지 않을 것이다. 같은 염색체의 두 가지 유전자 사이가 가까울수록 재조합의 횟수는 줄어든다. 같은 염색체 상의 두 유전자 사이가 충분히 가까워 재조합 배우자가 parental 배우자보다 훨씬 적은 숫자로 생성된다면, 이 두 유전자는 genetic **linkage (연관)**를 보인다고 할 수 있다. 재조합 배우자의 수가 parental 배우자보다 그다지 적지 않다면 두 위치는 *unlinked* (연관 없음)라고 여겨지고, 두 유전자는 같은 염색체 상에서 멀리 떨어져 있거나, 서로 다른 염색체에 위치한다.

적당한 교배를 이용하면 여러 모델 유기체에서 유전적 재조합을 같은 염색체에 놓인 2개 유전학적 marker의 거리를 결정하는 데 사용할 수 있다. 2개 돌연변이의 유전자 지도 상 위치를 결정하는 genetic mapping을 하기 위하여, 전체 genome에 포진한 위치가 알려진 유전학적 marker들과 여러 가지 pairwise 교배를 실시하여야 한다. 유전학 연구에 널리 사용되는 실험 유기체는 쉽게 표현형이 관찰되는 많은 marker들이 알려져 있다. 사람에게서는, genetic mapping을 할 수 있을 만큼 충분한 표현형 marker가 알려져 있지 않다. 그 대신, 재조합 DNA 기술 덕분에, 유용한 DNA-기반 분자 marker들을 풍부히 확보하게 되었다. 대부분의 사람 genome은 단백질 암호화를 하지 않기 때문에, 개인들 사이에는 표현형을 보이지 않는 서열 variation들이 많이 존재한다. 확실히, 관련이 없는 개인들 사이에 nucleotide 차이는 평균적으로 10^3 nucleotide마다 1개씩 나타난다. 만약 이러한 *DNA* 서열의 다형성 (*DNA polymorphism*)이 한 세대에서 다음 세대로 유전되는 것을 추적할 수 있다면, 이들 DNA 다형성은 linkage (연관) 연구를 위한 유전학적 marker로 이용될 수 있다. 요즘에는 사람 genome에 10^6개 이상의 다형성 marker의 위치가 결정되어 있어 사람 유전자 연관 연구에 이용되고 있다.

Single nucleotide polymorphism (*SNP*)은 가장 많은 양을 차지하고 있는 다형성이므로 가장 높은 해상도의 유전자 지도를 제작하는 데 유용하다. 다른 유용한 DNA 다형성은 1-, 2-, 혹은 3-base 서열이 여러 번 반복되어 있는 것이다. 이러한 다형성은 *short tandem repeat* (*STR*), 혹은 *microsatellite* (미소부수체)로 재조합이나 DNA 복제가 일어나는 동안 주형이나 새롭게 합성된 가닥에서 slippage (미끄럼)에 의해 형성되는 것으로 추측된다. STR의 경우, 개개인이 종종 서로 다른 수의 반

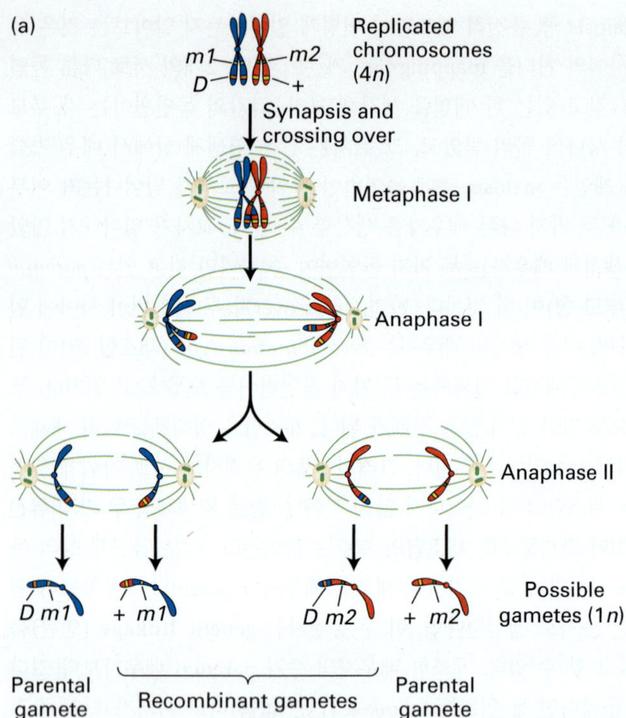

(b) Consider a gene with a dominant disease allele (*D*) and wild type allele (+) and a linked SNP with alleles *m1* and *m2*

One parent is heterozygous for both markers while the other parent is homozygous for both markers

$$\frac{D \quad m1}{+ \quad m2} \times \frac{+ \quad m1}{+ \quad m1}$$

$$\underbrace{\frac{D \quad m1}{+ \quad m1} \quad \frac{+ \quad m2}{+ \quad m1}}_{\text{Parental types}} \qquad \underbrace{\frac{D \quad m2}{+ \quad m1} \quad \frac{+ \quad m1}{+ \quad m1}}_{\text{Recombinant types}}$$

This cross is informative because the genotype of the child reveals whether they received a parental or recombinant gamete

Genetic distance between the disease gene and the SNP marker is a function of the probability of a crossover between them

Genetic distance in cM = 100 × fraction of progeny that are recombinant

그림 6-27 Meiosis 동안 일어난 recombination은 유전자 position을 mapping하는 데 사용된다. (a) 한 염색체에는 D라고 하는 우성 질환 대립유전자와 그와 연관된 SNP marker 대립유전자 *m1*을 갖고 있고, 그와 homologous한 다른 염색체에는 +라고 표시하는 해당 야생형 대립유전자와 SNP marker *m2*를 갖고 있는 한 개체가 생성한 gamete (배우자, 생식세포)를 생각해 보자. 이런 대립유전자의 조합은 그 부모가 갖고 있는 형식과 같기 때문에 parental type (부모형)이라고 부른다. 만약, *disease gene (질환 유전자)*과 *SNP marker* 사이에서 crossing over (교차)가 일어난다면 두 가지 재조합 형의 생식세포가 생성된다; 하나는 *D*와 *m2*를 또 다른 하나는 +와 *m1*을 갖고 있을 것이다. SNP marker가 질환 유전자에 가까울수록, 그 사이에서 recombination (재조합) 사건이 일어날 가능성이 낮아지고, 재조합형이 흔하게 나타나지 않을 것이다. marker들이 서로 다른 염색체에 있거나 같은 염색체에 있더라도 서로 아주 멀리 떨어져 있다면, 서로 독립적으로 분리될 것이고, 재조합형은 부모형과 같은 빈도로 나타날 것이다. 여성 (사람)의 meiosis에서는 오직 1개의 배우자만이 egg cell (난자)가 된다. (b) 사람에서의 genetic mapping은 부모와 자식의 유전자형을 기록하여, 배우자들 중 얼마나 많은 재조합 type이 생성될지 계산한다. 유용한 정보를 제공할 교배는 적어도 한쪽 부모가 두 가지 marker에 대하여 heterozygous이어야 한다. 보이는 예에는 자식이 우성 형질을 보이는지 여부에 따라 배우자 내에 D 대립유전자가 존재한다는 것을 알 수 있다. 또한, m2 대립유전자의 존재 역시 SNP 유전자형으로부터 알아낼 수 있다. 여러 가족들로부터 배우자들을 기록함으로써 전체 배우자들 중 재조합 type이 얼마나 있는지 계산하여 genetic distance를 알 수 있다. 의례적으로, genetic distance의 단위는 centimorgan (cM)라고 하고, 100개의 자손 중 1개의 재조합 개체를 만들 수 있는 정도로 염색체 상에서 떨어져 있는 거리를 의미한다. 부모형과 같은 수의 재조합형을 생성하는 위치에 있다면 이들은 연관되지 않은 것이다.

복 서열들을 갖고 있어 유용하게 활용될 수 있다. 특히, STR은 다양한 형태로 존재하므로, 한 pedigree (계통)에서 분리 양상에 대한 정보를 더 많이 얻을 수 있다. 그러므로 질환 유전자의 위치를 결정하는 데 더 포괄적으로 사용된다. 이러한 다형성은 PCR 증폭과 DNA 서열 결정으로 검출된다.

사람에서의 Linkage Study (연관 연구)는 질환 유전자들을 1 Mbp의 해상도로 Mapping할 수 있다

기술적인 면에 대한 고려 없이, 대립유전자를 비교하여 특정 우성 형질 [예, familial hypercholesterolemia (가족형 과콜레스테롤증)]을 mapping하는 방법에 대해 알아보자. 첫째로 우선 해당 질환 환자를 포함하여 가족 모든 사람으로부터 DNA sample을 확보한다. 환자이든 아니든 간에 각 개인의 DNA를 분석하여 이미 알려진 많은 수의 DNA 다형성 (STR 혹은 SNP marker가 사용됨)에 대한 유전자형을 결정한다. 가계 내에서 각 DNA 다형성의 분리 패턴과 질환의 분리를 비교하여 질환과 함께 분리하는 다형성을 찾는다. 질병과 연관되지 않은 다형성은 질병을 앓고 있는 사람에게서 자주 나타나지 않을 것이고, 질병과 가까이 연관되어 있는 다형성은 거의 항상 질병을 앓고 있는 사람에게 나타난다. 왜냐하면, 질환 대립유전자와 다형성을 분리하는 재조합은 매우 드물기 때문이다. 마지막으로, DNA 다형성과 질환 원인 대립유전자 사이의 likelihood of linkage (연쇄 가능성)를 산출하기 위해 유전 data에 대한 컴퓨터 분석을 실시한다. 이상적으로 한 가족 내 적어도 10명으로부터 나온 분리 양상을 분석하면 통계학적으로 유의미한 연관 증거를 얻을 수 있다.

실제 연구에서는 동일한 질병이 유전되는 서로 다른 가계들의 유전 data를 합해서 분석하게 된다. 조사하고자 하는 특정 유전병을 가진 가계가 많으면 많을수록 연관에 대한 통계학적 증거들이 더 많아지며, 따라서 연쇄된 DNA 다형성과 질환 대립유전자 간의 거리가 더 정확히 계산될 수 있다. 대부분의 가족 연구는 최대 약 100명의 개인에서 질환 유전자와 DNA 다형성들의 연관을 검사할 수 있다. 숫자는 유전자 지도에서 약 1 centimorgan 혹은 약 1×10^6 base pair의 물리적인 거리를 mapping할 수 있는 실제적 해상도의 상한선을 결정해 주는 것이다.

클론된 DNA에서 질환 유전자를 찾기 위해서는 분석이 더 요구된다

연관 지도 설립이 사람 질환 유전자의 위치를 약 10 Mbase pair 내의 DNA 지역에 표시할 수 있다고 하지만, 이 정도 크기의 DNA라면 아마도 10개 이상의 유전자를 포함하고 있을 것이다. Mapping 연구의 궁극적인 목적은 유전자를 클론된 DNA 조각으로 mapping하는 것이고, 이 조각의 nucleotide 서열을 결정하는 것이다. 그림 6-28은 염색체 genetic map, 정렬된 플라스미드 클론으로 구성된 physical map 및 nucleotide 서열을 상대적인 크기에 맞추어 나열한 것이다.

genome 안에서 질환 유전자의 위치를 좀 더 정확하게 결정하기 위한 전략 중 하나는 연구 중에 있는 유전자가 내재되어 있는 지역의 DNA에 의해 암호화된 mRNA를 규명하는 것이다. 목적은 여러 환자에서 변형되거나 없어진 mRNA를 야생형 mRNA와 비교하는 것이다. 이러한 mRNA는 그 기능이 상실되어 질병을 일으키는 단백질을 coding할 수 있다. 정상 조직과 환자 조직의 유전자 발현을 비교하면 특정 질환 유전자가 정상적으로 발현되는 조직을 알 수 있다. 예를 들면, 다른 조직에는 영향을 주지 않지만 근육 조직에서만 표현형을 보이는 돌연변이는 아마도 근육 조직에서만 발현되는 유전자에서 일어났을 것이다. 6.5절에서 고찰한 바와 같이, mRNA 발현 level은 일반적으로 labeled DNA 혹은 labeled RNA를 이용하여 조직 section에 대한 *in situ*

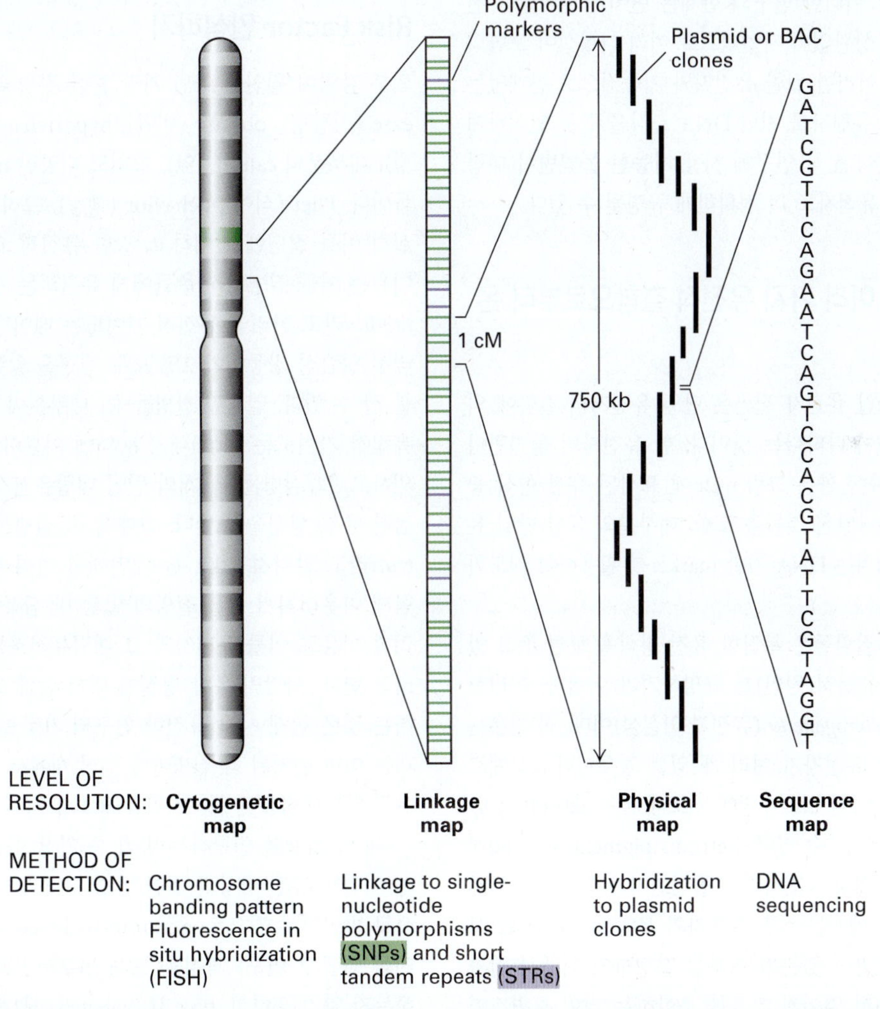

그림 6-28 사람 염색체의 genetic 그리고 physical map 사이의 관계. 사람 염색체를 여러 단계의 정밀도로 표현한 다이아그램이다. Metaphase에서 뭉친 형태로 보이는 전체 염색체를 광학현미경으로 관찰하면 fluorescence *in situ* hybridization (FISH)를 이용하여 특정 서열의 대략적 위치를 식별할 수 있다. 그 다음 단계로 정밀한 그림에서는 genetic trait를 DNA-based 유전학적 marker에 따라 지도화할 수 있다. 이러한 유전자 지도 연구는 겨우 1 cM 정도의 거리, 약 1 M bp로 파악하기 때문에 대게 유전자 정체를 정확히 짚어내지 못한다. 유전자 부분 서열을 식별하려면, bacterial artificial chromosome (BACs)에 담긴 염색체 조각을 DNA 서열 수준에서 분석해야 한다. 중요한 genetic difference는 결국 염색체 DNA의 nucleotide 서열 차이에 의하여 결정된다.

hybridization, microarray (마이크로어레이) 분석, 혹은 cDNA에 대한 대규모 서열 결정(RNAseq)을 이용하여 알아낼 수 있다. 이들 방법들은 연구자로 하여금 돌연변이와 야생형 조직에서 mRNA의 발현 정도를 비교할 수 있다. 비록 *in situ* hybridization의 민감성이 다른 분석 방법들보다 낮음에도 불구하고, 이 방법은 조직 전체에는 소량 발현되지만 조직 내의 일부 세포에서는 매우 많이 발현되는 mRNA 확인에 매우 유용하다.

많은 경우에, 질환 유발 점 돌연변이는 mRNA의 발현 level 변화나 그 길이에 차이를 보이지 않을 수 있다. 그래서 만약 정상인과 환자에서 mRNA 발현을 비교했을 때 변화가 관찰되지 않는다면, mRNA를 암호화하는 DNA에서 점 돌연변이가 있는지 알아보는 조사가 이루어져야 한다. 최근에는 DNA 서열 분석이 매우 효과적으로 이루어지므로, 환자로부터 분리된 DNA에서 의심이 가는 부분의 DNA 서열을 분석하여 점 돌연변이를 찾아낸다. 총체적인 실험 전략은 질병을 나타내는 환자로부터 분리된 DNA에서, 특히 암호화 지역에서 질환과 일치되는 해로운 변형을 발굴하는 것이다. 이러한 연구의 한계는 변이가 일어난 유전자 근처에 질환 유전자와는 상관없이 자연적으로 여러 다형성이 포함되어 있을 수 있다는 것이다. 이러한 질환 유전자와 기능적으로 관계없는 다형성은 연구 대상이 되는 유전자를 지닌 DNA 조각을 잘못 인식하게 할 수 있다. 이런 이유로 변이 분석 연구에 사용 가능한 돌연변이 대립유전자가 많으면 많을수록, 유전자도 더 정확하게 규명될 수 있다.

대부분의 유전 질환는 여러 가지 유전적 결함으로부터 온 결과이다

우리가 이제까지 살펴본 단일 유전자 질환은 단일 유전자의 결함에 의해 뚜렷하게 구별되는 질병이 나타나는 것이다. 한 유전자의 돌연변이에 의해 발생한 단일 유전자 질환은 그림 6-26에 표시된 유전 형식 중 하나로 유전된다. 표 6-1에 나열된 것들을 포함, 대부분의 흔한 단일 유전자 질환의 원인 유전자 위치는 DNA-기반 marker를 활용하여 지도화되어 있다.

그러나 많은 다른 유전 질환들은 복잡한 유전 형식을 보여 주고 있어 질환의 genetic cause (유전적 원인)를 규명하기가 어렵다. 이러한 복잡성 중 하나가 *genetic heterogeneity* (유전자 이질성)이다. 이 경우는 동일한 질환의 원인이 되는 유전자가 여러 개 있는 경우이다. 그 예로 retina (망막)가 퇴화되어 궁극적으로 실명에 이르게 되는 retinitis pigmentosa (망막색소변성증)를 들 수 있다. Retinitis pigmentosa는 60개가 넘는 유전자들 중 어떤 1개의 유전자라도 돌연변이가 일어나면 질환이 발생된다. 사람 연관 연구에서는 질환 유전자와 유전학적 marker 사이에 통계적으로 유의한 연관이 있는지 여부를 결정하기 위해서 질환이 유전되는 다수의 가족에서 얻어진 자료를 조합하는 것이 보편적이다. 그러나 Retintis pigmentosa에서 나타난 것과 같이 genetic heterogeneity가 있는 경우에는 그런 연구 방법을 적용할 수 없게 된다. 왜냐하면, 한 가족의 genetic mapping에서 얻어진 통계적 유의성이 다른 원인 유전자를 가진 가족으로부터 얻은 자료에 의해 상쇄되는 경향이 있기 때문이다.

유전학자들은 retinitis pigmentosa에 관련된 많은 유전자들을 규명하는 데 두 가지 접근 방법을 사용하였다. 첫 번째 접근 방법은 이미 알려진 DNA 다형성과 단일 원인 유전자 사이의 연관에 대해 통계학적으로 중요한 증거를 제공할 수 있을 정도로 충분한 수의 환자를 포함하고 있는 커다란 한 가계에서 genetic mapping을 한 것이다. 이런 연구에서 규명된 유전자들은 retina에서 다량 발현하는 단백질을 암호화하는 유전자였다. 이런 증거를 바탕으로, 유전학자들은 retinitis pigmentosa 증상이 있는 다른 환자의 유전적 원인을 탐색할 때, 망막에서 높게 발현하는 유전자에 집중적인 주의를 기울였다. 추가적인 정보를 바탕으로 후보 유전자에 대한 탐색을 강화하는 이러한 접근 방법은 망막 단백질을 암호화하는 다른 여러 유전자에서 희귀한 돌연변이를 발견하는 데 도움이 되었다.

Complex Trait (복합 형질)의 Component Genetic Risk Factor 인식하기

외부 감염이 원인이 아닌 가장 흔한 질병 혹은 장애 상태는 heart disease (심장병), obesity (비만), hypertension (고혈압), diabetes (당뇨병), 대부분의 cancer (암), 그리고 다양한 mental disorder (정신 질환)들이다. Diet (식이), behavior (행동), 그리고 다른 환경적 상태들은 확실히 이들 질병에 기여하고, 강한 유전적 요소가 존재한다고 제시되는 이유는 이들 질병이 가족들에게 유전되는 경향이 높다는 것이다. *Heritability*라고 알려진 유전적 기여도는 태어난 후 멀리 떨어져서 따로 길러진 일란성 쌍둥이가 2명 모두 질병을 앓는 비율을 계산하여 그 정도를 잴 수 있다. 열거된 질병들 중, 대부분이 유전이 되는 경향을 보이고, 유전적 기여도는 약 60내지 80%에 이른다. 몇 가지 희귀한 경우를 제외하고, 그 질병들은 1개의 원인 대립유전자로 설명될 수 없는 아주 복잡한 유전 형식을 보인다. 그래서 이 질병들의 유전적 요소는 *complex trait*라고 알려져 있다. 한 개인에서 여러 유전자들의 대립유전자들이 함께 어우러져서 이들 질병의 발생 및 심각성을 나타내기 때문이다. 이러한 이유로 이들 유전자와 그 대립유전자들을 *risk factor* (위험 요소)라고 한다. 사람의 복합 형질에 대한 위험 요소를 시스템적으로 지도화하는 것은 현재 사람 유전학 연구의 가장 중요한 도전이 되고 있다. 우리는 이미 열거된 각 질병마다 수십 개에서 수백 개에 달하는 서로 다른 유전자의 대립유전자들이 위험 요소가 될 수 있다는 것을 알고 있다.

복합 형질을 연구하는 방법 중 가장 가능성이 높은 것은 특정 염색체 지역의 유전 양상과 질환 발병 경향과의 연관성을 통계학적인 방법으로 발굴하는 것으로, **genome-wide association study (GWAS, 전지놈 연관성 연구)** 과정을 통해 이루어진다. GWAS가 어떻게 역할을 하는지 알기 위하여, type II diabetes (제2형 당뇨병)의 복합 형질을 생각해 보자. Type II diabetes를 일으킬 가능성이 있는 유전적 요소의 엄청난 heterogeneity 때문에 통계적으로 유의한 결과를 얻기 위해서는 매우 많은 sample들이 필요하다. 통상적인 실험은 말하자면, 5,000명의 type II diabetes (제2형 당뇨병) 임상 집단을 대상으로 하고, 사회경제적으로 비슷한 5,000명의 정상 혈당치를 보유한 사람들과 비교해야 한다. GWAS 뒤의 기본 개념은 간단하다. 이들 10,000명에게서 나타나는 SNP들 중, 제2형 당뇨병을 앓고 있는 사람들에게서 좀 더 높게 나타나는 것들을 찾는 것이다. 이 접근 방식의 힘은 많은 개인들로부터 얻은 데이터를 조사하여 genome 상의 특정 지역의 유전(inheritance)과 발병 간의 의미 있는 연관을 식별할 수 있는 컴퓨터 알고리즘을 사용한다는 것에 있다. 10,000명에 내재된 모든 SNP들을 찾아낸다는 개념적으로 간단한 이 방법은 그 모든 이들의 완전한 genome 서열을 얻어내어 검색하는 것이다. 현재, 이러한 대규모 서열 결정 프로젝트는 아직 현실적이지 않다. 오히려, 전형적인 GWAS는 10^6개의 대부분의 공통된 SNP들을 조사하는 것이다.

10^6개의 대부분의 공통된 SNP에 포함되지 않는 희귀 질병 원인 유전자라 할지라도, linkage disequilibrium (연관 불평형)이라는 현상을 이용한 GWAS에 의해 규명할 수 있다. 만약 질환의 원인이 되거나 혹은 질환을 야기시키는 경향이 있는 대립유전자가 돌연변이에 의하여 나온 것이라면 그 대립유전자는 그 조상 염색체이 갖고 있는 특정 SNP 세트가 이루고 있는 맥락 안에 있을 것이다. 많은 세대가 지나간다 할지라도, 질병 유전자와 근처의 SNP들 사이의 유전적 재조합은 매우 드물게 일어날 것이고, 그 질환 원인 대립유전자는 여전히 해당 염색체 상의, 근처에 있는 SNP 세트와 연관되어 있을 것이다. 이처럼, 근처 유전학적 marker와 지속되는 연관성을 *linkage disequilibrium* (연관 불평형)라고 한다. 왜냐하면, 유전적 재조합이 marker들 사이의 association을 무작위적으로 만들 때까지 충분한 시간이 흐르지 않았고, 그래서 equilibrium에 이르지 못했기 때문이다(그림 6-29). 따라서 제2형 당뇨병의 위험 요소들은 그 자체가 매우 희귀하여, 10^6 SNP 기본 세트에 포함되지 않았으나, linkage disequilibrium에 있는 SNP들과 연관되어 있는 것이다.

GWAS는 질병을 앓을 predisposition (소인)의 원인이 되는 유전자를 식별하는 강력한 도구가 될 수 있다. 그러나 통상적인 GWAS를 이용하여 모든 위험 요소를 종합해 봐도, 알려진 heritability (유전성)의 약 절반 정도 밖에 설명하지 못한다. 나머지 heritability는 후에 아주 드문 SNP들과 연관될 수도 있고, 통계적으로 의미 있는 관련이 관찰될 수 없을 만큼의 작은 위험에 기여하는 요소들의 기여가 모두 합해져서 나타나는 것일 수도 있다. 매우 많은 수를 포함하는 사람 cohort (코호트)에 대한 전체 genome 서열 결정 정보를 사용할 수 있게 되었기 때문에, 아직 알려지지 않은 위험 요소들의 상당수가 곧 밝혀질 것이다.

의학적으로 중요한 유전자들은 질병으로부터 보호하는 대립유전자들에 의해 식별될 수 있다

이제까지, 사람 유전자에 대한 우리들의 고찰은 유전 질환을 일으키거나 그 위험을 증가시키는 유전자와 대립유전자를 중심으로 해서 이루어졌다. 이들을 발견한 기술들을 이용하면 그만큼 똑같이 중요한, 질병을 방어하는 protective allele (방어 대립유전자)들을 찾을 수 있다. 방어 대립유전자의 힘이 어떤 것인지 알아보기 위하여, cholesterol homeostasis (콜레스테롤 항상성)에 중요한 역할을 하는 *PCSK9*이라는 유전자를 예로 들어본다.

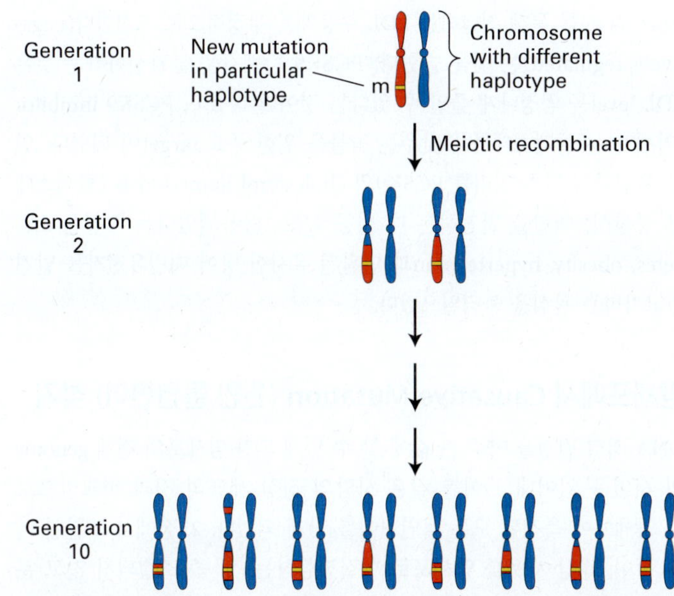

그림 6-29 Linkage disequilibrium (연관 불평형)은 가까이 배치된 SNPs 사이의 관계를 보존한다. 조상 염색체가 갖고 있는 일련의 다형성인 *haplotype* (*일배체형*, 빨간색)을 배경으로 새로운 질환 돌연변이가 발생된다. 염색체의 파란색 부분은 질환 돌연변이가 발생한 염색체가 아니라 일반적인 일배체형을 가지고 있는 population으로부터 유도된 것이다. 많은 세대를 거친 후에도, 질환 돌연변이가 있는 염색체은 recombination에 의해 질환 돌연변이로부터 분리되지 않은 조상으로부터 물려 받은 일배체형 부위를 포함하고 있을 것이다. 질환 돌연변이에 가장 가까운 지역이 ancestral haplotype (조상의 일배체형)일 가능성이 제일 높다. 이러한 현상은 *linkage disequilibrium* (연관 불평형)으로 알려져 있다. 질환 돌연변이의 위치는 돌연변이를 포함하고 있으며, ancestral haplotype (조상의 일배체형)의 다형성을 보존하고 있는 지역을 탐색함으로써 발견될 수 있다.

17장에 기술된 바와 같이, 콜레스테롤은 LDL이라고 알려진 지질 단백질 입자에 담겨져서 혈류를 따라 움직인다. 혈액에서의 LDL level이 높으면 과다한 LDL이 atherosclerotic plaque (동맥경화 플라그)로서 coronary arteries (관상동맥)에 쌓이기 때문에 심장병의 위험이 있다. *PCSK9*는 protease (단백질분해효소)의 한 종류와 homology를 보이는 분비되는 단백질을 coding하는 사람 유전자로서 발견되었다. LDL level을 증가시키는 것으로 보이는 희귀한 돌연변이가 *PCSK9*으로 지도화 된다는 것이 발견되었을 때, 콜레스테롤 level을 조절하는 역할을 할 것으로 추측되었다. 이 돌연변이 *PCSK9* 대립유전자들은 우성 유전 형식으로 유전되었기 때문에 gain of function (기능획득)이 LDL을 증가시키는 것이라는 것을 의미한다. 이러한 논리를 좀 더 넓혀보면, PCSK9 활성이 없어지면 LDL level을 낮출 것이다. 많은 사람들의 *PCSK9* 유전자 서열을 분석하여 frameshift와 nonsense 대립유전자들을 갖고 있는 사람들에게서는 확실히 LDL 양이 줄어들어 있었다. 연이은 생화학적 실험들은 *PCSK9* 단백질이, LDL을 혈액으로부터 간으로 endocytosis

(내포 작용)를 통해 전달하는 LDL 수용체를 부정적으로 조절한다(negatively regulated)는 것을 밝혔다. PCSK9 단백질을 불활성화하는 것은 LDL level을 엄청나게 줄일 수 있다는 것이 알려졌고, PCSK9 inhibitor (억제자)는 콜레스테롤을 낮추는 약물을 위한 주요 target이 되었다. 인간 유전학의 기초 원리를 PCSK9의 cholesterol homeostasis (콜레스테롤 항상성) 역할을 발견하는 데 성공적으로 응용되었다는 사실은 diabetes, obesity, hypertension과 연관된 유사한 방어 대립유전자를 발견하고자하는 관심을 불러일으켰다.

암세포에서 Causative Mutation (원인 돌연변이) 찾기

DNA 서열 결정을 아주 싼 값에 할 수 있게 되자 암세포의 전체 genome의 서열을 읽어내고 이를 같은 사람의 정상 세포의 것과 비교함으로써 암세포에 축적된 모든 돌연변이를 찾게 되었다. 25장에서 고찰된 바와 같이, 정상 세포를 암세포로 형질전환하는 것, 즉 조절되지 않고 분열하는 것은 여러 개의 돌연변이가 일어나야 한다. 암의 genome을 서열 결정하는 주요 목표는 형질전환과 관련 있는 가능한 모든 *driver* 돌연변이를 식별하는 것이다. 그러나 이 접근 방식에서는 형질전환된 세포가 보편적으로 DNA 수리에 문제가 있기 때문에 암을 만드는 데 관여하지 않는 매우 많은 수의 *passenger* 돌연변이를 축적하는 경향이 높다는 점에서 매우 복잡한 상황이 된다. Driver 돌연변이와 passenger 돌연변이를 구별하기 위해 조사하는 사람들은 6.3절에서 설명한 생물정보학 과정을 이용하여 많은 수의 cancer genome 서열들을 비교한다. Driver 돌연변이를 구별하기 위한 일차적 기준은, 모든 암에서 흔히 발견되고, 같은 종류의 암(예를 들면, 유방암이나 대장암)을 앓고 있는 서로 다른 환자에게서 유래된 암 종들에서도 흔하게 발견된다는 사실이다. 두 번째 기준은 발견된 돌연변이의 종류이다. Driver 유전자에서 발견되는 돌연변이는 유전자 기능에 중대한 변화를 가져올 것이므로, loss of function (기능 상실)을 일으키는 nonsense 혹은 frameshift 돌연변이이거나, gain of function (기능획득)을 일으키는 missense 돌연변이일 것으로 기대된다. 반면, passenger 유전자에서 발견된 돌연변이는 silent 돌연변이일 가능성이 크다.

6.4절의 중요 개념

Human Traits (사람 형질) 유전자의 발견 및 동정

- 사람에서 유전 질환 및 여러 trait들이 한 유전자에 의해서 결정된다면, 다음 세 가지 주된 inheritance pattern (유전 형식)을 보인다: 상염색체 우성, 상염색체 열성, 그리고 X-연관 열성(그림 6-26 참조).
- 인체 질환 및 다른 특성을 나타내는 유전자는 meiosis이 일어나는 동안에 genome 상에서 위치가 이미 알려진 marker와 함께 분리되는지 여부를 알아봄으로써, genetic position이 결정될 수 있다. 한 유전자가 어떤 특정 marker에 가까우면 가까울수록, 함께 분리될 가능성이 더 높다(그림 6-27 참조).
- 사람 유전자를 정확히 mapping하기 위해서는 수천 개의 molecular marker들이 염색체에 분포하고 있어야 한다. 가장 유용한 marker는 개인 genome의 비암호화 부분에 있는 single nucleotide 다형성 (SNP), short tandem repeat (STR)와 같은 DNA 서열 변이(다형성)이다.
- 연관 지도를 통해 사람 질환 유전자 위치를 결정할 때 종종 10개 이상의 유전자들이 포함된 염색체의 특정 지역을 표시할 수도 있다. 이 candidate 지역에서 연구 대상 유전자를 규명하기 위해서는 야생형과 질병 영향을 받은 환자 사이의 DNA 서열의 비교와 유전자 발현 분석 비교가 필요하다.
- 일부 유전 질환은 서로 다른 환자에서 서로 다른 유전자의 돌연변이에 의해 발생될 수 있다(genetic heterogeneity).
- 가장 흔한 유전 질환들은 1개인 안에 여러 개 유전자의 돌연변이 대립유전자를 갖고 있는 경우들이다. 이런 종류의 질병은 복합 형질로 알려져 있고, 이들 질병에 대한 경향성에 기여하는 대립유전자들을 risk factor (위험 인자)라고 한다. 위험 인자는 genome-wide association (GWAS) 연구를 통해서, 해당 질병과 염색체 상의 특정 위치와의 statistical correlation (통계적 연관성)을 발견하는 것으로 mapping할 수 있다.
- Genetic association 연구는 질병을 막아 주는 protective 대립유전자를 식별해 낼 수 있다. 주요 유전 질환들을 막아 주는 대립유전자를 탐색하는 것은 사람 genetics의 가장 유망한 연구 방향 중 하나이다.
- 암세포의 유전체 서열 결정은 암으로 변형하는 중에 일어난 수천 개의 돌연변이들을 찾아낼 수 있다. 많은 수의 cancer genome 서열을 비교함으로써, 연구자들은 세포 형질전환에 기여하는 driver 돌연변이를 그렇지 않은 passenger 돌연변이로부터 구별해 낼 수 있다.

6.5 클론된 DNA 조각를 이용한 유전자 발현 연구

지난 절에서 우리는 돌연변이 분석 및 genome 서열에 대한 생물정보학 분석을 통해 유전자를 식별하고 그 특성을 연구하는 방법을 알아보았다. 또한, 특정 DNA 클론을 분리하기 위한 재조합 DNA 테크놀로지와 클론을 더 분석하기 위한 방법들에 대한 기초적인 기법에 대하여 설명하였다. 이 절에서는 분리된 DNA 클론이 유전자 expression (발현) 연구에 어떻게 사용되는지 고려해 보고자 한다. 먼저 핵산의 hybridization에 바탕을 두고서, 언제 어디서 유전자가 발현되는지 설명하기 위해 일반적으로 폭넓게 사용되는 여러 기법을 논의한다. 뿐만 아니라 다량의 단백질을 생산하기 위한 방법, 그 단백질의 발현 패턴, 구조, 기능을 결정하기 위해 아미노산을 조작하는 방법 등에 대해서도 논의할 것이다. 이 모든 기본적인 기법의 특별한 사용에 대해서는 다음 절에서 고찰할 것이다.

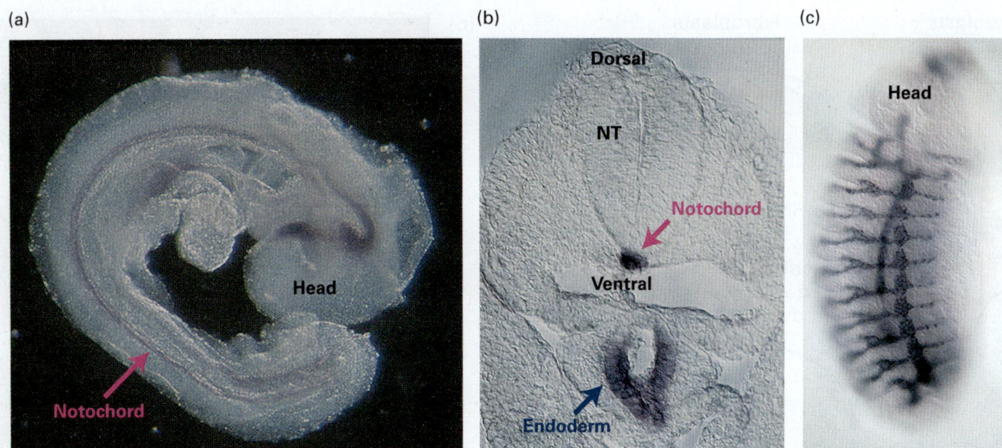

실험 그림 6-30 In situ hybridization은 whole (전체) 및 section된 embryo (배아절편)에서 특정 유전자의 활성을 검출할 수 있다. 검체는 mRNA가 probe에 노출될 수 있게 detergent (비누)와 protease로 처리하여 침투성을 높인다. Target mRNA에 특이적인 DNA 또는 RNA probe는 항체가 인식할 수 있는 화학적 group을 포함한 nucleotide 유사체로 제작된다. Permeabilized (침투된) 시료는 hybridization이 활성화되는 조건에서 probe와 incubation하고, 여분의 probe는 연속적인 세척을 통해 제거한다. 그 후 검체는 probe와 결합하는 항체를 포함한 용액에 담가 유지된다. 이 항체는 reporter 효소(예, horseradish peroxidase 또는 alkaline phosphatase)와 공유결합되어 있는데, 이는 염색 반응을 한다. 여분의 항체를 제거한 후, reporter 효소의 기질을 첨가한다. mRNA가 probe에 결합하면 염색 반응에 의해 색이 침착된다. (a) 발생 약 10일 정도인 전체 생쥐 배아를 대상으로 *Sonic hedhog* mRNA에 대해 조사하였다. 염색 반응이 후에 spinal cord (척추)로 분화하는 mesoderm (중배엽)인 notochord (척색; 빨간색 화살표)에 나타났다. (b) (a) part와 비슷한 생쥐 배아 절편. Neural tube (NT; 신경관)의 dorsal/ventral axis를 보여 준다. 그 밑에 *Sonic hedgehog*을 발현하는 notochord (빨간색 화살표)가 보이고, 더 아래쪽으로 (ventral) endoderm (파란색 화살표)이 보인다. (c) Whole *Drosophila* embryo가 trachea development (기관 발생) 동안 발현하는 mRNA에 대하여 조사되었다. Body segment의 반복적인 양상이 보인다. 위쪽이 anterior (머리 방향)이고, 왼쪽이 ventral (복부 방향)이다. [Ljiljana Milenkovic and Matthew P. Scott.]

In Situ Hybridization 기법을 이용하여 특정 mRNA를 검출할 수 있다

Hybridization (혼성)은 단일-가닥 DNA 혹은 RNA가 상보적으로 base pairing (염기 짝짓기)을 하는 것을 이용한 방법이다. 5장에서 고찰한 바와 같이, double-stranded (duplex, 이중-가닥) DNA는 염분이 포함된 용액에서 열을 가하면, 단일가닥으로 denature (변성, melted)될 수 있다. 그 다음 온도를 낮추고 이온 농도를 높이면 상보적인 단일가닥은 서로 결합(hybridize)하여 이중가닥을 이룬다. 핵산 혼합물에서 상보적 단일가닥만이 재결합한다; 더욱이 그 결합은 다른 상보적이지 않은 가닥에 의하여 실질적으로 영향 받지 않는다. Hybridization의 힘은 hybridization 조건을 잘 선정하여 완전히 상보적한 서열들만이 서로 결합하도록 만드는 것으로부터 나온다.

클론된 유전자의 특징을 파악하는 가장 기본적인 방법 중 하나는 그 유전자가 언제 어디서 발현하는지 식별하는 것이다. 특정 유전자의 발현은 그 mRNA가 발현하는 세포 혹은 조직을 식별하는 것이 뒤따른다. 해당 유전자의 mRNA의 발현 위치를 알아내는 한 방법은 형광 표식이 된 상보적 oligonucleotide를 이용하여 hybridization을 시켜 그 mRNA를 probe하는 것이다. 약 20 nucleotide 이루어진 oligonucleotide는 단일 특정 상보적 mRNA를 표지하는 데 사용할 수 있다. mRNA가 어디에서 발현하는 지에 대한 정확한 정보를 얻기 위하여, 화학적으로 고정된 전체, 혹은 단면 조직이나 whole permeabilized embryo (침투된 완전한 embryo)에서 특정 유전자에 의해 암호화된 mRNA를 감지할 수 있는 ***in situ* hybridization**을 활용한다. 형광현미경으로 고정된 조직을 살펴봄으로써 유전자 전사의 양을 시간과 위치에 따라 모두 관찰한다(그림 6-30).

DNA microarray를 이용하여 한 번에 많은 유전자 발현을 측정할 수 있다

Nucleic acid hybridization 개념을 기초로 한 또 다른 기법인 DNA microarray 분석에 의해 수천 개 유전자의 발현을 동시에 모니터링 하는 것이 가능하다. 이 **DNA microarray (DNA 마이크로어레이)**는 수천 개 유전자 각각의 특이 서열을 모아서 하나의 glass microscope slide (유리로 된 현미경 슬라이드) 위에 심어 놓은 것을 이용한다. genome 서열 분석 프로젝트에서 얻은 결과와 microarray 분석을 연결지음으로써, 연구자들은 유기체의 특정한 physiological response (생리적 반응)나 developmental process (발달 과정) 중에 일어나는 유전자 발현의 총체적인 양상을 분석할 수 있게 되었다.

DNA micorarray의 준비 microarray를 준비하는 한 방법으로 각 유전자의 암호화 지역을 ~1 kb 정도를 PCR로 각각 증폭한다. 각각의 증폭된 DNA sample을 현미경 glass slide에 기계를 이용하여 올린 후, 화학적인 과정을 통해 DNA 서열을 유리면에 영구적으로 부착시키고, DNA를 denature한다. 일반적인 array는 대략 2 × 2 cm 크기 안에 6,000개 정도의 DNA spot을 포함하고 있다.

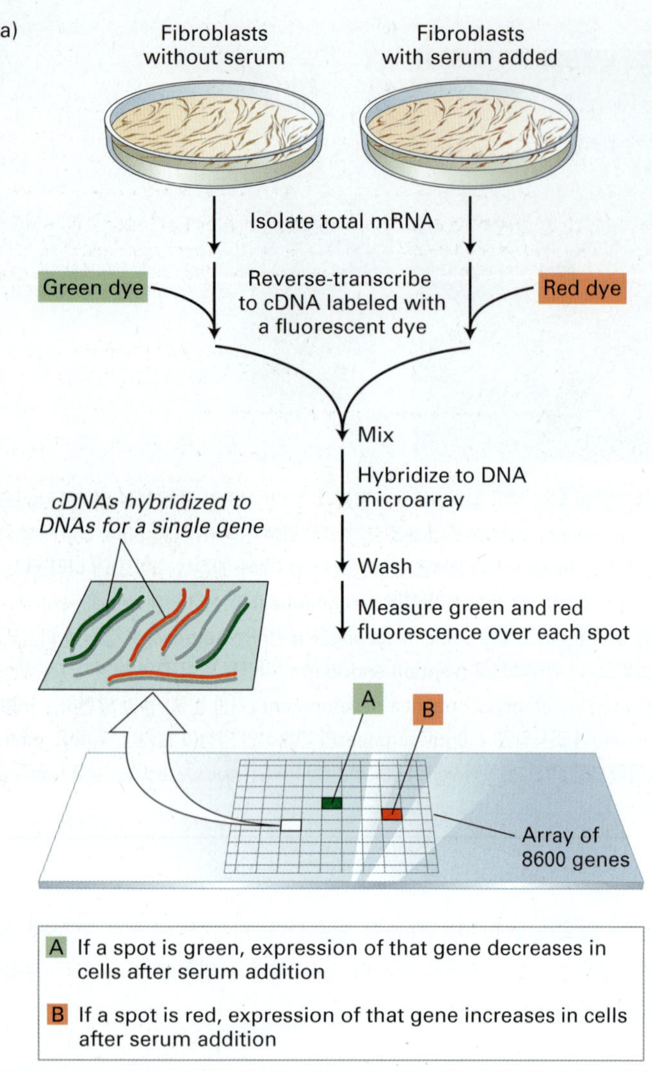

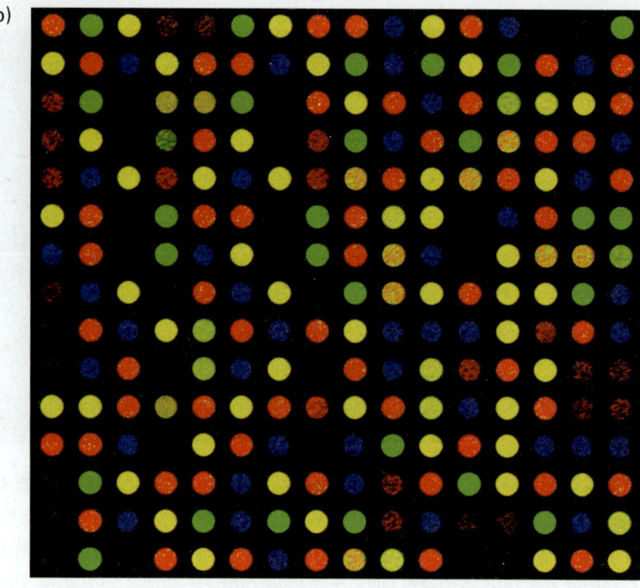

실험 그림 6-31 DNA microarray를 통해 다양한 실험 조건에서의 fibroblast 유전자 발현 양상을 살펴 볼 수 있다. (a) 이 예에서는 serum (혈청)이 없는 배지와 혈청이 첨가된 배지에서 배양된 fibroblast (교아세포)로부터 추출한 각각의 mRNA에 상응하는 cDNA를 서로 다른 형광 염색으로 표지한다. 8,600개 포유동물 유전자를 나타내는 DNA spot으로 구성된 microarray에 동일 양의 cDNA 혼합물을 hybridization시킨다. 각 spot에 나타나는 빨간색과 초록색 형광색의 intensity (강도)와 ratio (비율)은 confocal laser microscope scanning (공초점 레이저 현미경 스캐닝)으로 검출되는데, 이는 혈청에 대한 반응으로 각 유전자의 상대적인 발현 관계를 나타낸다. (b) 실제 DNA microarray의 일부 현미경 사진. 16×16 array의 각 spot은 서로 다른 유전자를 나타내는데, 빨간색과 초록색으로 형광 표지된 cDNA가 hybridization된 것이다. (노란색 점은 초록색과 빨간색 형광 물질이 동등하게 hybridization된 것으로 유전자의 발현 변화가 없는 것을 보여 준다.) [Part (b) Alfred Pasieka/Science Source.]

다른 방법에서는 유전자를 특이적으로 표현할 수 있는 DNA oligonucleotide (20 bp 정도)를 glass slide 표면에 미리 공유결합시켜 놓고 합성하는 것이다. Slide 표면의 미세 구역에 특정한 서열의 oligonucleotide 합성을 프로그래밍하는 것이 가능하다. 결국 발현을 살펴보고자 하는 어떤 유전자에 대한 다수의 oligonucleotide를 합성하여 슬라이드 상의 인접한 구역에 집적시킬 수 있다. 이 방법을 이용하면 수천 개의 유전자에 대한 oligonucleotide를 하나의 glass slide 위에 심는 것이 가능하다. 이 방법은 컴퓨터의 미세 집적 회로를 제조하는 방식에서 유래하였기 때문에, 이런 형태의 oligonucleotide microarray는 *DNA chip*이라 불리기도 한다.

다른 조건에서의 유전자 발현 비교에 microarray 사용 Microarrry를 이용한 발현 연구의 첫 번째 단계는 연구하려는 세포에서 발현되는 mRNA로부터 형광으로 표지된 cDNA를 준비하는 것이다(그림 6-17 참조). 준비된 cDNA를 microarray에 hybridization시키면, 이 세포에서 발현되는 유전자가 위치한 spot의 경우 상보적인 cDNA와 결합하게 되고, 이를 scanning laser microscope (주사 레이저 현미경)로 검출하게 된다.

그림 6-31은 사람의 fibroblast (섬유아세포)가 영양소가 결핍된 배지에서 serum (혈청)을 포함하고 영양소가 풍부한 성장 배지로 옮겨졌을 때 일어난 유전자 발현 변화를 이 방법으로 어떻게 관찰하였는지 묘사하고 있다. 이 실험에서는 혈청 결핍 상태의 섬유아세포와 혈청-성장 섬유아세포에서 각각 얻어진 cDNA가 서로 다른 색의 형광 염색으로 표지된다. 8,600개의 포유동물 유전자가 집적된 DNA array를 두 cDNA sample이 동량으로 섞인 혼합물과 hybridization시킨다. 결합하지 못한 cDNA를 세척하여 제거한 후 형광현미경을 이용해서 각각의 DNA spot의 초록색과 붉은색의 형광 정도를 측정하여 컴퓨터 파일로 저장한다. 각각의 점에서 초록색과 붉은색 형광의 세기는 그 유전자의 혈청에 대한 반응에 의한 상대적인 유전자 발현 정도를 반영한다. 이 생장 조건에서 전사되지 않는 유전자는 신호가 나타나지 않는다. 양쪽 조건에서 동등하게 전사되는 유전자는 빨간색과 초록색으로 표지된 cDNA에 동등하게 hybridization될 것이다. 섬유아세포에서 microarray 분석을 통한 유전자 발현 연구에서는 혈청이 첨가된 후, 8,600개의 유전자들 중 약 500개의 전사가 상당히 변화된 것을 보여 주었다.

여러 발현 Experiment의 Cluster analysis (클러스터 분석)로 함께 조절되는 유전자들을 식별

Microarray 분석은 발현이 비슷하게 나타나는 여러 유전자들의 세트를 밝혀낼 수 있다; 이 유전자들은 한 조직에서 같은 시간에 발현하는 것들이다. 같은 조건에 놓인 같은 종류의 세포들에게서 발현하는 유전자들은 기능적으로 매우 가깝게 연관되어 있을 가능성이 높다. 그러나 한 번의 microarray 실험으로부터 발현 변화의 유사성이 나타나는 유전자들이 동시에 조절되며, 따라서 기능적으로 관련성이 있는지에 대한 정확한 결론을 이끌어 내기는 어렵다. 예를 들면, 방금 기술한 섬유아세포 연구에서 보이는 발현의 차이는 세포의 배지가 바뀜으로써 나타난 생리적 변화의 간접적 결과일 수 있다. 다시 말하면, 한 번의 microarray 실험에서 함께 조절되는 것처럼 보이는 유전자들은 그 변화의 원인이 매우 다양하며 실제로 매우 다양한 생물학적 기능을 가질 수 있다는 것이다. 이런 문제점을 해결하는 한 방법은 다양한 조건이나 시간의 변화에 따라 함께 발현 변화를 보이는 유전자를 발견할 수 있도록 일련의 microarray 실험을 반복하여 그 정보를 취합하는 것이다.

위 실험의 경우, 혈청 첨가 후 다양한 시간 별로 8,600개 유전자의 발현 변화에 대해 다수의 microarry 실험을 통해 10^4 이상의 데이터를 취합함으로써 더욱 정확한 결과를 얻을 수 있다. 서로 다른 단백질 서열 간의 관련성을 탐색하는 경우에 사용하는 것과 유사한 컴퓨터 프로그램을 이용하면, 데이터들을 체계화하여 혈청 첨가 후 시간에 따라 유사한 발현을 보이는 유전자들을 cluster할 수 있게 된다. 그런 *cluster analysis* (클러스터 분석)는 콜레스테롤 생합성이나 세포 주기와 같은 공통적인 세포 과정에 관여하는 유전자들을 분류해 준다(그림 6-32).

미래에는 microarray 분석이 의학에서 강력한 진단용 기술이 될 것이다. 이전에 구별할 수 없던 질병의 다양성도 지금은 검출하게 되었다. 예를 들면, 좋은 예후를 보이는 tumor (종양)와 나쁜 예후를 보이는 tumor를 구별할 수 있는 mRNA 세트가 발견되었다. 종양 생체 조직에서 이런 mRNA 세트에 대해 분석한다면 내과 의사들이 그 tumor 종류에 가장 적당한 치료를 선택하는 데 도움이 될 것이다. 다양한 질병 조직의 특징적 유전자 발현 패턴이 밝혀질수록, DNA microarray를 이용한 진단법은 다양한 질환에 활용될 것이다. ■

cDNA를 서열 결정하여 각각의 세포에서 유전자 발현을 분석하는 것이 가능하다

DNA microarray 분석의 한계는 hybridization은 매우 선택적이지만, 비교적 sensitivity (감도)가 떨어진다는 것이다. 존재하기는 하나 양이 적은 많은 mRNA들은 검출되지 않는다. 단 1개의 세포에 단 하나의 copy만 존재하는 mRNA도 검출할 수 있는 강력한 방법을 이용할 수 있는데, **whole transcriptiome shotgun sequencing** (또는 **RNA-seq**)이라고 알려진 이 방법은 조직으로부터 분리한 10^6개 이상의 많은 cDNA를 shotgun sequencing으로 분석할 수 있다. 각 cDNA당, 약

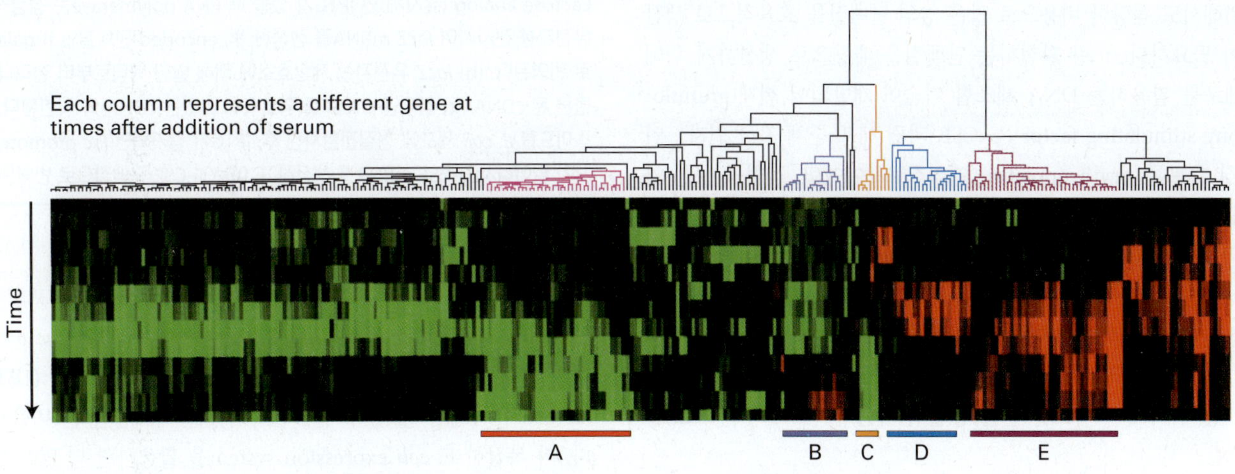

실험 그림 6-32 Multiple microarray 발현 실험에서 얻어진 데이터의 cluster 분석을 통해 공통적으로 조절되는 유전자들을 밝혀낼 수 있다. 이 실험에서는 영양 결핍 상태의 fibroblast에 혈청을 넣어 준 후 24시간에 걸쳐 시간대 별로 microarray 분석을 통해 8,600개의 유전자 발현 양상을 추적하였다. 그림의 cluster diagram (클러스터 다이어그램)은 영양분이 공급되지 않은 대조군과 비교하여 시간의 경과에 따라 유사한 변화 형태를 보이는 유전자들을 분류해 내는 컴퓨터 알고리즘에 기초한 것이다. 색깔이 있는 각각의 칸은 하나의 유전자를 나타내며, 각 세로줄은 시간의 경과를 나타낸다. 빨간색 박스는 대조군과 비교하여 발현이 증가한 것이며, 초록색 박스는 발현의 감소, 검은색 박스는 발현의 변화가 없는 것이다. 위쪽의 “tree” 다이어그램은 시간에 따른 각 유전자의 발현 양상을 기초로 어떻게 비슷한 패턴을 보이는 유전자들을 group화하여 계층화 database로 체계화할 수 있는지를 잘 보여 준다. 유사하게 조절되는 유전자들의 5가지 cluster는 바닥에 막대기 형태로 표시하여 구분하였다. 각 cluster는 cholesterol 생합성(A), 세포 주기 (B), immediate-early response (C), signaling과 angiogenesis (혈관 생성) (D), 그리고 wound healing (상처 치료)와 tissue remodeling (조직 재구성) (E) 등의 특정 세포 과정에 관여하는 여러 유전자들을 포함하고 있다. [Michael B. Eisen, University of California, Berkeley.]

100 base의 서열을 읽어내면 특정 mRNA 1개를 읽은 것으로 배정할 수 있다. 이 방법은 각 mRNA에 해당한 sequencing read의 상대적 수와 양(abundance)을 정량할 수 있다. 예를 들어, hepatocyte (간세포)로부터 분리한 cDNA를 RNA-seq 분석에 적용하면, 혈청 albumin (알부민)과 같은 특정 mRNA에 해당하는 서열 read가 수백만에 달하는 전체 read에서 수천 개에 이르는 것으로 나올 것이다. 1백만 개 read 중 1개의 read가 검출되는 것은 아주 희귀한 mRNA를 검출하는 threshold (한계점)로 잡기 때문에, RNA-seq 방법은 10^4배에 달하는 mRNA의 양을 잴 수 있으며, 이는 hybridization에 기반한 다른 실험 기법들에 의하여 측정되는 것보다 훨씬 크다.

cDNA를 PCR로 몇 배 증폭하는 것과 같은 방법으로 RNA-Seq을 좀 더 정련하면, 감도를 더욱 높일 수 있고, 심지어 단 1개의 세포에 존재하는 RNA도 감지해 낼 수 있다. **Single cell RNA-seq (scRNA-Seq)** 이라고 불리는 이 방법은 한 조직 내 여러 다른 세포들을 합쳐서 얻은 대용량 mRNA sample에서는 모호한, 각각의 세포들에서 발현하는 유전자 발현의 차이를 감지할 수 있게 한다.

E. coli Expression System을 이용한 클론된 유전자로부터 단백질 대량 생산

유용한 단백질을 대량 생산하는 것은 유전자 조작에 대한 우리들의 지식을 적용하는 중요한 지점이다. 많은 단백질 호르몬과 신호전달, 혹은 조절 단백질들은 매우 낮은 농도로 발현되기 때문에 일반적인 생화학적인 방법, 분리 정제하기 어렵다. 이런 단백질들을 이용한 다양한 치료의 활용성뿐만 아니라 이들의 구조와 기능에 대한 기본적인 연구를 위해서도 적당한 비용으로 많은 양의 단백질을 효율적으로 생산하는 것이 필요하다. 소량 발현하는 단백질을 대량으로 생산하기 위해 *E. coli* 세포를 활용하는 DNA 재조합 기술이 개발되어 현재 granulocyte colony-stimulating factor (G-CSF, 과립 세포 군체 자극 인자), 인슐린, 성장 호르몬, erythropoietin (에리스로포이에틴, 적혈구 생성 인자), 그리고 치료 목적에 따른 다양한 단백질 등을 상업적으로 생산하는 데 사용되고 있다. 예를 들어, G-CSF는 박테리아 감염에 대한 방어에 중요한 식균성 white blood cell (백혈구)인 granulocyte (과립구)의 생성을 촉진한다. 암환자에게 화학 치료제를 투여하면 과립구 생성이 감소되는데, 이때 G-CSF를 주입하면 이를 보완하는 데 도움이 된다. 이에 따라 환자들이 화학적 치료를 받는 동안 심각한 감염으로부터 보호될 수 있다. ■

소량 존재하는 단백질을 다량 생산하기 위한 첫 번째 단계는 원래 길이(full length)의 단백질을 암호화하는 cDNA 클론을 얻는 것이다 (그림 6-17 참조). 두 번째 단계는 *E. coli* 세포에서 암호화된 단백질을 다량 발현할 수 있는 플라스미드 벡터를 제조하는 것이다. 이런 발현 벡터를 설계하는 데 있어 중요한 것은 cDNA의 전사가 시작될 수 있도록 promoter DNA 서열을 포함하는 것이다. 그림 6-33에서 보여 주듯이, G-CSF를 발현하기 위한 비교적 단순한 체계를 예로 들어보자. 이 경우

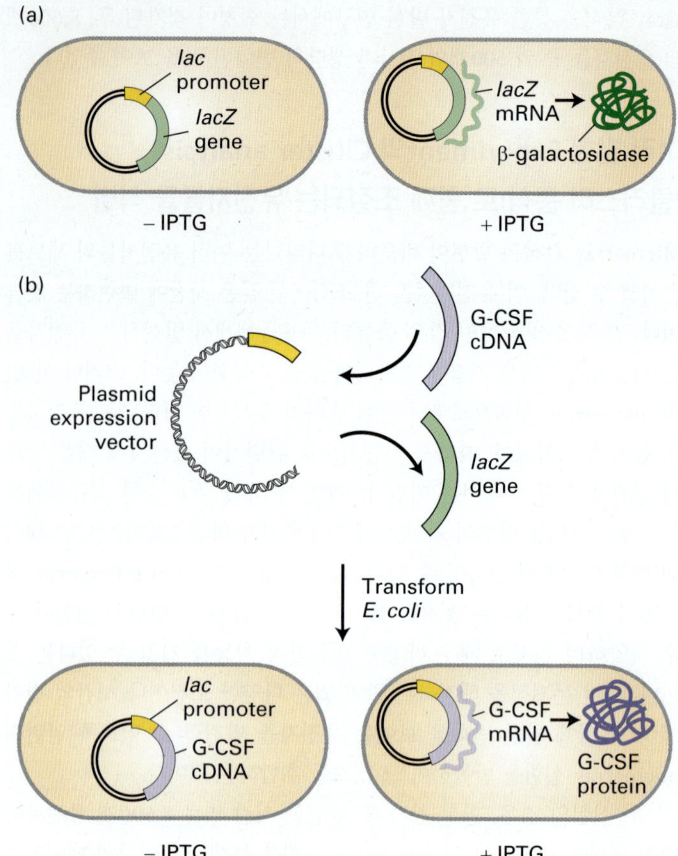

실험 그림 6-33 몇몇 진핵생물의 단백질은 *lac* promoter를 포함하는 플라스미드 벡터로부터 *E. coli* 세포에서 생성될 수 있다. (a) 플라스미드 발현 벡터는 인접한 *lacZ* 유전자와 *lac* promoter를 포함하는 *E. coli* 염색체의 단편을 포함한다. Lactose analog (유사체)인 IPTG가 있을 때 RNA polymerase는 정상적으로 *lacZ* 유전자를 전사하여 *lacZ* mRNA를 생성한 후, encoded 단백질인 β-galactosidase로 번역된다. (b) *lacZ* 유전자는 제한효소에 의해 발현 벡터로부터 잘려나가고, 대신 클론 된 cDNA (이 경우엔 G-CSF를 암호화하고 있는 cDNA)와 치환된다. 최종 플라스미드를 *E. coli* 세포에 형질전환시킨 후, IPTG가 첨가되면 *lac* promoter로부터 전사가 일어나서 G-CSF mRNA를 생산하고, 이는 G-CSF 단백질로 번역된다.

에 G-CSF는 G-CSF의 cDNA에 인접한 *lac* promoter를 포함하고 있는 플라스미드 벡터로 transform된 *E. coli*에서 발현된다. *Lac* promoter에 의한 전사는 lactose (젖당)나 isopropylthiogalactoside (IPTG) 같은 lactose 유사체가 배양 배지에 첨가되었을 때에만 높은 비율로 발생한다. 더 복잡한 *E. coli* expression system을 활용하면 더 많은 양을 생산할 수도 있다.

연구자들은 종종 *E. coli*가 발현하는 단백질으로부터 *E. coli* expression system을 이용하여 생산된 진핵생물 단백질의 분리 정제를 쉽게 하기 위하여 재조합 단백질을 암호화하는 cDNA를 변형시킨다. 예를 들면, 일반적으로 사용되는 변형 방법은 cDNA의 말단에 짧은 nucleotide 서열을 추가하여 발현되는 단백질들의 C-말단에 6개의 histidine 잔기를 추가하는 것이다. 이런 방법으로 변형된 단백질들은 chelated (킬레이트화) 니켈(nickel) 원자를 포함하고 있는 affinity matrix (친화

성 기질)에 단단히 결합하는 반면에, 대부분의 *E. coli* 단백질은 이런 기질에 결합하지 못한다. 결합하지 못한 *E. coli* 단백질을 세척으로 제거한 후, 용액의 pH를 낮춤으로써 결합한 단백질들이 니켈 원자로부터 떨어지게 되어 순수한 재조합 단백질을 생산할 수 있다. 대부분의 경우, 이런 과정을 통해 정제된 단백질은 고유 기능을 유지하는데, 그 이유는 단백질의 C-말단이나 N-말단에 짧은 아미노산 서열이 첨가되어도 보통 단백질의 생화학적 활성을 방해하지 않기 때문이다.

플라스미드 발현 벡터는 동물 세포에서 사용할 수 있도록 설계될 수 있다

박테리아 발현 시스템은 다양한 단백질을 다량 생산하는 데 성공적으로 사용되고 있지만, 모든 경우에서 박테리아를 사용할 수는 없다. 적절한 세포 환경 상황에서의 단백질의 기능을 동정하는 연구에서는 동물 세포에서 유전적으로 변형된 단백질이 발현되는 것이 필요하다. 이러한 연구에서는 유전자가 진핵생물 발현 벡터에 클로닝되고, 이 벡터를 **transfection (형질주입)**이라는 과정을 통해 동물 세포에 주입하게 된다. 동물 세포로 transfection하는 두 가지의 일반적인 방법은 재조합 벡터 DNA가 숙주 세포의 유전체 DNA로 통합되느냐 아니면 되지 않느냐에 따라 다르다.

두 가지 방법 모두 배양되는 동물 세포가 재조합 플라스미드를 잘 흡수할 수 있도록 처리되어야 한다. 이것은 DNA의 투과성을 증가시키기 위해 plasma membrane (원형질막)을 침투하는 지질에 세포를 노출시킴으로써 이루어진다. 대안적으로, *electroporation* (전기천공법)이라고 알려진 기술이 있다. 이것은 수 천 볼트의 전기적 충격에 놓인 세포가 일시적으로 DNA에 대한 투과성을 갖게 만든다. 이때 플라스미드 DNA는 대부분의 세포가 적어도 하나의 플라스미드 DNA 분자를 받을 수 있도록 충분한 농도로 첨가되어야 한다. 연구자들은 또한 transfection을 위해 바이러스를 변형하기도 한다; 바이러스는 연구하고자 하는 DNA를 포함할 수 있게끔 변형이 가능하며, 이런 재조합 바이러스를 단순히 세포에 감염(infection) 시킴으로써 DNA를 원하는 세포에 삽입할 수 있다.

Transient Transfection 위에 언급한 두 가지 방법 중 가장 단순한 방법인 *transient transfection*은 이전에 언급한 yeast shuttle vector와 비슷한 벡터를 이용한다. 포유동물 세포에서 이용하기 위해 플라스미드 벡터는 포유동물 세포를 감염시키는 바이러스로부터 유래한 복제 기점, 포유동물 RNA polymerase에 의해 인식되는 강한 promoter, promoter에 인접하여 연결된 cDNA 등이 포함되도록 제작되어야 한다(그림 6-34a). 이런 플라스미드 벡터가 포유동물 세포에 들어가게 되면 바이러스의 복제 기점은 플라스미드 벡터를 효율적으로 복제하도록 한다. 그럼으로써 발현되는 단백질을 만들기 위한 수많은 플라스미드를 생산한다. 그러나 이러한 플라스미드는 세포 분열 중에 2개의 딸세포로 정확히 분리되지 않으며, 시간이 지나면 대부분의 세포가 플라스미드를 함유하지 않게 될 것이다. 그러므로 "*transient transfection* (일시적 형질주입)"이라고 부른다.

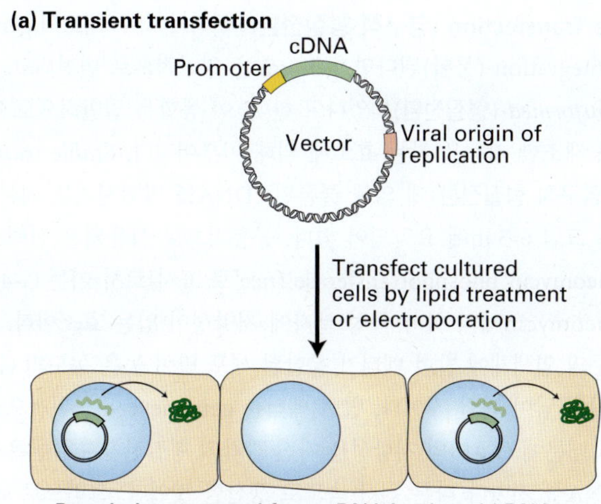

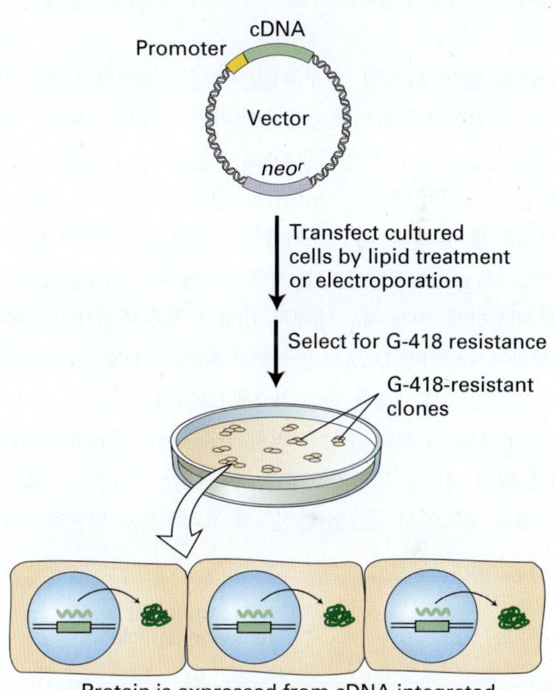

실험 그림 6-34 특별히 설계된 플라스미드 벡터를 이용한 transient 및 stable transfection을 이용하여 배양된 동물 세포에서 클론된 유전자를 발현할 수 있다. 두 방법 모두 플라스미드 벡터를 활용하는데, 이 벡터는 일반적인 플라스미드 벡터의 구성요소를 포함하고 있다. 즉, *E. coli*에서 propagation (증식)하게 하는 요소와 클로닝된 cDNA를 promoter에 삽입시키는 데 필요한 요소 — ORI, selectable marker (예, *amp*^{r}) 및 polylinker — 가 포함된 벡터이다. 간단하게 묘사하기 위해 그림에서 이들은 제외되었다. (a) transient transfection (일시적 감염)에 사용되는 플라스미드 벡터는 동물 세포에서 복제할 수 있는 바이러스의 복제 기점을 포함한다. 이 벡터는 세포의 genome 안으로 끼어들지 않기 때문에 단백질을 암호화한 cDNA 생산이 제한된 시간 동안만 지속된다. (b) stable transfection (영구 감염)에 사용되는 벡터는 G-418에 저항성을 띠는 *neo*^{r} selectable marker를 가지고 있다. genome 안으로 외부의 DNA가 integration (통합)된 동물 세포는 G-418이 포함된 배지에서 선별된다. 벡터 genome에 통합되었기 때문에 영구히 감염된 세포(stably-transfected cell)는 배양이 유지되는 오랜 시간 동안 cDNA에 의해 암호화된 단백질의 생산이 유지된다.

Stable Transfection (영구적 형질전환) 벡터가 숙주 세포의 genome으로 integration (통합)된다면, genome은 영구적으로 변형되고, 세포는 *transformed* (형질전환)되었다고 한다. 이 통합은 일반적으로 DNA 수리와 재조합 기능을 하는 효소에 의해 이루어진다. *Stable transfection* (영구적 형질전환)에 의해 클론된 cDNA를 발현시키는 기본적인 과정은 그림 6-34b에 요약되어 있다. 공통적으로 사용되는 선택 표지자는 neomycin phosphotransferase (*neo*^{r}로 표시)로서 이는 G-418이라는 neomycin계의 화학 독성 분자에 저항성이 있는 효소이다. 오로지 숙주의 염색체에 발현 벡터가 통합된 세포 만이 높은 농도의 G-418에서 살아 남아 자랄 것이다. 발현 벡터는 genome에 무작위적으로 통합되기 때문에 G-418의 저항성을 가진 각각의 형질전환된 클론은 삽입된 cDNA를 저마다 다른 전사 속도로 생산할 것이다. 그러므로 stable transfectant (영구적 형질전환체)는 다량의 단백질을 생산하는 클론을 탐색하여 선별하여야 한다.

Retroviral 발현 시스템 연구자들은 변형된 유전자가 동물 세포에서 안정적으로 발현하게 하는 효율을 높이기 위하여 바이러스가 동물 세포에 유전 물질을 도입하고, 염색체 DNA에 삽입하는 기본적인 매커니즘을 활용하였다. 그러한 예로서, *lentivirus* (렌티바이러스)로 알려진 레트로바이러스를 들 수 있다. 이 시스템에서는, 클론된 유전자에 대한 RNA가 렌티바이러스 genome 내에 LTR 서열 사이에 끼워져 있는 렌티바이러스 입자를 이용하게 된다. 세포 내에서, LTR 서열은 역전사 과정에서 RNA를 복제하여 이중가닥 DNA로 만들도록 하고, 이 DNA는 그림 7-14에서 그리고 있는 일련의 과정을 통해 염색체 DNA에 통합하게 된다.

그림 6-35에서 보여 주는 것처럼, transient transfection (일시적 감염)에 의해 세포에 도입한 3개의 서로 다른 플라스미드를 이용하여 target 동물 세포에서 클론된 유전자를 효과적으로 발현하기에 알맞은 재조합 렌티바이러스 입자를 만든다. 첫 번째 플라스미드는 연구하고자 하는 유전자가 *neo*^{r}와 같은 selectable marker (선택 표지자) 옆에 클로닝되어 있으며, 이것이 양쪽에 있는 렌티바이러스 LTR 서열에 의해 감싸여 있는 **벡터 플라스미드**이다. 왼쪽 LTR은 렌티바이러스 LTR을 한 쪽 끝에 갖고 있는, retroviral RNA의 여러 가지 성질을 보유하고 있는 RNA 합성을 일으킨다. 포장(packaging) 플라스미드로 알려진 두 번째 플라스미드는 바이러스의 envelope (외피) 단백질을 제외한 모든 바이러스 유전자를 포함하고 있다. 바이러스 envelope 단백질은 LTR을 포함하고 있는 바이러스 RNA가 제기능을 할 수 있는 렌티바이러스 입자로 조립 포장되는 데 필수적인 단백질이다. 마지막 플라스미드는 envelope 단백질을 발현할 수 있는 플라스미드로 이 envelope 단백질은 재조합 렌티바이러스와 함께 결합되어 만들어지는 혼성 바이러스 입자가 target 세포를 감염시킬 수 있게 한다. 이 상황에서 일반적으로 사용되는 envelope 단백질은 vesicular stomatitis virus (VSV)의 glycoprotein (당단백질) (VSV-G 단백질)으로 온전한 렌티바이러스 입자의 envelope 단백질을 대신할 수 있고, 그렇게 만들어진 바이러스 입자는 hematopoietic stem cell (조혈모 세포), neuron (신경세포), muscle cell (근육세포) 및 liver cell (간세포) 등 다양한 포유동물 세포들을 감염시킬 수 있다.

세포가 감염된 후, 바이러스의 LTR 서열에 감싸여 있는 클론된 유전자는 DNA로 역전사되어 핵으로 이동하여 숙주 genome에 삽입된다. Stable transfection (영구적 형질주입)의 경우처럼, 안정적으로 genome에 삽입된 유전자가 필요한 상황이라면, *neo*^{r} marker를 활용하여 G-418에 저항성 있는 세포를 선별할 수 있다. 특정 유전자의 기능을 불활성화시키는 대부분의 기술(6.6절 참조)은 전 세포 집단을 동시에 유전적으로 변형시키는 것이 필요하다. 이런 실험에는 공학적으로 변형한 렌티바이러스가 특히 유용한데, 이는 바이러스가 매우 효율적으로 세포

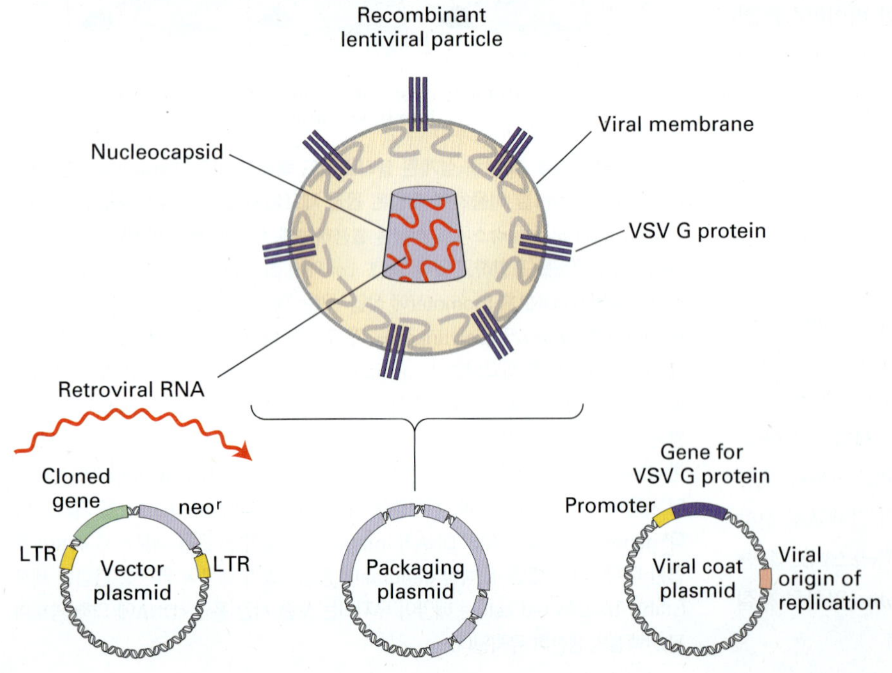

실험 그림 6-35 Retroviral 벡터는 포유동물 genome에 클로닝된 유전자를 효율적으로 통합시키는 데 사용될 수 있다. 재조합 lentiviral 입자는 포장 플라스미드로부터 발현된 바이러스 단백질과 viral coat (바이러스 껍질) 플라스미드로부터 발현된 넓은 숙주 범위를 보이는 coat (껍질) 단백질들을 생성하는 세포에서 생산된다. 이들 바이러스 입자들은 관심 대상 유전자 서열을 담고 있는 벡터 플라스미드에서 전사된 viral RNA를 품고 있다. 이러한 방법으로 생산된 재조합 바이러스 입자들이 세포를 감염시키면, 그 안에 클로닝한 관심 대상 유전자는 염색체 DNA에 통합되고 이를 받아들인 세포 내에서 안정적으로 발현된다.

를 감염시킬 수 있어 집단의 모든 세포가 적어도 1개의 렌티바이러스 플라스미드를 받아들이기 때문이다.

유전자 및 단백질 Tagging (표지) 발현 벡터는 진핵생물 단백질의 발현과 세포내 단백질의 위치를 연구하는 방법을 제공한다. 이 방법은 종종 *green fluorescent protein* (*GFP*, 녹색형광단백질)과 같이 세포에서 편리하게 검출할 수 있는 reporter (보고) 단백질을 활용하게 된다(그림 4-15 참조). 여기서는 연구하고자 하는 단백질과 reporter 단백질의 발현을 연결할 수 있는 hybrid (혼성) 유전자를 만드는 두 가지 방법을 설명하겠다. 혼성 유전자는 플라스미드 발현 벡터에 포함된 클론된 유전자를 transfection (형질주입)하거나 6.6절에서 설명된 형질전환 동물을 제작했을 때, 언제 어디서 클론된 유전자가 발현되는지 결정하는 데 reporter 단백질의 발현을 이용할 수 있게 한다. 이 방법은 이 전에 설명한 *in situ* hybridization 실험과 비슷한 데이터를 제공하지만 훨씬 더 높은 해상도와 민감도를 보인다.

그림 6-36은 *C. elegans*에서 odorant receptor (후각 수용체) 단백질의 발현을 연구하는 데 사용된 두 가지 서로 다른 형태의 GFP-tagging 실험을 설명한다. 첫 번째 실험은 *promoter–fusion* (프로모터-퓨전)으로 알려진 방법으로서, 후각 수용체의 *promoter*에 GFP의 암호화 서열이 직접 연결되었을 때, GFP는 특정한 신경세포에 발현하여 그 신경세포의 세포질을 가득 채웠다. 두 번째 실험은 수용체의 암호화 서열에 GFP가 연결되어 *protein-fusion* (단백질-퓨전)이 되었을 때, 수용체 단백질이 정상적으로 발현하는 위치인 감각 신경세포의 말단 cilia (섬모)에 GFP 형광이 위치해 있었다.

단백질의 세포내 위치를 동정하기 위해 GFP-tagging대신 사용할 수 있는 또 다른 방법은 monoclonal antibody (단일클론 항체)가 인식할 수 있는 특정 아미노산을 암호화하는 짧은 DNA 서열을 연구 대상 유전자에 fusion하는 것이다. 이와 같이 항체에 의해 인식될 수 있는 짧은 peptide는 *epitope* (항원결정기)이라 불린다. 따라서 이 방법은 *epitope tagging* (항원결정기 표지)이라고 알려져 있다. 변형된 유전자가 포함된 플라스미드 발현 벡터를 형질주입한 후, 항원결정기가 달린 단백질은 항원결정기를 인지하는 단일클론 항체의 immunofluorescence-labeling (면역형광표식)에 의해 검출할 수 있다. 짧은 항원결정기를 사용할지 GFP를 이용할지 선택하는 것은 클론된 유전자가 표지 후 구조와 기능을 유지할 수 있는지 여부에 따라 결정된다.

*C. elegans*의 몸은 투명하기 때문에, 발현한 GFP는 형광현미경으로 이미지화할 수 있다. 쥐와 같이 좀 더 큰 동물에서의 유전자 발현을 이미지화하려면 좀 더 감도가 좋은 bioluminescent reporter (생체 발광 보고자)를 이용할 수 있다. 이 방법은 firefly (반딧불이)가 내는 반짝이는 빛을 내는 데 필요한 luciferase (루시퍼레이즈)라는 효소를 사용한다. 효소의 기질인 luciferin (루시페린)을 넣어주면, luciferase는 빛을 생성하는 화학 반응을 촉매한다. Visible light photography (가시광선 사진법)는 살아있는 쥐의 몸 속에서 발현한 luciferase 보고자로부터 매개된 빛을 감지할 수 있다. 이 장의 도입부 그림은 T-세포에서 발현하는 CD2 promoter에 의하여 합성되는 luciferase의 promoter fusion을 발현하는 형질전환 쥐를 보여준다.

(a) Promoter-fusion; ODR10 promoter fused to GFP

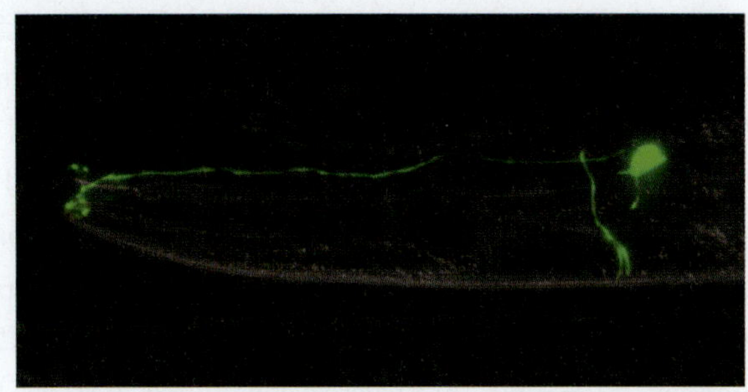

(b) Protein-fusion; ODR10-GFP fusion protein

실험 그림 6-36 Gene-tagging과 단백질 tagging은 클로닝된 유전자의 세포내 발현 위치 연구에 이용된다. 이 실험에서 *C. elegans*의 chemical odorant receptor (화학 후각 수용체) 유전자인 *Odr10* 유전자에 green fluorescent 단백질 (GFP)의 유전자 서열을 연결하였다. (a) Promoter-fusion은 *Odr10* 유전자 promoter와 첫 4개의 codon에 GFP 유전자를 연결하여 만들어졌다. 이 단백질은 *C. elegans*의 머리에 있는 특정 sensory neuron (감각 신경세포)의 cytoplasm (세포질)에서 발현되었다. Cell body (세포체, 점선 화살표)와 sensory dendrite (감각 수상돌기, 화살표)가 형광을 나타내는 것을 주목하라. (b) 단백질-fusion을 full-length Odr10 암호화 서열의 끝에 GFP를 연결하여 만들었을 경우, Odr10-GFP 융합 단백질은 감각 신경세포 끝의 막에 모이며, sensory cilia (감각 섬모)의 먼 끝에서만 뚜렷하게 보인다. 여기에서 관찰된 현상이 특정 신경세포에서 Odr10 단백질의 정상적인 발현 위치를 보여 주는 것으로 사료된다. (a)에서 보여준 promoter-fusion은 Odr10의 위치 결정 서열을 포함하고 있지 않아 GFP가 전체 세포질에 퍼진 것이다. [Ashish Maurya.]

6.5절의 중요 개념

클론된 DNA 조각을 이용한 유전자 발현 연구

- Labeled DNA가 상보적 RNA 혹은 DNA와 hybridization하는 것은 완전한 세포 안의 특정 단일 mRNA를 특이적으로 감지할 수 있게 한다.
- 조직 내의 특정 mRNA의 존재와 분포는 *in situ* hybridization과 형광현미경에 의해 검출할 수 있다.
- DNA microarray 분석은 동시에 서로 다른 세포에서 발현하는 수천 개의 유전자나, 동일한 세포의 서로 다른 조건하에서 발현하는 유전자의 상대적인 발현량을 비교할 수 있다(그림 6-30 참조).

- 여러 횟수의 microarray 발현 실험을 통하여 얻어진 데이터에 대한 cluster 분석을 통해 여러 조건하에서 동시에 조절 받는 유전자를 선별할 수 있다. 이렇게 동시에 조절되는 유전자들은 흔히 생물학적으로 관련된 기능을 가진 단백질을 암호화한다.
- RNA-seq 분석은 수백 만 개의 cDNA들의 서열을 직접 결정함으로써 단일 세포에서 발현한 mRNA 모두를 나타내 보일 수 있다.
- 플라스미드로부터 유래한 발현 벡터는 클론된 유전자에서 다량의 단백질을 생산하게 한다.
- 진핵세포 발현 벡터는 살아있는 유기체에서 클론된 유전자를 발현하는 데 사용된다. 이 방법은 GFP 혹은 다른 식별 가능한 marker를 단백질에 tagging (표지)하여 발현 양상과 세포내 위치를 인식하는 데 유용하게 사용된다.

6.6 특정 유전자의 기능을 변화시키는 Design

최근 몇 년 사이 얻어진 엄청난 양의 유전체 DNA 서열 정보를 이용하여 많은 새로운 유전자들이 발견되었다. 서열 탐색을 통해 발견된 유전자의 일반적인 기능은 그 암호화된 단백질과 유사한 기능이 알려진 단백질을 근거로 하여 추측된다. 그러나 "새로운" 단백질의 *in vivo* (생체 내)에서의 정확한 기능은 그에 상응하는 유전자의 돌연변이 형을 이용하지 않고는 밝혀내기 힘들다. 이번 절에서는 한 유기체의 genome에서 특정 유전자의 정상적인 기능을 제거하는 여러 가지 방법들을 설명하고자 한다. 종종 돌연변이 표현형의 분석은 정상 유전자 및 단백질의 *in vivo* 기능을 밝히는 데 도움을 주고는 한다.

우리는 이 절을 효모에서 유전자를 어떻게 deletion (삭제)할 것인지 설명하는 것으로 시작할 것이다. 효모는 유전학적으로 조작하기 가장 쉬운 유기체이고, 그 모든 유전자에 대한 각각의 삭제가 이루어진 최초의 유기체이기도 하다. 이러한 포괄적인 null deletion collection (결여 삭제 집합)을 이용하여 한 유기체의 모든 유전자를 각각 완전히 불활성 시켰을 때 나타나는 효과를 관찰할 수 있다. 우리는 그 다음 최근에 개발된 강력한 genome 편집 도구인 CRISPR에 대하여 설명한다. 박테리아 시스템에 기반을 두는 CRISPR는 특정 DNA 서열을 자를 수 있는 방법이다. 이 시스템은 포유류를 포함, 여러 가지 유기체에서 특정 유전자를 편집하는 데 적용된다. 기본적인 CRISPR 과정은 target 유전자에 작은 결실을 만드는데, 이는 대개 삭제 대립유전자를 만들게 된다. 유전자를 연구하는 사람들은 종종 어떤 유전자의 gain of function (기능획득) 대립유전자를 연구하고 싶어 하는데, CRISPR는 이러한 좀 더 특이한 종류의 유전자 편집을 할 수 있도록 변형할 수 있다.

모델 유기체에서 널리 사용되는 유전자-불활성 방법으로는 기본적으로 두 가지 방법이 있다: (1) 특정 조직에서만 선택적으로 불활성화될 수 있는 유전자 대립유전자를 갖고 있는 형질전환 생쥐의 사용, 그리고 (2) RNA interference (RNA 간섭)을 이용하여 유전자에서 전사된 mRNA의 파쇄를 증진시키는 것이다.

정상 효모 유전자는 Homologous Recombination (상동 재조합)에 의해 돌연변이 대립유전자와 치환될 수 있다

효모 *S. cerevisiae*의 genome 조작은 두 가지 이유에서 간편하다. 효모 세포는 특정 조건 하에서 세포 밖의 DNA를 쉽게 받아들이며, 도입된 DNA는 recipient cell (수신자 세포)의 같은 서열을 갖고 있는 염색체 자리에서 쉽게 치환된다. 이러한 동일 서열을 가진 DNA 사이에서 일어나는 특이한 targeted recombination (적중 재조합)은 효모 염색체 상의 어떤 유전자도 돌연변이 대립유전자로 쉽게 치환될 수 있게 한다.

이런 방식으로 효모 유전자를 제거하는 대중화된 방식에서는 PCR을 이용하여 적절한 selectable marker (선택 마커)를 포함한 *disruption construct*를 제조한 후 효모 세포 형질주입에 사용된다. 그림 6-37a에 설명한 대로, selectable marker를 증폭하기 위한 두 가지 primer들을 디자인할 때, 치환하고자 하는 효모 유전자의 양 끝 부분과 동일한 약 20여 개의 nucleotide를 첨가하게 된다. 결과적으로, 증폭된 construct는 치환하고자 하는 유전자의 양쪽 말단과 동일한 약 20쌍의 염기로 둘러싸인 selectable marker (예로서, *KanMX* 유전자는 *neo*^{r}처럼 G-418에 내성을 나타낸다)로 이루어진다. 이배체 효모 세포에 이 construct를 형질전환하면 정상적인 2개의 효모 유전자 중 하나가 disruption construct로 치환되며, 이런 세포는 G-418과 같은 약물에 대한 내성을 통해 분리가 가능하다. 이런 heterozygous 이배체 효모 세포의 경우 target 유전자의 기능에 상관없이 정상적으로 성장하지만, 이 세포로부터 유래한 반수체 홀씨의 경우 50%는 파괴된 대립유전자만 가지게 된다(그림 6-37b). 만약 target 유전자가 생존에 필수적이라면, 파괴된 대립유전자를 가지고 있는 홀씨는 생존하지 못할 것이다.

이러한 방법으로 효모 유전자 기능을 파괴하는 연구 방법은 전체 genome DNA 서열 분석을 통해 발견된 단백질들의 기능을 추측하는 데 특히 유용하다. 과학자들은 이러한 분석법으로 약 6,000여 개의 유전자 각각을 *KanMX* disruption construct로 치환시켜 효모의 생존에 중요한 유전자들을 결정하였다. 이러한 분석으로 대략 6,000개의 효모 유전자 중에서 기대했던 바와 달리, 많은 숫자인 4,500개 유전자가 반수체 세포에서 망가져도 세포의 생존에 중요한 역할을 하지 않는 비-필수 유전자로 밝혀졌다. 어떤 경우에는 특정 유전자를 없애도 실험 조건 하에서의 효모 세포 생존에는 별 영향이 없는 극히 미미한 문제점만을 형성하는 것인지도 모른다. 아니면 세포는 어떤 문제가 생길 경우에 그것을 대체 혹은 보상해 주는 경로(compensatory pathway, 보상 경로)를 가지고 있을지도 모른다. 그림 6-10에서 보는 바와 같이, 중복된 기능을 갖고 있는 보상 경로와 과정들이 이중 돌연변이 분석을 통하여 밝혀졌다.

*S. cerevisiae*에서 사용하는 *KanMX* deletion construct의 제조는 각 결실된 유전자만을 인식하는 20 nucleotide로 이루어진 2개의 서열을 삽입하는 것이 필요하다. 이들 서열은 DNA 서열 결정이나 microarray에 hybridization하는 것으로 읽히는 molecular bar code (분자 바

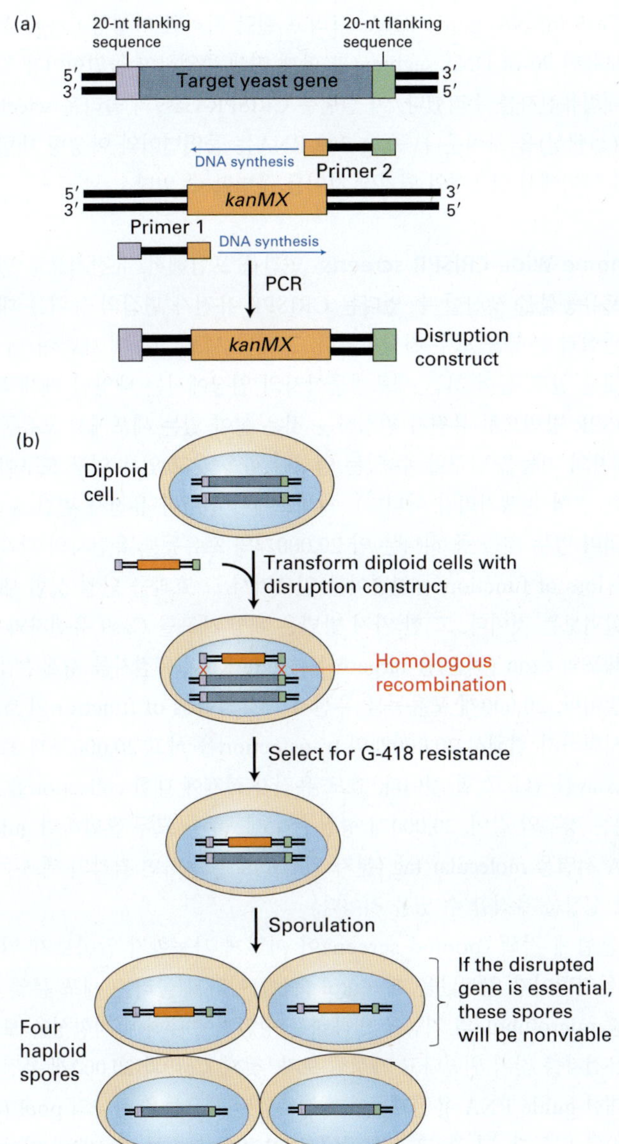

실험 그림 6-37 효모에 disruption construct를 transfection하면 상동 재조합에 의해 특정 유전자가 불활성화될 수 있다. (a) Target 유전자 제거를 위해 적절한 disruption construct는 PCR로 준비할 수 있다. 이 목적으로 설계된 2개의 primer는 각각 target 효모 유전자의 한쪽 말단에 상보적인 약 20개 정도의 nucleotide 서열을 가지고 있으며, G-418 저항성에 필요한 *kanMX* 같은 selectable marker 유전자, DNA를 증폭하는 데 필요한 서열을 포함한다. (b) 이배체 *Saccharomyces* 세포에 gene-disruption construct를 도입하였을 때 construct의 말단과 상응하는 염색체 서열 사이에서 상동 재조합이 일어나 target 유전자 서열을 치환하면서 염색체에 *kanMX* 유전자를 통합시킬 것이다. 재조합 이배체 세포는 G-418을 포함하고 있는 medium에서 자랄 것이고, 그렇지 못한 세포는 살지 못할 것이다. Target 유전자가 살아가는 데 필요한 유전자라면 재조합 이배체 세포가 sporulation (포자 형성)한 후 형성된 반수체 홀씨의 절반은 살지 못할 것이다.

코드)로 사용될 수 있다. 주어진 바코드의 사본수를 셈으로써 해당 삭제 돌연변이의 생장 특징을 4,500개의 모든 비-필수 유전자 deletion mutant (삭제 돌연변이체)가 모두 합쳐진 혼합물에서 추적할 수 있다. 결실 돌연변이체에 대한 parallel screening (동시 검색)을 위한 바코드 테크놀로지의 초기 응용에서는, 모든 4500 결실 돌연변이체의 혼합 집단의 여러 가지 스트레스 조건에서의 감수성을 시험해 보았다. 예를 들어, 그 혼합 집단을 microarray에 hybridization하여 각 삭제 주의 상대적인 수를 결정했다. 이러한 초기 보정을 한 후, 그 혼합 집단에 스트레스를 조성하고 야생형 효모의 생장을 저하시키는 조건인 1 M NaCl이 포함된 생장 배지에 두었다. 염분 스트레스를 견디기 힘든 결실 돌연변이체들은 평균적인 다른 주들보다 줄어든 fitness (적합도)를 보일 것이다. 세포 수는 해당 바코드를 읽음으로써 결정할 수 있는데, 4,500개 유전자 가운데, 62개 유전자들의 돌연변이체들의 세포 수는 유의미하게 줄어들었다. 같은 결과를 얻는 검색을 진행하는 전형적인 접근 방식은 각각의 4500 삭제 돌연변이체에 대한 성장 속도를 따로 시험하는 것인데 반해, 각 주에 독특한 바코드를 좇아가는 이 방법은 단일 배양 플라스크 안에서 전체 돌연변이 collection의 생장 특징을 파악할 수 있게 한다. 이러한 효율적인 돌연변이 탐색 방법은 CRISPR 시스템에 의해 만들어낸 돌연변이에 대하여 설명한 다음 절에서 보는 바와 같이, 각각의 돌연변이 주들을 독특한 sequence tag (서열 인식표)를 이용하여 식별할 필요가 있을 때마다 사용할 수 있다.

Engineered CRISPR 시스템은 정밀한 Genome Editing (유전자 편집)을 가능하게 한다

CRISPR를 이용하여 거의 모든 유기체에서 유전체 DNA 서열 안에 정확한 변형을 만들 수 있는 과정을 *genome editing* (유전자 편집)이라고 한다. 이 technique은 phage DNA와 같은 외부 DNA로부터 박테리아 세포를 보호하기 위하여 진화된 자연적 메커니즘을 응용한 것이다. **CRISPR** (clustered regularly interspaced short palindromic repeats)라는 이름은 서열이 알려진 박테리아 genome의 약 절반 정도에서 발견되는 흥미로운 tandem repeat sequence array (종열 중복 서열 배열)를 일컫는 말이다. 이 배열들의 앞뒤에는 nuclease 유전자와 유사성을 보이는 *Cas* (CRISPR-associated)라고 알려진 진화적으로 보존된 유전자 세트들이 있다.

CRISPR 서열을 이해하는 데 결정적 계기는 배열 안의 중복 서열들 중 한 세트가 종종 phage (파지) genome의 짧은 segment와 일치한다는 것을 발견하게 된 것이다. 그 후, CRISPR element와 Cas 유전자들은 박테리아 세포가 phage DNA의 CRISPR 배열 내의 반복 서열과 정확히 맞아 떨어지는 자리를 잘라낸다는 것이 알려졌다. 이는 박테리아 세포가 phage에 대한 면역(immunity)을 습득(aquire)한 것이다. 면역 습득은 두 단계에 걸쳐 이루어진다. 첫 번째 단계는 phage가 감염된 단일 박테리아가 phage DNA를 짧은 조각으로 자르고서 이들을 CRISPR 배열에 더함으로써 매우 보존이 잘 된 중복들이 산재되어 있게 만든다. 두 번째 단계에서는 CRISPR 배열의 전사와 그로부터 생성된 RNA에 대한 처리 과정이 guide RNA라고 불리는 성숙한 이분적(bipartite) RNA 분자들을 생성하게 되는데, 이는 보존된 중복 서열과 phage로부터 유래한 spacer 서열로 이루어져 있다. Guide RNA는 Cas 단백질과 결합하여 interference 복합체를 형성하고, 이는 guide RNA의 염기짝짓기와 phage DNA 내의 상보적 서열과 상보적 염기짝짓기를 함으로써 감염된 phage DNA (viral particle로부터 떨어져 나온)를 target한다. 특정 DNA 서열을 목표로 하게 되면, Cas 단백질 nuclease들은 목표 DNA의 양 가닥을 guide 서열과 염기 짝짓기하는 부위 바로 근처를 자르게 된다.

CRISPR를 이용하여 Eukaryotic genome을 변형 CRISPR element들은 원핵생물 유기체에서만 발견되지만, 연구자들은 guide RNA와 Cas 단백질이 진핵세포에서도 그 기능을 할 것이라 생각했다. CRISPR를 사실상 거의 모든 종류의 세포에서 기능할 수 있도록 적용하기 위하여, 연구자들은 핵산 절단 효소인 Cas9과 공학 설계된 guide RNA로 이루어진 최소한의 시스템을 개발하였다(그림 6-38a). Cas9은 DNA 두 가닥을 각기 따로 자를 수 있는 2개의 분리된 endonuclease 활성을 갖고 있다. Guide RNA는 두 부분으로 이루어져 있다: 그 하나는 2개의 상보적 서열이 이중가닥의 hairpin (헤어핀) 구조를 이루어 Cas9에 결합하는 scaffold (구조물) 역할을 하는 부분이고, 두 번째는 target 서열을 식별하는 20 nt인데, 유전체 DNA의 특이적 자리와 정확히 일치하도록 디자인되어 있다. Cas9과 guide RNA가 같은 세포 안에서 발현하면, Cas9은 guide RNA에 의하여 특정지어진 염색체 상의 특정 자리의 DNA 두 가닥을 모두 자른다(그림 6-38b, c). Cas9과 특이적 guide RNA를 발현하는 플라스미드들을 세포에 transfection (형질주입)하면 서열 특이한 자리에 DNA 절단을 일으키는데, 이는 *Drosophila*, *C. elegans*, zebrafish, mouse (생쥐), rat (집쥐), 그리고 사람을 포함한 다양한 유기체에서 유래된 세포에서 가능하다는 것이 보여졌다.

생쥐의 생식 계열을 변형하는 데 특히 효과적인 방법은 Cas9 mRNA와 guide RNA를 생쥐의 zygote (접합자)에 microinjection (미세주입)하는 것이다. 그 결과로 인하여 특이 target 서열에서 일어난 이중가닥 절단은 nonhomologous end joining (NHEJ)이라고 불리는 과정에서 기능하는 자유로운 DNA 말단을 원래대로 붙이는 효소들에 의하여 다시 복구된다(그림 6-40d). 일반적으로, 잘려나간 부위에서 몇 개 base pair (염기쌍)가 삭제되는데, nuclease들이 자유로운 DNA 말단에서 base를 몇 개 자른 후 end joining reaction (말단 연결 반응)이 완성된다. 절단 자리가 유전자-암호화 지역에 있는 경우, 몇 개의 염기가 없어지는 것은 대개 frameshift 돌연변이를 일으키고, 해당 유전자를 불활성화시키는 loss of function (기능 상실) 돌연변이를 생성하게 된다.

유전자 편집 방법의 중요한 제련 과정은 target DNA에 정확히 single-base change (단일 염기 변화)를 일으키도록 하는 것이다. 이 방법은 먼저 Cas9 cleavage가 단일 염기 변화가 원하는 자리 근처에 일어나도록 해야 한다. Cleavage site 양쪽 서열에 일치하고, 원하는 단일 염기 돌연변이를 포함하고 있는 100 nt 정도 길이의 DNA 서열을 더해 주면, 자유 말단 DNA들은 상동 재조합에 의해 복구되면서 단일 염기 돌연변이가 생겨나게 된다(그림 6-40d 참고). 이 genome editing (유전자 편집) 방법에서는 cataract (백내장)를 일으키는 gamma-crystallin 유전자 *Crygc*의 single-base 돌연변이를 원상 복구했다. 돌연변이 생쥐 접합자에 Cas9 mRNA, guide RNA, 그리고 절단 자리와 야생형 *Crygc* 서열을 보유한 90-nt DNA segment를 함께 미세 주입하여 돌연변이가 일어난 대립유전자를 수리했다. 이 실험은 CRISPR-Cas9의 놀라운 selectivity (선택성)을 보여준다. 즉, guide RNA는 돌연변이와 야생형 대립유전자 사이에서 단 1개의 염기쌍 차이를 구별할 수 있다.

Genome-Wide CRISPR screens 인간을 포함해서, 유전적으로 변형된 포유동물을 생산할 수 있다는 CRISPR 유전자 편집의 능력은 대중의 관심과 논쟁을 모두 자극하였다. 그러나 세포 기능에 대하여 더 많은 것을 알고 싶어 하는 세포생물학자의 입장에서는 배양한 체세포를 CRISPR 방법으로 유전자 편집하는 것은 살아 있는 세포에서 포유동물 유전자의 기능을 탐구할 수 있는 엄청난 힘을 갖고 있는 연구 도구이다(이는 전혀 논쟁거리가 아니다). 체세포에서 진행한 유전자 편집 중 가장 의미 있는 것들 중 하나는 약 20,000개의 포유동물 유전자의 각각을 모두 loss of function 돌연변이를 일으켜서 그 효과를 단일 실험 내에서 살펴보는 것이다. 그 한 가지 방법은 배양 세포를 Cas9 유전자와 특정 세포의 exon (엑손)을 target하는 guide RNA 유전자를 형질주입하는 것이다. 20,000개 포유동물 유전자 각각의 loss of function의 효과를 시험하기 위해서 20,000개의 transfection을 하고 20,000가지 표현형 assay를 필요로 할 것이다. 효모 유전자 삭제에 대한 collection을 검색하는 경우와 같이, 20,000개 형질주입 세포주를 모두 혼합하여 guide RNA 서열을 molecular tag (분자 인식표)로 이용하면 각각의 세포주에 대한 성장을 추적할 수 있을 것이다.

혼합체 검색 (pooled screen)이 어떻게 가능한지 알아보기 위하여, 돌연변이가 일어났을 때 Taxol (탁솔)이라고 불리는 세포 분열 과정 중 microtubule의 기능을 방해하는 항암제에 대하여 저항성을 보이는 유전자를 찾기 원한다고 가정해 보자. 첫째, Cas9과 20,000개 유전자에 대한 guide RNA 유전자들이 형질주입된 세포들을 하나의 pool (혼합체)로 만든다. 그 후 그 혼합체에서 DNA를 분리한 후 10^6개 이상의 guide RNA 유전자 서열을 읽어낼 수 있도록 대규모 서열 결정을 한다. 각 특이 guide RNA에 해당하는 상대적 read의 수는 각 guide RNA를 갖고 있는 세포의 상대적 수를 알려주고, 실험의 baseline을 제공한다. Pooled cell (세포 혼합체)을 효과를 보기 충분한 시간, 즉 Taxol에 민감한 세포들의 수가 상당히 줄어들기 시작하는 시간(예를 들어, 36시간 정도) 동안 Taxol로 처리한 후 혼합체 내 guide RNA들을 다시 서열 결정한다. 대부분의 세포주는 baseline에 비교하여 상대적으로 줄어들어 있을 것이다. 그러나 몇몇 세포주는 그 상대적 수가 늘어나 있을 것이다. 이들은 Taxol에 대한 저항성을 부여하는 돌연변이를 갖고 있는 guide RNA를 지니고 있다. 몇몇 세포주는 훨씬 더 많이 줄어들어 있을 것이고, 이들의 guide RNA가 갖고 있는 돌연변이는 Taxol에 대하여 고도의 민감성을 보이는 것들이다. 하나의 큰 실험 안에서, 포유동물 genome 안의 각 유전자에 대한 CRISPR에 의한 불활성이 Taxol에 대해서 향상된 저항성이나 감수성을 일으키는 것을 검사할 수 있다. 이는 Taxol의 항암제로서의 효능을 조절하는 데에 역할을 하는 모든 유전자를 인식해 낼 수 있는 중요한 발전을 이룬 것이다.

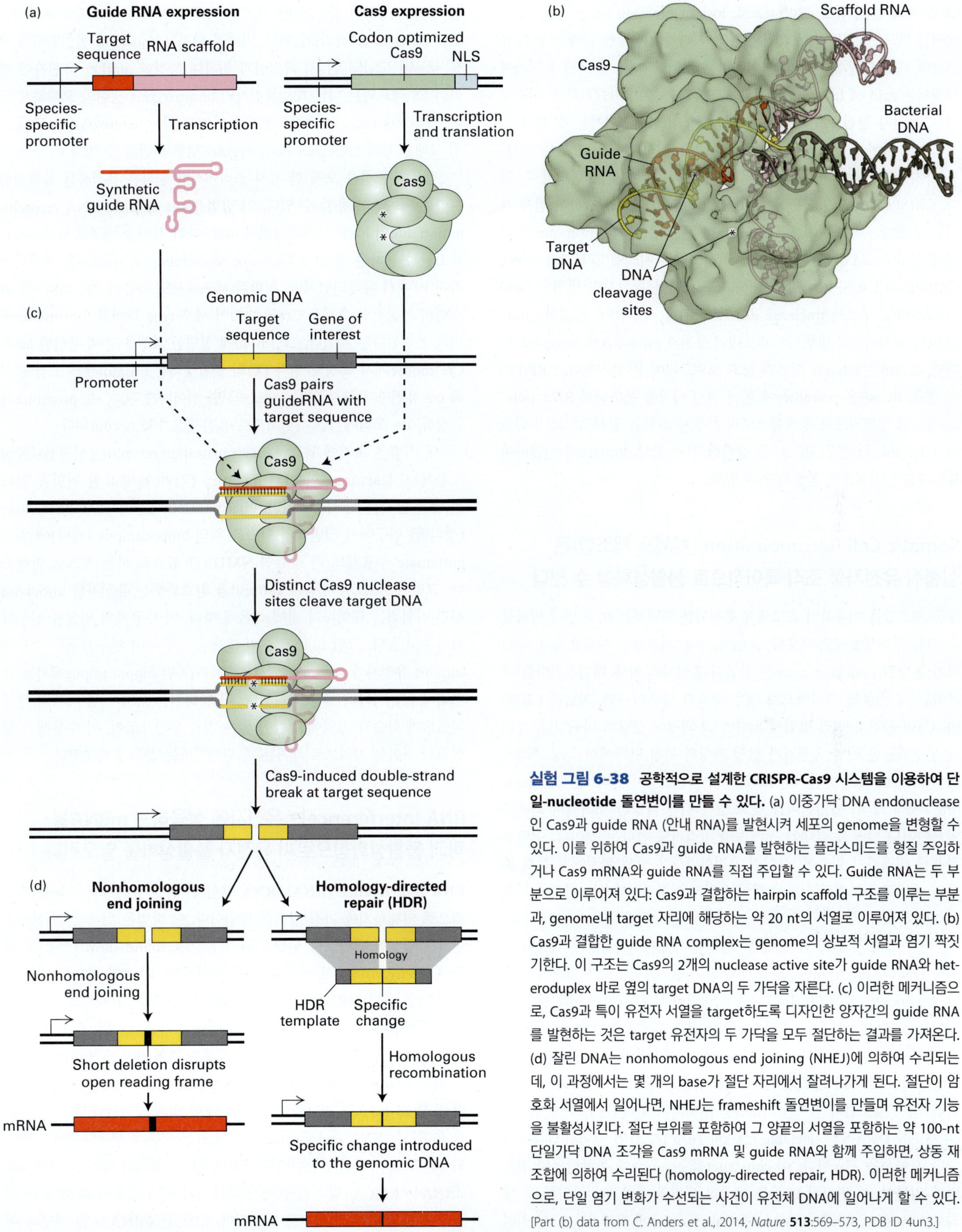

(a) **Guide RNA expression**

Target sequence
RNA scaffold
Species-specific promoter
Transcription
Synthetic guide RNA

Cas9 expression

Codon optimized Cas9
NLS
Species-specific promoter
Transcription and translation
Cas9

(b)

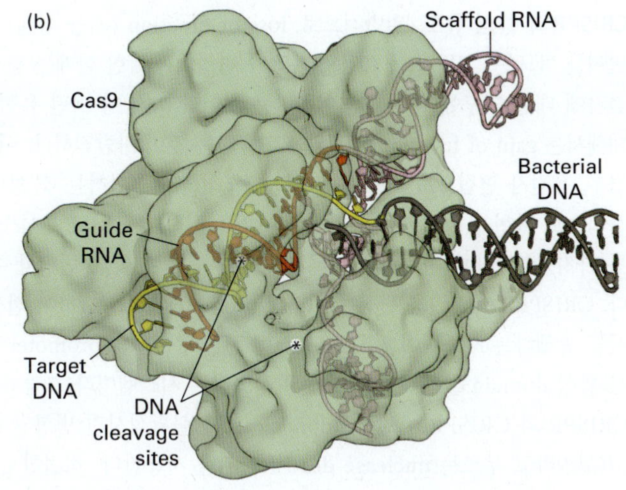

(c)

Genomic DNA
Target sequence
Gene of interest
Promoter
Cas9 pairs guideRNA with target sequence
Cas9
Distinct Cas9 nuclease sites cleave target DNA
Cas9
Cas9-induced double-strand break at target sequence

(d)

Nonhomologous end joining

Nonhomologous end joining
Short deletion disrupts open reading frame
mRNA

Homology-directed repair (HDR)

Homology
HDR template
Specific change
Homologous recombination
Specific change introduced to the genomic DNA
mRNA

실험 그림 6-38 공학적으로 설계한 CRISPR-Cas9 시스템을 이용하여 단일-nucleotide 돌연변이를 만들 수 있다. (a) 이중가닥 DNA endonuclease인 Cas9과 guide RNA (안내 RNA)를 발현시켜 세포의 genome을 변형할 수 있다. 이를 위하여 Cas9과 guide RNA를 발현하는 플라스미드를 형질 주입하거나 Cas9 mRNA와 guide RNA를 직접 주입할 수 있다. Guide RNA는 두 부분으로 이루어져 있다: Cas9과 결합하는 hairpin scaffold 구조를 이루는 부분과, genome내 target 자리에 해당하는 약 20 nt의 서열로 이루어져 있다. (b) Cas9과 결합한 guide RNA complex는 genome의 상보적 서열과 염기 짝짓기한다. 이 구조는 Cas9의 2개의 nuclease active site가 guide RNA와 heteroduplex 바로 옆의 target DNA의 두 가닥을 자른다. (c) 이러한 메커니즘으로, Cas9과 특이 유전자 서열을 target하도록 디자인한 양자간의 guide RNA를 발현하는 것은 target 유전자의 두 가닥을 모두 절단하는 결과를 가져온다. (d) 잘린 DNA는 nonhomologous end joining (NHEJ)에 의하여 수리되는데, 이 과정에서는 몇 개의 base가 절단 자리에서 잘려나가게 된다. 절단이 암호화 서열에서 일어나면, NHEJ는 frameshift 돌연변이를 만들며 유전자 기능을 불활성시킨다. 절단 부위를 포함하여 그 양끝의 서열을 포함하는 약 100-nt 단일가닥 DNA 조각을 Cas9 mRNA 및 guide RNA와 함께 주입하면, 상동 재조합에 의하여 수리된다 (homology-directed repair, HDR). 이러한 메커니즘으로, 단일 염기 변화가 수선되는 사건이 유전체 DNA에 일어나게 할 수 있다. [Part (b) data from C. Anders et al., 2014, *Nature* **513**:569–573, PDB ID 4un3.]

CRISPR의 활성 유도 일반적으로, loss of function (기능 상실) 돌연변이를 만드는 CRISPR를 이용한 유전자 편집의 심각한 한계는 필수 유전자에 대한 연구에 적용하기 어렵다는 것이다. 더욱이 어떤 유전자에 대해서는 gain of function의 효과를 연구하는 것이 바람직하다. 이러한 경우, 유전자 편집으로 해당 유전자를 영구히 불활성화하는 것 보다 일시적으로 발현을 늘이거나 줄이는 것이 바람직하다. CRISPR 시스템은 두 가지 서로 다른 시스템을 통해서 이러한 목적에 맞게 변형할 수 있다. CRISPRi는 Cas9을 관심 유전자의 promoter를 target하여 전사 개시를 방해하는 시스템이고, CRISPRa는 관심 유전자의 promoter에 전사 활성 domain을 보내어 전사를 활성화하는 시스템이다(그림 6-39). CRISPRi와 CRISPRa 모두 endonuclease를 불활성시킨 변형된 Cas9 (*dCas9*라고 부르는 nuclease dead form)을 사용한다. 적절한 guide RNA를 일시적으로 발현시켜 dCas9이 유전자 promoter를 target하도록 하면, dCas9은 DNA를 자르지 않고 프로모터에 붙기만 한다. CRISPRi의 경우, dCas9은 promoter에 붙어 전사 시작을 못하도록 RNA polymerase를 경쟁적으로 방해함으로써 유전자 발현을 일시적으로 방해한다. CRISPRa의 경우, dCas9을 강력한 전사 활성 domain과 연결하여 유전자를 일시적으로 활성화할 수 있다.

Somatic Cell Recombination (체세포 재조합)은 실험쥐 유전자를 조직 특이적으로 불활성화할 수 있다

상동 재조합을 이용하여 효모에서 유전자를 파괴하는 여러 연구 방법들은 고등 진핵생물에도 적용될 수 있다. 상동 재조합을 이용한 특정 유전자가 손상된 knockout mice는 실험쥐 유전자의 삭제 대립유전자를 구축하는 데 이용된 역사적으로 매우 중요한 방법이지만, 지금은 CRISPR-Cas9 유전자 편집 방법에 의하여 그 과정이 상당히 바뀌었다. 그러나 연구자들은 어떤 유전자가 발생 과정의 특정 단계에서 특정 조직에서의 knockout 돌연변이의 효과를 조사하고 싶어 한다. 문제는 germ line (생식 계열) 돌연변이를 갖고 있는 쥐는 다양한 조직에서 문제를 일으키거나 발생을 끝내기 전에 죽어버리기도 한다는 것이다. 이러한 문제를 해결하기 위하여, 실험쥐 유전학자들은 발생 과정에서 특정 종류의 체세포나 특정된 시간에 관심 유전자를 불활성화하는 영리한 기술을 개발하였다.

이 과정의 첫 번째 단계에서는 변형된 대립유전자를 가진 target 유전자 DNA를 embryonic stem (ES, 배아 줄기) 세포로 도입하는 것이다. Blastocyst (배반포)로부터 유래된 이러한 세포는 여러 세대 동안 실험실에서 배양할 수 있다(그림 22-6 참조). ES 세포에 DNA construct를 도입하면, nonhomologous 자리에서의 재조합이 훨씬 높은 빈도로 발생하지만, 소수의 세포에서는 target 유전자에서 상동 재조합이 일어난다. 상동 재조합이 일어난 세포만을 선택하기 위해 ES 세포에 도입하는 재조합 DNA에는 seletable marker (*neo*^{r})가 들어 있어서 G-418에 대한 저항성을 제공한다. 이 construct를 genome에 통합한 실험쥐를 얻기 위하여, 이 변형된 ES들을 야생형 생쥐의 배반포에 주입한 후 대리모(surrogate pseudopregnant female mouse)에 착상시킨다. 이 임신의 결과로 생성된 자손은 ES 세포와 숙주 세포를 혼합되도록 포함하고 있는 chimera (키메라)가 된다. 키메라 생쥐는 knockout 돌연변이가 생식 세포에 도입되었는지 확인하기 위하여 특정한 marker 유전자에 대하여 ES 세포와는 다른 대립유전자의 homozygous 생쥐와 교배하게 된다. 그리고 knockout 대립유전자를 가지고 있는 heterozygous 생쥐 간의 교배를 통해 knockout homozygous 생쥐를 만들 수 있다.

상동 재조합은 오직 한 가지 조직에서만 원하는 유전자를 불활성화시키는 데에도 사용할 수 있다. 이 방법은 site-specific DNA recombination site인 loxP 자리와 2개의 loxP 자리 사이를 재조합시키는 Cre 효소를 이용하는 것이다. loxP-*Cre recombination system*은 박테리오파지 P1에서 유래되었지만, 실험쥐 세포에서도 사용이 가능하다. 이 시스템의 본질적인 특성은 Cre의 발현이 세포-type 특이적인 promoter에 의해 조절된다는 것이다. 그림 6-40에 설명한 과정을 통해 생산된 *loxP-*Cre mouse에서 특정 유전자 (*X*)의 불활성화는 promoter의 조절에 의해 *cre* 유전자가 활성화되는 세포에서만 일어나게 된다. 즉, promoter가 활성화되는 조직에서만 특이적으로 유전자 X가 knockout된다.

이 기법은 초기에 특정 neurotransmitter receptor (신경전달물질 수용체)가 learning (학습)과 memory (기억)에 중요한 역할을 한다는 것을 밝히는 데 사용되었다. Pharmacology (약리학) 및 physiology (생리학) 연구에서 일반적인 학습은 뇌의 hippocampus (해마)에 있는 glutamate 수용체의 한 종류인 NMDA를 필요로 하는 것으로 밝혀졌다. 그러나 NMDA 수용체 subunit을 암호화하는 유전자를 knockout 시킨 실험쥐는 태어나기 전에 죽음에 따라, 이 수용체의 역할을 연구하기가 어려웠다. 그림 6-40에 보인 방법을 사용하여 연구자들은 수용체 subunit 유전자가 다른 조직에서는 발현되지만 hippocampus에서는 발현되지 않는 실험쥐를 제작하였다. 이 실험쥐는 성체가 될 때까지 생존하였으며 학습과 기억에 결함이 있는 것을 보임으로써, 이 수용체가 실험쥐의 경험을 기억으로 새기는 데 관여한다는 것을 증명하였다.

RNA Interference는 유전자에 상응하는 mRNA를 파괴 불활성화함으로써 유전자 불활성화를 일으킨다

RNA interference (RNAi, RNA 간섭)는 특정 유전자의 기능을 일시적으로 억제하기에 가장 간편한 방법이다. 이 방법은 위에서 언급한 유전자 불활성화 방법보다 훨씬 간단하다. 처음 roundworm (선충)의 일종인 *C. elegans*에서 발견된 RNAi는 이중-가닥 RNA가 그 서열에 상보적인 단일-가닥 mRNA의 발현을 억제하는 능력을 의미하고 서열에 의존적인 과정이다.

9장에서 설명한 대로, RNAi의 현상은 진핵 세포가 일반적으로 이중-가닥 RNA를 small inhibitory RNA (siRNA)로 알려진 짧은 이중가닥 조각(23-nt)으로 절단할 수 있는 기능에 의해 일어난다. 이러한 반응을 촉매하는 RNA endonuclease인 Dicer는 모든 후생동물에서는 발견되지만 효모와 같이 단순한 진핵생물에서는 발견되지 않는다. 다음으로 siRNA는 *RISC*로 알려진 단백질 복합체의 촉매 작용에 의해 맞는 서열을 가진 mRNA의 절단을 일으킨다. RISC는 siRNA의 한 가닥과 이

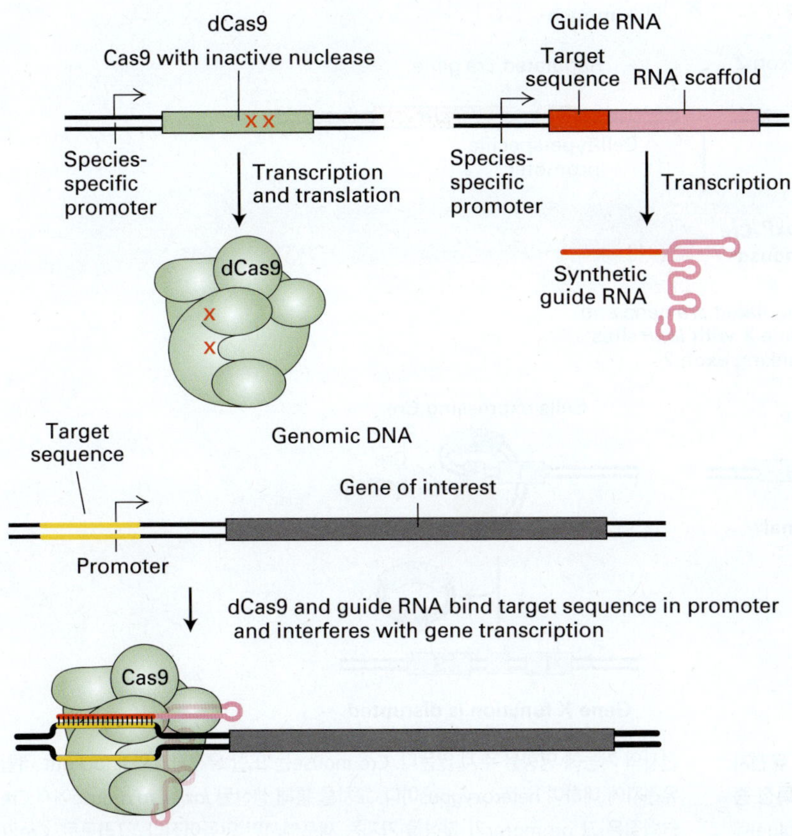

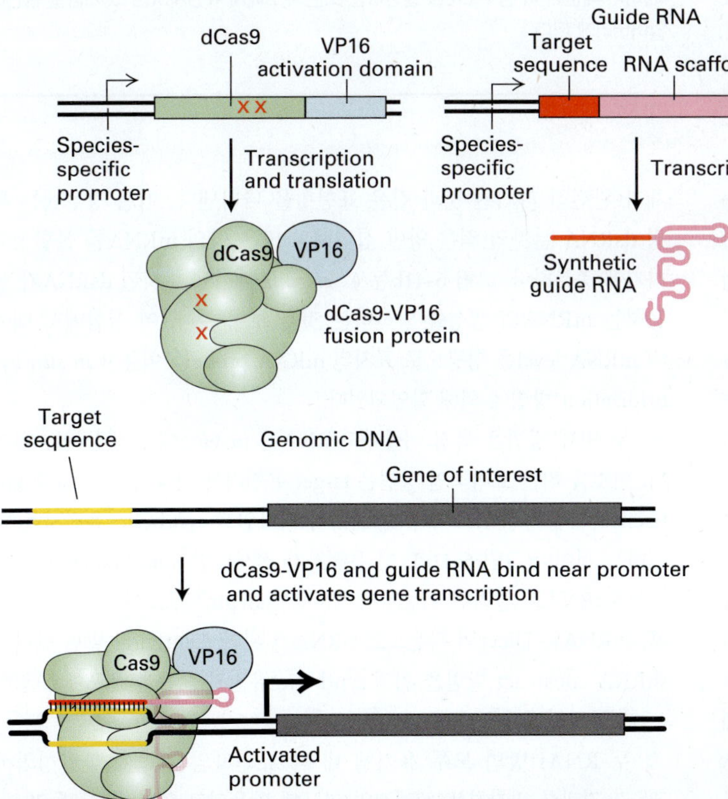

그림 6-39 CRISPR-Cas9은 유전자를 불활성화하거나 hyperactivation하도록 설계할 수 있다. (a) CRISPR interference (CRISPRi)는 특정 유전자의 전사를 불활성화하는 데 사용할 수 있다. CRISPRi를 위하여 합성 guide RNA를 관심 대상 유전자의 promoter내 RNA polymerase가 붙는 부분을 target하도록 디자인한다. 이 guide RNA를 nuclease 활성을 없앤 Cas9인 dCas9와 같이 발현하면, 해당 guide RNA가 dCas9로 하여금 promoter에 붙도록 하여 RNA polymerase가 와서 붙는 것을 방해함으로써 그 유전자의 전사를 억제한다. (b) CRISPRa는 guide RNA에 의하여 표적되는 지역이 관심 유전자 promoter보다 upstream (상류쪽)이라는 점과 dCas9이 강력한 전사 activation domain (활성 도메인)과 연결되어 있다 (dCas9-VP16)는 사실을 제외하고는 거의 비슷한 전략을 이용한다. dCas9-VP16가 관심 유전자의 promoter 지역을 공략하면 활성 domain이 유전자의 전사를 활성화한다.

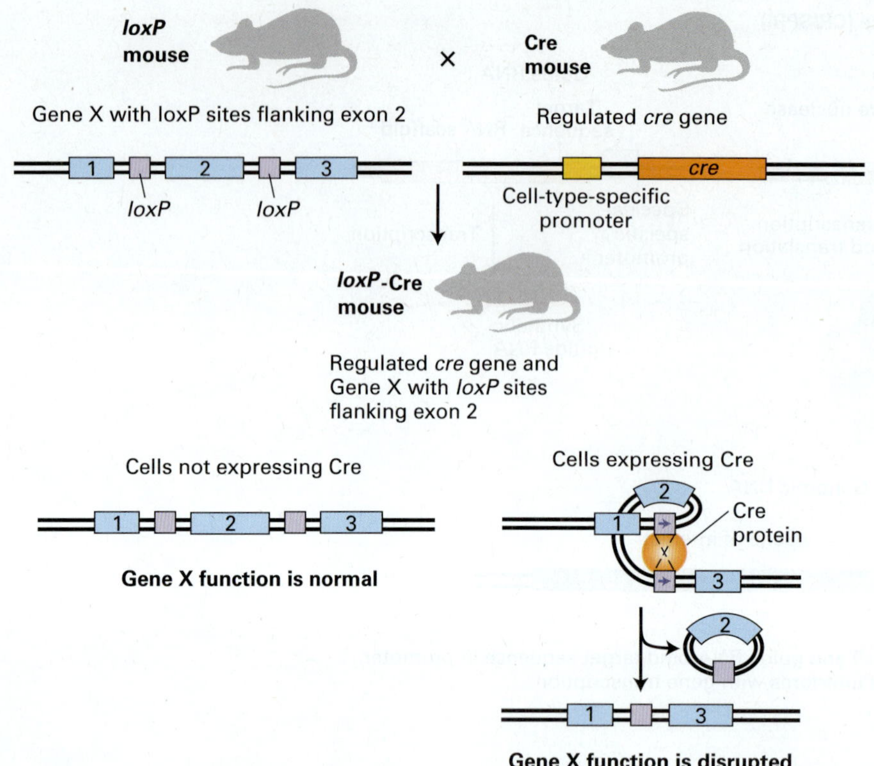

실험 그림 6-40 ***loxP*-Cre recombination 시스템은 특정한 세포에서 유전자를 knock out할 수 있다. 개요된 실험 과정은 관심 유전자(Gene X)의 특정 종류의 세포에서 knockout하기 위하여 design한 것이다.** Target 유전자 (blue)에서 필수 기능을 하는 exon 2의 양 옆으로 *loxP* site (보라색)를 삽입한 *loxP* mouse를 만든다. *loxP* site가 intron (인트론)에 있기 때문에 X의 기능을 파괴하지 않는다. Cre mouse는 bacteriophage P1에서 유래한 *cre* 유전자(주황색)를 갖고 있는데, 이 유전자는 특정 세포에서만 발현하도록 하는 promoter (노란색)에 연결되어 있다. *Cre* 유전자는 non-상동 재조합에 의해서 실험쥐 genome 안으로 삽입되고, 다른 유전자의 기능에 영향을 주지 않는다. Cre mouse는 또한 유전자 X의 knockout 대립유전자에 대하여 heterozygous이다. 교차를 통해 생산된 *loxP*-Cre mouse에서 Cre 단백질은 그 promoter가 활성을 가지는 세포에서만 만들어진다. 그러므로, Cre가 만들어지는 세포에서만 2개의 *loxP* site 사이에서 재조합이 일어나고, exon 2가 제거된다. 다른 하나의 대립유전자는 constitutive knockout (지속적 유전자 제거 상태)이기 때문에 이 경우 Cre를 발현하는 모든 세포에서 유전자 X는 그 기능을 완전히 잃어버리게 된다.

에 상보적인 target mRNA 서열 사이를 인식하고 hybridization하는 것을 매개한다; 그 후에 RISC 복합체에 있는 특정 nuclease가 mRNA/siRNA hybrid를 절단한다. 이 모델은 이 과정이 염기 짝짓기에 의존적임을 보임으로써 RNAi의 특이성을 설명할 수 있으며, 또한 상보적인 mRNA가 핵산 분해에 의해서 영구히 소실되기 때문에 유전자의 기능을 억제하는 유효성에 대해 설명할 수 있다. Dicer과 RISC의 본래 기능은 *microRNA* 혹은 *miRNA*로 알려진 작은 내재된 RNA가 유전자 조절하는 것을 용이하게 하는 것이다.

연구자들은 연구하는 *C. elegans* 유전자 발현을 억제시키기 위하여 microRNA의 경로를 이용하는데, 연구 대상 서열의 siRNA 제작에는 일반적으로 두 가지 방법이 있다. 첫 번째 방법은 유전자의 sense 가닥과 antisense 가닥을 *in vitro* 전사로 제작하여 target 유전자 서열에 상응하는 이중가닥 RNA를 만드는 것이다(그림 6-41a). 이 dsRNA를 성충의 gonad (생식샘)에 주사하면, 발생 중인 배아의 Dicer에 의해 siRNA로 전환된다. RISC complex와 함께 siRNA는 상응하는 mRNA가 급격히 파괴되는 원인이 된다. 결과적으로, 벌레는 해당 유전자 자체가 완전히 파괴된 것과 같은 표현형을 나타낸다. 어떤 경우에는 특정 dsRNA 분자의 적은 양만 삽입해도 많은 양의 mRNA를 불활성화하기에 충분하다. 그림 6-41b는 *C. elegans* 배아에 주사된 dsRNA가 상응하는 mRNA의 생성을 방해하는 것을 보여 준다. 이 실험에서 배아의 mRNA level은 형광으로 표지된 mRNA probe를 이용한 *in situ* hybridization 방법에 의해 확인되었다.

두 번째 방법은 특정 이중가닥 RNA를 *in vivo*에서 생산하는 것이다. 이것을 하는 효과적인 방법은 target 유전자에 상응하는 sense와 antisense 서열을 앞뒤로 나란히 연이어 디자인한 synthetic 유전자를 발현하는 것이다(그림 6-41c). 이 유전자가 전사되면, *small hairpin* RNA 또는 *shRNA*로 알려진 이중가닥 RNA "hairpin" 구조를 형성한다. 그 후, shRNA는 Dicer의 작용으로 siRNA가 된다. Lentiviral 발현 벡터는 shRNA construct 발현을 위해 synthetic 유전자를 동물 세포에 도입하는 데 특별히 유용하다.

두 RNAi 방법 모두 유기체 내 각 유전자의 기능을 불활성화하고, 그 결과를 관찰하는 체계적인 연구에 활용되고 있다. 예를 들면, 처

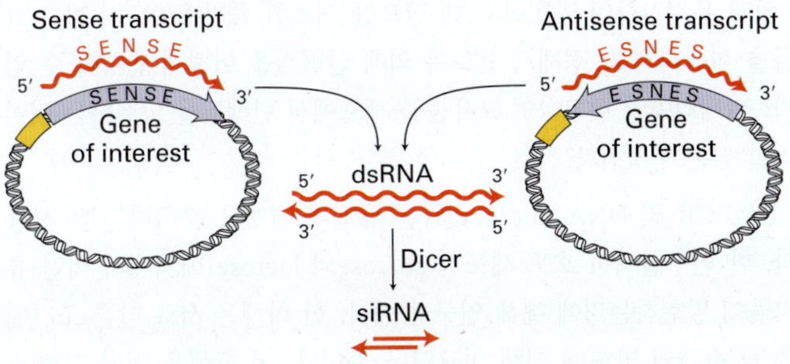

(b)

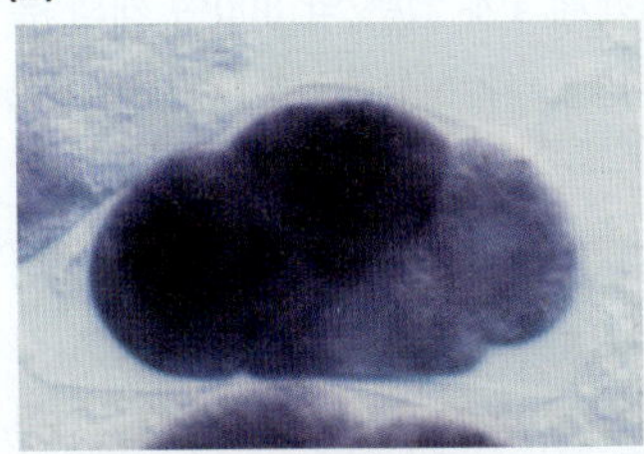

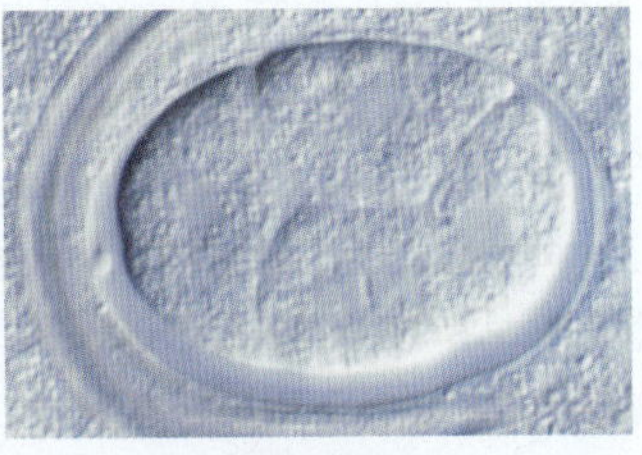

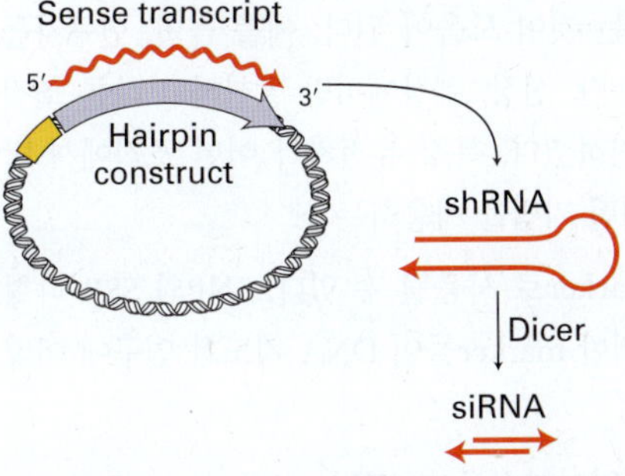

실험 그림 6-41 RNA interference (RNAi)는 *C. elegans*를 비롯한 다른 여러 유기체에서 유전자의 기능을 억제할 수 있다. (a) 특정 target 유전자 RNAi를 위한 double stranded RNA (이중가닥 RNA)의 *in vitro* (시험관에서) 생산. cDNA 클론이나 유전체 DNA 조각으로부터 얻은 암호화 서열을 플라스미드 벡터에 양 방향으로 클로닝한다. 이때 강력한 promoter에 의해 전사될 수 있도록 암호화 서열에 인접한 위치에 promoter가 있다. 이 두 가지 construct를 RNA polymerase와 ribonucleotide triphosphate와 섞어 *in vitro* 전사를 수행하여 sense orientation (mRNA 서열과 동일), 그와 상보적인 antisense orientation의 RNA를 생산한다. 적당한 조건에서 이 RNA들은 hybridization (결합)을 통해 dsRNA를 형성할 것이다. dsRNA는 세포에 주입되었을 때, Dicer에 의해 siRNA로 잘린다. (b) 벌레 배아에서 RNAi에 의한 *mex3* RNA 발현의 억제(메커니즘은 본문 참조). (왼쪽) *mex3* RNA 발현은 발색(보라색) 반응을 내는 효소에 연결된 probe를 이용하여 *in situ* hybridization방법으로 조사하였다. (오른쪽) 이중가닥 *mex3* mRNA를 주입한 worm embryo (벌레 배아)에서는 색깔이 나타나지 않은 것에서 알 수 있듯이, *mex3* mRNA가 거의 만들어지지 않는다. 각각의 4-cell stage 배아는 약 50 mm까지의 길이를 갖는다. (c) *In vivo*에서 이중가닥 RNA를 생산하는 것은 공학 설계된 플라스미드를 세포에 직접 주입시켜 이루어진다. 합성된 유전자 construct는 target 유전자의 sense (센스)와 antisense (안티센스) 서열이 위 아래로 배열되어 있다. 전사되면 이중가닥의 small hairpin RNA (shRNA)가 된다. shRNA는 Dicer에 의해 siRNA 형태로 잘린다. [Reprinted by permission from Macmillan Publishers Ltd, from A. Fire, 1998. Potent and specific genetic interference by double-stranded RNA in Caenorhabditis elegans. *Nature*, **391**(6669):806–811; permission conveyed through Copyright Clearance Center, Inc.]

음에 연구한 *C. elegans*에서 16,700 유전자에 대한 RNA interference (genome의 약 86%) 연구는 육안으로 식별 가능한 비정상적인 표현형 1,722건을 일으켰다. 유전자의 불성화가 특정 표현형을 야기시키는 것을 바탕으로 유전자를 세트로 group화할 수 있다; 한 세트의 유전자들은 같은 신호 또는 결과를 조절한다. 그러므로 세트 내 유전자—예를 들면, 근육 발생에 관련된 유전자—사이의 조절 관계를 밝혀 낼 수 있다.

RNAi를 이용해서 *Drosophila*, 여러 종류의 식물, zebrafish (제브라피시), 개구리 *Xenopus* 및 생쥐에서 성공적으로 유전자를 불활성화했으며, 지금은 대규모 RNAi 스크린이 진행 중이다. 예를 들면, 배양된 포유동물 세포에서 발현되는 10,000개 이상의 유전자를 RNAi 방법으로 불활성화하기 위한 렌티바이러스 벡터가 디자인되었다. 이런 렌티바이러스 벡터가 감염된 세포 클론의 성장 혹은 형태의 이상으로부터 불활성화된 유전자의 기능을 추정할 수 있다.

6.6절의 중요 개념

특정 유전자의 기능을 변화시키는 Design

- 유전자가 클로닝되면, *in vivo*에서 동정된 유전자의 정상적인 기능에 대한 중요한 단서는 그 유전자에 돌연변이를 유도한 후 표현형을 관찰하여 얻을 수 있다.
- 상동 재조합을 이용하여 정상적인 유전자의 한 대립유전자에 selectable marker 유전자를 삽입함으로써, heterozygous 돌연변이 효모를 만들 수 있다. 생존에 필수적인 유전자를 불활성화 시켰다면, 이배체 효모로부터 형성된 4개의 홀씨 (haploid) 중 2개는 죽을 것이다(그림 6-37 참조).
- 각각의 효모 유전자 deletion은 독특한 DNA 서열로 표시하였고, 이는 분자 바코드로 활용되어 각각의 deletion strain의 성장을 전체 deletion strain들의 혼합 집단 내에서 추적할 수 있다.
- 박테리아 시스템에서 유래된 외부 DNA를 정확하게 target하여 잘라내는 CRISPR 방법은 많은 유기체들의 유전체 DNA에 특이 변화를 만드는 데 적용된다. CRISPR-Cas9에 의하여 chromosomal DNA의 특이 site (자리)가 잘려나가면 짧은 deletion (삭제)이 생성된다. 적당히 디자인한 DNA 절편을 transfection (형질주입)으로 집어 넣으면 점 돌연변이와 같은 특이적 DNA 변화가 잘려나간 자리 근처에서 일어난다(그림 6-39 참조).
- 포유동물 genome의 모든 유전자들은 CRISPR-Cas9 유전자 편집으로 파괴할 수 있다. 혼합된 집단 내에 특이적인 유전자 파괴에 대한 성장 성질들을 추적할 수 있다.
- Nuclease가 불활성화된 Cas9 단백질은 target 유전자를 일시적으로 간섭(CRISPRi)하거나 활성(CRISPRa)할 수 있다.
- 생쥐에서, 조작을 가한 유전자는 상동 재조합을 통해 생식 계열에서 그 유전자의 원래 genome 위치로 대체되어 들어갈 수 있다. *loxP*-Cre 재조합 시스템은 유전자가 특정 조직에서만 knockout되는 생쥐를 만들 수 있게 한다.

• *C. elegans*를 비롯한 여러 유기체에서 이중가닥 RNA는 동일한 서열을 가진 mRNA 분자의 분해를 유도한다. *RNAi* (RNA interference)로 알려진 이러한 현상은 유전자의 구조를 변화시키지 않고, 그 유전자의 기능을 억제할 수 있는 특이적이고 효과적인 수단을 제공한다.

개념 복습

1. 유전적 돌연변이는 복잡한 세포 과정이나 발생 과정의 매커니즘에 대한 통찰력을 제공할 수 있다. 특정 돌연변이가 열성인지 우성인지에 따라 유전적 돌연변이의 분석에는 어떤 차이가 있는가?

2. 온도 감수성 돌연변이는 무엇인가? 유전자의 기능을 연구하는 데 temperature-sensitive mutant (열-감수성 돌연변이)가 왜 유용한가?

3. 두 돌연변이가 같은 유전자에 있는지, 서로 다른 유전자에 있는지 밝히기 위하여 complementation analysis (상보성 분석)를 어떻게 활용하는지 서술하시오. 우성 돌연변이에 complementation analysis가 사용되지 않는 이유를 설명하시오.

4. 제한효소와 DNA 연결효소는 DNA 클로닝에서 필수적인 역할을 한다. 제한효소는 어떻게 박테리아에서 자신의 DNA를 자르지 않는가? 제한효소 부위의 보편적 특징을 몇 가지 기술하시오. 제한효소로 DNA를 자른 후에 생성되는 DNA 말단의 세 가지 종류는 어떤 것들인가? 어떠한 작용이 DNA 연결효소에 의해 촉진되는가?

5. 박테리아 플라스미드는 클로닝 벡터로 사용된다. 플라스미드 벡터의 필수적인 특징에 대하여 서술하시오. 클로닝 벡터로서의 플라스미드의 장점과 응용은 어떤 것들이 있는가?

6. DNA library는 클로닝 벡터 안에 서로 다른 DNA 조각이 삽입된 클론들을 모아 놓은 것이다. cDNA와 유전체 DNA library의 다른 점은 무엇인가? 만약 신경세포에서만 발현하는 유전자 X를 library를 이용해서 벡터에 클로닝하고자 한다. 이때 괄호 안에 나열한 library (skin cell genomic library, skin cell cDNA library, neuron genomic library, neuron cDNA library)를 사용할 수 있다면, 어떤 library를 사용하겠는가? 그리고 그 이유는 무엇인가?

7. 1993년 Kary Mullis 박사는 PCR 방법을 발명하여 노벨 화학상을 수상하였다. PCR 반응의 세 가지 단계에 관하여 기술하시오. 온도에 안정한 DNA polymerase의 발견이 PCR 개발에 얼마나 중요한 역할을 하였는가?

8. 많은 외래 단백질들이 박테리아나 포유동물 세포에서 발현되어 왔다. 외래 유전자들이 발현하는 데 필요한 재조합 플라스미드의 필수 요건들을 설명하시오. 정제가 쉽도록 외래 단백질을 어떻게 변형할 수 있는가? 박테리아와 비교하여 포유동물 세포에서 단백질을 발현하는 것이 유리한 점은 무엇인가?

9. RT-PCR 및 DNA microarray는 유전자 발현을 분석하는 데 사용된다. 한 연구실에서 효모 세포가 glucose와 lactose 배지에서 어떤 유전자들이 발현하는지에 대해 연구 중이다. 한 학생은 서로 다른 조건에서의 *HMG2*의 발현에 대해 비교연구 중이다. 이 학생은 어떤 기법을, 왜 사용해야 할까? 다른 한 학생은 염색체 4에 있는 약 800여 개의 유전자 발현을 비교하고자 한다. 어떤 기법을, 왜 사용해야 하는지 설명하시오.

10. Paralogous 유전자와 orthologous 유전자는 무엇인가? 21,000개의 유전자를 보유한 사람이 20,000개를 보유한 *C. elegans*보다 겨우 5% 정도 많은 단백질-암호화 유전자를 갖고 있지만 훨씬 더 복잡한 생물체인 이유는 무엇인가?

11. 새롭게 발견된 유전자에 상응하는 단백질을 확인하는 데 있어 그 유전자의 조직 발현 양상을 아는 것이 도움이 된다. 예를 들면, 연구자들은 *SERPINA6*라는 유전자는 간, 신장, 췌장에서만 발현하고 다른 조직에서는 발현하지 않음을 발견하였다. 특정 유전자가 어떤 조직에서 발현되는지 동정하기 위해서 어떤 기법을 사용하는가?

12. DNA 다형성은 DNA marker로 사용될 수 있다. SNP와 SSR 다형성의 차이를 설명하시오. 이러한 marker들이 DNA 지도화 연구에 어떻게 사용되는가?

13. 유전자 location 결정에 있어서 linkage disequilibrium mapping (연관 불평형 지도) 방법이 고전적인 연관 지도 방법보다 어떻게 더 고해상도를 제공할 수 있는가?

14. 유전적 연관 연구는 질병 관련 유전자의 염색체 위치를 대략적으로 밝힐 수 있다. 발현 analysis와 DNA 서열 분석이 어떻게 연관 지도에 의해 결정된 구간에서 질환유전자 발견을 도울 수 있는가?

15. 실험쥐에서 genome을 선택적으로 변형하는 것은 생쥐 유전학에 혁명을 가져왔다. 특이 유전자 위치의 knockout mouse를 만드는 과정을 요약하여 서술하시오. *loxP*-Cre 시스템은 조건적 knockout하는 데 어떻게 사용되는가? Knockout mice의 중요한 의학적 응용은 무엇인가?

16. Dominant-negative 대립유전자와 RNA interference (RNAi)를 유전자 서열을 변화시키지 않고 유전자를 불활성하는 두 가지 방법이다. 각 방법이 유전자 발현을 어떻게 방해할 수 있는지 설명하시오.

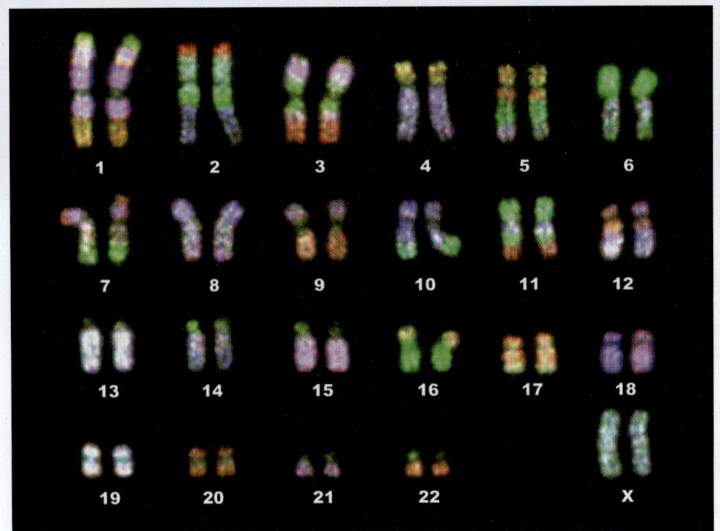

FISH 과정에서 이렇듯 밝게 채색된 염색체는 아름다울 뿐만 아니라, chromosome anomaly (염색체 이상)를 보여주므로 다른 종의 karyotype (핵형)과 비교하는 데 유용하다. [L. Willatt/Science Source.]

CHAPTER 7

유전자, 염색질, 그리고 염색체 (Genes, Chromatin, and Chromosomes)

OUTLINE

이전 장에서, 단백질이 세포에서 다양한 기능을 하는 데 있어 그 구조와 구성이 어떤 역할을 하는지 설명하였다. 또한 생명 유지에 필요한 세포의 구성성분인 nucleic acid (핵산)에 대해서도 설명하였을 뿐만 아니라, DNA 서열에 암호화되어 있는 정보가 단백질로 translation되는 과정을 살펴보았다. 이 장에서, 우리는 진핵세포 nuclear genome의 특징을 논의하는 과정에서 DNA와 단백질에 다시 초점을 맞추어 설명할 것이다. 이 장은 크게 두 가지 주요 주제로 구성된다: (1) 유전 정보의 구성과 진화, (2) 염색질과 염색체의 구조와 기능. 염색질은 nuclear DNA와 다량의 nuclear 단백질이 형성하는 complex를 말하며, 염색체는 mitosis 동안 응축되어 광학현미경으로도 관찰 가능한 구조이다.

21세기가 시작될 무렵, biologist (생물학자)들은 수백 개의 바이러스, 수십 개의 박테리아, unicellular eukaryote (단세포 진핵생물)인 budding (출아) yeast *Saccharomyces cerevisiae* 등의 완전한 유전체 염기 서열 분석을 완료하였다. 현재까지 fission (분열) yeast인 *Schizosaccharomyces pombe*; 많은 숫자의 다른 fungi; 식물 모델로 사용되는 *Arabidopsis thaliana* (애기장대풀); 많은 다른 식물; multicellular animal (metazoans) 등의 염기 서열이 결정되었다. 염기 서열이 결정된 metazoan에는 선충인 *Caenorhabditis elegans* (꼬마선충), fruit fly *Drosophila melanogaster* (노랑초파리), 생쥐, 인간, 수백 종의 다른 척추동물과 무척추동물, metazoan (후생동물) 계통 중 약 35종의 대표생물들도 포함된다. 이들 서열에 대한 상세한 분석으로 진화, 유전체 구성 및 유전자 기능에 대한 통찰력을 갖게 되었다. 이러한 지식은 전에 알려지지 않은 유전자를 규명하고 개개의 유전체 내 단백질 코딩 유전자의 수를 추정하는 데 도움이 되었다. 유전자 염기 서열을 서로 비교함으로써, 새로 찾아낸 유전자의 기능을 추정하는 데 통찰력을 제공하였다.

놀랍게도, 우리는 DNA 서열을 통해 metazoan과 식물 유전체의 많은 부분이 개체에게 필요한 mRNA나 기타 RNA를 암호화하지 않는다는 것을 알게 되었다. 더구나 인간 염색체 DNA는 그러한 noncoding DNA가 전체의 98.5%나 차지하고 있다! Noncoding DNA에는 직선형의 DNA 서열에서 수십에서 수백 kb 떨어진 곳에서 transcription을 조절하는 단백질들이 인지하고 결합하는 transcription regulatory sequence도 포함된다. 그러나 multicellular organism에 있는 거의 대부분의 noncoding DNA는 유전자 조절이나 DNA replication에 직접적으로 관여하지 않는 region으로 이루어져 있다. 개별 organism의 유전체에 있는 noncoding DNA의 많은 부분은(인간의 경우, 50%) 염기 서열이 동일하지는 않지만 유사한 많은 영역을 가지고 있다. 각 개체에서 이러한 *repetitive DNA* 내에는 충분한 variation (변이)이 있어서, 이러한 sequence variation을 기반으로 한 특징적인 DNA *fingerprint* (DNA 지문)로 모든 사람을 구별할 수 있다. 더구나 어떤 repetitive DNA sequence는 동일 종(species)의 각 개인에서도 유전체 내 위치가

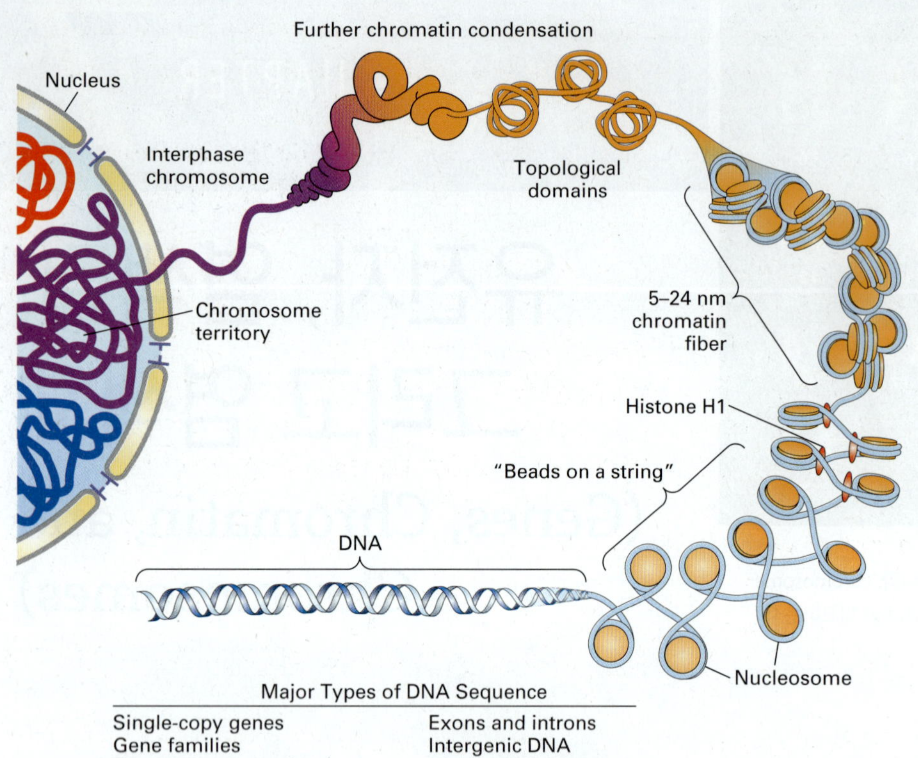

그림 7-1 유전자와 염색체 구조의 개요. 다세포 진핵생물의 DNA는 unique (유일한) 혹은 repeated (반복되는) sequence로 구성된다. 인간의 염색체는 가장 큰 것이 약 280 Mb나 되는 하나의 긴 DNA 분자로 구성되는데, DNA는 nucleosome과 결합하고, nucleosome은 접히고 상호작용하여 다양한 수준의 condensed 염색질을 형성한다. 이러한 compaction 과정은 DNA와 결합하는 histone과 nonhistone 단백질에 의해 이루어진다. DNA 분자가 histone과 nonhistone 단백질 등과 결합하고 있는 구조를 염색질이라 부른다. 각 염색체는 핵 안에서 고유의 *territory*를 차지하고 있다(핵 안에 파란색, 보라색, 빨간색 염색체가 있는 것에 주목하라).

다양하다. 한때, 모든 noncoding DNA는 통칭하여 *junk DNA*라고 불렸으며, 아무런 기능이 없다고 생각하였다. 이제 우리는 모든 noncoding DNA의 진화적 기반과 개체마다 sequence의 위치가 다양하게 존재하는 것을 이해하게 되었다. Cellular genome (세포내 유전체)는 스스로 복제가 가능하며, 유전체 안에서 이동할 수 있는 transposable (mobile) DNA element (요소)를 포함하고 있다. 비록 transposable DNA element는 개체 각각의 life cycle 동안에는 아무런 역할이 없는 것처럼 보이지만, 진화가 진행되는 오랜 기간 동안 우리의 유전체 형태를 구성하고 multicellular organism이 빠르게 진화하는 데 크게 기여했다.

진핵세포 유전체는 매우 긴 DNA 분자로 이루어져 있다. 예를 들면, 인간 세포의 46개 염색체는 약 2 m 정도(6.5 feet의 사람 키 높이)의 DNA를 가지고 있다. 이러한 DNA의 전체는 지름이 20 μm보다 적은 핵 안에 있기 때문에 압축 비율은 100,000배보다 크다. Nuclear DNA와 결합하고 있는 특화된 단백질은 핵 안에 DNA가 적절히 들어갈 수 있도록 DNA를 응축시킨다. 그러나 이와 동시에 긴 DNA 분자가 서로 엉기거나 끊어지지 않고, 고도로 응축된 DNA의 어떠한 부분도 transcription, replication, damage repair를 위해 쉽게 접근할 수 있다. 게다가, 유전체 전체가 복제되어 딸세포로 분리될 때, 세포 분열 동안 DNA는 원래의 상태로 온전하게 유지된다. 진핵생물에서 DNA에 결합하여 DNA를 체계적으로 조직하는 단백질과 DNA가 이루는 complex를 *chromatin* (염색질)이라 한다. Mitosis 동안 염색질은 각각의 염색체의 형태로 광학현미경을 통해 관찰할 수 있다. 이 장과 다음 장에서 설명하겠지만, DNA가 염색질로 조직화되는 것은 진핵세포에만 적용되는 유전자 발현의 조절 메커니즘을 가능하게 한다. 박테리아에서는 이러한 조절 메커니즘이 적용되지 않는다.

이 장의 첫 3개의 절에 걸쳐 진핵세포의 유전자와 유전체의 전체적 모습을 보여줄 것이다. 먼저 진핵세포 유전자의 구조와 RNA precursor (전구체)로부터 mRNA로 splicing (스플라이싱)되는 과정으로부터 multicellular organism에서 일어나는 복잡성(complexity)을 논의할 것이다. 다음으로, transposable DNA element를 포함한 진핵세포 DNA의 주요 class와 이들이 현재의 유전체 형태를 어떻게 만들게 되었는지 논의할 것이다. 마지막 2개의 절에서는 진핵세포에서 DNA가 물리적으로 어떻게 조직화되는지를 다룰 것이다. 우리는 또한 DNA가 어떻게 histone 단백질과 complex를 형성하여 *nucleosome*을 이루는지, 염색질이 어떻게 더욱 큰 형태의 염색체를 이루는지, 염색체의 duplication과 segregation에 필요한 기능적 요소는 무엇인지 등에 대해 알아볼 것이다. 이렇게 서로 연관성이 있는 세 가지 주제에 대한 개요를 그림 7-1에서 나타내었다. 이번 장에서 유전자, 염색질, 염색체에 대해 이해하게 되면, 다음 2개 장의 내용인 세포 내에서 각 단백질이 어떻게 합성되고 그 양이 조절되는지, functional RNA는 어떻게 조절되는지에 대해서도 쉽게 이해하게 될 것이다.

7.1 진핵세포 유전자의 구조와 구성

분자적 측면에서 유전자는 일반적으로 특정 기능을 가지는 유전자 산물(*polypeptide* 또는 *RNA*와 같은 유전자 생성물)의 합성에 필요한 전체 *nucleic acid sequence*로 정의할 수 있다. 이러한 정의에 의하면, 유전자는 *coding region*이라 불리는 functional RNA 또는 아미노산 서열을 암호화하는 nucleotide sequence 이외의 sequence도 포함된다. 또한 유전자에는 *coding region*이 아니더라도 특정 RNA transcript를 합성하는 데 필요한 모든 DNA 서열이 포함된다. 예를 들면, 다세포 동물의 유전자에서 **enhancer**라 불리는 transcription-control region은 coding region으로부터 50 kb 또는 그 이상 떨어져 있는 경우도 있다. 5장에서 살펴보았지만, 진핵세포 유전자에서 다른 중요한 noncoding region으로는 DNA template 상의 어디에서 transcription이 시작될지 결정하는 프로모터; 3′ cleavage와 polyadenylation을 통해 mRNA의 3′-end를 생성하는 *poly(A) site*; pre-mRNA에 있는 exon들의 splicing이 일어나는 *splice site* 등이 있다(그림 5-27 참조). 이러한 noncoding region은 transcription initiation과 RNA processing을 조절하기 때문에 이러한 서열에 돌연변이가 일어나면, RNA가 정상적으로 발현되고 기능을 하는 데 영향을 미치기 때문에 이들 유전자의 coding region에는 아무 이상이 없다고 하더라도 mutant organism에서는 별개의 phenotype이 나타난다. 우리는 8장과 9장에서 다양한 transcription-control element와 post-transcriptional RNA processing을 조절하는 메커니즘에 대해 자세히 살펴볼 것이다.

대부분의 잘 알려진 유전자들은 단백질을 암호화하는 mRNA를 만들어내지만, 어떤 DNA 서열은 단백질을 암호화하지 않으면서도 중요한 기능을 하는 RNA를 생산한다[예, tRNA와 rRNA는 5장과 9장에서 기술; mRNA의 translation과 stability를 조절하는 miRNA와 siRNA는 9장에서 논의; transcription을 조절하는 long noncoding RNA (lncRNA)는 8장에서 논의]. 이러한 functional RNA를 암호화하는 DNA 서열에 돌연변이가 일어나면, 특정한 phenotype이 나타나기 때문에 만들어지는 최종 산물이 단백질이 아닌 RNA 분자더라도 이들 DNA region을 *gene*이라고 한다.

이번 절에서, 우리는 진핵세포에서 유전자의 구조와 그 구조가 유전자 발현과 진화에 어떻게 영향을 미치는지 살펴볼 것이다. 표 7-1에 나타낸 바와 같이, multicellular organism의 chromosomal DNA 안에 있는 nucleotide sequence를 그들의 기능과 동일한 종에 속하는 개체 유전체에서 유사한 서열이 발견되는 횟수에 따라 분류할 수 있음을 다음 절에서 설명할 것이다.

Multicellular Eukaryote의 대부분의 유전자는 intron을 가지고 있으며, 하나의 단백질을 암호화하는 mRNA를 생산한다

많은 박테리아 mRNA는 하나의 mRNA (예, *trp* operon에 의해 coding되는 mRNA)가 일련의 biological process에 참여하는 여러 개의 단백질을 coding하고 있다. 그러한 mRNA를 *polycistronic*하다고 한다

표 7-1 • Nuclear Eukaryotic DNA의 주요 종류 및 인간 유전체에서의 예

Class	Length	Copy Number in Human Genome	Fraction of Human Genome (%)*
Protein-coding genes	0.5–2200 kb	~19,000	~40† (2.0‡)
Long noncoding RNA genes	0.2–50 kb	~10,000	~15 (0.9‡)
Tandemly repeated genes			
U2 snRNA	6.1 kb¶	~20	<0.0001
rRNAs	43 kb¶	~300	0.4
Repetitive DNA			
Simple-sequence DNA	1–500 bp	Variable	~6
Interspersed repeats (mobile DNA elements)			
DNA transposons	2–3 kb	300,000	3
LTR retrotransposons	6–11 kb	440,000	8
Non-LTR retrotransposons			
LINEs	6–8 kb	860,000	21
SINEs	100–400 bp	1,600,000	13
Processed pseudogenes	Variable	~12,500	~0.4
Intergenic regions	Variable	n.a.	~25

*The sum of "Fraction of the Human Genome (%)" totals more than 100% because mobile DNA elements are counted twice: once to show the different classes of human mobile DNA elements; and second as part of the intergenic regions and protein-coding genes where they are located in introns and 3 untranslated regions of terminal exons.
†Complete transcription units including exons and introns.
‡Total length of all exons. Protein-coding regions total 1.2 percent of the genome.
¶Length of each repeat in a tandemly repeated sequence.
source: International Human Genome Sequencing Consortium, 2001, *Nature* **409**:860 and 2004, *Nature* **431**:931.

(*cistron*이란 하나의 polypeptide를 coding하는 genetic unit이다). 그와는 대조적으로, 대다수 진핵세포 mRNA는 *monocistronic*하다. 즉, 하나의 mRNA가 하나의 단백질을 coding한다. 이와 같은 polycistronic mRNA와 monocistronic mRNA 사이의 차이는 그들의 translation의 근본적인 차이와 연관이 있다. 박테리아의 polycistronic mRNA에서 ribosome이 결합하는 위치는 각각의 단백질이 coding되는 위치, 즉, 각 cistron의 출발점 부근이 된다. Translation은 mRNA 안의 여러 위치 중 어떤 곳으로부터도 시작될 수 있으므로, 하나의 polycistronic mRNA에서 여러 종류의 단백질이 동시에 생산될 수 있다. 그러나 대부분의 진핵세포에서는 mRNA의 5′ cap 구조에 ribosome이 결합하므로, 그 결과 translation은 5′ cap에 가장 가까운 AUG start codon에서만 시작된다. 그 결과 대부분의 진핵세포 mRNA의 translation은 이 부위에서 시작된다. 많은 viral mRNA의 경우, 첫 번째 open reading frame으로부터 downstream에 새로운 open reading frame이 시작되는 AUG initiation codon을 가지는 경우에도 마찬가지이다.

*Primary transcript*라는 용어는 RNA splicing과 poly(A) tail이 추가되기 이전에 최초로 만들어진 RNA transcript를 말한다. 많은 경우에 진핵세포 단백질 코딩 유전자는 한 종류의 mRNA로 processing되어, 그에 상응하는 단백질이 생산되도록 translation이 일어난다(그림 5-27 참조). 그러나 일반적으로 intron이 없는 박테리아나 효모의 유전자와 달리, 다세포 동물과 식물에서 대부분의 유전자는 intron을 가지고 있는데, intron은 핵에서 RNA processing 과정을 통해 제거되고 완전히 process된 mRNA만 세포질로 운반되어 translation된다. 대부분의 유전자의 경우, intron이 exon보다 훨씬 길다. 인간 유전자에서 intron의 median (중앙)값 길이는 3.3 kb에 이른다. 그러나 몇몇 intron은 길이가 더욱 긴 경우도 있다: 알려진 인간 intron 중 가장 긴 것은 17,106 bp로 근육 세포에서 구조 단백질을 coding하는 *titan* gene의 intron이다(17장 참조). 이에 비해서, 많은 인간 유전자의 exon은 겨우 50~200 bp 정도이다. 단백질을 coding하는 전형적인 인간 유전자는 약 50,000 bp 정도인데, 95% 이상의 sequence가 intron이나 5′ 및 3′ noncoding region이다.

고등생물의 기능에 필요한 크기가 큰 단백질은 repeated domain을 가지고 있는데, repeated domain은 유사한 exon이 반복적으로 나열되어 있지만 이를 연결하는 intron의 길이는 다양하다. 이것의 예가 extracellular matrix의 한 구성성분으로 알려진 fibronectin이다. Fibronectin gene은 multiple copy (여러 개)로 존재하는 5가지 유형의 exon으로 구성된다(그림 5-28 참조). 그러한 유전자는 반복되는 exon을 coding 하는 DNA가 진화 과정에서 tandem duplication되면서 생겨났다. 이 과정은 아마도 그림 7-2a에서 보는 것처럼, meiosis 동안에 일어난 unequal crossing over (불균등 교차)에 의해 생성된 듯하다.

진핵세포의 유전체에는 Simple 및 Complex Transcription Unit이 존재한다

박테리아의 operon을 구성하는 유전자 집단은 하나의 **transcription unit (전사 단위)**을 구성하는데, 특정 promoter로부터 시작하여 termination site까지 transcription되어 하나의 primary transcript가 된다. 그 결과, 원핵세포에서는 하나의 operon을 형성하는 여러 개의 유전자는 단일 primary transcript로 생성되므로 유전자와 transcription unit이 서로 다른 경우가 종종 있다. 이와는 대조적으로, 대부분의 진핵세포 유전자는 각각 다른 transcription unit으로 발현되고, 각 mRNA는 단일 단백질로 translation된다.

이러한 진핵세포 transcription unit은 새로 합성된 RNA가 modification이 일어나기 전 상태, 즉 primary transcript의 운명에 따라 simple unit인지 complex unit인지, 두 종류로 구분된다. Simple transcription unit은 intron으로 구분되어 있는 protein-encoding exon과 upstream control region으로 구성된다(그림 7-3a). *Simple* transcription unit으로부터 transcription된 primary transcript는 한 종류의 mRNA를 생산하게 되는데, 이는 하나의 단백질을 coding하게 된다(그림 7-3a). 사람에서 β-globin과 같은 simple transcription unit은 매우 드물다. Human transcription unit의 약 95%는 *complex* unit이다. Complex transcription unit에서 생성되는 primary RNA transcript는 여러 방법으로 process되어 서로 다른 exon을 포함하는 여러 종류의 mRNA가 생성된다(그림 7-3b 참조). 이렇게 생성된 서로 다른 mRNA는 일반적으로 각 mRNA의 첫 번째 AUG에서 시작되어 하나의 단백질로 translation된다.

하나의 primary transcript에서 여러 mRNA가 생기는 방법은 크게 세 가지가 있다. 첫째는 primary transcript가 alternative splice site를 가지는 경우에는 동일한 5′과 3′ exon을 가지지만, internal exon은 서로 다른 mRNA로 process될 수 있다(그림 7-3b, 위쪽). 둘째, primary transcript가 2개의 poly(A) site를 가지는 경우에는 서로 다른 3′ exon을 가지는 mRNA로 process될 수 있다(그림 7-3b, 가운데). 셋째, 서로 다른 세포 유형에서 active하게 작용하는 여러 개의 promoter를 가지는 경우이다(그림 7-3b, 아래쪽). 예를 들면, 세포 유형 1에서 promoter *f*가 active하다면 $mRNA_1$에서 첫 번째 exon은 exon 1A이다. 세포 유형 2에서 promoter *f*가 inactive하고 promoter *g*가 active하다면, $mRNA_2$에서 첫 번째 exon은 exon 1B이다.

일반적으로 특정 세포 유형에서 하나의 complex transcription unit으로부터 한 종류의 mRNA가 만들어지고, 다른 세포 유형에서는 다른 종류의 mRNA가 만들어진다. 예를 들어, 긴 선형 섬유 단백질을 암호화하는 fibronectin 유전자(그림 5-28 참조)는 결합 조직(connective tissue)의 주요 세포 유형인 fibroblast (섬유아세포)와 혈액 내 extracellular 단백질 대부분을 분비하는 간세포 유형인 hepatocyte 모두에서 높은 수준으로 전사된다. Fibroblast에서 발현되는 fibronectin 단백질은 서로 연관된 exon EIIIA와 EIIIB (green)에 의해 coding되는 domain을 가지고 있어서, 이를 통해 fibroblast의 표면에 고정된 특정 단백질에 결합한다. 반면에, hepatocyte에서는 mRNA에서 EIIIA와 EIIIB exon이 제거됨에 따라 fibronectin의 hepatocyte isoform은 세포 표면에 결합하지 않고 자유롭게 혈액 내를 순환하기 때문에 blood clot이 형성될 경우 다른 fibronectin domain을 통해 상호 결합하여 blood clot에 포

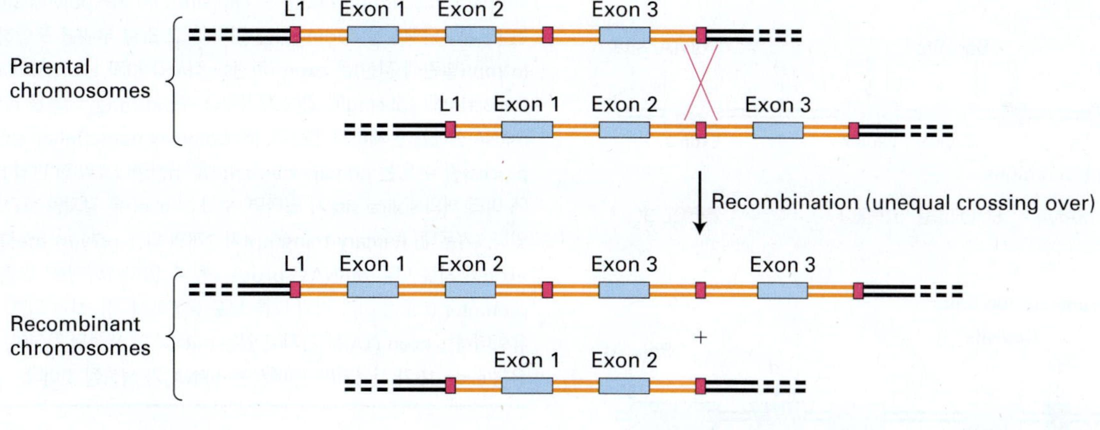

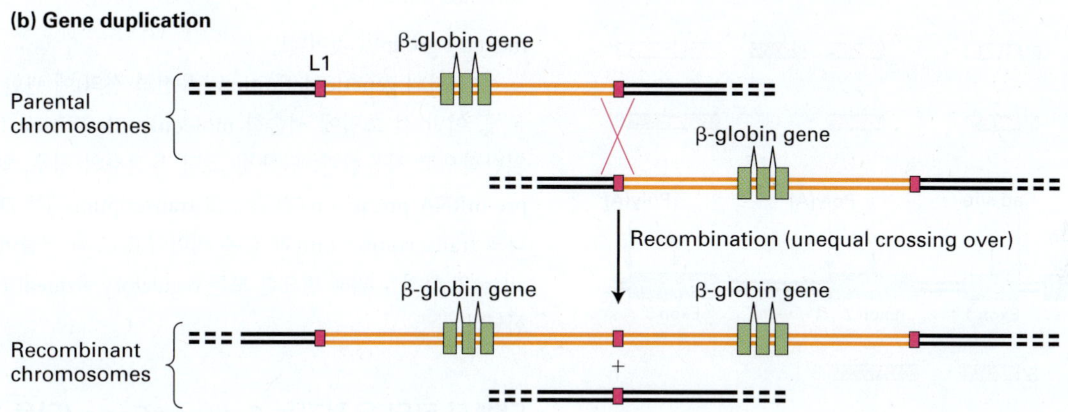

그림 7-2 Exon 및 유전자 duplication. (a) Exon duplication은 종종 meiosis 동안에 일어난 unequal crossing over의 결과이다. 각 parental 염색체(*위쪽*)는 3개의 exon (파란색)과 2개의 intron (주황색)으로 구성된 ancestral 유전자를 가지고 있다. L1 long interspersed element (빨간색)라고 불리는 homologous noncoding sequence가 유전자의 5′과 3′ 그리고 exon 2와 3 사이의 intron에 위치하고 있다. 이 장의 뒷부분에서 논의하겠지만, L1 element는 인간의 진화 동안 반복적으로 유전체의 새로운 위치로 이동하여 모든 염색체에 퍼져 있다. Parental chromosome을 서로 엇비슷하게 배열하여 한 쌍의 L1 element가 나란히 정렬되게 하였다. 이러한 L1 sequence 사이의 homologous recombination에 의해 한 recombinant 염색체의 유전자는 4개의 exon을 가지게 되고(2개의 exon 3), 또 다른 recombinant 염색체는 exon 3이 결손된 유전자를 가지게 된다. (b) 위와 같은 동일한 과정이 전체 유전자의 duplication을 일으킬 수 있다. 각 parental 염색체(*위쪽*)는 하나의 ancestral β-globin 유전자를 가지고 있다. L1 element 사이의 unequal recombination 후 duplicated 유전자에서 각각 독립적인 돌연변이가 일어나면 서로 약간 다른 염기 서열을 가지게 되고, 그것으로 인해 약간 서로 다른 기능을 하는 단백질을 encoding 하는 유전자로 변화할 수 있다. 또한 unequal crossing over는 드물기는 하지만 서로 연관이 없는 sequence 사이에서도 일어날 수도 있다. D. H. A. Fitch et al., 1991, *Proc. Nat'l. Acad. Sci. USA* **88**:7396 참조.

함될 수 있다. 이런 형태의 alternative mRNA splicing은 인간 유전자의 약 95%에서 관찰되며, 이로 인해 multicellular organism의 유전체에 coding된 단백질의 숫자가 매우 증가한다.

Simple transcription unit에서 exon, intron, transcription-control region에 돌연변이가 일어나면 단백질의 발현에 영향을 준다. 예를 들면, 그림 7-3a에 나타난 바와 같이 transcription control region의 *a* 또는 *b*에 돌연변이가 일어나면 transcription이 감소하거나 억제됨에 따라서 단백질 합성이 줄어들거나 억제된다. Exon에 있는 *c*에 돌연변이가 일어나면 아미노산 서열에 변화가 일어나서 stop codon이 만들어지거나 비정상적인 단백질이 만들어진다. 마지막으로, intron 안에 있는 *d*에 돌연변이가 일어나서 새로운 splice site가 만들어진다면 mRNA 서열에 변화가 와서 nonfunctional 단백질이 만들어진다.

Complex transcription unit에서, 돌연변이와 유전자 사이의 관계가 항상 간단하지만은 않다. Transcription control 부위 또는 alternative mRNA들이 공유하는 exon에 있는 돌연변이는 주어진 complex transcription unit에 의해 coding되는 모든 단백질에 영향을 줄 것이다. 반면에, 하나의 alternative mRNA에 존재하는 exon에 있는 돌연변이는 오직 그 mRNA에 의해서 coding되는 단백질에만 영향을 줄 것이다. 그림 7-3b에는 complex transcription unit에 있는 다양한 구성 요소의 돌연변이 예를 나타내었다.

6장에서 설명하였듯이, **genetic complementation (유전적 보완성)** 실험은 일반적으로 2개의 돌연변이가 같은 유전자에 있는지 혹은 다른 유전자에 있는지를 결정하기 위해 사용된다(그림 6-7 참조). 그러나 그림 7-3b (가운데)에 있는 complex transcription unit에서 *d*와

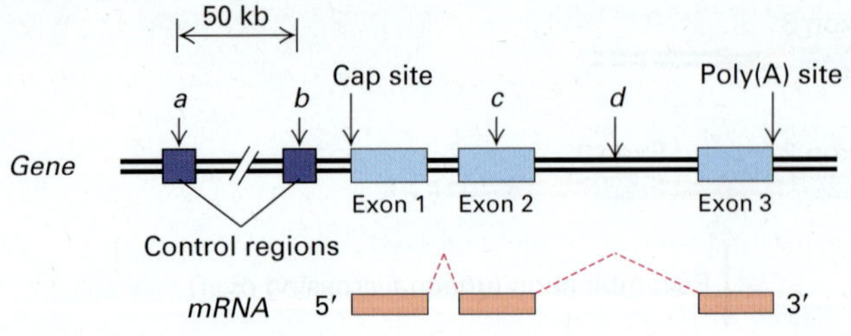

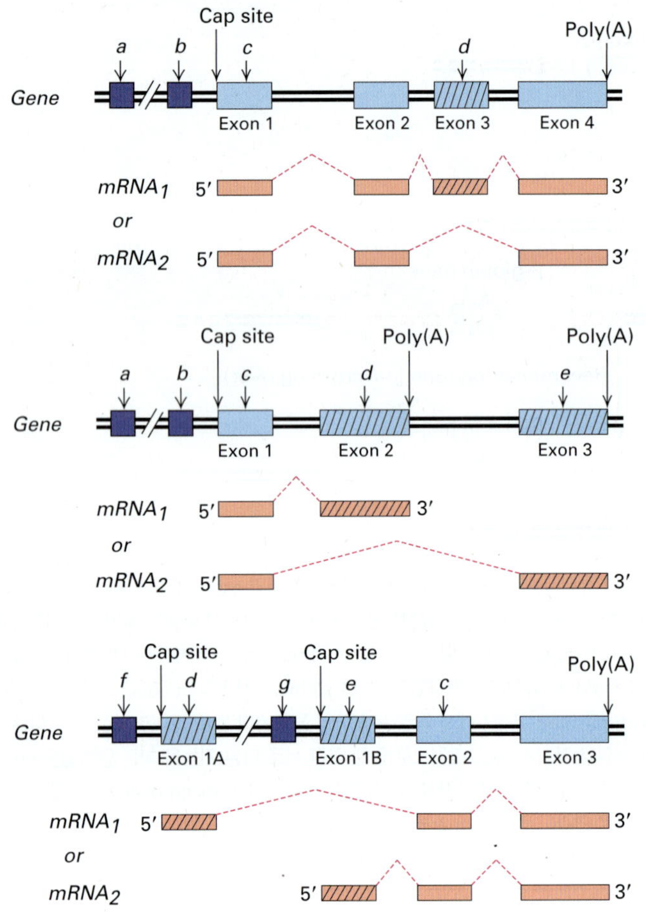

그림 7-3 Simple 및 complex eukaryotic transcription unit의 비교. (a) Simple transcription unit은 5′ cap site로부터 3′ poly(A) site까지 길게 확장되는 하나의 단백질을 coding하는 영역과 그 조절 부위를 포함하는 지역을 말한다. Intron (빨간색 점선)은 exon (파란색 직사각형)과 exon 사이에 있으며, primary transcript의 splicing에 의해 제거된다. 즉, intron은 기능을 하는 monocistronic mRNA 상에는 존재하지 않는다. (b) Complex transcription unit은 다른 방법으로 process될 수 있는 primary transcript를 생산한다. (*위쪽*) 만약 primary transcript에 여러 개의 splice site가 있다면, 5′과 3′ exon은 같지만 중간의 exon은 다를 수 있다. (*가운데*) Primary transcript가 2개의 다른 poly(A) site를 가지고 있으면, 3′ exon이 서로 다른 mRNA로 process될 수 있다. (*아래쪽*) 그림과 같이 서로 다른 promoter (*f* 또는 *g*)가 각기 다른 세포 유형에서 기능하게 되면, *f*가 기능하는 세포 유형에서는 exon (1A)을 가지고 있는 $mRNA_1$이 생성될 것이며, *g*가 활성화된 세포 유형(exon 1B가 사용되는 곳)에서는 $mRNA_2$가 생성될 것이다.

e exon에 있는 돌연변이는 그들이 같은 유전자에 있음에도 불구하고, genetic complementation 실험에서 서로를 보완하여 서로 다른 유전자에 있는 돌연변이로 분석될 것이다. 이는 *d*에 돌연변이가 있는 염색체는 $mRNA_2$가 coding하는 정상적인 단백질을 발현하고, *e*에 돌연변이가 있는 염색체는 $mRNA_1$이 coding하는 정상적인 단백질을 발현하기 때문이다. 따라서 두 돌연변이를 포함하고 있는 이배체 세포는 정상적인 사본의 유전자로부터 $mRNA_1$과 $mRNA_2$가 생산되어 단백질을 만들 수 있으므로 wild type의 phenotype을 갖게 된다. 그러나 공통 exon에 있는 돌연변이 *c*가 있는 염색체는 돌연변이 *d*나 *e* 모두를 보완하지 못할 것이다. 다시 말해, *d*와 *e*는 같은 complementary group (상보성 그룹)에 속하지 않으나, 돌연변이 *c*는 돌연변이 *d* 및 *e*와 동일한 complementary group일 것이다!

유전자의 genetic definition (유전적 정의)에 관한 이런 복잡성 때문에, 이번 절 초입에 서술한 molecular definition (분자적 정의)을 일반적으로 사용한다. 단백질 코딩 유전자의 경우, 하나의 유전자는 pre-mRNA precursor (전구체)로 transcription되는 DNA 서열, 즉 하나의 transcription unit과 같은 의미이고, 그와 더불어 primary transcript의 합성을 위해 필요한 모든 regulatory element (조절 요소)도 포함된다.

단백질 코딩 유전자는 Solitary Gene (단독 유전자)이거나 Gene Family (유전자 군)이다

모든 인간 단백질 set은 인간 유전체의 약 40%를 차지하는 transcription unit에 의해 encoding된다. 그러나 이러한 sequence의 대부분은 intron으로서 평균 길이는 3.3 kb이지만, 길이는 매우 다양하며 긴 것은 약 17 kb에 달한다. 길이가 단지 50–200 bp에 불과한 대부분의 인간 exon과 비교해보라. 다세포 생명체에서 단백질 코딩 유전자의 약 25–50% 정도는 반수체(haploid genome)에 한 번만 존재한다. 그러므로 이러한 유전자를 *solitary* gene (단독 유전자)이라고 한다. 단독 단백질 코딩 유전자 중 잘 알려진 예는 lysozyme gene이다. Lysozyme은 박테리아 세포벽의 polysaccharide를 분해하기 때문에 박테리아를 용해해서 죽게 한다. Lysozyme은 달걀 흰자위에 많은 양이 존재하고, 사람의 눈물에서도 발견되며, 눈과 달걀의 표면을 무균 상태로 유지하는 데 도움을 준다. Chicken lysozyme은 15 kb DNA sequence에 coding되어 있으며, 4개의 exon과 3개의 intron으로 구성된 simple transcription unit이다. 이 transcription unit으로부터 약 20 kb upstream과 downstream에는 어떤 mRNA도 coding되어 있지 않으므로 intergenic region (예, DNA sequence between genes)의 한 예라고 할 수 있다.

단백질 코딩 유전자의 두 번째 그룹으로 *duplicated* gene이 있다. 이들은 비슷하지만 동일하지 않은 sequence로 되어 있으며, 보통 서로 5–50 kb 이내에 존재한다. 이렇게 비슷하지만 동일하지 않은 아미노산 서열을 가진 단백질을 coding하는 duplicated 유전자 세트를 **gene family**

라고 한다. 따라서 이들이 coding하여 생성되는 서로 상당히 비슷한 homologous 단백질들이 **protein family**를 구성한다. Protein kinase, transcription factor, 척추동물 immunoglobulin 및 olfactory receptor와 같은 몇 개의 protein family들에는 수백 개의 구성원들이 속해 있다. 그러나 대부분의 protein family는 수 개에서부터 약 30개 정도의 단백질로 구성된다. 그 예로, 척추동물의 cytoskeleton 단백질, myosin heavy chain, α-like 및 β-like globin 등이 있다.

β-like globin을 coding하는 gene은 gene family의 좋은 예이다. 그림 7-4a에서 보는 바와 같이, β-like globin gene family는 5개의 functional gene, 즉 *HBB* (가장 양이 많은 adult β-globin), *HBD* (minor adult β-globin), *HBG1*과 *HBG2* (fetal β-globin), *HBE1* (embryonic β-globin)이다. 2개의 동일한 β-like globin polypeptide는 2개의 α-like globin polypeptide (다른 gene family에 의해 coding되며 발생 과정의 embryonic, fetal, adult 단계에서 발현됨), 그리고 4개의 작은 heme prosthetic group과 결합하여 하나의 hemoglobin molecule을 형성한다(그림 12-17 참조). 서로 다른 α-like globin과 β-like globin으로부터 형성된 모든 hemoglobin은 blood (혈액) 내에서 oxygen (산소)을 운반하는 기능은 같지만, 생리적 조건에 따라 그들의 특성은 약간씩 다르다. 예를 들면, *HBG1* 또는 *HBG2*에 의해 coding되는 polypeptide를 가지고 있는 hemoglobin은 오직 fetal life (태아기)에만 발현된다. Fetal hemoglobin은 adult hemoglobin보다 높은 oxygen affinity (산소 친화성)를 가지기 때문에 placenta (태반)에서 모체의 혈액으로부터 oxygen을 효과적으로 받아들일 수 있다. 생후에 발현되며 낮은 oxygen affinity를 가지고 있는 adult hemoglobin은 muscle과 같이 운동하는 동안 oxygen이 많이 요구되는 tissue에서 oxygen을 쉽게 내어놓을 수 있다. *HBE1*과 embryonic α-like globin 유전자 *HBZ*에 의해 coding되는 polypeptide를 가지고 있는 embryonic hemoglobin은 fetal hemoglobin과 adult hemoglobin보다도 산소에 대한 affinity가 더 높다.

서로 다른 종류의 β-globin gene은 아마도 ancestral gene의 duplication에 의해 생성되었을 것으로 생각되며, 이것은 발생 중인 생식세포(egg 혹은 sperm)에서 meiotic recombination (감수분열 시의 재조합)의 과정 중에 발생하는 unequal crossover의 결과일 것으로 생각된다(그림 7-2b 참조). 그 결과로, 2개의 복사본이 된 유전자에 진화 과정 동안 무작위로 돌연변이가 쌓여서 *sequence drift*가 일어났다. 그중에서 hemoglobin의 oxygen 운반 기능이 개선될 수 있도록 하는 유익한 돌연변이만이 natural selection (자연 선택)에 의하여 남게 되었다. 반복되는 유전자 duplication과 그에 뒤따르는 sequence drift 과정과 selection에 의해서 오늘날 사람과 그 밖의 다른 포유동물에서 발견되는 현재의 β-like gene이 생겨났을 것이라고 이해되고 있다.

인간 β-like globin 유전자 cluster는 functional β-like globin gene과 매우 비슷하지만, nonfunctional 한 sequence인 pseudogene을 가지고 있다(그림 7-4a). 이러한 pseudogene은 기능이 있는 β-like globin

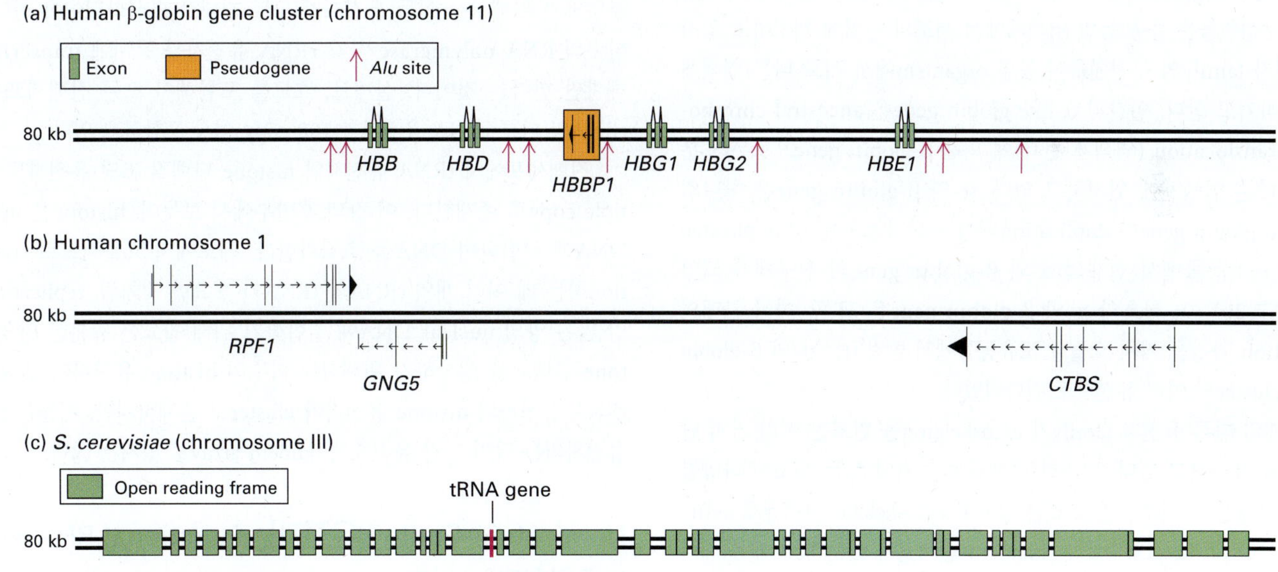

그림 7-4 Unicellular와 multicellular eukaryote에서 유전자 density 비교. (이중 검은색 선은 genomic DNA를 나타낸다. 이 선 위에 그려진 유전자는 오른쪽으로, 아래에 그려진 유전자는 왼쪽으로 전사된다.) (a) 인간 염색체 11번의 β-globin 유전자 cluster를 나타낸 diagram에서 녹색 박스는 β-globin-related 유전자의 exon을 보여 주고 있다. 모든 인간 β-globin 유전자는 왼쪽으로 transcription이 일어난다. 인간 β-globin 유전자 cluster는 pseudogene (orange highlight)을 가지고 있다. 이들은 기능을 하는 β-globin 유전자와 유사하지만, transcription되지는 않는다. 각각의 빨간색 화살표는 *Alu* sequence를 가리키고 있으며, *Alu* sequence는 7.3절에서 논의하였듯이 약 300-bp의 noncoding repeated sequence로서 인간 유전체에 상당히 많이 존재한다. F. S. Collins and S. M. Weissman, 1984, *Prog. Nucl. Acid Res. Mol. Biol.* **31**:315 참조. (b) 인간 1번 염색체에서 무작위로 선택한 80 kb 영역의 유전자 다이어그램. *RPF1*은 오른쪽으로, *GCN5*와 *CTBS*는 왼쪽으로 transcription이 일어난다. 3′-exon은 길이가 충분히 길고, 3′ end는 arrowhead로 표시하였다. (c) 효모 염색체 III의 80 kb 영역의 유전자 다이어그램. 녹색 박스는 open reading frame을 가리킨다. 이들 단백질 코딩 서열의 대부분은 intron이 없는 functional 유전자이다. 효모 DNA보다 인간 DNA에서 coding sequence에 대한 noncoding sequence의 비율이 아주 높다. S. G. Oliver et al., 1992, *Nature* **357**:28 참조.

gene과 마찬가지로 exon-intron 구조를 가지고 있으므로, ancestral gene의 duplication에 의해 일어났다는 것을 염기 서열 분석을 통해 알게 되었다. 그러나 이 유전자는 기능을 유지해야 할 selective pressure가 없었다. 결과적으로, 진화 동안 일어난 sequence drift에 의해 translation을 종료시키거나 mRNA processing을 억제하는 염기 서열의 변이가 일어나게 되어 결국 기능을 하지 못하는 유전자가 된 것이다. 이러한 pseudogene은 해롭지 않기 때문에 유전체에 그대로 남아 있을 수 있게 됨으로써, 옛날 우리 조상에서 유전자 duplication이 일어난 위치를 알려주는 역할을 하며, 이어서 유전자 기능을 제거하는 sequence drift가 일어났다.

Segmental duplication (부분 중복)이라고 불리는 염색체 segment의 duplication은 다세포 식물 및 동물의 진화 동안에 꽤 자주 일어났다. 그 결과로, 오늘날 organism 내 전체 유전자의 큰 부분이 duplication되었으며, 유전자 family와 pseudogene이 생성될 수 있는 sequence drift가 일어나게 되었다. 서로 밀접하게 관련이 있는 organism에서, duplication된 유전체의 copy와 homologous genome sequence를 비교하면 evolution history에서 duplication이 일어난 시기를 추정할 수 있다. 예를 들면, 대략 5000만 년 전 catarrhine primate (협비류 원숭이, 유인원 그리고 인간)와 platyrrhine primate (광비류 원숭이)의 공통 ancestor가 가지고 있던 β-globin locus 5.5 kb가 *HBG*-globin gene을 포함하고 있었는데, 이 조각이 duplication된 region에서 human fetal globin 유전자(*HBG1*과 *HBG2*)가 생겨났다.

Human β-globin locus의 유전자와 같이 최근에 진화된 유전자 family 구성원들은 종종 동일 염색체에서 서로의 근처에 위치하고 있지만, 유전자 family의 구성원들이 동일 organism에서 서로 다른 염색체에 위치하기도 한다. 인간의 α-like globin gene은 ancestral chromosomal translocation (염색체 전좌)에 의해 β-globin gene으로부터 분리되어 다른 염색체에 위치하고 있다. α-와 β-globin gene은 하나의 ancestral globin gene이 duplication되어 시작되었으며, 이 duplicated copy가 포유동물에서 현재의 α-와 β-globin gene의 전구체가 되었다(그림 7-2b). 이 최초의 α-와 β-globin gene은 그 후 여러 차례의 duplication 과정을 거쳐 오늘날 포유동물에서 발견되는 α-와 β-globin 유전자 cluster의 여러 유전자로 진화되었다.

몇 개의 다른 유전자 family가 cytoskeleton을 만드는 여러 가지 단백질을 coding하고 있다. 이러한 단백질들은 거의 모든 세포에 다양한 양으로 존재한다. 척추동물에 있는 중요한 cytoskeletal 단백질로 actin, tubulin, 그리고 keratin과 같은 filament 단백질이 있는데, 이에 대해서는 17, 18, 20장에서 논의할 것이다. 이 중 하나인 tubulin family를 6.3절에서 살펴볼 것이다. 조직 표면을 덮고 있는 epithelial cell (상피 세포)의 모양과 물리적 특성을 결정하는 데 중요한 keratin은 인간에서 적어도 54개의 functional gene으로 확장되었다. 이러한 cytoskeletal 단백질 family가 존재해야 하는 생리적인 의미는 globin family처럼 분명하진 않지만, 같은 family에 속하는 단백질은 아마도 그들이 발현되는 특정 세포 유형에 적합하고, 비슷하지만 미묘하게 다른 기능들을 가지고 있을 것이다.

많은 양이 필요한 유전자 산물들은 여러 사본으로 이루어진 유전자에서 만들어진다

척추동물과 무척추동물에서, ribosomal RNA나 RNA splicing에 관여하는 RNA와 같이 nonprotein-coding RNA를 coding하는 유전자는 *tandemly repeated array* (직렬로 반복된 형태)로 존재한다. 대부분의 경우, 한 sequence에 대한 여러 사본이 긴 DNA 길이에 걸쳐 head-to-tail 형태로 여러 번 반복된다. rRNA gene의 tandem array에서 모든 rRNA 유전자 copy는 완전히 동일하다. rRNA 중 transcription된 부분은 모두 동일하지만, transcription되는 부분의 사이에 있는 transcription되지 않는 부분은 길이와 sequence가 매우 다양하다.

이런 tandemly repeated rRNA 유전자는 세포의 replication 동안 rRNA transcript에 대한 수요가 많기 때문에 이를 충족시키기 위해 필요한 것이다. 이를 이해하기 위해, one cell generation 동안 한 유전자가 RNA polymerase에 의해 완전히 loaded되었을 때, 그 유전자로부터 transcription될 수 있는 RNA transcript 수가 한정적이라고 생각해보자. 만약 하나의 유전자에서 transcription될 수 있는 RNA보다 더 많은 RNA가 필요하다면 multiple copy의 유전자가 필요하게 된다. 예를 들면, 인간의 초기 embryonic development 동안 배아 세포는 약 ~24시간마다 doubling하며, 각 세포는 500–1,000만 개의 ribosome을 포함하고 있다. 이렇게 많은 ribosome을 만들 수 있을 만큼 충분한 양의 rRNA를 생산하기 위해서 하나의 배아 세포는 적어도 100 copy의 large subunit과 small subunit rRNA 유전자가 필요하고, 세포가 24시간마다 분열하기 위해서는 이들 유전자가 모두 최대로 활성화되어야 한다. 즉, 다수의 RNA polymerase가 각 rRNA 유전자를 동시에 transcription해야만 한다는 것이다. 실제로, 효모를 포함해서 모든 진핵세포는 5S rRNA와 다른 rRNA 유전자를 100 copy 이상 포함하고 있다.

진핵세포에서 tRNA 유전자와 histone 단백질 코딩 유전자도 multiple copy로 존재한다. 이 장의 후반부에서 보듯이, histone은 nuclear DNA에 결합하여 DNA를 조직화한다. 세포에서 효율적으로 translation하는 데 여러 개의 rRNA와 tRNA가 필요한 것처럼, replication 동안 많은 양의 nuclear DNA에 결합하기 위해 필요한 충분한 양의 histone 단백질을 생산하기 위해서는 다수의 histone 유전자가 필요하다. tRNA 유전자와 histone 유전자가 cluster로 존재하지만, 이들은 rRNA 유전자와는 달리 인간 유전체에 tandem array로 있지는 않다.

Nonprotein-Coding 유전자는 Functional RNA를 암호화한다

rRNA와 tRNA 유전자 외에도 nonprotein-coding RNA로 transcription되는 유전자가 수천 개 더 있다. 이들 중 일부는 다양한 기능이 알려져 있지만, 대부분은 기능이 아직 알려져 있지 않다. 예를 들면, **small nuclear RNA (snRNA)**는 RNA splicing 기능을 하고, **small nucleolar RNA (snoRNA)**는 nucleolus에서 rRNA processing과 base modification 관련 기능을 한다. RNase P RNA는 tRNA processing에 관여하는 ribozyme이며, **short micro RNA (miRNA)** family (인

표 7-2 • 보고된 Nonprotein-coding RNA의 종류 및 기능

RNA	Number of Genes in Human Genome	Function
rRNAs	~300	Protein synthesis
tRNAs	~500	Protein synthesis
snRNAs	~40	mRNA splicing
U7 snRNA	1	Histone mRNA 3′ processing
snoRNAs	~85	Pre-rRNA processing and rRNA modification
miRNAs	~19,000	Regulation of gene expression
piRNAs	$>6 \times 10^7$	Suppress transposon transpositions in germ cells. Associated with PIWI proteins.
Xist	1	X-chromosome inactivation
7SK	1	Transcription control
RNase P RNA	1	tRNA 5′ processing
7SL RNA	3	Protein secretion (component of signal recognition particle, SRP)
RNase MRP RNA	1	rRNA processing, mtDNA* replication
Telomerase RNA	1	Template for addition of telomeres
Vault RNAs	3	Components of Vault ribonucleoproteins (RNPs). Regulate autophagy.
hY1, hY3, hY4, hY5	~30	Components of ribonucleoproteins (RNPs), function unknown
H19	1	Unknown

*Mitochondrial DNA

source: International Human Genome Sequencing Consortium, 2001, *Nature* **409**:860, and P. D. Zamore and B. Haley 2005, *Science* **309**:1519.

간에서~19,000개)는 특정 mRNA의 stability 및 translation을 조절한다. Nonprotein-coding RNA의 기능은 9장에서 논의한다. Telomerase (그림 7-40 참조)에서 발견되는 RNA는 염색체 end의 염기 서열을 유지하는 기능을 하며, 7SL RNA는 분비 단백질과 대부분의 막 단백질을 소포체로 수송하는 signal recognition particle의 한 component이다(13장 참조). 인간 유전체에 coding된 nonprotein-coding RNA와 그들의 알려진 기능은 표 7-2에 정리되어 있다. DNA sequencing 기술의 발달로 포유동물 세포의 핵에서 약 10,000개의 *long noncoding RNA* (lncRNA)를 발견하게 되었다. 이 중 일부는 특정 단백질 코딩 유전자의 발현을 조절하는 기능이 있다는 것을 알게 되었다. lncRNA의 기능을 찾는 연구는 현재 매우 활발하게 진행되고 있다.

7.1절의 주요 개념

진핵세포 유전자의 구조와 구성

- 분자적 용어로 유전자는 기능적 단백질이나 RNA 분자를 합성하는 데 필요한 DNA 염기 서열 전체를 의미한다. 이는 coding region (exon)뿐만 아니라 control region도 포함되며, 다세포 동물과 식물의 대부분 유전자에서 intron도 포함된다.
- Simple eukaryotic transcription unit은 단일 monocistronic mRNA를 생성하여 단일 단백질로 합성된다.
- Complex eukaryotic transcription unit은 서로 다른 splice site나 polyadenylation site를 활용하여 2개나 그 이상의 서로 다른 monocistronic mRNA로 가공될 수 있는 primary transcript를 생성한다. 또한 종종 서로 다른 세포 유형에서 alternative promoter를 이용하여 2개나 그 이상의 mRNA를 생성하기도 한다(그림 7-3b 참조).
- 많은 complex transcription unit은(예, fibronectin 유전자) 하나의 세포 유형에서는 한 가지 mRNA, 다른 세포 유형에서는 다른 종류의 mRNA를 발현한다.
- 척추동물의 genomic DNA에서 단백질 코딩 유전자의 거의 절반은 solitary gene으로서 반수체에 단지 하나씩만 존재한다. 나머지는 ancestral 유전자의 duplication과 그 이후에 발생되는 돌연변이에 의해 만들어진 duplicated 유전자이다(그림 7-2b 참조). 유전자 family에 의해 coding된 단백질은 homologous하지만 동일하지는 않은 아미노산 서열을 가지고 있으며, 이들의 특성은 유사하지만 발현하는 세포 유형에 가장 적합하게 약간씩 다른 특성을 나타낸다.

- 척추동물과 무척추동물의 rRNA는 genomic DNA에서 tandem array 안에 multiple copy로 존재하는 유전자에 의해 coding된다. tRNA와 histone 유전자 역시 multiple copy가 존재하며, 종종 cluster를 이루지만 보통 tandem array를 이루지는 않는다.
- 많은 유전자가 단백질로 translation되지 않고, rRNA, tRNA, snRNA와 같이 중요한 기능을 하는 RNA를 암호화한다. 그중 하나인 micro-RNA는 최근에서야 유전자 발현을 조절하는 데 중요한 기능을 하는 것으로 밝혀졌다. 많은 short non-coding RNA와 새로 발견된 수천 개의 nuclear long noncoding RNA (lncRNA)의 기능을 이해하기 위한 연구가 활발히 이루어지고 있다.

7.2 유전자와 Noncoding DNA의 Chromosomal Organization

지금까지 우리는 transcription unit과 유전자 사이의 관계를 알아보았다. 이제부터는 염색체에서 유전자가 어떻게 구성되어 있으며, mRNA의 exon에 있는 coding sequence를 가지지 않는 noncoding DNA의 organization이나 tRNA, miRNA, lncRNA와 같은 안정적인 functional RNA에 대해서 살펴보고자 한다.

여러 Organism의 유전체에는 많은 부분이 Noncoding DNA로 구성되어 있다

다양한 species에서 세포에 있는 총 염색체 DNA를 비교해 보면, 많은 DNA가 functional RNA 또는 단백질을 암호화하지 않거나 분명한 regulatory 기능을 가지고 있지 않다는 것을 알 수 있다. 예를 들면, 효모, 노랑초파리, 닭, 인간은 각 haploid 염색체 set에 나열한 순서대로 더 많은 DNA를 포함하고 있어(위의 순서에 따라 각각 11.9, 137, 1043, 2968 Mb의 DNA), 이들 생명체의 복잡성에 비례하는 것으로 보인다. 그러나 세포 하나당 가장 많은 양의 DNA를 가지고 있는 척추동물은 amphibian (양서류)으로, 이들이 구조나 행동에 있어서 사람보다 복잡하지 않다는 것은 우리가 익히 알고 있는 사실이다. 더욱 놀라운 것은 unicellular protozoa 종인 *Amoeba dubia*는 사람보다 200배나 많은 DNA를 가지고 있다는 것이다. 많은 종류의 식물들도 사람보다 세포당 DNA 양이 더 많다. 예를 들면, 튤립은 사람보다 10배나 많은 DNA를 가지고 있다. 그뿐만 아니라, 세포당 DNA 양은 가까운 종끼리도 상당한 차이가 있다. 모든 insect (곤충)나 양서류는 비슷한 정도로 복잡하지만, 각 phylogenetic class 내에서 반수체 DNA의 양은 거의 100배까지 차이가 나기도 한다.

Chromosomal DNA에서 exon을 자세히 동정하고 sequencing해 보면 multicellular eukaryote의 유전체가 noncoding DNA를 많이 포함하고 있다는 것을 알 수 있다. 예를 들면, 사람의 경우 약 80 kb나 되는 β-globin 유전자 cluster 중 단지 작은 일부분만 단백질을 coding한다(그림 7-4a 참조). 이와 유사하게, 1번 염색체에서 무작위로 선택한 80-kb 영역을 보면 *RFP1* 유전자는 9개의 짧은 exon, *GNG5* 유전자는 4개의 exon, 그리고 *CTBS* 유전자는 7개의 exon만을 가지고 있다. 이러한 80-kb 영역에서 mRNA를 coding하고 있는 sequence의 총 길이는 9,325 bp이고, 전체의 약 12%에 달한다. 반면에 1개의 세포로 이루어진 진핵세포인 효모 *S. cerevisiae*의 경우, 80-kb 길이의 DNA에 intron은 거의 없고 단백질 코딩 서열이 매우 가깝게 위치하고 있으며, noncoding DNA도 훨씬 적다(그림 7-4c 참조).

인간 chromosomal DNA에서 각 지역별로 유전자 density (밀도)는 차이가 많아서, 각 transcription unit이 수백 base pair 떨어져 있는 *gene-rich* (유전자가 많은) 부분부터 intergenic region이 수백만 base pair에 달하는 *gene desert* (유전자가 거의 없는 사막)까지 인간 chromosomal DNA의 부위마다 매우 다르다. 인간 genomic DNA sequence의 96%가 밝혀져 있는데, 그중 약 2.9%만이 exon이고, 약 1.5%는 단백질 코딩 서열이다. (많은 단백질 코딩 유전자는 긴 3′ untranslated region에 해당하는 exon을 포함하고 있고, nonprotein-coding lncRNA에 많은 exon이 있기 때문에, exon에 해당하는 유전체의 분율은 단백질을 coding하는 분율보다 훨씬 크다; 9장 참조.) 이전 장에서 우리는 대부분 인간 유전자의 intron sequence가 exon sequence에 비해 훨씬 길다는 것을 배웠다. 인간 genomic DNA의 55% 정도가 pre-mRNA precursor나 nonprotein-coding RNA로 transcription되는 것으로 생각되지만, 이들 sequence의 95% 정도가 intron이며 이들은 RNA splicing에 의해 제거된다. 나머지 45%의 인간 DNA는 유전자와 유전자 사이(*intergenic region*)의 noncoding DNA뿐만 아니라 centromere와 telomere를 구성하는 repeated DNA sequence가 차지하고 있다. 즉, 약 97%의 인간 DNA는 단백질, functional non-coding RNA, functional lncRNA를 coding하지 않는 noncoding 부분이다.

진화 동안 서로 다른 selective pressure를 받았을 것이라는 가설이 아마도 서로 다른 organism의 nonfunctional DNA의 양이 엄청나게 다르다는 사실을 일부라도 설명할 수 있을 것이다. 예를 들면, 많은 microorganism (미생물)은 그들의 환경에서 제한된 영양분 때문에 다른 종의 microorganism과 경쟁을 해야 하며, 따라서 metabolic economy (물질대사의 경제성)는 매우 중요한 요소이다. Nonfunctional (noncoding) DNA의 synthesis는 시간과 영양소 및 에너지가 요구되기 때문에, 효모 *S. cerevisiae*와 같이 빠르게 성장하는 microorganism은 진화 동안 nonfunctional DNA를 잃어버리도록 selective pressure가 작동되었을 것이다. 반면에, 척추동물이 natural selection되는 과정은 그 동물들의 behavior (행동)에 따라 크게 달라진다. DNA synthesis에 소비되는 에너지는 muscle의 움직임과 nervous system의 기능에 요구되는 metabolic energy에 비해 매우 적다. 그러므로 척추동물에서는 nonfunctional DNA를 제거하기 위한 selective pressure가 거의 없었을 것이다. 또한, 대부분의 multicellular organism의 세포는 replication time이 빠르게 성장하는 microorganism보다 훨씬 길기 때문에 빠른 replication을 위해 nonfunctional DNA를 제거하기 위한 selective pressure는 거의 없었을 것이다.

대부분의 Simple-Sequence DNA는 염색체의 특정 지역에 모여 있다

인간 세포에서 가장 많은 양으로 존재하는 nuclear DNA class는 *repetitive DNA*이다(표 7-1 참조). Repetitive DNA는 두 종류가 있다: simple-sequence DNA와 interspersed repeat (*mobile DNA element*라고도 부른다). Interspersed repeat는 7.3절에서 논의하며, 여기서는 simple-sequence DNA에 대해 살펴본다.

Simple-sequence DNA 또는 **satellite DNA**는 인간 유전체의 약 6% 정도를 차지하고, 상대적으로 short sequence가 완벽하거나 거의 완벽히 반복되는 구조로 되어 있다. Simple sequence DNA에서 각 반복 서열의 길이는 1~500 base pair 정도이다. 1-13 base pair의 반복된 서열을 가지고 있는 simple sequence DNA를 보통 **microsatellite**라고 한다. 대부분의 microsatellite는 1-4 bp의 repeat sequence로 되어 있는데, 대개 이 sequence가 앞뒤로 연결돼서 150번 혹은 그 이하로 반복되어 있다. Microsatellite는 DNA replication 동안 template strand에서 daughter strand의 *backward slippage* (뒤 방향으로 미끄러지는 현상)가 일어나 short sequence가 두 번 복사되어 생긴 것으로 생각된다(그림 7-5). 또한 self-complementary (자가 보완적)하고 G (예, CAG)를 포함하고 있는 특징을 가지는 triplet repeat (3자 암호 반복)의 경우에는 인간에서 가장 빈번하게 일어나는 spontaneous DNA damage인 oxidized G를 excision repair하는 과정에서 DNA strand가 trinucleotide repeat로 치환될 수 있다. 이러한 displaced region은 역으로 접혀서 hairpin을 만들고 복구한 DNA에 끼어들어 가게 된다. Single-stranded loop을 DNA repair 효소를 이용해 추가로 repair하면서 repeat의 숫자가 늘어난다.

Microsatellite는 때로 transcription unit 안에 존재한다. 어떤 사람들은 태어날 때부터 특정 유전자에 있는 repeat sequence가 일반인들보다 더 여러 번 반복되어 있다. 이러한 현상은 아마도 development 과정 중 생식세포에서 DNA replication이 일어나는 동안 daughter strand slippage가 일어나서 생기는 것으로 보인다. 이러한 방식으로 더욱 길어진 microsatellite가 포함되어 있는 유전자는 적어도 14종의 neuromuscular disease들을 일으키는 것으로 밝혀졌다. 일부 경우에는 길어진 microsatellite가 그들이 coding하는 유전자 자체의 발현이나 기능을 방해하기 때문에 recessive 돌연변이처럼 작용한다. 그러나 더 흔하게는 이 연장된 repeat이 dominant 돌연변이처럼 행동한다. Triplet repeat가 coding region 안에 생기는 *Huntington's disease*에서는 single 아미노산의 긴 polymer가 형성되고, 이는 결국 long-lived neuronal cell에 응축되어 정상적인 세포 기능을 저해한다. 예를 들면, Huntington's disease 유전자의 첫 번째 exon에 있는 CAG repeat가 확장되면 긴 길이의 polyglutamine이 생성되고, 몇 십 년이 지나면 유독한 응축물(aggregate)이 축적돼서 neuronal cell death를 초래한다.

연장된 repeat이 non-coding 위치에 생기는 질환의 경우, 원인 유전자가 발현되는 근육세포나 neuron에서 일부 mRNA의 processing을 방해하여 dominant mutation으로 작용한다. 예를 들면, 정상인에서는 *DMPK* 유전자의 3′ untranslated region에 CUG repeat이 5-34회 정도 반복되어 있는 데 반해, *myotonic dystrophy type 1* 환자에서는 50~1,500회 반복되어 있다. 환자에서 긴 길이로 확장된 CUG repeat은 긴 RNA hairpin 형태를 이루는 것으로 생각된다. 이 RNA 분자는 근육과 nerve cell 기능에 필수적인 pre-mRNA의 alternative RNA splicing을 정상적으로 조절하는 nuclear RNA-binding 단백질과 결합하여 기능하지 못하도록 격리시킨다. ■

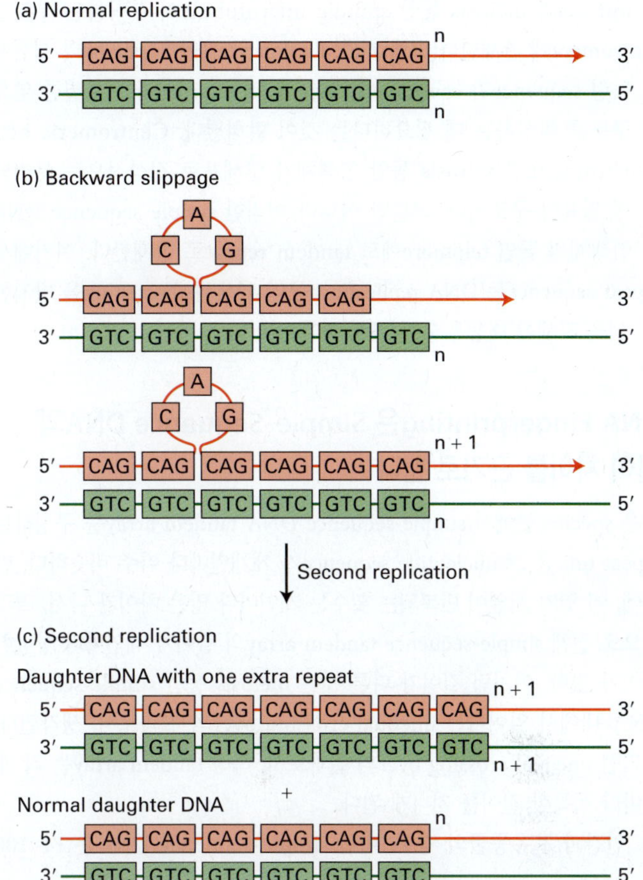

그림 7-5 DNA replication 동안 새로 합성되는 daughter strand의 backward slippage에 의한 microsatellite repeat의 생성. (a) 정상적인 replication. Daughter strand는 빨간색으로, template strand는 녹색으로 표시하였다. (b) 만약 replication 동안, nascent daughter strand가 template strand에 대하여 repeat 1개만큼 뒤로 미끄러지면('slip'), replication이 진행되는 동안 새로운 repeat 1개가 daughter strand에 추가된다. Daughter strand가 duplex를 형성할 때 이 extra copy의 repeat이 있는 strand 쪽에 single-stranded loop이 형성된다. (c) 만약 이 single-stranded loop이 다음 차수의 replication 전에 DNA repair 단백질에 의해 제거되지 않는다면, extra copy의 repeat이 double stranded daughter DNA 분자에 생기게 된다.

Microsatellite DNA는 1~13 base pair가 repeat되는 데 반해, 대부분 simple-sequence DNA는 14-500 bp 길이의 repeat sequence가 20-100 kb 만큼 tandem array로 존재한다. *In situ* hybridization을 metaphase chromosome에 시행해 보면, 많은 simple-sequence DNA

가 mitosis와 meiosis 동안 spindle microtubule이 부착하는 부분인 centromere에 존재한다(그림 7-6). Fission yeast인 *S. pombe*의 실험에서 이런 sequence가 *centromeric heterochromatin*이라는 특별한 염색질 구조를 형성하는 데 필요하다는 것이 밝혀졌다. Centromeric heterochromatin은 mitosis 동안 염색체가 딸세포로 정상적으로 분리되는 데 필요한 구조이다. 그뿐만 아니라 이러한 simple-sequence DNA는 염색체의 끝인 telomere에도 tandem repeat로 존재한다. 여기에서 repeat sequence는 DNA replication 동안 염색체 shortening을 방지한다. 더욱 자세한 내용은 7.5절에서 다룰 것이다.

DNA Fingerprinting은 Simple-Sequence DNA의 길이 차이를 근거로 한다

같은 species 안에서 simple-sequence DNA tandem array를 구성하는 repeat unit은 그 nucleotide sequence가 개개인마다 아주 비슷하다. 반면에, 이 염기 서열이 반복되는 횟수는 개인마다 많은 차이가 나서, 결과적으로 전체 simple-sequence tandem array의 길이가 개인마다 상당한 차이가 있다. 이처럼 길이가 다른 것은 meiosis 동안 simple-sequence DNA 내에서 일어나는 unequal crossing over의 결과로서, 생각된다. 이러한 unequal crossing over의 결과로서, 특정 tandem array는 각 개인마다 독특한 길이를 지니게 된다.

인간과 포유동물의 경우, 어떤 simple-sequence DNA는 14–100 bp 정도되는 sequence가 20–50번 반복되어 약 1–5 kb 정도의 짧은 길이로 되어 있다. 이러한 부분을 1–13 bp의 tandem repeat으로 구성된 microsatellite와 대비하여 *minisatellite*라고 한다. 개개인의 다양한 minisatellite에서 전체 길이가 조금 차이가 나더라도 Southern blotting으로 구별할 수 있다. 이 기법은 *DNA fingerprinting* 검출 초기에 사용된 방법으로 DNA *polymorphism* (동일 species에서 개체 간 sequence 차이)을 감지하기 위해 개발된 것이었다(그림 7-7).

오늘날에는 Southern blotting보다 훨씬 민감한 방법인 polymerase chain reaction (PCR, 그림 6-18 참조)이 forensic genetic testing (범죄 유전자 감식)에 사용된다. 보통 4-bp로 구성된 tandem repeat이 30–50회 정도 반복되어 있는 microsatellite를 분석에 사용한다. 유전체의 특정 위치에 있는 repeat의 정확한 수는 한 개인이 가지고 있는 두 homologous 염색체 (하나는 어머니에게서 다른 하나는 아버지에게서 받았다) 사이에서도 다양하게 나타나고, 남성에서는 Y 염색체에 있는 repeat 수가 사람마다 다르다. DNA 증폭에 사용되는 한 쌍의 PCR

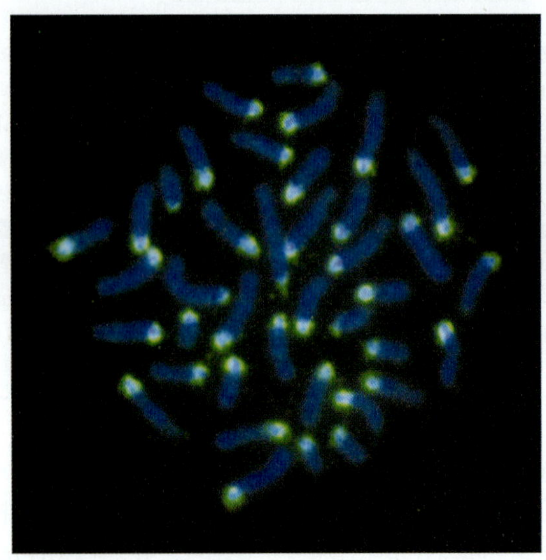

실험 그림 7-6 생쥐 염색체의 centromere에는 simple-sequence DNA가 존재한다. 생쥐 세포에서 분리한 simple-sequence DNA를 fluorescently labeled dNTP와 *E. coli* DNA polymerase I을 이용하여 *in vitro*에서 복제하여 생쥐 simple-sequence DNA에 대해 형광 표지된 DNA probe를 만들었다. 배양된 생쥐 세포의 염색체를 microscope slide에 고정하고 denature한 후 형광 표지된 probe (밝은 파란색)로 *in situ* hybridization을 시행하였다. 염색체 전체를 보기 위해서 slide를 DNA-binding dye인 DAPI로도 염색하였다(어두운 파란색). 형광현미경으로 관찰하면 simple-sequence probe가 주로 telocentric 생쥐 염색체의 한쪽 끝(즉, centromere가 염색체의 거의 한쪽 끝에 위치한 염색체)에 hybridization되는 것을 알 수 있다. [Courtesy of Sabine Mal, Ph.D., Manitoba Institute of Cell Biology, Canada.]

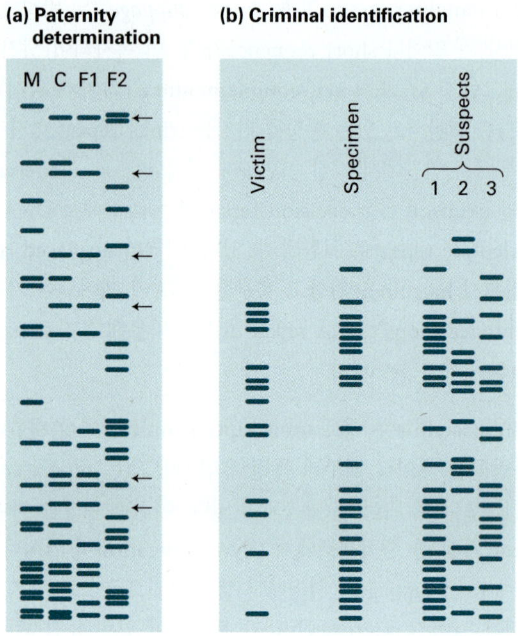

그림 7-7 DNA fingerprinting에 의한 개인 식별. (a) 친자 확인(paternity) 분석에서는 여러 개의 minisatellite repeat들의 길이가 Southern blot analysis에 의해 결정되는데, 이 분석은 제한효소로 절단된 genomic DNA에 대해 유전체 상의 여러 위치에 반복해서 존재하는 minisatellite sequence에 대한 probe를 이용하여 hybridization하는 것이다. 이 분석법은 각 개인에 대한 "DNA fingerprinting"이라는 다양한 multiband pattern을 생성한다. M lane은 어머니의 DNA에서 얻어진 pattern을 보여준다. C는 아이의 DNA이며, F1과 F2는 친자 확인 대상 아버지 DNA의 경우이다. 아이의 fingerprint는 어머니 또는 F1 아버지의 minisatellite repeat length에 의한 pattern을 보이므로 아이의 친부는 F1임을 보여준다. 화살표는 아이의 DNA에서 발견된 band가 F2가 아니라 F1에서 유래한 것을 보여준다. (b) 이 예제는 피해자 1명에서 얻은 시료와 용의자 3명의 DNA를 대상으로 한 DNA fingerprint이다. 이 결과에서 피해자로부터 얻은 시료의 minisatellite repeat length pattern이 1번 용의자의 pattern과 동일한 것을 알 수 있다. 피해자 증거 시료의 DNA에 피해자 자신의 DNA가 섞이지 않았는지 확인하기 위하여 피해자 DNA도 DNA fingerprint 분석에 포함되었다.

primer mixture는 13개의 short tandem repeat들과 Y 염색체에 있는 1개의 short tandem repeat의 특정 염기 서열과 결합하여 각 개인의 sample에 있는 DNA를 증폭할 수 있다. 이때 PCR 산물의 길이는 일란성 쌍생아를 제외한 모든 사람에서 서로 다르므로, 개인 식별이 가능하다. PCR 방법은 미량의 DNA로도 분석이 가능할 뿐만 아니라 재래식 fingerprinting보다 개인 식별이 더 정확하고 신뢰도가 높다.

분류할 수 없는 Intergenic DNA가 유전체에 다량 존재한다

인간 DNA의 약 45%가 transcription unit 사이에 존재한다. 이들 염기서열의 대부분은 유전체의 다른 곳에는 반복되어 있지 않다. 50–200 bp 길이로 promoter로부터 멀리 떨어져 있으면서 transcription을 조절하는 기능을 하는 enhancer는 intron이나 긴 길이의 intergenic DNA에서 발견된다. 이러한 enhancer (8장에서 논의)는 진화 과정 동안 잘 보존되어 있는 반면, enhancer 주변의 intergenic sequence는 잘 보존되어 있지 않다. Intergenic region에서 잘 보존되어 있는 다른 sequence는 중요한 기능을 할 것으로 추측하지만 아직 자세한 기능은 알려져 있지 않다. 예를 들면, 이들 sequence는 7.5절에서 논의될 염색체 구조를 구성하는 데 기여할 수도 있다.

7.2절의 주요 개념

유전자와 Noncoding DNA의 Chromosomal Organization

- 원핵생물과 대부분의 하등한 진핵생물의 유전체에는 nonfunctional sequence가 거의 없으며, coding region이 genomic DNA 상에 빽빽하게 배열되어 있다.
- 다세포 동물과 고등 식물의 유전체는 RNA를 coding하지 않거나 특정한 조절 기능이 없는 많은 sequence를 포함하고 있다. 이러한 noncoding DNA의 많은 부분은 repeated sequence로 구성되어 있다.
- 인간의 경우, 전체 DNA의 약 2.9% (exon)만이 functional RNA나 단백질을 coding한다.
- 동물이나 식물에서 반수체 염색체의 DNA 양과 phylogenetic complexity (계통학적 복잡성)의 관계가 비례하지 않는 것은 각 종마다 noncoding DNA의 양이 다르다는 사실과 일맥상통한다.
- Simple-sequence DNA는 짧은 sequence의 반복으로 구성된 tandem array로 길게 늘어져 있는데, 주로 centromere (중심체)와 telomere에 위치해 있다.
- 특정 simple-sequence tandem array의 길이는 한 종 안에서 개체마다 매우 다양하다. 아마도 이것은 meiosis 동안 일어난 unequal crossing over 때문인 것으로 생각된다. 몇 가지 simple-sequence tandem array의 길이가 다르다는 사실을 기초로 하여 DNA fingerprinting라는 방법이 개발되었다(그림 7-7 참조).

7.3 Transposable (Mobile) DNA Elements (DNA 전이 인자)

진핵세포 유전체에서 두 번째 유형의 repetitive DNA인 **interspersed repeat**는 비교적 소수의 sequence family가 포함되는데, 이들의 nucleotide sequence는 대단히 많은 수의 사본이 존재한다(표 7-1 참조). 이들을 *moderately repeated DNA*, 또는 *intermediate repeat DNA*라고도 하는데, 포유동물 유전체에 넓게 퍼져 있어 mammalian DNA의 25~50%를 차지하고 있다(인간의 경우는 약 45%).

Interspersed repeat는 유전체 안에서 이동할 수 있는 특별한 능력을 가지고 있어서 그들을 transposable DNA element 또는 mobile DNA element라고 부른다(우리는 이 용어를 흔히 서로 바꾸어서 사용한다). Barbara McClintock은 1940년대에 maize (corn)를 이용한 고전적인 genetic experiment를 하는 동안 mobile DNA element를 처음으로 발견하였다. 그녀는 유전자의 안으로 끼어들어 가거나 빠져나오면서 옥수수 낟알의 표현형을 바꾸는 유전적 실체(genetic entity)를 분석하였다. 그녀의 theory는 박테리아에서 유사한 mobile element가 발견되기 전까지는 논란이 많았는데, 박테리아의 mobile element는 특정한 DNA 서열로서 이들이 이동하는 분자적 기반이 해독되었다. Transposable DNA element는 진핵생물에서 처음 발견되었지만, 덜 자주 발견되긴 해도 원핵생물에서도 발견된다. Transposable DNA element는 본질적으로 molecular symbiont (분자적 공생체)로서 대부분의 경우 host organism (숙주)의 biology (생명현상)에 특별한 기능을 하지 않고, 다만 자신을 유지하기 위해서 존재하는 것으로 보인다. 이러한 이유로 Francis Crick은 이들을 "selfish DNA"라고 이름 붙였다.

이러한 sequence는 유전체 내에서 복제되고 새로운 위치로 이동하여 삽입되는데, 이 과정을 **transposition (전이)**이라고 한다. 생식세포에서 transposition이 일어나면, 새로운 위치로 transpose된(옮겨진) sequence는 다음 세대로 유전된다. 이러한 방법으로 mobile element는 생명체의 진화가 진행되면서 진핵세포의 유전체에 축적되어 왔다. Mobile element가 진핵세포의 유전체로부터 아주 천천히 없어지기 때문에 이제는 다수의 진핵세포 유전체에서 상당히 많은 부분을 차지하고 있다.

Mobile element는 우리 유전체 DNA의 많은 부분을 차지하고 있을 뿐만 아니라, 그들은 또한 meiotic recombination이 일어날 수 있는 유전체 전체에 homologous sequence를 분산시킴으로써 chromosomal DNA의 rearrangement를 크게 증가시키는 메커니즘을 제공한다(그림 7-2 참조). Transposition은 매우 드물게 일어난다. 그러나 인간 유전체에는 320만 개의 transposon이 있기 때문에(표 7-1 참조), 각 transposon은 매우 낮은 비율로(여러 세대 중 한 번) transposition이 일어난다고 하더라도, 사람에서는 8명마다 약 1개의 새로운 germ-line transposition이 일어난다. 시간이 지남에 따라 생식세포에서 transposon이 transpose하는 것은 여러 exon이 있는 유전자의 진화와 특정 세포 유형 또는 developmental period에 유전자의 전사를 조절하는 transcription-control region의 진화에 필수적인 역할을 해 왔다(8장에서 논의). 다시 말하면, transposable element가 molecular symbiont (공생자)로서 진화했을지라도, multicellular organism의 진화에 중요한 역할을 해왔다는 것이다. 우리는 이 절의 후반부에서 이 주제에 대해 다시 논의할 것이다.

Transposition은 somatic cell (체세포)에서도 일어난다. 이 경우 transpose된 sequence는 그 세포로부터 복제된 딸세포로만 전달된다. 드문 경우이지만, 이러한 체세포 transposition은 tumor-suppressor gene (종양 억제 유전자)이 비활성화되는 경우와 같이 매우 해로운 결과를 가져올 수 있는 돌연변이를 초래하기도 한다(25장 참조). 이 절에서는 주요 transposable DNA element의 구조와 transposition mechanism을 설명하고 진화에서의 이들의 역할을 고찰하고자 한다.

Mobile Element의 이동에는 DNA 또는 RNA Intermediate가 관여한다

Mobile element의 transposition은 다음 두 가지 방식으로 일어난다: (1) DNA가 직접 transpose되는 것과 (2) mobile element가 RNA polymerase에 의해 RNA intermediate (중간물)로 transcription된 후 **reverse transcriptase (역전사 효소)**에 의해 double strand DNA로 변환되어 transpose되는 것이다(그림 7-8). 이렇게 DNA로 직접 transpose되는 mobile element를 일반적으로 **DNA transposon** 또는 단순하게 **transposon**이라고 한다. 진핵세포 DNA transposon은 유전체의 한 위치에서 자신을 절개하여 그 부위를 떠나 다른 부위로 옮겨간다. RNA intermediate를 통하여 이동하는 mobile element를 **retrotransposon**이라고 부른다. Retrotransposon은 자신의 RNA copy를 만들어 이를 유전체의 다른 부위에 삽입하며 동시에 원래의 위치에도 남아 있다. Retrotransposon의 이동은 retrovirus의 감염 과정과 유사하다(그림 5-43 참조). 사실, retrovirus는 viral coat를 coding하는 유전자가 진화되어 세포 사이를 옮겨 다닐 수 있는 retrotransposon으로 생각할 수 있다. Retrotransposon은 transposition의 메커니즘에 따라 더 상세히 나누어질 수 있다. 요약하자면, DNA transposon은 cut-and-paste 메커니즘에 의해 이동하고, retrotransposon은 RNA intermediate로 copy되는 copy-and-paste mechanism으로 이동되는 것으로 생각할 수 있다.

박테리아에 있는 대부분의 Mobile Element는 Insertion Sequence로 알려진 DNA Transposon이다

유전자의 중간에 1–2-kb의 DNA sequence가 삽입되어 생긴 *Escherichia coli* 돌연변이를 연구하면서 처음으로 mobile element를 분자적으로 이해하게 되었다. 이렇게 삽입된 DNA를 *insertion sequence* (삽입 서열) 혹은 *IS element*라고 한다. 지금까지 *E. coli* 또는 다른 박테리아에서 1,000개 이상의 IS element가 발견되었다.

박테리아 IS element의 transposition은 보통 한 generation (세대)당 10^5–10^7개의 세포 중 하나의 세포에서만 일어나는 아주 드문 현상이다. 박테리아 DNA의 극히 일부만이 noncoding이거나 transcription control에 관여하는 promoter와 operator이기 때문에, 박테리아 세포에 transposition이 일어나면 종종 essential 유전자를 불활성화시켜 IS element를 가지고 있는 숙주 세포를 죽이게 된다. 그 결과, transposition이 아주 많이 일어나게 되면 돌연변이가 엄청나게 일어나서 숙주 세포가 살지 못하게 되기 때문에 박테리아에서는 IS element의 transposition이 매우 낮은 비율로 일어난다. 그러나 IS element는 다소 무작위로 transpose하므로, 유전체 상의 nonessential region (예, 유전자와 유전자 사이의 불필요한 부분)에 들어가게 되면 그 세포는 살 수 있게 된다. 이러한 방식으로 박테리아의 transposon은 비교적 적은 숫자로(보통 20개 미만) 평형 상태에 이르게 된다. 또한, IS element는 plasmid나 lysogenic virus의 안으로 삽입되어 다른 세포로 옮겨 갈 수도 있다. 이러한 방식으로 IS element는 새로운 숙주 세포의 염색체로 transpose된다.

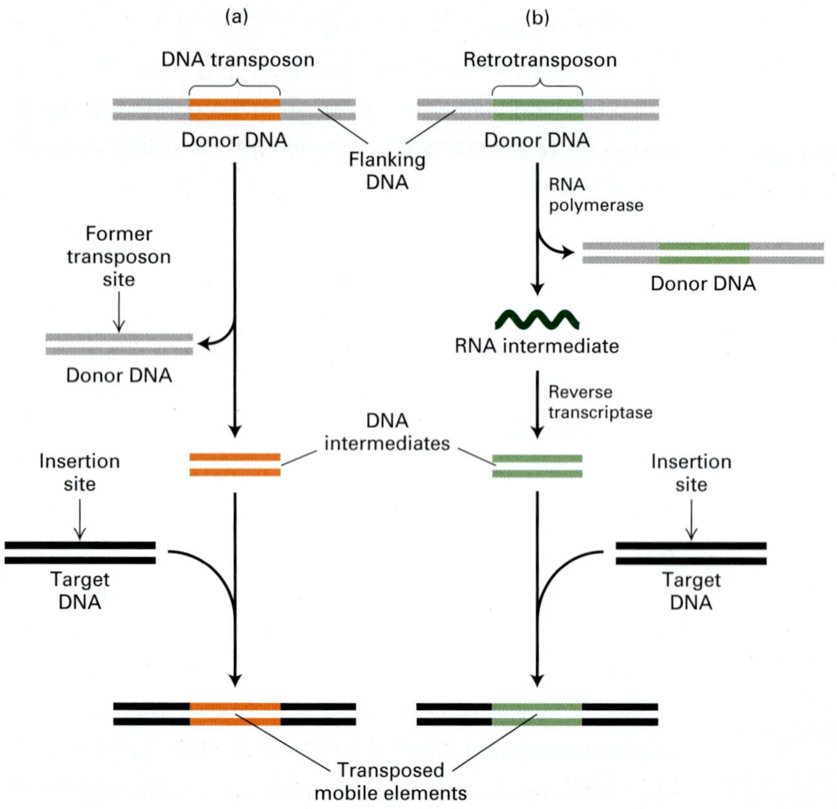

그림 7-8 Mobile element의 주된 두 종류. (a) 진핵세포의 DNA transposon (orange)은 donor site로부터 잘라져 나온 DNA intermediate를 거쳐 이동하게 된다. (b) Retrotransposon (green)은 먼저 RNA 분자로 transcription되고 double-stranded DNA로 reverse transcription된다. 두 가지 경우 모두 double-stranded DNA intermediate가 target-site DNA에 integration되어 이동을 마치게 된다. 즉, DNA transposon은 cut-and-paste (잘림-붙이기) 과정을 통해 이동하고, retrotransposon은 copy-and-paste (복제-붙이기) 과정을 통해 이동한다.

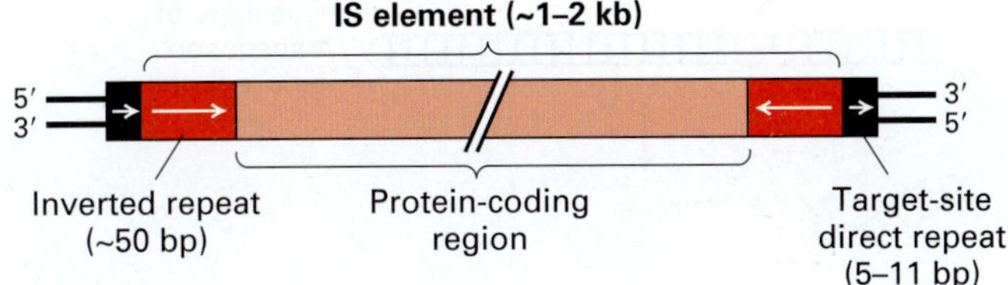

그림 7-9 박테리아 IS element의 일반적인 구조. IS element의 중심에 분홍색으로 표시된 상대적으로 큰 부분은 transposition에 필요한 하나 혹은 2개의 효소를 coding하는데, 그 양 끝에는 inverted repeat이 존재한다. Inverted repeat은 빨간색으로 표시하였고, 흰색 화살표는 5′에서 3′ 방향을 나타낸다. Inverted repeat은 거의 동일하며 서로 반대 방향을 향하고 있다. IS element는 종류마다 inverted repeat의 sequence가 다르다. 5′과 3′에 있는 짧은 *direct repeat* (*inverted repeat*와 반대로)는 검은색으로 나타내었고, 흰색 화살표는 5′에서 3′ 방향을 나타낸다. 이러한 short direct repeat은 insertion element와 함께 transpose되지 않고, 대신 mobile element가 삽입될 때 각 끝에서 한 사본씩 duplicate되는 insertion-site sequence의 기능을 한다. Direct repeat의 길이는 주어진 IS element에서 항상 일정하지만, 그 sequence는 insertion site에 따라 다르며, 그렇기 때문에 IS element가 transposition할 때마다 다르게 된다. 이 그림은 실제 비율이 아니다. Coding region이 IS element 길이의 대부분을 차지한다.

그림 7-9에 IS element의 일반적인 구조가 그려져 있다. 10–40 bp 길이의 inverted repeat는 IS element의 양쪽 끝부분에 항상 존재한다. 다음의 그림에서 나타낸 바와 같이, *Inverted repeat*는 DNA의 한쪽 가닥에 있는 5′ → 3′ sequence가 다른 한쪽 가닥의 DNA에 반복되어 있다.

$$\begin{array}{l} \quad\;\; \longrightarrow \\ 5'\ \mathbf{GAGC}\text{———}\mathrm{GCTC}\ 3' \\ 3'\ \mathrm{CTCG}\text{———}\mathbf{CGAG}\ 5' \\ \qquad\qquad\quad \longleftarrow \end{array}$$

2개의 inverted repeat 사이에는 IS element가 새로운 장소로 transpose 되는 데에 필요한 효소인 *transposase*를 coding하는 sequence가 있다. Transposase는 아주 드물게 발현되므로, 이것이 transposition이 아주 낮은 빈도로 일어난다는 것을 설명해 준다. IS element의 중요한 특징은 IS element에 따라 양 끝에 바로 붙어 있는 5–11-bp로 된 짧은 *direct-repeat* sequence를 가지고 있다는 점이다. 각 IS element마다 특징적인 *length*의 direct repeat를 가지지만, *sequence*는 IS element의 copy가 삽입되는 target site에 따라 다르다. IS element를 가지고 있는 돌연변이된 유전자의 sequence와 삽입 전의 wild-type 유전자 sequence를 비교해 보면, wild-type 유전자에서는 short direct-repeat sequence가 한 copy만 발견된다. Insertion 과정 동안에 이러한 target-site sequence가 duplication되어 IS element의 바로 옆에 두 번째 direct repeat을 형성하게 되는 것이다.

그림 7-10에서 묘사된 것처럼, IS element의 transposition은 cut-and-paste mechanism에 의해 일어난다. 이 과정에서 transposase는 다음과 같은 세 가지 기능을 수행한다. (1) donor DNA에 있는 IS element를 정확하게 자른다(그림 7-10, 단계 **1**). (2) target DNA의 짧은 sequence를 엇갈리게(staggered) 자른다(그림 7-10, 단계 **1**). (3) 잘린

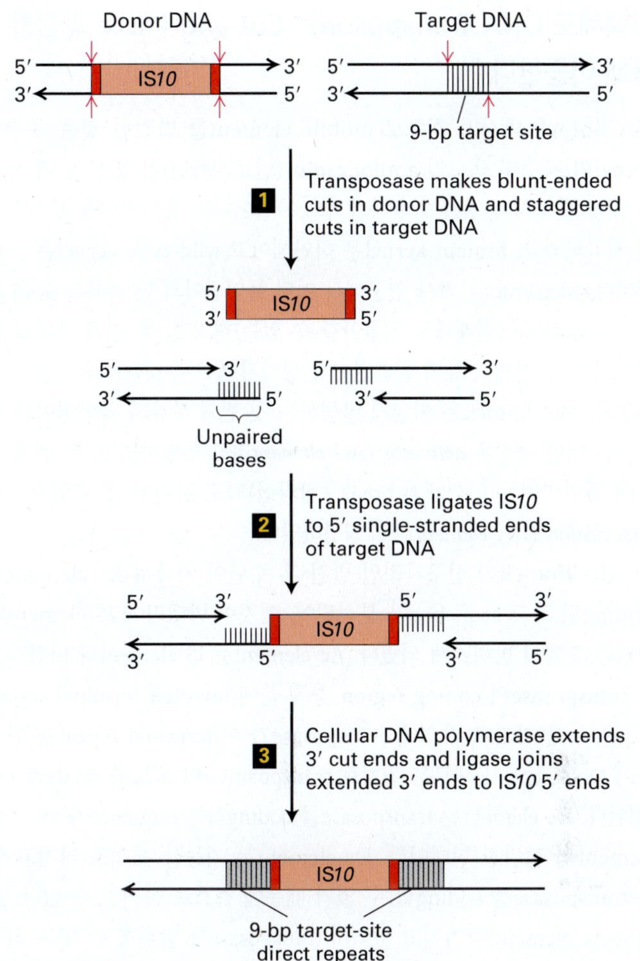

그림 7-10 박테리아 insertion sequence의 transposition 모델. 단계 **1**: IS element (예, 이 그림에서는 IS*10*)에 의해 coding되는 transposase는 IS10 element (*왼쪽 상단*)를 포함하고 있는 donor DNA에서 inverted repeat (어두운 빨간색, 그림 7-9에서도 inverted repeat을 진한 빨간색으로 표시하였음) 옆의 양쪽 strand를 모두 잘라서 IS*10* element를 꺼낸다. Transposase는 거의 무작위적으로 target DNA를 엇갈리게(staggered) 자른다(*오른쪽 상단*). 그림에 있는 IS*10*의 경우 2개의 잘라진 부분은 9 bp 떨어져 있다. 얇은 빨간색 화살표는 trnasposase에 의해 잘린 phosphodiester bond를 가리킨다. 단계 **2**: 잘려진 IS element의 3′ 끝부분이 엇갈리게 잘려진 target DNA의 5′ end에 ligation되는데, 이 역시 transposase에 의해 촉매된다. 단계 **3**: intermediate에 남겨진 single-stranded DNA의 9 bp-gap은 세포의 DNA polymerase에 의해 채워진다. 마지막으로, DNA ligase가 target DNA의 3′ end와 IS*10*의 5′ end 사이에 3′ → 5′ phosphodiester bond를 만든다. 결과적으로, inserted IS element의 양쪽에 target-site sequence의 duplication이 일어난다. Target site와 IS*10*의 길이는 실제 비율로 그린 것은 아니다. H. W. Benjamin and N. Kleckner, 1989, *Cell* **59**:373, and 1992, *Proc. Nat'l. Acad. Sci. USA* **89**:4648 참조.

donor DNA의 5′ 끝부분에 IS element의 3′ 말단 부분을 ligation (결합)시킨다(그림 7-10, 단계 **2**). 끝으로 숙주 세포의 DNA polymerase가 single strand의 gap (공백)을 채우게 되어 IS element의 양쪽 끝에 짧은 direct repeat을 형성하고, DNA ligase가 양 끝을 연결하게 된다(그림 7-10, 단계 **3**).

진핵세포 DNA Transposon은 Cut-and-Paste 과정을 통해 이동한다

McClintock 박사가 최초로 mobile element를 발견한 것은 옥수수 kernel의 자줏빛 색소인 anthocyanin (안토시아닌)을 만드는 데 필요한 몇몇 효소의 유전자에서 자발적으로 일어나는 돌연변이를 관찰하면서 시작되었다. Mutant kernel은 하얀색이고 wild-type kernel은 보라색이다. McClintock 박사 연구에서 어떤 돌연변이의 한 부류는 높은 확률로 revertible (원래대로 되돌아갈 수 있는)하지만, 두 번째 부류의 돌연변이는 첫 번째 부류의 돌연변이가 생기지 않으면 revert되지 않는 것이었다. McClintock은 이렇게 발생하는 첫 번째 부류의 돌연변이를 일으키는 어떤 물질을 *activator (Ac) element*라고 명명하였고, 두 번째 부류의 돌연변이는 염색체의 break (잘라짐)와도 관련된 것 같았으므로 *dissociation (Ds) element*라고 명명하였다.

McClintock의 선구자적인 발견 후 수년이 지나서 Ac element가 cloning되고 그 sequence가 분석되어, 이것이 박테리아 IS element와 동일한 것임이 밝혀지게 되었다. Ac element는 IS element와 마찬가지로 transposase의 coding region 양쪽 끝에 inverted terminal repeat sequence를 가지고 있으며, transposase가 이 terminal repeat을 인식하여 DNA 상에서 새로운 위치로 transposition이 되도록 catalyze (촉매)한다. Ds element는 transposase를 coding하는 sequence가 빠진 Ac element의 잘려진 형태이다. Ds element는 기능을 제대로 가지고 있는 transposase를 coding할 수 없기 때문에 스스로 움직일 수 없다. 그러나 Ac element를 가지고 있어서 transposase를 발현할 수 있는 식물에서는 Ds element가 transposase에 의해 인지되는 inverted terminal repeat을 가지고 있기 때문에 움직일 수 있는 것이다.

McClintock 박사가 옥수수에서 mobile element를 연구한 이래 다른 진핵세포에서도 DNA transposon이 동정되었다. 그 한 예로 *Drosophila*는 박테리아 insertion sequence와 유사한 메커니즘으로 움직이며, *P element*로 알려진 DNA transposon을 가지고 있다. 현재 transgenic (형질전환) *Drosophila*를 생산할 때 인위적으로 조작한 P-element를 사용하는데, 이 P-element는 많은 양의 transposase를 발현하고 transposition target으로 P-element inverted terminal repeat을 사용한다.

Cut-and-paste mechanism에 의한 DNA transposition이 DNA synthesis가 일어나는 세포 주기의 S phase에서 일어나게 되면 transposon의 사본수가 증가하게 된다(그림 1-22 참조). 이러한 현상은 replication되고 있는 염색체의 두 daughter DNA 분자 중 하나에 donor DNA가 있으며, target DNA는 아직 복제되지 않은 염색체에 있는 경우에 일어난다. S phase의 마지막 단계에서 DNA 복제가 완전히 끝날 때 새로운 위치에 있는 target DNA도 함께 복제가 일어나게 된다. 결과적으로, 세포에 존재하는 transposon의 전체 개수가 증가하게 되는 것이다(그림 7-11). Meiosis 이전의 S phase에서 이러한 일이 일어나게 되면 생산되는 4개의 생식세포 중 1개는 여분의 사본을 갖게 된다. 진화 동안 이러한 과정이 계속 반복됨으로써 몇몇 생명체의 유전체에 많은 수의 DNA transposon이 축적되었다. 인간 DNA는 합쳐서 약 300,000 copy 정도의 full-length transposon과 deleted transposon을 가지고 있으며, 이는 전체 DNA의 약 3%에 해당한다. 아래에서 볼 수 있듯이, 이 메커니즘을 통해 transposon과 함께 genomic DNA 일부도 transposition하게 된다.

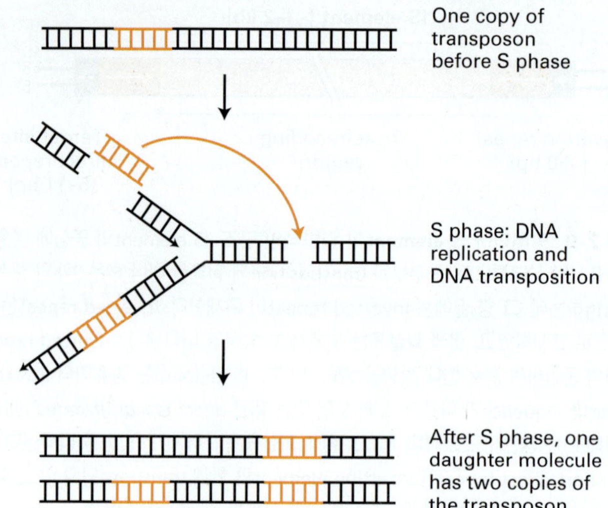

그림 7-11 DNA-transposon의 사본수를 증가시키는 메커니즘. Transposition이 cut-and-past mechanism에 의해 일어나는 DNA transposon (그림 7-10 참조)이 S phase 동안 이미 replication된 지역에서 아직 replication되지 않은 지역으로 이동하고 chromosomal replication을 마치면, 2개의 daughter 염색체 중 하나에서 tranposon 하나가 증가하게 된다.

LTR Retrotransposon은 Intracellular Retrovirus처럼 행동한다

효모에서 인간까지, 지금까지 연구된 모든 진핵세포의 유전체는 reverse transcriptase를 이용한 RNA intermediate를 통해 위치를 바꾸는 mobile DNA element, 즉 retrotransposon을 가지고 있다(그림 7-8b 참조). 이들 mobile element는 **long terminal repeat (LTR)**을 가지고 있거나 혹은 가지고 있지 않은 두 가지의 큰 부류로 나눌 수 있다. 이 절에서 논의하고자 하는 LTR retrotransposon은 효모(예, Ty element)와 *Drosophila* (예, *copia* element)에서 흔히 발견된다. 인간에서 LTR retrotransposon은 genomic DNA 전체의 약 8%를 차지한다. 포유동물에서는 non-LTR retrotransposon이 가장 일반적인 형태의 mobile element이다. 이에 대한 설명은 다음 절에 기술되어 있다.

진핵세포에서 발견되는 LTR retrotransposon의 일반적인 구조는 그림 7-12에서 설명하고 있다. 모든 transposon의 특징인 short direct repeat 이외에, 이 retrotransposon은 중앙에 있는 단백질 코딩 지역 양쪽 끝에 LTR이 존재한다는 특징을 가지고 있다. LTR retrotransposon의 LTR은 약 250–600 base pair 정도의 길이를 가진다. DNA transposon과 IS element의 양쪽 끝에 있는 inverted repeat와는 다르게 LTR은 *direct* repeat이다.

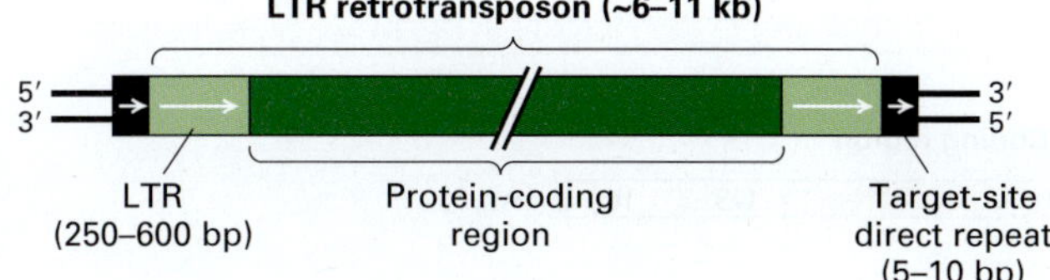

그림 7-12 진핵세포 LTR retrotransposon의 일반적 구조. 중앙에 보이는 단백질 코딩 지역의 양쪽 끝에 2개의 long terminal repeat (LTR)가 위치하고 있는데, 이는 각 element마다 다른 direct repeat을 가지고 있다. 다른 mobile element와 같이, integrated retrotransposon은 양 끝에 짧은 target-site direct repeat이 있다. 각 길이는 실제 비율이 아님을 주의한다. 단백질 코딩 지역은 retrotransposon의 80% 또는 그 이상을 차지하고 있으며, reverse transcriptase와 integrase 그리고 transposition에 필요한 또 다른 단백질을 encoding한다.

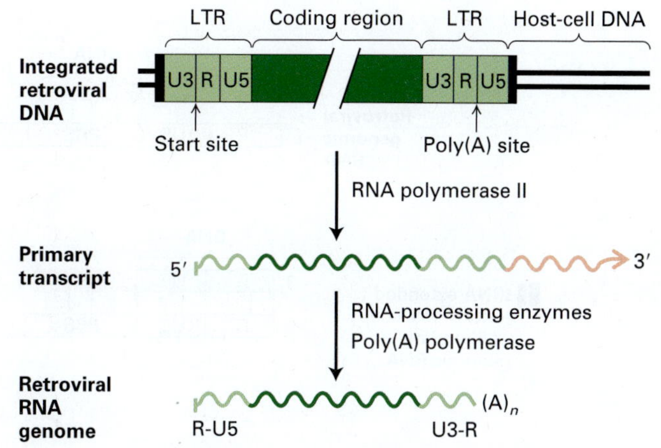

그림 7-13 Integrated retroviral DNA로부터 retroviral genomic RNA가 형성되는 과정. Integrated provirus DNA의 왼쪽 LTR은 promoter로 기능하고, 오른쪽 LTR sequence는 poly(A) site로 기능한다. (본문 내용 참조.) R은 viral genomic RNA (아래쪽)의 양쪽 끝에 반복되는 약 20 base sequence를 나타낸다. U5와 U3는 각각 genomic RNA의 5′-과 3′-end에서 R sequence에 바로 인접한 sequence를 나타낸다. U5와 U3는 integrated provirus DNA (그림 7-14 참조)에서는 반복되지만, genomic retroviral RNA에서는 반복되지 않는다(U5와 U3라는 이름에서 "U"는 viral RNA에서 unique sequence라는 의미이다). Integrated provirus의 양쪽 끝에 있는 short direct repeat sequence (검은색)는 retroviral DNA가 숙주 세포 유전체에 끼어들어 가는 과정에서 만들어진다. LTR retrotransposon이 transposition되는 동안 비슷한 메커니즘에 의해서 RNA intermediate를 생산한다고 여겨진다.

LTR retrotransposon과 infectious retrovirus는 공통점이 많다. Retrotransposon의 LTR은 유전체에 삽입된 retroviral DNA의 특징으로, retrovirus와 retrotransposon의 life cycle에 대해 결정적으로 중요한 역할을 한다. LTR retrotransposon은 retrovirus와 유사하게 LTR이 있을 뿐만 아니라, envelope 단백질은 제외하고 가장 일반적인 retrovirus의 모든 단백질을 coding하고 있다. LTR retrotransposon은 envelope 단백질이 없기 때문에 숙주 세포로부터 budding되지 못하고 다른 세포를 감염시키지 못하지만, 숙주 세포의 DNA에서 새로운 위치로 이동할 수는 있다. 이와 같이, retrotransposon은 retrovirus와의 명백한 유사성 때문에 *retrovirus-like element*라고도 불린다.

Retrovirus의 life cycle에서 가장 중요한 단계는 integrated retroviral DNA로부터 genomic RNA가 형성되는 것이다(그림 5-43 참조). 이 과정이 LTR retrotransposon의 transposition 과정 동안 RNA intermediate가 생성되는 것에 대한 모델이 되므로, 여기에서 자세히 설명한다. 그림 7-13에 묘사된 것과 같이, 왼쪽 retroviral LTR은 숙주 세포의 RNA polymerase를 끌어들이는 promoter로 작용하여, 대략 20-base R sequence의 5′ nucleotide에서 transcription이 시작되게 한다. R sequence는 retroviral RNA의 양쪽 끝에 하나씩 존재한다. Retroviral DNA에 대한 transcription이 모두 끝난 뒤, 오른쪽 LTR에 상응하는 RNA sequence가 숙주 세포의 RNA-processing 효소를 끌어들여 primary transcript를 자르고 오른쪽 LTR의 R sequence 3′ end에 poly(A) tail을 붙이게 한다. 그 결과로 생성된 retroviral RNA genome은 완벽한 LTR을 가지고 있지 않지만, 핵에서 나와 virion으로 package되어 숙주 세포로부터 budding하게 된다.

Retrovirus가 세포를 감염시킨 후, retrovirus-encoded reverse transcriptase (역전사 효소)에 의하여 RNA genome이 reverse transcription 되고, complete LTR을 포함하는 double-stranded DNA가 생성된다(그림 7-14). 이 DNA synthesis는 세포질에서 일어난다. 양쪽 끝에 LTR이 포함된 double stranded DNA는 retrovirus와 retrotransposon에 의해 encoding된 integrase와 complex를 이루어 핵으로 운반된다. Retroviral integrase는 DNA transposon의 transposase와 밀접하게 관련되어 있으며, 그와 비슷한 메커니즘으로 double-stranded retroviral DNA를 숙주 세포 유전체에 삽입한다(그림 7-10 참조). 이 과정에서, 삽입된 viral DNA sequence의 양 끝에 target-site sequence의 short direct repeat이 만들어지게 된다. Reverse transcription mechanism은 복잡하지만 retrovirus의 life cycle에 매우 중요하다. 이 과정은 완전한 5′ LTR을 생성하여 R sequence의 5′ nucleotide에서 정확하게 transcription이 시작될 수 있도록 promoter 역할을 하게 한다(그림 7-13). 또한 완전한 3′ LTR은 R sequence의 3′ nucleotide에서 정확히 polyadenylation이 일어날 수 있도록 poly(A) site의 기능을 한다. 결과적으로, LTR transposon이 insertion, transcription, reverse transcription, 그리고 새로운 site에 reinsertion 과정이 차례로 반복되는 동안 nucleotide의 손실은 일어나지 않는다.

위에서 언급한 것과 같이, LTR retrotransposon은 reverse transcriptase와 integrase를 encoding하고 있다. Retrovirus와 비슷하게 mobile element는 copy-and-paste mechanism을 통해 이동할 것이라고 여겨지며, 이 과정은 먼저 reverse transcriptase가 donor element의 RNA copy를 DNA로 전환시키고, 이 DNA를 integrase가 target site에 삽입하게 되는 것이다. 그림 7-15에 묘사된 실험은 효모의 Ty LTR retrotransposon의 transposition에서 RNA intermediate의 역할에 대한 강력한 증거를 제시해 준다. 효모 세포를 Ty-containing plasmid로 형질전환시킬 때, 낮은 비율이긴 하지만 Ty element는 새로운 site로 transpose된다. 그림의 상단부에 나타낸 element를 이용해서 연구자들

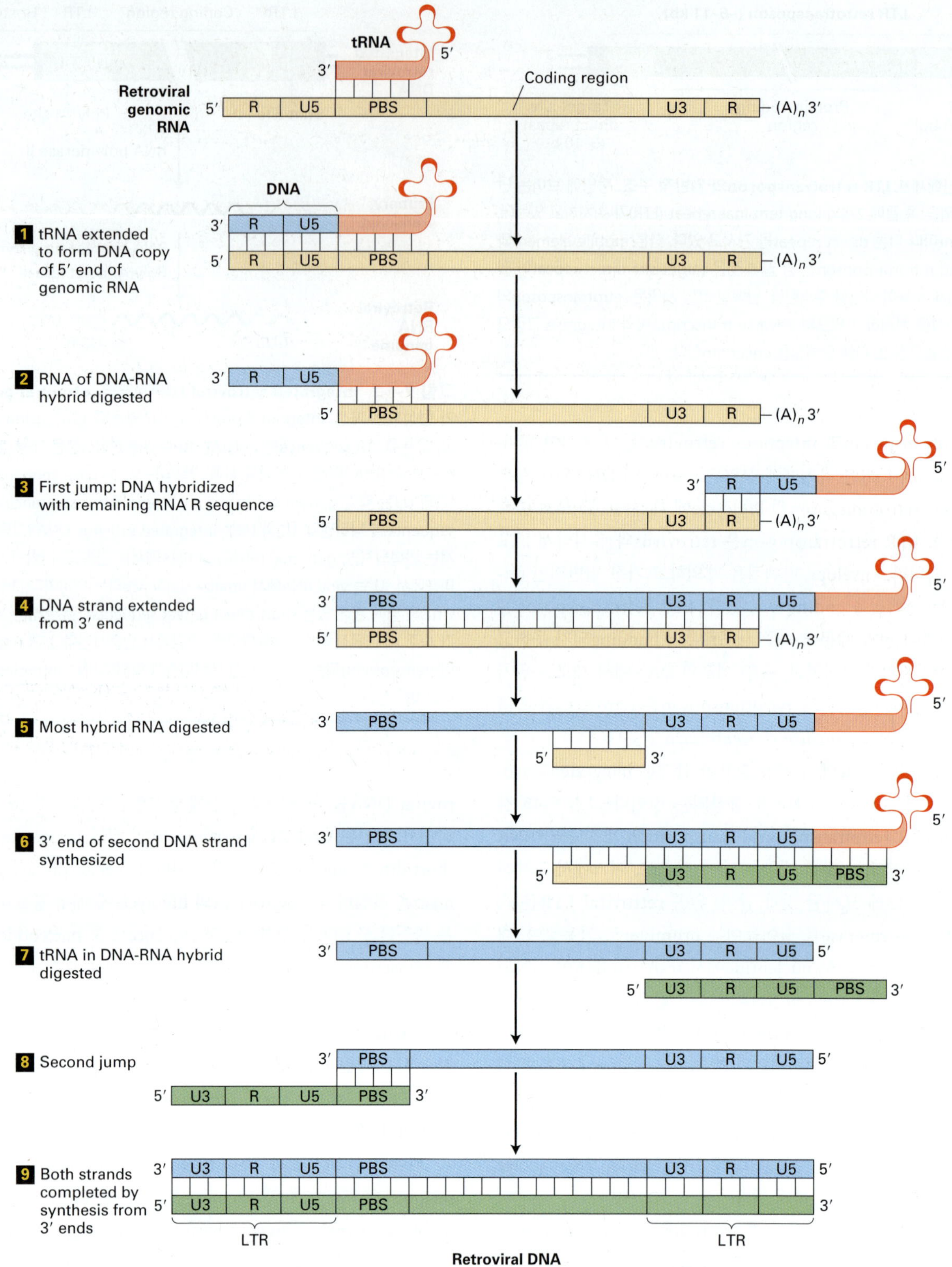

그림 7-14 Retroviral genomic RNA에서 DNA로 reverse transcription 되는 모델. 그림과 같이 복잡한 아홉 가지 과정들에 의하여 retrovirus의 single-stranded RNA genome에서 double-stranded DNA copy를 생성하게 된다. Genomic RNA는 5′ end 근처에 있는 *primer-binding site* (PBS)라고 불리는 complementary sequence에 상보적으로 결합하는 retrovirus-specific cellular tRNA와 함께 virion으로 package 된다. Retroviral RNA는 양 끝에 짧은 direct repeat terminal sequence (R)를 가지고 있다. 전체적인 반응은 deoxyribonucleotide의 polymerization을 촉매하는 reverse transcriptase에 의해 수행된다. Viral RNA에 의해 encoding되는 RNaseH는 virion particle에 package되며, DNA-RNA hybrid에 있는 RNA strand를 제거한다. 전체의 과정이 끝나면 RNA template보다 길이가 길고 양쪽 말단에 long terminal repeat (LTR)을 가진 double-stranded DNA 분자가 생산된다. 각 부분들은 실제 비율이 아니다. PBS와 R region은 사실 U5 및 U3 region보다 훨씬 짧고, central coding region은 다른 부분보다 훨씬 길다. E. Gilboa et al., 1979 *Cell* **18**:93 참조.

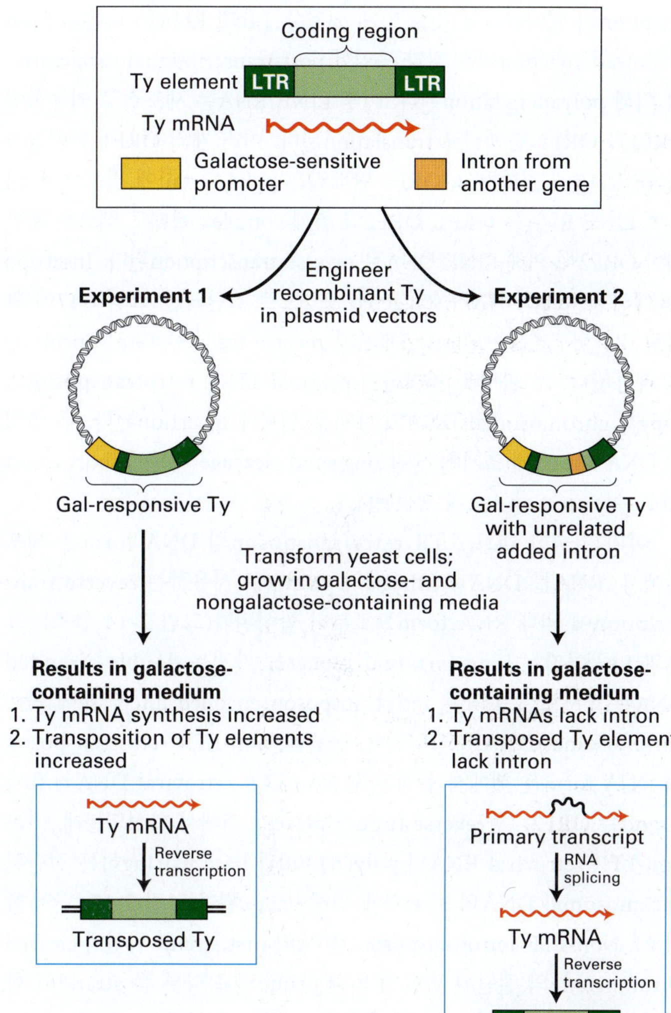

실험 그림 7-15 효모 Ty element는 RNA intermediate를 통하여 이동한다. Ty element에 *GAL1* transcription control region을 fusion하여 plasmid에서 일어나는 Ty transcription을 실험적으로 조절할 수 있게 조작하였다. Galactose를 포함하고 있는 배지에서 세포를 배양하였을 때(실험 1) Ty transcription이 증가하였고, Ty transposition도 매우 증가하였다. 전혀 관련이 없는 한 효모 유전자의 intron을 plasmid에 있는 Ty sequence의 중간에 삽입하고(실험 2), 배양액에 galactose를 넣어주었을 때 intron이 없는 Ty element의 transposition이 촉진되었다. 이 결과는 그림의 오른쪽 box에 나타낸 바와 같이 RNA splicing에 의해 intron이 제거된 RNA intermediate를 통해서 transposition이 일어났다는 것을 의미한다. J. Boeke et al., 1985, *Cell* **40**:491 참조.

은 강력한 galactose-activated promoter 근처에 recombinant Ty element를 가지고 있는 2개의 서로 다른 recombinant plasmid vector를 제작하였다. 이들 plasmid로 형질전환시킨 효모 세포에서 Ty element의 transcription을 유도하기 위해 galactose-containing medium에 키우거나, Ty transcription이 일어나지 않는 galactose-free medium에 배양하였다. Experiment 1에서 galactose-containing medium에 키우면 galactose-free medium에서 키울 때보다 더 많은 transposition이 일어나는 것으로 봐서, RNA intermediate가 Ty transposition에 필요하다는 것을 알 수 있다. Experiment 2에서 연관이 없는 효모 유전자에서 유래한 intron이 recombinant galactose-responsive Ty element의 단백질 코딩 지역에 삽입되었다. 새로운 site에 transpose된 Ty element에서 이 intron sequence는 소실되었다. Transposed Ty element에서 intron이 없다는 사실은 그림의 오른쪽에 나타내었듯이, transposition이 RNA intermediate를 통해서 일어나고 intron은 RNA splicing에 의해 제거되었다는 강력한 증거를 제시해준다. 반면에 옥수수의 Ac element와 같은 진핵세포 DNA transposon은 transposase 유전자 내에 intron을 가지고 있으며, 이는 transposition이 RNA intermediate를 통해 일어나지 않음을 의미한다.

인간에서 가장 일반적인 LTR retrotransposon은 *endogenous retrovrius*에서 유래하여 *ERV*라고 불린다. 인간 유전체에 있는 443,000개의 ERV-related DNA sequence 중 대부분은 isolate된(분리되어 떨어져 있는) LTR만으로 이루어져 있다. 이들은 full-length proviral DNA의 두 LTR 사이에 일어난 homologous recombination에 의해 유도된 것이며, 그 결과로 internal retroviral sequence가 빠지게(deletion)된 것이다. 이들과 같은 isolated LTR은 유전체에서 새로운 위치로 transpose할 수 없다. 그러나 유전체의 서로 다른 위치에 있는 homologous LTR 사이에서 recombination이 일어나 chromosomal DNA rearrangement를 유도함으로써 유전자와 exon의 duplication, 새로운 조합의 exon에 의한 단백질의 진화 및 유전자 발현의 복잡한 조절 등의 진화를 야기했을 것으로 생각된다. 이에 대해서는 8장에서 다룰 것이다.

Non-LTR Retrotransposon은 별개의 메커니즘에 의해 Transpose된다

포유동물에서 가장 풍부한 mobile element는 *nonviral retrotransposon*이라고 불리는 LTR이 없는 retrotransposon이다. 포유동물 유전체에 있는 이 moderately repeated DNA sequence는 두 가지 부류로 구분된다. 즉, **LINE (long interspersed element)**과 **SINE (short interspersed element)**이 그것이다. 인간에서 full-length LINE은 길이가 약 6 kb, 그리고 SINE은 약 300 bp이다(표 7-1 참조). LINE의 특성을 가지는 repeated sequence는 protozoan, insect 그리고 식물에서 관찰되고 있으며, 아직은 이유를 알 수 없으나 포유동물에 특히 풍부하게 존재한다. SINE도 mammalian DNA에서 주로 발견된다. 포유동물 유전체에서 LINE과 SINE의 대다수는 오랜 시간의 진화 동안 유전체의 몇 군데에서 sequence가 반복적으로 복제되고 , 그 사본들이 새로운 장소로 삽입됨으로써 축적되어 왔다.

LINE 인간 DNA에는 transposition mechanism은 유사하지만 sequence가 다른 세 가지, 즉 L1, L2 및 L3의 주요한 LINE sequence family가 있다. 현대의 인간 유전체에서는 오직 L1 family의 구성원만이 transpose될 수 있다. 현재 잔존하는 L2나 L3의 transposition에 필요한 단백질을 제공하기 위한 L2, L3의 functional copy는 없다. LINE

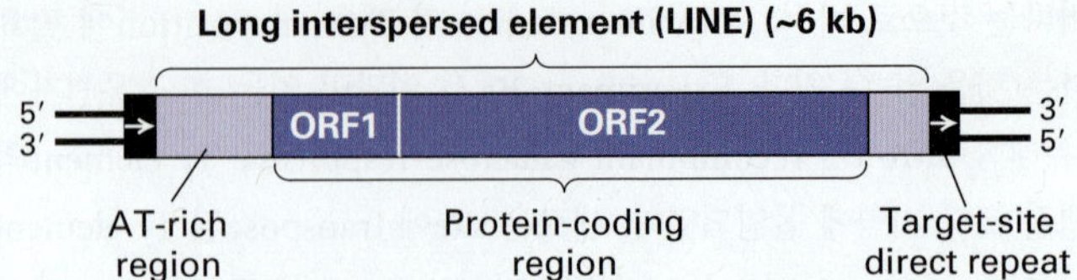

그림 7-16 LINE의 일반적 구조. 유전체의 서로 다른 부위에 있는 LINE copy들에서 target-site direct repeat의 길이는 다양하다. Full-length LINE element의 길이는 약 6 kb 정도이지만 유전체 상에서 발견되는 mobile element의 90% 이상에서 왼쪽 말단을 가지고 있지 않으며 길이는 일정하지 않다. 대략 1 kb 길이의 상대적으로 짧은 open reading frame (ORF1)은 RNA-binding 단백질을 encoding하고, 약 4 kb 정도의 긴 ORF2는 reverse transcriptase와 DNA endonuclease 활성을 가진 bifunctional (두 가지 기능을 가진) 단백질을 encoding한다. LINE은 LTR retrotransposon에서 발견되는 long terminal repeat을 가지고 있지 않다.

sequence는 인간 유전체에 대략 900,000개 정도 있는데, 이는 놀라울 만큼 큰 부분으로 전체 인간 DNA의 21%를 차지하고 있다. 완전한 LINE의 전형적인 구조는 그림 7-16에 묘사되어 있다. LINE의 양쪽 끝에는 mobile element의 특징인 short direct repeat을 가지고 있고, 2개의 긴 open reading frame (ORF, 단백질을 coding 함; 6.3절 참조)을 가지고 있다. 약 1 kb 길이의 ORF1은 RNA-binding 단백질을 encoding하고, 약 4 kb 정도의 ORF2에서 생산하는 단백질은 retrovirus와 LTR retrotransposon의 reverse transcriptase와 homology가 높으며, DNA endonuclease 활성도 나타낸다.

L1 element가 이동한다는 증거는 hemophilia와 myotonic dystrophy와 같은 유전질환을 가진 사람으로부터 clone된 DNA를 분석하는 과정에서 처음 발견되었다. 환자의 부모 어느 쪽에서도 이 유전자에 L1 element가 발견되지 않았지만, 환자의 유전자에서는 L1 element가 삽입된 돌연변이가 발견되었다. 인간에서 심각한 질병의 원인이 되는 약 600개의 돌연변이 중 하나 정도는 L1 transposition 또는 L1-encoded 단백질에 의해 유도되는 SINE transposition에 의한 것이다. 이후 효모의 Ty element를 예로 들어 설명하였던 것과(그림 7-15 참조) 비슷한 실험에서 L1 element가 RNA intermediate를 통해 transpose되는 것이 확인되었다. 이 실험에서는 clone된 생쥐 L1 element에 intron을 삽입시키고, 이 recombinant L1 element를 hamster 세포에 안정적으로 도입하였다. 여러 번의 세포 분열 후, 세포에서 삽입된 L1 element와 일치하지만 삽입되었던 intron이 제거된 L1 element를 PCR로 증폭할 수 있었다. 이 결과는 삽입된 intron을 포함하는 recombinant L1 element가 RNA intermediate를 통해 hamster 유전체에서 새로운 장소로 이동되었음을 강하게 시사한다. ■

LINE은 LTR을 포함하고 있지 않기 때문에, 이들의 RNA intermediate를 통한 transposition mechanism은 LTR retrotransposon과는 차이가 있다. *In vitro* 연구를 통해 integration된 LINE DNA 좌측 말단의 promoter sequence를 통해 RNA polymerase에 의한 transcription이 일어난다는 것을 알게 되었다. LINE RNA는 다른 mRNA가 polyadenylation되는 것과 동일한 post-transcriptional mechanism에 의해 polyadenylation된다. 이후 LINE RNA는 세포질로 이동하여 ORF1과 ORF2 단백질로 translation된다. 여러 개의 ORF1 단백질이 LINE RNA에 결합하고, ORF2 단백질은 poly(A) tail에 결합한다. 이후에 LINE RNA는 ORF1, ORF2와 함께 complex 형태로 핵으로 운반되어 ORF2에 의해 LINE DNA로 reverse-transcription된다. Insertion site에서 cellular DNA가 staggered 모양으로 절단되면, 그림 7-17에 묘사된 것처럼 절단된 cellular DNA가 reverse transcription의 priming을 제공한다. 그 과정을 완성하면 original LINE retrotransposon의 copy가 chromosomal DNA의 새로운 위치에 insertion된다. 두 염색체 DNA strand에 초기에 생긴 staggered cleavage 때문에 short direct repeat이 insertion site에 생성된다.

이미 기술한 대로, LTR retrotransposon의 DNA form은 세포질에서 tRNA를 DNA synthesis의 primer로 사용하는 reverse transcription에 의해 RNA form으로부터 합성된다(그림 7-14 참조). 그 결과 만들어지는 long terminal repeat을 가지는 double-stranded DNA는 핵으로 수송되며, retrotransposon-encoded integrase에 의해 chromosomal DNA로 삽입된다. 반면에, non-LTR retrotransposon의 DNA form은 핵에서 합성된다. Non-LTR retroviral DNA의 first strand는 ORF2, 즉 reverse transcriptase에 의해서 합성되는데, 이는 non-LTR retroviral RNA의 poly(A) tail과 base pairing하는 절단된 chromosomal DNA의 3′-end에 의해 prime된다(그림 7-17, 단계 1 참조). Non-LTR retrotransposon DNA의 first strand 합성이 cleaved chromosome의 절단된 말단에 의해 prime되고 다른 쪽 strand의 합성이 cleaved chromosome의 다른 쪽 3′ 말단에 의해 prime되기 때문에(단계 6), 이러한 합성 메커니즘은 non-LTR retrotransposon DNA의 integration을 초래하는 것이다. 그러므로 non-LTR retrotransposon DNA의 insertion에는 integrase가 필요하지 않다. LINE RNA에서 poly(A) tail의 reverse transcription으로 합성이 시작되기 때문에 non-LTR retrotransposon의 한쪽 끝은 AT가 풍부하다.

인간 유전체에서 대부분의 LINE은 5′ end가 잘려져 있으므로, 이는 reverse transcription 반응이 미완성으로 종료되었으며, poly(A) tail로부터 다양한 길이로 연장된 fragment가 삽입되었음을 보여준다. 이러한 shortening 때문에 full-length sequence는 약 6 kb이지만 LINE element의 평균 크기는 900 base 밖에 되지 않는다. 조각난 LINE element는 transposition에 필요한 RNA intermediate를 형성하게 하는 promoter sequence가 결손되었기 때문에, 한 번 형성되면 더 이상 transpose하지 않는다. 거의 모든 L1 insertion이 truncated되어 있을 뿐만 아니라 거의 대부분의 full-length element의 ORF1과 ORF2는 stop codon 및 frameshift mutation을 포함하고 있다; 아마도 대부분의 LINE sequence 내의 이러한 돌연변이는 오랜 시간 동안 진화되면서 축적되었을 것이다. 그 결과, 인간 유전체의 LINE sequence 중 약 0.01% 만이, 또는 대략 60개 정도의 LINE sequence만이 ORF1과 ORF2에 대해 완전한 open reading frame을 가진 full-length이다.

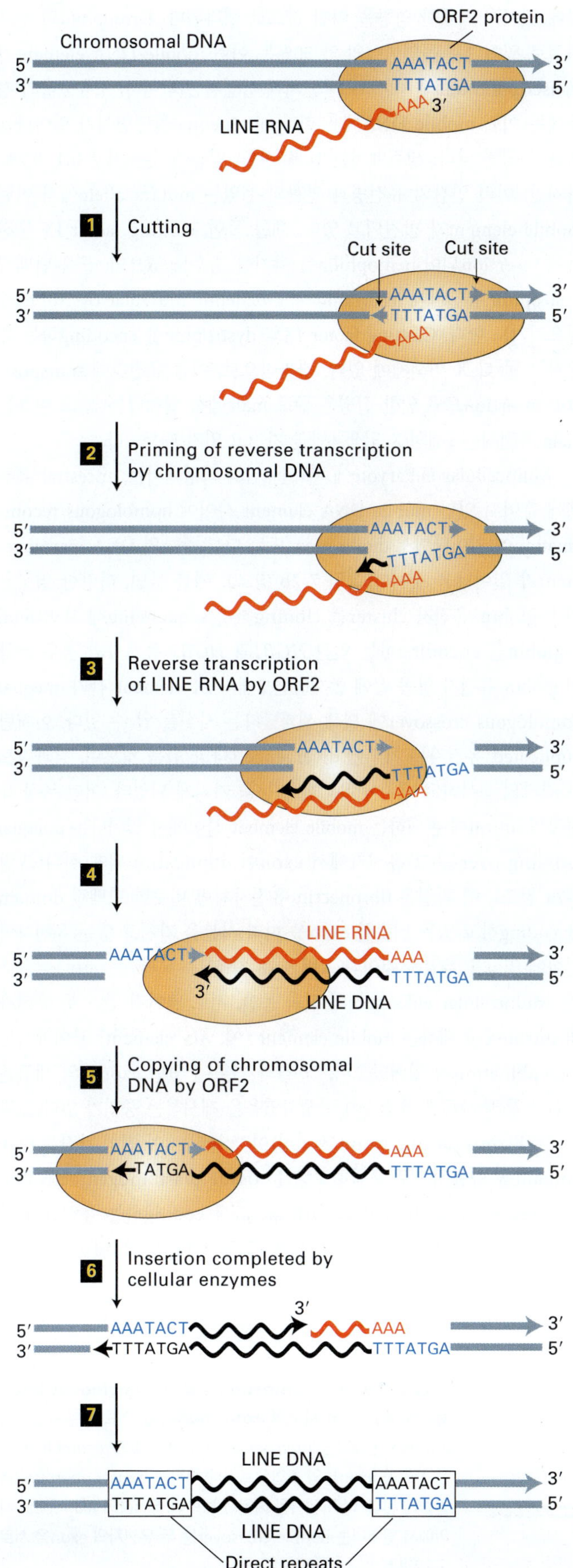

SINE 인간 유전체에서 가장 풍부한 mobile element인 SINE은 전체 인간 DNA의 약 13%를 차지한다. 100에서 400 base pair의 다양한 길이의 이 retrotransposon은 단백질을 encoding하지 않으며, 대부분의 LINE과 마찬가지로 3′ A/T-rich sequence를 가지고 있다. SINE은 tRNA, 5S rRNA 및 다른 small stable RNA를 encoding하는 유전자를 transcription하는 nuclear RNA polymerase (RNA polymerase III)에 의해 transcription된다. 아마도 full-length LINE으로부터 발현된 ORF1과 ORF2 단백질이 그림 7-17에 묘사된 메커니즘을 통해 SINE의 reverse transcription과 integration을 매개할 것이다. 결과적으로, SINE은 LINE-encoded ORF1과 ORF2에 대한 binding 및 reverse transcription, integration에 대하여 LINE RNA와 경쟁 관계에 있으므로 LINE symbiont의 parasite (기생충)로 보인다.

SINE은 인간 유전체에 약 160만 개가 있으며, 이들 중 약 110만 개가 *Alu element*로, 대부분이 제한효소인 *Alu*I의 recognition site를 가지고 있기 때문에 이 이름이 붙여졌다. *Alu* element는 signal recognition particle이라고 불리는 ribonucleoprotein complex의 한 구성원이며, cytosolic RNA인 7SL RNA와 sequence homology를 보이므로 아마도 이것으로부터 진화되었을 것으로 생각된다. 이 풍부한 cytosolic ribonucleoprotein particle은 특정 polypeptide가 소포체 막으로 표적화되는 것을 돕는다(13장 참조). *Alu* element는 인간 유전체의 도처에 삽입되어 있지만, 유전자 발현을 방해하지 않는 곳에 산재해 있다: 즉, 유전자들 사이, intron 안, 그리고 몇몇 mRNA의 3′ untranslated region. 예를 들면, 9개의 *Alu* element가 80-kb의 human β-globin 유전자 cluster 안에 위치해 있다(그림 7-4a 참조). 인간에서 non-LTR retrotransposition은 8명당 하나의 germ-line에서 새로운 retrotransposition이 일어나는 것으로 추정되며, 이 중 약 40%가 L1이고, 60%는 SINE이며, 이 60%에서 약 90%가 *Alu* element이다. 다른 mobile element와 마찬가지로, 대부분의 SINE은 인간의 고대 조상의 germ line

그림 7-17 LINE의 reverse transcription과 integration mechanism. 여기서는 ORF2 단백질만 나타내었다. 새로 합성된 LINE DNA는 검은색으로 나타내었다. Cytoplasm에서 LINE RNA의 translation에 의해 만들어진 ORF1과 ORF2 단백질은 LINE RNA와 결합하여 핵 안으로 이동한다. 단계 **1**: 핵에서 ORF2는 AT-rich 한 target-site DNA를 엇갈리게(staggered) 잘라서 파란색 arrowhead로 표시한 바와 같은 DNA 3′-OH를 생성한다. 단계 **2**: T-rich DNA strand의 3′-end는 LINE RNA의 poly(A) tail과 hybridize하여 ORF2에 의한 DNA synthesis의 primer 역할을 한다. 단계 **3**: ORF2는 LINE RNA를 template로 이용하여 DNA strand를 합성한다. 단계 **4**와 **5**: LINE DNA bottom strand의 합성이 LINE RNA template의 5′ end에 다다르면, ORF2는 초기에 ORF2 staggered cleavage에 의해 생성된 cellular DNA의 top-strand를 template로 사용하여 LINE DNA를 합성한다. 단계 **6**: 새로 합성된 LINE DNA bottom-strand를 template로 사용하여 cellular DNA polymerase는 초기에 ORF2 staggered cut에 의해 생긴 top strand의 3′ end 부분을 합성한다. DNA polymerase가 upper-strand DNA를 합성해 가면서 LINE RNA는 분해된다(cellular DNA 합성 과정에서, lagging-strand primer RNA를 제거하는 과정에서도 이 같은 일이 발생한다; 그림 5-11 참조). Lagging strand DNA 합성 때처럼, 새로 합성된 DNA strand의 3′ end는 cellular DNA strand의 5′ end와 ligation된다. D. D. Luan et al., 1993, *Cell* **72**:595 참조.

에 삽입된 후 지금까지 돌연변이가 축적되어 왔다. LINE과 마찬가지로 많은 SINE도 5′ end가 잘려져 있다.

다른 Retrotransposed RNA도 Genomic DNA에서 발견된다

표 7-1에 열거된 mobile element 이외에도 다양한 mRNA의 DNA copy가 chromosomal DNA로 삽입된 것으로 생각된다. 이 sequence는 intron이 없으며, 또 functional 유전자 사본이 가지고 있는 것과 같은 flanking sequence가 없기 때문에, 이전에 설명한 것(그림 7-4a 참조)과 같은 진화의 결과에 의해 서서히 기능이 없어져서 pseudogene이 된 단순한 duplicated 유전자는 분명히 아니다. 그 대신, 이 DNA segment는 splicing되고 polyadenylate된 mRNA의 retrotransposed copy로 생각된다. mRNA를 coding하는 정상적인 유전자와 비교해 보면, 이 삽입된 segment는 여러 개의 돌연변이를 가지고 있는데, 이 돌연변이는 아마도 고대의 조상 때에 이들 mRNA가 처음으로 reverse-transcription되고 무작위적으로 생식세포의 유전체로 삽입된 이래로 계속 축적되어 온 것으로 생각된다. 이 mRNA의 non-functional genomic copy를 *processed pseudogene*이라고 한다. 대부분의 processed pseudogene은 양 끝에 short direct repeat을 가지고 있으며, 이는 cellular mRNA를 통해 아주 드물게 일어나는 retrotransposition event에 의해 생성되었을 것이라는 가설을 뒷받침해 준다.

또한 small nuclear RNA (snRNA)와 tRNA를 encoding하는 유전자의 일부분 또는 mutant copy에 해당하는 interspersed repeat가 포유동물 유전체에서 발견된다. mRNA로부터 유래된 processed pseudogene과 같이, 이 small RNA의 nonfunctional copy는 양 끝에 short direct repeat을 가지고 있으며, 일반적으로 진화 과정을 통해 축적된 매우 드물게 일어나는 retrotransposition event에 의한 결과이다. LINE에서 발현되는 효소가 mRNA, snRNA, 그리고 tRNA를 포함하는 retrotransposition 과정을 모두 수행하는 것으로 생각되고 있다.

Mobile DNA element는 진화에 지대한 영향을 미쳐 왔다

대부분의 mobile DNA element는 자신을 유지하는 것 외에 어떤 직접적인 기능이 없는 것처럼 보이지만, 그 존재 자체가 오늘날 생명체의 진화에 있어서 지대한 영향을 미친 것으로 생각된다. *Drosophila*의 경우 저절로 일어나는 돌연변이의 약 50%는 이런 mobile DNA element가 transcription unit의 내부 또는 근처에 삽입된 결과이다. 포유동물의 경우에는 이런 mobile DNA에 의한 spontaneous 돌연변이가 일어나는 비율이 훨씬 낮다: 생쥐에서는 10% 정도, 인간에서는 겨우 0.1–0.2%. 하지만, 여러 인간의 유전병과 연관되어 있는 mutant allele에서 이런 mobile element가 발견되고 있다. 예를 들면, clotting factor IX 유전자에 insertion되어 hemophilia를 야기한 경우도 있으며, 근육 단백질 dystrophin 유전자에 insertion되어 Duchenne muscular dystrophy를 일으키기도 한다. Clotting factor IX와 dystrophin을 encoding하는 유전자는 둘 다 X 염색체에 있다. 결과적으로, 이들 유전자에 transposition insertion으로 인한 질병은 주로 male에서 일어나는데, 그 이유는 male 유전체는 1개의 X 염색체만을 가지고 있기 때문이다.

Multicellular eukaryote에 이르는 진화 과정에서는, ancestral 유전체에 흩어져 있던 mobile DNA element 사이에 homologous recombination이 일어나면서 duplication 또는 다른 종류의 DNA rearrangement가 일어났을 것이다(그림 7-2b 참조). 예를 들면, 다양한 영장류의 β-globin 유전자 cluster를 cloning하여 sequencing해 보면 fetal β-globin을 encoding하는 인간 *HGB1*과 *HGB2* 유전자의 경우 조상의 globin 유전자 양쪽 끝에 존재하던 2개의 L1 element 간의 unequal homologous crossover에 의해 생겨났다는 사실을 알 수 있다. 이처럼 duplicated 유전자는 차후에 divergence (다양성)를 겪으며, 결과적으로 각각의 독특하고 생존에 유리한 기능을 가지게 되었다. 어떤 특정 유전자의 intron에 존재하는 mobile element 사이에서 일어나는 unequal crossing over는 그 유전자에서 exon이 duplication되게 한다(그림 7-2a 참조). 이 과정은 fibronectin 유전자처럼 비슷한 단백질 domain을 coding하고 있는 비슷한 exon을 여러 사본을 가지고 있는 유전자의 진화에 영향을 주었을 것이다(그림 5-28 참조).

Multicellular eukaryote의 진화 동안, 서로 떨어져 있는 두 유전자의 intron에 존재하는 mobile element (예, *Alu* element) 사이에서도 recombination이 일어났으며, 그 결과 기존에 있던 exon과의 새로운 조합을 통해 새로운 유전자가 탄생하였음을 제시하는 증거가 있다(그림 7-18). **Exon shuffling (exon 재편성)**이라 불리는 이 진화 과정은 EGF domain을 공통적으로 포함하고 있는 tissue plasminogen activator, Neu receptor, epidermal growth factor를 coding하는 유전자의 진화 과정에서 일어났던 것으로 생각된다(그림 3-11 참조). 이 경우, exon

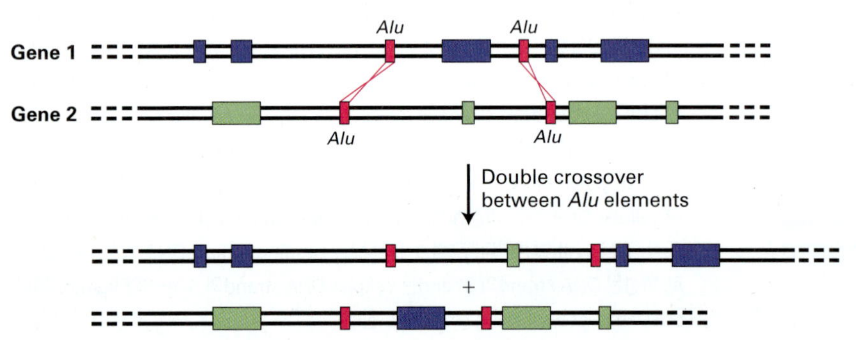

그림 7-18 Recombination을 통한 homologous interspersed repeat 사이의 exon shuffling. 서로 다른 유전자의 intron에 존재하는 interspersed repeat 사이의 recombination은 새로운 exon들의 조합으로 이루어지는 transcription unit을 만들게 된다. 여기 제시된 예에서 보듯이, 두 set의 *Alu* repeat 사이에서 일어나는 double crossover는 두 유전자의 exon을 서로 교환한다.

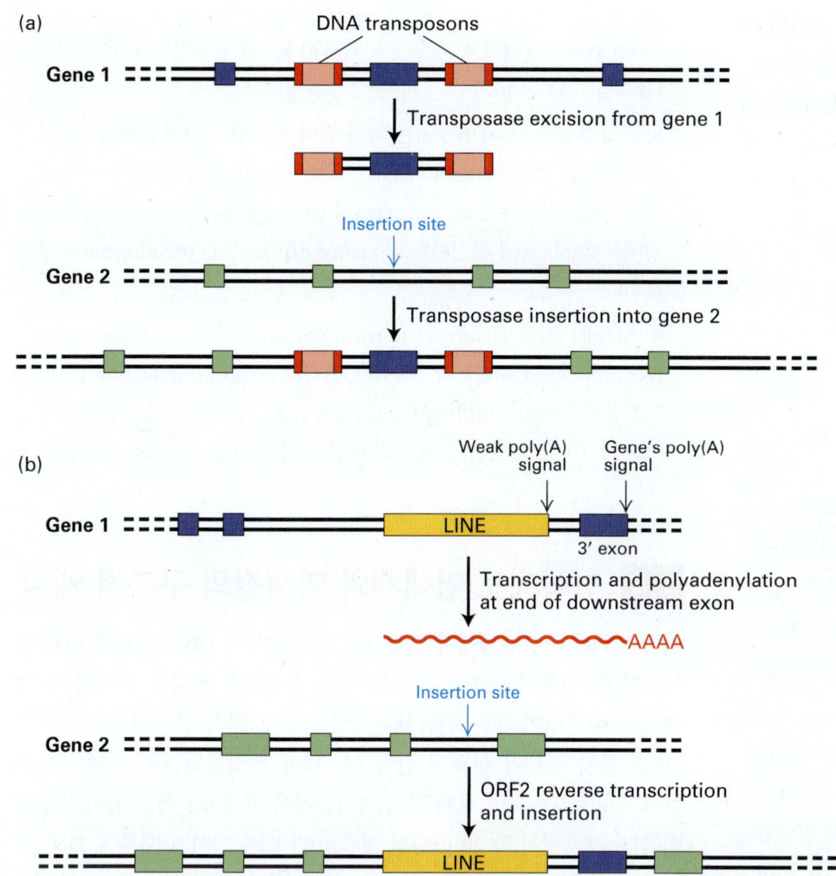

그림 7-19 Transposition에 의한 exon shuffling. (a) Homologous DNA transposon에 둘러싸인 exon이 Gene 2의 내부로 transposition. 그림 7-10의 단계 **1**에서처럼, transposase는 transposon의 inverted repeat의 끝을 인식하여 자를 수 있다. 만약 Gene 1에서 transposase가 왼쪽에 위치한 transposon의 왼쪽 끝과 오른쪽에 위치한 transposon의 오른쪽 끝을 잘라낸다면, 그 사이에 존재하는 gene 1의 exon을 포함하는 모든 DNA가 gene 2 intron의 특정 위치로 이동하게 된다. 이것은 gene 1의 exon이 gene 2로 삽입되는 결과를 낳는다. (b) LINE transposition을 통한 한 exon의 다른 유전자로의 삽입. 일부 LINE은 약한 poly(A) signal을 가지고 있다. 만약 그런 LINE이 gene 1의 가장 3′에 있는 intron에 위치한다면, 그것의 transcription은 자신의 poly(A) signal을 통과해서 3′ exon 쪽으로 계속 진행되고, 결국 gene 1 그 자체의 cleavage 및 polyadenylation signal을 포함하는 transcript가 형성된다. 이 RNA는 LINE ORF2 단백질(그림 7-17 참조)에 의해 reverse transcription을 거쳐 gene 2의 어떤 intron으로 삽입될 수 있고, 이는 gene 2에 결국 새로운 3′ exon (gene 1로부터)을 삽입하는 결과가 된다.

shuffling으로 인해 EGF domain을 암호화하는 exon이 이들 유전자의 조상형태 intron에 삽입되었을 것이다.

DNA transposon과 LINE retrotransposon은 그림 7-19에 도식화된 메커니즘에서 볼 수 있듯이, 어떤 새로운 위치로 이동할 때 종종 exon을 포함하는 flanking sequence와 함께 이동하는 것으로 알려져 왔다. 또한 이러한 메커니즘이 현대의 유전자로 진화하는 동안 exon shuffling에 기여해 왔던 것으로 보인다.

이러한 mobile element 사이의 recombination 및 DNA transposon과 retrotransposon 근처로 DNA가 transposition되는 것은 유전체 내 coding sequence의 변화를 일으키는 것뿐만 아니라, 유전자의 발현을 제어하는 regulatory sequence의 진화에도 큰 역할을 한 것으로 보인다. 앞에서 언급한 것처럼, 진핵세포 유전자는 수만 base pair 이상 떨어진 거리에서도 작동할 수 있는 enhancer라 불리는 transcription-control region을 포함하고 있다. 많은 유전자의 경우 transcription은 여러 가지 enhancer element의 조합을 통해 조절된다. 그런 transcription-control region 근처로 mobile element가 삽입되면, 아마도 새로운 조합을 가지는 enhancer sequence의 진화가 일어날 수 있었을 것이다. 다음 장에서 논의하겠지만, 이러한 조합은 현대의 생명체 내에서, 특정 세포 유형에서 어떤 유전자가 발현될 것인지, 또 어느 정도의 양으로 단백질을 만들 것인지를 결정하게 된다.

이런 고찰은 mobile DNA element가 완전히 selfish molecular parasite (이기적인 분자 기생충)라는 초기의 관점이 mobile DNA element의 중요성을 간과했다는 것을 지적한다. 오히려 mobile element는 (1) 유전자 duplication을 통한 유전자 family의 형성, (2) 이미 존재하던 exon의 shuffling을 통한 새로운 유전자의 창조, (3) 유전자 발현의 다양한 제어가 가능한 좀 더 복잡한 regulatory region의 형성 등을 통해 multicellular organism의 진화에 깊이 관여해 오고 있는 것으로 생각된다. 현재 연구자들은 유전자 치료의 일환으로 therapeutic 유전자를 환자에 삽입하는 데 transposition mechanism을 활용하려고 노력하고 있다.

그림 7-19a에서 보여준 것과 유사한 process는 현대의학의 주요 골칫거리인 pathogenic 박테리아에서 antibiotic resistance (항생제 내성)가 빨리 퍼지는 것의 원인이 된다. Antibiotics를 불활성화시키는 효소를 coding하는 박테리아 유전자(drug resistance 유전자)의 양 끝에 insertion sequence를 가지고 있는 drug resistance transposon이 생성되었다. 의약품과 농업에서 antibiotics를 광범위하게 사용함에 따라 drug resistance transposon의 positive selection이 유도되었다. 이러한 transposon은 conjugating plasmid에 삽입된 형태로 발견된다. 이 conjugating plasmid는 단백질들을 encoding하는데, 이들은 plasmid를 replication하고 pilus라고 불리는 macromolecular tube를 통해 다른 박테리아에 전달하게 된다. *R factor*라고 불리는(drug resistance라는 의미) 이 plasmid들은 transposition에 의해 삽입된 여러 개의 drug resistance gen을 가지고 있으며, 병원처럼 외부 환경을 antibiotics로 살균하는 환경에서 selection되었다. 이러한 R factor들이 pathogenic 박테리아 사이에서 여러 antibiotics에 대한 resistance를 신속하게 확산시켰다. R factor의 확산을 막는 것은 현대 의학이 처한 어려운 도전이다. ■

7.3절의 주요 개념

Transposable (Mobile) DNA Elements (DNA 전이 인자)

- Transposable DNA element는 multicellular eukaryote genome의 여러 곳에 퍼져 있는 moderately repeated sequence를 말하며, 단세포 진핵세포 유전체와 원핵세포 유전체에는 낮은 빈도로 존재한다.

- DNA transposon은 DNA의 형태로 새로운 위치로 이동한다. Retrotransposon은 우선 그 element의 RNA copy로 transcription이 일어난 후, DNA로 reverse transcription된다(그림 7-8 참조).

- 모든 mobile element의 공통적인 특징은 그 element의 양 끝에 short direct repeat이 존재한다는 점이다. Short direct repeat은 transposition 동안에 target-site DNA가 엇갈리게(staggered) 절단된 자리를 DNA polymerase가 채우는 과정에서 만들어진다(그림 7-10 참조).

- Transposon에서 encoding되며 *transposase*라 불리는 효소가 genomic DNA의 새로운 위치로 그 sequence를 삽입하는 것을 촉매한다.

- 박테리아 IS element와 구조적으로 유사한 DNA transposon이 진핵세포에 존재하지만(예를 들면, *Drosophila*의 P element), 보통 retrotransposon이 훨씬 많이 존재하며, 특히 척추동물에 많다.

- LTR retrotransposon은 retrovirus proviral DNA와 유사하게 long terminal repeat (LTR) sequence가 양 끝에 있다. 이들은 retrovirus처럼 reverse transcriptase와 integrase를 coding하고 있다. 그것들은 먼저 RNA로 transcription된 후 세포질에서 reverse transcription되고, LTR을 포함하는 DNA가 핵으로 운반되어, 숙주 세포 염색체에 integration됨으로써 유전체 내에서 이동한다(그림 7-14 참조).

- Long interspersed element (LINE)와 short interspersed element (SINE)를 포함하는 non-LTR retrotransposon은 LTR이 없으며 한쪽 말단에 A/T rich stretch가 있다. 이들은 chromosomal DNA의 reverse transcription priming에 관여하는 LINE 단백질이 작용하는 nonviral retrotransposition mechanism에 의해 이동하는 것으로 생각된다(그림 7-17 참조).

- SINE sequence는 7SL small cellular RNA와 높은 homology를 가지고 있으며, RNA polymerase III에 의해 transcription된다. 인간에게서 가장 일반적인 SINE인 *Alu* element의 경우 전체 인간 유전체의 160만 site에 흩어져서 존재하며, 약 300 bp 염기 서열로 이루어져 있다(그림 7-4a 참조).

- 몇몇 interspersed repeat은 과거 진화의 어떤 시기에 reverse transcription을 거쳐 genomic DNA로 삽입된 cellular RNA로부터 유래한다. mRNA에서 유래한 processed pseudogene은 intron이 없다는 점에서 duplicated 유전자의 sequence drift로 생긴 pseudogene과 구분된다.

- Mobile DNA element는 unequal crossing over 동안 homologous recombination site로 작용하여 유전자와 exon의 duplication (그림 7-2 참조), exon shuffling (그림 7-18 참조), 인접한 DNA 서열 이동 (그림 7-19 참조) 등을 통해 진화에 큰 영향을 미쳤던 것으로 생각된다.

7.4 진핵세포 염색체와 염색질의 구조적 체계

이미 진핵세포 유전체에서 발견되는 여러 종류의 DNA 서열에 대해 알아보았고, 이들이 어떻게 하나의 매우 긴 DNA 분자로 구성된 각 염색체에 배열되어 있는지를 살펴보았으므로, 여기서는 이러한 길이의 DNA 분자 전체가 어떻게 진핵세포 내에 조직화되는지 살펴보려 한다. Cellular DNA의 전체 길이는(인간에서 약 2 m) 세포 길이(대부분의 인간 세포에서 약 20 μm)의 대략 10만 배에 달하기 때문에, DNA의 packing (포장)은 cell architecture (세포 구조)의 형성에 있어 매우 중대한 문제이다. 또한, 긴 DNA 분자가 정확히 딸세포로 분열되어야 하는 세포 분열 동안 서로 엉키거나 꼬이지 않게 하는 것도 필수적이다.

Chromosomal DNA를 핵 안으로 packing하기 위해서는 다량의 nuclear 단백질, 특히 histone이라는 단백질이 필요하다. 이 절에서는 histone과 DNA가 염색체를 형성하기 위해서 구조적으로 어떻게 조직화되는지 살펴볼 것이다. 또한 세포 주기 동안 일어나는 변화와 유전자 발현 signal에 대한 반응 과정에서 이러한 구조가 어떻게 역동적으로 변하는지 살펴볼 것이다.

염색질은 Nucleosome으로 이루어져 있다

Chromosomal DNA가 놀랍도록 압축이 가능한 핵심 molecular structure는 **nucleosome**이다(그림 7-20). Nucleosome은 **histone octamer**라 불리는 대칭이며 거의 구형 모양인 단백질 complex를 145–147 base pair의 DNA가 약 1과 2/3 바퀴를 감싸고 있는 구조이다. Histone octamer는 2 copy의 4개의 작은(약 15 kDa) basic 단백질(염기성 단백질)로 구성된다. 진핵세포에서 5가지 종류의 histone 단백질은 histone octamer를 이루는 네 가지 histone (그림 7-20), 즉 *H2A*, *H2B*, *H3*, *H4*과 *linker histone*인 *H1*이다. 하나의 H1은 145–147 base pair의 linker DNA가 nucleosome core에 있는 histone octamer 주위를 1과 2/3 바퀴를 휘감을 때 entry와 exit 부위의 linker DNA에 결합한다(그림 7-20과 7-21). Histone은 DNA에서 음전하를 띠는 phosphate group과 상호작용할 수 있도록 양전하를 띠는 basic amino acid를 많

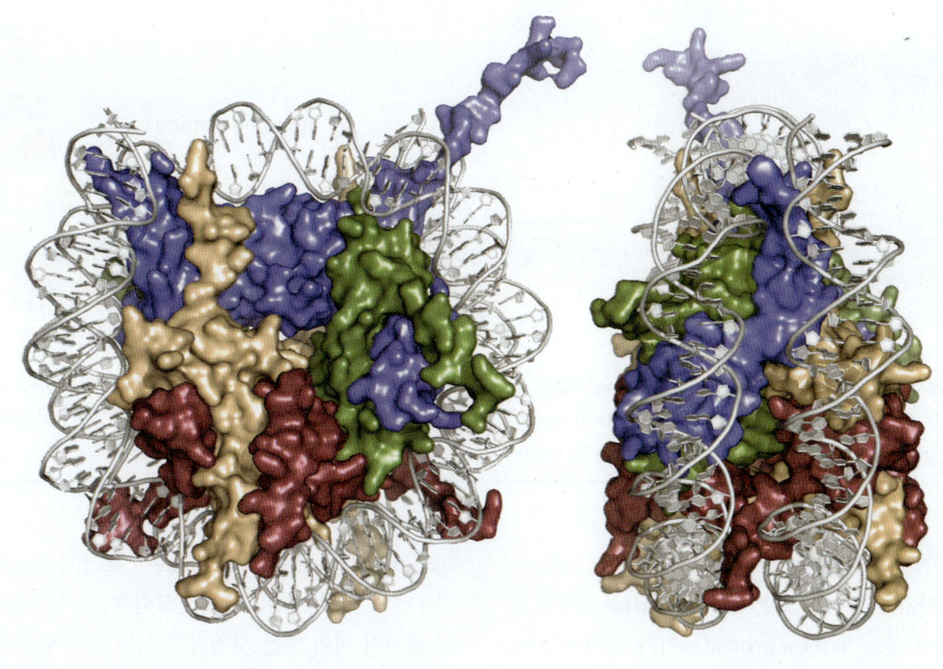

그림 7-20 X-ray crystallography를 기반으로 한 nucleosome의 구조. Nucleosome을 위쪽(왼쪽 그림)과 측면(오른쪽 그림, 시계 방향으로 90° 회전)에서 본 구조를 나타내었다. DNA는 회색 리본 다이어그램으로 나타내었다. Histone은 space-filling model로 나타내었고, H2A는 노란색, H2B는 빨간색, H3는 파란색, H4는 녹색으로 나타내었다. 하나의 H2A, H2B heterodimer는 side view의 오른쪽 아랫부분에서 페이지 바깥쪽으로 돌출되고, 다른 H2A, H2B heterodimer는 side view의 왼쪽 아랫부분에서 페이지 안쪽으로 돌출된다. Top view에서는 단지 하나의 H2A, H2B heterodimer만 보인다. 다른 H2A, H2B heterodimer가 보이지 않는 이유는 top view의 오른쪽 윗부분에 있는 H3, H4 tetramer 뒤쪽에 위치하고 있기 때문이다. (그림 7-26a에 있는 histone polypeptide chain 위쪽 리본 다이어그램을 보면 H2A, H2B heterodimer가 nucleosome top view의 왼쪽 아랫부분에 명확히 보인다.) [Data from K. Luger et al., 1997, *Nature* **389**:251, PDB ID 1aoi.]

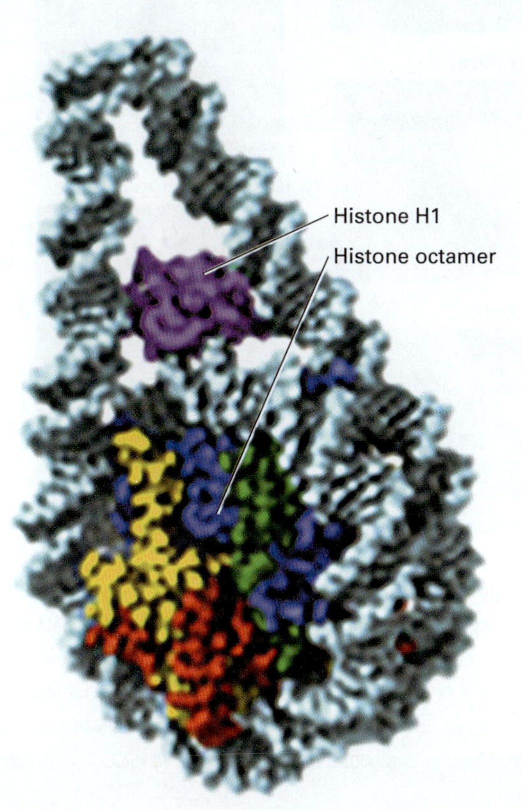

이 가지고 있다. DNA와 histone 그리고 상대적으로 소량인 다른 단백질들이 이루는 **complex**를 염색질(chromatin)이라 부른다.

핵에서 추출한 염색질을 heavy metal로 염색한 후 전자현미경으로 관찰하면, nucleosome은 약 50–150 bp로 다양한 길이의 **linker DNA**로 분리된 "beads on a string" (실에 꿰인 염주알) 형태로 보인다(그림 7-22). 최근까지 fix된 세포의 핵에서 전자현미경으로 염색질 fiber를 관찰하는 것은 불가능했다. 왜냐하면, 전통적인 전자현미경에서 사용하는 염색 방법으로는 염색질 fiber와 유사한 electron density를 가지고 있는 다른 nuclear macromolecule을 구별할 수 없기 때문이다. 그러나 최근에 개발된 *chromEMT*라는 기술에 의해 가능해졌다. ChromEMT는 fix된 세포의 얇은 부분에서 electron opaque compound (전자 불투명 화합물) OsO_4 (4 산화 오스뮴)를 이용하여 DNA를 label할 수 있다. 이 방법으로 얇은 EM section에서 nucleosome의 chain을 볼 수 있을 정도로 resolution (분해능)은 충분하다(그림 7-23). 거의 모든 nuclear

그림 7-21 Nucleosome과 linker DNA와 동시에 결합하고 있는 histone H1의 구조. Histone H2A, H2B, H3, H4는 그림 7-20에서와 같은 색으로 나타내었다. Histone H1은 보라색으로 표시하였다. [Republished with permission of Nature Publishing Group, from K. Zhou, G. Gaullier, and K. Luger, 2019, *Nat. Struct. Mol. Biol.* **26**:3–13; permission conveyed through Copyright Clearance Center, Inc.]

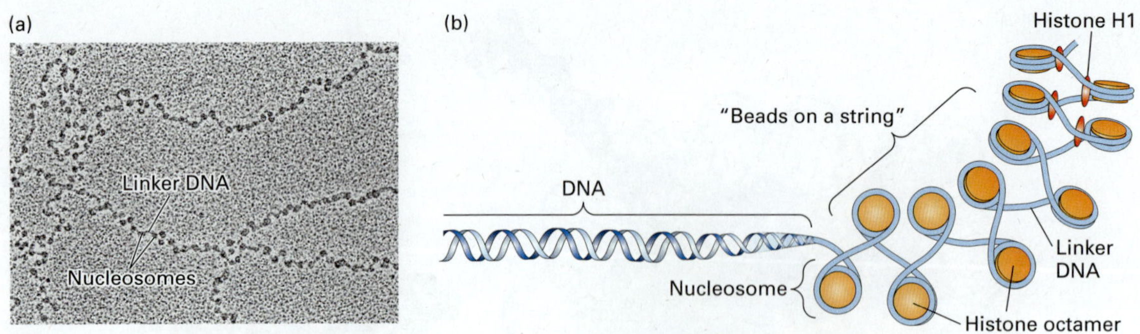

그림 7-22 추출한 염색질에서 nucleosome의 "Bead-on-a-string" 배열. (a) Low ionic-strength buffer로 분리한 핵에서 추출한 염색질을 electron microscope로 찍은 사진. "Bead"는 nucleosome (직경 10 nm)이며, "string"은 nucleosome을 연결하는 linker DNA이다. (b) Bead-on-a-string 구성을 도식화하였다. [Part (a) Courtesy of Steven McKnight and Oscar Miller, Jr.]

DNA가 flexible linker DNA로 연결된 nucleosome과 결합하고 있다. 대부분의 expressed 유전자가 위치하고 있는 **euchromatin** 지역은 거의 유전자 발현이 일어나지 않는 heterochromatin이라 불리는 condensed region보다 nucleosome 사이의 linker DNA가 확장되어 있음을 전자현미경에서 확인할 수 있다(그림 7-23a). **Heterochromatin**에서 linker DNA는 nucleosome이 euchromatin보다 더 가까이 있도록 구부러져 있다(그림 7-23a). 그림 7-23a에 나타낸 사진에서 염색이 되지 않아서 비어 있는 것처럼 보이는 지역에는 chromEMT에 의해 염색이 되지 않는 수천 개의 서로 다른 nuclear 단백질과 RNA가 존재한다. 아래에서 논의하겠지만, 이들 nuclear 단백질의 일부는 염색질 fiber의

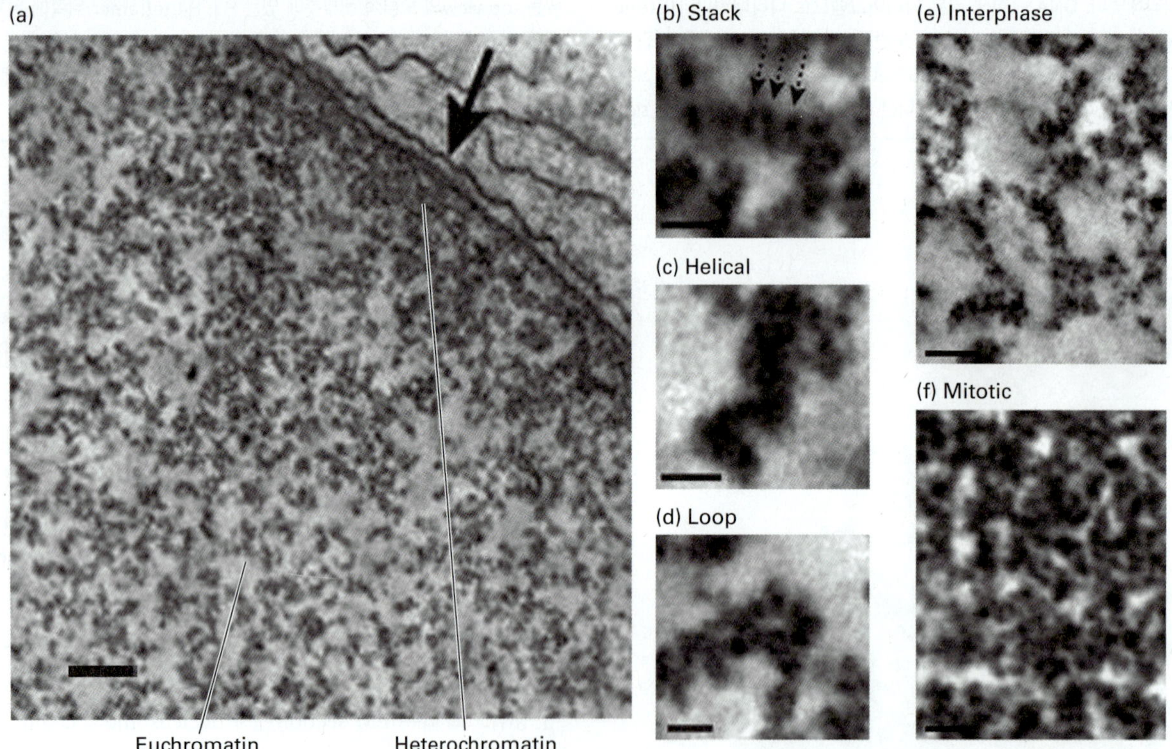

그림 7-23 Nucleosome의 상호작용과 compaction의 heterogeneity (이질성). (a) 사람의 작은 기도에서 유래한 상피세포(human small airway epithelial cell)를 glutaraldehyde로 fix하고, ChromEMT (본문 참조)로 염색한 다음, 전자현미경 단층사진(EM tomogram)을 얻었다. Scale bar = 100 nm. Nuclear membrane을 화살표로 표시하였다. Euchromatin과 heterochromatin 지역을 나타내었다. (b)–(d) DNA와 nucleosome은 nucleosome의 arrangement, conformation, density 등이 서로 다른 무질서한 염색질 chain을 형성한다. 세 가지 범주의 conformation을 나타내었다: stack, helical, loop. Scale bar = 20 nm. (e), (f) Interphase cell (e)과 mitotic cell (f)에서 얻은 핵의 한 부분. Scale bar = 40 nm. [Republished with permission from American Association for the Advancement of Science, from H. D. Ou et al., 2017, "ChromEMT: Visualizing 3D Chromatin Structure and Compaction in Interphase and Mitotic Cells," *Science* **357**(6349):eaag0025; https://doi.org/10.1126/science.aag0025; permission conveyed through Copyright Clearance Center, Inc.]

density와 핵의 서로 다른 지역에 있는 nucleosome 사이의 거리를 조절하는 것으로 여겨진다.

Interphase cell (간기, 세포 주기 중 mitosis 이외의 시기)에서 염색질은 핵의 많은 부분에 퍼져서 존재한다. Mitosis 동안(그림 6-3 참조) 염색질이 추가로 응축되면 초기 cytogeneticist에 의해 상세히 기술되었던 morphology와 staining characteristic을 가진 *metaphase chromosome*를 형성한다. Mitosis 시기에 chromEMT로 세포를 관찰하면 염색질 fiber를 구분할 수 없을 정도로 단단히 packing되어 있다(그림 7-23f). 모든 진핵세포 염색체에는 수백만 개의 서로 다른 단백질 분자가 포함되어 있지만, 각 염색체는 하나의 매우 긴 linear DNA 분자로 구성된다. 예를 들면, 인간 염색체에서 가장 긴 DNA 분자는 2.8×10^8 bp로 구성되며, 길이는 약 10 cm이다. 염색질이 구조적으로 조직화됨으로써 방대한 길이의 DNA가 현미경으로 관찰 가능한 세포의 핵 크기로 응축된다(그림 7-1 참조). 이렇게 매우 높은 비율로 응축됨에도 불구하고, 염색질 내의 특정 DNA 서열은 transcription, replication, recombination과 같은 cellular process에 이용될 수 있도록 organization이 일어난다.

염색질 구조는 진핵생물에서 잘 보존되어 있다

일반적인 염색질의 구조는 fungi, 식물 및 동물을 포함한 진핵생물에서 매우 비슷하여 염색질의 구조가 진핵세포의 진화 초기에 최적화되었다는 것을 보여준다. Nucleosome을 구성하는 4개의 core histone (H2A, H2B, H3, H4) 아미노산 서열은 진화상 서로 거리가 먼 species 간에서도 상당히 잘 보존되어 있다. 예를 들면, sea urchin (성게)과 인간 tissue의 histone H3 sequence는 단지 3개의 아미노산만 다르고, garden pea (완두콩)와 인간의 histone H3 sequence는 2개의 아미노산만이 다를 뿐이다. 따라서 진화하는 동안, histone 아미노산 서열이 심하게 달라지는 것이 억제되어 왔다는 것을 알 수 있다. 모든 진핵세포 histone의 아미노산 서열이 비슷하다는 것은 이들이 모두 상당히 비슷한 3차 구조를 이룰 것이라는 것을 제시한다. 그러나 H1의 아미노산 서열은 다른 histone의 서열보다 다양하여 organism에 따라 다르다.

특히, 척추동물에 매우 잘 보존된 major type histone과는 다른 유전자에 의해 coding된 minor histone variant들이 존재한다. 예를 들면, 특별한 형태의 H2A인 H2AX는 낮은 비율로 nucleosome에 H2A 대신 포함되어 염색질 전 지역에 걸쳐 퍼져 있다. Chromosomal DNA의 double-stranded break가 있는 위치에서 H2AX는 인산화되어 염색체 repair 과정에 참여하게 되는데, 아마도 repair 효소의 binding site 역할을 하는 것으로 보인다. Centromere에 있는 nucleosome에서는 H3가 또 다른 variant인 *CENP-A*라는 histone으로 대체되어 있다. CENP-A는 mitosis 동안 spindle microtubule에 결합하는 단백질을 고정시킨다. *H3.3*으로 알려진 또 다른 histone variant는 transcription이 일어나는 DNA 지역에서 histone H3를 대체한다. 이러한 replacement는 RNA polymerase가 DNA를 transcription하는 동안 histone chaperone에 의해 histone octamer가 이동할 때 일어난다. 이러한 minor histone variant들의 서열은 major histone과 약간 다르다. Histone 아미노산 서열의 이러한 작은 변화는 nucleosome과 다른 nuclear 단백질과의 상호작용, nucleosome stability, histone variant를 가지고 있는 염색질 fiber의 응축 경향성 등에 영향을 미칠 수 있다.

염색질은 무질서한 Nucleosome Chain으로서 핵 안에서 서로 다른 정도로 응축된다

앞에서 언급하였듯이, chromEMT 기술을 이용하여 fixed cell의 얇은 section에서 linker DNA로 구분된 nucleosome chain을 추적할 수 있다(그림 7-23). 인간 세포 interphase 시기의 ChromEMT image에서 얻은 염색질 fiber의 nucleosome 구성에 대한 모델을 그림 7-24a에 나타내었다. 이러한 nucleosome chain은 직경 5–24 nm의 범위로 나타난다. 좁은 부분은 주로 linker DNA가 투영된 것이고, 넓은 부분은 하나 이상의 nucleosome이 투영된 것이다. Nucleosome은 종종 서로 접하고 있으며, 때로는 서로 쌓여 있는 것처럼 보이고(그림 7-23b), 때로는 helical conformation으로 응축되어 있으며(그림 7-23c), 때로는 loop을 이루며 되돌아오는 형태의 chain을 형성하기도 한다(그림 7-23d). Nucleosome은 다양한 방향성을 가지고 다양한 접촉면을 통해 상호작용하는 것으로 보인다. Inner nuclear membrane과 인접한 검게 염색되는 heterochromatin에서는(그림 7-23a, 화살표) 5–24 nm 염색질 fiber가 더 빈번하게 되돌아오는 loop 구조를 이루며 euchromatin에서보다 더 촘촘하게 배열된다. 그림 7-24b와 7-24c에서 chromEMT를 기반으로 만든 heterochromatin과 euchromatin의 model을 나타내었다.

Condensed metaphase chromosome은 heterochromatin과 유사한 염색질 구조를 가지는 것으로 보인다. 또한 condensed metaphase chromosome에서는 염색질 fiber가 euchromatin에 비해 더 빈번하게 되돌아오는 loop 구조를 이루며 nucleosome 사이의 상호작용도 많아서 높은 농도로 매우 응축된 염색질 chain을 형성한다(그림 7-23e, f, 그림 7-24b, c). Scaffolding 단백질은 flexible한 염색질 chain을 제한하고 응축시켜서 mitotic chromosome의 형태로 만드는 것으로 생각된다. 이러한 염색질 scaffolding 단백질의 한 family를 *structural maintenance of chromosome* (*SMC*) 단백질이라 부른다(그림 7-25). 중요한 것은 한때 heterochromatin과 mitosis 동안 염색질 condensation을 설명하는 것으로 여겨졌던 30 nm helical structure의 고차원적 folding은 chromEMT 기술을 이용하여서도 관찰되지 않았다.

SMC 단백질 Complex의 Ringlike Structure SMC 단백질은 mitosis 동안 condensed chromosome의 구조를 유지하는 데 결정적이다. 온전한 세포에서 mitosis의 prophase에 접어들면서 염색체가 응축하는 것처럼, *Xenopus laevis* (African frog) egg의 핵에서 분리한 추출물(extract)에서 염색체가 응축하도록 유도할 수 있다. *Condensin*이라 불리는 한 종류의 SMC 단백질에 대한 항체를 이용하여 extract에서 condensin을 제거하면 염색체 condensation이 일어나지 않는다. 이와 연관된 *cohesin*이라 불리는 SMC 단백질에 돌연변이가 일어난 효모에서 S

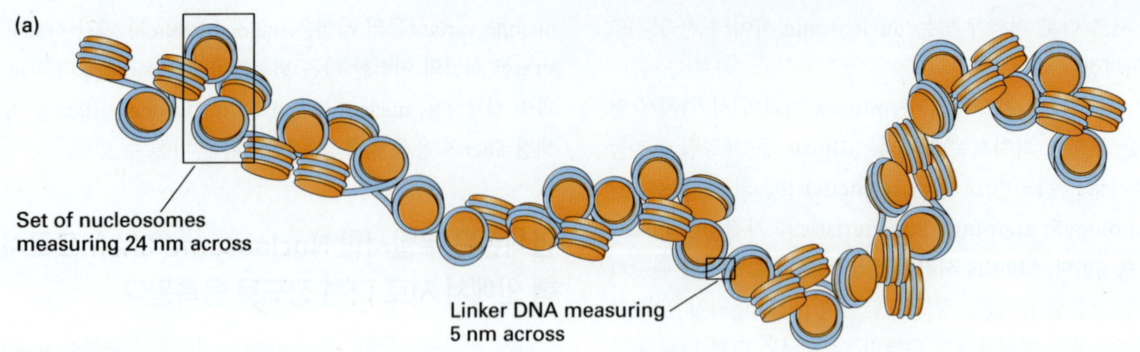

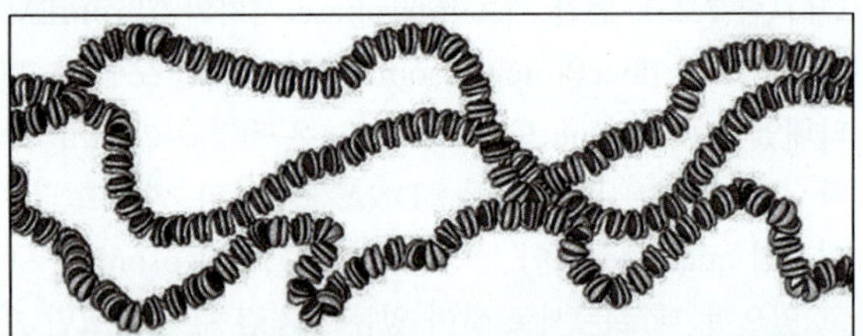

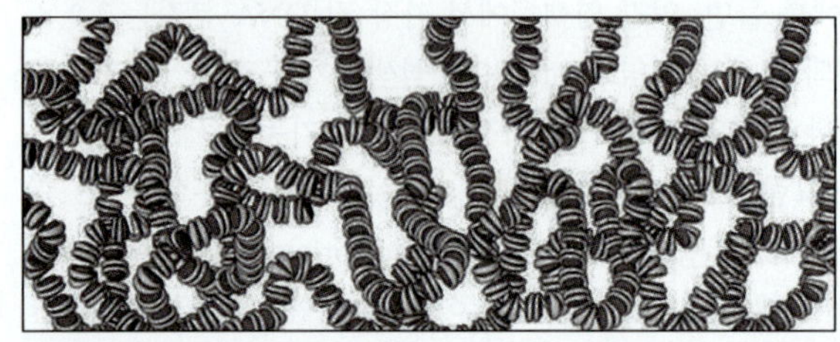

그림 7-24 염색질은 직경 5~24 nm인 구조적으로 무질서한 chain들로 구성되어 있으며, euchromatin과 heterochromatin에서 서로 다른 밀도로 채워져 있다. (a) Human small airway epithelial cell의 ChromEMT에 기초한 염색질 fiber 모델. Histone octamer는 orange disc, DNA는 파란색 tube로 나타내었다. 큰 직사각형으로 표시한 부분은 지름이 24 nm이고, 작은 직사각형으로 표시한 부분은 지름이 5 nm이다. (b)와 (c) 각각 euchromatin과 heterochromatin에서 염색질 fiber의 density를 나타내었다. [Part (a) republished with permission from American Association for the Advancement of Science, from H. D. Ou et al., 2017, "ChromEMT: Visualizing 3D Chromatin Structure and Compaction in Interphase and Mitotic Cells," *Science* **357**(6349):eaag0025; https://doi.org/10.1126/science.aag0025; permission conveyed through Copyright Clearance Center, Inc. Parts (b) and (c) republished with permission from American Association for the Advancement of Science, from Daniel R. Larson and Tom Mistel, 2017, "The Genome — Seeing It Clearly Now," *Science* **357**(6349):354–355; https://doi.org/10.1126/science.aao1893; permission conveyed through Copyright Clearance Center, Inc.]

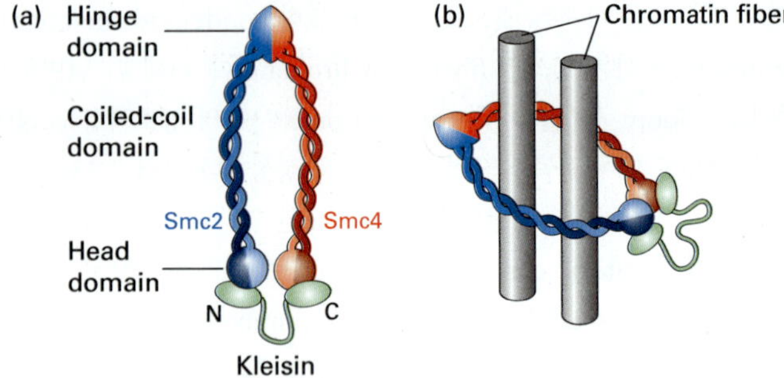

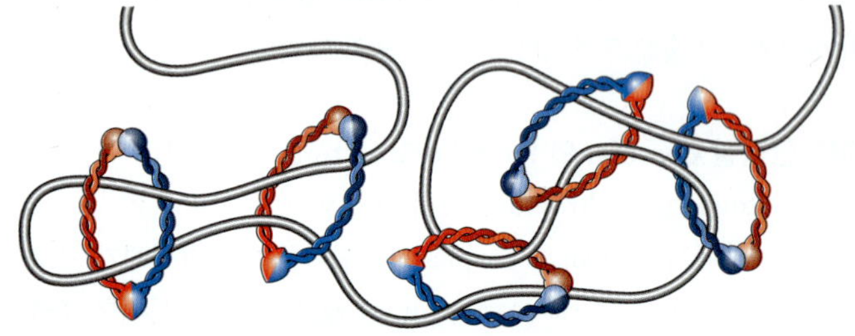

그림 7-25 염색질에 결합된 SMC complex의 모델. (a) SMC 단백질 complex 모델. (b) 2개의 염색질 fiber (회색 실린더)를 topologically (위상적으로) 연결하는 SMC complex 모델. (c) SMC complex에 의한 염색체 condensation 모델. K. Nasmyth and C. H. Haering, 2005, *Ann. Rev. Biochem.* **74**:595 참조.

phase에서 replication이 일어난 후에 sister chromatid가 적절하게 결합하지 못하였다. 그 결과, mitosis 동안에 염색체는 적절하게 딸세포로 분리되지 못하였다(19장 참조). 구조적으로 연관된 SMC 단백질이 박테리아와 archaea에서도 염색체가 적절하게 분리되는 데 필요한 것으로 보아 SMC는 모든 생명체 영역에서 염색체 구조와 segregation에 필수적인 고대의 단백질 class이다.

SMC 단백질의 일반적인 구조에서, 각 SMC monomer는 polypeptide가 스스로 접히는 hinge region을 가지고 있으며, 매우 긴 coiled-coil region을 형성하고, N-termini와 C-termini가 서로 결합하여 globular head domain을 형성할 수 있다(그림 7-25a). 한 monomer (그림 7-25에서 파란색)의 hinge domain은 또 다른 monomer (빨간색)의 hinge domain과 결합하여 U자 모양의 dimer complex를 형성한다. Mononer의 head domain은 ATPase 활성을 가지고 있으며, *kleisin*이라고 하는 small 단백질 family와 결합하고 있다. 전체적인 SMC complex는 2개의 염색질 fiber를 둘러쌀 수 있을 만큼 큰 직경을 가진 고리 모양을 하고 있으며(그림 7-25b), *in vitro*에서는 2개의 circular DNA 분자를 서로 연결시킬 수도 있다. SMC 단백질의 ring은 그림 7-25c에 나타낸 바와 같이 염색질 fiber를 loop 모양으로 접히게 한다고 생각된다. 이러한 model은 비교적 적은 숫자의 site에 DNA cleavage가 일어나도 condensed metaphase 염색체 구조가 풀려버리는 데 비해, 단백질의 protease cleavage의 경우는 대부분의 단백질이 분해될 때까지는 염색체 구조에 아주 적은 영향을 미친다는 결과들을 잘 설명해준다. 여러 개의 염색질 loop을 포함하고 있는 염색질의 긴 지역의 어느 곳에든 DNA가 잘리면, DNA의 잘려진 끝부분이 SMC 단백질 ring에서 빠져나와 염색질 loop을 붙잡고 있던 topological knot (위상학적 매듭)을 풀 수 있다. 반면에 protease는 loop을 형성하는 topological constraint (위상학적 제약)가 완전히 없어지기 위해서는 SMC 단백질의 각 ring의 대부분을 분해해야 한다.

Histone Tail의 Modification이 염색질 Condensation과 기능을 조절한다

Nucleosome core를 형성하는 각각의 histone 단백질은 nucleosome의 구형 구조로부터 뻗어 나온 N-terminus (아미노 말단) 19–39개 아미노산이 본질적으로 무질서하면서 유연한 구조를 가지고 있다(그림 7-26a). H2A와 H2B 단백질은 구형의 histone octameric core로부터 뻗어 나온 유연한 C-terminus (C-말단)도 가지고 있다. *Histone tail*이라고 하는 이 terminus는 그림 7-26a에 nucleosome의 나머지 부분에 대한 그들의 상대적 길이를 나타내기 위해 점선으로 표시하였다.

Histone tail에 있는 아미노산 잔기 side chain에는 acetylation, methylation, phosphorylation 및 ubiquitinylation과 같은 다수의 post-translational modification이 일어난다. 그림 7-26b에는 인간 histone에서 관찰되는 post-translational modification 종류를 요약하여 나타내었다. 특정 histone 단백질이 이 모든 modification을 동시에 하게 되는 경우는 없다. 그러나 단일 nucleosome을 구성하고 있는 histone들이 동시에 여러 가지 서로 다른 modification을 하고 있을 수 있다. 염색질의 서로 다른 지역에서 발견되는 post-translational modification의 특정 조합이 *histone code*를 조성하고 있다고 생각된다. 이 histone code는 존재하는 modification의 조합에 따라 chromatin-associated 단백질에 대한 binding site를 생성하거나 제거하여 염색질의 기능에 영향을 미친다고 생각된다. 여기에서는 histone tail에서 가장 많이 발견되는 modification의 종류와 이들이 어떻게 염색질의 condensation (응축)과 기능을 조절하는지 설명하고자 한다. 끝으로 염색질 condensation의 특별한 경우인 female mammal에서의 X 염색체 불활성화를 설명할 것이다.

Histone Acetylation N-termini에 있는 histone-tail lysine은 가역적으로 acetylation과 deacetylation된다. Acetylation되어 있을 때, lysine

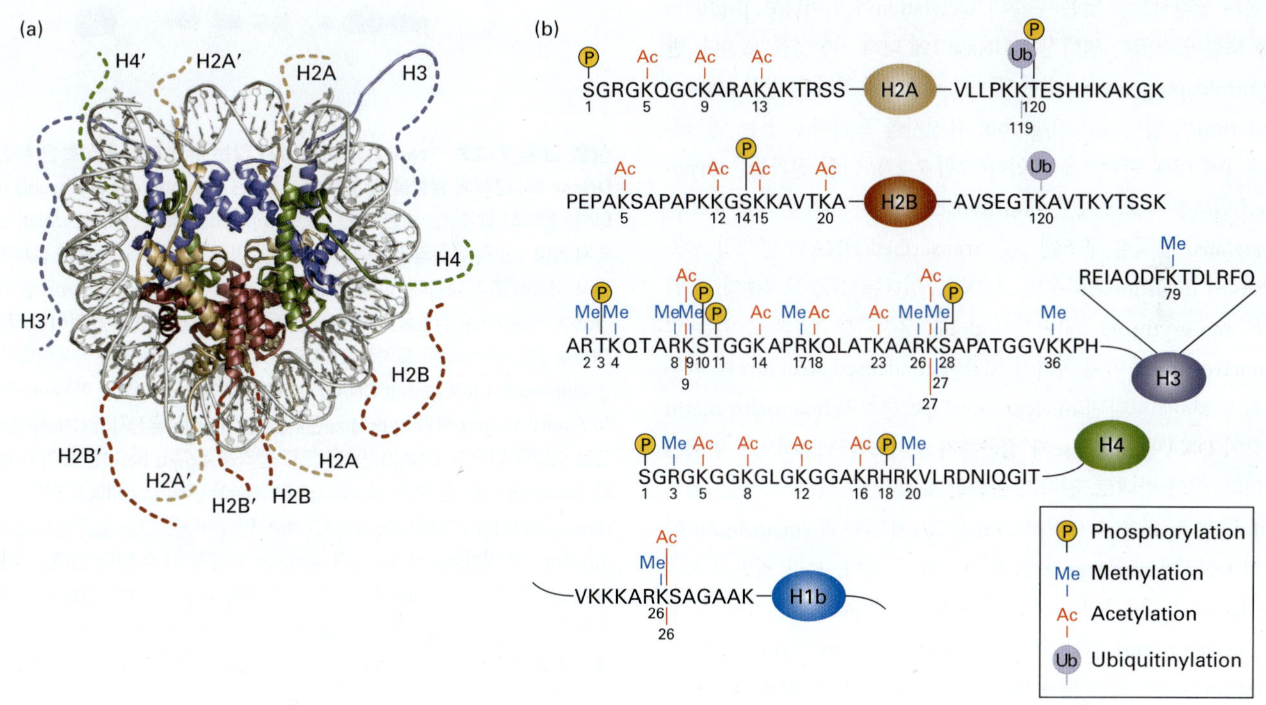

그림 7-26 인간 histone에서 관찰되는 post-translational modification. (a) Histone을 리본 다이어그램으로 표현하여 nucleosome을 위에서 본 모델. 이 모델은 crystal 구조에서는 보이지 않던 histone tail (점선)의 길이를 보여준다(그림 7-20 참조). H2A의 N-terminal tail은 아래쪽에, H2A C-terminal tail은 위쪽에 위치한다. H2B의 N-terminal tail은 오른쪽과 왼쪽에서 아래쪽을 향하고 있으며, H2B의 C-terminal tail은 아래의 중앙에 있다. H3 N-terminal tail은 histone octamer core를 감고 있는 DNA의 entry와 exit 사이로 뻗어 있다. H4 N-terminal tail은 대략 디스크 모양의 nucleosome 위쪽과 아래쪽으로 뻗어 나와 있다. Histone H3와 H4는 modification이 일어나지 않는 짧은 C-terminal tail을 가지고 있다. (b) 인간 histone에서 관찰되는 post-translational modification 요약. Histone-tail의 아미노산 서열은 one-letter code로 표현되어 있고, N-terminus부터 1번으로 번호를 매겼다(그림 2-14 참조). 각 histone의 주요 부분은 타원형으로 표시되었다. 이 모든 변형이 하나의 histone에서 동시에 일어나는 것은 아니다. 오히려 몇 가지 modification이 특정 조합으로 하나의 histone에서 관찰된다. K. Luger and T. J. Richmond, 1998, *Curr. Opin. Genet. Devel.* **8**:140 참조. [Part (a) Data from K. Luger et al., 1997, *Nature* **389**:251, PDB ID 1aoi. Part (b) Data from R. Margueron et al., 2005, *Curr. Opin. Genet. Devel.* **15**:163.]

ε-amino group의 positive charge는 neutralize (중화)된다. Histone acetylation이 일어나면 nuclease digestion에 대한 염색질 DNA의 민감도가 증가하는 것으로 보아 histone acetylation에 의해 염색질이 open form을 이루는 것을 알 수 있다. 이러한 상관관계는 분리한 핵을 DNase I으로 digestion하는 실험을 통해 입증할 수 있다. DNA를 염색질 단백질로부터 분리하여 제한효소(restriction enzyme)로 자른 후 Southern blotting으로 분석한다. 손상되지 않은 유전자에 제한효소를 처리하면 특이적인 pattern의 fragment를 나타낸다. 만약 이 유전자를 먼저 DNase I에 노출시키면 Southern blot에서 두 가지 가능한 결과를 볼 수 있다. 첫째는, 그 유전자가 DNase I에 의해 제한효소 cut site 주변에서 임의로 절단될 것이므로, 결과적으로 정상적인 Southern blot band가 사라지게 될 것이다. 둘째는, 그 유전자가 염색질 구조 안에 숨겨져 있어서 DNase I이 자르지 못한다면 Southern blot에서 특이적인 banding pattern을 나타낸다. 이 방법은 먼저 chicken β-globin 유전자가 전사되지 않은 세포와 유전자가 활발히 전사된 세포에서 chicken β-globin 유전자 영역의 염색질 구조를 비교하기 위해 사용되었다(그림 7-27). β-globin 유전자는 non-erythroid cell (MSB cell)에서는 전사가 활발하지 않고, erythroid progenitor cell (erythroblast)에서는 활발히 전사가 일어난다. Non-erythroid cell에서는 β-globin 유전자 주변의 histone에는 상대적으로 낮은 수준의 acetylation이 일어나고, β-globin 유전자를 포함하고 있는 염색질은 DNase I에 대해 저항성을 보인다. 반면에 erythroid progenitor cell에서는 β-globin 유전자 주변의 histone은 acetylation이 일어나고, β-globin 유전자를 포함하고 있는 염색질은 DNase I에 대해 민감성을 보인다(그림 7-27). 이런 결과들은 *hypoacetylated* 염색질 구조에 있는 non-transcribed DNA의 염색질 구조는 *hyperacetylated* 염색질 구조에 있는 transcribed DNA의 염색질 구조보다 DNase I digestion으로부터 보호받고 있다는 것을 보여준다. 제안된 모델은 non-erythroid cell에서 β-globin 유전자를 포함하고 있는 염색질은 nucleosome들이 촘촘하게 배열된 condensed structure를 이루어서 그림 7-23a에 나타낸 nuclear envelope 근처의 heterochromatin에서와 같이 DNA에 nuclease가 접근하지 못하도록 구조적으로 억제한다는 것이다. 이와 반대로, 전사가 활발한 유전자에 결합하고 있는 염색질은 unfolded form을 이루어서 그림 7-23a에 나타낸 euchromatin에서와 같이 DNA에 nuclease가 쉽게 접근할 수 있다. 보다 일반적으로, non-erythroid cell에서 β-globin 유전자를 포함하고 있는 염색질 구조는 β-globin promoter와 다른 transcription control sequence에서 transcription을 유도하는 단백질의 접근을 구조적으로 억제하는 것으로 추정된다. 따라서 histone acetylation과 deacetylation은 transcription을 조절하는 하나의 수단으로 보인다(8장 참조).

효모에서의 유전학적 연구를 통해 많은 유전자의 transcription을 활성화시키는 데 histone의 특정 lysine을 acetylation시키는 *histone acetyl transferase* (*HAT*)가 필요하다는 것이 밝혀졌다. 이들 효소는 histone 외에도 유전자 발현에 영향을 미치는 다른 기질(substrate)이 있다는 것이 알려졌다. 그래서 일반적으로 이들을 *nuclear lysine acetyl transferase* 또는 *KAT*로 부른다. 왜냐하면, K는 lysine을 single letter

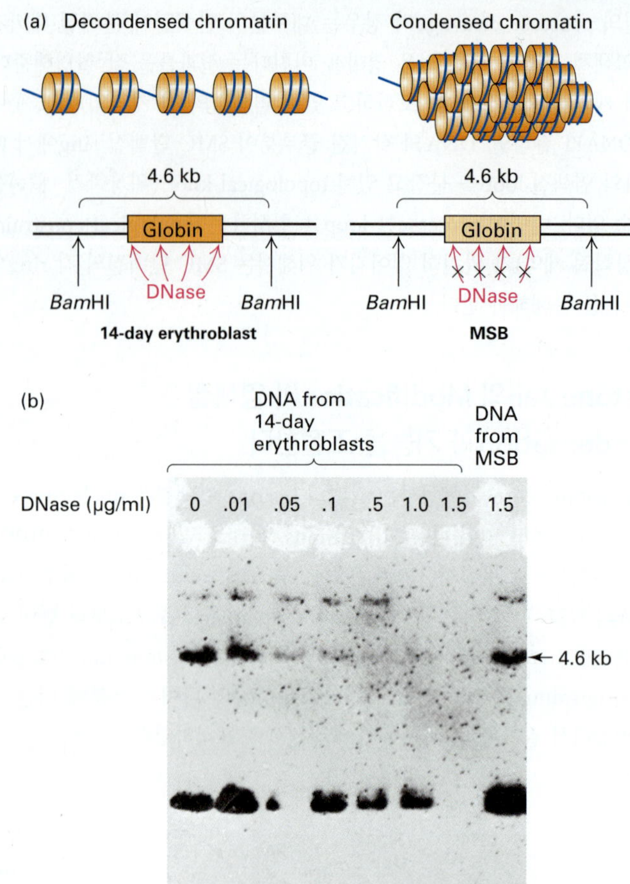

실험 그림 7-27 Transcription되지 않는 유전자가 활성화된 유전자보다 DNase I의 분해에 영향을 덜 받는다. 14일된 닭 embryo의 erythroblast는 globin을 활발히 합성하는 반면, 미분화된 lymphoblastic leukemia (MSB) cell은 그렇지 않다. (a) 각 유형의 세포에서 핵을 분리하고 DNase I의 농도를 점차 증가시키면서 처리하였다. 다음에 nuclear DNA를 추출해서 제한효소 *Bam*HI을 처리하면 globin sequence 주변을 잘라서 정상적으로 4.6-kb globin 조각이 나타난다. (b) DNase I과 *Bam*HI으로 잘려진 DNA를 Southern blot 분석에 사용하였다. Probe는 cloning된 adult globin DNA를 labeling하여 사용하였다. 이 probe는 4.6-kb의 *Bam*HI fragment와 hybridize된다. 만일 globin 유전자가 DNase I에 우선적으로 영향을 받으면, DNA가 반복적으로 잘라져 4.6-kb band는 보이지 않을 것이다. Southern blot을 보면 14-day globin-synthesizing cell에서 얻은 transcription이 활성화된 DNA는 DNase I 분해에 민감하다는 것을 높은 농도의 DNase I digestion에 의해 4.6-kb band가 사라지는 것에서 알 수 있다. 반대로 비활성화된 MSB cell의 DNA는 분해에 저항성을 나타낸다. 이 결과는 비활성화된 DNA가 염색질의 형태로 더 응축되어 있어서 globin 유전자가 DNase I digestion으로부터 보호되고 있다는 것을 알 수 있다. J. Stalder et al., 1980, *Cell* **19**:973 참조. [Part (b) Republished with permission of Elsevier, from J. Stalder et al., 1980, "Hb Switching in Chickens," *Cell* **19**(4):973–980; permission conveyed through Copyright Clearance Center, Inc.]

로 표현한 것이기 때문이다(그림 2-14 참조). 반대로 효모 유전학 연구를 통해 많은 효모 유전자의 완전한 repression에는 *histone deacetylase* (*HDAC*)가 필요하다는 것이 알려졌다. 8장에서 더 기술하겠지만, 이 효소는 histone tail의 acetylated lysine으로부터 acetyl group을 제거한다.

Histone-Tail의 다른 Post-Translational Modification 염색질의 histone tail은 lysine acetylation 이외에도 특정 아미노산에 다양한 covalent modification이 일어난다(그림 7-26b 참조). Lysine ε-amino group은 methylation될 수 있는데, 이는 acetylation을 방해하여 lysine이 positive charge를 유지하게 한다. 게다가, lysine ε-amino group의 nitrogen은 한 번, 두 번, 또는 세 번 methylation될 수 있다. Arginine의 side chain도 methylation될 수 있다. Serine과 threonine side chain hydroxyl group의 oxygen은 가역적으로 인산화될 수 있어 2가의 negative charge를 띌 수 있다. 이런 post-translational modification은 chromatin-associated 단백질의 binding에 영향을 미치게 되어 염색질 condensation을 조절하며, 또한 DNA polymerase와 RNA polymerase의 replication 및 transcription 기능을 조절하게 된다. 마지막으로, 76-amino acid로 구성된 단일 ubiquitin 분자는 H2A와 H2B의 C-terminal tail의 lysine에 가역적으로 결합할 수 있다. 다수의 ubiquitin 분자들이 단백질에 부착되는 것은 proteasome에 의한 degradation의 표시가 된다는 것을 기억하자(그림 3-32 참조). 그러나 이 경우에 단일 ubiquitin 분자가 첨가되는 것은 염색질 compaction에는 영향을 미치지만, histone stability에는 영향을 주지 않는다.

Heterochromatin은 mitosis 이후에도 완전히 condensation이 풀리지 않고, interphase 동안에도 compacted state를 유지하며, nuclear envelope (핵막), nucleoli (인)와 별도의 foci 등에 결합하고 있다(그림 7-28a). Heterochromatin은 염색체의 centromere, telomere 및 transcription 불활성화 지역 등에서 발견된다. Heterochromatin은 보통 lysine 9번에 methylation된 histone H3을 포함하고 있다. 반면에, euchromatin은 일반적으로 9번, 18번, 27번 lysine에 acetylation이 많이 되어 있고, 특히 promoter와 enhancer 지역에서는 10번 serine에 인산화되어 있는 H3을 포함하고 있다(그림 7-26b와 7-28b). H3 lysine 4의 methylation은 대부분의 metazoan 유전자의 transcription start site에서 관찰된다.

Histone Code의 해독 Histone code는 modified histone tail에 결합하는 단백질에 의해 읽혀서(read) 염색질이 condensation되거나 decondensation되도록 한다. 예를 들면, 진핵세포는 *chromodomain*이라 불리는 domain을 가지고 있는 수많은 단백질을 발현하는데, chromodomain의 특정 lysine에 methylation이 일어나면 histone tail에 결합할 수 있다. 이러한 단백질의 한 예가 *heterochromatin protein 1 (HP1)*이다. HP1 chromodomain은 histone H3 N-terminal tail의 9번 lysine에 2개 또는 3개의 methyl group이 붙어 있을 때만 H3의 N-terminal tail과 결합한다(그림 7-28b). HP1은 또한 두 번째 domain으로 *chromoshadow domain*을 가지고 있는데, 이는 chromodomain을 가지고 있는 단백질에서 빈번하게 발견된다. Chromoshadow domain은 다른 단백질의 chromoshadow domain과 결합한다. 결과적으로, 9번 lysine에 di- 또는 tri-methylation된 H3 ($H3K9Me_{2/3}$)를 포함하고 있는 염색질은 HP1에 의해 condensed chromatin 구조를 이루게 되지만 (그림 7-28c, 아래쪽 참조), 이 구조는 자세히 알려지지 않았다.

그들끼리 결합하는 것 외에, HP1의 chromoshadow domain은 H3의 9번 lysine을 methylation시키는 효소인 H3K9 *histone methyl transferase* (*HMT*)와도 결합한다(그림 7-28d 참조). 그 결과, HP1을 포함하고 있는 heterochromatin 지역에 인접해 있는 nucleosome의 9번 lysine에도 methylation된다(그림 7-28d 참조). 이러한 methylation은 다른 HP1이 결합할 수 있는 site를 제공하고, HP1은 다시 H3K9 histone methyl transferase에 결합함으로써 heterochromatin 구조가 염색체를 따라서 퍼지게(spreading) 한다. 이 spreading은 더 퍼지는 것을 막는 *boundary element* (경계인자)를 만날 때까지 계속된다. Boundary element는 일반적으로 여러 nonhistone 단백질이 DNA에 결합되어 있는 염색질 지역으로서, 아마도 boundary 반대쪽 histone의 methylation은 저해될 것이다.

Epigenetic memory (후생적 기억) 그림 7-28d에 있는 heterochromatin 형성 model은 세포 주기 S phase 동안 DNA가 replication된 이후 염색체의 heterochromatic region이 어떻게 재설정되는지 설명해준다. Heterochromatin의 DNA가 replication될 때, 9번 lysine에 di- 또는 tri-methylation된 H3을 포함한 histone octamer가 두 daughter 염색체에 분포하는데, 이때 동일한 수의 새로 조립된 histone octamer도 함께 분포한다. H3K9 di- 또는 tri-methylated nucleosome에 결합되어 있는 H3K9 HMT가 새로 조립된 nucleosome의 9번 lysine을 methylation시켜 2개의 daughter 염색체에도 heterochromatin이 생성된다. 결과적으로, heterochromatin은 *epigenetic code*에 의해 표지되는데, 이렇게 해서 replication이 끝난 딸세포에서도 관련 유전자의 repression 상태가 유지된다. 이러한 현상이 "epi-" genetic이라 불리는 이유는 DNA sequence에 의존하지 않고 parental 염색질의 histone tail에 어떠한 post-translational modification이 일어나느냐에 따라 달라지기 때문이다.

Euchromatin에 전형적인 histone-tail modification과 관련이 있는 다른 단백질 domain들도 있다. TFIID의 large subunit과 같이 transcription을 활성화하는 다수의 단백질들이 약 62개의 아미노산으로 이루어진 *bromodomain*이라 불리는 단백질 domain을 포함하고 있다(8장 참조). Bromodomain은 acetylated histone tail과 결합하기 때문에 전사가 활발한 염색질에 결합한다. TFIID와 다른 bromodomain-containing 단백질은 또한 acetylase 활성을 가지고 있어서 transcription을 촉진하는 hyperacetylated 상태로 chromatin을 유지하는 데 도움을 준다.

따라서 우리는 histone post-translational modification에 의한 epigenetic code가 세포 분열 이후에도 euchromatin에서는 transcriptional 활성이 유지되도록 하고, heterochromatin에서는 유전자의 repression 상태가 유지되도록 한다는 것을 살펴보았다. Euchromatin과 heterochromatin에서 이러한 epigenetic code는 분화된 세포가 세포 분열을 통해 그 수가 증가하는 초기 embryonic development 동안 서로 다른 세포 유형에 특화된 발현 pattern을 유지할 수 있도록 돕는다. 비정상적으로 변형이 일어난 epigenetic code는 암세포의 pathogenic replication과 behavior에도 연관되어 있다는 것이 알려졌다(25장 참조).

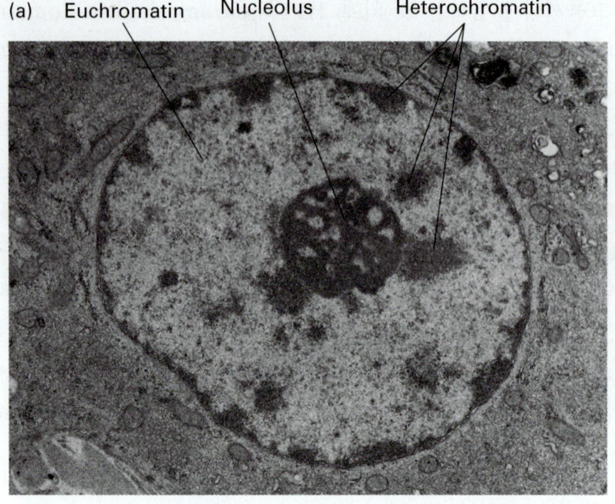

(b)

Heterochromatin (inactive/condensed)

H3 ARTKQTARK(9, Me_3)STGGKAPRKQLATKAARKSAPAT

H3 ARTKQTARKSTGGKAPRKQLATKAARK(27, Me_3)SAPAT

Euchromatin (active/open)

H3 ARTK(4, Me_3)QTARK(9, Ac)S(10, P)TGGK(14, Ac)APRK(18, Ac)QLATKAARK(27, Ac)SAPAT

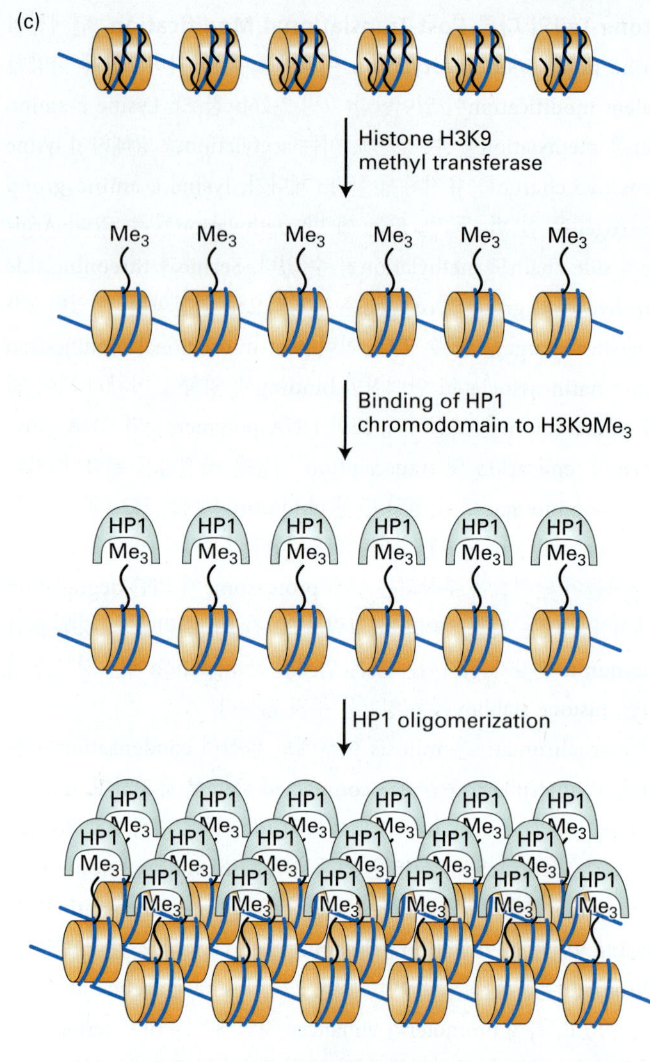

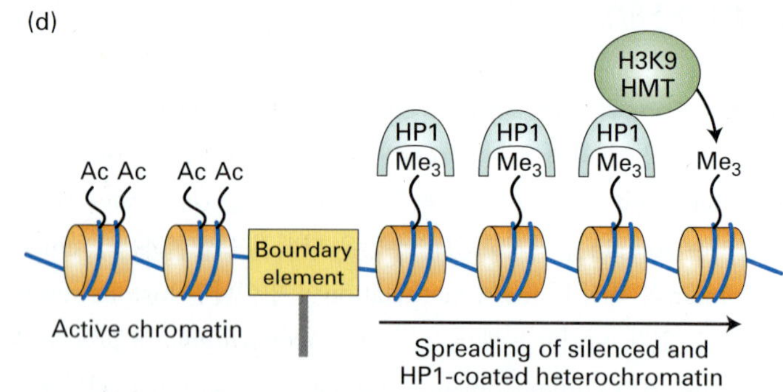

그림 7-28 Heterochromatin과 Euchromatin에서 histone tail post-translational modification. (a) bone marrow stem cell의 electron micrograph에서 nucleolus 바깥쪽의 핵에서 어둡게 염색된 곳은 heterochromatin이다. 밝게 염색되어 하얗게 된 곳은 euchromatin이다. (b) Heterochromatin과 euchromatin의 histone N-terminal tail의 modification은 여기의 histone H3에서 보여 주듯이 서로 다르다. 특히, acetylation이 heterochromatin보다 euchromatin에서 훨씬 많이 되어 있는 것을 주목하자. Heterochromatin은 euchromatin보다 훨씬 더 condense되어 있고(그래서 단백질의 접근이 어렵다), transcription이 훨씬 덜 활성화되어 있다. (c) HP1은 histone H3 N-terminal에 있는 trimethylated lysine 9에 결합하여 heterochromatin condensation을 유도한다. 이후에 HP1은 또 다른 histone-bound HP1 molecule과도 결합한다. (d) HP1은 histone H3 lysine 9를 methylation시키는 histone methyl-transferase (HMT)와 결합하기 때문에 heterochromatin condensation은 염색체를 따라서 확산된다. Histone H3 lysine 9 methylation은 인접한 nucleosome에 HP1이 결합할 수 있는 site를 제공한다. Condensation의 확산은 boundary element를 만날 때까지 계속된다. G. Thiel et al., 2004, *Eur. J. Biochem*. **271**:2855, and A. J. Bannister et al., 2001, *Nature* **410**:120 참조. [Part (a) Don W Fawcett/Science Source. Part (b) Data from T. Jenuwein and C. D. Allis, 2001, *Science* **293**:1074.]

요약하자면, histone tail에 일어나는 다양한 종류의 covalent modification은 nucleosome–nucleosome 상호작용의 변화 및 transcription, DNA replication과 같은 과정에 참여하거나 그 과정을 조절하는 단백질과의 상호작용을 변화시킴으로써 염색질 구조에 영향을 미친다. Transcription을 조절하는 염색질 modification에 관한 메커니즘과 molecular process는 다음 장에서 더욱 자세히 다룰 것이다.

Interphase Chromosome의 Territory (영역) Interphase 염색체는 metaphase 염색체보다 덜 응축되어 있다(그림 7-23e, f 참조). 그럼에도 불구하고, interphase 염색질은 핵 전체에 걸쳐서 퍼져 있는 것은 아니다. 형광물질로 표지되어 있는 염색체 specific probe (*chromosome paint probe*라고 부른다)를 이용하여 interphase 핵을 in situ hybridization해보면, 각 interphase 염색체의 DNA는 핵 안의 특정 지역에 위

치한다(그림 7-29a). 이와 같이, 염색체가 차지하고 있는 지역을 *chromosome territory*라고 한다. Interphase 핵에서 각 염색체가 차지하는 지역이 거의 겹치지 않는 것을 그림 7-29b에서 볼 수 있다. Large chromosome은 핵의 주변부에 위치하고, small chromosome은 핵의 중앙에 위치하는 경향은 있지만, 서로 다른 세포에서 각 염색체가 차지하는 위치가 정확히 같은 것은 아니다. 염색체 13, 14, 15, 21 그리고 22번에는 rRNA transcription unit이 반복하여 배열되어 있으므로 이를 *nucleolar organizer*라고 하며, 핵의 중앙에 존재하는 nucleoli와 결합되어 있다.

Mammalian Female에서 X-Chromosome inactivation 포유동물에서 heterochromatin의 유전자 repression을 통한 epigenetic 유전자 조절의 중요한 예가 바로 female (여성)에서 2개의 X 염색체 중 1개가 임의로 불활성화되고 condensation되는 것이다. 각 female mammal은 2개의 X 염색체를 가지고 있는데, 하나는 egg에서 유래한 것이고(X_m) 다른 하나는 sperm에서 유래한 것(X_p)이다. 초기 embryonic development 동안, 각 체세포에서 X_m이나 X_p 염색체 중 하나가 임의로 불활성화된다. 그 시기 이후의 embryonic development 과정과 adult cell에서 세포 분열에 의해 생성된 모든 딸세포는 부모 세포와 동일한 X 염색체의 불활성화를 유지한다. 따라서 성인 female은 clone의 mosaic (모자이크)로 일부는 X_m의 유전자를 발현하고 나머지는 X_p의 유전자를 발현한다. Female에서 1개의 X 염색체가 불활성화되는 것은 *dosage compensation* 결과를 초래한다. 이는 X 염색체가 encoding하는 단백질 level이 1개의 X 염색체를 가지는 male과 2개의 X 염색체를 가지는 female에서 동일한 발현을 할 수 있도록 하게 하는 과정이다.

Inactive X 염색체에 결합되어 있는 histone은 heterochromatin 지역에 특징적인 post-translational modification과 같은 변형을 가지고 있다. 즉, lysine의 hypoacetylation, histon H3의 9번 lysine에 di- 또는 tri-methylation, H3의 27번 lysine에 di- 또는 tri-methylation, 그리고 histone H3의 4번 lysine의 methylation 결여 등이 포함된다(그림 7-28b 참조). Embryonic development의 초기 단계에서 X-chromosome inactivation은 X-inactivation center에 의해 조절된다. X-inactivation center는 세포에서 2개의 X 염색체 중 어떤 것이 불활성화될지 결정하며, 2개의 transcription unit으로 구성된 complex locus (좌위)이다. X-inactivation center는 또한 *XIST* 유전자를 포함하고 있는데, 이는 X 염색체에서 transcription된 form만 coating하여 그 염색체의 silencing을 유지하는 놀라운 기능을 가진 *long nonprotein-coding RNA*를 encode하는 유전자이다.

비록 X-inactivation mechanism이 완전히 밝혀지지 않았지만, 여기에는 *Polycomb* 단백질 complex의 action을 포함하는 여러 과정이 관여하고 있다. Polycomb 단백질 complex의 활성은 8장에서 더 논의될 것이다. Polycomb complex의 한 subunit은 histone H3 tail의 27번 lysine이 tri-methylate되어 있을 때 이와 결합하는 chromodomain을 포함하고 있다. 또한, 이 complex는 H3 lysine 27번에 특이적으로 methylation을 시키는 histone methyl transferase 활성을 가지고 있다. 이러한 발견은 lysine 9번이 methylation되어 있는 histone H3 tail에 HP1이 결합함으로써 발생되는 heterochromatization과 유사하게, X-inactivation 과정이 어떻게 X 염색체의 광범위한 지역으로 퍼질 수

(a)

7
8
7
8
5 μm

(b)

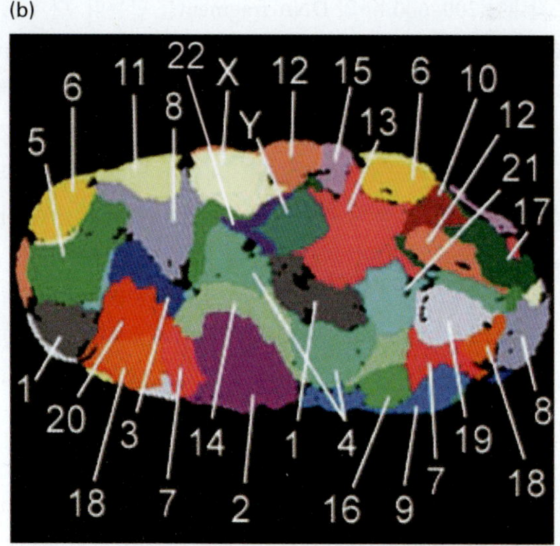

그림 7-29 Interphase 동안 인간 염색체는 핵 안에서 서로 겹치지 않는 territory에 머무른다. (a) Interphase 시기의 인간 fibroblast를 고정시킨 후, 인간 염색체 7번(청록색)과 8번(보라색)에 특이적인 fluorescently labeled probe로 *in situ* hybridization을 시행하였다. DNA는 DAPI를 이용해 파란색으로 염색하였다. 이배체 세포에서 2개의 7번 염색체와 2개의 8번 염색체 각각은 핵 전체에 퍼져 있는 것이 아니라 핵 안에서 territory 또는 domain에 제한적으로 존재한다. (b) 거의 모든 염색체의 위치를 나타내기 위해서 (a)에서 설명한 방법으로 인간 male에서 얻은 interphase fibroblast를 고정한 뒤 각 염색체에 특이적인 염색체 paint probe를 hybridization하여 얻은 이미지를 나타내었다. 이러한 confocal slice에서는 핵의 특정 절단면을 보여주기 때문에 몇 개의 염색체는 관찰되지 않는다. [Part (a) Courtesy of Dr. Irina Solovei. Part (b) From A. Bolzer et al., 2005, "Three-Dimensional Maps of All Chromosomes in Human Male Fibroblast Nuclei and Prometaphase Rosettes," *PLoS Biol.* **3**:826.]

있으며, DNA replication을 거쳐도 X-inactivation이 어떻게 유지되는지 설명하는 데 도움이 된다(그림 7-28c, d 참조).

X-chromosome inactivation은 epigenetic process의 한 예이다. 즉, 이 과정은 특정 유전자의 발현에 영향을 미치고, 딸세포에도 유전되지만, DNA 서열 변화의 결과는 아니라는 것이다. 대신, female mammal의 X 염색체에 있는 유전자의 활성은 X-chromosome DNA의 nucleotide sequence가 아니라 염색질 구조에 의해 조절된다. 그리고 불활성화된 X 염색체는(X_m이든 X_p든 간에) 차후 세포 분열에서 생성되는 모든 딸세포에서 그대로 유지된다. 왜냐하면, histone은 각 세포분열을 거치더라도 특정한 repression 상태가 확실히 유전되는 방식으로 modification이 일어나기 때문이다.

염색체 Territory 안에 있는 Topological Domain 이제는 *chromosome conformation capture* method라고 불리는 여러 관련 방법들을 사용하여 interphase 세포의 핵 안에서 염색질의 3차원적 공간 구성에 대한 정보를 얻는 것이 가능하다. 이러한 방법은 massively parallel DNA sequencing과 수천만 개의 50–100-bp DNA fragment의 sequence 분석 능력을 활용한다(6장 참조). 염색체 conformation capture method의 일반적인 전략은 그림 7-30에 설명되어 있는데, 여기서 염색질의 먼 영역 사이의 단백질 의존적 연관성은 (a)에 나타내었으며, 다른 영역과 특별히 연관되지 않은 염색질 영역은 (b)에 나타내었다. 단계 **1**: Intact cell에 membrane을 통해 확산이 가능한 formaldehyde와 같은 cross-linker를 처리하면 단백질과 단백질 또는 단백질과 DNA 사이에 cross-linking이 일어난다. 단계 **2**: Cross-linking된 염색질을 분리하여 제한효소로 자르거나 sonication을 통해 DNA를 물리적으로 조각내어 200–600 bp의 DNA fragment를 만든다. 단계 **3**: DNA fragment의 끝에 short oligonucleotide linker를 붙인다. 이 linker에는 C-5 position에 biotin이 달려 있는 cytosine이 들어있다(그림 2-17 참조). 단계 **4**: DNA fragment에 결합하지 않은 linker를 제거한 후, 시료를 상당히 희석하고 DNA ligase를 처리한다. 시료는 희석되어 있기 때문에 cross-link에 의해 가까이 있는 fragment의 말단들 사이에서 우선적으로 ligation이 일어난다. 단계 **5**: Ligation 이후, 단백질-DNA cross-linking의 역반응을 진행하고, 단백질은 protease를 이용하여 분해시키며, DNA는 분리하여 sonication을 통해 더 작은 크기로 조각낸다. 단계 **3**에서 넣어 주었던 linker에 있는 biotin과 결합할 수 있는 streptavidin을 이용하여 ligated fragment를 다른 조각으로부터 분리해낸다.

분리해낸 ligated fragment를 sequencing한다(단계 **6**). Ligation이 일어난 위치는 oligonucleotide linker가 중복된 염기 서열로 알 수 있다(단계 **4**). 유전체 상에서 ligation point의 양쪽 측면 sequence의 위치를 찾는다. 단일 fragment의 양쪽 끝이 서로 연결된 경우는(그림 7-30b), oligonucleotide linker sequence 양쪽 sequence는 유전체 상에서 수백 base 떨어진 곳으로 위치가 파악될 것이다. 왜냐하면, ligated fragment의 길이가 단지 수백 base 정도이기 때문이다. 그러나 유전체 상에서 멀리 떨어진 sequence가 이들 sequence와 결합하고 있는 단백질과 corss-link되어서(그림 7-30a) ligation된 fragment의 경우에는 sequence의 위치가 유전체 상에서 멀리 떨어져 있다. 10 kb 이상 멀리 떨어진 sequence가 ligation되는 경우가 반복적으로 관찰되는 것은 염색질에서 이들 각 region이 *in vivo*에서 서로 결합하고 있다는 것을 의미한다.

염색질 conformation capture assay에서 얻은 data를 2차원의 heat map에 표시할 수 있다(그림 7-30c). 이 그림에서 유전체 상에서 동일한 부분의 sequence가 각각 10 kb에 해당하는 pixel로 *x*축과 *y*축에 표시된다. *x* 좌표의 sequence가 *y* 좌표의 sequence와 결합하는 지점의 *x*, *y* 좌표의 pixel은 빨간색으로 표시하였다. 여기에서 빨간색의 강도는 10-kb 간격의 *x*와 10-kb 간격의 *y*의 sequence가 서로 연결되어 ligation된 숫자에 비례한다.

그림 7-30c에는 mouse embryonic stem cell의 6번 염색체의 5.5-Mb region에 대한 plot을 나타내었다. 유전체는 *topological domain* (위상 영역)이라고 불리는 지역으로 나뉘는데, 특정 topological domain에 속한 chromosomal region은 다른 topological domain에 속한 sequence보다 동일한 domain에 속한 sequence와 ligation이 일어날 가능성이 훨씬 더 높다. 이러한 topological domain은 200 kb에서 1.5 Mb의 길이를 가지며, 중간값은 880 kb이다. 예를 들면, 6번 염색체의 50.9 Mb에서 51.3 Mb 사이(그림 7-30c, topological domain A)의 sequence는 51.3 Mb에서 52.2 Mb 사이(topological domain B)의 sequence 또는 다른 topological domain의 sequence보다 자신의 domain에 있는 sequence와 연결될 가능성이 훨씬 높다. *In situ* hybridization 결과에 의하면, fixed cell 핵에서 하나의 topological domain 안에 있는 sequence는 인접 topological domain에서 동일한 거리에 떨어져 있는 sequence보다 서로 훨씬 더 가깝게 놓여 있다. 이러한 결과는 그림 7-30c에 삽입한 그림에 나타내었듯이, 염색질 fiber가 topological domain 내부로 접혀진 결과로 해석된다. Topological domain은 *boundary element*라고 불리는 짧은 지역의 염색질으로 구분되며, 이 지역은 먼 영역의 염색질과 상호작용하지 않는다. 이와 같은 boundary element는 앞에서 lysine 9에 tri-methylated 염색질을 따라서 histone H3 lysine 9 tri-methylation과 HP1-binding의 확산을 차단하는 과정을 설명할 때 언급하였다(그림 7-28d 참조). Topological domain은 평균 크기의 유전자 여러 개를 포함할 수 있을 정도로 충분히 길다. 현재에는 topological domain 사이의 boundary element를 결정하는 데 어떤 단백질-DNA 상호작용이 필요한지에 대한 연구가 이루어지고 있다. 8장에서 보게 되겠지만, 염색체 conformation capture technique을 통해 enhancer에 결합하는 단백질이 수 kilobase 떨어진 promoter에 결합하는 단백질과 결합하는 확실한 증거를 얻을 수 있었다.

Metaphase 염색체 구조 Prophase 동안 염색체가 condensation (그림 18-38 참조)되는 데 더 많은 염색질 loop 형성이 필요하기 때문에 (그림 7-25c에 나타낸 heterochromatin에서처럼) interphase에서보다 각 loop의 길이가 훨씬 더 줄어든다. 그 결과, 염색체는 interphase 염색체보다 훨씬 큰 폭으로 응축되고, 길이도 몇 배 감소하여 metaphase

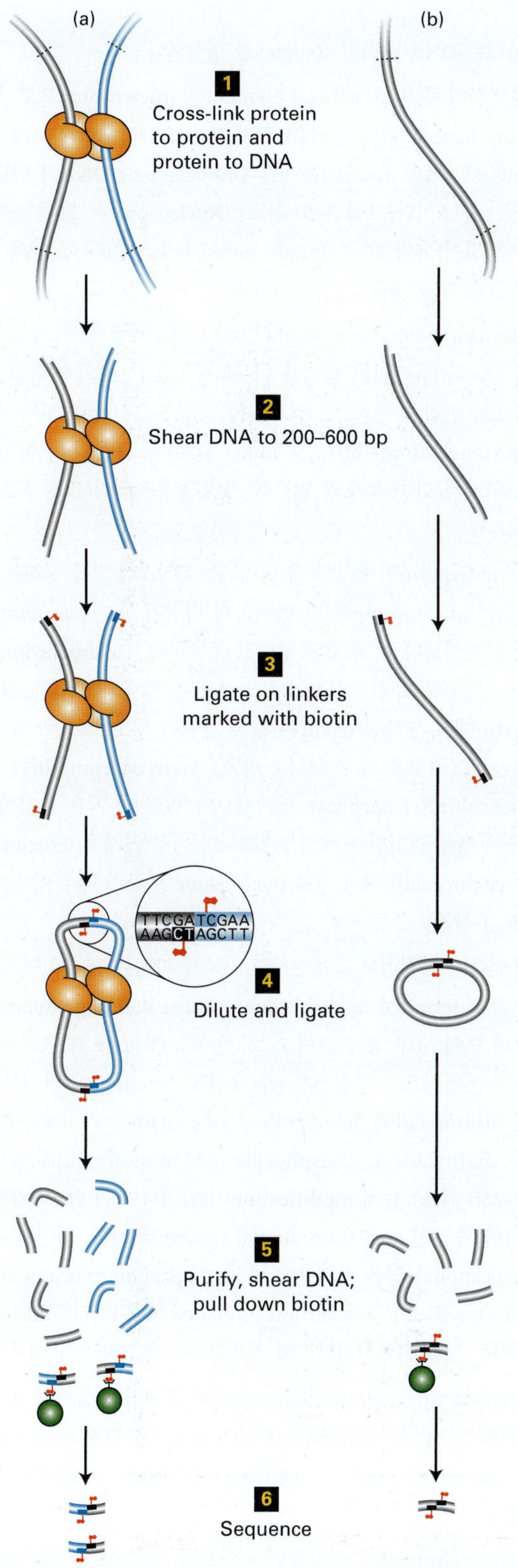

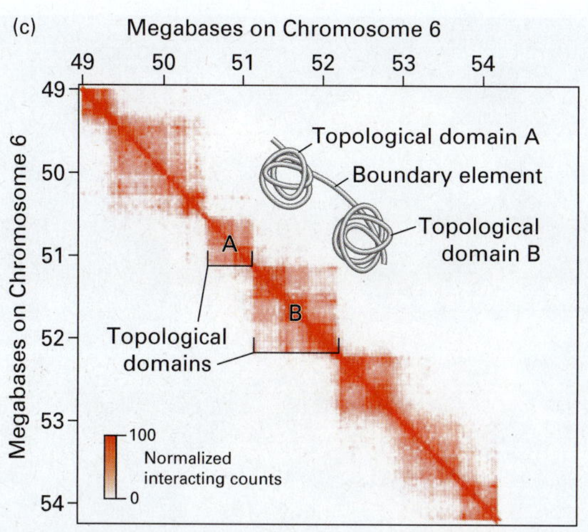

그림 7-30 염색체 conformation capture. (a, b) 염색질 conformation capture method의 전략. 자세한 설명은 본문을 참고하시오. 회색과 파란색 tube는 genome sequence에서 10 kb 이상 분리된 DNA 영역을 나타낸다. Biotin은 빨간색 flag으로 나타내었다. Data from E. Lieberman-Aiden, 2009, *Science* **326**:289. (c) 생쥐 embryonic stem cell의 6번 염색체를 대상으로 얻은 염색체 capture data를 heat map으로 나타내었다. 6번 염색체의 왼쪽 끝에서 49-54 Mb 지역을 양축에 나타내었다. 진한 빨간색으로 표시한 값 100은 x축에 있는 10-kb 영역 내에 있는 아무 sequence가 y축에 있는 10-kb 영역 내에 있는 아무 sequence와의 ligation이 100번 발견되었다는 의미이다. Sonication에 의해 생성된 두 끝이 서로 ligation될 확률은 멀리 떨어져 있는 끝보다 서로 가까이 있는 끝일수록 높기 때문에, 특정 pixel에서 붉은 색상의 강도는 cross-linking이 일어나는 시기에 핵 안에서 2개의 10-kb interval이 서로 얼마나 가까이 있었는지를 나타낸다. 삽입한 그림은 이러한 결과와 잘 부합하는 염색질 folding 모델을 나타낸다. [Part (c) Data from J. R. Dixon, 2012, *Nature* **485**:376.]

동안 관찰된 막대 모양의 condensed chromosome을 생성한다(그림 7-31).

Frog egg extract를 이용한 실험에서 SMC subunit으로 구성된 *condensin*이라 불리는 단백질 complex (그림 7-25와 19장 참조)가 ATP hydrolysis를 통해 얻은 에너지를 이용하여 염색체 condensation에 기여한다는 것을 알게 되었다. 궁극적으로, S phase의 DNA replication에 의해(그림 1-22 참조) 생성된 2개의 daughter 염색체는 막대 모양의 구조로 condensation되어 대부분의 진핵세포에서 *centromere*라고 불리는 염색체 중앙의 협착된 부분(central constriction)을 통해 연결되어 있다(그림 7-31).

부가적인 Nonhistone 단백질은 Transcription과 Replication을 조절한다

염색질 안에서 DNA와 결합하고 있는 histone의 전체 무게는 DNA의 무게와 비슷하다. Interphase 염색질과 metaphase 염색체는 histone 이외에도 많은 다른 단백질들을 포함하고 있다. 예를 들면, 수천 개의 **transcription factor**가 interphase 염색질과 결합되어 있다. Transcription을 돕는 이러한 nonhistone 단백질의 구조와 기능은 8장에서 설명할 것이다. 염색질에 결합된 적은 양의 nonhistone 단백질은 진핵세포 주기 동안 DNA replication을 조절한다(19장 참조).

DNA에 결합하는 일부 nonhistone 단백질은 transcription factor나 replication factor보다 더 많은 양으로 존재한다. 이들 중 어떤 것은 electrophoresis (전기영동)로 분리하는 동안 high mobility를 보이므

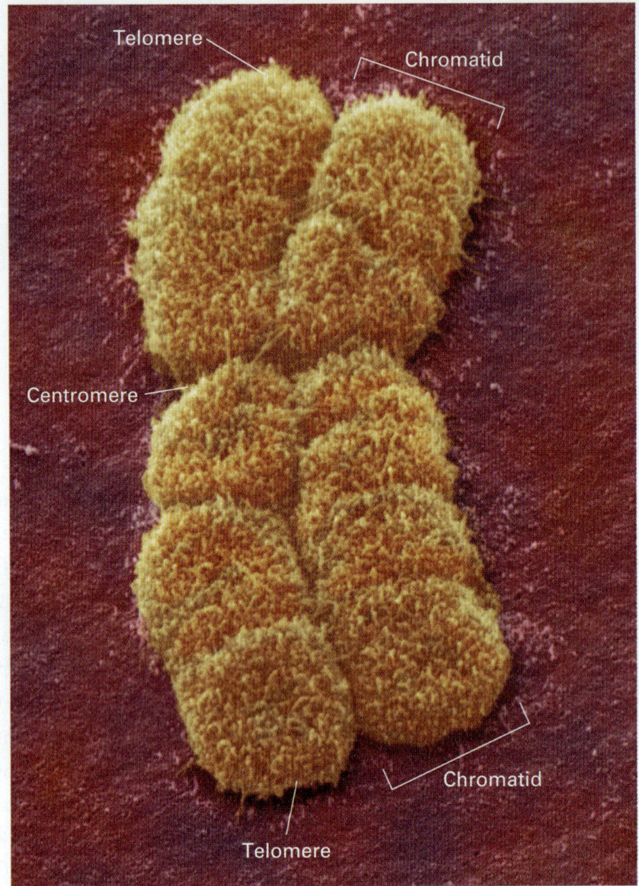

그림 7-31 **전형적인 metaphase 염색체.** 여기에 나타낸 scanning electron micrograph에서 보는 것처럼, 각 염색체는 replication이 일어나서 2개의 chromatid (염색분체)를 형성한다. 이 chromatid는 동일한 2개의 DNA 분자 중 하나를 가지고 있다. 오목한 모양으로 chromatid가 결합되어 있는 centromere는 mitosis 후기에 chromatid가 분리되는 데 필요하다. 염색체 끝에 있는 특별한 telomere sequence는 염색체 shortening을 막는 기능을 한다. [Andrew Syred/Science Source.]

로, 이들을 *HMG* (*high-mobility group*) 단백질로 부른다. 가장 다량으로 존재하는 HMG 단백질을 coding하는 유전자를 효모 세포에서 제거했을 때, 분석한 유전자들의 대부분에서 정상적인 transcription이 일어나지 못한다. 8장에서 기술하였듯이, 어떤 HMG 단백질은 서로 가까이 위치하는 특이적인 DNA 염기 서열에 결합하는 transcription factor들의 cooperative DNA binding을 돕고, 인접한 유전자의 transcription을 조절하는 단백질 complex를 안정화시킨다.

7.4절의 주요 개념

진핵세포 염색체와 염색질의 구조적 체계

- 진핵세포 염색체는 매우 긴 하나의 DNA 분자를 가지고 있고, DNA는 거의 동일한 양의 histone 단백질, 양이 상대적으로 적은 수천 개의 염색질-associated 단백질과 결합하여 *chromatin* (염색질)이라 불리는 DNA-단백질 complex를 형성한다.
- 염색질의 주요 structural element는 nucleosome으로, 이는 4개의 core histone (H2A, H2B, H3, H4)이 각각 2개씩 모여서 만드는 globular 단백질 domain을 147-149 base pair DNA가 단단하게 감고 있는 구조이다(그림 7-20 참조). Nucleosome은 그들 사이에 있는 다양한 길이의(약 50–150 base pairs) *linker DNA*에 의해 연결되어 있다(그림 7-22 참조)
- Electron opaque compound OsO_4로 DNA를 염색하는, 최근에 개발된 *ChromEMT*라는 방법을 이용하여 fixed cell의 염색질을 전자현미경으로 관찰할 수 있다. 염색질은 직경 5~24 nm의 무질서한 과립 형태의 nucleosome chain과 linker DNA로 구성되며, 핵의 서로 다른 영역에서 다른 농도와 밀도를 가지게 응축된다(그림 7-23과 7-24 참조).
- Transcription이 활발하게 일어나는 DNA 영역을 칭하는 euchromatin은 nucleosome이 더 빽빽하게 밀집된 *heterochromatin*이라고 불리는 영역보다 더 확장된 형태로 존재한다. Heterochromatin에 존재하는 대부분 유전자의 transcription은 억제되어 있다. Heterochromatin에서 염색질 chain은 짧은 간격을 두고 스스로 접힌다(그림 7-23e, f 그리고 그림 7-24b, c 참조). Heterochromatin을 구성하는 nucleosome은 interphase 염색체보다 훨씬 더 많은 다양한 surface를 통해 서로 결합한다(그림 7-23b–d). 이로 인해 heterochromatin에서는 euchromatin에서 보다 nucleosome 밀도가 매우 증가한다(그림 7-23e, f 참조).
- 유연하며 본질적으로 무질서한 구조를 가지는 16–39 아미노산으로 구성된 N-terminal *tail*은 histone octamer core의 globular region으로부터 뻗어 나와 있다(그림 7-26a 참조). Histone H2A와 H2B도 짧으면서 본질적으로 무질서한 region을 C-terminus에 가지고 있다. 이러한 histone tail에 있는 아미노산 side chain은 가역적으로 acetylation, methylation, phosphorylation, monoubiquitinylation (그림 7-26b 참조) 등의 modification이 일어나며, 또한 이보다 양이 적은 다른 종류의 post-translational modification도 일어난다. 이러한 modification은 양은 적지만 염색질 compaction, transcription, DNA replication을 조절하는 chromatin-associated 단백질과 histone tail이 결합하는 것을 변화시킴으로써 염색질 구조에 영향을 준다.
- Transcription, replication, repair에 관여하는 단백질 및 DNase I과 같은 효소는 hypoacetylated histone tail을 가진 heterochromatin 보다 hyperacetylated histone tail을 가진 euchromatin에 더 쉽게 접근한다.
- Heterochromatin에 결합되어 있으며 다량으로 존재하는 heterochromatin protein 1 (HP1)은 chromodomain을 이용하여 lysine 9번에 tri-methylated histone H3에 결합한다. 또한 HP1의 chromoshadow domain은 그 자체와도 결합하며, H3의 lysine 9번을 methylation시키는 histone methyl transferase와도 결합한다. 이와 같은 상호작용이 염색질 fiber를 응축시키는 원인이 되며, 그 결과로 생기는

heterochromatin 구조를 boundary element를 만날 때까지 염색체를 따라서 주변 지역에 퍼지게 한다(그림 7-28c, d 참조).

- Mammalian female의 거의 모든 세포에 있는 X 염색체 중 하나는 고도로 응축된 heterochromatin이다. 이 비활성화되어 있는 X 염색체에 있는 거의 모든 유전자의 발현은 억제된다. 이 X 염색체 불활성화는 포유동물에서 볼 수 있는 dosage compensation을 야기하여 X 염색체에서 발현하는 유전자는 male과 female에서 동일한 수준으로 발현하게 한다.
- Interphase 세포에서 핵 안의 염색체는 크게 겹치지 않는 territory에 국한되어 존재한다(그림 7-29b).
- 염색체 conformation capture 실험 결과, 염색질은 약 200 kb에서 1.5 Mb 길이의 topological domain을 이루며, 이 구조는 boundary element로 구분되어 있음을 알 수 있다(그림 7-30c 참조). Topological domain 안에 있는 염색질은 topological domain 사이에 있는 *boundary element*의 염색질보다 좀 더 빽빽하게 packing되어 있다. 그 결과, 특정 topological domain 안에 있는 염색질은 다른 topological domain에 있는 염색질 지역보다 동일 topological domain에 있는 다른 염색질 지역과 상호작용할 가능성이 훨씬 높다(그림 7-30c 참조).
- Mitosis 동안 염색체는 매우 응축되며, 길이는 짧아지고 직경은 커져서 광학현미경으로 관찰이 가능한 metaphase 염색체를 형성한다. ChromEMT를 이용한 실험 결과에서, condensed mitotic chromosome의 염색질 fiber는 euchromatin보다 짧은 간격을 두고서 스스로 접히는 것을 알 수 있다. 그리고 interphase 염색체에 비해 mitotic 염색체에 있는 nucleosome은 다양한 방향과 여러 표면을 통해 서로 결합하고 있기 때문에(그림 7-23 b–d 참조) mitotic 염색체에서 nucleosome의 밀도는 매우 높다.

7.5 진핵세포 염색체의 Morphology와 Functional Element

앞 절에서는 염색체의 구조를 알아보았다. 이 절에서는 염색체를 좀 더 전체적인 측면에서 살펴볼 것이다. 초기에 현미경으로 염색체의 수, 크기 및 염색체가 염색되는 패턴을 관찰함으로써 염색체 구조에 대하여 여러 가지 중요한 일반적인 특징을 알게 되었다. 이후 연구자들은 세포분열 시 replication과 염색체가 딸세포로 분리되는 데 중요한 역할을 하는 chromosomal region을 밝혀냈다. 이 절에서는 염색체의 이와 같은 functional element (기능적 요소)와 ancestral chromosome이 드물게 일어나는 재배열을 통해서 어떻게 진화해 왔는지 논의한다.

Metaphase 염색체의 개수, 크기 및 모양은 Species에 특이적이다

앞에서 언급하였듯이, interphase 세포에서 염색체 territory는 형광 물질로 표지한 hybridization probe를 이용하여 관찰할 수 있다(그림 7-29 참조). 염색체는 mitosis와 meiosis 시기에 condensation이 일어나기 때문에(그림 7-23e, f 참조), 이때의 염색체는 light microscope (광학현미경)를 통해 눈으로 관찰할 수 있게 된다(그림 7-31 참조). 그러므로 거의 모든 cytogenetic (세포 유전학적인) 연구(즉, 염색체 morphology 연구)는 mitosis를 겪고 있는 체세포나 meiosis 동안에 분열하는 gamete (생식세포)에서 관찰되는 condensed metaphase 염색체를 관찰함으로써 수행되어 왔다. Mitosis와 meiosis 시기의 세포는 이미 세포 주기의 S phase가 지나고 DNA replication이 완료된 상태이다(19장 참조). 따라서 metaphase 동안 관찰되는 염색체는 *duplicated* structure이다. 각각의 metaphase 염색체를 구성하고 있는 2개의 sister **chromatid**는 centromere (동원체)를 통해 결합되어 있다(그림 7-31 참조).

Metaphase 염색체의 개수, 크기 및 모양이 **karyotype**을 결정하는데, 이것은 각각의 species에 따라 차이가 있다. 하나의 species에서 유래한 체세포는 동일한 karyotype을 가지고 있지만, 매우 유사하게 보이는 두 species가 전혀 다른 karyotype을 가질 수도 있다. 밀접하게 관련된 두 species에서 뚜렷이 다른 karyotype을 가진다는 것은 유사한 유전적 잠재력이 여러 다른 방법으로 염색체에 조직화될 수 있다는 것을 의미한다. 예를 들면, 사슴의 두 species인 Indian muntjac과 Reeves muntjac의 genomic DNA의 양은 거의 같다. Indian muntjac은 포유동물 중에서 가장 적은 숫자의 염색체를 가지고 있는데, 오로지 3쌍의 autosome (상염색체)으로 구성되어 있으며 sex 염색체 하나는 따로 존재하지만, 다른 하나의 sex 염색체는 autosome 끝에 붙어 있다(그림 7-32a). 그러나 Reeves muntjac에서는 DNA가 22쌍의 homologous **autosome (상동염색체)**과 2개로 나눠진 sex 염색체로 조직화되어 있다(그림 7-32b).

Metaphase 염색체는 Banding Pattern과 염색체 Painting으로 구별할 수 있다

Metaphase 염색체의 특정 region을 선택적으로 강하게 염색하는 dye가 존재하는데, 이런 dye로 염색체를 염색하면 특별한 밴드 패턴을 나타낸다. 이런 밴드 패턴은 각각의 염색체마다 다르게 나타난다. 염색체 band pattern은 각 염색체에서 규칙적으로 특이하게 나타나므로 염색체의 길이와 함께 유용한 표식이 되고 유사한 크기와 모양을 가진 염색체를 구별하는 방법으로 이용된다.

오늘날, 염색체 painting 방법은 비슷한 크기와 모양을 지닌 염색체를 구별하는 것을 획기적으로 쉽게 만들었다. **Fluorescence in situ hybridization (FISH)**의 변형인 이 방법은 각 염색체 전체 길이에 퍼져 있는 특정 부위를 인식할 수 있는 probe를 이용한다. Probe는 excitation과 emission wavelength (방출 파장)가 구분이 되는 여러 개의 서로 다른 fluorescent dye (형광 염색약)로 표지된다. 각 염색체에 결합하는 특정 probe는 각 dye의 미리 정해진 비율로 표지된다. 이렇게 만든 probe를 염색체에 hybridization시키고, 여분의 probe를 제거한 후, sample을 형광현미경으로 관찰한다. 이때 현미경의 detecter는 각 형

(a) Indian muntjac

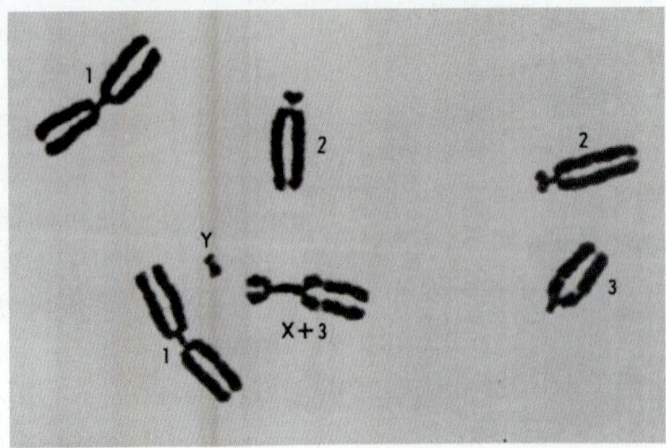

(b) Reeves muntjac

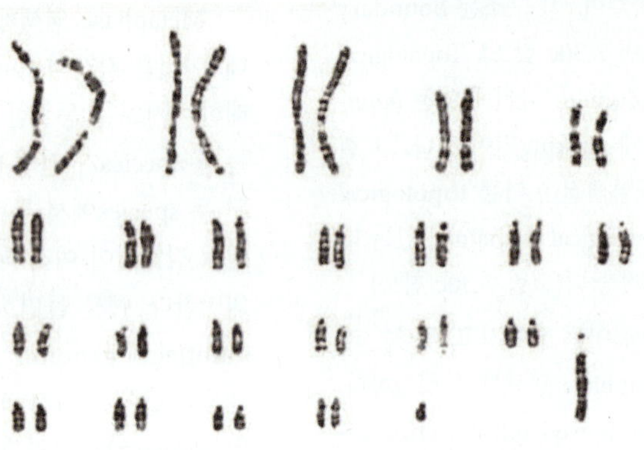

그림 7-32 Indian muntjac과 Reeves muntjac의 karyotype. 두 종의 작은 사슴은 매우 유사하지만 이종 교배는 불가능하다. 이 동물들의 염색체 수는 다르지만 두 유전체는 거의 동일한 양의 DNA를 가지고 있다. (두 종의 수컷의 염색체를 같은 배율로 나타내었다.) [Part (a) Feathercollector/Shutterstock. Republished with permission by SAGE Publications, from A. V. Carrano et al., 1976, "Purification of the Chromosomes of the Indian Muntjac by Flow Sorting," *J. Histochem. Cytochem.* **24**(1), 348–354; https://doi.org/10.1177/24.1.1254929; permission conveyed through Copyright Clearance Center, Inc. Part (b) Vladimir Wrangel/Shutterstock. Republished with permission by Karger Publishers, from J, Fu B, Nie W, Wang J, Graphodatsky A, S, Yang F: New insights into the karyotypic relationships of Chinese muntjac (*Muntiacus reevesi*), forest musk deer (*Moschus berezovskii*) and gayal (*Bos frontalis*). *Cytogenet Genome Res* 2005; **108**:310–316. doi: 10.1159/000081520]

광 위치에 존재하는 dye의 비율을 결정한다. 이 정보는 컴퓨터에 전달되고, 특정 program을 이용하여 각 염색체에 dye의 비율을 근거로 해서 각 염색체에 채색(false-color image)을 한다(그림 7-33a). 컴퓨터 그래픽은 2개의 homologous 염색체를 나란히 배열하고 크기에 따라 큰 것부터 작은 것 순으로 정렬하여 보여준다. 이러한 image는 각 세포의 karyotype을 분명하게 보여준다(그림 7-33b).

Chromosomal painting은 Down syndrome 환자의 21 trisomy처럼 염색체 수의 이상 또는 cancer나 개인에서 드물게 발생하는 염색체 translocation에서처럼 비정상적인 염색체 숫자를 알아낼 수 있는 강력한 방법이다(그림 7-34). 정상적인 인간 염색체의 특정 지역에 hybridize하고 서로 다른 비율의 fluorescent dye로 구성되어 있는 probe들을 사용하면, 염색체의 구조를 좀 더 세밀하게 분석할 수 있게 되어 염색체의 deletion이나 duplication이 일어난 지역을 더 쉽게 발견할 수 있다. 이 장의 도입부에 나오는 사진이 정상적인 인간 female의 karyotype을 *multicolor FISH*를 이용하여 표현한 것이다.

염색체 Painting과 DNA Sequencing으로 염색체 Evolution을 알 수 있다

서로 다른 species의 염색체를 분석함으로써 염색체가 어떻게 진화되었는지에 대한 통찰력을 얻게 되었다. 예를 들면, 나무두더지(*Tupaia belangeri*)의 16번 염색체에 대한 염색체 paint probe로 나무두더지의 염색체에 hybridization을 했을 때, 예상한 대로 2개의 16번 염색체가 검출되었다(그림 7-35a). 그러나 동일한 염색체 paint probe로 인간 metaphase 염색체에 대하여 hybridization시켰을 때, 대부분의 probe가 인간 10번 염색체의 long arm을 인식했다(그림 7-35b). 또한 인간 염색체 10번의 long arm을 인식하는 다수의 probe를 서로 다른 형광 dye로 표지해서 인간 염색체 10번과 나무두더지 metaphase 염색체에 대해 hybridization하였을 때, 각 probe가 나무두더지 16번 염색체에서 발견되었으며, 그 순서는 인간 염색체 10번에서의 순서와 일치하였다.

이와 같은 결과는 약 8,500만 년 전에 살았던 공통 조상으로부터 사람과 나무두더지로 진화되는 동안, 하나의 ancestral chromosome에 있던 연결된 DNA sequence가 나무두더지에서는 염색체 16번으로 진화하고, 사람에서는 염색체 10번의 long arm이 됐다는 것을 뒷받침해 준다. 서로 다른 두 species에서 한 염색체에 있는 유전자가 같은 순서로 있는 현상을 보존된 **synteny** ("같은 리본 위에"라는 라틴어에서 유래)라고 지칭한다. 둘 이상의 species에서 공통 염색체에 2개 이상의 유전자가 존재하는 지역을 보존된 syntenic segment라고 한다.

많은 종류의 primate (영장류) 염색체 간의 관계가 염색체 paint probe를 이종 간 hybridization에 응용하는 방법으로 결정되었다. 이와 같은 관계와 synteny region에 대해 DNA sequencing 및 다른 방법을

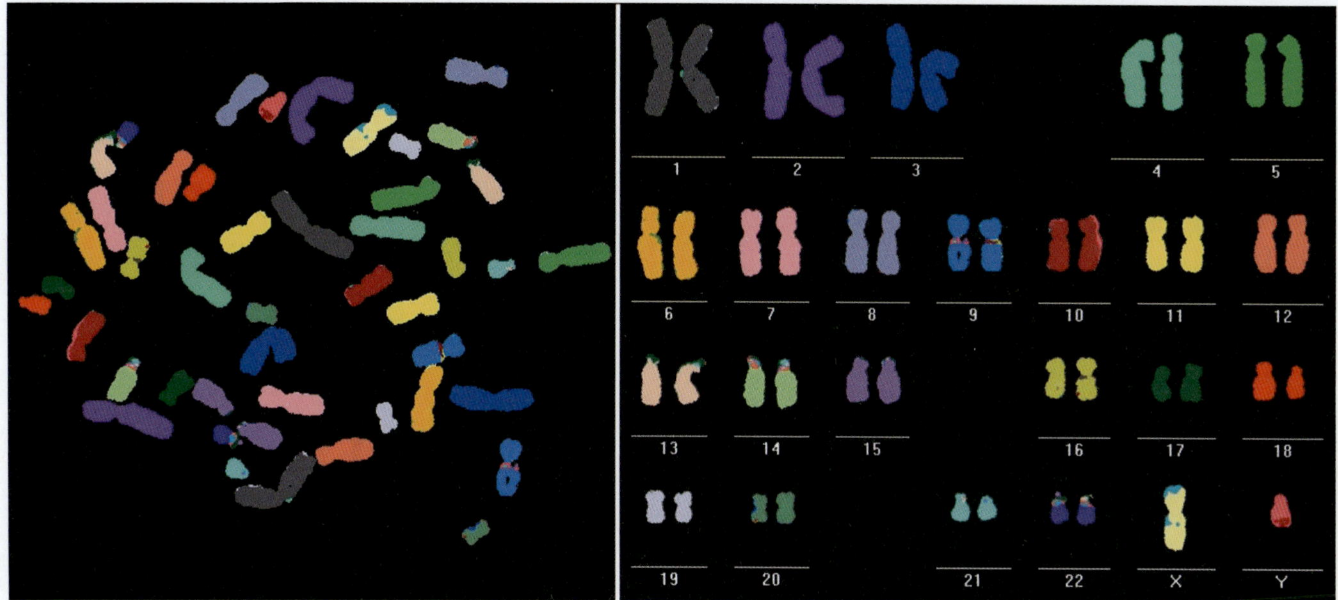

그림 7-33 인간 염색체는 염색체 painting을 통해 쉽게 식별할 수 있다. (a) 염색체 paint probe를 이용한 fluorescence *in situ* hybridization (FISH)을 통해 세포 분열 중인 남성 세포에서 얻은 인간 염색체 이미지. (b) 정상적인 남성의 karyotype을 나타내기 위해서 computer graphic을 통해 painted chromosome을 배열하였다. [Courtesy of Dr. Michael R. Speicher.]

이용한 고해상도 분석으로부터 현생 primate의 공통 조상의 karyotype을 제안할 수 있었다. 이러한 karyotype은 당대의 primate 염색체에 있는 synteny region을 만드는 데 필요한 chromosomal rearrangement (재배열) 최소 횟수를 근거로 만들어졌다(그림 7-35c).

인간 염색체는 서로 다른 여러 메커니즘을 통해 공통 primate ancestor로부터 22쌍의 autosome과 X, Y 성 염색체로 진화되었다고 생각된다(그림 7-35c). 일부 인간 염색체는 primate ancestor로부터 구조에 큰 rearrangement 없이 유지되었다(예, 인간 1번 염색체). 다른 것들은 ancestral chromosome이 2개의 염색체로 깨지거나(예, 5번 ancestral chromosome이 깨져서 14번과 15번 인간 염색체 형성), 아니면 반대로

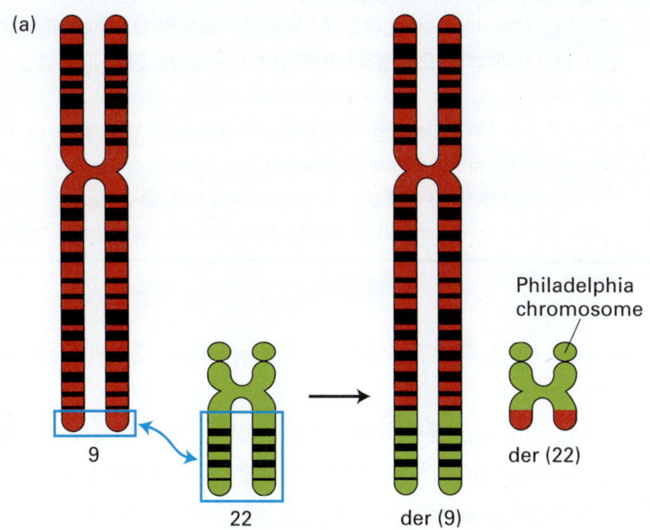

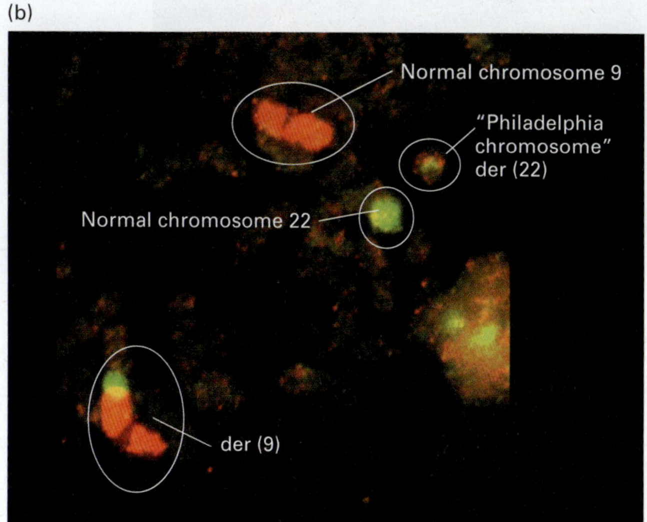

그림 7-34 염색체 painting을 통해 염색체 translocation을 분석할 수 있다. 특징적인 chromosomal translocation은 특정 genetic disorder (유전 질환) 및 특정 유형의 암과 관련이 있다. 예를 들면, 거의 모든 chronic myelogenous leukemia (만성 골수성 백혈병) 환자에서 leukemic cell (백혈구 세포)은 Philadelphia chromosome (필라델피아 염색체)이라고 불리는 짧아진 22번 염색체 [der(22)]와 비정상적으로 길어진 9번 염색체 [der (9)]("der"는 derivative를 의미한다)를 가지고 있다. 이러한 염색체들은 9번과 22번 염색체 사이에 translocation이 일어났기 때문이다. 이러한 translocation은 고전적인 banding analysis (a) 또는 염색체 painting (b)을 통해 알 수 있다. [Part (b) Courtesy of J. Rowley and R. Espinosa.]

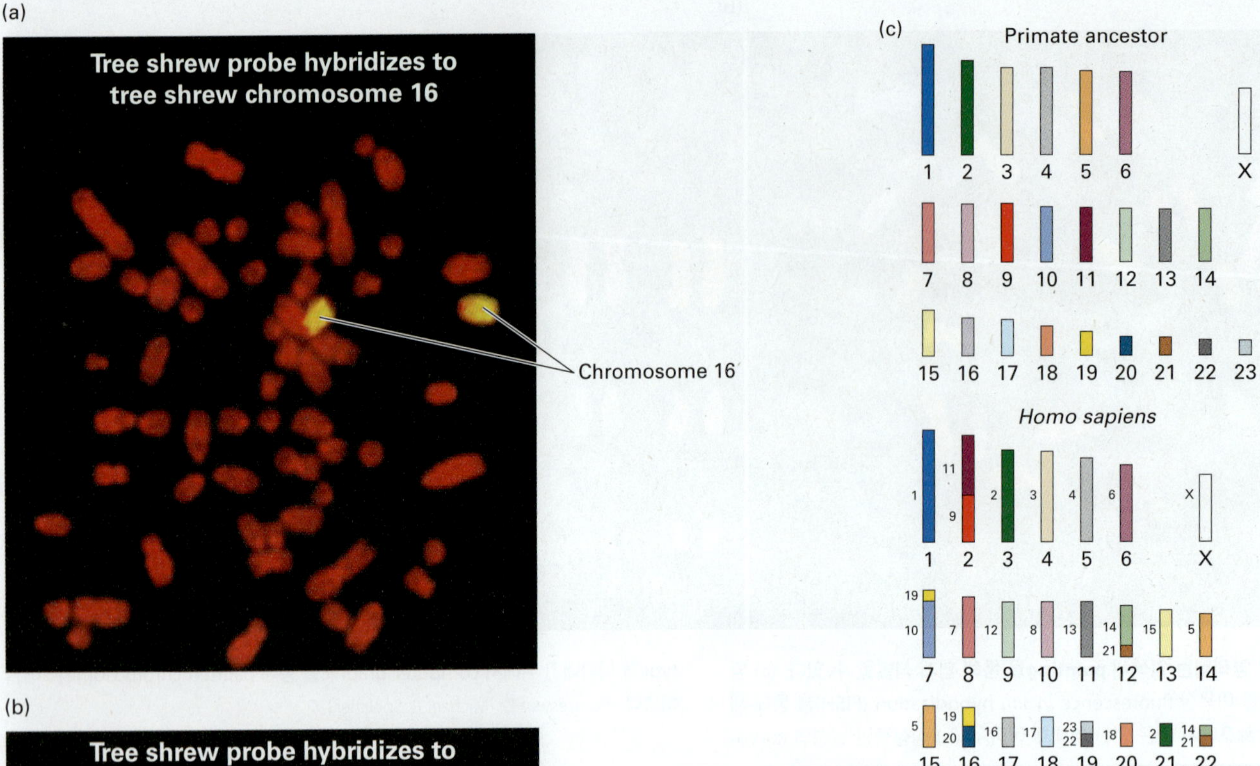

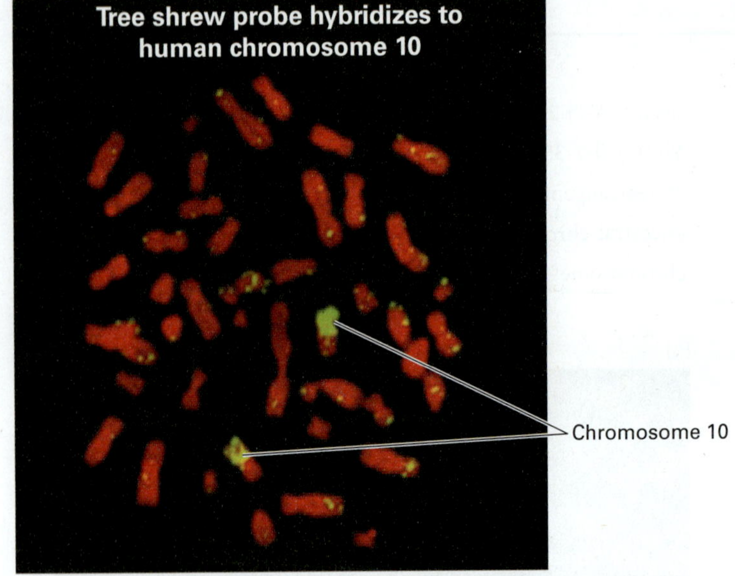

그림 7-35 Primate 염색체의 진화. (a) 나무두더지(*T. belangeri*, 진화상 사람에게서 멀리 떨어져 있는 영장류와 비슷한 동물)의 16번 염색체에 특이한 염색체 paint probe (노란색)로 나무두더지 metaphase 염색체(빨간색)에 hybridization하였다. (b) 동일한 나무두더지 16번 paint probe (녹색)를 인간 metaphase 염색체(빨간색)에 hybridization시켰다. (c) 모든 primate의 common ancestor 염색체(*위쪽*)로부터 인간 염색체(*아래쪽*)로의 진화에 대한 제안. 제안된 common primate ancestor chromosome을 크기에 따라 번호를 정하고, 각 염색체는 서로 다른 색으로 표시하였다. 인간 염색체 또한 그 상대적인 크기로 번호를 정했으며, 진화되었다고 생각되는 공통 조상 염색체 색에 따라 색을 입혔다. 인간 염색체의 색으로 칠해진 왼쪽 옆의 작은 숫자는 진화되어온 조상 염색체를 나타낸다. [Parts (a) and (b) Republished with permission of Springer, from S. Muller et al., 1999, "Defining the Ancestral Karyotype of all Primates by Multidirectional Chromosome Painting Between Tree Shrews, Lemurs and Humans," *Chromosoma* **108**(6):393–400; permission conveyed through Copyright Clearance Center, Inc. Part (c) Data from L. Froenicke, 2005, *Cytogenet. Genome Res.* **108**:122.]

2개의 ancestral chromosome의 fusion (융합)에 의해 만들어졌다(예, 9번과 11번 ancestral chromosome이 fusion되어 2번 인간 염색체 형성). 또 다른 염색체는 서로 다른 염색체 arm의 일부를 교환하여, 2개의 ancestral 염색체 사이의 reciprocal translocation에 의해 만들어졌다(예, 14번과 21번 ancestral 염색체 사이의 reciprocal translocation에 의해 12번과 22번 인간 염색체 형성). 여러 포유동물의 염색체들 사이에서 conserved synteny 지역을 분석해 보면, mammalian 진화에서 breakage, fusion 및 translocation과 같은 염색체 rearrangement는 500만 년에 한 번 정도로 아주 드물게 일어났다는 것을 알 수 있다. 그런 chromosomal rearrangement가 일어났을 때는 기존의 species와는 interbreed (이종 교배)할 수 없는 새로운 species로 진화되었다고 생각된다.

Primate lineage에서 일어났다고 추측되는 것과 비슷한 chromosomal rearrangement가 무척추동물, 식물 그리고 fungi lineage 등을 포함하는 다른 group에서도 일어났을 것으로 추측된다. 해부학적 구조가 비슷한 organism (예, 포유류 또는 유사한 신체 구조를 가지는 곤충들)들에서 synteny가 있는 염색체를 분석하여 진화 관계를 예측한 것과 화석과 homologous 유전자의 DNA 염기 서열 차이에 근거하여 진화 관계를 예측한 것이 아주 잘 일치한다는 것은 현생 organism의 차이가 생기게 된 과정에 대한 위의 설명이 일리가 있다는 것을 보여준다.

Interphase Polytene 염색체는 DNA Amplification에 의해 생성된다

*Drosophila*와 다른 dipteran insect (쌍시류 곤충)의 larval salivary gland (유충 침샘)는 light microscope로 관찰할 수 있을 만큼 큰 interphase 염색체를 가지고 있다. 고정하여 DNA 염색 dye로 염색해 보면, 이 **polytene chromosome**은 표준화된 숫자로 지정된 잘 구분되고 재현 가능한 많은 수의 band를 가지고 있다(그림 7-36a). 진하게 염색되는 band는 염색질이 더 condensation된 곳이고, band와 band 사이에 있는 약하게 염색된 곳은 덜 condensation된 염색질 지역이다. Drosophila salivary gland 염색체에서 관찰되는 이런 고도로 재현 가능한 염색체의 band pattern은 이 species에서 특정 DNA의 염색체 위치를 결정하는 데 아주 유용하게 사용된다. Polytene chromosome에

(a)

Chromocenter

4

2L

2R

3L

3R

X

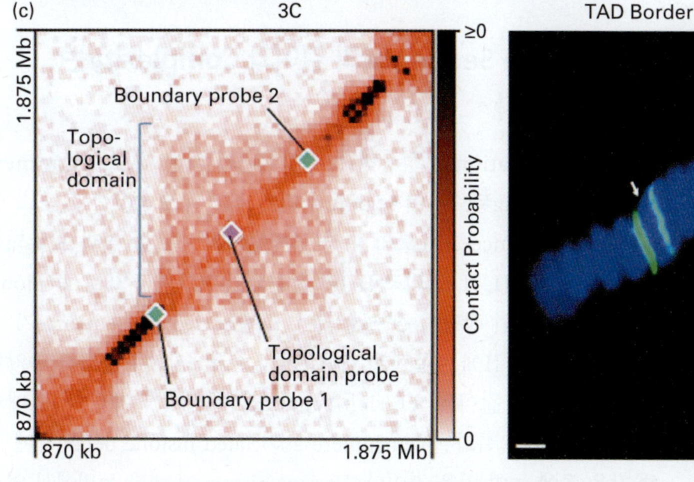

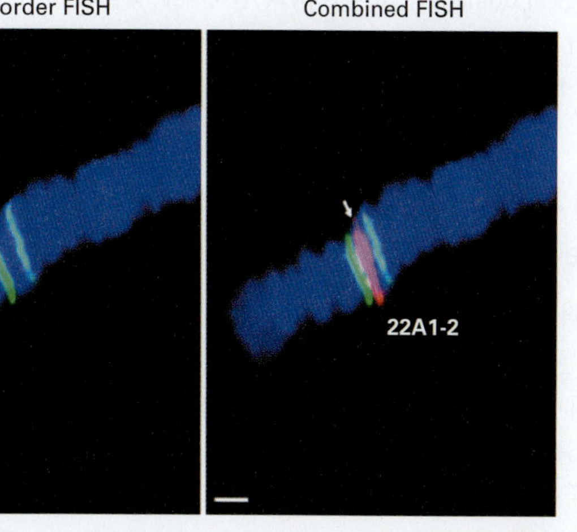

실험 그림 7-36 Drosophila polytene salivary gland 염색체의 banding. (a) *Drosophila melanogaster* larval salivary gland 염색체의 light micrograph (광학현미경 사진). 4개의 염색체(X, 2, 3 및 4)에서 대략 5,000개의 밴드를 관찰할 수 있다. 밝고 어두운 banding pattern은 염색질 condensation의 재현 가능한 차이 때문에 생긴다. Polytene chromosome에서 약 1,000여 개의 나란히 정렬된 각 염색체를 따라서 euchromatin 또는 heterochromatin (그림 7-23a 참조)과 유사한 부분에서 염색질 condensation의 차이를 볼 수 있다. Dark band는 더 밀집된 염색질이 있는 지역이고, light band는 염색질이 좀 더 펼쳐진 지역이다. 모든 4개의 염색체의 centromere는 종종 chromocenter에서 fusion되어 있는 것을 관찰할 수 있다. 사진에서 X 염색체의 끝에 있는 telomere뿐 아니라, 2번과 3번 염색체의 끝에 있는 telomere도 표시하였다(L = left arm; R = right arm). (b) 4번 염색체의 다섯 번의 replication에 의한 염색체 amplification pattern. Double-strand DNA를 하나의 줄로 표시하였다. Telomere와 centromere DNA는 증폭되지 않는다. Salivary gland polytene chromosome은 각각의 parental chromosome이 대략 10번의 replication이 되어 형성된다(2^{10} = 1024 strand). (c) Fluorescently labeled probe를 이용한 *in situ* hybridization에 의한 특정 DNA sequence 검출. 왼쪽 panel에는 염색체 2L의 telomere 근처 지역에 대한 염색질 conformation (3C) assay 결과를 보여주고 있다. Plot의 중앙에 하나의 topological domain이 보인다. Topological domain 중앙 근처에 대한 fluorescently labeled DNA probe의 위치를 빨간색 마름모로 표시하였고, topological domain 경계 지역이나 인접한 boundary element 근처에 대한 probe 위치는 청록색 diamond로 표시하였다. 오른쪽 2개의 panel은 polytene chromomsome에서 2번 염색체 왼쪽 말단 부분을 topological domain의 경계 지역에 대한 fluorescent probe (청록색)와 topological domain 중간 부위에 대한 fluorescent probe (빨간색)로 hybridization한 결과를 보여주고 있으며, DNA는 DAPI로 염색하였다. Toplogical domain 중간 부위에 대한 probe는 표준화된 *Drosophila* polytene 염색체 map에서 22A1-2와 22A3 band 부위에 hybridization된다. 흰색 arrowhead는 22A1-2와 22A3 2개의 band 사이의 작은 interband를 가리키고 있다. Scale bar = 2 μm. C. D. Laird et al., 1973, *Cold Spring Harbor Symp. Quant. Biol.* **38**:311 참조. [Part (a) Courtesy of Joseph Gall, Carnegie Institution for Science. Part (c) Republished with permission of Elsevier, from K. P. Eagen et al., 2015, "Stable Chromosome Condensation Revealed by Chromosome Conformation Capture," *Cell* **163**(4):934–46; https://doi.org/10.1016/j.cell.2015.10.026; permission conveyed through Copyright Clearance Center, Inc.]

서는 banding pattern의 변화로 chromosomal translocation 및 inversion이 쉽게 검출 가능하다. 또한 *in situ* hybridization을 통해서 특정 DNA sequence가 polytene chromosome을 따라 어디에 위치하는지 알 수 있다(그림 7-36c 참조). Insect polytene chromosome을 이용하면 자연계에서 유일하게 decondensed interphase 염색체에 대한 고해상도의 microscopic localization 실험이 가능하다.

*Drosophila*의 salivary gland에서 발견되는 polytene chromosome은 일반적인 DNA amplification에 의해 생성된다. *Polytenization*이라 불리는 이 과정에서서는 telomere와 centromere를 제외한 모든 나머지 부위에서 DNA가 반복적으로 replication되지만 daughter 염색체로 분리되지는 않는다. 이 과정의 결과로, *Drosophila* melanogaster salivary gland에서는 10회의 replication이 일어나서 1,024 copy의 DNA를 만들게 됨으로써 많은 parallel copy를 가지는 큰 염색체를 형성하게 된다(그림 7-36b 참조). Chromosomal DNA의 amplification으로 유전자 사본수가 증가되는데, polytenization은 아마도 salivary gland cell에 필요한 많은 단백질을 만드는 데 mRNA를 충분히 합성하기 위해 일어나는 현상이라고 생각된다. *In situ* hybridization 연구(그림 7-36c 참조)를 통해 polytene chromosome의 dark band는 염색질 conformation assay에서 관찰한 topological domain이 1024 copy의 염색체에 정렬해서 보이는 결과이고, light band는 boundary element가 정렬해서 보이는 부분이라는 것을 알게 되었다.

세 가지 Functional Element가 염색체 Replication 및 Stable Inheritance에 필요하다

진핵세포 염색체가 종마다 그 길이와 수가 다르지만, 세포 분열 시에는 모두 비슷하게 행동한다는 것을 cytogenetic 연구를 통해 알게 되었다. 그뿐만 아니라 모든 진핵세포 염색체는 정확한 replication과 segregation을 위해 세 가지 요소를 가지고 있어야 한다. (1) DNA polymerase가 다른 단백질들과 함께 DNA synthesis를 시작하는 **replication origin** (그림 5-12와 5-13), (2) daughter chromosome으로 정상적으로 분리되는 데 필요하며 잘록한 지역인 **centromere** (그림 7-31 참조), 그리고 (3) 염색체 양 끝의 **telomere**가 그 세 가지이다. 그림 7-37의 효모 transformation 연구로 이 세 가지 chromosomal element가 염색체가 기능을 수행하는 데 중요하다는 것을 증명하였다.

5장에서 설명하였듯이, DNA replication은 진핵세포 염색체의 여기저기에 흩어져서 존재하는 특정 위치에서 시작한다. 효모 유전체는 replication origin으로 기능하는 *autonomously replicating sequence* (*ARS*, 자율복제배열)라고 불리는 약 100-bp sequence를 가지고 있다. Circular plasmid에 ARS를 삽입하면 효모 세포에서 plasmid가 replication되는 것을 관찰할 수 있다. 이 연구로 진핵세포 DNA에서 origin sequence의 기능을 최초로 확인하였다(그림 7-37a).

효모 세포에서 circular ARS-containing plasmid가 replication되지만, progeny cell의 약 5–20%에서만 이 plasmid를 포함하고 있다. 왜냐하면, plasmid의 mitotic segregation이 완벽하게 일어나지 않기 때문이다. 그러나 이 plasmid에 효모 염색체의 centromere로부터 유래된 CEN sequence를 넣어 주면, mitosis 동안 모세포와 딸세포 둘 다 거의 동등하게 segregation이 일어난다(그림 7-37b).

만약 ARS와 CEN sequence를 가지는 circular plasmid를 제한 효소로 한 번 자르면, 양 끝을 이을 수 있는 특별한 telomeric (TEL) sequence를 가지고 있지 않는 한, linear plasmid는 LEU^+colony를 형성하지 못한다(그림 7-37c). Linear DNA를 효모 세포에 transfection 하는 실험은 ciliated protozoan인 *Tetrahymena*에서 linear molecule로 replication하는 것으로 알려진 DNA 분자의 end (말단)를 사용하면서 최초로 성공하게 되었다. *Tetrahymena*의 life cycle 동안 대부분의 nuclear DNA는 *macronucleus*라고 불리는 구조를 만들기 위해 반복적으로 작은 조각으로 복제한다. 이런 반복적인 조각들 중 하나는 ribosomal DNA dimer로 알려졌으며, 이 DNA의 말단에는 반복적인 nucleotide sequence $(G_4T_2)_n$이 존재한다. 이 반복적인 TEL sequence를 ARS와 CEN을 가지고 있는 linear yeast plasmid의 말단에 넣었을 때, linear plasmid의 replication과 segregation이 정상적으로 일어났다. 첫 telomere의 cloning과 성질 분석이 Elizabeth Blackburn, Carol Greider, Jack Szostak들의 2009년 노벨 생리의학상 수상으로 이어졌다.

Centromere Sequence의 길이와 Complexity는 매우 다양하다

Mitotic segregation을 정상적으로 일어나게 하는 효모 centromere region이 cloning된 후, 이 region의 염기 서열이 밝혀지게 되었고, 이 region의 sequence를 효모의 여러 염색체에서 비교한 결과 보존되어 있는 세 region (I, II, 그리고 III)이 발견되었다(그림 7-38a). Region I과 III에는 짧지만 상당히 잘 보존되어 있는 nucleotide sequence가 존재한다. Region II에는 뚜렷한 consensus sequence가 존재하지 않지만 매우 일정한 길이의 AT-rich sequence가 많이 존재한다. 그래서 I과 III region은 특화된 centromere-associated histone octamer에 대해 같은 쪽에 놓여 있을 것이다. Variant histone에 대한 논의에서 언급하였지만, 이 특화된 centromere-associated histone octamer는 보통의 histone H2A, H2B, H4와 함께 변형된 histone H3를 포함하고 있다. 모든 진핵세포의 centromere는 이와 같은 특별한 centromere-specific form의 histone H3 (사람에서는 CENP-A라고 불림)을 가지고 있는 nucleosome을 포함하고 있다. *S. cerevisiae*의 간단한 kinetochore에서는 CBF3 단백질 complex가 이 특화된 nucleosome과 결합되어 있다. CBF3 complex는 다시 Ndc80이라 불리는 길쭉한 multiprotein complex (그림 7-38b)와 결합한다. Ndc80 complex는 먼저 spindle microtubule과 측면으로 결합하고, 그 후 microtubule의 end에 ring을 형성하는 Dam1 complex와 상호작용한다(그림 7-38c). 그 결과로서, centromere가 spindle microtubule의 끝부분을 덮는 형태로 결합이 일어나게 된다. *S. cerevisiae*는 자연계에 알려진 가장 간단한 centromere sequence를 가지고 있다.

Fission yeast인 *S. pombe*의 centromere 길이는 약 40–100 kb 정

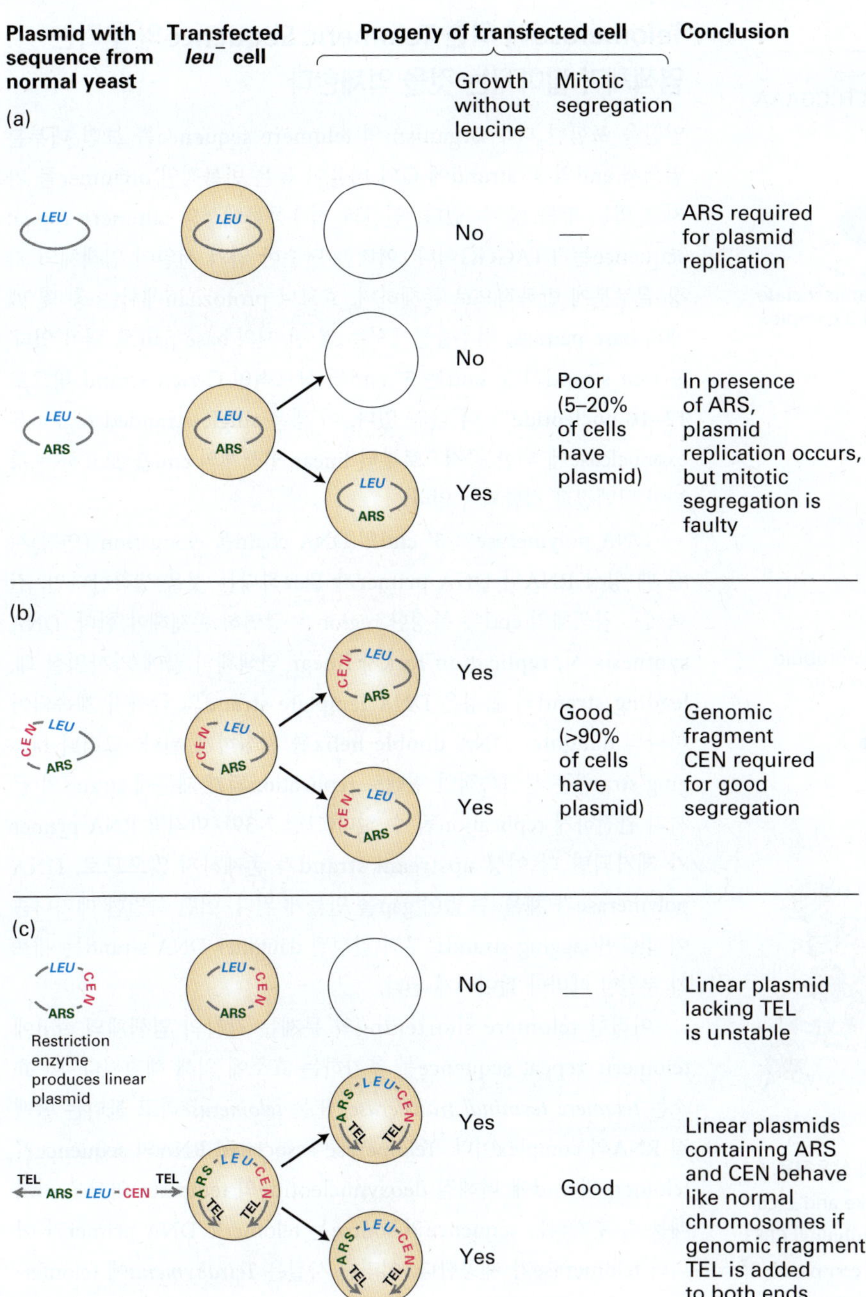

실험 그림 7-37 효모 transfection 실험으로 염색체의 정상적인 replication과 segregation에 필요한 요소를 알아낼 수 있었다. 이 실험에서, 정상적인 효모 세포로부터 얻은 *LEU* 유전자를 가진 plasmid를 만들어 *leu*⁻ cell에 transfection한다. *leu*⁻ cell에 plasmid가 transfection되었다면, plasmid의 *LEU* 유전자에 의해 세포는 *LEU*⁺로 transformation될 것이다. 그러므로 leucine이 없는 배지에서 colony를 형성할 수 있다. (a) Autonomous replication sequence (ARS)를 *LEU* 유전자를 가진 vector에 cloning하면 아주 높은 빈도로 *LEU*⁺로 transformation된 것을 확인할 수 있었다. 그러나 mitosis 동안 segregation에 문제가 생겨 딸세포가 형성되는 것을 볼 수 없었다. (b) Genomic yeast DNA를 임의로 잘라 ARS와 *LEU*가 들어 있는 plasmid에 cloning하였을 때, 일부의 transfected cell에서 colony가 크게 형성되는 것을 관찰할 수 있었고, 높은 효율로 mitotic segregation이 일어나 딸세포의 지속적인 성장을 관찰하였다. 이렇게 크게 자란 colony에서 DNA를 뽑아 확인하였을 때 yest centromere (CEN) sequence가 포함되어 있었다. (c) *LEU*, ARS, CEN을 가지고 있는 linearized plasmid를 *leu*⁻ 효모 세포에 transfection시키면 colony가 형성되지 않았다. Linear DNA 말단에 telomere (TEL) sequence를 넣으면 linearized plasmid는 새로운 염색체처럼 replication이 가능해져서 mitosis와 meiosis 과정에서 정상적인 염색체와 같이 행동한다. A. W. Murray and J. W. Szostak, 1983, *Nature* **305**:89, and L. Clarke and J. Carbon, 1985, *Ann. Rev. Genet.* **19**:29 참조.

도이며, *S. cerevisiae*의 centromere와 유사한 특정 염기 서열이 반복적으로 존재한다. *S. cerevisiae*의 centromere와 결합하는 많은 단백질들과 homology가 있는 단백질들이 훨씬 더 큰 *S. pombe*의 centromere와 결합하고, 이들은 mitotic spindle apparatus의 여러 microtubule과 직접 결합함으로써 훨씬 더 긴 *S. pombe*의 염색체와 microtubule의 결합을 가능하게 한다. 식물과 동물의 centromere는 megabase 길이이며, simple-sequence DNA가 반복하여 존재하는 구조로 되어 있다(표 7-1과 그림 7-6 참조). 인간의 경우, centromere의 길이는 2–4 Mb 정도로, *alphoid* DNA라 불리는 길이가 171-bp인 simple-sequence DNA의 repeat과 함께 다른 몇 가지 유형의 simple sequence DNA repeat으로 구성되어 있다. Alphoid DNA는 CENP-A histone H3 variant를 가지고 있는 nucleosome과 결합하는 것으로 알려져 있다.

다세포 동물과 식물에서는 centromere는 수 megabase 길이를 가진다. 이러한 거대한 centromere에 *kinetochore* (동원체)라 불리는 단백질 복합체가 결합하며, mitosis 동안 수많은 mitotic spindle fiber (방추사)들이 이곳에 결합하게 된다(그림 18-43 참조). 효모의 centromere에 결합하는 많은 centromere-associated 단백질은 인간이나 다른 multicellular eukaryote에서도 발견된다. Dam1 complex의 경우와 같이 아

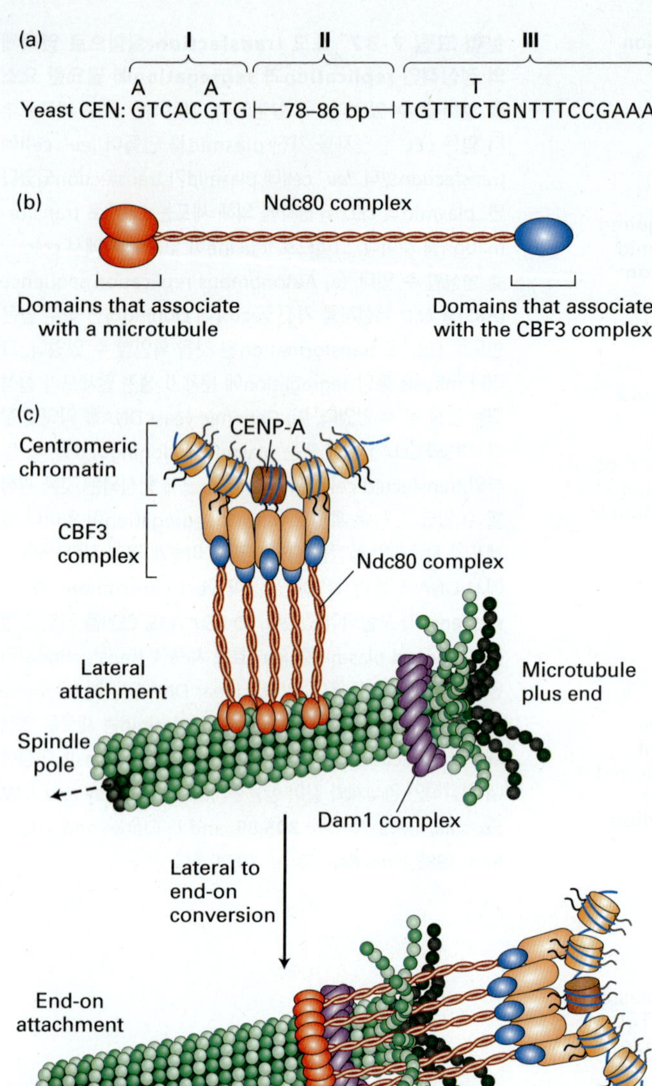

그림 7-38 ***S. cerevisiae*에서 kinetochore와 microtubule의 상호작용.** (a) *S. cerevisiae*의 간단한 centromere sequence. Data from L. Clarke and J. Carbon, 1985, *Ann. Rev. Genet.* **19**:29. (b) Ndc80 complex는 microtubule과 CBF3 complex 양쪽에 결합되어 있다. (c) Centromere-associated CBF3 complex와 이들과 결합한 Ndc80 complex의 Diagram. Ndc80 complex는 spindle microtubule의 끝에서 Dam1 단백질 ring과 결합하고 있다. Ndc80 complex는 먼저 spindle microtubule 측면에 lateral interaction (*위쪽*)을 한 후 Dam1 ring과 결합하여 microtubule에 end-on 결합 (*아래쪽*)을 만든다. T. U. Tanaka, 2010, *EMBO J.* **29**:4070 참조.

미노산 서열 비교를 통해서 효모 단백질의 homolog가 뚜렷이 나타나지 않는 경우에는 효모 단백질과 유사한 성질을 지닌 다른 complex가 kinetochore에서 기능을 할 것으로 생각된다. Centromere와 kinetochore binding 단백질이 mitosis 및 meiosis 동안에 sister chromatid의 segregation에서 어떠한 역할을 하는지는 18장과 19장에 자세히 설명되어 있다.

Telomerase에 의한 Telomeric Sequence의 추가는 염색체가 짧아지는 것을 억제한다

인간을 포함한 다수 organism의 telomere sequence를 보면 대부분 염색체 end의 3′ strand에 G의 비율이 높은 반복적인 oligomer를 가지고 있는 것을 알 수 있다. 인간과 척추동물에서의 telomere repeat sequence는 TTAGGG이다. 이러한 단순한 염기 서열이 염색체의 가장 끝부분에 반복적으로 존재하며, 효모나 protozoan에서는 총 몇 백 개의 base pairs로, 척추동물에서는 몇 천 개의 base pair로 되어 있다. G-rich strand의 3′ end는 5′ end의 상보적인 C-rich strand 밖으로 12–16 nucleotide가 더 나와 있다. 이 짧은 single-stranded region은 exonuclease에 의한 공격으로부터 linear 염색체의 end를 보호하는 특별한 단백질과 결합되어 있다.

DNA polymerase가 3′ end의 DNA chain을 elongation (연장)시킬 때 항상 RNA나 DNA primer가 필요하다는 것을 생각한다면, 진핵세포 염색체의 end에 특정한 region은 당연히 존재해야 한다. DNA synthesis 시, replication fork가 linear 염색체의 끝에 가까워질 때, leading strand의 합성은 DNA template strand의 끝까지 계속되어 하나의 daughter DNA double helix를 완성하게 된다. 그러나 lagging-strand는 불연속적인 형태로 replication되기 때문에 strand의 끝까지 완전하게 replication될 수 없다(그림 7-39). 마지막 RNA primer가 제거되면 더 이상 upstream strand가 존재하지 않으므로, DNA polymerase가 채울 수 없어 gap을 만들게 된다. 어떤 특별한 메커니즘이 없다면 lagging-strand로부터 합성된 daughter DNA strand는 세포가 분열할 때마다 짧아지게 된다.

이러한 telomere shortening의 문제는 각각의 염색체의 end에 telomeric repeat sequence를 추가하는 효소에 의해 해결된다. 이 효소는 *telomere terminal transferase*, 또는 *telomerase*라고 불리는 단백질-RNA의 complex이다. Telomerase-associated RNA의 sequence가 telomere의 end에 더해질 deoxynucleotide의 template 역할을 하기 때문에, 추가되는 sequence의 source는 telomeric DNA primer가 아니라 telomerase가 제공한다. 이러한 사실은 *Tetrahymena*에 telomerase-associated RNA를 encoding 하는 유전자에 돌연변이가 있는 DNA를 transformation시킴으로써 증명되었다. 이 실험에서, telomerase는 mutated RNA sequence에 complementary한 DNA sequence를 telomeric primer의 end에 더하는 것을 발견하였다. 따라서 telomerase는 자신의 내부에 RNA template를 지니고서 직접 DNA synthesis를 가능하게 하는 특별한 형태의 reverse transcriptase라는 것을 알 수 있다. 이 연구 역시 telomere의 구조와 기능 규명으로 2009년에 노벨 생리의학상을 받게 하였다.

그림 7-40은 telomerase가 자체 RNA의 reverse transcription에 의해 위에서 언급한 G-rich strand의 end에 single-stranded DNA의 3′ end를 어떻게 연장시킬 수 있는지 설명하고 있다. Telomerase-associated RNA를 생산하지 못하는 knockout 생쥐에서 유래한 세포는 telomerase 활성을 보이지 않으며, 세포가 세대를 거듭함에 따라 telo-

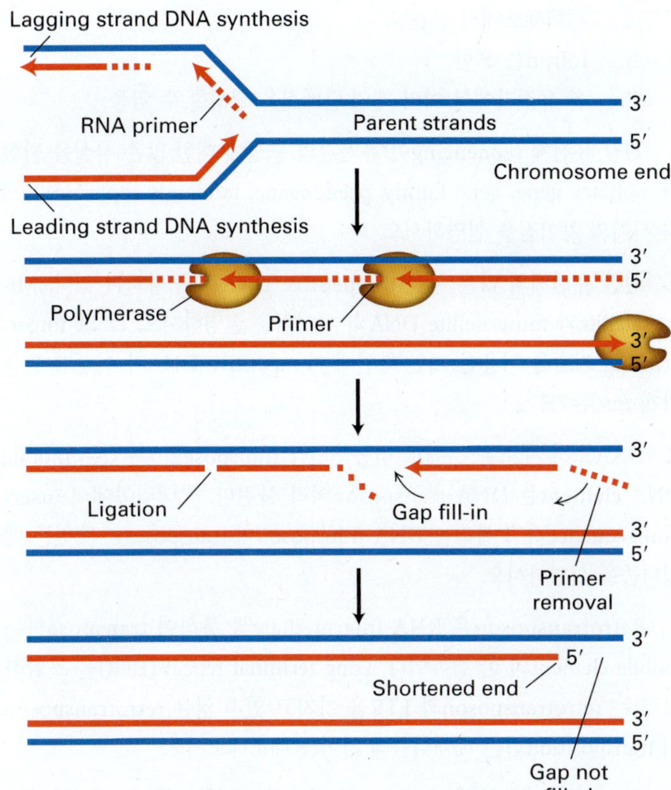

그림 7-39 일반적인 DNA replication에서는 linear DNA molecule 각 strand의 5′ end에서 DNA가 손실된다. Linear DNA의 오른쪽 end의 replication을 보여 주고 있다. 같은 과정이 왼쪽 끝에서도 일어나고 있다(그림을 뒤집어 보면 알 수 있다). Replication fork가 parental DNA 분자의 끝에 접근함에 따라 leading strand는 DNA의 손실 없이 parental template strand의 끝까지 합성된다. 그러나 lagging strand의 합성은 RNA primer가 필요하기 때문에 lagging daughter DNA strand의 오른쪽 끝은 ribonucleotide로 남아 있다. 이 RNA는 이후에 제거되기 때문에 이 부위는 replicative DNA polymerase의 template가 될 수 없다. 따라서 세포는 각 replication마다 lagging strand가 짧아지는 것을 방지하기 위해서 다른 방도를 강구해야 한다.

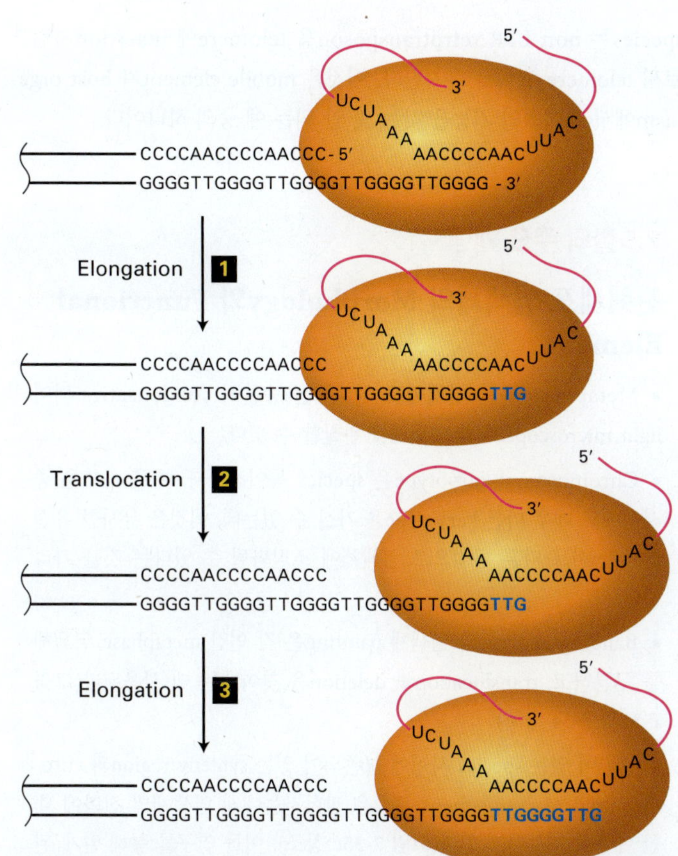

그림 7-40 Telomerase의 action 메커니즘. DNA replication mechanism이 linear DNA의 extreme terminus를 synthesize 못하는 것에 대응하여 telomerase는 telomere의 single-stranded 3′ terminus를 연장시킬 수 있다. Telomerase는 반복적인 reverse transcription mechanism을 통해 single-stranded end를 연장시킨다. T_2G_4 repeat unit을 더하는 protozoan *Tetrahymena*로부터 유래한 telomerase의 action은 다음과 같다. 다른 telomerase는 조금 다른 sequence를 더한다. Telomerase는 lagging-strand template의 3′ end와 base-pair를 이루는 RNA template (빨간색)를 가지고 있다. Telomerase의 catalytic site는 RNA 분자를 template로 사용하여 deoxyribonucleotide TTG (파란색)를 더한다(단계 **1**). 그 결과, DNA-RNA duplex strand는 서로 미끄러지게 되어(translocate) replicating DNA의 3′ end에 있는 TTG가 telomerase RNA에 있는 상보적인 RNA sequence와 base-pairing을 한다(단계 **2**). Replicating DNA의 3′ end는 telomerase에 의해 다시 연장된다(단계 **3**). Telomerase는 단계 **2**와 **3**을 반복하여 다수의 repeat을 추가한다. DNA polymerase α-primase는 이 확장된 template strand에 대한 새로운 Okazaki fragment의 합성을 시작할 수 있게 한다. 이러한 작용의 결과, DNA replication의 각 cycle마다 lagging strand가 짧아지는 것을 예방할 수 있다. C. W. Greider and E. H. Blackburn, 1989, *Nature* **337**:331 참조.

mere가 계속 짧아지는 것을 알 수 있었다. 이러한 생쥐는 긴 telomere repeat가 어느 정도 없어지기 전인 3세대까지는 정상적으로 breeding과 reproduction이 가능함을 알 수 있었다. 그러나 telomeric DNA의 부재는 염색체 end의 fusion과 염색체의 손실이라는 부작용을 초래한다. 4세대에서는 knockout 생쥐의 생식 능력이 감소하였으며, 6세대 이후에는 자손을 생산하지 못하게 되었다.

Telomerase 단백질과 telomerase-associated RNA를 발현하는 인간 유전자는 생식세포 및 줄기세포에서는 활성을 지니고 있지만, 한정된 횟수만 분열하거나 다시는 분열하지 않는 세포들(이러한 세포는 *postmitotic*이라고 불린다)로 구성된 대부분의 adult tissue에서는 발현되지 않는다. 그러나 tumor를 형성하는 데에 필수적인 multiple cell division에 telomerase가 필요하기 때문에, 이러한 유전자는 대부분의 인간 암세포에서 활성화되어 있다. 이러한 현상을 cancer의 치료에 이용하기 위해 potential therapeutic agent로서 인간 telomerase의 inhibitor를 찾는 일이 진행되고 있다. ■

Telomerase가 대부분의 진핵세포에서 telomere shortening을 억제하는 반면, 일부 organism은 다른 방법을 사용하고 있다. *Drosophila* species는 non-LTR retrotransposon을 telomere에 insertion시킴으로써 telomere 길이를 유지한다. 이것은 mobile element가 host organism에서 특이적인 기능을 갖는 몇 안 되는 예 중의 하나이다.

7.5절의 주요 개념

진핵세포 염색체의 Morphology와 Functional Element

- Metaphase 동안 진핵세포 염색체는 충분히 condensation되어 light microscope로 각 염색체를 관찰할 수 있다.
- Chromosomal karyotype은 species 특이적이다. 매우 가까운 종 사이에도 매우 다른 karyotype을 가질 수 있는데, 이것은 유사한 유전 정보가 서로 다른 방법으로 염색체에 조직화될 수 있다는 것을 가리킨다.
- Banding analysis와 염색체 painting은 각 인간 metaphase 염색체를 구분하고, translocation과 deletion을 찾아내는 데 사용된다(그림 7-33과 7-34 참조).
- 관련이 있는 species 사이에 보존되어 있는 synteny region과 chromosomal rearrangement 분석은 과학자들에게 염색체의 진화에 대한 예측을 가능하게 한다(그림 7-35c 참조). 이들 연구를 통해 알게 된 organism 간의 진화 관계는 fossil record (화석기록)과 DNA 염기 서열 분석을 토대로 하여 제시된 진화 관계와 일치한다.
- Polytene chromosome의 매우 reproducible한 banding pattern은 정상적인 band pattern의 변화를 근거로 chromosomal deletion과 chromosomal rearrangement를 볼 수 있게 한다.
- 긴 linear DNA 분자가 염색체로서의 기능을 가지기 위해서는 다음과 같은 세 종류의 DNA sequence가 필요하다. 이는 효모에서 ARS라 불리는 replication origin, centromere (CEN) sequence, DNA의 끝에 존재하는 2개의 telomere (TEL) sequence이다(그림 7-37 참조).
- 단백질-RNA complex인 telomerase는 DNA synthesis에서 telomere의 replication을 완성하는 특별한 reverse transcriptase 활성을 가지고 있다(그림 7-40 참조). Telomerase가 없으면 대부분의 진핵세포에서 lagging-strand synthesis로부터 생성되는 daughter DNA strand가 각 세포 분열마다 짧아질 것이다(그림 7-39 참조).

개념 복습

1. 단백질 코딩 유전자는 mRNA로, ribosomal RNA 유전자와 transfer RNA 유전자는 RNA로 transcription될 수 있다. 유전자를 정의하시오. 다음의 특징에 대하여, (a) simple transcription unit 또는 (b) complex transcription unit에 적용되는지 설명하시오.
   i. 진핵세포에서 발견됨
   ii. Intron을 포함
   iii. 한 유전자에서 여러 개의 단백질을 생성할 수 있음

2. 인간 유전체 sequencing이 유전자의 구성에 대한 많은 사실을 밝혔다. Solitary gene, gene family, pseudogene, tandemly repeated 유전자 사이의 차이점을 설명하시오.

3. 인간 유전체의 많은 부분이 repetitive DNA로 구성되어 있다. Microsatellite와 minisatellite DNA의 차이점을 설명하시오. DNA fingerprinting 기술을 이용한 개인 확인에 이 repetitive DNA가 어떻게 유용하게 쓰이는가?

4. DNA로서 새로운 부위로 이동하거나 transpose할 수 있는 mobile DNA element는 DNA transposon이라 불린다. 박테리아에서 insertion sequence라고 불리는 DNA transposon이 transpose할 수 있는 메커니즘을 설명하시오.

5. Retrotransposon은 RNA intermediate를 통하여 transpose하는 mobile element의 한 종류이다. Long terminal repeat (LTR)을 포함하고 있는 retrotransposon과 LTR을 가지고 있지 않은 retrotransposon이 transposition하는 메커니즘의 차이를 대조해보시오.

6. Transposon이 현대 organism의 진화에 기여한 역할을 설명하시오. Exon shuffling은 무엇인가? Exon shuffling 과정에서 transposon이 하는 역할은 무엇인가?

7. 세포에 있는 DNA는 단백질과 결합하여 염색질을 형성한다. Nucleosome이란 무엇인가? Nucleosome에서 histone의 역할은 무엇인가? Condensed 30-nm fiber에서 nucleosome은 어떻게 배열되어 있는가?

8. 염색질 modification은 어떻게 transcription을 조절하는가? 활발하게 transcription이 일어나는 지역에서는 어떤 modification이 관찰되며, 그렇지 않은 지역에서는 어떤 modification이 발견되는가?

9. 염색체 painting은 무엇이며, 이 기술이 어떻게 유용하게 사용되는가? 포유동물 염색체의 진화를 분석하는 데 염색체 paint probe가 어떻게 이용되는가?

10. 어떤 organism은 polytene chromosome을 소유하고 있는 세포를 가지고 있다. Polytene chromosome은 무엇이며, 어디에서 발견되고, 어떤 기능을 하는가?

11. 진핵세포 염색체의 replication과 segregation을 위해서는 세 가지 functional element가 필요하다: replication origin, centromere, telomere. 만약 (a) replication origin이 없다면, (b) centromere가 없다면 염색체에는 어떤 영향을 미치는가?

12. DNA replication 동안 염색체의 말단에서 일어나는 문제는 무엇인지 기술하시오. Telomere는 이 문제와 어떻게 관련이 있는가?

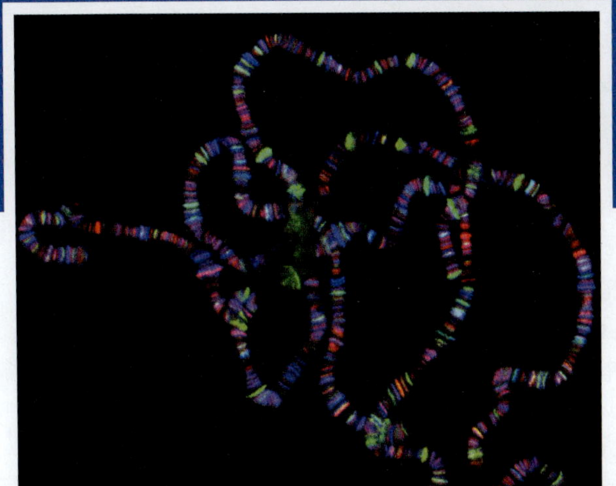

Chromatin (염색질)-remodeling (리모델링) ATPase (*Kismet*으로 불림)에 대한 항체(파란색), phosphorylation (인산화) 정도가 낮은 CTD를 가진 RNA polymerase (중합효소)에 대한 항체(빨간색), 그리고 CTD 인산화 정도가 많은 RNA 중합효소 II에 대한 항체(녹색)를 사용하여 염색된 *Drosophila* (초파리) polytene chromosome (다사염색체). [Reproduced with permission from The Company of Biologists, from S. Srinivasan et. al., 2005, "The Drosophila Trithorax Group Protein Kismet Facilitates an Early Step in Transcriptional Elongation by RNA Polymerase II," *Development* **132**:7, 1623–1635; permission conveyed through Copyright Clearance Center, Inc.]

CHAPTER 8

유전자 발현의 전사 조절 (Transcriptional Control of Gene Expression)

OUTLINE

이전 장에서, 우리는 각 세포 안에 포함된 단백질에 의해 세포의 특성과 기능이 결정된다는 사실을 알 수 있었다. 이 장과 다음 장에서 우리는 다세포 생물체의 하나의 특정 세포에서 다양한 종류의 단백질이 만들어지고 양적으로 조절되는 방식에 대해 알아보려 한다. 이와 같은 유전자 발현은 우리와 같은 다세포 생물체가 하나의 수정란 세포에서 우리 몸을 구성하는 수천 개의 세포로 발생되는 기본적인 과정이다. 유전자 발현이 잘못되면, 세포 특성이 변화되고 이는 종종 암 발생의 원인이 되기도 한다. 25장에서 좀 더 다루겠지만, 세포 성장을 억제하는 단백질 정보를 가진 유전자는 암세포에서 비정상적으로 억제되어 있는 반면, 세포 성장과 복제를 촉진하는 단백질 정보를 가진 유전자는 암세포에서 부적절하게 활성화되어 있다. 또한 비정상적인 유전자 발현은 cleft palate (구개열), tetralogy of Fallot (심장의 선천적 4중 기형, 외과적으로 치료할 수 있는 심장의 발생 결함) 그리고 그 외 많은 발생 장애가 생기는 원인이 된다.

유전자 발현의 기본 과정 — 특정 유전자에 담겨진 정보를 기반으로 특정 단백질이 만들어지는 전 과정 — 은 5장에서 설명되었다. mRNA 합성을 위해서는 *RNA 중합효소*가 전사를 **개시**하고(**initiation**) DNA 염기서열에 상보적인 ribonucleoside triphosphate (리보뉴클레오시드 삼인산염)를 중합한 다음(**elongation, 신장**), 전사를 **종료**하는(**termination**) 3단계가 필요하다. 박테리아에서는 ribosome (리보솜)과 translation (번역) 개시 단백질들이 새롭게 만들어지는 RNA transcript에 바로 결합하게 되고, RNA transcript는 추가적인 변형 없이 mRNA

로 역할을 하게 된다. 반면 진핵생물에서는 처음 만들어지는 RNA transcript는 몇 단계를 거친 후 완전한 기능을 하는 mRNA로 만들어진다(그림 5-27 참저). 이후 mRNA는 핵에서 세포질로 이동하게 된다. 세포질에서 ribosome, tRNA (transfer RNA, 전이 RNA), 그리고 translation 단백질의 도움을 받아 mRNA 정보를 바탕으로 단백질이 만들어진다.

유전자 발현 조절은 위에서 설명한 여러 단계를 거쳐 이루어진다: 전사 개시, elongation, RNA processing (성숙 과정), 그리고 핵에서 세포질로 mRNA 이동뿐만 아니라, mRNA 분해, mRNA translation, 단백질 분해. 이와 같은 다양한 방식으로 유전자 발현이 조절됨으로써 세포 유형 별, 발생 단계 별, 또는 다양한 외부 환경에 반응하여 다양한 단백질 합성이 가능해진다. 유전자 발현 조절에 관한 다양한 예가 알려져 있지만, 다세포 동물(metazoan, 후생동물)의 경우 전사 개시와 elongation 단계에서 조절이 가장 중요하다(그림 8-1). 전사 개시와 elongation을 조절하는 분자 메커니즘은 다세포 생물체의 발생, 병원 미생물로부터 우리 몸을 보호하는 면역 반응 그리고 learning (학습) 및 memory (기억)와 같은 신경생물학적 과정에서 중요하다. 이러한 전사 기능을 조절하는 메커니즘이 적절하게 이루어지지 않으면, pathological process (질환 과정)가 생기게 된다. 예를 들면, *HOXD13* 유전자의 돌연변이는 5개 넘는 손가락과 발가락이 생기는 *polydactyly* (다지증)를 유발한다(그림 8-2a). *HOXD13*은 extremities (사지) 발생에 관여하는 여러 유전자의 전사를 조절하는 *transcription factor* (전사 인자)이다. 전사 인자의 발현 또는 기능에 영향을 주는 돌연변이는 많은 발생 장애 중 *Drosophila*에서 추가적인 날개가 생기게 하거나(그림 8-2a) 식물에서 꽃의 생김새가 변하게 한다(그림 8-2c).

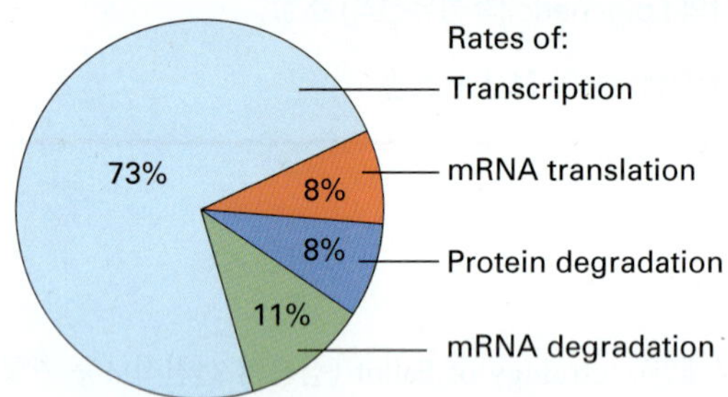

그림 8-1 단백질 농도를 조절하는 주요 과정들. 단백질 정보를 가진 mRNA가 합성되는 빈도(유전자 전사), mRNA가 분해되는 속도, mRNA가 단백질로 translate되는 속도, 그리고 단백질이 분해되는 속도에 의해 단백질 농도가 조절된다. 이와 같은 네 가지 조절이 세포 내에서 일어나는 상대적인 비중을 알기 위해서, 단백질 농도를 측정할 수 있는 mass spectrometry (질량분석법) (3장 참조), mRNA 양을 측정할 수 있는 mRNA sequencing (RNA-seq) (6장 참조), translation 속도를 예측하기 위해 mRNA에서 ribosome이 붙어 있지 않은 부위를 확인[ribosome footprinting (리보솜 발자국 분석)], mRNA 분해 속도를 측정하기 위한 stable isotope labeling (안정 동위원소 표지법), 그리고 이러한 방법들에서 얻어진 결과의 편견과 오류를 수정하기 위한 통계학적 분석 등이 수행되었다. [Data from J. J. Li and M. D. Biggin, 2014, *Science* **347**:1066.]

거의 모든 세포가 동일한 DNA 서열을 가진 동일한 염색체를 가지고 있음에도 불구하고, 특정 세포 유형에서 특정 유전자의 발현을 일어나도록 전사가 복잡하고 정밀하게 조절되고 있다. 이 장에서는 유전자의 전사가 일어나는 시기를 결정하는 진핵 세포의 분자적인 과정에 대해 집중하여 설명한다. 진핵생물 전사 조절 메커니즘은 DNA가 histone octamer (히스톤 8량체)에 결합하는 점을 이용한다. 이는 히스톤이 다양한 condensation (응축) 정도를 가지기도 하고, 히스톤 꼬리의 post-translational modification (번역 후 변형)되기 때문에 가능하다(그림 7-26, 7-28). 그림 8-3은 후생동물에서 전사 조절과 그 과정에 대한 개요를 보여주고 있다. 본문에서는 다양한 진핵생물 유전자의 전사를 담당하는 RNA 중합효소가 promoter 서열에 어떻게 결합하고 RNA 분자를 합성하는지, 그리고 특정 DNA 서열이 어떻게 전사를 조절하는 전사 인자의 결합위치로 제공되고 **전사-조절 위치**로 역할을 하는지 설명하려 한다. 다음으로 진핵생물 activator (활성화 인자)와 repressor (억제 인자)가 multiprotein complex (다중단백질 복합체)와 상호작용을 통해 전사를 조절하는 방식에 대해 설명하려 한다. 이러한 다중단백질 복합체 중 일부는 염색질 응축 정도를 변형하고, 결과적으로 염색체 DNA가 전사 인자 및 RNA 중합효소와 붙는 방식을 변하게 한다. 또 다른 다중단백질 복합체는 RNA 중합효소가 promoter에 결합하고 전사를 개시하는 빈도를 직접적으로 조절하기도 한다. 후생동물에서, RNA 중합효소는 짧은 RNA를 전사한 후 일시적으로 정지한다. 그리고 일시 정지된 중합효소가 떨어지는 과정을 조절하는 또 다른 조절 메커니즘이 존재하고, 이후 유전자의 나머지 부분이 전사된다. 본문에서는 인간 genome (게놈)에서 어떻게 약 1,600개의 전사 인자가 다양한 조합을 이루고 특정 유전자 발현에 관여하여 세포-유형-특이적인 유전자 발현이 일어나는지 설명한다. 전사 인자 자체 활성만으로 특정 세포 유형에서 그리고 세포 분화 과정 중 정확한 시간에 필요한 유전자들이 발현되도록 조절하는 다양한 방식에 대해서도 설명한다.

또한 핵에서 RNA-단백질 복합체가 전사를 조절하는 최신 연구도 소개한다. 최근 개발된(RNA를 DNA로 역전사하는 방식과 연동된) 새로운 DNA sequencing (서열 분석) 방식은 진핵생물 genome의 많은 부분이 단백질이 만들어지지 않고 적은 양만 존재하는 RNA로 전사된다는 사실을 밝혀냈다. 몇몇 핵 *long noncoding RNA* (*lncRNA*, 비암호화 *RNA*)는 단백질-coding (단백질이 만들어지는) 유전자의 전사를 조절한다. 이러한 발견은 noncoding RNA에 의해 전사가 조절되는 것이 예상보다 많을 가능성을 제기한다. 다양한 세포 유형에서 염색질의 특정 영역에 전사 인자가 결합하는 것을 조사한 최근 연구를 통해 전사 인자가 어떻게 pluripotent stem cell (만능 줄기세포)에서 우리 몸을 구성하는 분화된 세포가 만들어지는 배아 발생을 조절하는지 이해되기 시작되었다. 진핵생물 유전자 발현을 조절하는 RNA processing과 다양한 post-transcriptional mechanism (전사 후 메커니즘)은 9장에서 자세하게 설명한다. 15장, 16장 그리고 21장에는 세포 간의 상호작용이 전사를 어떻게 조절하는지 그리고 이러한 유전자 발현 조절이 다세포 생물체에 있는 수천의 세포 유형의 발생과 기능에 어떻게 영향을 주는지 예를 들어 설명되어 있다.

(a)

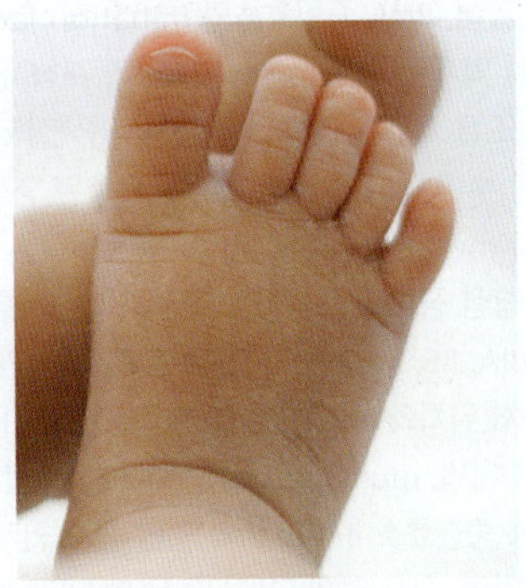

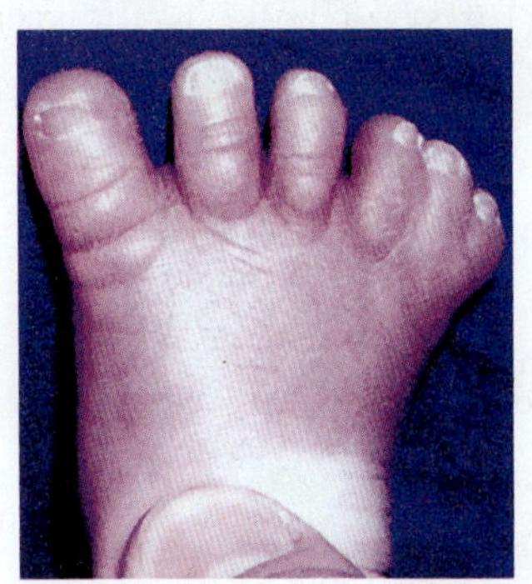

(b)

Normal **_Ubx_ mutation**

(c)

Normal **Homozygous recessive mutations in _ap2-1_, _pi-1_, and _ag-1_ genes**

그림 8-2 전사 인자 정보를 가진 유전자에 돌연변이가 있을 경우 나타나는 표현형. (a) 인간 *HOXD13* 유전자의 dominant (우성) 돌연변이는 5개 이상의 손가락이 생기는 polydactyly (다지증)을 유발한다. (b) *Drosophila*의 세 번째 thoracic segment (흉부 분절)에서 *Ubx* 유전자의 발현을 억제하는 homologous recessive (동형 열성) 돌연변이는 날개가 달린 두 번째 thoracic segment가 만들어지게 한다. Thoracic segment는 *haltere* (할테레)라 불리는 balancing organ (균형 기관)을 가지고 있다. (c) 3개의 floral organ-identity (꽃 기관-구별) 유전자들이 불활성화되는 *Arabidopsis thaliana* (애기장대)의 돌연변이는 꽃이 잎과 같은 구조로 변형되도록 한다. 이러한 돌연변이들은 전사 인자를 포함한 여러 유전자를 조절하는 master (총괄) 조절 전사 인자에 영향을 미친다. [Part (a) left: Lightvision, LLC/Getty Images; right: Republished with permission of John Wiley & Sons, Inc., from F. R. Goodman and P. J. Scrambler, 2001, "Human Hox Gene Mutations," *Clin. Genet.* **59**(1):1–11. Part (b) Reproduced with permission from E. B. Lewis, "The Bithorax Complex: The First Fifty Years," *Int. J. Dev. Biol.* **42**:403–415, Figures 4a and 4b. Part (c) Republished with permission of Elsevier, from D. Weigel and M. Meyerowitz, 1994, "The ABCs of Floral Homeotic Genes," *Cell* **78**(2):203–209; permission conveyed through Copyright Clearance Center, Inc.]

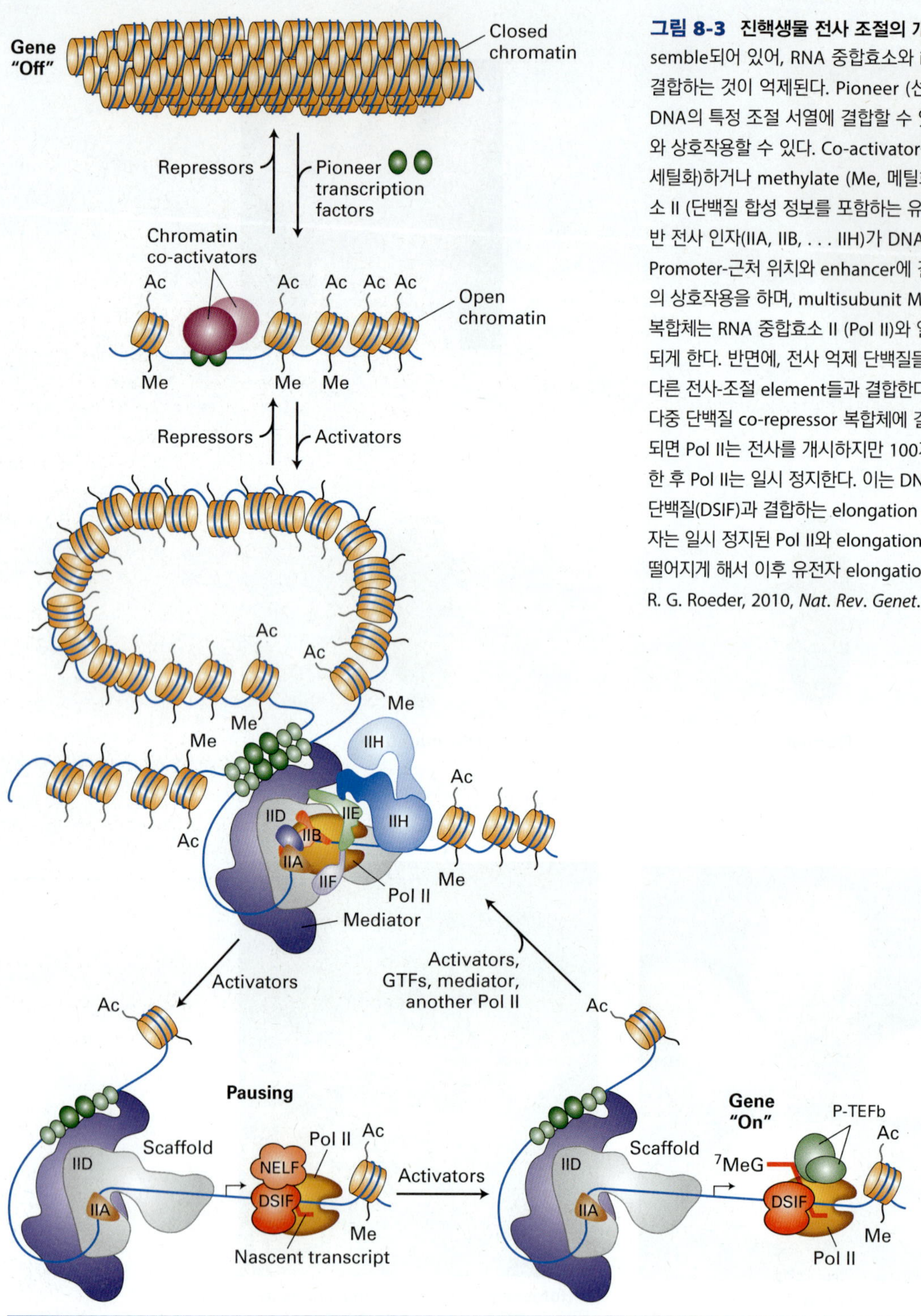

그림 8-3 진핵생물 전사 조절의 개요. 비활성 유전자는 응축된 염색질 내에 assemble되어 있어, RNA 중합효소와 initiation factor (개시 인자)가 promoter에 결합하는 것이 억제된다. Pioneer (선도자, 개척자) 전사 인자는 응축된 염색질 내 DNA의 특정 조절 서열에 결합할 수 있고 염색질 co-activator (공동-활성화 인자)와 상호작용할 수 있다. Co-activator는 응축된 염색질을 풀거나 acetylate (Ac, 아세틸화)하거나 methylate (Me, 메틸화)하여, 다른 활성화 인자(녹색), RNA 중합효소 II (단백질 합성 정보를 포함하는 유전자의 전사를 담당하는 중합효소), 그리고 일반 전사 인자(IIA, IIB, . . . IIH)가 DNA에 좀 더 쉽게 접근하여 결합할 수 있게 한다. Promoter-근처 위치와 enhancer에 결합하는 추가적인 활성화 단백질들은 서로 간의 상호작용을 하며, multisubunit Mediator 복합체와도 상호작용한다. Mediator 복합체는 RNA 중합효소 II (Pol II)와 일반 전사 인자들이 promoter에서 assemble되게 한다. 반면에, 전사 억제 단백질들은 Pol II에 의한 전사 개시를 억제할 수 있는 다른 전사-조절 element들과 결합한다. 전사 억제 단백질들은 염색질을 응축시키는 다중 단백질 co-repressor 복합체에 결합하여 전사 개시를 억제한다. 전사가 활성화되면 Pol II는 전사를 개시하지만 100개 미만의 nucleotide (뉴클레오티드)를 전사한 후 Pol II는 일시 정지한다. 이는 DNA template에 중합효소를 clamp (고정)하는 단백질(DSIF)과 결합하는 elongation inhibitor (NELF)의 역할 때문이다. 활성화 인자는 일시 정지된 Pol II와 elongation factor (P-TEFb)의 결합을 촉진하고, NELF가 떨어지게 해서 이후 유전자 elongation이 생산적으로 일어나게 한다. S. Malik and R. G. Roeder, 2010, *Nat. Rev. Genet.* **11**:761 참조.

8.1 Eukaryotic Transcription (진핵생물 전사)의 개요

박테리아는 유전자 조절을 통해 영양 상태와 같은 외부 환경의 빠른 변화에 적응하고 있는데, 이를 통해 박테리아 성장과 세포 분열이 최적화될 수 있다. 이와 달리, 다세포 생물체의 경우 세포 주변 환경은 비교적 안정적이다. 하지만 박테리아와 마찬가지로 외부 환경이 급격하게 변화하면 21장에서 설명되어 있는 heat-shock (열-충격)과 hypoxia (저산소증)에 대한 세포 반응에서 알 수 있듯이, 진핵 세포는 빠르게 세포를 보호할 수 있는 유전자들의 발현을 유도한다. 여하튼 이러한 다세포 생물체에서 유전자 발현 조절의 특징적이자 생물학적인 궁극적인 목적은 embryological development (배아 발생)가 이루어지는 genetic program (유전 프로그램)이 정상적으로 이루어지는 것이다. 수많은 서로 다른 세포 유형이 만들어지고, 이들이 다세포 생물체를 구성하는 것은 전적으로 배아 발생 과정에서 정확한 유전자가 정확한 시간에 정확한 세포에서 발현되기 때문에 가능하다.

대부분의 경우, 하나의 세포에서 배아 발생 단계가 시작되면 되돌릴 수 없다. 정해진 유전 프로그램이 진행되어 만들어지는 많은 분화 세포들[예, 피부 세포, 적혈구, 그리고 antibody-producing cell (항체 생산 세포)]은 본연의 기능을 수행하다 결국 모두 죽게 된다. 이와 같이 배아 발생 과정의 유전자 발현 조절 방식은 온전한 생물체가 만들어지기 위해 필요하다.

박테리아와 진핵생물은 전사 조절의 두 가지 큰 특징을 공통적으로 가진다. 첫째, 전사-조절 영역이 유전자와 붙어 있다. 두 번째, 특정 전사-조절 영역과 결합하는 단백질에 의해 전사 개시 빈도와 장소가 결정된다. 진핵 세포는 전사를 조절하기 위해 염색질 구조를 이용한다; 이러한 전사 조절 메커니즘은 박테리아에서 사용되지 않는다. 다세포 진핵생물에서, 수많은 불활성 유전자는 염색질의 응축된 영역과 assemble (조립)되어 있어 전사 개시에 필요한 RNA 중합효소와 일반 전사 인자의 결합이 억제된다(그림 8-3 참조). 활성화 단백질들은 유전자 전사 시작 위치 근처에 있는 전사-조절 영역에 결합하고, 또한 전사 시작 위치로부터 수 kilobase (킬로베이스) 떨어진 *enhancer*라 불리는 전사 조절 영역에 결합할 수 있다. 이러한 활성화 단백질의 결합은 염색질 decondensation (탈응축)을 촉진하여 RNA 중합효소가 promoter에 붙어 전사 elongation이 가능하게 한다. 또 다른 조절 element에 결합하는 억제인자 단백질은 염색질 응축을 유발하고, 중합효소 결합과 elongation을 억제한다. 이 절에서는 진핵생물 유전자 조절의 일반적인 원리를 설명하며, 이어지는 절에서는 진핵생물 전사 조절의 좀 더 자세한 내용을 다룬다.

진핵생물 DNA의 조절 Element들은 전사 개시 위치에서 가깝거나 수 Kilobase 떨어져 있다

다양한 세포 유형에서 여러 유전자의 전사 속도를 직접 측정한 결과, 개시 단계 또는 promoter 근처에서는 전사 조절이 진핵생물에서 가장 일반적인 유전자 조절 방식이다(이는 박테리아에서도 동일하다). 박테리아와 진핵생물 모두에서 RNA 중합효소가 결합하고 유전자 전사가 시작되는 DNA 서열을 promoter라 칭한다. 특정 promoter에서 전사는 전사 조절 부위에 붙는 DNA-결합 단백질에 의해 조절 받는다. 각각의 진핵생물 전사 조절 단백질은 전사를 활성화하기도 하고 억제하기도 하는데, 이는 어떤 단백질과 결합하느냐에 의해 결정된다. 이들 단백질을 일컫는 일반적인 용어가 전사 인자이다.

진핵생물 genome에서 전사 인자들이 붙는 DNA 서열은 박테리아 genome에서 발견되는 것과 비교했을 때 promoter로부터 멀리 떨어져 있는 경우가 많다. 어떤 경우에는 전사 인자들이 붙어 있는 위치가 promoter 위쪽으로 또는 아래쪽으로 수만 염기쌍 떨어져 있기도 한다. 결과적으로, 한 유전자의 전사 조절은 다양한 전사 인자들이 여러 DNA 서열과 결합함으로써 다양한 방식으로 이루어질 수 있다. 이와 같은 방식으로 동일 유전자의 발현도 배아 발생 과정 중 서로 다른 세포 유형에서 서로 다른 시간에 이루어질 수 있다.

예를 들면, *Pax6* 전사 인자 정보를 가진 포유류 유전자의 발현을 조절하는 전사 조절 영역은 여러 개가 존재한다. 1장에서 설명되었듯이, Pax6 단백질은 눈 발생에 필수적이다. Pax6는 인슐린을 분비하는 췌장 세포와 뇌 및 척수의 특정 영역의 발생에 필수적이다. 상동 염색체 중 정상적인 *Pax6*가 하나만 존재하면, 신생아는 눈에 홍채가 없는 *aniridia* (무홍채증)를 가지고 태어난다(그림 1-31d). 포유류에서 *Pax6* 유전자는 배아 발생 과정에서 서로 다른 세포 유형과 서로 다른 시기에 최소 3개의 다른 promoter로부터 발현된다(그림 8-4a).

연구자들은 reporter (리포터) 유전자와 전사 조절할 수 있는지 여부에 대해 확인하고자 하는 DNA 조각을 이어 붙인 재조합 DNA 분자를 이용하여 전사 조절 영역을 찾아낸다. 리포터 유전자의 발현은 비교적 손쉽게 확인할 수 있다. 전형적인 리포터 유전자로는 luciferase (루시퍼라제)가 있다. Luciferase는 luminometer (광도계)를 사용하여 높은 민감도를 가지고 측정할 수 있으며, 강도의 크기에 따라 분석할 수 있는 빛을 생성하는 효소이다. 또한 자주 이용되는 리포터 유전자로는 green fluorescent protein (GFP, 녹색 형광 단백질)과 다른 색의 형광을 내는 형광단백질들이 있는데, 이들 단백질의 형광은 형광현미경으로 관찰할 수 있다(그림 4-9d와 4-16 참조). 그리고 *Escherichia coli* (대장균) β-galactosidase (갈락토시다아제) 리포터도 널리 이용되는데, lactose (젖당) 유사체이면서 무색인 X-gal과 섞으면 불용성의 붉은색 침전물이 생성된다. *Pax6* exon 0으로부터 위쪽으로 8 kb를 포함하는 DNA 조각과 β-galactosidase 리포터 유전자를 가진 transgenic (형질전환) 마우스가 만들어지면(그림 그림 8-4a 참조), 배아 발생 과정 중 수정체, 각막 및 췌장에서 β-galactosidase가 관찰된다(그림 8-4b). 8 kb 보다 작은 DNA 조각을 가진 형질전환 마우스를 분석해 보면 췌장에서 전사 조절에 관여하는 영역과 수정체와 각막에서 전사 조절에 관여하는 영역을 구별할 수 있다. 다른 리포터 유전자를 가진 형질전환 마우스는 또 다른 전사 조절 영역을 밝히는 데 도움을 주었다(그림 8-4a 참조). 이 영역들은 발생 중인 망막 그리고 발생 중인 뇌의 다른 영역에서 전사 조절에 관여한다. 전사 조절에 관여하는 영역 중 일부는 exon (엑손) 4와 5 사이의 intron (인트론), exon 7과 8 사이의 intron에 위치한다. 예를 들면, exon 4와 5 사이의 *Retina* (망막) 발생을 조절하는 영역(그림 8-4a)에 의해서 리포터 유전자가 발현되면 망막에서 리포터 유전자 발현이 특이적으로 나타난다(그림 8-4c).

많은 유전자들의 전사 조절 영역은 exon으로부터 수백 kilobase 떨어져 있다. 이와 같이 exon으로부터 멀리 떨어진 전사 조절 영역을 찾는 방법 중 하나는 유사 생물종 간의 염기 서열을 비교하는 것이다. 생물종 간에 보존된 유전자의 전사 조절 영역 역시 잘 보존되어 있고, 진화 과정에서 생긴 nonfunctional (비기능성) 서열이 섞어 있더라도 찾아낼 수 있다. 예를 들면, 보존된 전사 조절 영역으로 인간, 마우스, 닭, 개구리와 물고기 모두에서 존재하는 *SALL1* 유전자의 500 kb 아래쪽에 DNA 서열이 있다(그림 8-5a). *SALL1* 유전자로부터 팔다리 발생에 필요한 전사 인자가 만들어진다. SALL1 보존된 전사 조절 영역과 이어진 β-galactosidase 리포터 유전자를 가진 형질전환 마우스가 만들어졌

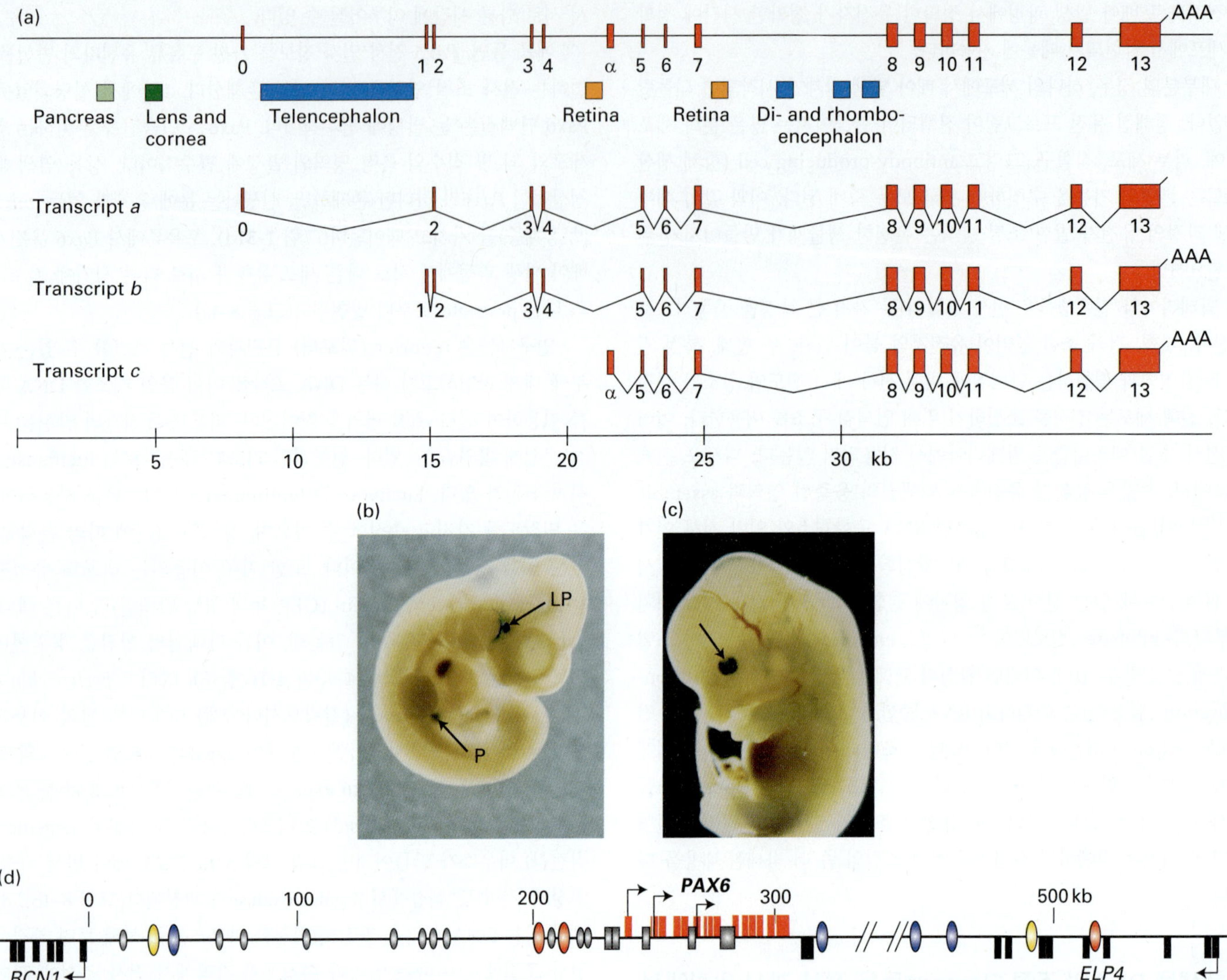

그림 8-4 마우스 *Pax6* 유전자 및 orthologous (이종상동) 인간 *PAX6* 유전자의 전사 조절 영역. (a) 3개의 alternative (대안의) Pax6 promoter는 발생 중인 마우스 배아의 다른 조직에서 배아 발생 동안 서로 다른 시간에 사용된다. 다른 조직에서 *Pax6*의 발현을 조절하는 전사 조절 영역은 색이 있는 직사각형으로 표시되었다. 이러한 조절 영역의 길이는 약 200–500 bp이다. (b) exon 0 위쪽으로 8 kb의 마우스 DNA와 이어 붙여진 β-galactosidase 리포터 transgene (이식유전자)의 발현. 수정 후 10.5일 째인 형질전환 마우스 배아를 X-gal로 염색하여 β-galactosidase 발현을 확인하였다. Lens pit (LP, 수정체 구덩이)는 눈의 수정체로 발생하는 조직이다. 췌장(P)으로 발생하는 조직에서도 발현이 관찰되었다. (c) *'Retina'*로 표시된 exon4와 5 사이[(a)의 서열]에 이어 붙여진 β-galactosidase 리포터 유전자가 수정 후 13.5일째 마우스 배아에서 발현됨. 화살표는 발생 중인 retina (망막)의 nasal (비강) 및 temporal (관자놀이) 영역을 가리킨다. (d) 인간 *PAX6* 조절 영역은 위쪽에 위치하는 유전자 RCN1과 아래쪽에 위치하는 ELP4 유전자의 promoter 사이의 600-kb 영역에서 확인되었다. RCN1 및 ELP4는 왼쪽 방향으로 전사된다. 그들의 exon은 DNA 서열을 나타내는 선 아래쪽 검은색 직사각형으로 표시되었다. *PAX6* exon은 선 위쪽 빨간색 직사각형으로 표시되었다. 3개의 *PAX6* promoter는 오른쪽 화살표로 표시되었고, (a)에 표시된 조절 영역은 회색 직사각형으로 표시되었다. 대부분의 척추동물에서 서열이 부분적으로 보존되어 있는 유전자 주변 영역(그림 8-5a에서와 같이)은 타원형으로 표시되었다. 색이 있는 타원은 전사 조절 영역이 형질전환 마우스보다 훨씬 더 빠르게 분석될 수 있는 zebrafish (제브라피쉬)에서 특정 신경해부학적 위치에서 형질전환 유전자의 발현을 유발하는 서열을 나타낸다. [Part (a) Data from B. Kammendal et al., 1999, *Devel. Biol.* **205**:79. Part (b) Republished with permission of Elsevier, B. Kammendal et al., 1999, "Distinct cis-Essential Modules Direct the Time–Space Pattern of the Pax6 Gene Activity," *Devel. Biol.* **205**(1): 79–97; permission conveyed through Copyright Clearance Center, Inc. Part (c) Courtesy of Peter Gruss and Birgitta Kammandel. Part (d) Data from S. Bhatia et al., 2014, *Devel. Biol.* **387**:214.]

는데(그림 8-5b), 이 형질전환 마우스 배아의 팔다리 bud에서 β-galactosidase가 높은 발현을 보였다(그림 8-5c). SALL1 전사 조절 영역에 deletion (결실)이 생긴 인간 환자는 비정상적인 팔다리를 가진다. 이러한 결과는 SALL1 전사 조절 영역이 *SALL1* 유전자의 전사를 조절하여 정상적인 팔다리가 발생하게 함을 의미한다. 아마도 다른 유형의 세포에서는 다른 전사 조절 영역이 *SALL1* 유전자 발현을 조절할 것이고, 이와 같은 방식으로 정상적인 눈, 소장과 신장의 발생이 이루어질 것이다. 진핵 세포에서 전사를 수행하기 위해 RNA 중합효소와 함께 역할을 하는 단백질에 대해 설명한 후, *enhancer*라고 하는 멀리 떨어진 전사 조절 영역이 어떻게 역할하는지에 대해 설명을 할 것이다.

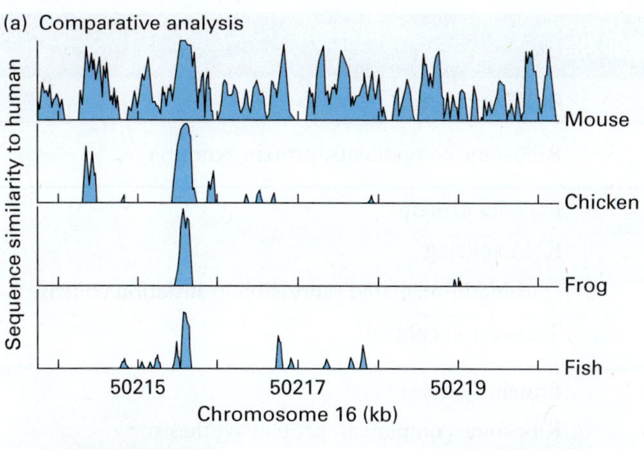

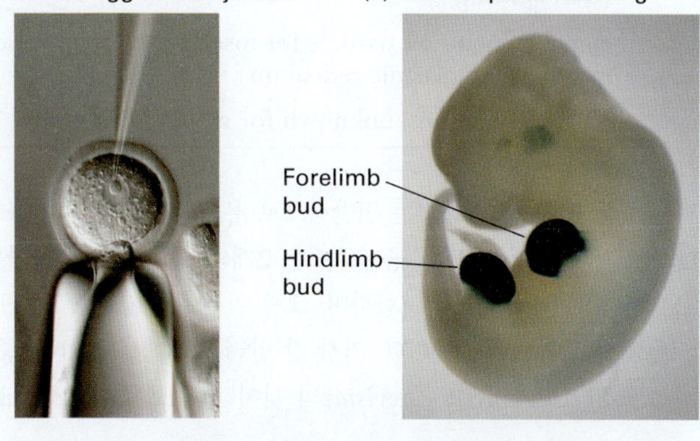

실험 그림 8-5 인간 *SALL1* enhancer는 발생 중인 마우스 배아의 limb (사지) bud에서 리포터 유전자의 발현을 활성화한다. (a) Zinc-finger (아연-집게) 전사 억제 인자 정보를 가진 *SALL1* 유전자로부터 약 500 kb 아래쪽에 있는 인간 genome 영역(염색체 간격 50214 kb에서 50220.5 kb 사이)에서 DNA 서열의 보존 정도를 그래픽을 보여줌. 단백질 합성 정보가 없는 서열인 대략 500 bp 영역이 zebrafish에서부터 인간에까지 보존되어 있다. 이 보존된 영역을 포함하는 900개 염기쌍의 인간 DNA를 *E. coli* β-galactosidase의 coding 영역 앞에 붙여, 새로운 plasmid (플라스미드) DNA를 완성하였다. (b) Plasmid를 수정된 마우스 난자의 pronucleus (전핵)에 미세 주입하였고 pseudopregnant (가임신) 마우스의 자궁에 이식하여, 리포터 유전자를 포함하는 plasmid가 genome에 삽입된 형질전환 마우스 배아가 만들어졌다. (c) 발생 11.5일 후, limb bub가 발생하는 시점에 배아를 확보해 고정하고 permeabilized (침투가 가능한 상태가 된) 배아를 X-gal에서 담가두었다. X-gal은 β-galactosidase에 의해 불용성의 강한 파란색 화합물로 바뀐다. 실험 결과로부터 종간 보존된 영역이 특히 limb bud에서 β-galactosidase 리포터 유전자의 강한 전사를 자극하는 enhancer를 포함한다는 것을 알 수 있었다. [Part (a) Data from the VISTA Enhancer Browser, http://enhancer.lbl.gov. Parts (b) Deco/ Alamy and (c) Republished with permission of Nature Publishing Group, from L. A. Pennacchio et al., 2006, "In Vivo Enhancer Analysis of Human Conserved Non-Coding Sequences," *Nature* **444**:499–506; permission conveyed through Copyright Clearance Center, Inc.]

3개 진핵생물 핵 RNA 중합효소는 서로 다른 RNA의 형성을 촉매한다

지금까지 알려진 모든 진핵 세포의 핵에는 I, II 및 III로 이름이 정해진 3개의 서로 다른 RNA 중합효소가 있다. 이들 효소는 ion-exchange chromatography (이온 교환 크로마토그래피)를 수행하여 분리할 때 서로 다른 salt (염) 농도에서 용출되는데, 이로부터 net charge (순전하)에 차이 있음을 알 수 있다. 또한 세 가지 핵 RNA 중합효소는 일부 버섯에서 만들어지는 독성이 있는 고리형 octapeptide인 α-amanitin에 대한 민감도가 서로 다르다(그림 8-6). RNA 중합효소 I은 α-amanitin에 둔감하지만, RNA 중합효소 II는 매우 민감하다—약물이 효소의 활성 위치 근처에 결합하고 DNA template (주형)를 따라 효소가 움직이는 것을 막는다. RNA 중합효소 III는 중간 정도 민감도를 가진다. 각 진핵생물 RNA 중합효소는 서로 다른 종류의 RNA 정보를 가진 유전자의 전사를 촉매한다(표 8-1). Nucleolus (인)에 위치한 *RNA 중합효소 I* (Pol I)은 28S, 5.8S 및 18S rRNA로 process되는 precursor (전구체) rRNA (pre-rRNA) 정보를 가진 유전자를 전사한다. *RNA 중합효소 III* (Pol III)는 tRNA, 5S rRNA를 전사하고 또한 small stable RNA 정보를 가진 유전자도 전사한다. Small stable RNA는 RNA splicing에 관여하는 RNA (U6) 및 nascent 단백질이 소포체로 향하게 하는 데 관여하는 signal recognition particle (SRP, 신호 인식 입자)의 RNA 구성요소를 포함한다(13장 참조).

RNA 중합효소 II (Pol II)는 단백질 정보를 가진 모든 유전자를 전사한다: 즉, mRNA가 만들어지는 데 역할을 한다. 또한 RNA 중합효소 II는 RNA splicing (스플라이싱, 잘라 이음)에 참여하는 5개의 small nuclear RNA (snRNA) 중 4개 및 전사 조절에 관여하는 microRNA (miRNA)를 만든다. 뿐만 아니라 세포 내에서 만들어지는 small inter-

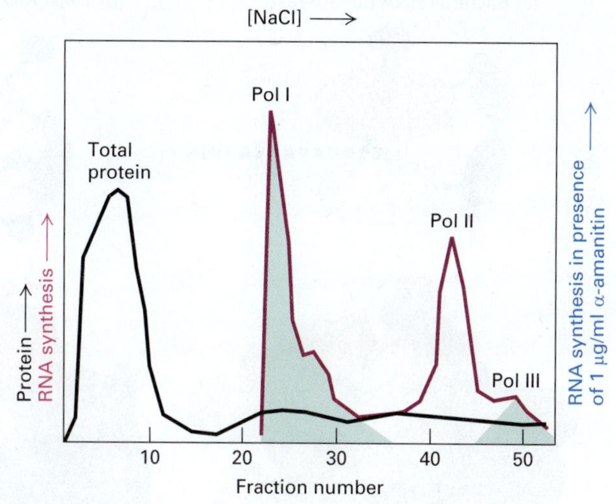

실험 그림 8-6 Liquid chromatography (액체 크로마토그래피)를 수행하면 세 종류의 진핵생물 RNA 중합효소를 분리하고 구분할 수 있는데, 각각은 α-amanitin (아마니틴, 버섯에 함유된 독성물질)에 대해 서로 다른 민감성을 가지고 있다. 배양된 진핵 세포 핵의 단백질 추출물을 DEAE Sephadex column에 통과시키고, NaCl 농도를 지속적으로 증가시키는 용액으로 붙어 있는 단백질을 elute (용출; 검은색 곡선)하였다. Column에서 얻어진 각 eluate fraction (용출액 분획)의 aliquot (일부 표본)을 갖고서, 1 μg/ml α-amanitin이 없는 경우(빨간색 곡선) 및 α-aminitin이 있는 경우(녹색 음영) RNA 중합효소 활성을 분석하였다. 이 농도의 α-amanitin은 중합효소 II 활성을 억제하지만 중합효소 I 및 III에는 영향을 미치지 않는다. 중합효소 III는 10 μg/ml의 α-amanitin에 의해서 억제되는(표시되지 않음) 반면, 중합효소 I은 이 더 높은 농도에서도 영향을 받지 않는다. [Data from R. G. Roeder, 1974, *J. Biol. Chem.* **249**:241.]

표 8-1 • 세 종류 진핵생물 핵 RNA 중합효소에 의해 전사되는 RNA 종류 및 그들의 기능

Polymerase	RNA Transcribed	RNA Function
RNA polymerase I	Pre-rRNA (28S, 18S, 5.8S rRNAs)	Ribosome components, protein synthesis
RNA polymerase II	mRNA	Encodes protein
	snRNAs	RNA splicing
	siRNAs	Chromatin-mediated repression, translation control
	miRNAs	Translation control
RNA polymerase III	tRNAs	Protein synthesis
	5S rRNA	Ribosome component, protein synthesis
	snRNA U6	RNA splicing
	7S RNA	Signal recognition particle for insertion of polypeptides into the endoplasmic reticulum
	Other small stable RNAs	Various functions, unknown for many

fering RNA (siRNA, 작은 간섭 RNA) 및 대부분의 long noncoding RNA (lncRNA)도 만든다(9장 참조). 우리는 이 장에서 Pol II의 조절을 중점적으로 설명하지만, 마지막 부분에서 Pol I과 Pol III의 조절에 대해서도 설명할 것이다.

진핵생물 RNA 중합효소는 박테리아 RNA 중합효소보다 더 복잡하지만 모든 RNA 중합효소는 전반적으로 유사한 구조를 가진다(그림 8-7a, b). 각 진핵생물 RNA 중합효소는 2개의 큰 subunit (소단위)과 10–14개의 작은 subunit를 포함하며, 그중 일부는 중합효소 2개 또는 3개 모두에 공통적으로 존재한다. 가장 잘 알려진 진핵생물 RNA 중합효소는 효모 *Saccharomyces cerevisiae*의 것이다. 효모 중합효소 subunit

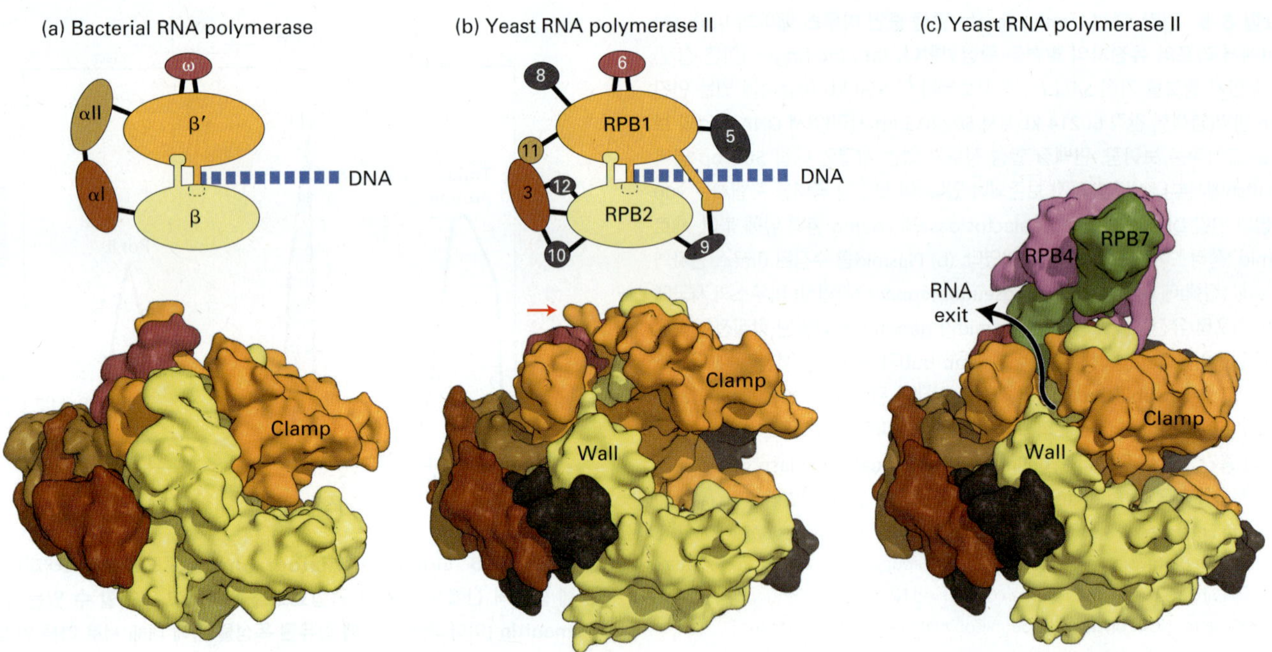

그림 8-7 박테리아 및 진핵생물 RNA 중합효소의 3차원 구조 비교. 이러한 공간 채우기 모델은 x-선 결정학적 분석을 기반으로 한다. (a) 박테리아 *T. aquaticus*의 RNA 중합효소. 박테리아 효소의 5가지 subunit은 색으로 구별된다. α subunit의 N-말단 domain (도메인)만 이 모델에 포함되었다. (b) *S. cerevisiae*의 core (핵심) RNA 중합효소 II. 효모 RNA 중합효소 II를 구성하는 12개의 subunit 중 10개가 이 모델에 표시되었다. 박테리아 효소의 구조와 유사한 subunit은 동일한 색으로 표시되었다. 큰 subunit RPB1의 C-말단 domain은 결정 구조에서 관찰되지 않았지만, 빨간색 화살표로 표시된 위치에서 뻗어 나오는 것으로 알려져 있다. (RPB는 "*RNA polymerase B*"의 약자이고 RNA 중합효소 II를 다르게 칭하는 이름이다.) 중합효소가 오른쪽 방향으로 전사할 때 DNA가 들어가는 것이 위쪽에 그려져 있다. (c) Subunit 4 및 7을 포함하는 효모 RNA 중합효소 II의 공간 채우기 모델. 이러한 subunit들은 큰 subunit의 C-말단 domain 영역 근처에 효소의 core 부분((b)에 표시)에서 바깥으로 뻗어 나와 있다. [Part (a) Courtesy of Seth Darst; see N. Korzheva et al., 2000, *Science* **289**:619–625. Part (b) Data from P. Cramer et al., 2001, *Science* **292**:1863. Part (c) Data from K. J. Armache et al., 2003, *Proc. Nat'l. Acad. Sci. USA* **100**:6964, and D. A. Bushnell and R. D. Kornberg, 2003, *Proc. Nat'l. Acad. Sci. USA* **100**:6969.]

정보를 가진 유전자 각각에 대한 유전자 knockout (녹아웃) 돌연변이(6장 참조)가 만들어지고서 각각의 표현형이 분석되었다. 또한, 효모 RNA 중합효소 II의 3차원 구조가 결정되었다(그림 8-7b, c). 지금까지 연구된 모든 진핵생물의 세 가지 핵 RNA 중합효소는 효모의 것과 매우 유사하다. 식물은 2개의 추가적인 핵 RNA 중합효소(RNA 중합효소 IV 및 V)를 가지고 있다. 이 효소들은 RNA 중합효소 II와 매우 유사하지만, 고유한 큰 subunit과 일부 추가적인 고유의 subunit을 가지고 있다. RNA 중합효소 IV 및 V는 식물의 핵 siRNA에 의해 유도되는 식물 transposon (전이인자)의 전사 억제에서 역할을 한다. 우리는 이 장의 끝에서 그것들에 대해 설명한다.

모든 진핵생물 RNA 중합효소의 2개의 큰 subunit은 서열과 구조가 유사하고, *E. coli* RNA 중합효소 큰 subunit인 β′ 및 β와도 유사하다(그림 8-8 및 그림 8-7a 참조). 또한 각각의 진핵생물 RNA 중합효소는 ω-like 및 2개의 α-like subunit을 가지고 있다(그림 8-8 참조). 다양한 생물의 RNA 중합효소에서 이러한 핵심 subunit 구조가 매우 유사하다는 점은 RNA 중합효소가 진화 초기에 만들어졌고, 대부분 종간 보존되어 왔음을 의미한다. 이것은 DNA로부터 RNA가 만들어지는 것과 같은 기본적인 과정을 중합효소가 촉매한다는 점을 고려하면 타당해 보인다.

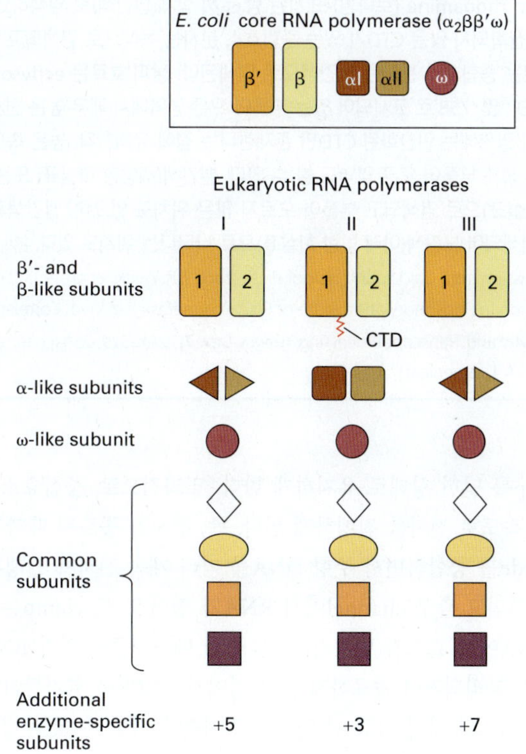

그림 8-8 *E. coli* RNA core 중합효소 및 효모 핵 RNA 중합효소의 subunit 구조를 그림으로 표현. 3개의 효모 중합효소는 모두 *E. coli* RNA 중합효소의 β, β′, 2개의 α 및 ω subunit과 유사성을 가진 5개의 core subunit을 가진다. 또한 RNA 중합효소 II의 가장 큰 subunit (RPB1)은 필수 C-terminal domain (CTD)을 가진다. RNA 중합효소 I과 III는 동일하지 않은 2개의 α-like subunit을 가지는 게 공통인 반면, RNA 중합효소 II는 또 다른 2개의 α-like subunit을 가진다. 세 가지 중합효소들은 모두 동일한 ω-like subunit과 4개의 다른 공통 subunit을 공통적으로 가진다. 또한 각 효모 중합효소에는 3~7개의 고유한 더 작은 subunit을 가진다.

핵심 subunit 외에도 모든 효모 RNA 중합효소에는 박테리아 RNA 중합효소에는 없는 4개의 추가적인 작은 subunit이 있다(그림 8-8 참조). 마지막으로, 각 진핵생물의 핵 RNA 중합효소는 몇 가지 고유한 효소 특이적 subunit을 가지고 있다(그림 8-8 참조). (Pol I은 5개, Pol II는 3개, Pol III는 7개). Pol I 및 Pol III의 이러한 추가적인 subunit 중 3개는 Pol II-특이적 3개의 추가적인 subunit과 상동성이 높다. 다른 2개의 Pol I-특이적 subunit은 Pol II 일반 전사 인자 TFIIF (뒤에서 추가 설명됨)와 homologous하며, Pol III의 4개의 추가적인 subunit은 Pol II 일반 전사 인자 TFIIF 및 TFIIE와 상동성이 높다. Pol I 및 Pol III에서 이러한 일반적인 transcription-factor-like (전사 인자 유사) subunit의 기능은 TFIIE 및 TFIIF의 기능과 유사하다. 그러나 효소 정제 과정에서, 이들 subunit들은 RNA 중합효소 I 및 III와 결합된 상태로 유지되는 반면, 기능적으로 유사한 RNA 중합효소 II subunit들은 정제 과정에서 RNA 중합효소 II에서 떨어진다.

Archaea (고세균)는 박테리아와 마찬가지로 유전자 전사에 관여하는 한 종류의 RNA 중합효소를 가지고 있지만, archaeal RNA 중합효소는 진핵생물 핵 RNA 중합효소와 같이 12개 정도의 subunit을 가지고 있다. 또한 고세균은 진핵생물 전사 인자와 관련된 일반적인 전사 인자를 가지고 있는데, 이는 박테리아와 진핵생물의 진화적 관계보다는 고세균과 진핵생물 사이의 진화적 관계가 더 밀접하다는 것과 일치한다(그림 1-1 참조).

효모에서의 유전자 knockout 실험을 통해 3개의 핵 RNA 중합효소의 subunit의 대부분이 세포 생존에 필수적임이 알려졌다. 생존에 필수적이지 않은 몇몇 중합효소 subunit 정보를 가진 유전자를 disruption 하면(파괴하면) (예, RNA 중합효소 II의 subunit 4 및 7), 세포는 생존은 하지만 매우 느리게 자란다. 따라서 모든 subunit들은 진핵생물 RNA 중합효소가 정상적으로 기능하는 데 필요하다.

Clamp Domain (조임쇠 도메인)은 기다란 DNA 전체가 RNA 중합효소 II에서 떨어지지 않고 전사가 끝까지 진행되게 한다

Subunit RPB1은 *clamp domain*을 가지는데, 중합효소에 들어가는 DNA를 잡아 고정시키는 것으로 관찰되었기 때문에 clamp domain이라 불린다. 홀로 있는 Pol II 결정(그림 8-9a)에서 clamp domain 위치와 전사가 진행되는 효소의 형태를 모사한 복합체(그림 8-9b)에서 clamp domain 위치가 서로 다르다. Clamp domain은 아래쪽 DNA가 RPB1과 RPB2 subunit 사이의 틈으로 들어갈 때 열리고(그림 8-7b 참조), 효소가 elongation 단계에 들어갈 때 닫히는 경첩에서 회전한다(그림 8-9b). 활성 위치[RNA가 주형 DNA 가닥과 base-pair (염기쌍)를 이루는 곳, 그림 8-9b 참조] 근처의 8–9-bp RNA-DNA hybrid 영역이 RPB1과 RPB2 사이에 붙고 nascent RNA가 출구 channel (통로)을 채울 때, clamp는 닫힌 상태로 고정되고, 중합효소는 double-stranded (이중나선) DNA에 고정되게 된다. 또한, 나중에 설명되는 *DSIF*라고 하는 전사 elongation 인자는 전사를 elongation하는 중합효소와 결합하

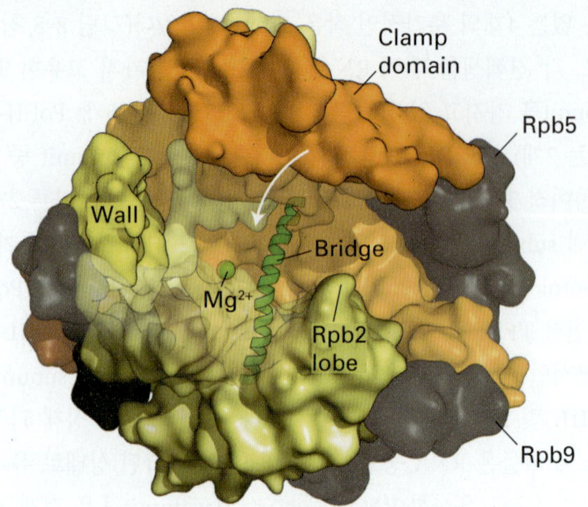

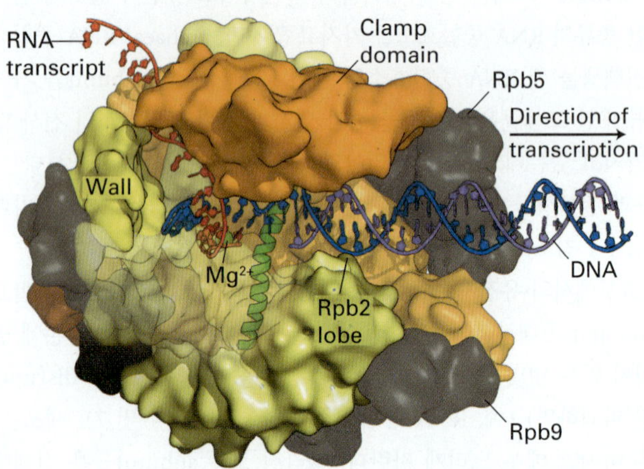

그림 8-9 RPB1의 clamp (조임쇠, 클램프) domain. 홀로 존재하는(a) 그리고 전사가 진행 중인(b) RNA 중합효소 II의 구조는 주로 RPB1 subunit (주황색)에서 clamp domain의 위치가 다르다. Clamp domain은 전사 복합체가 형성되는 동안 중합효소의 턱 사이의 틈 위아래로 움직이고, 결과적으로 주형 DNA 가닥과 transcript를 잡아 가둔다. Clamp domain이 8–9bp RNA-DNA hybrid에 결합하면 clamp가 덮이면서 RNA가 갇히게 되고, 결과적으로 clamp가 덮여진 채로 긴 전사체가 만들어지는 복합체가 안정화된다. 이 전사 elongation 복합체 모델에서 RNA는 빨간색으로, 주형 DNA 가닥은 짙은 파란색으로, 아직 전사되지 않은 nontempalte (비주형) DNA 가닥은 보라색으로 표시되었다. Clamp는 들어오는 DNA 위로 닫힌다. 이 모델은 핵산이 더 잘 보이도록 틈새 한쪽이 제거된 RPB2의 일부분만을 보여주고 있다. Phosphodiester (포스포디에스테르) 결합 형성의 촉매 작용에 참여하는 Mg^{2+}이온은 녹색으로 표시되었다. 'Wall'은 중합효소의 턱으로 들어가는 주형 DNA가 중합효소를 빠져나가기 전에 구부러지도록 하는 RPB2의 domain이다. 녹색으로 표시된 bridge (가교) α 나선은 중합효소의 틈새를 지나 뻗어 나와 있는데 (그림 8-7b 참조), 중합효소가 주형 DNA 가닥을 따라서 한 base (염기)를 옮김에 따라 구부러졌다 펴졌다하는 것으로 생각된다. Nontemplate 가닥은 갈라진 틈(표시되지 않음) 위에서 유연한 single-stranded (단일가닥) 영역을 형성하는 것으로 생각되며, 주형 DNA의 아래쪽 3개 염기까지 single-stranded 영역이 확장되어 있다. DNA가 중합효소 밖으로 나오는 곳에서 주형 DNA는 RNA transcript의 3′ 염기와 base-pair (염기쌍을 형성)하고, 그곳에서 nontemplate 가닥과 hybridize하여, 전사 bubble (거품)을 만든다. [Data from A. L. Gnatt et al., 2001, *Science* **292**:1876, PDB ID 1i6h.]

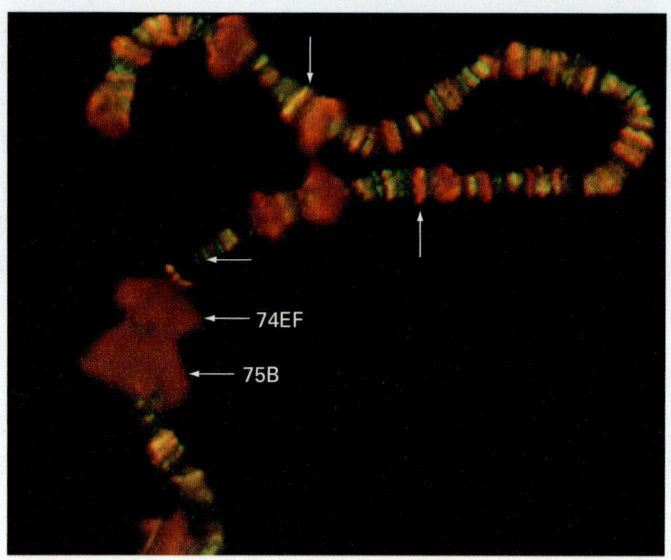

실험 그림 8-10 항체 염색 실험에서 RNA 중합효소 II의 carboxy (카르복시)-말단 domain이 생체 내 전사가 일어나는 동안 인산화됨이 알려졌다. 탈피하기 직전 *Drosophila* 유충에서 타액선 polytene 염색체가 준비되었다. 준비된 polytene 염색체에 인산화 CTD에 특이적인 토끼 항체 및 인산화되지 않은 CTD에 특이적인 염소 항체를 처리하였다. 그런 다음, fluorescin (플루오레신)-표지된 항-염소 항체(녹색) 및 rhodamine (로다민)-표지된 항-토끼 항체(빨간색)로 염색하였다. 결과적으로 인산화되지 않은 CTD가 있는 중합효소 분자는 녹색으로 염색되고 인산화된 CTD가 있는 중합효소 분자는 빨간색으로 염색된다. 탈피 호르몬 ecdysone (엑디손)은 '74EF' 및 '75B'로 표시되어 있는 부풀어 오른 영역에서 매우 높은 전사율을 유도한다; 이 영역에는 인산화된 CTD만 존재한다는 점에 유의한다. 높은 속도로 전사되지만 더 작게 부풀어 오른 영역도 볼 수 있다. 빨간색(위방향 화살표) 또는 녹색(가로방향 화살표)으로 염색되고 부풀어 오르지 않은 위치도 있으며, 빨간색과 녹색으로 모두 염색되어 노란색(아래 방향 화살표)으로 나타나는 위치도 있다. [Republished with permission from Cold Spring Harbor Press, from: J. R. Weeks et al., 1993, "Locus-Specific Variation In Phosphorylation State of RNA Polymerase II In Vivo: Correlations with Gene Activity and Transcript Processing," *Genes Dev.* **7**(12A):2329–2344; courtesy of J. R. Weeks and A. L. Greenleaf]

고 clamp를 닫힌 상태로 유지하게 한다. 결과적으로, 중합효소는 굉장히 빠른 속도로 전사를 진행하게 된다. 즉, 전사가 종료될 때까지 ribonucleotide를 중합하면서 주형 DNA를 따라 계속 전사가 진행된다. 전사가 종결되고 출구 channel에서 RNA가 떨어진 후, clamp는 열리고 주형 DNA에서 효소가 떨어지게 된다. 이 메커니즘은 인간 RNA 중합효소 II가 분리되거나 종료하지 않고 길이가 약 2백만 염기쌍이며, dystrophin 정보를 가진 가장 긴 인간 유전자를 전사할 수 있는 방법을 설명한다. 전사 elongation은 분당 1–2 kb로 진행되기 때문에, *DMD* 유전자의 전사에는 약 하루가 필요하다!

RNA 중합효소 II의 가장 큰 Subunit은 필수적인 Carboxy (카르복시)-말단 반복 서열을 가진다

RNA 중합효소 II는 RPB1 subunit의 carboxy 말단에 고유한 domain을 가진다. 이 domain은 여러 번 반복되는 7개의 아미노산으로 구성된다. Tyr-Ser-Pro-Thr-Ser Pro-Ser의 공통 서열을 갖는 이 heptapeptide repeat (헵타펩티드 반복 서열)는 **carboxy-terminal domain (CTD)**으로 알려져 있다(그림 8-8, 빨간색 물결선 참조). 효모 RNA 중합효소 II에는 이러한 반복 서열이 26개 이상 포함되어 있고, 척추동물 효소에는 52개 반복 서열이 있으며, 거의 모든 다른 진핵생물의 RNA 중합효소 II에는 26~52개 반복 서열이 있다. CTD는 세포 생존에 중요한데, 효모가 생존하려면 최소 10개의 반복 서열이 있어야 한다.

모델 promoter를 사용한 *in vitro* 실험에서 전사를 시작하는 RNA 중합효소 II 분자가 인산화되지 않은 CTD를 가지고 있음이 알려졌다. 중합효소가 전사를 시작하고 promoter에서 멀어지기 시작하면 CTD의 많은 serine과 일부 tyrosine 잔기가 인산화된다. 전사가 활성화되어 있는 시기인 유충의 탈피 직전의 *Drosophila* salivary gland (침샘)에서 분리된 polytene 염색체 분석 결과는 생체 내 전사가 일어나는 동안 CTD가 역시 인산화됨을 알려주었다. 발생 단계 중 이 시기에 나타나는 큰 염색체 "puff (부풀어 오름)"는 genome이 매우 활발하게 전사되는 영역이다. 인산화 또는 비인산화 CTD를 인식하는 항체로 염색한 결과에서, 많은 전사가 일어나는 puffed 영역에 붙어 있는 RNA 중합효소 II가 인산화된 CTD를 가지고 있음이 입증되었다(그림 8-10).

8.1절의 주요 개념

Eukaryotic Transcription (진핵생물 전사)의 개요

- 다세포 생물에서 유전자 조절의 최우선 목적은 정확한 발생 프로그램을 실행하여 발생학적 발생 및 세포 분화 동안 적절한 시간에 적절한 세포에서 적절한 유전자가 발현되도록 하는 것이다.
- 전사 조절은 박테리아에서와 마찬가지로 진핵생물에서도 유전자 발현을 조절하는 주요 수단이다.
- 진핵생물 genome에서 DNA 전사 조절 element는 promoter에서 수 kilobase 떨어진 곳에 위치할 수 있다. 다른 세포 유형에서 동일한 유전자의 전사가 다른 조절 element에 의해 조절될 수 있다.
- 진핵생물에는 세 가지 유형의 핵 RNA 중합효소가 있다. 3개 중합효소 모두 *E. coli* RNA 중합효소의 β′, β, α 및 ω subunit, 유사성을 갖는 2개의 큰 core subunit (핵심 소단위체), 그리고 3개의 작은 core subunit을 포함하며, 몇 개의 추가적인 작은 subunit들을 포함한다(그림 8-8 참조).
- RNA 중합효소 I은 pre-rRNA만을 합성한다. RNA 중합효소 II는 mRNA, mRNA splicing에 참여하는 small nuclear RNA 중 일부, mRNA의 translation과 안정성을 조절하는 micro- 및 small interfering RNA (miRNA 및 siRNA), 전사를 조절하는 long noncoding (lnc) RNA를 합성한다. RNA 중합효소 III는 tRNA, 5S rRNA 및 기타 여러 small stable RNA를 합성한다(표 8-1 참조).
- RNA 중합효소 II의 가장 큰 subunit에 있는 carboxy-terminal domain (CTD)은 전사 개시 동안 인산화되고 효소가 DNA 주형을 전사하는 동안 인산화된 상태를 유지한다.

8.2 RNA 중합효소 II Promoter 및 일반 전사 인자들

RNA 중합효소 II가 mRNA를 전사하기 때문에 RNA 중합효소 II에 의한 전사 개시 및 elongation을 조절하는 메커니즘이 가장 많이 연구되었다. RNA 중합효소 II에 의한 전사 개시 및 elongation은 단백질 정보를 가진 유전자의 발현에 필요한 첫 번째 생화학적 단계이다. 이 단계는 가장 빈번하게 조절되는 유전자 발현의 단계이며, 따라서 세포 특이적 단백질이 합성되는 시기와 장소를 결정한다. 이전 절에서 설명했듯이, 진핵생물 단백질 정보를 가진 유전자의 발현은 일반적으로 *transcription-control region* (전사-조절 영역)으로 불리며, 여러 단백질이 결합하는 DNA 서열에 의해 조절된다. 이러한 서열에는 DNA 주형의 전사가 시작되는 위치를 결정하는 promoter와 전사 시작 위치 근처에 위치한 다른 유형의 조절 element가 포함된다. 또한 그들은 조절하는 유전자에서 멀리 떨어져 있는 *enhancer*라고 하는 서열을 포함하며, 이는 세포 유형별 전사와 특정 유전자가 얼마나 자주 전사되는지를 조절한다. 이 절에서는 진핵생물 단백질 정보를 가진 유전자에서 발견되는 다양한 전사 조절 element들의 특성과 이들을 구별하는 데 사용되는 몇 가지 기술에 대해 자세히 살펴본다.

RNA 중합효소 II는 mRNA의 5′ Cap에 해당하는 DNA 서열에서 전사를 시작한다

정제된 RNA 중합효소 II (배양된 세포의 핵에서 분리된 단백질 추출물) 및 많은 양 발현되는 유전자들의 mRNA 5′ 말단 정보를 가진 DNA 주형을 사용한 *in vitro* 전사 실험이 진행되었는데, 여기에서 생산된 전사체는 항상 5′ 말단에 cap 구조를 가짐이 밝혀졌다. 여기에서 관찰된 5′ 말단의 cap 구조는 생체 내 유전자에서 정상적으로 발현되고 spliced mRNA의 5′ 말단에 존재하는 것과 동일하였다(그림 5-26 참조). 이 실험에서, 핵 추출물의 어떤 효소에 의해 nascent RNA (전사 초기 RNA)의 5′ 말단에 5′ cap이 추가되었는데, 이 효소는 5′ tri- 또는 diphosphate (삼인산염 또는 이인산염)를 가진 RNA에만 cap을 추가할 수 있었다. 긴 RNA가 절단되어 생성된 5′ 말단은 5′ monophosphate (단일인산염)를 가질 것이기 때문에 여기에는 cap이 추가되지 않을 것이다. 결과적으로, 연구자들은 *in vitro* 전사 반응에서 생성된 capped nucleotide가 전사가 시작되는 nucleotide임에 틀림없다고 결론지었다. 서열 분석 결과, *in vitro* 실험에서 해당 유전자로부터 만들어진 RNA transcript (전사체) 5′ 말단에 있는 서열이 세포에서 분리된 mRNA의 5′ 말단에 있는 서열과 동일하다는 것이 밝혀졌고, 이로써 진핵생물 mRNA의 capped nucleotide가 전사 시작 위치와 일치함이 확인되었다. 오늘날 새롭게 확인된 mRNA의 전사 개시 위치는 일반적으로 mRNA의

5′-capped nucleotide 정보를 가진 DNA 서열을 확인함으로써 쉽게 결정된다.

TATA 상자, Initiator (개시 서열) 및 CpG Island (섬)는 진핵생물 DNA에서 Promoter로 역할을 한다

서로 다른 여러 유형의 DNA 서열은 RNA 중합효소 II의 promoter로 역할을 할 수 있으며, RNA 중합효소가 double-stranded (이중-가닥) DNA 분자의 주형 가닥에 상보적인 RNA를 만드는 전사를 시작할 수 있도록 한다. 이러한 서열에는 TATA 상자, initiator 및 CpG island가 포함된다.

TATA 상자 *In vitro* 전사 시스템을 통해 서열이 확인되고 연구된 최초의 유전자는 세포 주기의 특정 시간 또는 특정 분화된 세포 유형에서 매우 활발히 전사되는 바이러스 유전자 및 세포 단백질 정보를 가진 유전자였다. 이 모든 전사가 활발히 일어나는 유전자에서 **TATA 상자(TATA box)**라고 하는 보존된 서열이 전사 시작 위치의 약 26–31 bp 위쪽에서 발견되었다(그림 8-11). Mutagenesis (돌연변이 생성) 연구에서 이 nucleotide 서열의 단일 염기 변화가 그것에 인접한 유전자의 시험관 내 전사를 대폭 감소시키는 것으로 나타났다. TATA 상자와 정상 전사 시작 위치 사이의 염기쌍이 결실되면, 변형된 주형으로부터 전사는 TATA 상자에서 약 25 bp 아래쪽 새로운 위치에서 시작된다.

Initiator 서열, BRE 및 DPE TATA 상자 외에도, 일부 진핵생물 유전자에는 initiator라고 하는 또 다른 core promoter element가 존재한다. 대부분의 자연 발생 개시 element는 –1 위치에 cytosine (C, 시토신)이 있고, 전사 시작 부위 (+1)에 adenine (A, 아데닌) 잔기가 있다. Initiator를 가진 promoter를 사용한 포유류 유전자의 directed mutagenesis (유도된 돌연변이 생성) 실험에서 개시 위치를 바로 옆에 둘러싸고 있는 nucleotide 서열이 이러한 promoter의 강도를 결정한다는 것이 밝혀졌다. 그러나 TATA 상자 서열이 종간 보존된 것과 달리, 서열이 일정하지 않은 initiator consensus (공통) 서열이 확인되었다:

$$(5') \text{ Y-Y-A}^{+1}\text{-N-T/A-Y-Y-Y}(3')$$

A^{+1}은 전사가 시작되는 염기, Y는 pyrimidine (C 또는 T, 피리미딘), N은 4개 염기 (G, A, T, C), 그리고 T/A는 +3 위치의 T 또는 A. 아래에서 설명되는 바와 같이, RNA 중합효소 II에 의한 전사 개시는 중합효소와 함께 DNA 주형에 붙는 여러 *general transcription factor* (GTF, 일반 전사 인자)를 필요로 한다. 이들 중 가장 큰 것인 TFIID는 2개의 subunit을 가지고 있으며, 이 subunit들은 promoter의 initiator 서열에 함께 결합한다.

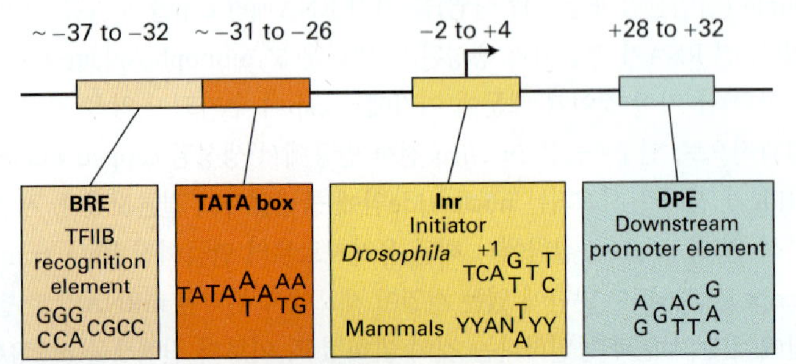

그림 8-11 후생동물의 core promoter element. 각 element의 서열은 왼쪽이 5′ 끝, 오른쪽이 3′ 끝으로 표시되어 있다.

전사 시작 위치의 ~40개 염기쌍 내의 다른 DNA 서열도 전사 개시 빈도에 영향을 미칠 수 있다. 또 다른 GTF인 TFIIB는 TATA 상자의 바로 위쪽에 있는 DNA의 major groove (주요 홈)에 결합하고, 가장 강력한 promoter는 *TFIIB recognition element* (*BRE*)라고 불리며, 이러한 상호작용에 최적인 서열을 갖는다(그림 8-11). Promoter 아래쪽에는 *DPE* (*downstream promoter element*)로 지정된 또 다른 promoter element가 있는데(그림 8-11), 여기에는 TFIID의 다른 subunit들이 결합할 수 있다(아래쪽 참조).

CpG Island TATA 상자 또는 initiator element를 포함하는 promoter를 가진 유전자의 전사는 잘 정의된 개시 위치에서 시작된다. 그러나 포유류에서 단백질 정보를 가진 유전자 중 약 70%에서 일어나는 전사는 TATA 상자 및 initiator를 가진 promoter에서 일어나는 전사보다 낮은 빈도로 일어난다. 이들 유전자의 경우, genome의 나머지 부분에 비해 비정상적으로 높은 빈도의 CG 서열을 갖는 약 100–1000-bp 길이의 영역 내 여러 alternative 개시 위치에서 전사가 시작된다. 이러한 유전자들은 많은 양 필요하지 않은 단백질에 대한 정보를 가지고 있다[예, 모든 세포에서 필요한 기본 대사 과정에 관여하는 효소 정보를 가진 유전자, 종종 "housekeeping (기본 살림) 유전자"라고 함]. 이 promoter 영역은 **CpG island**라고 불리는데, 그 이유는 5′ CG3′ 서열이 포유류의 genome 서열에서 비교적 드물게 나타나기 때문이다(여기에서 "p"는 C와 G nucleotide 사이의 인산염을 의미함). CpG island promoter 내에서, 서열 5′ CG3′은 수십 개의 염기쌍 내에서 여러 번 나타나는데(포유류 genome에서는 매우 이례적인 상황임), 이는 5′ CG3′ 서열 빈도가 낮은 전체 genome에서 짧은 서열 내에 여러 개 CG를 가지는 희귀한 island를 이루게 한다.

포유류 genome에서 CG 서열이 낮은 빈도로 존재하는 이유는 다음의 메커니즘에 따르는 것으로 생각된다: 포유류에서 G 다음의 존재하는 대부분 C는 pyrimidine 고리의 5번 위치에서 methylate (메틸화)된다(5-methyl C, C^{Me}로 표시됨; 그림 2-17 참조). 이것은 DNA repair (복구) 메커니즘에서 새롭게 복제된 이중가닥 DNA 중 C^{Me}를 가진 부모 가닥과 C^{Me}가 없는 딸 가닥을 구별할 수 있게 한다. 새로 합성되는 딸 DNA 가닥은 부모 가닥을 복제하는 과정에서 오류로 인한 돌연변이를 포함할 가능성이 더 크다. 포유류 genome에서 CG 서열은 genome에서 GC 및 AT 염기쌍의 비율을 기반으로 계산되며, 예상되는 빈도의 약 20%만 나타난다. 이것은 5-methyl C에서 느리고 자발적인 deamination (아미노기 이탈)이 일어나 thymidine (티미딘)으로 전환되기 때문인 것으로 생각된다. 포유류 진화의 시간을 거침으로 인하여 대부분의 CG가 TG로 전환된 것으로 생각된다. 결과적으로 인간 genome에서

CG의 빈도는 C 다음에 G가 무작위로 오면 나타날 것으로 예상되는 빈도의 21%에 불과하다. 그러나 전사가 활발한 CpG island promoter의 C는 메틸화되지 않는다. C가 메틸화되지 않았기 때문에, C가 자발적으로 deaminate되면 DNA repair 효소에 의해 U (uridine, 우리딘)로 바뀌고, 이는 DNA repair 효소에 의해 인지되어 다시 C로 바뀐다. 결과적으로, CpG island promoter (메틸화되지 않은 곳) 내 CG 서열의 빈도는 C 다음에 무작위로 다른 3개의 nucleotide 중 하나가 오는 경우 예상되는 빈도에 가깝게 나타난다.

CG가 많은 서열은 nucleosome (뉴클로오솜, 염색체 기본 단위)을 형성하는 히스톤 octamer를 감싸는 데 필요한 작은 직경의 고리로 구부리는 데 더 많은 에너지가 필요하기 때문에, CG가 많지 않은 서열보다 히스톤 octamer와 더 약하게 결합한다(그림 7-20 참조). 결과적으로, CpG island는 nucleosome 사이의 DNA linker (링커) 영역에 위치하게 된다(그림 7-22 참조). CpG island promoter로부터의 전사를 조절하는 분자 메커니즘에 대해 밝혀져야 할 것이 많이 남아 있지만, 현재 가설은 일반 전사 인자가 여기에 결합할 수 있다는 것이다(다음 절에서 설명). 왜냐하면, 히스톤 octamer 표면과 DNA 상호작용이 약해서 CpG island DNA에 대한 접근이 방해받지 않기 때문이다.

CpG Island Promoter로부터 Divergent하게(양 방향으로) 전사

CpG island의 또 다른 주목할 만한 특징은 이들 element로부터의 전사가 양방향으로 개시된다는 것이다(다만 sense 가닥의 전사체에서만 mRNA가 만들어진다). 아직 메커니즘이 완전히 밝혀지지 않았지만, "잘못된" 방향으로 전사하는 대부분의 RNA 중합효소 II 분자(즉, nonsense 가닥을 전사하는 것)는 전사 시작 부위에서 약 1–3 kb 떨어진 곳에서 전사를 종료한다. 이 현상은 RNA-DNA hybrid가 전사 활성 위치 근처에 결합될 때 RNA 중합효소 II clamp domain에 의해 elongation 복합체의 안정성이 높아지는 것으로부터 알려지게 되었다(그림 8-9b 참조).

한 주요 실험에서, 배양된 인간 fibroblast (섬유아세포)에서 핵을 분리하고 salt (염)와 순한 detergent (세제)를 포함하는 완충 용액에서 배양하였다. 이 실험 과정에서 elongation 중에 있는 RNA 중합효소를 제외한 모든 RNA 중합효소는 제거되는데, 그 이유는 elongation 과정에 있는 RNA 중합효소는 DNA 주형과 안정적으로 결합되어 있기 때문이다. 그런 다음 nucleotide triphosphate를 추가하였다. (4개의 NTP 중 UTP는 bromo-UTP로 대체되었다. bromo-UTP는 pyrimidine 고리 5번 위치에 Br 원자가 있는 uracil을 가진다(그림 2-17 참조). 그 다음, 핵이 분리될 때 elongation 중에 있었던 RNA 중합효소 II 분자에 의해 약 100개의 nucleotide가 충분히 중합될 수 있는 시간 동안 반응을 30°C에서 진행하였다. RNA가 분리되고, BrU 표지된 RNA에 특이적인 항체를 이용하여 bromo-U를 포함하는 RNA를 immunoprecipitate (면역 침전)시켰다. 그런 다음 수천만 개의 분리된 RNA 분자의 5′ 말단에 있는 33개의 nucleotide의 서열이 확인되었는데, 이때 reverse transcript (역전사 전사체)의 대규모 parallel DNA sequencing (병렬 서열 분석, 6장 참조)이 진행되었고, 그 서열이 인간 genome에 해당되는 위치를 찾았다. 이 실험의 결과로부터 거의 동일한 수의 RNA 중합효소 분자가 대부분의 promoter (주로 CpG island promoter)를 유전자로부터 멀어지는 sense 방향 및 antisense 방향으로 전사한다는 것이 알려졌다. Sense 전사체가 가장 많이 나타난 위치는 주요 전사 시작 위치(TSS)에서 약 +50 떨어진 곳으로 관찰되었는데, 이는 포유류 대부분의 유전자가 추가 elongation되기 전에 Pol II가 +50에서 +200 사이 영역에서 일시 중지됨을 나타낸다. Antisense 방향으로 전사하는 Pol II에 의한 전사체 또한 주요 전사 시작 위치로부터 –250에서 –500 사이에서 가장 많이 관찰되었다.

이러한 현상은 처음 보고되었을 때 대부분의 분자생물학자들을 크게 놀라게 했는데, 다음 절에서 설명하는 것처럼 promoter 서열에 결합하는 전사 인자가 어떻게 역할하는지 이해함으로써 설명되었다. 간단히 말해서, promoter에서 DNA에 대한 접근성을 조절하는 여러 과정이 있으며, 이를 통해 **일반 전사 인자**로 알려진 단백질이 promoter에 결합하게 된다. TATA 상자 또는 initiator 서열이 있는 강력한 promoter에서 Pol II 결합 방향은 이러한 promoter 서열에 의해 결정되며, 전사는 주로 sense 방향으로 일어난다. 그러나 더 약한 promoter에서는 일반 전사 인자와 Pol II는 무작위로 양방향으로 promoter DNA와 결합하고, 중합효소의 절반은 한 방향으로 전사하고 중합효소의 나머지 절반이 반대 방향으로 전사한다. 그런 다음, 9장에서 설명된 RNA processing을 통해 잘못된 방향으로 전사된 RNA가 분해되어 온전한 mRNA로 process되지 않게 한다. 광범위한 antisense 전사와 antisense RNA의 분해로 인한 명백한 에너지 낭비는 포유류의 진화 과정에서 확실히 없어지지 않았다. 이것은 아마도 가장 많이 발현되는 유전자가 주로 sense 방향으로 전사되기 때문일 것이다. 그리고 mRNA 합성에 사용되는 에너지의 양이 우리 근육의 움직임 및 신경 활동에 필요한 이온의 지속적인 pumping (퍼내기)과 같은 포유류에 필수적인 다른 과정에 필요한 에너지에 비해 작은 부분에 불과하기 때문일 것이다(23장).

그림 8-12a에 요약된 **염색질 면역 침전**의 기술은 널리 사용되는데, 이 기술은 포유류에서 대부분의 CpG island promoter로부터 양방향으로 전사가 일어난다는 뒷받침하는 추가적인 결과를 제공하였다. 이 방법을 사용하면 ~300 염기쌍의 resolution (분해능) 내에서 3×10^9 bp 인간 genome의 거의 전체 길이에 걸쳐 특정 단백질이 붙는 결합 위치들을 결정할 수 있다. 첫 단계로, 세포가 살아있는 상태에서 모든 단백질은 주변 단백질 및 DNA를 포함한 다른 거대 분자와 빠르게 cross-link (교차/가교-결합)된다. 이것은 일반적으로 formaldehyde (포름알데히드) 배양액에 넣어줌으로써 수행된다. Cross-linked 염색질은 분리되고 2~3개의 nucleosome (DNA의 ~300 염기쌍) 길이로 fragment된다(조각으로 쪼개진다). 파편화된 염색질 및 관심 있는 단백질에 특이적으로 결합하는 항체를 사용하여 면역 침전을 수행한다. 이 분석의 결과는 면역 침전된 DNA 백만 염기쌍당 특정 영역의 특정 서열이 확인된 횟수로 보고된다(그림 8-12b). *Hsd17b12* 유전자와 같이 양방향으로 전사되는 유전자에서, 2개의 면역 침전된 DNA peak (봉우리)가 나타났는데, 이는 sense 및 antisense 양 방향으로 전사가 일어난 다음 일시 중지하는 Pol II에 해당한다. *Hsd17b12* 유전자는 intermediary metabolism (중간 대사)에 관여하는 효소 정보를 가진다. 그러나 sense 방

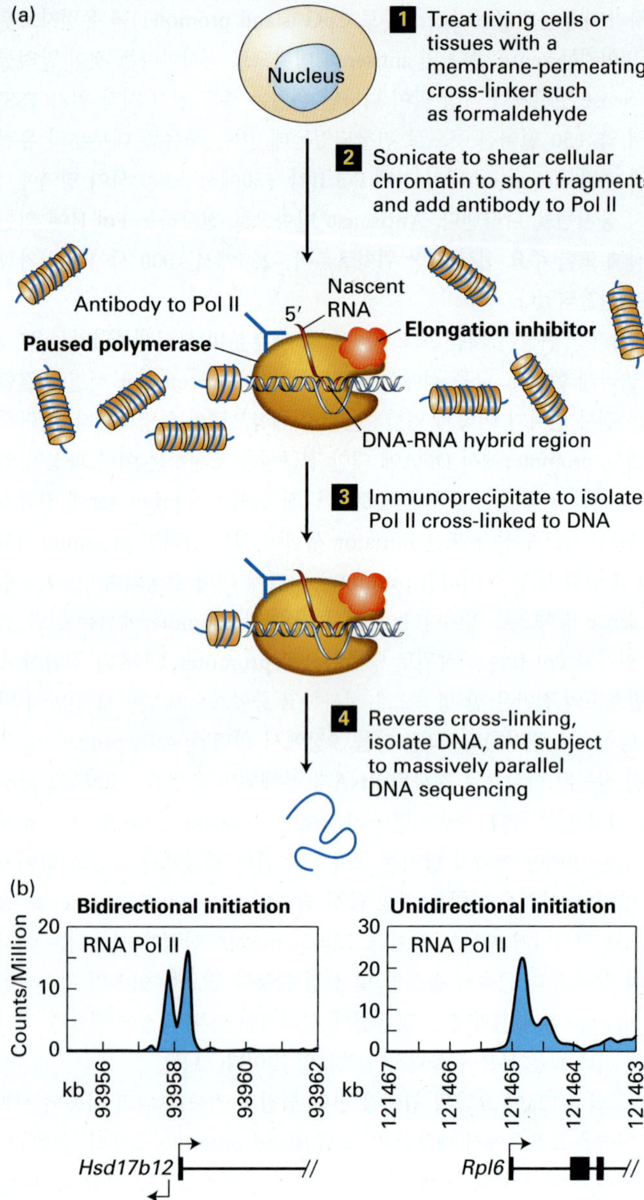

실험 그림 8-12 염색질 면역 침전 기술을 이용하면 관심 있는 단백질이 genome과 결합하는 위치를 파악할 수 있다. (a) 단계 1: 살아있는 배양 세포 또는 조직을 1% formaldehyde (포름알데히드)와 같이 배양하여 단백질을 DNA에, 그리고 단백질을 단백질에 공유결합으로 cross-link (교차 결합)한다. 단계 2: 그런 다음 시료를 sonication (초음파) 처리하여 염색질을 파괴하고 200–500 bp의 DNA로 조각낸다. 단계 3: 여기에 관심 있는 단백질을 인식하는 항체(여기서는 RNA 중합효소 II)가 넣어주면, 관심 있는 단백질과 공유결합된 DNA가 면역 침전된다. 단계 4: 공유 교차 결합을 풀어 주고, DNA를 분리한다. 관심 있는 서열에 대한 primer (프라이머)를 사용한 PCR을 진행하여 DNA를 분석한다. 이와 다른 방법으로, 분리된 전체 DNA는 대규모 parallel (병렬) DNA 서열 분석이 진행될 수 있다. A. Hecht and M. Grunstein, 1999, *Method. Enzymol.* **304**:399. 참조. (b) RNA 중합효소 II를 인식하는 항체로 면역 침전하여 마우스 배아줄기세포로부터 염색질의 DNA를 분리한 다음 서열 분석한 결과가 양방향으로 전사되는 유전자(*왼쪽*)와 sense 방향으로만 전사되는 유전자(*오른쪽*)에 대해 나와 있다. 분석 결과는 백만 염기쌍당 50 bp 간격의 DNA 서열이 관찰되는 횟수로 표시되었다. 유전자의 5′ 말단 정보를 가진 영역이 아래에 표시되어 있으며, exon은 직사각형으로 표시되고 intron은 선으로 표시되었다. [Part (b) Data from P. B. Rahl et al., 2010, *Cell* **141**:432.]

향으로 전사하는 Pol II만이 전사 시작 위치(TSS)로부터 1kb 이상 이동하였다. TSS에서 1kb 이상 떨어진 영역이 백만 염기쌍당 확인되는 횟수는 매우 낮은데, 그 이유는 이 유전자가 낮은 빈도로 전사되기 때문이다. 그러나 sense 및 antisense 방향 둘 다에 대한 전사가 백만 염기쌍당 시작 위치 영역에서 확인되는 횟수는 훨씬 더 많은데, 이는 Pol II 분자가 이 promoter에서 양방향으로 전사를 시작하지만 전사 시작 위치에서 1kb보다 멀리 전사하기 전에 일시 중지되었다는 사실을 의미한다. 이와 달리, 이 연구에 사용되었던 마우스 embryonic stem cell (배아줄기세포)에서 많은 양 전사되는 large ribosome subunit 단백질 정보를 가진 *Rpl6* 유전자는 대부분 sense 방향으로 전사되었다. 전사 시작 위치로부터 250 bp 미만의 영역에서 peak이 나타나는 것은 중합효소가 promoter-근처 위치에서 전사가 긴 시간 일시 정지하기 때문이다. *Rpl6* 유전자 sense 방향의 전사 시작 위치로부터 1kb 이상 아래쪽 영역이 백만 염기쌍당 관찰되는 횟수가 *Hsd17b12* 유전자의 sense 방향 전사 때보다 훨씬 더 많았다. 이는 *Rpl6* 유전자로부터 sense 방향 전사가 높은 비율로 이루어지고 있음을 의미한다.

일반 전사 인자는 RNA 중합효소 II에 의한 전사 시작 위치를 정하고 전사가 시작되도록 돕는다

RNA 중합효소 II에 의한 전사 시작은 여러 개시 인자들을 필요로 한다. 이러한 개시 인자들은 Pol II 분자를 전사 시작 위치에 배치하고 주형 가닥이 효소의 활성 부위에 들어갈 수 있도록 DNA 가닥을 분리하는 데 도움을 준다. 이들은 RNA 중합효소 II에 의해 전사되는 대부분 유전자의 (전부는 아니지만) 전사에 필요하기 때문에 일반 전사 인자라고 한다. 이러한 단백질은 *TFIIA*, *TFIIB*들이며, 대부분은 multisubunit (다중 소단위체) 단백질들이다. 가장 큰 것은 하나의 38-kDa **TATA box-binding protein (TBP)**과 13개의 TBP-associated factor (*TAF*)들로 구성된 TFIID이다. 유사한 활성과 상동성 서열을 갖는 이러한 일반 전사 인자들이 모든 진핵생물에서 발견된다. Pol II 복합체와 일반 전사 인자들이 promoter에 붙으면 전사를 시작할 준비가 되는데, 이를 *preinitiation complex* (*PIC*, 개시 전 복합체)라고 한다. 그림 8-13a는 TATA 상자를 포함하는 promoter에서 Pol II 전사 preinitiation 복합체가 순차적으로 assembly되는 현재 모델을 요약한 것이다. 이 모델은 assembly intermediate의 저온전자현미경 사진을 기반으로 한 것이다(그림 8-13b–e).

TFIID의 TBP subunit은 TATA 상자 promoter에 결합하는 첫 단백질이다. 현재까지 분석된 모든 진핵생물 TBP는 180개 잔기의 매우 유사한 C-말단 domain을 가지고 있다. TBP의 이 domain은 안장 모양의 구조로 접힌다; 분자의 반쪽 2개는 대체로 dyad (쌍대칭성)를 이루지만 동일하지는 않다. TBP는 DNA의 minor groove (작은 홈)와 상호작용하여 나선을 상당히 구부린다(그림 5-5 참조). 이러한 TBP의 DNA 결합 표면은 모든 진핵생물에서 서열이 보존되어 있어, TATA 상자 promoter element가 종 간 높은 보존성을 가지는 사실을 설명해 준다(그림 8-11 참조).

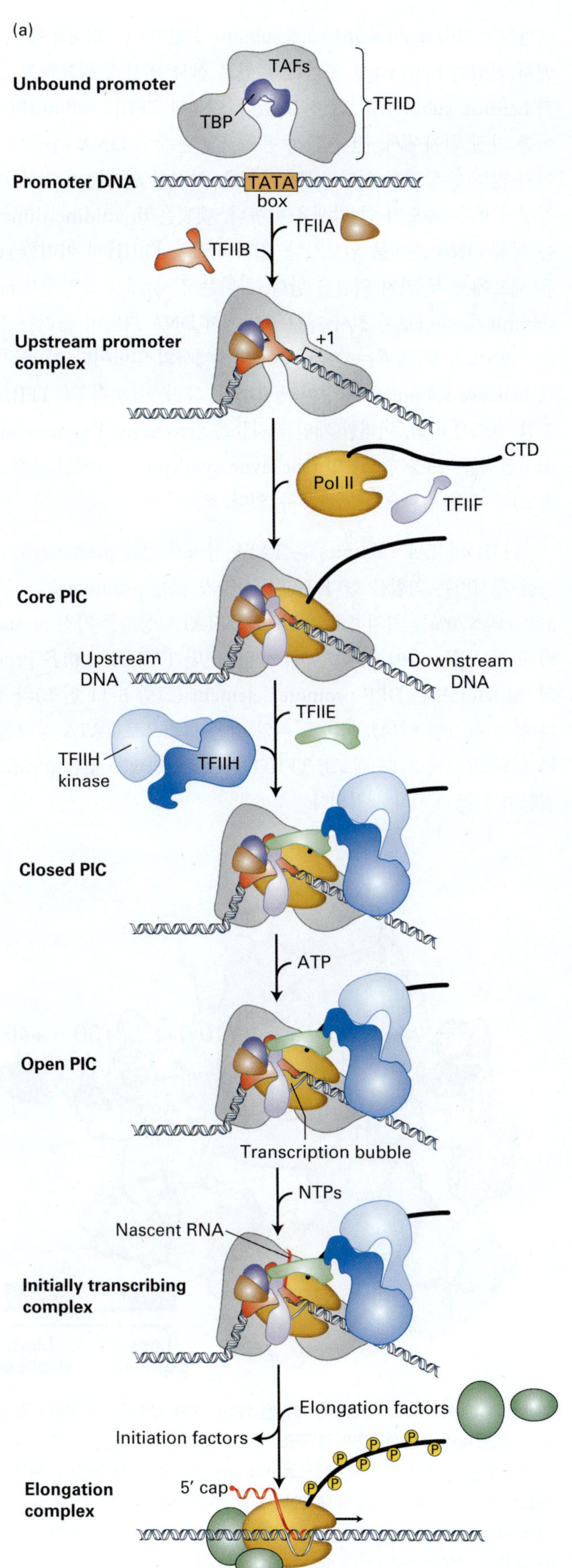

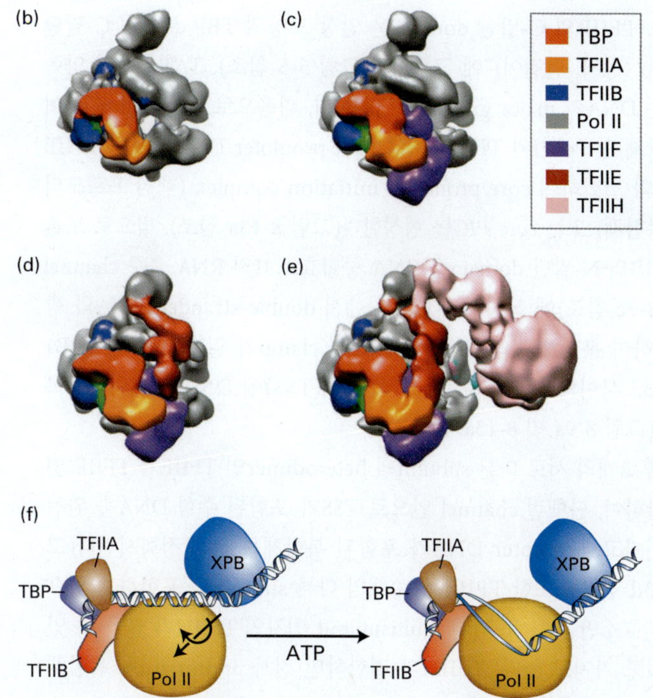

그림 8-13 RNA 중합효소 II preinitiation 복합체가 순차적으로 assembly되는 모델. (a) 표시된 일반 전사 인자 및 정제된 RNA 중합효소 II (Pol II)는 TATA 상자가 포함된 promoter DNA에 순차적으로 결합하여 preinitiation 복합체(PIC)를 형성한다. 이후 ATP 가수분해의 에너지는 TFIIH helicase subunit이 전사 시작 부위에서 DNA를 풀고 위쪽 DNA를 중합효소로 밀어 넣는 데 사용된다. TFIID의 TBP subunit이 TATA 상자에 결합함으로써 DNA는 PIC에서 위치가 고정되고, 이렇게 생긴 duplex DNA 구조물은 TFIIB 의 N-말단 영역 및 Pol II가 전사 시작 위치에서 DNA가 풀리도록 도우며, transcription bubble (전사 거품)이 만들어지게 한다. 이렇게 만들어진 open (열린) 복합체에서 Pol II가 전사를 시작할 때, 중합효소는 promoter로부터 멀어지는 방향으로 전사가 일어나고, CTD는 TFIIH kinase domain에 의해 인산화되며, 일반 전사 인자가 promoter에서 분리된다. Data from S. Sainsbury, C. Bernecky, and P. Cramer, 2015, *Nat. Rev. Mol. Cell Biol.* **16**:129의 결과. (b–e) 강력한 TATA 상자 promoter에 결합된 TBP (빨간색), TFIIA (주황색) 및 TFIIB (파란색)의 저온전자현미경 구조(b). DNA는 TFIIA 및 TFIIB에 의해 가려지기 때문에 보이지 않는다. (c) Promoter DNA에 결합된 TBP-TFIIA-TFIIB-TFIIF-Pol2로 구성된 core PIC. (d) Core PIC에 결합된 TFIIE; (e) TFIIH가 core PIC-TFIIE 복합체에 결합되어, 완성된 닫힌 preinitiation 복합체를 생성한다. (f) TFIIH helicase subunit XPB가 어떻게 아래쪽(뒤쪽) DNA를 중합효소 활성 부위로 밀어 넣는지를 보여주는 그림. TATA 상자가 TBP, TFIIA 및 TFIIB와 고정된 거리를 유지하며 결합하고 있었기 때문에, helicase 작용은 DNA 구조를 뒤틀리게 된다. 이것은 TFIIB의 N-말단과 중합효소가 전사 시작 부위에서 DNA를 푸는 것을 돕고, 또한 coding 가닥을 RPB1과 RPB2 사이의 channel에 들어가도록 돕는다. Channel에서 coding 가닥은 중합효소 활성 부위와 결합한다. 최종적으로 전사 시작 위치 영역이 풀리게 되고, "open (열린) 복합체"가 생성된다. [Republished with permission of Nature Publishing Group, from Y. He et al., 2013, "Structural Visualization of Key Steps in Human Transcription Initiation." *Nature* **495**:481–486; permission conveyed through Copyright Clearance Center, Inc.]

TBP가 TATA 상자에 결합하면, TFIIA와 TFIIB가 결합할 수 있다 (그림 8-13a 참조). TFIIA는 TBP보다 큰 heterotrimer (이종 삼량체)이고, TFIIB는 TBP보다 약간 작은 monomeric (단량체) 단백질이다. TFIIA는 TBP-TATA 상자 복합체의 위쪽 방향에서 TBP 및 DNA와 결합한다. TFIIB의 C-말단 domain은 안장 모양의 TBP 분자의 C-말단 "stirrup (등자, 발걸이)"에 고정되고(그림 5-5 참조), TATA 상자 양쪽에 있는 DNA의 major groove와 접촉한다. 다음으로, heterodimer (이종 이량체)인 Pol II와 TFIIF의 복합체가 promoter DNA-TFIIA-TFIIB 복합체와 결합하여 core promoter initiation complex (핵심 프로모터 개시 복합체) 또는 *core PIC*를 형성한다(그림 8-13a 참조). 밖으로 노출된 TFIIB의 N-말단 domain은 RNA 중합효소 II의 RNA 출구 channel (그림 8-7c 참조)에 삽입되는데, 여기에서 double-stranded DNA와 상호작용하여 복합체를 안정화시키고, 또한 clamp가 열려 있을 때 RPB1과 RPB2 사이의 틈 위의 전사 시작 부위(TSS)에 DNA가 위치하도록 돕는다(그림 8-9a 및 8-13a, c 참조).

이후 2개의 서로 다른 subunit의 heterodimer인 TFIIE가 TFIIF 옆에 결합하여, 단백질 channel 안으로 TSS가 포함된 주형 DNA를 완전히 둘러싸고, promoter DNA가 포함된 복합체를 더 안정화시킨다(그림 8-13d 참조). 또한 TFIIE는 10개의 다른 subunit을 포함하고 있으며, 중합효소만큼 큰 또 다른 multisubunit 인자인 TFIIH가 붙을 수 있는 위치도 가지고 있다. TFIIH가 결합하면 전사 preinitiation 복합체 assembly가 완료된다(그림 8-13a closed PIC, 그림 8-13e 참조).

TFIIH subunit 중 하나의 helicase (헬리카제, 나선효소) 활성(인간의 XPB, 효모의 Ssl2; 그림 8-13f 참조)은 ATP 가수분해의 에너지를 사용하여 시작 위치에서 DNA duplex (이중체)를 풀어 Pol II가 *open* (열린) 복합체를 형성할 수 있게 한다. 열린 복합체에서 시작 위치 주변 DNA duplex가 풀리고 주형 가닥이 중합효소 활성 부위와 결합한다(그림 8-13a, Open PIC 참조). 중합효소가 promoter 영역에서 멀어지는 방향으로 전사가 진행됨에 따라, nascent RNA의 5′ 말단이 RNA 출구 channel로 들어갈 때 TFIIB의 N-말단 domain은 RNA 출구 channel에서 분리된다. 3개의 TFIIH subunit은 CTD를 구성하는 Tyr-Ser-Pro-Thr-**Ser**-Pro-Ser 반복 서열의 serine 5 (밑줄 친 부분)에서 Pol II CTD를 여러 번 인산화하는 kinase module (모듈)을 형성한다(그림 8-13a의 TFIIH). 여러 Ser5에서 인산화되면, CTD는 RNA 중합효소 II에 의해 전사되는 RNA의 5′ 말단에서 cap 구조(그림 5-26 참조)를 형성하는 효소가 붙는 위치가 된다(이 내용은 9장에서 좀 더 설명할 것이다). 전체 TFIID 복합체를 대신하여 TBP만으로 진행된 최소 *in vitro* 전사 분석 결과에서, TBP는 중합효소가 promoter 영역에서 전사할 때 TATA 상자에 결합된 상태로 유지되지만, 다른 일반 전사 인자들은 분리되고 아마도 TFIID-TAF subunit도 분리된다.

놀랍게도, 인간 TFIIH의 첫 번째 subunit이 분리 확인된 것은 TFIIH에 돌연변이가 생기면 손상된 DNA의 복구에 결함이 생긴다는 사실로부터다. DNA 손상은 alkylation (알킬화; 예, mutagen이 공유결합된 염기) 또는 UV-induced (유도) thymidine dimer에 의해 생긴다(그림 5-17 참조). 정상인의 경우, RNA 중합효소가 손상된 주형 DNA 영역을 만나서 전사가 일시적으로 중지될 때, core TFIIH 복합체는 정지된 중합효소를 인지하고 손상된 DNA 영역을 복구하는 데 TFIIH와 함께 역할을 하는 다른 단백질과 결합한다. 이때 core TFIIH 복합체는 kinase domain의 3개 subunit이 없지만(그림 8-13a 참조), 위에서 설명한 helicase를 포함하고 있고 전사 개시에 필요하지 않은 추가 helicase subunit도 포함하고 있다. 이러한 TFIIH subunit의 돌연변이를 가진 환자에서, 전사 활성 유전자의 손상된 DNA 복구가 정상적이지 않다(손상되어 있다). 결과적으로, 이러한 환자는 햇빛에 피부 민감성이 매우 높으며 암 발생율이 높다. 햇빛은 thymidine dimer 형성을 통해 DNA 손상을 일으킨다. 결과적으로, TFIIH의 이러한 subunit은 세포에서 두 가지 역할을 한다. 하나는 전사 개시 과정에서 helicase subunit 중 하나로서 전사 개시 위치에서 DNA 가닥이 풀리는 것을 돕는 역할이고, 두 번째는 DNA 복구 과정에서의 역할이다(이 과정에서 2개 helicase subunit의 활성이 필요하다; 그림 5-18 참조). TFIIH 기능 결함 정도에 따라, 이러한 개인 환자들은 xeroderma pigmentosum (색소성건피증, 25장 참조) 및 Cockayne syndrome (코케인 증후군, 5장 참조)과 같은 질환으로 고생할 수 있다. ■

TFIID의 TAF subunit들은 TATA 상자가 없는 promoter로부터 전사를 개시하는 역할을 한다(TATA 상자가 없는 promoter는 인간 promoter의 >70%를 차지하고, 일반적으로 TATA 상자를 가진 promoter에 비해 전사되는 양이 적다). 예를 들면, 몇몇 TAF subunit은 promoter의 initiator 또는 DPE promoter element (그림 8-11 참조)와 접촉한다/붙는다(그림 8-14). 아마도 이와 같은 방식으로 TATA 상자를 대신하게 되고(그림 8-13 참조), TFIID가 TATA box가 없는 promoter에 결합하게 할 것이라 생각된다.

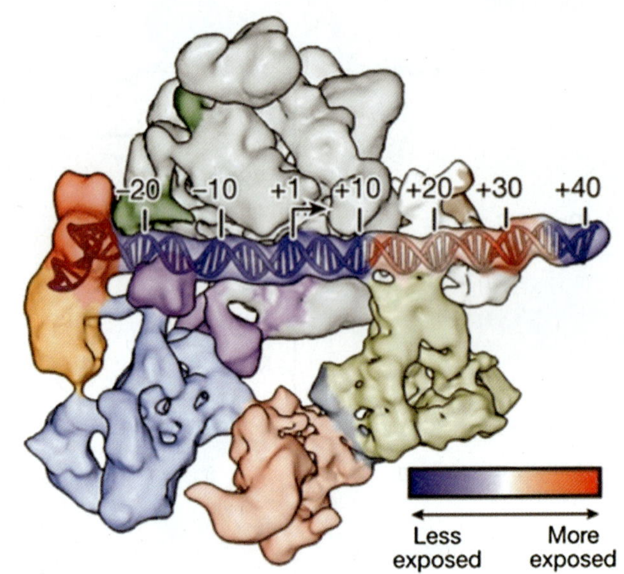

그림 8-14 Promoter DNA에 결합된 TFIID, TFIIA, TFIIB 및 Pol II의 closed (닫힌) 복합체의 저온전자현미경 구조. TBP는 빨간색, TFIIA는 주황색, TAF 복합체는 연한 파란색, 분홍색 및 황갈색으로, Pol II는 회색으로 표시되었다. 아래쪽 색상 눈금은 DNase I에 의해 복합체 내 DNA가 잘 잘리는 정도를 표기한 것이다. [Republished with permission of Nature Publishing Group, from R. Louder et al., 2016, "Structure of Promoter-Bound TFIID and Model of Human Pre-Initiation Complex Assembly." *Nature* **531**:604–609; https://doi.org/10.1038/nature17394; permission conveyed through Copyright Clearance Center, Inc.]

TBP 항체를 이용한 염색질 면역 침전 분석(그림 8-12 참조)은 TBP가 CpG island promoter에서 양방향 전사 개시 위치 사이에 결합할 수 있음을 보여준다. 결과적으로, 일반 전사 인자들은 TATA 상자를 가진 promoter로부터 전사가 시작되기 위해 필요하고, 또한 더 약한 CpG island promoter로부터 전사 개시에도 필요하다. 그림 8-11에 정리된 promoter element들 중 하나라도 없으면 CpG island promoter에서 관찰되는 여러 전사 개시 위치로부터 양방향 전사가 일어난다고 할 수 있는데, 그 이유는 DNA 서열만으로는 정확한 preinitiation 복합체의 방향을 알 수 없기 때문이다. 대신, TFIID와 다른 일반 전사 인자들은 CpG island promoter 내 유사한 서열을 갖고서 약한 결합력을 가진 위치에 결합할 것이고, 이는 전사 개시 빈도가 낮게 되는 결과를 초래한다.

Elongation 인자들은 Promoter-근처 영역에서 전사의 초기 단계를 조절한다

후생동물 대부분의 promoter에서 Pol II는 *NELF* (*n*egative *el*ongation *f*actor, 음성 연장 인자) 단백질의 결합으로 인하여 100개 미만의 nucleotide를 전사한 후 일시 정지한다. NELF는 *DSIF* (*D*RB *s*ensitive-*i*nducing *f*actor)라는 elongation 인자와 함께 Pol II에 결합한다. DSIF는 ATP analog (*DRB*, ATP 유사체)가 있으면 전사 elongation이 억제되기 때문에 이름이 붙여졌다(그림 8-15a). DSIF 및 NELF이 결합할 수 있는 Pol II의 표면은 preinitiation 복합체에서는 TFIIF 및 TFIIE로 덮여 있지만, 중합효소가 개시를 시작하고 일반 전사 인자로부터 분리되면 밖으로 노출된다. NELF는 NTP가 중합효소의 활성 부위에 도달하는 주요 channel을 차단하고 주형 DNA 아래로 효소가 이동하는 것에 필요한 Pol II의 RPB1 및 RPB2 subunit의 구조적 변화를 억제함으로써 전사 elongation을 억제하는 것으로 보인다. DSIF, NELF 및 Pol II CTD의 serine 2가 heterodimeric 단백질 kinase (CDK9-cyclin T, *P-TEFb*라고도 불림)에 의해 인산화되면, Pol II에 NELF/DSIF가 결합하여 생기는 elongation 억제가 풀리게 된다(CDK9-cyclin T는 Pol II-NELF-DSIF 복합체와 결합하여 NELF 및 DSIF의 인산화를 유도한다). CTD 서열은 Tyr-**Ser**-Pro-Thr-Ser-Pro-Ser이다. 인산화된 NELF는 복합체에서 분리되고, 2개의 추가 elongation 인자가 결합할 수 있게 된다. 이러한 인자들(*PAF*와 *SPT6*; 그림 8-15b)은 NELF가 다시 결합하는 것을 차단하여, 중합효소가 elongation을 재개하도록 한다. 인산화된 DSIF는 RPB1 clamp (그림 8-9 참조)와 RPB1과 RPB2 사이의 갈라진 틈 반대편에 있는 RPB2에 결합하여, clamp가 닫은 상태로 유지하는 데 도움을 줘서, 중합효소가 주형에서 떨어지지 않고 끊김 없이 긴 거리를 전사할 수 있게 하다. 이와 동일한 elongation 인자들은 CpG island promoter로부터의 전사도 조절한다. 따라서 우리는 많은 인자들이 전사 개시를 조절하는 것 외에도, promoter-근처 영역에서 elongation을 조절하는 인자가 유전자 전사를 조절하는 또 다른 메커니즘을 제공한다는 것을 알 수 있다.

AIDS의 원인인 HIV (human immumodeficiency virus, 인간 면역결핍 바이러스)의 전사는 **Tat**이라는 작은 바이러스 단백

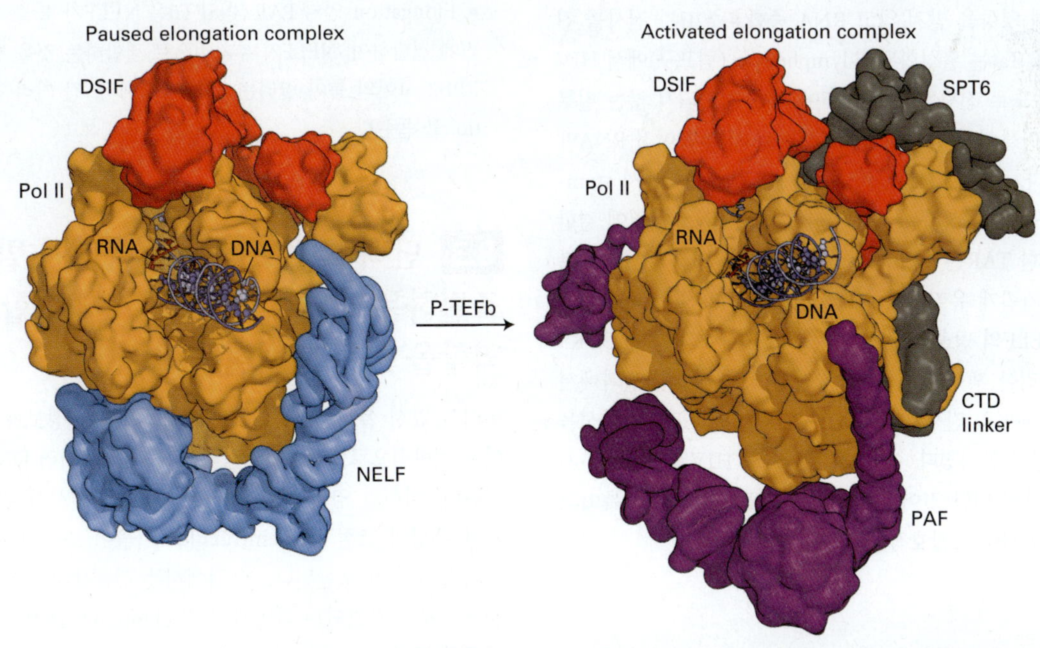

그림 8-15 Pol II가 일시 정지 상태에서 elongation 재개 상태로 전환. 일시 정지된 전사 elongation 복합체 Pol II–DSIF–NELF 및 elongation이 활성화된 복합체 Pol II–DSIF–PAF–SPT6의 구조. 여기에서는 아래쪽(뒤쪽) DNA 방향을 보여주고 있고 중합효소 틈을 들여다보고 있다. 일반 elongation 인자 DSIF (빨간색)는 일시 정지 및 elongation이 활성화된 복합체에 둘 다 존재하지만, 두 복합체 사이의 구조적 차이를 만든다. Negative elongation factor NELF (파란색)은 일시 정지된 상태를 안정화시킨다. Elongation이 다시 재개된 복합체에서, positive elongation 인자 SPT6 (회색)은 인산화된 linker를 Pol II CTD에 결합하고, PAF 복합체(보라색)는 중합효소 funnel (깔때기)를 결합하여 NELF와 경쟁한다. [Republished with permission of Nature Publishing Group, from P. Cramer, 2019, "Organization and Regulation of Gene Transcription." *Nature* **573**:45–54; permission conveyed through Copyright Clearance Center, Inc.]

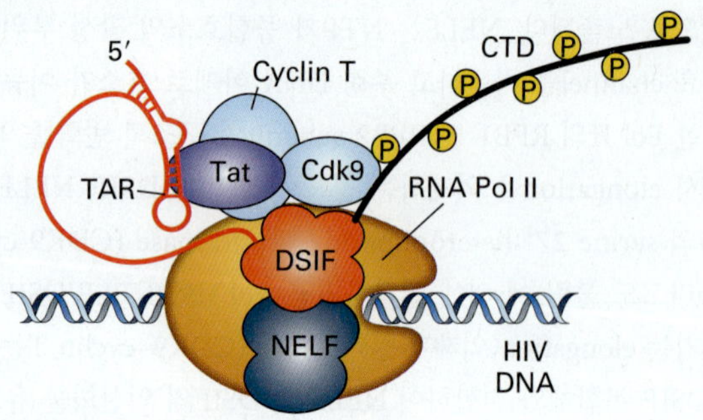

그림 8-16 HIV Tat 단백질과 여러 세포 단백질로 구성된 antitermination (종결 저지) 복합체의 모델. HIV 전사체의 TAR element는 Tat 및 세포 단백질 cyclin T에 의해 인식되는 서열을 포함한다. Cyclin T는 단백질 kinase CDK9를 활성화하고, 그 substrate (RNA 중합효소 II의 CTD) 근처에 위치하도록 돕는다. Pol II CTD heptad repeat (7개 아미노산 반복 서열)의 serine 2에서의 CTD 인산화는 전사 elongation을 위해 필요하다. 세포 단백질 DSIF 및 NELF 복합체는 본문에서 설명된 바와 같이 Pol II elongation 조절에도 관여한다. T. Wada et al., 1998, *Genes Dev.* **12**:343; Y. Yamaguchi et al., 1999, *Cell* **97**:451; and T. Yamada et al., 2006, *Mol. Cell* **21**:227 참조.

질에 의해 활성화되는 CDK9–cyclin T에 의존적이다. *tat*⁻ mutant (돌연변이체)가 감염된 세포는 약 50개 nucleotide 길이의 짧은 바이러스 전사체를 만든다. 이와 달리, wild-type (야생형) HIV에 감염된 세포는 전체 provirus (프로바이러스) genome을 포함하는 훨씬 더 긴 바이러스 전사체를 만든다(그림 8-16 참조; 그림 5-43 참조). 따라서 Tat는 *anti-pausing factor* (정지 방지 인자)로 역할을 하여, NELF 결합으로 인한 전사 차단에 영향을 받지 않고 RNA 중합효소 II가 전사를 진행할 수 있도록 한다. Tat는 활성화된 T-lymphocyte (림프구)에서 HIV promoter가 높은 속도로 전사될 때 NELF에 의해 저지되지 않는 일부 전사체로부터 처음 만들어진다(24장 참조). Tat는 서열-특이적 RNA에 결합하는 단백질이다. 이것은 HIV 전사체의 5′ 말단 근처에서 stem-loop (줄기-루프) 구조를 형성하는 *TAR*이라고 하는 RNA 서열에 결합한다(그림 8-16). 또한 TAR은 cyclin T에 결합하여 cyclin T-CDK9 복합체를 중합효소에 가깝게 유지하여 substrate (기질)가 효율적으로 인산화되도록 해서 NELF의 방출과 전사 elongation을 초래한다. CDK9 억제제를 세포에 처리한 후 염색질 면역 침전 분석을 시행한 결과에서 포유류 유전자의 약 30%의 전사가 cyclin T-CDK9 (P-TEFb)의 활성을 제어함으로써 조절됨이 알려졌다. 이 조절은 아마도 HIV Tat의 경우처럼 RNA 결합 단백질에 의한 것이라기보다는, P-TEFb와 서열-특이적 DNA-결합 전사 인자 사이의 상호작용 때문일 것이다. ■

8.2절의 주요 개념

RNA 중합효소 II Promoter 및 일반 전사 인자들

- RNA 중합효소 II는 mRNA에서 capped 5′ nucleotide에 해당하는 DNA 주형의 nucleotide에서 유전자 전사를 시작한다.
- 진핵생물 DNA에서 네 가지 주요 유형의 promoter 서열이 확인되었다. TATA 상자는 전사가 활발히 일어나는 유전자에 널리 존재한다. Initiator promoter는 몇몇 유전자에서 발견되며, 많은 강력한 promoter는 +30 부근의 downstream promoter element (DPE)와 최고 전사 속도에 필요한 –35 부근의 BRE를 포함한다(그림 8-11 참조). 척추동물에서 단백질 정보를 가진 유전자의 약 70% promoter에 해당하는 CpG island는 낮은 속도로 전사되는 유전자에서 특징적으로 나타난다.
- TATA 상자 promoter가 있는 유전자는 Pol II에 의해 전사가 일어나는데, 다음으로 진행되는 순차적인 단백질 결합에 의해 전사가 시작된다: TATA 상자 DNA에 결합하는 TBP subunit을 가진 TFIID; TFIIA 및 TFIIB; Pol II와 TFIIF의 복합체; TFIIE; 마지막으로 TFIIH (그림 8-13 참조).
- TFIIH subunit의 helicase 활성은 대부분 promoter의 전사 시작 위치에서 DNA 가닥을 푸는 데 도움을 주는데, 이는 ATP 가수분해가 필요한 과정이다. Pol II가 시작 위치에서 전사를 시작하면, CTD는 TFIIH kinase domain에 의해 serine 5에서 인산화된다.
- 후생동물에서 NELF와 DSIF는 개시 후 Pol II와 결합하여, 전사 시작 부위에서 100 bp 이내에서 elongation이 추가 진행되는 것을 억제한다. 일시 정지된 elongation 복합체와 cyclin T-CDK9 (*P-TEFb* 라고도 함)이 결합하고, CDK9이 NELF의 subunit, DSIF 및 Pol II CTD의 serine 2를 인산화하면, elongation 복합체로부터 NELF가 분리된다.
- Elongation 인자 PAF 및 SPT6은 NELF가 붙을 수 있는 Pol II 표면에 결합하여, NELF가 추가적으로 결합하는 것을 방지하고 RPB1과 RPB2 사이의 틈이 열리는 것을 방지해서, 긴 거리 진행되는 elongation을 돕는다.

8.3 단백질 정보를 가진 유전자 발현을 조절하는 서열, 그리고 여기에 결합하여 역할을 하는 단백질들

우리가 앞서 살펴보았듯이, 진핵생물 단백질 정보를 가진 유전자의 발현은 일반적으로 **전사-조절 영역**으로 불리는 여러 DNA 서열에 의해 조절된다. 이러한 영역에는 promoter 및 전사 시작 위치 근처에 위치한 기타 유형의 조절 element, 그리고 이들이 조절하는 유전자에서 멀리 떨어진 서열이 포함된다. 이 절에서는 진핵생물의 단백질 정보를 가진 유전자에서 발견되는 다양한 조절 element들과 여기에 결합하는 단백질들의 특성을 자세히 살펴본다.

Promoter-근처 Element는 진핵생물 유전자 조절을 돕는다

재조합 DNA 기술은 전사 조절 영역을 식별하기 위해 다양한 진핵생물 유전자의 nucleotide 서열을 체계적으로 돌연변이시키는 데 사용되었다. 예를 들면, *linker scanning mutagenesis* (링커 스캐닝 돌연변이 생성)를 사용하여 전사 조절 역할을 하는 서열을 정확히 찾아낼 수 있다. 이 접근 방식에서는, 연속적인 서열에 돌연변이가 있는 구성 세트를 만들고, 이들이 리포터 유전자의 발현 또는 특정 mRNA 생성에 미치는 영향을 분석하였다(그림 8-17a). 이러한 분석을 통해 herpes simplex type 1 virus (HSV-I, 단순 헤르페스 바이러스 I형)에서 thymidine kinase (*tk*, 티미딘 키나제) 유전자의 **promoter-근처 element**가 확인되었다. 그 결과에서, HSV-1 *tk* 유전자 위쪽에 있는 DNA 영역에 3개의 전사-조절 서열이 있다는 것이 알려졌다: –32에서 –16 사이에 있는 TATA 상자 및 더 멀리 위쪽에 있는 2개의 서로 다른 조절 element (그림 8-17b). Promoter-근처 조절 element에서 single-base-pair (단일 염기쌍)에 변화가 있는 돌연변이체를 사용한 실험에서, 이러한 element의 길이가 일반적으로 약 6–12 bp인 것으로 나타났다. 인간 유전자에서, promoter-근처 element는 일반적으로 전사 시작 위치(TSS)의 ~200 bp 내에 있는 것으로 확인된다. 척추동물에서 promoter-근처 element는 TSS의 위쪽과 아래쪽 모두에서 동일한 빈도로 발견된다. 엄밀히 말하면, *promoter*라는 용어는 중합효소가 전사를 개시하는 위치를 결정하는 DNA 서열을 말하지만, 이 용어는 종종 promoter 및 관련 promoter-근처 조절 element 모두를 지칭하는 데 사용된다.

박테리아에서, promoter에 가까운 조절 element에 의한 전사 조절이 일어나려면 일반적으로 전사 개시 위치(TSS)가 정확한 위치에 있어야 한다. 예를 들면, CAP 단백질(cyclin AMP-regulated activator protein)에 의해 *E. coli lac* operon (오페론) 전사가 활성화되는데, CAP 단백질 결합 위치와 TSS 사이에 2개 염기쌍이 삽입되면 전사 활성화는 완전히 없어진다. *E. coli*에서 많은 실험 분석을 통해서, CAP에 의한 전사 활성화가 DNA의 특정 결합 위치에 결합된 CAP와 *lac* promoter에 결합된 *E. coli* RNA 중합효소 사이의 매우 특이적이고 직접적인 상호작용을 필요로 하기 때문에 이러한 결과가 나타났음이 알려졌다. 이들 결합 위치 사이에 2개의 염기쌍이 삽입되면 중합효소를 기준으로 CAP 결합 위치가 72° 회전하고 ~70 Å 멀어져서, 전사를 활성화하는 데 필요한 CAP와 RNA 중합효소 사이의 상호작용이 일어나지 않게 된다.

Linker scanning 돌연변이 분석에 의해 확인된 HSV-1 *tk* promoter 영역의 조절 element들 간의 간격이 어떤 영향을 주는지 시험하기 위해, 연구자들은 element 사이에 작은 deletion과 insertion (삽입)을 가진 DNA를 준비하고서 분석하였다. Promoter와 promoter-근처 조절 element 사이의 20 bp 이하의 간격 변화는 전사에 거의 영향이 없었다. 그러나 HSV-I *tk* promoter-근처 element와 TATA 상자 사이에 30–50 bp를 삽입하는 것은 element를 없애는 것과 같은 영향을 주었다. 다른 진핵생물 promoter에 대한 유사한 분석에서도 promoter-근처 element 사이의 간격에서 어느 정도 유연성이 허용되지만, 수십 염기쌍 차이가 나면 전사를 감소시킬 수 있음이 나타났다.

멀리 떨어진 Enhancer가 RNA 중합효소 II에 의한 전사를 촉진하는 일이 빈번하다

많은 진핵생물 promoter로부터의 전사는 전사 시작 위치에서 수천 염

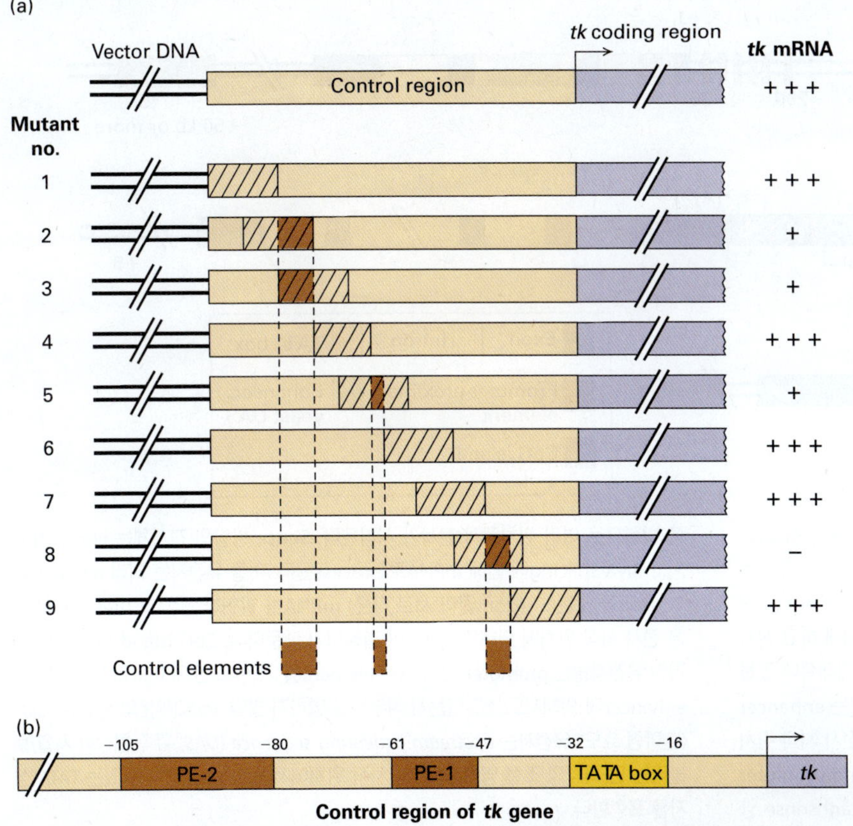

실험 그림 8-17 Linker scanning 돌연변이 실험을 통해 전사-조절 element들을 식별한다. (a) Linker scanning mutagenesis에서, 리포터 유전자(연한 보라색)를 많은 양 발현할 수 있는 진핵생물 DNA (황갈색) 영역을 plasmid vector에 삽입한다(맨 위쪽 그려짐). Overlapping linker scanning (LS, 중첩 링커 스캐닝) 돌연변이들(사선으로 표시)은 분석하고자 하는 영역의 한쪽 끝부터 다른 쪽 끝 사이에 도입된다. 짧은 DNA 구역에서 nucleotide 서열을 뒤섞음으로써 이러한 돌연변이들이 만들어진다. 각각의 돌연변이 plasmid를 배양된 세포에 transfect (형질감염)시킨 후, 리포터-유전자 생성물의 활성이 분석된다. 여기에 표시된 예(herpes simplex virus thymidine kinase 유전자의 –120부터 +1까지의 서열)에서, LS 돌연변이 1, 4, 6, 7, 9는 리포터 유전자의 발현에 거의 또는 전혀 영향을 미치지 않았는데, 이는 이러한 돌연변이에서 변경된 영역에는 조절 element가 존재하지 않음을 의미한다. 리포터 유전자 발현은 돌연변이 2, 3, 5, 8에서 크게 감소하고, 이는 조절 element (갈색)가 아래쪽에 표시된 구역에 있음을 의미한다. (b) 이러한 LS 돌연변이의 분석을 통해 TATA 상자와 2개의 promoter-근처 element (PE-1 및 PE-2)가 확인되었다. S. L. McKnight and R. Kingsbury, 1982, *Science* **217**:316 참조.

기쌍 떨어진 곳에 위치한 조절 element에 의해서도 활성화될 수 있다. **Enhancer**로 불리는 멀리 떨어진 전사-조절 element는 진핵생물 genome에서는 일반적이지만 박테리아 genome에서는 상당히 드물다. Linker scanning mutagenesis와 같은 실험방법을 통해 일반적으로 약 200 bp 길이의 enhancer들은 각각 약 6–12 bp의 기능적 서열 element 여러 개로 구성되어 있음이 알려졌다. Enhancer의 이러한 특징은 promoter-근처 element 특징과 유사하다. 앞으로 설명하겠지만, 이러한 조절 element 각각은 서열-특이적 DNA-결합 전사 인자가 결합하는 위치이다.

많은 다른 후생동물 enhancer를 분석한 결과에 따르면, enhancer들은 promoter의 위쪽 또는 promoter의 아래쪽(intron 내에 위치)에 같은 확률로 존재할 수 있고, 또는 *SALL1* 유전자의 경우와 같이 최종 exon의 아래쪽에서도 존재한다(그림 8-5a 참조). 많은 enhancer들은 세포-유형-특이적으로 역할을 한다. 예를 들면, 망막에서 *Pax6* 발현을 조절하는 enhancer는 exon 4와 5 사이의 intron에서 발견되는 반면(그림 8-4a 참조), 췌장의 호르몬 분비 세포에서 *Pax6* 발현을 조절하는 enhancer는 exon 0의 위쪽으로 대략 200-bp 영역에 위치한다("exon 1"보다 늦게 발견되었기 때문에 exon 0으로 명명되었다).

대부분 진핵생물 유전자들은 여러 전사-조절 Element들에 의해 조절 받는다

처음에는 enhancer와 promoter-근처 element가 서로 구분되는 별개의 전사-조절 element라 생각되었다. 그러나 더 많은 enhancer와 promoter-근처 element가 분석된 결과에 따르면, 이들 간의 구분이 점점 덜 명확해졌다. 예를 들면, 두 유형의 element들은 서열이 뒤집어진 경우에도 전사를 활성화할 수 있으며, 두 유형 모두 세포-유형-특이적으로 역할을 한다. 현재 모두가 동의하는 내용은 다양한 종류의 조절 element가 RNA 중합효소 II에 의한 전사를 조절한다는 것이다. 극단적인 예로, 수만 염기쌍 떨어진 promoter로부터 전사를 활성화할 수 있는 enhancer가 있다. 또 다른 극단적인 예로, HSV-I *tk* 유전자를 조절하며 위쪽에 존재하는 element와 같은 promoter-근처 element가 있는데, 이 element는 promoter에서 30–50 bp 떨어지게끔 이동하면 전사 활성에 영향을 미치지 못한다. 연구자들은 이 두 극단적인 거리 사이에서 전사를 활성화할 수 있는 많은 수의 전사 조절 element를 확인하였다.

그림 8-18a는 TATA 상자를 포함하는 promoter가 있는 가상의 포유류 유전자에 대한 전사 조절 서열의 위치를 요약한 것이다. 전사 시작 위치는 mRNA의 첫 번째 exon의 첫 번째(5′) nucleotide에 대한 정보를 포함하고 있다. mRNA 첫 번째 5′ nucleotide는 cap이 씌워진다. 약 –31~-26에 있는 TATA 상자 외에도, 상대적으로 짧은(~6–10 bp) promoter-근처 element들이 전사 시작 위치의 위쪽 또는 아래쪽 200 bp 내에 위치한다. 이와 달리, enhancer는 일반적으로 길이가 약 50–200 bp이고, 약 6–10 bp인 element 여러 개로 구성되어 있다. Enhancer는 전사 시작 위치로부터 위쪽으로/아래쪽으로 최대 50 kb 이상 또는 intron 내에 위치할 수 있다. *Pax6* 유전자의 경우처럼, 많은 포유류 유전자는 다양한 유형의 세포에서 역할을 하는 여러 enhancer 영역에 의해 조절된다.

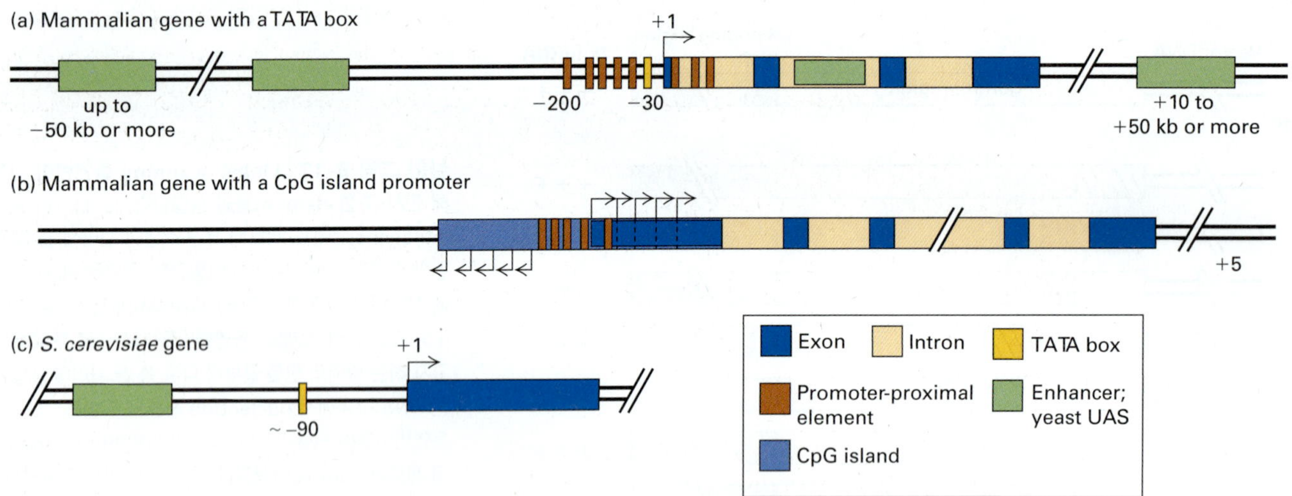

그림 8-18 다세포 진핵생물과 효모에서 유전자 발현을 조절하는 조절 element들의 일반적인 구조. (a) TATA 상자 promoter가 있는 포유동물 유전자는 promoter-근처 element 및 enhancer에 의해 조절된다. Promoter element (그림 8-11 참조)는 RNA 중합효소 II에 의해 전사가 시작되는 위치를 정해지게 하고 전사 속도에 영향을 미친다. Enhancer는 전사 시작 위치로부터 위쪽 또는 아래쪽에 있을 수 있고 수백 kilobase만큼 멀리 떨어져 있을 수도 있다. 어떤 경우에는 enhancer가 intron 내에 있다. Promoter-근처 element는 포유류 유전자에서 전사 시작 위치의 위쪽 및 아래쪽에서 발견되는데, 그 빈도는 동일하다. (b) CpG island promoter를 가진 포유류 유전자의 경우, CpG가 많은 영역의 끝에서 sense 및 antisense 양쪽 방향으로 여러 위치에서 전사가 시작된다. Sense 방향의 전사체는 elongation되고 RNA splicing에 의해 mRNA로 process된다. 이들 유전자는 여러 alternative 5′ exon을 갖는(5′ exon 끝이 서로 다른) mRNA를 발현하는데, 그 이유는 서로 다른 전사 시작 위치에 의해 5′ exon이 결정되기 때문이다. CpG island promoter를 가진 유전자들은 promoter-근처 조절 element를 가진다. 현재, 이들이 멀리 떨어진 enhancer에 의해서도 조절되는지 여부는 분명하지 않다. (c) 대부분의 *S. cerevisiae* (출아형 효모) 유전자는 *upstream activating sequence (UAS, 위쪽 활성화 서열)*로 불리는 단 하나의 조절 영역 및 전사 시작 위치에서 약 90 bp 위쪽에 있는 TATA 상자를 포함한다.

그림 8-18b는 CpG island promoter가 있는 포유류 유전자의 promoter 영역을 요약한 것이다. 포유동물 유전자의 약 70%는 CpG island promoter로부터 발현되며, 일반적으로 TATA 상자 promoter가 있는 유전자보다 발현량이 훨씬 낮다. 여러 alternative 전사 시작 위치가 사용되기 때문에, 각각의 시작 위치로부터 첫 번째 exon이 결정되고 서로 다른 5′ 말단을 가진 mRNA가 생성된다. 전사는 양방향으로 일어나지만, sense 방향으로 전사하는 Pol II 전사체가 antisense 방향의 전사체보다 3 kb 이상 훨씬 더 효율적으로 elongation된다.

모델 생물체 *S. cerevisiae* (출아형 효모)에서는, 유전자들이 가까이 붙어 있으며(그림 7-4c 참조), intron을 포함하는 유전자들이 거의 존재하지 않는다. 이 생물체에서, **upstream activating sequence** (**UAS**, 위쪽 활성화 서열)로 불리는 enhancer는 일반적으로 그들이 조절하는 유전자 promoter의 위쪽으로 200 bp 내에 있다. 대부분의 효모 유전자에는 하나의 UAS만 있다. 또한 *S. cerevisiae* 유전자는 전사 시작 위치로부터 위쪽으로 약 90 bp에 TATA 상자를 포함한다(그림 8-18c).

DNase I (DNA 분해효소 I) Footprinting (발자국 분석) 및 EMSA을 통해 단백질-DNA 상호작용을 확인한다

진핵생물 DNA에서 발견되는 다양한 전사 조절 element는 **전사 인자**로 불리는 조절 단백질이 붙는 위치이다. 가장 단순한 진핵 세포도 수백 개의 전사 인자 정보를 가지고 있고, 인간 genome은 최소 1,600개 정보를 가진다. genome에 있는 각 유전자의 전사는 유전자의 전사 조절 영역에 결합하는 **특정 전사 인자들의 조합**에 의해 각각 독립적으로 조절된다. 이 많은 전사 인자들의 가능한 조합들의 수는 천문학적이며, genome에 정보가 들어 있는 모든 유전자에 대해 고유한 조절을 하기에 충분하다.

효모, *Drosophila* 및 기타 유전적으로 다루기 쉬운 진핵생물에서, 전사 활성화 인자 및 억제 인자 정보를 가진 수많은 유전자들이 고전적 유전학적 분석 방법(6장에 설명)에 의해 확인되었다. 이와 같은 유전학적 분석 방법 적용이 쉽지 않은 포유류 및 다른 척추동물에서는, 대부분의 전사 인자들이 생화학적 기술들을 통해 처음 확인되고 최종 분리 정제되어 왔다. 이러한 접근 방식에서는 위에서 설명한 몇몇 돌연변이 분석에 의해 확인된 DNA-조절 element를 사용하여 해당 단백질(그것에 특이적으로 결합하는 단백질)을 분리 확인한다. 이와 같이 조절 element에 결합하는 단백질을 검출하기 위한 두 가지 일반적인 기술은 DNase I footprinting과 electrophoretic mobility shift assay (전기영동 이동성 변화 분석)이다.

DNase I footprinting은 단백질이 DNA 영역에 결합하면 DNA 서열이 nuclease (뉴클레아제)에 의해 절단되지 않고 보호된다는 사실을 이용한다. 그림 8-19에서 볼 수 있듯이, 한쪽 끝에 방사성 분자로 표지된 DNA 절편 시료를 가지고서 잘 조절된 *in vitro* 실험을 진행하면 DNA는 절단된다. 이때 *in vitro* 실험은 DNA-결합 단백질이 있는 조건 및 없는 조건에서 진행된다. 그런 다음 모든 단백질로부터 DNA는 떨구어 정제하고, denature (변성)되며, 전기영동된다. 전기영동 후 gel은 autoradiography (방사능 사진 촬영)를 받게 된다. 단백질이 없는 상태에서 DNA 절단이 이루어진 band 배열과 비교하면, 결합된 단백질에 의해 DNA가 절단되지 않은 영역이 gap (간격) 또는 *footprint* (발자국)로 나타난다. 알려진 전사-조절 element를 포함하는 DNA 절편으로 footprinting 실험을 진행한 후, footprinting 모양을 분석하면 단백질 시료에 해당 조절 element에 결합하는 전사 인자가 존재하는지 여부를 알 수 있다. 또한 footprinting은 전사 인자가 결합하는 특정 DNA 서열을 식별한다.

예를 들면, adenovirus (아데노바이러스)의 강력한 후기 발현 promoter에 대한 DNase I footprinting 결과는 TATA 상자를 포함하는 영역이 잘리는 않음을 보여준다(DNase I 절단 전에, TBP와 표지된 DNA를 섞어준다; 그림 8-19b). DNase I은 duplex DNA의 모든 phosphodiester 결합을 동일한 속도로 절단하지 않는다. 결과적으로, 결합 단백질이 존재하지 않으면(lane 1, 6 및 9), DNA 서열에 의존하는 특이한 band 패턴이 나타나는데, 이는 어떤 phosphodiester 결합은 잘리고 어떤 phosphodiester 결합은 잘리지 않기 때문에 나타난다. 그러나 말단-표지된 DNA와 TBP를 미리 섞어주면 TBP는 TATA 상자에 결합한다. 그리고 표지된 모든 DNA 분자에 결합하기에 충분한 TBP가 추가되면 약 –35~–20 영역에서 DNase I 절단이 일어나지 않는다(lane 2–5). 대조적으로, 넣어주는 TFIID (lane 7 및 8)의 양이 증가하면 TATA 상자 영역뿐만 아니라, –7~+5, +10~+15, 그리고 +20에 가까운 영역이 DNase I 절단으로부터 보호되어, TBP와는 다른 footprinting을 만든다. 이와 같은 결과는 TFIID의 다른 subunit들(TBP와 결합하는 인자들, TAF)이 TATA 상자에서 아래쪽 영역의 DNA에 결합한다는 것을 알려 준다.

Gel-shift (젤-이동) 또는 *band-shift assay* (밴드-이동 분석)로도 불리는 **electrophoretic mobility assay (EMSA)**는 DNA-결합 단백질의 정량적 분석이 가능하기 때문에 footprinting 분석보다 더 유용한 점이 있다. 일반적으로, DNA 절편은 단백질과 복합체를 형성하면 전기영동 이동성이 감소하여, 절편 band의 위치가 이동하게 된다. EMSA는 전사 조절 element를 포함하고 방사성 표지된 DNA 절편(probe, 탐침)을 단백질 fraction (분획)과 함께 배양하여 전사 인자가 포함되어 있는지 여부를 감지하는 데 사용할 수 있다(그림 8-20). 결합 반응에 첨가되는 전사 인자의 양이 증가할수록, 더 많은 수의 방사성 표지된 probe가 DNA-단백질 복합체의 위치로 이동하게 된다. 이 결과로부터, 이 특정 DNA-단백질의 농도가 fraction 8에서 가장 높았고, fraction 7에서 좀더 낮았으며, faction 9에서는 가장 낮았음을 알 수 있다. 그외 다른 faction들에 해당 단백질이 존재하는지는 이 분석법으로 알 수 없다.

전사 인자를 생화학적으로 분리 정제하기 위해서, 세포핵 extract (추출물)를 여러 유형의 액체 크로마토그래피에 순차적으로 적용한다(3장 참조). Column에서 용출된 fraction은 전사 조절 element를 가진 DNA 절편을 사용하는 DNase I footprinting 또는 EMSA 방법을 진행하여 분석된다(그림 8-17 참조). 이러한 분석에서 전사 조절 element에 결합하는 단백질이 포함된 fraction은 잠정적으로 전사 인자라 생각되는 단백질을 포함한다. 전사 인자를 정제하는 마지막 단계에 일반적으

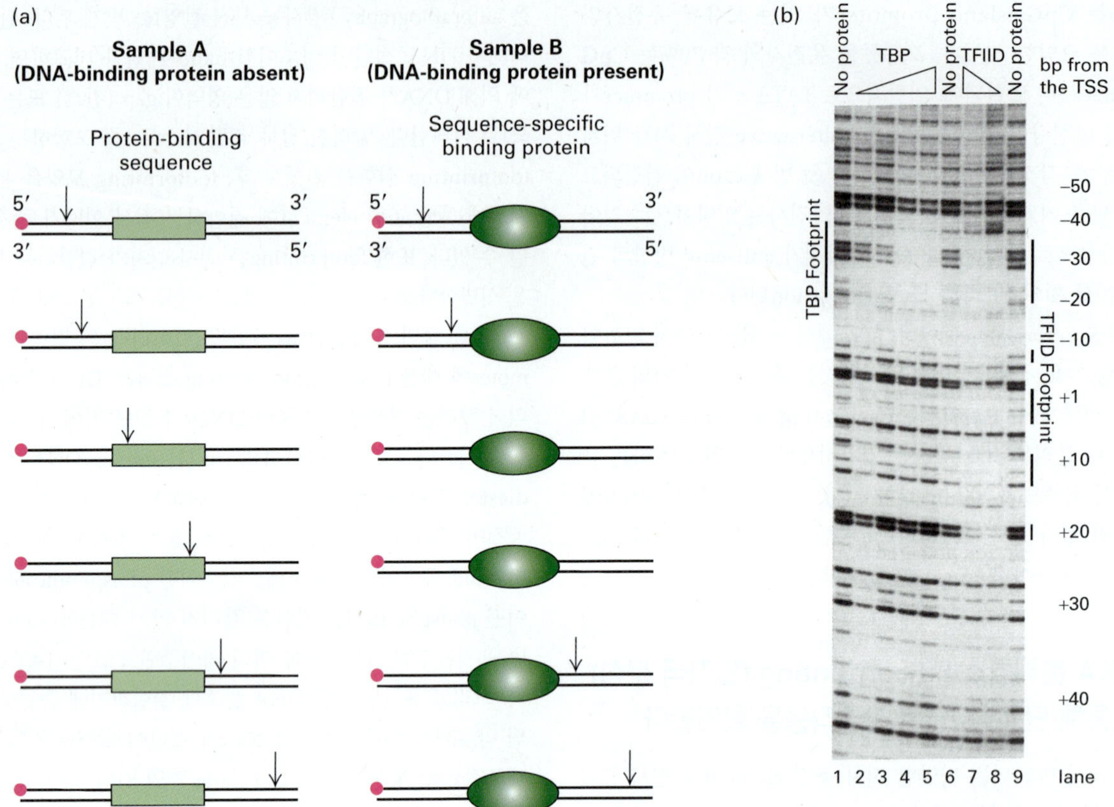

실험 그림 8-19 DNase I footprinting은 전사 인자가 결합하는 DNA 서열 영역을 밝혀준다. (a) 전사-조절 element를 포함하는 것으로 알려진 DNA 절편은 한쪽 끝이 ^{32}P (빨간색 점)로 표지되어 있다. 그런 다음, 표지된 DNA를 서열-특이적 DNA-결합 단백질을 포함하는 단백질 시료가 있는 상태 및 없는 상태에서 DNase I로 절단한다. DNase I은 한 nucleotide의 deoxyribose (디옥시리보스)에 있는 3′ oxygen (산소)과 다음 nucleotide의 5′ 인산염 사이에서 DNA의 phosphodiester 결합을 가수분해한다. 평균적으로 각 DNA 분자가 한 번만 절단되도록 낮은 농도의 DNase I이 사용된다(수직 화살표). 표지된 DNA의 특정 서열에 결합하는 단백질이 단백질 시료에 포함되어 있지 않은 경우, DNA 절편은 샘플 A에서와 같이 절편의 여러 위치에서 절단된다(왼쪽). 샘플 B와 같이 단백질 시료에 해당 단백질이 포함되어 있으면(오른쪽), 해당 단백질은 DNA의 해당 서열에 결합하여, 절편의 일부가 DNase에 의해 절단되지 않도록 보호한다. DNase 처리 후, DNA는 단백질에서 분리되고, denature되어 각 가닥이 분리되며, 전기영동된다. 전기영동 후 gel의 autoradiography는 표지된 가닥을 감지하고, 표지된 말단에서 DNase I에 의해 전달된 위치까지 포함된 절편을 보여준다. 전사-조절 element가 포함된 DNA 절편이 샘플 A의 gel에서는 보이지만, 샘플 B의 gel에서는 보이지 않는다. 이는 DNA에 결합하는 단백질이 해당 DNA 서열에서 잘리지 않게 하고, 결과적으로 잘린 절편이 만들어지지 않기 때문이다. Gel에서 보이지 않는 band들이 모여 footprint를 구성한다. (b) 아데노바이러스의 강력한 주요 후기 promoter에 결합하는 TBP와 TFIID의 양이 증가함에 따라(삼각형으로 표기) footprint가 범위가 넓어진다. [Part (b) Republished with permission from Cold Spring Harbor Laboratory Press, from Q. Zhou et al., 1992, "Holo-TFIID Supports Transcriptional Stimulation by Diverse Activators and from a TATA-Less Promoter," *Genes Dev.* **6**(10):1964–1974.]

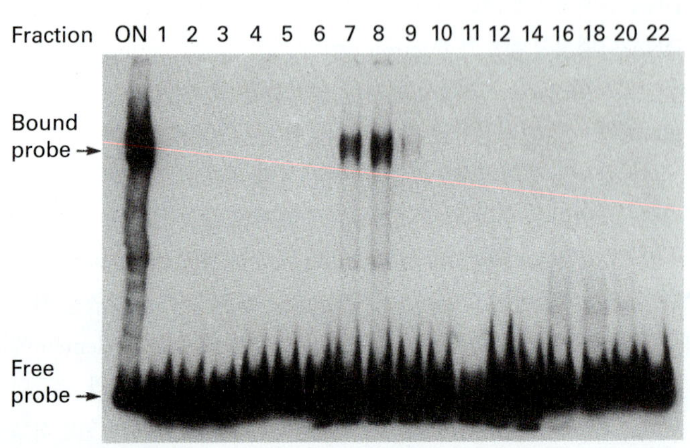

실험 그림 8-20 Electrophoretic mobility shift assay (전기영동 이동성 변화 분석)은 단백질을 분리 정제하는 동안 전사 인자를 검출하는 데 사용될 수 있다. 이 예에서는, column chromatography (칼럼 크로마토그래피)로 분리된 단백질 fraction이 전사 조절 element를 포함하고, 방사성 표지된 DNA-절편 probe에 결합하는 능력을 분석하였다. Column에 loading (얹어진)된 단백질 샘플의 aliquot ('ON') 및 column fraction (숫자로 표기)을 방사성 표지된 probe와 함께 섞어 배양하였다. 그런 다음 단백질-DNA 상호작용을 방해하지 않는 조건에서 샘플을 전기영동하였다. 단백질에 결합되지 않은 probe는 gel 바닥으로 이동하였다. Fraction 7 및 8의 단백질은 probe와 결합하여('ON' 샘플의 단백질도 마찬가지임), 단백질이 붙지 않은 probe보다 더 천천히 이동하는 DNA-단백질 복합체를 형성하였다. 따라서 이러한 fraction들은 찾고 있는 전사 조절 단백질을 포함하고 있을 가능성이 있다. [Republished with permission of *American Society for Biochemistry and Molecular Biology*, from S. Yoshinaga et al., 1989, "Purification and Characterization of Transcription Factor IIIC2," *J. Biol. Chem.* **264**:10726; permission conveyed through Copyright Clearance Center, Inc.]

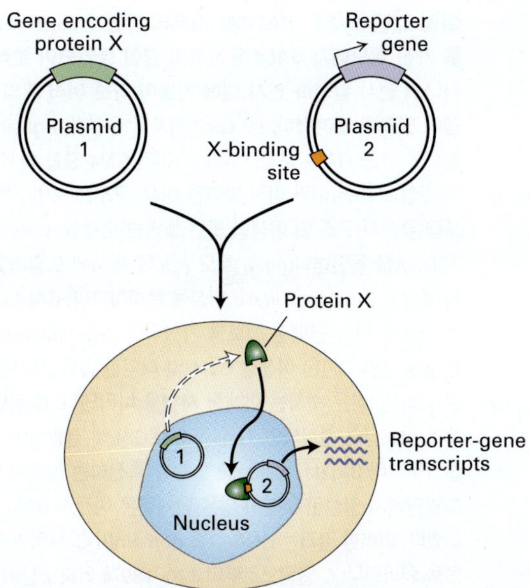

실험 그림 8-21 ***In vivo* transfection assay을 이용하여 전사 활성을 측정하여, 전사 인자로 예상되는 단백질을 평가한다.** 이 분석 시스템에는 2개의 plasmid가 필요하다. 하나의 plasmid에는 전사 인자로 예상되는 단백질(단백질 X) 정보를 가진 유전자가 포함되어 있다. 두 번째 plasmid는 리포터 유전자(예, luciferase)와 단백질 X에 대한 하나 이상의 결합 위치를 포함한다. 두 plasmid들은 단백질 X 정보를 가진 유전자가 없는 세포에 동시에 도입된다. 리포터 유전자로부터 RNA transcript가 만들어지는지 측정한다; 또는 단백질 X의 활성을 분석할 수도 있다. 단백질 X-plasmid가 없을 때보다 단백질 X-plasmid가 있을 때 리포터-유전자로부터의 전사가 더 많이 일어난다면, 단백질 X는 활성화 인자이다; 리포터-유전자 전사가 더 적게 일어나면 단백질 X는 억제 인자이다. 돌연변이 전사 인자 정보를 가진 plasmid를 이용하면, 단백질에서 어느 domain이 중요한지 확인할 수 있다.

로 사용되는 강력한 기술은 서열-특이적 *DNA affinity chromatography* (*DNA* 친화성 크로마토그래피)이다. 이 크로마토그래피는 전사-인자-결합 서열을 여러 개 포함하는 긴 DNA 가닥이 column matrix (망)에 결합되어 있는 특별한 유형의 affinity 크로마토그래피이다.

전사 인자가 분리 및 정제되면, 6장에 설명된 대로 아미노산 서열을 부분적으로 확인할 수 있고, 단백질 정보를 가진 유전자 또는 cDNA를 확보하는 데 이용될 수 있다. 이후 분리된 유전자를 사용하면 해당 단백질이 *in vivo* 형질 감염 분석에서 전사를 활성화하는지 또는 억제하는지에 대한 활성을 측정할 수 있다(그림 8-21).

활성화 인자들은 서로 다른 기능을 갖는 domain들로 구성되어 있다

*Gal4*로 불리는 효모 전사 활성화 인자에 대한 연구는 전사 인자의 domain 구조에 대한 초기 정보를 제공하였다. Gal4는 galactose (갈락토오스) 대사에 필요한 효소의 발현을 촉진한다. Gal4 정보를 가진 유전자는 *gal4* 돌연변이체에 대한 complementation analysis (보완 분석)에 의해 확인되었다(6장 참조). *Gal4* 돌연변이체는 galactose가 탄소 및 에너지의 유일한 공급원으로 제공되는 agar media (한천 배지)에서 colony (콜로니)를 형성할 수 없다. 이전에 설명한 것과 같이, directed mutagenesis 연구에서는 Gal4에 의해 활성화된 유전자에 대한 UAS가 확인되었다(그림 8-17 참조). 이러한 UAS 각각은 UAS_{GAL}이라고 하는 17-bp 서열을 하나 이상 포함하는 것으로 밝혀졌다. *E. coli*에서 생산된 재조합 효모 Gal4 단백질을 이용하여 DNase I footprinting 분석이 진행되었고, Gal4가 UAS_{GAL} 서열에 결합한다는 사실이 밝혀졌다. UAS_{GAL} 서열-TATA 상자-β-galactosidase 리포터 유전자 순서대로 이어진 DNA construct를 완성하고, 이를 효모 세포에 도입하였을 때, 야생형 세포에서는 galactose 배지에서 β-galactosidase의 발현이 활성화되었다. 하지만, *gal4* 돌연변이체에서는 β-galactosidase 발현이 활성화되지 않았다. 이러한 결과로부터 UAS_{GAL}이 galactose 배지에서 Gal4 전사 인자에 의해 활성화되는 전사-조절 element임을 알 수 있었다.

주목할 만한 실험 세트에서는 Gal4 전사 인자가 2개의 functional (기능을 가진) domain으로 구성되어 있음을 보여주었다. N-말단 **DNA-결합 domain**은 특정 DNA 서열에 결합하고, C-말단 활성화 domain은 다른 단백질과 상호작용하여 근처 promoter에서의 전사를 촉진한다(그림 8-22). Gal4의 N-말단 DNA-결합 domain이 여러 길이의 C-말단 영역과 연결하여 내부 서열이 결실된 후에도, 짧아진 Gcn4 단백질이 리포터 유전자의 발현을 활성화하는 능력을 유지하였다(그림 8-21과 같은 *in vivo* 분석이 진행됨). 따라서 단백질의 N-말단과 C-말단 사이 내부 부분은 전사 인자로서 Gal4의 기능에 필요하지 않다. 많은 아미노산의 합성에 필요한 유전자를 조절하는 또 다른 효모 활성화 인자인 Gcn4에 대해서도 유사한 실험이 진행되었으며, 이 단백질이 C-말단에 대략 50개-아미노산 DNA-결합 domain과 중간 근처에 대략 20개-아미노산 활성화 domain을 가지는 것으로 나타났다.

Gal4 및 Gcn4에 별개의 활성화 domain이 존재한다는 추가 증거는, 전혀 관련이 없는 *E. coli* DNA-결합 단백질의 DNA-결합 domain과 이들 활성화 domain이 이어 붙여진 DNA를 이용한 실험에서 나왔다. 이들 융합 단백질들이 *in vivo*에서 분석되었을 때, *E. coli* 단백질이 결합하는 해당 위치를 포함하는 리포터 유전자의 전사를 활성화하였다. 따라서 기능을 가진 전사 인자들이 박테리아 및 진핵생물 단백질 domain의 새로운 조합으로부터 만들어질 수 있다.

이와 유사한 연구들이 현재 많은 진핵생물 전사 인자들에 대해 수행되었다. 이러한 연구에서 도출된 진핵생물 활성화 인자의 구조 모델은 modular model (모듈 모델)이다. 구체적으로, 하나 이상의 활성화 domain은 서열-특이적 DNA-결합 domain과 연결되어 있고, 그 중간에는 flexible, intrinsically disordered (유연하고 구조가 일정하지 않은) 또 다른 단백질 domain이 있다(그림 8-23). 어떤 경우에는 DNA-결합 domain에 포함된 아미노산도 전사 활성화에 기여한다. 뒷부분에서 설명되겠지만, 활성화 domain은 염색질 응축 및 전사 조절 모두에 관여하는 다른 단백질과 결합하여 역할을 수행한다. DNA-결합 domain과 활성화 domain을 연결하는 flexible, intrinsically disordered 단백질 domain(그림 3-13 참조)이 존재한다는 사실로부터, 조절 element 사이의 간격 변화가 진핵생물 전사 조절 영역에서 그렇게 잘 중요하지 않은 이유를 설명할 수 있을 것이다. 따라서 전사 인자가 결합하는 DNA 위

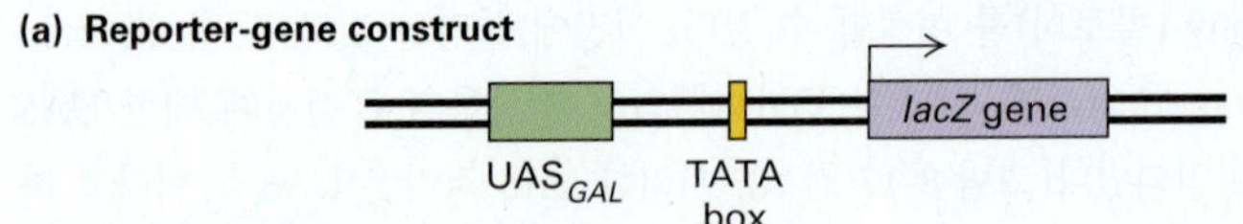

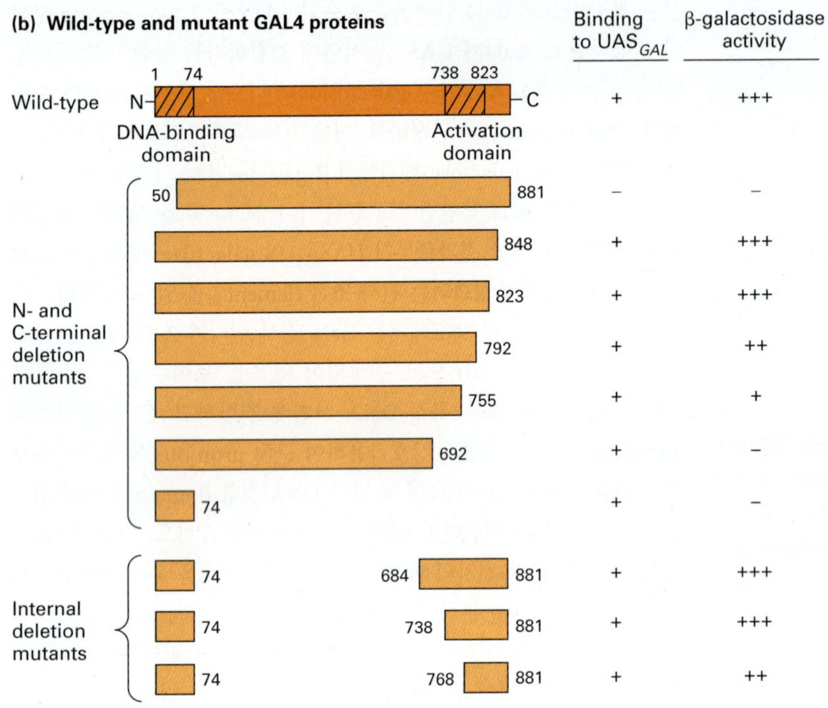

	Binding to UAS_{GAL}	β-galactosidase activity
Wild-type (1–881)	+	+++
50–881	–	–
1–848	+	+++
1–823	+	+++
1–792	+	++
1–755	+	+
1–692	+	–
1–74	+	–
1–74, 684–881	+	+++
1–74, 738–881	+	+++
1–74, 768–881	+	++

실험 그림 8-22 UAS*GAL* 리포터-유전자 construct (DNA)를 가진 효모에서 *GAL4* 유전자의 결실 돌연변이 분석을 통해, 하나의 전사 활성화 인자 내에 기능이 다른 여러 개의 domain들이 있음이 알려졌다. (a) *LacZ* 리포터 유전자(β-galactosidase 정보를 가진), TATA 상자, UAS_{GAL} (여러 Gal4-결합 위치를 포함하는 조절 element)가 이어 붙여진 DNA 구조를 보여주는 그림. 리포터-유전자 구조 및 야생형 또는 돌연변이(결실) Gal4 정보를 가진 DNA를 돌연변이(*gal4*) 효모 세포에 동시에 도입하고, *lacZ*에서 발현된 β-galactosidase 활성을 분석하였다. *GAL4* DNA가 정상 기능을 하는 단백질 정보를 가졌다면 β-galactosidase 활성은 높을 것이다. (b) 야생형 Gal4 및 다양한 돌연변이체를 그림으로 나타냄. 작은 숫자는 야생형 서열을 나타낸다. N-말단에서 50개 아미노산이 결실되면, Gal4가 UASGAL에 결합하여 리포터 유전자로부터 β-galactosidase 발현을 촉진하는 능력이 없어졌다. C-말단에서 결실된 부분이 많은 단백질은 여전히 UAS_{GAL}에 결합하였다. 이러한 결과는 DNA-결합 domain이 Gal4의 N-말단에 있음을 의미한다. C-말단으로부터 126–189개 아미노산이 결실되거나 더 많은 아미노산이 결실되면 β-galactosidase 발현을 활성화하는 능력은 완전히 없어졌다. 따라서 활성화 domain은 Gal4의 C-말단 영역에 있다. 내부 영역에 결실이 있는 단백질(*아래쪽*)도 β-galactosidase의 발현을 촉진할 수 있었으며, 이는 Gal4의 가운데 영역이 이 분석에서 전사 활성 기능에 중요하지 않음을 나타낸다. J. Ma and M. Ptashne, 1987, *Cell* **48**:847; I. A. Hope and K. Struhl, 1986, *Cell* 46:885; and R. Brent and M. Ptashne, 1985, *Cell* **43**:729 참조.

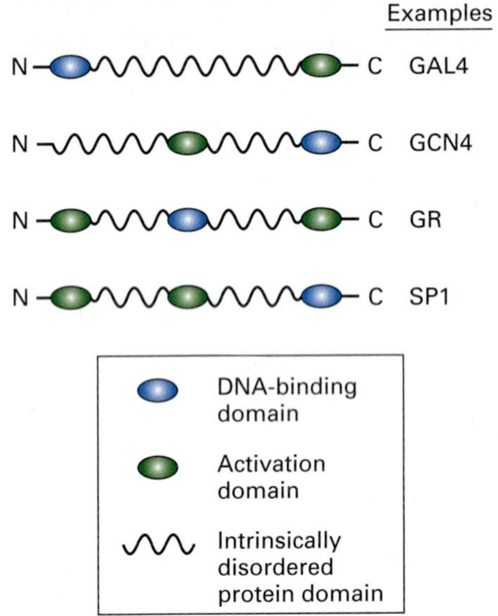

그림 8-23 진핵생물 전사 활성화 인자의 module 구조를 보여주는 그림. 전사 인자는 하나 이상의 활성화 domain을 가지는 경우는 있지만, 하나 이상의 DNA-결합 domain을 가지는 경우는 드물다. Gal4 및 Gcn4는 효모의 전사 활성화 인자이다. Glucocorticoid receptor (GR, 글루코코르티코이드 수용체)는 특정 호르몬이 C-말단 활성화 domain에 결합될 때 표적 유전자의 전사를 촉진한다. SP1은 많은 포유류 유전자에서 GC가 많은 promoter element (예, GCGGCGCGGC)에 결합한다.

치가 바뀌고 이동되더라도, 활성화 domain은 flexible 단백질 영역을 통해 DNA-결합 domain과 연결되어 있기 때문에, 활성화 domain은 여전히 전사 활성 역할을 할 수 있다. 또한 8.4절에서 설명한 바와 같이, 전사 인자 및 전사에 관여하는 다른 단백질들의 몇몇 intrinsically disordered 영역들은 여러 개의 low-affinity (저-친화성) 접촉을 통해 상호작용하여 핵 내에 *condensate* (응축물)를 형성한다. 이 condensate는 전사에 관여하는 단백질을 농축시켜서, 이들 간의 상호작용 속도를 증가시키고, 전사 속도가 크게 촉진되도록 한다.

억제 인자는 활성화 인자와 기능적으로 반대 역할을 한다

진핵생물의 전사는 활성화 인자뿐만 아니라 억제 인자에 의해서도 조절된다. 예를 들면, 유전학자들은 특정 유전자의 발현이 지속적으로 높은 상태로 유지되는 효모의 돌연변이를 분리하였다. 조절되지 않고 비정상적으로 높은 발현을 보이는 이러한 유형(**constitutive** expression, **지속적인** 발현)은 이러한 유전자의 전사를 억제하는 억제 인자가 불활성화되어 일어난다. 유사한 방식으로, 배아 세포에서 억제되어 있어야 하는 유전자들이 발현함으로써 배아 발생에 결함이 생긴 *Drosophila melanogaster* 및 *Caenorhabditis elegans*의 돌연변이체가 분리 확인되었다. 이러한 돌연변이체에서 돌연변이들은 억제 인자를 불활성화하여, 비정상적인 발생을 유발한다.

DNA에서 억제 인자-결합 위치는 체계적인 linker scanning mutation 분석(그림 8-17에 그려진 것과 유사)에 의해 확인되었다. 이러한 유형의 분석에서, 활성화 인자-결합 위치의 돌연변이는 리포터 유전자의 발현을 감소시키는 반면, 억제 인자-결합 위치의 돌연변이는 리포터 유전자의 발현을 증가시킨다. 활성화 단백질에 대해 앞서 설명한 것과 동일한 생화학적 기술을 사용하여, 억제 단백질이 억제 DNA-조절 element에 결합하는 활성을 분석하고 억제 단백질을 분리 정제할 수 있다.

진핵생물 전사 억제 인자는 활성화 인자와는 기능적으로 반대이다. 전사 억제 인자는 해당 결합 위치가 유전자 전사 시작 부위로부터 수십 염기쌍~수 kilobase에 위치하면 유전자 전사를 억제할 수 있다. 활성화 인자와 마찬가지로, 대부분의 진핵생물 억제 인자는 두 가지 서로 다른 기능을 하는 domain이 있는 modular 단백질이다: DNA-결합 domain과 억제 domain. 활성화 domain과 마찬가지로, 억제 domain은 다른 유형의 DNA-결합 domain과 이어 붙여져도 억제 기능을 한다. 이 두 번째 DNA-결합 domain이 붙을 수 있는 위치가 promoter로부터 수백 염기쌍 내에 삽입된다면, 융합 단백질이 발현되었을 때 promoter로부터의 전사가 억제된다. 또한 활성화 domain과 마찬가지로, 억제 domain은 다른 단백질과 상호작용하여 역할을 수행한다(이 장의 뒷부분에서 설명).

DNA-결합 domain은 여러 구조적 유형으로 분류될 수 있다

전사를 활성화하거나 억제하기 위해, 전사 인자는 DNA-결합 domain을 통해 전사 조절 영역의 특정 DNA 서열에 결합해야 한다. 진핵생물 전사 인자의 DNA-결합 domain은 특정 DNA 서열에 결합하는 다양한 구조적 motif (모티프)로 구성된다. 특정 DNA 서열에 결합하는 DNA-결합 단백질의 능력은 일반적으로 DNA-결합 domain의 α 나선에 있는 원자와 DNA의 major groove 내의 염기 가장자리에 있는 원자 사이의 noncovalent (비공유) 상호작용에서 기인한다. 양전하를 띤 arginine (아르기닌) 및 lysine (리신)과 당-인산염 backbone (골격, 기둥)에서 음전하를 띤 인산염 사이의 이온 상호작용이 단백질-DNA 결합에 기여하고, 그리고 몇몇 경우에는 DNA minor groove에 있는 원자와의 상호작용도 결합에 기여한다.

특이적인 단백질-DNA 상호작용의 원리는 박테리아 억제 인자 연구 중에 처음 발견되었다. 많은 박테리아 억제 인자는 dimeric (이량체) 단백질인데, 각 monomer의 α 나선이 DNA 나선의 major groove에 삽입되고, 거기에 있는 원자와 여러 개의 특정 상호작용을 만든다(그림 8-24). 이 α 나선은 *recognition helix* (인식 나선) 또는 *sequence-reading helix* (서열 판독 나선)라고 하는데, 그 이유는 α 나선에서 밖으로 나와 있는 아미노산 side chain (측쇄)의 대부분이 DNA의 염기와 접촉하기 때문이다. 일반적으로 박테리아 억제 인자의 표면에서 돌출된 recognition helix는 단백질 구조에서 지지되는데, 부분적으로는 아미노말단 쪽에 위치한 두 번째 α 나선과의 hydrophobic (소수성) 상호작용에 의해 지지된다. 많은 박테리아 억제 인자에 존재하는 이러한 전체 구조적 element를 *helix-turn-helix* motif (나선-회전 나선 모티프)라고 한다(그림 8-24 참조).

진핵생물의 전사 인자에는 DNA의 major groove에 α 나선이 들어가는 구조적 motif가 많이 있다. 이러한 motif의 대부분은 특징적인 공통 아미노산 서열을 가지고 있기 때문에, 잠재적으로 전사 인자라 생각되는 것들이 인간 및 다른 종의 다양한 조직에서 분리된 cDNA 서열 중에서 발견될 수 있다. 여기에서 우리는 3차원 구조가 결정된 DNA-결합 단백질의 몇 가지 일반적인 예를 소개한다. 이 모든 예에서, 그리고 다른 많은 전사 인자에서, 적어도 하나의 α 나선이 DNA의 major groove에 들어가 있다. 그러나 몇몇 전사 인자에는 DNA와 상호작용하는 다른 구조적 motif가 있다는 것에 주목하라[예, β strand and loop (β 가닥과 루프), 예로서 그림 8-28a의 NFAT 참조].

Homeodomain (호메오도메인) 단백질 발생 동안 역할을 하는 많

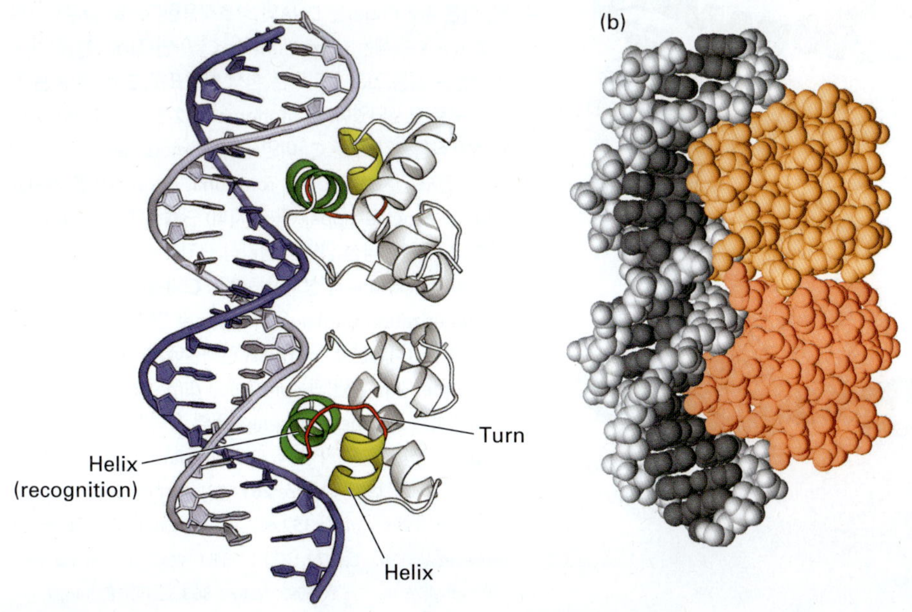

그림 8-24 Bacteriophage 434 억제 인자와 DNA의 상호작용. (a) 특정 operator DNA에 결합된 434 억제 인자의 리본 그림. Recognition helix는 녹색이다. Recognition helix에서 α 나선 N-말단의 시작은 노란색으로, helix-turn-helix 구조 motif의 나선 사이의 polypeptide backbone (폴리펩티드 골격)이 구부러진 모습은 빨간색으로 그려졌다. (b) 억제 인자-operator 복합체의 공간 채우기 모델은 단백질이 1.5회전의 길이에 걸쳐 DNA 분자의 한쪽 면과 밀접하게 상호작용하는 모습을 보여 준다. [Data from A. K. Aggarwal et al., 1988, *Science* **242**:899, PDB ID 2ori.]

은 진핵생물 전사 인자는 homeodomain으로 불리는 종간 보존된 60개 잔기의 DNA-결합 motif를 포함하는데, 이는 박테리아 억제 인자의 helix-turn-helix motif와 유사하다. 이러한 전사 인자들은 발생 중에 신체의 한 부분이 다른 부분으로 변형되는 *Drosophila* 돌연변이체에서 처음 확인되었다(그림 8-2b 참조). 종간 보존된 homeodomain 서열은 척추동물 전사 인자에서도 발견되었다. 여기에는 해부학적 구조의 발생에 필요한 master-control (총괄-조절) 기능을 갖는 것들이 포함된다.

Zinc-Finger (아연-집게) 단백질 척추동물 genome에서 가장 흔히 발견되는 DNA-결합 domain을 '**아연-집게**'라고 한다. 이 구조 domain의 polypeptide 사슬은 중심에 있는 Zn^{2+} 이온 주위로 접혀 있고, 상대적으로 짧은 길이의 polypeptide (~25개 아미노산 잔기)로 이루어진 compact (조밀한) domain을 생성한다. 이 구조 motif는 DNA-결합 domain으로 처음 알려졌지만, 현재는 DNA에 결합하지 않는 다른 단백질에도 존재하는 것으로 알려져 있다. 여기에서 우리는 진핵생물 전사 인자에서 확인된 여러 아연-집게 motif 중 두 가지를 설명한다.

C_2H_2 아연-집게는 인간 genome과 다른 척추동물의 genome에 정보가 담긴 가장 일반적인 DNA-결합 motif이고, 다세포 식물에서도 흔히 볼 수 있다. 이 motif는 종간 보존된 2개의 cysteine (C)과 2개의 histidine (H) 잔기를 포함하는 23–26개 잔기 consensus (공통) 서열을 가지며, 이들의 side chain들이 하나의 Zn^{2+} 이온과 결합한다(그림 3-7c 참조). '아연-집게'라는 이름은 2차원 구조가 손가락을 닮아 붙여진 것이다. 3차원 구조가 밝혀졌을 때, 다음의 내용이 분명해졌다. 2개의 cysteine과 2개의 histidine 잔기가 Zn^{2+} 이온과 결합하고, 이는 비교적 짧은 polypeptide 서열이 compact domain으로 접히게 하여, 최종적으로 α 나선이 DNA major groove에 들어갈 수 있도록 한다. C_2H_2 아연-집게 단백질은 적어도 2개 아연-집게를 가지며, 많은 수의 C_2H_2 아연-집게를 가지는 경우도 많다. 단백질이 DNA double helix 주위를 둘러쌀 때, C_2H_2 아연-집게는 major groove 내에서 연속되는 염기쌍들과 상호작용 한다(그림 8-25a).

C_4 아연-집게로 명명된(종간 보존된 4개의 cysteine이 Zn^{2+}와 접촉하고 있기 때문) 두 번째 유형의 아연-집게 구조는 약 50개의 인간 전사 인자들에서 발견된다. 이 부류의 첫 번째 단백질들이 특정 세포내 고친화성 결합 단백질 또는 steroid hormone (스테로이드 호르몬)에 대한 "receptor (수용체)"로 확인되었다. 이들 단백질은 나중에 *steroid receptor superfamily* (스테로이드 수용체 슈퍼패밀리)라 이름지어졌다. 이후에 nonsteroid hormone (비스테로이드 호르몬)에 대한 세포내 수용체도 발견되었기 때문에, 이러한 전사 인자들은 현재 일반적으로 **nuclear receptor (핵 수용체)**로 불린다. C_4 아연-집게의 특징은 4개의 cysteine으로 구성된 그룹이 2개 존재한다는 점이다. 55–56-잔기 domain이 양 끝에 하나씩 존재한다.

C_4 아연-집게는 처음에 C_2H_2 아연-집게와 유사하다 생각되어 명명되었지만, 이러한 DNA-결합 motif를 포함하는 단백질들의 3차원 구조들은 상당히 다르다는 것이 나중에 확인되었다. 둘 사이의 중요한 차이점은 C_2H_2 아연-집게 단백질은 일반적으로 3개 이상의 반복되는 finger unit (단위)을 가지고 있고 monomer로 결합하지만, C_4 아연-집게 단백질은 일반적으로 2개의 finger unit을 가지고 있고 homodimer (동형이량체) 또는 heterodimer로서 DNA에 결합한다는 것이다. C_4 아연-집

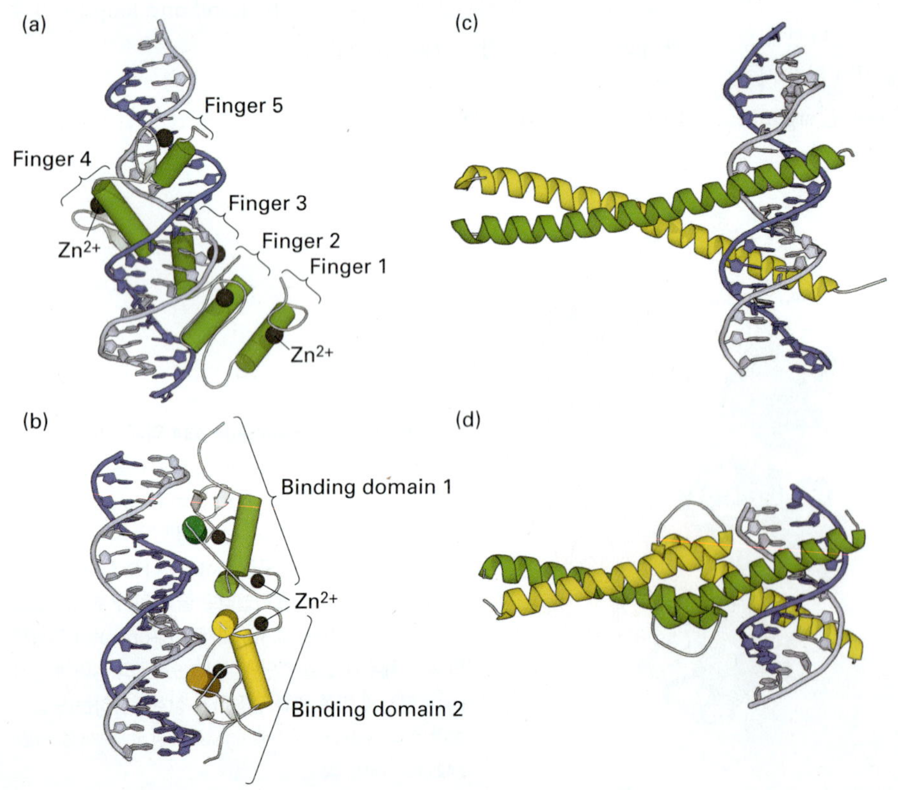

그림 8-25 진핵생물 DNA-결합 domain은 α 나선을 이용하여 특정 DNA 서열의 major groove와 상호작용한다. (a) GL1 DNA-결합 domain은 monomer이고 5개의 C_2H_2 아연-집게를 가진다. α 나선은 원통으로 표시되었고, Zn^{2+} 이온은 구로 표시되었다. 'Finger 1'은 DNA와 상호작용하지 않지만, 다른 4개 finger는 DNA와 상호작용한다. (b) 글루코코르티코이드 수용체는 homodimeric C_4 아연-집게 단백질이다. α 나선은 원통으로, β 가닥은 흰색 화살표로, Zn^{2+} 이온은 검은색 구로 표시되었다. 각 monomer에 2개의 α 나선이 DNA와 상호작용한다. 모든 C_4 아연-집게 homodimer와 마찬가지로, 이 전사 인자는 twofold rotational symmetry를 가지고 있다. (c) Leucine-zipper (류신-지퍼) 단백질에서, monomer의 뻗어 나온 α-나선 영역의 염기성 잔기는 major groove 근처 DNA backbone과 상호작용한다. Coiled-coil (코일형 코일) dimerization domain은 monomer 간의 소수성 상호작용에 의해 안정화된다. (d) bHLH 단백질에서, DNA-결합 나선(monomer의 N-말단)과 coiled-coil dimerization domain을 포함하는 leucine zipper-like 영역 사이에는 nonhelical loop (비나선형 루프)가 있다. [Part (a) Data from N. P. Pavletich and C. O. Pabo, 1993, *Science* **261**:1701. Part (b) Data from B. F. Luisi et al., 1991, *Nature* **352**:497. Part (c) Data from T. E. Ellenberger et al., 1992, *Cell* **71**:1223, PDB ID 1ysa. Part (d) Data from A. R. Ferre-D'Amare et al., 1993, *Nature* **363**:38, PDB ID 1an2.]

게 DNA-결합 domain의 homodimer는 twofold rotational symmetry (이중 회전 대칭)를 갖는다(그림 8-25b). 결과적으로, homodimer 핵 수용체는 inverted reverted (역 반복되는) consensus DNA 서열에 결합한다.

Leucine-Zipper 단백질 또 다른 구조적 motif는 7번째 서열마다 소수성 아미노산 leucine을 가지는데, 많은 종류의 전사 인자의 DNA-결합 domain에 존재한다. 이들 단백질은 dimer로서 DNA에 결합하고, leucine의 mutagenesis 실험은 이들이 dimerization에 필요함을 보여주었다. 결과적으로, 2개의 α 나선으로 구성된 coiled coil의 구조 motif를 잘 설명하기 위해 **leucine zipper**라는 이름이 붙여졌다.

앞서 언급한 효모 Gcn4 전사 인자의 DNA-결합 domain은 leucine-zipper domain이다. DNA와 Gcn4 DNA-결합 domain이 결합된 복합체에 대한 X-선 결정학 분석은 dimeric 단백질이 두 인접 major groove에서 DNA 분자를 잡고 있는 2개의 α 나선을 포함하고 있음을 보여주었다. 두 인접 major groove는 이중나선에서 약 반 바퀴만큼 떨어져 있다. 이 모습은 마치 한 쌍의 가위와 유사하다(그림 8-25c). DNA와 접촉하는 α 나선 부분은 DNA backbone의 인산염과 상호작용하는 양전하(염기성) 잔기를 포함하고, 또한 major groove의 특정 염기와 상호작용하는 추가적인 잔기도 가진다.

Gcn4는 α 나선의 C-말단 영역 사이의 소수성 상호작용을 통해 dimer를 형성하여, coiled coil 구조를 형성한다. 이 구조는 amphipathic (양극성) α 나선을 가진 단백질에서 공통적으로 나타나는데, 소수성 아미노산 잔기가 규칙적으로 3개 또는 4개 아미노산 떨어져 있고, α 나선의 한 면을 따라서 strip (줄무늬)을 형성한다. 이러한 소수성 줄무늬는 coiled-coil dimer에서 α-나선형 monomer 사이의 상호작용 표면을 구성한다(그림 3-7a 참조).

처음으로 분석되었던 leucine-zipper 전사 인자는 dimerization 영역에서 7번째 위치마다 leucine 잔기를 가지고 있었지만, 이후에 이 영역에 다른 소수성 아미노산을 가지는 또 다른 DNA-결합 단백질들이 확인되었다. Leucine-zipper 단백질과 마찬가지로, 이들은 C-말단 coiled-coil dimerization 영역 및 N-말단 DNA-결합 domain을 포함하는 dimer를 형성한다. *Basic zipper* (*bZIP*, 기본 지퍼)라는 용어는 이제 이러한 공통 구조적 특징을 가진 모든 단백질을 지칭하는 데 자주 사용된다. 많은 basic-zipper 전사 인자는 2개의 다른 polypeptide chain으로 구성된 heterodimer이고, 2개 polypeptide는 각각 basic-zipper motif를 가지고 있다.

Basic Helix-Loop-Helix (bHLH) 단백질 다른 부류 dimeric 전사 인자의 DNA-결합 domain은 basic-zipper motif와 매우 유사한 구조 motif를 가진다(그림 8-25d). 한 가지 다른 점은 각 monomer에서 2개의 α-나선형 영역이 nonhelical loop (polypeptide chain)에 의해 분리되어 있다는 점이다. **bHLH (basic helix-loop-helix)**로 명명된, 이 motif는 아미노산 서열로부터 예측되었다. 이 motif는 DNA와 상호작용하는 염기성 잔기가 있는 N-말단 α 나선, 중간 loop 영역, 그리고 amphipathic α 나선의 특성을 가지며, 소수성 아미노산이 일정한 간격으로 배치된 C-말단 영역을 포함한다. C-말단은 coiled coil 구조로 dimerize된다. Basic-zipper 단백질과 마찬가지로, 다양한 bHLH 단백질들은 heterodimer를 형성할 수 있다.

구조적으로 다양한 활성화 domain 및 억제 domain이 전사를 조절한다

Gal4 DNA-결합 domain과 *E. coli* 단백질의 무작위 segment (조각, 분절)를 붙여서 이어진 융합 단백질을 이용한 실험은 다양한 group의 아미노산 서열(모든 *E. coli* 서열의 약 1%)이 활성화 domain으로 기능할 수 있음을 보여주었다. 물론 이들 중에는 다른 역할을 하는 것으로 진화된 것도 있다. 많은 전사 인자는 특정 아미노산이 비정상적으로 높은 비율로 존재하는 활성화 domain을 포함한다. 예를 들어, Gal4, Gcn4 및 대부분의 다른 효모 전사 인자는 산성 아미노산(aspartic acid, glutamic acid)이 많은 활성화 domain을 가지고 있다. 이러한 *acidic activation domain* (**산성 활성화 도메인**)은 일반적으로 거의 모든 유형의 진핵 세포[fungal (진균), 동물 및 식물 세포]에서 전사를 촉진할 수 있다. 몇몇 *Drosophila* 및 포유류 전사 인자의 활성화 domain에는 glutamine이 많이 존재하고, 몇몇에는 proline이 많이 존재한다; 또 다른 것들은 이와 밀접하게 관련된 아미노산인 serine과 threonine이 많이 존재하며, 이들 둘 다 hydroxyl group (히드록실기, 수산기)을 가지고 있다. 그러나 몇몇 강력한 활성화 domain에는 특정 아미노산이 특별히 많이 존재하지 않는 경우도 있다.

생물 물리학 연구에 따르면, 산성 활성화 domain은 unstructured, random-coil (구조화되지 않고 무작위 코일의), intrinsically disordered conformation을 가진다(산성 활성화 domain은 무작위 coil을 가지고 구조가 일정하지 않은 형태를 가진다). 이러한 domain은 단백질 *co-activator* (**공동-활성화 인자**)에 결합하여 전사를 촉진한다. Co-activator와 상호작용을 하면, 활성화 domain–co-activator 복합체에서 활성화 domain이 보다 구조화된 α-나선 형태를 갖게 될 것으로 생각된다. 산성 활성화 domain을 가진 전사 인자 중 잘 연구된 예는, 포유류 CREB 단백질인데, 이 단백질은 cAMP 양에 증가하면 인산화된다. 이와 같은 인산화 조절은 CREB가 co-activator CBP (CREB 결합 단백질)와 결합하는 데 필요하며, 결과적으로 CREB가 결합하는 위치를 가진 유전자의 전사가 시작되도록 한다(그림 15-24 참조). CREB의 활성화 domain이 인산화되면 CBP와 결합하고, CREB은 구조적 변화를 거쳐 2개의 α 나선을 형성한다(α 나선 사이에는 짧은 loop이 있다). 그리하여 2개의 α 나선은 CBP의 상호작용 domain을 둘러싼다(그림 8-26a).

몇몇 활성화 domain은 산성 활성화 domain보다 더 크고 보다 구조화되어 있다. 예를 들면, 핵 수용체의 ligand (리간드)-결합 domain은 특정 호르몬 리간드와 결합할 때 활성화 domain으로 역할을 한다(그림 8-26b, c). 리간드 결합은 핵 수용체의 커다란 구조적 변화를 유도하는데, 이는 호르몬과 붙어 있는 리간드-결합 domain이 co-activator의 짧

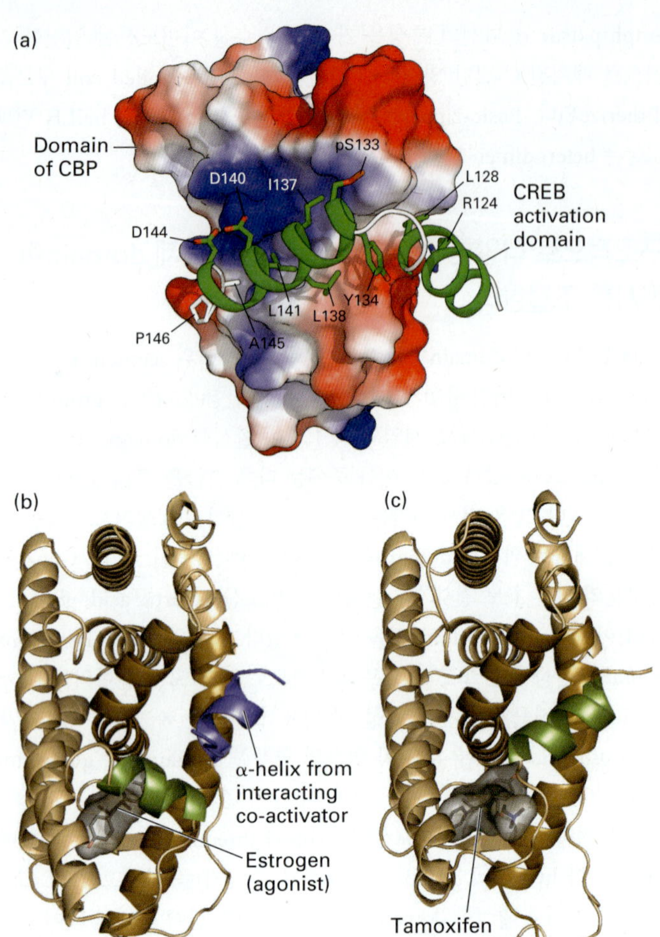

그림 8-26 활성화 domain은 co-activator 단백질 또는 folded (접힌) 단백질 domain과 상호작용할 때까지는 random coil 상태로 구조가 일정하지 않을 것이다. (a) CREB (cyclic AMP response element-binding protein)의 활성화 domain은 serine 133의 인산화에 의해 활성화된다. 이것은 co-activator인 CBP의 domain과 상호작용할 때까지는 random coil 상태로 구조가 일정하지 않다(CBP가 공간을 채우는 표면 모델로 그려짐. 음으로 하전된 영역이 빨간색으로, 양으로 하전된 영역이 파란색으로 표시됨). CREB 활성화 domain은 CBP에 결합하면, 단백질이 접혀서 2개의 amphipathic α 나선이 만들어진다. CBP domain의 표면과 상호작용하는 활성화 domain의 side chain이 표시되어 있다. (b) Estrogen (에스트로겐) 수용체의 리간드-결합 활성화 domain은 folded (접힌)-단백질 domain이다. 에스트로겐이 domain에 붙게 되면, 녹색 α 나선이 리간드와 상호작용하여 리간드-결합 domain(짙은 갈색 나선)에 소수성 홈이 만들어지도록 하고, 여기에 co-activator subunit (파란색)의 amphipathic α 나선이 결합한다. (c) 호르몬이 없을 때 에스트로겐 수용체의 형태는 에스트로겐 antagonist (길항제) tamoxifen (타목시펜)의 결합에 의해 안정화된다. 이 안정화된 구조에서, 수용체의 녹색 나선은 접혀서 co-activator-결합 groove과 상호작용하게 되고, 결과적으로 co-activator가 결합하지 못하게 된다. [Part (a) Data from I. Radhakrishnan et al., 1997, *Cell* **91**:741, PDB ID 1kdx. Parts (b) and (c) Data from A. K. Shiau et al., 1998, *Cell* **95**:927, PDB ID 3erd and 3ert.]

은 α 나선과 상호작용할 수 있게 한다; 그리하여 생성된 복합체는 유전자 전사를 활성화할 수 있다(핵 수용체가 이 유전자의 전사 조절 영역에 붙어서 전사를 촉진).

따라서 CREB의 산성 활성화 domain과 핵 수용체의 리간드-결합 활성화 domain은 구조적으로 두 가지의 큰 차이를 보인다. CREB 산성 활성화 domain은 random coil (불규칙 나선)을 갖고 있어 구조가 일정하지 않지만, CREB 산성 활성화 domain이 co-activator의 구형 domain 표면과 결합하게 되면 2개의 α 나선으로 접히게 된다. 대조적으로, 핵-수용체 리간드-결합 활성화 domain은 structured (어느 정도 구조가 갖추어진) 구형 domain을 가지며, co-activator의 짧은 α 나선과 상호작용한다. 그리고 이러한 상호작용이 있기 전에는(결합 전에는) 아마도 random coil로 존재할 것이다. 이러한 차이가 있지만, 두 경우 모두에서 co-activator와 활성화 domain 간의 특정 단백질-단백질 상호작용은 전사 인자가 유전자 발현을 촉진할 수 있게 한다.

현재, 전사 억제 영역의 구조에 대해서는 덜 알려져 있다. 몇몇 핵 수용체의 구형 리간드-결합 domain은 특정 호르몬 리간드가 없을 때 전사 억제 domain으로 역할을 한다. 활성화 domain과 마찬가지로, 전사 억제 domain은 비교적 짧고, 15개 이하의 아미노산로 구성되어 있다. 또한 생화학적 및 유전적 연구에서 전사 억제 domain은 단백질-단백질 상호작용을 매개하고, *co-repressor* (공동-억제 인자) 단백질과 결합하여, 이 장의 뒷부분에서 설명되는 메커니즘에 의해 전사 개시를 억제하는 복합체를 형성함이 알려졌다.

전사 인자 상호작용을 통해 다양한 유전자 조절이 가능하다

앞에서 설명한 두 가지 유형의 DNA-결합 단백질들(bZIP 및 bHLH 단백질)은 종종 monomer의 다양한 조합에 의해 다양한 heterodimer를 형성한다. 여기에서 설명되지 않은 다른 부류의 전사 인자도 heterodimer 단백질을 형성한다. 몇몇 heterodimeric 전사 인자에서, 각 monomer는 본인의 서열을 인식한다. 이러한 경우에, 다양한 heterodimer 형성으로 인해서 결합할 수 있는 위치의 숫자가 증가되지는 않는다. 오히려 각 monomer와 붙어 있는 활성화 domain이 다양한 조합을 이루게 되고, 결과적으로 동일한 위치에 다양한 활성화 domain이 붙을 수 있게 된다(그림 8-27a). 다음 장에서 살펴보겠지만, 개별 전사 인자들의 활성은 다양한 메커니즘에 의해 조절될 수 있다. 결과적으로, 한 유전자의 전사 조절 영역에 있는 하나의 bZIP-결합 또는 하나의 bHLH-결합 DNA-조절 element에서 서로 다른 전사 반응이 일어날 수 있는데, 이는 세포에서 어떤 bZIP 또는 bHLH monomer가 발현되고 이들의 활성이 어떻게 조절되는지에 따라 달라진다.

그런데 몇몇 heterodimeric 전사 인자에서, 각 monomer는 서로 다른 DNA-결합 특이성을 가진다. 결과적으로, 다양한 조합이 가능하다는 것은 전사 인자 계열이 결합할 수 있는 잠재적인 DNA 서열의 수를 증가시킨다. 3개의 다른 전사 인자 monomer는 이론적으로 결합하여 서로 다른 6개의 homodimer 및 heterodimer 전사 인자를 형성할 수 있다(그림 8-27b 참조). 4개의 monomer는 총 10개의 dimer 인자를 형성할 수 있다; 5개의 monomer, 16개의 dimer 인자; 그리고 기타 등등. 또한 몇몇 bZIP 및 bHLH monomer에 결합하여 DNA에 결합하는 것을

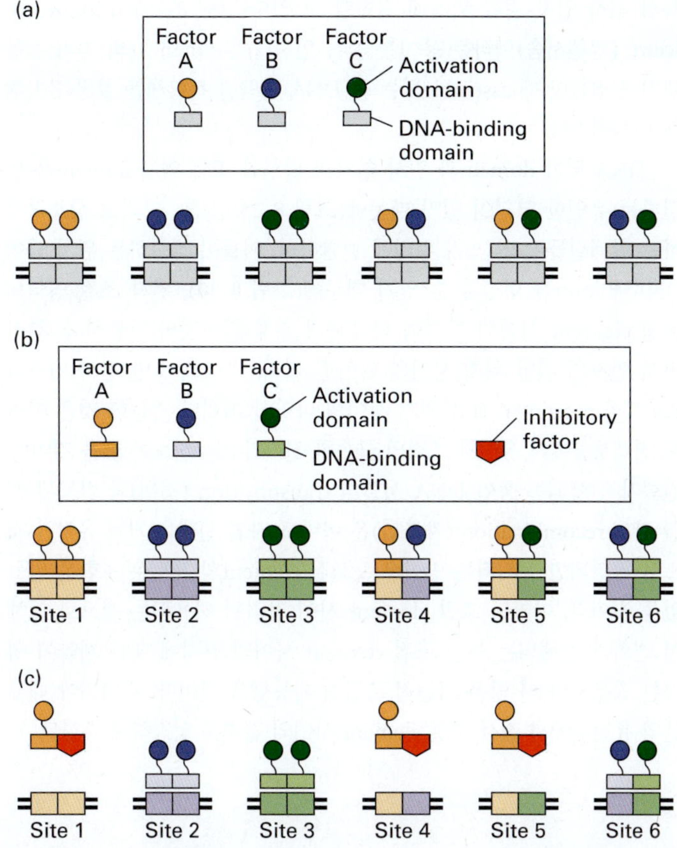

그림 8-27 전사 인자가 heterodimer를 형성하기 때문에 다양한 조합이 가능하다. (a) 몇몇 heterodimeric 전사 인자에서, 각 monomer의 활성화 domain은 동일한 DNA 서열을 인식한다. 표시된 가상의 예에서, 전사 인자 monomer A, B 및 C는 모두 서로 상호작용하여, 동일한 위치에 결합할 수 있는 6가지 다른 조합의 활성화 domain을 만들 수 있다. 각 복합 결합 위치는 2개의 반쪽 위치로 나뉘며, 각 heterodimeric 인자는 각 구성 monomer의 활성화 domain을 포함한다. (b) 전사 인자 monomer가 다른 DNA 서열을 인식할 때, 전사 인자 monomer A, B, C가 6가지 조합이 가능하고, 각각은 고유한 활성화 domain 쌍을 가지며, 6개의 다른 DNA 서열에 결합할 수 있다(위치 1–6). (c) A의 dimerization domain과만 상호작용할 수 있는 억제 인자(빨간색)가 발현되면 DNA 결합이 억제된다; 따라서 전사 활성화 위치 1, 4 및 5에서의 전사 활성화는 억제되지만 위치 2, 3 및 6에서는 영향을 받지 않다.

막는 전사 억제 인자들이 알려져 있다. 이러한 억제 인자가 발현되면, 이들은 상호작용하는 인자에 의해 전사 활성화가 억제된다(그림 8-27c). 따라서 heterodimer 전사 인자 계열 구성원의 상호작용을 설명하는 규칙은 복잡하다. 이러한 조합의 복잡성으로 인해서, 이러한 인자들이 전사를 활성화할 수 있는 DNA 위치의 수, 조절되는 방식, 모두가 많아진다.

이와 같은 전사 인자 조합에 의한 전사 조절은 구조적으로 관련이 없는 두 전사 인자들의 상호작용에 의해 이루어지는데, 두 전사 인자들은 DNA에서 가까이 존재하는 결합 위치들에 결합한다. 대표적인 예는 interleukin-2 (IL-2, 인터류킨-2) 정보를 가진 유전자를 조절하는 composite promoter-근처 element의 인접 위치에 결합하는 2개의 전사 인자인 NFAT 및 AP1의 상호작용이다. *IL-2* 유전자의 발현은 면역반응에 중요하지만, IL-2의 비정상적인 발현은 류마티스 관절염과 같은 자가면역 질환을 유발할 수 있다(24장 참조). NFAT 또는 AP1 어떤 것도 상대 단백질이 없는 상태에서는 *IL-2* 조절 영역의 해당 위치에 결합하지 못한다. 이들 인자가 개별 DNA 서열에 붙는 친화도는 너무 낮아서 개별 인자들이 DNA와 안정적인 복합체를 형성할 수 없다. 그러나 NFAT와 AP1이 함께 있다면, 둘 사이의 단백질-단백질 상호작용이 NFAT, AP1, DNA로 구성된 복합체를 안정화시킨다(그림 8-28a). 다

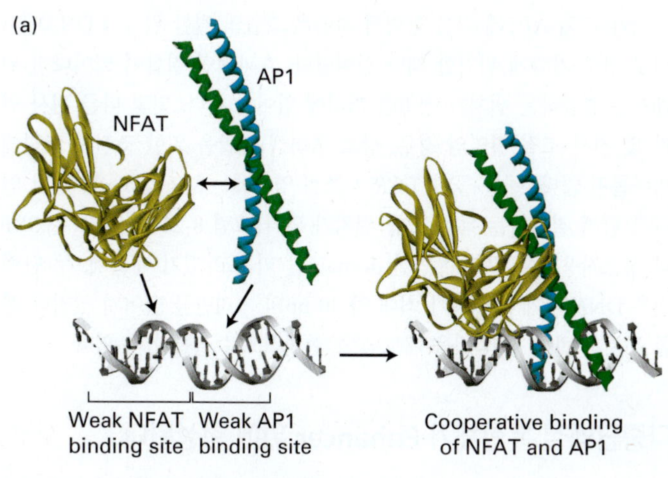

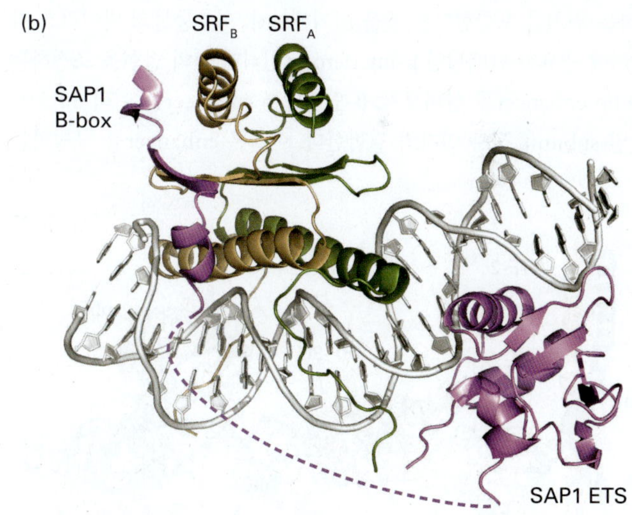

그림 8-28 Composite (복합) 조절 element에서, 서로 무관한 2개 전사 인자들이 인접한 2개 위치에 상호 협력적으로 결합. (a) 그 자체로, monomer NFAT 및 heterodimeric AP1 전사 인자는 *IL-2* promoter-근처 영역에서 각각의 결합 위치에 대해 낮은 친화도를 갖는다. NFAT와 AP1 간의 단백질-단백질 상호작용 때문에 NFAT-AP1-DNA 복합체의 전반적인 안정성이 증가되고, 두 단백질은 composite (복합) 위치에 상호 협력적으로 결합하게 된다. (b) Dimeric SRF와 monomer SAP1가 상호 협력적으로 DNA에 결합하는 것은 결합 위치가 5–30 bp 정도 떨어져 있어도 가능하고 SAP1 결합 위치가 반대 면에 있을 때도 가능하다. 그 이유는 SRF와 상호작용하는 SAP1의 domain과 SAP1의 DNA-결합 domain은 유연한 SAP1 polypeptide 사슬 linker (점선)로 연결되어 있기 때문이다. [Part (a) Data from L. Chen et al., 1998, *Nature* **392**:42, PDB ID 1a02. Part (b) Data from M. Hassler and T. J. Richmond, 2001, *EMBO J.* 20:3018, PDB ID 1hbx.]

양한 전사 인자들에 의한 이러한 *cooperative* (상호 협력적) *DNA* 결합은 상당히 많은 조합의 전사 조절이 가능하게 한다. 결과적으로, 인간 genome에 정보가 있는 1,600개 이상의 전사 인자들은 무척 많은 수의 협력적 상호작용 중 하나를 통해 DNA에 결합할 수 있고, 대략 20,000개 인간 유전자에 대해 각각 특이적인 전사 조절이 가능하게 된다. *IL-2*의 경우, NFAT가 활성화 되어 세포질에서 핵으로 이동되고, AP1의 두 subunit 정보를 가진 유전자가 동시에 활성화될 때만 전사가 일어난다. 이 두 event (사건)는 별개의 신호전달 경로에 의해 조절되기 때문에(15장 및 16장 참조), IL-2 발현을 엄격하게 조절할 수 있게 된다.

NFAT와 AP1에 의한 협력적 결합은 그들의 결합 위치가 DNA에서 서로 아주 가깝게 위치할 때만 일어난다. 효과적인 결합이 일어나기 위해서는 결합하는 위치가 정확한 거리에 있어야 한다. 몇몇 다른 전사 인자 및 전사-조절 영역의 경우, 상호 협력적 결합을 위한 조건이 그렇게 까다롭지 않다. 예를 들면, *EGR-1* 조절 영역에는 SRF와 SAP1 전사 인자가 함께 결합하는 복합 결합 위치가 있다(그림 8-28b). SAP1은 SRF와 상호작용하는 길고 유연한 domain을 가지고 있기 때문에, 두 단백질은 DNA의 개별 부위가 최대 약 30 bp의 거리만큼 떨어져 있거나 결합 위치가 반대 면에 있을 때도 상호 협력적으로 결합할 수 있다

다중단백질 복합체가 Enhancer 위에 형성된다

Enhancer는 일반적으로 길이가 약 50~200 bp이고 여러 전사 인자들이 결합하는 위치를 포함한다는 것을 상기해보자. 척추동물의 바이러스 감염 방어에 중요한 단백질인 β-interferon (인터페론)의 발현을 조절하는 약 50 bp enhancer를 살펴보자. β-인터페론 enhancer는 여러 dimeric 및 단일-subunit 전사 인자와 결합한다. 이들은 enhancer를 구성하는 특정 전사-인자-결합 위치에 결합할 수 있다(그림 8-29). **Enhanceosome (인핸서솜)**이라는 용어는 전사 인자들이 enhancer의 여러 결합 위치에 결합할 때 assemble되는 큰 DNA-단백질 복합체를 설명하기 위해 만들어졌다.

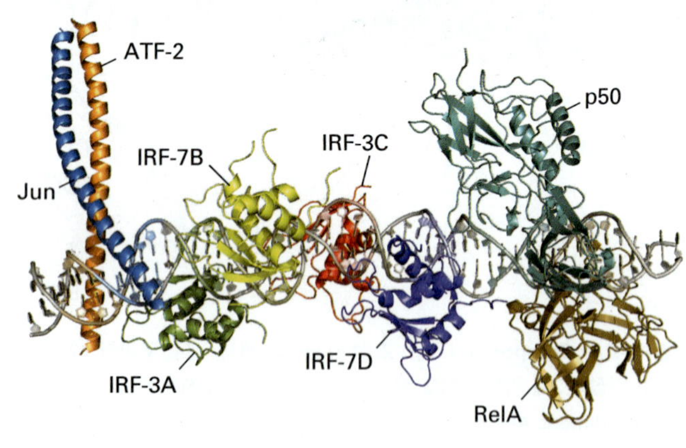

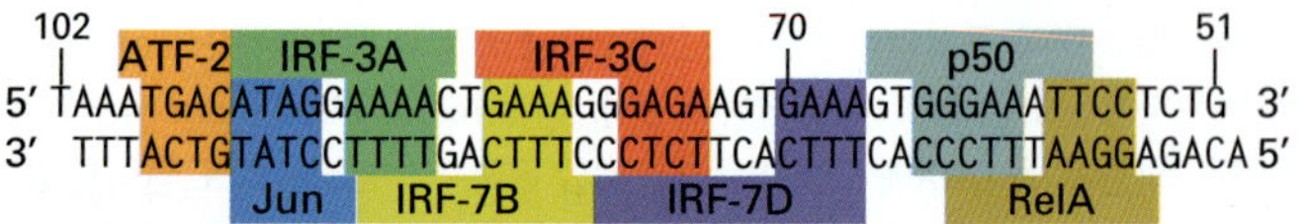

그림 8-29 β-인터페론 enhancer 위에 형성되는 enhanceosome 모델. 2개의 heterodimeric 인자 Jun/ATF-2 및 p50/RelA (NF-κB), 그리고 monomeric 전사 인사 IRF-3 2개 및 IRF-7 2개. 이들 6개 단백질이 결합하는 위치가 enhancer에 겹쳐서 존재한다. D. Penne, T. Manniatis, and S. Harrison, 2007, *Cell* **129**:1111 참조.

DNA-결합 domain과 전사 인자의 활성화 또는 억제 domain을 연결하는 유연한 영역이 있기 때문에(그림 8-23 참조), 그리고 상호작용하는 단백질들이 먼 거리 위치에 결합하며, 이들이 결합하는 위치 사이 DNA에 loop을 형성할 수 있기 때문에(그림 8-30), 전사-조절 영역의 조절 element 사이의 간격이 다양하게 존재하는 것이 가능하다. 특정 전사 인자의 결합 위치 사이의 다양한 거리, 그리고 일반 전사 인자와 Pol II의 promoter 결합 위치 사이의 다양한 거리가 가능한 것은 아마도 진핵생물에서 유전자 조절의 급속한 진화가 가능하도록 했을 것이다. 진화가 진행되는 동안 DNA 서열의 transposition (전위)과 반복된 서열 간의 recombination (재조합)은 아마도 자연 선택을 거쳐 유익한 것으로 판명되면 유지되는 방식으로 조절 element의 새로운 조합을 만들었을 것이다. 아마도 조절 element 사이 간격이 허용되는 것으로 인해서 진화가 진행되는 동안 조절 element 사이의 간격에 대한 제약이 엄격한 경우보다 더 많은 기능적 조합이 가능했을 것이다. 박테리아 대부분의 유전자에서 전사 조절 element 사이의 간격은 엄격하게 제한된다.

8.3절의 주요 개념

단백질 정보를 가진 유전자 발현을 조절하는 서열, 그리고 여기에 결합하여 역할을 하는 단백질들

- 진핵 세포 단백질 정보를 가진 유전자의 발현은 일반적으로 전사 시작 위치에 가깝거나 멀리 위치한 여러 단백질 결합 전사 조절 영역을 통해 조절된다(그림 8-18 참조).
- Promoter는 RNA 중합효소 II가 DNA에 결합하게 하고, 전사 개시 위치를 결정하며, 전사 개시 빈도에 영향을 준다.
- Promoter-근처 element는 개시 위치의 약 200 bp 내에 위치한다. 6–10 bp 길이를 가진 이러한 여러 element들은 특정 유전자를 조절하는 데 도움이 될 수 있다.
- 여러 짧은 조절 element를 포함하는 enhancer는 promoter로부터 위쪽 또는 아래쪽으로 200 bp부터 수십 kilobase 내, intron 내, 또는 마지막 exon의 아래쪽에 위치할 수 있다.
- Promoter-근처 element 및 enhancer는 종종 세포 유형 특이적이어서, 특정 분화된 세포 유형에서만 역할을 한다.
- 전사를 활성화하거나 억제하는 전사 인자는 진핵생물 DNA에서 promoter-근처 조절 element 및 enhancer에 결합한다.
- 전사 활성화 인자 및 억제 인자는 일반적으로 하나의 DNA-결합

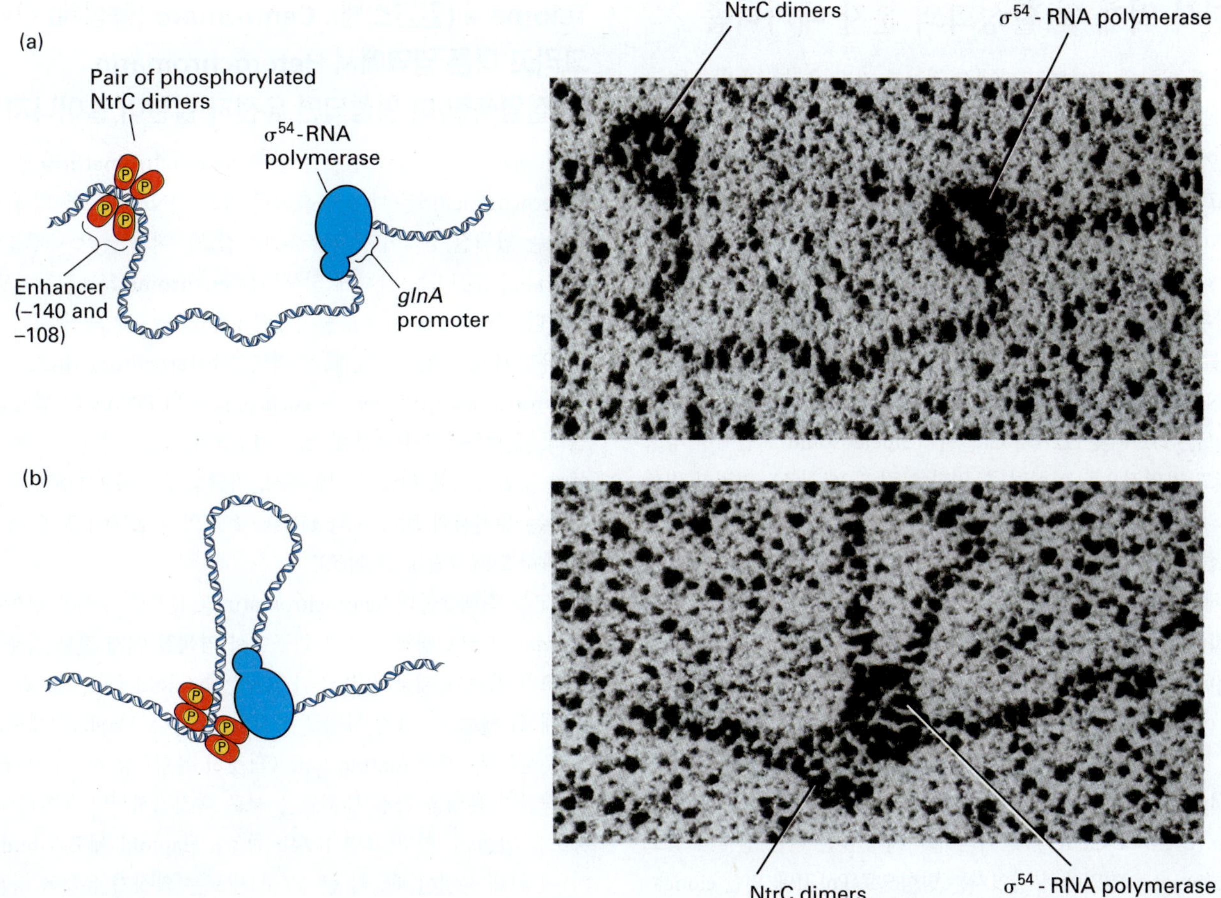

실험 그림 8-30 ***E. coli*의 RNA 중합효소와 활성화 단백질 사이 DNA loop의 예.** DNA looping은 NtrC와 σ^{54}–RNA 중합효소의 상호작용이 가능하게 한다. (a) DNA 절편의 그림(왼쪽) 및 전자현미경 사진(오른쪽). DNA 절편의 한쪽 끝 근처에서 인산화되고 활성화된 NtrC dimer가 enhancer 영역에 결합되어 있고, 다른 쪽 끝 근처에는 *glnA* promoter와 결합한 σ^{54}–RNA 중합효소가 붙어 있다. (b) (a)와 동일한 DNA 절편의 그림(왼쪽) 및 전자현미경 사진(오른쪽). 여기에서 NtrC dimer와 σ^{54}–RNA 중합효소가 서로 붙어 있고 중간에 있는 DNA가 loop을 형성하는 것을 볼 수 있다. W. Su et al., 1990, *Proc. Nat'l. Acad. Sci. USA* **87**:5505 참조. [Micrographs courtesy Harrison Echols.]

domain과 하나 이상의 활성화 domain(활성화 인자 용) 또는 억제 domain(억제 인자 용)을 포함하는 modular 단백질이다. 서로 다른 두 domain들은 유연하면서 intrinsically disordered polypeptide 영역에 의해 연결된 경우가 많다(그림 8-23 참조).

- 진핵생물 전사 인자의 DNA-결합 domain에서 발견되는 가장 일반적인 구조 motif는 homeodomain, C_2H_2 아연-집게, basic zipper (leucine zipper) 및 basic helix-loop-helix (bHLH)이다. 이들 및 기타 많은 DNA-결합 motif는 DNA의 결합 위치에 있는 major groove와 상호작용하는 하나 이상의 α 나선을 가진다.
- 전사 인자의 활성화 및 억제 domain은 다양한 아미노산 서열과 3차원 구조를 나타낸다. 일반적으로 이러한 기능적 domain은 유전자 발현을 조절하는 전사 인자의 능력에 중요한 co-activator 또는 co-repressor와 상호작용한다.
- 대부분의 유전자의 전사 조절 영역들에는 여러 전사 인자들이 결합하는 위치가 포함되어 있다. 이러한 유전자의 전사는 전사 인자들이 특정 시간에 특정 세포에서 발현되고 이후 활성화될 때 어떠한 조합을 이루는지에 따라 결정된다.
- 전사 조절의 조합 복잡성은 monomer가 heterodimer 전사 인자를 형성하는 다양한 조합을 하고(그림 8-27 참조) 해당 전사 조절 위치에 전사 인자들이 협력적으로 결합하기 때문에 가능하게 된다(그림 8-28 참조).
- Enhancer에서 여러 위치에 여러 전사 인자들이 결합하여 *enhanceosome*이라고 하는 큰 DNA-단백질 복합체를 형성한다(그림 8-29 참조).

8.4 전사 억제 및 활성화의 분자 메커니즘

DNA의 특정 위치에 결합하고 단백질 정보를 가진 유전자의 발현을 조절하는 억제 인자와 활성화 인자는 세 가지 일반적인 메커니즘을 따른다. 첫째, 이러한 조절 단백질은 다른 단백질과 협력하여 염색질 구조를 변형하고, 일반 전사 인자가 promoter에 결합하는 능력을 억제하거나 촉진한다. 7장에서 진핵세포의 DNA는 홀로 있지 않고, 거의 동일한 질량의 단백질과 결합하여 염색질을 구성함을 상기하자. 염색질의 기본 구조 단위는 nucleosome으로, *histone* 단백질의 disc (디스크-모양) core 주위를 단단히 감고 있는 약 147 bp의 DNA로 구성되어 있다. 각 히스톤의 N-말단 영역 내 잔기들, 그리고 '*histone tail* (히스톤 꼬리)'로 불리는 히스톤 H2A 및 H2B의 C-말단이 nucleosome 표면에서 밖으로 나와 있고 가역적으로 변형될 수 있다(그림 7-26 참조). 이러한 변형은 염색질의 응축 정도에 영향을 미치고, 이에 따라 전사 개시에 필요한 단백질의 접근성에도 영향을 미친다. 둘째, 활성화 인자와 억제 인자는 **전사 복합체의** *mediator* (매개체)로 불리는 큰 다중단백질 복합체(간단하게 '**Mediator**'라고도 함)와 상호작용한다. 이 복합체는 이후 Pol II에 결합하고 preinitiation 복합체의 assembly를 직접 조절한다. 또한, 몇몇 활성화 domain은 TFIID-TAF subunit 또는 preinitiation 복합체의 다른 구성 성분과 상호작용하며, 이러한 상호작용은 preinitiation 복합체 assembly에 기여한다. 마지막으로, 활성화 domain은 elongation 인자 P-TEFb (cyclin T-CDK9) 및 아직 알려지지 않은 다른 인자와 상호작용하여 promoter 영역에서 멀어지는 방향으로 Pol II에 의한 elongation이 일어나도록 촉진한다.

이 절에서는 억제 인자와 활성화 인자가 염색질 구조와 preinitiation 복합체 assembly를 조절하는 방법에 대해 우리가 현재 이해하고 있는 것을 알아본다. 다음 절에서는 유전자 발현이 세포와 생물체의 필요에 정확하게 맞춰지도록 활성화 인자와 억제 인자 자체의 농도와 활성이 어떻게 조절되는지 설명한다.

Telomere (말단소체), Centromere (중심체) 근처, 그리고 다른 영역에서 Heterochromatin (이질염색질)이 형성되면 유전자 발현이 일어나지 않는다

진핵 세포의 비활성 유전자는 종종 heterochromatin과 관련이 있다. Heterochromatin은 매우 응축되어 있고, DNA 염료에 의해 어둡게 염색되는 **염색질** 영역이다(그림 7-28a 참조). 이와 달리, 대부분의 전사가 일어나는 유전자는 약하게 염색되는 euchromatin (진정염색질)에 위치한다(그림 7-28a 참조). 중심체와 telomere 근처의 염색체 영역과 세포 유형에 따라 달라지는 특정 영역은 heterochromatin으로 구성된다. Heterochromatin의 DNA는 euchromatin의 DNA보다 염색질 밖 단백질의 접근이 어렵기 때문에 "closed (닫힌)" 염색질이라고 종종 불린다. 예를 들면, 7장에 언급된 실험에서, 비활성 유전자의 DNA는 전사가 일어나는 유전자의 DNA보다 DNase I에 의한 절단이 잘 일어나지 않음이 밝혀졌다(그림 7-27 참조).

고등 진핵생물의 heterochromatin과 유사한 특성을 보이는 *S. cerevisiae*의 DNA 영역에 대한 연구에서 **염색질-매개 전사 억제**를 이해하는 초기 정보가 제공되었다. 이 효모는 haploid (반수체) 또는 diploid (이배체) 세포, 두 가지 상태로 성장할 수 있다. Haploid 세포는 **a** 및 α 라고 하는 두 가지 mating type (짝짓기 유형) 중 하나를 나타낸다. 다른 짝짓기 유형을 가진 세포들은 서로 짝짓기하거나 융합하여 diploid 세포를 만들 수 있다(그림 1-24b 참조). Haploid 세포가 budding (출아)에 의해 분열할 때, 더 큰 모(母)세포는 짝짓기 유형을 다른 것으로 바꾼다. 유전자 및 분자 분석에 따르면, 효모 염색체 III에 있는 3개의 유전 loci (유전자좌)가 효모 세포의 짝짓기 유형을 조절하는 것으로 나타났다(그림 8-31). *MAT*로 불리는, 가운데 짝짓기 유형 유전자좌는 3개 중 유일하게 활발하게 전사되는 곳으로, 짝짓기 유형을 결정하는 유전자를 조절하는 전사 인자(**a1** 또는 α1 및 α2) 정보를 가지고 있다. 모든 세포는 **a** 또는 α DNA 서열 중 하나를 *MAT* 유전자좌에 가진다. 왼

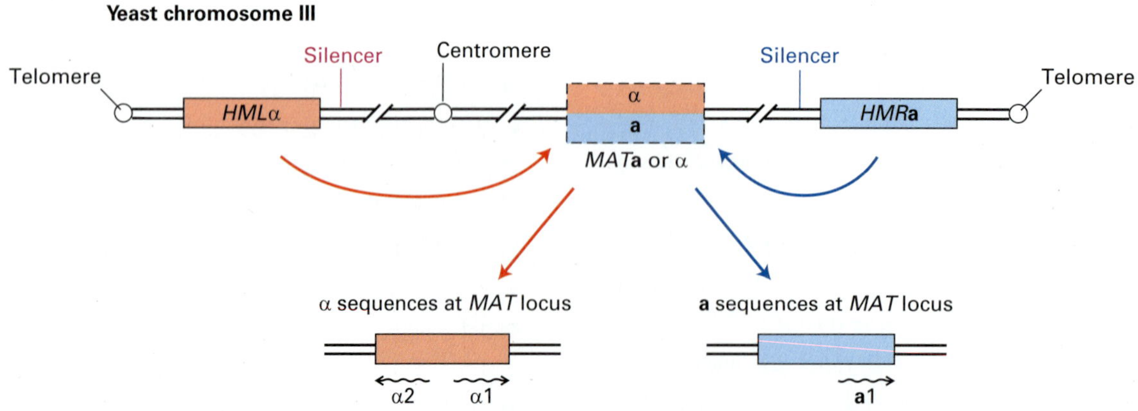

그림 8-31 효모 *S. cerevisiae*의 염색체 III 짝짓기 유형 유전자좌의 재배열. 침묵하는(전사되지 않는) 짝짓기 유형 유전자 (**a** 또는 α)는 *HML* 유전자좌에 위치한다. *HMR* 유전자좌에는 *HML*과 다른 짝짓기 유형 유전자가 위치한다. **a** 또는 α 서열이 *MAT* 유전자좌에 존재할 때, 각 유전자는 mRNA로 전사되고 이로부터 세포의 짝짓기 유형 표현형을 나타내는 단백질들이 만들어진다. *HML* 및 *HMR* 근처의 침묵하는 유전자는 이 유전자좌의 전사 억제에 필수적인 단백질과 결합한다. Haploid 세포는 *HML* 또는 *HMR*로부터 전사가 활발하게 일어나는 *MAT* 유전자좌로 DNA 서열을 이동시키는 과정을 통해 짝짓기 유형을 바꿀 수 있다.

쪽 및 오른쪽 telomere 근처에 있고, 각각 *HML* 및 *HMR*이라고 하는 2개의 유전자좌에는 "silent (침묵하는, 전사되지 않는)"한 **a** 또는 α 유전자의 사본이 포함되어 있다. 이들 서열은 세포 분열 동안 상동 서열 간의 nonreciprocal (비가역적) 재조합에 의해 *HML*α 또는 *HMR***a**에서 *MAT* 유전자좌로 이동된다. *MAT* 유전자좌가 *HML*α의 DNA 서열을 가지면, 세포는 α 세포로 행동한다. *MAT* 유전자좌가 *HMR***a**의 DNA 서열을 가지면, 세포는 **a** 세포로 행동한다.

여기에서 우리의 관심은 *HML*과 *HMR*에서 침묵하는 짝짓기 유형 유전자의 전사가 어떻게 억제되는지에 있다. 억제 메커니즘에 결함이 있는 효모 돌연변이체에서 짝짓기 유형 유전자들이 발현되면, **a** 및 α 단백질이 모두 발현되어 세포가 짝짓기를 할 수 없는 diploid 세포처럼 행동한다. **a** 및 α 유전자의 전사를 조절하는 promoter 및 UAS는 DNA 서열의 중심 근처에 있으며, 이 DNA 서열은 transfer (옮겨 다님)될 수 있으며, *MAT* 유전자좌에 있든 침묵(*HML*/*HMR*) 유전자좌에 있든 동일하다. 이와 같은 유전자 배열은 이 서열과 상호작용하는 전사 인자의 기능이 *HML* 및 *HMR*에서 어떻게든 차단되어야 하지만 *MAT* 유전자좌에서는 차단되지 않아야 함을 의미한다. 이러한 silent 유전자좌에서 전사 억제는 *HML* 및 *HMR*에서 이동된 DNA 영역 옆에 위치한 **silencer (침묵) 서열**에 의존적이다(그림 8-31 참조). Silencer가 결실되면, 인접한 유전자좌에서 전사가 일어난다. 놀랍게도, 재조합 DNA 기술에 의해 효모 짝짓기 유형 silencer 서열 근처에 삽입된 유전자는 항상 억제되거나 "silenced"된다. 다음에 설명되는 것처럼, RNA 중합효소 II가 아닌 RNA 중합효소 III에 의해 전사되는 tRNA 유전자 조차도 silencer에 의해 영향을 받는다.

여러 증거에 따르면, *HML* 및 *HMR* 유전자좌의 억제는 전사 인자가 DNA와 상호작용하는 것을 입체적으로 차단하는 응축된 염색질 구조에서 비롯된다. 한 실험에서 GATC 서열의 adenine 잔기를 메틸화하는 *E. coli* 효소 정보를 가진 유전자를 효모 promoter에 연결하고 효모 세포에 도입하여 해당 효소가 발현하도록 하였다. 연구자들은 이들 세포의 *MAT* 유전자좌 내의 GATC 서열과 genome의 대부분의 다른 영역의 GATC 서열이 메틸화되었지만, *HML* 및 *HMR* 유전자좌 내의 GATC 서열은 메틸화되지 않았다는 것을 발견하였다. 이러한 결과는 silent 유전자좌의 DNA가 *E. coli* methylase (메틸화효소)에 접근할 수 없으며, 아마도 전사 인자 및 RNA 중합효소를 포함한 단백질들에도 접근할 수 없음을 나타낸다. 여러 효모 히스톤 돌연변이체로 수행된 유사한 실험에서, 완전히 억제된 염색질 구조를 형성하기 위해서는 H3 및 H4의 히스톤 꼬리가 관여하는 특정 상호작용이 필요함이 알려졌다. 다른 연구에 따르면, 모든 효모 염색체의 telomere는 silencer 서열처럼 행동한다. 예를 들면, 유전자가 효모 telomere의 몇 kilobase 내에 위치하면 그 발현이 억제된다. 또한, silent 짝짓기 유형 유전자좌에서 일어나는 전사 억제를 방해하는 돌연변이를 H3 및 H4 히스톤 꼬리에 도입하면 이러한 전사 억제는 풀리게 된다.

유전학적 연구를 통해 효모의 silent 짝짓기 유형 유전자좌와 telomere의 억제에 필요한 여러 단백질들(RAP1 및 3개의 SIR 단백질들)이 확인되었다. RAP1은 *HML* 및 *HMR*과 관련된 DNA-silencer 서열 내에서, 그리고 각각의 효모-염색체 telomere에서 여러 번 반복되는 서열에 결합하는 것으로 밝혀졌다. 추가 생화학적 연구는 SIR2 단백질이 **히스톤** *deacetylase* **(탈아세틸화효소)**임을 보여주었다; 히스톤 꼬리의 lysine에 있는 acetyl group (아세틸기)를 제거한다. 또한, RAP1 및 SIR2, 3, 4 단백질들은 서로 결합하고, SIR3 및 SIR4는 SIR2의 deacetylase 활성에 의해 대부분 아세틸화되지 않은 상태로 유지되는 히스톤 H3 및 H4의 N-말단 꼬리에 결합한다. 효모 세포에 형광 confocal (공초점) 현미경을 사용한 일련의 실험에서, SIR 및 RAP1 단백질들이 고등 진핵생물에서 발견되는 heterochromatin을 닮은 크고 응축된 telomeric 핵 단백질 구조를 형성함이 알려졌다. 이 실험에서는 SIR 단백질들 또는 RAP1 중 하나를 인식하는 형광-표지 항체를 이용하여 염색하거나 telomere-특이적 DNA probe를 표지하고 hybridize하였다(그림 8-32a, b, c).

그림 8-32d는 이러한 연구와 다른 연구를 기반으로 해서, 효모 telomere에서 염색질-매개 silencing에 대한 모델을 보여준다. Telomere에서 heterochromatin의 형성은 여러 개의 RAP1 단백질에 의해 이루어지는데, RAP1은 telomere 맨 끝에서 nucleosome이 없는 영역의 반복되는 서열에 결합한다. Telomere에 결합된 RAP1, 3개의 SIR 단백질(2, 3, 4), 그리고 hypoacetylated (저아세틸화된) 히스톤 H3 및 H4이 관여된 단백질-단백질 상호작용 네트워크는, 여러 telomere를 포함하고 외부 단백질에 거의 접근할 수 없는 핵단백질 복합체를 생성한다. Heterochromatin 영역의 nucleosome은 히스톤 꼬리의 lysine에서 낮은 수준의 아세틸화를 갖는 반면, euchromatin의 nucleosome은 여러 lysine에서 아세틸화된 히스톤 꼬리를 가지고 있음을 기억하자(그림 7-28b 참조). 추가 단백질(SIR1) 또한 짝짓기 유형 유전자좌의 silencing을 위해 필요하다. SIR1은 RAP1 및 기타 단백질과 함께 *HML* 및 *HMR* 근처에 있는 silence 영역에 결합한다. 그럼으로써, *HML* 및 *HMR*을 포함하는 다중 단백질-silencing 복합체의 assembly가 시작되게 한다.

이 모델의 중요한 특징은 전사 억제가 히스톤 꼬리의 *hypoacetylation*에 의존적이라는 점이다. 이것은 히스톤 N-말단의 lysine이 arginine, glutamine 또는 glycine으로 바뀐 효모 돌연변이체를 사용한 실험에서 입증되었다. Arginine은 lysine처럼 양전하를 띠지만 아세틸화될 수 없다. Glutamine과 glycine은 중성이며, 아세틸화 lysine의 중성 전하와 유사한 효과를 보인다. Telomere와 silent 짝짓기 유형 유전자좌에서의 전사 억제는 H3 및 H4 히스톤 꼬리에서 lysine이 glutamine 또는 glycine로 바뀐 돌연변이체에서 결함이 있었다(전사 억제가 일어나지 않았다). Lysine이 arginine으로 바뀐 돌연변이체에서는 전사 억제가 정상이었는데, 이는 arginine이 히스톤 꼬리에 양전하를 제공하기 때문이다. 또한, H3 및 H4 lysine의 아세틸화는 SIR3 및 SIR4가 결합하는 것을 방해하고, 결과적으로 silent 유전자좌 및 telomere에서의 전사 억제가 일어나지 않는다. 마지막으로, 히스톤 N-말단 꼬리(그림 8-26a 참조)의 특정 위치에서 아세틸화된 lysine에 대한 항체를 사용한 염색질 면역 침전 실험(그림 8-12a 참조)은 telomere 근처의 전사 억제된 영역과 silent 짝짓기 유전자좌에서 히스톤이 hypoacetylate되었음을 보여주었다. 그러나 *sir* 돌연변이체에서, 이 영역의 히스톤은 hyperacetylate되고 유전자의 전사 억제는 풀리게 된다.

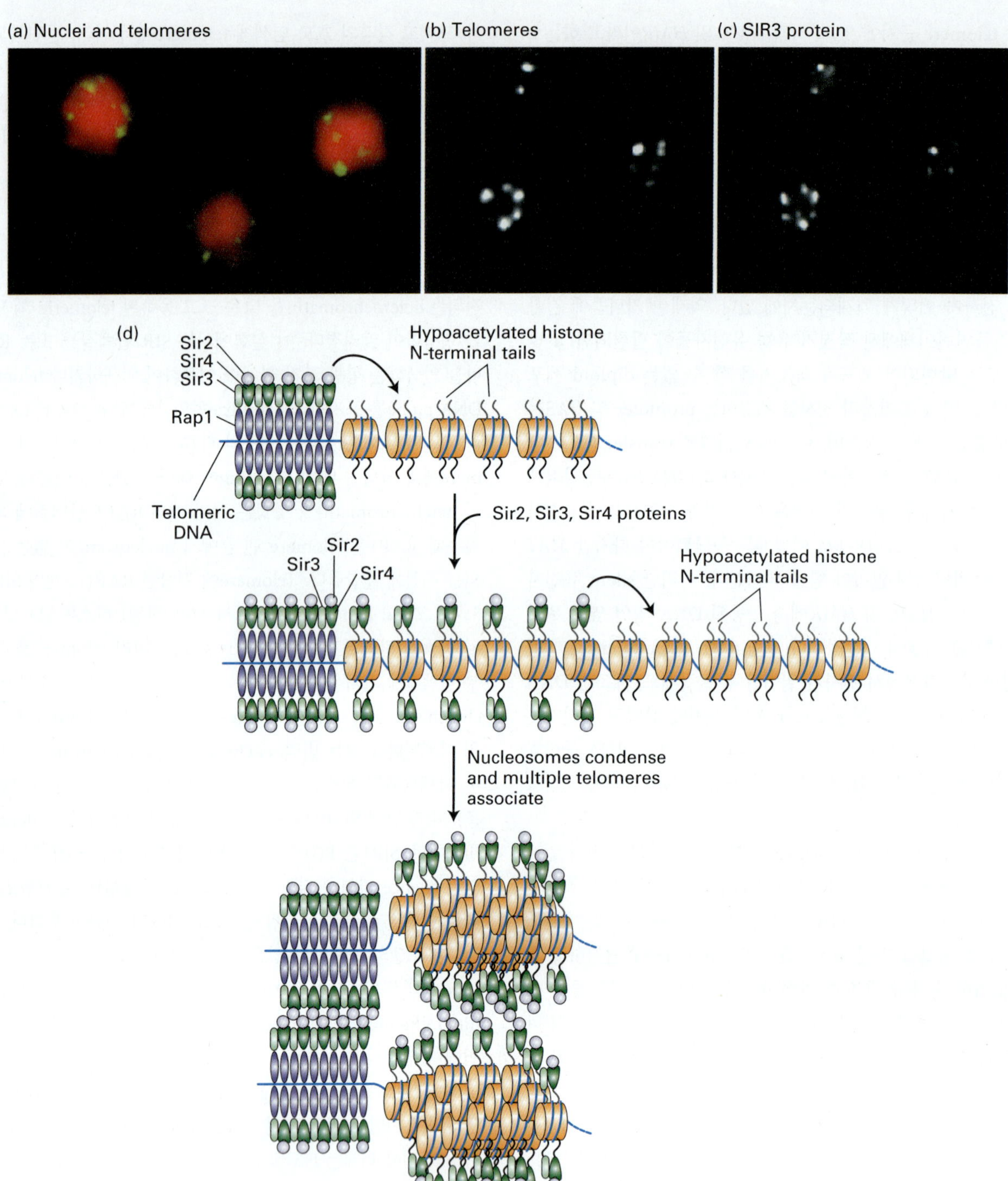

실험 그림 8-32 항체와 DNA probe를 이용한 실험은 효모 핵에서 SIR3 단백질과 telomeric heterochromatin이 같이 위치함을 보여준다. (a) 3개의 diploid 효모의 0.3 μm 두께의 공초점 현미경 사진. 각 효모는 68개의 telomere를 가지고 있다. Telomere-특이적 형광 probe (노란색)를 이용하고 hybridization 하여 telomere를 표지되었다. DNA가 붉은색으로 염색되어 핵을 보여준다. 68개 telomere는 핵 바깥쪽 영역에 훨씬 작은 숫자로 뭉쳐 있다. (b, c) Telomere-특이적 hybridization probe (b) 및 SIR3 특이적 형광-표지 항체(c)로 표지된 효모 세포의 공초점 현미경 사진. RAP1, SIR2, SIR4에 대해서도 유사한 실험이 진행되었고, 이들 단백질들도 전사가 억제된 telomeric heterochromatin에 같이 존재함이 밝혀졌다. (d) 효모 telomere에서 silencing 메커니즘을 도식화한 모델. (*위 왼쪽*) 여러 개의 RAP1이 nucleosome이 없는 각 telomere 영역에서 단순하고 반복되는 서열에 붙는다. SIR3과 SIR4는 RAP1과 붙고, SIR2는 SIR4와 붙는다. SIR2는 deacetylase인데, 반복되는 RAP1-결합 위치 근처에서 히스톤 꼬리를 deacetylate한다. (*가운데*) Hypoacetylated 히스톤 꼬리 또한 SIR3와 SIR4가 결합하는 위치이다. 여기에 다시 SIR2가 추가로 붙어 주변 히스톤을 deacetylate한다. 이러한 과정이 반복되면 SIR2, SIR3, SIR4가 결합된 hypoacetylated 히스톤 영역이 확장하게 된다. (*아래쪽*) SIR2, SIR3, SIR4 복합체 사이의 상호작용은 (a)–(c)에서와 같이 염색질이 응축되게 하고 몇몇 telomere가 결합되도록 한다. 더 고차원의 염색질 구조가 만들어지게 되면 염색질 포함된 DNA에 다른 단백질이 상호작용할 수 없게 된다. M. Grunstein, 1997, *Curr. Opin. Cell Biol.* **9**:383 참조. [Parts (a)–(c) Data from M. Gotta et al., 1996, *J. Cell Biol.* **134**:1349–1363; https://doi.org/10.1083/jcb.134.6.1349.]

억제 인자는 특정 유전자에서 히스톤 Deacetylation이 일어나게 할 수 있다

염색질-매개 유전자 억제에서 **히스톤 deacetylation**의 중요성은, telomere 및 중심체에서 멀리 떨어진 염색체 arm (팔) 내에서 유전자를 조절하는 진핵생물 억제 인자에 대한 연구에 의해 더욱 뒷받침되었다. 이러한 억제 단백질들은 TATA 상자와 억제 유전자의 promoter 근처 영역을 포함하는 nucleosome에서 히스톤 꼬리의 deacetylation을 유발함으로써 역할을 하기도 한다. *In vitro* 연구에 따르면, promoter DNA가 아세틸화되지 않은 히스톤이 있는 nucleosome에 포함되어 있을 경우, 일반 전사 인자는 TATA 상자 및 promoter-근처 영역에 결합할 수 없다. 아세틸화되지 않은 히스톤에서, N-말단 lysine은 양전하를 띠며 DNA backbone의 인산염과 상호작용할 수 있다. 또한 아세틸화되지 않은 히스톤 꼬리는 인접한 히스톤 octamer 및 기타 염색질-결합 단백질과 상호작용하여, 염색질이 응축된 영역으로 접히게 한다(그림 7-24b 및 7-27a 참조). 최종적으로 일반 전사 인자가 hypoacetylated 히스톤과 결합된 promoter에서 preinitiation 복합체로 assembly될 수 없게 된다. 반면에, hyperaceylated 꼬리가 있는 히스톤에 의해 일반 전사 인자의 결합은 훨씬 덜 억제되며, 여기에서 양 전하로 띠고 있는 lysine이 중화되고 염색질 내의 electrostatic (정전기적) 상호작용이 없어진다.

히스톤 deacetylation과 특정 효모 promoter에서의 전사 억제 사이의 연관성은 인간 히스톤 deacetylase 정보를 가진 cDNA가 수많은 효모 유전자의 정상적인 전사 억제에 필요한 것으로 알려진 효모 *RPD3* 유전자와 높은 homology (상동성)를 갖는 것이 알려지면서 더욱 명확해졌다. 추가 연구에서 효모 Rpd3 단백질이 히스톤 deacetylase 활성을 갖는다는 것이 알려졌다. 많은 promoter에서 히스톤을 deacetylate 하는 Rpd3의 능력은 두 가지 다른 단백질에 의존적이다: Ume6, 특정 위쪽 조절 서열(URS1)에 결합하는 억제 인자 및 Sin3, Rpd3를 포함하고 *Rpd3L*로 불리는 다중단백질 복합체의 구성성분(그림 8-33a). 또한, Sin3는 Ume6의 억제 domain에 결합하여, Rpd3 히스톤 deacetylase가 복합체에서 정확한 위치에 위치하게 한다. 이로써 Rpd3 히스톤 deacetylase는 근처 promoter-결합 nucleosome과 상호작용할 수 있게 되고, 히스톤-꼬리 lysine의 아세틸기를 제거할 수 있게 된다. 그림 8-12a에 설명된 염색질 면역 침전 기술과 특정 히스톤 아세틸화 lysine에 대한 항체를 사용한 추가 실험은 야생형 효모에서 Ume6 결합 위치 바로 근처에 있는 하나 또는 2개의 nucleosome이 hypoacetylate되었음을 보여주었다. 이러한 위치에는 Ume6에 의해 억제되는 유전자의 promoter가 포함된다. *sin3* 및 *rpd3* 결실 돌연변이체에서, 이러한 promoter가 억제되었을 뿐만 아니라 Ume6-결합 위치 근처의 nucleosome이 hyperacetylate되었다. 이러한 모든 발견은 그림 8-33a의 억제 인자

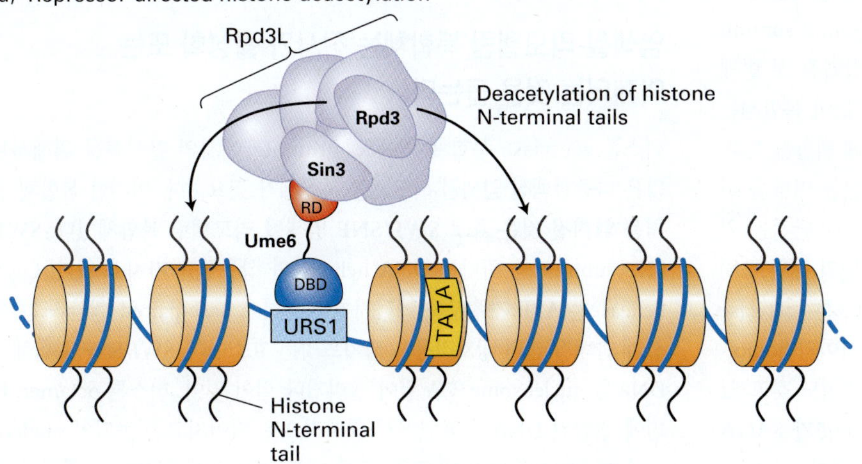

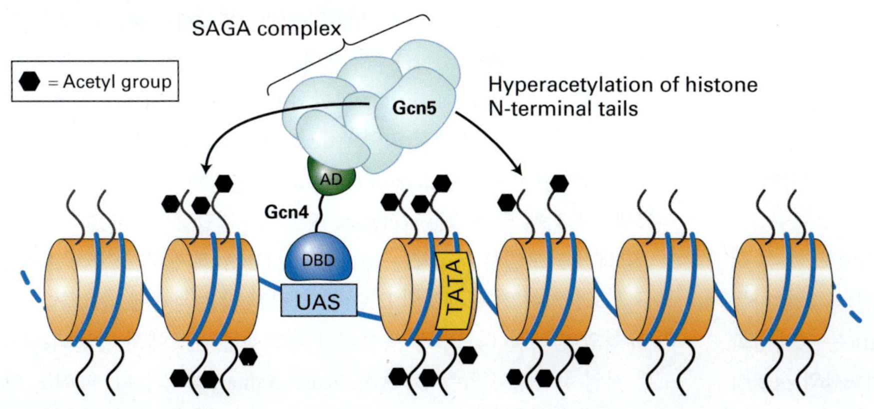

그림 8-33 효모 전사 조절에서 히스톤 deacetylation과 hyperacetylation에 대해 제안된 메커니즘. (a) 억제 인자에 의해 히스톤 N-말단 꼬리의 deacetylation 유도. 억제 인자 Ume6의 DNA-결합 domain은 억제 인자가 조절하는 유전자의 위쪽 특정 조절 element (*URS1*이라 불림)와 상호작용한다. Ume6 억제 도메인(repression domain, RD)은 다중단백질 복합체의 subunit인 Sin3와 결합하는데, 다중 단백질 복합체는 히스톤 deacetylase인 Rpd3를 포함하고 있다. Ume6-결합 위치 영역에서 nucleosome의 히스톤 N-말단의 deacetylation은 일반 전사 인자들이 TATA 상자에 결합하는 것을 막고, 결과적으로 유전자 발현을 억제한다. (b) 활성화 인자에 의한 히스톤 N-말단 꼬리의 hyperacetylation 유도. 활성화 인자 Gcn4의 DNA-결합 domain은 활성화 인자가 조절하는 유전자의 특정 upstream activating sequence (UAS)와 상호작용한다. 이후 Gcn4 활성 domain(activation domain, AD)은 Gcn5 catalytic subunit을 포함하는 다중 단백질 히스톤 acetylase (아세틸기 전달효소) 복합체와 상호작용한다. 곧이어 Gcn4-결합 위치 근처에서 nucleosome의 히스톤 N-말단 꼬리의 hyperacetylation이 일어나면 전사 개시에 필요한 일반 전사 인자들의 접근이 수월해진다. 고등 진핵생물에서 많은 유전자의 전사 억제 및 활성화는 유사한 메커니즘으로 이루어진다.

에 의해 유도되는 deacetylation 모델에 대한 상당한 근거를 제공한다.

효모에서, Sin3-Rpd3 복합체(Rpd3L)는 co-repressor로 역할을 한다. 히스톤 deacetylase를 포함한 co-repressor 복합체는 포유류 세포의 많은 억제 인자와 결합하는 것이 알려졌다(346쪽 '진핵생물 전사 억제 인자는 활성화 인자와는 기능적으로 반대이다.' 참조). 이러한 복합체 중 몇몇은 Sin3의 포유류 homolog (mSin3)를 포함하는데, mSin3는 효모에서와 같이 억제 인자의 억제 domain과 상호작용한다(그림 8-33a 참조). 포유류 세포에서 확인된 다른 히스톤 deacetylase 복합체는, 다른 진핵생물 억제 인자의 억제 domain에 결합하는 추가적인 다른 subunit을 포함한다. 이러한 다양한 repressor-co-repressor 조합은 효모에서 메커니즘과 유사한 메커니즘에 의해 특정 promoter에서 히스톤 deacetylation을 매개한다(그림 8-33a 참조). Closed 염색질 구조의 형성을 통해 전사를 억제하는 것 외에도, 몇몇 억제 domain은 히스톤이 없는 상황에서도 preinitiation 복합체의 assembly를 방해하는 것으로 밝혀졌다(정제된 일반 전사 인자를 이용한 실험에서). 이 활성은 아마도 생체 내에서도 역할을 하여, 이러한 억제 domain에 의한 전사 억제가 일어날 것이다.

활성화 인자는 특정 유전자에서 히스톤 아세틸화를 유도할 수 있다

억제 인자가 억제 domain에 결합하는 co-repressor를 통해 역할을 하는 것처럼, DNA-결합 활성화 인자의 활성화 domain은 multisubunit co-activator 복합체와 결합하여 역할을 한다. 기능이 알려진 첫 번째 co-activator 복합체 중 하나는 효모 *SAGA* **복합체**였는데, 이 복합체는 8.3절에 설명된 Gcn4 및 Gal4 활성화 인자 단백질과 함께 역할을 한다. 초기 유전학적 연구에 따르면, Gcn4 활성화 인자의 완전한 역할을 위해서는 *Gcn5*라는 단백질이 필요했다. Gcn5의 기능에 대한 단서는 원생동물 *Tetrahymena*에서 정제된 **히스톤** *acetylase* (아세틸기 전달효소)의 생화학적 연구에서 나왔다. 이는 처음 분리 정제된 히스톤 acetylase였다. 서열 분석에서 *Tetrahymena* 단백질과 효모 Gcn5 사이의 homology가 있음이 밝혀졌고, 이어 Gcn5가 히스톤 acetylase 활성도 갖고 있음이 알려졌다. 추가 유전학적 및 생화학적 연구에서 Gcn5가 SAGA 다중단백질 co-activator 복합체의 한 subunit임이 밝혀졌다. 이 히스톤 acetylase 복합체의 또 다른 subunit은 Gcn4를 포함하는 여러 효모 활성화 인자 단백질의 활성화 domain과 결합한다. 그림 8-33b의 모델은 Gcn4 활성화 인자에 의해 조절되는 유전자의 promoter 영역 근처의 nucleosome이 세포의 대부분의 히스톤에 비해서, 특히 hyperacetylated되는 현상과 일치한다. Promoter 영역 근처에 있는 nucleosome이 이러한 활성화 인자에 의해 hyperacetylation됨으로써 전사 개시에 필요한 다른 단백질들이 더 잘 결합할 수 있게 된다.

염색질의 decondensation (탈응축)을 유도하는 것 외에도, 특정 히스톤 lysine의 아세틸화는 bromodomain (브로모도메인)을 포함하는 단백질이 결합할 수 있는 위치를 만든다. Bromodomain은 아세틸화된 lysine에 결합하는 domain으로 접히는 약 110개 아미노산의 서열이다. Bromodomain은 전사 활성화에 기여하는 여러 염색체-결합 단백질에서 발견된다. 예를 들면, 일반 전사 인자 TFIID의 subunit은 2개의 bromodomain을 포함하는데, 이는 아세틸화된 nucleosome에 높은 친화도를 가지고 결합한다. TFIID가 promoter에 결합하면 RNA 중합효소 II preinitiation 복합체의 assembly가 시작된다는 점을 기억하자(그림 8-13 참조). 거의 모든 활성 유전자의 promoter 영역에 있는 nucleosome은 H3 및 H4 히스톤 꼬리에 아세틸화된 lysine을 가지고 있다.

유사한 활성화 메커니즘이 고등 진핵생물에 존재한다. 포유류 세포는 효모 SAGA 복합체와 상동성을 가진 multisubunit 히스톤 acetylase co-activator 복합체를 가지고 있다. 또한 포유류 세포는 히스톤 꼬리 lysine을 아세틸화하는 *CBP* 및 *p300*으로 불리는 2개의 300-kDa, multidomain (다중 도메인) 단백질들을 발현한다. 앞서 언급했듯이, CBP의 한 domain은 CREB 전사 인자의 인산화된 산성 활성화 domain에 결합한다(그림 8-26a). CBP의 다른 domain은 다른 활성화 인자의 활성화 domain과 상호작용한다. 또한 CBP는 히스톤 acetylase 활성을 가지고 있고, 추가적인 multisubunit 히스톤 acetylase 복합체와 결합하는 능력을 가지고 있다. CREB 및 기타 많은 포유동물 활성화 인자는 CBP 및 p300 그리고 이들이 관련된 히스톤 acetylase 복합체와 특정 nucleosome이 연결되게 부분적으로 역할을 하고, 여기에서 히스톤 꼬리를 아세틸화한다. 따라서 일반 전사 인자와 promoter DNA의 상호작용이 촉진된다.

염색질-리모델링 복합체는 전사가 활성화 또는 억제되는 것을 돕는다

히스톤 acetylase 복합체 외에도, promoter에서의 활성화를 위해서는 많은 다중단백질 **염색질-리모델링** 복합체가 필요하다. 이러한 복합체 중 처음 알려진 것은 효모 **SWI/SNF 염색질 리모델링 복합체**였다. SWI/SNF subunit 중 하나는 DNA helicase와 상동성을 가지고 있다. DNA helicase는 ATP 가수분해 에너지를 사용하여 base-paired 핵산 또는 핵산과 단백질 간의 상호작용을 망가뜨리는 효소이다. SWI/SNF 복합체는 DNA를 nucleosome으로 밀어 올리거나 밀어 넣어, 히스톤 octamer 표면에 결합된 DNA가 표면에서 일시적으로 떨어지고 이동되어 nucleosome이 DNA를 따라 미끄러지도록 하는 것으로 생각된다. 이 염색질 리모델링은 염색질의 특정 DNA 서열에 전사 인자가 결합하는 것을 촉진한다. 많은 활성화 domain은 **염색질-리모델링 복합체**에 붙는데, 이는 염색질을 이용한 *in vitro* 전사를 촉진한다. 이런 의미에서, SWI/SNF 복합체는 또 다른 유형의 co-activator 복합체이다. 그림 8-34의 실험은 활성화 domain이 어떻게 염색질 영역의 decondensation이 일어나는지 인상적으로 보여준다. 이러한 decondensation은 활성화 domain이 염색질-리모델링 복합체 및 히스톤 acetylase 복합체와 결합함으로써 일어난다.

염색질-리모델링 복합체는 전사 조절, DNA 복제, 재조합 및 DNA 복구를 포함하여 진핵 세포의 DNA와 관련된 많은 과정에 필요하다. 여러 유형의 염색질-리모델링 복합체가 진핵생물 세포에서 발견되는데, 모두 서열 유사성이 있는 DNA helicase domain을 갖는다. 다세포 생

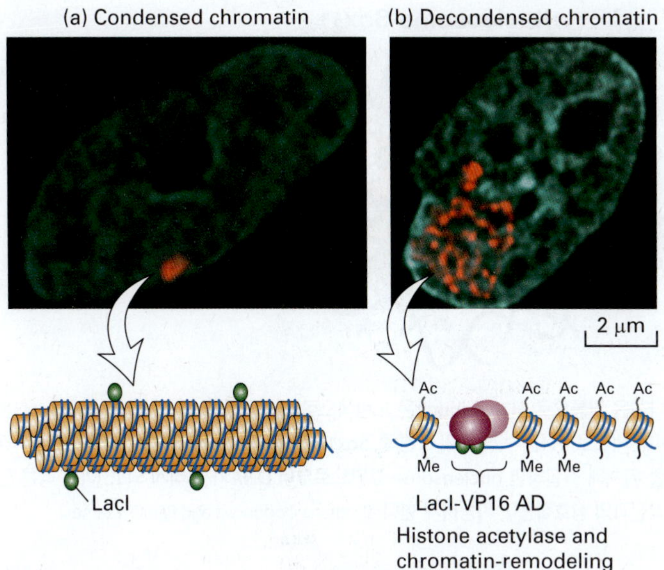

실험 그림 8-34 융합 단백질을 발현시키는 실험에서 활성화 domain에 의해 일어나는 염색질 decondensation을 설명할 수 있다. Hamster (햄스터) 세포를 유전자 조작하여, 염색체에 *E. coli lac* operator 서열이 여러 개 반복적으로 삽입되도록 하였다. (a) *lac* 억제 인자(LacI)를 발현하는 vector가 햄스터 세포 안으로 전달되면, lac 억제 인자는 lac operator 위치에 붙게 되고, 붙어 있는 *lac* 억제 인자는 *lac* 억제 인자(빨간색)를 감지하는 항체를 사용하여 응축된 염색질 영역에 있음이 확인되었다. DNA는 핵을 보이게 하는 DAPI (파란색)로 염색하여 보이게 할 수 있었다. 응축된 염색질에 대한 그림은 아래 보여진다. (b) 활성화 domain과 붙여 이어진 LacI가 햄스터 세포 안으로 전달되고, (a)와 같은 방식으로 염색하였다. 그 결과 활성화 domain은 염색질의 이 영역이 decondense되어 더 넓은 범위로 퍼져서 얇은 염색질 fiber로 바뀌게 하였음이 밝혀졌다. VP16 활성화 domain (AD)과 붙여 이어진 LacI이 결합되어 있고, 염색질 리모델링 복합체 및 히스톤 acetylase 복합체가 붙어 있는 decondense된 염색질 영역에 대한 그림을 아래에서 볼 수 있다. [From T. Tumbar, G. Sudlow,and A. S. Belmont, 1999, *J. Cell. Biol.* **145**(7):1341–1354: https://doi.org/10.1083/jcb.145.7.1341]

물체의 SWI/SNF 복합체 및 관련 염색질-리모델링 복합체는 아세틸화된 히스톤 꼬리에 결합하는 bromodomain을 가진 subunit을 포함한다. 결과적으로, SWI/SNF 복합체는 염색질의 활성화되고 아세틸화된 영역과 계속해서 결합하여, 아마도 염색질이 decondense된 상태로 유지되게 한다. 또한 염색질-리모델링 복합체는 전사 억제에 관여할 수 있다. 이러한 복합체는 억제 인자의 억제 domain에 결합하고서 전사 억제에 기여하는데, 이는 아마도 염색질을 응축된 구조로 접히게 함으로써 이루어진다. 이 중요한 부류의 단백질이 어떻게 염색질 구조를 변경하여 유전자 발현 및 기타 과정에 영향을 주는지에 대해서는 밝혀져야 할 것이 많다.

Pioneer 전사 인자들은 세포 분화 동안 유전자 활성화 과정을 시작하게 한다

배아 발생 동안 그리고 줄기세포에서 성체 생물체로 분화할 때(22장 참조), 이 과정에서 발현되는 많은 유전자들은 초기에 미분화 전구 세포의 heterochromatin의 억제된 영역에 있다. 이들 유전자가 활성화되려면, 전사-조절 영역의 염색질이 응축되지 않은 상태가 되어 전사 인자가 enhancer와 promoter-근처 조절 element에 결합할 수 있고, 또한 일반 전사 인자들과 Pol II가 promoter에 결합할 수 있어야 한다. 많은 경우, 이러한 decondensation은 DNA의 해당 결합 위치에 특별한 *pioneer* 전사 인자가 결합함으로써 시작된다. 이러한 pioneer 전사 인자의 결합은 heterochromatin 영역에서도 일어난다. pioneer 전사 인자는 nucleosome의 DNA와 히스톤 표면에 결합하며, Sox2와 같은 몇몇 경우에는 결합 에너지를 사용하여 nucleosome 표면에서 DNA를 풀기 시작한다(그림 8-35). DNA가 풀리기 시작하면 pioneer 인자들은 해당 결합 위치에 결합할 수 있다. 이때 DNA는 히스톤 octamer를 둘러싸고 있지만, pioneer 인자들은 히스톤 접촉면 반대편을 이용하여 결합한다.

응축된 염색질의 promoter로부터 전사를 활성화하는 pioneer 전사 인자의 예로는 간-특이적 *Alb1* 유전자가 있다. *Alb1* 유전자는 serum albumin (혈청 알부민) 정보를 가지는데, 이 단백질은 혈청의 주요 성분으로서 간의 주요 세포인 hepatocyte (간 세포)로부터 혈중으로 분비된다. 발생 중인 마우스에서, FoxA 및 GATA-4 또는 GATA-6 전사 인자는 간으로 발생이 예정된 미분화 gut endodermal (내장 내배엽) 세포에서 *Alb1* enhancer에 결합하는 첫 전사 인자이다. FoxA는 *winged helix* (날개 있는 나선) DNA-결합 domain을 가지는데, 이 domain은 FoxA-결합 위치를 포함하는 DNA 나선의 한쪽에 결합한다. 또한 GATA 인자는 DNA의 특정 위치가 히스톤 octamer를 둘러싸고 있는 nucleosome DNA에 포함되어 있을 때 해당 위치에 결합할 수 있다. 그런 다음 FoxA 및 GATA-4/6 활성화 domain은 염색질 리모델링 복합체 및 히스톤 acetylase 복합체와 상호작용하여 120-bp *Alb1* enhancer의 염색질을 decondense한다. 이에 따라, 나중에 발생하는 nascent 간 bud에서 4개의 추가 전사 인자들이 연이어 결합할 수 있게 한다.

Mediator 복합체는 활성화 domain과 Pol II 사이의 분자 다리를 형성한다

활성화 domain과 히스톤 acetylase 복합체 및 염색질-리모델링 복합체 간의 상호작용이 promoter 영역의 염색질을 decondense하여 "열린" 구조로 만들고 일반 전사 인자가 결합할 수 있게 되면, DNA 조절 element에 결합하는 전사 인자의 활성화 domain은 또 다른 multisubunit co-activator 복합체인 Mediator 복합체와 상호작용 한다(그림 8-36). 활성화 domain–Mediator 상호작용은 promoter에서 preinitiation 복합체의 assembly를 촉진한다. 최근의 저온전자현미경 연구에 따르면, Mediator 복합체의 head (머리)와 middle (중간) domain은 Pol II와 직접 상호작용한다. 여러 Mediator subunit은 다양한 활성화 인자 단백질들의 활성화 domain들과 결합한다. 따라서 Mediator는 DNA의 해당 위치에 결합된 활성화 인자와 promoter에 결합된 Pol II 사이에 분자 다리 역할을 할 수 있다.

Temperature-sensitive (온도-민감성) 효모 돌연변이체를 이용한 실험에서 몇몇 Mediator subunit들이 거의 모든 효모 유전자의 전사에 필

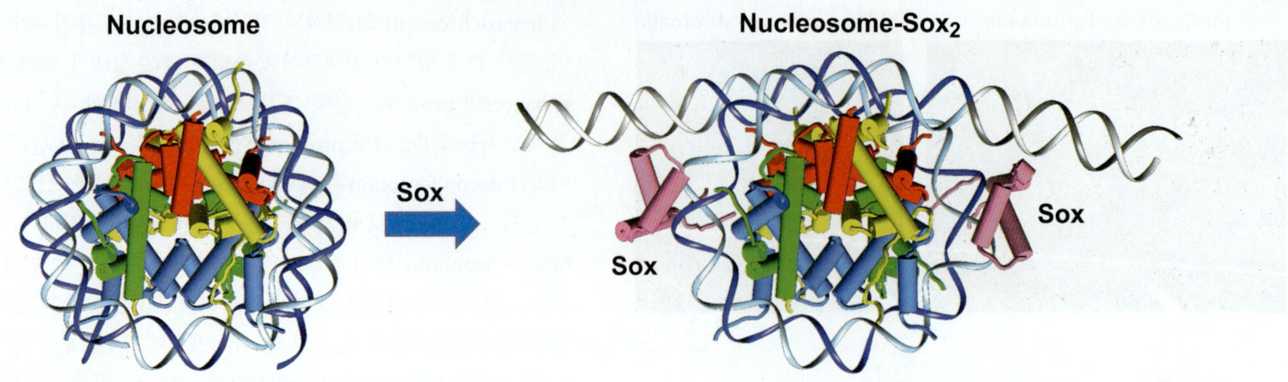

그림 8-35 Sox11-nucleosome 복합체의 구조. Sox2와 마찬가지로, 이와 유사한 전사 인자 Sox11은 DNA-결합 위치가 nucleosome 표면을 둘러싸여 있는 경우에도 해당 결합 위치에 결합할 수 있다. *왼쪽*: 2개의 Sox11-결합 위치가 있는 nucleosome의 모델. 하나는 nucleosome 주위를 1과 2/3회전 둘러싸고 있는 DNA 시작 부분에 있고, 다른 하나는 nucleosome을 둘러싼 DNA의 다른 끝에 있다. 히스톤 α 나선은 원통으로, H2A subunit은 노란색으로 표시되었다; H2B는 빨간색으로; H3는 파란색으로; H4는 녹색으로. *오른쪽*: Sox11이 nucleosome에 있는 2개의 DNA-결합 위치에 결합하면 nucleosome 표면으로부터 DNA가 풀리게 되고, 이는 다른 단백질과의 상호작용이 가능하게 한다. [Svetlana Dodonova and Patrick Cramer.]

요함이 알려졌다. 이 subunit들은 Mediator 복합체의 전체 구조를 유지하거나 Pol II에 결합하는 데 도움이 된다. 반면에, 다른 Mediator subunit들은 특정 세트의 유전자를 활성화하거나 또는 억제하는 데 필요하다. 생존에 필수적이지 않은 Mediator subunit에 결함이 있는 효모 돌연변이체의 유전자 발현을 조사하는 데 RNA-seq 분석(6장 참조)이 이용되었다. 그 결과 각 돌연변이가 전체 유전자의 3–10%의 전사에 영향을 미친다는 것을 알게 되었고, 이는 유전자 결실이 mRNA 발현을 2배 이상 증가 또는 감소시킨다는 것을 의미한다. 많은 경우, 이러한 Mediator subunit은 특정 활성화 domain과 상호작용한다. 따라서 하나의 Mediator subunit에 결함이 있는 경우, 해당 subunit에 결합하는 활성화 인자에 의해 조절 받는 유전자의 전사는 거의 억제되지만, 다른 유전자의 전사는 영향을 받지 않는다. 최근 저온전자현미경 연구에 따르면, 활성화 domain이 Mediator와 상호작용할 때 head, middle 및 tail domain이 서로에 대해 회전하여 결합하면서, RNA 중합효소 II과 결합하는 면을 만든다는 것이 밝혀졌다. 중합효소-Mediator 복합체를 *holoenzyme*라고 한다. Preinitiation 복합체에서 일반적인 전사 인자와 상호작용하는 중합효소의 표면(그림 8-13 참조)은 노출된 채로 남아 있다(중합효소-Mediator 복합체의 모델 기준).

각 Mediator subunit이 특정 활성화 domain과 결합한다는 것을 보여준 여러 실험 결과는 여러 활성화 인자가 Mediator 복합체와 동시에 또는 빠르게 연속적으로 상호작용하여 하나의 promoter의 전사에 영향을 미칠 수 있음을 시사한다(그림 8-37). 염색질이 유연한 loop를 형성하여 조절 영역과 promoter를 서로 가깝게 만들 수 있기 때문에, enhancer 또는 promoter-근처 element에 결합하는 활성화 인자는 promoter에 붙어 있는 Mediator와 상호작용할 수 있다(그림 8-30 참조). 진핵생물 promoter에서 형성되는 다중단백질 복합체는 총질량이

(a)

Yeast

Head	Middle	Tail	CKM
Med6	Med1	Med2	Med12
Med8	Med4	Med3	Med13
Med11	Med7	Med5	Cdk8
Med17	Med9	Med14	CycC
Med18	Med10	Med15	
Med20	Med19	Med16	
Med22	Med21		
	Med31		

Human

Head	Middle	Tail	CKM
MED6	MED1	MED14	MED12/12L
MED8	MED4	MED15	MED13/13L
MED11	MED7	MED16	Cdk8/CDK19
MED17	MED9	MED23	CycC
MED18	MED10	MED24	
MED20	MED19	MED25	
MED22	MED21		
MED27	MED31		
MED28	MED26		
MED29			
MED30			

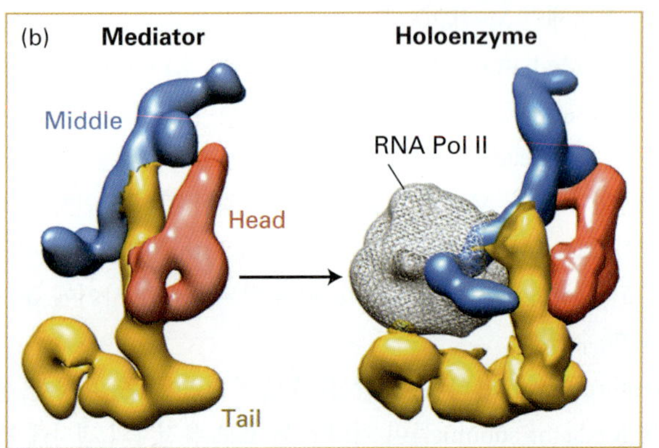

그림 8-36 효모와 인간 Mediator 복합체의 구조. (a) *S. cerevisiae* 및 인간 Mediator 복합체의 subunit들. Mediator의 head, middle, tail module을 구성하는 subunit들과 Pol II 결합을 차단하며, 몇몇 Mediator 복합체와 결합하는 CDK8-kinase module (CKM)의 subunit들이 표시되었다. (b) CKM이 없는 효모 Mediator의 저온전자현미경 관찰 구조. (*왼쪽*) 위에서 설명한 subunit들로 구성된 head, middle, tail module은 색상으로 구분되어 있다. (*오른쪽*) Pol II가 포함된 Mediator 복합체(holoenzyme이라 불림)의 구조는 Mediator module이 서로에 대해 회전하는 방식으로 결합하면서 Pol II와 결합하는 표면이 만들어짐을 제시한다. [Part (b) Republished with permission from Elsevier, from K. L. Tsai, 2014, "Subunit Architecture and Functional Modular Rearrangements of the Transcriptional Mediator Complex." *Cell*, **157**(6): 1430–1444; permission conveyed through Copyright Clearance Center, Inc.]

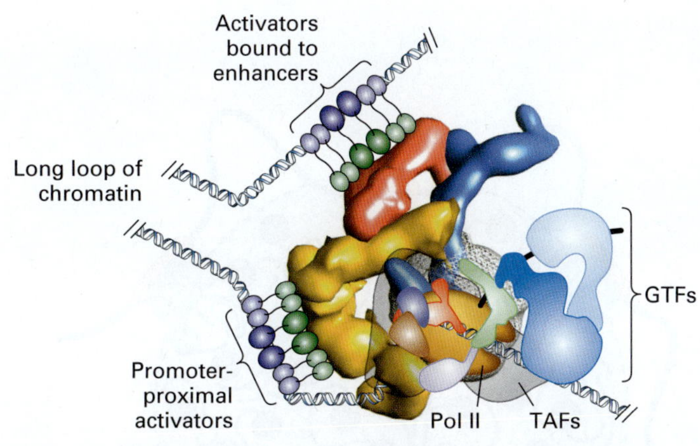

그림 8-37 여러 DNA-결합 활성화 인자가 하나의 Mediator 복합체와 상호작용하는 모델. 서로 다른 Mediator subunit들이 특정 활성화 domain과 각각 상호작용하는 능력은 하나의 promoter에서 여러 활성화 인자의 신호가 통합되는 데 기여할 수 있다. 자세한 설명은 본문을 참고하시오.

3–5 megadalton (MDa)으로 100개 이상의 polypeptide로 구성되는 것으로 생각되고 있으며, 이는 ribosome만큼 크다.

Transcriptional Condensate (전사 응축물)는 전사 개시 속도를 크게 증가시킨다

최근에 개발된 고해상도현미경 방법에 따르면, 전사에 관여하는 단백질들(예, Mediator)은 직경이 0.5–0.1 μm 정도인 puncta (반점)의 핵에 같이 위치함이 밝혀졌다. 이 크기는 염색질 fiber (섬유)의 직경보다 훨씬 크다. 4개의 bromodomain을 가진 BRD4 역시 생체 내에서 유사한 반점을 형성하는데, 이 단백질은 히스톤의 많은 부위에서 아세틸화된 promoter 근처 영역에서 전사 elongation을 촉진한다(그림 8-38a). 이와 같이 단백질 농도가 높은 영역에는 수백에서 수천 개의 Mediator 및 BRD4 분자가 포함되어 있다. Puctate 구조는 막으로 구분되어 있지 않고, 주변 nucleoplasm (핵질)과 연속성을 가진다. 이들의 형성은 전사 활성화 인자, 억제 인자 및 co-activator를 포함하는 핵 단백질의 intrinsically disordered region (IDR)에 의존한다(그림 8-23 참조). 이러한 IDR에 있는 polypeptide의 짧은 영역 여러 개는 다른 핵단백질의 IDR에 있는 짧은 peptide와 약한 상호작용을 형성한다. 따라서 여러 단백질이 "transcriptional condensate"로 "condensation"되었다고 한다(그림 8-38b에 표시됨). 이러한 상호작용은 일시적이지만, 이렇게 많은 수의 다양한 상호작용은 단백질들이 액체와 같은 상태에서 서로 결합되도록 한다. 결과적으로, 이러한 단백질 condensate를 형성하는 과정을 "liquid-liquid phase separation (액체-액체 상 분리)"라고 한다.

정제된 단백질을 사용하여 *in vitro*에서 이러한 단백질 condensate의 형성을 관찰하고 연구하는 것이 가능하였다. 그림 8-38c는 분리 정제된 융합 단백질을 이용한 실험을 보여준다. 이 단백질은 *mCherry*로 불리는 붉은색 형광 단백질과 Mediator (MED1)의 가장 큰 subunit에서 serine이 풍부한 IDR (~200개의 아미노산)이 붙여 이어진 융합 단백질이다. mCherry 형광 단백질은 형광현미경으로 관찰이 가능하다. IDR이 붙여지지 않은 녹색 형광 단백질을 단백질 condensation을 촉진하는 buffer (완충액)에서 함께 배양하면, mCherry-MED1-IDR은 생체 내에서 관찰된 condensate과 크기가 유사한 droplet (작은 물방울)으로 농축되었지만(그림 8-38c, 위쪽), GFP는 droplet으로 농축되지 않았다. 반면에, mCherry-MED1-IDR 융합 단백질을 BRD4의 IDR에 붙여 이어진 GFP와 함께 배양하면 두 융합 단백질들이 하나의 droplet에서 관찰되었다(그림 8-38c, 아래쪽). 이 결과는 서로 다른 IDR을 가진 두 단백질이 동일한 단백질 condensate에 농축될 수 있음을 보여준다. 추가 면역형광 염색 실험은 핵 추출물을 이용하여 형성되는 condensate가 hypophosphorylated CTD를 가진 RNA 중합효소 II를 포함해서 전사에 관여하는 다른 많은 단백질들을 수백에서 수천 개 포함한다는 것을 보여주었다. 이 실험에서, condensate는 그림 8-38a에서와 같이 GFP-BRD4 및 GFP-MED1을 이용하여 눈으로 확인되었다. Hypophosphorylated CTD를 가진 RNA 중합효소 II는 preinitiation 복합체로 assembly될 수 있는 상태이다(그림 8-13 참조). 전사 condensate 형성에 필요한 IDR이 활성화 인자에서 제거되면, 이러한 돌연변이 활성화 인자의 전사 활성화 기능은 크게 감소된다.

Super-Enhancer 배양된 포유동물 세포의 모든 enhancer를 분석한 결과에서, enhancer 중 일부는 여러 개의 enhancer가 가까이 배치되어 있는 영역과 관련이 있었는데, 이 영역은 10 kilobase 이상의 영역에 걸쳐 아세틸화가 많이 된 히스톤과 붙어 있음이 알려졌다. *Super-enhancer*로 불리는 이 영역에는 모든 enhancer의 ~1.5–4%에 해당하고, 세포 유형에 따라 다르다. 일반적인 enhancer와 달리, super-enhancer는 전사 인자 및 관련된 co-activator가 결합하는 더 긴 DNA 영역을 포함한다. IDR을 가진 많은 전사 인자들이 이 긴 영역에 결합하며, 이는 super-enhancer에서 전사 condensate가 형성되는 것을 촉진한다. 이것은 condensate 내의 전사 개시에 관여하는 단백질들 농도가 높아지는 효과를 갖는다. Condensate 내 단백질 농도는 핵질의 다른 영역보다 20–100배 높다. 결과적으로, 다중단백질 preinitiation 복합체의 assembly 속도가 굉장히 높아지고, super-enhancer에 의해 유도되는 전사 속도가 매우 높아지는 기여를 하게 된다.

Super-enhancer는 정상적인 포유류 발생에 중요하며, 발현량도 많은 핵심 세포 identify (정체성) 유전자를 활성화하는 경우가 많다. 예를 들면, extracellular matrix (세포외 망)에 tensile (인장) 강도와 유연성을 결정해 주는 collagen (콜라겐)을 매우 많이 분비하는 섬유아세포에서(20장 참조), ~30–50 kb super-enhancer가 collagen 1A1 유전자(*COL1A1*) 위에서 그리고 위쪽 서열에서 형성된다(그림 8-39a). 밀접하게 관련된 두 히스톤 acetylase co-activator p300 및 CBP는 이 영역에서 염색질과 결합하는데, 이는 아마도 많은 활성화 인자가 해당 특정 결합 서열에 결합된 다중 활성화 인자와 상호작용함으로써 가능해진다. CBP/p300은 히스톤 H3 18번과 27번 위치의 lysine (한 글자 아미노산 코드의 K)을 아세틸화한다. H3K27의 아세틸화는 K27에서 아

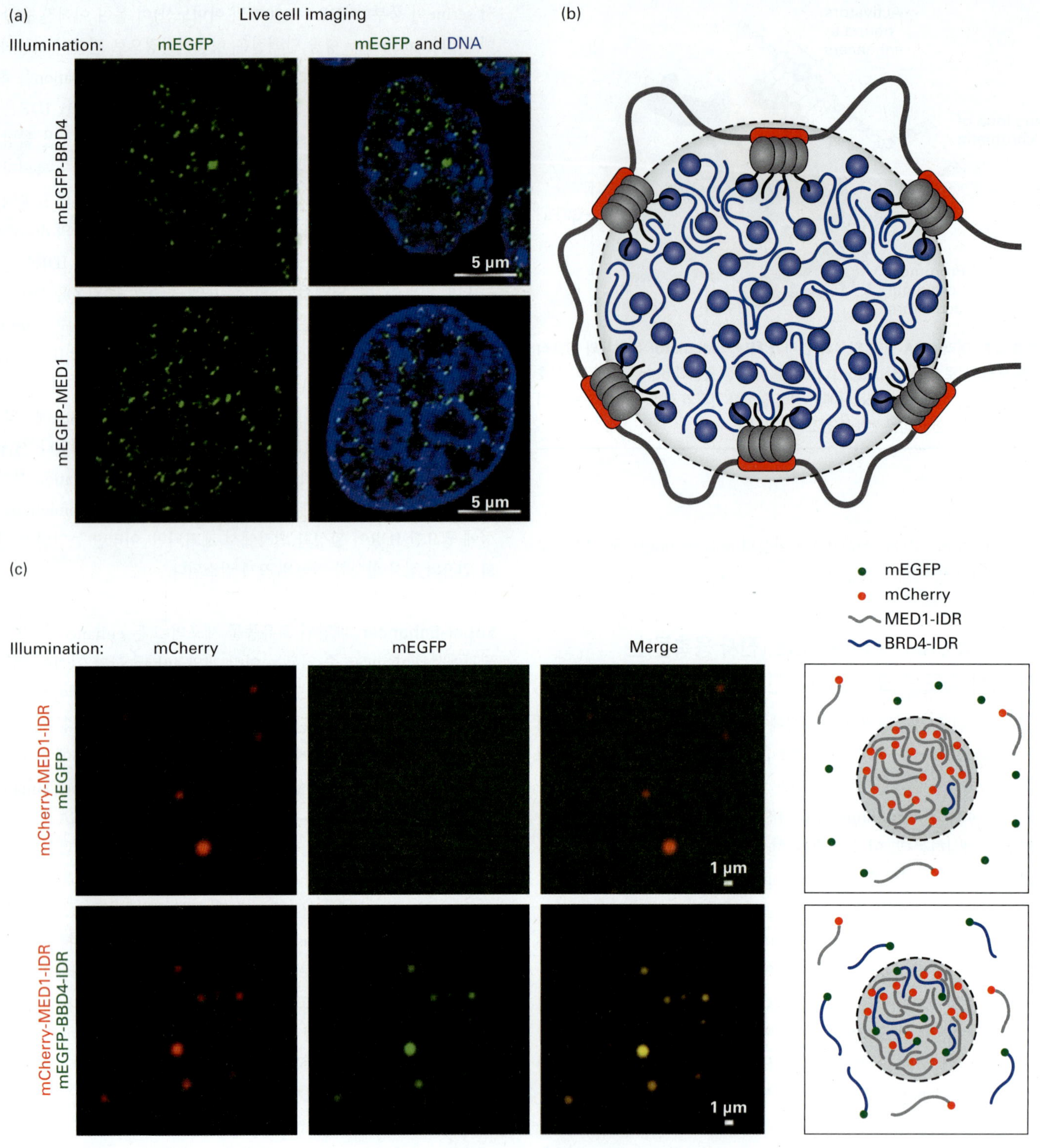

실험 그림 8-38 Co-activator의 phase separation (상 분리)은 전사 apparatus (장치)를 한 구역에 모이게 하고 농축시킨다. (a) 마우스 embryonic stem cell (mESC, 배아줄기세포)에서 BRD4 및 MED1의 immunofluorescence (IF, 면역형광) 이미지. 형광 신호를 먼저 확인하고(왼쪽), DNA를 보여주는 Hoechst 염색 이미지와 하나로 합쳤다(오른쪽). (b) Super-enhancer는 고밀도의 co-activator (파란색 원)를 농축시키는 master 전사 인자(회색 타원형)와 세포 identity를 나타내는 유전자의 강력한 발현을 유도하는 전사 apparatus가 결합된 enhancer (빨간색) 여러 개가 무리지어 있다. 이것은 intrinsically disordered 영역(파란색 선)의 높은 valency (결합가, 원자가) 및 낮은 친화도 상호작용에 의해 작동되는 co-activator의 phase separation에 의해 가능해진다. (c) 표시된 10 mM mEGFP 또는 10 mM mCherry 융합 단백질을 10% Ficoll-400 및 125 mM NaCl을 함유하는 완충액에서 혼합하였다. 형광 channel이 각 혼합물마다 표시되었다. 결과를 요약한 그림이 오른쪽에 나와 있다. [Republished with permission of American Association for the Advancementof Science, from B. R. Sabari et al., 2018, "Coactivator Condensation at SuperEnhancers Links Phase Separation and Gene Control," *Science* **361**(6400):eaar3958; permission conveyed through Copyright Clearance Center, Inc.]

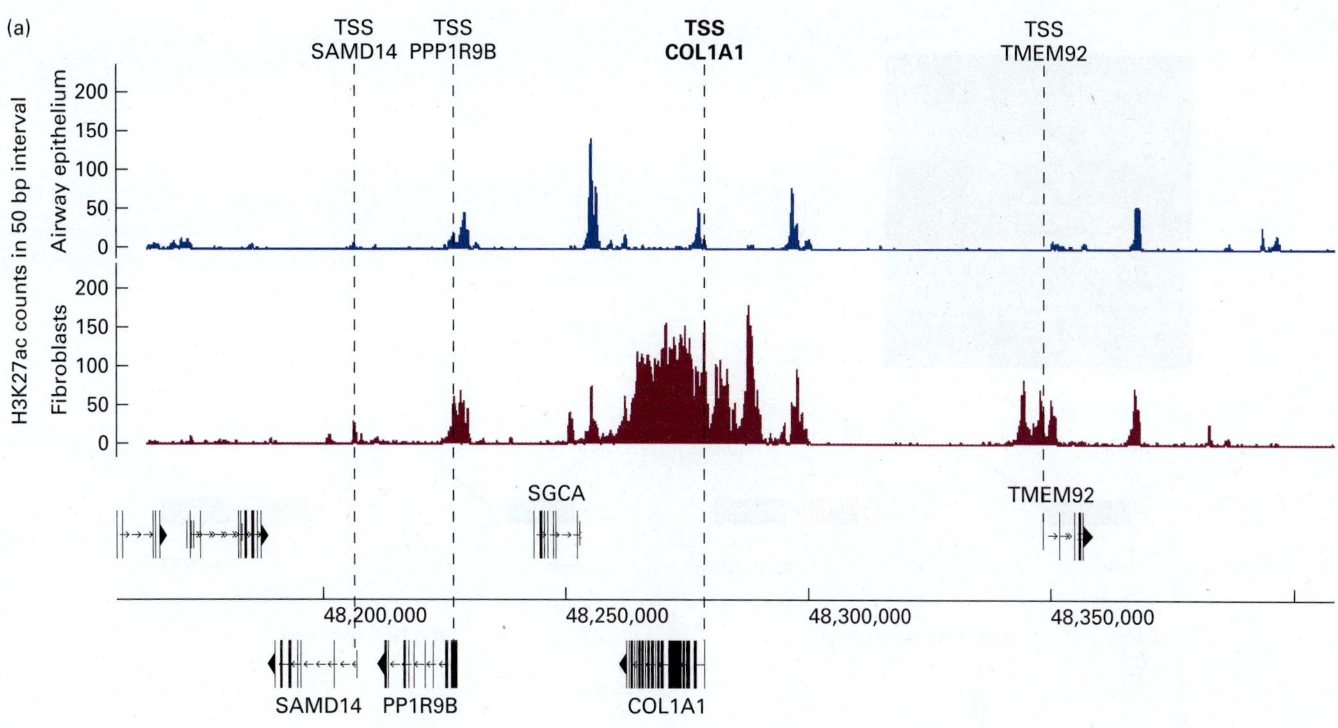

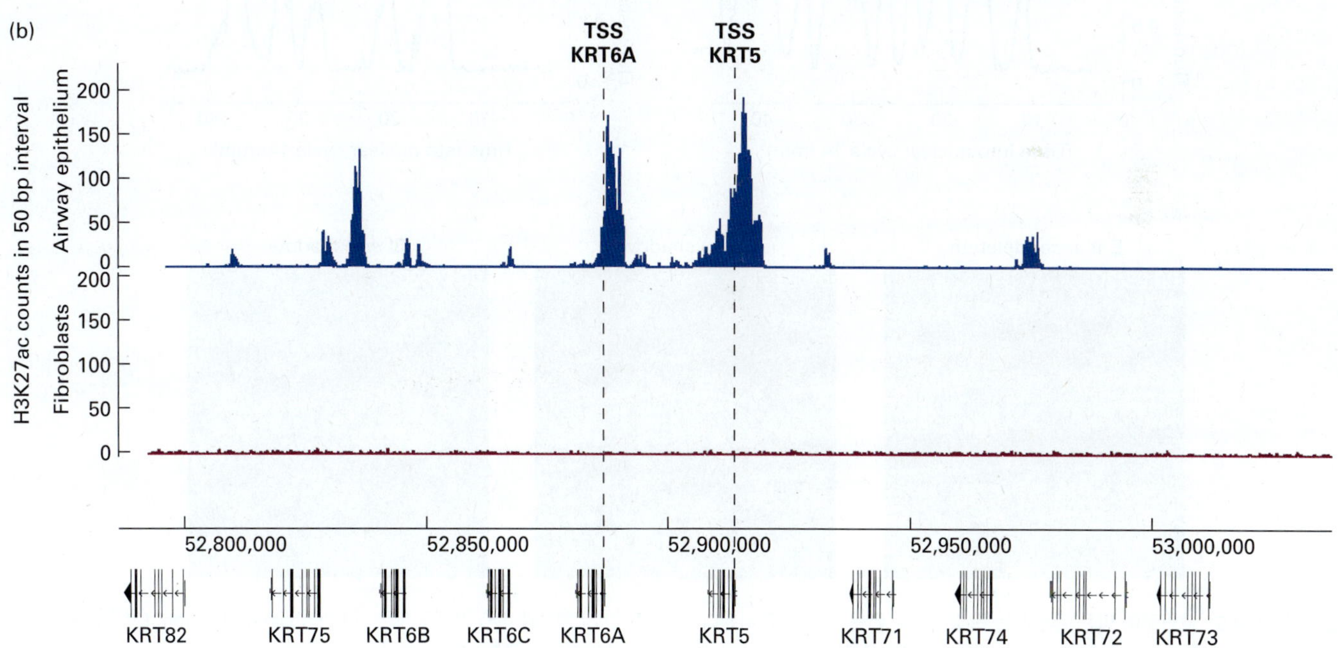

실험 그림 8-39 COL1A1 및 KRT 5 와 6A super-enhancer. (a) *아래쪽*: 왼쪽 끝에서 48,200,000에서 48,400,000 염기쌍 사이에 있는 17번 인간 염색체의 유전자 지도로, 50,000 염기쌍 간격이 수평선에 표시되었다. 오른쪽으로 전사되는 유전자는 선 위에 표시되고; 왼쪽으로 전사되는 유전자는 선 아래에 표시되었다. Exon은 수직선으로 표시되었으며, 화살표는 3′ exon을 나타낸다. 점선 수직선은 기도 상피 세포에서 발현되는 유전자에 대한 전사 시작 위치(TSS)를 나타낸다. *위쪽*: 왼쪽에 표시된 것처럼 배양된 인간 섬유아세포 또는 기도 상피 세포에서 히스톤 H3 lysine 27 아세틸화(H3K27ac)에 대한 염색질 면역 침전 결과(그림 8-12 참조). 이 결과는 면역 침전된 cross-linked 염색질 절편에서 해당 서열이 관찰된 횟수를 나타낸다(염색체를 따라 각 50-bp 간격으로 표시). 면역 침전 실험은 lysine 27에서 아세틸화된 H3 peptide에 특이적인 항체를 이용하여 진행되었다. H3K27ac이 가장 높은 빈도로 나타나는 영역의 봉우리는 5 kb 이내임을 주목하라. 이와 달리, COL1A1은 훨씬 긴 ~30–50 kb 염색질 영역이 H3K27에 아세틸화되어 있다. 이와 같이 H3K27이 흔하지 않게 길게 나타나는 이 영역이 super-enhancer로 확인된다. (b) *아래쪽*: 왼쪽 끝에서 52,8000,000에서 53,000,000 염기쌍 사이에 있는 12번 인간 염색체 유전자 지도. 점선 수직선은 섬유아세포에서 발현되는 유전자들의 TSS 위치를 표시한다. *위쪽*: 배양된 인간 섬유아세포 또는 기도 상피 세포의 H3K27ac 염색질 면역 침전 결과. [Data from R. Ferrari et al., 2014, *Cell Host Microbe* **16**:663–676.]

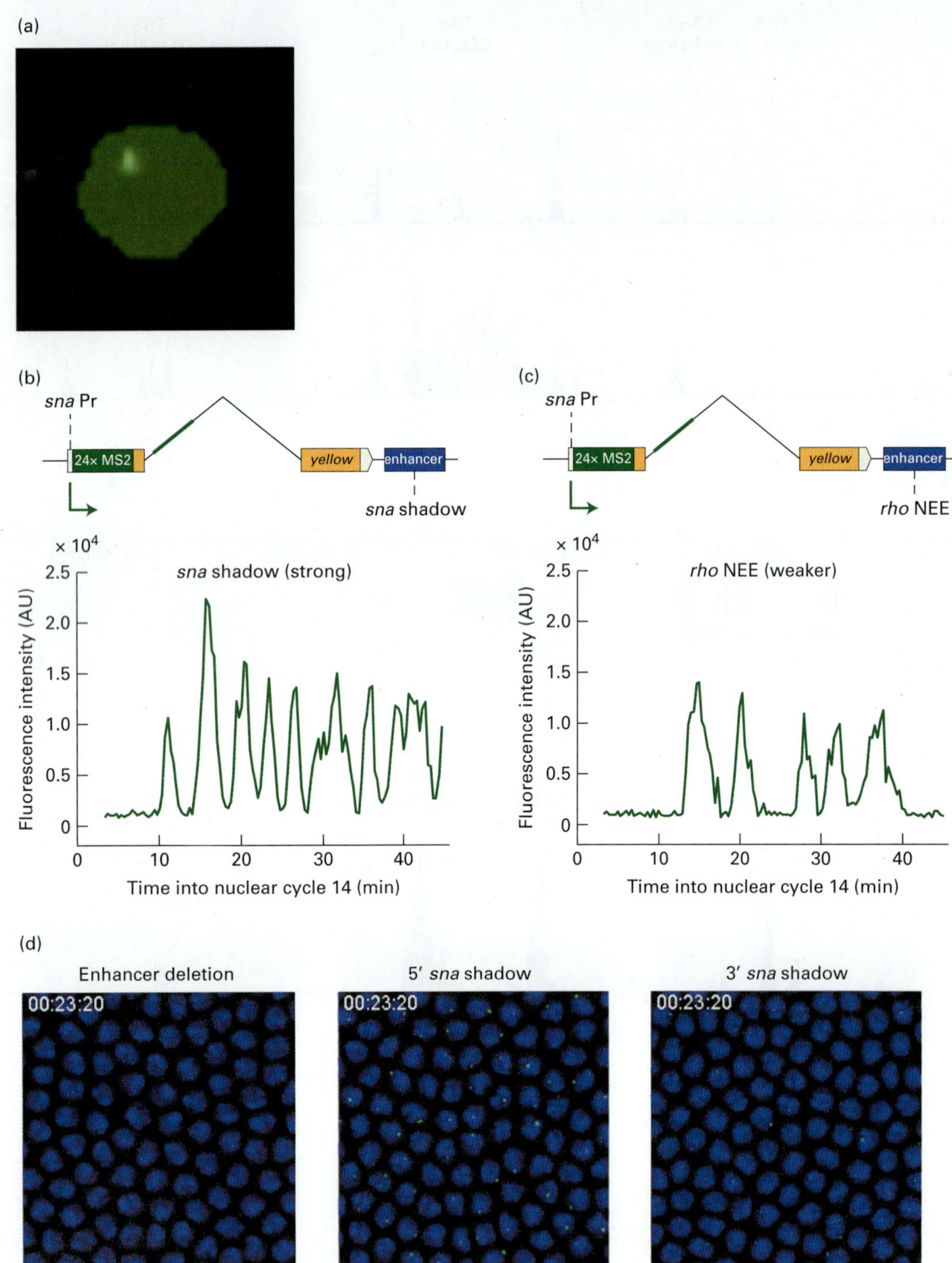

실험 그림 8-40 발현량이 많은 유전자는 폭발적으로 짧은 시간에 전사된다. (a) MS2-coat 단백질-노란색 형광 단백질(MCP-YFP)이 위치하는 전사 focus (초점). MCP-YFP 단백질은 리포터 유전자로부터 전사되는 RNA의 5′-말단에 있는 24개의 coat 단백질 결합 위치에 결합한다. (b) *위쪽*: 5′ UTR 내의 전사 시작 위치 및 24x MS2 RNA stem loop을 포함하는 100-bp의 *sna* promoter를 가진 리포터 유전자를 그림으로 보여줌. 강력한 1.5-kb *sna* "shadow (그림자)" enhancer는 7.5 kb 아래쪽에 배치되었다. 아래쪽: 개별 핵에서 시간에 따른 형광 신호 강도를 추적함. (c) (b)와 동일하지만 *sna* shadow enhancer 대신 *rho* NEE enhancer를 사용함. (d) 전사가 폭발적으로 일어나는 것을 연속적으로 기록함. "3′ *sna* shadow" (오른쪽)는 살아있는 *Drosophila* 배아에서 노란색 형광 burst (녹색으로 표시됨)를 보여준다 — *Drosophila* 모든 세포는 (b)에 표시된 리포터 유전자를 가졌다. 표시된 시간(23분 20초)은 14차 핵분열 이후 경과된 시간이다. "Enhancer deletion" (*왼쪽*)은 (b)의 리포터 유전자와 같은 구조이지만 enhancer가 삽입되지 않았다. "5′ *sna* shadow" (*가운데*)에는 *sna* promoter의 1 kb 위쪽에 *sna* shadow enhancer가 삽입되어 있다. 동영상을 보려면 다음 link (링크)에 가면 된다. https://www.cell.com/cms/10.1016/j.cell.2016.05.025/attachment/2184326d-3b6c-47d6-8121-c00c36c3ebeb/mmc2. 동영상은 배아 발생의 nuclear cycle (nc, 핵 주기) 14에서 시작하여 gastulation (장배 형성) 시기까지 계속된다. 또한 이 세포들은 핵에 대한 표지자로서 파란색으로 표시된 히스톤 H2A-RFP 융합 단백질을 발현한다. Anterior (앞쪽)가 왼쪽이고 ventral (복부)이 위를 향하고 있다. [Republished with permission by Elsevier, from T. Fukaya, B. Lim, and M. Levine (2016) Enhancer Control of Transcriptional Bursting. *Cell* **166** (2): 358–368; permission conveyed through Copyright Clearance Center, Inc.]

세틸화된 H3에 특이적인 항체를 사용한 염색질 면역 침전에 의해 확인되었다(그림 8-39a, 위쪽). *COL1A1* 유전자와 관련된 아세틸화된 영역의 길이는 이 영역에서 H3K27ac의 다른 영역보다 훨씬 더 길었다. COL1A1의 발현량이 많은 섬유아세포와 달리, airway (기도) epithelial (상피) 세포는 COL1A1이 많은 양 발현되지 않으며 *COL1A1* 유전자에서 super-enhancer를 형성하지 않는다(그림 8-39a, 위쪽). 오히려, 이러한 상피 세포에서는 상피 세포 sheet (시트)의 인장 강도와 유연성을 결정하는 KRT 단백질의 발현량이 많은데, 이는 *KRT5* 유전자에서 형성되고 염색질의 13 kb 영역을 포함하는 super-enhancer 때문이다(20장 참조). 또한 넓은 영역의 H3K27 아세틸화는 *KRT6A* 유전자에서도 일어나는데, 이러한 세포에서 *KRT6A* 유전자 발현량은 낮지만 의미있는 수준으로 발현된다. 그리고 *KRT6B*와 *KRT6C* 유전자에서 H3K27ac은 낮은 수준으로 확인되는데, 이는 이들 유전자 발현량이 낮은 것과 관련있었다. 이 유전자 cluster (클러스터, 무리)의 다른 keratin (케라틴) 유전자들은 이들 세포에서는 발현되지 않았으며, TSS와 관련된 H3K27ac peak (봉우리)도 나타나지 않았다. 이는 이러한 promoter가 이들 세포에서는 활성화되어 있지 않음을 나타낸다(그림 8-39b).

In situ hybridization (제자리 교잡 실험)은 전사 condensate (그림 8-38a 참조)가 특정 세포 유형에서 활성화되어 있는 super-enhancer와 연관되어 있음을 보여주었다. 아마도 이러한 전사 condensate 내의 전사 개시에 관여하는 단백질이 고농도로 존재하는 것은 super-enhancer와 관련된 전사의 개시 속도가 매우 높아지는 것을 초래할 것이다.

전사는 짧은 시간에 폭발적으로 일어난다

최근 고해상도 비디오 현미경 사진은 발현량이 많은 다수 유전자들이 높은 속도로 지속적으로 전사가 되지 않는다는 것을 밝혀냈다. 오히려, 발현량이 많은 유전자로부터의 전사 개시는 여러 번의 전사 개시가 짧은 시간 폭발적으로 일어나고, 전사 개시 후 다음 개시까지 전사가 일어나지 않는 시기가 존재한다. 이것은 5′-untranslated (비번역) 서열에 여러 개의 stem loop이 삽입된 리포터 유전자를 포함하는 *Drosophila* 배아에서 관찰되었다. Stem loop은 매우 높은 친화성과 특이성을 가지고서 박테리오파지 coat (외투, 외피) 단백질과 결합한다. 그림 8-40의 실험에서, 박테리오파지 MS2-coat 단백질에 대한 결합 위치 24개가 초기 *Drosophila* 배아에서 발현되는 *Drosophila snail* (*sna*) 유전자의 promoter 영역의 바로 아래쪽에 삽입되었다. 이 리포터가 염색체에 삽입된 형질전환 초파리가 만들어졌을 때, 형질전환(리포터) 유전자의 발현은 확인되지 않았다. 그러나 리포터 유전자의 아래쪽에 enhancer (초기 초파리 배아에서 *sna*의 발현을 활성화하는 enhancer)가 포함된 DNA를 이용하여 형질전환 초파리를 만들면 전사가 감지되었다(그림 8-40b). 리포터 유전자 DNA가 삽입된 세포에서, MS2-coat 단백질-GFP (녹색 형광 단백질)가 발현되면 리포터 promoter부터 전사가 일어남을 간접적으로 알 수 있다. 리포터 유전자의 5′ 말단이 전사되면, MS2-coat 단백질-GFP가 24개의 MS2 coat 단백질 결합 위치에 결합하여, 공초점 형광현미경으로 볼 수 있는 신호(녹색 형광)가 만들어진다(그림 8-40a). 14번 핵 주기(약 60분 길이) 동안 배아의 동영상 이미지는 리포터 유전자가 전사되는 위치에서 GFP 녹색 형광 영역을 보여주었다. 그러나 각 세포에서 GFP 신호의 강도는 연속적이지 않았다. 오히려, 형광의 각 지점의 강도는 몇 분에 걸쳐 증가 및 감소했다[그림 8-40d 및 관련 동영상, link (링크)는 그림 8-40 legend (범례)에 있음].

하나의 핵에서 단일 형광 focus의 강도는 강한 *sna* “shadow” enhancer를 가진 DNA construct와 더 약한 *rho* NEE enhancer를 가진 두 번째 DNA construct에 대해 시간에 따라 표시되었다(각각 그림 8-40b 및 c). 평균 ~4분(peak width, 봉우리 폭)의 시간 동안 형광 폭발이 관찰되었다. 형광 강도에 근거하면, 각 burst (폭발)는 단일 전사 burst ~4분의 시간 동안 20–100개 전사 개시 event가 발생한 것으로 생각된다. 강력한 *sna* shadow enhancer를 가진 DNA construct의 경우, burst가 자주 일어난다: 더 약한 *rho* NEE enhancer를 가진 DNA construct의 경우 20–100개의 전사 개시로 인해 거의 동일한 높이의 burst가 관찰되었지만, burst가 생기는 빈도는 더 낮다(그림 8-40b, c).

다른 *Drosophila* enhancer에 대해서도 유사한 관찰이 이루어졌다. 대부분의 경우, enhancer의 강도는 주로 전사 burst가 시작되는 빈도와 관련이 있다. 전사 burst와 관련된 메커니즘과 enhancer에 의한 조절을 완전히 이해하기 위해서는 추가 연구가 필요하다. 그러나 효모 extract를 사용한 *in vitro* 전사 실험에 따르면, 추가된 주형 DNA의 첫 번째 전사 후에 TBP 및 기타 일반 전사 인자(GTF)가 promoter DNA와 결합되어 부분적으로 assembled preinitiation 복합체(PIC) scaffold (비계)를 형성하고 있어, 다음 preinitiation 복합체의 매우 빠른 assembly 및 Pol II에 의한 후속 개시를 가능하게 한다. 이러한 관찰 및 정제된 전사 인자를 사용한 *in vitro* 전사 실험으로부터, 전사 개시에 관한 모델이 도출되었다. 즉, enhancer-결합 인자, Mediator 및 promoter-근처 element에 결합된 전사 인자 사이의 상호작용이 Pol II preinitiation 복합체의 assembly을 촉진한다. 또한 Pol II 중합효소가 전사 개시한 후에도 TBP scaffold가 promoter에 붙어 있는 채로 남아 있고, 이는 TBP scaffold가 promoter에서 떨어지는 것보다 PIC가 100배 이상 빠르게 reassembly되고 전사를 다시 시작할 수 있게 한다. 이것이 전사의 burst를 초래하는 것으로 생각된다. 강한 enhancer는 전사 burst를 시작하는 첫 번째 PIC로 일반 전사 인자들이 assembly되는 속도를 촉진하여 이러한 burst의 빈도를 증가시키는 반면, 약한 enhancer는 해당 promoter에 PIC assembly되게 하는 빈도가 더 낮은 것으로 생각된다.

8.4절의 주요 개념

전사 억제 및 활성화의 분자 메커니즘

- 진핵생물 전사 활성화 인자 및 억제 인자는 주로 염색질 구조를 조절하거나 Pol 및 일반 전사 인자와 상호작용하여 preinitiation 복합체의 assembly에 영향을 미치는 multisubunit co-activator 또는 co-repressor에 결합하여 역할을 수행한다.

• Heterochromatin의 응축된 영역에 있는 DNA는 전사 인자 및 기타 단백질에 접근하기가 상대적으로 어렵기 때문에, 이러한 영역의 유전자 발현은 억제된다.

• 몇몇 단백질들이 서로 상호작용하고, 히스톤 H3 및 H4의 hypoacetylated N-말단 꼬리와 상호작용하여 염색질-매개 전사 억제에 관여하는데, 이러한 전사 억제는 telomere와 *S. cerevisiae*의 silent 짝짓기 유형 유전자좌에서 일어난다(그림 8-32 참조).

• 몇몇 억제 domain은 히스톤 deacetylase 복합체인 co-repressor와 상호작용하여 역할을 수행한다. 이어서 억제 인자-결합 위치 근처 nucleosome의 히스톤 N-말단이 deacetylate되고, promoter DNA와 일반 전사 인자 간의 상호작용을 방해하여 전사 개시를 억제한다(그림 8-33a 참조).

• 활성화 domain은 히스톤 acetylase 복합체와 같은 다중단백질 co-activator와 결합하여 역할을 수행한다. 이어서 활성화 인자-결합 위치 근처의 nucleosome에서 히스톤 N-말단 꼬리의 hyperacetylation이 일어나고, promoter DNA와 일반 전사 인자 간의 상호작용을 촉진하여 전사 개시를 촉진한다(그림 8-33b 참조).

• SWI/SNF 염색질-리모델링 인자는 또 다른 co-activator 유형이다. 이러한 multisubunit 복합체는 ATP-의존성 반응에서 히스톤 core로부터 DNA를 일시적으로 분리할 수 있으며, 또한 염색질 영역을 decondense하여 전사 개시에 필요한 DNA-결합 단백질의 결합을 촉진할 수 있다.

• Co-activator의 또 다른 유형인 Mediator 복합체는 약 30개 subunit으로 이루어진 복합체이며, 중합효소와 활성화 domain을 직접 결합시켜 활성화 domain과 DNA 중합효소 II 간의 분자 다리를 형성한다. 여러 활성화 인자에 동시에 또는 빠르게 연속적으로 결합함으로써, Mediator는 하나의 promoter에서 여러 활성화 인자가 통합적으로 효과를 가지도록 하는 데 도움이 된다고 생각된다(그림 8-37 참조).

• 멀리 떨어진 enhancer에 결합된 활성화 인자는 promoter에 결합된 전사 인자와 상호작용할 수 있다. 그 이유는 염색질이 유연하고 중간에 있는 염색질이 커다란 loop을 형성할 수 있기 때문이다.

8.5 전사 인자 활성의 조절

우리는 이전 설명에서 특정 DNA 조절 서열에 결합하는 전사 인자들의 조합이 어떻게 진핵생물 유전자의 전사를 조절하는지 살펴보았다. 결과적으로, 유전자의 전사 조절 영역과 상호작용하는 전사 인자의 핵 농도 및 활성은 다세포 생물체의 특정 유전자가 발생 중 특정 시간에 특정 세포에서 발현되는지 또는 분화된 세포에서 발현되는지를 결정하는 데 중요하다. 우리가 앞서 살펴보았듯이, telomere의 Sir 단백질 발현 억제와 효모의 silent 짝짓기 유형 유전자좌의 경우와 같이, 염색질의 local (국소 위치) 구조가 진핵생물의 전사 조절에도 관여된다(그림 8-32 참조). 다음 절에서는 전사 *memory* (기억)를 유발할 수 있는 염색질-매개 조절의 다른 예에 대해 설명한다. 여기에서 우리는 전사-인자 발현 및 활성의 조절에 대해 설명한다.

특정 세포 유형에서 어떤 전사 인자가 발현되는가는 해당 세포 유형의 발생 및 분화 동안 발생하는 전사 인자 유전자의 조절 영역과 다른 전사 인자 간의 이전에 있던 상호작용에 의해 결정된다. 우리는 현재 여러 인간 세포 유형의 발생 및 분화 동안 전사-인자 결합이 어떻게 변하는지에 대한 고해상도 그림을 확보하고 있다. genome 전체에서 DNase I hypersensitive (과민성) 위치를 찾아내는 연구를 통해 이러한 이해가 가능해졌다.

DNase I Hypersensitive 위치는 세포 분화의 발생학적 History (이력)를 반영한다

7장에서, 우리는 유전자가 발현되지 않을 때보다 유전자가 발현할 때 nuclease DNase I에 의한 절단에 훨씬 더 민감하다는 것을 설명하였다(그림 7-27 참조). 유전자 길이가 길어지면 DNA I sensitivity도 증가함이 알려져 있다. 이와 더불어, 연구자들은 염색질에 있는 대다수의 DNA와 비교해 보았을 때 genome의 특정 짧은 영역에서 DNase I 절단이 매우 잘 일어난다는 것을 발견하였다. 이러한 DNA 구역은 길이가 100 염기쌍 정도이고, 분리된 핵을 낮은 농도의 DNase I로 처리할 때 쉽게 절단되는 영역이다. 이처럼 쉽게 절단되는 영역은 *DNase I-hypersensitive site* (*DHS*)로 알려져 있다. High-throughput (고속-대량) 서열 분석 방법을 통해 여러 분화 세포 및 배아 세포 유형의 genome에 있는 DHS 위치가 파악되었다. 간단히 말해서, 낮은 농도의 DNase I을 처리한 핵을 분리하고, 처리된 염색질에서 DNA를 분리한다. DNase I 절단에 의해 생성된 DNA 말단에 알려진 서열의 oligonucleotide linker를 연결한다. DNA는 초음파 처리에 의해 작은 조각으로 쪼개지고, PCR에 의해 증폭돼서, DNA 서열이 분석된다. 이 실험 방법을 사용하여 oligonucleotide linker 서열에 인접한 인간 DNA 서열들이 DHS로 확인되었다.

그림 8-41a는 왼쪽에 표시된 인간 세포 샘플에서 DHS가 서열 분석된 횟수를 그래프로 보여준다. 이 방법으로 염색체 길이를 따라 1 kb 간격으로 genome DNA가 관찰되는 빈도를 표시할 수 있는데, 이는 genome에서 이 1 kb 영역의 DNase 민감도를 의미한다. 각 수직 막대의 높이는 해당 위치의 DNA가 각 세포의 핵에서 얼마나 잘 잘리는지 민감도를 나타낸다. 9번 염색체에 있는 genome의 대략 600-kb 영역이 표시되었다.

DHS는 전사 인자와 같이 서열-특이적 결합 단백질이 DNA에 결합하는 위치인 것으로 보인다. 결과적으로, 염색질 영역의 DHS 패턴은 전사 인자가 결합하는 위치를 나타내지만, 아직 결합된 전사 인자가 무엇인지는 확인되지 않았다.

그림 8-41a에서, DHS 데이터를 만드는 데 사용된 조직 유형은 왼쪽에 표시되고, 이러한 조직 유형이 발생한(유래한) 배아 조직은 그림 8-41b에 표시되었다. 비슷한 유형의 세포들[예, 여러 섬유아세포들은 모두 같은 유형, 혈관의 안쪽 표면에 배열되는 endothelial (내피) 세포

(a)

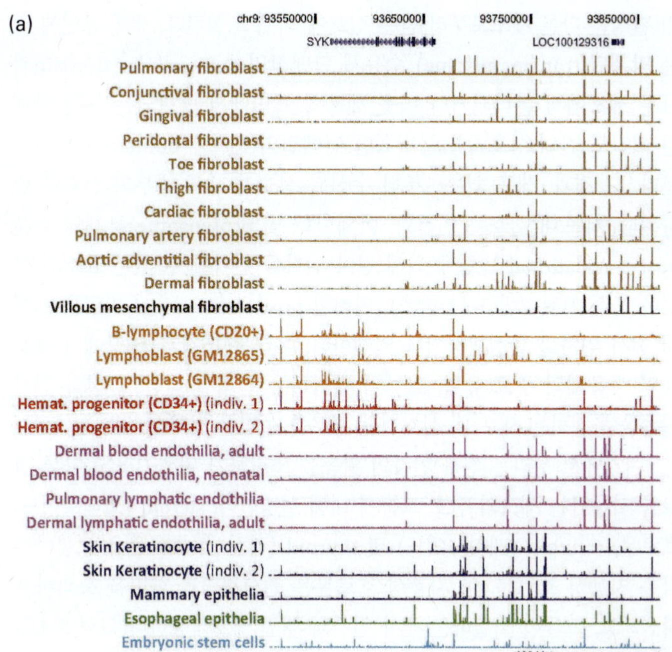

(b)

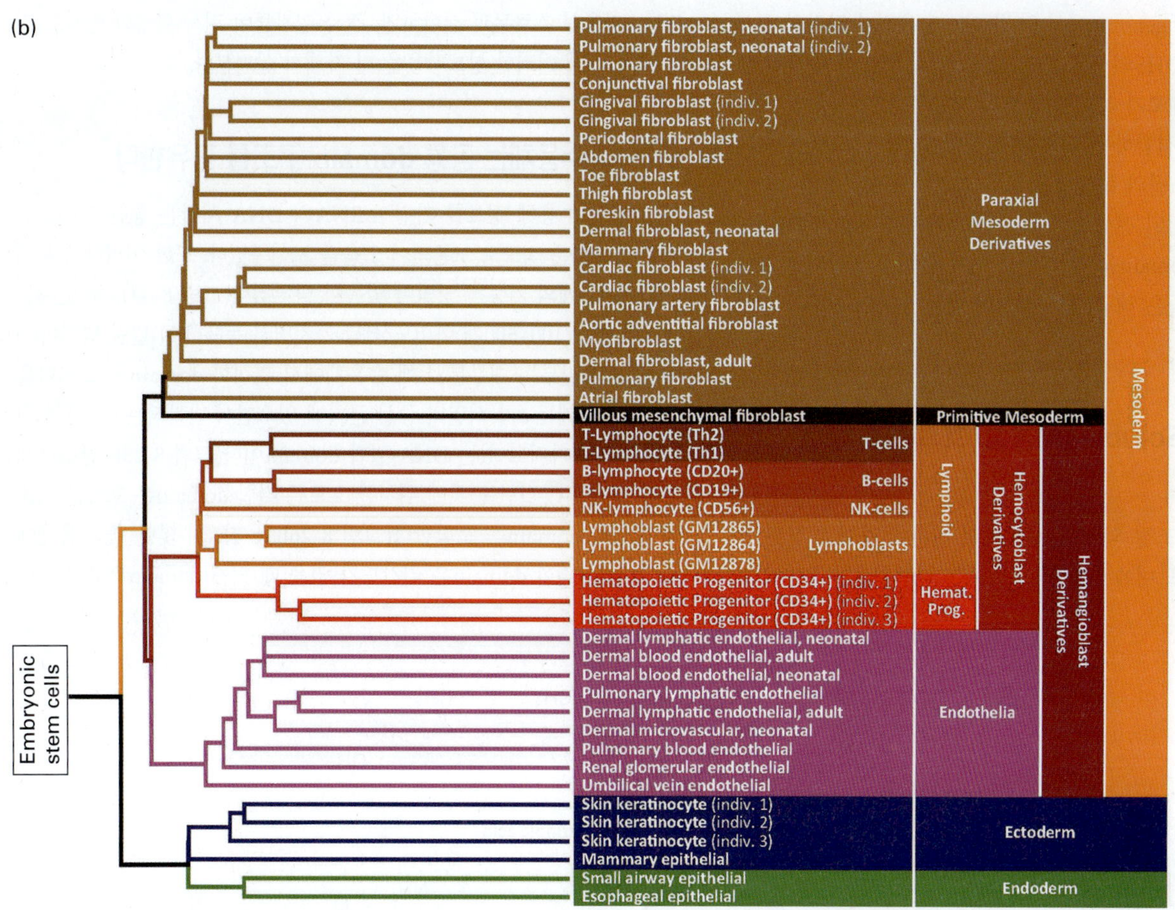

그림 8-41 배아 및 성체 세포의 DNase I hypersensitive 위치에 대한 지도는 발생 history (이력)를 반영한다. (a) 왼쪽에 표시된 각 인간 세포 유형의 DHS는 9번 염색체 지도를 기준으로 표시되었다. 그림에서 각 세로 막대의 높이는 해당 위치에서 50-bp 간격의 서열이 확인된 횟수를 나타내며, DNase sensitivity를 나타낸다. 각 세포 유형이 발생한(유래한) 배아 조직은 색으로 구분되었다. (b) 각 세포 유형의 전체 genome에 걸친 DHS 지도 간의 관계를 보여주는 dendrogram (계통도). 이러한 각 세포 유형이 유래하는(발생하는) 배아 조직은 오른쪽에 표시되었다. 배아줄기세포는 dendrogram의 뿌리에 해당한다. 다른 모든 세포 유형에 대한 DHS 지도는 배아줄기세포로부터 파생되는데, 이 과정에서 몇몇 DHS가 없어지고 다른 DHS를 획득하게 된다. 두 세포 유형의 DHS 지도가 얼마나 밀접하게 관련되어 있는지를 기반으로 해서 만들어지는 dendrogram은 세포 유형 간의 발달 관계와 거의 유사하다. [Republishedwith permission from Elsevier, from A. B. Stergachis et al., 2013, "DevelopmentalFate and Cellular Maturity Encoded in Human Regulatory DNA Landscapes," *Cell*, **154**:888–903; permission conveyed through Copyright Clearance Center, Inc.]

들은 모두 같은 유형]끼리는 비슷한 DHS를 갖는다는 것이 명확하다. 컴퓨터의 도움으로, 이러한 각 세포 유형의 전체 genome을 포함하는 DHS 지도 간의 유사도 비교가 가능해졌다. 이와 같은 방식으로, 한 세포 유형의 DHS 지도가 다른 세포 유형의 DHS 지도와 얼마나 유사한지 보여주는 dendrogram (계통도)이 만들어질 수 있다(그림 8-41b 참조). 이러한 dendrogram은 유전자 서열의 유사도(즉, 진화도)를 보여주는 dendrogram과 유사하다(그림 6-24b 참조).

중요한 것은 배아줄기세포의 DHS 패턴이 모든 세포 유형에 대한 DHS dendrogram의 뿌리에 있다는 것이다(그림 8-41b 참조). 배아줄기세포는 초기 포유류 배아의 inner cell mass (내부 세포덩어리)에서 유래하는데(22장에서 설명됨; 그림 22-4 참조), 성체 생물체에 있는 모든 세포의 progenitor (전구 세포)이다. 배아줄기세포는 가장 많은 수의 DHS를 가지고 있어, 모든 세포 중 가장 복잡한 전사 조절 기능을 가지고 있음을 시사한다: 한 연구에서 약 257,000개의 DHS가 있다고 보고됨. 이는 분화된 세포에 있는 90,000–150,000개의 DHS와 비교됨. 이러한 차이는 아마도 배아줄기세포의 발달 potential (가능성)을 반영하는 것 같다. 배아줄기세포에서 발견되지 않는 약 50,000–100,000개의 DHS가 발생 중에 일어난다. 각 성체 세포 유형에 대해 다른 세트의 새로운 DHS가 생김에 주목하자. 이러한 DHS 패턴은 각 유전자를 조절하는 전사 인자 조합의 복잡성을 나타낸다.

그림 8-41에서 볼 수 있듯이, 약 백만 개의 DHS가 세포 유형 별로 분석되었다. DHS들에는 enhancer처럼 전사-인자 결합 위치들이 여러 개 모여 있기 때문에, 이러한 결과는 평균적으로 4개 또는 5개의 enhancer의 조합이 인간 genome에서 약 19,000개 유전자 각각의 전사를 조절함을 시사한다. DHS의 지도를 통해 초기 배아 전사 인자의 결합이 사라지는 위치와 세포가 분화함에 따라 새로운 세포-유형별 새로운 전사 인자의 조합이 결합하는 위치를 확인할 수 있다. 그럼에도 이 추정 결과로부터 전사 조절의 복잡성을 모두 설명하지 못하는데, 그 이유는 하나의 DHS로 확인된 전사 인자 결합 위치가 다른 세포 유형에서는 유사한 DNA-결합 domain을 갖는 전사 인자에 의해 결합되기 때문이다. 관련된 전사 인자들은 해당 세포 유형에 맞는 수준의 전사가 일어나도록 조절한다.

핵 수용체는 Lipid-Soluble (지용성) 호르몬에 의해 조절받는다

전사 인자에 의한 발현 조절 외에도, 세포에서 전사 인자가 발현된 후 전사 인자의 활성이 세포 내에서 조절된다. 예를 들면, 많은 전사 인자의 활성은 다른 세포로부터 받은 신호에 의해 조절된다. 세포 표면에 있는 막횡단(transmembrane) 수용체 단백질의 extracellular domain과 다른 세포에서 분비되거나 이웃 세포의 표면에서 발현되는 특정 단백질 리간드 간의 상호작용은 막횡단 단백질의 세포내 domain을 활성화한다. 그 결과, 세포 외부로부터 수신된 신호가 세포 내부의 신호로 변환된다. 세포내 신호는 인산화, 아세틸화 및 proteosome 분해와 같은 post-translational 변형에 의해 전사 인자를 변형할 수 있는 효소의 활성을 조절한다(그림 3-32 참조). 이러한 post-translational 변형은 핵에서 전사 인자를 활성화하거나 억제한다. 우리는 15장과 16장에서 세포 표면 수용체의 주요 유형, 그들이 결합하는 단백질 리간드, 전사-인자 활성을 조절하는 세포 내 신호전달 경로를 설명할 것이다.

여기에서 우리는 전사 인자의 활동을 조절하기 위해 (다소) 다른 경로를 사용하는 세포외 신호 그룹에 대해 설명한다: steroid (스테로이드) 호르몬, retinoid (레티노이드) 및 thyroid (갑상샘) 호르몬을 포함하는 작은 지용성 호르몬. 이 지용성 호르몬은 원형질막과 핵막을 통과하여 확산되고, 그들이 조절하는 전사 인자와 직접 상호작용한다(그림 8-42). 우리가 이미 언급한 전사 인자의 한 그룹인 핵-수용체 *superfamily* (상과)는 지용성 호르몬과 결합하면, 전사 인자들이 전사 활성화 인자로 전환된다. 이제 이러한 상호작용을 더 자세히 살펴본다.

모든 핵 수용체는 공통 domain 구조를 공유한다

다양한 핵 수용체 정보를 가진 mRNA의 DNA 서열은 종간 아미노산 서열이 놀라운 정도로 보존되어 있음을 보여주었다. 또한 이러한 수용체 각각에는 3개의 기능적 영역이 있음이 밝혀졌다(그림 8-43). 첫 번째는 다양한 길이(100–500개 아미노산)를 가지면서 독특한 N-말단 영역이다. 이 영역의 일부는 대부분의 핵 수용체에서 활성화 domain으로 역할을 한다. 두 번째는 1차 서열의 중심 근처에 있으면서 반복되는 C_4 아연-집게 motif를 가지고 있는 DNA-결합 domain이다(그림 8-25b 참조). 세 번째 영역인 C-말단 근처에 위치한 호르몬-결합 domain은 호르몬-의존적 활성화 domain을 포함한다(그림 8-26b, c 참조). 몇몇 핵 수용체에서, 호르몬-결합 domain은 리간드가 없을 때 억제 domain으로서 역할

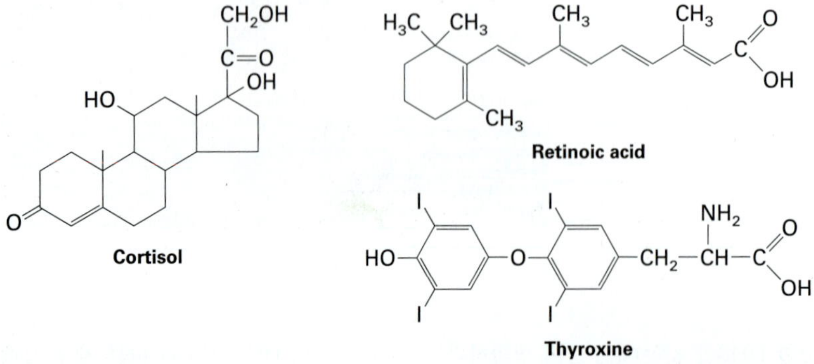

그림 8-42 핵 수용체에 결합하는 호르몬의 예. 이들 호르몬 및 관련된 지용성 호르몬들은 원형질막과 핵막을 통과하여 확산되고 세포질 또는 핵에 위치한 수용체와 결합한다. 리간드-수용체 복합체는 전사 활성화 인자로서 역할을 한다.

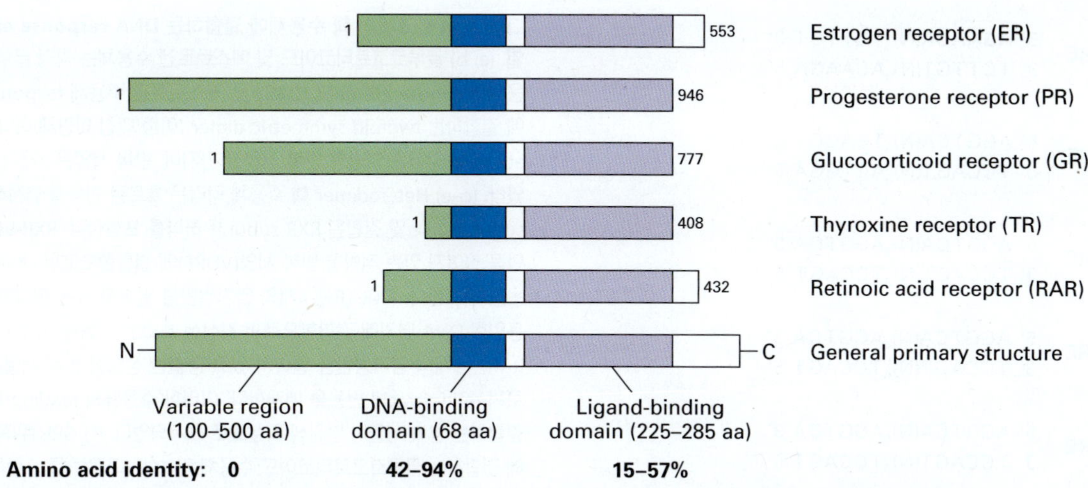

그림 8-43 핵-수용체 superfamily에서 전사 인자들의 일반적인 디자인. 중앙에 위치한 DNA-결합 domain은 서로 다른 수용체 사이에서 상당한 서열 상동성을 보이며, C_4 아연-집게 motif 2개를 포함한다(그림 8-25b 참조). C-말단 호르몬-결합 domain은 다른 수용체와의 상동성이 다소 떨어진다. 길이가 다양한 여러 수용체의 N-말단 영역은 고유의 서열을 가지며, 하나 이상의 활성화 domain을 포함할 수 있다. R. M. Evans, 1988, *Science* **240**:889 참조.

을 한다.

핵-수용체 결합 Element는 정방향 또는 역방향으로 반복되는 서열을 갖는다

핵 수용체가 결합하는 DNA 위치를 *response element*라고 한다. 여러 response element의 nucleotide 서열이 결정되었다. 2개의 스테로이드 호르몬 수용체 response element의 공통 서열은 3개의 염기쌍으로 분리된 6-bp inverted repeat (역방향 반복 서열)이다(그림 8-44a, b). 두 response element는 glucocorticoid (글루코코르티코이드) 수용체 response element (GRE) 및 estrogen (에스트로겐) 수용체 response element (ERE)이다. 이러한 발견은 해당 스테로이드 호르몬 수용체가 symmetric dimer로서 DNA에 결합할 것임을 시사했다. 이는 homodimer 글루코코르티코이드 수용체의 C_4 아연-집게 DNA-결합 domain의 x-선 결정학 분석에 의해 확인되었다(그림 8-25b 참조).

몇몇 핵-수용체 response element [비타민 D_3, 갑상샘 호르몬 및 retinoic acid (레티노산)와 같은 비스테로이드에 결합하는 수용체에 대한 response element]는 에스트로겐 수용체에 의해 인식되는 서열과 동일한 서열이 정방향으로 반복되는 서열을 갖는데, 각 반복 서열은 각각 3, 4, 5 염기쌍만큼 떨어져 있다(그림 8-44c–e). 이러한 response element의 특이성은 반복 서열 사이의 간격에 의해 결정된다. 이러한 정방향 반복 response element에 결합하는 핵 수용체는 모두 *RXR*이라는 monomer를 공유하는 heterodimer로 역할을 한다. 예를 들면, vitamin (비타민) D_3 response element (VDRE)는 RXR-VDR heterodimer와 결합하고, retinoic acid response element (RARE)는 RXR-RAR과 결합한다. 이러한 heterodimer를 구성하는 monomer는 두 DNA 결합 domain이 동일한 방향을 향하는 방식으로 서로 상호작용하여, RXR heterodimer가 각 monomer에 대한 결합 부위의 정방향 반복 서열에 결합할 수 있게 한다(그림 8-44f). 이와 달리, homodimer 핵 수용체(예, GRE 및 ERE)의 monomer는 역방향의 방향성을 갖는다.

호르몬이 핵 수용체에 결합하고 전사 인자로서의 활성을 조절한다

호르몬이 결합하여 핵 수용체의 활성을 조절하는 메커니즘은 heterodimer 수용체와 homodimer 수용체 간에 차이가 있다. Heterodimer 핵 수용체(예, RXR-VDR, RXR-TR 및 RXR-RAR)는 핵에 존재한다. 해당 호르몬 리간드가 없으면, DNA의 해당 위치에 결합할 때 전사를 억제한다. 다른 억제 인자에 대해 앞에서 설명한 것처럼, 히스톤 deacetylase 복합체와 결합하여 근처 nucleosome에서 히스톤 deacetylation를 유도함으로써 전사를 억제한다(그림 8-33a 참조). Heterodimer 핵 수용체가 리간드에 결합하면, 수용체는 구조적 변화를 겪고 결과적으로 히스톤 deacetylase 복합체에서 분리되고 히스톤 acetylase 복합체에 결합하여 원래 가졌던 억제 효과를 반대로 나타나게 한다. 리간드가 있는 경우, 리간드가 결합된 수용체 역시 Mediator와 결합하고, preinitiation 복합체 assembly를 촉진한다.

Heterodimer 핵 수용체와 반대로, homodimer 수용체는 호르몬 리간드가 없을 때 세포질에 존재한다. 호르몬이 해당 수용체에 결합하면, 호르몬-수용체 복합체는 핵으로 이동한다. Homodimer 글루코코르티코이드 수용체(GR)의 호르몬-의존성 이동은 그림 8-45a–c에서 보여준 실험에서 설명되었다. GR 호르몬-결합 domain 자체로도 핵으로 이동을 매개한다. 후속 연구에 따르면, 호르몬이 없는 경우 GR은 리간드-결합 domain이 부분적으로 펼쳐지고 세포질에서 nascent polypeptide의 접힘을 돕는 세포 단백질 chaperone (샤페론)인 Hsp70와 가역적으로 결합하기 때문에 핵으로 이동될 수 없다(그림 3-19a 참조). 수용체가 세포질에 국한되어 있는 한, 표적 유전자와 상호작용할 수 없으므로 전

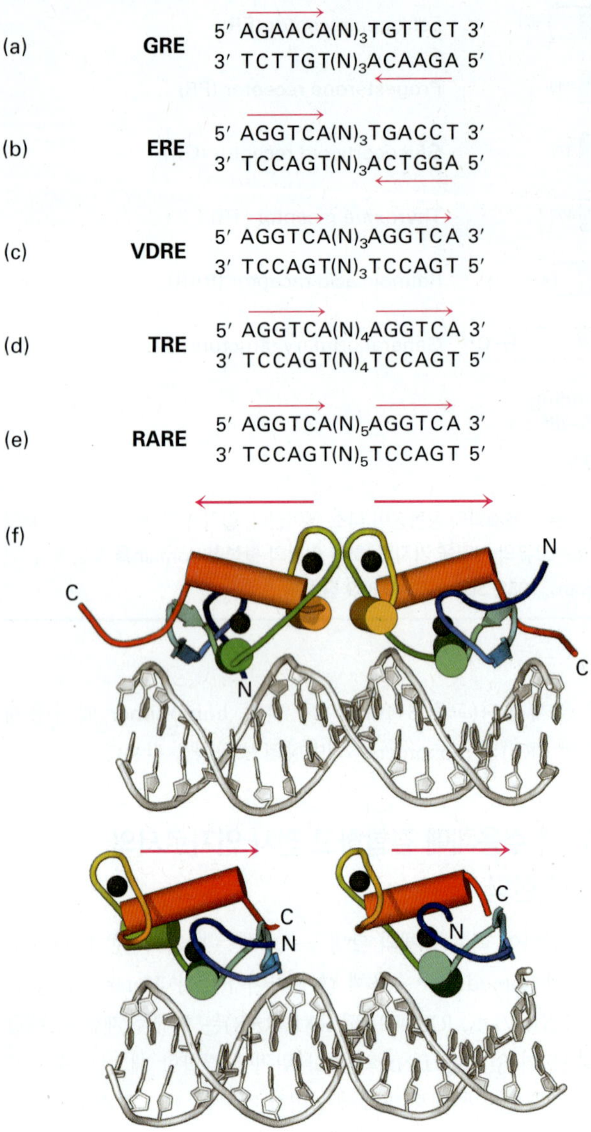

(a) GRE 5′ AGAACA$(N)_3$TGTTCT 3′
3′ TCTTGT$(N)_3$ACAAGA 5′

(b) ERE 5′ AGGTCA$(N)_3$TGACCT 3′
3′ TCCAGT$(N)_3$ACTGGA 5′

(c) VDRE 5′ AGGTCA$(N)_3$AGGTCA 3′
3′ TCCAGT$(N)_3$TCCAGT 5′

(d) TRE 5′ AGGTCA$(N)_4$AGGTCA 3′
3′ TCCAGT$(N)_4$TCCAGT 5′

(e) RARE 5′ AGGTCA$(N)_5$AGGTCA 3′
3′ TCCAGT$(N)_5$TCCAGT 5′

(f)

그림 8-44 5개의 핵 수용체에 결합하는 DNA response element의 공통 서열. (a, b) 글루코코르티코이드 및 에스트로겐 수용체는 각각 글루코코르티코이드 수용체 response element (GRE) 및 에스트로겐 수용체 response element (ERE)에 결합하는 twofold symmetric dimer (이중 대칭 이량체)이다. 이러한 response element 각각은 역방향 반복 서열을 가지며, 반복 서열은 3개의 염기쌍만큼 떨어져 있다. (c–e) Heterodimer 핵 수용체 각각은 호르몬 반응을 결정하는 다른 핵 수용체 subunit 하나 및 결합된 RXR subunit 하나를 포함한다. RXR-VDR은 3개의 염기쌍만큼 떨어져 있는 정방향 반복 서열(VDRE)에 결합함으로써 vitamin (비타민) D_3 반응을 매개한다. RXR-TR은 4개의 염기쌍만큼 떨어져 있는 정방향 반복 서열(TRE)의 동일한 DNA 염기에 결합함으로써 갑상샘 호르몬 반응을 매개한다. 유사하게, RXR-RAR는 5개의 염기쌍만큼 떨어져 있고 동일한 정방향 반복 서열(RARE)에 결합함으로써 retinoic acid 반응을 매개한다. 이러한 수용체의 reading helix (판독 나선)가 결합하는 반복 서열이 빨간색 화살표로 표시되었다. (f) GRE (*위쪽*)를 포함하는 DNA에 결합하는 글루코코르티코이드 수용체 및 TRE (*아래쪽*)를 포함하는 DNA에 결합하는 RXR-TR heterodimer의 결정 구조. 빨간색 화살표는 reading helix의 N에서 C로의 방향을 나타낸다. Twofold symmetric 글루코코르티코이드 수용체에서 reading helix는 서로에 대해 반대 방향이어서 왼쪽 절반 서열 위쪽 가닥의 AGAACA를 "읽고" 오른쪽 절반 서열 아래쪽 가닥을 "읽는다". 위쪽 AGAACA와 아래쪽 AGAACA는 3개 염기쌍 떨어져 있다. 결과적으로, 글루코코르티코이드 수용체 및 에스트로겐 수용체와 같은 twofold symmetric homodimer의 결합 부위는 역방향 반복 서열을 갖는다[(a) 및 (b) 참조]. 이와 달리, RXR-TR heterodimer의 reading helix는 동일한 방향성을 갖는다. 결과적으로, 그들은 정방향 반복 결합 위치인 AGGTCA 서열을 읽는다. AGGTCA 서열은 4개 염기쌍만큼 떨어져 있고 같은 방향성을 갖는다. RXR subunit과 VDRE에 결합하는 비타민 D_3 수용체(VDR) subunit 사이의 경계면은 2개의 reading helix를 더 가깝게 만들기 때문에, 그들은 4개의 염기쌍이 아닌 3개의 염기쌍으로 분리된 동일한 위치에 결합한다. 유사하게, RXR subunit과 RARE에 결합하는 RAR subunit 사이의 경계면은 heterodimer에서 2개의 reading 나선이 RXR-TR에서보다 더 멀리 떨어져서 배치되기 때문에, 5개의 염기쌍으로 분리된 동일한 AGGTCA 서열에 결합한다. K. Umesono et al., 1991, *Cell* **65**:1255, and A. M. Naar et al., 1991, *Cell* **65**:1267 참조. [Part (f) Data from F. Rastinejad et al., 1995, *Nature* **375**:203.]

사를 활성화할 수 없다. 호르몬이 결합하면 GR-Hsp70에서 GR-Hsp90로의 교환이 촉진된다(그림 3-19b 참조). 이는 ATP 가수분해와 연동되어 GR 리간드-결합 domain이 다시 접히도록 해서, 호르몬에 대한 친화도가 증가되고, Hsp70에서 GR이 분리되어 GR이 핵 안으로 이동할 수 있게 된다. 리간드 결합에 의해 유도된 구조로 핵에 일단 들어가면, GR은 표적 유전자와 관련된 response element에 결합할 수 있다(그림 8-45d). 호르몬이 결합된 수용체가 response element에 결합하면, 수용체는 염색질 리모델링 및 히스톤 acetylase 복합체 그리고 Mediator와 상호작용하여 전사를 활성화한다.

후생동물은 RNA 중합효소 II가 전사 개시에서 Elongation로 전환하는 것을 조절한다

염색질 면역 침전 기술을 이용한 결과에서 최근의 예상하지 못한 발견이 있었는데, 후생동물의 유전자 중 다수가 전사 시작 부위의 약 50-100 bp 내에서 일시 정지된 elongating RNA 중합효소 II를 가지고 있다는 것이다. 따라서 단백질의 발현이 전사 개시 단계뿐만 아니라 전사 과정 초기의 전사 elongation 단계에서도 조절된다. 전사 elongation 조절에 의해 조절되는 것으로 밝혀진 첫 유전자는 **열-충격 유전자**(예, *hsp70*)로, denatured (변성된) 단백질을 다시 접히게 하는 molecular chaperone (분자 샤페론) 정보 및 세포가 열 충격에 의한 영향에 반응하는데 도움을 주는 기타 단백질 정보를 가진다. 열 충격이 발생하면 heat-shock 전사 인자(HSF1)가 활성화된다(21장 참조). 활성화된 HSF1이 열-충격 유전자의 promoter 근처 영역에 있는 특정 부위에 결합하면, 일시 정지되었던 중합효소를 자극하여 chain elongation을 계속하도록 촉진하고, 추가 Pol II 분자에 의한 reinitiation (재개시)이 신속하게 일어나도록 촉진하여, 분당 많은 전사 개시가 일어나도록 유도한다. 이러한 전사 조절 메커니즘은 신속한 반응이 가능하게 한다: 이러한 유전자는 항상 전사가 중단된 상태에서 일시 중지되어 있으므로, 비상 상황이 발생할 때 promoter에서 염색질을 리모델링 및 아세틸화하고 preinitia-

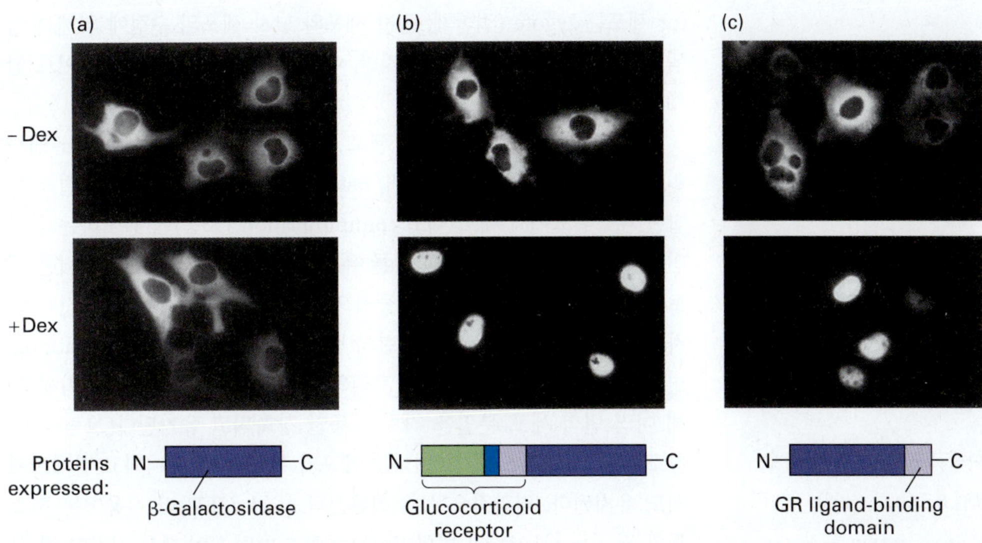

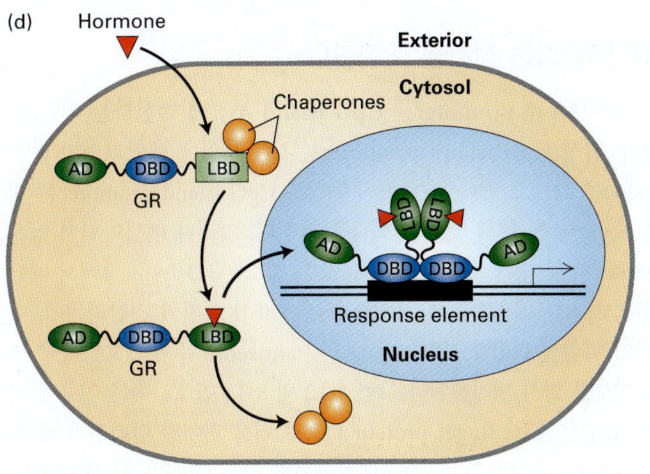

실험 그림 8-45 융합 단백질을 이용한 실험에서, 글루코코르티코이드 수용체의 호르몬-결합 domain이 호르몬이 있는 상황에서 핵으로의 이동을 매개함이 알려졌다. (d)에 그려진 단백질 정보를 가진 expression vector (발현 벡터)를 사용하여 동물 세포를 형질감염시켰다. β-galactosidase에 특이적인 표지된 항체를 사용한 면역형광법을 사용하여, 형질감염된 세포에서 단백질 발현을 확인하였다. (a) β-galactosidase만을 발현하는 세포에서, 효소는 글루코코르티코이드 호르몬 dexamethasone (Dex, 덱사메타손)이 있을 때 및 없을 때 모두 세포질에 위치하였다. (b) β-galactosidase와 전체 글루코코르티코이드 수용체(GR)가 이어 붙여진 융합 단백질을 발현하는 세포에서, 융합 단백질은 호르몬이 없을 때는 세포질에 존재하지만, 호르몬이 있을 때는 핵으로 이동하였다. (c) β-galactosidase와 GR 리간드-결합 domain (연한 보라색)이 이어 붙여진 융합 단백질을 발현하는 세포에서도 융합 단백질이 핵으로 이동하는 것이 호르몬 의존적이었다. (d) Homodimer 핵 수용체에 의한 호르몬-의존성 유전자 활성화에 대한 모델. 호르몬이 없는 경우, 수용체는 리간드-결합 domain (LBD)과 chaperon 단백질 간의 상호작용에 의해 세포질에 위치한다. 호르몬이 존재할 때, 호르몬은 원형질막을 통해 확산되고 리간드-결합 domain에 결합하여 chaperon 단백질로부터 수용체가 떨어지게 하는 형태 변화를 일으킨다. 이후 결합된 리간드가 있는 수용체는 핵으로 이동되고 DNA-결합 domain (DBD)이 response element에 결합하여, 리간드-결합 domain과 N-말단의 추가적인 활성화 domain (AD)이 표적 유전자의 전사를 촉진하게 한다. [Parts (a)–(c) Republished with permission of John Wiley & Sons—Books, from D. Picard and K. R. Yamamoto, 1987, "Two Signals Mediate Hormone-Dependent Nuclear Localization of the Glucocorticoid Receptor," *EMBO J.*, **6**(11): 3333–3340, Fig. 3; permission conveyed through Copyright Clearance Center, Inc.]

tion 복합체를 assembly하는 데 시간을 쓰지 않아도 된다.

전사 elongation을 조절하는 것으로 알려진 또 다른 전사 인자는 세포 성장 및 분열을 조절하는 기능을 하는 MYC이다. MYC는 다수 암세포에서 발현량이 많으며 체세포를 모든 세포 유형으로 분화할 수 있는 만능줄기세포로 reprogramming (재프로그래밍)하는 데 필요한 핵심 전사 인자이다. 분화된 세포가 만능줄기세포로 전환되도록 유도하는 능력은 신경계의 traumatic (외상성) 손상 및 퇴행성 질환에 대한 치료제 개발 가능성에 의해서 많은 연구 관심을 불러일으키고 있다(22장 참조).

전사 종결 또한 조절 받는다

Pol II가 전사 시작 위치에서 약 50개의 nucleotide 전사가 완료되면, 나머지 부분의 유전자 elongation은 매우 빠르게 진행된다. 그런데 Pol II에 대한 항체를 사용한 염색질 면역 침전 결과에서, 세포내 다양한 전사 unit 위치에 있는 Pol II의 양이 위치마다 크게 다르다는 것이 알려졌다(그림 8-12b, 오른쪽 참조). 이러한 발견은 효소가 몇몇 영역에서는 다른 영역보다 훨씬 더 빠르게 elongation될 수 있음을 나타낸다. 대부분의 경우, Pol II는 mRNA의 3′ 말단에서 RNA의 cleavage (절단) 및 polyadenylation (폴리아데닐화)이 일어나도록 하는 서열이 전사될 때까지 전사를 종료하지 않는다. 이 서열이 전사된 후, Pol II는 poly(A)가 추가되는 위치를 지나 0.5–2 kb에 위치한 여러 위치에서 전사를 종료할 수 있다. 돌연변이 유전자를 이용한 실험에서 전사 종결이 전사체의 3′ 말단을 cleavage하고 polyadenylate하는 과정과 연동되어 일어남이 알려졌다. 이에 대해서는 다음 장에서 설명된다.

8.5절의 주요 개념

전사 인자 활성의 조절

- 많은 전사 인자의 활성은 세포-표면 수용체에 세포외 단백질 및 peptide가 결합함으로써 간접적으로 조절된다. 이러한 수용체는 16장에서 설명된 다양한 메커니즘을 통해 특정 전사 인자를 조절하는 세포 내 신호전달 경로를 활성화한다.

- 핵 수용체는 지용성 호르몬과 결합하고 DNA의 특정 response element와 상호작용하는 dimeric C_4 아연-집게 전사 인자의 superfamily를 구성한다(그림 8-41 및 8-43 참조).

- 핵 수용체에 호르몬이 결합하면 구조적 변화를 유도하여 이러한 수용체와 다른 단백질의 상호작용을 유도한다(그림 8-26b, c 참조).

- Heterodimeric 핵 수용체(예, retinoid, 비타민 D, 갑상샘 호르몬에 대한 수용체)는 핵에서만 발견된다. 호르몬이 없으면 해당 response element와 함께 표적 유전자의 전사를 억제한다. 수용체가 리간드와 결합하면 전사를 활성화한다.

- 스테로이드 호르몬 수용체는 homodimeric 핵 수용체이다. 호르몬이 없으면 분자 chaperon에 의해 세포질에 갇힌다/위치한다. 리간드와 결합하면, 핵으로 이동하고 표적 유전자의 전사를 활성화할 수 있다(그림 8-44 참조).

- 후생동물에서 RNA 중합효소 II는 전사 시작 위치에서 약 50–100 염기쌍 내에서 elongation이 일시 정지되는 경우가 많다. 이러한 일시 정지로부터의 해제되는 것은 유전자 전사의 조절의 또 다른 방식이다.

- RNA 중합효소 II에 의한 전사 종결은 마지막 exon의 끝에서 cleavage 및 polyadenylation과 연동되어 일어난다. Cleavage 및 polyadenylation은 9장에서 추가로 설명된다.

8.6 전사의 Epigenetic (후성유전적) 조절

Epigenetics (후성유전학)라는 용어는 DNA 서열의 변화 없이 세포 표현형이 유전되는 변화에 대한 연구를 말한다. 예를 들면, bone marrow (골수) 줄기세포가 여러 가지 다른 유형의 혈액 세포로 분화하는 동안, hematopoietic (조혈) 줄기세포는 2개의 딸세포로 분열하며, 그중 하나는 다른 모든 혈액 세포로 분화할 수 있는 조혈줄기세포의 특성을 계속 가지고 있다. 하지만, 다른 딸세포는 lymphocyte (림프구) 또는 myeloid (골수) 세포로 분화할 수 있는 일종의 progenitor 세포가 된다(그림 22-18 참조). 림프구 progenitor 세포는 병원체에 대한 면역 반응과 관련된 많은 기능을 수행하는 림프구로 분화할 수 있는 딸세포를 생성한다(24장 참조). 골수성 progenitor 세포는 적혈구, 다양한 종류의 phagocytic (식세포) 백혈구 또는 혈액 응고에 관여하는 혈소판을 생성하는 세포로 분화할 운명을 가진 딸세포로 분열한다. 림프구 및 골수성 progenitor 세포는 zygote로부터 발생된다. 림프구 및 골수성 progenitor 세포는 zygote (접합체, 정자 세포와 난자 세포의 수정에 의해 생성됨)와 동일한 DNA 서열을 갖지만, 이들 사이의 후성 유전적 차이로 인해 발생 잠재력이 제한된다.

이러한 후성유전적 변화는 세포 분화의 조절자인 특정 master-전사 인자가 발현돼서 생긴 결과이며, master-전사 인자는 유전자 조절의 복잡한 네트워크에서 세포-세포 communication (소통)에 관여하는 전사 인자 및 단백질 정보를 가진 다른 유전자의 발현을 조절한다. 이러한 네트워크의 이해를 위해 현재 집중적으로 연구가 진행되고 있다. 전사 인자에 의해 시작되는 유전자 발현의 변화는 히스톤의 post-translational 변형 및 cytosine pyrimidine 고리의 5번 위치에서 DNA 메틸화에 의해 여러 번의 세포 분열을 거치는 동안 강화되고 유지된다(그림 2-17 참조). 염색질에서 이러한 변화는 세포가 분열할 때 유지되고 딸세포에서도 유지된다. 결과적으로, **후성유전적 *mark* (표지)**라는 용어는 히스톤의 post-translational 변형 및 DNA의 5-메틸 C 변형을 지칭할 때 사용된다.

DNA 메틸화는 전사를 조절한다

포유류의 대부분 promoter는 CpG island 부류에 속한다는 것을 상기하자. 활성 CpG island promoter는 CG 서열에 메틸화되지 않은 cytosine을 가지고 있다. 메틸화되지 않은 CpG island promoter는 히스톤 octamer에 대해 낮은 친화력을 가진다. 그러나 메틸화되지 않은 promoter 바로 옆에 있는 nucleosome은 히스톤 H3 lysine 4에서 메틸화된다. 이러한 메틸화된 nucleosome은 Pol II 분자와 결합하는데, 이와 같이 결합된 Pol II 분자는 sense 및 antisense 주형 DNA 가닥 모두의 전사를 일시 정지시킨다(그림 8-12 및 8-13 참조). 최근 연구에 따르면 Cfp1 (CXXC finger protein 1)으로 이름 지어진 단백질이 아연-집게 domain (CXXC)을 통해 메틸화되지 않은 CpG가 풍부한 DNA에 결합하고, 또한 히스톤 H3 lysine 4에 특이적인 히스톤 methylase (Setd1)와 결합하기 때문에, 마우스 세포에서 히스톤 H3 lysine 4의 메틸화가 일어난다. 염색질-리모델링 복합체와 Pol II preinitiation 복합체 assembly를 시작하는 일반 전사 인자 TFIID (그림 8-13 참조)는 H3 lysine 4 trimethyl mark가 있는 nucleosome과 결합하여, Pol II 전사 개시를 촉진한다.

분화된 세포에서, 특정 CpG island promoter 중 일부는 5-메틸 C로 표지된 CpG를 가지고 있다. 한 단백질 집단은 5-메틸 C를 가진 CpG가 많이 있는 DNA에 결합한다. 일단 결합하면, 이러한 메틸 CpG-결합 단백질(또는 MBD)은 히스톤 deacetylase 및 염색질을 응축하는 억제 염색질-리모델링 복합체와 결합하여 전사 억제가 일어나게 한다. DNMT3a 및 DNMT3b로 이름 지어진 DNA methyl transferase (메틸기 전이효소)에 의해 5-메틸 C가 CpG에 추가된다. 그들은 DNA 양쪽 가닥에 5-메틸 C가 없는 영역에서 모두 C를 메틸화하기 때문에 *de novo* (새로운) *DNA methyl transferase*라고 한다. DNMT3a와 DNMT3b가 어떻게 특정 CpG island 있는 위치로 가게 되는지와 같이 밝혀야 할 것이 많이 남아 있다. 그러나 일단 그들이 DNA 서열을 메틸화하면, 그 C에서의 메틸화는 DNA 복제 후에도 유지 전달되는데, 이는 ubiquitous (보편적) *maintenance* (유지) methyl transferase DNMT1의 작용을 통해 가능하다(빨간색은 딸가닥을 나타냄):

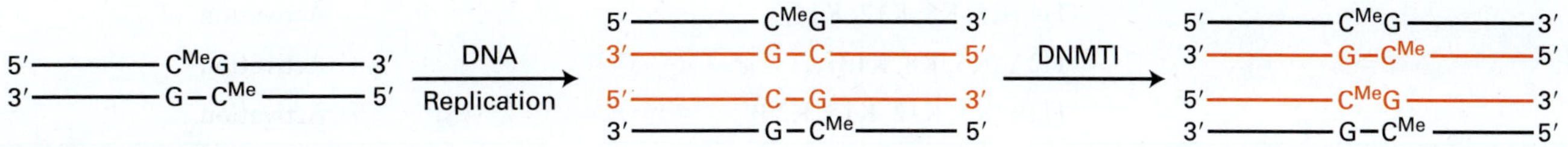

5′——— C^{Me}G ——— 3′
3′——— G–C^{Me} ——— 5′

DNA Replication →

5′——— C^{Me}G ——— 3′
3′——— G–C ——— 5′
5′——— C–G ——— 3′
3′——— G–C^{Me} ——— 5′

DNMTI →

5′——— C^{Me}G ——— 3′
3′——— G–C^{Me} ——— 5′
5′——— C^{Me}G ——— 3′
3′——— G–C^{Me} ——— 5′

결과적으로, DNMT3a 또는 DNMT3b에 의해 CpG island promoter가 메틸화되면, 이후 만들어지는 딸세포에서는 DNMT1에 의해 계속 메틸화된다. 결과적으로, DNMT3a 또는 DNMT3b에 의한 C-메틸화가 일어나지 않더라도, MBD와의 상호작용을 통해 모든 딸세포에서 promoter는 억제된 상태로 유지된다. 따라서 C-메틸화 promoter의 억제는 세포 분열이 끝난 후에도 딸세포로 유전된다. 암의 발달을 억제하는 기능을 하는 단백질 정보를 가진 tumor suppressor (종양 억제 유전자)가 promoter 영역의 비정상적인 CpG 메틸화에 의해 암세포에서 자주 불활성화되어 있기 때문에, 이러한 후성유전적 억제 메커니즘이 집중적으로 연구되고 있다. 이 내용은 25장에서 더 자세히 설명된다.

히스톤 Lysine의 Methylation (메틸화)은 유전자 억제가 후성유전적으로 조절되는 것과 연관되어 있다

그림 7-26b는 lysine의 아세틸화 및 메틸화를 포함한 히스톤에서 발견되는 post-translation 변형의 주요 유형을 요약하였다. 특정 nucleosome의 특정 히스톤 lysine에서 아세틸화 상태는 히스톤 acetylase와 히스톤 deacetylase에 의한 acetylation과 deacetylation 사이의 동적 평형을 이룬 결과이다. 염색질 일부 영역에서의 히스톤 아세틸화는 해당 위치 DNA에 결합한 활성화 인자가 히스톤 acetylase 복합체에 일시적으로 결합할 때 많이 일어나게 된다. 억제 인자가 히스톤 deacetylase 복합체에 일시적으로 결합하면 deacetylation이 많이 일어난다. Pulse-chase (펄스-추적) 방사성 표지 실험은 이러한 경쟁 효소(acetylase와 deacetylase)들이 순차적으로 작용하여 히스톤 lysine의 아세틸 그룹이 빠르게 전환(acetylation 또는 deacetylation으로)된다는 것을 보여주었다.

대조적으로, 히스톤의 메틸 그룹은 훨씬 더 안정적이다. Lysine의 메틸화는 lysine side chain의 말단 ε-아미노기의 질소 원자에서 일어난다(그림 2-14 참조). Lysine은 이 말단 질소 원자에 1개, 2개 또는 3개의 메틸 그룹을 추가하여 변형될 수 있고, mono-, di- 및 trimethylated lysine을 생성하며, 이들 모두는 하나의 양전하를 가진다. 히스톤 lysine 메틸 그룹은 히스톤 *lysine demethylase*에 의해 제거될 수 있다. 그러나 히스톤 lysine 메틸 그룹의 turnover (전환율)는 히스톤 lysine 아세틸 그룹의 turnover보다 훨씬 느리기 때문에, 메틸화는 후성유전적 정보를 유지하는 데 더 적절한 post-translational 변형이라 할 수 있다.

히스톤의 post-translational 변형의 서로 다른 세 가지 일반적인 특성이 밝혀져 왔다(그림 7-26b 참조). 이러한 히스톤 변형과 전사 및 기타 과정[예, mitotic (유사분열) 염색체 형성]에 미치는 영향 연구를 통해 염색질에 대한 그림(어떻게 생겼는지)이 그려졌다. 우리는 염색질 fiber에서 무작위 coil 형태로 밖으로 뻗어 나온 히스톤 꼬리가 변형되어 수많은 변형의 조합을 만듦을 알고 있는데, 이러한 변형의 조합은 수많은 단백질 복합체의 결합에 영향을 줌으로써 염색질에 기반을 둔 여러 과정을 조절한다. 히스톤의 post-translational 변형에 의한 다양한 효과로 인해서 염색질의 특정 영역과의 단백질 상호작용이 조절되는데, 이를 *histone code*라고 한다. 히스톤 lysine 아세틸화와 같은 변형 중 몇몇은 빠르게 가역적인 반면, 히스톤 lysine 메틸화와 같은 변형은 후생유전적으로 유전될 수 있다. 표 8-2는 histone code를 구성하는 post-translational 변형을 요약한 것이다.

Heterochromatin에서 히스톤 H3 Lysine 9 메틸화 대부분의 진핵생물에서, 몇몇 co-repressor 복합체는 히스톤 methyl transferase subunit을 포함하는데, 이 효소는 히스톤 H3 lysine 9에서 메틸화하여 di- 및 trimethyl lysine을 생성한다. 이러한 메틸화된 lysine은 7장에서 설명된 바와 같이, heterochromatin의 condensation에서 역할을 하는 HP1 단백질의 isoform (동형체)들이 결합하는 위치이다(그림 7-28 참조). 예를 들면, KAP1 co-repressor 복합체는 인간 genome에 정보가 있는 200개 이상의 아연-집게-전사 억제 인자 부류와 함께 역할을 한다. Co-repressor 복합체는 H3 lysine 9 methyl transferase 활성을 가진 subunit을 포함하며, 이는 아연-집게 억제 인자에 의해 억제되는 유전자의 promoter 영역에 있는 nucleosome을 메틸화한다. 이는 결국 HP1이 이러한 promoter 영역에 결합하게 되고, 염색질 응축 및 전사가 억제되는 결과를 낳는다. genome에 transgene이 삽입된 마우스 섬유아세포를 이용한 연구에서, KAP1 co-repressor의 작용을 통해 억제된 transgene은 대부분의 세포에서 heterochromatin과 결합되는 반면, 동일한 transgene의 활성화 형태는 euchromatin과 결합되어 있었다(그림 8-46). 염색질 면역 침전 분석에서 억제된 유전자가 lysine 9에서 메틸화된 히스톤 H3 및 HP1과 결합된 반면, 활성 유전자는 결합하지 않은 것으로 나타났다.

중요하게도, H3 lysine 9 메틸화는 그림 8-47에 그려진 메커니즘에 의해 염색체 복제 후에도 유지된다. DNA의 메틸화된 영역이 S기에서 복제되면, 부모 DNA와 결합된 nucleosome이 딸 DNA 분자에 무작위로 분포된다. H3 lysine 9에서 메틸화되지 않은 새로운 히스톤 octamer도 새로운 딸 염색체와 무작위로 결합하여 nucleosome의 밀도를 재설정하지만, 부모 nucleosome은 복제 후 두 딸 염색체와 결합되기 때문에 딸 염색체의 nucleosome의 약 절반이 lysine 9에서 메틸화되어 있다. 또한 억제 인자 복합체는 lysine 9에서 tirmethylated 히스톤 H3 (H3K9me3)에 결합하는 *chromo* domain을 가진 subunit을 포함한다.

표 8-2 • Histone Post-Translational Modifications Associated with Active and

Modification	Sites of Modification	Effect on Transcription
Acetylated lysine	H3 (K9, K14, K18, K23, K27)	Activation
	H4 (K5, K8, K12, K16)	Activation
	H2A (K5, K8, K13)	Activation
	H2B (K5, K12, K15, K20)	Activation
Hypoacetylated lysine		Repression
Phosphorylated serine/threonine	H3 (T3, S10, T11, S28)	Activation
	H2A (S1, T120)	Activation
	H2B (S14)	Activation
Methylated arginine	H3 (R2, R17, R26)	Activation
	H4 (R3)	Activation
Methylated lysine	H3 (K4) Me3 in promoter region	Activation
	H3 (K4) Me1 in enhancers	Activation
	H3 (K36, K79) in transcribed region	Elongation
	H3 (K9, K27) Me2/3	Repression
	H4 (K20) Me2/3	Repression
Ubiquitinylated lysine	H2B (K120 in mammals, K123 in *S. cerevisiae*)	Activation
	H2A (K119 in mammals)	Repression

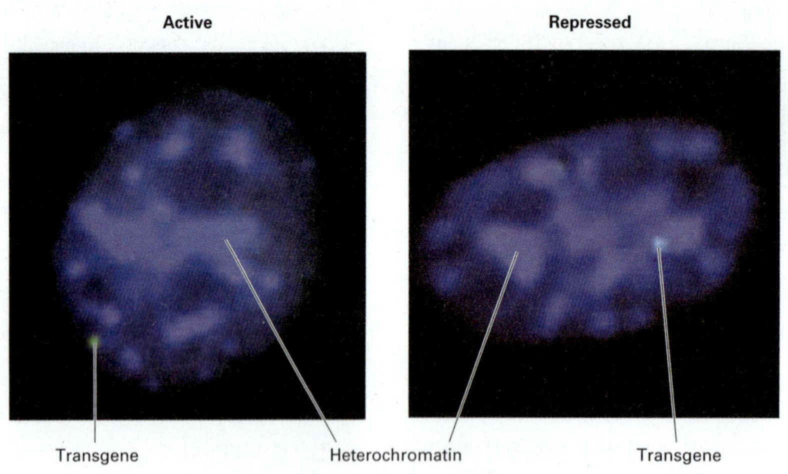

실험 그림 8-46 전사가 억제된 transgene이 heterochromatin과 결합되어 있음. 억제 인자에 대한 결합 위치를 가진 transgene을 이용하여 마우스 섬유아세포를 안정적으로 형질전환 하였다. 재조합 억제 인자는 DNA-결합 domain과 핵 수용체의 리간드-결합 domain을 이어 붙인 융합 단백질이다. DNA-결합 domain은 KAP1 co-repressor 복합체와 상호작용하는 억제 domain이고, 리간드-결합 domain은 융합 단백질의 핵 이동을 실험적으로 조절할 수 있는 domain이다(그림 8-45 참조). DNA는 염료 DAPI로 파란색으로 염색되었다. 더 밝은 염색 영역은 euchromatin보다 DNA 농도가 높은 heterochromatin 영역이다. Transgene은 형광 표지된 상보적 probe (녹색)을 이용하여 hybridization 하여 확인되었다. 재조합 억제 인자가 세포질에 있을 때, transgene은 전사되었고(왼쪽) 대부분의 세포에서 euchromatin과 결합되었다. 호르몬이 첨가되어 재조합 억제 인자가 핵으로 들어가면, transgene의 전사는 억제되고(오른쪽) heterochromatin과 결합되었다. 염색질 면역 침전 분석(그림 8-12 참조)에서 억제된 유전자는 lysine 9이 메틸화된 히스톤 H3 및 HP1과 결합하는 반면, 활성 유전자는 결합하지 않음이 알려졌다. [Republished with permission from Cold Spring Harbor Laboratory Press, from K. Ayyanathan et al., 2003, "Regulated Recruitment of HP1 to a Euchromatic Gene Induces Mitotically Heritable, Epigenetic Gene Silencing: A Mammalian Cell Culture Model of Gene Variegation," *Genes Dev.*, **17**:1855–1869; Fig. 6.]

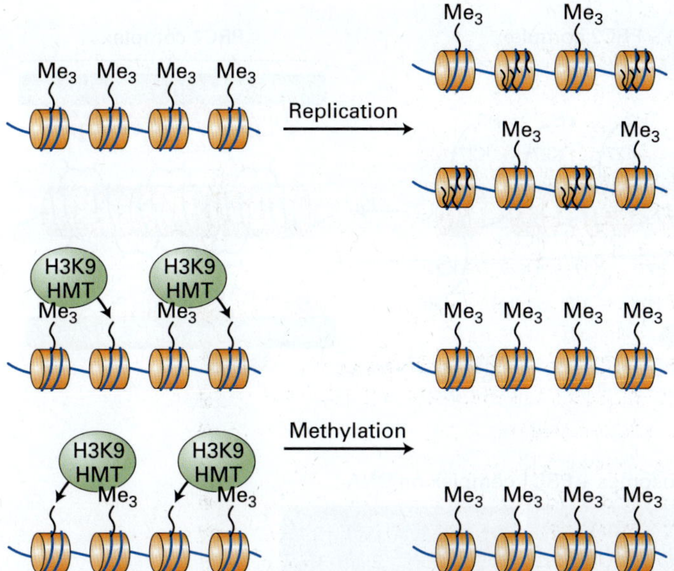

그림 8-47 염색체 복제가 일어나는 동안 히스톤 H3 lysine 9 메틸화의 유지. 염색체 DNA가 복제되면 부모 히스톤은 무작위로 2개의 딸 염색체와 결합하는 반면, S기 동안 합성된 메틸화되지 않은 히스톤은 딸 염색체의 다른 nucleosome으로 assembly된다. 히스톤 H3 lysine 9 methyl transferase (H3K9 HMT)는 히스톤 3 lysine 9 di- 또는 trimethylation mark를 가진 부모 nucleosome과 결합하게 되고, 이는 새로 만들어져서 변형되지 않은 nucleosome을 메틸화한다. 결과적으로, histone H3 lysine 9 methylation mark는 히스톤 demethylase에 의해 특별히 제거되지 않는 한 세포 분열이 지속되는 동안 계속 유지된다.

이것은 co-repressor 복합체가 새로 복제된 염색질과 결합하게 한다. 새로 복제된 염색질에서 약 절반의 nucleosome이 H3K9me3를 포함하고 있다. 결과적으로, co-repressor 복합체의 methylase subunit은 새로 assembled 히스톤 octamer의 H3 히스톤 N-말단 꼬리에 충분히 근접하게 됨에 따라, 염색질의 해당 영역과 결합된 모든 H3 N-말단을 메틸화하여, HP1 결합 및 염색질 응축이 일어나게 한다(그림 7-28 참조). 각 세포의 분열과 함께 하는 이 과정을 반복하면 염색체의 이 영역에서 H3 lysine 9 메틸화가 유지된다.

Polycomb 및 Trithorax 복합체에 의한 후성유전적 제어

다세포 동물과 식물에서 발견되는 중요한 유형의 후성유전적 mark는 *Polycomb*으로 알려진 단백질 세트 그리고 *Trithorax*로 알려진 counteracting (대응하는) 단백질 세트와 연관되어 있다. 이들 이름은 처음 발견된 *Drosophila*에서 이 단백질 정보를 가진 유전자의 돌연변이 표현형에서 유래하였다. Polycomb은 생물체의 일생 동안 특정 유형의 세포 및 이들로부터 유래한 모든 세포에서 유전자 억제를 유지하는 데 필수적이다. Polycomb 단백질에 의해 억제되는 중요한 유전자에는 master 조절 전사 인자 정보를 가진 Hox 유전자가 포함된다. Hox 전사 인자의 다양한 조합은 발생 중인 배아에서 특정 조직과 기관의 발달이 이루어지는 데 도움이 된다. Embryogenesis (배발생) 초기에, Hox 유전자의 발현은 전형적인 활성화 인자 및 억제 인자 단백질에 의해 조절된다. 그러나 이러한 활성화 인자 및 억제 인자의 발현은 배아 발생의 초기 시점에 멈춘다. 초기 배아 세포의 자손 세포에서 Hox 유전자의 정확한 발현은 Polycomb 및 Trithorax 단백질에 의해 배아 발생의 나머지 기간 동안 그리고 성인이 될 때까지 유지된다. Polycomb 단백질은 Hox 유전자가 억제된 초기 배아 세포의 자손인 모든 세포에서 특정 Hox 유전자들의 억제가 유지되게 한다. Trithorax 단백질은 반대 역할을 수행한다: 그들은 Hox 유전자를 발현하는 초기 배아 세포의 후손에서 Hox 유전자의 발현을 유지한다. Polycomb 및 Trithorax 단백질은 세포 성장 및 분열을 조절하는 유전자를 포함하여 수천 개의 유전자들을 조절한다. Polycomb 및 Trithorax 유전자는 암세포에서 빈번하게 돌연변이되어, 이러한 세포들로 하여금 비정상적인 특성을 갖게 한다(25장 참조).

놀랍게도, 발생 중인 배아와 성체의 거의 모든 세포는 유사한 Polycomb 및 Trithorax 단백질 세트를 발현하며, 모든 세포는 동일한 Hox 유전자 세트를 가진다. 그러나 초기 배아 발생부터 Hox 유전자가 억제되어 있던 세포에서 유래된 후손 세포에서도 Hox 유전자는 억제된 상태로 남아 있는데, 이런 현상은 배아 주변 영역의 다른 세포에서 Hox 유전자가 활성화되어 있어도 동일하게 일어난다. 결과적으로, 효모 silent 짝짓기 유형 유전자좌의 경우(8.4절 참조)와 같이, Hox 유전자의 발현은 단백질이 결합하는 특정 DNA 서열이 관여하기 보다는 그 외의 어떤 과정을 통해 조절된다.

Polycomb 단백질에 의한 억제에 관한 현재 모델은 그림 8-48에 나와 있다. 대부분의 Polycomb 단백질은 PRC1 및 PRC2의 두 가지 다중단백질 Polycomb 억제 복합체 부류 중 하나의 subunit이다: PRC1과 PRC2. PRC2 복합체는 배아 발생 초기에 해당 DNA 서열에 결합하는 특정 억제 인자의 억제 domain과 결합하여 역할을 하거나 또는 다음 절에서 설명될 long noncoding (긴 비암호화) RNA를 포함하는 ribonucleoprotein (리보핵단백질) 복합체와 결합함으로써 역할을 하는 것으로 생각된다. PRC2 복합체에는 전사를 억제하는 히스톤 deacetylase가 포함되어 있다. 또한 그들은 여러 히스톤 methyl transferase의 촉매 domain인 *SET domain*을 가진 subunit [*Drosophila*의 E(z), 포유류의 EZH2]을 포함한다. PRC2의 SET domain은 히스톤 H3 lysine 27을 메틸화하여, di- 및 trimethyl lysine (H3K27me2 및 H3K27me3)을 생성한다. 그런 다음, PRC1 복합체는 dimeric Pc subunit (포유류의 경우 CBX)을 통해 H3K27me2 및 3를 가진 nucleosome과 결합한다. Pc subunit 각각은 메틸화된 H3 lysine 27에 특이적인 메틸 lysine-결합 chromodomain을 가진다. Dimeric Pc는 근처 nucleosome에 결합하여 염색질을 응축된 구조로 만들고 이는 전사를 억제함이 알려져 있다. 이러한 가설은 PRC1 복합체가 *in vitro* 실험에서 nucleosome이 결합되도록 한다는 것을 보여주는 전자현미경 연구에 의해 뒷받침된다(그림 8-48d, e 참조).

또한 PRC1 복합체는 전사를 억제하는 추가 메커니즘을 가진다. PRC1 복합체는 H2A C-말단 꼬리의 lysine 119에서 히스톤 H2A를 *mono*ubiquitinate (단일-유비퀴틴화)하는 ubiquitin liase를 포함한다 (그림 7-26b 참조). H2A의 이러한 변형은 히스톤 chaperone을 억제함

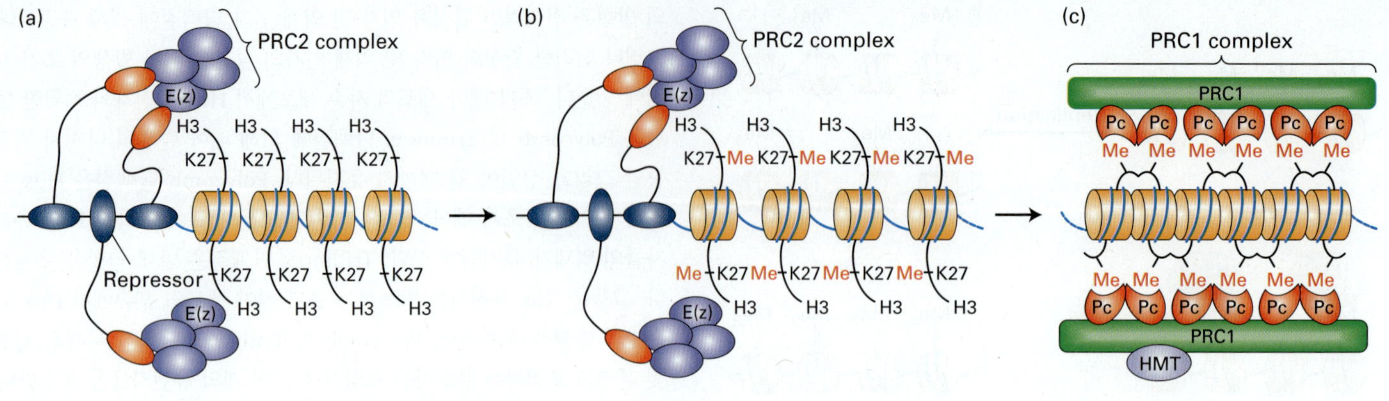

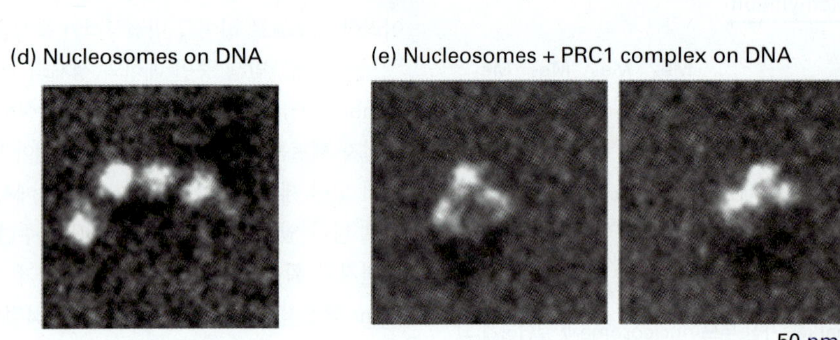

그림 8-48 Polycomb 복합체에 의한 전사 억제 모델. (a) 초기 배아 발생 동안 억제 인자는 PRC2 복합체와 결합한다. (b) 이 결합은 SET domain을 가진 subunit E(z)에 의해 히스톤 H3 lysine 27 (K27)에 있는 근처 nucleosome의 메틸화(Me)를 초래한다. (c) PRC1 복합체는 H3 lysine 27에서 메틸화된 nucleosome과 결합하는데, 이 결합은 dimeric, chromodomain을 가진 subunit Pc에 의해 매개된다. PRC1 복합체는 염색질을 전사 억제된 구조로 응축한다. PRC2 복합체는 PRC1 복합체와 결합하여 인접한 히스톤의 H3 lysine 27 메틸화를 유지한다. 결과적으로, (a)의 억제 단백질의 발현이 중단되면 PRC1 및 PRC2가 이 영역과 결합하는 것이 유지된다. (d, e) PRC1 복합체가 존재하지 않거나(d) 존재하는 경우(e) 4개의 nucleosome이 결합된 1-kb DNA 절편의 전자현미경 사진. A. H. Lund and M. van Lohuizen, 2004, *Curr. Opin. Cell Biol.* **16**:239; and N. J. Francis, R. E. Kingston, and C. L. Woodcock, 2004, *Science* **306**:1574. 참조. [Part (d)–(e) Republished with permission from AAAS, from N. J. Francis et al., 2004, "Chromatin Compaction by a Polycomb Group Protein Complex," *Science* **306**(5701): 1574–1577; permission conveyed through Copyright Clearance Center, Inc.]

으로써 전사 elongation을 막는데, 히스톤 chaperone은 Pol II가 nucleosome을 통과해 전사를 진행할 때 DNA에서 히스톤 octamer를 제거하고, 이후 중합효소가 지나가면 히스톤 octamer를 재배치하는 역할을 한다. 또한 PRC1은 히스톤 H3의 lysine 4에서 메틸 그룹을 특이적으로 제거하는 히스톤 demethylase와 결합하는데, 이는 Trithorax 단백질과 함께 아래에서 설명되는 활성화 표지이다.

PRC2 복합체는 히스톤 H3K27me3 표지가 있는 nucleosome과 결합하여, 해당 영역의 nucleosome에서 H3 lysine 27의 메틸화를 유지한다. 이 메틸화는 그림 8-48a, b에 그려진 초기 억제 단백질의 발현이 중단되더라도, 염색질과 PRC1 및 PRC2 복합체의 결합을 초래한다. 이러한 결합은 그림 8-47에 표시된 것과 유사한 메커니즘에 의해 H3 lysine 27 메틸화를 유지한다. 이 메커니즘은 Polycomb 억제의 핵심적인 특징으로, 생물체의 일생(몇몇 척추동물의 경우 ~100년, 솔방울 소나무의 경우 5000년!) 동안 세포 분열이 지속되어도 계속 유지된다.

Trithorax 단백질은 *Drosophila* 배아에서 Hox 전사 인자 Abd-B의 발현 연구에서 볼 수 있듯이, Polycomb 단백질의 억제 메커니즘을 중화한다/무력화한다(그림 8-49). Abd-B는 일반적으로 발생 중인 배아의 후방 segment에서만 발현된다. Polycomb system에 결함이 있는 경우, Abd-B는 배아의 모든 세포에서 발현된다. Trithorax system에 결함이 있고 Polycomb system에 의한 억제를 중화(무력화)하지 못하는 경우, Abd-B는 배아의 맨 뒤에 있는 세포를 제외한 대부분의 세포에서 억제된다. Trithorax 복합체에는 히스톤 H3 lysine 4를 trimethylate하는 히스톤 methyl transferase가 포함되어 있는데, H3K4 메틸화는 활발하게 전사되는 유전자의 promoter와 관련된다. 이러한 히스톤 변형으로 인해서 히스톤 acetylase 및 전사를 촉진하는 염색질 리모델링 복합체에 대한 결합 부위가 만들어지고, 또한 preinitiation-복합체 assembly를 시작하는 일반 전사 인자인 TFIID에 대한 결합 부위도 만들어진다(그림 8-13 참조). H3 lysine 4 메틸화가 있는 nucleosome은 H3 히스톤 lysine 9 및 lysine 27 메틸화를 제거하는 특정 히스톤 demethylase의 결합 부위이기도 하여, HP1과 Polycomb 억제 복합체의 결합을 막는다. 또한 H3 lysine 4 메틸화로 표지된 nucleosome은 DNA 복제 동안 두 딸 DNA 분자에 분포하는 것으로 생각되며, 그 결과 그림 8-47에

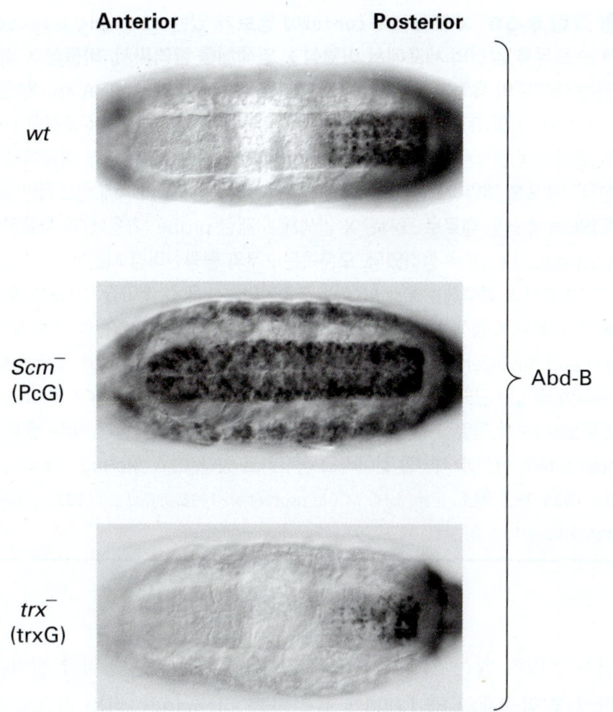

그림 8-49 ***Drosophila*** **배아에서 Hox 전사 인자 Abd-B의 발현에 미치는 Polycomb 및 Trithorax 복합체의 상반된 효과.** *Drosophila* 배아 발생 단계에서, Abd-B는 Abd-B에 특이적인 항체로 면역 염색하면 상단(*wt*)에 표지되는 것처럼 일반적으로 발생 중인 배아의 후방 segment에서만 발현된다. PRC1 복합체와 결합하는 단백질 정보를 가진 Polycomb 유전자(PcG)인 *Scm*의 homozygous (동협접합의) 돌연변이가 있는 배아에서, Abd-B 발현은 모든 배아 segment에서 derepress된다(억제가 풀린다). 이와 달리, Trithorax 유전자(trxG)인 *trx*의 homozygous 돌연변이체에서는 Abd-B 억제가 증가하여 가장 후방 segment에서만 단백질이 고농도로 발현된다. [Republished with permission from John Wiley & Sons—Books, from T. Klymenko and J. Muller, 2004, "The Histone Methyltransferases Trithorax and Ash1 Prevent Transcriptional Silencing by Polycomb Group Proteins," *EMBO Rep.* **5**(4):373–377; permission conveyed through Copyright Clearance Center, Inc.]

그려진 것과 유사한 메커니즘에 의해 이 후성유전적 표지는 유지된다.

Long Noncoding (긴 비암호화) RNA는 후생동물에서 후생유전적 억제를 유발한다

긴 RNA에 결합되고 전사를 억제하는 기능을 하는 여러 단백질로 구성된 복합체가 발견되었다. 길이가 수 kilobase까지 되는 이러한 RNA에는 기다란 open reading frame이 없기 때문에, 결과적으로 **long noncoding RNA (긴 비암호화 RNA)** 또는 **lncRNA**라고 한다. 어떤 경우에는 이러한 lncRNA-단백질 복합체가 암컷 포유류에서 X-염색체 불활성화의 경우와 같이, RNA가 전사되는 동일한 염색체의 유전자를 억제한다. 다른 경우에, 이러한 RNA-단백질 복합체는 trans (트랜스)로 작용하여, lncRNA가 전사되는 염색체의 반대쪽 염색체에 있는 유전자를 억제한다.

포유류의 X-염색체 불활성화(inactivation) 암컷 포유류의 X 염색체 불활성화(7장 참조)는 lncRNA에 의해 매개되는 후성유전적 억제의 가장 많이 연구된 예 중 하나이다. X 염색체 불활성화는 *X-inactivation center* (불활성화 센터)라고 하는 X 염색체의 ~100-kb domain에 의해 조절된다. 놀랍게도, 이 영역은 암컷 포유류의 발생 초기에 한 X 염색체의 무작위 불활성화에 필요한 여러 lncRNA들 정보를 가진다. 이 lncRNA들의 기능은 아직 일부만 밝혀졌다. 몇몇은 X-불활성화 center의 중간 근처에서 complementary DNA 가닥으로부터 전사된다: 40-kb Tsix lncRNA 및 *Xist* RNA. 후자는 splice되고 polyadenylate돼서 약 17 kb가 되며, 핵에 남는다(그림 8-50a).

분화된 암컷 세포에서, 비활성 X 염색체는 X 염색체의 대부분에 걸쳐 분산되어 있는 50–100개의 다분자 *Xist* RNA-단백질 복합체와 결합되어 있다(그림 8-50b, c). 이러한 복합체와 결합된 단백질에는 co-repressor 및 관련된 히스톤 deacetylase 복합체, 이전에 설명된 억제 염색질 리모델링 복합체 및 polycomb 복합체가 포함된다(그림 8-48). 이들 단백질은 억제 전사 condensate를 형성하는 intrinsically disordered 영역 사이의 많은 약한 상호작용을 통해서 결합하는 것으로 생각되는데, 그 원리는 활성화 전사 condensate의 형성에 대해 앞서 설명한 것과 동일한 원리이다(그림 8-48 참조). 이러한 억제 전사 condensate는 X-염색체를 따라 흩어져 있는데, 불활성 X-염색체를 전사가 억제되는 염색질 구조로 응축시키는 것으로 생각된다. 배양된 배아줄기세포에서 *Xist* 유전자의 결실은 이 유전자가 X 불활성화에 필요하다는 것을 보여주었다. 비활성 X 염색체에 있는 대부분의 단백질 coding 유전자와 달리, *Xist* 유전자는 활발히 전사된다. *Xist* RNA-단백질 복합체는 확산되어 활성화된 X 염색체 또는 다른 염색체와 상호작용하지 않고, 불활성 X 염색체와 결합된 상태로 남는다. *Xist*와 달리, Tsix는 활성화된 X 염색체에서 전사되지만, 불활성 X 염색체에서는 전사되지 않는다.

모든 유형의 세포로 분화할 수 있는 배아줄기세포로 구성된 초기 암컷 배아에서(22장 참조), 두 X 염색체에 있는 유전자는 모두 전사되고 40-kb Tsix lncRNA (그림 8-50a)가 두 X 염색체에서 전사된다. X-불활성화 center에서 결실이 되도록 한 실험은 Tsix 전사가 상보적 DNA 가닥에서 시작되는 *Xist* RNA의 전사의 상당량을 방해한다는 것을 보여주었다. 발생 후반에 세포가 분화하기 시작하면, X 염색체 중 하나에서 Tsix 전사가 억제된다. 이 억제는 모든 세포의 X 염색체 둘 중 하나에서 무작위로 일어난다. Tsix 전사의 억제는 해당 염색체에서 *Xist* lncRNA의 전사가 일어나도록 허용하기 때문에, 이와 같은 Tsix 전사의 억제는 어느 X 염색체가 불활성화될지를 결정한다.

최근 연구에 따르면, *Xist* lncRNA-단백질 복합체는 불활성 X의 3차원 접힌 구조에서 X-불활성화 center 근처에 위치한 X 염색체 영역과 먼저 결합함이 알려졌다(그림 8-50c). 이는 염색체 형태 capture assay (포착 분석)에 의해 설명되었다(그림 7-30 참조). 이와 같이 *Xist*가 결합하는 첫 위치들은 X 염색체에서 유전자가 많이 존재하는 영역에 있으며, 추가적인 *Xist* lncRNA-단백질 복합체가 X 염색체에 결합하여 주변 영역으로 넓혀가는 첫 위치로 역할을 하는 것으로 생각된다. 주변 영역으로 넓혀가는 메커니즘은 아직 알려져 있지 않다. 또한 불활성화 X

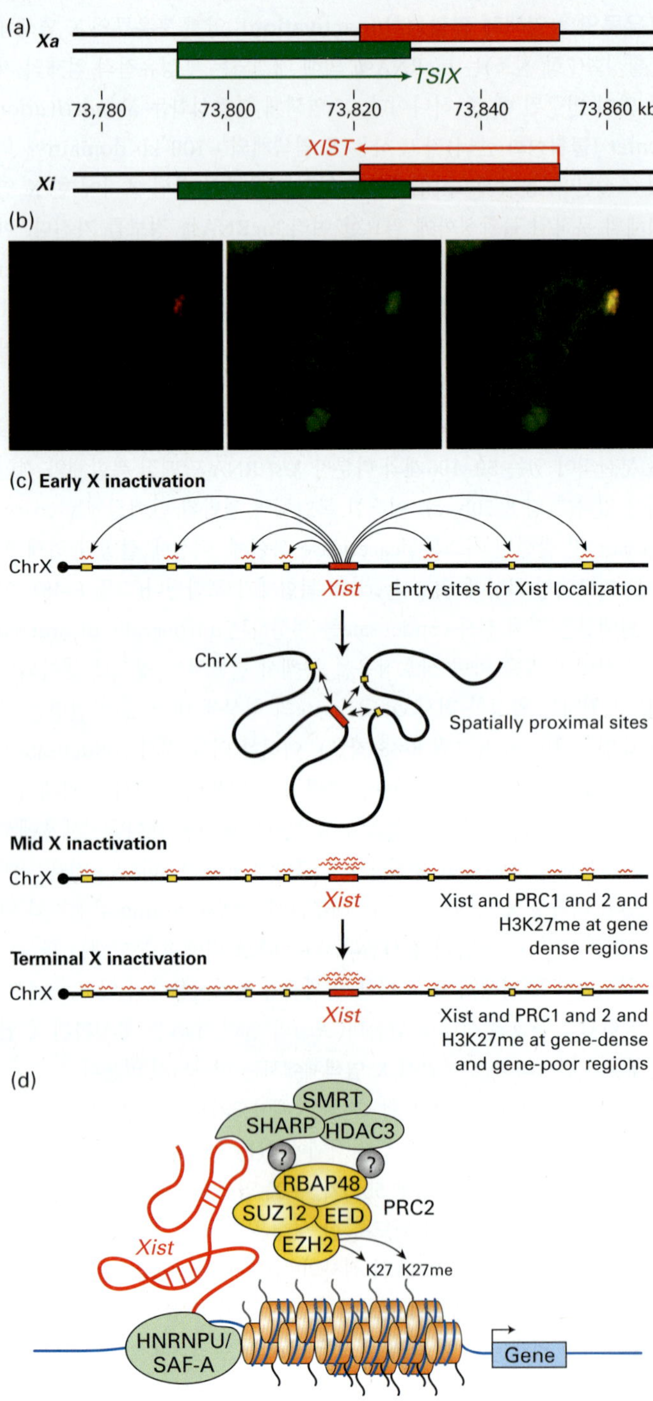

실험 그림 8-50 X-불활성화 center에 정보가 있는 *Xist* long noncoding RNA는 포유류 암컷의 세포에서 비활성 X 염색체를 둘러싸서, 비활성 X 염색체에 있는 대부분의 유전자의 전사를 억제한다. (a) Noncoding RNA *Xist* (불활성 X에서 전사되는) 및 Tsix (활성 X에서 전사되는) 정보가 담긴 인간 X-불활화 center 영역. 숫자는 X 염색체의 왼쪽 끝에서 거리이다(bp 단위). (b) 인간 여성에서 유래한 섬유아세포를 배양하고 붉은색 형광 염료로 표지된 *Xist* RNA에 상보적인 probe (*왼쪽*)와 녹색 형광 염료로 표지된 X 염색체에 대한 probe (*가운데*)을 사용하여 *in situ* hybridization을 수행하였다. 오른쪽은 2개의 형광현미경 사진을 겹친 것이다. 응축된 불활성 X 염색체는 *Xist* RNA와 결합한다. (c) 암컷 배아줄기세포의 초기 분화 동안 불활성 X 염색체에서 *Xist* lncRNA-단백질 복합체의 확산에 대한 모델. E. Heard and A.-V. Gendrel, 2014, *Annu. Rev. Cell Dev. Biol.* **30**:561. 참조. (d) *Xist* lncRNA와 결합된 단백질들. 물음표는 PRC2 복합체(노란색)과 HDAC3 및 RNA-결합 단백질 SHARP가 어떻게 결합하는지 알려지지 않았음을 의미한다. 이는 물론 전사 condensate의 형성에 기인할 것이라고 짐작하고 있다. C. A. McHugh et al., 2015, *Nature* **521**:232. 참조. [Part (b) C. M. Clemson et al., 1996, *J. Cell Biol.* **132**(3):259–275. https://doi.org/10.1083/jcb.132.3.259.]

염색체는 PRC2 복합체와도 결합하는데, PRC2 복합체는 히스톤 H3 lysine 27 trimethylation을 촉진한다. 이 trimethylation은 PRC1의 결합 및 전사 억제를 유발하게 된다(앞 절에서 설명). 하지만, 이러한 전사 억제에 관련된 메커니즘들은 여러 메커니즘이 있는 게 확실한데, 그 이유는 PRC1과 PRC2 assembly에 필수적인 Polycomb 단백질이 없는 상황에서도 전사 억제가 일어나기 때문이다. 동시에, 활성화된 X 염색체로부터 Tsix 전사는 계속 일어나고, Tsix는 X 염색체 *Xist* 전사 억제와 연관되어 있으며, 결과적으로 활성화된 X 염색체에서 *Xist*-매개 억제를 방지하게 된다. 이후 *Xist*, PRC1 및 PRC2 복합체는 불활성 X 염색체의 유전자가 많지 않은 영역 및 유전자가 많이 존재하는 영역과 결합하여, 불활성 X 염색체의 약 1,000개 유전자를 silencing시키는 것으로 관찰된다.

X 불활성화의 개시 단계에 있는 마우스 배아줄기세포로부터 *Xist* RNA-단백질 복합체가 분리되었다. *Xist* 영역에 상보적인 여러 biotinylated (비오틴화된) oligonucleotide를 이들 세포의 핵 추출물과 hybridize한 다음, biotin에 대해 매우 높은 친화도를 갖는 박테리아 단백질인 streptavidin (스트렙타비딘)이 공유결합된 column에 결합함으로써, *Xist* RNA-단백질 복합체를 분리하는 실험이 수행되었다. 이 affinity column에서 용출된 단백질들은 질량 분석법(3장 참조)으로 분석돼서, 그림 8-50d와 같이 *Xist* lncRNA와 결합된 단백질이 식별되었다. 따라서 *Xist* RNA는 다중단백질 복합체의 assembly을 위한 큰 분자 scaffold로 역할을 하는 것으로 생각된다. 복합체에서 확인된 단백질 중 하나는 갑상샘 호르몬 핵 수용체의 co-repressor인 *SMRT*였다. X 염색체 불활성화 동안, SMRT는 히스톤 deacetylase HDAC3와도 상호작용한다. SMRT 및 HDAC3에 대한 siRNA를 사용한 knockdown (녹다운) 실험에서, SMRT를 *Xist* RNA에 연결하는 염색질-결합 단백질 (예, SHARP) 및 다른 RNA와 마찬가지로, X 불활성화에 SMART와 HDAC3가 필요한 것으로 나타났다(그림 8-50d). 이 단백질들은 *Xist* RNA가 불활성 X 염색체와 결합하는 데에도 필요하다. *Xist*에 대한 이러한 연구를 통해 다른 stable lncRNA가 다른 다중단백질-RNA 복합체의 assembly를 위한 scaffold로서 역할을 할 수 있다는 제안이 도출되었다.

히스톤 deacetylation 및 polycomb 복합체에 의한 X 염색체 불활성화 직후, 불활성화된 X 염색체의 DNA는 대부분의 CpG island promoter에서 메틸화된다. 추가로, 히스톤 H2A가 *macroH2A* [H2A의 paralog (동종 상동유전자)]로 바뀐 특수 히스톤 octamer가 만들어지고, 이 octamer도 불활성 X 염색체와 결합한다. DNA 메틸화 및 *macroH2A*는 배아 발생 및 성인 일생에 걸쳐 불활성 X 염색체가 안정적으로 억제되게 한다.

Long Noncoding RNA에 의한 Cis 활성화 (lncRNA가 전사되는 염색체가 활성화됨) 유전자 활성화와 관련된 lncRNA의 예는 최근에 연구되었다. 예를 들면, *HOXA* 유전자좌의 5′ 말단에서 전사되는 HOTTIP lncRNA는 히스톤 H3 lysine 4 methylase와 결합하여 *HOXA* 유전자가 활성화되도록 한다고 생각된다. 또한, lncRNA 유전자의 nascent transcript는 Mediator 복합체와 상호작용하고 중간에 있는 염색질의 loop를 통해 이를 promoter에 전달함으로써, 수 kilobase 떨어진 promoter로부터 전사를 활성화하는 것으로 알려졌다.

인간에서는, *XACT*라고 하는 lncRNA가 활성 X 염색체 전체의 여러 부위와 결합한다. 이 lncRNA는 마우스에 존재하지 않는다. XACT는 해당 염색체의 유전자 활성 유지에 기여할 수 있다. 또한 XACT는 알려진 RNA 중 가장 긴 RNA 중 하나라는 점에도 주목할 만하다: 252 kb! 대부분 unsplice된다.

*Drosophila*에서, 수컷과 암컷의 X 염색체에 정보가 담긴 유전자에서 동일한 발현이 있는 것(dosage compensation, 용량 보상)은 암컷에서 하나의 X 염색체가 불활성화된 결과가 아니다. 오히려, 수컷의 X 염색체에서만 전사되는 2개의 lncRNA (roX1 및 roX2)에 의해 하나의 수컷 X 염색체에 있는 유전자의 전사 활성화가 2배 증가되도록 조절된다. roX1 및 roX2 RNA는 *MSL* (male-specific-lethal) 유전자들로부터 만들어지는 여러 단백질들과 결합하고, *Xist* lncRNA-단백질 복합체가 포유동물의 비활성 X 염색체의 여러 곳에 퍼져 분포하는 것처럼, X 염색체에 여러 곳에 퍼져 분포한다.

최근 여러 유형의 인간 세포에서 세포내 전체 RNA의 서열 분석을 통해 대략 15,000개의 인간 lncRNA가 확인되었다. 이들 lncRNA 중 다수는 대부분의 포유류에서 진화적으로 보존된 서열을 갖는 반면, 약 5000개는 영장류에서만 발견된다. 이러한 서열이 종간 보존되었다는 사실은 *Xist*와 같은 lncRNA가 중요한 기능을 가지고 있음을 강력하게 시사한다. 많은 lncRNA는 발생 중 특정 시간에 특정 세포 유형에서만 발현된다. 예를 들면, 여러 lncRNA는 주로 분화하는 적혈구에서 발현된다. 이러한 lncRNA 중 몇몇의 knockdown (그림 6-41 및 9장 참조)은 정상적인 적혈구 발생을 막지만, 이러한 lncRNA가 필수적인 기능을 수행하는 방법은 아직 명확하지 않다. 이와 같이 종간 보존된 long noncoding RNA와 이들이 유전자 발현에 어떻게 영향을 미치는지에 대한 연구는 현재 집중적인 조사가 진행되고 있는 또 다른 영역이다.

ENCODE [Encyclopedia (백과사전) of DNA Elements] 인간 genome에서 기능을 가진 element에 대한 포괄적이고 공개적인 데이터베이스 구축을 목표로 해서, 미국 국립 인간 게놈 연구소(National Human Genome Research Institute)가 조직하여 자금을 지원하고 있는 국제 연구 그룹의 컨소시엄을 포함한다. 이러한 element에는 DNA 조절 element 및 이에 결합하는 전사 인자, 염색질 면역 침전/차세대 sequencing (ChIP-seq)에 의해 확인된 히스톤 post-translational 변형, DNase I hypersensitive 위치, 그리고 조절 lncRNA 및 genome에서 이들이 붙는 위치가 포함된다. 이 뿐만 아니라, 유전자가 활성화되는 환경과 세포를 조절하는 조절 element도 포함된다. 너무 커서 공개하기 어려운 모델 생물체의 세포와 인간 세포의 데이터 세트도 미국 국립 생물정보학 센터(NCBI)에서 관리하는 *GEO* (*Gene Expression Omnibus*) 사이트에서 공개적으로 이용할 수 있다. RNA-seq 및 ChIP-seq과 같은 genome 분석 방법을 이용한 연구를 출판하는 대부분의 저널은 저자로 하여금 원본 데이터를 GEO에 upload하도록 요구한다. 이처럼, 전 세계에 공개된 이러한 데이터 세트에 접근함으로써 유전자 조절 분야의 발견 속도가 크게 가속화하고 있다.

8.6절의 주요 개념

전사의 Epigenetic (후성유전적) 조절

- 전사의 후성 유전적 조절은 DNA 메틸화 또는 히스톤의 post-translational 변형, 특히 히스톤 메틸화의 결과로서 세포가 복제된 후에도 전사 억제 또는 활성화가 유지되는 것을 의미한다.
- 포유류 CpG island promoter의 CpG 서열의 메틸화는 히스톤 deacetylase와 결합하는 메틸-결합 단백질(MBD) 계열에 대한 결합 위치를 만들고, MBD는 히스톤 deacetylase와 결합하기 때문에, promoter 영역의 hypoacetylation 및 전사 억제를 유도한다.
- 히스톤 H3 lysine 9 dimethylation 및 trimethylation는 heterochromatin-결합 단백질 HP1에 대한 결합 위치를 만들고, 결과적으로 염색질 응축과 전사 억제가 일어난다. 이러한 post-translational 변형이 염색체 복제 후에 지속적으로 유지되는데, 그 이유는 메틸화된 히스톤은 딸 DNA 분자와 무작위로 결합하고, 또한 딸 DNA에 assemble되는 새로 합성된 히스톤 octamer에서 히스톤 H3 lysine 9를 메틸화하는 히스톤 H3 lysine 9 methyl transferase와 결합하기 때문이다.
- Polycomb 복합체는 배아 발생 초기에 발현되는 서열-특이적 억제인자에 의해 처음에 억제되는 유전자의 억제가 유지되게 한다. Polycomb 복합체의 한 부류인 PRC2 복합체는 초기 배아 세포에서 이러한 억제 인자와 결합하여 히스톤 H3 lysine 27의 메틸화를 유발한다. 이 메틸화는 PRC2 복합체의 subunit에 대한 결합 위치를 만든다. 또한 염색질을 응축하고 preinitiation 복합체의 assembly를 막으며, elongation을 억제하는 PRC1 복합체에 대한 결합 위치도 만든다. H3가 lysine 27에서 메틸화된 부모 히스톤 octamer는 DNA 복제 후 두 딸 DNA 분자에 고르게 분포되기 때문에, 이러한 nucleosome과 결합된 PRC2 복합체는 세포 분열이 이어져도 히스톤 H3 lysine 27 메틸화를 유지한다.
- Trithorax 복합체는 H3 lysine 4를 메틸화하고 염색체 복제 후에도 활성화 표지가 유지되게 함으로써, Polycomb 복합체에 의한 전사 억제와 반대 기능을 한다.
- 암컷 포유류에서 X-염색체 불활성화는 *Xist*라고 하는 long noncoding RNA (lncRNA)를 필요로 한다. 이 RNA는 한 X 염색체의 X-불활성화 center에서 전사된 다음, 동일한 염색체를 따라 퍼져 분포한다. *Xist*는 배아 발생의 초기 단계에서 히스톤 deacetylase 및 PRC2

복합체와 결합하는 co-repressor와 상호작용하여 X 염색체 불활성화를 시작한다. X 염색체 불활성화는 Polycomb 복합체와 계속 결합하고, 불활성 X 염색체에서 CpG island promoter의 DNA 메틸화에 의해 배 발생의 나머지 기간 및 성체 일생 동안 유지된다.

- 몇몇 lncRNA는 trans (즉, 다른 X 염색체)로 유전자 억제를 유발한다. 반면, *Xist*는 같은 염색체를 불활성화한다(cis 불활성화). 전사 억제는 PRC2 복합체와의 상호작용에 의해 시작된다.
- 몇몇 lncRNA는 유전자 활성화와 관련이 있다. lncRNA가 어떻게 특정 염색체 영역 조절에 관여하게 되는지처럼 아직 밝혀야 할 것이 많이 남아 있지만, 분화의 특정 단계 동안 다양한 인간 세포에서 발현되는 약 15,000개의 핵 lncRNA가 발견되는 것은 lncRNA가 널리 사용되는 전사 조절 메커니즘의 중심임을 시사한다.

8.7 기타 진핵생물 전사 시스템

두 개의 진핵생물 핵 RNA 중합효소 Pol I 및 Pol III에 의한 전사 개시에 대한 간략한 설명으로 이 장을 마무리한다. 이들 시스템은, 특히 그들의 조절은, RNA 중합효소 II에 의한 전사보다 많은 부분이 덜 이해되었지만, 진핵 세포의 생명에 있어서 똑같이 중요하다. Mitochondria (사립체)와 chloroplast (엽록체) DNA를 전사하는 중합효소는 12장에서 설명한다.

Pol I 및 Pol III에 의한 전사 개시는 Pol II에 의한 전사 개시와 유사하다

Pol I 및 Pol III를 포함하는 전사 개시 복합체의 형성은 여러 측면에서 Pol II initiation 복합체의 assembly와 유사하다(그림 8-13 참조). 그러나 3개 진핵생물 핵 RNA 중합효소 각각은 고유한 중합효소-특이적인 일반 전사 인자를 필요로 하며, 각각은 서로 다른 DNA 조절 element를 인식한다. 더욱이, Pol I과 Pol III 모두 전사를 개시하기 위해 DNA 주형 가닥을 푸는 것을 돕기 위해 DNA helicase에 의한 ATP 가수분해를 필요로 하지 않는 반면, Pol II는 필요로 한다. 21장에서 설명한 바와 같이, pre-rRNA를 합성하는 Pol I과 tRNA, 5S rRNA 및 기타 small stable RNA (표 8-1 참조)를 합성하는 Pol III에 의한 전사 개시는 세포 성장과 분열 속도와 밀접하게 연동되어 있다.

Pol I에 의한 전사 개시 Pol I 개시가 일어나게 하는 조절 element는 효모 및 포유류에서 전사 시작 위치 부근에 유사한 구조로 위치한다. −40에서 +5까지의 전사 시작 부위에 걸쳐 있는 *core element*는 Pol I 전사에 필수적이다. 대략 −155에서 −60 사이에 있는 추가적인 위쪽 조절 *element*는 *in vitro* Pol I 전사를 10배 증가시킨다. 인간에서 Pol I preinitiation 복합체의 assembly (그림 8-51)는 UBF (upstream binding factor, 상류 결합 인자)와 SL1 (selectivity factor, 선택성 인자)

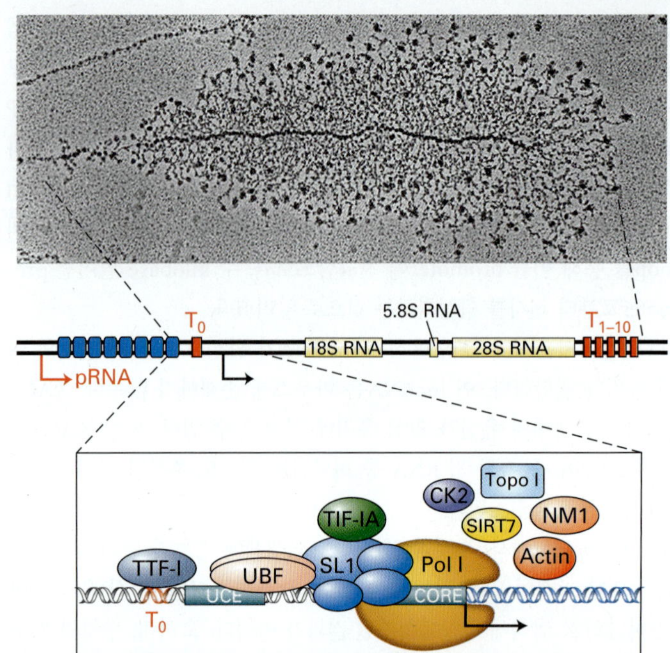

그림 8-51 RNA 중합효소 I에 의한 rRNA precursor RNA의 전사. *위쪽*: 중복되어 존재하는 rRNA 유전자들에서 전사가 일어나는 RNA-단백질 복합체의 전자현미경 사진. *가운데*: 하나의 Pol I 전사 unit. 하나의 전사 시작 위치에서 Pol I 전사를 촉진하는 enhancer는 파란색 상자로 표시되었다. Pol I-특이적 종결 인자 TTF-1에 의해 결합된 Pol I 전사 종결 위치(T_0, T_1–T_{10})는 빨간색 직사각형으로 표시되었다. pRNA는 전사 silencing에 필요한 noncoding pRNA의 전사를 나타낸다. 검은색 화살표는 primary transcript의 전사 개시 위치를 나타낸다. 평행한 검은색 선으로 표시된 DNA 영역은 primary transcript에 포함되어 있지만, rRNA processing 중에 제거되고 분해된다. *아래쪽*: Core promoter element 및 위쪽 조절 element는 Pol I의 위치와 일반 전사 인자 UBF, SL1 및 TIF-1A 뿐만 아니라 Pol I elongation 및 조절에 필요한 기타 단백질과 함께 표시되었다. [Electron micrograph courtesy of Ann L. Beyer.]

이 Pol I promoter 영역에 상호 협력적 결합함으로써 시작된다. SL1은 TBP 및 4개의 Pol I–specific TBP-associated factor (TAF_I)를 포함하는 multisubunit 인자이다. TAF_I subunit은 Pol I–특이적 subunit과 직접 상호작용하여, 이 특정 핵 RNA 중합효소를 전사 시작 위치로 안내한다. TIF-1A 역시 필요한 인자 중 하나이다. [핵 단백질 kinase CK2 (casein kinase 2, 카제인 키나제 2), 핵 actin (액틴), 핵 myosin (미오신), 단백질 deacetylase SIRT7 그리고 topoisomerase I (토포이소머라제 I)들이 필요한 인자인 것과 동일하다]. TIF-1A는 *S. cerevisiae* RRN3의 포유류 homolog이다. Topoisomerase I은 Pol I에 의해 14-kb 전사 unit에 대한 전사가 빠르게 일어나는 동안 DNA supercoil (고차코일; 그림 5-8 참조)이 생기지 않게 한다.

18S, 5.8S 및 28S rRNA의 14-kb precursor의 전사(9장 참조)는 ribosome 합성과 세포 성장 및 분열이 함께 이루어지도록 조절된다. 이러한 것들이 함께 이루어지는 것은 여러 가지 방법으로 달성된다: 인산화 및 아세틸화를 포함한 post-translational 변형에 의한 Pol I 개시 인

자들의 활성 조절; Pol I elongation 속도의 조절; 그리고 후성유전적 메커니즘(비활성 DNA는 heterochromatin으로 assemble됨)을 통해 전사가 활성되는 rRNA 유전자의 수를 조절한다. 활성 rRNA 유전자에서, 전사는 그림 8-51과 같이 위치 표시된 종결 서열 T_0 및 T_1, T_2, T_3, . . . T_{10}에서 전사가 종결된다. 이 비대칭 서열은 올바른 방향으로 배열되어 있을 때만 Pol I 전사를 종료하는 기능을 한다. 전사 종료 서열에 종결을 유발하는 종결 인자가 결합하면, 주형으로부터 Pol I이 떨어진다.

rRNA 유전자가 염색질 활성 상태와 heterochromatin의 silent 상태 사이 전환되는 것은 *NoRC* ("No" for nucleolus, nucleolus는 핵 내 rRNA 전사가 일어나는 위치)라고 하는 multisubunit 염색질-리모델링 복합체에 의해 이루어진다. NoRC는 Pol I 전사 개시 위치에 nucleosome이 위치하게 하여, preinitiation 복합체 assembly를 막는다. 또한 위쪽 조절 element에서 중요한 CpG를 메틸화하는 DNA methyl transferase와 상호작용하여, UBF가 결합하는 것을 막는다. 또한 NoRC는 히스톤 deacetylase 및 히스톤 H3 lysine 9를 di-, tri-methylation하는 히스톤 methyl transferase와 상호작용하여, heterochromatic HP1이 결합하는 위치를 만든다. 또한, noncoding *pRNA* (promoter-associated RNA)는 NoRC subunit과 결합하고 유전자가 heterochromatin 안으로 assembly하게 함으로써 전사 silencing이 되게 한다. pRNA는 rRNA 전사 unit의 2 kb 위쪽으로부터 Pol I에 의해 전사되는 약 250-nt noncoding RNA이다(그림 8-51이 빨간색 화살표). pRNA는 T_0 종결 서열과 RNA:DNA triplex (삼중체)를 형성함으로써, Pol I promoter 영역에 NoRC가 전달되게 하는 것으로 생각된다. 이것은 DNA methyl transferase DNMT3b가 결합하는 위치를 만드는데, 이 효소는 위쪽 promoter element에서 중요한 CpG를 메틸화한다.

Pol III에 의한 전사 개시 단백질-coding 유전자 및 pre-rRNA 유전자의 promoter와 달리, tRNA 및 5S-rRNA 유전자의 promoter 영역은 전사되는 서열 내에 있다(그림 8-52a, b). 모든 tRNA 유전자의 경우, *A* 상자와 *B* 상자라고 하는 두 가지 내부 promoter element가 유전자 내에 존재한다. 이러한 종간 보존된 서열은 promoter로 기능할 뿐만 아니라, 진핵생물 단백질 합성에 필요한 tRNA의 invariant (변화하지 않는) 두 영역에 대한 정보도 포함되어 있다. 5S-rRNA 유전자에서는, 하나의 내부 조절 영역(*C* 상자)이 promoter로서 역할을 한다.

Pol III가 *in vitro*에서 tRNA 및 5S-rRNA 유전자의 전사를 시작하려면 세 가지 일반적인 전사 인자가 필요하다. 2개의 multimeric 인자인 TFIIIC 및 TFIIIB는 tRNA 및 5S-rRNA promoter 둘 다에서 전사 개시에 참여하는 반면, 세 번째 인자인 TFIIIA는 5S-rRNA promoter에서 전사 개시에 필요하다. Pol I 및 Pol II 개시 복합체의 assembly와 마찬가지로, Pol III 일반 전사 인자는 정해진 순서대로 promoter DNA에 결합한다.

TFIIIB subunit 중 하나(*BRF*, for TFII*B*-*r*elated *f*actor)의 N-말단 절반은 TFIIB (Pol II 인자)와 서열이 유사하다. 이러한 유사성은 BRF 및 TFIIB가 전사 개시에서 유사한 기능, 즉 전사 시작 위치에서 주형 DNA 가닥이 풀리는 것을 도와주는 기능을 수행함을 시사한다. TFIIIB

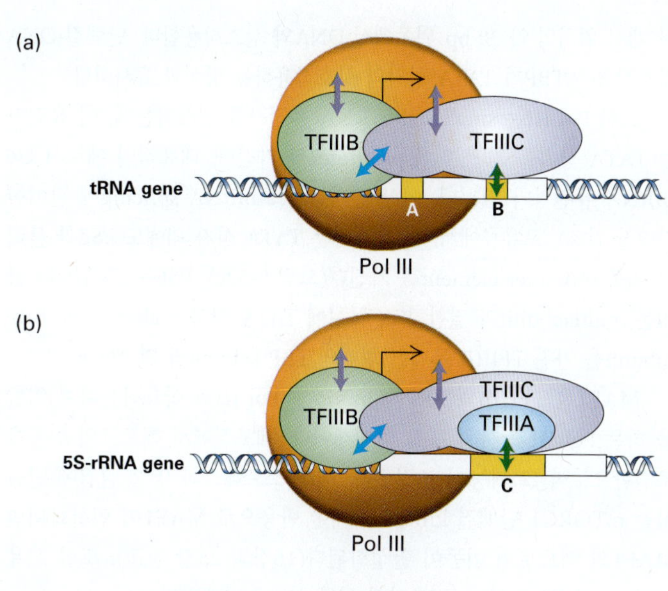

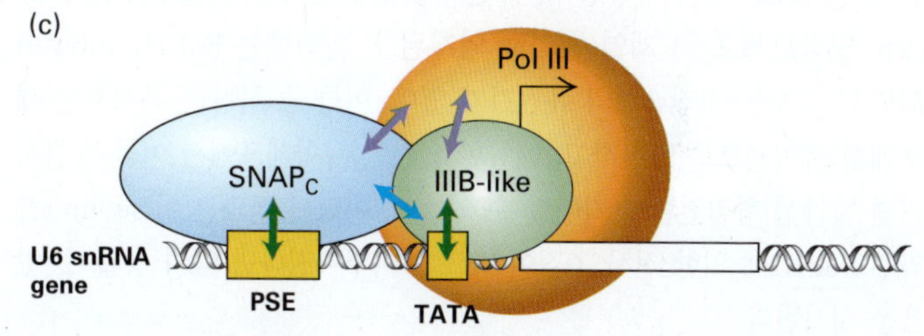

그림 8-52 RNA 중합효소 III에 의해 전사되는 유전자들의 전사 조절 element. tRNA (a) 및 5S-rRNA (b) 유전자는 모두 개시 위치의 아래쪽에 위치한 내부 promoter element (노란색)를 포함한다. 이들은 표시된 대로 A, B 및 C 상자로 명명되어 있다. 이들 유전자들에 대한 전사 개시 복합체의 assembly는 Pol III–특이적 일반 전사 인자 TFIIIA, TFIIIB 및 TFIIIC가 이러한 조절 element에 결합하는 것으로 시작된다. 녹색 화살표는 강력하고, 서열-특이적 단백질-DNA 상호작용을 나타낸다. 파란색 화살표는 일반 전사 인자들 간의 상호작용을 나타낸다. 보라색 화살표는 일반 전사 인자와 Pol III 간의 상호작용을 나타낸다. (c) 포유류에서 U6 snRNA 유전자의 전사는 TATA 상자 및 *PSE*라고 하는 조절 element를 가진 promoter에 의해 조절된다. TATA 상자에는 alternative BRF subunit을 가진 TFIIIB 특별한 형태의 TBP subunit이 결합하고, *PSE*에는 *SNAP$_C$*라 불리는 multisubunit 인자가 결합한다. L. Schramm 및 N. Hernandez, 2002, *Genes Dev.* **16**:2593 참조.

가 tRNA 또는 5S-rRNA 유전자와 결합하면, Pol III는 ribonucleoside triphosphate (리보뉴클레오시드 삼인산염)의 존재 하에 promoter에 결합하고 전사를 개시할 수 있다. TFIIIB의 BRF subunit은 Pol III에만 있는 중합효소 subunit 중 하나와 특이적으로 상호작용하는데, 이는 이 특정 핵 RNA 중합효소에 의한 개시를 설명해준다.

TFIIIB를 구성하는 세 가지 subunit 중 다른 하나는 TBP인데, 이것이 진핵생물의 세 가지 핵 RNA 중합효소 모두에 대한 일반 전사 인자의 구성 요소임을 이미 알고 있다. TBP가 Pol I 및 Pol III에 의한 전사 개시에 참여한다는 발견은 놀라운 것인데, 그 이유는 이 효소들이 인식하는 promoter가 TATA 상자를 포함하지 않는 경우가 많기 때문이다. 그럼에도 불구하고, Pol III 전사의 경우, TFIIIB의 TBP subunit은 전사 개시 위치의 약 30 bp 위쪽에서 DNA와 상호작용한다. 단백질-DNA 상호작용은 TBP가 TATA 상자와 상호작용하는 방식과 유사하다.

또한 Pol III는 small stable RNA 유전자를 전사하는데, 이 유전자는 TATA 상자를 가진 위쪽 promoter를 가진다. 대표적인 예로서 U6 snRNA 유전자가 있는데, 이 유전자는 pre-mRNA splicing에 관여한다(9장 참조). 포유류에서, 이 유전자는 TATA 상자 외에도 *PSE*라 불리는 위쪽 promoter element를 가진다(그림 8-52c). PSE는 $SNAP_C$라 불리는 multisubunit과 결합하고, 동시에 TATA 상자는 alternative BRF subunit을 가진 TFIIIB 특별한 형태의 TBP subunit과 결합한다.

MAF1은 TFIIIB의 BRF subunit 및 Pol III와 상호작용하여 역할을 하는 Pol III 전사의 특정 억제제이다. 세포질에서 핵으로의 이동을 조절함으로써 그 기능이 조절된다. 세포 스트레스와 영양 결핍에 반응하는 mTORC1 단백질 kinase에 대한 반응으로 MAF1이 인산화되면 MAF1의 핵으로의 이동이 활성화된다(16장과 25장 참조). 또한 포유류에서 Pol III 전사는 종양 억제 인자 p53과 단백질의 retinoblastoma (Rb, 망막모세포종) 계열에 의해 억제된다. 인간에는 Pol III subunit RPC32 정보를 가진 2개의 유전자가 있다. 이들 중 하나는 복제하는 세포에서 특이적으로 발현하고, 배양한 인간 섬유아세포에서 이를 발현시키면 발암성 형질전환에 기여할 수 있는데, 이러한 결과는 이 subunit을 가진 Pol III에 의한 전사 조절이 다르게 이루어진다면 암이 생길 수 있음을 시사한다.

8.7절의 주요 개념

기타 진핵생물 전사 시스템

- Pol I 및 Pol III에 의한 전사 개시 과정은 Pol II에 의한 전사 개시 과정과 유사하지만, 서로 다른 일반 전사 인자가 필요하고, 다른 promoter element에 의해 시작되며, ATP β-γ phosphodiester 결합의 가수분해가 필요하지 않다. Pol II의 경우, 전사가 시작될 때 개시 위치에서 DNA 가닥을 푸는 데 ATP β-γ phosphodiester 결합의 가수분해가 필요하다.
- Pol I은 여러 copy의 pre-rRNA 유전자에서 한 종류의 RNA (18S, 5.8S 및 28S rRNA의 45S precursor)를 전사한다.
- Pol III는 유전자 내의 promoter로부터 tRNA를 전사하는데, 이는 모든 tRNA에서 공통이다. 이 내부 promoter는 전사 인자 TFIIIC와 결합하고, 이 인자는 다시 TATA 상자–결합 단백질, TBP를 포함하는 multisubunit 인자인 TFIIIB와 결합한다. TBP는 전사 시작 위치로부터 30 bp 위쪽에서 tRNA 유전자와 결합한다.
- Pol III는 5S rRNA를 전사하는데, promoter가 5S-rRNA coding 영역 안에 존재하고, 여기에 전사 인자 TFIIIA가 결합함으로써 전사가 일어난다. 그런 다음, TFIIIA는 TFIIC 및 TFIIB와 결합하고, 이어 Pol III와 상호작용한다(tRNA 전사에서의 상호작용과 유사한 방식으로).
- Pol III는 추가적인 small stable RNA를 전사하는데, 이는 유전자 바로 위쪽에 결합하는 TBP-포함 전사 인자들에 의해서 전사가 일어난다(그림 8-52 참조).
- 억제제 MAF1에 의해 Pol III 전사는 조절되며, MAF1이 세포질에서 핵으로의 이동되는 것은 영양 상태에 따라서 조절된다.

개념 복습

1. RNA 중합효소 I, II, III는 어떤 유형의 유전자를 전사하는가? 특정 유전자가 RNA 중합효소 II에 의해 전사되는지 여부를 결정하기 위한 실험을 설계하시오.

2. RNA 중합효소 II의 가장 큰 subunit의 CTD는 여러 serine 잔기에서 인산화될 수 있다. RNA 중합효소 II CTD의 인산화 대 비인산화를 유발하는 환경/조건은 무엇인가?

3. TATA 상자, initiator 및 CpG island의 공통점은 무엇인가? 이 중 가장 먼저 알려진 것은 무엇인가? 그 이유는?

4. 유전자의 promoter-근처 영역에서 전사-조절 element의 위치를 확인하는 데 사용되는 방법을 설명하시오.

5. Promoter-근처 element 및 떨어져 있는 enhancer의 차이점은 무엇인가? 유사점은 무엇인가?

6. 유전자의 조절 영역에서 DNA-결합 단백질의 위치를 확인하는 데 사용되는 방법을 설명하시오.

7. 전사 활성화 인자 및 억제 단백질의 구조적 특징을 설명하시오.

8. Coding 서열을 변경하지 않고 유전자 발현을 억제할 수 있는 방법에 대한 두 가지 예를 제시하시오.

9. CREB 및 핵 수용체를 예로 사용하여, 이러한 전사 인자가 co-activator와 결합할 때 발생하는 구조적 변화를 비교하고 대조하시오.

10. 중합효소 외에 RNA 중합효소 II promoter와 결합하는 일반적인 전사 인자는 무엇이 있는가? 그들은 *in vitro* 실험에서 어떤 순서로 결합하는가? "open" 전사 개시 복합체가 형성될 때 DNA에서 어떤 구조적 변화가 일어나는가?

11. 효모에서 재조합 단백질의 발현은 인체용 신약을 생산하는 생명공학 회사에게 중요한 도구이다. 새로운 유전자 X를 효모에서 발현시키기 위해서, 연구원은 telomere 근처의 효모 genome에 유전자 *X*를 삽입하였다. 이 전략으로 유전자 *X*가 잘 발현될까? 그 이유는 무엇인가? H3 또는 H4 히스톤 꼬리에 돌연변이가 있는 효모 계통에서 실험을 수행했다면, 이 실험의 결과가 달라졌을까?

12. 당신은 *STICKY*라는 새로운 단백질을 분리하였다. 기존에 알려진 다른 단백질과의 비교를 통해 STICKY는 bHLH domain과 Sin3 상호작용 domain을 포함하고 있음을 예측할 수 있다. STICKY의 기능을 예측하고 STICKY 기능에서 이러한 영역의 중요성을 설명하시오.

13. 효모와 같은 하등 진핵생물에는 *upstream activation sequence*라고 하는 전사 조절 element가 있다. 고등 진핵생물 종에서 발견되는 비교 가능한 서열은 무엇인가?

14. 당신은 유전자 발현의 enhancer 역할을 하는 유전자 X 서열의 영역을 확인하는 것이 궁금하다. 이 문제를 조사하기 위한 실험을 설계하시오.

15. 몇몇 생물체에는 전사 종결을 무시하는 메커니즘이 있다. Tat 단백질을 사용하는 그러한 메커니즘 중 하나는 HIV 레트로바이러스에 의해 사용된다. Tat가 HIV 백신 접종의 좋은 target이 되는 이유를 설명하시오.

16. 주어진 유전자의 translation을 담당하는 DNA-조절 서열을 확인하면서, CG 서열이 많이 존재한다는 것을 알게 된다. 해당 유전자가 많은 양 발현되는 전사체일 가능성이 있는가?

17. 전사 조절을 담당하는 DNA-결합 단백질의 네 가지 주요 부류 이름을 나열하고, 구조적 특징을 설명하시오.

CHAPTER 9

전사-후 유전자 조절

(Post-Transcriptional Gene Control)

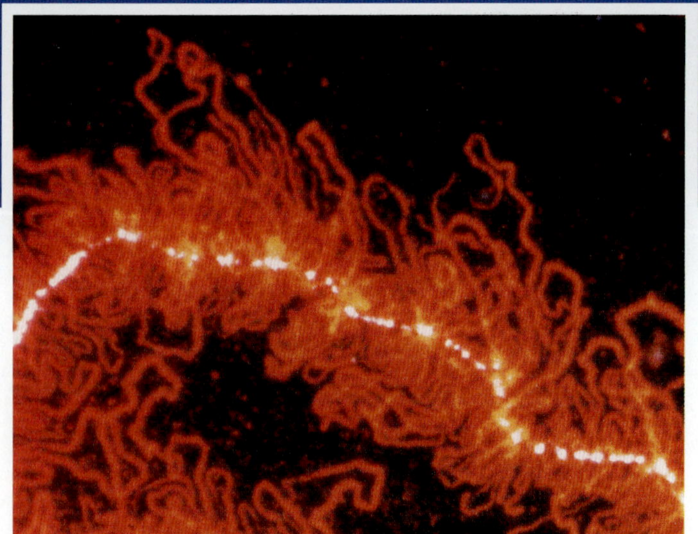

Newt (도롱뇽목 영원과 동물) *Nophthalmus viridescens* 난모세포의 "lampbrush chromosome (램프브러시 염색체)"의 일부. Nascent RNA transcript (처음 만들어지는 RNA 전사체)와 결합된 hnRNP 단백질은 monoclonal antibody (단일 클론 항체)에 의해 염색되어 붉은색 형광을 나타낸다. [Courtesy of M. Roth and J. Gall.]

OUTLINE

이전 장에서, 대부분의 유전자들은 전사 preinitiation (개시 전) 복합체와 promoter (프로모터)-DNA 서열의 결합, 그리고 promoter-근처 영역에서 전사 elongation (연장)을 조절함으로써 유전자 발현의 첫 단계—transcription (전사)—에서 조절 받는다는 사실을 알았다. 일단 전사가 시작되면 완전한 RNA 합성을 위해서 RNA polymerase (중합효소)가 전체 유전자를 전사해야 하고 중간에 중단되지 않아야 한다. 더욱이 진핵생물 유전자에서 만들어지는 초기 primary transcript (첫 전사체)는 여러 processing 과정을 거쳐 최종적으로 완전한 기능을 가진 RNA로 만들어진다. mRNA의 경우, translation (번역)에 필요한 5′ cap (덮개) 구조가 추가되어야 하고(그림 5-26 참조), **pre-mRNA**의 intron은 splice (매듭지어 제거)되어야 하며(표 9-1), 3′ 끝은 polyadenylate (폴리아데닐화)되어야 한다(그림 5-27 참조). 핵에서 RNA가 만들어지고서 몇 가지 과정 거친 후, RNA는 ribonucleoprotein (리보핵산 단백질)에 포함되어 세포질로 이동한다. 세포질의 특정 위치로 RNA가 이동하게 되는 경우, 이곳에서 전사 개시 이후에 또 다른 유전자 발현 조절이 일어날 수 있다.

최근 세포 분화와 배아 발생 단계의 서로 다른 조직에서 그리고 다양한 시기에 발현되는 인간 mRNA 서열 데이터 분석 결과, 인간 유전자의 ~95%로부터 alternatively spliced (여러 방식으로 매듭지어지는) mRNA가 만들어짐이 밝혀졌다. 이러한 alternatively spliced mRNA들로부터 서로 다른 서열을 갖는 여러 단백질들이 만들어지는데, 서로 다른 서열은 특정 기능을 가진 domain에 한정된다. 많은 경우, 특정 세포 유형에서 특정 isoform protein (동형 단백질)이 필요한 경우 alternative RNA splicing이 일어난다. Pre-mRNA splicing 과정이 복잡하기 때문에 splicing 중 mistake (실수)가 가끔 일어나게 되고, 결과적으로 부적절하게 spliced exon을 가진 mRNA precursor (전구체)가 만들어진다. 하지만 진핵세포에서는 정확하지 않게 processed RNA가 세포질로 이동되는 것을 막거나 이들이 세포질로 이동되더라도 분해되도록 하는 RNA-surveillance mechanism (RNA-감시 메커니즘)이 진화적으로 발달되어 있다.

추가적인 유전자 발현 조절은 세포질에서 일어난다. 예를 들면, 단백질 정보를 가진 유전자로부터 만들어지는 단백질의 양은 세포질에서 해당 mRNA의 stability (안정성)와 translation 속도에 의해 결정된다. 예를 들면, 면역 반응이 일어나는 동안 lymphocyte (림프구)는 *cytokine* (사이토카인)이라 불리는 polypeptide를 분비하고 cytokine은 주변 림프구의 plasma membrane (원형질막)에 존재하는 cytokine receptor (수용체)에 결합하여 신호를 주고받는다(24장). 림프구에서 cytokine을 짧은 시간 동안만 합성하고 분비하는 것이 매우 중요한데, 이는 cytokine mRNA가 매우 불안정하기 때문에 가능하다. 결과적으로, mRNA 합성이 중단되면 세포질의 cytokine mRNA의 농도는 빠르게 감소한다. 반면 긴 시간 동안 기능을 하며 많은 양을 필요로 하는 단백질(예, ribosomal protein, 리보솜 단백질) 정보를 가진 mRNA는 매우 안정적이므로, 각 mRNA로부터 많은 양의 polypeptide가 만들어질 수 있다.

Pre-mRNA processing, 세포질로 이동, translation, 세포질 내 localization (위치) 외에도, 많은 mRNA들은 필요로 하는 위치에서 단백질이 합성되도록 조절받고 있다. 특히 놀라운 예가 다세포 동물의 nervous system (신경계)에 존재한다. 인간 뇌의 몇 neuron (신경세포)은 다른 신경세포와 1,000개 이상의 synapse (시냅스, 신경접합부)를 생성한다. Learning (학습) 과정에서 빈번하게 fire (발화)하는 synapse는 크기가 여러 번 커지는 반면, 동일한 neuron에 의해 만들어졌지만 덜 활동적인 synapse는 크기가 커지지 않는다. 이러한 현상이 나타나는 이유는 중요한 synapse 단백질 정보를 가진 mRNA가 모든 synapse에 저장되어 있지만, 이들 mRNA의 translation은 synapse가 fire되는 빈도에 비례하여 독립적으로 조절되기 때문이다. 이와 같은 방식으로 synapse 내 단백질의 합성은 동일 neuron에 의해 만들어진 많은 synapse 각각에서 독립적으로 조절될 수 있다(23장 참조).

또 다른 유형의 유전자 조절은 microRNA (miRNA)와 관련이 있다. 다세포 동물과 식물에서 miRNA는 표적 mRNA와 bass pair (염기쌍)를 이루어서 mRNA의 안정성과 translation을 조절한다. 다양한 인간 조직에서 이러한 짧은 miRNA를 분석한 결과, 약 1900 miRNA가 여러 유형의 인간 세포에서 발현됨이 알려졌다. 몇몇 miRNA는 발생 과정의 특정 세포와 적절한 시기에 표적 유전자 발현을 억제하는 기능이 밝혀졌지만, 대부분의 인간 miRNA의 기능은 아직 알려지지 않았고 점점 많은 연구가 진행되는 주제이다. 몇몇 생물체에서 *RNA interference* (*RNAi*, *RNA* 간섭)라 불리는 과정을 통해 바이러스 감염 후 만들어지는 viral RNA를 분해하고, transposon-encoded (트랜스포존/전위인자 정보를 가진) RNA를 분해한다. RNAi는 생의학 분야에서 광범위하게 활용되고 있다: Short interfering RNA (siRNA)는 *RNA knockdown* (*RNA* 녹다운)이라는 과정을 통해 특정 mRNA translation을 실험적으로 억제하는 데 사용될 수 있다. 이러한 방식을 이용하면서, 돌연변이를 분리하는 전통적인 유전학 방법을 적용하기 힘든 생물체에서도 원하는 유전자의 기능을 억제할 수 있게 되었다.

전사 이후 일어나는 모든 유전자 발현을 조절하는 메커니즘을 **전사-후 조절**이라 한다(그림 9-1). mRNA의 안정성과 translation 속도가 하나의 유전자로부터 만들어지는 단백질 양을 결정하기 때문에, 이러한 전사-후 조절 과정은 유전자 조절에 있어 매우 중요한 요소이다. 실제 하나의 유전자로부터 단백질이 만들어지는 과정은 mRNA 합성 시작부터 분해까지의 전 시기에 걸쳐 조절된다. 따라서 유전자 발현 조절 과정은 DNA뿐만 아니라 RNA에서도 작동한다고 할 수 있다. 이 장에서는 전사 개시와 promoter-근처 elongation 이후 일어나는 mRNA processing의 모든 과정을 조절하는 메커니즘을 살펴보려 한다. 마지막 절에서는 rRNA와 tRNA 정보를 가진 유전자로부터 만들어지는 primary transcript의 processing에 대해 간략하게 설명한다.

표 9-1 • 9장에서 논의되는 RNA들

mRNA	Fully processed messenger RNA with 5′ cap, introns removed by RNA splicing, and a poly(A) tail.
pre-mRNA	An mRNA precursor containing introns and not cleaved at the poly(A) site.
hnRNA	Heterogeneous nuclear RNAs. These RNAs include pre-mRNAs and RNA-processing intermediates containing one or more introns.
snRNA	Five small nuclear RNAs that function in the removal of introns from pre-mRNAs by RNA splicing, plus two small nuclear RNAs that substitute for the first two at rare introns.
pre-tRNA	A tRNA precursor containing additional transcribed bases at the 5′ and 3′ ends compared with the mature tRNA. Some pre-tRNAs also contain an intron in the anticodon loop.
pre-rRNA	The precursor to mature 18S, 5.8S, and 28S ribosomal RNAs. The mature rRNAs are processed from this long precursor RNA molecule by cleavage, removal of bases from the ends of the cleaved products, and modification of specific bases.
snoRNA	Small nucleolar RNAs. These RNAs base-pair with complementary regions of the pre-rRNA molecule, directing cleavage of the RNA chain and modification of bases during maturation of the rRNAs.
siRNA	Short interfering RNAs, ~22 bases long, that are each perfectly complementary to a sequence in an mRNA. Together with associated proteins, siRNAs cause cleavage of the target RNA, leading to its rapid degradation.
miRNA	MicroRNAs, ~22 bases long, that base-pair extensively, but not completely, with mRNAs, especially over bases 2 to 7 at the 5′ end of the miRNA (the "seed" sequence). This pairing inhibits translation of the target mRNA and targets it for degradation.

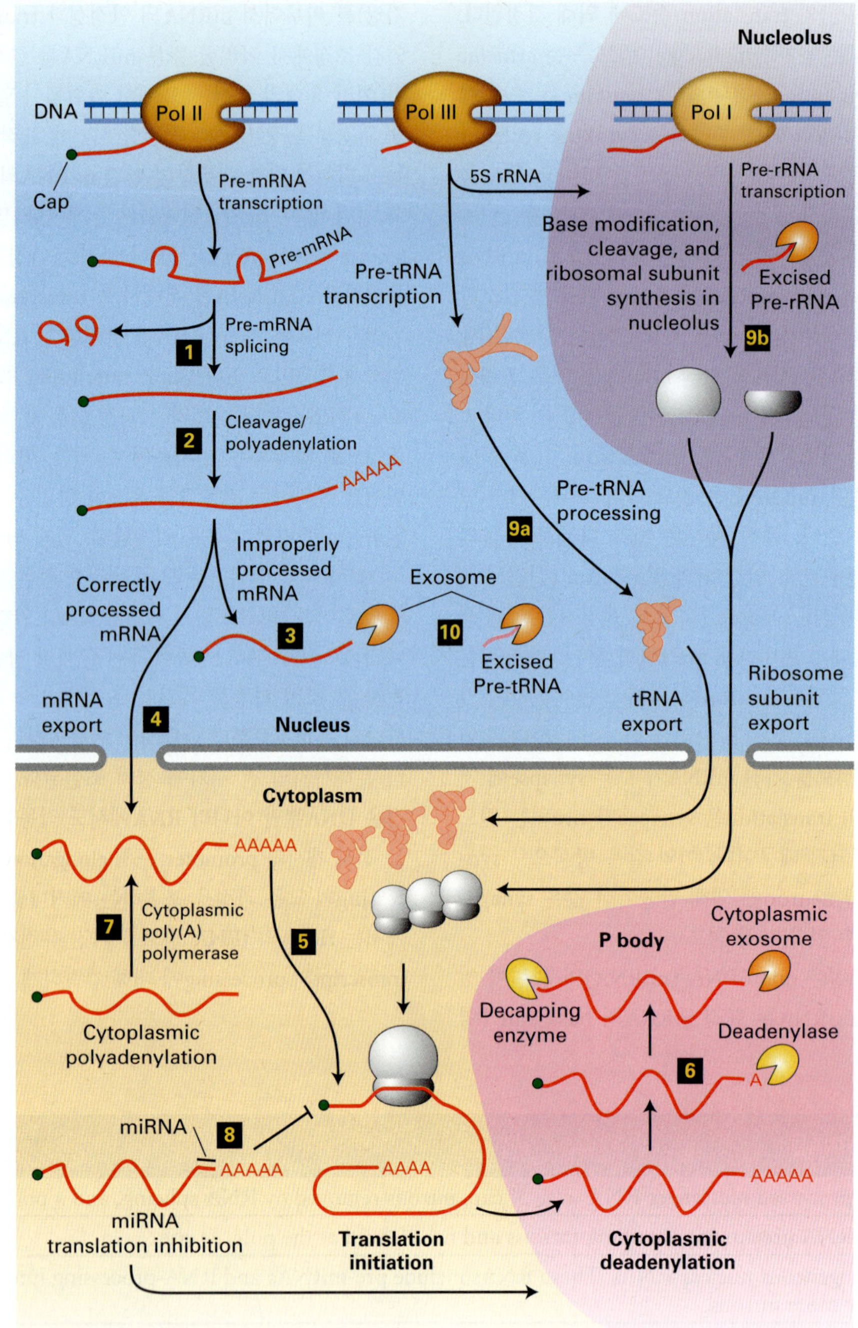

그림 9-1 RNA processing과 전사-후 유전자 조절의 개요. Primary transcript는 핵에서 process를 거친 후 세포질로 이동하여 세포질 RNA가 되는데, 거의 모든 세포질 RNA는 이러한 과정을 거친다. RNA 중합효소에 의해 전사되는 RNA들의 주요 processing 단계를 그림으로 나타내었다. RNA 중합효소 II에 의해 전사되는 단백질 정보를 가진 유전자의 경우, 전사 후 유전자 조절은(단계 **1**) pre-mRNA splicing 동안 alternative exon이 선택되는 과정과(단계 **2**) alternative poly(A) 위치가 선택되어지는 과정에서 이루어진다. 부적절하게 processed mRNA는 세포질로 이동되지 않고(단계 **3**), ribonuclease (리보핵산 가수분해효소)가 포함된 exosome (엑소좀)이라 불리는 큰 복합체에 의해 분해된다. mRNA가 세포질로 이동된 후(단계 **4**), translation initiation factor (번역 개시 인자)가 mRNA 5′-cap, poly(A) 꼬리에 결합된 poly(A)-binding protein C (폴리A-결합 단백질)와 cooperatively (협력적으로) 결합하게 되어 결과적으로 translation이 시작된다(그림 5-36 참조). (단계 **5**). (단계 **6**) mRNA는 deadenylation (탈아데닐화)과 decapping (덮개 떨어짐)에 의해 세포질에서 분해된 후, 최종적으로 세포질 exosome에 의해 분해된다. 대부분 mRNA의 분해는 "P body (P체)"라 불리며, RNA가 높은 농도로 존재하는 세포질의 특정 영역에서 일어난다. 각 mRNA가 분해되는 속도는 조절되는데, 이를 통해 mRNA 농도가 조절되고, 결과적으로 translation되는 단백질의 양이 결정된다. 몇몇 mRNA는 기다란 poly(A) 꼬리 없이 합성되기도 한다. 이 경우(단계 **7**) 세포질 poly(A) 중합효소에 의해 기다란 poly(A) 꼬리가 합성되는 것을 조절함으로써 이들의 translation이 조절된다. Translation은 다른 메커니즘(miRNA에 의한 조절 포함)에 의해서도 조절받기도 한다(단계 **8**). ~22-nucleotide miRNA가 발현되면, 일반적으로 3′ untranslated region (번역되지 않는 영역)에 hybrid (혼성화)되어 mRNA translation을 억제한다. tRNA와 rRNA는 precursor로 합성되고, 온전한 기능을 갖기 위해서는 process되어야 한다(단계 **9a**, **b**). 이 과정에서 절단되어 떨어지는 RNA 조각들은 핵 exosome에 의해 분해된다(단계 **10**). J. Houseley et al., 2006, *Nat. Rev. Mol. Cell Biol.* **7**:529 참조.

9.1 진핵생물 Pre-mRNA의 Processing (성숙 과정)

이 절에서는 진핵 세포에서 RNA 중합효소 II에 의해 합성된 초기 primary transcript가 온전한 기능을 하는 mRNA로 변환되는 과정을 살펴본다. 이 과정은 크게 세 가지 과정을 거친다: **5′ capping, 3′ cleavage/polyadenylation (절단 및 폴리아데닐화), RNA splicing** (그림 9.2). Pre-mRNA 5′과 3′ 끝의 특수한 변형은 RNA 분해효소로부터 mRNA를 보호한다. RNA 분해효소는 RNA processing 과정에서 생기는 uncapped (cap이 없는) RNA를 빠르게 분해한다(예, spliced-out intron, polyadenylation 위치 아래쪽에서 transcribe되는 RNA). 5′ cap과 3′ poly(A) 꼬리는 pre-mRNA 분자와 핵 내에 존재하는 수많은 다른 종류의 RNA를 서로 구별해 주는 역할을 한다. Pre-mRNA 분자들(표 9-1 참조)은 mRNA를 세포질로 이동시키는 역할을 하는 핵 단백질과 결합한다. mRNA가 세포질로 이동된 후, mRNA는 일련의 세포질 단백질들과 결합하여 세포질에서 translation이 촉진되고, mRNA의 안정성이 높아진다. 세포질로 이동하기 전에 intron은 제거되어 mRNA의 정확한 coding (암호화) 영역이 완성된다. 인간을 포함한 척추동물에서, 복잡한/난해한 **alternative splicing**을 거치면서 관련 단백질이 alternative functional domain을 갖게 되는데, 이러한 과정을 통해 척추동물에서 유전 정보보다 확장된 proteome (단백질체)를 갖게 된다.

Capping, splicing, polyadenylation의 pre-mRNA processing 과정은 nascent (초기의) mRNA가 전사되는 동안 핵에서 일어난다. 따라서 pre-mRNA processing은 *co-transcriptional*하다: pre-mRNA processing은 RNA가 전사되는 동안 거의 동시에 일어난다. RNA가 RNA 중합효소 II 밖으로 나오기 시작하면 mRNA 5′ 끝은 바로 5′ cap이 추가된다. 모든 mRNA는 5′ cap 구조를 가진다(그림 5-26 참조). Nascent pre-mRNA가 중합효소 밖으로 노출되면 *hnRNP* 단백질이라 불리는 다양한 종류의 RNA-결합 단백질과 바로 결합한다. hnRNP는 RNA splicing이 잘 되도록 하고 완전히 성숙된 mRNA가 nuclear pore (핵공) 복합체를 통과해서 세포질로 이동하는 것을 돕는다. 이러한 단백질들 중 일부는 mRNA와 결합된 채로 세포질에 남아 있지만, 대부분은 핵에 남아 있거나 세포질에서 mRNA로부터 떨어진 후 짧은 시간 내 핵 안으로 되돌아온다. 세포질에서는 세포질 RNA-결합 단백질들이 mRNA에 붙어 있는 핵 RNA-결합 단백질 대신에 붙는다. 결과적으로, 진핵생물 mRNA는 세포에서 홀로 존재하지 않고 항상 단백질과 결합하여 ***ribonucleoprotein* (RNP, 리보핵산 단백질) 복합체**를 형성한다.

핵에서 nascent *pre-mRNA*는 hnRNP와 결합하고 '*pre-mRNP*'로 불린다. Pre-mRNA는 전사되는 동시에 cap되고 splice된다. 이후, 3′ 끝에서 cleavage와 polyadenylation이 일어나고, 결과적으로 '*nuclear mRNP*'가 된다. 세포질로 이동된 후, 세포질 단백질이 mRNA에 붙어 있는 핵 단백질을 대신하면 이들은 '**세포질** ***mRNP***'로 불린다. 일반적으로 pre-mRNA, mRNA라고 얘기하지만, 진핵생물에서 이들은 항상 단백질과 결합하여 RNP 복합체로 존재함을 기억하자.

전사 개시 직후 짧은 시간 내에 5′ Cap이 Nascent RNA에 추가된다

Nascent RNA 전사체가 RNA 중합효소 II의 exit channel (출구 통로)로부터 노출되기 시작하면, 7-methylguanosine (메틸 구아노신)과 methylated ribose (메틸화된 리보스)로 구성된 cap이 진핵생물 mRNA 5′ 말단에 추가된다(그림 5-26 참조). 5′ *cap*은 RNA 분자를 mRNA precursor로 표지하는 역할을 하고, 핵과 세포질에서 RNA-digesting enzyme (RNA 분해효소) (5′-exoribonuclease)로부터 mRNA를 보호하는 역할을 한다. RNA processing의 첫 단계는 RNA 중합효소 II의 phosphorylated (인산화된) carboxy-terminal domain (CTD, 카르복시-말단 도메인)과 결합된 dimeric (이량체) capping enzyme에 의해 촉진된다. 전사 개시 동안, CTD heptapeptide (7개 잔기) 반복 서열의 5번 위치에 있는 serine에서 TFIIH 일반 전사 인자에 의해 CTD는 인산화된다는 것을 기억하자[그림 8-7(b) 빨간색 화살표, 그림 8-8 참조]. Capping 효소가 인산화된 CTD와 결합하면, capping 효소의 활성이 높아지고 RNA 중합효소 II로부터 밖으로 노출되는 5′-triphosphate (삼-인산염)를 가진 RNA에 5′ cap을 붙인다. 반면, RNA 중합효소 I과

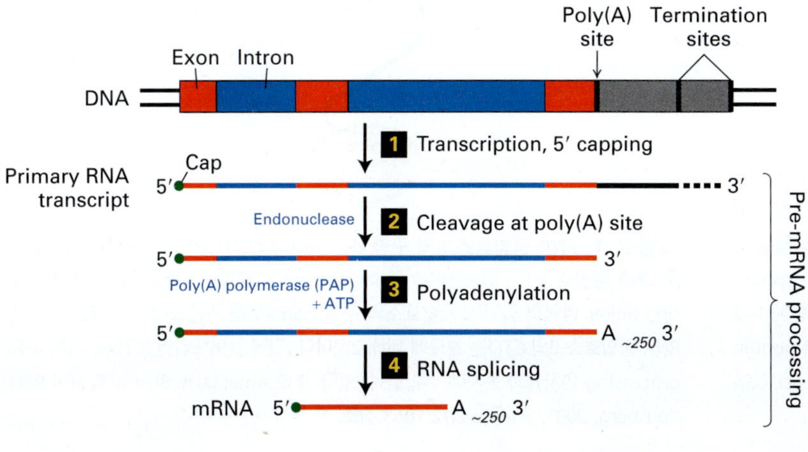

그림 9-2 진핵생물의 mRNA processing 개요. RNA 중합효소 II가 유전자의 첫 번째 exon의 첫 번째 nucleotide에서 전사를 시작한 직후, nascent RNA의 5′ 말단이 7-methylguanylate로 cap이 씌워진다(단계 **1**). RNA 중합효소 II에 의한 전사는 최종 exon의 3′ 말단에 위치한 poly(A) 위치 아래쪽에 있는 multiple termination (다중 종결) 위치 중 하나에서 종결된다. Primary transcript가 poly(A) 위치에서 cleavage된 후(단계 **2**), 일련의 adenosine (A) 잔기가 추가된다(단계 **3**). Poly(A) 꼬리는 포유류에서 ~250개, 곤충에서 ~150개, 효모에서 ~100개 A 잔기를 포함하고 있다. Intron이 거의 없는 짧은 primary transcript의 경우에 splicing (단계 **4**)은 일반적으로 cleavage 및 polyadenylation 후에 일어난다. 여러 개 intron이 있는 큰 유전자의 경우에 intron은 전사 도중, 즉 유전자의 전사가 완료되기 전에 nascent RNA에서 splice되는 경우가 많다. 5′ cap에 인접한 서열 및 Poly(A) 꼬리에 인접한 서열은 제거되지 않고 최종적으로 만들어지는 mRNA에 남아 있다. 제시된 그림은 인간 β-globin (글로빈) RNA processing을 보여주고 있다.

III는 CTD를 가지고 있지 않기 때문에 이들 중합효소에 의해 만들어진 RNA에는 5′ cap을 붙이지 못한다. 5′ cap 과정이 중요한 이유는 복제가 활발한 세포들에서 합성되는 총 RNA 중 ~80%는 pre-mRNA이기 때문이다. 나머지 20%는 pre-ribosomal RNA (**pre-rRNA**, RNA 중합효소 I에 의해 전사됨), 그리고 5S rRNA, tRNA, 기타 stable small RNA (RNA 중합효소 III에 의해 전사됨)가 차지한다.

Capping 효소의 한 subunit (소단위)은 nascent RNA의 5′ 끝에서 γ-phosphate를 떼어 낸다(그림 9-3). 이 subunit의 다른 domain은 GTP의 GDP moiety (일부)를 nascent transcript의 5′-diphosphate (이-인산염)로 옮겨서 특이한 guanosine (구아노신) 5′,5′-triphosphate ester (삼-인산염 에스테르) 구조를 만든다. 마지막 단계는 별도의 효소가 *S*-adenosylmethionine (*S*-아데노실 메티오닌)에서 guanine (구아닌)의 N_7 위치로 메틸 그룹을 옮기고, nascent RNA의 5′ 끝에 있는 ribose의 2′ 산소 중 1개 또는 2개로 메틸 그룹을 옮긴다.

Nascent transcript의 capping이 RNA 중합효소 II에 의한 elongation과 동시에 진행된다는 많은 증거들이 알려져 있다. 따라서 RNA 중합효소 II에 의해 만들어지는 모든 전사체는 elongation 초기 단계에서 capping된다. 8장에서 설명되어 있듯이, metazoan (후생동물) 전사 초기 단계에서 중합효소는 promoter-근처 영역에 있는 RNA 중합효소 II와 DSIF 복합체와 붙어 있는 NELF (*n*egative *el*ongation *f*actor, 음성 연장 인자) 때문에 nascent transcript를 매우 느리게 elongation한다 (그림 8-3 아래, 그림 8-15a 참조). Nascent RNA의 5′ 말단이 cap으로 보호되면, cyclin T-CDK9 단백질 kinase (키나아제)에 의해 RNA 중합효소 CTD heptapeptide repeat (반복서열) 2번 위치, NELF 및 DSIF가 인산화되고, 결과적으로 NELF 분리가 유도된다(그림 8-16). NELF가 분리되면 PAF elongation 복합체와 RNA 중합효소가 결합하게 되고 (그림 8-15b), 이후 elongation 속도가 빨라져서 promoter로부터 멀어지는 전사가 진행된다. 이러한 메커니즘의 긍정적인 효과는 빠른 elongation이 본격적으로 시작되기 전에 nascent RNA가 cap되는 시간을 확보하게 되는 것이다.

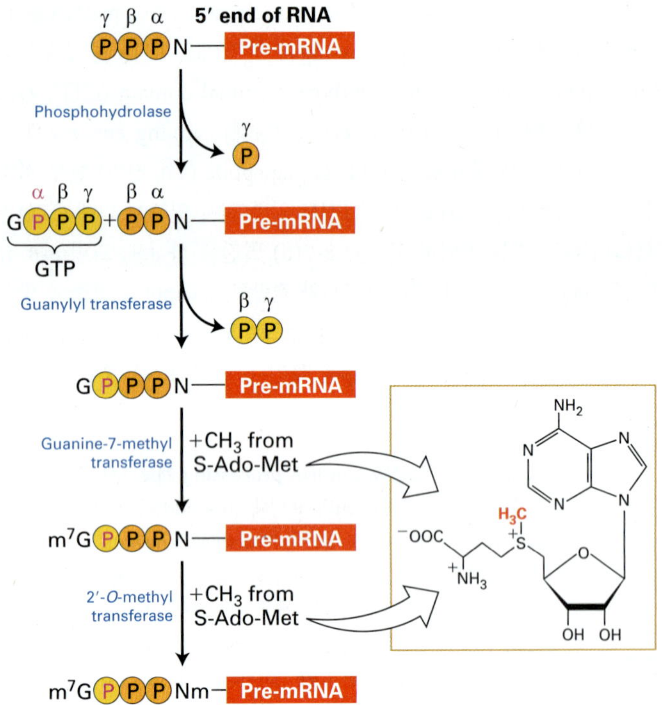

그림 9-3 진핵생물 mRNA의 5′-cap 합성. 처음에 nascent RNA의 5′ 말단은 NTP에서 유래한 5′-triphosphate가 붙어 있다. γ-phosphate는 capping의 첫 번째 단계에서 제거되고, 나머지 α- 및 β-phosphate (주황색)는 cap과 연결된 상태로 남아 있다. 5′,5′-triphosphate ester의 세 번째 phosphate는 GTP의 α-phosphate에서 유래한다. GTP는 guanine을 제공한다. Cap guanine과 mRNA의 첫 번째 1~2개의 ribose의 메틸화를 위한 methyl donor (공여체)는 S-adenosylmethionine (S-Ado-Met)이다. S. Venkatesan and B. Moss, 1982, *Proc. Nat'l. Acad. Sci. USA* **79**:304 참조.

RNA 중합효소 II에 의한 Elongation은 RNA Processing 인자들과 연계되어 진행된다

RNA 중합효소 II 전사체만이 5′ capping, RNA splicing, polyadenylation되기 위해서는 RNA processing이 pre-mRNA 전사와 어떻게 연결되어야 하는가? 핵심적인 역할은 RNA 중합효소 II의 긴 carboxy-terminal domain (CTD)에서 이루어지는데, CTD에는 8장에서 설명된 바와 같이, heptapeptide 서열이 여러 번 반복되어 있다. 길게 늘어뜨리면 효모 효소의 CTD domain은 길이가 약 65 nm이다(그림 9-4); 인

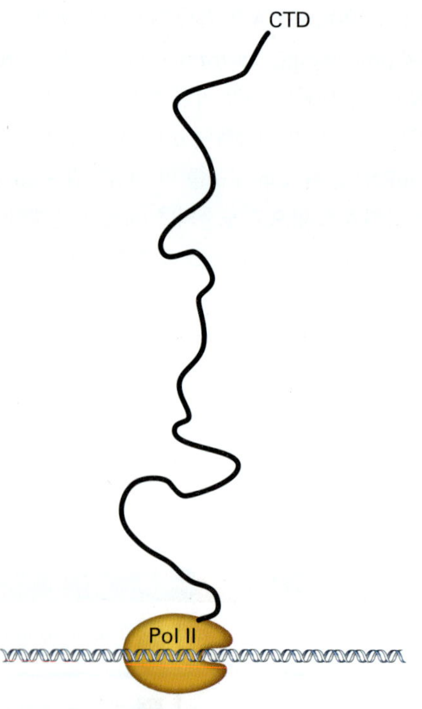

그림 9-4 RNA 중합효소 II의 구형 domain과 CTD 길이의 개략적인 그림. 효모 RNA 중합효소 II carboxy-terminal domain (CTD)과 이들을 중합효소에 연결하는 linker 영역의 길이가 중합효소의 구형 domain을 기준으로 그려졌다. 포유류 RNA 중합효소 II의 CTD는 효모에 비해 2배이다. 길게 늘어뜨리면, CTD는 여러 RNA processing 인자들과 동시에 결합할 수 있다. P. Cramer, D. A. Bushnell, and R. D. Kornberg, 2001, *Science* **292**:1863 참조.

간 RNA 중합효소 II의 CTD 길이는 약 두 배이다. CTD의 놀라운 길이 때문에 여러 단백질들이 단일 RNA 중합효소 II 분자와 동시에 결합할 수 있게 된다. 앞서 언급했듯이, nascent transcript에 5′ cap을 추가하는 효소는 인산화된 CTD와 결합한다. CTD 인산화는 TFIIH subunit에 의해 전사 개시가 일어나는 동안 또는 전사 개시 직후 짧은 시간 내에 heptapeptide 반복 서열의 5번째 서열 serine (Ser-5)에서 일어난다. 또한 RNA splicing과 polyadenylation 인자도 인산화된 CTD와 결합한다. 결과적으로, 중합효소에 의해 splice 위치와 poly(A) 신호가 중합효소에 의해 전사될 때 이러한 processing 인자들이 국소 영역에 높은 농도로 존재하여, RNA processing의 속도와 특이성을 향상시키게 된다. hnRNP 단백질(아래에서 설명됨)과 nascent RNA의 결합은 RNA 중합효소 II와 elongation 인자들의 상호작용을 높여서, 전사 속도를 높여 준다. Elongation 인자들로는 DSIF와 cyclin T-CDK9 ("P-TEFb"로 도 불림)가 있다(그림 8-16). 결과적으로, 전사 속도는 nascent RNA가 hnRNA 단백질 및 RNA-processing 인자들과 결합하는 속도에 연계되어 있다. 이러한 메커니즘에 의해 RNA processing을 위한 machinery (기구)가 잘 갖추어지지 않는 상황에서는 pre-mRNA가 만들어지지 않게 된다.

여러 종에서 보존된 RNA-결합 domain을 가진 다양한 단백질 세트가 Pre-mRNA와 결합한다

앞서 언급했듯이, 단백질 정보를 가진 유전자의 nascent RNA transcript나 mRNA processing의 intermediate (중간체; 모두 합쳐서 *pre-mRNA*라고 함)는 진핵 세포의 핵에서 RNA 분자로 홀로 존재하지 않는다. Nascent transcript가 RNA 중합효소 II에서 밖으로 처음 노출될 때부터 온전한 mRNA가 되어 세포질로 이동될 때까지, RNA 분자는 핵 단백질과 붙어 있다. 이들 중 가장 많이 존재하는 것들은 *heterogeneous ribonucleoprotein particle* (*hnRNP*, **이종 리보핵단백질 입자**)의 주요 구성 단백질들이다. hnRNP는 *heterogenous nuclear RNA* (*hnRNA*, **이종 핵** *RNA*)를 포함하는데, *hnRNA*는 다양한 크기의 pre-mRNA 및 mRNA-processing intermediate를 통합적으로 지칭하는 용어이다. 이러한 hnRNP 단백질들은 splicing, polyadenylation, nuclear pore 복합체를 통한 세포질로의 이동을 포함하는 RNA processing의 추가 단계에서 역할을 한다.

배양된 세포에 고용량 UV irradiation (조사, 쪼임)하는 연구에서 hnRNA 단백질들이 처음 알려졌다. 고용량의 UV irradiation은 RNA base (염기)와 가깝게 붙어 있는 단백질 사이에 covalent cross-link (공유 가교)가 형성되도록 한다. UV irradiation된 세포로부터 nuclear extract (핵 추출물)을 얻고, 이를 poly(A) 꼬리를 가진 RNA가 결합할 수 있는 oligo-dT cellulose column (올리고-dT 셀룰로오스 컬럼)의 chromatography (크로마토그래피)를 수행하여 nuclear polyadenylated RNA와 cross-link된 단백질들을 분리하게 되었다. 분리된 단백질들에는 ~30에서 ~120 kDa 크기의 많은 양의 hnRNP 단백질들의 복합체 세트가 포함되어 있었고, 이들을 합쳐서 *hnRNP* **단백질**이라 부른다.

전사 인자와 마찬가지로, 대부분 hnRNP 단백질은 modular (모듈식) 구조를 가진다. hnRNA 단백질은 하나 이상의 *RNA*-**결합** *domain*과 적어도 하나의 다른 domain (intrinsically disordered, 구조가 정해지지 않고 변할 수 있는, 단백질 도메인)을 가지는데, 이 다른 domain은 다른 단백질과 상호작용한다(그림 3-13과 본문 참조). 여러 다른 종류의 RNA-결합 domain들은 hnRNP 단백질들과 결합되어 있는데, 이는 RNA 결합 능력을 테스트한 deletion (결실) 돌연변이 실험에서 확인되었다.

hnRNP 단백질들의 기능 이러한 RNA-결합 단백질들은 세 가지 주요 기능을 가진다. 첫째, pre-mRNA가 hnRNP 단백질의 RNA-결합 domain과 결합함으로써 pre-mRNA가 짧은 2차 구조를 형성하는 것을 막는다. Pre-mRNA의 가까이 위치한 짧은 complementary (상보적) 영역에서 base pairing을 이루어 2차 구조가 만들어질 수 있다. hnRNP 단백질들과 결합되어 있는 pre-mRNA는 단백질이 결합되어 있지 않은 pre-mRNA보다 RNA processing 단계에 적합한 substrate (기질)로 제공되는데, 그 안에서 각 mRNA는 고유의 서열 때문에 고유의 2차 구조를 형성하기 때문이다. hnRNP의 RNA-결합 domain은 3~4 base의 짧은 RNA 서열과 우선적으로 상호작용하는 것이 일반적이다.

두 번째 주된 기능은 pre-mRNA splicing을 조절하는 것이다. 포유류에서 alternatively spliced mRNA는 거의 모든 유전자로부터 만들어진다(~95%). 이들 유전자로부터 전사되는 pre-mRNA에 존재하는 1~2개의 alternative splice 위치를 이용하는 조절 작용은 부분적으로 hnRNP 단백질의 결합을 필요로 한다. hnRNP가 RNA splice 위치 근처에서 pre-mRNA와 결합하면, 이는 pre-mRNA splicing에 필요한 인자들의 현재 위치 결합을 방해하고, 결과적으로 현 위치에서 splicing보다 alternative splice 위치에서 splicing이 일어나게 한다(아래 설명 참조).

세 번째, mRNA 이동에서 중요한 역할을 한다. Cell-fusion (세포-융합) 실험에서 몇몇 hnRNP 단백질들은 핵에 남아 있는 반면, 다른 hnRNP 단백질들은 세포질로 이동 후 다시 핵으로 돌아온다는 사실이 알려졌다. 이로부터 핵 안팎으로 이동하는 hnRNP가 mRNA가 세포질로 이동하는 데 중요한 역할을 함이 처음 알려지게 되었다(그림 9-5).

RNA-결합 domain *RNA recognition motif* (*RRM*, *RNA* **인식 모티프**)는 hnRNP 단백질에서 발견되는 가장 일반적인 RNA-결합 domain이다. 이 domain은 ~80-잔기 domain이며 많은 RNA-결합 단백질에 존재하는데, 효모에서 인간에 이르는 많은 생물체에서 발견되는 종간 보존된 서열(RNP1 및 RNP2)을 가지고 있다. 이로부터 많은 DNA-결합 domain처럼 RNA-결합 domain들도 진핵생물 진화 초기 시절부터 존재했음을 알 수 있다.

구조 분석에 따르면, RRM domain은 한 면에 2개의 α helix (나선) 사이에 four-stranded (네 가닥) β sheet (시트)가 끼어 있는 구조이다(그림 9-6a). 음전하를 띠는 RNA 인산염과 상호작용하기 위해 β 시트는 양전하를 띤 표면을 가진다. 종간에 보존되어 있는 RNP1과 RNP2 서열들은 중앙 2개의 β 가닥에 나란히 존재하고, 이 RNP1/2 서열의

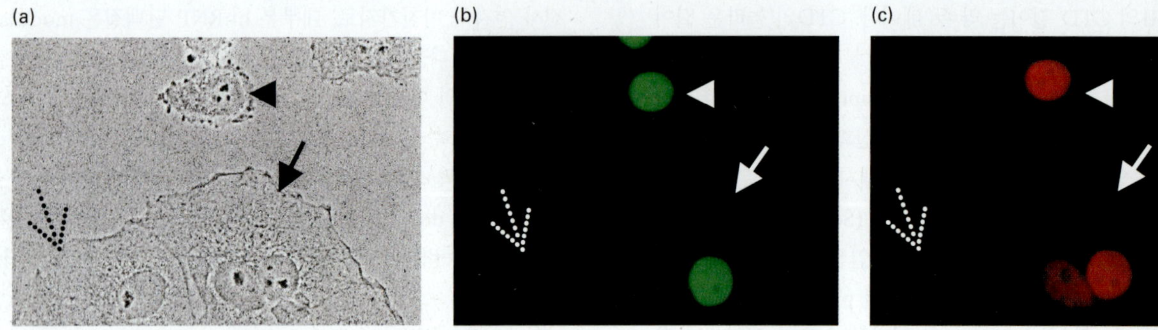

그림 9-5 인간 hnRNP A1 단백질은 핵 안팎으로 이동할 수 있지만, 인간 hnRNP C 단백질은 핵 밖으로 이동하지 않는다. 배양된 HeLa 세포와 *Xenopus* (개구리의 한 속) 세포에 polyethylene glycol을 처리한 다음 세포 융합시켜, 각 세포의 핵을 포함하는 heterokaryon (이핵 공존체)을 만들었다. 세포 융합 직후 cycloheximide를 바로 처리하여, 단백질 합성이 추가로 일어나는 것을 방지하였다. 2시간 후, 세포를 고정하고 인간 hnRNP C 단백질(녹색)과 A1 단백질(빨간색)에 특이적이며 형광으로 표지된 항체를 이용한 염색이 진행되었다. 이 항체들은 *Xenopus* 단백질에는 결합하지 않는다. (a) Phase-contrast (위상차) 현미경으로 관찰하였을 때, 세포 융합이 일어나지 않은 HeLa 세포(화살촉) 1개와 *Xenopus* 세포(점선 화살표) 1개가 확인되었다. *Xenopus* 세포의 핵은 하나의 눈에 띄는 nucleolus (인)을 포함하고 있으며, 둥근 HeLa 세포 핵보다 모양이 더 타원형이다(HeLa 세포는 3개 nucleolus를 포함하고 있다). 이 현미경 사진에서 세포 융합이 된 heterokaryon (실선 화살표)은 하나의 nucleolus가 있는 타원형 *Xenopus* 핵의 오른쪽에 둥근 HeLa 세포 핵을 가지고 있다. (b, c) 동일한 세포를 형광현미경으로 관찰했을 때, 인간 hnRNP C 단백질은 녹색으로, 인간 hnRNP A1 단백질은 붉은색으로 보인다. 왼쪽의 세포 융합되지 않은 *Xenopus* 세포는 염색되지 않았기 때문에 항체가 인간 단백질에 특이적임을 알 수 있다. Heterokaryon에서 인간 hnRNP C 단백질(녹색)은 HeLa 세포 핵에서만 관찰되는 반면(b), 인간 A1 단백질(빨간색)은 heterokaryon에서 HeLa 세포 핵과 *Xenopus* 핵 모두에서 관찰된다(c). 세포 융합 후 단백질 합성이 차단되었기 때문에 일부 인간 hnRNP A1 단백질은 HeLa 세포 핵을 떠나 세포질로 이동한 후 heterokaryon의 *Xenopus* 핵으로 들어갔음이 틀림없다. [Reprinted by permission from Nature Publishing Group, from R. S. Piñol and G. Dreyfuss, 1992, "Shuttling of Pre-mRNA Binding Proteins Between Nucleus and Cytoplasm," *Nature* **355**(6362):730–732; permission conveyed through the Copyright Clearance Center, Inc.]

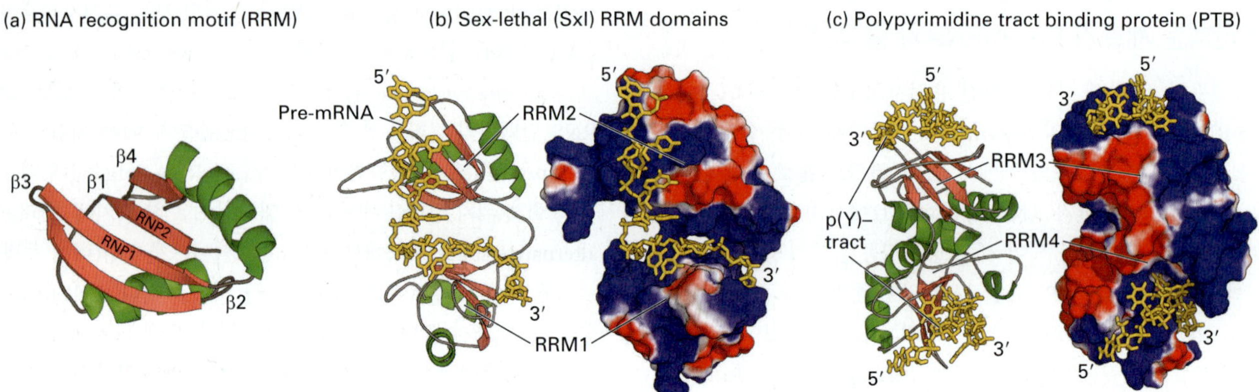

그림 9-6 RRM domain의 구조 및 RNA와의 상호작용. (a) RRM motif를 특징짓는 2개의 α 나선(녹색)과 4개의 β 가닥(빨간색)을 보여주는 RRM domain 그림. RNP1 및 RNP2의 종간 보존된 영역은 2개의 중앙 β 가닥에 위치한다. (b) *Drosophila* Sex-lethal (Sxl) 단백질의 두 RRM1/2 domain의 표면 모습. 두 domain은 pre-mRNA (노란색)의 연속적인 9개 염기 서열에 결합한다. (b)와 (c)에서 양전하 영역은 파란색 음영으로; 음전하 영역은 빨간색 음영으로; RNA는 노란색으로 표기되어 있다. Sxl의 두 RRM은 열린 castanets 쌍의 두 부분처럼 생겼으며 RRM의 β 시트가 서로를 마주보고 있다. Pre-mRNA는 양전하를 띠는 β 시트의 표면에 결합되어 있고, 각 RRM의 RNP1 및 RNP2 영역에서 대부분의 결합이 이루어진다. (c) 놀랍게도 polypyrimidine tract-binding (PTB) 단백질에서 RRM domain들은 다른 방향으로 배열되어 있는데(마주 보고 있지 않음), 이는 RRM이 위치와 방향이 다르게 배치될 수 있음을 보여준다. 'p(Y)-tract'는 polypyrimidine tract이다. PTB에서, 2개의 RRM은 α 나선을 통해 연결되어 있고, 양전하를 띤 β 시트가 RRM3의 경우 위쪽으로, RRM4의 경우 아래쪽으로 서로 반대 방향을 향하고 있다. 두 RRM 각각에 결합하는 CUCUCU single-stranded RNA의 구조가 결정되었다. 이에 따라, 2개의 6 pyrimidine tract가 ~15개 이상의 nucleotide loop에 의해 분리되어 있을 때, PTB가 어떻게 하나의 RNA에 존재하는 2개의 6 pyrimidine에 결합하는지 설명할 수 있게 되었다. PTB는 pre-mRNA에서 작은 loop가 형성되게 하는데, 이렇게 됨으로써 PTB가 exon에서 splicing 억제 인자로 역할을 할 수 있게 된다. 이때 3′ splice 위쪽 또는 5′ splice 아래쪽은 2개의 polypyrimdine tract가 flank하고(둘러싸고) 있는 곳이다. Part (a) K. Nagai et al., 1995, *Trends Biochem. Sci.* **20**:235 참조. [Part (b) Data from N. Harada et al., 1999, *Nature* **398**:579. Part (c) Data from F. C. Oberstrass et al., 2006, *Science* **309**:2054.]

side chain (측쇄)은 β 시트 표면에 놓여 있는 RNA의 single-stranded (단일가닥) 영역과 다중접촉을 하게 된다. 이것은 RNA의 특정 위치에 결합하는 *Drosophila* Sex-lethal protein (Sxl, 성-치사 단백질)의 두 RRM domain의 x-ray crystal structure (x-선 결정 구조)에서 확인되었고(그림 9-6b), 특정 RNA에 결합하는 인간 polypyrimidine tract-binding (폴리 피리미딘 지대-결합) 단백질(PTB)의 두 RRM domain

의 x-선 결정 구조에서도 확인되었다(그림 9-6c). Sxl 및 PTB는 서로 다른 hnRNP들에서 RRM domain이 위치와 방향이 다르게 배치되어 있는 좋은 예이다.

45개-잔기의 *KH domain*은 hnRNP K 단백질 및 기타 여러 RNA-결합 단백질에서 발견된다. 대표적인 KH domain의 3차원 구조는 RRM domain의 3차원 구조와 유사하지만, 크기가 작다. 그리고 2개의 α 나선에 의해 한쪽이 지지되는 세 가닥 β 시트로 구성되어 있다. 그럼에도 불구하고, KH domain은 RRM domain과 매우 다른 방식으로 RNA와 상호작용한다. RNA는 KH domain과 결합할 때, α 나선들과 하나의 β 가닥에 의해 형성되는 hydrophobic (소수성) 표면과 상호작용한다. *RGG* 상자는 hnRNP 단백질에서 발견되는 또 다른 RNA-결합 motif인데, 여러 aromatic (방향족) 아미노산이 산재된 5개의 Arg-Gly-Gly (RGG) 반복 서열을 가지고 있다. Arginine이 풍부한 특성은 HIV Tat 단백질의 RNA-결합 domain과 유사하다. KH domain과 RGG 반복 서열은 하나의 RNA 결합 단백질에서 2개 이상의 세트로 산재되어 있는 것이 자주 발견된다.

Splicing은 Pre-mRNA의 짧고 종간 보존된 서열에서 일어나고 두 번의 Transesterification (에스테르 교환) 반응을 통해 완료된다

기능적으로 온전한 mRNA가 만들어지는 동안, **intron**은 제거되고 **exon**은 splice되어 하나로 이어진다. 짧은 전사 unit (단위)의 경우, RNA splicing은 일반적으로 그림 9-2에서 β-globin (글로빈)에 대해 그려진 바와 같이, primary transcript의 3′ 말단의 cleavage 및 polyadenylation 이후에 일어난다. 그러나 다수의 exon을 포함하는 긴 전사 unit의 경우, 유전자 전사가 완료되기 전에 nascent RNA에서 exon의 splicing은 시작된다.

핵에서 일어나는 mRNA processing에 대한 초기 연구에서 세포질에 있는 mRNA보다 처음 만들어지는 mRNA가 상당히 긴 RNA 분자로 전사됨이 알려졌다. 또한 전사 개시 직후 추가된 5′ cap 근처의 RNA 서열이 기능적으로 온전한 mRNA에 남아 있고, hnRNA에서 mRNA processing intermediate의 polyadenylated 3′ 말단 근처 RNA 서열도 세포질 mRNA에 남아 있는 것이 밝혀졌다. 세포질 mRNA는 어떻게 primary transcript보다 짧을 수 있을까? 그러면서도 두 RNA는 어떻게 동일한 5′와 3′ 말단이 갖는 것일까? 이 어려운 문제에 대한 답은 adenovirus (아데노바이러스) DNA와 hexon 정보를 가진 mRNA의 RNA-DNA hybrid를 보여주는 전자현미경 결과로부터 얻어졌다(그림 9-7). Hexon은 주요 virion (성숙한 바이러스입자) capsid (바이러스 단백질 껍질) 단백질이다. 다른 연구에서는 핵에 존재하는 바이러스

실험 그림 9-7 mRNA-template (주형) DNA hybrid의 전자현미경 사진은 intron이 pre-mRNA processing 동안 splice됨을 보여준다. (a) 아데노바이러스 DNA의 *Eco*RI A 절편을 보여주는 그림으로, 이 DNA 절편은 genome의 왼쪽 끝에서 hexon 유전자의 마지막 exon 끝 바로 직전까지 서열을 포함한다. 이 유전자는 ~1, 2.5, 9 kb 3개 intron, 3개의 짧은 exon과 1개의 긴(~3.5 kb) exon으로 구성되어 있다. (b) *Eco*RI A DNA 절편과 hexon mRNA 사이의 hybrid 전자현미경 사진(왼쪽) 및 개략적인 그림(오른쪽). A, B, C로 표시된 loop는 (a)에 표시된 intron에 해당한다. 바이러스 genome DNA에 존재하는 이러한 intron 서열은 완성된 hexon mRNA에는 존재하지 않기 때문에, exon 서열은 mRNA의 complementary 서열과 hybridize할 수 있는 반면 intron은 loop를 이룬다. (c) 척추동물 pre-mRNA의 splice 위치 주변의 종간 보존된 서열. 모든 종에서 거의 변하지 않는 base는 intron의 5′ GU 및 3′ AG (파란색)이다. 이외에도 몇몇 염기가 예상보다 높게 빈도로 존재한다. 대부분의 경우 intron의 3′ 말단 근처에 pyrimidine이 높은 빈도로 존재하는 영역(해치 표시)이 있다. Branch-point A 역시 모든 종에서 발견되며, 3′ splice 위치에서 20–50 염기 떨어져 있다. 40 염기에서 50 kilobase까지 다양한 길이를 가지는 intron의 가운데 영역은 일반적으로 splicing에 필요로 하지 않는다. R. A. Padgett et al., 1986, *Ann. Rev. Biochem.* **55**:1119, and E. B. Keller and W. A. Noon, 1984, *Proc. Nat'l. Acad. Sci. USA* **81**:7417 참조. [Micrograph in (b) Data from S. M. Berget et al., 1977, *Proc. Nat'l. Acad. Sci. USA* **74**:3171; Photo courtesy of Phillip A. Sharp.]

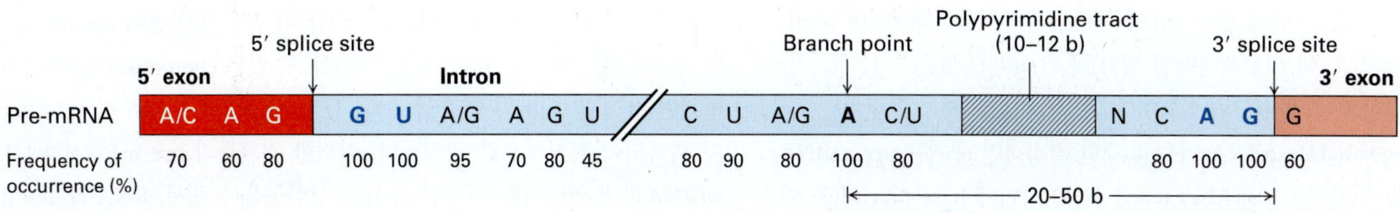

RNA (primary transcript)가 viral DNA와 colinear (동일 선형으로 배열)하였고, intron 1~2개가 제거된 RNA (processing intermediate)와도 colinear함이 밝혀졌다. 긴 mRNA precursor 양 끝에 있는 5′ cap과 3′ poly(A) 꼬리가 세포질 mRNA에서도 남아 있다는 기존의 발견과 더불어, 이러한 결과들로부터 primary transcript에서 exon이 splice되면서 동시에 intron도 제거된다는 결론에 도달하게 되었다.

Pre-mRNA에서 *splice* 위치[즉, exon-intron junction (연결지점)]는 genomic (게놈) DNA 서열과 해당 mRNA로부터 만들어지는 cDNA 서열을 비교하면 결정될 수 있다(그림 6-17 참조). Genome DNA에는 존재하지만 cDNA에는 존재하지 않는 서열이 intron이다. Intron이 확인되면 splice 위치를 정할 수 있다. 수많은 서로 다른 mRNA 분석 결과에서 척추동물 pre-mRNA의 intron 양쪽에 있는 splice 위치의 짧은 공통 서열이 도출되었는데, 이 서열은 종간 상당수에서 보존되어 있다; 3′ splice 위치 위쪽에 존재하는 pyrimidine이 많은 영역도 공통적으로 나타난다(그림 9-7c). Intron에 결실이 있는 돌연변이 유전자를 분석한 연구에서, intron 가운데 부분은 splicing에 영향을 주지 않고 제거될 수 있음이 알려졌다; 일반적으로, intron 양끝 30–40 nucleotide가 정상적인 splicing에 필요하다.

*In vitro*의 pre-mRNA splicing 실험에서 형성된 intermediate 분석 결과에서, exon splicing은 두 번의 *transesterification* 반응을 거쳐 일어남이 알려졌다(그림 9-8). Intron은 lariat (올가미) 구조로 제거되는데, 이 구조에는 intron의 5′ G가 intron의 3′ 말단 근처의 adenosine에 특이한 2′,5′-phosphodiester (포스포디에스테르) 결합으로 연결되어 있다. 이 adenosine (A, 아데노신) 잔기는 branchpoint (분기점) A로 불리는데, 이유는 lariat 구조로 RNA branch (가지)를 만들기 때문이다. 각 transesterification 반응에서, 하나의 phosphoester 결합이 다른 결합으로 서로 바뀐다. 분자 내 phosphoester 결합의 숫자는 각 transesterification 반응에서 변화하지 않기 때문에, 에너지 소모는 없다. 두 번의 esterification 반응의 결과로서, 떨어져 있던 2개의 exon이 붙게 되고 가운데 있는 intron이 branched lariat 구조를 가지고 제거된다.

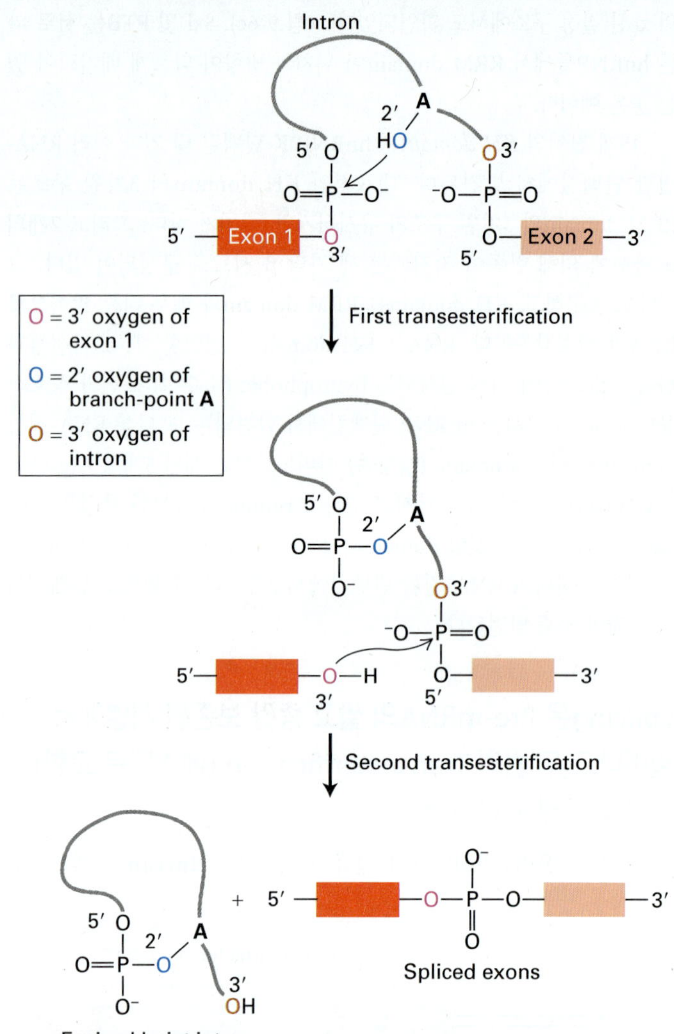

그림 9-8 두 번의 transesterification 반응을 거치면 pre-mRNA exon splicing이 완료된다. 첫 번째 반응에서, intron의 5′ phosphorus (인)와 exon 1의 3′ oxygen (산소, 진한 빨간색) 사이의 ester 결합이 branch-site A 잔기의 2′ 산소(파란색)의 ester 결합과 서로 교환된다. 두 번째 반응에서는 exon 2의 5′ phosphorus와 intron의 3′ 산소(주황색) 사이의 ester 결합이 exon 1의 3′ 산소와의 ester 결합으로 바뀌면 intron이 lariat 구조로 방출되고 2개의 exon이 붙게 된다. 화살표는 활성화된 hydroxyl oxygen이 phosphorus 원자와 반응하는 위치를 보여 준다.

Splicing 과정에서, snRNA는 Pre-mRNA와 Base-Pair가 이루어지면 Splicing 위치가 결정되고 Transesterification 반응이 시작된다

Splicing은 많은 양의 **small nuclear RNA (snRNA)**를 필요로 한다. snRNA는 pre-mRNA와 base-pairing하며 ~150 splicing 인자 단백질들과 상호작용을 위해 중요하다. 핵에만 존재하고, *U1, U2, U4, U5, U6*로 명명된 5개의 U-rich (U가 많은) snRNA가 pre-mRNA splicing에 관여한다. 척추동물에서 snRNA들은 107–210개 nucleotide 길이를 가지는데, 진핵 세포의 핵에 있는 small nuclear ribonucleoprotein particle (snRNP, 작은 핵 리보핵단백질 입자)에서 snRNA들은 5–12개의 단백질들과 결합되어 있다(그림 9-10).

Splicing에서 U1 snRNA 기능에 대한 결정적인 증거는 pre-mRNA의 5′ splice 위치와 U1 snRNA (그림 9-9a) 사이에 base pairing을 이룬다는 사실을 밝힌 실험에서 나왔다(그림 9–9b). *In vitro* 실험에서 U1 snRNA의 5′-말단 영역과 hybridize (혼성화)될 수 있도록 합성된 oligonucleotide를 처리하면 RNA splicing이 차단됨을 알 수 있었다. *in vivo* 실험에서 pre-mRNA 5′ splice 위치(그림 9-9b의 빨간색 A, 왼쪽)에 base pairing이 이루지 못하는 돌연변이가 도입되면 RNA splicing이 일어나지 않음을 알 수 있었다; 그러나 이 경우 돌연변이 pre-mRNA 5′ splice 위치에 base pairing을 복원할 수 있는 *compensating* (보상) 돌연변이(그림 9-9b의 빨간색 U)를 U1 snRNA에 도입하면 splicing이 회복되어 정상적으로 일어났다. 이러한 결과들과 pre-mRNA와 U1 snRNA의 돌연변이를 이용한 유사한 실험들을 통해서, RNA splicing

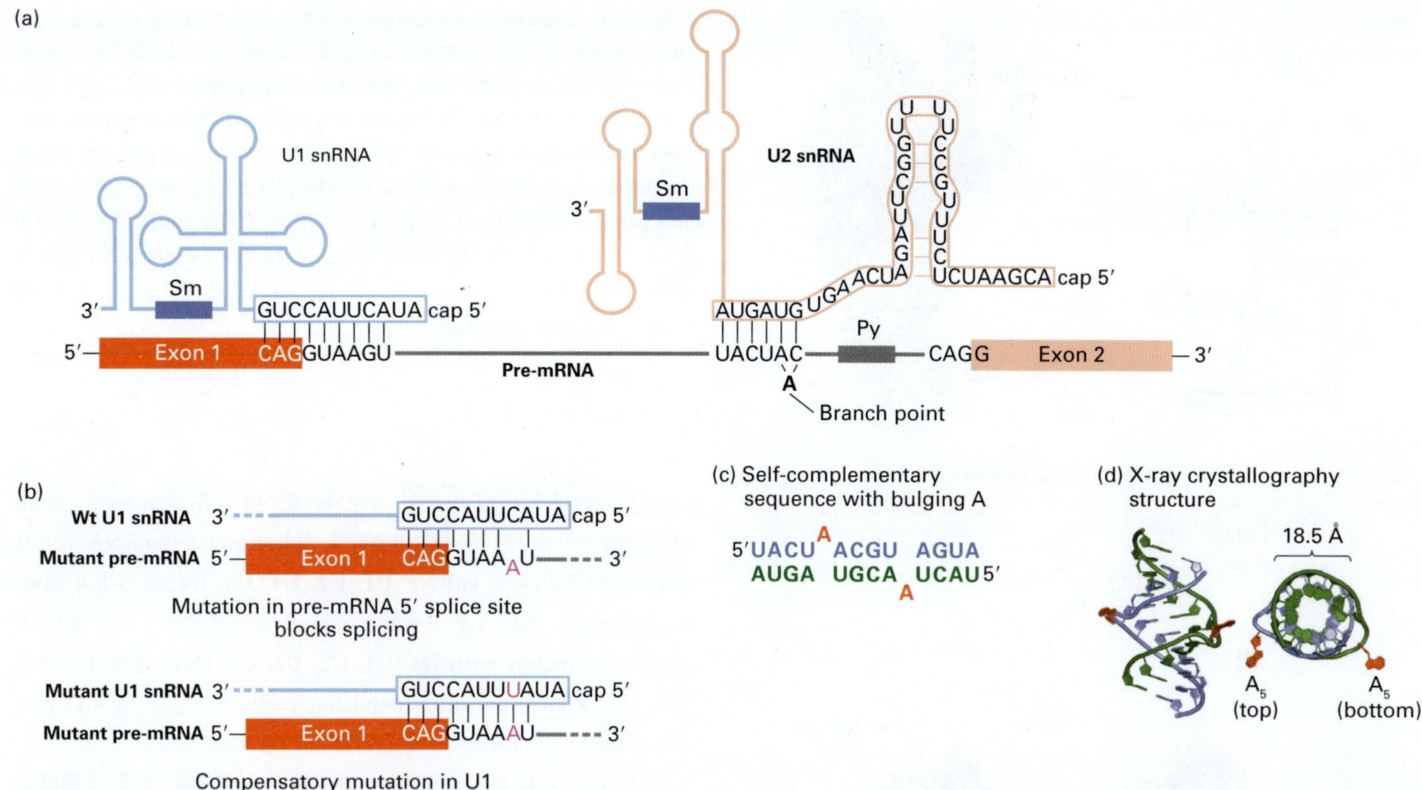

그림 9-9 Splicing 과정 초기에서 pre-mRNA, U1 snRNA, U2 snRNA 사이의 염기쌍. (a) 이 그림에서 snRNA 2차 구조를 볼 수 있는데, 이는 splicing 동안 변경되지 않는다. Sm이라고 표시된 직사각형은 snRNA를 둘러싸는 고리 구조의 7개의 Sm 단백질이 붙는 위치이다. 또한 동일한 Sm 단백질은 U4 및 U5 snRNA 주위에 고리를 형성한다(그림에 나와 있지 않음). 이 그림에는 효모 branchpoint 서열 UACUAAC가 bulged branch-point A와 함께 표기되어 있다. U2 snRNA는 branch-point A를 포함하는 서열과 base-pair를 형성하지만 branch-point A와는 base pair를 이루지 않는 것에 주목하자. (b) U1 snRNA의 5′ 말단과 pre-mRNA의 5′ splice 위치만 그려져 있다. *왼쪽*: U1 snRNA의 5′ 말단에 base pairing을 이루지 못하는 pre-mRNA splice 위치의 돌연변이(빨간색 A)를 도입하면 splicing이 일어나지 못한다. *오른쪽*: 다시 base pairing을 할 수 있는 compensating 돌연변이(빨간색 U)가 도입된 U1 snRNA를 발현하면 돌연변이 pre-mRNA의 splicing도 정상적으로 회복된다. (c, d) RNA-RNA 나선의 bulged A 구조. 이는 (a)에서 U2 snRNA와 base pair를 이루는 pre-mRNA branch-point A와 유사하다. RNA 나선의 서열은 (c)에서 볼 수 있는데, 5번 위치에 bulged A 잔기(빨간색)를 가지고 있다. 이 RNA 나선의 구조는 x-선 결정학을 통해 밝혀졌다 (d). Bulged A 잔기는 A-form (A-형) RNA-RNA 나선의 한쪽으로 나와 있다. 한 가닥의 phosphate backbone (골격)은 녹색으로 표시되어 있다; 다른 phosphate backbone은 파란색으로 표기되어 있다. 오른쪽 그림은 나선 축 아래쪽을 보기 위해 90° 회전한 것이다. M. J. Moore et al., 1993, in R. Gesteland and J. Atkins, eds., *The RNA World*, Cold Spring Harbor Press, pp. 303–357. See also Y. Zhuang and A. M. Weiner, 1986, *Cell* **46**:827 참조. [Parts (c) and (d) Data from J. A. Berglund et al., 2001, *RNA* **7**:682.]

이 정상적으로 완료되려면 특정 RNA 서열이 필요하기보다는 U1 5′ 영역과 base pairing이 필요함을 알 수 있었다. 단, 예외적으로 거의 모든 intron 5′ 말단 GU는 RNA splicing을 위해서 반드시 필요하다.

Pre-mRNA의 branch-point A에 인접한 공통 서열에 complementary 서열이 U2 snRNA에 존재함이 알려지면서, U2 snRNA가 splicing에서 역할을 할 것이라 예상되었다(그림 9-7c 참조). U1 snRNA과 5′ splice 위치에서 수행되었던 것과 유사한 돌연변이 실험을 통해, U2 snRNA와 pre-mRNA의 branch-point 서열(그림 9-7c 참조) 간의 base pairing 역시 splicing에 매우 중요하다는 것을 알게 되었다.

중요한 것은, branch-point A는 U2 snRNA와 base pair를 이루지 않아 branch-point A가 bulge out되고(돌출되고) (그림 9-9a), A의 2′ hydroxyl (히드록실기)이 RNA splicing의 첫 번째 transesterification 반응에 참여하게 된다는 점이다(그림 9-8 참조). 2개의 돌출된 A가 있는 RNA-RNA duplex (이중체) (그림 9-9c)의 구조가 x-ray crystallography (x-선 결정학)에 의해 밝혀졌다. 이 결과는 bulged-out A 구조를 알려 주었는데, 이 bulged-out A 구조는 U2 snRNA가 pre-mRNA의 branch-point 영역과 base pair를 이룰 때 만들어지는 bulged-out A와 유사하였다(그림 9-9d).

Spliceosome은 Pre-mRNA Splicing이 잘 일어나도록 촉매한다

배양된 포유동물 세포와 효모의 추출물을 사용한 생화학적 연구와 효모의 유전학 연구를 통해서, 우리는 pre-mRNA splicing을 조절하는 메커니즘에 대해 많은 이해를 하게 되었다. RNA splicing의 두 transesterification 반응은 **spliceosome**이라고 불리는 1.3 megadalton RNA-

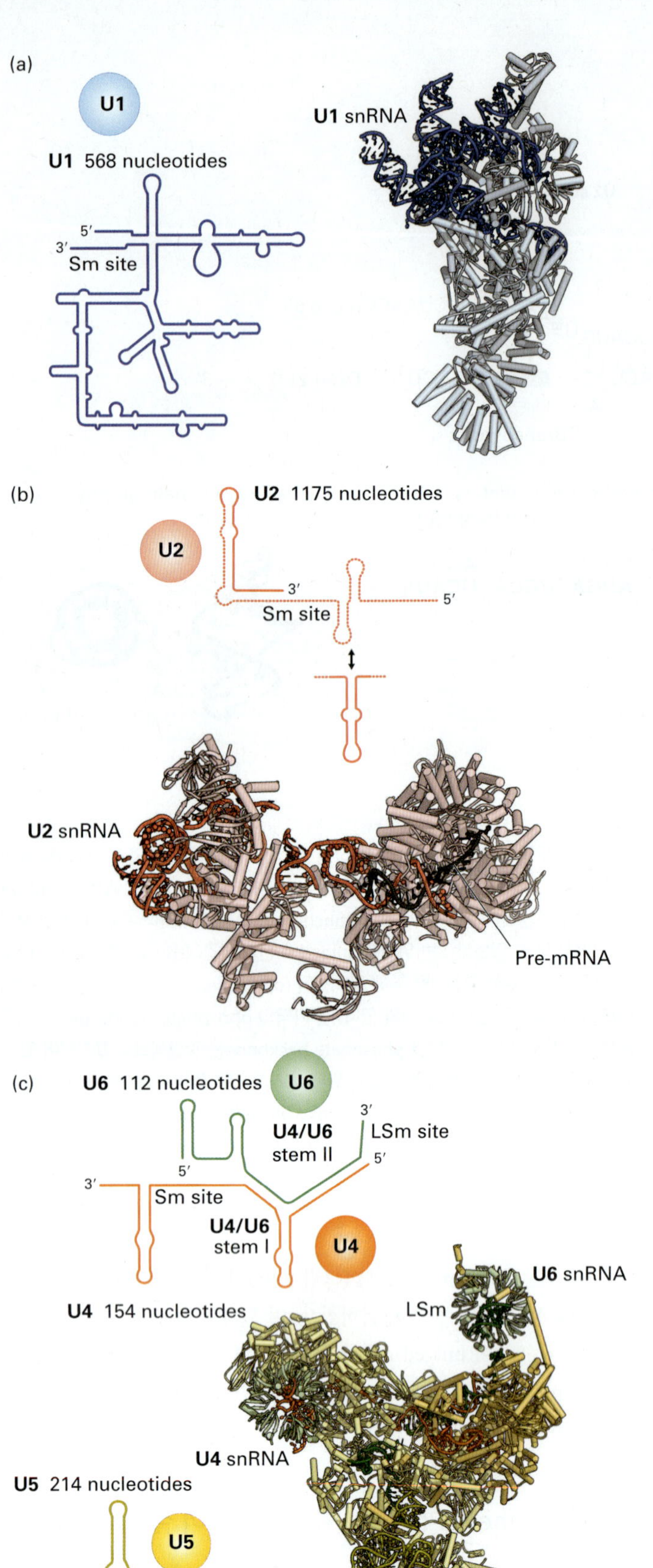

그림 9-10 Pre-mRNA splicing에 관여하는 *Saccharomyces cerevisiae* snRNP의 구조. 왼쪽에는 snRNA의 2차 구조가 그려져 있고, 오른쪽에는 cryo-EM (저온전자현미경)을 통해 결정된 3차원 구조가 결합 단백질과 함께 그려져 있다. snRNA 결합 단백질은 ribbon 그림으로 표기되었다. 5개의 small nuclear ribonucleoprotein particle (snRNP) 각각은 서로 다른 색상(U1, 파란색; U2, 분홍색; U4, 주황색; U5, 노란색; U6, 녹색)으로 표기되어 있다. U1, U2, U4 및 U5 snRNA의 RNA 2차 구조 그림에서 'Sm site'는 7개 Sm 단백질 고리가 snRNA를 둘러싸고 있는 위치이다. 또 다른 7개 단백질 고리(단백질 LSM2-8)가 U6 snRNA의 3′ 말단 주위에서 만들어진다. [Data from C. Plaschka, A. J. Newman, and K. Nagai, 2019, *Cold Spring Harb. Perspect. Biol.* **11**:a032391.]

단백질 복합체에 의해 반응이 촉매되는데, 이 spliceosome은 small ribosome subunit과 크기가 비슷하다. Spliceosome은 snRNA 위에서 assemble (조립)되는 **snRNP U1, U2, U4, U5, U6**, 총 5개의 ribonucleoprotein 복합체를 사용하여 assemble된다(그림 9-10). snRNP (small ribonuclear particles) U1, U2, U4, U5, U6는 앞에서 설명되었다. (U3 RNA는 pre-mRNA splicing에 관여하지 않고, 오히려 pre-ribosomal RNA processing에 관여한다; 그림 9-46 참조.)

U1, U2, U4, U5 및 U6 snRNP는 일시적으로 서로 결합하고 pre-mRNA의 splice 위치와도 결합하여 활성을 가진 spliceosome이 되는데, 여기에는 U2, U5 및 U6 snRNP만 포함되어 있다(그림 9-11a). 활성 spliceosome에는 *NTR* 및 *NTC*라고 하는 2개의 큰 multiprotein (다중단백질) 복합체도 포함되어 있다(그림 9-11a). snRNA를 자세히 보여주는 그림 9-11b에서 알 수 있듯이, 활성 spliceosome은 주로 단백질로 구성되어 있다. 완성된 활성 spliceosome은 두 단계의 splicing 반응을 수행하고 mRNA에서 분리된다. 효모 temperature-sensitive mutant (온도-민감성 돌연변이체) 연구에서 RNA splicing에 필수적인 ~150개의 유전자가 알려졌고, 이들 대부분은 인간에서 ortholog (이종상동) 유전자가 존재하였다. 이들 유전자로부터 만들어지는 대부분의 polypeptide는 spliceosome assembly intermediate와 일시적으로 결합하고 이후 분리된다. 또한 잘려나가는 lariat intron과 붙었다 떨어지는 인자들과도 일시적으로 결합하고서 이후 분리된다. 이후 분리된 snRNP와 splicing-단백질 인자들은 또 다른 pre-mRNA splice 위치에 다시 assemble되고 또 다른 transesterification splicing 반응을 촉매한다.

단백질 합성에 관여하는 ribosome과 달리, spliceosome은 안정적인 복합체가 아니다. 활성 spliceosome이 완성되는 동안, 몇몇 snRNP와 추가 splicing 인자 단백질들은 assembly intermediate와 처음 결합한 이후에 분리된다. 위에서 설명한 바와 같이, RNA-splicing 반응은 반응 전후의 phosphodiester 결합의 수에 변화가 없기 때문에 자유 에너지의 변화가 없다. 그러나 세포에서 RNA splicing이 일어나는 동안, RNA processing은 RNA-helicase (헬리카제) 효소(단백질)에 의해 5′ 및 3′ exon들이 연결되게 하는데, 이때 ATP hydrolysis (가수분해) 에너지를 활용한다(다음에 설명되어 있음).

효모에서, 5′ splice 위치와 branch-point 서열은 거의 모든 intron

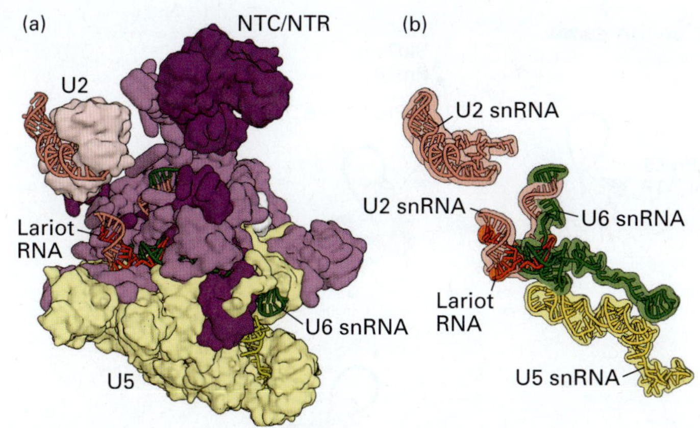

그림 9-11 활성을 가진 효모 spliceosome의 구조. (a) U5 snRNP (노란색)가 scaffold를 형성하고, 그 위에 3개의 주된 subcomplex (부분 복합체)가 RNA 분자와 활성 center 주위에서 서로 붙어 있다. 3개의 주된 subcomplex는 활성을 가진 spliceosome (U2 snRNP, 분홍색)과 NTR (옅은 보라색)/NTC (짙은 보라색) 단백질 복합체이다. 4개의 RNA 분자들은 공간-채우기 모델로 그려졌다(U2는 주황색, U5는 노란색, U6는 녹색, 그리고 intron lariat RNA는 빨간색으로 표기). (b) 활성을 가진 spliceosome에서 U6, U5, U2 snRNA의 두 부분, lariat intron RNA (빨간색)의 위치. 이는 고해상도 저온전자현미경으로 위치가 결정되었다. [Republished with permission from the American Association for the Advancement of Science, from C. Yan et al., "Structure of a Yeast Spliceosome at 3.6-Angstrom Resolution." *Science* **349**(6253):1182–1191; permission conveyed through Copyright Clearance Center, Inc.]

에서 동일하다(그림 9-12). 반면에, 포유류에서는 대부분 intron의 5′ 및 3′ 말단에 있는 GU 및 AG와 branch point A를 제외하고 splice 위치와 branch-point 서열은 매우 degenerate하다(일정하지 않다) (그림 9-12). 효모와 비교하면, 포유류에서는 추가적인 다양한 서열-특이적인 RNA-결합 단백질들을 이용하는데, 이들 단백질은 snRNP U1과 U2가 각각 5′ splice 위치 및 branch point와 결합을 조절한다. 이 때문에 포유동물에서 RNA-결합 단백질들의 활성을 조절함으로써 다양한 primary transcript의 alternative splicing이 가능하게 된다. 효모의 단순화된 splicing 시스템과 포유류의 복잡한 시스템을 비교해 보면, 두 시스템 모두에 대한 연구가 보다 수월해지고 포유류에 존재하는 추가 핵 단백질들이 alternative RNA splicing에 참여하고 조절하는 방법에 대한 이해를 높일 수 있다.

Pre-mRNA Splicing Cycle (순환, 주기) 효모에서는 splicing이 일어나는 동안, snRNP들과 splicing 인자들이 10개의 복합체를 만든다(그림 9-13). 위에서 설명한 바와 같이(그림 9-9a), spliceosome assembly는 U1 snRNP의 U1 snRNA와 pre-mRNA의 5′ splice 위치 사이의 base pairing 이후에 시작된다(그림 9-9a, 왼쪽). 다음으로, 포유류 세포에서 *U2 associated factor* (*U2AF*)로 불리는 heterodimeric (이종이량체) splicing 인자 단백질은 또 다른 단백질 인자(splicing factor, SF1)와 함께 U2 snRNP와 intron 3′ 말단 근처의 branch-point 서열의 결합을 촉진한다(그림 9-9a, 오른쪽). 작은 U2AF subunit은 3′ splice 위치 AG에 결합하고, 큰 U2AF subunit은 후생동물의 polypyrimidine tract에 결합한다. SF1은 branch-point A와 일시적으로 상호작용하고, 이후 U2 snRNA가 branch-point 영역과 base pair할 때 분리된다(그림 9-9a). 결과적으로, 이러한 상호작용을 통해 splicing 반응에 사용되는 3′ splicing 위치가 정해진다. 여기에 나와 있지 않은 다른 단백질 splicing 인자들은 U1 및 U2 snRNA와 pre-mRNA의 상호작용에 관여하여 안정화시킨다.

U2 snRNP가 형성된 후, snRNP의 대규모 구조적 재배열가 이어지는데, 여기에는 A 복합체가 pre-B 복합체로 바뀌는 과정에서 pre-assembled *tri-RNP* 복합체(U4, U5 및 U6 snRNP, 그림 9-10)가 결합하게 된다(그림 9-13). 그런 다음, U1 snRNP가 분리되고 B-복합체가 형성된다. 이후 U4 snRNP는 분리되고, multisubunit (다중 소단위) 단백질 복합체 NTC (7개의 polypeptide로 구성됨) 및 NTR (6개의 polypeptide로 구성됨)이 결합하여 Bact 복합체가 생성된다. B 복합체에서 B^{act} 복합체로 전환되는 동안 snRNP 재배열이 일어나고, 이로써 U6과 U2 사이, U6과 5′ splice 위치 사이의 새로운 상호작용이 가능해진다(그림 9-14a). 이러한 새로운 상호작용은 두 번의 splicing-transesterification 반응을 촉매하는 데 필요하다.

snRNP들과 단백질 splicing 인자들의 이러한 재배열을 통해 첫 번째 transesterification 반응이 촉매되는 촉매 활성 위치(그림 9-14b)가 만들어지고, 이어서 5′ 및 3′ exon을 연결하는 두 번째 transesterification 반응이 일어난다. 두 번의 transesterification 반응은 활성 위치에서 특별한 재배열이 거의 없는 상태로 진행된다. 다만, splice 위치의 phosphoester 결합 위치에서 약간의 재배열이 있을 뿐이다(복합체 B*, C, C*의 차이; 그림 9-13). Ribosome에서는 RNA가 분자량의 ~50% 차지하는 반면, 활성을 가진 인간 spliceosome의 세 가지 snRNA (U2, U5, U6)는 전체 분자 질량의 5% 이하에 해당한다(그림 9-11). 이는 splicing 과정의 여러 단계에서 단백질들이 중요한 기능을 수행하는 점과 일치하는 것이다. Spliceosomal 단백질들은 splicing 활성 위치를 적절하게 배치하고, 반응성 화학 그룹을 활성 위치로 전달하며, exon끼리

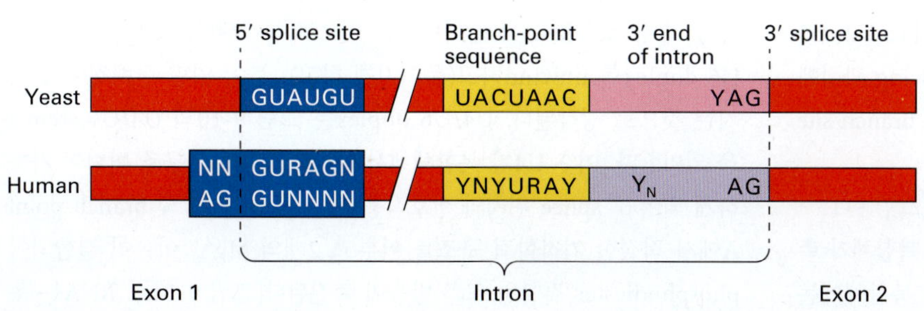

그림 9-12 효모와 인간의 splice 위치와 branch-point A의 RNA 서열. 효모에서 splice 위치와 branch-point 서열이 포유류 세포보다 더 일정하다. [포유류 서열에 더 많은 수의 N (G, A, T, C 중 하나)이 있는 것에 주목하라].

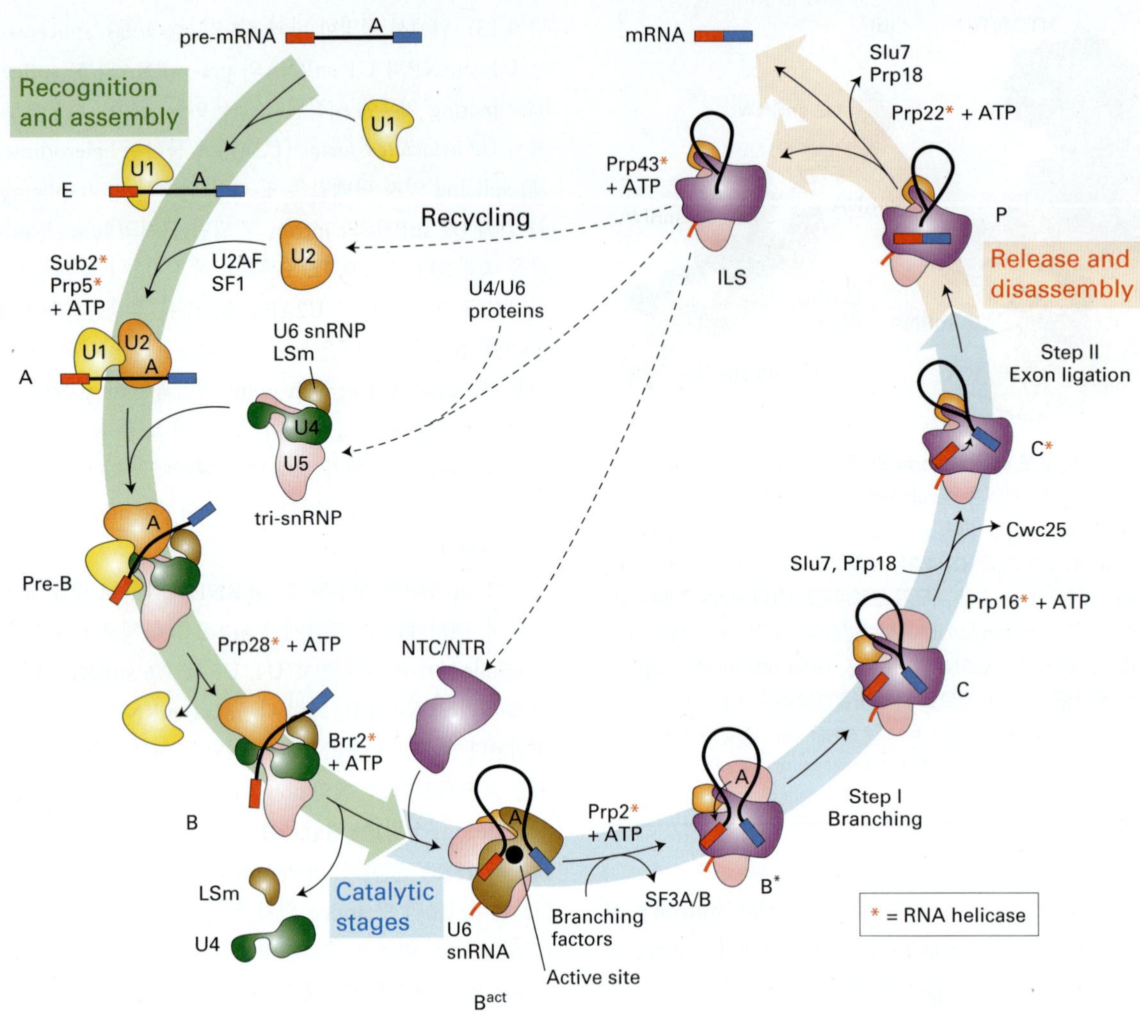

그림 9-13 Pre-mRNA, snRNP 및 splicing 인자들로 구성된 10개 복합체들이 효모의 splicing이 진행되는 동안 구별되어 존재한다. 각 복합체의 이름은 그림에 원을 따라 표시되어 있다. 자세한 설명은 본문을 참조하시오. [Data from C. Plaschka, A. J. Newman, and K. Nagai, 2019, *Cold Spring Harb. Perspect. Biol.* **11**:a032391.]

붙는 방향으로 반응을 유도하고, splicing 과정을 조절하는 역할을 한다.

Splicing 과정은 spliceosome이 해체됨과 동시에 완료되는데, spliceosome 해체를 위해서는 NTC와 NTR 단백질 복합체가 필요하다(그림 9-13, 복합체 P→ILS). 결과적으로, 5′-3′ phosphodiester 결합으로 3′ exon과 5′ exon이 붙여 이어진 spliced RNA가 만들어지고 분리된다. 또한 U2, U5 및 U6 snRNP, 그리고 NTC/NTR 복합체와 결합된 intron lariat RNA가 분리된다(그림 9-13에서 intron lariat spliceosome은 *ILS*로 표시됨). Debranching (탈분지) 효소와 5′ 및 3′ exonuclease (핵산 말단 분해효소)에 의해 intron lariat이 분해되고, U2, U5 및 U6 snRNP와 splicing 인자들은 방출되어 또 다른 splicing 과정에서 이용된다(그림 9-13, 'recycling'). Debranching 효소는 branch site A의 2′-5′ phosphodiester 결합을 절단한다.

Splicing 과정에는 여러 RNA helicase들이 필요하다(그림 9-13 *로 표시). 일례로서, RNA helicase Brr2는 촉매 불활성 B 복합체가 촉매 활성 B^{act} 복합체로 전환되는 데 반드시 필요하다. B 복합체에는 splicing에 필요한 모든 snRNP들이 포함되어 있다. 많은 RNA helicase는 RNA-RNA duplex 근처에서 ATP와 함께 single-stranded RNA에 결합함으로써 RNA-RNA base pair를 파괴하는 역할을 하는 것으로 생각된다. 이후, ATP 가수분해는 helicase 구조적 변화를 일으키고, single-stranded RNA가 helicase의 활성 위치를 통과하여 3′ 방향으로 당기지게 된다. 이로써 complementary single strand가 분리되거나 RNA에 붙어 있는 단백질들이 떨어진다. Brr2는 U4/U6/U5 tri-snRNP의 U4/U6 duplex 근처에서 single-stranded U4 snRNA와 결합한 다음 3′ 방향으로 RNA를 잡아당기는 것으로 생각된다. 결과적으로, U4/U6 duplex를 unwind하고(풀어지게 하고), 붙어 있던 단백질이 떨어지는 것으로 생각된다. U4/U6 duplex는 그림 9-10의 U4/U6 stem I을 의미한다. 이후 U4가 복합체에서 분리되고, U6는 구조 변형이 가능하게 되어 5′ splice 위치와 상호작용하며, splice 위치 및 branch-point A에서 적절한 기하학적 구조를 이루고, 2개의 Mg^{2+} 이온이 결합되어 phosphodiester 결합의 교환 반응이 촉진된다(그림 9-14c). RNA는 촉

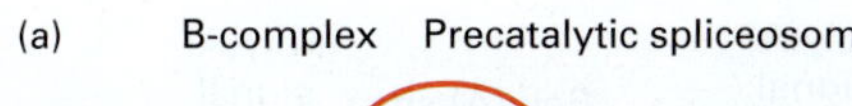

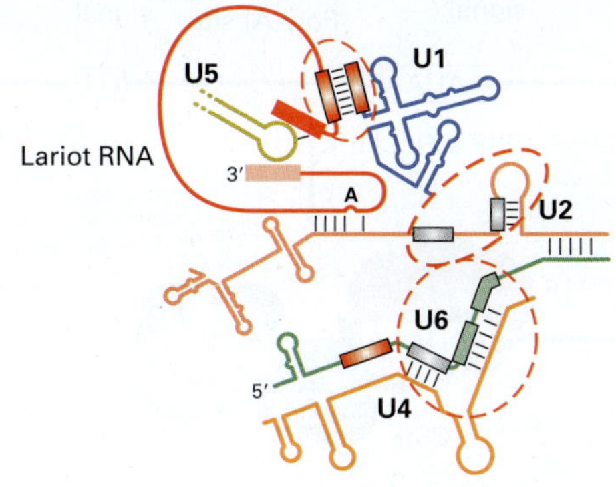

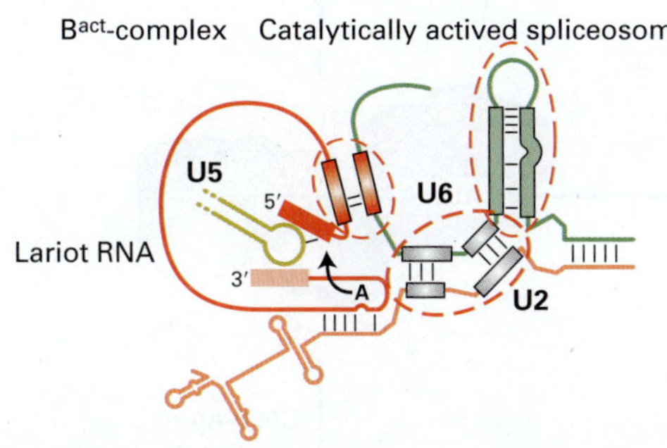

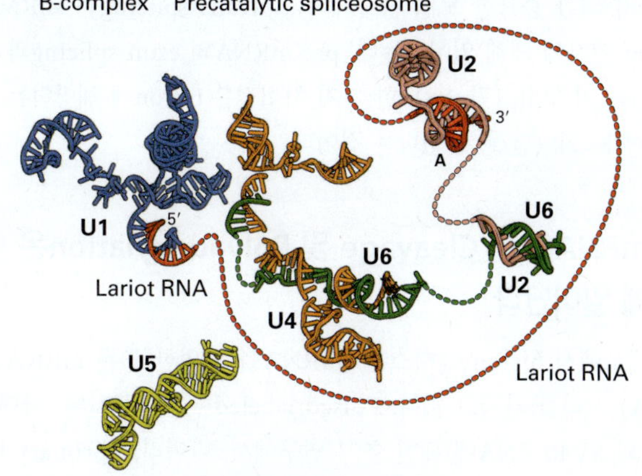

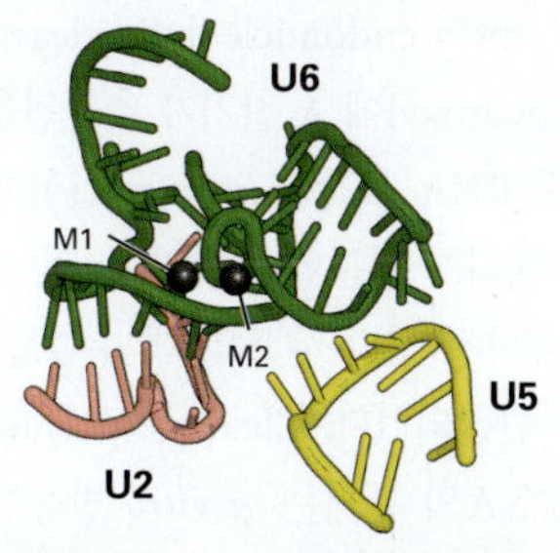

그림 9-14 snRNP들이 재배열되면 활성 촉매 위치가 만들어진다. (a) Precalytic (활성 전 상태) B-복합체(*위쪽*) 및 촉매 활성상태인 B^{act} 복합체(*아래쪽*)에서 RNA 상호작용의 네트워크. 활성화 과정에서 B 복합체 내 base pairing 상호작용들이 주로 재배열된다(U4, U6, U2를 포함하는 빨간색 타원 점선). U1 및 U4 snRNP는 spliceosome에서 분리되고, U6 snRNA의 5′ 말단이 종간 보존된 ACAGAG motif를 통해 5′ splice 위치(빨간색 타원 점선)와 base pair를 형성이 가능하게 된다. B^{act} 복합체의 다른 중요한 base-pairing 상호작용이 표기되어 있다(빨간색 타원 점선). (b) Precalytic B-복합체의 RNA 구조가 저온전자현미경을 이용하여 고해상도로 밝혀졌다. (c) B^{act} 복합체의 splicing 활성 위치에 있는 RNA element (요소). U6 snRNA가 Mg^{2+} 이온을 hold하고(잡고) 있으면, 5′ 및 3′ splice 위치, branchpoint A 그리고 U2와 U5 snRNA element들이 적절한 기하학적 구조를 이루게 되고, 두 번의 splicing transesterification 반응이 촉매된다. [Part (a) Data from M. C. Wahl, C. L. Will, and R. Luhrmann, 2009, *Cell* **136**:701–718. Part (b) Data from C. Plaschka, A. J. Newman, and K. Nagai, 2019, *Cold Spring Harb. Perspect. Biol.* **11**:a032391. Part (c) Data from C. Yan, R. Wan, and Y. Shi, 2019, *Cold Spring Harb. Perspect. Biol.* **11**:a032409.]

매 메커니즘에서 핵심적인 요소이다. Transesterification 반응은 snRNA U6와 결합된 2개의 Mg^{2+} 이온에 의해 촉매된다. 중요한 branch-site A 2′-OH는 RNA-RNA 상호작용을 통해 노출된다. 이후 단백질들이 이러한 RNA-RNA 상호작용이 잘 일어나도록 유도하여 안정화하는 역할을 하고, RNA helicase는 ATP 가수분해에서 얻어진 에너지를 사용하여 2개의 exon이 붙는 반응이 일어나도록 한다. 결과적으로, spliceosome은 *protein-directed metalloribozyme* (금속 리보자임)이라 생각되어진다.

척추동물의 Exon Junction 복합체들 척추동물에서 RNA splicing이 완료된 후, hnRNP 단백질의 특정 세트는 각 *exon-exon junction*에서 5′ 방향으로 약 20 nucleotide 떨어져서 spliced RNA에 붙어 있는데, 이처럼 exon-junction 복합체가 형성된다. Exon-splicing 복합체의 hnRNP 단백질들 중 하나는 RNA export (내보내기) factor (REF)인데, 이는 9.3절에서 설명된 바와 같이, 성숙된 RNA가 핵에서 세포질로 이동할 때 역할을 한다. Exon-splicing 복합체의 다른 단백질은 부적절하게 spliced mRNA가 분해되는 quality-control (품질-관리) 메커니즘에서 역할을 하며, 이러한 quality-control 메커니즘은 *nonsense-mediated decay*로 알려져 있다(9.4절).

희귀한 5′-AU...AC-3′ Intron 극히 몇몇 pre-mRNA (인간의 경우 ~1%) 중에는 splice 위치가 표준 공통 서열과 일치하지 않는 intron을 가진 경우가 있다. 이런 종류의 intron은 일반적인 "GU-AG 규칙"을 따르지 않으며, AU로 시작하여 AC로 끝난다(그림 9-7c 참조). 이 특별한 intron의 splicing은 그림 9-13에 그려진 것과 유사한 splicing 과정을 통해 일어나는데, 다른 점은 4개의 새로운 저농도 snRNP들이 기존 U5 snRNP와 함께 관여한다는 점이다.

Trans-Splicing 척추동물, 곤충 및 식물 세포의 거의 모든 완성된 mRNA는 pre-mRNA 단일 분자로부터 만들어지며, 내부 intron이 제거되고 exon들이 이어져 있다. 그러나 두 가지 유형의 protozoa (원생동물) (trypanosome과 euglenoid)에서는 별도의 RNA 분자들이 합쳐져서 온전한 mRNA가 만들어진다. 또한 *trans-splicing*이라 불리는 이 과정은 nematode (선충) (roundworm, 회충) *Caenorhabditis elegans*에서 10–15% mRNA의 합성에도 사용된다. *C. elegans*는 배아 발달을 연구하기 위한 중요한 모델 생물체이다. Trans-splicing은 snRNP 및 splicing 인자에 의해 일어나는데, pre-mRNA의 exon splicing과 유사한 과정을 거친다(그림 9-8). 한 가지 차이점은 intron에 해당하는 loop (고리)에 break (단절)가 있다는 점이다.

Pre-mRNA의 3′ Cleavage 및 Polyadenylation은 동시에 일어난다

진핵 세포에서 histone (히스톤) mRNA를 제외한 모든 mRNA는 3′ **poly(A)** 꼬리를 가지고 있다. Pulsed-labeled (순간-표지된) 아데노바이러스와 SV40 RNA에 대한 초기 연구에서, 바이러스 primary transcript가 끝부분에 polyadenylated 서열을 가짐이 밝혀졌다. 이러한 결과로부터 기다란 transcript의 endonucleolytic cleavage (핵산 내 절단)에 의해 만들어지는 3′ hydroxyl에 A 잔기가 추가됨을 알 수 있었다. 그러나 예상되었던 아래쪽 RNA 조각은 *in vivo* 실험에서 검출되지 않았는데, 아마도 빠르게 분해되기 때문일 것이다. 그런데 두 가지 예상되었던 RNA 절단 조각이 배양된 인간 세포의 핵 추출물로 수행된 *in vitro* processing 반응에서는 관찰되었다. Cleavage/polyadenylation 과정 및 cleavage 위치 아래쪽 RNA의 분해는 *in vitro* 반응에서는 매우 느리게 일어나기 때문에, 아래쪽 RNA 절단 조각을 수월하게 찾을 수 있었다.

동물 세포의 cDNA 서열을 초기에 분석한 결과로부터 거의 모든 mRNA가 poly(A) 꼬리로부터 위쪽에 AAUAAA 10–35 nucleotide 서열을 가짐이 알려졌다(그림 9-15). Template (주형) DNA에서 AAUAAA 서열이 다른 서열로 바뀐 돌연변이가 생기면 RNA transcript에서 polyadenylation은 거의 일어나지 않는다. 단, 매우 유사한 AUUAAA 서열은 polyadenylation이 여전히 일어난다. 이러한 돌연변이로부터 만들어진 RNA transcript는 핵 내에 축적되지 않고 빠르게 분해된다. 추가 돌연변이 활용 연구에서, 동물 세포 대부분의 pre-mRNA의 효율적인 cleavage 및 polyadenylation을 위해서는 cleavage 위치의 아래쪽에 두 번째 signal (신호)이 필요하다는 것이 밝혀졌다. 이 아래쪽 신호는 특정 서열이 아니며, cleavage 위치의 ~20 nucleotide 내의 GU가 많은 영역 또는 U가 많은 영역이다.

*In vitro*에서 pre-mRNA precursor의 cleavage 및 polyadenylation

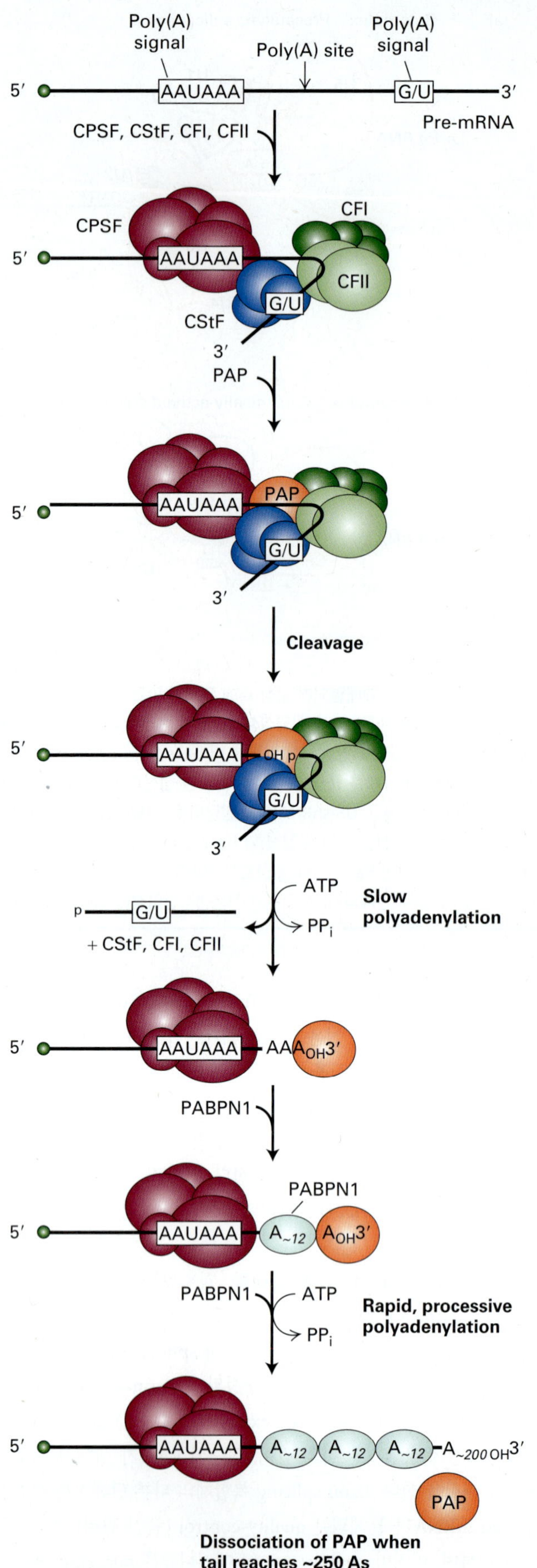

그림 9-15 포유류 세포에서 pre-mRNA의 cleavage 및 polyadenylation에 대한 모델. Cleavage및 polyadenylation specificity factor (CPSF)는 위쪽 AAUAAA poly(A) 신호에 결합한다. CStF는 아래쪽 GU 또는 U가 많은 서열과 상호작용하고, CPSF와도 상호작용하여 RNA에서 loop를 형성한다; CFI와 CFII의 결합은 이 복합체가 안정화되도록 한다. 그런 다음, poly(A) 중합효소(PAP)가 결합하여 poly(A) 위치에서 cleavage를 촉진하는데, 이 cleavage 위치는 일반적으로 위쪽 poly(A) 신호의 3′ 쪽 10–35개 nucleotide이다. 이후 cleavage 인자들도 떨어지고, 잘려진 RNA 조각들도 떨어져 빠르게 분해된다. 이후 PAP는 cleavage에 의해 만들어진 3′ hydroxyl 그룹에 ~12개의 A 잔기를 느린 속도로 추가한다. Poly(A)-결합 단백질(PABPN1)이 초기 짧은 poly(A) 꼬리에 결합하면 PAP에 의한 A 추가 속도가 더 빨라진다. 200–250 A 잔기가 추가되면, PABPN1은 PAP에 중합을 중지하도록 신호를 보낸다.

에 필요한 단백질을 정제한 결과로부터 RNA processing에 관여하는 단백질들이 처음 밝혀졌다. 이후 이들 단백질 정보를 가진 유전자를 분리하고 서열을 분석하였다. 이들 유전자로부터 발현되는 재조합 단백질 또한 분리 정제하였다. 그리고 이들 단백질과 결합하는 단백질들이 추가로 확인되었으며, epitope-tagged (항원결정기가 붙여진) 해당 단백질들이 생체 내에서 발현되고 co-purification되었다(함께 정제되었다). 이와 같이 정제된 단백질들에 대한 연구를 통해 그림 9-15에서 cleavage 및 polyadenylation 과정을 그릴 수 있게 되었다.

*S. cerevisiae*에서 14~15개의 polypeptide가 poly(A) 위치에서 cleavage 및 polyadenylation을 수행하는 3개의 module과 함께 합쳐져서 ~1백만 Dalton 복합체가 만들어진다. 한 module은 pre-mRNA의 AAUAAA RNA 서열과 결합하고, 10–35 base 아래쪽에서 RNA를 cleavage한다. 잘리는 위치는 조금씩 달라질 수 있는데, 그 이유는 AAUAAA와 각 pre-mRNA의 cleavage 위치 사이의 RNA가 서로 다른 2차 구조를 만들기 때문이다. Cleavage polyadenylation 복합체의 두 번째 module은 RNA 중합효소 II 및 polyadenylation에 의해 elongation을 조절하는 것으로 보이는 2개의 phosphatase (인산가수분해효소)를 포함하고 있다. 세 번째 module은 첫 번째 module이 AAUAAA 서열 아래쪽을 cleavage할 때 생성된 RNA의 3′ 말단에 A를 추가하는 poly(A) 중합효소(PAP)를 포함하고 있다.

Poly(A) 위치에서 cleavage가 생긴 후, polyadenylation은 두 단계로 진행된다. 처음 12개 정도의 A 잔기가 추가되는 것은 천천히 일어나고, 이후 최대 200–250개의 추가 A 잔기가 빠르게 추가된다. 빠르게 추가되는 단계가 진행되기 위해서는 RRM motif를 포함하는 *poly(A)*-**결합 단백질**이 여러 개 결합할 필요가 있다. 이 단백질들은 세포질에 존재하는 poly(A)-결합 단백질(*PABPC1,2,3*)과 구별하기 위해 *PABPN1*로 명명되어 있다. PABPN1은 처음에 PAP (poly(A) 중합효소)에 의해 만들어진 짧은 A 꼬리에 결합하고, PAP에 의해 A 잔기가 추가로 중합되는 속도를 높여서, 결과적으로 훨씬 더 빠른 polyadenylation이 일어나도록 한다. 또한 PABPN1은 poly(A) 꼬리가 200–250개 잔기의 길이에 도달할 때 중합이 종료되도록 poly(A) 중합효소에 신호를 보내는 역할도 한다고 알려져 있다. 하지만 poly(A) 꼬리의 길이를 제어하는 이 메커니즘이 아직 완전하게 알려져 있지 않다. PABPN1이 poly(A) 꼬리에 결합하는 것은 mRNA가 핵에서 세포질로 이동하는 데 필수적이다. 세포질에서 PABPN1은 떨어지고, PABPC1, 2 또는 3이 결합하며, PABPN1은 핵으로 다시 이동된다.

Alternative Polyadenylation의 위치들 (여러 위치에서 Polyadenylation됨) Alternative splicing 외에도 mRNA는 *alternative polyadenylation* 조절을 받는데, 이러한 mRNA는 인간 mRNA의 ~50%에 해당한다. Alternative polyadenylation은 다양한 세포 유형에서 둘 이상의 alternative cleavage/polyadenylation 신호를 사용하기 때문에 발생한다. 몇몇 경우, 이러한 현상은 다양한 세포 유형에서 alternative poly(A) 위치와 연동되어 있는 polyadenylation 인자들의 서로 다른 농도에서 기인한다(그림 9-15). Polyadenylation 인자들은 cleavage/polyadenylation 신호 아래쪽 G/U가 많은 부분에 붙는 cleavage polyadenylation 복합체에 대한 결합력에 차이가 있다(높거나 낮은 결합력을 가진다). 이 경우, polyadenylation 인자의 농도가 낮으면 결합력이 가장 높은 cleavage/polyadenylation 위치가 이용된다. 하지만 인자들의 농도가 높은 세포 유형에서는 위쪽의 낮은 결합력을 가진 위치가 우선적으로 이용되는데, 그 이유는 높은 농도에서는 cleavage/polyadenylation 인자가 쉽게 결합할 수 있기 때문이다. 다른 경우, 서열 특이적 RNA-결합 단백질은 splicing 억제 인자 또는 활성화 인자의 결합을 조절하는 방식과 유사한 방식으로 cleavage/polyadenylation 인자의 결합을 차단하거나 높일 수 있다.

또한 alternative polyadenylation 위치는 mRNA 최종 exon의 alternative splicing과 연관되어 일어나기도 한다. 결과적으로, alternative C-말단 아미노산 서열을 가진 isoform 단백질들이 발현되게 된다. 이 현상은 B-림프구 발생 동안 alternative immunoglobulin (면역글로불린) 분자의 발현에서 관찰된다(그림 24-19 참조). 처음에, 항체는 transmembrane (막횡단) domain과 세포질 domain 둘 다 가진 채로 만들어진다. Transmembrane domain은 원형질막에 항체를 고정시키는 역할을 하고, 세포질 domain은 항원이 결합할 때 세포 내로 신호를 보낸다. 항원은 항체와 결합하는 분자이다. 일단 항원 항체 반응이 일어나면, pre-mRNA processing은 변형되어 mRNA에 alternative 3′ exon이 포함된다. Alternatively processed mRNA로부터 만들어지는 새로운 항체는 membrane-spanning domain이 없고, 결과적으로 세포 밖 공간으로 분비된다(14장 및 23장 참조). 세포 밖으로 분비된 항체는 병원균을 무력화시키는 역할을 한다.

RNA 중합효소 II의 전사 종결 Pol II는 일반적으로 ~2 kb 내 poly(A) 위치 여러 곳 중 하나에서 전사를 종료한다. DNA 바이러스인 SV40과 아데노바이러스를 이용한 실험에서, polyadenylation 신호에 돌연변이가 있다면 RNA 중합효소는 전사를 종료하지 않은 채 바이러스 genome에 있는 다음 poly(A) 위치에 도달할 때까지 전사를 계속 이어간다는 것을 알게 되었다. DNA 바이러스의 genome에 있는 바이러스 promoter 아래쪽에 β-글로빈 유전자를 붙여서 진행한 실험에서도 유사한 결과가 관찰되었다. 이들 실험에서 RNA 중합효소 II에 의한 전사 종결이 전사체의 cleavage 및 polyadenylation과 연관되어 일어나고, cleavage 위치 아래쪽 RNA 조각은 빠르게 분해된다는 것을 알 수 있었다. 이는 cleavage되어 새로 만들어진 transcript 5′ 말단이 cap으로 보호받지 않기 때문이라 생각된다. Cleaved RNA의 5′ 말단에 cap이 없기 때문에 핵에 존재하는 주요 5′→3′ exoribonuclease인 *XRN1*에 의해 쉽게 분해된다. XRN1이 전사 중인 중합효소와 transcript 위에서 만나면 전사를 종결시키는 것으로 생각되는데, 중합효소 밖으로 nascent RNA 3′ 말단을 당기거나, 중합효소가 전사를 종결하도록 구조를 변형시킴으로써 전사 종결을 유도한다. 일단 중합효소에서 nascent RNA가 떨어지게 되면, RNA 중합효소 II clamp (클램프, 조임쇠)와 RNA-DNA hybrid 사이에 간격이 생기고(그림 8-9b 참조), 결과적으로 clamp가 활짝 열리면서 DNA 주형으로부터 RNA 중합효소가 떨어지게 된다.

9.1절의 주요 개념

진핵생물 Pre-mRNA의 Processing (성숙 과정)

• 진핵생물 세포 핵에서 pre-mRNA는 hnRNP 단백질과 결합되어 5′ capping, 3′ cleavage/polyadenylation 및 RNA splicing을 거치면서 process되고, 안쪽 intron들은 제거된다. 이후 mRNA는 세포질로 이동된다(그림 9-2 참조).

• 다세포 생물체에서 여러 개의 exon을 가진 긴 유전자의 exon splicing은 일반적으로 pre-mRNA 전사가 일어나는 동안에 시작된다. Poly(A) 위치가 전사된 후 mRNA의 3′ 말단을 형성하는 cleavage 및 polyadenylation이 바로 일어난다.

• 전사 및 RNA processing은 연동되어 진행되는데, RNA 중합효소 II의 carboxy-terminal domain (CTD)이 이를 매개한다. 5′-capping 효소는 전사가 시작되는 동안에 TFIIH에 의해 Ser-5에서 인산화된 CTD와 상호작용한다. 5′ cap은 5′ exonuclease에 의해 nascent pre-mRNA가 분해되는 것을 막는다.

• 중합효소에 의한 초기 전사가 일시 정지되는 동안, RNA splicing, 3′ cleavage 및 polyadenylation에 관여하는 인자들이 cyclin T-CDK9에 의해 Ser-5에서 인산화된 Pol II CTD와 결합한다(그림 8-13a, 8-16). 이러한 인산화된 CTD와의 상호작용은 nascent pre-mRNA가 중합효소 표면으로 노출되면, processing 인자들이 nascent pre-mRNA와 바로 상호작용할 수 있게 한다.

• Splicing은 pre-mRNA의 중간에 보존된 짧은 *splice* 서열에서(그림 9-7c) 두 번의 transesterification 반응을 거쳐(그림 9-8) 완료된다. 첫 번째 반응에서는 *branch-point A*에서 특이한 2′-5′ phosphoester 결합을 갖는 *lariat intron*이 만들어진다.

• snRNA-단백질 복합체(*snRNP*)에는 5개의 서로 다른 *small nuclear RNA* (*snRNA*)들이 포함되어 있다. 이들 snRNA들은 snRNA들 간의 base pair를 통해 상호작용하고, pre-mRNA와도 상호작용하여 1.3 MDa spliceosome을 형성한다(그림 9-11 참조).

• 또한 다수의 특정 단백질이 활성을 가진 spliceosome과 결합하는데, spliceosome 전체 무게의 95%를 차지한다(그림 9-11b).

• Spliceosome은 안정적으로 유지되는 복합체가 아니다. 활성을 가지는 spliceosome이 만들어지는 동안, 몇몇 snRNP 및 추가 splicing 인자 단백질들은 intermediate와 처음 결합한 이후 떨어진다.

• Splicing 일어나는 과정에서 snRNP들과 단백질 splicing 인자들로 구성되는 10개 복합체가 서로 다른 조합으로 만들어진다(그림 9-13).

• Splicing 과정에는 여러 개의 RNA helicase가 필요하다. 이들은 ATP 가수분해 에너지를 이용하여 transesterification 반응을 유도하고, 2개의 exon이 붙게 한다.

• Spliceosome의 촉매 메커니즘은 U6와 붙어 있는 2개의 Mg^{2+} 이온에 의해 일어나고(그림 9-14c), substrate인 splice 위치는 snRNA 및 단백질과의 상호작용에 의해 RNA-based (RNA 기반의) 활성 위치로 이동된다. 이와 같은 이유로 spliceosome은 *protein-directed metalloribozyme*이라 여겨진다.

• 척추동물에서 RNA splicing이 완료된 후, 한 세트의 hnRNP 단백질들은 exon-exon junction에서 5′ 방향으로 약 20 nucleotide 떨어진 위치에서 spliced RNA에 붙어 남아서 *exon-junction* 복합체(*EJC*)를 형성한다. 다음 절에서 설명하겠지만, EJC는 세포질로의 mRNA 이동에 관여하고 부적절하게 만들어진 mRNA를 제거하는 quality-control surveillance (품질-관리 감시) 메커니즘에도 관여한다.

• mRNA의 3′ 말단은 poly(A) 위치에서 pre-mRNA가 잘라지면서 만들어진다. Poly(A) 위치는 cleavage 위치 위쪽으로 10-35 염기에서 AAUAAA를 갖고, 아래쪽으로 ~20 nucleotide에 GU-rich 또는 U-rich 서열을 가진다. 척추동물의 경우 cleavage 반응을 수행하는 multisubunit cleavage-polyadenylation 복합체 안의 poly(A) 중합효소는 3′ 말단에 ~250 nucleotide를, 효모의 경우 ~100 nucleotide의 poly(A) 꼬리를 추가한다. 이후 poly(A) 꼬리에는 nuclear poly(A) 결합 단백질(PABPN1)이 바로 결합해서 exosome에 의해 3′ 말단이 분해되는 것을 막는다.

9.2 Pre-mRNA Processing의 조절

지금까지 pre-mRNA로 어떤 과정을 거쳐서 기능적으로 완성된 mRNA로 만들어지는지 살펴보았다. 다음으로 완성된 mRNA가 만들어지는 과정의 조절이 어떻게 유전자 발현 조절과 연계되는지 살펴보려 한다. 그림 7-3에서 알 수 있듯이, 다세포 진핵생물에는 DNA에 정보가 담긴 단순한 전사 unit과 복잡한 전사 unit 둘 다 존재함을 기억하자. 단순한 전사 unit으로부터 만들어지는 primary transcript는 하나의 poly(A) 위치를 가지고 있으며, 여러 개 intron이 있다고 하더라도 한 종류 RNA splicing만 일어난다; 결과적으로 단순한 전사 unit으로부터는 한 종류의 mRNA만 만들어진다. 이와 달리, 복잡한 전사 unit (모든 인간 전사 unit의 ~95%에 해당)에서 생성된 primary transcript는 alternative splicing이 일어나 서로 다른 mRNA가 여러 개 만들어 질 수 있고, 여러 종류의 단백질이 만들어질 수 있다(그림 7-3 참조). 이와 같은 **alternative RNA splicing** 과정을 통해 ~19,000 인간 유전자에 담길 수 있는 단백질의 수를 크게 늘어나게 된다(한 유전자는 primary transcript 기준으로 하나의 전사 unit에 해당한다). 후생동물에서 alternative splicing을 통해 얻어진 최종 mRNA 종류의 증가는 중추신경계에서 zenith (절정, 정점)에 달하게 된다. 중추신경계에서 neuron 사이의 synaptic 연결을 형성하고, 결과적으로 적절한 행동으로 나타나기 위해서는 alternative RNA splicing의 복잡한 양상이 조절되어야 한다(23장 참조).

인간 및 기타 척추동물에서 긴 Pre-mRNA의 Splice 위치가 선택되기 위해서는 추가적인 핵 단백질들이 필요하다

Exon이 정확하게 붙어서 긴 open reading frame이 만들어지기 위해서는 진핵생물 pre-mRNA processing 과정에서 splice 위치가 어떻게 인식되어야 하는가? 위에서 설명한 바와 같이, 효모의 거의 모든 5′ splice 위치는 서열 /GUAUGU이며, 이는 U1 snRNA의 5′ 말단에 있는 서열과 완벽하게 complementary하다(그림 9-9). 그림 9-9b의 complementary base pairing 실험에서 처음 알려졌듯이, pre-mRNA splicing을 위해서는 U1 snRNA와 intron의 첫 6개 염기 간의 Watson-Crick base pairing이 필요하다. 효모에서 U2 snRNA 중간 근처의 6개 염기 서열과 intron의 3′ 말단 근처의 branch-point A 서열 사이의 완벽한 complementarity (그림 9-9a 및 9-12) 역시 splicing에 필수적이다. *S. cerevisiae* 유전자의 ~5%만이 intron을 가지고 있고, 이들 대부분은 하나의 intron을 가진다. 효모에서 pre-mRNA splice 위치는 주로 intron 시작 부분에 있는 5′ splice 위치에서 U1 snRNA에 대한 base-paring에 의해 결정되고, 3′ splice 위치 바로 위쪽 있는 branch-point 서열의 U2 snRNA에 대한 base-pairing에 의해서도 결정된다(그림 9-9a). 그러나 인간의 경우 5′ 및 3′ splice 위치와 branch 위치의 RNA 서열이 효모보다 일정하지 않다(그림 9-12). 대부분의 intron은 5′ GU로 시작하여 3′ AG로 끝나며, 3′ AG 위쪽으로 10–12 염기의 polypyrimidine tract가 있다. 또한 branch-point A를 포함하는 6개 염기 서열이 있는데 이들 서열은 인간에서 항상 일정하지 않다. 이처럼, splice 위치 서열은 항상 일정하지 않아서 인간 genome 서열에서 splice 위치를 예측할 때 활용될 수 없다; 이와 같은 인간 splice site와 일치하는 서열을 찾더라도 이들 대부분은 splice 위치가 아니다. 결과적으로, 인간의 splice 위치를 알기 위해서는 pre-mRNA 서열의 다른 측면을 고려해야 한다.

많은 포유동물 유전자의 splice 위치 ~200 bp 내에서 돌연변이 분석을 한 결과, 짧은 5′ splice 위치, branch-point 및 3′ splice 위치 외에도 splicing에 필요한 서열이 몇몇 pre-mRNA에서 확인되었다(그림 9-12, 아래쪽). 이들은 5′ 및 3′ splice 위치의 ~200 염기 내에서 존재하는데, 서로 다른 유전자에서 서로 다른 특이적 서열을 가진다. 이러한 조절 서열에 결합하는 핵 RNA 결합 단백질을 찾아내고, 관련 유전자의 cDNA cloning (클로닝) 및 sequencing (서열 분석)을 통해 3–4개의 RNA 염기 서열에 결합하는 최소 1,500개의 인간 RNA-결합 단백질들이 발견되었다. 이들이 앞서 설명한 hnRNP 단백질들인데, 이들은 하나 이상의 RNA-결합 domain (RRM, 그림 9-6)과 추가적인 다른 기능적 domain으로 구성되어 있다. 이러한 추가 기능적 domain들은 조절 hnRNP 결합 위치의 ~200 염기 내 splice 위치에서 splicing을 촉진하거나 억제하기도 한다. 이는 수십 kb의 intron을 가질 수 있는 긴 primary transcript에서 상대적으로 짧은 exon (인간의 평균 길이 ~150 base)을 인식할 수 있도록 한다. 이것이 가능한 이유는 snRNA들이 5′ splice 위치 및 branch point와 상호작용하는 것에 추가하여 RNA-결합 단백질들이 pre-mRNA의 특정 서열과 상호작용하고 있고, U2AF splicing 인자가 3′ splice 위치와 상호작용하기 때문이다. RNA splicing을 촉진하는 RNA-결합 단백질이 붙는 RNA 서열은 **splicing enhancer (증폭자)**라 불리고, RNA splicing을 억제하는 RNA-결합 단백질이 붙는 RNA 서열은 **splicing silencer (침묵인자)**라 불린다.

인간과 후생동물에서, 몇몇 splice 위치가 정해지는 정보는 exon 서열 내 splicing enhancer에 들어있는데, 이를 *exonic splicing enhancer*라 부른다. '**SR 단백질(SR protein)**'이라고 불리는 hnRNP 단백질의 한 세트는 exonic splicing enhancer에 결합한다. SR 단백질은 하나 이상의 RRM RNA-결합 domain을 가지고 있다. 또한 SR 단백질은 arginine (R)과 serine (S) 잔기가 많고, intrinsically disordered (구조가 일정하지 않은) polypeptide 영역을 가지고 있다. 이 영역을 *RS domain*이라 하며, 다른 RNA-결합 단백질과 상호작용할 수 있다. SR 단백질이 exonic splicing enhancer에 결합하면, SR 단백질은 U1 snRNP가 5′ splice 위치에, U2 snRNP가 branch-point에 결합하는 것을 매개하는데, 이는 exon에 걸쳐 있는 단백질-단백질 상호작용 네트워크를 통해서 가능하다(그림 9-16). SR 단백질, snRNP 및 exon에 붙어 있는 기타

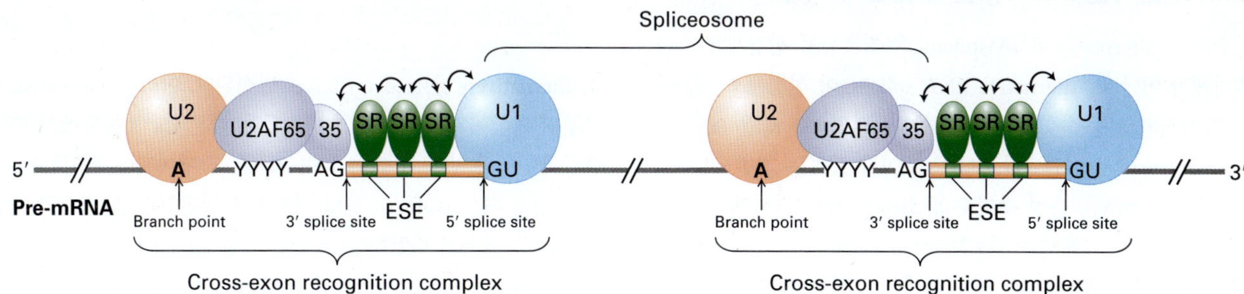

그림 9-16 Pre-mRNA에서 SR 단백질 및 splicing 인자의 cooperative 결합을 통해 exon을 인식한다. Exon은 SR 단백질이 결합하는 exonic splicing enhancer (ESE)를 포함하고 있다. SR 단백질은 ESE에 결합할 때, SR 단백질끼리 상호작용하고 U1 snRNP가 아래쪽 intron의 5′ splice 위치에 결합하는 것, SF1 및 U2 snRNA가 위쪽 intron의 branch point에 결합하는 것, U2AF의 65-kD subunit이 위쪽 intron의 pyrimidine-rich 영역과 결합하는 것, U2AF의 35-kD subunit이 위쪽 intron의 AG 3′ splice 위치와 결합하는 것, 다른 splicing 인자들(그림에 보여 지지 않음)과 결합하는 것을 촉진한다. 결과적으로, RNA-단백질 cross-exon recognition (인식) 복합체가 만들어지고, 이는 exon 전반에 결합하게 되어 RNA splicing이 정확한 위치에서 일어나게 한다. 이 복합체의 U1 및 U2 snRNP는 동일한 spliceosome에 포함되지 않는 것에 주목하라. 오른쪽의 U2 snRNP는 동일한 intron의 5′ 말단에 결합된 U1 snRNP와 함께 spliceosome을 형성한다. 오른쪽의 U1 snRNP는 아래쪽 intron의 branch-point에 U2 snRNP가 결합하여 spliceosome을 형성하고 (그림에 보여 지지 않음), 왼쪽의 U2 snRNP는 U1 snRNP가 위쪽 intron의 5′ splice site에 붙어있는 U1 snRNP와 spliceosome을 형성한다(그림에 보여 지지 않음). 화살표는 단백질-단백질 상호작용을 나타낸다. T. Maniatis, 2002, *Nature* **418**:236; S. M. Berget, 1995, *J. Biol. Chem.* **270**:2411 참조.

splicing 인자(예, U2AF)의 복합체를 **cross-exon recognition 복합체**라 하는데, 이 복합체는 긴 pre-mRNA에서 몇몇 exon의 위치를 정확하게 정하는 것을 가능하게 한다. 반면, 많은 다른 exon에서는 SR 단백질이 도움이 없이도 정확한 splice가 일어나는데, 그 이유는 U1 및 U2 snRNA 및 polypyrimidine tract와 서열이 대부분 일치하는 *constitutive splice* 위치를 가지고 있고, U2AF에 대해 높은 친화도를 갖는 3′ splice 위치를 가지고 있어서 exon의 위치를 정확하게 정할 수 있기 때문이다.

후생동물에서는 이러한 5′ 및 3′ splice 위치를 선택할 수 있게 하는 조절 단백질을 이용하여 **alternative splice 위치**를 선택하게 된다. 이러한 5′ 및 3′ splice 위치를 선택하는 조절 단백질이 있기 때문에 후생동물에서 alternative splice 위치를 다양하게 선택할 수 있게 된다. 알파 및 베타 글로빈, antibody light chain (경쇄) 및 닭 ovalbumin (난백 알부민)에 대한 mRNA를 포함하여 초기에 확보된 cDNA 서열 분석 결과, 단백질들 정보를 가진 유전자들로부터 한 종류의 mRNA만 밝혀졌다. 하지만 이는 포유류에게는 매우 이례적인 상황으로, 특정 세포 유형에서 발현량이 많은 이들 mRNA에서만 일어나는 일이다. 수많은 cDNA cloning과 sequencing 그리고 genome DNA 서열 비교 연구는 포유류 mRNA의 ~95%가 primary transcript로부터 한 종류 이상의 mRNA로 alternatively splice되고 process됨이 알려졌다. 이와 같은 일은 fibronectin의 경우처럼 세포 특이적인 방식으로도 빈번하게 일어난다(그림 5-28). 이것은 후생동물에 발현되는 서로 다른 단백질의 총 수를 크게 증가시킨다. 더욱이 RNA splicing을 조절하는 RNA-결합 단백질의 발현과 활성을 조절함으로써, 포유류 서로 다른 세포 유형에서 동일한 전사 unit으로부터 다양한 mRNA isoform을 발현할 수 있고, 결과적으로 만들어지는 다양한 단백질 isoform들은 서로 다른 세포 유형의 다양한 기능들을 수행하게 된다.

척추동물 Inner Ear (내이) Hair Cell (유모 세포)들에서 K^+-Channel 단백질 Isoform들의 발현과 기능

앞서 설명했듯이, alternative RNA splicing은 척추동물 신경계에서 가장 광범위하게 일어난다. Alternative RNA splicing이 신경세포 기능에서 중요한 단백질의 기능을 어떻게 조절하는지 설명하는 좋은 예가 척추동물의 inner ear에서 발견된다. *Hair cell*이라 불리는 개별 ciliated (섬모를 가진) neuron은 특정 주파수의 소리에 가장 강하게 반응한다. 저주파(~50 Hz)에 반응하는 세포는 inner ear를 구성하는 tubular cochlea (관 모양의 달팽이관)의 한쪽 끝에서 발견된다; 높은 주파수(~5,000 Hz)에 응답하는 세포는 반대쪽 끝에서 발견된다(그림 9-17a). 양 끝 사이에 존재하는 세포는 고주파와 저주파 사이의 주파수에 반응한다. 파충류와 조류의 hair cell 반응을 조절하는 하나의 방식은 증가된 세포내 Ca^{2+} 농도에 대한 반응으로 K^+ 이온 채널이 열리게 하는 것이다. 채널이 열리는 Ca^{2+} 농도에 의해 membrane potential (막 전위)이 진동하는 주파수가 결정되고, 이에 따라 세포가 반응하는 주파수가 결정된다.

이러한 Ca^{2+}에 의해 활성화되는 K^+ 채널 정보를 가진 유전자는 여

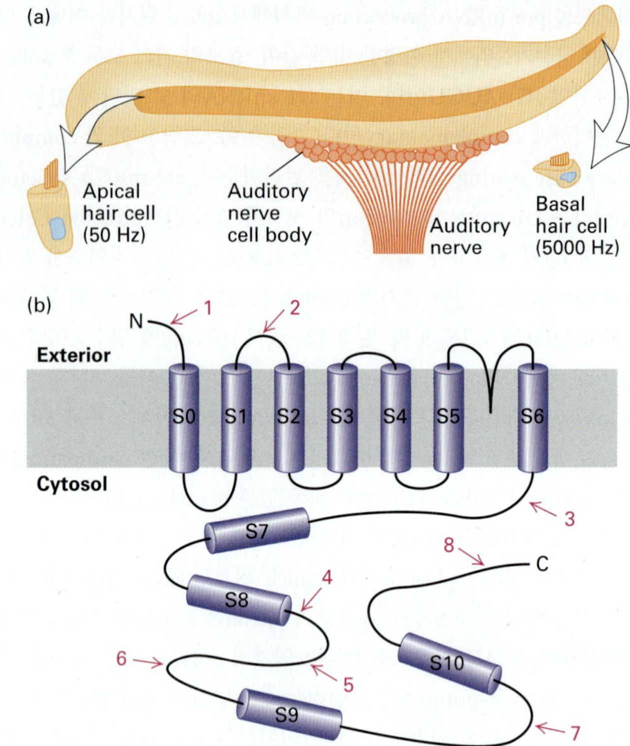

그림 9-17 다른 주파수 소리를 인지할 때 alternative splicing의 기능. (a) 5 mm-길이 관인 닭 달팽이관에는 위쪽 끝(*왼쪽*) 50 Hz에서 아래쪽 끝(*오른쪽*) 500 Hz까지 진동 주파수에 반응할 수 있는 청각 hair cell로 구성된 epithelium (상피 조직)이 있다. (b) Ca^{2+}-activated K^+-channel에는 7개의 transmembrane α 나선(S0–S6)을 가지고 있으며, 이 나선은 서로 결합하여 채널을 형성한다. 4개의 hydrophobic 영역(S7–S10)을 가진 세포질 domain은 Ca^{2+}에 반응하여 채널이 열리는 것을 조절한다. 하나의 primary transcript로부터 만들어지는 alternative spliced mRNA들에 정보가 담긴 channel isoform들은 서로 다른 Ca^{2+} 농도에서 반응하여 열리고, 결과적으로 서로 다른 주파수에 반응하게 된다. 붉은색 숫자는 alternative splicing에 의해 서로 다른 아미노산 서열을 만들어지는 위치를 나타낸다. K. P. Rosenblatt et al., 1997, *Neuron* **19**:1061 참조.

러 alternatively spliced mRNA로 발현된다. 이러한 alternative mRNA로부터 만들어지는 다양한 단백질들은 다른 Ca^{2+} 농도에서 열린다(반응한다). 반응 빈도가 다른 hair cell은 달팽이관에 위치하는 곳에 따라서 서로 다른 isoform 채널 단백질을 발현한다. 단백질의 서열 변화는 매우 복잡하고 다양하다: mRNA에는 alternative exon이 사용되는 영역이 적어도 8개 있어 576개 isoform 단백질 발현이 가능하다(그림 9-17b). 개별 hair cell의 mRNA에 대한 PCR 분석 결과로부터 각 hair cell이 서로 다른 Ca^{2+}에 의해 활성화되는 K^+-channel mRNA mixture (혼합체)를 가지고 있음이 알려졌는데, 각 hair cell에 많이 존재하는 mRNA는 달팽이관의 위치하는 곳에 따라 달라짐도 알려졌다. 이러한 사실로부터 달팽이관의 위치를 알려주는 extracellular signal (세포 외 신호)에 반응해서 Ca^{2+}에 의해 활성화되는 K^+-channel pre-mRNA의 splicing이 조절됨을 알 수 있다.

다른 연구에서는 rat (쥐)에서 neuron의 synapse 활성에 반응하여

일어나는 neuron depolarization (탈분극)에 의해 특정 단백질 kinase가 활성화될 때, Ca^{2+}-activated K^{+}-channel pre-mRNA의 alternative splice 위치 중 한 곳에서 splice가 억제된다는 것이 알려졌다. 이러한 현상으로부터 이 splice 위치에 특이적인 splicing repressor가 이 protein kinase에 의해 인산화될 때 활성화될 수 있으며, 그 kinase 활성은 synapse 활성에 의해 조절 받을 가능성을 생각해 볼 수 있다. hnRNP 및 SR 단백질들은 인산화 및 다른 post-translational modification (번역-후 변형)에 의해 여러 위치가 변형되기 때문에, splicing 인자들의 post-translational modification을 통한 alternative RNA splicing의 다양한 조절은 neuron 기능을 조절하는 중요한 기능을 수행할 수 있는 것으로 보인다.

Splicing Enhancer 및 Silencer를 통해 RNA Splicing을 조절함으로써 *Drosophila* 성 분화를 조절한다

Pre-mRNA alternative splicing의 가장 잘 알려진 예 중 하나는 *Drosophila* 성 분화 연구이다. 성 분화 과정에서 결함을 가진 초파리 돌연변이체를 분리하는 실험에서, 정상적인 초파리 성 분화에 필요한 유전자들이 처음 알려지게 되었다. Wild-type (야생형) 유전자에 정보가 담긴 단백질들을 생화학적으로 분석한 결과, 이 중 2개 단백질이 *Drosophila* 배아에서 일련의 alternative RNA splicing을 조절하는 것으로 밝혀졌다. 후속 연구를 통해서, 이 단백질들이 RNA processing을 어떻게 조절하고, 결과적으로 반대 성의 특성이 발달하는 것을 억제하는 2개의 성-특이적 전사 억제 인자 중 하나의 발현을 유도하는지 알게 되었다.

Sex-lethal 유전자에 정보가 담긴 Sxl 단백질은 일련의 alternative RNA splicing의 과정에서 역할을 하는 첫 번째 단백질이다(그림 9-18). Sxl 단백질은 암컷 배아에만 존재한다. 발생 초기에 *Sxl* 유전자는 초기 암컷 배아에서만 발현하는 promoter로부터 전사된다. 발생 후기에는 이 암컷-특이적 promoter 발현은 차단되고, *sex-lethal*에 필요한 다른 promoter가 수컷 및 암컷 배아에서 모두 활성화된다. 그러나 발생 초기에 발현된 Sxl 단백질이 없는 경우에는 수컷 배아의 *sex-lethal* pre-mRNA가 splice되어 서열 앞부분에 stop codon (정지 코돈)을 가진 mRNA가 만들어진다(그림 9-18a, 파란색 음영). 결과적으로, 수컷 배아에서는 발달 초기와 후기에 정상 기능을 Sxl 단백질이 만들어지지 않게 된다.

이와 반면, 발생 초기 암컷 배아에서 발현된 Sxl 단백질은 정상 기능을 가진 *sex-lethal* mRNA가 만들어지는 pre-mRNA splicing이 일어나게 한다(그림 9-18a). Sxl은 exon 2와 exon 3 사이에 있는 intron의 3′ 말단 근처 pre-mRNA 서열에 결합하게 되고, U2AF 및 U2 snRNP가 branch-point A 및 3′ AG의 적절하게 결합하는 것을 결합을 차단하게 된다(그림 9-16). 결과적으로, exon 2의 3′ 말단에 결합된 U1 snRNP는 exon 3과 4 사이의 intron 3′ 말단의 분기점에 결합된 U2 snRNP와 함께 spliceosome으로 합쳐져서 exon 2와 exon 4가 붙고 exon 3를 건너뛰게 된다(그림 9-18a). Sxl pre-mRNA에 Sxl가 붙는 위치는 *intronic splicing silencer*라 불리는데, 이는 intron에 위치하고 splice 위치를 blocking (억제) 또는 "silencing (침묵)" 용도로 사용하기 때문이다. 그 결과로 만들어진 암컷-특이적 *sex-lethal* mRNA로부터 정상 기능을 가진 Sxl 단백질이 만들어지고, 계속해서 exon 3를 건너뛰게 됨에 따라 암컷 배아에서 Sxl 단백질 자체 발현이 더 많아진다. 수컷 배아에서 Sxl 단백질이 없으면 exon 3가 sex-lethal mRNA에 포함되고, 결과적으로 정상 기능을 가진 Sxl 단백질이 만들어지는 것을 방해하는 stop codon이 포함된다.

Sxl 단백질은 일련의 조절 과정의 두 번째 유전자인 *transformer* pre-mRNA의 alternative RNA splicing도 조절한다(그림 9-18b). Sxl

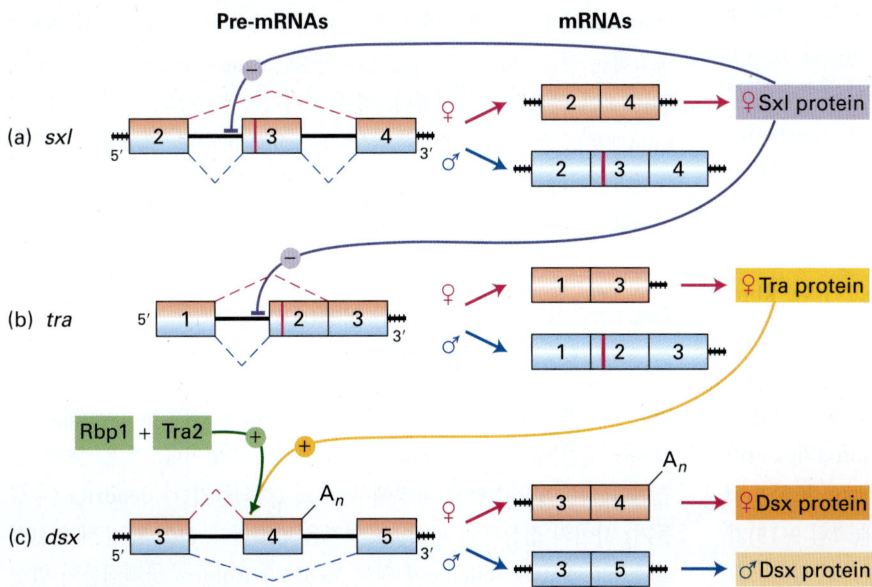

그림 9-18 *Drosophila* 배아에서 성 결정을 조절하는 일련의 spicing 과정. 명확한 설명을 위해, splicing이 일어나는 exon (네모 상자)과 intron (검은색 선)만 표시되었다. Splicing은 pre-mRNA 위쪽 붉은색 점선(암컷)과 아래쪽 파란색 점선 아래(수컷)로 표시되었다. Exon에 있는 수직 붉은색 선은 정상 기능을 가진 단백질의 합성을 방해하는 in-frame stop codon을 나타낸다. 암컷 배아에서만 정상 기능을 가진 Sxl 단백질이 만들어지는데, 이 단백질은 sxl pre-mRNA에서 exon 2와 3 사이에서 splicing을 억제하고 (a), tra pre-mRNA에서 exon 1과 2 사이의 splicing을 억제한다(b). (c) 이와 달리, 암컷 배아에서 Tra 단백질과 2개의 SR 단백질(Rbp1 및 Tra2)의 협력적인 결합은 dsx pre-mRNA에서 exon 3과 4 사이의 splicing을 촉진하고, exon 4의 3′ 말단에서 cleavage/polyadenylation (A_n)을 활성화한다. 정상적인 Tra 단백질이 없는 수컷 배아에서 SR 단백질은 exon 4에 결합하지 않으며, 결과적으로 exon 3은 exon 5에 splice된다. 이와 같은 alternative splicing 과정을 거쳐 암컷 및 수컷 배아에서 서로 다르게 기능하는 Dsx 단백질이 만들어지고, 이 Dsx 단백질은 자신과 다른 성 분화에 필요한 유전자들의 전사를 억제한다. M. J. Moore et al., 1993, in R. Gesteland and J. Atkins, eds., *The RNA World*, Cold Spring Harbor Press, pp. 303–357 참조.

이 발현되지 않는 수컷 배아에서, *tra* exon 1은 *tra* exon 2에 splice되는데, 이로써 *tra* mRNA는 수컷 세포에서 Sxl 단백질 발현 억제와 유사하게 정상 기능을 가진 *transformer* 단백질 합성을 막는 stop codon을 가지게 된다(그림 19-18a). 반면에, 암컷 배아에서는 exon 1과 2 사이 intron의 3′ 말단에 있는 intronic splicing silencer에 Sx1 단백질이 결합하게 되고, 이 위치에서 U2AF의 결합이 차단된다. *Transformer* pre-mRNA와 Sxl의 상호작용은 Sxl 단백질에 있는 2개의 RRM domain에 의해 매개된다(그림 9-6b 참조). Sxl이 결합되면, U2AF는 pre-mRNA에서 3′ 쪽으로 더 떨어져 있는 낮은 affinity (친화도) 위치에 결합한다. 결과적으로, exon 1은 이 alternative 3′ splice 위치에 splicing되고 stop codon을 가진 exon 2가 포함되지 않게 된다. 일정하게 splice되는 exon들을 가진 암컷-특이적 *transformer* mRNA가 만들어지고, 정상 기능을 가진 Transformer (Tra) 단백질 합성이 가능해진다.

이러한 조절 과정의 마지막 단계에서, Tra 단백질은 *double-sex* (이중-성) 유전자로부터 만들어지는 pre-mRNA의 alternative processing을 조절한다(그림 9-18c). 암컷 배아에서 Tra와 2개 단백질(Rbp1 및 Tra2)의 복합체는 exon 3와 exon 4의 splicing이 일어나게 하고, 또한 exon 4의 3′ 말단에 있는 alternative poly(A) 위치에서 cleavage/polyadenylation을 촉진하여, 암컷-특이적이고 짧은 길이를 가진 Dsx 단백질이 만들어지게 한다. Rbp1 및 Tra2 단백질은 항상 일정하게 발현된다. Tra 단백질이 만들어지지 않는 수컷 배아에서는 exon 4가 mRNA에 포함되지 않고 exon 3와 exon 5가 연결된다. Exon 5는 exon 6에 항상 연결되고, exon 6의 3′ 말단에서 polyadenylation되어 기다란 수컷-특이적 Dsx 단백질이 만들어지게 된다. Exon 4에 Tra가 결합하는 RNA 서열은 *exonic splicing enhancer*라고 불리는데, 그 이유는 근처에 존재하는 splice 위치에서 splicing이 잘 일어나게 하기 때문이다.

그림 9-18에 설명된 일련의 RNA processing 과정이 끝나면, 서로 다른 Dsx 단백질들이 수컷 및 암컷 배아에서 발현된다. 수컷 Dsx 단백질은 암컷 발생에 필요한 유전자들의 발현을 억제하는 전사 억제 인자이다. 반대로 암컷 Dsx 단백질은 수컷 발생에 필요한 유전자들의 전사를 억제한다. 야생형 *Drosophila*에서는 Sxl 단백질이 수컷 배아의 세포에서 발현되지 않는 반면, 암컷 배아에서는 발현된다. 이것은 “on-off switch” 조절의 좋은 예이다. 발생 초기 암컷 배아에서 Sxl가 처음 발현되면, Sxl 발현이 더욱 높아지도록 조절한다. Neuron에서 alternative RNA splicing을 스위치 같은 방식으로 조절하는 핵 RNA-결합 단백질의 다른 예가 확인되었으며, 이는 *master splicing factor*로 불린다.

그림 9-19는 Tra/Tra2/Rbp1 복합체가 *double-sex* (*dsx*) pre-mRNA와 어떻게 상호작용하는지 예상되는 방식을 보여주고 있다. Rbp1과 Tra2는 SR 단백질이지만, Tra 단백질이 없으면 exon 4와 상호작용하지 않는다. Tra 단백질은 Rbp1 및 Tra2와 결합하고, exon 4에 있는 6개 exon splicing enhancer에 3개 단백질 모두가 협력적으로 결합한다. 이후 Tra2 및 Rbp1 단백질은 U2AF 및 U2 snRNP가 exon 3와 4 사이 intron의 3′ 말단에 결합하는 것을 촉진한다(그림 9-17 참조). 또한 Tra/Tra2/Rbp1 복합체는 cleavage/polyadenylation 복합체(그림 9-15)가 exon 4의 3′ 말단에 결합하는 것을 향상시킬 것으로 예상하고 있다.

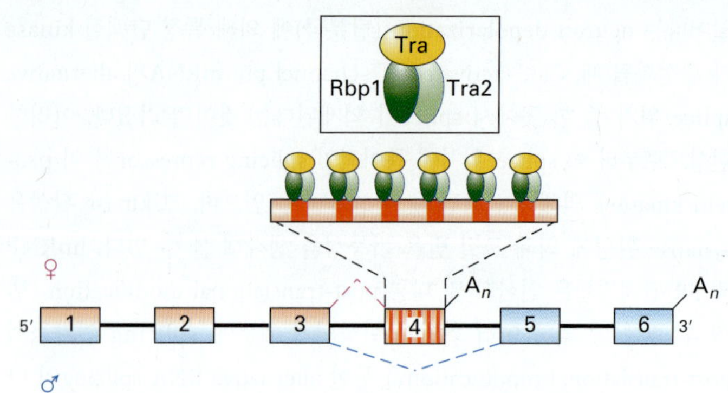

그림 9-19 Tra 단백질과 SR 단백질(Rbp1 및 Tra2)에 매개되는 splicing 활성화 모델. 암컷 *Drosophila* 배아에서, dsx pre-mRNA의 exon 3과 4의 splicing은 Tra/Tra2/Rbp1 복합체가 exon 4의 6개 위치에 결합함으로써 활성화된다. Tra가 없으면 Rbp1과 Tra2는 pre-mRNA에 결합할 수 없기 때문에, exon 4는 수컷 배아에서 splice되지 않는다. 더 자세한 설명은 본문을 참조하시오. A_n은 3′ polyadenylation를 의미한다. T. Maniatis and B. Tasic, 2002, *Nature* **418**:236 참조.

Splicing 억제 인자와 활성화 인자는 Alternative 위치에서 Splicing을 조절한다

그림 9-18에서 알 수 있듯이, *Drosophila* Sxl 단백질과 Tra 단백질은 서로 반대 기능을 가진다: Sxl은 splicing을 억제하여 exon을 건너뛰게 하는 반면, Tra는 splicing을 촉진한다. 유사한 단백질들의 작용은 인간에서 fibronectin isoform들의 세포-유형 특이적 발현을 설명할 수 있다. 예를 들면, hepatocyte (간세포)에서 발현되는 Sxl-like splicing 억제 인자는 fibronectin pre-mRNA의 EIIIA 및 EIIIB exon의 splice 위치에 결합해서 RNA splicing이 일어나는 동안 exon을 건너뛰게 할 수 있다(그림 5-28). 반면, fibroblast (섬유아세포)에서 발현되는 Tra-like splicing 활성 인자는 fibronectin EIIIA 및 EIIIB exon과 연계된 splice 위치를 활성화하여, 이들 exon들이 최종 mRNA에 포함되도록 할 수 있다. 여러 시스템을 활용한 연구 결과, 여러 splicing 억제 인자 및 enhancer가 함께 작용하여 특정 세포 유형에서 특정 exon이 mRNA에 포함하는 것과 다른 세포 유형에서 동일한 exon이 mRNA에 포함되지 않는 것이 결정됨이 알려졌다. 억제 인자가 붙는 RNA 결합 위치들은 exon에서도 존재할 수 있는데, 이들을 *exonic splicing silence*라고 한다. 또한, splicing 활성화 인자(보통 SR 단백질)의 결합 위치들이 intron에 존재할 수 있는데, 이들을 *intronic splicing enhancer*라고 한다.

Drosophila Renal (망막) Neuron에서 *Dscam* Isoform들의 발현

아직 조절 메커니즘이 밝혀지지 않은 alternative RNA processing의 가장 대표적인 예는 *Drosophila Dscam* 유전자 발현이다. 이 유전자의 돌연변이들은 초파리 발생 과정에서 axon (축색돌기)과 dendrite (수상돌기) 사이의 정상적인 synapse 연결을 방해한다. *Dscam* 유전자 분석 결과, alternative splicing에 의해 38,016개 isoform 단백질들이 만들

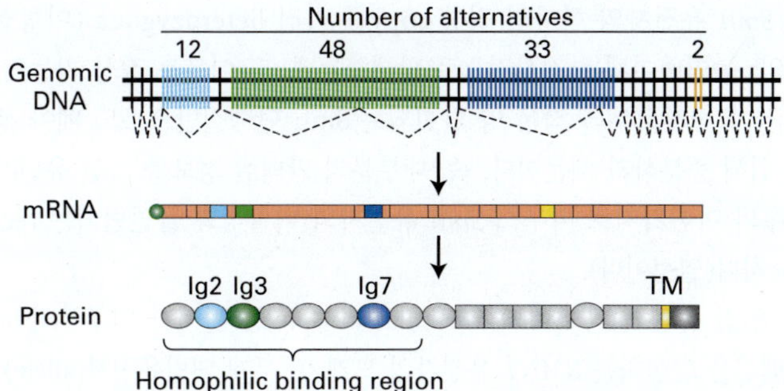

그림 9-20 ***Drosophila Dscam*** **유전자는 수많은 alternative isofom들로 process된다.** *Dscam*은 neuron의 세포 표면 단백질 정보를 가진다. Dscam 단백질(*아래쪽*)은 10개 서로 다른 면역글로불린 domain (타원형), 6개 서로 다른 fibronectin 유형 III domain (사각형), 1개 transmembrane domain (노란색) 및 C-말단 세포질 domain으로 구성된다. 12개 가능한 Ig2 domain 중 하나, 48개 가능한 Ig3 domain 중 하나, 33개 가능한 Ig7 domain 중 하나, 2개 가능한 transmembrane domain 중 하나가 그림 위쪽에 그려진 alternative RNA splicing을 거쳐서 하나의 단백질에 포함된다. Process 통해 완성된 mRNA는 genome DNA에서 밝은 파란색으로 표시된 Ig2 domain 정보를 가진 alternative exon들 중 하나, genome DNA에서 녹색으로 표시된 Ig3 정보를 가진 alternative exon들 중 하나, 노란색으로 표시된 exon들 중 하나를 포함한다. 검은색으로 표시된 exon들은 항상 일정하게 splice되어 mRNA에 포함되고, 최종적으로 12×48×33×2 = 38,016개의 isoform들이 만들어진다. M. R. Sawaya et al., 2008, *Cell* **134**:1007 참조.

어질 수 있음이 알려졌다(그림 9-20)! 이 단백질의 domain Ig2 정보를 가진 12개 exon들 중 하나가 각 Dscam mRNA에 포함된다. domain Ig3 정보를 가진 48개 exon들 중 하나가 각 Dscam mRNA에 포함되고, 각 Dscam RNA에 domain Ig7 정보를 가진 33개 exon들 중 하나와 Dscam transmembrane domain 정보를 가진 2개 exon 중 하나가 각각의 Dscam mRNA에 포함된다. 위쪽 그림 검은색 수직선으로 표시된 exon은 모든 Dscam mRNA에서 항상 splice되는 곳이다. 결과적으로, Dscam pre-mRNA는 12 × 48 × 33 × 2 = 38,016개 가능한 isoform 중 하나로 만들어진다. 약 22,000가지의 방식으로만 splice될 수 있는 Dscam 유전자를 가진 *Drosophila* 돌연변이체는 neuron 간의 연결에 결함을 가진다. 이러한 결과로부터 alternative RNA splicing을 통해 대부분의 *Dscam* isoform들을 만들 수 있어야지만 *Drosophila* 뇌에서 neuron 간의 수천만 개의 서로 다르고 특징적인 synaptic 연결이 가능해짐을 알 수 있다. 다시 말해, 뇌에서 neuron끼리 온전한 연결을 위해서는 RNA splicing이 잘 조절되어야 한다.

비정상적인 RNA Splicing 및 질병

비정상적인 RNA splicing으로 인해서 인간 질병이 생기는 여러 예가 있다. 여기에서는 exon 위치를 정하는 데 영향을 주는 돌연변이와 microexon splicing 결함의 예를 살펴본다.

Exon 위치를 정하는 데 영향을 미치는 돌연변이는 질병을 유발한다

Exon 위치를 정하는 데 영향을 미치는 돌연변이는 인간 유전 질환을 유발하는 single-base-pair (단일 염기쌍) 돌연변이들의 약 15%를 차지한다. 몇몇 single-base-pair 돌연변이들은 5′ 또는 3′ splice 위치에서 발생하며, 정상 유전자 서열에 존재하는 주변의 alternative *cryptic* (숨어 있는) splice 위치에서 splicing이 빈번히 일어난다. 정상적인 splice 위치가 없는 경우, cross-exon recognition 복합체(그림 9-16)가 이러한 alternative splice 위치를 인식하는데, 이 alternative splice 위치는 돌연변이가 일어난 5′ 또는 3′ splice 위치보다 종간 보존된 splice 위치 서열과 덜 일치하는 게 일반적이다. 비정상적인 splicing을 유발하는 다른 돌연변이들은 정상적인 splice 위치 대신 인식되는 pre-mRNA의 새로운 5′- 또는 3′-splice 서열을 만든다. 이것은 일반적으로 정상 단백질 정보가 가지지 않는 비정상적인 mRNA로의 processing을 유발한다. 마지막으로, 몇몇 돌연변이들은 pre-mRNA가 특정 SR 단백질에 결합하는 것을 방해하기도 한다. 이러한 돌연변이들은 돌연변이 exon에 cross-exon recognition 복합체가 붙는 것을 방해하여 해당 exon이 splice되지 않게 한다.

Exon 위치를 정하는 메커니즘을 이해함으로써 Duschenne Muscular Dystrophy (DMD, 뒤쉔 근위축증)를 치료하는 전략이 도출되었다. X-염색체에 정보가 담긴 sex-linked (성-관련) DMD 유전자의 돌연변이에 의해 muscular dystrophy가 생기는데, 이 유전병은 남성 5,000명 중 약 1명에게서 나타나는 아주 흔한 인간 유전 질환 중 하나이다. 이 유전자는 actin (액틴)-cytoskeleton (세포 골격)이 근육 세포 원형질막에 연결되는 데 관여하는 단백질인 dystrophin 정보를 가진다(그림 20-39 참조). Dystrophin에 결함이 있다면, 이러한 연결이 약해지고 actin fiber (섬유)의 이동에 의한 근육 세포 수축이 원형질막을 손상시켜 돌연변이 근육 세포에서 세포자살(apoptosis)이 일어난다. 많은 환자에서 DMD 돌연변이는 exon duplication (중복)으로부터 유래된 DMD exon의 frame shift (프레임 어긋남) 또는 stop codon으로 인하여 발생한다(예, 그림 5-28의 fibronectin 유전자에서 황갈색 exon들). 돌연변이가 있는 exon의 5′ splice 위치에 hybridize되는 synthetic oligonucleotide (합성 올리고뉴클레오티드)는 U1 snRNP가 5′ splice 위치에 붙는 것을 막아 돌연변이 exon의 splicing을 건너뛰고, 뒤쪽 exon과 앞쪽 exon의 정상적인 in-frame (프레임이 맞는) splicing이 일어나게 한다. 그 결과로 만들어진 mRNA에는 chain termination 돌연변이를 가지고 있지 않게 되는데, 여기에서 만들어지는 단백질은 반복되는 단백질 domain의 하나가 없지만, 야생형 단백질과 거의 유사한 기능을 수행한다. 보다 효율적인 membrane-permeant (막 투과성) synthetic oligonucleotide derivative (파생물) 및 전달 방법을 개발하기 위한 현재 연구는 DMD 질환의 치료를 위해 활발히 진행되는 연구 영역 중 하나이다. ■

Spinal Muscular Atrophy (척수 근위축증)는 소아 사망의 가장 흔한 유전적 원인 중 하나이다. 이 질병은 진화 과정에서 유전자 duplication에 의해 생긴 2개의 밀접하게 관련된 유전자 *SMN1*과 *SMN2*를 포함하는 genome 영역의 돌연변이로 인해 발생한다. *SMN2*

는 *SMN1*과 동일한 단백질 정보를 가진다; 그러나 올바르게 spliced *SMN2* mRNA는 *SMN1* mRNA보다 훨씬 낮은 수준으로 발현되는데, 그 이유는 *SMN2* 유전자의 exonic splicing enhancer에 있는 돌연변이 때문이다. 이 돌연변이는 아미노산 서열 변화를 주지 않는 동일 정보를 가진 codon을 만들지만, SR 단백질이 *SMN2* pre-mRNA의 이 영역에 붙는 것을 억제한다. 이것은 대부분의 *SMN2* primary transcript processing 과정에서 exon skipping (건너 뜀)을 유발하는데, 이유는 cross-exon-recognition 복합체(그림 9-16)가 돌연변이가 있는 exon에 붙지 못하고, 결과적으로 U1 snRNP와 U2 snRNP가 *SMN2* pre-mRNA 해당 exon의 5′ 및 3′ splice 위치에 결합하는 것을 촉진하지 못하기 때문이다. 이러한 돌연변이 영향은 정상인 사람에게는 거의 영향이 없는데, 그 이유는 대부분의 Smn 단백질이 *SMN1* 유전자에서 발현되기 때문이다.

마우스 모델을 이용한 유전학 연구에서 정상적인 포유류 배아 발달에 Smn 단백질의 발현이 몇 가지 필요함이 알려졌다. 마우스에는 *Smn* 유전자가 하나만 있다. Smn 유전자의 모계 및 부계 copy 모두에 비활성화 돌연변이를 가진 마우스 배아는 배아 발생 초기에 사망한다. 그러나 *Smn* 유전자의 하나의 정상 copy를 가진 heterozygous (이형접합체의) 돌연변이체는 정상적으로 발생하는데, 그 이유는 정상 기능의 한 copy 유전자로부터 적은 양 발현되는 Smn 단백질만으로도 배아 생존을 위해 충분하기 때문이다. 즉, 대부분의 단백질 정보를 가진 유전자의 경우와 마찬가지로 마우스 *Smn* 유전자의 비활성화 돌연변이는 recessive하다(열성이다).

인간 유전 질환 spinal muscular atrophy는 환자가 대부분의 Smn 단백질을 발현하는 *SMN1* 유전자의 모계 및 부계 대립유전자(allele) 모두에서 비활성화 돌연변이를 유전 받을 때 발생한다. 이러한 환자에서 올바르게 splice된 몇몇 *SMN2* mRNA에서 만들어지는 적은 양의 Smn 단백질은 배아 발생 및 태아 발생 과정에서 세포 생존력을 유지하기에 충분하다. 그러나 이러한 적은 양의 Smn 단백질은 어린 시절 spinal cord motor neuron (척수 운동 신경세포)의 생존력을 유지하기에 충분하지 않아 영아에게서 사망과 질환을 유발한다. ■

Microexon과 Autism Spectrum 질환과의 관련성 척추동물 세포에서 여러 유형의 alternative pre-mRNA splicing이 관찰되었다(그

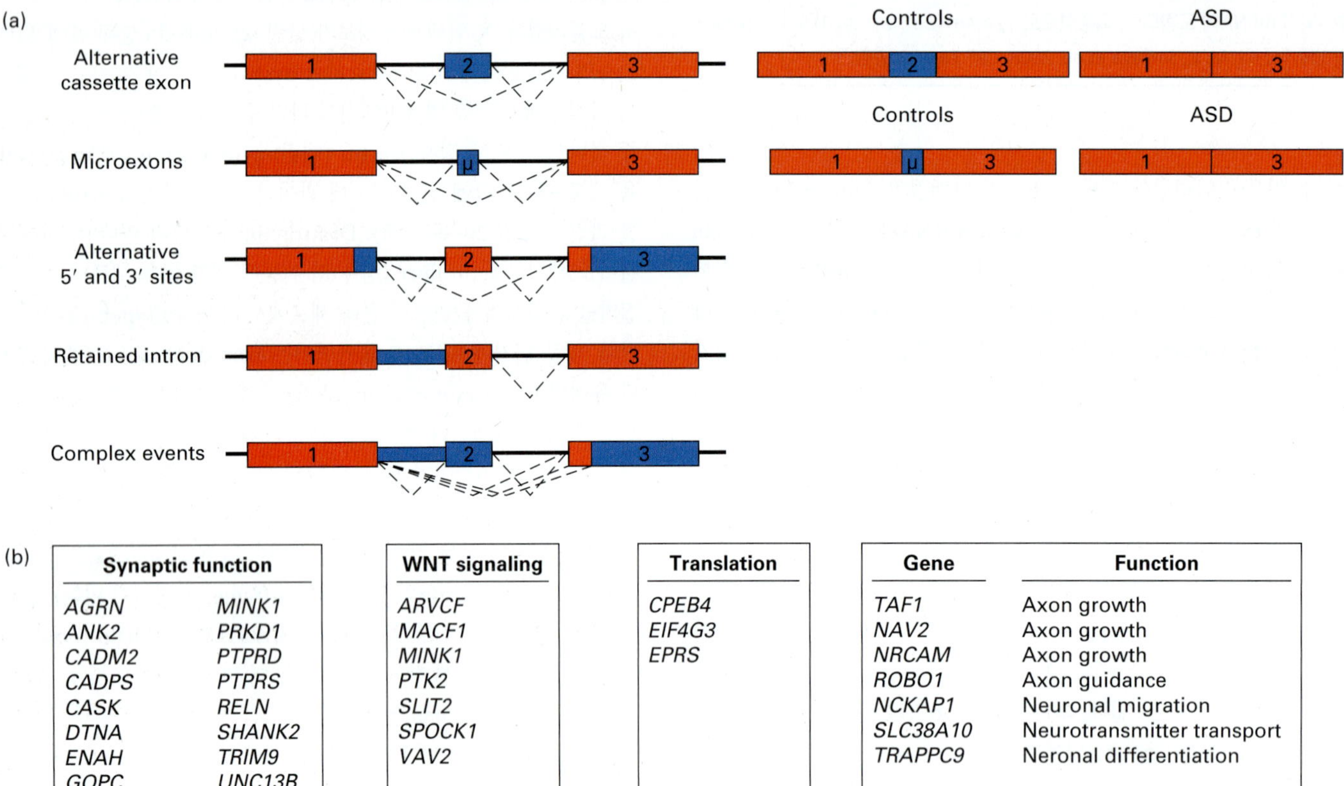

Synaptic function	
AGRN	*MINK1*
ANK2	*PRKD1*
CADM2	*PTPRD*
CADPS	*PTPRS*
CASK	*RELN*
DTNA	*SHANK2*
ENAH	*TRIM9*
GOPC	*UNC13B*

WNT signaling
ARVCF
MACF1
MINK1
PTK2
SLIT2
SPOCK1
VAV2

Translation
CPEB4
EIF4G3
EPRS

Gene	Function
TAF1	Axon growth
NAV2	Axon growth
NRCAM	Axon growth
ROBO1	Axon guidance
NCKAP1	Neuronal migration
SLC38A10	Neurotransmitter transport
TRAPPC9	Neronal differentiation

그림 9-21 Autism spectrum disorder (ASD, 자폐 스펙트럼 장애)에서 splicing 변화. (a) Alternative splicing의 다양한 유형들. 가는 검은색 선은 splice 위치에서 일어나는 splicing을 나타낸다. RNA sequencing 분석(RNA-seq) 결과에서 다음과 같은 결과를 보여주었다: 정상인 중추 신경계에서 'cassette exon'과 'microexon (3–27개 nucleotide)'이 보다 일반적인 alternative RNA splicing이다. 반면 'alternative 5′ 및 3′ splice site', 'retained intron' 또는 'complex event'는 덜 일반적인 alternative splicing이다. Autism spectrum disorder (ASD) 환자의 1/3에서 cassette exon과 microexon의 skipping이 정상인보다 더 많이 관찰된다. 'Alternative 5′ 및 3′ splicing site'의 splicing에서 비정상인 경우는 ASD에서 거의 발견되지 않는다. 'Complex splicing event'에서 문제가 생기기도 하지만, ASD 환자에서 발생률이 유의하게 변경되었는지 여부를 결정하기에는 너무 낮은 발생률을 보인다. (b) ASD 환자에서 microexon이 비정상적으로 포함되는 유전자들이 ASD pathogenesis (발병 과정)의 분자 hub (중심지)에 따라 또는 신경 생물학에서의 기능에 따라 분류되어 나열되었다. [Data from M. Quesnel-Vallières et al., 2019, *Nat. Rev. Genet.* **20**:51.]

림 9-21a). Central nervous system (CNS, 중추 신경계)에서 가장 일반적이고 여러 종에서 보존된 alternatively spliced exon 유형은 **microexon**이라 불리는데, 이유는 비정상적으로 짧기 때문이다: 3의 배수인 3–27개 염기 길이를 가지기 때문에 앞쪽 및 뒤쪽 exon의 reading frame (해독 프레임)을 유지할 수 있다(일반적으로 exon은 microexon 보다 길고, 인간의 경우 exon 평균 길이는 ~150개 염기). 이러한 microexon의 발견은 매우 놀라운 일인데, 매우 짧은 길이 때문에 exon 위치를 정하기 위해 필요하다고 알려진 기존의 cross-exon recognition 복합체 상호작용이 일어나기 어렵다고 예상되었기 때문이다(그림 9-16). Microexon (1–9개 아미노산)에 정보가 담긴 짧은 아미노산 배열은 일반적으로 단백질-단백질 상호작용에 관여하는 단백질 표면에 존재하며, synaptic 생물학에서 중요한 기능을 가진 유전자에서 많이 존재한다(그림 9-21b). 여기에서 매우 중요한 것은 autism spectrum disorder (ASD, 자폐 스펙트럼 장애) 환자의 약 1/3이 CNS에서 비정상적으로 낮은 비율로 microexon splicing을 나타낸다는 점이다.

Microexon splicing의 이러한 결함에 관계된 메커니즘에 대한 추가 연구는 neuron-특이적 SR-단백질 SRRM4에 중점을 두고 진행되었다. ASD 환자들 중 ~1/3에서 microexon이 비정상적으로 낮은 비율로 나타나는데, 동일한 ~1/3 환자에서 인간 SRRM4 mRNA가 정상인에 비해 낮게 발현되었다. 또한, 이들 환자에서 skipped microexon의 수는 SRRM4 발현 감소의 정도와 상관관계가 있었다. ASD의 몇몇 유형에서 SRRM4의 중요성은 마우스의 유전학적 실험에 의해 추가로 밝혀졌다. 마우스에서 *Srrm4* 유전자의 homozygous knock-out (동형접합체 녹아웃)은 diaphragm (횡격막)의 비정상적인 innervation (신경 분포) 및 기타 신경학적 결함과 연계된 호흡 결함으로 인해서 대부분의 새끼가 출산 전후에 죽게 된다. Heterozygous *Srrm4+/–* 마우스는 생존하지만, *Srrm4+/+* 새끼보다 발현되는 Srrm4 mRNA 양이 약 1/2정도이다. 이것은 중추신경계에 포함된 microexon의 현저한 감소와 관련이 있고, 또한 여러 자폐증과 유사한 특징(사회적 행동의 변화, synapse 밀도와 신호의 변화를 포함)과 관련이 있다. 이러한 결과는 인간 *SRRM4*가 잘못 조절되는 것이 자폐증 사례의 상당 부분과 인과 관계가 있다는 증거를 제공한다.

마우스 Srrm4 단백질은 microexon 위쪽 RNA 서열에 결합함으로써 microexon이 포함되는 반응을 촉진하는 것으로 밝혀졌다. 이 위치에서, Srrm4는 snRNP U1이 microexon 5′ splice 위치와 결합하는 것을 촉진하는데, 이 방식은 SR-단백질이 exon의 3′ 말단에서 exon splicing enhancer에 결합하여 snRNP U1이 5′ splice 위치에 붙는 것을 촉진하는 방식과 거의 동일하다(그림 9-16 참조). U1 snRNP가 microexon 5′ splice 위치와 결합하면, pre-mRNA에서 다음 3′ splice 위치 앞 branch point와 결합된 U2 snRNP와 상호작용할 수 있고, microexon이 아래쪽 exon과 연결되는 splicing 반응에 참여할 수 있다.

Myelodysplastic syndrome (MDS, 골수이형성 증후군)은 dysplastic/abnormal (이형성/비정상) myelocyte (골수세포) (phagocytic white blood cell, 식세포 백혈구)가 조절되지 않은 채 만들어지는 특징을 보이는 혈액 세포 질환군이다. MDS 환자의 많은 수에서 치료를 하지 않으면 말기 acute myeloid leukemia (AML, 급성 골수성 백혈병)로 진행한다. 놀랍게도, MDS 환자의 모든 exon의 서열 분석 (exome) 결과, 몇몇 특정 RNA splicing 인자 정보를 가진 유전자의 돌연변이가 모든 MDS 환자의 ~60–70%에서 나타남이 알려졌다. 이러한 돌연변이의 대부분은 splicing 인자 U2AF35, SRSF2, ZRSR2 또는 SF3B1의 유전자에서 일어난다(그림 9-22). U2AF35는 U2 snRNP이 intron의 3′ 말단 근처에 있는 branch-point A와 결합하는 데 필요한 heterodimeric U2AF splicing 인자의 작은 subunit이다(그림 9-13). SRSF2 및 ZRSR2는 많은 유전자에서 exonic splicing enhancer와 결합하는 SR 단백질이다. SF3B1은 인간 U2 snRNP의 한 구성 단백질이다. 다른 splicing 인자(U2AF65, SF1, SF3A1 및 PRPF40B)의 특정 돌연변이도 MDS 환자에서 발생하지만 발생 빈도는 낮다. U2AF65는 3′ splice 위치의 위쪽에 있는 pyrimidine tract와 결합하는 U2AF의 큰 subunit이다. SF1은 U2 snRNP와 branch-point A의 결합을 위해 U2AF와 함께 필요하다. SF3A1은 인간 U2 snRNP의 또 다른 구성 단백질이다. PRP40B는 필수적인 splicing 인자이지만 정확한 기능은 아

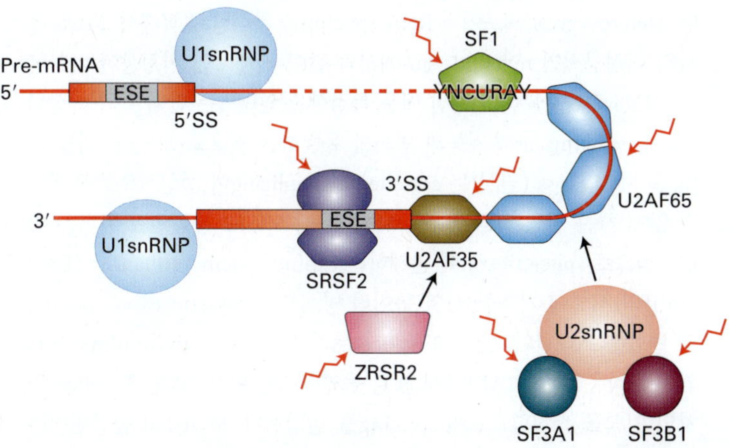

그림 9-22 U2 snRNP와 branch-point A의 결합에 필요한 몇몇 단백질에서 특정 아미노산의 변화는 myelodysplastic syndrome (골수이형성증후군)과 몇몇 leukemia (백혈병)와 관련된다. Myelodysplastic syndrome 환자에서 돌연변이가 발견되는 spliceosome 단백질들. 이 질환은 myelocyte (phagocytic white blood cell, 식세포성 백혈구)의 세포 복제 감소와 비정상적인 발생을 유발한다. RNA splicing은 U1 snRNP가 5′ splice 위치로 옮겨지면서 시작된다. SF1은 branch-point에 결합하고 U2 auxiliary factor (U2AF65)의 큰 subunit은 polypyrimidine tract 아래쪽에 결합한다. 또한 U2 snRNP가 branch-point A와 결합하기 위해서는 2개의 splicing factor (SF3A1과 SF3B1)가 필요하다. 아래쪽 exon의 5′ 말단 근처에서 U2AF와 SR-단백질의 상호작용도 필요하다(그림 9-15 참조). SRSF2와 ZRSR2는 여러 3′ splice 위치에서 이러한 기능을 수행하는 SR-단백질이다. 이러한 splicing factor들 중 하나에서 특정 아미노산 변화(번개 화살표로 표기)가 myelodysplstic syndrome을 가진 환자 60-70%의 비정상적인 myelocytes에서 발견된다. 이러한 돌연변이는 여러 pre-mRNA에 alternatively spliced exon과 intron이 비정상적으로 포함되게 한다. 이러한 돌연변이가 homozygous하면(동형 접합체로 나타나면) 생존에 치명적이다. 하지만 heterozygous (이형접합체의) 세포에서 이러한 아미노산 변화를 가진 splicing factor가 절반만 존재할 경우 복제와 발생 과정에 약간의 영향만 미친다. 본문 참조. [Data from K. Yoshida et al., 2011, *Nature* **478**:64.]

직 알려져 있지 않다.

한 MDS 환자의 비정상적인 myelocyte에서는 splicing 인자 유전자의 이러한 돌연변이 중 하나만 관찰된다. 그리고 MDS 세포는 항상 돌연변이 유전자의 야생형 대립유전자를 가지고 있다. 즉, myelodysplstic (골수형성이상) 세포는 splicing 인자 돌연변이에 대해 항상 heterozygous이다. **가장 놀라운 사실은 동일한 특정 돌연변이가 다른 환자에서 반복적으로 나타난다는 것이다.** 예를 들면, SRSF2의 모든 MDS 관련 돌연변이는 proline 95를 histidine, leucine 또는 arginine과 같은 다른 아미노산으로 변경한다. U2AF의 작은 subunit에서 MDS-유발 돌연변이는 serin 34를 phenylalanine 또는 tyrosine으로 변경하거나 glutamine 157을 arginine 또는 proline으로 변경한다. U2AF는 대부분의 intron 3′ 말단에서 AG와 상호작용한다.

6장에 설명된 유전학적 기술을 통해 연구자들은 배양된 세포에서 야생형 splicing 인자 유전자를 MDS 관련 돌연변이로 바꿀 수 있었다. Homozygous MDS-유발 돌연변이를 가진 세포는 생존할 수 없었으며, 이는 세포 생존을 위해 야생형 splicing 인자가 같이 발현되어야 함을 의미한다. 이것은 아마도 heterozygous 세포가 생존하기에 위해서는 정상적으로 splice된 mRNA를 충분한 양 만들어져야 하기 때문일 것이다. Heterozygous 세포에서 RNA splicing을 분석한 결과에서, MDS 환자의 비정상적인 myeloid 세포에서와 같이 전체적인 비정상이 나타났다. MDS 환자로부터 얻어진 매우 특정한 돌연변이는 단백질 기능 상실보다는 splicing 인자 기능의 변화를 유발하는 것으로 보인다. 예를 들면, SRSF2의 loss (결실)는 cassette exon splicing이 정상적으로 일어나지 않게 하는 반면(그림 9-22), MDS-유발 SRSF2 돌연변이 발현은 비정상적으로 spliced exon에 존재하는 exonic splicing enhancer (ESE) motif의 서열에 기초한 서열 특이적 방식으로 cassette exon splicing의 변화를 초래한다. 반면, 3′ splice 위치로부터 위쪽 pyrimidine tract와 상호작용하는 U2AF1에서 생긴 돌연변이는 비정상적인 3′ splice 위치의 인식을 촉진함으로써 splicing을 변경한다. SF3B1의 돌연변이는 cryptic 3′ splice 위치가 이용되는 것을 촉진한다.

이러한 비정상적인 pre-mRNA splicing이 myelodysplastic 세포의 표현형에 영향을 어떻게 미치는지는 알려져 있지 않다. 특히, 비정상적인 표현형이 나타나는 이유가 (1) 하나 또는 소수의 비정상적으로 spliced mRNA의 발현으로 인해서, myeloid 혈액 세포 복제 및 분화를 조절하는 일부 단백질의 기능에 영향을 미쳤기 때문인지, 아니면 (2) 다수의 단백질 isoform의 비정상적인 발현으로 인한 pleiotropic (다면발현성의) 효과로 인해 비정상 표현형이 나타나는 것인지 아직 알려져 있지 않다. ■

Self Splicing 그룹 II Intron은 snRNA의 진화에 대한 단서를 제공한다

Nonphysiological (비생리학적) *in vitro* 반응에서 몇몇 RNA transcript는 단백질이 전혀 포함되지 않아도 intron을 느린 속도로 splice out한다. 이 현상으로부터 몇몇 intron이 *self-splicing*된다는 것을 알게 되었다. 두 가지 유형의 self-splicing intron이 알려졌다: **그룹 I intron**은 원생동물 핵 rRNA에 존재하고, **그룹 II intron**은 protein-coding 유전자에 존재하며, 식물과 fungi (균류)의 미토콘드리아와 엽록체의 몇몇 rRNA, tRNA에 존재한다. Self-splicing intron의 활성을 발견한 것은 RNA 기능에 대한 그 동안의 개념을 뒤집었다. 4장에서 설명한 바와 같이, RNA는 ribosome에서 단백질이 합성되는 동안 peptide-bond 형성을 촉진하는 것이현재 알려져 있다. 여기서는 snRNA 진화 과정에서 그룹 II intron의 예상되는 역할에 대해 설명한다(그룹 II intron은 현재 미토콘드리아와 엽록체 DNA에서만 발견된다); 그룹 I intron의 기능은 rRNA processing과 관련된 다음 절에서 설명된다.

그룹 II intron 서열이 종간 완전히 보존되어 있지 않지만, 모든 그룹 II intron은 여러 stem loop을 가진 복잡한 2차 구조를 가지고 접힌다(그림 9-23a). 그룹 II intron에 의한 self-splicing은 두 번의 transesterification 반응을 거쳐 일어나는데, 핵 pre-mRNA splicing에서 관찰되는 것과 유사한 intermediate와 product들이 관여한다. 그룹 II intron self-splicing과 spliceosomal splicing의 메커니즘적 유사성은 snRNA가 그룹 II intron의 2차 구조에 있는 stem loop과 유사한 기능을 한다는 가정을 가능하게 한다. 이 가정에 따르면, snRNA는 pre-mRNA의 5′ 및 3′ splice 위치와 상호작용하고, 서로 상호작용하여 그룹 II self-splicing intron의 3차 구조와 유사한 구조를 만든다(그림 9-23b).

이러한 가정을 확장해 보면, 고대 pre-mRNA의 intron은 그룹 II self-splicing intron으로부터 내부 RNA 구조들이 순차적으로 없어지면서 진화되었다고 할 수 있다. 이들은 동시에 동일한 역할을 하는 trans-acting snRNA로도 진화했다고 할 수 있다. 이러한 유형의 진화 모델을 지지하는 근거는 domain V와 domain I이 결실된 그룹 II intron 돌연변이체를 이용한 실험으로부터 도출되었다(그림 9-23a). 이러한 돌연변이 intron을 가진 RNA transcript는 self-splicing에 결합이

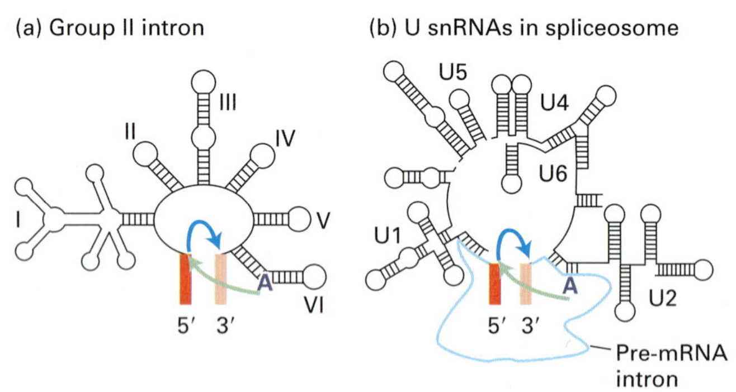

그림 9-23 그룹 II self-splicing intron과 spliceosome의 비교. 개략적인 그림은 (a) 그룹 II self-splicing intron과 (b) spliceosome에 존재하는 U snRNA의 2차 구조를 비교하고 있다. 첫 번째 transesterification 반응은 밝은 녹색 화살표로 표시되어 있다; 두 번째 반응은 파란색 화살표로 표시되어 있다. Branch-point A는 굵게 표시되어 있다. 이러한 구조적 유사성은 spliceosomal snRNA가 그룹 II intron에서 진화되었으며, trans-acting snRNA는 그룹 II intron의 해당 domain과 기능적으로 유사함을 시사한다. (a)와 (b)에서 intron 옆에 있는 컬러 막대는 exon을 나타낸다. P. A. Sharp, 1991, *Science* **254**:663 참조.

있다. 하지만, 결실된 부분에 상응하는 RNA 분자를 *in vitro* 실험에 추가해 주면, self-splicing이 일어난다. 이 발견은 그룹 II intron의 이러한 domain들이 snRNA처럼 trans-acting할 수 있음을 설명해 준다.

그룹 II intron에서 spliceosome splicing이 진화되었다는 추가 증거는 그룹 II intron의 최근 cryo-EM (저온전자현미경) 구조에서 제시되었다(그림 9-14b, c 참조). 이 결과는 그룹 II intron splicing 동안 일어나는 RNA 상호작용이 spliceosome 활성 위치에서의 상호작용과 매우 유사하다는 것을 보여준다. 그룹 II intron은 높은 온도와 Mg^{2+} 농도에서 *in vitro* self splicing될 수 있지만, 생체 내 조건에서 그룹 II intron RNA에 결합하는 *maturase* (성숙화효소)라고 하는 단백질이 빠른 splicing에 필요하다. Maturase는 두 번의 splicing transesterification 반응을 촉매하는 데 필요한 intron RNA의 정확한 3차원 상호작용을 안정화시키는 것으로 생각된다. 유사하게, 우리는 지금 촉매 활성 spliceosome의 저온전자현미경 구조(그림 9-11 참조)로부터 spliceosome에 결합된 단백질들 또한 pre-mRNA splicing을 촉매하는 데 필요한 snRNA 및 intron nucleotide의 정확한 geometry (기하학적 구조)를 안정화한다는 것을 알 수 있다.

snRNA의 진화는 다세포 진핵생물의 급속한 진화에서 중요한 단계일 수 있다. 내부 intron 서열이 손실되고, RNA splicing에서의 기능이 trans-acting snRNA로 대체됨에 따라, 나머지 intron 서열은 자유롭게 diverge (분기된, 기능이 나뉜)되었을 것이다. 이것은 다시 **exon shuffling** (섞임)을 통해 새로운 유전자의 진화를 촉진했을 가능성이 높다(그림 7-18 및 7-19 참조). 왜냐하면, 진화 과정에서 만들어지는 새로운 intron의 서열에 대한 제약이 거의 없기 때문이다. 또한 그것은 alternative RNA splicing으로 인한 단백질 다양성의 증가와 alternative RNA splicing의 조절을 통한 추가적인 유전자 조절이 가능하게 했다.

핵 Exonuclease와 Exosome은 Pre-mRNA Processing 과정에서 Process out되는 RNA를 분해한다

인간 genome에는 긴 intron이 포함되어 있기 때문에, 전사 동안 RNA 중합효소 II에 의해 중합되는 nucleotide의 약 5%만이 process되어 완성된 mRNA에 남게 된다. 비록 이러한 과정이 비효율적으로 보이지만, 아마도 이러한 과정이 다세포 생물체에서 진화된 이유는 exon shuffling 과정이 긴 intron을 가진 생물체에서 새로운 유전자의 진화가 잘 일어나도록 했기 때문일 것이다(7장). Spliced out된 intron과 cleavage 및 polyadenylation 위치 아래쪽 영역은 RNA 가닥의 5′ 또는 3′ 말단으로부터 한 번에 하나의 염기를 가수분해하는 핵 exoribonuclease에 의해 분해된다.

앞서 언급했듯이, 잘려 나간 intron의 2′,5′-phosphodiester 결합(그림 9-13, ILS 참조)은 debranching 효소에 의해 가수분해 되어 exonuclease의 공격을 받을 수 있는 보호되지 않는 말단을 가진 linear (선형) RNA 분자가 만들어진다.

RNA splicing에 의해서 pre-mRNA로부터 제거된 RNA와 cleavage/polyadenylation 위치 아래쪽 RNA가 주로 핵에서 제거되는 방식은 **exosome**이라 불리는 큰 단백질 복합체에 의한 3′→5′ 가수분해이다(그림 9-24). Exosome은 9개의 유사한 polypeptide로 구성된 *Exo-9* (그림 9-24의 회색)이라고 하는 9개 subunit barrel (통)로 구성되어 있다. 이들은 세균 RNA phosphorylase (인산화효소)와 매우 유사한 서열을 가지고 있지만, Exo-9 barrel에는 ribonuclease 활성이 없다. 반면, 이들은 통로를 형성하는데, 이 통로를 통해 RNA substrate 3′ 말단에 먼저 연결되고 exosome의 10번째 subunit인 RRP44에 도달한다. RRP44는 복합체 subunit 중 유일하게 ribonuclease 활성을 가진다. RNA 분해가 일어나는 위치는 통로 끝에 있는 exonuclease 활성 위치이다(그림 9-24b, 'Exo'로 표시). 이 exonuclease 활성 위치가 exosome 내부에 있기 때문에 exosome 외부에 존재하는 RNA는 활성이 높은 RRP44 exonuclease에 의해 분해되지 않는다. 큰 exosome을 관통하는 긴 통로는 복합체의 빠른 exonuclease 활성에 의해 한 번에 하나의 nucleotide가 제거되기 위한 최적의 형태로 RNA의 구조를 유지하는 것으로 생각된다. 이로써 빠른 진행성 분해가 일어나게 된다; RNA substrate는 효소로부터 방출되지 않고 완전히 분해된다(tetranucleotide가 될 때까지 분해).

RRP44는 exonuclease 활성 외에도 표면에 endonuclease 활성을 가진다. 매우 안정적인 RNA 구조나 RNA 3′ 말단의 산화와 같은 화학적 손상으로 인해서, RNA 분해가 RRP44 exonuclease 위치에서 방해 받을 때, endonuclease 활성이 이용될 것으로 생각된다. 이 경우, 분

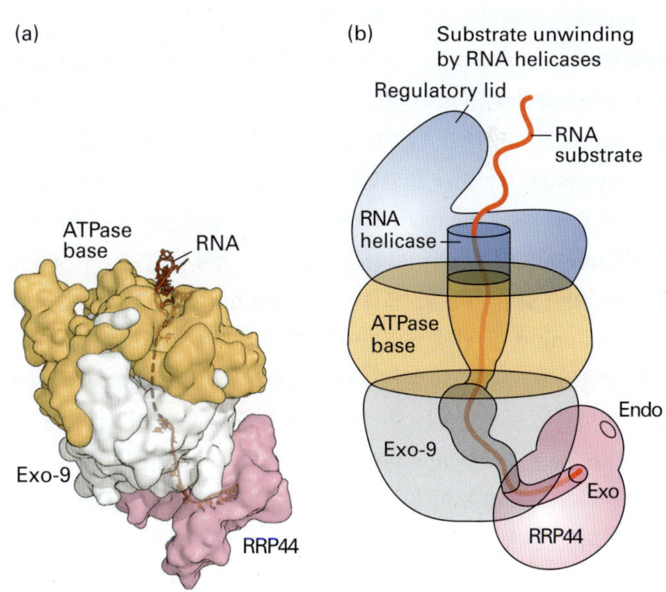

그림 9-24 Exosome의 구조. (a) *Exo 10*이라고 하는 420 kDa exosome core 복합체의 구조. 이것은 9개 밀접하게 관련된 subunit (회색)과 S1 및 KH 고리(주황색)로 구성된 비활성 Exo 9 복합체로 구성되어 있다. Exo 9 복합체는 endonuclease (endo) 및 exonuclease (exo) 활성 위치를 가진 RRP44 (보라색)와 결합한다. (b) Multisubunit exosome lid (덮개, 뚜껑)를 보여주는 개략적인 그림. Exosome 덮개는 RNA helicase를 포함하고 있는데, 이 helicase는 substrate RNA의 3′ 말단이 RRP44의 exonuclease 위치에 도달할 때까지 Exo 10 복합체로 덮개(파란색)의 좁은 통로를 통해 RNA substrate를 밀어 넣는다. [Data from D. Makino, F. Halbach, and E. Conti, 2013, *Nat. Rev. Mol. Cell Biol.* **14**:655.]

해가 차단된 substrate RNA가 exosome 통로 밖으로 나올 때 RRP44 endonuclease 위치에서 substrate RNA 5′를 절단할 수 있다. 이로써 exosome에 삽입될 수 있는 새로운 3′ 말단을 생성되게 되고, RNA가 완전히 분해되는 결과를 낳는다.

Exonuclease 활성 위치는 길어진 RNA 사슬을 수용하기에 충분한 공간을 갖고서 exosome의 긴 tunnel (터널) 끝 부분에 위치하기 때문에, 높은 활성을 가진 exonuclease 효소 활성은 다른 핵 또는 세포질 RNA를 분해할 수 없다. 반면, RNA substrate는 인지되어 exosome 위쪽 pore (구멍) 안으로 옮겨지면, 덮개에 있는 RNA helicase가 RRP44의 exonuclease 활성 위치에 도달할 때까지 RNA의 3′ 말단을 통로 아래쪽으로 밀어 넣는다(그림 9-24b). 핵 exosome의 이 조절 덮개는 *TRAMP* **복합체**라고 불리며, RNA helicase *Mtr4*를 포함하고 있다. 세포질의 exosome은 Ski2 RNA helicase가 포함된 *SKI* **복합체**라고 불리는 조절 덮개와 결합하고 있다. Exosome의 기본 작용 원리는 proteasome (진핵생물에서 단백질을 분해하는 주된 다중단백질 복합체)과 유사하다(그림 3-32 참조). 두 분해 복합체에서, 분해는 단백질 barrel 내부에서 일어나며, 분해될 수 있는 세포내 다른 잠재적인 substrate의 분해는 일어나지 않는다. 빠르게 분해되어야 하는 substrate 선택은 substrate polymer (중합체)의 한쪽 끝에 결합할 수 있는 조절 cap 구조에 있는 단백질에 의해 이루어진다. 이후 ATP 가수분해 에너지를 사용하여 substrate를 분해 공간으로 밀어 넣는데, 이때 substrate는 분해가 잘 되도록 쭉 펴진 형태를 유지하게 된다.

Intron을 분해하는 것 외에도, 핵 exosome은 부적절하게 splicing 되거나 polyadenylation되지 않은 pre-mRNA를 분해하여 quality-control 메커니즘을 제공하는 것으로 보인다. Exosome이 부적절하게 processed pre-mRNA를 어떻게 인식하는지 아직 명확하지 않다. 그러나 temperature-sensitive 돌연변이 poly(A) 중합효소(그림 9-15 참조)가 있는 효모 세포를 nonpermissive (단백질이 불활성화되는) 온도에서 키우면, pre-mRNA는 process되지 않고 핵의 전사가 일어난 위치에 남아 있다. 이와 같이 비정상적으로 처리된 pre-mRNA는 핵에 있는 exosome subunit에 두 번째 돌연변이가 일어나면 pre-mRNA가 process되어 방출된다(EXOSC10; 인간의 100 kD). 세포질 exosome subunit에서 일어나는 돌연변이는 이러한 회복 현상을 유발하지 않는다. 또한, exosome은 *Drosophila* polytene 염색체의 전사가 일어나는 위치에 집중되어 발견되며, 이 위치에서 RNA 중합효소 II elongation 인자와 결합되어 있다. 이러한 결과는 exosome이 비정상적으로 processed pre-mRNA를 인식하는 quality-control 메커니즘에 관여하여 이들이 세포질로 이동되는 것을 막고 최종적으로 분해되도록 한다. 우리가 아직은 quality-control 메커니즘을 충분히 이해하지 못하고 있다.

핵 exonuclease에 의해 분해되는 것을 피하기 위해, nascent transcript, pre-mRNA processing intermediate 및 핵에서 완성된 mRNA는 보호막을 가진 말단을 가지고 있어야 한다. 위에서 설명한 바와 같이, nascent transcript의 5′ 말단은 5′ 말단이 중합효소로부터 나오자마자 5′ cap 구조 추가에 의해 보호된다. 5′ cap은 5′ exonuclease로부터 cap을 보호하고, 세포질로 mRNA를 이동시키는 기능을 하는 핵 *cap*-**결합 복합체**가 결합되어 있기 때문에 보호된다. Nascent transcript 3′ 말단은 RNA 중합효소 내에 있어서 exonuclease가 접근할 수 없다(그림 8-9b 참조). 앞서 설명된 바와 같이, poly(A) 신호 아래쪽에서 pre-mRNA cleavage가 일어나고 free 3′ 말단이 만들어진다. Free 3′ 말단은 900 kDa cleavage 및 polyadenylation 복합체에서 poly(A) 중합효소에 의해 빠르게 polyadenylate되고, 생성된 poly(A) 꼬리에는 PABPN1이 결합한다(그림 9-15 참조). 이와 같이 cleavage와 polyadenylation이 연계되어 동시에 일어남으로써 exonuclease 공격으로부터 3′ 말단이 보호된다.

RNA Processing은 포유류 세포 genome 전반에 걸쳐 일어나는 전사 문제를 해결한다

8장에서 설명된 바와 같이, 후생동물 세포에서 전사가 진행 중인 RNA 중합효소 II를 위치를 분석한 결과로부터 중합효소가 coding 영역으로부터 아래쪽 방향, 그리고 위쪽 방향 양쪽으로 전사를 진행할 수 있으며, 대부분의 promoter에서 거의 같은 빈도로 나타난다는 놀라운 사실이 알려졌다. 또한 이 발견은 포유류 세포에서 분리된 작은 RNA를 deep sequencing (심층 서열 분석) 결과에서 재확인되었다. Deep sequencing 결과는 CpG-island (섬) promoter (포유류 promoter의 ~70%)의 sense 및 antisense 가닥 모두에서 전사가 일어나고 적은 양 존재하는 짧은 capped RNA가 만들어짐을 보였다. 실제로, 모든 세포내 RNA를 deep sequencing하면 거의 모든 genome 양쪽 가닥에서 모두 전사됨을 알 수 있었다. 하지만 이 RNA의 대부분은 세포 당 한 분자 이하의 극히 낮은 농도로 존재한다. 이로부터 세포가 genome **전체에서 일어나는 전사**를 어떻게 다루는지에 대한 질문이 생겨났다.

이들 소량으로 존재하고 길이가 짧은 RNA의 서열 분석 결과, 이들이 높은 농도로 존재하지 않는 이유는 RNA processing 및 비정상적으로 processed RNA를 제거하는 핵 surveillance (검사) 때문인 것으로 알려졌다. 몇몇 세포 유형의 RNA를 sequencing한 결과에서, 유전자 coding 영역으로 sense 방향으로 전사되는 transcript보다 반대 방향으로 전사되는 antisense RNA에 AAUAAA polyadenylation 위치 서열이 높은 빈도로 존재함이 밝혀졌다. 이것은 아마도 포유류 DNA의 높은 AT 구성(인간의 경우 ~60%)으로 인하여 antisense transcript에서 AAUAAA의 전사를 자주 초래하게 될 것이다[AT 평균 확률이 60%라고 가정하면 6개 염기 서열 (AAUAAA)이 맞을 확률은 $\sim 0.6^6 = 4.7\%$]. 그러나 각 유전자들이 하나 또는 소수의 poly(A) 위치를 갖도록 진화했기 때문에 단백질 coding 유전자에서 AAUAAA 서열은 훨씬 더 낮은 빈도로 존재한다. 결과적으로, antisense transcript에 poly(A) 위치가 높은 빈도로 존재하기 때문에 전사 시작 위치의 수 kb 내에서 대부분의 antisense transcript가 cleavage/polyadenylation 인자에 의해 cleavage되고 전사가 종결된다. 대부분의 cleaved antisense transcript는 핵 exosome에 의해 분해된다; 이에 대한 증거는 exosome subunit에 temperature-sensitive 돌연변이를 가진 세포를 nonpermissive 온도에서 배양하면 antisense promoter-근처 RNA가 급격히 증가하는 것이

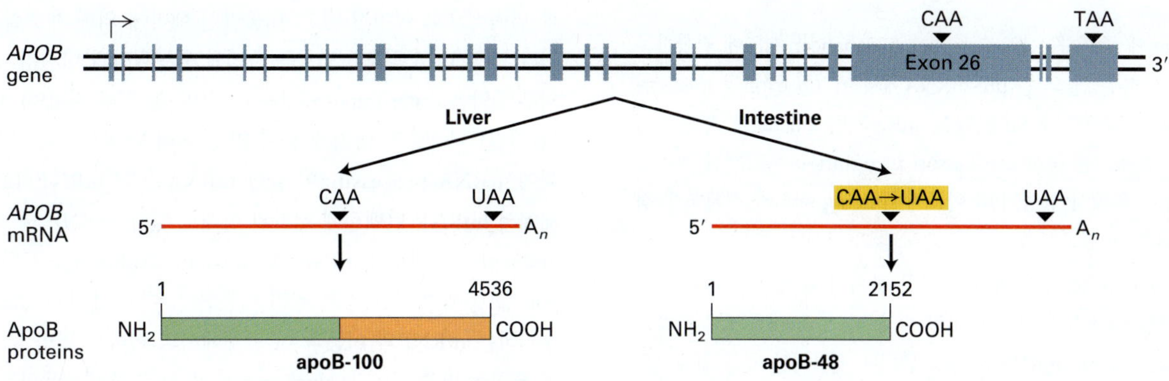

그림 9-25 ApoB pre-mRNA의 RNA editing (RNA 편집). 간에서 만들어지는 apoB mRNA는 primary transcript의 exon들과 동일한 서열을 갖는다. 이 mRNA로부터 2개의 기능 domain을 가진 apoB-100 단백질이 만들어진다: lipid (지방질, 지질)와 결합하는 N-말단 domain (녹색)과 세포막의 LDL 수용체와 결합하는 C-말단 domain (주황색). intestine (장)에서 만들어진 apo-B mRNA에서 exon 26의 CAA codon은 UAA stop codon으로 edit (편집)된다. 그 결과, 장 세포에서는 apoB-100의 N-말단 domain만을 가진 apoB-48이 만들어진다. P. Hodges and J. Scott, 1992, *Trends Biochem. Sci.* **17**:77 참조.

관찰된 실험에서 나왔다. 결과적으로, 많은 수의 RNA 중합효소 II 분자가 "wrong (잘못된)" 방향으로 전사가 일어나더라도, 만들어진 대부분의 transcript는 길이가 몇 kb에 이르기 전에 분해된다.

RNA Editing은 몇몇 Pre-mRNA의 서열이 바뀌게 한다

1980년대 중반, 여러 생물체의 수많은 cDNA clone과 해당 genome DNA의 sequencing을 통해 예상하지 못한 또 다른 유형의 pre-mRNA processing이 발견되었다. **RNA editing**이라고 하는 이러한 유형의 processing에서는 pre-mRNA의 서열이 바뀐다; 결과적으로, 마지막 완성된 mRNA 서열은 genome DNA에서 해당 exon 서열과 다르게 된다.

RNA editing은 원생동물 및 식물의 미토콘드리아와 엽록체에서도 흔히 일어난다. 특정 병원성 trypanosome (편모충의 일종)의 미토콘드리아에서 몇몇 mRNA의 서열 절반 이상이 해당 primary transcript의 서열과 다르게 변경된다. 주형 뒤쪽으로 특정 개수의 U가 추가되거나 삭제되는데, 짧은 base-paired "guide" RNA에 의해 이루어진다. 이 RNA는 훨씬 적은 수의 큰 미토콘드리아 DNA 분자에 연결된 수천 개의 mini-mitochondria DNA circle (원)에 정보가 담겨 있다. 이러한 원생동물에서 미토콘드리아 단백질을 암호화하는 baroque (바로크식의, 고전의) 메커니즘의 이유는 명확하지 않다. 그러나 이 시스템은 미생물에 필수적인 복잡한 processing 효소(인간이나 다른 척추동물 숙주의 세포에는 존재하지 않는 효소)를 억제하는 약물의 잠재적 target이 될 수 있다.

다세포 진핵생물에서, RNA editing은 훨씬 드물며 지금까지 포유류에서 single-base 변화만 관찰되었다. 그러나 이러한 사소한 editing은 경우에 따라 중요한 기능적 변화를 가져온다. 포유류에서 RNA editing의 중요한 예로 *apoB* 유전자를 들 수 있다. 이 유전자는 콜레스테롤의 흡수와 이동에 중요한 두 가지 alternative 형태의 혈청 단백질 정보를 가진다. 이 유전자는 선진국에서 주요 사망 원인인 arterial disease (동맥 질환)인 *atherosclerosis* (죽상동맥경화증)를 유발하는 pathogenic (병원성) 과정에서 중요하다. *ApoB* 유전자는 간의 주요 세포 유형인 hepatocyte에서 혈청 단백질 apolipoprotein (아포지질단백질) B-100 (apoB-100)를 발현하고, 또한 intestinal (장) 상피세포에서 발현되는 apoB-48을 발현한다. ~240-kDa apoB-48은 ~500-kDa apoB-100의 N-말단 영역에 해당한다. 14장에서 자세히 설명하겠지만, 두 apoB 단백질은 혈청에서 지질을 운반하는 큰 lipoprotein (지질단백질) 복합체의 구성 단백질이다. 그러나 표면에 apoB-100을 포함하는 low-density lipoprotein (LDL, 저밀도 지질 단백질) 복합체만이 모든 세포에 존재하는 LDL 수용체에 결합하여 콜레스테롤을 신체 조직으로 전달한다.

두 가지 형태의 apoB가 세포형-특이적으로 발현되는 것은 *apoB* pre-mRNA를 editing하여 6666번 위치의 염기 서열을 C에서 U로 변화시키기 때문이다. 이러한 변화는 장 세포에서만 일어나는데, glutamine에 대한 CAA codon이 UAA stop codon으로 전환되어 더 짧은 apoB-48이 합성된다(그림 9-25). C_{6666}를 U로 post-transcriptional deamination (탈아미노화)할 수 있는 정제된 효소를 이용한 연구에 따르면, *apoB* primary transcript에서 C_{6666} 주변 26개 nucleotide의 짧은 RNA를 인식하고 editing할 수 있지만, RNA에서 존재하는 다른 C를 deamination하지는 않는다.

9.2절의 주요 개념

Pre-mRNA Processing의 조절

- Primary transcript의 alternative splicing, alternative promoter의 이용 및 서로 다른 poly(A) 위치에서의 cleavage가 일어나기 때문에, 서로 다른 세포 유형 또는 다양한 발생 단계에서 서로 다른 mRNA가 발현될 수 있다(그림 9-18 참조). 이로써 *Saccharomyces cerevisiae*와 같이 alternative RNA splicing을 거의 나타내지 않는 진핵생물에 비해 다세포 동물 및 식물의 genome에 정보가 담긴 단백질의 수를 크게 늘릴 수 있다.

- 몇몇 exon에 존재하는 exonic splicing enhancer 서열에 결합하는 SR 단백질은 척추동물의 큰 pre-mRNA에서 이러한 exon의 splice 위치를 정하는 데 중요하다. SR 단백질, snRNP 및 splicing 인자들 간의 상호작용 네트워크를 통해 cross-exon recognition 복합체가 척추동물 짧은 exon 위에서 형성되고, 이로써 splicing 위치가 정확하게 정해진다(그림 9-16 참조).

- Alternative splicing은 splice 위치 근처의 특정 서열에 결합하는 RNA-결합 단백질에 의해 조절될 수 있다. Splicing 억제 인자는 splicing factor가 pre-mRNA의 특정 위치에 결합하는 것을 입체적으로 차단하거나 기능을 억제할 수 있다. Splicing 활성화 인자는 splicing 인자들과 상호작용하여 splicing 인자가 splice 위치와 잘 결합하게 함으로써 splicing을 촉진시킨다. Splicing 억제 인자에 의해 결합된 RNA 서열은 intron 또는 exon에서의 위치에 따라 *intronic* 또는 *exonic splicing silencer*라고 한다. Splicing 활성 인자에 의해 결합된 RNA 서열은 *intronic* 또는 *exonic splicing enhancer*라고 한다.

- Cleavage/polyadenylation 아래쪽의 cleaved intron 및 RNA는 주로 내부 3′→5′ exonuclease가 포함된 다중단백질 복합체인 exosome에 의해 분해된다. 또한 exosome은 부적절하게 processed pre-mRNA를 분해한다.

- 여러 인간 유전병은 비정상적인 splicing으로 인하여 발생한다. Pre-mRNA에 염기쌍 변화가 있다면, 5′ 또는 3′ splice 위치 공통 서열이 만들어질 수 있고 정상 기능의 단백질 정보를 가지지 않은 비정상적인 mRNA가 만들어지는 splicing을 유도할 수 있다. Exonic splicing enhancer의 염기쌍 변화는 exon skipping을 유발할 수 있다. Splicing 인자의 subset (하위 집합)에서 특정 아미노산 변화를 일으키는 돌연변이를 도입하면, acute myeloid leukemia (AML)의 전구체인 myelodysplastic syndrome이 유발된다.

- 미토콘드리아 및 원생동물, 식물 및 곰팡이의 엽록체에 있는 그룹 II self-splicing intron은 진화하여 snRNA가 되었을 것이고, snRNA가 핵 pre-mRNA의 짧은 splice 위치 서열에서 trans로 작용하는 능력을 가지게 되었다고 생각된다.

- RNA editing에 의해서, pre-mRNA의 nucleotide 서열은 핵에서 변경된다. 척추동물에서 이 과정은 비교적 드물다(단일 염기 C에서 U로의 변화만 관찰된다). 하지만 C에서 U로의 변화는 edited codon에 정보가 담긴 아미노산이 변경됨으로써 중대한 결과를 초래할 수 있다(그림 9-25 참조). 병원성 trypanosome 미토콘드리아(*kinetoplast*라고 함)에서 별도로 전사된 guide RNA를 사용하는 RNA editing은 몇몇 kinetoplast mRNA 길이의 절반 이상에서 염기가 삽입되는 변화를 초래한다.

9.3 핵막을 통과하는 mRNA 이동

mRNA에 담긴 정보가 단백질로 translation되기 전에 mRNA는 핵에서 세포질로 이동되어야 한다. 핵은 endoplasmic reticulum (ER, 소포체)과 연속적으로 이어져 있고, 이중막인 핵막에 의해 세포질과 분리되어 있다(그림 1-16 참조). 세포를 둘러싼 원형질막과 마찬가지로, 내부 및 외부 핵막은 water-impermeable (방수의, 물 침투 저지의) phospholipid (인지질) 이중층과 여기에 붙어 있는 여러 단백질들로 구성되어 있다. 핵에서 RNA processing이 끝난 mRNA는 핵 mRNP라고 하는 복합체에서 hnRNP 단백질에 결합된 상태로 있다. mRNP 및 기타 macromolecule (거대분자, tRNA 및 ribosomal subunit를 포함)은 nuclear pore를 통해 핵막을 가로 질러 이동한다. 이 절에서는 nuclear pore를 통과하는 mRNP의 이동과 이 단계에서 일어나는 몇몇 조절 메커니즘에 초점을 맞출 것이다. Nuclear pore를 가로 질러 이동하는 다른 cargo (화물)의 이동은 13장에서 설명된다.

핵막에 박혀 있는 **nuclear pore complex (NPC)**는 직경이 ~30 nm인 원통형이다(그림 13-32 참조). ~40–60 kDa보다 큰 단백질과 RNP는 soluble transporter (가용성 운송수단) 단백질의 도움으로 NPC를 통과하여 선택적으로 이동되어야 한다. 이러한 핵 transporter는 NPC를 가로질러 이동되는 cargo와 결합하고, 또한 NPC 벽으로부터 중앙 통로로 뻗어 있는 random coil polypeptide의 짧은 hydrophobic FG-repeat 영역과 가역적으로 상호작용한다. FG domain과의 이러한 가역적 상호작용으로 인하여, transporter와 여기에 붙어 있는 cargo는 FG-domain으로부터 FG-domain으로 전달될 수 있고, transporter와 cargo의 복합체가 concentration gradient (농도 기울기)를 따라 확산될 수 있다: transporter-cargo 단백질 복합체의 농도는 이 복합체가 존재하는 핵에서 높고, transporter-cargo 복합체가 해체되는 세포질에서 낮다.

대부분의 mRNP는 **mRNP exporter** (밖으로 이동시키는 자)에 의해 NPC를 통과하여 이동된다. mRNA exporter는 *n*uclear e*x*porter *f*actor *1* (NXF1)이라 불리는 큰 subunit과 *n*uclear e*x*porter *t*ransporter *1* (NXT1)이라 불리는 작은 subunit의 heterodimer이다. NXF1은 mRNP 복합체의 RNA 및 다른 단백질과의 결합을 통해 핵 mRNP와 결합한다. 이들 가운데 가장 중요한 것 중 하나는 앞서 설명한 exon-junction 복합체의 구성 단백질 중 하나인 REF (*R*NA *e*xporter *f*actor)이다. REF는 각 exon-exon junction의 5′ 쪽 약 20개 nucleotide에 결합되어 있다. 또한 NXF1/NXT1 mRNP exporter는 exon splicing enhancer에 결합된 SR 단백질과 붙어 있다. 따라서 exon과 붙어 있는 SR 단백질은 pre-mRNA의 splicing에도 기능을 하고, fully processed mRNA가 NPC를 통과하여 세포질로 이동하는 것에도 역할을 한다. 아마도 여러 NXF1/NXT1 mRNP는 mRNP 길이 전체를 충분히 덮으면서 결합할 것이고, 이 NXF1/NXT1 mRNP는 NPC 중앙 통로를 통과하는 mRNP의 이동을 촉진하기 위해 FG-nucleoporin의 FG domain과 상호작용한다.

NPC core scaffold (비계)에서 nucleoplasm (핵질)으로 단백질 filament (가는 실)가 늘어져서 *nuclear basket* (핵 바구니)을 형성한다(그림 13-32b 참조). 단백질 filament는 세포질로도 늘어져 있다. 이 filament는 mRNP 이동을 돕는다. NXF1과 nuclear basket의 단백질 모두에 가역적으로 결합하는 adaptor (어댑터) 단백질(Gle2)은 세포질로 이동을 준비하기 위해 핵 mRNP를 nuclear pore로 끌어온다. NPC의 세포질 filament에 있는 단백질은 mRNP가 세포질에 도달할 때 mRNP로부터 NXF1/NXT1 및 기타 hnRNP 단백질을 분리하는 기능을 하는 RNA helicase (Dbp5)와 결합한다.

mRNP remodeling (리모델링, 개보수)이라고 하는 과정에서, 핵 mRNP 복합체의 mRNA와 결합된 단백질은 mRNP가 NPC를 통해 이동될 때 다른 단백질 세트로 교체된다(그림 9-26). hnRNP C (그림 9-5 참조)와 같은 몇몇 핵 mRNP 단백질은 이동 초기에 분리되어 핵에 남아, 새로 합성된 nascent pre-mRNA와 결합한다. 다른 핵 mRNP 단백질은 mRNP 복합체가 nuclear pore를 통과할 때 mRNP 복합체와 붙어 있으며, 복합체가 세포질에 도달할 때까지 mRNP에서 분리되지 않는다. 대표적인 예로는 hnRNP A1이 있다(그림 9-5 참조). 이 범주에 들어가는 단백질들에는 NXF1/NXT1 mRNP exporter, 5′ cap에 결합된 cap-결합 복합체(CBC) 및 poly(A) 꼬리에 결합된 PABPN1 등이 있다. 그들은 세포질 NPC filament와 붙어 있는 Dbp5 RNA helicase의 작용을 통해 NPC의 세포질 쪽에서 mRNP로부터 분리된다(위에서 설명되었음). 그런 다음, 이 단백질들은 핵으로 다시 되돌아와 다른 mRNP 내보내는 기능에 참여한다. 세포질에서 cap-binding translation 개시 인자 eIF4E는 핵 mRNP의 5′ cap에 붙어 있는 CBC를 대체하여 붙는다. 인간에서 핵 poly(A)-결합 단백질 PABPN1은 세포질 poly(A)-결합 단백질 PABPC1, PABPC2 또는 PABPC3로 대체된다. Budding

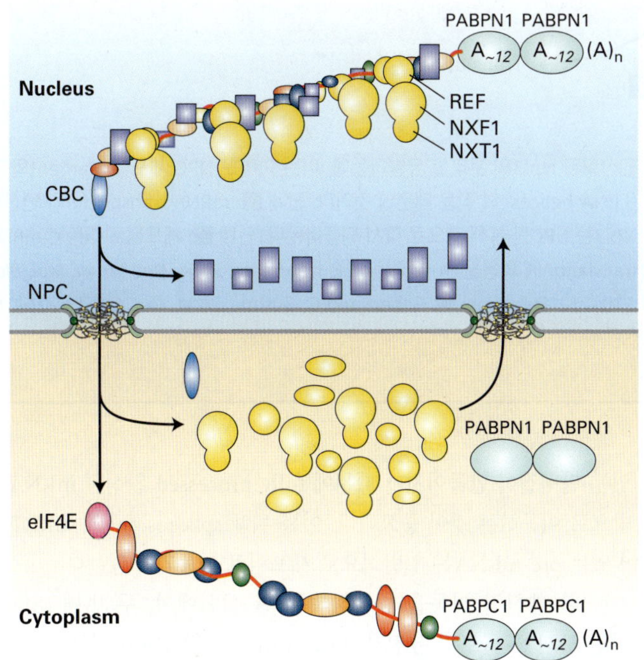

그림 9-26 핵 밖으로 이동하는 동안 mRNP의 리모델링. 몇몇 mRNP 단백질(보라색)은 NPC를 통과해 이동하기 전에 핵 mRNP 복합체로부터 분리된다. 몇몇 mRNP (노란색)는 mRNP와 붙어 있는 채로 NPC를 통과해 핵 밖으로 이동하지만, 세포질에서 분리되고 NPC를 통과해 핵으로 다시 되돌아온다. 세포질에서 translation 개시 인자 eIF4E는 5′ cap에 결합된 CBC를 대체하여 붙고 PABPC1, 2 또는 3은 PABPN1을 대체하여 붙는다.

(출아) 효모에서는 핵과 세포질 모두에서 단 하나의 PABP만 발견된다.

SR 단백질은 mRNA의 이동을 매개한다

*S. cerevisiae*의 연구에 따르면, mRNP가 핵에서 세포질로 이동하는 방향은 mRNP에 대한 NXF1/NXT1 exporter가 mRNP에 붙는 것을 돕는 REF와 같은 mRNP adaptor 단백질의 인산화 및 dephosphorylation (탈인산화)에 의해 조절된다. 예를 들면, 효모 SR 단백질(Npl3)은 효모 mRNP exporter의 결합을 촉진하는 adaptor 단백질로 기능한다(그림 9-27). SR 단백질은 nascent pre-mRNA와 결합을 인산화된 형태로 시작한다. 3′ cleavage 및 polyadenylation이 완료되면, adaptor 단백질은 mRNP exporter에 필수적인 특정 핵 단백질 phosphatase에 의해 dephosphorylate된다. Dephosphorylated adaptor 단백질만이 mRNP exporter에 결합할 수 있으므로 mRNP export와 polyadenylation이 연계되어 진행된다. 이것은 mRNA *quality control*의 한 종류이다. Nascent mRNP가 올바르게 process되지 않으면 Npl3를 dephosphorylate하는 phosphatase에 의해 인식되지 않는다. 결과적으로, 그것은 mRNA exporter가 결합하지 못해 핵 밖으로 이동되지 못하며, exosome에 의해 분해된다(그림 9-24 참조). Exosome은 보호되지 않은 RNA를 핵과 세포질에서 분해하는 다중단백질 복합체이다.

세포질로 이동된 후, Npl3 SR 단백질은 세포질에 위치한 특정 단백질 kinase에 의해 인산화되는데, 이로 인하여 mRNP exporter와 함께 mRNP에서 분리된다. 이러한 방식으로, RNA processing이 완료되었을 때 핵에서 일어나는 어댑터 mRNP 단백질의 dephosphorylation, 그리고 세포질에서의 인산화 및 그에 따른 분리는 mRNP가 핵 밖으로 원활하게 이동되도록 한다. 이것은 mRNP exporter-mRNP 복합체가 핵에서 높은 농도로 존재하고, 이들이 분리되는 세포질에서 낮은 농도로 존재하는 결과를 낳는다. 결과적으로, mRNP 이동 방향은 NPC를 통과하여 mRNP exporter–mRNP 복합체의 농도 차를 따라 단순 확산하는 방향으로 이루어지는 것이다(핵의 높은 농도에서 세포질의 낮은 농도로).

Balbiani Ring (발비아니 고리) mRNP의 핵 밖으로 이동 곤충 *Chironomous tentans*의 유충 침샘은 mRNP assembly와 NPC를 통과하는 이동을 전자현미경으로 시각화할 수 있는 좋은 모델 시스템을 제공한다. 이 유충에서 *Balbiani ring*이라고 하는 큰 염색체 puff에 있는 유전자에서 많은 양의 전사가 이루어져서 nascent pre-mRNA가 만들어지고 hnRNP 단백질과 결합하며, 최종적으로 mRNA 길이가 ~75 kb인 코일형 mRNP로 process된다(그림 9-28a, b). 이 거대한 mRNA는 성장하는 유충이 잎에 부착할 수 있는 큰 아교 단백질 정보를 가진다. Balbiani ring hnRNP에서 pre-mRNA processing을 거친 후, 완성된 mRNP는 nuclear pore를 통과해 세포질로 이동한다. 이 세포 절편의 전자현미경 사진은 nuclear pore를 통과하는 동안 풀리는 것처럼 보이는 mRNP를 보여주며, 세포질에 들어갈 때 ribosome에 결합된 mRNP 모습도 보여준다. 이러한 풀림 현상은 아마도 세포질 kinase에 의한 mRNP 인산화에 의해서 mRNP 리모델링 및 NPC 세포질 filament와 결합된 RNA

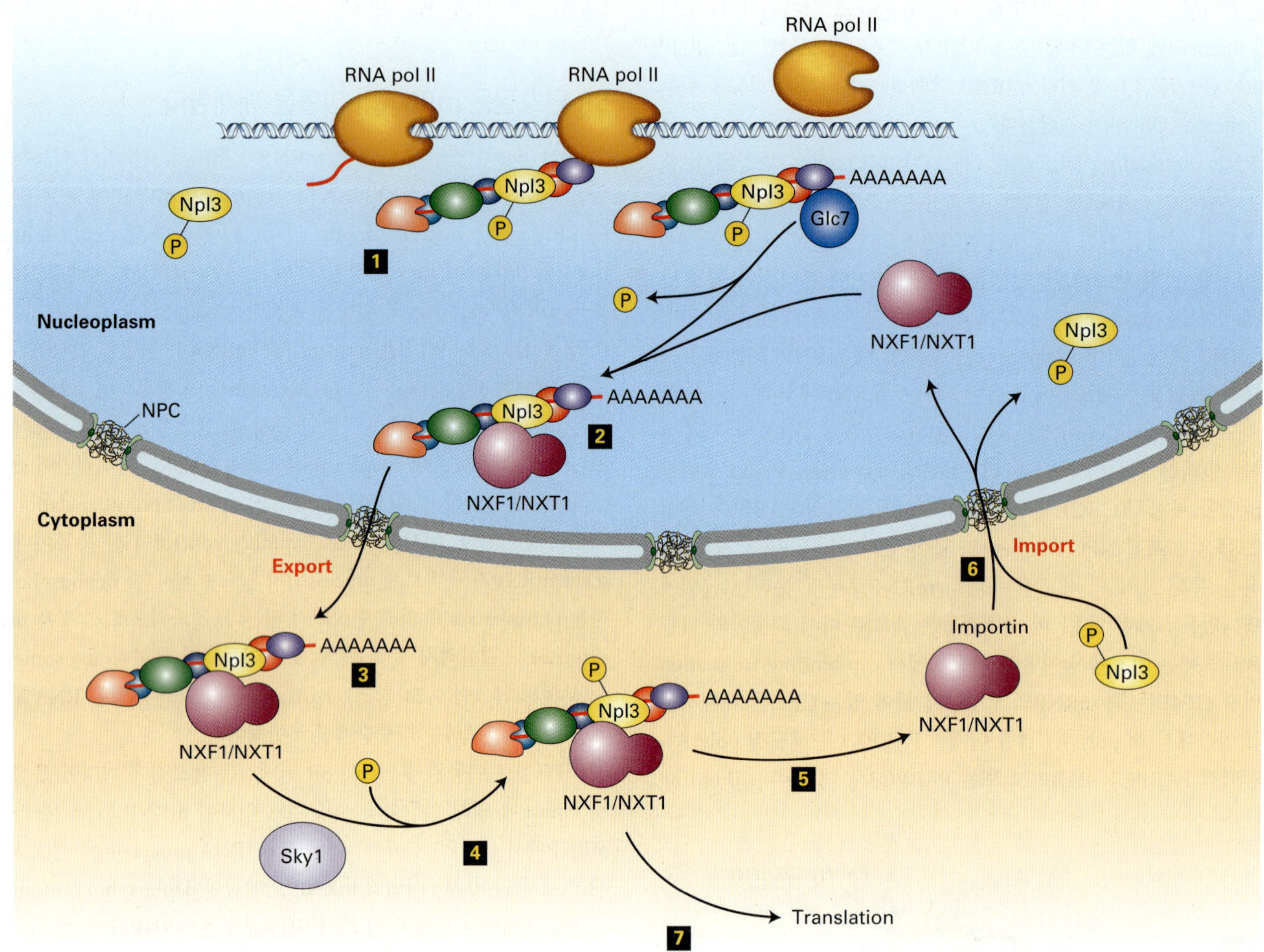

그림 9-27 mRNP 단백질의 reversible (가역적) 인산화에 따라 mRNP 핵 이동 방향이 조절된다. 단계 1: 효모 SR 단백질 Npl3는 인산화된 형태로 nascent pre-mRNA와 결합한다. 단계 2: polyadenylation이 잘 끝나면 mRNP export에 필수적인 Glc7 핵 phosphatase가 Npl3를 dephosphorylate하여 효모 mRNP exporter인 NXF1/NXT1과 결합을 촉진한다. 단계 3: mRNP exporter는 nuclear pore 복합체(NPC)의 중앙 통로를 통과해서 mRNP 복합체가 확산되도록 한다. 단계 4와 5: 세포질 단백질 kinase Sky1은 세포질에서 Npl3를 인산화하여 mRNP exporter 및 인산화된 Npl3의 분리를 유발하는데, 이는 아마도 NPC 세포질 filament와 관련된 RNA helicase의 작용 때문일 것이다. 단계 6: mRNA transporter와 인산화된 Npl3는 NPC를 통해 핵으로 다시 되돌아온다. 단계 7: 세포질로 이동된 mRNA는 translation에 이용될 수 있게 된다. E. Izaurralde, 2004, *Nat. Struct. Mol. Biol.* **11**:210–212. Data from W. Gilbert and C. Guthrie, 2004, *Mol. Cell* **13**:201–212 참조.

helicase의 활성으로 인한 결과라 생각된다(앞 절에서 설명됨). mRNP가 세포질로 이동되면서 ribosome과 결합되는 현상은 5′ 말단이 nuclear pore 복합체를 통해 먼저 이동됨을 의미한다. Nuclear pore 복합체를 통과하는 Balbiani ring mRNP 이동에 대한 상세한 전자현미경 연구를 통해서 그림 9-28c에 그려진 모델이 만들어졌다.

Spliceosome과 붙어 있는 Pre-mRNA는 핵 밖으로 내보내지지 않는다

Fully processed되지 못하여 intron이 포함된 미완성된 pre-mRNA에서 단백질이 만들어진다면, 정상적인 세포 기능을 방해할 수 있는 결함이 있는 단백질이 만들어지기 때문에 fully processed 완성된 mRNA만 핵 밖으로 이동하는 것이 중요하다. 이를 위해 spliceosome의 snRNP와 붙어 있는 pre-mRNA는 일반적으로 세포질로 이동되지 않는다.

이러한 제한적 이동을 증명하려는 한 실험에서, 두 번째 intron만 가진 토끼 β-글로빈 유전자의 derivative를 활용하여 세포질 및 핵 RNA의 양을 확인해 보았다(그림 9-2 참조). 이 변형된 β-글로빈 유전자는 세포질에서 많은 양의 fully processed β-글로빈 mRNA를 발현하고, 핵에서는 적은 양의 splicing되지 않은 hnRNA를 발현하였다. 핵의 hnRNA는 아마도 RNA splicing 및 세포질로 이동 전의 initial (초기) transcript일 것이다. 그러나 글로빈 intron의 5′ 말단에 있는 GT 서열 또는 intron의 3′ 말단에 있는 AG 서열에 돌연변이가 생기면,

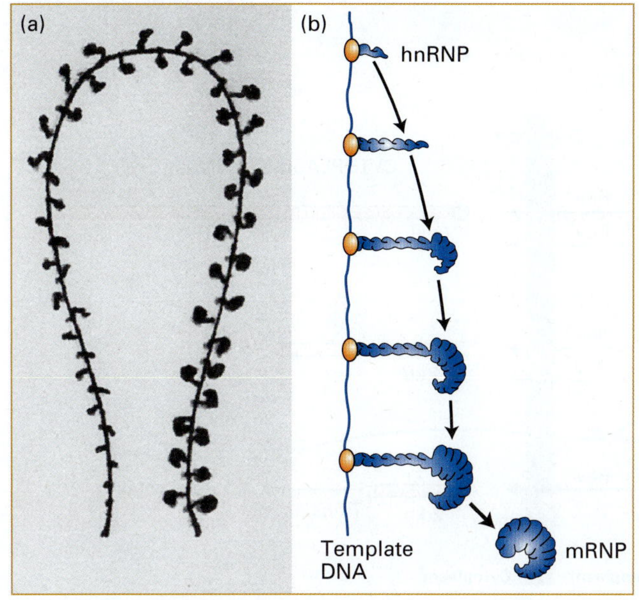

그림 9-28 Metamorphosis (변태) 중 *Chironomus tentans* 침샘 세포에서 heterogeneous ribonucleoprotein particle (hnRNP)의 형성 및 NPC를 통과하는 mRNP 이동. (a) 단일 염색질 전사 loop 및 *Chironomus tentans*에서 Balbiani ring (BR) mRNP assembly의 모델. 주형 DNA에서 만들어진 nascent RNA transcript는 단백질과 빠르게 결합하여 hnRNP를 형성한다. hnRNP의 크기가 점점 커진다는 것은 전사 시작 위치에서 멀어지면서 RNA transcript의 길이가 증가한다는 것을 의미한다. 모델은 침샘 세포의 얇은 부분의 전자현미경 사진을 모아 재구성한 것이다. (b) 전사가 일어나는 동안 BR hnRNP 길이가 증가함에 따른 BR hnRNP 형태 모델. Pre-mRNA의 processing 및 cleavage/polyadenylation 후, mRNP라고 하는 ribonucleoprotein particle은 EM에서 croissant처럼 보인다. (c) 전자현미경 연구를 기반으로 한 nuclear pore 복합체(NPC)를 통과하는 BR mRNP의 이동 모델. 구부러진 mRNP는 nuclear pore를 통과할 때 풀리는 것처럼 보이는 것에 주목하라. mRNA가 세포질에 들어가면 빠르게 ribosome과 결합하는데, 이로부터 5′ 말단이 NPC를 먼저 통과함을 알 수 있다. Parts (b) and (c) B. Daneholt, 1997, *Cell* **88**:585 참조. B. Daneholt, 2001, *Proc. Nat'l. Acad. Sci. USA* **98**:7012도 참조. [Part (a) Republished with permission from Elsevier, from C. Erricson et al., 1989, "The Ultrastructure of Upstream and Downstream Regions of an Active Balbiani Ring Gene," *Cell* **56**(4):631–639; permission conveyed through Copyright Clearance Center, Inc.]

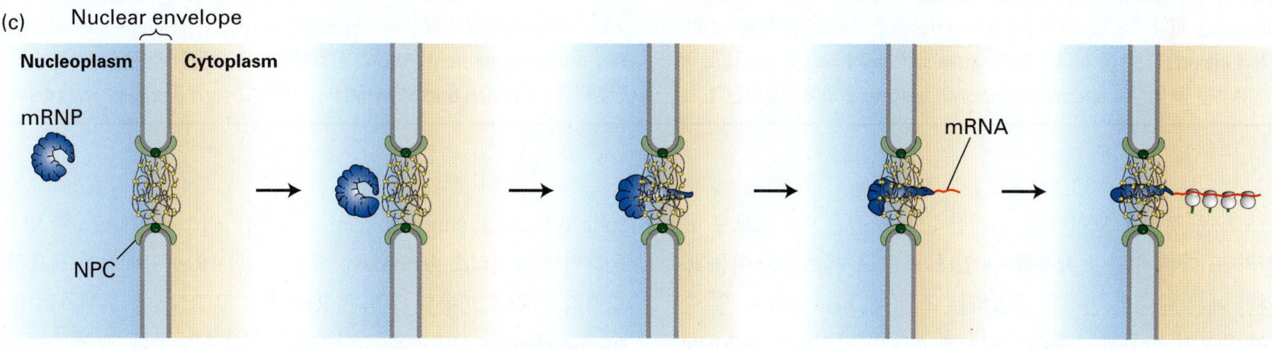

이 pre-mRNA의 splicing이 차단되고 핵에 남아 있게 된다. 놀랍게도, pre-mRNA의 5′ 및 3′ splice 위치 모두 돌연변이 되었을 때 splicing은 예상대로 일어나지 않았지만, splicing되지 않은 돌연변이 β-글로빈 RNA는 세포질로 이동되었다. 추가 연구에 따르면, 온전한 splice 위치가 하나만 있는 transcript는 snRNP가 붙어 있는 상태로 spliceosome assembly intermediate를 형성하고, 두 번째 splice 위치가 없기 때문에 splicing 과정이 완료되지 못한다는 사실이 밝혀졌다. 그러나 5′- 및 3′-splice 위치의 염기 모두에 돌연변이가 도입된 유전자에서 발현된 RNA는 U1 또는 U2 snRNP를 갖는 spliceosome assembly intermediate가 만들어지지 않았고, 위에서 설명한 바와 같이 이러한 RNA는 핵 밖으로 이동될 수 있었다. 효모를 이용한 추가 연구에 따르면, NPC 핵 basket의 단백질과 붙어 있는 핵 단백질은 spliceosome assembly intermediate와 붙어 있는 pre-mRNA가 핵에 남아 있게 하는 데 필요하다. 이 단백질 또는 이 단백질이 결합하는 nuclear pore basket 단백질 정보를 가진 유전자가 제거되면 splicing되지 않은 pre-mRNA도 핵 밖으로 이동된다. 따라서 spliceosome assembly intermediate는 세포질로 내보내지는 것이 적극적으로 방지되고 있다고 할 수 있다. 또 다른 중요한 관찰은 5′ 또는 3′ splice 위치 중 하나에서만 돌연변이를 가진 hnRNA는 핵에 남아 있지만 높은 농도로 축적되지 않는다는 것이다. 결과적으로, splice되지 않은 hnRNA의 분해를 유발하는 어떤 메커니즘이 존재한다. 이러한 RNA가 선택되고 분해되는 방법을 이해하는 것이 현재 진행되고 있는 연구의 목표이다.

Thalassemia (지중해성 빈혈)는 성인 글로빈 단백질 수치가 비정상적으로 낮은 유전 질환이다. 이 질환의 많은 경우는 성인 글로빈 유전자 splicing 위치의 돌연변이로 인해서, bone marrow (골수)에서 splicing 효율이 감소하고 돌연변이 pre-mRNA가 핵에 남아 있기 때문에 발생한다. 골수는 erythrocyte (적혈구)의 precursor이다. 핵 글로빈 pre-mRNA가 splice가 완료되지 않은 채로 남게 되면 아직 밝혀지지 않은 메커니즘에 의해 인식되고 핵 exosome에 의해 분해된다(그림 9-24 참조). ■

HIV Rev 단백질은 Splicing되지 않은 바이러스 mRNA의 이동을 조절한다

앞서 설명한 바와 같이, 온전한 기능을 가진 mRNA가 포함된 fully processed 핵 mRNP가 핵에서 세포질로의 이동하기 위해서는 유전자 발현에 중요한 복잡한 메커니즘이 수반된다(그림 9-26 및 9-27 참조).

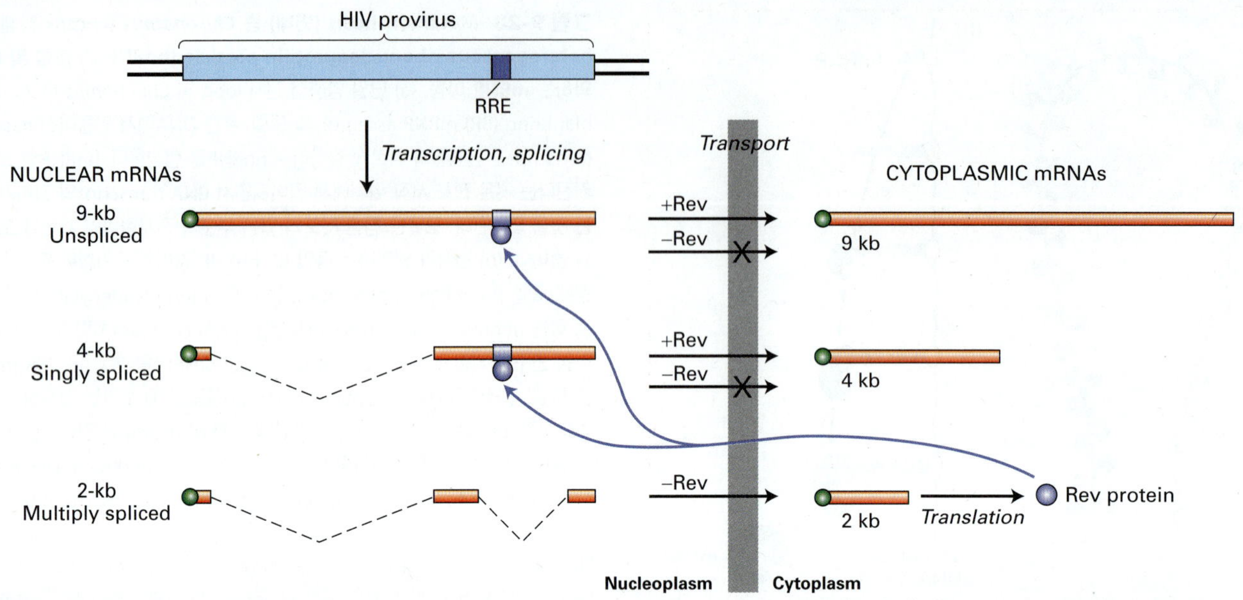

그림 9-29 핵에서 세포질로 HIV mRNA의 이동. 여러 coding 영역을 포함하는 HIV genome은 하나의 9-kb primary transcript로 전사된다. 몇 개의 ~4-kb mRNA는 여러 intron (점선) 중 하나의 alternative splicing에 의해 만들어지고, 여러 ~2-kb mRNA는 둘 이상의 alternative intron의 splicing에 의해 만들어진다. 세포질로 이동된 후 다양한 RNA들로부터 서로 다른 바이러스 단백질이 만들어진다. 2-kb mRNA에 정보가 담긴 Rev 단백질은 unspliced 및 single spliced mRNA에서 Rev-response element (RRE)와 상호작용해서, 이들이 세포질로 이동하는 것을 촉진한다. B. R. Cullen and M. H. Malim, 1991, *Trends Biochem. Sci.* **16**:346 참조.

상대적으로 드문 것처럼 보이지만, 이러한 이동 조절은 이론적으로 유전자 조절의 또 다른 수단을 제공할 수 있다. mRNA 세포질로 이동 조절의 유일한 예는 단백질 변성을 유발하는 조건(예, heat shock, 열 충격)에 대해 세포가 반응하는 동안, 또는 핵 이동의 바이러스-induced 변형이 바이러스 복제를 최대화하는 바이러스 감염 중에 일어난다.

mRNP 세포질로 이동 조절의 한 예는 인간 immunodeficiency 바이러스(HIV, 인간면역결핍바이러스)에 의해 만들어지는 단백질에서 찾아볼 수 있다. Retrovirus (레트로바이러스)인 HIV는 RNA genome에서 만들어진 DNA copy를 숙주 세포 DNA 중간에 삽입한다(그림 5-44 참조). 삽입된 바이러스 DNA (provirus)로부터 세포내 RNA 중합효소 II에 의해 한 가닥의 primary transcript가 만들어진다. HIV transcript는 여러 방식으로 splice되어 세 종류의 mRNA들이 만들어진다: 9-kb unspliced mRNA, 1개의 intron이 제거된 ~4-kb mRNA, 2개 이상의 intron이 제거된 ~2-kb mRNA (그림 9-29). 이들 mRNA가 숙주 세포핵에서 합성된 후, 세 종류의 HIV mRNA 모두는 세포질로 이동되어 바이러스 단백질이 합성되는 데 이용된다. 9-kb unspliced RNA 중 몇몇은 세포 표면에서 배출되는 자손 virion의 genome으로 사용된다.

9-kb, 4-kb HIV mRNA는 splice 위치를 포함하고 있기 때문에, 이 mRNA는 splicing이 끝나지 않은 pre-RNA라 볼 수 있다. 이러한 미완성 mRNA가 spliceosome assembly intermediate에서 snRNP와 결합되어 있으면 일반적으로 핵 밖으로 이동이 차단된다. 따라서 HIV와 다른 레트로바이러스는 이러한 차단을 극복하여 긴 바이러스 mRNA 이동이 가능하게 하는 어떤 메커니즘을 가지고 있어야 한다.

HIV 돌연변이체를 이용한 연구에 따르면, 핵에서 세포질로 unspliced 9-kb 및 single spliced 4-kb 바이러스 mRNA가 핵 밖으로 이동하려면 바이러스 genome에 정보가 있는 Rev 단백질이 필요하다. 생화학적 기법을 이용한 실험은 Rev가 HIV RNA에 존재하는 Rev-response element (RRE)와 결합한다는 것을 보여준다. 감염 초기 Rev 단백질이 합성되기 전에는 여러 곳에서 spliced 2-kb mRNA만 핵 밖으로 내보낼 수 있다. 이러한 2-kb mRNA는 Rev 단백질 정보를 가진다. Rev 단백질은 transporter Exportin 1과 상호작용하는 leucine-rich nuclear export signal을 가진다. Rev 단백질이 만들어지고 핵 안으로 이동되면, Rev는 unspliced 및 single spliced HIV RNA의 RRE 서열에 결합한다. 그런 다음, Rev는 Exportin 1과 결합하여, 더 큰 unspliced 및 single spliced HIV mRNA가 NXF1/NXT1의 도움 없이 nuclear pore 복합체를 통과하여 핵 밖으로 이동할 수 있게 한다. NXF1/NXT1은 세포 mRNP을 세포질로 내보내는 주요 mRNP exporter이다. RRE가 없는 HIV 돌연변이가 감염된 세포에서는 unspliced 및 single spliced 바이러스 mRNA가 핵에 남아 있는데, 이로부터 RRE가 Rev가 매개되는 핵 밖으로 이동에 필요함을 알 수 있다.

9.3절의 주요 개념

핵막을 통과하는 mRNA 이동

- 대부분의 mRNP는 nuclear pore 복합체(NPC)의 중앙 통로와 상호작용하는 heterodimeric mRNP exporter에 의해 핵 밖으로 이동된다.

- 이동 방향(핵에서 세포질로)은 mRNP adaptor 단백질의 인산화에 의해 조절된다. 예를 들면, 효모 Npl3 adaptor 단백질은 인산화되면 핵 안으로 이동하여, 핵에서 전사가 일어날 때 생기는 nascent pre-mRNA와 결합한다(그림 9-27 참조). Pre-mRNA의 polyadenylation이 완료되면 핵 단백질 phosphatase (Glc7)가 Np13에서 인산염을 제거하는데, 이는 pre-mRNA가 NXF1/NXT1 mRNP exporter와 상호작용하여 pre-mRNP가 세포질로의 이동이 가능하게 한다. mRNP가 세포질에 도달하면 세포질에만 존재하는 Sky1 단백질 kinase가 Npl3를 인산화시킨다. 이후 Npl3는 mRNP transporter에서 분리되고 mRNP의 세포질로 이동이 완료된다.
- mRNP exporter는 exon splicing enhancer에 결합된 SR 단백질과 상호협력적으로 결합함으로써, 그리고 exon-junction 복합체에 붙어 있는 REF 및 추가 mRNP 단백질들과도 결합함으로써, 대부분의 mRNA와 결합하게 된다.
- 일반적으로 spliceosome과 결합된 pre-mRNA는 세포질로 이동되지 않고, fully processed 완전한 기능을 가진 mRNA만이 세포질로 이동되어 translation에 이용된다.

9.4 세포질에서 일어나는 전사 후 조절 메커니즘

다음 부분을 설명하기 전에, 유전자 발현의 조절 단계를 빠르게 검토해 보자. 우리는 앞 장에서 promoter-근처 영역에서의 전사 개시 및 전사 elongation의 조절이 DNA → RNA → 단백질의 유전자 발현 경로에서 유전자의 발현을 조절하는 초기 메커니즘임을 살펴보았다. 이 장의 이전 절에서, 우리는 alternative RNA splicing 그리고 alternative poly(A) 위치에서 cleavage 및 polyadenylation을 조절함으로써 단백질 isoform의 발현이 조절된다는 것을 배웠다. Fully processed mRNP의 핵 밖 세포질로의 이동은 거의 조절되지 않지만, 부적절하게 process 되거나 비정상적으로 remodeled pre-mRNP가 핵 밖으로 이동되지 않으며, 이러한 비정상적인 전사체는 exosome에 의해 분해된다. 그러나 HIV를 포함한 레트로바이러스는 splice 위치를 가진 pre-mRNA가 세포질로 이동되어 translation될 수 있도록 하는 메커니즘을 발전시켰다.

이 절에서는 많은 유전자의 발현을 조절하는 데 기여하는 전사-후 조절의 또 다른 메커니즘을 살펴본다. 이러한 메커니즘의 대부분은 세포질에서 일어나며, mRNA의 안정성, localization (국소 배치), 또는 단백질로의 translation을 조절한다.

세포질에서 mRNA의 농도는 mRNA 합성 속도와 분해 속도에 의해 결정된다

가장 안정적인 mRNA는 대량으로 필요한 단백질(예, ribosome 단백질) 정보를 가지고 있다; 이들은 세포당 매우 높은 copy 수로 축적될 수 있다. 반면, 짧은 시간 발현되는 단백질(예, cytokine) 정보를 가진 매우 불안정한 mRNA는 빠른 속도로 전사되고, process되며, 핵 밖으로 내보내지는 경우에도 높은 농도로 유지되지 않는다. Cytokine은 면역 반응을 조절하는 분비 단백질이다. 먼저 mRNA를 분해하는 주요 경로를 설명하는 것으로 설명을 시작한다. 다음으로, 우리는 실험 및 치료 목적으로 특정 유전자의 발현을 바꿀 수 있는 강력하고 새로운 기술을 제공하는 유전자 발현 조절의 두 가지 메커니즘에 대해 설명한다.

이 두 가지 메커니즘은 **microRNA (miRNA)**라 불리는 ~22개 nucleotide, single-stranded RNA와 **short interfering RNA (siRNA)**에 의해 조절 받는 것이다. 둘 다 특정 표적 mRNA와 base-pair를 형성하여 빠른 분해를 일으키거나(siRNA), translation을 억제하고 느린 속도로 분해를 유도한다(miRNA). 약 1900개의 인간 miRNA가 알려지고 분석되었다. 이들 중 대부분은 배아 발생 중 및 출생 후 특정 시기에 특정 세포 유형에서 발현된다. 많은 miRNA는 하나 이상의 mRNA를 표적(target)으로 할 수 있다. 결과적으로, 이러한 메커니즘은 유전자 발현 조절에 크게 기여한다. siRNA는 *RNA interference* (*RNA* 간섭)라고 불리는 과정에 관여되는데, 이는 바이러스 감염 대한 중요한 세포 방어 메커니즘이고, 또한 retrotransposon에 의해 과도한 transposition (전위)이 일어나지 않도록 하는 중요한 세포 방어 메커니즘이다. 또한 우리는 단백질 합성의 전체 속도를 조절하는 메커니즘에 대해 설명하고, 특정 mRNA와 높은 특이도로 가지고 결합하는 단백질에 의한 translation 및 mRNA의 안정성에 대한 조절에 대해 설명한다. 마지막으로, 비대칭 세포의 세포질에서 mRNA의 배치를 조절하는 메커니즘을 설명한다. 이는 특정 단백질이 필요한 세포 내 위치에서 만들어지도록 한다.

세포질에서 몇몇 메커니즘에 의해 mRNA 분해가 이루어진다

mRNA의 농도는 mRNA 합성 속도와 분해 속도의 함수에 의해 결정된다. 이러한 이유로 두 유전자가 같은 속도로 전사되면 더 안정적인 mRNA의 steady-state (평형 상태) 농도가 다른 mRNA의 농도보다 높을 것이다. 또한 mRNA의 안정성에 따라 해당 단백질의 합성이 얼마나 빨리 중단될 수 있는지도 결정된다. 안정적인 mRNA의 경우 해당 단백질의 합성은 유전자의 전사가 억제된 후에도 오래 지속된다. 대부분의 박테리아 mRNA는 불안정하여 몇 분의 반감기를 가지고 기하급수적으로 분해된다. 이러한 방식으로 박테리아 세포는 세포 환경의 변화를 수용하기 위해 단백질 합성을 빠르게 변화시킬 수 있다. 반면에, 다세포 생물체 안에 있는 대부분의 세포들은 비교적 일정한 환경에 존재하며, 수일에서 수개월, 심지어 생물체의 일생(예, 신경 세포)에 걸쳐 특정된 일련의 기능을 수행한다. 따라서, 다세포 진핵생물의 대부분 mRNA는 수시간의 반감기를 갖는다.

진핵 세포의 몇몇 단백질은 짧은 기간 동안만 필요하며, 빠른 시간 내 발현되어야 한다. 예를 들면, 포유류의 면역 반응을 조절하는 데 관여하는 *cytokine*이라고 하는 특정 신호 분자는 짧은 시간에 합성되고 분비된다(24장 참조). 비슷하게, Fos 및 Jun과 같이 세포 주기의 S기 시작을 조절하는 많은 전사 인자는 짧은 기간 동안만 합성된다(19장 참조).

이러한 단백질들의 발현이 짧은 시간 일어날 수 있는 이유는 유전자의 전사가 신속하게 on/off될 수 있고, mRNA의 반감기가 30분 또는 그 이하로 비정상적으로 짧아서 전사가 더 이상 지속되지 않으면 mRNA의 농도가 빠르게 감소하기 때문이다.

세포질 mRNA는 그림 9-30에서 알 수 있듯이 세 가지 경로 중 하나로 분해된다. 대부분 포유동물 mRNA의 경우 *deadenylation*-의존성 경로 의해 분해된다(그림 9-30a). Poly(A) 꼬리의 길이는 세포질에서 deadenylation nuclease 복합체의 작용에 의해 시간이 지남에 따라 점차적으로 줄어든다. 꼬리 길이가 충분히 짧아지면 PABPC 분자들은 더 이상 5′ cap과 translation 개시 인자와 결합하지 않고 상호작용을 안정화시킬 수도 없다(그림 5-36 참조). 이후 노출된 cap은 heterodimeric decapping 효소(Dcp1/Dcp2)에 의해 제거되고, 보호되지 않은 mRNA가 5′→3′ exonuclease (Xrn1)에 의해 분해되기 쉬운 상태로 남게 된다(그림 9-30 단계 **1**). 또한 Poly(A) 꼬리가 제거되면 mRNA가 3′→5′ exonuclease 활성을 가진 세포질 exosome에 의해 분해되기 쉽다(그림 9-30 단계 **2**). 5′→3′ exonuclease 경로 단계 **1**은 효모에서 많이 일어나고, 3′→5′ exosome 경로 단계 **2**는 포유류 세포에서 많이 일어난다.

Decapping 효소와 5′→3′ exonuclease는 RNP가 비정상적으로 높은 농도로 존재하는 세포질 영역인 세포질 **P body** (processing body, 처리체)에 집중되어 존재한다. 이러한 고농축 단백질 영역은 lipid bilayer (지질 이중층) 막으로 둘러싸여 있지 않다. 이들의 형성은 몇몇 RNA와 결합된 세포질 RNA-binding 단백질의 intrinsically disorder region (IDR) 내 짧은 아미노산 반복 서열 간의 multivalent (다원자가), 낮은 친화도 상호작용에 의존한다. 이들은 8장에서 설명된 전사 condensate (축합물)와 유사하다(그림 8-38 참조). 핵과 세포질 모두에서 이러한 단백질 concentrate (농축물)가 생성되는 과정을 "lipid-lipid phase separation (액체-액체 상 분리)"라고 한다. 이 과정에 대한 첫 연구는 P body 및 큰 세포질 mRNP 복합체를 생성하는 세포질의 RNA-결합 단백질에 대한 것이었다. 세포질 mRNP 복합체는 actin-filament 위를 "walk (움직이는)" myosin motor (운동) 단백질(그림 9-40 및 17장 참조) 또는 microtubule (미세소관) 위를 움직이는 kinesin 및 dynein motor 단백질(18장)에 의해 세포의 특정 영역으로 이동된다.

mRNA deadenylation의 속도는 mRNA에 대한 translation 개시의 빈도에 반비례하여 변한다: translation 개시 빈도가 높을수록 deadenylation의 속도는 느려진다. 이 관계는 아마도 5′ cap에 결합된 translation 개시 인자와 poly(A) 꼬리에 결합된 PABPC 사이의 상호 간 결합에 영향을 주기 때문일 것이다. 높은 속도로 translation되는 mRNA의 경우, 개시 인자는 대부분 시간 동안 cap에 붙어서 PABPC의 결합을 안정화하고, poly(A) 꼬리가 deadenylation exonuclease 복합체로부터 공격받는 것을 막는다.

AU-Rich Elements 포유류에서 짧은 반감기를 가지는 mRNA 대부분은 cytokine 또는 전사 인자와 같이 농도가 빠르게 변화하는 단백질 정보를 가지고 있다. 이들 mRNA에는 3′ untranslation 영역에 AUUUA 서열이 여러 개 존재하고 때로는 서열이 겹쳐지기도 한다. 이들은 *AU-rich element*로 알려져 있다. 특정 RNA-binding 단백질들은 이러한 3′-AU-rich 서열에도 결합하고, 또 deadenylating 효소 및 exosome과도 상호작용하는 것이 밝혀졌다. 이러한 것들은 이들 mRNA가 빠르게 deadenylation되고 바로 분해되게 한다(그림 9-30a).

이 조절 메커니즘에서 mRNA 분해 속도는 translation 빈도와 관련이 없다. 따라서 AU-rich element를 가진 mRNA는 빨리 분해됨에도 불구하고 높은 빈도로 translation될 수 있으며, 결과적으로 짧은 시간 동안 단백질 발현이 가능해진다.

몇몇 mRNA는 주로 *deadenylation*과 관계없는 *decapping* 경로에 의해 분해된다(그림 9-30b 참조). 이는 mRNA의 5′ 말단에 있는 특정 서열은 decapping 효소에 의해 cap이 잘 제거되기 때문이다. 이러한 mRNA의 경우 cap이 제거되는 속도에 따라 분해 속도가 달라진다. 왜냐하면, 5′ cap이 제거되면 RNA가 5′→3′ exonuclease Xrn1에 의해 빠르게 가수분해되기 때문이다.

마지막으로, 그림 9-30c에서 볼 수 있듯이 몇몇 mRNA는 decapping 또는 deadenylation과 관계없는 *endonucleolytic* 경로에 의해 분해된다. 이러한 유형의 분해 경로의 한 예는 아래에서 설명되는 RNAi 경로이다. 각 siRNA-RISC 복합체는 여러 표적 RNA 분자를 분해할 수 있다. 내부 절단에 의해 생성된 RNA 조각들은 exonuclease에 의해 분해된다.

MicroRNA는 Translation을 억제하고 특정 mRNA의 분해를 유도한다

MicroRNA (miRNA)는 발생에 영향을 미치는 선충 *C. elegans*의 *lin-4* 및 *let-7* 유전자의 돌연변이를 분석하는 과정에서 처음 알려지게 되었다. 야생형 *lin-4* 및 *let-7*을 cloning하고서 분석한 결과 단백질 정보를 가지지 않았으며, 각각 21개 및 22개 nucleotide 길이의 RNA 정보만 가짐을 알게 되었다. 이들 RNA는 특정 표적 mRNA의 3′ untranslated 영역에 hybridize한다. 예를 들면, 애벌레 발생 초기에 발현되는 *lin-4* miRNA는 세포질에서 *lin-14* 및 *lin-28* mRNA의 3′ untranslated 영역에 hybridize하여 표적 mRNA를 불안정화시키고, 이들로부터의 translation을 억제한다. *let-7* miRNA의 발현은 곤충과 포유류를 포함한 모든 bilaterally symmetric (좌우 대칭) 동물의 배아 발생 동안 비슷한 시기에 일어난다.

miRNA가 매개되는 조절은 모든 다세포 식물과 동물에서 널리 퍼져 있는 것으로 보인다. 지난 몇 년 동안 20–26개의 nucleotide의 작은 RNA가 multiple-model (다중 모델) 생물체의 다양한 조직에서 분리, cloning 및 sequence되었다. 최근 추정에 따르면, 모든 인간 유전자의 ~60%가 다양한 조직에서 분리된 556개의 인간 miRNA 중 하나 이상에 의해 조절 받을 것이라 한다. miRNA와 miRNA가 조절하는 mRNA의 3′ 말단 서열 사이의 base pairing이 완벽하게 맞을 필요는 없기 때문에, 하나의 miRNA에 의해 여러 개의 mRNA가 조절 받을 가능성이 높다(그림 9-31a). 사실, 합성된 miRNA를 이용한 많은 실험은 miRNA의 5′ 말단에 있는 2~7 base [*seed* (종자) 서열이라고 함]

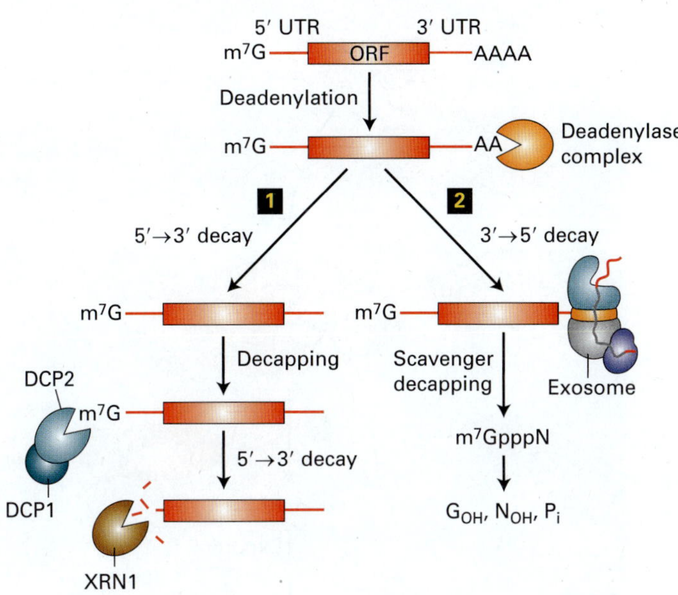

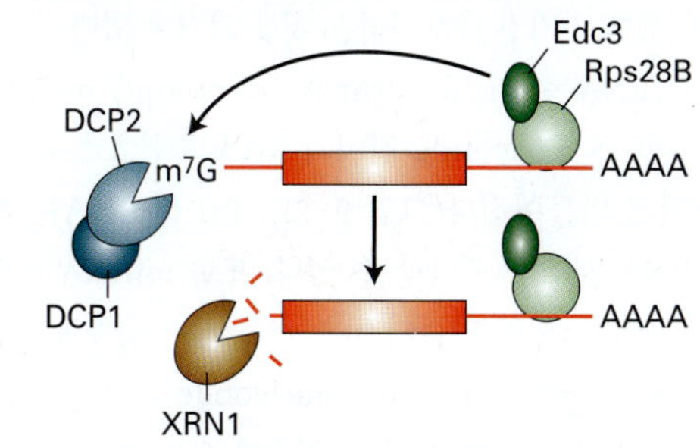

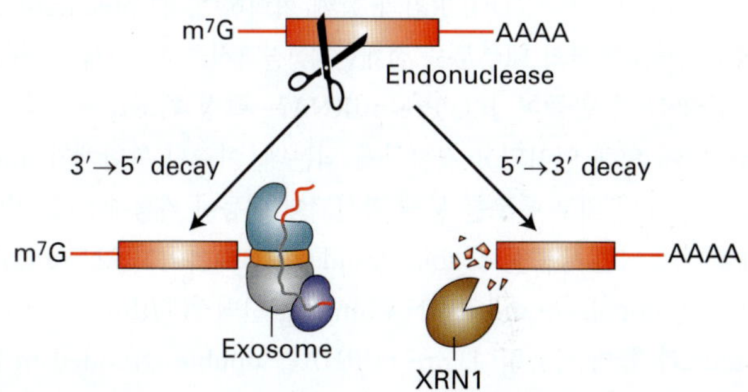

그림 9-30 진핵생물 mRNA의 분해 경로. (a) mRNA 분해의 가장 흔한 경로인 deadenylation-의존성 경로에서 poly(A) 꼬리는 길이가 20개 또는 그 이하 A 잔기가 남을 때가지 세포질(주황색)의 deadenylation 복합체에 의해 점진적으로 길이가 짧아진다. Poly(A) 길이가 짧아지면, PABPC1과 남아 있는 poly(A) 간의 상호작용이 불안정해진다. 이것은 5′ cap과 translation 개시 인자 사이의 상호작용을 약화시킨다(그림 5-36, 단계 **3** 및 그림 5-39 참조). 이후 deadenylated mRNA는 **1** DCP1/DCP2 deadenylation complex에 의해 cap이 제거되고, 5′→3′ exonuclease인 XRN1에 의해 분해되거나, 또는 **2** 세포질 exosome에서 3′→5′ exonuclease에 의해 분해될 수 있다. (b) 다른 mRNA는 deadenylation되기 전에 cap이 제거되고 XRN1 5′→3′ exonuclease에 의해 분해된다. (c) 몇몇 mRNA는 endonuclease에 의해 mRNA 중간이 절단되고, 잘려진 조각은 세포질 exosome 및 XRN1 exonuclease에 의해 분해된다. N. L. Garneau, J. Wilusz, and C. J. Wilusz, 2007, *Nat. Rev. Mol. Cell Biol.* **8**:113 참조.

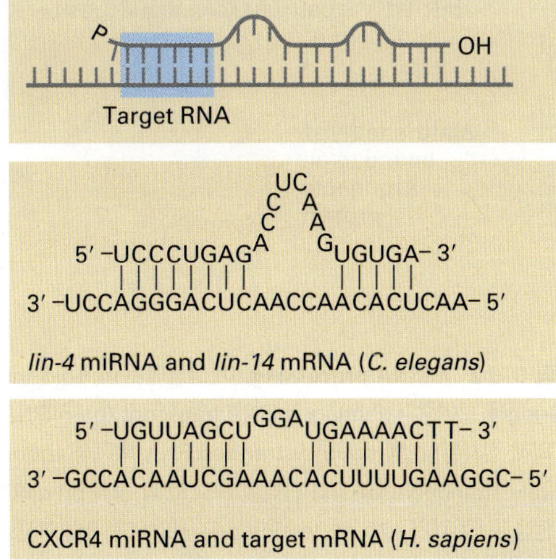

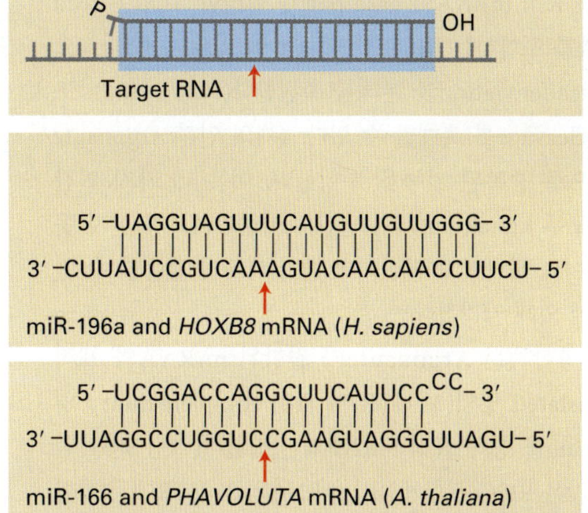

그림 9-31 표적 RNA의 운명은 miRNA와의 base pairing 정도에 따라 결정된다. (a) miRNA가 표적 mRNA와 imperfectly (완벽하지 않게라도) hybridize되면, deadenylation이 유도되고 mRNA는 de-adenylation-의존성 분해에 의해 분해된다(그림 9-30a). miRNA의 2~7 nucleotide (파란색으로 강조 표시)는 특정 mRNA를 target을 정하는 데 가장 중요하다. 하단에 보이는 CXCR4 miRNA는 transfection (형질감염)에 의해 세포 안으로 도입된 합성 oligonucleotide이다. (b) miRNA는 또한 표적 mRNA와 넓은 범위에서 염기쌍을 이루고, 빨간색 화살표로 표시된 위치에서 mRNA의 cleavage를 일으켜 빠른 분해를 유발할 수 있다. P. D. Zamore and B. Haley, 2005, *Science* **309**:1519 참조.

와 표적 mRNA 3′ untranslated 영역 사이의 complementarity가 표적 mRNA 선택에 있어서 가장 중요하다는 것을 보여 주었다.

대부분의 miRNA는 *pri* (for *pri*mary transcript)-miRNA라고 하는 수백에서 수천 개 nucleotide 길이의 RNA 중합효소 II transcript에서 process되어 만들어진다(그림 9-32). Pri-miRNA는 하나 또는 그 이상의 miRNA 서열을 포함할 수 있다. 또한 miRNA는 몇몇 절개된 intron에서 process되어 만들어진다. 이들 긴 전사체에는 stem에서 불완전한 base pairing을 하고 ~60개 nucleotide 길이를 가진 hairpin (머리핀) 구조로 접히는 서열이 있다. 인간에서 double-stranded (이중나선) RNA에 특이적인 핵 RNase (Drosha)는 핵 double-stranded RNA-binding 단백질(*DGCR8*)과 함께 협력하여, 긴 precursor RNA에서 hairpin 영역의 대부분을 절개한다. 결과적으로, 60개 nucleotide pre-miRNA가 만들어진다. Pre-miRNA는 특정 핵 export 인자(*Exportin5*)에 의해 인지되고 결합하게 되는데, 이로써 복합체가 nuclear pore 복합체의 내부 통로를 통해 확산되어 이동이 가능해진다. 일단 세포질로 이동되면 세포질 double-stranded RNA-특이적 RNase (**Dicer**)가 세포질 double-stranded RNA-binding 단백질(*TRBP*, Tar binding protein)과 함께 작용하여, pre-miRNA를 double-stranded miRNA로 추가 process가 진행된다. Double-stranded miRNA는 양 끝에 2개 unpaired 3′ nucleotide를 갖고, 길이는 21–23 nucleotide인데, 이 길이는 A-형 RNA helix의 두 바퀴에 해당한다.

마지막으로, 두 가닥 중 한 가닥이 ***RNA-induced silencing complex* (RISC)** 속으로 assembly된다. RISC는 multidomain (다중도메인) **Argonaute 단백질**과 결합된 single-stranded mature miRNA를 포함한다. Argonaute 단백질은 recognizable conserved 서열을 가진 단백질 구성원 중 하나이다. 여러 Argonaute 단백질들은 몇몇 생물체(특히 식물)에서 발현되며, 서로 다른 기능을 가진 별개의 RISC 복합체에서 발견된다. 인간은 4개의 Argonaute 단백질을 발현한다. 각 단백질은 miRNA와 결합하고, 표적 mRNA와 base pair를 형성할 수 있는 seed 서열을 가진 miRNA를 포함하는 RISC를 만든다. 이 RISC는 결과적으로 표적 mRNA의 deadenylation과 분해를 촉진한다(그림 9-30a). 또한 Ago2는 mRNA cleavage를 촉매할 수 있다. 4개의 인간 Argonaute 단백질들은 부분적으로 중복된 기능을 수행한다. 이는 네 가지 인간 Argonaute 단백질 모두 knock-out되면 인간 배아줄기세포가 살지 못하지만, 네 가지 중 어느 하나라도 발현되면 줄기 세포가 생존할 수 있음을 보여주는 실험에 의해 알려졌다.

miRNA-RISC 복합체는 Argonaute가 결합된 miRNA와 표적 mRNA의 3′ untranslated 영역(3′ UTR)에 있는 complementary 영역 사이의 base pairing을 통해 표적 mRNP와 결합한다(그림 9-31 참조). 일반적으로 더 많은 RISC 복합체들이 mRNA의 3′ UTR에 결합할수록 유전자 발현 억제가 더 많이 된다. 이 때문에 서로 다른 2개 이상의 pri-mRNA의 전사를 조절한다면 combinatorial (조합된) 전사 조절도 가능하게 된다. 서로 다른 2개 이상의 pri-mRNA는 온전한 miRNA로 process되어 특정 표적 mRNA를 억제하는 조합으로 작용하게 된다.

약 600개의 서로 다른 인간 miRNA가 관찰되었으며, 이들 대부분

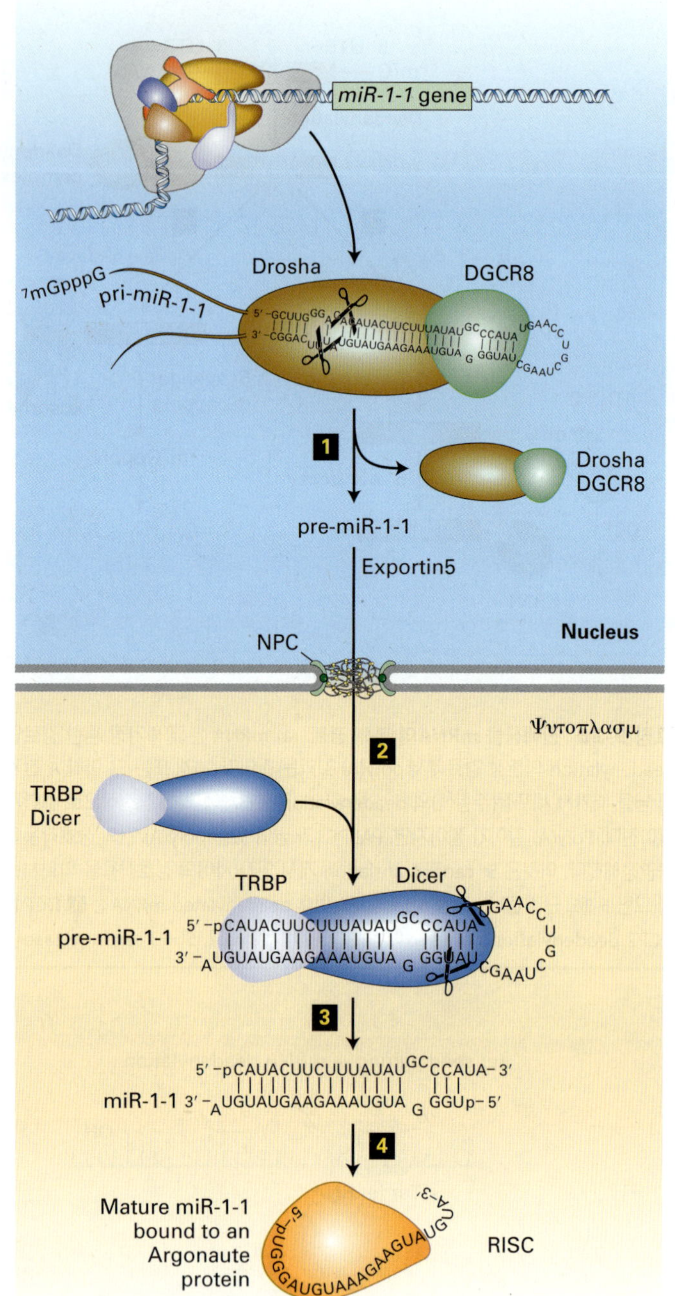

그림 9-32 miRNA processing. 이 그림에서 miR-1-1 miRNA의 전사 및 processing을 보여준다. Primary miRNA transcript (pri-miRNA)는 RNA 중합효소 II에 의해 전사된다. 핵 double-stranded RNA-특이적 endonuclease Drosha는 double-stranded RNA-결합 단백질 DGCR8과 함께 pri-miRNA에서 첫 cleavage를 만들고, 그 결과 ~70-nucleotide pre-miRNA를 만들어지고(단계 **1**) 이들은 핵 transporter Exportin 5에 의해 세포질로 이동된다(단계 **2**). Pre-miRNA는 double-stranded RNA-결합 단백질 TRBP와 함께 Dicer에 의해 세포질에서 추가 process되어, two-base single-stranded 3′ 말단을 가진 double-stranded miRNA로 만들어진다(단계 **3**). 마지막으로, 두 가닥 중 하나가 RISC 복합체로 포함되고, 그 안에서 Argonaute 단백질과 결합한다(단계 **4**). P. D. Zamore 및 B. Haley, 2005, *Science* **309**:1519 참조.

은 특정 세포 유형에서만 발현된다. 이것으로부터 분화에서 miRNA가 어떤 기능을 하는지에 대한 질문이 제기되었다. 한 예에서, *miR-133*이라고 하는 miRNA는 myoblast (근아세포)를 근육 세포로 분화시킬 때 유도된다. miR-133은 *Drosophila*에서 Sxl과 유사하게 역할을 하는 regulator splicing 인자인 PTB의 translation을 억제한다(그림 9-18 참조). PTB는 많은 유전자의 pre-mRNA에 있는 3′ splice-site 영역에 결합하여 exon skipping을 유도하거나 또는 alternative 3′ splice 위치가 사용되게 한다. miR-133이 분화하는 myoblast에서 발현되면 PTB 농도가 떨어진다. 그 결과, 근육 세포 기능에 중요한 여러 단백질의 alternative isoform들이 분화된 세포에서 발현된다.

다양한 생물체의 분화에서 miRNA 조절의 다른 예들이 빠른 속도로 발견되고 있다. *Dicer* 유전자를 포유류에서 knocking out시키면 miRNA가 생성되지 않는다. 이것은 마우스 발생 초기에 배아가 사망하는 원인이 된다. 그러나 *Dicer*가 limb primordia (원시 사지)에서만 knock out되면 마우스 limb 발생 과정에서 miRNA의 영향을 관찰할 수 있다(그림 9-33). 이는 limb이 마우스 생존에 필수적이지 않기 때문에 가능하다. 이 경우 모든 주요 세포 유형이 정상적으로 분화되고 limb 패턴의 기본적인 측면이 유지되지만, 발생은 비정상적이라 할 수 있는데, 이로부터 많은 mRNA의 translation의 적정 수준으로 조절하는 데 miRNA가 중요함을 알 수 있다. 실제로 miRNA는 다양한 세포 유형에서 유전자 기능에 적합한 양 유전자가 발현되도록 조정하는 역할을 한다. ~600개의 인간 miRNA 중 53개는 primate (영장류)에 고유한 것으로 보인다. Pri-miRNA 유전자의 duplication (중복)과 이어서 생기는 miRNA 정보를 가진 염기의 돌연변이에 의해 진화 과정에서 새로운 miRNA가 쉽게 생기는 것으로 보인다.

miRNA에 의한 Alternative Polyadenylation 및 mRNA 조절 앞서 설명된 mRNA processing 과정에서 alternative polyadenylation 위치를 사용함으로써 miRNA에 의한 유전자 발현 조절의 또 다른 방법이 추가된다. Alternative polyadenylation 위치를 사용하는 동일한 유전자에서 발현된 mRNA의 경우, miRNA-결합 위치가 더 긴 3′ exon을 가진 mRNA에 위치할 수 있다. 결과적으로, 동일한 단백질 정보 서열을 가진 mRNA라 할지라도 세포에서 발현되는 miRNA에 따라서 alternative 세포 유형에서 다르게 조절 받을 수 있다. 결과적으로, alternative polyadenylation을 통해 동일한 단백질 정보를 가진 mRNA들을 간접적으로 조절할 수 있는데, 이는 miRNA에 의해 translation이 조절되고 mRNA 안정성이 조절됨으로써 가능하다.

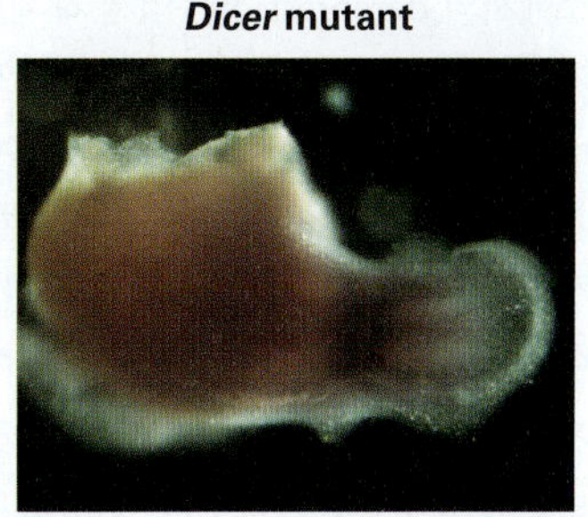

실험 그림 9-33 Limb 발생에서 miRNA 기능. Joint (관절) 형성의 marker (표지자)인 Gd5 단백질이 면역 염색된 배아 발달 13일 차 마우스 배아의 정상(*왼쪽*)과 *Dicer* knockout (오른쪽) limb을 비교하는 현미경 사진. *Dicer*는 Cre의 조건부 발현에 의해 발생 중인 마우스 배아 limb bud에서 knockout되어 이들 세포에서만 *Dicer* 유전자가 결실된다(그림 6-40 참조). [From B. D. Harfe et al., 2005, "The RNaseIII Enzyme Dicer Is Required for Morphogenesis but Not Patterning of the Vertebrate Limb," *Proc. Natl. Acad. Sci. USA* **102**(31):10898–10903.]

RNA Interference는 정확하게 Complementary mRNA의 분해를 유도한다

특정 유전자의 발현을 실험적으로 조작하려는 시도가 있었는데, 그 와중에 예기치 않게 **RNA interference (RNAi)**가 발견되었다. 연구자들이 단백질 정보가 담긴 mRNA에 hybridize하여 그 translation을 억제하는 single-stranded complementary RNA를 microinject (미세주입)함으로써 *C. elegans*에서 유전자 발현을 억제하려고 하였다. 이러한 방법을 *antisense inhibition*이라 한다. 그런데 대조군 실험에서 유전자 발현을 억제하는 데 antisense 가닥 단독보다 perfectly base-paired double-stranded RNA (수백 염기쌍 길이)가 훨씬 더 효과적이었다(그림 6-41 참조). 유사하게, double-stranded RNA에 의한 유전자 발현의 억제가 식물에서도 바로 관찰되었다. 각각의 경우에 double-stranded RNA는 double-stranded RNA의 한 가닥과 정확히 동일한 서열을 가진 모든 세포 RNA의 분해를 유도했다. 정확하게 동일한 서열을 가진 mRNA만을 파괴하는 RNA interference의 특이성 때문에, 그것은 유전자 기능을 연구하기 위한 강력한 실험 도구가 되었다.

Drosophila 배아 추출물을 사용한 후속 생화학적 연구에서는 RNA interference를 매개하는 긴 double-stranded RNA가 double-stranded short interfering RNA (siRNA)로 process된다는 사실이 밝혀졌다. 21–23개의 nucleotide의 siRNA 가닥은 서로 hybridize되고 각 가닥의 3′ 말단에 있는 2개 base는 single-stranded된다. 추가 연구에 따르면, 긴 double-stranded RNA를 siRNA로 절단하는 세포질 double-stranded RNA 특이적 ribonuclease는 Dicer 효소인 것으로 나타났다. Dicer는 pre-miRNA가 세포질로 이동된 후 pre-miRNA가 process되는 데 관여하는 효소이다(그림 9-32 참조). 이 발견은 RNA interference와 miRNA-mediated translation 억제 및 표적 mRNA 분해가 서로 연관된 과정이라는 것을 알게 해 주었다. 두 경우 모두, 짧은 완성된 single-stranded RNA (완성된 siRNA 또는 완성된 miRNA)는 RISC 복합체 안으로 포함되고, 그 복합체 내에서 짧은 RNA가 Argonaute 단백질과 결합한다. 표적 RNA와 넓은 범위에서 base-pair를 이루는 짧은 RNA가 RISC에 포함되면, RISC 복합체는 표적 mRNA가 절단되게 한다. 반면, base pairing하는 범위가 넓지 않은 짧은 RNA (그림 9-31a 참조)가 포함된 RISC 복합체는 translation을 억제하고 표적 mRNA가 느리게 분해되도록 한다.

인간에서, Argonaute 2 단백질은 RNAi 복합체에서 표적 RNA의 절단을 담당한다; Argonaute 단백질의 한 domain은 RNA-DNA hybrid의 RNA를 분해하는 RNase H 효소와 homologous (서열이 유사)하다. RISC 복합체 안의 짧은 RNA 5′ 말단이 표적 mRNA와 정확하게 base pair를 이루면, 이 domain은 siRNA의 nucleotide 10과 11 사이 phosphodieseter 결합을 절단한다(그림 9-31b 참조). 절단된 RNA는 분리되고, 세포질 exosome 및 Xrn1 5′ exoribonuclease에 의해 분해된다. Base pairing 범위가 덜 광범위한 경우 Argonaute domain은 표적 mRNA를 절단하거나 분리시키지 않는다. 대신, translation이 억제되고 mRNA는 느리게 분해된다. 이때 mRNA는 완전히 complementary 서열을 가진 표적 RNA가 RISC에 의해 시작되는 분해 경로와는 다른 메커니즘으로 분해되고 분해 속도도 느리다.

Double-stranded RNA가 진핵 세포의 세포질에 이동하면, pre-miRNA를 process하는 세포질 Dicer 효소와 TRBP double-stranded RNA-binding 단백질에 의해 인식되기 때문에 siRNA가 RISC 복합체로 포함되게 된다(그림 9-32 참조). RNA interference의 이러한 과정은 식물과 동물 모두에서 바이러스와 mobile element (이동성 유전 요소)에 대한 고전적인 세포 방어 메커니즘으로 여겨진다. Dicer 및 RISC 단백질 정보를 가진 유전자에 돌연변이가 있는 식물은 RNA 바이러스 감염에 대한 민감도가 증가하고, genome 내에서 *transposon*의 이동이 증가한다. RNA 바이러스 복제 과정에서 만들어지는 double-stranded RNA intermediate는 Dicer ribonuclease에 의해 인식되고, 최종적으로 viral mRNA를 분해하는 RNAi 반응을 유도하는 것으로 생각된다. Transposition 동안, transposon들은 random orientation (무작위 방향)으로 세포 유전자에 삽입된다. 따라서 서로 다른 promoter에 일어나는 그들의 전사는 서로 hybridize할 수 있는 상보적 RNA를 생성한다. 이는 RNAi 시스템을 시작하게 하여, 이후 추가 transposition에 필요한 transposon 단백질의 발현을 방해한다.

식물과 *C. elegans*에서 double-stranded RNA를 몇 개의 세포에만 도입을 하더라도 생물체의 모든 세포에서 RNAi 반응이 유도될 수 있다. 이와 같이 생물체 전체에서 RNAi 유도가 일어나기 위해서는 RNA 바이러스의 RNA replicase (복제 효소)와 서열이 유사한 단백질이 만들어져야 한다. 식물과 *C. elegans*에서는 double-stranded siRNA가 복제된 이후 다른 세포로 전달되는 것이 밝혀져 있었다. 식물에서 siRNA의 이동은 식물 세포 사이의 세포벽을 가로지르는 식물 세포 사이의 세포질 연결인 plasmodesmata (원형질 연락사)를 통해 일어날 수 있다(그림 20-38 참조). 이와 같이 생물체 전체에서 RNA interference 유도되는 현상은 *Drosophila* 또는 포유류에서 일어나지 않는다. 아마도 초파리 또는 포유류 genome이 RNA-replicase와 유사한 단백질 정보를 가지지 않기 때문일 것이다.

포유동물 세포에서, 긴 RNA-RNA duplex 분자가 세포질로 이동되면 PKR 경로를 통한 단백질 합성의 일반적인 억제가 일어나는데, 이에 대해서는 아래 부분에서 자세히 설명한다. 이러한 현상 때문에 포유류 세포에서 특정 표적 mRNA에 대한 RNAi 반응을 실험적으로 유도하기 위해 긴 double-stranded RNA를 사용하는 것이 크게 제한된다. 이것은 *Drosophila* 세포와 다른 점이다. 다행히 연구자들은 two-base 3′-single-stranded 영역이 있는 21–23개 nucleotide 길이의 double-stranded siRNA로부터 기능이 온전한 siRNA RISC 복합체로 포함될 수 있는 single-stranded RNA가 만들어짐을 발견하였다. 이때 PKR 경로를 통한 일반적인 단백질 합성 억제가 유발되지 않는다. 이를 통해 연구자들은 합성된 double-stranded siRNA를 사용하여 인간 세포뿐만 아니라 다른 포유류의 세포에서 특정 유전자의 발현을 "knock down"할 수 있게 되었다. 또한 설계된 pri-miRNA의 발현 벡터를 세포에 도입하면, 특정 표적 mRNA와 hybridize할 수 있는 siRNA로 processing이 유도되고, 결과적으로 표적 mRNA가 분해된다. 이러한 **siRNA knock-down** 방법은 이제 RNAi 경로 자체 연구를 포함하여 다양한 과정의 연구에서 널리 사용된다.

세포질 Polyadenylation은 몇몇 mRNA의 Translation을 촉진한다

miRNA에 의한 억제 외에도, 단백질이 매개하는 또 다른 조절 방식은 몇몇 유전자의 발현을 조절하는 데 도움이 된다. mRNA의 regulatory sequence 또는 element들은 일반적으로 mRNA의 3′ 또는 5′ 말단에 있는 untranslated region (UTR)에 존재한다. 이들 sequence와 element들은 특정 단백질과 상호작용하여 translation을 제어하는 데 관여된다. 여기에서 우리는 3′ regulatory element를 포함하는 단백질-매개 translational 조절의 유형에 대해 설명한다. 5′ regulatory element와 상호작용하는 RNA-결합 단백질과 관련된 다른 메커니즘은 다음에 설명된다.

3′ UTR 인접한 위치들에 상호 협력적으로 결합할 수 있는 서열-특이적 RNA-결합 단백질들에 의해 많은 진핵생물 mRNA들의 translation이 조절된다. 이러한 3′ UTR 인접 위치들에 여러 단백질들이 결합함으로써 combinatorial (조합) 방식으로 역할이 가능하게 되는데, 이러한 방식은 전사 인자들이 enhancer 또는 promoter 영역의 regulatory 위치에 상호 협력적 결합하는 것과 유사하다. 연구가 진행된 대부분의 경우, translation은 3′ regulatory element에 붙는 단백질에 의해 억제되고, 이들의 조절은 세포 또는 발생 중인 배아의 적절한 시기 또는 장소에서의 derepression (억제 해제)을 통해서 일어난다. 이러한 억제 메커니즘은 translation되기 전에 **세포질** ***polyadenylation***를 거쳐야 하는 mRNA에 대해 가장 잘 연구가 되어 있다.

세포질 polyadenylation는 동물 초기 배아의 유전자 발현에서 중요하다. 다세포 동물의 난자 세포(난모세포)에는 많은 mRNA가 포함되어 있으며, 이는 난자가 정자 세포에 의해 수정될 때까지 translation되지 않는 다양한 단백질 정보를 가진다. 이러한 "저장된" mRNA 중 몇몇은 ~20–40 A 잔기로 구성된 짧은 poly(A) 꼬리를 가지고 있으며, 여기에는 몇 개의 세포질 poly(A)-결합 단백질(PABPC1) 분자만 결합할 수 있다. mRNA의 긴 poly(A) 꼬리에 많은 수의 PABPC1 분자가 붙게 되면, eIF4G 개시 인자와 상호작용하여 mRNA 5′ cap과 eIF4E의 상호작용을 안정화시키는데, 이는 translation 개시에 필요하다(그림 5-36 참조). 짧은 poly(A) 꼬리를 가진 mRNA에서는 이러한 안정화가 일어나지 않기 때문에, 난모세포에 저장된 이러한 mRNA는 효율적으로

translation되지 않는다. 난모세포 성숙기 또는 난세포 수정 후 적절한 시기에 외부 신호에 응답하여, 대략 150 A 잔기가 세포질 mRNA의 짧은 poly(A) 꼬리에 추가되고, translation이 촉진된다.

Xenopus (발톱개구리, 아프리카산 양서류) 난모세포에 저장된 mRNA에 대한 연구는 이러한 유형의 translation 조절 메커니즘을 설명하는 데 도움이 되었다. 짧은 꼬리 mRNA를 난모세포에 주입하는 실험에서 3′ UTR의 두 서열이 세포질에서 polyadenylation에 필요하다는 것이 알려졌다: 하나는 AAUAAA poly(A) 신호로서 pre-mRNA의 핵 polyadenylation에도 필요하다. 두 번째는 위쪽 U-rich 세포질 *polyadenylation element* (*CPE*)의 하나 이상의 copy이다(그림 9-34). 이 regulatory element는 RRM domain과 zinc-finger (아연 집게) domain을 가지며, 종간 고도로 보존된 *CPE-binding* 단백질(*CPEB*)이 결합하고 있다.

자극 신호가 없을 때, U-rich CPE에 결합된 CPEB는 Maskin 단백질과 상호작용하고, 이는 다시 mRNA 5′ cap과 붙어 있는 eIF4E와 결합한다(그림 9-34, 왼쪽). 결과적으로, eIF4E는 다른 개시 인자 및 40S ribosomal subunit과 상호작용할 수 없으므로, translation 개시가 차단된다. 난모세포 성숙되는 동안, 특정 CPEB serine이 인산화되어 Maskin이 복합체에서 분리된다. 이것은 cleavage 및 polyadenylation specific factor (CPSF) 및 poly(A) 중합효소의 세포질 form (형태)이 CPEB와 상호 협력하여 mRNA에 결합하도록 한다. poly(A) 중합효소가 A 잔기의 추가를 촉매하면, PABPC1은 길어진 poly(A) 꼬리에 결합하여 translation을 시작하는 데 필요한 모든 요소들이 안정화되는 상호작용을 유도할 수 있다(그림 9-34, 오른쪽; 그림 5-36 참조). *Xenopus* 난모세포 성숙의 경우, CPEB를 인산화하는 protein kinase가 호르몬 progesterone (황체 호르몬)에 반응하여 활성화된다. 따라서 난모세포 성숙에 필요한 단백질 정보가 저장된 mRNA의 translation이 언제 시작되느냐는 이러한 외부 신호에 의해 조절된다.

많은 증거들에서 translation 조절의 유사한 메커니즘이 learning (학습)과 memory (기억)에 일정 역할을 한다는 것을 알 수 있다. 중추 신경계에서 1,000개 정도의 신경세포에서 나온 축색돌기는 하나의 postsynaptic neuron (연접 후 신경세포)의 수상돌기와 연결(synapse)을 만들 수 있다(그림 23-3 참조). 이 축색돌기 중 하나가 자극되면 postsynaptic neuron은 수천 개의 synapse 중 어느 것이 자극을 받았는지 “remember (기억)”한다. 다음에 synapse가 자극되면, postsynaptic 세포에서 촉발되는 반응의 강도가 처음과 다르다. 이와 같은 반응 변화는 주로 postsynaptic neuron의 synapse 영역에 저장된 mRNA의 translation 활성화로 인해 생기는 것으로 보였으며, 이는 synapse의 크기를 증가시키고 신경 생리학적 특성을 변형시키는 새로운 단백질이 local하게(일부 구역에서) 합성되는 것을 유도한다. CPEB가 신경세포 수상돌기에 존재한다는 발견으로부터 세포질 polyadenylation이 수상돌기에서 특정 mRNA의 translation을 자극한다는 제안이 이루어졌는데, 이는 난모세포에서와 유사한 상황이다. 이 경우, 아마도 synaptic 활성(호르몬보다)이 극소적인 CPEB 인산화와 neuron의 특정 synapse에서 translation의 활성화를 유도하는 신호일 것이다.

대부분의 단백질 합성은 일반적인 조절을 받는다 (개별적으로 다르게 조절을 받는 경우가 많지 않다)

다른 과정에 관여하는 단백질과 마찬가지로, translation 개시 인자와 ribosome 단백질은 인산화와 같은 post-translational 변형에 의해 조절될 수 있다. 이러한 메커니즘은 대부분의 mRNA의 translation 속도에 영향을 미치고, 이에 따라 세포 단백질 합성의 전체 속도에도 영향을 준다. 아미노산 공급이 낮으면 ribosome과 세포질 사이의 communication (신호교환)을 통해 감지되는데, 이때 translation을 억제하는 *TOR* 경로에 대해서는 21장에서 자세히 설명된다. 세포 translation의 전반적

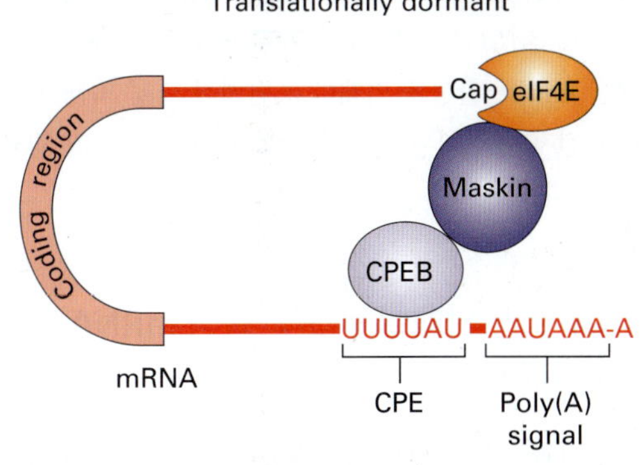

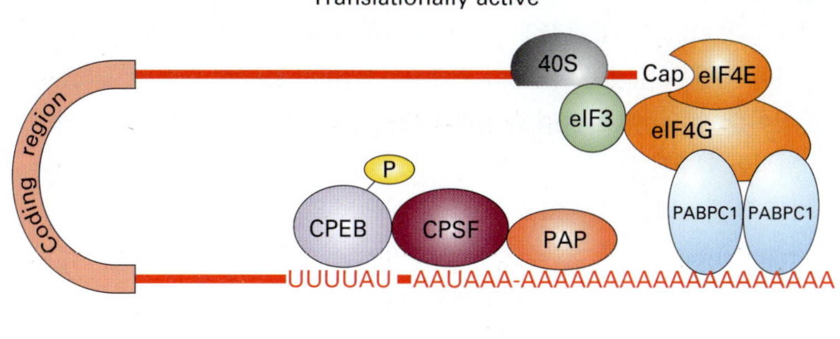

그림 9-34 세포질 polyadenylation 및 translation 개시의 제어를 위한 모델. *왼쪽*: 미성숙 난모세포에서 U-rich 세포질 polyadenylation element (CPE)를 포함하는 mRNA는 짧은 poly(A) 꼬리를 가지며, translation이 휴면 상태이다. CPE-결합 단백질(CPEB)은 설명된 상호작용을 통해 translation 억제를 매개하며, 이는 mRNA의 5′ 말단에서 개시 복합체의 assembly를 방지한다. 오른쪽: 난모세포가 호르몬 자극을 받으면 단백질 kinase 활성화에 의해 CPEB가 인산화되고 Maskin이 방출된다. 이후 cleavage and polyadenylation specificity factor (CPSF)는 poly(A) 위치에 결합하여, 결합되어 있는 CPEB 및 세포질 poly(A) polymerase (PAP)와 상호작용한다. Poly(A) 꼬리가 길어지면, 여러 개의 세포질 poly(A)-결합 단백질 1 (PABPC1)이 여기에 결합하고서 eIF4G와 상호작용하는데, 이는 다른 개시 인자들과 함께 작용해서 40S ribosome subunit과 결합하여 translation이 시작되게 한다(translation 활성). R. Mendez 및 J. D. Richter, 2001, *Nat. Rev. Mol. Cell. Biol.* **2**:521 참조.

인 속도를 조절하는 다른 메커니즘에는 translation 개시 인자 *eIF2* 활성 조절이 포함된다. 여기에서는 translation 시작을 조절할 수 있는 메커니즘에 초점을 맞출 것이다.

Translation 개시를 조절함으로써 단백질 합성을 일반적으로 조절하는 것은 eIF2 kinase에 의해 매개된다. 그림 5-36은 translation 시작 단계를 요약한 것이다. Translation 개시 인자 eIF2는 전하를 띤 initiator (개시자) tRNA를 small ribosome subunit P 위치로 가져온다. eIF2는 *trimeric* (삼량체) *G* 단백질이며, GTP-결합 또는 GDP-결합 형태로 존재한다. GTP 결합 형태의 eIF2만이 전하를 띤 initiator tRNA와 결합하고, small ribosome subunit와 결합할 수 있다. 개시 인자와 charged initiator tRNA가 있는 small subunit은 eIF4E subunit을 통해 mRNA의 5′ cap에 결합된 eIF4 복합체와 상호작용한다. 그런 다음, small ribosome subunit은 P 위치에서 initiator tRNA와 base pair를 형성할 수 있는 AUG initiation codon (개시 코돈)에 도달할 때까지 mRNA를 3′ 방향으로 scan한다(훑어 나간다). ATG codon에 도달하면, eIF2와 결합된 GTP가 GDP로 가수분해되고, 결과적으로 eIF2·GDP 복합체가 떨어진다. 결국 GTP 가수분해는 비가역적 "proofreading (검증)" 단계가 되는데, initiator tRNA가 P 위치에 적절하게 결합되고 AUG initiation codon과 적절하게 base pair를 이루는 경우에만 small subunit이 large subunit과 결합할 준비가 된다. eIF2가 다른 개시 라운드에 참여하려면, 결합되어 있던 GDP가 GTP로 교체되어야 한다. 이 과정은 translation initiation factor eIF2B에 의해 촉매된다. eIF2B는 eIF2에 특이적인 guanine nucleotide exchange factor (GEF, 구아닌 뉴클레오티드 교환 인자)이다.

스트레스를 받은 세포에서 일반적인 단백질 합성을 억제하는 메커니즘은 eIF2α subunit의 특정 serine에서 인산화와 관련되어 있다. 이 위치의 인산화는 단백질 합성에서 eIF2 기능을 직접적으로 방해하지 않는다. 오히려, 인산화된 eIF2는 eIF2 guanine nucleotide exchange 인자(*eIF2B*)에 대해 매우 높은 친화성을 가지며, 이로써 인산화된 eIF2를 방출할 수 없고, 결과적으로 추가 eIF2 인자에 의해 GTP 교환 촉매 작용이 차단된다. eIF2B보다 과량의 eIF2가 존재하기 때문에, eIF2의 몇몇이 인산화 되면 모든 세포 eIF2B가 억제된다. 나머지 eIF2는 단백질 합성에 참여할 수 없는 GDP 결합 형태로 축적되어 세포내 거의 모든 단백질 합성이 억제된다.

그러나 몇몇 mRNA에는 eIF2 인산화로 인한 낮은 eIF2-GTP 농도에서도 translation 개시를 허용하는 5′ 영역이 있다. 이러한 mRNA들에는 세포 스트레스의 결과로 변성된 세포 단백질을 다시 접히도록 역할을 하는 chaperone 단백질들, 세포가 스트레스에 대처하는 데 도움을 주는 추가 단백질들 및 이러한 stress-induced 단백질 정보를 가진 유전자의 전사를 활성화하는 전사 인자들에 대한 mRNA들이 포함된다.

인간 세포에는 동일한 억제 eIF2α serine을 인산화하는 4개의 eIF2 kinase가 있다. 이들 각각은 다른 유형의 세포 스트레스에 의해 조절받게 되는데, 결국 일반적인 단백질 합성은 억제되고, 스트레스에 대응하는 사용될 단백질들이 합성되도록 세포내 자원의 많은 부분이 쉽게 전용될 수 있게 한다:

- *GCN2* (general control non-depressible 2) eIF2-kinase는 uncharged tRNA에 결합하면 활성화된다. 세포가 아미노산에 결핍되면 uncharged tRNA의 농도가 증가하고, GCN2 eIF2-kinase 활성이 활성화되어 단백질 합성이 크게 억제된다.

- 소포체(ER)로 이동된 단백질들이 비정상적인 소포체 lumen (내강) 환경으로 인해 제대로 접히지 않을 때, *PEK* (pancreatic eIF2 kinase)는 활성화된다. 이를 유도하는 것으로 비정상적인 탄수화물 농도가 있는데, 비정상적인 탄수화물 농도는 많은 ER 단백질의 glycosylation을 억제하기 때문이다. 또한 많은 ER 단백질(13장과 14장)의 적절한 folding (접힘)에 필요한 ER chaperon에 돌연변이가 생기면, PEK가 활성화된다.

- *Heme-regulated inhibitor* (*HRI*, 헴-조절 억제자)는 heme prosthetic (보철) 그룹의 공급이 글로빈 단백질 합성 속도를 따라가기에는 너무 낮을 때 적혈구에서 활성화되는 또 다른 eIF2 kinase이다. 이 negative feedback loop (음성 피드백 루프)는 heme 합성 속도와 일치할 때까지 글로빈 단백질 합성 속도를 낮춘다. HRI는 산화 스트레스나 heat shock에 반응하여 다른 유형의 세포에서도 활성화된다.

- *Protein kinase RNA activated* (*PKR*)는 ~30개 염기쌍보다 긴 double-stranded RNA에 의해 활성화된다. 포유류 세포의 정상적인 상황에서, 이러한 double-stranded RNA는 바이러스 감염 중에만 만들어진다. Double-stranded RNA의 긴 영역은 RNA 바이러스의 복제 intermediate에서 또는 DNA 바이러스 genome의 양쪽 가닥에서 전사된 RNA의 complementary 영역의 hybridization로부터 만들어진다. 단백질 합성의 억제는 progeny virion (자손 비리온)이 만들어지는 것을 방지하여, 인접 세포가 감염되지 않게 보호한다. 흥미롭게도, 아데노바이러스는 PKR에 대한 방어를 진화시켰다: 그들은 긴 double-stranded hairpin 영역을 가진 ~160개-nucleotide virus-associated (VA, 바이러스-관련) RNA를 매우 많은 양으로 발현한다. VA RNA는 RNA 중합효소 III에 의해 전사되고, Exportin5 (pre-miRNA에 대한 exortin)에 의해 세포질로 이동된다(그림 9-32 참조). VA RNA는 PKR과 높은 친화력으로 결합하여, PKR 단백질 kinase 활성을 억제하고 단백질 합성 억제가 풀리게 한다. 이는 VA 유전자가 결실된 돌연변인 아데노바이러스가 감염된 세포 실험에서 관찰된 내용이다.

서열-특이적 RNA-결합 단백질은 몇몇 특정 mRNA Translation을 조절한다

일반적인 mRNA 조절과는 대조적으로, 몇몇 특정 mRNA의 translation을 조절하기 위한 메커니즘도 진화하였다. 이것은 일반적으로 mRNA의 특정 서열이나 RNA 구조에 결합할 수 있는 서열-특이적 RNA-결합 단백질에 의해 수행된다. mRNA의 5′ untranslated region (5′ UTR)에 선행되는 단백질 결합이 있다면, 첫 번째 initiation codon을 찾아가는 40S ribosome subunit의 능력이 차단되어 translation 개시가 억제된다. 다른 영역에서의 결합은 mRNA 분해를 촉진하거나 또는 억제할 수 있다.

세포내 iron (철) 농도의 조절은 한 mRNA의 translation과 다른 mRNA의 분해가 단백질이 매개되어 조절되는 훌륭한 예이다. 이것은 ***I*ron *R*esponse *E*lement *B*inding *P*rotein (IRE-BP)**에 의해 수행된다. IRE-BP에 속하는 단백질로는 bifunctional (두 가지 기능의) 단백질 aconitase 1 (ACO1 유전자에 정보가 담김, 별칭 *IRE-BP1*)과 paralog인 *IRE-BP2* (IREB2 유전자에 정보가 담김)가 있다(paralog, 동종상동 유전자, 같은 원시 유전자에서 유래한 유전자 쌍). 정확한 세포내 철 농도 조절은 세포 생존을 위해 필수적이다. 많은 효소와 단백질들은 Fe^{2+}를 cofactor (보조인자)로 가지는데, 대표적인 예로 TCA 회로의 효소들(그림 12-16 참조)과 미토콘드리아 및 엽록체에 의한 ATP 생성에 관여하는 electron-carrying (전자 전달) 단백질들(12장)이 있다. 반면에, 과량의 Fe^{2+}는 세포내 거대 분자와 반응하고 세포를 손상시키는 free radical (자유 유리기)을 생성한다. 세포내 철분 저장량이 적으면, dual-control (이중 조절) 시스템이 작동하여 세포내 철분 수준을 높인다; 철이 과도할 때 시스템은 철을 불활성 형태로 저장해서 Fe^{2+} 이온이 독성 수준으로 축적되는 것을 방지한다.

IRE-BP는 4Fe-4S cluster를 가진 단백질인데, 이들은 세포내 철 sensor (감지기) 역할을 한다. 세포질 Fe^{2+} 농도 너무 낮으면, Fe-S cluster의 철이 단백질로부터 분리되고 IRE-BP가 활성을 가진 RNA-결합 단백질이 되어 ferritin 및 transferrin 수용체의 untranslated 영역에서 stem-loop 2차 구조 내의 특정 nucleotide 서열에 결합한다. 이 mRNA의 *I*ron *R*esponse *E*lement (IRE)는 ferritin mRNA의 5′ untranslated 영역(그림 9-35a)과 transferrin receptor (TfR) mRNA의 3′ untranslated 서열에 존재한다. Ferritin은 ferritin heavy chain (중쇄) 24개 subunit과 24개의 ferritin light chain으로 구성되어 있다. 그들은 커다란 세포내 단백질 복합체를 만들어서, 필요 이상으로 존재하는 세포내 철과 결합하여 저장한다. 세포내 Fe^{2+} 농도가 낮을 때 IRE-BP는 RNA-결합 구조를 가지게 되고, 이때 heavy 및 light ferritin chain 모두에서 IRE loop의 5개 특정 염기, 그리고 duplex 특성을 가진 mRNA의 stem을 인식하고 결합한다(그림 9-35a). 결합된 IRE-BP는 small ribosome subunit이 AUG 시작 codon을 찾아가는 것을 막아(그림 5-36 참조) translation 시작을 억제한다. 이로 인해서, ferritin 단백질 생산이 감소하고 ferritin 복합체 내에 저장되는 철이 줄어들어 철을 필요로 하는 효소가 더 많은 철을 사용할 수 있게 된다. 높은 철 농도에서, IRE-BP는 ferritin mRNA의 5′ untranslated 영역에 있는 IRE에 결합할 수 없는 구조를 가진다. 결과적으로, ferritin translation이 억제되지 않고 새로 합성되는 ferritin은 Fe^{2+}를 저장할 수 있으므로, 세포내 유해한 수준으로 Fe^{2+}가 축적되는 것을 방지할 수 있다.

IRE-BP에 의해 조절되는 두 번째 mRNA는 다른 방식으로 조절된다: 이 mRNA는 transferrin 수용체(TfR) 정보를 가진다. 척추동물에서 철은 *transferrin*이라는 불리는 단백질에 결합되어 circulatory system (순환계)을 통해 운반된다. 대부분의 세포 유형의 원형질막에서 transferrin 수용체(TfR)와 결합한 후, transferrin-철 복합체는 수용체에 의해 매개되는 endocytosis (세포내 이입)에 의해 세포 안쪽으로 이동된다(14장, 그림 14-31 참조). TfR mRNA의 3′-untranslated 영역에는 stem-loop 구조 사이에 산재해 있는 AU-rich element destabilizing 서열을 가진 여러 개의 IRE가 포함되어 있다(위 참조). 높은 Fe^{2+} 농도에서, IRE-BP가 IRE에 결합할 수 없을 때, AU-rich element는 TfR mRNA 분해를 촉진하는데, 그 메커니즘은 AU-rich element를 가지며 반감기가 짧은 mRNA가 빠르게 분해되는 것과 동일하다. 결과적으로, transferrin 수용체의 생산이 감소되고, 이는 철이 들어오는 것을 빠르게 감소시켜 세포가 많은 양의 철에 의해 손상되는 것을 막는다. 그러나 낮은 Fe^{2+} 농도에서, IRE-BP는 TfR mRNA의 3′ IRE에 결합하고 destabilizing AT-rich element에 단백질이 붙는 것이 차단된다. 그 결과, TfR mRNA 양이 증가하고 transferrin 수용체 단백질의 생산이 증가하여 세포 내로 더 많은 철이 전달된다. 이러한 두 가지 post-translational 조절(ferritin mRNA의 translation 조절 및 transferrin mRNA의 안정

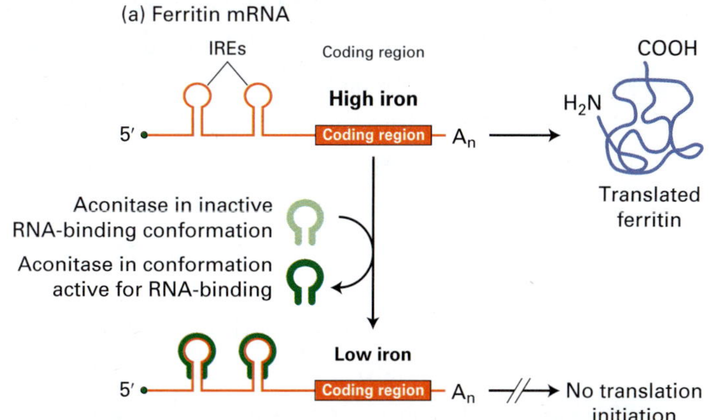

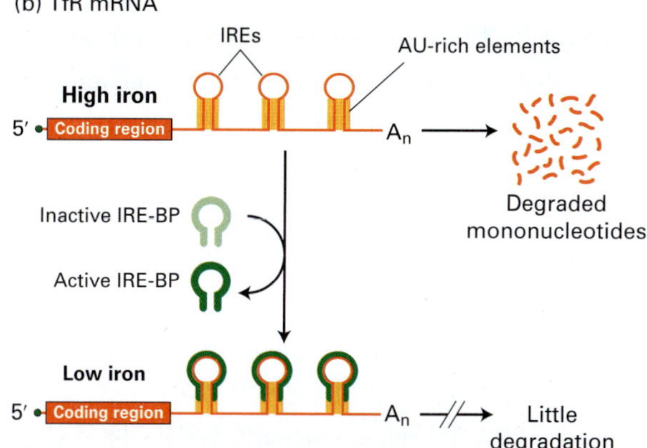

그림 9-35 철-의존적으로 mRNA translation 및 분해가 조절된다. Iron response element-binding protein (IRE-BP, 철 반응 요소-결합 단백질)은 (a) ferritin mRNA의 translation 및 (b) transferrin 수용체(TfR) mRNA의 분해를 조절한다. 세포내 철 농도가 낮을 때, IRE-BP는 이들 mRNA의 5′ 또는 3′ untranslated 영역에 있는 철-반응 요소(IRE)에 결합한다. 철 농도가 높을 때, IRE-BP는 구조적 변화를 겪으며 어느 mRNA에도 결합할 수 없다. IRE-BP에 의한 이와 같은 dual (두 방향) 조절을 통해 세포내 철 이온의 농도가 정확하게 조절하게 된다. 설명은 본문을 참조하시오.

성 조절)의 결과로, 세포내 Fe^{2+} 농도는 철을 필요로 하는 효소가 Fe^{2+}에 결합할 때 필요한 적절한 농도로 유지되고 독성을 가진 농도까지 증가되는 것을 막는다.

또 다른 다른 RNA-결합 단백질이 mRNA translation 또는 분해를 조절하는 기능을 할 수 있다. 예를 들면, heme-sensitive RNA-결합 단백질은 heme 합성의 핵심 효소인 aminolevulinate (ALA) 합성효소 정보를 가진 mRNA의 translation을 조절한다. 유사하게, *in vitro* 연구에서 우유 단백질 casein 정보를 가진 mRNA가 호르몬 prolactin에 의해 안정화되고 prolactin이 없으면, mRNA가 빠르게 분해된다는 것을 보여주었다.

Surveillance 메커니즘은 부적절하게 Processed mRNA의 Translation을 방지한다

processed mRNA의 translation은 기능이 없거나 비정상적으로 작동하는 단백질의 생산으로 부적절하게 이어질 수 있다. 이러한 문제는 6장에서 설명된 dominant-negative (우성-음성) 돌연변이에 의해 나타나는 결과와 동일하다(그림 6-2 참조). 종합적으로, **mRNA surveillance**라고 하는 여러 메커니즘이 세포의 processed mRNA 분자에서 translation이 부적절하게 일어나지 않도록 한다. 우리는 앞부분에서 두 가지 surveillance 메커니즘을 설명하였다: 하나는 핵에서 부적절하게 processed pre-mRNA를 인식하고 핵 exosome에 의해 분해되는 것. 다른 하나는 부적절하게 splice되고 spliceosome assembly intermediate와 붙어 있는 pre-mRNA가 핵 밖으로 이동되는 것을 막는 것.

Nonsense-Mediated Decay (NMD, 넌센스-매개 붕괴) 이 mRNA surveillance 메커니즘은 하나 이상의 exon이 부적절하게 splice된 mRNA의 분해를 유발한다. 이러한 잘못된 splicing은 빈번하게 exon junction의 3′ 쪽 open reading frame이 변경되도록 하고, 결과적으로 out-of-frame missense 돌연변이(프레임을 벗어나는 미스센스 돌연변이) 및 잘못된 stop codon이 생기게 된다. 적절하게 splice된 거의 모든 mRNA의 경우, stop codon이 마지막 exon에 있다. 이러한 nonsense-mediated decay 과정은 마지막 splice junction보다 앞쪽에 stop codon을 가지는 mRNA가 빠르게 분해되도록 한다. 이와 같은 stop codon을 가지는 mRNA는 대부분 splicing 오류에 의해 만들어진다. 그러나 NMD는 유전자 내에 stop codon이 만들어지는 돌연변이, 또는 frame-shifting (프레임 이동) 결실이나 삽입으로 인하여 발생할 수도 있다. NMD는 β^0-thalassemia의 연구 과정에 처음 발견되었다(그림 9-36). 지중해빈혈 환자는 적은 양의 β-글로빈 단백질을 생산하는데, 이는 β-글로빈 mRNA 양이 적은 것과 관련이 있다.

Processed mRNA에서 splice junction의 위치를 정하는 분자 신호를 찾는 과정에서 exon-junction 복합체를 발견하게 되었다. 이미 언급한 바와 같이, 여러 단백질들(eIF4AIII, MLN51, MAGOH, Y14 단백질의 core와 REF 등의 주변 인자들)로 구성된 이 복합체들은 RNA splicing 후 exon-exon junction의 5′ 방향 ~20개 nucleotide에서 결합

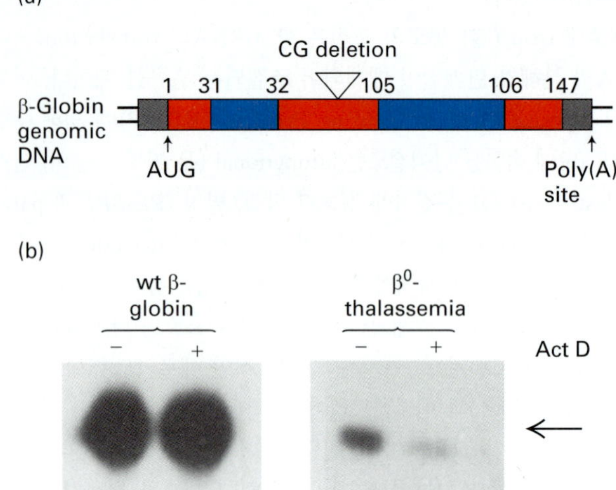

그림 9-36 Nonsense-mediated mRNA decay (NMD)의 발견. (a) β^0-thalassemia (지중해빈혈 환자)는 매우 낮은 수준의 β-글로빈 mRNA를 발현한다. 이 증후군의 일반적인 원인은 β-글로빈 유전자 exon 1 또는 exon 2의 single-base-pair deletion (한 염기쌍 결실)이다. 돌연변이 mRNA를 translation하는 ribosome은 결실에 의해 생긴 out of frame (프레임에서 벗어남)을 읽게 되고, mRNA의 마지막 exon junction 앞쪽에서 잘못된 reading frame에 있는 stop codon을 만나게 된다. 결과적으로, ribosome은 mRNA에서 모든 exon junction 복합체(EJC)를 mRNA에서 제거하지 못한다. 세포질 단백질은 mRNA에 붙어 있는 EJC와 결합하고 mRNA의 분해를 유도한다. (b) 야생형 β-글로빈 유전자를 가진 환자와 β^0-지중해빈혈 환자로부터 골수를 얻었다. 골수세포를 회수한 직후 또는 Actinomycin D와 함께 30분 동안 배지에서 배양한 후에, 골수 세포에서 RNA를 분리하였다. Actinomycin D는 전사를 억제하는 약물이다. β^0-글로빈 RNA의 양은 S1-nuclease protection method (화살표)를 이용하여 측정하였다. β^0-지중해빈혈 환자는 야생형 β-글로빈 유전자를 가진 환자보다 β-글로빈 mRNA가 훨씬 적었다(–Act D). 돌연변이 β-글로빈 mRNA는 전사가 억제되었을 때(+Act D) 빠르게 붕괴되는 반면, 야생형 β-글로빈 mRNA는 안정적으로 유지되었다. [Republished with permission from Elsevier, from L. E. Maquat et al., 1981, "Unstable β-Globin mRNA in mRNA-Deficient β^0 Thalassemia," *Cell* **27**(3):543–553; permission conveyed through Copyright Clearance Center, Inc.]

한다. 그리고 mRNA exporter인 NXT1/NXF1과 상호작용하여 mRNA가 핵 밖으로 이동하는 것을 촉진한다(그림 9-26 참조). 효모 돌연변이체의 분석 결과에서 핵의 exon-junction 복합체의 peripheral 단백질 중 하나인 UPF3가 nonsense-mediated decay에서 역할을 하는 것으로 나타났다(그림 9-37, 단계 **1** 참조). UPF3는 mRNA가 nuclear pore 복합체를 통과해서 세포질로 내보내질 때 EJC와 계속 붙어 있으며, 세포질 NMD 인자 UPF2와 붙게 된다(그림 9-37, 단계 **2** 참조). Translation이 종결되는 동안, 진핵생물 release factor 1과 3(eRF1 및 eRF3)는 A 위치에 stop codon을 가진 ribosome과 붙어 있다(그림 5-38 참조). NMD factor UPF1 및 SMG1은 단백질 kinase인데, 이들은 eRF1 및 eRF3과 결합하여 terminating ribosome과 결합된 "*SURF* 복합체"(단계 **3**)를 형성한다. SURF 복합체는 UPF1과 UPF2 간의 상호작용을 통해 mRNA에서 EJC 복합체와 결합한 채 남아 있는 UPF2와 결합한다(단계 **4**). 이후, SMG1에 의한 UPF1의 인산화가 이어지고, eRF1과 eRF3가 떨어지는 것이 촉진되며, NMG 인자 SMG7이 결합되는 것이

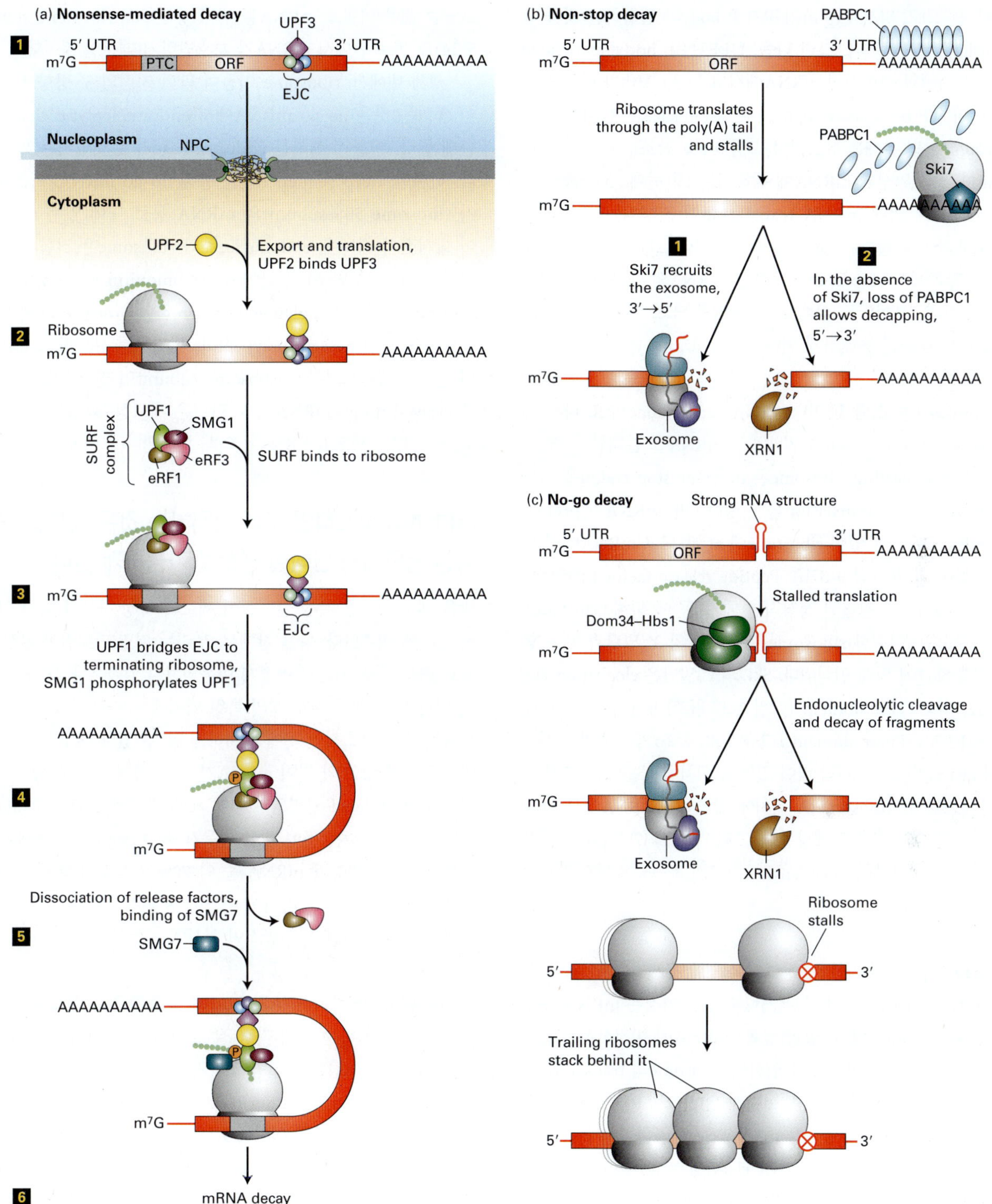

그림 9-37 (a) Nonsense Mediated Decay (NMD). 단계 **1**: 비정상적인 RNA splicing의 결과로 premature termination codon (PTC, 조기 종결 코돈)을 가진 비정상적인 mRNA가 핵에서 만들어진다. Exon junction 복합체(EJC)는 RNA-splicing 후 splice junction에 남게 되고 NMD 인자 UPF3와 결합한다. 단계 **2**: mRNA가 세포질로 내보내진 후 NMD 인자 UPF2는 EJC에 붙어 있는 UPF3와 결합한다. 또한 ribosome은 translation을 시작하고 PTC에 도달한다. 단계 **3**: 진핵생물 release factor 1 (eRF1) 및 3 (eRF3) (그림 5-38 참조)는 termination codon에서 정지된 ribosome과 결합한다. 그리고 UPF1 및 단백질 kinase SMG1과 결합하여, terminating ribosome이 붙어 있는 "SURF 복합체"를 형성한다. 단계 **4**: Translating ribosome에 의해 제거되지 않고서 mRNA에 붙어 있는 모든 EJC는 terminating ribosome과 결합한다. 이 결합은 EJC와 붙어 있는 UPF2와 SURF 복합체와 붙어 있는 UPF1 간의 상호작용에 의해 이루어진다. 최종적으로, SMG1에 의한 UPF1 인산화가 유도된다. 단계 **5**: eRF1 및 eRF3가 방출되고, NMD 인자 SMG7은 인산화된 UPF1과 결합한다. 단계 **6**: 결합된 SMG7은 mRNP 복합체가 P-body와 결합할 수 있게 하고, P-body에서 translation이 억제되고 비정상적인 mRNA는 분해된다. (b) Non-stop decay. (c) No-go decay. 하단, 정지된 ribosome 5′ 방향에 ribosome이 "쌓이는" 그림. NL Garneau, J Wilusz, and CJ Wilusz *Nature Reviews Mol Cell Biol* **8**:113 (2007); Part (c) Simms CL et al. (2017) *Mol. Cell* **68**, 361–373 참조.

촉진된다. 마지막으로, SMG7은 mRNP가 P body와 결합하는 것을 유발하여 translation을 막는다. 그런 다음, UPF2는 P body-associated deadenylase 복합체와 결합하여 mRNA에서 poly(A) 꼬리가 빠르게 제거되게 한다. 이는 P body-associated 5′→3′ exonuclease Xrn1에 의해 mRNA decapping 및 분해를 유도한다(그림 9-30a 참조).

Splicing이 끝나 완성된 mRNA에 대해서는, 첫 번째 "pioneer (개척자)" ribosome에 의해 mRNA translation이 진행되는 동안 EJC가 mRNP로부터 떨어진다는 것이 현재 가설이다. 그러나 최종 exon junction보다 앞쪽에서 stop codon이 있는 mRNA의 경우, 하나 이상의 EJC가 mRNA와 붙어있는 상태로 남아 있게 되고, 이는 결국 nonsense-mediated decay를 초래하게 된다(그림 9-37a).

Non-Stop Decay (논-스톱 붕괴) mRNA surveillance의 또 다른 메커니즘이 mRNA의 translation을 억제하고 mRNA를 분해할 수 있다. 이 메커니즘에서 translating ribosome은 in-frame stop codon을 만나지 않고 poly(A) 끝까지 translation을 진행하지만, mRNA가 prematurely polyadenylate되어 있어 ribosome이 arrest되고 mRNA에서 떨어지지 않고 붙어 있다(그림 9-37b). Peptide release factor (펩타이드 방출 인자, 그림 5-38)가 관련된 정상적인 메커니즘에 의해 translation이 종결되지 않으면, 이러한 ribosome은 mRNA의 3′ 말단과 계속 붙어 있고 단백질 Ski7에 의해 인식된다. Ski7의 C-말단은 elongation factor-1A (EF1A)의 GTPase domain (그림 5-37 참조) 및 peptide releasing factor eRF3의 GTPase domain (그림 5-38 참조)의 구조와 유사하다. EF1A와 eRF3는 ribosome의 비어 있는 A 위치에 붙는다. 구조가 유사하기 때문에, Ski7은 ribosome A 위치에 결합하여 mRNA에서 ribosome이 떨어지게 하는 것으로 예상된다. 그런 다음, Ski7은 exosome을 가까이 오게 하여 전사체를 deadenylate하고서 3′→5′ 방향으로 빠르게 붕괴시킨다.

No-Go Decay 이것은 우리가 이 장에서 설명할 세포질에서 일어나는 mRNA quality control의 마지막 메커니즘이다. 이것은 mRNA 주형의 손상 또는 stop codon의 5′ 방향(앞쪽) mRNA에 비정상적으로 크고 안정적인 2차 구조가 존재함으로 인하여 ribosome의 translation이 정지되고, 최종적으로 ribosome이 떨어지게 된다(그림 9-37c 참조). 최근 연구에서 ribosome끼리의 충돌은 mRNA cleavage를 유발하는 주요 원인이 됨이 알려졌는데, 이러한 mRNA cleavage는 no-go decay의 첫 단계에 일어난다. Ribosome 이동이 막힌 지점에서 5′ 방향으로 mRNA를 따라 ribosome이 쌓이게 되면, ribosome끼리 충돌이 일어난다(그림 9-37c, 아래쪽 참조). 약하게 cross-link되고 투과성을 가지게 된 세포에 RNase를 처리하는 실험을 통해서 이러한 사실이 확인되었다. 이 실험에서 ribosome 이동을 차단할 수 있는 길고 안정적인 stem loop를 가진 mRNA ("no-go mRNA")는 30개 염기 간격으로 mRNA 보호 영역을 나타내었다. 약하게 cross-link되고 투과성을 가지게 된 세포를 만드는 방식은 염색질 면역침전 실험에서와 같은 방식으로 진행되었다(그림 8-12a, 단계 **1**). 30개 염기 간격으로 no-go mRNA가 잘리지 않고 보호받는 것은 아마도 mRNA를 따라 쌓인 30S ribosome subunit (그림 5-34)의 통로 안에서 mRNA가 보호받았기 때문일 것이다.

생체 내에서, ribosome 이동이 막힌 지점의 5′ 방향으로 ribosome이 쌓이는 것은 no-go mRNA에서 endonucleolytic cleavage가 일어나게 한다. 이를 수행하는 endonuclease가 무엇인지는 확인되지 않았다. 하지만, deep sequencing을 통해 no-go mRNA가 절단되는 위치가 ribosome 30S subunit의 mRNA 통로 내에 있는 mRNA 영역임이 밝혀졌기 때문에, endonuclease와 ribosome은 결합하는 것으로 보인다(그림 5-34 참조). 인간에서, E3 ubiquitin ligase ZNF598은 여러 ribosome 단백질을 polyubiquitinylate하여 proteosome에 의한 분해를 유도한다. 또한 nascent polypeptide의 분해를 유도하고, no-go mRNA의 절단된 말단으로부터 ribosome subunit이 떨어지도록 유도한다. 이후 cleaved no-go mRNA의 5′ 단편은 세포질 exosome에 의해 분해되고, 3′ 단편은 세포질 XRN1에 의해 분해된다(그림 9-37c).

mRNA이 국소적인 곳에 위치하는 것은 세포질 내의 특정 영역에서 단백질 생산을 가능하게 한다

많은 세포 과정은 특정 단백질이 세포의 특정 구조나 특정 영역에 위치하는 것에 의존한다. 다음 장에서, 우리는 몇몇 단백질이 합성된 다음 필요로 하는 세포 위치로 어떻게 이동되는지 알아본다. 또한, 해당 단백질이 역할을 수행하는 세포질의 특정 영역에 mRNA가 위치하는 것만으로도 단백질이 국소적인 곳에 위치하게 할 수 있다. 지금까지 연구된 대부분의 경우에서, 이와 같이 mRNA가 특정 영역에 위치하는 것은 mRNA의 3′ untranslated 영역의 서열에 의해 결정된다. *Drosophila* 배아에서 mRNA가 위치하는 곳에 대한 연구가 최근 genome 수준에서 진행되었는데, 분석된 3,000개 mRNA 중 약 70%가 세포내 특정 영역에 국한되어 위치함이 알려졌고, 따라서 이러한 현상은 모든 후생동물에서 이전에 알려진 것보다 훨씬 더 일반적인 현상일 가능성이 높아졌다.

_S. Cerevisiae_에서 mRNA가 Bud에 집중적으로 위치함 mRNA가 특정 영역에 위치하는 것이 가장 잘 설명된 예는 출아 효모 *S. cerevisiae*에서 일어난다. 8장에서 설명된 바와 같이, haploid (반수체) 효모 세포가 **a** 또는 α 중 어떤 mating-type (짝짓기-유형)을 나타내는지는 **a** 또는 α 중 어떤 유전자가 염색체 III의 *MAT* locus (유전자좌)에 위치하는지에 따라 결정된다(그림 8-31 참조). 염색체 III의 telomere (말단소체) 근처에 있는 silent (침묵, 발현하지 않는) 짝짓기-유형 유전자좌로부터 **a** 또는 α 유전자가 *MAT* 유전자좌로 이동하는 과정은 *HO*라고 불리는 sequence-specific endonuclease에 의해 시작된다. *HO* 유전자의 전사는 SWI/SNF 염색질 리모델링 복합체에 의존적이다(8.4절 참조). Mother cell (모세포)에서 budding하여 새로 생기는 딸 효모 세포는 *Ash1* (*Asymmetric synthesis of HO*)이라고 불리는 전사 억제 인자를 포함하고 있어 SWI/SNF 복합체가 *HO* 유전자에 가서 붙는 것을 막아, *HO* 유전자로부터 전사를 억제한다. 모세포에는 Ash1이 없기 때문에 *HO* 유전자 전사가 일어난다. 결과적으로, 모세포는 짝짓기 유형을

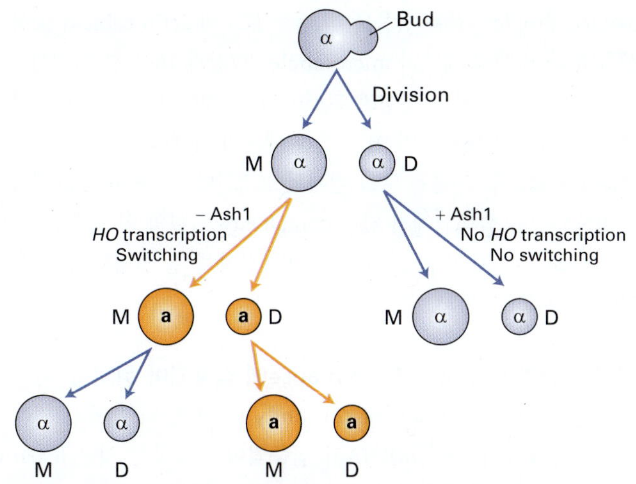

그림 9-38 Haploid 발아 효모 세포에서 짝짓기-유형이 바뀌는 현상. *S. cerevisiae*에서 핵 DNA 합성이 끝난 후, haploid 효모 세포는 mitosis을 거쳐, bud가 자라나 생기는 딸세포(그림 1-24)와 이보다 큰 모세포를 생성한다[세포 분열 1]. 새로 생긴 딸세포와 모세포는 부모 세포와 동일한 짝짓기 유형을 갖는다(여기 예에서는 α, 보라색으로 표시됨). 다음 세포 분열 이전에, 작은 딸세포는 모세포의 크기만큼 크기가 커진 후, 다시 작은 딸세포와 큰 모세포로 세포 분열한다[세포 분열 2]. 이때도 부모와 같은 짝짓기 유형을 갖는다(이 예에서는 α). 반면, 세포 분열 1에서 생성된 더 큰 모세포는 DNA 합성이 완료되기 전에 짝짓기 유형을 바꾸고, 반대의 짝짓기 유형(이 예에서는 **a**, 주황색으로 표시됨)을 가지는 모세포와 딸세포로 분열한다. 이 과정은 다음 세포 분열에서도 계속되어 딸세포는 같은 짝짓기 유형의 자손을 갖게 되고, 모세포는 모세포와 다른 짝짓기 유형을 가진 자손을 갖게 된다.

바꿀 수 있지만, budding에 의해 새로 생기는 딸세포는 짝짓기 유형을 바꿀 수 없다(그림 9-38).

Ash1 단백질은 단백질 정보를 가진 mRNA가 딸세포에만 존재하기 때문에 딸세포에서만 축적된다. 이처럼, 딸세포에만 국소적이 배치가 일어나는 과정에는 3개 단백질이 필요하다: 첫 번째는 She2 (SWI-dependent *HO* expression), ASH1 mRNA의 특정 RNA 구조를 갖는 localization signal (국소배치 신호)에 특이적으로 결합하는 RNA-결합 단백질; 두 번째는 Myo4, actin filament를 따라 cargo를 이동시키는 myosin motor 단백질(17장 참조); 세 번째는 She3, She2와 연결되어 최종적으로 ASH1 mRNA와 Myo4가 연결되게 하는 단백질(그림 9-39). ASH1 mRNA는 mitosis (유사분열) 전에 모세포의 핵에서 전사된다. 모세포에서 bud 쪽으로 이어진 actin filament를 따라서 Myo4 및 이와 결합된 ASH1이 움직임에 따라 ASH1 mRNA가 자라나는 bud 쪽으로 옮겨지게 된다.

적어도 23개 mRNA가 She2, She3, Myo4 시스템에 의해 이동되는 것으로 밝혀졌다. 모두 She2가 결합하는 RNA localization signal이 있으며, 일반적으로 3′ UTR에 존재한다. 이 과정은 그림 9-40의 실험을 통해 살아있는 세포에서 눈으로 볼 수 있다. RNA-결합 단백질에 대한 높은 결합력을 가지는 영역이 서열에 포함되어 있으면 RNA는 형광 표지가 가능하다(그림 9-40a). 이러한 RNA-결합 단백질에는 bacteriophage (박테리오파지) 단백질 MS2 coat (외피) protein과 박테리오파지 λN 단백질이 있는데, 이들은 특정 서열의 stem loop에 결합할 수 있다. 서로 다른 색상의 형광 단백질에 이어 붙여진 박테리오파지 단백질과 함께, 만들어진 mRNA를 발아 효모 세포에서 발현하면, 박테리오파지 융합 단백질은 RNA의 해당 서열에 결합하게 되고, 결과적으로 서로 다른 색을 발하는 단백질이 붙은 RNA로 표지된다. 그림 9-40b의 실험에서, λN 단백질-녹색 형광 융합단백질이 ASH1 mRNA에 붙어서 표지되었다. IST2 mRNA는 MS2 coat 단백질-붉은색 형광 융합단백질이 결합하여 표지되었다. IST2 mRNA는 bud membrane 구성성분에 대한 정보가 포함되어 있고 bud 쪽에 localize된다. 출아 효모를 촬영한 결과, 서로 다른 형광색으로 표기된 ASH1 mRNA와 IST2 mRNA는 모세포 세포질에서 다양한 mRNA를 가진 커다란 세포질 RNP particle에 축적되어 있었다. 이는 녹색 형광과 붉은색 형광 신호가 합쳐지는 것으로써 확인할 수 있다. 이후 RNP particle은 약 1분 내에 bud 쪽으로 이동되었다.

P body (mRNA가 분해되는 세포질 장소)에 대해 설명했듯이, RNP의 커다란 세포질 granule (과립)이 형성되기 위해서는 low complexity (복잡도) 아미노산 서열(예, [G/S]Y[G/S] 반복서열)로 구성된 RNA-결합 단백질 서열이 필요하다. RNP의 커다란 세포질 granule은 그림 9-40b에서도 볼 수 있고, 다세포 진핵생물 세포에서 이동되는 RNA granule의 다른 예에서도 볼 수 있다. 이러한 낮은 complexity 서열을 가진 peptide들은 *in vitro* 실험에서 자발적으로 결합하고, 이 과정은 "liquid-liquid phase separation"로 불리는데, 이는 8장 핵의 전사 condensate 형성에 관한 내용에서 설명되었다(그림 8-38). 단순한 반복 서열의 peptide를 이용한 *in vitro* 실험에서 형성된 condensate는 serine의 인산화에 의해 해체될 수 있다. 이러한 liquid-liquid phase

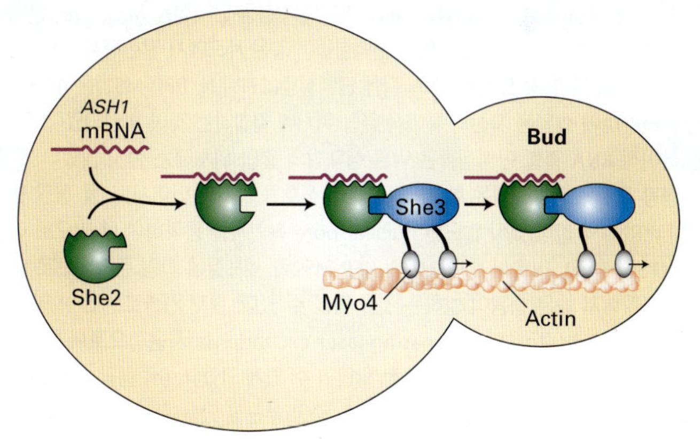

그림 9-39 *S. cerevisiae*에서 모세포에서 짝짓기 유형이 바뀌는 것을 설명하는 모델. Ash1 단백질은 세포에서 *HO* 유전자의 전사가 일어나지 않게 막는다. HO 단백질은 α에서 **a** 또는 **a**에서 α로 짝짓기 유형이 바뀌는 DNA rearrangement (DNA 재배열)를 시작하는 역할을 한다. ASH1 단백질은 딸세포에 존재하기 때문에, 새로 발아된 딸세포가 분리 후에 모세포에서 짝짓기 유형이 바뀔 수 있다. Ash1이 딸세포에만 존재하는 것을 분자적인 수준에서 설명하자면, ASH1 mRNA가 bud 쪽으로 한 방향으로 이동하기 때문이다. Linking (연결) 단백질(She2)은 ASH1 mRNA의 3′ untranslated 서열에 결합하고 She3 단백질에도 결합한다. She3 단백질은 다시 actin filament를 따라 bud로 이동하는 myosin motor (Myo4)와 결합한다. S. Koon and B. J. Schnapp, 2001, *Curr. Biol.* **11**:R166 참조.

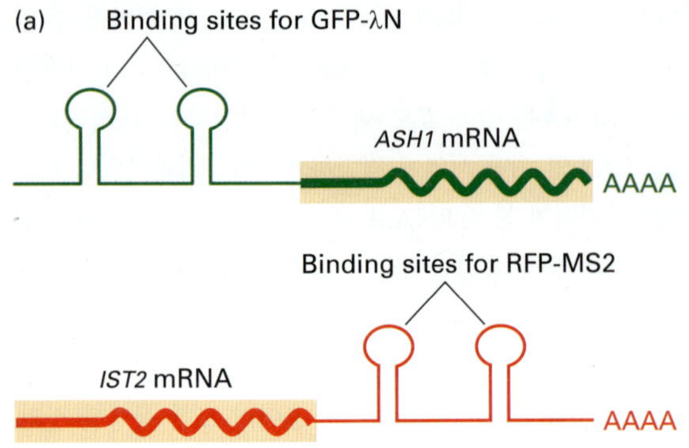

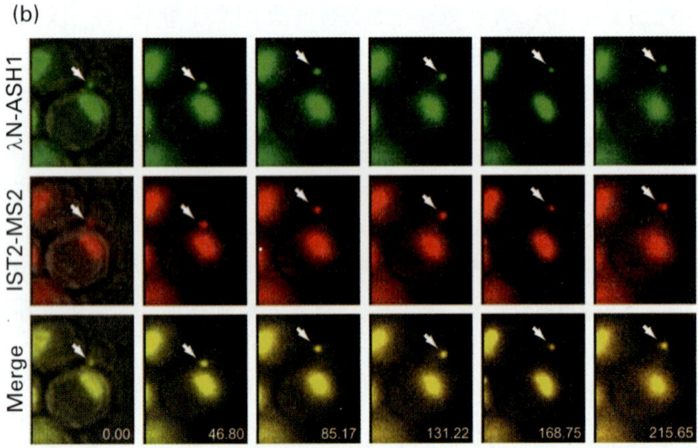

실험 그림 9-40 효모 모세포에서 bud 쪽으로 mRNP particle의 이동. (a) 5′ untranslated 영역에 박테리오파지 λN 단백질에 대한 결합 위치가 포함된 Ash1 mRNA 및 3′ untranslated 영역에 박테리오파지 MS2 coat 단백질에 대한 결합 위치가 포함된 IST2 mRNA를 효모 세포에서 발현하게 하였다. 또한 녹색 형광 단백질은 λN 단백질에 붙여 이어졌고(GFP-λN) 적색 형광 단백질은 MS2 coat 단백질에 붙여 이어졌으며(RFP-MS2) 이들 단백질들이 같은 세포에서 발현하게 하였다. 이전 실험에서, 각 형광 표지된 RNA-결합 단백질들(GFP-λN, RFP-MS2)은 ASH1 및 IST2 mRNA에 삽입된 자신의 특이적 결합 위치에 결합하는 것이 확인되었다. 두 서열 특이적 RNA-결합 단백질들은 다른 상대방의 결합 위치에는 붙지 않았다. 또한 두 형광 표지된 단백질들은 핵 localization 신호를 가지고 있어서, 이들 형광 단백들이 mRNA와 붙어 있지 않으면 nuclear pore 복합체를 통과하여 핵 안으로 이동된다(13장 참조). 이로써 GFP-λN 및 RFP-MS2가 세포질에 과량 존재함으로 인하여 세포질에서 높은 형광이 발하는 것을 막을 수 있다. 현재 기술로는 GFP 및 RFP의 milisecond (밀리 초) alternating laser excitation을 사용함으로써 GFP-λN 및 RFP-MS2를 각각 독립적으로 측정/확인할 수 있게 되었다. (b) 형광 세포를 찍은 video frame을 볼 수 있다. 현미경 사진의 중앙 부근에 있는 모세포의 큰 vacuole 옆에 있는 핵이 녹색(위쪽 줄)과 적색(중간 줄) 형광을 띠는 것으로 관찰되었다(이웃한 세포의 핵도 관찰되었다). 두 이미지를 병합한 것이 맨 아래 줄인데, 여기에 이미지 사이의 경과된 시간도 나타나 있다. λN 결합 위치를 가진 ASH1 mRNA와 MS2 결합 위치를 가진 IST2 mRNA가 모두 포함되어 있는 RNP particle이 모세포 세포질(화살표)에서 관찰되었다. RNP particle은 0.00초에서 46.80초 사이에 강도가 증가했는데, 이는 더 많은 mRNA가 RNP particle에 결합됨을 의미한다. RNP particle은 46.80초에서 85.17초 사이에 bud로 이동한 다음 bud 끝에 국한되어 위치하였다. [Republished with permission of John Wiley & Sons, Inc., from Lange, S. et al., "Simultaneous transport of different localized mRNA species revealed by live-cell imaging," 2008, *Traffic*, **9**:(8)1256–67; permission conveyed through Copyright Clearance Center, Inc.]

separated droplet (작은 방울)은 아마도 효모의 actin cable과 고등 진핵생물의 큰 비대칭 세포의 microtubule (17장과 18장 참조)에서 운반되는 큰 RNP 복합체의 형성과 관련이 있을 것이다. 고등 진핵생물의 큰 비대칭 세포의 대표적인 예는 신경 세포의 축색돌기와 수상돌기(23장 참조)가 있는데, 이들은 다음 절에서 설명한다. RNP granule과 붙어 있는 RNA-결합 단백질에서 낮은 complexity 서열의 인산화가 조절된다는 사실로부터 RNP granule의 형성과 해체를 잘 설명할 수 있을 것이다(그림 9-40b에서 볼 수 있듯이).

포유류 신경계에서 mRNA가 Synapse에 집중되어 위치함 앞서 언급한 바와 같이, 신경세포에서 cell body (세포체)의 핵에서 멀리 떨어진 synapse에서 특정 mRNA가 집중되어 위치하는 것은 learning과 memory 과정에 필수적이다(그림 9-41). 이 mRNA는 3′ untranslated 영역에 RNA localization 신호를 가지고 있는데, 이는 효모에서 mRNA가 국소 배치되는 것과 동일하다. 이러한 mRNA 중 몇몇은 처음에 translation 개시를 허용하지 않는 짧은 poly(A) 꼬리를 가진 채로 합성된다. mRNA가 만들어지면, localization 신호를 포함하는 여러 mRNA를 포함하는 큰 RNP 입자가 세포 핵 근처 세포질에서 형성된다. 이 경우, RNP 입자는 kinesin motor 단백질에 의해 축색돌기를 따라 synapse까지 이동된다. 이때 kinesin motor 단백질은 축색돌기 길이만큼 뻗어 있는 microtubule을 따라 이동한다(18장 참조). 원형질막에서 ion channel이 열리면, 해당 synapse에서 membrane depolarization (막 탈분극)이 일어나고(23장 참조), 이는 synapse 영역에서 mRNA의

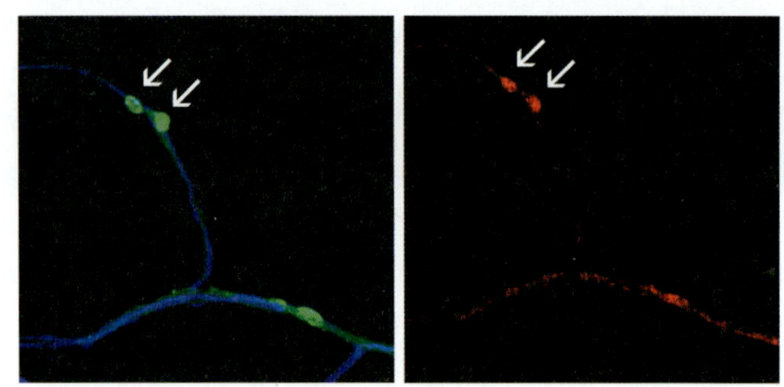

실험 그림 9-41 특정 신경세포 mRNA는 synapse에 국한되어 존재한다. 바다 달팽이 *Aplysia californica*의 감각 신경세포를 운동 신경세포와 함께 배양하여 감각 신경세포의 축색돌기가 배양된 운동 신경세포의 수상돌기와 synapse를 형성하게 하였다. 왼쪽 현미경 사진은 파란색 형광 염료로 염색된 운동 신경세포 축색돌기를 보여준다. GFP-VAMP (녹색)는 감각 신경세포에서 발현되었으며, 감각 신경세포 축색돌기와 운동 신경세포 수상돌기(화살표) 사이에 형성된 synapse의 위치를 표시한다. 오른쪽 현미경 사진은 anti(항)-sensorin mRNA probe (프로브, 탐침)가 *in situ* hybridization (원위치 혼성화)되는 곳의 빨간색 형광을 보여준다. Sensorin은 감각 신경세포에서만 발현되는 neurotransmitter (신경 전달 물질)이다: 감각 신경세포 축색돌기는 이 현미경 사진에서 눈에 보이지 않지만 운동 신경세포 수상돌기에 인접해 있다. *In situ* hybridization 결과는 감각 신경세포의 sensorin mRNA가 synapse에 국소적으로 위치함을 보여준다. [Republished with permission of Elsevier, from Lyles, V., et al., "Synapse formation and mRNA localization in cultured *Aplysia* neurons," *Neuron*, 2006, **49**(3):349–356; permission conveyed through Copyright Clearance Center, Inc.]

polyadenylation을 촉진해서 해당 단백질의 translation을 활성화할 수 있다. 이때 mRNA로부터 만들어지는 단백질은 synapse의 크기를 증가시키고 신경 생리학적 변화를 일으킨다. 반면에, 같은 신경세포에서 만들어진 수백 수천의 다른 synapse에서는 아무런 영향을 받지 않는다(synapse 크기와 신경 생리학적 변화가 없다).

9.4절의 주요 개념

세포질에서 일어나는 전사 후 조절 메커니즘

- 대부분 mRNA는 poly(A) 꼬리가 점진적으로 짧아지고(deadenylation), 이어서 exosome-mediated 3′→5′ digestion (분해) 또는 5′ cap 제거 및 이어지는 5′→3′ digestion의 결과로 세포질에서 분해된다(그림 9-30 참조).
- 짧은 시간 동안 발현되는 단백질 정보를 가진 진핵생물 mRNA는 일반적으로 3′ UTR에 AU가 많은 서열(AU-rich element)이 반복적으로 나타난다. 또한 이들 element에 결합하는 특정 단백질들은 deadenylation 효소 복합체 및 세포질 exosome과 상호작용하여 신속한 mRNA 분해를 촉진한다.
- Translation은 microRNA (miRNA)에 의해 억제될 수 있는데, miRNA가 특정 표적 mRNA의 3′ untranslated 영역(UTR)에 있는 서열과 불완전한 hybrid를 형성하기 때문이다. 여러 miRNA가 결합된 mRNA는 세포질의 P body에 집중되어 위치하며, 여기에서 decapping과 세포질 exosome에 의한 분해가 이어진다.
- RNA interference (RNAi)와 관련된 여러 현상은 바이러스 및 transposon에 대한 초기 방어 시스템으로 진화되었다고 생각되는데, short interference RNA (siRNA)와 완벽한 hybrid를 형성하는 mRNA가 빠른 분해되는 것도 이러한 현상 중 하나이다.
- miRNA와 siRNA는 모두 21–23개의 nucleotide 길이이고, 더 긴 precursor 분자로부터 만들어지며 Argonaute 단백질과 결합하여 다중단백질 RNA-induced silencing complex (RISC)에 포함된다. RISC 복합체는 표적 mRNA의 translation을 억제하고, P body로의 국재 배치를 유도하여 P body에서 분해되게 하거나(miRNA) 또는 절단되어(siRNA) 보호되지 않은 말단이 생성되는데, 이 부분은 세포질 exosome 및 5′→3′ exonuclease XRN1에 의해 빠르게 분해된다(그림 9-31 및 9-32 참조).
- 짧은 poly(A) 꼬리가 있는 mRNA의 translation에는 세포질 polyadenylation이 필요한데, 이 단계는 세포에서 조절되는 과정이다: 3′ UTR의 regulatory element에 대한 특정 단백질의 결합은 이러한 mRNA의 translation을 억제하고, 이 RNA-결합 단백질의 인산화는 3′ poly(A) 꼬리의 길이를 늘려 translation을 유도한다(그림 9-34 참조).
- 세포내 전체 단백질 합성의 속도는 translation할 mRNA를 선택하는 초기 단계에서 필요한 eIF2 (진핵생물 개시 인자 2)의 활성을 조절함으로써 부분적으로 조절된다(그림 5-24 참조). eIF2 kinase는 eIF2의 regulatory 위치를 인산화하고, GDP-eIF2가 GTP-eIF2로 전환되는 것을 억제해서, 결과적으로 단백질 합성의 초기 단계를 억제함으로써 다양한 유형의 세포 스트레스에 반응한다.
- 대부분의 mRNA에 의한 단백질 합성 속도의 조절 외에도, 특정 mRNA의 translation 안정성 및 세포질 국소 배치가 조절 받을 수 있다. 이것은 일반적으로 몇몇 mRNA의 3′ (또는 일부 5′) UTR에서 regulatory element에 결합하는 서열 특이적 RNA-결합 단백질에 의해 이루어진다. 예를 들면, ferritin mRNA의 translation과 transferrin 수용체(TfR) mRNA의 분해는 모두 동일한 철 민감성 RNA-결합 단백질인 IREBP1 및 IREBP2에 의해 조절된다. 낮은 철 농도에서, 이들 단백질은 mRNA에서 stem-loop를 형성할 수 있는 특정 서열에 결합하는 활성 구조를 가진다. 이는 ferritin mRNA translation과 TfR mRNA의 분해를 억제한다(그림 9-35 참조). 이러한 이중의 조절 메커니즘을 통해 세포내 Fe^{2+} 농도가 정확하게 조절된다.
- Nonsense-mediated decay 및 기타 mRNA surveillance 메커니즘은 비정상적으로 processed mRNA의 translation이 일어나지 않도록 하는 것이다. 이러한 비정상적으로 processed mRNA는 정상 단백질의 기능을 방해할 수 있는 비정상 단백질 정보를 가진다.
- 많은 mRNA는 일반적으로 3′ UTR에서 발견되는 국소 배치 서열에 결합하는 서열 특이적 RNA-결합 단백질에 의해 특정 세포내 위치로 이동된다. 이러한 RNA-결합 단백질은 커다란 RNP particle을 운반하는 motor 단백질과 직접 결합하거나 중간 단백질을 통해 결합한다. Motor 단백질은 actin 또는 microtubule fiber를 따라 세포질의 특정 위치로 RNP particle을 운반한다. RNP particle는 국소 배치 신호를 가진 많은 mRNA를 포함한다.

9.5 rRNA 및 tRNA Processing

빠르게 성장하는 포유류 세포(예, 배양된 HeLa 세포)에서 전체 RNA의 약 80%는 rRNA이고, 15%는 tRNA이다: 따라서 단백질 정보를 가진 mRNA는 전체 RNA의 작은 부분만을 차지한다. 대부분의 rRNA 유전자와 pre-mRNA와 같은 tRNA 유전자에서 생성된 primary transcript는 process를 거쳐 기능을 가진 완전한 RNA로 만들어진다.

Ribosome은 고도로 진화된 복잡한 구조를 가지며(그림 5-34 참조), 단백질 합성 기능에 최적화되어 있다. Ribosome 합성에는 세 가지 핵 RNA 중합효소, RNA pol I, II 및 III 모두의 기능과 coordination (조정, 협력)이 필요하다. Large ribosome subunit과 결합하는 28S 및 5.8S rRNA와 small subunit의 18S rRNA는 RNA 중합효소 I에 의해 전사된다. Large subunit의 5S rRNA는 RNA 중합효소 III에 의해 전사되고, ribosome 단백질 정보를 가진 mRNA는 RNA 중합효소 II에 의해 전사된다. 4개의 rRNA와 약 70개의 ribosome 단백질 외에도 최소 150개의 다른 RNA와 단백질이 2개의 ribosome subunit과 일시적으로 상호작용하면서, 일련의 coordinated (상호 조정된) 단계를 거쳐 ribosome으로 assembly된다. 또한 완성된 rRNA의 여러 개의 특정 base와 ribose가 변형되어 단백질 합성에서 기능을 갖도록 최적화된다.

Ribosome subunit 합성 및 assembly의 대부분 단계는 nucleolus (인)에서 일어나지만, 이 중 일부는 nucleolus에서 nuclear pore 복합체로 이동하는 동안 nucleoplasm에서 일어난다. Quality-control 단계는 핵 밖으로 이동되기 전에 일어나기 때문에, 완전한 기능을 가진 subunit만이 세포질로 이동되고, 세포질에서 ribosome subunit의 최종 완성 단계가 일어난다. 또한 tRNA는 핵에서 primary transcript로부터 process되고 여러 부위가 변형되어 세포질로 이동된 후 단백질 합성에 이용된다. 우리는 먼저 rRNA의 processing 및 변형 그리고 ribosome의 assembly 및 핵 밖으로 이동에 대해 설명한다. 그런 다음, tRNA의 processing과 변형을 설명한다.

Pre-rRNA 유전자는 모든 진핵생물에서 유사하며 Nucleolar Organizer (인 구성하기)로서의 기능한다

다세포 진핵생물에서 large ribosome subunit (60S)과 결합된 28S 및 5.8S rRNA 및 small ribosome subunit (40S)과 결합된 18S rRNA (그리고 다른 모든 진핵생물에서 기능적으로 동등한 rRNA)는 하나의 pre-rRNA 전사 unit에 정보가 담겨 있다. 인간 세포에서, RNA 중합효소 I에 의한 전사는 45S (~13.7kb) primary transcript (pre-rRNA)를 만드는데, 이 pre-rRNA가 process되어 기능적으로 완성된 28S, 18S 및 5.8S rRNA가 만들어지고, 이들은 세포질 ribosome에서 발견된다. 네 번째 rRNA인 5S rRNA는 별도의 유전자에 정보가 담겨 있고, RNA 중합효소 III에 의해 nucleolus 외부에서 전사된다. 많은 생물 종에서 45S pre-rRNA 정보를 가진 DNA에 대한 sequencing으로부터 이 DNA가 모든 진핵생물에서 공통적으로 존재하는 몇 가지 특성이 있음을 알게 되었다. 첫째, pre-rRNA 유전자들은 untranscribed spacer (비전사 공간) 영역(개구리에서 길이가 ~2 kb, 인간에서 ~30 kb)에 의해 분리되어 있고, 긴 tandem array (직렬 배열)를 이루고 있다(그림 9-42). 둘째, 3개의 rRNA에 해당하는 genome 영역은 항상 동일한 5′→3′ 순서(18S, 5.8S 및 28S)로 배열되어 있다. 셋째, 모든 진핵 세포(심지어 박테리아에서도)에서 pre-rRNA 유전자는 processing 중에 제거되어 빠르게 분해되는 영역에 대한 서열을 가지고 있다. 이 영역은 아마도 rRNA의 적절한 folding에 기여하지만 folding이 완료된 후에는 필요하지 않는 것 같다. 여러 생물체에서 pre-rRNA 유전자의 일반적인 구조는 그림 9-43에 나와 있다.

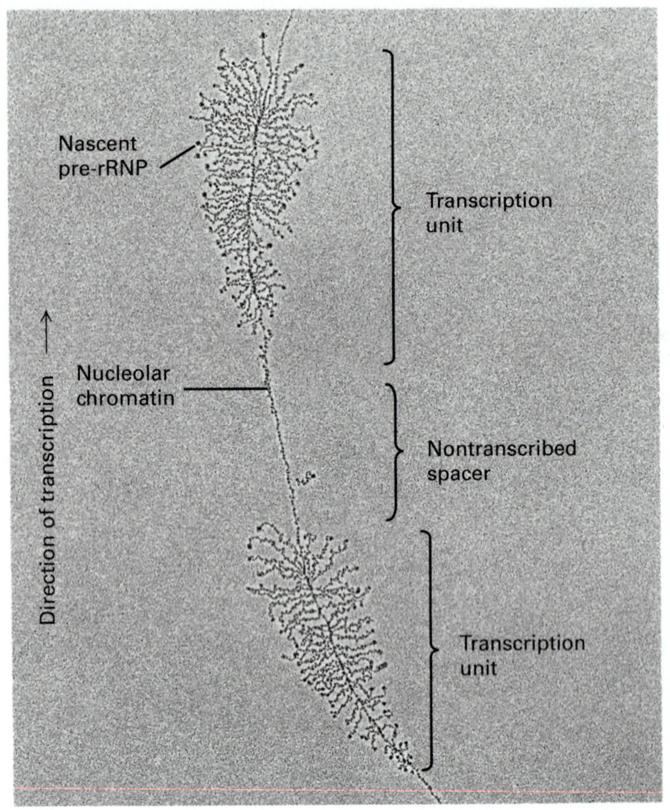

실험 그림 9-42 개구리 난모세포 nucleolus의 pre-rRNA 전사 단위의 전자현미경 사진. 각 "feather (깃털)"는 전사 unit에서 나오는 pre-rRNP (pre-ribonucleoprotein complex)의 단백질과 결합된 여러 pre-rRNA 분자를 나타낸다. Processome이라 생각되는 nascent pre-RNP의 5′ 끝에 있는 조밀한 "knob (손잡이)"에 주목하시오. Pre-rRNA 전사 unit은 tandem으로(앞뒤로 이어져) 배열되어 있고, 핵 염색질의 전사되지 않은 spacer 영역에 의해 분리되어 있다. [Courtesy of Y. Osheim and O. J. Miller, Jr.]

Pre-rRNA의 합성 및 processing의 대부분은 nucleolus에서 일어난다. Pre-rRNA 유전자가 in situ hybridization에 의해 nucleolus에 있음이 처음 확인되었을 때, nucleolus를 형성하기 위해 다른 DNA가 필요한지 여부는 알려지지 않았다. 형질전환 *Drosophila*를 이용하여 진행된 후속 실험은 하나의 완전한 pre-rRNA 전사 unit이 작은 nucleolus의 형성을 유도한다는 것을 입증했다. 따라서 하나의 pre-rRNA 유전자는 "nucleolar organizer"가 되기에 충분하고 ribosome의 다른 모든 구성 요소는 새로 형성된 pre-rRNA로 확산하여 모이게 된다. 주로 pre-RNA의 processing과 ribosome subunit의 assembly에 만들어지는 nucleolus의 구조는 광학 현미경과 전자현미경으로 관찰될 수 있다.

작은 nucleolar RNA는 Pre-rRNA Processing을 돕는다

Ribosomal subunit의 assembly. maturation (성숙) 및 세포질로의 이

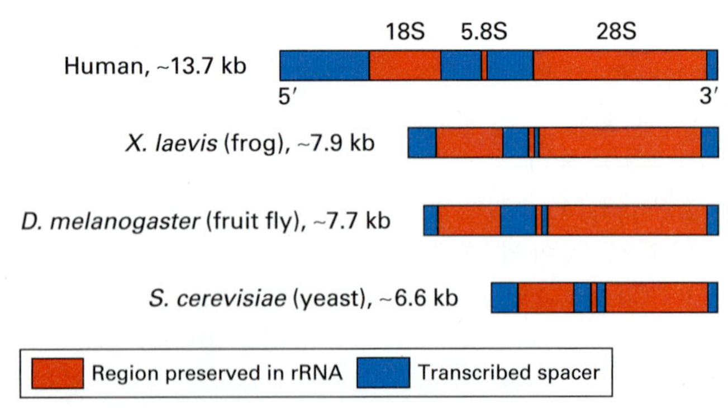

그림 9-43 진핵생물 pre-rRNA 전사 unit의 일반적인 구조. 3개의 coding 영역(빨간색)은 다세포 진핵생물의 ribosome 또는 다른 종의 유사 구조물에서 발견되는 18S, 5.8S 및 28S rRNA 정보를 가진다. genome에서 이러한 코딩 영역의 순서는 항상 5′→3′이다. 서로 다른 생물체에서 spacer 영역(파란색)의 길이는 서로 다른데, 이 때문에 서로 다른 생물체에서 pre-rRNA 전사 unit 길이의 차이가 발생한다.

동은 효모 *S. cerevisiae*에서 가장 잘 알려져 있다. 이와 관련된 거의 모든 단백질들과 RNA들은 다세포 진핵생물에서 매우 일정하게 존재하며, ribosome 생합성의 기본적인 측면은 다세포 진핵생물에서 동일한 것으로 보인다. Pre-mRNA에서 보았듯이, nascent pre-rRNA transcript는 단백질에 결합하여, pre-ribosomal ribonucleoprotein particle (pre-rRNP)을 형성한다. Pre-rRNA의 전사가 완료된 후에, pre-rRNA의 절단이 시작된다. 효모에서 pre-rRNA가 전사되는 데 약 6분이 걸린다. 전사가 완료되면, rRNA가 절단되고 약 10초 내에 base와 ribose가 변형된다. 빠르게 성장하는 효모 세포에서 1초마다 약 40쌍의 ribosome subunit이 합성되고 process되며 세포질로 운반된다. Pre-rRNA를 전사하는 데 오랜 시간이 필요해 보이는 데도 불구하고, 극도로 빠른 ribosome 합성 속도가 가능한 것은 pre-rRNA 유전자가 같은 유전자를 동시에 전사하는 RNA 중합효소 I 분자들과 pack되어(묶여) 있기 때문이며(그림 9-42 참조) 또한 염색체 XII에 이러한 유전자들(pre-rRNA, nucleolar organizer)이 100–200개가 몰려 있기 때문이다.

~6.6 kb primary transcript는 일련의 절단 과정과 exonucleolytic 단계를 거쳐 잘리고, 최종적으로 완성된 rRNA들로 만들어지며, 이 rRNA들은 ribosome에서 발견된다(그림 9-44). 또한 processing 동안, pre-rRNA는 여러 부위가 변형된다(주로 특정 ribose의 2′-hydroxyl 그룹의 methylation (메틸화) 및 특정 uridine 잔기의 pseudouridine으로의 전환 등). 사실상 이러한 모든 변형은 ribosome의 종간 가장 잘 보존된 핵심 구조에서 일어난다. 2′-*O*-methylation 및 pseudouridine이 형성되는 위치는 **small nucleolar RNA (snoRNA)**라고 하는 약 150개의 서로 다른 nucleolus-restricted (인에 존재하는) 작은 RNA 종에 의해 결정되는데, snoRNA는 pre-rRNA 분자에 짧은 시간 동안 hybrid할 수 있다. Pre-mRNA process에서 역할을 하는 snRNA와 마찬가지로, snoRNA는 단백질과 결합하여 *snoRNP*라고 하는 ribonucleoprotein particle을 형성한다. 40개 이상의 snoRNP (box C/D를 가진 snoRNA, 그림 9-45a 참조) 중 한 class (부류)는 pre-mRNA의 methylation 위치 근처에 methyltransferase 효소가 배치되도록 한다. 다른 종류 box

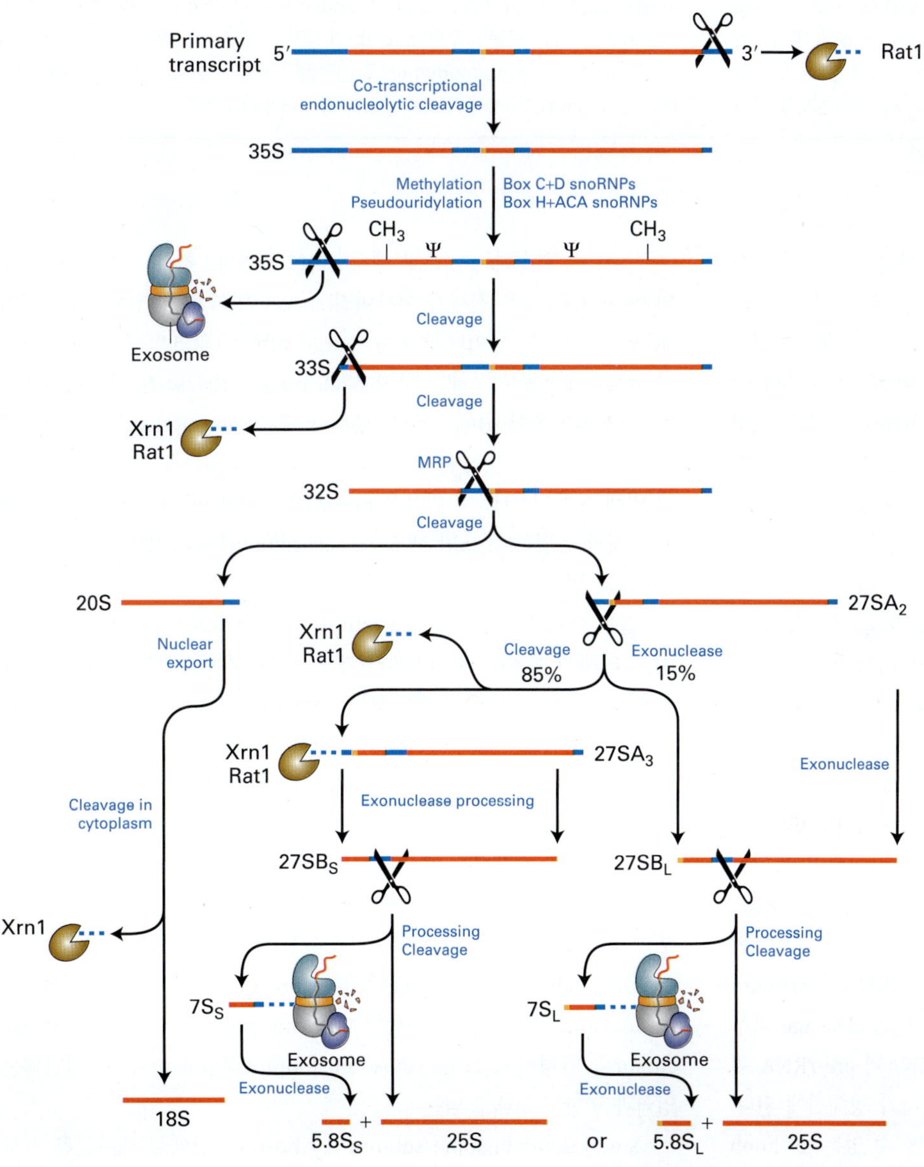

그림 9-44 rRNA processing. 내부 cleavage를 만드는 endoribonuclease는 가위로 표시되었다. 5′ 또는 3′의 한쪽 끝에서 절단하는 exoribonuclease는 Pac-Man으로 표시되었다. 대부분의 2′-O-ribose methylation (CH_3) 및 rRNA에서 pseudouridine이 만들어지는 것은 3′ 말단의 초기 cleavage 후이고, 5′ 말단의 초기 cleavage 전이다. 이러한 단계에 참여하는 것으로 알려진 단백질 및 snoRNP가 표시되었다. J. Venema and D. Tollervey, 1999, *Ann. Rev. Genetics* **33**:261 참조.

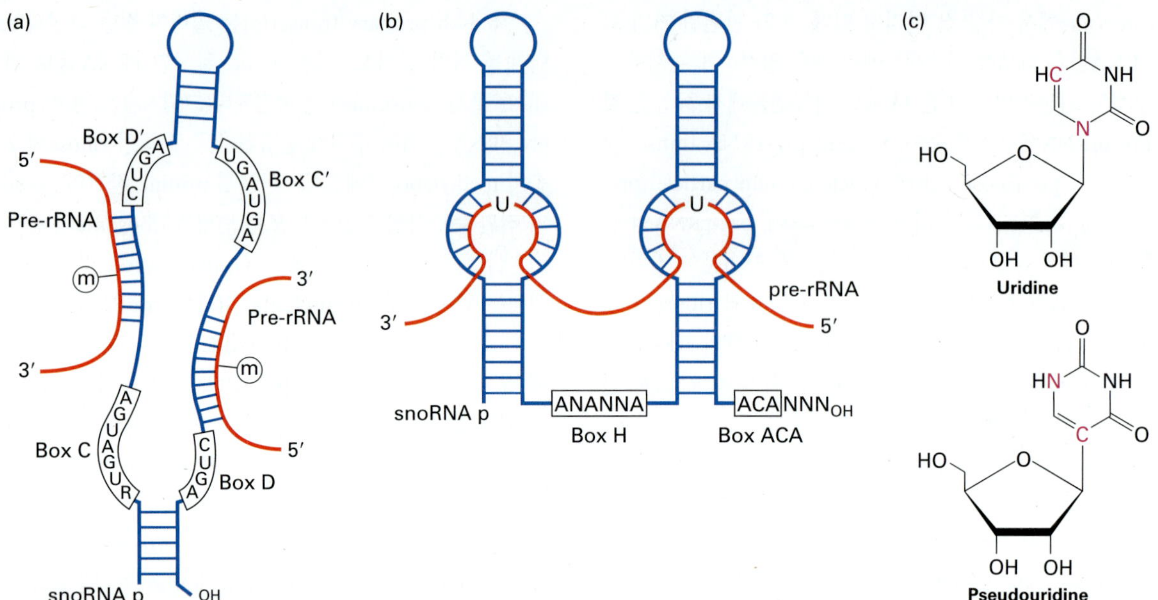

그림 9-45 snoRNP에 의한 pre-rRNA의 변형. (a) Box C/D snoRNA는 ribose 2′-O-methylation에 관여한다. 이러한 snoRNA의 서열은 pre-rRNA의 여러 다른 영역과 hybridize하여, 표시된 위치에서 methylation이 일어나게 한다. (b) Box H/ACA snoRNA는 stem에 internal single-stranded bulge를 가진 2개의 stem loop로 접힌다. Pre-rRNA는 single-stranded bulge와 hybridize되고, pseudouridylation 위치가 구분되게 한다. (c) (b)의 상자 H/ACA snoRNA에 의해 정해진 위치에서 uridine이 pseudouridine으로 전환된다. T. Kiss, 2001, *EMBO J.* **20**:3617. Part (b) From U. T. Meier, 2005, *Chromosoma* **114**:1 참조.

C/D snoRNA들은 유사한 메커니즘을 통해 서로 다른 여러 위치에서 methylation이 되도록 한다. 그것들은 공통 서열 및 구조적 특징을 공유하고(box C 및 D 서열을 포함, 그림 9-45a) 공통 단백질 세트와 결합한다. 이러한 snoRNA 각각의 한두 개 영역은 pre-rRNA의 위치에 정확하게 complementary하며, methyltransferase를 hybrid 영역의 특정 ribose 쪽으로 배치되도록 한다(그림 9-45a 참조). snoRNP 두 번째 주요 부류(H/ACA 상자를 가진 snoRNA, 그림 9-45b)는 pyrimidine 고리의 회전에 의해 uridine을 pseudouridine으로 전환시키는 효소가 배치되도록 한다(그림 9-45c). Pre-rRNA에서 변형된 uridine의 주변에 있는 base들은 H/ACA snoRNA의 stem에 있는 bulge (돌출) base와 base-pair를 이루며, 변형된 uridine이 helical double-stranded 영역 밖으로 bulge되도록 한다. 이는 pre-mRNA spliceosomal splicing에서 branch-point A가 bulge out되는 것과 유사하다(그림 9-9d 참조). Pre-rRNA nucleotide의 다른 변형(예, adenine demethylation)은 guiding snoRNA의 도움 없이 특정 단백질에 의해 수행되기도 한다.

U3 snoRNA는 *small subunit* (*SSU*) *processome*이라고 불리는 ~72개의 단백질을 포함하는 큰 snoRNP로 합쳐지고, 이는 pre-rRNA의 5′ 말단 근처의 초기 절단 위치인 A0에서 cleavage가 이루어지게 한다(그림 9-44 참조). 이 processome은 6.6-kb pre-rRNA가 primary pre-rRNA transcript의 전사 후에 일어나는 여러 번의 cleavage 과정에 필요한 구조로 접히는 데 도움을 준다. U3 snoRNA가 pre-rRNA 위쪽 영역과 base-pair를 형성함으로써 cleavage 위치가 정해지게 된다. Processome은 pre-rRNP의 전자현미경 사진에서 볼 수 있는 "5′ knob (손잡이)"를 형성하는 것으로 생각된다(그림 9-42 참조). 다른 snoRNP의 base pairing은 전사가 이루어진 spacer 영역을 제거하는 추가적인 cleavage 반응이 일어나게 한다. Large subunit의 5.8S 및 25S rRNA의 processing을 시작하는 첫 번째 cleavage는 RNase MRP (RNA와 9개 단백질의 복합체)에 의해 수행된다. 일단 pre-rRNA로부터 절단되어 분리되면, 이 서열들은 exosome-associated 3′→5′ 핵 exonuclease에 의해 분해되는데, 이 반응은 pre-mRNA에서 spliced intron이 분해되는 것과 동일하다. 또한 핵 5′→3′ exoribonuclease (Rat1; Xrn1)는 5′ spacer의 몇몇 영역을 제거한다.

일부 snoRNA는 자신의 promoter로부터 RNA 중합효소 II 또는 III에 의해 발현된다. 하지만 놀랍게도, 대부분의 snoRNA는 ribosome 합성 또는 translation에 관여하는 단백질의 mRNA의 정보를 가진 유전자로부터 만들어진 spliced intron에서 process된다. 몇몇 snoRNA는 겉보기에 기능이 없는 mRNA의 spliced intron에서 process된다. 이러한 mRNA 정보를 가진 유전자는 excised intron에서 snoRNA를 발현하기 위해서만 존재하는 것으로 보인다.

18S, 5.8S 및 28S 유전자와 달리, 5S rRNA 유전자는 nucleolus 외부의 nucleoplasm에서 RNA 중합효소 III에 의해 전사된다. 3′ 말단에서 nucleotide를 제거하는 약간의 추가 processing을 거친 후 5S rRNA는 nucleolus로 확산되어 이동한 다음, nucleolus에서 pre-rRNA precursor와 합쳐지고, large ribosome subunit의 precursor로 절단되는 영역과 결합된 상태로 남는다.

Small 40S ribosome subunit의 ribosome 단백질 대부분은 전사

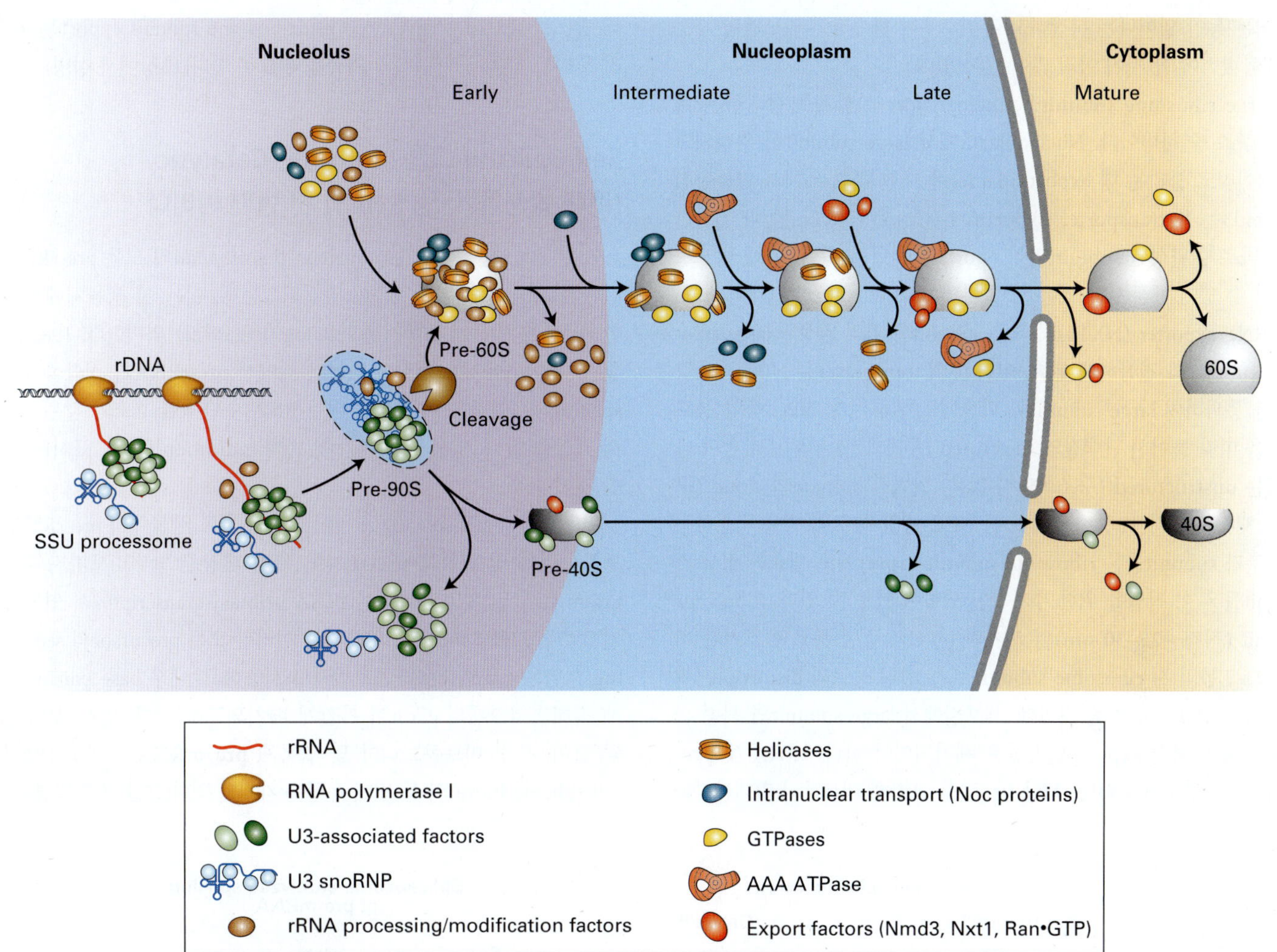

그림 9-46 Ribosome subunit assembly. 완성되어 가는 small 및 large ribosome subunit의 ribosome 단백질 및 RNA는 파란색으로 표시되었다. 핵에서 완성되어 가는 subunit은 세포질의 완성된 subunit과 유사한 모양으로 표시되었다. 완성되어 가는 subunit과 일시적으로 결합하는 다른 인자들은 다른 색으로 표시되어 있다(아래 상자 참조). H. Tschochner and E. Hurt, 2003, *Trends Cell Biol.* **13**:255 참조.

동안 primary pre-rRNA와 결합한다(그림 9-46). 90S RNP precursor에서 full-length (전체 길이의) pre-rRNA가 절단되면 pre-40S particle이 분리된다. 그림 9-46에 볼 수 있듯이, pre-40S는 단지 몇몇의 리모델링 단계만 거친 후(단백질들의 결합과 분리, base 변형, 그리고 형태 변화) 세포질로 이동된다. Pre-40S particle이 nucleolus (그림 9-46의 보라색)에서 벗어나면, nucleoplasm (파란색)을 빠르게 횡단하고, 아래에서 설명되는 것처럼 nuclear pore 복합체(NPC)를 통과하여 세포질(황갈색)로 이동된다. Small ribosome subunit이 최종적으로 완성되는 것은 세포질에서 일어난다: 세포질 5′→3′ exoribonuclease Xrn1에 의해 20S rRNA가 온전한 small subunit 18S rRNA로 exonucleolytic processing 및 세포질 효소 Dim1에 의한 18 rRNA의 3′ 말단 근처 2개의 인접한 adenine의 demethylation.

Pre-40S particle과는 대조적으로, large subunit의 precursor는 세포질로 이동하기에 충분히 완성되기 전에 nonribosome 단백질과 더 많은 상호작용을 통해 상당히 많은 리모델링을 거친다. 결과적으로, 60S subunit이 완성되어 핵을 빠져 나가는 데까지 상당히 긴 시간이 걸린다(배양된 인간 세포에서 40S subunit가 핵 밖으로 나가는 데 5분 걸리는 것에 비해, 60S는 30분 걸림). 여러 RNA helicase 및 작은 G 단백질들은 완성되는 pre-60S subunit과 결합한다. 몇몇 RNA helicase는 최대 30개 염기쌍에 걸쳐 pre-rRNA와 base pair를 이루는 snoRNP를 제거하는 데 필요하다. 다른 RNA helicase는 단백질-RNA 상호작용을 방해하는(일어나지 않게 하는) 역할을 할 수 있다. 많은 GTPase를 필요로 한다는 사실은 large subunit RNP의 assembly 및 리모델링에 많은 quality-control checkpoint (체크포인트/검문소)가 있음을 시사하며, GTPase가 활성화되어 다음 단계가 진행되려면 이전 단계가 완료되어야 한다. AAA ATPase 계열의 member (구성원들)도 일시적으로 결합한다. 이 부류의 단백질은 종종 큰 분자 운동에 관여하며, 복잡하고 큰 rRNA가 적절한 형태로 접히는 데 필요할 수 있다. 60S subunit 완성을 위한 몇몇 단계는 nucleolus에서 nuclear core 복합체로 통과하는 동안 nucleoplasm에서 일어난다(그림 9-46, 파란색). Ribosome subunit이 형성되는 동안 일어나는 복잡하고 흥미로우며 필수적인 리모델링 과정에 대해 밝혀야 할 것이 아직 많이 남아 있다.

Large ribosome subunit은 nuclear pore 복합체를 통과하는 가장 큰 구조 중 하나이다. Nucleoplasm에서 large subunit이 완성되면 *Nmd3*이라고 불리는 핵 export adapter에 대한 결합 위치가 만들어진다. Nmd3는 핵 transporter Exportin 1 (*Crm1*이라고도 함)과 결합한다. 올바르게 완성된 subunit만이 Nmd3와 결합할 수 있고 핵 밖으로 이동될 수 있기 때문에, 이것은 또 하나의 quality control 단계이다. 또한 mRNP exporter (NXT1)의 작은 subunit은 거의 완성된 large ribosome subunit과 결합하게 된다. 이러한 핵 transporter는 NPC의 중앙 통로를 통과하여 large subunit이 확산되도록 하는데, NPC 중앙 통로는 벽을 따라 늘어선 단백질의 structured (구조화된) 부분에서 뻗어 나와 있는 unstructured (구조화되지 않은) 단백질 domain의 cloud (구름)로 채워져 있다(13장 참조). 또한 NPC 중앙 통로의 벽을 구성하는 몇몇 추가 subunit들은 ribosome subunit export에도 필요한데, 추가 subunit들은 이 작업을 위한 추가적인 역할이 있을 수 있다. Ribosome subunit (직경 ~25–30 nm)의 크기와 NPC의 중심 통로의 크기가 비슷하므로, 통과 시 ribosome subunit 또는 중앙 통로의 distortion (찌그러짐)이 필요하지 않을 것이다. 세포질에서 large subunit의 최종 완성을 위해 이러한 export 인자들은 제거되어야 한다. tRNA 및 pre-miRNA (대부분 mRNP는 해당 안 됨)를 포함해 대부분의 거대분자를 핵 밖으로 내보내는 것과 관련하여, ribosome subunit export는 *Ran*이라 불리는 작은 G 단백질의 기능을 필요로 한다(13장에서 설명).

Self-Splicing 그룹 I Intron은 Catalytic (촉매 활성을 가진) RNA의 첫 번째 예이다

1970년대에, 원생동물 *Tetrahymena thermophila*의 모든 pre-rRNA 유전자는 intron을 갖고 있음이 발견되었는데, 이는 이 생물체에서 온전한 rRNA를 만들기 위해서는 splicing이 필요함을 의미한다. 1982년, 시험관 내 연구에서 단백질이 없는 상태에서 pre-rRNA가 정확한 위치에 splicing되었음을 보여주었고, 이는 RNA가 단백질 효소와 같은 촉매로서 역할을 할 수 있음을 보여준 첫 번째 indication (암시, 표시)을 제공한 것이다.

많은 수의 self-splicing 서열이 다른 단세포 생물체의 pre-rRNA, 미토콘드리아 및 엽록체 pre-rRNA, 특정 대장균 박테리오파지의 여러 pre-mRNA 및 몇몇 박테리아 tRNA primary transcript에서 연이어 발견되었다. **그룹 *I intron***이라 불리는 이러한 모든 precursor의 self-splicing 서열은 guanosine을 보조인자로 사용하고, 내부 base pairing을 통해 접히면서 2개의 exon이 가깝게 배치되도록 한다. 앞서 설명한 바와 같이, 특정 미토콘드리아 및 엽록체 pre-mRNA 그리고 tRNA는 self-splicing intron의 두 번째 유형을 가지고 있다(그룹 *II*로 명명됨).

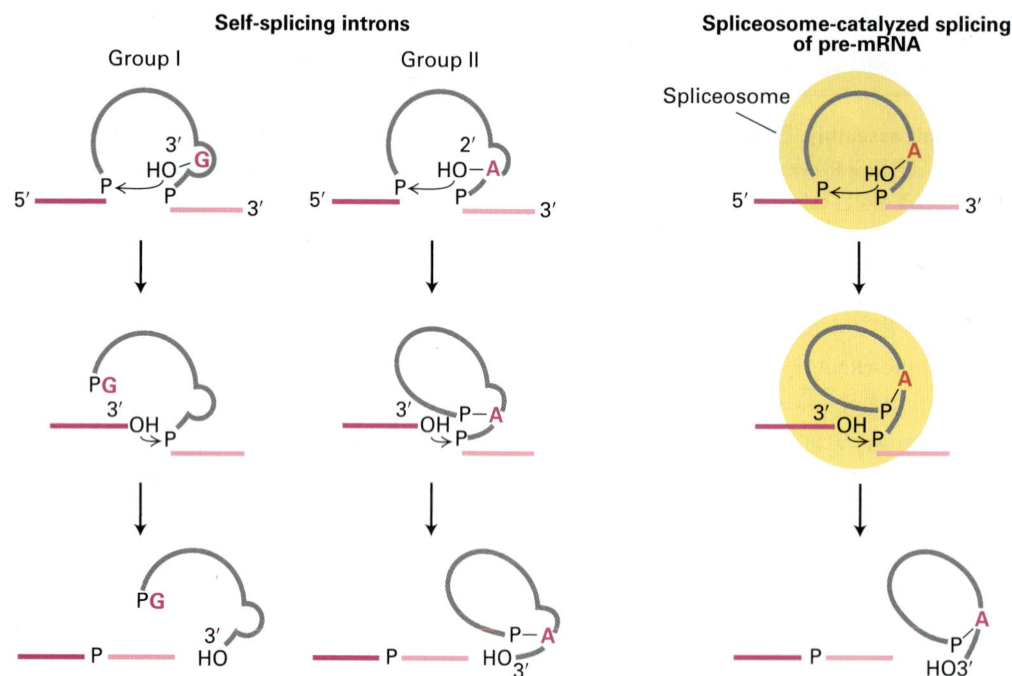

그림 9-47 그룹 I 및 그룹 II self-splicing intron의 splicing 메커니즘과 pre-mRNA의 spliceosome-catalyzed splicing. Intron은 회색으로 표시되었고, exon은 붉은색으로 표시되었다. 그룹 I intron에서는 guanosine cofactor (G, 보조인자)가 활성 위치와 결합한다. 이 guanosine의 3′-hydroxyl 그룹은 intron의 5′ 말단에서 phosphate와의 transesterification 반응에 참여한다: 이 반응은 그룹 II intron에 있는 branch-site A의 2′-hydroxyl 그룹이 참여하는 반응 및 spliceosome에 spliced pre-mRNA intron이 참여하는 반응과 유사하다(그림 8-8 참조). 5′ exon과 3′ exon을 연결하는 후속 transesterification 반응은 세 가지 splicing 메커니즘 모두 유사하다. Spliced-out 그룹 I intron은 선형 구조임에 주목하자. 반면 다른 두 경우에는 branched intron이 만들어진다. P. A. Sharp, 1987, *Science* **235**:769 참조.

그룹 I intron, 그룹 II intron 및 spliceosome에서 사용하는 splicing 메커니즘은 일반적으로 유사하며, 에너지를 필요로 하지 않은 두 번의 transesterification 반응을 거친다(그림 9-47). 돌연변이 및 생화학적 실험을 통해 진행된 *Tetrahymena* pre-rRNA의 그룹 I intron의 구조 연구로부터 RNA가 substrate가 결합하는 deep groove (홈) 및 촉매 반응에 필요한 solvent-inaccessible (용매 접근 불가) 영역을 가지는 정밀한 3차원 구조로 접히는 것이 밝혀졌다. 그룹 I intron은 촉매 Mg^{2+} 이온 근처에서 일어나는 두 번의 transesterification 반응에 관여하는 원자들의 방향을 정확하게 배열하는 금속 효소와 같은 역할을 한다. 현재 상당한 증거들이 그룹 II intron과 spliceosome의 snRNA에 의한 splicing 또한 Mg^{2+} 이온이 관여함을 보여준다. 그룹 I 및 II self-splicing intron 모두에서, RNA는 **ribozyme (리보자임)**, 즉 촉매 능력을 가진 RNA 서열로서 역할을 한다. 위에서 설명한 바와 같이, spliceosomal splicing 역시 U6 snRNA와 U1 및 U5 snRNA와의 상호작용에 의해 적절하게 배치가 되어야 Mg^{2+} 이온에 의한 촉매 반응이 진행된다(그림 9-14c 참조). 하지만 이를 위해서는 촉매 위치를 만들고, substrate를 붙이고 떨어뜨리는 여러 단백질의 많은 도움 역시 상당히 필요하다.

Pre-tRNA는 핵에서 여러 위치의 변형이 일어난다

온전한 세포질 tRNA는 평균 75–80 nucleotide 길이인데, RNA 중합효소 III에 의해 합성되는 더 큰 precursor (pre-tRNA)로부터 nucleoplasm에서 만들어진다. 또한 완성된 tRNA는 tRNA primary transcript에 존재하지 않는 수많은 변형된 base를 포함한다. Cleavage 및 base 변형은 모든 pre-tRNA의 processing 과정에서 일어난다; 또한 몇몇 pre-tRNA는 processing 중에 splice된다. 이러한 모든 processing 및 변형은 핵에서 일어난다.

완성된 tRNA에는 존재하지 않으면서 다양한 길이를 가진 5′ 서열이 모든 pre-tRNA에 존재한다(그림 9-48). 이는 완성된 tRNA의 5′ 말단이 전사의 시작 위치에 의해 정해지는 것이 아니라, tRNA 3차원 구조에 의해 특정 지어지는 endonucleolytic cleavage (핵산 내 절단)에 의해 생성되기 때문이다. 이와 같이 완성된 tRNA에 존재하지 않는 5′ nucleotide는 ribonucelase P (RNase P)에 의해 제거된다. RNase P는 ribonucleoprotein endonuclease이다. *E. coli* RNase P를 이용한 연구에 따르면, 높은 Mg^{2+} 농도에서는 RNA 단독으로 *E. coli* pre-tRNA를 인식하고 절단할 수 있다. RNase P polypeptide는 RNA에 의한 절단 속도를 높여주고, 생리학적 Mg^{2+} 농도에서 절단이 진행되게 한다. 유사한 RNase P가 진핵생물에서도 역할을 한다.

Pre-tRNA에 있는 base의 약 10%는 processing 중에 효소에 의해 변형된다. 세 가지 종류의 base 변형이 알려져 있다(그림 9-48): (1) pre-tRNA의 3′ 말단에 있는 U 잔기는 CCA 서열로 바뀐다. CCA 서열은 모든 tRNA의 3′ 말단에서 발견되며, 단백질 합성 동안 amino-acyl-tRNA 합성효소에 의한 tRNA charging (채움)을 위해 필요하다. tRNA 완성을 위한 이 단계는 적절하게 접힌 tRNA만이 CCA addition

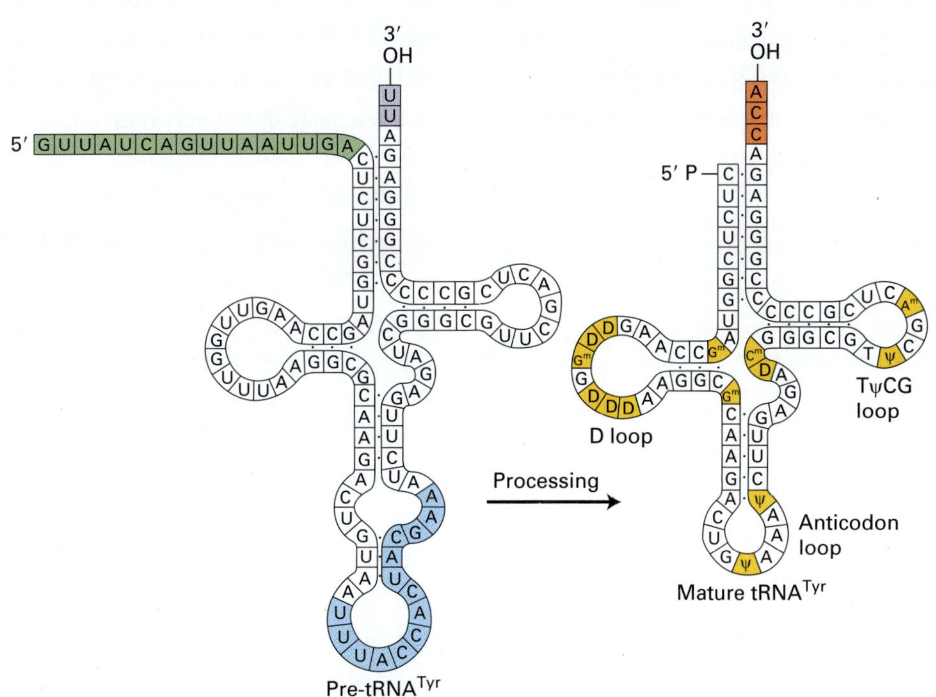

그림 9-48 Tyrosine pre-tRNA의 processing 동안 일어나는 변화. Anticodon loop의 14개 nucleotide intron (파란색)은 splicing에 의해 제거된다. 5′ 말단의 16개 nucleotide 서열(녹색)은 RNase P에 의해 절단된다. 3′ 말단의 U 잔기는 CCA 서열(빨간색)로 바뀐다(모든 완성된 tRNA에서 발견됨). Stem-loop의 수많은 base가 특징적인 modified base (노란색)로 바뀐다. 모든 pre-tRNA가 processing 중에 splice out되는 intron을 포함하는 것은 아니다. 하지만, 모든 pre-tRNA에서는 여기에 표시된(intron-splicing을 제외한) 유형의 변화가 일어난다. D = dihydrouridine; Ψ = pseudouridine.

효소에 의해 인식되기 때문에 quality-control 지점으로 기능할 수 있다. (2) Purine base의 heterocyclic 고리에 메틸 그룹과 isopentenyl 그룹을 붙이고, 특정 잔기의 ribose에 있는 2′-OH group이 메틸화된다. (3) 특정 uridine은 dihydrouridine, pseudouridine 또는 ribothymidine 등의 잔기로 변형된다. 이러한 base 및 ribose 변형의 역할은 잘 알려져 있지 않지만, 이러한 것들이 종 간에 대부분 보존되어 있기 때문에 아마도 단백질 합성에서 기능할 것이다.

그림 9-48에서 볼 수 있듯이, 효모 tyrosine tRNA (tRNATyr) 유전자에서 발현되는 pre-tRNA는 완성된 tRNATyr에는 없는 14-base intron을 가지고 있다. 몇몇 다른 진핵생물 tRNA 유전자와 몇몇 archaeal (고세균의) tRNA 유전자도 intron을 가지고 있다. 핵 pre-tRNA의 intron은 pre-mRNA의 intron보다 짧고 pre-mRNA에서 발견되는 공통 splice 위치 서열이 없다(그림 9-7c 참조). 또한 pre-tRNA intron은 엽록체 및 미토콘드리아 pre-rRNA에서 발견되는 훨씬 더 긴 self-splicing 그룹 I 및 그룹 II intron과 분명하게 구별된다. Pre-tRNA splicing의 메커니즘은 spliceosomal 및 self-splicing 그룹 I 및 그룹 II intron splicing과 크게 다르다(그림 9-47 참조). 첫째, pre-tRNA의 splicing은 RNA가 아닌 단백질에 의해 촉매된다. 둘째, pre-tRNA intron은 intron의 양쪽 끝에서 동시 절단을 수반하는 한 번의 단계로 절단된다. 마지막으로, intron의 양쪽에서 절단에 의해 생성된 2개의 tRNA 반쪽끼리 연결하는 데 GTP와 ATP의 가수분해가 필요하다.

Pre-tRNA가 nucleoplasm에서 process된 후, 완성된 tRNA는 nuclear pore 복합체를 통과하여 세포질로 이동되는데, 이는 tRNA 이동을 전담하는 transporter (Exportin-t)에 의해 이루어진다(13장 참조). 세포질에서 tRNA는 단백질 합성 동안 aminoacyl-tRNA 합성효소, elongation 인자 및 ribosome 사이를 통과한다(5장). 따라서 tRNA는 일반적으로 항상 단백질과 결합되어 있으며, mRNA 및 rRNA의 경우처럼 세포에서 홀로 존재하는 시간이 거의 없다.

9.5절의 주요 개념

rRNA 및 tRNA의 processing

- RNA 중합효소 I에 의해 전사되는 큰 precursor pre-rRNA (인간의 경우 13.7 kb)는 cleavage, exonucleolytic digestion 및 base 변형을 거쳐서 완성된 28S, 18S 및 5.8S rRNA로 만들어진다. 완성된 rRNA는 ribosome 단백질과 결합하여 ribosome subunit으로 포함된다.
- Pre-rRNA의 전사 및 processing은 nucleolus에서 일어난다. Large ribosome subunit의 5S rRNA 성분은 RNA 중합효소 III에 의해 nucleoplasm에서 합성된다.
- snoRNP의 단백질과 결합된 약 150개의 snoRNA는 pre-rRNA의 특정 위치와 base-pair를 이루어, ribose methylation, uridine의 pseudouridine으로의 변형, 그리고 nucleolus에서 rRNA processing 동안 특정 위치에서 절단이 일어나게 한다.
- 그룹 I 및 그룹 II self-splicing intron 그리고 spliceosome의 snRNA는 모두 ribozyme 또는 촉매 활성을 가진 RNA 서열로 역할을 하며, 결합된 Mg^{2+} 이온을 필요로 하는 transesterification 반응을 통해 splicing을 수행한다(그림 9-47 참조).
- Nucleoplasm에서 RNA 중합효소 III에 의해 합성되는 pre-tRNA는 5′-말단 서열 제거, 3′ 말단에 CCA 추가, 그리고 여러 내부 base의 변형을 거치면서 process된다(그림 9-48 참조).
- 몇몇 pre-tRNA는 단백질-촉매 메커니즘에 의해 제거되는 짧은 intron을 포함하는데, 그 단백질-촉매 메커니즘은 pre-mRNA 및 self-splicing intron이 사용하는 splicing 메커니즘과는 다르다.
- 모든 종류의 RNA 분자는 핵에 있거나 세포질로 배출된 후에도 다양한 유형의 ribonucleoprotein particle의 단백질과 결합되어 있다.

9.6 기능적으로 특별하게 구별되는 핵 내 영역인 Nuclear Body

전자현미경을 이용하거나 형광 표지된 항체로 염색하여 식물 및 동물 세포 핵을 고해상도로 관찰한 결과, **nuclear body**라고 불리는 특별한 핵 내 영역이 밝혀졌다. 이 영역은 세포막으로 둘러싸여 있지 않다. 그럼에도 불구하고, 이들은 핵 내에서 뚜렷하고 종종 구형 구조를 형성하는 특정 단백질 및 RNA이 고농도로 존재하는 영역이다(그림 9-49). 가장 눈에 띄는 nuclear body는 앞에서 설명한 ribosome subunit 합성 및 assembly 장소인 nucleolus이다. 또한 몇몇 다른 유형의 nuclear body도 구조 연구에서 알려졌다.

형광 표지된 핵 단백질에 대한 실험은 핵이 매우 역동적인 환경이고, nucleoplasm에서 단백질이 빠르게 확산됨을 보여주었다. Nuclear body와 결합된 단백질은 종종 nuclear body 외부의 nucleoplasm에서 더 낮은 농도로 관찰되기도 하며, 형광 연구에서 이들이 nuclear body 안팎으로 이동하면서 확산될 수 있음이 알려졌다. 살아있는 세포에서 분자 이동성을 측정한 것을 기반으로 하여, nuclear body는 확산하는 단백질들에 대한 평형 상태를 수학적으로 모델링할 수 있게 되었다. 이들 확산하는 단백질들은 높은 친화도를 가지고 상호작용하여 특정 단백질이 높은 농도로 존재하는 self-organized (자기 구조화) 영역을 형성하기도 하지만, 낮은 친화도를 가지고 서로 상호작용하여 구조 안팎으로 확산되기도 한다. 이것은 8장에서 설명된 전사 condensate (그림 8-38) 및 actin filament 및 microtubule에서 "walk" motor 단백질과 결합된 mRNA의 국소 배치에 관여하는 세포질 ribonuclear protein particle의 상황과 유사하다(그림 9-40b 및 9-41 참조). 전자현미경 사진에서, 이들 구조는 상호작용하는 구성 요소들이 이질적이고 스펀지 같은 네트워크를 이루는 것으로 보인다. 우리는 여기서 nuclear body의 몇 가지 예를 설명한다.

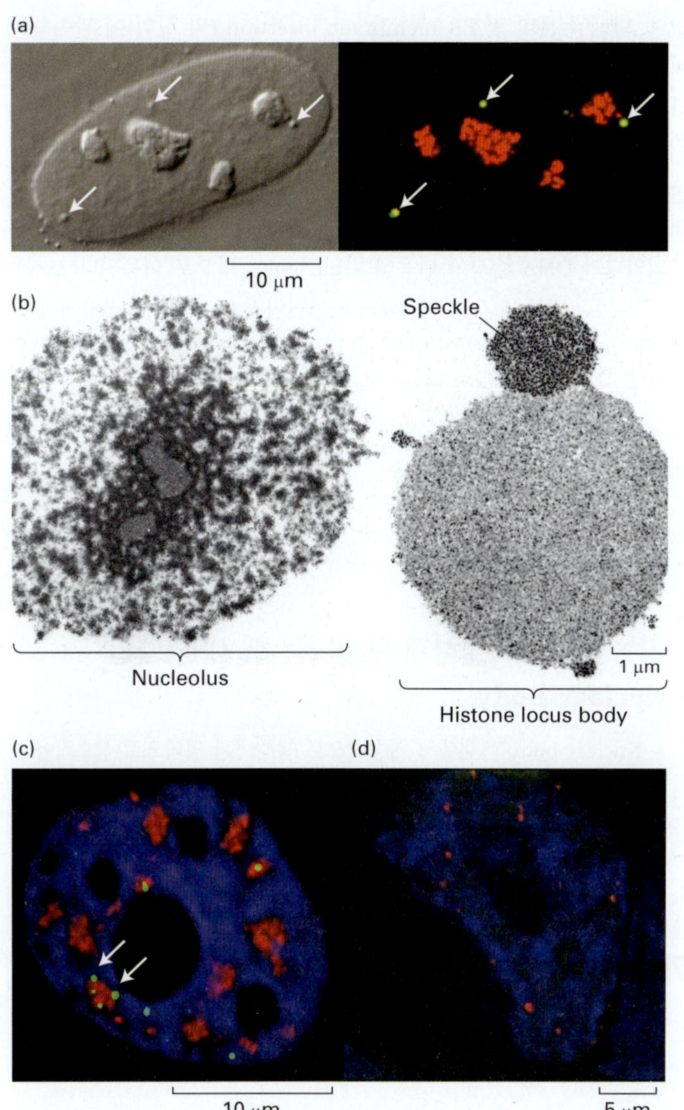

그림 9-49 Nuclear body의 예시. (a, b) HeLa 세포 핵의 Cajal body와 nucleolus. (a, *왼쪽*) 4개의 nucleolus와 3개의 Cajal body (화살촉)를 보여주는 DIC 이미지. Scale bar = 10 μm. (a, *오른쪽*) 동일한 핵을 coilin (녹색)과 fibrillarin (빨간색)에 대한 항체로 면역염색하였다. 3개의 Cajal body는 두 항체 모두에 의해 염색되기 때문에 노란색으로 보인다. nucleolus에서는 fibrillarin 염색만 나타난다. Fibrillarin은 nucleolus의 rRNA 및 Cajal body의 snRNA의 2′-O-methylation을 진행하는 methyltransferase이다. (b) *Xenopus* 난모세포 핵에서 nuclear body의 투과전자현미경 사진. 이 엄청나게 큰 핵은 대부분의 척추동물 세포보다 크다. 이 난모세포 핵에서는 nucleolus 및 speckle과 붙어 있는 histone body는 상대적으로 가깝기 위치하였고, 결과적으로 같은 전자현미경 사진에서 관찰되었다. Scale bar = 1 μm. (c) DAPI, SC35에 대한 항체(빨간색), 그리고 PSPC1에 대한 항체(흰색 화살표)로 염색된 HeLa 세포(파란색). SC35는 "speckle"이라 불리는 nuclear body에 저장되어 있는 splicing 인자이고, PSPC1은 speckle에 가까운 위치에서 자주 관찰되기 때문에 "paraspeckle (흰색 화살표)이라 불리는 nuclear body에서 발견되는 단백질이다. Scale bar = 10 μm. (d) H1299 세포(폐암 세포주) 핵의 PML-nuclear body. DNA는 DAPI (파란색)로 염색되었고, PML-nuclear body는 이것의 주요 단백질인 PML에 대한 항체로 면역염색되었다. Scale bar = 1 μm. [Part (a) Reprinted with permission of Nature Publishing Group, from Gall, J.G., "The centennial of the Cajal body," *Nat Rev Mol Cell Biol.*, 2003, **4**(12):975–980; permission conveyed through Copyright Clearance Center, Inc. Part (b) Republished with permission of Elsevier, from Handwerger, K. E. and Gall, J. G., "Subnuclear organelles: new insights into form and function," *Trends Cell Biol.* 2006, **16**(1):19–26; permission conveyed through Copyright Clearance Center, Inc. Part (c) Republished with permission from Cold Spring Harbor Laboratory Press, from A. H. Fox and A. I. Lamond, 2010, "Paraspeckles," *Cold Spring Harb. Perspect. Biol.* **2**(7):a000687. Part (d) Republished with permission from American Society for Microbiology, from M. A. Pennella et al., 2010, "Adenovirus E1B 55-Kilodalton Protein Is a p53-SUMO1 E3 Ligase That Represses p53 and Stimulates Its Nuclear Export Through Interactions with Promyelocytic Leukemia Nuclear Bodies," *J. Virol.* **84**(23):12210–12225; permission conveyed through Copyright Clearance Center, Inc.]

Cajal Body (카잘 몸체)

Cajal body는 ~0.2–1 μm 구형 구조로, 100년 전부터 큰 핵에서 관찰되었다(그림 9-49a). 현재 연구에 따르면, Cajal body는 nucleolus와 마찬가지로 RNP-복합체 assembly되는 중심인데, 여기에서 RNP-복합체는 spliceosomal snRNP 및 기타 핵 RNP를 말한다. rRNA와 마찬가지로, snRNA에서도 특정 uridine 잔기를 pseudouridine으로 변형하고 특정 ribose의 2′-hydroxyl 그룹에 메틸 그룹을 추가하는 것과 같은 특이적인 변형이 일어난다. 이러한 전사-후 변형은 pre-mRNA splicing 과정에서 snRNP의 적절한 assembly와 기능을 위해 중요하다. 이러한 변형은 Cajal body에서 일어난다. Cajal body에서 *scaRNA* (small Cajal body–associated RNA)로 불리는 snoRNA-like guide RNA 분자 부류에 의해서 이러한 변형이 진행된다. 또한 Cajal body가 U4/U5/U6 tri-snRNP 복합체의 reassembly되는 장소라는 증거도 있다. 각 intron이 제거된 후 분리되는 U4, U5, U6는 다시 U4/U5/U6 tri-snRNP 복합체로 reassembly되는데, 이 tri-snRNP 복합체는 pre-mRNA splicing에 필요하다(그림 9-13 참조). Cajal body는 주요 histone mRNA의 3′-말단 특이적 processing에 관여하는 U7 snRNP를 고농도로 함유하고 있기 때문에, 이 process 또한 telomerase RNP의 assembly와 마찬가지로 Cajal body에서 일어날 가능성이 있다.

Nuclear Speckle (핵 반점)

Nuclear speckle은 pre-mRNA splicing에 관여하는 snRNP 단백질 및 기타 단백질에 대한 형광 표지된 항체를 사용한 실험에서 관찰되었다. 이들은 척추동물 세포의 nucleoplasm에 분포하는 직경 0.5–2 μm의 불규칙이고 무정형 구조를 가지며, 약 25–50개 존재한다(그림 9-49c, d). Nuclear speckle은 염색질과 강하게 붙어 있는 co-transcriptional pre-mRNA splicing이 일어나는 곳에 위치하지 않으므로, 필요할 때

nucleoplasm으로 방출되는 pre-mRNA splicing에 관여하는 snRNP 및 단백질의 저장 영역으로 생각된다.

핵 Paraspeckle

Paraspeckle은 long nonprotein-coding RNA 종류(lncRNA), NEAT1, 그리고 DBHS (*Drosophila* Behavior Human Splicing) 단백질 계열의 구성원(P54NRB/NONO, PSPC1 및 PSF/SFPQ) 간의 상호작용에 의해 형성된 RNP로 구성된다. Paraspeckle은 adenosine-to-inosine editing을 거친 double-stranded RNA 영역을 포함하는 RNA가 핵에 위치하는 동안 유전자 발현을 조절하는 데 중요하다. 이러한 방식으로, 그들은 핵에서 작동하지만, 아직 이해하지 못하고 있는 mRNA quality control 메커니즘에서도 기능할 수 있다.

Promyelocytic Leukemia (PML, 전골수구성 백혈병) Nuclear Body

PML 유전자는 희귀병인 promyelocytic leukemia (PML) 환자의 백혈병 세포에서 유전자 내의 염색체 translocation이 관찰되면서 처음 알려졌다. PML 단백질에 특이적인 항체가 면역형광현미경 연구에서 사용되었을 때, 이 단백질은 포유류 세포의 핵에서 직경 0.3–1 μm의 구형 영역 ~10–30개에 국한되는 위치하는 것으로 밝혀졌다. 이러한 PML nuclear body에 대해 여러 기능이 제안되었지만, DNA repair (복구) 및 세포자멸사 유도와 관련된 단백질 복합체의 assembly 및 변형이 일어나는 위치로 역할을 한다는 것에 많은 연구자들이 동의하고 있다. 예를 들면, 중요한 p53 종양 억제 단백질은 DNA damage (손상)에 대한 반응으로 PML nuclear body에서 인산화 및 acetylation (아세틸화)에 의해 post-translationally 변형된다. 따라서 DNA 손상 반응 유전자들의 발현을 활성화하는 능력을 증가시키는 것으로 보인다. 또한 PML nuclear body는 interferon (인터페론)에 의해 유도되는 DNA 바이러스에 대한 세포 방어에도 필요하다. Interferon은 면역 반응에서 바이러스에 감염된 세포와 T 림프구에서 분비되는 단백질이다(24장 참조).

또한 PML nuclear body는 *SUMO1*으로 불리는 small ubiquitin-like 단백질이 추가되는 단백질 post-translational modification이 일어나는 장소이다. *SUMO1* (small ubiquitin-like moiety-1)은 modified 단백질의 활성과 세포내 위치를 조절할 수 있다. 많은 전사 activator (활성화 인자)는 sumoylate되면(SUMO가 붙여지면) 활성이 억제되며, 해당 단백질의 sumoylation 위치에 돌연변이가 도입되면 전사를 촉진하는 활성이 증가된다. 이러한 현상은 PML nuclear body가 전사 억제 메커니즘에 관여한다는 것을 의미하여, 이에 대해서는 더 많은 연구가 필요하다.

Ribosome Subunit 합성 외 nucleolus의 기능들

처음으로 관찰된 nuclear body인 nucleolus는 ribosome 생합성 외의 다른 기능을 전담하는 특수화된 하부 구조 영역(그림 9-49b)을 가지고 있다. 단백질 분비 및 ER membrane insertion (막 삽입)에 관여하는 미완성 SRP ribonucleoprotein 복합체(13장)가 nucleolus에서 assembly된 다음, 세포질로 이동되어 최종 완성된다는 증거가 있다. Mitosis의 마지막 단계에서 mitosis 과정을 조절하는 Cdc14 단백질 phosphatase는 염색체가 딸세포로 적절하게 분리될 때까지 nucleolus 안에 분리 격리된다(19장). 또한 *ARF*라는 종양 억제 유전자는 nucleolus에 격리되었다가 DNA 손상에 반응하여 nucleolus 밖으로 이동된다(25장). *ARF*는 인간 암에서 가장 빈번하게 돌연변이가 발견되는 유전자에서 발현되는 *p53*의 조절에 관여한다. 또한 heterochromatin (이질염색질)은 종종 nucleolus의 표면에 형성되는데(그림 7-29a 참조), 이는 nucleolus와 관련된 단백질도 이러한 억제 염색질 구조의 형성에 관여함을 시사한다.

9.6절의 주요 개념

기능적으로 특별하게 구별되는 핵 내 영역인 Nuclear Body

- Nuclear body는 핵에서 기능적으로 특수화된 영역으로 상호작용하는 단백질이 self-organized 구조를 형성하고 있다. 이들 nuclear body의 대부분(인을 포함)은 RNP 복합체의 assembly 영역이다.

개념 복습

1. 단백질 정보를 가진 유전자의 전사-후 조절의 세 가지 유형을 설명하시오.

2. 참인가 거짓인가? CTD는 mRNA에 특이적인 mRNA-processing 단계에 필요하지만, 다른 RNA 종류에 대한 processing에는 필요하지 않다. 참 또는 거짓을 선택한 이유를 설명하시오.

3. mRNA에는 splicing이 발생하는 위치를 알려주는 종간 보존된 서열이 많이 있다. Exon-intron junction과 관련된 이러한 서열이 발견되는 곳은 어디인가? Splicing 과정에서 이러한 서열의 중요성은 무엇인가? 이러한 중요한 영역 중 하나는 intron에서 발견되는 branch-point A이다. Splicing 과정에서 branch-point A의 역할은 무엇이며, 2′ 또는 3′ 탄소에 있는 OH 그룹으로 이를 수행할 수 있는가?

4. hnRNA, snRNA, miRNA, siRNA, snoRNA의 차이점은 무엇인가?

5. 그룹 II intron self-splicing과 spliceosomal splicing 사이의 메커니즘적인 유사점은 무엇인가? 둘 사이에 진화적 관련성이 있을 수 있다는 증거는 무엇인가?

6. 당신은 10개의 exon, 9개의 intron 및 polyadenylation 공통 서열을 포함하는 3′ UTR을 가진 유전자의 서열을 확보하였다. 또한 5번째 intron은 polyadenylation 위치를 포함한다. 두 polyadenylation 위치

가 모두 사용되는지 여부를 시험하기 위해, mRNA를 분리한 후 근육 조직에서 더 긴 transcript를 찾고 다른 조직에서는 더 짧은 transcript를 찾는다. 이러한 서로 다른 전사체가 만들어지는 데 관련되는 메커니즘에 대해 추측해보시오.

7. RNA editing은 엽록체뿐만 아니라, trypanosome과 식물의 미토콘드리아에서 흔히 일어나는 과정이며, 드물게 고등 진핵생물에서도 일어난다. RNA editing이란 무엇이며, 인간 ApoB의 알려진 사례에서 어떤 이점이 있는지 설명하시오.

8. DNA는 핵에서 발견되기 때문에, 전사는 핵에서 일어나는 과정이다. 단백질 합성을 담당하는 ribosome은 세포질에서 발견된다. hnRNP가 세포질로 이동하는 것이 nuclear pore 복합체로만 제한된 이유는 무엇인가?

9. 핵의 단백질 복합체는 mRNA 분자를 세포질로 운반하는 역할을 한다. 이 exporter를 형성하는 단백질을 설명하시오. mRNP와 exporter의 세포질로 방향성을 가진 이동에 관여하는 메커니즘에서 역할을 하는 두 단백질 그룹은 무엇인가?

10. RNA knockdown은 유전자 발현을 억제하는 데 사용되는 방법의 arsenal (무기고)에서 강력한 도구가 되었다. 유전자 발현이 어떻게 knockdown될 수 있는지 간략하게 설명하시오.

11. Dicer 활성이 결핍된 식물에서 RNA 바이러스 감염에 대한 감수성이 증가하는 이유에 대해 추측하시오.

12. mRNA 안정성은 세포에서 단백질 양을 조절하는 핵심적인 요소이다. 세 가지 mRNA 분해 경로를 간략하게 설명하시오. 효모 세포에 DCP1 유전자 돌연변이가 도입되어 uncapping 활성이 감소되었다고 가정하자. 이 돌연변이 세포에서 발견되는 P body의 변화를 기대할 수 있는가?

13. mRNA의 localization은 이제 일반적인 현상으로 보인다. mRNA localization이 세포에게 어떤 이점이 있는가? 몇몇 mRNA가 세포 내 특정 위치에 축적되어지고 있다는 증거는 무엇인가?

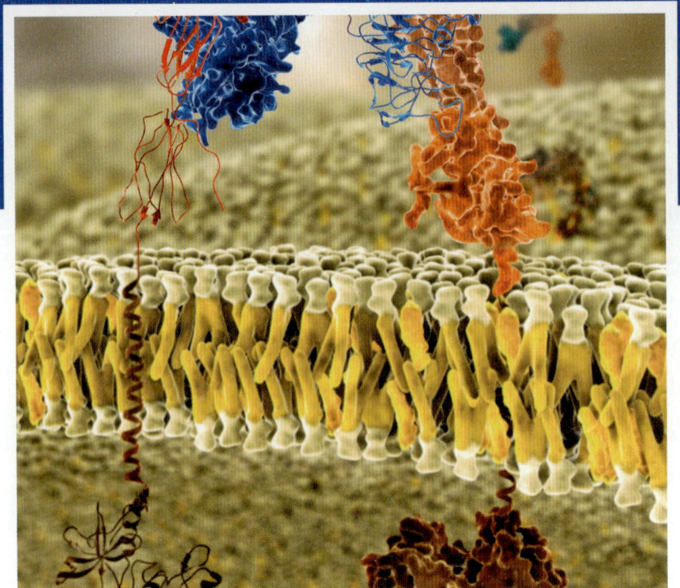

막 단백질(membrane protein)이 삽입된 지질 이중막(lipid bilayer)의 분자 모델. 내재성 막 단백질(integral membrane protein)은 exoplasmic (원형질 외부), cytosolic 그리고 막 관통(membrane-spanning) domain을 갖는다. 그림은 세포 내에서 대사(metabolism)를 조절하는 insulin 수용체의 일부분이다. [Ramón Andrade, 3Dciencia/Science Source.]

CHAPTER 10

생체막의 구조 (Biomembrane Structure)

OUTLINE

Membrane (막)은 세포의 구조와 기능의 여러 면에 관여한다. **Plasma membrane (원형질막)**은 각각의 세포를 구분하고 세포의 외부로부터 내부를 격리한다. 진핵생물에서 막은 핵이나 리소좀(lysosome) 등 세포 내 세포소기관들의 구획을 만들고 그 경계를 만든다. 이러한 *biomembrane* (생체막)의 구조는 모두 인지질 이중막(phospholipid bilayer)에 단백질들이 삽입되어 있는 구조로 되어 있다(그림 10-1). 인지질 이중막은 대부분의 수용성 물질들이 다른 분자의 도움 없이 무작위적으로 통과하지 못하게 함으로써 투과 장벽으로 기능을 수행하여 세포나 세포소기관의 안과 바깥의 특징적인 차이가 유지될 수 있게 한다. 또한, 막에 박혀 있는 단백질은 막의 안과 밖으로 물질의 수송을 조절하는 등의 특정 기능을 막에 부여한다. 각각의 세포의 막은 여러 가지 세포의 기능을 수행할 수 있게 다양한 단백질 군을 가지고 있다.

가장 단순하고 작은 세포인 원핵생물(prokaryote)은 길이가 대략 1–2 μm 정도 되는 단일의 원형질막에 의해 둘러싸여 있다. 대부분의 경우 이들 원핵세포 내에는 막으로 싸여 있는 구획을 가지고 있지 않다(그림 1-12 참조). 그러나 이러한 단일 원형질막에는 각 세포의 총체적 기능을 결정하는 수많은 여러 종류의 단백질들이 존재한다. 이 단백질들의 일부는 ATP를 생산하거나 DNA 합성 등의 반응을 촉매한다. 또 다른 종류의 단백질들은 **membrane transport protein (막 운반 단백질)**으로서, 인지질 이중막을 가로질러 투과되기 어려운 특정 이온들과 당(sugar), 아미노산(amino acid), 비타민(vitamin)들을 세포 내부로 들여보내고 특정의 대사산물들을 세포 외부로 내보내는 데 역할을 한다. 원형질막에 있는 **receptor protein (수용체 단백질)**들은 세포 외부에 존재하는 화학적 신호를 감지함으로써 환경에 적응하며, 물질대사(metabolism)나 유전자의 발현의 양상을 조절하기도 한다. 10.2절에서 논의될 *peripheral membrane protein* (외재성 막 단백질)은 주로 integral membrane protein (내재성 막 단백질, 역자주: membrane을 관통하여 단단하게 결합된 단백질)이나 막 지질에 비공유결합(noncovalent interaction)으로 약하게 결합되어진 형태이다.

이와 마찬가지로 진핵생물에서도 막에서의 수송(transport)나 신호전달(signaling), 세포를 조직에 연결시키는 등 매우 다양한 기능을 하는 여러 종류의 단백질들을 원형질막에 가지고 있다. 일반적으로, 진핵생물의 세포는 원핵생물보다는 훨씬 크며, 이들의 세포 내부에는 막으로 둘러싸여 있는 세포소기관들이 존재한다(그림 1-13 참조). 각각의 세포소기관의 막은 특징적인 기능(예, 미토콘드리아의 경우는 ATP 생산, 핵의 경우 DNA 합성)을 수행할 수 있도록 특정 단백질들을 가지고 있다. 많은 종류의 원형질막에 존재하는 단백질들은 **cytoskeleton (세포골격)**의 성분들과 결합하기도 한다. 세포골격은 cytosol (세포질)에 종

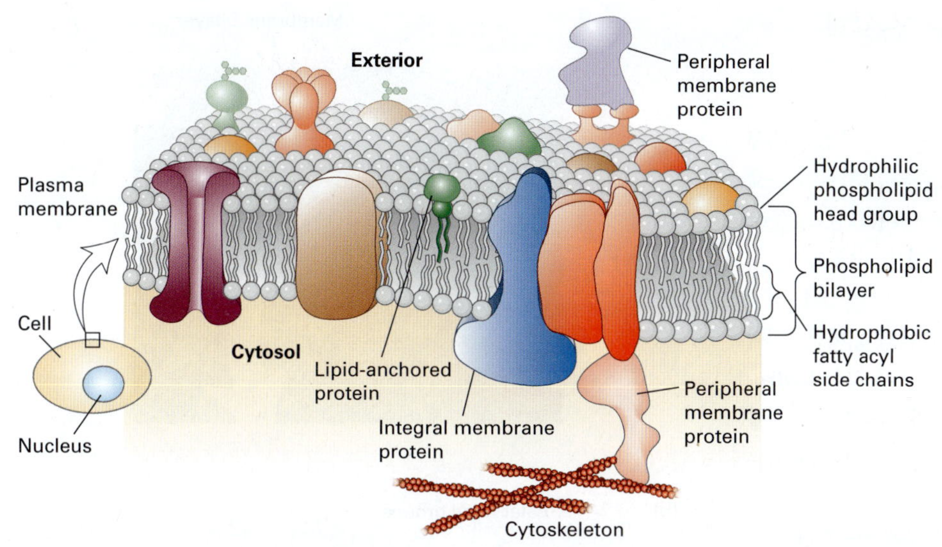

그림 10-1 생체막의 fluid mosaic model (유동 모자이크 모델). 약 3–4 nm 두께의 인지질 이중막은 모든 세포막의 기본 구조를 만든다. 막 단백질들은 각 막에 독특한 특정 기능을 부여한다. 인지질은 막의 평면상에서 측면으로 움직이거나 회전할 수 있어서 막으로 하여금 마치 올리브유와 비슷한 유체 같은 특징을 갖게 한다. 인지질과 인지질 간에 그리고 인지질과 단백질 간의 비공유성 결합은 막에 힘과 탄력성을 주며, 이중막의 소수성 핵심부는 수용성 물질이 막을 가로질러 한쪽 면에서 다른 면으로 통과하지 못하게 한다. 내재성 막 단백질(막횡단 단백질)들은 이중막을 관통하여 존재하며, dimer나 또는 더 고도화된 oligomer를 형성하기도 한다. 지질에 의해 고정된(lipid-anchored) 단백질들은 공유결합으로 연결된 탄화수소 사슬에 의해 한 leaflet에 고정되어 있다. 외재성 단백질(peripheral protein)들은 주로 내재성 단백질이나 막 지질과의 비공유결합을 통해 막과 붙어 있다. D. Engelman, 2005, *Nature* **438**: 578–580 참조.

횡으로 퍼져 있는 단백질 섬유(protein filament)로 된 조밀한 네트워크를 말하며, 세포에 있는 막을 기계적으로 지지하여 세포로 하여금 특정 모양을 유지할 수 있도록 한다. 또한 다양한 종류의 세포 이동에서도 중요한 기능을 한다.

막은 세포에서 구조적 역할을 담당하지만, 단단한 구조가 아니다. 지질과 단백질을 함께 붙들고 있는 수많은 비공유 상호작용 때문에, 이들은 여전히 완전한 모습(integrity)을 유지하면서 3차원으로 구부러질 수 있고 신축성이 있다. 더욱이, 막의 평면 내에서 개별 지질과 단백질은 상당한 이동성을 갖고 있다. 1970년대에 연구자들에 의해 처음 제안된 생체막의 *fluid mosaic model*에 따르면, 인지질 이중층은 어떤 면에서 2차원 유체(fluid)처럼 행동하며, 개별 지질 분자는 제자리에서 회전할 뿐만 아니라 서로를 지나칠 수 있다. 그러한 유동성과 유연성은 세포 소기관들이 특징적인 모양을 갖게 할 뿐만 아니라, 바이러스가 세포에 들어가거나 감염된 세포에서 방출될 때처럼, 막의 budding (싹을 틔움)과 융합/분열(fusion/fission)을 가능하게 하는 역동적 특성을 세포에 부여한다(그림 10-2a). Golgi 복합체(complex)의 내부 세포막은 한 소기관에서 다른 소기관으로 내용물을 운반하기 위해 세포질에 소낭(vesicle, 그림 10-2b)을 bud하여 생성한 다음 다른 세포막과 융합(fuse)한다(14장 참조).

이제 먼저 생체막의 지질(lipid)의 구성성분들을 살펴보기로 한다. 이들은 막의 형태와 기능에 영향을 줄 뿐 아니라 단백질을 고정(anchoring)시키기도 하고 막 단백질의 활성을 변형시키며, cytoplasm (세포질)으로 신호를 전달하기도 한다. 그 다음에는 막 단백질의 구조를 살펴본다. 이러한 수많은 단백질들의 상당히 큰 부위(segment)는 인지질 이중막의 탄화수소(hydrocarbon) 핵심부(core)에 파묻혀 있다. 우리는 이러한 막 단백질들 중 중요한 몇 종류를 집중하여 살펴보기로 한다. 그리고 마지막으로, 인지질(phospholipid)과 콜레스테롤(cholesterol) 같은 지질들이 어떻게 세포에서 합성되어 여러 위치의 막과 세포소기관으로 가는지 살펴본다.

(a)

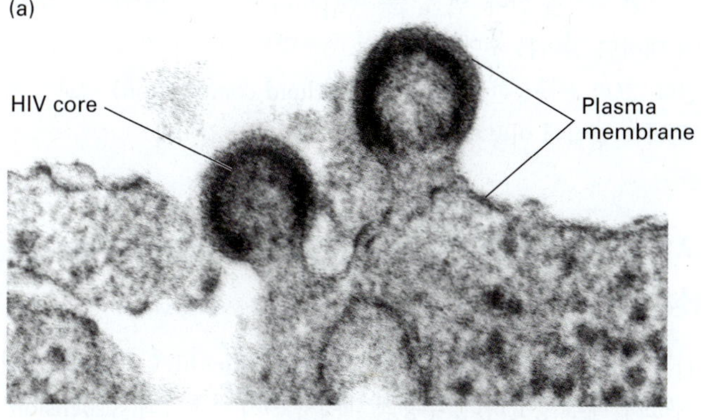

(b)

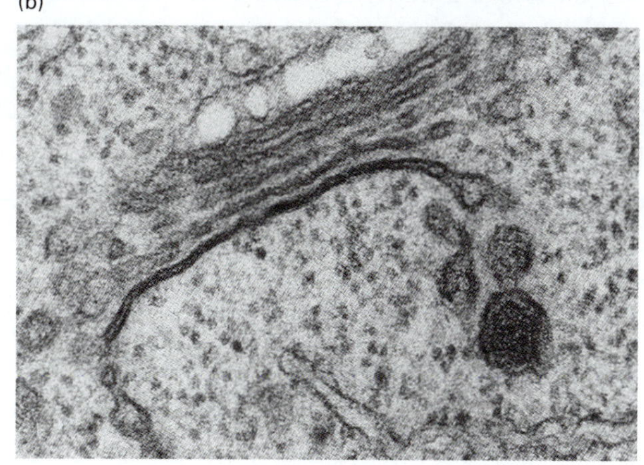

그림 10-2 진핵생물의 세포막은 역동적인(dynamic) 구조이다. (a) HIV에 감염된 세포의 원형질막의 전자현미경 사진은 세포 배양액으로 budding되어 나오고 있는 HIV의 particle을 보여준다. 세포로부터 바이러스의 핵심부가 budding되는 과정에서 원형질막으로부터 유래된 막에 의해 envelop (싸이게)되고, 이 막에는 특정 바이러스의 단백질도 들어간다. (b) 겹쳐서 쌓여 있는 Golgi 복합체의 막에 budding되고 있는 소낭이 보인다. 이 막들의 불규칙적이고 구불구불한 형태를 주목하자. [Part (a) Courtesy of Wes Sundquist and Uta von Schwedler, University of Utah. Part (b) Biology Pics/Science Source.]

10.1 지질 이중막(Lipid bilayer): 조성과 구조

2장에서, 우리는 인지질(phospholipid)이 생체막의 주요한 구성 단위체(building block)임을 설명하였다. 매우 다양한 종류의 인지질이 존재한지만, 인지질 중 가장 많은 것이 phosphoglyceride이다(그림 2-20 참조). 모든 인지질은 **amphipathic** molecule (**양친매성** 분자)들이다. 즉, 화학적으로 매우 다른 성질을 가진 2개의 부분으로 구성되어 있다. 지방산으로 된 탄화수소 "tail" (꼬리)"는 **hydrophobic** ("물을 싫어함")이며 물로부터 떨어지려 하지만, "head group (머리 부분)"은 강한 **hydrophilic** ("물을 좋아함") 성질을 갖고 있어 물 분자들과 어울리려는 경향을 가진다. 생체막의 구조는 인지질이 다른 인지질 혹은 물과 일으키는 상호작용에 의해 결정된다.

인지질 이외에도 생체막은 당지질(glycolipid)과 콜레스테롤(cholesterol)과 같이 다른 종류의 amphipathic한 지질들을 포함하고 있는데, 이들은 인지질보다는 더 적은 양으로 존재한다. 이들도 역시 막의 기능에 중요한 역할을 한다. 먼저, 순수한(pure) 인지질 이중막의 구조와 성질에 대하여 알아본 후에 자연적인 세포막의 성분과 기능에 대하여 설명한다. 그리고 특정한 막의 지질 구성(lipid composition) 정교한 차이가 물리적 성질에 어떻게 영향을 주는지 설명할 것이다.

인지질(Phospholipid)은 자발적으로 이중막(Bilayer)을 형성한다

인지질들 사이의 상호작용을 결정하는 amphipathic한 성질은 생체막의 구조에 매우 중요하다. 수용액 내에서 인지질 현탁액(suspension)을 기계적인 방법을 통해 분산(예를 들면, 초음파 또는 "sonication"을 통해)시키게 되면, 인지질은 다음의 세 가지 중 하나로 응집한다. 즉, 구의 형태인 **micelle (교질입자)** 혹은 **liposome**, 그리고 두 분자 두께의 박판 모양의 **phospholipid bilayer** 중 하나로 응집한다(그림 10-3). 순수한 인지질 또는 인지질들의 혼합물에 의해 형성되는 구조는 소수성 꼬리(hydrophobic tail)에 있는 fatty acyl 사슬의 길이, 포화 정도(예, C—C 단일 결합과 C═C 이중 결합의 수), 온도 등의 여러 요소에 의해 결정된다. 이 세 가지 구조 모두 hydrophobic effect(2장 참조)에 의해서 fatty acyl 사슬들을 응집시키며, 물 분자들을 핵심 부위로부터 밀어낸다. Micelle 구조는 자연에 존재하는 인지질로는 거의 형성되지 않는데, 그 이유는 일반적으로 micelle들의 내부 쪽에 형성되기에는 fatty acyl 사슬들이 너무 크기 때문이다. 그러나 효소인 phospholipase를 처리해서 인지질에 있는 두 fatty acyl 사슬 중 하나를 제거하여 lysophospholipid를 만들면, 이는 micelle을 형성할 수 있다. 일반적인 계면 활성제(detergent)나 비누는 수용액 속에서 아주 작은 볼베어링처럼 행동하는 micelle을 형성하여 비누 용액이 미끄러운 느낌과 윤활성을 갖게 한다.

세포 안에 존재하는 것과 동일한 인지질 구성의 혼합물은 놓아두면 자발적으로(spontaneously) 대칭적인(symmetric) 인지질 이중막(phospholipid bilayer)을 형성한다. 인지질 이중막에서 lamellar structure

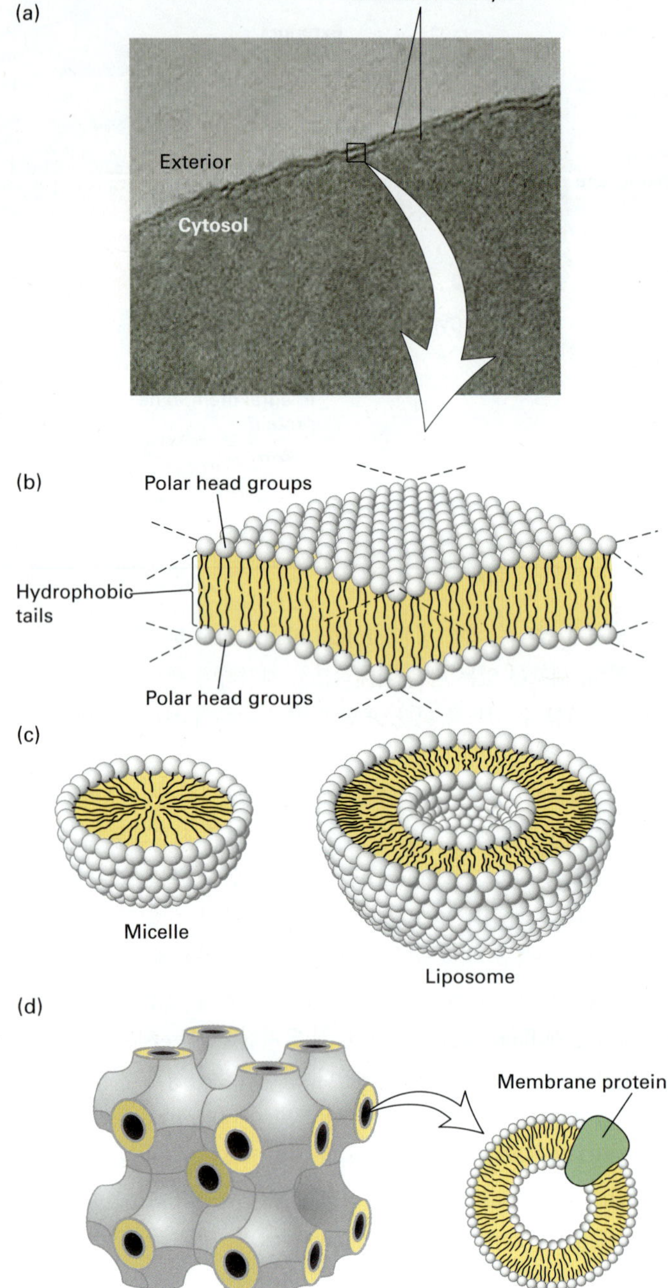

그림 10-3 생체막의 이중막 구조. (a) Osmium tetroxide로 염색한 적혈구(erythrocyte) 막의 전자현미경 사진. "기찻길"과 같은 형태를 통해 2개의 극성 layer가 존재함을 알 수 있는데, 이는 인지질 막의 이중막 구조와 일치한다. (b) 인지질 이중막의 도식화 및 이에 대한 해석. 극성 group은 물로부터 소수성 fatty acyl 꼬리를 보호하기 위해 바깥쪽을 향한다. 소수성 효과(hydrophobic effect)와 fatty acyl 사슬 사이의 반데르발스 상호작용이 이중막을 형성하게 한다(2장 참조). (c) 물에서 인지질의 분산에 의해 형성되는 2개의 다른 구조를 보여주는 횡단면 그림. 구형의 micelle은 소수성의 내부가 모두 fatty acyl 사슬로만으로 구성되어 있고, 구형의 liposome은 수용성인 중앙 부분을 감싸고 있는 인지질 이중막으로 구성되어 있다. (d) 특정한 조건에서 지질은 다른 형태의 구성(organization)을 보여준다. 여기 보여진 것은 지질의 cubic phase인데, 매우 주기적으로 반복되는 이러한 구조는 결정화하기 힘든 막 단백질 결정을 형성하는 데 도움을 줄 수 있다. [Part (a) Warren Rosenberg/Fundamental Photographs.]

(박막 구조)를 이루는 각각의 층(layer)을 *leaflet*이라 한다. 각 leaflet 내에서의 소수성(hydrophobic) fatty acyl chain들은 물 분자들과의 접촉을 최소화하기 위해 이중막의 중앙 부위에 서로 함께 응집함으로써, 대략 3–4 nm 두께의 소수성 핵심부(hydrophobic core)를 형성한다(그림 10-3b 참조). 이러한 비극성 꼬리(nonpolar tail)들이 서로 가까워지면서 응집되는데(packing), 이는 이들의 소수성 사슬(hydrocarbon chain)들 사이에 형성되는 반데르발스 상호작용(van der Waals interaction)에 의해 안정화된다. 이온 결합(ionic bond)과 수소 결합(hydrogen bond)은 인지질의 극성을 띤 머리 부분들 사이의 결합과 또 이들과 물분자 사이의 결합을 안정화시킨다. 인지질의 극성 머리 부분과 강력한 결합을 하는 osmium tetroxide (사산화오스뮴)로 세포를 얇게 절개하여 염색해 전자현미경으로 관찰하면 이중막 구조를 볼 수 있다(그림 10-3a 참조). Osmium tetroxide로 염색한 단일 막의 단면은 마치 기찻길 같은 형태를 보인다: 밝은 공간 부분[hydrophobic tail (소수성 꼬리)]과 2개의 얇은 검은색 선(염색된 head group complex)이 2 nm 간격으로 일정하게 배열되어 있는 것을 볼 수 있다.

인지질 이중막은 거의 무제한(unlimited)의 크기로—길이와 폭이 micrometer (μm)에서 millimeter (mm) 정도에 이르기까지—커질 수 있는데, 수천만 개의 인지질 분자를 가질 수 있다. 인지질 이중막은 거의 모든 막들의 기본적인 구조 단위이다. 이러한 이중막은 이들의 핵심부(core)가 소수성(hydrophobic)이기 때문에 사실상 수용성 물질이 한쪽 면에서 다른 쪽 면으로 통과할 수 없는 성질을 갖는다. 생체막은 콜레스테롤(cholesterol), 당지질(glycolipid), 단백질 등의 여러 가지 다른 분자들을 포함하고 있지만, 인지질 이중막이 실제적으로 막을 사이에 두고 양쪽의 수용액들을 격리시킴으로써 투과 장벽(permeability barrier)의 역할을 한다. 이로써 지질 이중막은 세포 안에서 구획(cellular compartment)을 형성하며, 세포의 내부와 외부 세계를 분리하는 것이다.

위에서 언급한 세 가지 구조는 지질들이 수용성(aqueous) 환경에서 가질 수 있는 유일한 형태는 아니다. 독특한 지질의 구성과 이의 성질을 이용하여, G protein–coupled receptor와 같이 결정화하기 어려운 막 단백질을 분석해 낼 수 있는 방법이 개발될 수 있었고, 진정한 지질 환경에서 막 단백질의 crystallographic 구조 분석이 가능해졌다(그림 10-3d).

인지질 이중막은 내부의 수용성의 공간을 둘러싸는 밀폐된 구조를 형성한다

인지질 이중막은 실험실에서 간단한 방법을 통해 만들 수 있는데, 화학적으로 순수한 인지질이나 세포의 막에 있는 성분들의 지질 혼합물(lipid mixture)을 이용할 수 있다(그림 10-4). 이러한 합성(synthetic) 이중막은 다음의 세 가지 중요한 성질을 가짐을 알게 되었다. 첫째, 인지질 이중막은 수용성[water-soluble; 친수성(hydrophilic)] 용질(solute)에 대하여 거의 비투과성(impermeable)을 가지므로, 용질은 이중막을 통해 쉽게 확산(diffuse)되지 않는다. 이런 용질에는 물이 포함되며, salt와 당(sugar), 그리고 대부분의 작은 친수성 분자(hydrophilic molecule)들이 여기에 속한다. 둘째는 이중막의 안정성이다. 이중막의 내부 구조는 지방산 사슬(fatty acid chain) 간의 소수성 결합(hydrophobic interaction)과 반데르발스 상호작용에 의해 일정한 모양(integrity)이 유지된다. 막 외부의 수용성 환경에서 이온의 농도와 pH가 광범위하게 변하다 하더라도 이중막은 특유의 구조를 유지할 수 있는 복원력을 갖는다. 세 번째로 모든 합성 인지질 이중막은 내부의 수용성 공간과 외부 환경을 분리할 수 있는 밀폐(sealed) 구획을 자발적(spontaneous)으로 형성할 수 있다. 그림 10-3b에 표시된 바와 같이, 이중층의 hydrocarbon core (탄화수소 코어)가 수용액에 노출되어 있는 인지질 이중층의 가장자리는 불안정할

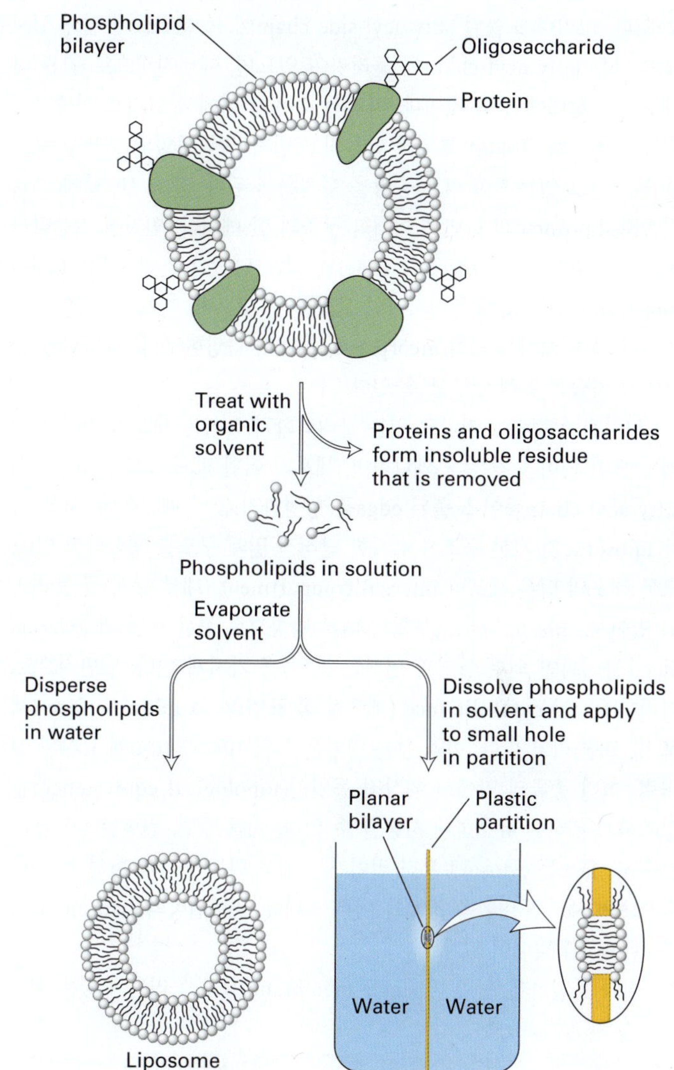

실험 그림 10-4 순수한 인지질 이중막의 형성과 연구. *위쪽:* 생체막을 chloroform과 methanol의 혼합물(3:1)과 같은 유기 용매(organic solvent)로 처리하면, 인지질과 콜레스테롤이 선택적으로 용해된다. 단백질과 탄수화물은 비용해성 잔기(insoluble residue) 부분에 남는다. 용매는 증발시켜 제거한다. *왼쪽 아래:* 지질을 물 속에 넣어 기계적으로 분산시키면 liposome이 자발적으로 형성된다. 횡단면 그림은 내부의 수용성 구획을 보여준다. *오른쪽 아래:* 횡단면 그림처럼, 두 수용성 phase들을 분리하는 작은 구멍에 평면 형태의 이중막이 형성된다. 이러한 시스템은 이중막의 특정 용질(solute)에 대한 투과성(permeability)과 같은 물리적 성질(physical property)을 연구하는 목적으로 사용될 수 있다.

수 있다. 그러나 노출된 fatty acyl side chain이 물 분자들에 접해 있지 않고 다른 fatty acyl chain에 둘러싸여 있으면, 에너지적으로 훨씬 더 안정적인 상태에 있을 것이다. 따라서 수용액 내에서 인지질 이중막의 면들은 저절로 그 edge 부위가 함몰되고 밀폐되어, 중앙의 수용성 구조를 둘러싸고 있는 원형의 이중막을 형성하게 된다. 그림 10-3c에 그려져 있는 liposome의 단면은 이러한 구조의 한 예이다. 인지질 이중막을 현미경 슬라이드(microscope slide)와 같은 단단한 고체 지지대(solid support)가 있는 곳에 형성시키면 고정될 수 있으며, 이에 따라 막의 평면에서 막 단백질을 병합(incorporate)시켜서 다양한 성질(behavior)을 현미경 기술을 통해 연구할 수 있다.

인지질 이중막이 지니고 있는 물리화학적 특성은 세포의 막의 특성에 중요한 의미를 갖는다: 왜냐하면, 세포의 어떤 막 구조도 탄화수소의 fatty acyl chain들이 노출된 edge를 형성하지 않기 때문이다. 모든 막은 liposome의 기본 구조와 유사한 닫혀진 밀폐 구조를 형성하고 있다. 모든 세포의 막은 세포나 internal compartment (내부 구획)를 둘러싸고 있어서, *internal face* (구획의 내부 방향으로 향한 표면)과 *external face* (둘러싸인 외부 환경과 면하는 표면)를 가지게 된다. 일반적으로, 이러한 face를 **cytosolic face (세포질 쪽 표면)**와 **exoplasmic face (세포 밖 표면)**라고 한다. 이와 같은 명칭은 그림 10-5와 10-6에 묘사된 것처럼, 여러 종류의 막에서 위상적 동일성(topological equivalence)을 강조하기 위하여 유용하게 사용될 수 있다. 예를 들면, 원형질막의 exoplasmic face는 cytosol로부터 멀어지는 세포 외부 공간과 환경 쪽을 향함으로써 세포의 바깥쪽 경계를 이루게 된다. 원형질막의 cytosolic face은 cytosol과 맞대어 있다.

이와 동일하게, 단일 막(single membrane)으로 둘러싸여 있는 세포소기관이나 소낭(vesicle)들도 cytosolic face는 cytosol과 맞닿아 있다. Exoplasmic face는 항상 cytosol과 반대쪽에 위치하며, 이 경우에는 막 내부의 수용성의 공간, 즉 *lumen*과 접하는 세포소기관의 내부 쪽을 향하게 된다. 이러한 소낭들의 내부 혹은 lumen이 extracellular space와 위상적(topologically) 같다는 것은 원형질막이 endocytosis되면서 생성되는 소낭들을 생각해보면 쉽게 이해할 수 있다. 이러한 과정을 통해 원형질막의 external face는 소낭의 막으로 보면 internal face가 되며, 원형질막의 cytosolic face는 소낭이 된 이후에도 여전히 cytosol과 마주하게 된다(그림 10-6 참조).

세 가지 종류의 세포소기관들 — 세포의 핵(nucleus)과 미토콘드리아(mitochondria) 그리고 엽록체(chloroplast) — 은 단일 막으로 둘러싸인 것이 아니라 2개의 막 구조를 가지고 있다. 각 막의 exoplasmic face는 각 두 막 사이에 존재하는 공간 쪽으로 향하고 있다(intermembrane space). 이러한 것들은 12장에서 언급하는 진핵생물의 진화 과정에서 미토콘드리아와 엽록체가 oxidative phosphorylation (산화적 인산화 반응; mitochondria의 경우)이나 광합성(chloroplast의 경우)을 할 수 있는 박테리아가 진핵생물에게 잡아먹힘(engulfment)으로써, 그 안에 공생하게 되었다는 *endosymbiont hypothesis* (세포내 공생설)를 생각하면 가장 잘 이해될 수 있다(그림 12-7 참조). *Escherichia coli*와 같은 Gram-negative 박테리아도 마찬가지로 2개의 막으로 둘러싸여 있다(그림 1-12 참조).

각각의 세포의 자연적인 막들은 여러 형태를 보여주는데, 이는 각 세포의 기능과 연관되어 있다. 적혈구(erythrocyte)의 매끄럽고 신축성 있는 원형질막은 세포가 좁은 모세혈관(blood capillary) 사이로 이동할 수 있게 한다(그림 10-7). 어떤 세포는 **cilium (섬모)**이나 **flagellum (편모)**와 같은 길고 가느다란 원형질막을 갖고 있어서 채찍의 움직임과 비슷한 방식의 움직임을 만든다(그림 1-15 참조). 이러한 운동에 의해 세포의 표면을 따라 어떤 액체도 잘 흐를 수 있으며, sperm cell (정자 세포)도 이 원리를 이용하여 egg (난자)에게로 유영할 수 있게 된다. 생체막의 모양과 성질이 이토록 다양하다는 사실은 세포생물학(cell biology)에 있어서 중요한 의문점을 제시한다. 즉, 어떻게 생체막(biological membrane)의 조성이 조절되어 여러 종의 서로 다른 막 구조와 이에 의해 형성된 기관들을 이루고 유지하는 지에 대한 질문이다. 10.3절과 14장에서 이

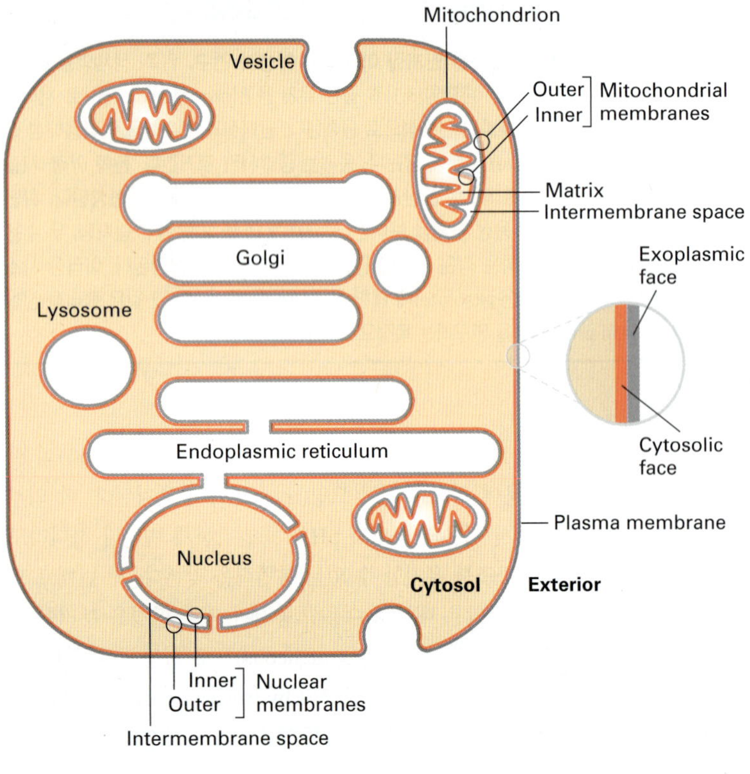

그림 10-5 세포막의 면(face). 단일 이중막인 원형질막은 세포를 감싸고 있다. 도식화한 대표 그림에서, 내부의 cytosol 환경(황갈색)과 외부의 환경(흰색)에 대한 위치에 따라 이중막의 cytosolic (적색) face와 exoplasmic (회색) face가 결정된다. 소낭과 몇몇 세포소기관들은 단일 막을 가지고 있으며, 이들의 내부의 수용성 공간(흰색)은 위상적으로(topologically) 세포의 바깥 부분에 상응한다. 세 가지 세포소기관 — 핵, 미토콘드리아, 엽록체(그림에는 없음) — 들은 작은 막 사이의 공간에 의해 서로 분리된 2개의 막을 가지고 있다. 이들 세포소기관을 둘러싸고 있는 내막(inner membrane)과 외막(outer membrane)의 exoplasmic face가 막사이 공간(intermembrane space)의 경계를 형성한다. 간단히 표현하기 위해서 막의 소수성 핵심부는 표시하지 않았다.

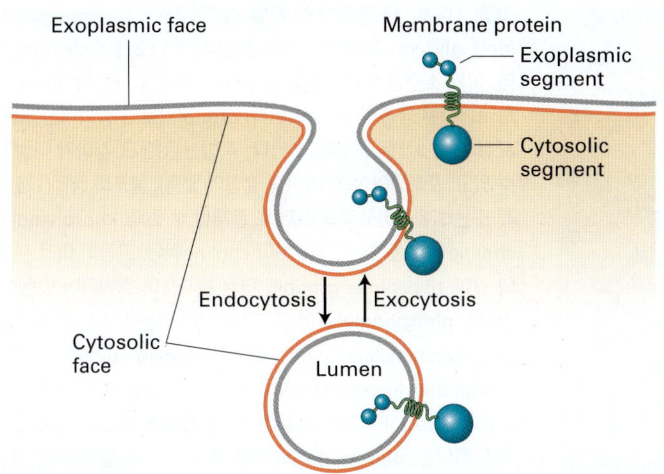

그림 10-6 세포막의 face (면)는 막의 budding과 fusion 과정 동안 보존된다. 빨간색 막은 cytosol face를, 회색 막은 exoplasmic face를 나타낸다. Endocytosis 동안에 원형질막의 특정 부위가 cytosol 안쪽 방향으로 budding하고, 결국 독립된 소낭의 형태로 분리되어 나온다. 이 과정 동안에 원형질막의 cytosolic face는 cytosol 쪽을 향한 채 그대로 있고, 새로운 소낭의 막의 exoplasmic face는 소낭의 lumen 쪽으로 향하게 된다. Exocytosis 동안에는 세포 내의 소낭이 원형질막과 융합되고, 소낭의 lumen (exoplasmic face)은 세포외 매질(extracellular medium)에 직접 접촉하게 된다. 막을 가로지르는 단백질들의 방향은 소낭이 budding, fusion 되는 동안 계속 비대칭적으로 유지되는데, 특히 같은 cytosolic segment들은 항상 cytosol을 향한다.

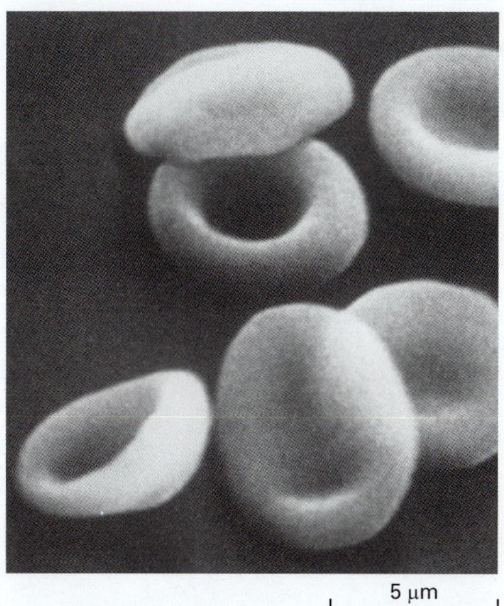

그림 10-7 세포의 형태에 따라 다른 모양을 가진 생체막들. (a) Scanning 전자현미경 사진을 통해 부드럽고 유연성 있는 막이 원반 모양의(discoid) 적혈구 세포를 덮고 있는 것을 볼 수 있다. [Omikron/Science Source.]

문제에 대하여 다시 다룬다.

생체막은 세 가지 주요한 종류(Principal Class)의 지질(Lipid)로 되어 있다

*Phospholipid*는 phosphate-based head group과 2개의 긴 소수성 꼬리(hydrophobic tail)를 가진 amphipathic (양친매성) 지질 모두를 가리키는 말이다. 전형적인 생체막은 인지질만으로 구성되지 않고, 실제적으로는 화학적 구조, 함유량, 기능에 있어서 서로 다른 세 종류의 amphipathic 지질, 즉 phosphoglyceride와 sphingolipid, 그리고 sterol를 함유하고 있다(그림 10-8). Phosphoglyceride는 모두 인지질(phospholipid)이지만, sphingolipid는 몇 종만이 인지질이고, sterol은 모두 인지질이 아니다.

Phosphoglyceride는 glycerol 3-phosphate로부터 유래된 유도체로서, 막에서 가장 많은 양으로 존재하는 지질이다(그림 10-8a 참조). 전형적인 phosphoglyceride 분자는 2개의 fatty acyl chain으로 된 소수성 꼬리를 가지는데, 여기에는 ester bond를 통해 glycerol phosphate에 있는 2개의 hydroxyl group (수산기)이 연결되어 있고, 극성 머리 부분은 phosphate과 연결되어 있다. Glycerol moiety와 2개의 fatty acyl chain을 구성하는 구조를 *diacylglycerol*이라고 한다. 두 분자의 fatty acyl chain은 탄소의 개수 (보통 16개 혹은 18개) 그리고 포화도(degree of saturation, 이중 결합의 수가 0, 1 혹은 2)에 있어 차이를 보인다. Phosphoglyceride는 머리 부분의 성질에 따라 분류될 수 있다. 원형질막에 가장 많이 존재하는 phosphatidylcholine의 머리 부분은 음전하를 띤 phosphate에 양성의 전하를 가진 alcohol인 choline이 에스터화(esterify)되어 구성된다. 또 다른 종류의 phosphoglyceride에서는 OH를 포함하고 있는 ethanolamine, serine, 당 유도체인 inositol 같은 분자들이 phosphate group에 연결되어 있다. Inositol head group의 경우, hydroxyl group이 phosphate로 더 변형되어 *phosphoinositide*라고 불리는 인지질의 종류를 생성할 수 있다. Phosphoinositide는 15장과 16장에서 논의되겠지만, 신호전달(signal transduction)에서 중요한 기능을 수행한다. 음전하를 띤 phosphate group과 양전하를 띤 group 또는 hydroxyl group 등은 물과 강하게 상호작용한다. 중성 용액에서 몇몇 phosphoglyceride (예, phosphatidylcholine이나 phosphatidylethanolamine)들은 전하를 띠지 않고 있으며, 다른 종류의 phosphoglyceride (예, phosphatidylinositol과 phosphatidylserine)는 단일의 net 음전하를 띤다. 그렇지만 모든 인지질 내의 극성 머리 부분은 서로 응집되면서 특유의 이중막 구조를 이룰 수 있다. Phospholipase가 phosphoglyceride에 작용하면 2개의 acyl chain 중 하나가 없는 lysophospholipid가 생성된다. Lysophospholipid는 중요한 신호전달 물질일 뿐만 아니라 세포로부터 방출되어 특정 수용체에 인식되기도 한다. 또한, 이들의 존재는 막의 물리적 성질에도 영향을 줄 수 있다.

*Plasmalogen*은 phosphoglyceride의 한 종류로써, glycerol의 2번 탄소에 ester linkage를 통해 연결된 한 분자의 fatty acyl chain과, glycerol의 1번 탄소에 ester가 아닌 ether linkage (C—O—C)를 통해 연결된 하나의 긴 탄화수소 사슬을 갖는다. Plasmalogen은 사람의 뇌와 심장 조직에 특히 많이 분포한다. Plasmalogen은 ester linkage에 비해 화학적으로 더욱 안정한 ether linkage를 가지고 있으며, 다른 phos-

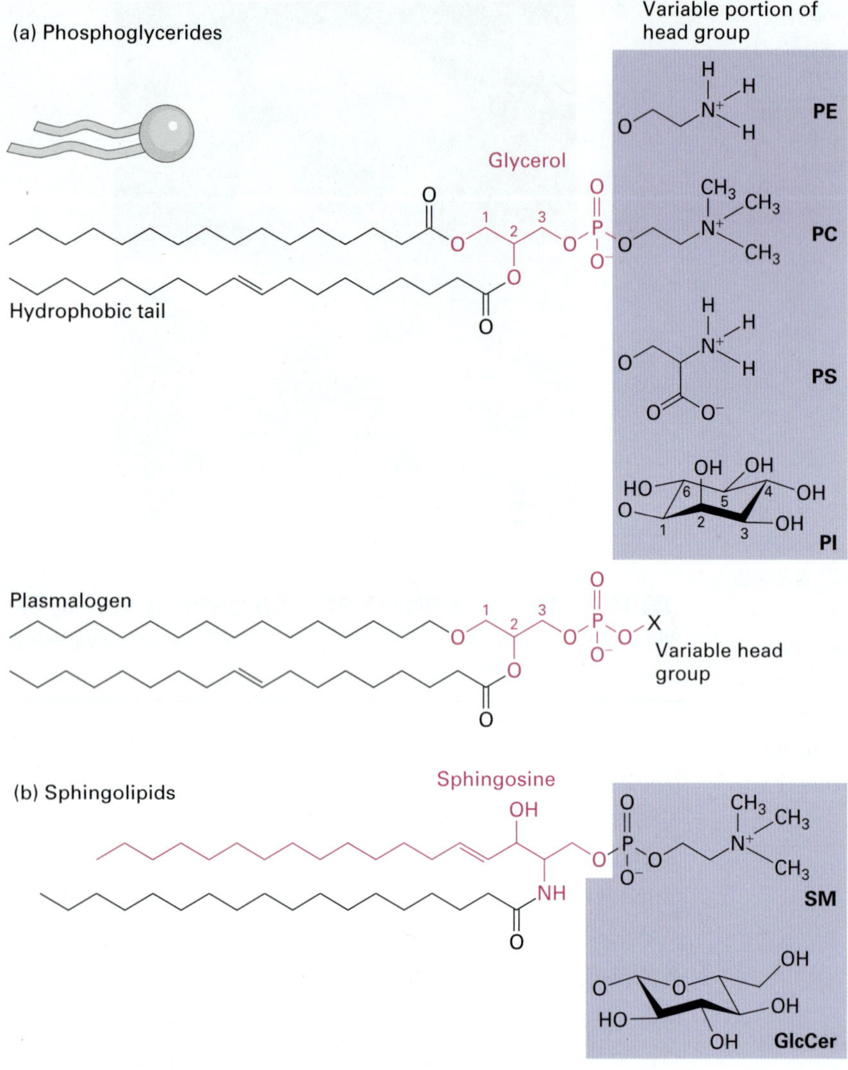

(c) Sterols

Cholesterol (animal)

Ergosterol (fungal)

Stigmasterol (plant)

그림 10-8 세 종류의 막 지질. (a) 대부분의 phosphoglyceride는 glycerol 3-phosphate (빨간색)의 유도체(derivative)인데, 이는 소수성 "tail (꼬리)"과 phosphate에 에스터화(esterification)된 극성의 "head (머리) group"으로 구성되어진 fatty acyl 사슬 2개를 포함하고 있다. 지방산들은 그 길이가 다양할 수 있고, 포화되어 있거나(이중 결합이 없음), 불포화 상태(1개, 2개 또는 3개의 이중결합 존재)로 존재할 수 있다. Phosphatidylcholine (PC)은 그 머리 부분이 choline이다. 그림의 여러 분자와 같이, phosphate group에 다른 분자들이 결합되어 있는 일반적인 phosphoglyceride가 세 가지가 있는데, 이들은 phosphatidylethanolamine (PE), phosphatidylserine (PS) 그리고 phosphatidylinositol (PI)이다. Plasmalogen은 하나의 지방산 사슬이 glycerol에 에스터 결합으로 연결되어 있고, 다른 지방산 사슬 하나는 ether bond (에테르 결합)에 의해 결합되어 있다. 이것은 phosphoglyceride와 비슷한 머리 부분을 포함한다. (b) Sphingolipid는 sphingosine (빨간색)의 유도체인데, 하나의 긴 탄화수소 사슬을 가진 amino alcohol이다. 여러 가지 지방산 사슬은 amide bond로 sphingosine에 연결되어 있다. Sphingomyelin (SM)은 phosphocholine head group을 가진 인지질이다. 다른 sphingolipid는 단당의 residue나 가지달린 올리고당이 sphingosine 뼈대에 연결된 당지질(glycolipid)다. 예를 들어 단순한 당지질인 glucosylcerebroside (GlcCer)는 포도당 머리 부분을 가지고 있다. (c) 동물과 곰팡이와 식물의 주요 sterol은 서로 구조가 약간씩 다르지만, 모두 각각 세포 막의 주요 구성 성분으로 역할을 한다. Sterol의 기본 구조는 4개의 ring으로 된 탄화수소이다(노란색). 다른 막 지질과 같이 sterol은 amphipathic하다. 1개의 hydroxyl 그룹은 다른 지질에서의 극성 머리 부분 하나에 상응한다. 연결된 ring과 짧은 탄화수소 사슬은 소수성 꼬리를 형성한다. H. Sprong, P. van der Sluijs, G. van Meer, 2001, *Nature Rev. Mol. Cell Biol.* **2**:504–513 참조.

phoglyceride와 3차원 구조가 아주 약간 다른 것으로 봐서 아직 밝혀지지 않은 중요한 생리학적 중요성이 있을 것으로 생각된다.

두 번째 부류의 막 지질은 **sphingolipid**이다. 모든 sphingolipid 화합물은 sphingosine에서 유래하는데, 이는 하나의 긴 탄화수소 사슬(hydrocarbon chain)을 가진 amino alcohol이다. Sphingolipid는 sphingosine의 amino group에 amide linkage로 연결된 하나의 long-chain fatty acid를 포함하고 있다(그림 10-8b 참조). Sphingolipid 는phosphoglyceride와 같이 하나의 phosphate-based 극성 머리 부분(head group)을 가지고 있다. 가장 많이 분포하는 sphingolipid인 sphingomyelin에는 phosphocholine이 sphingosine의 맨 끝의 hydroxyl 그룹에 결합되어 있다(그림 10-8b 참조; SM). 따라서 sphingomyelin은 인지질(phospholipid)로 분류되며, 전체적인 구조가 phosphatidylcholine과 비슷하다. Sphingomyelin은 구조적으로 phosphoglyceride와 유사하여 이들과 함께 이중막을 형성할 수 있다. 또 다른 sphingolipid에는 phosphate group을 통하여 연결되지 않은 (이 때문에 인지질이라고 하지 않는다) 당(sugar)을 극성 머리 부분으로 가지고 있는 amphipathic molecule인 **glycolipid (당지질)**가 있다. 가장 간단한 glycosphingolipid인 glucosylcerebroside는 sphingosine에 한 분자

의 포도당 단위(glucose unit)가 연결된 형태이다. *Ganglioside*라고 하는 복잡한 구조의 sphingolipid는 sialic acid group을 포함한, 1개 내지 2개의 가지를 가진 올리고당(oligosaccharide)이 sphingosine에 연결되어 있다. Glycolipid는 원형질막의 전체 지질 중 2–10%를 차지하며, 신경 조직에 가장 많이 분포한다.

세 번째 부류의 지질로는 **콜레스테롤(cholesterol)**과 그 유도체들이 있으며, 이를 *sterol*이라고 한다. Sterol의 기본 구조는 4개의 고리(ring)를 가지고 있는 탄화수소이다. 효모의 주요 sterol (예, ergosterol)과 식물의 phytosterol (예, stigmasterol)은 동물의 주요 sterol인 콜레스테롤과 다소 차이가 있다(그림 10-8c 참조). 곰팡이의(fungal) sterol과 동물의 sterol의 생합성 과정과 구조는 작은 차이를 보이는데, 이것이 오늘날 사용되는 대부분의 antifungal drug (항곰팡이 약제)의 기초가 된다. 다른 두 종류의 sterol과 같이 콜레스테롤은 고리 중 하나에 hydroxyl substitute (수산화 치환체)를 가진다. 콜레스테롤은 구조상 탄화수소로 이루어져 있지만, 이 hydroxyl group이 물 분자와 작용할 수 있으므로 amphipathic한 성질을 가진다. 그러나 phosphate-based된 머리 부분이 없기 때문에 인지질(phospholipid)은 아니다. 콜레스테롤은 포유류 세포(mammalian cell)의 원형질막에 특히 많이 분포하지만 원핵생물과 식물 세포에는 존재하지 않는다. 식물의 원형질막에는 식물에만 특이적으로 존재하는 특정의 sterol이 30–50% 분포되어 있다. 포유류 세포에 있는 콜레스테롤의 50–90%는 원형질막에 분포한다. 콜레스테롤과 sterol은 강한 소수성(hydrophobic)을 갖고 있어 그들만으로 이중막을 형성할 수 없다. 그 대신, 자연계에 존재하는 막에서 발견되는 농도에서는 이들 sterol들이 인지질 분자 사이에 끼어 들어가는 방식으로 막에 삽입된다. Sterol이 일단 이렇게 끼어들어(intercalate) 가게 되면 막에 구조적 지지기반이 됨으로써 인지질의 acyl chain들이 너무 가깝게 응집(packing)되지 않게 하여 막의 유동성을 부여하고, 동시에 역학적인 지지(mechanical support)를 위한 단단함(rigidity)을 갖게 한다. 이러한 효과는 lipid raft의 경우처럼 상당히 국소적이기도 하다.

막에서의 구조적인 역할에 더해서, 콜레스테롤은 중요한 생체 활성(bioactive) 분자의 전구체가 되기도 한다. 간에서 생성되어 소장에서 소화와 흡수를 위해 식이 지방을 emulsify (유화)할 수 있도록 돕는 *bile acid* (담즙산)가 좋은 예이며, adrenal gland (부신), ovary (난소), testis (고환) 등의 내분비 세포(endocrine cell)에서 생산되는 스테로이드 호르몬, 피부와 신장에서 생산되는 비타민 D (vitamin D) 등을 예로 들 수 있다. 콜레스테롤의 또 다른 중요한 기능으로는 초기 발달 과정에서 주요 신호전달 분자인 Hedgehog 단백질과 공유결합으로 연결되어 신호전달에 참여하는 것이다(16장 참조).

대부분의 지질과 많은 단백질들은 생체막에서 측면으로 유동성(Laterally Mobile)을 가진다

이중막을 이차원적인 평면에서 보면 열에 의한 자연적인 분자의 움직임이 발생할 때, 지질 분자들은 이들의 긴 축을 따라서 자유롭게 회전하거나 또한 측면 방향으로 자유롭게 움직일 수 있다. Fatty acyl 사슬들이 움직이는 것은 이렇게 측면으로의 이동이나 회전에 국한되기 때문에 이중막의 소수성 내부는 움직이지 않고 그대로 남아 있게 된다. 천연 혹은 인공 막에서 일반적인 지질 분자는 한 leaflet 내에서 이웃 분자들과 1초에 10^7번 위치를 교환하며, 37°C에서 초속 수 μm의 속도로 확산할 수 있다. 이중막의 확산율(diffusion rate)이 이 정도라는 사실은 이중막이 물보다 약 100배 높은 점성도(viscosity)를 가진다는 뜻이며, 이는 올리브유와 비슷하다. 지질은 수용성 용매에 놓여질 때보다 이중막에서 더 낮은 확산율을 보이지만, 한 분자의 막 지질은 이러한 확산을 통해서 매초 전형적인 박테리아의 길이(대략 1 μm) 정도를 이동할 수 있으며, 대략 20초 정도면 동물 세포의 길이를 이동할 수 있다. 유체성의 순수한 합성 인지질 막(synthetic phospholipid membrane)을 37°C 이하로 냉각시키면, 지질은 액상과 같은 상태(fluid)에서 젤과 같은 상태(semisolid)로, 마치 액체인 물이 얼 때의 변화인 액체-고체 변환(liquid-solid transition)과 같은 *phase transition* (상전이)을 일으킬 수 있다(그림 10-9). Phase transition 온도 이하에서 지질의 확산 속도는 급격하게 떨어진다. 일반적인 생리적 정상 상태의 온도에서 천연 막의 소수성 내부는 일반적으로 낮은 점성도와 액체와 같은 일관성(fluid-like consistency)을 갖는 반면, 더 낮은 온도에서는 젤과 같은 일관성(gel-like consistency)을 보인다.

순수한 막(예, 단백질이 없는)의 이중막에서 인지질(phospholipid)과 sphingolipid는 측면으로는 회전하고 움직일 수 있지만, 자발적으로 한쪽 leaflet에서 다른 leaflet으로 이동하거나 뒤집어지는(flip-flop) 움직임을 나타내지는 않는다. 이렇게 되기 위해서는 극성 머리 부분이 이중

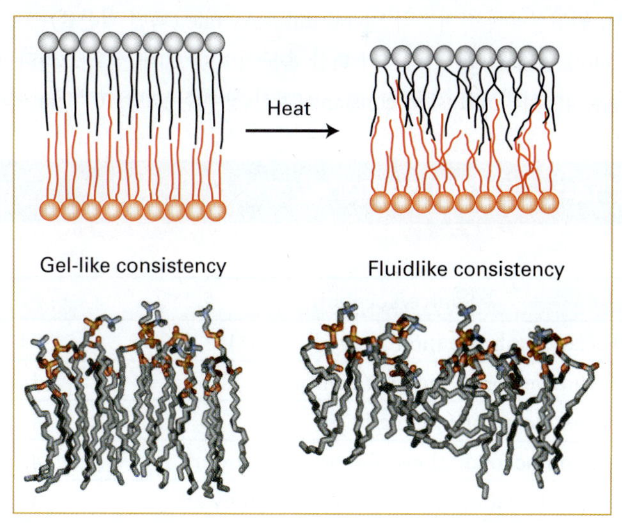

그림 10-9 젤과 같은(Gel-like) 혹은 유체 같은(fluidlike) 형태로 존재하는 인지질 이중막. *위쪽:* 젤에서 유체로의 전이(Gel-to-fluid transition)의 모식도. 길이가 긴 포화 지방산 사슬을 가진 인지질은 매우 잘 정렬된(highly ordered) 젤과 같은 이중막을 형성한다. 이 경우 두 leaflet의 비극성 꼬리들은 서로 거의 중첩되지 않는다. 열이 가해지면 비극성 꼬리의 구조가 변형되어 불과 몇 도의 온도 차에 의해서도 젤에서 유체로 상변이가 일어나게 된다. 이때 사슬들이 불규칙적한 배열을 하게 되면서 이중막의 두께가 감소한다. *아래쪽:* 분자 역학적(molecular dynamics) 계산을 통해 결정된 젤 상태와 유체 상태의 인지질 단일막의 분자 모델. [Data from H. Heller, M. Schaefer and K. Schulten, 1993, *J. Phys. Chem.* **97**:8343.]

막의 소수성 핵심부(hydrocarbon core)를 지나 다른 쪽의 수용액으로 이동하여야 되는데, 이는 열역학적 장애가 너무 커서 쉽게 일어나지 않는다. 막의 지질과 극성 분자들을 한 leaflet에서 다른 leaflet으로 뒤집기 위해서는 11장에서 논의될 특수한 막 단백질들을 필요로 한다.

원형질막 단백질과 지질들의 측면 방향의 움직임은 *fluorescence recovery after photobleaching* (*FRAP*) 기술을 통해 정량적으로 측정될 수 있다. 이때, fluorescent substituent (형광성을 가진 대체물)를 포함하는 인지질들이 지질의 운동을 추적하는 데에 이용된다. 이를 위해 특정 단백질의 exoplasmic domain과 특이적으로 결합하면서 단일의 항원 결합 부위(antigen-binding site)만을 갖는 단일 클론 항체(monoclonal antibody, 23장 참조)를 이용하여 단백질의 특정 domain (도메인)이 fluorescent dye (형광 염료)로 표지된다(또는 원하는 단백질과 fluorescent green protein을 융합시켜도 같은 목적을 달성할 수 있다). 그림 10-10에서 설명되듯이, 이와 같은 방법으로 측면으로 이동하는 분자들의 비율뿐만 아니라 막의 분자들의 이동 속도(diffusion coefficient, 확산 계수)를 계산할 수 있다.

형광으로 표지된 인지질을 통한 FRAP의 연구 결과, 섬유아세포(fibroblast)의 원형질막의 모든 인지질들은 대략 0.5 μm 정도는 자유롭게 움직일 수 있지만, 대부분은 이보다 먼 거리는 이동하지는 못하는 것으로 조사되었다. 이와 같은 결과는 원형질막에서 대략 1 μm 직경의 protein-rich region (단백질이 풍부한 영역)이 다량의 인지질을 함유하고 있는 lipid-rich region (지질이 풍부한 영역)과 분리되어 있다는 것을 암시한다. 따라서 인지질은 내에서는 자유롭게 확산할 수 있지만, 하나의 lipid-rich region에서 다른 인접한 region으로는 확산하지 못한다. 또한, 원형질막에서 지질의 lateral diffusion rate (측면 확산율)는 순수한(pure) 인지질 이중막에서의 확산 속도에 비해 10배 정도 느리다. 즉, 원형질막에서의 diffusion constant (확산 상수)는 초당 10^{-8} cm^2인 반면, 지질 이중막에서는 초당 10^{-7} cm^2 정도이다. 이러한 차이는 지질들이 비가역적이지는 않지만 어떤 단백질에 강하게 결합되어 있을 가능성을 암시하며, 실제로 이러한 사실이 최근에 증명되었다[아래의 annular (고리 모양의) 인지질에 대한 설명을 보시오].

지질의 조성은 막의 물리적 성질에 영향을 준다

일반적인 세포는 여러 종류의 막을 가지고 있는데, 그 각각의 막의 고유한 특성은 지질과 단백질이 어떻게 섞여 있느냐에 따라 결정된다. 표 10-1은 막들의 종류에 따라 지질의 구성이 어떻게 다른지를 보여주는데, 몇 가지 현상 때문에 이러한 차이가 나타난다. 예를 들면, phosphoglyceride나 sphingolipid의 상대적인 양에 있어서 관찰해 보면 막마다 다른데, 인지질(phospholipid)이 합성되는 endoplasmic reticulum (소포체, ER)과 sphingolipid가 합성되는 Golgi 복합체의 막은 이 두 분자의 비율이 차이가 난다. 막의 지질의 phosphorus의 양을 계산해 보면, Golgi의 막에 있는 sphingomyelin의 비율이 ER의 막보다 대략 6배 정도 높다. 다른 예를 보면, 한 세포의 구획(compartment)에서 다른 구획으로 막 자체가 이동하면 콜레스테롤 같은 특정 지질의 비율이 높아진다. 한 개체 내에서 특정 환경에 대응하는 특정 세포들은 다른 세포와 서로 다른 지질 조성을 가진 막을 구성한다. 예를 들어, 장 내 통로(intestinal tract)에 늘어선 세포들은 음식의 영양소들이 소화되는 열악한 환경에 있기 때문에, 이들의 막은 sphingolipid와 phosphoglyceride, 그리고 cholesterol의 비율이 1:1:1인 반면, 스트레스가 보다 적은 세포의 막은 이 비율이 0.5:1.5:1 정도이다. 장의 막에 sphingolipid의 비율이 높은 것은 sphingosine 뼈대에 —OH group이 많이 포함되어 있어서 수소 결합을 증가시켜 막의 안정성을 증가시킬 수 있기 때문이다(그림 10-8 참조).

표 10-1 • 특정 막의 주요 지질 성분들

	Composition (mol %)			
Source/Location	PC	PE + PS	SM	Cholesterol
Plasma membrane (human erythrocytes)	21	29	21	26
Myelin membrane (human neurons)	16	37	13	34
Plasma membrane (mung bean)	47	43	0	0
Inner mitochondrial membrane (cauliflower)	42	38	0	0
Outer mitochondrial membrane (cauliflower)	47	27	0	0
Plasma membrane (*E. coli*)	0	85	0	0
Endoplasmic reticulum membrane (rat)	60	25	3	7
Golgi membrane (rat)	51	26	8	13
Inner mitochondrial membrane (rat)	40	37	2	7
Outer mitochondrial membrane (rat)	54	31	2	11
Primary leaflet location	Exoplasmic	Cytosolic	Exoplasmic	Both

PC = phosphatidylcholine; PE = phosphatidylethanolamine; PS = phosphatidylserine, SM = sphingomyelin.
SOURCE: Data from S. E. Horvath and G. Daum, 2013, "Lipids of Mitochondria," *Prog. Lipid Res.* **52**:590–614.

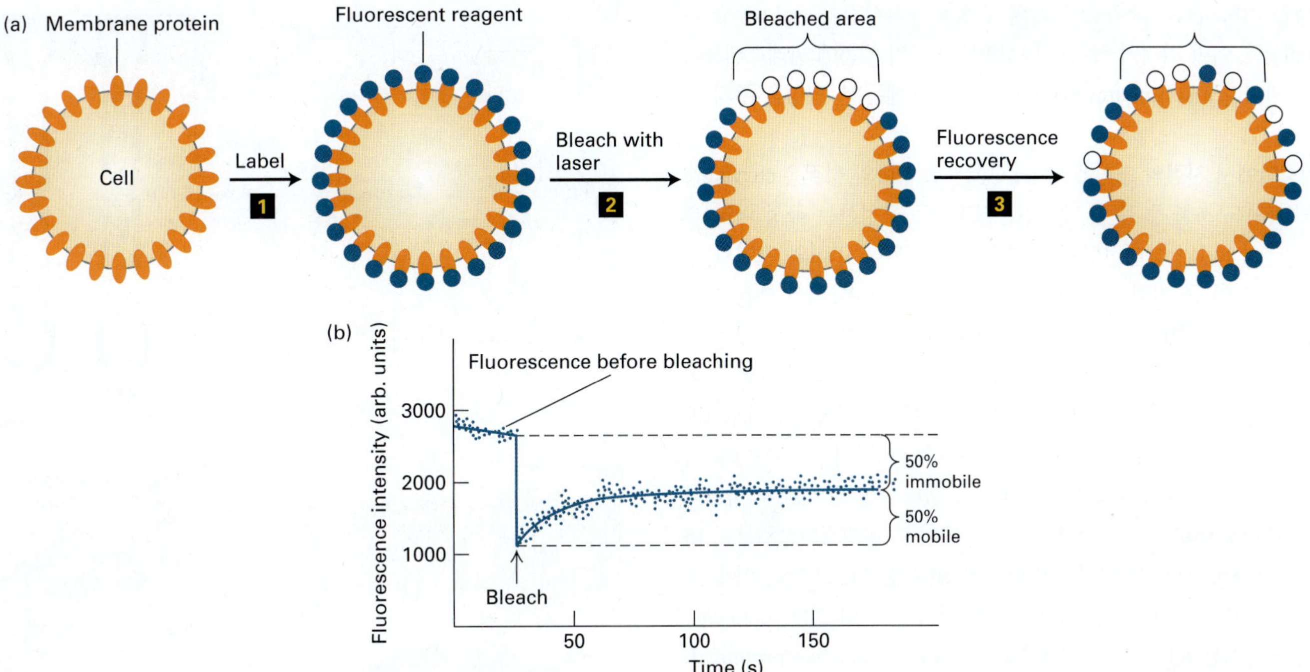

실험 그림 10-10 FRAP (fluorescence recovery after photobleaching) 실험을 이용하면 원형질막 내에서 단백질과 지질의 측면 이동을 정량적으로 알 수 있다. (a) 실험 방법. 단계 **1**: 세포를 특정 막 지질이나 단백질에 균일하게 결합하는 형광 시약(fluorescent reagent)으로 표지한다. 유전적 방법으로 녹색 형광 단백질(green fluorescent protein, GFP)을 원하는 단백질에 융합시키는 방법으로도 표지할 수 있다. 단계 **2**: 레이저 빛(Laser light)을 세포막의 표면의 작은 부위에 초점을 모아 조사하면 그 부분에 붙어 있던 시약(혹은 GFP)이 비가역적으로 떨어져서(bleaching), 조사된 부분의 형광이 감소한다. 단계 **3**: 일정 시간이 지나면 bleaching되지 않은 부분의 형광을 가진 분자들이 bleaching된 부분으로 확산되고, 또 bleach된 부분에 있는 분자들도 바깥쪽으로 확산되어, bleaching되어졌던 특정 부분의 형광이 증가하게 된다. 이때 형광이 일시적으로 사라진 작은 부분(patch)에서 형광이 회복되는 정도는 형광에 표지된 분자들이 막에서 이동하는 비율과 비례한다. (b) Asialoglycoprotein receptor 단백질에 대한 형광 항체를 처리한 사람의 hepatoma 세포의 FRAP 실험 결과이다. 50%의 형광이 bleaching되어진 부위로 되돌아온 것을 알 수 있다. 이 결과는 막의 작은 부분에 존재하는 수용체 분자의 약 50% 분자는 이동하고, 나머지 50% 분자는 이동하지 않음을 보여 준다. 형광의 회복 정도는 형광 표지된 분자의 이동 속도에 비례하므로 막에서의 단백질이나 지질의 diffusion coefficient (확산 계수)를 계산할 수 있다. [Data from Y. I. Henis et al., 1990, *J. Cell Biol.* **111**:1409.]

이중막의 유동성(fluidity)의 정도는 지질의 조성(composition), 인지질을 가지고 있는 소수성 꼬리(hydrophobic tail)의 구조, 그리고 온도에 의해 결정된다. 앞서 언급한 대로, 반데르발스 상호작용과 소수성 효과(hydrophobic effect)에 의해 인지질의 비극성 꼬리들이 응집할 수 있다. 긴 포화(saturated) fatty acyl chain들은 가장 강력한 응집력을 갖으며, 이로써 서로 단단하게 결집(packing)되어 젤과 같은 상태(gel-like state)가 된다. 반면, 짧은 fatty acyl chain을 가진 인지질들은 비교적 표면적이 적으며, 상대적으로 약한 반데르발스 상호작용을 유지하므로, 보다 유동적인 이중막을 형성한다. 마찬가지로 cis-unsaturated fatty acyl chain (2장 참조)에 있는 비틀림(kink)은 다른 지질보다 덜 안정적인 반데르발스 상호작용을 일으켜 더욱 유동성이 있는 막이 되는 반면에, 곧은 모양의 포화 사슬(saturated chain)을 가진 막은 이보다 강하게 결집한다.

콜레스테롤은 정상적인 세포의 증식과 생식(reproduction)에 필수적인 성질인, 적절한 막의 유동성(membrane fluidity)을 유지하는 데 중요하다. 콜레스테롤은 긴 인지질의 머리 부분이 leaflet의 외부 표면에서 무작위적으로 움직이지 못하게 하지만, 이 현상은 콜레스테롤의 농도에 의존한다. 원형질막의 콜레스테롤 농도에서는 스테로이드 고리(ring)와 인지질의 긴 소수성 꼬리(hydrophobic tail)가 서로 상호작용함으로써 지질을 고정(immobilization)시키고, 따라서 막의 유동성은 감소한다. 이와 같은 콜레스테롤의 성질은 원형질막을 독특한 지질과 단백질 조성으로 되어진 subdomain을 구성하는 데 도움을 줄 수 있다. 그러나 콜레스테롤의 농도가 낮을 때는 스테로이드 고리가 인지질 꼬리와 결합하지 못하고 분리됨으로써, 막의 내부 구역의 유동성은 약간 더 증가하게 된다.

이중막의 지질 조성은 또한 이중막의 두께에도 영향을 주는데, 이것은 다시 단백질과 같은 특정한 막의 구성요소들의 분포(distribution)에 영향을 줄 수 있다. 어떤 Golgi에 위치한 효소들(glycosyltransferases)은 비교적 짧은 transmembrane segment를 가지고 있으며, 이것은 Golgi 막의 지질 조성(lipid composition)에 적응하기 위한 것이고, 이로써 이러한 효소들이 Golgi apparatus에 존재할 수 있게 된 것으로 생각된다. 인공 막을 이용한 biophysical 연구 결과를 보면, sphingomyelin은 phosphoglyceride보다 더욱 젤 같은 상태로 존재하며, 더 두꺼운 이중막을 형성한다(그림 10-11a). 콜레스테롤이나 이와 비슷하게 막의 유동성을 저하시키는 분자들은 막의 두께를 증가시킨다. Sphingomyelin tail들은 이미 최적의 상태로 안정화되어 있기 때문에 콜레스테롤이 더 많아지더라도 sphingomyelin 이중막의 두께에는 별 영향을 주지 않는다.

이중막에서 지질의 조성에 영향을 받는 또 하나의 성질은 curvature (만곡 상태) 구조를 들 수 있다. 이는 인지질을 구성하는 극성 머리 부분과 비극성 tail의 상대적인 크기에 의해 결정된다. Tail의 길이가 길고 머리 부분이 큰 지질은 원통형(cylinder)이며, 작은 머리 부분을 가진 지질들은 원추형(cone)이다(그림 10-11b). 그 결과, 원통형의 지질로 구성된 이중막은 비교적 평평한 구조를 가지는 반면, 원추형 지질을 많이 함유한 이중막들은 휘어진 형태의 이중막을 형성한다(그림 10-11c). 이중막의 curvature에 영향을 주는 이러한 지질의 조성 차이에 의해 많이 휘어진 형태의 구조를 형성할 수도 있다. 이러한 예로서 바이러스의 budding site(그림 10-2 참조)가 있으며, 또 원형질막으로부터 내부의 소낭(vesicle)이 형성되는 현상(그림 10-6 참조), 그리고, 미세 융모(microvilli)와 같이 특성화된 안정적인 막 구조 등이 있다. *Reticulon* (척추동물에서는 RTN, 다른 진핵생물에서는 reticulon-like protein 또는 RTNL)과 같은 어떤 단백질은 인지질 이중막의 표면에 결합해서 막을 휘게 하기도 한다. 이러한 단백질들은 donor membrane으로부터 budding되어 생성되는 transport 소낭(vesicle)의 형성에 관여한다(14장 참조).

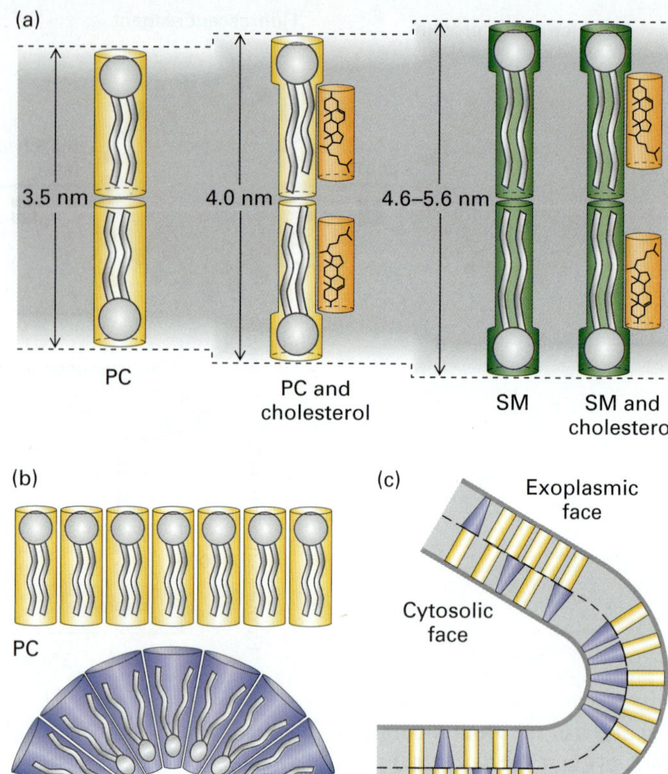

그림 10-11 지질의 조성이 이중막의 두께와 curvature에 미치는 영향. (a) 순수한 sphingomyelin (SM)으로 구성된 이중막은 phosphatidylcholine (PC)과 같은 phosphoglyceride로 형성된 이중막보다 두껍다. 콜레스테롤은 지질 정렬 효과(lipid-ordering effect)가 있어서 phosphoglyceride 이중막의 두께를 증가시키지만, 보다 질서 정연한 상태로 존재하는 SM 이중막의 두께에는 영향을 미치지 않는다. (b) PC와 같은 인지질들은 원통형 구조를 이루고 있으며 완전히 편평한 단일막을 형성하지만, phosphatidylethanolamine (PE)과 같이 보다 작은 머리 부분을 가진 인지질은 원추형 구조를 갖는다. (c) 실제 원형질막에서처럼 Exoplasmic leaflet 쪽에 PC가 많고, cytosolic face에 PE가 많으면 이중막은 자연스럽게 굴곡(curvature)를 형성하게 된다. [Information from H. Sprong et al., 2001, *Nature Rev. Mol. Cell Biol.* **2**:504–513.]

Exoplasmic Leaflet과 Cytoplasmic Leaflet의 지질 조성은 다르다

모든 생체막의 공통된 특징은 이중막 양쪽에 있는 지질의 조성이 비대칭이라는 것이다. 대부분의 인지질들은 두 membrane leaflet에 양쪽 모두에 존재하지만, 일반적으로 그중 한쪽의 leaflet에 더 많이 존재한다. 예를 들면, 사람의 적혈구(erythrocyte)나 Madin-Darby canine kidney (MDCK) 세포의 원형질막을 보면, 이중막의 유동성을 저해하는 sphingomyelin이나 phosphatidylcholine은 거의 모두 exoplasmic leaflet에 존재한다. 반면에, 보다 유동적인 이중막을 형성하는 phosphatidylethanolamine, phosphatidylserine, phosphatidylinositol은 선택적으로 cytoplasmic leaflet에 위치하고 있다. Phosphatidylserine과 phosphatidylinositol은 전체적으로 음의 전하(net negative charge)를 띠고 있으므로 single-pass membrane protein (단일 관통 막 단백질)의 cytoplasmic face에 있는 아미노산의 연장 부위(stretch)는 transmembrane segment에 매우 가까이 위치하고 있을 때 양의 전하(positive charge)를 띤 residue (Lys, Arg)를 많이 가진 경우가 많다(이것을 "inside positive" 법칙이라고 한다). 이처럼 leaflet의 지질들이 불균등한 분포(segregation)는 막의 curvature에 영향을 줄 수 있다(그림 10-11c 참조). 인지질과 달리 콜레스테롤은 비교적 세포막의 양쪽 leaflet에 상대적으로 균질하게 분포한다.

원형질막의 두 leaflet에 분포하는 특정 인지질의 상대적인 양은, 지질 분자의 acyl chain과 머리 부분 사이의 ester bond를 자르는 효소인 **phospholipase**에 의한 가수분해를 이용하여 실험적으로 측정할 수 있는데, 이 효소에 의해 특정 인지질이 얼마나 잘 잘리는지(susceptibility)를 통해 측정할 수 있다(그림 10-12). Phospholipase는 막을 가로질러 통과할 수 없으므로 배양액에 넣으면 세포의 외부(exoplasmic face)에 노출되어 있는 지질의 머리 부분만을 절단할 수 있다. 그러나 cytoplasmic leaflet에 위치하는 인지질들은 이러한 효소가 막을 투과할 수 없기 때문에 phospholipase에 의한 가수분해에 대하여 보호된다.

현재까지도 막의 leaflet 사이의 인지질의 비대칭적 분포가 어떻게 만들어지고 유지되는지 명확하게 밝혀지지 않았다. 앞에서 언급한 대로, 순수한 이중막에서는 인지질들이 자발적으로 이동하거나 한 leaflet에서 다른 leaflet으로 뒤집히지(flip-flop) 않는다. 이에 대한 한 가지 설명으로는 인지질 분포의 비대칭성이 endoplasmic reticulum (ER)이나 Golgi에서 이들 지질이 합성될 때 이루어진다는 것이다. Sphingomyelin은 Golgi의 luminal (exoplasmic) face에서 합성되는데, 이는 원형질막의 exoplasmic face가 된다. 반면에 phosphoglyceride는 ER의 cytoplasmic face에서 합성되는데, 이는 원형질막의 cytoplasmic face와 위상적으로(topologically) 똑같다(그림 10-5 참조). 그러나 이것으로는 phosphatidylcholine (phosphoglyceride의 하나)이 선택적으로 exoplasmic leaflet에 위치한다는 사실을 설명할 수 없다. 막에서 phosphoglyceride나 비슷한 다른 지질이 한 leaflet에서 다른 leaflet으로의 이동하는 현상은 자연적으로 어떠한 막에서 일어날 수 있는데, 이는 11장에서 논의할 *flippase*라고 하는 ATP 에너지를 이용하는 transport 단백질에 의해 촉매된다.

이중막의 한쪽 면의 지질이 선택적으로 분포하는 것은 다양한 막의 기능을 위해 필요하다. 예를 들면, phosphatidylinositol 중 phosphorylated form의 머리 부분은(그림 10-8b 참조; PI) 모두 cytosol 쪽으로 향하고 있는데, 이는 second messenger의 신호전달에 중요하다. 세포의 외부에서 오는 여러 가지 신호에 의해 많은 수용체들은 cytosolic 효소인 phospholipase C를 활성화시키는데, 이는 PI 안에 존재하는 phosphoinositol과 diacylglycerol을 연결시키는 결합(bond)을 가수분해한다. 15장에서 논의할 것이지만, 수용성(water-soluble) phosphoinositol과 막에 박혀 있는 diacylglycerol은 매우 다양한 세포의 대사(metabolism)에 관여하는 세포내 신호전달 경로(intracellular signaling pathway)에 참여한다. Phosphatidylserine 역시 원형질막의 cytoplasmic leaflet에 일반적으로 많이 존재한다. Serum (혈청)에 의한 platelet (혈소판) 활성화의 초기 단계에서 phosphatidylserine은 exoplasmic face로 잠시 이동하여 혈액 응고(blood clotting)에 관여하는 효소들을 활성화시키는데, 이는 flippase에 의한 것으로 추정된다. 세포가 죽을 때 지질의 비대칭성(lipid asymmetry)은 더 이상 유지되지 않으며, 보통 cytosolic leaflet에 매우 풍부한 phosphatidylserine이 exoplasmic leaflet에서 점점 더 많이 발견된다. 이와 같이, 외부에 점차적으로 노출되는 phosphatidylserine과 이것과 특이적으로 결합하는 단백질인 Annexin V를 사용하여 세포예정사(apoptosis; 세포자살)가 시작됨을 알 수 있다. 22장에서 논의하는 바와 같이, 죽거나 죽어가는 세포에서 phosphatidylserine의 증가는 대식(phagocytic) 세포에 의해 인지되어, apoptotic body를 내입(engulf)하기 시작하여 세포의 잔해(cell remnant)가 시기적절하고 안전하게 처리되도록 한다.

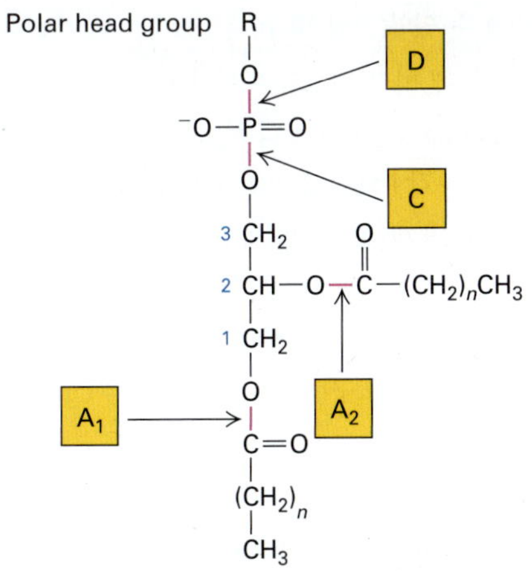

그림 10-12 Phospholipase의 특이성(specificity). 각 종류의 phospholipase는 빨간색으로 표시된 취약한 결합들 중 하나를 절단한다. Glycerol의 탄소는 작은 숫자로 표시되어 있다. 배지에 phospholipase가 있을 때, 온전한 상태의 세포에서는 원형질막의 exoplasmic leaflet에 있는 인지질만이 절단된다. Cytosolic 효소인 phospholipase C는 원형질막의 cytosolic leaflet에 있는 특정 인지질을 절단한다.

콜레스테롤과 Sphingolipid는 막의 Microdomain (미세구역)에서 특정 단백질들과 Cluster (군집)를 이룬다

막의 지질은 이중막의 각 leaflet에 무작위로 분포(균질 혼합물처럼)되어 있지 않다. 지질이 leaflet 내부에서 규칙적으로 존재한다는 것은 원형질막을 Triton X-100 같은 비이온성 계면활성제(nonionic detergent)로 추출(extraction; solubilization)한 다음 남아 있는 지질을 관찰해 보면, 콜레스테롤과 sphingomyelin이 주로 발견되었다는 사실로부터 유추할 수 있다. 이들 두 지질은 비교적 질서정연(ordered)하며 덜 유동적인 이중막에서 발견되므로, 연구자들은 이들이 **lipid raft (지질 뗏목)**라고 명명한 microdomain (미세 구역)을 형성할 것이라 예상했으며, 이 부분은 비이온성 계면활성제에 의해 더욱 쉽게 추출되는, 보다 유동적인 인지질로 둘러싸여 있었다. (막 단백질을 추출하는 방법에서 이온성 계면활성제와 비이온성 계면활성제의 역할에 대해서는 10.2절에서 더 상세히 살펴볼 것이다.)

여러 생화학적, 현미경적 실험 증거들은 lipid raft의 존재를 지지하는데, 이는 천연 상태의 막에서 대략 50 nm의 직경을 가지고 있었다. Raft는 막에서 콜레스테롤을 빼낼 수 있는 methyl-β-cyclodextrin, 혹은 콜레스테롤을 막의 내부로 뭉치게 하는 filipin과 같은 항생제에 의해 구조가 와해된다. 이러한 발견으로부터 콜레스테롤이 이러한 raft들의 구조를 유지하는 데 중요한 역할을 함을 알게 되었다. 이러한 raft 분획(fraction)은 비이온성 계면활성제에 녹지 않는 성질로서 구별(define)될 수 있는데, 이 분획은 원형질막 단백질의 한 부분(subset)을 포함하고 있으며, 그중 많은 것들이 세포 외부의 신호(extracellular signal)를 감지하고 그 신호를 cytosol로 전달하는 중요한 역할을 한다. Raft 분획에는 당지질(glycolipid)들이 풍부하게 존재하기 때문에, 온전한(intact) 세포에서 raft-type 구조를 현미경으로 관찰하기 위한 중요한 방법으로, 특정 ganglioside에 특이적으로 결합하는 단백질인 형광으로 표지된(fluorescence labeled) cholera toxin을 사용한다. Lipid raft는 많은 중요한 단백질들로 하여금 서로 가까이 위치하게 하고, 서로의 상호작용(interaction)을 안정화(stabilize)시킴으로써, 세포 표면 수용체(cell-surface receptor)에 의한 신호전달을 촉진시키고, 이로써 cytosolic의 여러 일을 활성화시키는 역할을 하는 것으로 보인다. 그러나 lipid raft의 구조와 생물학적 기능에 대해 우리가 밝혀내야 할 것이 아직도 많이 남아 있다. 당지질처럼, 일부 lipid raft에 부착되는 지질의 고유한 특성은 아마도 소수성 내부를 구성하는 꼬리(tail) 간의 상호작용을 가능하게 하고, cytosolic leaflet에서의 신호전달의 platform의 형성에 도움을 주는 성질일 것으로 보인다.

세포는 과잉의 지질(Excess Lipid)을 Lipid Droplet에 저장한다

*Lipid droplet*은 triglyceride와 cholesterol ester로 구성된 소낭의(vesicular) 구조를 일컬으며, 이는 ER로부터 유래하여 지질 저장의 기능을 갖는다. 한 세포에 막 합성에 즉각적으로 필요한 양 이상의 지질이 공급되면, 남는 지질은 lipid droplet으로 가게 되고, 이는 Congo red와 같은 lipophilic dye로 염색(staining)하여 살아 있는 세포에서 쉽게 관찰할 수 있다. 세포에 지방산의 하나인 oleic acid를 공급하면 lipid droplet 형성이 촉진된다. Lipid droplet은 triglyceride와 cholesterol ester의 저장소(storage)일 뿐 아니라 파괴될 운명에 놓인 단백질을 저장하는 장소로서의 역할도 하는 것으로 보인다. Lipid droplet의 생성은 triglyceride와 cholesterol보다 더 소수성을 지닌 cholesterol ester가 삽입되면서 ER의 지질 이중막이 delamination (박리)되는 현상으로부터 시작된다(그림 10-13). 지질 "lens"는 더 많은 지질이 삽입되면서 커지고, 마침내 ER로부터 lipid droplet이 떨어져 나오게 된다. 그 결과 생성된 cytoplasmic droplet은 인지질 단일막(phospholipid monolayer)으로 둘러싸인다. 이 droplet의 상세한 생성 과정과 이들의 기능에 대한 부분은 아직 더 깊게 연구해야 할 주제이다.

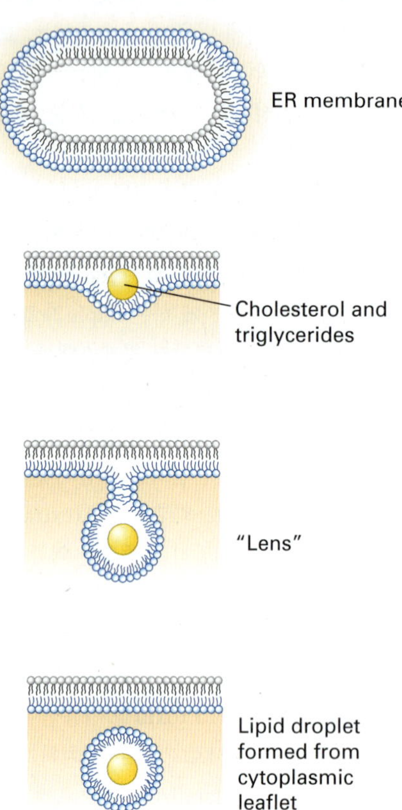

그림 10-13 지질의 droplet은 ER 막으로부터 budding된 후 잘라져서 형성된다. 지질의 droplet의 형성은 cholesterol ester와 triglyceride (노란색)가 지질 이중막의 소수성 핵심 부위 안에 축적됨으로써 시작된다. 이로써 2개의 인지질 단일층들이 서로 갈라지게 되면서(delamination) "렌즈" 모양의 구조가 형성되고, 이 구조는 계속 커져서 목 부분이 잘라지면서 구형의 droplet이 만들어진다. 새로 형성된 droplet은 ER 막의 cytosolic leaflet으로부터 유래된 지질 단일층으로 둘러싸이게 된다.

10.1절의 주요 개념

지질 이중막(Lipid Bilayer): 조성과 구조

- 막은 세포의 구조와 기능에 매우 중요하다. 진핵 세포는 원형질막에 의해 외부 환경과의 경계를 형성하며, 내부 구역 (세포소기관과 vesicle) 역시 막으로 구획화되어 있다.
- 모든 막의 기본 구성단위인 인지질 이중막은 친수성(hydrophilic) face와 소수성(hydrophobic) core로 이루어진 2분자 두께의 lipid sheet이며, 이는 수용성 분자(water-soluble molecule)나 이온(ion)들에 비투과적이다. 이중막에 박혀 있는 단백질은 막의 특정 기능을 부여한다(그림 10-1 참조).
- 인지질은 자발적으로 이중막을 형성하며, 수용성 공간(aqueous space)으로 둘러싸여 있는 밀폐된 구획을 이룬다(그림 10-3 참조).
- 모든 막은 이중막으로, internal (cytosolic) face와 external (exoplasmic) face를 가진다(그림 10-5 참조). *E. coli*와 같은 어떤 세포소기관은 하나가 아니고 2개의 이중막으로 싸여 있다.
- 막의 주요 구성성분은 phosphoglyceride, sphingolipid, 그리고 sterol (예, 콜레스테롤)이다. "Phospholipid"라는 이름은 fatty acyl hydrocarbon tail과 phosphate-based polar head group을 가지고 있는 양친매성(amphipathic) 지질 분자 전부를 말한다(그림 10-8 참조).
- 생체막은 액체 같은 상태에서 젤 같은 상태로 phase transition을 할 수 있는데, 이는 온도와 막의 구성성분에 영향을 받는다(그림 10-9 참조).
- 대부분의 지질과 많은 단백질들은 생체막에서 측면으로(laterally) 움직일(mobile) 수 있다(그림 10-10 참조).
- 세포의 막은 종에 따라 지질의 구성이 서로 다르다(표 10-1 참조). 인지질과 sphingolipid는 이중막의 두 leaflet에 비대칭적으로 존재하지만, 콜레스테롤은 각 leaflet에 거의 균등하게 존재한다.
- 자연계에 존재하는 생체막의 점도는 일반적으로 액체와 비슷한(fluid-like) 유동성을 가질 수 있는 정도이다. 일반적으로, 막의 유동성은 sphingolipid나 콜레스테롤에 의해 감소하고, phosphoglyceride에 의해 증가한다. 막의 지질의 구성비는 막의 두께와 curvature에 영향을 준다(그림 10-11 참조).
- Lipid raft는 콜레스테롤, sphingolipid, 그리고 특정 단백질들을 포함하는 이중막 평면에 형성된 microdomain을 말한다. 이러한 lipid-protein 집합체(aggregate)는 특정 원형질막 수용체에 의한 신호전달을 원활하게 하는 것으로 보인다.
- Lipid droplet은 지질을 저장하는 소낭(vesicle)이며, ER에서 유래된다(그림 10-13 참조).

10.2 막 단백질(Membrane Protein): 구조와 기본 기능

막 단백질은 이들의 위치에 따라 인지질 이중막의 내부 혹은 표면에 존재하는 단백질로 정의된다. 대부분의 생체막은 거의 같은 기본 구조를 가지고 있지만, 이들 막에 결합된 단백질들에 따라 각각의 막은 독특한 기능을 가진다. 생체막과 결합된 단백질의 종류와 양은 세포의 종류와 세포 내에서의 위치에 따라서 다양하다. 예를 들어, 미토콘드리아(mitochondria)의 내막(inner membrane)은 76%가 단백질이며, 신경 돌기(nerve axon)를 둘러싸고 있는 myelin (수초)의 막은 단지 18% 만이 단백질이다. 23장에서 논의될 내용처럼, myelin에는 인지질의 양이 매우 높아서 주위 환경과 신경을 전기적으로 절연할 수 있다. 막 단백질이 중요하다는 것은 효모의 유전자 전체의 1/3 정도가 막 단백질을 암호화하고 있다는 사실로부터 명백하게 알 수 있다. 다세포 생물은 세포와 세포간의 상호작용(cell-cell interaction)과 세포와 세포의 부착(cell adhesion)을 위한 기능이 추가적으로 필요하므로, 단세포 생물보다 막 단백질을 위한 유전자의 양이 상대적으로 더 많다. 실제로, 사람의 genome의 약 20,000개의 유전자중 약 7,000개는 막 단백질을 암호화한다.

지질 이중층은 막 단백질에 대한 독특한 2차원 소수성 환경을 제공한다. 어떤 단백질들은 인지질 이중막의 소수성 핵심부(hydrophobic core) 안에 묻히는(embed) 부위(segment)를 가지고 있고, 다른 단백질들은 이중막의 exoplasmic leaflet이나 cytosolic leaflet에 붙어 있기도 한다. 막 단백질의 domain 중 원형질막의 세포외(extracellular) 표면에 노출되어 있는 부분은 일반적으로 세포 외부의 신호전달 단백질이나 이온(ion), 그리고 작은 대사물질들(예, glucose, 지방산)과 같은 세포 외부 분자(extracellular molecule)와 결합할 수 있으며, 또한 다른 세포에 존재하는 단백질과 세포 외부에 존재하는 단백질에도 결합할 수 있다. 원형질막 내부에 위치한 단백질의 부위들도 여러 기능을 수행하는데, 수송 단백질(transport protein)의 경우 세포의 안팎으로 분자와 이온들의 이동을 매개하는 channel이나 pore (구멍)를 형성하기도 한다. 또한, 이렇게 막의 내부 안에 위치하는 단백질의 부위(intramembrane segment)는 막의 평면 내부에서 복수의 막 단백질이 모여 더 큰 집합체(assembly)를 형성하게 한다. 원형질막의 cytosolic face에 위치하는 단백질의 부분은 세포 골격 단백질(cytoskeletal protein)을 막과 결합시키거나 세포내 신호전달 (intracellular signal transduction)을 활성화시키거나 ATP의 합성을 일으키는 등 다양한 기능을 수행한다.

많은 경우에서, 막 단백질의 기능과 polypeptide 사슬의 막 내에서의 위상(topology)은 이미 잘 알려진 다른 단백질과의 유사성 비교를 통해서 예측이 가능하다. 이번 절에서 우리는 막 단백질의 구조적인 특징과 이들의 몇 가지 기본적인 기능을 살펴볼 것이다. 또한 막 단백질들이 어떻게 막과 상호작용하는지 쉽게 이해할 수 있도록 여러 단백질들의 구조에 대해 논의할 것이다. 여러 종류의 막 단백질의 보다 완전한 특성에 대한 분석은 뒷부분에서 다루게 되는데, 특별히 막 단백질의 세포 내에서의 기능과 이와 관련된 구조에 대해 집중해서 설명한다.

단백질은 세 가지 다른 방식으로 막과 결합한다

막 단백질은 막과 단백질의 결합 위치에 따라서, 내재성 막 단백질(integral membrane protein), 지질-고정 막 단백질(lipid-anchored membrane protein) 그리고 외재성 막 단백질(peripheral membrane protein) 등 세 가지 종류로 분류될 수 있다(그림 10-1 참조). **Integral membrane protein (내재성 막 단백질)**은 *transmembrane protein*이라고도 하는데, 인지질 이중막을 관통하고 있으며, 세 부분으로 나눌 수 있다. 단백질의 cytosolic과 exoplasmic 부위(domain)는 막의 cytosolic face과 exoplasmic face에서 수용성 환경(aqueous environment)과 상호작용을 할 수 있는 친수성 외부 표면(hydrophilic exterior surface)을 가지고 있다. 이러한 domain들을 아미노산의 구성이나 구조의 측면에서 보면 수용성(water-soluble) 단백질과 유사하다. 반면에, 막을 가로지르는 부위(spanning segment)에는 소수성(hydrophobic) 아미노산이 많은데, 이들 아미노산의 side chain은 구조적으로 바깥쪽으로 돌출되어 있어 인지질 이중막의 탄화수소 핵심부(hydrocarbon core)와 결합한다. 현재까지 분석된 모든 transmembrane 단백질에서 막을 가로지르는 부위는 하나 또는 그 이상의 α helix (나선) 혹은 다수의 β strand (가닥)로 구성되어 있었다. 우리는 이미 수용성(soluble) cytosolic 단백질의 ribosome에서의 합성과 post-translational processing에 대하여 5장과 9장에서 살펴보았다. 내재성 막 단백질들이 합성 도중에 막에 삽입되는 과정은 13장에서 논의할 것이다.

Lipid-anchored membrane protein (지질-고정 막 단백질)은 하나 또는 그 이상의 지질 분자와 공유결합(covalent bond)으로 연결되어 있다. 결합된 지질의 소수성 부위는 막의 한쪽 leaflet에 삽입되어 있어서 단백질이 막에 고정되게 한다. 그러나 polypeptide 사슬 자체는 인지질 이중막 내부로 삽입되지 않는다.

Peripheral membrane protein (외재성 막 단백질; 그림 10-1 참조)은 인지질 이중막의 소수성 핵심 부분(hydrophobic core region)과 직접적으로 접촉하지 않는다. 대신 내재성 막 단백질(integral membrane protein)이나 지질 고정 막 단백질(lipid-anchored membrane protein)과의 결합을 통해 간접적으로 또는 지질의 머리 부분과 직접적으로 결합하는 방식으로 막과 결합한다. 외재성 막 단백질은 원형질막의 cytosolic face나 exoplasmic face 둘 중 하나에 결합할 수 있다. 이처럼 이중막과 가깝게 결합하는 단백질들 외에, cytoskeletal filament (세포 골격 세사)가 있는데, 이것은 보통 하나 이상의 peripheral adaptor 단백질을 통해 cytosolic face에 다소 약하게 결합할 수 있다. 세포 골격과의 이러한 결합은 여러 가지 세포의 막에 지지대 역할을 하여, 세포의 모양을 유지하거나 구조를 지탱하게 하고, 또 세포의 내부와 외부 사이의 쌍방향 소통에도 중요한 역할을 한다. 이는 17장에서 더 살펴 볼 것이다. 마지막으로, 원형질막의 바깥쪽 면(outer surface)에 위치한 외재성 단백질과 내재성 막 단백질의 exoplasmic domain은 종종 extracellular matrix component (세포 외질 성분) 혹은 박테리아 및 식물 세포를 싸고 있는 세포벽(cell wall)과 결합하는 방식으로 세포와 주위 환경 사이의 접점(interface)으로서 중요한 역할을 한다.

대부분의 Transmembrane Protein은 막을 관통하는 α-helix 구조를 가지고 있다

수용성(soluble) 단백질은 수백 가지의 독특한 국소적인 접힘 구조(localized folded structure), 즉 motif를 가지고 있다(그림 3-7 참조). 그러나 내재성 막 단백질(integral membrane protein)의 transmembrane domain에 있는 접힘 구조의 종류는 상당히 제한적인데, 소수성 α-helix 구조가 가장 많다. 막을 가로지르는(membrane-spanning) α-helix 구조를 가진 단백질은 막에 안정적으로 삽입(embed)되어 있다. 이는 단백질의 소수성 아미노산의 부위가 인지질의 특정 지질과 열역학적으로 선호되는 소수성 결합 반응과 반데르발스 상호작용을 하고, 또한 단백질의 극성 부분이 인지질의 머리 부분과는 이온 결합(ionic interaction)을 이룸으로써 가능해진다.

단일의 α-helix domain 하나만으로도 내재성 막 단백질을 막에 삽입하는 데 충분하다. 그러나 많은 단백질들이 1개 이상의 transmembrane α-helix를 가지고 있다. 전형적인 막에 삽입되는(membrane-embedded) α-helix 구조는 20–25개의 소수성[uncharged (전하를 띠지 않은)] 아미노산으로 구성된다(그림 2-14 참조). 예측된 이 나선(helix) 구조의 길이(3.75 nm)는 인지질의 탄화수소 핵심부(hydrocarbon core)를 관통하기에 알맞다. 많은 경우 막 단백질에 있는 이들 α-helix 구조는 막의 표면과 직각으로 위치하는데, 나선 구조가 비스듬히 막을 가로지르고 있는 경우도 있다. 소수성 side chain은 나선 구조의 외부로 향하고 있어서 이중막의 fatty acyl chain과 반데르발스 상호작용으로 결합을 형성한다. 반면 친수성(hydrophilic) amide peptide bond는 α-helix의 안쪽에 있다(그림 3-4 참조). 즉, 각각의 carbonyl 그룹(C=O)은 나선의 C-terminus 쪽으로 네 번째 아미노산의 amide hydrogen 원자와 수소 결합(hydrogen bond)을 형성한다. 이러한 극성 그룹들은 막의 소수성 내부와 직접 접촉하지 않도록 위치한다.

α-helical domain을 가지고 있는 단백질의 구조를 보다 잘 이해하기 위해 네 가지 단백질, 즉 glycophorin A, G-protein coupled receptor, aquaporin (water/glycerol channel), 그리고 antigen (항원)에 대한 T-cell receptor에 대하여 간략히 논의한다.

적혈구(erythrocyte) 원형질막의 주요 단백질인 glycophorin A는 단 하나 만의 막을 관통하는(membrane-spanning) α-helix를 가진 *single-pass* transmembrane 단백질이다(그림 10-14a). 23개의 residue로 구성된 막을 관통하는 α-helix는 자신을 둘러싸고 있는 이중막에 있

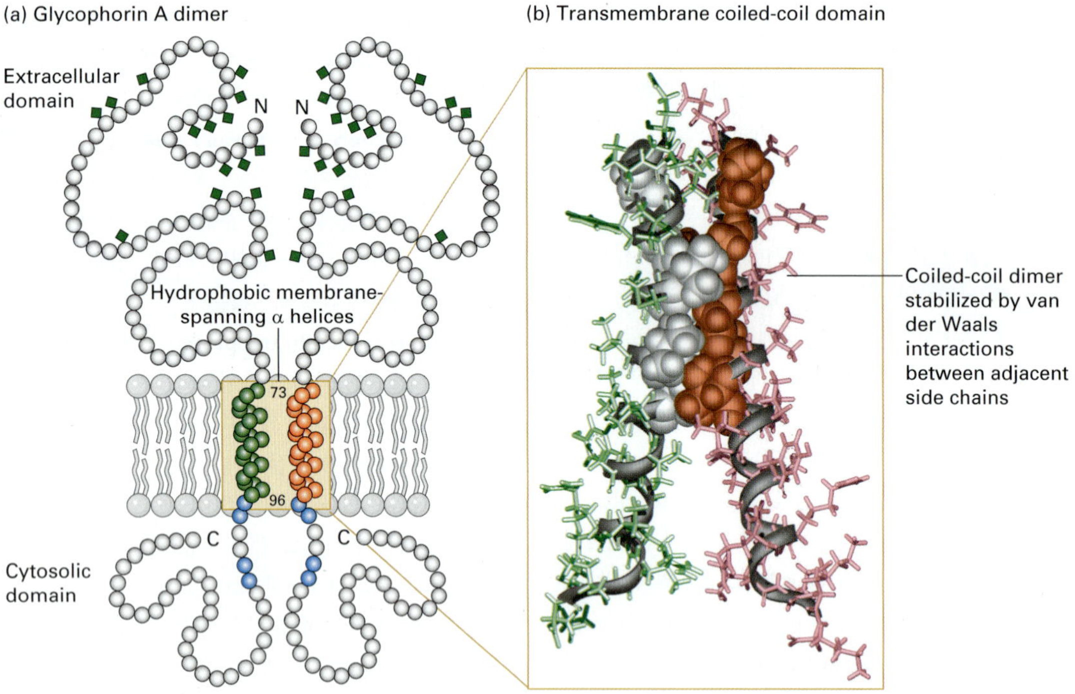

그림 10-14 전형적인 single-pass (단일 통과) transmembrane 단백질인 glycophorin A의 구조. (a) 중요한 특성을 가진 주요 서열과 막과의 관계를 보여주는 dimeric glycophorin의 모식도. 각 monomer 마다 23개의 residue로 된 막을 관통하는 나선(membrane-spanning helix) 구조가 하나씩 있으며, 소수성(전하를 띠지 않는) side chain을 가진 아미노산들로 구성되어 있다(빨간색 구와 초록색 구). 나선의 cytosolic side 근처에 존재하며 양전하를 띠는 arginine과 lysine residue들(파란색 구)은 음전하를 띠고 있는 인지질 머리 부분과 결합함으로써 막에 glycophorin이 고정되는 것을 돕는다. 세포외(extracellular) 부분과 cytosolic 부분 둘 다 전하를 띤 residue와 극성의 전하를 띠지 않는 residue들을 많이 가지고 있다. 세포외 부분은 당수식화(glycosylation)가 매우 많이 되어 있어서, 특정 serine, threonine, asparagine residue에 탄수화물의 side chain (녹색 다이아몬드)이 붙어 있다. (b) Dimeric glycophorin A의 transmembrane domain에 해당하는 73–96 아미노산 residue의 분자 모델. 하나의 monomer 내의 α-helix 구조에 있는 소수성 side chain은 분홍색으로 표시하였다. 다른 monomer에 있는 α-helix 구조의 소수성 side chain은 녹색으로 표시하였다. Space-filling 구조 모형으로 나타낸 residue들은 반데르발스 상호작용으로 coiled-coil dimer를 안정화시키고 있다. 소수성 side chain이 어떻게 나선으로부터 바깥쪽 방향으로, 즉 이를 둘러싸고 있는 지방산 사슬 쪽으로 튀어나와 있다는 점에 주목하자. [Part (b) adapted from K. R. MacKenzi, J.H. Prestegard, and D.M. Engelman, 1997, *Science* **276**:131, PDB ID 1afo.]

는 fatty acyl chain과 결합할 수 있는 소수성(uncharged) side chain을 가진 아미노산들로 구성되어 있다. Glycophorin A는 일반적으로 세포 안에서 dimer (이합체)를 형성하고 있다. 즉, 하나의 glycophorin A polypeptide의 transmembrane 나선 구조는 다른 glycophorin A가 가지고 있는 상응하는 transmembrane 나선과 결합하여 coiled-coil 구조를 형성한다(그림 10-14b). 막을 관통하는 α-helix 구조에서 발견되는 이러한 상호작용은 dimer를 이루는 막 단백질을 만드는 일반적인 메커니즘이라 할 수 있는데, 많은 막 단백질들의 막을 관통하는 나선들끼리 서로 결합하여 oligomer (2개 이상의 polypeptide가 비공유결합으로 결합된)를 형성할 수 있다.

내재성 막 단백질의 그룹 중에서 중요하고 큰 종류는 막을 관통하는 7개의 α-helix 구조를 가진 단백질들이다. 15장에서 주로 논의될, 세포 표면에 존재하는 G-protein coupled receptor (G-단백질 결합 수용체) 군집이 이러한 그룹에 속하며, 이 중 여러 개는 이미 결정화되어 구조가 밝혀졌다. 그 분자 구조가 상세히 밝혀진 *multipass* transmembrane protein 중에는 광합성(photosynthetic)을 하는 박테리아의 세포막에 존재하는 bacteriorhodopsin이 있다. 이 단백질로부터 이러한 종류의 단백질 전체의 일반적인 구조를 보여준다(그림 10-15a). 이 단백질에 공유결합으로 연결되어 있는 retinal group이 빛을 흡수하면, 단백질의 구조 변화가 일어나서 박테리아 세포막을 가로질러 cytosol에서부터 extracellular 공간으로 양성자(proton)가 pumping된다. 막을 가운데에 두고 형성되는 이러한 양성자 농도 구배(proton concentration gradient)는 광합성의 과정 가운데 ATP를 합성하는 데 사용된다(12장 참조). Bacteriorhodopsin의 고해상도 구조를 통해, 모든 개개의 아미노산과 retinal, 그리고 주위의 지질들의 위치를 명확히 알 수 있다. 예상할 수 있듯이, bacteriorhodopsin의 막을 관통하는 부위(segment)의 바깥쪽에 위치하는 모든 아미노산들은 소수성을 갖고 있어 이를 둘러싸고 있는 주위의 지질 이중막 내 소수성 핵심부와 열역학적으로 선호되는 소수성 상호작용을 할 수 있다.

Aquaporin은 진화적으로 잘 보존된(conserved) 큰 단백질 족(protein family) 중 하나로, 생체막을 가로질러 물 분자와 glycerol 그리고 그 밖의 여러 가지 친수성 분자(hydrophilic molecule)들을 수송하는 기능을 가지고 있다. 특히, 이들은 multipass transmembrane protein으로서의 여러 특징을 보여준다. Aquaporin은 4개의 동일한 subunit로 구성된 tetramer이다. 4개의 subunit은 각각 6개의 막을 관통하는 α-helix 구조를 가지고 있고, 이들 중 몇 개는 막을 수직이 아닌 각도로 비스듬히(oblique angle) 관통한다. 대부분의 aquaporin들은 서로 비슷한 구조를 가지고 있으므로, x-ray diffraction (X-선 회절) 연구로 구조가 잘 알려져 있는 glycerol channel인 Glpf를 대표로 집중해서 알아본다(그림 10-15b). 이 aquaporin은 중간 부분에 접혀진 부분이 있는 하나의 긴 transmembrane 나선을 가지고 있고, 또 더욱 놀라운 것은 막을 절반만 관통하는(halfway) 2개의 α-나선 구조가 있다는 것이다. 이들 나선 구조들의 N-terminus (N-말단)는 서로 마주 보고 있으며(그림에서 노란색 N), 막을 비스듬히 관통한다(oblique angle). 따라서 막에 삽입되어진 나선은—그리고 뒷부분에서 살펴볼 나선이 아닌(nonhelical) 다른 구조도 마찬가지로—이중막을 완전히 관통하지 않는다. 11장

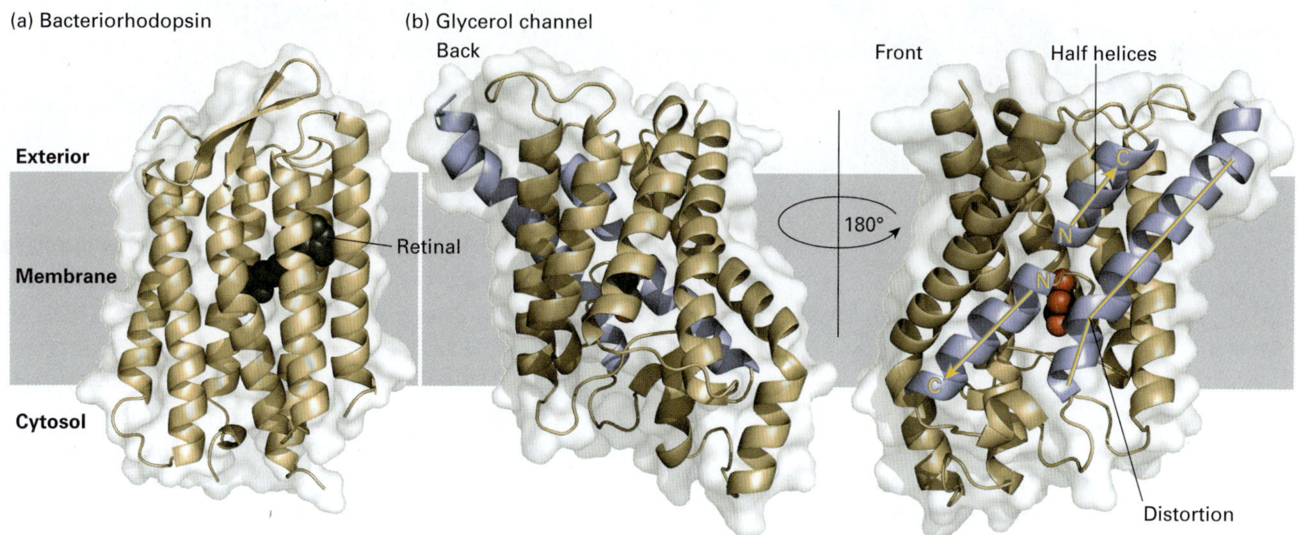

그림 10-15 두 가지 multipass 막 단백질의 구조. (a) Bacteriorhodopsin (몇몇 박테리아의 빛수용체)의 경우, 7개의 소수성 α-helix가 지질 이중막의 평면에 대하여 대략 직각으로 통과한다. 하나의 나선에 공유결합으로 연결되어 있는 retinal 분자 (검정)는 빛을 흡수한다. 진핵생물 세포에서 큰 군을 이루고 있는 G protein-coupled receptor들도 7개의 막을 관통하는 α-helix 구조를 갖는다. 이들의 3차 구조도 bacteriorhodopsin과 비슷하다. (b) Glycerol channel인 Glpf를 막의 평면과 직각인 축을 중심으로 180° 회전하여 본 두 가지 구조. 여러 개의 막을 관통하는 α-helix가 비스듬한 각도를 이루고 있는 것에 주목하라. 막을 반 정도만 관통하고 있는 2개의 나선(노란색과 보라색 화살표)과 중간에 "break (끊어짐)" 혹은 뒤틀림(distortion)이 있는 막을 관통하는 긴 나선(노란선이 그어진 보라색 부분) 역시 주목하라. 친수성 "핵심부"에 있는 glycerol 분자는 빨간 색으로 표시하였다. 막의 평면과 직각으로 있는 단백질의 부위 중 가장 소수성을 지닌 3-μm slab의 위치를 찾음으로써 이 단백질의 구조를 막의 탄화수소 핵심부에 위치시킬 수 있었다. [Part (a) after H. Luecke et al., 1999, *J. Mol. Biol.* **291**:899. Part (b) Data from J. Bowie, 2005, *Nature*, **438**:581-589, PDB ID 1c3w; and D. Fu et al., 2000 *Science* **290**:481–486, PDB ID 1fx8.]

에서 논의하겠지만, aquaporin의 이러한 짧은 나선 구조는 각 subunit의 중간에서 glycerol/water에 특이적인(selective) pore의 한 부분을 형성하고 있다(그림 11-8 참조). 이러한 구조는 막을 관통하는 α 나선이 지질 이중막이나 단백질의 다른 부위와 결합하는 방법이 매우 다양하다는 것을 알려 준다.

또 다른 aquaporin인 aquaporin 0의 구조를 통해, 인지질과 단백질 간의 상호작용의 특이성(specificity)을 명확히 볼 수 있다(그림 10-16). Aquaporin 0는 포유동물 눈의 렌즈의 대부분을 구성하는 fiber cell (섬유 세포)의 원형질막에 가장 풍부하게 존재하는 단백질이다. 다른 aquaporin과 마찬가지로 동일한 subunit이 모여서 구성된 tetramer이다. 이 단백질의 표면에는 인지질 분자와 결합하는 규칙적인(uniform) 부위가 없다. 대신 이중막의 fatty acyl chain이 단백질의 비규칙적인 소수성 외부 표면을 향하여 단단히 밀집(pack)되어 있다. 이러한 지질들을 이중막에 존재하는 다량의 인지질과 교체되지 않도록 단단한 지질 고리 구조(annulus)를 형성하고 있으므로 *annular phospholipid* (고리형 인지질)라고 한다. 어떤 fatty acyl chain들은 trans 형태의 구조(conformation)를 가지고 있으므로 곧은 구조인 반면(2장 참조), 다른 fatty acyl chain들은 단백질 표면의 커다란 친수성 side chain과 결합하기 위해 꺾여 있다. 또 어떤 지질의 머리 부분들은 막의 표면과 나란히 평행으로 위치하지만, 어떤 지질들은 막의 평면과 거의 직각을 이루기도 한다. 따라서 인지질과 막을 관통하는 단백질 사이에 특이적인 결합이 형성될 수 있으며, 막 단백질의 기능도 이중막에 존재하는 인지질의 종류가 무엇인지에 따라 영향을 받게 된다.

많은 α-helical transmembrane segment에는 내재성 막 단백질이 이중막에 삽입되도록 하는 소수성 (전하를 띠지 않는) residue들 이외에도 극성 또는 charged (전하를 띠고 있는) residue들이 있다. 이들 residue들의 side chain은 multimeric 막 단백질의 조립(assembly)을 유도하고 안정화(stabilization)하는 기능을 한다. Antigen에 결합하는 T-cell receptor가 그 한 예로서, 이것은 4개의 다른 dimer로 되어 있는데, 이들의 결합이 지질 이중막의 탄화수소 핵심부의 적절한 "깊이"에 있는 α-helix들 사이에 생기는 charge-charge interaction (전하와 전하의 상호작용)에 의하여 형성된다(그림 10-17). 각 dimer에 있는 양 전하

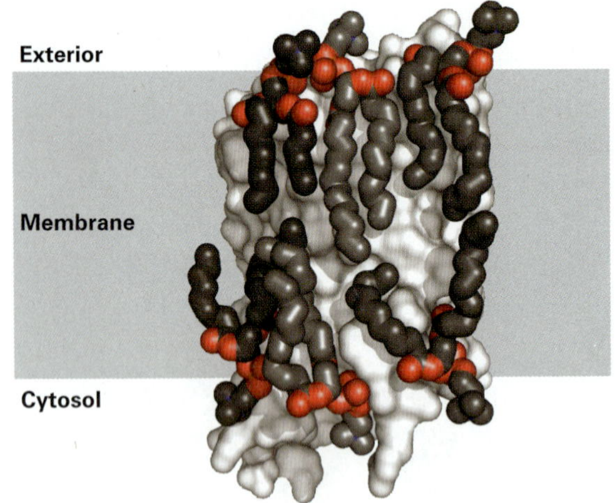

그림 10-16 Annular (고리형) 인지질. 14개의 탄소-포화 지방산 사슬을 가진 인지질 (myristic acid)인 dimyristoylphosphatidylcholine이 함께 있는 상태에서 결정화시켜 3차원 구조로 본 lens-specific aquaporin 0 homotetramer의 한 subunit의 단면 구조. 단백질 주위에 이중막 껍데기(shell)를 형성하고 있는 지질 분자에 주목하자. 그림의 단백질은 표면 부위만 묘사되어 있다(옅은 배경을 이루고 있는 분자). 지질 분자는 space-filling 모델로 나타냈다. 극성 지질 머리 부분(회색과 빨간색)과 지질 지방산 사슬(길어져 있는 검정과 회색의 구조)은 단백질 주위에 거의 일정한 두께를 갖는 이중막을 형성하고 있다. 막 내에서 지질 지방산 사슬들이 단백질의 전체 소수성 표면을 덮고 있을 것으로 예상된다. 가장 질서정연한 지질 분자들만이 그 crystallography를 통해 그 구조가 밝혀질 수 있다. [Data from A. Lee, 2005, *Nature* **438**:569–570, and T. Gonen et al., 2005, *Nature* **438**:633–688, PDB ID 2b6o.]

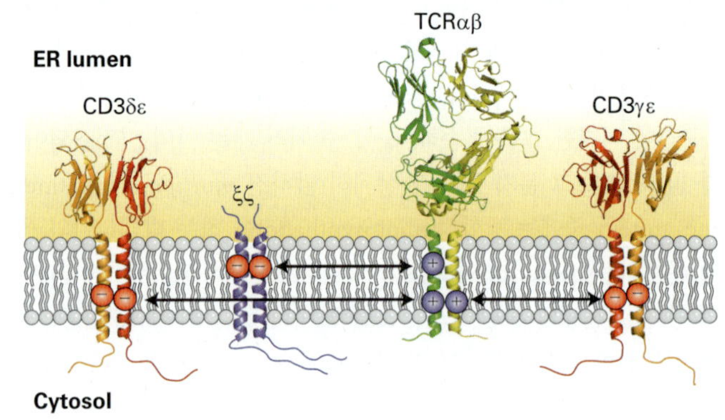

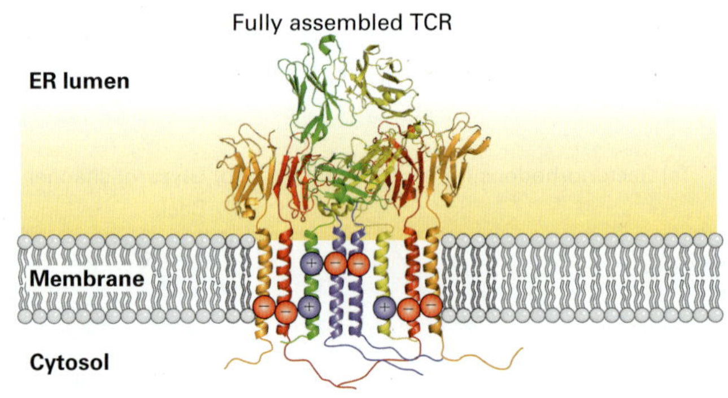

그림 10-17 전하를 띤(charged) residue들은 multimer로 이루어진 막 단백질들의 조립을 총괄할 수 있다. 항원(antigen)에 반응하는 T-cell receptor (TCR)는 4개의 서로 다른 dimer들로 구성되어 있다. 즉, αβ pair는 직접적으로 항원 인지 기능을 담당하고, 나머지 보조(accessory) subunit들은 총체적으로 *CD3 complex*라고 일컫는다. 이들 보조 subunit에는 γ, δ, ε, ζ subunit들이 있다. ζ subunit은 disulfide로 연결된 homodimer를 형성하며, γ와 δ subunit은 각각 ε subunit과 함께 복합체를 이뤄서 γε 혹은 δε pair를 형성한다. TCRα와 TCRβ chain의 transmembrane 부위는 각각 양 전하를 띠고 있는 residue들을 가지고 있다(파란색). 이들이 이중막의 소수성 핵심부 안의 적당한 깊이에서 음 전하를 띠고 있는(빨간색) γε heterodimer 혹은 δε heterodimer와 상호작용하여 가까이 위치하게 된다. ζ homodimer는 TCRα chain (진한 초록색) 속의 전하들에 가까이 결합하고 있는 반면에, γε 혹은 δε subunit의 pair는 TCR α와 TCR β chain (밝은 초록색)과 소수성 핵심부 안쪽 더 깊은 곳에서 결합한다. 그러므로 transmembrane 부위에 있는 전하를 띤 residue들은-사실 전하가 없다면 비극성일 transmembrane 부위에서 이들이 더욱 높은 차원의 질서정연한 구조로 조립될 수 있도록 총괄적인 도움을 주는 것이다. [Data from K. W. Wucherpfennig, et al., 2010, *Cold Spring Harb Perspect Biol*, **2**:a005140. PDB ID 1xmw; M. E. Call et al., 2006, *Cell* **127**:355, PDB ID 2hac; and L. Kjer-Nielsen et al., 2003, *Immunity* **18**:53, PDB ID 1mi5.]

(positive charge)와 음 전하(negative charge) 사이에 생기는 정전기 인력(electrostatic attraction)은 dimer들로 하여금 서로를 찾을 수 있게 한다. 소수성을 지닌 transmembrane 부위에 있는 전하를 띤 residue들은 이러한 방식으로 multimeric 막 단백질의 형성을 유도할 수 있는 것이다.

Porin의 여러 β-strand가 막을 관통하는 "Barrel"을 형성한다

Porin은 α-helical transmembrane domain을 가지고 있는 다른 내재성 단백질과는 완전히 다른 구조를 갖는 transmembrane 단백질의 한 종류(class)이다. (위에서 논의한 aquaporin은 그 이름에도 불구하고 porin이 아니며, 여러 개의 transmembrane α helix를 가지고 있다.) 여러 타입의 porin이 *E. coli* (대장균)과 같은 gram-negative 박테리아의 외막(outer membrane)이나(그림 1-12a 참조), 미토콘드리아와 엽록체의 외막에 존재한다. 외막은 장내의 박테리아들이 해로운 물질[예, antibiotics (항생제), bile salt (담즙산염), protease (단백질 분해 효소)]로부터 보호될 수 있게 해주는 반면, 영양분(nutrient)이나 노폐물(waste product)등 작은 친수성 분자들을 막을 흡수되거나 배출되도록 한다. *E. coli*의 외막에 있는 어떤 porin은 이당류(disaccharide)나 작은 분자들, 그리고 인산(phosphate)과 같은 이온을 통과시키는 channel로서의 기능을 한다. Porin의 아미노산 서열을 보면, α-helical의 막 관통 부위를 가지는 내재성 막 단백질에 보통 존재하는, 길고 연속적인 소수성 부위가 없다. 대신 완전히 접혀져 있는 porin의 전체 외부 표면이 지질 이중막의 탄화수소 핵심부에 대하여 소수성의 특성을 보이고 있다. X-선 crystallography를 통해서, porin은 동일한 subunit이 모여 구성된 trimer임이 보였다. 각 subunit에는 16개의 β strand들이 비틀린 얇은 판을 만들면서 중앙이 뚫린 pore를 가진 원통 구조를 형성한다(그림 10-18). 전형적인 수용성(water-soluble)의 구형 단백질(globular protein)들과는 다르게 porin의 내부는 친수성이고 외부는 소수성이다. 이러한 의미에서 porin은 구형 단백질들의 안과 밖이 뒤집힌 형태(inside out)인 것이다. Porin monomer에서 각 β-strand에 있는 바깥쪽으로 나온 side chain residue는 소수성이며 원통의 바깥쪽을 둘러싸는 비극성의 리본 모양의 띠를 형성한다. 이러한 소수성의 띠(band)는 막 지질의 fatty acyl group이나 다른 porin monomer와 결합한다. Porin monomer의 내부로 향한 side chain residue들은 대체적으로 친수성이다. 이들은 내부의 pore 표면에 따라 위치함으로써 작은 수용성의 분자들이 막을 가로질러 통과할 수 있게 한다.

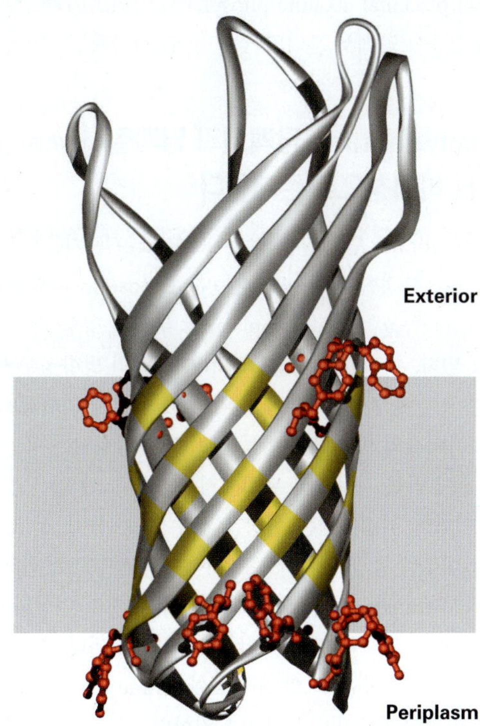

그림 10-18 *E. coli*의 외막에 존재하는 porin의 한 종류인 OmpX의 한 subunit의 구조 모델. 모든 porin은 trimeric transmembrane 단백질이다. 각 subunit은 barrel (원통) 형태로 되어 있고, β-strand들이 벽과 같은 구조와 중앙의 transmembrane pore 부분을 형성한다. Aliphatic [지방족; hydrophobic이면서 noncyclic (고리가 아닌)] side chain (노란색)의 띠와 aromatic (방향족; 고리를 가진) side chain (빨간색)들이 단백질로 하여금 이중막 안에 존재할 수 있게 한다. [Data from J. Vogt and G. E. Schulz, 1999, *Structure* **7**:1301, PDB ID 1qj8.]

최근 구조생물학, 특히 cryo-electron microscopy (3장 참조)의 적용은 거의 원자(atomic) 수준 분해능에서 transmembrane segment를 포함한 막 단백질의 구조를 연구하는 것을 가능하게 했다. ATP-binding cassette family transporter (ABC transporter)족에 속하는 단백질이 그러한 예가 된다.

어떤 단백질은 공유결합의 형태로 탄화수소 사슬에 의해 막에 고정된다

진핵 세포에서는 세포의 막의 한쪽 또는 다른 쪽 leaflet에 지질을 통한 공유결합으로 본래 수용성인 단백질이 고정될 수 있다. 이렇게 지질에 의해 고정된(lipid-anchored) 단백질에서, 고정된 지질의 탄화수소 사슬은 이중막에 파묻혀(embed) 있지만, 단백질 자체는 이중막에 삽입되지 않는다. Cytosolic face에 단백질을 고정시키는 lipid anchor는 반대쪽의 exoplasmic face에서는 사용되지 않는데, 그 반대도 마찬가지이다.

Cytosolic 단백질 중 한 종류는 fatty acyl group을 통해 막의 cytosolic face에 고정되어 있는데, 이때 *acylation* (아실화)이라고 하는 반응에 의해서 N-terminal glycine residue에 fatty acyl group (예를 들면, myristate나 palmitate)이 공유결합의 방식으로 연결된다(그림 10-19a). 이러한 N-terminal acyl anchor에 의하여 단백질이 막에 결합된 채 유지(retention)되는 것은 막과 관련된 기능에 대단히 중요하다. 예를 들면, 세포내 tyrosine kinase의 돌연변이형(mutant form)인 v-Src의 경우에는 정상 세포로 하여금 비정상적인 증식(proliferation)을 하게 해서 암세포로 만드는데, 이것은 이 단백질이 myristylated N-terminus를 가지고 있는 경우에만 발생한다(25장 참조).

두 번째 그룹의 cytosolic 단백질들은 C-terminus 또는 그 근처의 cysteine residue에 부착되는 탄화수소 사슬을 통해 막에 고정되는데,

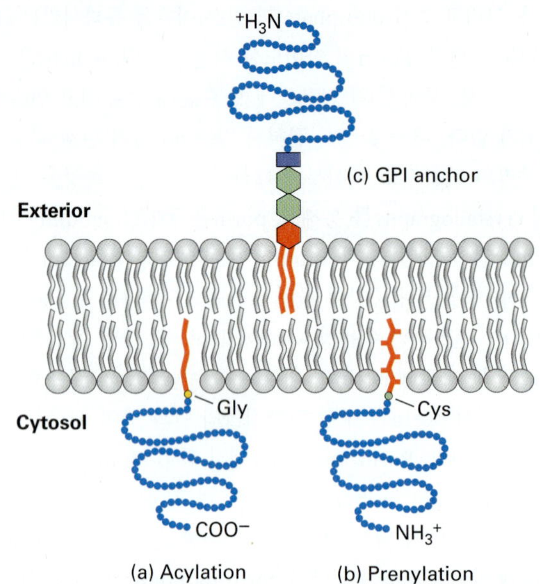

그림 10-19 공유결합으로 연결된 탄화수소 그룹에 의해서 원형질막의 단백질이 인지질 이중막에 고정되어 있는 모식도. (a) v-Src와 같은 cytosolic 단백질은 polypeptide의 N-말단의 glycine (Gly) residue가 단일의 지방산 사슬에 결합하는 방식으로 원형질막에 고정된다. 이때 사용되는 acyl anchor는 myristate (C14) 또는 palmitate (C16)이다. (b) 다른 cytosolic 단백질(예, Ras나 Rab 단백질 등)은 C-말단이나 그 근처의 cysteine (Cys) residue 한두 개가 prenylation되어 막에 고정된다. 이때의 anchor는 불포화 상태로 존재하는 farnesyl group (C15) 또는 geranylgeranyl group (C20)이다. (c) 원형질막의 exoplasmic surface에 있는 지질 anchor는 glycosylphosphatidylinositol (GPI)이다. 이 anchor의 phosphatidyl 부분(빨간색)은 이중막 내부까지 연장된 2개의 지방산 사슬을 가진다. Anchor 부분의 phophoethanolamine 단위체(보라색)는 단백질과 연결되어 있다. 2개의 녹색 육각형은 당 단위를 나타내는데, 그 수나 성질, 그리고 배열은 GPI anchor의 종류에 따라 다르다. 효모 GPI anchor의 완전한 구조는 그림 13-15를 보시오. [Information from H. Sprong et al., 2001, *Nature Rev. Mol. Cell Biol*. **2**:504–513.]

이러한 변형을 *prenylation*이라고 한다(그림 10-19b). Prenyl anchor는, 다음 10.3절에서 상세히 살펴보겠지만, 콜레스테롤 생합성에도 이용이 되는 탄소 5개로 구성된 isoprene 단위체(unit)로부터 만들어진다. 단위체로부터 15개의 탄소로 구성된 farnesyl group 또는 20개의 탄소로 구성된 geranylgeranyl group이 단백질의 C-terminal cysteine residue의 —SH group과 thioether bond로 연결되는 현상을 prenylation이라고 한다. 이는 일반적으로 C-terminal의 Cys-Ala-Ala-X (X = 임의의 아미노산) 또는 CAAX 상자(box)의 일부이다. 일단 prenylation이 일어나면, C-terminal 부위의 Ala-Ala-X motif는 단백질 가수분해(proteolysis)를 통해 제거될 수 있다. 어떤 경우에는 두 번째 geranylgeranyl group이나 fatty acyl palmitate group이 근처에 있는 다른 cysteine residue에 부착되기도 한다. 탄화수소의 고정(hydrocarbon anchor)이 추가적으로 생성되면, 단백질이 막에 부착되는 강도가 증가할 것이라고 추정된다. 예를 들면, 세포내 신호전달 과정(intracellular signaling)에 중요한 GTPase superfamily 단백질인 Ras (16장 참조)는 이러한 이중 고정(double anchor)에 의해서 원형질막의 cytosolic face에 위치하고 있다. 역시 GTPase superfamily에 속하는 Rab 단백질들은 prenyl anchor에 의해 세포내 소낭(vesicle)의 cytosolic 표면에 비슷한 방법으로 결합하며, 표적 막과 소낭들이 서로 융합하는 데에 중요한 기능을 한다(14장 참조). 그러나 다른 단백질들은 다른 지질 변형이 없을 때 막 근처의 시스테인 잔기(membrane-proximal cystein residue)에 palmitoylate된다.

일부 세포 표면 단백질과 *proteoglycan* (20장 참조)이라고 불리는 독특한 공유결합 polysaccharide를 가진 일부 특수 단백질은 세 번째 막 고정(anchor) 형태인 glycosylphosphatidylinositol (GPI) anchor에 의해 원형질막의 exoplasmic face에 결합된다. GPI anchor의 정확한 구조는 세포의 종류에 따라 매우 다양하지만 phosphatidylinositol를 항상 가지고 있는데, phosphatidylinositol의 2개의 fatty acyl chain들은 다른 막의 인지질과 마찬가지로 지질 이중막에 끼어 들어가 있다. 또한 anchor와 단백질의 C-terminus를 공유결합으로 연결시키는 phosphoethanolamine과 여러 개의 당(sugar) residue들이 포함되어 있다(그림 10-19c). 따라서 GPI anchor는 당지질(glycolipid)이다. GPI는 단백질이 막에 결합하는 데에 필요조건과 충분조건(necessary and sufficient)이 된다. 예를 들면, phospholipase C 효소는 phospholipid와 GPI anchor에 있는 phosphate-glycerol bond를 자를 수 있으므로 (그림 10-12 참조), 세포를 phospholipase C로 처리하면 세포의 표면에서 Thy-1과 placental alkaline phosphatase (PLAP)와 같은 GPI-anchor된 단백질들이 막에서 분리되어 유리(release)될 수 있다.

모든 transmembrane 단백질과 당지질(glycolipid)은 이중막에서 비대칭으로 존재한다

모든 transmembrane 단백질은 막의 표면(face)을 기준으로 *topology* (위상)라고 하는 특정한 방향성을 갖는다. Cytosolic 부위(segment)들은 항상 cytosol 쪽을 향하고, exoplasmic 부위는 항상 막의 반대편 쪽으로 향하고 있다. 이러한 단백질들의 비대칭적인 방향성은 막의 두 면이 서로 다른 성질을 가질 수 있게 한다. 13장에서 논의하겠지만, transmembrane 단백질의 방향성은 이들 단백질이 합성되는 동안에 완성된다. 막 단백질이 막을 가로질러 뒤집어지는(flip-flop) 일은 전혀 관찰되지 않았다. 이러한 뒤집어지는 현상은 친수성의 아미노산 residue들이 막의 소수성 내부를 통과해야 하므로 에너지적 제약으로 인해 일어나지 않는다. 따라서 transmembrane 단백질의 비대칭적 위상(asymmetric topology)은 단백질의 수명이 다할 때까지 유지된다. 그림 10-6에서 볼 수 있듯이, 막 단백질은 막의 융합(membrane fusion)이나 budding (싹 틔움)과정 동안에도 비대칭성을 유지한다. 즉, cytosol 쪽으로 향하고 있는 부분은 항상 cytosol 쪽으로만 향하고 있으며, exoplasmic face 쪽으로 향하고 있는 부분도 마찬가지이다. 그러나 multipass 막 단백질의 경우에는 각각의 transmembrane 부분들의 방향성이 막의 인지질 구성(composition)의 변화에 의해 영향을 받을 수도 있다.

많은 막 단백질은 serine, threonine 또는 asparagine residue에 공유결합으로 연결된 탄수화물 사슬(carbohydrate chain)을 갖는다. 이

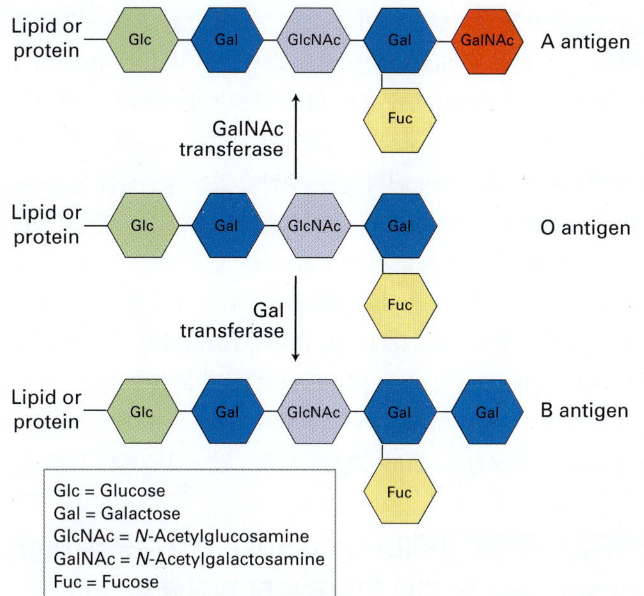

그림 10-20 사람의 ABO 혈액형 항원. 그림의 항원들은 원형질막의 당지질 또는 당단백질에 공유결합으로 연결된 oligosaccharide 사슬이다. Oligosaccharide 말단의 당의 종류에 따라 세 가지 항원들로 구별된다. O 항원에 galactose (Gal) 또는 *N*-acetylgalactosamine (GalNAc)을 붙여 주는 효소인 glycosyltransferase의 유무에 따라 사람의 혈액형이 결정된다.

러한 transmembrane **glycoprotein (당단백질)**들은 항상 모든 탄수화물 사슬이 exoplasmic domain에 있도록 방향성을 갖는다(그림 10-14에 있는 glycophorin A 예시 참조). 마찬가지로, 탄수화물 사슬이 막 지질의 glycerol이나 sphingosine 뼈대에 붙어 있는 당지질(glycolipid)은 항상 막 표면으로부터 돌출되어 있는 탄수화물 사슬과 함께 exoplasmic leaflet에 위치한다. 단백질이 비대칭적으로 glycosylation (당화)되는 생합성 과정은 13장과 14장에서 설명한다. 당단백질(glycoprotein)과 당지질(glycolipid)은 진핵 세포의 원형질막에 특별히 풍부하며, 또한 분비 경로(secretory pathway) 및 식세포 경로(endocytic pathway)에 중요한 세포내 구획의 막에 특히 많이 존재한다. 그러나 미토콘드리아의 내막(inner mitochondrial membrane)과 엽록체의 lamella (얇은 막 구조), 그리고 여러 세포 간(intracellular) 막에는 존재하지 않는다. 원형질막에 있는 당단백질과 당지질의 탄수화물 사슬은 세포외 공간으로 연장되어 있어서 **lectin** (특정 당과 결합하는 단백질)과 같은 세포외 기질(extracellular matrix)의 성분들과 결합할 수 있다.

이러한 당단백질과 당지질의 상호작용의 중요성은 ABO blood group antigen (ABO 혈액형 항원)을 보면 알 수 있다. 이러한 특정 당단백질과 당지질에 있는 세 가지 구조적으로 연관된 oligosaccharide 구성요소는 사람의 적혈구(red blood cell)와 많은 다른 종류의 세포에서 발현된다(그림 10-20). 모든 사람은 O antigen (O 항원)을 합성하는 효소를 가지고 있다. A blood type (A형)인 사람은 그 외에도 glycosyltransferase라는 효소를 또 가지고 있어서, O antigen에 *N*-acetylgalactosamine이라는 변형된 monosaccharide (단당류)를 붙임으로써 O antigen을 A-antigen으로 바꾼다. B blood type (B형)을 가진 사람은 O antigen에 galactose를 추가하는 다른 transferase를 가지고 있다. 이 두 가지 transferase를 모두 가지고 있는 사람은 A antigen과 B antigen을 모두 갖게 되며(AB blood type, AB형), 이 두 효소가 모두 없는 사람은 O antigen 만을 갖는다(O blood type, O형).

적혈구에 A antigen이나 B antigen 또는 둘 다 결핍된 사람은 자신의 혈청(serum)에 없는 antigen에 대한 항체(antibody)를 가질 수 있다. 따라서 A 또는 O blood type의 사람이 B blood type의 혈액을 수혈 받으면, B antigen에 대한 항체가 수혈된 혈액의 antigen과 결합하여 적혈구를 파괴한다. 이러한 위험을 방지하기 위해선 혈액 기증자(donor)와 수혜자(recipient)의 혈액형이 적절하게 맞아야 한다(표 10-2). ■

Lipid-Binding Motif (지질 결합 부위)는 외재성 단백질(Peripheral Protein)로 하여금 막으로 위치하게 한다

많은 수용성 효소들 중 기질(substrate)로서 막 인지질을 이용하는 효소는 막의 표면에 결합하여야 한다. 예로 들면, phospholipase는 인지질의 머리 부분(head group)에 있는 여러 결합들을 가수분해시켜서(그림 10-12 참조) 세포에서 다양한 중요기능을 수행한다. 이를 통해, 손상되거나 노화된 세포막을 파괴하거나, 신호전달 분자를 만들기 위한 전구체(precursor)를 생산하기도 하고, 심지어는 여러 가지 뱀 독(snake venom)의 활성 물질(active component)로 역할을 하기도 한다. Phospholipase와 같은 이러한 외재성 막 단백질은 먼저 막 인지질의 극성 머리 부분에에 결합하여 촉매로서의 기능(catalytic function)을 수행한다. Phospholipase A_2의 작용 메커니즘을 보면 이러한 수용성 효소가 어떻게 막과 가역적으로 반응하고, 수용액과 지질의 경계에서 촉매 반응

표 10-2 • ABO 혈액형

Blood Group	Antigens on RBCs*	Serum Antibodies	Can Receive Blood Types
A	A	Anti-B	A and O
B	B	Anti-A	B and O
AB	A and B	None	All
O	O	Anti-A and anti-B	O

*See Figure 10-20 for antigen structures.

을 진행하는지를 알 수 있다. 이 효소는 수용액에 있을 때는 Ca^{2+}를 함유하고 있는 활성 부위(active site)가 소수성을 지닌 아미노산이 늘어서 있는(lined) channel 속에 묻혀 있다. 효소는 음전하를 띤 인지질(예, phosphatidylserine)로 구성된 이중막에 가장 강력하게 결합한다. 이는 촉매작용을 하는 channel의 입구 주위에 있는 양전하를 띤 lysine과 arginine residue의 가장자리가 결합에 특히 중요하다는 것을 의미하며(그림 10-21a), 이들이 지질 결합의 motif를 형성한다는 것을 암시한다. 이렇게 결합이 이루어지면 phospholipase A_2의 구조가 변하면서 인지질 머리와의 결합이 더욱 강해지고, 소수성 channel이 열리게 된다. 인지질 분자가 이중막에서 channel 내로 이동하면 효소에 결합된 Ca^{2+}가 머리 부분의 인산(phosphate)과 결합하고, ester bond가 catalytic site에 놓이게 되어(그림 10-21b) 절단되고, 이로써 acyl 그룹이 방출된다.

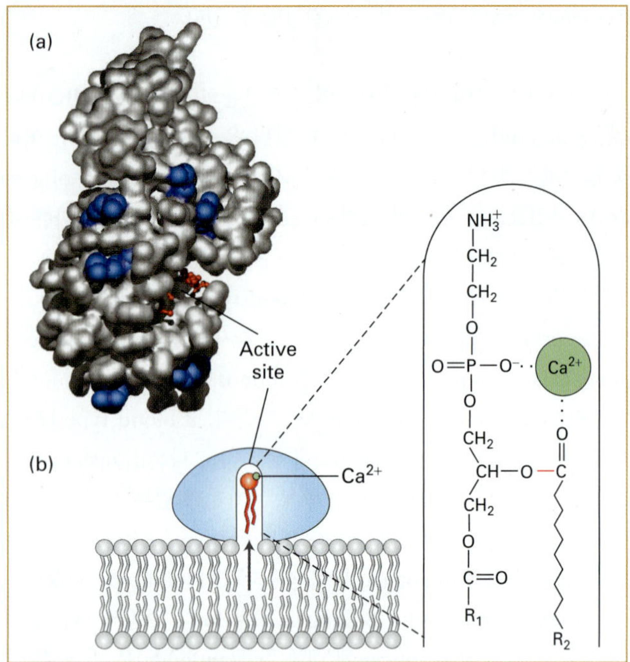

그림 10-21 지질 결합 표면과 phospholipase A_2의 작용 메커니즘. (a) 막과 상호작용하는 표면을 보여주고 있는 효소의 구조 모델. 여기 지질 결합 표면에는 양전하를 띤 arginine과 lysine residue(파란색)가 가장 자리 부분에 있고, 이는 촉매의 활성 부위(active site)를 감싸며, 이 부분에 기질이 되는 지질(빨간색 공과 막대 구조)이 결합한다. (b) Phospholipase A_2에 의한 촉매작용의 모식도. 지질 막에 결합되면, 결합 부위에 있는 양전하를 띤 residue들이 막 표면의 음전하를 띤 극성 그룹과 결합한다. 이러한 결합이 발생하면, 작은 구조의 변화가 생겨나고, 이중막 부분에서부터 효소의 활성 부위까지 소수성 아미노산으로 정렬된 channel이 열린다. 인지질은 channel 속으로 이동하고, 이에 따라 효소에 결합된 Ca^{2+} 이온 (초록색)은 머리 부분에 결합하고, ester bond (빨간색)가 효소의 촉매 위치에 놓여지면서 잘린다. D. Blow, 1991, *Nature* **351**:444; and M. H. Gelb, W. Cho, and D. C. Wilton, 1999, *Curr. Opin. Struct. Biol.* **9**:428 참조. [Part (a) Data from D. L. Scott et al., 1990, *Science* **250**:1563, PDB ID 1poc.]

단백질은 계면활성제(Detergent)나 고염 수용액(High Salt Solution)에 의해 막으로부터 제거될 수 있다

막 단백질은 대부분의 경우에서 순수 정제하여 연구하기가 어려운데, 이는 막 지질 또는 다른 막 단백질과 강력하게 결합되어 있기 때문이다. 이 때, 인지질 이중막에 끼어 들어가(intercalating) 막을 불안정화 시켜 지질과 많은 막 단백질을 물에 녹일 수 있는 amphipathic (양친매성) 분자인 *detergent* (계면활성제)를 유용하게 사용할 수 있다. 계면활성제 분자의 소수성 부분은 인지질의 탄화수소를 끌어당겨서 서로 쉽게 섞이게 한다. 반대로 친수성 부분은 물을 강력히 끌어당긴다. 어떤 계면활성제는 담즙산염(bile salt)과 같은 천연 물질이지만, 대부분의 계면활성제는 청소를 목적으로 혹은 식품화학에서 기름과 물의 혼합물을 분산시키기 위해 개발된(예, 샐러드드레싱이 층분리되지 않도록) 인공합성 분자들이다. Sodium deoxycholate (담즙산염 중 하나)와 sodium dodecylsulfate (SDS) 등의 이온성 계면활성제(ionic detergent)는 전하를 띠고 있는 부위가 있으며, Triton X-100와 octylglucoside 등의 비이온성 계면활성제(nonionic detergent)는 전하를 띤 부위가 없다(그림 10-22). 매우 낮은 농도의 계면활성제는 순수한 물에서 독립된 분자로 녹는다. 농도가 증가함에 따라 분자들은 micelle을 형성하기 시작하는데, 이것은 분자의 친수성 부분은 분자의 바깥쪽으로 향하고,

IONIC DETERGENTS

Sodium deoxycholate: H_3C, HC—CH_2—CH_2—COO^-Na^+, OH, CH_3, CH_3, HO

Sodium dodecylsulfate (SDS): $H_3C—(CH_2)_{11}—O—S(=O)(=O)—O^-Na^+$

NON-IONIC DETERGENTS

Triton X-100 (polyoxyethylene(9.5)*p*-*t*-octylphenol): $H_3C—C(CH_3)_2—CH_2—C(CH_3)_2$—(phenyl)—$O—(CH_2—CH_2—O)_{9.5}—H$ (Average)

Octylglucoside (octyl-β-D-glucopyranoside): $HOCH_2$, O, OH, HO, OH, O—$(CH_2)_7—CH_3$

그림 10-22 네 가지 일반적인 계면활성제의 구조. 각 분자의 소수성 부위는 노란색으로 표시되어 있다. 친수성 부위는 파란색으로 나타냈다. 담즙염(bile salt) 중 sodium deoxycholate는 천연물이고 다른 것들은 합성한 것이다. 이온성 계면활성제는 일반적으로 단백질의 변성을 일으키지만 비이온성 계면활성제는 단백질을 변성시키지 않는다. 따라서 비이온성 계면활성제가내재성 막 단백질을 용해시키는 데 유용하다.

소수성 부분은 중심에 뭉쳐서 생기는 작은 구형의 집합체이다(그림 10-3c 참조). *Critical micelle concentration* (*CMC*, micelle을 형성하는 농도)은 각 계면활성제마다 다르며, 친수성 부위와 소수성 부위의 구조에 따라 변하는 함수적(function)으로 변한다.

이온성 계면활성제와 비이온성 계면활성제는 단백질과 결합하는 방식이 서로 다르기 때문에 실험실에서 다른 용도로 사용된다. 이온성 계면활성제는 수용성 단백질의 소수성 핵심부 뿐만 아니라 막 단백질의 노출된 소수성 부위에도 결합한다. 이들은 전하를 띠고 있으므로 이온 결합과 수소결합도 파괴할 수 있다. 예를 들어, 높은 농도에서 SDS는 단백질의 모든 side chain에 결합함으로써 단백질을 변성시키는데, 이러한 특성은 SDS 젤 전기영동에 이용된다(그림 3-41 참조). 비이온성 계면활성제는 일반적으로 단백질을 변성시키지 않기 때문에 단백질을 순수 정제하기 전에 막으로부터 접힘 구조를 가진 활성 상태(folded and active) 그대로 단백질을 추출하는 데 이용한다. Protein-protein interaction의 경우는 그 결합력이 특히 약하기 때문에 이온성 계면활성제와 비이온성 계면활성제 두 가지 모두에 의해 민감하게 영향을 받는다.

고농도(CMC 이상)에서 비이온성 계면활성제는 계면활성제, 인지질 및 내재성 막 단백질(integral membrane protein)로 구성된, 수용액에 녹지 않는 커다란(bulky) 소수성 구조(hydrophobic structure)들로 이루어진 mixed micelle을 형성함으로써 생체막을 용해시킨다(그림 10-23, 위쪽). 저농도(CMC 이하)에서 이들 계면활성제는 대부분의 내재성 막 단백질의 소수성 부위에 결합하지만 micelle을 형성하지 않고, 수용액 내에 이들이 녹을 수 있게 한다(그림 10-23, 아래쪽). 내재성 막 단백질이 녹아 있는 수용액을 만드는 것이 단백질 순수 정제(protein purification)의 필수적인 첫 번째 단계이다.

Triton X-100와 같은 비이온성 계면활성제를 buffered salt solution (완충염 용액)에 넣은 다음 배양하고 있는 세포에 처리하면 수용성 단백질뿐만 아니라 내재성 막 단백질도 함께 추출할 수 있다. 앞서 언급한 대로, 내재성 막 단백질의 exoplasmic domain과 cytosolic domain은 일반적으로 친수성을 띠며 물에 녹는다. 하지만 막을 관통하는 부분들은 소수성을 띠며 전하를 띠지 않은 residue들이 많다(그림 10-14 참조). 이렇게 노출된 소수성 부분은 막으로부터 분리되면 다른 소수성 부위들과 서로 붙는 경향이 있어서, 이러한 단백질 분자들끼리 뭉쳐서 수용액에서 침전한다. 비이온성 계면활성제 분자의 소수성 부분은 transmembrane 단백질의 소수성 부위에 쉽게 결합해서, 단백질의 응집(aggregation)을 막아 수용액에 그대로 있게 한다. 이처럼, 계면활성제로 녹여낸 transmembrane 단백질은 수용성 단백질을 정제할 때 사용하는 affinity chromatography나 비슷한 다른 기법으로 정제할 수 있다 (3장 참조).

앞서 논의한 대로, 대부분의 외재성 막 단백질(peripheral membrane protein)은 이온 결합과 같은 약한 결합에 의하여 특정 transmembrane 단백질이나 막 인지질에 고정되어 있다. 그러므로 외재성 단백질은 보통 이온 결합이 강한(고염 농도) 용액으로 이온 결합을 파괴하거나, Mg^{2+}와 같은 divalent cation (이가 양이온)과 결합하는 화학물질을 이용하여 막으로부터 제거할 수 있다. 내재성 막 단백질과는 달리, 대부분의 외재성 단백질은 수용액에 녹으며 비이온성 계면활성제로 용해시킬 필요가 없다.

막 단백질이 인지질 이중막에 위치하는 것이 반드시 영구적일 이유는 없다. Phosphatidylinositide에 특이적인 phospholipase C는 소수성 꼬리(hydrophobic tail)를 통해 막에 부착된 단백질의 막 고정 부위(membrane anchor)를 가수분해한다. 마찬가지로, protease는 single-pass 막 단백질의 세포외(extracellular) 부분을 "면도날로 자르듯 제거"할 수 있다. 예를 들어, papain과 같은 protease를 세포나 막에 실험적으로 처리하게 되면, 잘려진 세포외 부분(extracellular portion)만을 얻을 수 있어 구조 및 기능 연구를 위해 유용하게 사용 할 수 있다. 이러한 방법 또는 이와 유사한 방법은 포유류 세포를 이들이 배양되는 단단한 지지대(solid support)에서 분리시키거나 또는 조직으로부터 세포를 분리하여 단일 세포의(single cell) suspension으로 만드는 데 일반적으로 사용된다. 그러나 많은 single-pass 막 단백질은 *sheddase*에 대한 천연 기질이다. 이 효소는 16장에서 논의되는 metalloprotease 계열의 구성원이다. 이러한 방식으로 방출된 세포외 부분(extracellar domain)은 혈액의 순환(circulation)에서 발견될 수 있으며, 동일한 형태임에도 막에 고정되어졌을 때와는 다른 생물학적 기능에 관여한다.

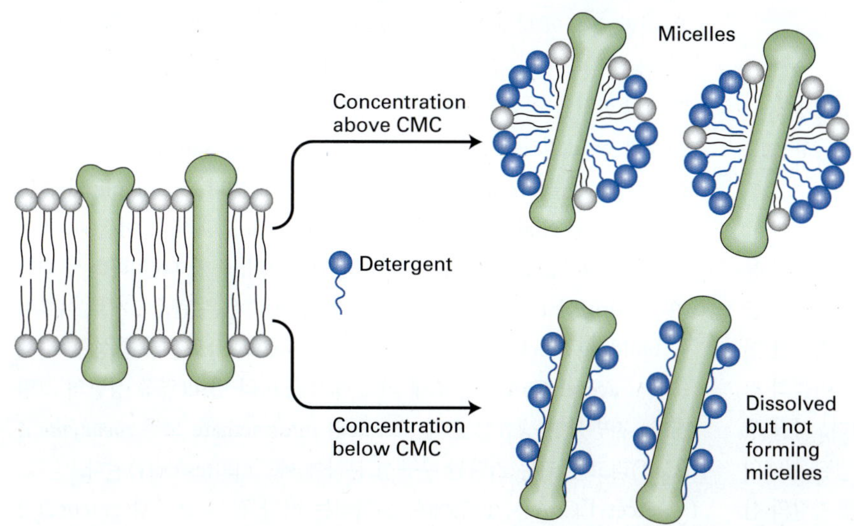

그림 10-23 비이온성 계면활성제를 이용한 내재성 막 단백질의 용해. Critical micelle concentration (CMC) 보다 높은 농도에서 계면활성제는 지질과 내재성 막 단백질을 용해시켜 계면활성제, 단백질, 지질이 혼합된 micelle을 형성한다. CMC보다 낮은 농도에서는 비이온성 계면활성제(예, octylglucoside, Triton X-100)가 막을 가로지르는 부분을 코팅하여 micelle을 형성하지 않고 막 단백질을 용해시킬 수 있다.

10.2절의 주요 개념

막 단백질(Membrane Protein): 구조와 기본 기능

- 생물학적 막은 일반적으로 내재성 단백질[integral (transmembrane) protein]과 함께 이중막의 소수성 핵심부로 들어가지 않는 지질-고정 단백질(lipid-anchored protein) 및 외재성 막 단백질(peripheral membrane protein)을 말한다(그림 10-1 참조).
- 대부분의 내재성 막 단백질(integral membrane protein)들은 하나 이상의 막을 관통하는(membrane-spanning) 소수성 α-helix 구조를 갖는데, 이 소수성 α-helix의 가장자리에는 친수성 부분(domain)이 있어서 cytosolic face와 exoplasmic face 쪽, 즉 수용액 속으로 노출되어 있다(그림 10-14, 10-15, 10-17 참조).
- 막 지질의 극성 머리 부분뿐만 아니라 fatty acyl side chain은 단단하고 불규칙적으로 결집하여(pack) 내재성 막 단백질의 소수성 부위 주위를 채우고 있다(그림 10-16 참조).
- 다른 내재성 단백질들과는 달리, porin은 막을 통과하는 β-sheet 구조를 가지고 있어서 이중막을 통과하는 barrel (원통) 같이 생긴 channel을 형성한다(그림 10-18 참조).
- 특정 아미노산에 부착된 지질은 단백질들로 하여금 막의 두 leaflet 중 하나에 고정(anchoring)시킨다(그림 10-19 참조).
- 모든 transmembrane 단백질과 당지질(glycolipid)은 이중막에서 비대칭적으로 방향성을 갖는다. 예외 없이, 탄수화물 사슬은 당단백질(glycoprotein)이나 당지질의 exoplasmic surface에 부착된다.
- 인지질을 기질로 갖는 많은 수용성 효소들(예, phospholipase)은 기능을 수행하기 위해 막의 표면에 결합하여야 한다. 이러한 결합은 많은 경우 단백질에 있는 lysine과 arginine residue의 양전하와 이중막에 있는 인지질 머리 부분의 음전하가 서로 결합함으로써 이루어진다.
- Transmembrane 단백질은 비이온성 계면활성제(nonionic detergent)를 이용하여 선택적으로 녹여서 막으로부터 추출될 수 있다.

10.3 인지질(Phospholipid), Sphingolipid, 그리고 콜레스테롤(Cholesterol): 합성과 세포 내부에서의 이동

이 절에서는 세포가 자신의 수용성 내부(aqueous interior)에서 거의 용해되지 않는 지질을 합성하고 이를 이동시킬 때 직면하는 독특한 어려움에 대해 논의한다. 이를 위해 세포막에서 가장 많이 존재하는 지질인 인지질(phospholipid), sphingolipid, 콜레스테롤(cholesterol)과 이들의 전구체(precursor)의 생합성과 수송에 대해 초점을 두고자 한다. 지질 생합성의 과정을 보면, 수용성 전구체(precursor)들은 막에 연결된 형태의 중간체(membrane-associated intermediate)로 조립된 후, 막 지질의 산물(membrane lipid product)로 변환된다. 지질의 이동, 특히 서로 다른 세포소기관들 사이에서 발생하는 막을 구성하는 요소들 간의 이동은 막의 조성과 특성, 그리고 전체적인 세포 구조의 유지에 매우 중요하다.

막의 생합성에 있어서 가장 근본적인 원리는 세포는 이미 존재하고 있는 막을 확장(expansion)함으로써 새로운 막을 합성한다는 것이다. [단 하나의 예외는 autophagy (자가포식)이다. 이 과정에서는 autophagic crescent라고 하는 구조가 형성될 때 새로운 막이 생기는데, 이는 ubiquitin-like modifier인 Atg8과 함께 phosphatidylethanolamine이 변형됨으로써 형성된다(그림 14-34 참조).] 막 지질 합성의 초기 몇 단계들은 cytosol (세포질)에서 일어나지만, 마지막 단계는 이미 존재하고 있는 세포막에 붙어 있는 효소들에 의하여 촉매되며, 그 산물은 생성되면서 곧바로 막에 병합된다. 이러한 과정에 대한 증거는 세포에 방사능을 띤 전구체(radioactive precursor; 예, phosphate 혹은 지방산)를 처리하는 실험을 통해 찾을 수 있다. 즉, 이러한 방사능을 띤 전구체 물질이 병합(incorporate)되어 있는 모든 인지질과 sphingolipid는 세포내부의 막에 위치하고 있었다. 또한, fatty acyl chain의 소수성(hydrophobicity)을 고려할 때 예상할 수 있듯이, 이들 중 어떤 것도 cytosol에 자유롭게 떠다니는 상태로 발견되지 않았다.

진핵 세포에서, 막 지질은 일단 생성되면 자신에게 주어진(given) 막의 특정 leaflet뿐만 아니라 다른 독립적인 세포소기관의 막과 원형질막 사이로 적절하게 분배(distribute)되어야 한다. 여기에서 우리는 어떻게 이러한 정교한 지질의 분배(lipid distribution)가 성공적으로 이루어지는지 살펴볼 것이다. 13장과 14장에서는 막 단백질들이 어떻게 세포막에 삽입되는지, 또 세포 안의 적절한 위치로 어떻게 수송되는지 살펴볼 것이다.

지방산은 여러 중요한 효소들에 의하여 Two-Carbon Building Block으로부터 조립된다

지방산(2장 참조)은 세포에서 수많은 중요한 일을 수행한다. 이들은 세포의 에너지원(12장의 aerobic oxidation을 참조)일 뿐 아니라, 세포막을 구성하는 인지질과 sphingolipid의 주요 구성성분이다. 또한 지방산은 어떤 종류의 단백질들을 세포의 막에 고정시키기도 한다(그림 10-19 참조). 따라서 지방산 합성의 조절은 전체적인 막 합성 조절에 있어서 중심적인 역할을 한다. 인지질의 주요 지방산은 14, 16, 18, 또는 20개의 탄소 원자를 포함하고 있으며, 포화 사슬(saturated chain) 혹은 불포화 사슬(unsaturated chain)을 가지고 있다. Sphingolipid에 있는 fatty acyl chain의 경우 phosphoglyceride보다 더 길어질 수 있어서, 탄소 원자를 26개까지 가지고 있기도 하며, 또한 다른 화학적 변형(예, hydroxylation)을 수용할 수도 있다. 지방산은 탄소 2개로 이루어진 building block인 acetate (초산염, CH_3COO^-)로부터 합성된다. 세포에서 **acetyl CoA**의 구조에 의해 예시된 바와 같이(옆쪽 상단의 그림 참조) 지방산이 생합성될 때 acetate와 intermediate 모두 *coenzyme A* (*CoA*)라고 불리는 커다란 수용성 분자에 에스터화(esterify)된다.

Acetyl CoA는, 12장에서 논의되는 바와 같이, 포도당(glucose)과

$$H_3C-\overset{O}{\overset{\|}{C}}-S-(CH_2)_2-\overset{H}{\overset{|}{N}}-\underset{O}{\underset{\|}{C}}-(CH_2)_2-\overset{H}{\overset{|}{N}}-\underset{O}{\underset{\|}{C}}-\overset{H}{\overset{|}{\underset{OH}{\underset{|}{C}}}}-\overset{CH_3}{\overset{|}{\underset{CH_3}{\underset{|}{C}}}}-CH_2-O-\overset{O}{\overset{\|}{\underset{O^-}{\underset{|}{P}}}}-O-\overset{O}{\overset{\|}{\underset{O^-}{\underset{|}{P}}}}-O-\underset{Phosphate}{\underset{|}{Ribose}}-Adenine$$

Acetyl

Coenzyme A (CoA)

지방산, 그리고 아미노산의 대사과정에서 중요한 중간 산물이며, 많은 생합성 경로에서 acetyl group을 제공한다. 탄소 14개 또는 16개를 가진 **saturated** fatty acid (**포화** 지방산, 이중 결합이 없음)는 acetyl-CoA carboxylase와 fatty acid synthase라고 하는 두 효소에 의해 만들어진다. 동물 세포에서 이들 효소들은 cytosol에서 발견되며, 식물에서는 엽록체(chloroplast)에서 볼 수 있다. Palmitoyl CoA (16개의 탄소로 된 fatty acyl group이 CoA에 연결된 것)는 endoplasmic reticulum (ER) 혹은 미토콘드리아 내에서 2개의 탄소로 된 기본 단위(unit)가 계속적으로 첨가되면서 탄소가 18–24개가 될 때까지 길어질 수 있다. 역시 ER 내에 존재하는 desaturase 효소들은 지방산의 특정 부위에 이중 결합을 만들어서 **unsaturated** fatty acid를 만든다. Oleyl CoA (CoA가 연결된 oleate; 표 2-4 참조)를 예로 들면, stearyl CoA에서 2개의 수소 원자가 제거되면서 만들어진다. Free fatty acid와는 달리, fatty acyl CoA 파생물(derivative)들은 CoA 부위가 친수성을 갖고 있으므로 수용액에 녹는다.

작은 Cytosolic 단백질들은 지방산의 이동을 원활하게 한다

Free fatty acid 혹은 unesterified fatty acid (coenzyme A에 연결되어 있지 않은 지방산)를 세포의 cytosol을 통해 수송하기 위해서 보통 이들 지방산이 *fatty acid–binding protein* (*FABP*)들과 결합된다. 이들 FABP는 지질의 세포내 수송을 촉진하는 chaperone과 역할을 하는 작은 cytosolic 단백질군에 속한다. 이러한 단백질들은 β-sheet(그림 10-24)으로 연결된 소수성(hydrophobic) pocket을 가지고 있다. Long-chain fatty acid는 이 pocket에 잘 들어맞으며, 이를 둘러싸는 단백질의 다른 부위와는 비공유결합(noncovalent bond)으로 상호작용한다.

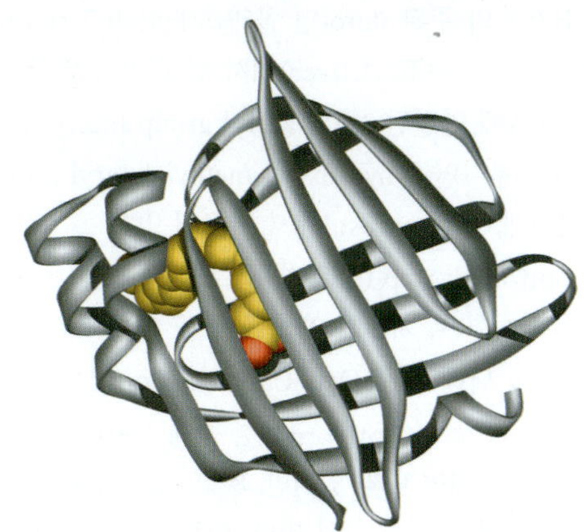

그림 10-24 지방산이 fatty-acid-binding protein (FABP)의 소수성 pocket에 결합하고 있는 모양. Adipocyte에 있는 FABP (리본 모양)의 결정 구조를 보면 소수성 pocket이 2개의 β-sheet로 형성되며, 그 둘이 서로 직각으로 놓여 조개껍데기와 같은 구조를 형성한다. 1개의 지방산(탄소는 노란색, 산소는 빨간색)이 pocket 안에서 소수성 아미노산들과 비공유결합으로 상호작용한다. [Data from Z. Xu, D. A. Bernlohr, and L. J. Banaszak, 1993, *J. Biol. Chem.* **268**:7874, PDB ID 1lid.]

세포의 FABP들의 발현은 세포가 지방산을 내입(uptake)해야 하는지, 혹은 방출(release)해야 하는지의 필요성에 따라 정교하게 조절된다. 따라서 FABP의 양은 ATP 생성에 지방산을 소모하는 활동적인 근육에서 많으며, 또한 adipocyte (지방 저장 세포)에서 지방산을 triglyceride로 저장하기 위해 지방산을 소모해야 하거나 혹은 다른 세포들의 사용을 위해 방출해야 할 때 FABP의 양이 증가한다. FABP의 중요성은, 그 양이 간(liver)에 있는 전체 cytosol 단백질의 5%나 된다는 사실과, 심장 근육(cardiac muscle)의 FABP를 유전적으로 불활성화시키면 원래 지방산을 연료로 사용하던 심장이 지방산 대신 포도당을 이용하여 에너지를 얻는 상태로 변환된다는 사실로부터 잘 알 수 있다.

지방산은 주로 ER 막에서 인지질에 통합된다

지방산은 인지질로 직접 병합되지 않는다. 진핵 세포에서 지방산은 먼저 CoA ester로 변환된다. 동물 세포에서 그 이후의 phosphoglyceride와 같은 인지질의 합성 과정은, ER 막의 cytosolic face에 고정된 효소의 작용에 의해서 이루어진다. 일련의 과정을 통해서, fatty acyl CoA, glycerol-3-phosphate, 그리고 polar head-group 전구체들이 서로 연결되고 ER 막으로 병합된다(그림 10-25). 이들의 합성을 위한 효소들이 막의 cytosolic 쪽에 위치하고 있다는 사실은 막의 생합성이 내재적으로 비대칭적이라는 것을 의미한다. 즉, 새로운 막은 첫 단계에서는 한쪽 leaflet에서만 합성된다. 그 결과, 막의 leaflet에 지질이 결국 비대칭적으로 분포하게 된다는 뜻이다. 인지질은 ER에서 합성된 후 다른 세포소기관이나 원형질막으로 수송된다. 미토콘드리아는 자신의 몇 가지 막 지질들은 스스로 합성하고 나머지는 밖에서 들여온다.

Sphingolipid도 여러 종류의 전구체로부터 간접적으로 합성된다. 이들의 building block인 sphingosine은 ER에서 만들어지는데, palmitoyl CoA의 palmitoyl group을 serine에 결합시키는 과정으로부터 시작된다. 계속해서 두 번째 fatty acyl group이 추가되어 *N*-acyl sphingosine (ceramide)이 만들어지는데, 이 과정도 역시 ER에서 일어난다. 그 후 Golgi에서 이 ceramide에 polar head group이 추가될 수 있는데, phosphorylcholine의 머리 부분이 결합되면 *sphingomyelin*이 만들어진다. 또 ceramide 분자의 머리 부분에 단당류(monosaccharide) 혹은 더 복잡한 올리고당(oligosaccharide)이 결합되면 *glycosphingolipid*가 된다(그림 10-8b 참조). 어떤 sphingolipid의 합성은 미토콘드리아에서 일어날 수도 있다. Ceramide와 그 대사산물들은 sphingolipid의 뼈대로서의 기능 이외에도 세포의 성장, 증식, endocytosis, 스트레스에 대한 저항, 세포예정사(세포자살) 등에도 영향을 주는 중요한 신호전달 물질로 작용한다.

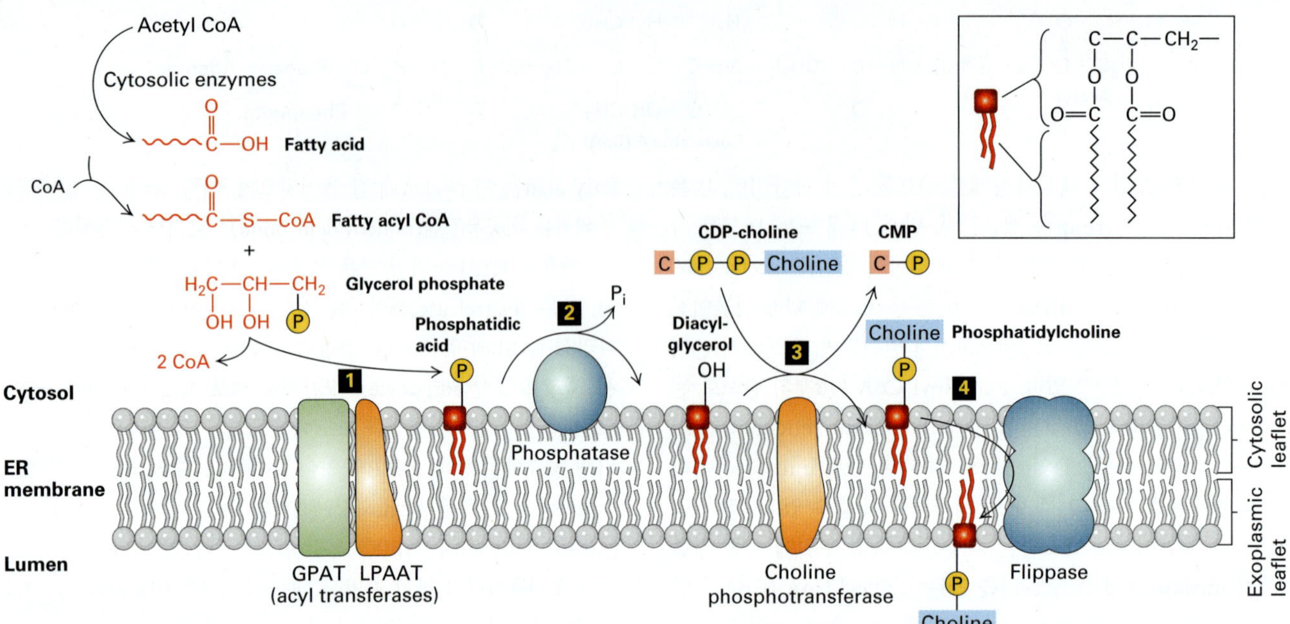

그림 10-25 ER 막에서 인지질의 합성. 인지질은 amphipathic한 분자이므로 다단계의 생합성 과정 중 마지막 단계는 cytosol과 membrane의 경계에서 일어나며, 이는 막에 결합하고 있는 효소들에 의해 촉매된다. 단계 **1**: Fatty acyl CoA로부터 2개의 지방산이 phosphorylated glycerol 뼈대에 에스터화(esterification)된다. 이 반응의 결과 긴 탄화수소 사슬 분자 2개가 막에 고정되어 있는 phosphatidic acid가 만들어진다. 단계 **2**: Phosphatidic acid가 phosphatase에 의해 diacylglycerol로 변환된다. 단계 **3**: 극성 머리 부분(예, phosphorylcholine)이 cytosine diphosphocholine (CDP-choline)으로부터 노출되어진 hydroxyl group으로 전달된다. 단계 **4**: Flippase 단백질이 인지질을 처음 생성되었던 장소인 cytosolic leaflet에서부터 exoplasmic leaflet으로 움직이게 만든다.

Sphingolipid는 Golgi에서 합성이 완료된 후, 14장에서 논의될 단백질 수송을 위한 방식과 유사한 소낭에 의해 매개되는 메커니즘(vesicle-mediated mechanism)에 의하여 세포의 다른 구획(compartment)으로 수송된다. 어떤 종류의 소낭의 수송이든 단백질뿐 아니라 소낭의 막을 구성하는 지질도 동시에 움직이게 된다. 또한 phosphoglyceride와 같은 인지질과 콜레스테롤은 아래에 설명하는 또 다른 메커니즘에 의하여 세포소기관들 사이를 이동할 수 있다.

Flippase는 막의 한쪽 Leaflet에서 반대쪽 Leaflet으로 인지질을 이동시킨다

인지질은 처음에 ER 막의 cytosolic leaflet쪽에서 병합되지만, 다양한 인지질들이 ER 막 등 세포의 여러 막의 양쪽 leaflet에 비대칭적으로 분포할 수 있다. 앞서 언급한 대로, 인지질은 한 leaflet에서 다른 leaflet으로 쉽게 뒤집어지지(flip-flop) 못한다. ER 막이 커질 때는 양쪽 leaflet이 동시에 확장되어야 하며, 또한 인지질도 양쪽 leaflet에 비대칭적으로 분포하게 되는데, 이를 위해 인지질 구성요소들이 ER의 한쪽 막의 leaflet에서 다른 쪽 leaflet으로 이동할 수 있어야 한다. 막 인지질의 비대칭성이 어떻게 생성되고 유지되는지는 잘 알려져 있지는 않지만, flippase라는 효소들이 중요한 역할을 한다는 것은 분명하다. 11장에서 논의하겠지만, 이 내재성 막 단백질(integral membrane protein)은 ATP 가수분해로부터 얻는 에너지를 이용하여 인지질 분자가 한쪽 leaflet에서 다른 쪽 leaflet으로 쉽게 이동할 수 있게 촉진한다. 세포가 죽으면, 이러한 지질의 비대칭성(lipid asymmetry)이 손실되고 phosphatidylserine과 같은 cytoplasmic leaflet에 한정되어 있는 인지질의 세포 표면에서의 노출이 증가한다.

콜레스테롤은 Cytosol과 ER 막에 있는 효소에 의해 합성된다

다음으로 동물 세포의 주된 sterol인 콜레스테롤(cholesterol)에 초점을 맞춘다. 콜레스테롤은 주로 간(liver)에서 합성된다. 합성의 첫 단계는 (그림 10-26) CoA에 연결된 3개의 acetyl group (acetyl CoA)이 CoA에 연결된 6-탄소 분자인 β-hydroxy-β-methylglutaryl (HMG-CoA)로 변환되는 과정인데, 이는 cytosol에서 이루어진다. 콜레스테롤 생합성의 key rate-controlling step (주요 반응 조절 단계)인 HMG-CoA에서 mevalonate로의 변환은, 기질과 생성물이 둘 다 수용성임에도 불구하고 ER의 내재성 막 단백질인 *HMG CoA reductase*라는 효소에 의해 촉매된다. HMG-CoA reductase의 수용성 촉매 부위(catalytic domain)는 cytosol 내로 확장되어 나와 있지만, 8개의 transmembrane α-helix 구조는 ER 막 내부에 단단히 박혀 있다. 이들 transmembrane α-helix 중 5개는 소위 *sterol-sensing domain*을 구성하고 있으며, 효소의 안정성(stability)을 조절한다. ER 막 내에 콜레스테롤의 양이 높아지면, 콜레스테롤은 이 부위(domain)에 붙게 되고, 이 단백질은 2개의 또 다른 ER의 내재성 막 단백질인 Insig-1과 Insig-2에 결합하게 된다. 그러면 HMG-CoA reductase에 대한 ubiquitination이 일어나서(그림 3-32 참

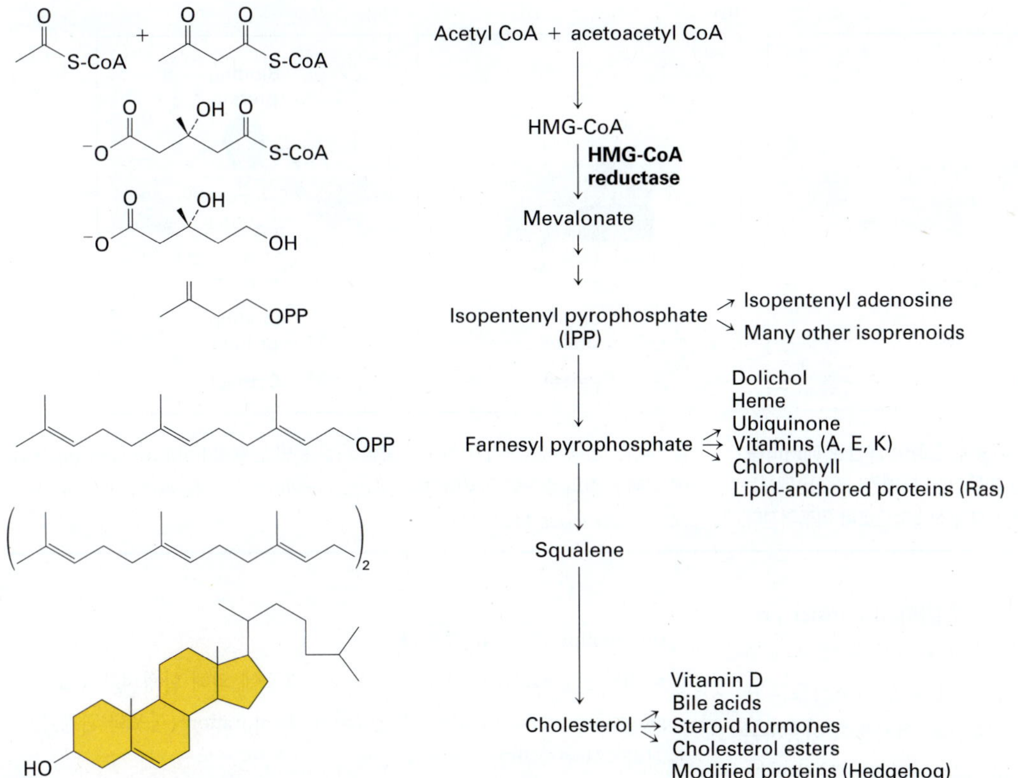

그림 10-26 콜레스테롤의 생합성 경로. 콜레스테롤 생합성 과정에서 가장 중요한 rate-controlling 단계는 ER-막 단백질인 HMG-CoA reductase에 의해서 β-hydroxy-β-methylglutaryl CoA (HMG-CoA)가 mevalonate로 변환되는 것이다. Mevalonate는 다시 탄소 5개의 isoprenoid 기본 구조로부터 만들어진 isopentenyl pyrophosphate (IPP)로 변환된다. IPP는 그림에 보여진 polyisoprenoid intermediate들을 거쳐 많은 콜레스테롤 또는 다른 lipid로 변환된다. Isoprenoid intermediate들로부터 유래된 수많은 화합물들 중 몇 가지와 콜레스테롤이 표시되었다.

조) proteasome 경로에 의해 분해되고, 콜레스테롤 생합성 과정의 주요 중간체인 mevalonate의 생산이 감소된다.

흔히 *cholesterol-dependent clogging of the artery* (콜레스테롤에 의해 동맥이 막힘)로 잘 알려진 *atherosclerosis* (동맥경화증)는 콜레스테롤과 다른 종류의 지질 그리고 세포와 세포외 기질 물질(extracellular matrix material)들이 동맥의 안쪽 벽(wall)에 점진적으로 축적되는 질환이다. 동맥의 벽이 이렇게 변질되면 그 자체로 혹은 혈전(blood clot)을 생성함으로써 혈액의 흐름을 막는다. Atherosclerosis에 의한 사망은 미국에서 심혈관 질환(cardiovascular disease)에 의한 사망의 75%에 달하고 있다.

아마도 가장 성공적인 atherosclerosis에 대한 약은 *statin*일 것이다. 이 약은 HMG-CoA와 붙어서 그 활성을 직접적으로 저해함으로써 콜레스테롤의 생합성을 낮춘다. 결과적으로는, 혈액 내의 크기가 작고 막으로 둘러싸여 있으며, 지방산과 에스터화(esterification)되어 있는 콜레스테롤, 즉 흔히 "나쁜 콜레스테롤"이라고 불리는 입자인 low density lipoprotein (그림 14-27 참조)의 양을 떨어뜨리고, 그 결과 동맥경화 병변(atherosclerotic plaque)의 형성을 감소시킨다. ■

HMG-CoA에 의해 만들어진 산물인 탄소 6개로 된 mevalonate는 여러 단계를 거쳐 탄소 5개의 isoprenoid 복합물(compound)인 isopentenyl pyrophosphate (IPP)와 이것의 구조이성질체(stereoisomer)인 dimethylallyl pyrophosphate (DMPP)로 변환된다(그림 10-26 참조). 이 반응은 cytosolic 효소들에 의해 이루어지는데, 6개의 IPP 단위체(unit)가 중합(condense)되면서 가지를 가지는(branched-chain) 탄소 30개의 중간체인 squalene이 된다. 포유류에서는 ER 막에 붙어 있는 여러 효소들이 squalene을 콜레스테롤로 변환시키고, 다른 생물 종에서는 비슷한 다른 sterol로 변환시킨다. 이 경로에 있는 하나의 중간체인 farnesyl pyrophosphate는 prenyl lipid의 전구체로서, 이것은 Ras 및 이와 관련된 단백질(그림 10-19 참조), 그리고 다른 중요한 생분자들을 원형질막의 cytosolic surface에 고정(anchor)시킨다(그림 10-26 참조).

콜레스테롤과 인지질은 여러 메커니즘에 의하여 세포소기관들 사이에서 수송된다

이미 언급한 바와 같이, 콜레스테롤과 인지질 합성의 마지막 단계는 주로 ER에서 일어난다. 따라서 원형질막과 다른 세포소기관의 막들은 한 가지 이상의 세포내 수송의 경로(intracellular transport process)를 이용하여 이러한 지질을 획득하여야 한다. 막 지질은 14장에 기술되어 있는 바와 같이 분비 경로(secretory pathway)를 통해 소낭에서 수용성 단백질(soluble protein)이나 막 단백질이 움직일 때 함께 수송될 수 있다. 즉, 막의 소낭들은 ER에서 budding되어 나와서 Golgi 복합체의 막과 융합되고, 또 Golgi 복합체에서 budding되어 나온 막을 가진 소낭은 원형질막과 융합하게 되는데, 이 과정을 통해 막 지질도 수송된다(그림 10-27a). 그러나 상당히 많은 세포소기관 간의 콜레스테롤과 인지질의 이동이 다른 메커니즘을 통해서도 일어날 수 있다는 사실이 여러 가지 증거로부터 뒷받침되고 있다. 예를 들면, 전통적인 분비 경로가 화학적 저해제(chemical inhibitor)로 막히거나, 소낭의 traffic을 억제하는 돌연변이를 발생해도 막 간의 콜레스테롤과 인지질의 이동이 억제되지 않는다.

두 번째 제안된 메커니즘은 ER이나 ER에서 유래된 막들이 다른 세포소기관의 막과 직접적으로 단백질을 매개로 해서 접촉(protein-mediated contact)하여 지질이 이동한다는 것이다(그림 10-27b). 세 번

(a)

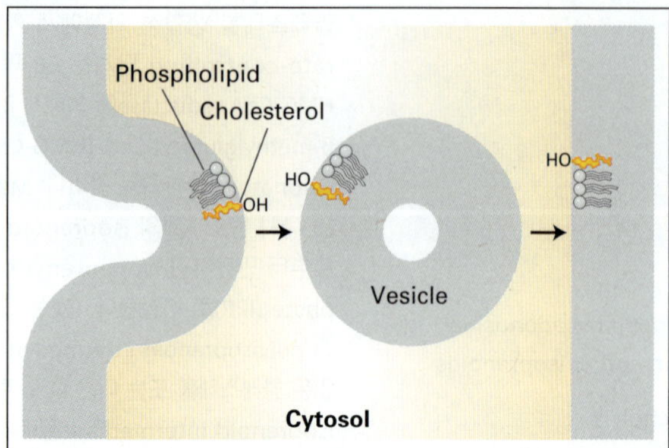

(b)

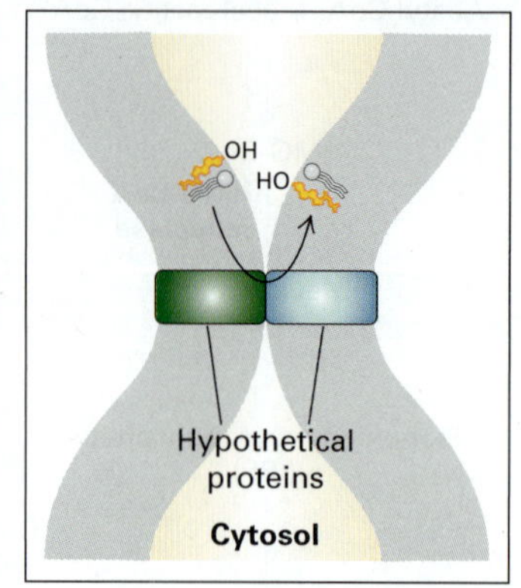

(c)

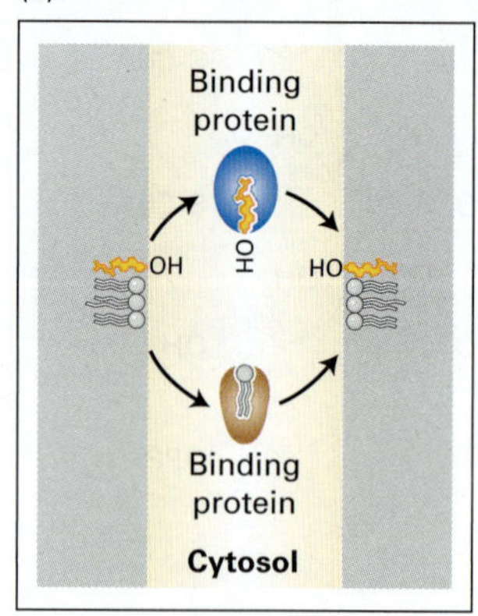

그림 10-27 막 간의 콜레스테롤과 인지질의 이동에 관하여 제안된 메커니즘. 메커니즘 (a)에서는 소낭들이 막 사이에서 지질을 이동시킨다. 메커니즘 (b)에서는 지질의 이동이 막에 삽입된 단백질의 매개로 막 끼리 직접 접촉함으로써 이루어진다. 메커니즘 (c)에서는 크기가 작은 수용성 지질 운반 단백질(lipid transfer protein)에 의해 지질의 수송이 이루어진다. [Information from F. R. Maxfield and D. Wustner, 2002, *J. Clin. Invest.* **110**:891.]

째 제안된 메커니즘은 지질을 수송하는 작은 단백질(lipid-transfer protein)들이 서로 다른 세포소기관 사이에 인지질이나 콜레스테롤의 교환을 촉진한다는 것이다(그림 10-27c). 이러한 지질 수송 단백질들은 *in vitro*에서 확인되었으나, 실제 세포 안에서 대부분의 인지질이 이동하는 데에 이 단백질이 얼마나 중요한 역할을 하는지는 아직 확실하지 않다. 예를 들면, phosphatidylcholine을 수송하는 단백질을 암호화하는 유전자가 결손(knockout)된 생쥐는 거의 모든 면에서 정상적으로 보이는데, 이를 통해 이 단백질이 세포의 인지질 대사에 별로 중요하지 않음을 알 수 있다.

앞서 언급한 대로, 각기 다른 세포소기관의 막을 구성하는 지질 조성은 상당히 다르다(표 10-1 참조). 이러한 차이의 원인 중 한 가지는 합성의 장소가 다르기 때문이다. 예를 들면, 미토콘드리아 막에 있는 *cardiolipin*이라는 인지질은 미토콘드리아에서만 합성되고 다른 세포소기관으로는 거의 이동하지 않는다. 지질의 수송이 기관마다 차이 나게 이루어지는 현상도 서로 다른 세포의 막 각각의 지질 조성을 결정하는 데 중요한 원인이 된다. 예를 들면, 콜레스테롤은 ER에서 만들어짐에도 불구하고, 원형질막의 콜레스테롤 농도(인지질에 대한 콜레스테롤의 molar 비율)는 다른 세포소기관[ER, Golgi, 미토콘드리아, 리소좀(lysosome)] 보다 대략 1.5–13배 높다. 이러한 차이를 만들어내고 유지하는 메커니즘은 잘 알려져 있지 않으나, 각 막에서 각기 다른 특정 지질의 구성비가 막의 물리적, 생물학적 특성에 영향을 준다는 것은 확실하다.

10.3절의 주요 개념

인지질(Phospholipid), Sphingolipid, 그리고 콜레스테롤(Cholesterol): 합성과 세포 내부에서의 이동

- 여러 가지 사슬 길이를 가진 포화 혹은 불포화 지방산은 인지질과 sphingolipid의 구성성분이다.
- 지방산은 acetyl CoA로부터 수용성 효소에 의해 합성되고, endoplasmic reticulum (ER)에서 신장되며, desaturation (불포화 과정)을 거치면서 변형된다.
- Free fatty acid는 세포 안에서 fatty-acid-binding protein (FABP)에 의하여 수송된다.
- 지방산은 다단계 과정을 통하여 인지질로 병합된다. Phosphoglyceride와 sphingolipid 합성의 마지막 단계는 주로 ER의 cytosolic face에서 막에 결합된(membrane-associated) 효소에 의하여 촉매된다(그림 10-25 참조).
- 새롭게 합성된 각종 지질은 처음 만들어질 때의 장소인 이미 존재하는 막에 병합된다. 따라서 막은 새로운 막 재료(membrane material)의 합성에 대한 platform이 되는 것이다.
- 대부분의 막 인지질은 선택적으로 exoplasmic leaflet 혹은 cytosolic leaflet에 분포한다. 이러한 비대칭성은 부분적으로 지질을 한쪽 leaflet에서 다른 쪽으로 뒤집을 수 있는 flippase라는 효소에 의하여 만들어진다.
- 콜레스테롤 생합성의 초기 반응 단계들은 cytosol에서 이루어지는 반면, 마지막 단계들은 ER 막과 결합되어 있는 여러 가지 효소에 의해 이루어진다.
- 콜레스테롤 생합성의 rate-controlling 단계는 HMG-CoA reductase에 의해 촉매되는데, 이 효소의 transmembrane 부위는 ER 막 안에 묻혀 있고, sterol을 감지할 수 있는 부분(sensing domain)을 가지고 있다.
- 현재까지의 축적된 증거를 통해 볼 때, 소낭에 의한 수송, 다른 막 간의 직접적인 단백질을 매개로 한 접촉, 수용성의 지질 수송 단백질 중 하나의 메커니즘에 의해, 혹은 세 가지 모두에 의해 콜레스테롤과 인지질의 세포소기관 간의 수송(inter-organelle transport)이 일어날 수 있다(그림 10-27 참조).

개념 복습

1. 전자현미경으로 볼 때 지질 이중막은 기찻길과 같은 모양을 가지는 것으로 묘사되었다. 이중막의 구조가 어떻게 이러한 형상을 나타내는지 설명하시오.

2. 다음의 명제를 설명하시오: 모든 생체막의 구조는 인지질의 화학적 특성에 의존하는 반면, 각각의 생체막의 기능은 그 막에 결합되어 있는 특정 단백질에 의존한다.

3. 생체막은 매우 다양한 종류의 지질 분자를 포함하고 있다. 생체막에서 발견되는 주요한 세 가지 지질 분자들은 무엇인가? 이 셋은 어떻게 비슷하며, 또한 어떻게 다른가?

4. 지질 이중막은 이차원적 유체처럼 행동한다고 이야기된다. 이것은 무슨 뜻인가? 무엇이 이중막 내에서 지질 분자와 단백질들이 이동할 수 있게 하는가? 이러한 이동은 어떻게 측정할 수 있는가? 막의 유동성(fluidity)의 정도에 영향을 주는 요소들은 무엇인가?

5. 수용성 물질은 왜 세포막의 지질 이중막을 자유롭게 가로질러 통과할 수 없는가? 세포는 어떻게 이러한 투과 장벽(permeability barrier)의 문제를 풀어내는가?

6. 막 결합 단백질(Membrane-associated protein)의 세 가지군의 이름은 쓰시오. 각 그룹의 단백질이 생체막과 결합하는 메커니즘을 설명하시오.

7. 설명한 구조를 참고하여 다음 membrane-associated protein이 무엇인지 맞춰 보시오: (a) 6개의 막을 관통하는 α helix를 가지고 있는 동일한 subunit으로 구성된 tetramer; (b) 원통과 같은 모양의 구조를 형성하는 16개의 β sheet를 가지고 있는 동일한 subunit으로 이루어진 trimer.

8. 단백질은 공유결합으로 연결된 지질을 이용하여 원형질막의 exoplasmic face 혹은 cytosolic face에 붙어 있을 수 있다. 이렇게 원형질막 이중막에 단백질이 고정하는 데 중요한 역할을 하는 세 종류의 지질 anchor는 무엇인가? 어떤 종류를 세포 외부 쪽으로 향하고 있는 세포 표면 단백질이 사용하는가? 또 어떤 종류를 glycosylated proteoglycan이 사용하는가?

9. 생체막의 양쪽 면은 지질과 단백질과 같은 동일한 종류의 일반적인 고분자로 구성되어 있지만 이중막의 양쪽 면은 서로 다르다. 무엇이 이 양쪽 면들 사이에 비대칭성을 형성하는가?

10. 계면활성제(detergent)란 무엇인가? 생체막의 구조를 파괴하는 능력에 있어서 이온성 계면활성제(ionic detergent)와 비이온성 계면활성제(nonionic detergent)는 어떻게 다른가?

11. 다음의 설명과 같은 막에 결합된 단백질들은 무엇일까: (a) 이온 결합을 파괴하는 고염(high-salt) 수용액을 막에 처리하였을 때 얻을 수 있는 단백질이다; (b) 고염 수용액을 처리하여도 막으로부터 빠져나오지 않지만, phosphate-glycerol bond를 자르는 효소를 처리하여 공유결합을 파괴하면 얻을 수 있는 단백질이다; (c) 고염 수용액을 처리하여도 막으로부터 빠져나오지 않지만, 계면활성제인 sodium dodecylsulfate (SDS)를 처리하면 얻을 수 있는 단백질이다. (c)에서 방출되어 얻어진 단백질의 활성은 방출된 이후에 계속 유지되는가?

12. 당신은 비이온성 계면활성제인 Triton X-100을 이용하여 막의 추출 분획(membrane extract)을 얻었다. Mass spectrometry를 이용하여 이러한 막의 lysate를 분석하였더니 콜레스테롤과 sphingolipid의 함유량이 높게 나왔다. 추가적으로, lysate에 대한 생화학적 분석을 했을 때 kinase activity를 가질 가능성이 관찰되었다. 당신이 추출한 것은 무엇일까?

13. Endoplasmic reticulum (ER)과 cytosol 사이의 interface에서 인지질 생합성을 위해서는 세포가 직면한 여러 가지 어려운 난관을 극복해야 한다. 다음의 각각의 문제가 어떻게 해결되는지 설명하시오.

a. 인지질 생합성에서의 기질은 모두 수용성이지만 최종 산물은 아니다.

b. 새로 합성된 인지질이 병합되는 첫 장소는 ER membrane의 cytosolic leaflet이지만, 인지질은 양쪽 leaflet에 모두 병합되어져야 한다.

c. 원형질과 같이 세포에 존재하는 많은 막들은 스스로 인지질을 합성할 수 없지만, 그럼에도 세포가 커지고 분열할 때는 막도 확장되어야 한다.

14. Phosphoglyceride의 공통적인 지방산 사슬은 무엇이며, 왜 이러한 지방산 사슬은 탄소 원자의 숫자가 2의 배수만큼씩 차이가 나는 것인가?

15. 지방은 세포 내에서 이동하려면 지질 chaperone과 결합하여야 한다. 이러한 chaperone이 왜 필요하며, 이러한 지방산의 세포내 수송과 관련 있는 한 종류의 단백질의 이름은 무엇인가? 세포 내에서 지방산의 이동을 가능하게 하는 이러한 단백질들의 가장 두드러진 특징은 무엇인가?

16. 콜레스테롤의 생합성은 매우 정교하게 조절되는 과정인데, 이를 조절하는 가장 중요한 효소는 무엇인가? 이 효소는 음성 되먹임(feedback inhibition)의 조절을 받는다. 음성 되먹임이란 무엇인가? 이 효소는 어떻게 세포 안의 콜레스테롤의 수준을 감지하는가?

17. 인지질과 콜레스테롤은 합성 부위에서 세포 내의 다양한 membrane system으로 운반되어야 한다. 이를 위한 한 가지 방법은 고전적인 분비 경로(14장 참조)의 많은 단백질과 같이 소낭의 수송(vesicular transport)을 통한 것이다. 그러나 세포에서 인지질 및 콜레스테롤의 막간의 운반은 소낭의 수송에 의해서만 이루어지는 것은 아니다. 이것에 대한 증거는 무엇인가? 인지질과 콜레스테롤 수송의 주요한 메커니즘은 무엇으로 보이는가?

18. Statin이 “나쁜” 콜레스테롤을 낮추는 메커니즘에 대해 설명하시오.

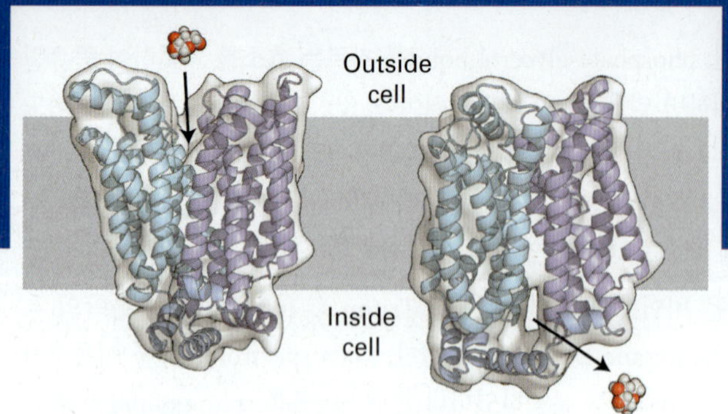

인간 glucose transporter GLUT1의 transmembrane (막횡단) 부위의 측면도. 다른 glucose transporter와 마찬가지로, GLUT1도 세포의 바깥쪽을 향한 형태와 안쪽을 향한 형태를 번갈아 가면서 세포의 plasma membrane을 가로질러 glucose를 수송한다. Glucose 분자는 GLUT1이 바깥쪽을 향한 형태일 때 결합한다. Glucose 결합은 transporter의 구조를 변화시켜서, 안쪽을 향한 형태로 바뀌면서 glucose를 cytoplasm으로 방출한다. [Data from D. Deng et al., 2014 *Nature* **510**:121–125, PDB ID 4PYP.]

CHAPTER 11

이온 및 작은 분자의 막횡단 수송 (Transmembrane Transport of Ions and Small Molecules)

OUTLINE

모든 종류의 세포에서 plasma membrane은 cytoplasm (세포질)과 세포의 외부를 나누는 barrier (장벽)로서, 물리적으로나 화학적으로 세포의 경계를 이룬다. Plasma membrane은 세포의 안쪽으로 혹은 바깥쪽으로 분자와 이온들이 이동하는 것을 제한함으로써, cytosol (세포 내부의 용액)과 extracellular fluid (세포 외부의 용액)의 조성은 상당히 차이가 나게 된다. 예를 들면, 동물 세포의 cytosol에 있는 sodium 이온 (Na^+)의 농도는 약 15 mM인 반면, 동물의 혈액과 같은 extracellular fluid에 있는 NaCl 농도는 이보다 10배 높은 150 mM 정도이다. 이와 대조적으로, 동물에서 potassium ion (K^+)의 농도는 extracellular fluid보다 cytosol에서 10배 정도 높다. 11.4절에서 설명하는 바와 같이, plasma membrane을 가로지르는 이온 분포의 차이는 세포의 membrane potential (막 전위)를 발생시키고 유지하는 데 중요하다.

Cytosol과 organelle 내부를 구분하는 organelle membrane도 permeability (투과성) barrier이다. 예를 들면, cytosol에 비교하여 볼 때 pH 5인 lysosome 내부에는 proton (H^+)이 100배 정도 높은 농도로 존재한다. 또한, endoplasmic reticulum이나 Golgi complex와 같은 organelle들의 내부에는 많은 대사산물들이 cytosol보다 높은 농도로 축적되어 있다.

Plasma membrane과 organelle membrane을 포함하여 세포내 모든 membrane은 phospholipid (인지질) bilayer (이중층)에 특정 단백질(protein)과 지질(lipid)이 끼워져 있는 형태로 구성되어 있다. 이렇게 지질과 단백질로 구성된 cellular membrane은 특징적인 permeability를 갖게 된다. 모든 이온, 아미노산, 당 등의 수용성 분자들이 선택적으로 세포를 들락거려야 함에도 불구하고, 만일 cellular membrane이 순수한 phospholipid bilayer (그림 9-5 참조)로만 구성되었다면, 이러한 분자들이 membrane을 통과할 수 없으므로 완벽한 chemical barrier로 작용했을 것이다. 실제로, 순수한 phospholipid bilayer는 일부 가스나 charge (전하)가 없는 작은 수용성 분자들만이 자유롭게 통과할 수 있다(그림 11-1). Cellular membrane은 barrier로만 작용하는 것이 아니라, membrane의 한쪽에서 다른 쪽으로 분자와 이온들을 선택적으로 수송함으로써 분자의 통로 역할도 수행한다. 예를 들면, 중요한 에너지원인 glucose는 membrane을 가로질러 세포 안으로 들어가고, 노폐물은 세포 밖으로 나온다.

Membrane transport protein은 대부분의 작은 분자들이 cellular membrane을 가로질러 이동하는 데 관여한다. Membrane transport protein은 여러 개의 transmembrane domain을 갖고 있어 membrane을 관통하여 박혀 있는 integral membrane protein에 속하며, shuttle, channel 또는 pump로 작용하여 분자들과 이온들이 hydrophobic한 membrane의 내부를 통과할 수 있게 한다. 어떤 경우에는, 이러한 단백질이 분자나 이온을 고농도에서 저농도 방향(downhill)으로 수송하는

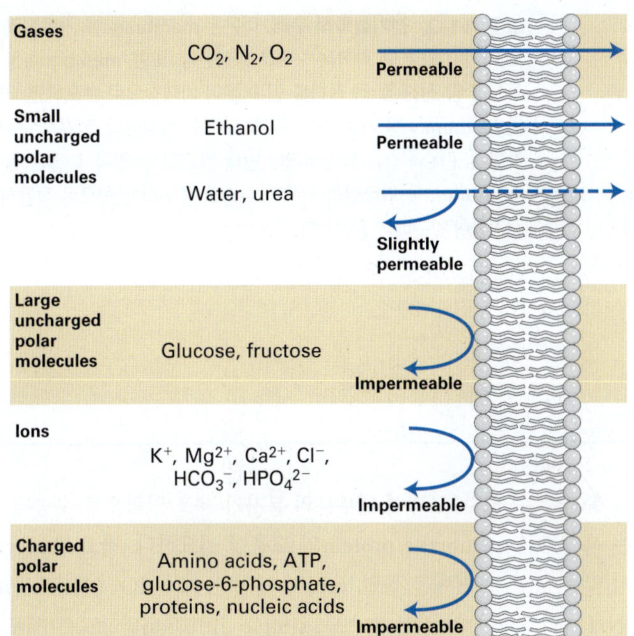

그림 11-1 순수한 phospholipid bilayer를 관통하는 다양한 분자와 이온의 상대적인 permeability. 많은 가스와 작고 charge가 없는 수용성 polar (극성) 분자는 순수한 phospholipid bilayer에 permeable하다. 물은 약한 permeability를 보이며, 이온과 큰 polar 분자는 기본적으로 permeable하지 않다.

데, 이러한 수송은 entropy를 증가시키므로 thermodynamic (열역학) 측면에서 자발적 과정이다. 이런 수송의 예로는 혈액에서 세포 안으로 물과 glucose가 이동하는 것을 들 수 있다. 다른 경우에는, 분자나 이온이 농도 구배(concentration gradient)에 역행하여 *uphill* 방향으로 수송한다. 이러한 uphill transport는 thermodynamic 측면에서 불리한 과정이므로, 외부 에너지가 공급될 때에만 가능하다. Uphill transport의 한 예로 lysosome lumen의 pH를 낮추기 위하여 cytoplasm에서 lysosome의 lumen으로 proton을 이동시키는 과정을 들 수 있다. Uphill transport에는 흔히 ATP가 hydrolysis (가수분해)되며 방출되는 에너지와 분자나 이온의 uphill 이동이 짝(couple)을 이룬다. 또 다른 transport protein은 특정 분자나 이온의 downhill transport와 다른 분자나 이온의 uphill transport가 짝을 이루어 작용하기도 한다. 이때, 특정 분자나 이온이 *downhill* transport를 하면서 방출되는 에너지가 thermodynamic 측면에서 불리한 uphill transport에 사용된다. 이와 같이, 분자들과 이온들이 균형 있게 들락거릴 수 있으므로 해서, 세포는 적절한 기능을 유지할 수 있게 된다.

이 장에서는 membrane을 통과하는 수송의 일반적인 원리들을 개관하고, membrane transport protein들의 세 가지 major class들이 어떻게 구별되는지를 설명한다. 이어서 각 class에 속하는 특정 transport protein들의 구조와 작용을 설명하고, transport protein들의 family에 속하는 각 단백질들이 각각의 세포 유형에서 어떤 차이점을 보이는지 살펴본다. 또한 plasma membrane과 organelle membrane에 있는 transport protein들의 특정 조합이 어떻게 세포내 pH 유지, 식물과 동물 세포에서 물의 이동, 당과 아미노산의 흡수 등과 같은 필수적인 생리 과정을 수행할 수 있게 하는지 설명한다.

Membrane transporter의 돌연변이에 의하여 여러 질병이 유발되므로, transporter 계열의 분자가 인간 건강 유지에 중요하다는 것을 알 수 있다. Transporter 계열 단백질의 돌연변이는 cystic fibrosis (낭포성 섬유증) 및 Long QT syndrome (QT 간격 연장 증후군, 심장 부정맥 중 치명적인 형태)을 비롯하여, epilepsy (간질), migraine (편두통), ataxia (운동실조), polycystic kidney disease (다낭성 신장 질환) 및 congenital hearing loss (선천성 청력 상실) 등의 다양한 질병을 유발한다. 이 장에서 강조하고 있는 바와 같이, channel, transporter 및 pump에 속하는 분자들이 치료 약물의 target으로 활용될 수 있음이 밝혀지고 있다. Cryo-electron microscopy (cryo-EM; 저온전자현미경법, 그림 4-34 참조)와 같은 강력한 새로운 영상 기술의 발전으로 membrane protein의 구조와 기능에 대한 발견이 폭발적으로 증가했다. 이러한 발견은 차례로 생명을 구하는 새로운 치료법의 개발로 이어질 것이다. Channel의 구조와 기능에 대한 이해가 증가함에 따라, light (optogenetic, 광유전학) 또는 약물(chemogenetic, 화학유전학)에 의해 활성화될 수 있는 변형된 channel의 개발도 이루어졌다. 이러한 channel은 생화학적 과정(4장에서 설명)과 신경 회로(23장에서 설명)를 제어하는 강력한 도구로 사용되고 있다.

이 장에서는 작은 분자와 이온의 수송만 다루고, 단백질이나 oligosaccharide와 같은 큰 분자들의 수송은 13장과 14장에서 다룬다.

11.1 Membrane Transport의 개관

이 절에서는 lipid membrane에서 분자의 permeability에 영향을 주는 주요 인자를 간략하게 설명하고, 이어서 membrane을 가로질러 분자와 이온을 수송하는 세 가지 종류의 membrane protein에 대하여 설명한다. 다른 종류의 membrane protein은 서로 다른 방법으로 이온 및 작은 분자를 수송하는 임무를 수행한다.

가스와 Charge를 띠지 않는 작은 분자만이 Simple Diffusion (단순 확산)에 의하여 Membrane을 통과한다

Phospholipid bilayer는 그 중간이 hydrophobic (소수성)이어서 수용성 분자나 이온은 거의 통과하지 못한다. O_2와 CO_2와 같은 기체와 urea나 ethanol과 같이 charge를 띠지 않는 작은 polar (극성) 분자만이 simple diffusion (단순 확산)에 의하여 순수한 phospholipid 또는 phospholipid와 cholesterol로 구성된 인공적인 membrane을 통과할 수 있다 (그림 11-1 참조). 따라서 이런 분자는 transport protein의 도움 없이 cellular membrane을 투과하여 확산될 수 있다. 분자들이 높은 농도에서 낮은 농도로 이동할 때는 화학적 농도 구배에 순행하여 이동하는 것이므로 metabolic energy가 소모되지 않는다. 이러한 수송 과정은 양의 ΔS 값(entropy의 증가)을 갖고, 이에 따라 음의 ΔG 값(free energy의 감소)을 갖기 때문에 자발적으로 일어난다. 순수한 phospholipid bilayer를 통과하는 물질의 상대적 diffusion 속도는 bilayer 양쪽에 있는 물질

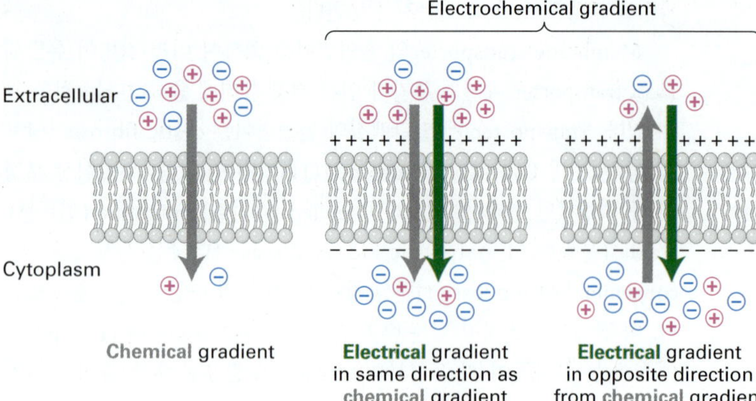

그림 11-2 전기화학적 구배. 이온은 membrane을 가로질러 농도 차이가 있을 때 화학적 구배를 형성한다. 또한, membrane을 가로질러 양 전하 및 음 전하를 띤 이온이 비대칭으로 분포하면, 이온은 membrane을 가로질러 전기적 구배를 형성한다. 전기적 구배는 화학적 구배와 같은 방향이거나 반대 방향일 수 있다. 이들은 함께, membrane을 가로질러 이온의 수송을 유도하는 힘으로 작용하는 전기화학적 구배를 형성한다.

의 농도 구배와 hydrophobicity에 비례하고, 물질의 크기에도 영향을 받는다.

수송될 물질이 charge를 띠고 있는 경우에는 membrane을 관통할 때 농도 구배뿐 아니라 membrane을 가로질러 형성되어 있는 electric potential (voltage)인 **membrane potential**도 영향을 준다. 따라서 charged molecule이 membrane을 관통하여 수송될 수 있는지는 농도 구배와 membrane potential이라는 두 가지 힘의 조합인 **electrochemical gradient (전기화학적 구배)**에 의해서 결정된다(그림 11-2). Cellular membrane의 electric potential은 양과 음으로 charge를 띤 이온의 농도가 membrane의 양쪽에 동일하지 않고 불균형이 있기 때문에 생긴다. 이러한 이온의 불균형이, 또한 이로 인하여 발생되는 electric potential이, 어떻게 생기고 유지되는지에 대해서는 11.4절에서 설명한다.

세 종류의 Membrane Protein이 세포의 Membrane을 통과하는 분자와 이온의 수송을 매개한다

그림 11-1로부터 알 수 있듯이, simple diffusion에 의해서는 대부분의 분자와 모든 이온이 순수한 phospholipid bilayer를 감지할 수 있는 속도로 통과할 수 없다. 그래서 대부분의 분자가 세포 안팎으로 수송될 때에는 특성화된 membrane protein의 도움이 필요하다. 작고 charge를 띠지 않는 극성 분자(예를 들면, urea나 지방산)이나 CO_2 (이산화탄소)나 NH_3 (암모니아)와 같은 가스도, simple diffusion만으로는 세포가 필요로 하는 만큼 충분히 신속하게 수송될 수 없을 경우에, 특정 transport protein에 의해 매개되어 수송되기도 한다.

모든 transport protein은 여러 개의 membrane-spanning segment (막횡단 부위)를 갖는 transmembrane protein (막횡단 단백질)이다. 일반적으로, membrane-spanning segment는 α-helix로 구성된다. Transport protein은 membrane을 관통하는 통로를 형성함으로써, hydrophilic (친수성) 물질이 membrane의 hydrophobic한 안쪽 부분과의 접촉하지 않고 membrane을 통과할 수 있게 한다. 이 장에서 설명하고 있는 다양한 유형의 transport protein에 대하여 소개한다(그림 11-3).

Channel은 물 또는 특정 이온 및 hydrophilic한 작은 분자를 농도 또는 electric potential (전위) 구배에 순행하여 membrane을 가로질러 수송한다. 이처럼, 에너지의 투입 없이 transport protein만 필요로 하기 때문에, 이 과정을 흔히 *passive transport* (수동 수송) 또는 *facilitated diffusion* (촉진 확산)이라고 부르기도 하지만, **facilitated transport**

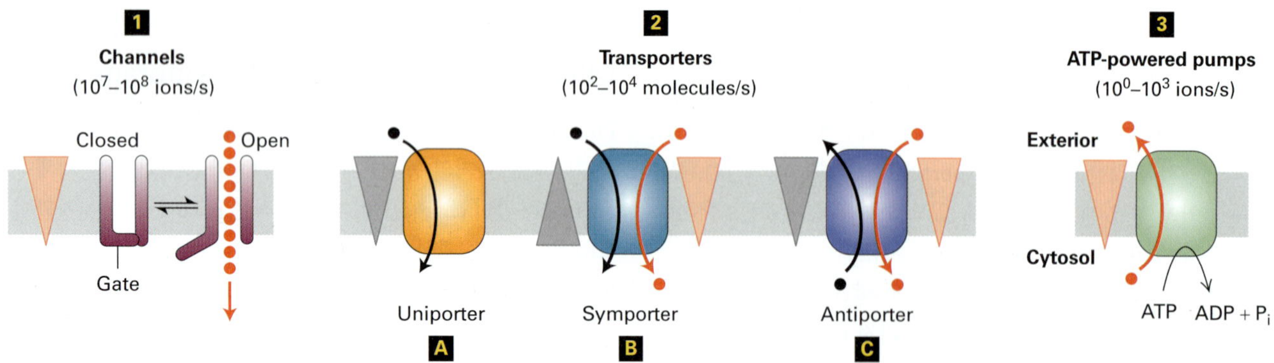

그림 11-3 Membrane transport protein의 개관. Gradient는 삼각형의 뾰족한 부분이 농도, electric potential (전위), 또는 모두의 낮은 쪽을 향하도록 표시하였다. **1** Channel은 특정 이온(또는 물)을 전기화학적 구배에 순행하여 이동하게 한다. **2** Transporter는 세 그룹으로 나눌 수 있으며, 특정 분자 또는 이온의 이동을 돕는다. Uniporter는 농도 구배에 순행하여 한 유형의 분자를 수송한다 **2A**. Cotransport protein (**2B**는 symporter, **2C**는 antiporter)은 하나 또는 그 이상의 이온(빨간색 원)을 전지화학적 농도 구배에 순행하여 이동시켜 방출되는 에너지를 사용하여 다른 한 분자(검은색 원)를 농도 구배에 *역행하여* 이동하는 과정을 촉매한다. **3** Pump는 ATP hydrolysis에 의하여 방출되는 에너지를 이용하여, 특정 이온 또는 작은 분자(빨간색 원)이 전기화학적 구배에 역행하여 이동할 수 있게 한다. 이러한 세 가지 유형의 단백질에 의한 수송 메커니즘의 차이는 그들에 의한 solute 이동의 속도가 다양하다는 것을 설명해 줄 수 있다.

(촉진 수송)라고 하는 것이 보다 정확한 표현이다. Channel은 membrane을 관통하는 hydrophilic한 tube 또는 통로를 갖고 있어, 이 통로를 통해 여러 개의 물 분자나 이온이 연이어서 매우 빠른 속도로 이동한다. 일부 ion channel은 항상 열려있으므로, *non-gated channel*이라고 한다. 그러나 대부분의 ion channel은 특정 화학적 또는 전기적 신호에 의해서 열린다. 이와 같이, 단백질의 "gate"가 channel을 닫았다가 열어서 수송이 가능하도록 길을 열어 주기 때문에 *gated channel*이라고 부른다(그림 11-3 참조). 모든 transport protein들에서와 같이, channel도 수송할 대상 분자에 대하여 매우 선택적으로 작용한다.

Transporter (*carrier*라고도 함)는 membrane을 관통하여 다양한 종류의 이온과 분자를, channel보다는 훨씬 느린 속도로, 수송한다. Transporter에는 세 가지 type이 알려져 있다. *Uniporter*는 한 종류의 분자를 농도 구배에 **순행하여** 수송한다. Glucose와 아미노산은 uniporter의 작용으로 대부분의 포유동물(mammalian) 세포에서 plasma membrane을 통과한다. Channel과 uniporter는 농도 또는 전기화학적 구배에 순행하여 수송하므로, 이들을 합쳐서 *facilitated transporter*라고 하기도 한다.

Uniporter와 대조적으로, **antiporter**와 **symporter**는 한 종류 또는 그 이상의 이온을 농도 구배에 **순행하여** 수송하는 것과 다른 종류의 이온 또는 분자를 농도 구배에 **역행하여** 수송하는 것이 짝을 이루어 작용한다. 수송하는 대상들이 같은 방향으로 이동할 경우를 symporter라고 하고, 서로 다른 방향으로 이동할 경우를 antiporter라고 한다. 이 transporter들은 두 종류 이상의 solute (용질)를 동시에 수송할 수 있는 능력을 가지고 있으므로 **cotransporter**라고 한다.

ATP-powered pump (또는 간략하게 *pump*라고도 함)는 ATP의 말단 phosphoanhydride 결합을 가수분해하여 ADP와 Pi를 생성하는 과정을 촉매하는 효소인 ATPase를 포함한다. 이러한 pump는 이온 또는 작은 분자가 화학적 농도 구배, electric potential, 또는 두 가지 모두에 **역행하여** membrane을 가로질러 이동할 때 ATP를 가수분해하여 나오는 에너지를 사용한다. 이러한 과정을 **active transport (능동 수송)**라 하며, 앞서 설명한 coupled chemical reaction의 한 예이다(2장 참조). 이 경우에 이온 또는 작은 분자의 수송은 전기화학적 구배에 역행하므로 에너지를 필요로 하게 되는데, 이때 ATP 가수분해로 발생되는 에너지가 짝을 이루게 된다. 전체적인 반응, 즉 ATP 가수분해와 이온 또는 작은 분자의 uphill movement로 구성된 반응은 에너지 측면에서 유리한 발열 반응이다.

Cotransporter와 pump는 모두 coupled reaction을 매개하며, 에너지 측면에서 선호되지 않는 반응(한 분자나 이온의 농도 구배에 역행하는 수송)이 에너지 측면에서 선호되는 반응(다른 분자나 이온의 농도 구배에 순행하는 수송)과 짝을 이룬다. ATP pump와 cotransporter는 모두 active transport를 추진하지만, 에너지 공급 반응의 성격에는 현저한 차이가 있다. ATP pump는 ATP를 가수분해하여 발생하는 에너지를 사용하지만, cotransporter는 전기화학적 구배의 형태로 저장되어 있는 에너지를 사용한다. 따라서 cotransporter에 의한 수송을 *secondary active transport*라고도 한다.

모든 transport protein들이 작동할 때에는 conformational change (구조적 변화)를 필수적으로 동반한다. Channel은 열린 상태와 닫힌 상태를 반복하는 반면, transporter와 ATP-powered pump는 한 conformation에 있을 때 substrate molecule (기질 분자)의 결합 부위를 membrane의 한쪽에 노출시켰다가, 다른 conformation에 있을 때에는 결합 부위를 membrane의 다른 쪽에 노출시키는 conformational change, 즉 *alternating access* (교차 접근) *model*이라고 부르는 과정의 cycle을 반복한다. Alternating access의 분자 메커니즘은 transporter의 고해상 구조를 결정함으로써 밝혀낼 수 있었다. Transporter와 pump의 conformational change가 일어날 때에는 각 cycle당 하나(또는 몇 개)의 substrate molecule만이 결합하여 수송되기 때문에, 10^2~10^4 ion 또는 molecule/sec 수준의 상대적으로 느린 속도로 작동한다(그림 11-3 참조). 대조적으로, channel은 심한 conformational change 없이 열린 channel을 통해 많은 이온들이 통과한다. 따라서 channel은 10^8 ion/sec에 달하는 매우 빠른 속도로 통과시킬 수 있다.

보통 여러 다른 종류의 transport protein들이 세포의 plasma membrane에서 합작하여 생리학적 기능을 수행한다. 그림 11-4에 보인 예와 같이, 모든 metazoan (후생동물) 세포에서 발견되는 특정 ATPase는 Na^+을 내보내고 K^+을 들여온다. 이 pump는 plasma membrane을

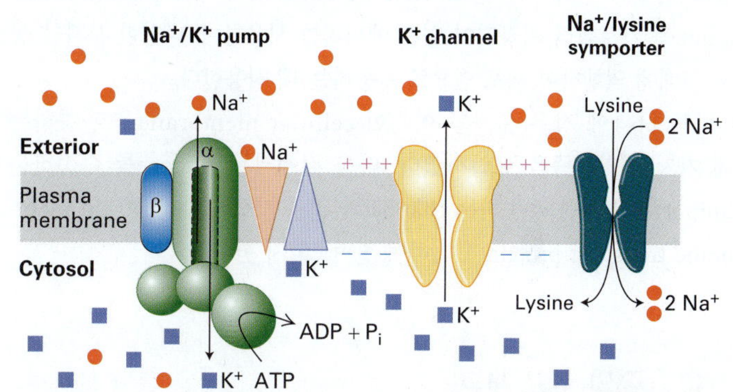

그림 11-4 여러 가지 membrane transport protein들이 metazoan cell의 plasma membrane에서 협력하여 작용한다. Gradient는 삼각형의 뾰족한 부분이 낮은 농도를 향하도록 표시하였다. Plasma membrane에 존재하는 Na^+/K^+ ATPase는 ATP hydrolysis에 의해 방출된 에너지를 사용하여 세포 밖으로 Na^+ (빨간색 원)을, 세포 안으로 K^+ (파란색 네모)을 pumping한다. 이렇게 하여 Na^+의 농도가 세포 안에 비하여 밖이 훨씬 높도록, 그리고 K^+의 농도가 세포 밖에 비하여 안이 높도록 농도 구배를 만든다. 양 전하를 띤 K^+ 이온이 membrane K^+ 채널을 통과하여 세포 밖으로 이동하면 plasma membrane을 가로질러 electric potential이 발생한다. 이때 cytosolic face는 extracellular face에 비하여 음의 값을 갖게 된다. 전형적인 sodium-amino acid transporter인 Na^+/lysine transporter는 세포 밖에서 안으로 lysine과 함께 Na^+ 이온을 들여온다. 아미노산의 "uphill" 이동은 Na^+ 이온의 "downhill" 이동에 의하여 에너지를 얻는다. Na^+ 이온의 "downhill" 이동은 세포의 안보다 바깥이 높은 Na^+ 농도 구배와 양 전하를 띤 Na^+을 끌어당기는 inside-negative membrane potential의 두 가지 힘에 의해 추진된다. 그러나 아미노산의 influx를 추진하는 에너지의 궁극적인 원천은 Na^+/K^+ ATPase에 의한 ATP hydrolysis에서 온다고 할 수 있다. Na^+/K^+ 펌프는 Na^+ 이온의 농도 구배를 발생시킬 뿐 아니라, K^+ 채널을 경유하여 membrane potential을 발생시키는 데에 공헌하는데, 이는 membrane potential이 Na^+ 이온의 influx를 추진하기 때문이다.

표 11-1 • 세포막을 가로질러 이온과 작은 분자를 수송하는 메커니즘

Property	Simple Diffusion	Facilitated Transport	Cotransport*	Active Transport
Requires specific protein	−	+	+	+
Solute transported against its gradient	−	−	+	+
Coupled to ATP hydrolysis	−	−	−	+
Driven by movement of a cotransported ion down its gradient	−	−	+	−
Examples of molecules transported	O_2, CO_2, steroid hormones, many drugs	Glucose and amino acids (uniporters); ions and water (channels)	Glucose and amino acids (symporters); various ions and sucrose (antiporters)	Ions, small hydrophilic molecules, lipids (ATP-powered pumps)

*Also called *secondary active transport.*

가로질러 서로 반대 방향으로(K^+은 세포 안에, Na^+은 세포 밖에) Na^+과 K^+의 농도 구배를 형성한다. 이러한 농도 구배는 cotransporter에 의하여 아미노산을 들여오는 데 필요한 에너지로 사용할 수 있다. 인간 유전체는 수백 종의 transport protein을 encode하고 있다. 이들은 Na^+ 농도 구배나 이와 관련된 electric potential의 형태로 plasma membrane을 가로질러 저장되어 있는 에너지를 사용하여, 다양한 분자를 농도 구배에 역행하여 세포 안으로 수송하는 데 사용한다.

표 11-1에 작은 분자와 이온이 cellular membrane을 관통하는 네 가지 메커니즘을 요약하였다. 다음 절에서는 glucose를 수송하는 uniporter와 물을 수송하는 channel과 같은 가장 단순한 형태의 membrane transport protein에 대하여 살펴보고자 한다.

11.1절의 주요 개념

Transmembrane Transport의 개관

- Cellular membrane은 분자와 이온이 세포 및 organelle의 안쪽과 바깥쪽으로 이동하는 것을 조절한다. Simple diffusion의 속도는 membrane을 관통하여 수송하는 물질의 농도 구배와 hydrophobicity에 비례한다.
- 가스(예, O_2 and CO_2) 및 charge를 띠지 않는 작은 수용성 분자를 제외하고, 대부분의 분자들은 순수한 phospholipid bilayer를 관통하여 diffusion되는 속도가 매우 느리다. 따라서 diffusion만으로는 대부분의 분자에 대한 세포의 수요를 충족시키지 못한다.
- Membrane transport protein은 분자와 이온이 hydrophobic한 내부를 갖는 membrane을 관통하여 이동할 수 있도록 hydrophilic한 통로를 제공한다.
- Transmembrane protein의 세 가지 유형인 channel, transporter, 그리고 ATP-powered pump (그림 11-2 참조)는 이온, 당, 아미노산 및 다른 대사산물들이 세포 membrane을 관통하여 수송하는 과정을 매개한다.
- Channel은 농도 구배에 순행하여 물이나 이온을 이동할 수 있는 hydrophilic한 통로를 형성하며, 이러한 과정을 *facilitated transport*라고 한다.
- 일부 channel은 항상 열려 있어 ungated라고 하며, 다른 channel은 특정 electrical 또는 chemical signal (또는 4장과 23장에서 언급한 광유전학에 사용되는 광 활성 channel의 경우에는 light)에 반응하여 열리고 닫히므로 gated라고 한다.
- Transporter는 세 가지 그룹으로 나눌 수 있다. Uniporter는 특정 분자를 농도 구배에 순행하여 facilitated transport (촉진 수송)한다. Symporter와 antiporter는 농도 구배를 역행하는 한 substrate의 이동과 농도 구배에 순행하는 다른 substrate의 이동이 짝을 이루며, 이러한 과정을 *secondary active transport* 또는 *cotransport*라고 한다(표 11-1 참조).
- ATP-powered pump는 ATP의 가수분해에 의하여 생긴 에너지로 substrate를 농도 구배에 역행하여 수송하며, 이러한 과정을 *active transport*라고 한다.
- 모든 membrane transport protein이 작동할 때 필수적으로 conformational change를 동반한다. 수송의 속도는 한 번에 단백질을 관통할 수 있는 분자 또는 이온의 수와 연관성이 있다.
- Alternating access 모델은 많은 transporter와 pump가 membrane을 가로질러 분자를 수송할 때 유발되는 conformational change를 설명한다.

11.2 Glucose와 물의 Facilitated Transport

대부분의 동물 세포는 ATP 생산을 위한 공급원으로 glucose를 사용한다. Glucose uniporter는 세포가 필요로 하는 glucose를 혈액 또는 세포 밖 용액으로부터 받아들인다. 또한 대부분의 세포는 plasma membrane을 관통하는 물의 이동 속도를 증가시키기 위하여 *aquaporin*이라고 하는 channel과 유사한 membrane transport protein을 사용한다. 여기에서는 glucose uniporter와 aquaporin을 비롯한 facilitated transporter에 대한 구조와 기능에 대하여 알아본다.

Uniport Transport는 Simple Diffusion보다 빠르고 특이적이다

Glucose나 작은 hydrophobic molecule 등의 특정 분자가 transport protein을 통해 농도 구배에 순행하여 membrane을 관통하는 과정을 **uniport**라고 한다. Uniport는 다음과 같이 simple diffusion과 다른 특성을 갖는다.

1. Uniporter에 의한 substrate 이동 속도는 순수한 phospholipid bilayer의 simple diffusion보다 훨씬 높다.
2. 수송되는 분자가 phospholipid bilayer의 hydrophobic core에 들어가지 않기 때문에, 해당 분자가 lipid membrane에 용해되는 정도와 무관하다.
3. 수송에 한정된 숫자의 uniporter molecule이 관여한다. 결과적으로, membrane에 존재하는 uniporter의 수에 의하여 결정되는 최대 수송 속도인 V_{max}가 존재한다. Membrane을 가로질러 존재하는 농도 구배가 매우 크고, 각 uniporter가 최고 속도로 작동하고 있을 때, V_{max}에 도달하게 된다.
4. 수송은 가역적이다. 따라서 농도 구배의 방향이 바뀌게 되면, 수송의 방향도 바뀌게 된다.
5. 수송은 특이적이다. 각 uniporter는 한 종류의 분자 또는 밀접하게 연관된 한 그룹의 분자를 수송한다. Transporter의 substrate에 대한 affinity (친화도)는 K_m 값으로 측정한다. K_m은 수송이 최고 속도의 절반일 때 substrate의 농도이다.

이러한 특성은 그림 11-3에 보인 다른 계열의 단백질이 사용되는 수송에도 적용된다.

가장 잘 연구된 uniporter들 중의 한 가지는 대부분의 포유동물 세포의 plasma membrane에서 발견되는 glucose transporter인 *GLUT1*이다. GLUT1은 특히 erythrocyte (적혈구)의 plasma membrane에 많이 존재한다. Erythrocyte에는 nucleus나 다른 organelle (세포소기관)이 없기 때문에, erythrocyte의 plasma membrane에서 transport protein을 분리하고 정제하는 것은 상대적으로 수월하다(그림 10-7 참조). 따라서 성숙한 erythrocyte를 사용하여 GLUT1 및 다수의 transport protein들의 특성이 광범위하게 연구되어 왔다. 또한, 인간 GLUT1의 삼차원 구조를 2014년에 결정하여, GLUT1 기능에 대한 세부 분자 메커니즘에 대한 이해를 증진시켰다(11장의 도입부 이미지 및 그림 11-6 참조).

그림 11-5에서 볼 수 있듯이, erythrocyte와 간(liver) 세포에 의한 glucose uptake는 한 종류의 기질이 관련된 simple enzyme-catalyzed

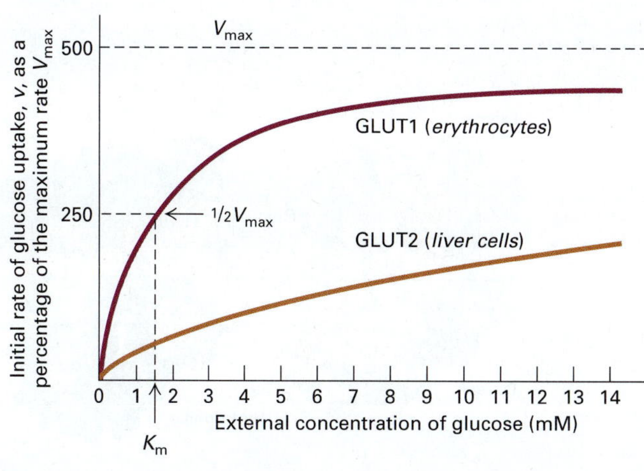

실험 그림 11-5 GLUT 단백질에 의하여 매개되는 glucose의 uptake는 simple enzyme kinetics를 보인다. 세포 밖 용매에 glucose 농도가 증가함에 따라, 처음 몇 초 동안에 glucose uptake의 초기 속도, *v* (μmole per ml of cells per hour로 측정)를 maximum rate인 V_{max}의 상대 값으로 graph로 보였다. 이 실험에서, 세포 안의 초기 glucose 농도는 항상 0이다. Erythrocyte에서 발현되는 GLUT1과 liver cell에서 발현되는 GLUT2는 모두 glucose uptake를 촉매한다. Enzyme-catalyzed reaction과 유사하게, glucose의 GLUT-facilitated uptake는 maximum rate (V_{max})를 보인다. K_m은 glucose uptake 속도가 V_{max}의 1/2일 때의 glucose 농도이다. GLUT2는 K_m 값이 약 20 mM이어서, a K_m 값이 약 1.5 mM인 GLUT1보다, glucose에 대하여 훨씬 낮은 affinity를 갖는다.

reaction (단순 효소 촉매 반응)과 유사한 kinetics를 보인다. 다른 유형의 단백질에 의하여 매개되는 transport reaction의 kinetics는 uniporter에 의한 kinetics보다 더 복잡하다. 그럼에도 불구하고, 모든 protein-assisted (facilitated) transport reaction은 simple diffusion에 비하여 빠르고, substrate 특이성이 있으며, maximal rate (V_{max})를 갖는다.

GLUT1 Uniporter는 낮은 K_m을 갖기 때문에 대부분의 포유동물 세포에서 Glucose를 흡수할 수 있다

다른 uniporter들과 유사하게, GLUT1도 두 가지 conformation 중 하나를 번갈아 갖는다. 한 conformation에 있을 때는 glucose의 결합 부위가 membrane의 바깥쪽을 향하며, 다른 conformation에 있을 때는 membrane의 cytosol 쪽을 향한다. 후자의 고해상도 구조는 그림 11-6a에 보였다. Glucose 농도는 보통 세포의 내부에 비하여 세포 밖 용액(erythrocyte에서는 혈액)에서 높기 때문에, 일반적으로 GLUT1 uniporter는 세포 밖에서 세포 내부로 glucose의 net import를 촉매한다. 그림 11-6b는 glucose가 세포 바깥쪽에서 cytosol 쪽으로 unidirectional transport (단일 방향으로 수송)되는 동안에 일어나는 단계별 과정이며, 여러 membrane-spanning (막 통과) α helix들이 conformational change를 갖는 alternating access 모델로 설명할 수 있다. 만일 세포 안쪽의 glucose 농도가 바깥쪽보다 높을 경우에는, GLUT1이 glucose를 세포 내부에서 세포 밖으로 net export를 촉매할 수 있다. Transporter는 안쪽 또는 바깥쪽을 향한 상태로 전환하고 있을 때 폐쇄된 구조를 갖

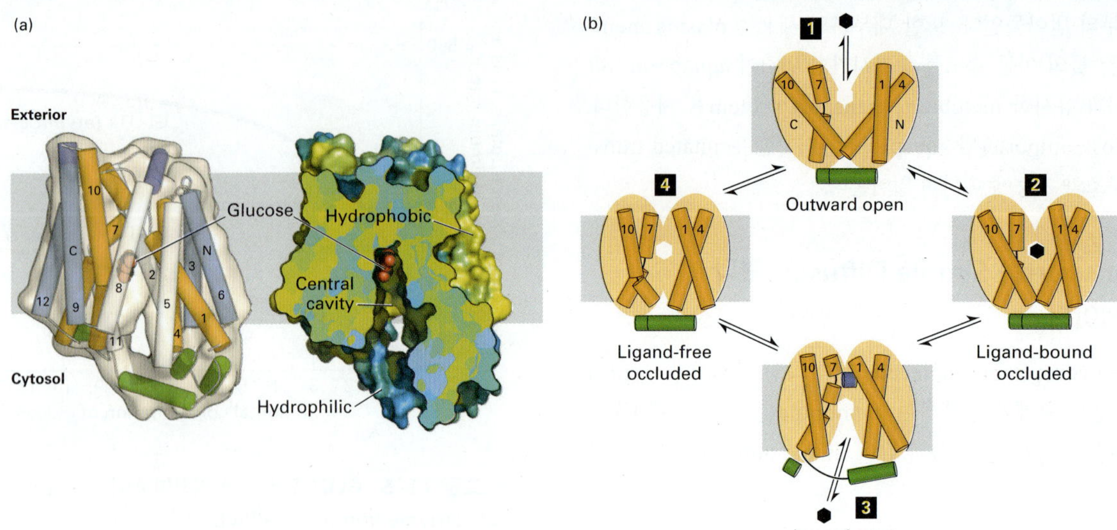

그림 11-6 인간의 GLUT1 uniporter는 세포막을 가로질러 glucose를 수송한다. (a) 전장 인간 GLUT1 단백질이 안쪽으로 열린 conformation일 때의 structure의 모델(측면도). Transporter는 amino-terminal 및 carboxy-terminal domain과 함께 12개의 transmembrane α-helix segment로 구성된다. Transmembrane segment는 각각 주황색, 흰색 및 파란색으로 착색된 3개의 transmembrane α helix의 쌍으로 구성된다. Amino-terminal 및 carboxy-terminal domain은 각각 녹색 및 보라색으로 착색된 intracellular 및 extracellular α helix에 의해 연결된다. 표면의 electrostatic potential (정전기 전위)의 단면 사진에서 membrane을 가로질러 glucose (빨간색)을 운반하는 중앙 cavity를 잘 볼 수 있다. 아미노산의 hydrophobicity (소수성) 정도를 색상은 나타내었고, 노란색은 hydrophobic, 파란색은 hydrophilic이다. (b) GLUT1의 작동 모델. Alternating access model에서, GLUT1이 바깥쪽을 향하여 열린 conformation일 때 glucose가 결합하고(단계 **1**), ligand가 결합한 occluded (폐쇄된) conformation으로 전환된다(단계 **2**). 안쪽이 열리는 conformation이 되어 glucose가 세포 내부로 방출되고(단계 **3**), ligand가 없는 상태에서 occluded conformation으로 전환되어(단계 **4**), 세포의 바깥쪽에서 안쪽으로 glucose를 수송할 수 있는 새로운 round를 시작하게 된다. Glucose의 농도가 바깥쪽에 비하여 안쪽이 높으면, 이 cycle은 반대로 작용하여(단계 **4** → 단계 **1**), glucose의 순(net) 이동이 안쪽에서 바깥쪽으로 이루어진다. 실제적인 conformational change는 아마도 여기에 묘사된 것보다 작을 것이다. [Part (a) data from D. Deng et al., 2014, *Nature* **510**:121–125, PDB ID 4pyp.]

게 되므로, cytoplasm이나 세포외 공간에서 glucose 결합 부위에 접근할 수 없다.

GLUT1에 의해서 glucose를 세포 밖에서 안으로 수송하는 과정의 kinetics는 simple enzyme-catalyzed chemical reaction에 사용하는 방정식으로 기술할 수 있다. 단순화하기 위하여, substrate (S)인 glucose가 처음에는 membrane 바깥쪽에만 존재한다고 가정하도록 하자. 즉, 세포를 glucose가 없는 배지에 배양하여, 세포 내부에 glucose를 고갈시킨 상태에 해당한다. 이 경우, 다음과 같이 표현할 수 있다.

$$S_{out} + GLUT1 \xrightleftharpoons{K_m} S_{out} - GLUT1 \xrightleftharpoons{V_{max}} S_{in} + GLUT1$$

여기서 S_{out} – GLUT1은 glucose 결합 부위가 바깥쪽을 향하고 있고, 이 부위에 glucose가 결합해 있는 conformation의 GLUT1을 나타낸다. 이 식은 효소에 하나의 substrate가 결합한 후 다른 분자로 전환되는 simple enzyme-catalyzed reaction의 과정을 표현한 것과 유사하다. 단지, 위 식에서는 GLUT1에 결합한 glucose가 화학적으로 다른 분자로 전환되지 않는 대신, cellular membrane을 관통하여 이동한다는 점에서 다르다. 결국 transport reaction의 kinetics는 simple enzyme-catalyzed reaction의 kinetics와 유사하므로, GLUT1에 의해 촉매되어 세포 안쪽으로 수송되는 S에 대한 initial transport rate (초기 수송 속도) v_0는 앞서 3장에서 유도한 Michaelis–Menten 방정식과 같은 방법으로 유도할 수 있다.

$$v_0 = \frac{V_{max}}{1 + \dfrac{K_m}{C}} \qquad (11\text{-}1)$$

여기서 C는 S_{out}의 농도이다(reaction 초기에 S_{in}의 농도 = 0). 모든 GLUT1 분자가 S와 결합했을 때의 transport rate인 V_{max}는 S_{out} 농도가 매우 높을 때 도달된다. K_m 값이 작을수록, substrate는 transporter에 더욱 잘 결합한다. 식 11-1은 그림 11-4에 있는 erythrocyte에 의한 glucose uptake 및 다른 uniporter들에 의한 물질 수송에 대한 curve를 수식으로 표현할 수 있게 한다.

사람의 erythrocyte membrane에 있는 GLUT1의 경우에, glucose 수송의 K_m은 1.5 mM이다. 이 농도의 glucose에서 결합 부위를 바깥쪽으로 향하고 있는 transporter의 약 절반이 glucose와 결합하며, 최고 수송 속도인 V_{max}의 50%의 속도로 수송이 일어날 것이다. 혈액의 glucose 농도는 대략 5 mM이므로, 식 11-1에서 알 수 있는 바와 같이, erythrocyte의 glucose transporter는 최고 속도의 77% 수준에서 작용하고 있다. GLUT1 (또는 이와 매우 유사한 GLUT3)은 erythrocyte뿐 아니라 혈액에서 glucose를 빠른 속도로 받아들여야 하는 다른 세포들에서 발현된다. 혈액내 glucose 농도는 K_m보다 훨씬 높게 유지되지만 세포내 glucose 농도는 대사과정에 사용되어 낮게 유지되기 때문에, 혈액내 glucose 농도가 조금 변화하더라도 glucose는 높은 속도로 세포 안으로 흡수될 수 있다. 참고로, GLUT1의 발현은 여러 암에서 증가하는데, 이는 빠르게 분열하는 암 세포를 위한 에너지원으로서 glucose가 필요하기 때문이다.

GLUT1은 glucose만 수송하는 것이 아니고, D-glucose와는 한 carbon atom의 configuration만 다른 isomeric sugar인 D-mannose와 D-galactose도 측정할 수 있는 수준으로 수송한다. 그러나 glucose에 대한 K_m (1.5 mM)은 D-mannose (20 mM)나 D-galactose (30 mM)에 비하여 훨씬 낮다. 따라서 GLUT1은 다른 substrate에 비해서 정상적인 substrate인 D-glucose에 대해 훨씬 높은 affinity (친화도)를 가지므로 (즉, 훨씬 낮은 K_m 값을 보이므로) D-glucose에 매우 특이적이다.

GLUT1은 erythrocyte의 plasma membrane에서 존재하는 단백질의 2%를 차지한다. Glucose가 erythrocyte 안으로 수송된 후에는 glucose 6-phosphate로 빠르게 인산화되므로 세포를 떠날 수 없게 된다. 이 인산화 반응으로 인하여 glucose 대사과정의 첫 단계는 빠르고 일정한 속도로 진행되며, glucose의 흡수가 지속되더라도 세포 내의 glucose 농도가 증가하지 않는다(그림 12-3 참조). 결국, glucose의 농도 구배는 세포 내에 비해 세포 밖이 충분히 높게 유지되며, glucose가 지속적으로 세포 내로 들어올 수 있게 되어 glucose 대사과정이 일정한 속도로 유지될 수 있다.

Human Genome은 당을 수송하는 GLUT 단백질의 Family를 Coding하고 있다

Human genome은 적어도 14개의 매우 유사한 *GLUT* 단백질(GLUT1–GLUT14)을 coding하고 있다. 이 단백질들은 모두 12개의 membrane-spanning α helix를 포함하고 있는 것으로 예상되어, 하나의 transport protein에서 진화되었을 것으로 추정하고 있다. GLUT 단백질의 three-dimensional structure (삼차 구조)는 아직 밝혀지지 않았지만, GLUT1을 대상으로 상세한 생화학적 연구를 수행하여 transmembrane α helix에 있는 아미노산들이 대부분 hydrophobic하다는 것이 알려져 있다. 그러나 일부 helix에는 glucose의 hydroxyl 그룹과 hydrogen bond (수소 결합)를 형성할 수 있는 side chain을 갖는 아미노산(예, serine, threonine, asparagine 및 glutamine)을 포함하고 있다. 이들 아미노산은 단백질의 안쪽에 위치하면서 바깥쪽 및 안쪽을 향한 glucose 결합 부위를 형성할 것으로 여겨진다(그림 11-5 참조).

모든 GLUT isoform의 구조는 매우 유사하고 모두 당을 수송할 수 있다. 이러한 유사성에도 불구하고, GLUT isoform들이 다양한 세포 유형에서 다르게 조절 및 발현되고, isoform 별로 독특한 기능도 있어, 서로 다른 세포들이 독립적으로 glucose 대사과정을 조절함과 동시에 혈액 내의 glucose 농도를 일정하게 유지한다. 예를 들면, GLUT3는 뇌의 neuronal cell (신경세포)에서 발현된다. Neuron은 대사과정을 위하여 glucose를 지속적으로 받아들여 와야 하는데, GLUT3는 GLUT1과 유사한 낮은 K_m 값(1.5 mM)을 갖기 때문에 neuron이 세포 밖 용액으로부터 glucose를 빠르고 일정한 속도로 흡수할 수 있다.

GLUT2는 liver와 insulin을 분비하는 pancreas (췌장)의 β islet (섬) 세포에서 발현되며, K_m 값은 GLUT1에 비하여 13배 정도 높은 약 20 mM이다. 식사 후에 혈액의 glucose가 basal level인 5 mM에서 10 mM 정도로 높아졌을 때 GLUT2를 발현하는 세포에서 glucose 유입 속도는 거의 2배가 되는 반면, GLUT1을 발현하는 세포에서는 작은 증가만이 있을 뿐이다(그림 11-5 참조). Liver에서 세포 안으로 유입된 과량의 glucose는 polymer (중합체)인 glycogen으로 저장된다. β islet 세포에 glucose 농도가 증가하면, 혈당을 낮추는 hormone인 insulin을 분비한다(그림 21-1b 참조). 이어서, muscle에서의 glucose 흡수와 대사과정을 증가시키고, liver에서 glucose 생산을 차단함으로써 혈액 내 glucose의 농도를 낮춘다(그림 15-32 참조). 만일 pancreas의 β islet 세포에서 GLUT2의 활성을 저해하게 되면, glucose 수준이 높을 때에도 β islet 세포에서 insulin이 분비되지 않고, liver cell (hepatocyte)에서 glucose에 의해 발현이 유도되는 gene을 발현하지 않게 된다.

다른 GLUT isoform인 GLUT4는 fat cell과 muscle cell에서만 발현되며, insulin에 반응하여 glucose 흡수를 증가시킴으로써 혈액 내의 glucose를 낮춘다. Insulin이 없을 때, GLUT4는 plasma membrane이 아닌, intracellular membrane (세포 내부 막)에서 발견되므로 extracellular fluid로부터 glucose 흡수를 촉진할 수 없다. 그림 21-2에서 자세히 소개하겠지만, insulin은 GLUT4가 많이 있는 internal membrane을 plasma membrane에 융합시켜서, 세포 표면에 GLUT4 molecule의 수를 늘리고, 따라서 glucose 흡수를 증가시킨다. Insulin이 혈액 내 glucose를 낮추는 주된 메커니즘인 이 과정에 결함이 생기면 plasma membrane으로 GLUT4를 이동시킬 수 없게 되므로, glucose가 혈액 내에서 지속적으로 높은 농도로 유지되는 특징을 보이는 adult-onset (성인기 발증형) 또는 type II (제2형) diabetes (당뇨병)를 유발한다.

GLUT5는 fructose (과당)에 특이성을 보이는 유일한 GLUT 단백질이다. GLUT5는 intestinal epithelial cell의 apical membrane에 발현되어, 음식에서 섭취한 fructose를 intestinal lumen (창자의 내강)에서 흡수하는 역할을 한다.

인공적인 Membrane과 재조합 세포를 사용하여 Transport Protein을 연구할 수 있다

Transport protein에 대한 고유한 성격, 즉 V_{max}와 K_m을 결정하거나 substrate 결합에 중요한 residue를 결정하는 등을 연구하기 위한 다양한 접근법이 있다. 대부분의 cellular membrane은 다양한 유형의 많은 transport protein을 함유하고 있으나 각각은 상대적으로 낮은 농도로 존재하여 각 단백질의 기능을 분석하는 연구가 어렵다. 이런 어려움을 극복하기 위하여, 연구자들은 membrane에 특정 transport protein을 농축하기 위한 두 가지 접근 방식, 즉 정제 단백질을 reconstitution (재구성)한 인공적인 membrane과 단백질을 과발현한 재조합 세포를 사용한다.

첫 번째 접근 방식에서는, 우선 세포에 detergent를 처리하여 membrane에 있는 특정 transport protein을 추출하여 정제한다. Transport protein을 membrane에서 정제하더라도 그 기능성(즉, membrane을 가로질러 substrate를 수송하는 능력)은 membrane 상에 있을 때만 발휘된다. 따라서, 정제한 단백질을 liposome과 같은 순수한 phospholipid bilayer로 구성된 membrane에 포함시키면(그림 10-3 참조), membrane을 가로질러 substrate가 수송되는 속도를 쉽게 측정할 수 있다.

다른 접근으로, 대상 transport protein을 발현하지 않는 세포에서 transport protein을 coding하는 유전자를 높은 수준으로 발현시키는 방법이 있다. Transfection된 세포와 transfection이 되지 않은 대조군 세포에서 특정 물질의 수송이 차이가 난다면, 이는 발현된 transport protein 때문이다. 이러한 system은, 단백질의 정제 과정에서 발생할 수 있는 단백질 denaturation (변성) 등의 문제점을 피할 수 있으므로, 여러 membrane protein의 기능을 쉽게 분석할 수 있다. 예를 들면, 배양된 fibroblast에 정상적인 GLUT1을 과발현하였을 때 glucose 흡수 속도가 여러 배 증가하는 것을 확인하고, 특정 아미노산을 돌연변이시킨 GLUT1 단백질을 발현하였을 때 glucose 흡수 속도를 측정하여 substrate 결합 등에 중요한 아미노산 잔기를 분석할 수 있다.

Osmotic Pressure (삼투압)는 물이 Membrane을 관통하여 이동하게 한다

모든 organism에서, 물이 세포 안팎으로 이동하는 것은 매우 중요하다. **Aquaporin**은 물이나 glycerol과 같이 charge를 띠지 않고 작은 분자들이 효율적으로 membrane을 관통하도록 매개하는 membrane channel protein의 family이다. 이 transport protein에 대하여 논의하기 전에, 물의 이동에 관여하는 힘인 osmosis (삼투)에 대하여 살펴보기로 한다.

물은 반투과성(semipermeable) membrane을 통해 낮은 solute 농도의 용액에서 높은 solute 농도의 용액으로 이동하려는 경향이 있다. 이러한 과정을 **osmosis** 또는 *osmotic flow*라고 한다. 다르게 표현하면, 높은 solute 농도를 갖는 용액은 낮은 농도의 물을 갖기 때문에, 물은 자발적으로 높은 농도에서 낮은 농도로 이동하려고 할 것이다. 따라서 osmosis는 물이 semipermeable membrane을 가로질러 "diffusion"되는 현상으로 이해하면 된다. *Osmotic pressure* (삼투압)는 서로 다른 조성을 갖는 용액이 membrane에 의하여 분리되어 있을 때, 이 membrane을 통과하는 물의 net flow를 정지시키는 데 필요한 hydrostatic pressure (정수압)로 정의된다(그림 11-7). 이런 맥락에서, "membrane"은 세포의 어떤 membrane layer일 수 있으며, 물에는 투과성을 보이지만 solute에는 투과성을 보이지 않는 plasma membrane이 해당된다. Osmotic pressure는 membrane의 한쪽에 있는 solute molecule의 농도 총합과 다른 쪽에 있는 solute molecule의 농도 총합의 차이에 정비례한다. 예를 들면, 0.5 M NaCl 용액은 0.5 M Na^+ 이온과 0.5 M Cl^- 이온이므로, 1 M glucose 또는 sucrose의 용액과 같은 osmotic pressure를 갖는다.

각 세포의 부피를 결정하는 데 plasma membrane을 관통하는 물의 이동은 중요하며, 세포가 손상되지 않으려면 이를 조절해야 한다. 세포 밖에 osmotic condition이 조금이라도 변화되면 대부분의 동물 세포가 빠르게 팽창하거나 수축한다. 동물 세포에 *hypotonic* solution (저장액; 즉, cytosol보다 낮은 solute 농도를 갖는 용액)을 넣으면 osmosis에 의하여 물이 세포 안으로 들어가서 세포가 팽창하게 된다. 반대로,

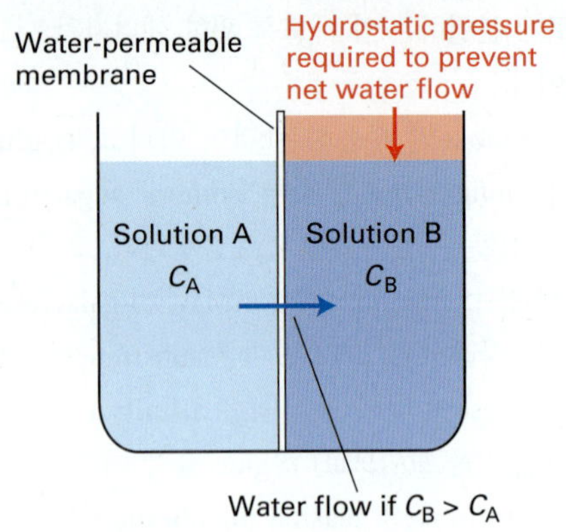

그림 11-7 Osmotic pressure. 물에는 투과성을 보이지만 모든 용질에는 비투과성인 membrane에 의하여 용액 A와 B가 분리되어 있다. 만약 C_B (용액 B에 들어있는 solute의 총농도)가 C_A보다 크면, 물은 용액 A에서 용액 B로 이동하려고 할 것이다. 용액 간의 osmotic pressure π는 이러한 물의 흐름을 방지하기 위하여 용액 B에 가해지는 hydrostatic pressure이다. van't Hoff equation으로부터, osmotic pressure는 $\pi = RT(C_B - C_A)$로 주어지는데, 이때 R은 기체 상수이고 T는 절대 온도이다.

hypertonic solution (고장액; 즉 cytosol보다 높은 solute 농도를 갖는 용액)에 넣으면 cytosol에 있던 물이 밖으로 빠져나가서 수축하게 된다. 결과적으로, 동물 세포는 부피를 유지하기 위해 cytosol과 유사한 solute 농도(즉, osmotic strength)를 갖는 *isotonic* solution (등장액)에 배양해야 한다.

Vascular plant (관속 식물)에서, 물과 무기질은 토양으로부터 뿌리에 의해 흡수되고 xylem (물관부)을 통하여 식물의 위쪽으로 이동한다. 주로 잎사귀에서의 증발에 의한 물의 손실은 위쪽으로 물의 이동을 추진한다. 동물 세포와 달리, 식물, 조류(algae), 진균(fungus) 및 박테리아의 세포들은 단단한 세포벽(cell wall)으로 둘러싸여 있기 때문에, 세포 내부의 osmotic pressure가 증가하더라도 세포의 부피가 증가하는 것을 막을 수 있다. 세포벽이 없는 동물 세포는 세포 내부의 osmotic pressure가 증가하면 부피가 증가하게 된다. 만일 동물 세포에서 osmotic pressure가 과도하게 증가하게 되면 풍선이 부풀어 터지듯이 세포도 터지게 될 것이다. 식물 세포는 세포벽으로 인하여 hypotonic solution (또는 순수한 물)에 있더라도 osmotic pressure에 의한 물의 유입이 세포 내부의 압력은 높이지만 부피를 증가시키지는 않는다.

식물 세포에서 vacuole (액포; 그림 1-13a 참조)의 solute 농도(예를 들어, 설탕과 소금)가 일반적으로 cytosol보다 높고, cytosol의 solute 농도는 세포의 외부보다 높다. 따라서 물이 cytosol로 유입되고, 이어서 vacuole로 유입되어 발생된 osmotic pressure, 즉 *turgor pressure* (팽압)는 세포벽 쪽으로 cytosol과 plasma membrane을 밀어낸다. 식물이 똑바로 서있게 하는 데는 물론이고 성장할 때에도 식물 세포의 turgor pressure가 활용된다. Hormone에 의해 세포벽이 국부적으로 약해지면, vacuole로 들어간 물이 vacuole의 크기 및 세포의 크기를 증가시키게 되어, 세포가 성장하게 된다. ■

대부분의 protozoa (원생동물)는 동물 세포와 유사하게 단단한 세

포벽을 갖고 있지 않지만, osmotic pressure에 의하여 세포가 터지는 것을 방지하기 위한 *contractile vacuole* (수축포)를 갖고 있다. Contractile vacuole은 cytosol에서 물을 흡수한 후, 식물의 vacuole과 달리, 주기적으로 plasma membrane과 융합하여 물을 세포 밖으로 내보낸다. Osmotic flow에 위해서 물이 protozoa 세포의 내부로 계속해서 들어오더라도, contractile vacuole은 세포에 물이 과다하게 축적되지 않도록 하여 세포가 터지지 않게 한다.

Aquaporin은 세포의 Membrane에서 물의 Permeability를 높인다

물은 osmotic pressure에 의해 세포의 membrane을 관통하여 이동하므로, 다음과 같은 궁금증이 유발된다. 왜 fresh-water (담수)에 사는 동물의 세포는 터지지 않을까? 예를 들면, 개구리는 연못(hypotonic solution)에 알을 낳는다. 개구리의 oocyte와 egg의 내부 salt (주로 KCl) 농도가 다른 세포의 내부 salt 농도(약 150 mM KCl)와 유사하지만, 개구리의 oocyte와 egg는 osmotic strength가 매우 낮은 연못의 물에서 팽창하지 않는다. 이러한 관찰은 물의 osmotic flow를 가속화할 수 있는 water-channel protein이, 개구리의 oocyte와는 다르게, erythrocyte 또는 다른 세포 유형의 plasma membrane에는 존재하고 있을 가능성을 제시하였다. 그림 11-7에서 보이는 실험 결과들은 aquaporin으로 알려진 erythrocyte의 표면에 있는 단백질이 water channel로서 작용한다는 것을 보여 주고 있다.

Aquaporin은 28-kDa subunit이 tetramer를 형성하여 기능을 수행한다(그림 11-8a). 각 subunit은 6개의 membrane-spanning α helix를 포함하는데, 이들은 물이 이동할 수 있는 central pore (중심 통로)를 형성한다(그림 11-8b, c). 그 중심에는 물에 선택적인 약 2 nm 길이의 pore가 있는데, 그 직경은 0.28 nm이어서 물 분자보다 약간 큰 정도이다. 통과할 분자를 식별하는 sieve (체)의 특성은 진화상 보존된 몇 개의 친수성 아미노산 잔기들에 의하여 결정되며, 이 아미노산들의 side chain과 carbonyl 그룹은 channel의 중앙부로 뻗어 있다. 몇 개의 물 분자가 동시에 channel을 통과하며, 각각의 물 분자는 순차적으로 channel 벽의 아미노산들과 hydrogen bond를 형성하고 아래쪽의 다른 물 분자를 밀어낸다. Aquaporin은 conformational change 없이 물을 수송하므로, conformational change를 겪으면서 glucose를 수송하는 GLUT1에 비하여, 훨씬 빠르게 작동한다. 물의 oxygen 원자와 두 아미노산의 side chain 사이에 형성되는 hydrogen bond는 오직 charge를 띠지 않는 물 분자(즉, H_3O^+가 아닌 H_2O) 만이 channel을 통과하게 한다. 즉, proton은 channel을 따라 이동할 수 없게 되므로 당연히 통과할 수 없게 된다. 이러한 이유로, 물이 aquaporin을 통하여 membrane을 통과할 때에도 membrane 양쪽의 ionic gradient는 유지된다.

포유류는 aquaporin family에 속하는 단백질들을 발현하며, 사람에서 11종이 발현되는 것으로 알려져 있다. Aquaporin 1은 erythrocyte에서 다량으로 발현되고, 이와 유사한 aquaporin 2는 소변으로부터 물을 재흡수하는 kidney (신장) epithelial cell에서 발현되어

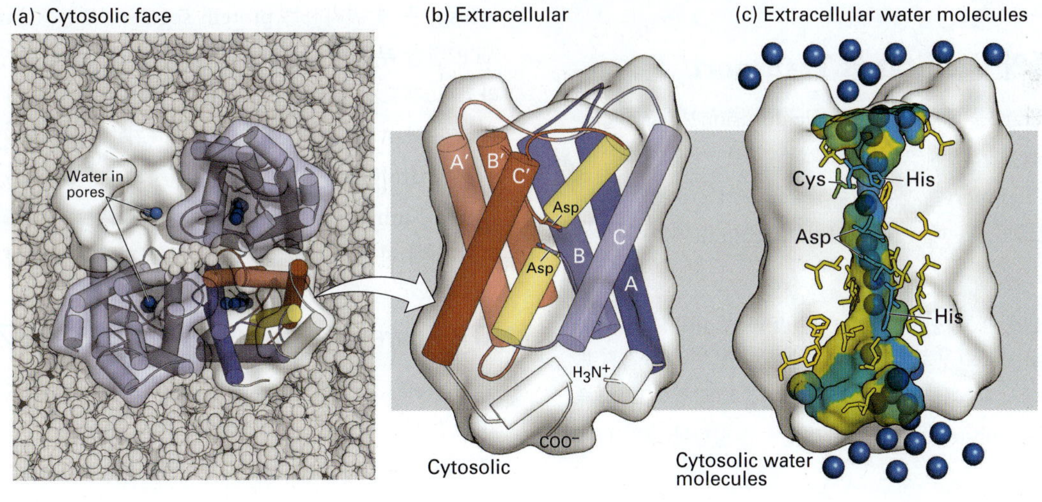

그림 11-8 Aquaporin의 structure. (a) 4개의 동일한 subunit으로 구성된 tetrameric protein의 구조 모델. Exoplasm 쪽에서 이 단백질을 내려다 본 이 사진에서 볼 수 있는 바와 같이, 각 subunit은 water channel을 형성한다. 이 monomer들 중 하나는 molecular surface를 보여 주고 있으며, 여기서 pore의 입구를 볼 수 있다. (b) 1개의 aquaporin subunit의 membrane에 대한 topology를 나타내는 개요 그림. 세 쌍의 유사한 transmembrane helix (A와 A′, B와 B′, C와 C′)가 membrane에 대하여 반대 방향으로 위치하고, 짧은 non-membrane-spanning helix와 보존된 asparagine (Asn) 잔기를 포함하는 2개의 hydrophilic (친수성) loop에 의해 연결되어 있다. 이 loop들은 6개의 transmembrane helix에 의하여 형성된 cavity 안을 향하고 있으며, cavity의 중간에서 서로 만나 water-selective gate의 일부분을 형성한다. (c) 1개의 aquaporin subunit의 측면도. Cytosol 쪽 및 extracellular 쪽의 vestibule (현관)은 물로 채워져 있으며, 이 vestibule들은 2-nm 길이의 water-selective gate의 양쪽에 위치한다. 이 gate 내에 몇 개의 물 분자(blue sphere)가 들어와 있는 것이 보인다. Gate는 매우 잘 보존된 hydrophilic amino acid residue를 포함하며, 이 아미노산의 side chain은 수송되는 물과 hydrogen bond를 형성한다. Pore를 감싸는 아미노산은 hydrophilic (파란색)과 hydrophobic (노란색)으로 보였다. 이러한 hydrogen bond들의 배열과 지름 0.28 nm의 좁은 pore로 인하여 proton (예, H_3O^+)이나 다른 이온은 통과하지 못한다. [Data from H. Sui et al., 2001, *Nature* **414**:872, PDB ID 1j4n.]

몸 안의 물의 양을 조절한다. Aquaporin 2의 활성은 vasopressin [또는 *antidiuretic hormone* (항이뇨성 호르몬)이라고 함]에 의하여 조절된다. 휴지기의 kidney cell에서 aquaporin 2의 활성 조절은 fat과 muscle cell에서 GLUT4의 활성 조절 과정과 유사하다. Kidney cell에서 물이 소변으로 분비되는 resting state에는 aquaporin 2가 intracellular vesicle membrane에 있고 plasma membrane에는 존재하지 않으므로, 물이 세포 내부로 흡수되지 않는다. 그러나 polypeptide hormone인 vasopressin이 vasopressin 수용체에 결합하면 세포 내부의 cAMP 의존적 신호전달 경로를 활성화하여(15장 참조), aquaporin 2를 포함하는 vesicle이 plasma membrane과 융합하게 함으로써, kidney cell에서 물의 흡수 속도를 증가시켜 물이 소변으로 빠져나가지 않고 몸에서 순환할 수 있게 한다. Vasopressin receptor나 aquaporin 2의 gene에 돌연변이가 있어 이 단백질이 불활성화되면 소변이 농축되지 않고 다량으로 배설되는 질병인 diabetes insipidus (요붕증)가 유발된다. 이 발견은 *diabetes insipidus*의 병인을 밝히고, aquaporin 2의 발현 수준이 신장에서 배출된 소변에서 물을 재흡수하는 속도 결정에 매우 중요하다는 것을 증명하였다. ■

다른 aquaporin family의 구성원들은 물보다는 glycerol과 같은 hydroxyl기를 포함하는 분자들을 수송한다. 예를 들면, 인간의 aquaporin 3은 glycerol을 수송하며, amino acid sequence와 3차 구조가 *Escherichia coli*의 glycerol transport protein인 GlpF와 매우 유사하다.

11.2절의 주요 개념

Glucose와 물의 Facilitated Transport

- Solute가 membrane을 관통할 때, simple diffusion보다 protein-catalyzed transport (단백질에 의하여 촉매되는 수송)가 훨씬 빠르다. Protein-catalyzed transport는 제한된 수의 transport protein이 substrate에 의하여 포화되었을 때 V_{max}를 보이고, substrate에 매우 특이적이다(그림 11-4 참조).
- Glucose transporter (GLUT)와 같은 uniporter protein은 2개의 conformational state (구조적인 상태) 중 하나를 번갈아 가지며, 한 conformation에서 substrate 결합 부위는 바깥쪽을 향하고, 다른 conformation에서는 substrate 결합 부위가 안쪽을 향한다(그림 11-5 참조).
- GLUT 단백질 family의 transporter들은 모두 당을 수송하며 유사한 구조를 갖는다. GLUT 단백질들 사이에서 K_m 값의 차이, 서로 다른 세포 유형에서의 발현, 그리고 서로 다른 substrate 특이성 덕분에 신체에서 당의 대사과정이 적절하게 진행된다.
- Transport protein의 기능을 연구하는 데 공통적으로 사용되는 두 가지 실험 체계로, 정제된 transport protein을 포함하는 liposome과 특정 transport protein을 coding하는 유전자가 transfection된 세포가 사용된다.
- 대체로 생물학적 membrane은 semipermeable하며, 이온 또는 다른 solute에 비하여 물에 더욱 permeable하다. 물은 osmosis 현상에 의해 더 낮은 solute 농도의 용액에서 더 높은 solute 농도의 용액으로 membrane을 가로질러 이동한다.
- 식물 세포를 둘러싸고 있는 단단한 세포벽은 세포의 팽창을 막고, 세포 내부로 유입되는 물의 osmotic pressure에 대응하여 turgor pressure를 형성할 수 있게 한다.
- Aquaporin은 water-channel protein으로서 biomembrane에서 물에 특이적으로 permeability를 높인다(그림 11-8 참조).
- 일부 kidney cell의 plasma membrane에서 있는 aquaporin 2는 소변에서 물을 재흡수하는 데 필수적인 기능을 한다. Aquaporin 2의 기능이 손상되면 diabetes insipidus (요붕증)라는 질환이 유발된다.

11.3 ATP-Powered Pump와 세포내 이온 환경

앞의 절에서 농도 구배에 순행하여 분자를 수송(facilitated transport)하는 transport protein에 대하여 알아보았다. 이제 다른 유형의 transport protein인 ATP-powered pump에 대하여 알아보기로 한다. ATP-powered pump는 ATP의 마지막 phosphoanhydride bond를 가수분해하여 발생하는 에너지를 수송 과정에 사용하며, 농도 구배에 역행하여 membrane을 가로질러 이온과 다양한 작은 분자를 수송한다. 모든 ATP-powered pump는 transmembrane protein으로서 항상 cytosol 쪽에 위치하는 protein segment 또는 subunit에 하나 이상의 ATP 결합 부위를 갖는다. ATP-powered pump는 일반적으로 ATPase라고도 부르지만, 이온 또는 다른 분자들을 수송하지 않을 때에는 보통 ATP를 ADP와 P_i로 hydrolysis (가수분해)하지 않는다. 이와 같이, ATP hydrolysis와 수송 과정은 철저하게 짝(*couple*)을 이루기 때문에, phosphoanhydride bond에 저장된 에너지는 낭비되지 않고, 전기화학적 구배에 역행하여 이온 또는 다른 분자들을 수송하는 데 이용된다.

ATP-Powered Pump에는 네 가지 Class가 있다

네 가지 class의 ATP-powered pump가 갖는 일반적인 구조와 각각의 예가 그림 11-9에 묘사되어 있다. 세 가지 class (P, F 및 V)와 네 번째 class인 ABC superfamily의 일부 member는 이온만을 수송한다는 것에 유념해야 한다. ABC superfamily에 속하는 대부분의 member는 아미노산, 당, peptide, lipid, 여러 종의 약물을 포함한 작은 분자를 수송한다.

모든 **P-class pump**는 각각 ATP 결합 부위를 포함하는 2개의 동일한 catalytic α subunit을 갖는다. 또한, 대부분의 P-class 이온 펌프는 조절 기능을 갖고, 상대적으로 작은 2개의 β subunit을 갖는다. 수송 과정 동안에 최소한 하나의 α subunit이 phosphorylation되고(따라서 "P" class라고 함), 이온은 phosphorylation된 subunit을 통하여 수송된다. Phosphorylation 부위 주변의 아미노산 서열은 이 class의 다른 pump들에서도 유사하다. 이 class에는 plasma membrane에 존재하

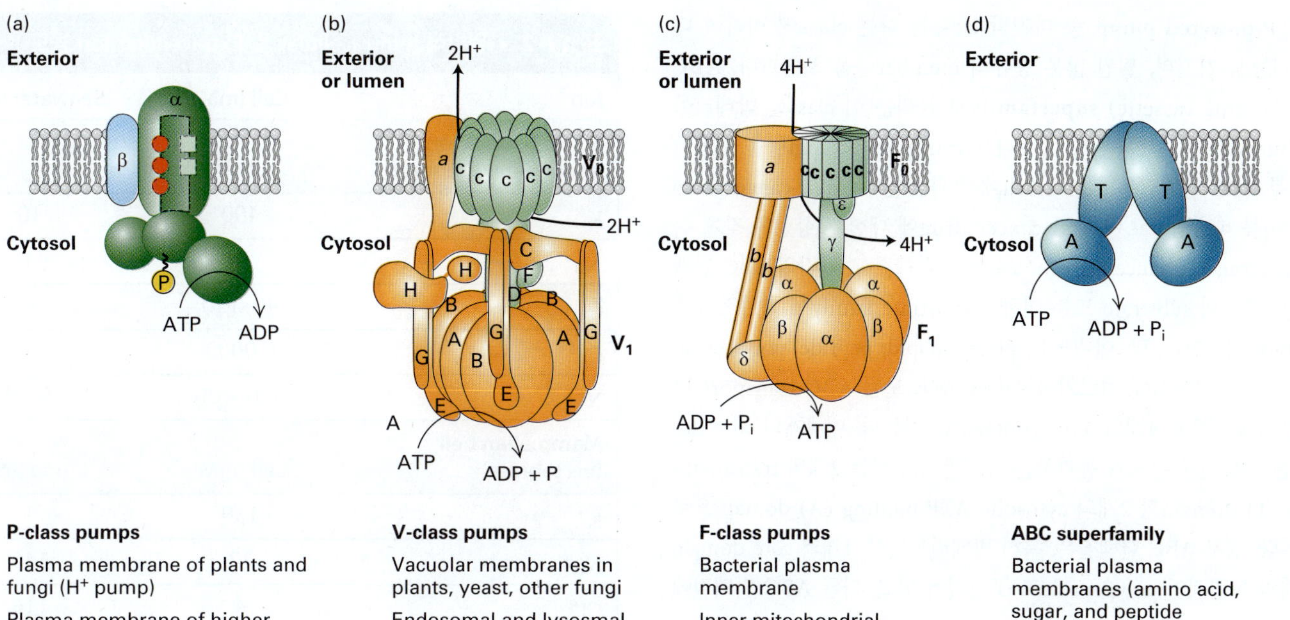

그림 11-9 ATP-powered transport protein의 네 가지 class. 각 class의 하단에 특정 pump들의 발현 위치를 설명하였다. (a) P-class pump는 2개의 catalytic α subunit으로 구성되며, transport cycle 중간에 phosphorylation된다. 이 pump들 중 일부에는 2개의 β subunit도 갖고 있으며, 수송을 조절할 것으로 예상하고 있다. 이 그림에는 Na^+ /K^+ ATPase의 α와 β subunit을 하나씩만 나타냈고, 3개의 빨간색 원은 Na^+ 이온 결합 부위를, 2개의 연녹색 네모는 K^+ 이온 결합 부위를 나타낸다. (b, c) V-class와 F-class pump는 phosphorylation되지 않으며, proton만을 수송한다. *V-class pump*는 ATP hydrolysis의 power로 농도 구배에 역행하여 proton을 수송한다. 반면에, *F-class pump*는, 일반적으로 V-class pump와는 반대 방향으로 작동해서, proton의 농도 또는 voltage gradient 형태의 에너지를 이용하여 ATP를 생산한다. (d) 넓은 범위의 ABC superfamily의 단백질은 모두 두 transmembrane (T) domain과 2개의 cytosolic ATP-binding (A) domain을 포함하며, ATP hydrolysis의 에너지로 solute를 수송한다. 이들 core domain은 몇몇 ABC 단백질에서 분리된 subunit으로 존재하기도 하지만(여기서 묘사된 바와 같이), 다른 ABC 단백질에서는 하나의 polypeptide로 구성되어 있다. [Information from S. Sharma et al., 2019, *J. Biol. Chem.* **294**:6439; C. Toyoshima et al., 2000, *Nature* **405**:647; D. McIntosh, 2000, *Nat. Struct. Biol.* 7:532; and H. Okamoto and M. Futai, 2013, *Encyclopedia of Biophysics*, https://doi.org/10.1007/978-3-642-16712-6_203.]

는 Na^+/K^+ ATPase가 있으며, 동물 세포 cytosol의 특징인 낮은 Na^+ 농도 및 높은 K^+ 농도를 갖게 한다(그림 11-3 참조). 이 class에 속하는 Ca^{2+} ATPase 중 일부는 Ca^{2+} 이온을 cytosol에서 세포 밖으로 배출한다. 다른 Ca^{2+} ATPase들은 cytosol에서 endoplasmic reticulum (ER) 또는 *sarcoplasmic reticulum* (*SR*)이라고 불리는 근육 세포에 특화된 ER로 Ca^{2+} 이온을 수송한다. P class의 다른 구성원인 gastric (위) proton (H^+ 이온) pump는 포유동물의 stomach에서 acid를 분비하는 세포에서 발견되며, H^+ 이온을 내보내고 K^+ 이온을 받아들인다. 최근 이 pump의 crystal structure (결정 구조)가 규명되어, 위궤양(gastric ulcer) 및 역류성 식도염(reflux esophagitis)과 같이 위산(gastic acid)에 의해 유발되는 질병의 치료제가 결합하는 부위에 대한 정보를 제공했다.

*V-class pump*와 *F-class pump*는 구조적으로 서로 유사하다. 이들은 P-class pump와는 구조적 유사성이 없으며, 보다 복잡한 구조를 갖는다. V-와 F-class pump는 서로 다른 여러 개의 transmembrane subunit과 cytosolic subunit을 갖는다. 알려진 모든 V-와 F-pump는 proton만을 수송하며, 수송 과정에 phosphorylation이 필요하지 않다. V-class pump는 전기화학적 구배에 역행하여 cytosol에서 exoplasm 쪽(cytosol에서 membrane을 가로질러 다른 쪽)으로 proton을 수송함으로써, 식물의 vacuole과 동물 세포의 lysosome 및 다른 acidic vesicle들이 낮은 pH를 생성할 수 있게 한다. 대조적으로, 식물, 곰팡이, 여러 박테리아 세포에서 plasma membrane에 electric potential을 발생시키고 유지하게 하는 H^+ 펌프는 P-class의 proton pump에 속한다.

F-class pump는 박테리아의 plasma membrane, 그리고 미토콘드리아와 chloroplast에서 발견된다. V-class pump와는 반대로, F-class pump는 reverse proton pump로 작용한다. F-class pump는 proton의 전기화학적 구배에 순행하여 proton을 exoplasm 쪽에서 cytosol 쪽으로 수송하여 얻는 에너지로 ADP와 P_i로부터 ATP를 합성한다. 이러한 이유로 F-class proton pump를 보통 *ATP synthase*라고 한다. Chloroplast와 미토콘드리아에서 F-class pump에 의한 ATP 합성은 12장(그림 12-27 참조)에서 분리하여 다루게 된다.

ATP-powered pump 중 마지막 class는 다른 class에 비하여 다양한 기능을 가지며, 훨씬 많은 종류의 member들을 포함한다. **ABC** (*A*TP-*b*inding *c*assette) **superfamily**로 불리는 이 class는 박테리아에서 human까지 수백 종의 서로 다른 transport protein들을 포함한다. 일부 ABC 단백질은 cancer cell에서 과발현되어 anti-cancer drug (항암제)를 배출함으로써, anti-cancer drug에 대한 저항성을 갖게 하는 multidrug-resistance protein으로 처음 알려졌다. 각각의 ABC 단백질은 한 종류의 substrate 또는 연관된 substrate family에 특이적이며, substrate로는 이온, 당, 아미노산, phospholipid, peptide, polysaccharide, 그리고 단백질에 이르기까지 다양하다. 모든 ABC transport 단백질은 구조적으로 4개의 "core" domain을 갖는다. 이 4개의 core domain은 수송되는 분자가 통과하는 통로를 형성하는 2개의 transmembrane (T) domain과 2개의 cytosolic ATP-binding (A) domain으로 구성된다. 일부 ABC 단백질은, 특히 박테리아에서, 4개의 core domain이 4개의 독립적인 polypeptide로 구성되어 있고, 다른 ABC 단백질에서는 1개 또는 2개의 multidomain polypeptide로 구성되기도 한다.

ATP-Powered 이온 펌프는 세포막을 가로질러 Ionic Gradient를 만들고 유지한다

일반적으로 cytosol의 이온 구성은 extracellular fluid의 이온 구성과 큰 차이를 보인다. 미생물, 식물 그리고 동물 세포를 포함하는 모든 세포에서 cytosol의 pH는 extracellular pH와 상관없이 7.2 정도로 유지된다. 가장 극단적인 예로, 식후 stomach의 lumen (내강)의 pH와 stomach epithelial cell의 cytosol의 pH를 비교해 보면, H^+ 농도가 100만 배 정도로 차이가 난다. 일반적으로, cytosol의 K^+ 농도는 Na^+ 농도보다 훨씬 높다. Invertebrate와 vertebrate 모두에서 K^+ 농도는 혈액에 비하여 cytosol에서 20-40배 높은 반면, Na^+ 농도는 혈액에 비하여 cytosol에서 8-12배 낮다(표 11-2).

Cytosol에서, 일부 Ca^{2+}은 ATP나 다른 분자의 음 charge를 띤 그룹에 결합하고 있으나, 다른 분자에 결합하고 있지 않은 free Ca^{2+}도 존재하며, free Ca^{2+}의 농도가 변하면서 신호전달 과정이나 근육 수축에서 중요한 기능을 수행한다. Cytosol에서 free Ca^{2+}의 농도는 일반적으로 0.2 micromolar (0.2 μM; 2×10^{-7} μM) 이하여서, 혈액에 비해 1000분의 1 수준으로 매우 낮다. 식물 세포와 많은 microorganism을 매우 희석된 salt 용액에서 배양하더라도, 동물 세포와 마찬가지로, cytosol에 높은 K^+ 농도와 낮은 Ca^{2+} 및 Na^+ 농도를 유지한다.

이 절에서 논의되는 이온 펌프는 plasma membrane과 intracellular membrane을 가로질러 특유의 ionic gradient를 형성하고 유지하는 데 매우 중요한 역할을 한다. 이 역할을 수행하기 위해서 세포는 상당한 에너지를 소비한다. 예를 들면, nerve (신경)나 kidney (신장) cell에서 생산된 ATP의 25% 정도를 이온 수송을 위해 사용하고, human erythrocyte에서는 ATP의 50%까지 소비한다. 두 경우 모두에서 ATP의 대부분은 Na^+/K^+ 펌프를 작동하는 데 사용된다(그림 11-3 참조). 23장에서 자세히 소개하겠지만, pump가 생성하고 유지하는 Na^+과 K^+ gradient는 neuron (신경 세포)에서 전기적 신호를 신속하고 효과적으로 전달하는 데 필수적이다. 모든 세포에서 단백질 합성에 필수적인 일부 효소는 높은 K^+ 농도를 필요로 하며, 높은 Na^+ 농도에 의하여 저해된다. 즉, 이 효소는 Na^+/K^+ 펌프가 작동하지 않으면 기능을 멈추게 된다. 세포에 ATP 생산을 막는 독소[예, aerobic (호산성) cell에 2,4-dinitrophenol]를 처리하면, Na^+/K^+ 펌프는 멈추게 되고, 이온들은 plasma membrane에 존재하는 channel을 통해 전기화학적 구배에 순행하여 자발적으로 이동하게 되어, cytosol의 이온 농도는 점차 세포 외부의 이온 농도와 비슷해진다. ATP 생산을 저해하는 독소가 처리된 세포는, cytosol에 높은 농도의 K^+ 이온이 없어 단백질 합성이 정상적으로 일어나지 않고, 또한 plasma membrane을 가로질러 Na^+ 농도 구배가 없어져서 아미노산 등과 같은 영양소를 세포 내로 들여올 수 없기 때문에, 결국 죽게 된다(그림 11-3 참조). 이러한 독소의 효과가 오래 전부터 알려지고 연구되어 이온 펌프의 존재와 중요성이 입증된 바 있다.

표 11-2 • 일반적인 Intracellular 및 Extracellular Ion 농도

Ion	Cell (mM)	Seawater (mM)
Squid Giant Axon (marine invertebrate)*		
K^+	400	10
Na^+	50	440
Cl^-	40–150	560
Ca^{2+}	0.0003	10
$X^{-\dagger}$	300–400	5–10
Mammalian Cell (vertebrate)	**Cell (mM)**	**Blood (mM)**
K^+	139	4
Na^+	12	145
Cl^-	4	116
HCO_3^-	12	29
X^-	138	9
Mg^{2+}	0.8	1.5
Ca^{2+}	<0.0002	1.8

*The large nerve axon of the squid has been widely used in studies of the mechanism of conduction of electric impulses.
†X^- represents proteins, which have a net negative charge at the neutral pH of blood and cells.

Muscle이 이완하려면 Cytosol에서 Sarcoplasmic Reticulum으로 Ca^{2+}을 Pumping하는 Ca^{2+} ATPase가 필요하다

Skeletal muscle (골격근) cell에서 Ca^{2+} 이온은 endoplasmic reticulum (ER)이 muscle에 특화된 형태인 sarcoplasmic reticulum (SR)에 농축되어 저장된다. 17장에 설명하는 바와 같이, SR lumen에 저장된 Ca^{2+} 이온이 SR membrane에 있는 ion channel을 통하여 cytosol로 방출되면 muscle이 수축하게 된다. Skeletal muscle cell의 SR membrane에 위치하는 P-class Ca^{2+} ATPase가 cytosol로부터 Ca^{2+}을 SR의 lumen으로 pumping하면, muscle이 이완하게 된다.

Muscle의 Ca^{2+} ATPase의 활성은 cytosol 내에 free Ca^{2+} 농도가 높아짐에 따라 증가한다. Muscle cell의 cytosol에서 free Ca^{2+} 농도는 0.1 μM [resting (휴지기) 세포]에서 1 μM [contracting (수축기) 세포]의 범주에 있는 반면, SR lumen의 *total* Ca^{2+} 농도는 10 mM에 달할 정도로 큰 차이를 보인다. SR lumen에는 각각 여러 Ca^{2+} 이온들이 결합할 수 있는 calsequestrin과 high-affinity Ca^{2+} binding protein이 다량으로 존재한다. SR lumen에서 이 단백질들은 Ca^{2+}와 결합하여 SR vesicle 내부의 "free" Ca^{2+} 농도를 낮춘다. 결국 cytosol과 SR lumen 간의 Ca^{2+} 농도 구배가 감소되어, cytosol로부터 SR로 Ca^{2+}을 pumping하는 데 필요한 에너지를 줄이게 된다.

Skeletal muscle cell에서 resting state때 cytosol 내 free Ca^{2+} 농도를 0.1 μM 이하로 유지하기 위하여, SR membrane에 존재하는 calcium pump뿐만 아니라 이와 유사한 구조를 갖는 plasma membrane에 위치하는 Ca^{2+} 펌프가 협력하여 작용한다. SR membrane에 있는 Ca^{2+} 펌프는 Ca^{2+} 이온을 SR lumen으로 이동시키고, plasma membrane에 있는 Ca^{2+} 펌프는 Ca^{2+} 이온을 세포 밖으로 이동시킨다. Plasma membrane Ca^{2+} ATPase의 활성은 cytosol에 존재하는 Ca^{2+}- binding protein인 *calmodulin*에 의하여 조절된다(그림 3-34 참조). Cytosol에 Ca^{2+}이 증가하게 되면 Ca^{2+}이 calmodulin과 결합하게 되어, Ca^{2+} ATPase를 활성화한다. 따라서, free Ca^{2+} 이온 농도는 muscle cell의 cytoplasm과 SR lumen에서 필요에 맞게 조절된다.

Ca^{2+} 펌프의 작용 메커니즘이 상세하게 알려졌다

Calcium pump는 muscle SR membrane의 integral membrane protein 중 80% 이상을 차지하기 때문에, 다른 membrane protein으로부터 쉽게 정제할 수 있어 집중적으로 연구되어 왔다. 이 단백질의 3차 구조는 pumping 과정의 각 단계에 해당하는 conformation 별로 결정되었다. 따라서, 이 구조들로부터 작용 메커니즘에 대한 많은 정보가 축적되었고, 이 정보는 다른 P-class ATPase pump를 이해하기 위한 모델로 사용되었다.

최근 모델에 의하면, SR membrane에 있는 Ca^{2+} ATPase가 작동할 때 여러 conformation을 갖고 있을 것으로 예상한다. 이 Ca^{2+} ATPase는 막횡단 domain (membrane-spanning domain)의 중앙부에 2개의 Ca^{2+} 결합 부위를 갖는다. 단순화하여, 2개의 Ca^{2+} 결합 부위가 cytosol을 향하고 있을 때를 E1 state라고 하고, 이 결합 부위가 membrane의 exoplasm 쪽, 즉 SR lumen 쪽을 향하고 있을 때를 E2 state로 정하기로 한다. 그림 11-10에서 보인 바와 같이, ATP의 hydrolysis가 이온을 펌프하는 것과 연계되어 작동할 때, 일정한 순서를 따라 여러 conformational change가 일어난다. 이 단백질이 E1 conformation에 있을 때, cytosol 쪽에서 2개의 Ca^{2+} 이온이 높은 affinity로 2개의 결합 부위에 결합한다. Cytosol의 Ca^{2+} 농도가 매우 낮을지라도(표 11-2 참조), Ca^{2+} 이온은 이 부위에 결합할 수 있다.

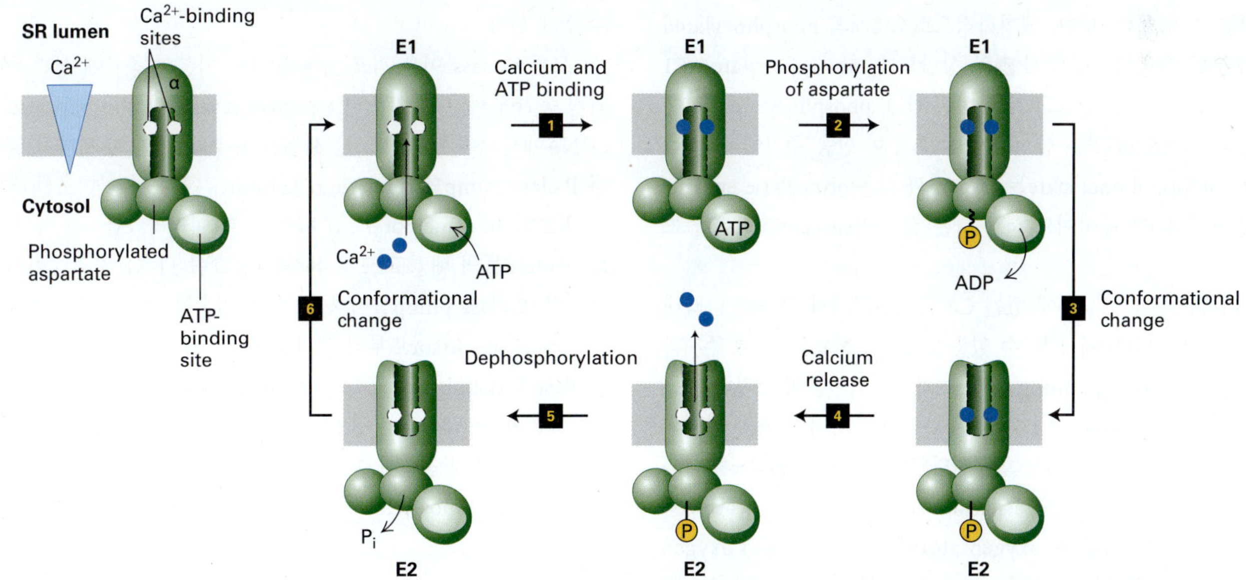

그림 11-10 Skeletal muscle cell의 SR membrane에 있는 Ca^{2+} ATPase의 작동 모델. 이 P-class pump의 2개의 catalytic α subunit 중 하나만 표시하였다. E1과 E2는 각각 Ca^{2+} 결합 부위가 cytosol 쪽을 바라보고 있을 때와 exoplasm (SR lumen) 쪽을 바라보고 있을 때의 conformation을 나타낸다. ATP hydrolysis와 연계하여 membrane을 가로질러 Ca^{2+} 이온이 수송하는 데 있어서, 여기에 보인 step들의 순서가 중요하다. 이 그림에서, ~P는 high-energy aspartyl phosphate bond를 나타내고, –P는 low-energy bond를 나타낸다. E1에서 cytosol 쪽을 향하는 결합 부위에 대한 Ca^{2+}의 affinity는 E2에서 exoplasm 쪽을 향하는 결합 부위보다 1000배 정도 크기 때문에, 이 pump는 Ca^{2+}을 cytosol에서 SR lumen으로 한 방향만으로 수송한다. 더 자세한 내용은 본문과 그림 11-11을 참고한다. C. Toyoshima and G. Inesi, 2004, *Ann. Rev. Biochem.* **73**:269–292 참조.

이어서 ATP가 cytosol 쪽 표면에 있는 ATP 결합 부위에 결합한다(단계 **1**). 결합된 ATP는 Mg^{2+}을 요구하는 반응에 의하여 ADP로 hydrolysis되고, 방출된 phosphate는 이 단백질의 특정 aspartate residue로 전달되어, E1~P로 표시한 high-energy acyl phosphate bond를 형성한다(단계 **2**). 그 다음 이 단백질은 conformational change를 일으켜서, Ca^{2+}에 대한 affinity가 낮아지고 2개의 Ca^{2+} 결합 부위가 SR lumen 쪽으로 열린 형태의 E2를 형성한다(단계 **3**). E1 ~ P에서 aspartyl-phosphate bond가 hydrolysis되면서 생성된 free energy는 E2–P에 비하여 크기 때문에, E1 → E2의 conformational change를 유발하기에 충분하다.

SR lumen의 Ca^{2+} 농도는 cytosol에 비하여 높지만, E2 conformation에서는 Ca^{2+}에 대한 low-affinity 상태이기 때문에 Ca^{2+}이 binding에 필요한 K_d 값보다는 낮다. 따라서, Ca^{2+} 이온은 자발적으로 낮은 affinity의 결합 부위로부터 떨어져 SR lumen에 남게 된다(단계 **4**). 이후 aspartyl-phosphate bond가 hydrolysis된다(단계 **5**). 이어서, dephosphorylation (탈인산화)과 함께 high-affinity E1 Ca^{2+} 결합 부위에 cytosolic Ca^{2+}이 결합함으로써 E2에 비하여 E1 conformation을 선호하게 되므로, E2 → E1의 conformational change가 일어난다(단계 **6**). 이제 E1은 다시 2개의 Ca^{2+}을 수송할 수 있게 된다. 결국 ATP의 phosphoanhydride bond의 hydrolysis에 의해서 2개의 Ca^{2+} 이온이 농도 구배에 역행하여 SR lumen으로 pumping되는 이 cycle은 완성된다.

많은 구조적, 생물물리학적 증거들이 그림 11-10에 묘사된 모델을 뒷받침한다. 예를 들면, muscle의 calcium pump는 특정 aspartate residue에 phosphate가 결합된 상태로 분리되었으며, spectroscopic (분광학적) 연구에서 E1 → E2 conversion 동안 단백질의 구조에 작은 변화를 탐지할 수 있었다. 또한, 생화학적으로도 2개의 phosphorylated state가 구분될 수 있었다. 단계 **2**와 상반되게, phosphorylated E1에 ADP를 넣어 주었을 때 ATP가 합성된 반면, phosphorylated E2에 ADP를 넣어 주어도 ATP는 합성되지 않았다. 이 반응 주기에 있는 각각의 주요 conformational state는 trypsin과 같은 proteolytic enzyme (단백질 분해 효소)에 대하여도 서로 다른 감수성(susceptibility)을 보였다.

그림 11-11b는 E1 state에 있는 Ca^{2+} 펌프의 3차 구조를 나타내고 있다. 이 그림 11-11c에서 볼 수 있듯이, catalytic subunit에 존재하는 10개의 membrane-spanning α helix가 Ca^{2+} 이온이 통과하는 통로를 형성한다. 이들 helix 중 4개의 helix에 있는 아미노산들이 2개의 high-affinity Ca^{2+} 결합 부위를 형성한다(그림 11-11a, 왼쪽). 하나의 Ca^{2+} 결합 부위는 glutamate와 aspartate side chain에 있는 carboxyl 그룹(COO^-)의 음 전하를 띤 oxygen atom들과 물 분자들의 oxygen atom들에 의하여 형성된다. 다른 Ca^{2+} 결합 부위는 side-chain 및 main-chain의 oxygen atom들로 형성된다. 따라서 Ca^{2+} 이온이 Ca^{2+} 펌프에 결합할 때, 수용액에서 Ca^{2+} 이온을 둘러싸고 있던 물 분자들 (그림 2-7 참조)이 떨어지고, 단백질에 붙어 있는 oxygen atom으로 대체된다. 대조적으로, E2 state (그림 11-11a, 오른쪽)에서는 결합에 관여하던 side chain들 중 일부가 조금씩 이동하여 Ca^{2+} 이온들과 결합할 수 없게 되어, Ca^{2+} 이온에 낮은 affinity를 보이게 된다.

Ca^{2+} 펌프에 Ca^{2+} 이온이 결합하는 양상은 이 장에서 여러 번 마주치게 될 channel과 transport protein에 이온이 결합하는 일반적 원리를 잘 설명하고 있다. 이 단백질에 이온이 결합할 때, 이온은 hydration (수화)될 때 붙었던 대부분의 물 분자들을 잃게 되고, 대신 수용액에서 이온에 결합한 물의 oxygen과 유사한 geometry (기하학적 구조)로 단백질의 oxygen atom에 결합한다. 이로써, 이 단백질이 이온과 결합하는데 필요한 thermodynamic barrier를 낮출 수 있으며, 비교적 낮은 농도의 solution에서 조차 이온이 강한 결합을 할 수 있게 한다.

Ca^{2+} 펌프의 cytoplasm 쪽 부분은 E1 state에서 잘 구분되는 3개의 domain으로 구성된다(그림 11-11b 참조). 이 domain들은 각각 짧은 amino acid segment에 의하여 membrane-spanning α helix들과 연결되고, 이 cytosolic domain들이 이동하면 연결된 membrane-spanning α helix들이 이동하게 된다. Phosphorylation되는 잔기인 Asp 351은 P domain에 위치하며, ATP의 adenosine은 N domain에 결합한다. ATP의 γ phosphate는 P domain의 특정 residue에 결합하지만, N domain과 P domain 모두를 움직이게 한다. ATP와 Ca^{2+}이 Ca^{2+} 펌프에 결합하면, N domain에 결합한 ATP의 γ-phosphate와 P domain에 있는 phosphate를 받게 될 aspartate가 이웃하게 된다. 이러한 conformational change에 대한 상세한 과정은 아직 명확하지 않지만, N domain과 P domain의 움직임이 지렛대로 작용하여 서로 연결된 segment들을 움직여서 여러 membrane-spanning α helix들을 재배치할 것으로 추정된다. 특히 2개의 Ca^{2+} 결합 부위를 갖는 4개의 helix들에 전달된 conformational change로 인하여, 결합한 Ca^{2+} 이온들이 cytosol 쪽으로 다시 떨어져 나가는 것을 막고, exoplasmic space (lumen)로 떨어질 수 있게 한다.

모든 P-class 이온 펌프는, 수송되는 이온의 종류에 상관없이, 수송과정 동안에 매우 잘 보전된 aspartate residue가 phosphorylation된다. cDNA에서 추론된 아미노산 서열을 유추해 보면, 현재까지 알려진 모든 P-class pump의 catalytic α subunit은 유사한 아미노산 서열을 갖고 있으며, transmembrane α helix들 뿐 아니라, cytosol 쪽의 A, P 및 N domain들의 배열도 모두 유사하다(그림 11-11 참조). 이런 발견들로부터, P-class pump들이 서로 다른 이온을 수송함에도 불구하고 모두 동일한 precursor로부터 진화했다는 것을 예상할 수 있다. Na^+/K^+ ATPase의 membrane-spanning segment의 3차 구조 및 3개의 cytoplasmic domain의 분자 구조가 Ca^{2+} 펌프와 매우 유사하다는 것이 이러한 가설을 뒷받침한다. 따라서 그림 11-11에 나타낸 작동 모델은 모든 P-class ATP-powered 이온 펌프에 적용된다.

Na^+/K^+ ATPase는 동물 세포에서 Cytosol의 Na^+와 K^+ 농도를 유지하게 한다

Na^+/K^+ ATPase는 모든 동물 세포의 plasma membrane에 존재하는 중요한 P-class pump이다. 이 이온 펌프는 $\alpha_2\beta_2$의 tetramer로 구성되며, Ca^{2+} 펌프와 구조적 유사성을 보인다. 작고 glycosylation된

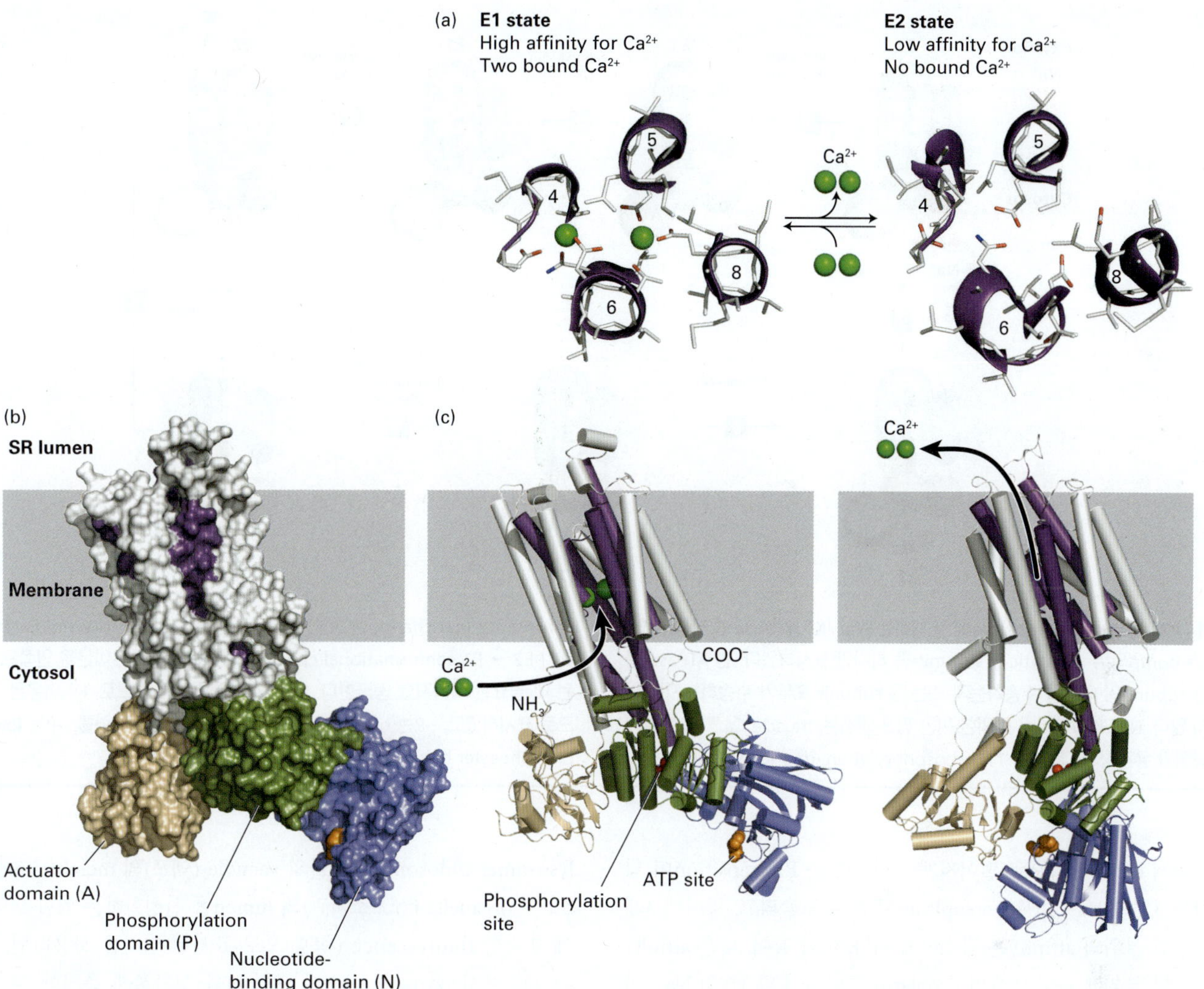

그림 11-11 Muscle Ca^{2+} ATPase의 catalytic α subunit의 구조. (a) 2개의 calcium ion이 결합해 있는 E1 state (*왼쪽*)와 calcium ion이 결합하지 않은 E2 state (*오른쪽*)의 Ca^{2+} 결합 부위의 모식도. 중요 아미노산의 side chain은 흰색으로, glutamate와 aspartate의 side chain에 있는 oxygen atom은 빨간색으로 표시하였다. High-affinity E1 conformation에 있을 때, Ca^{2+} 이온은 membrane 안쪽에 위치하는 helix 4, 5, 6 및 8 사이의 2개의 부위에 결합한다. 한 부위는 glutamate와 aspartate의 side chain에 있는 음 전하를 띤 oxygen atom들과 물 분자들(그림에서는 생략함)이 형성하고, 다른 부위는 side-chain과 main-chain oxygen atom들이 형성한다. 이 두 부위 모두에서 7개의 oxygen atom들이 Ca^{2+} 이온을 둘러싸고 있게 된다. (b) X-ray crystallography에 의하여 결정된 구조를 근거로 한 E1 state 단백질의 3차원 모델. 총 10개의 transmembrane α helix를 갖고 있으며, 이 중 4개(보라색)는 Ca^{2+} 결합에 참여하는 잔기를 포함한다. Cytosolic segment는 3개의 domain으로 구분된다. 이 3개의 domain은 nucleotide-binding domain인 N (파란색), phosphorylation domain인 P (녹색) 및 2개의 membrane-spanning helix를 연결하는 actuator domain인 A (베이지색)이다. (c) Ca^{2+} ATPase의 E1 state (*왼쪽*)와 E2 state (*오른쪽*)의 모델. E1과 E2 state에서 nucleotide-binding domain과 actuator domain의 conformation의 차이점을 주목할 필요가 있다. 이 변화는 Ca^{2+} 결합 부위를 구성하는 membrane-spanning α helix들(보라색)의 conformational change를 유발하며, 이로써 Ca^{2+} 결합 부위가 cytosol 쪽인 conformation (E1 state)에서 Ca^{2+} 결합 부위가 exoplasm 쪽이며 Ca^{2+}과 결합이 느슨한 다른 conformation (E2 state)으로 전환된다. [Data from C. Toyoshima and G. Inesi, 2004, *Annu. Rev. Biochem.* **73**:269–292, PDB ID 1su4; and K. Obara et al., 2005, *Proc. Nat'l. Acad. Sci. USA* **102**:14489–14496, PDB ID 1agv.]

β transmembrane polypeptide는 이온 수송에 직접적으로 관여하지 않는다. Na^+/K^+ ATPase은 하나의 ATP 분자가 hydrolysis될 때, 3개의 Na^+ 이온을 세포 밖으로, 2개의 K^+ 이온을 안으로 수송하는 cycle을 반복한다.

그림 11-12에 요약한 Na^+/K^+ ATPase의 작동 메커니즘은, 각 이온이 농도 구배에 역행하여 membrane을 가로질러 양쪽으로 수송된다는 점을 제외하면, muscle의 calcium pump와 유사하다. Na^+/K^+ ATPase가 E1 conformation에 있을 때 cytosol 쪽에서 접근할 수 있는 3개의 high-affinity Na^+ 결합 부위와 2개의 low affinity K^+ 결합 부위를 갖는다. Cytosol 쪽에서 Na^+의 결합에 대한 K_d는 0.6 mM이어서, cytosol의 Na^+ 농도인 약 12 mM에 비하여 매우 낮으므로, 이 Na^+ 결합 부위는 Na^+ 이온에 의해 완전히 채워진다. 또한, cytosol 쪽의 K^+ 결합 부위의 affinity는 매우 작기 때문에, 세포 내 K^+ 농도가 높은 상황임에도 불구하고 이 단백질에 의하여 cytosol 쪽으로 수송된 K^+ 이온이

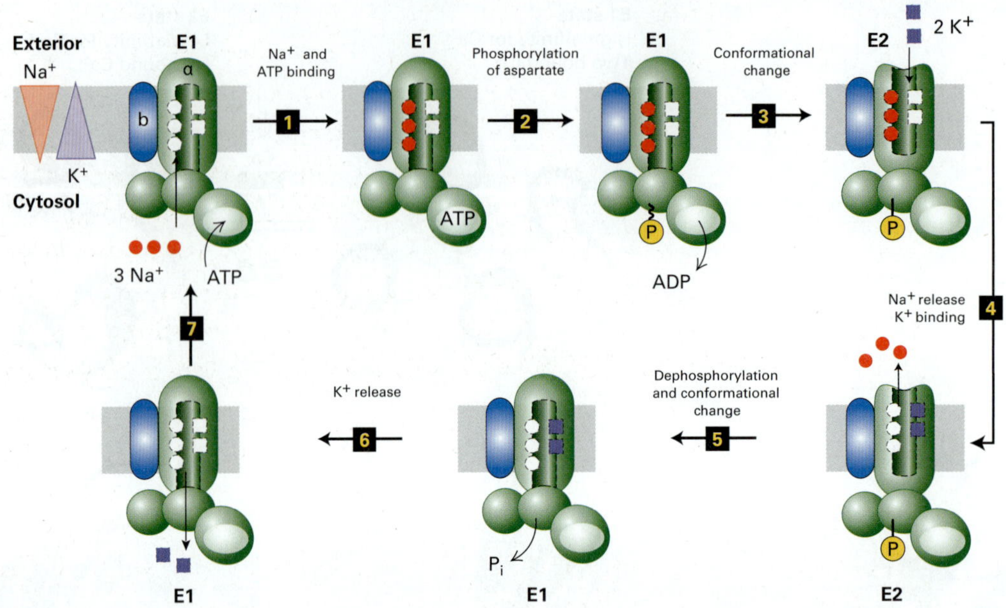

그림 11-12 Plasma membrane에 존재하는 Na^+/K^+ ATPase의 작동 모델. 이 P-class pump의 두 catalytic α subunit 중 하나만 표시하였다. 한 ATPase 분자에서 한 subunit만 이온을 수송하는지 또는 두 subunit 모두가 수송하는지는 알려져 있지 않다. Na^+/K^+ ATPase에 의한 이온 펌프 과정은, muscle Ca^{2+} ATPase의 pump 과정과 유사하게(그림 11-11), phosphorylation, dephosphorylation 및 conformational change를 동반한다. 이 경우에는 E2-P intermediate의 가수분해가 E2 → E1 conformational change와 함께 2개의 K^+ 이온을 안쪽으로 수송하는 데 필요한 에너지를 공급한다. Na^+ 이온은 빨간색 원으로, K^+ 이온은 보라색 네모로 표시하였고, ~P는 high-energy acyl phosphate bond를, –P는 low-energy phosphoester bond를 나타낸다.

E1 state에서 cytosol 쪽으로 떨어지게 된다. E1 → E2 transition이 되면, 결합된 3개의 Na^+ 이온은 exoplasm 쪽으로 노출되고, 동시에 3개의 Na^+ 결합 부위의 affinity는 감소하게 된다. 이와 같이, 낮은 affinity의 Na^+ 결합 부위에 붙어 있으며 exoplasm 쪽에 노출된 3개의 Na^+ 이온은 세포 외부의 Na^+ 농도가 높음에도 하나씩 extracellular medium으로 떨어진다. 또한, E2 conformation으로 전환되면, exoplasm 쪽으로 노출된 2개의 K^+ 결합 부위가 높은 affinity를 갖는다. 이 부위에 대한 K^+ 결합의 K_d (0.2 mM)는 extracellular K^+ 농도(4 mM)보다 훨씬 낮으므로, 이 부위는 K^+ 이온으로 채워지게 된다. 그리고 E2 → E1 transition이 되면, 결합한 2개의 K^+ 이온은 세포의 안쪽으로 이동하고 cytosol 쪽으로 떨어진다.

일부 약물(예를 들면, ouabain과 digoxin)은 plasma membrane Na^+/K^+ ATPase의 exoplasmic domain에 결합하여, 특이적으로 ATPase 활성을 억제한다. ATPase의 활성이 억제되면 세포의 Na^+/K^+ balance가 파괴된다. 이는 Na^+/K^+ 펌프가 K^+ 및 Na^+ 이온들이 정상적인 농도 구배를 유지하는 데 핵심적인 역할을 담당하고 있다는 것을 증명하는 강력한 증거이다. Classic Experiment 11-1은 생명체에 필수적인 단백질인 Na^+/K^+ ATPase의 발견을 설명한다.

V-Class H^+ ATPase는 Lysosome과 Vacuole의 산성화를 유지하게 한다

모든 V-class ATPase는 H^+ 이온만 수송한다. 이들 proton pump는 lysosome, endosome과 식물의 vacuole (액포)의 membrane에 존재하고, 이 organelle (세포소기관)의 lumen을 산성화하는 역할을 한다. pH에 민감한 fluorescence (형광)으로 표지된 입자를 사용하면, 살아 있는 세포에서 lysosome lumen의 pH를 정확하게 측정할 수 있다. 이 입자들을 extracellular fluid에 넣으면, 이 입자들은 phagocytosis (포식 작용; 그림 1-19와 17장 참조)에 의하여 세포 안으로 들어가고, 결국 lysosome으로 이동한다. Lysosome의 pH는 방사되는 fluorescence의 spectrum으로부터 계산될 수 있다. 다른 방법으로, pH에 따라 다른 fluorescence를 보이는 단백질을 coding하는 DNA에(13장과 14장에서 자세히 소개하겠지만, signal sequence를 coding하는 DNA segment를 추가하여) 발현시켜서 lysosomal lumen으로 targeting한 후 fluorescence를 측정하면 organelle lumen의 pH를 결정할 수 있다.

Lysosomal lumen (약 pH 4.5–5.0)은 cytosol (약 pH 7.0)에 비해 proton 농도가 100배 이상의 차이가 난다. 이러한 proton 농도 구배는 세포가 생산한 ATP를 사용하여 lysosomal membrane에 있는 V-class ATPase가 작동하여 유지된다. Lysosome의 낮은 pH는 많은 protease, nuclease 및 다른 hydrolytic enzyme들이 정상적으로 작용하는 데 필수적이다. 그러나 cytosol의 pH가 5로 낮아지면 pH 7에서 최적화된 많은 단백질들의 기능이 손상될 것이며, 세포가 죽게 된다. 이러한 proton gradient를 유지하기 위해서는 V-class ATPase 및 세포에서 생성한 ATP가 필요하다.

Intracellular vesicle을 산성화시키는 데에는 상대적으로 적은 양의 proton만 pumping하면 충분하다. 그 이유는 아래의 설명을 통하여 이해할 수 있다. pH 4의 용액은 1 liter당 10^{-4} mole의 H^+ 이온을 갖거나 또는 milliliter (ml)당 10^{-7} mole의 H^+ 이온을 갖는다. 1 mole에는 6.02×10^{23}개의 분자(Avogadro의 수)가 존재하므로, 1 ml의 pH 4 용액에는 6.02×10^{16}개의 H^+ 이온을 갖게 된다. 따라서 pH 4의 4.18×10^{-15} ml (직경 0.2 μm)의 부피를 갖는 둥근 lysosome은 단지 252개의 proton을 포함할 것이다. pH 7일 경우에는 같은 organelle의 lumen에 평균 0.2개의 proton을 포함한다. 따라서 lysosome의 산성화에는 단지 250개 정도의 proton만 pumping하면 충분하다는 계산이 나온다.

ATP-powered proton pump에 의한 수송 과정은 electric charge만 이동하여 *electrogenic* (전기를 발생하게) 하므로, 이 pump만 작용할 경우에는 organelle의 lumen (또는 extracellular space)을 산성화시킬 수 없다. Organelle membrane의 exoplasm 쪽(안 쪽)으로 몇 개의 proton만 pumping하여도 양 전하를 띠는 H^+ 이온이 축적된다. 각 H^+ 이온이 pumping될 때 마다, 음이온(예, OH^- 또는 Cl^-)은 "cytosol 쪽에 남게 되어" negative charge가 축적된다. 서로 반대 charge를 갖는 이온들이 각각 membrane의 반대 방향에 축적되므로, charge separation (전하의 분리)이 일어나고 electric potential을 형성한다. 따라서 lysosome membrane은 charge를 띤 입자가 통과하지 못하는 barrier의 양쪽에 서로 반대의 charge (anion과 cation)를 저장하는 electric circuit (전기회로)의 capacitor (축전기)로 작용한다.

더 많은 proton이 exoplasm 쪽으로 pump되어 축적되면, electric potential gradient가 커지게 된다. 따라서, membrane을 가로질러 H^+ 농도 구배가 커지게 되면, 이 gradient를 역행하여 proton을 추가로 이동할 때 더 많은 에너지가 필요하게 되므로, proton은 더 이상 exoplasm 쪽으로 pumping되지 않게 된다(그림 11-13a). 사실 이러한 원리로 P-class H^+ 펌프가 식물이나 yeast의 plasma membrane에 cytosol-negative potential을 형성한다.

Organelle의 lumen 또는 exoplasmic space (예를 들면, stomach의 lumen)가 산성화되려면, (1) 이동한 proton의 숫자만큼 anion (예를 들면, Cl^-)이 같은 방향으로 수송되거나, (2) 이동한 proton 숫자만큼의 cation이 반대 방향으로 수송되어야만 한다. 첫 번째 과정은 lysosome과 식물의 vacuole에서 관찰되며, V-class ATPase와 Cl^- 이온을 이동하게 하는 anion channel이 사용된다(그림 11-13b). 두 번째 과정은 stomach의 lining (측벽)에서 관찰되며, P-class H^+/K^+ ATPase가 1개의 H^+를 내보낼 때 1개의 K^+를 들여오게 되므로 electrogenic하지 않다. 후자의 작동에 대한 사항은 이번 장의 후반부에서 다시 설명한다.

Lysosome과 vacuole의 membrane에 있는 ATP-powered proton pump는 분리 및 정제하여 liposome에 삽입하여 연구에 사용할 수 있다. 그림 11-14에 묘사된 것처럼, 이 V-class proton pump는 cytosol 쪽의 soluble hydrophilic domain (V_1)과 고리 모양의 transmembrane domain (V_0)으로 구성된 2개의 분리된 domain을 포함하며, V_1과 V_0는 주변 부위에 있는 3개의 stalk (기둥)에 연결되어 있다. V_1과 V_0 domain은 각각 회전하는 motor로 작용한다. V_1 domain에 의하여 ATP가 hydrolysis되면 두 domain이 회전하면서 membrane을 가로질러 proton을 이동시킨다. 보다 구체적으로 설명하면, ATP hydrolysis는

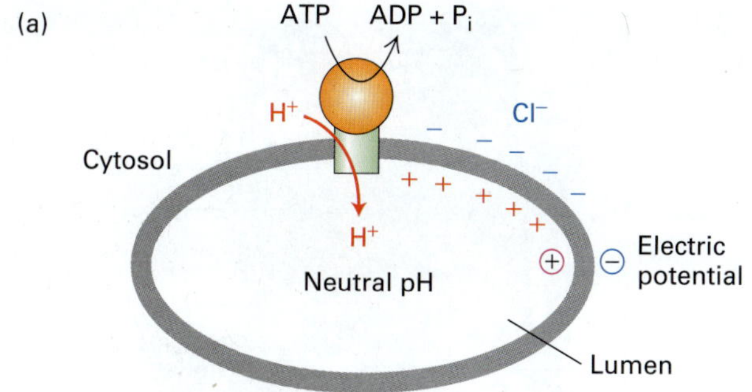

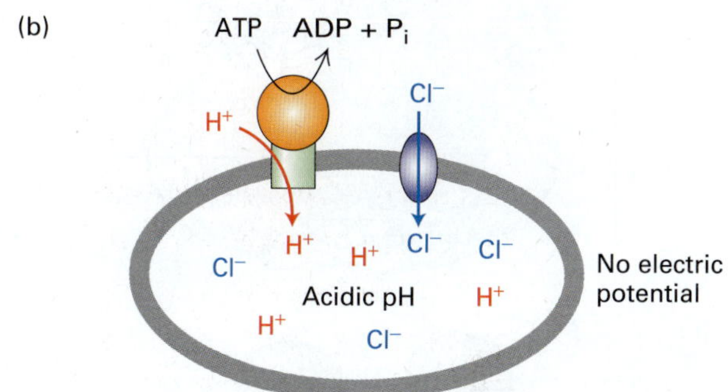

그림 11-13 V-class H^+ 펌프가 cellular membrane을 사이에 두고서 존재하는 H^+ 농도 구배와 electric potential gradient에 미치는 영향. (a) Intracellular organelle이 V-class pump만을 갖는다면, proton pump의 작용으로 membrane의 cytosol 쪽이 음의 값을 갖고 lumen 쪽이 양의 값을 갖는 electric potential을 생산하겠지만, lumen 안쪽의 pH에는 큰 변화가 없을 것이다. (b) Intracellular organelle의 membrane이 Cl^- 채널도 갖는다면, lumen 쪽으로 pump된 proton을 따라 anion도 수동적으로 이동하게 되어, 결과적으로 lumen 쪽에 H^+와 Cl^- 이온이 축적되지만(즉, lumen이 낮은 pH를 갖게 됨) membrane을 가로지르는 electric potential은 없을 것이다.

ATP 분자당 V_1을 120° 회전시키는 conformational change를 유발한다. V_1의 회전은 차례로 V_0의 a subunit에 대해 c subunit의 회전을 유발하는 torque (회전력)를 생성함으로써 membrane을 가로질러 proton을 이동시키게 된다.

최근 밝혀진 yeast의 vacuole (액포) V-ATPase의 V_0 subunit의 cryo-electron microscopy (초저온전자현미경법) 구조를 통하여, proton이 V_0에 의해 membrane을 가로질러 이동하는 분자 메커니즘을 예상할 수 있었다. 이 연구에서 negative charge (음 전하)를 띤 2개의 cavity (공동)의 존재를 밝혀냈다. Cavity 중 하나는 cytosol 쪽에서 접근이 가능하고, 다른 하나는 lumen 쪽에서 접근이 가능하다. Positive charge (양 전하)를 띤 아미노산 잔기들이 membrane 중앙에 장벽을 형성하여 2개의 cavity를 분리한다. Proton이 cytosol 쪽의 cavity로 들어가고 pore를 통해 vacuole의 lumen으로 이동함에 따라, 보존되어 있는 glutamate 또는 aspartate에 proton이 붙었다 떨어졌다하는 cycle을 반복하게 된다(그림 11-14b). Subunit들이 회전하게 되면 proton이 cytosol 쪽에서 접근하는 것을 차단하면서 proton을 pump 내에 가두게 되고, 추가로 회전하면 proton을 vacuole의 lumen 쪽으로 방출한다.

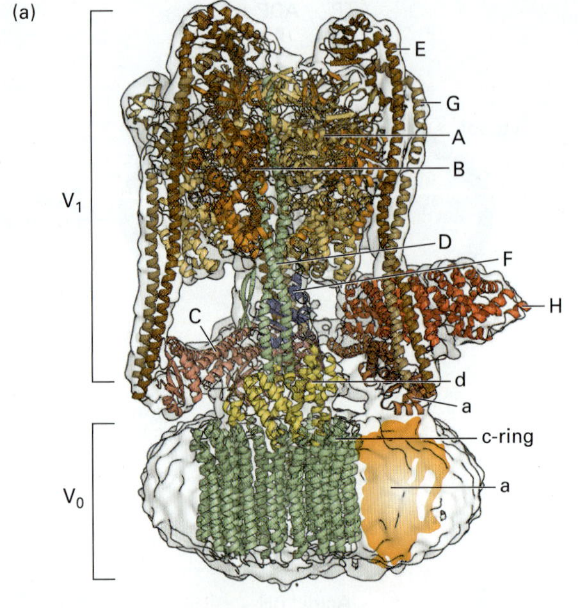

그림 11-14 진핵생물의 V-ATPase에서 V_0 및 V_1 domain은 membrane을 가로질러 proton의 수송을 유도한다. (a) Cryo-electron microscopy에 의해 결정된 yeast vacuolar V-ATPase의 구조를 보면, cytosoic V_0 domain과 transmembrane V_1 domain은 분리되어 있다. (b) Pump의 모식도. (c) *위쪽*: V_1의 단면도. V_1에 있는 3개의 nucleotide 결합 부위는 세 가지의 독특한 conformation으로 관찰된다. ATP가 결합한 tight conformation, ADP가 결합한 loose conformation, 그리고 nucleotide가 없는 open conformation이 이에 해당한다. ATP의 hydrolysis 할 때마다 V_0을 기준으로 V_1이 120° 회전하게 한다. *아래쪽*: a subunit에 대한 V_0의 c subunit의 회전으로 glutamate 및 aspartate residue가 protonation 및 deprotonation되어 cytosol에서 lumen으로 proton의 translocation을 유도한다. [Data from J. Zhao et al., 2015, *Nature* **521**:241.]

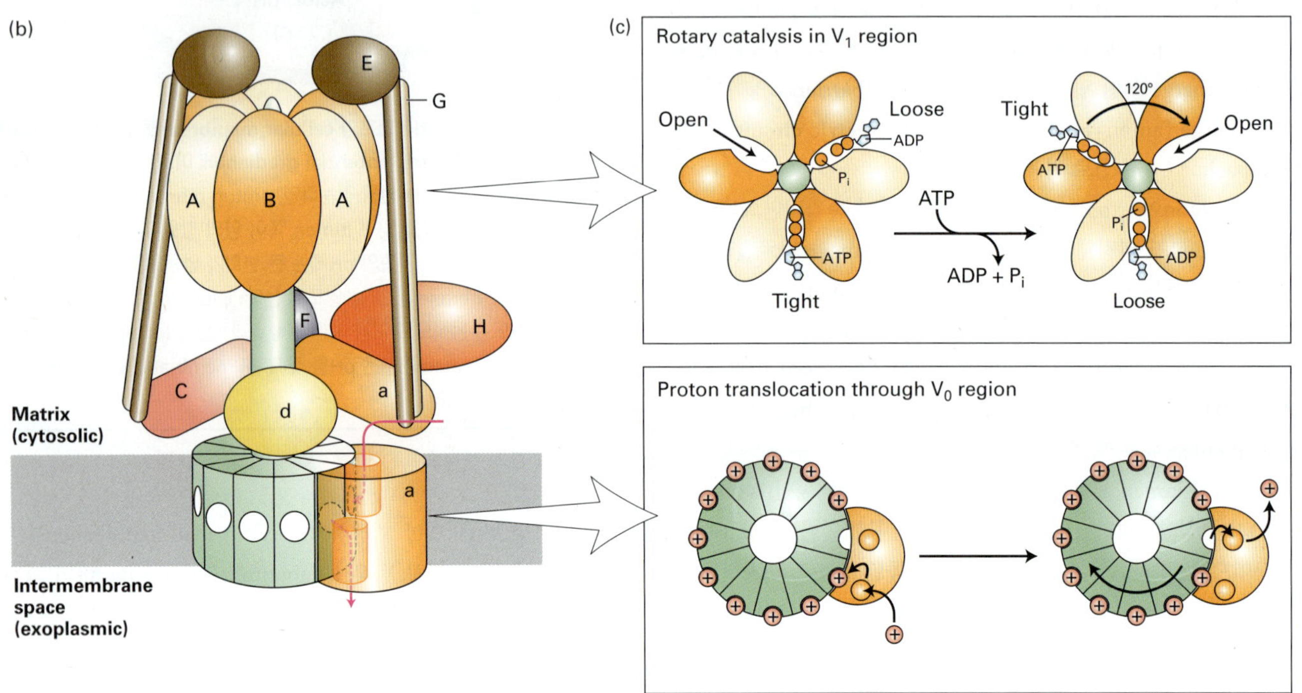

ABC 단백질은 세포에서 다양한 약물과 Toxin을 배출한다

포유동물에는 약 50종의 ABC 단백질이 존재하는 것으로 알려져 있으며, 이 단백질의 돌연변이는 많은 인간의 질병과 연관되어 있다(표 11-3). Eukaryotic cell (진핵 세포)에서 ABC 단백질은 plasma membrane 뿐만 아니라 세포 내 organelle의 membrane에도 분포되어 있다. 이 중 몇 종은 신체에서 toxin 및 노폐물을 제거하는 liver (간), intestine (소장) 및 kidney (신장)에서 높게 발현된다. 이러한 ABC 단백질의 substrate (기질)는 당, 아미노산, cholesterol, bile acid (담즙산), phospholipid (인지질), peptide, 단백질, toxin 및 생체 외부 물질을 포함한다.

ABCB1의 정상적인 기능은 자연적 또는 대사과정에서 생성된 다양한 toxin을 배출하기 위하여 bile (담즙) 또는 intestinal lumen (소장 내강)으로 보내거나 kidney에서 형성되는 urine (소변)으로 운반하는 것이다. ABCB1은 진화 과정에서 생체 내의 toxin과 구조가 유사한 약물을 운반하는 능력을 획득한 것으로 보인다. Hepatoma (liver cancer; 간암)와 같은 MDR 발현 세포에서 유래한 tumor는 거의 모든 chemotherapeutic agent (화학요법제)에 내성을 보이는 경우가 많고, 따라서 치료도 어렵다. 아마도 tumor가 ABCB1 또는 이와 관련된 ABC 단백질의 발현을 증가시키기 때문일 것이다.

앞에서 언급한 바와 같이, membrane transport protein 중에서 매

표 11-3 • 대표적인 Human ABC 단백질

Protein	Tissue Expression	Function	Disease Caused by Defective Protein
ABCB1 (MDR1)	Many epithelia, blood-brain barrier	Exports glucosylceramides and lipophilic drugs	Inflammatory bowel disease
ABCB4 (MDR2)	Liver	Exports phosphatidylcholine into bile	
ABCB11	Liver	Exports bile salts into bile	Progressive familial intrahepatic cholestasis
CFTR	Exocrine tissue	Transports Cl ions	Cystic fibrosis
ABCDI	Ubiquitous in peroxisomal enzyme	Influences activity of peroxisomal enzyme that oxidizes very long chain fatty acids	Adrenoleukodystrophy (ADL)
ABCG5/8	Liver, intestine	Exports cholesterol and other sterols	β-Sitosterolemia
ABCA1	Ubiquitous	Exports cholesterol and phospholipid for uptake into high-density lipoprotein (HDL)	Tangier's disease
ABCA4	Retina	Transports N-retinyl-phosphatidylethanolamine	Stargardt's disease in photoreceptor cells (juvenile macular degeneration)
ABCA2	Brain, kidney, heart, lung	Exports cholesterol	Alzheimer's disease
ABCA3	Lung	Exports surfactant lipids	Surfactant metabolism dysfunction 3
ABCA12	Lung, skin	Exports lipids	Harlequin ichthyosis
ABCB4	Liver	Exports long-chain phosphatidylcholines	Progressive familial intrahepatic cholestasis 3
ABCC2	Liver, kidney, intestines	Exports bilirubin, bile salts	Dubin-Johnson
ABCD1	Ubiquitous	Exports very long chain fatty acids	Adrenoleukodystrophy
ABCG5	Liver, intestine	Exports cholesterol, plant sterols	Sitosterolemia
ABCG8	Liver, intestine	Exports cholesterol, plant sterols	Sitosterolemia, gallstones

우 크고 다양한 member들을 포함하고 있는 ABC superfamily의 모든 member들은 2개의 transmembrane domain (TM)과 2개의 cytosolic ATP-binding domain (A)을 갖는다(그림 11-9 참조). 각각 10개의 membrane-spanning α helix로 이뤄진 TM domain은 수송되는 물질(substrate)이 membrane을 통과하는 통로를 형성하고(그림 11-15a), 각 ABC 단백질의 substrate 특이성을 결정한다. A domain의 아미노산 서열은 이 superfamily의 모든 member들 사이에 30–40% 정도의 유사성을 보이고 있어, 진화적으로 그 기원이 같다는 것을 알 수 있다.

진핵생물의 ABC 단백질은, 화학적 구조가 서로 다른 약물들에 저항성을 보이는 tumor cell와 cultured cell을 연구하는 과정에서 처음 밝혀지게 되었다. 이러한 세포들에는 처음에는 *MDR1*이라 불리다가 이제는 *ABCB1*으로 명명된 *multidrug-resistance* (*MDR*) *transport protein*이 높은 수준으로 발현된다. 이 단백질은 ATP를 hydrolysis하여 얻은 에너지를 사용하여 매우 다양한 약물들을 cytosol로부터 extracellular medium으로 방출한다. *Mdr1* 유전자는 multidrug-resistant (다양한 약물에 저항성을 갖는) 세포에 흔히 증폭되어, ABCB1 단백질을 과량으로 발현한다. 4개의 subunit으로 구성된 bacterial ABC 단백질과 달리, 포유동물의 ABCB1은 4개의 domain을 갖는 하나의 170-kDa 단백질로 발현된다.

포유동물 ABCB1의 substrate는 주로 평평한 구조를 갖고, lipid-soluble하며, 하나 또는 그 이상의 positive charge를 띠고 있는 분자들이다. 이 substrate들은 서로 수송되려고 경쟁하는 것으로 보아, 모두 ABCB1의 같은 부위에 결합할 것으로 예상된다. ABCB1에 의하여 세포 밖으로 수송되는 대부분의 약물들은, transport protein의 도움이 없어도, extracellular medium으로부터 plasma membrane을 통해 cytosol로 diffusion되어, 다양한 cellular function을 차단하는 작은 hydrophobic molecule들이다. 이러한 약물 중 두 가지 예가 microtubule의 assembly를 차단하는 colchicine과 vinblastine이다(18장). ABCB1에 의해서, 이러한 약물들이 ATP를 사용하여 배출되면 cytosol에 있는 약물 농도는 낮아지게 된다. 따라서 ABCB1을 발현하는 세포를 죽이려면 ABCB1을 발현하지 않는 세포에 비하여 훨씬 높은 농도의 약물을 세포 밖에서 처리해야 한다. ABCB1이 작은 분자를 수송하는 ATP-powered pump라는 것은 정제된 단백질을 포함하는 liposome을 활용하여 증명되었다. 여러 약물들이 농도 의존적으로 liposome에 있는 ABCB1의 ATPase 활성을 증가시켰으므로, 이 약물들은 ABCB1에 의하여 수송된다는 것을 알 수 있다.

ABCB1의 3차 구조 및 이와 유사한 박테리아 및 진핵생물의 ABC 단백질의 구조가 알려짐에 따라, ABCB1이 다양한 hydrophilic 및

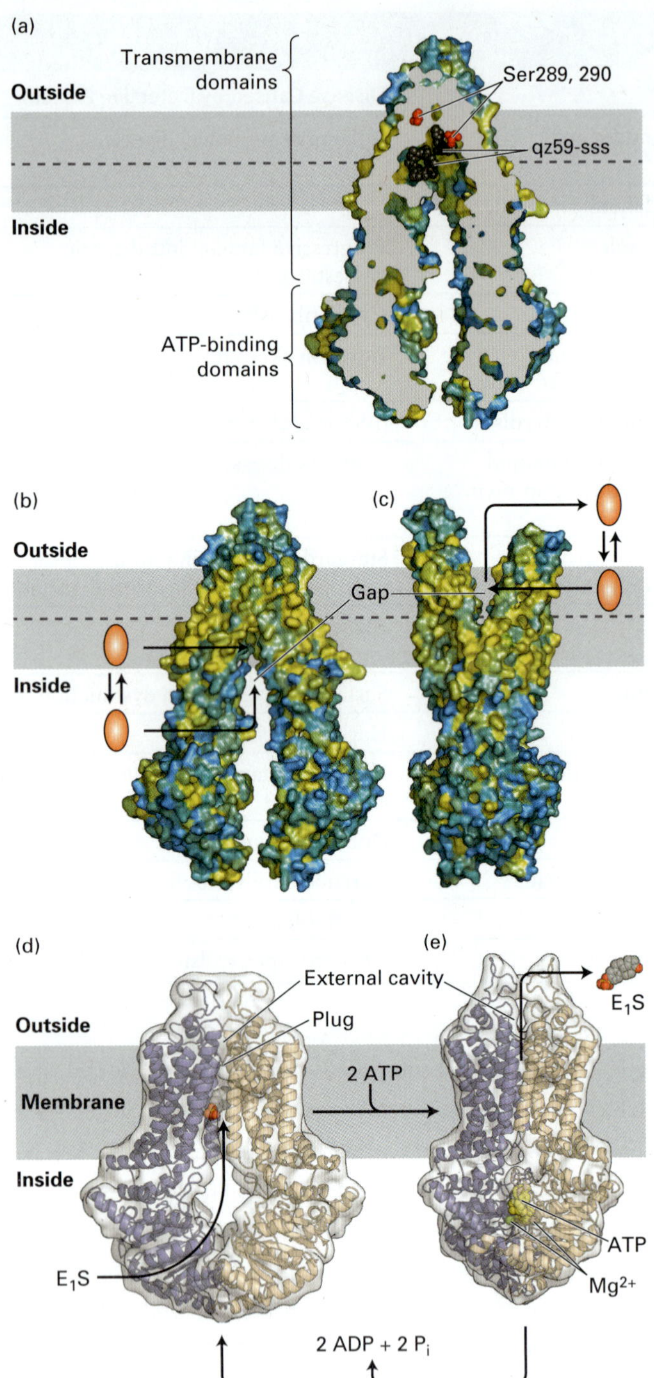

그림 11-15 Multidrug transporter인 ABCB1 (MDR1)의 구조와 ligand를 배출하는 모델. (a) Drug analog인 qz59-sss (검은색) 분자 2개가 결합한 ABCB1 단백질의 중앙을 지나는 단면을 보면, ligand 결합 부위가 lipid bilayer의 중앙에 위치하고 있다는 것을 알 수 있다. 가운데 보이는 ligand-binding cavity는 membrane의 두 leaflet 사이 부근에 위치한다. 수송 과정 동안, 이 binding cavity는 membrane의 cytosol 쪽과 exoplasm 쪽으로 번갈아 노출된다. Serine 289와 Serine 290은 transporter의 ligand specificity에 중요하다. 이 residue들이 결합해 있는 ligand와 이웃해 있다는 것을 강조하기 위하여 red sphere로 나타냈다. 단백질의 surface에서 hydrophobic residue들은 노란색으로, hydrophilic residue는 파란색으로 나타냈다. (b) ligand 결합 부위가 cytosol 쪽을 향하고 있는 ABCB1의 3차 구조. 이 conformation일 때, hydrophilic ligand는 cytosol에서 직접 결합할 수 있다. Hydrophobic ligand는 plasma membrane의 inner leaflet에 끼어 들어간 후, inner leaflet의 hydrophobic core에서 직접 접근할 수 있는 이 단백질의 gap을 통해서 ligand 결합 부위에 결합한다. (c) ABCB1과 유사한 bacterial ABC 단백질의 구조에 근거하여, ligand 결합 부위가 바깥쪽을 향한 ABCB1의 3차구조 모델. Transporter가 이 conformation일 때, ligand는 exoplasmic leaflet으로 diffuse해 나가거나 직접 extracellular medium으로 빠져나간다. (d) ADP가 결합하고 안쪽을 향한 상태일 때의 인간 ABCG2의 cryo-electron microscopy structure. Substrate가 들어갈 수 있는 cytosol을 향한 큰 cavity가 관찰된다. (e) ATP binding 및 활성에 중요한 Mg^{2+} 이온은 연녹색 구역으로 보여졌다. ATP (노란색 구역) 결합은 α helix의 회전, 큰 cavity의 압축, 그리고 substrate를 세포 외부로 압출을 유발한다. [Data from S. G. Aller et al., 2009, *Science* **323**:1718–1722, PDB ID 3g61; and I. Manolaridis et al., 2018, *Nature* **563**:426–430, PDB ID 6FEQ.]

hydrophobic substrate에 결합하는 능력에 대한 정보와 이를 수송하는 메커니즘이 알려지게 되었다(그림 11-15 참조). 2개의 TM domain은 membrane의 중앙에 substrate 결합 부위를 갖고 있으며, alternating access model에 부합하는 안쪽(그림 11-15b)과 바깥쪽(그림 11-15c)으로 열린 orientation (방향성)을 갖는다. 2개의 A subunit에 ATP가 결합하여 ADP와 P_i로 hydrolysis되어 두 가지 conformation을 차례로 갖게 하는 power를 제공한다.

ABCB1의 substrate-binding cavity는 열려 있는 상태이다. Cavity의 벽을 형성하는 아미노산 중 일부는 주로 tyrosine이나 phenylalanine처럼 aromatic side chain을 갖고 있어서, ABCB1이 다양한 hydrophobic ligand와 결합할 수 있게 한다. 이 cavity의 다른 segment는 hydrophilic residue들이 벽을 이루고 있어서, hydrophilic 또는 amphipathic molecule들도 결합할 수 있다. 안쪽으로 열린 conformation에서, 결합 부위가 주변의 aqueous solution (수용액)에 직접 노출되어 있어 hydrophilic molecule이 cytosol에서 직접 결합 부위로 들어갈 수 있다. 또한, 이 단백질은 membrane bilayer의 inner leaflet의 hydrophobic core에서 직접 도달할 수 있는 gap을 갖고 있어서, hydrophobic molecule이 이 gap을 통하여 phospholipid bilayer의 inner leaflet에서 결합 부위로 직접 들어갈 수 있다(그림 11-15b 참조). ATP를 사용하여 바깥쪽으로 열린 conformation으로 바뀌면, 그 분자는 결합 부위에서 exoplasmic membrane leaflet으로 또는 직접 extracellular medium으로 나갈 수 있다(그림 11-15c 참조).

최근 substrate와 ATP가 결합한 상태의 human ABCG2의 structure가 결정되었다. 이 structure로부터 ATP에 의하여 substrate를 수송하는 메커니즘을 추가로 이해할 수 있게 되었다(그림 11-15d, e). ABCG2는 Breast Cancer Resistance Protein (유방암 저항성 단백질)으로도 알려져 있으며, breast cancer뿐 아니라 다른 암에서도 이 단백질의 발현 수준과 불량한 예후는 양의 상관관계를 보인다. 영리한 실험 전략으로 수송 속도와 ATP hydrolysis가 느린 ABCG2의 mutant를 사용했다. 고해상도 cryo-electron microscopy로 transporter가 안쪽을 향하는 pre-translocation 상태에서 기질에 결합하고, post-translocation 상태에서 ATP에 결합한 것을 포착했다. 이 연구에서 안쪽을 향한 상태에 존재하는 큰 substrate-binding cavity와 바깥쪽 부분에 있는 작은 cavity를 생성하는 plug을 발견했다. ATP 결합은 A domain의 α helix의 회전을 촉발하여 substrate-binding cavity를 압축하고, plug를 통해 substrate를 바깥쪽 cavity로 밀어내어 substrate를 외부로 방출한다. 아직 명확하지는 않지만, ATP hydrolysis는 protein transporter가 안쪽을 향한 상태로 되돌아가는 데 필요할 수 있다.

일부 ABC 단백질은 Phospholipid와 다른 Lipid-Soluble Substrate (지용성 기질)를 Membrane의 한쪽 Leaflet (엽편)에서 다른 쪽 Leaflet으로 "Flip"한다

그림 11-15에 보인 바와 같이, ABCB1과 ABCG2는 hydrophobic (소수성) 또는 amphipathic (양친매성)한 substrate molecule을 membrane의 cytosol 쪽 leaflet (엽편)에서 exoplasm 쪽 leaflet으로 "flip" 하게 한다. 이 과정 자체는 에너지 측면에서 선호되지 않는 반응이므로 이 단백질의 ATPase 활성에 의하여 동력을 전달받으며, membrane의 cytosol 쪽과 exoplasm 쪽 leaflet에 phopholipid가 비대칭 분포를 갖게 하거나(10장), 세포 membrane을 가로질러 lipid를 수송하는 데 활용된다. ABCB1에 의한 수송이 **flippase** model에 의해 작동한다는 증거는 ABCB1과 유사한 단백질이며, bile을 모으는 얇은 관(canaliculi)에 이웃한 liver cell의 plasma membrane에 존재하는 ABCB4 (이전에는 *MDR2*라고 하였음)에 대한 실험에서 처음 알려지게 되었다. ABCB4는 plasma membrane의 cytosol 쪽 leaflet에서 exoplasm 쪽 leaflet으로 phosphatidylcholine을 수송한다. 수송된 phosphatidylcholine은, 다른 ABC family member들에 의하여 수송된 cholesterol과 bile acid와 함께, bile로 분비된다. 다른 ABC superfamily member들도 ABCB1과 유사한 메커니즘으로 다양한 lipid들을 세포 밖으로 배출하는 flippase이다(표 11-3 참조).

Membrane을 가로지르는 lipid의 flipping은 eukaryotic cell에서 endoplasmic reticulum의 lumen 쪽에 glycoprotein을 생성하거나 prokaryote에서 periplasm (주변 세포질)을 생성하는 데 필요하다(13장 참조). 이 과정을 통하여 hydrophilic oligosaccharide가 hydrophobic membrane을 가로질러 이동하여 glycoprotein을 형성할 수 있다. 이 과정에서, endoplasmic membrane에 있는 긴 polyisoprenol membrane lipid에 oligosaccharide가 cytosol 쪽에서 붙기 시작하여 lipid-linked oligosaccharide (LLO)을 형성한다. 이 LLO가 membrane에서 flip하여 endoplasmic reticulum의 lumen 쪽(prokaryote의 경우에는 periplasm 쪽)에 있게 되므로, membrane protein이나 secreted protein에 oligosaccharide가 전달되어 glycoprotein을 생성할 수 있다. Membrane을 가로질러 LLO의 flipping을 매개하는 *Campylobacter jejuni* (일반적으로 식중독을 일으키는 박테리아)에 존재하는 dimer 형태의 ABC transporter의 x-ray crystal structure가 최근 밝혀졌다. 이 transporter의 안쪽과 바깥쪽을 향한 상태의 구조로부터 lipid flipping의 새로운 메커니즘을 유추할 수 있었다(그림 11-16d). 먼저, LLO의 lipid tail이 flippase subunit 중 하나의 세포 바깥쪽 helix에 결합한다(단계 **1**). 이 결합은 ADP를 ATP로 교환함으로써 LLO의 dimer가 바깥쪽을 향한 개방 상태가 되도록 하고(단계 **2**), transporter의 양으로 하전된 pore에 hydrophilic oligosaccharide head가 들어갈 수 있게 한다(단계 **3**). ATP hydrolysis는 dimer를 안쪽으로 열린 형태로 전환하여, LLO head를 membrane의 바깥쪽으로 밀어낸다(단계 **4**). 그런 다음, LLO lipid tail은 flippase에서 떨어져 나와 membrane의 cytosol 쪽에 남게 된다. 이 메커니즘에서 transporter는 membrane의 hydrophobic 환경으로부터 LLO의 hydrophilic oligosaccharide의 head를 보호하여 lipid tail이 membrane의 한쪽에서 다른 쪽으로 flip할 수 있게 한다.

ABC Cystic Fibrosis Transmembrane Regulator (CFTR)은 Pump가 아니라 Chloride Channel이다

일부 human genetic disease는 ABC 단백질의 결함에 의하여 유발된다(표 11-3 참조). 가장 많이 발견되는(2,500명 출산 중 1명) 예는 cystic fibrosis (CF; 낭포성 섬유증)로서, *cystic fibrosis transmembrane regulator* (*CFTR*, 또는 *ABCC7*이라고도 함)를 coding하는 gene의 돌연변이에 의하여 유발된다. 다른 ABC 단백질과 마찬가지로, CFTR은 2개의 transmembrane TM domain과 2개의 cytosolic ATP-binding domain (A domain)을 갖는다. CFTR은 cytosol 쪽에 하나의 R (regulatory) domain을 갖고 있으며, R domain은 CFTR molecule의 반쪽 2개를 연결하여 TM1–A1–R–TM2–A2의 구조를 갖게 한다. CFTR은 phosphorylation 및 ATP 결합에 의해 열리는 Cl^- channel 단백질로서, 전기화학적 구배에 순행하여 Cl^- anion을 지나가게 한다. 이 단백질은 lung, sweat gland (땀샘), pancreas 등의 tissue에서 epithelial cell의 apical plasma membrane에서 발현되고, 이 단백질이 돌연변이되면 해당 membrane에서 Cl^- 이온의 이동 능력이 감소된다. 예를 들면, CFTR 단백질은 땀에 의해 손실된 Cl^-을 sweat gland cell 안으로 재흡수하는 데 중요한 역할을 하는데, cystic fibrosis를 앓는 아기는 Cl^- 재흡수가 저해되어 피부를 핥아보면 "짠맛"이 난다. 시간이 지남에 따라 염분과 물의 항상성(homeostasis)이 손상되어, cystic fibrosis를 앓는 환자는 lung과 기타 조직에 탈수된 점액이 축적되어 만성 호흡기 감염과 소화기 장애를 일으키며, 궁극적으로 장기 부전을 초래할 수 있다.

최근까지, CFTR channel의 구조 및 기능은 CFTR 단백질의 fragment의 x-ray crystal structure와 생화학적 및 생물물리학적 연구의 결과로 예상할 수 있었다. 그러나 2017년에 zebrafish와 인간의 CFTR channel 전체의 high resolution structure (고해상도 구조)가 cryo-electron microscopy로 결정되었다(그림 11-17). Channel은 phosphorylation과 ATP 결합에 의해 열린다고 알려져 있었지만, 열려 있는 CFTR channel과 닫혀 있는 channel의 structure를 비교하여 phosphorylation 및 ATP 결합에 의해서 생성된 conformational change가 channel을 여는 과정을 밝힐 수 있었다. 이러한 structure는 channel의 열리고 닫힘이 두 가지 과정에 의해 조절된다는 것을 보여준다. 이 과정은 cAMP-dependent protein kinase (PKA, cAMP 의

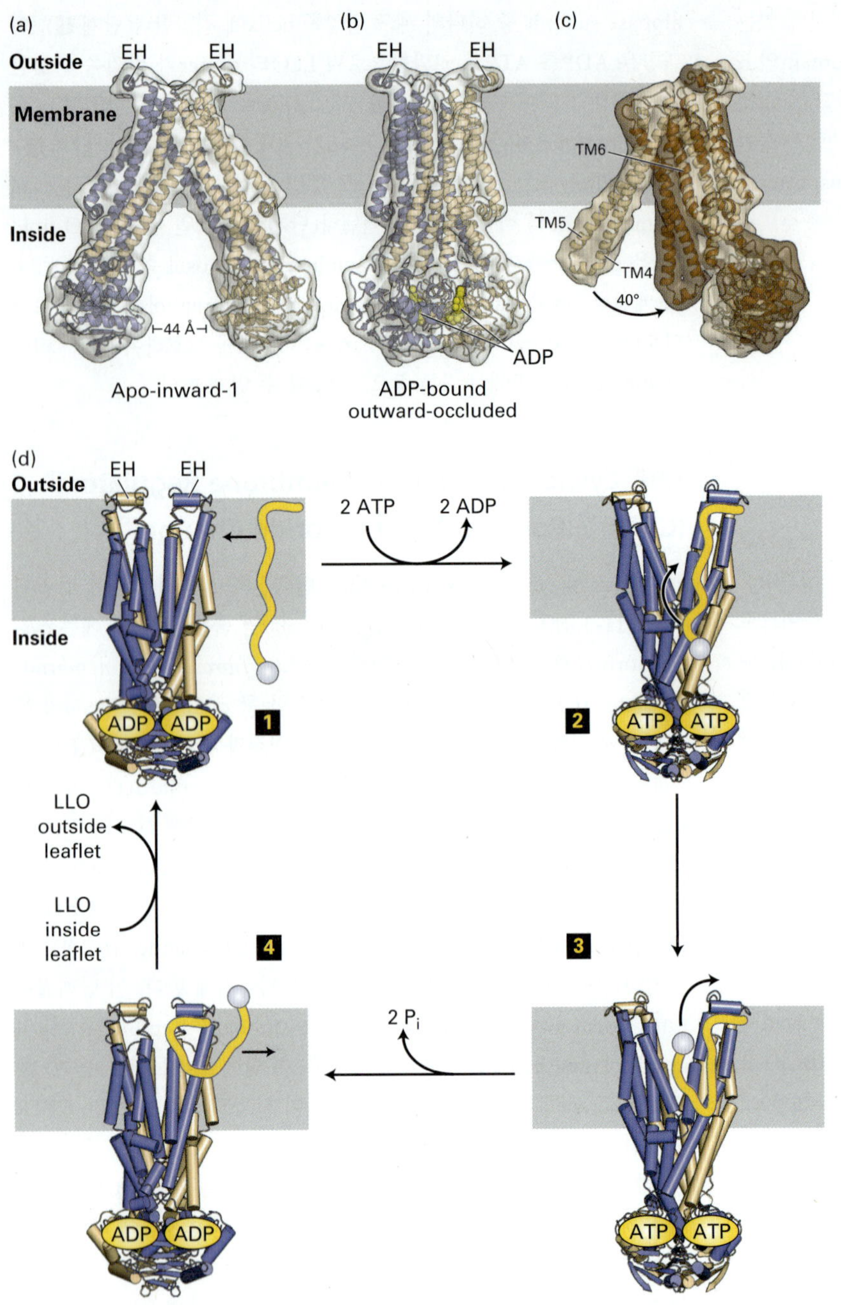

그림 11-16 ***Campylobacter jejuni*의 ABC transporter는 membrane을 가로질러 lipid-linked oligosaccharide을 flip 한다.** (a) PglK ABC transporter가 안쪽을 향한 structure로, 큰 cavity가 cytosol을 향하고 있다. Subunit은 복숭아색과 보라색으로 표시되었고, 세포 밖을 향하는 helix (EH)도 표시하였다. (b) ADP가 결합하고, 바깥쪽을 향하는 structure이며, cytosolic cavity가 occluded (폐쇄)되어 있다. (c) 단백질의 conformational change로 안쪽에서 바깥쪽을 향하는 상태로 변환된다. (d) Flippase의 메커니즘으로 제안된 모델의 모식도에서, PglK subunit은 복숭아색과 보라색으로 보였고, EH helix 부분도 표시하였다. LLO의 lipid tail은 노란색이고 oligosaccharide head는 연보라색으로 나타냈다. Lipid tail은 EH와 상호작용한다(단계 **1**–**2**). ADP 대신 ATP가 결합하면, cytosolic cavity가 열려서(단계 **2**), LLO의 큰 oligosaccharide head가 들어간다(단계 **3**). ATP hydrolysis는 conformational change를 유발하여 cytosolic cavity를 occluded (폐쇄)하고, oligosaccharide head를 periplasm으로 밀어내어 membrane 내에서 lipid tail의 방향을 flip한다(단계 **4**). [Information from C. Perez et al., 2015, *Nature* **524**:433–438.]

존성 단백질 키나아제; 15장에서 논의됨)에 의한 cytosolic R domain의 phosphorylation과 cytosolic A domain에 ATP의 결합이다. R domain은 phosphorylation되지 않았을 때 transmembrane α helix 사이에 끼어 A1 및 A2 domain을 분리함으로써 anion channel을 차단한다. R domain이 PKA에 의하여 phosphorylation되면 conformational change를 촉발하여 R domain이 A1 및 A2의 경계면에서 떨어지고, ATP가 결합하면 2개의 A domain이 dimer를 이루어 cytosol 쪽의 channel의 opening을 좁히고(닫히지는 않음) 세포 밖 쪽은 넓어져서 channel을 통해 anion이 흘러갈 수 있게 한다. Ion channel 경로에는 positive charge를 갖는 아미노산들이 벽을 이루고 있어서, channel이 anion만 특이적으로 흘러갈 수 있게 한다.

모든 CF 환자 중 약 2/3에서 한 종류의 CFTR mutation이 발견된다. 이 돌연변이는 CFTR에서 ATP가 결합하는 A1 domain에 있는 Phe508 deletion (F508del)이다. Mutant 단백질은 체온일 때 적절하게 folding되지 못하여 이 단백질이 작용하는 위치인 세포 표면까지 이동하지 못한다. 만일 이 세포를 상온에서 배양하면, mutant 단백질은 정상적으로 plasma membrane까지 이동하여 wild-type CFTR channel과 거의 유사한 기능을 수행한다. 최근 mutant 단백질을 정상적으로 세포 표면까지 갈 수 있게 하는 여러 작은 분자들을 개발하여 CF 환자에서 이 질환의 증세를 완화하려는 시도가 이루어지고 있다. 최근에는 CF 환자에서 발견되는 mutant CFTR 단백질에 결합하고, 37°C에서 folding을 안정화시킬 수 있는 여러 작은 분자들이 합성되어서, mutant 단백질을 정상적으로 세포 표면으로 이동시킴으로써 질환의 증세를 부분적으로 완화할 수 있게 되었다. 이러한 분자를 *CFTR corrector* (*CFTR* 수정제)라고 하는데, CFTR channel 중 일부만 세포 표면까지 수송할 수 있어, 질환의 증세도 부분적으로만 완화할 수 있다. 또 다른 CFTR 돌연변이는 Gly 551이 Asp로 변화한 G551D인데, 이 돌연변이는 CF 환자의 약 5%를 차지하며, 정상적으로 folding 되어 plasma membrane에 축적되는 channel을 생성하지만, 돌연변이에 의하여 ATP 결합이 이루어지지 않아서 Cl^- 수송에 결함이 발생한다. 2012년에는 mutant channel을 통하여 Cl^- 이온의 흐름을 증가시키는 *Ivacaftor*라는 저분자 약물이 U.S. Food and Drug Administration (FDA; 미국 식품의약국)의 승인을 받아서, 이 돌연변이를 갖는 CF 환자를 치료하는 데 사용할 수 있게 되었다. *CFTR potentiator* (*CFTR* 강화제)로 알려진 이 약물은 질병을 유발하는 단백질에 대하여 분자적으로 이해함으로써 개발된 최초의 성공적인 personalized therapy (맞춤 치료법) 중 하나이다. 최근 channel이 plasma membrane에 도달하게 하고 Cl^- 이온의 흐름을 증가시키는 CFTR corrector와 CFTR potentiator (Ivacaftor)의 병용 요법(combination therapy)으로 F508del을 갖는 cystic fibrosis 환자를 치료하는 것을 FDA가 승인했다. 이러한 치료는 특정 돌연변이가 질병을 유발하는 방법을 분자적 수준에서 이해할 수 있어서 가능하게 된 target 병용 요법의 예시이다. ■

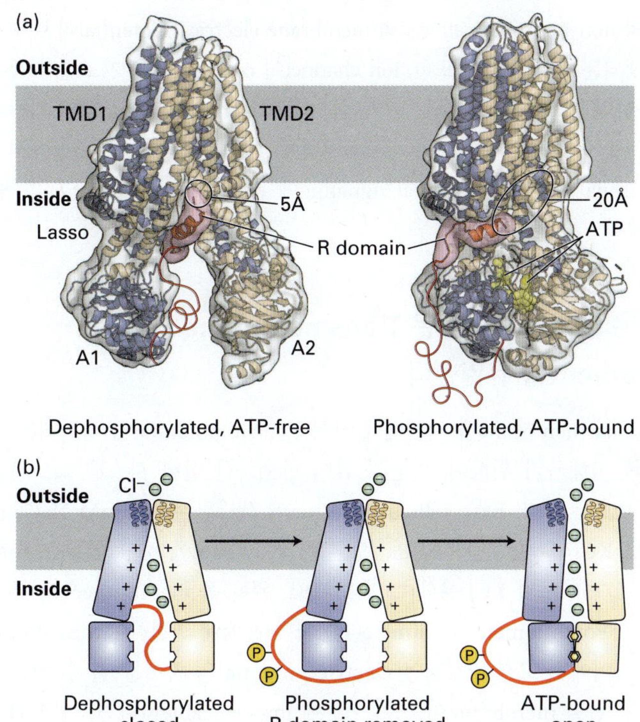

그림 11-17 Cystic fibrosis transmembrane regulator (CFTR)의 구조와 기능. (a) 왼쪽의 phosphorylation되어 있지 않고, ATP가 없는 상태와 오른쪽의 phosphorylation되어 있고 ATP 결합 상태의 인간 CFTR의 ribbon structure. 이 structure에서 미해결 영역은 얇은 빨간색 선으로 표시하였고, R domain 내에서 구조화되어 있지 않은 영역은 분홍색으로 표시했다. R domain의 phosphorylation은 ATP-binding region을 바깥쪽으로 이동시켜서, ATP 결합 및 2개의 ATP-binding (A) domain의 dimerization을 유발하게 한다. 또한, membrane의 cytosol 쪽의 구멍을 좁히는 반면, extracellular 쪽의 구멍을 넓힌다. (b) CFTR의 모식도이며, dimer의 각 subunit은 보라색 및 복숭아색으로 표시했다. Phosphorylation되어 있지 않고, ATP가 없는 상태에서, R domain (빨간색 선으로 표시)은 두 subunit 사이에 끼어 있다. R domain의 phosphorylation은 R domain을 2개의 subunit 영역의 밖으로 이동시키고, 이어서 ATP가 결합하고 2개의 ATP-binding (A) site는 dimerization 된다. Dimerization으로 인하여 cytosol 쪽의 channel이 좁아지고, 세포의 바깥 쪽 channel은 넓어지면서 chloride ion이 pore (양 전하를 띤 amino acid residue가 늘어서 있음)를 통해 전기화학적 구배에 순행하여 이동할 수 있다. [Data from Z. Zhang et al., 2017, *Cell* **170**:483; and Z. Zhang et al., 2018, *Proc. Nat'l Acad. Sci. USA* **115**:12757.]

11.3절의 주요 개념

ATP-Powered Pump와 세포내 이온 환경

- 네 가지 class의 transmembrane protein들이 ATP hydrolysis에서 방출되는 에너지를 사용해서 농도 구배에 역행하여 substrate를 수송한다. 이 네 가지 class는 P-, V- 및 F-class pump와 ABC 단백질이다(그림 11-9 참조).
- Plasma membrane에 존재하는 P-class Na^+/K^+ ATPase와 plasma membrane 또는 SR에 존재하는 Ca^{2+} ATPase들이 협력하여 동물 세포의 이온 환경을 제공한다. 이로서 cytosol에는 높은 K^+, 낮은 Ca^{2+}, 낮은 Na^+를, extracellular fluid에는 낮은 K^+, 높은 Ca^{2+}, 높은 Na^+ 상태를 유지한다.
- P-class pump에서 ATP hydrolysis에 의하여 α (catalytic) subunit의 phosphorylation과 conformational state를 변화시켜서, H^+, Na^+, K^+, 또는 Ca^{2+} 이온을 수송한다(그림 11-10에서 그림 11-13까지 참조).
- V-와 F-class의 ATPase는 proton만을 수송하며, transmembrane domain에는 proton-conducting channel을, cytoplasmic domain에는 ATP 결합 부위를 갖는 큰 multisubunit complex이다.
- 동물 세포의 lysosome과 endosome, 그리고 식물 vacuole의 membrane에 존재하는 V-class H^+ 펌프는 organelle 내부에 cytosol보다 낮은 pH를 유지하도록 한다(그림 11-14 참조).
- V-와 F-class ATPase는 rotary motor (회전 모터) 메커니즘을 사용하여 membrane을 가로질러 proton을 수송한다.
- 다양하고 많은 종을 포함하는 ABC superfamily의 transport protein은 모두 4개의 core domain을 포함한다. 이 domain들은 solute 수송의 통로를 형성하고, substrate 특이성을 결정하는 2개의 transmembrane domain과 2개의 cytosolic ATP-binding domain으로 구성된다(그림 11-15 참조).
- Multidrug transporter인 ABCB1에서 2개의 T domain은 membrane 면의 중간에 ligand 결합 부위를 형성한다. 따라서 ligand는 cytosol에서 직접 결합하거나 membrane의 안쪽 leaflet에서 이 단백질에 있는 gap을 통과하여 결합할 수 있다.
- ABC superfamily는 박테리아의 amino acid permease와 sugar

permease뿐 아니라, 포유동물에서 독소, 약물, phospholipid, peptide 및 단백질 등의 매우 다양한 substrate를 세포의 안과 밖으로 수송하는 약 50개의 단백질(예, ABCB1, ABCA1)을 포함한다.

- 생화학적 실험으로 ABCB4 (MDR2)가 phospholipid flippase 활성을 갖는다는 것을 직접적으로 증명하였다(그림 11-16 참조).
- *Campylobacter jejuni* 유래 flippase의 고해상도 cryo-electron microscopy 결과로부터 ABC transporter가 membrane을 가로질러 lipid-linked oligosaccharide를 flip하는 새로운 메커니즘을 알 수 있었다.
- ABC 단백질 중 하나인 CFTR은 이온 펌프가 아니라 Cl^- channel 이다. 이 단백질이 phosphorylation되고 2개의 A domain에 ATP가 결합하면 channel이 열리게 된다(그림 11-17 참조).
- CFTR의 돌연변이는 cystic fibrosis를 유발한다. 이러한 돌연변이를 target으로 하는 작은 분자인 CFTR corrector 및 CFTR potentiator는 cystic fibrosis 환자를 치료하는 데 사용된다.

11.4 Nongated Ion Channel과 Resting Membrane Potential

지금까지 농도 구배에 **역행하여** 이온을 수송하는 ATP-powered 이온 펌프에 대하여 논의했다. 이 밖에도, plasma membrane은 세포에서 중요한 이온(Na^+, K^+, Ca^{2+} 및 Cl^-)을 농도 구배에 **순행하여** 이동시키는 channel protein을 포함하고 있다. 이온 펌프와 channel은 함께 작동하여 plasma membrane을 가로질러 voltage (전압) 또는 electric potential (전기적 전위)의 차이를 생성한다. ATP-powered pump는 plasma membrane을 가로질러 이온 농도의 차이를 생성하고, 이온은 ion channel을 통해 선택적으로 농도 구배에 순행하여 이동한다(그림 11-3 참조). 모든 channel protein에는 이온이 membrane을 통과할 때 사용하는 hydrophilic (친수성) 통로 또는 구멍을 형성하는 transmembrane domain이 있다. 구멍의 크기와 구멍을 형성하는 아미노산의 구성은 어떤 이온이 channel을 통해 운반될 수 있는지를 결정한다. Channel은 특정 이온들이 membrane을 가로질러 선택적으로 통과할 수 있게 함으로써, membrane에 정교하게 제어된 electric potential를 생성하는 기능을 수행한다.

모든 세포에서, electric potential의 크기는 일반적으로 60에서 90 millivolt (mV) 정도이며, 세포 **안쪽**이 바깥쪽에 비하여 **음 전하**를 갖는다. 이 값은 membrane의 두께가 3.5 nm라는 것을 고려하면 엄청나게 크다는 것을 알 수 있다. Plasma membrane을 사이에 두고서 생긴 voltage gradient는 3.5×10^{-7} cm당 0.07 V이므로, centimeter당 200,000 volt나 된다(고압 송전선이 kilometer당 약 200,000 volt의 gradient를 이용하는 것을 고려하면, 이보다 10^5배에 달하는 membrane의 voltage gradient가 얼마나 큰 값인지 상상할 수 있을 것이다).

Plasma membrane을 사이에 두고서 존재하는 ionic gradient와 electric potential은 많은 biological process에서 중요한 역할을 한다. 이전에 기술하였고 15장에서 더 자세히 설명하겠지만, cytosol 내 Ca^{2+} 농도 증가는 중요한 조절 신호로서, muscle cell을 수축하게 하고, pancreas cell에서 소화 효소를 분비하는 등 많은 세포에서 단백질 분비를 촉진한다. 또한, 많은 동물 세포에서, Na^+ 농도 구배와 membrane의 electric potential이 합해진 힘은 ion-linked symport와 antiport protein들이 농도 구배에 역행하여 아미노산 및 다른 분자들을 세포 내로 받아들일 수 있게 한다(그림 11-3과 11.5절 참조). 게다가, nerve cell에서 action potential (활동 전위)의 conduction (전도)은 membrane potential의 변화에 따른 ion channel의 개폐에 의하여 결정된다(23장 참조).

이 절에서 세포가 **resting membrane potential**이라고 하는 휴지기의 non-neuronal cell에서의 membrane electrical potential이 어떻게 발생되는지 논의한다. 또한, ion channel이 membrane을 가로질러 이온을 선택적으로 이동시키는 메커니즘 그리고 channel protein의 기능적 특징을 규명하는 데 유용한 실험 기법에 대하여 논의한다. 23장에서는 neuronal cell에서 electrical signaling에 관련된 ion channel의 역할을 다룬다.

이온의 선택적 이동은 Transmembrane Electric Gradient를 유발한다

Plasma membrane을 사이에 두고서 electric potential이 생성되는 이유를 이해하기 위하여, 다음과 같이 단순화한 실험 시스템으로 접근해 보도록 한다. Extracellular solution에 해당하는 150 mM NaCl/15 mM KCl 용액(그림 11-18a, **오른쪽**)과 cytosol에 해당하는 15 mM NaCl/150 mM KCl 용액(그림 11-18a, **왼쪽**)을 membrane으로 분리한다. Potentiometer (voltmeter)를 양쪽 용액에 연결하여, membrane을 사이에 두고서 발생하는 electric potential의 차이를 잴 수 있도록 한다. 만일 membrane이 모든 이온에 impermeable하다면, 어떤 이온도 membrane을 통과하지 못할 것이다. 이 상태에서는 양쪽 용액 모두에 같은 수의 양이온과 음이온을 갖고 있다. 따라서 그림 11-18a에 보인 바와 같이, membrane 양쪽에 voltage 또는 electric potential의 차이가 없을 것이다.

이제 membrane이 K^+ 이온은 통과시키지만, Na^+와 Cl^- 이온은 통과시키지 못하는 K^+ 채널을 포함한다고 가정하자(그림 11-18b). K^+ 이온은 농도 구배에 순행하여 cytosol (**왼쪽**)에서 extracellular fluid (**오른쪽**)으로 움직이게 될 것이다. 따라서, cytosol 측(**왼쪽**)에는 K^+ 이온(빨간색)에 비하여 음 전하를 갖는 Cl^- 이온(파란색)이 더 많이 존재하고, extracelular 측(**오른쪽**)에는 Cl^- 이온에 비하여 과량의 K^+ 이온이 존재하게 될 것이다. Membrane의 한쪽에 존재하는 과량의 양 전하와 다른 쪽에 있는 과량의 음 전하는 서로 당기기 때문에, extracellular 측(**오른쪽**)에 존재하는 과량의 K^+와 cytosol 측(**왼쪽**)에 존재하는 과량의 Cl^-는 membrane의 표면 가까이에 남게 된다. 결과적으로, membrane을 사이에 두고 생기는 전하의 분리는 electric potential 또는 voltage를 유

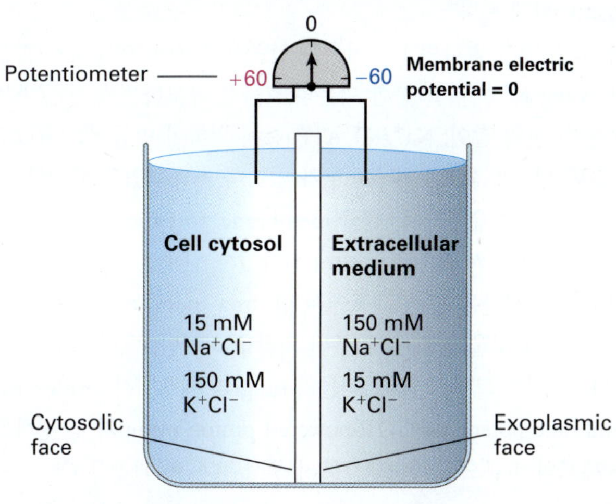

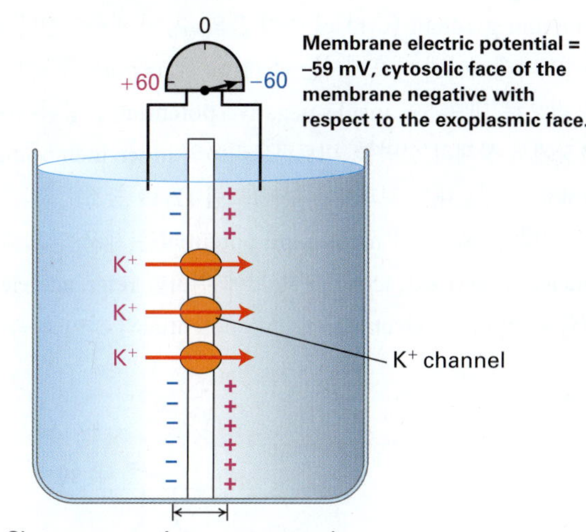

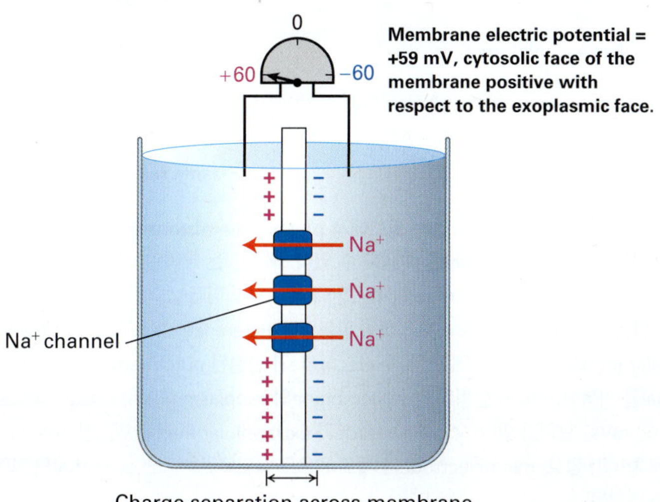

실험 그림 11-18 Transmembrane electric potential (voltage)은 semi-permeable membrane을 가로질러 이온들이 선택적 이동을 하여 생성된다. 이 실험에서 cytosol에 해당하는 15 mM NaCl/150 mM KCl 용액(왼쪽)과 extra-cellular fluid에 해당하는 150 mM NaCl/15 mM KCl 용액(오른쪽)이 membrane에 의하여 분리되어 있다. 이 이온 농도는 각각 cytosol 및 혈액 내와 유사하다. 만일 두 용액을 분리하는 membrane이 모든 이온에 대하여 impermeable하다면(a), 어떠한 이온도 membrane을 통과하여 이동할 수 없고, 두 용액을 연결하는 potenti-ometer 상에 기록되는 electric potential의 차이는 없을 것이다. 만일 membrane이 Na^+ (b) 또는 K^+ (c)에 대해서만 선택적으로 permeable하다면, 각 channel을 통한 이온의 diffusion은 membrane을 가로질러 charge (전하)의 분리를 유발할 것이다. Equilibrium 상태에서, 전하의 분리에 의하여 유발된 membrane potential은 potentiometer로 측정해 보면, 각각 Nernst potential인 E_{Na} 또는 E_K와 같게 될 것이다. (b)와 (c)에서, K^+과 Na^+ cation은 분홍색의 plus sign으로, Cl^- anion은 연한 파란색의 minus sign으로 표시하였다. 자세한 설명은 본문을 참고한다.

발하며, 이때 extracellular 측(오른쪽)에 비하여 cytosol 측(왼쪽)이 과량의 양 전하를 갖게 된다.

더 많은 K^+ 이온이 channel을 통하여 membrane을 가로질러 이동할수록, 전위차의 크기(즉, voltage)는 더욱 증가한다. 그러나 cytosol (왼쪽)에서 extracellular 측(오른쪽)으로 K^+ 이온이 지속적으로 이동하면, membrane의 extracellular 측(오른쪽)에 축적된 과량의 양 전하(K^+)들로 상호 반발력이 축적되고, cytosol (왼쪽)에 축적된 과량의 음 전하가 K^+ 이온을 잡아 끌기 때문에, 이 이동은 지속될 수 없다. 이 실험 시스템은 머지않아 K^+ 이온의 이동을 결정하는 두 상반된 인자들인 membrane electric potential과 이온 농도 구배가 서로 균형을 이루는 equilibrium (평형) 점에 도달하게 된다. Equilibrium 상태에서 membrane을 사이에 두고 K^+ 이온의 순(net) 이동은 없다. 따라서 이 membrane은, 모든 생물학적인 membrane과 마찬가지로, 한쪽에 양전하를 다른 한쪽에 음전하를 저장할 수 있는 *capacitor* (축전기), 즉 비전도성 물질(hydrophobic interior)의 얇은 층이 전도성 물질(polar phospholipid의 머리 부분과 주변의 수용성 용액에 존재하는 이온들)의 두 층에 의하여 둘러싸인 장치로 작용한다.

만약 membrane이 K^+ 이온에만 투과성을 갖는다면, 평형 상태에서 membrane을 가로지르는 electric potential의 측정치는 K^+ equilibrium potential (volt), 즉 E_K와 같게 될 것이다. E_K의 크기는 physical chemistry의 기본적인 원리에서 유도되는 *Nernst equation*에 의하여 다음과 같이 계산된다.

$$E_{Na} = \frac{RT}{ZF} \ln \frac{[K_{right}]}{[K_{left}]} \qquad (11\text{-}2)$$

여기서 R (gas constant) = 8.28 joule/(degree·mol)이고, T (Kelvin 단위로 표시하는 절대온도)는 20°C (293°K); Z (charge 또는 *valence*라고도 함)는 K^+의 경우 +1; F (Faraday constant) = 96,500 coulomb/(mol·V); 그리고 $[K_{left}]$와 $[K_{right}]$는 각각 equilibrium 상태에서 왼쪽(left)과 오른쪽(right)의 K^+ 농도이다. 편의상 potential을 membrane의 *exoplasm* 측에 비교한 *cytosol* 측의 값으로 표현하기로 하면, 방정식에서는 분모에 cytosol에서 이온의 농도(여기서는 membrane의 왼쪽),

분자에 extracellular solution에서 이온의 농도(membrane의 오른쪽)가 된다.

20°C (상온)일 때, 방정식 11-2는 다음과 같이 간단히 표현할 수 있다.

$$E_K = 0.059 \log_{10} \frac{[K_{right}]}{[K_{left}]} \quad (11\text{-}3)$$

만약 $[K_{right}]/[K_{left}] = 1/10$, 즉, 그림 11-18b에서와 같이 농도가 10배의 비율이라면, $E_K = -0.059$ V (또는 –59 mV)이고, exoplasm 측인 오른쪽에 비하여 cytosol 측인 왼쪽이 음 전위를 갖는다.

만일 membrane이 Na^+ 이온에만 permeable하고 K^+ 또는 Cl^- 이온에 대해서 impermeable하다면, 앞서와 유사한 방정식으로 Na^+ equilibrium potential인 E_{Na}를 계산할 수 있을 것이다.

$$E_{Na} = 0.059 \log_{10} \frac{[Na_{right}]}{[Na_{left}]} \quad (11\text{-}4)$$

Membrane electric potential의 *magnitude* (크기)는 같으나(이온 농도가 10배의 비율이므로 59 mV), extracellular 측(오른쪽)에 비하여 cytosol 측(왼쪽)이 양 전위를 갖는다(그림 11-18c). 따라서 이 결과는 K^+ 이온에 대하여 선택적으로 permeable한 membrane을 가로질렀을 때 관찰되었던 polarity (극성)와는 반대이다.

동물 세포에서 K^+ 이온이 열려 있는 K^+ 채널을 통하여 밖으로 이동하는 것이 Resting Membrane Potential 생성에 주된 역할을 한다

동물 세포의 plasma membrane은 많은 수의 열려 있는 K^+ 채널을 가지고 있지만, 열려 있는 Na^+, Cl^- 또는 Ca^{2+} 채널은 거의 없다. 이러한 이유로 plasma membrane을 가로지르는 주된 이온 이동은 K^+ 농도 구배에 순행하여 안에서 바깥으로 향하는 K^+의 이동이며, 그림 11-18c에서 관찰한 것과 유사하게 안쪽에 과량의 음 전하가 남고 바깥쪽에 과량의 양 전하가 남게 된다. 따라서 K^+ 이온을 밖으로 내보내는 이 channel을 **resting K^+ 채널**이라고 하며(그림 11-2 참조), inside-negative (안쪽이 음)인 membrane potential의 주요 결정 인자이다. 다른 모든 channel들처럼 이 channel의 개폐도 번갈아 일어나지만, 이 channel은 membrane potential이나 작은 signaling molecule들에 의하여 영향을 받지 않으므로 *nongated*라고 한다. 23장에서 논의할 다양한 gated channel은 특정 ligand 또는 membrane potential의 변화에 반응하여 열린다.

정량적으로, 일반적인 resting membrane potential은 약 –60 mV이어서, 세포 안팎의 K^+ 농도를 Nernst equation에 넣어 계산한 K^+ equilibrium potential과 유사하다(표 11-2 참조; resting membrane potential은 세포 유형에 따라 –60에서 –90 mV 정도로 차이가 있음). 열려 있는 Na^+ 채널이 일부 존재하기 때문에, 일반적으로 resting membrane potential은 Nernst equation으로 계산한 값보다는 조금 작게(덜 negative하게) 된다. Na^+ 채널이 열리면 Na^+ 이온은 안쪽으로 이동하므로, K^+에 대한 Nernst equation에서 예상된 값보다 plasma membrane의 cytosol 쪽을 다소 positive하게, 즉 membrane potential은 덜 negative하게 된다.

K^+ 농도 구배가 없다면 K^+ 이온은 안쪽으로 전혀 이동하지 않을 것이다. Resting K^+ 채널을 통한 이온의 흐름을 유도하는 농도 구배는 이전에 기술한 바와 같이, Na^+/K^+ ATPase에 의하여 만들어진다(그림 11-3 및 그림 11-12 참조). 이 pump가 없거나 저해되었을 때, K^+ 농도 구배는 유지될 수 없으므로, 결국 membrane potential의 크기는 영(zero)으로 떨어지고, 세포는 결국 죽게 된다.

Resting K^+ 채널은 동물 세포에서 plasma membrane을 가로질러 electric potential을 만드는 데 주된 역할을 하지만, 박테리아, 식물, fungi의 세포에서는 그렇지 않다. 식물와 fungi의 세포에서 inside-negative membrane potential은 ATP-powered proton pump가 양 전하를 띤 H^+을 세포의 바깥으로 내보냄으로써 생성된다. 이 과정은 Cl^- 채널이 없을 때 lysosomal membrane에서 일어나는 현상과 유사하다(그림 11-13a 참조). 이때 세포에서 H^+ 하나가 pumping되어 나올 때 하나씩의 Cl^-을 남겨 놓고 나왔기 때문에 membrane을 가로질러 electrical potential gradient (cytosol 쪽이 음의 값)이 만들어진다. Aerobic (호산성) 박테리아의 세포에서는 electron transport 과정에 proton을 세포 밖으로 내보내어 inside-negative potential이 생성된다. 이 과정은 12장에서 상세히 설명할, 미토콘드리아의 inner membrane (내막)에서 proton을 내보내는 것과 유사하다(그림 12-19 참조).

커다란 세포에서 membrane potential은 세포 안으로 삽입한 microelectrode와 extracellular fluid에 위치한 reference electrode로 측정할 수 있다. 두 electrode는 작은 potential의 차이를 측정할 수 있는

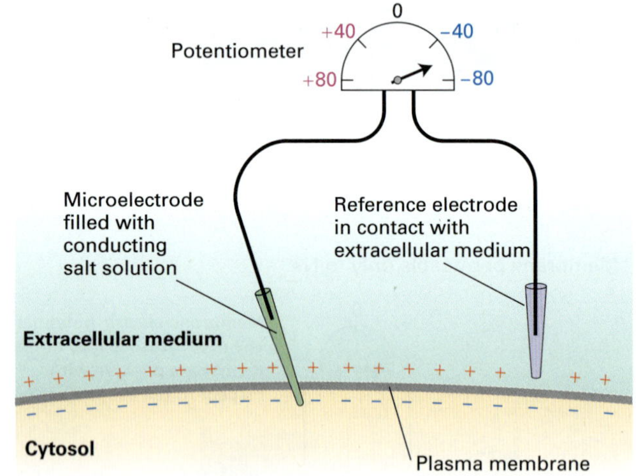

실험 그림 11-19 살아있는 세포에서 plasma membrane을 사이에 두고 존재하는 electric potential을 측정할 수 있다. 매우 가는 유리관에 KCl 용액과 같은 전해질을 채운 microelectrode를 세포 안에 삽입한다. 이때 삽입된 electrode tip의 주변은 plasma membrane에 의하여 밀봉된다. Reference electrode는 extracellular medium에 위치하게 한다. 두 electrode가 연결된 potentiometer가 potential을 기록하는데, 이 실험의 경우 membrane의 exoplasm 쪽에서 cytosol 쪽으로 –60 mV를 보이고 있다. Microelectrode가 extracellular fluid에 있으면 potential에 차이가 없고, microelectrode가 세포 안으로 삽입되었을 때만 potential의 차이가 관찰된다.

그림 11-20 박테리아 중 하나인 *Streptomyces lividans*에 존재하는 resting K^+ 채널의 구조. 모든 K^+ 채널 protein은 4개의 동일한 subunit으로 구성된 tetramer이다. 각 subunit은 S5와 S6으로 불리는 2개의 보존된 membrane-spanning α helix와 더 짧은 P (pore) segment를 포함한다. Gated K^+ 채널은 추가 helix를 갖고 있으며, 23장에서 설명한다. (a) 각 monomer가 2개의 transmembrane helix 및 K^+ 이온(보라색 구역)에 선택적인 pore를 갖는 KcsA K^+ 채널의 측면도. (b) Pore에 K^+ 이온이 있는 4중 대칭을 나타내는 channel의 평면도. (c) 대각선에 있는 2개의 subunit의 electron density map. K^+ 이온을 조정하는 데 있어서 carbonyl oxygen atom (빨간색)의 위치를 보여준다. (d) 4개의 보존된 Thr-Val-Gly-Tyr-Gly residue들이 selectivity filter를 형성하며, dehydration된 K^+ 이온들은 음 전하를 띤 carbony 그룹에 의해 안정화되어 하나의 pore를 통해 이동할 수 있다. (e) K^+ 이온은 이동할 때 S2와 S4 또는 S1과 S3의 두 가지 conformation으로 존재하며, 비어 있는 자리에는 물 분자(빨간색 구역)가 존재한다. [Data from Y. Zhou et al., 2001, *Nature* **414**:43, PDB ID 1k4c; D. Naranjo, 2016, *J. Gen. Physiol.* **148**:277; and Q. Kuang et al., 2015, *Cell. Mol. Life Sci.* **72**:3677.]

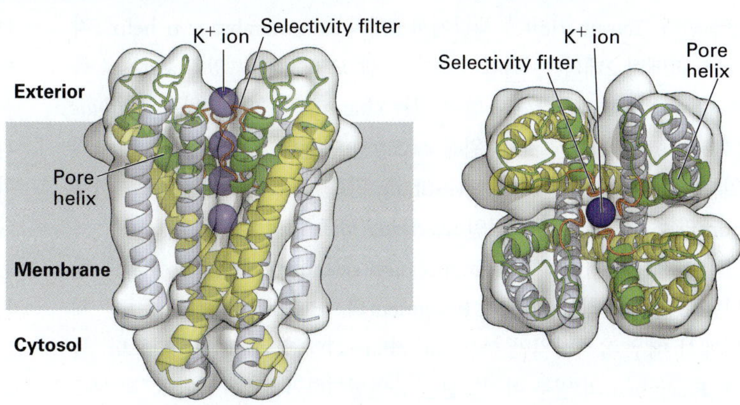

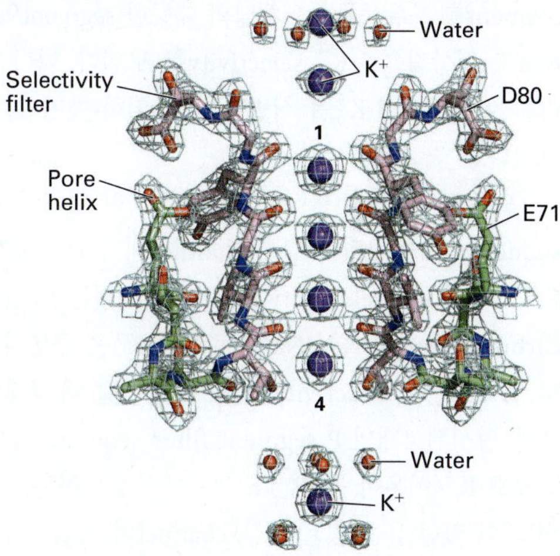

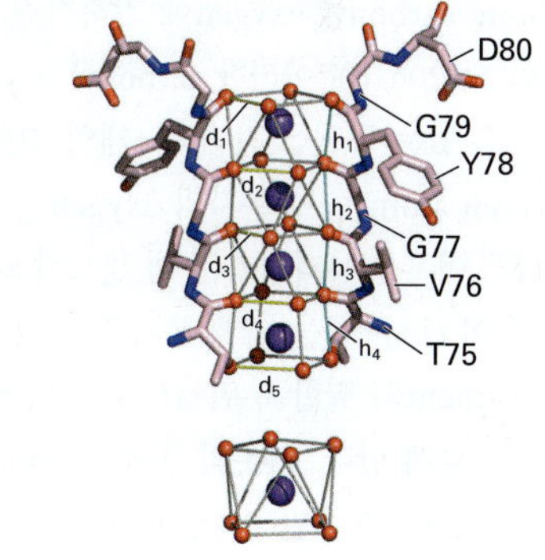

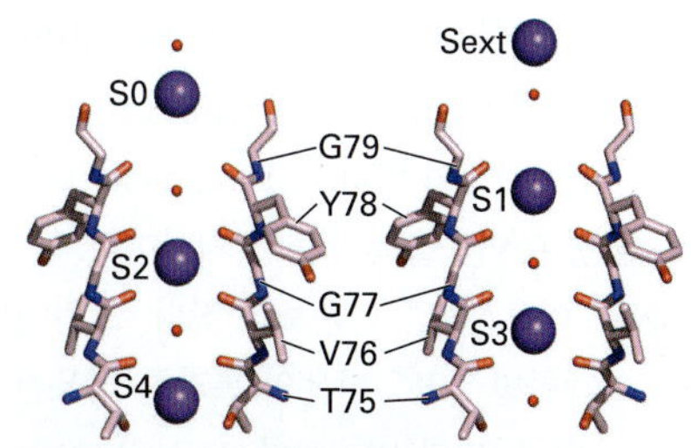

potentiometer에 연결된다(그림 11-19). 대부분의 동물 세포에서 일반적으로 시간에 따라 세포 표면의 membrane potential은 변화하지 않는다. 그러나 neuron과 muscle cell과 같이 전기적인 변화가 활발한 세포 유형에서는 membrane potential의 변화가 관찰되며, 23장에서 논의할 것이다.

Ion Channel은 Molecular Selectivity (분자 선택성) Filter 덕분에 특정 이온에 선택성을 보인다

모든 ion channel은 특정 이온에 대한 특이성을 보인다. K^+ 채널은 K^+ 이온이 통과하는 것을 허용하나 이와 유사한 Na^+ 이온은 허용하지 않고, Na^+ 채널은 Na^+은 허용하나 K^+은 허용하지 않는다. K^+ 채널은 구조와 기능에 따라 4종류로 나눌 수 있다; tandem-pore (직렬 기공) domain을 갖는 K^+ 채널(항상 열려 있으며, 예로서 resting K^+ 채널이 있음), ligand-activated K^+ 채널, inwardly rectifying (내향성) K^+ 채널(K^+ 이온을 세포 안으로 더 쉽게 이동하게 함), 그리고 voltage-gated K^+ 채널(neuron에서 electrical signaling 과정의 역할에 대해 23장에서 논의함)이 이에 해당한다. 모든 K^+ 채널은 lipid bilayer를 가로지르는 transmembrane helix들을 가지고 있다. 또한, 모든 K^+ 채널은 pore-forming (기공 형성) domain과 regulatory (조절) domain으로 나눌 수 있다. Pore-forming domain은 K^+ 이온을 수송하는 통로를 형성하고, regulatory domain은 특정 자극에 반응하여 pore를 열거나 닫는다. Pore-forming domain은 모든 K^+ 채널에서 유사하지만, regulatory domain은 종류에 따라 다르다.

박테리아 K^+ 채널의 3차 구조가 결정되어 처음으로 정교한 ion selectivity (선택성)가 어떻게 달성되는지 알 수 있게 되었다. Ion selectivity의 메커니즘은 최근에 구조가 결정된 많은 박테리아 및 진핵생물의 K^+ 채널에서 보존되어 있다. Ion selectivity를 생성하는 데 사용된 구조적 특징의 유사성으로 볼 때, 모든 K^+ 채널들이 한 유형의 channel protein으로부터 진화했다는 것을 알 수 있다.

다른 K^+ 채널과 같이, 박테리아 K^+ 채널은 4개의 동일한 subunit이 중앙의 pore 주위에 대칭적으로 배열한다(그림 11-20a, b). 각 subunit은 2개의 membrane-spanning α helix와 exoplasmic surface에서

membrane bilayer로 조금 파고 들어가 있는 짧은 P (pore) segment를 포함한다. Tetrameric K^+ 채널에서 8개의 transmembrane α helix (각 subunit에서 2개씩)는 뒤집어 놓은 고깔 모양을 하고 있고, cytosol 쪽에서 membrane 중간까지 뻗어 있는 channel의 중앙 부위에 *vestibule* (현관)이라고 하는 물로 채워진 cavity를 만든다. 4개의 P segment의 일부인 4개의 확장된 loop는 vestibule 위쪽, 즉 exoplasm 쪽에 가까운 pore의 좁은 부분에 실질적인 *selectivity filter*를 형성한다.

몇 가지 증거들이 P segment가 ion selectivity에 중요한 역할을 한다는 것을 뒷받침한다. 첫째, P segment의 아미노산 서열은 모든 K^+ 채널에서 매우 유사하지만 다른 ion channel에 있는 것과는 다르다. 둘째, P segment의 일부 아미노산을 돌연변이하면 K^+ 채널이 K^+과 Na^+을 식별하는 능력이 바뀐다. 마지막으로, 박테리아의 K^+channel의 P segment를 포유동물 K^+ 채널의 대등한 segment와 바꾼 chimeric protein도 정상적으로 K^+ selectivity를 보인다. 따라서 모든 K^+ 채널들이 다른 이온들에서 K^+을 식별할 때 동일한 메커니즘을 사용하는 것으로 보인다.

모든 K^+ 채널의 P segment는 유사한 위치에 Thr-Val-Gly-Tyr-Gly sequence가 발견된다(일부 channel에서 Tyr 잔기 대신 Phe 잔기임). K^+ 채널의 ion-selectivity filter에 존재하는 이 sequence의 backbone carbonyl oxygen들이 Na^+으로부터 K^+을 구별하는 중요한 역할을 한다. K^+ 이온이 selectivity filter에 들어갈 때, 4개의 이웃한 subunit에 의해 형성된 4개의 P segment filter sequence들 사이에 있는 좁은 공간으로 K^+ 이온이 통과한다. 그곳에서 K^+ 이온은 8개의 hydration (수화)되어 있던 물을 잃는 대신, channel의 벽을 이루는 4개의 P segment에서 뻗어 나온 loop당 2개씩, Thr-Val-Gly-Tyr-Gly sequence의 8개 backbone carbonyl oxygen에 기하학적 배치를 유지하며 결합하게 된다(그림 11-20c, d). 이러한 carbonyl oxygen atom은 4개의 K^+ 이온에 결합할 수 있는 균일한 간격의 4개의 결합 부위를 형성한다. 이 단백질의 oxygen atom은 물 분자의 oxygen을 모방하므로 수용액에서 channel로 K^+ 이온을 통과시키는 데 필요한 activation energy가 낮다.

이온이 channel을 쉽게 통과하는 것을 고려할 때, K^+ 이온이 어떻게 P-segment의 결합 부위에서 방출되어 신속한 수송을 할 수 있는지 궁금증을 갖게 한다. 이온의 점유(occupancy) 분석을 수행했을 때, 한 번에 2개의 K^+ 이온만 P segment에 S1 및 S3 conformation 또는 S2 및 S4 conformation (그림 11-20e)으로 존재하고, 2개의 물 분자가 비어 있는 자리를 차지한다. K^+ 이온이 diffusion의 한계 속도에 가깝게 channel을 통해 이동한다는 발견으로 볼 때, K^+ 이온은 P segment의 site에 대한 결합이 약하고, P segment에 있는 2개의 K^+ 이온의 반발이 pore을 통한 이동을 촉진함을 시사한다.

Na^+ 이온은 K^+ 이온보다 작다. 그럼에도 불구하고 어떻게 Na^+ 이온을 배제하면서 K^+ 이온의 통과를 허용할 수 있을까? 이 질문에 대한 대답은 간단하지만 명쾌하다. Dehydration (탈수)된 Na^+ 이온은 상대적으로 작기 때문에, selectivity filter를 따라 존재하는 8개의 carbonyl oxygen들 모두와 결합할 수 없고, 또한 Na^+ 이온을 감싸고 있는 8개의 물 분자들의 기하학적 배치를 유지할 수도 없다. 그래서 Na^+ 이온이 통과하는 데 필요한 activation energy는 상대적으로 클 수밖에 없고(그림 11-21a, 오른쪽), 결국 Na^+ 이온은 selectivity filter로 들어가지 못하고 물에 남아 있는 것을 선호하게 된다. 이러한 free energy의 차이로 인해서 Na^+에 비하여 K^+ 이온을 1,000배 더 잘 통과할 수 있게 한다. Na^+과 같이, dehydration된 Ca^{2+} 이온은 dehydration된 K^+ 이온보다 작아서, selectivity filter에 있는 oxygen atom들과 적절하게 결합할 수 없다. 또한 하나의 Ca^{2+} 이온은 2개의 양 전하를 띠고 있어서 하나의 양 전하를 띠는 Na^+이나 K^+ 이온보다 훨씬 단단하게 물 분자의 oxygen들과 결합하고 있기 때문에, K^+이나 Na^+에 비하여 Ca^{2+}에서 hydration된 물을 떼어내려면 더 많은 에너지가 필요하다.

박테리아의 voltage-gated Na^+ 채널의 삼차원 crystal structure는 2011년 후반에 처음 결정되었다. 이 Na^+ 채널은 K^+ 채널의 filter보다

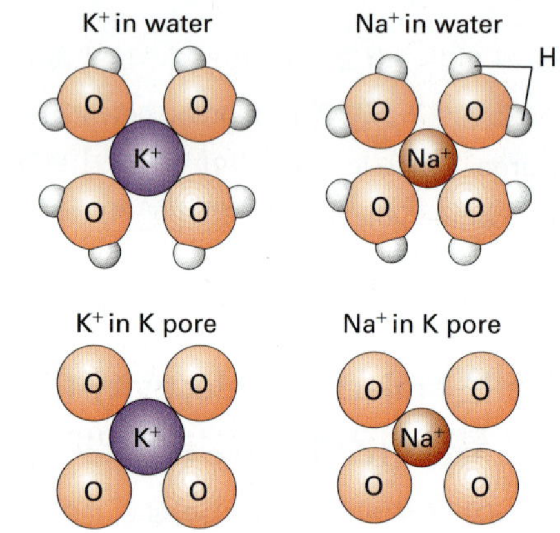

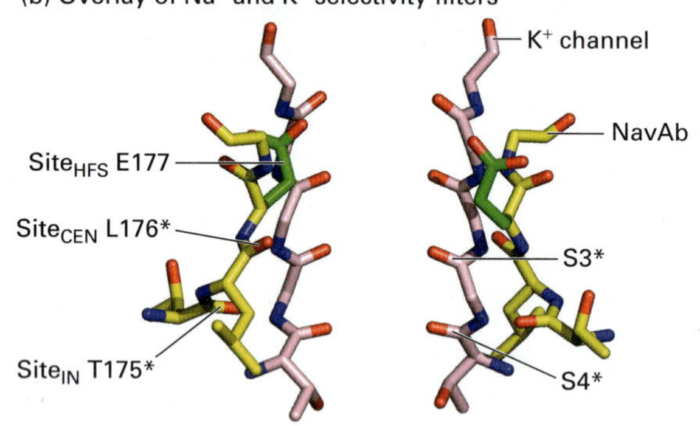

그림 11-21 Resting K^+ 채널에서의 ion selectivity와 수송의 메커니즘. (a) K^+과 Na^+이 수용액에서 hydration되어 있을 때와 K^+ 채널의 pore에 있을 때의 모식도. K^+ 이온이 selectivity filter를 통과할 때, K^+ 이온들은 결합하고 있던 물 분자를 잃는 대신에 각 P segment의 channel-lining loop의 보존된 아미노산 부분에 있는 8개의 backbone carbonyl oxygen에 물 분자와 같은 기하학적 배치로 위치한다(이 중 4개만 보임). 크기가 K^+ 보다 작지만, 물 분자의 단단한 shell (껍질)을 갖는 Na^+ 이온은 channel의 oxygen atom들에 정확하게 결합할 수 없기 때문에, 이 channel을 통과하기 어렵다. (b) KcsA K^+ 채널 (분홍색) 및 NavAb Na^+ 채널 (노란색)의 selectivity filter를 겹쳐 보이는 그림. NavAb Na^+ 채널의 selectivity pore는 KcsA K^+ 채널의 selectivity filter보다 더 넓고 짧다. C. Armstrong, 1998, *Science* **280**:56 참조. [Data from R. F. Stephens et al., 2015, *Front. Physiol.* **6**:153.]

약간 큰 ion selectivity filter를 갖고 있어서, dehydrated (탈수화) Na^+ 이온이 아니라 hydrated (수화) Na^+ 이온을 운반함을 알 수 있었다(그림 11-21b). 최근 진핵생물에 있는 여러 개의 voltage-gated Na^+ 채널 구조가 해결되었다. 23장에서 neuron의 electrical signaling에 관여하는 channel의 구조와 기능에 대하여 더 자세히 논의할 것이다.

Patch Clamp는 1개의 Channel을 통해 지나가는 이온의 이동을 측정할 수 있게 한다

대부분의 세포에는 plasma membrane의 μm^2당 하나 또는 몇 개 정도의 ion channel만이 존재하지만, **patch clamping**이라고 하는 기법으로 1개의 ion channel을 통하여 이온의 이동을 기록할 수 있다. 이 기술은 channel의 열림과 닫힘의 속도와 특정 이온에 대한 conductance (전도성)를 측정할 수 있다. 그림 11-22a와 b에 묘사한 바와 같이, 매우 작은 pipette을 흡입으로 세포 표면에 밀착시켜서, pipette tip에 붙어 있는 plasma membrane의 segment (patch)에 하나 혹은 몇 개의 ion channel이 포함되게 한다. Membrane patch를 통과하는 current (전류)는 이온이 이러한 channel을 통과할 때 생긴다. 전기 기록 장치가 channel을 통과하는 이온의 흐름을 탐지하여, electric current (전류)로 측정하며, channel이 열리면 보통 작은 burst로 관찰된다(그림 11-22c). 전기 장치가 membrane을 가로질러 electrical potential을 일정한 값에서 "clamp" 또는 붙잡고 있다(이러한 이유로 *patch clamping*이라고 함). Membrane의 patch를 통하여 안 또는 밖으로 이온이 이동하는 정도를 특정 "clamped" 값에서 membrane potential을 유지하는 데 필요한 current의 양으로 측정할 수 있다(그림 11-22a).

새로운 Ion Channel을 Oocyte에서 발현하여 Patch Clamp 기법으로 분석하면 특성을 밝힐 수 있다

그림 11-22c는 voltage-gated K^+ 채널의 속성을 연구하기 위해 single-channel patch-clamp 기술을 사용하여 current를 측정한 결과를 보여 주고 있다. 이러한 유형의 K^+ 채널은 neuron의 흥분성 및 심장 근육 활동의 조절을 포함한 여러 생리학적 기능에 중요하다. 여기에서 하나의 potassium channel을 포함하는 membrane patch는 음의 membrane potential (이 K^+ 채널이 닫힌 상태의 voltage)에서 clamp한 후, membrane을 가로질러 charge를 이동하게 하여 depolarization (탈분극)시키는 voltage가 되게 하였다. 이 voltage는 두 단계로 적용되었다. 첫 번째는 membrane potential을 초기 potential에서 0 mV까지 높였고, 두 번째는 50 mV로 올렸다. 각각의 depolarization은 세포의 바깥쪽으로 K^+ 이온이 흐를 수 있도록 ~7 ms 동안 channel을 열어준다. 하나의 channel을 통하여 K^+ 이온이 유출되었다는 것은 그림 11-22c의 current 측정 결과에서 일시적인 current의 상승으로 확인할 수 있다. 이 실험에서, 이 channel이 voltage 의존성이 있음을 알 수 있다. Depolarization이 약할 때(첫 번째 단계인 0 mV)에 비해 탈분극이 더 강할 때(두 번째인 +50 mV) channel은 더욱 빠르게 열리고, 더 강한 K^+ current 흐름을 보여준다.

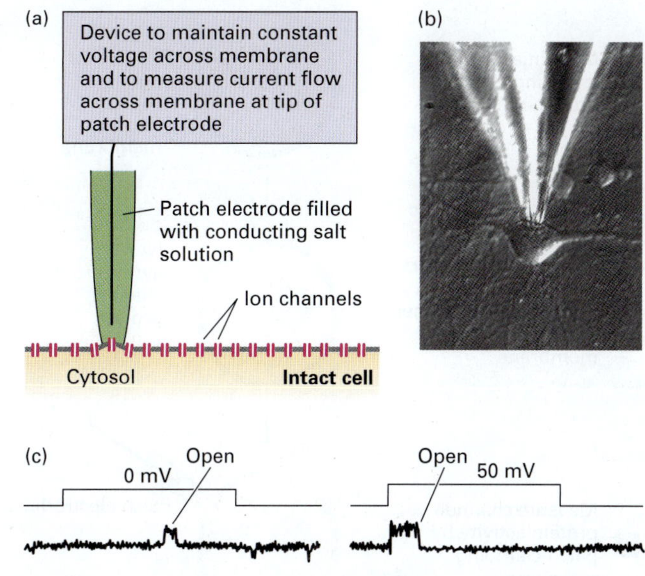

실험 그림 11-22 각 ion channel을 통한 current의 흐름을 patch-clamping technique로 측정할 수 있다. (a) 살아있는 세포의 plasma membrane에서 각각의 ion channel을 통과하는 current flow를 측정하기 위한 기본적인 실험 배치. 전해(current-conducting) 식염수로 채워진 patch electrode를 plasma membrane에 대고 살짝 흡입하여 밀착시킨다. 이때, 지름 0.5 μm의 electrode의 tip에는 하나 또는 몇 개의 ion channel을 포함하게 된다. 두 번째 electrode는 membrane을 통과하여 cytosol로 삽입된다. Recording device는 plasma membrane의 patch에 있는 channel을 통과하여 흐르는 current만을 측정한다. (b) 배양된 neuron의 cell body와 이 세포의 plasma membrane에 밀착되어 있는 patch pipette의 끝 부분을 보여 주는 사진. (c) patch-clamp 실험으로 1개의 voltage-gated K^+ 채널의 활동을 측정했을 때의 current 변화. Voltage-gated K^+ 채널을 포함하는 membrane patch를 cytosol에 음의 값을 갖는 membrane potential 상태에 두고, voltage를 단계별로 올리면서 current 변화를 측정하였다. 가장 윗부분은 membrane에 가한 voltage를 보여준다. 먼저 membrane을 음 값의 potential로 유지하고, voltage를 단계 별로 membrane potential을 0 mV (A) 또는 +50 mV (B)로 유지("clamp")했다. 아래 부분에 있는 current 측정값은 K^+ 채널의 개방에 의한 current 흐름의 증가와 channel 폐쇄로 인한 current 흐름의 감소를 보여주고 있다. Membrane을 0 mV로 올렸을 때에 비하여 +50 mV로 올려서 더 심하게 depolarization시켰을 때, current 측정값의 amplitude (진폭)이 더 크고, channel 개방은 더욱 신속했다. [Part (b) Courtesy of Dr. Jennifer Achiro. Part (c) Data from W. N. Zagotta, M. S. Brainard, and R. W. Aldrich, 1988, *J. Neurosci.* **8**:4765–4779.]

Human에서 disease를 유발하는 gene의 cloning과 human genome의 sequencing 결과, 79개의 K^+ 채널과 23개의 Na^+ 채널을 포함하여, 다양한 channel protein을 coding할 것으로 예상되는 많은 유전자를 발굴할 수 있었다. 이 단백질의 기능을 규명하는 한 가지 방법은 cloning한 cDNA에서 cell-free system으로 해당 mRNA를 생산한 후, 이 mRNA를 개구리의 oocyte (난자) 안으로 주입하여, 새로 합성된 channel protein을 대상으로 patch clamp 기법으로 측정하는 것이다(그림 11-23). 개구리 oocyte는 일반적으로 membrane에 channel protein

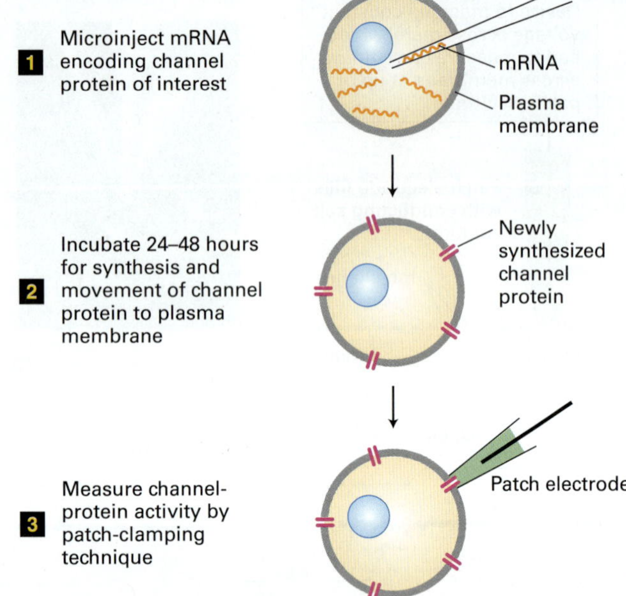

실험 그림 11-23 Oocyte expression assay는 channel protein의 정상적인 form과 mutant form의 기능을 비교하는 데 사용된다. Follicular frog oocyte를 collagenase로 처리하면 주위의 follicle cell이 제거되어 노출된 oocyte가 남게 된다. 이 oocyte에 channel protein을 coding하고 있는 mRNA를 microinjection한다. [Data from T. P. Smith, 1988, *Trends Neurosci.* **11**:250.]

을 발현하지 않기 때문에, 연구하고자 하는 channel 만을 membrane에 발현할 수 있어, 이 실험적 접근 방법은 매우 유용하다. 게다가 frog oocyte는 크기 때문에, patch clamp를 수행할 때 작은 세포를 대상으로 하는 것보다 frog oocyte를 사용하는 것이 기술적으로도 편리하다.

11.4절의 주요 개념

Nongated Ion Channel과 Resting Membrane Potential

- 모든 세포에서 plasma membrane을 가로질러 60 mV에서 90 mV의 inside-negative electric potential (voltage)이 존재한다.
- Membrane을 가로질러 이온의 선택적 흐름에 의해서 생성된 electrical potential은 Nernst equation에 의하여 계산된 수 있다(식 11-2 참조).
- 동물 세포에서 membrane을 가로질러 Na^+과 K^+의 농도 구배를 만드는 ATP-powered Na^+/K^+ 펌프와 K^+ 이온에 선택적으로 농도 구배에 순행해서 extracellular medium으로 이동하게 하는 resting K^+ 채널이 합작하여 resting membrane potential을 형성한다(그림 11-3 참조).
- 다양한 signal에 의하여 열리는 일반적인 gated ion channel과 달리, non-gated resting K^+ 채널은 항상 열려 있다.
- 식물과 fungi에서 membrane potential은 ATP-driven pump들이 cytosol에서 세포 밖으로 proton을 내보내어 유지된다.
- K^+ 채널은 4개의 동일한 subunit으로 구성되며, 각 subunit은 적어도 2개의 보존된 membrane-spanning α helix와 ion pore의 내벽에서 selectivity filter를 형성하는 non-helical P segment를 갖는다(그림 11-20 참조).
- K^+ 채널 protein이 ion specificity를 갖는 이유는, dehydrated K^+ 이온이 P segment 내 특정 아미노산의 8개의 carbonyl oxygen atom들에 잘 맞게 위치하여, Na^+ 또는 다른 이온에 비하여 K^+이 channel을 통과하는 데 필요한 activation energy를 낮출 수 있기 때문이다(그림 11-21 참조).
- Na^+ 채널의 pore는 K^+ 채널의 pore보다 넓으며, 부분적으로 hydrated Na^+ 이온을 수송한다.
- Patch clamp 기법은 하나의 channel을 통과하는 이온 이동을 측정할 수 있으며, 하나의 channel에 의한 ion conductivity와 다양한 물질에 의한 channel 활성의 변화를 분석하는 데 사용된다(그림 11-22 참조).
- Recombinant DNA 기법과 patch clamp 기법은 frog oocyte에서 channel protein을 발현시켜 기능적 분석을 수행할 수 있게 한다(그림 11-23 참조).

11.5 Symporter와 Antiporter에 의한 Cotransport

이전 절들에서, ATP-powered pump들이 membrane을 가로질러 이온 농도 구배를 유발하는 과정과 plasma membrane을 사이에 두고서 electric potential을 생성할 때 K^+ channel protein이 K^+ 농도 구배를 활용하는 과정에 대하여 설명하였다. 이 절에서는 cotransporter가 electric potential과 Na^+ 또는 H^+의 농도 구배의 형태로 저장된 에너지를 사용하여, glucose나 아미노산과 같은 작은 organic molecule이나 다른 이온 등의 물질을 농도 구배에 역행하여 uphill movement하는 과정을 살펴보기로 한다. 이러한 **cotransport**의 중요한 특징은 어떤 분자도 홀로 이동할 수 없으며, 서로 다른 두 가지 분자가 반드시 짝(*couple*)을 이루어 이동하는 것이다.

Cotransporter는 GLUT 단백질 등의 uniporter와 공유하는 특징들이 있다. 이 두 부류의 transporter들은 구조적으로 유사한 부분이 있으며, 동등한 속도로 작동하고, 해당 substrate를 수송할 때 주기적인 conformation change를 유발한다. 그러나 uniporter의 경우 thermodynamic 측면에서 선호될 때 농도 구배에 순행하여 수송하는 반면에, cotransporter는 짝을 이루고 있는 하나의 물질이 농도 구배에 순행하여 수송할 때 발생하는 에너지를 사용해서 농도 구배에 역행하여 다른 물질을 수송한다는 점에서 차이가 있다.

수송되는 분자와 cotransported ion이 같은 방향으로 이동할 때 그 과정을 *symport*라 부르며, 서로 반대 방향으로 이동할 때 *antiport*라고 한다(그림 11-2 참조). 일부 cotransporter들은 양이온(cation)만을 수송하는 반면, 다른 것들은 음이온(anion)만 수송한다. 그러나 또 다른 cotransporter는 cation과 anion 모두를 수송한다. Cotransporter는 박테리아, 식물, 동물을 포함하여 모든 organism에 존재한다. 이 절에서는 생리학적으로 중요한 몇 가지 symporter와 antiporter의 작동과 기능을 설명하고자 한다.

포유동물의 세포로 Na^+ 유입은 Thermodynamic 측면에서 선호되는 반응이다

포유동물 세포는 여러 종류의 Na^+-coupled symporter를 발현한다. 인간 유전체는 membrane을 사이에 두고서 Na^+ 농도 구배의 형태로 저장된 에너지를 사용하여, membrane을 가로질러 농도 구배에 역행하여 다양한 분자를 세포 안으로 수송하는 수백 종의 transport protein을 coding한다. 이러한 transporter의 작용으로 상당한 농도 구배에 역행하여 세포 내에 substrate를 축적하는 메커니즘을 이해하기 위하여, 먼저 Na^+이 유입될 때 free energy의 변화(ΔG)를 계산해 볼 필요가 있다. 앞에서 언급한 바와 같이, 선택적으로 permeable한 membrane을 통과하는 이온의 이동은, membrane을 가로질러 존재하는 voltage와 이온 농도 구배의 두 가지 힘에 의하여 결정된다. 이 힘들은 같은 방향 또는 반대 방향으로 작용하며, 이 힘들의 합이 전기화학적 구배를 형성하게 된다. Membrane을 가로질러 어떤 이온이 이동할 때의 free-energy의 변화, 즉 ΔG를 계산하기 위하여, 전기화학적 구배를 형성하는 각 힘의 독립적인 기여도를 고려할 필요가 있다.

예를 들면, Na^+이 세포의 바깥쪽에서 안쪽으로 이동할 때 Na^+ 농도 구배로부터 생산되는 free-energy의 변화는 다음 방정식으로 계산할 수 있다.

$$\Delta G_c = RT \ln \frac{[Na_{in}]}{[Na_{out}]} \qquad (11\text{-}5)$$

그림 11-24에서와 같이 포유동물 세포의 전형적인 Na_{in}과 Na_{out}의 농도에서, membrane electric potential이 없다고 가정하면, 1 mole의 Na^+ 이온을 세포의 바깥쪽에서 안쪽으로 수송할 때 농도 구배로 인한 free energy의 변화, 즉 ΔG_c는 −6.067 Joule이다. 이때 free energy는 음의 값이라는 점에 주목할 필요가 있으며, Na^+이 세포의 안으로 이동하는 것이 자발적이라는 것을 의미한다.

Membrane electric potential에 의한 free-energy의 변화는 다음 방정식에서 계산할 수 있다.

$$\Delta G_m = FE \qquad (11\text{-}6)$$

여기서 F는 Faraday 상수[= 96,500 Joule/(mol·V)]이고 E는 membrane electric potential이다. 만일 E = −70 mV이고 Na^+ 농도 구배가 없다고 가정하면, 1 mole의 Na^+ 이온을 세포의 바깥쪽에서 안쪽으로 수송할 때 membrane potential에 의한 free energy의 변화, 즉 ΔG_m은 −6,755 Joule이다. 사실 위에 언급한 두 가지 힘 모두가 Na^+ 이온에 작용하므로, 총 ΔG는 두 값의 합으로 계산된다.

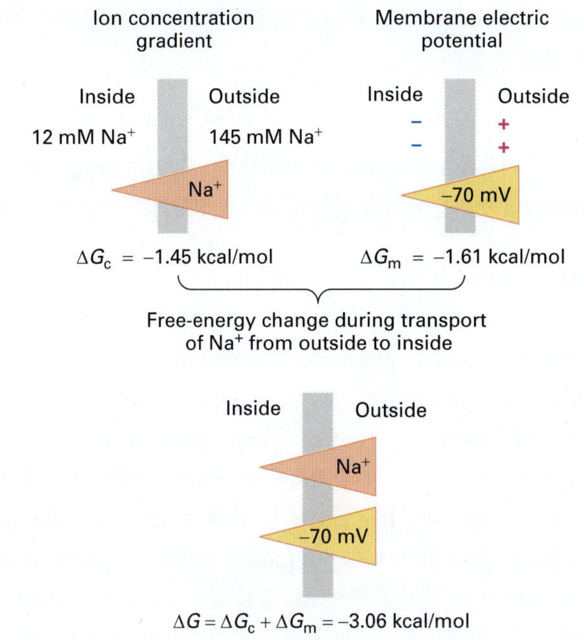

그림 11-24 Na^+ 이온에 작용하는 transmembrane force. 모든 이온들의 이동처럼, plasma membrane을 통과하는 Na^+ 이온의 이동도 이온 농도 구배와 electric potential의 두 가지 힘의 합에 의해서 결정된다. 포유동물 세포에서는 안에 비하여 밖의 Na^+ 농도가 높으므로, 두 힘은 같은 방향으로 작용하여 Na^+ 이온이 안쪽으로 이동하는 것이 에너지 측면에서 선호된다.

$$\Delta G = \Delta G_c + \Delta G_m = (-6,067) + (-6,755) = -12,822 \text{ Joules/mol}$$

이 예에서, Na^+ 농도 구배와 membrane electric potential은 Na^+ 이온의 수송에 대한 총 ΔG에 거의 동등하게 기여한다. 또한 ΔG 값이 0보다 적으므로, Na^+ 이온의 안쪽으로의 이동은 thermodynamic 측면에서 선호된다. 다음에 설명하겠지만, 동물 세포에서 Na^+이 세포 안으로 들어오는 에너지를 다른 이온이나 여러 작은 분자를 농도 구배에 역행하여 세포 안팎으로 uphill 수송할 때 사용한다. 23장에서 논의하겠지만, gated Na^+ 채널을 통한 Na^+의 이동은 신속하고 에너지 측면에서 선호되므로, nerve나 muscle cell에서 action potential을 유발하는 데에도 중요하게 사용된다.

동물 세포에서 Na^+-Linked Symporter는 Glucose 등의 당과 아미노산을 높은 농도 구배에 역행하여 세포 안으로 들여온다

신체에서 대부분의 세포는 glucose를 혈액으로부터 세포 안으로 농도 구배에 순행하여 들여오며, 이 수송 과정을 촉진하기 위하여 GLUT 단백질을 사용한다. 그러나 어떤 세포는 매우 큰 농도 구배에 역행하여 extracellular fluid에서 glucose를 가져와야 한다. 예를 들어, small intestine과 kidney의 tubule (세관)의 epithelial cell은 glucose를 매우 큰 농도 구배(세포 안에 glucose 농도가 더 높음)에 역행하여 소화된 산물 또는 소변으로부터 들여온다. 이러한 세포는 2개의 Na^+ 이온을 받아들이면서 1개의 glucose를 받아들이는 과정이 짝을 이루는 *two-Na^+/*

*one-glucose symporter*라고 하는 단백질을 이용한다. 이 반응을 아래와 같이 표현할 수 있다.

$$2\,Na^+_{out} + glucose_{out} \rightleftharpoons 2\,Na^+_{in} + glucose_{in}$$

2개의 Na^+ 이온과 1개의 glucose 분자를 받아들이는 symport에 대한 free-energy의 변화는 다음과 같은 공식으로 정량적 계산을 할 수 있다.

$$\Delta G = RT\ln\frac{[glucose_{in}]}{[glucose_{out}]} + 2RT\ln\frac{[Na^+_{in}]}{[Na^+_{out}]} + 2FE \qquad (11\text{-}7)$$

결국 전체 반응의 ΔG는 glucose 농도 구배(1 분자의 수송)와 Na^+ 농도 구배(2 Na^+ 이온의 수송), 그리고 membrane potential(2 Na^+ 이온의 수송)에 의하여 생성되는 free-energy 변화의 합이다. 그림 11-25에서 설명하였듯이, Na^+이 전기화학적 구배에 순행하여 세포 안으로 이동하면서 방출되는 free energy의 변화, 즉 ΔG는 1 mole의 Na^+당 약 –12,552 Joule이다. 따라서 2 mole의 Na^+이 유입될 때 ΔG는 약 –25,104 Joule이 될 것이다. 음의 ΔG 값을 갖는 sodium의 유입은 양의 ΔG 값을 갖는 glucose의 uphill 수송과 짝을 이룬다. Sodium-coupled glucose import가 equilibrium에 도달하면 $\Delta G = 0$이 되므로, glucose 농도 구배가 바깥쪽에 비하여 안쪽이 얼마나 높을 때 glucose 수송이 멈추는지 계산할 수 있다. 방정식 11-7에 sodium import에 대한 값을 대입하고 $\Delta G = 0$라고 하면 다음과 같이 정리된다.

$$0 = RT\ln\frac{[glucose_{in}]}{[glucose_{out}]} - 25{,}104\ \text{Joules}$$

따라서 equilibrium일 때 $glucose_{in}/glucose_{out} = \sim 30{,}000$으로 계산된다. 즉, 2 mole의 Na^+이 안쪽으로 들어오면 외부 glucose 농도보다 ~30,000배나 더 높은 세포내 glucose 농도를 만들 수 있다. 만일 glucose 분자당 하나의 Na^+ 이온이 들어온다면(ΔG는 약 –12,552 Joule/mol), 사용 가능한 에너지로부터 만들 수 있는 glucose 농도 구배(안쪽/바깥쪽)는 약 170배 정도가 될 것이다. 그러므로 2개의 Na^+ 이온의 수송과 하나의 glucose 수송이 짝을 이룸으로써, two-Na^+/one-glucose symporter는 세포 외부의 glucose 농도에 비하여 훨씬 많은 glucose를 세포 내부에 축적할 수 있게 한다. 이러한 결과는 glucose가 intestine의 lumen이나 kidney tubule에 매우 낮은 농도로 존재해도 몸 밖으로 잃어버리지 않고 epithelial cell을 통해 체내로 효과적으로 흡수할 수 있다는 것을 의미한다.

박테리아의 Na^+ galactose symporter의 고해상도 crystal structure가 2008년에 결정되어, Na^+ sugar symporter의 기능을 이해할 수 있는 모델을 제공하였다. 이 특정 symporter (및 일부 다른 symporter에서)에서 Na^+ 이온 대 sugar molecule의 stoichiometry (화학량론)

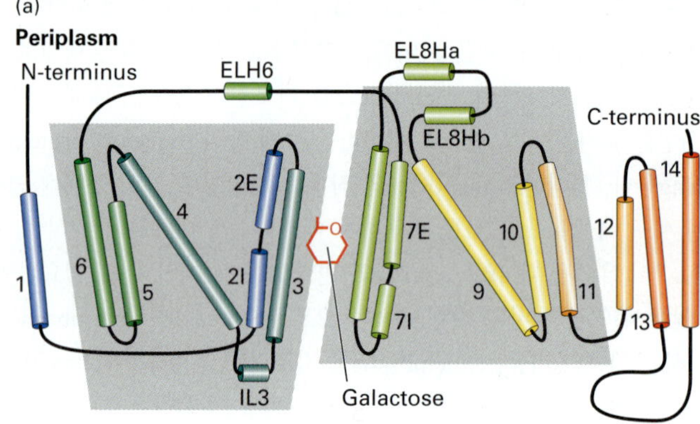

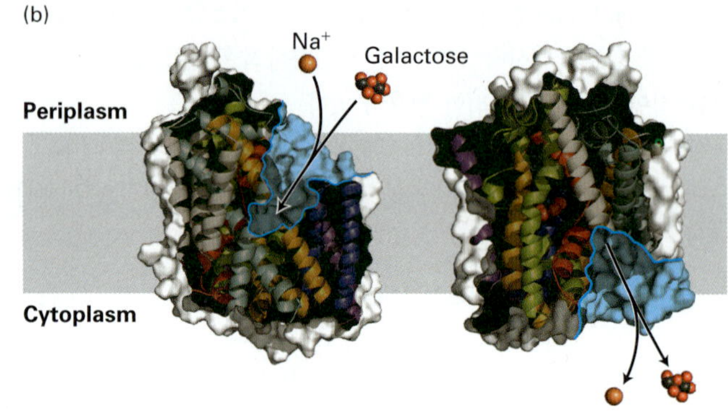

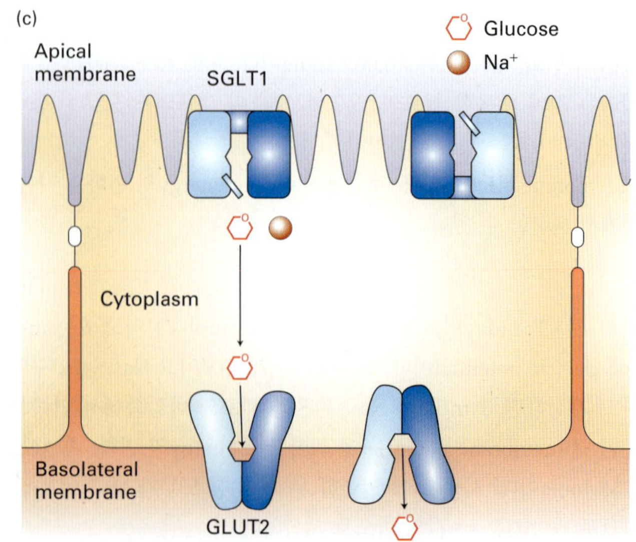

그림 11-25 *Vibrio parahaemolyticus*의 Na^+ galactose symporter vSGLT의 구조와 수송의 메커니즘. (a) TM domain을 N-terminus (파란색)에서 C-terminus (빨간색)까지 무지개 색상으로 보여주는 vSGLT의 topology (형상). TM 2-6 및 TM 7-11은 inverted repeat (역방향 반복)을 형성하며 회색 사다리꼴 모양으로 강조하였다. (b) membrane 면을 기준으로 바깥을 향한 structure (왼쪽)에 파란색으로 강조한 extracellular cavity에 Na^+ (빨간색 원)과 galactose (빨강 및 검은색 원)가 결합하면, 안쪽을 향한 structure (오른쪽)로 conformational change를 유발하여 파란색으로 강조한 intracellular cavity에서 Na^+와 galactose를 cytosol로 방출하는 모델이다. Conformational change는 TM helix의 구조적 재배열에 의하여 유발된다. (c) Intestinal epithelium을 통해 glucose를 수송하는 데 관여하는 Na^+-glucose symporter (SGLT1) 및 glucose uniporter (GLUT2)의 pore를 강조한 모델(그림 11-30 참조). Na^+-glucose symporter에서, TM helix들이 회전함에 따라 pore가 교대로 membrane의 extracellular side가 닫히거나 intracellular side에서 닫히는 alternating access 메커니즘을 보인다. Glucose uniporter에서, transporter의 두 domain이 서로에 대해 회전하면 substrate 결합 부위가 membrane의 intracellular 및 extracellular side에 교대로 노출된다(그림 11-5 참조). [Data from S. Faham, 2008, *Science* **321**:810–814; and N. K. Karpowich and D. N. Weng, 2008, *Science* **321**:781–782.]

는 2:1이 아니라 1:1이다. 그림 11-25에서 볼 수 있듯이, Na^+ galactose symporter는 14개의 transmembrane (TM) α helix를 갖고 있는데, membrane 내에서 TM domain 2-6과 7-11이 inverted repeat (역반복) 구조를 이루고 있다. N-말단과 C-말단 모두, 박테리아에서 cytosol의 membrane과 outer membrane (외막) 사이의 공간이며, gel과 같은 matrix (기질)을 포함하는 periplasm (주변 세포질)으로 뻗어 있다. Galactose와 Na^+ 이온은 이들의 결합 부위에 존재하는 TM α helix의 특정 side chain과 상호작용을 한다. Substrate는 periplasm에서 transporter의 extracellular cavity (세포 바깥쪽 공동)를 통해 들어온다. Substrate가 결합하면, extracellular cavity가 닫히고 cytosol 쪽의 cavity가 열리면서 Na^+과 galactose가 cytosol로 방출된다. 단백질이 substrate 결합 부위를 바깥쪽에서 안쪽을 향한 형태로 전환시키는 변화를 겪기 전에, 모든 substrate는 extracellular domain의 결합 부위에 붙어야 한다. 이렇게 해야 galactose와 Na^+ 이온이 짝을 이루어 세포 안으로 들어갈 수 있게 된다. 그림 11-25c는 Na^+ glucose symporter의 alternating access (교차 접근) 모델과 cotransport하는 이온을 요구하지 않는 glucose uniporter와 비교하는 모식도를 보여준다(그림 11-5와 비교).

사람에는 2종의 Na^+/glucose symporter가 존재한다. SGLT1은 small intestine (소장)을 둘러싸고 있는 absorptive (흡수성) cell과 kidney tubule (신장 세뇨관)을 감싸고 있는 epithelial cell에서 발견된다. SGLT2는 SGLT1과 함께 kidney tubule에서만 발견되며, 형성되는 urine (소변)에서 혈액 쪽으로 glucose를 재흡수한다. SGLT2를 억제하면 urine으로 glucose가 배설되어 혈당 수치가 감소한다. 따라서 SGLT2 inhibitor는 II형 diabetes (당뇨병) 치료에 활용될 수 있다. 실제로, SGLT1은 억제하지 않고 SGLT2만 선택적으로 억제하는 약물 후보 물질들을 대상으로 임상 시험을 진행 중이거나 치료제로 개발되었다. 이 중 일부는 미국과 캐나다에서 FDA의 승인을 받아 치료제로 사용 중이다.

세포는 glucose 외에도 다른 substance들을 높은 농도 구배를 역행하여 수송하는 데 Na^+-powered symporter를 사용한다. 예를 들면, 여러 종류의 Na^+/amino acid symporter가 세포 안으로 아미노산을 들여오는 데 사용된다. Na^+/neurotransmitter symporter는 Na^+ 유입과 neurotransmitter의 재흡수와 재활용이 짝을 이루고 있다. 이들은 anti-depressant (항우울제)를 포함한 많은 치료용 약물의 target 분자이고, cocaine과 amphetamine을 포함한 남용하고 있는 여러 약물의 target이기도 하다. ■

박테리아의 Na^+/Amino Acid Symporter로부터 Symport의 작동 원리를 이해할 수 있다

최근까지 포유동물의 Na^+-linked symporter의 3차 구조는 알려지지 않았지만, 박테리아의 Na^+-galactose symporter를 포함한 여러 개의 박테리아 유래 sodium/substrate transporter의 3차 구조가 알려져 있어서 symporter 작용 메커니즘에 대한 중요한 정보를 제공하고 있다. 박테리아의 symporter는 여러 anti-depressant들의 target인 human neurotransmitter의 transporter와 매우 유사하여, anti-depressant가 어떻게 작용하는지 이해하기 위한 유용한 모델로서 박테리아의 two-Na^+/one-leucine symporter의 구조가 사용되었다.

그림 11-26a에 보인 박테리아의 two-Na^+/one-leucine symporter는 12개의 membrane-spanning α helix를 갖는다. 이 helix 중 2개 (1번과 6번 helix)는 membrane 중앙에서 non-helical segment를 가

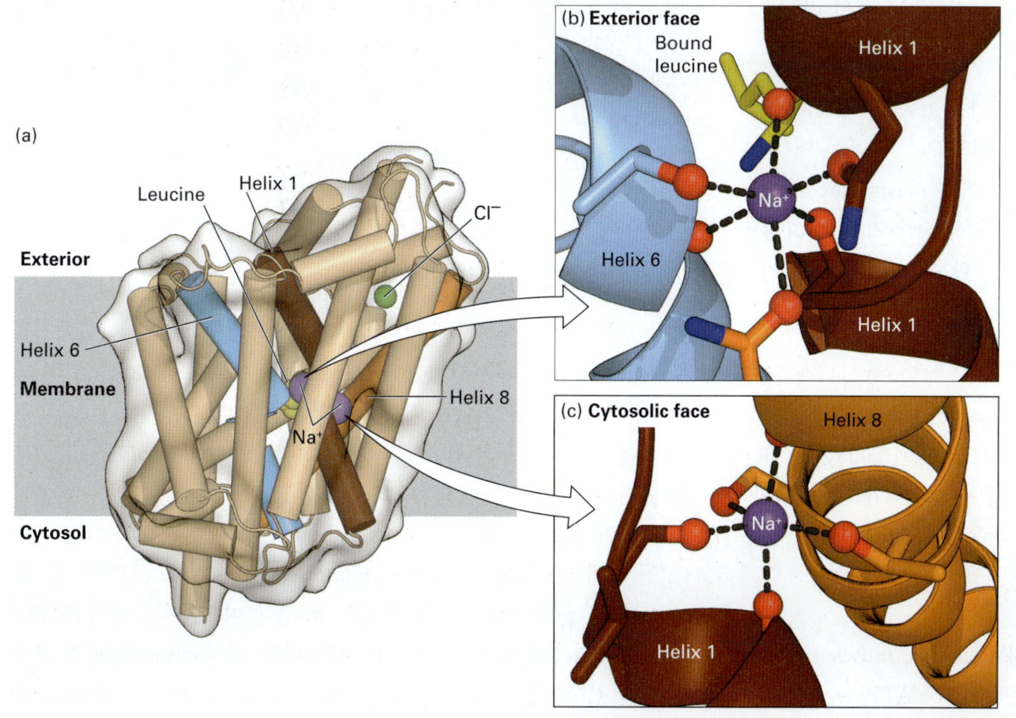

그림 11-26 박테리아 중 하나인 Aquifex aeolicus의 two-Na^+/one-leucine symporter의 3차 구조. (a) 결합한 L-leucine, 2개의 Na^+ 이온 그리고 1개의 Cl^- 이온은 CPK 모델에서 각각 노란색, 보라색, 녹색으로 나타내었다. Na^+이나 leucine이 결합한 3개의 membrane-spanning α helix는 갈색, 파란색 그리고 주황색으로 나타내었다. (b, c) Helix 1 (갈색), 6 (파란색) 또는 8 (주황색)의 일부분인 carbonyl main-chain oxygen atom 또는 carbonyl side-chain oxygen (빨간색)에 2개의 Na^+ 이온의 결합. Na^+ 이온들 중 하나는 수송되는 leucine의 carbonyl 그룹에도 결합해 있다는 점이 중요하다(b). [Data from A. Yamashita et al., 2005, *Nature* **437**:215, PDB ID 2a65.]

지는데, 이 segment들이 leucine 결합 부위로 작용한다. Leucine과 2개의 Na^+ 이온이 결합하는 amino acid residue는 membrane-spanning segment의 중간에 위치하며, 3차 구조 상에서 매우 가깝게 위치한다. 이 transporter들에서 substrate와 이온이 짝을 이루는 것은 substrate들끼리 직접적 또는 거의 직접적으로 물리적 상호작용을 하기 때문이라는 것을 보여 준다. 실제로, Na^+ 이온들 중 하나는 수송되는 leucine의 carboxyl 그룹에 결합해 있다(그림 11-26b). 또한, 한 substance는 다른 substance가 없다면 transporter에 결합할 수 없다. 2개의 Na^+ 이온은 각각 transporter에 있는 6개의 oxygen atom들에 결합해 있다. 예를 들면, 2개의 Na^+ 이온 중 하나는 threonine의 hydroxyl oxygen과 transporter의 아미노산들의 carbonyl oxygen들에 결합해 있다. 다른 중요한 발견으로는, potassium channel에서 K^+ 이온에 대한 상황과 유사하게(그림 11-20 참조), 이 단백질에 결합한 Na^+ atom들이 물 분자를 포함하고 있지 않다는 것이다. 그러므로 Na^+ 이온이 transporter에 결합할 때 hydration된 물 분자들을 떼어내야 하기 때문에, Na^+ 이온들은 물 분자가 붙어 있는 것과 유사한 기하학적 배치로 6개의 oxygen atom들과 결합한다. 이러한 메커니즘으로 이 단백질에 Na^+ 이온이 결합할 때 필요한 activation energy를 낮추며, K^+ 등의 다른 이온들이 Na^+ 결합 부위에 결합하는 것을 차단한다.

그림 11-26에 보인 3차 구조를 보면 놀랍게도 결합한 Na^+ 이온들과 leucine이 *occluded* (폐쇄된) 상태에 있다. 따라서 이 Na^+ 이온들과 leucine은 단백질에서 extracellular 쪽으로나 cytosol 쪽으로 확산될 수 없다. 이 구조는 이 단백질이 exoplasmic-facing 결합 부위를 갖는 conformation에서 cytosolic-facing 결합 부위를 갖는 conformation으로 바뀌고 있는 수송 과정의 중간 단계인 것으로 보인다.

Na^+-Linked Ca^{2+} Antiporter는 Cardiac Muscle에서 수축의 세기를 조절한다

모든 muscle cell에서, cytosol의 Ca^{2+} 농도가 증가하면 muscle이 수축한다. 따라서 muscle이 쉬고 있을 때 cytosol의 Ca^{2+} 농도는 매우 낮아야 한다. 심장의 muscle cell에서는, 앞서 논의한 plasma membrane Ca^{2+} ATPase 대신에, *three-Na^+/one-Ca^{2+} antiporter*가 cytosol에서 낮은 Ca^{2+} 농도를 유지하는 데 주된 역할을 한다. 이 *cation antiporter*에 의하여 매개되는 수송 반응은 다음과 같다.

$$3\,Na^+_{out} + Ca^{2+}_{in} \rightleftharpoons 3\,Na^+_{in} + Ca^{2+}_{out}$$

Cytosol의 $[Ca^{2+}]$는 약 2×10^{-7} M이고, extracellular fluid의 $[Ca^{2+}]$는 약 2×10^{-3} M이므로, cytosol로부터 세포 밖으로 약 10,000배나 되는 농도 구배에 역행하여 1개의 Ca^{2+} 이온을 내보내려면 3개의 Na^+ 이온을 들여와야 한다. Na^+/Ca^{2+} antiporter가 작동하여 cytosol의 Ca^{2+} 농도를 낮춤으로써 heart muscle의 수축력을 줄일 수 있다.

신체의 다른 세포들에서와 마찬가지로, cardiac muscle cell에서도 plasma membrane에 존재하는 Na^+/K^+ ATPase가 Na^+의 농도 구배를 만든다. Cardiac muscle cell에서 Na^+-linked Ca^{2+} antiporter는 이러한 Na^+ 농도 구배를 사용하여 Ca^{2+}을 밖으로 내보낸다. 앞서 언급한 바와 같이, ouabain이나 digoxin과 같은 약물을 사용하여 Na^+/K^+ ATPase를 저해하면, cytosol의 K^+ 농도가 내려가고, 동시에 cytosol의 Na^+ 농도가 증가된다. 이 결과로, membrane 양쪽의 Na^+ 농도 차이로 생기는 전기화학적 구배가 감소하게 되어 Na^+-linked Ca^{2+} antiporter의 기능이 떨어지게 된다. 결국 Ca^{2+} 이온이 적게 배출되어 cytosol Ca^{2+} 농도는 증가하고, 따라서 muscle은 강력하게 수축하게 된다. 이러한 원리로서 Na^+/K^+ ATPase를 저해하는 ouabain과 digoxin과 같은 약물들은 heart muscle 수축의 강도를 증가시킬 수 있으므로, congestive heart disease (울혈성 심부전)의 치료제로 널리 사용되고 있다. ■

여러 Cotransporter들이 Cytosol의 pH를 조절한다

Glucose는 anaerobic (혐기성) 대사를 통하여 lactic acid를 만든다. 또한, glucose는 aerobic (호기성) 대사에 의하여 CO_2 (carbon dioxide)를 생산하며, CO_2는 물과 결합하여 carbonic acid (H_2CO_3)를 형성한다. 이 weak acid는 해리되어 H^+ 이온(proton)을 생성한다. 만일 이렇게 생성된 과량의 proton을 세포에서 제거하지 않으면, cytosol의 pH는 급격히 떨어져서 세포의 기능을 위태롭게 한다. 동물 세포에서 대사 과정 동안 생산되는 과량의 proton 중 일부를 제거하기 위하여, 두 가지 유형의 cotransporter protein이 관여한다. 이 중 하나는 *$Na^+HCO_3^-$/Cl^- antiporter*로서, 하나의 Na^+ 분자와 함께 하나의 HCO_3^- (bicarbonate) 분자를 농도 구배에 순행하여 들여오면서, 대신 하나의 Cl^- 분자를 농도 구배에 역행하여 밖으로 내보낸다. Cytosolic enzyme인 *carbonic anhydrase*는 CO_2의 hydration과 bicarbonate의 dehydration을 촉매하여, 물과 CO_2를 carbonic acid로 전환시키고, 해리되어 H^+와 bicarbonate를 생성한다. Carbonic anhydrase는 zinc (아연)을 포함하는 metalloenzyme (금속성 효소)로서, zinc의 결합은 물 분자의 deprotonation (탈 양성자)을 야기하여 CO_2를 공격하여 bicarbonate를 형성하는 zinc-hydroxide intermediate를 생성한다.

$$HCO_3^- + H^+ \xrightleftharpoons[]{\text{Carbonic anhydrase}} CO_2 + H_2O$$

이와 같이, 이 효소는 cytosol의 H^+ 이온을 소비하여, cytosol의 pH를 올린다. Cytosol의 pH를 올리는 데 중요한 역할을 하는 다른 단백질은 *Na+/H+ antiporter*로서, 1개의 Na^+ 이온을 농도 구배에 순행하여 들여오면서 1개의 H^+ 이온을 내보내는 것이 짝을 이룬다.

어떤 환경에서는 cytosol의 pH가 정상적인 범위인 pH 7.2–7.5보다 올라가기도 한다. 상승된 pH와 연관된 과량의 OH^- 이온을 줄이기 위하여, 동물 세포는 plasma membrane을 사이에 두고서 HCO_3^-와 Cl^-를 일대일로 교환하는 *anion antiporter*를 사용한다. pH가 높을 때, *Cl^-/HCO_3^- antiporter*가 하나의 Cl^- 분자를 들여오면서 하나의 HCO_3^- 분자(OH^-와 CO_2의 "complex")을 내보내서, 결국 cytosol pH를 낮추게 된다. Cl^-이 농도 구배($Cl^-_{exterior} > Cl^-_{cytosol}$; 표 11-2 참조)에 순행

하여 들어올 때 방출되는 에너지로 HCO_3^-를 내보내게 된다.

이 세 가지 antiporter의 활성은 cytosol의 pH에 의해서 조절되기 때문에, cytosol의 pH가 섬세하게 조절되는 것이다. Cytosol의 pH를 올리는 데 작용하는 두 종의 antiporter는 cytosol의 pH가 내려가면 활성화된다. 마찬가지로, pH가 7.2 이상으로 올라가면 Cl^-/HCO_3^- antiporter가 활성화돼서, HCO_3^-가 더 신속하게 배출되어 cytosol의 pH가 내려간다. 이러한 방법으로 성장하는 세포에서도 cytosol의 pH는 거의 pH 7.4로 유지된다.

Red Blood Cell에서 CO_2의 수송에 Anion Antiporter가 필수적이다

Erythrocyte는 peripheral tissue (말초 조직)에서 생산된 노폐물인 CO_2를 lung에서 내쉬기를 통하여 내보내는 데 핵심적인 역할을 하며, 이 과정에서 membrane을 관통하여 anion을 exchange하는 기능이 필수적이다. 세포에서 생성된 CO_2는 capillary (모세혈관)의 혈액으로 들어와서 erythrocyte membrane을 가로질러 확산된다(그림 11-27a). 소다수 음료병을 열어 본 사람은 잘 알고 있겠지만, 가스 형태인 CO_2는 cytosol이나 blood plasma (혈장)과 같은 수용액에는 잘 녹지 않는다. 그러나 erythrocyte에 있는 과량 존재하는 효소인 carbonic anhydrase는 CO_2를 hydroxyl ion (OH^-)과 결합시켜 물에 잘 녹는 bicarbonate (HCO_3^-) anion을 형성한다. 이 과정은 erythrocyte가 systemic (tissue) capillary에 있으면서 oxygen을 blood plasma로 방출할 때 일어난다. Hemoglobin이 oxygen을 방출하면 globin polypeptide의 conformation이 변화하면서 histidine side chain에 proton이 결합한다. Erythrocyte가 systemic capillary에 있는 동안, 물 분자는 hemoglobin에 결합하는 proton과 CO_2와 결합하여 HCO_3^- anion을 만드는 OH^-로 분해된다.

Erythrocyte에 있는 antiporter인 *Anion Exchanger 1 (AE1)*은 *Band 3 anion transporter*라고도 하는데, Cl^- anion을 들여오면서 cytosol에 있던 HCO_3^-를 erythrocyte 밖으로 내보내는 exchange reaction (교환 반응)을 촉매한다(그림 11-27a 참조).

$$HCO_3^-{}_{in} + Cl^-{}_{out} \rightleftharpoons HCO_3^-{}_{out} + Cl^-{}_{in}$$

이 anion exchange의 전 과정은 50 millisecond (ms) 내에 이루어진다. 운동을 열심히 하는 순간에 anion exchange가 일어나지 않으면, 생성된 많은 양의 CO_2가 erythrocyte 내부에 HCO_3^- 형태로 쌓여 cytosol을 염기성으로 만듦으로 인해서 세포가 죽게 된다. 다행히 HCO_3^- (OH^- + CO_2에 해당)을 Cl^-과 교환함으로써 cytosol의 pH를 중성으로 유지할 수 있다. 혈액에 도달한 CO_2의 약 80%는 erythrocyte 내에서 HCO_3^-로 전환되어 수송된다. 즉, anion exchange를 통하여 HCO_3^-의 약 2/3가 세포 밖으로 나가서 blood plasma에 의해 수송됨으로써, tissue에서 lung으로 수송될 수 있는 CO_2의 양을 증가시킬 수 있다. CO_2가 우리 몸을 떠나는 lung에서는 이 anion-exchange 과정이 peripheral tissue에서와 정반대 방향으로 작용한다(그림 11-27b).

AE1은 두 종의 anion을 membrane의 반대 방향으로 정확하게 1:1로 단계별 exchange를 촉매하기 때문에, 세포에서 electroneutrality가 유지된다. 단지, 10,000번 중의 1번 정도의 transport cycle에서만 한 anion이 membrane의 한쪽에서 다른 쪽 방향으로 이동할 때, 다른 anion이 membrane의 반대 방향으로 이동하지 않는다. AE1은 erythrocyte에서 가장 풍부한 membrane protein으로 세포당 거의 1,000,000 분자가 존재한다. 최근 밝혀진 human erythrocye AE의 crystal structure로부터, 14개의 transmembrane α helix와 ankyrin (그림 17-21 참조) 등의 cytoskeletal (세포골격) protein을 membrane에 고정시키는

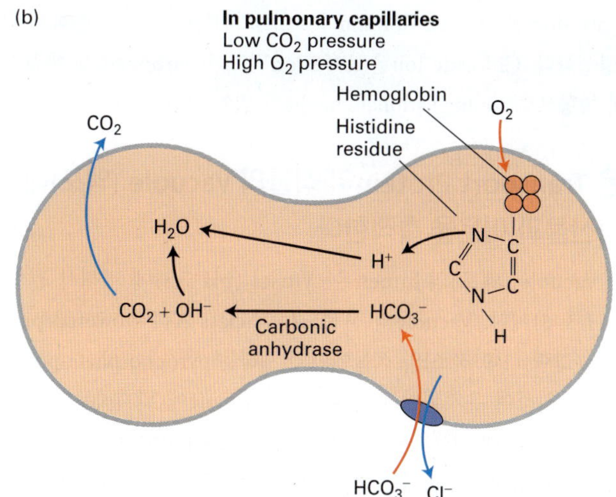

그림 11-27 혈액에서 carbon dioxide를 수송하는 데 Cl^-/HCO_3^- antiporter를 필요로 한다. (a) Systematic capillary에서 carbon dioxide gas는 erythrocyte에 membrane을 가로질러 diffusion되어 들어가고, carbonic anhydrase라는 효소에 의해서 수용성의 HCO_3^-로 전환된다. 동시에, hemoglobin에서 oxygen이 떨어져 세포에서 나가게 되며, hemoglobin에 proton이 붙는다. Anion antiporter AE1 (보라색)은 membrane을 사이에 두고서 Cl^- 이온과 HCO_3^- 이온의 가역적 exchange를 촉매한다. 이 반응을 통하여 HCO_3^-가 세포에서 나가게 되며, 이 반응은 tissue에서 lung으로 CO_2 수송을 크게 높이고, erythrocyte에서 pH neutrality를 유지하게 한다. (b) Carbon dioxide가 방출되는 lung에서는 이상의 reaction이 정반대로 진행된다. 추가 논의는 본문을 참고한다.

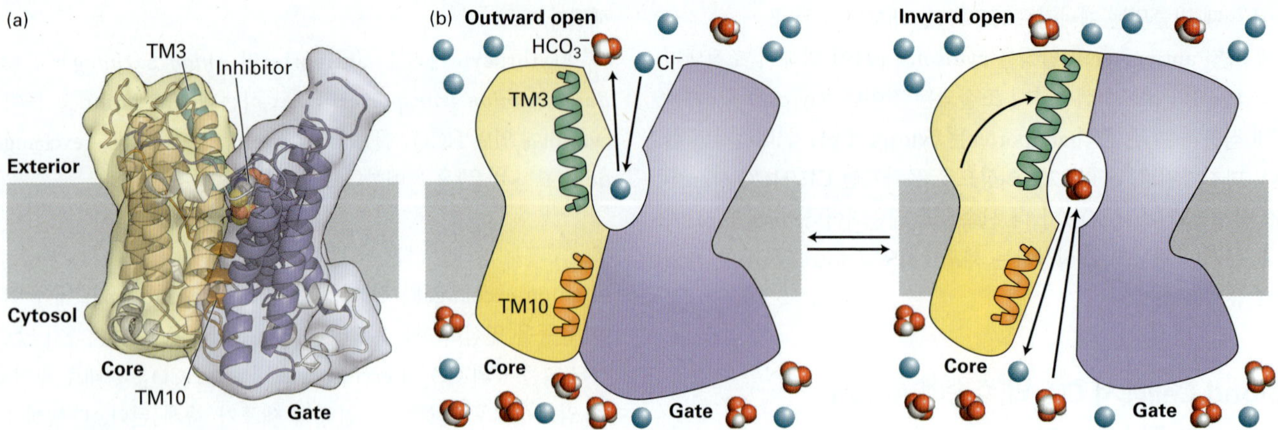

그림 11-28 Antiporter Anion Exchanger 1 (AE1)은 HCO_3^-를 세포 밖으로, Cl^-를 세포 안으로 수송한다. (a) Membrane 평면에서 볼 때 14개의 transmembrane domain (TM)을 cylinder 형태로 보인 인간 AE1의 topology (위상). Core domain은 노란색으로, gate domain은 파란색으로 표시되었다. 결합 부위는 TM domain 3 (청록색)과 TM 10 (주황색) 사이일 것으로 예상하고 있다. (b) HCO_3^-와 Cl^-는 TM 3과 10 사이의 anion 결합 부위에 결합한다. Core domain과 gate domain의 상대적인 움직임에 의하여 alternating access 메커니즘이 촉발되며, 이 메커니즘에 의해서 anion이 membrane을 가로질러 수송된다

cytosolic-facing domain을 가지고 있음을 알 수 있다. 14개의 transmembrane α helix는 membrane 내에서 core와 gate라고 하는 구조적으로 독특한 2개의 domain을 형성한다(그림 11-28a). 단백질이 바깥쪽을 향하여 열린 conformation의 구조가 결정되었는데, 이러한 단백질의 세포 밖 측에 있는 cleft (틈)에 의해서 core와 gate가 나누어진다. Anion 결합 부위(chloride의 경우)는 core domain 내의 2개의 α helix 사이에 양 전하를 띤 dipole (쌍극자)에 의해 형성된다. 그림 11-26에 보인 Na^+ leucine transporter 및 이와 유사한 transporter의 structure와 AE1 structure를 비교해 보면, antiporter도 alternating access 메커니즘을 사용한다는 것을 알 수 있다. 즉, chloride ion은 바깥쪽을 향한 단백질의 anion 결합 부위에 결합하면 conformation change가 일어나서 core domain이 gate domain 쪽으로 회전하여 안쪽을 향하는 구조를 형성한다. Chloride ion은 diffusion되고, bicarbonate가 채워지면, 반대 방향으로 conformational change가 일어난다.

많은 Transport Protein이 식물의 Vacuole (액포)에 대사산물과 이온을 축적한다

식물 vacuole (액포)의 lumen은 cytosol (pH 7.5)에 비해서 훨씬 산성(pH 3–6)이다. Vacuole의 산성도는 V-class ATP-powered proton pump (그림 11-9 참조)와 식물에만 존재하는 pyrophosphate-powered pump에 의하여 유지된다. Vacuole membrane에 위치하는 이 pump들은 농도 구배에 역행하여 H^+를 vacuole의 lumen으로 수송한다. 또한 vacuole membrane에는 Cl^- 채널과 NO_3^- 채널이 있어 cytosol로부터 vacuole로 이 anion들을 수송한다. H^+ 펌프는 inside-positive potential을 생성하여, 이러한 anion들이 농도 구배에 역행하여 vacuole lumen으로 수송될 수 있게 한다. Proton pump와 anion channel의 협력에 의해서, vacuole membrane을 가로질러 약 20 mV 정도의 inside-positive electric potential과 상당히 큰 pH 구배를 생성한다(그림 11-29).

식물에서 vacuole membrane을 사이에 두고 존재하는 proton의 전기화학적 구배는 동물 세포에서 plasma membrane을 사이에 두고 있

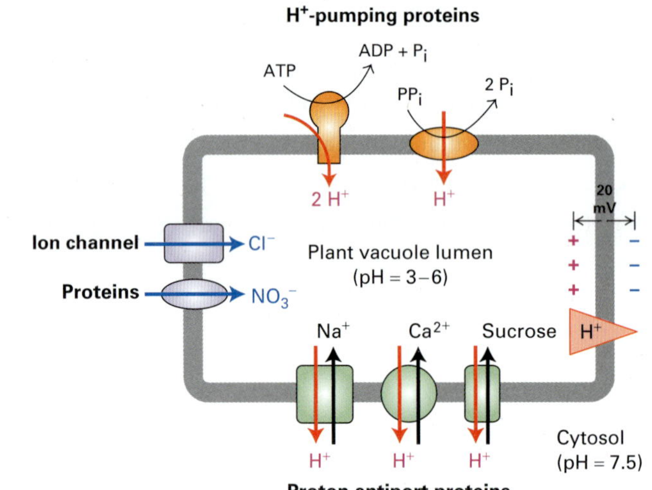

그림 11-29 식물의 vacuole에서 이온과 sucrose의 축적. Vacuole의 membrane은 V-class H^+ ATPase (왼쪽)와 pyrophosphate-hydrolyzing proton pump (오른쪽)라는 두 가지 유형의 proton pump (주황색)를 포함한다. 이들 중에서 pyrophosphate-hydrolyzing proton pump는 다른 모든 ion transport protein과 다르며, 아마도 식물에만 존재하는 것으로 보인다. 이 pump들은 H^+ 이온을 vacuole 안쪽으로 pumping하기 때문에 vacuole membrane을 가로질러 inside-positive electric potential을 생성하며, 또한 lumen 내에 낮은 pH를 갖게 한다. 이러한 inside-positive potential은 Cl^-와 NO_3^-가 별도의 channel protein (보라색)을 통하여 cytosol에서 lumen으로 이동할 수 있도록 에너지를 공급하는 역할을 한다. Proton antiporter (녹색)는, H^+ 농도 구배에 의해 에너지를 공급받아, Na^+, Ca^{2+}, 그리고 sucrose를 vacuole 안쪽에 축적시킨다. B. J. Barkla and O. Pantoja, 1996, *Annu. Rev. Plant Physiol.* **47**:159–184; 및 P. A. Rea et al., 1992, *Trends Biochem. Sci.* **17**:348 참조.

는 Na^+ 전기화학적 구배와 매우 비슷한 방법으로 사용된다. 즉, 이 전기화학적 구배는 다양한 antiporter에 의해 이온과 작은 분자를 선택적으로 들여오거나 내보내는 데 사용된다. 예를 들면, 식물 잎에서 낮에는 photosynthesis (광합성)을 하여 생산한 sucrose 잉여분을 vacuole에 저장하고, 밤에는 저장된 sucrose를 cytosol로 이동하여 CO_2와 H_2O로 분해하면서 ADP와 P_i로부터 ATP를 생산한다. Vacuole membrane에 있는 *proton/sucrose antiporter*가 식물 vacuole에 sucrose를 축적하는 작용을 한다. Vacuole membrane을 사이에 두고서 존재하는 H^+ 농도 구배(lumen > cytosol)와 cytosolic-negative potential로 인하여 H^+이 vacuole lumen에서 cytosol로 이동할 때 에너지가 발생하며, 이 에너지에 의하여 sucrose가 cytosol에서 lumen으로 이동한다(그림 11-29 참조). 또한 Ca^{2+}과 Na^+이 cytosol로부터 vacuole로 농도 구배에 역행하여 수송되는 과정도 이와 유사한 방법으로 proton antiporter에 의해서 이루어진다.

식물의 vacuole membrane에서 transport protein의 기능을 이해함으로써 전 세계에 널리 분포한 고염(NaCl) 토양에서 농작물을 증산하는 데 활용할 수 있다. 대부분 농업적으로 유용한 작물들은 염분이 많은 토양에서 자랄 수 없기 때문에, 농학자들은 전통적인 breeding (육종) 방법을 사용하여 염분에 잘 견디는 식물을 개발하여 왔다. Vacuole의 Na^+/H^+ antiporter를 coding하는 유전자를 cloning함에 따라, 이 transport protein을 과발현하는, 즉 vacuole에 더 많은 Na^+를 저장할 수 있는 transgenic (유전자 도입) 식물을 생산할 수 있게 되었다. 한 예로, vacuole에 Na^+/H^+ antiporter를 과발현하는 transgenic tomato는 wild-type (야생형) 식물이 살 수 없는 NaCl 농도가 아주 높은 토양에서 잘 자라고 개화하여 열매를 생산할 수 있었다. 흥미롭게도, 이 transgenic tomato의 잎에는 많은 양의 염분이 축적되지만, 열매에는 매우 적은 양의 염분이 존재하였다. ■

11.5절의 주요 개념

Symporter와 Antiporter에 의한 Cotransport

- Semipermeable membrane을 사이에 두고서 존재하는 전기화학적 구배는 transmembrane protein을 통하여 이온이 이동하는 방향을 결정한다. 전기화학적 구배를 형성하는 2개의 힘인 membrane electric potential과 이온 농도 구배는 서로 같은 방향 또는 반대 방향으로 작용할 수 있다(그림 11-25 참조).
- Cotransporter는 한 이온(일반적으로 H^+ 또는 Na^+)이 전기화학적 구배에 순행하여 수송될 때 방출되는 에너지를 이용하여 작은 분자나 다른 이온이 농도 구배에 역행하여 흡수 또는 배출되게 한다.
- Na^+ galactose symporter는 Na^+ glucose 및 다른 sugar transporter가 작동하는 메커니즘에 대한 모델을 제공한다. Na^+과 galactose이 transporter에 결합하면, 특정 TM helix들을 회전시켜서 membrane의 extracellular 및 cytosol 측에 있는 substrate들이 교차로 결합할 수 있도록 gate를 제공한다.
- Small intestine과 kidney tubule의 외벽을 이루는 epithelial cell에는 symport protein이 발현된다. 이 단백질은 에너지 측면에서 선호되는 Na^+의 유입 과정과 농도 구배에 역행하여 glucose를 흡수하는 과정이 짝(couple)을 이루게 한다(그림 11-26 참조). 아미노산도 Na^+-coupled symporter에 의해서 세포로 유입된다.
- 박테리아의 Na^+/amino acid symporter에 대한 molecular structure의 분석으로, Na^+과 leucine이 짝을 이루어 symporter에 결합하는 메커니즘과 결합한 substrate들이 단백질에서 확산되어 나갈 수 없는 occluded (폐쇄된) 상태의 transport intermediate의 구조를 밝힐 수 있었다(그림 11-27 참조).
- Cardiac muscle cell에서, cation antiporter가 Na^+을 들여오면서 발생하는 에너지를 사용하여 Ca^{2+}을 세포 밖으로 배출한다. 이 antiporter는 3개의 Na^+ 이온 유입과 하나의 Ca^{2+} 이온 배출이 짝을 이룬다.
- 동물 세포에서 metabolism될 때 생산되는 carbonic acid와 lactic acid가 축적됨에도 불구하고, 낮은 pH에서 활성화되는 두 가지 cotransporter의 작용에 의하여 cytosol의 pH가 7.4에 매우 근접하게 유지된다. 이들 중 하나인 Na^+/H^+ antiporter는 잉여 상태의 proton을 배출한다. 다른 하나인 $Na^+HCO_3^-/Cl^-$ cotransporter는 HCO_3^-를 들여오는데, 이 HCO_3^-는 cytosol에서 분해되어 pH를 올리는 OH^- 이온을 생산한다.
- cytosol의 pH가 정상보다 높을 때 활성화되는 Cl^-/HCO_3^- antiporter는 HCO_3^-를 배출하여 cytosol의 pH를 낮춘다.
- Erythrocyte membrane에 존재하는 Cl^-/HCO_3^- antiporter인 AE1은 tissue에서 lung으로 CO_2를 수송하는 혈액의 능력을 향상시킨다(그림 11-28 참조).
- human erythrocyte AE1의 structure가 결정됨으로써, core domain에 대하여 gate domain이 움직이는 방식의 alternating access 메커니즘에 의해 anion들이 membrane을 가로질러 수송된다는 것이 밝혀졌다.
- 식물의 vacuole로 sucrose, Na^+, Ca^{2+} 및 다른 substrate들이 들어가는 것은 vacuole membrane에 있는 proton antiporter에 의해서 이루어진다. Proton antiporter가 이온과 대사산물을 vacuole에 축적하는 과정을 추진하려면 충분한 양의 proton 농도 구배가 필요하며, 이 proton 농도 구배 생성에는 vacuole membrane에 존재하는 ion channel과 proton pump가 매우 중요한 기능을 한다(그림 11-29 참조).

11.6 Transepithelial Transport

이전 절들에서 세포의 중요한 기능을 수행하기 위하여 여러 부류의 transporter들이 함께 작용하는 여러 메커니즘에 대하여 설명하였다. 여기서는 polarized cell에서 여러 종류의 분자와 이온을 수송하는 것에 대하여 논의하고자 한다. *Polarized* cell은 plasma membrane이 부위에 따라 비대칭(서로 다른 "면"을 가짐)이므로 biochemical 측면에서도 서로 다르다. 많이 연구된 polarized cell은 organ (장기)의 외부 또는 내부의 표면을 덮고 있는 sheetlike layer (epithelium)를 형성하는 epithelial cell이다. Epithelial cell에 대해서는 20장에서 보다 자세히 논의할 것이다. 모든 epithelial cell에서와 같이, gastrointestinal tract (위장관)에서 nutrient를 흡수하는 intestine의 epithelial cell도 plasma membrane을 두 가지 부위로 구분할 수 있다. 이 plasma membrane에서 organism의 바깥쪽을 향하는 표면, 여기서는 intestine의 lumen 쪽 표면을 **apical** surface 또는 top surface라고 하고, organism의 안쪽(또는 혈관 쪽)을 향하는 표면을 **basolateral** surface라고 한다(그림 20-11 참조).

Epithelial cell은 plasma membrane에서 특화된 부위인 **tight junction (밀착 연접)**에 의하여 apical membrane과 basolateral membrane이 나뉘게 되고, 모두는 아니겠지만 많은 수용성 물질이 extracellular space의 한쪽에서 다른 쪽으로 이동할 수 없게 한다. 이러한 이유로, intestine의 lumen에서 흡수한 nutrient는 **transcellular transport**라고 하는 two-stage process에 의하여 epithelial cell로 들어와서 혈액으로 전달된다. 이 two-stage process는 intestine epithelial cell의 apical side에서 plasma membrane을 가로질러 cytosol로 분자들을 수송하는 과정과, cytosol에서 basolateral (혈관 쪽) side로 plasma membrane을 가로질러 분자들을 수송하는 과정을 말한다(그림 11-30과 그림 11-25d 참조). Intestine의 lumen을 향하고 있는 plasma membrane의 apical surface는 다양한 digestive enzyme이 음식을 분해하여 생산한 당, 아미노산 및 여러 분자들을 흡수할 수 있도록 특화되어 있다.

Epithelium (상피 조직)을 가로질러 Glucose와 아미노산을 수송하는 과정에 여러 가지 Transport Protein이 필요하다

그림 11-30은 intestine의 lumen에서 혈액 쪽으로 glucose를 흡수할 때 관여하는 단백질들을 보여 주고 있다. 이 그림으로부터 epithelial cell의 apical 및 basolateral membrane에는 서로 다른 종류의 단백질들이 위치한다는 중요한 개념을 알 수 있다. Nongated K^+ 채널과 Na^+/K^+ ATPase에 의한 K^+ 및 Na^+ 이온의 이동은 K^+ 및 Na^+ gradient와 inside-negative membrane potential을 생성한다. Na^+ 농도 구배와 membrane potential 덕분에, apical surface membrane에 있는 2-Na^+/1-glucose symporter는 intestine의 lumen에서 세포로 농도 구배에 역행하여 glucose를 흡수할 수 있다. 앞서 언급한 바와 같이, 이 symporter는 에너지 측면에서 선호되지 않는 glucose의 유입과 에너지 측면에서 선호되는 두 Na^+ 이온의 유입이 짝을 이룰 수 있게 한다. Steady state에서, Na^+/glucose symport 또는 이와 유사한 Na^+/amino acid symport에 의하여 intestine의 lumen에서 세포 안으로 수송된 모든 Na^+ 이온은 혈액 쪽을 향하고 있는 basolateral membrane을 가로질러 세포 밖으로 pumping된다. 이에 따라, 세포 내부의 Na^+ 농도를 낮게 유지할 수 있다. 이를 수행하는 Na^+/K^+ ATPase는 intestine의 epithelial 세포의 basolateral membrane에서만 발견된다. 이 두 종

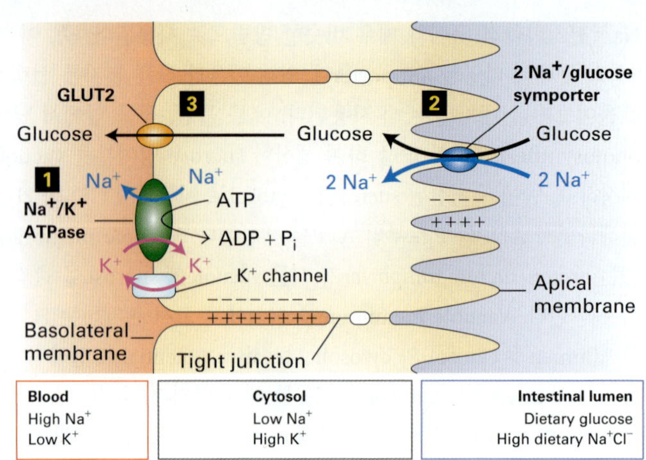

그림 11-30 Intestinal lumen에서 혈액으로 glucose의 transcellular transport. Basolateral surface membrane에 있는 Na^+/K^+ ATPase는 Na^+와 K^+ 농도 구배를 유발한다(단계 **1**). Nongated K^+ 채널을 통해 K^+ 이온이 바깥쪽으로 이동하여 inside-negative membrane potential을 생산한다. Apical surface membrane에 위치한 two-Na^+/one-glucose symporter는 Na^+ 농도 구배와 membrane potential 모두를 사용하여 intestine의 lumen에서 glucose를 uptake 한다(단계 **2**). Glucose는 basolateral membrane에 위치한 glucose uniporter인 GLUT2에 의해 촉매되는 facilitated diffusion으로 세포 밖으로 나간다(단계 **3**).

류의 transport protein들이 협력하여 glucose와 아미노산이 intestine에서 세포 안으로 농도 구배에 역행하여 uphill 수송이 가능하게 한다. Transcellular transport (세포를 가로지르는 수송)의 첫 단계는 궁극적으로 Na^+/K^+ ATPase에 의한 ATP hydrolysis에 의하여 에너지를 공급받게 된다.

두 번째 단계에서는, symporter에 의해 intestinal cell의 내부에 들어와서 농축된 glucose와 아미노산이 basolateral membrane의 uniporter protein들에 의하여 농도 구배를 따라 혈액으로 수송된다. Glucose의 경우 GLUT2에 의해서 이 이동이 매개된다(그림 11-30과 그림 11-25d). 앞서 언급한 바와 같이, 이 GLUT isoform은 glucose에 대한 affinity가 낮은 편이지만, membrane을 가로질러 glucose의 농도 구배가 크게 차이나면 GLUT2의 수송 속도가 상당히 증가하게 된다(그림 11-4 참조).

이 two-stage process의 결과로, intestine의 lumen에서 epithelial cell을 가로질러 basolateral surface를 둘러싸고 있는 extracellular medium으로 Na^+ ion, glucose 및 아미노산을 수송하게 된다. Epithelial cell 사이를 막아 주는 tight junction은 수송한 분자들이 거꾸로 intestinal lumen 쪽으로 diffusion되어 되돌아가는 것을 막게 된다. Intestinal epithelium을 가로질러 salt, glucose 및 아미노산을 transcellular transport하면 osmotic pressure가 증가하게 되고, intestine의 lumen에서 basolateral surface를 둘러싸고 있는 extracellular medium으로 주로 tight junction을 통하여 물도 따라 들어오게 된다. 이 과정에서 aquaporin은 중요한 역할을 하지 않는 것으로 보인다. 이러한 의미에서, salt, glucose 및 아미노산은 자신과 함께 물을 "동반한다"고 말할 수 있다.

Rehydration Therapy는 Glucose와 Na^+의 흡수에 의해서 조성되는 Osmotic Gradient에 의존한다

Intestine에서 salt와 glucose의 흡수와 osmosis에 대하여 이해하면, 특히 저개발 국가에서 매년 수백만의 생명을 구하는 간단한 rehydration (재수화) therapy의 과학적 근거를 알 수 있다. 이러한 나라들에서는 cholera (콜레라)와 intestine에 감염하는 다른 pathogen (병원체)들이 어린이 사망의 주된 원인이다. 이러한 박테리아에 의하여 방출된 toxin은 intestine의 epithelial cell에서 chloride의 분비를 활성화시키게 된다. 이에 따라, 물은 osmosis에 의해 lumen으로 방출되고, 결과적으로 몸의 물이 상당량 손실되어 설사, 탈수, 그리고 궁극적으로 죽음에 이르게 한다. 이에 대한 치료로서, antibiotics (항생제)로 박테리아를 죽이는 것뿐만 아니라 *rehydration*, 즉 혈액과 다른 조직에서 잃어버린 물의 보충이 필요하다.

그러나 단순히 물을 마시는 것은 도움이 되지 않는다. 그 이유는 물을 마시자마자 gastrointestinal tract에서 배출되기 때문이다. 앞서 설명한 바와 같이, intestine의 epithelium을 가로질러 Na^+과 glucose를 동시에 들여오므로, plasma membrane을 가로질러 osmotic pressure를 유발하게 되고, 물은 intestine의 lumen으로부터 epithelial cell layer을 가로질러 최종적으로 혈액으로 이동하게 된다. 따라서 병에 걸린 어린이에게 (설탕 또는 소금만 먹이는 것이 아니고) 설탕과 소금의 혼합액을 마시게 하면, epithelial cell을 가로질러 염분과 당의 수송이 증가하므로 intestine의 lumen에서 혈액으로 물의 osmotic flow를 유발하여 rehydration에 이르게 된다. 같은 과학적 근거로, 설탕-소금 용액은 물뿐만 아니라 당을 빠르고 효율적으로 몸에 공급할 수 있어 운동선수들이 사용하는 인기 있는 음료가 되었다. ■

Parietal Cell (체강벽 세포)은 Cytosol의 pH를 중성으로 유지하면서 Stomach의 내용물을 산성화시킨다

포유동물의 stomach은 0.1 M의 hydrochloric acid (HCl) 용액을 포함하고 있다. Strong acid는 stomach으로 들어온 많은 pathogen을 죽이고, 섭취된 단백질이 산성의 pH에서 작용하는 proteolytic enzyme (예를 들면, pepsin)에 의하여 분해될 수 있도록 denaturation (변성) 시킨다. Hydrochloric acid는 stomach의 내벽에 *parietal cell* (체강벽 세포; *oxyntic cell*이라고도 함)로 불리는 특화된 epithelial cell에 의하여 stomach으로 분비된다. 이 세포의 apical membrane, 즉 stomach의 lumen 쪽 membrane에는 *H^+/K^+ ATPase*가 있어, K^+ 이온을 들여오면서 stomach lumen으로 H^+ 이온을 pump한다. 이 ATPase는 100만 배의 H^+ 농도 구배를 형성한다. 즉, 이 세포의 cytosol에서는 pH가 약 7.2이지만, stomach의 lumen에서 pH는 약 1.0이다. 이 transport protein은 앞서 설명한 plasma membrane Na^+/K^+ ATPase와 구조와 기능면에서 유사한 P-class ATP-powered 이온 펌프이다. Parietal cell 안의 많은 미토콘드리아가 H^+/K^+ ATPase에 의하여 사용될 풍부한 ATP를 생산한다.

만약 parietal cell이 K^+ 이온과 교환하여 H^+ 이온을 내보내는 일만 한다면, proton의 손실로 인하여 cytosol에서 OH^- 이온의 농도가 증가하게 되고, cytosol pH는 매우 높아질 것이다. ($[H^+] \times [OH^-]$는 항상 일정하게 10^{-14} M^2임을 기억하기 바란다.) Parietal cell은 basolateral membrane에 존재하는 Cl^-/HCO_3^- antiporter를 사용하여 "과량의" OH^- 이온을 cytosol에서 혈액으로 내보냄으로써 cytosol의 pH 상승을 방지한다. 앞서 언급한 바와 같이, 이 anion antiporter는 높은 cytosol pH에 의하여 활성화된다.

Perietal cell이 stomach의 lumen을 산성화시키는 전체적인 과정을 그림 11-31에 설명하였다. Carbonic anhydrase에 의해 촉매되는 반응에 의하여, "과량의" cytosol OH^-는 혈액에서 diffusion되어 들어오는 CO_2와 결합하여 HCO_3^-를 형성한다. 이 bicarbonate ion은 basolateral anion antiporter에 의하여 촉매되어 Cl^- 이온과 교환되면서 basolateral membrane을 가로질러(결국 혈액으로) 나간다. 그 다음 Cl^- 이온은 apical membrane에 있는 Cl^- 채널을 통하여 나가서, 결국 stomach의 lumen으로 들어간다. 전기적 중성을 유지하기 위하여, apical membrane을 가로질러 stomach의 lumen으로 이동하는 각 Cl^- 이온은 K^+ 채널을 통하여 같은 방향으로 이동하는 K^+ 이온을 동반한다. 이렇게 하여, H^+/K^+ATPase에 의해서 세포 안으로 pumping된 과량의 K^+ 이온이 stomach의 lumen으로 되돌아가게 되므로 정상적인 intracellular K^+ 농도를 유지할 수 있다. 전체적인 반응들의 결과로서, 같은 양의 H^+와 Cl^- 이온 (즉, HCl)이 stomach의 lumen으로 분비되고, 이때 cytosol의 pH는 중성으로 남아 있으며, cytosol로 들어온 과량의 OH^- 이온은 HCO_3^-의 형태로 혈액으로 수송된다.

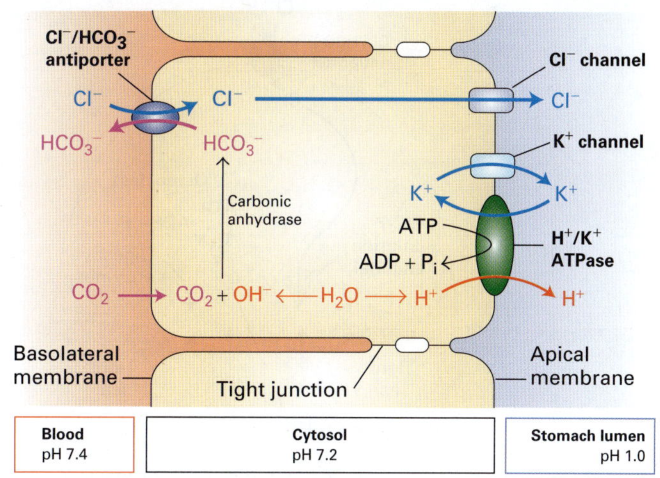

그림 11-31 Stomach의 내벽을 이루고 있는 parietal cell에 의한 stomach lumen의 acidification. Parietal cell의 apical membrane은 Cl^-와 K^+ 채널 protein뿐 아니라 H^+/K^+ ATPase (P-class pump)도 포함한다. Apical membrane을 가로질러 K^+이 들어오고 나가는 cycle을 반복하는 것을 주목할 필요가 있다. 즉, K^+ 이온은 H^+/K^+ ATPase에 의해서 안쪽으로 pumping되어 들어오고, K^+ 채널을 통하여 나간다. Basolateral membrane은 HCO_3^-와 Cl^- 이온을 교환하는 anion antiporter를 포함한다. 이러한 4개의 서로 다른 transport protein과 carbonic anhydrase의 협동 작용을 통해, cytosol에서 pH를 중성으로 유지하면서, stomach의 lumen을 산성화시킨다.

Bone의 Resorption (용식작용)에는 V-Class Proton Pump와 특정 Chloride Channel Protein이 함께 작용한다

포유동물에서 전반적인 bone growth는 사춘기 직후에 멈추지만, 어른이 된 후에도 정교하고 매우 활발하게 bone이 dissembly (resorption; 용식작용)되었다가 reassembly (bone formation)되는 과정은 진행된다. 지속적인 bone *remodeling*은 손상된 bone을 수선하고, mineralized (무기질화된) bone에서 혈액으로 calcium, phosphate 및 다른 이온을 방출하여 몸에서 필요한 곳에 공급한다.

Bone을 분해하는 세포인, *osteoclast*는 감염으로부터 우리 몸을 보호하는 역할을 수행하는 것으로 알려진 macrophage의 한 종류이다. Osteoclast는 polarized cell의 한 종류로써, bone에 매우 tight하게 특수한 seal을 형성하여 붙으면서, 세포와 bone 사이에 extracellular space를 형성한다(그림 11-32). Bone에 부착한 osteoclast는 이 extracellular space에 bone을 분해하는 corrosive mixture를 분비한다. Corrosive mixture는 bone의 inorganic component를 Ca^{2+}와 phosphate로 분해하는 HCl과 protein component를 분해하는 protease로 구성된다. HCl secretion의 메커니즘은 stomach에서 digestive juice를 생성하는 데 사용된 메커니즘(그림 11-31 참조)과 유사하다. Gastric HCl secretion에서와 같이, osteoclast의 기능에도 carbonic anhydrase와 anion antiport protein이 중요한 역할을 한다. 그러나 gastric epithelial cell에서는 P-class ATP-powered H^+/K^+ 펌프가 사용되었지만, osteoclast는 bone-facing space를 향해 H^+을 배출하기 위하여 V-type proton pump가 사용된다.

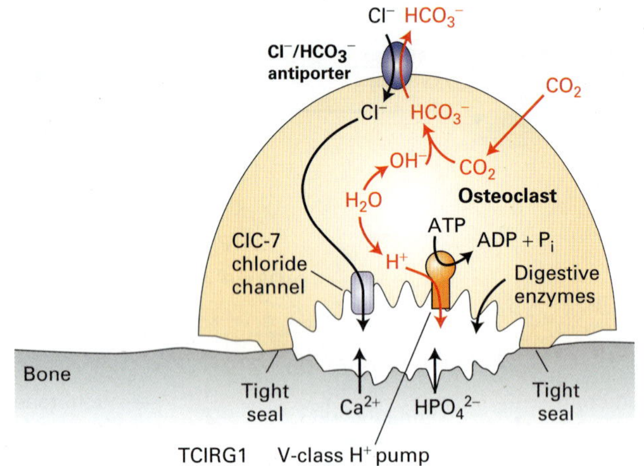

그림 11-32 Polarized osteoclast cell에 의한 bone의 분해는 V-class proton pump와 ClC-7 chloride channel protein을 필요로 한다. Osteoclast의 plasma membrane은 bone surface에 원형으로 밀봉하면서 붙으므로, 두 가지 domain으로 나누어진다. Bone을 향하고 있는 membrane domain은 V-class proton pump와 ClC-7⁻ chloride channel을 포함한다. 반대쪽 membrane domain은 HCO_3^-와 Cl^- 이온을 exchange하는 anion antiporter를 포함한다. 이 세 가지 transport protein과 carbonic anhydrase의 협동 작용을 통해, cytosol의 pH는 중성으로 유지하면서, 둘러싸인 공간은 산성화하여 bone resorption이 가능하게 한다. ClC-7에 대한 내용은 R. Planells-Cases and T. Jentsch, 2009, Biochim. Biophys. Acta **1792**:173 참조.

드문 유전질환인 *osteopetrosis*는 bone resorption이 비정상적으로 저하되어 있어 bone density가 높은 특징을 보인다. Osteoclast V-class proton pump는 osteoclast와 bone 사이의 공간을 산성화하는 작용을 한다. 위 질환의 많은 환자들에서 osteoclast V-class proton pump의 subunit인 TCIRG1을 coding하는 유전자의 돌연변이가 발견된다. 다른 환자들에서는 bone 쪽 공간을 바라보는 osteoclast plasma membrane에 있는 chloride channel인 ClC-7을 coding하는 유전자의 돌연변이도 발견된다. Lysosome (그림 11-13 참조)에서와 같이, chloride channel이 없으면 proton pump만으로 폐쇄된 extracellular space를 산성화시킬 수 없기 때문에 bone resorption이 불가능해진다. ■

11.6절의 주요 개념

Transepithelial Transport

- Epithelial cell의 plasma membrane에서 apical surface와 basolateral region은 서로 다른 transport protein을 함유하여, 서로 다른 수송 과정을 매개한다.
- Intestine의 epithelial cell에서, apical membrane에 있는 Na^+-linked symporter와 basolateral membrane에 있는 Na^+/K^+ ATPase 그리고 uniporter의 협력 작용에 의해서 아미노산과 glucose가 transcellular transport되어 intestine의 lumen에서 혈액으로 이동하게 된다(그림 11-30 참조).
- Intestinal epithelium을 가로질러 salt, glucose 및 아미노산을 transcellular transport하면, basolateral surface 쪽 extracellular space에 osmotic pressure가 증가하여 intestinal lumen에서 body로 물도 이동하게 된다. 이 현상은 sugar-salt solution이 rehydration therapy에 사용될 수 있는 원리를 제공한다.
- Carbonic anhydrase와 4개의 서로 다른 transport protein의 협동 작용에 의하여, stomach의 내벽에 있는 parietal cell은 lumen으로 HCl을 분비하면서 cytosolic pH는 중성으로 유지한다(그림 11-31 참조).
- Osteoclast가 bone을 resorption하는 과정에는 V-class proton pump와 ClC-7 chloride channel의 조화된 기능이 요구된다(그림 11-32 참조).

개념 복습

1. Nitric oxide (NO)는 O_2, CO_2와 유사하게 lipid-soluble (지용성)인 가스이다. Artery (동맥)의 내벽을 이루는 endothelial cell (혈관 내피 세포)은 혈관을 둘러싸고 있는 smooth muscle cell을 이완시키는 signal로 NO를 사용한다. NO가 생성되는 endothelial cell의 cytoplasm에서 NO가 signal로 작용하는 smooth muscle cell의 cytoplasm까지 NO가 수송되는 메커니즘을 답하시오.

2. Acetic acid (pK_a가 4.75인 weak acid)와 ethanol (alcohol의 한 종류)은 각각 2개의 carbon과 hydrogen 및 oxygen으로 구성되고, 모두 passive diffusion에 의해서 세포에 들어간다. pH 7에서, 이 중 하나는

다른 것보다 훨씬 더 membrane에 대한 permeability가 높다. Permeability가 높은 것은 어떤 것인가? 그 이유는 무엇인가? Stomach에서와 같이 pH가 1.0로 낮아진다면, 각각의 permeability는 어떻게 변화하겠는지 예상해 보시오.

3. Uniporter와 ion channel은 biomembrane을 통과하는 facilitated diffusion에 사용된다. 두 가지 모두 facilitated diffusion에 사용되지만, channel을 통한 이온의 이동 속도는 uniporter를 통한 분자의 이동 속도보다 대략 10^4에서 10^5배 정도가 빠르다. 이처럼 수송 속도에서 큰 차이를 유발하는 주된 메커니즘의 차이는 무엇인가? Free energy (ΔG)의 어떤 특징이 수송의 방향을 결정하는가?

4. Transporter의 세 가지 class를 답하시오. 이 class들 중 어떤 것이 전기화학적 구배에 역행하여 glucose나 bicarbonate (HCO_3^-)를 수송할 수 있는지 설명하시오. Glucose는 해당되지 않지만 bicarbonate는 수송 과정의 ΔG를 두 가지 항목으로 나눌 수 있다. 이 두 가지 항목이 무엇이며, 두 번째 항목은 왜 glucose에 적용되지 않는가? 또한 cotransporter를 흔히 secondary active transport를 하는 단백질이라고 하는 이유는 무엇인가?

5. H_2O 분자에 비하여 H^+ 이온은 작고, three-carbon alcohol인 glycerol 분자는 훨씬 크다. H^+ 이온과 glycerol은 모두 물에 잘 녹는다. Aquaporin이 glycerol을 수송할 수 있지만, H^+ 이온을 수송하지 못하는 이유는 무엇인가?

6. Erythrocyte의 plasma membrane에서 발견되는 GLUT1은 전형적인 uniporter이다.

a. GLUT1이 galactose 또는 mannose에 특이적인 uniporter가 아니라, glucose에 특이적인 uniporter임을 증명하기 위한 실험을 디자인하시오.

b. Ribose가 5-carbon sugar인 반면에 glucose는 6-carbon sugar이다. Ribose는 glucose에 비하여 더 작지만, ribose는 GLUT1에 의해 효율적으로 수송되지 않는다. 이러한 이유를 설명하시오.

c. 혈액의 당 농도가 5 mM에서 2.8 mM 또는 그 이하로 떨어졌을 때 현기증을 느끼거나 기절을 하게 된다. 이 당 농도의 감소가 GLUT1을 발현하는 세포에서 glucose 수송에 미치는 영향을 계산하시오.

d. Liver cell과 muscle cell이 V_{max}의 변화 없이 glucose uptake를 극대화하는 방법은 무엇인가?

e. GLUT1을 발현하는 tumor cell은 같은 type의 정상적인 세포에 비하여 glucose 수송에 대한 V_{max}가 흔히 높다. Tumor cell은 어떻게 V_{max}를 높이는가?

f. Fat cell과 muscle cell은 insulin signaling에 의하여 glucose uptake에 대한 V_{max}를 조절한다. 그 방법을 답하시오.

7. 이온과 분자의 active transport에 관여하는 ATP-powered pump의 네 가지 class를 답하시오. 이들 중 어떤 class가 이온만 수송하는지, 또한 어떤 class가 주로 작은 organic molecule들을 수송하는지 답하시오. ATP-powered pump 중 한 class는 natural substrate가 아닌 cancer chemotherapy drug으로 사용되는 artificial substrate의 수송을 연구하던 과정에서 처음 발견되었다. 이 class의 ATP-powered pump의 natural substrate의 일반적인 예에는 어떤 것이 있는가?

8. P-class 이온 펌프의 메커니즘에서 ATP → ADP + P_i의 반응이 필요하지만 phosphoanhydride bond가 직접적으로 hydrolysis되지 않고 진행되는 이유를 설명하시오.

9. 정상적인 기능을 위하여 Ca^{2+} 농도에 급격한 변화가 필요한 세포에서 cytoplasmic Ca^{2+} 농도의 상승을 조절하는 negative feedback mechanism을 설명하시오. Calmodulin의 activity를 저해하는 약물은 이 메커니즘에 의하여 조절되는 cytoplasmic Ca^{2+} 농도에 어떤 영향을 주겠는가? 예를 들어, skeletal muscle cell의 기능에는 어떤 영향을 주겠는가?

10. 어떤 proton pump inhibitor는 stomach acid의 분비를 저해하며, 현재 전 세계에서 가장 많이 팔리는 약물 중에 하나이다. 이 약물은 어떤 pump를 저해하는가? 또한, 이 pump가 어디에 위치하는가?

11. 식물에서는 해당되지 않지만, 동물 세포에서는 주로 resting K^+ 채널에 의하여 membrane potential이 형성된다. 이 channel이 resting potential 형성에 어떻게 기여하는가? 이 channel은 왜 nongated channel로 간주되는가? 이 channel은 어떻게 Na^+(K^+보다 작음)에 비하여 K^+에 대한 선택성을 가질 수 있는가?

12. Patch clamping은 각 ion channel의 conductance (전도성)를 측정하는 데 사용할 수 있다. K^+ 채널을 coding할 것으로 예상되는 유전자가 있을 때, patch clamping으로 K^+ 채널인지 Na^+ 채널인지를 어떻게 식별할 수 있는지 설명하시오.

13. 식물은 vacuole membrane을 가로지르는 proton 전기화학적 구배를 사용하여 organelle에 염분과 당을 축적하는 데 필요한 에너지를 공급한다. 또한, 이 과정에서 식물 세포는 hypertonic하게 된다. 이런 상황에서 식물 세포가 부풀거나 터지지 않는 이유는 무엇인가? 동물 세포의 경우에는 plasma membrane의 Na^+/K^+ ATPase가 isotonic 상황에서조차 야기될 수 있는 osmosis lysis를 어떻게 피할 수 있게 하는가?

14. 박테리아의 two-Na^+/one-leucine symporter에서, K^+을 포함하여 다른 이온들이 결합하지 못하고 Na^+ 이온이 결합하는 가장 중요한 특징은 무엇인가?

15. Small intestine의 lumen을 향하는 세포가 glucose를 들여오는 symport 과정을 설명하시오. 이 수송에 어떤 이온이 관여하며, 이 이온이 plasma membrane을 가로질러 이동할 때 에너지 측면에서 선호되는 두 가지 이유는 무엇인가?

16. Glucose가 intestinal epithelium의 한쪽에서 다른 쪽으로 이동하는 것은 transcellular transport의 대표적인 예이다. Na^+/K^+ ATPase는 이 과정을 어떻게 가능하게 하는가? 이 과정에 tight junction이 필수적인 이유는 무엇인가? Transcellular transport에서 apical 또는 basolateral membrane에 특징적인 transporter들의 위치가 중요한 이유는 무엇인가? Sport drink와 같은 수분 보충제에는 설탕과 소금이 포함되는데, 두 가지 모두가 rehydration에 중요한 이유는 무엇인가?

CHAPTER 12

세포 에너지론 (Cellular Energetics)

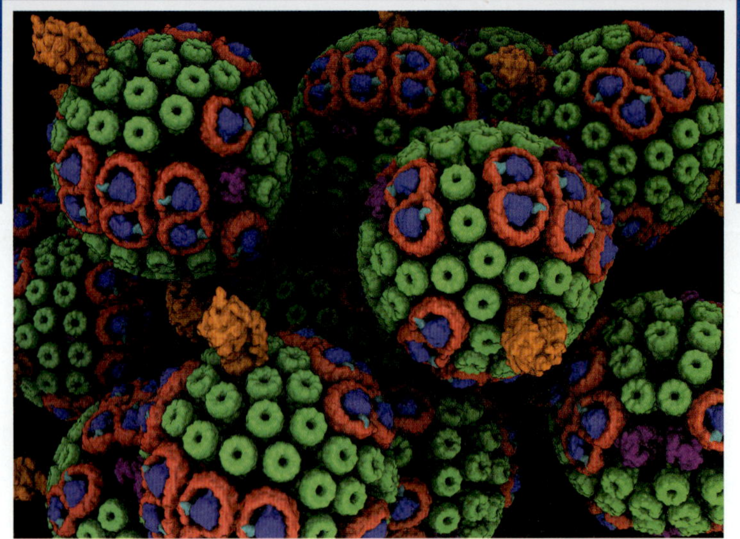

컴퓨터가 재생한 광합성 홍색 세균(photosynthetic purple bacterium)인 *Rhodobacter sphaeroides*의 chromatophore (색소포) 이미지. 각 색소포는 빛을 이용하여 ATP를 합성하는 막 단백질들을 포함하고 있다. 에너지는 두 가지 light-harvesting complex (광수집 복합체, 녹색과 빨간색)에 있는 색소에 의하여 흡수되고, high-energy electron (높은 에너지 전자)이 생성되는 reaction center (반응 중심, 연한 파란색)로 전달된다. 그 에너지는 펌프(보라색)에 의하여 proton (양성자, 프로톤)을 색소포로 옮겨 proton gradient (양성자 기울기)를 형성한다. 이 힘이 ATP synthase (주황색)로 하여금 ADP + P_i를 ATP로 전환하는 데 사용된다. [Angela M. Barragan]

OUTLINE

Cell (세포)의 growth (성장)와 division (분열)으로부터 heart (심장)의 박동 및 사고를 뒷받침하는 neuron (신경세포)의 전기적 활성에 이르기까지 삶은 에너지를 필요로 한다. 에너지는 일을 할 수 있는 능력으로 정의되며, 세포 수준에서는 수많은 화학 반응의 수행 및 조절, 수송과정, 성장과 분열, 고도로 조직화된 구조의 형성 및 유지, 다른 세포와의 상호작용 등에 해당하는 일이 이에 포함된다. 이 장에서는 세포가 햇빛 혹은 화학적 영양물질을 에너지원으로 이용하는 molecular mechanism (분자 메커니즘), 특히 세포가 이 외부 에너지원을 어떻게 생물학적으로 공통적인 세포내 chemical energy carrier (화학에너지 전달자)인 **adenosine triphosphate** 혹은 **ATP**로 전환시키는지에 대해 초점을 맞춰서 기술하려 한다. 모든 유형의 organism (유기체)에서 발견되며, 아마도 가장 태초의 life-form (생명체)에도 존재했으리라 추측되는 ATP는 ADP에 inorganic phosphate (무기인산, HPO_4^{2-} 종종 P_i로 단순화되어 표기됨)를 화학적으로 첨가시키는 *phosphorylation* (인산화)을 통해 형성된다. 세포는 ATP의 말단 고에너지 phosphoanhydride bond (결합)를 hydrolysis (가수분해)할 때(그림 1-7과 2-31 참조) 방출되는 에너지를 이용하여, 에너지 측면에서 일어나기 쉽지 않은 많은 과정에 동력을 제공한다. 예를 들면, 아미노산을 이용한 단백질의 합성,

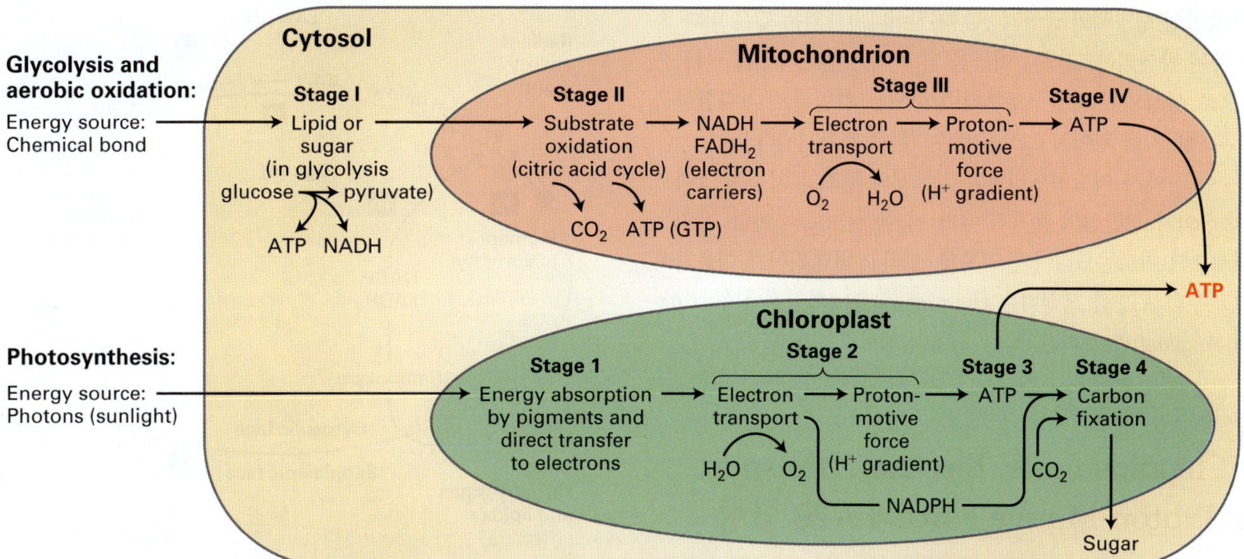

그림 12-1 호기성 산화와 광합성의 개요. 진핵생물 세포는 두 가지의 근본적인 메커니즘을 통해 외부 에너지원을 ATP로 전환시킨다. (*위쪽*): 호기성 산화에서 "연료" 분자(주로 당과 지방산)는 세포질에서 예비 과정(예를 들어, 포도당에서 pyruvate로의 분해)을 거쳐(**stage I**) 미토콘드리아로 전달된 뒤 이곳에서 O_2와의 산화를 통해 carbon dioxide와 물로 전환되고(**stage II**와 **III**), ATP를 생성하여 놓는다(**stage IV**). (*아래쪽*): 엽록체에서 일어나는 광합성에서는 빛의 복사 에너지가 특화된 색소에 흡수되어(**stage 1**), 흡수된 에너지가 물을 O_2로 산화시키고 상황을 확립하는데(**stage 2**), 이 상황은 ATP 생성에 필요하며(**stage 3**), CO_2로부터 탄수화물을 합성하는 데 필요하다(carbon fixation, **stage 4**). 이 두 메커니즘 모두에서 환원된 고에너지 전자 운반체(NADH, NADPH, $FADH_2$)가 생성되며 특화된 membrane을 통해 전자가 전자전달계에서 전위 구배를 따라 이동한다. 이러한 전자의 에너지는 방출되어 양성자 electrochemical gradient (proton-motive force)로서 수확된 다음 ATP 합성을 추진하는 데 쓰인다. 박테리아는 이에 비견할 수 있는 과정을 이용한다.

nucleotide (뉴클레오티드)를 이용한 nucleic acid (핵산)의 합성(4장 참조), ATP로부터 동력을 받아 concentration gradient (농도 구배)를 역행하는 펌프의 물질 수송(11장 참조), muscle contraction (근육의 수축; 17장 참조), cilia (섬모)의 beating (유영; 18장 참조) 등이 이에 포함된다. 세포 energetics의 핵심 주제는 ATP의 가수분해와 같은 하나의 과정에서 방출된 에너지를, membrane (막)을 관통하여 물질을 수송시키는 것과 같이 열역학적으로 일어나기 쉽지 않은(thermodynamically unfavorable) 다른 과정에 *couple* (연결)시키는 단백질을 이용하는 것이다.

ADP로부터 ATP 합성을 추진하는 에너지($\Delta G^{\circ\prime}$ = 7.3 kcal/mol)는 주로 두 근원으로부터 나오게 되는데, 이는 영양분에 저장되어 있는 화학결합 에너지와 햇빛 에너지이다(그림 12-1). 거의 모든 eukaryotic cell (진핵세포)에 있는 미토콘드리아에서 일어나는 **aerobic oxidation (호기성 산화, aerobic respiration**이라고도 알려짐; 그림 12-1, **위쪽** 참조)과 식물의 잎 세포와 cyanobacteria (시아노박테리아) 및 algae (조류)와 같은 일부 single cellular organism (단세포 유기체)의 **chloroplast (엽록체)**에서만 일어나는 **photosynthesis (광합성**; 그림 12-1, **아래쪽** 참조)가 이러한 에너지 근원을 ATP로 전환시키는 주요한 두 과정이다. 2개의 부수적인 과정인 glycolysis (해당과정)와 시트르산 회로(citric acid cycle; 그림 12-1, **왼쪽 위** 참조)도 동물과 식물 세포 모두에게 중요한 직간접적 ATP 공급원이다.

동물의 경우, 호기성 산화를 통해 음식물의 소화로부터 얻어지는 sugar (당, carbohydrate 탄수화물)와 fatty acid (지방산, hydrocarbon 탄화수소)의 분해산물을 산소(O_2)를 이용하여 산화시켜서 carbon dioxide (이산화탄소 CO_2)와 물(H_2O)로 전환시킨다. 이 전반적인 반응으로부터 방출된 에너지는 ATP의 phosphoanhydride 결합의 화학적 에너지로 전환된다. 이는 아궁이에서 열을 내기 위해 나무(carbohydrate)나 기름(hydrocarbon)을 태우는 것 혹은 자동차의 엔진이 작동하는 것과 유사하다. 둘 다 O_2를 소모하고, CO_2와 H_2O를 생성한다. 핵심적인 차이는 세포에서는 전반적인 반응이 여러 단계의 중간 과정을 거쳐 일어나도록 나뉘어져 있다는 것이다. 이것이 어떤 주어진 단계에서 방출된 에너지의 양을 ATP와 같은 것에 저장되는 에너지의 양 혹은 바로 다음 과정의 중간 단계에 필요한 에너지의 양과 흡사하도록 만든다. 만일 에너지 양이 비슷하지 않으면 초과로 방출된 에너지는 열로 소실되거나(이 경우 매우 비효율적이다), ATP와 같은 에너지 저장물질을 형성하거나, 같은 과정에 있는 다음 단계를 추진하기에 충분하지 않은 에너지가 방출된다(이 경우 비효과적이다).

광합성에서 빛의 방사 에너지는 chlorophyll (엽록소)과 같은 pigment (색소체)에 의해 흡수되어 ATP와 탄수화물—주로 sucrose (설탕)와 starch (녹말)를 만드는 데 쓰인다. 탄수화물과 O_2를 이용해서 CO_2를 배출하는 호기성 산화와는 달리, 광합성은 CO_2를 기질로 사용하여 O_2와 탄수화물을 생성물로 내놓는다.

미토콘드리아에서의 호기성 산화와 엽록체에서의 광합성 간의 상보적인 관계는 광합성과 비광합성 생명체 간의 심오한 symbiotic relationship (공생 관계)을 기초로 하고 있다. 광합성 중 생성되는 산소는 대기 중에 있는 거의 모든 산소원이며, 생성되는 탄수화물은 실질적으로 모든 비광합성 생명체의 궁극적 에너지원이다. [예외는 깊은 바다 속 분출구에 사는 박테리아 그리고 이들을 먹고 사는 유기체인데, 이들은 지질학적으로 생성되어 분출구로부터 방출되는 환원된 무기화합물을 산화시킨 후 에너지를 얻어서 CO_2를 탄수화물로 전환시킨다.]

우리는 이 장에서 미토콘드리아와 엽록체의 구조와 기능을 살펴보고, 호기성 산화와 광합성의 분자적 메커니즘을 살펴보려 한다. 우리는 먼저 진핵세포의 미토콘드리아와 엽록체, 그리고 박테리아가 이용하여 ADP와 P_i로부터 ATP를 생성하는 **chemiosmosis** (**화학적 삼투**, *Chemiosmotic coupling*)라 알려진 메커니즘을 살펴보기로 한다.

12.1 Chemiosmosis, Electron Transport Chain, Proton-Motive Force와 ATP 합성

탄수화물은 간단하지만 심오한 개념에 기초한다. 2장(2.4절)에서 우리는 생물학에서 인용되는 potential (전위차) 혹은 stored energy (보관된 에너지)의 세 가지 형태에 대하여 기술하였다: chemical bond energy (화학적 결합 에너지), 농도 구배에 저장된 에너지, 그리고 전기적 구배에 저장된 에너지가 그것들이다. 이 세 가지 형태의 에너지들은 서로 전환이 가능하다. 예를 들면, 11장에서 설명한 바와 같이, chemical potential energy (화학 잠재력 에너지)를 내는 ATP 가수분해는 ATPase pump를 이용하여 생체막을 가로지르는 chemical concentration gradient (화학적 농도 구배)와 electric voltage gradient (전위차 구배)의 형성을 일으킬 수 있다. 그래서 막을 가로지르고 화학적 농도 구배의 내림차로 분자들, 또는 전위차 구배의 내림차로 움직이는 이온들(예, proton, 프로톤, 양성자, H^+)의 움직임이 에너지를 방출한다는 것이 이해가 된다. 방출된 에너지는 열로서 흩어지거나, ADP와 P_i로부터 ATP를 합성하면서 잡아두게 된다. 2장에서 설명한 바와 같이, redox reaction (산화환원 반응)에서 electron (전자)들은 높은 에너지 상태에서 낮은 에너지 상태로 옮겨가면서 에너지를 방출한다. 예를 들면, 전자들이 negative reduction potential (음의 환원 전위)을 갖는 원자 혹은 분자로부터 positive reduction potential (양의 환원 전위)을 갖는 것들로 옮겨갈 때이다. 방출된 에너지는 화학 반응을 일으키거나 막을 가로지르는 전기화학적 구배를 생성하는 데 쓰인다.

탄수화물에서는 먼저, 전자들이 **electron-transport chain** (**전자전달계**)을 통하여 전위 구배를 따라 내려가면서 방출되는 에너지에 의하여 막을 가로지르는 양성자 전기화학적 구배가 생성된다. 전자전달계는 아래에서 좀 더 자세히 알아보게 될 것이다. **양성자 구동력(proton-motive force)**라고 부르는 양성자 전기화학적 구배에 저장된 에너지는 수소 이온이 막을 가로 질러 전기화학적 구배를 따라 내려가게 될 때, ATP 합성(그림 12-2) 혹은 다른 에너지를 필요로 하는 과정에 쓰이게 된다. 수소 이온은 ATP 합성효소인 **ATP synthase**를 통과해 나가면서 전기화학적 구배를 따라 내려가게 되면 ADP와 P_i로부터 ATP를 합성하게 되고, 이는 11장에서 고찰한 ATP에 의하여 힘을 얻는 이온 펌프에 의하여 일어나는 것과는 반대의 과정이다. ATP-powered pump (ATP-동력 펌프)에서는, ATP 가수분해에 의하여 방출된 에너지가 전기화학적 구배를 거슬러 물질들을 옮기는 데 사용된다; ATP synthase에서는 양성자들이 전기화학적 구배를 따라 내려가며 옮겨지면서 에너지가 방출되고, ADP와 P_i로부터 ATP가 합성된다. ATP synthase가 양성자-기반 전기화학적 구배를 어떻게 이용하여 ATP를 만드는지, 그 자세한 메커니즘은 본 장의 뒤에서 설명할 것이다.

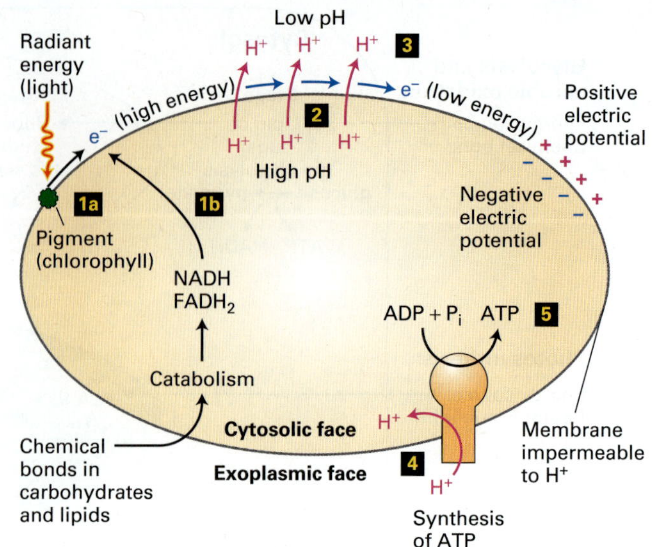

그림 12-2 양성자 구동력이 ATP 합성을 추진한다. 막을 사이에 두고 형성되는 proton concentration gradient (양성자 농도 구배)와 electrical (voltage) gradient (전기적 구배)를 통칭하여 *proton-motive force* (*양성자 구동력*)라고 부르는데, 이는 진핵생물과 원핵생물(박테리아)의 호기성 산화와 광합성 도중에 생성된다. Pigment (예를 들어, chlorophyll, 단계 **1a**)가 흡수한 빛 에너지에 의해서 생성되었거나 아니면 당과 지질의 catabolism 도중에 만들어진 환원된 형태의 전자 운반체(예를 들어, NADH, $FADH_2$, 단계 **1b**)가 보유하고 있는 고에너지 전자는 전자전달계를 따라 내려와(파란색 화살표, 단계 **2**) 전 과정을 통해 에너지를 방출한다. 방출된 에너지는 membrane을 관통하여 양성자를 pump하는 데 이용되어(빨간색 화살표, 단계 **3**) 양성자 구동력을 형성한다. Chemiosmotic coupling에서 양성자가 ATP synthase (단계 **4**)를 통하여 gradient를 따라 흐를 때 방출되는 에너지가 ATP 합성(단계 **5**)을 추진한다. 양성자 구동력은 농도 구배를 역행하여 막을 가로질러 이동하는 대사물질의 수송과 박테리아 편모의 회전과 같은 다른 과정에도 동력을 제공할 수 있다.

12.1절의 주요 개념

Chemiosmosis, Electron Transport Chain, Proton-Motive Force와 ATP 합성

- 호기성 산화로 알려진 과정에서, 세포들은 포도당 혹은 지방산을 산화하여 얻어진 에너지를 ATP의 마지막 phosphoanhydride 결합을 합성하는 데 사용한다.
- 탄수화물은 세 가지 biological potential energy 형태의 상호 전환에 기초한다: chemical bond energy (화학적 결합 에너지), 막을 가로지

르는 chemical gradient (화학적 구배)와 electrical (voltage) gradient (전기적 구배).

- 전자들이 electron-transport chain (전자전달계)을 통하여 전위차 기울기를 따라 내려가면서 방출되는 에너지는 미토콘드리아와 엽록체의 막이나 박테리아 세포막을 가로지르는 proton electrochemical gradient (양성자 전기화학 구배)를 생성하는 데 사용된다.
- Proton electrochemical gradient (양성자 전기화학 구배)에 저장된 에너지는 *proton-motive force* (**양성자 구동력**)라고 불린다.
- 수소 이온들이 전기화학적 구배를 따라 내려가며, 막을 가로지를 때 에너지가 방출된다.
- ATP synthase라고 부르는 ATP 합성효소를 통과하여 양성자들이 막을 다시 반대로 가로지르며 움직이면, ADP와 P_i로부터 ATP를 합성함으로써 에너지를 붙잡아 둔다.

12.2 포도당(Glucose)으로부터 에너지를 수확하는 첫 번째 단계: Glycolysis (해당과정)

자동차 엔진에서, 탄화수소 연료는 기본적으로 한 단계 과정을 거쳐 산화적으로 그리고 폭발적으로 기계적 일(피스톤 운전) 및 CO_2와 H_2O로 전환된다. 이 과정은 비교적 비효율적이어서 연료에 저장된 화학에너지의 상당량은 쓸모없는 열로 전환되어 낭비되고, 상당량의 연료는 단지 부분적으로만 산화되어 종종 탄소를 포함하는 독성 배기 가스로 방출된다. 유기체는 살아남기 위한 생존 경쟁에서 경우에 따라 제한될 수밖에 없는 에너지원을 이와 같은 비효율적인 과정으로 낭비할 수 있는 여력을 갖고 있지 않기 때문에, 연료를 일로 전환시키는 더 효율적인 메커니즘을 진화시켰다. *Aerobic oxidation* (호기성 산화)이라 알려진 이 매커니즘은 다음과 같은 장점이 있다.

- 에너지 전환 과정을 에너지를 수반하는 여러 중간 생성물을 생산하는 다수의 단계로 나눔으로써 화학적 결합 에너지가 효율적으로 ATP 합성으로 제공되어 열로 소실되는 에너지를 줄인다.
- 다른 종류의 연료(당과 지방산)가 공통적인 중간 생성물로 전환되어 이들이 연소와 ATP 합성을 위한 차후의 경로를 공유할 수 있다.

초기 연료 분자의 결합에 저장되어 있는 전체 에너지가 단일 ATP 분자(~7.3 kcal/mole)의 합성을 추진하는 데 필요한 에너지보다 훨씬 크기 때문에 소모되는 각 연료 분자당 여러 ATP 분자가 생성된다. 영양분 연료가 CO_2와 물로 분해되면서 ATP를 생성하는 메커니즘의 중요한 특성은 **respiration (호흡)**이라 불리는 일련의 반응이며, 이는 *electron transport chain* (전자전달계)이라 불리는 일련의 산화와 환원 작용을 포함한다(그림 12-1, **위쪽** 참조). 이 반응과 ADP를 ATP로 인산화시키는 것을 합쳐서 **oxidative phosphorylation (산화적 인산화)**이라 부르는데, 이는 거의 전체 진핵생물 세포에 있는 미토콘드리아에서 일어난다. 산소가 가용해서 전자전달계를 통해 전달된 electron의 최종 수용체로 쓰이게 되면, 영양분 에너지를 ATP로 전환시키는 호흡 과정을 *aerobic respiration* 혹은 *aerobic oxidation* (호기성 산화)이라 부른다. Aerobic respiration (호기성 호흡)은 산소가 비교적 강력한 산화제이기 때문에 기본적으로 영양분 에너지의 ATP로의 전환을 최대화시키는 효율적인 방법이다. 만일 산소가 아닌 다른 일부 분자, 예를 들어 sulfate (SO_4^{2-})나 nitrate (NO_3^-)와 같은 약한 산화제가 전자전달계의 최종 전자 수용체라면, 이 과정은 **anaerobic respiration (혐기성 호흡)**이라 불리게 된다. 호기성 호흡은 일부 prokaryote (원핵생물) microorganism (미생물)에 특징적으로 나타난다. 비록 예외가 존재하지만, 대부분의 다세포 metazoan (후생동물) eukaryote (진핵생물) 유기체는 자신들에게 필요한 대부분의 ATP를 호기성 호흡을 통해서 생성한다.

우리는 호기성 산화를 논의하면서 2개의 주요한 세포의 연료인 당(주로 포도당)과 지방산의 변화를 따라가 볼 것이다. 아미노산도 특정 상황에서는 이 대사 경로로 유입된다. 포도당의 산화를 먼저 설명한 후에 지방산에 대해 설명한다.

각 포도당 분자가 완전하게 호기성 산화되면 6분자의 CO_2를 생성하고 방출된 에너지는 최고 30분자의 ATP 합성에 연결된다. 전반적인 반응은 다음과 같다.

$$C_6H_{12}O_6 + 6\,O_2 + 30\,P_i^{2-} + 30\,ADP^{3-} + 30\,H^+ \\ \rightarrow 6\,CO_2 + 30\,ATP^{4-} + 36\,H_2O$$

포도당의 산화는 진핵생물에서 4단계에 걸쳐 일어난다(그림 12-1, **위쪽** 참조).

Stage I: 해당과정 Cytosol (세포질)에서 6-carbon (탄소 6개로 이루어진) 1개 분자의 포도당을 일련의 반응을 통해 3-carbon **pyruvate** (3개 탄소로 이루어진 pyruvate) 2개 분자로 전환한다. 각 포도당 분자당 순수하게 2개 분자의 ATP가 생성된다.

Stage II: 시트르산 회로 **미토콘드리아**에서 일어나는 pyruvate의 CO_2로의 산화는 고에너지 electron carrier (전자운반체)인 NADH와 $FADH_2$의 생성과 연결되며, 이들은 차후에 쓰기 위해 에너지를 저장한다.

Stage III: 전자전달계 방출된 에너지를 proton-motive force (H^+ 양성자 전기화학적 구배)로 전환시키는 막 단백질을 통해 NADH와 $FADH_2$로부터 방출된 고에너지 전자가 electric potential gradient (전위 구배)를 따라 O_2로 전달된다. 전자로부터 얻어진 에너지는 양성자를 막을 가로질러 펌프해 내보내어 양성자 구배를 형성한다.

Stage IV: ATP 합성 양성자가 농도와 voltage gradient (전위 구배)를 따라 미토콘드리아 막에 존재하는 ATP 합성효소를 통해 이동하면서 양성자 구동력이 ATP 합성에 동력을 제공한다. 각각의 포도당 분자당 28개의 ATP가 이러한 산화적 인산화 메커니즘을 통해 추가적으로 생성된다(stage II–IV).

우리는 이 절에서 stage I인 세포질에서 포도당을 pyruvate로 분해하는 생화학 경로를 논의할 것이다. 그리고 이 경로가 어떻게 조절되고,

그림 12-3 Glycolytic pathway. 일련의 10개의 반응이 포도당을 pyruvate로 분해한다. 반응 2개는 ATP를 소비하여 ADP와 인산화된 당을 형성하고(빨간색), 다른 반응 2개는 substrate-level 인산화를 통해 ADP로부터 ATP를 생성하며(녹색), 반응 하나는 NAD^+를 환원시켜 NADH를 생성한다(노란색). 포도당와 pyruvate 사이의 모든 중간 생성물은 인산화 화합물임에 주시하라. 화살표 하나로 표시된 반응 단계 1, 3, 10은 정상적인 세포 상황에서는 본질적으로 비가역적이다(커다란 마이너스 ΔG 값).

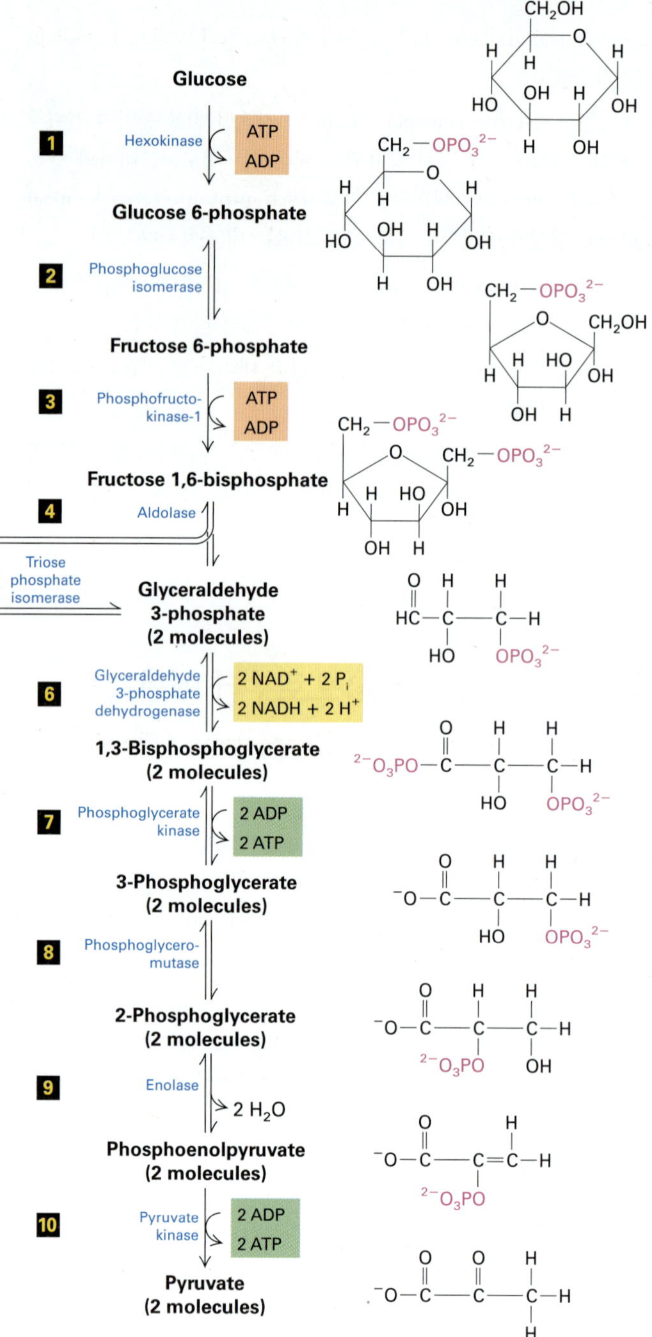

포도당의 대사가 호기성 상태와 혐기성 상태에서 어떻게 비교되는지 논의할 것이다. 일단 미토콘드리아로 들어간 pyruvate의 궁극적인 운명은 12.5절에서 논의될 것이다.

해당과정(Stage I) 중 Cytosolic 효소가 포도당을 Pyruvate로 변환시킨다

해당과정(glycolysis)은 포도당 산화의 첫 번째 단계로서 진핵생물과 원핵생물 모두의 세포질에서 일어나며, 산소 분자를 필요로 하지 않아 혐기성 과정이다. 해당과정은 복합체를 단순한 물질로 분해를 일으키는 생물학적 작용인 **catabolism (이화 작용)**의 예이다. Cytoplasm (세포질)에 있는 10가지 수용성 효소가 한 분자의 포도당을 두 분자의 pyruvate로 변환시키는 *glycolytic pathway* (*glyco*, 달다; *lysis*, 분해하다) 반응을 촉매한다(그림 12-3). 우리는 포도당이 pyruvate로 효율적으로 전환되기 위하여 왜 그렇게 많은 단계가 필요한지 그 이유에 대하여 이살펴볼 것이다.

이러한 효소에 의해서 생성되는 모든 반응 중간 생성물은 *metabolic intermediate* (대사 중간 생성물)라 불리는 수용성 phosphorylated compound (인산화 화합물)이다. 이러한 해당과정은 한 분자의 포도당을 2분자의 pyruvate로 전환시키는 것 이외에도 4분자의 ADP를 인산화시켜서 4분자의 ATP를 생성한다(단계 7과 10). ATP는 인산화된 대사 중간 생물로부터 유래된 P_i와 ADP를 효소 촉매를 통해 직접적으로 연결시키는 것을 통해 생성되는데, 이 과정을 **substrate-level phosphorylation (기질 수준의 인산화**; stage III와 IV에서 ATP를 생성하는 *oxidative phosphorylation*과 이를 구별하기 위함)이라 부른다. 양성자 구동력을 사용하지 않는 해당과정의 기질-수준 인산화는 2개의 phosphate (인산)가 2개의 ATP로부터 미리 첨가되어 있는 것(단계 1과 3)을 필요로 한다. 이것은 펌프질을 시작할 때 물을 조금 부어 주는 것과 같은 원리로 이해될 수 있는데, 더 많은 에너지를 반응 후반부에 효과적으로 회수하기 위하여 전반부에 에너지를 조금 주입하는 것이다. 그러므로 해당과정은 포도당 1분자당 단 2분자의 ATP만을 순수하게 생성한다.

포도당을 pyruvate로 전환시키는 화학 반응식에서 4개의 hydrogen 원자(수소 원자; 4개의 양성자와 4개의 전자)도 방출됨을 볼 수 있다.

$$\underset{\text{Glucose}}{C_6H_{12}O_6} \longrightarrow 2\ \underset{\text{Pyruvate}}{CH_3-\overset{O}{\overset{\|}{C}}-\overset{O}{\overset{\|}{C}}-OH} + 4\,H^+ + 4\,e^-$$

[비록 pyruvate는 physiological (생리학적) pH에서 대부분 이온 상태로 존재하지만, 여기서는 편의를 위해 이온화되지 않은 형태인 pyruvic acid로 나타냈다]. 4개의 전자 모두와 4개의 양성자 중 2개는 산화된 형태의 **nicotinamide adenine dinucleotide (NAD⁺)** 2분자에 옮겨져서(그림 12-3, 단계 **6** 참조), coenzyme (조효소)의 환원된 형태인 NADH를 생성한다(그림 2-33a 참조).

$$2\ H^+ + 4\ e^- + 2\ NAD^+ \rightarrow 2\ NADH$$

우리는 후반부에서 NADH와 NADH 유사 electron carrier (전자 운반체)로서 **flavin adenine dinucleotide (FAD)**의 환원된 형태인 $FADH_2$의 전자에 의해 운반되는 에너지가 전자전달계를 통해 추가적인 ATP를 만드는 데 쓰일 수 있다는 것을 보게 될 것이다(그림 2-33b 참조). 포도당 대사의 첫 단계에 해당하는 전반적인 화학 반응식은 다음과 같다.

$$C_6H_{12}O_6 + 2\ NAD^+ + 2\ ADP^{3-} + 2\ P_i^{2-} \rightarrow 2\ C_3H_4O_3 + 2\ NADH + 2\ ATP^{4-}$$

1개의 포도당을 2개의 pyruvate로 전환하기 위해 이렇게나 많은 효소 반응 단계들과 대사 중간 생성물들이 왜 있어야만 하는가? 한 가지 이유는 중간 생성물들 중 몇 가지는 세포가 필요로 하는 다른 분자 생합성에 사용되는 것으로 우회하기 때문이다. 그 한 가지 예는 dihydroxyacetone phosphate가 glycerol로 전환되는 것이다. 또 다른 이유는 이 전에 언급한 적이 있다: 과정을 여러 단계로 나눔으로써 포도당의 높은 에너지를 보유하고 있는 chemical bond (화학 결합)들의 일부를 열로 손실되는 에너지를 최소화하며, 효율적으로 분리된 단계로 이루어진 ATP 합성(단계 **7**과 **10**)과 NADH 합성(단계 **6**) 통로로 보낼 수 있다. 더군다나, 여러 중간 단계들은 이 단계들, 그리고 그와 관련된 세포 활성들을 독립적 혹은 종합적으로 조절하는 기회를 제공함으로써 대사 경로를 미세하게 조절하는 것을 가능하게 한다.

해당과정이 끝난 뒤 포도당의 가용한 에너지 중에 단지 일부분만이 추출되어 NADH와 ATP로 전환되었을 뿐이다. 나머지 에너지는 pyruvate 2분자의 공유결합에 그대로 잡혀 있다. Pyruvate에 저장된 에너지를 효율적으로 ATP로 전환시킬 수 있는가 하는 능력은 산소 분자의 유무에 달려 있다. 앞으로 전자전달계(2.5절)를 살펴보게 되면 알 수 있듯이, 에너지 전환은 호기성 상황이 혐기성 상황에 비해 훨씬 더 효율적이다.

해당과정의 속도는 세포의 ATP 요구를 충족하기 위하여 맞추어진다

세포는 적절한 수준의 ATP를 유지하기 위해 포도당 이화 작용의 속도를 조절해야 한다. 세포는 이를 위해 효소가 촉매하는 반응과 대사경로를 조절한다. 시트르산 회로(stage II) 뿐만 아니라, 해당과정 경로(stage I)의 작동은 주로 allosteric (알로스테릭, 다른자리입체성) 메커니즘에 의하여 지속적으로 조절된다(알로스테릭 조절의 일반적 원리는 제3장 참조). 해당과정에 관여하는 3개의 알로스테릭 효소가 전체 해당과정 경로를 조절하는 데 핵심적인 역할을 한다. *Hexokinase* (그림 12-3, 단계 **1** 참조)는 자신의 반응산물인 glucose 6-phosphate에 의해서 억제된다. Hexokinase는 포도당 센서의 역할을 하면서 적어도 2개의 추가적인 방법으로 에너지 대사를 조절하는 데 참여한다. 효모를 제외하고, 포유동물과 식물의 hexokinase isoform (동형)들은 **미토콘드리아 외막**의 세포질 쪽 표면에 붙어 활동한다. 이것은 세포질의 해당과정 시스템의 활성과 호흡을 포함한 미토콘드리아의 활성을 함께 조정함으로써 효율적이며 전체적인 ATP 생산을 촉진한다. 포유동물, 식물, 그리고 효모에서는 몇 가지 hexokinase isoform들이 핵에 들어가 전사인자의 cofactor (보조인자)로 작용하여 몇 가지 주요 효소의 합성을 조절함으로써 에너지 대사를 조절한다. 두 번째 알로스테릭 효소인 *Pyruvate kinase* (그림 12-3, 단계 **10** 참조)는 ATP에 의해서 억제되는데, 만일 ATP가 너무 많이 존재하면 해당과정이 느리게 일어난다. 세 번째 효소인 *phosphofructokinase-1* (그림 12-3, 단계 **3** 참조)은 glycolytic pathway의 가장 주요한 속도 제한 효소이다. 이 효소가 해당과정의 속도를 결정하는 데 있어서 결정적 역할을 하는 상징으로, 이 효소는 여러 분자에 의해서 알로스테릭하게 조절된다(그림 12-4).

예를 들어, phosphofructokinase-1은 ATP에 의해서 알로스테릭하게 *inhibited* (억제)되지만, AMP에 의해서는 알로스테릭하게 *activated* (활성화)된다. 결과적으로, 해당과정의 속도는 ([ATP] + 0.5[ADP])/([ATP] + [ADP] + [AMP]) 값과 같은 "고에너지" phosphoanhydride 결합을 갖는 총 adenosine phosphate의 분획 값인 세포의 **energy charge (에너지 충전)**에 매우 민감하다. ATP에 의한 phosphofructokinase-1의 allosteric 억제는 ATP가 이 효소의 기질이기도 하기에 이례적으로 보일 수도 있다. 그러나 기질 결합 부위의 ATP에 대한 친화력이 알로스테릭 부위의 ATP에 대한 친화력보다 훨씬 크다(K_m 값이 작

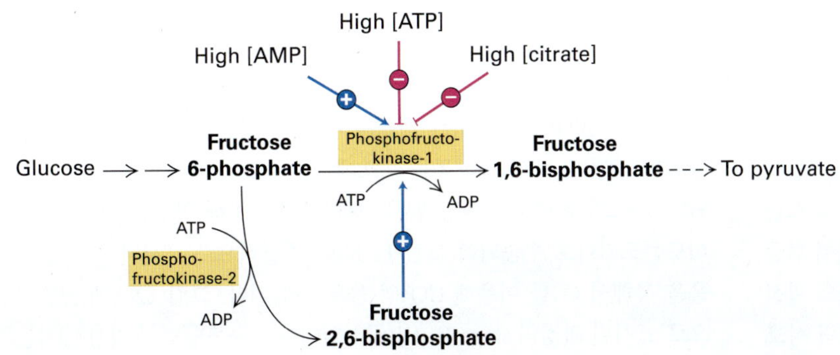

그림 12-4 포도당 metabolism의 allosteric 조절. 해당과정에 있어서 핵심적 조절 효소인 phosphofructokinase-1은 AMP와 fructose 2,6-bisphosphate에 의해서 allosteric한 방식으로 활성화되는데, 이들은 세포의 에너지 저장분이 낮아졌을 때 증가된다. 이 효소는 ATP와 citrate에 의해서 억제되는데, 이 둘은 모두 세포가 포도당을 CO_2로 활발하게 산화시킬 때(에너지 저장분이 높을 때) 증가하는 물질이다.

다). 그러므로 ATP의 농도가 낮은 상황에서는 ATP가 알로스테릭 억제 부위가 아닌 기질 부위에 결합하여 효소 촉매작용은 거의 최대 속도로 진행된다. ATP의 농도가 높은 상황에서는 ATP가 알로스테릭 부위에도 결합하여 효소의 구조 변화를 유도함으로써, 다른 기질인 fructose 6-phosphate에 대한 효소의 친화력이 감소되며, 이 반응 속도가 감소함에 따라 해당과정 전체 속도가 감소한다.

Phosphofructokinase-1의 또 다른 중요한 알로스테릭 activator (활성 인자)는 *fructose 2,6-bisphosphate*이다. 이 대사산물은 fructose 6-phosphate로부터 *phosphofructokinase-2*라 불리는 효소에 의해서 형성된다. Fructose 6-phosphate는 fructose 2,6-bisphosphate의 생성을 촉진시키고, 이것이 phosphofructokinase-1을 활성화시킨다. 이러한 유형의 조절은 *feed-forward activation*이라고 알려져 있는데, 이 조절에서는 풍부한 대사산물이(여기서는 fructose 6-phosphate) 차후 대사를 촉진시킨다. 간세포에서 fructose 2,6-bisphosphate는 고농도 ATP에 의한 억제 효과를 감소시키면서 phosphofructokinase-1의 기질 중의 하나인 fructose 6-phosphate에 대한 phosphofructokinase-1의 친화력을 증가시켜서 알로스테릭하게 phosphofructokinase-1을 활성화시킨다. 21장에서 호르몬인 insulin (인슐린)이 fructose 2,6-bisphosphate를 통해 에너지 대사에 어떻게 영향을 미치는지 살펴보게 될 것이다. Phosphofructokinase-1은 또한 높은 농도의 citrate에 의하여 억제된다. 본장의 뒷부분에서, citrate가 포도당 산화의 stage II에서 생성되는 것을 보게 될 것이다.

알로스테릭하게 조절되는 3개의 해당과정 효소는 커다란 마이너스 값의 $\Delta G^{\circ\prime}$을 가지는 반응을 촉매하는데, 이 반응들은 일반적인 상황에서 근본적으로 비가역적이다. 그러므로 전반적인 해당 경로를 조절하는 데 이 효소가 특별히 적합하다. 추가적인 조절이 glyceraldehyde 3-phosphate dehydrogenase에 의해서 제공되는데, 이 효소는 NAD^+를 NADH로 환원시키는 것을 촉매한다(그림 12-3, 단계 **6** 참조). 앞으로 보게 되겠지만, NADH는 미토콘드리아의 산화적 인산화에서 차후에 쓰이게 될 고에너지 electron carrier (전자 운반체)이다. 만일 미토콘드리아에서의 산화가 느려져서 세포질에 NADH가 축적되면, 단계 **6**은 열역학적으로 덜 순조롭게 된다.

포도당 대사는 개체 전체의 대사 요구를 충족시키기 위하여 포유동물의 여러 조직에서 다르게 조절된다. 예를 들어, 탄수화물 기근 기간 중에는 간이 포도당을 혈액으로 방출할 필요가 있다. 이를 위해서, 간은 포도당의 저장 형태(2장 참조)인 glycogen polymer (글리코겐 중합체)를 직접적으로 glucose 6-phosphate로 전환시킨다(hexokinase가 관여하지 않는다. 그림 12-3, 단계 **1** 참조). 이러한 상황 하에서 fructose 2,6-bisphosphate의 수준은 감소되고 phosphofructokinase-1의 활성은 줄어든다(그림 12-4 참조). 결과적으로, glycogen으로부터 유래된 glucose 6-phosphate는 pyruvate로 분해되지 않고 phosphatase (탈인산화효소)에 의해서 포도당로 전환돼서 포도당을 주 에너지원으로 쓰는 brain (뇌)과 red blood cell (적혈구)에 영양분을 공급하기 위하여 혈중으로 방출된다. 이 모든 경우에 있어서 조절을 받는 이러한 효소의 활성은 작은 분자 대사산물의 수준에 의해서, 일반적으로 알로스테릭 상호작용에 의해 조절되거나 아니면 호르몬에 의해 매개되는 인산화와 탈인산화(탈인산화)에 의해서 조절받는다. (근육과 간에서 일어나는 포도당 대사의 호르몬 조절에 대한 더 자세한 논의는 15장과 21장에서 다루어질 것이다.)

포도당는 산소가 부족할 때 발효(Fermented)된다

사람을 포함한 많은 진핵생물은 *obligate aerobe* (절대 호기성 생물)이다. 이들은 산소 분자가 존재하는 상황에서만 자랄 수 있고, 포도당(혹은 유사한 당)을 CO_2로 완전히 분해하면서 동시에 많은 양의 ATP를 생성한다. 그러나 대부분의 진핵생물은 혐기성 대사에 의해서도 일부 ATP를 생성할 수 있다. 일부 진핵생물은 *facultative anaerobe* (조건적 혐기성 생물)이다. 이들은 산소의 유무에 상관없이 자란다. 예를 들어, annelid (환형동물), mollusk (연체동물), 일부 yeast (효모)는 산소 없이도 fermentation (발효)에 의해 생성되는 ATP에 의존해서 자라고 살 수 있다.

산소가 존재하지 않는 상황에서, 효모는 해당과정을 통해 형성된 pyruvate를 한 분자의 ethanol과 한 분자의 CO_2로 전환시킨다. 이 반응에서 2분자의 pyruvate가 2분자의 ethanol로 전환될 때 2분자의 NADH가 NAD^+로 oxidize되면서 NAD^+를 재생하여 공급하는데, 이 반응이 해당과정이 계속 일어나기 위해서는 꼭 필요하다(그림 12-5a, 왼쪽). 이러한 포도당의 혐기성 이화 작용인 **fermentation (발효)**이 맥주와 와인을 생산하는 근거이다.

비록 알코올 대신에 lactic acid (젖산)가 만들어지지만 동물 세포에서도 발효가 일어난다. 예를 들면, 운동 중과 같이 포유동물 skeletal muscle (골격근) 세포의 지속된 수축은 근육조직 내의 산소를 제한할 수 있다. 결과적으로, 포도당 이화 작용은 해당과정으로만 제한되고, 근육 세포는 pyruvate를 2분자의 젖산으로 환원 반응을 통해 전환시키면서 동시에 2분자의 NADH를 NAD^+로 산화시킨다(그림 12-5a, 오른쪽). 젖산은 monocarboxylic transporter (수송체)에 의하여 세포 밖으로 나간다. 일단 혈중으로 방출되면 일부 젖산은 간으로 유입되어 pyruvate로 reoxidize된 후 호기성 상태에서 CO_2로 대사가 일어나거나 아니면 포도당로 재전환된다. 상당량의 lactate는 심장에서 CO_2로 대사가 일어나는데, 심장은 산소가 결핍된 운동을 하고 있는 골격근이 lactate를 분비하는 시점에도 혈액을 잘 공급하므로 유산소 대사를 계속적으로 진행할 수 있다. 젖산이 지나치게 많이 혈액에 쌓이게 되면, 산은 혈액의 pH를 낮추는데, 이는 건강한 상태가 아니다(lactic acidosis, 젖산 산증). Lactic acid bacteria (젖산 박테리아: 우유를 부패시키는 미생물)와 다른 원핵생물도 포도당을 lactate로 발효시켜 ATP를 생성한다.

발효는 ATP를 생산하는 데 있어서 호기성 산화에 비해 훨씬 비효율적인 방법이다. 따라서 동물 세포에서는 산소가 부족할 때에만 일어난다. 산소가 존재하는 상황에서는 해당과정을 통해 형성된 pyruvate는 미토콘드리아로 수송되어 그림 12-5b에 개괄적으로 표시된 일련의 반응을 통해서 O_2를 이용해 CO_2와 물로 산화된다. 그림 12-1에 개괄적으로 표시된 과정의 stage II–IV에서 일어나는 포도당의 호기성 대사는

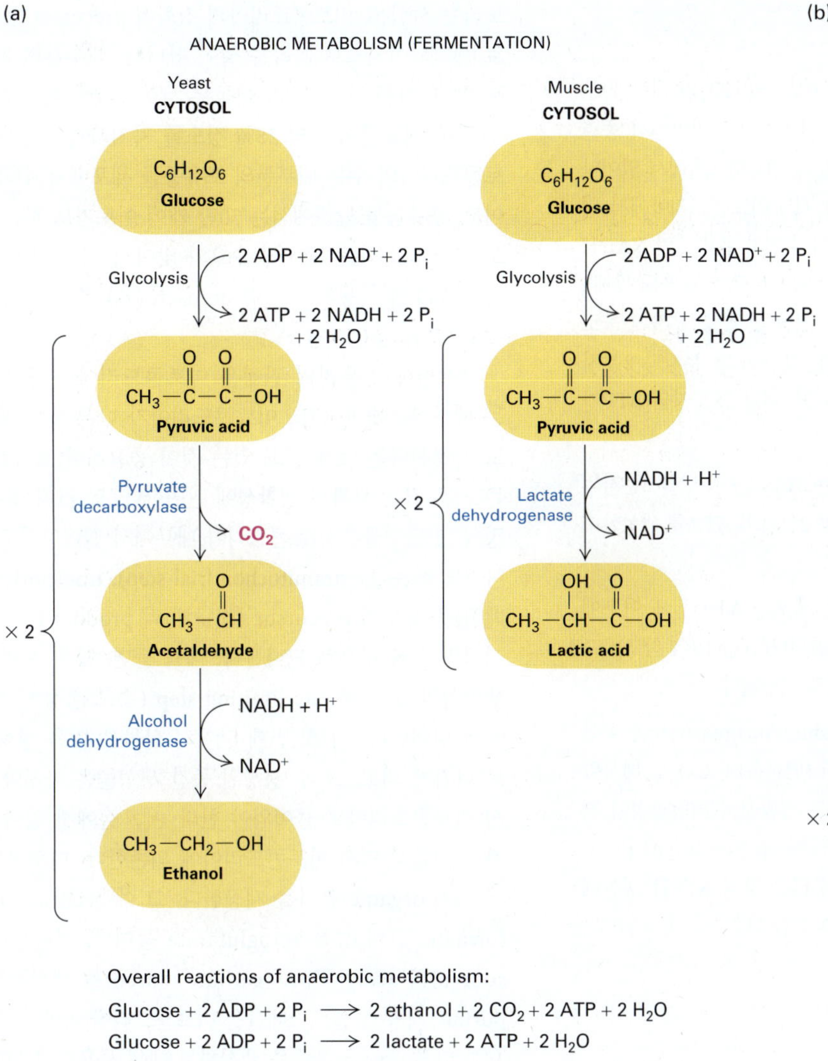

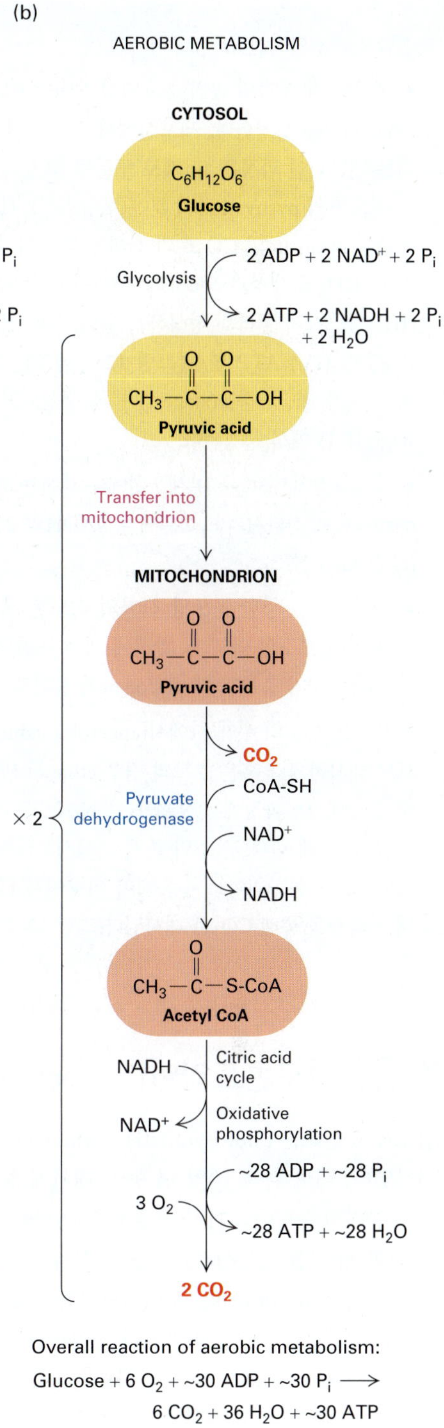

그림 12-5 포도당의 anaerobic 대 aerobic metabolism. 해당과정 동안 생성된 pyruvate의 궁극적인 운명은 산소의 유무에 달려 있다. (a) 산소가 없는 경우, pyruvate는 단지 부분적으로 분해되어 더 이상의 ATP를 만들지는 않는다. 그러나 해당과정 도중에 생성된 NADH 각 분자로부터 2개의 전자가 acceptor 분자로 전달되어 NAD^+를 재생시키는데, NAD^+는 해당과정이 지속적으로 일어나기 위하여 필요하다. 효모에서는(왼쪽) acetaldehyde가 전자 acceptor이고 ethanol이 생성물이다. 이 과정을 *alcohol fermentation* (알코올 발효)이라 부른다. 근육세포에서 산소가 부족할 때(오른쪽) NADH가 pyruvate를 환원시켜 젖산을 형성하고 NAD^+를 재생시키는데, 이 과정을 *lactic acid fermentation* (젖산 발효)이라 부른다. (b) 산소가 존재할 때, pyruvate는 미토콘드리아로 수송된다. Pyruvate는 첫 번째로 pyruvate dehydrogenase에 의해 각각 하나의 CO_2와 acetic acid 분자로 변환되고, acetic acid는 coenzyme A (CoA-SH)에 연결되어 acetyl CoA를 형성하면서 하나의 NAD^+ 분자를 NADH로 환원시킨다. Acetyl CoA와 NADH의 차후 대사는 포도당 분자 하나가 산화될 때마다 추가적으로 약 28분자의 ATP를 생성한다.

원래의 포도당 1분자당 추가적으로 추정치 28분자의 ATP를 생산해내는데, 이는 포도당의 혐기성 대사(발효)에 의해 생성되는 ATP의 양을 훨씬 뛰어넘는다.

호기성 산화에서 ATP가 어떻게 그와 같이 효율적으로 생성되는가를 이해하기 위해서는 이 반응이 일어나는 organelle (세포소기관)인 미토콘드리아의 구조와 기능을 우선 살펴봐야 한다. 미토콘드리아의 구조, 역동성, 기능들이 다음 두 절의 주제이다.

12.2절의 주요 개념

포도당(Glucose)으로부터 에너지를 수확하는 첫 번째 단계: Glycolysis (해당과정)

- 세포는 호기성 산화이라 알려진 과정에서 포도당 혹은 지방산의 산화를 ("연소") 통해 방출된 에너지를 ATP의 말단 phosphoanhydride

결합으로 전환시킨다.

- 포도당 각 분자의 완벽한 호기성 산화는 6분자의 CO_2와 대략 30분자의 ATP를 생성한다. 세포질에서 시작하여 미토콘드리아에서 종결되는 전반적인 과정은 4단계로 구분될 수 있다. (I) 세포질에서 일어나는 포도당의 pyruvate로의 분해(해당과정); (II) 미토콘드리아에서 일어나는 pyruvate의 CO_2로의 산화는 고에너지 전자 운반체인 NADH와 $FADH_2$의 생성과 couple (연결)되어 있다(시트르산 회로를 통해); (III) 양성자 구동력을 형성하기 위한 전자 전달 및 산소 분자의 물로의 전환; (IV) ATP 합성(그림 12-1 참조). 각 포도당 분자당 2분자의 ATP가 해당과정을(stage I) 통해 생성되고, 대략 28분자의 ATP가 stage II–IV에서 생성된다.
- 해당과정에서(stage I) 세포질에 존재하는 효소가 포도당을 2분자의 pyruvate로 전환시키고, 2분자의 NADH와 2분자의 ATP를 생성한다(그림 12-3 참조).
- 해당과정을 통한 포도당 산화의 속도는 세포의 ATP 필요 여부에 따라 여러 효소의 억제 및 활성에 의해 조절된다(그림 12-4 참조). 포도당은 ATP가 충분할 때 glycogen의 형태로 저장된다.
- 세포는 산소의 부재 하에서(anaerobic condition) pyruvate를 젖산으로 대사하거나 혹은 효모의 경우 ethanol (에탄올)과 CO_2로 대사할 수 있는데, 이 과정에서 NADH를 NAD^+로 전환시켜 해당과정이 지속될 수 있게 한다. 산소의 존재 하에서는(aerobic condition) pyruvate가 미토콘드리아로 수송되어 이곳에서 많은 양의 ATP를 생산해 내는 과정을 통해 CO_2로 대사된다(그림 12-5 참조).

12.3 미토콘드리아(Mitochondria)의 구조

산소를 생성하는 photosynthetic cyanobacteria는 약 27억 년 전에 출현하였다. 대략 다음 10억 년 동안 대기에 충분한 산소(O_2)가 축적된 것은 유기체로 하여금 매우 효율적인 aerobic oxidation pathway (유산소 산화 경로)를 탄생시키고 이를 진화시키는 길을 열어 주었는데, 이것은 특히 *Cambrian explosion* (캄브리아기 대폭발)이라 불리는 기간 동안에 크고 복잡한 몸의 형태와 이와 연관된 대사 활성을 진화시키게 된다. 진핵생물 세포에서 호기성 산화은 미토콘드리아가 수행한다(그림 12-1의 stage II–IV). 사실상 미토콘드리아는 이러한 풍부한 산소의 혜택을 완벽하게 누리는 ATP 생성 공장이다. 우리는 첫 번째로 이들의 구조, 역동성, 그리고 ATP를 만드는 것을 능가하는 다양한 기능들을 기술한 후, 이들이 pyruvate를 분해하고 ATP를 만드는 데 이용하는 반응들을 설명할 것이다.

미토콘드리아는 풍부하게 존재하는 다기능적 세포소기관이다

각각의 미토콘드리아(그림 12-6a)는 *Escherichia coli* 박테리아 크기 정도라는 사실은, 미토콘드리아의 진화적 precursor가 박테리아였을 것으로 생각되어지므로 놀라운 일이 아니다. 대부분의 진핵세포는 많은 미토콘드리아를 갖고 있고, 이들은 서로 융합하여 거대한 네트워크를 이루면서, 세포질 부피의 25% 정도를 차지하기도 한다. 한 세포 안의 미토콘드리아의 수는 대부분의 포유동물 세포에서 수백에서 수천 개 정도이고, 포유동물 난자에서는 50만 개에 이르기도 하는데, 이는 대체로 세포가 필요로 하는 ATP의 수요와 맞아 떨어진다[예, 산 분비를 위하여 많은 ATP를 사용하는 특수 stomach (위) 세포는 많은 미토콘드리아를 갖고 있다].

이 장에서 우리의 관점은 미토콘드리아의 구조와 ATP를 생성하는 메커니즘에 있지만, 미토콘드리아가 다른 많은 중요한 세포 과정에도 참여한다는 것을 알고 있는 것이 중요하다(표 12-1). 미토콘드리아는 많은 작은 분자의 생합성에 관여한다. 몇 가지 경우, 이들 생합성 과정의 몇 단계들은 미토콘드리아 내부에서 일어나기도 하고 밖에서 일어나기도 하는데(extramitochondrial step), transporter protein (전달 단백질)을 통하여 precursor (전구체)와 product (생성물)들이 미토콘드리아의 안과 밖으로 드나든다. 예를 들면, 많은 진핵생물에서는, heme 생합성의 첫 번째 rate-limiting step (속도 결정 단계)이 미토콘드리아에서 일어난다. 이 첫 번째 단계의 산물은 다음 변형을 위하여 세포질로 나가게 되고, 그 후 생성된 중간 생성물은 마지막 단계를 위하여 다시 미토콘드리아로 들어와야 한다. 세포질에서 일어나는 많은 작은 분자의 생합성 역시 미토콘드리아에 의존한다. 미토콘드리아는 세포질에 몇 가지 organic 분자를 제공한다. 그 예는 citrate, isocitrate, malate, formate, 그리고, α-ketoglutarate 등이다. 이들은 NADPH (energy source)와 acetyl CoA (carbon source)를 생성하거나, glutathione, purine, 지방산, 콜레스테롤을 미토콘드리아 밖에서 생합성하는 데에 필요한 다른 precursor들을 생성하는 데에 사용하게 된다.

미토콘드리아는 구조와 기능면에서 성질이 전혀 다른 2개의 막을 갖고 있다

미토콘드리아의 자세한 구조는 전자현미경(electron microscopy; 그림 1-20과 12-6)와 초해상도형광현미경(superresolution fluorescence microscopy; 그림 12-8)로 관찰할 수 있다. 미토콘드리아는 같은 중심을 가지는 성질이 전혀 다른 2개의 막, 즉 **mitochondrial outer membrane (미토콘드리아 외막)**과 **mitochondrial inner membrane (미토콘드리아 내막)**을 가진다. 미토콘드리아 외막은 미토콘드리아의 매끄러운 바깥 경계를 규정한다. 미토콘드리아 내막은 외막 바로 밑에 존재하며, 3개의 구조적으로 구분되는 도메인을 갖고 있다. *Boundary membrane* (경계막, 혹은 inner boundary membrane, 경계 내막)은 바깥막 바로 안쪽이나 바로 옆에 놓여 있는 납작한 미토콘드리아 내막이다. **Mitochondrial cristae (미토콘드리아 크리스테)**라 불리는 수많은 함입부를 가지고 있는데, 이들은 내막 경계로부터 미토콘드리아 중심부에 이르기까지 뻗어 있다. 함입하고 있는 크리스테는 미토콘드리아 내막의 표면을 현저히 늘어나게 한다. 아래에 보는 바와 같이, 크리스테의 막은

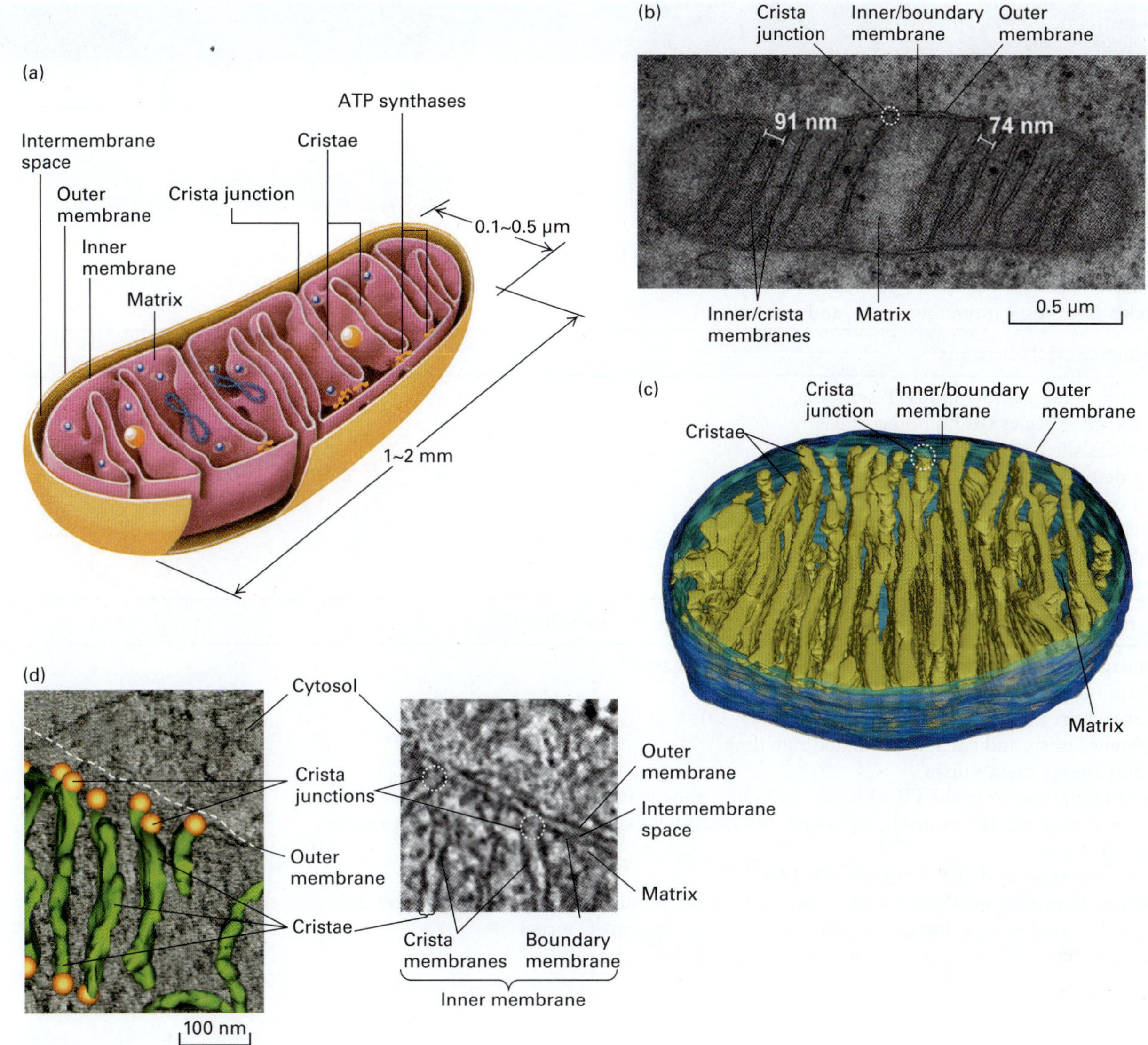

그림 12-6 미토콘드리아의 내부 구조. (a) 주요 membrane과 구획을 보여 주는 모식도. 매끈한 외막은 미토콘드리아의 외부 경계를 형성한다. 내막은 외막과 뚜렷하게 다르며, 세 가지 서로 구분되는 부분으로 이루어져 있다: boundary membrane, 크리스테 그리고 crista junction. Boundary membrane은 납작하고 외막의 바로 아래 혹은 근처에 놓여 있다. 크리스테는 넓게 펴진 면이나 튜브 같은 함입을 형성하는데, 이들은 boundary membrane으로부터 뻗어 나와 미토콘드리아의 가운데로 뻗어 있다. 급격하게 굽어져 있으면서 크리스테를 외막과 나란히 있는 내막의 일부분에 연결시키는 구조를 *crista junction*이라 부른다. 막사이 공간은 각 크리스테의 내강과 연결되어 있는 액체로 채워진 공간이다. 매트릭스는 내막 안의 액체로 채워진 공간이다(막사이 공간으로부터 내막의 반대편). ATP를 합성하는 F_0F_1 *complex* (작은 노란색 구형)는 ATP를 합성하며, 크리스테 막의 굽어져 있는 부분에 이량체로 일렬로 서 있고 매트릭스 쪽으로 튀어나와 있다(그림 12-34e에서 표현함). 매트릭스는 미토콘드리아 DNA (파란색 실 가닥), 리보솜(파란색 작은 구형), 그리고 입자(큰 노란색 구형)들을 가지고 있다. (b) 사람 세포주 — HeLa 세포 — 의 얇은 단면의 투사 전자현미경(transmission electron micrograph) 영상. 크리스테가 나란히 사다리 모양으로 쌓여 있는 미토콘드리아의 내막과 외막을 보여준다. 1개의 crista junction은 흰색 점선으로 된 원으로 강조되어 있다. 사다리 같이 쌓아 올린 크리스테 더미는 초해상도형광현미경으로 볼 수 있다(그림 12-8 참조). (c) 닭의 뇌에서 분리한 미토콘드리아 단면의 컴퓨터 재생 모델. 이 모델은 규칙적인 간격마다 기록된 일련의 이차원적 단층 전자현미경 사진(panel b와 같은)으로부터 계산하여 만들어진 삼차원적 전자현미경 이미지 모델이다. 이 기법은 의학 이미징에서 사용하는 삼차원 X-Ray tomogram 혹은 CAT scan과 유사하다. 빽빽하게 들어찬 크리스테(노란색-녹색), 내막(연한 파란색) 그리고 외막(진한 파란색), 그리고 crista junction (흰 점선 원)에 주목하라. (d) 사람 섬유아세포의 크리스테와 crista junction을 전자현미경과 tomography로 시각화하고 모델화되었다. 오른쪽 패널은 투사전자현미경을 사용하여 이미징한 미토콘드리아의 막이 분명히 보이는 여러 단면의 하나를 보여준다. 크리스테 막을 inner boundary membrane으로부터 분리하는 crista junction (점선 원)에 위치한 내막의 급격하게 굽어진 곳이 선명하게 보인다. 왼쪽 패널은 면(edge, 녹색)으로 보이는 laminar cristae와 crista junction (주황색 구형)의 3차 tomographic 모델을 EM 이미지에 겹쳐 놓은 것이다. [Part (b) T. Stephan et al., 2019, "Live-Cell STED Nanoscopy of Mitochondrial Cristae." *Sci. Rep.* **9**:12419 (2019). https://doi.org/10.1038/s41598-019-48838-2. Part (c) T. G. Frey and G. A. Perkins. Part (d) D. C. Jans et al., 2013, "STED Super-Resolution Microscopy Reveals an Array of MINOS Clusters Along Human Mitochondria," *Proc. Natl. Acad. Sci. USA* **110**:8936–8941, Fig. 6, Fig. 6A and C.]

표 12-1 • 미토콘드리아의 다양한 기능

Biosynthesis or processing of small molecules
Fatty acids Steroid hormones Pyrimidines Iron-sulfur clusters Heme Phospholipids (phosphatidylethanolamine, phosphatidylglycerol, cardiolipin) Ubiquinone Amino acids (synthesis, interconversion, and catabolism)
Other mitochondrial functions
Oxidative phosphorylation and ATP synthesis Reactive oxygen species (ROS) homeostasis Ion homeostasis (e.g., calcium) Ammonia detoxification Fatty acid oxidation Thermogenesis (heat generation) in brown fat Contributions to innate immunity and inflammation Regulated cell death pathways (e.g., apoptosis)
Cellular processes influenced by mitochondrial-ER membrane contact sites (MCS)
Mitochondrial shape and dynamics (fusion, fission, autophagy) PINK1/Parkin-dependent mitophagy (initiated at MCSs) Calcium transport into mitochondria (see Figure 15-29) Calcium homeostasis and calcium-mediated signaling Glucose and energy metabolism Mitochondrial import from the ER of lipids, including phosphatidylserine and possibly cholesterol Mitochondrial biosynthesis of lipids, including phosphatidylethanolamine and steroid hormones Responses to stress Cell survival via regulated cell death (see Chapter 22) Inflammatory responses via the inflammasome and innate immune responses (see Chapter 24) Pathways implicated in viral infections (cytomegalovirus, hepatitis C virus) Neurodegenerative pathology (Alzheimer's and Parkinson's diseases)

ATP 합성이 일어나는 장소이다—따라서 함입은 미토콘드리아가 ATP를 생성하는 능력을 늘려준다. 경계 내막과 크리스테들 사이의 연결을 *crista junction*이라고 부른다(그림 12-6).

크리스테의 길이와 그 구조(튜브 모양 또는 납작한 모양)는 미토콘드리아마다 매우 다양하다. 대개 겹겹이 쌓여 있어서 단면을 자른 모습이 마치 사다리 계단처럼 보인다(그림 12-6b와 c, 그림 1-21과 12-8). 미토콘드리아 안에는 densely (빽빽이) 쌓인 크리스테가 있는 곳, 덜 빽빽한 곳, 그리고 아예 없는 곳도 있다. Crista junction과 크리스테의 모서리와 끝은 곡선이다. Crista junction의 curvature (곡선 구조; 그림 12-6과 12-30e 참조)는 *MICOS* (*mi*tochondrial *co*ntact *s*ite and cristae organizing system)라고 부르는 단백질 복합체 때문이다. MICOS는 내재(integral) 막단백질 서브유닛을 갖고 있으며, 이들이 서로 결합하여 내막을 구부려 곡선 구조를 만든다. MICOS는 또한 외막-관련 단백질과 결합하여 외막과 내막이 서로 가깝게 맞닿은 딱 맞는 위치를 만들어 낸다. 외막의 MICOS에 대한 결합 상대자는 Tom과 SAM 단백질 복합체(13장에서 고찰, 단백질이 미토콘드리아로 이동하는 과정에 참여하는 단백질 복합체)들을 포함한다. MICOS는 미토콘드리아의 크리스테 구조를 정상적으로 유지하는 데에 필요하다. 또한, MICOS는 경계막과 크리스테 막을 구별하는 단백질과 지질들이 서로 섞이지 않게끔 diffusion barrier (확산 장벽)로서의 역할을 하는 것으로 보인다. 12.6절에서 크리스테의 모서리와 끝이 곡선이 되도록 하는 분자적 기반에 대하여 고찰할 것이다.

외막과 내막은 지형학적으로 2개의 submitochondrial compartment (하위 미토콘드리아 구획)를 규정하게 되는데, 내막과 외막 사이(**미토콘드리아 막사이 공간**)의 **mitochondrial protein complex (미토콘드리아 단백질 복합체)**와 내막 내에서 lumen (내강)을 형성하는 **mitochondrial matrix (미토콘드리아 매트릭스)** 혹은 central compartment (중앙 구역)가 이것이다(그림 12-6a 참조). 전자전달계와 ATP synthase와 같은, 영양소의 에너지를 ATP에 보관된 에너지로 전환시키는 데에 관여하는 많은 단백질들이 미토콘드리아 내막에 위치한다. 전형적인 간 미토콘드리아에서 크리스테를 포함하는 내막의 표면적은 외막의 약 5배에 이른다. 사실상 간세포에서 모든 미토콘드리아 내막의 총면적은 plasma membrane (세포막)의 17배나 된다. 심장와 골격근의 미토콘드리아는 전형적인 간 미토콘드리아보다 3배나 많은 크리스테를 가지고 있는데, 이는 아마도 근육 세포가 더 많은 ATP를 필요로 하는 것을 반영하는 것 같다.

약 1,000여 개 이상의 다른 폴리펩타이드가 미토콘드리아를 형성하고 유지시키며 기능을 발휘하기 위해서 필요하다. 자손으로 유전되는 유전자 돌연변이의 예에 기인하여 미토콘드리아 연관 단백질의 기능적 결함은 250종을 넘는 인간 질병으로 나타난다. 이들 중에서 가장 흔한 것이 전자전달계 질병인데, 이들은 150종의 단백질을 암호화하는 유전자 중의 어느 하나에서 일어난 돌연변이에 의해 야기될 수 있으며, 근육, 심장, 신경계, 간 및 또 다른 생리학적 계에 영향을 미쳐 아주 다양한 임상적 비정상 상태를 표출한다. 다른 미토콘드리아 질병에는 Miller syndrome (밀러 증후군)이 포함되는데, 이는 다수의 해부학적 기형 및 connective tissue (연결조직) 결함으로 나타난다.

외막에 가장 풍부한 단백질은 박테리아 porin (포린)의 구조와 유사한 transmembrane (막횡단) channel protein (통로 단백질)인 *VDAC* (*v*oltage-*d*ependent *a*nion *c*hannel)이라고도 부르는 mitochondrial β-barrel **porin**이다(그림 10-18 참조). 이온과 대부분의 작은 분자(약 5,000 Da 이하)는 채널이 열리면 이 통로 단백질을 쉽게 통과할 수 있다. 비록 미토콘드리아 porin 개폐에 대사적 조절이 있어서 외막을 통한 대사산물의 흐름이 조절을 받을 수 있을지는 몰라도 크리스테를 가지고 있는 내막이 세포질과 미토콘드리아 매트릭스 사이의 투과성을 결정짓는 주요한 경계인데, 이것이 미토콘드리아 산화와 ATP 생성 속도를 제한한다.

내막 전체 무게의 76%를 단백질이 차지하는데, 이는 다른 어떠한 세포막하고 비교해서도 높은 비율이다. 이 단백질들 중 상당수가 산화적 인산화의 핵심 구성원이다. ATP synthase, 전자 전달을 담당하는 단백질, 세포질(막사이 공간을 통과하면서)과 미토콘드리아 매트릭스 간의 대사물질 수송을 담당하는 여러 종류의 transport protein (수송 단백질) 등이 여기에 속한다. 인간의 genome (게놈)은 48종류의 미토콘드리아 수송 단백질을 암호화하고 있다. 이들 중 하나가 ADP/ATP carrier라 불리는 것인데, 이는 새로 합성된 ATP를 매트릭스로부터 막사이 공간으로(궁극적으로는 세포질로) 세포질로부터 유래된 ADP와 교환해서 이동시키는 antiporter (역수송체)이다. 이러한 결정적인 역수송체 없이는 미토콘드리아 ATP의 화학결합에 저장된 에너지를 세포의 나머지 부분에서 가용되지 못할 것이다.

식물도 미토콘드리아를 가지고 있으며, 호기성 산화를 하는 것에 주목하라. 식물에서는 대부분 녹말의 형태로 저당되어 있는 탄수화물이 포도당로 가수분해가 일어난다. 해당과정을 통해 pyruvate가 생성되고, 이것은 동물 세포에서처럼 미토콘드리아로 수송된다. 미토콘드리아에서의 pyruvate 산화 및 부수적인 ATP 형성은 광합성이 불가능한 뿌리와 다른 비광합성 조직에서는 항시 일어나고 광합성을 할 수 있는 세포에서는 광합성이 불가능한 빛이 없는 기간 동안 일어난다. 엽록체에서 일어나는 광합성에 대해 12.7절에서 설명한다.

미토콘드리아의 내막, 크리스테, 매트릭스가 pyruvate와 지방산을 CO_2와 H_2O로 산화시키면서 ADP와 P_i로부터의 ATP 합성을 연결시키는 반응을 포함하여 대부분의 반응이 일어나는 위치이며(그림 12-13 참조), 각 반응은 미토콘드리아의 특정 막이나 분리된 공간에서 일어난다.

미토콘드리아는 DNA를 갖고 있고 Alphaproteobacterium이 연관된 단일 내공생 사건으로부터 진화되었다

대부분의 진핵생물의 대부분의 DNA는 핵에서 발견되지만, 동물, 식물, 곰팡이류의 미토콘드리아와 식물의 엽록체 안에도 DNA는 존재한다. 미토콘드리아와 엽록체는 ancestral cell (조상 세포)이 삼킨(engulfed) 박테리아에서 진화하였고, 이 과정이 **endosymbiont (내공생)**를 형성했다는 것을 보여주는 많은 증거들이 있다(그림 12-7). 진화 과정 중, 대부분의 내공생 박테리아가 원래 갖고 있던 박테리아 유전자의 대부분이 소실되었다. 그들 중 몇몇 유전자들은 그 기능이 핵에서 암호화된 유전자에 의하여 대체되었고, 또 다른 것들은 핵 염색체로 옮겨졌다. 그러나 오늘날의 진핵생물 안에 존재하는 미토콘드리아와 엽록체는 해당 세포소기관의 기능에 필수적인 몇 개의 단백질을 암호화하는 DNA를 갖고 있다. 이 DNA는 또한 그 단백질들이 미토콘드리아 혹은 엽록체 내부에서 합성되기 위하여 필요한 ribosomal RNA와 transfer RNA를 암호화한다. 따라서 진핵생물 세포는 다중 유전 시스템을 갖고 있다: 우세한 핵 시스템과, 미토콘드리아 혹은 엽록체 고유의 DNA, ribosome (리보솜), 그리고 tRNA를 포함하는 2차적 시스템이다(그림 3-49 참조). 13장에 자세히 기술된 바와 같이, 미토콘드리아와 엽록체 안에 있는 단백질의 대부분은 핵 DNA에 의해서 암호화되고, 세포질 리보솜에서 합성되면서, 해당 세포소기관으로 옮겨지게 된다.

여러 진핵생물의 **mitochondrial DNA (mtDNA)** 서열 분석 결과에서 미토콘드리아가 하나의 origin을 갖고 있는데, 이는 현존하는 alphaproteobacteria (α purple 박테리아라고도 불림; 그림 1-1 참조)와 친척인 bacterial symbiote (세균 공생체)였을 것임을 강력히 시사한다. 이들은 반드시 내부에서 같이 살아야만 하는 기생체였기 때문에, 미토콘드리아의 조상은 세포내 공생체로 진화하기 쉬운 세포내 생활 모습을 갖고 있었을 것이다.

mtDNA가 오직 제한된 수의 유전자만을 갖고 있는 유기체 안에서, 같은 세트의 미토콘드리아가 남게 되고, 이는 이들 유기체이 속해 있는 phyla (문)와는 무관하다. 이 유전자들이 왜 핵 유전체로 옮겨가지 못했는지에 대해서는 여러 가지 가설이 있다: 그들이 암호화하는 폴리펩타이드가 지나치게 hydrophobic (소수성)이어서 세포질에서 미토콘드리아 외막을 통과하기 어려운 점, rRNA의 크기가 너무 커서 미토콘드리아로 들어가기 어렵다는 점, 각각의 미토콘드리아가 처한 상황에 반응하기 위하여 그들의 발현을 달리 조절하는 것이 더 유리했을 것이라는 점 등이다. 이들 유전자들이 핵에 있다면, 한두 개의 미토콘드리아가 특별히 요구하는 유전자 발현의 조절을 감당하기 어려울 것이다.

mtDNA의 크기, 구조 그리고 Coding Capacity는 유기체에 따라 매우 다양하다

놀랍게도, mtDNA의 크기, 수 그리고 그들이 생성하는 단백질의 성질,

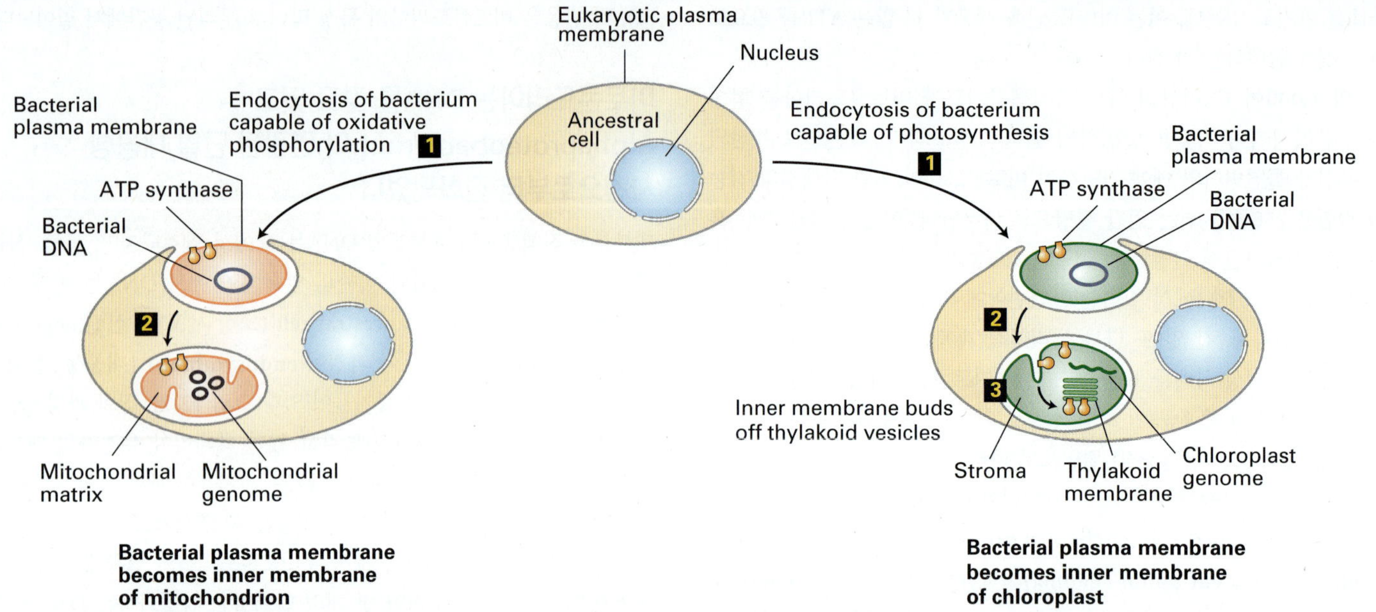

그림 12-7 미토콘드리아와 엽록체의 진화적 원천에 대한 endosymbiont hypothesis. 조상 선구 진핵생물 세포에 의하여 박테리아를 endocytosis (내포작용) (단계 **1**)하는 것은 2개의 막을 갖고 있는 세포소기관을 생성할 것이다. 외막은 선구 진핵생물의 세포막으로부터 온 것이고, 내막은 박테리아 막으로부터 온 것이다(단계 **2**). 조상 세포가 이미 핵을 갖고 있었는지(이 그림에서와 같이), 혹은 박테리아 선구자를 삼켜서 미토콘드리아로 만드는 것을 수반하거나 그 후속으로 핵을 발달시킨 것인지는 확실하지 않다(left pathway). 조상 박테리아 막에 위치한 단백질들은 자신의 방향성을 간직할 것이다. 즉, 세포 바깥 공간을 향하고 있던 부분은 막사이 공간을 향하고 있을 것이다. 예를 들어, ATP synthase의 F_1 subunit은 박테리아 막의 세포질쪽 면에 위치하는데, 진화한 미토콘드리아(*왼쪽*)와 엽록체(*오른쪽*)에서는 매트릭스를 향할 것이다. 엽록체 내막으로부터 소낭이 떨어져 나오는 것은 현대 식물의 엽록체가 발달할 때 일어나는 일인데, F_1 subunit은 세포질 쪽 면을 향하고 있는 상태, 즉 엽록체 stroma를 향하고 있는 상태로 틸라코이드 막을 생성할 것이다(단계 **3**). 세포소기관의 DNA가 표시되어 있다. 음영 처리된 영역을 마주하는 막 표면은 세포질 쪽이다; 음영 처리되지 않은 부분을 향하고 있는 표면은 세포 바깥쪽이다.

심지어 미토콘드리아의 genetic code (유전암호)까지 서로 다른 유기체에서 크게 다르다. 대부분의 다세포 동물들의 mtDNA는 대략 16 kb의 원형의 분자이고, 이들은 인트론이 없는 유전자를 DNA 양 가닥에 간결하게 암호화 하고 있다. 척추동물 mtDNA는 2개의 미토콘드리아 rRNA, 22개의 미토콘드리아 tRNA, 그리고 전자 전달이나 ATP 합성에 필요한 13개의 단백질을 암호화한다. 가장 작은 미토콘드리아 게놈은 사람에게 말라리아를 일으키는 세포내 기생충인 *Plasmodium*에서(그림 1-25) 발견된 것으로, 겨우 6 kb의 DNA가 3개의 단백질과 미토콘드리아 rRNA를 암호화한다.

식물의 미토콘드리아 게놈은 후생동물들 것보다 몇 배가 더 크다. 이들은 비단백질-암호화 인트론, pseudogene (유사유전자), mobile DNA element (운동성 DNA 인자), 그리고 외부(엽록체, 핵, 그리고 바이러스 DNA)에서 유입된 DNA 조각들을 갖고 있기 때문인데, 이는 식물들의 진화 과정 속에서 많은 DNA 변화가 있었다는 것을 증명한다. 예를 들어, mustard weed family (고추냉이잡초과)에 속하는 *Arabidopsis thaliana*는 366 kb의 mtDNA를 갖고 있고, curcubit (조롱박) 식물들(예, 멜론과 오이)은 2 Mb의 mtDNA를 갖고 있다.

몇몇 종에서 mtDNA에 의하여 암호화된 여러 개의 단백질들은 친척뻘의 다른 종의 핵 DNA를 갖고 있다. 놀라운 예는 미토콘드리아 전자전달계 안의 cytochrome *c* oxidase의 subunit 2를 암호화하는 *coxII* 유전자이다(아래에 자세히 기술됨). 이 유전자는 이제까지 연구된 거의 모든 식물의 mtDNA에서 발견되지만, mung bean (녹두)과 soybean (대두)을 포함하는 legume (콩류)들 중 밀접하게 관련된 종에서는 핵 DNA에서 발견된다.

이제까지 발견된 mtDNA에 의하여 암호화되고, 미토콘드리아 내부에서 합성되는 대부분의 단백질들은 전자 전달 혹은 ATP 합성에서 사용되는 다중 복합체의 서브유닛이다. 따라서 미토콘드리아 proteome (단백체)의 대부분은 표 12-1에 열거된 과정에서 기능하는 단백질들과 같이 핵 유전자에 의하여 암호화되고, 세포질 리보솜에 의하여 합성되면서 미토콘드리아로 이동하는데, 이 과정은 13장에서 논의한다.

미토콘드리아 DNA는 매트릭스에 있고, Mitosis 중 Cytoplasmic Inheritance에 의하여 딸세포로 넘겨진다

Mitochondrial DNA (mtDNA)는 미토콘드리아 매트릭스에 존재하며, 그림 12-8에서 보는 바와 같이 빠르게 성장하는 세포에서는 mtDNA가 종종, 빽빽이 쌓인 크리스테가 없는 부위에서 보인다. mtDNA의 복제와 미토콘드리아의 division (분열)은 time lapse microscopy (시간 경과 현미경)를 이용하여 살아있는 세포에서 추적할 수 있다. 그러한 연구들은 대부분의 유기체에서 mtDNA가 interphase (간기)에서 복제된다는 것을 밝혀냈다. Mitosis (유사분열)에서는 각 딸세포가 부모 세포의 세포질로부터 거의 동일한 수의 미토콘드리아를 물려받는다(*cytoplasmic inheritance*라고 불리는 과정). 그러나 정확히 똑같은 수의 미토콘드리아를 딸세포들로 배분하는 메커니즘은 존재하지 않기 때문에, 어떤 세포는 다른 세포들보다 mtDNA를 더 많이 가져가기도 한다. 세포 안의 하나의 mtDNA에 돌연변이가 일어나면, 세포 분열 후 하나의 딸세포만 돌연변이 mtDNA를 물려받을 수 있지만, 대부분의 mtDNA는 정상일 것이다. 세포의 mtDNA의 총량은 미토콘드리아의 수, mtDNA의 크기와 미토콘드리아 하나당 mtDNA의 수에 의존한다. 이들 parameter (매개변수)들은 세포 종류마다 현저히 다르다. 대개의 사람 세포는 약 1,000–2,000개의 mtDNA를 갖고 있고, 사람 난자는 약 500,000개를 갖고 있지만, 정자는 겨우 100개만 갖고 있다.

난자와 정자에서 보이는 세포당 mtDNA 양의 현저한 차이는 mtDNA 유전에 지대한 영향을 미친다. 포유동물과 대부분의 다른 다세포 생물들에서, 정자는 세포질을 zygote (접합자)에게 거의 주지 않으므로, 배아에 있는 거의 모든 미토콘드리아는 실질적으로 난자로부터 온 것이다. 쥐 연구 결과에서, 99.99%의 mtDNA가 maternally inherited (모계 유전)하고, 아주 작은 부분(0.01%)만 부(male parent)로부터 물려받는다. 고등 식물에서는 mtDNA가 독점적으로 모(female parent; egg, 난세포)로부터 물려받고, 부(pollen, 꽃가루)로부터는 전혀 물려받지 않는다.

미토콘드리아 유전자의 산물은 미토콘드리아 밖으로 나가지 않는다

대부분의 mtDNA의 RNA transcript (전사체)와 그 번역된 산물은 그들이 생성된 장소인 미토콘드리아에 남는다. 모든 mtDNA-암호화 단백질은 미토콘드리아 리보솜에서 생성된다. 대부분의 리보솜 단백질들은 세포질로부터 수입되지만, 미토콘드리아 DNA는 미토콘드리아 리보솜 안에 있는 rRNA를 암호화한다. 동물이나 곰팡이류에서는, 미토콘드리아에서 생성되는 단백질에 사용되는 모든 tRNA들이 mtDNA에 의하여 암호화된다. 그러나 식물과 여러 원생동물에서는 대부분의 미토콘드리아 tRNA가 핵 DNA에 의하여 암호화되고 미토콘드리아로 수입된다.

사람의 미토콘드리아 리보솜 구조는 그림 3-49에 묘사되어 있다. 미토콘드리아가 박테리아 조상을 갖고 있다는 것을 반영한다. 미토콘드리아 리보솜은 박테리아 리보솜과 흡사하고 진핵생물 세포질 리보솜과는 그 RNA와 단백질 구성, 크기, 그리고 어떤 antibiotics (항생제)에 대한 sensitivity (감수성)가 서로 다르다(표 5-2 참조). 예를 들면, chloramphenicol (클로람페니콜)은 박테리아와 대부분의 유기체으로부터 온 미토콘드리아 리보솜에서의 단백질 합성을 막지만, 진핵생물 세포질 리보솜에서의 단백질 합성을 방해하는 cycloheximide (사이클로헥사미드)는 미토콘드리아 리보솜에 영향을 미치지 않는다. 미토콘드리아 리보솜의 chloramphenicol과 같이 중요한 aminoglycoside (아미노글리코시드) 계열 항생제에 대한 감수성은 이들 항생제가 환자에게 독성을 보이는 원인이다. ■

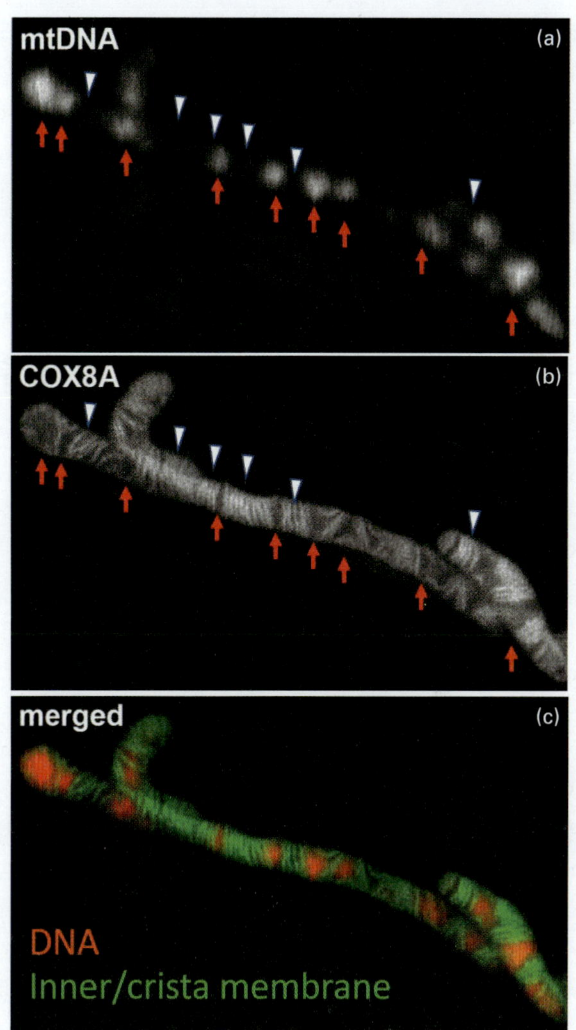

실험그림 12-8 이중 염색은 미토콘드리아 매트릭스 내의 여러 개의 미토콘드리아 DNA 분자들을 노출시켰다. 형광으로 표식된 미토콘드리아 내막 단백질(COX8A)을 발현하는 사람의 살아있는 HeLa 세포를 이중나선 DNA에 결합하는 형광 염색제인 PicoGreen으로 처리한 후, (a) 공초점현미경으로 미토콘드리아 DNA를, (b) 초해상도현미경으로 inner/cristae membrane (COX8A fluorescence)를 가시화했다. 흰색 화살표 머리와 빨간색 화살표는 각각 패널(a)에서는 mtDNA 염색이 거의 안 된 지역과 진하게 염색된 지역을, 패널(b)에서는 크리스테가 빽빽한 부분과 거의 없는 부분을 가리킨다. 대체로, 매트릭스에 있는 mtDNA는 크리스테 더미가 거의 없는 지역에 분포되어 있다. (c) DNA staining (빨간색)과 Cox8A 형광(inner/crista membrane, 녹색)이 겹쳐진 이미지이다. [T. Stephan et al., 2019, "Live-Cell STED Nanoscopy of Mitochondrial Cristae." *Sci. Rep.* **9**:12419 (2019). https://doi.org/10.1038/s41598-019-48838-2.]

미토콘드리아 Genetic Code (유전암호)는 표준 핵 암호와는 다를 수 있다

동물과 곰팡이 미토콘드리아에서 사용되는 유전암호는 모든 원핵생물과 진핵생물의 핵, 그리고 식물의 미토콘드리아 유전자에서 사용되는 표준 코드와는 다르다; 놀랍게도, code는 서로 다른 종의 미토콘드리아 사이에서도 다르다. 이러한 차이가 진화 과정에서 왜, 그리고 어떻게 생겨났는지 미스터리로 남아 있다. 예를 들면, UGA는 보통 stop codon (종결 코돈)인데, 사람과 곰팡이 미토콘드리아에서는 tryptophan으로 읽혀진다; AGA와 AGG는 arginine을 위한 표준 핵 암호인데, 곰팡이류와 식물 mtDNA에서는 arginine이지만, 포유동물 mtDNA에서는 종결 코돈이고 *Drosophila* mtDNA에서는 serine 코돈이다.

미토콘드리아 DNA의 돌연변이들은 몇 가지 유전병을 일으킨다

mtDNA의 돌연변이로 일어나는 병의 심각한 정도는 돌연변이의 성격과 특정 세포에서 존재하는 mutant (돌연변이)와 wild-type (야생형) mtDNA의 상대적 양에 달려 있다. 보편적으로, mtDNA에 돌연변이가 발견되면, 세포는 돌연변이 mtDNA와 야생형 mtDNA의 혼합물을 갖고 있는데, 이를 *heteroplasmy* (이종 플라스마)상태라고 한다. 포유동물의 somatic cell (체세포)이나 germ-line cell (생식세포)이 분열할 때마다 돌연변이 mtDNA와 야생형 mtDNA는 무작위적으로 나뉘어져 딸세포로 전해진다. 따라서 mtDNA genotype (유전형)은 한 세대나 한 세포 분열에서 다음 번 세대나 세포 분열을 거칠 때마다 요동치게 되고, 결국 돌연변이 mtDNA이나 야생형 mtDNA 중 어느 한 쪽으로 치우치게 된다. 미토콘드리아 DNA 그리고 RNA polymerase와 같이 포유동물의 미토콘드리아 복제와 성장에 필요한 모든 효소들은 핵에서 암호화되어 있고 세포질로부터 수입되기 때문에, 돌연변이 mtDNA는 복제와 관련하여 손해보지 않는다; mtDNA의 많은 부분이 결여된 돌연변이는 복제가 더 빠르기 때문에 오히려 유리하다. 최근 연구는 mtDNA에 돌연변이가 축적되는 것이 포유동물의 노화에 중요한 요인이 된다는 것을 보여주고 있다. mtDNA의 돌연변이는 시간이 지나감에 따라 축적되는데, 이는 아마도 포유동물 mtDNA가 DNA 손상에 반응하여 수리되지 않기 때문일 것이다.

몇 가지 예외를 제외하고, 모든 사람의 세포들은 미토콘드리아를 갖고 있지만, mtDNA에 있는 돌연변이는 오직 몇 가지 조직에만 영향을 미친다. 그들은 산화적 인산화에 의하여 생산된 ATP를 많이 필요로 하거나, 충분한 양의 미토콘드리아 단백질을 생산하기 위하여 거의 모든 mtDNA를 필요로 하는 조직들이다. 예를 들면, *Leber's hereditary optic neuropathy* (레버씨 시신경 위축증, 시신경이 퇴화하는 병)는 NADH-CoQ reductase (Complex I)의 subunit 4를 암호화하는 mtDNA에 일어난 missense 돌연변이에 의하여 일어난다(아래 참조). mtDNA에 큰 결실이 생기면 눈에 결함이 생기는 *chronic progressive external ophthalmoplegia* (만성진행외안근마비), 안구 결함, 불규칙한 맥박, 중추 신경계 퇴화 등이 일어나는 *Kearns–Sayre syndrome* (컨스-세이어 증후군)과 같은 다른 질병들도 일으킨다. "Ragged-red" muscle fiber (드문드문하게 붉은 근섬유, 비정상적으로 조립된 미토콘드리아가 있음)와 그에 따라 조절이 되지 않는 갑작스런 움직임을 일으키는 상태는 미토콘드리아 lysine tRNA의 TΨCG loop의 단일 돌연변이에 의하여 일어난다. 이 돌연변이로 말미암아 몇 가지 미토콘드리아 단백질들의 번역이 방해받게 된다. ■

12.3절의 주요 개념

미토콘드리아(Mitochondria)의 구조

- 진핵생물 세포에서는 미토콘드리아가 ATP를 생산하기 위하여 호기성 산화를 사용한다. 이들 미토콘드리아 세포소기관은 수많은 작은 분자의 합성과 대사, 그리고 조절되는 세포 사멸 등 많은 다른 작용들에도 역할이 있다(표 12-1 참조).
- 미토콘드리아는 2개의 구별되는 막(외막과 내막)을 갖고 있고, 2개의 구별되는 구획인 intermembrane space (막사이 공간), 그리고 내막에 의하여 둘러싸인 matrix (매트릭스)를 갖고 있다(그림 12-6 참조). 호기성 산화은 미토콘드리아 매트릭스와 미토콘드리아 내막에서 일어난다.
- 미토콘드리아 내막은 조성, 구조, 기능 면에서 서로 다른, 경계막, 크리스테, crista junction, 이들 3개의 구별된 도메인들이 존재하는 하나의 연결된 막이다.
- 포유동물 미토콘드리아와 관련된 1,000여 개의 단백질의 대부분은 핵 유전자에 의하여 암호화되어 있다.
- 미토콘드리아와 엽록체는 DNA를 갖고 있는데, 이들은 미토콘드리아 혹은 광합성 전자 전달, ATP 합성에 참여하는 비교적 적은 수의 단백질을 암호화하며(포유동물 미토콘드리아의 경우 13개), 세포소기관 mRNA를 번역하는 데 필요한 rRNA 그리고 어떤 경우에는 tRNA 들도 암호화한다.
- Mitochondrial DNA (mtDNA)와 엽록체 DNA는 조상 세포와 공생 관계를 형성하는 박테리아로부터 진화했을 것이다(그림 12-7 참조).
- 미토콘드리아나 엽록체가 된 박테리아 전구체 안의 원래 유전자들은 대부분은 그 기능이 핵 유전자와 유사하기 때문에 잃어버렸거나, 진화과정에서 핵 게놈으로 이동했거나, 다른 유기체의 세포소기관 DNA 세트로 남겨 두기도 했다.
- 동물 mtDNA는 그들의 박테리아 origin을 반영하듯 원형 분자이다. 식물 mtDNA와 엽록체 DNA는 대개 비암호화 지역과 반복 서열들을 더 많이 포함하기에 다른 진핵생물의 mtDNA보다 더 길다.
- Mitochondrial DNA (mtDNA)는 미토콘드리아 매트릭스에 위치하고, 빽빽이 쌓인 크리스테가 없는 부분에서 종종 발견된다.
- 대부분의 mtDNA는 정자가 아닌 난자에서 물려받기 때문에, mtDNA의 돌연변이는 maternal cytoplasmic pattern of inheritance (모계 세포질 유전 형식)를 보인다. 유사하게, 엽록체 DNA도 모계로부터 물려받는다.
- 미토콘드리아 리보솜은 그 구조와 chloramphenicol (민감)과 cycloheximide (저항)와 같은 약물에 대한 감도가 박테리아 리보솜과

흡사하다.

- 동물과 곰팡이 mtDNA의 유전암호는 박테리아 그리고 핵 게놈의 것들과 약간 다르고, 서로 다른 동물과 곰팡이 내에서도 다양하다. 반면, 식물의 mtDNA는 표준 유전암호를 따르는 것으로 보인다.
- 몇 가지 neuromuscular disorder (신경근계 이상)는 mtDNA에 일어난 돌연변이에 의한 결과로 나타난다. 환자들의 세포에는 대게 야생형과 돌연변이 mtDNA의 혼합물로 존재한다(heteroplasmy): 돌연변이 mtDNA가 상대적으로 많으면 돌연변이 표현형인 병의 증세가 더 심각하다.

12.4 미토콘드리아 dynamics (역동성)와 미토콘드리아-ER 막의 contact site (접지 자리)

미토콘드리아는 세포질을 돌아다니면서 서로 결합(fusion)하여 커다란 네트워크를 만들고, 여기서 떨어져(fission) 나오기도 하는 역동적인 세포소기관이다. 미토콘드리아 기능은 이러한 dynamic behavior, 외막이 세포막이나 다른 세포소기관의 membrane과 interact하는 능력 등에 의하여 영향을 받을 수 있다. 우리는 여기서 미토콘드리아 역동성의 성격과 mitochondrial-endoplasmic reticulum membrane contact site (미토콘드리아-ER MCS)에 대하여 살펴본다.

미토콘드리아는 Dynamic 세포소기관이다

살아있는 세포 안에서 형광 표식된 미토콘드리아를 분석하는 것을 포함하는 많은 방법들이 미토콘드리아가 매우 역동적이라는 것을 보여준다. 세포질 안에서 움직이며, 자주 **fusion (융합)**하고 **fission (분열)**하면서, 튜브 혹은 가지 친 네트워크들을 만든다(그림 12-9a와 b). 이들은 서로 다른 세포 종에서 매우 다양한 미토콘드리아 형태를 만드는 데 기여한다. 손상되거나 제대로 작동하지 않는 미토콘드리아는 quality control (품질 관리) 매커니즘의 일환으로 인식되고 분해된다.

세포내 미토콘드리아 이동 세포내 이동은 세포 내에서 지리적으로 적당한 미토콘드리아 분포를 설립하는 데 도움이 된다. 세포는 미토콘드리아 활성과 다른 세포소기관을 포함하여 다른 구조가 서로 조정되어야 한다. 예를 들어, 신경 세포는(그림 23장 참조) *axon*이라고 불리는 수 cm에서 심지어 몇 미터에 이르는 길게 뻗은 돌기를 갖고 있는데, 미토콘드리아는 핵(cell body) 근처 지역으로부터 다른 신경 세포와 접촉하고 있는 axon (엑손)의 말단으로 전달되어 에너지(ATP)를 공급하고 칼슘 레벨을 조절할 수 있게 한다(15장 및 아래 참조). 미토콘드리아 외막의 세포질 쪽 표면 위의 단백질들은 미토콘드리아가 microtubule (미세소관)을 따라 움직이면서 엑손을 통과하여 먼 거리를 이동할 수 있는 kinesin (키네신, 18장)과 같은 motor protein (운동 단백질)과 결합하는 것을 유도한다(그림 18-28). 그 단백질들 중 하나는 *Miro*라고 부르는 GTPase인데, 칼슘에 결합하는 EF hand를 갖고 있어서, 미토콘드리아의 움직임이 칼슘 감수성을 갖도록 하는 것으로 보인다(그림 3-7). Miro는 미토콘드리아와 kinesin을 간접적으로 연결하고, 내막의 MICOS와도 결합하여 크리스테 구조와 기능에도 영향을 미친다. Miro는 또한 미토콘드리아-ER 상호작용 및 Parkinson's disease (파킨슨 병)에도 관여하는 것으로 알려진다. mtDNA와 완전한 미토콘드리아들이 *tunneling nanotube*라고 부르는 막 tubule을 통하여 한 세포에서 다른 세포로 이동하는 것이 보고되었다(20장).

미토콘드리아 Fusion (융합)과 Fission (분열) 개개의 미토콘드리아가 결합할 때, 두 막이 서로 융합하고(내막은 내막끼리, 외막은 외막끼리) 구별되는 구역도 서로 섞이게 된다(매트릭스는 매트릭스와, 막사이 공간은 막사이 공간과). 4개의 진화적으로 보존된 GTP를 분해하는 효소(GTPase)들로 이루어진 한 세트—MFN1 (mitofusin 1), MFN2 (mitofusin 2), OPA1, 그리고 DRP1—가 이들 막이 융합하고 분열하는 것에 중대한 역할을 하게 된다(그림 12-9c). 이들 효소들은 GTPase인 dynamin family에 속한다. Dynamin은 이 family에서 처음으로 발견된 구성원인데, 세포막으로부터 endocytic vesicle이 떨어져 나올 때 일어나는 막 분열과 비교할 만한 일을 한다(14장 참조). 이들 GTPase를 암호화하는 몇 개의 유전자에 돌연변이가 일어나면, 12.6절에 기술된 내막 구조와 electric potential을 유지하는 미토콘드리아 기능을 망가뜨린다. 이들 돌연변이는 쪼개지거나 너무 큰 미토콘드리아를 만들어 내고 질병을 유발할 수 있다. 상염색체 우성으로 유전하는 신경근계 질환인 Charcot-Marie-Tooth subtype 2A는 MFN2의 loss-of-function 돌연변이가 원인이며, peripheral nerve (말초 신경) 기능에 문제를 일으켜 점진적으로 근육을 약화시키는데, 주로 손과 발에서 일어난다. OPA1의 돌연변이는 눈의 retina에 있는 신경들에 영향을 미치는 상염색체 우성 optic atrophy (시신경 위축)와 연관이 있다.

미토콘드리아 분열과 융합의 가치는 무엇인가? 융합은 세포 내에 비교적 동질적인 미토콘드리아를 유지하는 데 도움을 준다. 개개의 미토콘드리아의 일부에 문제의 소지가 있는 변형이 일어나거나 중요한 구성요소를 잃어버렸을 때 다른 미토콘드리아와 융합함으로써 이러한 문제를 해결할 수 있다. 융합 기계체를 암호화하는 유전자의 돌연변이를 갖고 있는 세포나 유기체를 연구한 결과에서, 융합은 크리스테 조직과 적당한 모양, mtDNA의 분포, electron transport의 기능을 유지하면서 세포내 미토콘드리아가 적절하게 위치하도록 하는 역할을 한다.

미토콘드리아 분열이 하는 일은 여러 가지이다. 예를 들면, 미토콘드리아 분열은 세포가 분열할 때 특히 활발하게 일어난다(특히, G_2와 M phase; 19장 참조). 결과적으로, 분열에 의하여 생성된 여러 개의 분리된 미토콘드리아는 쉽게 딸세포로 분포할 수 있다. 또한, 분열은 서로 연결된 건강한 미토콘드리아 네트워크로부터 망가진 부분을 떼어냄으로써 강력한 품질 관리 메커니즘의 기능을 한다. 과도하게 높은 reactive oxygen species (활성 산소, 후에 기술)가 생성되거나 미토콘드리아 DNA에 돌연변이가 생겨서 미토콘드리아 네트워크의 일부가 손상되거나 기능이 망가지면 분열은 이들을 건강한 부분에서 분리할 수 있다.

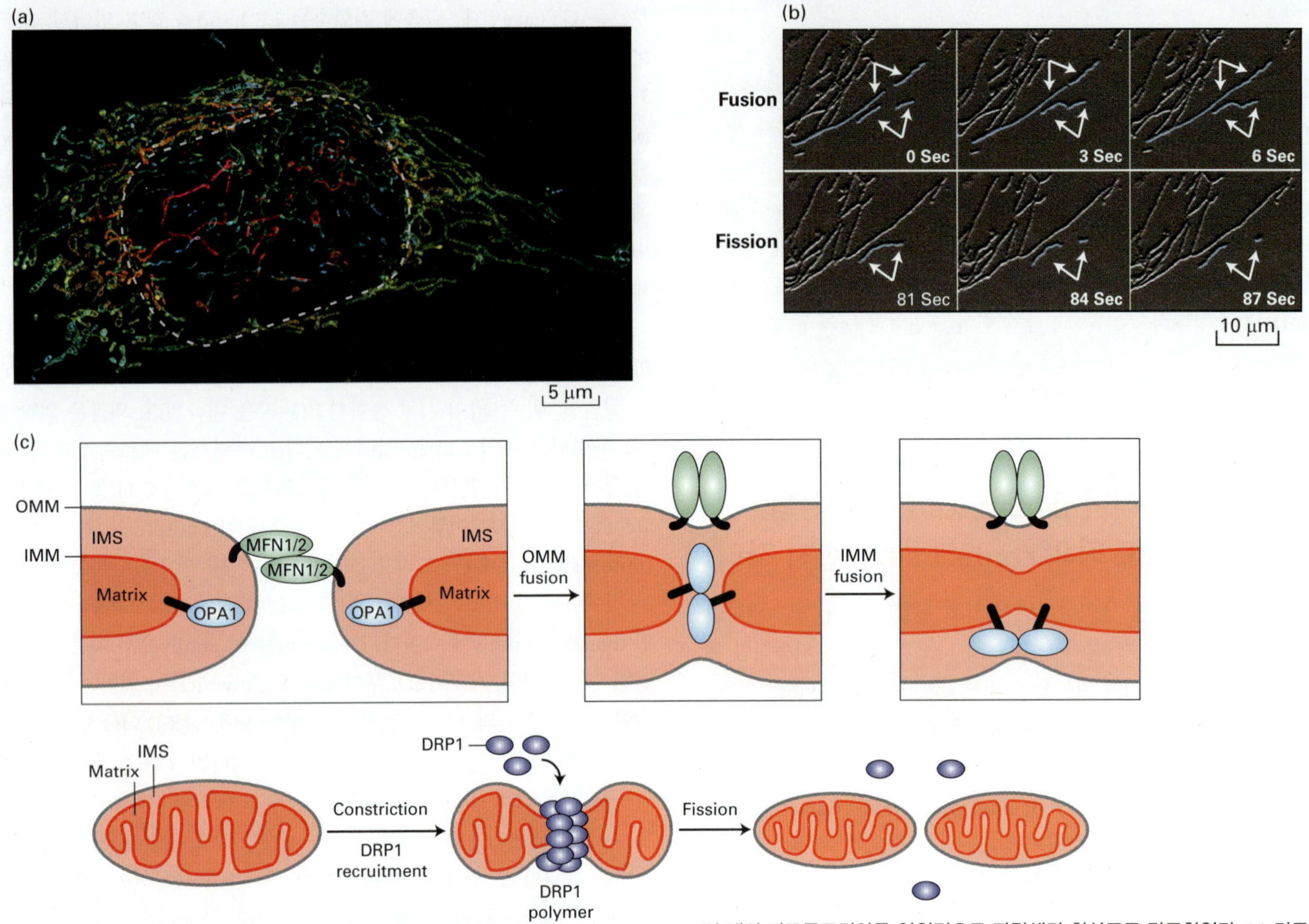

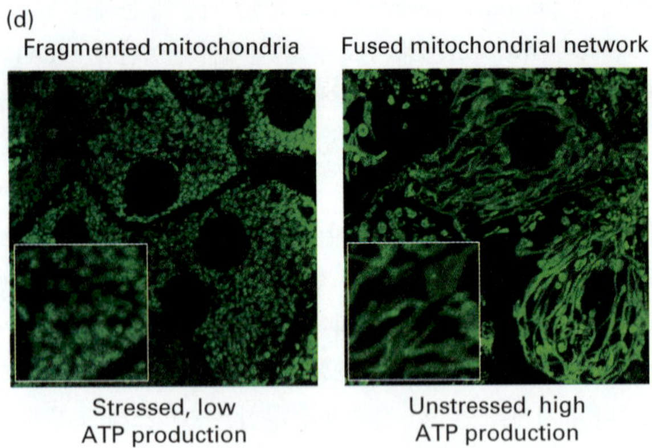

실험그림 12-9 미토콘드리아는 살아있는 세포에서 빠른 융합과 분열을 진행한다. (a) Mitochondrion-specific fluorescent dye (MitoTracker Green)으로 염색된 사람 HeLa를 3차원 구조 조명현미경(three-dimensional structured illumination fluorescence microscopy; 세포를 통과하며 6.1-μm 두께의 단면으로 촬영)을 이용하여 이미징한 것이다. 융합하고 가지 친 미토콘드리아의 네트워크가 세포질에서 보이고, 핵(가는 회색 점선으로 윤곽을 그린)의 위 아래로 단지 몇 개의 미토콘드리아만 보인다. 이 그림에서 미토콘드리아 안에 보이는 줄무늬들의 정체는 알려지지 않았다. 미토콘드리아는 세포가 부착된 표면으로부터의 상대적 위치에 따라 artificial color (인공 색)로 표시되어 있다(파란색은 부착 표면에 가깝고, 빨간색은 멀다). (b) 살아 있는 정상적인 murine embryonic fibroblast (설치류 배아의 fibroblast)에서 형광 단백질로 표식을 한 미토콘드리아를 시간 경과 형광현미경(time-lapse fluorescent microscopy)을 사용하여 관찰하였다. 융합을 하거나 여러 개의 미토콘드리아를 인위적으로 파란색과 화살표로 강조하였다. (c) 미토콘드리아 fusion (*위쪽*)과 fission (*아래쪽*)은 일련의 GTPase 효소들(MFN1, MFN2, OPA1, 그리고 DRP1)에 의하여 일어난다. 내재막 단백질인 MFN1과 MFN2(MFN1/2)들이 outer mitochondrial membrane (OMM) 융합을 매개하고, 그 다음 또 다른 내재막 단백질인 OPA1에 의하여 inner mitochondrial membrane (IMM)의 융합이 일어난다. 매트릭스와 내막 space (IMS)는 서로 계속해서 구분되어 있다. 수용성인 세포질 GTPase DRP1은 미토콘드리아의 조여진 부분으로 끌려오고, 거기서 DRP1 polymer는 막을 잘라내면서 분열이 일어난다. DRP1의 다양한 번역후 변형은 미토콘드리아 분열을 조절한다. (d) *왼쪽*: 간에서 꺼내어 배양한지 하루가 지난 쥐 간세포(쥐 간 세포, hepatocyte)는 스트레스로 말미암아 탈극화된 상태이고(상피 세포 특유의 모양과 생화학적 성질를 잃은 상태, 20장 참조), 낮은 수준의 산화적 인산화와 ATP 생산과 함께 조각난 미토콘드리아(MitoTracker Green으로 염색됨)를 갖고 있다. *오른쪽*: 배양한지 6일째가 되면, 간세포는 다시 극성화되고 미토콘드리아는 융합하면서 광대한 네트워크를 이루고, 높은 수준의 산화적 인산화와 ATP 생산을 보인다. 안쪽의 작은 상자 이미지는 미토콘드리아의 모습을 높은 배율에서 보여준다. [(a) Reprinted with permission from Nature Publishing Group, from Shao et al., 2011, "Super-Resolution 3D Microscopy of Live Whole Cells Using Structured Illumination," *Nature Methods* **8**:121044–121046; permission conveyed through Copyright Clearance Center, Inc. (b) Republished with permission from Elsevier, modified from Chan D. C., 2006, "Mitochondria: Dynamic Organelles in Disease, Aging, and Development," *Cell* **125**(7):1241–1252; permission conveyed through Copyright Clearance Center, Inc. (c) Information from P. Mishra and D. C. Chan, 2014, *Nat. Rev. Mol. Cell Biol.* **15**:634–646. (d) From D. Fu et al., 2013, "Coordinated Elevation of Mitochondrial Oxidative Phosphorylation and Autophagy Help Drive Hepatocyte Polarization," *Proc. Nat'l Acad. Sci. USA* **110**(18):7288–7293, Fig. 3 Day 1 and Day 6; courtesy Jennifer Lippincott-Schwartz.]

Mitophgy는 미토콘드리아 Quality Control을 담당한다 세포들은 미토콘드리아 네트워크에서 손상되거나 기능이 상실된 부분을 인식하는 기능을 갖고 있고, 이들을 네트워크에서 떼어낸 후, 막으로 둘러싼 후 lysosome (리소좀)으로 보내서 분해한다. 이렇게 미토콘드리아를 파괴하는 것을 **mitophagy** ("eating mitochondria")라고 하고, 이는 세포가 세포질의 한 부분이나 세포소기관을 막으로 에워싸서 분해하는 autophagy ("self eating")라고 부르는 과정의 한 갈래이다(14장 참조). 예를 들면, 세포가 산소가 적당하지 않은 환경(hypoxia)에 처해지면, 미토콘드리아 외막의 단백질에 효소가 매개하는 변형이 일어나서 mitophagy를 유도한다.

Hereditary early onset Parkinson's disease (유전성을 보이며 일찍 나타나는 파킨슨병)은 mitophagy를 매개하는 단백질을 코딩하는 2개의 유전자에 일어난 돌연변이가 원인이 된다. PINK (kinase)와 Parkin (기질에 ubiquitin을 붙여서 proteasome으로 보내 파괴하는 E3 ligase; 3장 참조)이 바로 그들이다. 건강한 미토콘드리아에서는 PINK1이 미토콘드리아 매트릭스 내에 존재한다. 손상되거나 기능을 상실한 미토콘드리아에서는 PINK1은 미토콘드리아 외막에 위치하여 세포질에 있는 Parkin을 끌어온다. 이 Parkin은 활성화되어 외막에 있는 단백질들에 여러 개의 ubiquitin을 공유결합으로 붙여 degradation하도록 하면서 mitophagy를 유도한다. 또한, PINK1/Parkin과는 독립적인 mitophagy를 일으키는 메커니즘이 존재한다. 몇 가지 연구들은 미토콘드리아 스트레스(노화, 병균 등에 기인한)가 inflammation (염증)을 유도하여 병리적으로 기여할 수 있고, mitophagy는 미토콘드리아의 손상된 부분을 없애줌으로써 미토콘드리아 스트레스에 의하여 유도된 염증을 억제할 수 있다. ■

미토콘드리아 dynamism은 추가로 몇 가지 언급할만한 성질을 갖고 있다. 미토콘드리아 structure와 function은 세포의 대사 상태에 반응하여 변화할 수 있다. 예를 들어, rat의 간 세포(hepatocyte)를 분리하여 배양하면 세포들은 stress를 받게 되고 depolarization을 일으키게 된다(epithelial 세포로서의 몇 가지 성질을 잃게 된다; 20장 참조). 이 세포들은 미토콘드리아들이 끊어져 있으며, 산화적 인산화로 ATP 생성하는 것이 저하되어 있다(그림 12-9d, 왼쪽). 세포가 배양되는 상태에 적응함에 따라, 다시 극성화(polarized)되고(morphology를 갖추고 간에서의 hepatocyte와 같은 생화학 반응을 보임), 산화적 인산화로 ATP 생성이 증가하고, fused 미토콘드리아들이 extensive 네트워크를 형성하게 된다(그림 12-9d, 오른쪽).

미토콘드리아 Function과 역동성은 다른 세포소기관들과의 직접적인 접촉에 의존적일 수 있다

미토콘드리아와 다른 세포소기관의 활성들은 효율적이고 효과적인 세포 기능을 위하여 서로 조정되어야 한다. 그러한 조정은 이온, 작은 분자, 대형 분자들이 세포소기관 간에 전달되는, 세포소기관 사이의 소통을 필요로 한다. 네 가지 메커니즘이 이러한 이동을 일으킨다: 이온이나 작은 분자를 운송체, 펌프, 그리고 채널을 통하여 세포질로 내보내거나 세포소기관 안으로 들여보냄(11장); pore (세공) 내재 막 단백질을 통하여 세포소기관 막을 가로 질러 단백질을 전달함(13장); 작은 막 vesicle을 이용한 전달(14장); 그리고 **membrane contact sites (MCSs)**를 통한 직접적인 단백질이 연계하는 세포소기관-세포소기관 접촉. 미토콘드리아는 endoplasmic reticulum (ER), lysosomes (효모에서는 vacuoles), peroxisomes, the plasma 막, Golgi, endosomes, 그리고 심지어 lipid droplet을 포함하여 다른 많은 세포소기관과 MCS를 형성한다(10장). 여기서는 미토콘드리아-ER MCS에 집중하여 설명한다. 미토콘드리아와 특별한 contact region을 형성하는 ER 막의 부분을 **mitochondria-associated membrane** 또는 **MAM**이라고 부른다.

미토콘드리아-ER MCS는 전자현미경과 형광형미경을 이용하여 관찰할 수 있다(그림 12-10). MAM의 지질과 단백질 구성은 ER의 다른 부분들과는 상당히 다르다. MCS에서는 tethering 단백질들이 MAM과 outer 미토콘드리아 막을 약 10–30 nm 간격으로 붙잡고 있다. 효모의 tethering 단백질들은 ERMES라고 부르는 단백질 복합체로 그 존재가 밝혀졌다. 포유동물들은 ERMES를 갖고 있지 않고, 다양한 다른 단백질들을 이용하여 미토콘드리아와 ER을 묶어두는 것으로 보인다(그림 15-29 참조).

미토콘드리아-ER MCS는 많은 다른 세포 과정에 기여한다(표 12-1 참조). 예를 들면, MCS들은 미토콘드리아 역동성에도 중요한 역할을 한다. 대부분의 MCS들은 분열 자리가 아니지만, 다수의 미토콘드리아 분열 이벤트는 미토콘드리아-ER MCS에서 일어난다. MCS는 분명히 filamentous actin polymer (섬유 액틴 중합체)의 밀도를 증가시키고, myosin motor (미오신 모터)의 도움으로 액틴 중합체가 수축을 일으킴으로써 미토콘드리아 협착이 시작하도록 한다(17장). 수축은 쥐어짜듯이 일어나며 미토콘드리아를 협착한다. 협착에서 일어나는 미토콘드리아 외막의 모양 변화는 DRP1을 불러들여 막 fission (분열)을 완성한다(그림 12-9c 참조). 효모에서는, MAM tubule들이 미토콘드리아를 완전히 둘러싸는 loop처럼 보인다(그림 12-10b). 포유동물 세포에서는, MAM들이 분열 부위에서 미토콘드리아와 contact하지만, 대개는 미토콘드리아를 완전히 둘러싸는 loop처럼 보이지는 않는다(그림 12-10c).

MCS들은 ER과 미토콘드리아 간의 이온(예, Ca^{2+})들과 작은 분자(예, glycerphospholipids)들의 전달이 이루어지는 interface로서 작용한다. MCS들은 세포내 칼슘과 energy metabolism에서 통합적인 역할을 한다. 세포내 compartment 안의 칼슘 이온 농도가 매우 다양한데—세포질 칼슘($[Ca^{2+}]_c$), 미토콘드리아 칼슘($[Ca^{2+}]_m$) 그리고 ER 칼슘($[Ca^{2+}]_{er}$)—이는 세포 안에서 일어나는 여러 가지 활성들을 조절하는 *calcium signaling* (칼슘 신호)이라고 부르는 과정에 이용된다(15장 참조). 칼슘은 blood-clotting 단백질의 활성과 같이 세포 바깥의 과정에도 중요하다. 미토콘드리아 내부 칼슘 이온은 미토콘드리아 기능에 매우 중요하고, MCS는 칼슘을 ER에서 미토콘드리아로 전달함으로써 이를 조절한다. 예를 들면, $[Ca^{2+}]_m$가 매트릭스에서 증가하면 미토콘드리아의 ATP의 생성도 증가한다. $[Ca^{2+}]_m$의 상승은 NAD^+에서 NADH

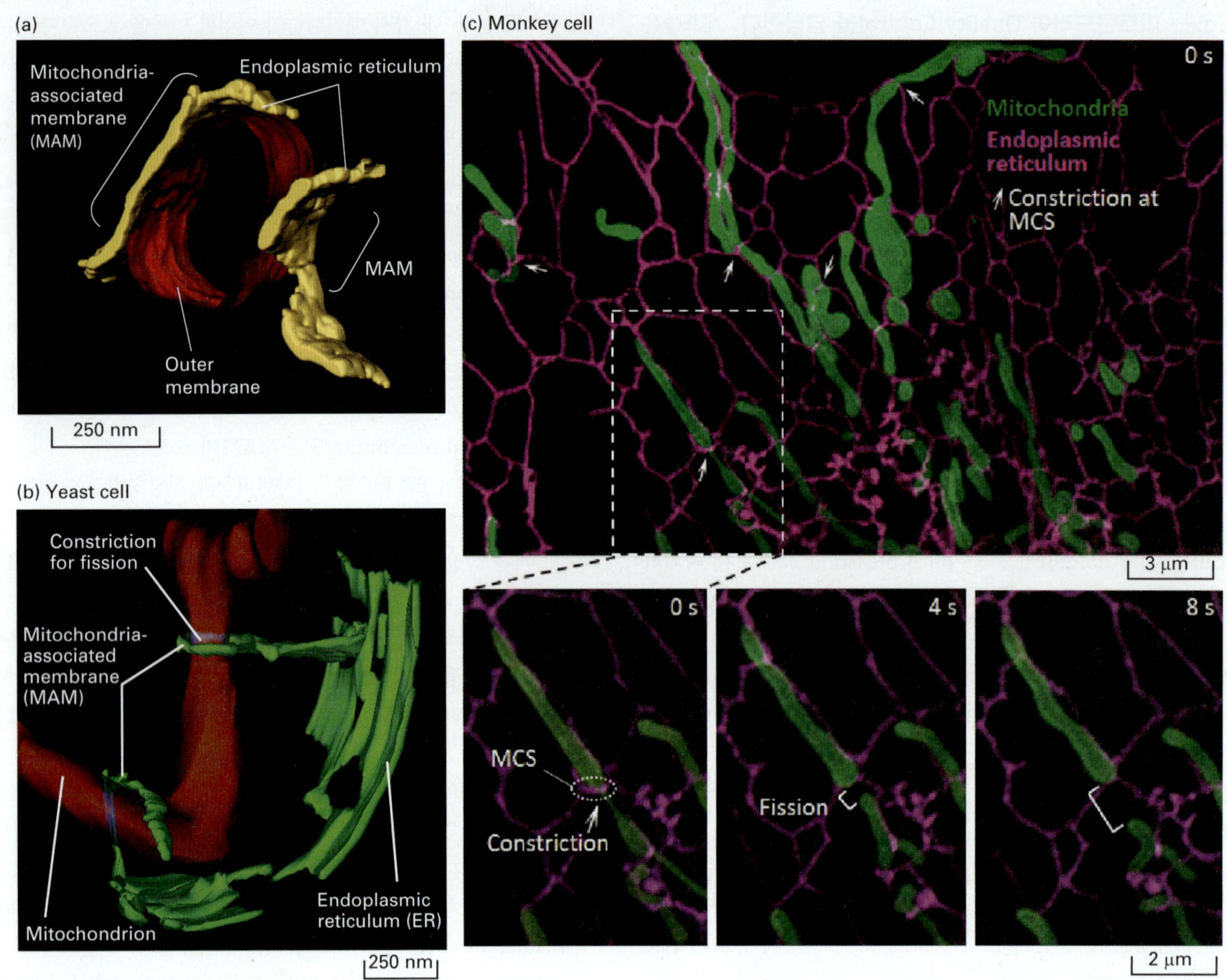

실험그림 12-10 Mitochondria-ER membrane contact site (MCS)에서 *mitochondria-associated membrane (MAM)*이라고 부르는 특수한 endoplasmic reticulum 지역이 미토콘드리아와 직접 맞닿아 있고 미토콘드리아의 형태와 기능, 그리고 분열이 일어나는 지점을 결정하는 데에 영향을 미친다. (a) 배양한 avian lymphoma (조류 림프종) 세포에서 미토콘드리아의 한 부분(빨간색, 외막만 보임)과 그 인접한 ER (노란색)의 three-dimensional model (3차 모델)을 EM tomography를 이용하여 구축하였다(연속된 절편 이미지를 3차원으로 구축한 것). MCS에서, MAM은 미토콘드리아 외막에 매우 가까이 놓여있다(10–30 nm). MCS의 부분이 bracket에 의하여 표시되어 있다. (b) 효모 세포에서 EM tomography를 이용하여 얻은 미토콘드리온(빨간색)과 근처의 MAM (녹색)의 3차 모델. 2개의 MAM domain이 ER tubule에서부터 형성되었는데, 미토콘드리아를 둘러싸기도 한다. 위쪽의 경우에는, MCS에서 clamp 모양을 형성하면서, 미토콘드리아를 쥐어짜 분열을 일으키려고 하는 것으로 보인다. (c) 많은 미토콘드리아 분열 사건들은 미토콘드리아-ER MCS에서 일어난다. 이러한 Cos-7 monkey 세포의 live-세포 fluorescence microscopic image는 8초간의 촬영 중 관찰된 분열을 보여준다. Superresolution (97 nm)과 *grazing incidence-structured illumination microscopy (수평 입사 구조화 조명 현미경)*라고 부르는 high-speed method를 이용하여 4초 간격으로 찍은 시야에서 미토콘드리아(녹색)와 tubular ER (붉은 보라색)가 보인다. 위쪽 패널의 화살표들은 MCS에서 DRP-1이 관여하는 분열이 일어나도록 미토콘드리아가 조여 드는 부분을 가리킨다. 윗 패널은 0 초에서의 세포를 보여주고 있고, 흰 점선으로 윤곽이 그려진 지역은 아래 패널에, 0, 4 그리고 8초의 세 가지 다른 시간에서의 모습을 보여줌으로써, 빠르게 일어나는 분열(흰색 bracket이 떨어져 나오는 미토콘드리아의 끝을 분리하는 것을 가리킴)이 MCS (왼쪽 패널 안의 흰색 점선 타원)에서 시작하고 있는 것을 보여준다. 미토콘드리아와 ER을 보여주기 위하여, Cos-7 세포들을 두 가지 fluorescent 단백질을 암호화하는 cDNA vector로 transfect 했는데, 이 단백질들은 미토콘드리아 외막(mEmerald-Tomm20) 혹은 ER의 lumen (mCherry-KDEL)에 축적된다. [Part (a) G. Csordás et al., 2006, *J. Cell Biol.* **174**:915–921; https://doi.org/10.1083/jcb.200604016. Part (b) Republished with permission from American Association for the Advancement of Science, from J. R. Friedman et al., 2011, "ER Tubules Mark Sites of Mitochondrial Division," *Science* **334**(6054):358–362; permission conveyed through the Copyright Clearance Center, Inc. Part (c) Reprinted with permission from Elsevier, from Y. Guo et al., 2018, "Visualizing Intracellular Organelle and Cytoskeletal Interactions at Nano-scale Resolution on Millisecond Timescales," *Cell* **175**(5):1430–1442; permission conveyed through Copyright Clearance Center, Inc.]

를 생성하는 세 가지 미토콘드리아 효소의 활성을 직접적으로 증가시킨다: pyruvate dehydrogenase (그림 12-5 참조), 그리고 α-ketoglutarate and isocitrate dehydrogenase들이다(다음 절의 그림 12-13 참조). NADH는 ATP 합성을 위한 high energy electron을 제공한다. 그래서 ER MAM으로부터 미토콘드리아로 계속적으로 조금씩 Ca^{2+}이 흘러들어가는 것은 세포가 basal 혹은 resting state에 있을 때 ATP 합성을 위하여 필요하다. 근육세포가 자극 받아 수축할 때와 같이, 세포가 ATP를 더 많이 필요로 할 때, Ca^{2+}이 많이 흘러들어가는 것이 필요하다. 놀랍게도, 칼슘 신호는 근육 contraction (제17장 참조)을 유도하고, contraction에 필요한 energy를 보태기 위하여 미토콘드리아 ATP 합성을 증가시키는 것을 같이 조절한다. $[Ca^{2+}]_m$가 증가하면, mitophagy가 유도될 수 있다. 확실히, 미토콘드리아 칼슘 과적이 일어나면, 조절되는 세포 사멸 경로를 활성화한다(제22장). 따라서 $[Ca^{2+}]_m$를 조절하는 것은 말 그대로 세포의 생사를 조절하는 것이다.

12.4절의 주요 개념

미토콘드리아의 dynamics (역동성)와 미토콘드리아-ER 막의 contact site (접지 자리)

- 미토콘드리아는 세포내 transport와 세포 상태에 의하여 조절되는 융합과 분열 반응을 일으키는 dynamic 세포소기관이다. 많은 세포들에서는, fused 미토콘드리아가 크고 서로 연결된 branched tubular 네트워크를 이룬다. GTPase family 단백질들이 미토콘드리아 융합과 분열을 매개한다(그림 12-9 참조). 이들 GTPase를 암호화하는 몇 개의 유전자에 돌연변이가 생기면 질병을 일으킨다.
- 미토콘드리아 분열과 융합은 비교적 homogeneous한 미토콘드리아 population을 유지하는 데 역할을 할 것으로 여겨진다. 세포 분열 중 딸세포들에게 미토콘드리아를 분배하고, 망가진 미토콘드리아를 건강한 미토콘드리아로부터 분리하는 것을 가능하게 하여 quality control system을 구축한다.
- 망가진 미토콘드리아 혹은 미토콘드리아 조각은 *mitophagy*라고 부르는 과정에 의하여 파괴된다. Mitophagy를 매개하는 PINK1과 Parkin 단백질을 암호화하는 유전자에 돌연변이가 생기면 hereditary early onset Parkinson's disease를 일으킨다.
- Membrane contact site (MCS)는 tethering 단백질을 이용하여 세포소기관들이 서로 붙는 지역이다. 미토콘드리아는 많은 다른 세포소기관들과 MCS를 형성한다.
- Mitochondrial-endoplasmic reticulum (ER) MCS는 미토콘드리아 모양과 역동성을 포함하여 많은 세포 기능에 영향을 미친다(표 12-1 참조). ER 막의 부분과 미토콘드리아가 서로 맞붙은 MCS를 *mitochondria-associated membrane (MAM)*이라고 부른다(그림 12-10 참조).
- 대부분의 MCS들은 분열 자리와 연관되어 있고, 미토콘드리아 분열들의 다수는 미토콘드리아-ER MCS에서 일어난다.
- MCS들은 ER과 미토콘드리아 간의 이온(예, Ca^{2+})들과 작은 분자(예, glycerphospholipids)들의 전달이 이루어지는 interface로서 작용한다. MCS들은 세포내 칼슘과 에너지 metabolism에서 통합적인 역할을 한다. MAM에서 미토콘드리아로 들어가는 칼슘 influx는 ATP 합성을 촉진할 수 있고, 미토콘드리아에 칼슘이 과적된 경우, 예정된 세포의 사멸을 시작할 수 있다.

12.5 시트르산 회로(Citric Acid Cycle)와 Fatty Acid Oxidation (지방산 산화)

우리는 이제 해당과정(stage I, 그림 12-1과 12-3) 도중에 생성된 pyruvate가 미토콘드리아 매트릭스로 수송이 되고 난 뒤에 무슨 일이 일어났는지를 살펴보면서 포도당 산화와 ATP 생성에 관한 자세한 논의를 계속할 것이다. 포도당 산화의 4 stage 중 마지막 3 stage는 다음과 같다(그림 12-11).

- **Stage II:** Stage II는 두 부분으로 세분화할 수 있다. (1) Pyruvate를 acetyl CoA로 전환한 뒤, (2) acetyl CoA를 시트르산 회로에서 CO_2로 산화하는 것. 이 산화는 NAD^+를 NADH로 FAD를 $FADH_2$로 환원시키는 작용과 짝지어 있다. 이 두 운반체들은 고에너지 전자의 주요 공급원으로 간주될 수 있다. (지방산의 산화도 유사한 경로를 거쳐 일어나며, fatty acyl CoA가 acetyl CoA로 전환된다.) 반응의 대부분은 매트릭스를 향하고 있는 막 내부에서 혹은 막 상에서 일어난다.
- **Stage III:** NADH와 $FADH_2$로부터 내막 내부의 전자전달계를 통한 O_2로의 electron transport이며, 이때 내막을 경계로 *proton-motive force* (양성자 구동력)가 형성된다.
- **Stage IV:** 미토콘드리아 내막에서 양성자 구동력의 에너지를 ATP 합성으로 이용하는 단계. Stage III와 stage IV를 함께 *oxidative phosphorylation* (산화적 인산화)이라 부른다.

Stage II의 첫 번째 부분에서 Pyruvate가 Acetyl CoA와 고에너지 Electron으로 전환된다

Pyruvate는 미토콘드리아 매트릭스 내에서 coenzyme A와 반응하여 CO_2와 acetyl CoA 및 NADH를 형성한다(그림 12-11, stage II 참조). 이 반응은 *pyruvate dehydrogenase*에 의해 촉매되며, 매우 큰 free energy (자유에너지) 감소를($\Delta G^{\circ\prime}$ = –8.0 kcal/mol) 수반하기 때문에 본질적으로 비가역적이다. 미토콘드리아-ER MCS (ER MAM으로부터)에서 미토콘드리아 안으로 칼슘이 들어가는 것은 pyruvate dehydrogenase 활성을 증가시켜서, acetyl CoA 형성을 촉발한다.

Acetyl CoA는 two-carbon으로 이루어진 acetyl 그룹이 *coenzyme A (CoA)*라 알려진 긴 분자에 공유결합되어 있는 분자이다(그림 12-12). Acetyl CoA는 pyruvate, 지방산, 아미노산의 산화에 중심적 역할을 한다. 이 외에도 acetyl CoA는 히스톤 단백질과 많은 포유동물 단백질에 acetyl 그룹을 전달하는 것(그림 8-33) 및 콜레스테롤과 같은 지질의 합성을 포함하여 수많은 생합성 반응에서 중간 생성물로 작용한다(그림 10-26). 그러나 호흡하는 미토콘드리아에서는 acetyl CoA의 two-carbon acetyl 그룹은 항상 시트르산 회로를 통해 CO_2로 산화된다. Acetyl 그룹의 two-carbon은 pyruvate로부터 유래되며, pyruvate의 세 번째 탄소는 이산화탄소로 방출되는 것에 주목하라.

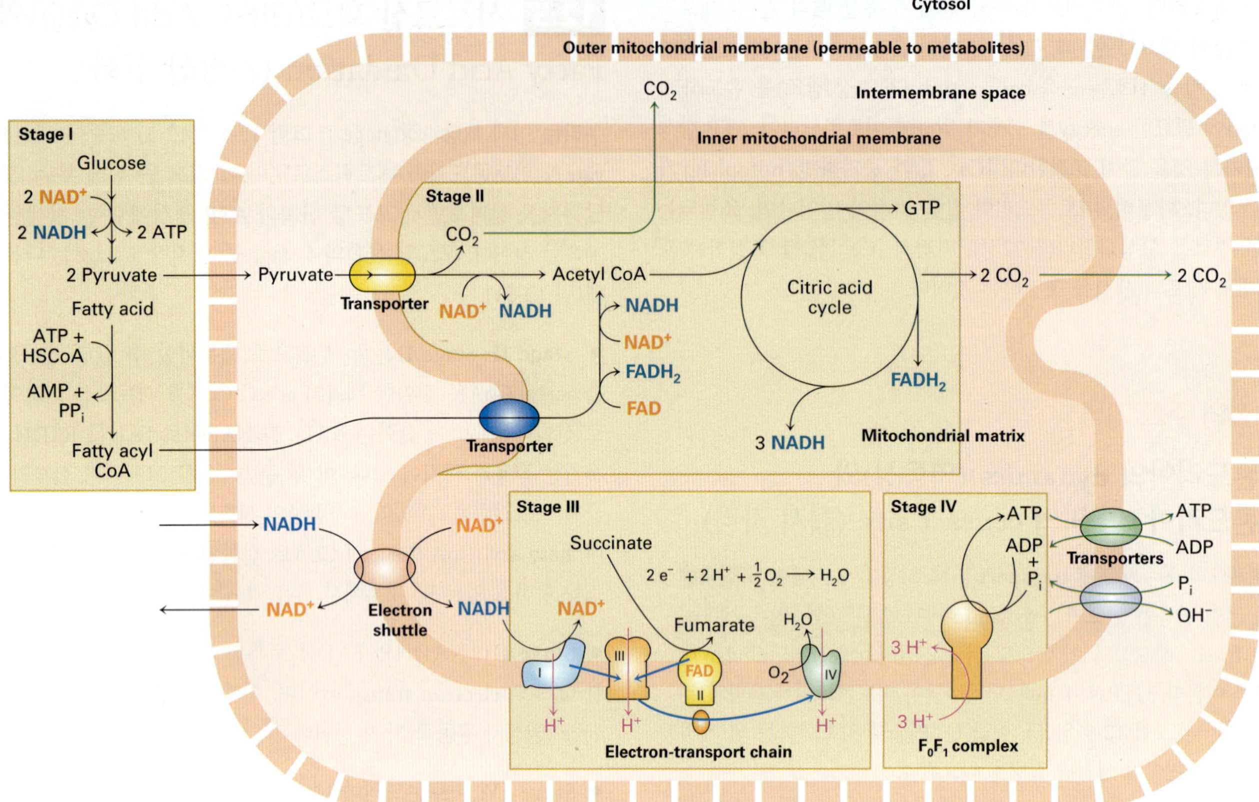

그림 12-11 포도당와 지방산의 호기성 산화의 개요. Stage I: 세포질에서 포도당은 pyruvate로, (해당과정) 지방산은 fatty acyl CoA로 전환된다. Pyruvate와 fatty acyl CoA는 다음에 미토콘드리아로 이동한다. 미토콘드리아의 외막은 porin 때문에 이 대사산물에 투과성을 가지지만 내막에서는 특정 transport 단백질(수송단백질, 색이 칠해진 타원)이 pyruvate (노란색)와 지방산(파란색)을 매트릭스로 유입하는 데 필요하다. Fatty acyl기는 fatty acyl CoA로부터 중간 생성물 carrier로 전달되고, 내막을 가로질러 수송되어 매트릭스 쪽에서 CoA에 재부착된다. **Stage II:** Pyruvate와 fatty acyl CoA는 미토콘드리아 매트릭스에서 acetyl CoA로 전환된 뒤 산화되어 CO_2를 방출한다. Pyruvate는 acetyl CoA로 전환되면서 NADH와 CO_2를 형성한다. Fatty acyl CoA로부터 유래된 탄소 2개는 acetyl CoA로 전환되면서 $FADH_2$와 NADH를 형성한다. 시트르산 회로에서 acetyl CoA의 산화는 NADH, $FADH_2$, GTP, CO_2를 생성하여 놓는다. **Stage III:** 전자 전달은 산소를 물로 환원시키고 양성자 구동력을 생성한다. 환원된 조효소로부터의 전자(파란색)가 전자 전달 복합체를 통해(색으로 칠한 박스) O_2로 전달됨과 동시에 H^+ 이온(빨간색)을 매트릭스로부터 막사이 공간으로 이동시켜 양성자 구동력을 생성한다. NADH로부터의 전자는 complex I (파란색)에서 complex III (주황색)으로 바로 흘러가면서 complex II (노란색)를 지나친다. Succinate로부터 온 전자들은 $FAD/FADH_2$를 통하여 complex II에서 complex III으로 바로 흘러가면서 complex I을 지나친다. **Stage IV:** F_0F_1 *complex* (주황색)인 ATP synthase는 양성자 구동력을 이용하여 매트릭스에서 ATP를 합성한다. Antiporter 단백질(보라색과 녹색 타원)은 ADP와 P_i를 매트릭스로 수송하고 hydroxyl 그룹과 ATP를 밖으로 수송한다. 세포질에서 생성된 NADH는 내막이 NAD^+와 NADH에 투과성을 띠지 않기 때문에 직접적으로 매트릭스로 수송되지 않는다. 대신에 shuttle system (빨간색)이 세포질의 NADH로부터 매트릭스의 NAD^+로 전자를 수송한다. O_2는 매트릭스로 확산되어 들어가고, CO_2는 매트릭스로부터 확산되어 나온다.

Stage II의 두 번째 부분에서 시트르산 회로는 Acetyl CoA의 Acetyl 그룹을 CO_2로 산화시키고 고에너지 Electron을 생성한다

9개의 연속적인 반응이 하나의 cycle (주기)을 형성하여 acetyl CoA가 CO_2로 산화된다(그림 12-11과 12-13, stage II). 이 cycle은 여러 가지 이름으로 불리는데, **시트르산 회로**, *tricarboxylic acid (TCA) cycle*, 그리고 *Krebs cycle*이 그것이다. Cycle로 acetyl CoA 형태로 유입된 각 acetyl 그룹은 2분자의 CO_2, 3분자의 NADH, 그리고 $FADH_2$, GTP 1 분자씩을 순수하게 생성한다. NADH와 $FADH_2$는 고에너지 전자 운반체로 미토콘드리아 산화의 stage III인 전자 전달에서 주된 역할을 할

$H_3C-C(=O)-S-(CH_2)_2-NH-C(=O)-(CH_2)_2-NH-C(=O)-CH(OH)-C(CH_3)_2-CH_2-O-P(=O)(O^-)-O-P(=O)(O^-)-O-$ Ribose — Adenine (Ribose: Phosphate)

Acetyl

Coenzyme A (CoA)

그림 12-12 Acetyl CoA의 구조. Acetyl 그룹이 coenzyme A (CoA)에 공유결합되어 있는 이 화합물은 pyruvate, 지방산, 그리고 많은 아미노산의 호기성 산화의 중요한 중간 생성물이다. 이는 또한 많은 생합성 경로에서 acetyl 그룹을 제공하기도 한다.

것이다.

Cycle은 그림 12-13에 보이는 것처럼, acetyl CoA로부터의 two-carbon acetyl기와 four-carbon 분자인 *oxaloacetate*가(단계 **1**) 응축하여 six-carbon *citric acid* (이온화하면 *citrate*, 이렇기 때문에 이름이 시트르산 회로이다)를 만들어내는 것으로 시작된다. 반응 4와 5 (단계 **4**와 **5**) 모두에서 CO_2 분자가 방출되고, NAD^+가 NADH로 환원된다. 이 반응에서 CO_2를 만드는 데 쓰인 산소 원자는 O_2가 아니라 H_2O에서 온 것이다. 단계 **4**와 **5** 반응을 촉매하는 효소들의 활성은 ER의 MAM로부터 미토콘드리아로 들어온 칼슘에 의하여 증가한다. NAD^+를 NADH로 환원시키는 반응은 단계 **9** 도중에도 일어난다. 그러므로 cycle을 한 번 돌 때마다 3분자의 NADH가 생성된다. 단계 **7**에서 2개의 electron과 2개의 양성자가 FAD로 옮겨지고, 이로 인해 이 조효소의 환원된 형태인 $FADH_2$가 생성된다. 단계 **7**은 아주 독특하다. 왜냐하면, 이 반응은 시트르산 회로의 내재적 부분(stage II)일 뿐만 아니라 막에 부착되어 있는 효소에 의해서도 촉매되어 앞으로 우리가 보게 될 stage III에서 중요한 역할을 하기 때문이다. 단계 **6**에서 succinyl CoA에 있는 고에너지 thioester 결합의 가수분해는 substrate-level 인산화에 의한 한 분자의 GTP 생성에 연결되어 있다. GTP와 ATP는 상호전환이 가능하기에, 이를 ATP 생성 단계로 간주할 수 있다.

$$\text{GTP} + \text{ADP} \rightleftharpoons \text{GDP} + \text{ATP}$$

단계 **9**에서는 oxaloacetate를 재생하여 cycle이 다시 시작될 수 있게 해준다. 시트르산 회로에서는 O_2 분자가 참여하지 않는 점에 주목하라.

시트르산 회로와 관련된 대부분의 효소와 작은 분자들은 미토콘드리아의 수용성 매트릭스에 용해되어 있다. 이들은 8개의 cycle 효소 대부분과 함께, CoA, acetyl CoA, succinyl CoA, NAD^+, NADH를 포함한다. 그러나 *Succinate dehydrogenase* (반응 단계 **7**)는 내막에 있는 integral 막 단백질의 구성성분으로 active site (활성화 부위)는 매트릭스를 향하고 있다. 막에 부착되어 있지 않은 시트르산 회로의 효소는 아주 큰 **multiprotein complex (다단백질 복합체)**로 방출된다. 이러한 복합체 내부에서 한 효소의 반응 생성물이 용액을 통한 확산 없이 다음 효소로 바로 전달되는 것으로 생각된다(그림 3-31 참조).

포도당 1분자의 해당과정이 2분자의 acetyl CoA를 생성하기 때문에 해당과정 경로와 시트르산 회로를 구성하는 반응들은 포도당 1분자당 6분자의 CO_2, 10분자의 NADH 그리고 2분자의 $FADH_2$를 생성한다(표 12-3). 비록 이 반응들이 또한 4개의 고에너지 phosphoanhydride 결합을 2개의 ATP와 2개의 GTP 형태로 생성한다 하더라도 이것은 포도당의 완전한 호기성 산화를 통해 방출되는 가용한 에너지

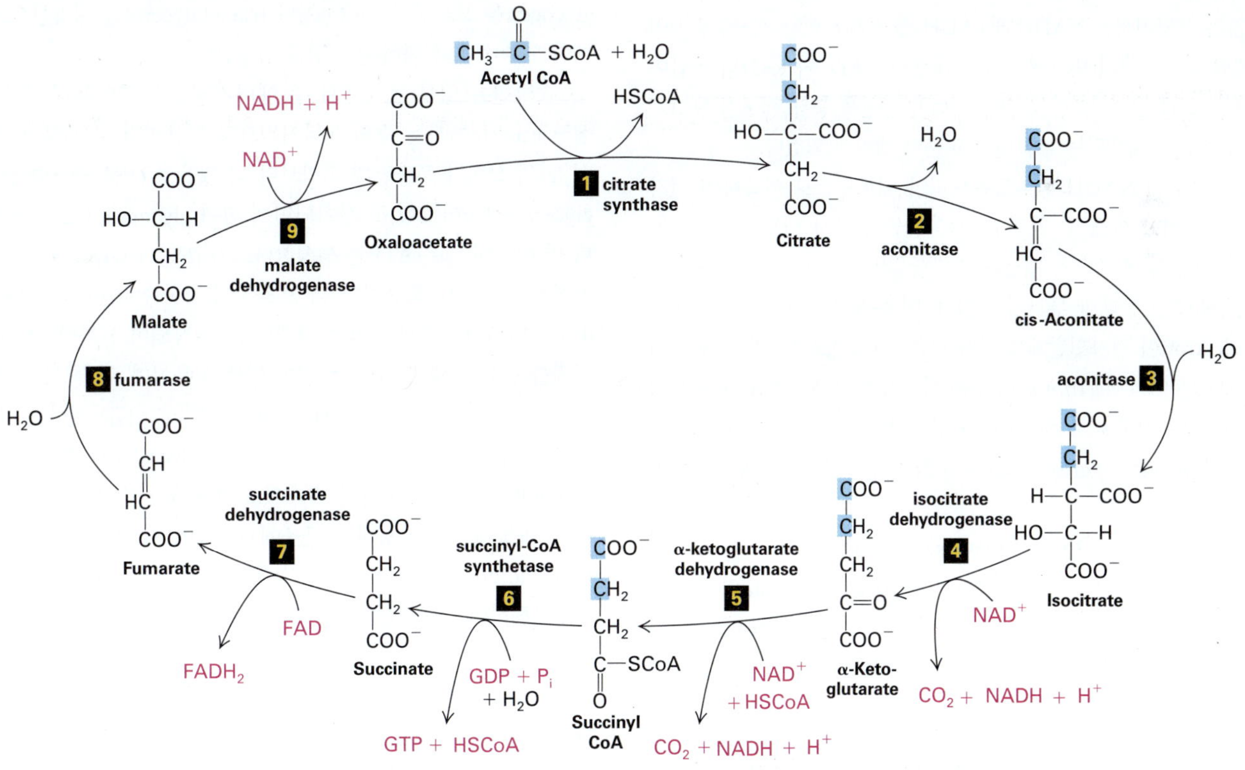

그림 12-13 시트르산 회로. Acetyl CoA는 CO_2와 고에너지 전자 운반체인 NADH와 $FADH_2$로 대사된다. 반응 **1**에서 acetyl CoA로부터 온 two-carbon acetyl 잔기는 four-carbon 분자인 oxaloacetate와 결합해서 six-carbon citrate를 형성한다. 나머지 **2**에서 **9**번까지의 반응에서 citrate 각 분자는 결국 oxaloacetate로 재전환되고, 이 과정에서 2분자의 CO_2를 잃어버린다. Cycle이 한 번 순환될 때마다 4쌍의 전자가 탄소 원자로부터 제거되고 3분자의 NADH과 1개의 $FADH_2$, 1개의 GTP이 생성된다. Cycle에서 acetyl CoA로부터 유입된 탄소 원자 2개는 succinyl CoA까지 푸른색으로 강조되었다. 서로 대칭적인 분자인 succinate와 fumarate에서는 더 이상 특별하게 표시될 수가 없다. Isotope-labeling study (방사선 동위원소를 이용한 연구)에서 이 탄소 원자는 유입된 바로 그 cycle에서는 *소실되지 않는다*는 것으로 밝혀졌다; 평균적으로 이들 탄소 원자 중 하나는 바로 다음 주기에서 CO_2로 소실되고, 다른 하나는 그 다음 주기에서 소실된다.

의 작은 일부분에 불과하다. 남은 에너지는 환원된 조효소인 NADH나 $FADH_2$에 고에너지 electron으로 저장되는데, 이 때문에 NADH와 $FADH_2$를 고에너지 전자 운반체로 간주할 수 있다. stage III과 IV의 목표는 이 에너지를 ATP의 형태로 환수하는 것이다.

미토콘드리아 내막에 있는 Transporter가 세포질과 매트릭스의 NAD^+와 NADH의 적절한 농도를 유지시킨다

NAD^+는 세포질에서는 해당과정의 단계 6에서 필요하고(그림 12-3 참조), 미토콘드리아 매트릭스에서는 pyruvate를 acetyl CoA로 전환할 때와 시트르산 회로의 세 단계(그림 12-13의 단계 4, 5, 9)에서 필요하다. 각 경우에 있어서 반응산물은 NADH이다. 해당과정과 pyruvate의 산화가 지속되기 위해서는 NADH 산화를 통해 NAD^+가 재생되어져야만 한다. (이와 유사하게 stage II 반응에서 생성된 $FADH_2$가 FAD에 의존적인 반응이 지속되기 위해서는 FAD로 reoxidation되어져야만 한다.) 다음 절(12.6절)에서 보게 되겠지만, 미토콘드리아 내막 내부에서 일어나는 전자전달계는 O_2를 물로 환원시키고 NADH와 $FADH_2$ 분자에 고에너지 electron으로 저장된 에너지를 양성자 구동력으로 전환시키면서 NADH를 NAD^+로 $FADH_2$를 FAD로 전환시킨다(stage III). 비록 O_2가 시트르산 회로의 어떤 반응에도 관여하지는 않았지만, O_2가 존재하지 않는 상황에서는 NADH와 $FADH_2$를 산화시키는 전자전달계이 불가능해짐으로 인해서 미토콘드리아 내부의 NAD^+와 FAD의 공급이 줄어들어 이 cycle은 바로 중지된다. 이러한 관찰을 통해 세포질 NAD^+의 공급이 어떻게 재생되는지에 대한 의문이 생기게 되었다.

만일 세포질의 NADH가 미토콘드리아 매트릭스로 이동하여 전자전달계에 의해서 산화될 수 있고 NAD^+ 산물이 다시 세포질로 수송될 수 있다면, 세포질 NAD^+의 재생은 간단할 것이다. 그러나 미토콘드리아 내막은 NADH에 대한 투과성이 없다. 이 문제를 우회하여 세포질의 NADH electron이 전자전달계를 통해 O_2로 간접적으로 전달되게 하기 위해서, 세포는 여러 *electron shuttle*을 사용하여 세포질 NADH로부터 매트릭스에 있는 NAD^+로 electron을 전달한다. 가장 광범위하게 쓰이는 shuttle인 *malate-aspartate shuttle*의 작동이 그림 12-14에 묘사되어 있다.

Cycle이 완전히 한 번 돌 때마다 shuttle에서 사용되는 NADH와 NAD^+ 분자의 숫자나 중간 생성물인 aspartate나 malate의 숫자에는 전반적인 변화가 없다. 그러나 NADH는 세포질에서 NAD^+로 산화되어, 이것이 해당과정에 이용될 수 있고 매트릭스에서는 NAD^+가 NADH로 환원되어 이것이 전자 전달에 이용될 수 있다.

$$NADH_{cytosol} + NAD^+_{matrix} \rightarrow NAD^+_{cytosol} + NADH_{matrix}$$

미토콘드리아에서의 지방산 산화은 ATP를 생성한다

우리는 지금까지 ATP 생성에 주로 탄수화물, 즉 포도당의 산화에 초점을 맞추었다. 지방산은 또 다른 중요한 세포의 에너지원이다. 세포는 extracellular space (세포 밖 공간)로부터 특정 transporter protein (수송단백질)의 도움을 받아서 포도당이나 지방산을 받아들일 수 있다(11장 참조). 만일 세포가 이 분자를 즉시 소비할 필요가 없는 경우, 이들을 *glycogen*이라 불리는 포도당의 polymer로서 저장하거나(특히, muscle이나 간에서) 3분자의 지방산이 gycerol에 공유결합된 **triacylglycerol** 혹은 **triglyceride**라 불리는 형태로 저장될 수 있다.

$$\begin{array}{l} CH_3-(CH_2)_n-\overset{O}{\overset{\|}{C}}-O-CH_2 \\ CH_3-(CH_2)_n-\overset{O}{\overset{\|}{C}}-O-CH \quad + 3\,H_2O \longrightarrow \\ CH_3-(CH_2)_n-\overset{O}{\overset{\|}{C}}-O-CH_2 \\ \text{Triacylglycerol} \end{array}$$

$$3\,CH_3-(CH_2)_n-\overset{O}{\overset{\|}{C}}-OH \;+\; \begin{array}{l} HO-CH_2 \\ HO-CH \\ HO-CH_2 \end{array}$$

Fatty acid　　Glycerol

일부 세포에서는 여분의 포도당이 지방산으로 전환되어 triacylglycerol로서 저장된다. 그러나 동물은 미생물과는 달리 지방산을 포도당로 전환할 수 없다. 세포이 이러한 에너지 저장물질을 ATP를 생성하기 위하여 연소할 필요가 있을 때(예를 들어, 쉬고 있던 muscle이 운동을 시작하면서 포도당이나 지방산을 연료로서 연소할 필요가 있을 때), 효소는 glycogen을 포도당로 분해하거나 triacylglycerol을 지방산으로 가수분해한 뒤 이들을 산화하여 ATP를 생성한다.

지방산은 일부 조직에서 주 에너지원으로 쓰이는데, 특히 성인의 심장 muscle에서는 주요 에너지원으로 작용한다. 실제로 사람에 있어서 fat의 산화가 포도당의 산화보다 더 많은 ATP를 공급한다. Triacylglyceride 1 g이 CO_2로 산화되면 수화된 glycogen 1 g이 산화될 때보다 약 6배 더 많은 ATP를 생성한다. 그러므로 triglyceride가 에너지를 저장하는 데 탄수화물보다 더 효율적이다. 이는 triglyceride가 anhydrous form (수화되지 않은 형태)으로 저장되어 산화될 때 더 많은 에너지를 만들어 낼 수 있다는 것이 일부 이유이며, 탄수화물보다 내재적으로 더 환원되어(더 많은 hydrogen을 가지고 있음) 있다는 것이 또 다른 이유이기도 하다. 포유동물에서 triacylglyceride의 주요 저장 장소는 지방(adipose) 조직인 반면, glycogen의 주요 저장 장소는 muscle과 간이다. 동물에서는, 운동하는 근육에서와 같이 조직이 많은 ATP가 필요할 때, adipose tissue (지방 조직)에 신호가 전달되어 triacylglycerol을 가수분해하여 지방산을 순환계로 release해서 ATP를 필요로 하는 조직에 전달한다.

포도당의 산화에 4 stage가 있듯이, 지방산의 산화에도 4 stage가 있다. ATP 생성의 효율을 최적화시키기 위하여 지방산 산화의 stage II (시트르산 회로에서의 acetyl CoA의 산화) 일부와 stage III와 IV 전체는 포도당의 산화 stage와 동일하다. 차이는 세포질에서 일어나는 stage I과 미토콘드리아에서 일어나는 stage II의 첫 번째 부분이다. 지방산은 stage I에서 fatty acyl CoA로 세포질에서 전환이 일어나며, 이는 ATP가 AMP와 PP_i (inorganic pyrophosphate)로 가수분해되는 반응과 연결되어 일어난다(그림 12-11 참조).

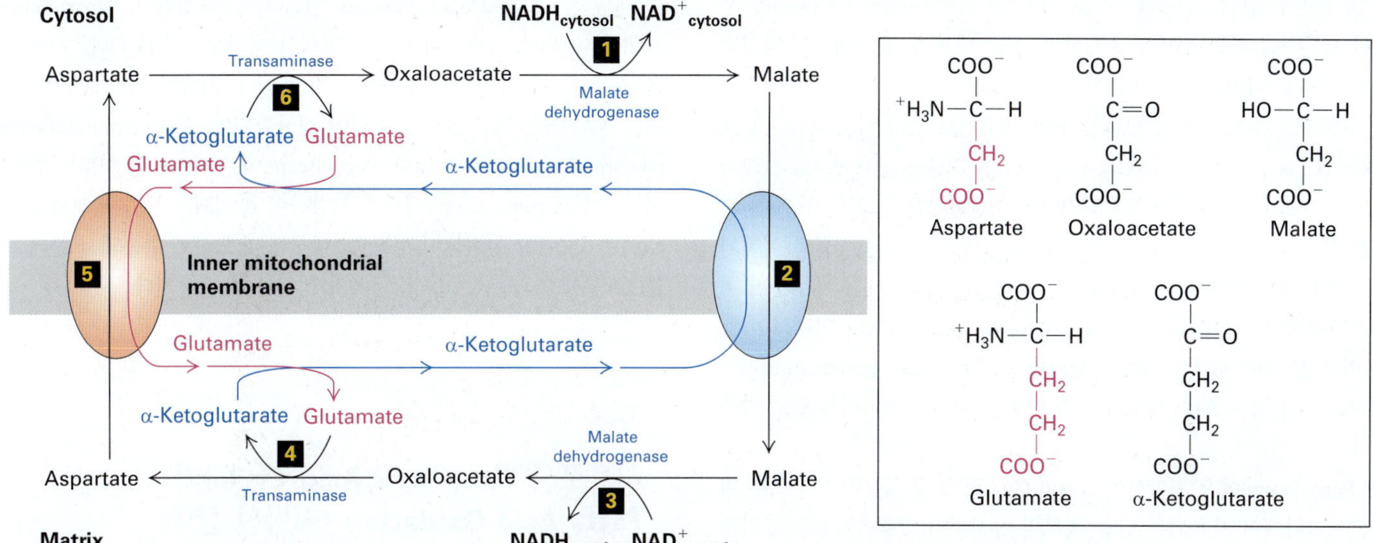

그림 12-14 Malate-aspartate shuttle. 일련의 순환적 반응들이 NADH에 투과성이 없는 미토콘드리아 내막을 가로질러 세포질(막사이 공간을 통하여)에 있는 NADH로부터 매트릭스에 있는 NAD^+로 전자를 전달한다. 순수한 최종 결과는 세포질 NADH를 NAD^+로 매트릭스의 NAD^+를 NADH로 치환시키는 것이다. 단계 **1**: 세포질에 있는 malate dehydrogenase가 세포질의 NADH로부터 oxaloacetate로 전자를 옮겨서 malate를 형성한다. 단계 **2**: 미토콘드리아 내막에 있는 antiporter (파란색 타원)가 α-ketoglutarate를 대체하여 malate를 매트릭스로 수송한다. 단계 **3**: 미토콘드리아의 malate dehydrogenase가 malate를 다시 oxaloacetate로 전환시키는 과정 중에 매트릭스에 있는 NAD^+를 NADH로 환원시킨다. 단계 **4**: 내막을 직접적으로 통과할 수 없는 oxaloacetate에 glutamate로부터 amino 그룹이 첨가되면서 aspartate로 전환된다. 매트릭스에서 일어나는 이 transaminase에 의해 촉매되는 반응에서 glutamate가 α-ketoglutarate로 전환된다. 단계 **5**: 두 번째 antiporter (빨간색 타원)가 aspartate를 세포질로 glutamate와 교환하여 내보낸다. 단계 **6**: 세포질의 transaminase가 aspartate를 oxaloacetate로 α-ketoglutarate를 glutamate로 전환시키면서 cycle을 마친다. 파란색 화살표는 α-ketoglutarate의 이동을 나타내고, 빨간색 화살표는 glutamate의 이동을, 검정색 화살표는 aspartate/malate의 이동을 반영한다. 주목할 만한 것은 aspartate와 malate는 시계 방향으로 cycle을 돌고, glutamate와 α-ketoglutarate는 시계 반대 방향으로 cycle을 돈다는 점이다.

$$\underset{\text{Fatty acid}}{\mathrm{R-\overset{\overset{\large O}{\|}}{C}-O^-}} + \mathrm{HSCoA + ATP}$$

$$\longrightarrow \underset{\text{Fatty acyl CoA}}{\mathrm{R-\overset{\overset{\large O}{\|}}{C}-SCoA}} + \mathrm{AMP} + \mathrm{PP_i}$$

PP_i가 차후에 두 분자의 phosphate (P_i)로 가수분해되는 것이 에너지를 방출하여 이 반응이 종료되도록 추진한다. Fatty acyl 그룹의 미토콘드리아 매트릭스로의 수송은 fatty acyl 그룹이 *carnitine*이라 불리는 분자에 공유결합으로 전달되고, 그 다음 acylcarnitine transporter 단백질(그림 12-11 참조, 파란색 타원)에 의해 미토콘드리아 내막을 가로질러 이동된 뒤 매트릭스 쪽에서 fatty acyl 그룹이 carnitine으로부터 방출되어 다른 CoA 분자에 재부착되며 일어난다. Acyl carnitine transporter의 활성은 세포가 적절한 에너지(ATP)를 공급받을 때 지방산의 산화를 방지하기 위해 조절된다.

Stage II의 첫 부분에서, 미토콘드리아의 fatty acyl CoA 각 분자는 NADH와 $FADH_2$를 생성하면서 모든 탄소 원자가 한 번에 2개씩 acetyl CoA로 변환되는 주기적인 4개 반응의 순환을 통해 산화된다(그림 12-15a). 예를 들어, 미토콘드리아에서의 탄소가 18개인 화합물인 stearic acid, $CH_3(CH_2)_{16}COOH$, 각 분자의 산화는 9분자의 acetyl CoA와 8분자의 NADH 및 8분자의 $FADH_2$를 생산한다. 이 acetyl기는 pyruvate로부터 생성된 acetyl CoA가 그러하듯이, stage II의 두 번째 부분에서 시트르산 회로로 유입되고 CO_2로 산화된다. 다음 절에서 자세히 기술되겠지만, stage II로부터의 고에너지 electron을 가지는 환원된 NADH와 $FADH_2$는 stage III에서 양성자 구동력을 만들어 내는 데 쓰이며, 이러한 양성자 구동력은 stage IV에서 ATP 합성을 추진하는 데 쓰인다.

Peroxisome에서의 지방산 산화은 ATP를 생성하지 않는다

미토콘드리아의 지방산 산화는 포유동물 간세포에 있어서 ATP의 주공급원인데, 생화학자들은 한 때 이것이 모든 세포에서 통용될 것이라고 믿었다. 그러나 lipid metabolism의 많은 측면에 영향을 미치는 약물인 clofibrate로 처리된 쥐(rat)에서, 지방산의 산화 rate가 증가하면서 간세포에서 **peroxisome**의 수가 크게 증가되는 것이 발견되었다. 이 발견은 미토콘드리아뿐만 아니라 peroxisome도 지방산을 산화할 수 있다는 것을 암시하였다. 지름이 ≈0.2–1 μm인 이 작은 세포소기관은 단일 막으로 둘러싸여 있다(그림 1-12 참조). 이것은 erythrocyte (적혈구)를 제외한 모든 포유동물 세포에 존재하며, 식물 세포 및 효모에서도 발견되는데, 아마도 거의 대부분의 다른 진핵생물 세포에서 발견될 것이다.

미토콘드리아는 짧은(지방산 사슬이 8개 탄소보다 적은 혹은 < C_8), 중간의(C_8–C_{12}) 그리고 긴(C_{14}–C_{20}) 지방산 사슬을 선호적으로 산화하는 반면, peroxisome은 미토콘드리아에서 산화시킬 수 없는 아주 긴 지방산 사슬(VLCFA, > C_{20})을 선호적으로 산화시킨다. 음식물로 섭취되는 대부분의 지방산은 긴 사슬을 가지고 있으며, 이는 이들 대부분이 미토콘드리아에서 산화된다는 것을 의미한다. ATP 생성과 연결되어 있는 미토콘드리아에서의 지방산 산화와는 대조적으로, peroxisome에서의 지방산 산화는 ATP 생성과 연결되어 있지 않고 에너지는 열로 방출된다.

Peroxisome에서 지방산이 acetyl CoA로 분해되는 반응 경로는 미토콘드리아에서 사용되는 반응 경로와 유사하다(그림 12-15). 그러나 peroxisome에는 전자전달계이 없으며, 지방산이 산화되는 동안 생성되는 $FADH_2$의 electron은 *oxidase*에 의해 즉시 O_2로 옮겨져서 FAD를 재생산하고, hydrogen peroxide (H_2O_2)를 형성한다. Peroxisome은 oxidase 이외에도 세포에 아주 치명적인 대사산물인 H_2O_2를 재빠르게 분해시키는 *catalase*를 풍부하게 가지고 있다. 지방산 산화 동안에 생성되는 NADH는 세포질로 방출되어 재산화되며, 여기서 malate/aspartate shuttle은 필요하지 않다. Peroxisome에는 시트르산 회로도 결여되어 있으므로 peroxisome에서의 지방산이 분해되는 동안 생성된 acetyl CoA는 더 이상 산화되지 못하고, 대신에 세포질로 수송돼서 콜레스테롤(10장 참조)과 다른 대사산물을 합성하는 데 사용된다.

12.5절의 주요 개념

시트르산 회로(Citric Acid Cycle)와 Fatty Acid Oxidation (지방산 산화)

- Three-carbon 분자인 pyruvate는 stage II에서 첫 번째로 산화되

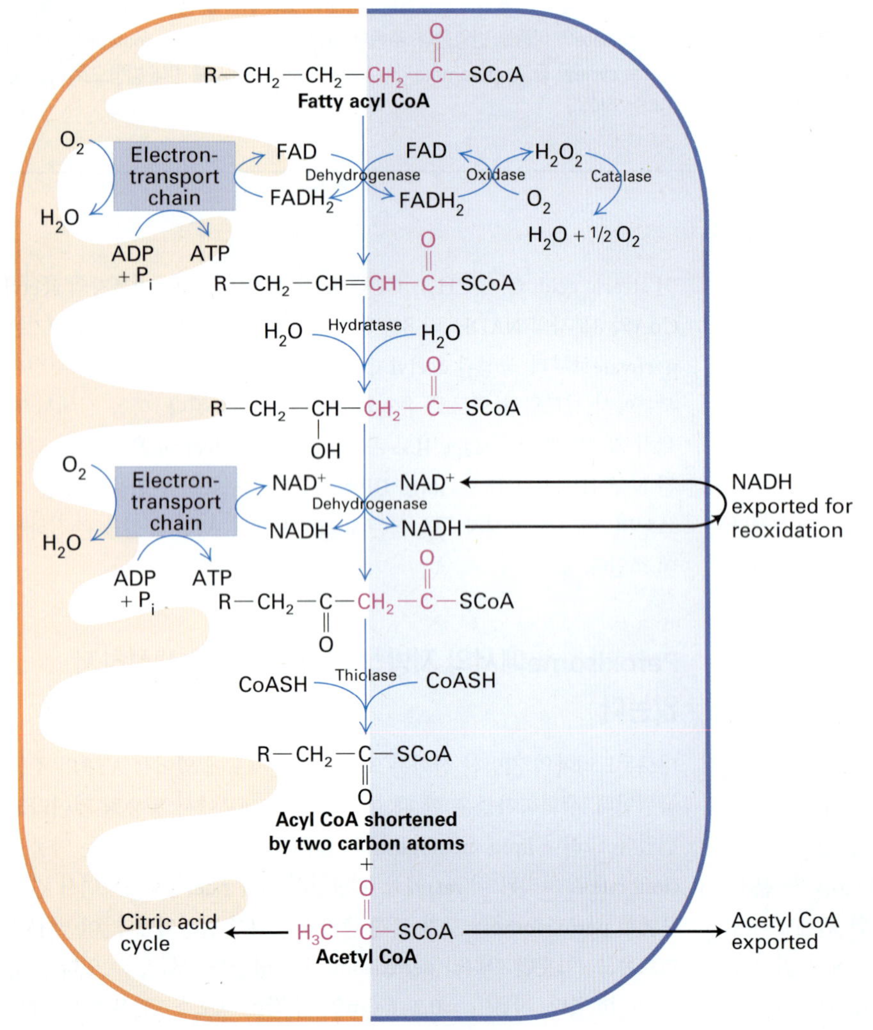

그림 12-15 미토콘드리아와 peroxisome에서의 지방산의 산화. 미토콘드리아 (a)와 peroxisome (b) 모두에서의 산화에서 지방산은 4개의 효소에 의해서 촉매되는 일련의 반응에 의해서 acetyl CoA로 전환된다(그림 중앙의 아래 부분에 표기됨). Fatty acyl CoA 분자는 acetyl CoA와 2개의 탄소 원자가 짧아진 fatty acyl CoA로 전환된다. 이와 동시에 FAD 분자 하나가 $FADH_2$로, 하나의 NAD^+ 분자가 NADH로 환원된다. 이 cycle은 짝수의 탄소 원자를 가지는 지방산이 완전히 acetyl CoA로 전환될 때까지 짧아진 acyl CoA에서 반복된다. 미토콘드리아 (a)에서 $FADH_2$와 NADH로부터의 전자는 전자전달계로 유입되어 궁극적으로 ATP를 생성하는 데 쓰인다. 생성된 acetyl CoA는 시트르산 회로에서 산화되어 CO_2를 방출하는 결과를 낳고, 궁극적으로 추가적인 ATP를 합성한다. Peroxisome (b)은 전자전달계를 구성하는 전자 전달 complex와 시트르산 회로의 효소가 없기 때문에 peroxisome에서의 지방산의 산화는 ATP를 생성하지 않는다.

어 CO_2, NADH, acetyl CoA 각 1분자씩을 생성한다. Acetyl CoA의 acetyl 그룹은 다음에 시트르산 회로에 의해서 CO_2로 산화된다(그림 12-11 참조).

- 시트르산 회로의 각 cycle마다 2분자의 CO_2가 방출되고, NADH 3분자, $FADH_2$ 1분자, 그리고 GTP 1분자가 생성된다(그림 12-13 참조).
- 포도당 산화의 stage I과 stage II에서 방출된 대부분의 에너지는 임시로 환원된 조효소 NADH나 $FADH_2$에 저장되는데, 이들 환원된 조효소는 차후에 전자전달계를 추진시키는 고에너지 전자를 지니고 있다(stage III).
- 해당과정와 시트르산 회로는 모두 산소 분자(O_2)를 직접적으로 사용하지 않는다.
- Malate-aspartate shuttle은 지속적인 해당과정을 위해 필요한 세포질의 NAD^+의 공급을 재생한다(그림 12-14 참조).
- 지방산의 산화는 포도당 산화처럼 4 stage에 걸쳐 일어난다. Stage I에서 지방산은 세포질에서 fatty acyl CoA로 전환된다. Stage II에서는 fatty acyl CoA는 미토콘드리아 안에서 첫 번째로 여러 분자의 acetyl CoA로 전환되면서 NADH와 $FADH_2$를 생성한다. 그런 다음에 acetyl CoA는 포도당 산화에서와 같이 시트르산 회로로 유입된다. stage III과 IV는 지방산 산화와 포도당 산화에 있어서 동일하다(그림 12-11 참조).
- 대부분의 진핵생물 세포에서, 짧은 사슬에서부터 긴 사슬에 이르는 지방산 산화는 미토콘드리아에서 ATP를 생성하면서 일어나는 반면, 아주 긴 사슬의 지방산 산화는 주로 peroxisome에서 일어나며 ATP 생성과는 무관하다(그림 12-15 참조); 지방산이 peroxisome에서 산화될 때 방출되는 에너지는 열로 전환된다.

12.6 Electron-Transport Chain (전자전달계)과 Proton-Motive Force (양성자 구동력)의 생성

포도당과 지방산이 CO_2로 산화되는(stage I과 II) 동안 방출되는 대부분의 에너지는 환원된 조효소인 NADH와 $FADH_2$의 고에너지 electron으로 전환된다. 우리는 이제 조효소에 임시로 저장되어 있는 에너지가 **respiratory chain (호흡사슬)**이라고도 알려진 전자전달계를 통해 양성자 구동력으로 전환되는 stage III로 넘어간다. 우리는 첫 번째로 전자전달계의 논리와 구성요소에 대하여 기술할 것이다. 그런 다음, 전자전달계를 통해 전자가 흐를 때 이의 경로를 따라갈 것이며, 미토콘드리아의 내막을 통한 proton pumping (양성자/프로톤 pumping) 메커니즘에 대하여 기술할 것이다. 우리는 이 절을 전자 전달과 양성자 pumping에 의해 형성된 양성자 구동력의 크기에 대한 논의로 마무리할 것이다. 아울러, 12.7절에서는 양성자 구동력이 어떻게 ATP를 합성하는 데 쓰이게 되는지를 보게 될 것이다.

NADH와 $FADH_2$의 산화은 상당한 양의 에너지를 방출한다

전자 전달 동안, electron은 NADH와 $FADH_2$로부터 방출되어 궁극적으로 O_2로 전달되고, 아래에 보이는 전반적인 반응식에 의거하여 H_2O를 생성한다.

$$NADH + H^+ + \tfrac{1}{2}O_2 \rightarrow NAD^+ + H_2O,$$
$$\Delta G = -52.6 \text{ kcal/mol}$$
$$FADH_2 + \tfrac{1}{2}O_2 \rightarrow FAD + H_2O,$$
$$\Delta G = -43.4 \text{ kcal/mol}$$

포도당 1분자가 CO_2로 전환되면서 해당과정 경로와 시트르산 회로를 통해 10분자의 NADH와 2분자의 $FADH_2$를 생성함을 상기하자(표 12-2 참조). 이렇게 환원된 조효소의 산화는 총 −613 kcal/mol [10(−52.6) + 2(−43.4)]의 $\Delta G^{\circ\prime}$을 갖는다. 그러므로 포도당의 화학결합에 존재하는 잠재적 free energy (−686 kcal/mol)의 약 90%가 환원된 조효소에 보존된다. 그렇다면, 2개의 다른 조효소 NADH와 $FADH_2$가 왜 존재해야 하는가? 비록 포도당과 지방산 산화에 관련된 많은 반응들이 NAD^+를 환원시키기에 충분히 강력하지만 일부는 그렇지 못하다. 그렇기 때문에 이러한 반응들은 에너지를 덜 필요로 하는 FAD의 환원에 연결되어 있다.

환원된 조효소가 운반하는 에너지는 이들을 산화함으로써 방출할 수 있다. 미토콘드리아가 직면하는 생화학적 과제는 산화에 의해서 방출되는 이러한 에너지를 가장 효율적으로 ATP의 말단 phosphoanhydride 결합의 에너지로 전달하는 것이다.

$$P_i^{2-} + H^+ + ADP^{3-} \rightarrow ATP^{4-} + H_2O,$$
$$\Delta G = +7.3 \text{ kcal/mol}$$

조효소 1분자의 환원과 ATP 1분자의 합성을 비교적 단순한 1:1 반응으로 연결시키는 것은 엄청나게 비효율적일 수 있는데, 이는 ADP와 P_i로부터 ATP를 합성하는 것에 대한 $\Delta G^{\circ\prime}$이 조효소 산화의 $\Delta G^{\circ\prime}$보다 아주 작아서 많은 에너지가 열로 방출될 수 있기 때문이다. 에너지를 효율적으로 회수하기 위해서, 미토콘드리아는 첫 번째로 조효소 산화의 에너지를 일련의 전자 운반체를 이용하여 양성자 구동력으로 전환시키는데, 이 전자 운반체는 하나의 구성 인자를 제외하고는 모두 미토콘드리아 내막의 integral membrane 단백질이다(그림 12.11의 stage III 참조). 그 양성자 구동력은 ATP를 생성하는 데 매우 효율적으로 사용될 수 있다.

미토콘드리아에서의 전자 전달은 양성자 pumping에 연결되어 있다

Electron이 NADH 및 $FADH_2$로부터 O_2로 전달되는 도중에 양성자가 내막을 가로질러 미토콘드리아 매트릭스로부터 pumping된다. 이러한 pumping은 미토콘드리아 매트릭스의 pH를 세포질과 막사이 공간에 비해서 높게 만들고, 또한 매트릭스가 inter-membrane space에 비

표 12-2 • 해당과정과 시트르산 회로의 최종 결과

Reaction	CO_2 Molecules Produced	NAD^+ Molecules Reduced to NADH	FAD Molecules Reduced to $FADH_2$	ATP (or GTP)
1 glucose molecule to 2 pyruvate molecules	0	2	0	2
2 pyruvates to 2 acetyl CoA molecules	2	2	0	0
2 acetyl CoA to 4 CO_2 molecules	4	6	2	2
Total	6	10	2	4

해 더 음성이 되도록 만든다. 다른 말로 NADH나 $FADH_2$가 산화되는 동안 방출되는 free energy는 막을 사이에 두고서 electric potential과 proton concentration gradient (양성자 농도 구배) — 집합적으로 *proton-motive force*에 저장된다(그림 12-2 참조). 12.7절에서 보게 되겠지만, 이러한 힘에 의해 추진되어 내막을 가로 질러 양성자가 다시 이동하는 것은 ATP synthase에 의해 ADP와 P_i로부터 ATP를 합성하는 것과 연결되어 있다(stage IV).

NADH나 $FADH_2$로부터 O_2로 electron이 전달되면서 방출되는 에너지에 의해 추진되는 ADP와 P_i로부터 ATP의 합성은 호기성이면서 광합성을 하지 않는 세포에서는 ATP의 주공급원이다. 많은 증거들이 미토콘드리아와 박테리아에서 이러한 산화적 인산화 과정이 전자 전달, 양성자 pumping, ATP 합성을 동시에 수반하면서 내막(미토콘드리아)이나 박테리아 세포막을 가로지르는 양성자 구동력의 생성에 의존한다는 것을 보여 주고 있다. 실례로, 실험실에서 온전하게 분리된 미토콘드리아에 pyruvate나 succinate처럼 산화가 가능한 기질과 O_2를 첨가하면 미토콘드리아의 내막이 온전한 경우 ATP의 순수 합성으로 나타나는 것을 볼 수 있다. Membrane을 새도록 할 수 있는 detergent (세제)가 아주 조금 존재하는 상황에서도 O_2에 의한 이러한 대사산물의 산화와 전자 전달은 여전히 일어난다. 그러나 이러한 상황에서는 ATP가 생성되지 않는데, 왜냐하면 양성자이 새어 나가서 양성자 구동력이 유지될 수 없기 때문이다.

NADH (혹은 $FADH_2$)로부터 O_2로의 전자 전달과 미토콘드리아 내막을 가로지르는 양성자 수송 간의 coupling은 분리된 온전한 미토콘드리아를 갖고서 실험적으로 입증할 수 있다(그림 12-16). NADH를 포함하고 O_2가 없는 용액에 들어 있는 미토콘드리아의 현탁액에 O_2가 더해지면 즉시 미토콘드리아 밖의 용액은 일시적으로 더 산성이 되는데(양성자의 농도가 증가됨), 이는 미토콘드리아의 외막이 양성자를 자유롭게 투과시키기 때문이다. (Malate-aspartate 그리고 다른 shuttle들이 용액에 있는 NADH를 매트릭스의 NADH로 전환시킬 수 있음을 기억하자.) 이들의 환원에 의해 일단 O_2가 고갈되면 용액에 있는 과량의 양성자은 서서히 매트릭스로 다시 새어 들어간다. 이러한 실험에서 측정된 pH 변화를 분석하면 NADH로부터 한 쌍의 electron이 O_2로 전달될 때마다 약 10개의 양성자이 매트릭스 밖으로 수송되는 것을 계산할 수 있다.

$FADH_2$에 대한 숫자를 얻기 위하여 NADH 대신에 succinate를 기질로 이용하여 위에 기술된 실험을 반복할 수 있다. (시트르산 회로의 succinate에서 fumarate로의 산화가 $FADH_2$를 생성함을 상기하라; 그림 12-13 참조). 첨가되는 succinate의 양은 생성되는 $FADH_2$의 양이 첫 번째 실험에서의 NADH의 양과 같아지도록 조정될 수 있다. 산소의 첨가는 첫 번째 실험에서와 같이 미토콘드리아 밖의 용액을 더 산성으로 만들었지만 NADH 경우보다는 적었다. 이것은 놀라운 결과가 아닌데, 왜냐하면 $FADH_2$의 electron (43.4 kcal/mol)이 NADH의 electron (52.6 kcal/mol)보다 적은 potential energy (위치에너지)를 가지고 있고, 이로 인해 매트릭스로부터 더 적은 수의 양성자를 수송함으로써 더 작은 pH 변화가 야기되기 때문이다.

Electron들은 일련의 전자 운반체를 통해 "아래로(Downhill)" 흐른다

우리는 이제 NADH와 $FADH_2$에서 마지막 electron acceptor (전자 수용체)인 O_2로의 에너지 측면에서 선호되는 electron의 이동을 좀 더

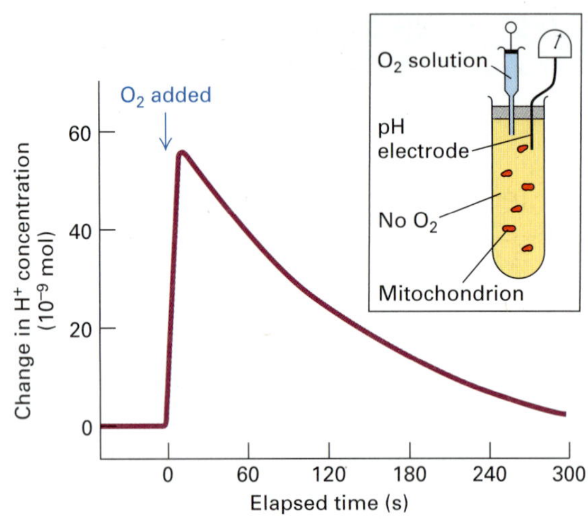

실험그림 12-16 NADH로부터 O_2로의 전자 전달은 미토콘드리아의 membrane을 가로지르는 양성자 transport와 연결되어 있다. 만일 NADH가 O_2가 고갈되어 있는 미토콘드리아의 현탁액에 첨가되면 NADH는 산화되지 않는다(실험 도구는 박스 안에 묘사됨). 만일 적은 양의 O_2를 시스템에 첨가하면(화살표) 미토콘드리아 외부의 주변 용액에 양성자 농도가 급격하게 증가한다(pH의 감소). 그러므로 O_2에 의한 NADH의 산화는 양성자의 매트릭스 밖으로의 이동과 연결되어 있다. 일단 O_2가 고갈되면 과량의 양성자은 천천히 미토콘드리아로 거꾸로 이동하고(ATP 합성을 추진함) 세포외 용액의 pH는 원래 값으로 돌아간다.

자세히 검토할 것이다. 내용을 간단하게 하기 위해서, 우리의 논점을 NADH에 초점을 맞추도록 하겠다. 호흡을 하는 미토콘드리아에서 각 NADH 분자는 전자전달계에 2개의 electron을 방출한다. 이 electron은 궁극적으로 하나의 산소 원자(O_2 분자의 반쪽)를 환원시켜 한 분자의 물을 형성한다.

$$NADH \rightarrow NAD^+ + H^+ + 2e^-$$
$$2e^- + 2H^+ + \tfrac{1}{2}O_2 \rightarrow H_2O$$

Electron이 NADH에서 O_2로 이동하면서 이들의 electric potential은 1.14 V 감소하는데, 이것은 수송되는 electron의 26.29 kcal/mol, 즉 한 쌍의 전자마다 ≈53 kcal/mol의 에너지가 상응한다. 앞서 언급하였듯이, 이 에너지의 대부분은 미토콘드리아 내막을 가로질러 생성되는 양성자 구동력에 저장된다.

양성자 구동력을 생성하는 책임을 지고 있는 미토콘드리아 내막의 전자전달계는 4개의 거대한 다단백질 복합체(complex I–IV)로 구성되어 있다(그림 12-11, stage III 참조). 각 복합체는 산화-환원 반응과 연결되어 electron donor 분자(전자 공여 분자)에서 electron acceptor (전자 수용) 분자로 electron 이동 과정에 참여하는 몇 개의 *prosthetic group*을 가지고 있다(2장 참조). 이런 작은 nonpeptide organic (비펩티드 유기) 분자나 metal 이온은 다단백질 복합체에 특이적으로 단단하게 연결되어 있다(표 12-3).

표 12-3 • 전자 전달계 안의 전자-운반 보결분자단 (prosthetic group)

Protein Component	Prosthetic Groups*
NADH-CoQ reductase (complex I)	*FMN* Fe-S
Succinate-CoQ reductase (complex II)	FAD Fe-S
$CoQH_2$–cytochrome *c* reductase (complex III)	Heme b_L Heme b_H Fe-S Heme c_1
Cytochrome *c*	Heme *c*
Cytochrome *c* oxidase (complex IV)	Cu_a^{2+} Heme *a* Cu_b^{2+} Heme a_3

*Not included is coenzyme Q, an electron carrier that is not permanently bound to a protein complex.
SOURCE: Data from J. W. De Pierre and L. Ernster, 1977, *Annu. Rev. Biochem.* **46**:201.

Heme과 Cytochrome Hemoglobin과 myoglobin에서 발견되어지는 것과 유사한 iron (철)을 포함하는 prosthetic group인 여러 유형의 *heme* (그림 12-17a)은 **cytochrome**이라 불리는 한 세트의 미토콘드리아 단백질에 공유 또는 비공유결합으로 단단히 부착되어 있다. 각 cytochrome은 *a*, *b*, *c* 혹은 c_1과 같은 알파벳으로 표시된다. Cytochrome을 통한 electron의 흐름은 heme 분자의 중심에 있는 Fe 원자의 산화와 환원에 의해 일어난다.

$$Fe^{3+} + e^- \rightleftharpoons Fe^{2+}$$

Cytochrome에 있는 heme ring (고리)에 이중 결합과 단일 결합으로 연결된 원자가 번갈아 나타나기 때문에 많은 수의 resonance hybrid (공명 혼성) 형태가 존재한다. 이것이 cytochrome에 전달된 여분의 electron이 Fe 이온뿐만 아니라 heme의 탄소와 질소 원자를 망라하여 분포될 수 있게 한다.

다양한 종류의 cytochrome은 약간씩 다른 heme group과 이를 둘러싸는 원소를 가지는데, 이것이 Fe 이온에 다른 환경을 제공한다. 그러므로, 각각의 cytochrome은 다른 reduction potential (환원력), 또는 electron을 받아들이는 경향성의 차이를 보이는데, 이것이 chain을 따라 단방향성의 "downhill" electron 흐름을 지시하는 중요한 특성이다. 물이 높은 위치 에너지로부터 낮은 위치 에너지 상태로 uphill이 아니라 downhill로 자발적으로 흐르는 것처럼, electron도 하나의 heme (혹은 다른 prosthetic group)으로부터 다른 heme으로 환원력의 차이를 따라 한 방향으로만 흐른다(Reduction potential, *E*, 이에 대한 보충 개념은 2장 참조). Cytochrome *c*를 제외한 모든 cytochrome은 미토콘드리아 내막에서 integral membrane 다단백질 복합체의 구성성분으로 존재한다.

Iron-sulfur cluster *Iron-sulfur cluster*는 heme이 아니면서 iron을 포함하는 prosthetic group인데, Fe 원자가 무기성 S 원자와 단백질의 cysteine residue (잔기)에 있는 S 원자 모두에 결합한 것으로 구성된다

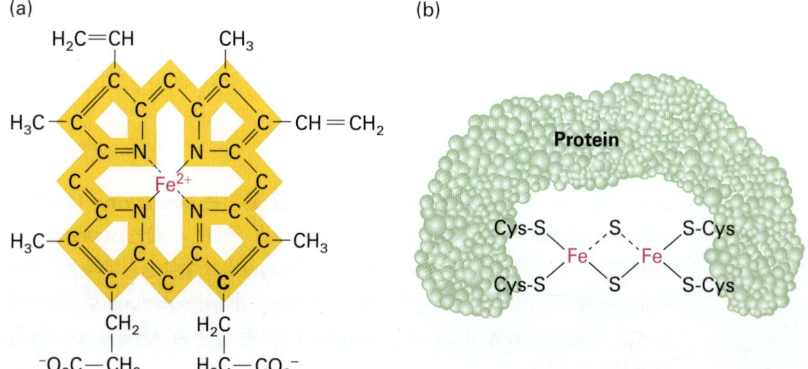

그림 12-17 전자전달계에서의 heme과 iron-sulfur의 prosthetic group. (a) $CoQH_2$-cytochrome *c* reductase (complex III)의 구성성분인 cytochorome b_L과 b_H의 heme 부위. 같은 porphyrin ring (노란색)이 모든 heme에 존재한다. 전자전달계에 존재하는 다른 cytochrome은 porphyrin ring에 다른 화학 치환기를 가진다. 모든 heme은 전자를 한 번에 하나씩 수용하거나 방출한다. (b) Iron-sulfur cluster (Fe-S)의 dimer. 각 Fe 원자는 4개의 S 원자에 결합되어 있다. 2개는 무기 황이며 2개는 연관되어 있는 단백질의 cysteine side chain이다. 모든 Fe-S cluster는 전자를 한 번에 하나씩 수용하거나 방출한다.

(그림 12-17b). Cluster 내의 일부 Fe 원자는 +2 전하를 가지고 있고 다른 것은 +3의 전하를 가지고 있다. 그러나 각 Fe 원자의 순수 전하는 실제로 +2와 +3 사이인데, 이는 Fe 원자의 최외각 궤도의 electron이 transport chain을 통해 전달된 여분의 electron과 함께 Fe 원자들 사이에서 분산되고, 하나의 원자에서 다른 원자로 빠르게 이동하기 때문이다. Iron-sulfur cluster는 electron을 한 번에 하나씩 받아들이거나 방출한다.

Coenzyme Q (CoQ) **Ubiquinone**이라고도 불리는 **Coenzyme Q (CoQ)**는 사슬에서 유일하게 비가역적으로 단백질과 결합한 prosthetic group이 아닌 작은 분자의 전자 운반체이다(그림 12-18). 이는 양성자과 electron 모두를 전달한다. CoQ의 oxidized quinone 형태는 electron을 하나 받아들여 $CoQ^{\bullet-}$라고 표기되는(• 표시는 unpaired이자 reactive인 electron을 의미함) 전하를 띠는 free radical인 semiquinone을 형성할 수 있다. $CoQ^{\bullet-}$에 두 번째 electron과 2개의 양성자이 더해지면(전체적으로는 2개의 hydrogen 원자) 완전히 환원된 형태인 dihydroubiquinone ($CoQH_2$)이 형성된다. CoQ와 $CoQH_2$는 hydrophobic하고, 모두 phospholipid에 용해되어 미토콘드리아 내막의 hydrophobic (소수성을 띠는) 중심 부위에서 자유롭게 확산된다. 이것이 CoQ가 단백질 복합체 사이에서 electron과 양성자를 전달하면서 전자전달계에 참여하는 방법이다.

4개의 거대한 Multiprotein Complex는 전자 전달을 미토콘드리아 내막을 가로지르는 Proton pumping에 연결시킨다

우리는 이제 이러한 prosthetic group을 이용하는 다단백질 복합체와 electron과 양성자가 complex를 통해 지나치면서 통과하는 경로 등을 자세하게 살펴볼 것이다.

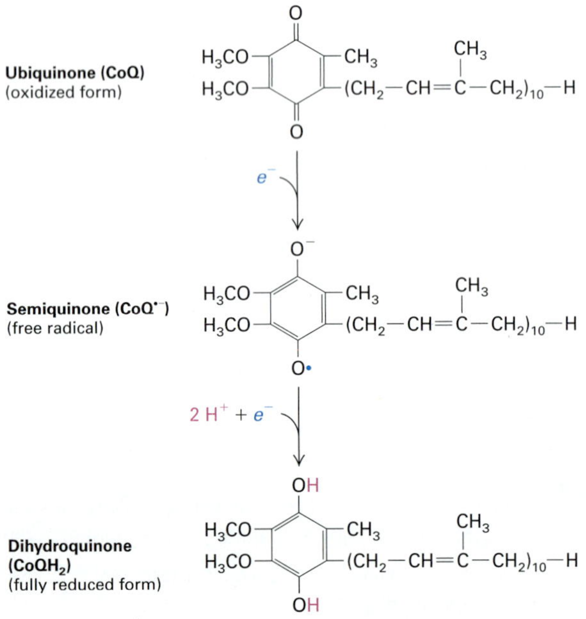

Ubiquinone (CoQ) (oxidized form)

Semiquinone ($CoQ^{\bullet-}$) (free radical)

Dihydroquinone ($CoQH_2$) (fully reduced form)

그림 12-18 2개의 양성자와 2개의 전자를 옮기는 coenzyme (CoQ)의 oxidized 형태와 환원된 형태. *Ubiquinone*이라고도 불리는 CoQ는 isoprene unit의 긴 탄화수소 "꼬리" 때문에 phospholipid bilayer의 소수성 중심부에 용해되어 아주 유동적이다. CoQ를 완전히 환원된 형태인 QH_2 (dihydroquinone)로 환원시키는 것은 두 단계로 일어나며, *semiquinone*이라 불리는 반만 환원된 free-radical 중간 생성물을 거친다.

Electron이 전자전달계에서 하나의 전자 운반체로부터 다음 단계의 전자 운반체로 아래로 흐를 때 방출된 에너지는 미토콘드리아의 내막을 가로질러 전기화학적 구배를 역행해서 양성자를 pumping하는 동력으로 쓰인다. 4개의 거대한 다단백질 복합체가 electron의 이동을 proton pumping에 연결시키는데, *NADH-CoQ reductase* (complex I, >40 protein subunit), *succinate-CoQ reductase* (complex II, 4 subunit), *$CoQH_2$-cytochrome c reductase* (complex III, 11 subunit), *cytochrome c oxidase* (complex IV, 13 subunit)가 이들이다(그림 12-19). Electron들은 이들 complex를 통과하는 2개의 경로 중 하나를 지나가게 된다: I → III → IV 혹은 II → III → IV. 더욱이, complex I, III, IV는 모두 양성자를 내막을 가로 질러 직접 pump하는 반면에, complex II와는 그렇게 하지 않는다(그림 12-19 참조). NADH로부터의 electron은 CoQ/$CoQH_2$를 통해 complex I로부터 complex III로 흐르고, 다음에 수용성 단백질 cytochrome *c* (cyt *c*)를 통해 complex IV로 흘러 산소 분자를 환원시킨다(complex II은 지나친다; 그림 12-19a 참조). 반면에 $FADH_2$로부터의 electron은 CoQ/$CoQH_2$를 통해 complex II로부터 complex III로 흐르고, 그런 다음 cytochrome *c*를 통해 complex IV로 흘러 산소 분자를 환원시킨다(complex I은 지나친다; 그림 12-19b 참조).

CoQ는 그림 12-19에 보듯이, NADH-CoQ reductase (complex I)나 succinate-CoQ reductase (complex II)로부터 방출된 electron을 수용하여 이를 $CoQH_2$-cytochrome *c* reductase (complex III)에 넘겨준다. 동시에 양성자는 막의 매트릭스(*cytosolic side*라고도 불림) 쪽에서 막사이 공간(*exoplasmic side*라고도 불림)로 수송된다. CoQ는 electron을 받아들일 때마다 단백질 복합체의 매트릭스 쪽 결합 부위에서 받아들이고, 항상 그곳에서 용액으로부터 양성자를 채취한다. $CoQH_2$는 자신의 electron을 방출할 때마다 단백질 복합체의 막사이 공간 쪽에 있는 부위에서 방출하고, 막사이 공간 용액으로 양성자를 방출한다. 그러므로, CoQ에 의한 각 electron pair의 수송은 매트릭스에서 막사이 공간으로 2개의 양성자 이동이 필수적으로 연결된다.

NADH-CoQ reductase (complex I) Electron은 NADH-CoQ reductase에 의해 NADH에서 CoQ로 이동된다(그림 12-19a 참조). Complex I은 전자현미경 분석법(electron microscopy)과 x-ray crystallography (x-선 결정분석법)에 의해 박테리아(분자량 ~500 kDa, 14개의 subunit)와 진핵생물(분자량 ~1.7 MDa, 박테리아의 subunit와 공유되는 14개의 고도로 보존이 된 중심 subunit와 약 26–32개의 accessory subunit) 모두 L자 모양을 하고 있는 것으로 밝혀졌다(그림 12-20a). 막에 박혀 있는 L자의 한쪽 팔은 약간 굽어져 있고, 단백질로 이루어져 있

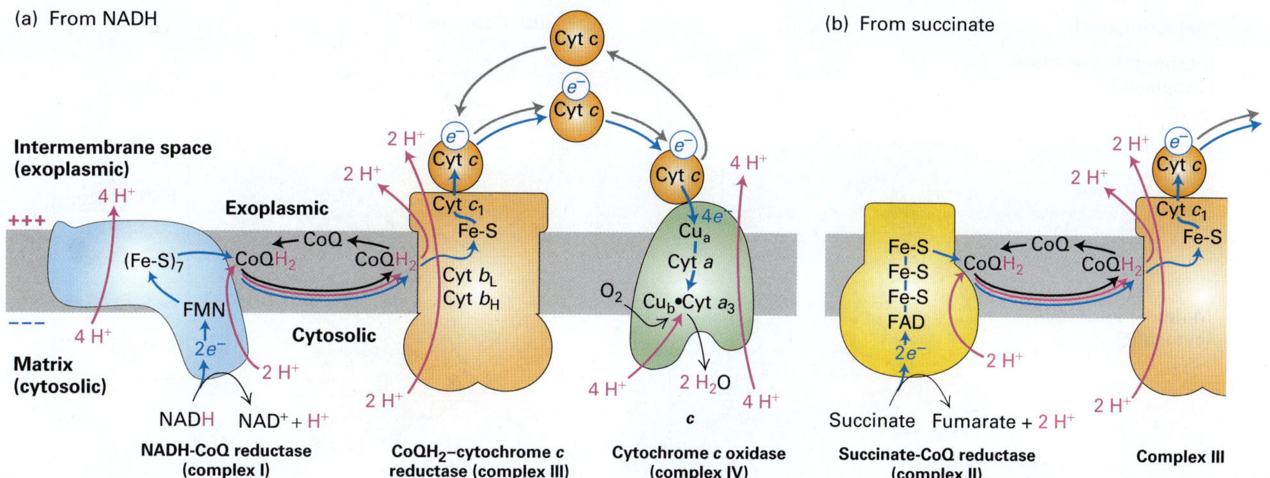

그림 12-19 전자전달계. 전자(파란색 화살표)는 4개의 주요 multiportein complex (I–IV)를 거쳐 흐른다. Complex 간의 전자 이동은 지용성 분자 coenzyme Q (CoQ, oxidized 형태; $CoQH_2$, 환원된 형태)나 수용성 단백질 cytochrome *c* (cyt *c*)에 의해 매개된다. 다단백질 복합체들 중 3개는 지나가는 전자가 방출하는 에너지를 매트릭스(박테리아의 세포질 쪽)로부터 막사이 공간(박테리아의 exoplasmic space)로 양성자를 pump하는 데 사용한다(빨간색 화살표). (a) NADH로부터의 경로. NADH로부터의 2개 전자(2/NADH oxidized)는 처음에는 flavin mononucleotide (FMN), 그 다음 7개의 iron-sulfer (Fe-S) cluster를 통해서 complex I로부터 CoQ로 흐르는데, 여기에 2개의 양성자가 결합하여 $CoQH_2$를 형성한다. 전자의 전달을 수반하는 complex I의 구조적 변화가 매트릭스로부터 막사이 공간으로 양성자 pumping을 추진한다(빨간색 화살표). 전자는 다음에 방출된(그리고 재활용된) $CoQH_2$를 통해 complex III로, 그리고 cyt *c*를 거쳐 complex IV로 흐른다. 2개의 NADH에서 온 4개의 전자를 들고 있는 4개 cyt *c* 분자들은 각각 전자를 complex IV로 전달한다. 1개의 O_2 분자의 4개 전자의 환원은 2개의 H_2O와 4개 양성자를 전달한다. 따라서, 2개의 NADH가 산화할 때마다 1개의 O_2가 환원되고 총 20개의 양성자이 membrane을 가로질러 수송된다. (b) Succinate로부터의 경로. 전자는 FAD/$FADH_2$ 그리고 iron-sulfur cluster (Fe-S)를 통해 succinate로부터 complex II로, CoQ/$CoQH_2$를 통해 complex II에서 complex III로, 그리고 다음에 Cyt *c*를 통해 complex IV로 흐른다. Complex II에서 succinate가 fumarate로 산화되면서 방출되는 전자는 추가적인 양성자의 수송 없이 CoQ를 $CoQH_2$로 환원시키는 데 쓰인다. $CoQH_2$로부터의 나머지 전자 전달 부분은 (a)의 NADH 경로와 같은 경로를 통해 진행된다. 그러므로, 매 2개의 succinate가 산화할 때마다 1개의 O_2가 환원되고 12개의 양성자(다음에 설명된 complex III의 Q-cycle을 통해 8개, complex IV를 통해 4개)가 수송된다.

으며, 길이는 ~180 Å이다. 단백질들은 α-helix로 막을 60번 이상 관통한다. 이 팔 부위는 4개의 subdomain을 갖는데, 이들 중 3개는 cation antiporter (양이온 역수송체) family에 속하는 단백질을 가지고 있다. Hydrophilic (친수성인) 주변의 팔은 막으로부터 매트릭스(세포질) 안으로 95 Å 이상 뻗어 있다.

NAD^+는 오로지 2개의 electron을 전달하는 전자 운반체로서 동시에 하나의 electron pair를 받아들인다(혹은 NADH는 electron을 release함). NADH-CoQ reductase (complex I)에서 NADH의 결합 부위는 주변의 팔 말단에 있다(그림 12-20a 참조). NADH로부터 방출된 electron은 처음에 FAD에 연관된 prosthetic group 혹은 cofactor인 FMN (flavin mononucleotide)으로 흐르고, 다음에 여러 개의 iron-sulfur cluster를 지나 같은 팔에서 95 Å 아래로 shuttle된 뒤, 마지막에는 막의 평면에 최소한 부분적으로 부위에 결합되어 있는 CoQ로 흘러간다. FMN은 FAD와 같이 2개의 electron을 수용할 수 있으나 electron을 한 번에 하나씩만 받아들인다.

전달된 각 electron은 ~360 mV 정도의 전위의 감소를 거치게 되는데, 이는 수송된 2개의 electron당 −16.6 kcal/mol의 $\Delta G^{\circ\prime}$에 상응한다. 이 방출된 에너지의 상당 부분은 한 분자의 NADH가 complex I에 의해 산화될 때마다 4개의 양성자를 내막을 가로질러 수송하는 데 사용된다. 이러한 4개의 양성자는 그림 12-18, 12-19a, 12-20a에 표기된 CoQ로 전달되는 2개의 양성자과는 다르다. 주변의 팔에서 전자 전달에 의해서 방출된 에너지가 막에 박혀 있는 팔에 있는 subunit의 구조를 변화시키는 데 사용되어 4개의 양성자이 막을 가로질러 움직이도록 매개하는 것으로 보이는데, 정확한 매커니즘은 아직 확실하지 않다. 3개의 양성자는 양성자가 붙게 되는 지그재그로 놓인 여러 개의 polar side chain을 통해 3개의 antiporter domain을 통해서 이동하는 것 같다. 비슷한 여러 개의 side chain들이 4번째 양성자의 경로에 사용되는 것으로 보인다. 막에 박혀 있는 팔에 있는 가로지르는 α-helix (t-helix)가 막의 평면과 평행으로 놓여 있어, 이것이 antiporter와 같은 domain을 주변의 팔에 mechanically 연결할 가능성이 있고(그림 12-20a 참조), 전자 전달로 유도된 주변의 팔의 구조적 변화가 멀리 떨어진 antiporter domain에 전달돼서 양성자 transport를 추진한다고 잠재적으로 추정해 볼 수 있다.

이 복합체에 의한 촉매되는 전반적인 반응은 다음과 같다.

$$\underset{\text{(Reduced)}}{\text{NADH}} + \underset{\text{(Oxidized)}}{\text{CoQ}} + 6\ \text{H}^+_{\text{matrix}} \rightarrow \underset{\text{(Oxidized)}}{\text{NAD}^+} + \text{H}^+_{\text{in}} + \underset{\text{(Reduced)}}{\text{CoQH}_2} + 4\ \text{H}^+_{\text{intermembrane space}}$$

Succinate-CoQ reductase (complex II) 시트르산 회로에서 succinate 분자를 fumarate로 산화시키는(그리고 환원된 조효소 $FADH_2$를 생성하는 과정에서) 효소인 succinate dehydrogenase는 complex II

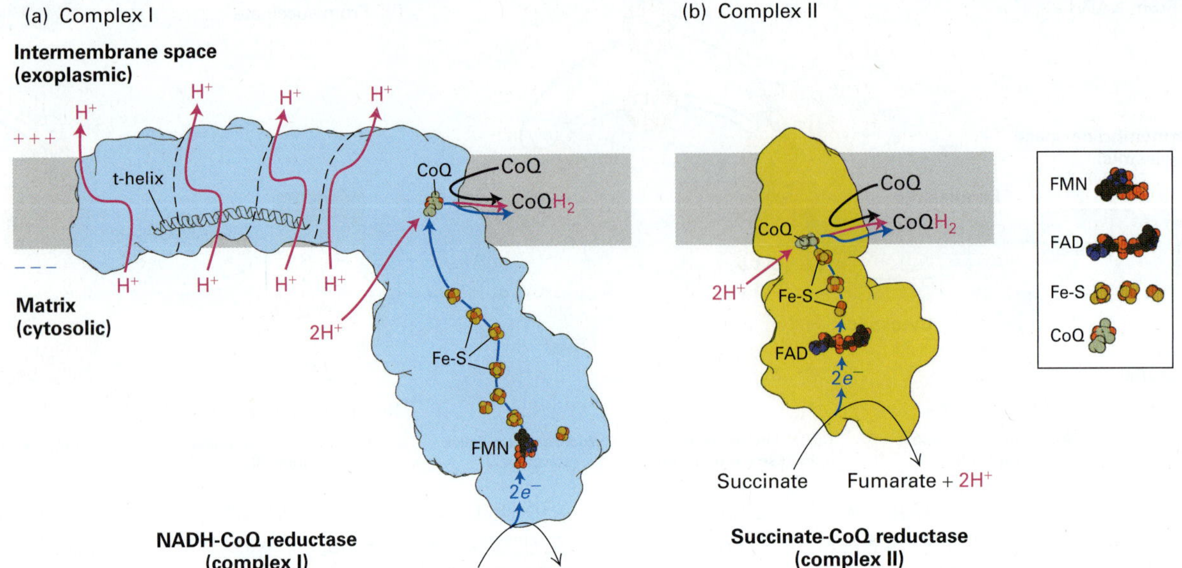

그림 12-20 Complex I과 complex II를 통한 전자와 양성자의 수송. (a) 3차원 구조에 근거한 complex I의 모델. X-ray crystallography에 의해서 결정된 효모의 한 종류인 *Yarrowia lipolytica*의 complex I의 대략적인 모양은 연한 파란색으로 표시되었으며, 분명하게 구별되는 구조적 subunit는 가는 검은색 점선으로 표시되었다. 전자는 NADH로부터 처음에 flavin mononucleotide (FMN)로 흐른 뒤 iron-sulfur (Fe-S, 파란색 다이아몬드) cluster를 거쳐 CoQ로 흐르는데, 이곳에서 2개의 양성자가 매트릭스로부터 결합하여(빨간색 화살표) $CoQH_2$를 형성한다. 전자 흐름에 의한 구조적 변화는 아마도 t-helix의 피스톤과 같은 수평적 이동을 야기할 텐데, 이것이 매트릭스로부터 막사이 공간으로 membrane을 관통하는 subunit를 통해 양성자를 pumping하도록 추진한다(빨간색 화살표). (b) 3차원 구조에 근거한 complex II의 구조. 전자는 complex II를 따라 흘러가는데, FAD/$FADH_2$ 그리고 iron-sulfur cluster (Fe-S, 파란색 다이아몬드)를 통해 succinate로부터 CoQ로, 그리고 CoQ/$CoQH_2$를 통해 complex II에서 complex III로 흐른다. Complex II에서 succinate가 fumarate로 산화되면서 방출되는 전자는 추가적인 양성자의 수송 없이 CoQ를 $CoQH_2$로 환원시키는 데 쓰인다. [Part (a) Data from V. Zickermann et al., 2015, *Science* **347**:44–49, PDB ID 3m9s. Part (b) Data from F. Sun et al., 2005, *Cell* **121**:1043–1057, PDB ID 1zoy.]

의 4개의 subunit 중의 하나이다(그림 12-20b). 따라서 시트르산 회로는 기능적으로 뿐만 아니라 물리적으로도 전자전달계에 연결된다. Succinate에서 fumarate로 전환될 때 방출되는 2개의 electron은 처음에는 succinate dehydrogenase의 FAD로 옮겨지고, 그 다음 iron-sulfur cluster를 지나면서 FAD를 재생시키고, 마지막에는 CoQ로 전달되는데, 이 CoQ는 complex II의 막 관통 부위의 매트릭스 쪽에 위치하는 틈새에 결합한다(그림 12-19b와 12-20b 참조). 이 경로는 complex I의 경로를 어느 정도 연상시킨다(그림 12-20a 참조).

이 복합체에 의해 촉매 되는 전반적 반응은 다음과 같다.

$$\underset{\text{(Reduced)}}{\text{Succinate}} + \underset{\text{(Oxidized)}}{\text{CoQ}} \rightarrow \underset{\text{(Oxidized)}}{\text{fumarate}} + \underset{\text{(Reduced)}}{\text{CoQH}_2}$$

비록 이 반응식의 $\Delta G^{\circ\prime}$은 마이너스이지만, 방출되는 에너지가 CoQ를 환원하여 $CoQH_2$를 형성하는 것과 더불어 양성자를 pumping하는 데 충분하지 않다. 그러므로 succinate-CoQ reductase (complex II)에 의해 막을 가로질러 직접적으로 이동되는 양성자는 없으며, respiratory chain의 이 부위에서는 양성자 구동력을 생성하지 않는다. 우리는 complex I과 complex II에 의해 생성된 $CoQH_2$에 있는 electron과 양성자가 어떻게 양성자 구동력 생성에 기여하는지를 바로 다음에 보게 될 것이다.

Complex II는 FAD/$FADH_2$에 의해 매개되는 redox reaction (산화/환원 반응)을 통해서 succinate로부터 $CoQH_2$를 생성한다. 매트릭스와 미토콘드리아 내막에 있는 또 다른 세트의 단백질은 FAD/$FADH_2$에 의해 매개되는 redox reaction에 상응하는 세트의 반응을 수행하여 fatty acyl CoA로부터 $CoQH_2$를 생성한다. 이들 단백질들은 succinate dehydrogenase와 같이, $FADH_2$를 사용하여 전자를 전자전달계로 넘겨주는 $CoQH_2$를 생성하는데, 이에 대해서 다음 문단과 그림 12-15에서 자세히 설명한다.

수용성 효소인 *fatty acyl–CoA dehydrogenase*는 미토콘드리아 매트릭스에서 fatty acyl–CoA 산화의 첫 번째 과정을 촉매한다(그림 12-15 참조). Fatty acyl–CoA dehydrogenase는 길이가 다른 fatty acyl chain 대해서 특이성을 가지는 여러 종류의 효소가 존재한다. 이 효소는 fatty acyl chain의 β 위치에서 탄소를 산화시킴으로써 fatty acyl 그룹으로부터 2개의 탄소를 제거하는 4단계 과정의 첫 번째 단계를 매개한다(따라서 전 과정이 종종 β-*oxidation*으로 불리기도 한다). 이 반응들은 acetyl CoA를 생성하며, 이 acetyl CoA는 시트르산 회로로 유입된다. 이들은 $FADH_2$, 중간 생성물, NADH도 생성한다. 생성된 $FADH_2$는 redox reaction 도중에 효소에 부착된 채로 남아 있는데, 이는 complex II의 경우에서와 같다. *Electron transfer flavoprotein* (*ETF*)이라 불리는 수용성 단백질은 acyl-CoA dehydrogenase의 $FADH_2$로부터 내막에서 CoQ를 $CoQH_2$로 환원시키는 막 단백질인 *electron transfer flavoprotein:ubiquinone oxidoreductase* (*ETF:QO*)로 고에너지 electron을 전달한다. 이 $CoQH_2$는 complex I과 complex II에 의해 생성된 다른 $CoQH_2$ 분자들과 막에서 섞이게 되고, 모두 complex III가 매트릭스로부터 양성자를 밖으로 내보는 데 기여한다.

$CoQH_2$-Cytochrome *c* Reductase (Complex III) Complex I, complex II 혹은 ETF:QO에 의해 생성된 $CoQH_2$는 $CoQH_2$–cytochrome *c* reductase (complex III)에 2개의 electron을 공급하고 oxidized CoQ를 재생한다. 동시에 $CoQH_2$는 매트릭스 쪽에서 이전에 취득한 2개의 양성자를 막사이 공간으로 방출하여 양성자 구동력의 일부를 생성한다(그림 12-19 참조). 방출된 electron은 complex III 내부에서 처음에 complex III 내부의 iron-sulfur cluster로 전달되고, 다음에 cytochrome c_1이나 2개의 *b*-type cytochrome (b_L과 b_H, 아래의 Q cycle 참조)으로 전달된다. 마지막으로, 2개의 electron은 막사이 공간에서 확산되는 수용성 peripheral 단백질인 cytochrome *c*의 산화된 형태 2분자로 순차적으로 옮겨진다. 전달되는 각 electron pair에 대한 complex III에 의해 촉매되는 전반적 반응식은 다음과 같다.

$$\underset{\text{(Reduced)}}{CoQH_2} + \underset{\text{(Oxidized)}}{2\ Cyt\ c^{3+}} + 2\ H^+_{in} \rightarrow \underset{\text{(Oxidized)}}{CoQ} + 4\ H^+_{out} + \underset{\text{(Reduced)}}{2\ Cyt\ c^{2+}}$$

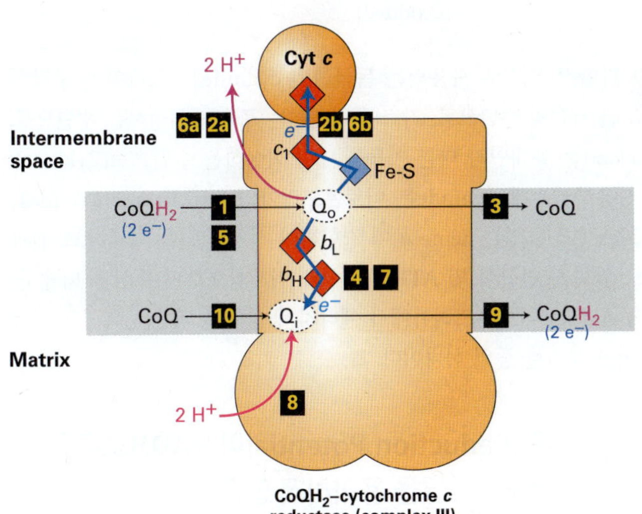

At Q_o site: $2\ CoQH_2 + 2\ Cyt\ c^{3+} \longrightarrow$
$(4\ H^+, 4\ e^-)$
$2\ CoQ + 2\ Cyt\ c^{2+} + 2\ e^- + 4\ H^+_{\text{intermembrane space/exoplasmic side}}$
$(2\ e^-)$

At Q_i site: $CoQ + 2\ e^- + 2\ H^+_{\text{matrix/cytosolic side}} \longrightarrow CoQH_2$
$(2\ H^+, 2\ e^-)$

Net Q cycle (sum of reactions at Q_o and Q_i):
$CoQH_2 + 2\ Cyt\ c^{3+} + 2\ H^+_{\text{matrix/cytosolic side}} \longrightarrow$
$(2\ H^+, 2\ e^-)$
$CoQ + 2\ Cyt\ c^{2+} + 4\ H^+_{\text{intermembrane space/exoplasmic side}}$
$(2\ e^-)$

Per $2\ e^-$ transferred through complex III to cytochrome *c*, $4\ H^+$ released to the intermembrane space

이 반응의 $\Delta G^{\circ\prime}$는 충분하게 마이너스이어서 각 electron pair가 전달될 때마다 $CoQH_2$로부터 유래된 양성자 외에도 2개의 양성자를 더 미토콘드리아의 매트릭스로부터 내막을 가로질러 수송한다. 이것은 뒤에 논의될 proton-motive Q cycle을 포함한다. Heme 단백질인 cytochrome *c*와 작은 지용성 분자인 CoQ는 모두 유동적인 전자 운반체로서 전자전달계의 complex 사이에서 electron (즉, 에너지)을 전달한다는 점에서 전자전달계에서 유사한 역할을 수행한다.

Q cycle $CoQH_2$로부터 complex III를 통해 electron pair가 수송될 때마다 4개의 양성자가 막을 가로질러 수송되는 것이 실험을 통해 밝혀졌다. 이 4개 양성자는 이 cycle 도중 2분자의 CoQ로 전환되는 2분자의 $CoQH_2$가 가지고 있던 것이다. 그러나 또 다른 CoQ 분자는 매트릭스로부터 2개의 다른 양성자를 받아들여 $CoQH_2$ 분자로 전환된다. 그러므로, 전반적인 순수 반응은 2개의 electron이 2분자의 수용체 cytochrome *c*로 electron을 한 번에 하나씩 전달하면서 단지 1분자의 $CoQH_2$를 CoQ로 전환시키는 것이다. **Q cycle**이라 불리는 진화적으로 보전이 이루어진 메커니즘 complex III를 통한 양성자와 electron의 2 대 1 수송을 담당한다(그림 12-21).

Complex III의 기질인 $CoQH_2$는 NADH-CoQ reductase (complex I), succinate-CoQ reductase (complex II), ETF:QO (β-oxidation 도중에) 그리고 우리가 앞으로 보게 될 complex III 자체를 포함하는 여러 효소에 의해서 재생된다.

그림 12-21에 보이듯이, Q cycle을 한 바퀴 돌 때마다 2분자의 $CoQH_2$가 Q_o 부위에서 CoQ로 산화되면서 총 4개의 양성자를 막사이 공간으로 방출하지만, complex III의 매트릭스 side에 위치한 CoQ 결합 부위인 Q_i 부위에서는 CoQ와 매트릭스 공간의 추가적인 2개의 양성자가 1분자의 $CoQH_2$를 재생한다. 수송이 일어난 모든 양성자

그림 12-21 Q cycle. Complex III의 Q cycle은 $CoQH_2$ 분자 하나의 순수 산화를 이용하여 4개의 양성자를 막사이 공간으로, 2개의 전자를 cytochrome *c* 분자 2개로 전달한다. Q cycle은 membrane에 존재하는 환원된 $CoQH_2$의 통합된 집결체의 분자가 complex III의 막 관통 부위의 *막사이 공간*(*intermembrane space*) 쪽에 위치하는 Q_o 부위에 결합하면서 시작된다(단계 **1**). $CoQH_2$는 그곳에서 2개의 양성자를 막사이 공간으로 방출하고(단계 **2a**), 2개의 전자와 그 결과 생겨난 CoQ는 분리되어 나온다(단계 **3**). 전자 중 하나는 iron-sulfur 단백질과 cytochrome c_1을 통해 cytochrome *c*로 직접적으로 전달된다(단계 **2b**). (각 cytochrome *c*가 complex III로부터 complex IV로 하나의 전자를 운반하는 것을 상기하라.) 또 다른 전자는 cytochrome b_L과 b_H를 통해 이동하여 complex의 *매트릭스 쪽*(*안쪽*)에 있는 두 번째 부위인 Q_i에 결합되어 있는 oxidized CoQ 분자를 일부 환원시키면서 CoQ semiquinone anion인 $Q^{\bullet-}$를 생성한다(단계 **4**). 이 과정은 두 번째 $CoQH_2$가 Q_o 부위에 결합하고(단계 **5**), 양성자를 방출하며(단계 **6a**), 또 다른 cytochrome *c*를 환원시키고(단계 **6b**), Q_i 부위에 결합되어 있는 $Q^{\bullet-}$에 또 다른 전자를 첨가함(단계 **7**)으로써 다시 반복된다. 여기에서 매트릭스로부터 2개의 양성자가 첨가되어 완전히 환원된 $CoQH_2$ 분자를 Q_i 부위에 만들어 놓는데, 이는 다음에 분리되어 나와서(단계 **8**과 **9**) 새로운 CoQ 분자가 결합할 수 있도록 Q_i를 비워 놓아(단계 **10**) Q cycle을 다시 시작하게 한다. B. Trumpower, 1990, *J. Biol. Chem.* **265**:11409; and E. Darrouzet et al., 2001, *Trends Biochem. Sci.* **26**:445 참조.

는 $CoQH_2$로부터 유래된 것이며, $CoQH_2$는 위에 기술한 대로 양성자를 매트릭스로부터 취득한다. 외견상으로는 복잡해 보이지만, Q cycle은 electron pair당 complex III를 통해 이동하는 pumping되는 양성자의 숫자를 최적화한다. Q cycle은 박테리아뿐만 아니라 모든 식물과 동물에서 발견된다. 세포 진화 초창기에 Q cycle의 형성은 모든 life-form의 성공에 필수적이었을 텐데, 이는 Q cycle이 환원된 coenzyme Q ($CoQH_2$)에 저장된 potential 에너지를 막을 가로지르는 최대 양성자 구동력으로 전환시키는 방법이기 때문이다. 이것은 electron이 NADH나 $FADH_2$로부터 전자전달계를 따라 O_2로 이동할 때 합성되는 ATP 분자의 숫자를 최대화 시킨다.

Q_o 부위의 $CoQH_2$로부터 방출되는 2개의 electron은 어떻게 2개의 다른 수용체로, 즉 Fe-S, cytochrome c_1, 다음에 cytochrome c (그림 12-21에서 위로 향하는 경로)로, 혹은 대체 경로인 cytochrome b_L, cytochrome b_H 다음에 Q_i 부위에 있는 CoQ로(그림 12-21의 아래로 향하는 경로) 유도될 수 있는가? 메커니즘은 complex III의 Fe-S를 포함하는 단백질 subunit에 있는 유연한 경첩에 있다. 원래 Fe-S cluster는 Q_o 부위에 결합하고 있는 $CoQH_2$로부터 electron을 받아들이기에 충분히 가깝게 있다. 일단 Fe-S cluster가 electron을 받아들이고 나면, Fe-S cluster를 포함하고 있는 단백질의 단편이 cluster를 Q_o 부위로부터 멀리 회전시켜 cytochrome c_1에 있는 heme에 electron transfer가 일어날 수 있을 만큼 충분히 가깝게 위치시킨다. Fe-S가 이러한 대체 구조로 존재하는 상황에서 Q_o 부위에 결합하고 있는 $CoQH_2$로부터 방출된 두 번째 electron은 Fe-S로 이동할 수 없다. Fe-S는 너무 멀리 있어서 열려 있는 대체 경로를 택하게 되는데, 이것이 열역학적으로는 덜 선호되는 경로인 cytochrome b_L 그리고 cytochrome b_H를 거쳐 Q_i 부위에 있는 CoQ인 것이다.

Cytochrome *c* Oxidase (Complex IV) Cytochrome c는 $CoQH_2$-cytochrome c reductase (complex III)로부터 유래된 하나의 electron에 의해 환원된 뒤, cytochrome c oxidase (complex IV)로 electron을 전달하면서 재산화된다(그림 12-19a 참조). 미토콘드리아의 cytochrome c oxidase는 13개의 다른 subunit로 구성되어 있지만, 이 효소의 catalytic core (반응 핵심)는 단지 3개의 subunit로 이루어져 있다. Catalytic core 이외의 다른 subunit의 기능은 아직 잘 모르고 있다. 박테리아의 cytochrome c oxidase는 단지 3개의 catalytic subunit만을 가지고 있다. 미토콘드리아와 박테리아 모두에서 환원된 cytochrome c 4분자는 한 번에 하나씩 oxidase에 결합한다. 그림 12-19a는 electron이 각 cytochrome c의 heme으로부터 전달되어, 처음에 Cu_a^{2+}라 부르는 한 쌍의 copper 이온으로 전달되고, 그 다음으로 cytochrome a에 있는 heme으로 전달된 뒤, oxygen reduction center (산소 환원 중심) 내의 Cu_b^{2+}와 cytochrome a_3에 있는 heme으로 전달되면서, O_2를 샌드위치처럼 붙잡아서$2H_2O$를 생성한다. 몇 가지 증거들은 O_2가 수용액에서 보다 더 잘 녹는 환경인 막의 hydrophobic core를 지나, 단백질의 1개 이상의 hydrophobic channel (소수성 채널)을 통과하여 reduction center에 도달한다는 것을 제시하고 있다(그림 12-19a 참조).

4개의 electron은 마침내 complex IV를 통과하여 최종 electron acceptor인 O_2에 도착하고, 2개의 H_2O를 만들어 내는데, H_2O는 CO_2와 함께 oxidation pathway (산화경로)의 최종산물 중 하나이다. 산소 환원에서 예상되는 중간 생성물로는 iron과 산소의 유별난 복합체뿐만 아니라, peroxide anion (O_2^{2-})과 아마도 hydroxyl radical ($OH^•$)도 포함될 것이다. 이들 중간 생성물은 complex IV로부터 빠져나가면 세포에 해가 될 수가 있는데, 이들은 Cu_b^{2+}와 cytochrome a_3에 있는 heme에 의하여 붙들려 있어서, 이런 상황은 극히 드물게 일어난다. 환원된 O_2로부터 H_2O를 생성하기 위하여, 양성자는 oxygen reduction center로 보내어진다. 다른 양성자들은 메트릭스에서 막사이 공간으로 막을 가로질러 이동하게 된다. Cytochrome c oxidase complex를 통해 4개의 electron이 이동하는 동안 4개의 양성자가 매트릭스로부터 막을 가로질러 수송된다. 따라서 complex IV는 하나의 electron이 이동하는 동안 하나의 양성자를 수송하는 반면에, complex II는 Q cycle을 이용하여 하나의 electron이 이동하는 동안 2개의 양성자를 수송한다. 그러나 complex IV가 이 양성자를 어떻게 수송하고, 그 수송을 어떻게 O_2 환원과 energetically couple하는지에 대한 메커니즘에 대해서는 아직 잘 모르고 있다.

각 4개의 electron이 이동할 때, cytochrome c oxidase에 의해 촉매되는 전체 반응식은 다음과 같다.

$$\underset{\text{(Reduced)}}{4\ \text{cyt}\ c^{2+}} + 8\ H^+_{\text{matrix}} + O_2 \rightarrow \underset{\text{(Oxidized)}}{4\ \text{cyt}\ c^{3+}} + 2\ H_2O + 4\ H^+_{\text{intermembrane space}}$$

화학적 무기로 사용되는 독극물인 cyanide는 스파이가 붙잡히면 자살의 수단으로, 가스 챔버에서는 포로를 처형하는 수단으로, 나치(Nazi)는 유대인과 다른 이들을 대량 학살하는 수단으로(Zyklon B gas) 사용하였는데, cyanide는 미토콘드리아의 cytochrome c oxidase (complex IV)에 있는 heme a_3에 결합하여 전자 전달을 억제하고, 결과적으로 산화적 인산화 및 ATP의 생성을 억제함으로써 독성을 띠게 된다. Cyanide는 미토콘드리아에서 에너지 생성을 방해하는 독성을 띠는 여러 작은 분자들 중의 하나이다. ■

전자 운반체의 Reduction Potential이 NADH로부터 O_2로의 Electron 흐름을 용이하게 만든다

2장에서 보았듯이, 부분 환원 반응에 대한 **reduction potential *E* (환원력 *E*)**는

$$\text{Oxidized molecule} + e^- \rightleftharpoons \text{reduced molecule}$$

바로 그 부분 반응의 equilibrium constant (평형상수) 값이다. Complex III의 b cytochrome ($CoQH_2$–cytochrome c reductase)의 경우를 제외하고, 미토콘드리아 respiratory chain에 있는 전자 운반체의 standard reduction potential (표준 환원력) $E^{\circ\prime}$는 NADH로부터 O_2로 가면서 꾸준히 증가한다. 예를 들어, 부분 반응

$$NAD^+ + H^+ + 2\ e^- \rightleftharpoons NADH$$

을 위한 표준 환원력의 값은 –320 mV인데, 이는 2개의 electron을 수송하는 데 필요한 $\Delta G^{\circ\prime}$의 +14.8 kcal/mol과 같은 값이다. 따라서 이 부분 반응은 왼쪽 방향으로 진행하려는 경향이 있으며, 이는 NADH가 NAD^+로 산화되는 방향이다.

반면에 다음 부분 반응에 대한 표준 환원력은

$$\text{Cytochrome } c_{ox}\ (Fe^{3+}) + e^- \rightleftharpoons \text{cytochrome } c_{red}\ (Fe^{2+})$$

하나의 electron을 전달하는 데 필요한 +220 mV ($\Delta G^{\circ\prime}$ = –5.1 kcal/mol)이다. 따라서 이 부분 반응은 오른쪽으로 진행하려는 경향이 있으며, 이는 cytochrome *c* (Fe^{3+})에서 cytochrome *c* (Fe^{2+})로 환원되는 방향이다.

Respiratory chain에서 마지막 반응인 O_2에서 H_2O로의 환원은

$$2\,H^+ + \tfrac{1}{2}\,O_2 + 2\,e^- \rightarrow H_2O$$

전체 시리즈에서 가장 양수인 +816 mV (2개의 electron 전달에 대해 $\Delta G^{\circ\prime}$ = –37.8 kcal/mol)의 표준 환원력을 갖는다. 그러므로 이 반응 또한 오른쪽 방향으로 진행하려는 경향이 있다.

그림 12-22에 묘사되었듯이, 전자전달계에서 꾸준히 증가하는 전달자의 $E^{\circ\prime}$ 값과 이에 상응하여 감소하는 $\Delta G^{\circ\prime}$ 값은 NADH와 $FADH_2$ (succinate로부터 형성됨)에서 O_2로 electron이 흐르는 것을 선호한다. Electron이 전자전달계 복합체를 통해 에너지 측면에서 아래로 흐르면서 방출되는 에너지는 미토콘드리아의 내막을 관통하여 양성자를 농도 구배를 거슬러 pumping되도록 추진한다.

전자전달계의 Multiprotein Complex는 Supercomplex (초복합체)로 조립된다

Britton Chance는 약 50여 년 전에 전자 전달 복합체가 거대한 **supercomplex (초복합체)**로 조합될지도 모른다고 제안하였다. 이렇게 하는 것이 복합체를 밀접하고 고도로 조직화된 밀집으로 형성하며, 이것이 전반적 과정의 속도와 효율을 향상시킬 수 있을 것이다. 사실상 유전학적, 생화학적, 생물물리학적 연구를 통해 전자전달계 초복합체의 존재를 입증하는 강력한 증거들이 제시되었다. 이러한 연구는 *blue native (BN)-PAGE*와 *colorless native (CN)-PAGE*라고 불리는 gel electrophoresis method (젤 전기영동기법)를 사용하였는데, 이러한 방법들은 아주 커다란 거대분자 단백질 복합체의 분리를 가능하게 하며, 다양한 stoichiometry를 갖는 여러 개의 미토콘드리아 내막 초복합체들을 감지할 수 있다(그림 12-23a). 이렇게 밝혀진 초복합체 하나는 complex I과 IV를 1개씩, 그리고 complex III의 이량체(III_2)를 포함($I/III_2/IV$)하고 있는데, ubiquinone (CoQ), cytochrome *c*와 함께 BN-PAGE gel로부터 추출되었고, 이들이 NADH로부터 O_2로 electron을 전달하는 것을 보여 주었다. 다른 말로 이 초복합체가 호흡한다

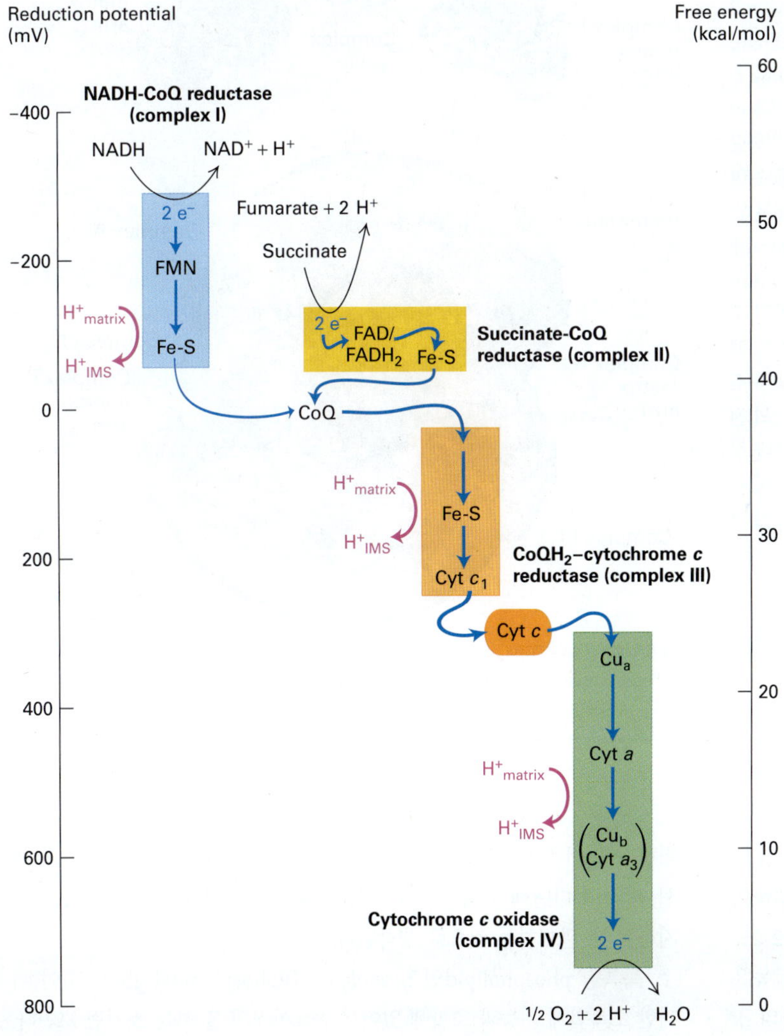

그림 12-22 Respiratory chain을 통한 전자의 계단식 흐름 동안에 redox potential과 free energy의 변화. 파란색 화살표는 전자의 흐름을 나타내고 빨간색 화살표는 미토콘드리아의 내막을 가로지르는 양성자의 수송을 나타낸다. 전자는 낮은 환원력을 가지는 다단백질 복합체로부터 높은(더 양수인) redution potential (*왼쪽* 눈금)을 가지는 다단백질 복합체로 상응하는 free energy의 감소를 수반하면서(*오른쪽* 눈금) 전달된다. 전자가 이 세 복합체를 통과해 흐르면서 방출하는 에너지는 membrane을 관통하여 H^+ 이온을 pump하는 것에 동력을 주는 데에 충분하여 양성자 구동력을 확립한다.

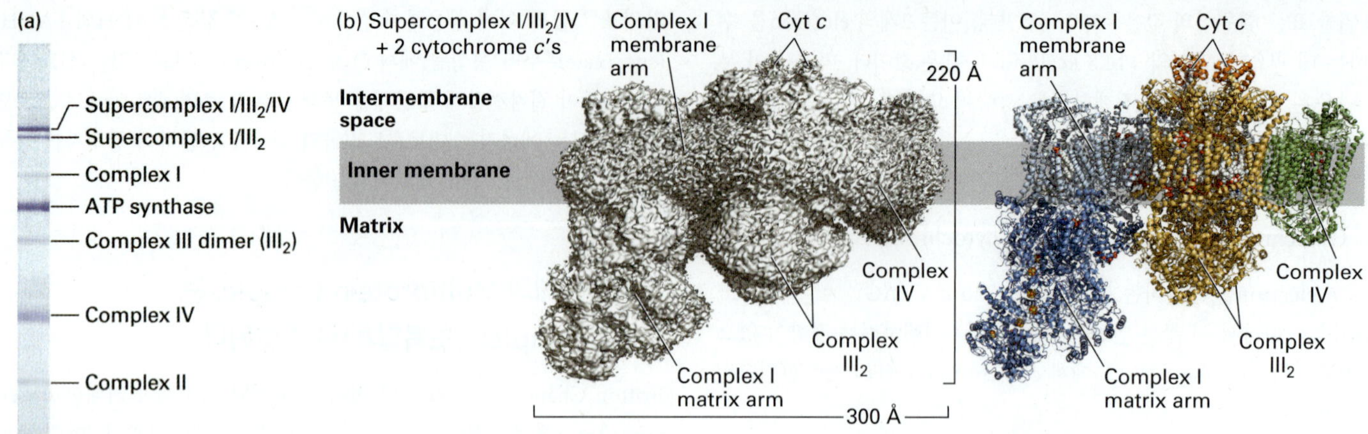

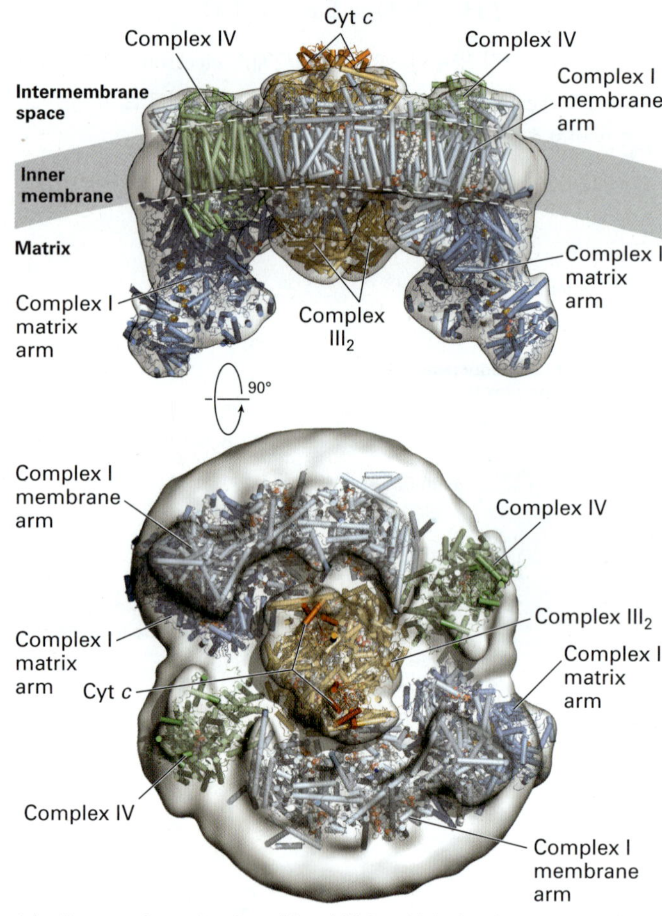

실험 그림 12-23 전기영동방법과 전자현미경 이미징을 이용하여 complex I, III, IV를 포함하는 전자전달계의 초복합체들의 고해상도 구조를 결정지었다. (a) 분리된 bovine heart (소의 심장) 미토콘드리아로부터의 막 단백질을 세제를 이용하여 용해시키고, 복합체와 초복합체를 blue native (BN)-PAGE 방법을 이용하여 전기영동(3장 참조)을 통해 분리하였다. Gel 상에 푸르게 염색된 각 band는 단백질 복합체와 초복합체를 나타낸다. 푸른 염색의 진하기 정도는 대략 존재하는 complex나 supercomplex의 양에 비례한다. Supercomplex I/III_2/IV의 분자량은 ~1.7 MDa이다. (b와 c) 배양된 사람 HEK293 세포로부터 분리한 미토콘드리아에서 세제로 추출한 supercomplex I/III_2/IV + 2 cytochrome *c*와 I_2/III_2/IV_2 + 2 cytochrome *c*를 sucrose density gradient centrifugation (설탕밀도구배원심분리법)으로 분리했다. Cryo-EM 이미징 방법으로 3.9 Å (I/III_2/IV + 2 cytochrome *c*)과 17.4 Å (I_2/III_2/IV_2 + 2 cytochrome *c*) 해상도의 구조를 결정하였다. (b) 왼쪽 이미지는 I/III_2/IV + 2 cytochrome *c*의 3차 구조의 표면을 막 표면에 평행한 방향으로 보여주고 있다. 오른쪽 이미지는 각 complex의 molecular modeling을 보여준다: complex I (주변부의 "매트릭스" arm은 진한 파란색, 막에 파묻힌 arm은 연한 파란색), complex III의 dimer (금색), complex IV (녹색), 그리고 cytochrome *c* (Cyt *c*, 주황색/갈색). 부착된 작은 분자들의 부가적인 원자들(complex I의 iron sulfur cluster와 lipids)은 다음 색으로 표시되었다: carbon, 흰색; iron, 그을린 주황색; sulfur, 노란색; oxygen, 빨간색; phosphorous, 주황색; nitrogen, 파란색. 패널 (c) 역시 같은 색으로 표기되었다. 데이터들은 supercomplex의 대부분의 구조를 결정지었다. (c) 위 이미지는 supercomplex I_2/III_2/IV_2 + 2 cytochrome *c*의 전자 밀도가 각 complex와 Cyt *c*가 결합한 형태의 molecular model 위로 투명하게 투영되고 있다. 아래 이미지는 위 이미지를 수평선을 축으로 90° 정도 회전한 것이다. Cytochrome *c*는 complex III에서 Complex IV로 전자들을 빠르게 전달하기 쉬운 위치에 놓여 있다(그림 12-19 참조). [Part (a) Republished with permission by *The American Society for Biochemistry and Molecular Biology*, from Schafer, E., et al., "Architecture of active mammalian respiratory chain supercomplexes," *J. Biol. Chem.* 2006, Jun 2;**281**(22):15370–15375. Epub 2006 Mar 20; permission conveyed through Copyright Clearance Center, Inc. Parts (b) and (c) Republished with permission of Elsevier, from Guo R, Zong S, Wu M, Gu J, Yang M., Architecture of Human Mitochondrial Respiratory Megacomplex I(2)III(2)IV(2). *Cell.* 2017 Sep 7;**170**(6):1247–1257; permission conveyed through Copyright Clearance Center, Inc.]

는 것을 보여 주었으므로, 이를 respirasome이라 볼 수 있다. 사람의 미토콘드리아로부터 온 두 가지 초복합체들의 구조는 cryo-EM에 의하여 밝혀졌고, 그림 12-23b (I/III_2/IV + 2 cytochrome *c*의 구조)와 12-23c (I_2/III_2/IV_2 + 2 cytochrome *c*의 구조)에서 표현되고 있다. 매우 높은 단백질 농도 상태에 있는 미토콘드리아 내막에서의 초복합체 형성의 정확한 기능이 명확하게 밝혀져야 하는데, 전자 전달의 속도와 효율의 개선, 각각의 다단백질 복합체의 안정화, 불필요한 단백질 aggregate를 방지하는 데 관여하는 것으로 생각된다.

독특한 phospholipid인 *cardiolipin* (diphosphatidyl glycerol)이 이러한 초복합체 기능과 조합에 있어서 중요한 역할을 하는 것처럼 보인다.

Cardiolipin

일반적으로 진핵생물 세포의 다른 막에서는 관찰되지 않는 cardiolipin은 미토콘드리아 내막의 약 20% 정도를 차지하고, integral 막 단백질(예를 들어, complex I과 II)과 결합하는 것으로 관찰되었다. Cardiolipin의 합성이 막혀 있는 효모 돌연변이의 유전학적, 생화학적 연구를 통해 cardiolipin이 미토콘드리아의 초복합체 형성과 활성에 기여한다는 것을 확립하였는데, 그렇기 때문에 비록 정확한 메커니즘은 더 연구되어져야 하겠지만, 이들을 전자전달계를 함께 붙들어 놓는 접착제라고 부른다. 첨부하여 cardiolipin이 양성자에 대한 내막의 결합과 투과성에 영향을 미쳐서, 궁극적으로 양성자 구동력에 영향을 미칠지도 모른다는 증거가 있다. 미토콘드리아가 손상됐을 때, cardiolipin은 외막으로 이동하게 되고 mitophagy에 관여하게 된다. Cardiolipin의 역할은 cardiolipin의 acyl chain의 구조를 결정하는 효소의 결함에 의하여 일어나는 X-linked genetic disease인 Barth's syndrome 환자에서 관찰될 수 있다. 이 환자들에서 일어나는 cardiolipin의 감소와 비정상적 구조는 심장과 골격근 근육 결함, growth retardation (성장 장애), 그 외에 다른 문제들을 일으킨다.

Reactive Oxygen Species (ROS; 활성산소종)는 세포에 손상을 줄 수 있는 전자 전달의 유독성 부산물이다

Aerobic 유기체이 대사하는 산소의 약 1–2%는 물로 전환되는 대신에 부분적으로 환원되어 superoxide anion radical ($O_2^{\bullet -}$, 여기서 "점"은 쌍을 이루지 않은 electron을 표시한다)을 만든다. Radical은 쌍을 이루지 않은 electron을 하나 이상 최외곽 shell (valence, 원자가)에 가지고 있는 원자이거나 이러한 원자를 포함하고 있는 분자를 일컫는다. 모두는 아니지만, 많은 radical은 일반적으로 화학적 반응성이 강하며, 자신이 반응하는 분자의 특성과 구조를 변화시킨다. 이러한 반응으로부터 생성된 반응산물 또한 종종 radical이며, 그렇기 때문에 연쇄반응을 일으켜서 추가적인 많은 분자를 변화시킨다. Superoxide와 다른 reactive-oxygen을 포함하는 많은 분자는 radical과(예를 들어, $O_2^{\bullet -}$) radical이 아닌 것을(hydrogen peroxide, H_2O_2) 통틀어 **reactive oxygen species (ROS)**라 부른다. ROS는 lipid (특히, unsaturated 지방산과 이들의 파생물), 단백질, DNA 등을 포함하는 많은 핵심적인 생물 분자과 반응하여 이들에게 손상을 줌으로써, 정상적인 기능을 심각하게 방해할 수 있기 때문에 관심 대상인 물질이다. ROS는 중간부터 높은 농도에서 종종 *cellular oxidative stress*라 불리는 현상에 기여하여 매우 유해할 수 있다. 사실상 ROS는 우리 몸의 방어 세포(예를 들어, macrophage: 대식세포, neutrophil: 호중구)에 의해서 pathogen (병원균)을 죽이기 위해 고의적으로 생성된다. 사람에서 과량 혹은 부적절한 ROS 생성은 많은 다양한 질환에 연루되는데, 이들 질환 중에는 heart failure (심부전), neurodegenerative disease (신경퇴화 질환), alcohol-induced liver diseases (알코올에 의해 유도되는 간질환), diabetes (당뇨병), aging (노화) 등이 포함된다. ■

비록 수많은 대사경로를 통해서 ROS가 생성될 수 있지만, 진핵생물 세포의 ROS의 주 출처는 미토콘드리아의 전자 전달(혹은 아래 기술된 것처럼 엽록체에서)이다. 미토콘드리아의 전자전달계를 통과하는 electron은 산소(O_2)를 환원하여 **superoxide anion** ($O_2^{\bullet -}$, 그림 12-24, 위쪽)을 형성하기에 충분한 에너지를 가지고 있다. 그러나 이것은 산소 분자가 전달계에 있는 환원된 전자 운반체(iron, FMN, $CoQH_2$)와 아주 밀접한 접촉을 하고 있을 때에만 일어난다. 일반적으로, 이러한 접촉은 연루된 단백질 내부로 전자 운반체가 격리되기 때문에 일어나지 않는다. 그러나 일부 부위(특히, complex I과 $CoQ_2^{\bullet -}$, 그림 12-18 참조)와 일부 상황에서는(예를 들어, 매트릭스에서 높은 $NADH/NAD^+$ 비율, ATP가 생성되지 않는 상황에서의 높은 양성자 구동력) electron이 용이하게 chain 밖으로 "leak (스며 나와)"해서 O_2를 $O_2^{\bullet -}$로 환원시킨다.

Superoxide anion은 특히 불안정한 ROS이며, 따라서 반응성이 높다. 미토콘드리아는 $O_2^{\bullet -}$ 독성으로부터 보호하는 것을 돕기 위하여 여러 가지 방어 메커니즘을 진화시켰다. 이들 중에는 superoxide를 불활

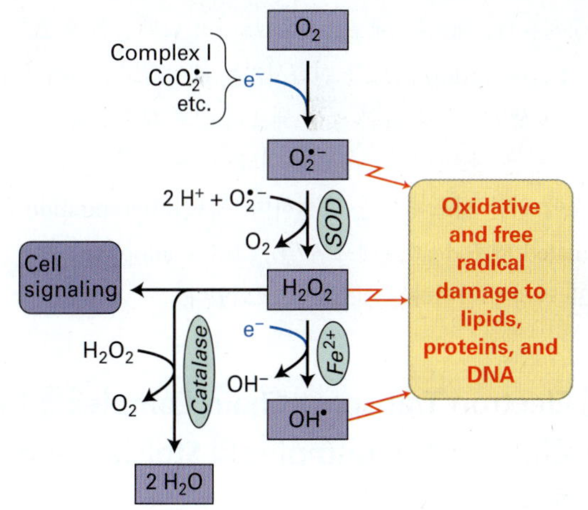

그림 12-24 해로운 reactive oxygen species의 생성 및 불활성화. 미토콘드리아와 엽록체의 전자전달계로부터의 전자뿐만 아니라 다른 효소 reaction을 통해 생성된 일부 전자는 O_2 분자를 환원시켜 반응성이 아주 강한 radical anion superoxide ($O_2^{\bullet -}$)를 형성한다. Superoxide는 superoxide dismutase (SOD)에 의해 빠르게 hydrogen peroxide (H_2O_2)로 전환되고, 이는 Fe^{2+}와 같은 금속 이온에 의해 hydroxyl radical ($OH^\bullet$)로 전환되거나 catalase와 같은 효소에 의해서 H_2O로 불활성화된다. 이들의 강력한 화학적 반응성 때문에 $O_2^{\bullet -}$, H_2O_2, $OH^\bullet$ 및 유사한 분자를 *reactive oxygen species* (*ROS*)라 부른다. 이들은 lipid, 단백질, DNA를 포함하는 많은 bio 분자에 oxidative damage 및 free radical damage를 야기한다. 이러한 damage는 질병을 야기할 수 있는 세포의 oxidative stress로 유도될 수 있고, damage가 심하면 세포를 죽일 수도 있다. 또한, ROS는 intra- 그리고 세포내 신호 분자로 작동할 수 있다.

성화시키는 효소의 사용이 포함된다: 처음에 superoxide를 Mn을 포함하는 superoxide dismutase (*SOD*)에 의하여 H_2O_2로 전환한 뒤, 이를 다시 catalase에 의하여 H_2O로 전환시킨다(그림 12-24). $O_2^{\bullet -}$는 반응성이 매우 강하고 유독하기 때문에 SOD와 catalase가 가장 빠르게 작용하는 효소들 중 하나로 알려져 있으며, ROS의 축적을 방지한다. SOD는 미토콘드리아와 다른 세포 구획에서 발견된다. Hydrogen peroxide는 자체가 ROS이며, 막을 가로 질러 용이하게 확산되어 세포 전반에 걸쳐 분자와 반응할 수 있다. 이는 또한 Fe^{2+}와 같은 특정 금속에 의해 훨씬 더 위험한 hydroxyl radical ($OH^{\bullet}$)로 전환될 수 있다. 따라서 세포는 H_2O_2의 불활성화를 catalase와 다른 효소들, 즉 peroxiredoxin과 glutathione peroxidase에 의존하는데, 이는 또한 ROS가 unsaturated fatty acyl group (불포화 지방산)과 반응할 때 형성되는 lipid hydroperoxide 산물을 해독하기도 한다. α-lipoic acid와 vitamin E와 같은 작은 분자 antioxidant (항산화제) radical scavenger도 oxidative stress로부터 보호한다. 많은 세포에서, catalase는 peroxisome에서 발견되지만 심장 muscle 세포에서는 미토콘드리아에서 발견된다. 이것은 놀라운 일이 아닌데, 왜냐하면 포유동물에서 단위 그램당 산소를 가장 많이 소모하는 기관이 심장이기 때문이다.

미토콘드리아와 엽록체에서의 ROS 생성 속도가 이 세포소기관의 대사 상태를 나타내기 때문에(예를 들어, 양성자 구동력의 크기, $NADH/NAD^+$의 비율), 세포는 ROS/redox sensitive transcription factor (ROS/redox에 민감한 전사 인자)와 같은 ROS를 감지하는 장치를 발전시켜서, 이 세포소기관의 대사 상태를 모니터하고 이에 상응하도록 반응하는데, 예로는 세포소기관 특이적 단백질을 암호화하는 핵 유전자의 transcription 속도를 변화시키는 것이 있다. 따라서, H_2O_2와 같은 ROS가 생리적으로 관련 있는 세포내 신호 분자로서 기능할 수 있다. ROS는 낮은 산소 레벨(hypoxia)이나 stress에 적응하고, 성장 인자와 영양소에 의한 세포 증식을 조절하며, 세포 differentiation (세포 분화), regulated 세포 death (세포 사멸), 그리고 autophagy 등과 같은 다양한 세포 과정에 참여하는 것으로 보고되었다.

정제된 Electron Transport Chain Complex를 이용한 실험으로부터 Proton pumping의 Stoichiometry (화학량론)가 확립되었다

Proton pumping을 책임지는 전자전달계의 다단백질 복합체를 미토콘드리아 막을 detergent를 이용하여 선별적으로 추출하고, 각 complex를 거의 순수한 형태로 분리한 뒤 각 복합체를 포함하는 artificial phospholipid vesicle (인공 인지질 소포체) (liposome)을 만들어 확인하였다. 이러한 liposome에 적절한 electron donor와 electron acceptor가 첨가되면, liposome에 삽입된 complex가 electron을 전달하여 용액의 pH에 변화가 일어날 것이다. 이러한 유형의 연구로부터 NADH-CoQ reductase (complex I)는 하나의 electron pair가 전달될 때마다 4개의 양성자를 수송하는 반면에, cytochrome *c* oxidase (complex IV)는 하나의 electron pair가 전달될 때마다 2개의 양성자를 수송한다는 밝혀내었다(그림 12-19 참조).

현재 증거에 의하면, 하나의 electron pair가 NADH로부터 O_2로 전달될 때마다 전체 10개의 양성자가 미토콘드리아의 매트릭스로부터 미토콘드리아의 내막을 가로질러 수송되는 것으로 보인다(그림 12-19 참조). Succinate-CoQ reductase (complex II)는 양성자를 수송하지 않고, succinate로부터 유래된 $FADH_2$의 electron은 complex I은 지나쳐 버리므로, 한 쌍의 전자가 $FADH_2$로부터 O_2로 전달될 때마다 단지 6개의 양성자만이 막을 가로질러 수송된다.

미토콘드리아의 양성자 구동력은 내막을 가로지르는 Voltage Gradient에 크게 기인된다

전자전달계의 주요 결과는 proton-motive force (pmf)를 생성하는 것인데, pmf는 막을 사이에 둔 proton concentration (pH) gradient (양성자 농도 구배)와 미토콘드리아의 내막을 가로지르는 electric potential 혹은 전위 구배의 합이다. 이 두 성분이 전체 pmf에 상대적으로 얼마나 기여를 하는지 실험을 통해 결정하였는데, 상대적 기여는 H^+가 아닌 다른 이온에 대한 막 투과성에 기인한다. 상당한 양의 전위 구배는 막이 다른 cation (양이온)과 anion (음이온)에 대한 투과성이 낮을 때에만 만들어질 수 있다. 그렇지 않다면 음이온이 매트릭스로부터 막사이 공간으로 양성자과 함께 스며나가 전위 구배가 형성되는 것을 방지할 것이다. 이와 유사하게, cation이 H^+와 반대 방향인 막사이 공간에서 매트릭스로 스며들어가는 것도(같은 전하의 교환) voltage gradient 형성을 방해할 것이다. 사실상 미토콘드리아의 내막은 H^+외에 다른 이온에 대한 투과성이 낮다. 그러므로 proton pumping은 voltage gradient를 형성하여 더 이상의 양성자가 전기적 반발 때문에 막을 가로질러 움직이는 것을 역학적으로 어렵게 만든다. 결과적으로, 전자전달계에 의한 proton pumping은 비교적 작은 pH gradient라는 상황에서 확고한 voltage gradient를 확립한다.

미토콘드리아는 electrode (전극)를 삽입시키기에 너무 작아서 미토콘드리아의 내막을 가로지르는 electric potential과 pH gradient를 직접적으로 측정하여 결정할 수는 없다. 그럼에도 불구하고, 방사능으로 표식된 $^{42}K^+$ 이온과 적은 양의 valinomycin을 respiring 미토콘드리아의 현탁액에 첨가하고 매트릭스에 축적되는 radioactivity (방사능)의 양을 측정함으로써, electric potential은 간접적으로 측정될 수 있다. 내막은 비록 평상시에는 K^+에 대한 투과성이 없지만 valinomycin은 특정 이온(이 경우는 K^+)에 선별적으로 결합하여 이 이온에 대해서 투과성이 없는 막을 통하여 이동시키는 작은 지용성 분자인 *ionophore*이다. $^{42}K^+$는 valinomycin 존재 하에 추출된 미토콘드리아의 내막을 사이에 두고서 electric potential에 맞추어 equilibrium (평형)을 이룬다. 막의 매트릭스 쪽이 더 음전하를 띨수록 더 많은 $^{42}K^+$가 끌려 들어와 매트릭스 내에 축적되게 된다.

Equilibrium 상태에서 매트릭스에 존재하는 방사능을 띠는 K^+ 이온의 측정된 농도 $[K^+_{matrix}]$은 주변 용액의 방사능을 띠는 K^+ 이온의 측정된 농도 $[K^+_{out}]$보다 약 500배 높았다. 이 값을 Nernst equation

(11장 참조)에 치환을 하면, respiring 미토콘드리아의 내막을 가로지르는 electric potential E (mV)는 매트릭스 쪽(안쪽)이 마이너스가 되면서 –160 mV가 된다.

$$E = -59 \log \frac{[K^+_{matrix}]}{[K^+_{out}]} = -59 \log 500 = -160 \text{ mV}$$

다른 방법으로는, tetramethylrhodamine methyl ester와 같은 lipophilic cationic 염료를 사용하여 상대적인 미토콘드리아 내막 potential을 잴 수 있다. 미토콘드리아 매트릭스에 이 형광 염료가 얼마나 축적되는지는 막 전위에 의존하며, Nernst equation을 따른다. 형광을 재기 위하여 flow cytometry, spectrofluorimetry, quantitative fluorescence microscopy 등의 방법을 쓸 수 있다.

연구자들은 미토콘드리아의 내막을 매트릭스 쪽이 안쪽으로 향하도록 vesicle을 만들고, 내부에 pH-sensitive fluorescent dye (pH에 민감한 형광 염색시료)를 주입함으로써 매트릭스(내부)의 pH를 측정할 수 있다. 연구자들은 vesicle 밖의 pH (막사이 공간과 상응하는 부위)도 측정할 수 있는데, 이로부터 pH gradient (ΔpH)를 결정함으로써 이것이 pH unit으로 ~1 정도 차이인 것을 알아내었다. pH unit 하나의 차이가 H^+의 concentration에서는 10배 차이를 나타내므로, 막을 사이에 두는 pH unit 하나의 gradient는 Nernst equation에 따라 20°C에서 59 mV의 electric potential에 상응한다. 따라서 voltage와 pH gradient를 알기 때문에 proton-motive force (양성자 구동력)인 pmf를 다음에 보이는 식으로 계산할 수 있다.

$$\text{pmf} = \Psi - \left(\frac{RT}{F} \times \Delta\text{pH}\right) = \Psi - 59\ \Delta\text{pH}$$

R은 gas constant (가스 상수)로서 1.987 cal/(degree·mol)이고, T는 온도(Kelvin 온도), F는 Faraday constant (패러데이 상수)로서 [23,062 cal/(V·mol)], Ψ은 transmembrane electric potential이며, Ψ와 pmf는 millivolt로 측정된다. 내막을 사이에 두고 형성되는 electric potential Ψ는 –160 mV (매트릭스 안쪽이 마이너스)이고, ΔpH는 ≈60 mV이다. 따라서 전체 pmf는 –220 mV이며, transmembrane electric potential이 전체의 약 73%를 담당한다.

12.6절의 주요 개념

Electron-Transport Chain (전자전달계)과 Proton-Motive Force (양성자 구동력) 생성

- 원래 포도당과 지방산의 공유결합에 존재하던 에너지의 상당 부분은 시트르산 회로의 종반에 이르게 되면(stage II), 환원된 조효소 NADH와 $FADH_2$의 고에너지 전자로 전환된다. 이 전자의 에너지는 양성자 구동력을 생성하는 데 쓰인다.
- 미토콘드리아에서의 양성자 구동력은 electron flow (NADH와 $FADH_2$로부터 O_2로)를 매트릭스로부터 막사이 공간으로 내막을 가로질러 양성자를 active transport (능동수송)하는 것에 연결시킴으로써 생성된다. 양성자 구동력에 의해 추진되어 ADP와 P_i로부터 ATP를 합성하는 것과 더불어 이 과정을 *oxidative phosphorylation* (산화적 인산화)이라 부른다.
- 전자가 $FADH_2$와 NADH로부터 O_2로 흐르면서 다단백질 복합체를 통과하게 된다. 4개의 주 복합체는 NADH-CoQ reductase (complex I), succinate-CoQ reductase (complex II), $CoQH_2$–cytochrome *c* reductase (complex III), cytochrome c oxidase (complex IV)이다(그림 12-19 참조).
- 각 complex는 하나 혹은 그 이상의 전자를 운반하는 prosthetic group를 가진다. Iron-sulfur cluster, flavin, heme group 그리고 copper 이온이 그것이다(표 12-3 참조). Heme을 포함하는 cytochrome *c*와 지용성의 작은 분자인 coenzyme Q (CoQ)는 전자를 complex 사이로 운반하는 mobile carrier (유동적 운반체)이다.
- Complex I, III, IV는 매트릭스로부터 막사이 공간으로 양성자를 pump한다. Complex I과 II는 CoQ를 $CoQH_2$로 환원하는데, 이것이 양성자과 고에너지 전자를 complex III로 운반한다. Heme 단백질인 cytochrome *c*는 전자를 complex III로부터 complex IV로 운반하는데, 이는 양성자를 pump하고 산소 분자를 물로 환원시키는 데 쓰인다.
- NADH의 고에너지 전자는 complex I을 통해서 전자전달계로 유입되는 반면, $FADH_2$ (시트르산 회로에서 succinate로부터 유래됨)의 고에너지 전자는 complex II를 통하여 전자전달계로 유입된다. Fatty acyl-CoA의 β-oxidation 초기 단계에 생성된 $FADH_2$로부터 유래된 추가 전자는 전자 전달에 가용한 $CoQH_2$의 공급을 증가시킨다.
- Q cycle은 complex III를 통해서 이동하는 한 쌍의 전자마다 4개의 양성자를 수송한다(그림 12-21 참조).
- 각 전자 운반체는 환원력이 더 적은 값을 가지는 carrier로부터 전자나 electron pair를 받아들이고 환원력이 더 큰 carrier로 전자를 넘겨준다. 그러므로 전자 운반체의 환원력은 NADH와 $FADH_2$로부터 O_2로 "아래로"의 단방향 전자 흐름을 선호한다(그림 12-22 참조).
- 내막 내에서 전자 전달 복합체는 특별한 phospholipid인 cardiolipin에 의해서 초복합체로 조합된다. 초복합체의 형성은 양성자 구동력 생성의 속도와 효율을 증진시킬 수 있고, 또 다른 기능을 할 수도 있다.
- Reactive oxygen species (ROS)는 전자전달계의 유해한 부산물로서 단백질, DNA, lipid를 변형시키고 손상을 입힐 수 있다. 특정 효소(예를 들어, glutathione peroxidase, catalase)와 작은 분자 항산화제(예를 들어, vitamin E)는 ROS에 의해 유도되는 손상으로부터 보호하는 것을 돕는다(그림 12-24 참조). ROS는 세포내 신호 분자로도 쓰일 수 있다.
- NADH에서 O_2로 흐르는 electron pair 하나당 전체 10개의 H^+ 이온이 매트릭스로부터 내막을 가로질러 이동되는(그림 12-19 참조) 반면, $FADH_2$에서 O_2로 흐르는 electron pair 하나당 6개의 H^+ 이온이 수송된다.
- 양성자 구동력은 내막을 가로질러 일어나는 proton pumping에 의해 생성된 voltage gradient에 크게 기인한다. pH 구배는 양적으로 역할이 덜 중요하다.

12.7 Proton-Motive Force (양성자 구동력)로 ATP 합성하기

미토콘드리아의 내막을 가로질러 형성되는 양성자 구동력이 ATP 합성의 직접적 에너지 공급원이라는 가설은 1961년 Peter Mitchell에 의해 제안되었다. 사실상 산화적 인산화와 광합성을 연구하는 거의 모든 연구자가 처음에는 이 *chemiosmotic hypothesis*를 반대하였다. 그들은 기질 분자(해당과정의 경우, phosphoenolpyruvate)의 화학적 변형이 ATP 합성에 직접적으로 연관되어 있다고 한 당시에는 해당과정에서 잘 밝혀진 substrate-level 인산화와 비슷한 메커니즘을 더 선호하였다. 그러나 많은 연구자의 집중적인 노력에도 불구하고, 이와 같은 기질-수준 인산화에 의해 매개되는 메커니즘에 대한 확신을 줄 수 있는 증거는 관찰되지 않았다.

Mitchell의 가설을 뒷받침하는 결정적인 증거는 세포소기관 막과 막 단백질을 정제하고 재구성하는 기술이 발전된 후에 밝혀질 수 있었다. 그림 12-25에 개괄적으로 그려진 엽록체 틸라코이드 막(미토콘드리아의 내막에 상응함)으로 만들어진 **ATP synthase**를 포함하는 vesicle을 사용한 실험은 이 단백질이 ATP를 생성하는 효소이고, ATP 합성은 양성자이 전기화학적 구배를 감소시키는 방향으로 이동하며 일어난다는 여러 증거들 중의 하나이다. 양성자는 막을 관통할 때, 실제로 ATP synthase 단백질을 **통과하면서** 이동하는 것으로 밝혀졌다.

ATP synthase는 앞으로 보게 되겠지만, 다단백질 복합체로서 F_0 (complex의 막 관통 부위를 포함)와 F_1 (미토콘드리아의 막 상에 위치하면서 매트릭스를 향해 있는 복합체의 구형 부위를 포함)이라 불리는 2개의 subcomplex (소단위 복합체)로 나누어 질 수 있다. 그러므로 ATP synthase를 종종 **F_0F_1 complex**라고도 부르는데, 우리는 이 두 단어를 서로 같은 뜻으로 사용할 것이다.

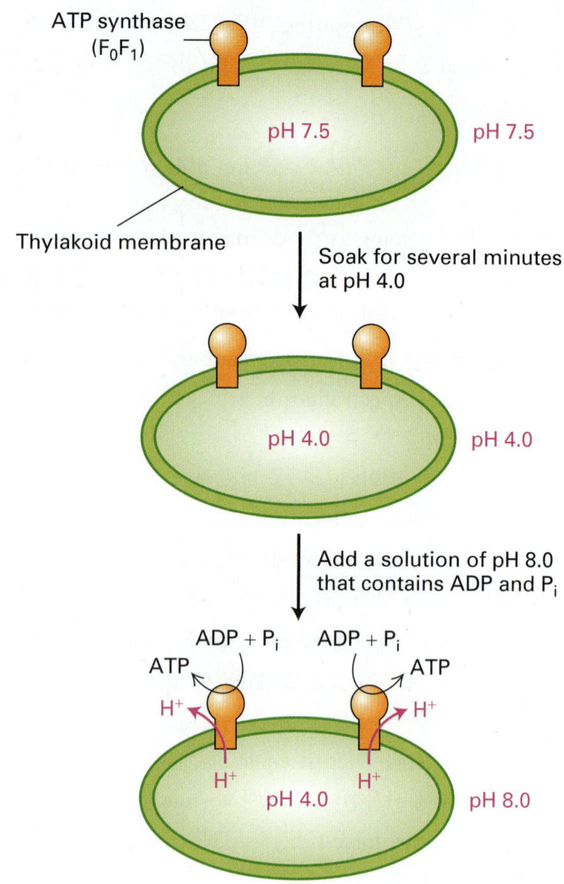

실험그림 12-25 ATP synthase에 의한 ATP 합성은 membrane을 가로지르는 pH 구배에 의존한다. ATP synthase (F_0F_1 complex)를 포함하는 분리된 엽록체 틸라코이드 vesicle을 빛이 없는 곳에서 buffer 용액을 이용하여 pH 4.0으로 equilibrium을 맞추었다. 틸라코이드 lumen의 pH가 4.0이 되었을 때 vesicle을 ADP와 P_i를 포함하고 있는 pH 8.0의 용액과 곧바로 섞었다. 폭발적인 ATP 합성이, 10,000배나 차이가 나는 H^+ concentration gradient (10^{-4} M 대 10^{-8} M)에 의해 추진되는 막을 관통하는 양성자의 이동을 수반하여 일어났다. 미토콘드리아 막을 "inside-out (뒤집어서)"하여 형성한 vesicle을 이용해서 유사한 실험을 수행한 결과에서 인위적으로 생성된 membrane electric potential도 ATP 합성을 일으켰다.

박테리아, 미토콘드리아, 엽록체는 같은 ATP 합성 메커니즘을 가지고 있다

진핵생물은 ATP를 만들기 위하여 세포내 세포소기관(미토콘드리아와 엽록체)에서 특수한 막을 사용한다. 물론, 박테리아도 ATP를 만들어야 하지만, 미토콘드리아와 엽록체를 갖고 있지 않다. 박테리아는 비록 internal membrane (세포 내부 막)을 가지고 있지는 않지만, 그럼에도 불구하고 호기성 박테리아는 진핵생물의 미토콘드리아와 엽록체에서 일어나는 것과 같은 과정을 통해 산화적 인산화를 수행한다(그림 12-26). Glycolytic pathway와 시트르산 회로의 반응을 촉매하는 효소는 박테리아의 세포질에 존재하며, NADH를 NAD^+로 산화시키고 electron을 궁극적인 수용체인 O_2로 전달하는 효소는 박테리아 세포막에 존재한다. 이러한 막 carrier를 통한 전자의 이동은 양성자를 세포 밖으로 pumping하는 과정과 연결되어 있다. 이러한 양성자가 농도 구배를 따라 세포 내부로 ATP synthase를 통해 되돌아오는 이동이 ATP의 합성을 추진한다. 박테리아의 ATP synthase (F_0F_1 complex)는 미토콘드리아와 엽록체의 ATP synthase와 구조와 기능면에서 근본적으로 동일하지만 정제와 연구가 훨씬 용이하다.

ATP 합성 메커니즘은 왜 원핵생물 유기체와 진핵생물 세포소기관에서 공유되는 것일까? 아마도 원시적인 호기성 박테리아가 진핵생물 세포의 미토콘드리아와 엽록체의 원조일 것이다(그림 12-7 참조). 이러한 **endosymbiont hypothesis (내공생 가설)**에 의하면, 미토콘드리아의 내막은 박테리아의 세포막으로부터 유래되었으며 박테리아에서 세포질을 접하던 부분이 미토콘드리아의 매트릭스가 된 공간을 향하게 되었다. 이와 유사하게, 식물에서 원조 박테리아의 세포막은 엽록체의 틸라코이드 막이 되었고, 박테리아에서 세포질을 접하던 부분이 엽록체의 stroma 공간이 된 부분을 향하게 되었다(엽록체의 구조와 기능은 12.7절과 12.8절에서 설명할 것이다). 모든 경우에 있어서, ATP synthase는 ATP 합성을 촉매하는 공 모양의 F_1 영역이 막의 세포질 방향을 향하도

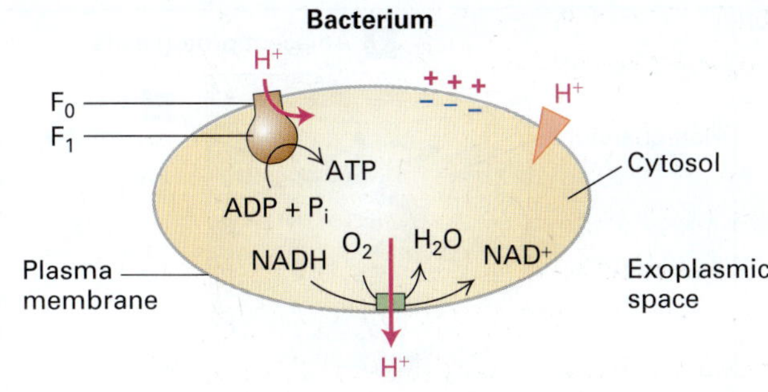

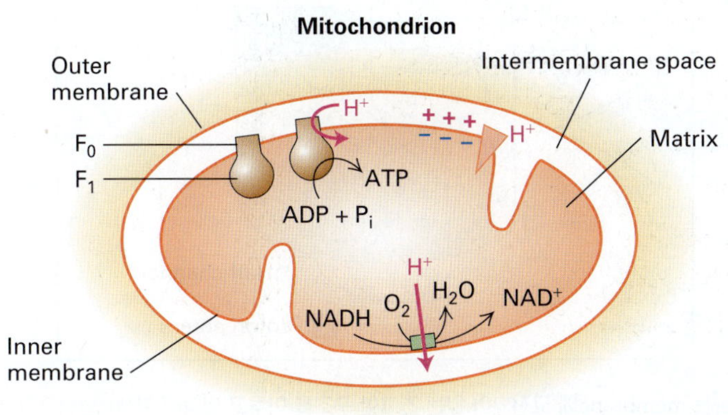

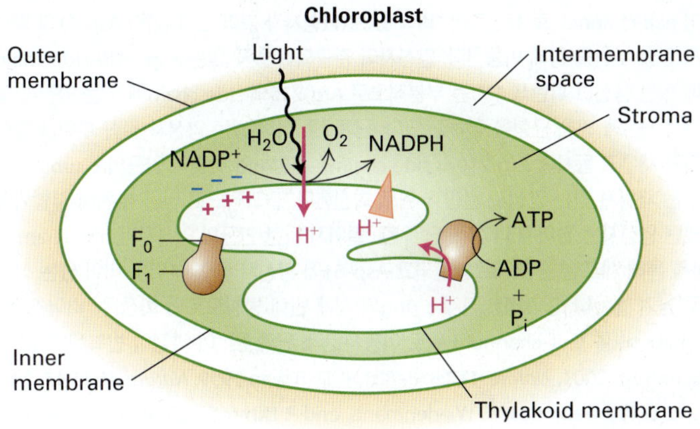

그림 12-26 박테리아, 미토콘드리아 및 엽록체에서 탄수화물에 의한 ATP 합성. 탄수화물에서 membrane을 가로지르는 양성자 pumping에 생성되는 양성자 구동력은 ATP 합성을 추진하는 데 사용된다. 이 과정의 메커니즘 및 membrane 방향성 등은 박테리아, 미토콘드리아 및 엽록체에서 유사하다. 각 모식도에서 색이 칠해진 부분을 향하는 membrane의 표면이 세포질 쪽 면이다. 반면, 흰색 부분은 exoplasm을 향하고 있는 면이다. 박테리아 세포막의 세포질 쪽 면, 미토콘드리아 내막의 매트릭스를 향하고 있는 면, 틸라코이드 막의 stroma를 향하고 있는 면이 모두 동일 방향을 향하고 있는 것에 주목하라. 전자 전달 동안 양성자는 항상 세포질 면으로부터 exoplasm 쪽 면으로 pump되어 양성자 농도 구배(exoplasm을 향한 면 > 세포질을 향한 면)와 전위차(마이너스의 세포질 면과 플러스의 exoplasm 면)를 membrane을 가로질러 형성한다. 양성자는 ATP 합성 동안 ATP synthase를 통해 역방향(전기화학적 구배를 따라서)으로 흐르는데, ATP synthase (F_0F_1 complex)는 모든 경우에서 있어서 세포질 쪽 면으로 문손잡이처럼 튀어나와 있다.

록 배치되어 ATP가 항상 막의 세포질 쪽에서 형성된다(그림 12-26 참조). 양성자는 항상 막의 exoplasmic face (세포외 기질 쪽)에서 cytosolic face (세포질 쪽)로 ATP synthase를 관통하여 이동한다. 이러한 흐름은 양성자 구동력에 의해 추진된다. 변함없이, 세포질 쪽이 세포 바깥쪽에 비해 음의 전위를 갖는다.

박테리아 세포막을 가로지르는 양성자 구동력은 ATP 합성 이외에도 다른 과정을 추진하는 데도 쓰이는데, proton/sugar symporter (양성자/당 동시 수송체)를 이용하여 당과 같은 영양분을 섭취하는 것과 박테리아의 flagella (편모)를 회전하는 것 등이 이에 속한다. 따라서 chemiosmotic coupling (화학적 삼투 연결)은 11장에서 다룬 능동 수송의 중요한 원리가 된다. 막 전위, 막을 가로지르는 양성자(그리고 다른 이온)의 농도 구배, ATP의 phosphoanhydride 결합은 동등한 것이며, 서로 전환이 가능한 형태의 화학적 포텐셜 에너지이다(2장 참조). 실제로, ATP synthase를 통한 ATP의 합성은 active transport의 역방향이라 생각할 수 있다.

ATP Synthase는 F_0와 F_1 Multiprotein Complex로 구성된다

Mitchell 박사의 화학적 삼투 메커니즘이 일반적으로 받아들여지게 되면서, 연구자들의 관심은 ATP synthase의 구조와 기능으로 돌아서게 되었다. Complex는 2개의 기본적인 인자인 F_0와 F_1을 가지는데, 이 두 인자는 모두 여러 개의 단백질로 이루어져 있다(그림 12-27a). F_0 subcomplex는 **a**, **b**, **c**로 명명되는 세 유형의 내재 막 단백질을 가지고 있다. 박테리아와 효모 미토콘드리아에서 가장 일반적인 subunit 구성은 $\mathbf{a_1b_2c_{10}}$이지만, complex당 **c** subunit의 수는 서로 다른 진핵생물 사이에서 8~15개로 다양하다. 이 모든 경우에 있어서 **c** subunit는 막의 수평면에서 도넛 모양의 고리("**c** ring")를 형성한다. **a** subunit과 2개의 **b** subunit는 견고하게 서로 연결되어 있지만 **c** ring에는 단단히 연결되어 있지 않은데, 이것이 우리가 바로 뒤에서 논의할 이 단백질의 결정적인 특성이다. 그림 12-27a에서와 같이, ATP synthase가 작동할 때, 구조의 일부는 움직이지 않고(orange), 나머지(green)는 막과 수직인 축을 함께 회전한다. ATP synthase를 통과하는 양성자의 흐름은 c, γ, ε subunit으로 이루어진 complex의 회전에 필요한 힘을 제공하고, β subunit이 ADP와 P_i로부터 ATP를 합성하도록 한다.

F_1 부위는 수용성 complex로 5개의 독특한 polypeptide가 $\alpha_3\beta_3\gamma\delta\varepsilon$ 조성으로 막의 표면에서 F_0 subcomplex의 **a** subunit에 일반적으로 단단하게 부착되어 있다. F_1 subcomplex에서 막대기 모양을 가지는 γ subunit의 아래 부분은 F_0의 **c** subunit로 이루어진 ring 중앙에 잘 맞게 끼워지는 coiled coil (꼬인이중나선) 구조로서 이 ring 중앙에 단단히 결합되어 있는 것처럼 보인다. 그러므로 **c** subunit로 이루어진 ring이 회전하면 막대기 모양의 γ subunit는 ring과 같이 움직인다. F_1의 ε subunit는 γ에 단단히 부착되어 있으며, 동시에 F_0의 여러 개의 **c** subunit에도 견고한 접촉을 형성한다. α와 β subunit는 F_1 subcomplex의 전반적인 구형을 만들고, 번갈아가면서 연결되어 있어 αβαβαβ 또

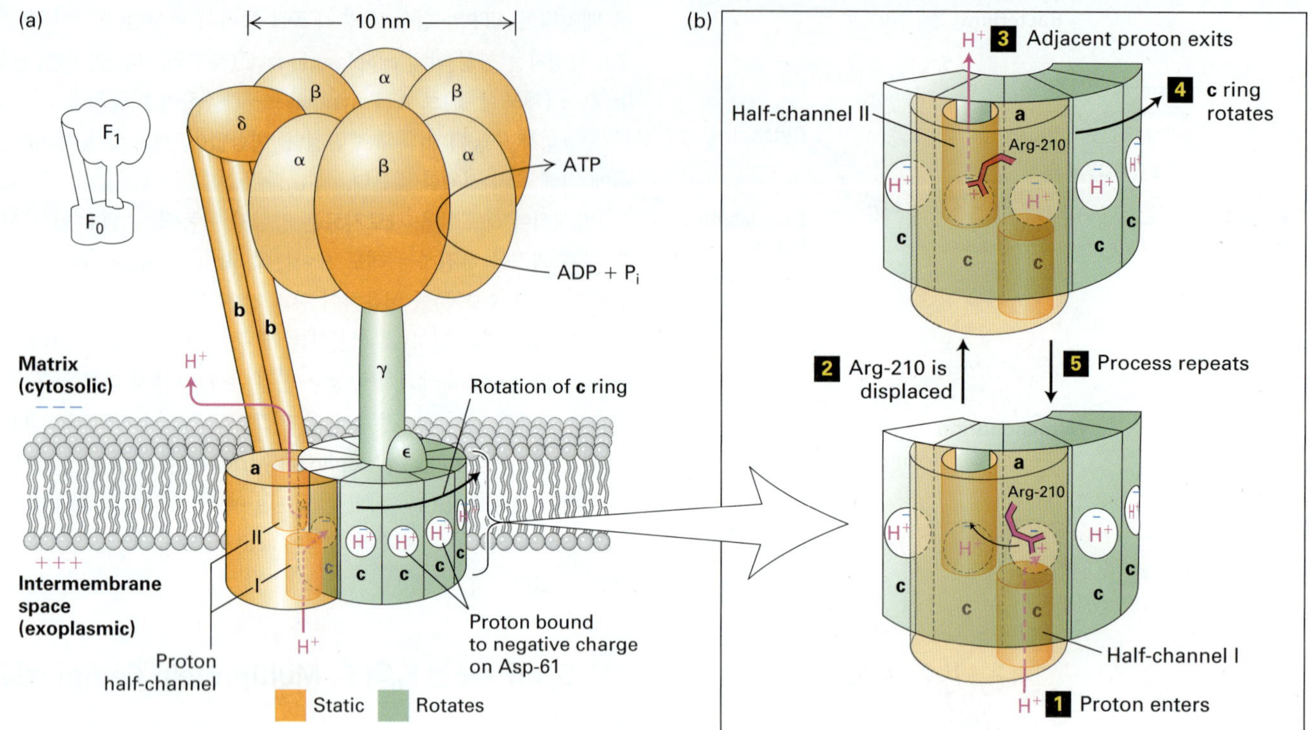

그림 12-27 박테리아 세포막에 존재하는 ATP synthase (F_0F_1 complex)의 구조와 membrane을 가로질러 양성자를 이동시키는 기능. (a) ATP synthase의 막에 묻혀 있는 F_0 부분은 3개의 integral membrane 단백질로 구성되어 있다. 하나의 **a**, 2개의 **b**, 그리고 ring 모양을 이루고 있는 평균 10개의 **c**가 membrane의 평면에 정렬되어 있다. **a** subunit과 **c** subunit 사이에 놓인 2개의 양성자 half-channel이 membrane을 가로지르는 양성자의 이동을 매개한다(양성자의 경로는 빨간색 화살표로 표시하였다). Half-channel I은 양성자를 한 번에 하나씩 exoplasm 용액으로부터 막의 중앙 부근 c subunit 중앙에 있는 Asp-61의 음전하를 띠고 있는 side chain으로 이동시킨다. 각 **c** subunit의 양성자 결합 부위는 파란색 "–"을 가지는 하얀색 원형으로 나타내었는데, 이는 Asp-61 side chain에 있는 음전하를 표시하고 있다. Half-channel II는 인근 **c** subunit의 Asp-61로부터 세포질 용액으로 양성자가 이동하는 것을 허용한다. 양성자가 complex를 통과하면, **c** ring이 막 표면에서 회전해야 한다. 그림 12-30은 **c** ring의 자세한 분자 구조와 부근 **a** subunit 부분을 보여준다. ATP synthase의 F_1 부분은 α와 β subunit 각각 3개씩을 가지는 hexamer로 막대 모양을 가지는 γ subunit의 꼭대기에 놓여 있으며, 이는 F_0의 **c** ring에 삽입되어 있다. ε subunit는 γ subunit 및 여러 **c** subunit에도 단단히 부착되어 있다. δ subunit는 F_1 complex를 구성하는 α subunit 중 하나를 F_0의 **b** subunit에 영구히 연결시킨다. 그러므로 F_0의 **a**와 **b** subunit 그리고 F_1의 δ subunit와 $(\alpha\beta)_3$ hexamer는 membrane에 고정되어 있는 견고한 구조를 이루고 있다(주황색). 양성자가 흐르는 동안 **c** 고리와 이에 결합된 F_1의 ε과 γ subunit는 하나의 단위로 회전하여(녹색) F_1 β subunit의 구조적 변화를 야기하며, 이것이 ATP 합성을 유도한다. (b) 양성자 translocation의 잠재적 메커니즘 단계 **1**: Exoplasm 공간으로부터의 양성자이 half-channel I로 유입되어 "비어 있는"(양성자가 붙어 있지 않은) Asp-61의 양성자 결합 부위를 향해 이동한다. 양성자이 결합되어 있지 않은 Asp-61의 side chain에 있는 음전하(파란색 "–")는 부분적으로 Arg-210의 side chain에 있는 양전하(빨간색 "+")에 의해 균형을 이루고 있다. 단계 **2**: 비어 있는 양성자 결합 부위를 양성자가 채우고 동시에 Arg-210의 side chain을 치환하여 이것이 인근의 **c** subunit에 있는 채워져 있는 양성자 결합 부위로 회전한다. 결과적으로 인근 부위에 결합되어 있던 양성자는 떨어져 나간다. 단계 **3**: 떨어져 나간 인근의 양성자가 half-channel II를 통해 세포질 공간으로 방출되고 Asp-61에 양성자 결합 부위를 비어 있는 상태로 남겨 놓는다. 단계 **4**: 전체 **c** ring의 시계 반대 방향으로의 회전은 "비어 있는" **c** subunit를 half-channel I 위로 이동시킨다. 단계 **5**: 이 과정이 반복된다. M. J. Schnitzer, 2001, *Nature* **410**:878–881; P. D. Boyer, 1999, *Nature* **402**:247–249; and C. von Ballmoos, A. Wiedenmann, and P. Dimroth, 2009, *Annu. Rev. Biochem.* **78**:649–672 참조.

는 $(\alpha\beta)_3$ 형태의 hexamer (육량체)를 형성하며, 하나의 긴 γ subunit의 위에 놓여진다. F_1의 δ subunit는 F_1의 α subunit에 영구적으로 연결되어 있으며, F_0의 **b** subunit와도 결합하고 있다. 따라서 F_0의 **a**와 **b** subunit, 그리고 F_1 complex의 δ subunit와$(\alpha\beta)_3$ hexamer는 막에 고정된 견고한 구조를 형성한다. 막대 모양의 **b** subunit는 $(\alpha\beta)_3$ hexamer가 γ subunit에 놓여 있는 동안 움직임을 막는 "stator"의 역할을 하는데, 이들이 F_0의 **c**-subunit ring과 함께 회전하는 것이 아래에 기술된 ATP 합성 메커니즘에 결정적 역할을 한다.

ATP synthase가 막에 삽입되어 있으면, F_1 인자는 문손잡이 형태를 이루면서 세포질 쪽으로 튀어 나온다(미토콘드리아에서는 매트릭스 방향이다). F_0 인자가 없을 때 막으로부터 분리된 F_1은 ATP 가수분해(ATP를 ADP와 P_i로 전환시킴)를 시킬 수 있기 때문에 F_1은 *F_1 ATPase*라고 불렸는데, 세포에서의 F_1의 기능은 이와는 반대로 ATP를 합성하는 것이다. ATP 가수분해는 자발적인 과정이기 때문에($\Delta G < 0$), ATPase를 역방향으로 추진시켜서 ATP를 생성하는 데에는 에너지가 필요하다.

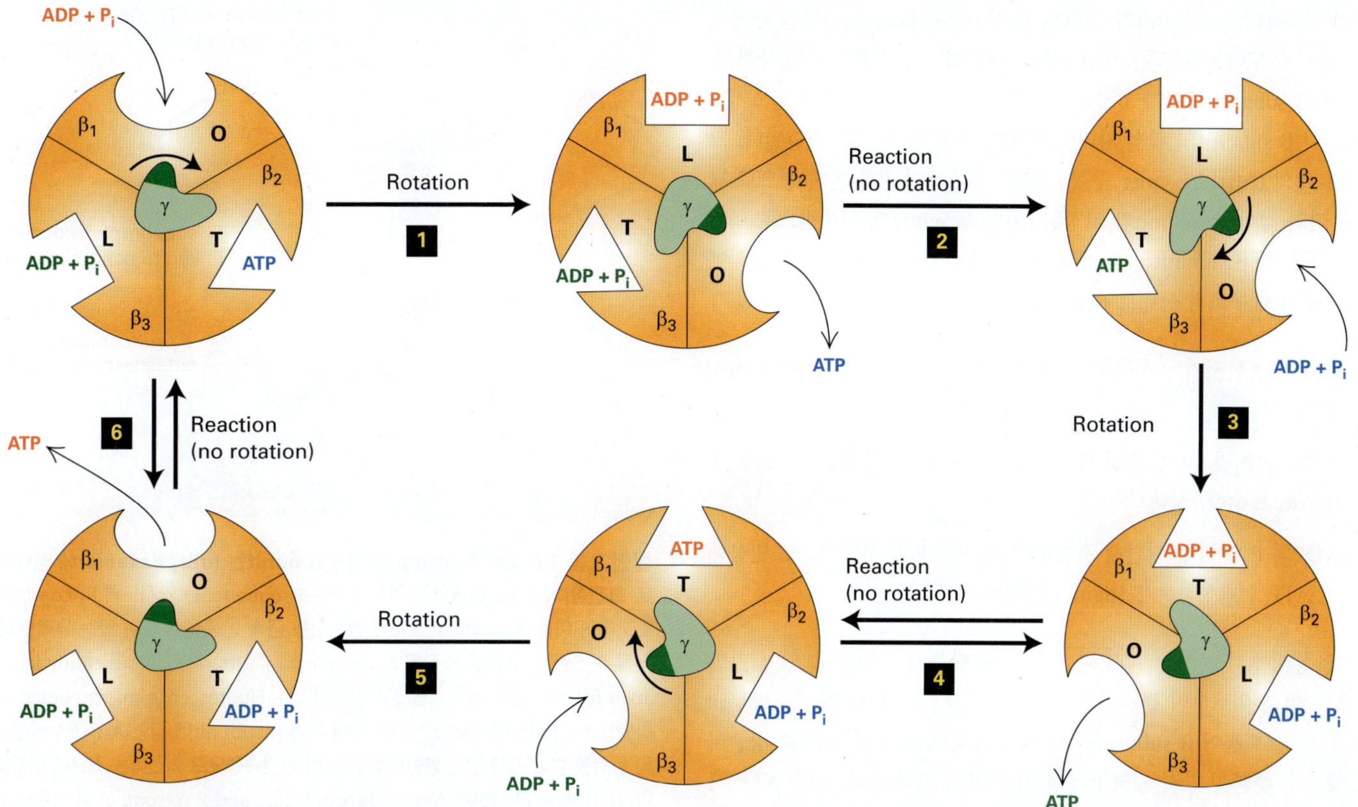

그림 12-28 ADP와 P_i로부터 ATP를 합성하는 binding-change 메커니즘. 이 그림은 membrane 표면으로부터 F_1을 올려다 본 것이다(그림 12-27 참조). γ subunit가 중심에서 120° 회전할 때마다 다른 부분에서는 동일한 각 F_1 β subunit가 ATP, ADP, 그리고 P_i에 대한 결합 친화도에서 차이를 보이는 다른 세 가지 구조적 상태(O, 결합 부위가 타원형으로 표시된 열린 상태; L, 결합 부위가 직사각형으로 표시된 느슨한 상태; T, 결합 부위가 삼각형으로 표시된 단단한 상태)를 순환한다. 쉽게 알아보기 위해서, ADP + P_i (그리고 그 산물인 ATP)의 세 가지 서로 다른 세트들을 빨간색, 파란색, 녹색으로 표시했다. 주기는 ADP와 P_i가 3 β subunit 중 핵산 결합 부위가 O (열린) 구조를 가지고 있는 하나의 β subunit (여기서는 임의로 β_1이라 표시됨)에 느슨하게 결합하면서 시작한다(*왼쪽 위*). 단백질의 F_0 부분을 통한 양성자의 유입은 γ subunit를 고정되어 있는 β subunit에 대하여 120° 회전시킨다(단계 **1**). 이것은 회전하는 비대칭적인 γ subunit를 β subunit에 대하여 차별적으로 밀어내서 구조적 변화를 유도한다. 그 결과, ADP와 P_i에 대한 β_1 subunit의 결합 친화력을 높이고(O → L), 이미 결합하고 있는 ADP와 P_i에 대한 β_3 subunit 결합 친화력을 높이며(L → T), 이미 결합하고 있는 ATP에 대한 β_2 subunit의 결합 친화력을 감소시켜서(T → O) 결합된 ATP가 방출되게 한다. 단계 **2**: 추가적인 회전 없이 T 부위에 있는(여기서는 β_3 subunit) ADP와 P_i가 ATP를 형성하는데, 이 반응은 활성 부위가 T 상태에서 특수한 환경에 처해 있기 때문에 추가적인 에너지의 투입을 필요로 하지 않는다. 이와 동시에 새로운 ADP와 P_i가 β_2에 있는 비어 있는 O 부위에 느슨하게 결합한다. 단계 **3**: 양성자의 유입이 γ subunit의 또 다른 120° 회전을 야기하고 결합 부위의 당연한 구조적 변화(L → T, O → L, T → O)가 일어나서 β_3로부터 ATP가 방출된다. 단계 **4**: 추가적인 회전 없이 β_1의 T 부위에 있는 ADP와 P_i가 ATP를 형성하고 추가적인 ADP와 P_i가 비어 있는 β_3의 O 부위에 결합한다. 이 과정은 회전(단계 **5**)과 ATP 형성(단계 **6**)을 주기가 끝날 때까지 지속함으로써, γ가 360° 회전할 때마다 세 분자의 ATP를 생성하여 놓는다. P. Boyer, 1989, *FASEB J.* **3**:2164–2178; Y. Zhou et al., 1997, *Proc. Natl. Acad. Sci. USA* **94**:10583–10587; and M. Yoshida, E. Muneyuki, and T. Hisabori, 2001, *Nat. Rev. Mol. Cell Biol.* **2**:669–677 참조.

Proton이 F_0를 통과하며, 추진하는 F_1 γ subunit의 회전이 ATP 합성에 동력을 공급한다

완전한 F_0F_1 complex의 공 모양의 F_1 부위에 있는 3개의 β subunit 각각은 ADP와 P_i와 결합하여 exoplasmic medium (미토콘드리아에서는 막사이 공간)으로부터 cytosolic medium (미토콘드리아에서는 매트릭스)으로 양성자의 유입이 수반될 때 endergonic ATP 합성을 촉매할 수 있다. 그러나 ATP가 합성되는 장소인 F_1의 β subunit의 nucleotide-binding site (핵산 결합 부위)가 미토콘드리아 막의 표면으로부터 9–10 nm 떨어져 있기 때문에 ATP 합성과 양성자의 이동 간의 짝지움은 단백질의 같은 부위에서 일어날 수 없다. F_0F_1 complex에 의한 ATP 합성에 대해 가장 널리 받아들여지고 있는 모델인 **binding-change 메커니즘**은 이러한 간접적인 mechanical coupling을 사실로 받아들이고 있다(그림 12-28).

이 메커니즘에 의하면, F_0를 관통하는 양성자의 "downhill" 이동에 의해 방출되는 에너지가 c-subunit ring 및 이것에 부착되어 있는 γ과 ε subunit를 함께 회전시키는 데 동력원을 직접적으로 제공한다(그림 12-27a 참조). γ subunit는 자동차 엔진의 캠축과 비슷한 비대칭성 회전축으로 작용하며, γ subunit가 고정된 F_1의 $(\alpha\beta)_3$ hexamer 중심 내에서 **c** ring이 주도하는 회전이 각 β subunit에 대해서 자신을 차례차례 밀어내어 β subunit 구조가 3개의 다른 상태로 주기적인 변화를 일으키게 하여, 각 β subunit의 활성 자리에서 ADP와 P_i가 ATP로 전환된다. 그림 12-28의 $(\alpha\beta)_3$ hexamer 구형 구조를 밑에서 올려다 본 형상으로 묘사된 바와 같이, γ subunit가 고정된 $(\alpha\beta)_3$ hexamer에 상대적으로 회전하는 것은 각 β subunit의 nucleotide-결합 부위를 다음과 같은 순서에 따라 세 가지 구조적 상태로 순환시킨다.

1. ATP가 결합되기는 힘들고 ADP와 P_i는 약하게 결합되는 O (open, 열린) 상태
2. ADP와 P_i가 더욱 강하게 결합되나 ATP는 결합할 수 없는 L (loose, 느슨한) 상태
3. ADP와 P_i가 아주 단단히 결합하여 ADP와 P_i가 자발적으로 반응해서 ATP를 형성하는 T (tight, 단단한) 상태

T 상태에서 생성된 ATP는 너무나 단단하게 결합하고 있어 자발적으로 이 부위로부터 분리되어 나오지 못한다—이 ATP는 γ subunit의 또 다른 회전이 β subunit를 O 상태로 되돌려 놓아 ATP를 방출하고 새로운 순환을 다시 시작할 때까지 이곳에 잡혀 있게 된다. ATP 혹은 ADP는 3개의 α subunit의 조절 자리 또는 알로스테릭 자리에도 결합할 수 있으며, 이 결합은 매트릭스 내의 ATP와 ADP의 수위에 따라 ATP 합성의 속도를 변화시키지만, ADP와 P_i로부터 ATP를 합성하는 것에 직접적으로 관여하지는 않는다.

여러 유형의 증거가 binding-change 매커니즘을 뒷받침해 주고 있다. 첫 번째로, 생화학적 연구로부터 분리된 F_1 입자의 3개 β subunit 중 하나가 ADP와 P_i와 단단히 결합한 뒤 ATP를 형성하고, 이 ATP는 단단하게 결합된 상태로 남아 있음을 보여 주었다. 이 반응에서 측정된 ΔG는 거의 0에 가까운데, 이것은 ADP와 P_i가 일단 β subunit의 T 상태에 결합되면 자발적으로 ATP를 형성한다는 것을 나타낸다. 중요한 것은 결합되어 있는 ATP가 분리된 F_1 입자의 subunit로부터 매우 느리게 분리된다는 것이다. 이 발견은 ATP의 분리는 β subunit의 구조적 변화에 의해 동력을 받아야 한다는 것을 암시하는데, 이것이 바로 양성자 이동에 의해 야기되는 것이다.

$(\alpha\beta)_3$ hexamer의 x-ray crystallographic analysis (x-선 결정구조 분석)는 놀랄만한 결론을 도출하였다. 비록 3개의 β subunit가 서열과 전반적 구조에서 동일하지만, 각 subunit의 ADP/ATP 결합 부위는 각 subunit마다 다른 구조를 갖는다는 것이다. 가장 논리적인 결론은 3개의 β subunit가 3개의 구조 상태(O, L, T)를 에너지 의존적으로 순환하는데, 각 상태의 nucleotide-binding 자리가 상당히 다르다는 것이다.

또 다른 연구에서는 온전한 F_0F_1 complex에 chemical cross-linking agent (교차결합 화학물질)를 처리하여 γ subunit와 ε subunit 및 **c** subunit ring을 공유결합시켜 보았다. 이 같이 처리된 complex가 ATP를 합성하거나 ATP를 동력으로 사용하여 양성자를 pumping할 수 있다는 것은 교차 결합된 단백질들이 일반적으로 함께 회전한다는 것을 나타낸다.

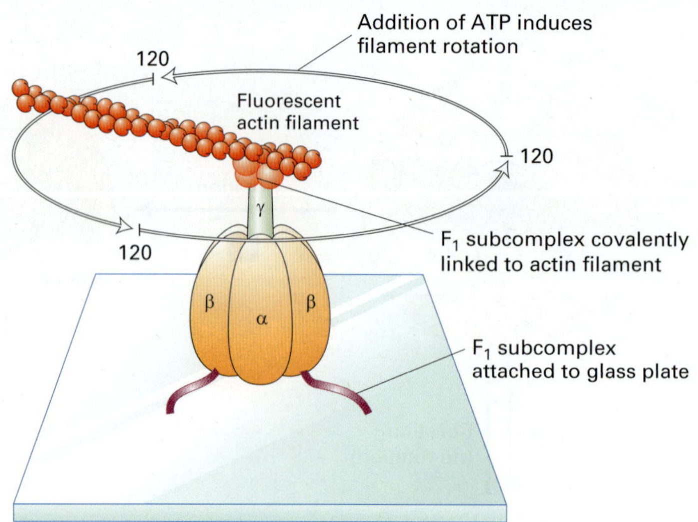

실험그림 12-29 F_1 complex의 γ subunit는 $(\alpha\beta)_3$ hexamer에 상대적으로 회전한다. β subunit에 추가적인 His-6 sequence를 가지도록 F_1 complex를 조작하여 이들이 polyhistidine에 결합하는 금속 반응물로 덮여 있는 유리판에 부착될 수 있도록 하였다. 조작된 F_1 complex의 γ subunit는 fluorescently labeled actin filament들에 공유결합으로 연결되었다. Fluorescence microscope로 관찰하였을 때, actin filament는 ATP 존재 하에 β subunit에 의한 ATP 가수분해로부터 동력을 받아 시계 반대 방향으로 120°씩 불연속적으로 회전하는 것으로 관찰되었다. H. Noji et al., 1997, *Nature* **386**:299–302; and R. Yasuda et al., 1998, *Cell* **93**:1117–1124 참조.

마지막으로, binding-change 메커니즘에서 제안된 것과 같이 γ subunit가 고정된 $(\alpha\beta)_3$ hexamer에 상대적으로 회전하는 것은 그림 12-29에 묘사된 것과 같은 영리한 실험을 통해 직접적으로 관찰되었다. 형광 표식된 actin filament를 F_1의 γ subunit에 붙인다; F_1-mediated ATP 가수분해가 필라멘트를 프로펠러 같이 120° 간격으로 회전하게 한다. 이 실험을 약간 변형시켜 actin 필라멘트 대신에 아주 작은 금 입자를 γ subunit에 붙여서, 회전이 초당 134번의 속도로 일어난다는 것을 관찰하였다. ATP 가수분해는 같은 효소에 의해서 촉매되는 반응의 역반응인 것을 상기한다면, 3개 분자의 ATP 가수분해는 한 회전의 동력이라고 생각된다. 이 결과는 실험적으로 결정된 F_0F_1 complex에 의한 ATP 가수분해 속도인 초당 약 400개의 ATP 가수분해에 가깝다. 이와 연관된 실험에서 ε subunit과 **c** subunit ring에 연결된 γ subunit가 고정된 $(\alpha\beta)_3$ hexamer에 상대적으로 회전하는 것이 관찰되었다. 이로 인해 ADP와 P_i의 결합을 필요로 하는 β subunit의 구조적 변화를 추진하고, 이후 ATP를 합성하여 방출한다는 것을 확립하였다.

하나의 ATP를 합성하기 위해 다수의 Proton이 ATP Synthase를 통과하여야 한다

간단한 계산으로부터 ADP와 P_i로부터 ATP 한 분자를 합성하는 데 하

나 이상의 양성자 이동이 필요하다는 것을 알 수 있다. 비록 standard condition (표준 조건)하에서의 이 reaction에 대한 ΔG가 +7.3 kcal/mol이지만, 미토콘드리아 내의 반응물 농도 하에서 ΔG는 아마 더 높을 것이다(+10에서 +12 kcal/mol). 우리는 1 mol의 양성자가 220 mV (0.22 V)의 전기화학적 구배에서 이동하면서 방출하는 free energy의 양을 n = 1 그리고 ΔE는 volt로 측정함으로써 Nernst equation으로부터 계산할 수 있다.

$$\begin{aligned}\Delta G(\text{cal/mol}) &= -nF\Delta E = -(23{,}062 \text{ cal} \cdot V^{-1} \cdot \text{mol}^{-1})\Delta E \\ &= (23{,}062 \text{ cal} \cdot V^{-1} \cdot \text{mol}^{-1})(0.22 \text{ V}) \\ &= 5074 \text{ cal/mol, or } -5.1 \text{ kcal/mol}\end{aligned}$$

양성자 1 mol이 농도가 높은 데서 낮은 곳으로 이동하면서 단지 5 kcal를 약간 상회하는 free energy를 방출하기 때문에 최소한 2개의 양성자 이동이 ADP와 P_i로부터 ATP 한 분자를 합성하는 데 필요하다.

프로톤이 막을 관통하는 채널을 통해 흐르는 것에 의해 F_0 c Ring의 회전이 추진된다

각각의 **c** subunit는 2개의 막을 관통하는 α helix를 가지고 있으며, 이들은 머리핀과 같은 모양을 형성한다(그림 12-30a, 오른쪽). 각 서브유닛에 있는 이 두 helix 중 하나의 중심에 있는 aspartate residue인 Asp-61 (*E. coli* ATPase에서의 번호)이 프로톤이 막을 통해 이동할 때 결합했다 방출하면서 프로톤 이동에 핵심적인 역할을 한다고 생각된다. 이 aspartate를 독극물인 dicyclohexylcarbodiimide로 화학적 변형을 시키거나 또는 이를 alanine으로 돌연변이시키면 특이적으로 F_0를 통한 프로톤의 이동이 억제된다. 현재 모델 중 하나에 의하면, 프로톤은 약간 엇갈린 2개의 프로톤 half-channel I과 II를 통해 막을 통과한다(그림 12-27a와 12-27b 참조). 이들이 *half-channel*이라 불리는 이유는 이들 각각이 막을 반만 관통하기 때문이다. 채널의 막 내부 말단은 막의 중심부에 있는 Asp-61 부근에 위치한다. Half-channel I은 exoplasmic 표면 쪽으로만 열려 있고, half-channel II는 세포질 표면 쪽으로만 열려 있다. 회전하기 전에 half-channel I과 접촉하고 있는 **c** subunit의 Asp-61을 제외하고는 c subunit의 각 Asp-61의 carboxylate side chain은 프로톤과 결합하고 있다. 프로톤이 결합하고 있지 않은 carboxyl 그룹("비어 있는" 프로톤 결합 부위; 그림 12-27b, 아래 참조)의 negative charge는 **a** subunit에 있는 Arg-210의 양전하를 띠는 side chain과 상호작용하여 중성화된다. 막을 관통하는 프로톤 수송은 exoplasmic 용액의 프로톤이 half-channel I을 통해 위로 올라가면서 시작 된다(그림 12-27b, 단계 **1**). 비어 있는 프로톤 결합 부위로 프로톤이 이동하면서 이것이 Arg-201의 side chain을 대체하고, 이 side chain은 half-channel II와 접촉하고 있는 인근 **c** subunit의 이미 차 있는 프로톤 결합 부위 쪽으로 회전한다(단계 **2**). 결과적으로, Arg-210의 양전하를 띠는 side chain은 인근 **c** subunit의 Arg-210에 결합되어 있는 프로톤을 대체한다. 이렇게 대체되어 떨어진 프로톤은 이제 구속받지 않고 half-channel II를 통과하여 세포질 용액으로 빠져나간다(단계 **3**). 그러므로 half-channel I을 통해 들어온 하나의 프로톤이 **c** ring에 결합할 때 또 다른 프로톤은 half-channel II를 통해 막의 반대쪽으로 방출된다. 다음에 thermal/Brownian motion에 의한 전체 **c** ring의 회전(단계 **4**)을 통해 새롭게 프로톤이 결합되어 있지 않은 **c** subunit이 half-channel I 위로 배열되게 이동하고, 인근의 프로톤이 결합되어 있는 **c** subunit이 회전하여 half-channel II 아래에 위치하게 된다. 이제 추가적인 프로톤이 exoplasm 용액으로부터 세포질 용액으로 전기화학적 구배를 순행하여 이동하면서 전체 cycle이 반복된다(단계 **5**). 각각의 부분 회전 동안(360°를 ring의 **c** subunit 숫자로 나눈 값), **c** ring의 회전은 한 방향으로만 움직이게 되어 있어 ring의 순수 이동은 한 방향으로 일어난다. 프로톤을 막을 관통하도록 추진시키는 그리하여 **c** ring을 회전시키는 에너지는 막을 가로질러 형성되어 있는 전위와 pH 구배로부터 온다. 만일 실제로 실험적으로 가능한 프로톤 기울기와 양성자 구동력의 방향을 반대로 해서 프로톤이 반대 방향으로 이동하게 되면 **c** ring의 회전이 반대 방향으로 일어난다.

F_1의 γ subunit는 F_0의 c 고리에 단단히 결합되어 있기 때문에 프로톤 이동과 관련된 **c** ring의 회전은 γ subunit의 회전을 야기한다. Binding-change 메커니즘에 의하면, γ의 120° 회전은 1개의 ATP 합성을 추진한다(그림 12-28 참조). 그러므로 **c** ring의 완전한 360° 회전은 3개의 ATP를 생성한다. F_0의 구성이 $\mathbf{a}_1\mathbf{b}_2\mathbf{c}_{10}$인 *E. coli*에서 10개의 프로톤 이동은 한 번의 완전한 회전을 일으키고, 그로 인해 3개의 ATP가 합성된다. 이 값은 ATP 합성 동안의 프로톤 흐름에 대한 실험적 데이터와 일치하며, 그림 12-27에 묘사된 프로톤 이동을 **c** ring 회전에 coupling시킨 모델에 대한 간접적인 증거를 제공한다. 엽록체의 F_0는 ring 하나당 14개의 **c** subunit을 가지고 있으며, 14개의 프로톤 이동이 3개의 ATP의 합성에 필요할 것이다. 이것을 제외하고는 거의 비슷한 이 닮은꼴의 F_0F_1 complex들이 왜 서로 다른 H^+:ATP 비율을 가지고 진화하였을까 하는 것에 대한 답은 아직 확실하지 않다.

High-resolution electron microscopic tomography (고해상도 전자현미경 단층 촬영; 그림 12-30)는 **c** ring/**a** subunit 단면의 구조와 F_0F_1 구조와 기능에 대한 다른 면에 대한 추가적 통찰을 제공한다. 실험들은 F_0F_1를 detergent에 녹이거나, 인공 지질막에 조립해 넣거나, 분리한 미토콘드리아 막에 있는 채로 진행하게 된다. 그림 12-30a와 b는 **c** ring을 함께 형성하는 각 **c** subunit (녹색)의 2개의 막-통과 α helice들의 두 가지 모습을 보여준다. **a** subunit (주황색)의 한 부분에는 4개 α helice들로 이루어진 한 다발이 미토콘드리아 내막과 거의 나란히 파묻혀 있고, **c** ring과 interface를 형성한다. 그림 12-27에서 보이는 바와 같이, 그 다발은 **a** subunit의 Arg 210의 side chain을 **c** ring 바로 옆에 위치하도록 하여, Asp 61로부터 프로톤을 떼어내게 한다. **c** ring/**a** subunit interface는 또한 2개의 프로톤 half-channel들을 형성하고, 프로톤들은 이를 통하여 막사이 공간(빨간색 화살표)으로부터 흘러나와, **c** ring (그림 12-30b의 검정 화살표)을 돌아, 매트릭스(빨간색 화살표)로 빠져나간다. 각각의 F_0F_1 complex는 막을 약 43°로 구부린다(그림 12-30c). Monomer들은 dimer (이량체)를 형성하여 높은 막 curvature (곡률, ~86°)를 이루게 되고 그 다음 긴 줄로 늘어섬으로써, 평평하고

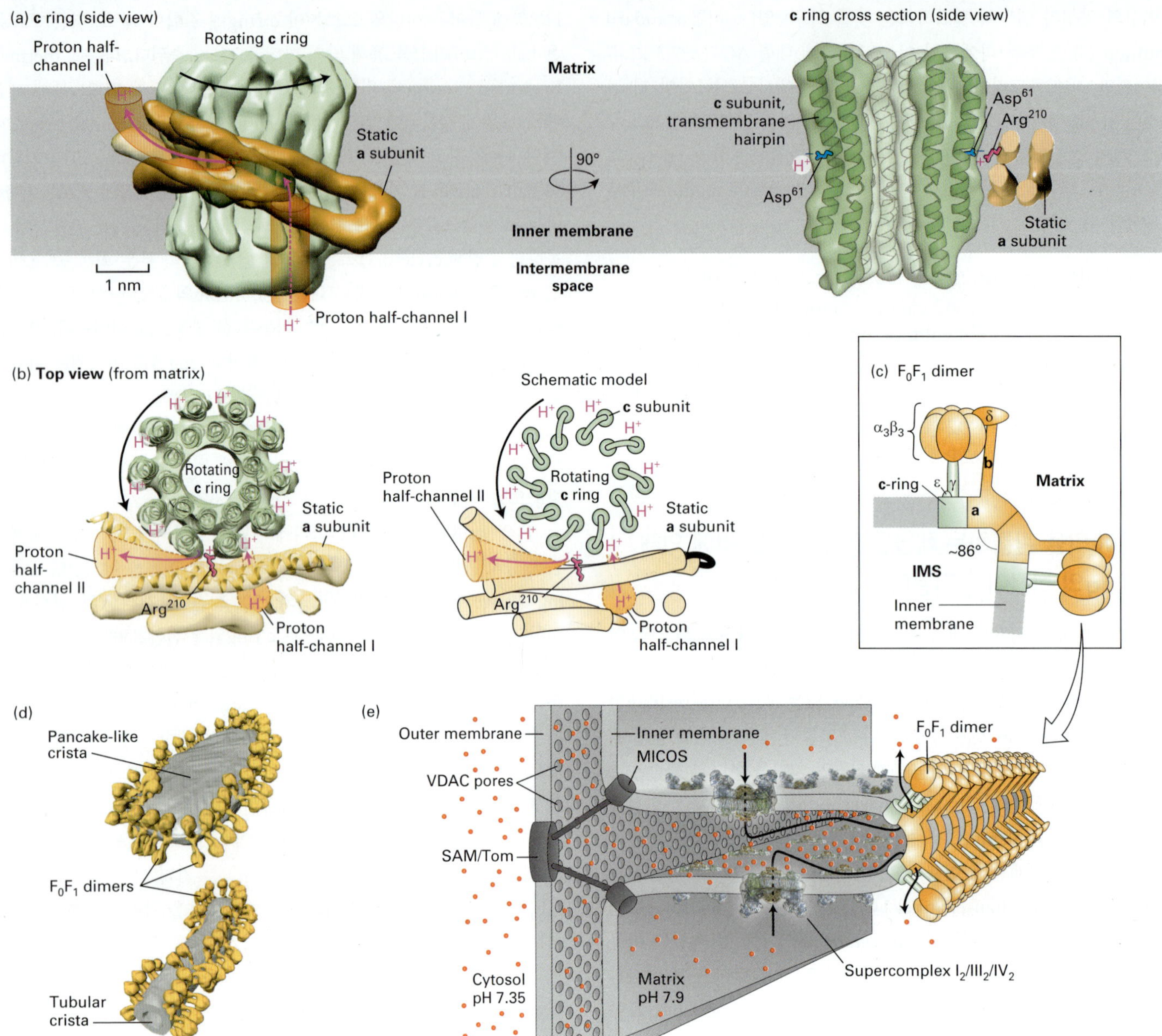

실험그림 12-30 High-resolution electron microscopy에 기반하여 밝혀진 ATP synthase가 양성자 translocation을 일으키고 cristae 막을 구부리는 메커니즘. (a)와 (b) 조류의 일종인 *Polytomella* sp.에서 분리된 세제에 녹은 미토콘드리아 ATP synthase에서, **c** ring (녹색)과 **a** subunit (주황색) 사이를 (a)에서는 미토콘드리아 내막 면 안에서(옆에서 봄), (b)에서는 90° 회전 후(위에서 봄)의 모습을 보여준다. (a) **c** ring의 절단면(오른쪽)은 각 **c** subunit이 transmembrane helical hairpin, 즉, 2개의 맞닿은 transmembrane α helix가 매트릭스 쪽에서 짧은 nonhelical linker로 연결되어 있다. 막 중간의 **c** subunit의 Asp61의 negative side chain은 translocating 양성자의 결합 자리로서의 역할을 하고 **a** subunit의 Arg210과 상호작용한다. (c) 소 심장의 미토콘드리아 ATP synthase dimer model은 인공막 안에 있는 ATP synthase 결정으로부터 얻어진 cryo-electron tomography와 electron crystallographic image이다. 각 F_0F_1 monomer는 막을 막사이 공간(IMS)쪽으로 약 43° 정도로 구부려서, 결국 dimer는 약 86°를 구부리게 된다. 회전하는 **c** ring, 그리고 γ와 ε subunit는 녹색으로, 그리고 나머지 움직이지 않는 부분은 주황색으로 채색되었다. (d) *Saccharomyces cerevisiae* (효모) 미토콘드리아에서 정제한 열린 막의 cryoelectron tomographic image. ATP synthase complex (노란색)의 표면과 막(회색)은 효소가 (c)에서와 같이 dimer를 형성하고 줄지어 정렬하면서 막을 튜브와 팬케이크와 같은 특유의 크리스테를 형성한다. (e) Crista의 굽어진 모서리에 놓인 ATP synthase dimer (주황색과 녹색)로 이루어진 줄이 내막(electron transport supercomplex (I_2 /III_2 /IV_2)와 crista junction complex MICOS, 회색)과 외막(SAM and Tom complexes, 회색: MICOS를 외막과 연결함)의 다른 구성 요소들에 대한 topological 관계를 설명하는 모식도. 매트릭스로부터 전자전달계를 통해 내막 공간으로, 그리고 다시 ATP synthase를 통해 매트릭스로 돌아가는 순환하는 양성자(빨간색 원)를 검은색 화살표가 가리키고 있다. 단백질과 이중막의 상대적 크기는 서로 비례하지 않는다. [Parts (a) and (b) Reprinted with permission of Nature Publishing Group, from Allegretti, M., et al., "Horizontal membrane-intrinsic α-helices in the stator a-subunit of an F-type ATP synthase," *Nature*, 2015, **521**, pp. 237–240, 2015; permission conveyed through Copyright Clearance Center, Inc.; Part (c) From *Proc Natl Acad Sci USA* 2012. **109**(34):13602–13607, Fig. 4C and D. *Structure of the yeast F1Fo-ATP synthase dimer and its role in shaping the mitochondrial cristae* by Davies et al. Part (e) Data from W. Kuhlbrandt, 2015, *BMC Biol.* **13**:89.]

튜브 같은 모양의 크리스테의 모서리와 끝을 형성하는 데 기여하게 된다(그림 12-30d와 e, 그림 12-6a 참조).

미토콘드리아의 내막을 가로질러 일어나는 ATP-ADP Exchange와 Phosphate Transport는 ATP 합성을 위한 ADP와 Phosphate를 공급하는 데 필요하다

성인은 약 50 g의 ATP를 항상 유지하고 있는 것으로 추산되지만, 매일 65 kg의 ATP를 가수분해해야만 한다. 따라서 성인의 미토콘드리아는 하루에 65 kg에 해당하는 ATP를 ADP와 P_i로부터 생성하고, 이들을 매트릭스로부터 밖으로 이동시켜 세포내 다른 곳에서 사용하도록 해야 한다(그림 12-11과 12-26). 많은 양의 ADP와 P_i는 매트릭스 안으로 이동하여 ATP 합성을 지속해야 한다. 이러한 이동은 내막에 있는 두 가지 단백질에 의하여 일어난다(그림 12-31): 한 분자의 HPO_4^{2-}를 유입하는 것을 하나의 프로톤을 유입하거나 한 분자의 OH^-를 방출시키는 것과 연결하는(OH^-를 방출은 그림에서 보이는데, phosphate/hydroxyl exchange로 간주) *phosphate transporter* (HPO_4^{2-}/OH^- antiporter), 그리고 *ATP/ADP exchanger*가 또 다른 하나이다(그림 12-31 참조). 30,000-Da ATP/ADP exchanger는 내막 단백질의 10–15%를 차지하기 때문에 아주 풍부한 미토콘드리아 단백질 중 하나이다. 이들 수송체들은 미토콘드리아 내막 수송체들인 SLC25 family의 멤버들이다. SLC25 수송체들은 각각 6개의 transmembrane α-helice들을 갖고 있고, 자신들의 substrate를 미토콘드리아 내막을 가로질러 옮기기 위하여 alternating access 메커니즘을 이용한다(그림 11-6 참조). P_i와 ATP/ADP 수송체들은 함께 작용하여 ADP^{3-} 한 분자와 P_i^{2-} 한 분자를 유입하면서 OH^- 한 분자와 ATP^{4-} 한 분자를 함께 방출한다. 밖으로 방출되는 각 OH^-는 전자 전달 과정 중에 막사이 공간으로 방출된 프로톤 한 분자와 결합하여 H_2O를 형성한다. 이는 전체 반응이 ATP가 유출되고, ADP와 P_i가 유입되는 방향으로 일어나게 한다. 성인은 하루에 각각의 ATP 분자를 내막을 가로질러 1,300번 재활용한다.

전자 전달 과정 동안에 미토콘드리아 밖으로 방출된 프로톤의 일부가 ATP-ADP 교환에 동력을 제공하는 데 쓰였기 때문에(방출된 OH^-와 결합함으로써) ATP 합성에는 방출된 프로톤보다 적은 수의 프로톤만이 가용하게 된다. 추정하기로는 4분자의 프로톤이 방출될 때마다 3분자는 ATP 한 분자를 합성하는 데 사용되고, 1분자는 미토콘드리아로부터 ATP 한 분자를 방출하면서 ADP와 P_i를 유입하는 교환에 동력을 제공하는 데 쓰인다. Proton concentration gradient (양성자 농도 구배)의 에너지를 ADP 및 P_i와 교환하여 미토콘드리아로부터 ATP를 방출하는데, 이렇게 사용하는 것은 세포질에 ATP가 ADP에 비해 높은 비율로 유지될 수 있도록 함으로써, 세포질에서 에너지를 필요로 하는 많은 반응을 추진하는 데 ATP의 고에너지 phosphoanhydride 결합이 쓰일 수 있도록 만들어 준다.

ATP/ADP exchanger 활성에 관한 것으로 밝혀진 연구는 약 2000년 전에 처음으로 기록되었는데, Dioscorides (디오스코리데스; ~AD 40–90)가 Mediterranean (지중해) 지방에서 흔히 발견되는 thistle (엉겅퀴) *Atractylis gummifera*로부터 독성 약초를 기재하면서부터이다. 같은 약물이 Zulu (줄루)족의 전통적 다목적 약초 처방 *impila* (*Callilepis laureola*)에서도 발견된다. 줄루족에게 비록 이것이 수많은 독성과 연관되어 있더라도 *impila*는 "건강"을 의미한다. ATP/ADP 수송체를 억제하는 이 약초의 활성제제인 atracryloside가 미토콘드리아의 외부에 있는 ADP의 산화적 인산화는 억제하지만, 미토콘드리아 매트릭스에 있는 ADP의 산화적 인산화는 억제하지 않는 것으로 밝혀졌다. Atracryloside은 ATP/ADP 수송체의 중요성을 잘 보여주었으며, 이 수송체가 작용하는 메커니즘을 연구하는 데 강력한 도구를 제공하였다.

디오스코리데스는 Tarsus (타르수스) 부근에서 살았는데, 이곳은 로마제국 당시에 소아시아(southeastern Asia Minor)의 동남쪽에 있는 지역으로 지금의 Turkey (터키)에 해당한다. 그가 저술한 5권의 *De Materia Medica* (*The Materials of Medicine*) "약물의 준비와, 성질과, 시험"은 약 1,000가지 천연물의 약효를 기술하고 있다. 이것은 북유럽에서부터 인도양에 이르기까지 약 1600년 동안 의학의 기본 참고 서적이었으며, 이는 현재 약물을 사용하는 데 지침서로 쓰고 있는 *Physicians' Desk Reference*에 견줄만하다. ■

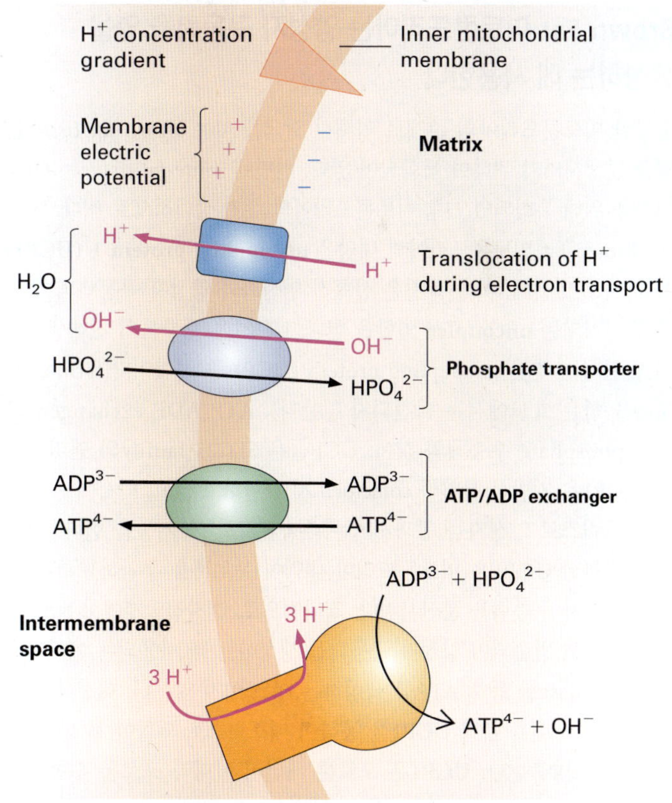

그림 12-31 미토콘드리아 내막에서의 phosphate와 ATP/ADP 수송 시스템. 두 종류의 antiporter (보라색과 녹색 타원들)가 조화롭게 작용하여 ATP^{4-}와 hydroxyl 각각 하나와 교환하여 ADP^{3-}와 HPO_4^{2-} 하나씩을 받아들이는데, 이 과정은 전자 전달 동안 하나의 양성자가 밖으로 수송되면서 발생하는 동력을 이용한다(전자전달계의 단백질에 의해서 매개된다. 파란색 직사각형). 외막은 5000 Da보다 작은 분자가 쉽게 투과할 수 있기 때문에 여기에서는 표시하지 않았다.

미토콘드리아의 산화 속도는 일반적으로 ADP 양에 따라 결정된다

온전하게 분리된 미토콘드리아에 ADP를 제외한 NADH (또는 succinate와 같은 $FADH_2$의 원료), O_2, 그리고 P_i가 주어지면 NADH의 산화와 O_2의 환원은 빠르게 중단되는데, 이는 내부에 존재하던 ADP가 ATP를 형성함에 따라서 고갈되기 때문이다. 만일 이때 ADP가 첨가되면 NADH의 산화는 빠르게 회복된다. 그러므로 미토콘드리아는 ATP를 합성하기 위한 ADP와 P_i가 있을 때에만 $FADH_2$와 NADH를 산화할 수 있다. Respiratory control (호흡 조절)이라 불리는 이 현상은 NADH, succinate ($FADH_2$)의 산화가 미토콘드리아의 내막을 가로지르는 프로톤의 수송과 의무적으로 연결되어 있기 때문에 일어난다. 결과적으로, 형성된 양성자 구동력이 ADP와 P_i로부터 ATP를 합성하는 도중(또는 다른 에너지를 필요로 하는 과정 도중에) 사라지지 않는다면 막을 경계로 형성되는 proton concentration gradient (양성자 농도 구배)와 막 electric potential은 매우 높은 수준으로 증가할 것이다. 이때 내막을 가로질러 추가적인 프로톤을 pumping하는 것은 너무나 많은 에너지를 필요로 하게 돼서 결국에는 프로톤의 pumping이 중지되고, 이에 따라 NADH와 다른 기질들의 연결된 산화는 억제된다.

Brown-Fat 미토콘드리아는 양성자 구동력을 열을 생성하는 데 사용한다

풍부한 미토콘드리아의 존재로 인해서 갈색을 띠는 *brown-fat tissue*는 열을 발생시키기 위하여 특화되어 있다. 반면에 *white-fat tissue*는 fat의 저장을 위해 특화되었으며, 미토콘드리아의 수가 상대적으로 적다.

Brown-fat 미토콘드리아의 내막은 **uncoupling protein 1 (UCP1)**을 가지고 있는데, 이 단백질은 산화적 인산화와 양성자 구동력의 생성을 분리시키는 **uncoupler** 역할을 한다. UCP1은 대부분의 진핵생물에서 발견되는 몇몇 uncoupling protein (UCP) 중 하나이다(fermentation을 하는 효모에서는 발견되지 않는다). ATP/ADP exchanger, 그리고 phosphate 수송체와 같이, UCP들은 SLC25 family의 멤버들이다. UCP1은 지방산 분자를 cofactor로서 결합하고 있고, 막사이 공간에서 매트릭스로 양성자를 통과시키는 수송체로서 그 기능을 한다. 지방산과 결합한 UCP1은 미토콘드리아 내막이 프로톤을 투과하도록 함으로써 양성자 구동력을 분산시킨다. 결과적으로, 전자전달계에서 NADH 산화에 의해 방출되어 양성자 구동력을 생성하는 데 사용되는 에너지가 ATP synthase를 통해 ATP를 생성하는 데 쓰이지 않는다. 대신에 프로톤이 농도 구배를 따라 UCP1을 통하여 매트릭스로 되돌아 올 때 에너지는 열로 방출된다. UCP1은 프로톤 채널이 아니라 프로톤 수송체이며, 프로톤을 막을 가로질러 이동시키는 속도는 전형적인 이온 channel보다 백만 배나 느리다(그림 11-3 참조). 특정 작은 입자 독성물질들도 미토콘드리아의 내막을 프로톤이 투과할 수 있도록 만들어 uncoupler로 작용한다. 하나의 예로, 프로톤과 가역적으로 결합하거나 떨어질 수 있고, 프로톤을 막사이 공간에서 매트릭스로 내막을 가로질러 shuttle시킬 수 있는 지용성 화학약품인 2,4-dinitrophenol (DNP)이 있다. 놀랍게도, 지방산이 ATP/ADP exchanger에 붙게 되면, 이 수송체도 UCP1처럼 프로톤을 매트릭스로부터 막사이 공간으로 옮길 수 있고, 양성자 구동력을 만들어내는 산화적 인산화와 ATP 합성을 uncouple한다.

Brown-fat 미토콘드리아에 있는 UCP1의 양은 환경적 조건에 의해 조절된다. 예를 들면, 쥐가 추위에 적응하는 동안 이들의 조직이 열을 발생시키는 능력은 UCP1 합성을 유도함으로써 증가한다. 추위에 적응된 동물에서 UCP1은 아마도 미토콘드리아의 내막에 존재하는 전체 단백질의 15% 이상을 차지할 것이다.

신생아의 경우, brown-fat 미토콘드리아에 의한 UCP1 발현이 생존에 필수적이며, 이는 hibernating mammal (동면하는 포유류)의 경우도 마찬가지다. 성인은 대개 소량의 brown fat을 목과 쇄골, 그리고 또 다른 부위에 갖고 있다. 추위에 노출되면, 이들의 양이 상당히 증가한다. 물개와 자연적으로 추위에 적응한 다른 동물의 경우 muscle-세포 미토콘드리아가 UCP1을 가지고 있으며, 결과적으로 양성자 구동력의 상당량이 열을 만드는 데 사용되어 체온을 유지시킨다. Thermogenic fat 세포에 대한 developmental origin과 biochemical properties에 대한 자세한 분석은 적어도 두 가지 subtype의 세포가 존재한다는 것을 밝혀냈다: 골격근 세포로도 분화하는 precursor 세포(전구 세포)로부터 발생한 전통적인 brown-fat 세포와 이들과는 다른 성질(유전자 발현 양상과 호르몬 신호에 반응하는 면에서)을 갖는 *beige-fat* 세포이다. Beige-fat 세포는 white-fat 세포 혹은 그 progenitor들로부터 형성된다. 따라서 brown, white 그리고 beige의 세 가지 type의 fat이 있다. Beige-fat 세포의 성격과 그들의 normal metabolism과 질병에 대한 영향이 좀 더 밝혀지면 관련한 metabolic disorder들을 예방하고 치료하는 새로운 시도를 할 수 있을 것이다.

12.7절의 주요 개념

Proton-Motive Force (양성자 구동력)로 ATP 합성하기

- Peter Mitchell이 미토콘드리아 내막을 가로질러 형성되는 양성자 구동력이 ATP 합성에 직접적인 에너지원이라는 chemiosmotic hypothesis를 제안하였다.
- 박테리아, 미토콘드리아, 엽록체 모두 ATP 생성에 같은 chemiosmotic 메커니즘과 서로 유사한 ATP synthase를 사용한다(그림 12-26 참조).
- ATP synthase (F_0F_1 *complex*)는 프로톤이 미토콘드리아 내막(박테리아의 경우 세포막)을 관통하여 electrochemical proton gradient (프로톤 기울기)를 따라 이동할 때 ATP 합성을 촉매한다.
- F_0는 8–14개의 **c** subunit로 구성된 ring을 가지며, 이는 막대 모양을 하는 F_1의 γ subunit과 ε subunit에 단단히 연결되어 있다. 이들은 ATP 합성을 할 때 함께 회전한다. γ subunit 위에는 미토콘드리아의 매트릭스 (박테리아의 경우 세포질) 방향으로 튀어나온 F_1의 hexam-

eric knob인 [$(\alpha\beta)_3$]이 얹어져 있다. 3개의 β subunit가 ATP가 합성되는 장소이다(그림 12-27와 12-30a와 b 참조).

- 회전하지 않는 $(\alpha\beta)_3$ hexamer의 중심에 삽입되어 camshaft (캠축, 자동차 엔진의 흡배기구를 여닫는 축)처럼 작용하는 F_1 γ subunit의 회전은 3개의 F_1 β subunit의 nucleotide-결합 부위에 구조적 변화를 일으킨다(그림 12-28 참조). 이러한 binding-change 매커니즘에 의하면, β subunit는 ADP 및 P_i와 결합하고, 그들을 응축하여 ATP를 형성한 후 ATP를 방출한다. 세 분자의 ATP가 c ring, ε, γ subunit로 구성된 집합체가 한 바퀴 돌 때마다 형성된다.

- F_0 **a** subunit과 **c** ring의 경계면에 위치한 2개의 half-channel을 통해 막을 가로질러 이동하는 프로톤이 **c** ring과 그것에 부착된 F_1의 ε subunit와 γ subunit의 회전에 동력을 제공한다.

- F_0F_1 complex는 미토콘드리아 내막을 구부려서, 고도의 곡률을 갖는 튜브와 판상 모양의 크리스테를 만드는 데 기여한다(그림 12-30c, d, e 참조).

- 양성자 구동력은 미토콘드리아의 ATP 및 OH^-와 치환하여 세포질로부터 ADP와 P_i를 유입하는 데 동력으로 사용되기도 하는데, 이로 인해 ATP 합성에 가용한 에너지의 일부가 줄어든다. 이러한 치환에 관여하는 ATP/ADP antiporter는 미토콘드리아의 내막에 가장 풍부하게 존재하는 단백질 중의 하나이다(그림 12-31 참조).

- 미토콘드리아에서의 지속적인 NADH 산화와 O_2의 환원은 매트릭스에 충분한 ADP가 존재하는가에 의존한다. *Respiratory control*이라 불리는 이러한 현상은 미토콘드리아에서의 산화와 ATP 합성의 균형을 위해 중요한 메커니즘이다.

- Brown fat의 미토콘드리아 내막은 uncoupler 단백질인 UCP1을 가지고 있는데, 이는 양성자 구동력을 열로 분산시키는 프로톤 수송체이다. 특정 화학물질(예를 들면, DNP)도 uncoupler로 작용하여 전자 전달로부터 산화적 인산화를 uncoupling시키는 같은 효과를 나타낸다. Brown-fat과 beige-fat의 두 가지 분명한 termogenic fat 세포가 존재한다.

12.8 Chloroplast (엽록체)와 Photosynthesis (광합성)

이제 ATP 합성의 두 번째 주된 과정인 광합성으로 우리의 관심을 전환시켜 보자. 식물에서의 광합성은 주로 leaf 세포에서 발견되는 큰 세포소기관인 엽록체(엽록체)에서 일어난다. 엽록체는 광합성 도중 햇빛 에너지를 포획하여 이를 화학에너지인 ATP와 NADPH의 형태로 전환시키고, 이를 이용하여 carbon dioxide와 물로부터 복잡한 탄수화물을 만들어 낸다. 지구에서 광합성은 매년 104.9×10^{15} g의 탄소를 CO_2로부터 organic 분자로 전환하는 것으로 추산된다. 식물에서의 광합성도 eukaryotic single-celled algae (진핵생물인 단세포 조류)와 여러 photosynthetic bacteria (광합성 박테리아; 예, cyano-bacteria와 prochlorophytes)와 같이 물로부터 산소를 생산한다. 생성되는 주요 탄수화물은 hexose (6탄당) sugar의 polymer인데, 포도당-fructose disaccharide (이당류)인 sucrose (설탕; 그림 2-19 참조)와 두 종류의 *amylose*와 *amylopectin*이라 불리는 거대한 불용성 포도당 polymer의 혼합물인 leaf의 **starch (녹말)**가 그것이다. Starch는 식물에서 이차적으로 저장하는 탄수화물이다(그림 12-32). Leaf의 starch는 엽록체에서 합성되고 저장된다. Sucrose는 엽록체에서 합성된 three-carbon 전구물질을 이용하여 leaf의 세포질에서 합성된다. 이들은 nonphotosynthetic (녹색을 띠지 않는) 식물 조직(예를 들어, 뿌리와 씨)으로 수송되어 이들 조직이 앞의 절에서 설명하였던 경로를 통해 sucrose를 물질대사하여 에너지를 얻게 한다.

식물에서 광합성는 엽록체의 Thylakoid Membrane (틸라코이드막)에서 일어난다

엽록체는 직경이 약 5 μm이고, 폭이 2.5 μm인 렌즈 모양이다(그림 12-33과 1-20). 엽록체는 2,500여 개의 다른 단백질을 가지고 있으며, 이들 중 95%는 핵에서 암호화되며 세포질에서 만들어져 세포소기관으로 유입된 뒤 적절한 막이나 space로 수송되어진다(13장 참조). 이들은 2개의 막으로 둘러싸여 있는데, 이 2개의 막에는 chlorophyll이 없고 빛에 의해 추진되는 ATP와 NADPH 생성에 직접적으로 관여하지 않는다(그림 12-33과 12-34). 엽록체의 외막은 미토콘드리아에서와 같이 porin을 가지고 있기 때문에 분자량이 작은 대사산물은 투과가 가능하다. 투과성을 제한하는 역할은 내막이 하는데, 내막에는 엽록체의 안과 밖으로 대사산물이 이동하는 것을 조절하는 수송 단백질이 있다.

엽록체는 미토콘드리아와는 달리 세 번째 막인 **thylakoid membrane (틸라코이드 막)**을 갖는데, 빛에 의해 추진되는 ATP와 NADPH의 생성이 여기에서 일어난다. 엽록체 틸라코이드 막은 여러 개의 작은 단일막이 서로 연결된 납작한 구조인 틸라코이드를 형성한다고 여겨지며, 이들은 일반적으로 *grana*라고 부르는 층을 이룬 구조를 형성한다(그림 12-33 참조). 틸라코이드 내부의 모든 공간은 연속된 단일 구획인 **thylakoid lumen (틸라코이드 막)**을 구성한다(그림 12-34 참조). 틸라코이드 막은 여러 내재 막 단백질을 가지는데, 이 단백질 대부분은 클로

그림 12-32 녹말의 구조. 이 거대한 포도당 polymer와 disaccharide sucrose (그림 12-15 참조)가 광합성의 주요한 최종 생성물이다. 이 둘 모두 six-carbon 당 (hexose)으로 구성된다.

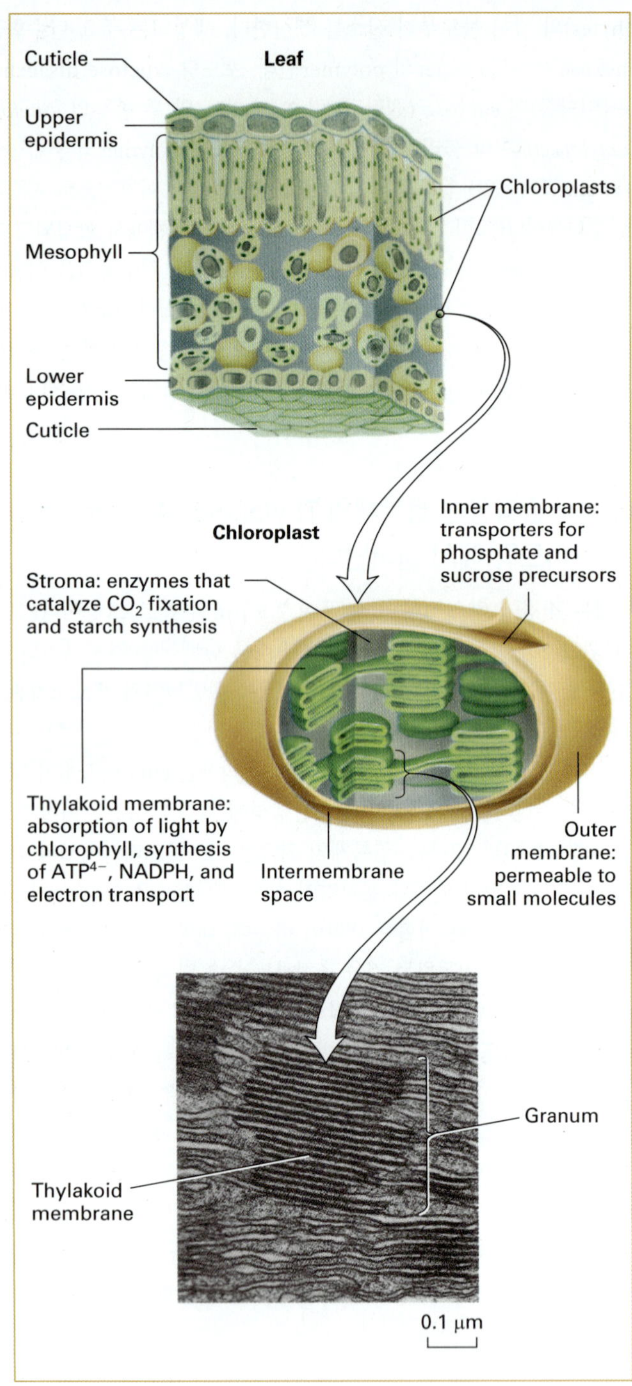

그림 12-33 잎과 엽록체의 세포 구조. 식물의 엽록체는 미토콘드리아와 마찬가지로 막사이 공간으로 분리되는 2개의 membrane에 의해 둘러싸여 있다. 광합성은 세 번째 membrane인 틸라코이드 막에서 일어나는데, 이것은 내막으로 둘러싸여 하나로 연결된 luminal space를 에워싸고 있는 일련의 편평한 vesicle을 (틸라코이드) 형성한다. 식물의 녹색은 chlorophyll의 녹색 때문이며, 모든 chlorophyll은 틸라코이드 막에 위치한다. Grana는 인접한 틸라코이드가 층층이 쌓인 것이다. Stroma는 내막에 의해 둘러싸여 있는 공간이며, stroma는 틸라코이드를 둘러싸고 있다. [From Katherine Esau, D-120, Special Collections, University of California Library, Davis.]

로필로 대표되는 빛을 흡수하는 색소와 몇몇 중요한 prosthetic group (보결분자단)과 결합하고 있다. 녹말 합성과 보관은 틸라코이드 막과 내막 사이의 수용성 부분인 **stroma**에서 일어난다. 광합성을 하는 박테리아에서 세포막의 광범위한 함입이 일련의 내막을 형성하는데, 이 또한 *thylakoid membrane*이라 불리며, 이곳에서 광합성이 일어난다.

엽록체는 100가지 이상의 단백질을 암호화하는 큰 DNA를 갖고 있다

미토콘드리아와 같이 엽록체는 광합성을 하는 endosymbiotic bacteria 조상으로부터 진화한 것으로 여겨진다(그림 12-7 참조). 그러나 엽록체를 만든 endosymbiotic event (12–15억 년 전)는 미토콘드리아 진화를 이끌어낸 event (15–22억 년 전)보다 더 최근에 일어난 것으로 보인다(그림 1-1 참조). 결과적으로, 현재의 엽록체 DNA들은 mtDNA들보다 sequence diversity가 더 낮다. mtDNA에서와 마찬가지로, 엽록체 DNA는 모계(egg)로 유전한다.

고등 식물에서는, 엽록체 DNA 분자들은 종에 따라 120–160 kb 정도의 길이를 갖고 있다. 식물 엽록체 DNA들은 긴 head-to-tail의 linear concatemer들에 이들 사이의 재조합 중간 생성물을 더한 상태이다. 대략 120–135개의 유전자를 갖고 있는데, 중요한 모델 식물인 *Arabidopsis thaliana* (그림 1-23 참조)의 엽록체는 130개를 갖고 있다. *A. thaliana* 엽록체 DNA는 76개의 단백질을 암호화하는 유전자들과, 54개의 RNA product (rRNA 혹은 tRNA)를 생산하는 유전자를 갖고 있다. 엽록체 DNA들은 박테리아의 것과 비슷한 RNA polymerase subunit을 암호화하고, 많은 유전자들은 single mRNA로부터 여러 개의 단백질을 translation하는 polycistronic operon으로부터 발현하는데, 이 또한 박테리아와 흡사하다. 어떤 엽록체 유전자들은 intron을 갖고 있지만, 이들은 핵 유전자의 intron과는 다르고, 박테리아 유전자 혹은 fungi나 protozoan의 미토콘드리아 유전자에서 발견되는 특정 intron과 비슷하다. 엽록체 기능에 필수적인 여러 유전자는 진화 과정 동안 핵 게놈으로 옮겨졌다. 핵 유전자에 의하여 발현하는 엽록체 단백질들은 세포질 리보솜에서 합성되고 엽록체에 편입된다(13장 참조). 최근 진행된 *A. thaliana*와 cyanobacteria 게놈의 sequence를 분석함으로써 추산한 바에 따르면, 4,500개 가까이 되는 유전자들이 원래의 endosymbiont 게놈에서 핵 게놈으로 옮겨진 것으로 보인다.

엽록체 DNA는 효모 세포를 transformation할 때 사용하는 방법과 비슷한 과정 혹은 CRISPR/Cas9을 이용하여 박테리아, fungal infection, 가뭄, 그리고 herbicides에 저항성을 갖거나, 사람이 사용할 수 있는 약제들을 생산할 수 있도록(*pharming*이라고 함) 공학적으로 유전적으로 조작이 가능하다(6장 참조). 미국에서 2012년 성인에게, 2014년 어린이들에게 사용 가능하도록 허가가 난 최초의 pharming drug은 유전 질환 중 하나인 Gaucher's disease (고셔병)을 치료하는 효소이다. 이러한 접근 방식은 식량 작물을 공학적으로 조작하여 모든 필수 아미노산들을 많이 갖고 있도록 하는 데 사용될 수 있을 것이다. ■

엽록체에서 Photosystem에 의한 빛 흡수는 NADPH와 ATP를 합성하고 O_2와 H_2O를 생성하는 데 필요한 에너지를 제공한다

1950년, 생물리학자 Robert Emerson과 동료들은 700 nm wavelength (파장)의 빛에 의하여 생성된 식물의 광합성 rate는 짧은 파장(높은 에너지)의 빛을 더해 주면 크게 증가한다는 것을 발견했다. 그들은 600 nm와 700 nm 파장의 빛을 조합하면, 두 파장의 빛을 각각 따로 주었을 때의 광합성 rate 합보다 높은 rate의 광합성이 일어난다는 것을 알아냈다. 소위 Emerson effect라고 부르는 이 현상은 과학자들로 하여금 식물에서의 광합성이 단세포 alage와 광합성을 하는 박테리아(예, cyanobacteria와 prochlorophyte)에서와 마찬가지로, 서로 다른 파장의 빛을 흡수하는 **photosystem**이라고 부르는 두 가지 분리된 다단백질 복합체들의 상호작용이 관여할 것이라는 결론에 이르게 하였다. Photosystem은 원핵생물과 진핵생물을 모두 망라하여 모든 photosynthetic 유기체에서 발견된다. 우리는 식물에서 발견되는 2개의 photosystem에 집중하려 한다. **Photosystem I (PSI)**은 주로 틸라코이드 막의 겹겹이 쌓인 곳이 아닌 부분에 있고, **photosystem II (PSII)**는 주로 겹겹이 쌓여 있는 틸라코이드 부분(grana, 그림 12-33 참조)에 있다.

그림 12-34는 식물 광합성의 4개 stage들에 대한 개요를 보여준다. PSI (그림 12-34, stage 2)는 700 nm 파장 빛에 의해서, PSII (그림 12-34, stage 1)은 <680 nm의 빛에 의하여 작동된다. Cyanobacteria, algae, 식물의 stage 1에서는 PSII가 빛을 흡수하고 고에너지 전자를 방출하고, 이들을 Coenzyme Q와 구조가 비슷한, QH_2라고 부르는 quinone 전자 운반체로 넘겨준다. PSII는 또한 H_2O로부터 O_2를 생성한다. stage 2에서는, QH_2 안의 전자로부터 온 에너지가 multiprotein cytochrome *bf* complex안의 프로톤 pump를 작동하여 미토콘드리아에서와 비슷하게, 틸라코이드 막을 가로지르는 양성자 구동력을 생성해서 ATP 생산에 사용된다(stage 3). Cytochrome *bf* complex 안의 에너지가 고갈된 전자는 *plastocyanin*이라고 부르는 작은 단백질 carrier에 의해서 PSI으로 전달된다. PSI은 빛을 이용하여 그 전자들에게 다시 에너지를 부여하고, PSI가 $NADP^+$를 NADPH로 환원하는 데 쓰이도록 한다. ATP와 NADPH는 stage 4에서 CO_2로부터 탄소를 받아 작은 분자로, 결국 6탄당과 starch로 편입시키는 데에 사용된다(흔히 carbon fixation, 탄소 고정이라고 함).

산소를 생성하는 식물의 광합성의 전체 반응식은,

$$6\,CO_2 + 6\,H_2O \rightarrow 6\,O_2 + C_6H_{12}O_6$$

탄수화물이 H_2O와 CO_2로 산화하는 전체 반응식의 역반응이다. 사실, 엽록체의 광합성은 energy-rich sugar를 생성하고, 이들은 산화적 인산화를 사용하는 미토콘드리아에 의하여 사용될 에너지를 위하여 수확되었고 그 과정에서 부숴진다. Green 그리고 purple bacteria에서의 광합성은 PSI-like system을 이용하지만, PSII는 이용하지 않고, 따라서 O_2를 생성하지 않는다.

이 절에서는 산소를 생성하는 광합성 내의 stage에 대한 전반적 개요를 제공하고, 빛을 흡수하는 주요 색소인 **chlorophyll**을 포함한 molecular component에 대하여 설명한다.

광합성의 4개의 Stage 중 3개의 Stage는 빛이 있을 때에만 일어난다

식물에서의 광합성 과정은 네 단계로 나누어 질 수 있으며, 각각은 엽록체의 한정된 영역에서 일어난다. Stage 1–3의 모든 반응은 틸라코이드 막에 파묻혀 있는 다단백질 복합체에 의하여 촉매된다. 양성자 구동력을 생성하는 것과 이를 ATP 합성에 이용하는 것은 미토콘드리아의 산화적 인산화의 stage III와 IV와 흡사하다. CO_2를 화학적 중간 생성물 안에 편입시켜서 탄소 고정을 하고 starch로 전환하는 효소들은 엽록체의 stroma의 수용성 부분이다; 3-탄소 중간 생성물로부터 당을 만드는 효소는 세포질에 있다. 광합성의 4 stage 모두는 서로 긴밀히 연결되어 조절되고, 적당한 환경 조건에 대응하며, 식물에 필요한 양의 탄수화물을 생성하게 한다.

탄소 고정에서 사용되는 ATP와 NADPH를 생성하는 반응들은 빛 에너지에 직접적으로 의존한다; 그래서 stage 1–3을 광합성의 *light reaction*이라 부른다. Stage 4의 반응들은 빛 에너지에 간접적으로 의존한다; 그래서 이들은 *dark reaction*라고 불리우며, 빛 에너지에 의해서 생성된 ATP와 NADPH의 공급을 이용하여 어두운 곳에서 일어날 수 있다(그림 12-34 참조). 그러나, stage 4의 반응들은 어두운 곳에서만 일어나지 않는다; 사실상 일차적으로 빛을 비추고 있을 때 일어난다.

광합성의 Stage 1과 2는 햇빛을 High Energy 전자로 전환하여 양성자 구동력와 NADPH를 생성한다

식물에서 빛 에너지를 흡수하는 것과 이를 화학 에너지로 전화하는 것은 stage 1의 photosystem II (PSII)와 stage 2의 photosystem I (PSI)에서 일어난다(그림 12-34). Photosystem — *core photosystem*이라고도 함 — 은 2개의 서로 근접하게 연결된 component로 이루어져 있다: 광합성의 일차적 사건들 — 빛의 흡수와 고에너지 전자의 생성 — 이 일어나는 *reaction center*와 핵심적인 *antenna complex*가 바로 그것이다. 각 photosystem은 또한 **light-harvesting complexes (LHCs)**라고 하는 바깥쪽의 antenna complex와도 연결되어 있다. LHC는 light energy를 잡아다가 효율적으로 reaction center에 건네주어 고에너지 전자를 생성하는 특수한 단백질들로 이루어져 있다(그림 12-34 참조).

Reaction center와 antenna complex에 있는 단백질들은 단단히 부착된 light-absorbing pigment (색소) 분자들을 갖고 있다. Chlorophyll *a*는 광합성에서 주요 pigment이며, reaction center와 antenna complex 모두에 존재한다. 광합성의 첫 단계는 Chlorophyll *a*와 다른 색소들에 의하여 빛을 흡수하는 것이다. Cytochorome들의 heme과 같이, chlorophyll들은 porphyrin ring이 긴 탄화수소 side chain과 연결되어 있다(그림 12-35). Heme과는 달리(그림 12-17 참조), chlorophyll은 중앙에 Mg^{2+} 이온(Fe^{2+}가 아닌)을 포함하고 있고 five-member ring을

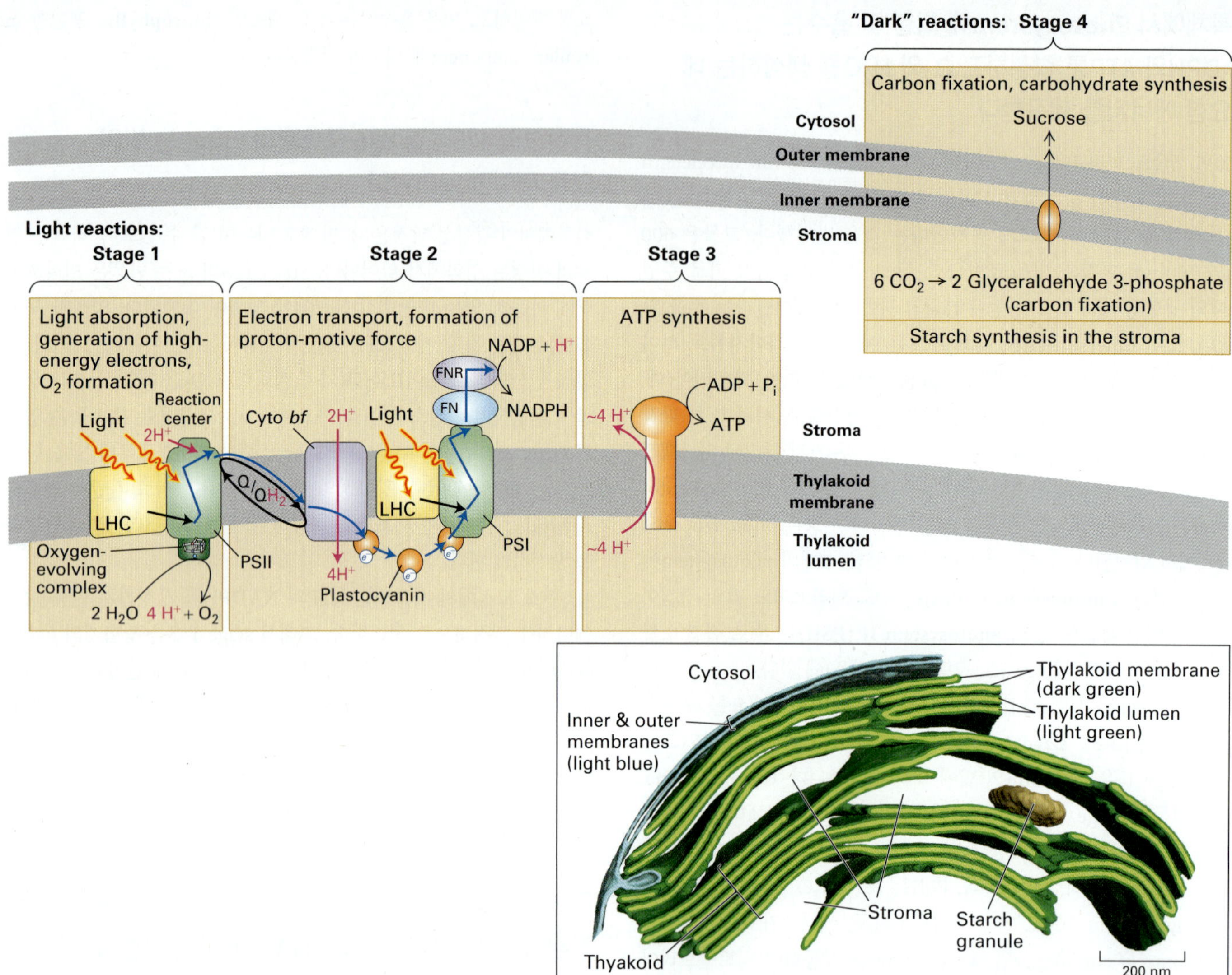

그림 12-34 광합성의 4 stage에 대한 개요. 빛은 **stage 1**에서 light-harvesting complex (LHC)와 photosystem II (PSII)의 reaction center에 의해서 흡수된다. LHC (노란색)는 흡수된 에너지를 PSII의 reaction center (검은색 화살표)로 전달하고, reaction center는 이 에너지 혹은 photon으로부터 직접적으로 흡수된 에너지를 이용하여 (i) 고에너지 전자를 생성하고, (ii) PSII의 산소 생성 complex를 통해 물을 산소 분자로 산화시킨다. PSII에서는, 산소가 막의 luminal side에서 생성되고, 높은 에너지를 갖는 전자가 틸라코이드 막의 stromal (cytosolic) side 근처에 붙어있는 quinone 분자 Q로 전달된다. **stage 2**에서 Q는 2개의 양성자과 결합하여 지용성의 환원된 quinone QH_2를 만들고, 틸라코이드 막으로 떨어져 들어가 확산하면서 cytochrom *bf* complex (Cyto *bf*)에 결합한다. PSII의 산소 생성 complex는 망간(manganes, Mn, 보라색), 칼슘(calcium, 녹색), 산소(빨간색) cluster (Mn_4CaO_5; ball-and-stick model로 표현됨)가 물의 산화를 직접 매개하고, 거기에 결합한 Cl^- 이온(푸른색)은 반응 속도에 영향을 미친다.

stage 2에서는 **stage 1**에서 나온 QH_2가 양성자 pump인 cytochrom *bf* complex의 luminal surface 근처에 있는 자리에 결합한다. QH_2에 보관된 에너지는 미토콘드리아 complex III의 것과 비슷한 Q cycle에 의해서 풀려난다(그림 12-21 참조). 이 에너지는 QH_2에서, 그리고 stroma로부터 양성자를 가져와 틸라코이드 막을 가로 지르는 양성자 구동력을 형성한다. 그리고 QH_2에서 유래한, 에너지를 잃은 2개의 전자들은 Cyto *bf*로부터 나와 수용성 단백질인 *plastocyanin*을 거쳐 photosystem I (PSI)으로 넘겨진다. 이들 전자에 PSI과 LHC에서 흡수된 빛에서 온 에너지가 더해지면 ferredoxin (FN)과 ferredoxin-NADP$^+$ reductase (FNR)으로 이동하고, NAD를 환원하여 고 에너지 전자 운반체인 NADPH를 생성한다. **stage 3**에서는 미토콘드리아에서와 같이, 양성자가 F_0F_1 ATP synthase를 통해 자신의 농도와 voltage gradient를 따라 흘러가는 것이 ATP 합성을 추진한다. 엽록체 F_0F_1 ATP synthase는 4–5개의 양성자가 자신을 통과할 때 마다 ATP 1개를 만든다. 식물에서 stage 1–3은 엽록체의 틸라코이드 막에서 일어난다. **stage 4**는 엽록체 stroma에서 NADPH와 ATP에 저장된 에너지는 *carbon fixation*이라고 알려진 과정을 통해 stroma에서 CO_2를 우선 three-carbon 분자로(glyceraldehyde 3-phosphate) 전환시키는 데 사용된다. 이 분자는 다음에 세포의 세포질로 수송되어 sucrose 형태의 hexose로 전환된다. Glyceraldehyde 3-phosphate는 엽록체 내부에서 starch를 만드는 데도 사용된다. *Inset*: 단세포 녹조류인 Chlamydomonas reinhardtii의 엽록체에 대하여 cyroelectron tomography를 이용하여 만든 3차원 resconstruction이 틸라코이드 막(진한 녹색), 틸라코이드 lumen (연두색), inner and 외막(파란색), 그리고 1개의 작은 녹말 granule (tan)을 보여준다. [Inset from Engel, B. D., et al., "Native Architecture of the Chlamydomonas Chloroplast Revealed by in Situ Cryo-Electron Tomography," *eLIFE*, 2015;**4**: e04889]

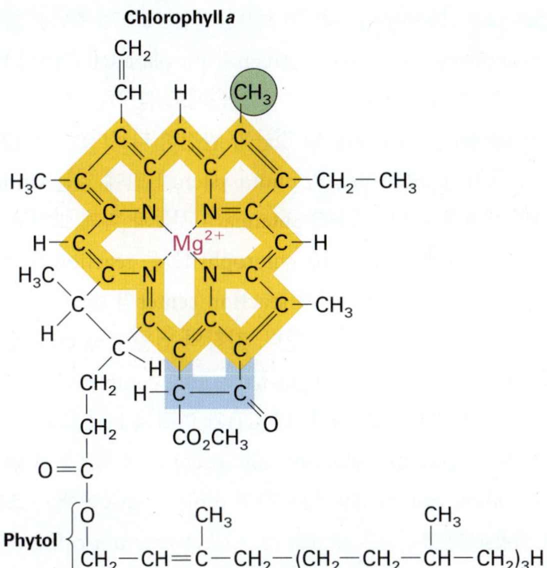

그림 12-35 빛 에너지를 잡는 주요한 pigment인 chlorophyll *a*의 구조. 전자는 chlorophyll *a*의 4개의 중앙 ring (노란색) 중 3개와 이들을 서로 연결시키는 원자 사이에 분산되어 있다. Chlorophyll에서는 heme에서 발견되는 Fe^{3+} 이온 대신에 Mg^{2+} 이온이 porphyrin ring의 중앙에 있고 five-membered 추가 고리(파란색)가 존재한다. 이것을 제외하고는 chlorophyll의 구조는 hemoglobin이나 cytochrome (그림 12-17a 참조)과 같은 분자에서 발견되는 heme과 유사하다. Hydro-carbon phytol "tail"은 chlorophyll이 chlorophyll-binding 단백질의 소수성 부위에 결합하는 것을 촉진시킨다. Chlorophyll *b*에서는 CH_3 그룹(녹색)이 formaldehyde (CHO) 그룹으로 치환되어 있다.

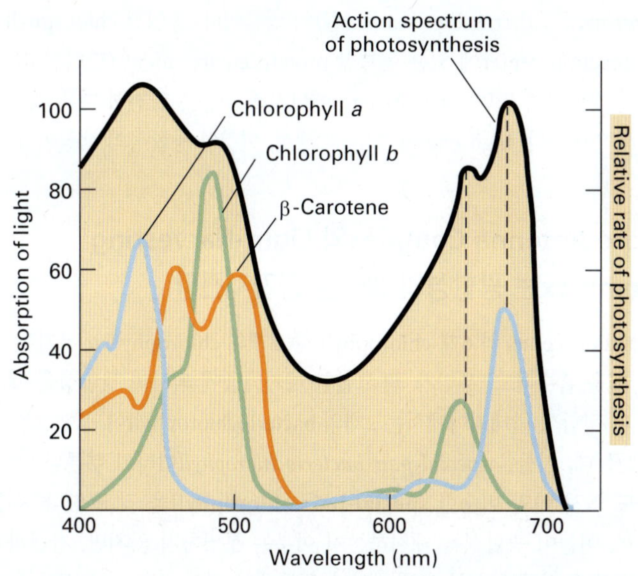

실험그림 12-36 광합성의 속도는 3 색소가 흡수하는 빛의 파장에서 가장 빠르다. 식물에서 광합성의 action spectrum (광합성을 뒷받침하기 위한 빛의 서로 다른 파장의 능력)은 검정색으로 표시되었다. 빛 에너지는 엽록체에 존재하는 색소에 의해 흡수될 수 있을 때에만 ATP로 전환이 가능하다. 식물의 photosystem의 antenna에 존재하는 세 종류 광합성 색소(chlorophyll *a*, chlorophyll *b*, β-carotene)의 absorption spectrum (다른 파장의 빛이 얼마나 잘 흡수되는지를 나타내는 것)은 색으로 표시되었다. 이 그림은 nanometer의 빛의 파장(horizontal axis), 광합성의 action spectrum (오른쪽 vertical axis)과 이들 색소의 absorption spectra와의 비교(왼쪽 vertical axis)로 이루어져 있다. 680 nm에서의 photosysnthesis는 주로 chlorophyll *a*에 의해 흡수되는 빛 때문이며, 650 nm에서는 chlorophyll *b*에 의해 흡수되는 빛 때문이고, 이보다 더 짧은 파장에서는 chlorophyll *a*와 *b* 그리고 β-carotene을 포함하는 carotenoid 색소에 의해 흡수되는 빛 때문일 것이라고 제시되었다.

덤으로 갖고 있다.

Antenna complex는 chlorophyll *a* 이외에도 다른 light-absorbing pigment도 포함하고 있다. Vascular plant (관다발 식물)의 *chlorophyll b*와 식물, algae, 광합성 박테리아가 갖고 있는 *carotenoid*가 그것이다. Carotenoid는 여러 가지 종류가 있는데, 모두 단일 결합과 이중 결합을 교대로 가진 긴 branched hydrocarbon chain (가지를 치고 있는 탄화수소 사슬)로 구성되어 있으며, 눈에서 빛을 흡수하는 visual pigment (시각 색소)인 retinal과 구조가 비슷하다(그림 15-34b 참조). 다른 파장의 빛을 흡수하는 여러 antenna pigment가 존재하기 때문에 흡수되어 광합성에 이용될 수 있는 빛의 범주는 크게 확장된다. Chlorophyll과 carotenoid가 광합성에 관련되어 있다는 가장 강력한 증거 중 하나는 이 pigment의 absorption spectrum (흡수 분광)이 광합성의 action spectrum (작용 분광)과 비슷하다는 것이다(그림 12-36). Action spectrum은 광합성을 지원하는 다른 빛 파장의 상대적인 활성을 측정한 것이다.

Quantum mechanics (양자 역학)은 electromagnetic radiation의 형태인 빛이 wave (파장)과 particle (입자)의 성질을 갖고 있다. 빛이 matter (물질)와 상호작용할 때, 빛은 *photon*이라고 불리는 분명히 구분된 energy packet (quanta)으로 존재한다. Photon의 enegy는 빛의 frequency (진동수)와 proportional (비례)한다. 그래서, 더 짧은 파장의 photon이 더 높은 energy를 갖는다. Visible light (가시광선)의 에너지는 상당하다. 550 nm (550×10^{-7} cm)의 파장을 갖는 빛, 보편적인 햇빛은 photon 1 mole당 52 kcal의 에너지를 갖는다. 이는 ADP와 P_i로부터 몇 mole의 ATP를 합성하기에 충분하다. 그러나 대체로 그림 12-34의 stage 1–3에서 보여주는 바와 같이, 전자전달계에서 28개 photon (14개는 photosystem II, 그리고 14개는 photosystem I)의 흡수로부터 유래된 14개 electron에 담긴 에너지는 약 9개 분자의 ATP를 생성하고, 약 7개 분자의 $NADP^+$를 NADPH로 전환한다.

Chlorophyll *a* (또는 다른 어떤 분자)가 가시광선을 흡수할 때 흡수된 빛 에너지는 chlorophyll *a*의 전자를 고에너지 (excited: 흥분된) 상태로 끌어올린다. 이 상태는 ground state (기저상태) (unexcited: 흥분되지 않은)와 porphyrin ring의 C와 N 원자 주변에서의 전자 분포에서 다르다. Excited state는 불안정하며, 전자는 경쟁적인 여러 과정 중 하나를 통해서 ground state로 되돌아간다. Ethanol과 같은 organic solvent (유기용매)에 용해된 chlorophyll *a* 분자는 excited-state 에너지를 소실시키는 주된 반응으로, (1) 빛(fluorescence와 phosphorescence)의 방출, (2) reactive oxygen species로 에너지를 넘겨주는 *intersystem* *crossing*, (3) thermal emission (열)의 방출이다. 동일한 chlorophyll *a*가 reaction center에 있는 독특한 protein environment (단백질 환경)에서 결합하게 되면, excited-state 에너지의 소실은 완전히 다른 과정을 통해 일어난다: high energy 전자의 생성, 이것이 광합성의 핵심이다.

Core Antenna Complex와 Light-Harvesting Complex는 광합성의 효율을 증가시킨다

Reaction center의 6개 chlorophyll 중 2개의 chlorophyll *a* 분자는 직접 빛을 흡수하고, 우리가 곧 고찰할 메커니즘에 의하여 광합성을 개시한다. 광합성 박테리아에서는 2개의 bacteriochlorophyll이 광합성을 개시하는데, 이들을 *special-pair bacteriochlorophyll*이라고 부른다. 식물들도 역시 이와 비슷한 **special-pair chlorophyll**을 갖고 있다. 식물에서, 이들이 광합성을 개시하는지 여부는 분명하지 않지만, 간단하게 설명하기 위하여 식물과 박테리아 모두에서 개시 chlorophyll을 special-pair chlorophyll로 간주하기로 한다.

Special-pair chlorophyll이 광합성을 시작하기 위하여 빛을 직접적으로 흡수하지만, 다른 빛을 흡수하고 에너지를 전달하는 다른 색소들로부터 전해 받은 에너지를 사용하는 간접적인 경로로 대부분의 에너지를 얻게 된다. 많은 다른 chlorophyll을 포함하는 이 색소들은 photon들을 흡수하고 에너지를 special-pair chlorophyll로 전달한다(그림 12-37). 몇 가지 색소들은 몇 개의 구별되는 단백질 chain으로 형성된 core photosystem의 내적 구성요소로 간주되는 단백질 subunit에 붙어 있다. 이들 pigment-containing 단백질들을 *core antenna complex*라고 부른다. 다른 색소들은 core complex와 결합하고 있는 다른 단백질 복합체와 결합하고 있는데, 이들을 *light-harvesting complex* (*LHC*)라고 한다. Garden pea (정원 완두콩)의 dimeric PSII-LHC 초복합체 안에 있는 reaction center, core antenna, 그리고 LHC들 사이의 topological relationship은 그림 12-27d와 e에 표현되어 있다. Photosynthetic 유기체가 경험할 수 있는 가장 강렬한 빛(열대 지방의 정오 무렵 햇빛)을 쬐어 준다고 하더라도, 각 reaction center의 chlorophyll *a* 분자는 초당 1개의 photon만을 흡수할 뿐이며, 이는 식물이 필요한 에너지를 충족하기 위한 광합성을 일으키기에 충분하지 않다. Core antenna complex와 LHC가 관여하는 것은 보통 강도의 빛에서 680 nm의 흡수를 증가시키고 다른 antenna 색소들을 이용하여 흡수하는 빛의 범위를 넓힘으로써, 광합성의 효율을 크게 높인다. 예를 들어, 식물의 PSII에 있는 reaction center에는 개당 약 150 antenna chlorophyll 분자가 있다.

Photosystem core 단백질과 LHC 단백질은 색소 분자들을 정확한 방향과 위치에 둬서 빛의 흡수와 *resonance energy transfer* (**공명 에너지 전달**)라고 부르는, 근처의 reaction center 내 special-pair chlorophyll *a* 분자로의 빠른 에너지 transfer (~0.2–200 × 10^{-12}초)에 알맞도록 되어 있다. 공명 에너지 전달은 전자의 전달을 이용하지 않는다. 다세포 씨 식물의 것과 비슷한 cyanobacteria의 2개 photosystem 중 하나에 대한 연구는 흡수된 빛으로부터 온 에너지는 각 LHC의 "bridging (다리처럼 연결하는)" chlorophyll로 빨려 들어간 후 reaction center의 special-pair chlorophyll로 전해진다(그림 12-37a 참조). 놀랍게도, 식물과 cyanobacteria의 LHC는 green과 purple bacteria의 LHC처럼 carotenoid와 chlorophyll들을 갖고 있음에도 불구하고, 그 분자 구조들은 green과 purple bacteria의 것들과 완전히 다르다. 그림 12-37b는 *Pisum sativum* (garden pea)의 photosystem I 안에 있는 chlorophyll pigment의 분포를 근처의 LHC antenna의 것들과 함께 보여주고 있다. 많은 core 그리고 LHC antenna chlorophyll들은 reaction center를 둘러싸고 있고, 흡수된 빛 에너지를 reaction center의 special-pair chlorophyll에 효율적으로 전달하게 한다. 각각의 엽록체 reaction center는 여러 개의 internal antenna와 light-harvesting complex와 연결되어 있다; PSII (예, LHCII)와 PSI (예, LHCI)와 연결된 LHC들은 서로 다른 단백질을 갖고 있다. Cryoelectron microscopy (초저온현미경)는 garden pea의 photosystem II와 LHCII의 dimeric 초복합체 구조를 결정하는 데 사용된다(그림 12-37 d와 e). 구조는 reaction center (연한 녹색), internal antenna complex (노란 빛을 띠는 녹색), LHC antenna (연한 노란색)와 다른 PSII core protein (짙은 녹색)내의 단백질의 상대적 위치를 막 쪽(panel d)과 stroma로부터 (panel e)보이는 것을 표현한다. 빛 조건에 따라, LHCII는 PSII에서 떨어져 나와 PSI과 결합한다. LHC antenna chlorophyll은 photon으로부터 흡수된 빛 에너지를 전달할 수 있지만, 전자를 내놓지는 않는다. 우리가 이미 본 바와 같이, 이 기능은 reaction-center chlorophyll에 부여되어 있다.

Photoelectron Transport (광전자 수송)과정에서 일어나는 Reactive Oxygen Species로부터의 Damage로부터 세포를 보호하는 여러 가지 메커니즘들

미토콘드리아에서의 경우와 같이, 전자 전달 중에 생성되는 reactive oxygen species (ROS)는(그림 12-24 참조) 세포소기관 기능을 조절하는 신호로서의 역할을 하고, 많은 생물분자들을 손상하기도 한다. 엽록체에서도 마찬가지이다. 예를 들어, hydrogen peroxide (H_2O_2)는 탈수를 방지하여 가뭄 스트레스에 관여하는 gas-exchange pore (stomata)를 조절하고, cyclic electron flow를 조절한다.

PSI과 PSII photosystem이 자신과 연결된 light-harvesting complex와 더불어, 놀라울 정도의 효율성으로 radiant energy를 ATP와 NADPH 형태의 유용한 화학에너지로 전환함에도—특히 낮은 강도의 빛 아래에서—불구하고 완벽하지는 않다. 빛의 강도와 세포의 생리적 상태에 따라 light-harvesting antenna와 reaction center의 chlorophyll에 의하여 흡수된 상대적으로 적은 양의—그러나 유의미한—에너지는 chlorophyll을 *triplet* chlorophyll이라고 부르는 활성 상태로 만드는데 사용된다. 이 상태에서는, chlorophyll이 약간의 에너지를 산소 분자(O_2)로 넘겨주면서, *triplet oxygen* ($^3O_2$)이라고 하는 보통의 비교적 활동적이지 않은 바닥 상태(ground state)로부터 매우 활동적인 (ROS) single state인 $^1O_2$으로 전환한다. 이들 $^1O_2$ 중 일부는 핵으로 신호하는 데에 쓰이면서 엽록체와 세포 전체가 metabolic state에 대하여 서로 소통하는 데 쓰인다. 그러나 $^1O_2$ 중 다수는 빨리 비활성화하여 없어지지

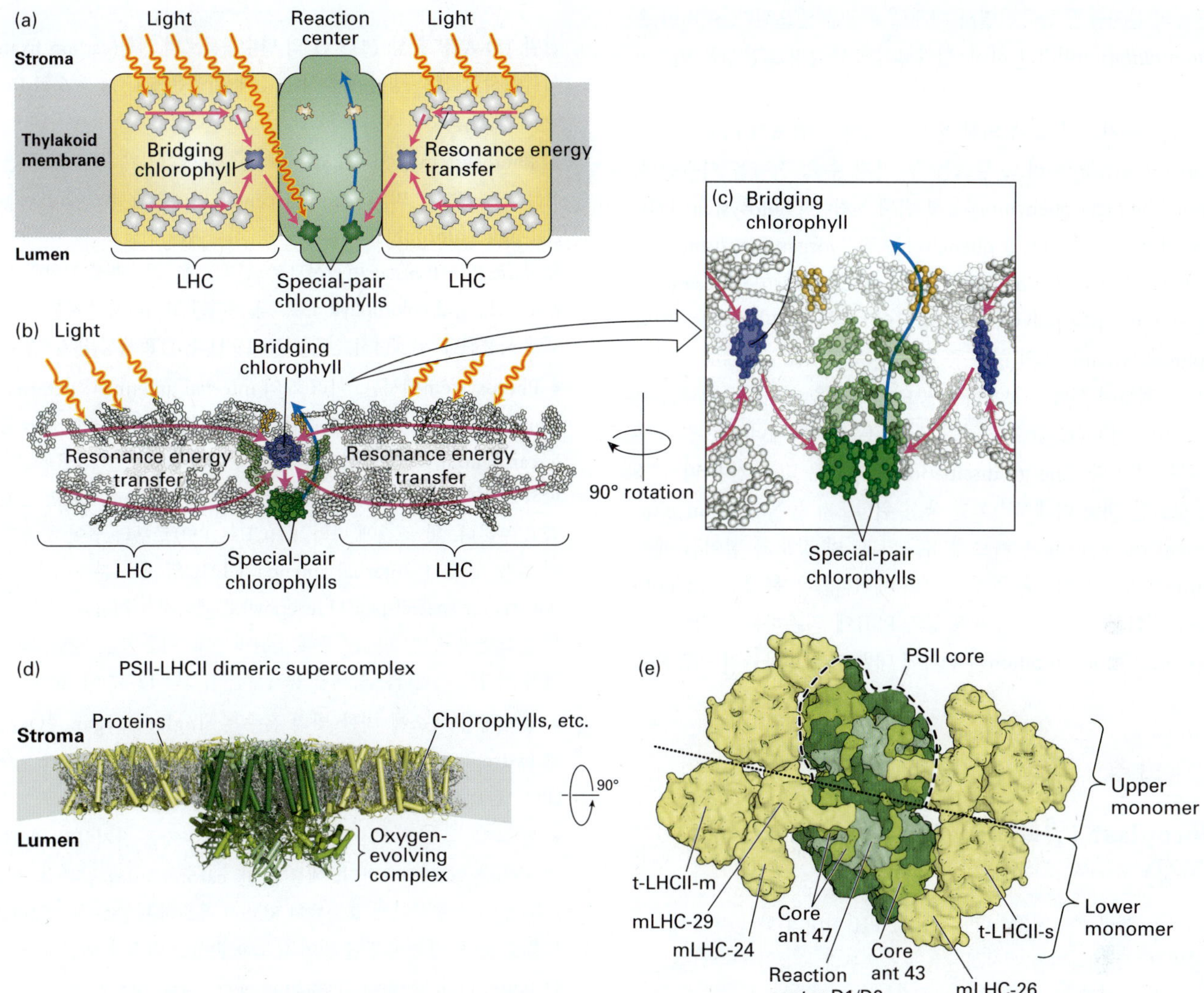

그림 12-37 Cyanobacteria와 식물의 light-harvesting complex와 photosystem. (a) Cyanobacteria membrane의 모식도로서 multiprotein light-harvesting complex (LHC, 연한 노란색)는 90개의 chlorophyll 분자(회색)와 31개의 다른 작은 분자들과 결합하고 있으며, 이 모두는 최적의 빛 흡수와 에너지 전달을 위해 특정한 기하학적 배치를 유지하고 있다. Reaction center에 있는 6개의 chlorophyll 분자(진하고 연한 녹색)중 2개(진한 녹색)는 흥분되었을 때(연한 파란색 화살표) 광전자 수송을 시작할 수 있는 special pair chlorophyll이다. 에너지는 resonance transfer를 통해(분홍색 화살표) 흡수된 빛(물결치는 빨간색 화살표)에서 얻은 에너지를 둘 중 하나의 "bridging" chlorophyll (파란색)로 빠르게 유입시키고, 그 다음에 reaction center에 존재하는 special-pair chlorophyll (진한 녹색)로 모아 준다. (b) X-ray crystallography로 *Pisum sativum* (완두콩)에서 LHC와 연관되어 있는 photosystem I (PSI)을 결정하여 이를 membrane의 평면에서 본 모양으로 나타낸 3차원 조성. Reaction center의 전자 운반체(panel a에서와 같은 색)와 같이 존재하는 LHC chlorophyll (회색 윤곽선을 갖고 있는 흰색)만 나타내었다. 간단한 설명을 위하여, special-pair chlorophyll은 광전자 수송(연한 파란색 화살표)을 개시하는 것으로 보인다. 식물에서도 특이한 한 쌍의 chlorophyll이 그 역할을 하는 것인지는 확실하지 않다. (c) 수직축을 중심으로 (b)의 reaction center를 90° 회전시켜 이를 확대한 그림. (d와 e) Cryo-EM으로 *Pisum sativum* (완두콩)에서 LHC와 연관되어 있는 photosystem II (PSII)의 dimer의 구조를 결정하여 이를 membrane의 평면(panel d)에서 본 모양과 90° 회전하여 stroma로부터 본 모양(panel e)을 나타낸 3차원 조성. 각 supercomplex monomer안에 있는 28개의 polypeptide chain들이 그 기능과 위치에 따라 색을 부여 받았다. reaction center 단백질 D1과 D2 (연녹색), internal antenna complex의 Core ant 47과 Core and 43 (라임색), 그리고 다양한 LHC antenna 단백질(연한 노란색). PSII core는 12개의 작은 단백질(진한 녹색)과 luminal 쪽의 oxygen-evolving complex (녹색, panel d)를 갖고 있다. 157개의 chlorophyll과 2개의 pheophytin (central magnesium이 없는 chlorophyll), 44개의 carotenoid, 그리고 다른 작은 분자들은 흰색과 회색으로 표현되어 있다. PSI (panel a)의 reaction center 안에 존재하는 6개 electron-transporting chlorophyll 중 2개는 PSII에서는 2개의 pheophytin으로 대체되었다(그림에 나타내지 않음). 이 dimeric supercomplex는 거의 100,000개의 원자들로 이루어져 있는데, 73%는 단백질을 구성한다. Panel e에서는 dimeric supercomplex의 위와 아래의 monomer가 검은색 점선으로 분리되어 있다. 중심의 PSII complex (reaction center, internal antenna, 작은 관련 단백질들)는 위쪽 monomer에서 점선으로 된 곡선으로 윤곽선이 그려져 있다. 아래 monomer에서는 개개의 단백질들이 다음과 같이 표식되어 있다: Reaction center D1/D2; core antenna complexes Core ant47 and Core ant43; external antenna complexes, trimeric LHCII complexes t-LHCII-m and tLHCII-s, 그리고 the monomeric antenna complexes mLHC-24, mLHC-26, mLHC-29들을 포함. W. Kühlbrandt, 2001, *Nature* **411**:896, and P. Jordan et al., 2001, *Nature* **411**:909 참조. [Parts (b) and (c) Data from A. Ben-Shem et al., 2003, *Nature* **426**:630, PDB ID 1qvz; and Y. Mazor, A. Borovikova, and N. Nelson, 2015, *eLife* **4**:e07433, PDB ID 4y28; part (d) Data from: X. Su et al., 2017, *Science* **357**:815–820 and PDB ID 5XNL.]

않고, 근처의 분자들과 반응하면서 대체로 손상을 일으킨다. 이러한 손상을 *photoinhibition*이라고 하며, 틸라코이드 활성의 효율성을 억제할 수 있다.

엽록체들은 지나친 빛에 의한 손상을 피하기 위해서 *non-photochemical quenching*이라고 부르는 두 가지 주요 전략을 사용한다. Non-photochemical quenching의 첫 번째 전략은 photosystem/LHC 초복합체 안에 편입된, $^1O_2$를 quench하는 작은 organic *scavenger* 분자를 이용하는 것이다. Carotenoid (β-carotene을 포함하는 unsaturated isoprene group의 polymer로서 당근이 주황색을 띠게 하는 것)와 α-tocopherol (vitamin E의 형태 중 하나)은 작은 hydrophobic 분자로서 $^1O_2$를 억제하여 식물을 보호하는 중요한 작용을 한다. 두 번째 전략은 손상을 일으키는 $^1O_2$를 생성하기 전에 흡수한 빛 에너지를 열로 흩어지게 하는 것이다. Energy dissipation의 범위는 빛 조건에 따라 조절된다. 강렬한 햇빛 아래서 $^1O_2$를 생성 위험도가 높을 때, non-photochemical quenching은 빠르게 유도되고, 빛 강도가 떨어질 때는 quenching이 억제된다. 두 번째 전략의 메커니즘은 특정 carotenoid의 구조를 변화시키는 효소들의 활성과 PSII에 의존하는 틸라코이드 lumen의 프로톤 concentration의 증가에 대한 빠른 반응들이 포함된다.

12.8절의 주요 개념

Chloroplast (엽록체)와 Photosynthesis (광합성)

- 엽록체는 햇빛 에너지를, ATP와 NADPH 형태의 화학 에너지로 전환시키고, 이 에너지를 이산화탄소와 물로부터 복잡한 탄수화물을 만드는 데 이용한다.

- 식물에서 광합성의 주된 최종 산물은 O_2 분자와 six-carbon sugar의 polymer (starch와 sucrose)이다.

- 광합성에서 빛을 잡아들이고 ATP와 NADPH를 생성하는 반응은 엽록체 내부에 위치한 틸라코이드 막에서 일어난다. 물질 투과가 일어나는 외막과 엽록체를 둘러싸고 있는 내막은 광합성에는 직접적으로 참여하지 않는다(그림 12-33과 12-34 참조).

- 미토콘드리아와 같이, 엽록체는 자신의 고유한 DNA를 갖고 있고, endosymbiotic photosynthetic bacteria (내공생 광합성 박테리아) 조상으로부터 진화했을 것으로 생각된다.

- 식물들은 PSI과 PSII, 2개의 light-absorbing photosystem을 갖고 있는데, 이들은 서로 기능이 다르고 틸라코이드 막상에서 물리적으로 떨어져 있다. PSII는 quinone Q를 QH_2로 전환하고, H_2O를 O_2로 전환하는 고에너지 전자를 생성하고, PSI은 $NADP^+$를 NADPH로 환원한다. Cyanobacteria는 2개의 유사한 photosystem을 갖고 있다.

- 광합성에는 4 stage가 있다. (1) 빛의 흡수, 고에너지 전자의 생성과 H_2O로부터 O_2의 형성; (2) 전자 전달을 통한 양성자 구동력의 생성, 빛의 흡수를 이용한 전자의 재에너지화, $NADP^+$의 NADPH로의 환원; (3) ATP 합성; (4) CO_2의 탄수화물로의 전환(carbon fixation). 식물에서의 산소-생성 광합성의 전체 반응은 $6\ CO_2 + 6\ H_2O \rightarrow 6\ O_2 + C_6H_{12}O_6$ (그림 12-34 참조).

- Photosystem (PSI과 PSII)에서는, 빛 에너지가 직접 혹은 간접적으로 틸라코이드 막의 reaction-center 단백질에 부착된 2개의 special-pair chlorophyll *a* 분자들 중 하나에게 전달된다. 이 에너지는 *photoelectron transport* (광전자 수송)라고 불리는 과정에 의해서 positively charged chlorophyll *a*로부터 분리된 고에너지 전자를 생성하는 데에 사용된다. 고에너지 전자는 NADPH와 ATP 생성을 일으킨다.

- Photosystem에서는, 여러 개의 internal antenna와 external antenna가 reaction center와 결합되어 있는데, 이들은 chlorophyll *a*와 *b*, carotenoid, 그리고 여러 파장에서 빛을 흡수하는 다른 색소를 포함하고 있다. External antenna는 *light harvesting complex* (*LHC*)라고 부른다. 빛 조건에 따라, LHCII는 PSII로부터 떨어져 나와 PSI에 붙을 수 있다. Internal antenna와 LHC의 색소 분자로부터 reaction-center special-pair chlorophyll로 에너지가 전자 전달을 수반하지 않으면서 공명 전달을 통해 전달하는데, 이는 빛을 광합성의 고에너지 전자로 전환하는 능력을 증가시킨다(그림 12-37 참조).

- 엽록체의 색소에 의한 빛의 흡수는 singlet oxygen, $^1O_2$, 그리고 hydrogen peroxide, H_2O_2를 포함하는 reactive oxygen species (ROS)를 생성할 수 있다.

- 엽록체는 손상을 일으키는 $^1O_2$가 쌓이는 것을 방지하기 위하여 여러 가지 전략을 사용한다. 예를 들면, carotenoid와 같은 작은-분자 scavenger와 항산화제 효소들이 ROS가 유도하는 손상을 방지하는 데 도움을 준다. 엽록체 또한 빛이 유도한 손상을 막고자 조절이 될 수 있는 non-photochemical quenching 메커니즘을 사용한다.

12.9 광합성의 Stage 1-3에서 산소 분자, NADPH, 그리고 ATP를 생성하기 위해 사용되는 빛 에너지

이전 절에서 우리는 광합성의 4개 stage의 개요를 소개하였다. 이번 절에서는 stage 1과 2에서 빛 에너지가 어떻게 H_2O에서 O_2를, $NADP^+$에서 NADPH를 그리고 양성자 구동력을 생성하는지, stage 3에서는 양성자 구동력이 ADP와 P_i로부터 ATP 합성을 어떻게 이루어 낼 수 있는지에 대한 분자적으로 자세한 모습을 기술할 것이다(그림 12-34 참조).

광합성의 첫 3개의 stage

Stage 1: PSII에 의한 빛 에너지의 흡수, 고에너지 전자의 생성, H_2O에서 O_2 생성 PSII의 reaction center 안에서, 서로 근접한 2개의 special-pair chlorophyll들이 틸라코이드 막의 luminal face에 가까이 놓여 있다(그림 12-38). Purple bacteria의 reaction center에 존재하는

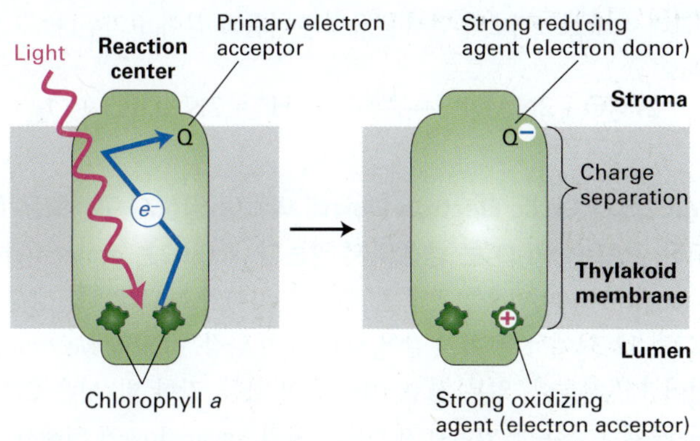

그림 12-38 Photosystem에서의 광전자 수송, 즉 광합성에서 일어나는 일차적 사건. 빛의 photon을 흡수한 후, reaction center (왼쪽)의 excited special-pair chlorophyll *a* 분자들 중 하나가 전자 1개를 틸라코이드 막의 stromal surface에 헐겁게 붙어 있는 quinone Q라고 부르는 acceptor 분자에게 전달하는데, 여러 개의 중간 산물(not shown)을 거친다. 이 과정은 막을 가로질러 필수적으로 비가역적인 charge separation을 만들어 낸다(오른쪽). 이 전자가 순차적으로 전달되면서 에너지가 추출되어 양성자 gradient와 ATP, 그리고 NADPH를 생성하는 데 사용된다(그림 12-34 참조). 빛에 의하여 excited된 전자가 Q로 이동했을 때 생성된 positively charged된 chlorophyll a^+가 또 다른 전자가 chlorophyll a^+로 전달되면서 결국 중성화된다. 식물에서는, H_2O가 O_2로 산화하는 것이 PSII에서 일어나게 되고, 중성화시키는 전자를 제공한다(그림 12-34 참조). Photosystem I은 비슷한 photoelectron-transport pathway를 사용하게 되지만, 아래 보는 바와 같이, 산화시키는 물 대신 전자 운반체인 plastocyanin으로부터 전자를 받아 chlorophyll a^+의 positive charge를 중성화한다(그림 12-34 참조).

2개의 "special-pair (특별한 쌍)" chlorophyll *a* 분자에 의해 흡수되는 파장 ≈680 nm 빛의 photon은 chlorophyll의 에너지를 42 kcal/mol 만큼 증가시킨다(first excited state, 첫 번째 흥분 상태). 에너지를 획득한 이러한 chlorophyll *a*는 신속하게 전자를 근처의 chlorophyll로 전달하고, 이들은 계속해서 PSII에 붙은 중간 생성물 작은-분자 acceptor (중간 수용체)로 전달한다. 이러한 전달은 그림 12-34와 그림 12-38 (왼쪽)의 지그재그로 표시된 파란색 선들에 의하여 표현되어 있다. 이 전자는 틸라코이드 막의 stroma 쪽 표면상에 존재하는 primary electron acceptor (일차 전자수용체)인 *quinone* Q로 빠르게 전달된다(그림 12-34와 12-38). Q는 미토콘드리아의 CoQ와 구조와 기능면에서 비슷한데, 작고 지용성이며 Q로 산화하고 QH_2로 환원되는 전자 운반체로 작용하는 organic 분자이다. 빛에 의해서 추진되는 이러한 전자 전달은 **photoelectron transport (광전자 수송)**라 불리며, 매우 효율적이고, reaction center 내부에 있는 chlorophyll과 acceptor의 독특한 환경에 의존한다. Photon이 흡수될 때마다 거의 매번 발생하는 광전자 수송은 틸라코이드의 lumen 쪽(stroma 쪽의 반대쪽) 표면 근처의 chlorophyll *a*에 positive charge를 발생시키고(chlorophyll a^+), stroma 쪽 표면 근처에 negative charge를 띠는 환원된 acceptor (Q^-)를 생성한다.

두 번째 photon을 흡수해서 두 번째 전자가 Q^-로 전달되면, 2개의 프로톤과 결합한 강력한 reducing agent (환원제)이자 환원된 형태의 quinone인 QH_2를 형성한다. QH_2는 아래에 설명할 stage 2를 위한 고에너지 전자과 프로톤의 원천이다. 제초제인 atrazine은 미국 농업에서 제초제로 가장 널리 사용되는 것 중 하나이다. Atrazine은 PSII 결합하여 Q의 결합을 막아 QH_2를 형성하는 것을 저해하고, 그 하위에 있는 전자 전달을 방해한다.

Positive charge를 띠는 chlorophyll a^+는 이제까지 알려진 가장 강력한 biological oxidant (산화제)이다. 식물에서 4개의 chlorophyll a^+의 oxidizing power (산화력)는 PSII의 *oxygen-evolving complex* (Mn_4CaO_5, 그림 12-34 참조)라고 부르는 subcomplex에 의하여 사용되는데, lumen 쪽 표면 위에 부착되어 있는 2개의 H_2O로부터 4개의 전자를 제거하여 O_2를 형성하는 데 사용된다.

$$2\ H_2O + 4\ \text{chlorophyll}\ a^+ \rightarrow 4\ H^+ + O_2 + 4\ \text{chlorophyll}\ a$$

그러나, PSII가 각각의 photon을 흡수하면 단 1개의 전자만 전달한다. 그래서 하나의 PSII가 전자 하나를 잃고 oxygen-evolving complex를 부분적으로 산화시키는데, 이 과정을 연달아 세 번 더 반복하여 oxygen-evolving complex가 4개의 전자를 2개의 물 분자로부터 가져와 O_2 분자 하나를 생성한다. 이러한 생물학적 환원제와 산화제들은 PSII와 함께, 그 다음에 일어나는 광합성 내 모든 반응들, 즉 전자와 양성자 전달 및 NADPH 합성(2단계), ATP 합성(3단계) 그리고 CO_2 고정(4단계)들을 일으키는 데 필요한 모든 에너지를 제공한다.

Chlorophyll *a*는 680 nm보다 짧은 빛의 별개 파장도 흡수한다(그림 12-36 참조). 이러한 흡수에 의해 분자는 이보다 더 높은 여러 excited state 중 하나로 올라 갈 수 있는데, 이 상태에서 에너지는 앞서 기술된 first excited state의 에너지보다 높으며, 이러한 여분의 에너지는 ~100–200×10^{-15}초(~100–200 femtoseconds, fs) 안에 heat로 소실되면서 에너지가 이보다 낮은 상태인 first excited state로 붕괴된다. 광전자 수송과 charge separation은 reaction-center chlorophyll *a*의 first excited state에서만 일어나기 때문에 quantum yield, 즉 흡수된 photon당 광합성의 양은 680 nm보다 짧은 가시광선(따라서 더 높은 에너지)의 모든 파장에서 동일하다. 빛의 파장이 pigment의 absorption spectrum에 얼마나 근접하게 일치하는가가 photon이 얼마나 잘 흡수될 것인가를 결정한다. 일단 흡수되면, photon의 정확한 파장은 중요하지 않으며, 이는 chlorophyll을 first excited state로 밀어 올릴 수 있을 만큼 에너지가 충분하기만 하면 되기 때문이다.

엽록체의 PSI과 PSII에서 광전자 수송을 시작하는 special pair reaction-center chlorophyll는 자신들이 부착되어 있는 단백질 environment가 서로 다르기 때문에 가장 많이 흡수하는 light absorption maximum (680 nm와 700 nm)이 다르다. 이러한 이유로 인해 이 chlorophyll들은 종종 P_{680}(PSII)과 P_{700}(PSI)으로 표시한다. 더욱이, 두 photosystem은 틸라코이드 막에서 서로 다르게 분포되어 있다: PSII는 주로 stacked region [층을 이룬 부위(grana), 그림 12-33 참조]에 PSI은 주로 unstacked region (층을 이루지 않는 부위)에 분포한다. 틸라코이드 막이 stacking (층을 형성)하는 것은 PSII와 연관되어 있는 단백질, 특히 LHCII의 결합을 하려는 성질 때문일 것이라 생각된다.

Stage 2: 양성자 구동력와 NADPH의 생성 전자는 stage 1에서 형성된 quinone primary electron acceptor인 QH_2에서 프로톤 pump인 *cytochrome* bf *complex*로 이동한다(그림 12-34). QH_2 안의 고에너지 전자들은 에너지를 cytochrome *bf* complex에 전달하고, 프로톤은 틸라코이드 lumen에 방출하여 막을 가로지르며, pH gradient를 형성하고($pH_{lumen} < pH_{stroma}$) 양성자 구동력을 형성한다. 이 과정은 미토콘드리아 내막, 그리고 박테리아의 막에서 전자 전달 중에 생성되는 양성자 구동력 형성하는 것과 유사하다(그림 12-25 참조). *Plastocyanin*은 copper를 갖고 있는 작은 수용성 전자 운반체 단백질로서, 에너지가 낮아진 전자들을 cytochrome *bf* complex로부터 *photosystem I* (*PSI*)으로 전달한다(그림 12-34 참조). 이 과정에서 QH_2로부터 온 전자들은 프로톤 pumping을 하느라 상당량의 에너지를 잃어 낮은 에너지 상태가 된다. Photosystem I의 special-pair chlorophyll들이 빛을 흡수하여 이들 전자들에게 에너지를 더한 후, 그 전자들은 다시 PSI의 2개의 단백질 component로 옮겨지는데, 첫 번째는 ferredoxin (FN)이고 그 다음이 ferredoxin-$NADP^+$ reductase (FNR)이다. 이들은 그 전자들의 에너지를 이용하여 high-energy 전자 운반체인 NADPH를 그 산화형인 **nicotinamide adenine dinucleotide phosphate ($NADP^+$)**로부터 합성하게 된다. $NADP^+$의 구조는 phosphate 하나를 제외하고는 NAD^+와 똑같다. 이 두 가지 분자들은 같은 방식으로 에너지를 얻고 잃는다(그림 2-33 참조).

그래서 stage 1과 2의 전체 반응식은 다음과 같이 요약된다.

$$2H_2O + 2NADP^+ \xrightarrow{\text{Light}} 2H^+ + 2NADPH + O_2$$

Stage 2에서 Cyclic Electron Flow에 의하여 양성자 구동력은 형성되지만, NADPH와 O_2는 생성되지 않는다 stage 2는 proteon gradient (stage 3에서 ATP를 만드는 데 사용된다)와 NADPH를 생성하는데, 그림 12-34에서 본 바와 같이, stage 2의 과정은 *linear electron flow* 과정이라고 부른다. 일부 경우, 예를 들어 가뭄, 강한 빛, 낮은 CO_2 농도 등과 같은 경우에 있어서 세포는 전자의 linear flow에 의해서 생성되는 비율보다 NADPH에 비해 상대적으로 많은 양의 ATP을 생성하여야만 한다. 이것을 성취하기 위해서, 이들은 수반되는 NADPH 생성 없이 광합성적인 방법으로 PSI으로부터 ATP를 생성한다. 이것은 *cyclic photophosphorylation* (순환적 광인산화) 혹은 *cyclic electron flow* (전자의 순환적 이동)라 불리는 PSI에 의존하고 PSII와는 무관한 과정을 이용하여 성취될 수 있다(그림 12-39). 이 과정에서 전자는 PSI, ferredoxin, plastoquinone (Q), 그리고 cytochrome *bf* complex를 순환하고, NADPH를 생성하는 PSI의 ferredoxin-$NADP^+$ reductase은 그냥 지나친다(bypassing). 그러므로 cyclic electron flow 과정에서, 프로톤 pumping은 부가적인 ATP 합성을 할 수 있게 하고, NADPH의 *net* 생성은 없으며, 물을 산화하여 O_2를 생성하지도 않는다.

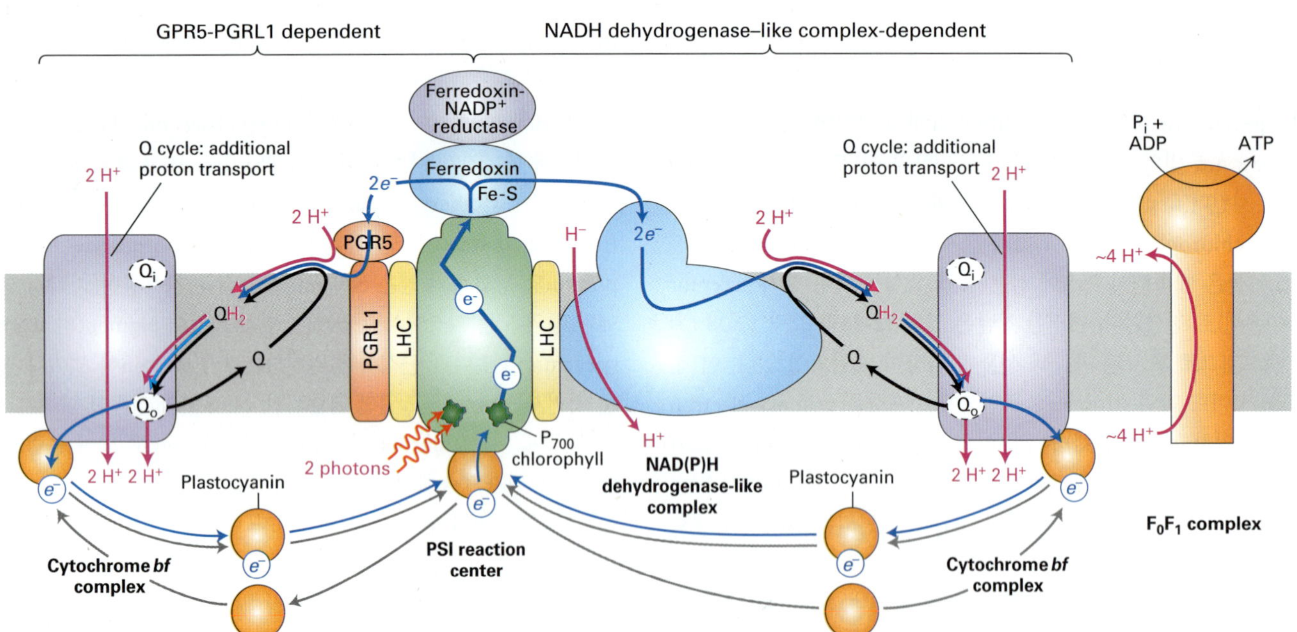

그림 12-39 식물에서, 양성자 구동력와 ATP를 생성하지만 산소와 NADPH는 생성하지 않는 cyclic electron 흐름. Cyclic electron 흐름에서는, 빛 에너지가 PSI에 의하여 사용되어 전자를 cycle 안에서 이동시키고 양성자 구동력을 생성하는데, 결과적으로 stage 3에서는 A산소와 NADPH는 생성하지 않고 ATP를 생성한다. 높은 에너지를 갖는 전자들은 PSI의 ferredoxin을 통하여 PGR5-PGRL1 heterodimer (빨간색, 왼쪽 경로)로 전달되거나, plastoquinone (Q)가 QH_2로 환원되는 곳인 NADH dehydrogenase-like complex (파란색, 오른쪽 경로)로 전달된다. 이 두 전자 acceptor들은 각기 PSI과 더불어, light-harvesting complex (LHC) subunit (노란색)를 이용하여 독립적인 supercomplex를 이룬다. (PGR5-PGRL1 heterodimer와 NADH dehydrogenase-like complex는 같은 supercomplex에서 함께 발견되지 않는다. 그러나 여기서는 1개의 PSI과 함께 그림으로써 cyclic electron flow의 2개 메커니즘의 유사성을 강조하였다.) QH_2는 전자들을 cytochrome *bf* complex로, 그 다음 plastocyanin, 그리고 마지막으로 PSI으로 되돌려 보내는데, 이는 linear electron flow pathway에서 보는 바와 같다(그림 12-34 참조).

고등 식물에서는 ATP:NADPH 비율을 조절하는 2개의 cyclic electron flow pathway가 있다(그림 12-39 참조). Major pathway는 PGR5-PGRL1-dependent pathway이고 효율적인 광합성을 확립하며, stress에 대항하여 보호한다. Minor pathway는 *NADH dehydrogenase-like complex-dependent pathway*인데, stress에 반응하고 H_2O_2-mediated regulation의 target이 된다. NADH dehydrogenase-like complex는 NADPH 혹은 NADH를 산화하고, CoQ를 $CoQH_2$로 환원하는 미토콘드리아 complex I과 매우 유사한 매우 큰 다단백질 복합체이다(그림 12-19 참조). 그러나 NADH dehydrogenase-like complex는 NADPH 산화를 위하여 필요한 subunit은 결여되어 있다.

Cyclic electron flow 중에, PSI에서 일어나는 빛의 흡수와 광전자 수송에 의하여 생성되는 고에너지 전자들은 PGR5-PGRL1 heterodimer, 또는 PSI의 feredoxin subunit의 NADH dehydrogenase-like complex로 전달된다. 이 두 가지 전자 acceptor들이 서로 독립적으로 PSI와 연결되어 있는데, PSI는 LHC subunit들이 매개하여 초복합체를 이루고 있다. 이 두 전자 acceptor들은 Q를 QH_2로 환원하고, 프로톤과 전자를 cytochrome *bf* complex로 Q cycle을 통해 전달한다(그림 12-34 참조). 프로톤들은 cytochrome *bf* complex에 의하여 틸라코이드 막을 가로질러서 전달되어 lumen으로 들어간다. 마침내, plastocyanin은 cytochrome *bf* complex로부터 온 전자들을 PSI으로 돌려보내면서 cycle을 마감한다. Cyclic electron flow에 의해 생성된 양성자 구동력은 F_0F_1 complex (ATP synthase)에 의해서 ATP 합성을 일으키고 ATP:NADPH ratio를 증가시킨다.

Stage 3: ATP 합성 빛에 의해서 일으켜진 양성자 구배는 stage 1과 2에서와 같이 틸라코이드 막을 가로지르며 생성되고 ATP 합성에 사용된다(그림 12-34 참조). 양성자들이 농도 구배를 내려가며 틸라코이드 lumen으로부터 stroma로 F_0F_1 complex (ATP synthase)를 통해 이동하는데, 이것이 ADP와 P_i로부터 ATP의 합성을 양성자 이동과 연결시키는데, 미토콘드리아와 박테리아의 ATP synthase와 비슷하게 작용한다(그림 12-27, 12-28 및 그림 12-33 참조).

Photosystem I과 II의 상대적인 활성은 조절된다

엽록체는 적당한 ATP와 NADPH 생산량을 유지하기 위하여 PSI과 PSII의 상대적 생산성을 달리하면서 빛의 파장과 강도의 변화(하루 일과 및 구름 낀 정도 등에 의한 결과)에 반응한다.

PSI (주로 층을 이루지 않는 틸라코이드 막 부위에 위치함)와 PSII (주로 층을 이룬 grana에 위치함)의 상대적 활성을 조절하는 한 가지 메커니즘은 PSII와 LHCII를 포함하는 틸라코이드 막 단백질의 인산화와 탈인산화이다. 특히 LHCII의 인산화 변화는 이 antenna complex의 intra-thylakoid membrane에서의 분포(grana대 unstacked membrane)를 변화시키고, PSI와 PSII와의 서로 다른 상호작용을 일으키도록 한다. 더 많은 LHCII가 특정 photosystem과 연관되면, 빛에 의한 활성이 더욱 효율적으로 일어나고, electron flow에 대한 기여도 높아진다. Electron-transport chain의 효율적인 작동은 기능적인 복합체가 그 크기와 복잡성이 증가하면서 진화하는 것, 즉 각 단백질로부터 complex를 이루고, 그 complex들이 초복합체를 이루며, 그들이 다시 super-supercomplex를 이루는 것과 연관되어 있는 것으로 보인다. 식물의 photosystem의 supramolecular organization을 조절하는 것은 빛 조건이나 대사적 필요성에 따라, ATP와 NADPH를 생성하는 것을 일으키는 효과를 발휘한다. NADPH와 ATP 모두 CO_2를 sucrose와 starch로 전환하며, 다음 절에서 다룰 광합성의 stage 4에 필요하다.

12.9절의 주요 개념

광합성의 Stage 1–3에서 산소 분자, NADPH 그리고 ATP를 생성하기 위해 사용되는 빛 에너지

- 광합성의 stage 1 (그림 12-34 참조)에서, 빛 에너지는 photosystem II (PSII)에 의하여 고에너지 전자로 전환된다. 이 전자들은 광전자 수송에 의하여 special-pair chlorophyll로부터 중간 생성물을 거쳐 membrane의 반대편에 있는 quinone (Q)으로 전달하여 charge separation을 일으키고(그림 12-38 참조), 작은 지용성 전자 전달 분자인 QH_2를 생성한다.
- 초록 식물은 PSII의 광전자 수송에 의해서 탄생한 positively charged chlorophyll이 PSII의 oxygen-evolving complex subunit에 의해 환원된 neutral로 재생된다. 물로부터 온 전자들은 oxygen-evolving complex에 의해서 PSII의 positively charged chlorophyll로 전달되고, 틸라코이드 lumen에서 molecular oxygen (O_2)을 만든다.
- stage 2 (그림 12-34 참조)에서는, 고에너지 전자들이 stage 1에서의 환원된 QH_2로부터 proton pump (cytochrome *bf* complex)로 전달된다. 이 proton pump는 QH_2와 stroma로부터 membrane을 가로질러 proton을 틸라코이드 lumen으로 옮겨 pH 구배(proton-motive force)를 형성한다.
- Proton pumping 중에 cytochrome *bf* complex에 의해 energy가 고갈된 전자들은 수용성 단백질인 plastocyanin에 의해서 PSI로 전달된다. 여기서 전자들은 special-pair chlorophyll이 흡수한 빛 에너지에 의해 에너지를 재충전한다.
- PSI 내 광전자 수송이 재에너지화된 전자를 궁극적 전자 acceptor인 $NADP^+$로 넘겨주고 환원시키면서 NADPH를 생성한다.
- PSI와 PSII의 상대적 활성은 ATP, NADPH 생성의 적절한 균형을 유지하기 위하여 조절된다.
- Light-harvesting complex II (LHCII)의 가역적인 인산화와 탈인산화는 틸라코이드 막의 광합성 도구들의 기능적인 조직을 조절함으로써 PSI와 PSII의 상대적 활성을 조절하고, 그에 따라 생성되는 ATP와 NADPH의 상대적인 양을 조절한다. 매우 큰 super-supercomplex가 이 조절에 연루되어 있다.

• stage 3에서는 stage 2에서 생성된 electrochemical gradient (proton-motive force)를 따라 이동하는 proton들이 F_0F_1 complex (ATP synthase)를 통해 이동하는데, 이것이 ADP와 P_i로부터 ATP의 합성에 필요한 힘을 제공한다.

12.10 광합성의 Stage 4에서 ATP와 NADPH는 Calvin 회로에서 Carbon Fixation과 탄수화물 합성을 일으킨다

Stage 4에서는, stage 2와 3에서 생산된 NADPH와 ATP가 CO_2와 H_2O로부터 six-carbon 당(6탄당)과 그 polymer (중합체)를 합성하는 데 쓰인다. 전체 화학 반응식은 다음과 같다.

$$6\ CO_2 + 18\ ATP^{4-} + 12\ NADPH + 12\ H_2O \rightarrow C_6H_{12}O_6 + 18\ ADP^{3-} + 18\ P_i^{2-} + 12\ NADP^+ + 6\ H^+$$

엽록체에서는 가스(기체)인 CO_2를 작은 organic 분자(유기분자)로 유입한 뒤 당으로 만드는 CO_2 fixation 뿐만 아니라, 거의 모든 아미노산, 모든 지방산 및 carotene, 모든 pyrimidine과 아마도 모든 purine의 합성이 일어날 것이다. 그러나 식물 세포에서 가장 많이 연구된 생합성 경로는 CO_2로부터 당의 합성이다. 우리는 먼저 ATP의 가수분해와 NADPH가 산화하는 동안 방출되는 에너지에 의해 추진되는 CO_2를 three-carbon compound로 고정시키는 **Calvin 회로**(발견자 Melvin Calvin의 이름을 따서)라고 알려진 독특한 경로에 대해 알아볼 것이다. CO_2가 최초로 three-carbon compound로 유입되기 때문에 Calvin 회로는 carbon fixation의 C_3 *pathway*라고도 불린다.

Rubioco가 CO_2를 엽록체 Stroma에서 고정한다

효소 **ribulose 1,5-bisphosphate carboxylase** 혹은 **rubisco**가 CO_2를 전구물질 분자로 고정하고, 이것이 차후에 탄수화물로 전환된다(그림 12-40, 위쪽). Rubisco는 엽록체의 stroma space에 위치한다. 이 효소는 CO_2를 five-carbon sugar인 ribulose 1,5-bisphosphate에 첨가시켜 탄소를 3개 가지는 두 분자의 3-phosphoglycerate를 만든다(그림 12-41). Rubisco는 거대한 효소(≈500 kDa)로서, 가장 흔한 형태는 8개의 동일한 large subunit과 8개의 동일한 작은 subunit로 구성되어 있다. Large subunit은 catalytic site를 갖고 있으면서 엽록체의 DNA에, 그리고 작은 subunit은 핵 DNA에 familly를 이루는 여러 개의 유전자에 의하여 암호화되어있다. Rubisco의 촉매 속도는 매우 느린데, 이 때문에 많은 수의 효소가 충분한 양의 CO_2를 고정하기 위해 필요하다. 사실상 이 효소는 엽록체 단백질의 거의 50%를 차지하며, 지구 상에서 가장 풍부한 단백질로 여겨지고 있다. 매해 10^{11}톤 이상의 대기 중 CO_2가 rubisco에 의해 고정되는 것으로 추정된다.

비록 조절 메커니즘이 복잡하고 아직 완전히 밝혀지지는 않았지만, rubisco는 빛과 redox state에 민감한 효소 중의 하나이다. Rubisco는 높은 CO_2와 Mg^{2+} concentration 존재 하에서 자발적으로 활성화된다. 활성화 반응은 활성 부위에 있는 lysine의 side-chain 아미노 그룹에 CO_2가 covalent addition (공유결합)을 일으켜서 carbamate group을 형성한 뒤 enzymatic activity에 필요한 Mg^{2+} 이온에 결합한다. 그러나 대기 수준의 CO_2가 있는 정상 조건하에서 이 반응은 매우 느리게 일어나며, ATPase AAA^+ 집단의 일원인 *rubisco activase*의 촉매 작용을 필요로 한다. Rubisco activase는 ATP를 가수분해하고 방출되는 에너지를 이용하여 rubisco 활성 부위의 작은 분자 inhibitor들을 제거하여 CO_2가 활성 부위의 lysine에 첨가될 수 있도록 하여 준다. Rubisco activase는 rubisco의 활성화 구조 변화를 촉진시키기도 한다(inactive-closed state에서 active-open state로). *Thioredoxin* (*Tx*)에 의한 rubisco activase의 조절은 최소한 일부 species에 있어서 rubisco의 빛과 redox state에 대한 민감성을 결정한다. 빛이 있는 곳에서는 전자가 PSI로부터 ferredoxin을 거쳐 thioredoxin으로 전달되어 thioredoxin의 disulfide 결합을 환원시킨다.

$$\text{Tx}\langle^{S}_{S}| \xrightarrow[\;2\,H^+\;]{\text{PSI},\ 2\,e^-} \text{Tx}\langle^{SH}_{SH}$$

빛이 없는 곳에서 thioredoxin은 다시 재산화하고, rubisco activase와 다른 효소들이 재산화되면서 불활성화된다. 그래서 이들 효소들의 활성은 stroma의 redox state에 민감하고 빛에 민감한데, 이는 빛에 의한 효소 활성을 조절하는 고도의 메커니즘이다.

Rubisco activase의 활성은 이외에도 ATP:ADP 비율에 민감하다. 만일에 비율이 낮으면(상대적으로 높은 ADP), activase는 rubisco를 활성화시키지 않는다(그래서 세포가 이미 적은 양만 존재하는 ATP를 carbon fixation에 덜 쓸 것이다). 광합성은 중간 정도의 heat, 서늘한 온도, 가뭄(제한된 양의 물), 고염도, 높은 빛의 강도, UV irradiation 등과 같은 여러 종류의 전형적인 식물의 스트레스에 민감하다. 최소한 이들 중 일부는 rubisco activase의 활성을 감소시키고, 이것이 rubisco의 활성 감소로 이어져서 CO_2 fixation에 영향을 미친다. CO_2 fixation의 억제는 NADPH의 소모를 감소시킨다. 강렬한 빛 상황 하에서 $NADPH/NADP^+$의 초과 비율은 $NADP^+$로의 electron flow를 감소시킬 수 있고, O_2의 누출을 증가시켜서, 결과적으로 ROS의 형성을 증가시켜 세포 신호 경로를 개시하고 여러 세포 과정을 방해할 수도 있다. 개별 엽록체와 어떤 면에 있어서는 전반적인 biosphere (생물권)를 통틀어서 에너지 사용과 carbon flux (탄소 흐름)을 조절하는 데 핵심적인 역할을 가지고 있는 rubisco의 활성이 엄격하게 조절되는 것은 놀라운 일이 아니다.

Rubisco에 의해 형성된 3-phosphoglycerate의 운명은 복잡하다: 일부는 sucrose나 starch로 유입되는 hexose로 변환되지만, 일부는 ribulose 1,5-bisphosphate를 재생산하는 데 사용된다. 적어도 9종류의 효소가 3-phosphoglycerate로부터 ribulose 1,5-bisphosphate로 재생산되는 데 필요하다. 6분자의 CO_2 fixation과 2분자의 glyceraldehyde 3-phosp-

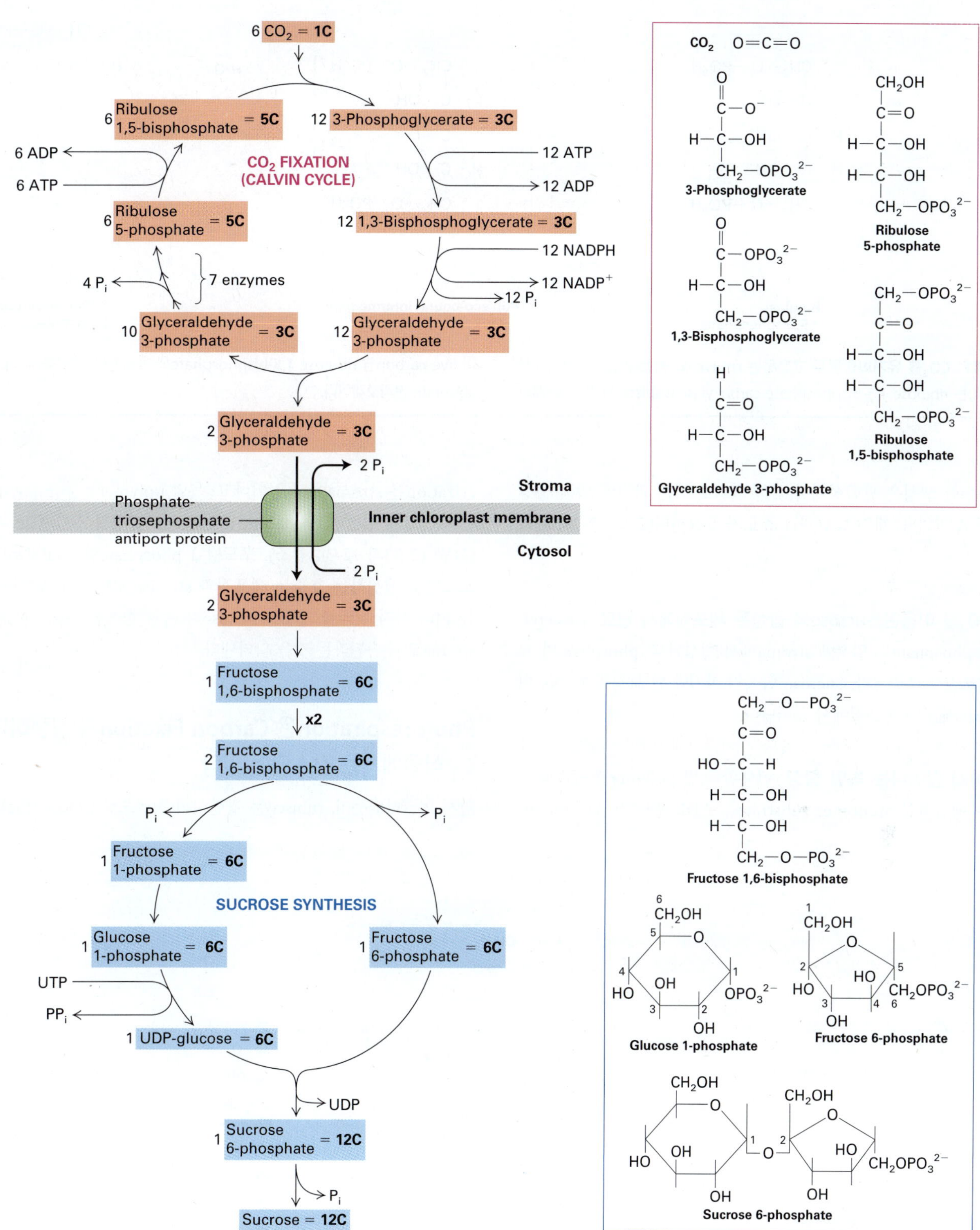

그림 12-40 광합성 동안 탄소의 경로. *위쪽*: 6분자의 CO_2가 2분자의 glyceraldehyde 3-phosphate로 전환된다. Calvin 회로를 구성하는 이 반응은 엽록체의 stroma에서 일어난다. Phosphate/triosephosphate antiporter를 통해서 일부 glyceraldehyde 3-phosphate는 phosphate와 교환하여 세포질로 이동된다. Phosphate가 엽록체에 공급되어서 glyceraldehyde 3-phosphate의 형태로 stroma로부터 나오는 phosphate를 대체하지 않는다면 고정된 CO_2가 엽록체를 떠나지 않는다. *아래쪽*: 세포질에서 에너지를 방출하는 일련의 반응들에 의해 glyceraldehyde 3-phosphate가 fructose 1,6-bisphosphate로 전환된다. Fructose 1,6-bisphosphate 2분자는 disaccharide인 sucrose 하나를 생성하는 데 쓰이고, stroma로 다시 전달될 수 있는 inorganic phosphate를 내보낸다. glyceraldehyde 3-phosphate가 hexose로 전환되는 메커니즘은 거의 해당과정의 역반응이다(그림 12-3 참조). 일부 glyceraldehyde 3-phosphate는(여기서는 표기되지 않았음) 식물의 성장에 필수적인 아미노산과 fat으로도 전환된다.

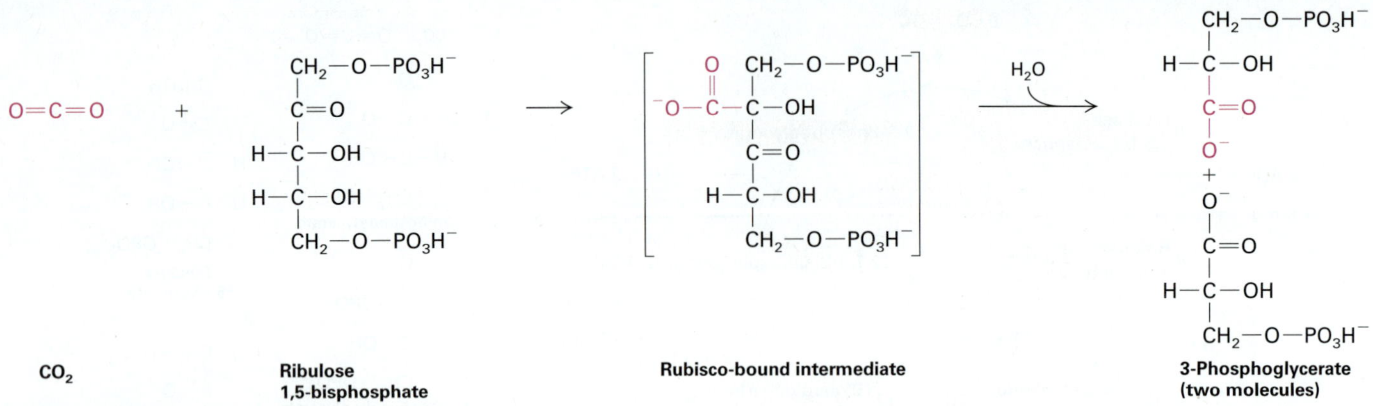

그림 12-41 CO_2를 유기화합물로 고정하는 rubisco의 최초 반응. 이 반응에서 CO_2 (빨간색)는 ribulose 1,5-bisphosphate carboxylase (rubisco)에 의해 촉매되어 five-carbon당 ribulose 1,5-bisphosphate와 응축된다. 생성물은 3-phosphoglycerate 분자 2개이다.

hate의 순수한 생성은 광합성에서 빛을 필요로 하는 과정에 의해 생성된 18개의 ATP와 12개의 NADPH 소모가 필요하다(그림 12-40, 위쪽 참조).

고정된 CO_2를 이용한 Sucrose의 합성은 세포질에서 완료 Glyceraldehyde 3-phosphate는 엽록체 stroma에서 형성된 후 phosphate와 교환되어 세포질로 수송된다. Sucrose 합성의 마지막 단계(그림 12-40, 아래쪽)는 leaf 세포의 세포질에서 일어난다.

Stroma에서 일어나는 녹말 합성 거대한 녹말 polymer를 구축하는 데 쓰이는 핵심적인 monomer substrate는 ADP-포도당이다. Polymerization은 stroma에서 일어나고, 녹말 polymer는 *granule*이라 불리는 빽빽하게 밀집된 crystalline aggregate (결정형 집합체)로 저장된다(그림 12-33과 12-34 참조). 포도당-1 phosphate와 ATP로부터 ADP-포도당을 생성하는 효소는 세포질과 stroma 모두에서 발견되는데, 이는 여러 가지 형태를 가지는 hexose가 녹말 합성을 위해 세포질로부터 stroma로 수송된다는 것을 나타낸다.

Photorespiration은 Carbon Fixation과 경쟁하며 C_4 식물에서는 감소되어 있다

앞서 언급하였듯이, rubisco는 광합성의 일환으로 CO_2를 ribulose 1,5-

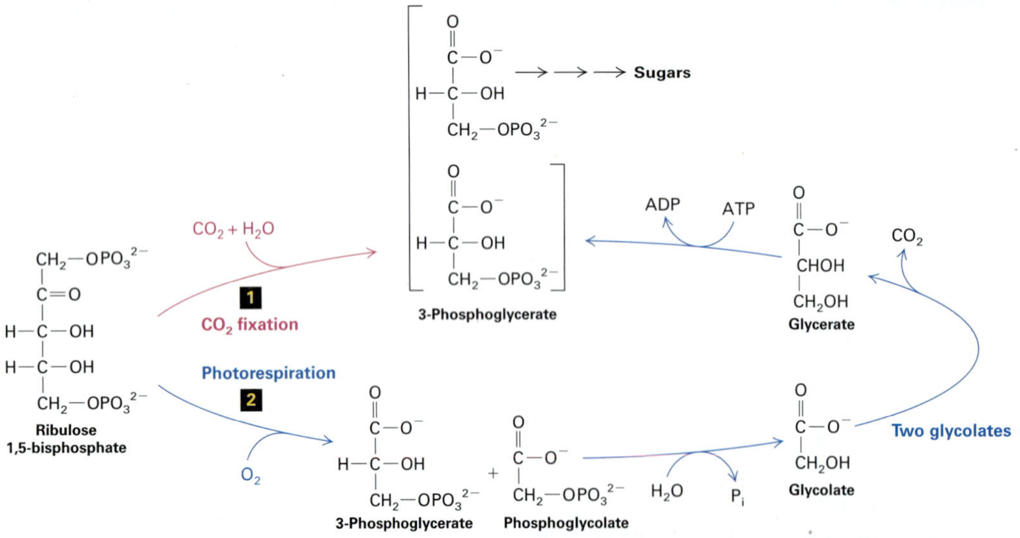

그림 12-42 CO_2 fixation과 photorespiration. 이러한 경쟁적 경로들은 모두 ribulose 1,5-bisphosphate carboxylase (rubisco)에 의해 시작되며, 둘 다 ribulose 1,5-bisphosphate를 이용한다. CO_2 fixation인 pathway **1**은 높은 CO_2와 낮은 O_2 분압에서 선호되고, photorespiration인 pathway **2**는 낮은 CO_2와 높은 O_2 분압에서 일어난다(즉, 정상적인 대기 상태에서 일어난다). Phosphoglycolate는 엽록체뿐만 아니라, peroxisome과 미토콘드리아에서 일어나는 여러 복잡한 조합의 반응들에 의해 재순환된다. 순수 결과는 2분자의 phosphoglycolate가 photorespiration에 의해 형성될 때마다(4개의 C 원자) 1분자의 3-phosphoglycerate가 궁극적으로 형성되어 재순환되고 1분자의 CO_2가 손실된다.

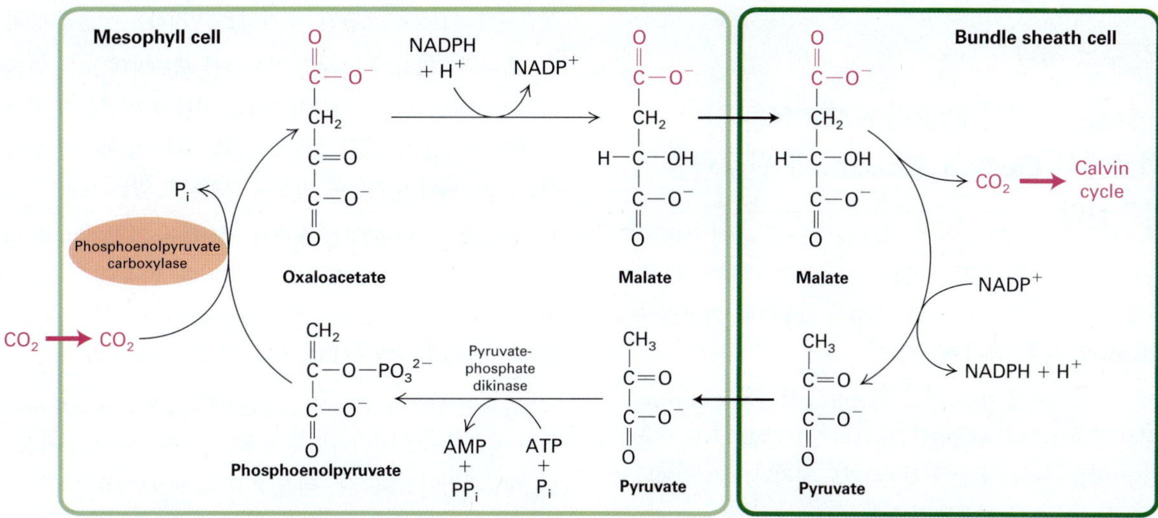

그림 12-43 C_4 경로. C_4 경로에서 핵심적인 효소는 mesophyll 세포에서 CO_2(빨간색)를 oxaloacetate로 동화시키는 phosphoenolpyruvate carboxylase이다. Bundle sheath 세포에서 malate나 다른 C_4 중간 생성물의 decarboxylation은 CO_2를 방출하면, 이것이 rubisco를 통해서 표준적인 Calvin 회로로 유입된다(그림 12-40, *위쪽* 그리고 12-41 참조).

bisphosphate로 유입하는 것을 촉매한다. Rubisco는 같은 기질인 ribulose 1,5-bisphosphate를 이용해서 앞서 설명한 반응과 경쟁을 하는 두 번째의 완전히 다른 **photorespiration (광호흡)**이라 알려진 반응도 촉매하는데, 두 번째 반응의 기질로 CO_2 대신에 O_2를 이용한다(그림 12-42). 두 번째 반응의 산물은 3-phosphoglycerate 분자 하나와 two-carbon compound (2탄소 화합물)인 phosphoglycolate 분자 하나이다. 첫 번째 반응인 carbon fixation 반응은 대기 중의 CO_2 농도가 비교적 높을 때 잘 일어나지만, 두 번째 반응은 CO_2의 농도가 낮고 O_2의 농도가 상대적으로 높을 때 잘 일어난다. Photorespiration은 빛의 존재 하에 O_2를 소모하고 ribulose 1,5-bisphosphate를 일부 CO_2로 전환시킨다. Photorespiration은 그림 12-42에서 보여 주듯이, 식물의 에너지 경제 측면에서는 낭비가 된다. 이 과정은 ATP와 O_2를 소모하면서 탄소를 고정하지 않고 CO_2를 생성한다. 사실상 CO_2의 농도가 낮고 O_2의 농도가 높을 때, Calvin 회로에 의해서 고정된 상당량의 CO_2는 photorespiration의 결과로 소실된다. 최근 연구에 의하면, rubisco에 의해서 촉매되는 놀랍도록 낭비적인 이러한 대체 반응은 효소가 비교적 특징이 없는 CO_2 분자에 특이적으로 결합하는 데에 있어서 본래의 어려움을 가지고 있는 것과 CO_2와 O_2 모두 같은 initial 효소/ribulose 1,5-bisphosphate 중간 생성물과 반응하여 독특한 산물을 만들 수 있는 능력을 가지고 있는 것에 기인하는 것처럼 보인다.

과다한 photorespiration은 덥고 건조한 환경에 사는 식물에 문제가 될 수 있는데, 이러한 식물들은 수분의 과다 손실을 막기 위해 잎에 있는 gas-exchange pore (stomata: 기공)를 대부분의 시간 동안 닫힌 상태로 유지하여야만 하기 때문이다. 결과적으로, 잎 내부의 CO_2 수준은 CO_2에 대한 rubisco의 K_m보다 낮게 떨어질 수 있다. 이러한 조건하에서 광합성의 속도는 느려지고, photorespiration은 훨씬 더 선호되며, 식물은 적절한 양에 미치지 못하는 CO_2를 고정하는 위험에 처해질 수 있다. 덥고 건조한 환경에서 자랄 수 있는 corn (옥수수), sugarcane (사탕수수), crabgrass (바랭이) 그리고 다른 식물들은 Calvin 회로에 앞서 CO_2를 저장하는 과정인 2-단계 CO_2 fixation 경로를 사용함으로써 이러한 문제를 피할 수 있게 진화하였다. 그 첫 단계는 *mesophyll* 세포에서 일어나는 CO_2-hoarding 단계이고, 그 다음 단계는 *bundle sheath* 세포에서 일어나는 Calvin 회로이다(그림 12-43). 이 경로를 **C_4 pathway**라 명명하였는데, 이 경로에서 광합성 동안 형성되는 mesophyll 세포에서 첫 번째 생성된 분자는 oxaloacetate와 malate 같은 four-carbon compound이고, Calvin 회로(C_3 pathway)에서 본 three-carbon 분자가 아니기 때문이다. 이들 our-carbon compound는 bundle sheath 세포로 운반된 뒤, 이곳에서 CO_2가 떨어져 나와 Calvin 회로의 기질로 사용된다. Bundle sheath 세포에서의 상대적으로 높은 농도의 CO_2와 낮은 농도의 O_2는 rubisco에 의한 CO_2 fixation을 선호하여 3-phosphoglycerate를 형성하고 photorespiration을 억제한다.

C_4 식물은 사용 가능한 CO_2의 이용에 있어서 C_3 식물보다 우수한데, 이는 C_4 효소 phosphoenolpyruvate carboxylase가 Calvin 회로의 rubisco보다 CO_2에 대한 친화력이 높기 때문이다. 그러나 하나의 ATP가 cyclic C_4 과정에서 하나의 AMP로 소모된다(pyruvate로부터 phosphoenolpyruvate를 생산하기 위해서); 따라서 NADPH와 ATP로부터 광합성을 통한당 생산의 전반적 효율은 CO_2 fixation을 위해 오직 Calvin 회로만을 사용하는 C_3 식물보다 낮다. 그럼에도 불구하고, corn 및 sugarcane과 같은 C_4 grass에서의 광합성의 순수 비율은 wheat, rice, oat (귀리) 등과 같은 다른 유사한 C_3 grass의 비율보다 2–3배일 수 있는데, 이는 photorespiration으로부터의 손실을 배제할 수 있기 때문이다.

12.10절의 주요 개념

광합성의 Stage 4에서 ATP와 NADPH는 Calvin 회로에서 Carbon Fixation과 탄수화물 합성을 일으킨다

- stage 4에서는, stage 2와 3에서 생산된 NADPH와 ATP가 CO_2와를 고정하는 데에 사용되고, 그 결과 탄수화물을 합성한다. 이 반응은 틸라코이드 stroma와 세포질에서 일어난다.
- stage 1–3은 빛 에너지에 직접적으로 의존하기 때문에 *light reaction*이라고 부른다. stage 4의 반응들은 빛 에너지에 간접적으로 의존하며, 어두운 곳(빛을 비추는 동안에 일어나기도 하지만)에서 일어나기 때문에 종종 *dark reaction*이라고 부른다.
- Calvin 회로는 탄소 고정의 C_3 *pathway*라고 부른다. 탄소 고정은 대기 중의 CO_2가 엽록체 stroma에서 일어나는 여러 반응들 안에서 organic 분자에 편입되어 고정되는 것을 말한다.
- Calvin 회로에서 최초의 반응은 rubisco에 의해 촉매되며, three-carbon 중간 생성물인 3-phosphoglycerate를 형성한다. 이 cycle에서 생성된 glyceraldehyde 3-phosphate의 일부는 세포질로 운반되어 sucrose로 전환된다(그림 12-40 참조).
- Rubisco는 light-그리고 redox-sensitive하다. 그 활성은 rubisco activase라고 하는 효소에 의하여 조절된다.
- ADP-포도당은 stroma에서 녹말 polymer로 중합되고 단단히 뭉친 침전물인 *granule*로 보관된다.
- C_3 식물에서 Calvin 회로에 의해 고정된 상당 부분의 CO_2가 photorespiration의 결과로 소실될 수 있는데, rubisco에 의해 촉매되는 이 낭비적인 반응은 낮은 CO_2와 높은 O_2 수준에서 선호된다(그림 12-42 참조).
- C_4 식물에서, CO_2는 mesophyll 세포에서 phosphoenolpyruvate와 결합하면서 rubisco-indendent reaction에 의해 최초로 고정된다. 이렇게 생성된 four-carbon 분자는 bundle sheath 세포로 운반되어 이곳에서 CO_2를 방출하고, 이 CO_2가 그 후 rubisco에 의하여 Calvin 회로에서 고정된다. Photorespiration의 비율은 C_4 식물이 C_3 식물보다 훨씬 낮다.

개념 복습

1. Proton motive force (pmf)는 미토콘드리아 및 엽록체의 기능에 모두 필수적이다. 어떠한 것이 pmf를 생산하며, ATP와 어떠한 관계에 있는가? 1930년대에 살 빼는 약으로 사용되었으나, 이후에 위험한 부작용이 있는 것으로 밝혀진 2,4-dinitrophenol (DNP) 제제는 막을 가로질러 양성자가 확산되도록 허용한다. DNP를 사용하는 것이 왜 위험한가?

2. 미토콘드리아와 엽록체는 symbiotic bacteria로부터 진화한 것으로 생각된다. 이 장에 서술된 이 가설을 지지하는 실험적 증거는 무엇인가?

3. 미토콘드리아의 내막은 전형적인 세포막의 모든 기본적 성질을 가지고 있으나, 산화적 인산화에서의 역할과 밀접하게 연관되어 있는 자신만의 독특한 몇 가지 성질도 띠고 있다. 이 독특한 성질은 무엇인가? 각 성질이 내막의 기능에 어떻게 기여하고 있는가?

4. 포도당로부터 ATP를 최대로 생산하는 과정에는 해당과정과 시트르산 회로, 그리고 전자전달계가 포함된다. 이 반응들 중 어느 것이 O_2를 필요로 하며, 왜 필요한지 설명하시오. 이 반응들 중 어느 것이 특정 유기체나 생리적 상태에서 O_2 없이 진행이 가능한가?

5. 발효는 산소가 존재하지 않는 상황에서 포도당로부터의 에너지 추출이 지속적으로 일어나도록 허용한다. 포도당 이화 작용이 혐기성이라면, 해당과정이 지속되는 데 발효가 왜 필요한가?

6. 세포질에서 포도당 이화 작용으로부터 유래된 전자가 미토콘드리아의 내막의 전자전달계로 전달되는 과정을 단계 별로 기술하시오. 답을 작성할 때 각 단계에서 일어나는 전자 전달이 직접적인지 간접적인지를 명시하시오.

7. 미토콘드리아에서의 지방산 산화는 ATP의 주공급원임에도 불구하고 지방산은 다른 곳에서도 산화될 수 있다. 미토콘드리아 이외에 다른 어떤 세포소기관이 지방산을 산화할 수 있는가? 이 세포소기관에서 일어나는 산화는 미토콘드리아에서 일어나는 산화와 무엇이 근본적으로 다른가?

8. 미토콘드리아에서 cytochrome 각 분자는 prosthetic group (보결분자단)을 함유하고 있다. Prosthetic group이란 무엇인가? 어떠한 종류의 prosthetic group이 cytochrome과 연관되어 있는가? 여러 종류의 cytochrome이 가지고 있는 어떠한 성질이 전자로 하여금 전자전달계를 따라 확실하게 한 방향으로 흐르도록 하는가?

9. 전자전달계는 수많은 다단백질 복합체로 구성되어 있으며, 이들은 NADH와 같은 전자 운반체로부터 O_2로 전자를 전달하는 데 함께 작용한다. ATP 합성에 이들 complex의 기능은 무엇인가? 호흡 초복합체는 호흡에 필요한 모든 단백질 구성요소를 가지고 있다고 밝혀졌다. 이것이 왜 ATP 합성에 이로운가? 그리고 초복합체가 존재한다는 것을 실험적으로 밝힐 수 있는 한 가지 방법은 무엇인가? Coenzyme Q (CoQ)는 단백질은 아니지만 작은 소수성 분자이다. 전자전달계이 기능을 하는 데 있어 CoQ가 소수성 분자이어야 하는 것이 왜 중요한가?

10. NADH로부터 나오는 각 electron pair가 약 3분자의 ATP 합성을 유도한다고 계산되는 반면, $FADH_2$로부터 나오는 각 electron pair는 약 2분자의 ATP 합성으로 유도된다. $FADH_2$와 NADH가 내어놓는 전자가 ATP 합성 수확에 차이를 보이는 근본적인 이유는 무엇인가?

11. 미토콘드리아에 있는 ATP synthase 효소의 다른 구성요소의 주 기능을 기술하시오. 구조적으로 이와 유사한 효소가 lysosome과 endosome을 산성화시킨다. ATP synthase의 메커니즘에 대해 알고 있는 것으로부터 이런 산성화가 어떻게 일어날 수 있는지를 설명하시오.

12. ATP synthase에 대하여 우리가 알고 있는 대부분의 지식은 호기성

박테리아의 연구로부터 밝혀졌다. 이러한 유기체가 이러한 연구에 왜 유익한가? 이 유기체에서는 해당과정, 시트르산 회로 및 전자전달계가 어디에서 일어나는가? 이들 호기성 박테리아에서는 어디에서 양성자 구동력이 생성되며, 어떠한 다른 세포내 과정이 양성자 구동력에 의존하는가?

13. 미토콘드리아의 내막이 가지고 있는 하나의 중요한 기능은 수용성 분자이 이동하는 데에 대한 선택적 투과 벽을 제공하여 막의 양쪽에 서로 다른 화학적 환경을 형성하도록 하는 것이다. 그러나 산화적 인산화의 많은 기질과 생성물들은 수용성이며, 내막을 반드시 통과해야 한다. 이러한 수송이 어떻게 이루어지게 되는가?

14. Q cycle은 미토콘드리아, 엽록체 및 박테리아의 전자전달계에서 주요 기능을 한다. Q cycle의 기능은 무엇이며, 어떻게 그 기능을 수행하는가? 미토콘드리아, purple bacteria 및 엽록체에서는 Q cycle에 전자전달의 어떠한 component가 참여하는가?

15. True/False: ATP는 엽록체에서 생성되기 때문에 광합성을 수행할 능력이 있는 세포는 미토콘드리아가 필요 없다. 답에 대해 설명하시오. 미토콘드리아와 엽록체가 진핵생물 세포에 어떻게 유래하게 되었는지를 설명할 수 있는 아이디어를 기술하시오.

16. 산소를 생성하는 광합성의 전반적인 반응을 기술하시오. 다음 문장을 설명하시오. 광합성에 의하여 생성되는 O_2는 단지 탄수화물과 ATP를 생산하는 반응의 부산물에 불과하다.

17. 광합성은 여러 단계로 나누어질 수 있다. 이 광합성의 여러 단계란 어떤 것들이며, 엽록체 내부의 어느 곳에서 각 단계가 진행되는가? Sucrose는 광합성에 의해서 어디에서 생성되는가?

18. 빛 에너지의 흡수를 맡고 있는 photosystem은 reaction center와 antenna complex라고 하는 2개의 서로 연결된 구성성분으로 되어 있다. 이 과정에 필요한 색소 조성은 무엇이며, 빛 흡수 과정에 있어서 각 구성성분의 기능은 무엇인가? 이러한 구성성분들에서 발견되는 색소가 광합성에 참여한다는 증거는 무엇인가?

19. Green 및 purple bacteria의 광합성은 O_2를 생산하지 않는다. 그 이유는? 그렇다면 이러한 유기체는 ATP를 생산하기 위하여 어떻게 광합성을 이용하는가? 어떠한 분자가 이 유기체에서 전자 공여자로서의 기능을 맡고 있는가?

20. 엽록체는 2개의 photosystem을 가지고 있다. 각각의 기능은 무엇인가? Linear electron flow에 대하여 photon의 흡수로부터 NADPH의 형성에 이르기까지 electron flow를 그리면서 설명하시오. NADPH의 형태로 저장되어 있는 에너지는 무엇을 합성하는가?

21. CO_2를 고정하는 Calvin 회로는 어두운 곳에서는 그 기능을 하지 않는다. 이에 가장 합당한 이유는 무엇인가? 이러한 반응들은 어떻게 빛에 의하여 조절되는가?

22. Rubisco는 지구 상에서 가장 풍부한 단백질로 추정되는데, 광합성을 하는 유기체에서 탄수화물 합성을 일으키는 데 중요한 역할을 한다. Rubisco는 무엇이며, 어디에 존재하고 어떤 기능을 하는가?

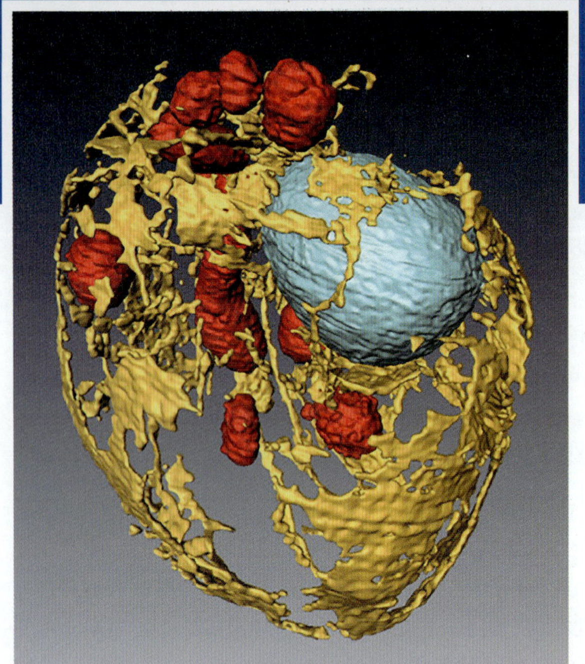

Scanning electron microscopy (주사전자현미경)를 사용하여 yeast cell (효모세포)의 internal membrane (내부 막)의 3차원적 재구성. 세포벽은 제거된 상태이고, 세포소기관은 채색함으로 강조되어 Endoplasmic reticulum (소포체; 노란색), mitochondria (미토콘드리아; 빨간색) 그리고 nucleus (핵; 파란색)가 드러난다. 세포의 직경은 3.5 μm이다. [From D. Wei et al., 2012, "High-Resolution Three-Dimensional Reconstruction of a Whole Yeast Cell Using Focused-Ion Beam Scanning Electron Microscopy," *Biotechniques* **53**(1):41–48.]

CHAPTER 13

막과 세포소기관으로의 단백질 이동 (Moving Proteins into Membranes and Organelles)

OUTLINE

전형적인 포유류 세포는 약 10,000여 개에 달하는 서로 다른 종류의 단백질을 갖고 있다; yeast (효모) 세포는 약 5,000여 개의 단백질을 갖고 있다. 이런 단백질의 대부분은 세포질 ribosome (리보솜)에서 합성되며, 비록 새로 합성된 많은 단백질들은 세포질에 남게 되지만(5장 참조), 전형적인 세포에서 합성되는 단백질 가운데 많게는 절반 정도의 단백질들은 세포 내에 있는 membrane (막)으로 둘러싸인 구획(세포소기관)으로 운반된다. 예를 들어, 많은 receptor protein (수용체 단백질)과 transport protein (운반단백질)은 반드시 세포막으로 전달되어야 하고, 소화 효소와 polypeptide (폴리펩타이드) 신호 분자는 분비되기 위해 반드시 세포 표면으로 이동하여야 하며, RNA와 DNA polymerase (중합효소)는 반드시 핵으로 수송되어야만 한다. 세포에서 합성되는 모든 단백질들은 세포가 제대로 기능할 수 있도록 정확한 위치로 가야만 한다.

새로 합성된 단백질이 세포내 적절한 목적지로 운반되는 것을 *protein targeting* (단백질 타겟팅) 또는 *protein sorting* (단백질 선별)이라고 한다. 다양한 세포소기관으로의 운반은 **signal-based targeting (신호에 의한 타겟팅)**과 **secretory pathway (분비 경로)**에서 발견되는 **vesicle-based trafficking (소낭에 의한 수송)**이라는 두 가지 매우 다른 과정에 의해 진행된다. 첫 번째 과정은 세포질에서 새롭게 합성된 단백질이 세포소기관으로 targeting되는 것이다. Targeting은 단백질이 번역되는 동안이거나 또는 단백질 합성이 완전히 끝난 후에 일어난다. Membrane protein의 경우 membrane의 지질 이중층에 단백질이 삽입되어 target되는 반면에, 수용성 단백질인 경우 세포소기관의 수용성 내부로 단백질 전체가 membrane을 가로질러 targeting된다. 단백질들은 소포체, 미토콘드리아, 엽록체, 퍼옥시솜 그리고 핵에 이러한 일반적인 과정을 거쳐 이동한다(그림 13-1).

분비 경로로 알려진 두 번째 일반적인 sorting process (분류 프로세스)는 단백질들이 membrane에 둘러싸여진 소낭에 담겨 ER로부터 이 단백질들의 최종 목적지로 수송하는 것을 말한다. Extracellular matrix (세포외기질)를 구성하는 단백질을 포함한 많은 단백질들의 최종 목적지는 세포의 바깥쪽이다(그래서 세포외기질이라는 이름이 붙여진 것임); integral membrane protein (막단백질) 역시 이 과정을 통해 Golgi complex (골지체), lysosome (리소좀)과 세포막으로 수송된다. 분비 경로는 ER에서 시작한다; 따라서 모든 단백질들이 분비 경로에 들어가게 됨으로써, target이 이러한 세포소기관으로 시작되는 것이다.

ER로 target되는 것은 보통 ribosome에서 합성되고 있는 *nascent* 단백질 (초기 합성 중인 단백질)이 관여하고 있다. 새로 만들어지고 있는 단백질, 그래서 ribosome에서 나오기 시작하는 단백질은 직접 ER membrane과 접촉한다. 일단 ER membrane을 가로질러 이동하면 ER lumen (내강)에 존재하는 protein-folding catalyst (단백질의 구조

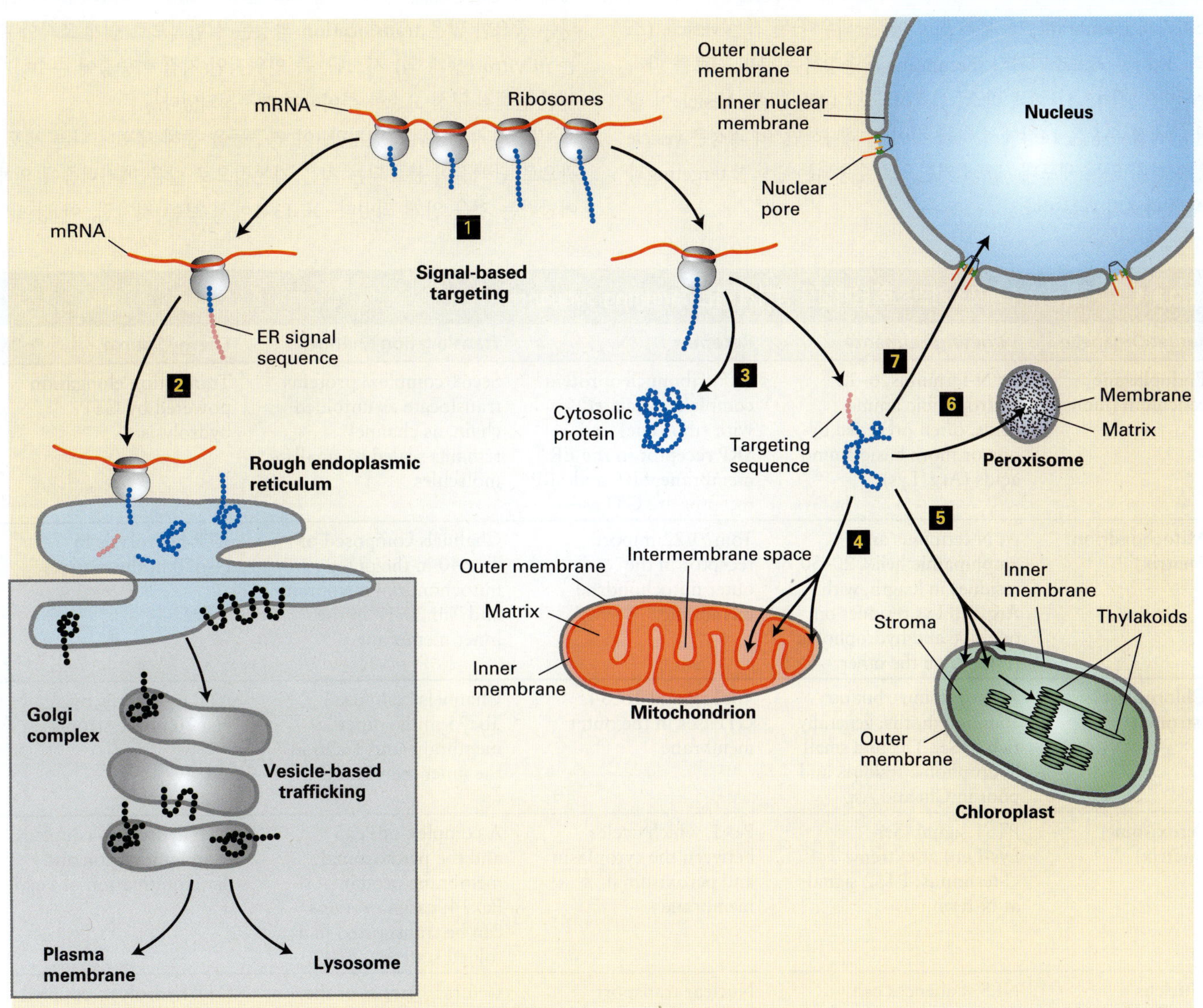

그림 13-1 진핵생물의 주요 protein-sorting 경로 개요. 모든 핵에 있는 DNA 정보로부터 만들어진 mRNA는 세포질 ribosome (단계 **1**)에서 번역되지만, 단백질은 polypeptide sequence 내에 있는 targeting signal에 따라 다른 세포내 위치로 향할 수 있다. 왼쪽(분비 경로): 초기 분비단백질을 합성하는 ribosome은 ER signal sequence (분홍색; 단계 **2**)에 의해 조면소포체(RER)로 향한다. ER에서 번역이 완료된 후, 이 단백질들은 vesicle 기반의 운반 과정을 통해 Golgi complex와 plasma membrane 또는 lysosome으로 이동할 수 있다. 분비 경로(음영 상자)에서 중요한 vesicle-based process는 14장에서 논의된다. 오른쪽(신호 기반 targeting): Targeting sequence가 없는 단백질은 세포질에 남는다(단계 **3**). 세포소기관에 특화된 targeting sequence (분홍색)를 가진 단백질은 처음에는 세포질로 방출되지만 그 후 미토콘드리아, 엽록체, 퍼옥시좀 또는 핵(단계 **4**–**7**)으로 유입된다. 미토콘드리아와 엽록체 단백질은 일반적으로 외막과 내막을 통과하여 각각 matrix 또는 stromal space로 들어간다. 다른 단백질들은 추가적인 분류 단계에 의해 이 세포소기관들의 다른 하위 지역으로 분류된다. 핵에 존재하는 단백질들은 핵막에 있는 뚜렷한 pore를 통해 들어가고 나간다.

를 잡아주는 촉매)에 의해 native conformation (고유 입체형태)으로 assembly (조립)된다. 실제로, 일반적인 세포에서 ER은 약 3분의 1 정도의 단백질이 고유 입체형태로 구조가 잡히는 장소이고, resident ER 단백질(ER에 머무는 단백질)의 대부분은 직접적이거나 간접적으로 단백질이 구조 잡는 과정에 참여하고 있다. Folding process (구조 잡는 과정)의 하나로 단백질은 ER에서 특별한 post-translational modification (번역 후 변형) 과정을 거친다. 이 과정은 매우 조심스럽게 점검 받게 되는데, folding과 assembly가 완벽하게 끝난 단백질만이 분비 경로를 따라 ER로부터 다른 목적지로 수송되는 것이 가능하게 된다. 최종 목적지가 lysosome, 세포막 또는 세포 바깥쪽인 단백질들은 하나의 세포소기관의 membrane으로부터 bud (싹을 틔우다)된 작은 vesicle (소낭)과 또 다른 세포소기관의 membrane과 융합하는 분비 경로를 따라 수송된다(그림 13-1 [회색 박스] 그리고 그림 14-1 참조). Vesicle이 관련된 단백질 수송은 14장에서 다룰 것이다. 왜냐하면, 이 과정은 vesicle이 관여하지 않는 세포내 세포소기관으로 수송되는 단백질 targeting과는 매우 다르기 때문이다.

이 장에서, 우리는 다음 다섯 가지 세포내 세포소기관인 ER, 미토콘드리아, 엽록체, 퍼옥시좀 그리고 핵에 단백질이 어떻게 target되는지를 알아보려 한다. 단백질 targeting 과정의 두 가지 특징은 처음에 꽤나 이해하기 어려웠다: 작은 분자나 이온들의 장벽인 이중막의 기능을 망가뜨리지 않고서, 어떻게 비교적 커다란 hydrophilic (친수성) 단백질을 hydrophobic (소수성) membrane을 가로질러 이동시키는 것일까? 생화학적 정제 방법과 특별한 translocation (위치 이동)을 수행할 수 없는 돌연변이를 찾아내는 유전자 스크린 방법을 함께 사용하여 세포생물학자들은 여러 다른 세포 안에 존재하는 membrane을 가로 질러 이동하는 데 필요한 많은 세포 구성 요소를 찾아냈다. 그리고 세포에서 일어나는 중요한 많은 translocation 과정은 실험적으로 쉽게 조작할 수 있는 *in vitro* (생체 외) 시스템, 즉 인위적인 지질 이중층에 순수하게 정제된 단백질 구성 요소를 투여하여 재구성되었다.

몇몇 다른 경우도 있지만, 이 연구들을 통해 세포내 다른 세포소기관으로 단백질이 분류되는 것은 기본적으로 같은 메커니즘에 의해 일어난다는 것을 알게 되었다. 표 13-1에서 보는 것처럼, 이 장에서 다

표 13-1 • 세포질에서 세포소기관으로 단백질을 향하게 하는 Targeting Sequence

Target Organelle	Targeting Sequence	Receptor	Translocation Channel	Energy Source
Endoplasmic reticulum (lumen)	At N-terminus, 6–12 hydrophobic amino acids, often preceded by one or more basic amino acids (Arg, Lys)	SRP (ribonucleoprotein complex associated with ribosome) and SRP receptor in the ER membrane; SRP and SRP receptor are GTPases	Sec61 complex; proteins translocate as unfolded chain, as channel remains sealed to small molecules	Translation elongation powered by GTP hydrolysis
Mitochondrion* (matrix)	At N-terminus an amphipathic helix, 20–50 residues in length, with Arg and Lys residues on one side and hydrophobic residues on the other	Tom20/22 import receptor in the outer mitochondrial membrane	Channels composed of Tom40 in the outer mitochondrial membrane and Tim23/17 in the inner membrane	ATP hydrolysis by Hsp70 in the matrix
Chloroplast* (stroma)	At N-terminus, but no common motifs; generally rich in Ser, Thr, and small hydrophobic residues and poor in Glu and Asp	Toc159 and Toc34, GTPases in the outer membrane	Channels composed Toc75 in the outer membrane and Tic20 in the inner membrane	ATP hydrolysis by Hsp70 in the stroma
Peroxisome (matrix)	PTS1 signal (Ser-Lys-Leu) at extreme C-terminus; PTS2 signal at N-terminus	Pex5, which cycles between the cytoplasm and peroxisomal membrane	A complex of Pex5 and the peroxisomal membrane protein Pex14; cargo proteins can be transported in a folded state	ATP hydrolysis coupled to ubiquitination and deubiquitination of Pex5
Nucleus (nucleoplasm)	NLS sequences can function at any location within a protein sequence; a common motif includes a short segment rich in Lys and Arg residues	Nuclear transport receptors, which cycle between the cytoplasm and the nuclear interior	Central channel of the nuclear pore complex which is filled with a fluidlike phase of FG-repeat proteins; proteins and RNA can traverse in folded state when bound to a nuclear transport receptor	GTP hydrolysis coupled to cycling of Ran GTPase into and out of the nucleus

*Targeting to subcompartments of the mitochondria (such as the inner membrane) and the chloroplast (such as the thylakoid) require additional targeting sequences, receptors, and translocation channels as discussed in this chapter.

루는 다섯 가지 세포소기관에 targeting되는 메커니즘은 다음 네 가지 기본 요소로 요약될 수 있다. (1) 어떤 특정 세포소기관으로 단백질이 targeting되기 위한 정보는 단백질 그 자체 내에 있는 아미노산 배열로 암호화되어 있고, 보통 약 20개의 아미노산 배열 내에 있는데, 이를 일반적으로 **targeting sequence (타겟팅 시퀀스)**라 한다; 이 sequence는 또한 *signal sequence* (시그널 시퀀스) 또는 *signal peptide* (시그널 펩타이드)라고도 한다. 이와 같은 targeting sequence는 주로 단백질의 N-terminus (N-말단)에 있으며, 그렇기 때문에 단백질이 합성되는 첫 부분에 있다. 드물게 targeting sequence는 C-terminus (C-말단) 또는 단백질 내부에 위치한다. (2) 각 세포소기관은 특별한 종류의 targeting sequence와 직접적이거나 간접적으로 결합하는 receptor (수용체) 단백질 세트를 갖고 있어 targeting이 정확하게 일어나게 한다. (3) targeting sequence를 갖고 있는 단백질이 이에 상응하는 receptor와 결합하면, polypeptide 체인은 membrane의 이중층에 박히거나 통과하기 위해 몇 가지 종류의 *translocation channel*로 전달된다. (4) 마지막으로, 단백질이 미끄러져 다시 세포질로 나오지 않도록 세포소기관 안으로 단백질이 한쪽 방향으로 전달되어 들어가야 하는데, 이는 translocation 과정이 GTP 또는 ATP의 가수분해와 같은 열역학적으로 선호하는 과정과 연결되어 일어난다. 어떤 경우에는 표적 세포소기관 내의 하위 구획에 도달하기 위해 더 분류되어야 한다; 이와 같은 분류는 또 다른 signal sequence와 receptor 단백질에 의해 일어난다.

이번 장의 첫 부분에서는 단백질이 분비 경로로 들어갈 때 겪게 되는 post-translational modification을 포함해서 단백질이 ER로 target되는 과정을 다룬다. 단백질이 ER로 target되는 것이 가장 잘 이해되는 단백질 targeting의 예로서 일반적인 모델 역할을 한다. 그 다음에 단백질이 미토콘드리아, 엽록체, 그리고 퍼옥시좀으로 targeting되는 것을 설명할 것이다. 마지막으로, 단백질이 nuclear pore (핵공)를 통해 핵의 안과 밖으로 수송되는 것을 다룰 것이다.

서로 다른 종류의 targeting sequence의 특성을 안다는 것은 매우 중요한데, 이는 유전자가 암호화한 아미노산 sequence 정보만으로도 이 단백질의 세포내 최종 위치를 신뢰할 만한 수준으로 유추할 수 있기 때문이다. 사실, 인간의 genome (게놈)에 의해 암호화된 대부분의 단백질들의 세포내 위치는 우리가 이 장에서 다루게 되는 서로 다른 종류의 targeting sequence에 대한 정보를 사용하여 정확하게 예상할 수 있다.

13.1 ER membrane으로 가서 통과하는 단백질 Targeting

모든 진핵세포는 endoplasmic reticulum (ER)을 가지고 있다. ER은 나선형의 구불구불한 세포소기관으로서, tubule (튜브)과 flattened sacs (납작한 주머니)로 이루어져 있으며, 이 membrane은 nucleus의 membrane으로부터 연속적으로 이어져 있다. ER의 면적은 매우 넓으며, ER membrane에서 세포가 필요로 하는 지질이 합성된다(10장 참조). ER은 또한 대부분의 membrane protein이 assembly되는데, 여기에는 세포막과 lysosome, ER 그리고 Golgi complex의 membrane에 있는 membrane protein이 포함된다. 게다가 세포로부터 분비되는 모든 soluble protein (용해성 단백질)을 포함해서, ER, Golgi complex, lysosome의 lumen으로 가야 하는 단백질들은 처음에는 ER lumen으로 전달된다 (그림 13-1 참조). ER은 단백질 분비에서 매우 중요한 역할을 담당하므로, 우리는 ER을 통해 *secretory pathway* (분비 경로)로 흘러가는 단백질 trafficking 경로를 알아볼 것이다. 단순하게 설명하기 위해서, 초기에 ER로 target되는 모든 단백질을 *secretory protein* (분비단백질)을 사용하여 설명하겠지만, ER로 targeting되는 모든 단백질이 실제로는 세포로부터 분비되지 않는다는 것을 명심해야 한다.

이번 장의 첫 번째 절에서, 우리는 단백질이 어떻게 처음에 secretory protein으로 확인되고 그러한 단백질이 어떻게 ER membrane을 가로질러 이동하게 되는지에 대해 알아보겠다. 먼저 ER membrane을 완전히 통과하여 lumen으로 들어가는 soluble protein에 대해 알아볼 것이다. 그 다음 절에서는 ER membrane에 삽입되는 integral membrane protein (내재성 막 단백질)에 대해 알아볼 것이다.

분리된 ER membrane을 사용해서 Pulse-Chase Experiment를 수행하여 분비되는 단백질들이 ER membrane을 통과함을 보여주었다

모든 세포가 다양한 단백질(예, 세포외기질 단백질)을 분비하지만, 어떤 종류의 세포들은 많은 양의 특별한 단백질을 분비하도록 특화되어 있다. 예를 들면, pancreatic acinar cell (췌장 세엽세포)은 창자와 연결되는 ductule (소도관)으로 분비되는 많은 양의 몇 가지 소화효소를 합성한다. 이와 같은 분비 세포는 분비 경로에 참여하는 세포소기관(예, ER과 Golgi complex)을 매우 풍부하게 갖고 있으므로, ER membrane에서 일어나는 초기 단계 연구를 포함한 분비 경로 연구에 널리 사용되고 있다.

분비단백질의 합성이 끝나자마자 일어나는 일련의 과정은 pancreatic acinar cell을 사용한 pulse-chase 실험을 통해 밝혀졌다. 이 실험에서 방사능으로 표지된 아미노산은 ER 표면에 달라붙은 ribosome에 합성되는 분비단백질로 들어가게 된다. 분비 경로로 들어오는 단백질을 받아들이는 ER 지역은 **rough ER (조면소포체)**로 불리고 있는데, 그 이유는 ribosome이 밀집하여 박혀 있어 그 표면이 형태상으로 다른 ER membrane과 다르기 때문이다(그림 13-2). 이 연구를 통해 ribosome에서 단백질이 합성되는 도중이거나 합성 직후, 분비단백질이 ER의 lumen으로 ER membrane을 통과하여 안으로 들어간다는 것을 확실히 보여주었다.

Translocation 과정을 단계적으로 설명하기 위해 세포로부터 ER을 분리하는 것이 필요하다. 섬세한 레이스 같은 구조를 갖고 있고, 다른 세포소기관과 서로 연결되어 있는 ER을 온전하게 분리하는 것은 불가능하다. 하지만 과학자들은 세포를 homogenize (균질화하다. 세포를 분쇄하는 것을 의미함)할 때 rough ER은 바깥쪽에 ribosome이 붙어 있는 **microsome (마이크로좀)**이라 불리는 작은 vesicle로 깨지고, 이것은 단백질이 translocation을 할 수 있는 능력과 온전한 ER이 갖

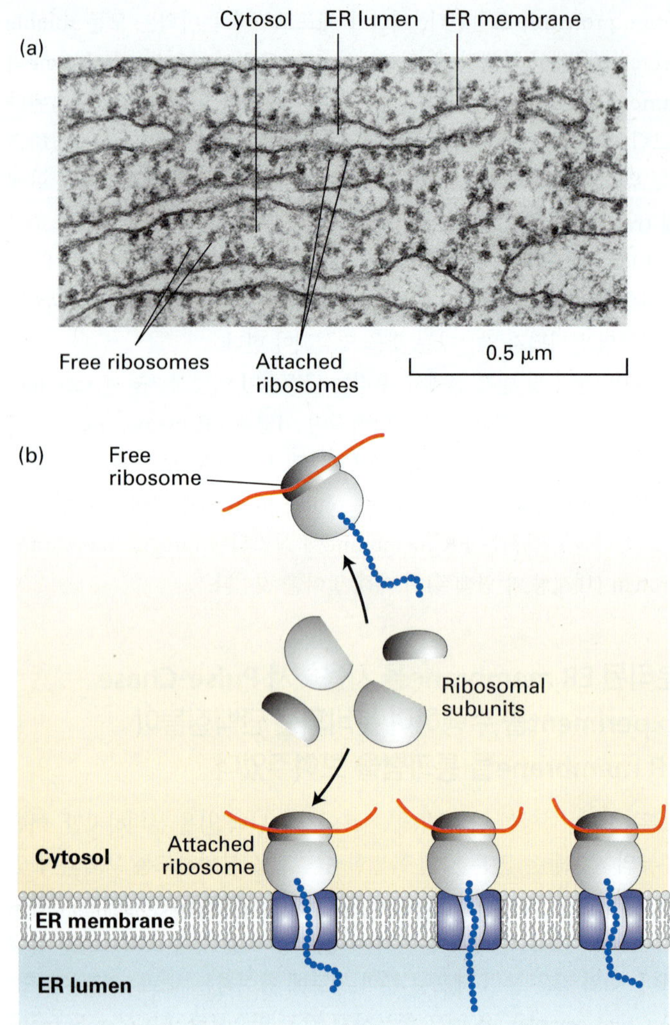

그림 13-2 Rough ER의 구조. (a) Pancreatic (췌장의) acinar cell의 rough ER에 부착된 ribosome의 전자현미경 사진. 이러한 유형의 세포에 의해 합성된 단백질의 대부분은 분비단백질이며, 막에 부착된 ribosome에서 만들어진다. 몇몇 부착되지 않은 (free) ribosome이 보인다; 아마도, 이 ribosome들은 세포질 또는 분비되지 않는 단백질을 합성하고 있을 것이다. (b) ER에서 일어나는 단백질 합성의 개략적인 그림. 막에 붙어 있는 ribosome과 세포질에 있는 free ribosome은 동일하다. 막에 붙어 있는 ribosome은 ER signal sequence를 갖고 있는 polypeptide를 합성하는 동안 ER로 간다. [Part (a) Courtesy of Dr. Marilyn G. Farquhar, University of California, San Diego.]

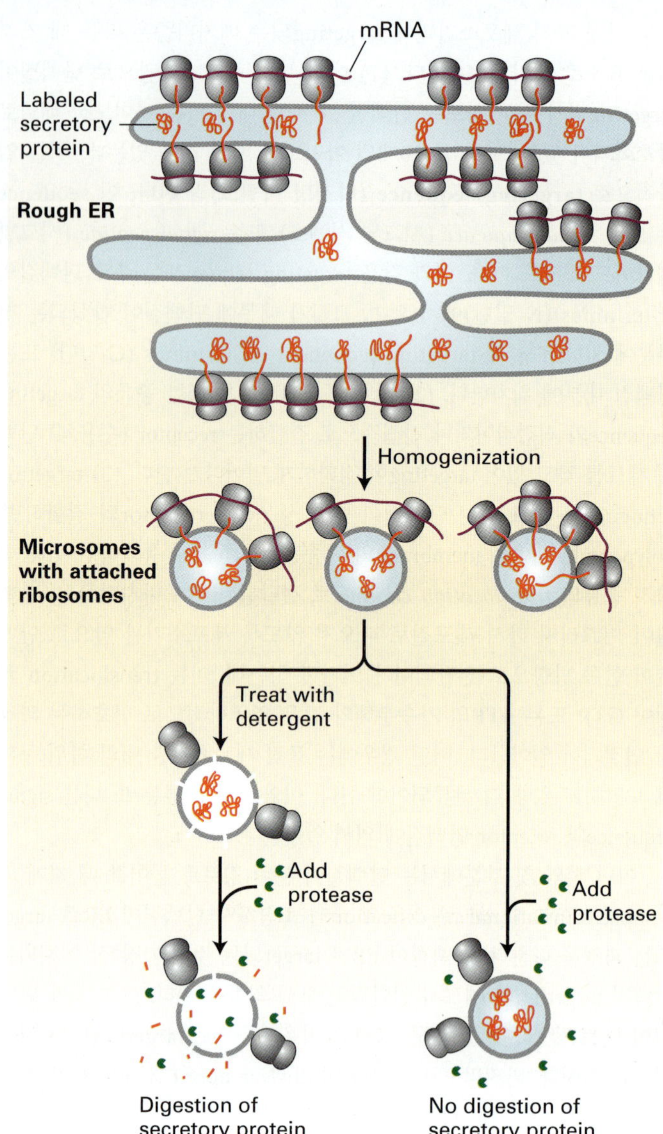

그림 13-3 분비단백질은 ER lumen으로 들어간다. Labeling 실험을 통해 분비단백질은 합성 직후 ER lumen으로 들어간다는 것을 증명했다. 새로 합성된 단백질만 방사성 동위원소 아미노산이 들어가서 label되도록 세포를 짧은 시간 배양한다. 그런 후 세포를 homogenization (균질화)하여 plasma membrane을 깨뜨리고 RER을 마이크로솜이라고 불리는 작은 vesicle로 쪼갠다. 마이크로솜은 ribosome과 결합되어 있기 때문에 다른 막성 소기관보다 밀도가 훨씬 높으므로, differential과 sucrose density-gradient centrifugation을 사용하여 분리될 수 있다(4장 참조). 정제된 마이크로솜은 detergent가 존재하거나 존재하지 않은 상태에서 protease로 처리했다. 마이크로솜에 들어간 label된 분비단백질은 마이크로솜 막이 detergent 처리에 의해 먼저 파괴되는 경우에만 protease에 의해 분해된다. 이 발견은 새로 만들어진 단백질이 RER의 lumen과 같은 위치인 마이크로솜 안으로 들어갔다는 것을 의미한다.

고 있는 대부분의 생화학적 특징을 보유하고 있다는 것을 알게 되었다. Pulse-labeled 세포로부터 분리된 microsome을 protease (단백질 가수분해효소)로 처리한 실험(그림 13-3)은 비록 ER의 세포질 쪽 면에 달라붙은 ribosome이 분비단백질을 합성하더라도 이 ribosome에 의해 만들어진 polypeptide는 microsome의 lumen으로 들어간다는 것을 보여주고 있다. 이 실험을 통해 polypeptide가 합성을 시작한 후 어떻게 바로 분비단백질로 인지되는지 그리고 합성이 막 시작된 분비단백질이 ER membrane을 가로질러 뚫고 들어가는지에 대한 궁금증을 야기했다.

소수성 N-Terminal Signal Sequence는 초기 합성 중인 분비단백질을 ER로 Target한다

세포질에 있는 free ribosome (ER에 부착되지 않은 ribosome)에서 분비단백질 합성이 시작되면 합성 중인 단백질에 있는 16–30개 아미노산으로 구성된 ER targeting sequence는 ribosome을 ER membrane으로 향하게 하고, 합성 중에 있는 polypeptide가 ER membrane을 가로질러 통과하는 translocation이 시작된다(그림 13-1 왼쪽 참조). ER targeting sequence는 단백질의 N-terminus에 위치해 있으며, 이를 보통 *signal sequence*라고 한다. 서로 다른 분비단백질의 모든 signal sequence는 6–12개의 소수성 아미노산이 연결된 지역(*hydrophobic core*라고 함)에, 하나 이상의 양전기를 띠는 아미노산이 붙어 있고, 그 밖의 다른 공통점은 거의 없다. Signal sequence는 분비단백질이 ribosome에서 합성되는 동안 잘려진다; 따라서 세포에서 발견되는 완성된 분비단백질에는 signal sequence가 존재하지 않는다.

ER signal sequence에 있는 소수성 core는 기능을 수행함에 있어 필수적이다. 예를 들면, signal sequence에 있는 소수성 아미노산 몇 개를 삭제한다든지 돌연변이를 통해 전기를 띠는 아미노산을 소수성 core에 집어넣게 되면, 단백질의 N-terminus는 signal sequence로 기능을 수행하지 못한다. 결과적으로, 변형된 단백질은 세포질에 남게 되고 ER membrane을 통과하여 lumen으로 들어갈 수 없다. 반대로 recombinant (재조합) DNA technique을 사용하여 원래는 세포질에 있어야 하는 단백질에 signal sequence를 붙여줄 수 있다. 붙여준 sequence가 충분히 길고 소수성 core가 존재하면, 이처럼 변형된 세포질 단백질은 ER lumen으로 translocate되는 능력을 얻게 된다. ER signal sequence의 core에 있는 소수성 아미노산은 ER membrane으로 단백질을 targeting 하는 데 필요한 machinery (기구)와 signal sequence가 상호작용(interaction)하는 데 필수적인 결합 부위를 형성한다.

Cell-free protein-synthesizing (무세포 단백질 합성) 시스템, 분비단백질을 암호화한 mRNA 그리고 부착된 ribosome을 벗겨낸 microsome을 이용한 생화학 연구를 통해서, ER signal sequence가 단백질이 translocation하는 동안 어떻게 기능하는지를 밝혔다. 이 시스템을 사용한 초기 연구는 일반적인 분비단백질은 microsome으로 들어가고, signal sequence는 단백질이 합성되는 동안 microsome이 존재할 때만 제거된다는 것을 보여줬다. 단백질이 합성되는 동안 microsome이 존재하는 대신에 단백질이 합성을 완료할 때까지 micorosome을 이 시스템에 처리하는 것을 미룬다면 어떠한 단백질도 micorosome 안으로 수송되지 않게 된다(그림 13-4). 단백질 합성이 어느 정도 진행될 때 micorosome을 처리해야 translocation이 일어나는지를 알기 위해 후속 실험을 디자인하였다. 이 연구에서는 단백질 합성이 시작된 후 microsome을 시간 별로 시스템에 투여하였다. 이 연구를 통해 완전한 분비단백질이 microsome의 lumen에 들어가기 위해서는 처음 70개 정도의 아미노산이 합성되기 전에 microsome을 투여해야 한다는 것을 알게 되었다. 이때는 처음 40개 정도의 아미노산은 ribosome으로부터 이제 막 나오기 시작했고, 여기에는 나중에 잘라지게 될 signal sequence가 있으며, 다음 30개 정도의 아미노산은 아직 ribosome의 채널에 파묻혀 있다(그림 5-34 참조). 따라서 대부분의 분비단백질이 ER lumen으로 수송되는 것은 nascent protein이 ribosome에 계속 붙어 있는 동안 시작하게 되는데, 이 과정을 ***cotranslational translocation*** (단백질이 합성되면서 세포질에서 ER lumen으로 들어가는 것)이라 한다.

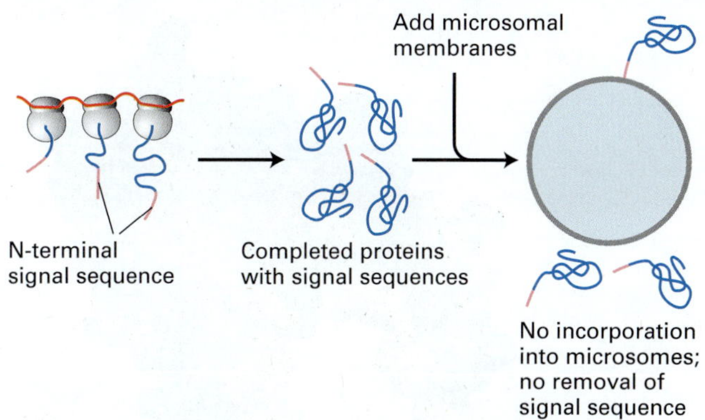

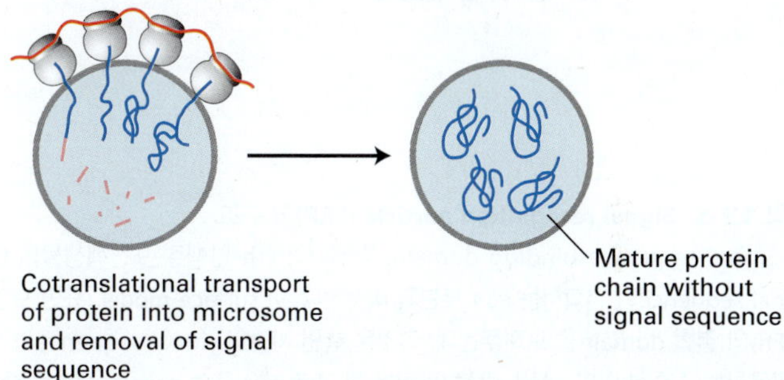

그림 13-4 Translation (번역)과 translocation (전위)은 동시에 일어난다. Cell-free experiment (무세포 실험)는 분비단백질의 마이크로솜으로의 translocation이 번역과 동시에 일어난다는 것을 보여준다. Mg^{2+} 이온을 chelate하는 EDTA로 마이크로솜을 처리하면 붙어 있던 ribosome이 제거되어 ER 막과 동등한 리보솜 없는 마이크로솜을 분리할 수 있다(그림 13-3 참조). 단백질 합성을 ribosome, 여러 종류의 aminoacyl-tRNA, ATP, GTP 및 세포질 효소를 포함하는 cell-free system에서 수행했으며, 여기에 분비단백질을 암호화하는 mRNA를 첨가했다. (a) 분비단백질 합성이 완료된 후 마이크로솜을 첨가하면, 이미 형성된 분비단백질은 마이크로솜으로 들어가지 않는다. (b) 그러나 단백질 합성 중에 마이크로솜을 첨가하면, 분비단백질은 vesicle 막을 가로질러 이동될 것이고, 합성되는 동안 그것이 갖고 있던 signal sequence가 잘려지게 될 것이다(그 결과 분자량이 감소함).

Cotranslational Translocation은 2개의 GTP-Hydrolyzing 단백질에 의해 시작된다

세포에는 다른 세포소기관 membrane들과 ER membrane이 함께 존재하는 상황에서 분비단백질이 합성된다는 것을 고려하면, 반드시 signal-sequence 인식 메커니즘이 분비단백질을 ER membrane으로 target해야 한다. 이러한 targeting에는 2개의 중요한 요소가 있는데, 하나는 **signal recognition particle (SRP, 신호인식입자)**이고, 다른 하나는 이것에 대한 receptor이다. SRP는 cytosolic ribonucleoprotein (세포질 리보핵산단백질) 입자인데, 이는 합성 중인 단백질에 있는 ER signal sequence와 large (60S) ribosomal subunit (60S 대리보솜 소단위)와 일시적으로 결합하여 커다란 complex를 형성한다. 그 다음 SRP는 nascent protein-ribosome (단백질을 합성 중인 ribosome) complex를

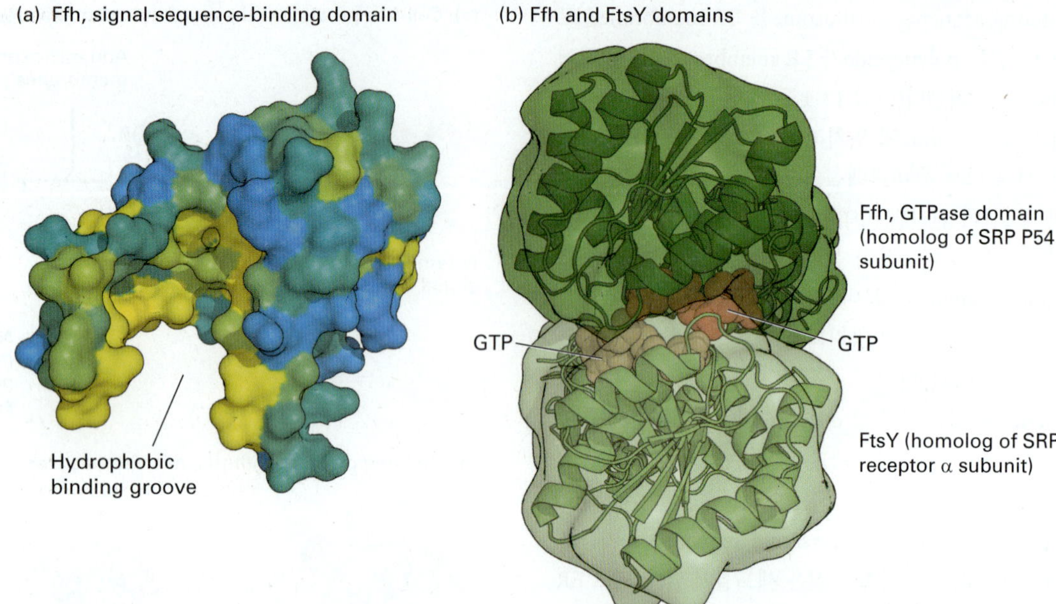

그림 13-5 Signal recognition particle (SRP)의 구조. (a) Signal-sequence-binding domain: 박테리아 Ffh 단백질은 진핵생물의 ER signal sequence와 결합하는 P54 부분과 비슷하다. 이 surface model (표면 모델)은 Ffh의 결합 domain을 보여주는데, 이것은 측면 사슬이 signal sequence와 상호작용하는 소수성 아미노산(노란색)이 있는 큰 cleft (틈) 또는 groove (홈)을 갖고 있다. (b) GTP- 와 receptor-결합 domain: GTP가 달라붙은 FtsY (SRP receptor의 subunit과 상동성이 있는 고세균 단백질)와 *Thermus aquaticus*의 Ffh subunit의 구조는 어떻게 이 단백질들의 상호작용이 GTP 결합과 가수분해에 의해 조절 받는지를 보여준다. Ffh와 FtsY 각각은 하나의 GTP와 결합할 수 있으며, 이들이 서로 결합할 때, 2개의 GTP 결합 분자는 단백질 subunit 사이의 접점에 맞고 dimer를 안정화 시킨다. Pseudosymmetric (유사대칭) dimer가 합체되면 두 결합 GTP 분자가 가수분해될 수 있는 2개의 활성 부위의 형성이 가능하게 된다. [Part (a) Data from R. J. Keenan et al., 1998, *Cell* **94**:181, PDB ID 2ffh. Part (b) data from P. J. Focia et al., 2004, *Science* **303**:373, PDB ID 1okk.]

ER membrane에 있는 **SRP receptor**에 결합함으로써 ER membrane으로 target된다.

SRP는 6개의 단백질이 300개의 nucleotide로 이루어진 RNA에 결합되어 있는데, RNA는 hexamer (헥사머)를 이루는 골격 역할을 한다. SRP 단백질 가운데 하나(P54)는 ER signal sequence와 화학적으로 결합할 수 있는데, P54가 만들어지고 있는 분비단백질의 signal sequence에 붙는 subunit이라는 것을 보여준다. *M domain*으로 알려진 P54에는 많은 methionine (메티오닌)과 소수성 곁가지를 갖고 있는 아미노산이 포함되어 있어 안쪽 표면이 소수성 곁가지로 채워진 틈이나 홈을 형성한다(그림 13-5a). Signal sequence의 소수성 core는 hydrophobic interaction (소수성 상호작용)을 통해 이 틈과 결합한다. SRP에 있는 다른 polypeptide들은 ribosome과 반응하거나 ER lumen으로 단백질을 translocation하는 데 작용한다.

SRP와 합성 중인 polypeptide chain-ribosome complex는 SRP receptor를 만나 ER membrane에 결합하는데, SRP receptor는 ER membrane에 있는 integral protein으로 2개의 subunit으로 구성되어 있다: α subunit과 좀 작은 β subunit. SRP–nascent chain–ribosome complex와 SRP receptor의 상호작용은 SRP의 P54 subunit과 SRP receptor의 α subunit 둘 다 GTP가 결합될 때 강화된다. SRP P54 subunit과 archaean (고세균)인 *Thermus aquaticus*로부터 획득한 SRP receptor α subunit (FtsY)의 구조는 GTP binding과 hydrolysis가 이 단백질들이 붙고 떨어지는 과정에 어떻게 작용하는지 이해하게 하였다. 그림 13-5b는 각각 하나의 GTP 분자와 결합되어 있는 P54와 FtsY는 함께 pseudosymmetric (가짜대칭형) heterodimer (이질이량체)를 형성하는 것을 보여주고 있다. Subunit 혼자서는 GTP를 hydrolysis할 수 있는 완벽한 활성 부위를 갖고 있지 않지만, 두 단백질이 함께 있을 때 이들은 양쪽에 붙어 있는 GTP를 분해할 수 있는 2개의 완벽한 활성 부위를 형성하게 된다. GTP가 분해되면 접촉이 불안정해지고, 결국 dimer (이량체)가 분리된다.

그림 13-6에는 현재까지 알려진 분비단백질의 합성과 SRP와 SRP receptor의 역할이 요약되어 있다. 결합되어 있는 GTP가 분해됨으로써 SRP와 SRP receptor가 분리되고, translocation이 일어나는 ER membrane 부위로 합성되고 있는 단백질과 ribosome이 옮겨지기 시작한다. SRP와 SRP receptor가 서로 떨어지게 된 후 붙어 있던 GDP를 떼어내고, SRP는 세포질로 다시 돌아가 재사용되며 단백질을 합성하고 있는 ribosome을 ER membrane으로 전달하는 또 다른 라운드를 시작할 준비를 하게 된다.

SRP와 SRP receptor에 의한 GTP 가수분해와 membrane을 가로지르는 채널인 translocon으로 signal sequence를 전달하는 것이 왜 동시에 일어나는 것일까? GTP hydrolysis는 translocation의 초기 과정에 일어나기 때문에 translocation이 진행되는 원동력이 되는 에너지를 제공하는 것은 아니란 것이 분명하다. 그림 13-6에 묘사된 GTPase cycle

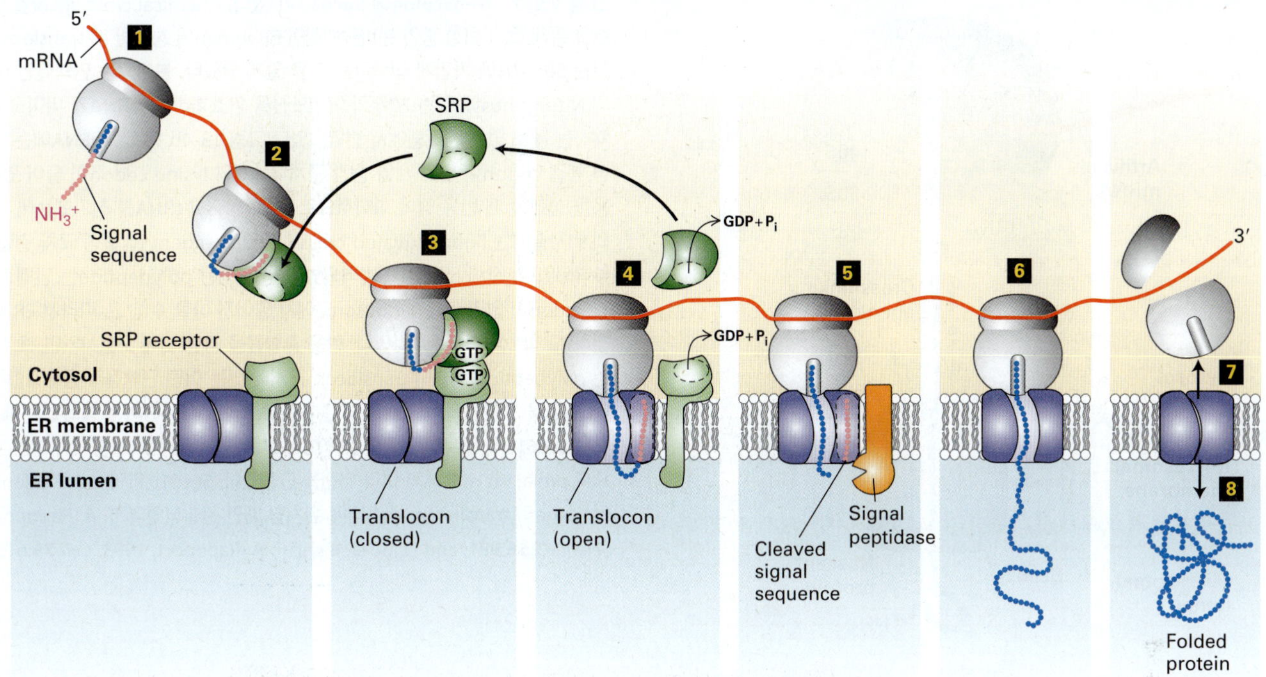

그림 13-6 Cotranslational translocation. 단계 1–2: 일단 ribosome에서 ER signal sequence가 나오면, signal recognition particle (SRP)이 이를 인식하여 붙는다. 단계 3: SRP와 합성 중인 polypeptide chain–ribosome 복합체는 ER membrane의 SRP receptor와 결합한다. 이러한 상호작용은 GTP가 SRP와 SRP receptor 모두에 결합함으로써 강화된다. 단계 4: 합성 중인 polypeptide chain–ribosome을 translocon으로 전달하면 translocon이 열려 signal sequence에 뒤따라 합성되는 polypeptide가 안으로 들어온다. 소수성 signal sequence 자체는 중심 pore 측면에 있는 소수성 결합 부위로 전달된다. 일단 translocon에서 분리되면, SRP 및 SRP receptor는 결합된 GTP를 가수분해한 후 분리되고 그 다음 다른 polypeptide 사슬을 인식해서 삽입을 시작한다. 단계 5: Polypeptide 사슬이 계속 합성되면서 translocon 채널을 통과하여 ER lumen으로 들어간다. 활성 부위가 ER lumen 쪽을 향하고 있는 signal peptidase는 절단 부위가 lumen으로 들어가는 즉시 signal peptide를 절단한다. 단계 6: Peptide 사슬은 ribosome이 mRNA의 3′ 말단까지 번역할 때까지 계속 합성된다. Ribosome이 transcolon에 부착되어 있기 때문에 합성 중인 체인은 transcolon을 통해 ER lumen으로 들어가게 된다. 단계 7–8: 번역이 완료되면 ribosome이 떨어지고, 나머지 단백질은 ER lumen으로 빨려 들어가며, transcolon은 닫히고, 단백질은 native folded conformation (고유 입체 형태)으로 될 것이다.

은 그림 5-36에 묘사된 ribosome에서 일어나는 *translation* (번역) 시작과 결합된 GTP hydrolysis와 유사한 것으로 보인다. GTP hydrolysis와 결합함으로써, 복잡한 고분자 assembly 과정은 반응의 충실성을 높일 수 있는 교정 단계를 추가해서 보다 효율을 높일 수 있게 될 것이다.

합성 중인 Polypeptide이 Translocon을 통과하는 것은 Translation에 의해 일어난다

일단 SRP와 SRP receptor가 분비단백질을 합성하는 ribosome을 ER membrane으로 target하면, ribosome과 nascent polypeptide chain은 ER membrane에 박혀 채널을 형성하는 단백질 complex인 translocon으로 빠르게 전달된다. 번역이 계속되면서, 신장하고 있는 polypeptide chain은 large ribosomal subunit (대 리보솜 소단위체)로부터 translocon의 중심에 있는 구멍으로 직접 통과한다. Large ribosomal subunit은 신장하고 있는 chain이 세포질에 절대 노출되지 않고서 ER lumen으로 들어갈 때까지 구조를 잡지 못하도록 translocon 구멍과 나란히 정렬된다(그림 13-6).

Translocaon은 *Sec61*α라고 불리는 단백질을 암호화하는 효모 유전자의 돌연변이를 통해 처음으로 확인되었으며, 이것은 ER의 lumen으로 분비단백질의 translocation을 차단했다. 나중에, 총칭하여 *Sec61 complex* (복합체)라고 불리는 세 가지 단백질이 포유류의 translocon을 형성한다는 것이 밝혀졌다: 세 가지 단백질은 10개의 membrane 관통 α 나선을 spanning하는 membrane protein인 Sec61α와 *Sec61*β 및 *Sec61*γ로 명명된 2개의 작은 단백질이다. 초기 합성 중인 분비단백질의 아미노산 곁사슬이 Sec61α 서브 유닛에 공유결합되는 cell-free translocation 시스템을 사용한 chemical cross-linking experiment (화학적 교차 연결 실험)는 translocating 중인 polypeptide chain이 Sec61α 단백질과 접촉한다는 것을 보여주었는데, 이를 통해 Sec61α 서브 유닛이 translocon pore임이 확인되었다(그림 13-7).

Cell-free translocation 시스템에서 사용되었던 microsome을 SRP receptor와 Sec61 complex만을 포함하는 인지질 vesicle로 대체하였을 때, 초기 합성 중인 분비단백질은 SRP-ribosome complex에서 vesicle로 이동되었다. 이 결과는 SRP receptor와 Sec61 complex가 translocation에 절대적으로 필요한 유일한 ER-membrane protein임을 의미한

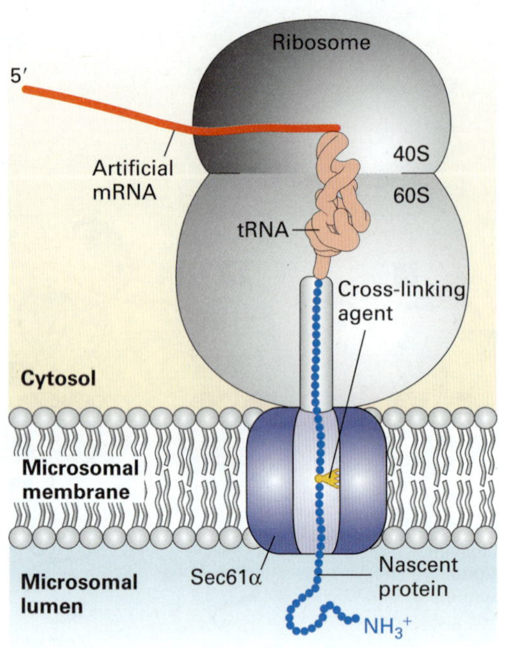

그림 13-7 Transcolon에 Sec61α가 있다. Chemical cross-linker를 이용한 실험을 통해 초기 합성 중인 분비단백질이 ER lumen에 통과할 때 translocon을 구성하는 Sec61α에 가깝게 접한다는 것을 알게 되었다. 분비되는 단백질인 prolactin의 N-terminus에 있는 70개의 아미노산을 암호화하는 mRNA가 마이크로솜이 존재하는 세포 없는 시스템에서 번역되었다(그림 13-4b 참조). mRNA에는 단백질 합성 종결 codon이 없고 서열 중간 근처에 1개의 lysine codon이 들어 있다. 이 반응을 실행할 때 반응 액에 화학적으로 변형된 lysyl-tRNA를 첨가했는데, 이 lysine의 곁사슬에는 light-activated cross-linking reagent (광활성 교차 결합 시약)가 부착되었다. 전체 mRNA가 번역되었지만, 완성된 polypeptide는 단백질 합성 종결 codon이 없기 때문에 ribosome에서 떨어져 나올 수 없고, 따라서 ER 막을 가로질러 "고착" 상태로 존재하였다. 반응 혼합물을 강한 빛에 노출시키면, 초기 합성 중인 polypeptide 사슬이 translocon 근처에 있는 어떤 단백질과 공유결합하게 되었다. 실험을 포유류의 세포에서 나온 마이크로솜을 사용하여 수행되었을 때, 초기 사슬은 Sec61α와 공유적으로 연결되었다. 변형된 lysine이 리보솜에서 다른 위치에 있도록 prolactin mRNA의 여러 버전을 만들었다; Sec61α와의 cross-linking은 변형된 lysine이 translocon 채널 내에 위치할 때만 관찰되었다. T. A. Rapoport, 1992, *Science* **258**:931; and D. Görlich and T. A. Rapoport, 1993, *Cell* **75**:615 참조 .

다. ribosome에서 polypeptide chain이 만들어지는 것으로부터 유래된 에너지는 membrane을 가로질러 한 방향으로 polypeptide chain을 전달하는 추진력을 제공하는 것으로 보인다.

Translocon은, 예를 들면 ATP와 같은 작은 분자들이 통과하지 못하게 하여 ER membrane의 투과 장벽 기능을 유지한 채로 polypeptide chain을 통과할 수 있어야 한다. 게다가 평상시에는 translocon은 닫혀 있게 하고, 초기 합성 중인 polypeptide chain과 ribosome complex가 translocon에 붙을 때에만 열리게끔 반드시 조절되어야 한다. 고세균의 Sec61 complex를 사용한 고해상도 구조 모델은 translocon이 어떻게 membrane을 완전하게 유지시킬 수 있는지를 보여준다(그림 13-8). Sec61α의 10개의 membrane 통과 나선은 translocating polypeptide chain이 통과하는 중심 채널을 형성한다. Sec61α가 translocating polypeptide를 받아들이기 위해서는 두 가지 다른 gating 단계가 필요하다. 10개의 membrane 통과 나선은 2개의 5개 나선 다발로 구성되어 있다.

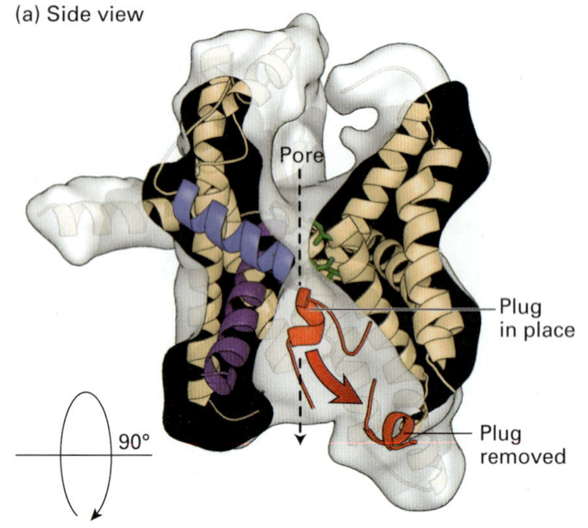

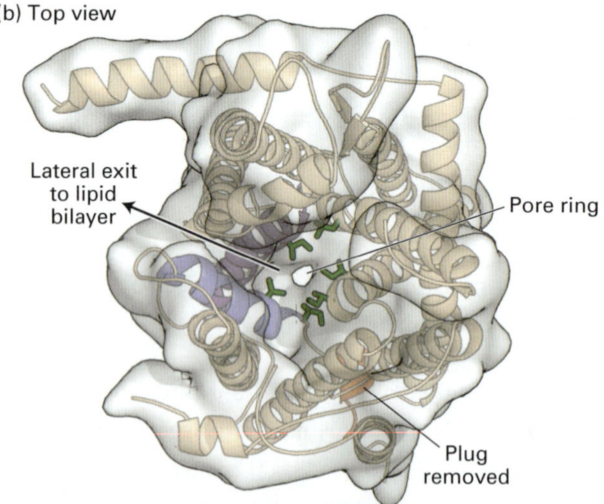

그림 13-8 고세균 Sec61 복합체의 구조. 고세균 *Methanocaldoccus jannaschii*의 detergent-solubilized (세제를 사용하여 추출한) Sec61 복합체(SecY 복합체라고도 함)의 구조는 x-ray crystallography (x-선 결정학)에 의해 알게 되었다. (a) 측면도는 pore의 중심을 통과하는 모래시계 모양의 채널을 보여준다. Pore의 수축된 허리에 있는 isoleucine으로 이루어진 ring은 polypeptide가 채널을 통과하는 동안에도 채널을 통해 작은 분자들이 통과하지 못하게 밀폐된 상태로 유지하는 개스킷을 형성한다. Translocating peptide가 없으면 채널은 짧은 나선형 플러그(빨간색)로 닫힌다. 이 플러그는 translocation 중에는 채널 밖으로 이동한다. 이 그림에서는 pore를 더 잘 보여주기 위해 단백질의 앞쪽 절반을 제거했다. (b) 채널 중앙을 위에서 보면 helix가 분리될 수 있는 영역(왼쪽)이 있으며, 이곳을 통해 소수성 transmembrane 영역을 측면으로 통과해서 지질 이중층으로 이동할 수 있게 한다. [Data from B. van den Berg et al., 2004, *Nature* **427**:36–44, PDB ID 1rhz and 1rh5.]

첫 번째 gating 단계에서, 두 다발은 조개껍데기가 열리는 것처럼 벌어지고 열린 가장자리에 signal sequence의 소수성 부위가 소수성 포켓에 노출된다. 세포질 쪽에 있는 signal sequence의 N-terminus와 Sec61α가 결합하고 중심 채널에서는 합성 중인 polypeptide는 구부러져 들어온다. Translocating peptide가 없는 채로 분리되어 닫힌 형태일 것으로 추정되는 Sec61 complex의 구조 모델은 중앙 채널이 짧은 나선형 peptide로 막혀 있음을 보여주고 있다. Sec61 complex에 대한 생화학 연구는 translocating polypeptide가 없을 때 plug (플러그, 마개)를 형성하는 peptide가 효과적으로 translocon을 밀봉하여 이온과 작은 분자의 이동을 방지한다는 것을 보여준다. 두 번째 gating 단계에서, signal sequence가 열린 채널에 결합하고, translocating peptide가 채널의 중심 구멍으로 들어옴으로써 plug peptide를 밀어내어 translocation의 진행이 가능하게 된다. 중심 구멍의 중앙에는 translocation이 일어나는 도중이라도 translocating peptide가 통과할 때 작은 극성 분자가 함께 통과하지 못하게 사실상 개스킷을 형성하는 소수성 isoleucine 잔기가 배열되어 있다.

합성 중인 polypeptide chain이 ER의 lumen으로 들어오면 signal sequence는 translocon과 함께 존재하는 ER transmembrane protein인 *signal peptidase* (시그널 펩티다아제)에 의해 잘려진다(그림 13-6, 단계 **5** 참조). Signal peptidase는 signal peptide의 소수성 코어 C-terminus 끝에 있는 서열을 인식하고, ER lumen 공간으로 들어오게 되면 signal peptide를 잘라준다. Signal sequence가 절단된 후 합성 중인 polypeptide는 translocon을 통해 ER lumen으로 들어온다. Translocon은 번역이 완료될 때까지 열려 있으며, 전체 polypeptide chain이 ER lumen으로 들어온다. Translocation이 완료된 후, plug peptide는 translocon 채널을 다시 닫는다.

ATP 가수분해에 의해 Yeast의 몇몇 분비단백질이 Post-Translational Translocation (단백질 합성 후 위치 이동)된다

대부분의 진핵생물에서 분비단백질은 cotranslational translocation을

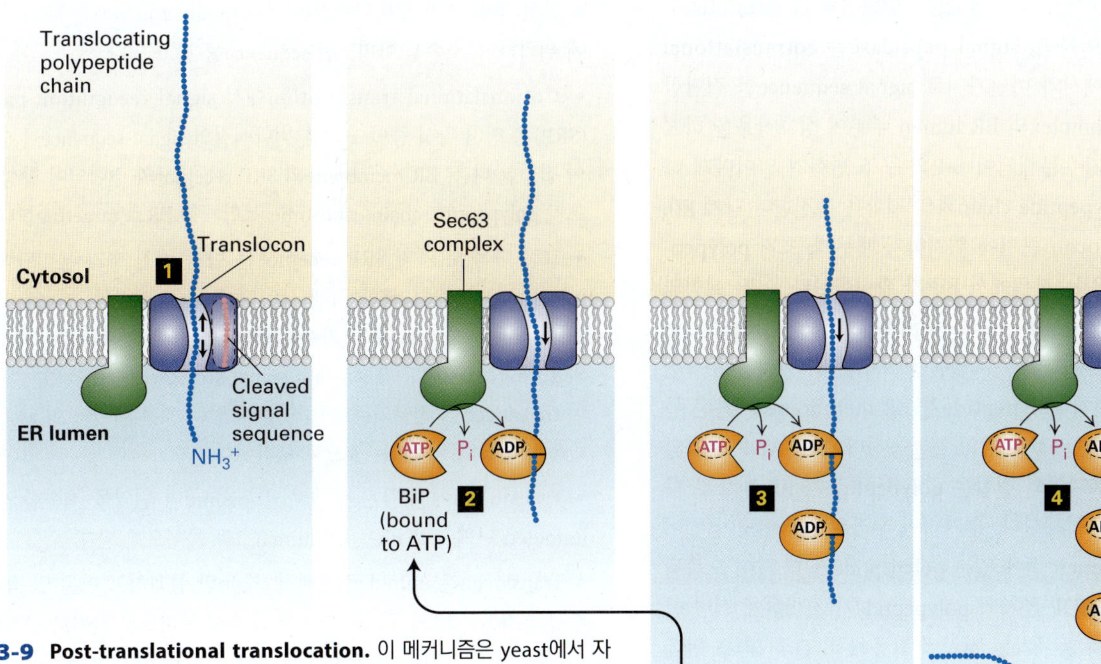

그림 13-9 Post-translational translocation. 이 메커니즘은 yeast에서 자주 일어나고, 아마도 고등 진핵생물에서는 가끔 일어날 것이다. 단계 **1**: 단백질 합성이 끝난 후 translocate될 수 있는 yeast 단백질의 경우, 완전히 번역된 단백질의 signal sequence가 translocon과 결합할 수 있으며, signal sequence와 단백질의 N-terminal 부분이 ER로 들어가고, 그곳에서 signal sequence가 잘려지게 된다. Translocon 내부에 그려진 작은 화살표는 translocating polypeptide가 안과 바깥으로 무작위로 미끄러질 수 있음을 나타낸다. 단계 **2**: ER의 lumen 내, BiP·ATP는 BiP·ADP로 Sec63 복합체에 의해 바뀐다. BiP·ADP는 translocating polypeptide의 노출된 소수성 부분에 결합하는 높은 친화력을 가지고 있다. BiP·ADP가 결합되면 polypeptide는 더 이상 세포질 쪽으로 자유롭게 미끄러져 나갈 수 없지만, 안쪽으로 향한 화살표에서 보는 것처럼 안쪽으로는 계속 미끄러져 들어올 수 있다. 단계 **3**–**5**: BiP·ADP는 ER로 polypeptide가 들어갈 때 polypeptide와 연속적으로 결합하여 ER lumen에 완전히 들어갈 때까지 계속해서 polypeptide가 마치 한쪽 방향으로만 돌아가는 톱니바퀴에 걸린 것처럼 안쪽으로 들어온다. 단계 **6**: ATP와 ADP의 상대적으로 느린 교환을 통해 BiP·ATP가 다시 만들어지고, BiP·ATP는 translocate하고 있는 peptide에서 떨어지며, 단백질이 ER lumen에서 완전히 구조를 잡게 한다. K. E. Matlack et al., 1997, *Science* **277**:938 참조.

통해 ER로 들어간다. 그러나 yeast에서 일부 분비단백질은 번역이 완료된 후 ER lumen으로 들어간다. 이러한 **post-translational translocation**에서 translocating 단백질은 cotranslational translocation에 사용되는 동일한 Sec61 translocon을 통과한다. 그러나 SRP와 SRP receptor는 post-translational translocation에 관여하지 않으며, 이러한 경우 완성된 단백질의 signal sequence와 translocon 사이의 직접적인 상호작용은 ER membrane으로 targeting하기에 충분할 것으로 보인다. 또한, 한 방향으로 ER membrane을 가로지르는 translocation을 위한 추진력은 *Sec63 complex*로 알려진 또 다른 단백질 complex와 molecular chaperone (분자 샤페론)인 Hsp70 family 멤버, *BiP*에 의해 제공된다 (분자 샤페론의 자세한 설명은 3장 참조). Tetrameric (사량체)인 Sec63 complex는 translocon 근처의 ER membrane에 박혀 있는 반면, BiP는 ER lumen 안에 있다. Hsp70 계열의 다른 family와 마찬가지로, BiP는 peptide 결합 domain과 ATPase domain을 가지고 있다. 이러한 chaperone은 아직 구조를 잡지 못하거나 부분적으로 구조를 잡고 있는 단백질에 결합하고 안정화시킨다(그림 3-17).

단백질이 ER로 들어가는 post-translational translocation에 대한 최신 모델은 그림 13-9에 요약되어 있다. 단백질의 N-terminus 부위가 ER lumen으로 들어가면, signal peptidase는 cotranslational translocation (단계 **1**)에서와 마찬가지로 signal sequence를 절단한다. BiP·ATP와 Sec63 complex의 ER lumen 부분이 상호작용을 하게 되면 붙어 있던 ATP가 가수분해되어 BiP의 구조 변화가 일어나게 하고, 이 BiP와 노출된 polypeptide chain과의 결합을 촉진한다(단계 **2**). Sec63 complex가 translocon 근처에 위치하기 때문에, 초기 polypeptide가 ER에 들어갈 수 있는 부위에서 BiP가 활성화된다. 어떤 실험의 결과는 BiP에 결합하지 않을 때 unfolded polypeptide가 translocon 내에서 자유롭게 앞뒤로 미끄러질 수 있음을 보여준다. 이러한 무작위 슬라이딩 동작 때문에 전체 polypeptide가 ER membrane을 완전 통과해서 lumen으로 들어가는 것은 거의 불가능하다. BiP·ADP 분자와 polypeptide의 lumen 부위와의 결합은 polypeptide가 ER 밖으로 다시 미끄러져 나가는 것을 방해한다. 추가적인 무작위 슬라이딩이 일어나서 ER membrane의 lumen 쪽에 있는 polypeptide가 더 많이 노출됨에 따라 연속적으로 BiP·ADP 분자와 polypeptide가 결합하게 되면 한 쪽 방향으로만 톱니바퀴가 돌아가는 것처럼 작동해서, 결국 몇 초 안에 전체 polypeptide가 ER 안으로 잡아 당겨 들어오게 된다(단계 **3**과 **4**). 일정 시간 후, BiP 분자는 자발적으로 결합하고 있던 ADP를 ATP로 교환하여 polypeptide와 떨어지게 되고, polypeptide는 원래 형태로 구조를 잡을 수 있다(단계 **5**와 **6**). 재활용된 BiP·ATP는 다시 Sec63과 상호작용할 수 있도록 준비된다. BiP와 Sec63 complex는 cotranslational translocation에서도 필요하다. 이 과정에서 이들이 어떤 역할을 하는지 그 세부 사항은 잘 이해되지 않지만, signal peptide가 translocon의 pore로 빠져 들어오게 하는 것과 같은 초기 과정에 작용할 것으로 생각된다.

BiP에 의해 수행되는 전반적인 반응은 ATP의 가수분해에 의해 방출되는 화학 에너지가 어떻게 membrane을 가로지르는 단백질의 기계적 움직임에 동력을 공급할 수 있는지를 보여주는 중요한 예이다. 나중에 설명하겠지만, 미토콘드리아와 엽록체로 단백질이 translocation되는 것은 세포소기관 내에 위치한 ATPase chaperone 단백질에 의한 ATP 가수분해에 의해 작동되며, 이는 전형적인 post-translational translocation이다. 이것은 ribosome이 왜 rough ER처럼 다른 세포소기관들에서는 결합되어 있는 ribosome이 발견되지 않는지를 설명해준다.

13.1절의 주요 개념

ER membrane으로 가서 통과하는 단백질 Targeting

- Secretory protein, membrane protein 및 ER, Golgi complex 또는 lysosome으로 targeting되는 단백질의 합성은 세포질 ribosome에서 시작하며, 그 ribosome이 ER membrane에 부착되어 rough ER를 형성한다(그림 13-1, 왼쪽 참조).
- 합성 중인 초기 분비단백질의 ER signal sequence는 N-terminus에 위치하며, 소수성 아미노산 sequence를 갖고 있다.
- Cotranslational translocation에서 signal recognition particle (SRP)은 먼저 합성 중인 초기 분비단백질의 signal sequence를 인식하여 결합한 다음, ER membrane의 SRP receptor와 결합되어 합성 중인 초기 polypeptide chain–ribosome 복합체를 ER로 targeting한다.
- 그런 다음 SRP 및 SRP receptor는 합성 중인 초기 분비단백질을 translocon (Sec61 복합체)에 삽입되게 한다. SRP와 그 receptor에 의해서 두 분자의 GTP가 가수분해되고 SRP는 분리된다(그림 13-5와 13-6 참조). GTP 가수분해와 signal sequence를 갖고 있는 단백질이 translocon에 전달되는 것이 맞물려 있는 것은 아마도 이 assembly 반응의 충실도를 높이는 것으로 생각된다.
- Translocon에 부착된 상태로 ribosome이 번역을 계속함으로써, unfolded 단백질 chain은 ER lumen으로 들어오게 된다.
- Translocon은 unfolded 단백질 chain만 통과하고 이온 및 작은 친수성 분자들은 함께 못 들어오도록 소수성 아미노산 잔기로 구성된 중심 채널을 갖고 있다. 또한 이 채널은 polypeptide가 translocate될 때만 열리도록 작동된다.
- Post-translational translocation에서는 완성된 분비단백질은 signal sequence와 translocon의 상호작용에 의해 ER membrane에 target된다. 그런 다음, polypeptide chain은 chaperone BiP에 결합되어 있는 ATP를 가수분해해서 마치 한쪽 방향으로 톱니바퀴가 돌아가는 메커니즘에 의해 ER 안으로 당겨지며, 이는 들어오는 polypeptide의 구조를 안정화시킨다(그림 13-9 참조).
- Cotranslational 및 post-translational translocation 모두에서, ER membrane의 signal peptidase는 분비단백질의 N-terminus가 lumen으로 들어온 직후 분비단백질로부터 ER signal sequence를 절단한다.

13.2 ER에 Membrane Protein (막단백질) 삽입

이전 장에서 우리는 세포 전체에 존재하는 다양한 integral membrane (transmembrane) protein을 살펴보았다. 이러한 각각의 단백질은 membrane의 인지질 이중층에서 고유한 orientation (방향)을 가지고 있다. ER, Golgi complex 및 lysosome 그리고 세포막에 위치한 integral membrane protein은 모두 rough ER에서 합성되는 수용성 분비단백질이 이동하는 동일한 경로를 따라 membrane에 박혀 있는 상태로 최종 목적지로 이동한다(그림 13-1, 왼쪽 참조). Transport되는 동안, membrane protein의 방향은 보존되어 있다; 즉, 단백질의 한 부분은 항상 membrane의 세포질 쪽을 향하고 다른 부분은 항상 반대 방향을 향하고 있는데, ER lumen 쪽은 membrane의 exoplasmic side (세포 바깥쪽)로 간주될 수 있다. 따라서 이러한 membrane protein의 최종 방향은 ER membrane에서의 생합성 동안 확립된다. 이 절에서 보게 될 것처럼, membrane protein을 ER membrane으로 삽입하는 것은 ER membrane의 lumen으로 수용성 분비단백질이 수송되는 메커니즘에 대해 이미 설명된 것과 동일한 메커니즘으로 이루어진다. Membrane protein은 먼저 SRP 및 SRP receptor와 소수성 signal sequence의 상호작용에 의해 Sec61 복합체로 구성된 translocon과 결합한다. 일단 translocon과 결합되면, membrane protein의 친수성 부분은 translocation에 의해 ER로 들어갈 수 있는 반면에, 소수성 부분은 translocon 게이트의 열린 측면을 통해서 ER membrane에 박히게 된다. Membrane protein의 membrane 관통 부위와 친수성 영역의 최종 topological orientation (위상 방향)은 소수성 서열과 인접한 양전하 아미노산 잔기의 배열에 따라 달라진다. 이런 sequence를 총칭하여 **topogenic sequence (위상 서열)**라고 하며, 다양한 종류의 membrane protein의 삽입 및 방향을 결정한다.

여러 가지 Topological Class에 속하는 Integral Membrane Protein은 ER에서 합성된다

Membrane protein의 **topology (위상 배치)**란 polypeptide chain이 membrane을 가로지르는 횟수 그리고 membrane 내에 membrane-spanning 부위의 방향을 의미한다. Topology를 결정하는 단백질의 주요 요소는 인지질 이중층의 소수성 환경에 에너지적으로 잘 어울릴 수 있도록 20–25개의 소수성 아미노산을 갖고 있는 α helix membrane-spanning 부위이다.

대부분의 integral membrane protein은 그림 13-10에 설명된 다섯 가지 topological class (위상 분류) 중 하나에 속한다. Topological class I, II, III 및 tail-anchored (단백질 말단이 membrane에 박혀 있는) 단백질은 **single-pass membrane protein**이며, 1개의 membrane-spanning α-helical 부위를 갖고 있다. Type I 단백질은 절단되는 N-terminus ER signal sequence를 가지고 있으며, 친수성 N-terminus 부위는 ER lumen (*exoplasmic face*라고도 함) 쪽에 그리고 친수성 C-terminus 부위는 세포질 쪽에 있는 형태로 membrane에 박혀 있다. Type II 단

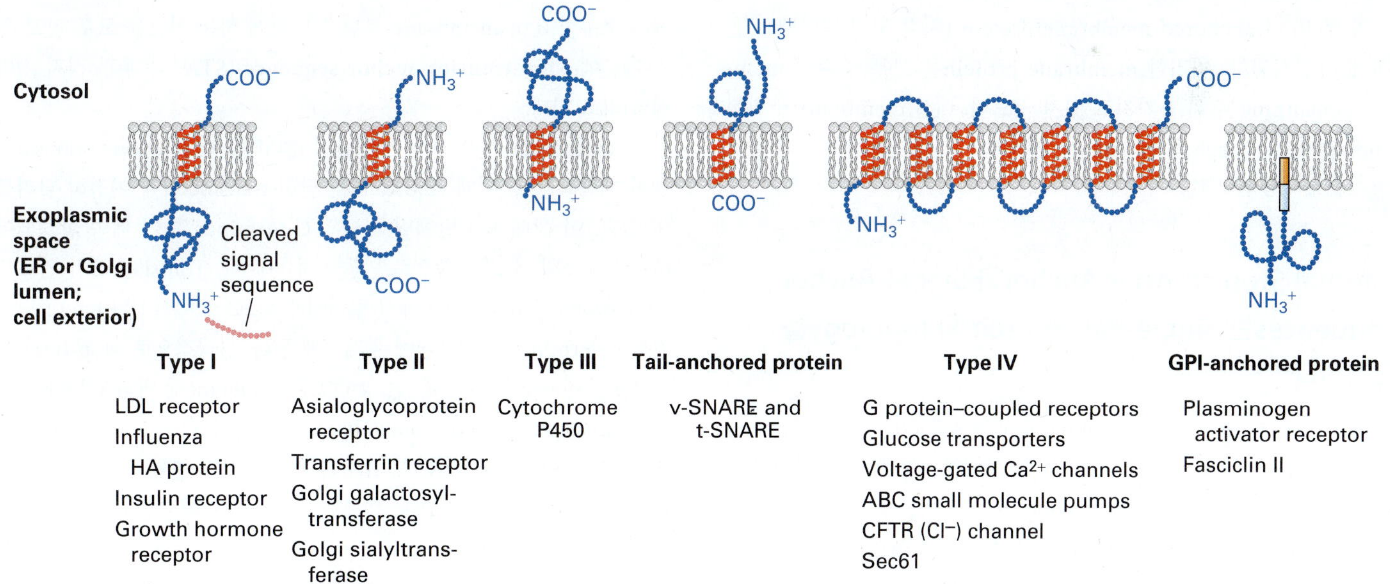

그림 13-10 ER membrane protein의 종류. 5가지 topological class의 integral membrane protein (내재성 막단백질)은 rough ER에서 합성되며 인지질 anchor에 의해 막에 박힌 6번째 유형도 역시 rough ER에서 만들어진다. 이러한 membrane protein은 membrane에서의 방향과 그것을 결정하는 signal의 종류에 따라 분류된다. Integral membrane protein에서 단백질 사슬의 소수성 부분은 막 이중층에 박힌 α helix를 형성한다; 막 외부 영역은 친수성이며 다양한 형태로 구조가 잡혀 있다. 모든 type IV 단백질은 여러 개의 transmembrane α helix들을 가지고 있다. 여기에 표시된 type IV 단백질의 topology는 G protein–coupled receptor의 형태와 일치한다: 7개의 α helix들, 막의 바깥쪽에는 N-terminus, 세포질 쪽에는 C-terminus가 있다. 다른 type IV 단백질은 helix의 수가 다르고 N-terminus와 C-terminus가 다양한 방향을 가질 수 있다. E. Hartmann et al., 1989, *P. Natl. Acad. Sci. USA* **86**:5786; and C. A. Brown and S. D. Black, 1989, *J. Biol. Chem.* **264**:4442 참조.

백질은 잘라지는 signal sequence가 없고, 친수성 N-terminus 부위는 세포질 쪽에 친수성 C-terminus 지역은 ER lumen으로 향한다(즉, type I 단백질의 반대). Type III 단백질은 N-terminus에 소수성 membrane-spanning 부위를 갖고 있고 Type I 단백질과 동일한 방향을 가지지만 절단 가능한 signal sequence를 갖고 있지 않다. 마지막으로, tail-anchored 단백질은 membrane을 가로지르는 C-terminus에 소수성 부위를 가지고 있다. 이러한 다른 topology들은 곧 알게 될 transmembrane 부위의 방향을 설정하기 위해 세포에 의해 사용되는 뚜렷하게 다른 메커니즘을 이용하고 있음을 의미한다.

Topological type IV를 형성하는 단백질은 2개 이상의 membrane-spanning 부위를 갖고 있으며, 때때로 **multipass membrane protein**이라고 불린다. 예를 들어, 11장에서 논의된 많은 membrane transport 단백질과 15장에서 다루는 수많은 G protein–coupled receptor가 이 분류에 속한다.

Integral membrane protein의 assembly 메커니즘을 고려할 때 각각의 membrane spanning 부위의 topology를 생각해 보는 것이 종종 도움이 된다. N_{cyto}-C_{exo} transmembrane 부위는 세포질의 안쪽으로 N-terminal 쪽이 있고, membrane의 exoplasmic side에 C-terminal 쪽이 있는 것을 말한다. Membrane의 exoplasmic side는 ER의 lumen이거나 세포의 바깥쪽과 같은 방향이라고 여기면 된다. 다른 transmembrane 부위는 N_{exo}-C_{cyto}이다. 따라서 type I membrane protein의 transmembrane span은 N_{exo}-C_{cyto}이고, type II 단백질의 transmembrane span은 N_{cyto}-C_{exo}이다. Multiple span을 하고 있는 type IV 단백질의 경우, 방향은 N_{cyto}-C_{exo}와 N_{exo}-C_{cyto}를 번갈아 갖고 있다.

일부 lipid-anchored membrane protein (지질 고정 막단백질)은 ER에서 합성된다. 이러한 membrane protein은 모두 소수성 membrane-spanning 부위를 가지고 있지 않으며, 대신 membrane에 박힌 amphipathic phospholipid anchor (양극성 인지질 닻)에 연결되어 있다(그림 13-10, 오른쪽).

Internal Stop-Transfer Anchor와 Signal-Anchor Sequences는 Single-Pass Protein의 topology를 결정한다

한 개의 소수성 membrane-spanning 부위를 갖고 있는 integral membrane protein이 membrane에 어떻게 삽입하는지에 대해 설명한다. 세 가지 주요 유형의 topogenic sequence는 단백질을 ER membrane으로 데려 오고, membrane에서 어떤 방향으로 삽입할지 결정하는데 사용된다. 우리는 이미 N-terminal signal sequence에 대해 설명하였다. 여기서 설명할 다른 두 가지 유형의 sequence는 *stop-transfer anchor sequence* (그만 들어가고 membrane에 박히라는 sequence)와 *signal-anchor sequence* (ER targeting 신호이며 membrane에 박히라는 sequence)라고 알려진 internal sequence이다. Signal sequence와는 달리, 이러한 두 가지 유형의 internal topogenic sequence는 membrane-spanning 부위이며, 잘려지지 않고 완성된 단백질에 존재하고 있다. 그러나 이 두 가지 유형은 membrane에서 최종 orientation이 다르다.

Type I Proteins ER로 target시키는 N-terminal signal sequence 외에도, 모든 type I transmembrane protein은 membrane-spanning α helix를 이루고 있는 약 22개 아미노산이 포함된 internal 소수성 sequence를 가지고 있다. 수용성 분비단백질과 같이, nascent type I protein이 SRP와 SRP receptor와 결합함으로써 단백질의 cotranslational translocation이 시작된다. 합성되고 있는 polypeptide의 N-terminus가 ER의 lumen으로 들어가면, signal sequence는 잘려지고, 합성 중인 polypeptide는 계속해서 ER membrane을 가로질러 들어오게 된다. 하지만, transmembrane domain이 translocon에 들어오게 되면 채널을 통한 단백질의 transfer가 멈추게 되고, transmembrane domain은 채널에서 membrane의 측면으로 이동할 수 있다(그림 13-11). 측면 이동이 일어나는 메커니즘은 signal sequence의 소수성 core가 translocon opening을 통해 받아들여지는 것과 동일하다: Signal sequence의 소수성 core가 translocon의 열려진 가장자리를 통해 소수성 signal-sequence-binding site 쪽 가로 방향으로 이동했던 것처럼, Sec61α를 구성하고 있는 2개의 five-helix bundle hinge (5개의 나선 묶음으로 이루어진 경첩형 구조)가 열려 소수성 transmembrane 부위가 들어오게 한다(그림 13-8 참조). Peptide가 이러한 방식으로 translocon을 빠져나오면 transmembrane 부위의 소수성 성질 때문에 membrane의 소수성 interior에 peptide를 고정시킨다. 이러한 sequence는 translocon을 통한 polypeptide chain의 통과를 멈추게 하는 기능과 membrane bilayer에서 소수성 transmembrane 부위로 박히게 하는 기능을 모두 갖고 있기 때문에, **stop-transfer anchor sequence** (**STA**, 막 투과 정지 정박서열)라고 한다.

Translocation이 더 이상 일어나지 않더라도 translation은 ribosome에서 계속되는데, 이때 ribosome은 닫힌 translocon에 여전히 달라붙어 있다. 이 상태에서 단백질 사슬의 C-terminus 쪽이 계속 합성되어 membrane의 세포질 쪽으로 만들어져 나온다. Translation이 완료되면 ribosome은 translocon에서 떨어지게 되고, 새로 합성된 type I 단백질의 C-terminus는 세포질에 존재하게 된다. 궁극적으로, stop-transfer anchor sequence는 N_{exo}-C_{cyto} 방향으로 membrane에 박히게 된다.

Human growth hormone (HGH, 인간 성장 호르몬) receptor의 대한 다양한 돌연변이 cDNA를 포유류 세포에서 발현한 연구를 통해 이러한 메커니즘을 증명하였다. 대표적인 type I 단백질인 wild-type (야생형) HGH receptor는 plasma membrane으로 운반된다. 그러나 단일 membrane-spanning 부위에 전하를 띠고 있는 아미노산을 삽입하거나 이 부위의 대부분이 없어진 mutant receptor는 ER lumen으로 완전히 translocate돼서, 결국 수용성 단백질 형태로 세포 밖으로 분비된다. 이러한 종류의 실험은 HGH receptor를 비롯한 다른 type I 단백질의 소수성 membrane-spanning 부위가 stop-transfer sequence 및 단백질의 C-terminus가 ER membrane을 통과하지 못하게 하는 membrane anchor로 기능한다는 것을 말해준다.

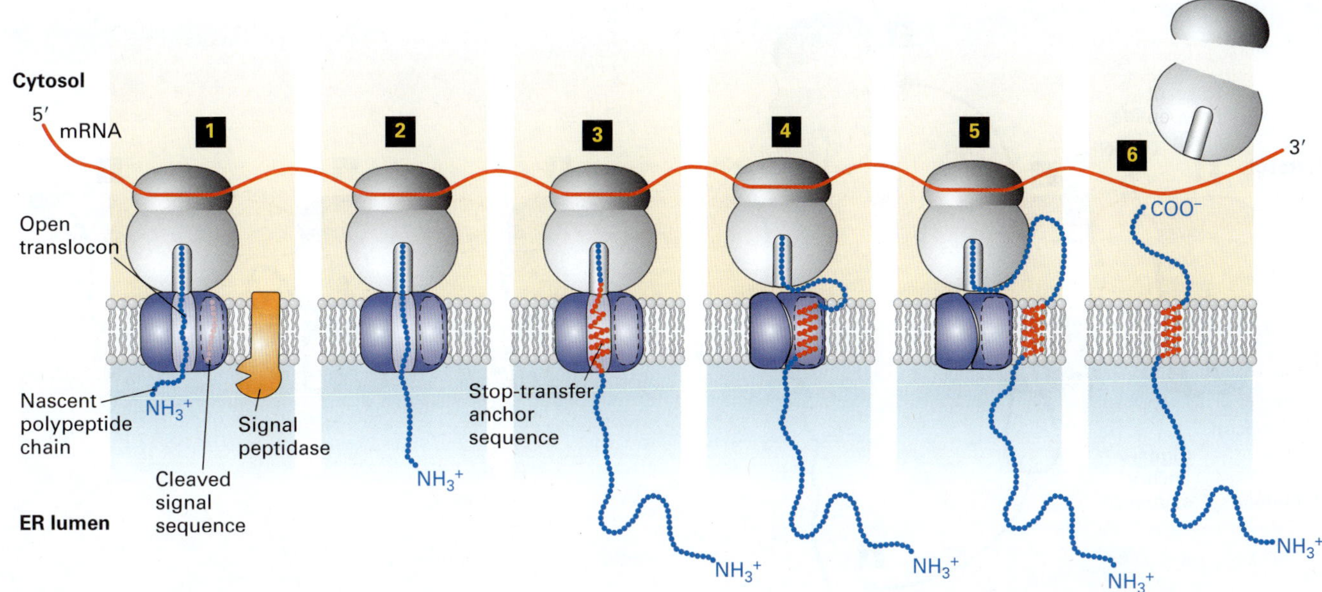

그림 13-11 Type I 단일 통과 transmembrane protein의 membrane 삽입과 방향. 단계 **1**: 초기 합성 중인 polypeptide chain–ribosome 복합체가 ER membrane의 translocon과 결합된 후, N-terminal signal sequence가 절단된다. 이 과정은 수용성 분비단백질과 동일한 메커니즘에 의해 일어난다(그림 13-6 참조). 단계 **2**–**3**: Polypeptide chain은 소수성 stop-transfer anchor sequence가 합성되어 translocon으로 들어갈 때까지 계속 합성되는데, translocon에 들어가면 합성 중인 polypeptide chain이 ER lumen으로 더 이상 들어가지 못한다. 단계 **4**: stop-transfer anchor sequence는 translocon subunit 사이의 소수성 틈을 통해 가로 방향으로 이동하며, 최종적으로 인지질 이중층에 박히게 된다. 이때 translocon이 닫힌다. 단계 **5**: 합성이 계속됨에 따라, 합성 중인 chain은 ribosome과 translocon 사이의 작은 공간을 통해 세포질로 고리 모양으로 빠져 나올 수 있다. 단계 **6**: 합성이 완료되면, ribosomal subunit는 세포질로 방출되고 단백질이 세포막에서 측면으로 확산되도록 남겨 놓는다. H. Do et al., 1996, *Cell* **85**:369; and W. Mothes et al., 1997, *Cell* **89**:523 참조.

Type II와 Type III Protein Type I 단백질과 다르게, type II 및 type III 단백질은 ER로 단백질을 target한 후 잘려질 N-terminal ER signal sequence가 없다. 대신에, 둘 다 ER signal sequence와 membrane anchor로 기능하는 1개의 internal 소수성 **signal-anchor sequence (SA)**를 가지고 있다. Type II와 type III 단백질은 membrane에서 서로 반대 방향으로 삽입된다(그림 13-10 참조); 이 차이는 translocon 내에서 각각의 signal-anchor sequence로 추정되는 부위의 방향에 따라 달라진다. Type II 단백질의 internal signal-anchor sequence는 이전에 signal sequence에 대해 설명한 SRP-dependent mechanism을 사용하여 chain의 N-terminus가 세포질을 향하도록 nascent polypeptide chain을 ER membrane에 삽입되게 한다(그림 13-12a). 그러나 internal signal-anchor sequence는 signal peptidase에 의해 잘려질 수 있는 recognition sequence를 가지고 있지 않으므로 절단되지 않는다. 소수성 성질 때문에 signal-anchor sequence는 translocon의 가장자리에 있는 signal-sequence-binding site에서 바로 인지질 이중층으로 가로 방향으로 이동할 수 있으며, membrane anchor 역할을 한다. 계속 합성됨에 따라 growing polypeptide chain의 C-terminal 부위는 cotranslational translocation에 의해서 translocon을 통해 ER lumen으로 들어간다.

Type III 단백질의 경우, N-terminus 근처에 위치한 signal-anchor sequence는, type II 단백질의 signal-anchor와는 반대 방향으로, N-terminus가 lumen을 향하게 해서 nascent chain을 ER membrane에 삽입되게 한다. Type III 단백질의 signal-anchor sequence는 또한 stop-transfer sequence와 같은 기능을 수행하며 합성 중인 polypeptide가 ER lumen으로 더 이상 못 들어오게 한다(그림 13-12b). Signal-anchor sequence의 C-terminal 쪽이 계속 합성되는 것은 type I 단백질처럼 진행되며, 소수성 sequence는 결국 ER membrane에 polypeptide를 고정시키기 위해 translocon 밖으로 가로 방향으로 이동한다(그림 13-11 참조).

Type II와 type III 단백질의 주요한 차이점은 소수성 transmembrane 부위가 Sec61α의 가장자리에 있는 소수성 signal-sequence-binding site와 어떤 방향으로 결합하는가이다. Type II 단백질의 membrane span은 N_{cyto}-C_{exo} 방향인 반면, type III 단백질의 membrane span은 N_{exo}-C_{cyto}이다. 1개의 소수성 span을 가진 단백질이 type II 또는 type III 방향을 갖게 될지 결정하는 가장 중요한 요소는 소수성 span 직전에 있는 친수성 부위의 길이이다. 친수성 부위의 길이가 몇 개 이상의 아미노산인 경우, membrane을 가로질러 이 부위를 옮기는 데 드는 에너지가 너무 커서 type III 단백질의 transmembrane 부위가 N_{exo}-C_{cyto} 방향을 가질 수 없다. 소수의 친수성 아미노산 바로 다음에 있는 signal-anchor sequence의 방향은 소수성 부위의 한쪽 끝 또는 다른 쪽 끝에 인접한 양전하 아미노산의 배열에 의해 결정된다. 이러한 양전하를 띤 잔기들은 membrane을 가로질러 ER lumen으로 들어가기 보다는 세포질 쪽에 남아 있는 경향이 있다. 따라서 전하를 갖

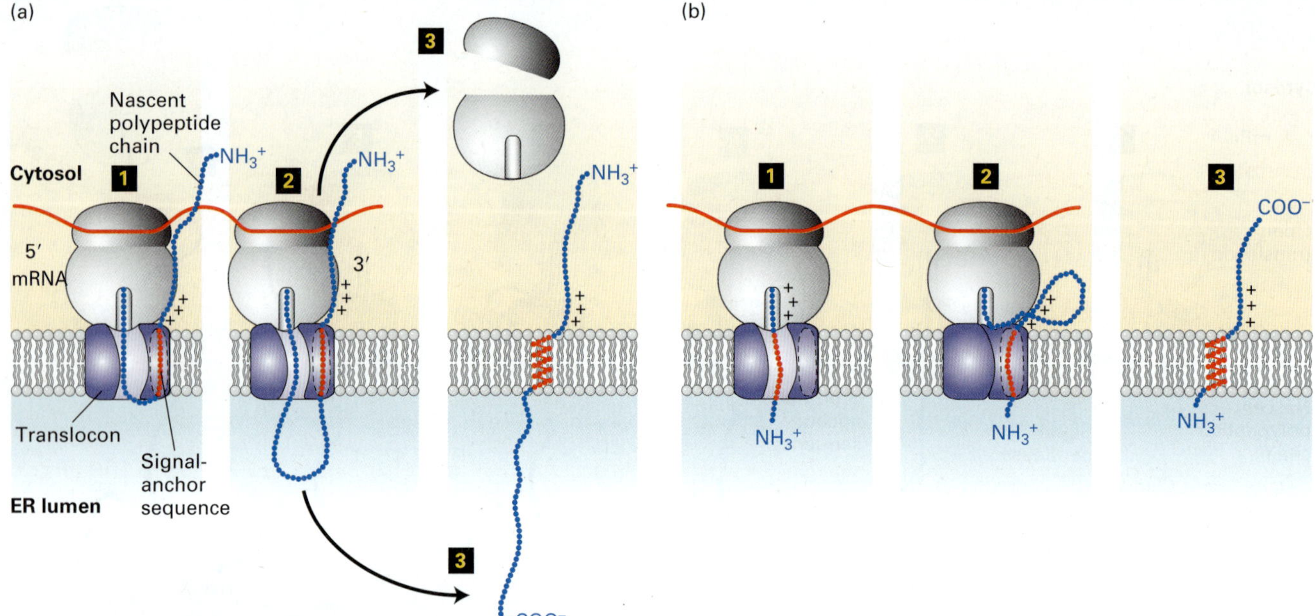

그림 13-12 Type II 및 type III 단일 통과 transmembrane protein의 membrane 삽입 및 방향. (a) Type II 단백질. 단계 **1**: internal signal-anchor sequence가 세포질 ribosome에서 합성된 후, SRP (표시되지 않음)에 의해 결합되어 ER 막의 SRP receptor와 결합한다. 이 과정은 소수성 signal sequence가 N-terminus에 위치하지 않고 이후에 절단되지 않는다는 점을 제외하면, 수용성 분비단백질의 targeting과 유사하다. 초기 합성 중인 polypeptide 사슬은 N-terminal 부분이 세포질을 향한 상태로 translocon에 위치하게 된다. 이 방향은 signal-anchor sequence의 N-terminal에 있는 양전하 아미노산들에 의해 결정된다. 단계 **2**: 체인이 길어지고 lumen으로 들어올 때, internal signal-anchor sequence는 translocon subunit 사이의 소수성 틈을 통해 가로 방향으로 이동하며 인지질 이중층에 체인을 고정시킨다. 단계 **3**: 단백질 합성이 완료되면, polypeptide의 C-terminus는 lumen에 남아 있고, ribosomal subunit는 세포질로 떨어져 나간다. (b) Type III 단백질. 단계 **1**: 삽입은 signal-anchor sequence의 C-terminus 쪽의 양전하 아미노산들이 있어 ER lumen 쪽에 N-terminus 부분이, 세포질 쪽에 C-terminus 부분이 향한 상태로 translocon 내에서 방향을 잡는 것을 제외하고 type II 단백질과 유사한 과정에 의해 이루어진다. Signal-anchor 부분이 translocon과 결합할 때 앞에 있는 친수성 부분은 translocon 채널을 자연스럽게 통과할 수 있을 만큼 짧다. 단계 **2**–**3**: Polypeptide 사슬의 C-terminal 부분은 세포질에서 연장되어 합성이 완료되고, ribosomal subunit는 세포질로 떨어져 나간다. M. Spiess and H. F. Lodish, 1986, *Cell* **44**:177; and H. Do et al., 1996, *Cell* **85**:369 참조.

고 있는 잔기의 위치는 translocon 내에서 signal-anchor sequence의 방향과 polypeptide 사슬의 나머지 부분이 ER lumen으로 계속 통과하는지 여부를 결정한다: type II 단백질은 signal-anchor sequence의 N-terminal 쪽에 양전하를 띠는 아미노산을 갖고 있어 N-terminus를 세포질에 그리고 C-terminal 쪽은 ER 안으로 들어가게 하는 반면(그림 13-12a 참조), type III 단백질은 signal-anchor sequence의 C-terminal 쪽에 양전하를 띠는 아미노산을 갖는 경향이 있어 C-terminus를 세포질에 머무르게 하는 한다(그림 13-12b 참조). Type II signal-anchor sequence의 소수성 부위는 분비단백질의 signal sequence와 동일한 N_{cyto}-C_{exo} 방향을 갖고 있다. 이러한 signal-anchor sequence는 절단되지 않았지만 signal sequence와 같은 방식으로 작동한다는 것을 유념해야 한다.

Membrane에서 방향을 결정하는 데 있어 flanking charge의 중요성에 대한 놀라운 실험적 증거는 인플루엔자 바이러스의 surface coat에 있는 type II 단백질인 neuraminidase의 연구에 의해 알게 되었다. 3개의 arginine 잔기는 neuraminidase에서 internal signal-anchor sequence의 N-terminal 쪽에 위치한다. 음전하를 띤 glutamate 잔기로 이 세 가지 양전하를 띤 잔기를 돌연변이시켰을 때 neuraminidase는 반대 방향으로 삽입되었다. Type II 또는 type III 방향을 갖고 있는 다른 단백질을 갖고서 수행한 유사한 실험은 internal signal-anchor 부위에 붙어 있는 전하 잔기를 돌연변이시켰을 때 ER membrane에서 방향이 뒤집힐 수 있다는 것을 보여주었다.

Tail-Anchored Proteins 지금까지 설명했던 topological class의 모든 단백질을 보면, membrane 삽입은 ribosome에서 소수성 topogenic sequence가 나올 때 SRP가 이것을 인식하면서 시작된다. C-terminus에 1개의 소수성 topogenic sequence를 갖는 tail-anchored protein을 인식하여 작동된다는 것은 종래의 것과는 완전히 다르다. 왜냐하면, 소수성 C-terminus는 translation이 다 끝난 후 ribosome에서 떨어져 나와야만 소수성 C-terminus의 인식이 가능하게 되기 때문이다. ER membrane에 tail-anchored protein을 삽입하는 과정에 SRP, SRP receptor 또는 translocon이 사용되지 않으며, 그림 13-13에서 보는 바와 같이 이러한 목적으로 사용될 새로운 경로가 존재한다. 이 경로는 tail-anchored protein의 C-terminal 소수성 부위에 결합하는 *Get3*로 알려진 ATPase dimer (이량체)가 존재한다. Get3 dimer는 그림 13-5b에서 설명한 바와 같이, SRP와 SRP receptor 결합에 의해 만들어진 dimer

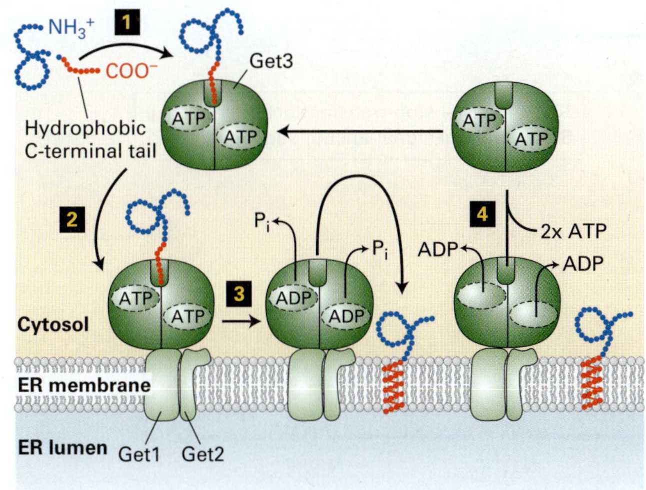

그림 13-13 Tail-anchored 단백질의 삽입. C-terminal tail-anchored 단백질의 경우, 소수성 C-terminus는 단백질 합성이 완료되고 단백질이 ribosome에서 방출될 때까지 막에 삽입되지 않는다. 단계 **1**: Dimeric Get3은 dimer subunit 사이에 소수성 결합 포켓을 갖고 있고 Get3이 ATP와 결합한 상태에서 단백질의 소수성 C-terminal tail과 결합한다. 이 결합 반응은 Get3·ATP에 소수성 C-terminal tail를 전달하기 전까지 붙잡아 두고 있는 Sgt2, Get4와 Get5로 이루어진 복합체에 의해 촉진된다(표시되지 않음). 단계 **2**: Get3·ATP에 단백질이 붙은 복합체는 ER 막에 있는 dimeric Get1/Get2 receptor에 도킹한다. 단계 **3**: ATP가 연속적으로 가수분해되고 ADP가 Get3에서 방출된다. 동시에, 소수성 C-terminal tail은 Get3에서 방출되고 Get1/Get2에 의해 ER 막에 박힌다. 단계 **4**: Get3가 ATP와 결합하고, Get3·ATP는 Get1/Get2에서 떨어져 나가 수용성 형태로 되어 또 다른 소수성 C-terminal tail과 결합할 준비를 한다.

interface에 있는 2개의 GTP 결합 부위와 유사한 구조의 dimer interface에 2개의 ATP 결합 부위를 가지고 있다. Tail-anchored protein에 결합된 Get3 dimer complex는 *Get1/Get2*로 알려진 dimeric integral membrane receptor에 의해 ER에 붙게 된다. Tail-anchored protein은 Get3에서 방출되며, Get1/Get2의 transmembrane 부분이 tail-anchored protein의 ER membrane 삽입에 관여한다. 이 과정은 SRP와 SRP receptor에 의해서 type II 및 type III signal-anchor sequence가 ER로 targeting되는 과정과 작동 방식이 유사하다; SRP는 GTP 가수분해와 동반하여 단백질을 targeting하는 반면, Get3는 ATP 가수분해와 동반하여 tail-anchored protein을 targeting한다는 사실에도 불구하고, 근본적으로 구조적 유사하다는 것은 targeting 메커니즘이 서로 연관되어 있음을 나타낸다.

Type IV (Multipass) Proteins

11장에서 설명한 바와 같이, channel protein, membrane transporter 및 pump, 일부 receptor protein과 같이 생리적으로 중요한 여러 단백질들이 12개 이상의 membrane-spanning α helix를 갖고 있다. 비록 그들의 3차원 구조가 꽤 복잡할 수 있지만, multipass protein의 membrane topology는 일반적으로 single-pass proteins의 topology를 예측하는 데 사용되는 원리로 추측할 수 있다. 그림 13-14는 single-pass 및 multipass transmembrane protein에 있는 topogenic sequence의 배열에 관해 요약하고 있다. 두 가지 주요 원리에 의해 대부분의 multipass protein이 assembly 된다: (1) membrane-spanning 부위는 ribosome에서 나오는 순차적 순서에 따라 translocon에서 membrane으로 삽입되며, (2) 첫 번째 topogenic 부위는 single-pass protein과 같은 방법으로 SRP 및 SRP receptor에 의해 translocon으로 끼어들어 가지만, 반면에 뒤따르는 모든 transmembrane 부위는 SRP의 도움 없이 translocon에 들어간다. 이러한 원리에 기초하여, multipass protein의 첫 번째 transmembrane 부위는 우리가 이미 얘기한 type I, type II 및 type III 단백질의 topogenic sequence처럼 작동한다. 일단 첫 번째 transmembrane 부위의 방향(type I 및 type III 단백질의 경우 N_{exo}-C_{cyto} 또는 type II 단백질의 경우 N_{cyto}-C_{exo})이 결정되면, 각각의 후속 transmembrane 부위들은 이전과 서로 반대 방향으로 membrane에 삽입될 것이다. 따라서 N_{exo}-C_{cyto} transmembrane 부위 다음에는 항상 N_{cyto}-C_{exo} transmembrane 부위가 뒤따르고, N_{cyto}-C_{exo} transmembrane 부위 다음에는 항상 N_{exo}-C_{cyto} transmembrane 부위가 뒤따른다. 이렇게 정확하게 방향 전환을 이루게 되는 이유는 친수성 부위가 translocon의 채널을 통과하지 않는 한 membrane을 가로질러 이동할 수 없기 때문이다. Multipass protein이 짝수의 transmembrane α helix를 갖는 경우, N-terminus와 C-terminus는 membrane을 기준으로 같은 쪽에 있을 것이다(그림 13-14d). 반대로, type IV 단백질이 홀수의 α helix를 갖는 경우, 단백질의 두 끝은 membrane을 기준으로 서로 반대 방향일 것이다(그림 13-14e).

세포질에 N-Terminus가 위치하는 Type IV 단백질

N-terminus가 세포질 쪽에 있는 multipass protein 중에는 11장에서 논의했던 다양한 glucose transporter (GLUTs)와 대부분의 ion-channel 단백질이 있다. 이러한 단백질에서 N-terminus에 가장 가까운 소수성 부위는 type II 단백질의 internal signal-anchor sequence와 같은 기능을 하며, N_{cyto}-C_{exo} 방향으로 ER membrane에 삽입된다(그림 13-12a 참조). Transmembrane 부위를 뒤이어 계속 합성되고 있는 chain은 두 번째 소수성 부위가 합성될 때까지 translocon을 통해 나온다. 이 helix는 translocon을 통해 nascent chain이 더는 나오지 못하게 한다; 따라서 그 기능은 type I 단백질에서 stop-transfer anchor sequence의 기능과 유사하다(그림 13-11 참조).

처음 2개의 transmembrane α helix가 합성되어 membrane에 박히게 되면, nascent chain의 양쪽 끝은 세포질 쪽을 향하고, 이 2개의 transmembrane α helix 사이의 루프는 ER lumen에 존재하게 된다. Nascent chain의 C-terminus는 type III 단백질이 합성되는 것과 같은 식으로 세포질로 계속 합성되고 있는데, 이때 ribosome은 translocon에 부착되어 있는 상태이다. 그렇기 때문에 ribosome에서 나오는 hydrophobic sequence는 SRP 및 SRP receptor의 도움 없이도 translocon으로 들어가게 되는 것이다. 새로운 hydrophobic topogenic sequence가 translocon에 들어감에 따라 이전에 차지하고 있던 서열이 type I,

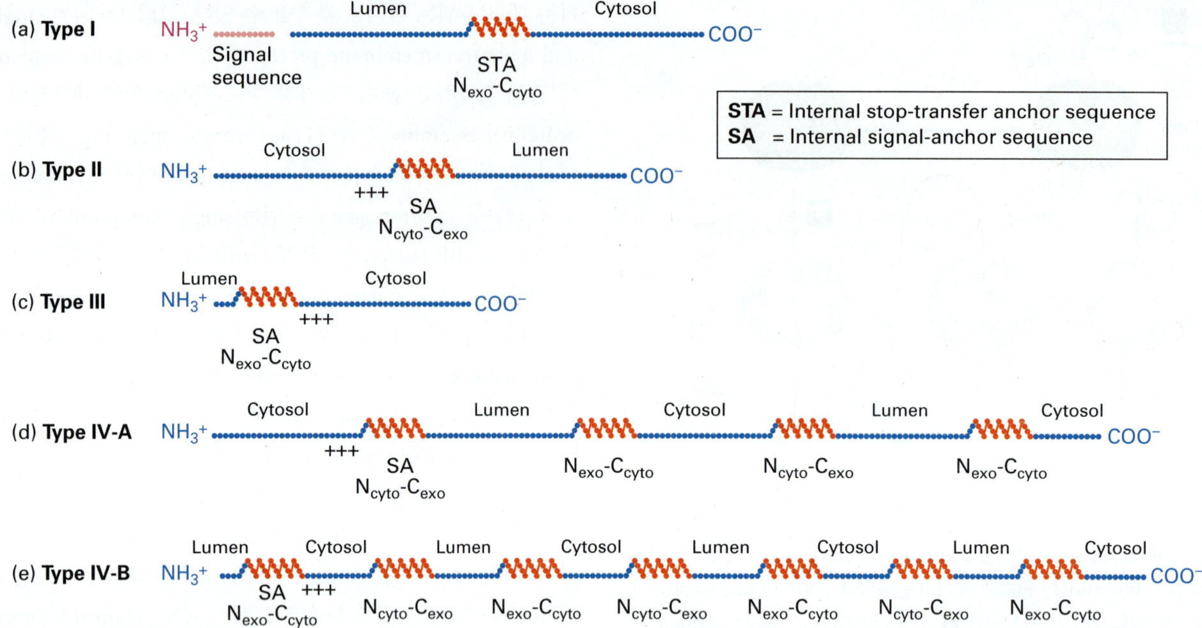

그림 13-14 Topogenic sequence는 ER membrane protein의 방향을 결정한다. Topogenic sequence는 빨간색, 수용성 친수성 sequence는 파란색으로 표시되었다. internal topogenic sequence는 단백질 또는 단백질의 부분들을 막에 고정시키는 transmembrane α helix를 형성한다. (a) Type I 단백질은 절단된 signal sequence와 하나의 internal stop-transfer anchor (STA) sequence를 갖고 있다. (b, c) Type II 및 type III 단백질은 하나의 internal signal-anchor (SA) sequence를 갖고 있다. 이러한 단백질 type의 방향 차이는 주로 SA sequence의 N-terminal 쪽(type II) 또는 C-terminal 쪽(type III)에 양전하를 띤 아미노산(+++)이 더 많이 있음에 따라 결정된다. (d, e) 거의 모든 multipass 단백질은 여기에 표시된 예에서와 같이 절단 가능한 signal sequence가 없다. N-terminus가 세포질을 향하고 있는 type IV-A 단백질은 type II 단백질이 갖고 있는 유사한 SA sequence로 시작한다. N-terminus가 lumen을 향하고 있는 type IV-B 단백질은 type III 단백질과 유사한 SA sequence로 시작한다. 첫 번째 topogenic sequence가 삽입된 후 모든 후속 transmembrane 부위는 이전 부위와 반대 방향으로 막에 삽입된다.

type II 및 type III membrane protein과 동일한 메커니즘을 사용하여 translocon 밖으로 측면으로 이동한다.

세포 바깥쪽에 N-Terminus를 갖는 Type IV 단백질 Type IV-B 단백질의 대부분은 7개의 transmembrane α helix를 갖고 있는 G protein–coupled receptor 패밀리로서, 이들의 N-terminus는 세포 바깥쪽을 향한다. 이러한 protein에서 N-terminus에 가장 가까운 소수성 transmembrane 부위는 종종 type III signal-anchor sequence처럼 양전하 아미노산 cluster가 뒤따른다(그림 13-12b 참조). 그 결과, nascent polypeptide chain은 N-terminus가 lumen으로 들어간 상태로 translocon에 삽입된다(그림 13-14e 참조). 계속 합성되면서 방금 전에 설명한 type IV-A 단백질처럼 ER membrane에 번갈아 삽입된다.

어떤 세포 표면 단백질은 인지질 앵커에 의해 Membrane에 박힌다

어떤 세포 표면 단백질은 hydrophobic amino acid sequence가 아니라 단백질에 공유결합된 amphipathic molecule (양친매성 분자)인 *glycosylphosphatidylinositol* (*GPI*)에 의해 인지질 이중층에 박힌다(그림 13-15a; 7장 참조). 이러한 단백질은 ER membrane에 type I transmembrane protein처럼 N-terminal signal sequence와 internal stop-transfer anchor sequence에 의해 처음에는 ER membrane에 박힌다(그림 13-11 참조). Membrane-spanning domain에 인접한 luminal domain의 어떤 짧은 아미노산 배열이 ER membrane에 존재하는 transamidase에 의해 인식된다. 이 효소는 원래 있던 original stop-transfer anchor sequence를 자름과 동시에 lumen에 있는 이 단백질 부분을 membrane에 이미 만들어져 있는 GPI anchor로 전달한다(Figure 13-15b).

왜 membrane anchor를 한 종류에서 다른 종류로 바꿀까? 단백질에서 세포질 쪽을 향하고 있는 hydrophilic domain을 제거하고서 GPI anchor를 부착하면 몇 가지 변화를 가져올 수 있다. 예를 들어, GPI anchor를 가진 단백질은 인지질 이중층에서 상대적으로 빠르게 확산될 수 있다. 대조적으로, membrane-spanning α helix에 의해 고정된 많은 단백질은 세포질 쪽 부위가 세포골격과 상호작용하기 때문에 membrane에서 측면으로 잘 움직이지 못한다. 또한, GPI anchor가 부착된 단백질은 14장에서 논의하는 것처럼, polarized epithelial cells에서 membrane의 apical domain (basolateral domain 쪽 말고) 쪽으로 target된다.

Membrane Protein의 Topology는 종종 아미노산 서열로부터 추론될 수 있다

우리가 살펴본 바와 같이, ER에서 합성된 integral membrane protein

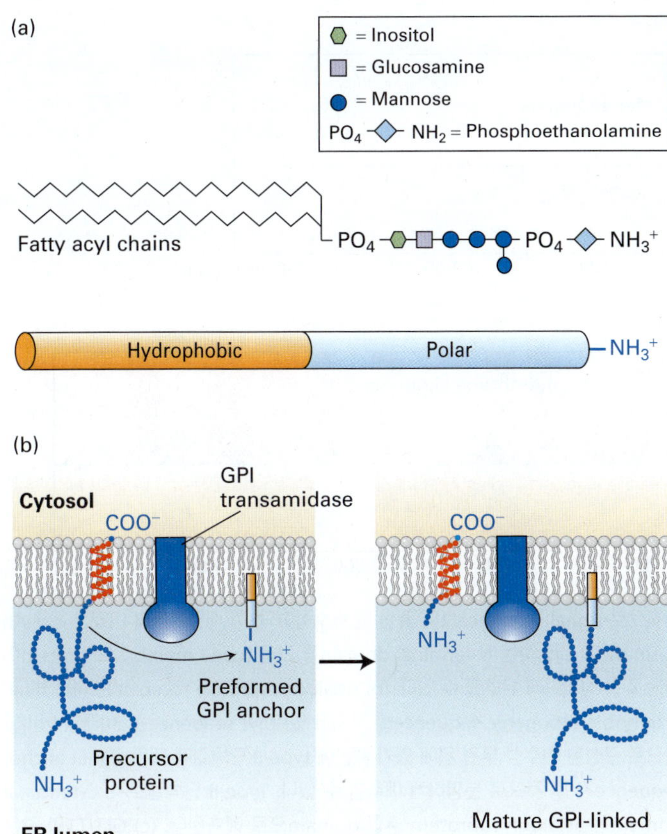

그림 13-15 GPI-anchored 단백질. (a) Yeast의 glycosylphosphatidylinositol (GPI) 분자 구조. 분자의 소수성 부분은 fatty acyl chain으로 구성되어 있는 반면, 극성(친수성) 부분은 탄수화물 잔기와 인산기로 구성되어 있다. 다른 생명체에서, acyl chain의 길이와 탄수화물 부분은 여기 표시된 구조와 다소 다를 수 있다. (b) ER 막에서 GPI-anchored 단백질의 형성. 단백질은 그림 13-11과 같이 type I transmembrane protein처럼 합성되어 처음에는 ER 막에 삽입된다. 특정 transamidase는 precursor 단백질의 stop-transfer anchor sequence (빨간색) 근처의 exoplasmic-facing domain을 절단함과 동시에 새로운 C-terminus의 carboxyl group을 미리 형성된 GPI anchor의 amino group으로 전달한다. C. Abeijon and C. B. Hirschberg, 1992, *Trends Biochem. Sci.* **17**:32; and K. Kodukula et al., 1992, *P. Natl. Acad. Sci. USA* **89**:4982 참조.

의 다양한 topogenic sequence는 nascent polypeptide chain과 translocon의 상호작용에 매우 중요하다. 과학자들이 알려지지 않은 기능을 가진 단백질을 연구하기 시작할 때, 상응하는 유전자 서열 내에서 잠재적인 topogenic sequence를 알아내는 것은 단백질의 topological class와 기능에 대한 중요한 단서를 제공할 수 있다. 예를 들어, cell-to-cell 신호전달 경로에 필요한 것으로 알려진 단백질의 유전자가 명백한 N-terminal signal sequence와 internal hydrophobic sequence를 인코딩하는 nucleotide 서열을 포함한다고 가정하자. 이러한 연구 결과는 단백질이 type I integral membrane protein이므로, 어떤 extracellular ligand (세포 밖에 존재하는 리간드)의 세포 표면 receptor일 수 있을 것이라 추측할 수 있다. 게다가, 이렇게 type I topology로 예상이 된다면 signal sequence와 internal hydrophobic sequence 사이에 있는 N-terminal 부위는 extracellular domain을 구성해서 ligand와 binding 하는 기능을 가질 것이라고 할 수 있는 반면에, internal hydrophobic sequence 다음에 있는 C-terminal 부위는 아마도 세포질 쪽에 있으면서 세포내 신호전달에 관여할 것이라고 예상할 수 있다.

Topogenic sequence인지 확인하려면 그 부위가 충분히 hydrophobic하여 signal sequence일 수 있는지 또는 transmembrane anchor sequence일 수 있는지 sequence data base를 scan해야 한다. Topogenic sequence는 조사하려는 단백질에 대한 **hydropathy profile (소수성지표)**을 생성하는 컴퓨터 프로그램을 사용하여 식별할 수 있다. 첫 번째 단계는 *hydropathic index* (소수성지표 지수)로 알려진 값을 단백질의 각 아미노산에 할당하는 것이다. 관례적으로 소수성 아미노산은 양의 값을 할당받고, 친수성 아미노산은 음의 값을 할당받는다. 비록 hydropathic index가 좀 다른 scale로 존재하는 것이 있긴 하지만, 모두 대부분 hydrocarbon residues (탄화수소 잔기; 예, phenylalanine 및 methionine)로 구성된 곁사슬을 가진 아미노산에 가장 큰 양의 값을 할당하고, 전하를 가진 아미노산(예, arginine 및 aspartate)에는 가장 큰 음의 값을 할당한다. 두 번째 단계는 N-terminal signal sequence 또는 internal stop-transfer anchor sequence 및 signal-anchor sequence가 되기에 충분한 소수성 성질을 띠는 긴 부위를 찾아내는 것이다. 이를 위해, 단백질의 전체 길이를 따라 20개의 연속 아미노산의 각 부위에 대한 총 hydropathic index를 계산한다. 아미노산 서열의 위치에 따라서 이렇게 계산된 값을 plot하여 hydropathy profile을 만드는 것이다.

그림 13-16은 3개의 서로 다른 membrane protein에 대한 hydropathy profile을 보여준다. 이 그림에서 두드러진 피크는 가능한 topogenic sequence와 그 위치 및 대략적인 길이를 알 수 있게 한다. 예를 들어, human growth hormone receptor의 hydropathy profile은 단백질의 가장 끝에 있는 N-terminus에 소수성 signal sequence와 internal hydrophobic stop-transfer anchor sequence가 존재한다는 것을 보여준다(그림 13-16a). 이 프로파일에 기초하여, 우리는 HGH receptor가 type I integral membrane protein이라는 것을 정확하게 추론할 수 있다. 비정상적인 extracellular glycoprotein을 제거하는 세포 표면 단백질인 asialoglycoprotein receptor의 hydropathy profile은 두드러진 internal hydrophobic signal-anchor sequence를 보여 주지만, 소수성 N-terminal signal sequence는 보여주지 않는다(그림 13-16b). 따라서 우리는 asialoglycoprotein receptor가 type II 또는 type III membrane protein이라고 예측할 수 있다. Asialoglycoprotein receptor의 N-terminal 부분은 translocon에 연결을 시작할 수 있는 signal sequence가 없어서 막을 가로질러 이동할 수 없는 30개의 친수성 잔기를 포함하고 있기 때문에, 이 부분은 세포질에 남아 있어야 하며 이런 이유로 type II 단백질이라는 것을 우리는 정확하게 예측할 수 있다.

Multipass transmembrane protein인 GLUT1 glucose transporter의 hydropathy profile은 membrane에 spanning하는 helix로 존재할 수 있을 만큼 충분히 소수성이 있는 많은 부위가 있음을 보여준다(그림 13-16c). 이 복잡한 프로파일은 첫 번째 topogenic sequence의 방향을 예측하는 것과 모든 membrane-spanning 부위를 명확하게 식별하

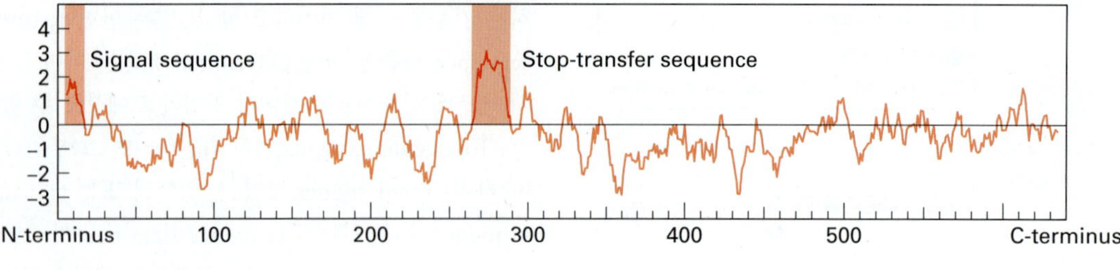

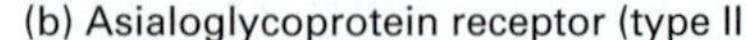

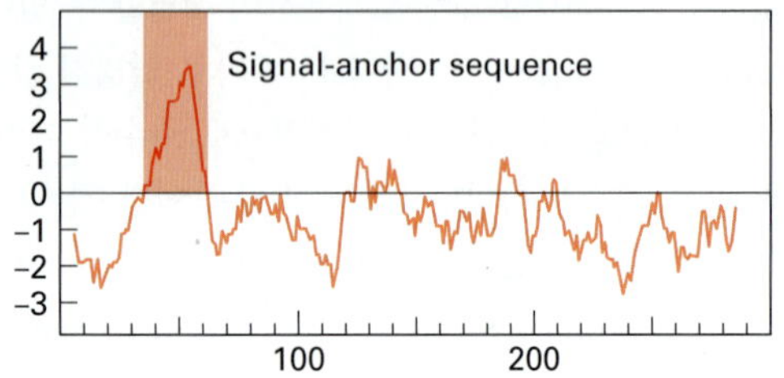

(c) GLUT1 (type IV)

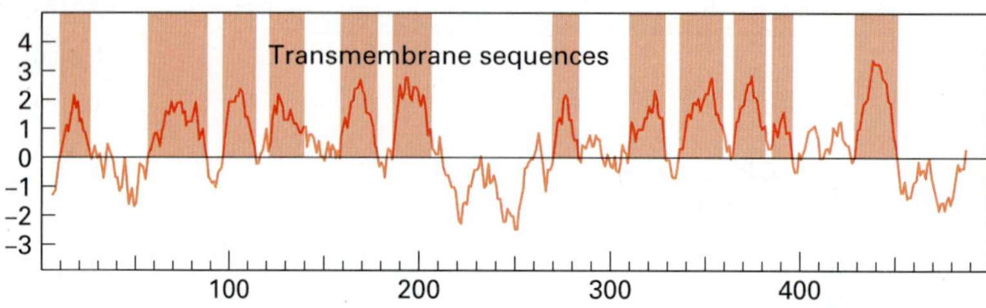

그림 13-16 세 가지 type 단백질에 대한 hydropathy profile. Hydropathy profile은 integral membrane protein에서 가능한 topogenic sequence를 식별할 수 있다. Profile은 단백질의 20개의 연속적인 아미노산으로 이루어진 각 부위의 총 hydrophobicity를 표시함으로써 만든다. 양(positive)의 값은 단백질이 상대적으로 소수성인 부분을 나타내고, 음(negative)의 값은 상대적으로 친수성 부분을 나타낸다. 가능한 소수성 topogenic sequence가 표시되어 있다. (a) Human growth hormone (인간 성장 호르몬) receptor는 N-terminus에 signal sequence 그리고 internal hydrophobic stop-transfer sequence, 이 두 가지 topogenic sequence를 가지고 있음이 분명하다. membrane-spanning stop-transfer sequence는 일반적으로 signal sequence보다 훨씬 더 소수성이다. 이 배열로부터 이것은 growth hormone과 결합하는 N-terminal domain을 가진 type I membrane protein이라는 것을 정확하게 유추할 수 있다. (b) Asialoglycoprotein receptor는 하나의 hydrophobic topogenic sequence를 가지고 있다. 이 sequence는 30개의 아미노산으로 구성된 친수성 부위 뒤에 있기 때문에 type II 단백질에 대한 signal-anchor sequence가 될 것으로 분명하게 예측할 수 있다. Type II 단백질로서, C-terminal domain은 asialoglycoprotein 결합 domain으로 예측된다. (c) GLUT1과 같은 multipass (type IV) 단백질에 대한 복잡한 프로파일은 이러한 단백질의 topology를 결정하기 위해 종종 다른 분석이 보완되어야 한다.

는 것 모두 어렵다는 것을 보여준다. Membrane-spanning 부위 길이와 부위들의 간격뿐만 아니라 소수성 부위에 인접한 양전하를 띤 아미노산의 존재를 알 수 있는 보다 정교한 컴퓨터 알고리즘이 개발되었다. 이 모든 정보를 사용하여, 최고의 알고리즘은 multipass 단백질의 복잡한 topology를 80% 이상의 정확도로 예측할 수 있다.

마지막으로, 알려진 단백질에 대한 sequence homology는 새롭게 발견된 multipass 단백질의 topology를 정확하게 예측할 수 있다. 예를 들어, 다세포 생명체의 genome에는 7개의 소수성 transmembrane 부위를 갖고 있는 매우 많은 수의 multipass 단백질들이 암호화되어 있다. 이러한 단백질의 서열들 사이의 유사성은 잘 연구된 G protein-coupled receptor와 동일한 topology를 가지고 있다는 것을 강하게 시사한다. G protein-coupled receptor는 세포막의 세포질 쪽을 향하는 C-terminus와 세포 바깥쪽을 향하는 N-terminus를 가지고 있다.

13.2절의 주요 개념

ER에 Membrane Protein (막단백질) 삽입

- Rough ER에서 합성되는 membrane protein은 다섯 가지 topology 유형의 integral membrane protein과 lipid-anchored type protein로 분류된다(그림 13-10 참조).
- N-terminal signal sequence, internal stop-transfer anchor sequence 그리고 internal signal-anchor sequence와 같은 topogenic sequence는 nascent protein이 ER membrane으로 삽입되게 하고 orientation을 결정한다. 이러한 orientation은 완성된 membrane protein을 최종 목적지(예, plasma membrane)로 운반하는 동안 유지된다.
- SRP와의 상호작용에 의해 삽입이 시작되는 single-pass membrane protein은 translocon에 결합된 ribosome에서 합성되며, 세 가지 topology type인 type I, type II, type III가 있다. Topological type은 signal sequence의 유무, 친수성 N-terminal 부위의 길이, 소수성 transmembrane 부위에 인접한 양전하 아미노산이 어느 쪽에 붙는가에 따라 달라진다(그림 13-14 참조).
- 단일 C-terminal transmembrane domain을 가진 tail-anchored protein은 번역 후 membrane에 삽입된다. SRP 및 SRP receptor의 GTPase domain과 유사한 ATPase인 cytosolic receptor, Get3에 의해 삽입된다.
- Multipass (type IV) protein의 topology는 single-pass protein과 동일한 방법으로 삽입된 첫 번째 transmembrane 부위의 orientation

에 의해 결정된다. 각각의 추가적인 transmembrane 부위는 ribosome에서 합성되어 나오는 순서대로 translocon 안으로 들어가고 교대로 membrane에 삽입된다.

- 일부 cell-surface protein은 처음에는 type I 단백질로 합성되지만, 그 후 절단되고, ER lumen 쪽에 있는 domain이 GPI anchor로 전달된다(그림 13-15 참조).
- Membrane protein의 topology는 아미노산 서열 내에 있는 소수성 topogenic 부위를 확인하고, hydropathy profile을 만들어 주는 컴퓨터 프로그램에 의해 종종 정확하게 예측될 수 있다(그림 13-16 참조).

13.3 ER에서 일어나는 단백질 Modification (변형), Folding (구조 잡기) 그리고 Quality Control (품질 관리)

Rough ER에서 합성된 membrane protein과 secretory protein은 최종 목적지에 도달하기 전에 네 가지 주요 변형 과정을 거친다: (1) ER과 Golgi complex에서 단백질에 탄수화물을 공유결합으로 첨가하고 가공하는 것(*glycosylation*, 당화); (2) ER에서 disulfide bond (이황화 결합)를 형성하는 것; (3) ER에서 polypeptide chain이 적절하게 구조를 잡고 multisubunit protein으로 assembly되는 것; (4) ER, Golgi complex와 secretory vesicle (분비 소낭)에서의 specific proteolytic cleavage (특정 단백질 절단)가 일어나는 것. 일반적으로 이러한 변형은 분비단백질의 구조를 바르게 잡히게 해서 extracellular environment에 노출된 단백질의 구조가 안정성을 유지하게 한다. Glycosylation과 같은 modification은 세포가 세포 표면에 화학적으로 구별되는 다양한 분자를 생산할 수 있게 한다. 이는 cell-to-cell adhesion (세포와 세포의 접착)과 communication (소통)에 사용되는 특별한 분자 상호작용의 기초가 된다.

Rough ER에서 합성되어 ER의 lumen으로 들어가는 대부분의 단백질은 하나 이상의 탄수화물 사슬이 첨가되어 변형된다. 탄수화물이 부착된 단백질을 **glycoprotein (당단백질)**이라고 한다. 당단백질의 serine 및 threonine 잔기의 hydroxyl (—OH) group에 부착된 사슬을 ***O*-linked oligosaccharide**, aspargine의 amide nitrogen에 부착된 탄수화물 사슬을 ***N*-linked oligosaccharide**라고 한다. 다양한 유형의 *O*-linked oligosaccharide에는 mucin-type *O*-linked chain (점액에서 발견되는 풍부한 당단백질의 이름을 따서 명명됨)이 있으며, 20장에서 설명하고 있는 proteoglycan의 carbohydrate modification이 있다. *O*-linked chain은 전형적으로 선형 사슬의 탄수화물 잔기로 구성되며, 이는 Golgi complex의 lumen에 위치한 *glycoslytransferase* (당전이효소)라고 알려진 효소에 의해 단백질에 붙여준다. 보다 흔한 *N*-linked oligosaccharide는 branched structure (나뭇가지형 구조)를 가지며, 처음 단백질이 ER로 들어갈 때 붙여진다. 이 절에서는 ER에서 branched precursor (나뭇가지형의 전구체)로 합성되는 *N*-linked oligosaccharide에 초점을 맞춰 설명한다. ER에서 단백질로 *N*-linked precursor가 처음 전달 후, oligosaccharide chain은 ER뿐만 아니라 일반적으로 Golgi complex에서도 변형된다.

Rough ER에서만 일어나는 disulfide bond formation, protein folding, multimeric protein의 assembly도 이 절에서 논의한다. 적절하게 구조를 잡고 assembly된 단백질만이 rough ER에서 Golgi complex로, 궁극적으로 분비 경로를 통해 세포 표면 또는 다른 최종 목적지로 운반된다. Unfolded, misfolded, 또는 partly folded 그리고 assembly가 안 된 단백질은 rough ER에서 못 빠져나가게 선택되어 잡혀 있고 분해되도록 표지된다. 이 절의 후반부에서 그러한 quality control의 몇 가지 특징에 대해 설명하고 있다.

앞서 설명한 바와 같이, 수용성 분비단백질과 type I membrane protein에 있는 N-terminal ER signal sequence는 ER에서 잘려진다. 일부 단백질은 Golgi complex 또는 secretory vesicle에서 또 다른 specific proteolytic cleavage 과정을 거친다. 다음 장에서 Golgi complex에서 주로 일어나는 탄수화물 modification뿐만 아니라 이러한 cleavage에 대해 설명한다.

Rough ER에서 이미 만들어진 *N*-Linked Oligosaccharide가 많은 단백질에 전달된다

모든 *N*-linked oligosaccharide의 생합성은 rough ER에서 이미 형성된 14개의 잔기를 갖는 oligosaccharide precursor를 단백질에 전달함으로써 시작된다(그림 13-17). 이 precursor의 구조는 식물, 동물 및 단세포 진핵생물에서 모두 같다: 이 branched oligosaccharide는 3개의 glucose (Glc, 포도당), 9개의 mannose (Man), 2개의 *N*-acetylglucosamine (GlcNAc)으로 되어 있으며, $Glc_3Man_9(GlcNAc)_2$라고 쓴다. 일단 branched oligosaccharide가 단백질에 전달되면, 이 branched carbohydrate structure는 ER과 Golgi complex에서 monosaccharide (단당)를 추가하거나 제거함으로써 변형된다. *N*-linked chain의 변형은 당단백질마다, 그리고 다른 생명체들 사이에서 다르지만, 14개의 잔기 중 5개의 중심 잔기는 분비단백질과 membrane protein의 모든 *N*-linked oligosaccharide 구조에서 변형되지 않은 채 그대로 보존되어 있다.

ER의 lumen에서 합성 중인 polypeptide chain으로 이동하기 전에 oligosaccharide precursor는 긴 사슬의 polyisoprenoid lipid인 **dolichol phosphate**이라고 불리는 membrane-attached anchor에 만들어진다(10장 참조). 첫 번째 당인 GlcNAc가 pyrophosphate bond에 의해 dolichol phosphate에 부착된 후, 다른 당들은 rough ER membrane의 세포질 면 또는 luminal 면에 부착된 효소에 의해 촉매되는 일련의 복잡한 반응을 통해 glycosidic bond를 형성하며 연결된다(그림 13-17 참조). 세포질 쪽 면에서 만들어지고 있는 dolichol pyrophosphoryl oligosaccharide의 oligosaccharide 부분이 ER lumen으로 들어간다. Dolichol carrier (운반체)에서 precursor가 합성되는 동안 첨가되는 마지막 잔기인 3개의 glucose 잔기는 oligosaccharide이 완성되어 이제 단백질로 전달될 준비가 되었다는 신호로서 작용하는 것으로 보인다.

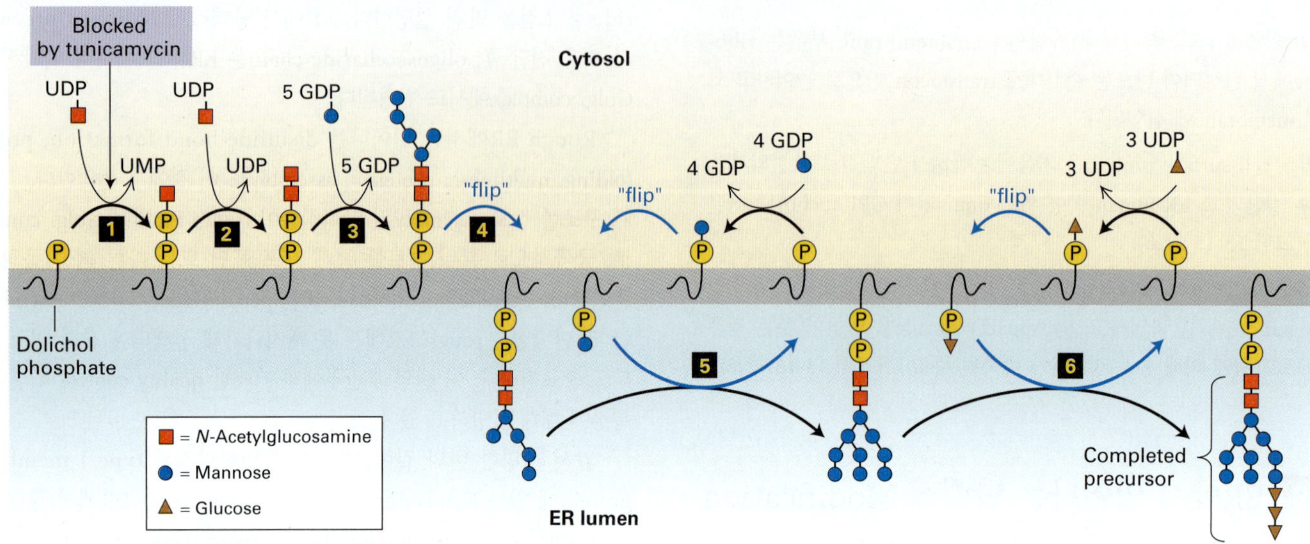

그림 13-17 Oligosaccharide precursor의 생합성. Dolichol phosphate는 75-95개의 탄소 원자로 구성된 강력한 소수성 지질로, ER 막에 내장되어 있다. 2개의 *N*-acetylglucosamine (GlcNAc)과 5개의 mannose는 ER 막의 세포질 표면 쪽에 있는 dolichol phosphate에 한 번에 하나씩 첨가된다(단계 **1**-**3**). 이러한 반응과 이후의 반응에 사용되는 nucleotide-sugar donor는 세포질에서 합성된다. 첫 번째 당(GlcNAc)은 high-energy pyrophosphate linkage에 의해 dolichol에 부착된다는 점이 중요하다. 이 경로에서 첫 번째 효소를 차단하는 tunicamycin은 세포에서 모든 *N*-linked oligosaccharide의 합성을 억제한다. 7개의 당이 연결된 dolichol pyrophosphoryl intermediate는 lumen 표면(단계 **4**)쪽으로 뒤집힌 후, 나머지 4개의 mannose와 3개의 glucose가 한 번에 하나씩 첨가된다(단계 **5**-**6**). 뒤집힌 이후 반응에서, 첨가될 당은 먼저 nucleotide sugar에서 ER의 세포질 표면에 있는 운반체 dolichol phosphate로 전달된다; 그런 후 운반체는 lumen 표면으로 뒤집히고, 그곳에서 당은 만들어지고 있는 oligosaccharide로 전달된 후 "빈" 운반체는 다시 세포질 표면으로 이동된다. C. Abeijon and C. B. Hirschberg, 1992, *Trends Biochem. Sci.* **17**:32 참조.

전체 14-residue precursor는 dolichol carrier에서 nascent polypeptide에 있는 asparagine 잔기로 전달된다(그림 13-18, 단계 **1**). Tripeptide sequence인 Asn-X-Ser 또는 Asn-X-Thr (여기서 X는 proline을 제외한 어떤 아미노산도 가능하다)의 오직 asparagine 잔기에 전달을 촉매하는 효소인 *oligosaccharyl transferase*에 의해 precursor oligosaccharide가 전달된다. 이 효소의 3개 subunit 중 2개는 세포질 쪽에 있으며 이 domain은 ribosome과 결합하고, transferase의 3번째 subunit은 촉매 subunit으로 ER lumen 쪽에 있으며 합성되어 들어오는 polypeptide chain 근처에 있다. 모든 Asn-X-Ser/Thr 서열이 glycosylation되는 것은 아니며, 아미노산 서열만으로는 잠재적인 *N*-linked glycosylation 부위를 예측할 수 없다; 예를 들어, Asn-X-Ser/Thr 서열을 포함하는 단백질 부위가 재빠르게 folding되면 oligosaccharide precursor가 그곳으로 전달되지 못한다. 완전한 precursor인 $Glc_3Man_9(GlcNAc)_2$가 nascent polypeptide로 전달된 직후, *glycosidase*라고 불리는 세 가지 다른 효소들에 의해 3개의 glucose 모두와 하나의 특정 mannose를 제거한다(그림 13-18, 단계 **2**-**4** 참조).

Oligosaccharide Side Chain (곁사슬)은 Glycoprotein이 Folding (구조 잡는 것)과 Stability (안정성)를 촉진한다

Glycoprotein에 부착된 oligosaccharide들은 다양한 기능을 한다. 예를 들어, 일부 단백질은 ER에서 적절하게 구조를 잡기 위해 *N*-linked oligosaccharide를 필요로 한다. 이러한 기능은 항생제인 tunicamycin을 사용한 연구를 통해 알게 되었는데, tunicamycin은 dolichol-linked oligosaccharide precursor의 형성의 첫 단계를 방해하여 세포에서 모든 *N*-linked oligosaccharide의 합성을 저해한다(그림 13-17, 위 왼쪽). 예를 들어, tunicamycin이 있으면 인플루엔자 바이러스의 hemagglutinin precursor polypeptide (HA_0)가 합성은 되지만 제대로 구조가 잡히지 않아 정상적인 trimer를 형성할 수 없다; 이럴 경우 misfolded protein은 rough ER에 남아 있게 된다. 게다가, hemagglutinin sequence의 특정 asparagine이 돌연변이가 되면 해당 부위에 *N*-linked oligosaccharide가 전달되지 못하고 이 단백질은 ER 내에 unfolded 상태로 축적된다.

Proper folding을 촉진하는 것 외에도, *N*-linked oligosaccharide는 분비된 많은 glycoprotein에 안정성을 부여한다. 예를 들어, tunicamycin 처리를 통해 *N*-linked oligosaccharide의 첨가가 차단되더라도 많은 분비단백질은 구조가 적절히 잡혀 최종 목적지로 운반된다. 그러나 이런 nonglycosylated protein은 glycosylated protein보다 덜 안정적인 것으로 나타났다. 예를 들어, extracellular matrix (세포외 기질)의 정상적인 구성 요소인 glycosylated fibronectin은 nonglycosylated fibronectin보다 tissue protease (조직에 있는 단백질 가수분해효소)에 의해 훨씬 더 느리게 분해된다.

특정 세포 표면의 glycoprotein에 있는 oligosaccharide 또한 cell-

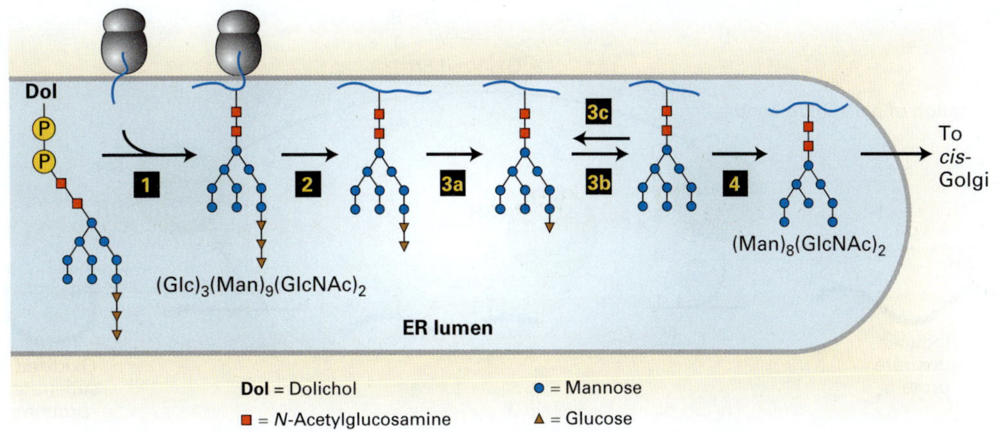

그림 13-18 *N*-linked oligosaccharide의 첨가 및 초기 processing. 척추동물 세포의 rough ER에서 $Glc_3Man_9(GlcNAc)_2$ precursor는 dolichol carrier로부터 합성 중인 초기 단백질이 ER의 lumen 측으로 들어올 때 *N*-linked oligosaccharide가 붙을 수 있는 asparagine이 들어오자마자 전달된다(단계 **1**). 다음 3개의 개별 반응에서, 먼저 glucose 1개(단계 **2**), 다음에는 glucose 2개(단계 **3a** 및 **3b**), 마지막으로 mannose 1개(단계 **4**)가 제거된다. 하나의 glucose가 다시 붙게 되는데(단계 **3c**), 이는 나중에 논의하겠지만 ER에서 많은 단백질이 정확하게 구조를 잡게 하는 역할을 한다. 수용성 분비단백질의 *N*-linked glycosylation을 여기에서 보여주지만, integral membrane protein의 luminal 부분도 동일한 메커니즘에 의해 asparagine에 *N*-linked glycosylation이 일어난다. R. Kornfeld and S. Kornfeld, 1985, *Annu. Rev. Biochem.* **45**:631; and M. Sousa and A. J. Parodi, 1995, *EMBO J.* **14**:4196 참조.

cell adhesion (세포와 세포 사이 부착)에 역할을 한다. 예를 들어, 백혈구(leukocyte)의 plasma membrane은 광범위하게 glycosylation이 되어 있는 cell-adhesion molecule (CAM)을 갖고 있다. 이들의 oligosaccharide는 혈관 내벽을 싸고 있는 endothelial cell에서 발견되는 또 다른 CAM의 sugar-binding domain (당 결합 도메인)과 상호작용한다. 이 상호작용은 leukocyte를 endothelium (내피)에 붙게 해서 감염에 대한 염증 반응이 일어나는 동안 조직으로 이동하는 것을 돕는다(그림 20-40 참조). 또 다른 cell-surface glycoprotein은 면역 반응을 유도할 수 있는 oligosaccharide side chain을 가지고 있다. 일반적인 예는 ABO 혈액형 항원으로, 이는 erythrocyte (적혈구) 및 다른 세포 유형의 표면에 있는 glycoprotein과 glycolipid (당지질)에 부착된 *O*-linked oligosaccharide이다(그림 10-20 참조). 두 경우 모두 soluble protein에 대해 그림 13-18에서 보여준 것과 유사한 방식으로 oligosaccharide가 이들 membrane protein의 lumen 쪽에서 첨가된다. 이러한 membrane protein의 lumen 쪽은 topology 상, 이 단백질이 결국 최종적으로 이동하게 되는 plasma membrane의 바깥쪽 면과 동일하다.

ER Lumen에 존재하는 단백질에 의해 Disulfide Bond가 형성되고 Rearrange (재배치)된다

3장에서, 우리는 intramolecular (분자 내)와 intermolecular (분자 간) **disulfide bond** (–S–S–)가 많은 단백질의 3차 및 4차 구조를 안정화시키는 데 기여한다는 것을 배웠다. 이러한 공유결합은 같은 polypeptide chain 안에서거나 혹은 다른 polypeptide chain에 있는 2개의 cysteine의 *sulfhydryl group* (*–SH*, *thiol* group으로도 알려짐)의 산화에 의해 결합이 형성된다. 이 반응은 적절한 oxidant (산화제)가 있을 때만 가능하다. 진핵세포에서 disulfide bond는 rough ER의 lumen에서 형성되며, 일반적으로 수용성 분비단백질과 membrane protein의 exoplasmic domain (세포 밖에 있는 도메인)에서 발견된다. 세포질에는 disulfide bond를 형성하는 효소가 없으므로 세포질 단백질과 대부분의 세포소기관 단백질(즉, 미토콘드리아, 엽록체, 퍼옥시좀 등으로 target되는 단백질)은 보통 disulfide bond를 가지고 있지 않다.

모든 진핵세포에 존재하는 효소 단백질인 **protein disulfide isomerase (PDI)**는 ER의 lumen에서 disulfide bond를 효율적으로 형성한다. 이 효소는 특히 간이나 췌장과 같은 장기에 있는 분비 세포의 ER에 많이 존재하며, 이곳에서 disulfide bond를 하고 있는 단백질이 다량 생산된다. 그림 13-19a와 같이, PDI 활성 부위에 있는 disulfide bond는 2개의 순차적인 thiol-disulfide 전달 반응에 의해 단백질로 쉽게 전달될 수 있다. 이 반응에 의해 생성된 환원된 PDI는 ER에 존재하는 *Ero1* 이라 불리는 단백질에 의해 산화된 상태로 되돌아간다. Ero1은 PDI로 전달할 수 있는 disulfide bond를 갖고 있다. Ero1은 ER로 확산된 산소 분자와 반응해서 스스로 산화된다.

하나 이상의 disulfide bond를 갖고 있는 단백질에서 cysteine residue의 적절한 짝짓기는 정상적인 구조와 활성에 필수적이다. Polypeptide가 ribosome에서 합성되는 동안 아미노산 서열 상 순차적으로 들어오는 cysteine 사이에 disulfide bond가 보통 형성된다. 그러나 이러한 순차적 형성은 때때로 잘못된 cysteine 사이에 disulfide bond를 생성한다. 예를 들어, peptide hormone insulin의 precursor인 proinsulin은 cysteine 1과 4, 2와 6, 3과 5를 연결하는 3개의 disulfide bond를 가지고 있다. 이 경우, 처음에 순차적으로 형성된 disulfide bond (예, cysteine 1과 2 사이)는 적절한 구조를 갖는 단백질을 만들기 위해 rearrangement (재배치)되어야 한다. 세포에서 disulfide bond의

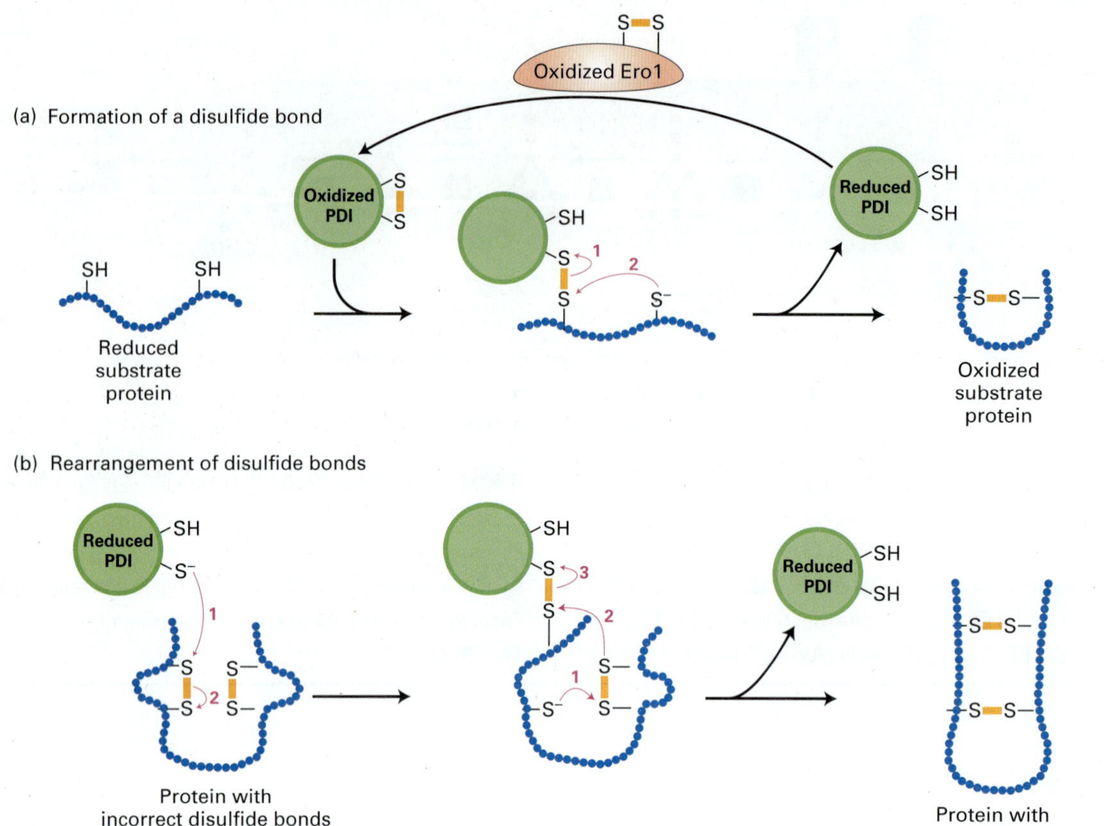

그림 13-19 Protein disulfide isomerase (PDI)의 작용. PDI는 환원된 dithiol 형태와 산화된 disulfide 형태 사이에서 쉽게 상호 변환되는 가깝게 있는 2개의 cysteine이 있는 활성 부위를 통해 disulfide bond를 형성하고 재배열한다. 숫자로 표시된 빨간색 화살표는 electron 전달 순서를 나타낸다. 노란색 막대는 disulfide bond를 나타낸다. (a) Disulfide bond를 형성할 때, substrate 단백질에 있는 cysteine의 thiol이 이온화된 형태($-S^-$)로 있는데, 이는 산화된 PDI의 disulfide (S–S) 결합과 반응하여 disulfide-bonded PDI–substrate 단백질 intermediate (중간체)를 형성한다. 그런 다음 substrate 단백질의 두 번째 이온화 thiol이 이 intermediate와 반응하여 substrate 단백질 내에서 disulfide bond를 형성하고 환원된 PDI를 방출한다. 그 다음 PDI는 전자를 lumen에 있는 단백질인 Ero1의 disulfide bond로 전달해서 산화된 형태의 PDI를 재생한다. (b) 환원된 PDI는 부적절하게 형성된 disulfide bond를 thiol-disulfide 전달 반응과 비슷한 방식으로 재배열할 수 있다. 이 경우 환원된 PDI는 이 반응 과정을 시작하고 재생된다. 이러한 반응은 단백질이 가장 안정적으로 구조를 잡을 때까지 반복된다. M. M. Lyles and H. F. Gilbert, 1991, *Biochemistry* **30**:619 참조.

rearrangement는 다양한 단백질 기질에 작용해서 열역학적으로 가장 안정적인 형태에 도달할 수 있게 하는 PDI에 의해 가속화된다(그림 13-19b). Disulfide bond는 일반적으로 polypeptide의 작은 domain을 먼저 안정화시킨 다음 좀 더 떨어진 부위와 상호작용해서 안정화시키는 특정한 순서로 형성된다. 다음 절에서 논의할 인플루엔자 hemagglutinin (HA) protein의 folding을 예로 들어서 이 현상을 설명할 것이다.

Chaperone과 여러 ER 단백질들이 단백질의 Folding과 Assembly를 촉진한다

많은 denatured protein (변성된 단백질)이 in vitro에서 자발적으로 원래 상태로 refolding될 수 있지만, 이러한 refolding은 보통 완성에 도달하는 데 몇 시간이 걸린다. 그러나 ER에서 생성된 단백질은 일반적으로 합성 후 몇 분 안에 적절한 형태로 접힌다. 세포에서 새롭게 합성된 단백질의 빠른 folding은 ER lumen 내에 존재하는 여러 단백질의 순차적 작용에 의한 것이다. 우리는 이미 yeast에서 완전히 합성된 polypeptide가 ER로 들어올 때 molecular chaperone (분자 샤페론) BiP가 합성된 polypeptide와 결합함으로써 post-translational translocation를 어떻게 유도할 수 있는지 보았다(그림 13-9 참조). BiP는 또한 cotranslational translocation으로 nascent polypeptide chain이 ER에 들어갈 때 일시적으로 결합할 수 있다. Bound BiP는 nascent chain의 부위가 잘못 접히거나 aggregate를 형성하는 것을 방지해서 전체 polypeptide를 적절한 형태로 folding되는 것을 촉진한다고 생각된다. PDI는 또한 많은 단백질의 정확한 3차원 구조가 disulfide bond에 의해 안정화되기 때문에 적절한 folding에 기여한다.

그림 13-20에서 설명한 것처럼, ER에 있는 서로 다른 2개의 homologous (상동성) lectin (탄수화물 결합 단백질)인 *calnexin*과 *calreticulin*은 합성 중인 polypeptide chain에서 특정 *N*-linked oligosaccharide를 선택적으로 결합한다. 이들 두 단백질의 ligand는 *N*-linked oligosaccharide precursor와 유사하지만 오직 단 하나만의 glucose residue

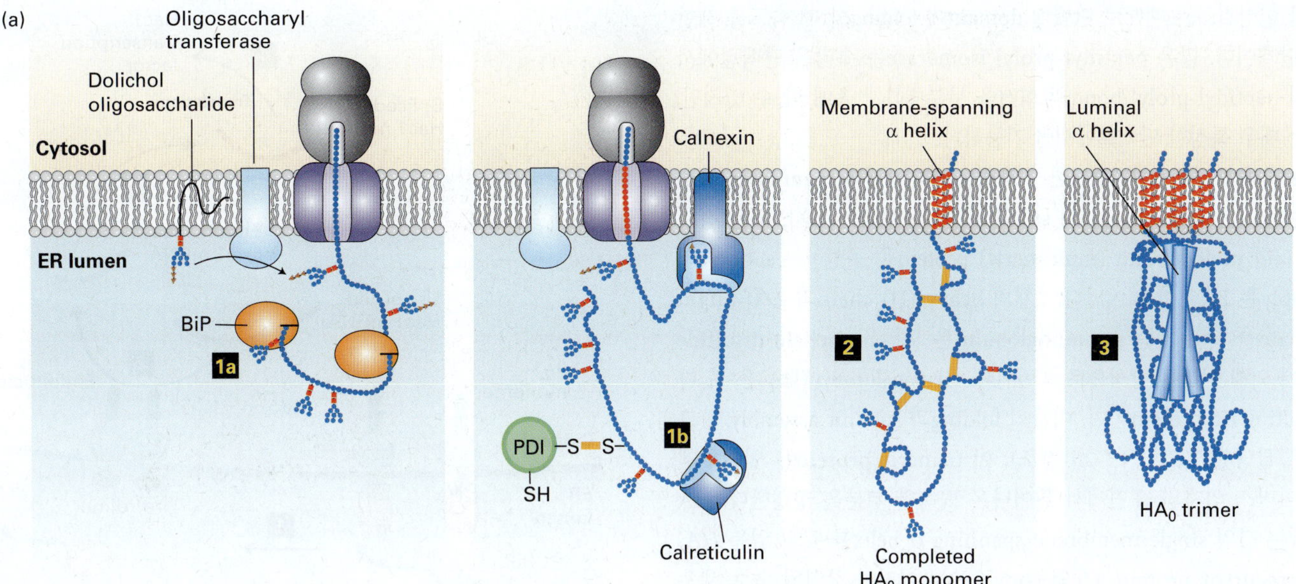

(b)

그림 13-20 Hemagglutinin 구조 잡기 및 조립. (a) HA_0 trimer 조립 메커니즘. 초기 합성 중인 polypeptide 사슬에 chaperone BiP (단계 **1b**)와 특정 oligosaccharide 사슬에 calnexin과 calreticulin이라는 두 lectin (탄수화물과 결합하는 단백질)의 일시적인 결합(단계 **1a**)은 HA_0의 근접한 부위들의 적절한 접힘을 촉진한다. 총 7개의 *N*-linked oligosaccharide 사슬이 cotranslational translocation 동안 초기 합성 중인 사슬의 lumen 부분에 추가되고, PDI는 HA_0 monomer당 6개의 disulfide bond가 형성되게 한다. 완성된 HA_0 monomer는 lumen에서 N-terminus 쪽에 있는 단일 membrane-spanning α helix에 의해 막에 고정 된다(단계 **2**). 처음에는 transmembrane α helix를 통해 서로 3개의 HA_0 사슬이 상호작용을 하고, 이는 각 HA_0 polypeptide lumen 부분에 하나의 α helix를 갖고 있는 긴 stem (줄기, 대)을 형성하게 한다. 마지막으로, 3개의 globular head (둥근 머리) 사이에 상호작용이 일어나 안정적인 HA_0 trimer (단계 **3**)를 생성한다. (b) 바이러스 막 표면에서 스파이크로 튀어나온 HA 단백질 trimer를 보여주는 인플루엔자 바이러스의 전자현미경 사진(인위적으로 색상을 입힘). U. Tatu et al., 1995, *EMBO J.* **14**:1340; and D. Hebert et al., 1997, *J. Cell Biol.* **139**:613 참조. [Part (b) Chris Bjornberg/Science Source.]

인 $[Glc_1Man_9(GlcNAc)_2]$를 갖고 있는 데, 이는 ER lumen의 특정 glucosyltransferase에 의해 생성된다(그림 13-18, 단계 **3a** 참조). 이 효소는 unfolded (아직 구조가 안 잡힌) 또는 misfolded (구조가 잘못 잡힌) polypeptide chain에만 작용하며, 이런 점에서 glucosyltransferase는 ER에서 단백질 folding의 quality control을 보장하는 주요 감시 메커니즘 중 하나로 작용한다. 단백질이 적절하게 구조를 잡으면 소수성 core에 묻히는 소수성 부위가 unfolded protein의 경우 외부로 노출된다. Glucosyltransferase는 이러한 노출된 소수성 부위에 결합함으로써 unfolded protein을 특별히 인식하는 것으로 생각된다. Calnexin과 calreticulin이 unfolded nascent chain에 있는 1개의 glucose가 있는 *N*-linked oligosaccharide와 결합하면 단백질이 ER에서 만들어지는 동안 서로 가까운 곳에 있는 소수성 부위들이 aggregation (응집)되는 것을 방지할 수 있다. 따라서 BiP와 같이 calnexin과 calreticulin은 새로 만들어지는 단백질의 부위가 구조를 다 잡기도 전에 부정확하게 folding되는 것을 방지한다.

ER lumen에 있는 또 다른 중요한 protein-folding catalyst (단백질 접힘 촉매)는 *peptidyl-prolyl isomerase*이다. Peptidyl-prolyl isomerase는 polypeptide의 unfolded 부위에 있는 proline residues에서 peptidyl-prolyl bond에 대한 회전을 가속화하는 효소이다:

Rotation about peptide bond

Prolyl *cis* ⇌ **Prolyl** *trans*

이러한 이성질화는 때때로 단백질 domain이 folding할 때 속도를 제한하는 단계이다. 많은 peptidyl-prolyl isomerase는 수많은 단백질에서 노출된 peptidyl-prolyl bond의 회전을 무분별하게 촉매 할 수 있지만, 일부는 매우 특정한 단백질에서만 가능하다.

ER에서 합성된 많은 중요한 수용성 분비단백질과 membrane protein은 둘 이상의 polypeptide subunit으로 구성되어 있다. 모든 경우에, 이러한 multisubunit (multimeric) protein을 구성하는 subunit의 assembly는 ER에서 일어난다. 2개의 heavy (H) chain과 2개의 light (L) chain을 갖고 있는 immunoglobulin은 모두 intrachain disulfide bond에 의해 이러한 방식으로 조립된다. Hemagglutinin (HA)은 또 다른 multimeric protein이며, 이들의 folding과 subunit assembly를 그림으로 설명했다(그림 13-20 참조). 이 trimeric protein은 인플루엔자 바이러스 입자의 표면에서 튀어나온 뾰족한 부분을 형성한다. HA trimer는 단일 single membrane-spanning α helix를 갖고 있는 HA_0라는 precursor protein 3개의 copy로 이루어지며 감염된 숙주 세포의 ER 내에서 형성된다. Golgi complex에서, 3개의 HA_0 단백질 각각은 잘려져서 2개의 polypeptide인 HA_1과 HA_2를 형성한다; 따라서 바이러스 표면에 최종적으로 존재하는 각 HA 분자는 3개의 HA_1과 3개의 HA_2로 구성된다(그림 3-10 참조). Trimer는 완성된 polypeptide의 큰 exoplasmic domain들 사이의 상호작용에 의해 안정화되며, 이 domain들은 ER lumen 안으로 들어온다; HA가 세포 표면으로 운반된 후, 이 domain들은 세포 밖에 존재한다. HA subunit의 작은 세포질 부분과 membrane-spanning portion 사이의 상호작용 또한 trimeric protein을 안정화시키는 데 도움이 된다. 연구에 따르면, HA_0 polypeptide가 구조를 잡고 적절한 trimeric conformation으로 조립되는 데 10분 밖에 걸리지 않는다.

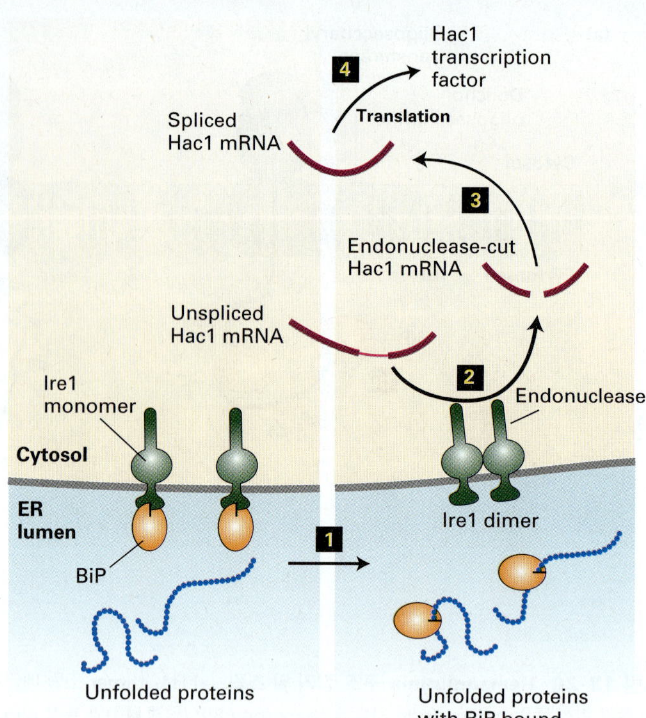

그림 13-21 Unfolded-protein response. ER 막의 transmembrane protein인 Ire1은 이 단백질의 lumen 쪽 domain에 BiP 결합 부위를 가지고 있다; 세포질 쪽 domain은 RNA endonuclease 활성을 갖고 있다. 단계 **1**: ER lumen에 unfold된 단백질이 축적되면 monomer Ire1에 붙어 있던 BiP가 떨어져 나와 unfold된 단백질과 결합된다. 그렇게 되면, Ire1은 dimer를 형성하고, 이 dimer는 Ire1의 RNA endonuclease의 활성을 갖게 된다. 단계 **2**–**3**: 전사인자 Hac1을 암호화하는 unspliced mRNA precursor는 dimer Ire1에 의해 잘려지고, 두 exon이 연결되어 이제는 전사할 수 있는 Hac1 mRNA가 만들어진다. 비록 pre-mRNA processing이 일반적으로 핵에서 일어나지만, 현재까지의 증거는 이 processing이 세포질에서 일어나고 있음을 보여준다. 단계 **4**: Hac1 단백질이 만들어지고, 이는 핵으로 이동하며, protein-folding catalyst를 암호화하는 여러 유전자의 전사를 촉진한다. U. Ruegsegger et al., 2001, *Cell* **107**:103; A. Bertolotti et al., 2000, *Nat. Cell Biol.* **2**:326; and C. Sidrauski and P. Walter, 1997, *Cell* **90**:1031 참조.

ER에서 단백질이 적절하게 구조를 잡지 못하면 Protein-Folding Catalyst들의 발현이 유도된다

Rough ER에서 합성된 wild-type protein은 완전히 구조가 잡히기 전까지는 ER을 벗어날 수 없다. 마찬가지로, ER에서 단백질이 적절하게 구조를 잡지 못하게 하는 돌연변이를 발생시키면, 이 또한 ER lumen이나 membrane에서 Golgi complex로 이동하지 못하게 된다. ER 내에서 unfolded protein 또는 불완전하게 fold된 protein을 계속 남아 있게 하는 메커니즘은 ER에 가장 많이 존재하는 folding catalyst에 folding 중인 단백질을 가깝게 있게 하므로 아마도 folding의 효율을 높일 것이다. ER 내에 부적절하게 구조가 잡힌 단백질은 일반적으로 ER chaperone인 BiP와 calnexin과 결합되어 있다. 따라서 이러한 ER 안에 있는 folding catalyst는 두 가지 연관된 기능을 수행한다: 즉, 정상 단백질들이 aggregation하는 것을 방지하고, misfolded protein들에 결합하여 이들이 ER에 계속 있게 함으로써 정상 protein이 구조를 잡는 것을 돕는다.

포유류 세포와 yeast에서 rough ER에 unfolded protein의 존재할 때 ER chaperone과 다른 folding catalyst들을 암호화하는 몇몇 유전자의 전사를 증가시킨다. 이런 **unfolded-protein response**에 있어 중요한 요소 중 하나는 monomer나 dimer로 존재하는 ER membrane protein인 Ire1이다. Yeast에서 monomeric form이 아닌 dimeric form은 unfolded-protein response에서 유도된 유전자의 발현을 활성화하는 전사 인자 Hac1의 발현을 유도한다. 그림 13-21에서와 같이, monomeric Ire1의 luminal domain에 BiP가 결합하면 Ire1 dimer가 형성되지 못한다. 따라서 ER lumen 존재하는 free BiP의 양은 monomeric Ire1과 dimeric Ire1의 상대적 비율을 결정한다. ER lumen 내에 unfolded protein이 축적되면 BiP 분자가 이들과 결합하기 때문에 더 이상 Ire1과 결합할 수 없게 된다. 결과적으로, dimeric Ire1의 level이 증가하게 되고, 이는 Hac1의 level을 증가하게 하며, 결국 protein folding에 참여하는 단백질의 생산을 증가시킨다.

포유류의 세포는 ER에서 unfolded protein에 반응하여 작용하는 추가적인 조절 경로를 갖고 있다. 이 경로에서, unfolded protein이 ER에서 축적되면 ER membrane에 있는 transmembrane protein인 ATF6

의 membrane-spanning 부위에 있는 site가 잘려지게 된다. 단백질 분해에 의해 방출된 ATF6의 세포질 domain은 핵으로 이동하며, 여기서 ER chaperone을 암호화하는 유전자의 전사를 유도한다. 이렇게 *regulated intramembrane proteolysis* (조절에 의한 membrane 내의 단백질 분해)에 의해 전사 인자가 활성화되는 경우는 Notch 신호전달 경로와 cholesterol-responsive transcription factor인 SREBP의 활성화 중에도 일어난다(그림 16-25 및 21-6 참조).

Emphysema (폐기종)의 hereditary form (유전적인 유형)은 ER에서 단백질의 misfolding 때문에 일어나는 해로운 증상을 보여준다. 이 질병은 보통 hepatocyte (간세포)와 macrophage (대식세포)에 의해 분비되는 α_1-antitrypsin의 point mutation에 의해 발생한다. Wild-type 단백질은 혈액에 있는 protease인 elastase뿐만 아니라 trypsin과 결합하고 기능을 수행하지 못하게 한다. 정상적인 α_1-antitrypsin이 없을 때, elastase는 산소를 받아들이는 폐의 미세조직을 분해해서, 결국 emphysema의 증상이 나타나게 된다. 돌연변이 α_1-antitrypsin은 rough ER에서 합성되지만, 적절하게 구조가 잡히지 않아 crystalline aggregate (결정성 응집)를 형성하여 ER에서 빠져나오지 못한다. 간세포에서 rough ER이 aggregate된 α_1-antitrypsin으로 채워짐에 따라 다른 단백질의 분비에도 나쁜 영향을 미친다. ■

ER에서 Unassembled 또는 Misfolded Protein들은 분해되기 위해 세포질로 수송된다

Multimeric protein의 unassembled subunit뿐만 아니라 misfolded 분비단백질과 membrane protein은 종종 rough ER에서 합성 후 한 두 시간 내에 분해된다. 처음에, ER lumen 내의 단백질분해효소가 있어서 misfold되었거나 unassembled polypeptide의 분해시킨다고 생각되었지만, 그러한 단백질분해효소는 발견되지 않았다. 최근의 연구는 misfolded 분비단백질이 특정 ER membrane protein에 의해 인식되고 **dislocation** (轉位, **전위**, 위치가 바뀜)라고 알려진 과정을 통해 ER lumen에서 세포질로 target되는 것을 보여주었다.

Misfolded protein의 dislocation 및 분해는 다음 세 가지 기본적인 기능을 수행하는 ER membrane과 세포질에 위치한 단백질 세트에 의해 일어난다. 첫 번째 기능은 misfolded protein을 인식하는 것이다. 인식을 위한 한 가지 메커니즘은 ER에 위치한 mannosidase가 *N*-linked carbohydrate chain의 trimming (잘라내는 것)을 하는 것이다(그림 13-22). Trimmed glycan (당사슬) 구조는 $Man_{5-6}(GlcNAc)_2$이며, 이 구조는 dislocation를 위해 trimmed glycoprotein을 target하는 *OS-9*로 알려진 단백질에 의해 인식된다. ER α-mannosidase가 완전하게 구조를 잡을 수 없어 부분적으로 구조가 잡혀 있는, 그래서 dislocation되어야만 하는 결함이 있는 단백질과, 구조를 잡아가는 과정 중에 있어 아직 완전하게 구조를 잡지 못하고 있는 정상적인 단백질을 어떻게 구별하는지는 잘 모른다. 한 가지 가능성은 ER α-mannosidase가 느리게 작용해서 충분히 오랫동안 ER lumen에서 misfold된 상태로 남아있는 glycoprotein의 *N*-linked oligosaccharide의 mannose를 다듬어(trim) 분해의 target이 되게 하는 것이다. Oligosaccharide가 전혀 없는 lumen에 존재하는 단백질 또한 분해의 target이 될 수 있는데, 이는 *N*-linked oligosaccharide의 trimming이 관련되지 않고 unfolded protein을 인식하기 위한 또 다른 과정들이 존재해야 한다는 것을 의미한다.

분해되어야 한다고 표시된 misfolded ER protein은 *dislocation*라고 알려진 과정에 의해 ER membrane을 가로질러 운반되는데, 이는 합성 중에 발생하는 translocation과는 반대 방향으로 일어난다. **ERAD**

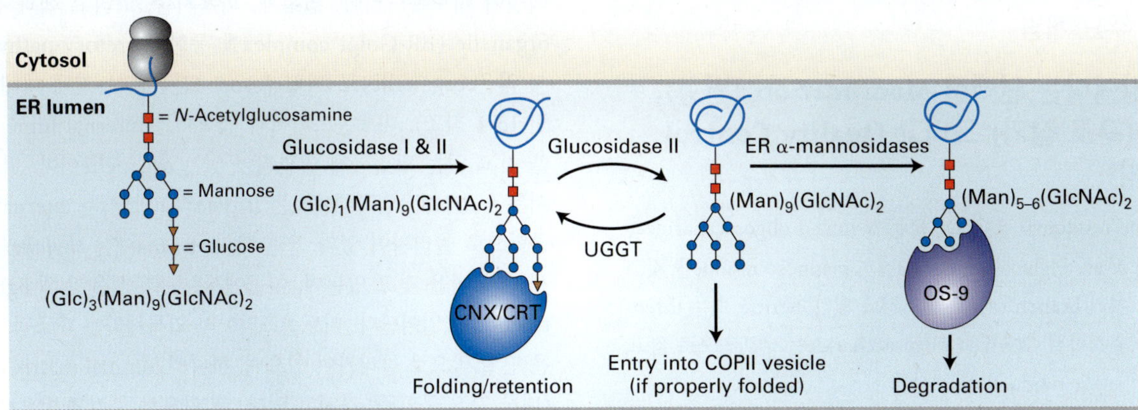

그림 13-22 ***N*-linked oligosaccharide의 변형은 단백질 구조가 잘 잡히고 있는지를 모니터하고 quality control (품질관리)를 위해 사용된다.** ER에서 새롭게 합성되어 아직 구조가 잡히지 않은 단백질에는 $Glc_3Man_9(GlcNAc)_2$로 된 *N*-linked oligosaccharide이 붙어 있는데, glucosidases I과 II는 2개의 glucose 잔기를 제거해서 $Glc_1Man_9(GlcNAc)_2$를 형성한다(그림 13-18, 단계 **2**와 **3** 참조). 변형된 *N*-linked oligosaccharide는 ER에 머무르며, 구조를 잡는 chaperone의 역할을 하는 lectin인 calnexin (CNX)과 calreticulin (CRT)에 결합된다. *N*-linked oligosaccharide가 CNX와 CRT에서 떨어질 때, glucosidase II에 의해 glucose가 제거되어 $Man_9(GlcNAc)_2$를 생성하며, 구조가 완성된 단백질의 $Man_9(GlcNAc)_2$는 *cis*-Golgi로 전달되기 위해 COPII vesicle로 들어가기 전에 $Man_8(GlcNAc)_2$로 한 번 더 변형된다(그림 13-18, 단계 **3**과 **4** 참조). 단백질이 아직 구조를 잡지 못한 경우, *UGGT*로 알려진 glucosyltransferase는 glucose 잔기를 붙여 $Glc_1Man_9(GlcNAc)_2$를 다시 형성할 수 있으며, 이는 다시 CNX와 CRT에 결합되어 구조 잡는 시도를 한다. 끝까지 구조를 제대로 만들 수 없어 ER에 더 오랫동안 머물게 되는 단백질은 결국 ER α-mannosidase에 의해 mannose가 잘려져 나가 $Man_{5-6}(GlcNAc)_2$를 형성하게 되는데, 이는 OS-9에 의해 인식된다. OS-9에 의해 인식되면 ER에서 구조를 못 잡은 단백질은 세포질로 dislocation되고, ubiquitinylation된 후 proteasome에 의해 분해된다.

(***ER-associated degradation*) complex**로 알려진 최소 4개의 integral membrane protein으로 구성된 complex에 의해 ER membrane을 가로질러서 misfolded protein의 dislocation이 일어나지만, ERAD complex가 dislocation을 위한 단백질 채널을 형성한다는 증거는 없으며, 이를 가능하게 하는 다른 메커니즘이 있음을 암시한다. 한 가지 가능성은 Sec61 translocation channel이 ER lumen에서 세포질로 misfolded protein의 dislocation을 위한 용도로 변경될 수 있다는 것이다. Dislocation은 세포질에 강하게 잡아당기고 unfolding하는 단백질 가구가 있으며, misfolded protein을 이러한 목적을 위한 전용 채널이 없어도 지질 이중층을 통해 직접 끌려 나갈 수도 있다.

Dislocated polypeptide의 부위들이 ER membrane의 세포질 표면에 나타나면, ATP 가수분해 에너지를 protein complex의 disassembly에 사용하는 **AAA ATPase family**로 알려진 p97을 만나게 된다. ER에서 polypeptide가 dislocation될 때, p97에 의한 ATP의 가수분해는 ER membrane으로부터 세포질로 misfolded protein을 끌어당기는 추진력을 제공할 수 있다. Misfolded protein이 세포질로 들어갈 때, ERAD complex의 구성 요소인 특정 ubiquitin ligase enzyme들은 dislocated peptide에 ubiquitin residue를 붙여준다. p97의 작용처럼, ubiquitinylation은 ATP 가수분해에 의해 일어나는데, 이 반응은 또한 세포질에서 에너지적으로 유리한 단백질의 trapping (포획)에 기여할 수 있다. 생성된 polyubiquitinylated polypeptide는 이제는 전부 세포질에 있게 되며, proteasome에 의한 분해 target이 된다. 단백질을 proteasome으로 targeting하는 polyubiquitinylation의 역할은 3장에서 자세하게 논의되었다(그림 3-32 및 그림 3-39 참조).

13.3절의 주요 개념

ER에서 일어나는 단백질 Modification (변형), Folding (구조 잡기) 그리고 Quality Control (품질 관리)

- Asparagine residue에 결합되는 모든 *N*-linked oligosaccharide는 core에 2개의 *N*-acetylglucosamine과 3개의 mannose residue를 갖고 있으며, 보통 여러 branch (가지)를 가지고 있다. Serine 또는 threonine residue에 결합된 *O*-linked oligosaccharide는 일반적으로 짧고, 종종 1–4개의 sugar residue만을 포함한다.
- *N*-linked oligosaccharide는 rough ER의 막에 있는 지질인 dolichol에 14-residue high-mannose oligosaccharide precursor가 만들어지면서 시작된다(그림 13-17 참조). 이렇게 사전에 형성된 oligosaccharide가 ER lumen에서 nascent polypeptide chain의 특정 asparagine residue로 전달되면, 3개의 glucose residue와 1개의 mannose residue가 제거된다(그림 13-18 참조).
- Oligosaccharide side chain은 glycoprotein이 적절한 구조를 갖도록 돕고 단백질 분해로부터 완성된 단백질을 보호하며, 세포-세포 접착에 참여하고, 항원으로 기능할 수 있다.
- Disulfide bond는 ER에서 많은 수용성 분비단백질과 membrane protein의 exoplasmic domain에 형성된다. ER lumen에 존재하는 protein disulfide isomerase (PDI)는 disulfide bond의 형성 및 재배열에 관여한다(그림 13-19 참조).
- Chaperone BiP, lectin인 calnexin과 calreticulin, 그리고 peptidyl-prolyl isomerase는 ER에서 새로 만들어지는 분비단백질과 membrane protein이 적절하게 구조를 잡도록 함께 작용한다. Multimeric protein을 만들기 위한 subunit들의 assembly도 ER에서 일어난다(그림 13-20 참조).
- 적절하게 구조가 잡힌 단백질과 subunit들이 완벽하게 조립되어 만들어진 multimeric protein만이 rough ER에서 vesicle에 싸여 Golgi complex로 운반된다.
- ER에 구조가 잡히지 않은 단백질과 assembly되지 못한 subunit이 축적되면 unfolded-protein response를 통해 ER protein-folding catalyst의 발현 증가를 유도할 수 있다(그림 13-21 참조).
- ER에서 assembly되지 못한 subunit 또는 misfolded protein은 종종 ubiquitin-proteasome pathway에서 분해되기 위해 세포질로 다시 운반된다(그림 13-22 참조).

13.4 Mitochondria (미토콘그리아)와 Chloroplast (엽록체)로의 단백질 Targeting

이 장의 나머지 부분에서는 세포질에 있는 ribosome에서 합성된 단백질이 미토콘드리아, 엽록체, 퍼옥시좀, 그리고 핵과 같은 discrete organelle (ER-Golgi complex를 통한 secretory pathway에 포함되지 않은 organelle)로 어떻게 sort (분류)되는지에 대해 설명한다(그림 13-1 참조). 미토콘드리아와 엽록체는 internal lumen (내부 내강)을 갖고 있는 밀접하게 연관되어 있는 organelle이다. 미토콘드리아에서는 *matrix*로, 엽록체에서는 *stroma*라고 불리는 internal lumen은 이중막으로 둘러싸여 있다. 엽록체의 stroma에는 *thylakoid*라고 알려진 세 번째 막을 갖고 있는데, 이곳에서는 광합성을 위해 light-harvesting reaction이 일어난다. 미토콘드리아와 엽록체와는 대조적으로, 퍼옥시좀은 단일 막으로 둘러싸여 있으며, 하나의 luminal matrix compartment (내강 기질 구획)를 가지고 있다. 핵 안으로 그리고 밖으로 단백질을 수송하는 메커니즘은 여러 가지 면에서 다른 organelle과 다른데, 이는 이 장의 마지막 절에서 다룬다.

미토콘드리아와 엽록체는 2개의 membrane을 갖고 있다는 것 외에도 유사한 유형의 electron-transporting protein을 갖고 있으며, ATP를 합성하기 위해 F-class ATPase를 사용한다(그림 12-26 참조). 놀랍게도, 이러한 특징들은 gram-negative bacteria에서도 발견된다. 또한 박테리아와 마찬가지로, 미토콘드리아와 엽록체는 그들만의 rRNA, tRNA 및 일부 단백질을 암호화하는 자체 DNA를 갖고 있다(8장 참조). 게다가, 미토콘드리아와 엽록체의 성장과 분열은 핵의 분열과 동조되지 않는다. 오히려, 이러한 organelle들은 세포 단백질과 지질을 받아들여 성장하고, 새로운 organelle은 기존의 organelle들의 분열에 의해 형성된다. Free-living bacterial cell과 이처럼 수많은 유사성을 갖고 있음은 박테리아가 ancestral eukaryotic cell (조상 진핵세포)에 끼어들어와서 endosymbiotic organelle을 형성하여 미토콘드리아와 엽록체가 만들어졌을 것이라 추측하게 한다(그림 12-7 참조). 미토콘드리아, 엽록체, 박테리아가 공유하는 많은 membrane translocation protein의 sequence 유사성은 고대 진화적 관계에 대해 가장 두드러진 증거가 된다. 이 절에서, 우리는 이러한 membrane translocation protein을 자세히 설명한다.

미토콘드리아 DNA 또는 엽록체 DNA에 의해 암호화된 단백질은 organelle 안에 있는 ribosome에서 합성되고, 합성 직후 그 organelle 안의 정확한 subcompartment (하위 구획)로 향한다. 그러나 미토콘드리아와 엽록체에 있는 대부분의 단백질들은 organelle에 있는 DNA에 의해 암호화되지 않는다. 대부분의 단백질들은 핵에 있는 유전자에 의해 암호화되고 세포질에서 합성된 후에 organelle로 수송된다. 분명히, 진핵세포가 10억 년 동안 진화하면서, 이러한 endosymbiotic organelle에 있는 ancestral bacterial DNA로부터 많은 유전 정보가 알려지지 않은 메커니즘에 의해 핵으로 이동했을 것이다. 미토콘드리아의 matrix 또는 엽록체의 stroma로 가야만 하는 세포질에서 합성된 precursor protein들은 organelle 표면에 있는 receptor 단백질과 결합되도록 특정지은 특별한 N-terminal targeting sequence를 갖고 있다. 일반적으로, 이러한 sequence는 단백질이 matrix 또는 stroma에 도달하면 잘려진다. 분명히 이러한 targeting sequence는 nascent protein을 ER lumen으로 보내는 signal sequence와 그 위치와 일반적인 기능은 유사하다. 세 가지 유형의 신호는 일부 sequence 특징을 공유하지만, 표 13-1에 요약된 바와 같이 그들의 sequence는 상당히 다르다.

미토콘드리아와 엽록체 모두 단백질을 import (수입)하기 위해 에너지를 필요로 하며, outer membrane과 inner organelle membrane이 직접 접촉하는 곳에서 import된다. 미토콘드리아와 엽록체는 여러 개의 membrane과 membrane에 의해 제한된 공간을 가지고 있기 때문에, 많은 단백질들이 정확한 위치로 들어가기 위해서는 2개의 targeting sequence와 membrane-bound translocation system의 순차적인 작용이 필요하다: 하나는 단백질을 organelle로 유도하고, 다른 하나는 정확한 organelle의 subcompartment 또는 membrane으로 유도하는 것이다. 우리가 곧 보게 되겠지만, 다양한 단백질을 미토콘드리아와 엽록체에 sort (분류)하는 메커니즘은 앞서 설명한 signal sequence를 SRP가 인식하는 것과 유사하다.

Amphipathic N-Terminal Targeting Sequence가 단백질을 미토콘드리아의 Matrix로 향하게 한다

세포질에서 같은 미토콘드리아 목적지로 이동하는 모든 단백질은 signal sequence가 동일하지는 않지만 공통 motif를 공유하는 targeting signal을 가지고 있다. 따라서 이러한 신호를 인식하는 receptor는 서로 다르지만 연관된 여러 sequence와 결합할 수 있다. 단백질을 미토콘드리아로 targeting하는 sequence 가운데 가장 광범위하게 연구된 sequence는 *matrix-targeting sequence*이다. N-terminus에 위치한 이 sequence는 보통 20–50개의 아미노산으로 되어 있다. Matrix-targeting sequence에는 소수성 아미노산, 양전하를 띤 염기성 아미노산(arginine과 lysine), hydroxylated (수산화) 아미노산(serine과 threonine)이 풍부하지만, 음전하를 띤 산성 아미노산(aspartate과 glutamate)이 결핍되어 있는 경향이 있다.

미토콘드리아 matrix–targeting sequence의 helix 한쪽은 양전하를 띤 아미노산이 많이 존재하고, 다른 쪽은 소수성 아미노산이 많이 있는 α-helical 구조일 것이라 생각된다. 소수성과 친수성 영역을 모두 포함하는 이런 sequence를 amphipathic (양친매성)이라고 한다. 비록 많은 다른 아미노산으로 대체해도 상관은 없지만, 이러한 sequence의 amphipathic 특성을 교란시키는 돌연변이는 보통 matrix로 targeting 못하게 한다. 이러한 발견은 matrix-targeting sequence의 amphipathicity가 기능을 수행하는 데 매우 중요하다는 것을 의미한다.

그림 13-23에 설명된 cell-free assay는 미토콘드리아 precursor 단백질의 import를 생화학적으로 설명할 때 널리 사용되어 왔다. 세포에서 추출한 respiring (energized) 미토콘드리아(ATP를 만들 수 있는 미토콘드리아)는 미토콘드리아가 없을 때 합성된 적절한 targeting sequence를 갖고 있는 미토콘드리아 precursor 단백질을 받아들일 수 있다. Precursor가 organelle로 성공적으로 들어갔다는 것은 trypsin과 같은 단백질분해효소를 처리해도 잘려지지 않는다는 것으로 알 수 있다. 다른 분석에서, precursor 단백질이 성공적으로 import되었다는 것을 특정 미토콘드리아 단백질분해효소에 의해 N-terminal targeting sequence가 잘려졌다는 것으로 확인할 수 있다. 이 시스템에서 미리 완전하게 합성된 미토콘드리아 precursor 단백질이 미토콘드리아로 import되는 것을 보여줬는데, 이는 단백질이 합성 중일 때 microsomal (ER에서 유래된) membrane이 존재할 때만 ER 안으로 cell-free cotranslational translocation 일어나는 것과 대조된다(그림 13-4 참조).

미토콘드리아 단백질의 Import는 Outer-Membrane Receptor와 두 Membrane에 있는 Translocon이 필요하다

그림 13-24는 세포질에서 미토콘드리아 matrix로 단백질이 import되는 과정을 보여주며, 이 경로를 통해 대부분의 import 단백질이 미토콘드리아로 들어간다. 여기에서는 matrix로 단백질이 수송되는 각 단계를 자세히 설명한 다음, 몇몇 단백질이 나중에 미토콘드리아의 다른 구획으로 어떻게 target이 되는지 알아본다.

세포질에서 합성된 후, 미토콘드리아 단백질의 수용성 precursor (소수성 integral membrane protein 포함)는 미토콘드리아 membrane과 직접 상호작용할 수 있다. Unfolded mitochondrial precursor 단백질의 import는 outer mitochondrial membrane에 있는 *import receptor*에 미토콘드리아 targeting sequence가 결합함으로써 시작된다. 이러

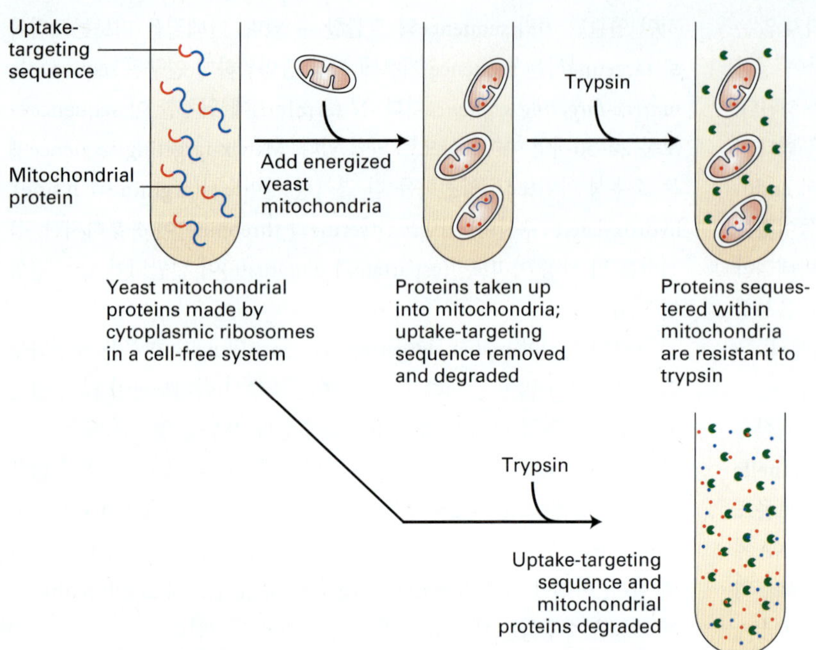

그림 13-23 미토콘드리아 precursor 단백질의 import를 cell-free system (무세포 시스템)에서 분석하였다. Uptake-targeting signal이 부착된 미토콘드리아 precursor 단백질을 cell-free system 에서 ribosome을 사용하여 합성할 수 있다. ATP를 만들 수 있는 미토콘드리아에 이 시스템을 사용해서 만든 미토콘드리아 precursor 단백질이 첨가될 때(위 그림), 미토콘드리아가 단백질을 받아들인다. 미토콘드리아 안에서(아래), 단백질은 trypsin과 같은 단백질가수분해효소의 작용으로부터 보호된다. 미토콘드리아가 존재하지 않을 때, 미토콘드리아 단백질은 첨가된 protease (단백질가수분해효소)에 의해 분해된다. inner membrane을 가로질러 proton electrochemical gradient (proton-motive force)를 가진 ATP를 만들 수 있는 미토콘드리아만이 이러한 단백질을 받아들인다. 게다가, import된 단백질은 적절한 uptake-targeting sequence를 갖고 있어야 한다. 또한, 받아들일 때 ATP가 필요하며, 펼쳐진 형태로 precursor 단백질을 유지하는 chaperone 단백질을 포함하는 세포질 추출물이 필요하다. 이런 실험은 targeting sequence 및 translocation 과정의 다른 특징들을 연구하는 데 사용되어 왔다.

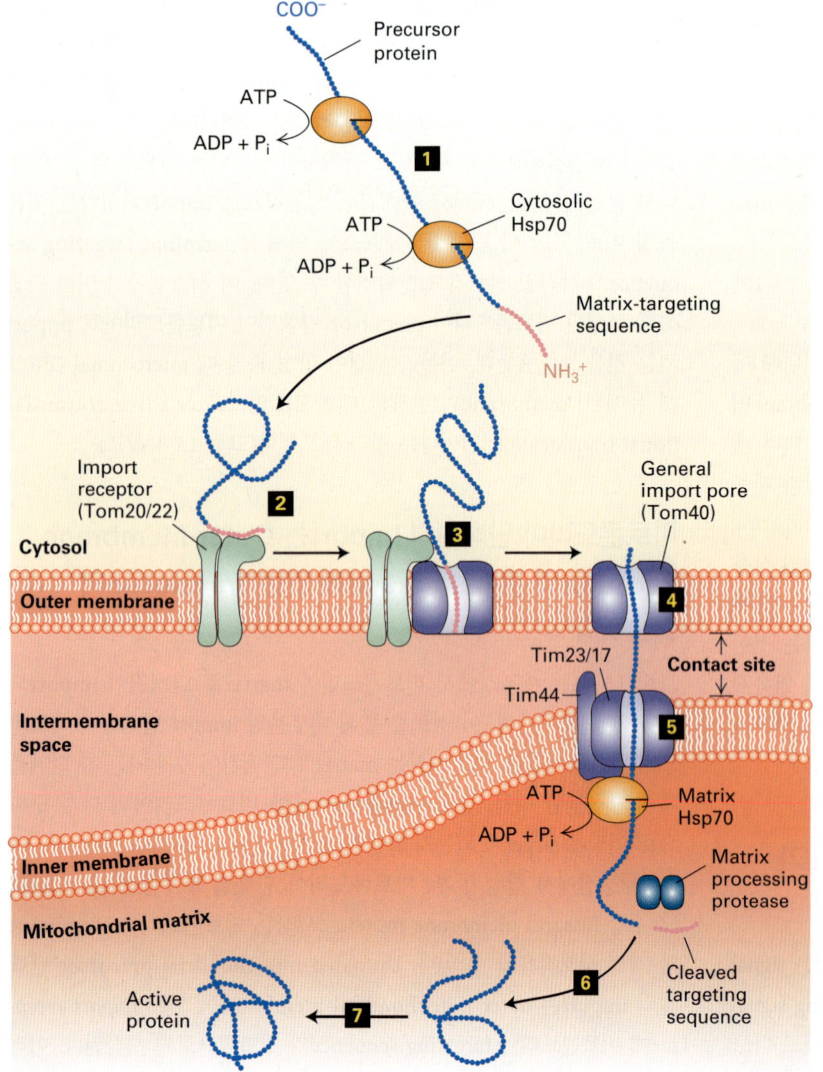

그림 13-24 미토콘드리아 matrix로 단백질의 import. 세포질 ribosome에서 합성된 precursor 단백질은 세포질 Hsp70과 같은 chaperone이 펴지거나 부분적으로 접힌 곳에 붙은 상태로 유지된다(단계 **1**). Precursor 단백질이 inner membrane과 접촉하는 부위 근처의 import receptor에 결합된 후(단계 **2**) general import pore (단계 **3**)로 전달된다. Translocating 단백질은 이 채널과 inner membrane의 인접 채널(단계 **4**–**5**)을 통해 이동한다. Translocation은 inner membrane과 outer membrane이 접촉하는 것처럼 보이는 "contact site"에서 일어난다. Matrix Hsp70에 의해 translocating 단백질이 결합하고, 그 후 Hsp70에 의해 ATP 가수분해가 일어나서 matrix로 단백질이 import된다. Targeting sequence가 matrix protease에 의해 제거되고 Hsp70이 새로 들어 온 단백질에서 방출되면(단계 **6**), 단백질이 matrix 내에서 active한 완성된 구조로 접힌다(단계 **7**). 일부 단백질은 matrix chaperonin에 의해 구조가 잡힌다. G. Schatz, 1996, *J. Biol. Chem.* **271**:31763; and N. Pfanner et al., 1997, *Annu. Rev. Cell Dev. Biol.* **13**:25 참조.

한 import receptor는 outer mitochondrial membrane에 있는 특정 단백질에 대한 항체를 분리된 미토콘드리아에 처리했을 때 분리된 미토콘드리아로 단백질 import가 억제되는 것을 확인한 실험에 의해 처음 알게 되었다. 특정 미토콘드리아 outer-membrane protein에 대한 유전자를 돌연변이시킨 후 수행한 후속 genetic 실험에서 특정 receptor protein은 서로 다른 여러 종류의 미토콘드리아 단백질의 수입에 관여한다는 것을 보여주었다. 예를 들어, N-terminal matrix-targeting sequence는 Tom20과 Tom22의 복합체에 의해 인식된다(targeting과 import에 관여하는 outer mitochondrial membrane의 단백질로, *Tom*은 *t*ranslocon of the *o*uter *m*embrane에서 나온 말이다).

많은 단백질들은 unfolded 상태에서만 미토콘드리아로 들어갈 수 있다. 세포질에 있는 Hsp70과 Hsp90과 같은 chaperone 단백질은 ATP 가수분해로부터 나온 에너지를 사용해서 새로 만들어진 단백질이 엉켜붙지 않은 상태를 유지하게 하여 미토콘드리아에 들어갈 수 있게 한다. 일부 미토콘드리아 precursor의 경우, 미토콘드리아 outer-membrane protein인 Tom70은 Hsp90과 unfolded precursor 단백질 부분과 결합함으로써 import receptor 역할을 한다.

이후 import receptor는 precursor 단백질을 outer membrane의 import channel로 전달한다. 주로 Tom40 단백질로 구성된 이 채널은 알려진 모든 미토콘드리아 precursor 단백질이 여기를 통해 미토콘드리아 내부 구획으로 들어오기 때문에 **general import pore**로 알려져 있다. Tom40을 정제하여 liposome에 삽입되면, 그것은 unfolded polypeptide chain이 통과할 수 있을 만큼 충분히 넓은 구멍을 가진 transmembrane 채널을 형성한다. General import pore는 outer mitochondrial membrane을 통해 광범위한 수동적인 채널을 형성한다; 우리가 곧 보게 되겠지만, 한쪽 방향으로 수송하기 위한 추진력을 통해 미토콘드리아 내부에서 나온다. 미토콘드리아 matrix로 향하는 precursor의 경우, outer membrane을 통해 들어옴과 동시에 Tim23 및 Tim17 단백질로 구성된 inner-membrane 채널을 통과하게 된다(Tim은 *t*ranslocon of the *i*nner *m*embrane에서 나온 말이다). 따라서 matrix로의 translocation은 outer membrane과 inner membrane이 근접하게 접촉한 부위에서 일어난다.

단백질의 N-terminal matrix-targeting sequence가 미토콘드리아 matrix로 들어간 직후, matrix 내에 있는 protease에 의해 제거된다. 들어오고 있는 단백질은 또한 transmembrane protein Tim44와의 상호작용에 의해 미토콘드리아 inner mitochondrial membrane의 translocation channel에 위치하고 있는 chaperone인 matrix Hsp70과 결합된다. Tim44와 Hsp70은 함께 단백질이 matrix로의 translocation을 가능하게 하는 원동력일 것이라 생각된다.

일부 imported protein은 추가 도움 없이 최종적이고 능동적인 형태로 구조를 잡을 수 있다. 그러나 많은 matrix 단백질이 최종적으로 구조를 잡기 위해서는 chaperonin이 필요하다. 제3장에서 설명된 바와 같이, chaperonin 단백질은 ATP를 사용하여 단백질이 재빨리 구조를 잡게 한다. 미토콘드리아 matrix의 chaperonin인 Hsc60에 결함이 있는 yeast 돌연변이는 matrix 단백질을 matrix로 들여보낼 수 있고 targeting sequence를 자를 수 있지만, imported polypeptide들은 원래의 3차 및 4차 구조를 갖거나 assembly되지 못한다.

Chimeric 단백질을 갖고 수행한 연구에 의해 Mitochondrial 단백질 Import의 중요한 특징을 보여준다

Alcohol dehydrogenase에 있는 matrix-targeting sequence를 원래는 세포질에 정상적으로 존재하는 효소인 dihydrofolate reductase (DHFR)에 붙여준 실험을 통해서, 미토콘드리아 matrix-targeting sequence가 어떤 단백질이라도 matrix로 들어가게 한다는 놀라운 증거를 찾아냈다. Cell-free translocation assay (무세포 전위 분석법)를 통해 DHFR 부위가 세포질에 구조를 잡는 것을 방지하는 chaperone이 있는 경우, 이 chimeric protein (키메라 단백질)이 matrix로 운반된다는 것을 알게 되었다(그림 13-25a). 그러나 DHFR 억제제인 methotrexate를 처리하면 DHFR의 활성 부위와 단단히 결합하고 구조가 잡힌 형태로 된다. Methotrexate를 처리하여 세포질 chaperone에 의해 unfold되지 못하게 된 chimeric protein은 translocon을 통해 matrix로 완전히 들어가지 못하게 된다. 이 연구를 통해서, 2개의 미토콘드리아 membrane에 있는 import pore를 통과하기 위해서는 precursor가 반드시 unfold되어야 한다는 것을 보여준다.

추가 연구에 따르면, 충분히 긴 spacer sequence로 N-terminal matrix-targeting sequence와 chimeric protein의 DHFR 부분의 사이를 분리하는 경우, methotrexate를 처리하면 두 membrane에 걸쳐 있는 translocation intermediate (trnaslocation 과정 중에 있는 것)가 잡힌 상태로 있을 수 있다(그림 13-25b). 이렇게 안정적으로 잡힌 intermediate를 전자현미경으로 관찰한 결과, inner mitochondrial membrane과 outer mitochondrial membrane이 서로 가깝게 만나고 있는 부위에 축적된다(그림 13-25c). 대략 1,000개 정도의 달라붙어 있는 chimeric protein이 전형적인 yeast 미토콘드리온 (미토콘드리아의 단수형)의 *contact site* (접촉 부위)들에서 관찰될 수 있기 때문에, 미토콘드리아는 미토콘드리아 단백질을 받아들이기 위해 대략 1,000개의 general import pore를 가지고 있다고 생각된다.

단백질을 미토콘드리아로 Import하기 위해 세 가지 에너지가 필요하다

앞서 언급한 바와 같이, 그리고 그림 13-24에서와 같이, 세포질과 미토콘드리아 matrix 모두에서 Hsp70 chaperone 단백질에 의한 ATP 가수분해는 미토콘드리아 단백질의 import를 위해 필요하다. 세포질 Hsp70은 결합하고 있는 precursor 단백질을 matrix로 translocate될 수 있도록 unfold 상태로 유지하기 위해 에너지를 소비한다. 이 기능을 수행함에 있어 ATP의 중요성은 미토콘드리아 precursor 단백질을 순수 분리한 다음 urea에 의해 변성(unfold)시킨 연구를 통해서 입증되었다. Cell-free mitochondrial translocation system (세포가 없는 미토콘드리아 translocation 시스템)에서 실험했을 때, 변성 단백질은 ATP가 없

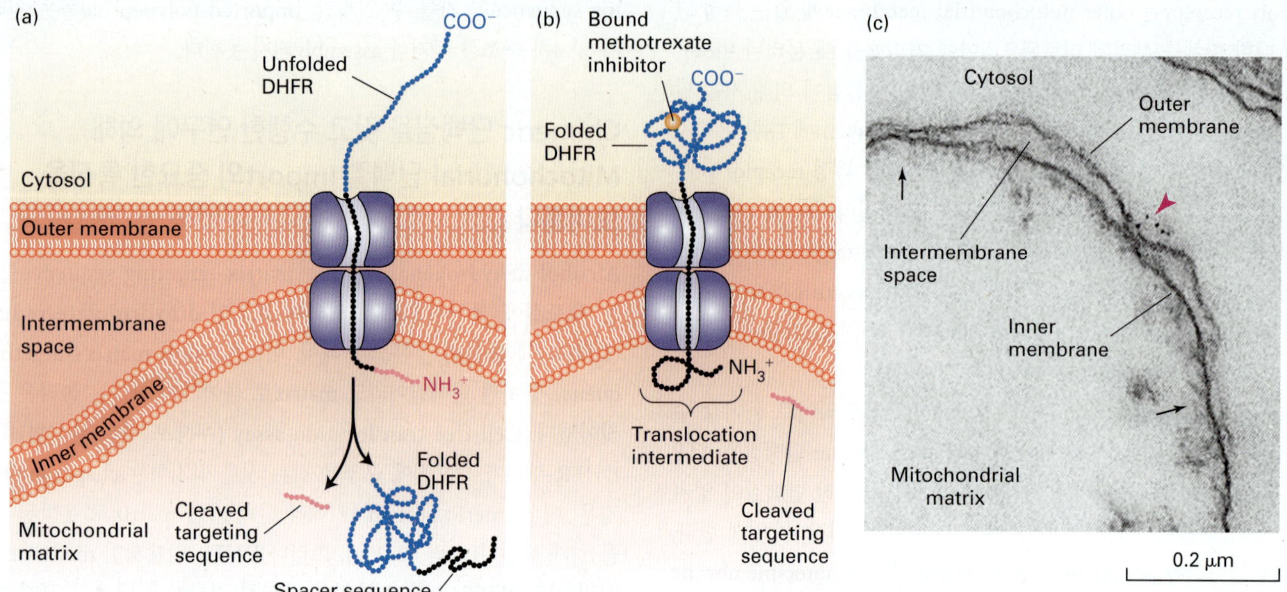

실험 그림 13-25 Chimeric 단백질을 갖고 수행한 실험을 통해 미토콘드리아 단백질 import 과정을 설명한다. 이러한 실험들은 matrix-targeting sequence만으로도 단백질을 미토콘드리아 matrix로 유도하고 unfold된 단백질만 미토콘드리아의 양쪽 막을 가로질러 이동한다는 것을 보여준다. 이러한 실험에서 chimeric 단백질의 N-terminus (빨간색)에 matrix-targeting signal을 붙여 주었고, 이어서 특별한 기능이 없는 spacer sequence (검은색), 그리고 일반적으로 세포질에만 존재하는 효소인 dihydrofolate reductase (DHFR)을 붙여 주었다. (a) DHFR 부위가 unfold일 때 chimeric 단백질은 ATP를 만들 수 있는 미토콘드리아 matrix로 두 membrane을 가로질러 이동하고, matrix-targeting signal이 제거된다. (b) Chimeric 단백질의 C-terminus가 methotrexate의 결합에 의해 접힌 상태가 되면, translocation이 일어나지 않는다. Spacer sequence가 두 transport channel에 걸쳐 존재할 만큼 충분히 길다면, 그림에서 보는 것처럼 targeting sequence가 잘린 안정적인 translocation intermediate가 methotrexate가 존재할 때 생성된다. (c) (b)에 있는 translocation intermediate의 C-terminus는 DHFR 부위에 결합하는 항체를 미토콘드리아에 처리한 후, 항체에 비특이적으로 결합하는 박테리아 protein A (그림 4-33 참조)로 코팅된 gold particle을 처리하면 탐지할 수 있다. 단면으로 자른 시료의 전자현미경 사진에서, inner membrane과 outer membrane 사이의 접촉 부위에서 translocation intermediate와 결합한 gold particle (빨간 화살)을 확인할 수 있다. 다른 접촉 부위(검은색 화살)들도 분명하게 보인다. J. Rassow et al., 1990, *FEBS Lett.* **275**:190 참조. [Part (c) M. Schwaiger, V. Herzog, and W. Neupert, 1987, *J. Cell Biol.* **105**:235–246; https://doi.org/10.1083/jcb.105.1.235.]

어도 matrix로 들어갔다. 대조적으로, 변성하지 않은 원래 상태인 동일한 precursor 단백질은 ATP를 처리하지 않았을 때, 심지어 세포질 chaperone이 존재해도 import되지 않았다.

Translocating 단백질에 순차적으로 달라붙어 있고, 많은 matrix Hsp70 molecule이 ATP-driven release (ATP 가수분해에 의해 떨어지는 것)되는 것은 unfolded 단백질을 matrix 내에 간단하게 붙잡아 둘 수 있다. 이 경우, matrix Hsp70과 Tim44의 기능은 ER lumen으로 post-translational translocation할 때 작동하는 chaperone BiP와 Sec63 complex의 기능과 유사할 것이다(그림 13-9 참조).

미토콘드리아 단백질 import에 필요한 세 번째 에너지는 inner membrane을 가로지르는 H^+ electrochemical gradient 또는 *proton-motive force*이다. 12장에서 electron transport 중 proton이 matrix에서 intermembrane space로 pumping되어 inner membrane을 가로질러 electric potential이 생성된다는 것을 배웠다. 일반적으로, 활발하게 세포 호흡을 하고 있고, 따라서 inner membrane을 가로질러 proton-motive force을 만들고 있는 미토콘드리아만이 세포질에서 미토콘드리아 matrix로 precursor 단백질을 translocate시킬 수 있다. Cyanide 또는 dinitrophenol과 같은 산화적 인산화의 억제제 또는 uncoupler (산화적 인산화 반응에서 호흡을 저해하는 일이 없이 인산화 반응만을 저해하는 약제)를 미토콘드리아를 처리하면 proton-motive force가 소멸된다. Precursor 단백질은 약품을 처리한 미토콘드리아 receptor에 여전히 단단하게 결합할 수 있지만, 그 단백질은 ATP와 chaperone 단백질이 있음에도 불구하고 세포 system이나 cell-free system에서 import될 수 없다. 단백질이 inner membrane에 일부 삽입되면 200 mV (matrix 쪽은 음성)의 membrane potential에 노출된다. 겉보기에는 작아 보이는 이 potential은 지질 이중층의 매우 좁은 소수성 core에 걸쳐 형성되는데, 이것은 약 400,000 V/cm에 해당하는 엄청난 electrochemical gradient와 같다. Amphipathic matrix-targeting sequence에 있는 양전하 때문에 negative membrane potential에 의해 matrix로 잡아 당겨질 수 있다.

여러 Signal과 경로로 단백질을 Submitochondrial Compartment (미토콘드리아의 하위 구획)로 Target한다

Matrix로 targeting되는 것과는 달리, 미토콘드리아의 intermembrane

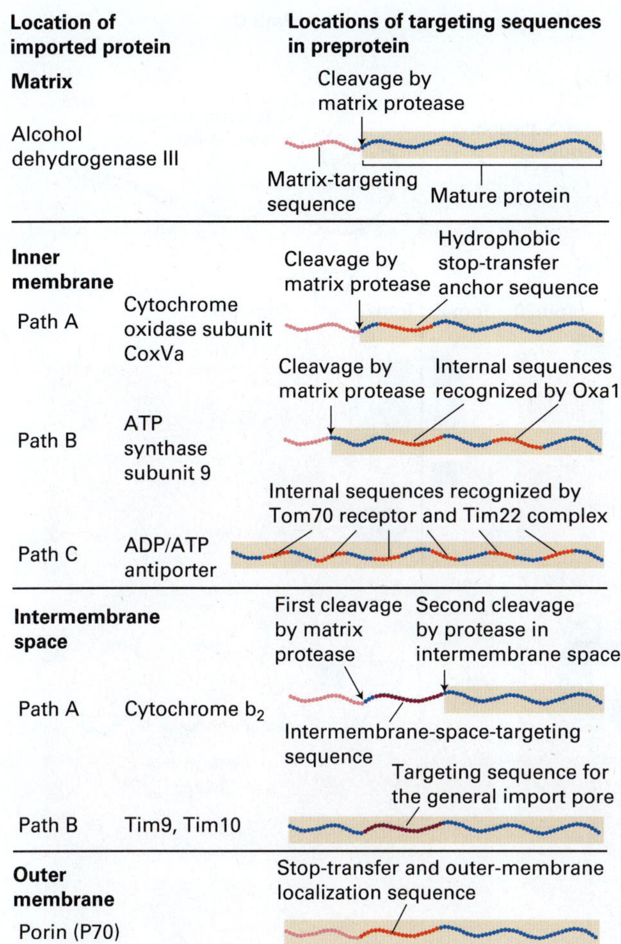

그림 13-26 Import된 미토콘드리아 단백질의 targeting sequence. 대부분의 미토콘드리아 단백질은 서로 다른 단백질끼리 유사하긴 하지만 동일하지는 않은 N-terminal matrix-targeting sequence (분홍색)를 가지고 있다. Inner membrane, intermembrane space 또는 outer membrane으로 가야 하는 단백질은 하나 이상의 추가적인 targeting sequence들을 가지고 있는데, 이들은 여러 다른 경로를 통해 가야하는 위치로 보내는 기능을 갖고 있다. 적어 놓은 pathway는 그림 13-27과 13-28에 표시된 pathway에 해당한다. W. Neupert, 1997, *Annu. Rev. Biochem.* **66**:863 참조.

space, inner membrane, 또는 outer membrane으로 단백질이 targeting될 때에는 일반적으로 하나 이상의 targeting sequence가 필요하며 여러 경로 중 하나를 통해 일어난다. 그림 13-26은 미토콘드리아의 서로 다른 위치로 이동한 단백질의 targeting sequence들을 요약하고 있다.

Inner-Membrane Proteins Inner mitochondrial membrane으로 단백질이 target되는 데 3개의 경로가 알려져 있다. 한 경로는 matrix 단백질의 target에 사용되는 동일한 시스템을 사용한다(그림 13-27, 경로 A). *CoxVa*라고 불리는 cytochrome oxidase subunit는 이 경로에 의해 운반되는 단백질 중 하나이다. N-terminal matrix-targeting sequence를 갖고 있는 CoxVa의 precursor form은 Tom20/22 import receptor에 붙은 후 outer membrane의 Tom40 general import pore와 inner-membrane에 있는 Tim23/17 translocation complex를 통해 전달된다. CoxVa는 들어오는 동안 잘려지는 matrix-targeting sequence 외에도 hydrophobic stop-transfer anchor sequence를 갖고 있다. 단백질이 Tim23/17 채널을 통과할 때, stop-transfer anchor sequence는 inner membrane을 가로지르는 C-terminus의 translocation을 막는다. Membrane-anchored intermediate는 inner membrane의 이중층을 측면으로 전달되는데, 이는 ER membrane에서 type I integral membrane protein이 membrane에 삽입되는 것과 매우 유사하다(그림 13-11 참조).

Inner membrane으로 가는 두 번째 경로는 ATP synthase subunit 9와 같은 단백질이 전달될 때 사용되며, precursor는 matrix-targeting sequence와 *Oxa1*이라는 inner-membrane protein에 의해 인식되는 internal hydrophobic domain을 갖고 있다. 이 경로는 Tom40 및 Tim23/17 채널을 통해 precursor의 일부를 matrix로 translocation 한다고 생각된다. Matrix-targeting sequence가 잘려진 후, 단백질은 Oxa1과 아마도 다른 inner-membrane protein들과의 상호작용을 통해 inner membrane에 삽입된다(그림 13-27, 경로 B 참조). Oxa1은 박테리아에서 plasma membrane에 단백질을 삽입하는 것과 관련된 단백질과 유사하다. 이러한 연관성은 Oxa1이 나중에 미토콘드리아가 된 endosymbiotic 박테리아가 갖고 있던 translocation machinery에서 유래했을지도 모른다는 것을 암시한다. 그러나 미토콘드리아에서 inner membrane 채널을 형성하는 단백질은 박테리아의 translocon 단백질과는 다르다. Oxa1은 또한 미토콘드리아 DNA에 의해 암호화되고, 미토콘드리아 ribosome에 의해 matrix에서 합성되는 cytochrome oxidase의 subunit II와 같은 단백질의 inner-membrane 삽입에 참여한다.

Inner mitochondrial membrane에 삽입하는 마지막 경로는 ATP/ADP antiporter와 같은 6개의 membrane-spanning domain을 갖고 있는 multipass 단백질이다. 일반적인 N-terminal matrix-targeting sequence가 없는 이들 단백질은 여러 개의 internal mitochondrial targeting sequence를 갖고 있다. Internal sequence가 outer membrane protein Tom70과 Tom22로 구성된 두 번째 import receptor에 의해 인식된 후, 수송되는 단백질은 general import pore를 통해 outer membrane을 통과한다(그림 13-27, 경로 C 참조). 그 후 단백질은 inner membrane에 있는 Tim22, Tim18, Tim54 단백질로 구성된 두 번째 translocation complex로 전달된다. Intermembrane space에 존재하는 2개의 작은 단백질, Tim9와 Tim10의 multimeric complex에 의해 Tim22/18/54 complex로 단백질이 전달된다. 이러한 작은 Tim 단백질은 chaperone으로 작동하는 것으로 생각된다. Imported protein precursor가 general import pore로부터 inner membrane에 있는 Tim22/18/54 complex로 인도될 때 imported protein precursor의 소수성 지역에 결합하는데, 이는 수용성 환경인 intermembrane space에서 불용성 aggregate를 형성하는 것을 방지한다. 궁극적으로 Tim22/18/54 complex는 imported protein의 여러 소수성 부위를 inner membrane에 삽입하는 역할을 한다.

Intermembrane-Space Proteins 세포질 단백질을 inner와 outer

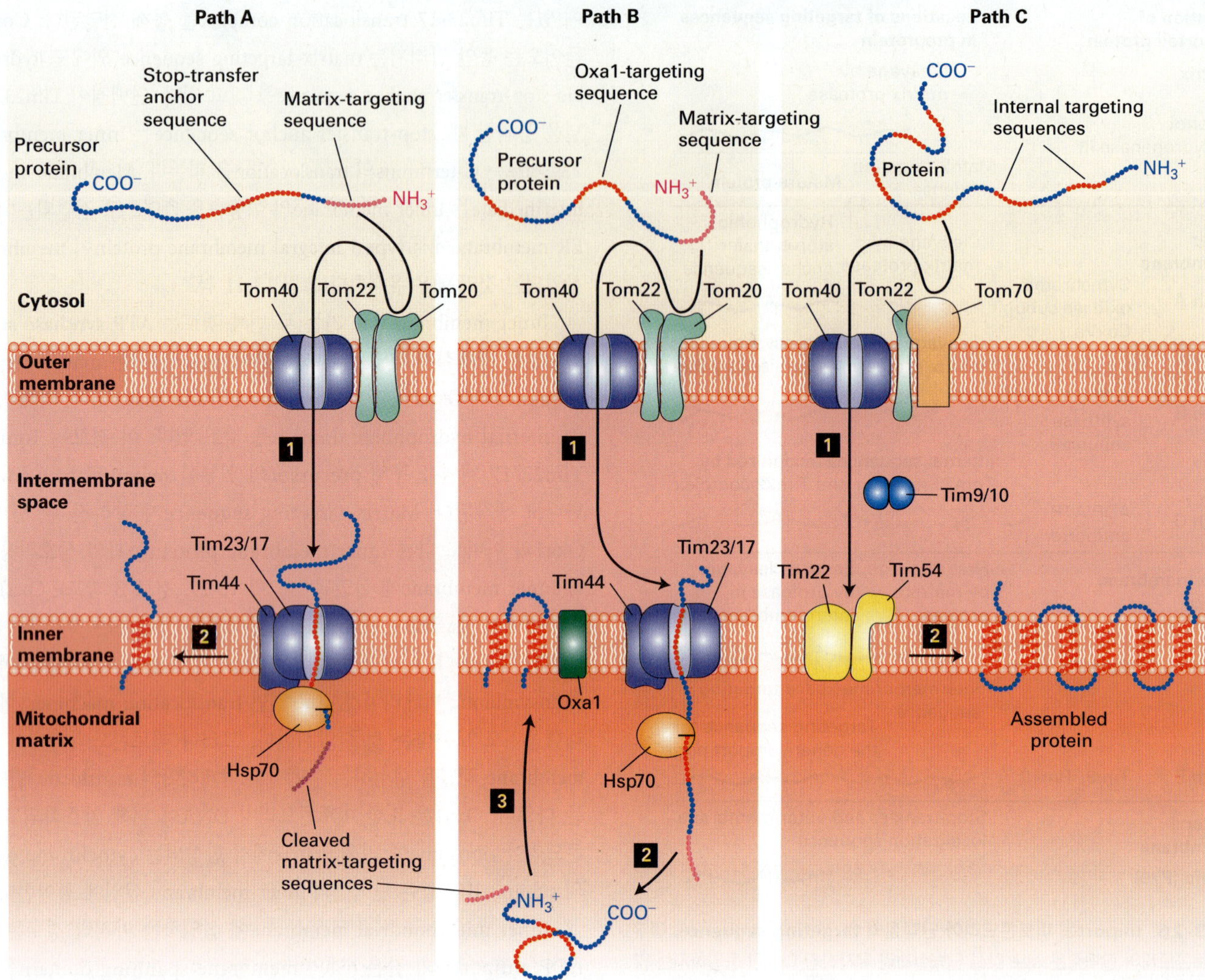

그림 13-27 세포질에서 미토콘드리아 inner membrane으로 가는 세 가지 경로. 다른 targeting sequence를 가진 단백질은 다른 경로를 통해 inner membrane으로 간다. 세 가지 경로 모두에서 단백질은 Tom40 general import pore를 통해 outer membrane을 통과한다. Pathway A와 B에 의해 전달되는 단백질은 outer membrane의 Tom20/22 import receptor에 의해 인식되는 N-terminal matrix-targeting sequence를 갖고 있다. 비록 두 pathway 모두 Tim23/17 inner-membrane 채널을 사용하지만, pathway B에서는 전체 precursor 단백질이 matrix로 들어갔다가 다시 inner membrane으로 redirect된다는 점에서 다르다. Matrix Hsp70은 수용성 matrix 단백질이 import될 때와 유사한 역할을 한다(그림 13-23 참조). Pathway C에 의해 전달된 단백질은 Tom70/Tom22 import receptor에 의해 인식되는 internal sequence를 갖고 있다. 다른 inner-membrane translocation 채널(Tim22/54)이 이 pathway에 사용된다. 2개의 intermembrane protein (Tim9 및 Tim10)은 outer 채널과 inner 채널 사이에서 전달을 촉진한다. 자세한 내용은 본문을 참조할 것. R. E. Dalbey and A. Kuhn, 2000, *Annu. Rev. Cell Dev. Biol.* **16**:51; and N. Pfanner and A. Geissler, 2001, *Nat. Rev. Mol. Cell Biol.* **2**:339 참조.

mitochondrial membrane 사이의 공간으로 전달하는 경로는 두 가지가 있다. 주요 경로를 따라 cytochrome b_2와 같은 단백질이 전달되는데, 이 단백질의 precursor는 2개의 서로 다른 N-terminal targeting sequence를 가지고 있으며, 이 두 가지 모두 나중에 잘려진다. 두 시퀀스 중 가장 N-terminus 쪽에 있는 것은 matrix-targeting sequence로 matrix protease에 의해 제거된다. 두 번째 targeting sequence는 단백질이 완전하게 inner membrane을 translocation하지 못하게 하는 소수성 부위이다(그림 13-28, 경로 A). Membrane에 박힌 intermediate는 Tim23/17 translocation 채널에서 측면으로 확산된다. 그런 후 membrane에 있는 protease가 단백질의 transmembrane 부위 쪽을 절단해서 수용성 형태의 완성된 단백질이 intermembrane space로 방출된다. Protease에 의한 두 번째 단백질 절단을 제외하고, 이 경로는 CoxVa와 같은 inner membrane protein 수송 경로와 유사하다(그림 13-27, 경로 A 참조).

Intermembrane space에 존재하는 작은 Tim9와 Tim10 단백질은 두 번째 intermembrane space로 targeting하는 경로로 수송된다. Tim9와 Tim10은 N-terminal matrix-targeting sequence를 갖고 있지 않으며, 어떠한 inner membrane translocation factor도 개입하지 않고 general import pore를 통해서 intermembrane space로 직접 전달된다(그림 13-28, 경로 B 참조). Tom40 general import pore를 통한 trans-

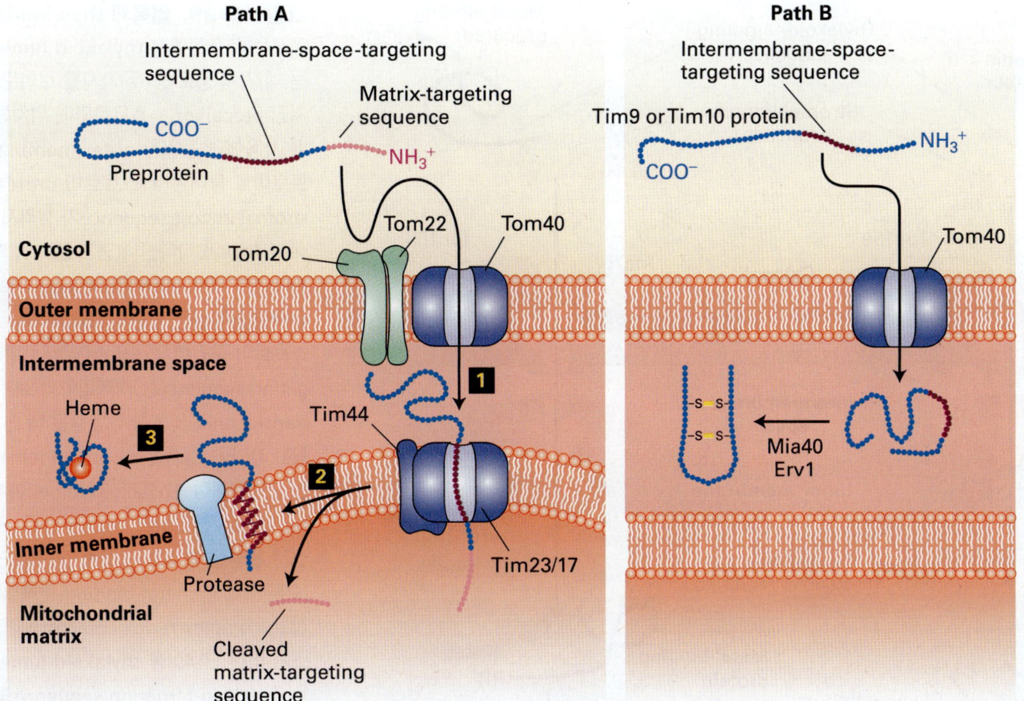

그림 13-28 미토콘드리아 intermembrane space로 가는 두 가지 경로. 세포질에서 intermembrane space로 단백질을 전달하기 위한 주요 경로인 pathway A는 inner membrane으로 단백질을 전달하기 위한 pathway A와 유사하다(그림 13-26 참조). 주요 차이점은 cytochrome b_2와 같은 이러한 단백질의 internal targeting sequence는 막의 intermembrane space 쪽에서 단백질을 절단하는 inner-membrane protease에 의해 인식된다는 것이다. 잘려진 단백질은 intermembrane space 내에서 heme cofactor와 결합하고 구조가 잡힌다. Pathway B는 intermembrane space로 Tim9과 Tim10 단백질을 전달하기 위한 특별한 pathway이다. 이 단백질들은 Tom40 general import pore를 쉽게 통과하고, 일단 그것들이 intermembrane space로 들어오면, 구조가 잡히고 disulfide bond를 형성하여 Tom40을 통해 다시 세포질 쪽으로 translocation하지 못하게 한다. Disulfide bond는 Erv1에 의해 생성되고, Mia40에 의해 Tim9와 Tim10으로 전달된다. R. E. Dalbey and A. Kuhn, 2000, *Annu. Rev. Cell Dev. Biol.* **16**:51; N. Pfanner and A. Geissler, 2001, *Nat. Rev. Mol. Cell Biol.* **2**:339; and K. Tokatlidis, 2005, *Cell* **121**:965–967 참조.

location에는 에너지가 필요로 하는 어떤 과정도 관여하지 않는 것처럼 보인다; 그러나 일단 intermembrane space에 들어오게 되면, Tim9와 Tim10 단백질은 각각 2개의 disulfide bond를 형성하고 작고 안정적인 구조로 된다. Tim9와 Tim10이 outer membrane을 통과해서 한쪽 방향으로 translocation이 되게 하는 메커니즘은 다음과 같다. Outer membrane을 수동적인 확산으로 통과해서 intermembrane space에 들어온 단백질들은 바로 구조를 잡고 disulfide bond를 형성함으로써 단백질들이 다시 밖으로 되돌아 나가지 못한 채 intermembrane space에 갇히게 된다. Intermembrane space에서 disulfide bond가 형성되는 과정은 ER lumen과 유사하며, disulfide bond–generating 단백질인 Erv1과 disulfide transfer 단백질인 Mia40이 관여한다.

Outer-Membrane Proteins Tom40 pore와 미토콘드리아 porin을 비롯하여 미토콘드리아 outer membrane에 존재하는 많은 단백질은 antiparallel β strand가 central channel을 둘러싼 소수성 transmembrane 부위를 형성하는 β-barrel 구조를 가지고 있다. 이러한 단백질은 먼저 general import pore인 Tom40과 상호작용해서 outer membrane으로 들어온다; 그런 다음, 이들은 최소 3개의 outer membrane protein으로 구성된 SAM (*s*orting and *a*ssembly *m*achinery) complex로 전달된다. 아마도 궁극적으로 outer membrane에 안정적으로 들어가게 하는 것은 β-barrel 단백질의 매우 안정적인 소수성 특성 때문이겠지만, 정확히 SAM complex가 이 과정을 어떻게 촉진하는지는 알려져 있지 않다.

엽록체의 Stromal Protein이 수송되는 과정은 미토콘드리아 Matrix 단백질의 수송과 비슷하다

엽록체 stroma에서 가장 많이 발견되는 단백질은 광합성을 할 때 이산화탄소를 고정시키는 기능을 하는 Calvin cycle에 있는 효소들이다. Ribulose 1,5-bisphosphate carboxylase (rubisco)의 큰 (L) subunit는 엽록체 DNA에 의해 암호화되어 stroma 내에서 엽록체 ribosome에 의해 합성된다. Rubisco의 작은 (S) subunit와 그 외 모든 Calvin cycle 효소들은 핵에 있는 유전자에 의해 암호화되어 세포질에서 합성된 후 엽록체로 들어온다. 이러한 stroma 단백질의 precursor 형태는 N-terminal *stromal-import* sequence를 갖고 있다(표 13-1 참조).

미토콘드리아를 대상으로 실험했던 것과 같이, 분리된 엽록체를 사

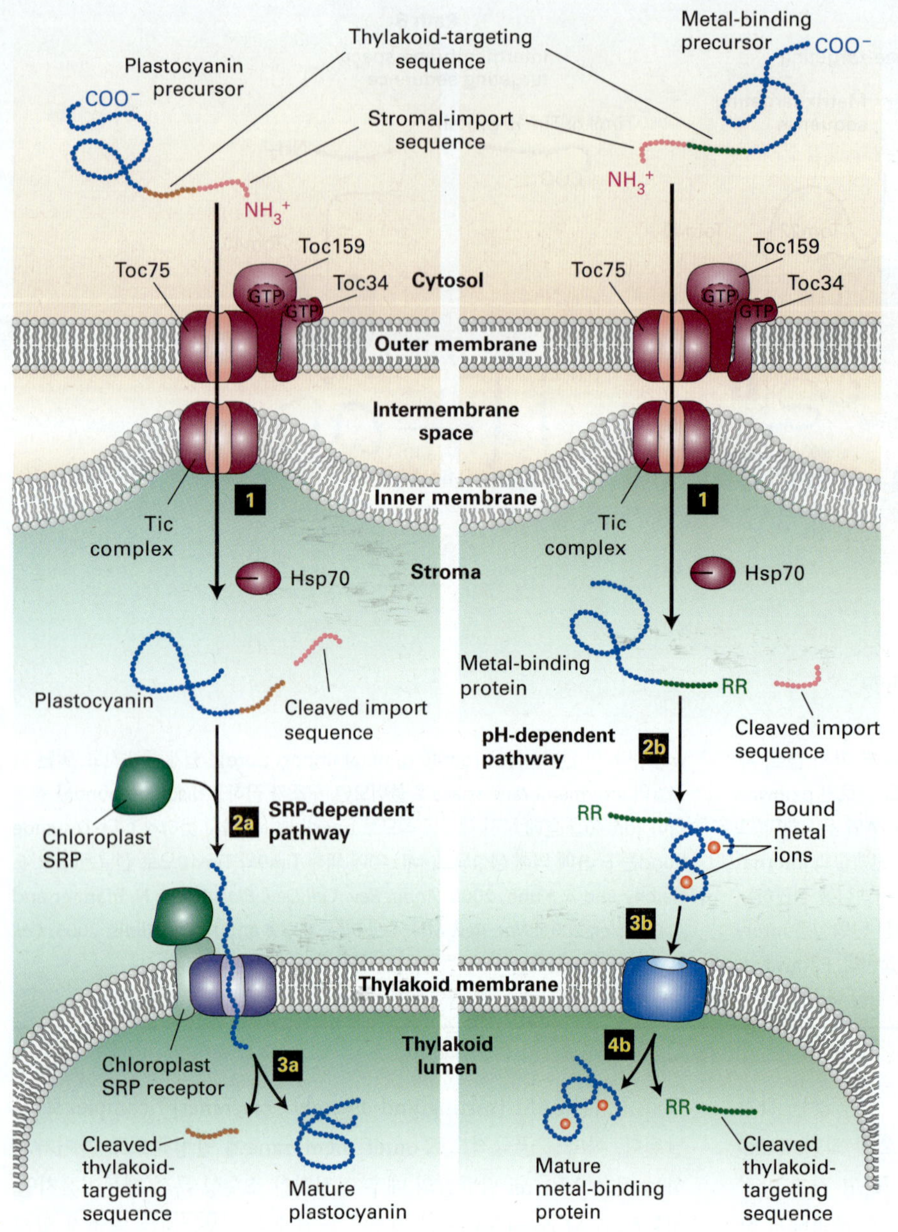

그림 13-29 엽록체 thylakoid로의 단백질 운반. 여기에서는 세포질에서 thylakoid lumen으로 단백질을 운반하는 네 가지 경로 중 두 가지를 보여준다. 이러한 경로에서, 펼쳐진 precursor는 스트로마에 위치하는 단백질을 import할 때 사용했던 동일한 outer membrane protein을 통해 스트로마로 들어온다. 스트로마 protease에 의한 N-terminal stromal-import sequence가 잘라지면 thylakoid-targeting sequence가 나타난다(단계 **1**). 이 지점에서 두 경로는 갈라진다. SRP-dependent pathway (왼쪽)에서 plastocyanin 및 유사한 단백질은 일련의 chaperone (표시되지 않음)에 의해 스트로마 공간에서 unfold 상태로 존재하고, thylakoid-targeting sequence는 박테리아의 SRP, SRP receptor 및 SecY translocon과 밀접하게 연관된 이 단백질들과 결합한다(단계 **2a**). 이 단백질들은 thylakoid lumen으로의 이동을 매개하는 단백질이다. Thylakoid lumen에서 thylakoid-targeting sequence가 또 다른 endoprotease에 의해 제거된 후, 단백질은 완성된 형태로 구조를 잡는다(단계 **3a**). pH 의존 경로 (오른쪽)에서, metal-binding 단백질은 스트로마에서 구조를 잡고, complex redox cofactor들이 추가된다(단계 **2b**). 구조가 잡힌 단백질을 thylakoid lumen으로 운반하기 위해서는 thylakoid-targeting sequence의 N-terminus 있는 2개의 arginine 잔기 (RR)와 thylakoid membrane을 가로지르는 pH gradient (기울기)가 필요하다(단계 **3b**). Thylakoid 막의 translocon은 박테리아 plasma membrane의 단백질과 관련된 적어도 4개의 단백질로 구성되어 있다. 두 arginine 잔기를 포함하는 thylakoid-targeting sequence는 thylakoid lumen (단계 **4b**)에서 절단된다. R. Dalbey and C. Robinson, 1999, *Trends Biochem. Sci.* **24**:17; R. E. Dalbey and A. Kuhn, 2000, *Annu. Rev. Cell Dev. Biol.* **16**:51; and C. Robinson and A. Bolhuis, 2001, *Nat. Rev. Mol. Cell Biol.* **2**:350 참조.

용한 실험을 통해서 본 그림 13-29의 상단에 그려진 stroma import의 일반적인 과정은 미토콘드리아 matrix로 단백질이 import되는 것과 유사하다는 것을 보여주었다. 적어도 3개의 엽록체 outer membrane 단백질은 단백질을 stroma로 유도하는 데 필수적인 것으로 알려져 있다. 여기에는 *Toc159* 및 *Toc34*로 알려진 단백질로 구성된 receptor가 있는데, 이는 stromal-import sequence와 결합하며, 이들은 SRP 및 SRP receptor를 연상시키는 outer membrane의 세포질 쪽에 GTPase domain을 각각 가지고 있다. Receptor는 stromal-import sequence를 Toc75로 구성된 translocation channel로 전달한다. *Tic complex*로 알려진 적어도 5개의 엽록체 inner membrane protein로 구성된 complex는 단백질이 stromal space로 통과하기 위한 translocation channel을 형성한다. 비록 이 단백질들이 기능적으로는 미토콘드리아의 receptor와 channel protein과 유사하지만, 구조적으로는 다르다. 엽록체와 미토콘드리아 단백질 사이에 sequence를 비교했을 때 유사하지 않다는 것은 엽록체와 미토콘드리아가 진화 중에 독립적으로 발생했을 수도 있다는 것을 암시한다.

여러 증거는 미토콘드리아 matrix 단백질처럼 엽록체 stroma 단백질도 unfolded 상태로 import된다는 것을 암시한다. Stroma로 import될 때 미토콘드리아 matrix에 있는 Hsp70과 ER lumen에 있는 BiP와 유사한 기능을 갖는 stromal Hsp70 chaperone에 의해 일어나는 ATP 가수분해가 필요하다. 미토콘드리아와 달리, 엽록체는 inner membrane을 가로질러 electrochemical gradient (proton-motive force)를 생성하지 않는다. 따라서 단백질이 엽록체의 stroma로 import될 때는 ATP 가수분해에 의해서만 작동되는 것으로 보인다.

Hsp70 외에도, stroma에는 단백질 import에 참여할 수 있는 2개의 다른 ATPase가 있다. 이들은 chaperone Hsp90의 엽록체 버전과

*Hsp93*으로 알려진 ring을 형성하는 AAA + ATPase이다. 두 단백질의 상동성은 다른 맥락에서 에너지 의존성 protein-folding 반응을 매개하는 것으로 알려져 있으며, 엽록체 Hsp90과 Hsp93은 stroma에서 단백질의 구조를 잡는 것, stroma로 단백질 import, 또는 둘 다에 참여할 수 있다.

박테리아 단백질의 Trnaslocation과 관련된 메커니즘에 의해 단백질이 Thylakoid로 Target된다

엽록체는 이들을 둘러싸고 있는 이중막 외에도 내부에 연결된 membranous sac (막성 주머니)인 **thylakoid**를 갖고 있다(그림 12-33 참조). 광합성의 모든 화학 반응은 thylakoid membrane이나 lumen에서 일어나며, 이 전문화된 subcompartment (하위 구획)에 위치한 단백질들에 의해 수행된다. 이러한 단백질의 다수는 여러 개의 targeting sequence를 갖고 있는 precursor로 세포질에서 합성된다. Thylakoid lumen으로 가야하는, 예를 들어 plastocyanin과 그 밖의 단백질들은 2개의 targeting sequence가 연속적으로 작용한다. 첫 번째 sequence는 rubisco S subunit을 import하는 경로와 동일한 경로로 단백질을 stroma로 유도하는 N-terminal stromal-import sequence이다. 두 번째 sequence는 stroma에서 thylakoid lumen로 들어가는 단백질을 target한다. 이러한 targeting sequence의 역할은 재조합 DNA 기법으로 발현한 돌연변이 단백질을, 분리된 엽록체로 uptake되는 것을 측정하는 실험에 의해 밝혀졌다. 예를 들어, thylakoid-targeting sequence는 없지만 정상적인 stromal-import sequence를 갖고 있는 돌연변이 plastocyanin은 stroma에 축적되며, thylakoid lumen으로 들어가지 않는다.

Stroma에서 thylakoid로 단백질의 운반은 네 가지의 다른 경로를 통해 일어난다. 네 가지 경로 모두 박테리아에서 유사하게 일어나는 수송 메커니즘과 가깝게 연관되어 있는 것이 알려졌는데, 이는 thylakoid 막과 박테리아 plasma membrane 사이의 밀접한 진화 관계가 있음을 보여준다. Stroma에서 thylakoid lumen으로 plastocyanin과 그 밖의 관련 단백질들이 수송되는 것은, Sec61 complex의 박테리아 버전인 SecY와 유사한 translocon을 사용하는 SRP-dependent pathway에 의해 일어난다(그림 13-29, **왼쪽**). Thylakoid lumen으로 단백질을 운반하는 두 번째 경로에는 박테리아 단백질인 SecA와 관련된 단백질이 있는데, SecA는 SecY translocon을 통해서 단백질의 translocation을 이끌기 위해 ATP 가수분해 에너지를 사용한다. Thylakoid membrane으로 가는 단백질을 target하는 세 번째 경로는 미토콘드리아 Oxa1 단백질 및 homologous (상동성) 박테리아 단백질과 연관된 단백질에 의존한다(그림 13-27, 경로 B 참조). 엽록체 DNA에 의해 암호화되고, stroma에서 합성되거나 세포질에서 stroma로 운반되는 일부 단백질은 이 경로를 통해 thylakoid membrane에 삽입된다.

마지막으로, metal-containing cofactor와 결합하는 thylakoid 단백질은 thylakoid lumen으로 또 다른 경로를 통해 들어간다(그림 13-29, **오른쪽** 참조). 이러한 단백질의 unfolded precursor는 먼저 stroma로 target되며, 여기서 N-terminal stromal-import sequence가 잘려지고 단백질이 cofactor와 결합하며 구조를 잡는다. Thylakoid-membrane protein 세트는 folded protein과 결합된 cofactor를 thylakoid lumen으로 translocating되는 것을 돕는다. 이 과정은 thylakoid membrane에서 유지되는 H^+ electrochemical gradient에 의해 작동된다. 단백질을 이 경로로 유도하는 thylakoid-targeting sequence에는 인식에 중요한, 가깝게 자리하는 2개의 arginine residue가 있다. 박테리아 세포도 arginine이 포함된 유사한 sequence를 갖고 있는 folded protein을 plasma membrane을 가로질러 translocating하는 메커니즘을 갖고 있는데, 이를 *Tat* (*t*win-*a*rginine *t*ranslocation) 경로라고 한다. 이처럼, 크고 folded globular protein (구조를 잡고 동그란 형태의 단백질)이 thylakoid membrane을 가로질러 translocate하는 분자 메커니즘은 완전히 이해되지 않지만, 적절한 2개의 arginine signal을 가진 folded protein의 존재는 membrane에서 pore-like structure를 형성하기 위해 Tat 단백질의 올리고머화를 유도하는 것으로 보인다. 이러한 점에서, Tat 경로는 다음 절에서 설명하는 folded protein을 퍼옥시좀으로 import하기 위한 경로와 유사하다.

13.4절의 주요 개념

Mitochondria (미토콘드리아)와 Chloroplast (엽록체)로의 단백질 Targeting

- 대부분의 미토콘드리아 및 엽록체 단백질은 핵에 있는 유전자에 의해 암호화되고, 세포질 ribosome에서 합성되며, 번역 후 세포소기관으로 유입된다.
- 세포질에서 미토콘드리아 matrix 또는 엽록체 stroma까지 precursor 단백질을 target하는 데 필요한 모든 정보는 N-terminal targeting sequence 내에 존재한다. 단백질을 import한 후, targeting sequence는 matrix 또는 stroma 내의 단백질분해효소에 의해 제거된다.
- 세포질 chaperone은 unfolded 상태로 미토콘드리아 및 엽록체 단백질의 precursor를 유지한다. Unfolded 단백질만 세포소기관으로 들여올 수 있다.
- 미토콘드리아 matrix로 향하는 단백질은 outer mitochondrial membrane의 receptor에 결합하고, outer membrane의 general import pore (Tom40)로 전달된다. Translocation은 세포소기관의 outer membrane과 inner membrane이 서로 가까이 있는 곳에서 일어나며, outer membrane과 inner membrane을 동시에 translocation한다. Translocation는 matrix에 있는 Hsp70에 의한 ATP 가수분해(그림 13-24 참조)와 inner membrane을 가로지르는 proton-motive force에 의해 작동된다.
- Matrix 외의 미토콘드리아의 다른 목적지로 분류된 단백질은 일반적으로 2개 이상의 targeting sequence를 갖고 있으며, 그 중 하나는 N-terminal matrix-targeting sequence일 수 있다(그림 13-26 참조).
- 일부 미토콘드리아 단백질은 intermembrane space나 inner mem-

brane으로 먼저 유입된 다음 방향을 바꾼다; 다른 단백질은 matrix에 들어가지 않고 최종 위치로 직접 이동한다.

- 엽록체 stroma로 단백질의 import는 outer membrane과 inner membrane translocation channel을 통해 일어나는데, 이는 미토콘드리아 경로와 기능적으로는 유사하지만 해당 미토콘드리아 단백질의 sequence와는 관련이 없는 단백질로 구성된다.
- Thylakoid로 향하는 단백질은 두 번째 targeting sequence를 가지고 있다. 이 단백질들은 stroma로 들어간 후, stromal-targeting sequence가 잘려 나가고 thylakoid-targeting sequence가 드러난다.
- 엽록체 stroma에서 thylakoid로 단백질을 이동시키는 네 가지 경로는 박테리아 plasma membrane을 가로지르는 translocation과 매우 유사하다(그림 13-29 참조). 이 시스템들 중 하나는 folded protein을 translocate시킬 수 있다.

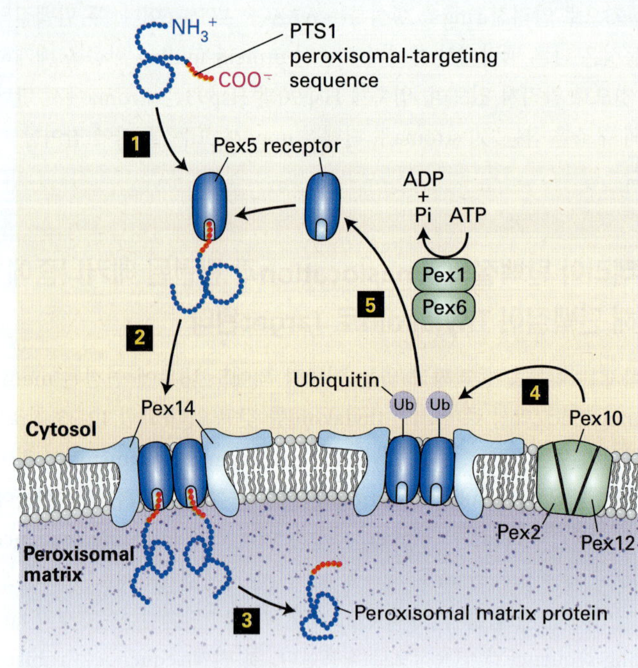

그림 13-30 퍼옥시좀 matrix 단백질의 PTS1-directed import. 단계 **1**: 대부분의 퍼옥시좀 matrix 단백질은 세포질에 있는 receptor Pex5에 결합하는 C-terminal PTS1 targeting sequence (빨간색)를 갖고 있다. 단계 **2**: 결합된 matrix 단백질을 가진 Pex5는 퍼옥시좀 막에 위치한 Pex14 receptor와 함께 multimeric complex를 형성한다. 단계 **3**: Matrix 단백질-Pex5-Pex14 복합체가 조립된 후, matrix 단백질은 Pex5에서 분리되고 퍼옥시좀 matrix로 방출된다. 단계 **4**와 단계 **5**: Pex5는 퍼옥시좀 membrane protein인 Pex2, Pex10 및 Pex12에 의해 ubiquitinylation이 된 후 AAA-ATPase 단백질인 Pex1 및 Pex6에 의해 퍼옥시좀 막에서 ATP가 필요한 반응을 통해 빠져 나와 세포질로 돌아간다. 구조가 잡힌 단백질은 퍼옥시좀으로 들어갈 수 있으며, targeting sequence는 matrix에서 제거되지 않는다. P. E. Purdue and P. B. Lazarow, 2001, *Annu. Rev. Cell Dev. Biol.* **17**:701; S. Subramani et al., 2000, *Annu. Rev. Biochem.* **69**:399; and V. Dammai and S. Subramani, 2001, *Cell* **105**:187 참조.

13.5 Peroxisomal (퍼옥시좀) 단백질의 Targeting

퍼옥시좀은 *peroxisonal matrix*로 알려진 luminal space (내강 공간)를 둘러싸고 있는 단일 막으로 둘러싸인 작은 세포소기관이다. 비록 퍼옥시좀이 단순한 구조를 가지고 있지만, 퍼옥시좀의 생성은 더 복잡한 미토콘드리아와 엽록체의 생성과 기본적으로 유사하다. 핵에 있는 유전자에 의해 암호화되고 세포질의 free ribosome에서 합성되는 퍼옥시좀 단백질은 특정 peroxisomal-targeting sequence에 의해 인식된다. 이러한 sequence는 퍼옥시좀 특이 receptor 단백질과 결합하고, 에너지가 필요한 targeting 과정에 의해 퍼옥시좀 matrix 또는 퍼옥시좀 막으로 전달된다.

퍼옥시좀의 크기와 효소 함량은 종류가 다른 세포들 사이에서 상당히 다르다. 그러나 모든 퍼옥시좀은 지방산과 같은 다양한 기질을 산화시키기 위해 산소 분자를 사용하는 효소를 갖고 있으며, 그것들을 더 작은 성분으로 분해하여 생합성 경로에서 사용한다. 이러한 산화 반응에 의해 생성된 과산화수소(H_2O_2)는 매우 반응적이며 세포 구성 요소에 잠재적으로 해롭다; 그러나 퍼옥시좀은 H_2O_2를 H_2O로 효율적으로 전환하는 catalase와 같은 효소를 갖고 있다. 포유류에서 퍼옥시좀는 간세포에 가장 풍부하며, 세포 부피의 약 1–2%를 차지하고 있다.

C-Terminus에 SKL Sequence를 갖고 있는 단백질을 세포질에 있는 Receptor가 Peroxisomal Matrix로 Target한다

Peroxisomal-targeting sequence는 퍼옥시좀 targeting의 결함을 만들기 위해 단백질의 특정 부위를 삭제한 퍼옥시좀 단백질을 대상으로 수행한 시험을 통해서 처음 확인되었다. 한 초기 연구에서, 반딧불 luciferase의 유전자를 곤충 세포에 배양하여 발현하였고, 그 결과 단백질은 퍼옥시좀에 target되었다. 하지만, 단백질의 C-terminus를 암호화하는 sequence의 작은 부분을 없앤 유전자를 발현하였을 때 퍼옥시좀에 target되지 못하고 세포질에 남아있게 되었다. 이런 방법으로 다양한 돌연변이 luciferase 단백질을 시험함으로써, Ser-Lys-Leu sequence (SKL) 또는 C-terminus의 관련 sequence가 퍼옥시좀 target에 필요하다는 것을 알게 되었다. 게다가 SKL sequence를 원래는 세포질에 존재하는 단백질의 C-terminus에 붙여주면 배양 세포의 퍼옥시좀에서 이 변형된 단백질이 발견되었다. 많은 퍼옥시좀 단백질 중 일부를 제외한 모든 단백질은 *peroxisomal-targeting sequence 1* 또는 단순히 PTS1로 알려진 이 유형의 sequence를 가지고 있다.

Catalase 및 기타 PTS1을 가진 단백질이 퍼옥시좀의 matrix로 import되는 경로는 그림 13-30에 설명되어 있다. 세포질에서 *Pex5*라고 불리는 receptor에 PTS1이 결합한다. Pex5는 단량체 수용성 형태에서 올리고머 형태로 switch되는데, 이때 이 oligomeric 형태는 membrane protein인 Pex14로 만들어진 complex에 들어가 peroxisomal membrane에 박히게 된다. 잘 이해되지 않는 방식으로, Pex5의 올리고머 형태에 결합되어 있던 PTS1을 가진 단백질은 퍼옥시좀 내부로 방출된다. ER, 미토콘드리아, 엽록체로 단백질을 import하는 대부분의 시스템과는 달리, 이 퍼옥시좀 import 시스템은 구조를 잡은 단백질을 막을 가로질러 translocate시킬 수 있다. 예를 들어, catalase는 퍼옥시좀 막을 통과하기 전에 세포질에서 구조를 잡은 형태로 heme과 결합한다. Cell-free (무세포) 연구를 통해서, 퍼옥시좀 import 시스템은 PTS1이 붙어 있는 경우에 직경이 약 9 nm의 금 입자를 갖고 있는 큰 고분자 물체도 transport할 수 있다는 것을 보여주었다. PTS1을 갖고 있는 분자와 결합한 Pex5 올리고머의 크기에 따라 Pex14가 조정된다는 증거가 있다. 퍼옥시좀 막을 온전하게 유지하지 못하게 할 정도로 커다란 pore가 없더라도 Pex5 올리고머가 다양한 크기로 형성할 수 있으므로, 커다란 올리고머에 의한 PTS1 분자를 수송하는 데 있어 Pex14가 충분한 공간을 제공할 수 있다는 것은 명백한 핵심 메커니즘이다.

일단 PTS1을 가진 cargo 분자가 퍼옥시솜 내부로 방출되면, Pex5 올리고머 복합체와 Pex14는 능동적으로 해체돼서 다시 수용성 상태가 되어 세포질로 방출된다. 막에 결합된 Pex5가 ubiquitinylation되어 Pex5가 재활용된다. 퍼옥시솜 membrane protein인 Pex10, Pex12 및 Pex2의 복합체는 ubiquitin을 Pex5에 붙여준다. Pex15에 의해 퍼옥시좀 막에 박혀 있는 AAA ATPase Pex1과 Pex6은 ubiquitinylated Pex5를 인식하고, ATP 가수분해에 의한 에너지를 사용해서, Pex14로 만들어진 올리고머 복합체에 끼어져 있는 ubiquitinylated Pex5를 제거하여 세포질로 방출한다. Ubiquitin이 제거된 후 세포질에 있는 Pex5는 PTS1을 가진 단백질에 결합하고서 다음 import cycle을 수행할 준비를 한다.

성분들을 정제한 후 이를 사용한 peroxisom import 연구는 PTS1을 갖고 있는 단백질에 Pex5가 결합하는 것, Pex5 및 Pex14가 올리고머 복합체로 조립되는 것, 그리고 PTS1을 갖고 있는 단백질을 퍼옥시좀 내부로 방출하는 것 등 이 모든 것을 수행하는 데 있어 ATP에서 방출되는 화학 에너지 없이 모두 자발적으로 일어날 수 있다는 것을 보여주고 있다. 대조적으로, Pex5에 ubiquitin이 붙는 것과 AAA-ATPase에 의해 일어나는 Pex5가 재활용될 때는 모두 ATP 가수분해를 필요로 한다. 명백히, Pex5가 세포질과 퍼옥시좀 막 사이를 순환하면서 PTS1을 가진 단백질을 퍼옥시좀 matrix로 전달하는 과정에서, 에너지를 사용하여 cargo 분자를 퍼옥시좀 matrix의 한쪽 방향으로 translocation시키는 것이 재활용 과정이다.

Thiolase와 같은 몇몇 퍼옥시좀 matrix 단백질은 *PTS2*로 알려진 N-terminal targeting sequence을 가진 precursor로 합성된다. 이러한 단백질은 다른 세포질 receptor 단백질에 결합하지만, PTS1을 포함하는 단백질을 import하는 동일한 메커니즘이 작동된다고 여겨진다.

퍼옴시좀의 Membrane Protein과 Matrix 단백질들은 서로 다른 경로로 들어온다

결함 있는 퍼옥시좀 조립을 일으키는 autosomal recessive mutation (상염색체 열성 돌연변이)은 인간 개체군에서 자연적으로 발생한다. 그러한 돌연변이는 종종 craniofacial abnormality (두개안면 기형)와 관련된 심각한 발달 장애로 이어질 수 있다. 예를 들어, *Zellweger syndrome* (젤웨거 증후군) 및 관련 질환에서, 많은 단백질 또는 모든 단백질이 퍼옥시좀 matrix로 수송되지 않는다: 새로 합성된 퍼옥시좀 효소는 세포질에 남아서 결국 분해된다. Zellweger syndrome 환자로부터 유래된 배양 세포와 같은 돌연변이를 갖고 있는 yeast 세포의 유전적 분석을 통해서, 퍼옥시좀의 biogenesis에 필요한 20개 이상의 유전자를 확인했다. ■

퍼옥시좀-조립 돌연변이에 대한 연구는 퍼옥시좀 matrix 단백질을 import할 때 그리고 막단백질을 퍼옥시좀에 삽입할 때 서로 다른 경로가 사용된다는 것을 보여주었다(그림 13-31). 예를 들어, Zellweger syndrome을 가진 일부 환자의 세포 분석을 통해 Pex5를 암호화하는

(a) Wild-type cells

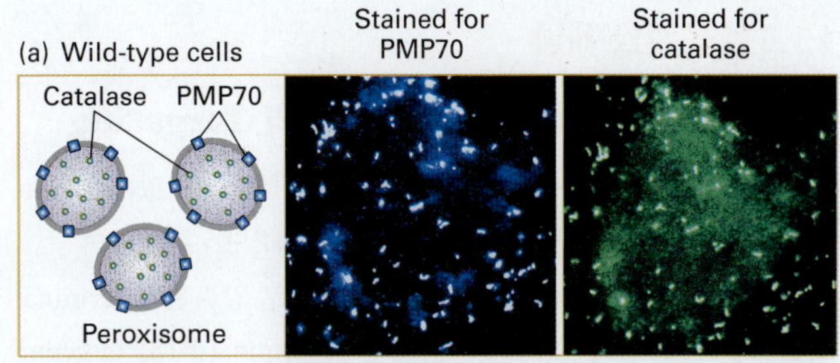

(b) Pex12 mutants (deficient in matrix protein import)

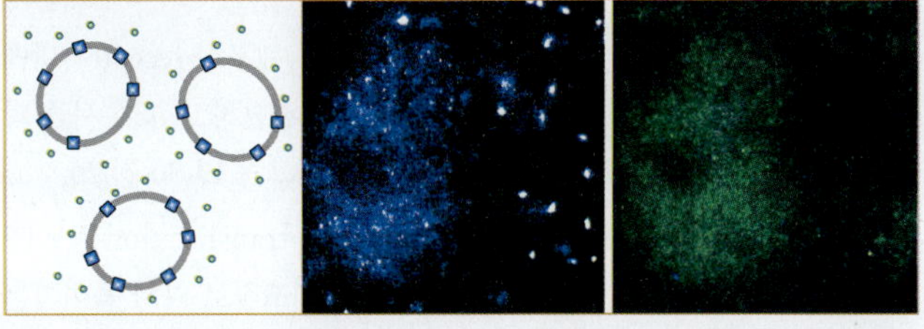

(c) Pex3 mutants (deficient in membrane biogenesis)

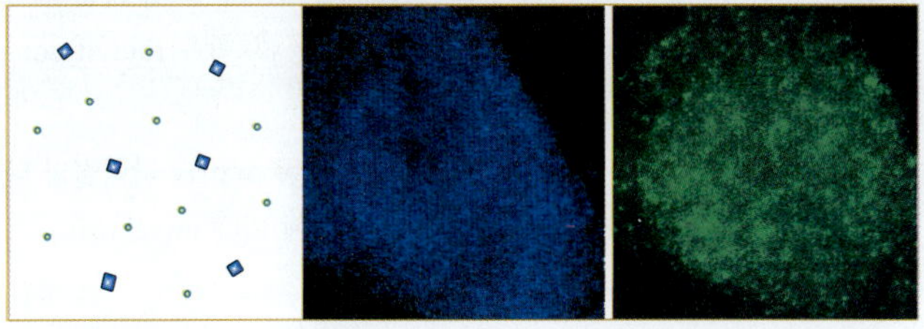

실험 그림 13-31 이 연구는 퍼옥시좀 막과 matrix에 단백질이 들어가기 위한 여러 경로를 보여준다. 퍼옥시좀 membrane protein인 PMP70에 대한 형광 항체 또는 퍼옥시좀 matrix 단백질인 catalase에 대한 형광 항체로 염색한 후 세포를 형광현미경으로 관찰하였다. (a) Wild type 세포에서 퍼옥시좀 막과 matix 단백질은 수많은 퍼옥시좀에 밝게 빛나 보인다. (b) Pex12 결핍 환자의 세포에서 PMP70은 퍼옥시좀에 정상적으로 위치하지만, catalase는 퍼옥시좀에 전달되지 않아 밝게 빛나는 군집이 없고 세포질 전체에 균일하게 분포되는 반면, (c) Pex3 결핍 환자의 세포에서는 퍼옥시좀 막이 만들어지지 않고, 결과적으로 퍼옥시좀이 형성되지 않는다. 따라서 catalase와 PMP70 모두 세포질에 잘못 위치하게 된다. [Stephen Gould, Johns Hopkins University School of Medicine.]

유전자뿐만 아니라 Pex5의 재활용에 필요한 많은 Pex 유전자들을 확인하였다. 이러한 단백질 가운데 하나라도 결함이 있는 돌연변이 세포는 matrix 단백질을 퍼옥시좀으로 수송할 수 없다; 그럼에도 불구하고, 세포는 퍼옥시좀 membrane protein들을 정상적으로 갖고 있는 비어 있는 퍼옥시좀을 갖고 있다(그림 13-31b). 세 가지 다른 유전자 가운데 하나에서 돌연변이가 일어나면 matrix 단백질의 import뿐만 아니라 퍼옥시좀 membrane protein의 삽입도 차단된다는 것이 밝혀졌다(그림 13-31c). 이러한 발견은 하나의 단백질 세트가 수용성 단백질을 퍼옥시좀 matrix로 translocate 시키지만, 단백질을 퍼옥시좀 막에 삽입하기 위해서는 다른 세트가 필요하다는 것을 보여준다. 이러한 상황은 membrane protein과 수용성 단백질을 ER, 미토콘드리아 및 엽록체로 수송하기 위해 많은 동일한 구성 요소를 공유하는 이런 세포소기관과는 현저하게 다르다.

13.5절의 주요 개념

Peroxisomal (퍼옥시좀) 단백질의 Targeting

- 모든 lumen에 존재하는 퍼옥시좀 단백질은 세포질에 있는 free ribosome에서 합성되고 번역 후 소기관으로 들어간다.
- 대부분의 퍼옥시좀 matrix 단백질은 *PTS1*로 알려진 C-terminal targeting sequence를 갖고 있고, 일부는 N-terminal PTS2 targeting sequence를 가지고 있다. Import 후 targeting sequence는 잘려지지 않는다.
- 퍼옥시좀 matrix로 가야 하는 모든 단백질은 세포질 receptor 단백질(PTS1를 갖고 있는 단백질의 경우 Pex5)에 결합하고, 퍼옥시좀 막에 있는 일반적인 translocation 기구로 향한다(그림 13-30 참조).
- 퍼옥시좀 막을 가로지르는 matrix 단백질의 translocation은 ATP 가수분해에 의존하며, 이는 퍼옥시좀 막에서 세포질로 다시 돌아가는 Pex5의 재활용과 연결되어 있다.
- ER, 미토콘드리아 또는 엽록체로 수입된 단백질과 달리, 많은 퍼옥시좀 matrix 단백질은 세포질에서 구조가 잡힌 후 막을 folded conformation으로 통과한다.
- 퍼옥시좀 막으로 가야 하는 단백질은 퍼옥시좀 matrix 단백질과 다른 targeting sequence를 갖고 있고, 다른 경로에 의해 import된다.

13.6 Nucleus (핵) 내부와 외부로의 Transport (수송)

핵은 nuclear envelope (핵막)를 형성하는 2개의 막에 의해 세포질에서 분리된다(그림 1-12a 참조). Nuclear envelope는 ER과 연속적이며 그 일부를 형성한다(역자 주; 핵의 외막은 ER이며, 2개의 핵막 사이 공간은 ER lumen이다). 세포질에서, 단백질이 핵으로 들어가는 것과 핵으로부터 세포질로 mRNA, tRNA, ribosome subunit을 포함한 고분자가 나오는 것은 *nuclear pore* (핵공)를 통해 일어나며, nuclear pore는 nuclear envelope를 형성하는 2개의 막에 걸쳐 있다. 단백질을 핵으로 import하는 것은 단백질이 다른 세포소기관으로 import하는 것과 몇 가지 기본적인 특징들을 공유한다. 예를 들어, import된 핵에 존재하는 단백질은 *nuclear-localization signal* (*NLS*)로 알려진 특정 targeting sequence를 가지고 있다. 그러나 단백질은 구조를 잡은 상태로 핵으로 impot되며, 따라서 핵으로 단백질이 import되는 것은 단백질이 unfold된 상태로 ER, 미토콘드리아, 엽록체의 막을 통해 일어나는 단백질 translocation과 근본적으로 다르다. 이 절에서, 우리는 단백질이 핵에 들어가고 나가는 주요 메커니즘에 대해 설명한다. 우리는 또한 핵에 존재하는 단백질의 import와는 작동하는 것이 다른, 핵으로부터 mRNA와 다른 ribonuclear protein 복합체가 export되는 과정에 대해 설명할 것이다.

크고 작은 분자들이 Nuclear Pore (핵공)를 통해 들어오고 나간다

수많은 핵공이 모든 진핵세포의 nuclear envelope (핵막)에 존재한다. 각각의 핵공은 세포에서 가장 큰 단백질 집합체 중 하나인 **nuclear pore complex (NPC, 핵공 복합체)**라고 불리는 정교한 구조이다. 척추동물에서 nuclear pore의 총질량은 60,000-80,000 kDa로 ribosome보다 약 16배 더 크다. NPC는 **nucleoporin**이라고 불리는 30개의 서로 다른 단백질로 구성되어 있다. 핵공 복합체의 전자현미경 사진을 살펴보면 막에 내장된 고리 구조가 커다란 수용성 pore를 형성하는 것을 알 수 있다(그림 13-32). 대략 100-nm 길이의 8개 filament는 nucleoplasm으로 확장되어 들어가서 terminal ring에 filament의 말단이 연결되어 *nuclear basket*이라고 불리는 구조를 형성한다. 세포질 filament는 NPC의 세포질 쪽으로 뻗어 있다.

이온, 작은 대사물 및 크기가 40 kDa까지인 globular protein은 핵공의 중심 수용성 지역을 통해 수동적으로 확산될 수 있다. 그러나 큰 단백질과 ribonucleoprotein 복합체는 핵의 안과 밖으로 확산될 수 없다. 오히려, 이러한 macromolecule들은 이들과 결합하고 또한 nucleoporin과 상호작용하는 수용성 transport protein의 도움을 받아 NPC를 통해 능동적으로 운반된다. 이러한 능동수송을 위한 NPC의 능력과 효율성은 놀랄 만하다. 1분 동안, 각 NPC는 핵으로 60,000개의 단백질 분자를 import하고, 50–250개의 mRNA 분자, 10–20개의 ribosomal subunit 그리고 1,000개의 tRNA를 핵 밖으로 내보내는 것으로 추정된다.

일반적으로, nucleoporin에는 *structural nucleoporin*, *membrane nucleoporin* 및 *FG-nucleoporin* 등 세 가지가 있다. Structural nucleoporin은 핵공의 골격을 형성하는데, 이것은 8개가 둥그런 고리 형태를 이루고 있고 핵막의 양쪽 막에 대칭으로 존재하며, 핵 내부와 외부로 고분자의 이동을 위한 중간 구멍을 만든다. 핵막의 inner membrane과 outer membrane은 막에 박혀 있는 membrane nucleoporin에 의해 만들어진 곡선 영역을 통해 NPC에서 연결된다(그림 13-32b). 7개의 structural nucleoporin 한 세트가 Y-shaped structure를 형성하는데,

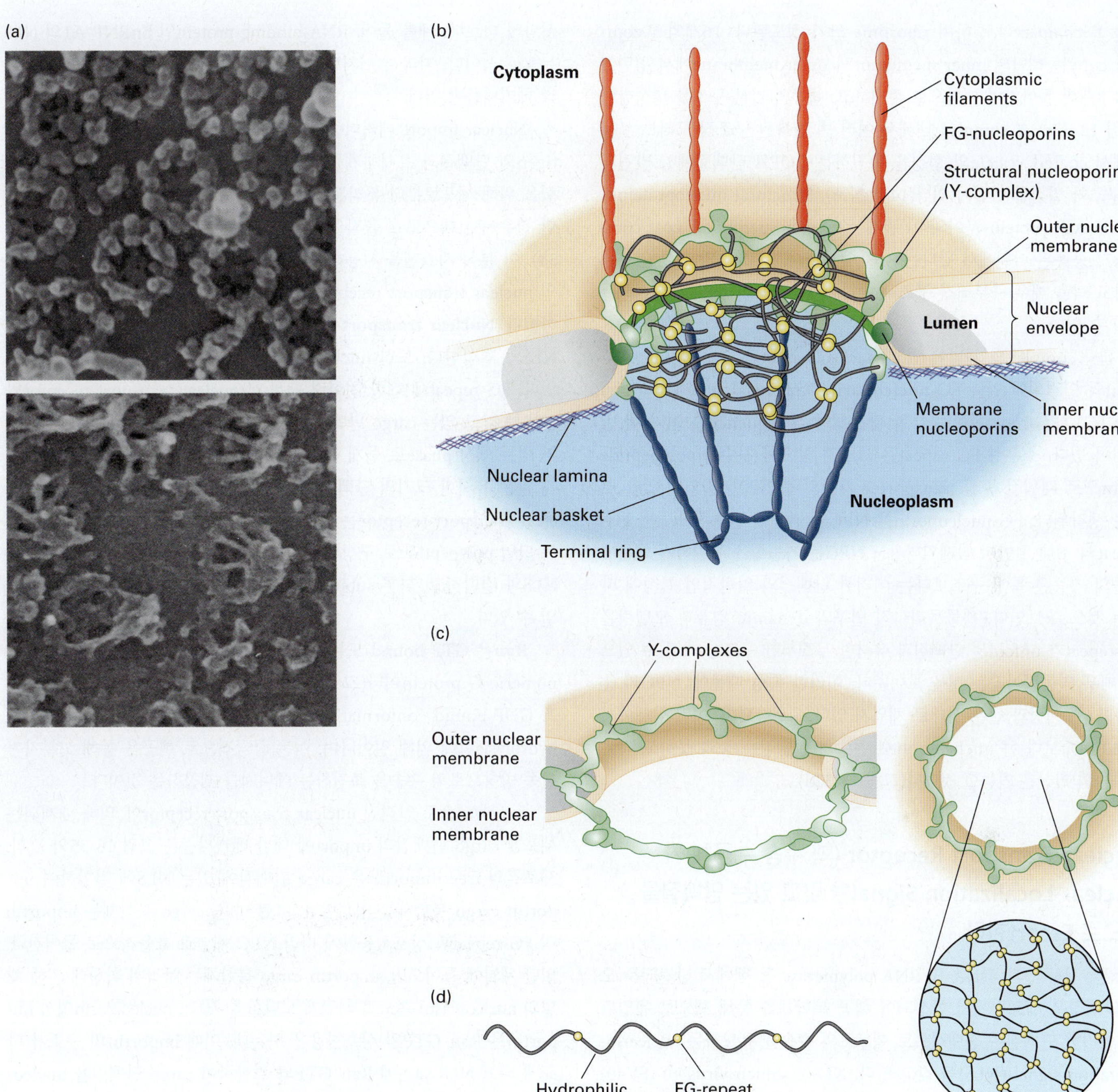

그림 13-32 서로 다른 해상도 수준의 nuclear pore complex (핵공 복합체). (a) Scanning electron microscopy (주사현미경)로 시각화된 *Xenopus* oocyte (난모세포)의 큰 핵에 있는 nuclear envelope (핵막). *위*: 세포질 표면을 보면 nuclear pore complex의 막이 박힌 부분은 팔각형 모양이다. *아래*: Nucleoplasmic face를 보면 막에 박힌 부분에서 뻗어 나온 nuclear basket이 보인다. (b) 핵공 복합체의 절단 모형은 membrane nucleoporin, structural nucleoporin, 그리고 FG-nucleoporin에 의해 형성된 주요 구조적 특징을 보여준다. (c) 구조 골격의 주요 부분인 Y-복합체의 16개 copy는 핵공 복합체의 구조적 틀이다. Y-복합체의 3차원 구조는 pore 구조로 모델링된다. 핵의 이중 막을 가로지르는 2개의 대칭(*왼쪽*)과 pore 축을 둘러싼 8중 회전 대칭(*오른쪽*)에 주목하라. (d) FG-nucleoporin은 친수성 영역에 산재된 Phe–Gly 서열의 반복으로 구성된 무질서한 구조로 뻗어 있다(*왼쪽*). FG-nucleoporin은 pore의 중심부에 가장 풍부하며, FG-repeat sequence는 젤과 같은 matrix로 중심 채널을 채우는 것으로 생각된다(*오른쪽*). K. Ribbeck and D. Gorlich, 2001, *EMBO J.* **20**:1320–1330; and M. P. Rout and J. D. Atchison, 2001, *J. Biol. Chem.* **276**:16593 참조. [Part (a) Republished with permission from Elsevier, from V. Doye and E. Hurt, 1997, Nucleoporins to Nuclear Pore Complexes, *Curr. Opin. Cell Biol.* **9**(3):401–411; permission conveyed through Copyright Clearance Center, Inc.]

이를 *Y-complex*라고 하며 ribosome 크기 정도된다. 16개의 Y-complex copy는 핵막의 inner membrane과 outer membrane에서 평면에 각각 8개씩 돌아가며 대칭으로 존재하고, 핵공의 기본 구조를 형성한다(그림 13-32c). Y-complex 내에서 여러 번 반복된 구조적 모티브는 세포에서 coated vesicle의 형성을 촉진하는 COPII 단백질에서 발견되는 구조와 밀접한 관련이 있다(14장 참조). Structural nucleoprotein과 vesicle coat protein 사이의 이 관계는 2종류의 membrane coat complex가 공통된 기원에서 왔다는 것을 암시한다. 이 요소의 기본 기능은 아마도 막을 매우 구부러진 구조로 변형시키는 단백질 격자를 형성하는 것일 수 있다.

핵공 complex의 채널에 있고, nuclear basket과 cytoplasmic filament와 연결되어 있는 **FG-nucleoporin**은 phenylalanine (F)과 glycine (G) (FG-repeat)이 풍부한 짧은 소수성 sequence가 여러 번 반복되어 있다. 소수성 FG-repeat은 그렇지 않으면 친수성 polypeptide chain으로 채워질 중심 transporter 채널의 광범위한 지역에 있을 것으로 생각된다. FG-nucleoporin은 NPC의 기능에 필수적이지만, FG-repeat의 최대 절반이 삭제되더라도 NPC는 기능성을 유지하기 때문에 이들의 기능은 특정 구조보다는 이러한 단백질의 일반적인 특성에 따르는 것으로 보인다. 생물물리학적 연구와 dynamic 컴퓨터 모델링은 FG-repeat가 unfold된 단백질과 유사한 무질서한 구조를 가질 수 있으며, 매우 역동적이라는 것을 보여준다. 이러한 특성 때문에, NPC의 중심 채널은 액상과 같은 상태로 채워져 있다고 생각되며, 이런 상태에서는 40 kDa보다 큰 unchaperoned 친수성 단백질은 통과 못하고 작은 분자들의 확산은 가능할 것이다(그림 13-32d).

Nuclear Transport Receptor (핵 수송 수용체)가 Nuclear-Localization Signal을 갖고 있는 단백질을 핵으로 Escort한다

히스톤, 전사 인자, DNA 및 RNA polymerase 등 핵에서 발견되는 모든 단백질은 세포질에서 합성되어 핵공 복합체를 통해 핵으로 유입된다. 이러한 단백질은 선택적으로 핵으로의 수송을 유도하는 nuclearlocalization signal (NLS)을 갖고 있다. NLS는 simian virus 40 (SV40)에 있는 large T-antigen 유전자의 돌연변이 분석을 통해 처음 발견됐다. Wild type large T-antigen은 바이러스에 감염된 세포의 핵에서 발견되는 반면, 일부 돌연변이 large T-antigen은 세포질에 축적된다. 이러한 세포에서 위치가 변경되는 돌연변이는 모두 단백질의 C-terminus 근처에 있는 염기성 아미노산이 많이 있는 특정 7개의 아미노산 서열 내에서 일어난다: 이는 Pro-Lys-Lys-Arg-Lys-Val이다. 이 아미노산 서열을 세포질에만 존재하는 단백질에 연결한 융합된 chimeric protein을 대상으로 수행한 실험을 통해서, 이 아미노산 서열이 chimeric protein을 핵으로 운반을 지시하고, 결과적으로 NLS로서 기능한다는 것을 증명했다(그림 13-33). NLS sequence는 나중에 핵으로 import되는 수많은 다른 단백질에서 확인되었다. 이러한 sequence의 대부분은 SV40 large T-antigen의 염기성 NLS와 유사하지만, 다른 것들은 화학적으로 상당히 다르다. 예를 들어, RNA-binding protein인 hnRNP A1의 NLS는 소수성이다. 따라서 이처럼 매우 다른 sequence를 인식하기 위한 여러 메커니즘이 있다.

Nuclear import 메커니즘에 대한 초기 연구에서, SV40 large T-antigen의 단백질과 유사하게 양전하를 띤 NLS를 포함하는 단백질이 실험을 위해 세포로부터 분리된 cytosolic extract (세포질 추출물)를 제공한 경우에만 핵으로 효율적으로 운반된다는 것을 알게 되었다(그림 13-34). 이 분석 시스템을 사용하여, 연구원들은 2개의 필요한 세포질 성분인 nuclear transport receptor (핵 수송 수용체)와 Ran GTPase를 찾아냈다. **Nuclear transport receptor**는 핵으로 운반될 cargo 단백질의 NLS와 결합한다; 또한 nucleoporin의 FG-repeat에 친화력을 가지고 있다. FG-repeat에 대한 친화력 때문에, nuclear transport receptor와 NLS를 갖고 있는 cargo 단백질은 NPC의 중심 채널에 있는 FG-repeat가 있는 액상 phase로 쉽게 들어가서 붙는 반면에, 이런 특성을 갖고 있지 않은 유사한 크기의 단백질들은 중앙 채널에 들어가지 못한다. Nuclear transport receptor는 NLS와 FG-repeat에 동시에 결합할 수 있는 단일 polypeptide로 구성된 monomer일 수 있고, 또는 한 subunit은 NLS와 결합하고, 다른 subunit은 FG-repeat와 결합할 수 있는 dimer일 수 있다.

Ran은 GTP-bound 또는 GDP-bound 형태로 존재하는 작은 monomeric G protein이다(그림 3-35 참조). GTP-bound conformation과 GDP-bound conformation 사이의 Ran cycling은 GTP를 GDP로 hydrolysis함에 의해 일어나며, 이는 궁극적으로 핵공을 통해 고분자가 한쪽 방향으로의 수송을 촉진하는 에너지를 제공하는 것이다.

*Importin*으로 알려진 nuclear transport receptor에 의해 매개되는 세포질 cargo 단백질의 import에 대한 메커니즘은 그림 13-35와 같다. 세포질의 free importin은 cargo 단백질에 있는 NLS에 결합하여 importin-cargo 복합체를 형성한다. 그런 다음, cargo 복합체는 importin이 FG-repeat과 상호작용함에 따라 NPC 채널로 효율적으로 들어간다. 일단 채널에 들어오면, importin-cargo 복합체는 무작위 확산에 의해 채널의 nucleoplasm 쪽으로 빠르게 도달할 수 있고, nucleoplasm에서 importin은 Ran·GTP와 상호작용을 하는데, 이때 importin의 구조가 바뀌게 되고 NLS 대신에 Ran·GTP와 결합하여 cargo 단백질을 nucleoplasm으로 방출한다. 그런 다음, Importin-Ran·GTP 복합체는 NPC를 통해 다시 확산되어 세포질 쪽으로 나간다. Importin-Ran·GTP 복합체가 NPC의 세포질 쪽에 도달하면 Ran은 NPC cytoplasmic filament의 구성 요소인 *GTPase-activating protein* (*Ran-GAP*)과 상호작용한다. 이 상호작용은 Ran을 자극하여 결합된 GTP를 GDP로 가수분해하는데, 이는 importin이 RAN·GDP에 대한 친화력을 낮추도록 구조가 바뀌어 importin이 세포질로 방출되게 한다. 방출된 importin은 다시 다른 nuclear import 사이클에 참여할 수 있게 된다. RAN·GDP는 pore를 통해 nucleoplasm으로 다시 이동하며, 그곳에서 Ran이 GTP와 결합하기 위해 결합된 GDP를 방출하도록 하는 *guanine nucleotide exchange factor* (*Ran-GEF*)를 만나게 된다. 이 일련의 반응의 최종 결과는 GTP의 가수분해와 세포질에서 핵 내부로 NLS를 갖고 있는 단백질을 전달

하는 것과 연결되어 있으며, 따라서 이는 핵으로의 import를 촉진하는 에너지를 제공하는 것이다.

Importin-cargo 복합체는 무작위 확산에 의해서 pore를 통해 이동하지만, cargo를 핵으로 운반하는 전반적인 과정은 한쪽 방향으로 일어난다. 복합체가 nucleoplasm에 도달했을 때 빠르게 분리되기 때문에, NPC를 사이에 두고서 importin-cargo 복합체의 농도 기울기가 형성된다: 복합체가 만들어지는 세포질에서는 높고, 분리되는 nucleoplasm에서는 낮다. 이 농도 기울기는 nuclear import가 한쪽 방향으로 일어나게 하는 특성을 갖게 한다. 유사한 농도 기울기는 핵에서 세포질로 importin을 다시 내보내는 원인이 된다. Importin-Ran·GTP 복합체의 농도는 그것이 조립되는 nucleoplasm에서 복합체가 분리되는 NPC의 세포질 쪽보다 더 높다. 궁극적으로, nucleoplasm에 Ran-GEF가 대부분 위치하고 세포질에 Ran-GAP이 대부분 위치하기 때문에 운반 과정의 방향이 결정되는 것이다. Nucleoplasm에 존재하는 Ran-GEF는 Ran을 Ran·GTP 상태로 유지하게 하며, 여기서 cargo 복합체의 분리를 촉진한다. NPC의 세포질 쪽에 있는 Ran-GAP은 Ran·GTP를 Ran·GDP로 변환해서 importin-Ran 복합체를 분리하고 free importin을 세포질로 방출하게 한다.

Nuclear-Export Signal을 갖고 있는 단백질을 두 번째 유형의 Nuclear Transport Receptor가 Escort 한다

우리가 방금 설명한 것과 매우 유사한 메커니즘을 사용하여 단백질, tRNA 및 ribosomal subunit를 핵에서 세포질로 내보낸다. 이 메커니즘은 핵과 세포질 사이를 왕복하는 특정 ribonuclear protein 복합체에 대한 연구를 통해 처음 밝혀졌다. 이렇게 shuttling하는 단백질은 *nuclear-export signal* (*NES*)을 갖고 있는데, 이는 핵공을 통해 핵으로부터 세포질로 export하는 데 필요하며, 핵으로 수송되기 위해 추가적으로 NLS도 갖고 있다. 핵에서만 존재하는 단백질에 suttling 단백질의 다양한 부분과 결합한 hybrid 유전자들을 대상으로 수행한 실험을 통해 최소한 세 가지 다른 유형의 NES를 확인하였다: PKI (protein kinase A의 억제제)와 human immunodeficiency virus (HIV)의 Rev 단백질에서 발견되는 leucine-rich sequence와 두 가지의 다른 heterogeneous ribonucleoprotein particles (hnRNPs)에서 2개의 다른 sequence를 확인했다. Nuclear export에 대한 각 유형의 sequence를 인식하는 정확한 구조적 특성은 아직 잘 파악되지 않고 있다.

Shuttling 단백질이 핵에서 방출되는 메커니즘은 leucine-rich NES를 포함하는 단백질 수송 메커니즘에서 가장 잘 이해된다. 그림 13-36a에 표시된 현재 모델에 따르면, *exportin 1*이라고 불리는 특정 nuclear transport receptor는 먼저 핵에서 Ran·GTP와 복합체를 형성한 다음 cargo 단백질의 NES와 결합한다. Exportin 1과 Ran·GTP의 결합은 NES에 대한 친화력을 증가시키는 Exportin 1의 구조적 변화를 유발하여 trimolecular (삼분자) cargo 복합체가 형성되게 한다. 다른 nuclear transport receptor와 마찬가지로, exportin 1은 FG-nucleoporin의 FG-repeat와 일시적으로 상호작용하고 NPC를 통한 확산된다.

(a) (b)

실험 그림 13-33 Nuclear-localization signal (NLS)은 단백질이 세포의 핵으로 가도록 한다. 세포질 단백질에 nuclear-localization signal을 붙여주면 핵으로 운반될 수 있다. (a) 배양된 세포에 pyruvate kinase를 인식하는 특정 항체(노란색)를 처리하면 면역 형광에 의해 시각화된 정상 pyruvate kinase가 세포질에 위치하는 것을 관찰할 수 있다. 이 매우 큰 세포질 단백질은 탄수화물 대사(역자 주; 해당작용)에서 기능한다. (b) N-terminus에 SV40 NLS를 갖고 있는 chimeric pyruvate kinase를 세포에 발현했을 때, 핵에 위치하였다. Chimeric 단백질은 SV40 NLS를 암호화하는 바이러스 유전자 조각을 pyruvate kinase 유전자에 융합해서 생성한 조작된 유전자로부터 발현되었다. [Republished with permission from Elsevier, from D. Kalderon et al., 1984, "A Short Amino Acid Sequence Able to Specify Nuclear Location," *Cell* **39**(3 Pt 2):499–509; permission conveyed through Copyright Clearance Center, Inc.]

Cargo 복합체는 NPC의 cytoplasmic filament에 있는 Ran-GAP과 만나 분리되는데, Ran-GAP은 Ran에 결합된 GTP를 가수분해하도록 해서 Exportin 1에 대한 친화력이 낮은 형태로 전환한다. RAN·GDP가 trimolecular cargo 복합체로부터 분리된 후, exportin 1은 NES에 대한 낮은 친화력을 가진 형태로 구조가 바뀌게 되고 cargo를 세포질로 방출한다. Export process의 방향은 세포질에서 exportin 1로부터의 cargo의 분리 때문에 일어나는데, 그 이유는 NPC를 사이에 두고 만들어지는 cargo 복합체의 농도 기울기 때문이다. Cargo 복합체의 농도 기울기는 nucleoplasm에서 높고 세포질에서 낮다. Exportin 1과 RAN·GDP는 NPC를 통해 핵으로 다시 이동한다.

Nuclear export 모델과 그림 13-35에 요약한 nuclear import 모델을 비교함으로써, 우리는 한 가지 분명한 차이점을 알 수 있다: Ran·GTP는 export 중에는 cargo 복합체의 부분이지만 import 중에는 아니다. 이러한 차이를 제외하고, 두 수송 과정은 매우 유사하다. 두 과정 모두에서, nucleoplasm에서 Ran·GTP가 nuclear transport receptor와 결합하면 구조 변화를 야기하여 transport signal에 대한 친화력에 영향을 미친다. Import 중에 상호작용은 cargo 방출을 야기하는 반면, export 중에 상호작용은 cargo와의 결합을 촉진한다. Export와 import 모두에서, Ran-GAP에 의해 세포질에서 Ran·GTP가 가수분해되면 Ran의 구조가 바뀌게 되고 nuclear transport receptor를 방출하게 된다. 핵의 export 중에는 cargo가 방출되기도 한다. Ran-GAP과 Ran-

(a) Effect of digitonin

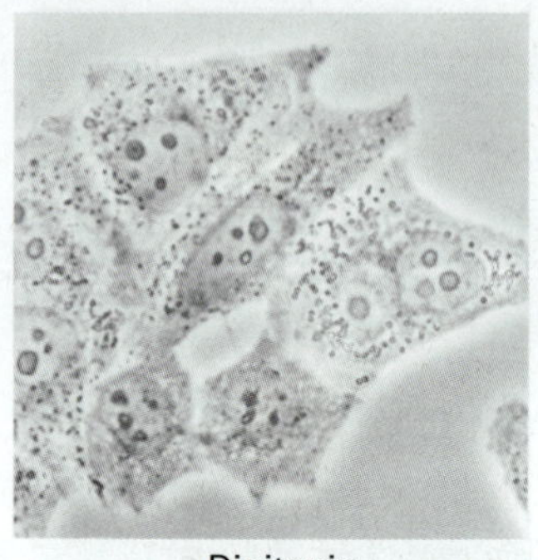

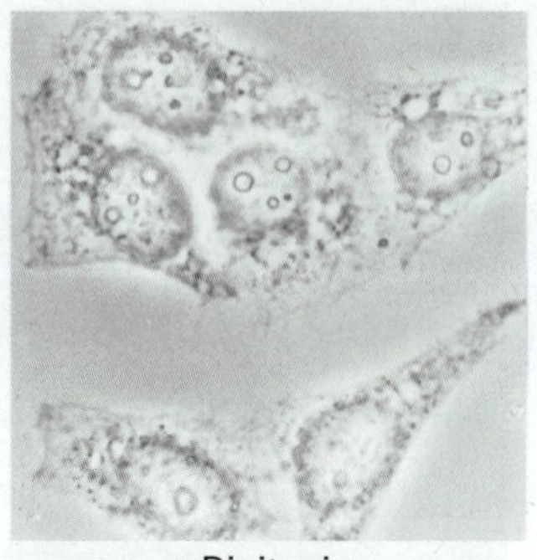

(b) Nuclear import by permeabilized cells

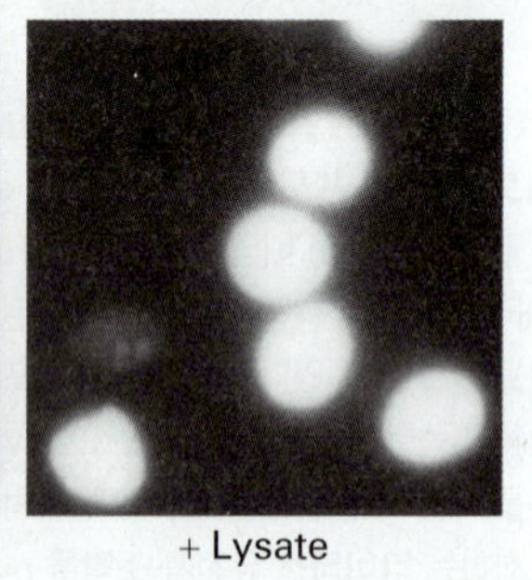

실험 그림 13-34 핵 수송을 위해 세포질 단백질이 필요하다. 세포 lysate (세포를 깨서 만든 용액)를 처리하지 않은 permeabilized (세포막에 구멍을 낸) 배양 세포에서는 핵 수송이 일어나지 않는 것은 그 과정에 수용성 세포질 구성 요소가 관여하고 있다는 것을 보여준다. (a) Digitonin (detergent의 일종)을 처리하지 않고 그리고 처리한 HeLa 세포의 phase-contrast micrograph (위상차현미경 사진). 한 층으로 배양된 세포를 순한 non-ionic detergent인 digitonin으로 처리하면 plasma membrane이 permeabilized 되어 세포질 성분이 새어나오지만 핵막과 NPC는 그대로 존재한다. (b) 합성된 SV40 T-antigen NLS peptide가 화학적으로 연결된 형광 단백질을 처리하고 배양한 digitonin-permeabilized HeLa 세포에 lysate가 존재하거나 없을 때의 형광 현미경 사진. 세포질(lysate)이 있을 때만 핵에 형광 단백질이 축적되었다(오른쪽). [S. A. Adam, R. S. Marr, and L. Gerace, 1990, *J. Cell Biol.* **111**: 807–816; https://doi.org/10.1083/jcb.111.3.807.]

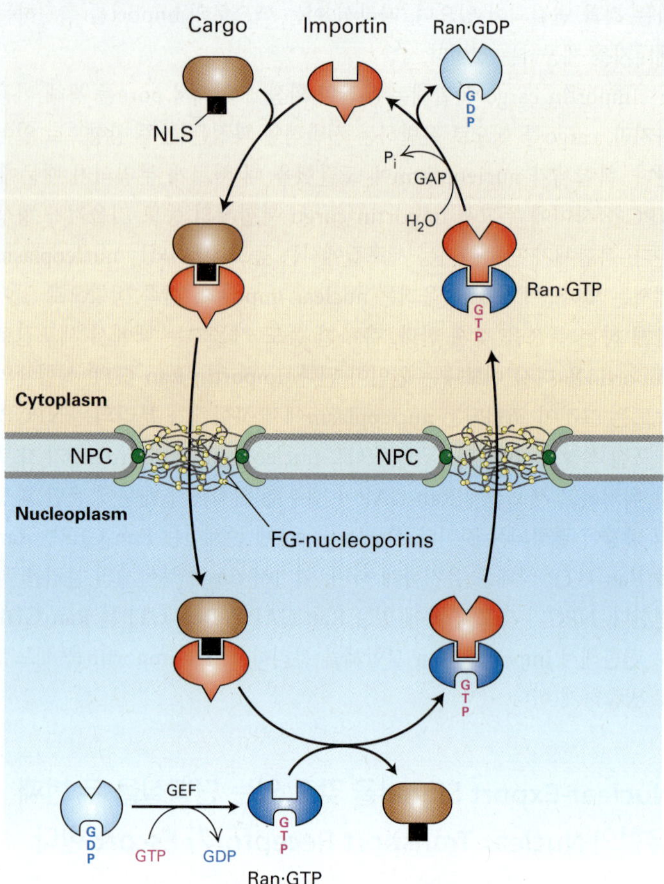

그림 13-35 단백질의 핵 import를 위한 메커니즘. 세포질에서(위), free importin이 cargo 단백질의 NLS에 결합하여 만들어진 importin-cargo 복합체는 FG-nucleoporin과 일시적으로 상호작용하여 NPC를 통해 확산한다. Nucleoplasm에서 Ran·GTP가 importin과 결합하면 importin의 NLS에 대한 친화력을 감소시키고 cargo가 떨어지게 되는 구조 변화를 일으킨다. 또 다른 import 과정을 위해 importin-Ran·GTP 복합체는 세포질로 다시 나간다. NPC의 세포질 쪽 filament에 붙어 있는 GTPase-activating protein (GAP)은 Ran을 자극하여 결합된 GTP를 가수분해 한다. 이렇게 되면 Ran이 nuclear transport receptor와 분리되도록 하는 구조적 변화를 일으키고, Ran은 또 다른 import 과정을 시작할 수 있다. Ran·GDP는 guanine nucleotide exchange factor (GEF)가 GDP를 떨어지게 하고 GTP와 재결합을 야기하는 nucleoplasm으로 돌아간다.

GEF가 각각 세포질 및 핵에 위치하는 것은 NPC를 통해 cargo 단백질이 한쪽 방향으로 import와 export되게 하는 근본적인 이유이다.

기능이 유사하기 때문에 두 가지 유형의 nuclear transport receptor, 즉 importin과 exportin은 구조와 아미노산 서열이 매우 순서와 구조가 매우 비슷하다. Nuclear transport receptor family를 살펴보면 효모에는 14개, 포유류 세포에 20개 이상의 nuclear transport receptor가 있다. 그들이 결합하는 NES나 NLS는 그중 일부에 대해서만 알려졌다. 일부 nuclear transport receptor는 import와 export 모두에서 기능한다.

유사한 셔틀링 메커니즘을 통해 핵에서 다른 cargo들을 내보내는 것이 밝혀졌다. 예를 들어, exportin-t는 tRNA를 내보내는 데 작동한다. Exportin-t는 완성된 tRNA를 Ran·GTP와 복합체를 이루면서 결합하고, NPC를 통해 확산되며 NPC의 cytoplasmic filament에서 RanGAP과 상호작용할 때 분리되어 tRNA를 세포질로 방출한다. Nucleolus (인)에서 단백질과 RNA 성분이 적절하게 조립된 후 NPC를 통과해서 ribosomal subunit이 핵 바깥으로 수송되기 위해서는 Ran-dependent process가 역시 필요하다. 마찬가지로, 특정 hnRNP 단백질이 함께 있는 특정 mRNA는 Ran-dependent mechanism에 의해 내보내질 수 있다.

대부분의 mRNA는 Ran-Independent Mechanism으로 핵으로부터 Export된다

일단 mRNA가 핵에서 완성되면, 특정 단백질이 붙은 *messenger ribonuclear protein complex* 또는 *mRNP* 상태로 남아있다. 핵 밖으로 mRNP를 운반하는 주요 transporter (운반체)는 **mRNP exporter**인

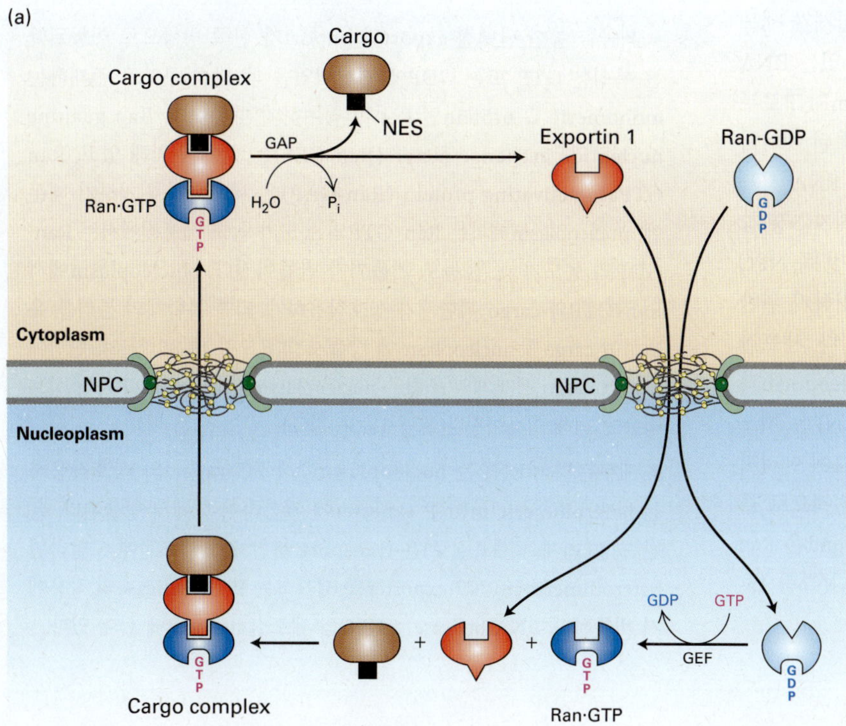

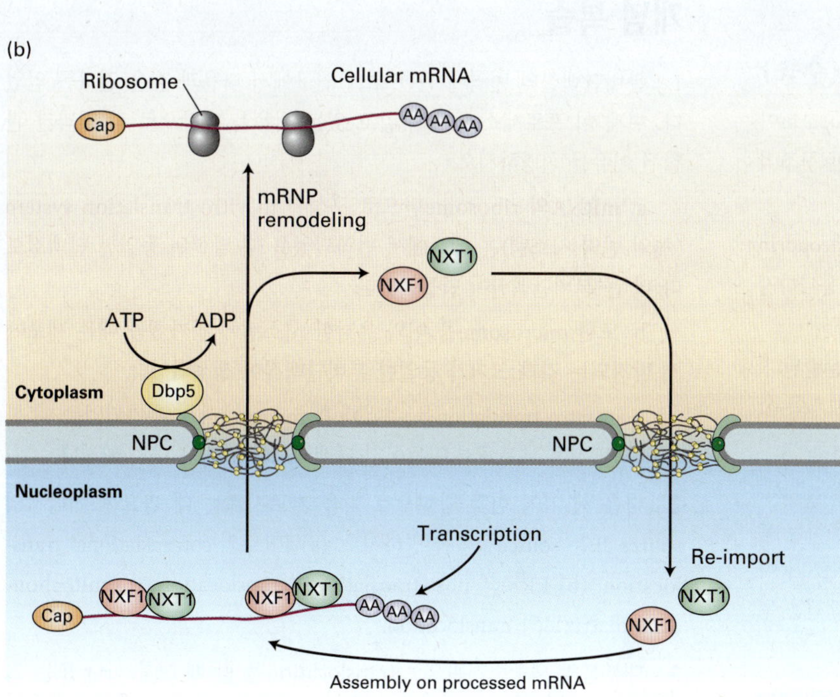

그림 13-36 Ran-dependent 및 Ran-independent nuclear export. (a) Leucine-rich nuclear export signal (NES)을 갖고 있는 cargo 단백질의 Ran-dependent nuclear export 메커니즘. Nucleoplasm (*아래*)에서, 단백질 exportin 1은 운반될 cargo 단백질의 NES와 Ran·GTP에 협력적으로 결합한다. 이렇게 만들어진 cargo 복합체는 FG-nucleoporin의 FG-repeat와 일시적인 상호작용으로 NPC를 통해 확산된 후, NPC 세포질 쪽 filament에 붙어 있는 GAP에 의해 Ran으로 하여금 Ran·GTP를 Ran·GDP로 바꾸게 하는 GTP를 가수분해하도록 한다. 이렇게 됨으로 Ran의 구조가 바뀌게 되고 복합체가 분리된다. NES를 포함하는 cargo 단백질은 세포질로 방출되는 반면, exportin 1과 Ran·GDP는 NPC를 통해 핵으로 다시 운반된다. Nucleoplasm에서 Ran-GEF는 Ran·GDP를 Ran·GTP로 바꾼다. (b) mRNA의 Ran-independent nuclear export. Heterodimeric NXF1/NXT1 복합체는 핵에서 mRNA-protein complexes (mRNPs)에 결합한다. NXF1/NXT1은 nuclear transport receptor로 작용하며 FG-nucleoporin과 일시적인 상호작용을 통해 함께 붙어 있는 mRNP를 NPC의 중심 채널로 유도한다. NPC의 세포질 쪽에 위치한 RNA helicase (Dbp5)는 ATP 가수분해로 작동되는 반응으로 NXF1과 NXT1을 mRNA에서 제거한다. Free NXF1 및 NXT1 단백질은 그림 13-35에 표시된 Ran-dependent import process에 의해 핵으로 다시 들어가 재사용된다.

데, *nuclear export factor 1* (*NXF1*)이라고 불리는 큰 subunit 및 *export transporter 1* (*NXT1*)이라고 불리는 작은 subunit로 구성된 heterodimer 단백질이다. 전사가 진행되고, pre-mRNA가 processing되는 동안 만들어지고 있는 pre-mRNA에 mRNP adapter 단백질들이 붙으며, 이들과 RNA와의 협력적 상호작용을 통해 핵에 있는 mRNP에 여러 개의 NXF1/NXT1 dimer가 붙는다. NXF1/NXT1 dimer는 mRNA가 적절하고 완전하게 될 때까지 mRNP에 붙지 않기 때문에, 이 과정은 mRNA가 export될 때 품질 관리도 함께 한다. 일단 NXF1/NXT1이 mRNP에 붙게 되면, NXF1/NXT1의 subunit들은 여러 가지 면에서 NLS 또는 NES에 결합하는 nuclear transport receptor처럼 작동하는데, 왜냐하면 NXF1과 NXT1 모두 FG-nucleoporin의 FG-repeat와 상호작용해서 NPC의 중앙 채널을 통해 확산될 수 있기 때문이다.

mRNP export 과정은 Ran을 필요로 하지 않는다. 따라서 핵에서 mRNA를 한쪽 방향으로 운반하기 위해서는 Ran에 의한 GTP 가수분해 이외의 에너지원이 필요하다. mRNP-NXF1/NXT1 복합체가 세포질 쪽 NPC에 도달하면, 세포질 쪽 NPC filament에 붙어 있는 RNA helicase인 Dbp5의 도움으로 mRNP의 NXF1와 NXT1이 mRNP로부터 분리된다. RNA helicase는 ATP의 가수분해로부터 얻게 된 에너지를 사용하여 RNA 분자를 따라 이동하고, double-stranded RNA 사슬을 분리하며, RNA-단백질 복합체를 분리한다는 점을 상기하자(5장 참조). 이것은 핵공 복합체의 세포질 쪽에 있는 Dpb5가 세포질 쪽 NPC로 나오게 되는 mRNA 복합체로부터 NXF1/NXT1을 제거하기 위한 ATP motor로 작동할 수 있다는 간단한 아이디어를 제공한다. 세포질로 나와 NXF1/NXT1이 제거된 mRNP는 FG-repeat nucleoporin과 상호작용할 능력이 없다. 따라서 NPC를 통과하고 있는 mRNP는 핵으로 다시 돌아갈 수 없다. Dbp5 helicase에 의해 NXF1/NXT1이 에너지를 써가면서 제거되기 때문에 mRNP가 세포질 쪽으로 점진적으로 들어가는 것이다. mRNP에서 제거된 free NXF1와 NXT1 subunit은 Ran과 nuclear transport receptor에 의해 핵으로 다시 들어간다(그림 13-36b).

13.6절의 주요 개념

Nucleus (핵) 내부와 외부로의 Transport (수송)

- 핵막에는 수많은 핵공 복합체(NPC)가 있으며, 이는 *nucleoporin*이라고 불리는 30개의 서로 다른 단백질로 구성된 크고 복잡한 구조이다(그림 13-32 참조).
- 짧은 소수성 서열(FG-repeat)이 여러 번 반복하는 FG-nucleoporin이 작은 분자는 통과할 수 있지만, 40 kDa보다 큰 고분자는 통과하지 못하게 하는 gel-like matrix로 중심 transporter 채널을 채운다.
- 핵공을 통한 모든 큰 단백질과 RNA가 능동수송에 의해 운반된다. 이 과정은 FG-nucleoporin의 FG-repeat와 운반되는 분자 모두와 상호작용하는 nuclear transport receptor의 도움을 필요로 한다.
- 핵으로 들어오거나 핵에서 내보내는 단백질은 nuclear-localization signal (NLS) 또는 nuclear-export signal (NES)로 작용하는 특정 아미노산 서열을 갖고 있다. 핵에만 존재하는 단백질은 NES가 아닌 NLS를 갖고 있는 반면, 핵과 세포질 사이를 왕복하는 단백질은 두 signal을 모두 갖고 있다.
- NES와 NLS의 몇 가지 다른 유형이 확인되었다. Nuclear-transport signal의 각 유형은 같은 단백질 계열에 속하는 특정 nuclear transport receptor와 상호작용하는 것으로 생각된다.
- NES 또는 NLS를 포함하는 cargo 단백질은 각 signal을 담당하는 nuclear transport receptor에 결합되어 핵공을 통해 translocate된다. Nuclear transport receptor와 FG-repeat 사이의 일시적인 상호작용은 nuclear transport receptor–cargo 복합체가 FG-repeat의 소수성 matrix로 채워진 NPC의 중심 채널을 통해서 매우 빠르게 확산되게 한다.
- 핵공을 통한 단백질 export와 import가 한쪽 방향으로 이동된다는 특성은 GTP 또는 GDP에 결합되었을 때 다른 구조로 존재하는 monomeric G protein인 Ran이 참여하기 때문이다. Ran guanine nucleotide exchange factor (Ran-GEF)는 핵에 위치해 있고, Ran GTPase-activating protein (Ran-GAP)은 세포질에 위치하기 때문에, nucleoplasm에서는 Ran·GTP의 농도가 높고 세포질에서는 Ran·GDP의 농도가 높은 농도 기울기가 만들어진다. Nucleoplasm에서 Ran·GTP와 cargo 복합체가 상호작용하게 되면 복합체의 분리를 유발하여 cargo를 nucleoplasm에 방출시킨다(그림 13-35 참조). 반면에 export cargo 복합체의 조립은 nucleoplasm에서 Ran·GTP와의 상호작용에 의해 이루어진다(그림 13-36 참조).
- 대부분의 mRNP는 nucleoplasm에서 FG-repeat와 상호작용하는 heterodimeric mRNP exporter에 결합하여 핵에서 방출된다. 운반 방향(핵에서 세포질로)은 transport 복합체가 세포질에 도달하면 heterodimeric mRNP exporter를 제거하는 RNA helicase의 작용에서 비롯된다. RNA helicase는 NPC의 세포질 filament에 붙어 있다.

개념 복습

1. 분비단백질의 번역에 관한 초기 연구에서 다음과 같은 결과를 얻었다. 현재 이 프로세스에 대해 알고 있는 내용을 바탕으로 각 결과가 관찰된 이유를 설명하시오.

   a. mRNA와 ribosome만으로 구성된 in vitro translation system(체외 번역 시스템)은 세포에서 번역되었을 때 발현된 동일한 단백질보다 더 큰 분비단백질이 만들어졌다.

   b. 또한 microsome을 이와 유사한 시스템에 첨가했을 때는 세포에서 발견되는 것과 크기가 동일한 분비단백질이 생성되었다.

   c. in vitro translation을 수행한 후 microsome이 추가되었을 때 합성된 단백질은 세포에서 만들어진 단백질보다 크기가 다시 커졌다.

2. 다음 세 가지 한쪽 방향으로 막을 가로지르는 데 필요한 에너지의 source 또는 source들을 설명하시오. (a) ER로의 cotranslational translocation; (b) ER로의 post-translational translocation; (c) mitochondrial matrix로의 translocation.

3. 대부분의 세포소기관으로 translocation을 할 때 보통 하나 또는 그 이상의 세포질 단백질이 필요하다. ER, 미토콘드리아 및 퍼옥시좀으로 translocation할 때 필요한 세 가지 세포질 인자의 기본 기능을 설명하시오.

4. 단백질 내에서 topogenic sequence를 식별하기 위해 사용되는 원리와 이러한 원리가 컴퓨터 알고리즘을 개발하기 위해 어떻게 사용될 수 있는지 설명하시오. Topogenic sequence의 식별이 어떻게 multipass 단백질의 막에서의 배열을 예측할 수 있게 하는가? Signal-anchor sequence의 membrane에서의 방향과 관련하여 양전하 배열의 중요성은 무엇인가?

5. ER에서 misfold된 단백질이 많아지면 unfolded-protein response (UPR) 및 ER-associated degradation (ERAD) pathway가 활성화될 수 있다. UPR은 어떤 종류의 유전자의 발현을 변화시킴으로써 unfold된 단백질의 양을 감소시키는가? ERAD가 misfold된 단백질을 식별할 수 있는 한 가지 방법은 무엇인가? 이렇게 misfold된 단백질이 세포질로 dislocation되는 것은 왜 필요한가?

6. *N*-linked glycosylation를 위한 dolichol-linked oligosaccharide precursor가 합성될 때 각각의 효소 단계를 차단하는 temperature-sensitive yeast 돌연변이가 분리되었다. Dolichol-PP-$(GlcNAc)_2Man_5$ 구조를 가진 intermediate의 합성을 차단하는 돌연변이는 분비단백질에 *N*-linked oligosaccharide 사슬의 첨가를 완전히 막는 반면, 이 intermediate가 완성된 precursor—Dolichol-PP-$(GlcNAc)_2Man_9Glc_3$—로 만들어지는 것을 차단하는 돌연변이는 왜 *N*-linked oligosaccharide 사슬이 분비 당단백질로 첨가가 가능한지를 설명하시오.

7. ER의 lumen에서 분비단백질의 modification이나 folding을 촉진하는 네 가지 단백질은 무엇인가? 이 단백질들 중 어떤 것이 substrate 단백질을 covalently (공유적으로) 수정하고 substrate 단백질의 구조적 변화만을 초래하는가?

8. 아래 적시한 미토콘드리아 돌연변이에서 미토콘드리아 matrix 단백질의 precursor에 어떤 일이 일어날지를 설명하시오; (a) Tom22 signal receptor 돌연변이; (b) Tom70 signal receptor 돌연변이; (c) matrix Hsp70 돌연변이; 그리고 (d) matrix signal peptidase 돌연변이

9. 미토콘드리아 matrix와 엽록체 stroma로 import되는 메커니즘의 유사점과 차이점을 설명하시오.

10. 미토콘드리아 precursor 단백질이 dihydrofolate reductase (DHFR)에 융합된 chimeric 단백질로 구성된 일련의 실험을 설계하시오, 이 실험은 matrix-processing protease가 matrix-targeting sequence를 자르기 위해 precursor 단백질이 mitochondrial matrix로 얼마만큼 들어가야 하는지를 결정하는 데 사용될 수 있는 실험이다.

11. 퍼옥시좀은 다양한 기질을 산화시키기 위해 산소를 사용하는 효소를 갖고 있지만, 그 과정에서 DNA와 단백질을 손상시킬 수 있는 화합물인 과산화수소가 형성된다. 과산화수소를 물로 분해하는 효소의 이름은 무엇인가? 퍼옥시좀으로 이 단백질을 가져오는 메커니즘은 무엇이며, 어떤 다른 단백질이 관여되어 있는가?

12. 작동 가능한 퍼옥시좀이 결핍된 새로운 돌연변이 세포주를 확인했다고 가정해 보자. 돌연변이가 퍼옥시좀의 membrane protein 또는 matrix 단백질의 삽입 또는 조립 중 주로 어디에 결함이 있는지 실험적으로 밝힐 수 있는 방법을 설명하시오.

13. 40 kDa보다 큰 단백질이 핵으로 import될 때 어떤 아미노산 서열을 필요로 하는가? 핵으로의 import 메커니즘을 설명하시오. nuclear transport receptor는 핵공 복합체를 어떻게 통과할 수 있을까?

14. 세포질에서는 Ran-GAP이, 핵에서는 Ran-GEF가 존재하는 것이 NES를 갖고 있는 cargo 단백질의 한쪽 방향 수송에 왜 필요한가?

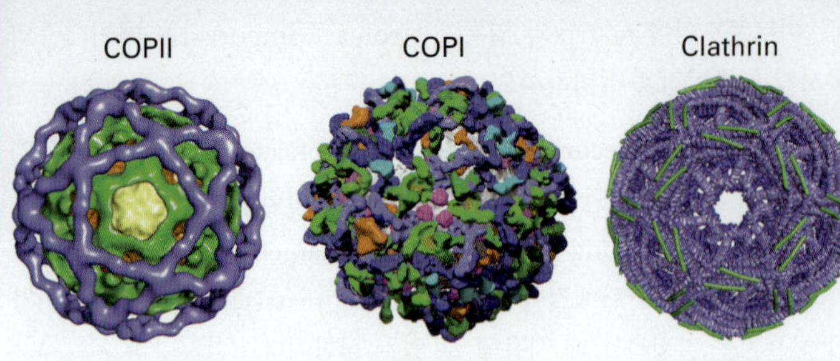

세 가지 유형의 transport vesicle이 갖고 있는 coat 단백질 복합체의 구조 모델. Coat 복합체는 vesicle 막의 곡률을 만들고, vesicle에 담겨질 화물 단백질을 선택하는 역할을 한다. [Courtesy of Svetlana Dodonova and John Briggs. Data from A. J. Noble and S. M. Stagg, 2015, *Science* **349**(6244):142–143; https://doi.org/10.1126/science.aac6537.]

CHAPTER 14

소포의 이동, 분비 그리고 세포 내입 (Vesicular Traffic, Secretion, and Endocytosis)

OUTLINE

이전 장에서 단백질이 어떻게 소포체(ER), 미토콘드리아, 엽록체, 퍼옥시좀, 핵을 포함한 서로 다른 세포내 세포소기관으로 target되고 막을 통과하여 translocation 되는지를 설명하였다. 이 장에서 우리는 세포에서 단백질이 분비되게 하는, 또는 plasma membrane (세포막)과 lysosome으로 단백질이 전달되게 하는 vesicular traffic 메커니즘과 **secretory pathway (분비 경로)**를 설명한다. 우리는 또한 세포 외부에서 단백질과 작은 분자를 전달하는 endocytosis, 또는 세포 내부에서 분해를 위해 lysosome으로 세포소기관, 단백질, 작은 분자를 전달하는 autophagy와 관련된 과정에 대해 설명할 것이다.

분비 경로는 처음에 인슐린 또는 소화효소와 같은 다량의 단백질을 생성하고 세포 외부에 분비하도록 특화된 secretory cell (분비 세포)에서 연구되었기 때문에 그렇게 명명되었다. 나중에 단백질이 세포 밖으로 분비될 때 사용되는 동일한 경로로 소포체(ER)에서 세포 표면으로 거의 모든 새로 합성된 membrane lipid (막 지질)와 membrane protein (막 단백질)이 전달된다는 것이 밝혀졌다. 세포막으로 전달되는 새로 합성된 막 단백질에는 cell-surface receptor (세포 표면 수용체), 영양소 흡수를 위한 transporter, 그리고 세포막을 가로질러 적절한 이온 및 electrochemical (전기화학적) 균형을 유지하는 ion channel이 포함된다. 수용성 분비단백질은 세포 표면까지 secretory pathway를 따라 전달되지만, 세포막에 박히는 대신 수용성 세포 외 환경으로 방출된다. 분비된 단백질의 예로는 소화효소, peptide 호르몬, 혈청 단백질, 콜라겐 등이 있다.

ER, Golgi, endosome 및 lysosome 등 분비 경로에 있는 세포소기관들은 각각에 특정 세트의 수용성 및 막 단백질들이 분포되어 있다. 13장에서 보았듯이, ER은 분비 경로로 들어가는 모든 단백질이 합성되고 구조를 잡는 부위이다. 이 장에서는 Golgi의 주요 기능인 분비단백질에 붙어 있는 탄수화물 변형에 대해 설명할 것이다. Golgi는 endosome과 함께 최종 목적지인 세포막 또는 lysosome으로 단백질을 분배하는 주요 허브이다. 4장에서 설명한 것처럼, lysosome은 단백질이 분해되고 아미노산과 같은 작은 분자의 저장에 사용되는 산성 내부를 가진 세포소기관이다. 따라서, lysosome 막에 전달되는 단백질의 종류에는 세포질로부터 H^+를 lysosome의 산성 lumen으로 펌프질하는 V-class proton pump의 subunit과 lysosome에 저장된 작은 분자를 세포질로 방출하는 transporter가 있다. 이 경로에 의해 전달되는 수용성 단백질은 protease, glycosidase, phosphatase, 그리고 lipase와 같은 lysosome digestive enzyme들이 있다.

분명히 복잡한 과정이지만, 단지 반복적으로 두 가지 메커니즘이 기계적으로 작동되어 분비 경로가 구성되고 운영되고 있다는 것을 알 수 있다. 첫 번째 메커니즘은 다음과 같다. 막으로 둘러싸인 한 구획에 존재하는 막 단백질과 수용성 단백질이 다른 구획으로 수송되는 것은 한 구획의 막에서 발생하는 bud (싹이 트는 것과 같은 모양이어서 bud라고 함)에 *cargo protein* (화물 단백질)을 coated **transport vesicle (수송 소낭)**로 수집하고, 다음 구획의 막과 융합하여 이 화물 단백질들을 전달하는 coated transport vesicle에 의해 매개된다는 것이다. 곧 알게 되겠지만, 서로 다른 종류의 vesicle들이 분비 경로의 각 단계를 담당할지라도, donor 막에서 coated vesicle이 bud되는 기본 메커니즘과 적절한 target 막과 융합되는 과정은 vesicle의 유형에 관계없이 매우 유사하다. 중요한 것은, transport vesicle들이 한 막에서 bud되고 다음 막과 융합할 때, vesicle 막의 바깥 면은 항상 세포질을 향하고 있다. 따라서 일단 단백질이 ER의 막에 삽입되거나 또는 lumen에 들어가게 되면, 그 단백질들이 분비 경로를 따라 운반되어 다른 organelle (소기관)과 융합되어도 막에 삽입된 방향이 바뀌지 않고 내용물이 한 소기관에서 다음 소기관으로 이동하게 된다.

두 번째로 반복되는 메커니즘은 분비 경로에 있는 각각의 소기관들이 targeted transport vesicle 융합에 의해 전달되는 새로운 화물 단백질들을 받아들이지만, donor 소기관으로부터 transport vesicle이 bud될 때 담겨진 donor 소기관 단백질들을 되돌려준다는 것이다. Transport vesicle은 특정 단백질 subset 만을 수집하고 전달하기 때문에, 각 소기관 사이에서 일어나는 vesicular trafficking 결과에 의해 각 소기관의 구성이 이루어지고, 이에 따라서 정체성을 갖게 되는 것이다.

세포막의 구성은 두 가지 경로에 의해 결정된다. 첫 번째는 분비 경로에 의한 세포막으로 vesicle이 transport되어 단백질과 막을 공급하는 것과 두 번째는 **endocytic pathway**를 통해 단백질과 막을 제거하여 균형을 이루는 것이다(그림 14-1). Secretory vesicle에 의한 단백질의 선택적 전달과 endocytic vesicle에 의한 단백질의 선택적 제거 모두 조절되며, 환경적 또는 발달 과정 중의 신호에 반응해서 세포막의 단백질 구성을 조절할 수 있다. 또한, endocytic pathway는 11장에서 논의된 여러 transport mechanism 가운데 하나에 의해 세포막을 가로질러 운반되기에는 너무 큰 특정 nutrient를 섭취하는 데 사용된다. 예를 들어, endocytic pathway는 LDL particle로 운반되는 콜레스테롤의 흡수

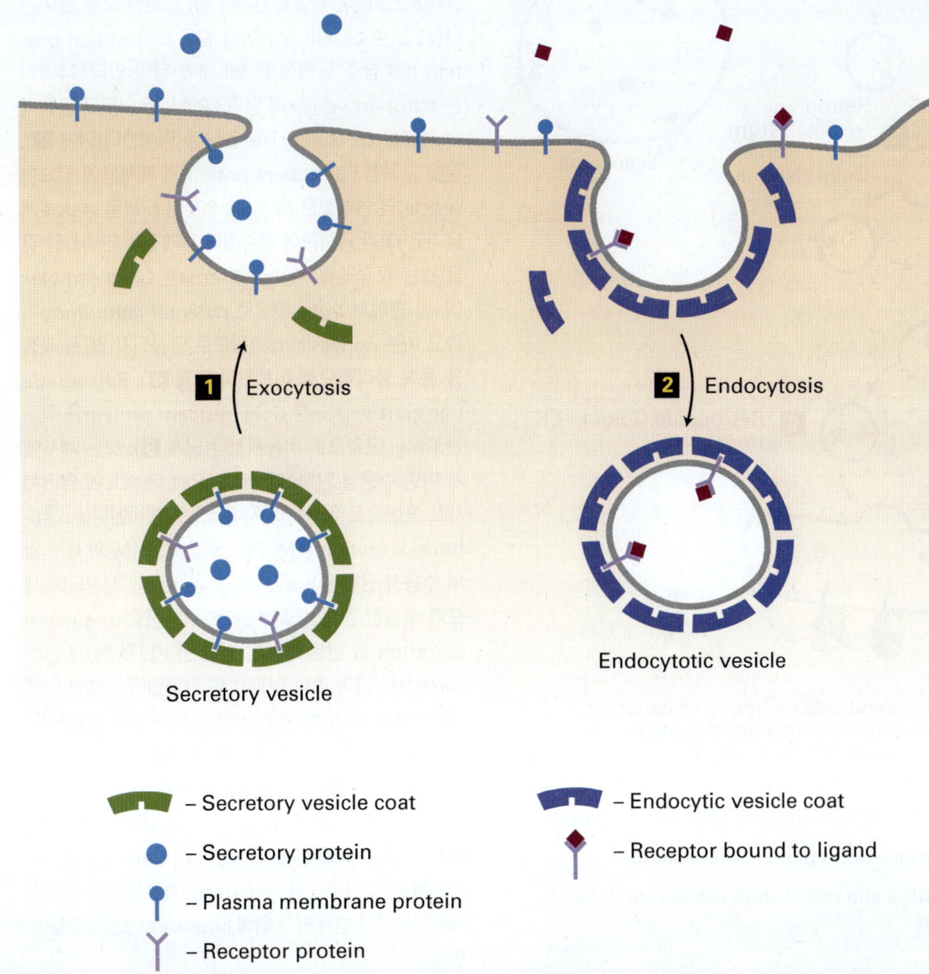

그림 14-1 Vesicle trafficking의 기본 원리는 세포막 구성을 결정한다. **1**: 막과 단백질은 Golgi complex로부터 bud된 coated vesicle의 exocytosis에 의해 세포막으로 전달된다. Vesicle에 담긴 단백질의 종류는 vesicle coat 단백질과의 상호작용에 의해 결정된다. 막 단백질은 막에서 그 orientation이 바뀌지 않고 보존되어 있으며, vesicle 내부로 향한 domain은 궁극적으로 세포막에서 세포 바깥쪽을 향한다. 이에 따라 vesicle 내부에 있는 수용성 단백질은 세포 바깥쪽으로 방출된다. **2**: 단백질과 막은 세포막에서 세포질로 coated vesicle을 bud하는 endocytosis 과정에 의해 세포막에서 제거된다. 이 예에서는 receptor 막 단백질이 리간드에 결합할 때만 endocytic vesicle에 담긴다. 세포막의 전체 구성은 exocytic vesicle에 의해 선택적으로 전달되는 단백질과 endocytic vesicle에 의해 제거되는 단백질 사이의 균형에 의해 제어된다.

에 사용된다. 또한, endocytic pathway는 세포 표면에 있는 receptor 단백질의 활성을 낮추기 위해 제거하는 데 사용될 수 있다.

Balance를 이루는 분비 경로와 endocytic pathway를 형성하기 위한 vesicle trafficking step의 전체적인 구성은 그림 14-2에 요약되어 있다. 분비 경로의 첫 번째 단계는 rough ER에서 일어난다(그림 14-2, 단계 **1**). 13장에서 설명한 바와 같이, 새로 합성되는 수용성 단백질과 막 단백질은 ER로 이동되어 적절한 형태로 구조를 잡고 *N*-linked 및 *O*-linked carbohydrate 그리고 disulfide bond와 같은 covalent modification이 일어난다. ER lumen에서 올바르게 구조가 잡히고, modification이 되면, 새로 합성된 단백질은 분비 경로의 두 번째 단계로 들어

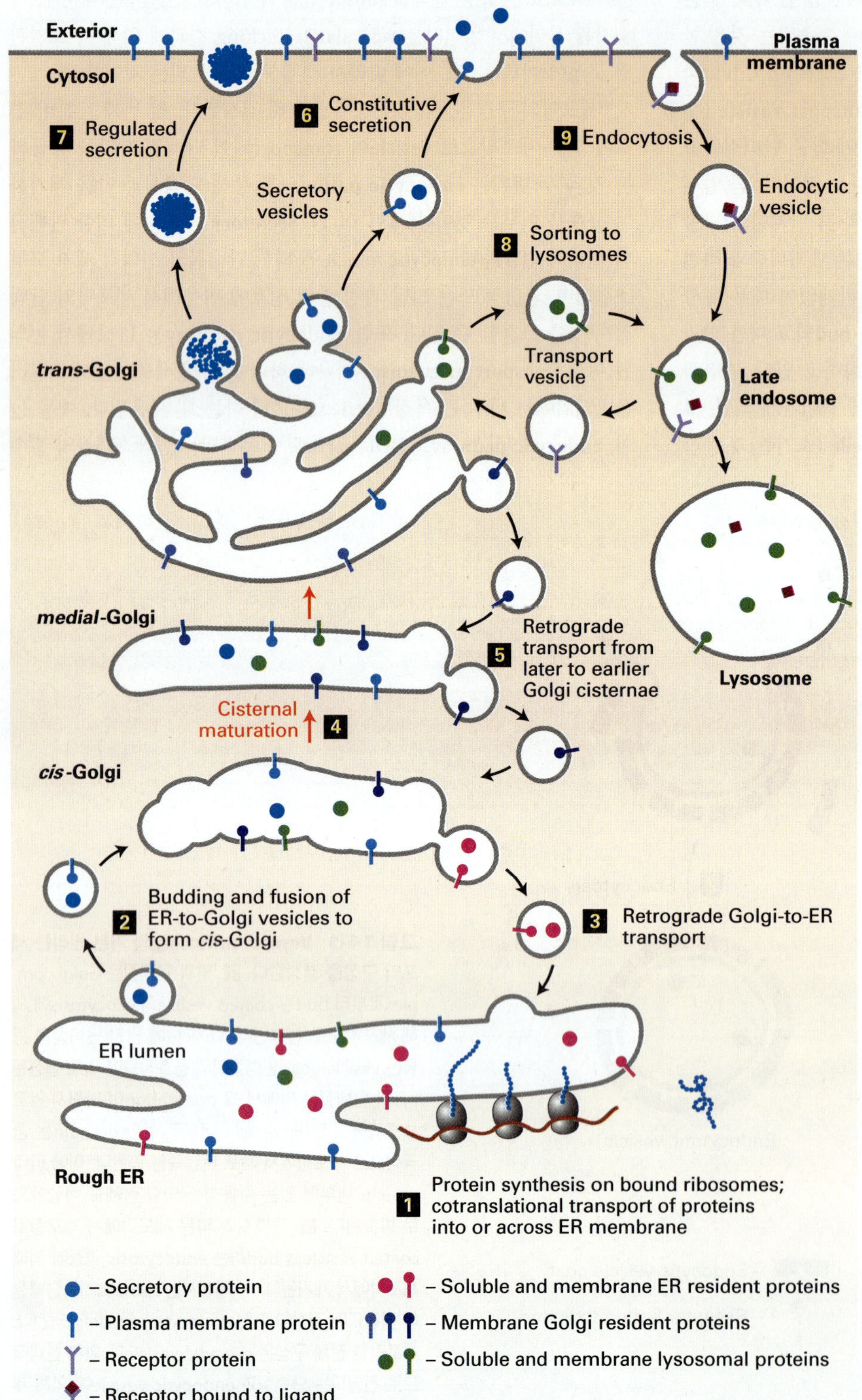

그림 14-2 단백질 sorting의 분비 경로와 endocytic pathway에 대한 개요. *분비 경로*: ER signal sequence를 갖고 있는 단백질의 합성은 rough ER에서 완료되고(단계 **1**), 새로 만들어지는 polypeptide chain은 ER 막에 삽입되거나 ER lumen으로 들어간다(13장 참조). BiP 및 PDI와 같은 ER resident protein (ER 상주 단백질)은 ER 내에 남아 있다. 나머지는 transport vesicle에 담겨 ER에서 bud되고 융합하여 새로운 *cis*-Golgi cisternae를 형성한다(단계 **2**). 잘못 담겨진 ER-resident protein과 재사용에 필요한 vesicle 막 단백질은 *cis*-Golgi로부터 bud된 vesicle에 담기고 ER과 융합하여 회수된다(단계 **3**). 단백질을 갖고 있는 각각의 *cis*-Golgi cisterna는 Golgi complex의 *cis* 면에서 *trans* 면으로 *cisternal maturation*이라고 하는 nonvesicular (관으로 연결되지 않은) 과정을 통해 물리적으로 이동한다(단계 **4**). Retrograde transport vesicle은 Golgi-resident protein을 적절한 Golgi 구획으로 이동시킨다(단계 **5**). 모든 세포에서 어떤 수용성 단백질은 transport vesicle에 담겨서 세포 표면으로 이동하여 지속적으로 분비된다(constitutive secretion)(단계 **6**). 특정 세포 유형에서는 일부 수용성 단백질이 secretory vesicle에 저장되며 세포가 적절한 신경 신호 또는 호르몬 신호 (regulated secretion)를 받은 후에만 방출된다(단계 **7**). Lysosome으로 가야 하는 파괴된 막 단백질과 수용성 단백질은 *trans*-Golgi에서 bud된 소포를 통해 운반되며, 먼저 late endosome으로 이동한 다음 lysosome으로 이동한다(단계 **8**). *Endocytic pathway*: 리간드에 결합된 receptor 단백질과 같은 세포막 단백질은 세포막에서 bud된 vesicle에 담겨(단계 **9**) endosome으로 이동하는데, 그곳에서 receptor는 세포막으로 돌아가 재사용되거나 분해되기 위해 lysosome으로 전달될 수 있다.

간다: Golgi complex로 운반되고, Golgi complex를 통과하는 단계.

ER로부터 Golgi로의 화물 단백질의 수송은 **anterograde** (forward-moving) transport vesicle을 통해 일어난다(그림 14-2, 단계 **2**). 이 vesicle들은 서로 융합되어 *cis-Golgi network* 또는 *cis*-Golgi **cisterna** ("cistern"은 물 또는 다른 용액을 담기 위한 용기를 의미함)로 알려진 납작한 막으로 이루어진 구획을 형성한다. 주로 ER에서 기능하는 특정 단백질은 *cis*-Golgi cisterna에서 회수되며, 이때 **retrograde** (backward-moving) transport vesicle 세트를 통해 ER로 돌아올 수 있다(단계 **3**). Assembly line을 연상시키는 방식으로, 화물 단백질과 함께, 새로운 *cis*-Golgi cisterna는 cis position (ER에서 가장 가까운 위치)에서 trans position (ER에서 가장 먼 위치)로 물리적으로 이동한다. 즉, *cis*-Golgi cisterna는 *medial*-Golgi cisterna가 되고, *trans*-Golgi cisterna가 된다(단계 **4**). **Cisternal maturation**으로 알려진 이 과정은 주로 retrograde transport vesicle 관여하는데(단계 **5**), 이는 효소 및 기타 Golgi-resident 단백질을 나중에 만들어진 Golgi에서 바로 이전에 만들어진 Golgi로 되돌려 보내는 것을 의미한다. 즉, *cis*-Golgi cisternae는 *medial*-Golgi cisternae로, *medial*-Golgi cisternae는 *trans*-Golgi cisternae로 변하게 되는 것이다. 분비단백질이 Golgi를 통해 이동함에 따라, 이에 연결된 탄수화물은 각각의 다른 Golgi 구획에 존재하는 특정 glycosyltransferase에 의해 더욱 변형될 수 있다.

Golgi에 있는 단백질은 결국 ***trans*-Golgi network**라고 불리는 막과 vesicle로 이루어진 복잡한 네트워크로 전달된다. *trans*-Golgi network는 분비 경로의 주요 분기점이다. 이 단계에서 단백질은 각기 다른 종류의 vesicle에 적재되어 각각 다른 목적지로 운반된다. 단백질이 어떤 종류의 vesicle로 적재되느냐에 따라 세포막으로 운반되어 즉시 분비되거나, 나중에 분비되기 위해 저장되거나, lysosome으로 운송된다(단계 **6**–**8**). Vesicle이 세포막으로 이동하여 융합하고 내용물을 방출하는 과정을 **exocytosis**라고 한다. 모든 세포 유형에서, 적어도 일부 단백질은 지속적으로 분비(이 과정을 **constitutive secretion**이라고 한다)되는 반면, 다른 단백질은 exocytosis를 하라는 신호가 올 때까지 세포 내부에 *secretory granule*로 알려진 특수한 vesicle에 저장된다(**regulated secretion**). Lysosome으로 가야 하는 분비단백질은 먼저 *trans*-Golgi network로부터 만들어진 vesicle에 담겨 **late endosome**이라고 불리는 구획으로 수송된다; late endosome과 lysosome의 막이 직접 융합하여 단백질이 lysosome으로 전달된다.

이 장에서는 분비 경로와 endocytosis를 이해하게 한 실험 기술에 대해 먼저 설명할 것이다. 그런 다음, 막의 budding과 융합에 대한 일반적인 메커니즘에 설명할 것이다. 서로 다른 종류의 transport vesicle들이 형성되고 융합하기 위해 별개의 단백질 세트를 사용하지만, 모든 vesicle들은 budding, 화물 분자의 선택, 적절하게 target 막과 융합하기 위해 동일한 일반적인 메커니즘을 사용한다는 것을 우리는 알게 될 것이다. 이 장의 나머지 부분에서는 어떻게 서로 다른 목적지로 선택되어 targeting되는지와 분비 경로의 초기 및 후기 단계에 대해 설명할 것이다. 또한 단백질들이 endocytic pathway에 의해 어떻게 lysosome으로 운반되는지에 대해 설명할 것이다.

14.1 분비 경로를 연구하기 위한 테크닉

단백질이 분비 경로에 참여하는 소기관을 통해 어떻게 운반되는지를 이해하는 중요한 포인트는 transport vesicle의 기능과 그들이 어떻게 특정 화물 분자를 골라 받아들이는지 그 메커니즘을 이해하는 것이다. Transport vesicle의 형성과 융합에 필요한 많은 구성 요소들은 이 절에서 설명할 유전적, 생화학적 접근 방법을 통합하여 확인되었다. 세포내 trafficking 연구는 어떤 단백질이 한 구역에서 다른 구역으로 이동하는 것을 분석하는 것이다. 살아있는 세포를 사용하여 세포내 단백질 수송이 어떤 경로를 따라 일어나는지를 우선 설명할 것이고, 분비 경로를 밝히는 데 유용한 것으로 입증된 유전 및 *in vitro* 시스템을 설명할 것이다.

분비 경로를 통해 일어나는 단백질의 수송은 살아있는 세포를 사용하여 분석할 수 있다

George Palade와 그의 동료들이 1960년대에 수행한 고전적인 연구를 통해 분비 경로에서 단백질이 한 소기관에서 다음 소기관으로 이동하는 순서를 처음으로 알게 되었다(Classic Experiment 14-1 참조). 이러한 초기 연구에서, 분비단백질이 세포질로 방출되지 않는다는 것을 보여주었다. 이는 수송되는 단백질은 언제나 어떤 유형의 막으로 이루어진 intermediate와 함께하고 있다는 첫 번째 암시이다. 이 실험에서, 방사능으로 표지된 아미노산을 햄스터의 췌장에 주입했고, 이 방법을 통해 표지된 아미노산을 갖고 있는 새로 합성된 단백질이 세포 표면으로 가는 과정을 추적할 수 있었다. 주사 후 각기 다른 시간에 햄스터로부터 췌장 세포를 얻은 즉시 glutaraldehyde로 췌장 세포를 고정하고 박편을 만든 후, autoradiography (방사능 사진 촬영)를 통해 방사선 표지 단백질의 위치를 관찰하였다. 방사성 아미노산이 짧은 시간(pulse) 투여되었기 때문에, 주입 후 바로 합성된 단백질만이 방사능으로 표지되었고, 수송의 경로를 따라갈 수 있게 표지된 단백질이 뚜렷한 형상을 형성하였다. 또한, 췌장 acinar cell은 분비에 특화된 세포이기 때문에, 이 세포에서 표지에 사용된 거의 모든 아미노산은 분비단백질로 합성되어 표지되고, 따라서 운반되는 단백질을 관찰하기가 용이했다.

비록 autoradiography는 오늘날 세포 내에서 단백질을 위치를 확인하기 위해 거의 사용되지 않지만, 이러한 초기 실험은 구획 간 이동을 분석하기 위해서는 기본적으로 두 가지 중요한 사항이 담보되어야 함을 알게 하였다. 첫째, 초기 구획의 단백질 집단을 표지한 후 시간이 지남에 따라 후속 구획으로 단백질이 이동할 수 있도록 해야 한다. 둘째, 표지된 단백질이 있는 구획을 식별하는 방법이 필요하다. 여기서 우리는 거의 모든 종류의 세포에서 분비단백질의 세포내 trafficking을 관찰하기 위한 두 가지 현대적인 실험 방법을 설명하겠다.

두 방법 모두 vesicular stomatitis virus (VSV)에 많이 존재하는 막에 있는 당단백질(G protein)을 암호화하는 유전자를 포유류 세포에 transfection하거나 간단하게 바이러스에 감염시킴으로써 배양된 포유류 세포로 들어가게 한다. Transfect된 세포는 VSV G 단백질을 효율적으로 생성하고, ER 막에 삽입된다. Temperature-sensitive VSV G 단백질을 암호화하는 돌연변이 유전자를 사용하면 연구원들은 이 단백질의 후속 수송이 가능하게 혹은 가능하지 못하게 할 수 있다. Restrictive temperature (제한 온도)인 40°C에서 새로 만들어지는 VSV G 단백질은 misfold 되어 13장에서 논의된 quality control 메커니즘에 의해 ER 내에 축적되어 ER을 못 떠나게 되는 반면, permissive temperature (허용 온도)인 32°C에서 단백질은 올바르게 구조를 잡고 세포 표면으로 분비 경로를 통해 운반된다. 중요한 것은, 온도에 민감한 VSV G 단백질이 구조 잡는 것은 가역적이기 때문에 돌연변이 VSV G 단백질을 합성하는 세포를 40°C에서 성장시킨 후 32°C로 바꿔 배양하면, ER에 축적되어 있던 구조를 잡지 못했던 돌연변이 VSV G 단백질은 정상적으로 다시 구조를 잡고서 운반될 것이다. 온도에 민감한 돌연변이를 효과적으로 사용하는 이 영리한 실험은 후속 수송될 수 있는 단백질 집단을 형성할 수 있다.

이 기본적인 실험 과정을 사용하여 다음 설명하는 두 가지 실험 방법에 의해 VSV G 단백질의 수송을 모니터링할 수 있다. 이 두 가지 현대적인 trafficking 분석 방법을 사용한 연구 결과는 Palade의 초기 연구와 동일한 결과를 보여준다: 포유류 세포에서 vesicle-mediated transport에 의해 단백질 분자가 합성되는 rough ER에서 세포막까지 도달하는 데 30분에서 60분이 걸린다.

GFP-Labeled VSV G Protein의 현미경 관찰 VSV G 단백질의 이동을 관찰하기 위한 한 가지 방법은 바이러스 유전자에 자연적으로 형광을 발하는 green fluorescent protein (GFP, 초록 형광 단백질)을 암호화하는 유전자와 융합되는 hybrid gene를 사용하는 것이다(4장 참조). Hybrid gene은 6장에서 설명한 방법으로 배양되는 세포에 transfection 한다. Temperature-sensitive한 hybrid protein (VSVG-GFP)을 발현하는 세포를 restrictive temperature (40°C)에서 배양하면 VSVG-GFP는 ER에 축적되는데, 이를 형광현미경으로 세포를 관찰하면 ER 막은 레이스 형의 network로 관찰된다. 이 세포를 permissive temperature (32°C)로 바꿔 배양하면, 먼저 VSVG-GFP는 핵의 가장자리에 밀집된 Golgi complex의 막으로 이동한 다음 세포 표면으로 이동하는 것을 관찰할 수 있다(그림 14-3a). 세포를 permissive temperature로 바꿔 배양한 후 서로 다른 시간에 VSVG-GFP의 분포를 관찰함으로써, VSVG-GFP가 분비 경로에 있는 각 소기관에 머무는 시간을 알 수 있다(그림 14-3b).

Compartment (구획)-Specific Oligosaccharide Modification의 탐지 분비단백질의 수송을 따라가는 두 번째 방법은 분비 경로를 거치는 동안 각 단계마다 일어나는 탄수화물 곁사슬의 변형을 이용하는 것이다. 이러한 방법을 이해하기 위해, ER을 떠나는 많은 분비단백질은 oligosaccharide *N*-linked oligosaccharide $Man_8(GlcNAc)_2$가 하나 이상 결합되어 있다는 사실을 기억해야 한다(그림 13-18 참조). 단백질이 Golgi complex를 통해 이동함에 따라, *cis*-, *medial*- 그리고 *trans*-Golgi cisternae에 위치하고 있는 서로 다른 효소들은 이 장의 뒷부분에 설명된 바와 같이, $Man_8(GlcNAc)_2$ 사슬을 순차적으로 변형한다. 예를 들어, 특히 *cis*-Golgi에 존재하는 glycosidase는 oligosaccharide로부터 mannose residue를 순차적으로 잘라내어 절단된 형태인 $Man_5(GlcNAc)_2$를 생성한다. 과학자들은 *N*-linked oligosaccharide의 trimming을 모니터링함으로써 *cis*-Golgi에 들어간 glycosylated VSV G 단백질과 ER에 남아 있는 VSV G 단백질을 구별할 수 있다. *Endoglycosidase D*로 알려진 carbohydrate-cleaving enzyme은 *N*-linked oligosaccharide

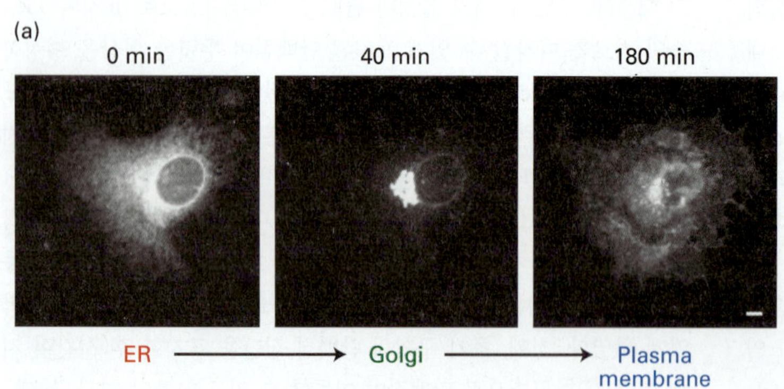

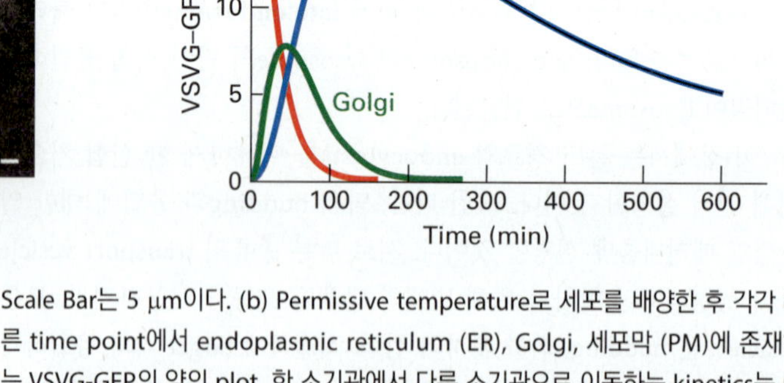

실험 그림 14-3 분비 경로를 통한 단백질 수송은 GFP-tagged 막 단백질을 생성하는 세포를 형광현미경으로 관찰하여 시각화할 수 있다. 배양 세포에 green fluorescent protein (GFP) 유전자를 바이러스 막 당단백질 VSV G를 암호화하는 유전자에 연결한 하이브리드 유전자를 transfect했다. Temperature-sensitive한 바이러스 유전자의 돌연변이 버전을 사용하여 새로 만든 하이브리드 단백질(VSVG-GFP)이 40°C에서는 ER을 못 떠나고 남아있지만 32°C에서 방출되었다. (a) 낮은 온도로 세포를 배양하기 직전과 이후 두 번의 time point에서 찍은 형광현미경 사진. ER에서 Golgi로 그리고 세포 표면으로 VSVG-GFP가 이동하는 데 180분 내에 발생했다. Scale Bar는 5 μm이다. (b) Permissive temperature로 세포를 배양한 후 각각 다른 time point에서 endoplasmic reticulum (ER), Golgi, 세포막 (PM)에 존재하는 VSVG-GFP의 양의 plot. 한 소기관에서 다른 소기관으로 이동하는 kinetics는 이러한 데이터를 사용한 컴퓨터 분석으로 재구성될 수 있다. 나중에 일어나는 총형광의 감소는 아마도 GFP 형광이 느리게 불활성화되기 때문인 것 같다. [Jennifer Lippincott-Schwartz and Koret Hirschberg, Metabolism Branch, National Institute of Child Health and Human Development.]

의 trimming을 gel electrophoresis에 의해 쉽게 감지할 수 있게 한다; endoglycosidase D는 단백질에 붙어 있는 trimmed *cis*-Golgi-specific oligosaccharide ($Man_5(GlcNAc)_2$)를 자르지만, ER에 있는 분비단백질의 untrimmed oligosaccharide chain ($Man_8(GlcNAc)_2$)은 자르지 못한다(그림 14-4a). Endoglycosidase D에 의해 생성된 deglycosylated VSV G protein은 잘려지지 않는 glycosylated 단백질보다 SDS gel에서 더 빠르게 이동하므로, 이들 단백질을 쉽게 구별할 수 있다(그림 14-4b).

이러한 유형의 실험은 방사성 아미노산으로 pulse-labeled된 바이러스에 감염된 세포를 사용하여 ER에서 *cis*-Golgi까지 VSV G 단백질의 이동을 추적하는 데 사용될 수 있다. 방사성 동위원소 처리 직후 표지된 VSV G 단백질은 여전히 ER에 존재하며, 이를 추출하여 endoglycosidase D를 처리하였을 때 *N*-linked oligosaccharide는 잘려지지 않는다. 그러나 시간이 지남에 따라, *cis*-Golgi에서 탄수화물이 trimming되어 endoglycosidase D에 의해 *N*-linked oligosaccharide가 잘려지는 당단백질의 비율이 증가한다. Oligosaccharide processing 결과 또는 VSVG-GFP의 형광현미경 관찰 결과를 분석한 결과, ER에서 Golgi로 VSV G 단백질이 이동하는 데 약 30분이 소요된다는 점을 주목하길 바란다(그림 14-4c). Later Golgi 구획에서 발생하는 특정 carbohydrate modification을 기초한 다양한 분석이 Golgi complex의 각 구획을 통과하는 VSV G 단백질의 이동을 측정하기 위해 개발되었다.

Yeast Mutant를 통해 Vesicular Transport의 주요 단계와 구성 요소가 밝혀졌다

분비 경로의 일반적인 구성과 vesicle trafficking에 필요한 많은 분자 구성 요소들은 모든 진핵 세포에서 유사하다. 이렇게 보존되어 있기 때문에 yeast를 이용한 유전자 연구는 vesicular traffic에 관여하는 많은 단백

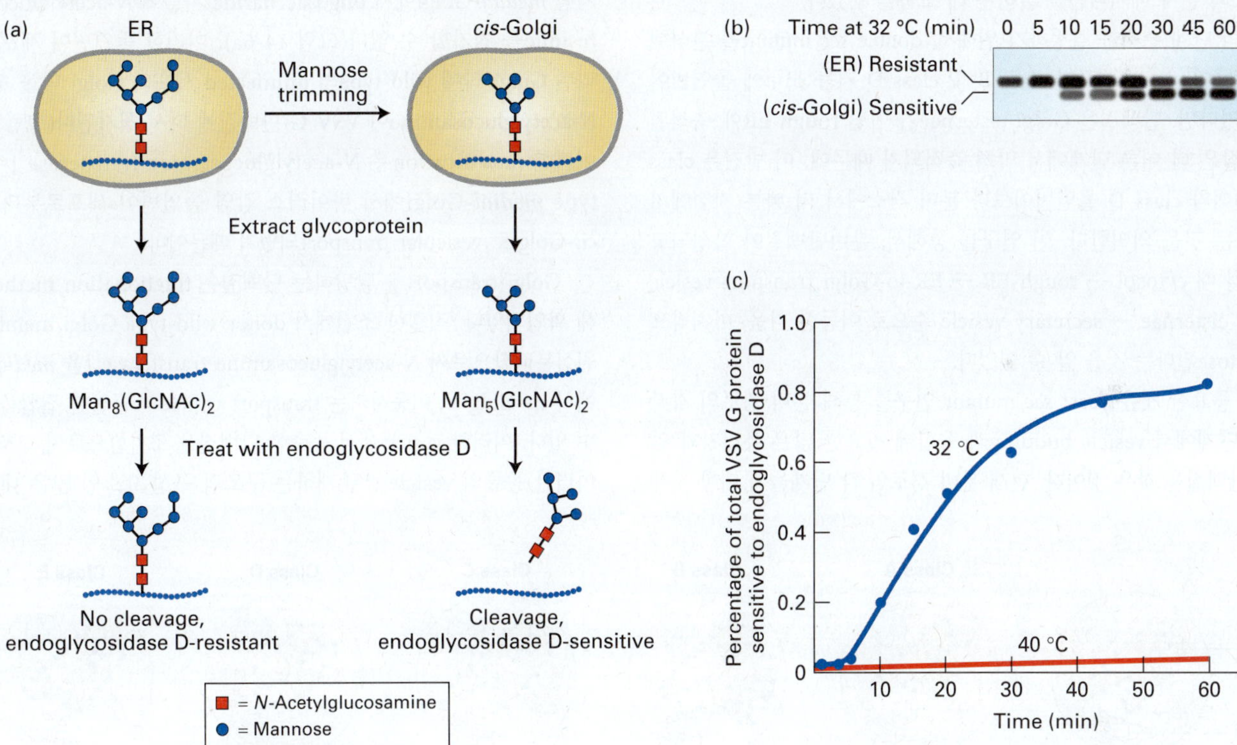

실험 그림 14-4 막에 있는 당단백질이 ER에서 Golgi로의 운반은 endoglycosidase D에 의한 절단 민감도에 기초하여 분석될 수 있다. Temperature-sensitive VSV G 단백질을 발현하는 세포를 nonpermissive temperature 조건에서 방사성 아미노산으로 pulse label하면 표지된 단백질이 ER에 남아있게 된다. Permissive temperature인 32°C로 옮겨 배양한 후, 각 time point에서 VSV G 단백질을 세포에서 추출하여 endoglycosidase D를 처리하였다. (a) 단백질이 ER로부터 *cis*-Golgi로 이동함에 따라, core oligosaccharide인 $Man_8(GlcNAc)_2$는 *cis*-Golgi에 있는 효소에 의해 mannose가 잘려져서 $Man_5(GlcNAc)_2$로 trimming된다. Endoglycosidase D는 *cis*-Golgi에서 변형된 이 oligosaccharide chain을 절단하지만, ER에 있는 단백질에 있는 $Man_8(GlcNAc)_2$는 절단하지 못한다. (b) SDS-polyacrylamide gel electrophoresis를 사용하여 endoglycosidase D를 처리한 혼합물을 분석해서, endoglycosidase D에 의해 절단되지 않은 그래서 천천히 이동하는 labeled VSV G 단백질과 절단되어 빠르게 이동하는 labeled VSV G 단백질을 구분하였다. 이 gel이 보여주는 것처럼 처음에는 모든 VSV G 단백질의 oligosaccharide chain은 절단되지 않지만 시간이 지남에 따라 효소에 의해 절단되는 양이 증가한다. 이 결과를 통해 단백질이 ER에서 Golgi로 이동하고, Golgi에서 mannose가 잘린다는 것을 알 수 있다. 40°C로 유지된 대조군 세포의 경우 60분 후에도 효소에 의해 oligosaccharide chain이 절단되지 않는 VSV G 단백질만 검출되었다(그림에는 나타내지 않음). (c) Electrophoretic data로부터 얻은 endoglycosidase D에 의해 잘려지는 VSV G 단백질의 백분율 plot은 ER에서 Golgi로 이동하는 시간을 알 수 있게 한다. [Part (b) Data from C. J. Beckers et al., 1987, "Semi-Intact Cells Permeable to Macromolecules: Use in Reconstitution of Protein Transport from the Endoplasmic Reticulum to the Golgi Complex," *Cell* **50**(4):523–34.]

질을 확인하는 데 유용하게 사용되어 왔다. Yeast 세포의 경우, 모든 세포와 마찬가지로 분비 경로는 세포 표면으로 새로운 단백질과 막을 운반하고 전달하는 데 필수적이다. 따라서 분비 경로의 중요한 구성 요소를 암호화하는 유전자는 세포 성장에 필수적이며, 8장에서 설명한 바와 같이 conditional temperature-sensitive mutant로만 연구될 수 있다.

Nonpermissive temperature에서 단백질을 분비할 수 없는 많은 수의 yeast 돌연변이를 확인하였다. 이런 temperature-sensitive ***secretion*** **(*sec*) mutant**를 낮은 permissive temperature에서 높은 nonpermissive temperature로 바꿔 배양하면 돌연변이에 의해 차단된 분비 경로의 그 지점에 분비단백질이 축적된다. 이러한 돌연변이의 분석을 통해 세포질, rough ER, ER에서 Golgi complex로 단백질을 운반하는 작은 vesicle, Golgi cisternae 또는 constitutive secretory vesicle에 단백질이 축적되는 특징을 분석하여 yeast mutant를 5개의 class (A–E)로 분류하였다(그림 14-5). 이러한 다양한 class에 있는 *sec* mutant의 특징을 분석하는 후속 연구는 나중에 우리가 논의하는 vesicle trafficking의 기본 구성 요소와 분자 메커니즘을 밝히는 데 도움을 주었다.

경로의 단계 순서를 결정하기 위해서, double *sec* mutant를 분석했다. 예를 들어, yeast 세포가 class B 및 class D 기능 모두에 돌연변이가 되어 있다면, 단백질은 Golgi cisternae가 아닌 rough ER에 축적된다. 단백질은 더 이른 단계에서 막혀 축적되기 때문에, 이 발견은 class B 돌연변이가 class D 돌연변이보다 분비 경로에서 더 빠른 지점에서 작용한다는 것을 의미한다. 이 연구를 통해서, 분비단백질이 합성되고 process될 때 cytosol → rough ER → ER-to-Golgi transport vesicle → Golgi cisternae → secretary vesicle 순으로 이동한 다음, 마지막으로 exocytose된다는 것을 알 수 있었다.

가장 중요한 것은 yeast *sec* mutant 연구를 통해 분비 경로의 각각의 주요 단계에서 vesicle budding과 융합에 필요한 많은 유전자와 암호화된 단백질을 찾은 것이다. 현재 분비 경로의 각 단계들에 대한 자세한 메커니즘이 연구되고 있으며, 생화학 분석 및 단백질 구조 연구는 각 단백질 분자의 구조를 이해하고 기능적인 측면에서 각 단계에서 어떻게 작용하는지 이해하기 위해 사용되고 있다.

Cell-Free Transport Assay는 Vesicular Transport 각 단계의 정밀한 분석을 가능하게 한다

구획 사이에서 일어나는 transport를 알기 위한 *in vitro* 분석은 vesicular trafficking을 담당하는 세포 성분을 찾아내고 분석하기 사용되는 *sec* mutant 연구를 보완하기 위한 강력한 접근 방법이다. 이 접근법의 한 가지는 Golgi에서 *N*-linked oligosaccharide 사슬을 변형시키는 효소 중의 하나가 결핍된 돌연변이 세포를 vesicular stomatitis virus로 감염시켰을 때, VSV G 단백질이 어떻게 되는지를 관찰하는 것이다. 예를 들어, 감염된 세포가 *N*-acetylglucosamine transferase I을 갖고 있지 않다면, VSV G 단백질은 풍부하게 생성되지만 wild-type 세포처럼 *medial*-Golgi에서 oligosaccharide 사슬에 *N*-acetylglucosamine residue를 첨가할 수 없다(그림 14-6a). 이러한 돌연변이 세포에서 분리된 Golgi 막에 wild-type의 uninfected 세포의 Golgi 막을 섞어주면 *N*-acetylglucosamine이 VSV G 단백질에 다시 첨가된다(그림 14-6b). 이러한 modification은 *N*-acetylglucosamine transferase I이 wild-type *medial*-Golgi에서 바이러스 감염 돌연변이 세포로부터 분리된 *cis*-Golgi로 vesicular transport되었기 때문이다.

Golgi transport을 담당하는 단백질은 fractionation method를 통해 확인되었다. 적절한 조건에서 donor wild-type Golgi membrane을 원심분리함으로써 *N*-acetylglucosamine transferase I을 *medial*-Golgi에서 *cis*-Golgi로 이동시키는 transport vesicle의 균일한 집합을 분리할 수 있다. 이러한 vesicle에서 농축한 단백질을 조사함으로써, 과학자들은 이러한 종류의 vesicle에 존재하는 구조적 구성 요소인 많은 내재성 막

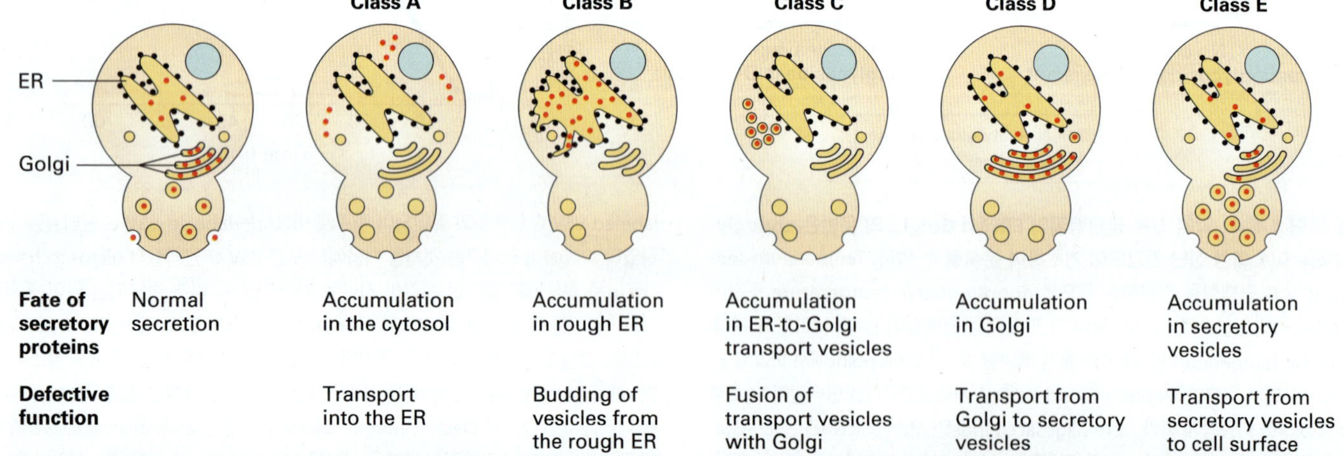

실험 그림 14-5 Yeast *sec* 돌연변이 표현형으로 분비 경로의 5단계를 식별했다. 이러한 temperature-sensitive 돌연변이는 세포를 permissive temperature에서 더 높은 nonpermissive temperature로 옮겨 배양할 때 새로 만들어진 분비단백질(빨간색 점)이 축적되는 부위를 기초로 해서 5개의 class (A–E)로 분류할 수 있다. Double mutant를 분석하여 단계의 순차적인 순서를 알게 되었다. 돌연변이에 의해 정지된 단계 이전의 소기관 구조가 *sec* 돌연변이에서 화물뿐만 아니라 막의 이동도 막기 때문에 과장되었다는 것에 주목하라. P. Novick et al., 1981, *Cell* **25**:461; and C. A. Kaiser and R. Schekman, 1990, *Cell* **61**:723 참조.

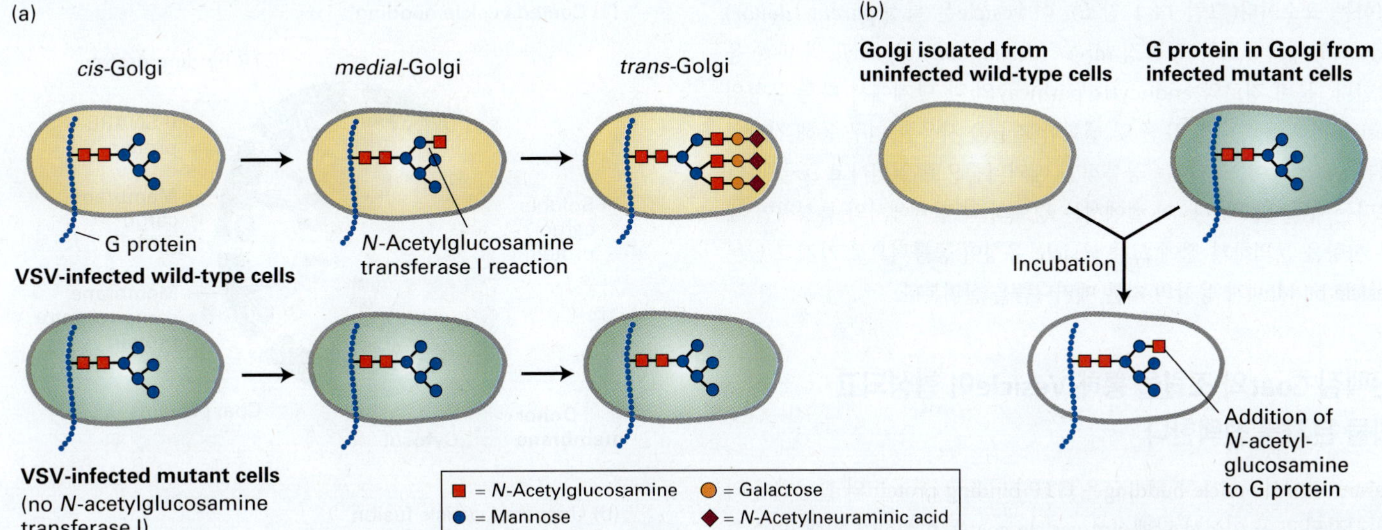

실험 그림 14-6 Cell-free assay를 통해 단백질이 한 Golgi cisterna에서 다른 Golgi cisterna로 운반되는 것을 알게 되었다. (a) Fibroblast의 돌연변이 라인은 이러한 유형의 assay에 필수적이다. 여기에 사용된 세포는 *N*-acetylglucosamine transferase I이 결핍되어 있다(그림 14-15의 단계 **2** 참조). Wild-type 세포에서 이 효소는 *medial*-Golgi에 위치하고 있고, 1개의 *N*-acetylglucosamine을 추가하여 *N*-linked oligosaccharide를 변형시킨다. VSV에 감염된 wild-type 세포에서 바이러스 G 단백질의 oligosaccharide는 *trans*-Golgi panel에 표시된 바와 같이 전형적인 complex oligosaccharide로 변형된다. 그러나 감염된 돌연변이 세포에서 G 단백질은 단지 2개의 *N*-acetylglucosamine과 5개의 mannose 잔기만을 함유한 더 단순한 high-mannose oligosaccharide으로 세포 표면에 도달한다. (b) 감염된 돌연변이 세포로부터 분리한 Golgi cisternae를 정상적인 비감염 세포로부터 분리한 Golgi cisternae와 섞어 배양하면 VSV G 단백질은 *in vitro*에서 *N*-acetylglucosamine이 추가된 형태로 만들어진다. 이러한 변형은 wild-type *medial*-Golgi cisternae에서 반응 혼합물에 있는 돌연변이 *cis*-Golgi cisternae로 transport vesicle에 의해 이동되는 transferase 효소에 의해 일어난다. W. E. Balch et al., 1984, *Cell* **39**:405 and 525; W. A. Braell et al., 1984, *Cell* **39**:511; and J. E. Rothman and T. Söllner, 1997, *Science* **276**:1212 참조.

단백질과 peripheral vesicle coat 단백질을 확인할 수 있었다. 게다가, cell-free reaction mixture에서 transport에 필요한 cytosolic extract를 분획함으로써, transport vesicle의 형성에 필요한 다양한 단백질과 적절한 acceptor 막으로의 targeting과 융합에 필요한 단백질의 분리가 가능해졌다. 그림 14-6에 보여준 것과 유사한 *in vitro* 분석을 사용하여 분비 경로의 다양한 transport step에서 기능하는 단백질을 연구하였다.

14.1절의 주요 개념

분비 경로를 연구하기 위한 테크닉

- 분비 경로를 통해 단백질이 어떻게 trafficking하는지를 알아보는 분석은 분비단백질 집단에 방사선 동위원소를 표지하는 방법과 표지된 단백질이 이후에 위치하는 구획을 찾아내는 방법을 필요로 한다.
- 분비 경로를 따라 형광으로 표지된 단백질의 이동을 현미경으로 관찰할 수 있다(그림 14-3 참조). Temperature-sensitive mutant 단백질은 nonpermissive temperature에서 구조가 잘못됨으로 인해 ER에 잡혀 있게 되는데, permissive temperature로 배양 온도를 바꿔 주면 transport 단백질 집단이 방출된다.
- 혹은 방사성 아미노산으로 pulse labeling을 함으로써 ER에서 새로 만들어진 단백질 집단을 특별하게 표지할 수 있으며, 방사선이 표지된 단백질의 transport는 단백질에 일어나는 compartment-specific covalent modification을 따라 추적할 수 있다.
- 세포내 단백질 trafficking에 필요한 많은 구성 요소들은 nonpermissive temperature에서 단백질 분비에 결함이 있는 yeast의 temperature-sensitive *sec* mutant를 분석을 통해 확인되었다(그림 14-5 참조).
- 구획 사이에서 일어나는 단백질 transport를 연구하기 위한 cell-free assay는 분비 경로 개별 단계의 정밀한 생화학적 분석을 가능하게 하였다. 이러한 *in vitro* 반응은 transport vesicle을 순수하게 획득하게 하고, 개별 transport 단백질의 생화학적 기능을 시험하는 데 사용될 수 있다.

14.2 Vesicle Budding과 Fusion의 Molecular Mechanism

단백질을 한 소기관에서 다른 소기관으로 운반하는 작은 막으로 둘러싸인 vesicle은 분비 경로와 endocytic pathway에서 중요한 기능을 수행하는 요소이다(그림 14-1 참조). 이 vesicle은 특정 *parent* (*donor*) *organelle*에서 bud하고, 특정 *target* (*destination*) *organelle*의 막과 융합한다. 분비 경로와 endocytic pathway의 각 단계에서 다른 유형의 vesicle이 사용되지만, 유전 및 생화학 기술을 사용한 연구 통해 각각의 다른 vesicle 이동 단계는 공통적인 메커니즘으로 일어나고 조금씩 다르다는 것을 밝혀냈다. 이 절에서는 경로의 각 단계에서의 특징적인 세부 사항을 논의하기 전에 모든 vesicle 유형이 공통적으로 가지고 있는 vesicle budding과 융합의 기본 메커니즘을 살펴본다.

단백질 Coat의 조립을 통해 Vesicle이 형성되고 화물 분자를 선택한다

Parent 막에서 vesicle budding은 GTP-binding protein의 활성화에 의해 시작되고 곧 이어서 단백질성 vesicle coat를 형성하기 위해 막에 수용성 단백질이 polymerization된다(그림 14-7a). 내재성 막 단백질의 세포질 부분과 vesicle coat 사이의 상호작용을 통해 적절한 화물 단백질이 형성 중인 vesicle 안으로 들어온다. 따라서 coat는 막을 둥그렇게 만들어서 vesicle을 만들게 하고, vesicle 안으로 어떤 단백질이 들어올지를 결정하는 filter 역할을 수행한다.

Target 막과 융합하는 데 필요한 단백질인 **v-SNARE**는 vesicle coat가 형성되는 동안 vesicle 막에 삽입된다. 일단 coat가 완성된 vesicle로부터 최소한 일부라도 떨어지게 되면, vesicle 막에 내장된 v-SNARE 단백질은 vesicle이 만나게 되는 target 막의 **t-SNARE**와 결합할 수 있게 된다. 이 결합은 막을 가깝게 위치시켜서 2개의 이중층이 융합될 수 있게 한다(그림 14-7b). Target 소기관에 관계없이, 모든 transport vesicle은 v-SNARE와 t-SNARE를 융합을 위해 사용한다.

세 가지 주요 유형의 coated vesicle이 알려져 있으며, 각각 다른 유형의 단백질 coat를 가지고 있다. 이는 각각 별개의 단백질 subunit 세트가 reversible polymerization (가역적인 중합 반응)에 의해 형성된다(표 14-1). 주요 coat 단백질의 이름을 딴 각각의 vesicle은 특정 parent 소기관에서 특정 target 소기관으로 화물 단백질을 운반한다:

- **COPII** vesicle은 단백질을 ER에서 Golgi로 운반한다.
- **COPI** vesicle은 주로 Golgi cisternae 사이와 *cis*-Golgi에서 ER쪽인 retrograde direction으로 단백질을 운반한다.
- **Clathrin-coated** vesicle은 세포막 (세포 표면)과 *trans*-Golgi network에서 late endosome으로 단백질을 운반한다.

각각의 vesicle-mediated trafficking step은 다른 종류의 vesicle coat를 사용하는 것으로 생각된다; 그러나 특정한 coat 단백질 complex를 모든 종류의 vesicle에서 확인하지는 못했다. 예를 들어, *trans*-Golgi에서 세포막으로 단백질을 constitutive 또는 regulated secretion을 하는 vesicle은 균일한 크기와 형태를 보여서, 이들이 regular coat structure의 조립에 의해 형성됨을 시사하지만, 연구자들은 이 vesicle들을 둘러싼 특정한 coat 단백질을 확인하지 못했다.

(a) Coated vesicle budding

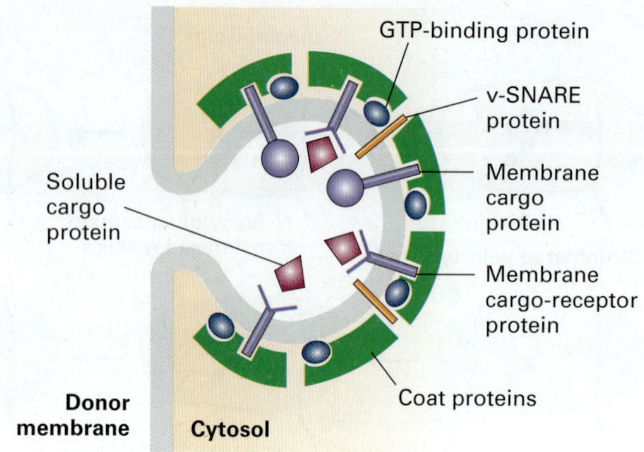

(b) Uncoated vesicle fusion

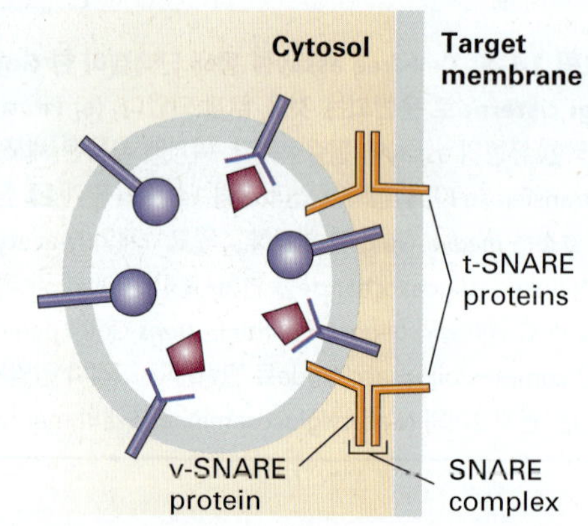

그림 14-7 Vesicle budding 및 target 막과의 융합에 대한 개요. (a) Budding은 donor 막의 한 부분에 small GTP-binding protein의 recruitment (모집)되어 시작된다. 세포질의 coat 단백질 복합체는 그 후 막 화물 단백질의 세포질 domain에 결합하는데, 그중 일부는 lumen에서 수용성 단백질과 결합하는 receptor로 작용해서, lumen에 있는 단백질을 budding vesicle에 담아 넣는다. (b) Coat를 떨어뜨린 후, vesicle은 target 막과 서로 관련 있는 SNARE 단백질들의 상호작용을 통해 융합한다.

그림 14-7a에 보여주는 일반적인 vesicle budding은 알려진 세 가지 유형의 coated vesicle 모두에 적용된다. 분리된 막 또는 인공막과 정제된 coat 단백질을 사용한 실험은 직경 약 50 nm의 전형적인 transport vesicle이 갖게 되는 상당히 둥그런 막을 생성하기 위해 parent 막의 세포질 표면에 coat 단백질의 polymerization이 필요하다는 것을 보여주고 있다. *In vitro* budding reaction의 전자현미경 관찰은 종종 완성된 vesicle이 둥그렇게 되는 특성이 높은 밀도의 coat가 있는 parent 막 지역에서 일어나고 있는 구조와 같다는 것을 보여준다(그림 14-8). 보통 *vesicle bud*라고 불리는 이러한 구조는 coat가 polymerization되기 시작한 후, 그러나 completed vesicle이 parent 막에서 떨어지기 전에 보이는 intermediate로 보인다. Polymerized coat 단백질은 막의 세포질쪽 면에 달라 붙어 vesicle bud의 형성을 이끄는 휘어진 격자를 형성한다.

표 14-1 • 단백질 Trafficking에 참여하는 Coated Vesicle

Vesicle Type	Transport Step Mediated	Coat Proteins	Associated GTPase
COPII	ER to *cis*-Golgi	Sec23/Sec24 and Sec13/Sec31 complexes, Sec16	Sar1
COPI	*cis*-Golgi to ER later to earlier Golgi cisternae	Coatomers containing seven different COP subunits	ARF
Clathrin and adapter proteins*	*trans*-Golgi to endosome	Clathrin + AP1 complexes	ARF
	trans-Golgi to endosome	Clathrin + GGA	ARF
	Plasma membrane to endosome	Clathrin + AP2 complexes	ARF
	Golgi to lysosome, melanosome, or platelet vesicles	AP3 complexes	ARF

*Each type of AP complex consists of four different subunits. It is not known whether the coat of AP3 vesicles contains clathrin.

Conserve된 GTPase Switch Protein 세트가 다양한 Vesicle Coat의 조립을 조절한다

분리한 막과 정제된 coat 단백질을 갖고서 수행한 *in vitro* vesicle-budding reaction을 통해 과학자들은 세 가지 주요 vesicle을 형성하는데 필요한 최소한의 coat 구성 요소 세트를 확인하였다. 대부분의 coat 단백질은 vesicle의 유형에 따라 상당히 다르지만, 세 가지 vesicle의 coat는 그 조립을 조절하기 위해 regulatory subunit으로 small GTP-binding protein을 공통적으로 갖고 있다(그림 14-7a 참조). **ARF protein**으로 알려진 GTP-binding protein은 COPI vesicle과 clathrin-coated vesicle의 조립에 관여한다. *Sar1 protein*으로 알려진 다른 GTP-binding protein은 COPII vesicle의 coat에 존재한다. ARF와 Sar1은 모두 세포내 신호 전달 단백질인 Ras와 유사한 구조를 가진 monomeric 단백질이다(그림 16-12 참조). ARF 및 Sar1 단백질은 Ras와 마찬가지로 GDP 결합 형태와 GTP 결합 형태로 바뀌는 GTPase superfamily에 속한다(GTPase switch protein의 메커니즘을 다시 보고 싶으면 그림 3-9 참조).

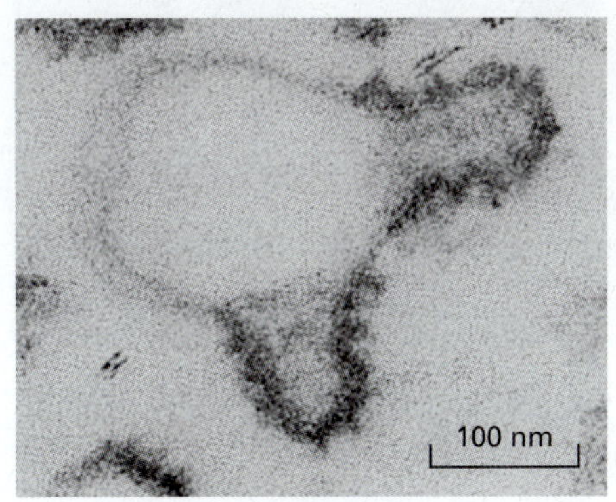

실험 그림 14-8 *In vitro* budding reaction을 통해 vesicle budding을 시각화될 수 있다. 정제된 COPII coat 성분을 분리된 ER vesicle 또는 인공 phospholipid vesicle (liposome)과 함께 배양하면 vesicle 표면을 coat하는 단백질 중합으로 인해 고도로 휘어진 bud가 형성된다. *In vitro* budding reaction의 전자현미경 사진에서, vesicle bud에 존재하는 어두운 단백질 층으로 보이는 독특한 막 coat를 주목하라. [Republished with permission from Elsevier, from K. Matsuoka et al., 1998, "COPII-Coated Vesicle Formation Reconstituted with Purified Coat Proteins and Chemically Defined Liposomes," *Cell* **93**(2):263–275; permission conveyed through Copyright Clearance Center, Inc.]

그림 14-9에 설명된 바와 같이, GTP가 Sar1에 결합하여 활성화되면 COPII vesicle coat의 조립이 시작된다. Sar1은 ER 막에 존재하고 활성화되는 유일한 GTPase switch protein이며, 따라서 COPII coated vesicle만이 ER 막에서 bud된다. 이 과정은 guanine nucleotide exchange factor (GEF)인 ER 막 단백질 *Sec12*가 세포질 Sar1·GDP의 GDP를 GTP로 바꿈으로써 시작된다. Sec12는 분명히 ER 막에서 운반될 준비가 된 화물 단백질을 포함하여 아직 알려지지 않은 여러 signal들을 수신하고 통합할 것이다. GTP의 결합은 Sar1의 구조 변화를 유발한다; Sar1의 amphipathic N-말단을 노출시키며, 이는 인지질 이중층에 삽입되어 Sar1·GTP가 ER 막에 박히게 된다(그림 14-9, 단계 **1**). 막에 박혀 있는 Sar1·GTP는 막의 세포질쪽에 complex를 형성하게 하는 COPII subunit들의 polymerization이 일어나게 하며, 그 결과 vesicle bud가 형성된다(단계 **2**). COPII vesicle이 donor 막에서 떨어져 나오면, coat subunit 중 하나의 도움을 받아 Sar1 GTPase가 활성화되어 vesicle 막의 Sar1·GTP를 Sar1·GDP로 가수분해한다(단계 **3**). 이 가수분해는 COPII coat의 해체(단계 **4**)를 유발한다. 따라서 Sar1의 GTP 결합과 가수분해 사이클은 COPII coat의 형성 및 해체와 맞물려 있다.

ARF 단백질은 COPI 또는 clathrin과 다른 coat 단백질(AP complex)로 구성된 vesicle coat의 형성과 맞물려 있으며, 유사한 nucleotide exchange 및 가수분해 사이클을 수행한다. N-말단에 *myristate anchor*가 붙어 있는 ARF 단백질은 ARF·GDP일 때 Golgi 막에 약하게 붙어 있다. Golgi 막에 부착된 GEF에 의해 결합된 GDP를 GTP로 바꿔주면 ARF에 구조 변화가 일어나게 되고, 그 결과 N-terminal segment의 소수성 잔기들로 인해 막 이중층에 삽입된다. ARF·GTP와 막 사이

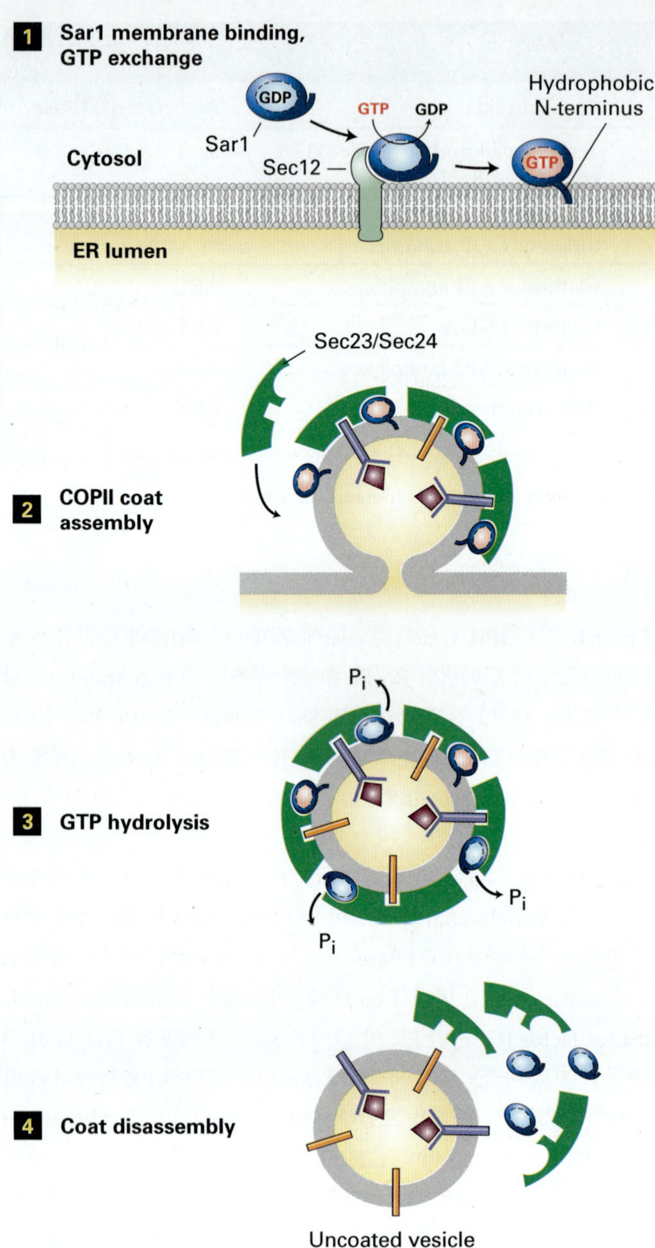

그림 14-9 COPII coat의 조립 및 해체에서 Sar1의 역할에 대한 모델. 단계 **1**: 수용성 GDP 결합 Sar1과 ER 내재성 막 단백질인 GEF Sec12의 상호작용을 통해 Sar1의 GDP가 GTP로 교환된다. Sar1이 GTP와 결합하면 소수성 Sar1의 N-말단은 단백질 표면 바깥쪽으로 돌출되어 나와 Sar1을 ER 막에 고정시킨다. 단계 **2**: 일단 막에 부착되면, Sar1은 Sec23/Sec24 coat 단백질 복합체의 결합 부위로 작용한다. 막 화물 단백질은 세포질 영역의 특정 짧은 sequence (sorting signal)가 Sec23/Sec24 complex에 결합함으로써 형성되는 vesicle bud에 담기게 된다. 일부 막 화물 단백질은 lumen에서 수용성 단백질을 결합하는 receptor로도 작용한다. Coat는 Sec13 및 Sec31로 구성된 두 번째 유형의 coat 복합체 조립에 의해 완성된다(그림에서는 나타내지 않음). 단계 **3**: Vesicle coat가 완성된 후, Sec23 coat subunit는 Sar1에 의한 GTP 가수분해를 촉진한다. 단계 **4**: Vesicle 막에서 Sar1·GDP가 방출되면 coat가 해체된다. S. Springer et al., 1999, *Cell* **97**:145 참조.

에서 일어나는 강한 결합은 coat 형성의 기초가 된다.

Sar1과 ARF가 다른 small GTPase switch protein과의 구조적 유사성을 바탕으로 해서, 연구자들은 세포로 transfect될 때 vesicular traffic에 예측 가능한 영향을 미치는 두 단백질의 돌연변이 버전을 암호화하는 유전자를 만들었다. 예를 들어, GTP를 가수분해할 수 없는 돌연변이 버전의 Sar1 또는 ARF 유전자를 발현하는 세포에서는 vesicle coat가 형성되고, vesicle bud가 떨어져 나온다. 그러나 돌연변이 단백질은 coat를 해체할 수 없기 때문에 모든 coat subunit는 결국 target 막과 융합할 수 없는 coated vesicle을 영구적으로 형성하게 된다. Nonhydrolyzable GTP analog를 *in vitro* vesicle-budding reaction할 때 처리하게 되면 마찬가지로 coat 해체가 차단된다. 이러한 반응으로 형성되는 vesicle은 결코 해체되지 않는 coat를 가지고 있어 그 조성과 구조를 보다 쉽게 분석할 수 있다. 그림 14-10에서 보여준 정제된 COPI vesicle은 이러한 budding reaction으로 생성된 것이다.

Vesicle formation에서 small GTPases의 두 번째 일반적인 기능은 parent 막으로부터 완성된 vesicle을 떨어져 나오게 하는 것이다. *In vitro* budding experiment에 따르면, budding vesicle의 neck 부분에 축적된 Sar1 GTPase는 COPII vesicle이 떨어져 나오기 위해 필요하며, ARF GTPase도 비슷하게 COPI vesicle이 떨어져 나오게 하는 역할을 한다. 이러한 small GTPase가 GTP 가수분해로부터 얻은 에너지를 기계적 힘으로 전환하여 막에서 떨어져 나오게 하는 메커니즘은 아직

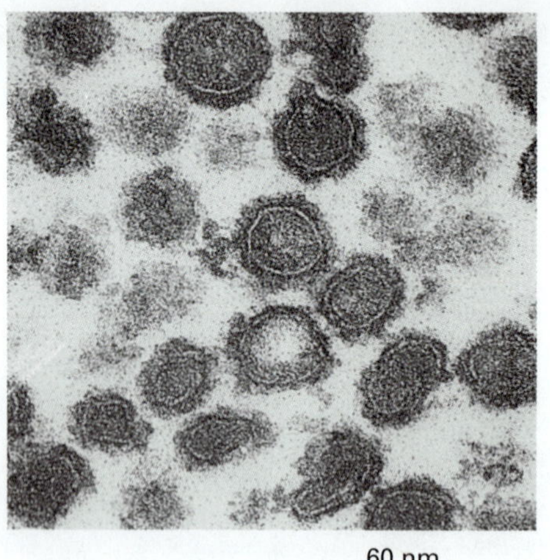

실험 그림 14-10 Coated vesicle은 GTP의 nonhydrolyzable analog가 존재하는 *in vitro* budding reaction 동안 축적된다. 분리된 Golgi 막을 COPI coat 단백질을 갖고 있는 세포질 추출물과 배양하면 vesicle이 형성되어 막에 bud된다. Budding reaction에 GTP의 nonhydrolyzable analog를 넣어주면 vesicle 방출 후 coat가 해체되는 것을 방지할 수 있다. 이 전자현미경 사진은 이러한 반응에 의해 생성되어 원심분리에 의해 막으로부터 분리된 COPI vesicle을 보여준다. 이러한 방식으로 준비된 coated vesicle은 성분과 특성을 알아보기 위한 분석에 사용될 수 있다. [Courtesy of L. Orci (University of Geneva, Switzerland).]

규명되지 않았다. 14.4절에서 보겠지만, *dynamin*으로 알려진 큰 polymeric GTPase는 clathrin-coated vesicle에서 vesicle이 떨어져 나오게 하는 역할을 한다.

화물 단백질에 있는 Targeting Sequence는 Coat 단백질과 Specific Molecular Contact를 하게 한다

Transport vesicle이 한 구획에서 다음 구획으로 특정 단백질을 이동시키기 위해서는 vesicle bud가 수송해야 할 막 단백질과 수용성 화물 단백질을 식별할 수 있어야 하며, 다음 구획으로 이동해야 하는 화물 단백질만 받아들이고 donor 구획에 상주해야 하는 단백질은 제외해야 한다. Donor 막을 둥그렇게 만드는 것 외에도 vesicle coat는 특정 단백질을 화물로 선택하는 기능을 갖는다. 막 화물 단백질과 수용성 화물 단백질은 두 가지 다른 종류의 **sorting signal**을 가지고 있다. 막 화물 단백질의 sorting signal은 일반적으로 단백질의 세포질 부분에 있으며, 하나 이상의 vesicle coat 단백질에 결합한다(그림 14-7a 참조). 따라서 polymerized coat는 선택된 막 화물 단백질을 만들어지고 있는 vesicle bud로 모으는 affinity matrix (친화성 망) 역할을 한다. Parent 소기관 lumen에 있는 수용성 단백질은 coat에 직접 접촉할 수 없기 때문에 다른 종류의 sorting signal이 필요하다. Lumen에 존재하는 수용성 단백질은 종종 막 화물 단백질의 luminal domain에 결합하는 *luminal sorting signal*을 갖고 있을 것으로 생각한다. 막 단백질과 수용성 단백질에 존재하는 sorting signal의 특성은 표 14-2에 요약되어 있다. 이러한 신호의 역할에 대하여 나중에 좀 더 자세히 설명한다.

Rab GTPase가 Vesicle이 Target 막에 Docking하는 것을 조절한다

Small GTP-binding protein의 두 번째 세트인 **Rab protein**은 transport vesicle에 결합하고 적절한 target 막으로 vesicle trafficking되어 융합하게 하는 핵심 조절자로 작용한다. Sar1과 ARF와 마찬가지로, Rab 단백질 역시 switch protein으로 GTPase superfamily에 속한다. Rab 단백질은 또한 vesicle의 막에 붙을 수 있는 isoprenoid anchor를 갖고 있다. 활성화된 Rab 단백질이 특정 vesicle에 결합되는 것은 일반적으로 2단계 과정으로 이루어진다. 첫 번째 단계에서 세포질 Rab·GDP는 적절한 vesicle에 target되어, vesicle에 isoprenoid anchor를 삽입함으로써 vesicle에 부착된다. 종종 이러한 부착 단계는 isoprenoid anchor를 갖고 있는 Rab·GDP와 *guanine nucleotide dissociation inhibitor* (*GDI*)로 알려진 단백질과 결합함으로써 촉진된다. 두 번째 단계에서 vesicle 막에 위치한 특정 GEF는 막에 붙어 있는 Rab·GDP를 Rab·GTP로 변환한다. 일단 이러한 방식으로 vesicle에 위치하고 활성화되면, Rab·GTP는 *Rab effector*라고 알려진 다양한 다른 단백질과 결합할 수 있다. Rab·GTP가 Rab effector에 결합하면 궁극적으로 적절한 target의 막에 vesicle이 도킹될 수 있다(그림 14-11a, 단계 **1**). Vesicle 융합이 일어난 후, Rab 단백질에 결합된 GTP는 GDP로 가수분해되어 Rab·GDP가 떨어져 나가게 되고, GDP-GTP 교환, 결합 및 가수분해되는 또 다른 사이클을 수행한다.

올바른 target의 막과 vesicle 융합을 가능하게 하는 Rab 단백질의 잘 알려진 예는 secretory vesicle에 특별히 부착되어 세포막과 융합할

표 14-2 • Specific Transport Vesicle로 단백질을 인도하는 알려진 Sorting Signal

Signal Sequence*	Signal-Bearing Protein	Proteins with Signal	Signal Receptor
Cytoplasmic Sorting Signals			
Lys-Lys-X-X (KKXX)	ER-resident membrane proteins	COPI α and β subunits	COPI
Di-arginine (X-Arg-Arg-X)	ER-resident membrane proteins	COPI α and β subunits	COPI
Di-acidic (e.g., Asp-X-Glu)	Cargo membrane proteins in ER	COPII Sec24 subunit	COPII
Asn-Pro-X-Tyr (NPXY)	LDL receptor in plasma membrane	AP2 complex	Clathrin/AP2
Tyr-X-X-Φ (YXX Φ)	Membrane proteins in *trans*-Golgi	AP1 (μ1 subunit)	Clathrin/AP1
	Plasma membrane proteins	AP2 (μ2 subunit)	Clathrin/AP2
Leu-Leu (LL)	Plasma membrane proteins	AP2 complexes	Clathrin/AP2
Luminal Sorting Signals			
Lys-Asp-Glu-Leu (KDEL)	ER-resident soluble proteins	KDEL receptor in *cis*-Golgi membrane	COPI
Mannose 6-phosphate (M6P)	Soluble lysosomal enzymes after processing in *cis*-Golgi	M6P receptor in *trans*-Golgi membrane	Clathrin/AP1
	Secreted lysosomal enzymes	M6P receptor in plasma membrane	Clathrin/AP2

*X = any amino acid; Φ = hydrophobic amino acid. Single-letter amino acid abbreviations are in parentheses.

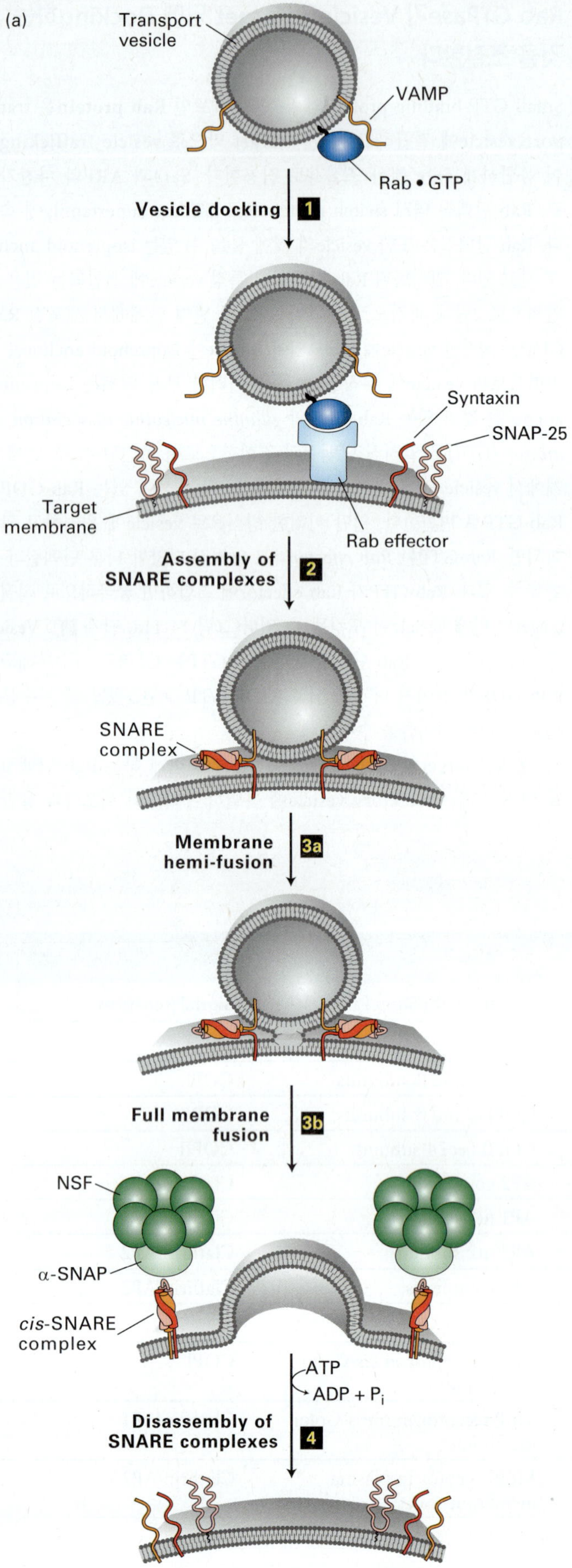

(a) Transport vesicle

VAMP

Rab • GTP

Vesicle docking 1

Syntaxin

SNAP-25

Target membrane

Rab effector

Assembly of SNARE complexes 2

SNARE complex

Membrane hemi-fusion 3a

Full membrane fusion 3b

NSF

α-SNAP

cis-SNARE complex

ATP

ADP + P_i

Disassembly of SNARE complexes 4

(b) SNARE complex

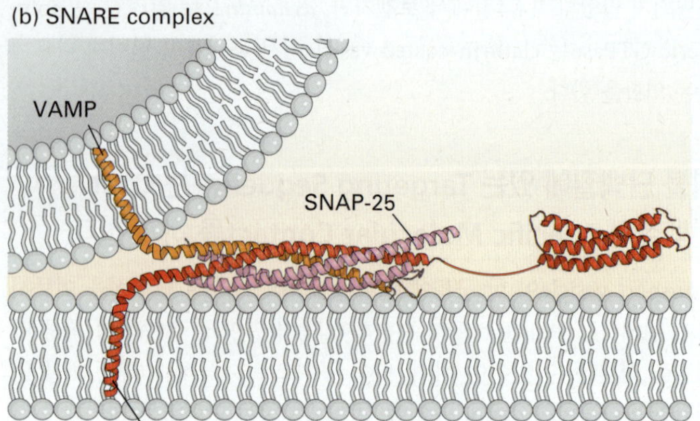

그림 14-11 운송 소포의 도킹 및 융합 모델. (a) 이 예에 있는 단백질은 secretory vesicle과 세포막의 융합에 참여하는 것이지만, 비슷한 단백질이 모든 vesicle 융합을 매개한다. 단계 **1**: Lipid anchor를 통해 secretory vesicle에 붙어 있는 Rab 단백질은 세포막의 effector 단백질 복합체에 결합하며, transport vesicle은 적절한 target 막에 고정된다. 단계 **2**: v-SNARE 단백질(이 경우 VAMP)은 해당 t-SNARE (이 경우 syntaxin 및 SNAP-25)의 세포질 domain과 상호작용한다. 형성된 매우 안정적인 coiled-coil SNARE 복합체는 vesicle을 target 막에 가깝게 위치시킨다. 단계 **3**: 두 막의 융합은 SNARE 복합체가 형성되자마자 일어나는데, 먼저 이중층의 한 leaflet이 융합하여 hemi-fused state (**3a**)를 형성하고, 두 번째 leaflet을 융합한다 (**3b**). 단계 **4**: 막 융합 후, NSF는 α-SNAP과 함께 SNARE 복합체에 결합한다. NSF에 의해 ATP가 가수분해된 후 SNARE 복합체의 해체를 유도하여 SNARE 단백질을 또 다른 vesicle 융합을 위해 자유롭게 된다. 또한 이때 Rab·GTP는 Rab·GDP로 가수분해 되고, Rab effector (그림에서는 나타내지 않음)로부터 분리된다. (b) SNARE 복합체. SNAP-25에서 2개 그리고 syntaxin과 VAMP에서 각각 하나씩으로 만들어진 4개의 긴 α helix 사이의 많은 비공유결합은 coiled-coil 구조를 안정화시킨다. J. E. Rothman and T. Söllner, 1997, *Science* **276**:1212; Y. A. Chen and R. H. Scheller, 2001, *Nat. Rev. Mol. Cell Biol.* **2**:98; and W. Weis and R. Scheller, 1998, *Nature* **395**:328 참조. [Part (b) Data from I. Fernandez et al., 1998, *Cell* **94**:841–849, PDB ID 1br0; and R. B. Sutton et al., 1998, *Nature* **395**:347–353, PDB ID 1sfc.]

수 있게 하는 yeast의 Sec4 단백질이다. 실험에서 돌연변이 Sec4 단백질을 발현하는 yeast 세포는 세포막과 융합할 수 없는 secretory vesicle을 축적한다(그림 14-5의 class E 돌연변이). Sec4·GDP는 secretory vesicle에 결합하며, secretory vesicle에 위치하고 있는 관련된 GEF에 의해 Sec4·GTP로 활성화된다. Sec4·GTP는 그 다음 8개의 subunit으로 구성된 큰 tethering complex인 *exocyst*라고 알려진 effector에 결합한다. Sec4·GTP가 exocyst와 결합하여 secretory vesicle이 붙게 되면, 그 결과 세포막과의 vesicle 융합이 일어나게 된다.

포유류 세포에서 Rab5 단백질은 *early endosome*으로도 알려진 endocytic vesicle에 위치해 있다. 이러한 uncoated vesicle은 endocytosis 동안 세포막에서 bud 직후 만들어진 clathrin-coated vesicle로부터 형성된다(그림 14-2, 단계 **9** 참조). Cell-free system에서 early endosome들이 서로 융합하려면 Rab5가 필요하며, cell-free extract에 Rab5와 GTP를 넣어주면 이 vesicle들이 서로 융합하는 속도가 빨라진다.

Early endosome 막에 존재하는 *EEA1* (*e*arly *e*ndosome *a*ntigen *1*)로 알려진 long coiled 단백질은 Rab5의 effector로 기능한다. 이 경우에는 어떤 endocytic vesicle에 있는 Rab5·GTP가 다른 endocytic vesicle 막에 있는 EEA1과 특이적으로 결합하여 두 vesicle의 융합 단계가 세팅된다.

모든 종류의 transport vesicle은 하나 이상의 특정 Rab 단백질로 표지되는 것으로 보인다. 이러한 Rab 단백질은 막에 붙어 있는 effector와의 결합과 molecular motor를 사용하여 vesicle이 정확하게 target 막으로 가도록 한다(표 14-3). Molecular motor가 vesicle들을 목적지로 전달하기 위한 track인 microfilament는 17장에서 논의될 것이다.

쌍을 이루는 SNARE 단백질 세트가 Vesicle과 Target 막의 융합을 매개한다

앞서 언급한 바와 같이, vesicle bud가 donor 막에서 떨어지고 난 직후 vesicle coat는 해체되어 vesicle에 특화된 막 단백질인 v-SNARE가 노출된다(그림 14-7b 참조). 마찬가지로, 세포의 각 target 막들은 v-SNARE와 특별히 상호작용하는 t-SNARE 막 단백질을 갖고 있다. Vesicle이 Rab의 작용에 의해 target 막에 docking한 후, 관련 있는 SNARE 사이의 결합은 두 막이 융합될 수 있을 만큼 충분히 가깝게 한다.

SNARE가 매개하는 융합에서 가장 잘 알려진 예는 분비된 단백질의 exocytosis 동안 일어난다(그림 14-11a, 단계 **1**과 **3** 참조). 이 경우, *VAMP* (*v*esicle-*a*ssociated *m*embrane *p*rotein)로 알려진 v-SNARE는 *trans*-Golgi network에서 bud될 때 secretory vesicle에 들어간다. t-SNARE는 세포막에 있는 내재성 막 단백질인 *syntaxin*과 *SNAP-25*로 구성되어 있고, SNAP-25는 단백질 중간에 있는 소수성 지질 anchor에 의해 세포막에 붙어 있다. 이러한 세 가지 SNARE 단백질의 세포질 지역에 VAMP에서는 1개, syntaxin에서는 1개, SNAP-25에서는 2개, 총 4개의 α helix가 서로 묶음을 형성하여 four-helix bundle을 만드는 heptad sequence가 반복되어 있다(그림 14-11b). 결합된 SNARE complex가 갖고 있는 특이한 안정성은 heptad repeat에 소수성 아미노산과 전하를 갖고 있는 아미노산 잔기가 배열되어 있어 만들어진다. 소수성 아미노산은 bundle의 중심에 묻혀 있고, 서로 다른 전하를 갖고 있는 아미노산은 helix 사이에 electrostatic interaction이 일어나도록 정렬되어 있다. 다수의 four-helix bundle이 형성됨에 따라 VAMP와 syntaxin의 transmembrane domain은 vesicle과 target 막을 매우 가까운 위치로 끌어당긴다. 에너지적으로 유리한 four-helix bundle이 형성되어 vesicle과 target 막에 일반적으로 존재하는 음전하를 띤 phospholipid head group의 정전기 저항을 극복할 수 있으며, 두 막의 소수성 내부가 접촉하여 두 막 사이에 opening을 만들고, 궁극적으로 vesicle 막과 target 막이 융합하게 한다.

In vitro 실험에서 정제된 VAMP를 갖고 있는 liposome을 syntaxin과 SNAP-25를 갖고 있는 다른 liposome과 함께 배양하면 두 종류의 막이 비록 느리지만 융합되었다. 이 발견은 SNARE complex의 형성에 의해 두 막이 가깝게 위치하는 것이 막 융합을 일으키기에 충분하다는 강력한 증거이다. Vesicle과 target 막의 융합은 SNARE 단백질에 의해서만 융합이 일어나는 liposome을 갖고서 한 실험보다 세포에서 더 빠르고 효율적으로 일어난다. 이러한 차이에 대한 가능한 설명은 세포에서는 Rab 단백질과 그 effector와 같은 다른 단백질들이 vesicle들을 올바른 막으로 targeting하는 것에 관여한다는 것이다.

Yeast 세포는 모든 진핵 세포와 마찬가지로 20개 이상의 v-SNARE와 t-SNARE 단백질을 발현한다. 각 SNARE 유전자에 결함이 있는 yeast 돌연변이에 대한 분석을 통해서 각 SNARE 단백질이 참여하는 특정한 막 융합 event를 찾아냈다. 조사된 모든 융합 event에 대해 SNARE들은 세포막과 secretory vesicle의 융합을 중개하는 VAMP/syntaxin/SNAP-25 complex와 유사한 four-helix bundled complex를 형성한다. 그러나 다른 융합 event (예, COPII vesicle과 *cis*-Golgi network의 융합)에서는 이 event에 참여하는 각 SNARE 단백질이 오직 1개의 α helix로 bundle을 만든다; 이 경우 SNARE complex는 1개의 v-SNARE와 3개의 t-SNARE로 구성된다.

In vitro liposome fusion assay를 사용하여 연구자들은 개별 v-SNARE 단백질과 t-SNARE 단백질의 다양한 조합으로 donor 막과 target 막의 융합을 매개하는 능력을 시험했다. 시험한 매우 많은 조합들 중에서, 일부만이 효율적으로 막 융합을 매개할 수 있었다. 이러한 *in vitro* 실험을 통해 기능을 수행하는 것으로 알게 된 v-SNARE와 t-SNARE 조합은 yeast 세포에서 이미 알려진 막 융합 event를 매개하는 실제 SNARE 단백질과 일치한다. 따라서, Rab과 Rab effector 단백

표 14-3 • Vesicle Tethering과 Vesicle 이동에 참여하는 Rab 단백질

Rab Protein	Transport Step	Effector Proteins
Rab1/Ypt1	ER to *cis*-Golgi	TRAPP complex and GM130 complex in *cis*-Golgi
Sec4	*trans*-Golgi to plasma membrane	Exocyst on plasma membrane and Type V Myosin
Rab5	Plasma membrane to endosome	EEA1 tether on endosome
Rab6	Golgi movement along microtubules	Kinesin
Rab27	Melanosome movement to cell periphery	Type V Myosin

질 간의 상호작용의 특이성과 함께, SNARE 단백질 간의 상호작용의 특이성은 특정 vesicle과 그것의 target 막 사이 융합의 특이성을 전부는 아닐지라도 대부분 설명할 수 있다.

막 융합 후 SNARE Complex의 해체는 ATP Hydrolysis에 의해 일어난다

Vesicle과 target 막이 융합된 후, SNARE complex는 또 다른 융합 event에 사용할 수 있는 개별 SNARE 단백질을 생성하기 위해 해체되어야 한다. 수많은 noncovalent intermolecular interaction에 의해 만들어진 SNARE complex의 안정성 때문에, 이들의 해체는 추가적인 단백질과 에너지 투입이 필요하다.

SNARE complex의 해체에 다른 단백질의 도움이 필요하다는 첫 번째 단서는 특정 세포질 단백질이 없는 *in vitro* transport reaction을 통해 알게 되었다. 이러한 반응에서 vesicle이 축적되었는데, vesicle이 이런 조건에서는 형성은 되지만 target의 막과 융합할 수는 없다는 것이다. 결국, *in vitro* transport reaction에서 vesicle 융합을 진행하기 위해 *NSF*와 *α-SNAP*이라는 두 가지 단백질이 필요한 것으로 밝혀졌다.

Yeast 돌연변이 또한 SNARE 기능을 이해하는 데 기여하였다. Class C yeast *sec* mutant 중에는 포유류 NSF와 α-SNAP의 yeast version인 Sec18 또는 Sec17이 없는 strain이 있다. 이 class C mutant를 nonpermissive temperature로 배양하면 ER-to-Golgi transport vesicle이 축적된다; 세포를 낮은 permissive temperature로 바꿔서 배양하면 축적되었던 vesicle을 *cis*-Golgi에 융합한다.

NSF와 α-SNAP을 확인한 초기 생화학 및 유전자 연구에 이어 더 정교한 *in vitro* transport assay가 개발되었다. 이러한 새로운 분석을 사용하여 연구자들은 NSF 및 α-SNAP 단백질이 실제 막 융합에 필요한 것이 아니라, free SNARE 단백질의 재생에 필요하다는 것을 보여주었다. 동일한 subunit hexamer인 NSF는 α-SNAP (*s*oluble *N*SF *a*ttachment *p*rotein)의 도움으로 SNARE complex에 결합한다. 그런 다음, 결합된 NSF는 ATP를 가수분해하여 SNARE complex를 해체하기에 충분한 에너지를 방출한다(그림 14-11a 단계 4). 분명히 초기 *in vitro* 융합 분석과 Sec17 또는 Sec18이 없는 yeast mutant에서 관찰된 vesicle 융합의 결함은 free SNARE 단백질이 undissociated SNARE complex로 빠르게 포함되어 막 융합을 중재할 수 없게 되었기 때문이다.

14.2절의 주요 개념

Vesicle Budding과 Fusion의 Molecular Mechanism

- COPI vesicle, COPII vesicle, 그리고 clathrin-coated vesicle 등처럼 특징이 잘 알려진 이 세 가지 transport vesicle은 coat를 형성하는 단백질과 그들이 매개하는 transport route에 의해 구별된다(표 14-1 참조).
- 모든 종류의 coated vesicle은 세포질에 있던 coat 단백질들이 parent (donor) 막에 polymerization하여 vesicle bud를 형성하고, 결국 막에서 떨어져 나와 완전한 vesicle이 된다. Vesicle이 떨어져 나온 직후 coat는 떨어지고, target의 막과 융합 때 필요한 단백질이 노출된다(그림 14-7 참조).
- GTPase superfamily에 속하는 small GTP-binding protein (ARF 또는 Sar1)은 vesicle budding의 초기 단계인 coat 단백질의 polymerization을 조절한다(그림 14-9 참조). Donor 막에서 vesicle이 떨어져 나온 후, ARF 또는 Sar1에 결합된 GTP가 가수분해되어 vesicle coat가 해체되게 한다.
- Donor 소기관의 막 단백질과 luminal 단백질에 있는 특정 sorting signal은 vesicle이 budding되는 동안, coat 단백질과 상호작용하여 vesicle의 화물 단백질이 된다(표 14-2 참조).
- GTP-binding protein의 두 번째 세트인 Rab 단백질은 특정 vesicle type에 label처럼 붙어 적절한 막에 targeting되게 한다(표 14-3 참조). Vesicle에서 활성화된 Rab·GTP는 특정 유형의 effector protein과 결합할 수 있다. 한 가지 유형의 effector는 vesicle을 올바른 target의 막에 붙게 해주는 peripheral membrane protein complex이다.
- Vesicle 막의 각 v-SNARE는 target 막의 관련 t-SNARE 단백질 complex에 특이적으로 결합함으로써 두 막이 융합되게 한다. 융합이 완료된 후, SNARE complex는 또 다른 세포질 단백질에 의해 매개되는 ATP-dependent reaction에 의해 해체된다(그림 14-11 참조).

14.3 분비 경로의 초기 단계

이 절에서는 ER과 Golgi 사이의 vesicular traffic과 이전 절에서 논의된 일반적인 메커니즘에 대한 몇 가지 증거를 자세히 살펴볼 것이다. 분비 경로의 첫 번째 vesicle trafficking step, 즉 ER에서 Golgi로 이동하는 anterograde transport는 COPII vesicle에 의해 일어난다는 것을 기억하라. 이 vesicle은 Golgi, 세포 표면, 또는 lysosome으로 가야하는 새로 합성된 단백질과 *cis*-Golgi 막으로 가는 target vesicle에 필요한 v-SNARE와 같은 vesicle 구성 요소를 갖고 있다. ER과 Golgi 사이에서 단백질의 적절한 sorting을 위해 *cis*-Golgi에서 ER로 수송되는 COPI vesicle에 의한 retrograde transport가 필요하다(그림 14-12). 이 retrograde vesicle transport는 ER로부터 다음 round의 vesicle budding에 필요한 물질을 마련하기 위해 막 구성 요소와 v-SNARE 단백질을 회수하는 역할을 한다. COPI-mediated retrograde transport는 *cis*-Golgi로부터 잘못 sorting된 ER-resident 단백질들도 회수한다.

우리는 또한 이 절에서 Golgi로 올바르게 전달된 단백질이 Golgi의 연속적인 구획, 즉 *cis*-에서 *trans*-Golgi network으로 이동하는 과정에 대해 설명할 것이다. 이러한 cisternal maturation 과정은 anterograde transport vesicle보다는 retrograde transport vesicle의 budding과 융

합에 의한 것이다.

COPII Vesicle이 ER에서 Golgi로의 수송을 매개한다

COPII vesicle은 yeast의 rough ER 막의 cell-free extract와 세포질 및 GTP의 nonhydrolyzable analog를 섞어 배양되었을 때 처음 확인되었다. ER 막에서 형성된 vesicle은 COPI vesicle과 유사한 독특한 coat를 가지고 있지만, *COPII protein*으로 알려진 다른 단백질로 구성되어 있다. COPII 단백질을 암호화하는 유전자는 rough ER에 단백질을 축적하는 class B *sec* mutation을 가진 yeast 세포의 분석을 통해 확인하였다(그림 14-5 참조).

앞서 설명한 바와 같이, COPII vesicle의 형성은 ER 막에 있는 GEF인 Sec12가 세포질에 있는 Sar1에 결합되어 있는 GDP를 GTP로 교환함으로 시작된다. 이러한 교환은 ER 막에 Sar1이 박히도록 하고, Sec23 및 Sec24 단백질 complex가 결합되도록 유도한다(그림 14-9 참조). 그 결과 만들어진 Sar1·GTP, Sec23, 그리고 Sec24 사이에 형성된 3차원적인 complex는 그림 14-13에 있다. 그런 다음, 이 core coat protein complex는 coat structure를 완성하기 위해서, 두 번째 complex인 Sec13 및 Sec31 단백질을 갖고 오기 위한 결합 부위를 제공한다. 순수 Sec13 및 Sec31 단백질이 자발적으로 새장과 같은 격자로 결합될 수 있기 때문에, Sec13 및 Sec31은 COPII vesicle의 구조적 골격을 형성한다고 생각된다(이 장의 도입부 그림에 있는 COPII vesicle model 참조). 마지막으로, ER의 세포질 표면에 결합하고 있는 *Sec16*이라고 불리는 큰 섬유성 단백질은 Sar1·GTP와 Sec13/31 및 Sec23/24로 구성된 complex와 상호작용하여 다른 coat 단백질을 coat 구성에 참여하게 함으로써 coat polymerization의 효율을 높인다.

특정 ER 막 단백질이 Golgi로 운반되기 위해 COPII vesicle에 선별되어 들어간다. 이러한 많은 단백질의 세포질 segment는 *di-acidic sorting signal* (이 sequence의 중요 잔기는 Asp-X-Glu, 또는 one-letter code로는 DXE 임)이다(표 14-2 참조). COPII coat의 Sec24 subunit에

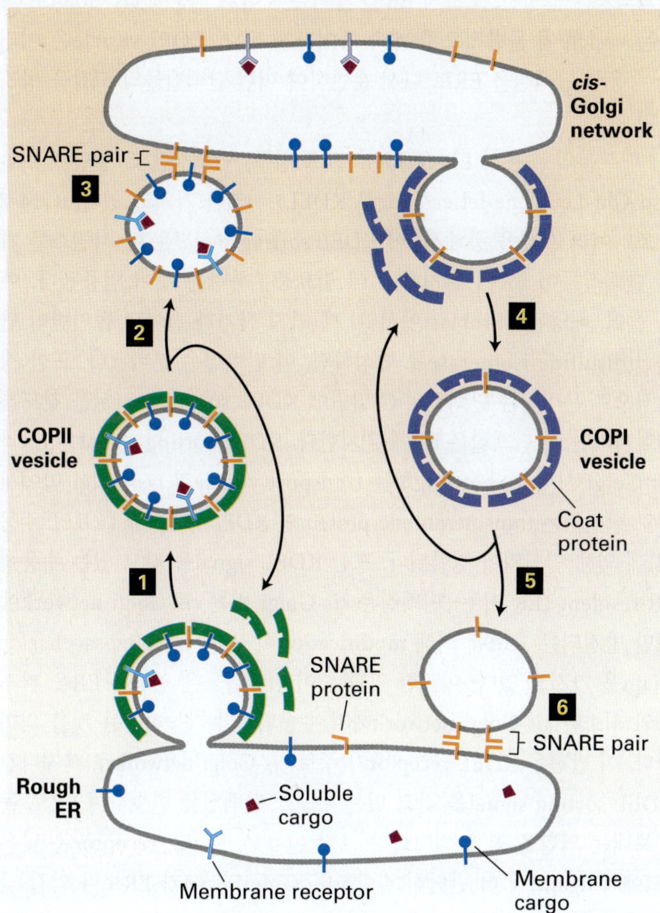

그림 14-12 ER과 *cis*-Golgi 사이의 Vesicle-mediated protein trafficking. 단계 1–3: 전방(anterograde) transport는 COPII vesicle에 의해 매개되는데, COPII vesicle은 ER 막의 수용성 COPII coat 단백질 복합체(녹색)의 중합에 의해 형성된다. ER 막에 v-SNARE (주황색)와 다른 화물 단백질(파란색)은 coat 단백질과의 상호작용에 의해 vesicle에 박힌다. 수용성 화물 단백질(자홍색)은 budding vesicle 막에 있는 적절한 receptor에 결합함으로써 모집된다. Coat가 해체되어 나오는 자유로운 coat 복합체는 재사용하고 vesicle 표면에 v-SNARE 단백질을 노출시킨다. Uncoated vesicle은 Rab 매개 과정에 의해 *cis*-Golgi 막에 붙고, 노출된 v-SNARE와 Golgi 막의 연관된 t-SNARE 사이의 결합을 통해 막 융합을 가능하게 하여 vesicle의 내용물을 *cis*-Golgi 안으로 방출한다(그림 14-10 참조). 단계 4–6: COPI 단백질(보라색)로 coat된 vesicle에 의해 매개되는 역행(retrograde) transport는 막 bilayer와 v-SNARE 및 잘 못 sort된 ER-resident protein (그림에 나타내지 않음)과 같은 특정 단백질을 *cis*-Golgi에서 ER로 되돌려 보내 재사용한다. 모든 SNARE 단백질은 주황색으로 표시되어 있지만, v-SNARE와 t-SNARE는 별개의 단백질이다.

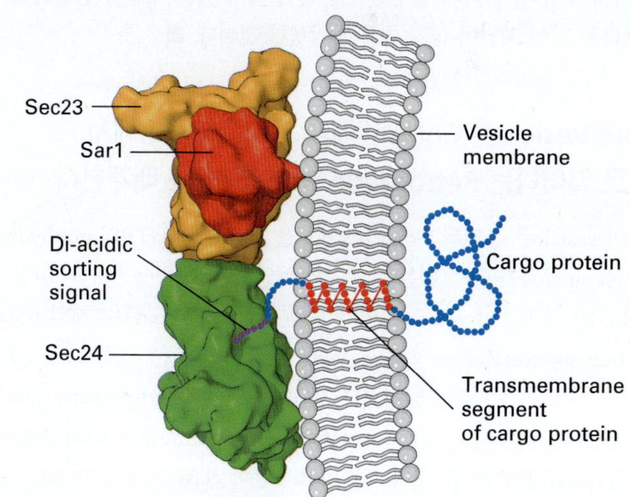

그림 14-13 COPII coat 단백질 Sec23, Sec24 및 Sar1·GTP로 구성된 복합체의 3차원 구조. COPII coat 형성 초기에 Sec23 (주황색)/Sec24 (녹색) complex는 GTP 결합된 상태의 Sar1 (빨간색)에 의해 ER 막에 모집된다. ER 막에 있는 화물 단백질은 화물 단백질의 세포질쪽 domain에 있는 tripeptide di-acidic sorting signal (보라색)과 Sec24와의 상호작용에 의해서 COPII vesicle에 담겨질 수 있다. COPII vesicle 막과 화물 단백질의 transmembrane segment가 표시되어 있다. Sar1을 막에 박는 N-terminal segment는 그림에 나타내지 않았다. [Republished with permission from *Nature*, from X. Bi et al., 2002, "Structure of the Sec23/24-Sar1 Prebudding Complex of the COPII Vesicle Coat," *Nature* **419**(6904):271–277; permission conveyed through the Copyright Clearance Center, Inc.]

결합하는 이 sorting signal은 ER로부터 특정 막 단백질을 선별하여 내보내는 데 필수적이다(그림 14-12 참조). 생화학 및 유전학 연구를 통해 막 화물 단백질을 COPII vesicle로 들어가게 하는 데 도움이 되는 추가 signal을 확인했다. 알려진 모든 sorting signal은 COPII의 Sec24 subunit에 있는 하나 또는 다른 부위에 결합한다. 수용성 화물 단백질이 COPII vesicle에 어떻게 선택적으로 들어가는지를 결정하고자 하는 연구가 현재 진행 중이다.

유전병인 cystic fibrosis는 폐의 epithelial cell이 chloride와 sodium ion을 균형을 맞춰 transport하지 못해 체액이 축적되고 호흡곤란으로 이어지는 특징을 갖고 있다. Cystic fibrosis는 *CFTR*로 알려진 단백질에 돌연변이가 일어나 발병하는데, 이 단백질은 ER에서 내재성 막 단백질로 합성되어 Golgi로 운반된 후 epithelial cell의 세포막으로 운반되어 chloride channel로 기능한다. 연구자들은 최근 CFTR 단백질이 COPII vesicle coat의 Sec24 subunit에 결합하는 di-acidic sorting signal을 갖고 있으며, ER로부터 CFTR 단백질을 운반하는 데 필요하다는 것을 밝혔다. 가장 일반적인 CFTR 돌연변이는 단백질 서열 508번째에 위치한 phenylalanine이 삭제($\Delta F508$로 알려짐)된 것이다. 이 돌연변이는 ER로부터 budding하는 COPII vesicle로 CFTR이 들어가는 것을 막음으로써 정상적으로 세포막으로 운반되는 것을 막는다. ΔF508 돌연변이를 가진 CFTR 단백질이 ER quality-control machinery를 작동시키지만, 이 돌연변이를 가진 구조를 잡은 CFTR은 여전히 정상적인 chloride 채널로서 여전히 기능할 수 있나. 그러나 믹으로 절대 가지 못한다; 따라서 발병된 이유는 결함이 있는 채널이 만들어졌다기보다는 막에 채널이 없기 때문에 발생한 것이다. ■

COPI Vesicle은 Golgi 내에서 그리고 Golgi에서 ER로 일어나는 Retrograde Transport를 매개한다

COPI vesicle은 분리된 Golgi fraction을 세포질 및 GTP의 nonhydrolyzable analog가 들어 있는 용액에서 배양했을 때 처음 발견되었다(그림 14-10 참조). 이 vesicle들의 후속 분석에 의해 coat는 7개의 polypeptide subunit으로 구성된 *coatomer*라고 불리는 큰 세포질 complex로부터 형성된다는 것이 밝혀졌다. COPI 단백질에 temperature-sensitive mutation을 갖고 있는 yeast 세포는 nonpermissive temperature일 때 rough ER에 단백질이 축적되기 때문에 class B *sec* mutant로 분류된다(그림 14-5 참조). 비록 이 돌연변이가 처음 발견되었을 때 COPI vesicle들이 ER-to-Golgi transport를 매개한다고 제안했지만, 후속 실험들을 통해 COPI vesicle의 주요 기능은 Golgi cisternae 사이에서 그리고 *cis*-Golgi에서 rough ER로 수송하는 retrograde transport라는 것을 알게 되었다(그림 14-12 오른쪽 참조). COPI 돌연변이는 주요 막 단백질이 rough ER로 다시 돌아가 재사용될 수 없기 때문에, COPII vesicle의 형성에 필요한 v-SNARE와 같은 ER 단백질은 ER에서 점차 고갈된다. 결국 rough ER에서 vesicle 형성은 서서히 멈추게 된다; 분비단백질은 계속해서 합성되지만 ER에 축적되며, 이는 class B *sec* mutant의 특징으로 정의되어 있다. COPI 또는 COPII vesicle의 기능에 문제가 생긴 *sec* mutation은 결국 anterograde transport와 retrograde transport를 동시에 막아버리며, 이는 이 두 transport process가 근본적으로 상호 의존하고 있다는 것을 분명하게 보여준다.

13장에서 논의된 바와 같이, ER은 새로 합성된 분비단백질의 folding과 modification에 특화된 여러 수용성 단백질을 갖고 있다. 이들은 chaperone BiP와 disulfide isomerase 등이며, 이들은 ER이 역할을 수행하는 데 필요하다. 이러한 ER-resident luminal protein (ER lumen에 있으면서 기능을 수행하는 단백질)은 COPII vesicle에 의해 특별히 선택되지는 않지만, 오로지 ER에 많이 존재하기 때문에 *cis*-Golgi로 향하는 vesicle에 돌발적으로 계속 들어가게 된다. COPI vesicle은 이러한 수용성 단백질을 ER로 다시 운반하여 이런 단백질들의 고갈을 방지한다.

대부분의 수용성 ER-resident (ER 거주) 단백질은 C-말단에 Lys-Asp-Glu-Leu (one-letter code로 KDEL) 서열을 가지고 있다(표 14-2 참조). 여러 실험을 통해서, 이 *KDEL sorting signal*은 이 시퀀스를 가진 단백질들이 ER에 위치하는 데 필요충분하다는 것이 입증됐다. 예를 들어, 배양된 fibroblast에서 이 네 가지 잔기가 결여된 돌연변이 단백질 disulfide isomerase를 합성하면, 이 단백질은 분비된다. 또한 정상적으로 분비되는 단백질의 C-말단에 KDEL sorting signal을 갖도록 변형시키면 이 단백질은 ER에 위치한다. KDEL sorting signal은 ER과 *cis*-Golgi 사이를 shuttling하는 transport vesicle과 *cis*-Golgi 막에서 주로 발견되는 transmembrane protein인 *KDEL receptor* (*KDEL* 수용체)에 의해 인식되어 결합된다. 또한 KDEL signal을 갖고 있는 수용성 ER-resident (ER 거주) 단백질은 *cis*-Golgi 또는 *cis*-Golgi network에서만 발견되는 효소에 의해 modification이 변형되는 oligosaccharide chain을 가지고 있다; 이러한 결과는 이 단백질들은 언젠가 ER을 빠져나와 최소한 *cis*-Golgi network까지 수송되어야 가능하다는 것을 의미한다. 이 발견은 KDEL receptor가 주로 *cis*-Golgi network로 빠져나간 KDEL sorting signal을 갖고 있는 수용성 단백질을 회수하여 ER로 돌려보내는 역할을 함을 의미한다(그림 14-14). KDEL receptor는 낮은 pH에서 ligand에 더 단단히 결합하며, Golgi의 pH가 ER보다 약간 낮기 때문에 receptor는 *cis*-Golgi에서 KDEL peptide와 결합하고 ER에서 이 peptide를 되돌려 놓을 수 있다고 생각된다.

KDEL receptor 및 Golgi로부터 다시 ER로 운반되는 다른 막 단백질들은 세포질을 향하는 C-말단 부분의 맨 끝에 Lys-Lys-X-X 서열을 갖고 있다(표 14-2 참조). COPI α와 β subunit complex (COPI coatomer에 있는 7개의 polypeptide subunit 중 2개)에 결합하는 이 *KKXX sorting signal*은 막 단백질을 COPI vesicle에 들어오게 하여 ER로 retrograde transport하는 데 필요하고 충분하다. COPI α 또는 COPI β가 결핍된 temperature-sensitive yeast mutant는 KKXX signal에 결합할 수 없을 뿐만 아니라 이 signal을 가진 단백질을 ER로 다시 운반할 수 없으며, 이는 COPI vesicle이 Golgi-to-ER retrograde transport를 매개한다는 것을 의미한다.

단백질을 COPI vesicle로 target하고 Golgi에서 ER로 재사용하

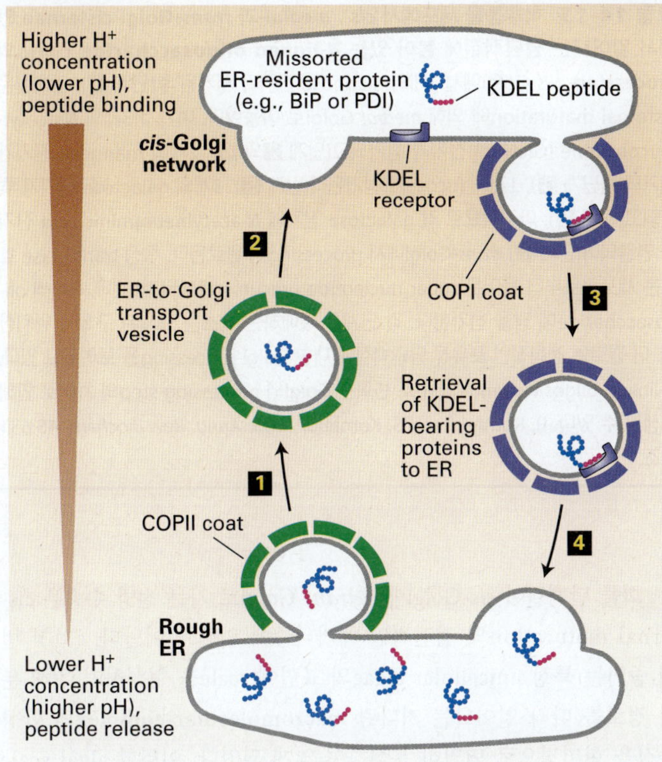

그림 14-14 Golgi로부터 ER-resident luminal protein (ER 상주 내강 단백질)을 회수하는 KDEL receptor의 역할. ER lumen에 있는 단백질, 특히 높은 농도로 존재하는 단백질은 수동적으로 COPII vesicle에 담겨져 Golgi로 운반될 수 있다 (단계 1과 2). 그러한 많은 단백질은 회수되는 신호로 작용하는 C-terminal KDEL (Lys-Asp-Glu-Leu) sequence (빨간색)를 가지고 있다. 주로 *cis*-Golgi network와 COPII와 COPI vesicle에 위치하는 KDEL receptor는 KDEL 분류 신호를 가진 단백질과 결합하여 ER (단계 3과 4)로 다시 갖고 온다. 이 회수 시스템은 새로 만들어진 분비단백질의 적절한 접힘에 필요한 ER lumen에 있는 단백질이 없어지는 것을 방지한다. KDEL receptor의 결합 친화력은 pH에 매우 민감하다. ER과 Golgi 사이의 작은 pH 차이는 KDEL을 갖고 있는 단백질이 Golgi에서 만들어진 vesicle의 receptor에 더 잘 결합하고 ER에서 방출되게 한다. J. Semenza et al., 1990, *Cell* **61**:1349 참조.

게 하는 두 번째 sorting signal은 di-arginine sequence이다. 단백질의 세포질 쪽 C-말단에 있는 KKXX sorting signal과 달리, di-arginine sorting signal은 막 단백질의 막의 세포질 표면 쪽에 어떤 부분에 있어도 된다.

ER과 Golgi complex 사이에 단백질이 분배되는 것은 COPII (anterograde) vesicle과 COPI (retrograde) vesicle이 서로의 기능에 필요한 구성 요소를 재사용할 수 있게 하는 역할을 담당함으로써 이 모두가 관여하는 매우 역동적인 과정이다. 이 분배 과정이 일어나는 구성은 흥미로운 수수께끼이다: 어떻게 vesicle은 재사용되어 donor 막과 융합하려 하는 v-SNARE 대신 올바른 target 막과의 융합하려 하는 v-SNARE를 우선적으로 사용하는가?

올바른 막 partitioning에 관한 이 기본적인 질문은 최근 COPII vesicle에서 답을 찾게 되었다. 이러한 vesicle이 형성된 후, COPII coat 단백질은 Sec23/Sec24 complex가 *cis*-Golgi 막에 부착된 특정 tethering factor와 상호작용할 수 있을 만큼 충분히 오랫동안 조립된 상태로 남아 있다. v-SNARE를 노출시키기 위한 vesicle uncoating은 COPII vesicle이 *cis*-Golgi 막과 가깝게 붙은 후에만 완료되고, COPII v-SNARE는 연관된 t-SNARE와 complex를 형성하는 위치에 있게 된다. 비록 COPII vesicle은 *cis*-Golgi로 다시 돌아가는 COPI-specific v-SNARE 단백질 또한 갖고 있지만, ER에 위치하는 t-SNARE 단백질을 인지하여 SNARE compex를 형성하는 이러한 COPI v-SNARE 단백질은 결코 *cis*-Golgi에서 SNARE complex를 형성하지 못한다.

Cisternal Maturation에 의해 Golgi에서 Anterograde Transprt가 일어난다

Golgi complex는 3개의 구획으로 구성되어 있으며, 종종 *cisternae*라고 불리는 납작한 주머니가 쌓인 세트로 되어 있다. Golgi의 각 구획에는 서로 다른 효소가 존재한다. 많은 효소들은 Golgi complex를 통과하는 동안 분비단백질에 부착된 *N*-linked 또는 *O*-linked carbohydrate를 변형하는 데 관여하는 glycosidase와 glycosyltransferase이다. 전체적으로 Golgi complex는 조립 라인과 매우 비슷하게 작동하는데, 각 구획은 이전 구획에서 변형된 탄수화물 사슬을 받아 다음 구획의 modifying 효소가 기질로 사용하는 조립 스테이션 역할을 한다. (그림 14-15는 modification 단계의 대표적인 순서를 보여준다.)

수년 간, Golgi complex는 작은 transport vesicle들이 *cis*-Golgi에서 *medial*-Golgi로, 다시 *medial*-Golgi에서 *trans*-Golgi로 분비단백질을 전방으로 운반하는 정적 구획 세트라고 생각되었다. 실제로 전자현미경을 통해 관찰하면 Golgi complex 주변에 많은 작은 vesicle들이 한 Golgi 구획에서 다른 Golgi 구획으로 단백질을 이동시키는 것으로 보인다(그림 14-16). 그러나 전자현미경 사진은 정지된 구조의 이미지만 제공할 뿐 transport vesicle의 이동 방향을 보여줄 수 없다. 우리는 이제 Golgi complex 근처의 작은 vesicle들이 실제로 retrograde direction으로 움직이고, 뒤에 있는 구획에서 ER 또는 Golgi 효소를 회수하며, 분비 경로를 통해 이전에 있는 구획으로 운반한다는 것을 알게 되었다. 따라서 Golgi는 retrograde direction으로만 transport vesicle을 계속 형성하고 있는 매우 역동적인 구조를 가지고 있는 것으로 보인다. 이러한 retrograde transport가 Golgi organization에 미치는 영향을 알려면, *medial*-Golgi 구획의 효소가 *cis*-Golgi 구획으로 이동하는 한편 *trans*-Golgi 구획의 효소가 *medial*-Golgi 구획으로 이동하는 것이 *medial*-Golgi 구획에 미치는 순효과를 생각해보자. 이 과정이 지속되면, *medial*-Golgi는 자신의 효소를 잃어버리지만 *trans*-Golgi로부터 효소를 얻어서 점차 새로운 *trans*-Golgi 구획으로 변한다. 이러한 방법으로 분비되는 화물 단백질은 anterograde vesicle transport에 의해 하나의 cisterna에서 다른 cisterna로 움직이지 않고도 적절한 순서에 따라 carbohydrate modification을 받을 수 있다.

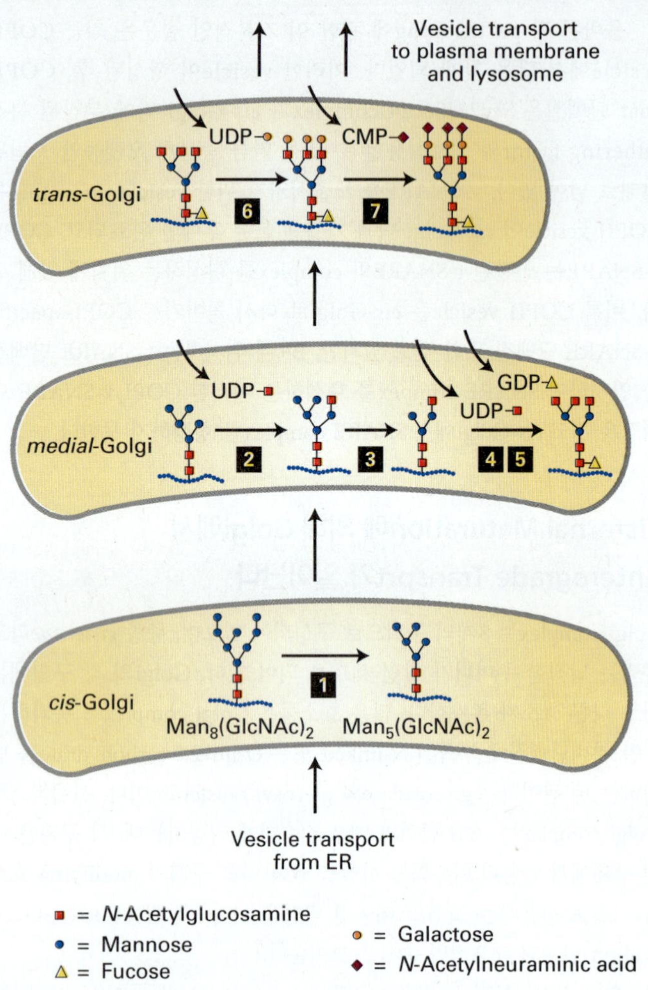

그림 14-15 척추동물 세포에서 *cis-*, *medial-*과 *trans*-Golgi cisternae 안에서 일어나는 당단백질에 붙어 있는 *N*-linked oligosaccharide chain의 processing. *Cis*-Golgi에서 3개의 mannose 잔기가 제거된 후(단계 **1**), 단백질은 cisternal maturation에 의해 *medial*-Golgi로 이동한다. 여기서 3개의 *N*-acetylglucosamine (GlcNAc) 잔기가 첨가되고(단계 **2**와 **4**), 2개의 mannose 잔기가 제거되며(단계 **3**), 1개의 fucose가 첨가된다(단계 **5**). 3개의 galactose 잔기가 추가되고(단계 **6**), 마지막으로 각 galactose 잔기에 *N*-acetylneuraminic acid 잔기가 연결되어(단계 **7**) *trans*-Golgi에서 processing이 완료된다. 특정 transferase 효소는 세포질로부터 들어온 sugar nucleotide precursor로부터 한 번에 하나씩 oligosaccharide에 당을 첨가한다. 각 단계를 촉매하는 효소는 표시된 구획에 위치한다. 이 경로는 전형적인 포유류 당단백질에 대한 Golgi processing을 보여주고 있다. *N*-linked oligosaccharide의 구조 변화는 Golgi의 processing step의 차이로 인해 발생할 수 있다. R. Kornfeld and S. Kornfeld, 1985, *Annu. Rev. Biochem.* **45**:631 참조.

화물 단백질이 *cis*-Golgi에서 *trans*-Golgi로 가는 전방 수송은 cisternal maturation의 점진적인 메커니즘에 의해 일어난다. 그 첫 번째 증거는 특정 unicellular algae의 표면에 scale을 형성하기 위해 분비 경로를 따라 일어나는 커다란 macromolecular complex의 합성 과정을 현미경으로 면밀히 분석하여 얻게 되었다. 이러한 algal scale은 *cis*-Golgi에서 당단백질이 전자현미경으로 볼 수 있는 크고 조밀한 complex로 조립된다. 다른 분비단백질과 마찬가지로 새로 만들어진 scale은 *cis*-Golgi에서 *trans*-Golgi로 이동하지만, Golgi cisternae에서 bud되는 transport vesicle에서는 관찰되지 않았다. 추가 실험에서 Golgi를 통해서 커다란 화물 분자가 이동할 때 화물이 transport

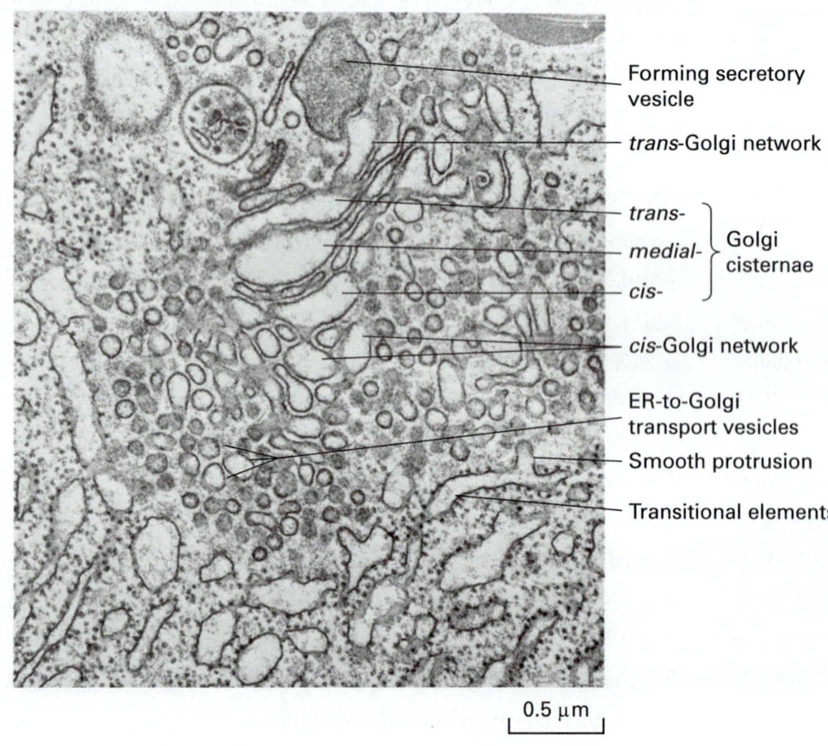

실험 그림 14-16 췌장 acinar cell의 Golgi complex의 전자현미경 사진으로는 anterograde-moving COPII transport vesicle과 retrograde-moving COPI transport vesicle을 구별하기 어렵다. Rough ER은 이 사진의 왼쪽과 아래쪽에 있다. Rough ER에 매끄러운 bud가 생성되고 있는 것처럼 보이기도 한다. 이 bud는 작은 COPII vesicle을 형성하여 분비단백질을 anterograde direction인 rough ER에서 Golgi complex 방향으로 운반한다. Golgi cisternae 사이에는 COPII vesicle과 유사한 외관을 가진 작은 vesicle들이 퍼져 있지만, 이 transport vesicle은 COPI coat를 갖고 있으며 현재는 그 역할이 retrograde direction으로 Golgi 상주 효소를 Golgi 구획 사이로 운반하는 것으로 알려져 있다. 커다란 anterograde secretory vesicle들이 *trans*-Golgi network에서 형성되는 것을 볼 수 있다. [George Palade.]

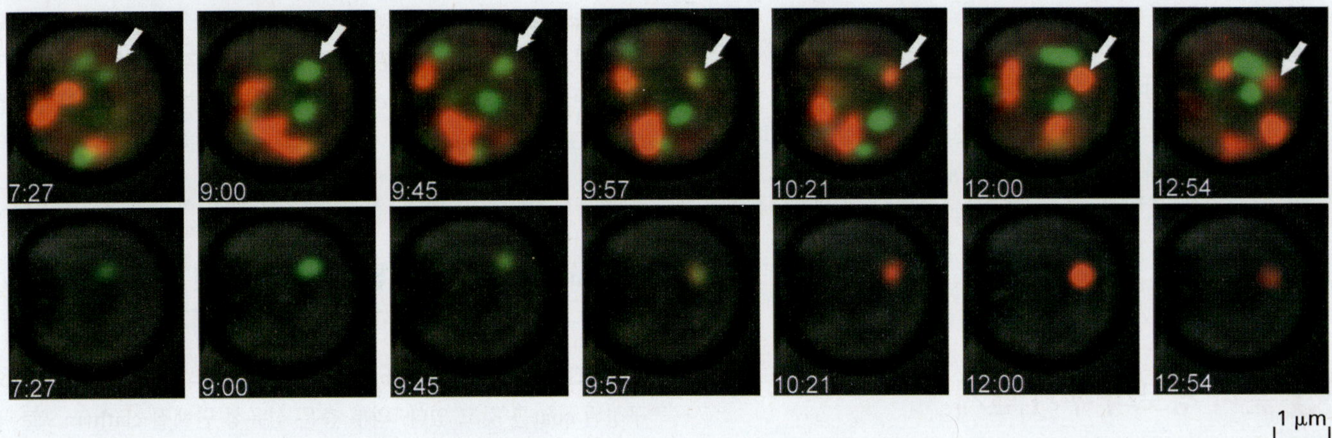

실험 그림 14-17 Fluorescence-tagged 융합 단백질을 사용하여 살아있는 yeast 세포에서 Golgi cisternal maturation을 확인하였다. GFP (녹색 형광)에 연결된 초기 Golgi 단백질 Vrg4와 DsRed (빨간색 형광)에 연결된 후기 Golgi 단백질 Sec7을 발현하는 yeast 세포를 time-lapse microscopy로 촬영하였다. 약 1분 간격으로 촬영된 상단 영상 시리즈에는 Golgi cisternae가 표시되며, 이 Golgi cisternae는 Vrg4 또는 Sec7 중 하나로 label되어 있다. 하단 영상 시리즈는 상단 영상 시리즈에서 흰색 화살표로 표시된 Golgi cisternae만 보이도록 디지털 처리되었다. 처음에는 Vrg4-GFP만 분리된 cisternae에 위치하고, 이 구획에 두 단백질이 짧은 순간 동시에 위치하며, 나중에는 Sec7-DsRed만 분리된 cisternae에 위치한다. 이 실험은 개별 cisternae의 구성이 early Golgi 단백질이 사라지고 late Golgi 단백질을 획득하는 것으로 특징지어지는 성숙 과정을 따른다는 것을 보여주는 cisternal maturation 가설을 직접 입증하는 것이다. [Republished with permission from *Nature*, from E. Losev et al., 2006, "Golgi Maturation Visualized in Living Yeast," *Nature* **441**:1002–1006; permission conveyed through Copyright Clearance Center, Inc.]

vesicle에 들어가지 않고도 일어날 수 있다는 사실이 동물 세포에서 합성된 collagen의 이동에서도 관찰되었다. Fibroblast에서 procollagen precursor의 커다란 aggregate는 종종 *cis*-Golgi의 lumen에서 형성된다. Procollagen aggregate는 너무 커서 작은 transport vesicle에 들어갈 수 없으며, aggregate를 담고 있는 transport vesicle을 결코 찾을 수 없었다. 이러한 관찰은 하나의 Golgi 구획에서 다른 구획으로 분비되는 단백질의 forward movement는 작은 vesicle을 통해 일어나지 않는다는 것을 보여준다.

Yeast를 사용하여 cisternal maturation이 일어나고 있다는 아주 정교한 실험을 수행하였다. 이 실험에서 2개의 다른 Golgi 단백질을 동시에 영상화하기 위해서 다른 색상의 fluorescent label을 이용하여 보여주었다. 그림 14-17은 녹색 형광 단백질로 표지된 *cis*-Golgi resident protein과 적색 형광 단백질로 표지된 *trans*-Golgi resident protein이 하나의 yeast 세포에서 어떻게 동작하는지 보여준다. 언제나 개별 Golgi cisternae는 *cis*-Golgi 단백질 또는 *trans*-Golgi 단백질을 갖고 있지만 두 단백질을 동시에 갖고 있는 경우는 거의 없다는 점에서 뚜렷한 구획의 정체성을 갖는 것으로 보인다. 그러나 시간이 지남에 따라서 *cis*-Golgi 단백질로 표지된 개별 cisterna는 점진적으로 이 단백질을 잃고 *trans*-Golgi 단백질을 획득하는 것을 볼 수 있다. 이 동작은 Golgi resident protein이 뒤에 있는 Golgi 구획에서 이전 Golgi 구획으로 이동함에 따라서 개별 cisterna의 구성이 변하는 cisternal maturation model에 의해 정확히 예측된 것이다.

대부분의 단백질 traffic은 cisternal maturation mechanism에 의해 Golgi complex를 통해 이동하지만, Golgi 막에서 bud되는 COPI transport vesicle에서 적어도 일부 화물 단백질이 검출된다는 증거가 있다. 이러한 관측은 화물을 anterograde direction으로 이동시키는 COPI transport vesicle의 subset이 있음을 시사한다.

14.3절의 주요 개념

분비 경로의 초기 단계

- COPII vesicle은 단백질을 rough ER에서 *cis*-Golgi로 운반한다; COPI vesicle은 단백질을 반대 방향으로 운반한다(그림 14-12 참조).
- COPII coat는 세 가지 주요 요소로 구성된다; small GTP-binding protein Sar1, Sec23/Sec24 complex, Sec13/Sec31 complex.
- COPII coat의 구성 요소는 세포질 쪽에 di-acidic signal 또는 다른 sorting signal을 갖고 있는 막 화물 단백질과 결합한다(그림 14-13 참조). 수용성 화물 단백질은 아마도 막 단백질 receptor에 결합함으로써 COPII vesicle에 들어갈 것이다.
- 많은 수용성 ER-resident protein은 KDEL sorting signal을 갖고 있다. 이 retrieval sequence가 *cis*-Golgi 막에 있는 특정 receptor 단백질과 결합하면 잘못 분류된 ER 단백질을 retrograde COPI vesicle에 들어가게 한다(그림 14-14 참조).
- COPII vesicle의 형성에 필요한 막 단백질은 COPI vesicle에 의해 *cis*-Golgi로부터 회수될 수 있다. 막 단백질을 COPI vesicle로 유도하는 sorting signal 중 하나는 KKXX sequence로, COPI coat의 subunit에 결합한다. 또 다른 di-arginine sorting signal이 유사한 메커니즘으로 작동한다.

- 또한 COPI vesicle은 Golgi complex의 뒤에 있는 구획에서 앞 쪽에 있는 구획으로 Golgi-resident protein을 운반한다.
- 수용성 단백질과 막 단백질은 anterograde transport 과정인 cisternal maturation에 의해 Golgi complex를 통과하며, 이 과정은 COPI vesicular transport에 의해 retrograde direction으로 이동하는 resident Golgi enzyme에 의존하게 된다.

14.4 분비 경로의 후기 단계

화물 단백질이 cisternal maturation에 의해 *cis*-Golgi에서 *trans*-Golgi로 이동함에 따라, oligosaccharide chain이 Golgi-resident enzyme에 의해 modification된다. COPI vesicle이 뒤에 있는 Golgi 구획에서 그 전에 있는 Golgi 구획으로 retrograde trafficking하게 되므로, 이러한 carbohydrate-modifying enzyme은 적절한 Golgi 구획에 충분한 수준으로 존재하게 한다. 적절하게 가공된 화물 단백질이 Golgi 구획의 가장 끝에 있는 *trans*-Golgi network에 도달하게 된다. 여기서 단백질들은 최종 목적지로 배달되기 위해 여러 종류의 vesicle로 분류된다. 세포막, endosome, lysosome과 같은 각각의 target 목적지는 고유한 lipid와 막 단백질 구성을 가지고 있으며, 이러한 각각의 소기관들이 고유한 성질을 갖도록 *trans*-Golgi network에서 기본적으로 분류된다. 이 절에서는 *trans*-Golgi network에서 bud되는 다양한 종류의 vesicle, 그 안에 들어 있는 화물 단백질을 분리하는 메커니즘, 후기 분비 경로에서 일어나는 주요한 processing event에 대해 설명하겠다. 이 절에서 설명하는 *trans*-Golgi에서 bud되는 여러 종류의 vesicle은 그림 14-18에 요약되어 있다.

Clathrin과 Adapter 단백질로 구성된 Vesicle은 *trans*-Golgi로부터의 Transport를 매개한다

Trans-Golgi network에서 bud되는 가장 잘 알려진 vesicle은 두 층으로 구성된 coat를 갖고 있다: 외부 층은 섬유성 단백질 clathrin으로 구성되어 있고, 내부 층은 **adapter protein (AP) complex**로 구성되어 있다. 3개의 팔을 갖고 있는 형태를 띤 정제된 clathrin 분자는 그리스어로 "3개의 다리"를 의미하는 *triskelion*으로 불린다(그림 14-19a). 각 팔은 하나의 clathrin heavy chain (180 kDa)과 하나의 clathrin light chain (~35–40 kDa)으로 구성된다. Triskelion은 고유한 곡률을 갖는 다각형 격자를 형성하기 위해 polymerize된다(그림 14-19b). Clathrin이 donor 막에서 polymerize될 때, AP complex와 결합됨으로써 clathrin 격자와 막 사이의 공간을 채운다. 각 AP complex (340 kDa)는 4개의 서로 다른 adapter subunit 단백질을 각각 하나씩을 갖고 있다. Triskelion의 clathrin heavy chain 끝에 있는 globular domain과 AP complex의 한 subunit 사이의 특별한 결합은 clathrin triskelion과 AP complex

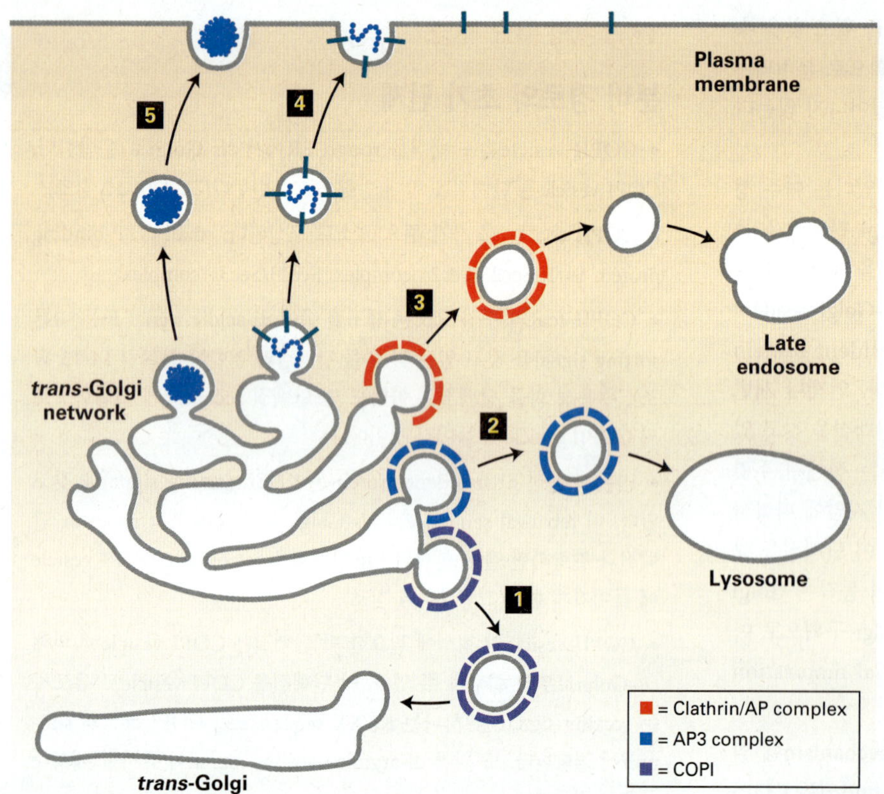

그림 14-18 *Trans*-Golgi network에서 일어나는 vesicle-mediated protein trafficking. COPI (보라색) vesicle은 Golgi 내에서 일어나는 retrograde transport를 매개한다(**1**). Lysosome의 lumen 또는 막에서 기능하는 단백질은 먼저 *trans*-Golgi network에서 AP complex와 clathrin으로 coat된 vesicle (빨간색)을 통해 운반된다(**2**); uncoating 후 이 vesicle들은 late endosome과 융합하고, late endodome은 그 내용물을 전달한다. *Trans*-Golgi에서 만들어진 어떤 vesicle들은 lysosome으로 가야 하는 화물을 late endosome을 우회하여 lysosome과 직접 융합되게 한다(**3**). 이 vesicle은 AP3 복합체(파란색)로 coat되어 있다; 이 vesicle이 clathrin도 포함하고 있는지는 잘 모른다. Constitutive (**4**)와 regulated (**5**) secretory vesicle을 둘러싸고 있는 coat 단백질이 어떤 것인지는 아직 잘 모른다; 이 vesicle들은 *trans*-Golgi network으로부터 세포 표면으로 분비단백질과 세포막 단백질을 운반한다.

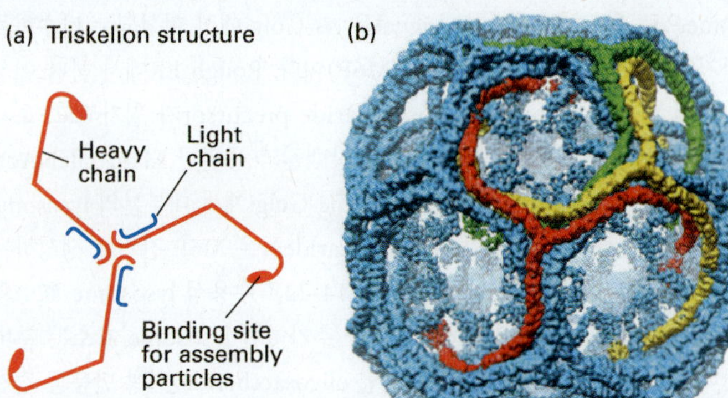

그림 14-19 Clathrin coat의 구조. (a) *Triskelion*이라 불리는 clathrin 분자는 3개의 heavy chain과 3개의 light chain으로 구성된다. Heavy chain의 구부러짐으로 인해 고유한 곡면을 형성한다. (b) 막이 없는 상태에서 정제된 clathrin heavy chain과 light chain을 AP2 복합체에 섞어주면 *in vitro*에서 clathrin coat가 형성된다. 1,000개 이상의 조립된 육각형 clathrin barrel particle의 cryoelectron micrograph를 디지털 영상처리로 분석하여 평균적인 구조적인 모습을 생성했다. 처리된 이미지는 36개의 triskelion으로 구성된 구조의 clathrin heavy chain만을 보여주고 있다. 세 가지 대표적인 triskelion을 빨강, 노랑, 초록으로 강조하였다. clathrin cage 내부에 들어찬 AP2 복합체 중 일부도 이 이미지에서도 볼 수 있다. B. Pishvaee and G. Payne, 1998, *Cell* **95**:443 참조. [Part (b) Republished with permission from Nature, from A. Fotin et al., 2004, "Molecular Model for a Complete Clathrin Lattice from Electron Cryomicroscopy," *Nature* **432**:573–579; permission conveyed through Copyright Clearance Center, Inc.]

가 함께 조립되는 것을 촉진하고, 완성된 vesicle coat에 안정성을 더해준다.

Adapter 단백질은 막 단백질의 세포질 쪽에 결합함으로써 만들어지고 있는 transport vesicle에 어떤 화물 단백질을 선택적으로 받아들일지를 결정한다. 따라서 후기 분비 경로에서 작동하는 다양한 adapter 단백질 complex는 그들이 선택하는 화물 단백질의 종류와 그들이 매개하는 특정 transport step에 따라 분류될 수 있다(표 14-1 참조). 세 가지 다른 AP complex (AP1, AP2, AP3)가 알려져 있으며, 각각은 관련은 있지만 서로 다른 단백질 4개의 subunit을 가지고 있다. *GGA*로 알려진 두 번째 일반적인 유형의 adapter 단백질은 70 kDa인 single polypeptide로 구성된다. 이 monomeric adapter 단백질은 훨씬 더 큰 hetero-tetrameric AP complex에서 발견되는 것과 유사한 clathrin과 cargo-binding element를 모두 갖고 있는 것으로 보인다. 이러한 complex로 구성된 coat를 갖고 있는 모든 vesicle은 ARF를 사용하여 donor 막에서 coat 조립을 시작한다. 앞서 설명했듯이, ARF는 COPI coat 조립도 시작한다. ARF 부착 후 어떤 유형의 coat가 조립될지 결정하는 추가적인 막 특징이나 단백질 factor는 현재 잘 알려지지 않고 있다.

Late endosome을 거쳐서 lysosome으로 이동하는 *trans*-Golgi network에서 bud된 vesicle은 AP1 또는 GGA와 결합한 clathrin coat를 가지고 있다(그림 14-18, **3** 참조). Vesicle coat에 있는 AP1 subunit 중 하나는 Tyr-X-X-Φ sequence를 갖고 있는 막 단백질과 결합한다. 이 *YXXΦ sorting signal*을 가진 단백질은 *trans*-Golgi network에서 bud되는 clathrin/AP1-coated vesicle로 들어간다. 다음 절에서 설명하겠지만, endocytosis 동안 세포막에서 bud되는 clathrin/AP2 coat를 가진 vesicle 또한 YXXΦ sorting signal을 인식할 수 있다. GGA 단백질과 clathrin으로 coat된 vesicle은 Asp-X-Leu-Leu-Leu 및 Asp-Pe-Gly-X-Φ sequence와 같은 다른 종류의 sorting sequence를 갖고 있는 화물 분자와 결합한다.

Trans-Golgi network에서 bud된 일부 vesicle은 AP3 complex로 구성된 coat를 가지고 있다. AP3 complex가 AP1 및 AP2 complex와 유사한 clathrin 결합 부위를 갖고 있지만, clathrin 결합 부위가 없는 돌연변이 버전의 AP3이 완전히 작동하는 것으로 보이기 때문에 clathrin이 AP3로 만들어진 vesicle의 기능에 필요한지는 명확하지 않다. AP3-coated vesicle은 lysosome으로의 trafficking을 매개하는데, late endosome을 우회하여 lysosome 막과 직접 융합하는 것으로 보인다(그림 14-18, **2** 참조). 특정 유형의 세포에서 이러한 AP3 vesicle은 lysosome과 관련된 specialized storage 구획으로 단백질 수송을 매개한다. 예를 들어, AP3은 피부 세포의 검은 색소 melanin을 갖고 있는 melanosome에 단백질을 전달하고 수십 개의 platelet으로 쪼개지는 큰 세포인 megakaryocyte에 platelet (혈소판) storage vesicle을 전달하기 위해 필요하다. AP3의 두 가지 다른 subunit 중 하나에 돌연변이가 있는 생쥐는 비정상적인 피부 색소를 가지고 있을 뿐만 아니라 출혈 장애를 보인다. 후자는 platelet이 혈관의 찢어진 곳을 복구하기 위해서는 정상적인 storage vesicle이 필요하기 때문에 발생한다.

Clathrin-Coated Vesicle이 떨어져 나오기 위해 Dynamin이 필요하다

우리가 아직 언급하지 않은 transport vesicle 형성의 기본 가운데 하나는 vesicle이 어떻게 donor 막에서 떨어져 나오는가 이다. Clathrin-coated vesicle의 경우, **dynamin**이라고 불리는 세포질 단백질이 완성된 vesicle이 떨어져 나가는 데 반드시 필요하다. Bud가 형성되는 후기에 dynamin은 bud의 목 부분을 중심으로 polymerization되고 GTP를 가수분해한다. GTP 가수분해로부터 방출된 에너지는 vesicle이 떨어져 나갈 때까지 목 부분이 늘어지도록 dynamin의 구조 변화를 유발하는 것으로 생각된다(그림 14-20).

가수분해되지 못하는 GTP derivative를 처리한 세포 추출물을 배양하여 endocytosis 동안 clathrin/AP2-coated vesicle이 떨어져 나가는 데에 dynamin이 매우 중요하다는 결정적인 증거를 찾아냈다. 이러한 처리는 polymeric dynamin으로 둘러싸여 매우 긴 목을 가진 clathrin-coated vesicle이 만들어지지만 떨어져 나가지는 못한다(그림 14-21). 마찬가지로, GTP와 결합할 수 없는 돌연변이 형태의 dynamin을 발현하는 세포도 clathrin-coated vesicle을 형성하는 대신에, polymerized dynamin으로 둘러싸인 비슷한 긴 목을 가진 vesicle bud를 축적한다.

COPI나 COPII vesicle처럼, clathrin-coated vesicle은 보통 형성

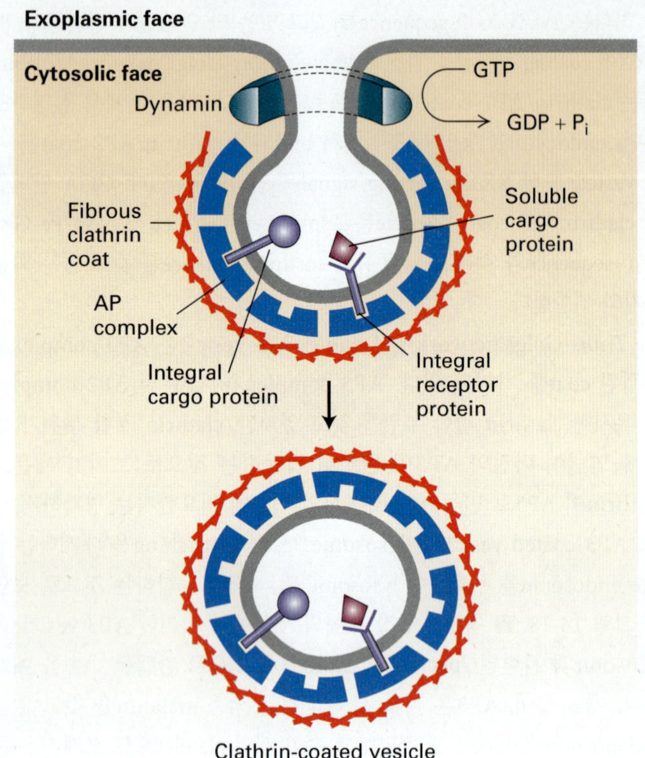

그림 14-20 Clathrin-coated vesicle이 dynamin에 의해 떨어지는 모델. Vesicle bud가 형성된 후, dynamin은 목 위에서 중합된다. 잘 이해되지 않은 메커니즘에 의해, dynamin에 의한 GTP 가수분해는 donor 막에서 vesicle이 떨어지게 한다. Donor 막의 막 단백질은 coat의 AP 복합체와의 상호작용에 의해 vesicle에 들어간다는 것에 유의한다. K. Takel et al., 1995, *Nature* **374**:186 참조.

후 곧 coat를 잃는다. 모든 진핵세포에서 발견되는 chaperone 단백질인 세포질 HSP70은 ATP의 가수분해로부터 유래된 에너지를 사용하여 clathrin coat를 triskelion으로 depolymerization하는 것으로 생각된다. Endocytic vesicle의 경우, uncoating은 또 다른 vesicle을 형성할 때 triskelion을 재사용하기 위해 방출시킬 뿐만 아니라 target 막과 융합 할 때 사용하기 위한 v-SNARE도 노출시킨다. 세포질 Hsp70에 의한 vesicle uncoating은 Hsp70이 ATP를 가수분해하도록 자극하는 domain을 갖고 있는 co-chaperone인 auxillin에 의해 활성화되는 것으로 보인다. ARF가 GTP-bound에서 GDP-bound 상태로 전환될 때 일어나는 형태 변화는 clathrin coat의 depolymerization 시점을 조절하는 것으로 생각되지만, Hsp70과 auxillin의 작용이 ARF switching과 어떻게 연결되는지는 잘 알려져 있지 않다.

Mannose 6-Phosphate 잔기는 Lysosome에 존재하는 단백질을 Lysosome으로 Target한다

우리가 보았듯이, 분비 경로에서 화물 단백질 trafficking을 지시하는 많은 sorting signal은 targeted 단백질의 짧은 아미노산 서열이다. 대조적으로, 수용성 lysosome 효소를 *trans*-Golgi network에서 late endosome으로 유도하는 sorting signal은 *cis*-Golgi에서 형성되는 탄수화물 잔기인 **mannose 6-phosphate (M6P)**이다. Rough ER에서 하나 이상 사전에 형성된 *N*-linked oligosaccharide precursor가 첨가되고, 초기 성숙 과정을 거쳐 막 단백질 및 분비단백질과 동일한 $Man_8(GlcNAc)_2$ 사슬을 갖게 된다(그림 13-18 참조). *Cis*-Golgi에서 대부분의 lysosome 효소에 존재하는 *N*-linked oligosaccharide들은 M6P 잔기를 생성하는 연속적인 2단계 반응을 거친다(그림 14-22). 수용성 lysosome 효소의 oligosaccharide 사슬에 M6P 잔기를 추가하면 lysosome 효소는 분비단백질과 막 단백질이 겪는 추가적인 oligosaccharide 변형 반응을 겪지 않게 된다(그림 14-15 참조).

그림 14-23에서 보는 것처럼, M6P를 갖고 있는 lysosome 효소가 다른 분비단백질과 막 단백질로부터 분리되는 것은 *trans*-Golgi network에서 일어난다. 여기서 transmembrane *mannose 6-phosphate receptor*는 lysosome으로 가라는 신호인 M6P와 매우 강하게 결합한다. M6P receptor와 이에 결합하고 있는 lysosome 효소를 담고 있는 clathrin/AP1-coated vesicle은 *trans*-Golgi network에서 bud되고, coat가 떨어지고, 앞서 설명한 메커니즘에 의해 late endosome과 융합한다(그림 14-18). M6P receptor는 *trans*-Golgi network의 약산성인 ~pH 6.5에서 M6P와 결합할 수 있지만, pH가 6 미만에서는 결합되지 않기 때문에 결합되어 있던 lysosome 효소는 내부 pH 5.0–5.5의 late endosome 내에서 떨어진다. 또한 late endosome 내의 phosphatase는

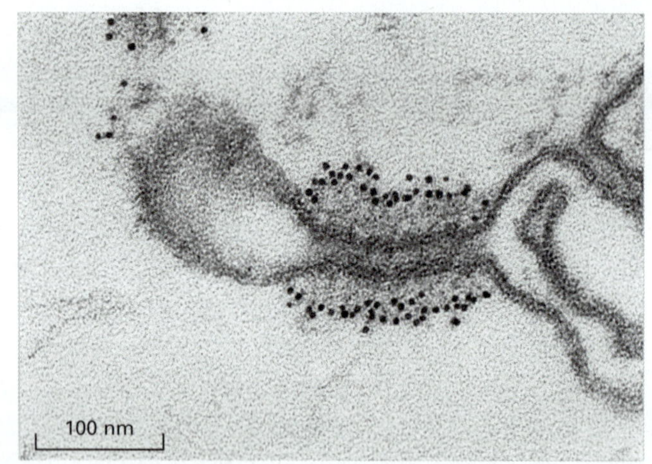

실험 그림 14-21 Dynamin에 의한 GTP 가수분해는 cell-free extract에서 clathrin-coated vesicle이 떨어지는 데 필요하다. Endocytosis가 활발하게 일어나는 신경 말단을 증류수를 처리하여 용해하고, GTP의 nonhydrolyzable derivative인 GTP-γ-S를 처리하였다. Sectioning 후 절편을 gold-tagged anti-dynamin antibody로 처리하여 전자현미경으로 관찰하였다. 중합된 dynamin으로 목을 감싸고 있는 긴 목을 가진 clathrin/AP-coated bud를 보여주는 이 이미지는 GTP가 가수분해되지 않아도 budding은 되지만, vesicle은 떨어지지 않는다는 것을 보여준다. GTP-γ-S가 존재하는 상태에서 발생하는 과도한 dynamin 중합은 정상적인 bud 과정에서는 일어나지 않을 수 있다. [Republished by permission from Nature, from K. Takei et al., 1995, "Tubular Membrane Invaginations Coated by Dynamin Rings Are Induced by GTP-Gamma S in Nerve Terminals," *Nature* **374**:(6518):186–190; permission conveyed through Copyright Clearance Center, Inc.]

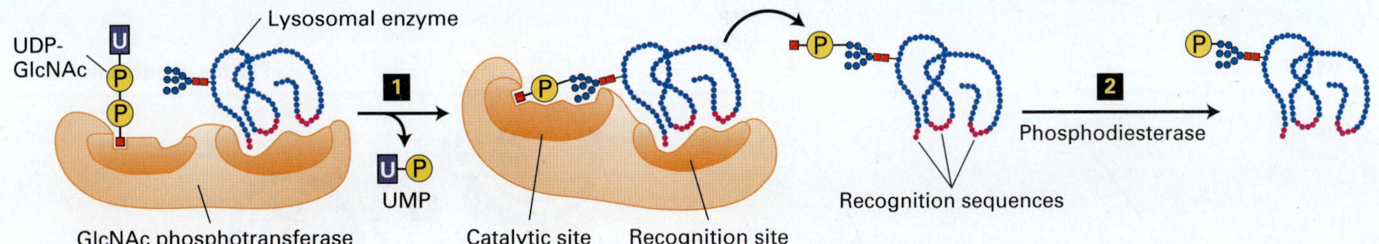

그림 14-22 수용성 효소를 lysosome으로 target하는 mannose 6-phosphate (M6P) residue의 형성. 단백질을 lysosome으로 유도하는 M6P 잔기는 *cis*-Golgi에서 2개의 Golgi-resident enzyme에 의해 생성된다. 단계 **1**: *N*-acetylglucosamine (GlcNAc) phosphotransferase는 인산화된 GlcNAc group을 하나 이상의 mannose 잔기의 6번째 탄소 원자로 전달한다. 오직 lysosome 효소만이 이 효소에 의해 인식되고 결합되는 sequence (빨간색)를 갖고 있기 때문에 인산화된 GlcNAc group을 lysosome 효소에만 첨가한다. 단계 **2**: Phosphotransferase로부터 변형된 단백질이 분리된 후, phosphodiesterase는 GlcNAc group을 제거하고, lysosome 효소에 인산화된 mannose 잔기를 남긴다. A. B. Cantor et al., 1992, *J. Biol. Chem.* **267**:23349; and S. Kornfeld, 1987, *FASEB J.* **1**:462 참조.

lysosome 효소의 M6P에서 인산기를 제거하여 낮은 pH에도 불구하고 발생할 수 있는 M6P receptor와의 재결합을 방지한다. **Retromer**로 알려진 단백질 complex로 coat된 late endosome에서 bud되는 vesicle은 M6P receptor를 *trans*-Golgi network으로 다시 운반하여 재사용한다. 결국 성숙한 late endosome은 lysosome과 융합하여 lysosome 효소를 최종 목적지로 전달하는 것이다.

Trans-Golgi network에서 수용성 lysosome 효소의 trafficking (그림 14-23, 단계 **1**–**4**)은 COPII와 COPI vesicle에 의해 매개되는 ER과 *cis*-Golgi 구획 사이에서 일어나는 단백질 trafficking의 특징과 많이 닮아 있다. 첫째, M6P는 donor 막에 있는 receptor 단백질의 luminal 영역과 상호작용함으로써 sorting signal로 작용한다. 둘째, 막에 박혀 있는 receptor와 그들과 결합한 리간드는 vesicle coat와 상호작용하여 적절한 vesicle (이 경우 GGA 또는 AP1이 참여하는 clathrin-coated vesicle)로 들어간다. 셋째, 이러한 transport vesicle은 특정 v-SNARE와 t-SNARE 사이의 상호작용에 의해 하나의 특정 소기관(여기서 late endosome)과 융합한다. 마지막으로, 결합된 리간드가 분리된 세포내 transport receptor는 retrograde vesicle trafficking에 의해 재사용된다.

Lysosomal Storage Disease 연구를 통해 Lysosomal Sorting Pathway의 주요 요소를 발견했다

*Lysosomal storage disease*이라고 불리는 유전 질환은 하나 이상의 lysosome 효소가 lysosome에 없을 때 발병한다. 그 결과, 원래는 lysosome 효소에 의해 분해되어져야 할 glycolipid와 세포 밖에 있는 구성요소가 분해되지 않은 채 큰 inclusion으로 lysosome에 축적된다. Lysosomal storage disease 환자는 저장 결함의 유형과 심각도에 따라 다양한 발달, 생리, 신경학적 이상이 발생할 수 있다. *I-cell disease*는 여러 효소가 lysosome에서 누락되는 특히 심각한 유형의 lysosomal storage disease이다. 이 질환을 갖고 있는 환자의 세포에는 *cis*-Golgi에서 lysosome 효소에 M6P 잔기를 형성하는 데 필요한 *N*-acetylglucosamine phosphotransferase가 없다(그림 14-22 참조). 정상인으로부터 얻은 lysosome 효소와 I-cell disease 환자의 효소를 생화학적으로 비교하여 M6P가 lysosomal sorting signal이란 것을 처음 알게 되었다. 이 signal이 없으면, 환자의 lysosome 효소는 lysosome으로 분류되어 들어가기보다는 분비된다.

I-cell disease 환자의 fibroblast (섬유아세포)를 M6P 잔기를 가진 lysosome 효소가 있는 배지에서 배양하면, 환자의 세포는 거의 정상적인 lysosome 효소를 획득한다. 이 발견은 이들 세포의 세포막에 receptor-mediated endocytosis (수용체 매개 세포 내입)에 의해 세포 바깥에 있는 인산화된 lysosome 효소를 받아들일 수 있는 M6P receptor를 갖고 있음을 의미한다. 많은 세포 표면 receptor가 결합 단백질이나 입자를 세포 안으로 가져오기 위해 사용하는 이 과정은 다음 절에서 자세히 설명한다. 정상 세포에서도 일부 M6P receptor가 세포막으로 운반되고 일부 인산화된 lysosome 효소가 분비되는 것으로 알려져 있다(그림 14-23 참조). 분비된 효소는 receptor-mediated endocytosis에 의해 회수되어 lysosome으로 전달될 수 있다. 따라서 이 경로를 통해 M6P sorting pathway에서 벗어난 lysosome 효소를 모두 받아들인다.

I-cell disease 환자의 hepatocyte (간세포)는 M6P 잔기를 갖는 lysosome 효소를 외부에서 공급하지 않는 경우에도 lysosome 효소를 정상적으로 갖고 있다. 이 발견은 hepatocyte (간세포의 가장 풍부한 유형)는 M6P를 기반으로 작동하는 targeting signal에 의존하지 않고 lysosome 효소를 sorting하는 경로를 사용한다는 것을 의미한다. 이 경로는 아마도 lysosome 효소에 존재하는 아직 확인되지 않은 단백질 기반 sorting signal에 의존하는 것 같다. ■

Trans-Golgi에서 일어난 단백질 Aggregation은 아마도 Regulated Secretory Vesicle로 단백질을 Sorting하는 기능을 수행하는 것 같다

이 장의 도입부에서 언급한 바와 같이, 모든 진핵 세포는 특정 단백질을 지속적으로 분비(constitutive secretion)한다. 분비하도록 특화된 분비 세포는 vesicle에 다른 단백질을 저장한 후 특정 자극을 받을 때만 분비한다. 이러한 조절된 분비의 한 예는 pancreatic β cell에서 일어나는데, 이 세포는 새로 만들어진 인슐린을 specialized secretory vesicle에

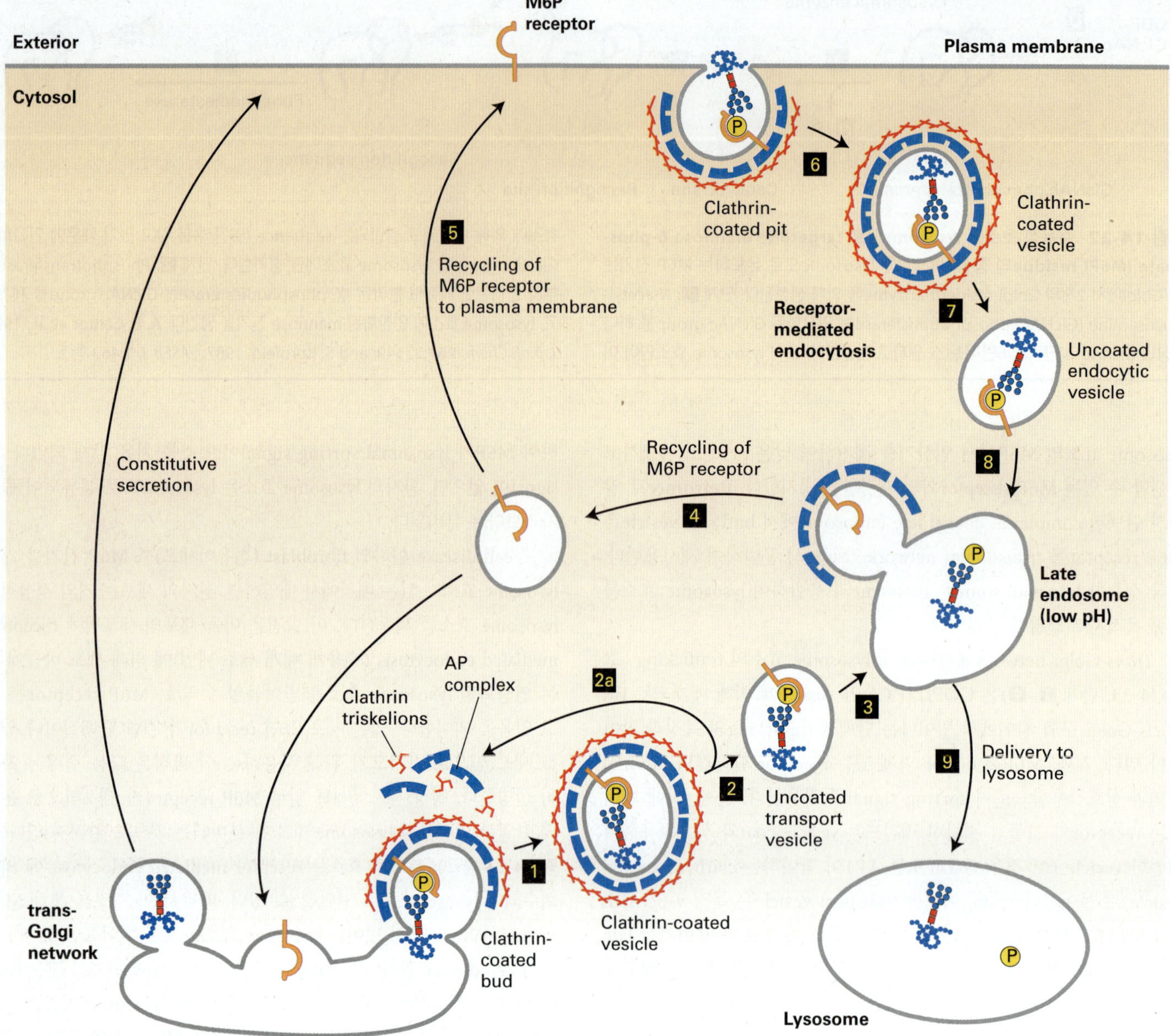

그림 14-23 *Trans*-Golgi network 및 세포 표면에서 lysosome으로 수용성 lysosome 효소의 운반. 새로 ER에서 합성된 lysosome 효소는 *cis*-Golgi에서 mannose 6-phosphate (M6P) 잔기를 획득한다(그림 14-22 참조). 단순하게 표현하기 위해, lysosome 효소는 일반적으로 많은 phosphorylated oligosaccharide chain을 가지고 있지만, 이 그림에서는 하나의 phosphorylated oligosaccharide chain만이 표시했다. *Trans*-Golgi network에서 M6P sorting signal을 가진 단백질은 막의 M6P receptor와 상호작용하여 clathrin/AP1-coated vesicle로 들어간다(단계 **1**). 방출된 vesicle 주위의 coat는 빠르게 해체되고(단계 **2**), uncoated transport vesicle은 late endosome과 융합된다(단계 **3**). 해체된 coat 단백질은 추가적인 vesicle 조립을 위해 재사용된다(단계 **2a**). 인산화된 효소가 late endosome에서 M6P receptor와 분리된 후, 리간드와 결합하지 않은 M6P receptor는 late endosome에서 bud되는 vesicle에 들어감으로써 재사용된다(단계 **4**). 리간드와 결합하지 않은 M6P receptor를 운반하는 vesicle은 *trans*-Golgi로 돌아가거나 세포막과 융합하여 M6P receptor를 세포 표면에 전달할 수 있다(단계 **5**). 인산화 된 lysosome 효소는 또한 때때로 *trans*-Golgi에서 세포 표면으로 sort되어 분비된다. 이렇게 분비된 효소는 receptor-mediated endocytosis (단계 **6**–**8**)에 의해 회수될 수 있다. 궁극적으로, late endosome과 lysosome의 융합으로 인해 인산화 된 lysosome 효소를 lysosome 내부로 전달한다(단계 **9**). G. Griffiths et al., 1988, *Cell* **52**:329; S. Kornfeld, 1992, *Annu. Rev. Biochem*. **61**:307; and G. Griffiths and J. Gruenberg, 1991, *Trends Cell Biol*. **1**:5 참조.

저장한 후 혈당 증가에 반응하여 분비한다(그림 21-1b 참조). 이 세포들과 다른 분비 세포들은 두 가지 종류의 secretory vesicle들을 동시에 사용하여 단백질을 *trans*-Golgi network에서 세포 표면으로 이동 시킨다: unregulated transport vesicle (*constitutive secretory vesicle*이라고도 함)과 regulated transport vesicle이다.

일반적인 메커니즘은 regulated secretory vesicle에 ACTH (adrenocorticiotolphone hormone), 인슐린, trypsinogen처럼, 조절 받아 분비되는 여러 가지 단백질을 분류하는 것으로 보인다. 이러한 일반적인 메커니즘에 대한 증거는 재조합 DNA 기술을 사용하여 이미 ACTH를 합성하는 pituitary tumor cell (뇌하수체 종양 세포)에 인슐린과 trypsinogen의 합성을 유도한 실험을 통해 알게 되었다. 일반적으로 인슐린이나 trypsinogen을 발현하지 않는 이 세포에서 세 단백질 모두 같은 regulated secretory vesicle로 들어가고, 호르몬이 pituitary cell의 receptor에 결합하여 세포질 Ca^{2+}가 증가될 때 함께 분비된다.

Regulated secretory vesicle로 포장되는 세 가지 단백질 모두가 갖고 있는 공통적인 특징은 이 단백질들이 aggregate된다는 점이다. 예를 들어, 이 pathway의 미성숙 vesicle (*trans*-Golgi network에서 막 bud되고 있는 vesicle)에는 덜 aggregate된 분비단백질이 전자현미경으로 관찰된다. 이러한 aggregate는 또한 bud되는 과정에 있는 vesicle에서도 발견되는데, 이는 regulated secretory vesicle로 향하는 단백질이 vesicle에 들어가기 전에 선택적으로 함께 aggregate한다는 것을 의미한다.

어떤 단백질은 *trans*-Golgi를 떠난 후 Proteolytic Processing이 일어난다

일부 분비단백질(예, 성장 호르몬)과 특정 바이러스 막 단백질(예, VSV G 단백질)의 경우, 초기 polypeptide chain에서 N-terminal ER signal sequence를 제거하는 것만으로도 polypeptide를 성숙하고 활성 단백질로 변환하는 데 필요한 알려진 유일한 proteolytic cleavage이다(그림 13-10 참조). 그러나 일부 막 단백질과 많은 수용성 분비단백질은 성숙한 활성 단백질을 생성하기 위해 proteolytic processing을 필요로 하는 상대적으로 수명이 긴 *proprotein*으로 알려진 inactive precursor로 합성된다. 이러한 처리를 거치는 단백질의 예로는 수용성 lysosome 효소, influenza hemagglutinin (HA)과 같은 많은 막 단백질, albumin, insulin, glucagon, 그리고 yeast α mating factor가 있다. 일반적으로, proprotein이 성숙한 단백질로 전환되기 위한 proteolytic conversion은 proprotein이 *trans*-Golgi network에서 적절한 vesicle로 분류된 후 일어난다.

수용성 lysosome 효소의 경우, *proenzyme*이라고 불리는 proprotein은 촉매 역할을 못하는 비활성 효소로 M6P receptor에 의해 분류된다. Late endosome 또는 lysosome에 들어가면, proenzyme은 proteolytic cleavage를 통해 작지만 효소로 활성화된 polypeptide로 만들어진다. Lysosome에 도달할 때까지 lysosome의 proenzyme이 활성화되지 않기 때문에 분비 경로에 있는 이전 구획에 존재하는 고분자들이 분해되지 않는다.

대부분의 지속적으로 분비되는 단백질(예, albumin, 조절에 의해 분비되지 않고 그냥 분비되는 단백질)의 proprotein은 Arg-Arg 또는 Lys-Arg와 같은 dibasic recognition sequence의 C-말단에서 한 번만 절단된다(그림 14-24a). 일반적으로 분비가 조절되는 단백질의 경우, proteolytic processing 중에 여러 번 절단된다. Proinsulin의 경우, 단일 polypeptide chain이 여러 번 잘라져서 disulfide bond에 의해 연결된

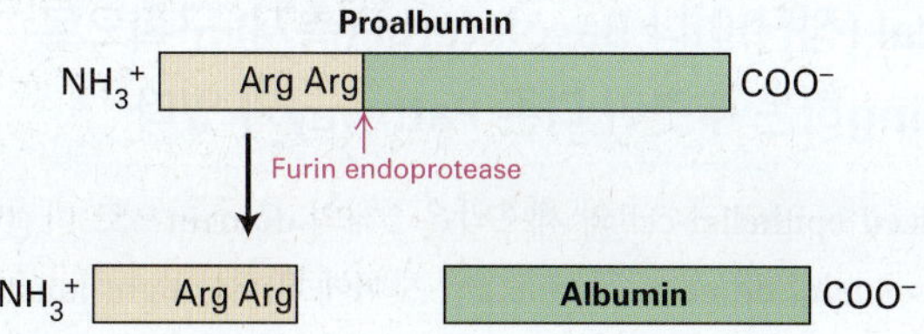

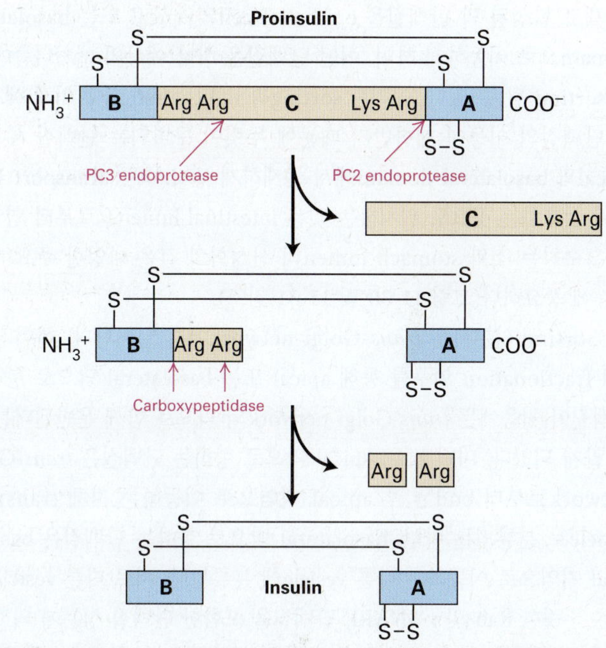

그림 14-24 Constitutive 분비 경로와 regulated 분비 경로에서 proprotein의 proteolytic processing. Proalbumin과 proinsulin의 processing은 각각 constitutive pathway와 regulated pathway의 대표적인 단백질이다. 이러한 처리 과정에서 기능하는 endoprotease는 2개의 연속적인 아미노산 서열의 C-말단 쪽에서 절단된다. (a) Endoprotease인 furin은 constitutive 분비단백질의 precursor에 작용한다. (b) 2개의 endoprotease인 PC2와 PC3은 조절 받으며 분비되는 단백질의 precursor에 작용한다. 이러한 많은 단백질의 최종 처리는 polypeptide의 C-말단에 존재하는 2개의 basic amino acid 잔기를 순차적으로 제거하는 carboxypeptidase에 의해 일어난다. D. Steiner et al., 1992, *J. Biol. Chem.* **267**:23435 참조.

N-말단에 있는 B chain과 C-말단에 있는 A chain으로 성숙한 인슐린을 만들고 중앙에 있는 C peptide는 분해되어 없어진다(그림 14-24b).

Processing cleavage는 후기 분비 경로에 위치한 endoprotease 계열의 protease에 의해 수행되며, 모두 단백질 사슬 내의 Arg-Arg 또는 Lys-Arg sequence의 C-말단 쪽을 절단한다. Furin이라고 불리는 endoprotease는 모든 포유류 세포에서 발견되며, albumin과 같이 지속적으로 분비되는 단백질을 잘라준다. 대조적으로, *PC2*와 *PC3 endoprotease*는 regulated secretion을 수행하는 세포에서만 발견된다; 이들 효소는 regulated secretory vesicle에 위치하고 있으며, 많은 호르몬 precursor의 특정 부위를 절단한다.

막 단백질을 Polarized Cell (분극화된 세포)의 Apical (정단)이나 Basolateral (측저) 구획으로 Sorting하는 뚜렷이 다른 Pathway가 있다

Polarized epithelial cell의 세포막은 2개의 domain으로 나뉜다: *apical* 및 *basolateral* domain. 두 domain 사이에 위치한 tight junction (밀착연접) 때문에 두 domain에 존재하는 세포막 단백질들이 다른 domain 쪽으로 이동하지 못한다(그림 20-19 참조). 몇몇 sorting 메커니즘은 새로 합성된 막 단백질을 epithelial cell의 apical 또는 basolateral domain으로 이동하게 하며, 어떤 단백질은 하나 이상의 메커니즘에 의해 sorting 될 수 있다. 이러한 sorting과 tight junction에 의해 세포막 내 단백질의 이동이 제한받기 때문에 뚜렷이 구별되는 단백질 세트가 apical과 basolateral domain에서 존재하게 된다. 특정 transport 단백질이 선호하는 곳으로 위치하는 것은 intestinal lumen으로부터 영양소를 흡수하는 것과 stomach lumen의 산성화와 같은 다양한 주요 생리 기능에 중요하다(그림 11-30 및 11-31 참조).

Sorting (분류)은 *trans*-Golgi network에서 일어난다. 현미경 및 cell-fractionation 연구를 통해 apical 또는 basolateral 막으로 향하는 단백질이 처음에는 *trans*-Golgi network의 막으로 함께 운반된다는 것을 알게 되었다. 어떤 경우, apical 막으로 향하는 단백질은 *trans*-Golgi network로부터 bud된 후 apical 지역으로 이동하는 자체 transport vesicle로 분류되는 반면, basolateral 막으로 향하는 단백질은 basolateral 지역으로 이동하는 다른 vesicle에 분류된다. 서로 다른 vesicle 유형은 뚜렷한 Rab 및 v-SNARE 단백질을 포함한 단백질 성분에 의해 구별될 수 있으며, 이는 적절한 세포막 domain으로 target된다. 이 메커니즘에서는, 화물 단백질이 *trans*-Golgi network에서 bud되는 특정 유형의 vesicle에 들어가게 됨에 따라 두 domain으로 향하는 단백질이 서로 분리되는 것이다.

이렇게 직접적으로 진행된 basolateral-apical 분류는 polarized epithelial cell인 배양된 Madin-Darby canine kidney (MDCK) cell에서 조사되었다(그림 4-4 참조). Influenza virus에 감염된 MDCK 세포에서 자손 바이러스는 apical 막에서만 bud되는 반면, vesicular stomatitis virus에 감염된 세포에서는 자손 바이러스가 basolateral 막에서만 bud된다. 이러한 차이는 influenza virus의 HA 당단백질이 Golgi complex에서 apical 막으로만 운반되고, VSV G 단백질은 basolateral 막으로만 운반되기 때문이다(그림 14-25).

Basolateral domain으로 향하는 VSV G 단백질과 같은 단백질에 대한 돌연변이 연구를 통해서 Tyr-X-X-Φ 및 Asp-X-Leu-Leu sorting signal을 찾아냈다. 우리가 보았듯이, 이러한 모티프를 가진 단백질은 clathrin/AP-coated vesicle로 들어간다. 이는 basolateral 막으로 단백질을 sorting하는 것은 clathrin-coated vesicle임을 시사한다.

Golgi에서 유사한 apical-basolateral sorting이 되는 세포 단백질 중에는 *glycosylphosphatidylinositol (GPI) membrane anchor*를 가진 단백질들이 있다. MDCK 세포와 대부분의 다른 유형의 epithelial cell에서 GPI-anchored 단백질은 apical 막으로 target된다. 막에서

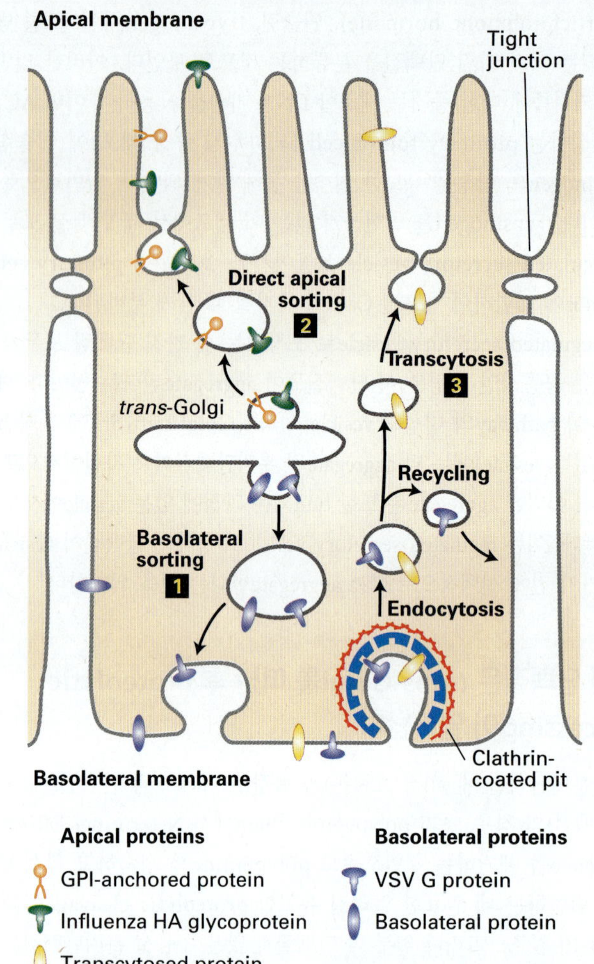

그림 14-25 Polarized cell의 apical 세포막과 basolateral 세포막으로 향하는 단백질 sorting. Epithelial cell layer를 형성하는 세포는 tight junction에 의해 뚜렷하게 분리된 세포막의 apical domain과 basolateral domain을 갖고 있다. 후기 분비 경로의 독특한 sorting pathway는 basolateral 막 또는 apical 막으로 분류되게 한다. **1**: *Trans*-Golgi에서는 한 종류의 vesicle이 VSV G 단백질과 원래 세포에 있는 단백질을 직접 basolateral 막으로 운반한다. **2**: *Trans*-Golgi로부터 bud된 두 번째 유형의 vesicle은 인플루엔자 HA 단백질과 GPI-linked 단백질을 apical 막으로 직접 운반한다. **3**: *Transcytosis*로 알려진 과정을 통해, 단백질은 basolateral 막에서 apical 막으로 이동할 수 있다. Transcytosis는 basolateral 막으로부터 clathrin/AP coated vesicle을 endocytosis하고, basolateral 단백질은 다시 basolateral 막으로 되돌아가게 하며, transcytosed apical 단백질은 apical 막으로 전달하는 것을 말한다. K. Simons and A. Wandinger-Ness, 1990, *Cell* **62**:207; and K. Mostov et al., 1992, *J. Cell Biol.* **116**:577 참조.

GPI-anchored 단백질은 sphingolipid가 풍부한 lipid raft로 군집화되어 들어간다(10장 참조). 이 발견은 많은 세포에서 lipid raft는 apical 막으로 우선적으로 target되는 단백질과 함께 위치하게 된다는 것을 의미한다. 그러나 GPI anchor는 모든 polarized cell의 apical sorting signal이 아니다; 예를 들어, 갑상선 세포에서 GPI-anchored 단백질은 basolateral 막으로 target된다. GPI anchor를 제외하고, 단백질을 apical 또는 basolateral domain으로 target하는 데 충분하고 필요한 고

유 sequence는 확인되지 않았다. 대신, 각 막 단백질은 적절한 세포막 domain으로 target할 수 있는 multiple sorting signal을 가질 수 있다. 이러한 복잡한 signal과 이를 인식하는 vesicle coat 단백질의 특성들은 현재 polarized epithelial cell의 특정 세포막 domain으로 분류된 많은 다른 단백질을 사용하여 추적하고 있다.

그림 14-25에 설명된 apical과 basolateral 단백질을 분류하는 또 다른 메커니즘은 hepatocyte (간세포)에서 발견되었다. Hepatocyte의 basolateral 막은 (intestinal epithelial cell과 같이) 혈액을 향하고, apical 막은 담즙이 분비되는 작은 intercellular channel을 싸고 있다. Hepatocyte에서 새로 만들어진 apical과 basolateral 단백질은 먼저 *trans*-Golgi network로부터 basolateral 지역으로 vesicle에 의해 운반되고, exocytosis (즉, vesicle 막과 세포막의 융합)에 의해 세포막에 들어간다. 거기서부터 basolateral과 apical 단백질은 모두 같은 vesicle에 담겨 endocytosis되지만, 그 후 경로가 갈라진다. Endocytosis된 basolateral 단백질은 transport vesicle로 sort되어 basolateral 막으로 다시 돌아간다. 반대로, apical 막으로 가야만 하는 endocytosis된 단백질은 transport vesicle로 분류되어 세포를 가로질러 이동하고 apical 막과 융합한다. 이를 **transcytosis**라고 한다. 이 과정은 extracellular material을 epithelium 한쪽에서 다른 쪽으로 이동시키는 데도 사용된다. Golgi에서 apical-basolateral 단백질 분류가 일어나는 MDCK 세포와 같은 epithelial cell에서도 basolateral 막으로 잘못 분류된 apical 단백질이 endocytosis되어 apical 막으로 올바르게 전달되는 편집 기능이 있다.

14.4절의 주요 개념

분비 경로의 후기 단계

- *Trans*-Golgi network는 수용성 분비단백질, lysosome 단백질, 그리고 일부 세포에서 basolateral 또는 apical 세포막으로 향하는 막 단백질이 서로 다른 수송 vesicle로 분리되는 분비 경로에서 중요한 분기 지점이다.
- Endocytic vesicle뿐만 아니라 *trans*-Golgi network에서 bud되는 많은 vesicle들은 AP (adapter protein) complex와 clathrin으로 구성된 coat를 가지고 있다.
- Clathrin-coated vesicle이 떨어져 나오는 데 dynamin이 필요하며, dynamin은 vesicle bud의 목 주위에 collar를 형성하고 GTP를 가수분해한다(그림 14-20 참조).
- Lysosome으로 가는 수용성 효소는 *cis*-Golgi에서 oligosaccharide chain에 다수의 mannose 6-phosphate (M6P) 잔기를 첨가하는 변형이 일어난다.
- *Trans*-Golgi network의 막에 있는 M6P receptor는 M6P 잔기를 가진 단백질과 결합하고, receptor는 리간드 단백질과 분리되는 late endosome으로 데리고 간다. 그리고 receptor는 Golgi 또는 세포막으로 재사용되기 위해 돌아가고, lysosome 효소는 lysosome으로 전달된다(그림 14-23 참조).
- 조절에 의해 분비되는 분비단백질은 exocytosis하라는 신경 또는 호르몬 신호를 기다리며 농축되어 secretory vesicle에 저장된다. *Trans*-Golgi network 내에 단백질이 aggregation되는 것은 regulated 분비 경로로 단백질을 sorting하는 역할을 할 수 있다.
- 분비 경로를 통해 운반되는 많은 proprotein은 Golgi를 떠난 후에 일어나는 proteolytic cleavage를 통해서 성숙한 활성 단백질이 된다. 이러한 proteolytic maturation은 *trans*-Golgi network에서 세포 표면으로 단백질을 운반하는 vesicle, late endosome 또는 lysosome에서 일어날 수 있다.
- Polarized epithelial cell에서 세포막의 apical과 basolateral domain으로 가야하는 막 단백질은 *trans*-Golgi network에서 서로 다른 운반 vesicle로 sort된다(그림 14-25 참조). Tyr-X-X-Φ 및 Asp-X-Leu-Leu sorting signal은 단백질을 basolateral 막으로 보내는 반면, GPI anchor는 단백질을 apical 막으로 target되게 한다.
- Hepatocyte와 일부 다른 polarized cell에서 모든 세포막 단백질은 먼저 basolateral 막으로 유도된다. Apical 막으로 가야만 하는 단백질은 endocytosis된 후 세포를 가로질러서 apical 막(transcytosis)으로 이동된다.

14.5 Receptor-Mediated Endocytosis (수용체 매개 세포 내입)

이전 절에서 rough ER에서 합성된 수용성 분비단백질 및 막 단백질을 세포 표면으로 전달하는 역할을 하는 vesicle trafficking의 주요 경로에 대해 설명하였다. Coated vesicle budding과 융합과 같은 기본 원리를 사용하여 동물 세포는 외부로부터 고분자를 세포 안으로 받아들이고 세포 안의 특정 목적지로 고분자를 전달한다. **Receptor-mediated endocytosis (수용체 매개 세포 내입)**라고 알려진 이 과정에서 세포 표면의 특정 receptor는 세포 밖에 있는 고분자 리간드에 강하게 결합한다; receptor와 리간드 복합체는 세포막에서 세포 안쪽으로 bud되는 coated transport vesicle로 모여든다. 식물 세포와 곰팡이 세포는 endocytosis에 의해 작은 분자를 받아들이지만, 일반적으로 고분자는 크기 때문에 세포벽을 쉽게 통과할 수 없어 받아들일 수 없다.

척추동물 세포가 receptor-mediated endocytosis에 의해 받아들인 대표적인 고분자 중에는 콜레스테롤이 함유된 low-density lipoprotein (LDL) particle, 철을 운반하는 단백질 transferrin, 많은 단백질 호르몬 (예, 인슐린), 특정 당단백질 등이 있다. 이런 리간드를 받아들이는 receptor-mediated endocytosis는 일반적으로 *trans*-Golgi network에서 M6P의 결합으로 lysosome 효소를 골라내서 수송하는 것과 비슷하게 clathrin/AP2-coated pit와 vesicle을 통해 일어난다(그림 14-23 참조). 앞서 언급한 바와 같이, 일부 M6P receptor는 세포 표면에서 발견되며, 이러한 receptor는 실수로 분비되는 lysosome 효소를 receptor-mediated endocytosis에 의해 다시 받아들이는 과정에 참여한다. 일반적으로, 세포 바깥에 있는 리간드를 받아들이는 기능을 수행하는 transmembrane receptor 단백질은 M6P receptor가 세포막과 *trans*-Golgi로 다시 돌아가는 것처럼 세포 표면으로부터 endocytosis되어 분류되고, 다시 세포 표면에서 재사용되기 위해 돌아간다. 리간드를 세포 안으로 받아들이는 속도는 세포 표면에 있는 해당 receptor의 양에 의해 결정된다.

Clathrin/AP2-coated pit는 hepatocyte와 fibroblast와 같은 세포의 세포 표면의 약 2%를 차지한다. 세포 표면 receptor에 결합된 대부분(전부는 아님)의 리간드가 endocytosis되면 intermediate로 기능하는 것으로 생각되는 clathrin/AP2-coated pit와 vesicle에서 많은 세포 내로 들어온 리간드가 관찰되었다(그림 14-26). 일부 receptor는 리간드 없이도 clathrin-coated pit에 모여 있다. 다른 receptor들은 세포막에서 자유롭게 확산되지만, 리간드와 결합할 때 conformational change가 일어나기 때문에 receptor-리간드 복합체는 clathrin-coated pit로 확산되어 들어오고 그곳에 머무른다. LDL 및 transferrin처럼, 종류는 다르지만 receptor에 붙어 있으면 두 가지 이상의 리간드가 동일한 coated pit 또는 vesicle에서 관찰될 수 있다.

Cell은 Lipid를 크고 잘 알려진 Lipoprotein Complex 형태로 혈액으로부터 받아들인다

창자에서 음식으로 흡수되거나 지방조직에 저장된 지질은 몸 전체의 세포로 분포될 수 있다. 세포로 지질의 대량 이동을 용이하게 하기 위해, 동물들은 세포들이 혈액으로부터 지질을 받아들일 수 있도록 *lipoprotein*이라고 불리는, 수용성, 고분자 운반체에 수백 또는 수천 개의 지질 분자들을 담는 효율적인 방법을 갖도록 진화해 왔다. Lipoprotein particle은 콜레스테롤을 함유한 인지질 단층을 감고 도는 단백질(*apolipoprotein*)로 구성된 shell (껍데기)을 가지고 있다. Shell의 외부 표면이 친수성이어서 수용성이며, 내부 표면은 소수성인 amphipathic 특성을 갖고 있다. Shell의 소수성 내부 표면 아래에는 대부분 cholesteryl ester, triglyceride 또는 둘 다 포함하는 중성 지질로 구성된 core가 있다. 포유류의 lipoprotein은 buoyant density (부력 밀도)에 따라 여러 종류로 나뉜다. 여기서 우리가 설명할 종류는 **low-density lipoprotein (LDL)**이다. 전형적인 LDL particle은 그림 14-27에 그려진 것처럼 직경이 20–25 nm인 구형이다. Amphipathic outer shell은 인지질 단층과 *apoB-100*으로 알려진 하나의 큰 단백질로 구성되어 있다; particle의 core는 cholesteryl ester 형태의 콜레스테롤로 채워져 있다.

우리는 coated vesicle의 일반적인 특징이 특정 화물 분자를 선택하는 능력이라는 것을 알고 있다. 이 화물 선택 과정은 세포에 첨가된 labeled (표지된) LDL particle의 endocytosis에서 처음 연구되었다. Labeled LDL particle이 세포로 들어가는 방법을 연구하기 위해 두 가지 실험 방법이 사용되었다. 첫 번째 방법은 방사성 ^{125}I가 LDL particle의 표면에 있는 apoB-100의 tyrosine 잔기의 곁사슬에 공유 부착되어 있는 LDL을 사용하는 것이다. 배양된 세포를 labeled LDL로 몇 시간 동안 배양한 후, 얼마나 많은 LDL이 세포 표면에 결합되어 있는지, 얼마나 많이 세포 안으로 들어갔는지, 얼마나 많은 LDL의 apoB-100 성분

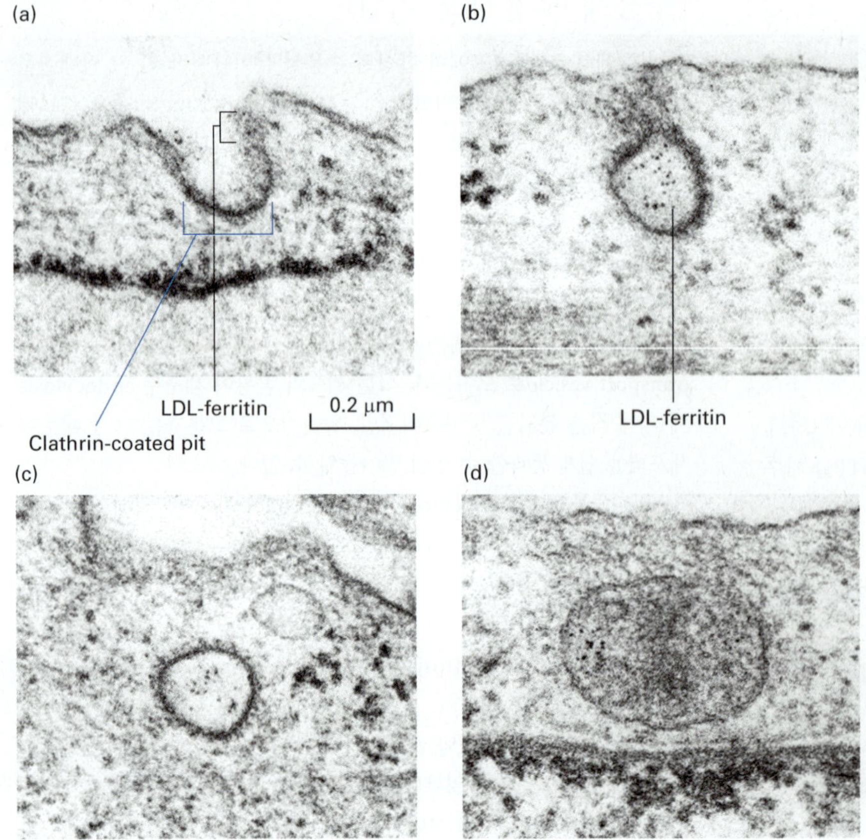

실험 그림 14-26 Low-density lipoprotein (LDL) 입자의 receptor-mediated endocytosis의 초기 단계는 전자현미경으로 밝혔다. 배양된 인간 fibroblast를 전자 밀도가 높은 철이 함유된 단백질 ferritin과 공유 연결한 LDL particle을 배지에 처리하여 배양하였다; ferritin에 있는 작은 철 particle은 전자현미경에서 작은 점으로 보인다. 세포를 처음에는 4°C에서 배양하였다; 이 온도에서 LDL은 receptor에 결합할 수 있지만, 세포 안으로 들어오지 못한다. 세포와 결합되지 않고 남은 LDL을 씻어낸 후, 세포를 37°C로 옮겨 따뜻하게 한 후 시간 별로 현미경 관찰을 위해 시료를 준비하였다. (a) Pit의 내부(세포질)쪽 표면에 clathrin coat를 갖고 있는 보여주는 coated pit는 온도를 올린 직후에 나타난다. (b) Coated vesicle을 형성하기 위해 명백하게 스스로 닫히는 LDL을 함유한 pit. (c) Ferritin-tagged LDL particle을 갖고 있는 coated vesicle. (d) 세포 안으로 들어오기 시작된 지 6분 후, 매끄러운 표면의 early endosome에 존재하는 ferritin-tagged LDL particle. M. S. Brown and J. Goldstein, 1986, *Science* **232**:34 참조. [Republished with permission from *Nature*, from J. Goldstein et al., 1979, "Coated Pits, Coated Vesicles, and Receptor-Mediated Endocytosis," *Nature* **279**:679–685; permission conveyed through the Copyright Clearance Center, Inc.]

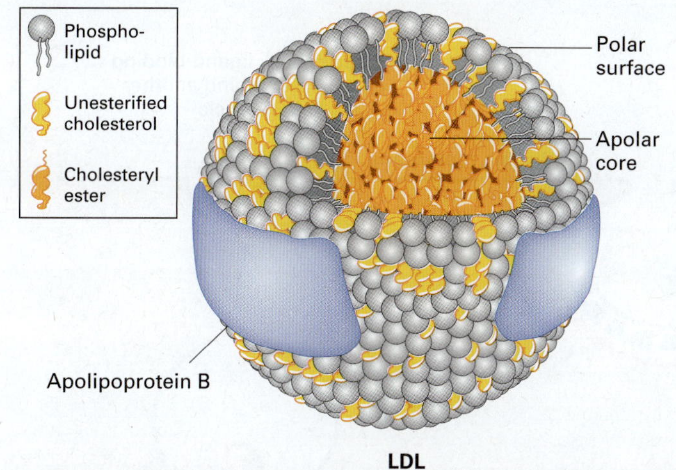

그림 14-27 Low-density lipoprotein (LDL) 모델. 모든 종류의 lipoprotein은 일반적으로 비슷한 구조를 갖고 있다: amphipathic shell은 apolipoprotein, 인지질 단일층(이중층이 아님), 그리고 소수성 중심 부분은 대부분 cholesteryl ester 또는 triglyceride 혹은 둘 다 그러나 약간의 다른 neutral lipid (예, 몇몇 vitamin)로 구성되어 있다. 여기 보여주는 LDL 모델은 전자현미경과 다른 low-resolution biophysical method 등을 기초로 만든 것이다. LDL은 독특하게도 단백질 밴드로 particle의 외부를 둘러싸는 것으로 보이는 한 종류의 apolipoprotein (ApoB) 단일 분자만을 갖고 있다. 다른 lipoprotein들은 여러 개의 apolipoprotein 분자를 갖고 있는데, 종종 다른 종류이다. M. Krieger, 1995, in E. Haber, ed., *Molecular Cardiovascular Medicine, Scientific American Medicine*, pp. 31–47 참조.

이 lysosome으로 운반되어 아미노산으로 분해되는지를 확인할 수 있다. ApoB-100의 분해는 ^{125}I-tyrosine을 배양 배지로 방출하는 것을 감지하여 알 수 있다. 그림 14-28은 receptor에 매개되어 세포로 들어온 LDL을 분해하는 과정의 time course를 보여주고 있으며, ^{125}I로 label된 LDL의 고정된 농도를 갖고서 pulse-chase experiment를 수행함으로써 결정되었다. 이러한 실험은 LDL의 세포 표면 결합 → internalization → 분해 순서로 과정이 일어난다는 것을 명확하게 보여준다. 두 번째 방법은 LDL particle에 전자현미경으로 감지할 수 있는 전자 밀도가 높은 label을 부착하는 것이다. 이러한 연구를 통해서, LDL particle이 *clathrin-coated pit*로 알려진 형성되고 있는 endocytic vesicle이 만들어지는 부위에서 먼저 세포 표면에 어떻게 결합하고, coated pit에 붙어 있는 상태로 세포 내로 함입되어 clathrin-coated vesicle을 형성하며, 최종적으로 endosome으로 운반되는지에 대한 세부 사항을 밝혀냈다.

Macromolecular Ligand의 receptor에는 Endocytosis을 목표로 하는 Sorting Signal을 갖고 있다

LDL particle이 세포 표면에 어떻게 결합하고, endocytic vesicle에 의해 세포 내로 들어오는지를 이해하는 열쇠는 *LDL receptor* (*LDL* 수용체)가 발견되었기 때문이다. LDL receptor는 839개의 아미노산을 갖고 있는 type I 막 당단백질이며, LDL 결합 domain을 포함하는 긴 N-terminal exoplasmic segment 및 짧은 C-terminal cytosolic segment를 가지고 있다. Cysteine-rich repeat은 LDL 결합 domain을 형성하며, LDL particle의 apoB-100 분자와 상호작용한다. 그림 14-29는 LDL receptor가 receptor-mediated endocytosis에 의해 LDL particle이 세포 내로 들어오도록 하는 방법을 보여준다. 세포 내로 들어온 LDL particle이 lysosome에 도달한 후, lysosome protease는 표면에 있는 apolipoprotein을 가수분해하고, lysosome cholesteryl esterase는 core cholesteryl ester를 가수분해한다. Unesterified 콜레스테롤은 lysosome을 자유롭게 떠나고, 세포에서 필요에 따라 막 또는 다양한 콜레스테롤 유도체를 합성하는 데 사용된다.

LDL receptor에 대한 인간 유전자(*LDLR*)의 돌연변이는 혈장 LDL의 상승으로 특징지어지는 유전 질환인 *familial hypercholesterolemia* (*FH*, 가족성 고콜레스테롤혈증)를 일으킬 수 있다. LDLR 유전자의 한 copy는 정상이지만, 다른 copy에 결함이 있는 환자(heterozygote)의 경우 혈중 LDL이 약 2배가 높다. *LDLR* 유전자 2개 모두에 결함이 있는 환자(homozygote)는 정상인보다 4~6배 정도 LDL level을 갖고 있다. 혈중 LDL 수치가 높으면 LDL이 과도하게 축적되어 coronary arteries (관상 동맥)에 atherosclerotic plaque (죽상경화판)이 형성될 수 있다. FH homozygote는 20대 후반이 되기 전에 심장마비로 사망한다.

LDLR 유전자의 다양한 돌연변이는 FH를 유발할 수 있다. 일부 돌

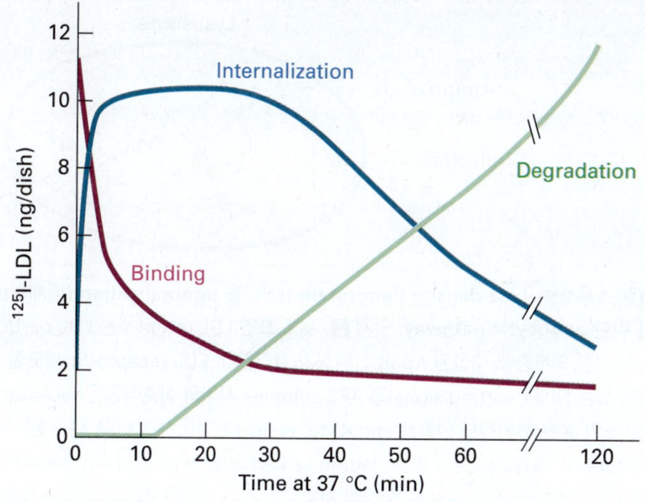

실험 그림 14-28 Pulse-chase experiment는 LDL의 세포 흡수에 있어 precursor-product 관계를 보여준다. 배양된 정상 인간 피부 fibroblast를 4°C에서 2시간 동안 ^{125}I-LDL을 포함하는 배지에 배양하였다(pulse). 세포에 결합하지 않고 남은 ^{125}I-LDL을 씻어낸 후, 세포는 외부에서 LDL을 처리하지 않고 그래프에 표시된 시간 동안 37°C에서 배양되었다(chase). 표면에 결합된, internalized (내재화 된) 그리고 분해(hydrolyzed)된 ^{125}I-LDL의 양을 측정하였다. 세포 안으로 들어오지 않고 가수분해가 되지 않는 LDL apoB-100의 결합은 4°C에서 pulse하는 동안 일어난다. 이 데이터는 세포들이 막의 움직임이 가능하도록 데워진 후에 세포 표면으로부터 세포 안으로 들어오게 되어 결합된 ^{125}I-LDL가 매우 빠르게 사라지는 것을 보여준다. 15~20분의 lag period 후, 세포 안으로 들어 온 ^{125}I-LDL이 lysosome에서 분해되기 시작한다. M. S. Brown and J. L. Goldstein, 1976, *Cell* **9**:663 참조.

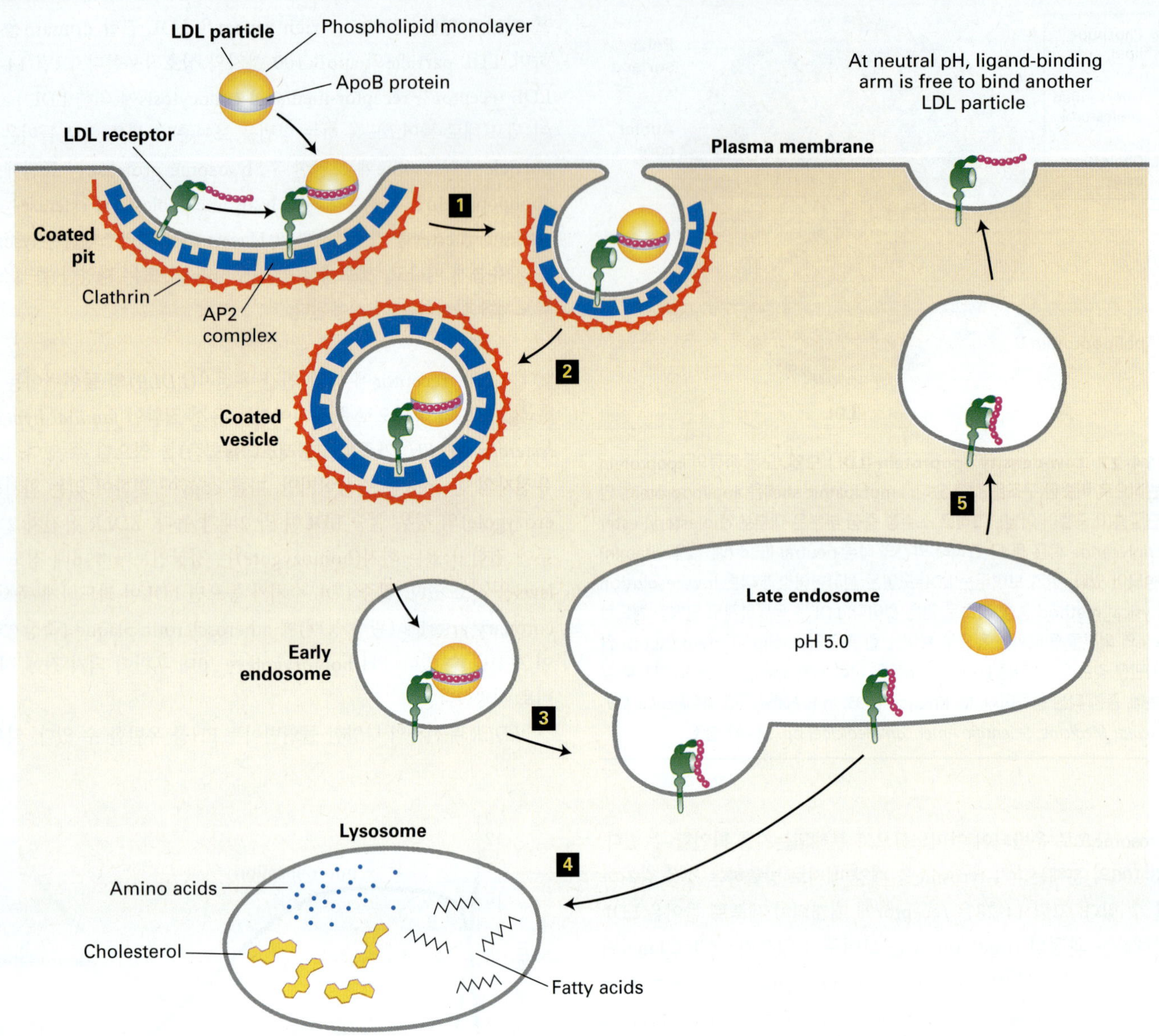

그림 14-29 Low-density lipoprotein (LDL)을 internalization (내재화)하기 위한 endocytic pathway. 단계 **1**: 세포 표면 LDL receptor는 LDL particle의 인지질 외부층에 내장된 ApoB 단백질과 결합한다. LDL receptor의 세포질 꼬리에 있는 NPXY sorting signal과 AP2 complex 사이의 상호작용은 receptor에 리간드가 붙은 복합체를 만들고 endocytic vesicle에 들어가게 한다. 단계 **2**: Receptor-LDL 복합체를 갖고 있는 clathrin-coated pit는 *trans*-Golgi network에서 clathrin/AP1-coated vesicle 형성에 사용되는 것과 동일한 dynamin-mediated mechanism에 의해 떨어지게 된다(그림 14-19 참조). 단계 **3**: Vesicle coat가 벗겨진 후, uncoated endocytic vesicle (early endosome)은 late endosome과 융합한다. Late endosome의 산성 pH는 LDL receptor의 구조 변화를 유발하여 결합 LDL particle을 방출한다. 단계 **4**: Late endosome은 lysosome과 융합하고, 떨어진 LDL particle의 단백질과 지질은 lysosome에 있는 효소에 의해 구성 성분으로 분해된다. 단계 **5**: LDL receptor는 세포 표면으로 되돌아가 재사용되며, 외부 배지의 중성 pH에서 receptor는 구조가 다시 바뀌어서 다른 LDL 입자와 결합할 수 있게 된다. M. S. Brown and J. L. Goldstein, 1986, *Science* **232**:34; and G. Rudenko et al., 2002, *Science* **298**:2353 참조.

연변이는 LDL receptor 단백질의 합성을 방해하고, 다른 돌연변이는 ER에서 receptor 단백질이 적절하게 구조를 잡지 못하게 하여 미성숙한 상태에서 분해가 되며(13장 참조), 또 다른 돌연변이는 LDL receptor가 LDL을 단단하게 결합하는 능력을 감소시킨다. 돌연변이 receptor의 특별한 그룹은 세포 표면에서 발현되고 LDL과 정상적으로 결합하지만, 결합한 LDL이 세포 안으로 들어오는 것을 진행할 수 없다. 이러한 유형의 결함이 있는 사람의 경우 다른 리간드에 대한 세포막 receptor는 정상적으로 세포 안으로 들어오지만, 돌연변이 LDL receptor는 coated pit에 모이지 않는다. 이 돌연변이 receptor와 실험적으로 생성된 다른 돌연변이 LDL receptor를 fibroblast에서 발현하여 분석한 결과, receptor를 세포 안으로 들어가게 하는 데 중요한 4개의 모티프인 Asn-Pro-X-Tyr (여기서 X는 어떤 아미노산도 가능함)를 receptor의 세포질 부분에서 찾아냈다. *NPXY sorting signal*은 AP2 complex에 결합하며, coated pit에 있는 LDL receptor의 세포질 부분을 clathrin/AP2 coat에 연결한다. NPXY signal에 있는 아미노산이 돌연변이되면, LDL receptor가 coated pit로 들어와 모이게 되는 능력을 잃게 된다. ■

Late Endosome의 Acidic pH는 Receptor-Ligand Complex (수용체에 리간드가 붙은 복합체) 결합을 분리되게 한다

세포막의 endocytic internalization의 overall rate는 상당히 높다: 배양된 fibroblast는 세포 표면 단백질과 인지질의 50%를 매시간 일상적으로 세포 안으로 받아들인다. Endocytosis를 수행하는 대부분의 세포 표면 receptor는 세포 안에 리간드를 내려놓고, 다음 리간드 분자의 받아들이기 위해 세포막으로 돌아가 반복적으로 재사용된다. 예를 들어, LDL receptor는 10–20분마다 세포 내부와 표면으로 왕복하여 자신의 수명인 20시간 동안 총 100회 왕복한다.

세포 안으로 들어간 receptor에 리간드가 붙은 복합체는 일반적으로 그림 14-22의 M6P receptor와 그림 14-29의 LDL receptor에 대한 경로를 따른다. Endocytosed cell-surface receptor는 일반적으로 세포 표면으로부터 몇 마이크로미터 떨어진 tubular branching 막을 가진 구형 vesicle로 보이는 late endosome 내에서 리간드와 분리된다.

Late endosome에서 receptor와 리간드의 분리는 endocytic pathway뿐만 아니라 분비 경로를 통한 수용성 lysosome 효소의 전달에서도 일어난다(그림 14-23 참조). 11장에서 설명한 바와 같이, late endosome과 lysosome의 막은 vesicle lumen을 산성화하기 위해 Cl^- channel과 함께 작용하는 V-class proton pump를 갖고 있다(그림 11-13 참조). M6P receptor와 LDL receptor를 포함한 대부분의 receptor는 중성 pH에서 리간드와 단단히 결합하지만, pH가 6.0 이하로 낮아지면 리간드를 방출한다. Late endosome은 luminal pH가 단단히 결합된 리간드와 endocytosed receptor가 분리될 수 있을 만큼 충분히 산성이며, receptor에 리간드가 붙은 복합체가 처음 만나는 소기관이다.

LDL receptor가 결합된 LDL particle을 방출하는 메커니즘은 이제 자세히 이해되고 있다(그림 14-30). Endosome의 pH는 5.0–5.5이고, 이런 상태에서 receptor의 β-*propeller domain*으로 알려진 영역의 histidine 잔기는 protonated되어 LDL 결합 domain에 음전하를 띤 cysteine-rich repeat에 높은 친화력으로 결합할 수 있는 부위를 형성한다. 이러한 분자내 상호작용은 apoB-100과 동시에 결합할 수 없는 닫힌 잭나이프의 형태와 같은 구조로 바뀌어 cysteine-rich repeat를 붙잡

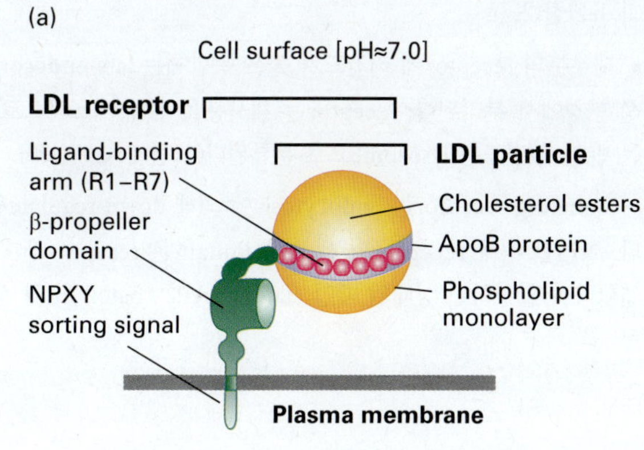

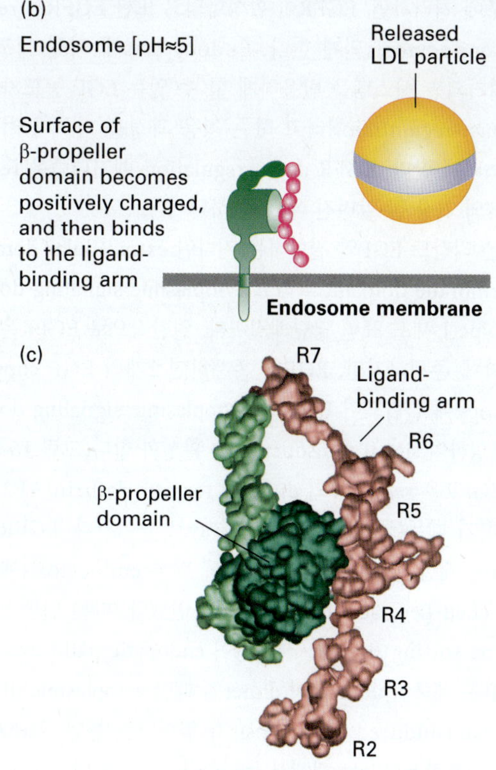

그림 14-30 LDL receptor와 LDL particle의 pH 의존적 결합 모델. 세포 표면의 중성 pH일 때와 late endosome 내부의 산성 pH일 때 LDL receptor의 구조. (a) 세포 표면에서 LDL particle의 표면에 있는 apoB-100은 receptor에 단단히 결합한다. 리간드 결합 팔의 7가지 cysteine-rich repeat (R1–R7) 중 R4와 R5는 LDL 결합에 가장 중요한 것으로 보인다. (b) Endosome에서 LDL receptor의 β-propeller domain의 histidine 잔기는 protonation된다. 양전하를 띤 propeller는 음전하를 띤 잔기를 갖고 있는 리간드 결합 팔과 높은 친화력으로 결합할 수 있으며, 이는 LDL particle의 방출을 유발할 수 있다. (c) X-ray crystallography 분석에 기초한 pH 5.3에서 LDL receptor의 세포 바깥쪽 영역에 대한 실험적 전자 밀도와 C_α backbone 추적 모델. 이러한 형태에서 β-propeller와 R4 및 R5 repeat 사이에 광범위한 소수성 및 이온 상호작용이 일어난다. [Part (b) data from G. Rudenko et al., 2002, *Science* **298**:2353; PDB ID 1n7d.]

아 두기 때문에 결합 LDL particle이 방출되게 한다. 닫힌 형태의 LDL receptor는 다음 LDL을 결합하여 받아들이기 위해 세포막으로 돌아가서 효율적으로 재사용된다.

6장에서 설명한 바와 같이, 유전자 PCSK9의 기능 상실을 초래하는 인간 돌연변이는 혈중 LDL의 감소를 초래한다. PCSK9는 LDL receptor를 negative로 조절하는 것이 정상인 분비단백질을 암호화한다. 생화학 및 구조 연구에 따르면, PCSK9는 LDL receptor의 LDL 결합 domain에 결합하여 receptor가 압축 상태로 닫히는 것을 방지한다. 닫힌 형태가 아닌 receptor는 세포막으로 다시 돌아가 재사용될 수 없으며 분해되는 lysosome으로 운반된다. PCSK9의 억제제는 LDL을 낮추는 유망한 새로운 종류의 약물이다.

Receptor-Mediated Endocytosis는 Signaling receptor를 Down-Regulate한다

Signaling receptor는 receptor-mediated endocytosis될 수 있는 세포막 단백질의 중요한 종류이다. 이 receptor들은 세포 밖에 있는 리간드에 결합하고 적절하게 세포 내로 신호를 보낸다. 16장에서 설명한 바와 같이, epidermal growth factor receptor (EGFR)는 세포 밖에 있는 성장 인자 단백질인 EGF에 반응하여 신호전달 경로를 활성화한다. EGF를 세포에 처리하면, EGFR이 활성화되고 또한 EGFR이 receptor-mediated endocytosis되게 한다. Endocytosis에 의해 세포막에서 EGFR이 제거되면 시스템을 반응하게 할 수 있는 EGF 농도가 높아지게 되어 *down-regulation*이라고 하는 적응 과정을 거치며 이때 신호 반응이 감소되게 한다. EGFR down-regulation 메커니즘은 regulated endocytosis의 가장 잘 알려진 예들 중 하나이다.

EGFR은 리간드 EGF와 결합하는 커다란 extracellular domain, 단일 transmembrane domain, 그리고 cytoplasmic signaling domain을 결합하는 Type I 세포 표면 당단백질이다. 일반적으로 EGFR은 단량체로서 세포막에 존재하지만, EGF가 존재하면 2개의 EGF copy가 2개의 EGFR copy에 결합되어 EFGR의 cytoplasmic signaling domain이 dimer를 형성하여 signal transduction을 활성화 한다(그림 16-8 참조). 활성화된 EGFR은 receptor의 dimeric form이 clathrin/AP2-coated pit에 결합하기 때문에 endocytic pathway로 들어간다. EGFR의 세포질 domain에 대한 돌연변이 연구를 통해 빠른 endocytosis에 필요한 di-leucine (Leu-Leu) sorting signal을 확인했다. 다른 단백질은 세포질 di-leucine sorting signal을 사용하여 endocytic pathway로 들어가지만, EGFR은 세포질 domain이 dimer일 때만 cytoplasmic di-leucine signal이 ligand-induced endocytosis가 일어나는 동안 clathrin/AP2 complex와 상호작용한다는 점에서 특이하다.

Endocytosis에 의해 EGFR이 late endosome으로 전달되며, 이 위치에서 LDL receptor와 유사한 경로로 세포막으로 돌아가 재사용된다(그림 14-29 참조). 완벽한 down-regulation은 EGFR이 분해되는 lysosome으로 한 번 더 수송되어 일어난다. Clathrin/AP2 complex와의 상호작용을 가능하게 할 뿐만 아니라, EGFR이 리간드가 결합하여 활성화되면 작은 단백질인 ubiquitin이 EGFR의 세포질 domain에 공유결합하는 modification을 유발한다. 다음 절에서 설명하겠지만, 궁극적으로 multivesicular body로 들어가 lysosome에서 분해될 수 있도록 EGFR에 monoubiquitinylation이 일어난다(그림 14-32 참조).

14.5절의 주요 개념

Receptor-Mediated Endocytosis (수용체 매개 세포 내입)

- 특정 세포 표면 receptor에 결합하는 일부 세포 밖에 있는 리간드는 그 receptor와 함께 AP2 complex를 갖고 있는 clathrin-coated vesicle에 들어가게 된다(그림 14-26 참조).
- 세포 표면 receptor의 세포질 domain에 있는 sorting signal은 세포 안으로 들어가기 위해 clathrin/AP2-coated pit로 target된다. 알려진 신호로는 Asn-Pro-X-Tyr, Tyr-X-X-Φ 및 Leu-Leu가 있다(표 14-2 참조).
- Endocytic pathway는 일부 리간드(예, LDL particle)를 lysosome으로 전달하여 분해한다. 세포 표면에서 만들어진 transport vesicle은 먼저 late endosome과 융합하고, late endosome은 이어서 lysosome과 융합한다.
- 대부분의 receptor에 리간드가 붙은 복합체는 late endosome의 산성 환경에서 분리된다; receptor는 재사용을 위해 세포막으로 돌아가는 반면, 리간드는 lysosome으로 분류된다(그림 14-29 참조).
- Signaling receptor는 endocytosis에 의해 down-regulate될 수 있다. 이러한 경우 receptor의 세포질 domain은 receptor가 리간드와 결합하여 활성화된 상태일 때만 clathrin/AP2-coated pit와 상호작용한다.

14.6 Lysosome에서 분해되기 위한 막 단백질과 Cytosolic Material의 전달

Lysosome의 주요 기능은 세포가 세포 밖에 있는 물질을 받아 들여 분해하는 것과 특정 조건에서 세포 안에 있는 성분을 분해하는 것이다. 분해될 물질은 다양한 분해효소가 존재하는 lysosome의 lumen으로 전달되어야 한다. 우리가 방금 살펴본 바와 같이, late endosome에서 receptor로부터 분리된 endocytosed ligand (예, LDL particle)는 late endosome의 막과 lysosome의 막이 융합할 때 lysosome lumen으로 들어가게 된다(그림 14-29 참조).

Endosomal 소기관의 lumen에 있는 내용물을 lysosome의 lumen으로 전달하여 분해하기 위해, 이 장에서 논의된 일반적인 vesicular trafficking 메커니즘이 어떻게 사용될지는 명백하다. 이 절에서는 두 가지 추가 pathway에 대해 설명한다. 이전에 논의한 전형적인 vesicular trafficking 과정에 따르면, lysosome에 전달된 막 단백질은 반드시 lysosome 막으로 전달된다. 그렇다면, 막 단백질이 분해를 위해 lysosome의 내부로 어떻게 전달될까? 이 절에서 설명할 첫 번째 경로는 endocytosed 막 단백질을 분해하는 데 사용되며, endosome의 lumen으로 bud되는 특이한 유형의 vesicle로 multivesicular endosome을 생성하여 사용한다. 두 번째 경로는 세포질 물질을 분해하기 위해 lysosome의 lumen으로 전달하는 것이다. *Autophagy*로 알려진 이 두 번째 경로에서는 수용성 세포질 단백질과 같은 세포질 물질 또는 퍼옥시좀이나 미토콘드리아와 같은 소기관을 감싸는 *autophagosome*으로 알려진 double-membrane (이중막) 소기관이 새롭게 만들어진다. 두 경로 모두 multivesicular endosome 또는 autophagosome 안에 있는 내용물을 분해하기 위해 lysosome과 융합시켜 lysosome lumen으로 들어가게 한다.

Multivesicular Endosome에서 Lysosomal 막으로 가는 막 단백질을 Lysosome에서 분해될 단백질과 분리한다

V-class proton pump 및 amino acid transporter와 같은 lysosome에 상주하는 lysosome 막 단백질은 lumen에 있는 수용성 가수분해효소에 의해 분해되지 않아야만 기능을 수행할 수 있고 lysosome 막에 남아있을 수 있다. 이러한 단백질은 이전 절에서 설명한 것과 동일한 기본 메커니즘에 의해 *trans*-Golgi network 또는 endosome에서 bud되는 transport vesicle에 의해 lysosome 막으로 전달된다. 이와는 대조적으로 분해될 endocytosed 막 단백질은 특화된 배달 메커니즘에 의해 lysosome 내부로 전부 전달된다. 세포 밖에 있는 signaling 분자에 대한 세포 표면 receptor의 lysosome에서의 분해는 세포 밖에서 오는 signal에 대한 세포의 민감도를 조절하는 일반적인 메커니즘이다(15장 참조). 손상된 receptor도 lysosome에서 분해되기 위해 target된다.

막이 막으로 둘러싸인 구획의 lumen에 전달될 수 있다는 초기 증거는 endosome과 lysosome 내에 막 vesicle과 막 조각이 존재하는 전자현미경 관찰로 알게 되었다. Yeast를 사용한 실험에서, vacuole (lysosome과 동등한 yeast 소기관)로 target되는 endocytosed receptor 단백질은 vacuole의 표면 막에 있기 보다는 vacuole 내부의 막 조각 및 작은 vesicle과 주로 함께 있다는 것이 밝혀졌다.

이러한 관찰은 endocytosed 막 단백질이 endosomal 막에서 형성되는 specialized vesicle에 들어갈 수 있음을 의미한다(그림 14-31). 비록 이 vesicle들은 vesicle의 크기와 모양은 비슷하지만 bud되는 방향에 차이가 있다. Donor 소기관에서 vesicle은 표면의 *outward*로 bud되는 반면, endosome 내부에서 만들어지는 vesicle은 표면에서 *inward*인 lumen으로 bud된다(세포질에서 멀어지는 방향). 내부에 수많은 vesicle을 갖고 있는 성숙한 endosome을 보통 **multivesicular endosome** (또는 body라고 함)이라고 한다. Multivesicular endosome의 표면 막은 lysosome의 막과 융합하여 내부에 있는 vesicle과 그들이 갖고 있는 막

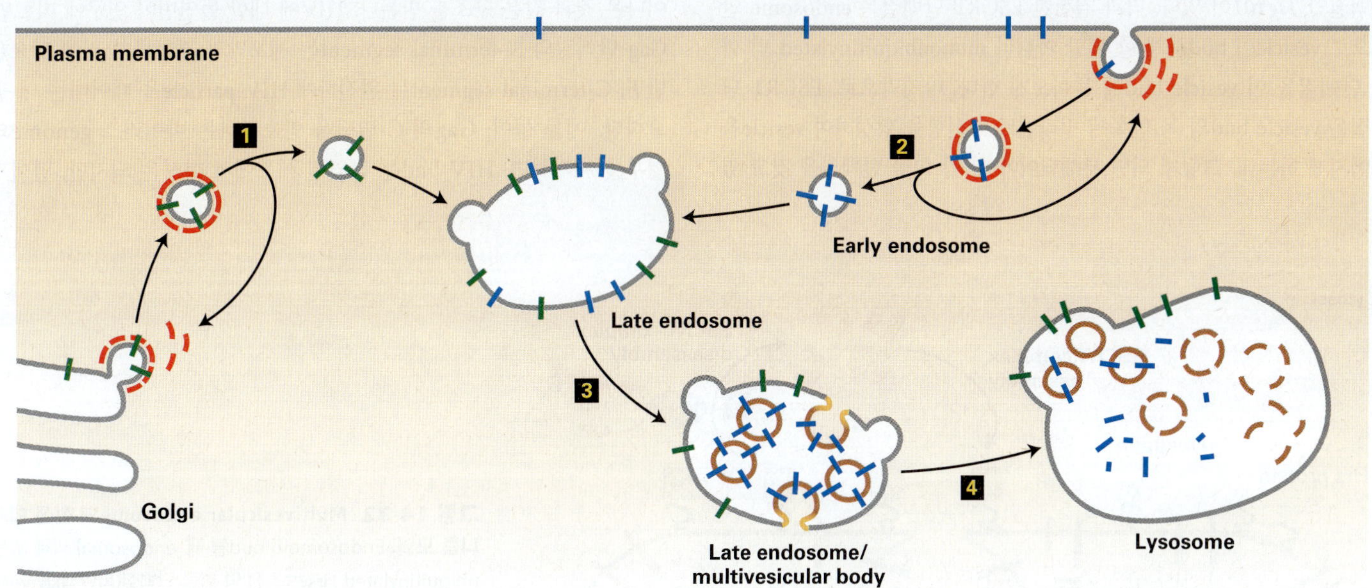

그림 14-31 세포막 단백질을 분해하기 위한 lysosome 내부로의 전달. Endocytosis된 세포막 단백질(파란색)을 운반하는 early endosome과 *trans*-Golgi network으로부터 만들어진 lysosomal 막 단백질(초록색)을 운반하는 vesicle은 late endosome과 융합하여 그들의 막 단백질을 endosomal 막으로 전달한다(단계 **1** 과 **2**). Early endosome으로부터 온 분해되어야 하는 단백질들은 late endosome 내부로 bud되는 vesicle에 담기게 되고, 결국에는 그와 같은 많은 내부 vesicle을 갖고 있는 multivesicular endosome이 형성된다(단계 **3**). Multivesicular endosome은 lysosome과 직접 융합하여 내부 vesicle들을 lysosome의 lumen으로 들어가게 하고, 그곳에서 분해된다(단계 **4**). Proton pump와 다른 lysosomal 막 단백질은 내부로 형성되는 endosomal vesicle에 담기지 않고 lysosomal 막으로 전달되며 분해로부터 보호된다. F. Reggiori and D. J. Klionsky, 2002, Eukaryot. *Cell* **1**:11; and D. J. Katzmann et al., 2002, *Nat. Rev. Mol. Cell Biol.* **3**:893 참조.

단백질을 분해하기 위해 lysosome 내부로 전달된다. 따라서 endosomal 막으로 분류된 단백질은 어떤 단백질이 lysosome 표면에 남아있을지(예, pump와 transporter) 그리고 어떤 단백질이 내부 vesicle에 들어가서 결국 lysosome에서 분해될지가 결정된다.

Endosome 막의 안쪽으로 bud하는 데 필요한 많은 단백질은 vacuole의 내부로 막 단백질을 전달하지 못하는 돌연변이 yeast를 사용하여 처음으로 찾아냈다. Multivesicular endosome를 형성하기 위해 endosomal budding의 현재 모델은 주로 yeast를 사용한 연구를 기초로 만들어졌지만, 포유류 세포도 본질적으로는 동일한 메커니즘을 사용하고 있는 것으로 보인다(그림 14-32). Multivesicular endosome에 들어가는 대부분의 화물 단백질에는 ubiquitin이 부착된다. Multivesicular endosome로 들어가는 화물 단백질은 일반적으로 세포막, *trans*-Golgi network 또는 endosomal 막에서 ubiquitin이 부착된다. 우리는 ubiquitin tagging이 proteasome에 의해 세포질 또는 잘못 접힌 ER 단백질을 분해하기 위한 신호로 어떻게 작용할 수 있는지 이미 보았다(3장 및 13장 참조). Proteasomal degradation 신호로 사용될 때, ubiquitin tag는 보통 공유결합으로 ubiquitin 분자를 연결한 사슬(polyubiquitin)을 구성하는 반면, multivesicular endosome으로 들어가라는 신호로 사용되는 ubiquitin은 일반적으로 단일 분자의 형태(monoubiquitin)를 취한다. Endosome의 막에서, *Hrs*로 알려진 ubiquitin-tagged peripheral membrane protein은 막으로 적어도 세 가지 단백질 complex가 모이게 한다. 이러한 **ESCRT** (*e*ndosomal *s*orting *c*omplexes *r*equired for *t*ransport) **단백질** 멤버에 ubiquitin-binding 단백질인 *Tsg101*이 있다. 막과 결합한 ESCRT 단백질은 endosome 안쪽으로 vesicle이 bud하게 할 뿐만 아니라 monoubiquitinylated 막 화물 단백질을 이 vesicle bud에 들어오게 한다. 마지막으로, ESCRT 단백질은 vesicle bud의 목 안쪽에 필라멘트 나선형을 형성하여 vesicle을 떨어지게 하는데, 그렇게 되면 분해되어야 할 막 화물 단백질을 갖고 있는 vesicle이 endosome 내부로 들어오게 된다. *Vps4*로 알려진 ATPase는 ATP 가수분해 에너지를 사용하여 ESCRT 단백질을 해체하고, 해체된 단백질들은 또 다시 한 번 bud 과정에 참여하기 위해 세포질로 흩어진다. 완성된 endosomal vesicle을 떨어지게 하는 과정에서 ESCRT 단백질과 Vps4는 앞에서 설명한 전형적인 막 융합 과정에서 각각 SNARE와 NSF와 같은 기능을 하는 것 같다(그림 14-11 참조).

Retrovirus는 Multivesicular Endosome이 형성되는 비슷한 과정을 통해 세포막에서 bud된다

Endosome 내부로 bud되는 vesicle은 바이러스에 감염된 세포의 세포막에서 enveloped virus가 bud되는 것과 유사한 topology를 가지고 있다. 또한, 최근의 실험을 통해 이 두 가지 membrane-budding event를 수행하기 위해 공통적인 단백질 세트가 필요하다는 것을 확인했다. 사실, 이 두 과정은 기계적으로 작동되는 세부 사항이 서로 매우 유사하여, enveloped virus가 bud되어 나가기 위해 endosome에서 안쪽으로 bud되며 세포 단백질을 모으는 메커니즘에서 진화된 것이 아닌가 생각된다.

Human immunodeficiency virus (HIV)는 완성된 virus particle의 주요 구조적 성분인 viral Gag 단백질에 의해 작동되는 과정을 통해 감염된 세포의 세포막에서 bud되는 enveloped retrovirus이다. Gag 단백질은 감염된 세포의 세포막에 결합하고, 약 4,000여 개의 Gag 분자가 구형 껍데기로 polymerize되어 세포막 바깥쪽으로 vesicle bud가 튀어나온 것과 같은 구조를 만든다. HIV에 대한 돌연변이 연구에 따르면, Gag 단백질의 N-terminal segment는 세포막과 결합하기 위해 필요한 반면, C-terminal segment는 완전하게 HIV particle을 떼어내는 데 필요하다. 예를 들어, Gag의 C-말단을 암호화하는 바이러스 genome의 일부를 제거하면, HIV bud는 감염된 세포에서 형성은 되지만, 떨어져

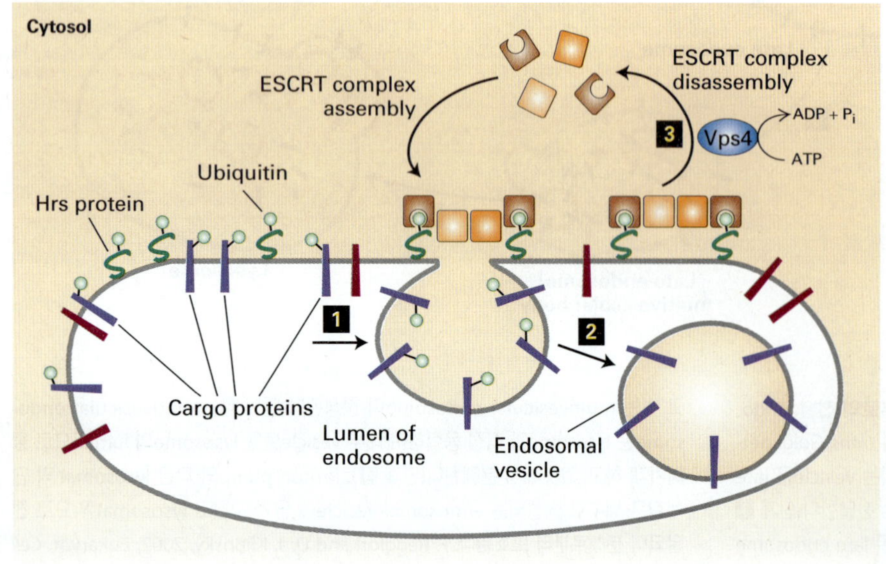

그림 14-32 Multivesicular endosome의 형성 메커니즘 모델. Endosome이 bud될 때, endosomal 막에 있는 ubiquitinylated Hrs는 특정 막 화물 단백질(파란색)을 vesicle bud로 유도한 다음 세포질 ESCRT 단백질 복합체를 막에 결합되게 한다(단계 **1**). Hrs과 recruited 화물 단백질 모두 ubiquitin으로 tag된 점을 주목하라. Budding vesicle을 완성하고 내부로 떨어지게 막에 붙어 있는 ESCRT 복합체가 임무를 수행한 다음(단계 **2**), 이 복합체는 ATPase Vps4에 의해 해체되어 세포질로 돌아간다(단계 **3**). 자세한 내용은 본문을 참조하라. O. Pornillos et al., 2002, *Trends Cell Biol.* **12**:569 참조.

나가는 현상이 일어나지 않아 바이러스 particle이 방출되지 않는다.

HIV의 bud가 endosome 안으로 vesicle이 bud되는 데 같은 분자 machinery를 사용한다는 첫 번째 징후는 ESCRT 단백질인 Tsg101이 Gag 단백질의 C-말단에 결합한다는 관찰에서 나왔다. 이후의 발견들은 두 과정이 기계적으로 유사하다는 것을 명확하게 입증했다. 예를 들어, Gag는 바이러스가 bud되는 과정의 일부로서 ubiquitinylation되며, Tsg101 또는 Vps4에 돌연변이가 있는 세포에서는 HIV 바이러스 bud가 축적은 되지만 막에서 떨어져 나가지 못한다(그림 14-33). 게다가, 세포에 있는 Hrs 단백질의 세그먼트를 truncated Gag 단백질에 연결하는 hybrid gene을 만들어 실험하면 바이러스 particle이 정상적으로 budding되고 그 방출이 복원된다. 이러한 결과는 Gag 단백질이 Hrs의 기능을 모방하여 ESCRT 단백질들을 바이러스 particle이 bud되는 세포막으로 이동시킨다는 것을 의미한다.

비록 바이러스들이 ESCRT complex를 바이러스가 bud되는 장소에 ESCRT complex를 가져오는 메커니즘이 다소 다르게 진화한 것으로 보이지만, murine leukemia virus와 Rous sarcoma virus와 같은 다른 enveloped retrovirus들도 bud하기 위해 ESCRT complex를 필요로 하는 것으로 나타났다.

Autophagic Pathway는 세포질 단백질과 Entire 소기관들을 Lysosome으로 전달한다

세포가 starvation과 같은 스트레스 조건에 놓여 있을 때, 세포는 **autophagy** ("eating oneself")로 알려진 lysosome 분해 과정을 통해서 영양분으로 사용하기 위해 고분자를 재활용할 수 있는 능력을 갖는다. Autophagic pathway는 세포질이나 소기관 통째(예, 미토콘드리아)를 감싸고 있는 평평한 이중막으로 구성된 컵 모양의 구조를 형성해서 *autophagosome* 또는 *autophagic vesicle*을 형성한다(그림 14-34). Autophagosome의 외부 막은 lysosome과 융합할 수 있으며, single membrane bilayer에 의해 둘러싸인 큰 vesicle을 lysosome 내부로 전달한다. Lysosome 내의 lipase와 protease는 autophagosome과 그 내용물을, multivesicular endosome을 lysosome에 전달했을 때와 마찬가지로, 분자 구성요소로 분해한다. Lysosome 막의 amino acid permease는 새로운 단백질 합성에 사용하기 위해 아미노산을 세포질로 다시 운

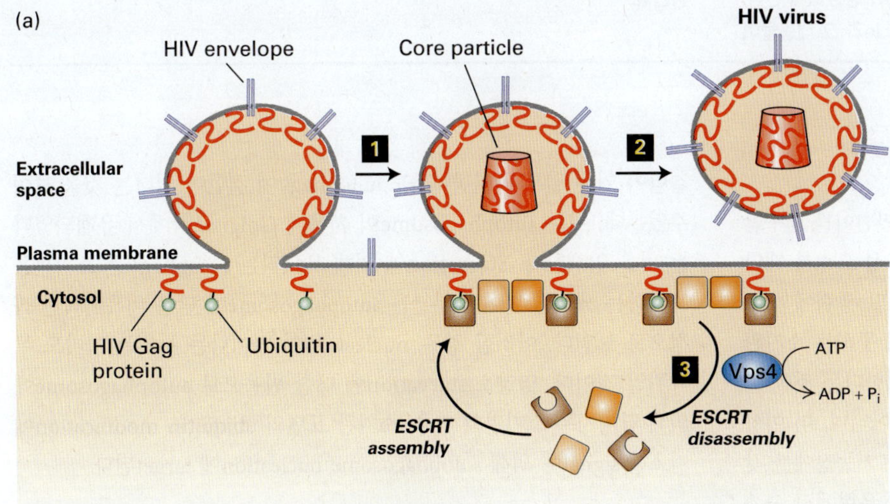

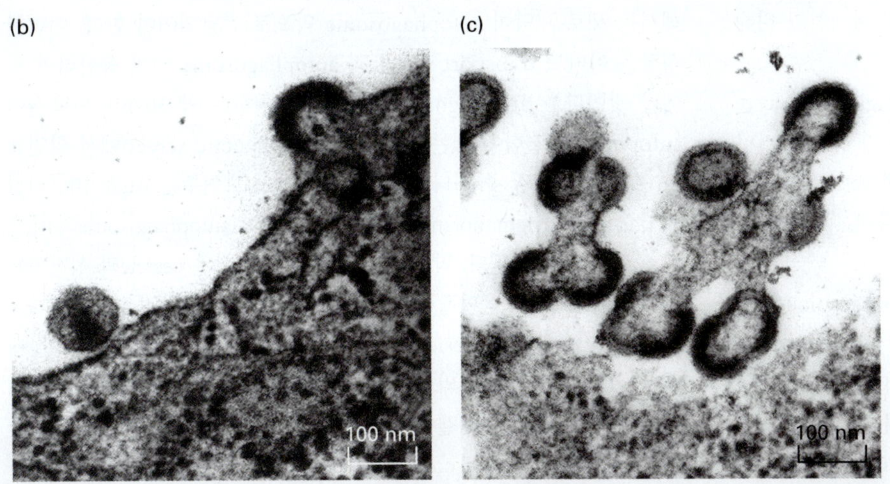

그림 14-33 세포막으로부터의 HIV budding 메커니즘. Multivesicular endosome의 형성에 필요한 단백질은 HIV가 세포막으로부터 virus budding을 위해 이용된다. (a) HIV에 감염된 세포로부터 HIV particle의 budding은 바이러스에서 만든 Gag와 세포에 있는 ESCRT와 Vps4 단백질을 사용하여 그림 14-32에서 보여준 것과 비슷한 메커니즘으로 일어난다(단계 1–3). Budding particle 근처에 위치한 ubiquitinylated Gag은 Hrs처럼 작동한다. (b) HIV에 감염된 wild-type cell에서는 바이러스 particle이 세포막에서 bud되고 세포 밖 공간으로 빠르게 방출된다. (c) ESCRT 단백질인 Tsg의 기능이 결핍된 세포에서는 바이러스의 Gag 단백질에 의해 촘촘한 바이러스성 구조는 형성하지만, 이 구조들은 budding이 안 되어 세포막에 완성이 안 된 viral bud가 여전히 달라붙어 있는 상태로 축적된다. [Parts (b), (c) Wes Sundquist, University of Utah.]

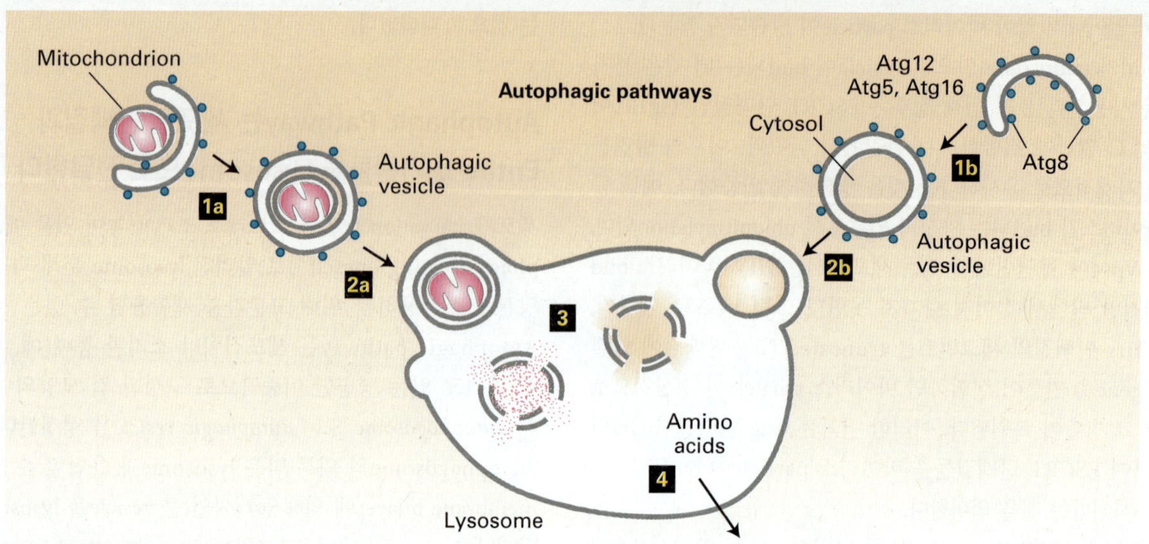

그림 14-34 Autophagic pathway. Autophagic pathway는 세포질 단백질과 세포소기관들의 분해를 위해 lysosome 내부로 전달될 수 있어야 한다. Autophagic pathway에서 cup-shaped structure는 세포질의 일부(오른쪽) 또는 미토콘드리아와 같은 세포소기관(왼쪽) 주위에 형성된다. 막의 지속적인 첨가는 결국 내용물을 2개의 완전한 막(단계 1a와 1b)으로 감싸는 autophagosome이 형성되게 한다. 외부 막과 lysosome의 막이 융합되어 single-membrane vesicle과 그 내용물이 lysosome 내부로 들어간다(단계 2a와 2b). Lysosome 내부의 가수분해효소에 의해 단백질과 지질 성분이 분해된 후(단계 3), 방출된 아미노산은 lysosome 막을 통과해 세포질로 운반된다(단계 4). Autophagic pathway에 참여하는 것으로 알려진 단백질로는 Atg8이 있으며, Atg8은 autophagosome 주위에 coat structure를 형성한다.

반할 수 있게 한다.

과학자들은 autophagic pathway에 결함이 있는 돌연변이를 연구함으로써, starvation 동안 autophagy에 의존하는 세포 구성 요소를 재활용하는 것 이외의 다른 과정을 밝혀냈다. 주로 초파리 및 생쥐에서 수행된 실험을 통해 autophagy가 제대로 기능을 수행하지 못하는 소기관을 제거하는 일종의 quality-control mechanism에 참여한다는 것을 알게 되었다. 특히 autophagic pathway는 완전한 상태가 아니며, 더 이상 inner membrane을 가로질러 전기화학적 기울기가 없는 기능장애를 갖는 미토콘드리아를 target으로 삼을 수 있다. 특정 세포 유형에서 숙주 세포의 세포질에서 증식하는 병원성 박테리아와 바이러스의 감염을 방어하는 숙주 방어 메커니즘의 일부로서 lysosome에서 파괴하기 위해 이들을 autophagic pathway로 target할 수 있다.

이러한 각각의 과정과 모든 진핵생물에서, autophagic pathway는 세 가지 기본 단계로 일어난다. 이러한 각 단계의 기초가 되는 메커니즘은 상대적으로 잘 이해되지 않지만, 이 장에서 설명한 vesicular trafficking의 기본 메커니즘과 관련이 있을 것으로 생각된다.

Autophagosome Nucleation (생성 시작점) Autophagosome은 막으로 이루어진 소기관의 조각에서 유래한 것으로 생각된다. Autophagosome 형성에 필요할 것이라고 생각되는, 그래서 이 막의 source를 확인할 수 있는 독특한 내재성 막 단백질이 없기 때문에 이 막의 근원을 추적하는 것은 어렵다. Yeast를 갖고 수행한 연구는 Golgi trafficking에 결함이 있는 일부 돌연변이들도 autophagy에 결함이 있다는 것을 보여주었는데, 이는 autophagosome이 처음에 Golgi 조각에서 유래되었다는 것을 암시한다. Starvation에 의해 유도되는 autophagy는 소기관을 포함하는 세포질의 어떤 부분을 autophagosome에 담는 비특이적인 과정으로 보인다. 이러한 경우, nucleation이 일어나는 부위는 아마도 무작위일 것이다. 영양소 starvation에 대한 반응으로 autophagosome에 의해 담겨지는 소기관의 경우, 소기관 표면의 ubiquitin modification에 기초한 signal에 의해 autophagosome nucleation에 target된다.

Autophagosome 성장과 완성 이 컵 모양의 소기관이 성장하기 위해서는 새로운 막이 autophagosome 막으로 전달되어야 한다. 이러한 성장은 아마도 transport vesicle과 autophagosome 막이 융합하여 일어날 것이다. Autophagosome 형성에 참여하는 약 30개의 단백질이 autophagy에 결함이 있는 yeast 돌연변이 genetic screen에서 확인됐다. 이러한 단백질 중 하나는 그림 14-34에서 보여주는 Atg8이며, 지질인 phosphatidylethanolamine과 공유결합되어 autophagosome의 세포질 쪽 표면에 부착된다. 막 vesicle과 Atg8의 결합은 vesicle과 성장하는 autophagosome이 융합될 수 있게 하는 중요한 단계인 것으로 보인다.

Atg8-containing vesicle과 autophagosome의 융합될 때 세포질에서 Atg12, Atg5, Atg16의 결합이 필요하다. Atg12는 구조상 ubiquitin과 유사하며, 표적 단백질에 ubiquitin을 공유결합하는 과정과 유사한 과정을 통해 ubiquitin-conjugating enzyme과 비슷한 단백질 세트가

Atg12와 Atg5를 공유결합시킨다(그림 3-32 참조). 공유 연결된 Atg12-Atg5 dimer는 Atg16과 함께 조립되어 성장하는 autophagosome의 위치에 polymeric complex를 형성한다. 알려지지 않은 메커니즘에 의해, 이 세포질 complex는 Atg8-containing vesicle을 컵 모양의 autophagosome으로의 융합을 유발하는 것으로 생각된다.

Autophagosome의 targeting과 융합 완성된 autophagosome의 외부 막은 lysosome의 막과의 융합을 위해 target되는 단백질 세트를 갖고 있는 것으로 생각된다. 2개의 vesicle-tethering 단백질은 lysosome과의 autophagosome 융합에 필요한 것으로 밝혀졌지만, 해당 SNARE 단백질은 확인되지 않았다. Autophagosome과 lysosome 융합은 Atg8이 proteolytic cleavage에 의해 autophagosome 막에서 방출된 후에 일어난다: proteolysis 단계는 autophagosome이 닫힌 이중막 system으로 완벽하게 형성된 후 일어난다. 따라서 Atg8 단백질은 융합을 막아 주어 autophagosome이 lysosome과의 미성숙 융합을 방지하는 것으로 보인다.

14.6절의 주요 개념

Lysosome에서 분해되기 위한 막 단백질과 Cytosolic Material의 전달

- Lysosome에서 분해될 예정인 endocytosed 막 단백질은 vesicle에 들어가서 endosome의 내부로 bud된다. 이러한 다수의 내부 vesicle을 갖고 있는 multivesicular endosome은 lysosome과 융합하여 vesicle들을 lysosome 내부로 전달한다(그림 14-31 참조).
- Endosomal 막 안쪽으로 bud할 수 있게 하는 몇몇 세포 구성 요소(예, ESCRT)는 바이러스에 감염된 세포의 세포막에서 HIV와 같은 enveloped virus를 bud하고 떨어지게 하는 데 사용된다(그림 14-32, 14-33 참조).
- Autophagy 과정에서 세포질의 일부 또는 소기관 통째(예, 미토콘드리아)를 평평한 envelope에 싼 후 이중 막의 autophagosome으로 들어가게 한다. Outer vesicle 막이 lysosome과 융합하면 분해를 위해 vesicle에 담겨진 내용물을 lysosome 내부로 전달한다(그림 14-34 참조).

개념 복습

1. 소기관 사이에서 일어나는 운송 과정을 알게 된 두 가지 현대적인 방법은 무엇인가? 단백질 수송을 연구하기 위한 이러한 실험적인 접근법들은 어떤 기본적인 특징들을 가지고 있는가?

2. Vesicle budding은 coat 단백질과 관련이 있다. Vesicle budding에서 coat 단백질의 역할은 무엇인가? coat 단백질들이 어떻게 막에 모이게 되는가? 어떤 종류의 분자가 새로 형성된 vesicle에 포함되거나 제외될 것 같은가? Vesicle이 떨어져 나가는 데 관여하는 가장 잘 알려진 단백질은 무엇인가?

3. 약물 *brefeldin A* (*BFA*)를 세포에 처리하면, Golgi 막에서 COPI vesicle의 budding 과정 중 vesicle coat가 형성되지 못하게 한다. BFA를 처리하면 Golgi 단백질들의 대부분이 ER로 재배치시키는 결과를 초래한다. Coat 단백질의 역할에 관한 이러한 관찰로부터 coat 단백질이 vesicle 형성을 촉진하는 역할 외에 어떤 추론을 할 수 있는가? ARF에서 어떤 유형의 돌연변이가 BFA로 세포를 처리하는 것과 같은 효과를 가질 수 있는지 예측하시오.

4. COPI의 β subunit에 있는 "hinge" 영역에 반응하는 *EAGE*로 알려진 항체를 microinjection하게 되면, transport vesicle에 Golgi 효소가 축적되고 새로 합성된 vesicle이 ER에서 세포막으로 운반되는 anterograde transport가 억제된다. 항체가 COPI 활동에 어떤 영향을 미치는가? 왜 이런 결과를 보이는지 설명하시오.

5. Vesicle 사이의 융합의 특이성은 2개의 분리된 순차적인 과정을 통해 일어난다. 두 과정 중 첫 번째 과정과 첫 번째 과정에서 GTPase switch 단백질에 의한 조절을 설명하시오. GTP가 결합된 상태로 고착된 돌연변이 Rab5를 overexpression하게 되면 early endosome의 크기에 어떤 영향을 미치겠는가?

6. *Sec18*은 NSF를 암호화하는 yeast 유전자다. 이 유전자가 돌연변이 되면 class C mutant가 된다. Membrane trafficking에서 NSF가 수행하는 기계적인 역할은 무엇인가? 그리고 class C 표현형이 보여주는 것처럼, NSF 돌연변이는 왜 분비 경로의 한 단계에서만 왜 vesicle이 축적되는가?

7. Procollagen 합성의 어떤 특징 때문에 Golgi cisternal maturation model에 대한 초기 증거가 제공되었겠는가?

8. 분비 경로에서 단백질의 retrograde transport를 유발하는 sorting signal을 retrieval sequence이라고 한다. ER의 수용성 단백질과 막 단백질에 대한 *retrieval sequence*의 알려진 두 가지 예를 설명하시오. 수용성 ER 단백질에 retrieval sequence가 존재하면 *cis*-Golgi complex로부터 어떻게 회수되는가? Retrieval sequence 개념이 cisternal-maturation model에 필수적인지 설명하시오.

9. Clathrin adapter protein (AP) complex는 막 단백질의 세포질 쪽에 직접 결합하고 또한 clathrin과 상호작용한다. 알려진 네 가지 adapter protein complex는 무엇인가? AP3에 관한 어떤 관찰로 인해 clathrin이 어댑터 단백질로 구성된 core coat의 accessory protein이라고 할 수 있는가?

10. I-cell disease는 lysosome에 존재하는 모든 종류의 수용성 효소의 targeting에 결함이 있는 인간 유전 질환의 전형적인 예이다. I-cell disease의 분자 결함은 무엇인가? 그 결함이 왜 lysosome의 수용성 단백질 전부의 taregting에 영향을 미치게 되었는가? 어떤 다른 종류의 돌연변이가 같은 표현형을 만들겠는가?

11. *Trans*-Golgi network는 단백질과 지질들이 Golgi complex를 빠져 나올 때 여러 가지 sorting process가 일어나는 곳이다. 인슐린과 같은 단백질을 갖고 있는 regulated secretory vesicle에 단백질을 packaging 하는 것과 lysosome으로 가는 단백질을 sorting하는 것을 대조해서 비교하시오. MDCK cell과 hepatocyte에서 basolateral과 apical 세포 표면으로 단백질을 sorting하는 것을 대조하여 비교하시오.

12. Polarized MDCK 세포에서 인플루엔자 바이러스와 vesicular stomatitis virus (VSV)의 budding은 apical 또는 basolateral domain으로 새로 합성된 세포막 단백질의 sorting에 관해 무엇을 밝혔는가? 이제 다음 결과를 생각해보자: VSV G protein의 세포질 domain의 아미노산 서열과 같은 peptide는 basolateral surface에 대한 G protein이 taregting되는 것을 방해하지만, apical 막으로 HA가 apical 막으로 targeting되는 데 아무런 영향을 미치지 못했다. 그러나 1개의 tyrosine residue를 alanine으로 치환했을 때는 G proein의 basolateral targeting에 아무런 영향을 미치지 않았다. 여기서 어떻게 sorting process가 일어났는지 설명하시오.

13. Mannose 6-phosphate와 M6P receptor 사이의 상호작용을 조절하는 pH의 역할을 기술하시오. endosomal pH가 상승되면, 새롭게 합성된 lysosome 효소를 왜 세포 바깥으로 분비하는가?

14. 다음 두 이벤트에서 어떤 기계적인 특징들이 공유되는가? (a) endosome의 내부로 budding하여 multivesicular endosome을 형성함. 그리고 (b) 세포 표면에서 HIV 바이러스가 바깥쪽으로 budding함. HIV budding을 경쟁하여 저해하는 peptide를 디자인하고자 합성 peptide를 만들 때 HIV Gag 단백질의 어떤 부분을 모방하기로 결정했다. HIV Gag 단백질의 어느 부분이 논리적인 선택일까? 이 억제제가 막을 수 있는 정상적으로 일어나는 세포 과정은 무엇인가?

15. Endocytic pathway와 autophagic pathway는 근본적으로 다른 두 가지 역할을 수행하지만, 둘 다 vesicle을 lysosome에 전달한다. 두 경로 사이의 근본적인 차이점은 무엇인가? Autophagosome의 형성과 융합의 세 가지 기본 단계를 설명하시오.

16. LDL receptor-mediated endocytosis pathway에서 receptor-ligand interaction의 위치와 pH 민감도를 기술하시오.

17. Familial hypercholesterolemia (가족성 고콜레스테롤 혈증)을 일으키는 LDL receptor의 세포질 영역 돌연변이는 receptor-mediated endocytosis pathway에 대해 무엇을 밝혔는가?

CHAPTER 15

수용체, 호르몬 그리고 세포 신호전달 (Receptors, Hormones, and Cell Signaling)

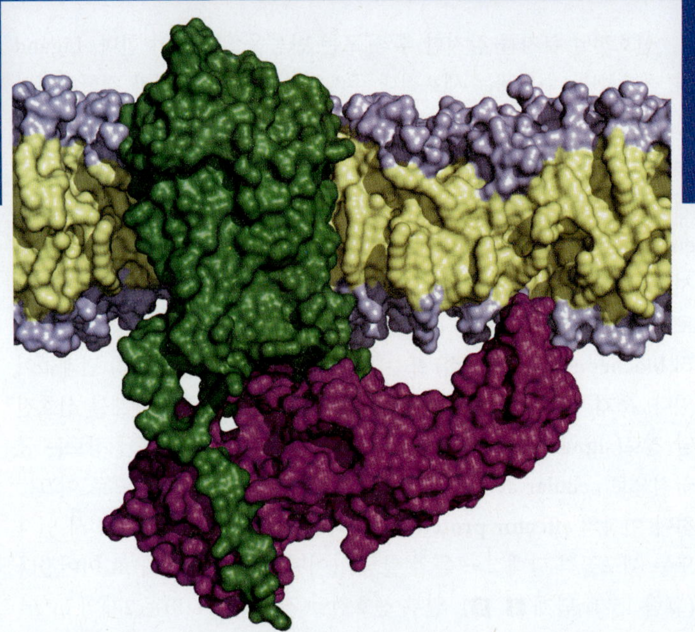

β-arrestin (β-어레스틴; 보라색)에 결합된 G protein–coupled receptor (G 단백질–결합 수용체; 녹색)의 구조. 장기간 활성 상태에 있는 G protein–coupled receptor는 인산화되어 arrestin의 결합을 유발하고 수용체에 의한 추가 신호전달을 억제한다. [Data from Y. Kang et al., 2015, *Nature* **523**:561–567, PDB ID 4zwj, and custom PDB.]

OUTLINE

어떠한 세포도 혼자서 고립되어서는 생존할 수 없다; 생명체는 모든 세포들이 환경의 자극을 감지하고, 세포의 growth (성장), health (건강), function (기능) 또는 development (발생)에 영향을 미치는 adaptation (적응)을 통해 적절하게 반응해야 한다. 많은 세포들은 mechanical pressure (기계적 압력, touch)와 heat (열)와 같은 physical stimuli (물리적 자극)을 감지한다(21장 참조). Phototactic single-celled algae (주광성 단세포 조류)와 같은 생명체가 빛을 감지하는데(1장 참조), 이 장에서는 인간의 망막 세포가 빛을 감지하고서 뇌에 신호를 보내 반응하는 방법을 살펴본다. Metazoan (후생동물)의 세포는 산소뿐 아니라 당과 아미노산 같은 영양소, 독성 화합물 및 맛과 냄새를 전달하는 여러 가지 분자들을 포함하는 다양한 외부 환경의 화학 물질들을 감지한다. 많은 세포들이 혈액내 산소 농도의 감소를 감지하고, HIF1α transcription factor (HIF1α 전사 인자)를 활성화하여 반응하며, 이는 결국 세포와 개체가 낮은 산소 농도에 적응할 수 있게 하는 유전자의 발현을 활성화한다(21장 참조).

다양한 종류의 세포들은 다른 세포의 행동에 영향을 줄 수 있는 특정 화학 물질들을 방출한다; 이러한 화학 물질들은 종종 *extracellular* (outside of the cell) *signaling molecule* (세포외 신호전달 분자) 또는 단순히 *signal* (신호)이라고 한다. 이러한 신호의 release (방출)과 reception (수신)은 모든 살아있는 생명체의 development (발생)와 function (기능)을 형성하는 **cellular communication (세포 통신)**으로 알려진 기본적인 과정이다. 세포외 신호를 통해 소통하는 세포에는 박테리아, 효모, algae (조류), slime mold (점균, 변형균), 곰팡이 및 protozoan (원생동물)과 같은 single-cell prokaryotic and eukaryotic microorganism (단세포 원핵 및 진핵 미생물)들이 포함된다. 1장에서 우리는 *pheromone* (페로몬)이라고 불리는 분비된 분자가 독립적으로 존재하던 효모 세포들을 sexual mating (생식)을 위해서 어떻게 모이게 만드는지 알아보았다.

이 장과 다음 장에서는 다세포 동물 내에서(*within* multicellular animal) 기능을 하는 hormone (호르몬)과 extracellular signaling molecule에 초점을 맞춘다. 이러한 신호 분자들은 다양한 과정을 조절하는 기능을 하는데, 이러한 과정에는 당, 지방 및 아미노산의 metabolism (대사); 세포와 조직의 growth (성장), differentiation (분화) 및 기능에 영향을 미치는 특정 유전자의 induction (유도) 또는 repression (억제); 많은 단백질들의 synthesis (합성)와 secretion (분비); intracellular fluid (세포내액) 및 extracellular fluid (세포외액)의 composition (조성) 등이 포함된다. 예를 들어, 특정 호르몬의 농도가 높아지면, organism (생명체)이 위협을 받는다는 것[아드레날린과 fight-or-flight response (투쟁-도피 반응)]을 세포에 알리거나, 과도한 nutrient (영양소)가 존재하여 향후 사용을 위해 저장해야 한다는 것[글리코겐으로 저장하기 위해 근육 내로 포도당 흡수를 유도하는 insulin (인슐린)]을 세포에 알린다.

호르몬, 페로몬 및 일부 neurotransmitter (신경 전달 물질)와 같은 신호로 사용되는 많은 분자들의 주요한 생물학적 기능은 정보의 전달이다. 신호로 사용되는 일부 분자들은 여러 기능을 가지고 있다. 예를 들어, 일부 영양소는 신호 역할도 하고 biomolecule (생체 분자)들의 기본 구성 요소 (아미노산, 당) 또는 에너지원(산소, 포도당, 지방산) 역할도 한다.

Target cell (표적 세포)라고 하는 신호를 받는 세포는 신호전달 분자를 감지할 수 있어야 한다. 일반적으로, 신호전달 분자는 신호전달 분자에 대한 결합 부위를 가지고 있는 **receptor (수용체)**라 불리는 세포의 특정 단백질에 비공유적으로 결합한다. 수용체에 결합하는 신호전달 분자은 종종 수용체의 **ligand (리간드)**라고 불린다. 수용체는 single type (단일 유형)의 분자 또는 서로 밀접하게 관련되어 있는 분자들의 그룹과 결합한다.

신호전달 분자를 감지한 후 세포는 반응을 일으켜야 한다. Ligand와 결합하면, 수용체는 세포질내 존재하는 다른 단백질과 결합하거나 membrane (막, 종종 원형질막)에 부착될 수 있게 하는 conformational change (구조적 변화)를 겪게 된다(그림 15-1, 단계 **1**과 **2**). 이러한 단백질에 결합할 때, 수용체는 때때로 인산화(phosphorylation)과 같은 enzymic modification (효소 변형)을 통해 단백질을 활성화(또는 억제)시킬 수 있다. 종종 수용체에 의한 신호의 initial detection (초기 감지)로부터 세포의 최종(또는 downstream) 반응까지 경로를 형성하는 여러 biochemical (생화학적) 또는 biophysical (생물물리학적) 단계들이 있다. 초기 감지로부터 최종 반응까지 이어지는 일련의 단계를 **신호전달 경로(signal transduction pathway)**라고 한다. 신호전달 경로는 궁극적으로 cellular activity (세포 활성)들의 변화를 직접적으로 이끄는 하나 이상의 **effector protein (이펙터 단백질)**—종종 효소, 전사 인자 또는 세포골격 단백질—들의 활성화(어떤 경우에는 억제)로 이어진다(그림 15-1, 단계 **3**-**5**). 일부 신호전달 경로들은 1 또는 2개의 intermediate (중간체)들만 포함하고, 다른 신호전달 경로들은 10개 이상의 intermediate들을 포함할 수 있다.

다세포 생명체(multicellular organism)들의 모든 세포에서 여러 수용체들은 서로 다른 세포외 신호에 의해 동시에 활성화되며, 이러한 수용체 각각은 다른 신호전달 경로를 활성화시킬 수 있다. 복잡한 information-processing network (정보 처리 네트워크)들은 이러한 여러 신호들에 대한 세포의 반응을 조정하고, 세포의 유전자 발현 및 대사 패턴의 적절한 변화를 이끌어낸다.

이 장에서는 먼저 수용체들의 몇 가지 기본적인 특성들과 이들이 활성화시키는 신호전달 경로들에 대해 논의한 다음, 신호전달 경로(signaling pathway)에서 수용체들과 단백질들을 연구하기 위한 핵심 기술들을 소개한다. 다음으로 가장 많은 종류를 가지며 진화적으로 가

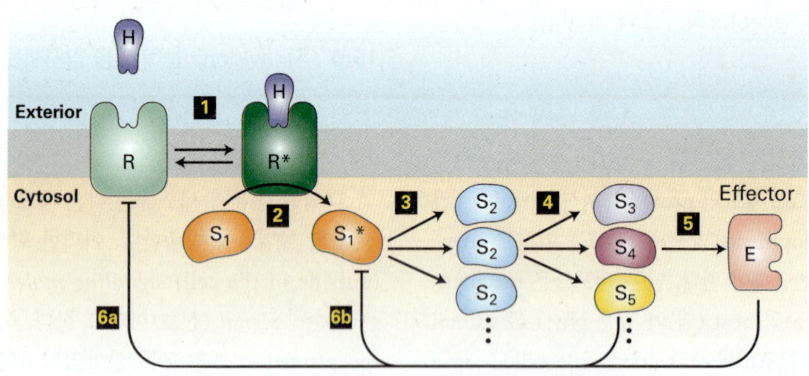

그림 15-1 신호전달 경로. 이러한 일반화된 경로에서 수용체 단백질인 R은 ligand인 H에 결합하여(단계 **1**), 수용체의 구조적 변화(R*)를 유발함으로써 신호전달 단백질인 S_1에 결합하고, 이를 활성화시킬 수 있다(단계 **2**). 많은 신호전달 경로에서 S_1 단백질은 GTP-binding protein이거나 protein kinase (단백질 인산화효소) 또는 phosphatase (탈인산화 효소)이다. S_1은 다른 신호전달 단백질인 S_2에 결합하여 활성화(또는 억제)시키고(단계 **3**), 이어서 S_2는 여기서는 S_3, S_4, S_5로 표시되는 다른 신호전달 단백질들을 활성화시킨다(단계 **4**). 일부 신호전달 단백질(여기서는 S_2)은 여러 유형의 다른 downstream 단백질들을 활성화시킬 수 있다. 특정 신호전달 단백질은 효소, 전사 인자, 수송 단백질, 이온 채널 또는 다른 유형의 단백질일 수 있는 effector 단백질인 E에 결합하고 활성화시킨다(단계 **5**). Signal amplification (신호 증폭)은 단일 수용체 분자의 활성화가 다중 신호전달 및 effector 단백질들의 활성화로 이어질 수 있는 많은 신호전달 경로에서 보이는 특징이다(단계 **3**). 사실상 모든 신호전달 경로는 feedback control (피드백 조절)을 가지고 있는데, 신호전달 경로내 단백질(여기서는 S_5) 또는 effector 단백질이 수용체를 변형시키거나(단계 **6a**), 경로의 early protein (초기 단백질)을 변형시킴으로써(단계 **6b**), 해당 경로의 초기 단계를 억제하거나 차단한다. 많은 경로에서 이러한 피드백 조절은 수용체의 분해를 유발하여 수용체 수를 감소시키며, 이에 따라 ligand에 대한 세포의 민감도를 낮춘다.

장 오래된 종류의 수용체인 **G protein-coupled receptor**에 초점을 맞춘다. 우리는 그들이 활성화시키는 많은 중요한 신호전달 경로들 중 몇 가지와 이러한 경로들이 생물학에서 수행하는 기능들을 알아볼 것이다.

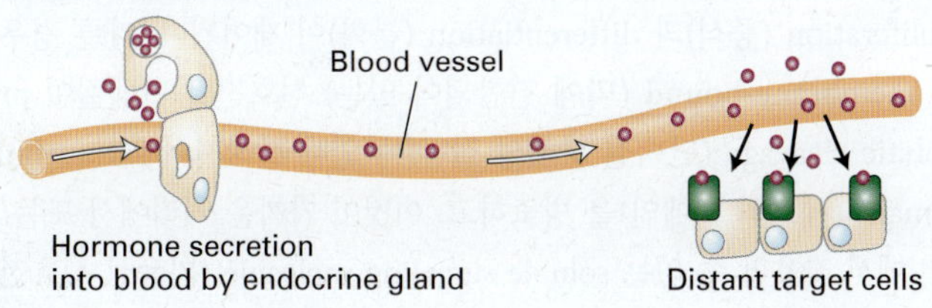

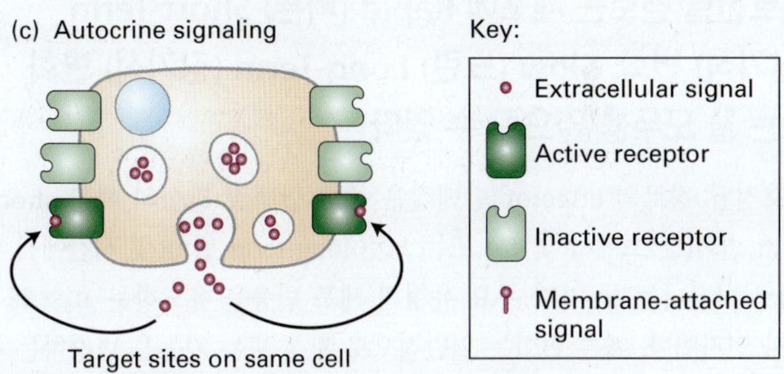

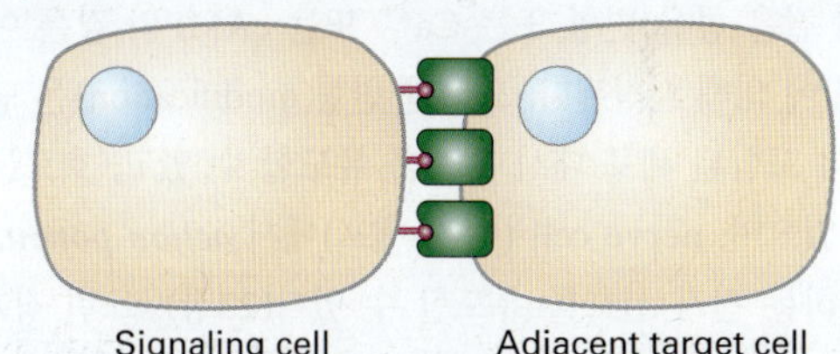

그림 15-2 Extracellular signaling (세포외 신호전달)의 유형. (a–c) Extracellular chemical (세포외 화학 물질)에 의한 cell-to-cell signaling (세포와 세포 사이 신호전달)은 paracrine (측분비 신호전달)과 autocrine signaling (자가분비 신호전달)의 경우와 같이 몇 micrometer부터 endocrine signaling (내분비 신호전달)의 경우와 같이 수 meter의 거리에 걸쳐 일어난다. (d) 한 세포의 원형질막에 붙어 있는 단백질은 인접한 세포의 세포 표면 수용체와 직접적으로 결합할 수 있다.

15.1 신호전달 경로: Extracellular Signal (세포외 신호)로부터 세포 반응(Cellular Response)까지

Signal Molecule (신호 분자)들은 가까운 거리에서 혹은 먼 거리에서 작용할 수 있다

위에서 언급한 바와 같이, 세포는 많은 다른 유형의 신호 — 어떤 것은 organism의 외부로부터 오는 것도 있고, 어떤 것은 organism의 내부에서 생성되기도 한다 — 에 반응한다. 다세포 생명체 내에서 내부적으로 생성된 신호전달 분자들은 이들이 어떻게 target에 도달하는지에 의해 설명될 수 있다. 일부 신호전달 분자들은 합성된 장소로부터 먼 거리로 이동할 수 있으며(예, 혈액을 통한 이동에 의해), 다른 것들은 더 가까운 거리에서 영향을 미치기도 한다. 동물에서 extracellular molecule (세포외 분자)에 의한 signaling (신호전달)은 그 신호이 작용하는 거리에 따라 세 가지 유형으로 분류될 수 있다(그림 15-2, a–c).

Endocrine signaling (내분비 신호전달)의 경우, 신호전달 분자는 합성 부위로부터 멀리 떨어진 target 세포에 작용한다. 신호전달 분자는 signaling cell [예, endocrine gland (내분비선)에서 발견되는 세포]에 의해 합성되고 분비되며, circulatory system (순환계)을 통해 target 세포로 운반된다. **Hormone (호르몬)**이라는 용어는 일반적으로 내분비 신호전달을 매개하는 신호전달 분자를 가리킨다. Pancreas (췌장)에서 분비되는 인슐린과 adrenal gland (부신)에서 분비되는 에피네프린(epinephrine)은 혈액을 통해 이동하는 내분비 신호의 예로서 *hormone* (호르몬)이라고 한다. 내분비 신호전달의 결함은 인간의 질병을 유발할 수 있다 — 예를 들어, 인슐린 신호전달의 결함은 diabetes (당뇨병)를 유발할 수 있다.

Paracrine signaling (측분비 신호전달)의 경우, 세포에서 분비되는 신호전달 분자는 오직 인접한 target 세포에만 영향을 미친다. 예를 들어, neuron (뉴런)은 인접한 neuron에 작용하는 neurotransmitter (신경 전달 물질)를 방출한다. Neurotransmitter 외에도 다세포 생명체의 발생을 조절하는 많은 단백질 **growth factor (성장 인자)**들도 가까운 거리에서 작용한다. 16장에서 논의할 발생적으로 중요한 signaling protein (신호전달 단백질) 중 몇몇은 signaling cell (신호를 보내는 세포)로부터 확산되면서 농도 구배(concentration gradient)를 형성하고, signaling cell로부터의 거리 및 신호전달 단백질의 local concentration (국소 농도)에 따라 인접한 세포에서 다른 반응을 유도한다. 어떤 경우에는 TGF-β와 같은 측분비 신호전달 분자가 세포에서 분비된 다음, 인접한 세포의 cell-surface receptor (세포 표면 수용체)에 결합할 수 있을 때까지 *extracellular matrix* (세포외 기질)라고 불리는 extracellular macromolecule (세포외 고분자)들의 그물 근처에 갇히게 된다(16장과 20장 참조).

Autocrine signaling (자가분비 신호전달)의 경우, 세포는 자기 자신이 분비하는 물질에 대해 반응을 한다. 이러한 형태의 signaling은 특히 tumor cell (종양 세포)에서 발견된다. 많은 tumor cell들은 비정상적이면서 조절이 되지 않는 self-proliferation (자가 증식)을 유도하는 성장 인자들을 분비한다.

일부 신호전달 분자들은 세포 표면에 위치하는 내재성 막 단백질(integral membrane protein)들이다(그림 15-2d). 이러한 상대적으로 움직이지 않는 membrane signal (막 신호)에 대한 target은 인접한 세포 표면에 존재하는 수용체이며, 그 신호에 의해 인접한 세포의 proliferation (증식)과 differentiation (분화)이 제어된다. 다른 경우에는, membrane-bound (막에 결합되어 있는) 신호전달 단백질이 proteolytic cleavage (단백질 분해성 절단)에 의해 잘려져서 extracellular domain (세포외 도메인)을 방출하고, 이것이 가까운 거리에서 또는 먼 거리에서 작용할 수 있는 soluble signaling molecule (가용성 신호전달 분자)로 기능을 한다(16장 참조).

일부 신호전달 분자들은 가까운 거리와 먼 거리 모두에서 작용할 수 있다. 예를 들어, 에피네프린(*adrenaline*이라고도 함)은 neurotransmitter (측분비 신호전달)와 호르몬(내분비 신호전달)으로서 기능을 한다. 호르몬으로서 에피네프린은 15.4절에서 논의될 환경의 갑작스러운 위협에 대한 fight-or-flight response (투쟁-도피 반응)를 시작하는 데 도움이 된다.

신호전달 경로는 세포에 Rapid (빠른) Short-Term (단기적) 변화, Slow (느린) Long-Term (장기적) 변화 또는 둘 모두를 일으킬 수 있다

신호전달 경로의 effector 단백질은 종종 단백질 활성의 빠른 short-term 변화(몇 초에서 몇 분) 또는 느린 long-term 변화(몇 시간에서 며칠)로 나타나는 두 가지 주요 유형의 세포 반응을 유도하는 효소 또는 전사 인자이다. 빠른 변화는 일반적으로 활성 또는 기능을 변경하는 특정 preexisting enzyme (기존에 존재하는 효소)들과 다른 단백질들에 대한 변형의 결과이다. 이러한 단백질들의 변화는 종종 인산화와 유비퀴틴화와 같은 공유 변형 또는 Ca^{2+} 또는 cAMP와 같은 이온 또는 분자의 결합에 의해 시작된다. 그러한 변형(modification)은 당, 아미노산, 지질 등이 포함된 세포 대사 변화를 유도할 수 있고; 호르몬 분비를 유도할 수 있으며; nerve cell (신경 세포)에서 *action potential* (활동 전위)라고 하는 전기 신호를 유도할 수 있다(23장). 느린 장기적 변화는 일반적으로 특정 단백질의 합성을 활성화하거나 억제하는 gene expression (유전자 발현) 변화의 결과이다. 이 경우, effector 단백질은 보통 전사 인자이다. 세포내 특정 단백질의 양과 활성의 장기적인 변화는 세포 증식, 세포 분화 및 생명체의 발생에서 매우 중요하다.

Receptor (수용체)는 신호전달 경로를 활성화시키는 Allosteric (다른 자리 입체성) 단백질이다

수용체와 ligand가 상호작용하는 표면은 상보적이며(그림 2-12 참조), 이온 결합, 반데르발스 결합 및 소수성 결합을 포함하는 다수의 약한 noncovalent force (비공유결합력)들에 의해 결합된다. 대부분의 경우, ligand가 수용체에 결합하면 수용체가 inactive conformation (비활성 구조, R)에서 active conformation (활성 구조, R*)으로 변화한다.

$$R + L \longrightarrow RL \longrightarrow R^{*}L$$

수용체의 활성 R* 구조만이 신호전달 경로를 개시하는 단백질에 결합하여 활성화 또는 억제할 수 있기 때문에 신호전달 경로의 후속 단계들을 유발할 수 있다(그림 15-1 참조). 신호전달 경로에서 다음 분자와 상호작용하는 수용체의 부위는 일반적으로 ligand가 결합하는 부위가 아니다. 따라서 수용체는 allosteric (다른 자리 입체성) 단백질로 간주된다(3장 참조). 모든 allosteric 단백질과 마찬가지로, 수용체의 R 구조와 R* 구조 사이에는 평형 상태(equilibrium)가 존재한다.

R = inactive R* = active

$$\text{No ligand } R \rightleftharpoons R^{*}$$

$$\text{With ligand } R \rightleftharpoons R^{*} \ (\textit{shifts right})$$

Ligand가 없는 경우, 평형 상태는 왼쪽으로 간다; 대부분의 수용체는 비활성 R 구조이다. Ligand가 존재하면 더 많은 수용체가 활성 R* 구조가 되도록 평형 상태가 변화한다. 즉, ligand는 R 구조보다 R* 구조에 더 단단히 결합하므로 평형 상태를 오른쪽으로 이동시키고 신호전달 경로를 활성화시킨다.

Receptor (수용체)는 Cytosol (세포질), Nucleus (핵) 또는 Cell Surface Membrane (세포 표면 막)에 있을 수 있다

신호전달 분자가 수용체의 결합 부위에 접근하는 방법은 수용체가 세포 내부에 있는지 아니면 세포 표면의 extracellular fluid (세포외액)에 부분적으로 노출되는지, 즉 어디에 위치하느냐에 따라 달라진다.

세포 내부의 수용체에 결합하는 extracellular signal molecule (세포외 신호전달 분자)은 원형질막을 통과할 수 있어야 한다. 이들 중 일부는 hydrophobic (소수성)이며, transport protein (수송 단백질) 없이도 원형질막의 bilayer (이중막)를 가로질러 자발적으로 확산될 수 있다(11장 참조). 아미노산과 같은 다른 것들은 hydrophilic (친수성)이며, 11장에서 논의된 바와 같이 원형질막에 있는 수송 단백질의 도움을 받아야만 세포에 들어갈 수 있다. 일단 세포 안에 들어가면, 이 신호전달 분자들은 대개 cytosol (세포질), nucleus (핵) 또는 기타 intracellular organelle (세포내 소기관)에 위치한 water-soluble protein (수용성 단백질) 형태의 수용체에 결합한다(그림 15-3).

Hydrophobic signaling molecule (소수성 신호전달 분자)들 중 많은 종류들이 원형질막을 통해 자발적으로 확산되고 전사 인자들의 nuclear receptor family (핵 수용체 패밀리) 구성원들에 결합한다. 이러한 신호전달 분자는 주로 steroid (스테로이드), retinoid (레티노이드), 비타민 D 및 갑상샘 호르몬[thyroxine (티록신)]이다. 대부분의 경우 8장에서 보았듯이, 수용체는 세포질에 위치하고 receptor-hormone complex (수용체-호르몬 복합체)는 핵으로 이동하여 DNA의 특정 regulatory sequence (조절 서열)에 결합함으로써 특정 표적 유전자의 발현을 활성화하거나 억제한다(그림 15-3 참조). 다른 경우에는 수용체가 이미 핵에 위치하여 DNA 상의 상응하는 enhancer 또는 promoter에 결합한다. Ligand 결합에 의해 유도된 수용체의 구조 변화는 transcriptional co-activator (전사 보조 활성 인자)가 결합하여 gene transcription (유전자 전사)을 유도하도록 한다.

이 장과 다음 장에서는 원형질막을 통과하지 않고 신호전달 경로

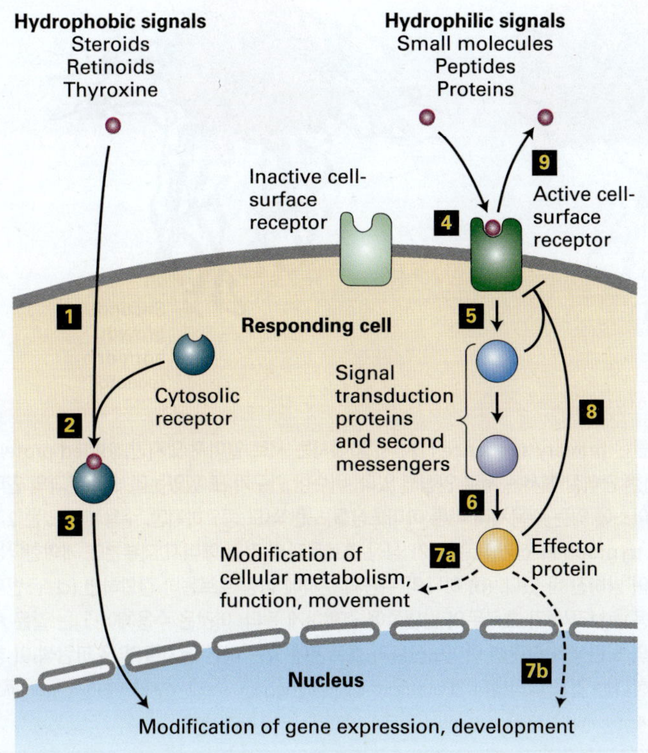

그림 15-3 Cell signaling (세포 신호전달)의 개요. steroid 및 이와 관련된 분자들과 같은 소수성 신호전달 분자는 원형질막을 통해 확산되고(단계 **1**), 세포질내 수용체에 결합한다(단계 **2**). 그 수용체-signal 복합체는 핵으로 이동하여(단계 **3**), DNA의 transcription-control region (전사 조절 영역)에 결합하고 유전자 발현을 활성화하거나 억제할 수 있다. 저분자(adrenaline, acetylcholine), 펩타이드(yeast mating factor, glucagon), 단백질(인슐린, 성장 호르몬)을 포함하는 대부분의 신호전달 분자는 친수성이며 세포막을 통해 확산될 수 없다. 이러한 분자들은 특정 세포 표면 수용체 단백질에 결합하여 수용체의 구조적 변화를 유발함으로써 이를 활성화시킨다(단계 **4**). 활성화된 수용체는 하나 이상의 downstream에 있는 신호전달 단백질 또는 small-molecule second messenger (저분자의 2차 신호 전달자)를 활성화시키고(단계 **5**), 이는 결국 하나 이상의 effector 단백질의 활성화로 이어진다(단계 **6**). Signaling cascade (신호전달 연쇄 반응)의 최종 결과는 주로 효소인 특정 세포질 effector 단백질의 변형으로 세포의 기능, 대사 또는 운동에 short-term change (단기적인 변화)를 일으킬 수 있다(단계 **7a**). 또는 effector 단백질은 핵으로 이동하여 유전자 발현에 long-term change (장기적인 변화)를 유발할 수 있다(단계 **7b**). 세포 반응의 종료 또는 down-modulation (하향 조절)은 intracellular signaling molecule (세포내 신호전달 분자)로부터의 negative feedback (단계 **8**)과 세포외 신호의 제거(단계 **9**)에 의해 발생한다.

를 시작하는 세포외 신호전달 분자(저분자, 펩타이드, 단백질)에 초점을 맞춘다. 실제로, 그러한 분자들은 원형질막을 통해 확산되기에는 너무 크고, 너무 소수성이다. 이것들은 원형질막에 내장되어 있는 내재성 막 단백질인 **cell-surface receptor (세포 표면 수용체)**에 결합한다(그림 15-3 참조). 세포 표면 수용체는 일반적으로 3개의 분리된 topological domain (위상 도메인) 또는 segment (부위)들로 구성된다: 즉, extracellular fluid (세포외액)와 마주하는 extracellular domain, plasma membrane-spanning (transmembrane) domain (세포막을 관통하는 도메인), 그리고 세포질과 마주하는 intracellular domain (세포내 도메인)이다.

신호전달 분자는 extracellular fluid (세포외액)로부터 접근할 수 있는 구조적으로 수용체와 상보적인 부위에 결합한다. 결합 부위는 수용체의 exoplasmic domain 또는 막을 관통하는 domain 내에 위치할 수 있다. Ligand의 결합은 수용체의 구조 변화를 유도하며, 이 변화는 막을 관통하는 domain을 거쳐서 cytosolic domain (세포질 도메인)으로 전해진다. 이러한 allosteric 변화는 수용체가 세포질내 다른 단백질 또는 원형질막에 부착된 다른 단백질들과 결합하고, 이어서 이들을 활성화하거나 억제하는 결과를 초래한다. 따라서 세포외 신호가 존재하는 정보는 원형질막을 통해 *transduced* (**변환**)되어 세포 내부로 전달된다.

Eukaryote (진핵생물)에는 여러 가지 유형의 세포내 신호전달 경로를 활성화시키는 세포 표면 수용체가 약 10여 종 있다. 최근 signal transduction에 대한 지식이 급격히 늘어났는데, 이는 부분적으로 선충, 초파리, 생쥐 및 인간과 같은 다양한 생명체에서 이들 수용체들과 경로들이 상당히 공통적으로 보존되어 있으며, 본질적으로 동일한 방식으로 기능하기 때문이다. 한 종류의 생명체를 사용한 연구는 종종 다른 종류 생명체의 신호전달 경로에 대한 통찰력을 제공한다. 예를 들어, 파리나 선충에 대한 genetic study (유전학적 연구)에서 수집된 정보를 mammalian cell (포유류 세포)의 biochemical analyses (생화학적 분석)에서 얻은 정보와 연결시킴으로써, 연구자가 ligand 결합으로부터 최종 세포 반응에 이르는 다양한 종류의 전체 신호전달 경로들을 추적할 수 있다.

대부분의 Receptor (수용체)는 Single Type (단일 유형)의 Ligand 혹은 서로 밀접하게 연관되어 있는 Ligand들의 그룹에만 결합한다

Substrate (기질)에 결합하는 효소처럼, 각 유형의 수용체는 단일 유형의 분자 또는 서로 매우 밀접하게 연관되어 있는 분자 그룹에만 결합한다. 예를 들어, growth factor receptor (성장 인자 수용체)는 성장 인자와 결합하지만 인슐린이나 다른 단백질 호르몬과는 결합하지 않는다(그림 15-4). Testosterone 수용체는 steroid인 테스토스테론과 결합하지만 estrogen과 같은 다른 steroid 호르몬과는 결합하지 않는다. 수용체의 *binding specificity* (결합 특이성)는 밀접하게 연관되어 있는 물질과 결합하거나 또는 결합하지 않는 능력을 의미한다.

생명체는 단일 ligand를 사용해도 서로 다른 유형의 세포를 자극하여 서로 다른 방식으로 반응할 수 있도록 진화했다. 세포 유형에 따라 동일한 ligand와 결합하는 수용체가 다르며, 각 유형의 수용체 활성화는 다른 종류의 세포내 신호전달 경로를 유도한다. 예를 들어, skeletal muscle cell (골격근 세포)이나 heart muscle cell (심장근 세포), 그리고 hydrolytic digestive enzyme (가수분해 소화 효소)을 생산하는 pancreatic acinar cell (췌장 세엽 세포)의 표면에는 acetylcholine에 대한 수용체가 다른 유형으로 존재한다. Skeletal muscle cell의 경우, 세포를 자극하는 motor neuron (운동 뉴런)으로부터 acetylcholine이 분비되

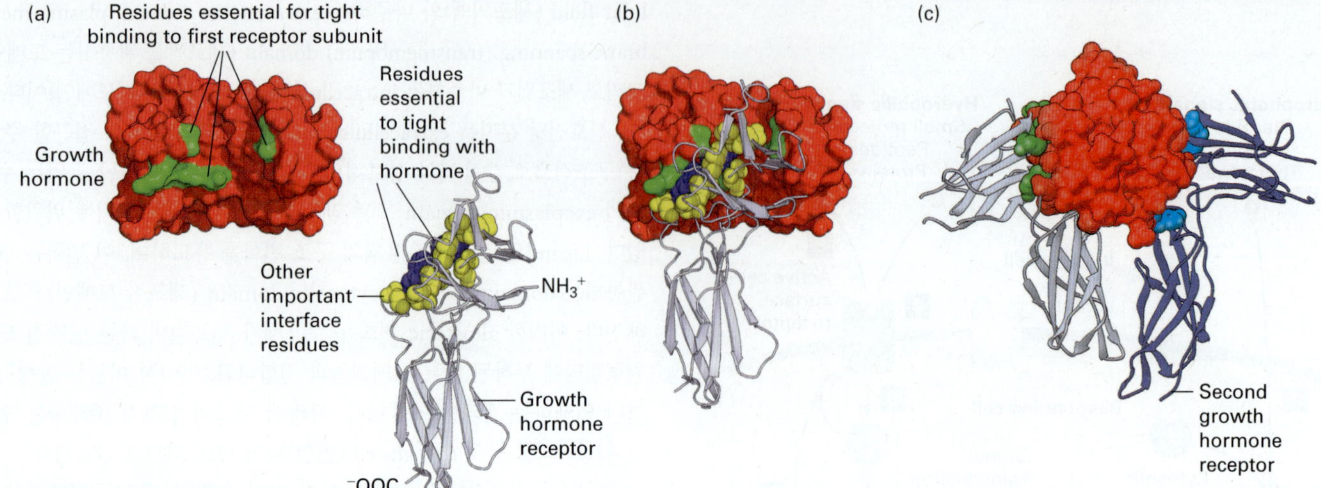

그림 15-4 단일 성장 호르몬 단백질(growth hormone protein)은 여러 개의 약한 비공유결합력을 통해 2개의 성장 호르몬 수용체(growth hormone receptor)에 동시에 결합한다. (a) 1개의 성장 호르몬과 2개의 성장 호르몬 수용체로 이루어진 복합체의 3차 구조로부터 밝혀진 바와 같이, 호르몬에 있는 28개의 아미노산들은 첫 번째 수용체와의 binding interface (결합 인터페이스)에 존재하고 있다. Ligand-수용체 결합에 어느 아미노산이 중요한지 밝히기 위하여 이들 아미노산 하나하나를 alanine으로 치환시킨 돌연변이를 만들어 수용체 결합에 대한 영향을 측정하였다. 실험 결과, 성장 호르몬에 있는 아미노산 중 8개(녹색) 만이 수용체와 단단히 결합하게 하는 에너지의 85%에 중요하다는 것을 알게 되었다: 이들 아미노산들은 primary sequence (1차 서열)에서는 서로 떨어져 있지만, folded protein (접힌 단백질)에서는 서로 인접해 있다. 비슷한 연구가 또 있었는데, 호르몬과의 인터페이스에 있는 수용체내 다른 아미노산들(노란색)도 중요하지만, 수용체에 있는 2개의 tryptophan 잔기(파란색)가 성장 호르몬과의 결합 에너지 대부분에 기여한다는 것이 밝혀진 바 있다. (b) 하나의 수용체 분자에 성장 호르몬이 결합하면 (c) 두 번째 수용체(보라색)가 호르몬의 반대쪽에 결합하게 된다; 이것은 수용체에 있는 같은 세트의 노란색과 파란색 아미노산들과 호르몬에 있는 다른 잔기들(밝은 파란색)이 참여한다는 것을 나타낸다. [Data from B. Cunningham and J. Wells, 1993, *J. Mol. Biol.* **234**:554; and T. Clackson and J. Wells, 1995, *Science* **267**:383.]

면(paracrine signaling), 이온 채널이 활성화되어 근육 수축이 일어난다. Heart muscle의 경우, 특정 neuron에 의해 acetylcholine이 분비되면 G protein–coupled receptor (G 단백질–결합 수용체)를 활성화시킨 후 신호전달 경로를 통해 K^+ 통로를 열어서 contraction rate (수축 속도)를 줄이고 heart rate (심박수)을 낮춘다. Acetylcholine이 pancreatic acinar cells의 수용체에 결합하면, 세포질내 Ca^{2+} 농도의 증가를 유도함으로써 음식의 소화를 촉진하는 소화 효소의 분비를 유발한다. 따라서 acetylcholine에 의한 서로 다른 유형의 acetylcholine 수용체의 활성화는 수용체 유형 및 세포 유형에 따라 서로 다른 세포 반응을 생성한다.

때로는 서로 다른 세포 유형에서 발견되는 동일한 수용체가 ligand 결합에 반응하여 서로 다른 종류의 신호전달 경로를 활성화시켜서 서로 다른 effector의 활성화를 유도할 수 있다. 예를 들어, 에피네프린 호르몬에 대한 동일한 수용체인 β-adrenergic receptor (β-아드레날린성 수용체)가 간, 근육 및 지방(adipose) 세포에서 발견된다. 15.4절에서 볼 수 있듯이, 에피네프린이 수용체에 결합하면 간 세포와 근육 세포에서는 글리코겐의 포도당으로의 depolymerization (해중합)을 자극하지만, 지방 세포에서는 저장된 지방의 가수분해 및 분비를 촉진한다. 이와 같이, 동일한 ligand는 종종 생명체의 전반적인 반응을 조정하는 다양한 방법을 통해 서론 다른 세포들이 반응하도록 유도할 수 있다. 이러한 특성이 receptor-ligand complex (수용체-리간드 복합체)의 *effector specificity* (이펙터 특이성)라고 알려져 있다.

대부분의 Receptor (수용체)는 Ligand와 High Affinity (높은 친화력)로 결합한다

수용체에 대한 단일 ligand의 결합은 일반적으로 단순한 reversible reaction (가역 반응)으로 보여질 수 있는데, 여기서 수용체는 R로 표시되고, ligand는 L로 표시되며, 활성화된 수용체-ligand 복합체는 R*L로 표시된다.

$$R + L \underset{k_{on}}{\overset{k_{off}}{\rightleftharpoons}} R^*L \quad (15\text{-}1)$$

여기에서 k_{on}은 free ligand와 수용체로부터 수용체-ligand 복합체 형성에 대한 kinetic rate constant (운동 속도 상수)이고 k_{off}는 수용체로부터 ligand의 dissociation (해리)을 위한 속도 상수이다. [R]과 [L]을 각각 free 수용체(즉, 결합된 ligand가 없는 수용체)의 농도와 ligand의 농도로 정의하고, [R*L]을 수용체-ligand 복합체의 농도로 정의한다. 평형 상태(equilibrium)에서 수용체-ligand 복합체의 형성 속도 $[R][L]k_{on}$은 해리 속도 $[R^*L]k_{off}$와 같다; 그러므로 평형 상태에서,

$$[R]\,[L]\,k_{on} = [R^*L]\,k_{off}$$

Signal molecule가 수용체에 결합하는 affinity (친화력)는 일반적으로 결합에 대한 **해리 상수(dissociation constant,** K_d)로 정량화된다. 해리 상수 K_d는 두 rate constant (속도 상수)의 비율, 즉 $K_d = k_{off}/k_{on}$이다. 평형 상태에서 이 방정식은 다음과 같이 쓸 수 있다:

$$K_d = \frac{[R][L]}{[R^*L]} \quad (15\text{-}2)$$

해리 상수 K_d 값이 낮을수록 결합이 더 단단하고(2장 및 아래 참조), 수용체-ligand 복합체가 더욱 *stable* (안정적)하다.

핵심은 ligand의 농도가 K_d와 같을 때([L] = K_d일 때), free 수용체 [R]의 농도는 수용체-ligand 복합체 [R*L]의 농도와 같아야 한다는 것이다. 수용체의 총량은 free 수용체 수와 ligand에 결합하고 있는 수용체 수의 합과 같기 때문에:

$$[R_T] = [R^*L] + [R] \tag{15-3}$$

시스템이 평형 상태에 있을 때, 수용체의 절반은 ligand와 결합되어 있다. K_d가 작을수록 세포 표면 수용체의 50%와 결합하는 데 필요한 ligand의 농도가 낮아진다. Ligand/수용체 결합의 K_d를 실험적으로 결정하는 일반적인 방법이 15.2절에 설명되어 있다. 결합 반응에 대한 K_d는 기질에 대한 효소의 affinity를 나타내는 Michaelis constant K_m (미하엘리스 상수 K_m)과 유사하다(3장 참조).

Signaling system (신호전달 시스템)은 세포외 신호가 존재하지 않거나 매우 낮은 농도로만 존재할 때, ligand([R*L] is low)와 결합되어 있는 수용체는 거의 없으면서 세포는 *basal* 또는 *unstimulated state* (기저 상태 또는 비자극 상태)에 있도록 진화했다. 호르몬이 혈액으로 분비될 때처럼 세포외 신호전달 분자 농도가 높아지면, 점점 더 많은 세포 수용체가 ligand에 결합하고 활성 구조로 전환됨에 따라 target 세포에서 proportional response (비례 반응)을 유도한다.

우리는 혈액에 존재하는 인슐린의 다양한 농도에서 인슐린 호르몬과 결합된 수용체의 비율을 비교함으로써 실제로 이 원리를 볼 수 있다. 간 세포에서 수용체에 대한 인슐린 결합의 K_d는 1.4×10^{-10} M (0.14 nM)이다. 혈중 인슐린의 정상 농도는 약 5×10^{-12} M이다. 이러한 L 및 K_d의 값을 식 15-2에 대입하면, 평형 상태에서 인슐린과 결합된 총 인슐린 수용체의 비율 $[R^*L]/[R_T]$를 0.0344로 계산할 수 있다; 즉, 이러한 unstimulated state (자극되지 않은 상태)에서 총 인슐린 수용체의 약 3%에 인슐린이 결합되어 있을 것이다. 식사 중에 포도당을 섭취하면 pancreas (췌장)에서 인슐린 분비가 유도된다(21장 참조). 인슐린 농도가 2.5×10^{-11} M로 5배 증가하면, 수용체-호르몬 복합체의 수가 비례적으로 5배 가까이 증가하며 전체 수용체의 약 15%가 인슐린과 결합하게 된다. 유도된 세포 반응의 정도가 활성 인슐린-수용체 복합체 [RL]의 수에 비례한다면, 대개 그렇듯이 세포 반응(신호전달 경로에서 단백질과 유전자의 활성 변화)도 약 5배 증가할 것이다.

이제 우리는 신호전달 경로에 가장 일반적으로 참여하는 저분자들과 단백질들에 초점을 맞춰 수용체가 활성화된 후 신호전달 경로에서 일어나는 사건들에 관심을 두고자 한다.

Second Messenger (2차 신호전달자)들은 대부분의 신호전달 경로에서 사용된다

많은 신호전달 경로에는 cyclic AMP와 cyclic GMP와 같은 특정 저분자들이 합성되거나 세포질내 Ca^{2+}와 같은 이온의 농도가 증가하는 단계들이 포함된다. 신호전달 경로에서 이러한 저분자들과 이온들은 종종 **second messenger (2차 신호 전달자)**라 불리며, first messenger (1차 신호 전달자)는 세포외 신호전달 분자 그 자체를 말한다(그림 15-5). 이 second messenger 분자와 ion은 특정한 세포내 단백질에 결합하여 활성화(또는 억제)한다. second messenger의 농도 변화와 다른 단백질에 대한 작용은 궁극적으로 초기 신호/자극(1차 신호 전달자)에 대한 반응으로 세포의 생리적 상태를 변화시키는 경로의 핵심 단계이다. 예를 들어, 세포질에서, Ca^{2+}의 농도가 증가하면 서로 다른 세포에서 단백질 분비, cell movement (세포 움직임) 또는 muscle contraction (근육 수축)을 유발할 수 있다.

Protein Kinase (단백질 인산화효소)와 Phosphatase (단백질 탈인산화 효소)는 Cellular State를 제어하는 다양한 단백질들을 Covalently Modifying하여 활성화 또는 억제함으로써 신호전달 경로에 참여한다

일반적으로, 신호전달 경로에서 단백질은 여러 단계에서 활성화되거나 비활성화된다. 단백질 활성을 변화시키는 가장 일반적이면서 가역적

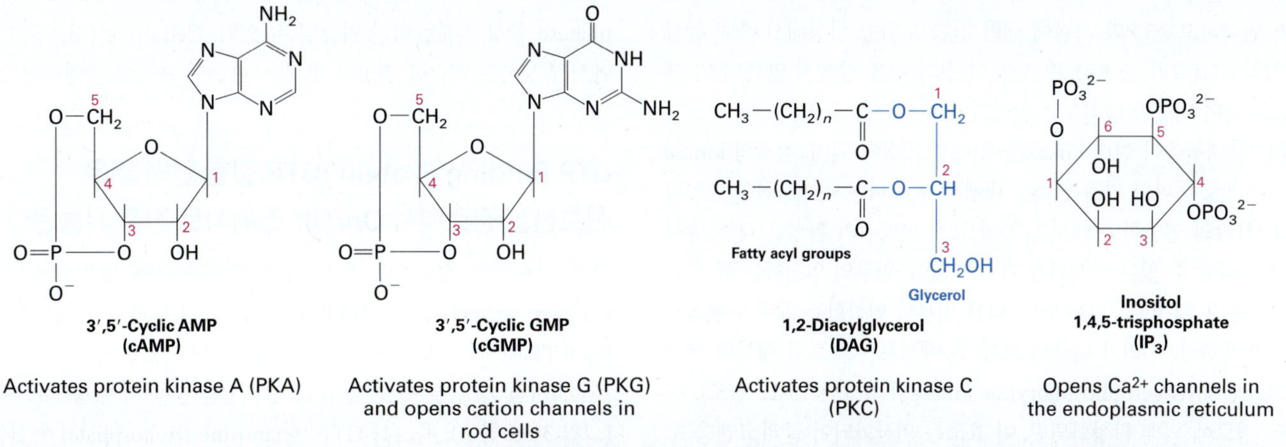

3′,5′-Cyclic AMP (cAMP) — Activates protein kinase A (PKA)

3′,5′-Cyclic GMP (cGMP) — Activates protein kinase G (PKG) and opens cation channels in rod cells

1,2-Diacylglycerol (DAG) — Activates protein kinase C (PKC)

Inositol 1,4,5-trisphosphate (IP_3) — Opens Ca^{2+} channels in the endoplasmic reticulum

그림 15-5 세포내 second messenger로 기능하는 네 가지 일반적인 화합물. 각 화합물의 주요한 직접적인 효과가 구조식 아래에 표시되어 있다. Calcium ion (Ca^{2+})과 여러 membrane-bound phosphatidylinositol derivative (막에 결합된 phosphatidylinositol 파생물) 또한 second messenger로 기능한다.

인 메커니즘 중 하나가 인산화이다. **Protein kinase (PK)**는 표적 단백질의 특정 residue (잔기)에 phosphate 그룹을 추가하는 반면, **protein phosphatase**는 이러한 잔기에서 인산기를 제거한다(그림 3-36 참조). 표적 단백질에 따라 인산화는 효소의 활성 또는 다른 단백질과의 결합하는 능력을 변화시킬 수 있으므로, 세포의 functional state (기능적 상태)를 결정하는 데 매우 중요한 역할을 한다. 일반적으로, 포유류 세포는 100가지 이상의 서로 다른 유형의 kinase들을 발현하며, 각각의 kinase는 여러 표적 단백질을 인산화시켜 활성에 영향을 미칠 수 있다.

알려진 모든 protein kinase의 catalytic domain (촉매 도메인)은 유사한 3차원 구조를 가지며(그림 3-37 참조), catalytic site (촉매 부위)에 고도로 보존된 아미노산 클러스터를 가지고 있다. 일부는 ATP에 결합하는 *nucleotide-binding pocket* (뉴클레오타이드-결합 포켓)을 형성하여 gamma phosphate (감마 인산염)가 기질의 OH moiety (OH 부위)로 전달될 수 있도록 위치시킨다(그림 3-38 참조). 3장에서 자세히 설명한 바와 같이, 모든 kinase는 인산화시키는 serine, threonine 또는 tyrosine의 side chain뿐 아니라, target 잔기를 둘러싸고 있는 특정 아미노산 잔기에도 결합함으로써 특정 단백질 기질을 인식한다. 따라서 단백질의 tyrosine, serine 및 threonine 잔기를 둘러싼 아미노산 서열을 분석함으로써, 어떤 kinase가 이러한 target 잔기를 인산화시킬 수 있는지에 대해 예측할 수 있다.

모든 kinase의 촉매 활성은 매우 엄격하게 조절된다; 일반적으로 이 촉매 활성은 다른 단백질이 kinase에 결합하는 것에 의해 조절되고, 다양한 small intracellular signaling molecule (저분자량의 세포내 신호전달 분자) 및 metabolite (대사물)의 농도 변화에 의해 조절된다. 다양한 kinase가 스스로의 인산화에 의해 활성화된 결과로서 kinase의 cascade (연쇄 반응)가 생성되고, 그 cascade 내에서 다음 kinase를 인산화시킨다. 예를 들어, protein kinase A (PKA)는 cell metabolism (세포 대사)의 많은 측면을 조절하는 단백질을 인산화시키는 kinase이다(15.4절 참조). 인산화되지 않은 비활성 형태에서는 activation loop (활성화 루프)의 중요한 잔기가 ATP와 단백질 기질에 결합하기에는 잘못된 위치에 있다(그림 3-38과 15-6a 참조). Activation loop의 중요한 threonine 잔기가 PKA 또는 다른 kinase에 의해 인산화되면, loop의 구조가 변화하고 ATP와 기질에 대한 결합 부위를 생성해서 촉매 활성이 활성화된다(그림 15-6b). 우리는 이 장과 다음 장에서 많은 수의 다른 kinase들이 비슷한 방식으로 활성화되는 것을 볼 수 있다.

많은 단백질들이 여러 kinase들에 대한 기질이 되며, 각각의 kinase는 일반적으로 하나의 기질 단백질 내에서 서로 다른 아미노산을 인산화시킨다. 각각의 인산화 이벤트는 특정 표적 단백질의 활성을 다른 방식으로 변형시킬 수 있는 잠재력을 가지고 있어, 일부의 인산화는 표적 단백질의 기능을 활성화시키는 반면, 다른 일부의 인산화는 표적 단백질의 기능을 억제한다. 우리가 나중에 보게 될 예시로는 포도당 대사의 핵심 조절 효소인 glycogen phosphorylase kinase이다(그림 15-22 참조). 신호전달 경로에 의해 활성화되면, 이 효소는 인산화되어 글리코겐을 포도당(glucose)으로 분해하는 효소를 활성화시킨다. 많은 경우에 아미노산에 인산기를 추가하면 두 번째 단백질이 결합할 수 있는 binding surface (결합 표면)가 생성된다; 다음 장과 19장에서 우리는 multiprotein complex (다중 단백질 복합체)의 kinase-driven assembly (kinase 중심의 조립)에 대한 많은 예들을 보게 될 것이다.

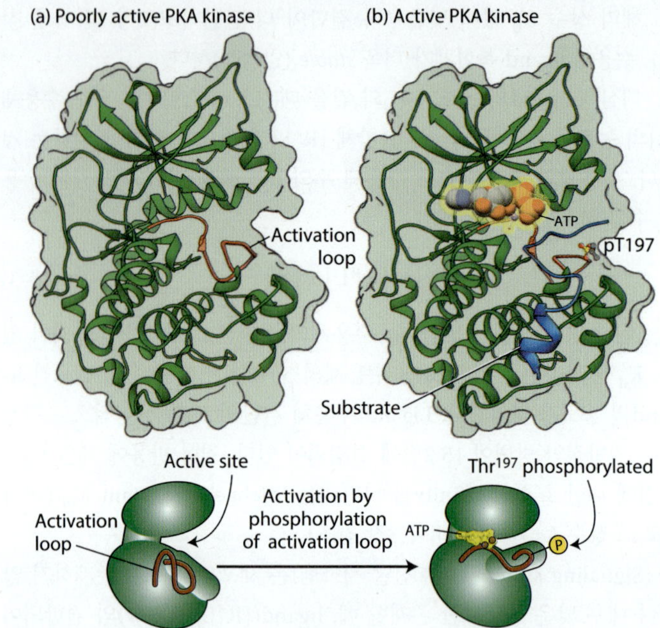

실험 그림 15-6 촉매적으로 비활성화이며 인산화되지 않은 형태의 protein kinase A (PKA)의 분자 구조(a)와 activation loop내 threonine 잔기의 인산화에 의한 활성화 후 PKA의 분자 구조(b). PKA의 197번째 threonine에서의 인산화(pT197)는 activation loop에서 뚜렷한 구조 변화를 초래하여 ATP와 기질 단백질 모두의 결합을 촉진한다. 비슷한 인산화 의존적 메커니즘이 많은 다른 kinase들을 활성화시킨다(그림 3-38 참조). 197번째 threonine에서의 인산화는 또한 PKA가 inhibitory subunit R (억제 subunit R)에 결합하는 것(그림 15-21a 참조)과 cAMP에 의한 조절(15.4절 참조)에도 필요하다. PKA는 T197에서 autophosphorylation (자가인산화)될 수 있으며 세포내 다른 kinase들도 이 잔기를 인산화시킬 수 있다. [Data from J.M. Steichen et.al., *J. Biol. Chem.* **287**:14672.]

중요하게도, 모든 protein kinase의 활성은 protein phosphatase의 활성에 반대되며, 그중 어떤 것들은 세포외 신호에 의해 조절된다. 그러므로 세포에서 단백질의 활성은 이에 작용하는 여러 kinase 및 phosphatase 활성의 복합적인 기능일 수 있다. Cell cycle (세포 주기) 조절에서 발생하는 이러한 현상의 몇 가지 예들이 19장에 설명되어 있다.

GTP-Binding Protein (GTP-결합 단백질)은 신호전달 경로에서 On/Off 스위치로 자주 사용된다

많은 신호전달 경로들은 모든 원핵 세포와 진핵 세포에서 발견되는 **GTPase superfamily (GTPase 패밀리)**의 단백질 구성원을 포함한다. GTPase 패밀리의 모든 단백질들은 GTP에 결합하며, molecular switch처럼 끄고 켤 수가 있다. 그 단백질들은 두 가지 형태로 존재한다(그림 3-35 참조): 즉, (1) GTP (guanosine triphosphate)가 결합된 활성 (“on”) 형태와 (2) GDP (guanosine diphosphate)가 결합된 비활성 (“off”) 형태이다. GTP가 결합된 “on” 형태는 특정 표적 단백질에 결합하여 활성을 조절하는 반면, "off" 형태는 표적 단백질의 활성에 영향을 미치지 않는다.

두 가지 큰 class (부류)의 GTPase switch protein (GTPase 스위치 단백질)이 신호전달 경로에 사용된다. **Heterotrimeric G protein (이종삼합체 G 단백질)**은 특정 세포 표면 수용체에 결합하고 활성화된다. 15.3절에서 볼 수 있듯이, G protein–coupled receptor는 guanine nucleotide exchange factor (GEF, 구아닌 뉴클레오타이드 교환 인자)로 기능한다: 즉, GDP의 방출을 유발함으로써 결합하는 heterotrimeric G protein을 활성화시킨다. 그런 다음, G protein은 GTP와 자발적으로 결합하는데, GDP에 비해 GTP의 높은 세포내 농도에 의해 유도된다. GTP의 결합은 G protein의 conformational change (구조 변화)를 활성 "on" 형태로 유도한다(그림 3-35 참조). 주요 conformational change (구조 변화)는 *switch I*과 *switch II*라고 하는 GTP-binding protein (GTP 결합 단백질)의 매우 잘 보존되어 있는 두 segment들을 포함하며, 이를 통해서 G protein이 downstream에 있는 신호전달 단백질에 결합하고 활성화시킬 수 있다(그림 15-7).

잠시 후, 활성 G protein은 shut off (차단)되어 다시 비활성 형태로 전환된다. 종종 GTP-binding protein (GTP-결합 단백질) 자체의 일부인 GTPase는 결합된 GTP를 GDP 및 P_i로 천천히 가수분해하여 switch I 및 switch II segment의 구조를 변경하여 표적 단백질에 결합할 수 없게 한다.

GTP 가수분해 속도는 GTP-binding protein이 활성 구조로 유지되어 downstream에 있는 표적 단백질에 신호를 보낼 수 있는 시간을 결정한다: GTP 가수분해 속도가 느릴수록 단백질은 GTP에 결합된 활성 상태로 더 오래 유지된다. GTP 가수분해 속도는 종종 다른 단백질에 의해 조절된다. 예를 들어, *GTPase-activating protein* (*GAP*, *GTPase*-활성화 단백질)과 *regulators of G protein signaling* (*RGS*, *G protein* 신호 조절자) 모두 GTP 가수분해를 가속화한다(그림 3-35 참조). G protein 활성의 많은 regulator들은 세포외 신호에 의해 스스로 조절된다.

Ras와 Ran 및 Sar와 같은 다양한 Ras-like protein (Ras 유사 단백질)을 포함하는 **Monomeric** (종종 *low-molecular-weight*로 불리는) **G protein (단량체 G 단백질)**은 수용체에 직접 결합하지 않고, 신호전달 경로에서 중간체 단백질로 작용한다(16장). Monomeric G protein은 세포 분열과 cell motility (세포 운동성)를 조절하는 다양한 경로에서 중요한 역할을 한다. 이러한 이유로 G protein을 encode (암호화)하는 유전자의 돌연변이는 종종 암을 유발한다.

Signal Amplification (신호 증폭) 및 Feedback Repression (피드백 억제)은 대부분의 신호전달 경로의 특징을 보여준다

대부분의 신호전달 경로에서 두 가지 필수적인 특징은 *signal amplification* (신호 증폭)과 *feedback repression* (피드백 억제)이다. Amplification에서(그림 15-1, 단계 3 참조), 하나의 수용체 단백질에 결합하는 단일 신호전달 분자는 세포 내에서 생화학적 경로의 활성을 크게 변화시킬 수 있다. 예를 들어, 우리는 이 장의 뒷부분에서 눈의 rod cell (간상세포)에 있는 photoreceptor (광수용체)에 의해 흡수된 single photon (단일 광자; physical stimulus)이 membrane electrical potential (막 전위)에서 측정 가능한 변화를 생성한다는 것을 볼 수 있다. 신호전달 분자의 효과를 향상시키는 과정을 *amplification* (증폭)이라고 한다.

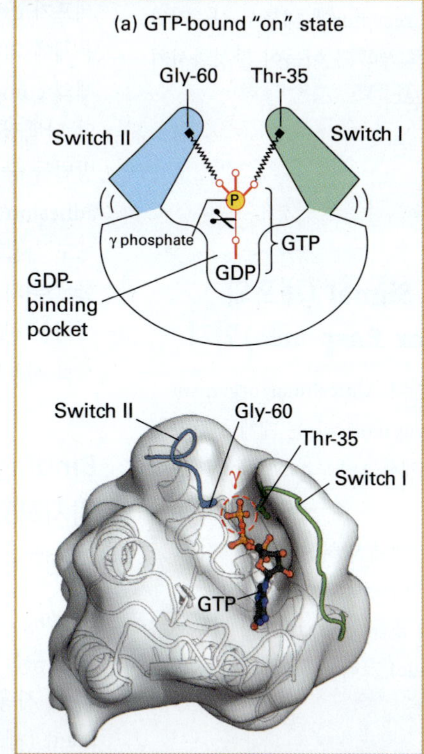

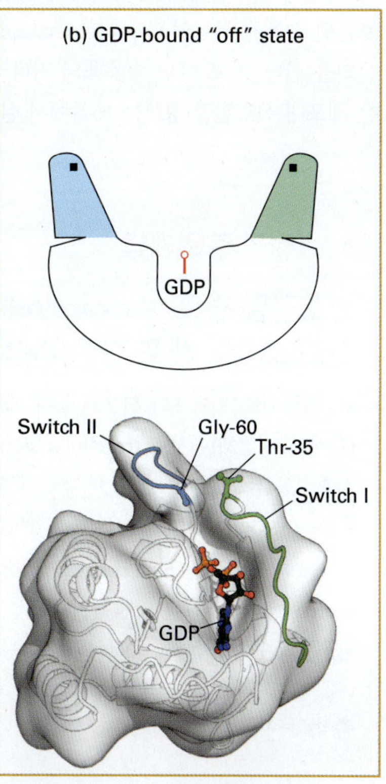

그림 15-7 Monomeric G protein의 switching mechanism. G protein이 다른 단백질과 작용하여 signal을 전달하는 능력은 GTP가 결합된 "on" 상태와, GDP가 결합된 "off" 상태에서 다르다. (a) 활성화된 "on"상태에서 *switch I* (녹색)과 *switch II* (파란색)라고 하는 2개의 domain은 보존된 threonine과 glycine의 골격에 있는 amide 그룹과의 상호작용을 통하여 GTP의 terminal γ phosphate와 결합한다. 이 두 switch domain들이 이러한 방법으로 GTP와 결합하게 되면 특정 downstream의 effector 단백질들과 결합해서 그들을 활성화시킨다. (b) GTPase가 촉매하는 가수분해에 의해 γ phosphate가 제거되면 switch I과 switch II는 다른 모양으로 변형되며, 비활성의 "off" 상태가 된다; 이 상태에서는 switch I과 switch II가 effector 단백질들과 결합하지 못하게 된다. 이 그림의 리본 모델은 monomeric G protein (단량체 G 단백질)인 Ras의 두 가지 형태를 보여 주고 있다. 이와 유사한 spring-loaded mechanism (스프링-작동식 메커니즘)이 2개보다는 3개의 switch segment의 움직임에 의해 heterotrimeric G protein (이종삼합체 G 단백질)의 alpha subunit을 활성화 상태와 비활성화 상태 사이에서 변환시킨다. [Data from I. Vetter and A. Wittinghofer, 2001, *Science* **294**:1299.]

Amplification에서 단일 수용체 분자의 활성화는 신호전달 경로에서 downstream에 있는 한 분자 이상의 중간체 단백질의 활성화를 유도할 수 있다. 각 intermediate 단백질은 또한 자신의 downstream에 있는 여러 단백질들을 활성화시킬 수 있어 활성화 cascade (연쇄 반응)가 발생한다. Amplification의 extent (정도)는 signal transduction cascade (신호전달 연쇄 반응)의 단계 수와 다양한 구성 요소의 상대적 농도에 따라 달라진다. 이 장의 뒷부분에서 논의하겠지만, membrane potential (막 전위)의 변화를 담당하는 Na^+와 Ca^{2+} 이온 채널의 활성을 변화시키기에 충분한 정도의 단지 몇 개의 photon으로부터 신호가 신호전달 경로에서 amplification되기 때문에 우리는 겨우 5개 정도의 photon에 의한 flash도 감지할 수 있다. 단일 photon에 반응하는 능력은 야간 시력을 가능하게 한다.

일단 세포가 신호에 적절하게 반응하거나 신호가 제거되면, 세포는 신호전달 경로를 억제하거나 심지어 끌 수 있어야 한다. 사실상 모든 신호전달 경로에는 경로를 차단하는 feedback control (피드백 제어)이 있다: 일단 활성화되면, effector 단백질은 수용체 또는 신호전달 경로의 초기 단계에서 작동하는 단백질 중 하나를 변형시켜서 downstream의 세포 반응을 차단한다(그림 15-1, 단계 6a와 6b 참조). 많은 경로에서 이러한 feedback control은 수용체 활성의 손실 또는 심지어 수용체의 분해를 유발하여 기능적인 수용체의 수를 감소시킨다. 따라서 세포는 ligand에 훨씬 덜 민감해진다. 이러한 feedback response (피드백 반응)을 때때로 *adaptation* (적응)이라고 한다.

다음으로, 진화를 통해 잘 보존된 신호전달 경로의 구성 요소에 초점을 둬서, 세포 표면 수용체와 신호전달 단백질이 생화학적으로 어떻게 확인되고 특성화되는지에 대해 설명한다. 그런 다음 , 균류(fungi)에서 인간에 이르기까지 생명체에서 발견되는 매우 크고 진화적으로 잘 보존된 수용체 부류인 G protein–coupled receptor에 대해서 심층적인 논의를 한다. 세포 표면 수용체의 기타 다른 부류와 이들이 활성화시키는 세포내 신호전달 경로는 16장에서 살펴본다.

15.1절의 주요 개념

신호전달 경로: Extracellular Signal (세포외 신호)로부터 세포 반응(Cellular Response)까지

- 모든 세포는 세포외 신호를 통해 소통한다. Unicellular organism (단세포 생명체)에서 extracellular signaling molecule는 개체들 간의 상호작용을 조절하는 반면, 다세포 생명체에서는 주로 physiology (생리)와 development (발생)를 조절한다.
- 세포외 신호에는 membrane-anchored (막에 박혀 있는) 단백질 및 secreted protein (분비 단백질) 또는 펩타이드(예, vasopressin과 인슐린), 소수성 저분자(예, steroid 호르몬과 thyroxine), 친수성 저분자(예, 에피네프린), 가스(예, O_2, nitric oxide) 그리고 물리적 자극(빛, 촉각) 등이 있다.
- 소수성 신호전달 분자는 세포질 또는 핵 수용체와 상호작용하며 주로 유전자 발현에 영향을 미친다.
- 친수성의 세포외 신호전달 분자가 세포 표면 수용체에 결합하면 수용체의 구조 변화가 유발되고, 이는 결국 세포의 대사, 기능 또는 유전자 발현을 조절하는 신호전달 경로의 활성화로 이어진다.
- 하나의 세포로부터 신호는 endocrine signaling (내분비 신호전달)에서는 먼 세포에 작용하고, paracrine signaling (측분비 신호전달)에서는 가까운 세포에 작용하며, autocrine signaling (자가분비 신호전달)에서는 signaling cell (신호를 보내는 세포) 자체에 작용한다.
- 대부분의 수용체는 단일 유형의 ligand 또는 서로 밀접하게 연관되어 있는 ligand 그룹에만 high affinity (높은 친화력)로 결합한다.
- cAMP 및 Ca^{2+}와 같은 second messenger는 다양한 신호전달 경로에서 발견된다.
- Protein kinase (단백질 인산화효소), protein phosphatase (단백질 탈인산화 효소) 및 GTP-binding switch protein (GTP-결합 스위치 단백질)은 대부분의 신호전달 경로에 참여한다.
- 신호전달 경로는 세포외 신호의 amplification을 허용하여 상대적으로 적은 수의 수용체를 활성화시켜서, 세포 대사, 세포 움직임 또는 유전자 발현에서 주요한 변화를 유발한다.

15.2 Cell-Surface Receptor (세포 표면 수용체) 및 신호전달 단백질의 연구

세포가 external signal (외부 신호)에 어떻게 반응하는가는 이러한 수용체에 의해 활성화되는 신호전달 경로뿐 아니라 신호에 결합하는 수용체의 complement에 따라 다르다. 이 절에서는 수용체 및 다른 신호전달 단백질을 특성화하는 데 사용되는 실험 기술들을 소개한다. 이러한 방법들 중 다수는 endocytosis (엔도사이토시스; 14장 참조) 또는 cell adhesion (세포 부착; 20장 참조)을 매개하는 수용체를 특성화하는 데에도 사용된다. 우리는 kinase와 GTP-binding switch protein (GTP-결합 스위치 단백질)과 같은 신호전달 경로 구성 요소의 활성을 측정하고, 이러한 신호전달 단백질을 조절하는 메커니즘을 연구하기 위해 일반적으로 사용되는 기술에 대한 설명으로 이 절을 마무리한다.

Binding Assay (결합 측정법)는 Receptor (수용체)를 감지하고 Ligand에 대한 Affinity와 Specificity를 결정하는 데 사용된다

Binding assay (결합 측정법)라고 불리는 실험은 세포 표면에 있는 수용체의 수를 정량화하고, ligand에 얼마나 단단히 결합하는지(K_d) 결정하는 데 사용된다. 수용체(R)는 보통 intact cell (온전한 세포), cell fragment (세포 조각) 또는 정제된 수용체를 둘러싸고 있는 fluid에 추가

된 ligand (L)와 결합하는 능력에 의해 검출되고 정량화된다. 많은 실험에서 ligand는 결합 상태를 쉽게 측정할 수 있도록 radioactively (방사성으로) 또는 fluorescently (형광으로) 표지된다. Ligand와 수용체는 평형 상태 결합에 도달할 때까지 함께 incubation된다. 그럼 다음, 결합되지 않은 ligand는 제거되고 수용체에 결합된 ligand (RL)의 양이 측정된다 — 예를 들어, 샘플을 radioactivity (방사능) 또는 fluorescence (형광)의 양을 검출할 수 있는 기계에 넣는다. 종종 서로 다른 ligand 농도에서 수용체에 결합하는 ligand의 양을 측정하는 경우가 많다. *Ligand-binding* (*ligand* 결합) 또는 *saturation curve* (포화 곡선)라고 하는 수용체에 결합된 ligand [RL] 양 대 free ligand [L] 양의 plot (도표)은 그림 15-8의 빨간색 선에서 볼 수 있다. 이러한 도표는 일반적으로 식 15-4를 따르는데, 이것은 식 15-2와 15-3의 algebraic transformation (대수적 변환)일 뿐이다.

$$[\mathrm{RL}] = \frac{R_T}{\dfrac{K_\mathrm{d}}{[\mathrm{L}]}+1} \qquad (15\text{-}4)$$

가로축은 unbound (결합되지 않은) ligand ([L])의 농도를 나타내고, 세로축은 수용체에 결합된 ligand (RL)의 양으로 표현되는 수용체-ligand 복합체의 양이 표시된다. 대부분의 경우, 종종 *medium* (배지)라고 하는 extracellular fluid (세포외액)에 초기에 첨가된 ligand의 절대량은 세포 표면 수용체의 총량을 크게 초과한다. 따라서 ligand의 일부가 수용체에 결합한 후에도 배지에서 결합되지 않은 ligand의 농도는 본질적으로 감소하지 않는다. 결과적으로, incubation 종료 시 free (unbound) ligand [L]의 농도는 처음에 fluid에 첨가된 ligand의 농도와 동일하다고 가정할 수 있다. 실제로, medium에서 ligand의 농도가 증가함에 따라 수용체-ligand 복합체의 수는 세포 표면 수용체의 총수 R_T에 접근하지만 실제로는 도달하지 않는다(그림 15-8 참조). 실제로 발생하는 maximal amount of binding (최대 결합량, B_{max})은 세포에 존재하는 수용체의 총수(R_T)에 비례한다.

최대 결합량(B_{max})은 간단한 수용체-ligand의 binding assay를 특징짓는 두 가지 매개변수(parameter) 중 하나이다. 여기서 각 수용체 단백질은 단일 결합 부위를 가지고 있으므로 하나의 ligand에만 결합할 수 있다(식 15-2, 15-3 및 2장 참조). 다른 매개변수는 ligand가 수용체에 얼마나 단단히 결합하는지를 나타내는 dissociation constant (해리 상수, K_d)이다. 수용체의 절반이 평형 상태에서 결합되는 ligand의 농도 ($[R] = [R^*L] = 0.5 \times [R_T]$)는 K_d와 동일하다(식 15-2). Ligand의 수용체와의 결합이 더 단단할수록 수용체의 50%에 대한 결합을 달성하는 데 필요한 ligand의 농도가 낮아진다.

컴퓨터 곡선 보정 프로그램은 일반적으로 그림 15-8과 같은 데이터에서 R_T 및 K_d 값을 계산하는 데 사용된다. 이 방법을 사용하여 이 결합 곡선으로부터 세포 표면당 수용체가 1,000개이고, 결합하는 ligand의 K_d는 1×10^{-9} M 또는 1 nM임을 계산할 수 있다.

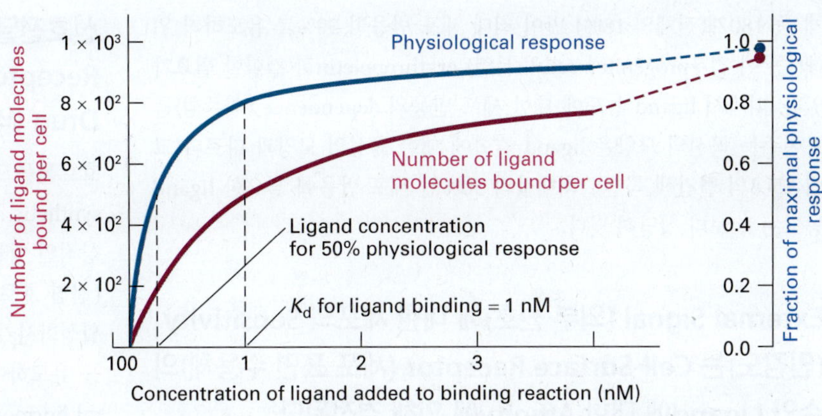

그림 15-8 Binding assay (결합 측정법)를 통하여 K_d와 세포당 수용체의 수를 결정할 수 있지만, external signal (외부 신호)에 대한 최대 생리적 반응은 수용체의 일부에만 ligand가 결합할 때 발생한다. Ligand에 대한 수용체의 affinity (친화력)를 결정하는 일반적인 실험에서는 방사성 표지 또는 다른 것으로 표지된 ligand를 조사하고자 하는 수용체를 발현하지 않는 control (대조군) 세포 및 recombinant DNA 기술에 의해서 세포 표면에 그 수용체를 발현시키는 동일한 종류의 세포와 incubation시킨다. Incubation은 일반적으로 4°C에서 1시간 동안 진행된다; 세포 표면 수용체의 endocytosis를 방지하기 위해 낮은 온도에서 진행된다. 그런 다음, 세포는 보통 원심분리 및 buffer를 사용한 washing에 의해 결합되지 않은 ligand로부터 분리되고, 세포에 결합된 radioactivity (방사능)의 양이 측정된다. 대조군 세포에 의한 background binding (백그라운드 결합)은 수용체를 발현하는 세포에서의 결합에서 차감되며, 세포당 결합된 ligand의 양은 ligand 농도의 함수로서 계산되고 표시(빨간색 곡선)된다. 비교적 높은 ligand의 농도에서도 수용체에 결합된 ligand 분자의 수는 세포 표면 수용체의 수에 근접하지만 동일하지는 않다. 그럼에도 불구하고 식 15-4에 데이터를 맞추면 이 세포들이 ligand에 대해 1,000개의 수용체를 발현하고, ligand의 결합에 대한 K_d가 1 nM임을 알 수 있다. 병행되는 실험에서 ligand의 농도 증가에 대한 세포의 생리적 반응(파란색 곡선)도 측정된다. 일반적으로, 수용체에 대한 ligand 결합의 정도에 대한 그래프와 ligand의 다른 농도에서 생리적 반응의 정도에 대한 그래프는 다르다. 여기에서 표시된 예를 보면, 최대 생리적 반응의 50%가 18%의 수용체에만 결합된 ligand 농도에서 유도된다. 마찬가지로, ligand 농도가 K_d 값과 같을 때 최대 반응의 80%가 유도되며, 수용체의 50%에 ligand가 결합한다.

신호전달 분자에 대한 Near-Maximal (거의 최대에 가까운) 세포 반응을 위해 일반적으로 모든 Receptor (수용체)의 활성화가 필요하지는 않다

특정 신호전달 분자에 대한 세포 반응의 정도는 수용체-ligand 복합체의 수에 따라 달라진다. 일반적으로, 최대 세포 반응을 유도하기 위해 ligand에 결합하는 수용체는 100% 미만이다. 이러한 현상은 세포 반응의 정도(그림 15-8의 파란색 곡선)와 ligand가 결합된 수용체의 여러 다른 농도에서의 양을 비교함으로써 관찰할 수 있다. 예를 들어, bone marrow (골수)에 있는 erythroid progenitor cell (적혈구 전구세포)은 erythropoietin (적혈구 생성 인자)에 대한 1,000개의 세포 표면 수용체를 가지고 있는데, erythropoietin은 erythroid progenitor cell이 증식하고 red blood cell (적혈구)로 분화하도록 유도하는 단백질 호르몬이며, erythropoietin 결합에 대한 K_d는 1 nM이다. 그러나 이들 수용체 중 180개(전체의 18%) 만이 최대 세포 반응의 50%를 유도하기 위해(즉, 이 경우progenitor cell의 분열) erythropoietin과 결합할 필요가 있다. 따라서 ligand 농도에 대한 세포 반응의 dependence (의존성)를 보여주는 곡선의 모양은 ligand 결합에 대한 곡선의 모양과 다르다(그림 15-8의 빨간색 곡선). 최대값의 50%인 세포 반응에 필요한 ligand 농도는 K_d보다 상당히 낮다.

External Signal (외부 신호)에 대한 세포의 Sensitivity (민감도)는 Cell-Surface Receptor (세포 표면 수용체)의 수와 Ligand에 대한 Affinity에 의해 결정된다

특정 신호전달 분자에 대한 세포 반응은 수용체-ligand 복합체의 *number* (수)에 의존하므로, 세포 표면에 존재하는 ligand에 대한 수용체의 수가 적을수록 세포는 ligand에 덜 *sensitive* (민감)하다. 그 결과, 더 많은 수용체가 존재할 때보다 더 높은 ligand의 농도가 생리적 반응을 유도하기 위해 필요하다. 물론 세포에 수용체가 없으면 반응이 없을 수도 있다. 반대로 특정 ligand에 대한 수용체의 양이 증가하면 세포는 ligand에 더 민감해진다. 즉, 반응을 유도하기 위해 더 적은 수의 ligand 분자가 필요하다.

Epidermal growth factor (EGF, 표피 성장 인자)는 이름에서 알 수 있듯이 mammary gland (유선)의 duct (관)를 따라 늘어선 epithelial cell (상피 세포)를 포함하여 다양한 유형의 epithelial cell의 증식을 자극한다(16장과 20장 참조). 유방암의 약 25%에서 tumor cell (종양 세포)은 *HER2*라고 하는 특정한 유형의 EGF 수용체 레벨을 증가시켰다. HER2를 overproduction (과잉 생산)하는 세포는 주변 EGF 및 관련 호르몬의 레벨에 매우 민감하게 된다. 정상적인 레벨의 EGF는 세포 증식을 자극하기에는 너무 낮지만, HER2가 과도하게 존재하는 경우에는 정상 수준의 EGF라도 종양 세포의 성장을 자극한다. 우리는 16장과 25장에서, 연구자들이 HER2에 결합하여 EGF에 의한 signaling을 차단하는 monoclonal antibody (단일 클론 항체)들을 개발했다는 것을 알게 될 것이다; 이러한 항체들은 HER2를 과발현하는 유방암 환자의 치료에 유용한 것으로 입증되었다. ■

HER2-유방암 connection (연결)은 주어진 신호전달 분자에 대한 수용체 수 조절의 중요성을 생생하게 보여준다. 이러한 조절은 transcription (전사), translation (번역) 및 post-translational processing (번역 후 처리 과정) 수준에서 발생할 수 있다. 또 다른 조절에서는, endocytosis가 세포 표면으로부터 수용체를 제거할 수 있으며, endocytosis를 통해 종종 lysosome에서 수용체의 분해를 유도하여 세포 반응이 효과적으로 멈출 수 있게 수용체의 수를 감소시킨다. 이 장의 뒷부분에서 논의하겠지만, 다른 메커니즘은 ligand에 대한 수용체의 affinity를 감소시킬 수 있다. *Desensitization* (탈감작)이라고 불리는 특정 ligand에 대한 세포의 sensitivity (민감도)의 감소는 세포가 external signal (외부 신호)에 적절하게 반응하는 능력을 극적으로 감소시킬 수 있다.

신호전달 분자의 Chemical Analog (화학적 유사체)는 Receptor (수용체)를 연구하는 데 사용되며 Drug (약물)으로 널리 사용된다

호르몬을 포함한 natural signaling molecule (천연 신호전달 분자)의 synthetic analog (합성 유사체)는 세포 표면 수용체에 대한 연구 및 임상적인 약물로 널리 사용된다. **Agonist (작용제)**는 natural hormone (천연 호르몬)의 수용체에 결합하고, downstream의 신호전달 경로를 활성화시키는 allosteric (다른 자리 입체성의) LR ⟶ LR* 구조 변화를 유도하여 호르몬에 대한 정상적인 세포 반응을 유도함으로써 natural hormone (천연 호르몬)의 기능을 모방한다. 많은 synthetic agonist (합성 작용제)는 natural hormone (천연 호르몬)보다 수용체에 훨씬 더 단단히 결합한다.

대조적으로, **antagonist (길항제)**는 보통 정상적인 ligand-결합 부위에서 수용체에 결합하지만 구조 변화를 유도하지는 않는다. 결과적으로, antagonist는 세포 반응을 유도하지 않는다. 수용체의 ligand-결합 부위를 점유함으로써, antagonist는 천연 호르몬 또는 agonist의 결합을 차단하여 호르몬의 일반적인 생리적 활성을 감소시킬 수 있다. 즉, antagonist는 천연 호르몬에 의해 자극되는 receptor signaling (수용체 신호전달)을 억제한다.

예를 들어, asthma (천식) 치료에 사용되는 최초의 에피네프린 작용제인 *isoproterenol* (이소프로테레놀)이라는 약물을 생각해 보자. 이소프로테레놀은 에피네프린에 2개의 methyl 그룹을 화학적으로 첨가하여 만들어진다(그림 15-9). 이소프로테레놀은 bronchial smooth muscle cell (기관지 평활근 세포)에 있는 에피네프린 수용체 (β_2 *adrenergic receptor*라고도 함, 15.4절 참조)의 agonist이다. 이 약물

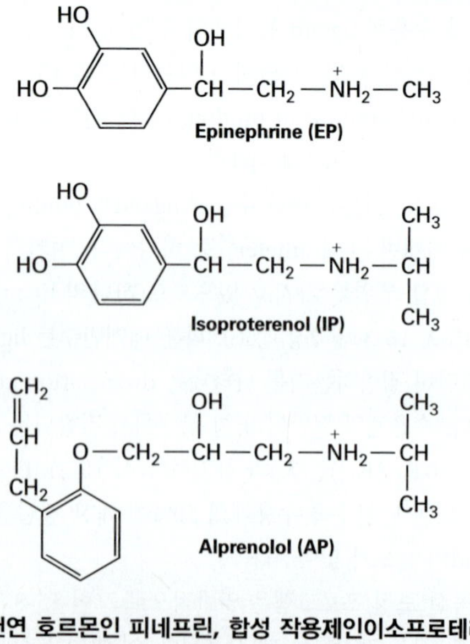

Epinephrine (EP)

Isoproterenol (IP)

Alprenolol (AP)

그림 15-9 천연 호르몬인 피네프린, 합성 작용제인이소프로테레놀 및 합성 길항제인 알프레놀롤의 구조. 본문에서 논의된 바와 같이, 에피네프린에 대한 수용체에 결합하는 이소프로테레놀과 알프레놀롤은 서로 다른 조건을 치료하기 위한 약물로 사용된다.

은 에피네프린보다 약 10배 더 단단히 결합한다; 즉, 10배 낮은 K_d를 가진다. β_2 adrenergic receptor가 활성화되면 기관지 평활근이 이완되어 폐의 공기 통로가 열린다. 이러한 효과 때문에 β_2 adrenergic receptor에 대한 affinity와 specificity가 더 큰 이소프로테레놀 및 기타 다른 agonist들은 기관지 천식(bronchial asthma), 만성 기관지염(chronic bronchitis) 및 폐기종(emphysema) 치료에 사용된다.

다른 유형의 epinephrine-responsive receptor (에피네프린 반응성 수용체)가 cardiac muscle cell (심근세포)에 존재한다(β_1-*adrenergic receptor*라고 불림). 그 수용체의 활성화는 심장의 contraction rate (수축률)를 증가시킨다. 알프레놀롤(Alprenolol; 그림 15-9 참조) 및 관련 화합물과 같은 이 수용체의 antagonist (길항제)들은 *beta-blocker* (베타 차단제)라고 불린다; 이러한 antagonist들은 cardiac arrhythmias (심장 부정맥) 및 angina (협심증) 치료에서 심장 수축을 늦추는 데 사용된다. ■

Receptor (수용체)는 Affinity Chromatography Technique (친화성 크로마토그래피 기술)로 정제될 수 있다

수용체가 어떻게 기능하는지 연구하려면 먼저 수용체를 정제해야 한다. 예를 들어, 연구자가 정제된 단백질 샘플을 얻으면 결합된 ligand가 있는 경우와 없는 경우의 분자 구조를 결정해서 ligand 결합 시 발생하는 구조적 변화를 설명할 수 있다. 기타 다른 세포 단백질들로부터 integral membrane cell-surface receptor (막을 관통하는 세포 표면 수용체)를 분리하는 것은 매우 어렵다. 전형적인 포유류 세포는 1,000~50,000 copy의 단일 유형 세포 표면 수용체를 가질 수 있다. 이것은 많은 수처럼 보일 수도 있지만, 이 동일한 세포에는 10^{10}개의 총단백질 분자가 포함되어 있으며, 그중 원형질막에만 존재하는 것이 10^6개나 된다; 이 수용체는 plasma-membrane 단백질의 0.1~5%만을 구성한다. 이 낮은 abundance (양)는 세포 표면 수용체의 isolation (분리) 및 purification (정제)을 복잡하게 만든다. 또한 세포막이 수용체의 3차원 구조와 ligand에 결합하는 능력을 유지하면서 non-ionic detergent (비이온성 계면활성제, 그림 10-23 참조)로 먼저 solubilization (가용화)되어야 하기 때문에 이러한 내재성 막 단백질의 정제도 어렵다. 그래야만 수용체가 다른 세포 분자와 분리될 수 있다.

Recombinant DNA technique (재조합 DNA 기술)은 종종 많은 양의 수용체 단백질을 발현하는 세포를 생성하는 데 사용될 수 있다. 그럼에도 불구하고, 기타 다른 membrane protein (막 단백질)들로부터 수용체를 분리하기 위해서는 특별한 기술이 필요하다. *Affinity chromatography* (친화성 크로마토그래피)는 detergent (계면활성제)에 의해 solubilization (가용화)될 때 ligand-binding ability (ligand 결합 능력)를 유지하는 세포 표면 수용체를 정제하는 데 자주 사용된다(그림 3-44c 참조). 수용체를 인식하는 항체나 수용체에 대한 ligand는 column을 만드는 데 사용되는 bead에 화학적으로 연결된다. 그런 다음, detergent에 solubilization시킨 crude membrane protein (조추출한 막 단백질)을 column에 통과시킨다. 수용체 단백질만이 단단히 결합되어 있는 단백질들과 함께 column에 달라 붙을 것이다; 기타 다른 단백질들은 씻겨 내려간다. 기타 다른 단백질들이 제거되면, 수용체는 column (ligand affinity chromatography)을 통해 가용성 ligand를 통과시켜 "방출(eluted)"되거나 pH와 같은 화학적 조건을 변경하여 항체(antibody affinity chromatography)로부터 "방출"될 수 있다. 어떤 경우에는 수용체가 단일 affinity chromatography 단계에서 최대 100,000배까지 정제될 수 있다. 정제 후에 membrane 수용체는 detergent-soluble (detergent에 의한 가용성) 형태로 또는 *in vitro* 조건에서 membrane bilayer로 reconstitution (재구성)된 후에 연구될 수 있다(11장 참조).

Immunoprecipitation Assay (면역침강 분석) 및 Affinity Technique을 사용하여 Protein Kinase의 활성을 연구할 수 있다

Ligand 결합 이후 수용체는 하나 이상의 신호전달 단백질을 활성화시켜서 다양한 target effector 단백질의 활성에 영향을 줄 수 있다(그림 15-1과 15-3 참조). Signaling cascade (신호전달 연쇄 반응)를 이해하기 위해서는 연구자가 이러한 신호전달 단백질의 활성을 정량적으로 측정할 수 있어야 한다. Kinase는 많은 signaling cascade에서 발견되므로, 이 절에서는 kinase의 활성 측정에 사용되는 몇 가지 assay에 대해 설명한다.

위에서 언급한 바와 같이, 특정 kinase는 부분적으로 어떤 신호전달 경로가 활성화되었느냐에 따라 비활성 형태이거나 부분적으로 또는 완전히 활성 형태일 수 있다. 주어진 kinase에 의해 나타나는 활성의 정도는 존재하는 kinase 단백질의 양과 활성 형태인 kinase 단백질의 fraction (분율)에 따라 달라질 것이다. 따라서 연구자들은 종종 해당 kinase의 전체 enzymatic activity (효소 활성)뿐 아니라 효소적으로 활성화된 세포에서 특정 kinase 단백질의 fraction을 결정하는 데 관심이 있다.

Kinase의 Immunoprecipitation (면역침강)

Antibody affinity chromatography (그림 3-44c 참조)의 한 유형인 immunoprecipitation assay (면역침강 분석)는 세포 추출물(cell extract)에서 특정 kinase의 활성을 측정하기 위해 자주 사용된다. 진핵 세포에는 수백 개의 kinase가 존재하기 때문에 기타 다른 kinase의 interference (간섭) 없이 효소 활성을 측정하기 위해서는 먼저 해당 kinase를 정제하는 것이 필요하다. Immunoprecipitation method의 한 가지 방법에서는 원하는 kinase에 특이적인 항체가 먼저 protein A로 코팅된 작은 bead와 incubation된다; 이것은 항체가 Fc segment를 통해 bead에 결합하도록 한다(그림 4-33 참조). 그러고 나서 bead를 전체 세포의 extract 또는 핵과 같은 organelle (세포소기관)의 extract와 혼합한 후 centrifugation (원심분리)으로 회수하고, 그런 다음 항체에 특이적으로 결합할 것 같지 않은 약하게 결합된 단백질들을 제거하기 위해 salt solution으로 광범위하게 씻어낸다. 따라서 항체에 특이적으로 결합하는 세포 단백질 — 즉, kinase 자체와 kinase에 단단히 결합하는 단백질 — 만이 bead에 존재하게 된다.

활성을 측정하기 위해 bead 상에 존재하는 분리된 kinase는 기질에 노출된다. 그 bead는 기질 단백질과 ATP내 γ phosphate만이 radiolabeled (방사성 표지)된 γ-[^{32}P] ATP가 포함되어 있는 buffered solution 내에서 incubation된다. 기질 단백질에 공유적으로 전달된 [^{32}P]의 양은 bead 상에 존재하는 활성 kinase 양의 척도가 된다. 그 양은 기질 단백질을 분리하여 substrate-associated radioactivity (기질 관련 방사능)를 측정함으로써 결정할 수 있다. 예를 들어, 기질은 polyacrylamide gel electrophoresis (폴리아크릴아마이드 젤 전기영동)에 이어 autoradiography (자기방사선 촬영)로 분리하여 공유적으로 부착되어 있는 [^{32}P]의 양을 결정하거나(그림 3-42 참조), 기질에 특이적인 항체를 이용한 immunoprecipitation에 의해 분리된 후 immunoprecipitate (면역침강물) 내의 radioactivity (방사능)를 측정할 수 있다. 예를 들어, ligand 첨가 전후의 세포 추출물을 비교함으로써 특정 kinase가 해당 ligand에 의해 촉발된 신호전달 경로(들)에서 활성화되는지 여부를 쉽게 결정할 수 있다.

단백질내 Phosphorylated Amino Acid (인산화된 아미노산)에 대한 특이적인 Monoclonal Antibody (단일 클론 항체)를 이용한 Western Blotting (웨스턴 블롯팅)

우리는 위에서 다양한 단백질 분자가 하나 이상의 kinase에 의해 인산화될 수 있다는 것을 알게 되었으며, 각각의 kinase는 서로 다른 serine, threonine 또는 tyrosine 잔기에서 단백질 분자를 인산화시킨다. 그러한 단백질 기질이 어떻게 인산화되는지, 그러한 multiple (다중) 인산화들이 단백질의 활성에 어떻게 영향을 미치는지, 그리고 세포 기능을 변화시키는지를 이해하기 위해서 때때로 특정 단백질의 여러 인산화 부위 중 하나만의 인산화 정도를 ligand 첨가 전후로 측정할 필요가 있다.

항체는 단백질의 특정 부위에서 인산화 이벤트를 감지하는 데 중요한 역할을 한다. 단백질의 interest site (관심 부위)—즉, serine, threonine 또는 tyrosine의 side chain (곁사슬)에 있는 hydroxyl group (수산기)—가 인산화되었을 때만 interest protein (관심 단백질)에 결합할 수 있는 항체를 생산하는 것이 종종 가능하다. 그러한 항체 생산을 위해 마우스는 약 15개 아미노산 길이의 작은 펩타이드로 면역화되는데(24장 참조), 이 펩타이드는 관심 있는 인산화 부위의 서열을 갖고 있으며 인산화된다. 그 phosphopeptide를 *antigen* (항원)이라 하고, 일반적으로 화학적으로 합성된 다음 마우스를 면역화시키기 전 immunogenicity (면역원성)를 증가시키기 위해 adjuvant (보조제; 24장 참조)와 결합된다. 면역화된 마우스로부터 단일 클론 항체 세트를 생성할 수 있다(그림 4-6 참조). 그런 다음, 인산화된 펩타이드에만 반응하고 인산화되지 않은 펩타이드에는 반응하지 않는 특정 단일 클론 항체가 선택된다; 그러한 항체는 일반적으로 관심 있는 특정 아미노산에서 인산화될 때에만 단백질에 결합할 것이다. 이러한 특이성은 항체가 인산화된 아미노산과 인접한 아미노산의 곁사슬에 동시에 결합함으로써 가능하다.

이러한 항체 사용의 예로서, 그림 15-10에서는 erythroid progenitor cell (적혈구 전구 세포)의 세 가지 신호전달 단백질이 다양한 농도의 erythropoietin (Epo) 호르몬에 의한 자극 후 10분 이내에 특정 아미노산 잔기에서 인산화됨을 보여준다; 이러한 세포들을 적혈구로 분화시키는 첫 번째 단계인 인산화는 Epo 농도에 따라 증가한다. 다음 장에서 설명하는 바와 같이, 신호전달 단백질들 각각은 다른 전사 인자를 포함하여 downstream에 있는 다른 effector를 활성화시킨다.

Pull-Down Assay (풀-다운 어세이)를 사용하여 GTP-결합 신호전달 단백질을 분리하고 활성을 측정할 수 있다

우리는 두 가지 큰 부류의 GTPase switch protein (GTPase 스위치 단백질)이 신호전달 경로에 사용된다는 점에 주목하였다; 세포 표면 수용체에 직접 결합하고, 이에 의해 활성화되는 heterotrimeric G protein과 monomeric (종종 *low-molecular-weight*으로 불림) G protein이 그 두 가지이다.

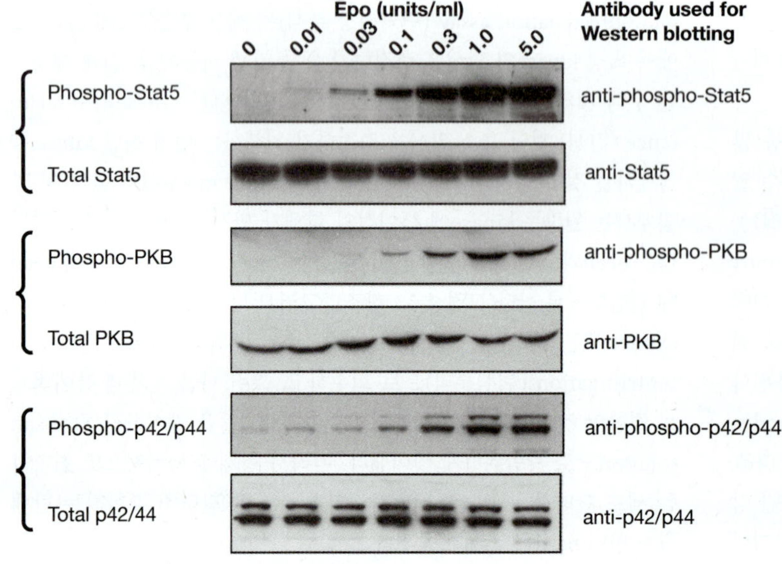

실험 그림 15-10 호르몬 erythropoietin (Epo)에 의한 인산화를 통한 세 가지 신호전달 단백질의 활성화. 마우스의 erythrocyte progenitor cell (적혈구 전구 세포)에 몇 가지 다른 농도의 호르몬 erythropoietin (Epo)을 10분간 처리하였다. 세포 추출물을 얻어 세 가지 신호전달 단백질 각각의 인산화된 형태에 특이적인 항체와 비인산화된 아미노산 segment를 인식하는 항체를 이용하여 Western blotting을 수행하였다. Epo의 농도가 증가함에 따라 세 가지 단백질들이 점점 더 인산화되는 것을 알 수 있다. 밀리리터당 1 unit의 Epo 농도는 이 세 가지 단백질들을 최대로 인산화시키는 데에 충분하며, 이 세 가지 경로를 활성화시킬 수 있다는 것을 의미한다. Stat5 = tyrosine 694에 인산화되는 전사 인자; Akt = serine 473에 인산화되는 protein kinase B; p42/p44 = threonine 202와 tyrosine 204에 인산화되는 p42/p44 MAP kinase. [Data from J. Zhang et al., 2003, *Blood* **102**:3938. Courtesy Jing Zhang.]

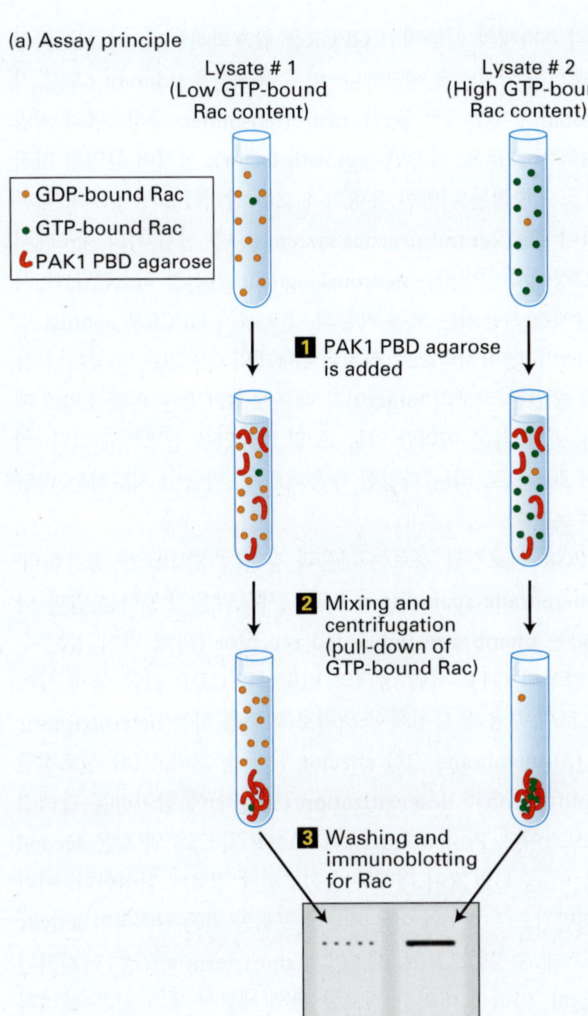

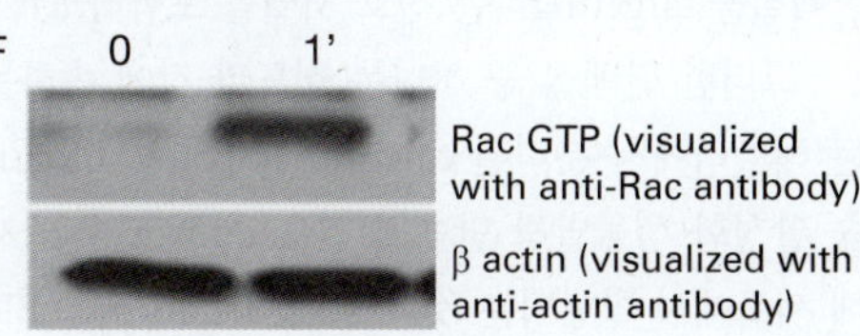

실험 그림 15-11 Pull-down assay는 small GTP-binding protein인 Rac이 platelet-derived growth factor (PDGF)에 의하여 활성화된다는 것을 보여준다. 다른 small GTPase (저분자 GTPase)들과 마찬가지로 Rac도 GDP가 결합된 비활성 형태와 GTP가 결합된 활성 형태 사이를 오가면서 분자 이벤트를 조절한다. Rac은 활성화(GTP가 결합된) 상태에 있을 때에는 p21-activated protein kinase (PAK1)의 Rac binding domain (PBD, Rac 결합 도메인)에 특이적으로 결합하여 downstream의 signaling cascade (신호전달 연쇄 반응)를 제어한다. (A) 실험의 원리: Recombinant DNA 기술을 이용하여 Rac binding PBD domain (Rac이 결합하는 PBD 도메인)을 만들고, 이것을 agarose bead에 붙이고 세포 추출물과 잘 섞어준다(단계 **1**). 원심 분리하여 bead를 얻은 후(단계 **2**) Rac에 대한 항체를 사용하여 Western blotting을 수행하면 GTP-bound (GTP가 결합된) Rac의 양을 정량할 수 있다(단계 **3**). (b) Hematopoietic stem cell (조혈모세포)에 호르몬인 platelet-derived growth factor (PDGF)를 1분 간 처리한 후 Rac이 활성화되는 것을 보여주는 Western blot 결과. Actin에 대한 Western blot은 각 lane에 loading한 전체 단백질의 양이 같은지 보여 주는 control이다. [Part (b) Republished with permission from The American Society of Hematology, from G. Ghiaur et. al., 2006, "Inhibition of RhoA GTPase Activity Enhances Hematopoietic Stem and Progenitor Cell Proliferation and Engraftment," *Blood* **108**:2087–2094; permission conveyed through Copyright Clearance Center, Inc.]

이러한 단백질 부류의 활성을 측정하기 위한 주요 assay에서는 각 스위치 단백질이 결합하는 하나 이상의 target이 있다는 사실을 이용하기는 하지만, GDP가 아닌 GTP에 결합된 경우에만 가능하다; 표적 단백질은 일반적으로 GTP-bound protein (GTP가 결합된 단백질)의 스위치 segment에 결합하는 특정 결합 domain을 가지고 있다. 특정 GTP-binding protein의 활성을 정량화하는 데 사용되는 pull-down assay는 항체가 아닌 GTP-bound GTP-binding protein (GTP가 결합되어 있는 GTP-결합 단백질)에 결합하는 표적 단백질의 domain이 작은 bead에 immobilization (고정)된다는 점을 제외하고는 immunoprecipitation assay (면역침강법 분석)와 유사하다(그림 15-11a). Bead는 세포 추출물과 혼합된다; bead는 세포 추출물에 존재하는 어떤 GTP-bound GTP-binding protein과 결합한다; 그런 다음, centrifugation (원심 분리)에 의해 세포 추출물내 결합되지 않은 성분으로부터 bead를 분리한다. Bead 상에 존재하는 활성화된 GTP-bound GTP-binding protein의 양은 GTP-binding protein에 대한 항체 및 Western blotting (웨스턴 블롯팅)을 사용하여 정량화할 수 있다. 그림 15-11b에서는 platelet-derived growth factor (PDGF, 혈소판 유래 성장 인자)에 의해 자극된 후 blood-forming stem cell (혈액 형성 줄기세포)에서 GTP가 결합된 small GTPase Rac (저분자량 GTPase인 Rac)의 비율이 현저하게 증가됨을 보여주며, 이는 Rac이 PDGF 수용체에 의해 활성화된 신호전달 단백질임을 나타낸다.

미토콘드리아 기질(Mitochondrial Matrix), ER (소포체) 및 세포질에서 Free Ca^{2+}의 농도는 Targeted Fluorescent Protein (표적 형광 단백질)으로 측정할 수 있다

second messenger Ca^{2+}의 농도는 다양한 signal transduction 시스템에 반응하여 변화하며, 이러한 변화는 다양한 세포 단백질의 활성에 영향을 줄 수 있다. 4장에서는 살아 있는 세포의 세포질에서 free Ca^{2+} (단백질에 결합되지 않은 Ca^{2+})의 농도를 측정하는 데 fluorescent small-molecule dye (형광 저분자 염료)인 *fura-2*가 어떻게 사용될 수 있는지 설명한다. 특정 파장에서 fura-2 fluorescence (형광)는 Ca^{2+}가 결합할 때 증가한다. 이 기술은 카복실산 잔기가 에스터 결합에 있는 화학적으로 변형된 버전의 fura-2가 extracellular fluid (세포외액)로부터 세포질로 자발적으로 확산된다는 사실에 의존한다. 세포질내 효소는 이러한 에스터 그룹을 절단하여 세포질 밖으로 확산될 수 없는 free fura-2를 형성하고, 그것의 형광은 세포질내 free Ca^{2+}의 농도를 나타낸다.

또한 몇몇 단백질은 Ca^{2+}와 결합할 때 빛을 방출하거나 방출된 빛의 색을 변화시킨다. 이러한 단백질의 장점은 세포질뿐 아니라 subcellular compartment (세포 내부 구획) 내에서도 free Ca^{2+}의 농도를 결정하기 위해 실험적으로 사용될 수 있다는 것이다. 세포는 이러한 단백질을 암호화하는 cDNA expression vector (cDNA 발현 벡터)로 transfection (형질주입)될 수 있으며, 이는 특정 subcellular compartment로 단백질을 targeting하는 신호 서열을 포함하도록 변경되었다(13장).

그러한 단백질 중 하나는 히드라 강에 속하는 *Aequorea victoria*라는 해파리에서 분리된 calcium-activated bioluminescent protein (칼슘-활성화 생물발광 단백질)인 aequorin이다. 재조합 DNA 기술에 의해 세포에서 발현되는 것과 같이, aequorin은 ER lumen (그림 13-6 참조) 또는 mitochondrial intermembrane space (미토콘드리아 막사이 공간)나 matrix (그림 13-26 참조)와 같은 특정 세포소기관으로 향하는 신호 서열과 융합된 단백질 subunit으로 구성된다. Aequorin에는 Ca^{2+}의 결합 부위로 작용하는 3개의 EF hand (3장 참조)가 포함되어 있다. Culture medium (배양 배지)에 small-molecule prosthetic group (저분자 보철 그룹) coelenterazine이 첨가되면 세포 내로 확산되어 aequorin과 결합하고, 세포는 subcellular space (세포 내부 공간)에서 free Ca^{2+}의 농도에 비례하는 특정 파장의 빛을 방출한다.

15.2절의 주요 개념

Cell-Surface Receptor (세포 표면 수용체) 및 신호전달 단백질의 연구

- Ligand에 대한 수용체의 절반이 ligand와 결합할 때 ligand 농도인 dissociation constant (해리 상수, K_d)는 실험적으로 계산할 수 있으며, ligand에 대한 수용체의 affinity (친화력)를 측정한다.
- 특정 ligand에 대한 세포의 near-maximal response (거의 최대에 가까운 반응)는 일반적으로 수용체의 100% 미만이 ligand에 결합되어 있는 ligand 농도에서 발생한다.
- Affinity chromatography (친화성 크로마토그래피) 기술을 사용하여 수용체가 적은 양으로 존재하는 경우에도 수용체를 정제할 수 있다.
- Protein kinase에 특이적인 항체를 이용한 immunoprecipitation (면역침강법)을 사용하여 protein kinase의 활성을 측정할 수 있다.
- 인산화된 펩타이드에 특이적인 항체를 사용하는 Western blotting assay는 세포내 원하는 단백질에서 특정 아미노산의 인산화를 측정할 수 있다.
- 표적 단백질의 단백질 결합 domain을 사용하는 pull-down assay는 세포 내에서 GTP-binding protein의 활성화를 정량화하는 데 사용될 수 있다.
- Subcellular space에서 free Ca^{2+}의 농도는 fura-2 또는 유전적으로 조작된 aequorin 단백질을 사용하여 측정할 수 있다.

15.3 G Protein–Coupled Receptor의 구조와 메커니즘

이 절에서는 가장 많은 종류의 수용체인 G protein–coupled receptor (G 단백질–결합 수용체, GPCR)를 소개한다. Human genome (인간 유전체)은 약 800개의 기능적인 GPCR을 암호화하는데, 이것은 확인된 인간 단백질의 약 4%에 해당된다. 이 수용체들은 odorant (후각 자극 물질), tastant (미각 자극 물질), neurotransmitter, 글리코겐과 지방 대사에 관여하는 호르몬, 성장인자(growth factor), 심지어 물리적 자극 (빛의 광자)을 포함하는 다양한 유형의 신호를 감지하고 반응한다. 많은 수의 GPCR이 주로 central nervous system (중추 신경계)의 세포에서 발견되며, 23장에서 설명하는 neuronal signaling (신경 신호전달)에 사용된다. 인간에게 사용되는 모든 약물의 약 35%가 GPCR의 agonist 또는 antagonist이고, 마지막으로 집계된 134개의 GPCR은 미국이나 유럽 연합에서 승인된 약물의 target이기 때문에 GPCR은 의학적으로 매우 중요하다. 표 15-1은 이러한 약물 중 몇 가지만을 설명하고 있다; 이러한 약물이 표적으로 하는 다양한 수용체와 이 약물이 치료하는 다양한 질병에 주목한다.

모든 GPCR 신호전달 경로는 다음과 같은 공통 요소를 공유한다: (1) 7개의 membrane-spanning α helix (세포막을 관통하는 알파 나선)를 포함하는 membrane-imbedded receptor (막에 박혀 있는 수용체); (2) 활성의 GTP 결합 상태와 비활성의 GDP 결합 상태 사이를 순환함으로써 수용체 활성화 스위치로 기능을 하는 heterotrimeric G protein; (3) membrane 결합 effector 단백질; 그리고 (4) 신호전달 경로의 amplification과 desensitization (탈감작)에 참여하는 단백질이 그 공통 요소이다. Protein kinase와 cAMP 및 Ca^{2+}와 같은 second messenger는 종종 GPCR이 매개하는 신호전달 경로에 참여한다. 이러한 경로는 일반적으로 효소와 이온 채널을 포함한 기존 단백질의 activity (활성)를 빠르게 수정함으로써, 세포에서 short-term effect (단기적인 효과)를 가진다. 따라서 이러한 경로를 통해 세포는 빛과 같은 물리적 자극이든 에피네프린과 같은 호르몬 자극이든 상관 없이 다양한 신호에 빠르게 반응할 수 있다.

이 절에서는 GPCR의 기본 구조와 메커니즘, 그리고 이들과 연관된 heterotrimeric G protein에 대해 설명한다. 다음 절에서는 이러한 수용체에 의해 활성화되는 신호전달 경로의 몇 가지 잘 이해되면서 중요한 예를 설명한다.

모든 G Protein–Coupled Receptor는 동일한 기본 구조를 공유한다

모든 G Protein–Coupled Receptor는 membrane에서 같은 방향으로 존재하고 있으며, 7개의 transmembrane α-helical region (H1–H7)과 4개의 세포외 segment, 그리고 4개의 세포질 segment를 가지고 있다(그림 15-12). N-terminus는 항상 exoplasmic face (세포 바깥 쪽)에 있으며, C-terminus는 원형질막의 cytosolic face (세포질 쪽)에 있다. G protein–coupled receptor는 seven membrane-spanning α-helix (7개의 막 관통 α-나선)의 외부 표면에 있는 많은 소수성 아미노산들에 의해 원형질막의 hydrophobic core (소수성 중심) 내에 안정적으로 anchor (고정)된다.

인간의 GPCR은 여러 패밀리로 나뉜다. 각 패밀리의 멤버들은 특히

표 15-1 • 인간 G Protein-Coupled Receptor의 약학적 중요성

Receptor	Natural Ligand	Location	Physiological Function	Drug	Medical Use
Histamine H2 receptor	Histamine	Acid-secreting cells of the stomach	Stimulates acid secretion	Cimetidine (Tagamet) Ranitidine (Zantac) (antagonists)	Prevent acid stomach; treat peptic ulcers
Histamine H1 receptor	Histamine	Smooth muscles, vascular endothelial cells	Increases vascular permeability and causes symptoms of allergy	Fexofenadine (Allegra) Loratadine (Claritin) (antagonists)	Reduce symptoms of allergy
Serotonin $5HT_{2A}$	Serotonin	Central nervous system	Synaptic transmission between neurons	Clozapine, risperidone (antagonists)	Treat schizophrenia
Serotonin $5HT_{1a}$	Serotonin	Central nervous system	Synaptic transmission between neurons	Buspirone (BuSpar) (agonist)	Treat depression, general anxiety disorder
Angiotensin AT_1	Angiotensin II	Vascular smooth muscle cells	Constrict blood vessels and increase blood pressure	Losartan (Cozarr) (antagonist)	Reduce hypertension
β_2-adrenergic receptor	Epinephrine	Smooth muscle cells lining the airway	Facilitate respiration	Salmeterol (Severent) (agonist)	Treatment of asthma, chronic obstructive pulmonary disease
$CysLT_1$	Leukotrienes	Lungs, bronchial tubes, mast cells	Contracts smooth muscles	Montelukast (Singulair) (antagonist)	Treatment of asthma, seasonal allergies

SOURCE: A. Wise et al., 2002, *Drug Discovery Today* 7:235–246.

아미노산의 서열과 구조가 서로 유사하다. 패밀리끼리는 ligand가 수용체와 결합하는 방법에 대한 세부적인 것에서 서로 다르다.

그림 15-13은 GPCR의 5개 다른 패밀리 중 3가지 사이의 ligand 결합 부위의 variation (변이)을 보여준다. 포유류에서 가장 큰 패밀리인 family A에서는 여러 개의 membrane-embedded α-helix (막에 내장되어 있는 α-나선) 및 extracellular loop (세포외 루프)의 segment가 ligand 결합 부위를 형성한다. 그 부위는 exoplasmic surface (세포외 표면)에 노출되어 있지만, membrane bilayer (이중막)의 중간까지 아래로 확장될 수 있다. Family A 수용체의 예로는 에피네프린 및 노르에

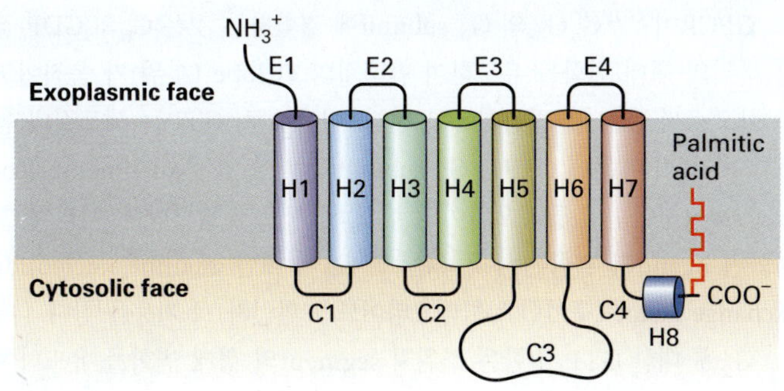

그림 15-12 G protein–coupled receptor의 일반적인 구조. 이런 유형의 모든 수용체는 membrane 상에서 동일한 orientation (방향성)을 지니며, seven membrane α-helical region (H1–H7)과 4개의 세포외 segment (E1–E4), 그리고 4개의 세포질 segment (C1–C4)를 가지고 있다. 많은 GPCR에서 짧은 α helix H8은 막 표면에 평행하게 놓여 있고, 공유결합되어 있는 palmitic acid 그룹은 C-terminus를 막 표면에 고정시킨다.

피네프린과 같은 호르몬에 결합하는 **β-adrenergic receptor (β 아드레날린 수용체)**가 있다(그림 15-14a). 이들은 가장 잘 연구된 일부 GPCR들이며, GPCR의 전형적인 예로 자주 사용된다(그림 15-14b). 예를 들어, 에피네프린(아드레날린)이 β-adrenergic receptor에 결합할 때 4개의 transmembrane α-helix (막을 관통하는 α-나선)와 extracellular loop E2 (세포외 루프 E2)에 위치한 15개 아미노산의 곁사슬은 결합된 ligand와 noncovalent bond (비공유결합)를 형성한다(그림 15-14c); 에피네프린의 2개 hydroxyl group은 transmembrane helix #6 (막 관통 나선 #6)에서의 asparagine 잔기(N293)의 곁사슬뿐 아니라 2개의 serine (S) 잔기(transmembrane helix #5에서의 S203과 S207)의 곁사슬에 있는 hydroxyl group에 수소 결합된다.

Glucagon (글루카곤) 수용체는 GPCR의 family B의 멤버이다(그림 15-13b). Ligand인 *glucagon* (글루카곤)은 pancreatic islet (췌장섬)의 α 세포에서 분비되는 29-amino-acid peptide hormone (29개의 아미노산으로 구성된 펩타이드 호르몬)이다; 이 장의 뒷부분에서 살펴보겠지만, liver (간)에 작용하여 글리코겐의 분해와 혈류 내로 포도당 분비를 촉진한다. 글루카곤 수용체는 GPCR의 특징인 seven transmembrane α-helix (7개의 막 관통 α-나선)를 가지고 있지만, 첫 번째 transmembrane α-helix에 연결된 큰 exoplasmic domain도 가지고 있다. 이 exoplasmic domain은 글루카곤의 C-terminus (C-말단)에 단단히 결합하여, β-adrenergic receptor 및 기타 GPCR에서와 같이 글루카곤의 N-terminus가 여러 transmembrane α-helix의 잔기에 의해 형성된 pocket에 결합하도록 배치한다(그림 15-15).

Glutamate 수용체는 GPCR의 family C에 속하는 excitatory neu-

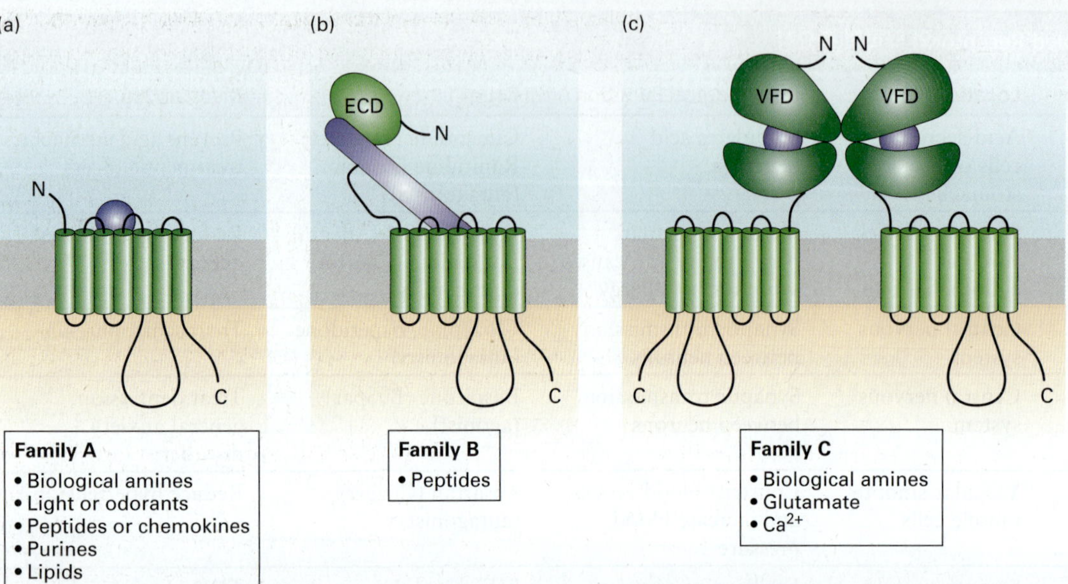

그림 15-13 서로 다른 방식으로 ligand와 결합하는 G protein-coupled receptor의 세 가지 주요 class. 자세한 내용은 본문을 참조한다. [Data from J. Tesmer, 2016, *Nat. Rev. Mol. Cell Biol.* **17**:439.]

rotransmitter receptor (흥분성 신경 전달 물질 수용체)이다(그림 15-13c). 기다란 세포외 segment는 glutamate ligand를 clamp (고정)하여 결합하는 일종의 venus flytrap domain을 형성한다. 이 부류의 GPCR의 다양한 멤버들은 자신의 venus flytrap domain을 통해 dimerization (이량체화)된다.

대부분의 수용체와 마찬가지로, GPCR은 allosteric protein (다른 자리 입체성 단백질)이다(3장). 세포외 표면에서 ligand의 결합은 수용체의 구조적 변화(R ⟶ R*)를 일으켜서 수용체의 세포질 쪽 segment가 GPCR 신호전달 경로의 다음 세포내 구성요소인 heteromeric G protein에 결합하고 활성화시킬 수 있게 한다—그래서 *G-protein coupled receptor*라는 이름이 붙었다.

Ligand-Activated (Ligand에 의해 활성화된) G Protein-Coupled Receptor는 Heterotrimeric G Protein의 α Subunit에서 GDP에 대한 GTP로의 Exchange (교환)을 촉매한다

Ligand에 의한 GPCR의 활성화 후 첫 번째 signal transduction 단계는 heterotrimeric G protein의 활성화이다(그림 15-16). 이 G protein은 α, β 및 γ로 지정된 3개의 subunit (서브유닛)을 가지고 있다. Guanine nucleotide (GTP 또는 GDP)는 G_α subunit에 결합한다. G_α와 G_γ subunit은 공유결합으로 부착된 지방산(fatty acid)을 갖고 있어서, 원형질막의 inner leaflet (내부 세포질 쪽 층)에 삽입되고 G protein subunit이 GPCR에 매우 근접할 수 있도록 한다. β 와 γ subunit는 항상 함께 단단히 결합되어 있으며, 일반적으로 *$G_{\beta\gamma}$ subunit*이라고 한다. 곧 볼 수 있듯이, G_α subunit은 활성화 상태에 따라 $G_{\beta\gamma}$ subunit와 분리되었다가 다시 결합한다.

Resting state에서, ligand가 수용체에 결합되어 있지 않을 때 G_α subunit은 nucleotide 결합 부위에 결합되어 있는 GDP를 가지며 G_α GDP는 $G_{\beta\gamma}$와 복합체를 이루어 heterotrimer (${}^{GDP}G_\alpha G_{\beta\gamma}$)를 형성한다. G protein-coupled receptor에 ligand가 결합하면, transmembrane helix 구조가 바뀌고 수용체가 GDP를 포함하는 intact (온전한) heterotrimeric G protein의 G_α subunit에 결합할 수 있다(그림 15-14와 15-16). β-adrenergic receptor에 대한 에피네프린의 결합은 수용체 구조의 변화가 어떻게 G_α subunit에 대한 결합을 가능하게 하는지를 보여주는 예를 제공한다. Ligand에 의해 결합되지 않은 비활성 형태(R)에서의 수용체(그림 15-14a 참조)는 G protein에 complementary surface (상보적인 표면)가 없으므로 결합할 수 없다. Agonist의 결합은 이 수용체에서 주요한 형태 변화(L + R ⟶ LR*)를 유도한다: transmembrane helix 5와 6의 substantial movement (상당한 움직임)와 이러한 helix들을 연결하는 C3 cytosol-facing loop (C3 세포질 쪽 루프)의 구조 변화가 있다. 이러한 변화들은 이제 GPCR이 ${}^{GDP}G_\alpha G_{\beta\gamma}$의 G_α subunit의 한 segment에 결합할 수 있는 표면을 만든다(그림 15-14b 참조).

GPCR이 ${}^{GDP}G_\alpha G_{\beta\gamma}$의 G_α subunit에 결합하는 것은 G_α의 GDP-결합 부위의 형태 변화를 유도하여 단백질의 한 lobe (부위)가 움직이도록 함으로써 GDP를 방출하도록 한다. 다음으로, GTP는 세포질내 농도가 더 높기 때문에 GTP는 G_α subunit의 비어 있는 guanine nucleotide site (구아닌 뉴클레오타이드 부위)에 빠르게 결합한다. 따라서 활성화된 ligand가 결합된 수용체는 ${}^{GDP}G_\alpha$에 대한 guanine nucleotide exchange factor (구아닌 뉴클레오타이드 교환인자)로 기능을 한다.

G_α에 대한 GTP 결합은 스위치 segment의 형태 변화를 유도하여 (그림 15-7 참조), ${}^{GTP}G_\alpha$ subunit이 $G_{\beta\gamma}$ subunit 및 GPCR로부터 분리되도록 유도한다. 이 세 가지 요소들 모두 이제 원형질막의 세포질 쪽 면에서 독립적으로 확산될 수 있다. 그러면 free하게 된 ligand가 결합되어 활성화된 GPCR (LR*)은 또 다른 ${}^{GDP}G_\alpha G_{\beta\gamma}$를 활성화시킬 수 있고, 따라서 수용체-ligand 복합체의 신호를 amplification시킬 수 있다.

대부분의 경우 방출된 $G_\alpha \cdot$GTP는 신호전달 경로의 다음 단계를

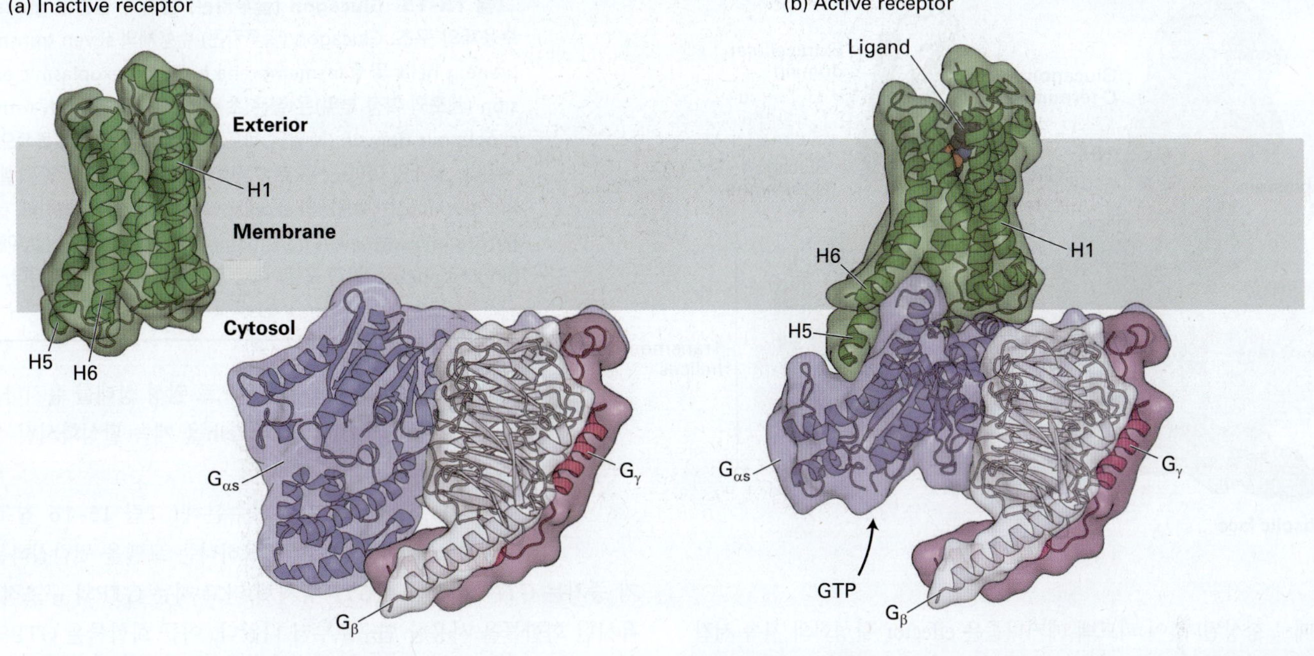

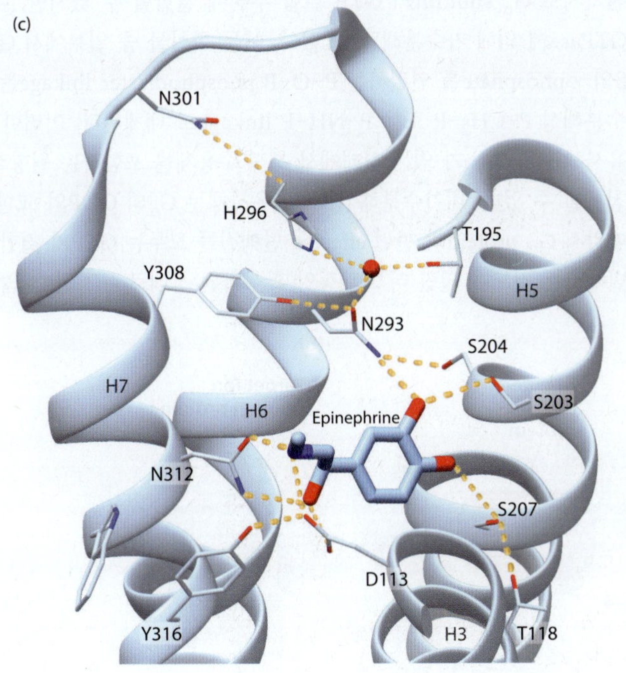

그림 15-14 비활성 상태의 β_2-adrenergic receptor의 구조와 결합된 ligand 및 heterotrimeric G protein G_s를 가지는 활성화 상태의 β_2-adrenergic receptor의 구조. (a) Antagonist (표시되지 않음)와 결합하여 비활성 상태에 있는 β_2-adrenergic receptor의 3차원 구조. 그 옆에 있는 것은 heterotrimeric G protein G_s의 subunit의 3차원 구조이다: G_s의 subunit에는 $G_{\alpha s}$ (짙은 보라색), G_β (밝은 보라색), G_γ (분홍색)가 있으며, 이 그림에서는 resting (휴지 상태의) 수용체가 $G_{\alpha s}$에 결합 및 활성화하지 못하는 것을 보여준다. (b) 활성화된 수용체 복합체의 전체적인 구조는 agonist (파란색 및 빨간색 구)와 결합되어 있고, $G_{\alpha s}$의 segment와 광범위하게 상호작용하고 있는 adrenergic receptor를 보여 준다. (c) β_2-adrenergic receptor의 내부에 있는 여러 아미노산들의 곁사슬에 에피네프린의 결합. [Data for parts (a) and (b) from S. Rasmussen et al., 2011, *Nature* **476**:549, PDB ID 3sn6; and V. Cherezov et al., 2007, *Science* **318**:1258, PDB ID 2rh1. Part (c) from A. M. Ring et al., 2013, *Nature* **502**:575–579 https://doi.org/10.1038/nature12572.]

매개한다. 원형질막에 고정된 상태에서, $G_\alpha \cdot$GTP는 downstream의 effector 단백질에 결합하고 활성화시킨다(그림 15-16a). 어떤 경우에는 $G_\alpha \cdot$GTP는 effector를 활성화시키기보다는 억제한다. 아래에서 볼 수 있듯이, 다른 수용체 및 effector와 상호작용하는 다양한 유형의 G protein subunit들이 있다. 어떤 경우에는(그림 15-16b) 관련된 세포 및 G protein의 유형에 따라서 G_α subunit으로부터 벗어난 $G_{\beta\gamma}$ subunit이 effector 단백질과 상호작용하여 신호를 전달한다. 예를 들어, *muscarinic acetylcholine receptor* (무스카린성 아세틸콜린 수용체)는 심장 근육에서 발견되는 GPCR의 한 형태이다; acetylcholine과 결합하여 활성화되면, 이 수용체는 심장 근육의 수축 속도를 늦춘다. 수용체 활성화 후, 방출된 $G_{\beta\gamma}$ subunit은 원형질막의 K^+ 통로(effector 단백질)에 결합하고 이를 연다(그림 15-16b 참조). 이어서 세포질 밖으로 K^+ 이온이 efflux (유출)되면, 원형질막을 가로지르는 일반적인 inside-negative potential (내부-음성 전위)의 magnitude (크기)가 증가하여 몇 초 동안 지속되며, 이는 근육 수축을 감소시킨다.

모든 경우에서, 활성 $^{GTP}G_\alpha$ 상태는 결합된 GTP가 몇 초에서 몇 분 안에 GDP로 가수분해되기 때문에 상대적으로 수명이 짧다. GTP의 가수분해는 G_α subunit 자체의 intrinsic (내재된) GTPase 활성에 의해 촉매된다. 따라서 G_α subunit은 활성 $^{GTP}G_\alpha$에서 비활성 $^{GDP}G_\alpha$ 형태로 전환되어 더 이상 downstream에 있는 effector 단백질과 상호작용할 수 없지만, 빠르게 $G_{\beta\gamma}$와 재결합하여 $^{GDP}G_\alpha G_{\beta\gamma}$를 형성할 수 있다. 그 cycle이 완료되고, $^{GDP}G_\alpha G_{\beta\gamma}$는 활성화된 수용체(LR*)와 상호작용하여 프로세스를 처음부터 다시 시작할 수 있다.

$^{GTP}G_\alpha$에 의한 GTP 가수분해 속도는 GTPase-activating protein (GTPase-활성화 단백질, GAP)로도 기능을 하는 effector에 결합함으로

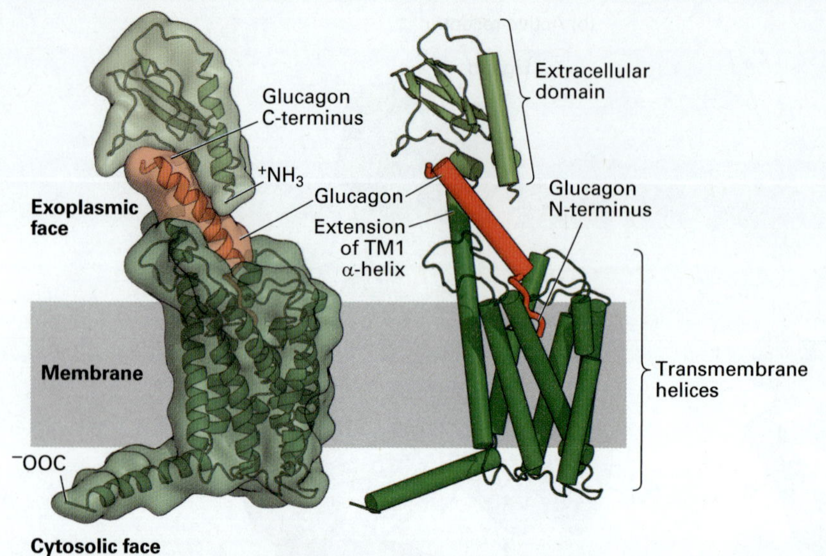

그림 15-15 Glucagon (글루카곤) 분자가 결합된 glucagon 수용체의 구조. Glucagon (글루카곤) 수용체의 seven transmembrane α helix 및 transmembrane helix 1의 exoplasmic extension (세포외 확장 부위)은 짙은 초록색으로 표시되고, N-terminal exoplasmic domain (N-말단 세포외 도메인)은 밝은 초록색으로 표시된다. 29개의 아미노산으로 이루어진 펩타이드 글루카곤 (빨간색)의 C-terminus는 수용체의 exoplasmic domain에 결합하며, 글루카곤 N-terminus는 seven transmembrane α helix의 중심부에 있는 binding pocket (결합 포켓) 내로 들어가는 것으로 생각된다. [Data from P. Siu et al., 2014, *Nature* **499**:444, custom PDB.]

써 때때로 향상된다. 이 피드백 메커니즘은 effector 활성화의 지속 시간을 크게 줄이고, 세포가 overreacting (과민반응)하는 것을 방지한다. 많은 경우에서, *regulator of G protein signaling* (*RGS*)라고 불리는 다른 유형의 GAP 단백질은 $^{GTP}G_\alpha$에 의한 GTP의 가수분해를 가속화하여 $^{GTP}G_\alpha$가 downstream의 effector를 활성화시킬 수 있는 시간을 더욱 단축시킬 수 있다.

그러므로 built-in feedback mechanism (내장된 피드백 메커니즘)은 수용체 활성화 후 몇 초 또는 몇 분 동안만 effector 단백질을 활성화된 상태로 유지되도록 한다. Prolonged signaling (장기 신호전달)은 수용체가 ligand 결합에 의해 지속적으로 활성 상태를 유지하므로, 이러한 수용체가 해당 G protein을 계속 활성화시킬 수 있는 경우에만 가능하다.

$^{GTP}G_\alpha$에서 GTP의 가수분해(그림 15-16 참조)가 GPCR 신호전달 경로에 중요하다는 모델을 뒷받침하는 초기 증거는 *GTP analogue* (*GTP* 유사체)라고 하는 GTP와 구조적으로 유사한 화합물을 사용한 연구로부터 나왔다. 이들 화합물은 GTP와 마찬가지로 G_α subunit의 GTP 결합 부위에 결합할 수 있지만, 내재된 GTPase에 의해 가수분해될 수 없다. 이들 화합물 중 일부에서 GTP의 β와 γ phosphate를 연결하는 P–O–P phosphodiester linkage는 비가수분해성 P–CH_2–P 또는 P–NH–P linkage로 대체된다. 이러한 GTP 유사체는 agonist가 있는 상태에서 특정 수용체를 포함하는 원형질막에 첨가될 수 있다. 비가수분해성 GTP 유사체는 G_α의 GDP와 교환되며, 따라서 G_α protein과 관련 effector 단백질들 모두는 GTP가 결합할 때 발생하는 것보다 훨씬 더 오랫동안 활성화된 상태로 유지된다. 많은 연

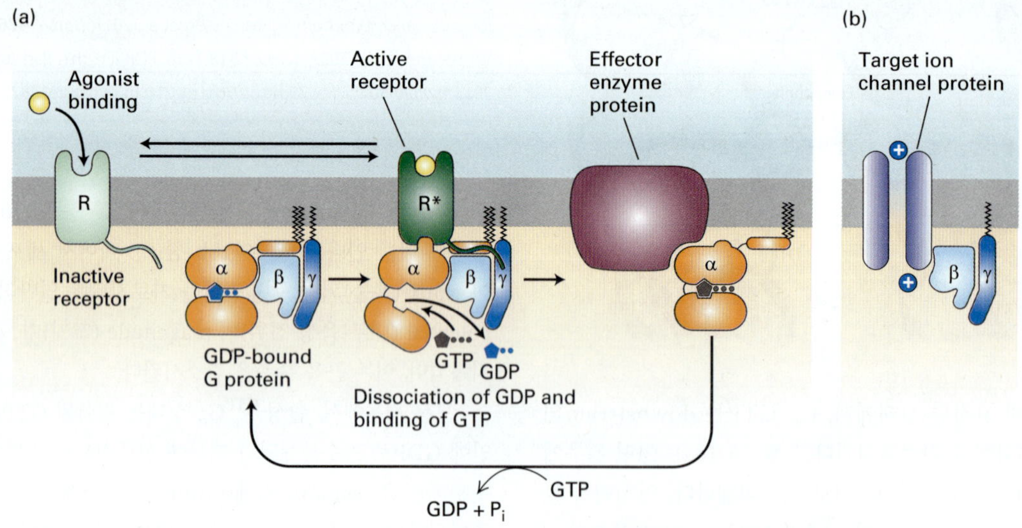

그림 15-16 G protein–coupled receptor와 연계되는 effector 단백질의 일반적인 활성화 메커니즘. 밝은 초록색은 GPCR의 비활성 구조를 나타내고, 짙은 초록색은 GPCR의 활성 구조를 나타낸다. Heterotrimeric G protein의 G_α와 $G_{\beta\gamma}$ subunit은 공유결합된 지질 분자에 의해 membrane에 부착된다(꾸불꾸불한 검정색 선). Ligand 결합 후, 수용체는 구조적 변화를 거쳐 G protein의 G_α subunit에 결합하여 GDP의 분리와 GTP의 결합을 유발하고 동시에 $G_{\beta\gamma}$ subunit의 분리가 수반된다. 어떤 경우(a)에는 free $G_\alpha \cdot$GTP subunit은 원형질막에서 확산되어 effector 단백질에 결합하고 활성화시킨다. 다른 경우(b)에는 free $G_{\beta\gamma}$ subunit은 이온 채널 또는 다른 표적 단백질에 결합하고 활성화시킨다. GTP의 가수분해는 signaling을 종료하고 heterotrimeric G protein의 reassembly (재조립)를 유도하여 시스템을 resting state로 되돌린다. 또 다른 ligand 분자가 결합하면 cycle (주기)이 반복된다. [Data from W. Weis and B. Kobilka, 2018, *Annu. Rev. Biochem.* **87**:897.]

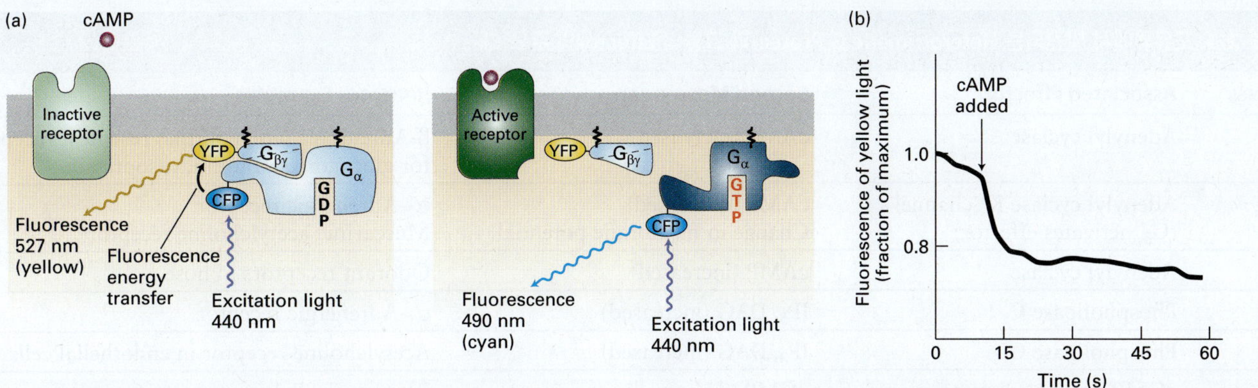

실험 그림 15-17 **G protein의 활성화는 세포 표면 G protein-coupled receptor에 ligand가 결합한 후 몇 초 이내에 일어난다.** Amoeba (아메바)인 *Dictyostelium discoideum*에서, cAMP는 세포외 신호전달 분자로서 작용하여 G protein-coupled receptor에 결합하고 이를 통해 signal을 보낸다; 여기에서 cAMP는 second messenger가 아니다. Amoeba cell (아메바 세포)에 두 가지 fusion protein (융합 단백질)을 암호화하는 두 가지 유전자를 transfection시켰다: 하나는 cyan fluorescent protein (CFP)와 융합된 G_α이고, 다른 하나는 yellow fluorescent protein (YFP)와 융합된 G_β이다. CFP는 보통 490-nm의 빛에서 형광을 띠며, YFP는 527-nm에서 형광을 띈다. (a) Resting (휴지 상태의) ${}^{GDP}G_\alpha \cdot G_{\beta\gamma}$ 복합체와 같이 GFP와 YFP가 가까이 있으면 이들 CFP와 YFP 사이에서 fluorescence resonance energy transfer (형광 공명 에너지 전달)가 발생할 수 있다(*왼쪽*). 결과적으로, 휴지 상태 세포에 440-nm 빛을 쪼이면(440-nm의 빛은 직접적으로 YFP는 excite시키지 않고 CFP 만을 excite시킴) CFP로부터 YFP로의 resonance energy transfer 때문에 YFP의 특징인 527-nm (노란색)의 빛을 방출한다. 그러나 만약 ligand가 결합하여 G_α와 $G_{\beta\gamma}$ subunit의 분리를 유도하면, resonance energy transfer는 일어나지 않는다. 이 경우 아메바 세포에 440-nm의 빛을 쪼이면 CFP의 특징인 490-nm의 빛(cyan 색)을 방출한다(오른쪽). (b) Transfection된 단일 아메바 세포에 세포외 cAMP (화살표) 넣기 전과 후에서 노란색 빛(527 nm)이 방출되는 것을 측정한 그래프. G_β-YFP 융합 단백질로부터 G_α-CFP 융합 단백질이 분리됨으로써 발생하는 노란색 형광의 감소는 cAMP를 넣은 후 단 몇 초 만에 발생하였다. [Data from C. Janetopoulos et al., 2001, *Science* **291**:2408.]

구자들은 이러한 연구를 위해 GTP-γS라 불리는 비가수분해성 유사체를 사용한다.

GPCR에 결합한 후 heterotrimeric G protein의 dissociation (해리)은 살아있는 세포에서 검출될 수 있다. 이러한 연구는 2개의 형광 분자가 상호작용할 때 방출된 형광의 파장을 변경하는 Förster resonance energy transfer (FRET, 형광 공명 에너지 전달) 현상을 이용하였다(그림 4-23 참조). 그림 15-17에서는 이 실험 접근법이 ligand 첨가 후 몇 초 안에 $G_\alpha \cdot G_{\beta\gamma}$ 복합체의 해리가 발생함을 어떻게 증명하였는지를 보여주며, heterotrimeric G protein의 빠른 해리에 대한 증거를 제공한다. 이러한 일반적인 실험 접근법은 살아있는 세포에서 다른 종류의 단백질-단백질 복합체의 형성과 해리를 추적하는 데 사용할 수 있다.

일부 bacterial toxin (세균 독소)은 small intestine (소장)을 둘러싸고 있는 원형질막 같은 세포의 원형질막을 관통하는 subunit을 포함하며, 이 세균 독소가 일단 세포질에 들어가면 $G_{\alpha s}$ protein의 화학적 변형을 촉매하여 결합된 GTP가 GDP로 가수분해되는 것을 막는다. 중요한 예로는 cholera (콜레라)를 일으키는 *Vibrio cholerae*균이 생성하는 toxin이 있다. $G_{\alpha s}$는 활성 상태로 남아 수용체를 활성화시키는 호르몬이 존재하지 않더라도 effector 단백질인 adenylyl cyclase (15.4절에 설명됨)를 지속적으로 활성화시킨다. 결과적으로, 세포내 second messenger인 cAMP가 과도하게 증가하여 이러한 장 세포로부터 장 내강으로 electrolyte (전해질)와 수분이 손실되어 이 박테리아 감염의 특징인 묽은 설사를 일으킨다. ■

서로 다른 G Protein은 서로 다른 GPCR에 의해 활성화되고 서로 다른 Effector 단백질을 조절한다

GPCR 신호전달 경로의 모든 effector 단백질은 막에 결합된 이온 통로 또는 그림 15-9에 표시된 하나 이상의 second messenger의 형성을 촉매하는 막에 결합된 효소이다. 15.4절, 15.5절, 15.6절과 이후의 장에서 검토하는 GPCR signaling 주제에 대한 variation (변이)은 진핵생물의 유전체가 별개의 활성을 갖는 다수의 G protein을 암호화함으로써 발생한다. 인간은 21개의 다른 G_α subunit을 가지고 있다: 6개의 G_β subunit과 12개의 G_γ subunit도 가지고 있다. 21개의 G_α subunit은 16개의 유전자에 의해 암호화되며, 그중 몇 개는 alternative splicing (선택적 스플라이싱) 과정을 거친다. 지금까지 알려진 바에 따르면, 서로 다른 G_α subunit은 다양한 G protein에 specificity (특이성)를 제공하는 반면, 서로 다른 $G_{\beta\gamma}$ subunit은 기능면에서 상호교환이 가능하다. 따라서 우리는 전체 three-subunit G protein을 α subunit 이름으로 지칭할 수 있다. Heterotrimeric G protein ($G_\alpha G_{\beta\gamma}$)은 일반적으로 α subunit의 서열에 따라 4가지 class 중 하나로 지정된다. 표 15-2에는 서로 다른 G_α subunit을 갖는 G protein의 주요 class의 기능과 그들이 활성화시키는 effector 단백질이 요약되어 있다

GPCR 분석을 통해 중요한 인간 호르몬이 확인되었다

GPCR은 인간 유전체에서 가장 큰 단백질 패밀리이다. 이 단백질들을 암호화하는 800개의 유전자 중 약 절반이 sensory receptor (감각 수용

표 15-2 • 포유류에서 발견되는 Heterotrimeric G Protein과 그들의 Effector의 주요 Class*

G_α Class	Associated Effector	Second Messenger	Receptor Examples
$G_{\alpha s}$	Adenylyl cyclase	cAMP (increased)	β-Adrenergic (epinephrine) receptor; receptors for glucagon, serotonin, vasopressin
$G_{\alpha i}$	Adenylyl cyclase K^+ channel ($G_{\beta\gamma}$ activates effector)	cAMP (decreased) Change in membrane potential	α_2-Adrenergic receptor Muscarinic acetylcholine receptor
$G_{\alpha olf}$	Adenylyl cyclase	cAMP (increased)	Odorant receptors in nose
$G_{\alpha q}$	Phospholipase C	IP_3, DAG (increased)	α_1-Adrenergic receptor
$G_{\alpha o}$	Phospholipase C	IP_3, DAG (increased)	Acetylcholine receptor in endothelial cells
$G_{\alpha t}$	cGMP phosphodiesterase	cGMP (decreased)	Rhodopsin (light receptor) in rod cells

*A given G_α subclass may be associated with more than one effector protein. To date, only one major $G_{\alpha s}$ has been identified, but multiple $G_{\alpha q}$ and $G_{\alpha i}$ proteins have been described. Effector proteins commonly are regulated by G_α but in some cases by $G_{\beta\gamma}$ or the combined action of G_α and $G_{\beta\gamma}$. IP_3 = inositol 1,4,5-trisphosphate; DAG = 1,2-diacylglycerol.

SOURCES: L. Birnbaumer, 1992, *Cell* 71:1069; Z. Farfel et al., 1999, *New Engl. J. Med.* 340:1012; and K. Pierce et al., 2002, *Nat. Rev. Mol. Cell Biol.* 3:639.

체)를 암호화하는 것으로 생각된다; 이들 중 대다수는 olfactory system (후각 시스템)에 있으며, odorant (후각 자극 물질)와 결합한다(23장 참조).

최초로 발견된 GPCR은 잘 알려진 호르몬 ligand를 해당 수용체를 낚기 위한 bait (미끼)로 사용함으로써 발견되었다. 이후에 많은 GPCR은 protein coding sequence (단백질 암호화 서열)가 이전에 확인된 GPCR (예를 들어, β-adrenergic receptor와 rhodopsin)과 높은 유사성을 가지면서 또한 예측된 단백질이 seven transmembrane α helix를 가질 것으로 예상되는 유전자의 genome sequence (유전체 서열)를 조사함으로써 처음에 확인되었다. 이러한 putative receptor (추정되는 수용체)에 대한 natural ligand는 알려져 있지 않아서 *orphan receptor* (희귀 수용체) — 즉, 알려진 ligand가 없는 putative GPCR-라고 불렸다. 시간이 지남에 따라 이들 중 일부(전부는 아니지만)에서의 natural ligand가 확인되었다. 남아 있는 많은 orphan receptor는 새로운 펩타이드 호르몬을 포함하여 아직 확인되지 않은 신호전달 분자와 결합할 가능성이 있다.

Orphan GPCR의 ligand를 확인하는 데 유용한 것으로 입증된 한 가지 접근법은 수용체를 암호화하는 유전자를 transfection(형질주입) 시킨 세포에서 발현시키고, 수용체와 그 downstream의 신호전달 경로를 활성화시키는 tissue extract (조직 추출물) 내의 물질을 감지하기 위해 그 세포를 reporter system으로 사용하는 것을 포함한다. 이러한 접근을 통해 *orexin-A*와 *orexin-B* ("appetite"를 의미하는 그리스어 *orexis*에서 유래)라는 이름의 두 가지 새로운 펩타이드가 발견되었는데, 이는 글루카곤 수용체를 포함하는 GPCR의 B family의 멤버인 2개의 orphan GPCR에 대한 ligand로 확인되었다(그림 15-13b 참조). 추가적인 연구에 따르면, *orexin* 유전자는 먹는 것을 조절하는 뇌의 일부인 hypothalamus (시상하부)에서만 발현된다. 동물의 brain ventricle (뇌실)에 orexin을 주입하면 더 많이 먹게 만들었으며, 금식 동안에는 *orexin* 유전자의 발현이 현저하게 증가했다. 이러한 두 연구 결과 모두는 appetite (식욕)을 증가시키는 역할을 하는 orexin과 일치한다. 놀랍게도, orexin이 결핍된 생쥐는 인간에게서 과도한 daytime sleepiness (낮 졸림)로 특징지어지는 질병인 narcolepsy (기면증)를 앓고 있다(생쥐는 야행성이기 때문에 nighttime sleepiness임). 게다가, 최근의 연구들은 대부분 인간 기면증 환자에게서 orexin 시스템의 기능 장애가 있다고 보고한다: 이 경우, orexin peptide가 cerebrospinal fluid (뇌척수액)에서 검출될 수 없다(비록 *orexin* 유전자에 돌연변이의 증거는 없지만). 이러한 발견은 orexin neuropeptide와 그 수용체를 인간 및 다른 동물의 섭식 행동과 수면 둘 모두에 확실하게 연결시킨다. 그러한 발견들은 또한 인간 생리에서 GPCR의 중요성을 설명한다.

15.3절의 주요 개념

G Protein–Coupled Receptor의 구조와 메커니즘

- G protein–coupled receptor (GPCR)는 seven membrane-spanning α helix (7개의 막을 관통하는 α-나선)와 특정 ligand에 대해 특이적인 internal ligand-binding pocket의 공통 구조를 가진 크고 다양한 단백질 그룹이다.
- GPCR의 다른 패밀리는 ligand에 다른 방식으로 결합하지만, 그 결합은 항상 수용체 구조를 변경해서 G protein에 결합하고 이를 활성화시킬 수 있다.
- GPCR은 α, β 및 γ로 지정된 3개의 subunit을 포함하는 heterotrimeric G protein (이종삼합체 G 단백질)과 결합한다. G_α subunit은 GTP가 결합된 활성 ("on") 상태와 GDP가 결합된 비활성 ("off") 상태 사이를 교대로 오가는 GTPase 스위치 단백질이다. 그 "on" 형태는 β 및 γ subunit에서 분리되고, 막에 결합된 effector를 활성화시킨다. β와 γ subunit은 함께 결합된 상태로 유지되며, 경우에 따라 effector를 활성화시킨다.
- Ligand의 결합은 GPCR의 특정 membrane-spanning helix (막

을 관통하는 나선)와 intracellular loop (세포내 루프)에서 구조적 변화를 일으켜서, GPCR이 G_α subunit에 결합하고 guanine nucleotide exchange factor (GEF)로 기능을 하여 GDP의 해리를 촉매하며 GTP가 결합할 수 있도록 한다. G_α에서 스위치 영역의 형태가 변화하면, $G_{\beta\gamma}$ subunit 및 수용체와 분리되고 effector 단백질과 상호작용한다.

- G_α subunit에 결합된 GTP가 GDP로 가수분해되어 G_α와 $G_{\beta\gamma}$의 재결합을 촉발할 때 signaling은 종료된다.
- FRET 실험은 살아있는 세포에서 결합된 G_α와 $G_{\beta\gamma}$ subunit의 receptor-mediated dissociation (수용체가 매개하는 해리)를 증명한다.
- Heterotrimeric G protein에 의해 활성화(또는 비활성화)된 effector 단백질은 second messenger를 형성하는 효소(예, adenylyl cyclase 및 phospholipase C) 또는 이온 채널이다. 각각의 경우에서 G protein의 기능을 결정하고 특이성을 부여하는 것은 G_α subunit이다.
- GPCR은 ligand와 결합하는 수용체의 subtype (아류형)에 따라 다양한 세포 효과를 가질 수 있다. 예를 들어, fight-or-flight response (투쟁-도피 반응)를 매개하는 에피네프린 호르몬은 다양한 생리적 효과와 함께 여러 세포 유형에서 GPCR의 여러 subtype에 결합한다.
- Orphan GPCR의 ligand를 찾으려는 노력은 동물과 인간 모두의 섭식 행동과 수면을 조절하는 호르몬인 orexin의 발견으로 이어졌다.

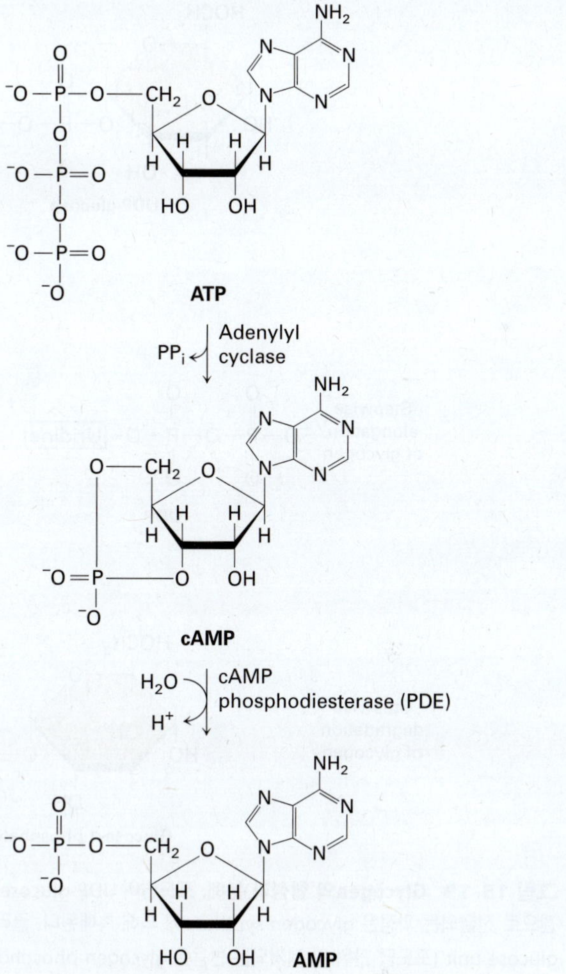

15.4 많은 세포들의 대사 조절: Adenylyl Cyclase (아데닐산 고리화 효소)를 활성화 또는 억제하는 G protein–coupled receptor

인간의 대사와 생리에서 GPCR의 중요성을 설명하기 위해, 이 절에서는 **에피네프린(epinephrine)**에 의해 활성화되는 GPCR에 초점을 맞춘다. 에피네프린은 *fight-or-flight response* (투쟁-도피 반응)으로도 알려진 스트레스에 대한 신체의 반응을 매개하는 데 특히 중요하다. 두려움을 느끼거나 격렬한 운동을 하는 동안 에너지의 필요성이 증가할 때 에피네프린 (또는 그 파생물인 노르에피네프린)이 adrenal gland (부신)에서 분비된다. 이 호르몬은 간 세포 및 지방 세포 표면에 있는 β_2-adrenergic receptor에 결합하고, 이 target 세포가 글리코겐을 포도당으로(간 세포에서) 빠르게 분해하거나, triacylglycerol을 지방산으로(지방 세포에서) 빠르게 분해하도록 유도한다. 생성 후 몇 초 안에 이러한 metabolic fuel (대사 연료)은 혈액으로 분비되고 근육과 다른 세포에 의해 흡수되어 ATP를 생성하는 데 사용된다.

활성화된 β_2-adrenergic receptor는 *stimulatory* G protein (G_s)에서 GDP ⟶ GTP 교환을 유도한다. 방출된 GTP-bound (GTP가 결합된) alpha subunit ($^{GTP}G_{\alpha s}$)은 adenylyl cyclase (아데닐산 고리화 효소)라고 불리는 membrane-bound (막에 결합된) effector 효소를 활성화시킨다(그림 15-16과 15-18 참조). 이 효소는 일단 활성화되면, ATP로부터 세포 전체로 확산될 수 있는 second messenger인 cAMP의 합성을 촉매한다(그림 15-18). cAMP는 *protein kinase A* (*PKA*)라고 불리는 특정 protein kinase를 활성화시켜 서로 다른 세포에서 다양한 대사 효과를 매개하는 effector 단백질을 인산화시킨다.

그림 15-18 Adenylyl cyclase에 의한 cAMP의 합성과 cAMP phosphodiesterase (PDE)에 의한 cAMP의 가수분해. 유사한 반응이 GTP로부터 cGMP를 생성하고 cGMP를 가수분해할 때 발생한다.

포유류의 경우 30개 이상의 다른 GPCR이 G_s와 adenylyl cyclase를 활성화시킨다; 대부분의 세포 유형에서는 하나 이상의 이러한 GPCR이 발현한다. Adenylyl cyclase의 활성화 메커니즘에 대한 초기 연구는 receptor signaling (수용체 신호전달)에서 첫 번째 GTP-binding protein의 역할을 발견함으로써 노벨상을 수상하였다.

Adenylyl Cyclase는 서로 다른 수용체-Ligand 복합체에 의해 자극 및 억제된다

GPCR ⟶ cAMP 경로를 탐색하기 위해서 중요한 대사 경로에 초점을 맞춘다: 즉, 포도당의 storage polymer (저장 중합체)인 *glycogen* (글리코겐)으로부터 glucose-1-phosphate 생성에 초점을 맞춘다(그림 15-19). 글리코겐의 분해(*glycogenolysis*)는 에너지를 필요로 하는 세포에서

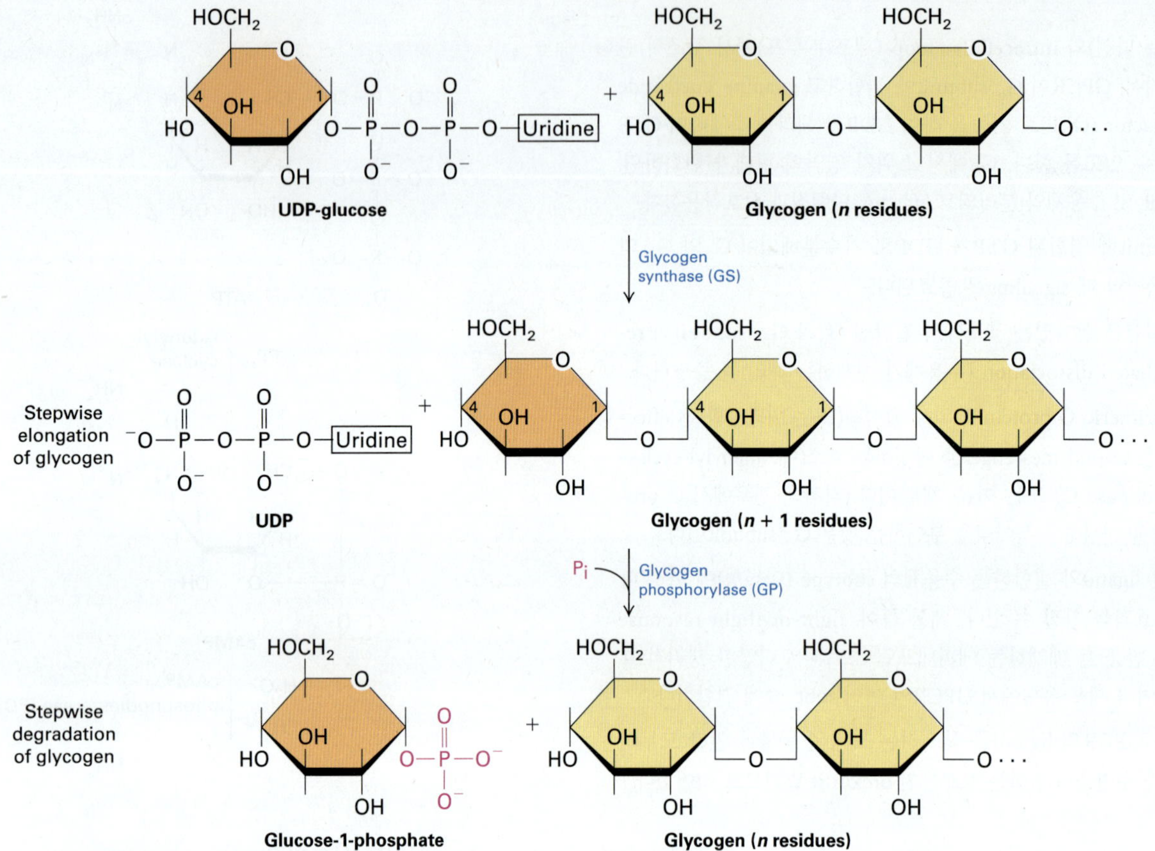

그림 15-19 Glycogen의 합성과 분해. 포도당이 UDP-glucose로부터 글리코겐으로 전달되는 과정은 glycogen synthase에 의해 촉매된다. 글리코겐으로부터 glucose unit (포도당 단위)이 제거되는 반응은 glycogen phosphorylase에 의해 촉매된다. 2개의 다른 효소가 글리코겐의 형성과 분해를 촉매하므로, 이 두 반응은 독립적으로 조절될 수 있다.

포도당을 이용할 수 있게 하는 주된 방법이다. 글리코겐 분해는 에피네프린 및 polypeptide 호르몬인 글루카곤과 같은 호르몬에 대한 반응으로 근육 세포와 간 세포에서 발생한다. 이러한 예시는 GPCR의 활성화가 생리적으로 중요한 작업인 글리코겐 대사를 수행하도록 조정된 여러 세포내 효소들을 어떻게 자극할 수 있는지 또는 억제할 수 있는지를 보여준다.

Sudden danger (갑작스러운 위험)가 있는 경우, adrenal gland (부신)에서 에피네프린이 분비된다. 혈당이 낮거나(hypoglycemia, 저혈당증) 운동 중인 경우와 같이 포도당에 대한 신체의 요구량이 높을 때 췌장섬의 α 세포에서 글루카곤이 분비된다. 에피네프린과 글루카곤은 서로 다른 G protein–coupled receptor — 각각 β_2-adrenergic receptor와 글루카곤 수용체 — 에 결합하지만, 두 수용체는 동일한 G_s protein을 활성화시키고, $^{GTP}G_{\alpha s}$는 adenylyl cyclase를 활성화시킨다.

많은 세포 유형에서 발생하는 adenylyl cyclase 활성의 조절은 cAMP 레벨과 그에 따른 downstream의 세포 반응에 대한 fine-tuned control (미세 조정 제어)을 제공한다(그림 15-20). 에피네프린과 글루카곤은 adenylyl cyclase를 활성화시키는 반면, 다른 GPCR ligand는 adenylyl cyclase를 억제할 수도 있다. 예를 들어, 다른 두 호르몬인 prostaglandin E1 (프로스타글란딘 E_1, PGE_1)과 adenosine (아데노신)이 각각의 G protein–coupled receptor에 결합하면, inhibitory (억제) G_i protein이 활성화되고 활성 $^{GTP}G_{\alpha i}$ subunit가 adenylyl cyclase에 결합하면서 이를 억제하여 cAMP 레벨을 낮추고 세포 반응을 차단한다.

cAMP는 Inhibitory Subunit을 방출하여 Protein Kinase A를 활성화시킨다

Adenylyl cyclase에 의해 합성되는 second messenger인 cAMP는 다양한 수용체-ligand 복합체에 의해 시작되고, 다세포 동물의 다양한 세포 유형에서 뚜렷한 세포 반응을 유도하는 다양한 신호전달 경로의 구성요소이다. 사실상 cAMP의 다양한 효과는 모두 *cAMP-dependent protein kinase*라고도 불리는 *protein kinase A* (*PKA*)의 활성화를 통해 매개된다. 이 protein kinase는 서로 다른 세포 유형에서 발현되는 여러 가지 intracellular target protein (세포내 표적 단백질)들을 인산화시킨다.

비활성 PKA는 2개의 regulatory (R) subunit (조절 서브유닛)과 2개의 catalytic (C) subunit (촉매 서브유닛)으로 구성된 tetramer (사합체)이다(그림 15-21a). R_2 dimer의 2개의 R subunit 각각은 *CNB-A* 및 *CNB-B*라고 불리는 2개의 cAMP-binding domain (cAMP 결합 도

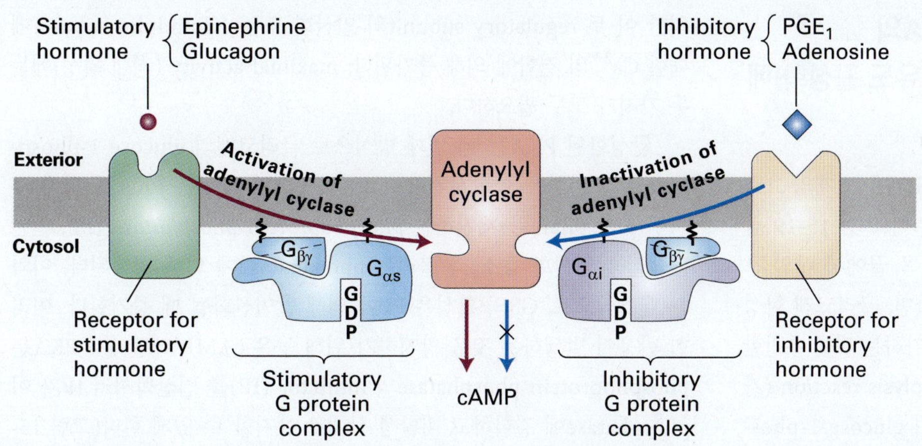

그림 15-20 Adipose cell (지방세포)에서 호르몬에 의한 adenylyl cyclase의 활성화와 저해. Ligand가 G_s-coupled receptor에 결합하면 adenylyl cyclase가 활성화되는 반면에, ligand가 G_i-coupled receptor에 결합하면 이 효소는 저해된다. Stimulatory G protein (자극 G 단백질)과 inhibitory G protein (억제 G 단백질) 둘 모두의 $G_{\beta\gamma}$ subunit은 동일하다; G_α subunit과 여기에 상응하는 수용체는 다르다. 활성 G_α·GTP 복합체는 $G_{\alpha s}$와 $G_{\alpha i}$ protein 모두에서 동일한 메커니즘에 의해 형성된다(그림 15-16 참조). 그러나 $G_{\alpha s}$·GTP와 $G_{\alpha i}$·GTP는 adenylyl cyclase와 다르게 결합하여, 하나는 촉매 활성을 활성화하고 다른 하나는 저해한다. A. G. Gilman, 1984, *Cell* **36**:577 참조.

메인)과 구조가 알려지지 않은 linker domain (연결 도메인)을 가지고 있다. C-terminus에는 나중에 논의되는 AKAP 단백질과 결합하는 dimerization domain (이량체화 도메인)이 있다. R subunit의 CNB-A domain의 segment는 *pseudosubstrate* (일종의 가기질)이다; 그 서열은 펩타이드 기질의 서열과 유사하며, 세포질 domain의 활성 부위에 결합하지만 인산화되지는 않는다. cAMP가 없으면, pseudosubstrate segment가 이 촉매 부위에 결합하고 PKA의 활성을 억제한다.

비활성 PKA는 cAMP 레벨의 elevation (상승)에 의해 turn on된다. CNB-A domain에 대한 cAMP의 결합은 구조의 변화를 일으켜서 C subunit에 더 이상 결합하고 억제할 수 없도록 한다(그림 15-21b); 이것은 C subunit을 방출하여 즉시 kinase를 활성화시킨다. cAMP는 cooperative fashion (협력 방식)으로 PKA의 R subunit에 결합한다; 즉, CNB-B에 대한 첫 번째 cAMP 분자의 결합은 CNB-A의 K_d를 낮추므로, 첫 번째 cAMP의 결합은 두 번째 cAMP의 결합을 자극하고 kinase로부터 R subunit의 방출을 자극한다. 따라서 세포질 cAMP 레벨의 작은 변화는 분리 방출된 활성 C subunit의 수와 그에 따른 kinase 활성에 상대적으로 큰 변화를 야기할 수 있다. 우리는 inhibitor의 신호로 유발되는 해리에 의한 효소의 빠른 활성화가 많은 신호전달 경로의 공통적인 특징임을 알게 될 것이다.

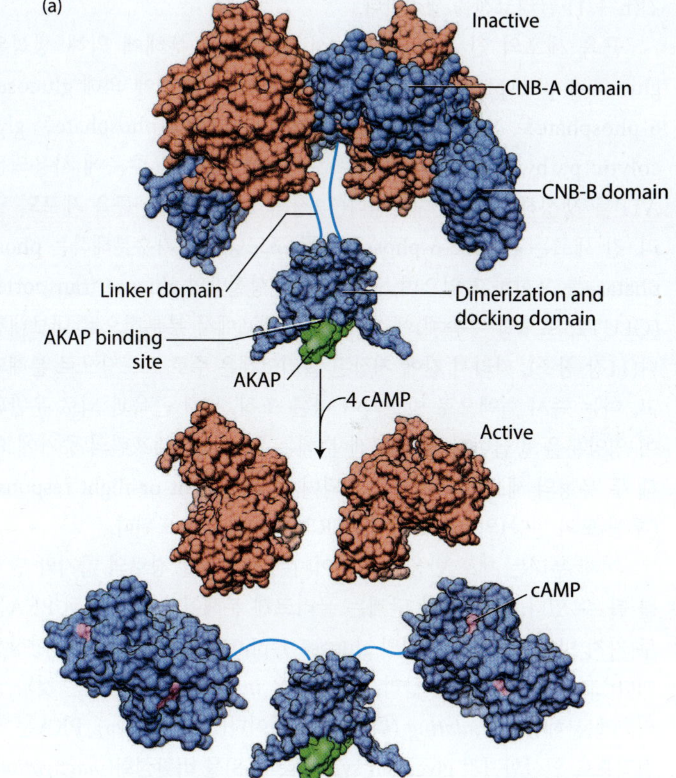

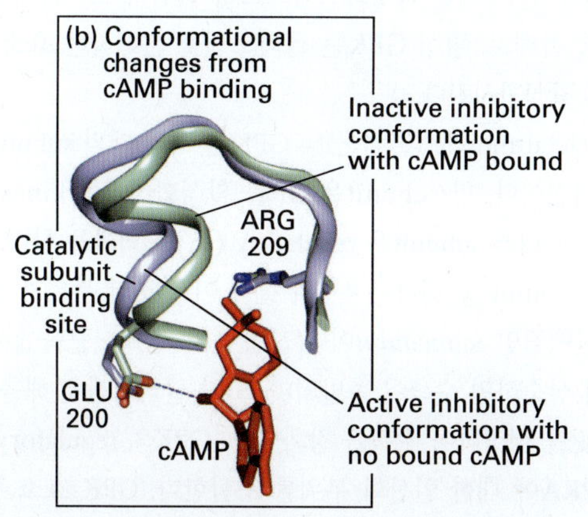

그림 15-21 Protein kinase A (PKA)의 구조와 cAMP에 의한 활성화. (a) PKA는 2개의 regulatory (R) subunit (파란색)과 2개의 catalytic (C) subunit (분홍색)으로 이루어져 있다. 2개의 R subunit은 dimer를 형성하는데, 이는 A-kinase activating protein (AKAP; 그림 15-25 참조)이 결합할 수 있는 flexible linker (유연한 연결자)와 dimerization/docking domain (이량체화/도킹 도메인)에 의해 연결되어 있다. 각 R subunit에는 2개의 cAMP 결합 domain인 CNB-A와 CNB-B가 있다. cAMP가 없으면, R subunit의 CNB-A domain은 C subunit의 촉매 부위에 결합하여 그 활성을 억제한다. cAMP의 결합은 CNB-A domain의 구조적 변화를 일으켜서 catalytic subunit에 더 이상 결합 및 억제할 수 없도록 하여 kinase 활성을 즉시 활성화시킨다. (b) CNB-A domain에 cAMP가 결합하면 미묘한 구조적 변화가 일어나서 R subunit로부터 C subunit이 방출되고 kinase가 활성화된다. cAMP가 없을 때는 CNB-A domain의 하나의 loop (보라색)가 catalytic (C) subunit과 결합할 수 있는 구조가 된다. Glutamate (E200)와 arginine (R209) 잔기는 cAMP (빨간색)와의 결합에 관여하며, loop가 C subunit에 결합하지 못하도록 loop의 구조적 변화(녹색)를 일으킨다. [Data from C. Kim, N. H. Xuong, and S. S. Taylor, 2005, *Science* **307**:690, PDB ID 1u7e.]

Glycogen Catabolism (이화 작용)은 PKA의 Hormone-Induced Activation (호르몬 유도 활성화)에 의해 자극된다

모든 biopolymer (생체고분자)와 마찬가지로, 글리코겐은 별개의 효소에 의해 synthesis (합성)되고 degradation (분해)된다(그림 15-19 참조). 글리코겐 분해(glycogenolysis)는 중합체의 한쪽 끝에서 단일 포도당 잔기를 단계적으로 제거하는 것을 수반하는 반면, 글리코겐 합성(glycogenesis)은 단일 포도당 잔기를 단계적으로 추가하는 것을 수반한다. *Glycogen phosphorylase* (*GP*) 효소는 phosphorolysis reaction (가인산분해 반응)을 통해 글리코겐의 분해를 촉매하여 glucose-1-phosphate와 한 잔기만큼 짧은 중합체를 생성한다. *Glycogen synthase* (*GS*) 효소는 UDP-glucose와 글리코겐을 기질로 사용하여 하나의 잔기가 더 긴(n + 1) 글리코겐을 생성한다.

근육 세포와 간 세포 모두에서 글리코겐 분해에 의해 생성된 glucose-1-phosphate는 *phosphoglucomutase* 효소에 의해 glucose-6-phosphate로 전환된다. 근육 세포에서 glucose-6-phosphate는 glycolytic pathway (해당과정 경로)로 들어가서 근육 수축에 사용되는 ATP를 생성하기 위해 대사된다(12장과 17장 참조). 근육 세포와 달리, 간 세포는 glucose-6-phosphate를 포도당으로 가수분해하는 phosphatase를 포함하고 있으며, 포도당은 원형질막의 glucose transporter (GLUT2, 포도당 수송체)에 의해 이들 세포에서 부분적으로 내보내진다(11장 참조). 따라서 간에 저장된 글리코겐은 주로 포도당으로 분해되고, 이는 즉시 혈액으로 방출되어 다른 조직, 특히 근육과 뇌로 운반되어 영양분을 공급한다. 글리코겐 분해는 혈중 에피네프린의 증가에 의해 두 유형의 세포 모두에서 유도되며, 따라서 fight-or-flight response (투쟁-도피 반응)의 일부로서 GPCR의 활성화가 유도된다.

이제 우리는 세포 반응으로 이어지는 신호전달 경로의 마지막 단계를 볼 수 있다: 그 마지막 단계는 글리코겐 분해이다. 활성화된 PKA는 두 가지 방법으로 글리코겐의 glucose-1-phosphate로의 전환을 향상시킨다: 그 두 가지 방법은 글리코겐 합성을 *inhibiting* (억제)하는 것과 글리코겐 분해를 *stimulating* (촉진)하는 것이다(그림 15-22a). PKA는 직접적으로 인산화시켜 glycogen synthase (GS)를 비활성화(*inactivation*)시킨다. PKA는 intermediate kinase인 glycogen phosphorylase kinase (GPK)를 인산화 및 활성화시킴으로써 간접적으로 글리코겐 분해를 촉진한다. 차례로, 활성 GPK는 글리코겐을 분해하는 효소인 GP를 인산화하여 활성화시킨다.

Skeletal muscle (골격근)의 GPK는 여러 개의 subunit을 가진 거대한 단백질이다. 한 subunit은 GP를 활성화시키는 kinase 촉매 활성을 포함하고, 다른 subunit은 regulatory (조절) 역할을 한다. GPK의 regulatory subunit 중 하나는 4개의 칼슘 이온 결합 부위가 있는 흔히 발견되는 단백질인 *calmodulin*이다(그림 3-34 참조). 근육에서 세포질 Ca^{2+} 레벨이 상승하면 수축이 촉발되며, 또한 글리코겐 분해를 향상시킴으로써 ATP를 생성하여 수축을 강화한다. GPK의 regulatory subunit 중 2개는 PKA에 대한 인산화 부위를 포함한다. GPK 효소 활성은 PKA에 의한 이 두 regulatory subunit의 인산화 또는 calmodulin subunit에 대한 Ca^{2+}의 결합에 의해 증가된다; maximal activity (최대 활성)에는 두 가지가 모두 필요하다.

활성화된 PKA는 세 번째 방식으로 글리코겐의 glucose-1-phosphate로의 전환을 향상시킨다. GPK와 GP의 활성은 PKA에 의해 추가된 phosphate를 제거하는 *phosphoprotein phosphatase* (*PP*, 인산단백질 탈인산화 효소)라 불리는 phosphatase에 의해 억제된다. 이와는 대조적으로, GS의 활성은 PP에 의해 탈인산화될 때 증가한다. 이러한 반응이 발생하는 것을 방지하기 위해 높은 cAMP 레벨에서 PKA는 phosphoprotein phosphatase의 inhibitor (IP)를 인산화시켜 IP가 이 phosphatase에 결합하고 비활성 상태로 유지할 수 있게 한다(그림 15-22a 참조). 이를 통해서, GPK, GP 및 GS는 인산화된 상태로 남아 글리코겐 분해를 촉진한다.

에피네프린이나 글루카곤과 같은 $G_{\alpha s}$를 활성화하는 호르몬이 제거되고 cAMP 레벨이 떨어지면, 전체 과정이 반대가 되어 PKA가 비활성화된다. PKA가 비활성화되면 phosphoprotein phosphatase의 inhibitor인 IP를 더 이상 인산화시킬 수 없으므로 inhibitor가 방출되고 PP가 활성화된다(그림 15-22b). PP는 이전에 PKA에 의해 GS와 GPK에 추가된 phosphate 잔기와 GPK에 추가된 GP 상의 phosphate를 제거한다. 결과적으로, GS가 활성화되고 GS에 의한 글리코겐의 합성이 향상된다. 반대로 GP는 비활성화되어 GP에 의한 글리코겐의 분해가 억제된다. 따라서 glucose-6-phosphate 또는 포도당이 덜 생성된다.

그러므로 에피네프린에 의해 유도되든 글루카곤에 의해 유도되든 상관 없이, 글리코겐의 분해는 이중 조절(dual regulation)을 나타낸다: 그 이중 조절은 글리코겐 분해를 촉매하는 효소의 활성화와 글리코겐 합성을 촉진하는 효소의 억제이다. 그러한 이중 조절은 특정 세포 반응을 조절하는 효율적인 메커니즘이며, 세포 생물학에서의 일반적인 현상이다.

Signal Amplification (신호 증폭)은 cAMP-PKA Glycogen Degradation Pathway에서 발생한다

β-adrenergic receptor와 같은 수용체는 그 양이 적다; 일반적으로, 세포에는 수백 또는 수천 개의 copy만이 존재한다. 그러나 에피네프린과 같은 호르몬에 의해 유도된 세포 반응은 세포당 많은 수의 cAMP 및 많은 수의 활성화된 효소 분자의 생산을 필요로 할 수 있다. 예를 들어, G_s-coupled receptor의 활성화 이후 적절한 세포 반응을 유도하기 위해서는 cAMP의 세포내 농도가 약 10^{-6} M까지 상승해야 한다. 한 면의 길이가 약 15 μm인 전형적인 세포에서 이 농도는 세포당 200만 분자의 cAMP에 해당한다. 따라서 상당한 세포 반응을 유도하기 위해서는 신호의 상당한 amplification (10^2–10^3배)이 필요하다.

Signal amplification (신호 증폭)은 부분적으로 수용체와 G protein 모두 원형질막 평면에서 빠르게 확산될 수 있기 때문에 가능하다. 단일 에피네프린-GPCR 복합체는 에피네프린이 수용체로부터 분리되기 전 최대 100개의 비활성 G_s 분자를 활성 $^{GTP}G_{\alpha s}$ 형태로 전환한다. 각각의 활성 $^{GTP}G_{\alpha s}$는 차례로 단일 adenylyl cyclase를 활성화시키지만, 그

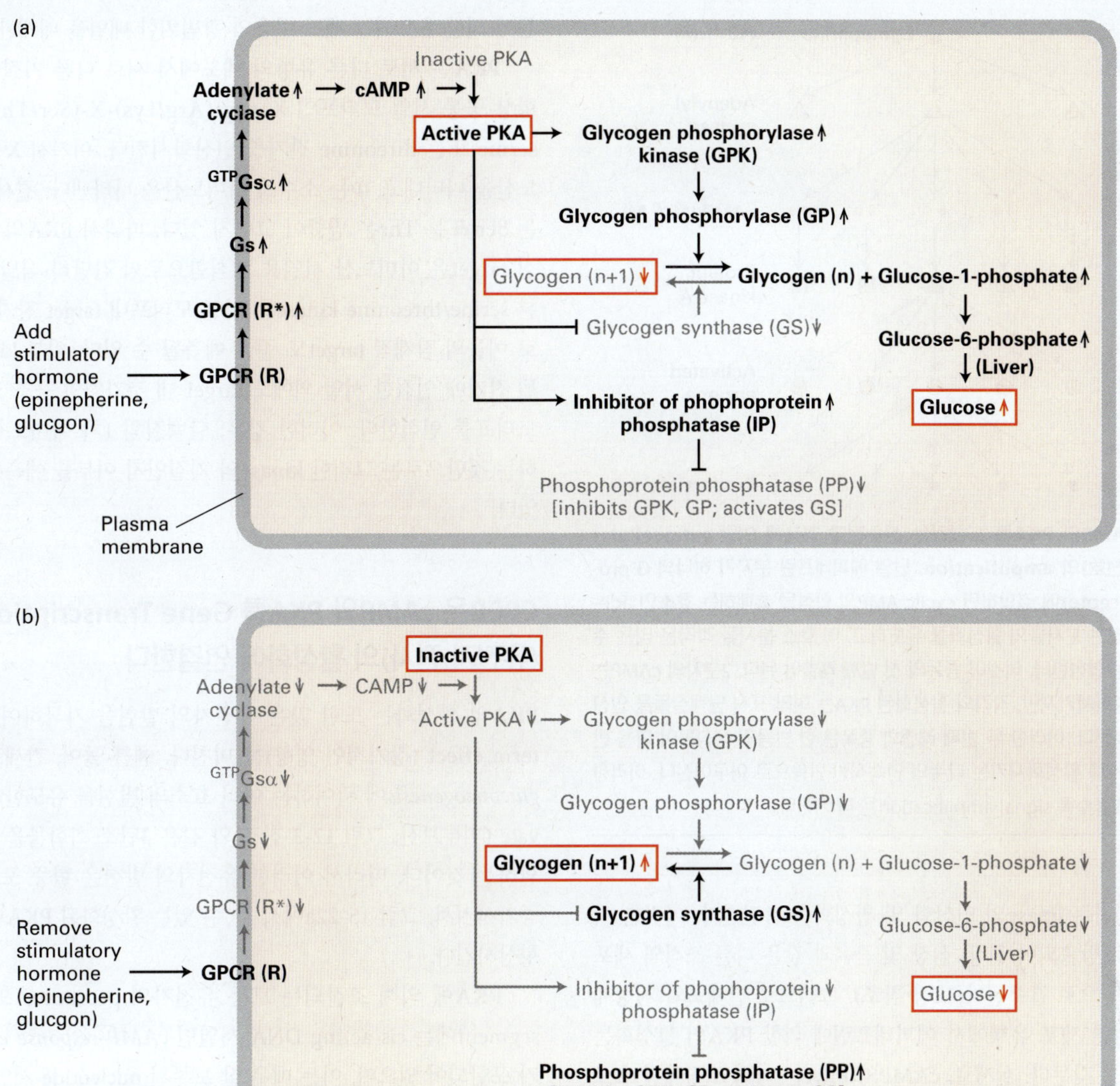

그림 15-22 cAMP와 PKA에 의한 glycogen metabolism의 조절. 활성 효소들은 검정색으로 표시되어 있고, 비활성 효소들은 회색으로 표시되어 있다. (a) 세포질 cAMP의 증가는 PKA를 활성화시켜 glycogen synthase (GS)를 인산화시킴으로써 글리코겐을 합성하는 GS의 촉매 활성을 억제한다. 활성화된 PKA는 또한 글리코겐으로부터 포도당을 제거하는 효소인 glycogen phosphorylase를 활성화시키는 protein kinase cascade를 통해 글리코겐 분해를 촉진한다(그림 15-19). cAMP 농도가 높으면, PKA는 또한 inhibitor of phosphoprotein phosphatase (PP)를 인산화시킨다. 인산화된 inhibitor가 PP에 결합하면, 이 phosphatase가 glycogen phosphorylase kinase cascade내 활성화된 효소나 비활성 glycogen synthase를 탈인산화시키는 것을 막는다. (b) cAMP가 낮아지면 PKA를 비활성화시켜서 활성화된 PP를 방출시킨다. PP의 활성화는 글리코겐 합성을 촉진하고 글리코겐 분해를 억제한다.

adenylyl cyclase 분자는 $^{GTP}G_{\alpha s}$가 결합되어 있는 동안 많은 cAMP 분자의 합성을 촉매한다.

이러한 signal transduction cascade에서 발생하는 amplification 정도는 단계의 수와 다양한 구성 요소의 상대적 농도에 따라 달라진다. 예를 들어, 그림 15-23의 epinephrine-induced cascade (에피네프린에 의해 유도되는 연쇄 반응)에서는 10^{-10}M의 낮은 에피네프린 혈중 레벨은 간에서 glycogenolysis와 포도당 방출을 자극할 수 있다. 이 정도 크기의 에피네프린 자극은 10^4배 amplification인 10^{-6} M의 세포내 cAMP 농도를 생성한다. 포도당이 방출되기 전 3번의 촉매 단계를 더 거치기 때문에 또 다른 10^4배 amplification이 발생하여 에피네프린 신호가 10^8배 amplification될 수 있다.

PKA의 cAMP-Mediated Activation (cAMP가 매개하는 활성화)은 다양한 세포 유형에서 다양한 반응을 생성한다

에피네프린은 또한 지방 세포에서 PKA의 활성화를 유도한다. 이들 세포에서, PKA는 저장된 triglyceride를 가수분해하여 free 지방산과

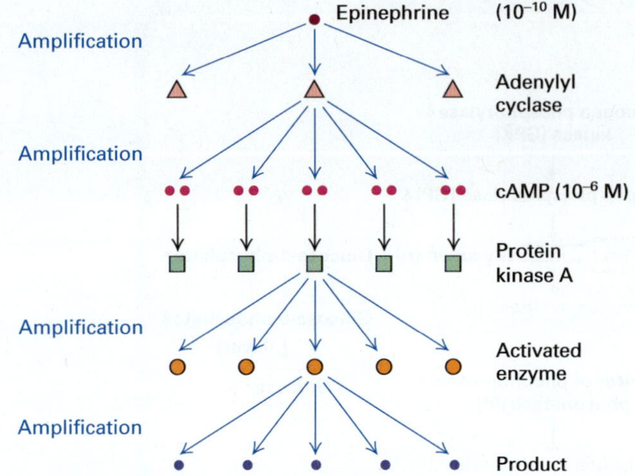

그림 15-23 cAMP와 PKA를 포함하는 신호전달 경로에 의한 extracellular signal (세포외 신호)의 amplification. 단일 에피네프린 분자가 하나의 G protein-coupled receptor에 결합하면 cyclic AMP의 합성을 촉매하는 효소인 adenylyl cyclase의 많은 분자들의 활성화를 유도하고, 이 효소 분자들 각각은 많은 수의 cAMP 분자들을 합성한다. 이것이 증폭의 첫 번째 레벨이 된다. 2분자의 cAMP는 1개의 PKA를 활성화시키지만, 각각의 활성화된 PKA는 여러 표적 단백질들을 인산화시키고 활성화시킨다. 이러한 두 번째 레벨의 증폭은 한 반응의 생성물이 다음 반응을 촉매하는 효소를 활성화시키는 다수의 연속적인 반응으로 이루어진다. 이러한 cascade 단계가 많을수록 signal amplification은 더 커진다.

glycerol을 생성하는 lipase의 인산화 및 활성화를 촉진한다. 이러한 지방산은 혈액으로 방출되어 신장, 심장 및 근육과 같은 다른 조직의 세포에 의해 에너지원으로 흡수된다(12장 참조). 그러므로 간세포와 지방세포의 두 가지 다른 세포 유형에서 에피네프린에 의한 PKA의 활성화는 서로 다른 효과를 갖는다. 실제로, cAMP와 PKA는 여러 조직에서 호르몬에 의한 유도되는 세포 반응의 광범위한 배열을 매개한다(표 15-3).

PKA는 서로 다른 유형의 세포에서 서로 다른 기질에 작용하지만, 항상 공통 서열 모티프인 X-Arg-(Arg/Lys)-X-(Ser/Thr)-Φ에 위치한 serine 또는 threonine 잔기를 인산화시킨다. 여기서 X는 임의의 아미노산을 나타내고, Φ는 소수성 아미노산을 나타낸다. 결사슬이 인산화되는 Ser 또는 Thr은 밑줄이 그어져 있다. 따라서 PKA의 잠재적인 단백질 target은 아미노산 서열을 분석함으로써 간단히 식별될 수 있다. 다른 serine/threonine kinase는 서열 모티프내 target 잔기를 인산화하므로 이들의 잠재적 target도 종종 예측될 수 있다. 일부 kinase는 인산화될 잔기에 인접한 서열 외에도 target 내 추가적인 구조 모티프 및 서열 모티프를 인식한다. 이러한 경우, 단백질의 1차 아미노산 서열을 분석하는 것만으로는 그러한 kinase의 기질인지 여부를 예측하지 못할 수도 있다.

CREB은 cAMP와 PKA를 Gene Transcription (유전자 전사)의 활성화에 연결한다

PKA의 활성화는 또한 많은 유전자의 발현을 자극하여 세포에 long-term effect (장기적인 영향)를 미친다. 예를 들어, 간세포에서 PKA는 *gluconeogenesis*에 관여하는 여러 효소의 발현을 유도한다—즉, pyruvate (피루브산; 그림 12-3 참조)와 같은 3탄소 화합물을 포도당으로 전환하는 것이다. 따라서 이러한 유전자의 발현은 혈중 포도당의 농도를 증가시켜서, 그림 15-22a에서 볼 수 있는 활성화된 PKA의 빠른 효과를 향상시킨다.

PKA에 의해 조절되는 모든 유전자의 promoter 또는 enhancer segment에는 cis-acting DNA 서열인 *cAMP-response element* (*CRE*)가 포함되어 있으며, 이는 매우 잘 보존된 nucleotide 서열인 5′-TGAC-

표 15-3 • 여러 조직에서 볼 수 있는 호르몬에 의하여 증가되는 cAMP에 대한 세포의 반응

Tissue	Hormone Inducing Rise in cAMP	Cellular Response
Adipose	Epinephrine; ACTH; glucagon	Increase in hydrolysis of triglyceride; decrease in amino acid uptake
Liver	Epinephrine; norepinephrine; glucagon	Increase in conversion of glycogen to glucose; inhibition of glycogen synthesis; increase in amino acid uptake; increase in gluconeogenesis (synthesis of glucose from amino acids)
Ovarian follicle	FSH; LH	Increase in synthesis of estrogen, progesterone
Adrenal cortex	ACTH	Increase in synthesis of aldosterone, cortisol
Cardiac muscle	Epinephrine	Increase in contraction rate
Thyroid gland	TSH	Secretion of thyroxine
Bone	Parathyroid hormone	Increase in resorption of calcium from bone
Skeletal muscle	Epinephrine	Conversion of glycogen to glucose-1-phosphate
Intestine	Epinephrine	Fluid secretion
Kidney	Vasopressin	Resorption of water
Blood platelets	Prostaglandin I	Inhibition of aggregation and secretion

*Nearly all the effects of cAMP are mediated through PKA, which is activated by binding of cAMP.
SOURCE: E. W. Sutherland, 1972, *Science* 177:401.

GTCA-3′을 포함한다. cAMP 레벨의 상승과 활성 PKA의 촉매 subunit의 방출에 따라 촉매 subunit의 일부가 핵으로 이동한다. 핵에서 그들은 *CRE-binding* (*CREB*) *protein*이라 불리는 전사 인자의 serine-133을 인산화시킨다. 인산화된 CREB은 CRE-containing target gene (CRE를 포함하는 표적 유전자)에 결합하고 또한 *CBP/P300*이라고 하는 *co-activator* (보조 활성 인자)에도 결합한다(그림 8-26 참조). CBP/P300은 CREB을 RNA polymerase II 및 기타 gene regulatory protein (유전자 조절 단백질)에 연결하여 유전자 전사를 자극한다(그림 15-24).

Anchoring Protein (앵커링 단백질)은 cAMP의 효과를 세포의 특정 영역에 Localization (국소화)시킨다

많은 세포 유형에서 cAMP 레벨의 증가는 세포의 한 부분에서는 필요하지만, 다른 부분에서는 필요하지 않거나 해로운 반응을 생성할 수도 있다. Anchoring protein (앵커링 단백질)은 PKA 패밀리의 멤버를 세포의 특정 위치로 제한하여 이러한 위치에서만 cAMP-dependent response (cAMP 의존성 반응)가 일어나도록 제한한다. *A kinase-associated protein* (*AKAP*)이라 불리는 대략 50개의 anchoring protein 각각은 2개의 domain 구조를 가지고 있다: 한 domain은 특정 subcompartment (세포내 구획)에서만 발견되는 단백질에 결합함으로써 특정 subcellular location (세포내 위치)을 부여하고, 다른 domain은 PKA의 regulatory (R) subunit에 결합한다. AKAP는 세포 내에서 공간적으로나 시간적으로 cAMP와 PKA signaling을 조절한다.

심장 근육에 있는 한 AKAP는 PKA를 outer nuclear membrane (외부 핵막)에 고정한다(그림 15-25). 이 위치에서 방출된 촉매적으로 활성화된 C subunit은 핵으로 쉽게 들어가 CREB 전사 인자를 인산화하여 활성화시킨다(그림 15-24 참조).

또한 cAMP를 AMP로 가수분해하는 효소인 cAMP phosphodiesterase (PDE)도 동일한 AKAP에 고정된다(그림 15-18 참조). PKA와 PDE가 AKAP에 고정되면, 이 두 단백질이 근접하게 유지되며, PDE의 작용은 PKA를 국소적으로 짧게 활성화되도록 제한한다. cAMP 농도와 이에 따른 PKA 활성은 negative feedback에 의해 엄격하게 제어된다. 호르몬 자극에 반응하여 cAMP 레벨이 상승함에 따라서, PKA가 활성화된 다음 PDE를 포함한 여러 단백질을 인산화 및 활성화시킨다. 이제 활성화된 PDE는 차례로 cAMP를 가수분해하여 PKA를 빠르게 비활성화 상태로 되돌리고 PKA의 짧은 활성화만 허용한다.

특정 심장 근육 세포에서 다른 AKAP는 특정 유형의 gated Ca^{2+} 채널(개폐성 Ca^{2+} 통로) 근처에 있는 원형질막의 세포질 쪽에 묶여 있다. 심장에서 이러한 통로는 에피네프린에 의한 β-adrenergic receptor의 활성화에 대한 반응에 따라 열린다(투쟁-도피 반응의 일부로서). 결과적으로, Ca^{2+}의 유입은 심장 근육 수축의 속도를 증가시킨다. 이 Ca^{2+} 통로는 PKA에 의해 인산화될 때 열린다. PKA에 대한 AKAP의 결합은 이러한 통로 옆에 kinase를 위치시켜서 PKA catalytic subunit이 그들의 생성 부위로부터 그들의 Ca^{2+} 통로 기질로 확산되는 데 필요한 시간을 단축시킨다.

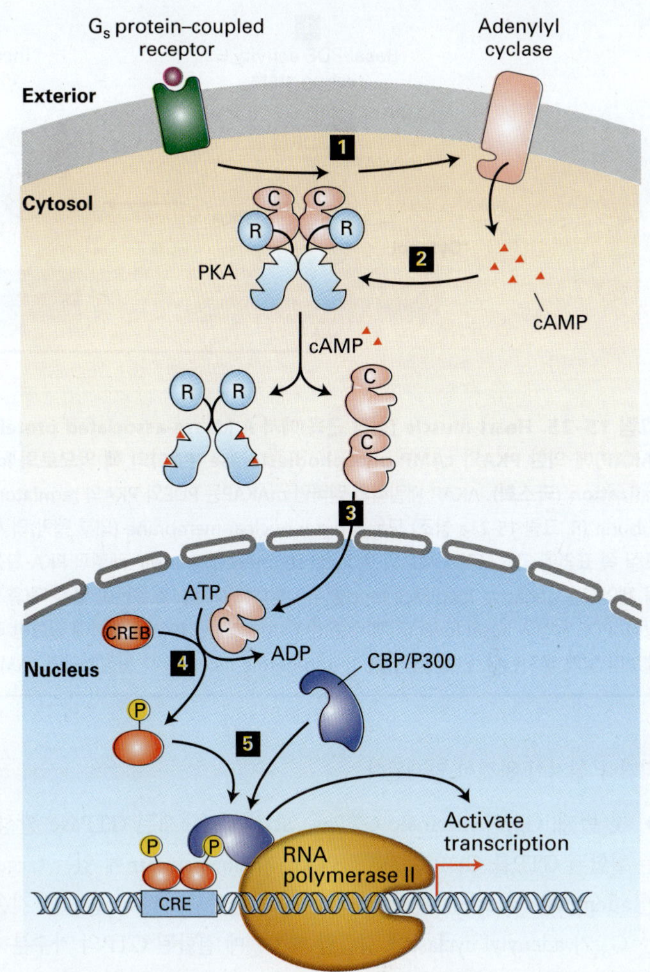

그림 15-24 Ligand가 $G_{\alpha s}$-coupled GPCR에 결합한 후 발생하는 CREB 전사 인자의 활성화. 수용체가 자극되면(단계 1) PKA가 활성화된다(단계 2). PKA의 catalytic subunit은 핵으로 이동하고(단계 3), 그곳에서 CREB 전사 인자를 인산화시키고 활성화시킨다(단계 4). 인산화된 CREB는 co-activator인 CBP/P300 (단계 5) 및 여러 다른 단백질들과 결합하여 CRE regulatory element (CRE 조절 요소)에 의하여 조절되는 여러 가지 표적 유전자들의 전사를 자극시킨다. K. A. Lee and N. Masson, 1993, *Biochim. Biophys. Acta* **1174**:221; and D. Parker et al., 1996, *Mol. Cell Biol.* **16**(2):694 참조.

Multiple Feedback Mechanism (다중 피드백 메커니즘)은 GPCR/cAMP/PKA Pathway에 의한 Signaling을 억제한다

15.1절에서, 우리는 세포가 호르몬이나 환경의 다른 변화에 효과적으로 반응하기 위해서는 신호전달 경로를 활성화해야 할 뿐 아니라 더 이상 필요하지 않은 반응을 감소시키거나 종료해야 한다고 강조했다; 그렇지 않으면 신호전달 경로가 너무 오래 또는 너무 높게 "on" 상태로 유지되어 세포가 overstimulate (과도하게 자극)될 것이다.

대부분의 G protein-coupled receptor의 활성은 G_s에 결합하고, adenylyl cyclase를 활성화하는 β-adrenergic receptor 및 기타 수용체에서 예시되는 바와 같이, multiple feedback mechanism에 의해 감소

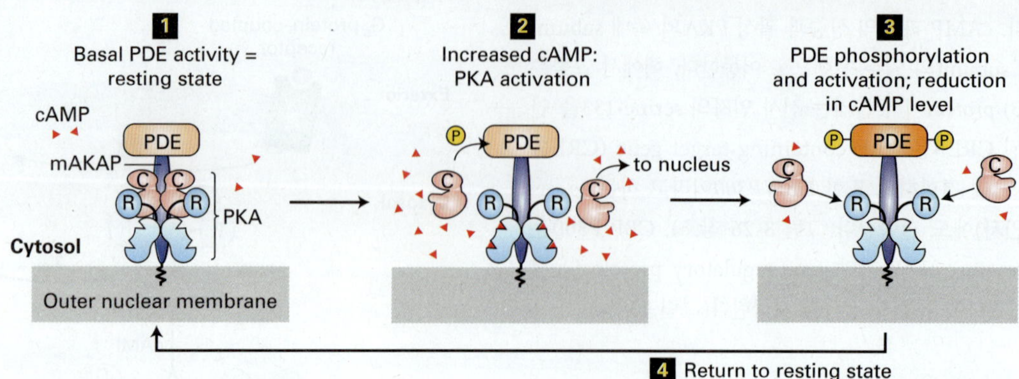

그림 15-25 Heart muscle (심장 근육)에서 A kinase-associated protein (AKAP)에 의한 PKA와 cAMP phosphodiesterase (PDE)의 핵 막으로의 localization (국소화). AKAP 패밀리의 멤버인 mAKAP는 PDE와 PKA의 regulatory subunit (R, 그림 15-21a 참조) 모두를 outer nuclear membrane (외부 핵막)의 세포질 쪽 표면에 고정시켜서 세포의 이 local segment에서 cAMP 레벨과 PKA 활성을 제어하는 negative feedback loop를 유지한다. 단계 **1**: 호르몬이 없을 때(휴지 상태) PDE 활성의 basal level (기저 수준)은 cAMP 레벨을 PKA 활성화에 필요한 레벨보다 낮게 유지한다. 단계 **2**와 **3**: β-adrenergic receptor가 활성화되면 cAMP의 농도는 PDE에 의해서 분해될 수 있는 양을 초과하게 된다. 결과적으로, cAMP가 PKA의 regulatory (R) subunit에 결합하면 활성 catalytic (C) subunit은 세포질로 방출된다. 일부 C subunit은 핵 내로 이동하고, 전사 인자 CREB을 인산화시키며 활성화시킨다(그림 15-24 참조). C subunit은 또한 PDE를 인산화시킴으로써 그 촉매 활성을 자극시킨다. 활성 PDE는 cAMP를 가수분해시킴으로써 cAMP의 농도를 원래의 기저 수준으로 되돌리고 비활성 PKA C-R 복합체를 다시 형성하게 한다. 단계 **4**: 이어지는 PDE의 탈인산화에 의해 복합체는 원래의 휴지 상태로 되돌아간다. K. L. Dodge et al., 2001, *EMBO J.* **20**:1921 참조.

되거나 심지어 완전히 억제된다.

• 첫 번째, $G_{\alpha s}$의 intrinsic GTPase activity (내재된 GTPase 활성)는 결합된 GTP를 GDP로 전환하여 $G_{\alpha s}$가 downstream에 있는 target인 adenylyl cyclase을 활성화시키는 능력을 중단시킨다. 중요한 것은 $^{GTP}G_{\alpha s}$가 adenylyl cyclase에 결합할 때 $G_{\alpha s}$에 결합된 GTP의 가수분해 속도는 향상된다. 따라서 downstream의 effector인 adenylyl cyclase는 $^{GTP}G_{\alpha s}$에 대한 GAP로도 기능을 해서, $^{GTP}G\alpha_s$의 비활성화 속도를 증가시키고 cAMP의 생산 기간을 단축한다. 보다 일반적으로 G_α subunit의 많은 effector 단백질도 또한 GAP로 기능을 한다—전부는 아니지만 대부분의 $^{GTP}G_\alpha$가 각각의 effector 단백질에 결합하면 GTP 가수분해 속도를 가속화한다.

• 두 번째, PDE (그림 15-18 참조)는 cAMP를 5′-AMP로 가수분해하여 세포 반응을 종결시킨다. 따라서 adenylyl cyclase의 활성화를 유지하고 상승된 cAMP 레벨을 유지하기 위해서는 호르몬이 충분한 농도로 지속적으로 존재해야 한다. 일단 세포 밖 호르몬의 농도가 떨어지면 PDE 작용으로 인해 cAMP 레벨이 떨어지고 대부분의 cAMP-dependent rapid cellular response (cAMP 의존성 빠른 세포 반응)는 빠르게 약해진다.

• 대부분의 GPCR은 신호전달 경로의 end product (최종 산물)가 해당 경로의 초기 단계를 차단하는 *feedback repression* (피드백 억제)에 의해 down-regulation (하향 조절)된다. 예를 들어, G_s protein-coupled receptor가 호르몬 자극에 짧은 시간(수용체에 따라 몇 초에서 몇 분) 동안 노출되면, 활성 PKA는 일반적으로 수용체의 세 번째 cytoplasmic loop (세포질 루프) 또는 C-terminal cytosol-facing tail domain (C-말단 세포질 쪽 꼬리 도메인) 상의 serine과 threonine 잔기를 인산화시킨다. 인산화된 수용체는 ligand와 결합할 수 있지만, 이러한 세포질 domain은 $G_{\alpha s}$ subunit과 결합하는 데 참여하기 때문에 수용체는 G_s를 덜 활성화할 수 있다. 즉, 인산화된 수용체에 결합하는 ligand는 비인산화된 수용체에 결합하는 ligand보다 adenylyl cyclase의 활성화에 덜 효율적이다. PKA의 활성은 G_s를 활성화시키는 호르몬에 의해 유도되는 높은 cAMP 레벨에 의해 증가하기 때문에 에피네프린과 같은 호르몬에 장기간 노출되면 β-adrenergic receptor가 desensitization (탈감작)될 뿐만 아니라 다른 ligand와 결합하더라도 PKA에 의해 인산화되는 다른 $G_{\alpha s}$-coupled receptor (예를 들어, 간에서 글루카곤 수용체)도 desensitization (탈감작)된다. 이러한 cross-regulation (교차 조절)을 *heterologous desensitization* (이종 탈감작)이라고 한다,

두 번째 유형의 phosphorylation-mediated feedback control (인산화 매개 피드백 조절)은 GPCR이 ligand에 결합된 활성화된 형태(R*)일 때만 발생한다. R이 아닌 R* 형태에서 수용체의 세 번째 세포질 루프 또는 C-terminal cytosol-facing domain (C-말단 세포질 쪽 꼬리 도메인) 상의 serine과 threonine 잔기는 *G-protein–coupled receptor kinase (GRK)*라고 불리는 kinase의 특별한 그룹에 의해 인산화될 수 있다(그림 15-26a, b). GRK는 R과 R* 사이의 미묘한 구조적 차이를 인식해서 활성 R* 구조만 인산화시킨다. 수용체가 활성 상태를 오래 유지할수록 GRK에 의한 인산화의 정도가 커진다. 중요한 것은 GRK에 의한 인산화 정도가 커질수록 수용체가 downstream의 G protein을 활성화시키는 능력은 낮아진다는 것이다. Ligand는 그들이 결합되어 있는 R* 형태에 있는 수용체의 deactivating phosphorylation (비활성화 인산화)만을 유도할 수 있기 때문에 이 과정을 *homologous desensitization* (동형 탈감작)이라고 한다. Heterologous desensitization에서 일어나는 것과 다르게, ligand는 결합할 수 없는 수용체의 GRK에 의한 인산화를 유도할 수 없다.

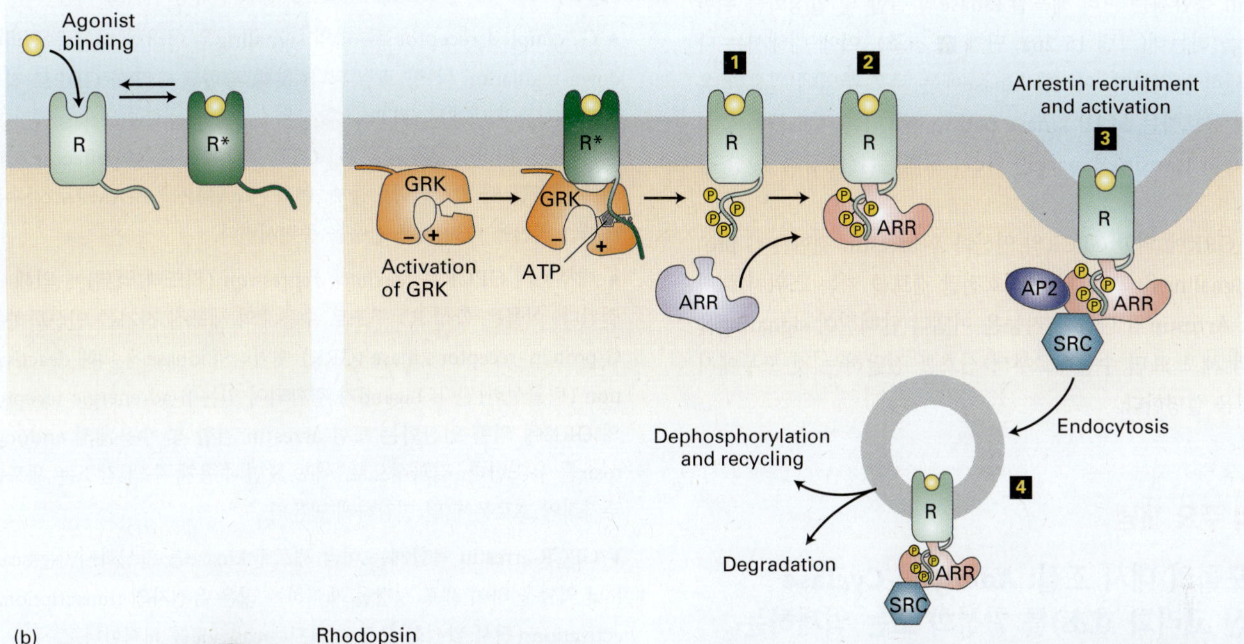

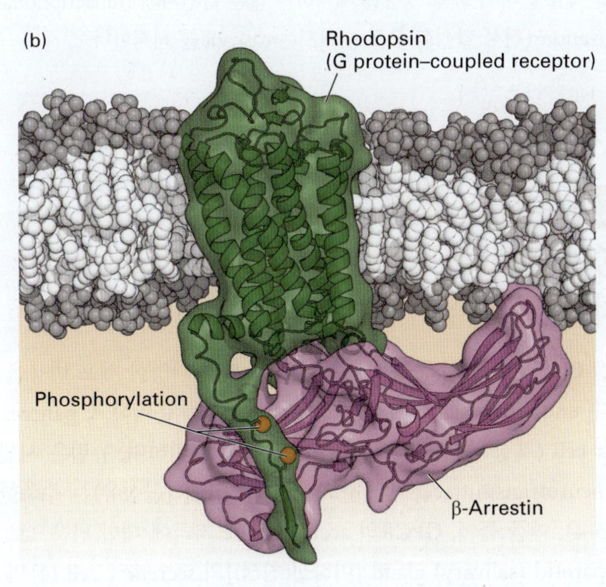

그림 15-26 β-arrestin이 인산화된 GPCR에 결합하면 receptor desensitization (수용체 탐감작)과 다양한 신호전달 단백질의 활성화를 유도한다. (a) G protein–coupled receptor kinase (GRK)는 활성화된 G protein–coupled receptor (GPCR)의 세포질 segment에 있는 serine 및 threonine 잔기를 인산화하며, 이 수용체에는 agonist가 결합되어 있다(단계 **1**). 그런 다음, β-Arrestin (Arr)은 이러한 인산화된 수용체에 결합한다(단계 **2**). 단계 **3**과 **4**: β-Arrestin에 의해 결합된 다른 두 단백질인 clathrin과 AP2는 수용체의 endocytosis를 촉진한다(그림 14-29 참조). β-Arrestin은 또한 세포질의 여러 단백질 kinase들에 결합하고 활성화시킴으로써 활성화된 수용체로부터 signal을 전달하는 기능을 한다. 그러한 kinase 중 하나인 Src는 다음 장에서 다루는 것처럼 MAP kinase pathway를 활성화시켜 주요 전사 인자들의 인산화 및 활성화를 유도한다. (b) Arrestin에 결합된 GPCR rhodopsin의 3차원 구조. Arrestin은 2개의 인산화된 잔기를 포함하는 활성화된 rhodopsin의 C-terminal cytosolic alpha helix (C-말단 세포질 알파 나선)의 segment와 transmembrane helix 7의 일부분에 결합한다. [Part (a) Data from W. Weis and B. Kobilka, 2018, *Annu. Rev. Biochem.* **87**:897. Part (b) Data from Y. Kang et al., 2015, *Nature* **523**:561–567, PDB ID 4zwj, and custom PDB.]

GPCR 신호전달의 조절을 이해하는 데 있어 중요한 돌파구는 *arrestin*이라고 불리는 어댑터 단백질의 발견과 함께 이루어졌다. Arrestin은 이들 수용체가 세포질 쪽 C-terminal domain (C-말단 도메인)의 serine 잔기 중 2개 또는 3개에서 GRK에 의해 인산화된 경우에만 GPCR에 단단히 결합한다(그림 15-26a, 단계 **2** 참조). Arrestin 결합은 inactivation process (비활성화 과정)의 속도를 크게 높일 수 있다. 인산화된 수용체에 결합한 arrestin은 G protein과의 상호작용을 완전히 차단하여 활성 $^{GTP}G_{\alpha}$의 형성을 막고 추가적인 downstream signaling을 차단한다. 결국, phosphatase 효소는 GRK에 의해 추가된 phosphate를 제거하고 arrestin 결합을 방지하여 수용체를 호르몬에 민감한 원래 상태로 되돌린다.

Arrestin의 또 다른 기능은 세포 표면에서 활성화된 GPCR의 수를 줄임으로써 신호를 종료하는 데 도움을 주는 것이다. 후속 연구에서는 β-arrestin이 인산화된 GPCR뿐만 아니라 원형질막으로부터 endocytosis에 관여하는 coated vesicle (코팅된 소낭)의 두 가지 핵심 성분인 clathrin 및 연계된 단백질인 *AP2*에도 결합한다는 것이 밝혀졌다(그림 15-26a, 단계 **3**과 **4** 참조; 14장 참조). 이러한 상호작용은 associated receptor (연결된 수용체)의 endocytosis를 촉진하여 세포 표면에 노출되는 수용체의 수를 감소시킨다. 결국 세포 내부로 이동한 수용체 중 일부는 분해되고, 일부는 endosome (엔도솜)에서 de-phosphorylation (탈인산화)된다. β-arrestin이 분리된 후, resensitization (재감작)되고 탈인산화된 GPCR은 LDL 수용체의 recycling과 유사한 방식으로 세포 표면에서 recycling된다(14장 참조).

수용체 활성을 조절하는 역할 외에도, 인산화된 GPCR에 결합된 arrestin은 추가적인 downstream의 신호전달 단백질을 GPCR로 recruitment하는 어댑터 단백질로 기능할 수 있다. 결과적으로, GPCR

은 G protein과는 독립적인 두 번째 신호전달 경로를 개시할 수 있다. GPCR-arrestin 복합체는 여러 세포질 kinase의 결합 및 활성화를 위한 scaffold 역할을 하는데(그림 15-26a, 단계 **4** 참조), 이에 대해서는 다음 장에서 자세히 논의한다. 이러한 kinase에는 세포 분열에 필요한 유전자의 전사를 유도하는 MAP kinase pathway와 다른 경로들을 활성화시키는 protein tyrosine kinase인 Src가 포함된다(16장과 19장 참조).

그러므로, GRK에 의한 GPCR의 인산화 후 arrestin 결합은 G protein에 의한 signaling을 *끄고*, 다른 신호전달 경로를 켜는 스위치로 기능할 수 있다. Arrestin의 다양한 기능은 어댑터 단백질이 signaling을 조절하는 것과 세포 표면 수용체로부터 신호를 전달하는 것 모두에서 중요하다는 것을 설명한다.

15.4절의 주요 개념

많은 세포들의 대사 조절: Adenylyl Cyclase (아데닐산 고리화 효소)를 활성화 또는 억제하는 G protein–coupled receptor

- $G_{\alpha s}$를 활성화시키는 G protein–coupled receptor에 ligand 결합은 ATP를 second messenger cAMP로 전환시키는 membrane-bound enzyme (막에 결합된 효소)인 adenylyl cyclase의 활성화를 초래한다. $G_{\alpha i}$를 활성화시키는 G protein–coupled receptor에 ligand 결합은 adenylyl cyclase를 억제하고 cAMP의 레벨을 낮춘다.
- $G_{\alpha s}$·GTP와 $G_{\alpha i}$·GTP는 adenylyl cyclase의 세포질 domain에 결합하여 각각 효소를 활성화하거나 억제한다.
- cAMP는 PKA의 regulatory subunit (조절 서브유닛)에 cooperatively (협동적으로) 결합하여 활성 kinase의 catalytic subunit (촉매 서브유닛)을 방출한다.
- 간과 근육 세포에서, 에피네프린 및 기타 호르몬에 의해 유도된 PKA의 활성화는 dual effect (이중 효과)를 발휘하여 kinase cascade (kinase 연쇄 반응)를 통해 글리코겐 합성을 억제하고 글리코겐 분해를 자극한다. 그 결과, ATP 생성을 위한 포도당이 증가한다.
- PKA는 대부분의 세포에서 cAMP의 다양한 효과를 매개한다. PKA의 기질, 즉 PKA의 hormone-induced activation (호르몬 유도 활성화)에 대한 세포 반응은 세포 유형에 따라 다르다.
- GPCR/adenylyl cyclase/cAMP/PKA 신호전달 경로를 활성화하는 신호는 second messenger와 kinase cascade에 의해 엄청나게 amplification된다.
- PKA의 활성화는 종종 핵내 CREB 단백질의 인산화로 이어지며, 이는 CBP/P300 co-activator (CBP/P300 공동 활성 인자)와 함께 유전자의 전사를 자극하여 세포의 단백질 조성에 long-term change (장기적인 변화)를 일으킨다.
- Anchoring protein (앵커링 단백질)에 의해서 세포의 특정 영역의 PKA가 국소화되면 cAMP의 효과가 세포의 특정 위치로 제한된다.
- G_s-coupled receptor로부터의 signaling은 여러 메커니즘에 의해 down-regulation (하향 조절)된다: 첫째, 결합된 GTP를 GDP로 전환시키는 $G_{\alpha s}$의 내재된 GTPase 활성은 $G_{\alpha s}$가 adenylyl cyclase에 결합할 때 향상된다(이것은 많은 G_α·GTP 복합체가 각각의 effector 단백질에 결합할 때 발생한다); 둘째, PDE는 cAMP를 5′-AMP로 가수분해하는 역할을 하여 세포 반응을 종결시킨다.
- 대부분의 GPCR은 *feedback repression* (피드백 억제)에 의해 조절된다. 이들은 활성 R* 구조로 수용체의 세포질 잔기를 인산화하는 G-protein–receptor kinase (GRK) 패밀리의 kinase에 의해 deactivation (비활성화)된다. Ligand가 결합되어 있는 β-adrenergic receptor의 GRK에 의한 인산화는 또한 arrestin 결합 및 수용체의 endocytosis를 유도한다. 결과적으로, 세포 표면 수용체 수의 감소는 세포를 추가적인 호르몬에 덜 민감하게 만든다.
- GPCR-arrestin 복합체는 여러 세포질 kinase를 활성화시키는 scaffold 역할을 하여 세포 성장을 제어하는 많은 유전자의 transcriptional activation (전사 활성화)으로 이어지는 cascade를 개시한다.

15.5 단백질 분비 및 근육 수축의 조절: 다중 신호전달 경로에서 Second Messenger (2차 신호 전달자)로서의 Ca^{2+} 이온

세포질 Ca^{2+}의 약간의 증가는 세포 유형에 따라 다양한 세포 반응을 유도한다: endocrine cell (내분비 세포)은 호르몬을 분비하고, pancreatic acinar cell (췌장 샘꽈리 세포)은 소화 효소를 분비하며, 뉴런은 시냅스에서 neurotransmitter를 방출하고, muscle fiber (근섬유)는 수축한다 (표 15-4). 예를 들어, GPCR의 acetylcholine 자극에 대한 반응으로 췌장과 parotid (salivary) gland [이하선(침샘)]의 secretory cell (분비 세포)은 소화 단백질을 분비한다. 이 경우, 세포질 Ca^{2+}의 증가는 secretory vesicle (분비소포)과 원형질막의 융합을 유발하고 안에 있는 단백질들을 extracellular space (세포외 공간)로 방출한다. Blood-clotting cascade (혈액 응고 단계)의 단백질 분해효소인 thrombin (트롬빈)은 혈액내 platelet (혈소판)의 GPCR에 결합한다. Thrombin의 결합(수용체의 exoplasmic domain에 대한 proteolytic cleavage에 의해 GPCR을 활성화함)은 세포질 Ca^{2+}의 증가를 유발하고, 이는 혈소판의 모양 변화 및 다른 변형으로 이어지며, 그럼으로써 aggregation (응집)이 일어나게 된다. 이것이 손상된 혈관으로부터 혈액이 새어 나오지 않게 하는 blood clotting (혈액 응고)의 중요한 단계가 된다. Thrombin inhibitor (트롬빈 억제제)는 혈액 응고를 차단하는 약물이다.

Subcellular compartment (세포내 구획)에 존재하는 총 calcium은 free Ca^{2+} 이온과 결합된 Ca^{2+} 이온의 합이다. Free Ca^{2+} 이온은 단백질에 단단히 결합되어 있지 않은 Ca^{2+} 이온으로 앞서 언급한 형광 기

표 15-4 • 여러 조직에서 관찰되는 호르몬에 의하여 유도되는 세포질 Ca^{2+} 증가에 따른 세포 반응*

Tissue	Hormone Inducing Rise in Ca^{2+}	Cellular Response
Pancreas (acinar cells)	Acetylcholine	Secretion of digestive enzymes, such as amylase and trypsinogen
Parotid (salivary) gland	Acetylcholine	Secretion of amylase
Vascular or stomach smooth muscle	Acetylcholine	Contraction
Liver	Vasopressin	Conversion of glycogen to glucose
Blood platelets	Thrombin	Aggregation, shape change, secretion of hormones
Mast cells	Antigen	Histamine secretion
Fibroblasts	Peptide growth factors	DNA synthesis, cell division (e.g., bombesin and PDGF)
Nerve cells	Many	Secretion of neurotransmitters

*Hormone stimulation leads to production of inositol 1,4,5-trisphosphate (IP_3), a second messenger that promotes release of Ca^{2+} stored in the endoplasmic reticulum.

SOURCE: M. J. Berridge, 1987, *Annu. Rev. Biochem.* **56**:159; and M. J. Berridge and R. F. Irvine, 1984, *Nature* **312**:315.

술로 정량화할 수 있다. ER과 mitochondrial matrix space (미토콘드리아 기질 공간)에서 결합된 Ca^{2+} 이온의 양은 free Ca^{2+} 이온의 양보다 훨씬 더 많은 것으로 생각된다. 왜냐하면, 이러한 세포소기관에는 풍부한 Ca^{2+}-binding protein (Ca^{2+} 결합 단백질)들이 포함되어 있기 때문이다. 예를 들어, ER lumen은 chaperone (샤페론)인 *calreticulin* (칼레티쿨린)과 *calnexin* (칼넥신)을 포함하는 여러 Ca^{2+}-binding protein (Ca^{2+} 결합 단백질)을 포함하고 있는데(13장), 이들은 Ca^{2+} 결합에 대한 낮은 affinity (친화력)와 큰 capacity (수용력)를 가지고 있고, 해당 소기관의 lumen에 있는 calcium의 양, 즉 $Ca^{2+}{}_{ER}$의 양을 완충한다. Free $[Ca^{2+}]$의 측정에 따르면, 그 농도는 resting cell (휴지 세포)의 종류에 따라 상당히 다를 수 있지만, 일반적으로 $[Ca^{2+}{}_{cytosol}]$는 ~100 nM, $[Ca^{2+}{}_{ER}]$는 ~400 μM, $[Ca^{2+}{}_{mitochondria}]$는 ~100 nM이다.

세포소기관내 free Ca^{2+} 농도는 호르몬이나 neuronal signal (신경 신호)에 의한 자극에 대한 반응으로 다양할 수 있지만, $[Ca^{2+}{}_{cytosol}]$는 종종 약 1 μM로 증가하고, $[Ca^{2+}{}_{mitochondria}]$는 약 1–10 μM로 증가하는 반면, $[Ca^{2+}{}_{ER}]$는 약 100 μM로 감소한다. 우리는 12장에서 미토콘드리아 기질내 free Ca^{2+} 농도의 증가가 pyruvate oxidation (피루브산 산화)과 ATP 생산을 가속화한다는 것을 살펴봤다. 따라서 근육에서 Ca^{2+} 농도의 증가는 수축을 유도하고 미토콘드리아의 ATP 합성을 증가시켜 이러한 수축을 촉진하는 에너지를 제공한다.

Phospholipase C에 의한 Membrane Lipid (막 지질)인 Phosphatidylinositol 4,5-Bisphosphate의 가수분해 산물은 세포질 Ca^{2+} 레벨을 증가시킨다

여러 신호전달 경로에서 사용되는 많은 중요한 second messenger는 membrane lipid (막 지질)인 *phosphatidylinositol* (*PI*; 그림 15-27)로부터 파생된다. 이들 중 하나인 IP_3는 세포질과 미토콘드리아 기질에서 Ca^{2+}의 상승을 유발한다. IP_3는 전구체 PI로부터 여러 단계를 거쳐 생성된다.

원형질막에서 이 phospholipid (인지질)는 cytoplasmic leaflet (세포질 쪽 층)에 존재하며, 항상 세포질 쪽을 향하는 inositol 머리 부분을 가진다. Inositol은 16장에서 논의되는 바과 같이, 다른 kinase와의 연합된 작용에 의해 하나 이상의 hydroxyl group에서 인산화될 수 있으며, phosphate는 phosphatase에 의해 제거될 수 있다. PI의 derivative (파생물) 중 하나인 lipid phosphatidylinositol 4,5-bis phosphate [PI(4,5)P_2]는 PI의 inositol ring의 4번 및 5번 탄소 원자에 부착된 hydroxyl group에 2개의 phosphate를 단계적으로 첨가함으로써 만들어진다.

효소인 *phospholipase C* (*PLC*)가 신호전달 경로에 의해 활성화되면 원형질막에서 PI(4,5)P_2가 2개의 중요한 second messenger로 절단되는 것을 촉매한다: 원형질막에 결합된 채로 남아 있는 lipophilic molecule (친유성 분자)인 1,2-diacylglycerol (DAG)과 세포질에서 자유롭게 확산될 수 있는 inositol 1,4,5-trisphosphate (IP_3)가 그 2개의 second messenger이다(그림 15-27 및 15-28 참조). 이 2개의 second messenger와 연관된 downstream event를 총체적으로 *IP_3/DAG pathway*라 부른다. IP_3는 ER로부터 세포질 및 미토콘드리아 기질로 Ca^{2+}의 방출을 유발한다.

Phospholipase C는 GPCR의 활성화 후 방출된 ${}^{GTP}G_{\alpha o}$ 또는 ${}^{GTP}G_{\alpha q}$ subunit에 결합함으로써 활성화된다(그림 15-28, 단계 **1**). 활성화된 phospholipase C는 PI(4,5)P_2를 DAG와 IP_3로 절단한다(그림 15-28, 단계 **2** 참조). 그 2개의 second messenger는 구별되지만, 때로는 상호 연관된 downstream pathway를 촉발한다. 일부 phospholipase C는 GPCR 이외의 수용체에 의해 활성화되는데, 이는 다음 장에서 설명한다.

IP_3에 의해 촉발되는 ER로부터 Ca^{2+}의 방출

Phospholipase C를 활성화하는 G protein–coupled receptor에 ligand가 결합하면, 주변 extracellular fluid (세포외액)에 Ca^{2+} 이온이 없을 때에도 세포질 Ca^{2+}의 증가를 유도한다. 이 경우 그림 15-28(단계 **3**과 **4**)에서 설명되는 바와 같이, Ca^{2+}는 ER membrane에 존재하는 *IP_3-gated Ca^{2+}* 채널(*IP_3-개폐성 Ca^{2+}* 통로)의 작동을 통해 ER lumen (여기서 위에 언급한 바와 같이, Ca^{2+}는 Ca^{2+}-binding protein (Ca^{2+} 결합 단백질)에 결합하여 거의 millimole 농도로 축적될 수 있음)으로부터 세포질로 방출된다. 이러한 커다란 IP_3-개폐성 Ca^{2+} 통로 각각은 4개의 동일한 subunit으로 구성되어 있으며, 각 subunit은 N-terminal cytosol-facing domain (N-말단 세포질 쪽 도메인)내 IP_3 결합 부위를 포함한다. IP_3 결합은 통로의 개방을 유도하여 Ca^{2+}가 ER lumen으로

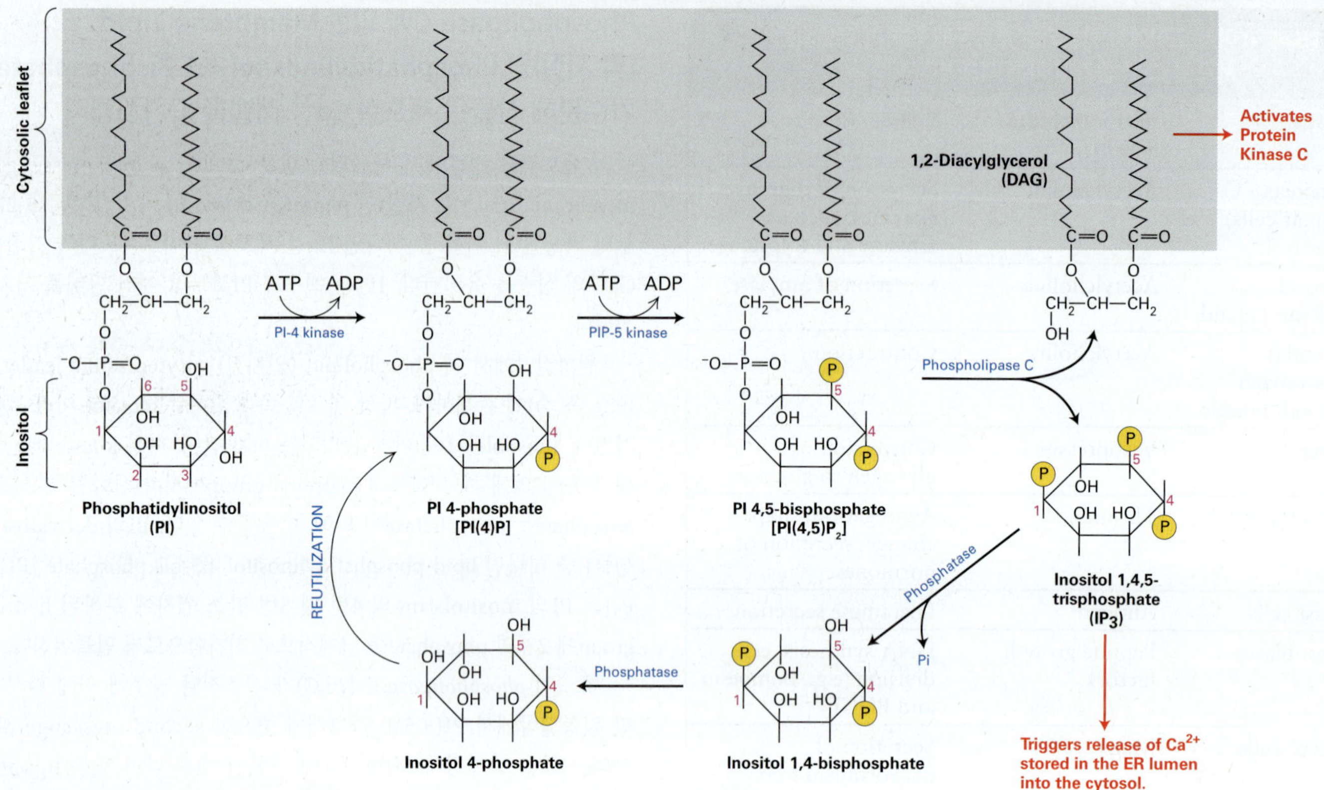

그림 15-27 Phosphatidylinositol (PI)로부터 second messenger인 DAG와 IP_3의 합성. Membrane에 결합되어 있는 PI kinase 각각은 inositol ring의 특정 hydroxyl group에 phosphate (노란색 원)를 연결시켜서 인산화된 파생물인 PI(4)P와 PI(4,5)P_2를 생성한다. Phospholipase C에 의해서 PIP_2가 잘리면 2개의 중요한 second messenger인 DAG와 IP_3가 생성된다. Phosphatase가 IP_3로부터 5-phosphate를 제거하면 signaling이 종료된다; 두 번째 phosphatase는 1-phosphate를 제거하고, inositol 4-phosphate는 PI 4-phosphate를 합성하는 데 재사용된다. A. Toker and L. C. Cantley, 1997, *Nature* **387**:673; and C. L. Carpenter and L. C. Cantley, 1996, *Curr. Opin. Cell Biol.* **8**:153 참조.

부터 세포질로 농도 구배를 따라 흐르도록 한다. 이 IP_3-개폐성 Ca^{2+} 통로 단백질 패밀리은 *sarcoplasmic reticulum* (근소포체)이라 불리는 근육 세포내 특수한 ER에 존재하면서 *ryanodine receptor* (리아노딘 수용체)라 불리는 voltage-sensitive Ca^{2+} 채널(전압 민감성 Ca^{2+} 통로)의 패밀리와 구조가 유사하다(17장 참조).

세포질 Ca^{2+} 레벨의 상승은 일시적인데, 이는 원형질막과 ER membrane에 위치한 Ca^{2+} 펌프가 각각 Ca^{2+}를 세포질에서 세포 외부로 또는 ER lumen으로 능동적으로 수송하기 때문이다. 게다가, 생성된지 1초 이내에 IP_3의 5번 탄소에 연결된 phosphate가 가수분해되어 inositol 1,4-bisphosphate (IP_2)가 생성된다(그림 15-27 참조). IP_2는 IP_3-개폐성 Ca^{2+} 통로를 열 수 없다.

일단 방출되면, Ca^{2+} 이온은 세포 반응으로 이어지는 추가적인 단계를 유발한다. 3장에서 자세히 설명한 것처럼, ubiquitous small cytosolic protein (흔히 발견되는 저분자량의 세포질 단백질)인 calmodulin은 Ca^{2+} 이온의 다양한 세포 효과를 매개하는 다목적 스위치 단백질로 기능한다. Calmodulin의 4개 부위에 Ca^{2+}가 결합하면 calmodulin이 많은 효소 및 다른 단백질에 결합하여 활성을 조절할 수 있게 하는 주요한 구조적 변화가 유발된다(그림 3-34 참조). 4개의 Ca^{2+} 이온이 calmodulin에 협력적으로 결합하기 때문에 세포질 Ca^{2+} 레벨이 조금만 변해도 활성 calmodulin의 레벨이 크게 변화한다. Ca^{2+}-calmodulin 복합체에 의해 활성화되는 잘 연구된 효소들 중 하나인 myosin light-chain kinase (미오신 경쇄 인산화효소)는 myosin의 활성을 조절하여 smooth muscle cell (평활근 세포)에서 수축을 조절한다(17장 참조). 또 다른 하나는 cAMP를 5′-AMP로 분해하고, 그 효과를 종결시키는 효소인 cAMP phosphodiesterase (PDE)이다(그림 15-18 참조). 따라서 이 반응은 2개의 second messenger가 매개하는 경로가 상호작용하여 세포 반응을 fine-tune (미세 조정)하는 많은 예들 중 하나로 Ca^{2+}와 cAMP를 연결한다.

IP_3에 의해 촉발되는 ER로부터 미토콘드리아 기질로의 Ca^{2+}의 수송

일부 세포에서는 세포질 외에도 미토콘드리아 기질(mitochondrial matrix)에서 IP_3에 대한 세포 반응이 일어난다. 12장에서, 우리는 *mitochondria-associated membrane* (*MAM*)이라 불리는 ER membrane의 특수한 지역과 outer mitochondrial membrane (미토콘드리아 외막) 사이에 direct contact (직접적인 접촉)가 있다는 것을 알아보았다. 이러한 접촉은 미토콘드리아의 구조, 역학 및 기능에 영향을 미친다. IP_3 레

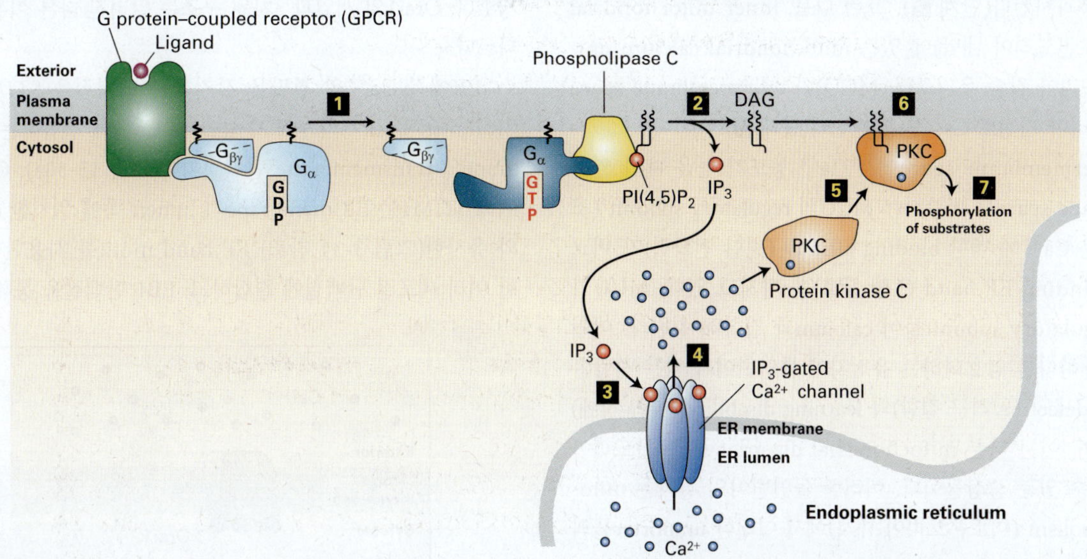

그림 15-28 IP_3/DAG pathway와 세포질 Ca^{2+}의 증가. Endoplasmic reticulum Ca^{2+} 채널(ER Ca^{2+} 통로)이 열리는 것은 주로 G_q 패밀리의 멤버를 활성화시키는 GPCR에 대한 ligand 결합에 의해 유발될 수 있으며, 이는 phospholipase C의 활성화로 이어진다(단계 **1**). $PI(4,5)P_2$가 phospholipase C에 의해 잘라지면 IP_3와 DAG가 생성된다(단계 **2**). IP_3는 세포질을 통해 확산된 후, ER의 membrane에 존재하는 *IP_3 receptor* 또는 *IP_3R*이라고 불리는 IP_3-개폐성 Ca^{2+} 통로와 상호작용하고, 이를 열어(단계 **3**), ER lumen내 저장되어 있는 Ca^{2+} 이온을 세포질로 방출한다(단계 **4**). 세포질 Ca^{2+}의 증가에 의해 유도되는 여러 세포 반응들 중 하나는 protein kinase C (PKC)를 원형질막으로 위치하게 만드는 것이며(단계 **5**), 여기에서 PKC는 DAG의 결합에 의해 활성화된다(단계 **6**). 그 활성화된 membrane-associated kinase (막에 연결된 kinase)는 세포내 다양한 효소와 수용체를 인산화시켜 그들의 활성을 변화시킬 수 있다(단계 **7**). J. W. Putney, 1999, *Proc. Nat'l. Acad. Sci. USA* **96**:14669; Y. Zhou, 2010, *Proc. Nat'l. Acad. Sci. USA* **107**:4896; M. Cahalan, 2010, *Science* **330**:43; and Q. C. Wang, X. Wang, and T.-S. Tang, 2018, *J. Cell Biol.* **217**(6):1899–1900, https://doi.org/10.1083/jcb.201805037 참조.

벨의 증가에 반응해서, Ca^{2+}는 ER lumen으로부터 MAM을 통해 미토콘드리아 기질 내로 이동할 수 있다(그림 15-29). 일단 미토콘드리아 기질 내로 들어가면, 상승된 Ca^{2+} 레벨은 ATP 합성을 증가시킬 뿐 아니라 다른 방식으로 미토콘드리아의 활성을 증가시킨다.

Ca^{2+}는 미토콘드리아 기질로 들어가기 위해 3개의 분리된 membrane을 통과해야 한다. 위에서 자세히 설명한 대로, 세포질 IP_3의 증가에 반응하여 MAM의 IP_3-개폐성 Ca^{2+} 통로(단계 **1a**)를 포함한 ER membrane의 IP_3-개폐성 Ca^{2+} 통로(단계 **1b**)가 열린다. MAM에 인접한 outer mitochondrial membrane에 존재하는 voltage-dependent anion channel (전압-의존성 음이온 통로, VDAC)은 GRP75 단백질에 의해 이러한 IP_3-개폐성 Ca^{2+} 통로와 물리적으로 연결되어 있어 ER lumen으로부터 방출된 Ca^{2+}를 intermembrane space (막사이 공간)

그림 15-29 세포질, 미토콘드리아 및 endoplasmic reticulum (소포체) 사이에서 Ca^{2+}의 이동. ER은 세포내 Ca^{2+}의 주요 저장소이다. Endoplasmic reticulum의 membrane에 있는 IP_3-개폐성 Ca^{2+} 통로(IP_3R)에 IP_3가 결합하면 세포질로 Ca^{2+}가 방출된다(단계 **1a**); ER의 mitochondria-associated membrane (MAM)에 있는 IP_3-개폐성 Ca^{2+} 통로도 IP_3의 결합에 의해 열린다(단계 **1b**). 단계 **2**: MAM에 인접한 outer mitochondrial membrane segment에 있는 VDAC 통로는 GRP75 단백질에 의해 IP3R과 물리적으로 연결되어 있다; VDAC 통로는 MAM으로부터 방출된 Ca^{2+}를 mitochondrial intermembrane space으로 직접적으로 그리고 효율적으로 전달한다. 단계 **3**: Intermembrane space내 높은 농도의 Ca^{2+}는 inner membrane에 있는 MCU Ca^{2+} 통로 및 다른 Ca^{2+} 통로가 열리는 것을 유도하여 Ca^{2+}가 미토콘드리아 기질로 들어가게 된다. 단계 **4**: 시간이 지남에 따라, Ca^{2+}는 inner membrane에 존재하는 Ca^{2+}/Na^+ 및 Ca^{2+}/H^+ antiporter에 의해 미토콘드리아 기질로부터 intermembrane space로 방출된 다음, outer membrane에 존재하는 VDAC 또는 다른 Ca^{2+} 통로를 통해 세포질로 전달된다. 최종적으로, ER membrane 또는 원형질막에 존재하는 ATP-powered Ca^{2+} 펌프(단계 **5**)에 의해 세포질로부터 Ca^{2+}를 pumping하면 높은 ER Ca^{2+} 레벨과 낮은 세포질 Ca^{2+} 레벨이 회복된다. M. Schäfer et al., 2014, *Cell Tissue Res.* **357**:395; and K. Kamer and V. Mootha, 2015, *Nat. Rev. Mol. Cell Biol.* **16**:545 참조.

로 효율적으로 통과시킨다(단계 **2**). 그런 다음, inner mitochondrial membrane (미토콘드리아 내막)에 있는 mitochondrial calcium uniporter (미토콘드리아 칼슘 유니포터, MCU)가 intermembrane space로부터 미토콘드리아 기질로 Ca^{2+}를 운반한다(단계 **3**).

MCU는 intermembrane space에서 Ca^{2+} 농도가 높을 때만 열린다. Intermembrane space를 마주하는 MCU의 regulatory subunit (조절 서브유닛)들은 Ca^{2+}에 대한 binding affinity (결합 친화력)가 비교적 낮은 Ca^{2+}-binding EF hand (3장 참조)를 가지고 있다; MCU가 열리려면, 이 regulatory subunit들이 calcium과 결합해야 한다. 이러한 subunit들 중 하나를 암호화하는 유전자에 돌연변이가 있는 사람은 skeletal muscle defect (골격근 결함)와 learning disability (학습 장애)를 가지고 있으며, 이는 다른 mitochondrial disorder (미토콘드리아 질환)를 동반할 수 있는 증상들이다. 이러한 돌연변이의 결과는 mitochondrial metabolism (미토콘드리아 대사)에서 이러한 uniporter들의 중요성을 보여준다.

미토콘드리아 기질에 calcium이 너무 많으면 잠재적으로 독성이 있다. 과도한 calcium의 축적을 피하기 위해 미토콘드리아 기질은 점차적으로 Ca^{2+}를 세포질로 방출한다. Calcium은 먼저 Na^+/Ca^{2+} antiporter와 H^+/Ca^{2+} antiporter를 통해 inner mitochondrial membrane을 가로질러 intermembrane space로 이동한 다음, 대부분의 경우 VDAC를 통해 outer mitochondrial membrane을 가로질러 세포질로 이동한다(단계 **4**). Calcium 수송의 cycle (주기)은 세포질 calcium이 ATP-powered Ca^{2+} 펌프(단계 **5**; 그림 11-10 참조)를 통해 ER로 들어가거나 원형질막에 있는 ATP-powered Ca^{2+} 펌프(ATP 구동 Ca^{2+} 펌프)에 의해 세포 밖으로 배출될 때 완료된다.

원형질막에 있는 Store-Operated Ca^{2+} 채널 (저장 작동 Ca^{2+} 통로)

ER membrane에 있는 IP_3-개폐성 Ca^{2+} 통로가 plasma-membrane Ca^{2+} export pump (세포막 Ca^{2+} 배출 펌프)의 작동과 함께 충분히 오랫동안 열려 있으면, Ca^{2+}의 유출은 결국 ER과 미토콘드리아 기질 모두에서 Ca^{2+}의 저장을 고갈시켜, 세포가 호르몬에 의해 유도되는 IP_3 생성에 반응하였을 때 세포질 Ca^{2+} 레벨을 바로 증가시킬 수 없게 될 것이다. Patch-clamping (패치 고정법) 연구(그림 11-22 참조)를 사용하여 연구자들은 세포가 원형질막에 *store-operated channel* (*SOC*)이라 불리는 Ca^{2+} 통로를 가져야만 하고, ER내 Ca^{2+} 저장이 고갈되면 이 통로가 열리고 세포 밖 Ca^{2+}를 세포질로 받아들인다는 것을 확인하였다. 따라서 SOC는 ER과 미토콘드리아의 저장을 보충하기 위해 Ca^{2+}를 제공한다. SOC가 기능을 하려면, ER에서 Ca^{2+}의 고갈을 감지하고 SOC가 열리도록 신호를 보낼 수 있는 몇 가지 추가적인 ER-associated protein (ER에 연계된 단백질)이 필요하다.

SOC를 찾아내려는 초기 시도는 연구자들이 전형적인 통로 서열과 구조를 갖는 잠재적인 Ca^{2+} 통로 단백질에 초점을 맞췄기 때문에 성공하지 못했다. 결국 연구자들은 이 통로 단백질의 정체를 *Orai1*으로 규명했다; Orai1의 서열과 3차원 구조는 알려진 다른 이온 통로 단백질과 다르다.

ER에서 Ca^{2+}의 결핍을 감지하는 단백질을 *STIM1*이라고 한다. ER lumen내 Ca^{2+}의 농도가 높을 때 Ca^{2+}에 결합하는 것은 ER membrane의 transmembrane 단백질이다(그림 15-30a). Ca^{2+}에 결합하기 위해 STIM1은 ER membrane의 lumen 쪽에 위치한 calmodulin에서와 유사한(그림 3-34 참조) EF hand motif를 사용한다. STIM1은 또한 여러 세포질 단백질에 결합하고, EB1 단백질을 통해 세포질 micro-

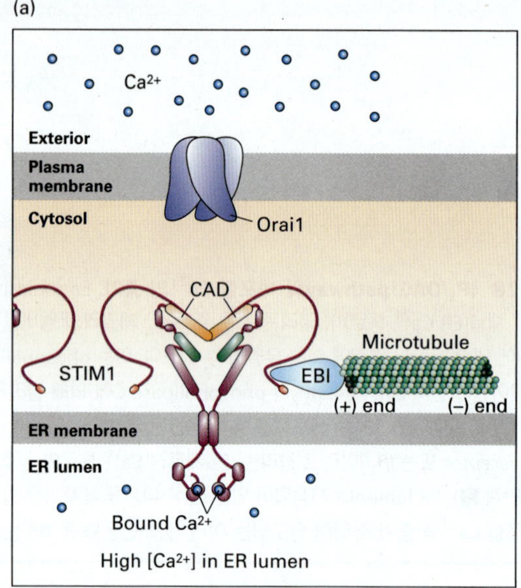

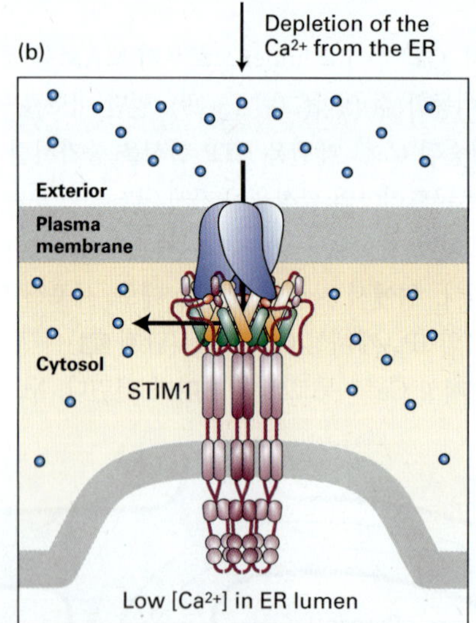

그림 15-30 원형질막에 존재하는 store-operated Ca^{2+} 채널의 opening. (a) 휴지 상태의 세포에서 ER lumen내 Ca^{2+} 레벨은 높다. Ca^{2+} 이온(파란색 원)은 ER 전체에 분포하는 transmembrane STIM1 단백질의 luminal EF hand domain에 결합한다. STIM1은 세포질 미세소관의 (+) 말단에도 결합하는 단백질인 EB1과 결합한다. EB1에 결합하면 STIM1 분자가 ER과 원형질막이 juxtaposed (병치)된 부위로 이동하는 것을 막는다. (b) ER에 저장된 Ca^{2+}가 고갈되면 Ca^{2+} 이온이 EF hand로부터 떨어져 나간다. STIM은 oligomerization되고 EB1에 대한 결합을 약화시키며, 원형질막 근처의 ER membrane 부위로 이동한다. 거기에서 STIM CAD domain (주황색)은 원형질막에 있는 store-operated Ca^{2+} 채널(Orai1)에 결합하고 열리도록 하여 세포외 Ca^{2+}가 세포질로 유입(검정색 화살표)되게 한다.

tubule (미세소관)에 결합하고 있는데, 이러한 것들이 STIM1을 원형질막으로부터 멀리 떨어지게 한다. ER에 저장된 Ca^{2+}가 고갈됨에 따라서, STIM 단백질은 결합된 Ca^{2+}를 잃고 oligomerization (올리고머화)되며, EB1 및 다른 세포질 단백질로부터 분리된다. 이러한 단백질들에 의해 더 이상 고정되지 않는 STIM 단백질은 ER membrane에서 원형질막과 밀접하게 juxtaposed된(나란히 놓여진) segment로 확산된다(그림 15-30b). *CAD domain* (*CAD* 도메인)이라고 불리는 STIM의 일부가 Orai1에 결합하고, 이를 열어 세포외 Ca^{2+}의 유입을 허용한다; 이 2개의 단백질이 store-operated Ca^{2+} pathway의 핵심 구성 요소이다. 세포질 Ca^{2+} 레벨이 정상으로 올라가면, 단백질 calmodulin (3장)에 결합된 Ca^{2+}의 복합체가 Orai1에 결합하여 STIM1이 이온 채널에 결합하는 것을 막고 Ca^{2+} 진입을 차단한다.

Ca^{2+}의 ER 및 세포질 Cycling에서 Feedback Loop는 세포질 Ca^{2+} 농도의 Oscillation (진동)을 유발한다

특정 G protein–coupled receptor들의 경우, 이들의 지속적인 활성화는 세포질 Ca^{2+}의 장기간 상승보다는 세포질 Ca^{2+} 레벨의 빠르고 반복적인 spike (급증)를 유도한다(그림 15-31). 이러한 oscillation (진동)은 세포질 Ca^{2+} 농도와 ER membrane에 있는 IP_3-개폐성 Ca^{2+} 통로 사이의 복잡한 feedback interaction (피드백 상호작용)에 의해 발생한다. 자극되지 않은 resting cell (휴지 상태의 세포)에서 GPCR의 활성화는 IP_3의 증가를 유발하고, IP_3의 증가는 세포질 Ca^{2+}의 급속한 증가로 이어진다. 그러나 spike의 정점에 도달한 높은 레벨의 세포질 Ca^{2+}은 IP_3-개폐성 Ca^{2+} 통로에 결합하고 IP_3에 대한 친화력을 감소시킴으로써, ER에 저장되어 있는 Ca^{2+}가 추가적으로 방출되는 것을 억제한다. 결과적으로, 이러한 Ca^{2+} 통로는 닫히고 Ca^{2+}가 ER lumen 또는 세포 밖으로 퍼 내지면서 세포질 Ca^{2+} 레벨이 빠르게 감소한다. 그러므로 세포질 Ca^{2+}는 열릴 때 세포질 Ca^{2+}의 증가를 유발하는 IP_3-개폐성 Ca^{2+} 통로의 피드백 억제제이다.

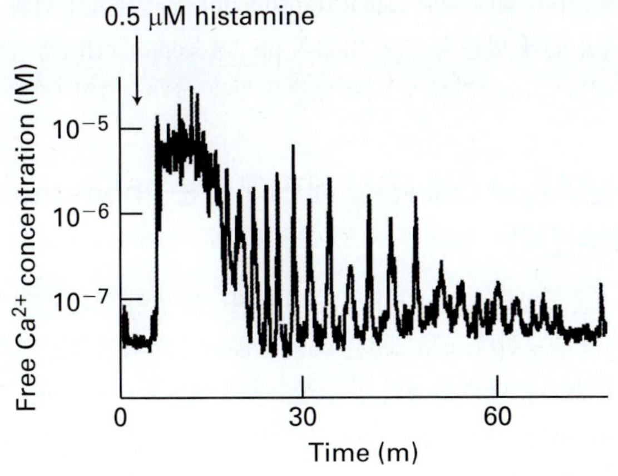

그림 15-31 인간 HeLa 세포에 histamine을 처리한 후 세포질 Ca^{2+} 농도의 oscillation (진동). 본문에 설명된 LH 수용체와 마찬가지로, histamine GPCR은 IP_3-DAG 신호전달 경로를 활성화시킨다. 세포질 Ca^{2+} 농도의 spike를 생성하는 feedback loop는 본문에 자세히 설명되어 있다. [Data from A. Miyawaki et al., 1997, *Nature* **388**:882.]

예를 들어, 이 메커니즘은 ovulation (배란)과 여성 생식을 조절하는 데 중요한 역할을 하는 luteinizing hormone (LH, 황체형성호르몬)을 분비하는 pituitary gland cell (뇌하수체 세포)에서 calcium ion의 oscillation을 생성한다. LH 분비는 luteinizing hormone–releasing hormone (LHRH, 황체형성호르몬 분비호르몬)이 이들 세포 표면에 있는 G protein–coupled receptor에 결합함으로써 유도된다; LHRH의 결합은 반복적인 Ca^{2+} spike를 유도한다. 각각의 Ca^{2+} spike는 원형질막 근처에 있다고 추정되는 몇몇 LH-containing secretory vesicle (LH를 포함하는 분비 소낭)의 exocytosis (엑소사이토시스)를 유도하여 circulation (순환)되는 LH의 레벨을 증가시킨다.

DAG는 Protein Kinase C를 활성화시킨다

Phospholipase C에 의한 $PI(4,5)P_2$의 가수분해는 IP_3와 DAG 두 가지 생산물을 생성한다는 것을 기억하자. DAG 또한 second messenger이며, 그 주요 기능은 *protein kinase C* (*PKC*)라고 총칭되는 protein kinase의 패밀리를 활성화시키는 것이다.

소수성 DAG (그림 15-28 참조)는 형성 후에 원형질막의 inner leaflet (세포질 쪽 층)에 연결된 상태로 남아 있다. 호르몬 자극이 없는 경우, target이 되는 protein kinase C는 촉매적으로 비활성 상태인 soluble protein (가용성 단백질) 형태로 세포질에 존재한다. 세포질 Ca^{2+} 레벨의 증가는 protein kinase C가 원형질막의 표면으로 이동하게 하며, 여기에서 phosphatidylserine과 DAG에 결합하고 활성화될 수 있다(그림 15-28, 단계 **5**와 **6** 참조). 따라서 PKC의 활성화는 Ca^{2+} 이온과 DAG의 증가에 따라 달라지며, 이는 IP_3/DAG pathway의 두 branch (가지) 사이의 상호작용을 암시한다.

서로 다른 세포에서 PKC의 활성화는 다양한 세포 반응을 유발하며, 이는 PKC가 세포 성장과 대사의 많은 측면에서 핵심적인 역할을 한다는 것을 나타낸다. 많은 세포에서 PKC는 세포질에 위치하고 있는 전사인자들을 인산화시켜 핵으로 이동하게 하고, 세포 분열에 필요한 유전자를 활성화시킨다. Liver cell (간 세포)에서 PKC는 glycogen synthase를 인산화시켜 그 활성을 억제함으로써 글리코겐 대사를 조절하는 데 도움을 준다.

Second Messenger (2차 신호 전달자)인 Ca^{2+}와 cAMP는 Integration (통합, 협동)하여 Glycogenolysis를 조절한다

모든 세포는 호르몬과 metabolite (대사 산물) 레벨의 변화를 포함하여 환경으로부터 여러 신호를 지속적으로 받으며, 이러한 모든 신호는 통합되어야 한다. 글리코겐의 포도당으로의 분해(glycogenolysis)는 세포가 하나 이상의 신호에 대한 반응을 어떻게 통합할 수 있는지에 대한 훌륭한 예를 보여준다. 15.4절에서 논의된 바와 같이, 에피네프린에 의한 근육 및 간 세포의 자극은 글리코겐 분해를 촉진하는 second messenger인 cAMP의 증가로 이어진다(그림 15-22a 참조). 근육 세포와 간 세포 모두에서, 다른 신호전달 경로는 향상된 glycogenolysis의 동일한 세포 반응을 생성한다.

Striated muscle cell (가로무늬 근육 세포, 그림 17-29 참조)에서 nerve impulse (신경 충동)에 의한 자극은 sarcoplasmic reticulum (근소포체)으로부터 Ca^{2+} 이온을 방출하고 세포질 Ca^{2+} 농도를 증가시켜 근육 수축을 유발한다. 세포질 Ca^{2+}가 증가함에 따라서, Ca^{2+}는 또한 glycogen phosphorylase kinase (GPK)의 calmodulin subunit에 결합하여 kinase의 촉매 활성을 부분적으로 자극한다. 그런 다음, GPK는 표적이 되는 glycogen phosphorylase를 인산화시키고 활성화시킨다. 이 glycogen phosphorylase 효소는 글리코겐이 glucose-1-phosphate로 분해되는 것을 자극하여 장기간의 근육 수축을 위한 연료를 제공한다.

혈중 에피네프린 농도가 증가하면, adenylyl cyclase가 활성화되고 cAMP 농도가 증가하여 PKA를 활성화시킨다. PKA에 의한 인산화는 또한 GPK를 활성화시킨다는 것을 상기하자(그림 15-22 참조). GPK의 최대 활성화, 즉 glycogenolysis의 최대 속도에는 인산화와 Ca^{2+}가 모두 필요하다는 것을 알 수 있다. 그러므로 근육에서 glycogenolysis의 핵심 조절자인 *GPK*는 nerve signal (신경 신호)과 호르몬 모두에 의해 조절되고 두 신호전달 경로를 통합한다(그림 15-32).

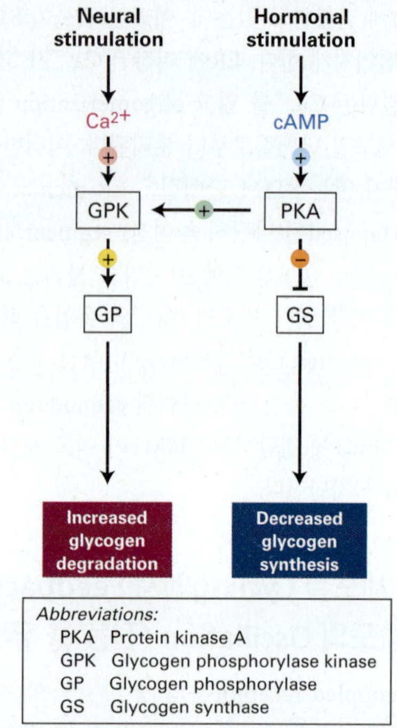

그림 15-32 Ca^{2+}와 cAMP/PKA pathway에 의한 glycogenolysis의 통합적인 조절. Striated muscle cell (가로무늬 근육 세포)이 neuronal stimulation (뉴런 자극)되거나 세포 표면에 있는 β-adrenergic receptor에 에피네프린이 결합하면 각각 second messenger인 Ca^{2+}와 cAMP의 세포질내 농도를 증가시킨다. 주요 조절 효소인 glycogen phosphorylase kinase (GPK)는 Ca^{2+} 이온의 결합과 cAMP-dependent PKA에 의한 인산화 모두에 의해 활성화된다. 효소들은 흰색 박스로 표시된다. (+)는 enzyme activity (효소 활성)의 활성화, (–)는 inhibition (억제)을 나타냄.

15.5절의 주요 개념

단백질 분비 및 근육 수축의 조절: 다중 신호전달 경로에서 Second Messenger (2차 신호 전달자)로서의 Ca^{2+} 이온

- 세포질 Ca^{2+}가 조금만 증가되더라도 호르몬 분비, 근육 수축, 혈소판 응집 등 서로 다른 세포에서 다양한 반응을 유도한다.
- 많은 호르몬들이 $G_{\alpha q}$ subunit을 가지고 있는 G protein에 붙어 있는 GPCR에 결합한다. GTP가 결합된 $G_{\alpha q}$에 의해 활성화되는 effector 단백질은 phospholipase C 효소이다.
- Phospholipase C는 *PI(4,5)*P_2로 알려진 원형질막의 cytosolic leaflet (세포질 쪽 층)에 위치한 phospholipid를 절단하여 2개의 second messenger, 즉 water-soluble (수용성) IP_3와 membrane에 결합되어 있는 DAG를 생성한다.
- IP_3는 endoplasmic reticulum (ER, 소포체)에 있는 IP_3-개폐성 Ca^{2+} 통로를 열리게 해서 세포질의 free Ca^{2+}의 증가를 유발한다.
- Endoplasmic reticulum에서 IP_3-개폐성 Ca^{2+} 통로가 열리면 미토콘드리아 기질에서 Ca^{2+}가 증가하고 ATP 합성이 가속화된다.
- ER내 Ca^{2+} 저장이 고갈되면 원형질막에 있는 store-operated Ca^{2+} 채널(저장 작동 Ca^{2+} 통로)이 열리게 되고 세포 외부로부터 Ca^{2+}가 들어온다.
- 증가된 세포질 Ca^{2+}에 반응해서 protein kinase C는 원형질막으로 이동하고 DAG에 의해 활성화된다.
- 근육에서 글리코겐 분해 및 합성은 신경 자극과 호르몬 자극에 의해 각각 조절되는 second messenger인 Ca^{2+}와 cAMP에 의해 조절된다.

15.6 시각(vision): 눈이 빛을 감지하는 방법

동물들은 물리적 자극을 감지하고 반응하는 능력 덕분에 세상을 인지하는 놀라운 능력을 가지고 있다. 이러한 자극들 중 가장 중요한 하나는 light (빛)이다. 빛에 의한 signal transduction을 이해하기 위해 인간의 retina (망막)에 있는 두 가지 유형의 photoreceptor cell (광수용체 세포) 중 하나인 *rod* (간상 세포)에 초점을 맞출 것이다(그림 15-33).

빛은 눈의 Rod Cell (간상 세포)에 있는 Rhodopsin을 활성화시킨다

Rod cell은 달빛과 같은 약한 빛에 의해 자극을 받아 거의 전적으로 야간 시력을 담당한다; rod cell은 color vision (색각)에서는 거의 역할을 하지 않는다. 다른 유형의 인간 광수용체 세포인 *cone* (원추 세포)는 color vision에 관여하며 유사한 신호전달 경로를 사용한다. 이러한 광수용체 세포들은 서로 다른 조합의 광수용체 세포에 의해 innervated (신경이 통하게) 되는 눈 뒤쪽의 interneuron (중간뉴런) 층에 신호를 보낸다. 이 모든 신호들은 visual thalamus (시상)를 통해 처리되고, *visual cortex* (시각 피질)라고 하는 뇌 부위로 전달되어 해석된다.

Rod cell은 *rhodopsin* (로돕신)이라고 불리는 light-sensitive GPCR

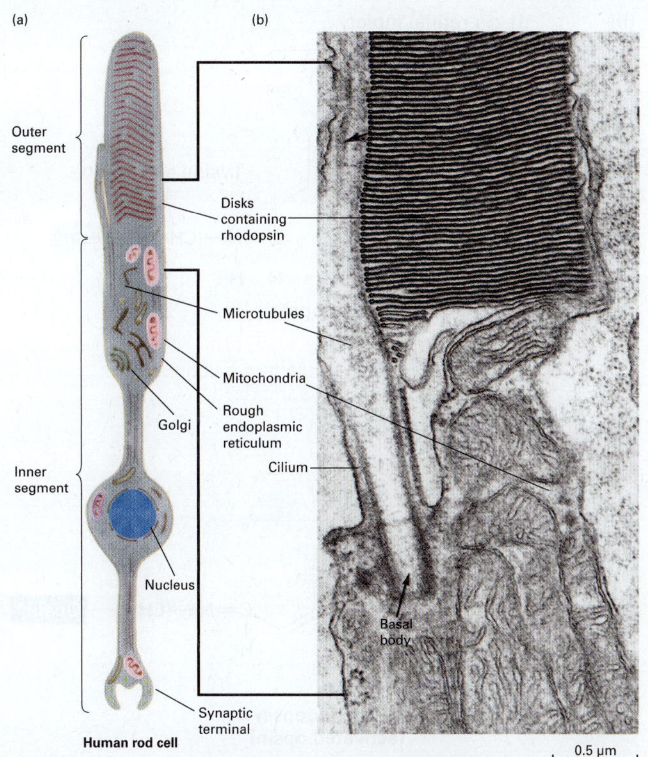

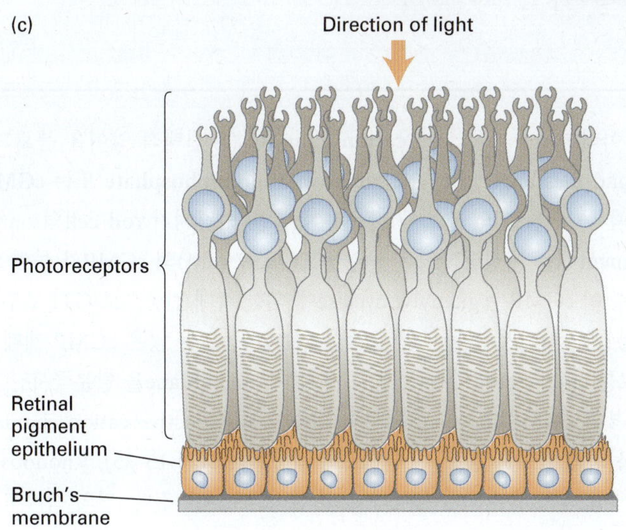

그림 15-33 인간의 rod cell. (a) 전체적인 rod cell의 모식도. Rod cell은 synaptic terminal (시냅스 말단; *spherule*이라고도 함)에서 하나 이상의 interneuron (중간뉴런)과 synapse (시냅스)를 형성한다. 빛에 민감한 G protein–coupled receptor인 rhodopsin은 rod cell의 outer segment에 있는 평평한 membrane disk에 위치한다. (b) (a)에서 표시된 rod cell내 일부 지역의 전자현미경 사진. 이 지역에는 inner segment와 outer segment의 junction (연결 부분)이 포함된다. (c) 인간 망막의 구조. Rod cell과 cone cell (원추 세포)의 기저에 있는 pigment epithelial cell (색소 상피 세포) 층을 보여주며, all-*trans*-retinol은 rod cell과 cone cell로 다시 이동하기 전에 11-*cis*-retinal로 전환된다. [Part (b) Don W. Fawcett/Science Source. Part (c) after drawing by Alapakkam P. Sampath.]

(빛에 민감한 GPCR)의 도움으로 빛을 감지한다. Rhodopsin에는 두 가지 구성 요소가 있다: seven transmembrane α-helical segment (7개의 막 관통 α-나선 세그먼트)를 가지는 전형적인 GPCR A 패밀리 멤버인 단백질 opsin과 opsin에 공유결합하는 11-*cis*-retinal이라고 불리는 light-absorbing pigment (흡광 색소)가 그 두 가지이다(그림 15-34a). 결합된 11-*cis*-retinal은 rhodopsin을 비활성화 (R) 구조로 고정하여 빛이 없을 때 signaling을 막는다. Rod cell에서만 발견되는 rhodopsin (cone cell은 homologous photoreceptor 분자를 가짐)은 이러한 막대 모양 세포들 각각의 outer segment를 구성하는 약 1,000개 정도의 flattened membrane disk (평평한 막 디스크)에 위치하고 있다(그림 15-33 참조). 인간의 망막에는 약 9천만 개의 rod cell이 있으며, 각 rod cell은 membrane disk에 빽빽하게 들어찬 약 4×10^7 분자의 rhodopsin을 가지고 있다. *Transducin* (G_t)이라고 불리는 rhodopsin에 결합된 heterotrimeric G protein은 $G_{\alpha t}$라고 하는 G_α subunit을 포함한다; rhodopsin과 마찬가지로, $G_{\alpha t}$는 rod cell에서만 발견된다.

Rhodopsin은 ligand의 결합이 수용체를 활성화시키지 않는다는 점에서 다른 GPCR과 다르다. 오히려 활성화시키는 신호는 결합된 retinal에 의한 빛의 photon (광자)의 흡수이다(그림 15-34b). Photon이 흡수될 때, rhodopsin의 retinal moiety는 *cis* isomeric form (11-*cis*-retinal)에서 all-*trans* isomeric form으로 빠르게 전환된다. Retinal의 이러한 모양 변화는 단백질의 비활성 (R) 구조에서 활성 (R*) 구조로의 변화를 유도하며, 이는 다른 GPCR에 ligand가 결합할 때 발생하는 활성화 구조 변화와 동일하다. 결과적으로, R* 형태의 rhodopsin은 transducin에 결합하여 $G_{\alpha t}$ subunit에서 GDP가 GTP로 교환되는 것을 유발한다. 동시에 transducin은 또한 $G_{\alpha t}$·GTP와 $G_{\beta\gamma}$ subunit으로 분리된다. 활성화된 단일 rhodopsin 단백질은 opsin 단백질과 all-*trans*-retinal 사이의 공유결합이 자발적으로 절단되기 전 몇 초 안에 약 13개의 transducin 분자를 활성화한다; all-*trans*-retinal이 분리되면, opsin은 더 이상 transducin을 활성화시킬 수 없다.

그 free all-*trans*-retinal은 여러 단계를 거쳐 다시 11-*cis*-retinal로 변환된다. 먼저, all-*trans*-retinal은 rod cell의 outer segment에 있는 효소에 의해 intermediate (중간체)인 all-*trans*-retinol로 변환된다. 그런 다음, 이 intermediate는 일련의 수송 단백질들에 의해 망막내 인접한 *pigment epithelial cell* (색소 상피 세포)로 이동하여(그림 15-33c), 여기에서 11-*cis*-retinal로 변환된다. 이후 11-*cis*-retinal은 rod cell로 다시 돌아가 opsin과 결합해서, rhodopsin을 형성하고 rhodopsin visual cycle (로돕신 시각 주기)을 완료한다.

RPE65는 망막의 pigment epithelial cell (색소 상피 세포)에 존재하는 효소로 intermediate인 esterified (에스테르화된) all-*trans*-retinal을 11-*cis*-retinal로 isomerization (이성질화)하는 것을 촉매한다. RPE65 유전자의 autosomal recessive mutation (상염색체 열성 돌연변이)은 어린이들에게서 보이는 blindness (실명)의 주요 원인이 된다. 미국 식품의약국(FDA)은 결함이 있는 RPE65 효소를 기반으로 실명을 치료하는 *in vivo* human gene therapy (생체내 인간 유전자 치료법)를 2017년에 미국 최초로 승인했다. 이 치료법에서는 망막에 직접 주입되는 adeno-associated virus vector (아데노 연관 바이러스

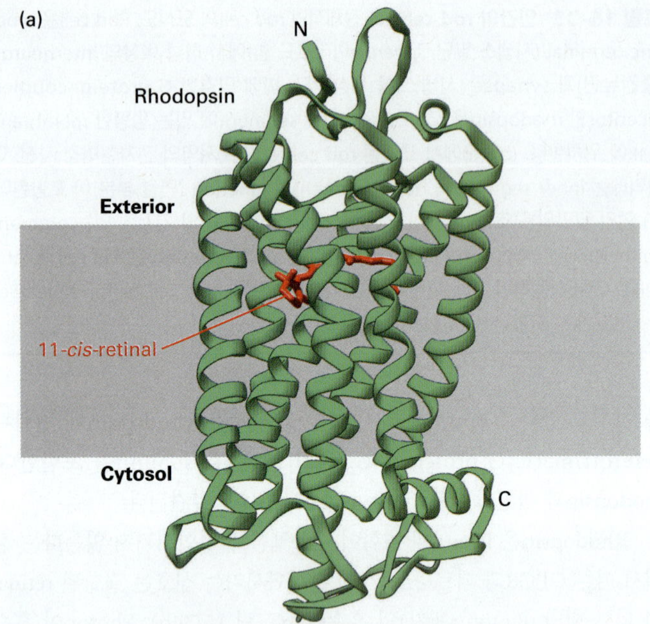

그림 15-34 시각은 빛에 의해 유발되는 rhodopsin내 retinal moiety의 isomerization (이성질체화)에 의존한다. (a) Rhodopsin은 opsin 단백질내 296번째 lysine 잔기의 amino group에 공유결합되어 있는 빛을 흡수하는 pigment (색소)인 11-*cis*-retinal로 구성된다. (b) 빛의 흡수는 결합된 cis-retinal을 all-*trans* isomer (이성질체)로 빠르게 photoisomerization (광이성질체화)시켜 G protein transducin을 활성화시킬 수 있는 opsin의 구조적 변화를 유발한다.

벡터)를 사용하여 *RPE65* 유전자의 완전한 copy를 pigment epithelial cell 내로 넣는다. 모든 어린 수여 환자들에게서 시력이 좋아지고 미로를 헤쳐 나가는 능력이 향상되었다고 보고되었다. ■

빛에 의한 Rhodopsin의 활성화는 cGMP-Gated Cation Channel (cGMP-개폐성 양이온 통로)이 닫히는 것으로 이어진다

어둠 속에서, rod cell의 원형질막을 가로지르는 potential (전위)은 –30 mV이다. 이것은 뉴런 및 다른 전기적으로 활성 상태인 세포의 전형적인 resting potential (휴지 전위)인 –60에서 –90 mV에 비해 훨씬 더 positive한 전위(덜 negative한 전위)이다(11장 참조). **Depolarized state (탈분극 상태)**라고 불리는 이러한 membrane의 상태는 어둠 속에서 rod cell이 neurotransmitter를 지속적으로 방출하도록 한다. 따라서 이들과 시냅스로 연결되어 있는 뉴런들은 지속적으로 자극을 받는다; 일련의 뉴런들을 통해 뇌로 보내는 신호는 darkness (어둠)로 인식된다. 많은 수의 open ion channel (열린 이온 통로)들이 Na^+와 Ca^{2+} 모두를 세포 내로 받아들이기 때문에[따라서 이러한 이온 채널들은 *nonselective* (비선택적)라 불린다], resting state rod cell의 원형질막은 탈분극 상태로 남아 있다. 11장에서 언급된 Na^+및 Ca^{2+}와 같은 cation (양이온, 양전하를 띤 이온)이 세포 외부에서 세포 내부로 이동하면 세포 내부 negative membrane potential (음전하의 막 전위)의 크기가 크게 감소하거나 membrane이 탈분극된다는 사실을 기억하자.

이러한 nonselective cation channel (비선택적 양이온 통로)은 second messenger인 **cyclic guanosine monophosphate** 또는 **cGMP** (그림 15-5 참조)의 결합에 반응하여 열린다. 휴지기 rod cell의 outer segment에는 비정상적으로 높은 농도(~0.07 mM)의 cGMP가 들어 있으며, 이 cGMP는 guanylyl cyclase에 의한 촉매 반응으로 GTP로부터 생성된다. 따라서 어둠 속에서 높은 cGMP 농도는 많은 cGMP-개폐성 통로를 open state (열린 상태)로 유지하여 membrane을 탈분극시킨다.

빛은 cGMP의 농도를 낮추어 이러한 nonselective cation channel (비선택적 양이온 통로)이 닫히도록 작용한다(그림 15-35). Rhodopsin에 의한 빛의 흡수는 수용체와 G_t의 활성화로 이어진다. 거의 즉각적으로, $G_{\alpha t}\cdot$GTP는 *cGMP phosphodiesterase (PDE)*를 활성화시켜 cGMP를 5′-GMP로 가수분해한다. cGMP의 농도가 떨어지면 비선택적 양이온 통로가 닫히고 막 전위는 내부에서 *more* negative하게 된다(그림 15-35, 단계 6 참조). 이러한 원형질막의 repolarization (재분극)은 신경 전달 물질의 방출을 감소시킨다. Rhodopsin이 더 많은 photon을 흡수할수록 더 많은 cGMP가 가수분해되고 더 많은 통로가 닫히게 된다. 외부로부터 membrane을 가로지르는 Na^+와 Ca^{2+} 이온의 수가 적을수록 내부의 막 전위가 더 negative하게 되어 신경 전달 물질이 적게 방출된다. 신경 전달 물질 방출의 감소는 일련의 뉴런들에 의해 뇌로 전달돼서 빛으로 인식된다.

그림 15-35에서 볼 수 있듯이, lipid anchor는 $G_{\alpha t}\cdot$GTP와 그 effector인 PDE 모두를 rod cell내 disk membrane의 세포질 쪽에 위치하게 만든다. Rhodopsin의 활성화를 통해 생성된 $G_{\alpha t}\cdot$GTP 복합체는

membrane 표면을 따라 측면으로 이동할 수 있고, PDE의 두 γ inhibitory subunit (γ 억제 서브유닛)에 결합할 수 있다(그림 15-35 참조); 즉, 하나의 $G_{\alpha t}$·GTP가 하나의 γ subunit에 결합한다는 것을 의미한다. $G_{\alpha t}$·GTP가 γ subunit에 결합하면 촉매적으로 활성 상태인 $\alpha\beta$ dimer를 방출하고, 이 $\alpha\beta$ dimer는 cGMP를 GMP로 전환시킨다. 이것은 억제 subunit의 제거가 신호전달 경로의 일반적인 메커니즘인 효소를 어떻게 빠르게 활성화시킬 수 있는지에 대한 또 다른 예이다.

Rod cell 활성에서, cGMP의 역할은 풍부한 cGMP-gated cation channel (cGMP-개폐성 양이온 통로)을 갖고 있는 rod cell의 outer segment에서 채취한 원형질막의 분리된 patch (패치)를 사용한 patch-clamping (패치 고정법) 연구에 의해 더 확실히 밝혀졌다. 이러한 patch의 세포질 표면에 cGMP가 첨가되면 열린 양이온 통로의 수가 급격히 증가한다; cGMP는 통로 단백질의 세포질 표면에 있는 부위에 직접 결합하여 통로를 열린 상태로 유지한다. 11장에서 논의된 K^+ 통로와 마찬가지로, cGMP-개폐성 통로 단백질은 4개의 subunit을 포함한다. 이 경우 각각의 subunit은 cGMP 분자와 결합할 수 있다. 3개 또는 4개의 cGMP 분자가 각각의 채널을 열기 위해 결합해야 한다; 이러한 협력적인 allosteric interaction (다른 자리 입체성 상호작용) 때문에 통로가 열리는 것은 cGMP 레벨의 작은 변화에 매우 민감하다.

Signal Amplification (신호 증폭)에 의하여 Rhodopsin 신호전달 경로는 매우 정교하고 민감하게 된다

놀랍게도, 휴지기의 rod cell에 의해 흡수된 단일 photon은 약 1 mV 정도의 막 전위에서 작은 hyperpolarization (과분극) 형태로 측정 가능한 반응을 생성하며, 양서류에서는 이 반응이 1~2초 동안 지속된다. 9,000만 개의 rod cell이 있는 어둠에 적응한 인간의 눈은 겨우 5개의 photon을 흡수하는 것만으로도 빛을 인식할 수 있다; 극소수의 photon에 반응하는 능력은 야간 시력에 매우 중요하다.

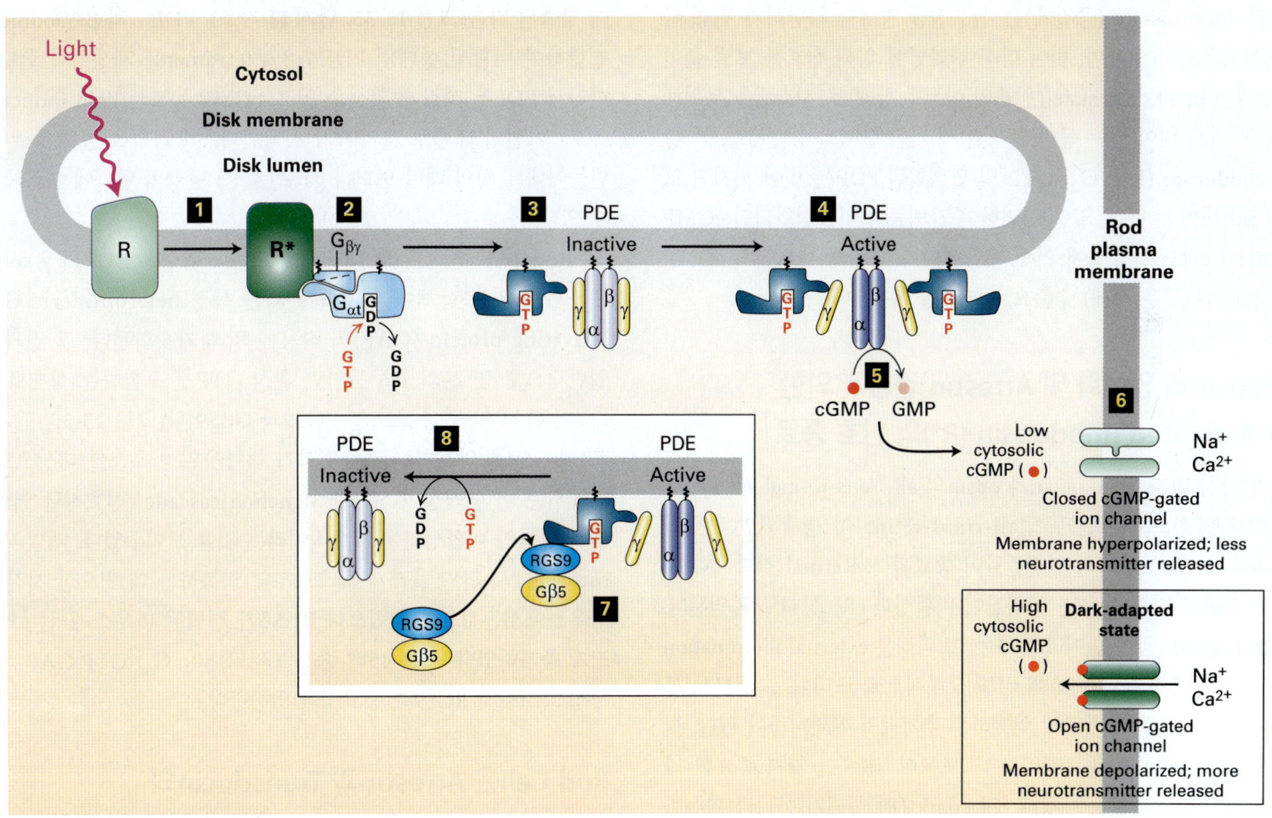

그림 15-35 Rod cell에서 빛에 의해 활성화되는 rhodopsin pathway와 cation channel (양이온 통로)의 closing. Dark-adapted (어둠에 적응한) rod cell에서 높은 레벨의 cGMP는 cGMP-gated plasma membrane nonselective cation channel (cGMP-개폐성 원형질막 비선택적 양이온 통로)을 열어서, Na^+ 및 Ca^{2+}의 유입, 원형질막의 탈분극, neurotransmitter의 방출을 유발한다. 빛의 흡수는 활성화된 rhodopsin R*을 생성하며(단계 **1**), 이는 GDP가 결합된 비활성 상태의 $G_{\alpha t}$ protein과 결합하여 GDP와 GTP의 교환을 매개한다(단계 **2**). 그런 다음, 생성된 free $G_{\alpha t}$·GTP는 PDE의 inhibitory (억제) γ subunit에 결합하여(단계 **3**) catalytic (촉매) α와 β subunit으로부터 분리시킴으로써(단계 **4**) PDE를 활성화시킨다. Inhibition (억제)으로부터 풀려난 PDE의 α와 β subunit은 cGMP를 GMP로 가수분해한다(단계 **5**). 그 결과 나타나는 세포질 cGMP의 감소는 cGMP가 원형질막에 있는 cation channel (양이온 통로)로부터 분리되도록 유도해서 이러한 통로가 닫히게 한다(단계 **6**). 결과적으로, 원형질막은 일시적으로 과분극되고 신경 전달 물질의 방출은 감소된다. $G_{\alpha t}$·GTP와 PDE γ subunit의 복합체는 RGS9와 Gβ5로 구성된 GTPase-activating complex (GTPase 활성화 복합체)와 결합한다(단계 **7**); 결합된 GTP를 가수분해함으로써, 이 복합체는 생리적으로 중요한 PDE의 신속한 비활성화를 유발한다(단계 **8**). V. Arshavsky and E. Pugh, 1998, *Neuron* **20**:11; and V. Arshavsky, 2002, *Trends Neurosci.* **25**:124 참조.

신호가 신호전달 경로에 의해 크게 amplification되기 때문에 빛을 감지하는 시스템은 매우 민감하다. 활성화되어 있는 시간 동안 rod cell의 disk membrane에 있는 각각의 rhodopsin 분자는 약 13개의 $G_{\alpha t}$ 분자를 활성화시킬 수 있으며, 그중 2개의 $G_{\alpha t}$ 분자는 단일 phosphodiesterase (PDE) 분자를 활성화시킬 수 있다(그림 15-35 참조). 각각의 PDE 분자는 활성 상태를 유지하는 몇 분의 1초 동안 수백 개의 cGMP 분자를 가수분해한다. 단일 photon의 흡수(즉, 단일 활성화된 rhodopsin 분자를 생성)는 원형질막에서 수천 개의 양이온 통로(또는 열린 통로의 약 5%)가 닫히는 것을 유발하기에 충분할 정도로 cGMP 농도를 감소시켜서 세포의 막 전위에 측정 가능한 변화를 일으킬 수 있다.

Rhodopsin 신호전달 경로의 신속한 종료는 시각의 Temporal Resolution (시간적 해상도)에 필수적이다

많은 생명체에서 빠르게 변화하는 빛 조건(dark-to-light, light-to-dark)에 대한 신속한 반응은 생존에 매우 중요하다. 모든 GPCR 매개 신호전달과 마찬가지로, light-to-dark (빛에서 어두운 상태로) 전환 후 모든 활성화된 intermediate (중간체)는 신호전달 경로를 차단하기 위해 빠르게 비활성화되어야 하며, 빛이 다시 나타남에 의해 신호를 보낼 준비가 되어 있는 basal dark state (원래의 어두운 상태)로 시스템을 복원해야 한다. 따라서 빛이 있는 동안 생성된 세 가지 단백질 중간체들, 즉 활성화된 rhodopsin (R*), $G_{\alpha t}$·GTP 및 활성화된 PDE는 빛이 꺼지면 모두 비활성화되어야 한다. 일단 이러한 중간체들이 비활성화되면 cGMP가 guanylyl cyclase 효소에 의해 재합성되기 때문에 세포질의 cGMP 농도는 dark (어두운 상태) 수준으로 빠르게 회복된다.

Rhodopsin의 인산화 및 Arrestin 결합에 의한 Light-Activated Rhodopsin (R*)의 신호 종료

위에서 언급한 바와 같이, opsin과 opsin의 all-*trans*-retinal 사이의 공유결합이 자발적으로 절단되고, all-*trans*-retinal이 방출되면 활성화된 rhodopsin (R*) 분자의 신호전달이 종료된다. Retinal 결합 부위를 11-*cis*-retinal로 다시 채우면 단백질이 비활성화 (R) 상태로 복원된다. *Dark adaptation* (암순응)이라고 하는 이 과정은 external illumination (외부 조명)의 매우 빠른 변화에 비해 상대적으로 느리다. 그러므로 활성화된 rhodopsin을 더 빠르게 억제하는 추가적인 메커니즘이 있다. 빛에 대한 반응을 빠르게 종료시키는 데 도움이 되는 한 가지 중요한 과정은 rhodopsin이 비활성화 형태 또는 dark (R) 형태가 아니라 활성화 (R*) 형태일 때 인산화되는 것이다. 이러한 인산화를 촉매하는 효소는 GRK kinase 패밀리의 멤버인 *rhodopsin kinase*이다(그림 15-26a 참조). 각각의 opsin 분자는 세포과 마주하는 C-terminal segment에 여러 개의 주요 serine 및 threonine 인산화 부위를 가지고 있다; rhodopsin kinase에 의해 인산화되는 부위가 많을수록 G_t에 결합하여 활성화시킬 수 있는 R*의 양이 적어진다.

Rhodopsin에 arrestin이 결합하면 비활성화 과정을 매우 빠르게 가속화시킨다. Arrestin은 rhodopsin kinase가 충분한 수의 C-terminal serine과 threonine을 인산화시킨 경우에만 rhodopsin에 단단히 결합한다. 인산화된 rhodopsin에 결합하는 arrestin은 G_t와의 상호작용을 완전히 막아서 활성화된 $G_{\alpha t}$·GTP 복합체 형성과 PDE의 추가적인 활성화를 차단한다. Rhodopsin 인산화 및 arrestin에 의한 비활성화의 전체 과정은 빠르다—포유류에서는 50밀리 초 이내에 완료된다. 인산화된 rhodopsin은 dark adaptation (암순응) 동안 원래의 빛에 민감한 상태 (R)로 복원된다. Dark (어두운 상태) 동안, 특정 rhodopsin phosphatase가 천천히 phosphate를 제거하고 11-*cis*-retinal은 opsin에 결합한다.

GTP 가수분해에 의해 활성화된 $G_{\alpha t}$·GTP로부터의 신호 종료

$G_{\alpha t}$는 짧은 기간 후 자동으로 차단된다: 여기에는 결합된 GTP를 GDP로 가수분해하여 비활성 형태의 $G_{\alpha t}$·GDP 복합체를 생성하는 내재된 GTPase 활성이 포함한다. 그러한 비활성 $G_{\alpha t}$·GDP는 $G_{\beta\gamma}$와 다시 결합하며, 더 이상 PDE γ subunit에 결합할 수 없다. 결합된 PDE γ subunit이 방출된 다음(그림 15-35, 단계 **7** 참조), PDE α와 β subunit에 다시 결합하여 비활성 형태의 PDE $\alpha\beta\gamma_2$ tetramer를 재생성한다(단계 **8**). 따라서 PDE는 빠르게 활성을 잃고, cGMP 농도는 light induction (빛 유도) 이전의 레벨로 올라가기 시작한다. 이 과정을 통해 눈은 물체가 만들어내는 빛의 패턴 변화나 gaze (시선) 방향의 변화에 빠르게 반응할 수 있다.

Rod cell에서 $G_{\alpha t}$의 내재된 GTPase 활성은 PDE의 γ subunit과 $G_{\alpha t}$·GTP의 복합체에 위치하게 되는 특정 heterodimeric GTPase-activating protein (GAP)의 작용에 의해 가속화된다. 그 결과, $G_{\alpha t}$는 일반적으로 몇 분의 1초 동안만 활성 GTP를 포함하는 상태로 유지된다. 이 GAP의 구성 요소는 RGS9과 Gβ5이다(그림 15-35, 단계 **7** 참조). RGS9을 암호화하는 유전자가 녹아웃된 마우스를 대상으로 한 실험에서는 이 단백질이 생체내 signaling cascade (신호전달 연쇄 반응)의 정상적인 비활성화에 필수적이라는 것을 보여주었다. 개별 마우스의 rod cell에서 단일 플래시 빛으로부터 회복하는 데 필요한 시간이 일반 마우스에서는 0.2초 걸렸으나 RGS9가 결핍된 마우스에서는 약 9초로 크게 증가하였다. 이는 45배 증가를 나타내며, $G_{\alpha t}$·GTP-GAP 복합체의 구성 요소로서 RGS9의 중요성을 입증한다.

Rod Cell은 Arrestin과 Transducin의 Intracellular Trafficking (세포내 이동)에 의해 다양한 레벨의 Ambient Light (주변광)에 적응한다

밝은 햇빛에서 어두컴컴한 방으로 이동할 때 일시적으로 낮은 레벨의 빛에 둔감해지며 처음에는 주변의 물체를 쉽게 볼 수 없다. 그러나 그러한 low-light condition (낮은 빛의 조건)에서 일정 시간을 보낸 후에는 눈이 적응하여 사물을 잘 보고 구별할 수 있게 된다; 즉, 낮은 레벨의 빛에 더 민감해진다. 반면에, 어두컴컴한 방에서 밝은 햇빛으로 빠르게 이동하면 처음에는 밝은 빛에 "blinded" (눈이 먼 상태)가 되지만(hypersensitivity), 시간이 흐를수록 덜 민감해지게 되고(desensitized) 다시 선명하게 볼 수 있다. *Light adaptation* (명순응)이라고 하는 이 과정의 결과로 rod cell은 어두컴컴한 방에서 밝은 햇빛에 이르기까지 100,000 배 범위의 ambient light (주변광) 레벨에서 물체를 명확하게 인식할 수 있다. 이러한 빛에 대한 광범위한 민감도가 가능한 이유는 궁극적으로 뇌가 시각적 이미지를 형성하기 위해 사용하는 것이 흡수되는 빛의 absolute *amount* (절대적 양)가 아니라 시야의 빛 레벨의 *difference* (차이)이기 때문이다. 시각적 적응의 대부분은 광수용체 세포에서 일어나며, 이 세포는 낮거나 높은 주변광 강도에 반응하기 위해 rhodopsin에 의해 개시되는 신호전달 경로(그림 15-34 참조)를 조정할 수 있다.

Dark (어두운 상태)에 적응된 rod cell에서, $G_{\alpha t}$ 및 $G_{\beta\gamma}$ transducin subunit의 80–90%가 outer segment에 위치하는 반면, 억제 arrestin 분자의 10% 미만이 outer segment에 위치한다(그림 15-36). 이러한 공간적 분포는 downstream의 effector인 PDE의 최대 활성화를 가능하게 하여 빛의 작은 변화에 대한 최대 민감도를 가능하게 한다. 10분 동안 보통 세기의 daytime light (주간 빛)에 노출되면, 이러한 단백질들의 재분배를 유발하여 80% 이상의 $G_{\alpha t}$ 및 $G_{\beta\gamma}$ subunit이 outer segment에서 세포내 다른 부위로 이동하는 반면에, 80% 이상의 arrestin은 outer segment로 이동한다.

이들 단백질들이 세포 내에서 이동하는 메커니즘은 아직 알려져 있지 않지만, 아마도 미세소관에 부착된 motor (운동 단백질)들이 이들 단백질들을 outer segment 안팎으로 운반할 가능성이 높다(18장 참조); 그림 15-33의 도표와 현미경 사진의 미세소관을 참고하자. 밝은 빛에서 $G_{\alpha t}$와 $G_{\beta\gamma}$ subunit을 가진 transducin의 레벨은 outer segment에서 많이 감소하여 G_t가 rhodopsin에 결합 및 활성화될 수 없다. 결과적으로 PDE가 덜 활성화된다. 동시에 outer segment내 arrestin 레벨의 증가는 rhodopsin kinase에 의해 인산화 및 활성화된 rhodopsin이 빠르게 비활성화된다는 것을 의미한다. 이러한 단백질들의 움직임은 주변광 레벨이 낮아지면 반대로 된다. 따라서 우리의 시각 시스템은 outer segment내 transducin 레벨의 감소와 arrestin 레벨의 증가에 의해 밝은 빛에서 desensitized (둔감화)된다.

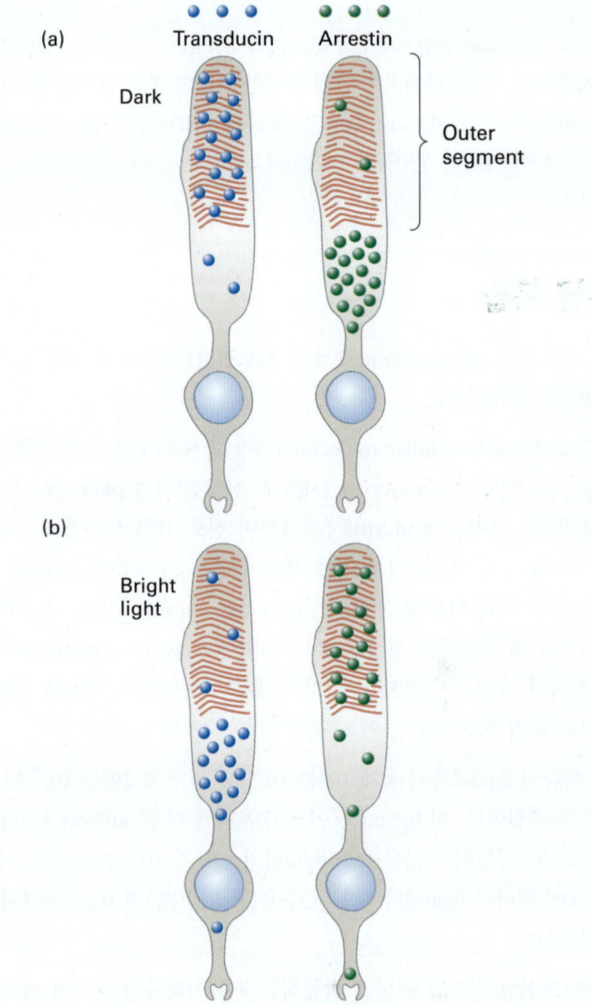

그림 15-36 Dark-adapted rod cell (어둠에 적응한 간상 세포)과 light-adapted rod cell (빛에 적응한 간상 세포)에서의 transducin과 arrestin의 분포. (a) 어두울 때 대부분의 transducin (파란색 원)은 outer segment에 위치하고 있지만, 대부분의 arrestin (녹색 원)은 세포의 다른 부분에 있다; 이러한 조건에서 시각은 매우 낮은 빛의 레벨에 가장 민감하다. (b) 밝은 빛에서 transducin은 outer segment에서 거의 발견되지 않는 반면에 arrestin은 이곳에 매우 많다; 이러한 조건에서 시각은 작은 빛의 변화에 비교적 무감각하다. 이러한 단백질들의 이동이 조화롭게 조절됨으로써, 우리는 10만 배 범위에 걸친 주변 빛 레벨에서 이미지를 인식할 수 있는 것이다. P. Calvert et al., 2006, *Trends Cell Biol.* **16**:560 참조.

15.6절의 주요 개념

시각(Vision): 눈이 빛을 감지하는 방법

- Rod cell내 photosensitive GPCR (광민감성 GPCR)인 rhodopsin은 11-*cis*-retinal과 연결된 단백질 opsin으로 구성된다. 빛이 나타나면, 11-*cis*-retinal moiety에서 all-*trans*-retinal로의 isomerization (이성질체화)이 유도된다. 이것은 opsin 구조를 변화시켜 $G_{\alpha t}$ subunit에서 결합된 GDP를 GTP로의 교환을 촉매함으로써 연결되어 있는 heterotrimeric G protein transducin (G_t)을 활성화시킨다(그림 15-34와 15-35 참조).
- Rhodopsin pathway의 effector 단백질은 PDE이며, PDE는 $G_{\alpha t}\cdot$GTP가 억제 γ subunit에 결합하고 이를 방출함으로써 활성화된다. 이 효소는 cGMP 레벨을 감소시키고, 그 결과 cGMP-gated Na^+/Ca^{2+} 채널(cGMP-개폐성 Na^+/Ca^{2+} 통로)이 닫히고 membrane이 과분극화되며 신경 전달 물질의 방출이 감소한다(그림 15-35 참조).
- 몇 가지 메커니즘이 visual signaling (시각 신호전달)을 종료하는 역할을 한다. GAP 단백질은 $G_{\alpha t}\cdot$GTP를 비활성화시키고, rhodopsin 인산화와 arrestin의 결합은 transducin의 활성화를 억제한다.
- 광범위한 레벨의 ambient light (주변광)에 대한 적응은 rod cell의

outer segment 안팎으로 transducin과 arrestin이 움직이는 것에 의해 매개된다. 이 두 단백질은 함께 미세한 레벨의 빛의 증가를 감지하는 능력을 조절하여 downstream의 effector인 PDE를 활성화시킴으로써 서로 다른 레벨의 주변광에 대한 rod cell의 민감도를 조절한다.

개념 복습

1. 대부분의 cell signaling (세포 신호전달) 시스템이 공유하고 있는 공통점은 무엇인가?

2. Soluble extracellular molecule (가용성 세포외 분자)에 의한 signaling (신호전달)은 endocrine (내분비 신호전달)과 paracrine (측분비 신호전달), 그리고 autocrine (자가분비 신호전달) 시스템으로 분류된다. 이 세 가지 시스템의 차이를 서술하시오. Growth hormone (성장 호르몬)은 뇌의 하부에 존재하는 pituitary (뇌하수체)로부터 분비되며, liver (간)에 존재하는 성장 호르몬 수용체(growth hormone receptor)를 통하여 기능을 수행한다. 이것은 내분비 신호전달, 측분비 신호전달 및 자가분비 신호전달 중 어느 것에 속하는가? 왜 그런가?

3. 하나의 ligand가 수용체 1에는 10^{-7} M, 수용체 2에는 10^{-9} M의 K_d 값으로 결합한다. 이 ligand는 어느 수용체에 더 큰 affinity (친화력)를 가지는가? 결합되지 않은 free ligand의 농도가 10^{-8} M일 경우 수용체 1과 2에 대하여 ligand와 결합된 수용체($[RL]/R_T$)의 fraction (비율)을 계산하시오.

4. 신호전달 경로가 어떻게 작동하는지를 이해하기 위하여 세포 표면 수용체를 분리하고 여러 가지 조건에서 downstream에 있는 effector 단백질들의 활성을 측정하는 방법이 종종 유용하다. 세포 표면 수용체를 분리 정제하기 위하여 affinity chromatography (친화성 크로마토그래피)를 어떻게 이용할 수 있는가? Ligand에 의해 자극된 세포에서 활성화된 G protein (GTP가 결합된 형태)의 양을 측정하는 방법은 무엇이 있는가? 당신이 취해야 할 접근법에 대해 서술하시오.

5. Seven-transmembrane domain (7개의 막 관통 도메인) G protein-coupled receptor (G 단백질-결합 수용체)는 어떻게 원형질막을 가로질러 신호를 전달하는가? Ligand 결합에 반응하여 수용체에서 발생하는 구조 변화에 대해서도 언급하시오.

6. Signal-transducing trimeric G protein (신호전달 삼합체 G 단백질)은 α, β, γ의 3개의 subunit으로 구성되어 있다. G_α subunit은 GTP 혹은 GDP와의 결합 여부에 따라 활성화 및 비활성화 상태를 전환하는 GTPase이다. Trimeric G protein에 의해 매개되는 effector 단백질이 ligand에 의해 활성화되는 단계를 설명하시오. GTPase 활성이 증가된 돌연변이 G_α subunit을 분리해냈다고 가정하자. 이 돌연변이는 G protein과 effector 단백질에 어떤 영향을 끼치는가?

7. 에피네프린 수용체가 활성화된 후 Gαs와 adenylyl cyclase가 결합하는 것을 측정하기 위하여 FRET을 어떻게 사용하는지 설명하시오.

8. G protein의 수용체 활성화, adenylyl cyclase의 G protein 활성화, PKA의 cAMP 활성화, 혹은 glycogen phosphorylase kinase (GPK)의 PKA 인산화 중 어느 단계가 세포에서 에피네프린 신호를 amplification시키는가? 에피네프린 수용체의 수적 증가와 $G_{\alpha s}$ protein의 수적 증가 중 어느 변화가 signal amplification에 더 큰 영향을 미치는가?

9. 세균인 Vibrio cholera에 감염되면 이 세균이 만들어 내는 독소인 cholera toxin 때문에 그 환자는 묽은 설사를 일으킨다. 이 현상에 대한 molecular basis (분자적 기초)는 무엇인가?

10. 시각에서 중요한 rhodopsin 시스템과 cardiac muscle (심장 근육)에 있는 muscarinic acetylcholine receptor (무스카린성 아세틸콜린 수용체) 시스템은 둘 다 G protein을 통하여 이온 채널에 결합되어 있다. 이 두 시스템의 공통점과 차이점을 서술하시오.

11. Liver (간)와 muscle (근육)에서 에피네프린이 cAMP pathway를 자극하면, 글리코겐 합성이 저해되고 글리코겐 분해를 촉진한다. 반면 adipose tissue (지방 조직)에서는 에피네프린이 triglyceride의 가수분해를 활성화시키고, 어떤 세포에서는 또 다른 반응을 일으킨다. 이들 세포에서 cAMP 신호전달 경로 안의 어떤 단계들이 세포 반응에 specificity (특이성)를 부여하는가?

12. G protein-coupled receptor가 ligand에 지속적으로 노출되면 *desensitization* (탈감작) 현상이 일어난다. 수용체 탈감작에 대한 몇 가지 분자 메커니즘을 서술하시오. 어떻게 하면, 수용체가 원래의 sensitized state (감작 상태)로 돌아갈 수 있는가? Serine이나 threonine 인산화 부위가 결여된 mutant receptor (돌연변이 수용체)는 세포에 어떠한 영향을 주는가?

13. A kinase-associated protein (AKAP)의 목적은 무엇인가? AKAP가 heart muscle cell (심장 근육 세포)에서 어떻게 기능을 하는지 설명하시오.

14. Inositol 1,4,5-trisphosphate (IP_3)와 diacylglycerol (DAG)은 활성화된 phospholipase C에 의해 phosphatidylinositol 4,5-bisphosphate [PI(4,5)P_2]가 절단되어 파생된 second messenger 분자들이다. 세포질 Ca^{2+} 농도의 증가를 유발하는 IP_3의 역할에 대해 설명하시오. 세포는 어떻게 세포질 Ca^{2+} 레벨을 resting 레벨로 회복하는가? DAG의 주요 기능은 무엇인가?

15. 3장에서, Ca^{2+} 결합을 위한 calmodulin EF hand의 Ca^{2+} 농도는 10^{-6} M로 제시된다. 많은 단백질들은 각각의 ligand에 대해 훨씬 더 높은 affinity (친화력)를 가지고 있다. IP_3 생성에 의해 시작되는 것과 같은 Ca^{2+} signaling 과정에서 calmodulin의 specific affinity (특이적 친화력)가 중요한 이유는 무엇인가?

16. 세포에서 cAMP에 반응하여 일어나는 대부분의 short-term physiological response (단기적 생리적 반응)는 PKA의 활성화에 의해 매개된다. cGMP는 또 다른 일반적인 second messenger이다. Rod cell에서 cGMP의 target은 무엇인가?

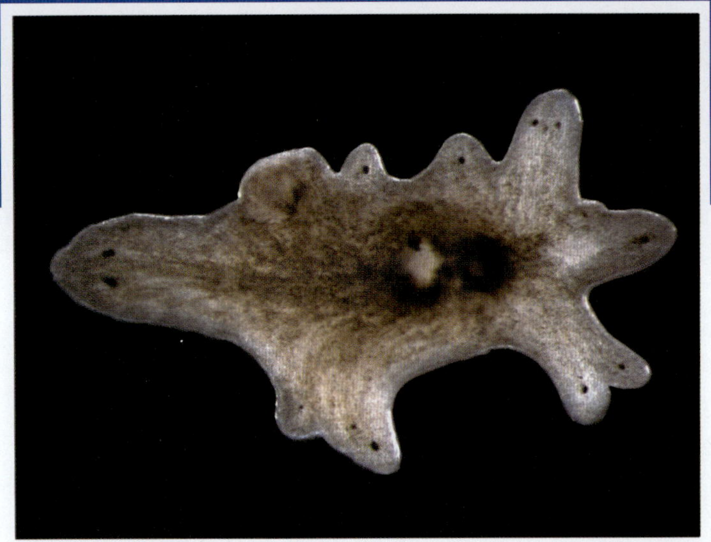

머리가 여러 개인 planarian (플라나리아). 몇몇 호르몬들과 그 수용체는 상처입은 플라나리아에서 복잡한 신체 부위의 재생을 조절한다; extracellular signaling protein (세포외 신호전달 단백질)인 Wnt는 꼬리의 재생을 촉진하고 머리의 재생을 억제한다. 한 실험에서 Wnt 신호전달 경로의 필수 단백질인 *beta-catenin-1*을 암호화하는 유전자는 inhibitory double-stranded RNA를 동물에게 먹임으로써 억제되었다. 그 다음 달에, stem-cell (줄기 세포)에 의해 매개되는 조직의 교체 및 복구 시스템의 결함으로 인해 상처를 입지 않은 플라나리아는 작은 상처에 의해 재생이 유도되는 과정에서 periphery (주변부)에 머리가 생겨났다; 이 상처 부위에 Wnt signal이 없는 것은 머리의 형성을 촉진한다는 것을 의미한다. [Courtesy of Christian Petersen and Peter Reddien, MIT, Whitehead Institute.]

CHAPTER 16

유전자 발현을 조절하는 성장 인자와 사이토카인 신호전달 경로 (Growth Factor and Cytokine Signaling Pathways That Control Gene Expression)

OUTLINE

수백 개의 extracellular signaling molecule (세포외 신호전달 분자)은 세포의 성장과 운명을 조절하고, 이러한 방식으로 모든 metazoan (후생동물)의 발생을 조절한다; 이러한 signaling molecule (신호전달 분자)들은 세포에 short-term effect (단기적 효과)와 long-term effect (장기적 효과) 모두를 줄 수 있다. 단기적 효과는 15장에서 이미 살펴본 바와 같이, 대개 이미 존재하고 있는 단백질이나 효소의 변화에 의하여 유발된다. 그러나 세포 기능의 장기적 변화는 유전자 발현의 변화를 필요로 한다. 따라서 많은 extracellular signaling molecule (세포외 신호전달 분자)들은 유전자의 발현을 변화시키고, 그렇게 함으로써 세포의 division (분열)과 세포의 differentiation (분화)을 변화시킬 수 있다. 예를 들어, *cytokine* (사이토카인)이라 불리는 신호전달 분자는 red blood cell (적혈구), white blood cell (백혈구) 및 platelet (혈소판)의 생성을 유도한다. 일단 분화되면, 세포들은 shape (모양), metabolism (대사) 또는 movement (움직임)를 변화시켜서 환경에 반응한다. 여기에서도 세포외 신호전달 분자는 유전자 발현의 변화를 일으킬 수 있다. 예를 들어, infection (감염)에 대한 반응으로 몇몇 호르몬들은 감염에 대하여 다양한 반응을 수행하는 면역계 세포에서 수백 개의 유전자 발현을 활성화하거나 억제한다. Development (발생), metabolism (대사) 및 movement (움직임)의 중요한 측면을 매개하는 gene transcription (유전자 전사)의 광범위한 역할을 고려할 때, 그러한 신호전달 경로의 돌연변이가 cancer (암), diabetes (당뇨병) 및 immune-system disorder (면역계 장애)를 비롯한 많은 인간의 질병을 야기한다는 것은 놀라운 일이 아니다.

이 장에서는 세포가 유전자 발현에 영향을 미치기 위해 주로 사용하는 hormone (호르몬), receptor (수용체) 및 이와 관련된 세포내 신호전달 경로에 대하여 설명한다. 진핵 생물에는 약 10여 개 class (부류)의 잘 보존되어 있는 세포 표면 수용체가 있고, 이러한 수용체는 잘 보존되어 있으면서도 종종 복잡한 세포내 여러 유형의 신호전달 경로를 활성화시켜 단기적 효과와 장기적 효과 모두를 야기한다. 이러한 경로는 evolution (진화) 전반에 걸쳐 보존되어 왔으며, fly (파리), worm (선충), planaria (플라나리아), mouse (마우스, 생쥐) 및 human (인간)에서 거의 동일한 방식으로 작동한다; 그 경로들의 공통점은 과학자들이 다양한 실험 시스템에서 그 경로들을 연구할 수 있게 해준 것이다. 예를 들어, signaling protein (신호전달 단백질)인 Hedgehog (Hh)와 그것의 수용체는 발생에 장애가 있는 fruit fly (*Drosophila*) mutant (초파리 돌연변이)에서 처음 확인되었다. 그 후, 이러한 단백질의 인간 homolog (상동유전자)와 마우스 homolog가 클로닝되었고, 세포 분화 동안 많은 중요한 signaling event (신호전달 이벤트)에 참여하는 것으로 나타났으며, 결과적으로 Hh pathway의 비정상적인 활성화가 여러 인간 종양 (tumor)에서 나타난다는 것이 발견되었다.

많은 이러한 신호전달 경로들의 complexity (복잡성)에도 불구하고, 많은 신호전달 경로에는 공통적인 특징이 있다. 우리는 GPCR signaling의 연구에서 몇 가지 공통점에 대해 이미 배웠고, 다음 절에서는 다른 것들을 알아볼 것이다. 유전자 발현을 조절하는 신호전달 경로는 유전자를 켜거나 끄는 transcription factor (전사 인자)를 통해 작동한다. 자극을 받지 않은 세포에서는 대부분의 조절된 전사 인자가 세포질에 격리되어 핵으로 들어갈 수 없거나 DNA에 결합할 수 없거나 유전자 발현에 영향을 줄 수 없다. 관련 신호전달 경로의 활성화는 전사 인자의 핵으로의 이동을 유발하는데, 어떤 경우에는 세포질에 존재하는 inhibitory complex (억제 복합체)로부터 전사 인자를 방출시킴으로써, 또 다른 경우에는 nuclear localization sequence (핵 위치 서열)를 노출시킴으로써, 전사 인자의 핵으로의 이동을 유발한다. 또는 신호전달 경로의 kinase가 전사 인자를 phosphorylation (인산화)하여 DNA에 결합할 수 있는 active form (활성 형태)으로 전환시킬 수 있다. 또 다른 공통적인 주제는 유전자 발현 변화를 통한 negative feedback regulation (네거티브 피드백 조절)이다; 조절된 전사 인자는 신호전달 경로를 억제하거나 약화시키는 단백질의 합성을 유도하여 세포의 overstimulation (과자극)을 방지할 수 있다.

우리는 많은 종류의 protein growth factor (단백질 성장 인자)에 의해 활성화되는 Receptor Tyrosine Kinase (수용체 타이로신 인산화효소, RTK; 16.1절)와 같은 커다란 부류의 수용체로 이 장을 시작한다. Extracellular domain (세포외 도메인)에 대한 ligand (리간드)의 결합은 2개의 monomer (단량체)가 dimer (이량체)로 결합하도록 유도해서, cytosolic domain (세포질 도메인)에 포함되어 있는 protein kinase (단백질 인산화효소)를 활성화시킨다(그림 16-1a). 한 가지 중요한 RTK 신호전달 경로에는 Ras라고 불리는 small GTP-binding protein (저분자량 GTP 결합 단백질)의 활성화가 포함된다; Ras는 차례로 Ras/MAP Kinase Pathway와 같은 하나의 kinase가 다른 kinase를 활성화시키는 protein kinase의 cascade (연쇄 반응)를 활성화시킨다(그림 16-1a, Pathway A; 16.2절). 마지막 kinase는 하나 이상의 전사 인자(Tf)를 인산화시키고 활성화시킨다.

또한 RTK는 인산화된 inositol을 포함하는 신호전달 경로를 개시할 수 있는데, 이는 항상은 아니지만 종종 유전자 발현의 변화를 야기한다. 15장에서, 우리는 세포질내 Ca^{2+} 농도의 증가로 이어지는 것을 보았다 (그림 16-1a, Pathway B). 세포 유형에 따라 이 경로는 protein secretion (단백질 분비)과 cell migration (세포 이동)과 같은 다양한 과정을 유발한다. RTK는 또한 Protein Kinase B를 포함한 다른 protein kinase를 활성화시키는 인산화된 inositol을 포함하는 다른 신호전달 경로를 유도하여 세포 대사 및 cell death (세포 사멸)을 조절하기 위해 유전자 발현을 바꾼다(그림 16-1a, Pathway C; 16-3절).

Cytokine (사이토카인)은 다른 부류의 signaling receptor (신호전달 수용체)를 활성화시킨다. 일례로, 사이토카인은 면역계를 구성하는 많은 종류의 세포를 포함하는 모든 유형의 blood cell (혈액 세포)의 형성과 기능을 조절하는 단백질 호르몬의 커다란 family (패밀리)를 형성한다(24장). Cytokine receptor protein (사이토카인 수용체 단백질)의 경우, ligand의 결합이 protein tyrosine kinase (JAK)의 활성화를 유도한다는 점에서 RTK와 유사하지만, 이 경우에는 kinase가 수용체의 세포질 domain과 밀접하게 연결되어 있는 별도의 단백질이다. 사이토카인 수용체와 RTK는 많은 수의 동일한 신호전달 경로를 활성화시키는데(그림 16-1a 참조), 16.4절에서는 JAK kinase가 STAT 전사 인자를 직접 인산화시키는 방법에 대해 알아본다(그림 16-1a, Pathway D). 인산화는 전사 인자를 핵으로 들어가게 하는 nuclear localization signal (핵 위치 신호)의 노출을 유도한다.

세포외 신호전달 단백질의 커다란 TGF-β 패밀리는 많은 developmental pathway (발생 경로)를 조절하는 역할을 한다. RTK와 마찬가지로, 이러한 구조적으로 구별되는 수용체는 세포질 domain의 일부인 kinase의 활성화를 사용한다. 활성화된 kinase는 DNA-binding protein (DNA-결합 단백질)의 Smad 패밀리에서 전사 인자를 직접 인산화시킨다(그림 16-1b, Pathway B와 16.5절). 이 경우, 인산화는 전사 인자가 직접 핵으로 이동할 수 있도록 해주는 nuclear localization signal (핵 위치 신호)을 노출시킨다.

이 장에서 설명하는 모든 signaling receptor (신호전달 수용체)가 신호전달 경로의 초기 단계에서 protein kinase 또는 GTP-binding protein (GTP-결합 단백질)의 활성화를 유도하는 것은 아니다. 예를 들어, Notch와 같은 특정 수용체의 세포외 domain에 ligand가 결합하면 수용체 자체의 proteolytic cleavage (단백질 분해성 절단)가 유발되어

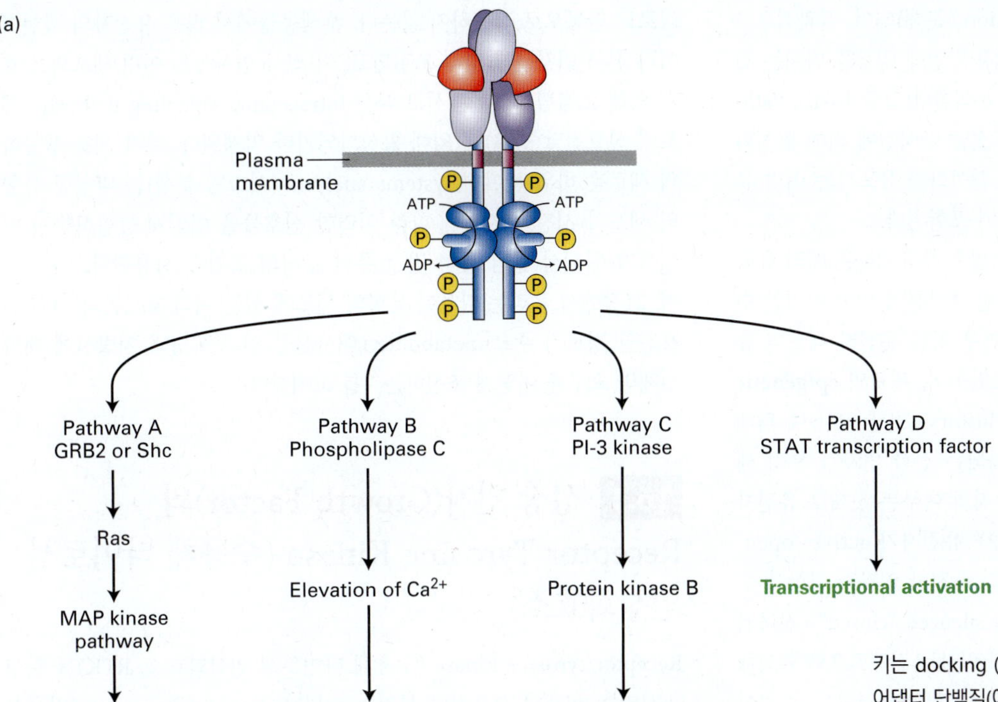

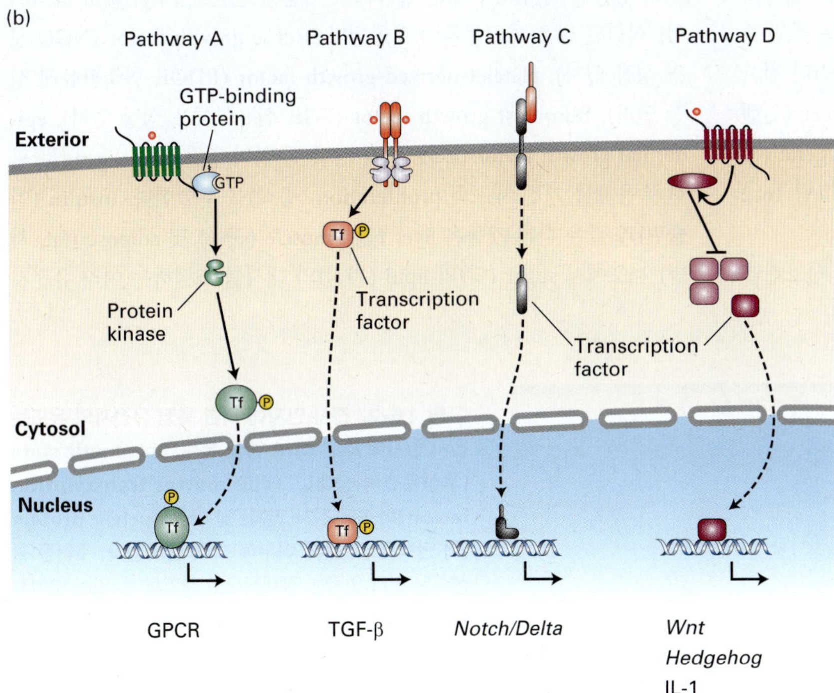

그림 16-1 유전자 발현을 조절하는 세포 표면 수용체 및 신호전달 경로의 일반적인 유형. (a) Receptor tyrosine kinase (RTK) 및 cytokine receptor (사이토카인 수용체)에 의해 활성화되는 신호전달 경로. RTK의 cytosolic domain (세포질 도메인)은 intrinsic (내재된) protein tyrosine kinase domain을 포함한다; 사이토카인 수용체의 세포질 domain은 별도의 protein tyrosine kinase와 결합한다. Ligand가 없는 경우 이러한 수용체들은 일반적으로 kinase activity (kinase 활성)가 매우, 낮은 monomer로 존재한다. 이들 수용체의 extracellular domain (세포외 도메인)에 ligand가 결합하면 두 monomer의 dimerization과 tyrosine kinase의 활성화 및 수용체의 세포질 domain에 있는 여러 tyrosine 잔기에서의 인산화를 유발한다. 그 결과로 생성된 phosphotyrosine은 downstream에 있는 여러 신호전달 단백질들을 결합시키고 활성화시키는 docking (도킹) 부위로 기능을 한다. Pathway A: 한 유형의 어댑터 단백질(예, GRB2)이 수용체에 결합하면, small GTP-binding "switch" protein (저분자량의 GTP 결합 스위치 단백질)인 Ras가 활성화된다(16.2절 참조). Ras의 downstream에 있는 신호전달 경로에는 여러 kinase들이 포함된다; 이러한 MAP kinase pathway에서는 한 kinase가 또 다른 kinase를 인산화시킴으로써 활성화시킨다. 이것은 종종 세포마다 다른 인산화 및 전사 인자의 활성화를 유도한다. Pathways B와 C: Phosphoinositide를 포함하는 두 가지 신호전달 경로는 각각 원형질막으로 recruitment 되는 phospholipase C와 PI-3 kinase에 의해 유발된다(16.3절 참조). 증가된 Ca^{2+} 레벨과 활성화된 protein kinase B는 metabolic pathway 또는 세포 움직임 및 세포 모양 변화에 관여하는 세포질 단백질뿐 아니라 전사 인자의 활성을 조절한다. Pathway D: 주로 사이토카인 수용체에 의해 이용되는 경로에서는 STAT 전사 인자가 활성화된 수용체에 결합하고, 인산화 및 dimerization되며, 핵으로 이동하여 전사를 직접적으로 활성화시킨다. (b) 다른 일반적인 유형의 세포 표면 수용체 및 신호전달 경로. Pathway A: 많은 GPCR은 heterotrimeric GTP-binding $G_{\alpha,s}$ protein을 활성화시켜, 궁극적으로 protein kinase A의 활성화와 CREB과 같은 전사 인자의 인산화 및 활성화를 유도한다. Pathway B: Signaling protein (신호전달 단백질)들의 TGF-β 패밀리에 대한 수용체의 세포질 domain은 serine-threonine kinase를 포함하며, 이는 Smad 전사 인자들을 직접 인산화시키고 활성화시켜서 nuclear localization signal (핵 위치 신호)을 노출시킨다. Pathway C: Delta ligand가 Notch 수용체 패밀리의 멤버에 결합하면, 수용체의 proteolytic cleavage (단백질 분해성 절단)가 유발되어 수용체의 세포질 domain이 방출되고, 방출된 세포질 domain은 핵으로 이동하여 유전자 발현을 조절한다. Pathway D: Wnt, Hedgehog 또는 Interleukin 1 (IL-1)과 같은 ligand 패밀리의 멤버들이 각각의 수용체에 결합하여 활성화되는 신호전달 경로는 세포질에 있는 다중 단백질 복합체내 구성 요소들의 ubiquitination 및 분해를 유도하여 핵으로 이동하는 전사 인자를 방출한다.

세포질 domain이 방출된다. 방출된 domain은 전사 인자로서 역할을 하며, 유전자 발현을 변화시키기 위해 핵으로 이동하고 다른 전사 인자와 상호작용한다(그림 16-1b, Pathway C와 16.6절).

마지막으로, 우리는 ligand가 수용체에 결합하면 multiprotein cytosolic complex (다중 단백질 세포질 복합체)내 하나 이상의 단백질이

ubiquitination (유비퀴틴화)되고 degradation (분해)되어, 결과적으로 복합체의 일부이면서 핵으로 들어가서 유전자 발현에 영향을 미치는 전사 인자를 방출하는 여러 다른 경로에 대해 논의한다(그림 16-1b, Pathway D). 여기에는 Wnt 및 Hedgehog 신호전달 단백질에 의해 활성화되는 신호전달 경로와 NF-κB 전사 인자의 활성화를 유도하는 여러 유형 수용체의 downstream에 있는 다른 경로가 포함된다.

GPCR과 마찬가지로, 이 장에서 논의될 많은 수용체들은 여러 유형의 body cell (체세포)에서 발현되지만 동일한 호르몬에 의한 이러한 수용체들의 활성화는 다른 세포 유형에서는 매우 다른 유전자 세트의 유도(또는 억제)를 유발한다. 8장에서 살펴보았듯이, 세포의 epigenetic state (후성유전적 상태)는 developmental history (발생 역사)에 의해 결정된다. 세포 표면 수용체에 의해 활성화되는 전사 인자가 특정 세포에서 특정 유전자를 유도(또는 억제)하는지의 여부는 첫째로 유전자의 후성유전적 상태에 달려 있다(그림 16-2): 유전자가 active "open" chromatin (활성화된 "열린" 염색질) 구조라서 전사 인자가 결합할 수 있는지, 아니면 전사 인자가 접근할 수 없는 silenced "closed" (침묵된 닫힌) 상태인지에 달려 있다. 즉, 주어진 전사 인자는 잠재적으로 염색체 DNA의 여러 gene regulatory site (유전자 조절 부위)에 결합할 수 있지만, 주어진 세포 유형에 따라 이러한 부위의 일부에만 결합할 수 있다.

또한, 많은 세포 유형들은 세포의 identity (정체성)와 developmental fate (발생 운명)를 결정하는 하나 이상의 *master transcription factor* (마스터 전사 인자)를 발현한다; 최근의 연구 결과에서는 세포 표면 수용체에 의해 활성화되는 많은 전사 인자들이 이러한 마스터 전사 인자와 인접해 있는 염색체 DNA의 조절 부위—주로 enhancer (인핸서)—에 결합하고, 이러한 전사 인자들이 함께 cell-specific gene (세포 특이적 유전자)을 유도(또는 억제)한다는 것을 보여준다(그림 16-2 참조).

어떤 세포 표면 수용체도 단독으로 작용하지 않고, 어떤 신호전달 경로도 단독으로 작용하지 않는다. 후생동물에서 많은 유전자의 발현이 여러 전사 인자들에 의해 조절되고, 이 전사 인자들은 여러 세포외 신호에 의해 조절될 수 있는 서로 다른 intracellular signaling pathway (세포내 신호전달 경로)에 의해 활성화되거나 억제된다. 분자 세포 생물학의 새로운 하위 분야인 systems analysis (시스템 분석)는 다양한 유형의 세포가 시간이 지남에 따라 이러한 신호들을 어떻게 통합하는지 이해하기 위해서 실험 분석 및 컴퓨터 분석의 조합을 사용한다. 예를 들어, 21장에서 우리는 다양한 유형의 세포에 있는 여러 호르몬과 여러 신호전달 경로가 주요 metabolite (대사산물)인 포도당과 지방산에 대한 신체의 요구를 어떻게 조절하는지를 고려한다.

16.1 성장 인자(Growth Factor)와 Receptor Tyrosine Kinase (수용체 타이로신 인산화효소)

Receptor tyrosine kinase (수용체 타이로신 인산화효소, RTK)를 활성화시키는 세포외 신호전달 분자는 soluble protein hormone (가용성 단백질 호르몬) 및 membrane-bound protein hormone (막에 부착된 단백질 호르몬)의 큰 부류를 구성하는데, 여기에는 처음에 특정 유형 세포의 성장을 자극하기 때문에[그래서 이름이 **성장 인자**(*growth factor*)임] 식별된 많은 호르몬들이 포함된다. Nerve growth factor (NGF, 신경 성장 인자), platelet-derived growth factor (PDGF, 혈소판유래 성장 인자), fibroblast growth factor (FGF, 섬유아세포 성장 인자), epidermal growth factor (EGF, 표피 성장 인자)와 같은 RTK ligand는 관련 수용체를 가진 세포의 proliferation (증식)을 유발한다. Insulin (인슐린)과 같은 다른 것들은 liver (간), muscle (근육) 및 adipose (fat, 지방) 세포에서 sugar (당)와 lipid (지질)의 대사를 조절하는 여러 유전자

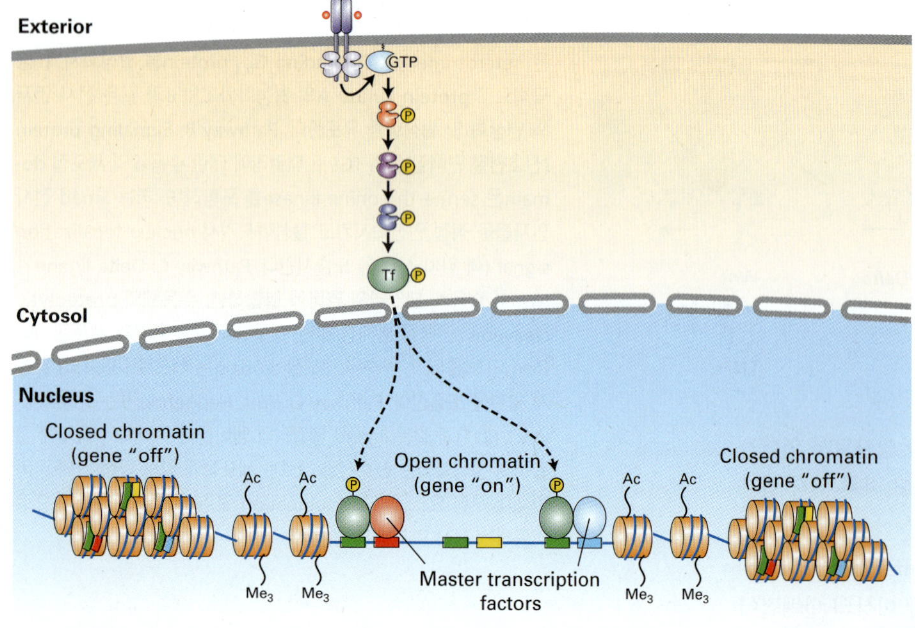

그림 16-2 전사 인자에 의한 특정 유전자의 유도는 전사 인자에 대한 DNA 결합 부위, epigenetic state (후성유전적 상태), 그리고 master transcription factor (마스터 전사 인자) 및 다른 nuclear protein (핵 단백질)의 존재 여부에 따라 달라진다. 주어진 활성화된 전사 인자는 잠재적으로 결합할 수 있는 염색체 상 여러 DNA 부위를 가지고 있지만(녹색), 주어진 세포에서는 "open" 염색질 구조에 있는 DNA 부위에만 결합할 것이고, 그 부위에 인접한 DNA 부위에는 특정 master transcription factor (마스터 전사 인자) 및 다른 cell-specific protein (세포 특이적 단백질)이 결합되어 있다(파란색과 빨간색). 이러한 단백질들은 함께 인접한 유전자의 발현을 활성화(또는 억제)한다. 주어진 전사 인자에 대한 다른 잠재적인 결합 부위는 이 세포 유형에서는 발현되지 않는 다른 마스터 전사 인자에 대한 결합 부위(노란색)와 인접해 있으므로, 활성화된 전사 인자는 이러한 부위에는 결합하지 않을 것이다.

의 발현을 조절한다. Ephrin 패밀리는 많은 nerve cell axon (신경세포 축삭)이 목적지로 이동하는 것을 조절하는 데 중요한 역할을 한다(23장 참조). 많은 RTK와 그들의 ligand는 성장 인자 수용체의 mutant form (돌연변이 형태)이 성장 인자 ligand가 없는 경우에도 세포 증식을 자극하는 인간의 암 연구에서 처음 확인되었다. 그 돌연변이는 ligand가 존재하지 않더라도 수용체 구조를 kinase가 영구적으로 활성인 상태로 만든다(*constitutively active*, 구성적으로 상시 활성인; 25장 참조). 다른 RTK들은 *Caenorhabditis elegans* (예쁜꼬마선충), *Drosophila* (초파리) 및 마우스에서 특정 세포 유형의 분화를 차단하는 developmental mutation (발생 돌연변이)을 분석하는 동안 발견되었다.

Ligand가 RTK의 Extracellular Domain (세포외 도메인)에 결합하면 RTK의 Intrinsic Cytosolic Tyrosine Kinase (내재된 세포질 Tyrosine Kinase)가 Dimerization (이량체화)되고 활성화된다

모든 RTK 단백질에는 네 가지 필수 구성 요소가 있다: ligand-binding site (ligand 결합 부위)를 포함하는 extracellular domain (세포외 도메인), 단일 소수성 transmembrane α helix (막을 관통하는 α 나선), protein tyrosine kinase activity (단백질 타이로신 인산화효소 활성)를 가지는 domain을 포함하는 세포질 segment, 그리고 수용체 자체 kinase에 의해 인산화되는 tyrosine residue (타이로신 잔기)를 포함하는 C-terminal segment (C-말단 세그먼트)가 그 네 가지이다(그림 16-3). 대부분의 RTK는 monomer이고, 세포외 domain에 ligand가 결합하면 2개의 monomer가 dimer로 결합하도록 유도된다.

RTK 활성화와 signaling은 다음과 같이 요약될 수 있다: resting (휴지기)의 비자극(결합된 ligand가 없음) 상태에서, RTK의 intrinsic kinase activity (내재된 kinase 활성)는 매우 낮다(그림 16-3, 단계 **1**). 대부분의 다른 kinase와 마찬가지로, RTK의 cytosolic kinase domain (세포질 kinase 도메인)은 **activation loop (활성화 루프)**라고 하는 flexible domain (유연한 도메인)을 포함한다. 휴지 상태에서 activation loop는 인산화되지 않고 kinase 활성을 차단하는 구조를 띤다. 일부 수용체(예, 인슐린 수용체)에서 이 loop는 ATP의 결합을 막는다. 다른 수용체(예, FGF 수용체)에서는 이 loop가 기질의 결합을 막는다. Ligand가 결합되면 RTK의 dimerization (이량체화)을 촉진하는 구조 변화가 일어난다. 2개의 RTK monomer의 세포외 domain이 결합하여 transmembrane segment들이 서로 가까워지고 — 따라서 세포질 domain들도 서로 가까워짐 — tyrosine kinase의 활성화가 유도된다. 전부는 아니지만 대부분의 RTK의 경우, 각 subunit의 약하게 활성화되어 있는 kinase는 다른 subunit의 activation loop에 있는 중요한 tyrosine 잔기를 인산화시키는 것으로 생각된다(그림 16-3, 단계 **2**). 이러한 인산화는 kinase 활성 부위의 차단을 해제하도록 activation loop의 구조 변화를 일으켜서 ATP 또는 인산화될 기질에 대한 K_d 값을 감소시키고 kinase 활성을 크게 향상시킨다(3장 참조). 그런 다음, 강력하게 활성화된 kinase는 수용체의 세포질 domain에 있는 추가적인 tyrosine 잔기들을 인산화시킨다(그림 16-3, 단계 **3**). 이러한 phosphotyrosine 잔기들은 여러 신호전달 경로를 활성화시키는 단백질의 결합 부위로 작용하며(그림 16-1a 참조), 각각은 이 장의 후속 절에서 자세히 설명될 것이다.

비록 dimerization이 모든 RTK의 활성화에 필요한 단계이지만, functional dimer (기능적 이량체)는 앞으로 살펴보는 바와 같이 다

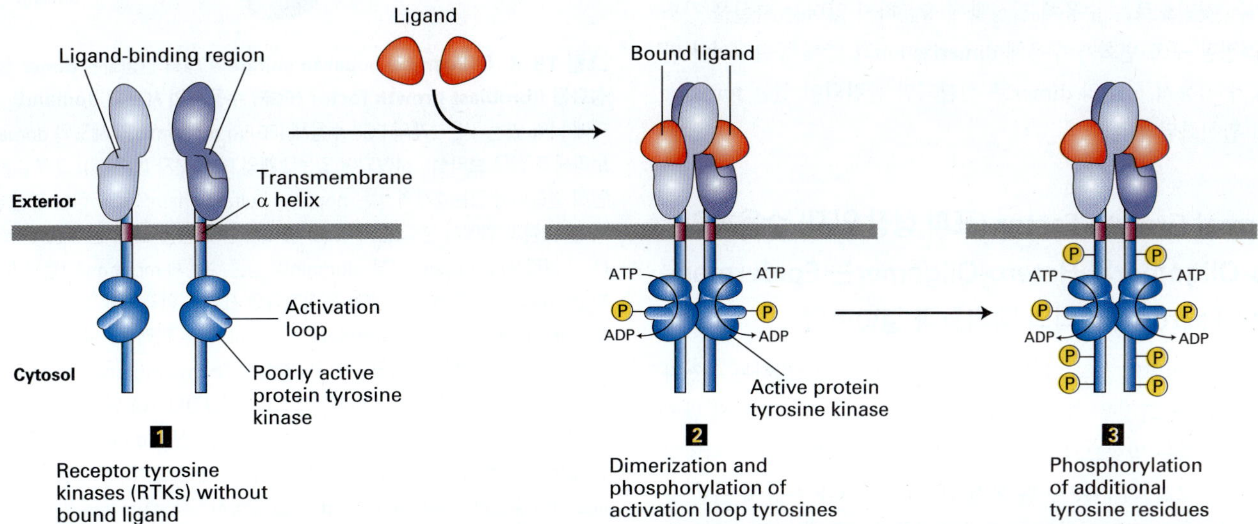

그림 16-3 Receptor tyrosine kinase (RTK)의 일반적인 구조와 활성화. RTK의 세포질 domain은 내재된 protein tyrosine kinase domain을 가지고 있다. Ligand가 없는 경우(단계 **1**), RTK는 일반적으로 kinase 활성이 매우 낮은 monomer로 존재한다. 두 RTK의 세포외 domain에 2개의 ligand가 결합하면 활성화된 dimer 형태의 수용체가 형성되거나 안정화된다. 이것은 각 kinase가 다른 쪽 kinase를 activation loop (활성화 루프)에 있는 tyrosine 잔기에서 인산화시키도록 활성이 낮은 두 kinase를 결합시킨다(단계 **2**). 인산화는 loop가 kinase 촉매 부위로부터 밖으로 나오게 하여 kinase 활성을 증가시키고, 따라서 ATP와(또는) 단백질 기질에 결합하는 능력을 증가시킨다(3장 참조). 그런 다음, 활성화된 kinase는 수용체의 세포질 domain에 있는 여러 tyrosine 잔기를 인산화시킨다(단계 **3**). 생성된 phosphotyrosine은 그림 16-1a에 요약된 바와 같이, downstream에 있는 신호전달 단백질의 SH2 domain 및 다른 결합 domain에 대한 docking 부위로 기능을 한다.

양한 방식으로 형성될 수 있다. 예를 들어, 많은 수용체들이 fibroblast growth factor (FGF) 수용체(그림 16-4)와 유사한 방식으로 dimerization되며, 여기서 2개의 FGF ligand 각각은 dimerization된 수용체의 두 subunit의 세포외 domain에 동시에 결합하여 dimer를 안정화시킨다. 또 다른 특징은 일부 세포 표면 단백질 및 extracellular matrix (세포외 기질; 20장 참조)의 구성 요소인 negative charge (음 전하)를 띠는 다당류인 heparan sulfate (헤파란 황산)가 ligand FGF와 FGF 수용체 모두에 대해 추가적으로 결합하면, FGF의 수용체에 대한 결합과 이에 따른 FGF 수용체의 dimerization이 강화된다는 것이다(그림 16-4 참조). 효율적인 수용체 활성화를 위해서는 heparan sulfate의 참여가 필수적이다; 우리는 세포외 기질의 구성 요소에 다른 호르몬이 결합하는 것도 signaling 기능에 필수적임을 나중에(16.5절) 볼 것이다.

그러나 인슐린 수용체와 같은 다른 RTK는 호르몬이 없는 경우에도 disulfide-linked dimer (이황화로 연결된 이량체)를 형성한다; 이러한 유형의 *pre-dimerization*되었지만(이미 dimerization되었지만), 비활성인 RTK에 ligand가 결합하면 수용체의 kinase가 활성화되는 방식으로 dimer의 구조가 변경된다(그림 16-5). 인슐린이 없는 경우, dimer 형태 수용체의 세포외 domain의 구조에서는 약하게 활성인 세포질 kinase domain들이 멀리 떨어져 있어 서로 인산화시킬 수 없으므로 활성화시킬 수 없다. 인슐린이 결합하게 되면, 수용체의 세포외 domain은 inverted U-shape (역 U자형)에서 T-shape (T자형) 구조로 전환되어 transmembrane domain (막을 관통하는 도메인)을 가져오고, 따라서 kinase domain들도 함께 가져와서 한쪽 수용체의 tyrosine kinase domain (타이로신 인산화효소 도메인)에 있는 activation loop의 인산화는 다른 쪽 수용체의 kinase에 의해 촉진되는 것으로 추정된다.

이 마지막 예는 단순히 2개의 동일한 수용체 monomer를 가까이 접촉시키는 것만으로는 수용체 활성화에 충분하지 않다는 사실을 강조한다—적절한 구조 변화가 수용체 dimerization과 함께 동반되어야 한다. RTK가 기능적 상태의 dimer로 전환되면 관련되어 있는 tyrosine kinase가 활성화된다.

Epidermal Growth Factor (표피 성장 인자) 수용체의 Homo-Oligomer와 Hetero-Oligomer는 Epidermal Growth Factor 패밀리의 멤버들과 결합한다

진화 과정에서, 몇몇의 성장 인자와 그들의 수용체를 암호화하는 유전자들은 duplication 과정을 거쳤고, 비슷하지만 별개의 기능을 가진 단백질들을 암호화하는 방향으로 갈라졌다. 예를 들어, 인간의 경우, 다양한 기능을 가지는 22개의 FGF 관련 유전자와 4개의 FGF 수용체 관련 유전자가 있다. 또한, 많은 인간의 질병에 관여하기 때문에 집중적으로 연구되어 온 *epidermal growth factor* (*EGF*) 및 EGF 수용체 패밀리의 여러 멤버들도 있다. 25장에서 설명하는 바와 같이, 종양에서 과다 생산되거나 또는 호르몬 신호이 없어도 kinase domain을 활성화시키는 돌연변이를 겪은 EGF 수용체를 target으로 하는 약물은 다양한 암을 치료하는 데 사용된다. 이 호르몬 패밀리의 첫 번째 알려진 멤버인 epidermal

(a) Side view

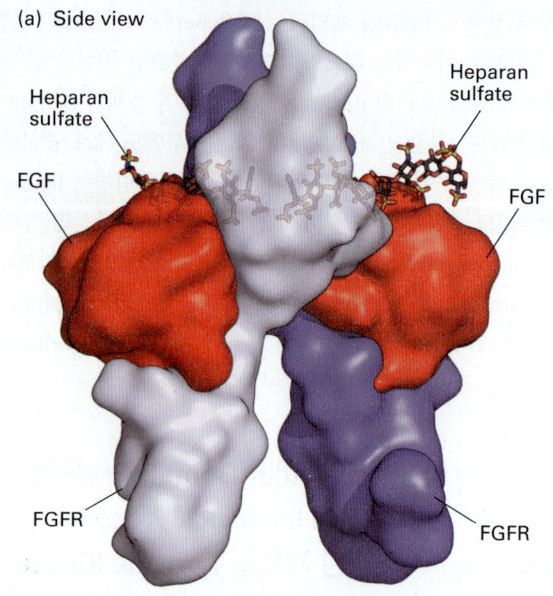

(b) Top-down view

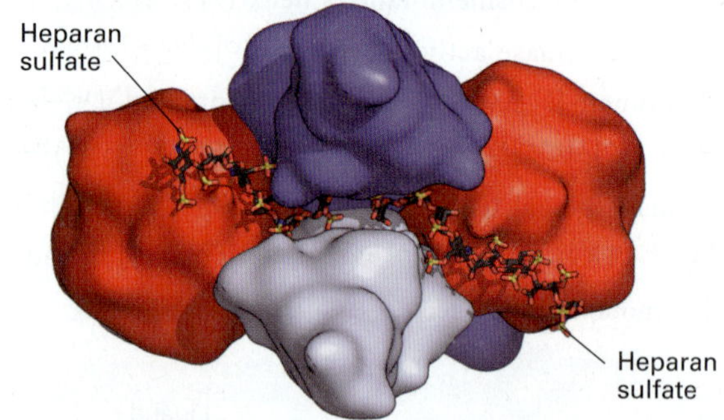

그림 16-4 두 ligand와 heparan sulfate에 의해 안정화된 dimer 형태의 활성화된 fibroblast growth factor (FGF) 수용체의 세포외 domain의 구조. 여기에 나와 있는 것은 2개의 FGF 수용체 (FGFR) monomer의 세포외 domain (밝은 보라색과 짙은 보라색), 결합되어 있는 2개의 FGF 분자 (빨간색), 그리고 FGF에 단단히 결합되어 있는 2개의 짧은 heparan sulfate chain으로 구성된 복합체를 옆에서 본 그림과 위에서 본 그림이다. (a) 옆에서 본 그림을 보면, 한 수용체 monomer (짙은 보라색)의 upper (상부) domain이 다른 수용체 monomer (밝은 보라색) 상부 domain의 뒤쪽에 위치한다; 원형질막의 표면은 아래쪽에 있다. 수용체의 세포외 domain에 있는 small segment는 membrane 아래쪽으로 돌출된 두 수용체 monomer (그림에는 표시되어 있지 않음) 각각의 membrane-spanning α-helical segment (막 관통 α-나선 세그먼트)에 연결된다. (b) 위에서 본 그림을 보면, heparan sulfate chain은 두 수용체 monomer의 상부 domain 사이에 실처럼 끼어 있어 수많은 접촉을 하는 것으로 보인다. 이러한 상호작용은 수용체에 대한 FGF ligand의 결합과 수용체 dimerization을 향상시킨다. [Data from J. Schlessinger et al., 2000, *Mol. Cell* **6**:743, PDB ID 1fq9.]

growth factor (표피 성장 인자)는 Stanley Cohen (스탠리 코헨)의 연구에서 baby mouse의 눈꺼풀이 조기에 열리는 것을 자극하는 small protein (저분자량 단백질)으로 확인되었다; 그 small protein은 현재

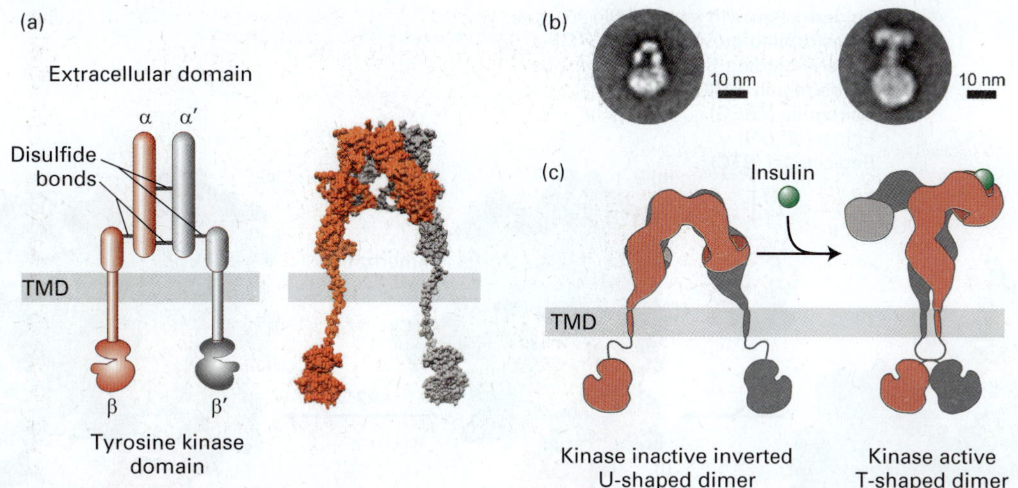

그림 16-5 인슐린에 의해 유도되는 인슐린 수용체의 활성화. 인슐린이 없을 때, full-length의 인간 인슐린 수용체의 구조 모델뿐 아니라 extracellular domain (ECD, 세포외 도메인), transmembrane domain (TMD, 막횡단 도메인) 및 tyrosine kinase domain (TKD, 타이로신 인산화효소 도메인)을 보여주는 그림. 그 수용체는 Golgi 복합체에서 절단되는 단일 polypeptide chain으로 생성된다; 생성된 2개의 subunit인 α와 β는 dimer에서의 두 α subunit과 마찬가지로 disulfide bond에 의해 서로 연결된다. (b) 인슐린이 없을 때와 있을 때 모두에서 tiny lipid disc (작은 지질 디스크)에서 재구성된 단일 인슐린 수용체를 전자현미경으로 본 모습. (c) Ligand (녹색) 결합에 의해 유도되는 인슐린 수용체의 세포외 domain의 구조 변화와 인산화에 의한 tyrosine kinase domain의 활성화를 수반하는 transmembrane domain (TMD)과의 연결을 보여주는 그림. 인슐린이 없는 경우, 세포외 domain은 symmetric (대칭적인) inverted (역) U자 형태의 구조를 취한다. 인슐린이 결합하면, 세포외 domain은 transmembrane domain을 함께 모으는 T자 형태의 구조로 변환되어, 아마도 한쪽의 kinase에 있는 activation loop의 인산화를 활성이 매우 낮은 다른 쪽 kinase가 촉진하여(trans-phosphorylation), 양쪽 모두의 tyrosine kinase domain의 활성화가 유도된다. [T. Gutmann et al., 2018, *J. Cell Biol.* **217**(5):1643–1649; https://doi.org/10.1083/jcb.201711047.]

많은 유형의 epithelial cell (상피 세포)의 증식을 자극하는 것으로 알려져 있다. Cohen과 Rita Levi-Montalcini (레비 몬탈치니)는 이 연구와 nerve growth factor (신경 성장 인자)의 발견으로 노벨상을 받았다.

4개의 관련 EFG 수용체는 신호전달 분자의 epidermal growth factor (표피 성장 인자) 패밀리의 많은 멤버들에 의한 signaling에 참여한다. 마우스에서 이러한 수용체들을 Erb-B1, 2, 3, 4라고 한다. 인간에서, 이러한 수용체들 각각은 **HER** (*h*uman *e*pidermal growth factor *r*eceptor) 1, 2, 3, 4라고 불린다,

EGF 수용체 Homodimer (동종이량체)

휴지 상태에서, 대부분의 EGF 수용체 분자는 monomer이다. 우리는 먼저 EGF 수용체 HER1 (Erb-B1)의 활성화를 고려한다. HER1은 EGF 뿐만 아니라 EGF 패밀리의 다른 6개 멤버들과도 직접 결합한다; 이들 ligand의 결합은 HER1 세포외 domain의 homodimer (homodimerization)의 형성을 유도한다(그림 16-6). EGF의 결합은 HER1의 세포외 domain의 극적인 구조적 변화를 유발하여 비활성 형태의 monomer에서는 inaccessible한(접근할 수 없는) 수용체의 일부분인 *dimerization arm*을 노출시킨다. 두 수용체 monomer의 dimerization arm들은 서로 단단히 결합되어 수용체 homodimer를 형성하며, 이 수용체 homodimer는 두 수용체 각각에 있는 또 다른 세포외 domain (domain IV) 사이의 상호작용에 의해 더욱 안정화된다. EGF 패밀리의 여러 멤버—neuregulins 1, 2, 3, 4—는 HER4에 결합하며, HER1과 마찬가지로 homodimer를 형성할 수 있다. 아래에 설명된 바와 같이, 수용체 dimer의 형성은 kinase domain의 활성화를 유발한다.

HER2를 가지는 EGF 수용체 Heterodimer (이종이량체)

놀랍게도, EGF 수용체 중 하나인 HER2 (mouse Erb-B2)는 ligand와 결합할 수 없지만, 각각의 ligand가 HER1, HER3 또는 HER4에 결합할 때 HER2는 HER1, HER3 또는 HER4와 heterodimer를 형성하여 signaling에 참여한다. HER2는 ligand가 결합된 수용체의 dimerization arm에 결합하기 위해 항상 accessible한(접근할 수 있는) dimerization arm을 갖는 활성화 구조를 취하기 때문에 이러한 다른 EGF 수용체와 heterodimer를 형성할 수 있다. 따라서 HER2가 heterodimer를 형성함으로써 HER2의 kinase domain은 활성화되고, 그렇게 함으로써 다른 3개의 EGF 수용체 중 하나에 결합하는 모든 EGF 패밀리 멤버들에 의한 signaling을 촉진한다(그림 16-7).

HER3는 ligand와 결합할 수 있지만 functional kinase domain (기능적인 kinase 도메인)이 없는 EGF 수용체이다. HER3는 그럼에도 불구하고, signaling에 참여할 수 있다; ligand와 결합한 후, HER3는 HER2와 heterodimerization되고, HER2 kinase를 활성화시킨다. 나중에 우리는 수용체의 세포질 domain에 있는 활성 kinase가 어떻게 downstream의 신호전달 경로를 매개하는지 설명할 것이다.

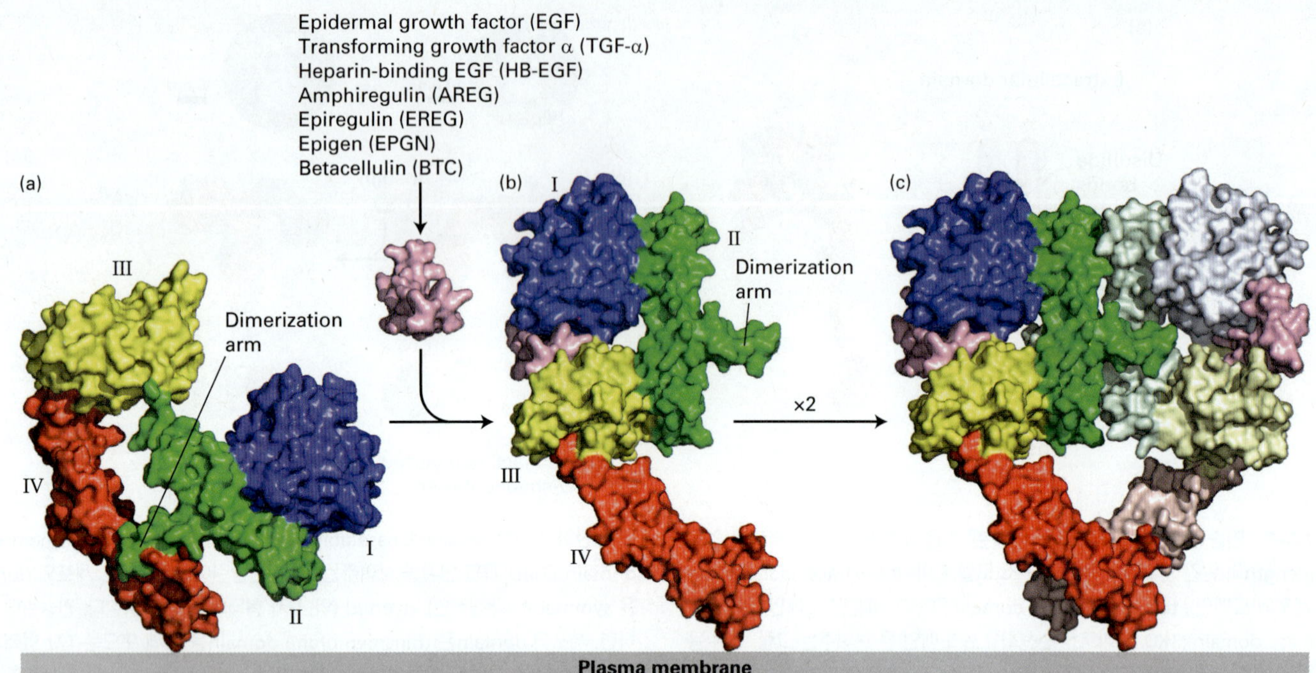

그림 16-6 Epidermal growth factor (EGF)에 대한 인간의 수용체인 HER1의 ligand에 유도되는 dimerization. (a) 모든 EGF 수용체의 extracellular region (세포외 영역)에는 4개의 domain이 있다: domain I (파란색)과 III (노란색)는 서열상 밀접하게 관련되어 있으며, domain II (녹색)와 IV (빨간색)도 마찬가지이다. 결합된 EGF가 없는 경우, 수용체는 대부분 monomer 형태로 존재하며, 세포내 kinase는 비활성화 상태이다. 세포외 영역은 *dimerization arm*을 형성하는 domain II의 β-hairpin이 동일한 수용체 분자의 domain IV에 결합하는 configuration (구성)을 취한다. (b) EGF와 EGF 패밀리의 다른 6개 멤버는 domain I과 III에 동시에 결합한다; 이 결합은 세포외 domain의 주요한 구조 변화를 유도하여 domain II의 dimerization arm을 노출시킨다. (c) Membrane의 표면에서 2개의 동일한 ligand가 결합된 수용체 monomer들의 dimerization은 두 수용체의 dimerization arm 사이에서의 상호작용을 통해 발생한다. [Data from H. Ogiso et al., 2002, *Cell* **110**:775, PDB ID 1ivo.]

세포 표면에 HER2 분자의 수가 증가하면 EGF 패밀리 멤버가 HER1, HER3 또는 HER4에 결합한 후에 signaling heterodimer 형성의 rate (속도)와 extent (정도)를 증가시키기 때문에 세포는 많은 EGF 패밀리 멤버들에 의한 signaling에 더 민감해진다. 25장에서 설명하지만, breast cancer (유방암)의 약 25%에서 tumor cell (종양 세포)은 *HER2* 유전자의 multiple copy를 가지고 있어 HER2의 레벨이 증가된다. HER2를 과다 생산하는 세포는 EGF 패밀리 호르몬의 모든 멤버들의 ambient level (낮은 레벨), 즉 일반적으로 많은 수용체들의 활성화로 이어지지 않는 레벨에 대해 hypersensitive (매우 민감)하게 만든다. 그 결과, EGF 패밀리 멤버들은 낮은 레벨에서도 이러한 종양 세포의 성장을 비정상적으로 자극할 수 있다. HER2에 결합하여 EGF에 의한 signaling을 차단하는 monoclonal antibody (단일클론 항체)는 HER2를 과발현하는 유방암 및 기타 종양의 치료에 유용한 것으로 입증되었다. ■

EGF 수용체에 대한 Ligand의 결합 및 수용체 Dimerization은 Active Asymmetric Kinase Domain Dimer (활성화 형태의 비대칭적 Kinase domain의 Dimer)의 형성을 초래한다

대부분 receptor tyrosine kinase의 경우, kinase domain은 수용체 dimer 형성 후, activation loop (활성화 루프)에 있는 tyrosine의 인산화에 의해 활성화된다. 이와 대조적으로, loop 인산화는 EGF 수용체의 kinase domain의 full activation (완전한 활성화)에는 중요하지만 initial activation (초기 활성화)에 필수적인 것은 아니다. 활성화 메커니즘은 활성 상태 및 비활성 상태 모두에서 수용체 세포질 domain의 구조 연구를 통해 밝혀졌다.

Kinase domain은 juxtamembrane (막 인접) segment에 의해 transmembrane segment로부터 분리된다(그림 16-8). 3장과 15장에서 설명하였듯이, kinase domain에는 일반적으로 *N lobe*와 *C lobe*라고 하는 2개의 부위가 있다. EGF 수용체의 비활성 monomer 상태에서 activation loop는 N lobe와 C lobe의 인터페이스 근처에 있는 kinase의 활성 부위에 위치하여 해당 부위의 활성을 차단한다; 이러한 방식으로 kinase는 비활성 또는 "off" 상태로 유지된다(그림 16-8, 왼쪽). 수용체 dimerization은 두 subunit의 kinase domain을 서로 가깝게 하여 한 kinase domain (*donor*라고 함)의 C lobe가 다른 kinase domain (*acceptor*라고 함)의 N lobe에 결합하여 *asymmetric* (비대칭) *kinase dimer*를 생성한다(그림 16-8, 오른쪽). 두 lobe의 결합은 acceptor kinase의 N lobe 구조를 변화시켜서 activation loop를 움직이게 하고, acceptor domain의 kinase를 활성화시켜서 세포내 신호전달을 개시한다.

따라서 evolution (진화)은 ligand-induced RTK signaling (ligand에 의해 유도되는 RTK 신호전달)에 많은 변형들을 만들어 냈다: RTK

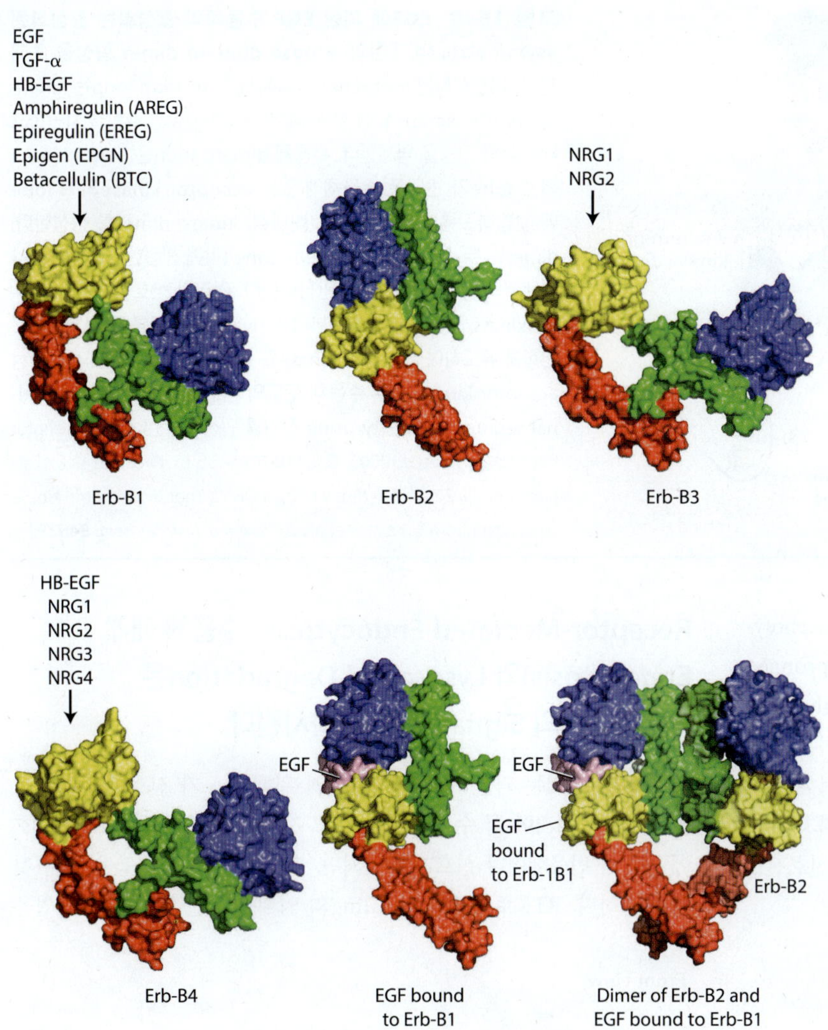

그림 16-7 HER 패밀리의 수용체와 ligand들. 인간과 마우스는 네 가지 receptor tyrosine kinase의 패밀리를 발현하는데, 인간에서는 HER1, 2, 3, 4로 표시되고 마우스와 다른 동물에서는 Erb-B1, 2, 3, 4로 표시된다. 이 그림에서는 이러한 수용체의 세포외 domain만 보여지고 있다. 이들 수용체들은 epidermal growth factor (EGF) 및 기타 EGF 패밀리 멤버들에 결합한다: 기타 EGF 패밀리 멤버에는 heparin-binding EGF (HB-EGF), transforming growth factor α (TGF-α), amphiregulin (AREG), epiregulin (EREG), epigen (EPGN), betacellulin (BTC) 그리고 네 가지의 neuregulins (NRG1–4)이 있다. Ligand와 직접 결합하지 않는 Erb-B2 (HER2)는 EGF가 결합된 활성화된 Erb-B1 구조와 매우 유사한 구조로 존재한다. Erb-B2는 ligand에 의해 활성화된 Erb-B1, 3 또는 4와 heterodimer를 형성할 수 있다; 따라서 Erb-B2는 모든 EGF 패밀리 멤버들의 signaling을 촉진한다. Erb-B3 (HER3)는 활성이 매우 낮은 kinase domain을 가지고 있으며, Erb-B2와 복합체를 형성할 때만 신호를 보낼 수 있다. [Erb-B1 data from K. M. Ferguson et al., 2003, *Mol. Cell* **11**:507, PDB ID 1nql. Erb-B2 data from H.-S. Cho et al., 2003, *Nature* **421**:756, PDB ID 1n8z. Erb-B3 data from H. S. Cho and D. J. Leahy, 2002, *Science* **297**:1330, PDB ID 1m6b. Erb-B4 data from S. Bouyain et al., 2005, *Proc. Nat'l. Acad. Sci. USA* **102**:15024, PDB ID 1ahx. EFG and Erb-B1 data from H. Ogiso et al., 2002, *Cell* **110**:775, PDB ID 1ivo.]

는 dimerization에 의해 활성화되지만 수용체마다 이를 위해 서로 다른 메커니즘을 사용한다. 마찬가지로, kinase는 kinase catalytic site (kinase 촉매 부위)로부터 멀어지는 activation loop의 움직임에 의해 활성화되지만, 다른 수용체는 이를 위해 다른 메커니즘을 사용한다.

RTK의 활성화 후 신호전달: 수용체의 Phosphotyrosine 잔기는 SH2 domain을 가지는 여러 단백질들에 대한 Binding Surface이다

RTK kinase가 활성화되면, 세포질 domain에 있는 여러 tyrosine 잔기들을 인산화시킨다(그림 16-3과 16-8 참조). 이러한 phosphotyrosine 잔기 각각은 몇 개의 인접한 잔기와 함께 보존된 phosphotyrosine-binding domain (phosphotyrosine 결합 도메인)을 가지는 신호전달 단백질을 위한 결합 부위 역할을 한다(그림 16-1a 참조). 활성화된 수용체에 신호전달 단백질이 모이는 것은 특정한 후속 신호전달 경로를 시작하게 한다.

Phosphotyrosine-binding domain (phosphotyrosine-결합 도메인)에는 여러 부류가 있다; 그중 하나는 *SH2 domain* (*SH2* 도메인)이다. SH2 domain은 phosphotyrosine을 포함하는 polypeptide의 짧은 표적 서열에 결합할 수 있다. 서로 다른 신호전달 단백질의 SH2 domain은 매우 유사한 3차원 구조를 가지고 있지만, 각각은 특정 phosphotyrosine 잔기(종종 "pY"로 단축됨)에 인접해 있는 별개의 짧은 아미노산 서열에 결합한다. 각 SH2 domain의 독특한 아미노산 서열은 그것이 결합하는 특정 target 서열을 결정한다(그림 16-9). 각 SH2 domain은 phosphotyrosine에 결합하는 부위 및 해당 SH2의 target 서열에서 인접한 잔기의 side chain (곁사슬)에 결합하는 부위를 포함한다.

예를 들어, SH2 domain이 처음 확인된 단백질인 *Src* [Src는 *sarcoma* (육종) 종양의 약어]라고 불리는 tyrosine kinase를 생각해보자. Downstream의 신호전달 경로를 비정상적으로 활성화시키는 *src* 유전자의 돌연변이 형태는 원래 닭에서 sarcoma (25장에서 자세히 설명함)를 유발하는 *Rous sarcoma virus*에서 발견되었다. Src tyrosine kinase의 SH2 domain은 four-residue sequence (4개 잔기 서열)를 포함하는 peptide에 강력하게 결합한다: phosphotyrosine–glutamic acid–glutamic acid–isoleucine (단일 문자 코드: pY-E-E-I, 그림 16-9 참조).

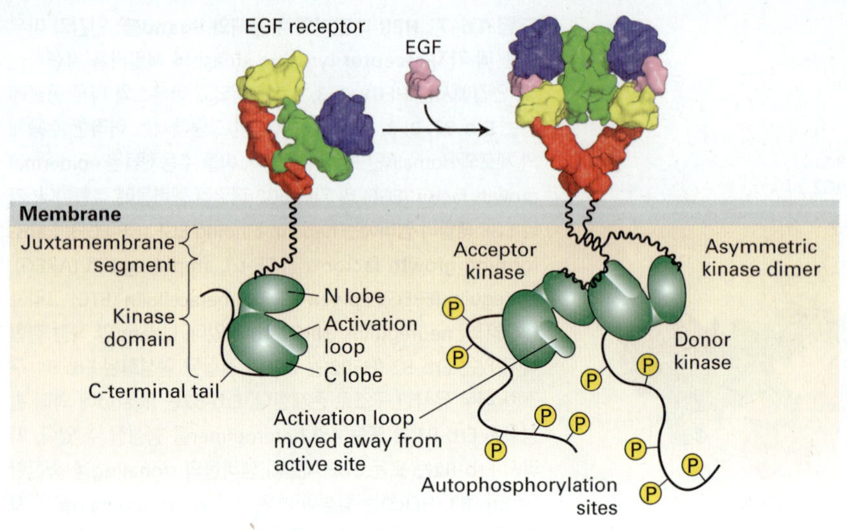

그림 16-8 EGF에 의한 EGF 수용체의 활성화는 활성화된 asymmetric (비대칭의) kinase domain dimer 형성을 초래한다. 비활성화된 monomer 상태에서, activation loop는 kinase active site (kinase 활성 부위)에 위치하여 기질의 결합을 차단하고 kinase의 기능을 억제한다. 수용체 dimerization은 donor kinase의 C lobe가 반대쪽 수용체에 있는 acceptor kinase의 N lobe에 결합하도록 asymmetric (비대칭) kinase dimer를 생성한다; dimer는 두 수용체의 juxtamembrane (막에 인접한) segment 사이에서의 상호작용에 의해 안정화된다. 이러한 상호작용은 acceptor kinase의 kinase 부위로부터 activation loop를 밀어내는 구조 변화를 유도하여 acceptor kinase를 활성화시킨다. 그런 다음, 활성 acceptor kinase는 두 수용체 모두의 세포질 domain의 C-terminal segment에 있는 tyrosine 잔기를 인산화시킨다. [EGF receptor from H. Ogiso et al., 2002, *Cell* **110**:775, PDB ID 1ivo; and K. M. Ferguson et al., 2003, *Mol. Cell.* **11**:507, PDB ID 1nql. Asymmetric kinase dimer data from E. Kovacs et al., 2015, *Annu. Rev. Biochem.* **84**:739.]

결합은 two-pronged plug (두 갈래의 플러그)—peptide의 phosphotyrosine과 isoleucine 곁사슬—가 SH2 domain에 있는 two-pronged socket (두 갈래의 소켓)에 삽입되는 것과 유사하다. 2개의 glutamic acid는 phosphotyrosine 결합 소켓과 isoleucine 잔기와 결합하는 소수성 소켓 사이에서 SH2 domain의 표면에 딱 들어맞는다. 표적 서열에 대한 SH2 domain의 specificity (특이성)는 SH2 domain을 가지는 어떤 신호전달 단백질이 어떤 수용체와 결합하고, 따라서 어떤 신호전달 경로가 활성화되는지 결정하는 데 중요한 역할을 한다.

Receptor-Mediated Endocytosis (수용체 매개 Endocytosis)와 Lysosomal Degradation은 RTK로부터의 Signaling을 약화시킨다

15장에서, 우리는 과잉 자극을 방지하기 위해 세포가 신호전달 경로를 억제하거나 심지어 끌 수 있어야 한다고 강조했다. 게다가, 세포가 신호에 적절히 반응했거나 신호가 제거되면, 더 이상의 세포 반응을 막는 것이 중요하다. RTK로부터의 signaling의 억제는 일반적이며, 이 작업을

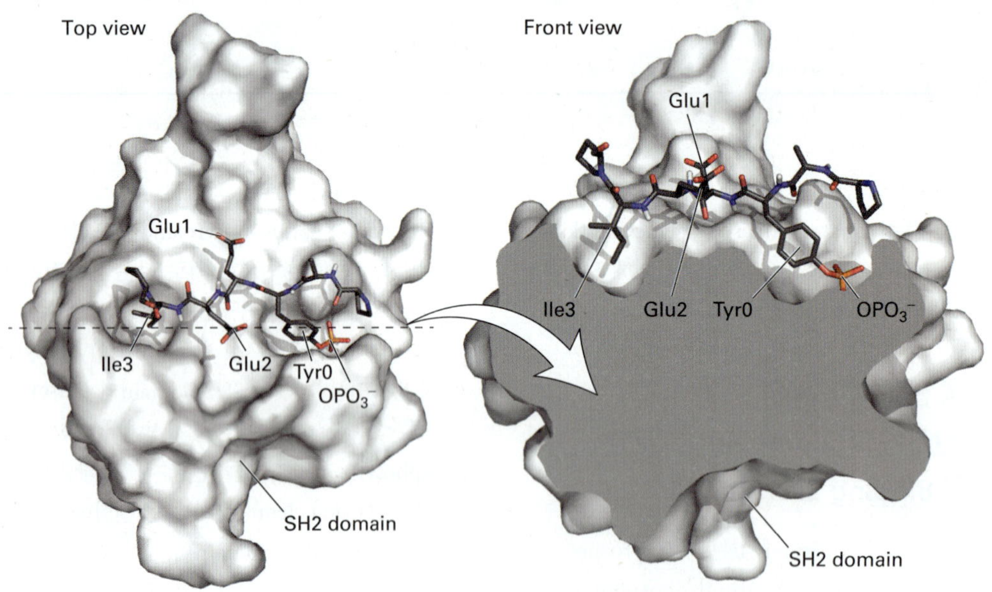

그림 16-9 Phosphotyrosine-containing peptide (phosphotyrosine을 포함하는 peptide)에 결합된 SH2 domain의 surface model (표면 모델). Src tyrosine kinase의 일부인 이 SH2 domain에 의해 결합된 peptide는 stick (막대) 형태로 표시된다(빨간색 산소 원자가 있는 파란색 backbone). 이 SH2 domain은 중요한 four-residue core sequence (4개 잔기 중심 서열)를 포함하는 짧은 표적 peptide에 강하게 결합한다: four-residue core sequence는 phosphotyrosine (Tyr_0 및 OPO_3^-)–glutamic acid (Glu_1)–glutamic acid (Glu_2)–isoleucine (Ile_3)이다. 이 결합은 two-pronged plug (두 갈래 플러그) — peptide내 phosphotyrosine 및 isoleucine의 side chain — 가 SH2 domain의 two-pronged socket (두 갈래 소켓) 내로 삽입되는 것과 유사하다. 2개의 glutamate 잔기는 2개의 socket 사이 SH2 domain의 표면에 있는 부위에 결합한다. 다른 SH2 domain들은 다른 아미노산 서열로 둘러싸인 phosphotyrosine 잔기에 결합한다. [Data from G. Waksman et al., 1993, *Cell* **72**:779, PDB ID 1sps.]

수행하기 위해 다양한 메커니즘들이 진화해 왔다.

예를 들어, phosphotyrosine phosphatase는 수용체의 tyrosine 잔기에 있는 phosphate를 연결하는 결합을 지속적으로 가수분해하여, 활성화된 RTK가 phosphotyrosine 결합 domain을 가지는 단백질에 결합하는 능력을 감소시킴으로써 신호전달 경로의 활성화를 감소시킨다. 두 번째 메커니즘—receptor-mediated endocytosis (수용체 매개 엔도사이토시스)에 이은 lysosome에서의 수용체 분해—은 RTK 신호전달을 약화시키는 또 다른 일반적인 방법이다.

세포에 ligand를 처리하면 종종 사용 가능한 세포 표면 수용체의 수가 감소하므로, 세포는 ligand가 첨가되기 전보다 주어진 농도의 ligand에 대한 지속적인 노출에 덜 활발한 반응을 보인다. 이러한 *desensitization response* (탈감작 반응)은 비정상적으로 장기화되는 수용체 활성을 방지하는 데 도움이 된다. 예를 들어, EGF가 없는 경우, 세포 표면 HER1 수용체의 평균 half-life (반감기)는 10–15시간으로 비교적 수명이 길다. 결합되어 있지 않은 수용체는 평균적으로 30분에 한 번씩 상대적으로 느린 속도로 clathrin-coated pit (클라트린 피복 소공)을 통해 endosome (엔도솜)으로 internalization (내재화)되는데, 종종 원형질막으로 빠르게 recycle되어서 ligand가 없을 때 총 세포 표면 수용체 수의 감소가 거의 없다. EGF ligand의 결합 이후, HER1의 endocytosis 속도는 약 10배 증가하고, internalized receptor (내재화된 수용체) 중 극히 일부만이 원형질막으로 돌아온다; 나머지는 lysosome에서 분해된다. HER1–EGF 복합체가 endocytosis를 통해 internalization될 때마다(그림 14-29 참조) 수용체는 세포 유형에 따라 약 20–80% 확률로 분해된다. 예를 들어, 높은 레벨의 EGF에 노출된 epithelial cell (상피세포)에서 거의 모든 EGF 수용체 분자는 internalization되고 분해되어, EGF에 대한 세포의 민감도가 현저하게 감소된다. 이런 식으로 장기간의 EGF를 사용한 치료는 EGF에 대하여 세포를 둔감하게 만든다. EGF가 제거되면, 새롭게 합성된 수용체가 결국 세포 표면에 보충되고, 세포가 EGF의 두 번째 처리에 반응할 수 있게 된다.

여러 과정들이 endosome 내로 internalization된 세포 표면 수용체가 원형질막으로 recycle되는지 아니면 분해되기 위해 lysosome으로 수송되는지의 여부에 영향을 미친다. 그중 한 과정이 small protein (저분자량 단백질)인 ubiquitin (유비퀴틴)에 의한 covalent modification (공유 변형)이다(3장 참조). 효소인 c-Cbl은 단백질의 주어진 lysine에 단일 ubiquitin을 첨가하는데, 이 과정을 *monoubiquitination* (모노유비퀴틴화)이라고 한다. HER1 세포질 domain에서의 monoubiquitination 정도와 HER1의 degradation (분해) 사이에는 강력한 상관관계가 있다; 이러한 monoubiquitination는 다른 ligand에 의해 활성화된 다른 RTK에서도 발생한다. E3 ubiquitin ligase (E3 유비퀴틴 연결효소, 그림 3-32 참조)인 c-Cbl 효소는 인산화된 EGF 수용체에 직접 결합하는 domain과 ubiquitin-conjugating enzyme (유비퀴틴 접합효소)을 모이게 하고, ubiquitin을 수용체에 전달하는 RING finger domain을 포함한다. Ubiquitin은 endosome으로부터 multivesicular body (다소포체)로의 통합(그림 14-32 참조)을 자극하는 수용체 상의 tag (표지)로 기능을 하여, 결국 lysosome에 의해 engulf되고(삼켜지고) 분해되게 한다. EGF 수용체 trafficking (이동)에서 c-Cbl의 역할은 *C. elegans* (예쁜꼬마선충)를 사용한 유전학 연구에서 밝혀졌는데, 이 연구는 c-Cbl이 nematode (선충) EGF 수용체(Let-23)의 분해를 유도함으로써 그 수용체의 기능을 negative하게 조절한다는 것을 밝혀냈다. 마찬가지로, c-Cbl을 없앤 녹아웃 마우스는 mammary gland epithelia (유선 상피)의 hyperproliferation (과증식)을 보인다. 이 현상은 c-Cbl이 EGF signaling의 negative regulator (음성 조절자)로서 역할을 한다는 사실과 일치한다.

흥미롭게도, 다른 EGF 패밀리 수용체들—HER2, HER3 및 HER4—은 ligand에 노출된 후 internalization을 겪지 않는다. 이러한 관찰은 각각의 수용체가 어떻게 자신만의 적절한 방식으로 조절되도록 진화했는지를 강조한다.

16.1절의 주요 개념

성장 인자(Growth Factor)와 Receptor Tyrosine Kinase (수용체 타이로신 인산화효소)

- 성장 인자와 인슐린 같은 peptide와 signaling protein에 결합하는 receptor tyrosine kinase는 preformed dimer (이미 형성된 이량체)로 존재하거나 ligand가 결합할 때 dimerzation될 수 있다. Ligand의 결합은 수용체의 kinase domain을 활성화시키는 데 필요한 단계인 functional dimeric receptor (기능적인 dimer 형태의 수용체)의 형성으로 이어지는 구조적 변화를 유발한다. 다른 수용체는 다른 방식으로 이 기능을 수행한다(그림 16-3에서 16-7까지 참조).
- 많은 RTK가 활성화되면 세포질 domain의 내재된 부분인 protein tyrosine kinase의 activation loop가 활성화되어 catalytic activity (촉매 활성)가 향상된다(그림 16-3 참조). 그런 다음, 활성화된 kinase는 수용체의 세포질 domain과 다른 단백질 기질에 있는 tyrosine 잔기들을 인산화시킨다.
- 인간은 많은 RTK를 발현하는데, 그중 네 가지(HER1-HER4)가 epidermal growth factor (표피 성장 인자) 수용체 패밀리에 속하며, 이들은 신호전달 분자들 중 epidermal growth factor (표피 성장 인자) 패밀리의 다른 멤버들로부터의 신호전달을 매개한다(그림 16-7 참조). 이러한 수용체들 중 하나인 HER2는 ligand에 결합하지 않는다. 대신 ligand와 결합하고 있는 다른 세 가지 HER 단백질들의 monomer와 결합하여 활성 heterodimer를 형성한다. HER2의 과발현은 많은 유방암과 관련이 있다.
- RTK에서, phosphotyrosine 잔기를 포함하는 짧은 아미노산 서열은 보존된 SH2 domain을 가지는 신호전달 단백질에 의해 결합된다. 인산화된 tyrosine을 둘러싸고 있는 아미노산의 서열은 어떤 SH2 domain이 그 인산화된 tyrosine에 결합할지를 결정한다(그림 16-9 참조). 이러한 protein-protein interaction (단백질-단백질 상호작용)은 많은 신호전달 경로에서 특이성을 결정하는 데 중요하다(그림 16-3 참조).

- Receptor-hormone complex (수용체-호르몬 복합체)의 endocytosis와 이들의 lysosome에서의 분해는 세포 표면에서 receptor tyrosine kinase와 사이토카인 수용체의 수를 감소시키는 주요 메커니즘이며, 이를 통하여 많은 peptide 및 단백질 호르몬들에 대한 세포의 민감도를 감소시킨다. 사이토카인 수용체와 마찬가지로 다른 수용체들도 endocytosis와 분해에 의해 조절된다.

16.2 Ras/MAP Kinase 신호전달 경로

RTK에 의한 신호전달은 수용체의 세포질 domain에 있는 인산화된 tyrosine에 SH2 domain을 가진 단백질이 결합하는 것으로 시작된다. 우리가 곧 보게 될 1 또는 2개의 추가적인 단계 후, 사실상 모든 receptor tyrosine kinase는 *Ras/MAP kinase signal transduction pathway*를 활성화시킨다(그림 16-10; 그림 16-1a, Pathway A 참조). 이 경로는 또한 대부분의 사이토카인 수용체에 의해서도 활성화된다. 그 경로는 척추동물, 무척추동물, 심지어 효모에서도 발견되기 때문에 진화 과정에서 보존되며, 많은 발생 경로들에서 핵심적인 역할을 하고 다양한 유형의 세포의 성장과 분화를 조절한다.

Monomeric *Ras protein*은 세포내 switch protein (스위치 단백질)의 *GTPase superfamily*에 속해 있다(그림 15-7 참조). 활성화된 Ras는 원형질막의 세포질 쪽 표면에서 순차적으로 작용하는 3개의 protein kinase를 포함하는 signal transduction complex (신호전달 복합체)의 형성을 촉진한다. 이 *kinase cascade* (*kinase* 연쇄반응)는 핵으로 이동하여 많은 다른 단백질들을 인산화시킬 수 있는 **MAP kinase** 패밀리내 특정 멤버의 활성화로 끝나게 된다. MAP kinase의 표적 단백질 중에는 cell cycle (세포 주기)와 cell differentiation (세포 분화)에서 중요한 역할을 하는 단백질의 발현을 조절하는 전사 인자들이 있다. 중요하게도, 서로 다른 호르몬들과 그들의 세포 표면 수용체는 종종 MAP kinase 활성화의 강도 또는 지속 시간이 서로 다르며, 따라서 세포에 미치는 영향도 다르다. 비정상적인 세포 분열을 유도하는 RTK, Ras 또는 MAP kinase pathway내 단백질의 활성화된 돌연변이는 거의 모든 유형의 인간 종양에서 발견된다. 따라서 RTK/Ras/MAP kinase 신호전달 경로는 광범위하게 연구되어 왔으며, 구성 단백질들 및 그들의 조절에 대해 많이 알려져 있다(25장 참조).

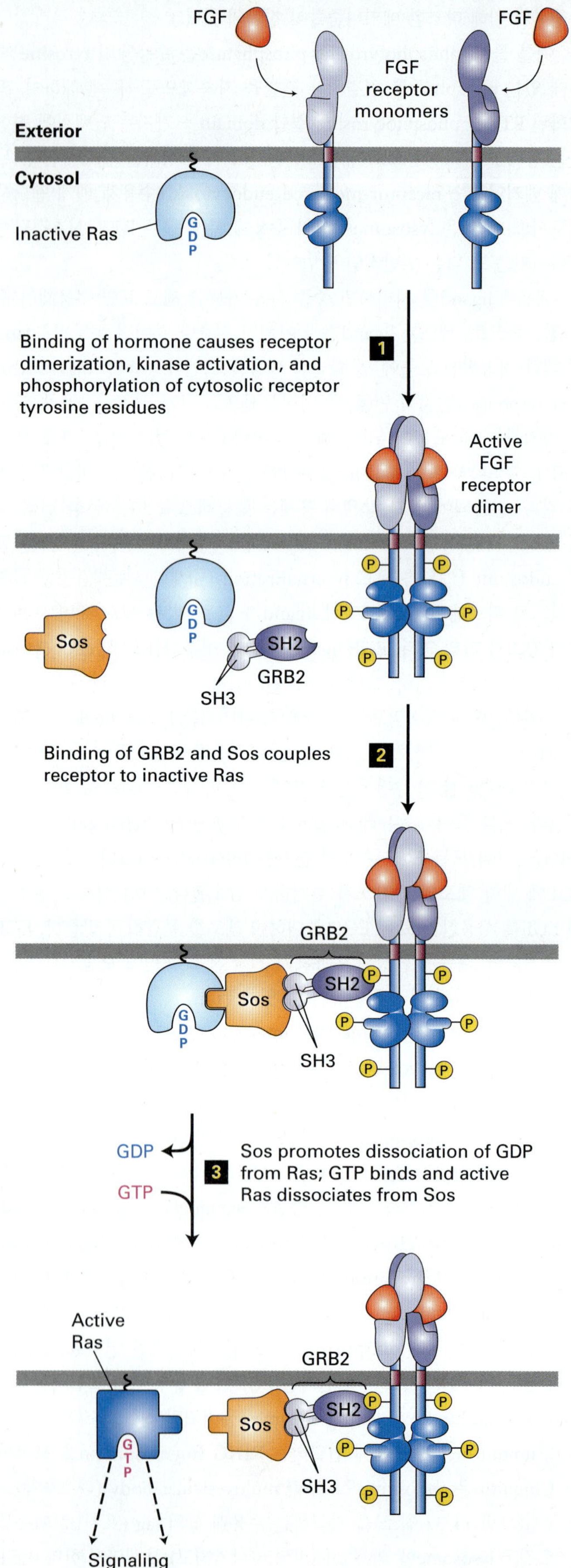

그림 16-10 Receptor tyrosine kinase (RTK) 또는 사이토카인 수용체에 ligand 결합 후 Ras의 활성화. Fibroblast growth factor (FGF) 수용체는 이 신호전달 경로 활성화의 예시가 된다. 세포질 어댑터 단백질인 GRB2의 SH2 domain은 ligand가 결합된 활성화된 수용체에 있는 특정 phosphotyrosine에 결합하고, GRB2의 SH3 domain은 세포질 Sos 단백질과 결합하여 원형질막의 세포질 표면 근처로 Sos를 위치시키며, Sos의 기질인 비활성화 형태의 Ras·GDP와 근접하게 만든다. 그런 다음, Sos의 guanine nucleotide exchange factor (GEF) 활성은 Ras·GDP로부터 활성화 형태의 Ras·GTP 형성을 촉진한다. Ras는 소수성 farnesyl anchor에 의해 원형질막의 세포질 쪽 표면에 고정되어 있다는 것에 주목하자(그림 10-19 참조). J. Schlessinger, 2000, *Cell* **103**:211; and M. A. Simon, 2000, *Cell* **103**:13 참조.

Ras가 활성인 GTP 결합 상태와 비활성인 GDP 결합 상태 사이에서 어떻게 순환하는지를 검토함으로써, Ras/MAP kinase 신호전달 경로에 대한 논의를 시작한다. 그런 다음, 활성화된 Ras가 어떻게 신호를 MAP kinase에 전달하는지를 설명한다. 마지막으로, 우리는 효모와 고등 진핵생물의 세포가 모두 여러 MAP kinase pathway를 포함하고 있음을 나타내는 최근의 연구들을 조사하고, 세포가 scaffold 단백질의 사용을 통해 서로 다른 MAP kinase pathway들을 서로 분리된 상태로 유지하는 방법을 고려한다.

GTPase 스위치 단백질인 Ras는 대부분의 RTK 및 사이토카인 수용체의 Downstream에서 작동한다

15장에서 논의된 trimeric G protein의 G_α subunit을 포함하는 다른 G protein과 마찬가지로, monomeric Ras 단백질은 GDP가 결합된 비활성화 "off" 상태와 수용체에 의해 활성화된 GTP가 결합된 형태의 "on" 상태를 번갈아 가며 전환하는 G protein 스위치이다(그림 15-7 참조). Trimeric G protein은 결합된 GDP의 방출을 유발하는 *guanine nucleotide exchange factor* (*GEF*)로 작용하는 GPCR (ligand가 결합된 GPCR)에 직접 결합할 때 활성화된다. 그런 다음, GTP는 nucleotide-free G protein에 자발적으로 결합한다. 활성화된 RTK와 사이토카인 수용체는 GEF가 아니다; 활성화된 RTK와 사이토카인 수용체는 원형질막의 세포질 쪽 표면에 여러 adaptor protein들을 모이게 하며, 이 adaptor protein들 중 하나가 Ras를 활성화시키는 GEF로 작용한다.

Ras (약 170개의 아미노산)는 G_α protein (약 300개의 아미노산)보다 작지만, 두 단백질 유형의 GTP-binding domain (GTP-결합 도메인)은 유사한 구조를 가지고 있다(Ras의 구조를 검토하려면 그림 15-7 참조). G_α protein과 마찬가지로, 결합된 GTP를 GDP로 가수분해하면 Ras는 deactivation (비활성화)된다. G_α protein은 GTP 가수분해의 내재된 속도를 증가시키는 GTPase-activating protein (GTPase 활성화 단백질, GAP) domain을 포함하지만, 이 domain은 Ras에 존재하지 않는다. 그 결과, Ras는 본질적으로 더 느린 GTP 가수분해 속도를 갖는다. 따라서 Ras 결합된 GTP의 평균 수명은 약 1분으로 G_α·GTP 복합체에 결합된 GTP의 평균 수명보다 훨씬 길다. Ras의 내재된 GTPase 활성이 낮기 때문에, Ras·GTP는 비활성화되기 위해 GTPase-activating protein (GAP)이라는 다른 단백질의 도움을 필요로 한다. GAP가 Ras·GTP에 결합하면, Ras의 내재된 GTPase 활성이 100배 이상 가속화된다; GTP의 GDP와 P_i로의 실제 가수분해는 Ras와 GAP 모두의 아미노산들에 의해 촉매된다. RAS를 위한 GAP (RAS-GAP라고 함)는 GAP의 arginine 곁사슬 중 하나를 Ras 활성 부위에 삽입하여 가수분해 반응의 intermediate (중간체)를 안정화시키도록 작동한다.

Mutant (돌연변이) Ras는 많은 유형의 인간의 암과 관련이 깊으므로, 포유류 Ras 단백질은 매우 상세하게 연구되어 왔다. 이러한 mutant Ras는 GTP와 결합은 하지만 가수분해를 시킬 수 없어 영구적으로 활성화된 "on" 상태를 유지하여 암을 초래하는 cellular transformation (세포 변형)에 기여한다(25장 참조). Ras-GAP 복합체의 3차 구조 결정과 Ras 돌연변이에 대한 실험을 통해 most oncogenic (암을 가장 잘 만드는) 형태의 constitutively active (구성적으로 상시 활성의) Ras 단백질(Ras^D)은 12번째 아미노산에 돌연변이가 있음이 밝혀졌다. 정상 Ras의 glycine 12를 다른 아미노산(proline 제외)으로 치환하면, GAP와의 기능적 결합이 차단되고, GTP 가수분해 속도가 엄청나게 감소되며, Ras는 GTP가 결합된 활성 상태로 고정된다. ■

Ras가 일반적인 신호전달 경로의 RTK의 downstream에서 기능을 한다는 첫 번째 증거는 배양되는 fibroblast cell (섬유아세포)을 사용한 실험에서 나왔다. 이 세포에 RTK를 활성화시키는 두 가지 단백질 호르몬인 PDGF와 EGF의 mixture (혼합물)를 처리하여 세포 증식을 유도하였다. 이 세포에 Ras를 인식하는 항체를 microinjection (미세주입)하였을 때 세포 증식이 억제되었다. 반대로 constitutively active (구성적으로 상시 활성의) 돌연변이 Ras 단백질인 Ras^D의 injection (주입)은 성장 인자가 없는 조건에서도 세포가 증식하게 되었다. 이러한 결과들은 fibroblast (섬유아세포)에 FGF를 첨가하면 GTP가 결합된 활성 형태로 존재하는 Ras의 비율이 급격히 증가한다는 그림 15-11에 자세히 설명된 pull-down assay 방법을 사용한 연구의 결과와 일치한다.

Receptor Tyrosine Kinase는 어댑터 단백질에 의해 Ras에 연결된다

활성화된 RTK와 사이토카인 수용체가 Ras를 활성화시키기 위해서는 먼저 2개의 세포질 단백질인 GRB2와 Sos가 수용체와 Ras 사이의 연결을 제공하기 위해 recruitment (모집)되어야만 한다(그림 16-10 참조). GRB2는 *adapter protein* (어댑터 단백질)으로 효소 활성이 없고, 2개의 다른 단백질 간의 연결 또는 scaffold 역할—이 경우, 활성화된 수용체와 Sos 사이—을 한다. Sos는 GDP에 결합된 비활성 형태의 Ras를 GTP가 결합된 활성 형태로 전환하는 것을 촉매하는 GEF이다. [*Sos*라는 이름은 *Son of Sevenless*의 약자로, Ras가 매개하는 신호전달 경로에 의존하는 eye (눈) 발생에 결함이 있는 *Drosophila* (초파리) 돌연변이를 분석하여 정의된 유전자이다.]

GRB2는 많은 활성화된 RTK의 세포질 domain에 있는 특정 phosphotyrosine 잔기에 결합하는 SH2 domain을 가지고 있기 때문에 어댑터 단백질 역할을 할 수 있다. SH2 domain 이외에도, GRB2 어댑터 단백질은 Sos에 결합하는 2개의 *SH3 domain* (*SH3* 도메인)을 포함하고 있다(그림 16-10 참조). Phosphotyrosine에 결합하는 SH2 domain과 마찬가지로, SH3 domain은 세포내 signaling에 관여하는 많은 단백질에 존재한다. 다양한 SH3 domain들의 3차원 구조는 유사하지만, 그들의 아미노산 서열은 다르다. GRB2의 SH3 domain은 Sos의 proline-rich sequence (proline이 풍부한 서열)에 선택적으로 결합한다; 다른 단백질의 다른 SH3 domain은 Sos에 있는 것과는 구별되는 proline-rich target sequence (proline이 풍부한 target 서열)에 결합한다. Proline 잔기는 어댑터 단백질(예, GRB2)의 SH3 domain과 해당 표적 단백질(예, Sos)의 proline-rich sequence 간의 상호작용에서 두 가지 역할을 한다. 첫째, 그 proline-rich sequence는 SH3 domain

과 광범위한 접촉을 가능하게 해주는 확장된 구조를 가지고 있어 상호 작용을 촉진한다. 둘째, 이들 proline의 일부는 SH3 domain의 표면에 있는 binding pocket (결합 포켓)에 딱 들어맞는다(그림 16-11). 몇몇 nonproline 잔기도 SH3 domain과 상호작용하며, 어떤 SH3 domain이 어떤 표적 단백질에 결합하는지(binding specificity) 결정하는 역할을 한다. 따라서 SH3 및 SH2 domain에 대한 단백질의 결합은 비슷한 방식으로 이루어진다: 특정 잔기들은 결합에 필요한 핵심 구조적 모티프를 제공하고(SH2 domain에 대하여 결합을 위한 phosphotyrosine, SH3 domain에 대하여 결합을 위한 proline), 인접한 잔기들은 결합에 specificity (특이성)를 부여한다.

Sos가 비활성 Ras에 결합하면 GTP를 GDP로 교환하는 것을 유발하는 구조적 변화가 발생한다

RTK (예, FGF 수용체)의 활성화 및 autophosphorylation (자가 인산화) 그리고 GRB2의 결합 이후, Sos는 GRB2에 결합하여 원형질막의 세포질 쪽에서 복합체를 형성한다(그림 16-10 참조). 이 복합체의 형성은 GRB2가 활성화된 수용체와 Sos에 동시에 결합하는 능력에 달려 있다. 따라서 수용체가 활성화되었을 때, Sos는 세포질로부터 membrane으로 이동하여, 공유결합된 지질에 의해 원형질막의 세포질 쪽 표면에 이미 결합되어 있는 Sos의 기질인 Ras·GDP에 가까워지게 된다.

Sos가 Ras·GDP에 결합하면 GTP가 GDP를 대체할 수 있도록 GDP를 방출함으로써 Ras·GDP를 활성화시킨다. Sos가 결합하면 Ras

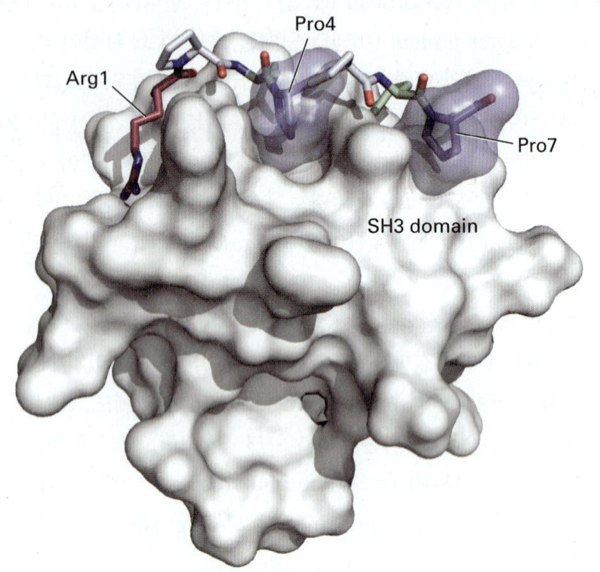

그림 16-11 표적 peptide에 결합된 SH3 domain의 surface model (표면 모델). 짧고 proline이 풍부한 표적 peptide는 stick model (막대 모델)로 표시되고, SH3 domain은 space-filling model (공간 채움 모델)로 표시된다. 이 표적 peptide에서 2개의 proline (Pro4 및 Pro7, 진한 파란색)은 SH3 domain의 표면에 있는 binding pocket (결합 포켓)에 딱 맞는다. 표적 peptide의 arginine (Arg1, 빨간색), 2개의 다른 proline (회색), 그리고 다른 잔기들 (녹색)이 관련된 상호작용은 표적 peptide가 SH3 domain에 결합하는 것에 대한 특이성을 결정한다. [Data from S. Feng et al., 1995, *Proc. Nat'l. Acad. Sci. USA* **92**:12408, PDB ID 1qwf.]

의 switch I 및 switch II segment에 구조적 변화가 일어나서 GDP가 확산되어 배출되게 한다(그림 16-12). 다시 말해, Sos는 Ras에 대한 GEF 역할을 한다. 세포질내 GDP에 비해 높은 GTP 농도에 의해 유도되는 Ras에 대한 GTP의 결합은 Ras·GTP가 Ras/MAP kinase pathway의 다음 단계 단백질인 Raf를 활성화시킬 수 있도록 해주는 switch I 및 switch II의 특정 구조를 유도한다.

신호는 활성화된 Ras로부터 Protein Kinase Cascade로 전달되며 MAP Kinase와 함께 종료된다

효모, *C. elegans* (예쁜꼬마선충), *Drosophila* (초파리) 그리고 포유류를 이용한 생화학 및 유전학적 연구로부터 Ras의 downstream이 세 가지 protein kinase의 매우 잘 보존된 cascade이고, 이것이 MAP kinase에서 종료된다는 것이 밝혀졌다. Kinase cascade의 활성화가 모든 세포에서 동일한 생물학적 결과를 유도하지는 않지만, 모든 Ras/MAP kinase pathway는 그림 16-13에서 요약된 바와 같이 순차적으로 작용하는 세 가지 kinase의 공통 세트가 있다: Ras → Raf → MEK → MAP kinase.

자극되지 않은 세포에서 Raf는 serine/threonine kinase domain과 N-terminal autoinhibitory (N-말단 자가 억제) domain의 두 위치에서 여러 세포질 kinase들에 의해 인산화된다. 그런 다음, 이 phosphate 그룹은 단백질 14-3-3의 dimer에 결합하는데, 14-3-3 단백질은 Raf의 kinase 활성 부위를 차단하고 억제하는 위치에서 Raf의 autoinhibitory (자가억제) domain을 잠근다—즉, 14-3-3 dimer는 *molecular handcuff* (분자 수갑)로서 작용한다. Raf가 14-3-3에 결합하면, 세포질에서 비활성 Raf 단백질을 유지할 수 있다.

언급한 바와 같이, Ras는 GDP가 GTP로 교환됨에 따라 활성화된다(그림 16-13, 단계 **1**). 활성 Ras·GTP (Ras·GDP는 아님)는 Raf의 N-terminal autoinhibitory (N-말단 자가억제) domain에 결합하여 Raf의 구조를 변화시키고, 이 domain에 부착된 phosphate가 세포질 phosphatase에 의해 제거되게 해서 14-3-3 결합의 손실을 유도한다. 이것은 kinase 활성 부위의 차단을 해제하고, kinase 활성을 부분적으로 활성화시킨다(단계 **2**). Ras·GTP를 Ras·GDP로 가수분해하면 Raf가 Ras로부터 방출되고(단계 **3**), 방출된 Raf는 dimer를 형성하며, 여기서 하나의 kinase 활성은 다른 하나의 activation loop (활성화 루프)에 있는 serine 또는 threonine 잔기를 인산화시켜서 Raf kinase 활성을 더욱 증가시킨다. 요약하면, Ras·GTP가 Raf에 결합한 후 Ras·GTP가 Ras·GDP로 가수분해되면, 14-3-3과의 inhibitory complex (억제 복합체)로부터 활성 Raf가 방출되고(단계 **3**), Raf kinase의 활성화를 유도한다.

현재 활성화된 Raf는 이후 MEK의 activation loop에 있는 하나 또는 2개의 serine 잔기를 인산화시켜 MEK kinase를 활성화시킨다(단계 **4**). MEK는 tyrosine과 serine/threonine 잔기 모두에서 표적 단백질을 인산화시키는 kinase이다; 따라서 MEK는 *dual-specificity* protein kinase (이중-특이성 단백질 인산화효소)라고 불린다. 활성화된 MEK는 주로 MAP kinase의 activation loop에서 MAP kinase를 인산화시킨다(단계 **5**). 활성화된 MAP kinase는 나중에 논의되는 세포 반응을 매

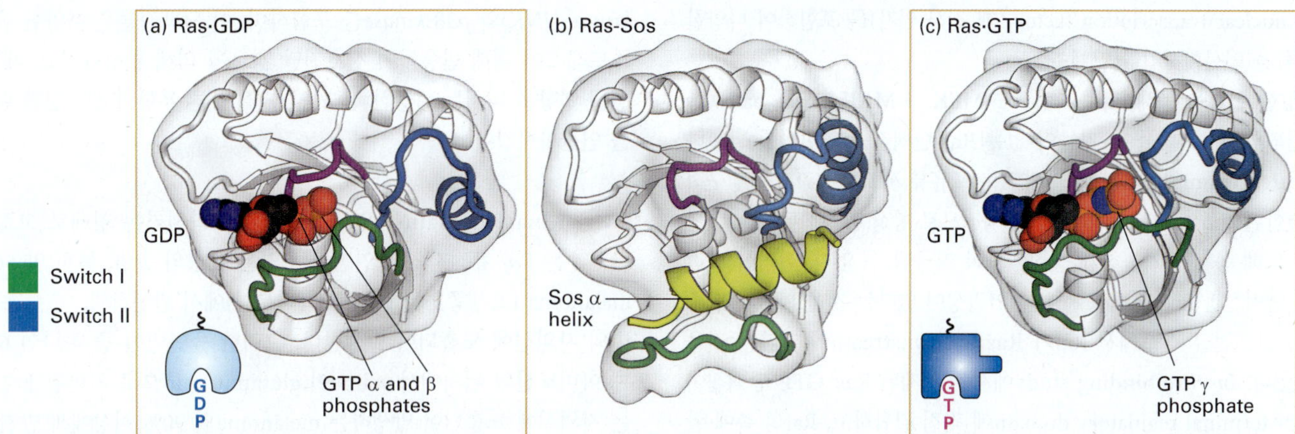

그림 16-12 Ras가 GDP, Sos 단백질 및 GTP에 결합한 구조. (a) GDP에 결합된 다른 G protein과 마찬가지로, Ras·GDP에서 switch I (녹색)과 switch II (파란색) segment는 GDP와 직접 상호작용하지 않는다. (b) Sos에서 하나의 α helix (노란색)는 Ras·GDP의 두 segment 모두에 결합하여 Ras의 거대한 구조 변화를 유도한다. 실제로 Sos가 switch I region을 대체함으로써, Ras를 열어서 GDP가 확산되어 나가도록 한다. (c) GTP는 먼저 염기(guanine)를 통해 Ras-Sos 복합체에 결합하는 것으로 생각된다; 이어지는 GTP phosphate의 결합은 상호작용을 완료한다. Ras에 있는 switch I segment switch II segment의 구조 변화는 두 segment 모두 GTP γ phosphate에 결합할 수 있게 하고, Sos를 쫓아내며, Ras·GTP와 그 effector의 상호작용을 촉진한다(나중에 논의됨). P loop (보라색)는 nucleotide의 β phosphate에 결합하는 많은 ATP 및 GTP-binding protein (GTP 결합 단백질)에서 발견되는 sequence motif (서열 모티프)이다. Ras·GDP 및 Ras·GTP에 대한 또 다른 설명은 그림 15-7을 참조하시오. [Part (a) Data from M. V. Milburn et al., 1990, *Science* **247**:939, PDB ID 4q21. Part (b) Data from J. Sejbal et al., 1996, *J. Med. Chem.* **39**:1281, PDB ID 1bdk. Part (c) Data from M. E. Pacold et al., 2000, *Cell* **103**:931, PDB ID 1he8.]

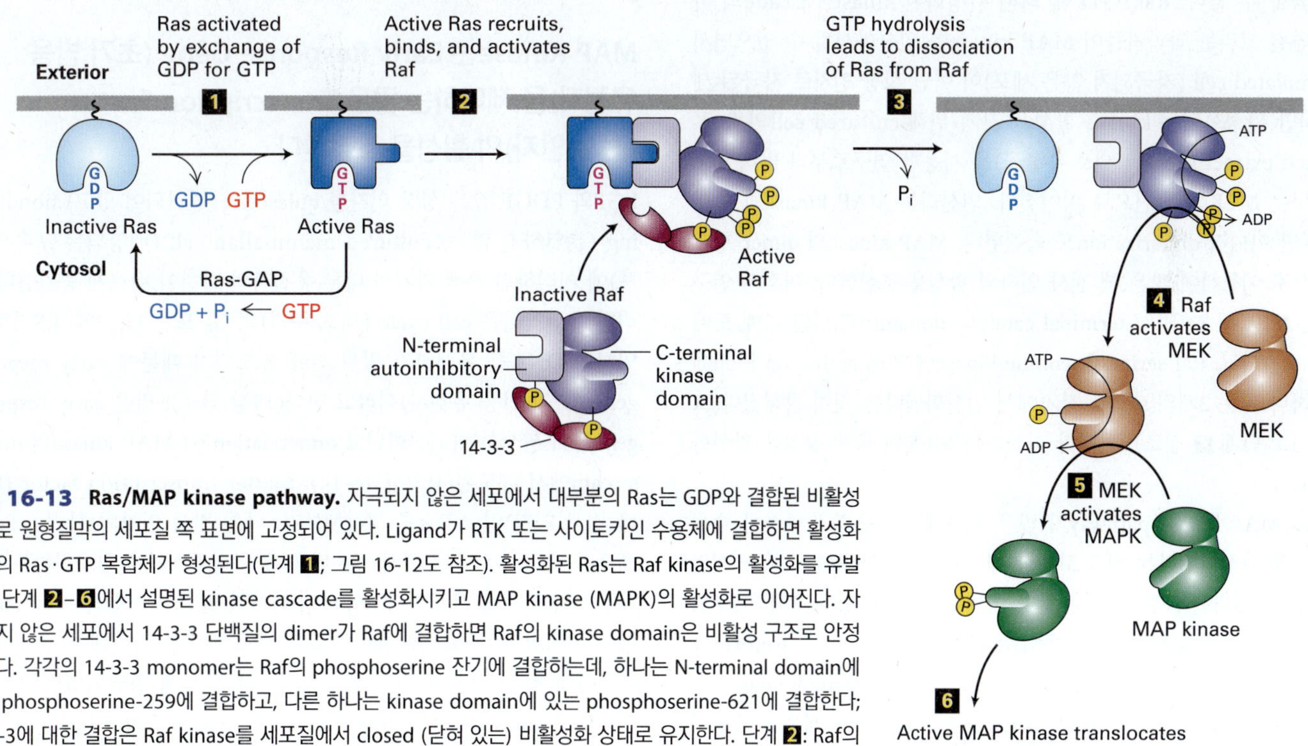

그림 16-13 Ras/MAP kinase pathway. 자극되지 않은 세포에서 대부분의 Ras는 GDP와 결합된 비활성 형태로 원형질막의 세포질 쪽 표면에 고정되어 있다. Ligand가 RTK 또는 사이토카인 수용체에 결합하면 활성화 형태의 Ras·GTP 복합체가 형성된다(단계 **1**; 그림 16-12도 참조). 활성화된 Ras는 Raf kinase의 활성화를 유발하여 단계 **2**–**6**에서 설명된 kinase cascade를 활성화시키고 MAP kinase (MAPK)의 활성화로 이어진다. 자극되지 않은 세포에서 14-3-3 단백질의 dimer가 Raf에 결합하면 Raf의 kinase domain은 비활성 구조로 안정화된다. 각각의 14-3-3 monomer는 Raf의 phosphoserine 잔기에 결합하는데, 하나는 N-terminal domain에 있는 phosphoserine-259에 결합하고, 다른 하나는 kinase domain에 있는 phosphoserine-621에 결합한다; 14-3-3에 대한 결합은 Raf kinase를 세포질에서 closed (닫혀 있는) 비활성화 상태로 유지한다. 단계 **2**: Raf의 N-terminal regulatory domain이 Ras·GTP에 결합하면 Raf를 14-3-3에 결합시키는 serine들 중 하나가 세포질 효소에 의해 탈인산화되어, 결과적으로 14-3-3의 결합이 손실되고 Raf kinase가 partial activation (부분적으로 활성화)된다. Raf kinase의 maximum activation (최대 활성화)은 부분적으로 한 Raf kinase domain이 다른 쪽 Raf kinase domain의 activation loop에 있는 serine 또는 threonine 잔기를 인산화시키는 Raf dimer (표시되지 않음)의 형성에 의해 발생한다. 단계 **3**: Ras-GAP에 의해 가속화되는 과정인 Ras에 결합된 GTP가 GDP로의 가수분해 후, 비활성 형태의 Ras·GDP는 Raf로부터 분리된다. Ras·GDP는 활성화된 수용체로부터의 신호에 의해 재활성화될 수 있으며, 따라서 membrane에 Raf 분자를 추가적으로 recruitment할 수 있다. 본문에서 자세히 설명한 바와 같이, 단계 **4**에서는 Raf가 MEK kinase를 인산화하여 활성화시키고, 단계 **5**에서는 MEK가 MAP kinase를 인산화하여 활성화시킨다. E. Kerkhoff and U. Rapp, 2001, *Adv. Enzyme Regul.* **41**:261; J. Avruch et al., 2001, *Recent Prog. Horm. Res.* **56**:127; and D. Matallanas et al., 2011, *Genes Cancer* **2**:232 참조.

개하는 nuclear transcription factor (핵 전사 인자)를 포함하여 다양한 단백질들을 인산화시킨다(단계 6).

다양한 실험을 통해 Ras → Raf → MEK → MAP kinase pathway가 확립되었다. 예를 들어, 기능이 없는 Raf 단백질 돌연변이를 발현하는 cultured mammalian cell (배양되는 포유류 세포)은 GTP가 영구적으로 결합된 constitutively active (구성적으로 항상 활성화된) Ras^D 단백질에 의해 통제 불가능하게 증식되도록 자극될 수 없다. 이러한 발견은 Raf 단백질과 Ras 단백질 사이에 연관성이 있다는 것을 확인시켜 주었으며, 신호전달 경로에서 Raf가 Ras의 downstream에 있다는 것을 보여주었다. *In vitro* binding study에서는 정제된 Ras·GTP 단백질이 Raf의 N-terminal regulatory domain에 직접 결합하고, Raf의 촉매 활성을 활성화시킨다는 것을 보여주었다,

Ras 활성화에 반응하여 해당 MAP kinase가 활성화된다는 것은 constitutively active (구성적으로 항상 활성화된) Ras^D 단백질을 발현하는 quiescent (정지되어 있고) nondividing (분열하지 않는) cultured cell (배양되는 세포)을 사용한 연구에서 입증되었다. 이 세포에서는 세포 성장을 촉진하는 호르몬에 의한 자극이 없어도 활성화된 MAP kinase가 생성된다. 그러나 생화학적 연구에 따르면, Raf는 MAP kinase를 직접 인산화시키지 못하거나 다른 방법으로는 MAP kinase의 활성을 자극할 수 없다. Ras·GTP에 의해 활성화된 kinase cascade의 마지막 연결 고리는 과학자들이 MAP kinase를 인산화시킬 수 있으면서 unstimulated cell (자극되지 않은 세포)이 아닌 성장 인자로 자극된 세포에서만 활성화되는 kinase 활성을 찾기 위해 cultured cell의 fractionated extract (분리된 세포 추출물)를 사용한 연구로부터 밝혀졌다. 이 연구는 MEK의 발견으로 이어졌다. 인산화는 MAP kinase의 촉매 활성뿐만 아니라 dimerization도 촉진한다. MAP kinase의 dimer 형태는 핵으로 이동하여 많은 핵 전사 인자의 활성을 조절한다. 이후의 연구에서는 MEK가 Raf의 C-terminal catalytic domain (C-말단 촉매 도메인)에 결합하고, Raf serine/threonine kinase에 의해 activation loop에 있는 하나 또는 2개의 serine 잔기에서 인산화된다는 것이 밝혀졌다(그림 16-13, 단계 4 참조); 이러한 인산화는 MEK의 촉매 활성을 활성화시킨다.

Ras/MAP kinase pathway가 많은 세포에서 사용되고 다양한 수용체에 의해 활성화된다는 점을 고려할 때, 각각의 구성 요소에 여러 개의 isoform이 있다는 것은 놀라운 일이 아니다. 인간의 경우, 3개의 RAS, 3개의 Raf, 2개의 MEK 및 2개의 MAP 단백질이 있으며, 그 isoform들은 overlapping (중복되는) 기능을 가지기는 하지만, nonredundant (중복되지 않는) 기능도 있다. Raf는 MEK를 인산화시키기 때문에 세포내 Raf와 analogous MEK phosphorylating kinase (MEK를 인산화시키는 유사 kinase)는 종종 *MEK kinase* 또는 *MEKK*라고 불린다. 포유류를 포함한 모든 진핵생물은 서로 다른 세포외 신호에 의해 활성화되고, 서로 다른 전사 인자를 인산화시키는 서로 다른 MAP kinase 단백질을 활성화시키는 여러 개의 매우 잘 보존된 Ras/MAP kinase pathway를 가지고 있다; 이러한 전사 인자들은 차례로 세포 분열, 분화 또는 기능에서 다른 변화를 유발한다. 포유류 MAP kinase는 *Jun N-terminal kinase* (*JNK*)와 *p38 kinase*를 포함하며, 이 단백질들은 다양한 유형의 스트레스에 대해 반응하여 신호전달 경로에 의해 활성화되고, 세포 분열에 영향을 미치는 다양한 전사 인자 및 다른 유형의 신호전달 단백질을 인산화시킨다.

Kinase domain을 영구적으로 활성화시키는 형태로 고정시키는 *Raf* 유전자의 돌연변이는 많은 유형의 종양, 특히 약 50%의 melanoma (흑생종) skin cancer (피부암)에서 발생하며, 이는 종종 햇빛의 자외선에 노출되어 발생한다. 그러한 돌연변이 중 하나인 600번째 아미노산의 위치에서 valine이 glutamic acid으로 치환된 돌연변이는 자외선에 노출되어 발생하는 melanoma의 90% 이상에서 발견된다. Constitutively active (구성적으로 상시 활성화된) *Raf* kinase 형태의 이 돌연변이는 성장 인자가 없어도 세포에서 MAP-kinase signaling을 자극하여 세포 증식을 촉진하고, 세포자살(apoptosis, 세포예정사; 22장 참조)를 막는다. 이 돌연변이 형태의 Raf에 대한 selective inhibitor (선택적 억제제)가 최근에 임상에 도입되었으며, 일반적으로 암의 short-term remission (단기적인 완화)을 만들어낸다. Raf와 MEK를 억제하는 약물의 조합은 더 유망해 보이며, 최근 이 돌연변이 Raf에 의해 유발된 melanoma 환자에 대한 임상시험에 들어갔다. ■

MAP Kinase는 Early Response Gene (초기 반응 유전자)을 제어하는 많은 Transcription Factor (전사 인자)의 활성을 조절한다

EGF와 PDGF 같은 성장 인자를 quiescent (정지되어 있고) nondividing (분열하지 않는) cultured mammalian cell (배양되는 포유류 세포)에 처리하면 수백 가지의 다른 유전자의 발현이 빠르게 증가한다. 이러한 유전자들은 cell cycle (세포 주기)의 G_0 또는 G_1기에서 S기로 진입하여 DNA를 복제하기 훨씬 전에 유도되기 때문에 early response gene (초기 반응 유전자)이라고 한다(19장 참조); 많은 early response gene들이 활성화된(인산화되고 dimerization된) MAP kinase의 downstream에서 유도된다(그림 16-14). Master transcription factor (마스터 전사 인자)인 c-Fos를 생각해보자. 다른 전사 인자와 함께 c-Fos는 세포가 세포 주기를 진행시키는 데 필요한 단백질들을 암호화하는 많은 유전자의 발현을 유도한다. *c-fos* 유전자의 발현을 조절하는 enhancer에는 *serum response element* (*SRE*)가 포함되어 있는데, 이는 serum (혈청)내 성장 인자에 의해 활성화되기에 그렇게 명명되었다. 활성화된 MAP kinase는 전사 인자인 *ternary complex factor* (*TCF*)를 직접 인산화시켜 활성화시킴으로써 c-fos 유전자의 전사를 유도한다. MAP kinase는 또한 $p90^{RSK}$라고 하는 또 다른 kinase를 인산화 및 활성화시켜서 *serum response factor* (*SRF*)라고 하는 또 다른 전사 인자를 인산화시킨다. 인산화된 TCF와 2분자의 인산화된 SRF와의 결합은 *c-fos* 유전자의 전사를 활성화시키는 active transcription factor complex (활성 전사 인자 복합체)를 형성한다.

성장 인자에 결합하는 대부분의 RTK는 Ras/MAP kinase pathway

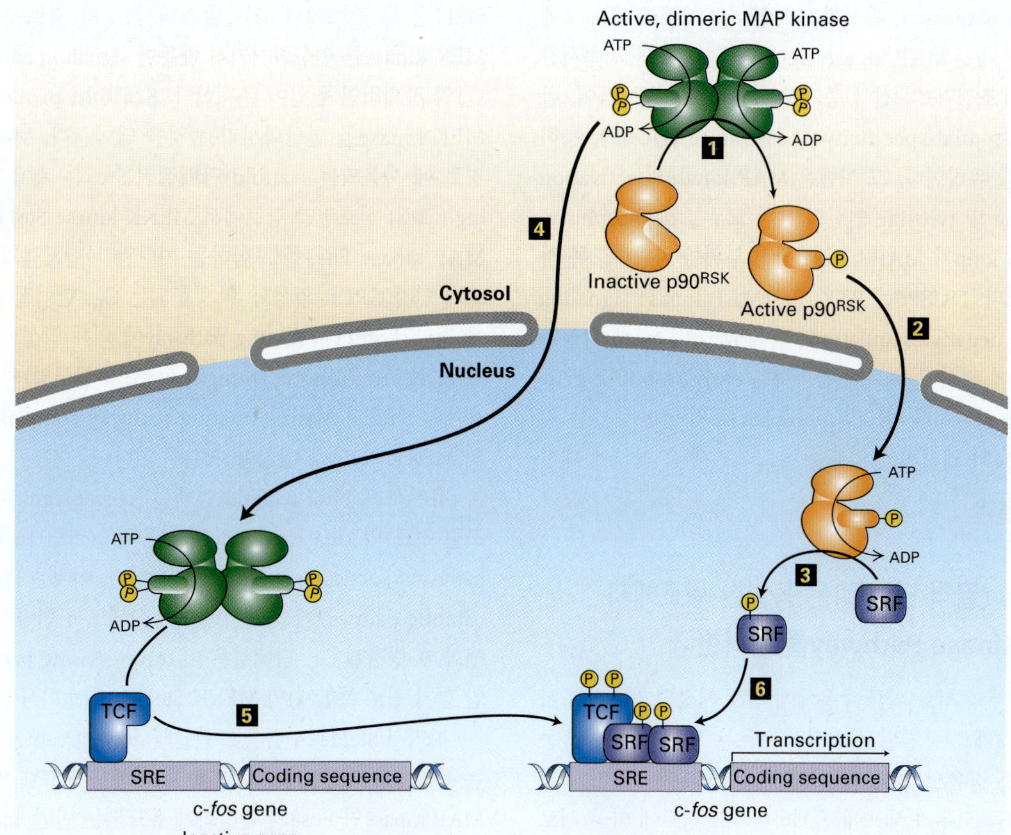

그림 16-14 MAP kinase에 의한 유전자 전사의 유도. 단계 1–3: 세포질에서 MAP kinase는 kinase p90[RSK]를 인산화 및 활성화시키며, 활성화된 p90[RSK]는 핵으로 이동하여 SRF 전사 인자의 특정 serine을 인산화시킨다. 단계 4와 5: MAP kinase는 핵으로 이동한 후 *c-fos* 유전자의 promoter에 이미 결합되어 있는 전사 인자 TCF의 특정 serine을 직접 인산화시킨다. 단계 6: 인산화된 TCF와 SRF는 함께 작용하여 promoter에 SRE 서열을 포함하는 *c-fos* 및 다른 유전자의 전사를 자극한다. 자세한 내용은 본문을 참조한다. R. Marais et al., 1993, *Cell* **73**:381; and V. M. Rivera et al., 1993, *Mol. Cell Biol.* **13**:6260 참조.

를 사용하여 c-Fos와 같은 단백질을 암호화하는 유전자를 활성화시키고, 이는 세포 주기를 진행시킨다. Ras/MAP kinase cascade에서 하나 또는 몇 개만의 표적 kinase를 인산화시키는 Raf 및 MEK kinase와는 달리, MAP kinase는 핵과 세포질에 존재하는 200개 이상의 단백질을 인산화시키는 것으로 알려져 있다. MAP kinase의 많은 target들은 유전자 발현의 regulator (조절자)이며, MAP kinase의 서로 다른 target들은 서로 다른 포유류 세포 유형에서 발현된다. 세포 표면 수용체에 의해 직접적 또는 간접적으로 활성화되는 다른 전사 인자들과 마찬가지로, MAP kinase에 의해 유도되는 단백질은 세포에서 발현되는 특정 표적 단백질, DNA와 chromatin (염색질) 단백질의 epigenetic marker (후성유전적 표지), 그리고 다른 전사 인자의 존재에 따라 달라진다(그림 16-2 참조).

다양한 Feedback Mechanism이 MAP Kinase의 활성화를 억제한다

RTK–Ras/MAP kinase cascade의 장기간 활성화는 생명체에게는 해로운 부적절한 세포 증식을 초래할 수 있다. 따라서 적절하고 정상적인 세포 조절을 위해 MAP kinase의 활성화는 여러 feedback mechanism을 통해 엄격하게 조절된다. 다른 세포 경로의 feedback control (피드백 조절)과 마찬가지로, 이것들은 두 가지 주요 범주로 나뉜다: 경로내 구성 요소의 post-translational modification (번역후 수식화 과정)과 경로 내 특정 단계를 억제하는 단백질 합성의 유도가 그 두 가지 범주이다. 직접적인 post-translational modification에 의한 Ras/MAP kinase pathway의 억제는 거의 즉각적으로 이루어지는 반면, 새로운 유전자 발현 및 단백질 합성에 의해 inhibitory protein (억제 단백질)이 생성된 다음 이들 억제 단백질이 target에 영향을 미치려면 많은 시간이 필요하다.

Post-translational modification에 의한 조절에서는 활성화된 MAP kinase가 경로의 초기에 작용하는 여러 단백질들을 인산화하여 MAP kinase pathway를 활성화시키는 능력을 감소시킨다. 예를 들어, 활성화된 MAP kinase는 juxtamembrane (막에 인접한) domain 근처에 있는 threonine 잔기에서 HER1 EGF 수용체를 인산화시킨다(그림 16-8 참조). 이 threonine 잔기의 인산화는 수용체 kinase가 완전히 활성화되는 능력을 감소시킨다. 활성 MAP kinase는 또한 Raf의 여러 부위를 인산화시켜서 Ras와의 결합을 감소시켜 Raf를 활성화시키는 Ras의 능력을 감소시킨다. 이러한 조절은 MAP kinase 활성화의 intensity (강도)와 duration (지속시간) 모두를 효과적으로 제한한다.

Ras/MAP kinase pathway의 활성화는 또한 negative feedback에 의한 조절의 전형적인 예인 MAP kinase signaling의 강도와 지속시간을 낮추는 regulator (조절자)의 전사 증가를 촉진한다. 예를 들어, 활성화된 MAP kinase는 *du*al-*s*pecificity *p*hosphatase (DUSP), 특히 DUSP6의 발현 증가를 유발한다. 그 이름은 MAP kinase의 activation loop에 있는 threonine 및 tyrosine 인산화 부위 모두를 dephosphorylation (탈인산화)하여 loop가 MAP kinase 활성 부위를 차단하도록 하는 능력에서 유래되었다. DUSP6는 RTK–Ras/MAP kinase signaling cascade의 여러 다른 negative regulator와 함께 MAP kinase 활성화 이후 처음 15분 이내에 전사가 빠르게 증가하는 early response gene (초기 반응 유전자) 중 하나이다. 이러한 phosphatase의 발현 증가는 일반적으로 MAP kinase의 일시적인 억제를 유도하고 후속 자극에 대한 반응을 억제할 수도 있다.

Scaffold Protein (골격 단백질)은 동일한 세포에서 서로 다른 MAP Kinase Pathway를 분리한다

동일한 세포 내에서 2개의 서로 다른 수용체에 의해 시작되고, 2개의 서로 다른 결과를 갖는 2개의 구별된 신호전달 경로는 일부 단계에서 동일한 protein kinase를 공유할 수 있다. 그러나 이 kinase는 두 가지 잠재적 substrate (기질)들 모두가 세포에 존재하더라도 경로에 따라 서로 다른 기질을 인산화시킨다. 올바른 기질이 인산화되도록 하는 주요 메커니즘은 scaffold protein (골격 단백질)에 의한 복합체 형성이다. 효모의 예는 scaffold 단백질의 작용이 어떻게 kinase를 정확한 기질로 안내하는지를 보여준다.

포유류 세포와 마찬가지로, 효모 세포는 여러 MAP kinase pathway 이용하지만(그림 16-15), Ras-like protein (Ras 유사 단백질; 효모에는 존재하지 않음)에 의해 활성화되지 않는다. 한 경로는 세포를 high osmotic strength (높은 삼투압)의 배지에서 배양할 때 활성화된다. 이 경로의 MAP kinase인 Hog1은 전사 인자를 인산화시켜서, 이러한 삼투압 스트레스로부터 세포를 보호하는 단백질을 암호화하는 유전자를 활성화시킨다(그림 16-15b). 두 번째의 별개의 경로는 opposite mating type (반대 교배 유형)의 효모 세포들이 mating (교배)하는 동안 활성화된다. Haploid (반수체) 효모 세포는 **a** 또는 α의 교배 유형을 갖는다. **a** 반수체 세포는 **a** mating factor (교배 인자)를 분비하고, α 교배 인자와 결합하는 세포 표면 GPCR을 가지고 있다; α 세포는 α 교배 인자를 분비하고, **a** 교배 인자와 결합하는 GPCR을 가지고 있다(그림 1-24 참조). 이러한 교배 인자와 결합하는 GPCR은 MAP kinase pathway를 개시한다; 이 경로의 MAP kinase인 Fus3는 핵으로 이동한다. 거기에서 Fus3는 세포 주기의 진행을 억제하는 단백질을 암호화하는 유전자의 발현을 유도하는 여러 전사 인자를 인산화 및 활성화시키고, 또 opposite mating type (반대 교배 유형)의 세포와 융합시켜서, 궁극적으로 diploid cell (이배체 세포)을 형성할 수 있게 하는 기타 유전자의 발현을 유도하는 여러 전사 인자를 인산화 및 활성화시킨다(그림 16-15a).

그림 16-15에서 볼 수 있듯이, 동일한 MEKK protein kinase인 Ste11은 두 경로에서 모두 발견되지만, 각 경로에 특이적인 서로 다른 MEK kinase를 인산화시키기 때문에 signaling confusion (신호전달 혼란)의 잠재적인 원인이 존재한다. **Scaffold protein**은 Ste11이 잘못된 MEK kinase를 인산화시키는 것을 막아준다. Mating pathway (교배 경로)에 사용되는 scaffold 단백질인 Ste5는 촉매 기능은 없지만, mating (교배) 신호전달 경로에서 MEKK kinase Ste11, MEK kinase Ste7, MAP kinase Fus3를 포함하는 커다란 복합체를 안정화시킨다. Ste5는 교배 인자 GPCR 활성화 후 방출되는 $G_{\beta\gamma}$ 단백질에 결합함으로써, Ste5에 결합된 Ste11이 mating pathway에 의해 활성화되도록 한다. 반면에, extracellular osmotic strength (세포외 삼투압)의 변화를 감지하는 수용체인 Sho1과 Msb2는 mating pathway complex (교배 경로 복합체)의 MEKK Ste11을 활성화시킬 수 없다.

유사하게, Pbs2 scaffold 단백질은 osmoregulatory pathway (삼투압 조절 경로)의 kinase cascade에 사용되고(그림 16-15 참조), osmolarity pathway의 activator인 Sho1에 결합한다. 이것은 Pbs2에 결합된 Ste11이 osmotic pathway에 의해서만 활성화되도록 한다; 교배 인자 GPCR 활성화 후 방출된 $G_{\beta\gamma}$ 단백질은 이 osmo-sensing pathway complex (삼투압 감지 경로 복합체)의 MEKK Ste11을 활성화시킬 수 없다.

따라서 Ste11로부터 신호전달의 downstream은 Ste11이 위치하고 있는 복합체로 제한된다. 그 결과, 효모 세포가 교배 인자에 노출되면 단일 MAP kinase인 Fus3의 활성화가 유도되는 반면, high osmolarity (높은 삼투압)에 노출되면 다른 MAP kinase인 Hog1의 활성화가 유도된다.

그림 3-31에서 강조된 바와 같이, scaffold는 또한 효소(예, MEKK)를 기질(MEK)에 가깝게 가져옴으로써 enzyme–catalyzed reaction (효소–촉매 반응)의 속도를 증가시켜서, 효소가 수용액을 통해 확산되고 기질 분자를 찾기 위해 필요한 시간을 줄인다.

MAP kinase pathway의 scaffold는 효모, 파리, 선충, 포유류 세포에서 잘 알려져 있다. 효모의 Fus3와 Hog1에 대해 위에서 설명한 바와 같이 특정 경로에 대한 insulator (절연체)로서의 기능 이외에도, scaffold 단백질은 경로 활성도 조절할 수 있다. IQGAP1은 포유류 scaffold 단백질로 RAF, MEK, ERK kinase에 결합할 뿐 아니라 수많은 다른 단백질들과도 결합한다. IQGAP1의 발현은 다양한 암 유형에서 증가되어 있으며, IQGAP1의 발현이 증가하면 Ras–MAP kinase signaling cascade의 활성도 증가한다. 아마도 IQGAP1은 Raf, MEK, ERK를 단일 복합체로 함께 가져와 그들의 활성화를 촉진하는 역할을 할 것이다. 흥미롭게도, 세포에서 ERK에 결합하는 IQGAP의 domain만 발현시키면 활성화된 Raf 단백질 돌연변이를 발현하는 melanoma 세포의 성장을 억제하기에 충분하다. 이 small 단백질은 ERK가 full-length IQGAP1 scaffold에 결합하는 것을 막아서 ERK가 functional scaffold complex (기능적인 scaffold 복합체)에 결합되는 것을 막는다. IQGAP의 이러한 기능은 암에서 MAP kinase 활성을 감소시키기 위한 대체 전략을 제안한다. 포유류 세포에서 서로 다른 MAP kinase의 signal specificity (신호 특이성)는 서로 다른 scaffold-like protein (scaffold 유사 단백질)과의 연계로부터 발생할 수 있지만, 이러한 가능성을 시험하기 위해서는 더 많은 추가적인 연구가 필요하다.

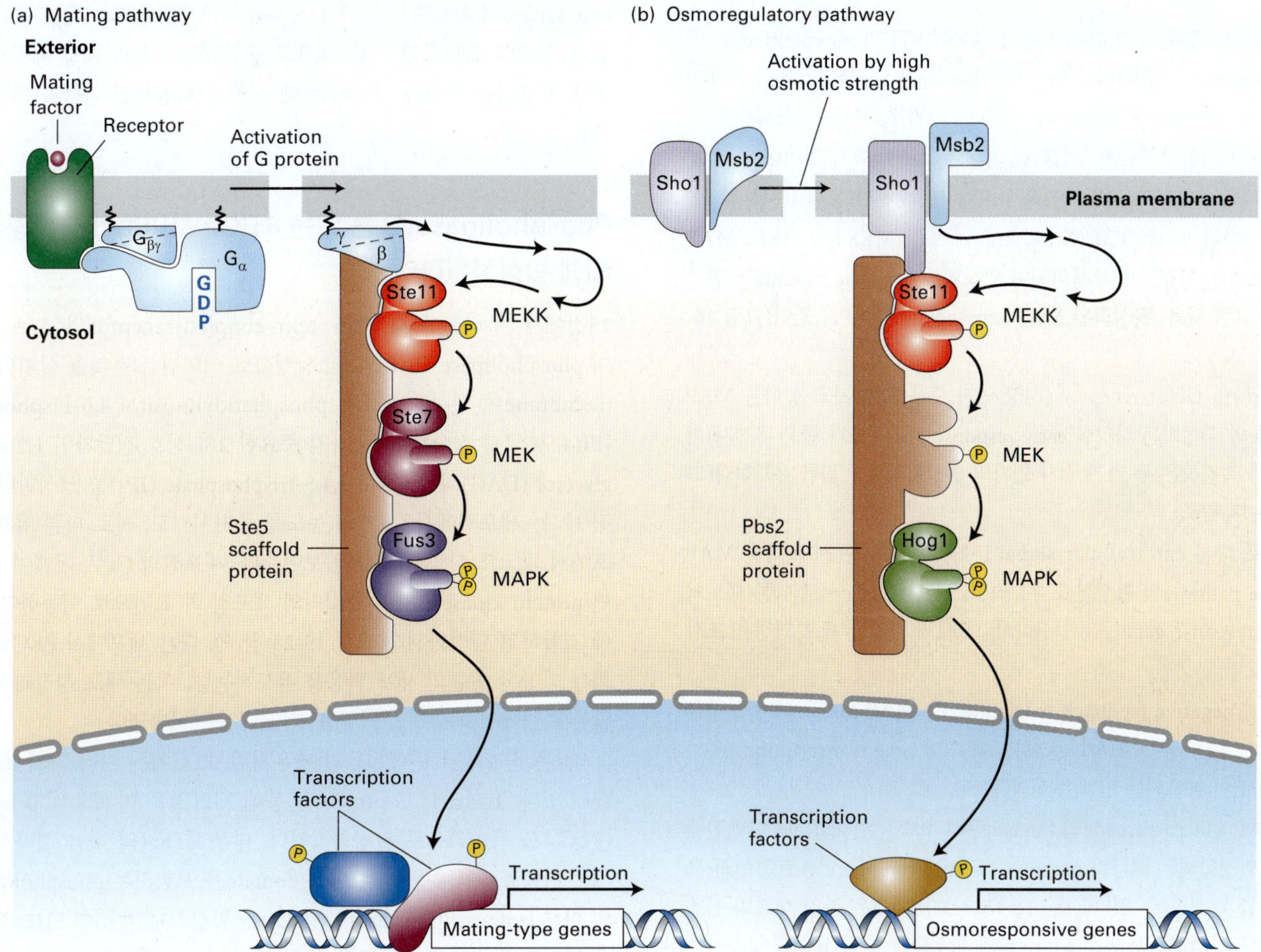

그림 16-15 Scaffold 단백질은 mating pathway (교배 경로)와 osmoregulatory pathway (삼투압 조절 경로)에서 효모 MAP kinase cascade를 분리한다. Budding yeast (출아 효모)인 *Saccharomyces cerevisiae*에서, 서로 다른 세포 표면 수용체는 서로 다른 MAP kinase pathway를 활성화시키며, 그중 두 가지가 여기에 설명되어 있다. (a) Mating pathway: 효모 α 및 **a** mating factor (교배 인자)에 대한 GPCR 수용체는 동일한 trimeric G_α protein에 결합된다. Ligand가 결합하고 G protein subunit들이 분리된 후, membrane에 고정되어 있는 분리된 $G_{\beta\gamma}$ subunit은 Ste5 scaffold와 결합하여 원형질막에 붙게 한다. 그런 다음, $G_{\beta\gamma}$ subunit은 Ste11의 인산화 및 활성화로 이어지는 신호전달 경로(화살표)를 활성화시키며, Ste11은 Raf 및 다른 포유류의 MEK kinase (MEKK) 단백질과 유사하다. Ste11은 MAP kinase cascade를 시작하도록 하는데, 이 cascade의 마지막 구성 요소인 Fus3는 higher eukaryote (고등 진핵생물)에서 MAP kinases (MAPK)와 기능적으로 동일하다. 다른 MAP kinase와 마찬가지로, 활성화된 Fus3는 핵으로 이동하여 여러 전사 인자의 인산화 및 활성화를 유도한다 — 이 경우 서로 반대 교배 유형의 세포들이 함께 fusion (융합)해서, 궁극적으로 diploid (이배체) 세포를 형성할 수 있게 하는 유전자의 전사를 시작한다. (b) Osmoregulatory pathway: 효모 세포를 삼투 강도가 높은 배지에 노출시키면 두 가지 원형질막 단백질인 Sho1과 Msb1이 활성화된다. 활성화된 Sho1은 MEK domain을 포함하고 있는 Pbs2 scaffold 단백질을 원형질막으로 recruitment하여 Ste11의 인산화 및 활성화도 유도하는 신호전달 경로(화살표)를 활성화시킨다. 그런데 이것은 다른 종류의 MAP kinase인 Hog1을 활성화시키는 다른 MAP kinase cascade를 시작하게 한다. Hog1은 핵으로 이동한 후 높은 삼투압 강도의 배지에서 생존하게 해주는 유전자의 전사를 유도하는 여러 전사 인자 및 여러 chromatin-modifying enzyme (염색질 변형 효소)을 인산화시킨다. 이 pathway의 MEK는 Pbs2 scaffold의 integral domain (내장된 도메인)이라는 것에 주목하자. N. Dard and M. Peter, 2006, *BioEssays* **28**:146; and R. Chen and J. Thorner, 2007, *Biochim. Biophys. Acta* **1773**:1311 참조.

16.2절의 주요 개념

Ras/MAP Kinase 신호전달 경로

- Ras는 대부분의 RTK와 사이토카인 수용체로부터의 downstream에서 기능하는 세포내 GTPase 스위치 단백질이다. Ras는 G_α처럼 GDP가 결합된 비활성 상태와 GTP가 결합된 활성 상태를 cycling (순환)한다. Ras cycling에는 두 가지 단백질, 즉 guanine nucleotide-exchange factor (GEF)와 GTPase-activating protein (GAP)의 도움이 필요하다.
- RTK는 2개의 단백질, 즉, adaptor protein (어댑터 단백질)인 GRB2와 GEF 활성을 가진 Sos를 통하여 Ras와 간접적인 결합을 한다 (그림 16-10 참조).

- GRB2에 있는 SH2 domain은 활성화된 RTK의 phosphotyrosine에 결합하는 반면, GRB2의 2개의 SH3 domain은 Sos에 결합하여 GEF인 Sos를 membrane에 결합된 Ras·GDP에 가깝게 하여 활성화시킨다.
- Sos가 비활성 Ras에 결합하면 거대한 구조 변화가 일어나서, GDP는 분리되고 GTP가 결합하여 활성 Ras가 형성된다(그림 16-12 참조).
- 활성화된 Ras는 Raf (MEK kinase 또는 MEKK), MEK, MAP kinase가 순차적으로 인산화되어 활성화되는 kinase cascade를 유발한다. 그런 다음, 활성화된 MAP kinase는 핵으로 이동한다(그림 16-13 참조).
- Growth-factor receptor (성장 인자 수용체)의 자극에 따른 MAP kinase의 활성화는 다양한 early response gene (초기 반응 유전자)의 전사를 촉진하는 두 가지 전사 인자의 인산화와 활성화를 유도한다(그림 16-14 참조).
- 서로 다른 extracellular signal (세포외 신호)은 서로 다른 MAP kinase pathway의 활성화를 유도하고, 이 경로들은 서로 다른 세트의 early response gene들을 인산화시킴으로써 다양한 세포 과정을 조절한다.
- 여러 negative feedback mechanism은 MAP kinase의 활성화를 억제한다 — 일부는 활성화된 MEK에 의해 gene transcription (유전자 전사)이 유도되는 단백질에 의존한다.
- MAP kinase cascade의 kinase 구성 요소들은 scaffold 단백질에 의해 안정화되는 커다란 pathway-specific complex (경로 특이적 복합체)를 형성할 수 있다(그림 16-15 참조). 이것은 특정 세포외 신호에 의한 한 MAP kinase pathway의 활성화가 구성 요소를 공유하는 다른 경로의 비정상적인 활성화로 이어지지 않게 해준다.

16.3 Phosphoinositide 신호전달 경로

이전 절에서 활성화된 receptor tyrosine kinase (RTK)가 Ras/MAP kinase pathway를 어떻게 개시하는지 살펴보았다(그림 16-10과 16-13 참조). 여기에서 우리는 이러한 identical (동일한) 수용체가 매우 다른 신호전달 경로를 어떻게 개시하는지 논의한다. 이러한 경로는 중간체로서 phosphatidylinositol로부터 파생된 특정 인산화된 phospholipid (인지질)를 갖는다. 15장에서 논의된 바와 같이, 이러한 membrane에 결합된 lipid (지질)를 총칭하여 **phosphoinositide**라고 한다.

이러한 신호전달 경로에는 원형질막의 세포질 쪽에서 다양한 phosphoinositide를 합성하는 여러 효소들과 phosphoinositide에 결합할 수 있는 domain을 가지는 세포질 단백질들이 포함된다. 따라서 이러한 단백질들은 상응하는 phosphoinositide가 생성될 때 원형질막의 세포질 쪽 표면으로 recruitment될 수 있다.

이러한 phosphoinositide pathway 중 일부는 유전자 발현 패턴에 단기적인 영향뿐만 아니라 장기적인 영향도 미친다. 우리는 다양한 phosphoinositide pathway가 세포 성장과 대사에 핵심적인 역할을 하는 protein kinase C (PKC)와 protein kinase B (PKB)를 포함한 specific kinase의 활성화로 끝난다는 것을 알게 될 것이다. 예를 들어, 우리는 21장에서 인슐린에 의한 PKB의 활성화가 근육과 지방 세포로의 포도당의 유입을 빠르게 자극하는 데 어떻게 핵심적인 역할을 하는지 살펴볼 것이다.

Phospholipase C_γ는 많은 RTK와 사이토카인 수용체에 의해 활성화된다

15장에서, 우리는 특정 G protein–coupled receptor의 호르몬 자극이 phospholipase C (PLC)의 활성화로 이어진다는 것을 살펴봤다. 이 membrane에 연결된 효소는 phosphatidylinositol 4,5-bisphosphate [PI(4,5)P_2]를 절단하여 두 가지 중요한 2차 신호 전달자인 1,2-diacylglycerol (DAG)과 inositol 1,4,5-trisphosphate (IP_3)를 생성한다. 생성된 IP_3는 세포질에서 Ca^{2+}의 농도를 증가시키고, 서로 다른 유형의 세포에서 많고도 다양한 효과를 보여준다. 세포질의 Ca^{2+} 레벨이 증가하면 protein kinase C가 원형질막의 세포질 쪽 표면으로 이동하여 DAG에 결합하고 활성화된다(그림 15-28 참조); 다른 세포에서 PKC의 활성화는 다양한 종류의 세포 반응을 유도하는데, 이는 세포 성장과 대사의 많은 측면에서 핵심적인 역할을 한다는 것을 나타낸다.

많은 신호전달 단백질들의 경우처럼, PLC에는 여러 가지 isoform들이 있다. Trimeric G protein을 통해, GPCR은 이 효소의 β isoform (PLC_β)을 특이적으로 활성화시킨다. 많은 RTK (와 다음 절에서 논의되는 사이토카인 수용체)는 SH2 domain을 포함하는 phospholipase C의 다른 isoform인 γ isoform (PLC_γ)을 활성화시킨다. 이 SH2 domain은 활성화된 수용체의 세포질 domain에 있는 특정 phosphotyrosine에 결합해서, PLC_γ 효소를 세포질로부터 원형질막의 세포질 쪽 표면으로 recruitment하여 PLC_γ의 기질인 PI(4,5)P_2에 가깝게 한다. 게다가, 그 수용체는 결합된 PLC_γ의 tyrosine 잔기를 인산화시켜서 PLC_γ의 hydrolase activity (가수분해효소 활성)를 향상시킨다. 따라서 활성화된 RTK와 사이토카인 수용체는 두 가지 방식으로 PLC_γ의 활성을 촉진한다: 그 두 가지 방식은 PLC_γ 효소를 membrane에 위치시키는 것과 인산화시키는 것이다. 15장에서 자세히 설명한 것처럼, PLC에 의해 시작된 IP_3/DAG pathway는 여러 가지 생리적 효과에 영향을 미친다.

활성화된 수용체에 대한 PI-3 Kinase의 Recruitment는 원형질막에 Phosphatidylinositol-3-Phosphate의 축적 및 여러 Downstream Kinase의 활성화를 유도한다

IP_3/DAG pathway 이외에도, 많은 활성화된 RTK와 사이토카인 수용체는 효소인 *phosphatidylinositol-3 kinase* (*PI-3 kinase*)를 원형질막의 세포질 쪽 표면으로 recruitment함으로써 또 다른 phosphoinositide pathway를 개시한다. PI-3 kinase는 많은 활성화된 RTK와 사이토카인 수용체의 세포질 domain에 있는 phosphotyrosines에 PI-3 kinase의 SH2 domain이 결합함으로써 원형질막에 recruitment된다. 이러한

recruitment는 PI-3 kinase의 촉매 domain을 원형질막의 세포질 쪽 표면에 있는 phosphoinositide 기질 근처에 위치시킨다. 단백질을 인산화시키는 kinase와는 달리, PI-3 kinase는 2개의 분리된 phosphatidylinositol 기질 중 하나에서 3′ carbon에 있는 hydroxyl group (수산기)에 phosphate를 추가하여 phosphatidylinositol 3,4-bisphosphate [PI(3,4)P_2] 또는 phosphatidylinositol 3,4,5 trisphosphate [PI(3,4,5)P_3] (총칭하여 *PI 3-phosphate*라 불림)의 형성을 유도한다(그림 16-16). PI-3 kinase에 의한 이들 membrane에 결합된 PI 3-phosphate 생성물들은 여러 signal-transducing 단백질의 결합 부위로 작용한다. 일단 이러한 phosphoinositide에 결합되면, 이들 단백질들은 몇 가지 중요한 경로에서 신호를 전달한다.

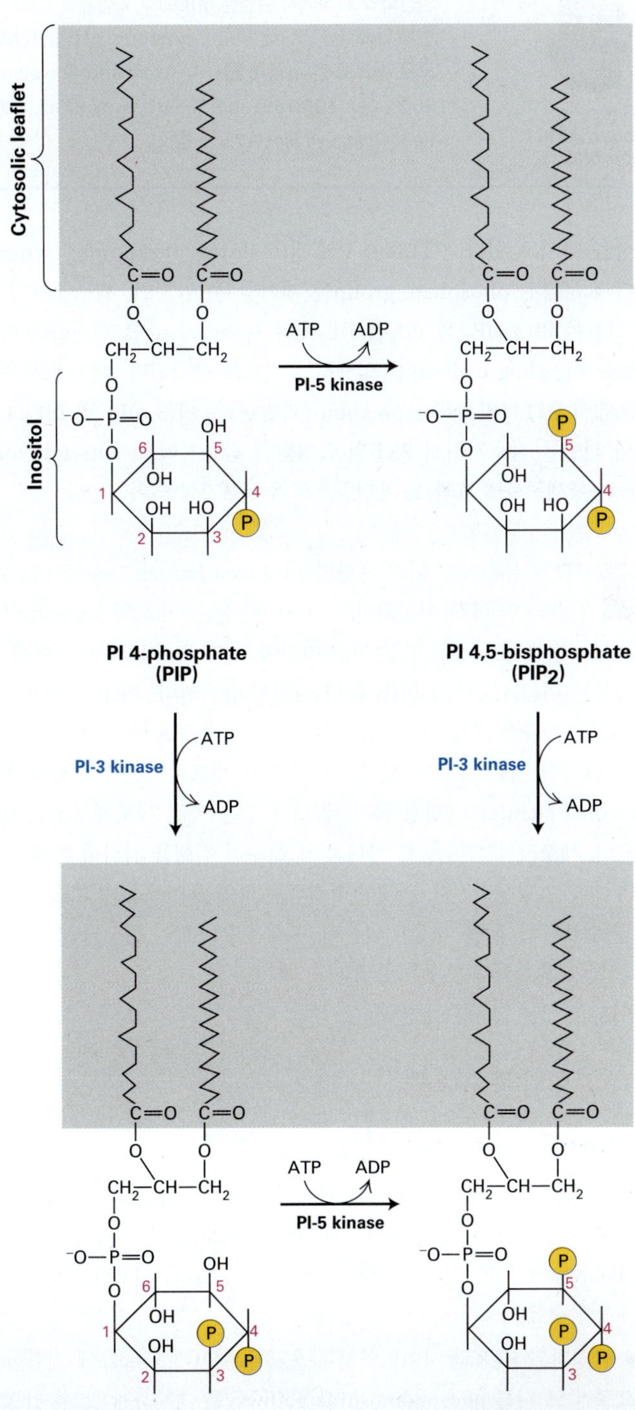

일부 세포에서, *PI-3 kinase pathway*는 세포 분열을 유발하고 세포 자살을 막아 세포 생존을 증가시킨다. 다른 세포에서는 이 경로가 세포 대사의 특정한 변화를 유도한다.

PI 3-phosphate에 결합하는 중요한 신호전달 단백질은 **Akt**라고도 불리는 serine/threonine kinase인 **protein kinase B (PKB)**이다. PKB는 kinase domain 이외에도 PI(3,4)P_2 및 PI(3,4,5)P_3 모두의 3-phosphate와 높은 친화력으로 결합하는 다양한 신호전달 단백질들이 가지고 있는 보존된 단백질 domain인 *PH domain* (*PH* 도메인)을 포함한다. 자극되지 않은 휴지 상태의 세포에서 이러한 phosphoinositide의 농도는 낮다; PKB는 PH domain이 물리적으로 kinase 활성 부위를 차단하기 때문에 비활성 형태로 세포질에 존재한다(그림 16-17). Ligand에 의해 수용체의 활성화가 유도된 후, PI 3-phosphate의 농도가 증가하게 된다. PKB의 PH domain은 이러한 PI 3-phosphate에 결합하므로, 더 이상 PKB kinase 활성 부위를 차단하지 않는다. 따라서 PKB는 원형질막의 세포질 쪽 표면으로 recruitment되고, 차단되지 않은 kinase domain은 부분적으로 활성화된다. PKB의 최대 활성화는 *PDK1* 및 *PDK2*라고 하는 2개의 다른 kinase가 원형질막의 세포질 쪽 표면으로 recruitment되는 것에 달려 있다.

PDK1은 PI 3-phosphate에 자체 PH domain의 결합을 통해 원형질막에 recruitment된다. 별개의 PI 3-phosphate에 고정된 PKB와 PDK1는 원형질막의 plane (평면)에서 무작위로 확산돼서, 결국 PDK1이 PKB의 activation loop에 있는 중요한 threonine 잔기에서 PKB를 인산화시킬 수 있을 정도로 서로 충분히 가까워진다. 이것은 인산화에 의한 kinase 활성화의 또 다른 예가 된다. 최대 PKB 활성을 위해서는 21장에서 설명할 mTORC2 kinase 복합체에 의한 PKB의 activation loop에 위치하지 않은 두 번째 serine에서의 인산화가 필요하다(그림 16-17 참조). Raf 활성의 조절에서와 같이(그림 16-13 참조), inhibitory domain (억제 도메인)의 방출과 다른 kinase에 의한 인산화가 PKB의 활성을 조절한다.

활성화된 Protein Kinase B는 다양한 세포 반응을 유도한다

일단 full activation (완전히 활성화)되면, PKB는 원형질막에서 분리될 수 있고 세포 전체에 걸쳐 많은 표적 단백질들을 인산화시킬 수 있다. 이러한 표적 단백질들은 세포 행동에 광범위한 영향을 미친다. 많은

그림 16-16 phosphatidylinositol 3-phosphate의 생성. 효소인 phosphatidylinositol-3 kinase (PI-3 kinase)는 많은 활성화된 receptor tyrosine kinase (RTK)와 사이토카인 수용체에 의해 원형질막의 세포질 쪽 표면에 recruitment된다. PI(3,4)P_2 또는 PI(3,4,5)P_3를 생성하기 위해 이 효소에 첨가된 3-phosphate는 protein kinase B의 PH domain과 같은 다양한 신호전달 단백질에 대한 결합 부위이다. L. Rameh and L. C. Cantley, 1999, *J. Biol. Chem.* **274**:8347 참조.

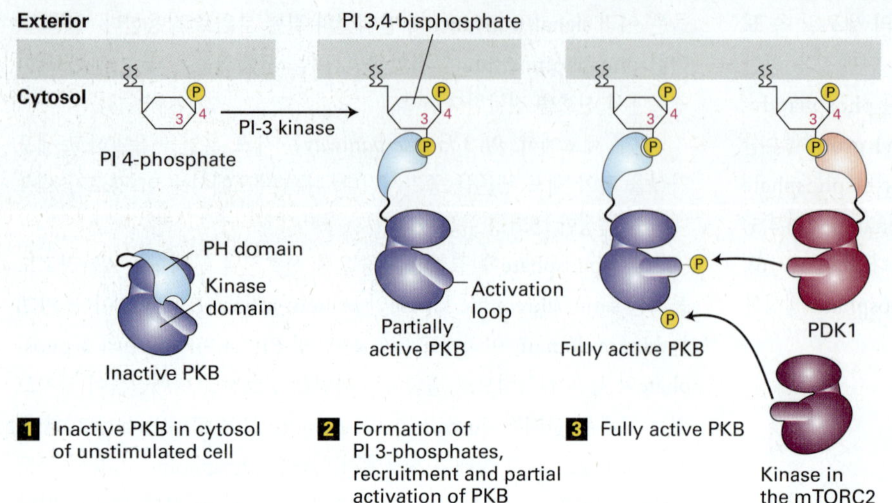

그림 16-17 PI-3 kinase pathway에서 protein kinase B (PKB)의 recruitment 및 활성화. 자극되지 않은 세포에서(단계 **1**), PKB는 세포질에 존재하며, PH domain이 catalytic kinase domain에 결합하여 활성을 억제하고 있다. 호르몬 자극은 PI-3 kinase를 활성화시켜서 PI(3,4)P_2 또는 PI(3,4,5)P_3의 형성을 유도한다(그림 16-16 참조). 둘 모두의 3-phosphate group은 PKB (단계 **2**)와 또 다른 kinase인 PDK1에 대한 원형질막에서의 docking 부위 역할을 한다. PKB의 full activation (완전환 활성화)은 PDK1에 의한 activation loop에서의 인산화와 21장에서 설명될 mTORC2 복합체의 일부인 두 번째 kinase PDK2에 의한 C-terminus에서의 인산화를 모두 필요로 한다(단계 **3**). A. Toker and A. Newton, 2000, *Cell* **103**:185; and S. Sarbassov et al., 2005, *Curr. Opin. Cell Biol.* **17**:596 참조.

세포에서, 활성화된 PKB는 *Bad*라는 단백질을 직접 인산화시키고 비활성화시킨다. 이 Bad 단백질은 이름에서 알 수 있듯이 세포 생존에 좋지 않다. 즉, 세포예정사(세포자살; 그림 22-42 참조)를 유도한다. PKB에 의한 Bad의 인산화는 세포자살을 막는다.

활성화된 PKB는 또한 Forkhead 전사 인자 FOXO3a를 여러 serine 및 threonine 잔기에서 인산화시킴으로써 다양한 세포의 생존을 촉진한다. FOXO3a가 인산화되지 않으면 FOXO3a는 주로 핵에 위치하게 되어서 세포자살을 유도하는 단백질들을 암호화하는 여러 유전자의 전사를 활성화시킨다. 성장 인자가 세포에 추가되면 PI-3 kinase가 활성화되고, 결과적으로 PKB도 활성화된다. 활성화된 PKB는 FOXO3a를 인산화시킨다. 그런 다음, phosphoserine에 결합하는 세포질 단백질인 14-3-3가 인산화된 FOXO3a에 결합하고, FOXO3a가 세포질에 위치하도록 한다. (14-3-3에 결합하는 Raf를 포함한 다양한 인산화된 단백질들이 유사하게 세포질에서 비활성 상태로 유지된다는 것을 기억하자; 그림 16-13 참조.) PKB의 target인 3개의 serine 잔기가 alanine으로 치환된 FOXO3a 돌연변이는 전사 인자로서 constitutively active (구성적으로 항상 활성화된) 상태이며, 활성화된 PKB가 존재하는 경우에도 세포자살을 유도한다. 이러한 발견은 세포자살의 유도를 막는 데 있어 PKB에 의한 FOXO3a의 인산화가 중요하다는 것을 보여준다.

PKB의 misregulation (잘못된 조절)은 암과 당뇨병 모두의 병인과 관련이 있으며, 인슐린 RTK의 downstream에서 활성화된 PKB가 어떻게 근육과 간에서 포도당의 흡수와 저장을 촉진하는지 21장에서 살펴볼 것이다. 이것은 서로 다른 세포에서 서로 다른 세포 기능을 조절하는 하나의 신호전달 경로의 또 다른 예이다.

PI-3 Kinase Pathway는 PTEN Phosphatase에 의해 Negative Regulation된다

대부분의 세포내 신호전달 이벤트와 마찬가지로, PI-3 kinase에 의한 인산화는 reversible (가역적)이다. *PTEN*이라고 하는 phosphatase는 PI-3-kinase에 의해 부착된 phosphate를 제거하며, 특이하게 광범위한 특이성을 가지고 있다. PTEN이 단백질의 serine, threonine, tyrosine 잔기에 부착된 phosphate group을 제거할 수 있지만, 세포에서의 주요 기능은 PI(3,4)P_2 및 PI(3,4,5)P_3에서 3-phosphate를 제거하여 PI-3 kinase signaling pathway를 억제하는 것으로 생각된다. 배양된 포유류 세포에서 PTEN의 overexpression (과발현)은 PI(3,4)P_2 및 PI(3,4,5)P_3의 레벨을 감소시켜서 PKB의 활성화를 감소시키고, anti-apoptotic effect (항세포사멸 효과)를 제한함으로써 세포자살을 촉진한다.

PTEN 유전자는 여러 유형의 advanced human cancer (진행성 인간의 암)에서 결실되며, 그 loss (손실)는 세포의 uncontrolled growth (통제되지 않은 성장)에 기여한다. 실제로, PTEN이 결여된 세포에서는 PI(3,4,5)P_3와 PKB 활성 레벨이 증가한다. PKB는 세포자살을 유도하는 단백질을 비활성화시키기 때문에 PTEN의 손실은 많은 종양 포함하여 많은 세포의 정상적인 운명인 세포예정사를 감소시킨다. Neuronal stem cell (신경 줄기 세포)과 같은 특정 세포에서 PTEN이 없으면, 세포자살을 막을 뿐 아니라 세포 주기 진행을 자극하고 세포 증식의 속도를 향상시킨다. PTEN이 결핍된 녹아웃 마우스는 과도한 수의 신경이 있는 큰 뇌를 가지고 있는데, 이것은 PTEN이 정상적인 뇌 발생의 조절에 중요하다는 것을 증명한다. ■

16.3절의 주요 개념

Phosphoinositide 신호전달 경로

- 많은 RTK와 사이토카인 수용체는 G protein-coupled receptor에 의해서 활성화되는 것과는 다르게, PLC의 isoform 중 하나인 phospholipase C_γ (PLC_γ)의 활성화에 의해서 IP3/DAG 신호전달 경로를 개시할 수 있다.
- 활성화된 RTK와 사이토카인 수용체들은 PI-3 kinase에 결합함으로써 또 다른 phosphoinositide pathway를 개시하게 할 수 있으

며, 이로써 그 kinase는 membrane에 결합된 phosphoinositide 기질에 가까이 가서 3번 위치를 인산화시킨다(PI 3-phosphate, $PI(3,4)P_2$, $PI(3,4,5)P_3$; 그림 16-16 참조).

- 여러 가지 다양한 단백질에 존재하는 PH domain은 PI 3-phosphate에 결합해서, 원형질막의 세포질 쪽에 연결된 신호전달 복합체를 형성한다.
- Protein kinase B (PKB)는 자신의 PH domain이 PI 3-phosphate에 결합함으로써 부분적으로 활성화된다. PKB가 최대로 활성화되려면 PKB처럼 PI-3 phosphate에 결합함으로써 membrane으로 recruitment되는 kinase인 PDK1과 두 번째 kinase인 PDK2에 의한 인산화가 필요하다(그림 16-17 참조).
- 활성화된 PKB는 여러 pro-apoptotic protein (세포자살 유도 단백질)들을 직접 인산화시키고 비활성화시켜 많은 세포의 survival (생존)을 촉진한다. 또한 pro-apoptotic protein의 합성을 유도하는 FOXO3a 전사 인자를 인산화시키고 비활성화시켜 많은 세포의 survival을 촉진한다.
- PI-3 kinase pathway를 통한 신호전달은 PI 3-phosphate의 3-phosphate를 가수분해하는 PTEN phosphatase에 의해서 종결된다. 사람의 종양에서 자주 발견되는 PTEN의 결손은 세포의 생존과 증식을 촉진한다.

16.4 Cytokine (사이토카인), Cytokine Receptor (사이토카인 수용체) 및 JAK/STAT 신호전달 경로

Cytokine (사이토카인)은 일반적으로 160–200개의 아미노산을 포함하는 비교적 작은 크기를 가지면서 분비되는 신호전달 분자들의 패밀리를 형성하며, 여러 유형의 세포의 성장과 분화를 조절한다. 모든 사이토카인은 유사한 3차원 구조를 가지고 있다—4개의 긴 보존된 α helix가 보존된 3차원 구조로 접혀 있다. 모든 사이토카인 수용체 또한 유사한 3차원 구조를 가지고 있다; 사이토카인 수용체는 RTK와 유사하게 기능을 하며, 유사한 신호전달 경로를 활성화시킨다. RTK에서 protein tyrosine kinase는 수용체 세포질 domain의 일부인 반면, **cytokine receptor (사이토카인 수용체)**와 그 kinase 효소는 서로 다른 유전자에 의해 암호화되는 별개의 polypeptide이지만, 그 둘은 서로 단단히 결합되어 있다. 그 단단히 결합된 kinase는 *JAK kinase*로 알려져 있다. (JAK은 "*Just Another Kinase*"의 약어이다. 왜냐하면, 그 패밀리의 첫 번째 멤버가 클로닝되었을 때 과학자들은 그것이 서열상 kinase라는 것을 알았지만 그 기능에 대해서는 몰랐기 때문이다.) 이 절에서는, 주로 사이토카인 수용체가 사용하는 경로인 JAK/STAT pathway에 초점을 맞춘다: JAK kinase는 핵으로 직접 이동하는 STAT 전사 인자를 인산화 및 활성화시킨다. 보다 구체적으로, STAT 전사 인자의 SH2 domain이 활성화된 사이토카인 수용체의 세포질 domain에 있는 phosphotyrosine에 결합한다; 그런 다음, STAT 전사 인자는 JAK kinase에 인산화되고, 핵으로 이동하여 유전자 발현을 직접 활성화시킨다.

사이토카인은 많은 세포 유형의 Development (발생)과 Function (기능)을 조절한다

Growth hormone (*GH*)은 이름에서 알 수 있듯이, 많은 종류의 체세포의 증식을 자극하는 191개의 아미노산으로 구성된 단백질이다; GH는 *hypothalamus* (시상하부)라고 하는 뇌의 일부분에서 만들어지는 또 다른 호르몬인 growth hormone–releasing hormone (성장 호르몬 방출 호르몬)에 반응하여 anterior pituitary gland (뇌하수체 전엽)의 세포에서 만들어지고 분비된다. GH는 recombinant (재조합) DNA에 의해 만들어진 최초의 단백질 약물 중 하나이다; 어린이와 성인의 GH 결핍으로 인한 short stature (저신장) 치료에 임상적으로 사용된다. GH의 bovine (소) 버전은 젖소의 우유 생산량을 증가시키기 위해 사용된다. 임신 기간 동안, 관련 호르몬인 사이토카인 **prolactin (프롤락틴**, 젖분비 호르몬)은 mammary gland (젖샘)의 immature ductule (소도관)을 둘러싸고 있는 epithelial cell (상피 세포)이 milk 단백질을 생산하여 duct (유관)로 분비하는 acinar cell (세엽 세포)로 분화하도록 유도한다. GH와 prolactin은 중요한 blood cell type (혈액 세포 유형)의 형성을 유도하는 사이토카인과 매우 유사한 3차원 구조를 가지고 있다.

모든 혈액 세포는 hematopoietic stem cell (조혈모 세포)로부터 생성되며, 일련의 progenitor cell (전구 세포)을 형성한 다음 mature blood cell (성숙한 혈액 세포)로 분화된다(그림 22-18 참조). 예를 들어, 사이토카인 **granulocyte colony–stimulating factor (G-CSF)**는 bone marrow (골수) 내의 granulocyte progenitor cell (과립구 전구 세포)이 여러 번 분열한 다음, 침입한 박테리아 및 기타 pathogen (병원체)을 비활성화시키는 백혈구의 일종인 granulocyte (과립구)로 분화하도록 유도한다. 관련된 사이토카인인 *thrombopoietin*은 다른 종류의 progenitor cell이 분열한 다음, blood clotting (혈액 응고)에 필수적인 platelet (혈소판)으로 쪼개지는 거대한 세포인 megakaryocyte (거핵구)로 분화하도록 자극한다.

구조적으로 관련된 사이토카인인 **erythropoietin (Epo)**은 골수에서 erythroid progenitor cell (적혈구 전구 세포)의 증식과 분화를 유도함으로써 erythrocyte (red blood cell, 적혈구)의 생성을 유발한다(그림 16-18a). Erythropoietin은 특정 kidney cell (신장 세포)에 의해 합성된다. Erythrocyte (적혈구)의 주요 기능은 hemoglobin (헤모글로빈)과 결합된 산소를 운반하는 것이다. 따라서 큰 상처로 인한 혈액 손실로 유도되는 것과 같은 혈액내 산소의 감소는 적혈구 레벨이 최적 레벨보다 낮음을 의미한다. 21장에서 배우겠지만, 산소를 감지하는 전사 인자인 HIF-1α는 활성화되고 erythropoietin 유전자의 전사를 유도한다; 그 특정 신장 세포는 erythropoietin을 더 많이 합성하여 혈액으로 분비한다. Erythropoietin의 레벨이 증가함에 따라 점점 더 많은 적혈구 전구 세포들이 분열하고 분화하도록 유도한다; 각각의 전구 세포는 단 며칠 만에 30–50개의 적혈구를 생성한다. 이런 방식으로 신체는 적혈구의 생성

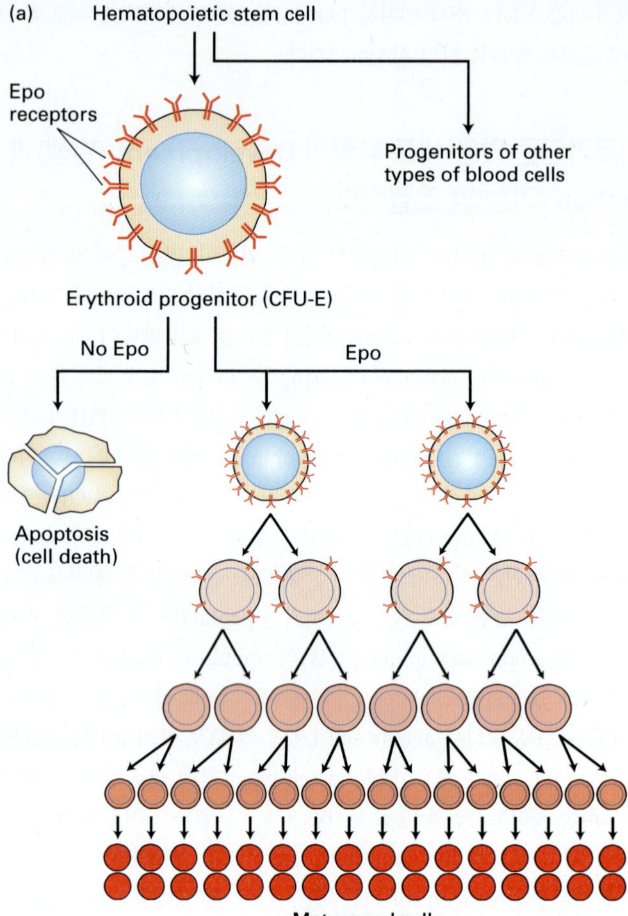

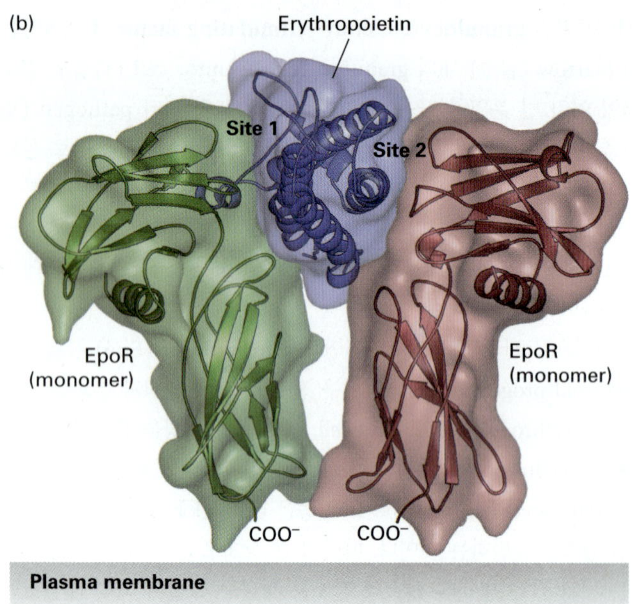

그림 16-18 Erythropoietin과 red blood cell (erythrocyte, 적혈구)의 형성. (a) Erythrocyte (적혈구)로의 erythroid progenitor (적혈구 전구세포)의 분화. *Colony-forming units–erythroid* (*CFU-E*)라고 불리는 erythroid progenitor cell (적혈구 전구세포)은 hematopoietic stem cell (조혈모 세포)로부터 생성되며, 조혈모 세포는 다른 유형의 혈액 세포의 progenitor (전구세포)도 생성한다(그림 22-18 참조). Erythropoietin이 없는 경우, CFU-E는 세포자살(세포예정사)를 겪게 된다. CFU-E 세포의 Epo 수용체에 Epo가 결합하게 되면 세포자살을 막는 단백질을 암호화화는 여러 유전자의 전사가 유도되어 세포가 생존하게 된다. Epo가 유도하는 다른 단백질들은 3-6번의 terminal (말단) 세포 분열, hemoglobin 및 기타 다른 많은 erythroid 중요 유전자의 유도, 세포 크기 및 핵 크기의 감소, 마지막으로 세포 핵의 손실과 같은 발생 프로그램을 유발한다. 만약 CFU-E 세포가 semisolid (반고체) 배지(예, methylcellulose를 포함하는 배지)에서 Epo와 함께 배양된다면, daughter cell (딸세포)은 이동할 수 없으므로, 각각의 CFU-E 세포는 30–100개의 erythroid 세포로 이루어진 colony를 생성할 수 있다; 그래서 CFU-E라는 이름이 붙여졌다. (b) Erythropoietin 수용체에 결합된 erythropoietin의 구조. 다른 사이토카인과 마찬가지로, erythropoietin (Epo)은 보존된 구조적 배열로 접혀 있는 4개의 보존된 긴 α helix를 가지고 있다. 활성화된 erythropoietin 수용체(EpoR)는 동일한 subunit의 dimer이다. 모든 사이토카인 수용체의 세포외 domain과 마찬가지로, 각각의 EpoR monomer의 세포외 domain은 2개의 subdomain (서브도메인)으로 구성되며, 각각의 subdomain은 특징적이고 보존된 구조로 접혀 있는 7개의 보존된 β strand를 포함한다. *Site 1*이라고 하는 Epo의 α helix들 중 2개의 α helix에 있는 잔기들의 곁사슬은 하나의 EpoR monomer에 있는 loop와 접촉하고, *site 2*라고 하는 다른 2개의 α helix에 있는 잔기들은 두 번째 수용체 monomer에 있는 동일한 loop segment에 결합하여 특정한 활성화 구조로 dimer 형태의 수용체를 안정화시킨다. [Part (a) Data from M. Socolovsky et al., 2001, *Blood* **98**:3261. Part (b) Data from R. S. Syed et al., 1998, *Nature* **395**:511, PDB ID 1eer.]

을 가속화하여 혈액의 손실 또는 높은 고도에서 사용 가능한 대기 산소의 감소에 대응할 수 있다. GH, prolactin, G-CSF, thrombopoietin 및 Epo는 3차 구조가 비슷하기 때문에 의심할 여지 없이 공통 조상 단백질로부터 진화했다.

Epo와 G-CSF는 모두 배양된 포유류 세포에서 recombinant expression (재조합 발현)에 의해 상업적으로 생산된다. Kidney disease (신장 질환)가 있는 환자, 특히 dialysis (투석)을 받고 있는 환자들은 anemia (적혈구 레벨이 낮음, 빈혈)인 경우가 많기 때문에 적혈구 레벨을 높이기 위해 recombinant Epo (재조합 Epo)로 치료한다. 많은 암 치료법이 골수에서 적혈구와 과립구의 생성을 감소시키기 때문에 Epo와 G-CSF는 특정 암 치료법의 adjunct (보조제)로 사용된다. Epo는 또한 endurance athlete (지구력 운동선수)의 적혈구 레벨을 높이기 위해 오용될 수도 있다(blood "doping", 혈액 "도핑"). ■

사이토카인에는 바이러스 감염 후 여러 세포 유형에 의해 생성되고 분비되는 *interferon*이 포함되어 있다. Interferon은 근처에 있는 세포에 작용하여 해당 세포가 바이러스 감염에 더 resistance (저항)하도록 만들어 주는 효소를 유도한다. Interleukin 2 (IL-2)로 예시되는 다른 사이토카인은 주로 면역계(immune system)의 세포들을 조절한다. IL-2은 항체를 형성하는 B cell과 또한 여러 유형의 T cell을 포함하는 면역계에서 중요한 세포들의 증식, 분화 및 생존을 촉진한다(24장).

사이토카인이 수용체에 결합하면 단단히 붙어 있는 하나 이상의 JAK Protein Tyrosine Kinase가 활성화된다

GH, prolactin, G-CSF, thrombopoietin 및 Epo는 모두 유사한 구조를

가지고 있으며, 그들은 2개의 동일한 사이토카인 수용체 단백질이 dimer를 형성함으로써 유사한 구조의 수용체를 활성화시키는데, 이 과정을 *receptor homodimerization* (수용체 동종이량체화)이라고 한다. 이러한 사이토카인 수용체의 세포외 domain은 2개의 subdomain (서브도메인)으로 구성되며, 각각은 characteristic fashion (특유의 방식)으로 함께 접혀 있는 seven conserved β strand (7개의 보존된 베타 가닥)를 포함한다(그림 16-18b). 사이토카인은 molecular complementarity (분자 상보성)와 다수의 약한 비공유력(즉, 이온 결합, van der Waals 결합, 소수성 결합)의 결과로서 수용체에 매우 단단히 결합한다[그림 15-4 참조; 약 10^{-10} M의 dissociation constant (해리 상수, K_d)]. 따라서 매우 낮은 농도의 GH 및 대부분의 다른 사이토카인 — 리터당 약 1 microgram (약 10억분의 1) — 은 사이토카인 수용체를 활성화시키기에 충분하다.

Interleukin 및 interferon을 포함하는 기타 다른 사이토카인들은 2개 이상의 서로 다른 사이토카인 수용체에 동시에 결합하는데, 이 과정을 *receptor hetero-dimerization* (수용체 이종이합체화) 또는 *hetero-oligomerization*이라고 부른다(그림 16-19b). IL-2는 먼저 alpha chain

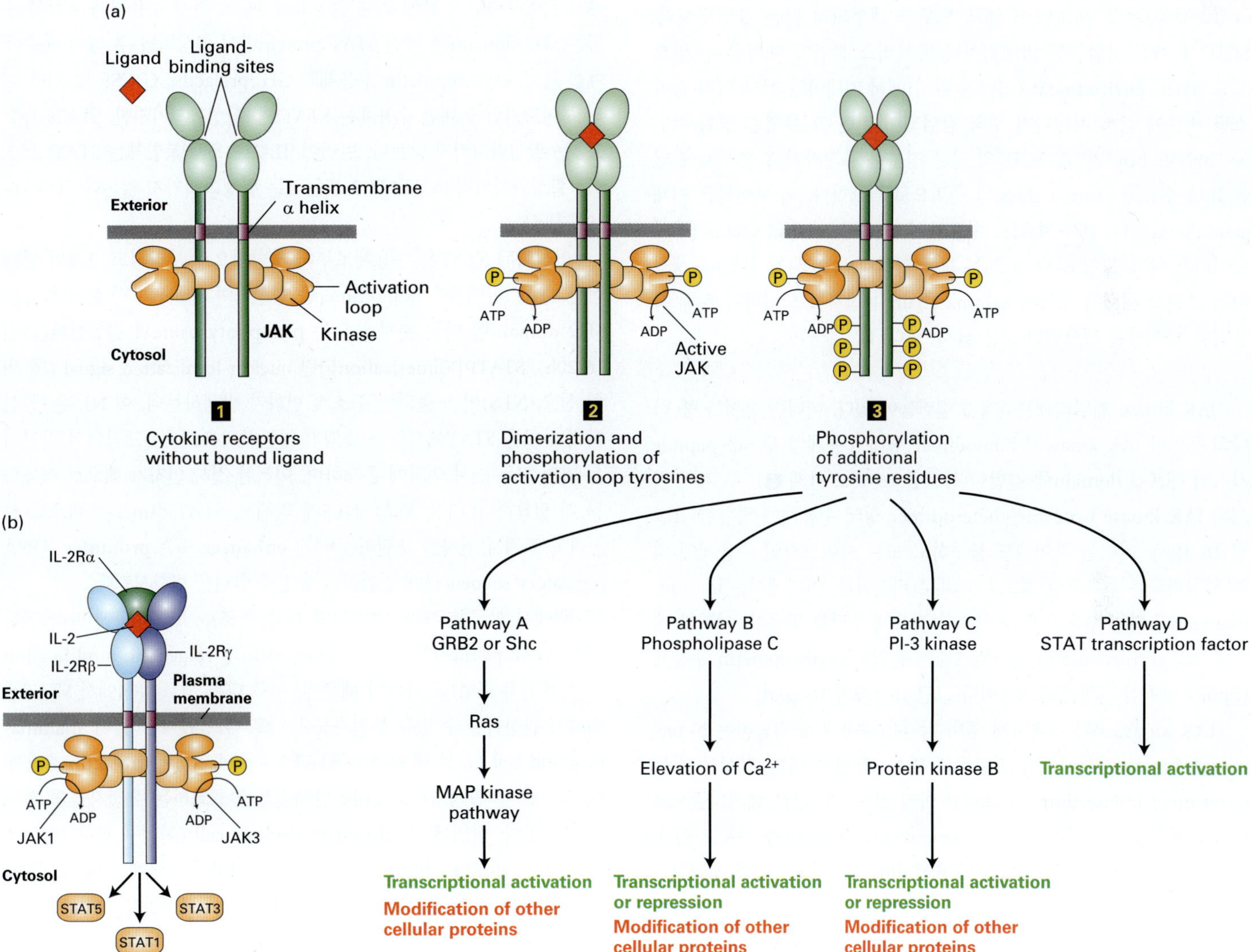

그림 16-19 사이토카인 수용체의 구조와 활성화. (a) Homodimer 형태의 수용체. 두 사이토카인 수용체 subunit의 세포질 domain은 동일한 JAK protein tyrosine kinase에 비가역적으로 단단히 결합한다. Ligand가 없는 경우(단계 **1**), 수용체는 주로 monomer이며 JAK kinase는 활성이 매우 낮다. Ligand가 결합하면 두 수용체 monomer의 JAK kinase domain들을 함께 결합시키는 수용체의 구조 변화가 유도되며, 이는 activation loop에 있는 tyrosine 잔기를 서로 인산화시킴으로써 kinase를 활성화시킨다(단계 **2**). 그런 다음, 활성화된 JAK kinase는 수용체의 세포질 domain에 있는 여러 tyrosine 잔기들을 인산화시킨다(단계 **3**). RTK에서와 같이(그림 16-1a 참조), 생성된 phosphotyrosine은 STAT 단백질을 포함한 여러 신호전달 단백질의 SH2 domain에 대한 docking 부위로서 기능을 한다. (b) Heteromer 형태의 수용체. Interleukin 2 (IL-2)가 IL-2 수용체의 3개 subunit의 세포외 domain에 결합하는 것으로 예시가 된다. IL-2 수용체의 베타 및 감마 subunit (IL-2Rβ와 IL-2Rγ)은 모두 Epo 수용체의 베타 및 감마 subunit과 유사한 구조를 가지고 있다. 알파 subunit (IL-2Rα)은 모든 반응 세포가 아닌 일부에서만 발현되며, 신호전달 경로를 활성화시키지 않는다. 알파 subunit의 기능은 IL-2에 결합하고, signaling IL-2Rβ 및 IL-2Rγ subunit에 IL-2의 결합을 촉진시키는 것이다. 2개의 signaling 수용체인 IL-2Rβ와 IL-2Rγ 각각은 다른 JAK kinase에 결합하고 다른 STAT 신호전달 단백질을 활성화시키지만, 그렇지 않으면 그 수용체 복합체는 (a)에서 묘사된 것과 유사한 downstream 신호전달 경로를 활성화시킨다.

(IL-2Rα)에 결합할 수 있는데, 이 alpha chain은 downstream의 신호전달 분자와 직접 상호작용하지 않고, 오히려 IL-2가 2개의 signaling subunit인 beta chain (IL-2Rβ)과 gamma chain (IL-2Rγ)에 결합하는 것을 향상시킨다. 동일한 gamma chain은 또한 B cell및 다른 유형의 면역계 세포들의 형성에 필요한 사이토카인인 IL-4, IL-7, IL-9, IL-15, IL-21을 포함하는 여러 다른 interleukin들에 대한 수용체의 필수 subunit이다.

Severe combined immunodeficiency (SCID, 중증복합면역결핍증)는 T 세포와 B 세포 모두가 생성되지 않는 유전병이다. SCID를 가진 사람들은 박테리아나 바이러스 감염에 대처할 수 없으므로 sterile environment (멸균된 환경)에서 지내야만 한다(마치 플라스틱 버블에 갇혀 지내다가 결국 감염되어 버린 그 유명한 영화 주인공 "bubble boy"처럼). SCID의 많은 경우는 유전자가 X 염색체에 있는 IL-2 수용체 gamma chain의 결핍으로 발생한다. 이 아이들은 이제 gene therapy (유전자 치료)로 치료할 수 있다: lentiviral vector (렌티바이러스 벡터, 그림 6-37 참조)는 모든 면역계 세포(24장 참조)를 생성하는 조혈모 세포에 기능적 gamma chain 유전자를 도입하기 위해 사용되며, 아이들은 정상적인 삶을 살 수 있다. ■

JAK kinase 패밀리에는 4개의 멤버들이 있다. 이러한 유형들 중 하나의 동일한 JAK kinase가 homodimer 형태 수용체의 두 polypeptide 각각의 세포질 domain에 결합한다(그림 16-19a, 단계 **1**). 두 가지 별개의 JAK kinase isoform은 heterodimer 형태 수용체에 결합한다(그림 16-19b). 이러한 차이에도 불구하고 모든 사이토카인 수용체에 의해 활성화되는 신호전달 경로는 대체로 비슷하다; 여기에서는 homodimerization되는 수용체의 더 단순한 경우에 초점을 맞춘다. 이러한 예는 1개의 erythropoietin 분자와 2개의 동일한 erythropoietin 수용체 (EpoR) 단백질 간의 상호작용이다(그림 16-19a와 16-20a).

JAK kinase 패밀리의 4개 멤버 각각은 수용체에 결합하는 N-terminal domain, ligand가 결합하지 않을 때 낮은 촉매 활성을 갖는 C-terminal kinase domain 그리고 아직 알려지지 않은 메커니즘으로 kinase 활성을 조절하는 middle *pseudokinase* domain을 가지고 있다. 이러한 kinase는 ligand 결합 및 수용체 dimerization 후에 활성화된다 (그림 16-19a, 단계 **1**); 많은 RTK와 마찬가지로, ligand 결합은 JAK들의 구조적 변화를 유발하여 activation loop에 있는 중요한 tyrosine을 서로 인산화시킴으로써(그림 16-19a, 단계 **2**; 그림 15-6 참조), kinase 활성을 크게 향상시킨다. 또한 RTK와 마찬가지로, 활성 JAK kinase는 수용체의 세포질 domain에 있는 여러 tyrosine 잔기를 인산화시켜서 (그림 16-19a, 단계 **3**), 16.2절과 16.3절에서 논의된 Ras/MAP kinase 및 기타 신호전달 경로를 활성화시키는 많은 신호전달 단백질들의 SH2 domain을 위한 결합 부위를 생성한다. 여기에서는 주로 사이토카인 수용체에 의해 사용되는 경로인 JAK/STAT pathway에 초점을 맞춘다: JAK kinase는 핵으로 직접 이동하는 STAT 전사 인자를 인산화 및 활성화시킨다(그림 16-20a).

JAK Kinase는 STAT 전사 인자를 인산화시키고 활성화시킨다

모든 STAT 단백질은 N-terminal DNA 결합 domain, SH2 domain 그리고 중요한 tyrosine 잔기가 있는 C-terminal domain을 포함한다. STAT monomer는 활성화된 수용체의 세포질 domain에 있는 특정 phosphotyrosine에 SH2 domain을 통해 결합한다(그림 16-20a, 단계 **1**). 그런 다음, STAT monomer의 C-terminal tyrosine은 JAK kinase에 의해 인산화된다(단계 **2**). 이러한 배열은 특정 세포에서 특정 수용체가 사이토카인 결합에 의해 활성화될 때, 그 특정 수용체에 결합할 수 있는 SH2 domain을 가진 STAT protein만이 활성화될 수 있게 해준다. 예를 들어, erythropoietin 수용체와 GH, prolactin, G-CSF 및 기타 여러 사이토카인에 대한 수용체는 STAT5를 활성화시키지만, STATs 1, 2, 3, 4는 활성화시키지 않는다. 반면에, IL-2 수용체 복합체는 STATs 1, 3, 5를 활성화시키지만, STATs 2 또는 4는 활성화시키지 않는다(그림 16-19b 참조).

인산화된 STAT은 수용체로부터 자발적으로 분리되고, 2개의 인산화된 STAT 단백질은 homodimer를 형성하여 dimer의 각 분자에 있는 SH2 domain이 다른 분자에 있는 phosphotyrosine과 결합한다(그림 16-20b). STAT이 dimerization되면 nuclear-localization signal (핵 위치 신호, NLS)이 노출되는 구조적 변화가 발생하는데, 이 NLS는 인산화되지 않은 STAT에서는 노출되지 않는다. NLS는 세포질에서 발견되는 거의 모든 전사 인자에 존재하며, 이러한 전사 인자가 핵으로 이동하는 데 필요하다(13장 참조). NLS에 의해서, STAT dimer는 핵으로 이동하고 표적 유전자를 조절하는 특정 **enhancer** 또는 **promoter** (DNA regulatory sequence)에 결합하여 유전자 발현을 변화시킨다.

위에서 언급한 바와 같이(그림 16-2 참조), 세포 유형에 따라 전사 인자의 complement도 다르고, chromatin의 epigenetic modification (후성유전적 변형)도 다르기 때문에, 서로 다른 세포 유형에서 STAT에 의해서 활성화될 수 있는 유전자들은 서로 다르다. 예를 들어, mammary gland cell (유선 세포)에서 STAT5는 prolactin이 prolactin 수용체에 결합한 후 활성화되고 milk 단백질을 암호화하는 유전자들의 전사를 유도한다. 반면에, erythroid progenitor cell (적혈구 전구 세포)에서 Epo가 EpoR에 결합한 후 STAT5가 활성화되면 단백질 Bcl-x_L의 발현을 유도한다. Bcl-x_L은 이러한 전구 세포의 세포자살을 막아(22장 참조), 이들이 증식하고 적혈구로 분화될 수 있도록 한다. 좀 더 일반적으로, 앞에서 논의된 다른 전사 인자들과 같이, 각각의 세포 유형에서 활성화된 STAT 단백질은 open chromatin의 DNA 부위에만 결합하며, 주로 master transcription factor (마스터 전사 인자)가 있거나 다른 cell-specific gene regulatory protein (세포 특이적 유전자 조절 단백질)이 인접해 있는 부위에 결합하는 것으로 생각된다. 상대적으로 제한된 세트인 수용체, JAK kinase 및 STAT 단백질 세트에 의해 특정 세포 유형에서 특정 유전자들의 세트를 활성화시키는 이러한 전략은 combinatorial diversity (조합 다양성)를 통해 광범위한 세포 활성의 조절을 가능하게 한다.

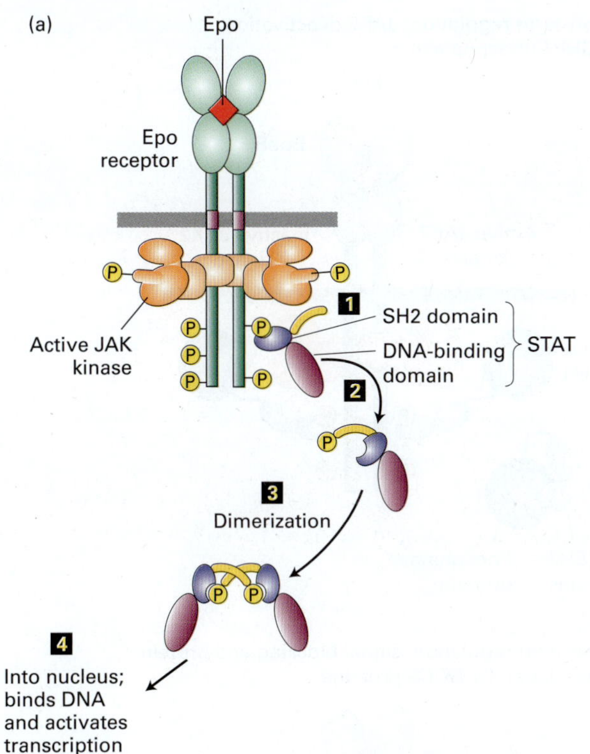

그림 16-20 STAT 단백질의 활성화와 구조. (a) STAT 단백질의 인산화 및 dimerization. 단계 **1**: 사이토카인 수용체에 결합된 JAK kinase의 dimerization 및 활성화 후(그림 16-19a 참조), 비활성 monomer 형태의 STAT 전사 인자의 SH2 domain은 수용체의 세포질 domain에 있는 phosphotyrosine에 결합하여 STAT을 수용체에 연결되어 있는 활성화된 JAK에 가깝게 만든다. 그런 다음, JAK은 STAT의 특정 C-terminal tyrosine을 인산화시킨다. 단계 **2**와 **3**: 인산화된 STAT은 수용체로부터 자발적으로 분리되고, 자발적으로 homodimerization된다. STAT homodimer에는 phosphotyrosine-SH2 domain 상호작용이 2개 형성되어 있지만, 수용체-STAT 복합체는 그러한 상호작용 중 단 하나에 의하여 안정화되어 있으므로, 인산화된 STAT dimer는 분리되지 않고 수용체에 다시 결합하지 않으려는 성질을 갖게 된다. 단계 **4**: STAT dimer는 핵으로 이동하고 표적 유전자의 promoter 서열에 결합하여 표적 유전자의 전사를 활성화시킨다. (b) DNA (검은색)에 결합하고 있는 STAT1 dimer의 리본 모델. STAT1 dimer는 한쪽 monomer의 SH2 domain (보라색)과 다른 쪽 monomer의 C-terminal segment에 있는 인산화된 tyrosine 잔기(빨간색 산소 원자가 붙어 있는 노란색) 사이에 생긴 reciprocal (상호 간의)하고 매우 특이적인 상호작용에 의해 안정화되는 DNA 주위에 C-shaped clamp (C자형 고리)를 형성한다. 각 monomer에 있는 SH2 domain의 phosphotyrosine 결합 부위는 DNA 결합 domain (자홍색)에 구조적으로 연결되어 있으며, 이는 SH2-phosphotyrosine 상호작용이 DNA interacting element (DNA 상호작용 요소)의 안정화에 중요한 역할을 하고 있음을 암시한다. [Part (b) Data from X. Chen et al., 1998, *Cell* **93**:827, PDB ID 1bf5.]

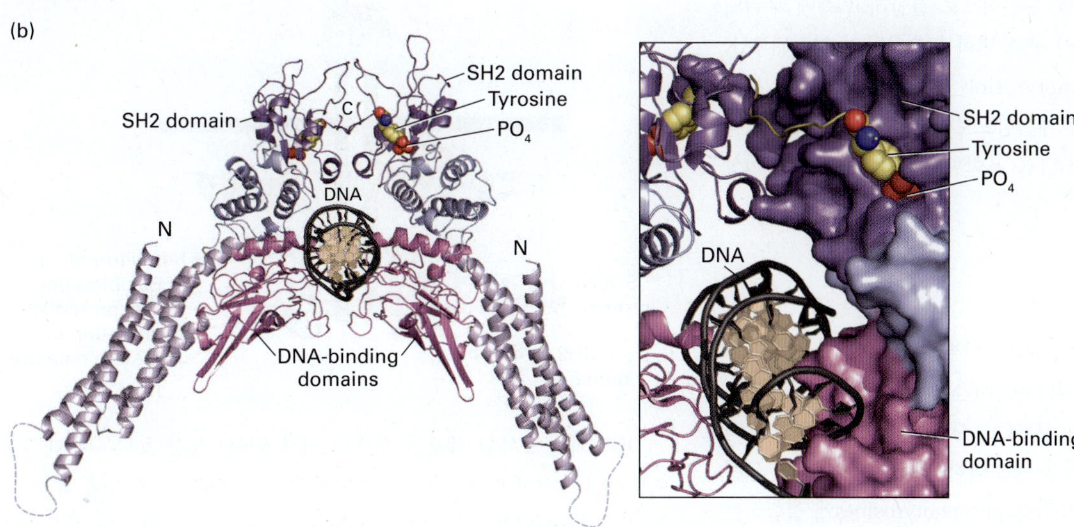

여러 메커니즘이 사이토카인 수용체로부터의 Signaling을 억제한다

15장과 이번 장에서, 세포가 외부 자극에 대해 과하게 반응하는 것을 막기 위해 G protein-coupled receptor와 RTK로부터의 signaling이 종료되는 여러 가지 방법들을 보았다. 여기에서는 사이토카인 수용체 signaling이 조절되는 두 가지 메커니즘에 대해 논의한다.

Phosphotyrosine Phosphatase

Phosphotyrosine phosphatase는 특정 표적 단백질에 있는 특정 phosphotyrosine으로부터 phosphate를 제거(가수분해)하는 효소이다. Protein tyrosine kinase의 활성을 억제하기 위해 phosphotyrosine phosphatase 효소가 어떻게 기능하는지를 보여주는 훌륭한 예는 SHP1에서 볼 수 있으며, SHP1은 여러 유형의 사이토카인 수용체에 의한 signaling을 negative regulation하는 phosphatase이다. SHP1의 역할은 이 단백질이 결핍된 돌연변이 마우스(*motheaten*이라고 함)의 분석을 통해 처음 확인되었다; 그 마우스들은 적혈구를 포함한 여러 유형 혈액 세포의 과잉 생산으로 인해 죽었다.

그림 16-21a에서 묘사된 것처럼, SHP1은 사이토카인 수용체에 결합하고 관련된 JAK 단백질을 비활성화시킴으로써 사이토카인 signaling을 약화시킨다. SHP1은 phosphatase 촉매 domain 외에도 2개의 SH2 domain을 가지고 있다. 세포가 사이토카인에 의해 자극되지 않

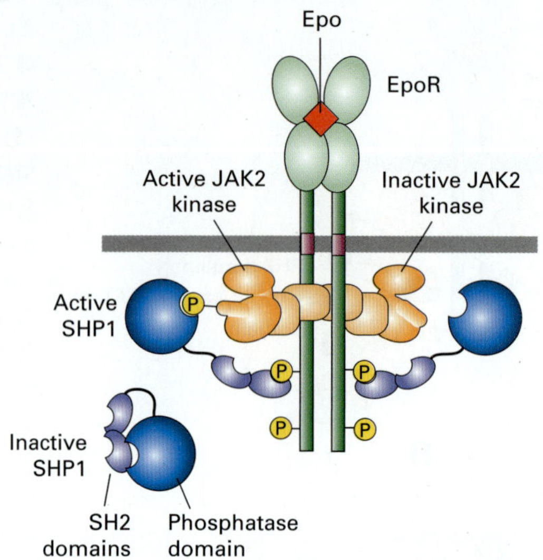

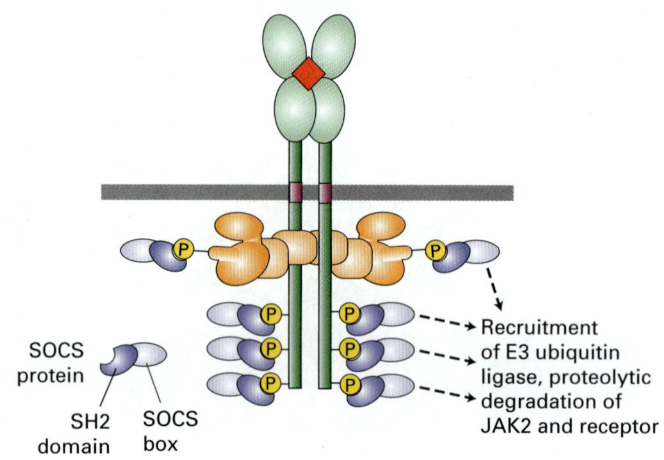

그림 16-21 Erythropoietin 수용체(EpoR)로 대표되는 사이토카인 신호전달을 종료하는 두 가지 메커니즘. (a) Short-term regulation (단기 조절): Phosphotyrosine phosphatase인 SHP1은 자극되지 않은 세포의 세포질에 비활성 형태로 존재한다. 활성화된 수용체에 있는 특정 phosphotyrosine에 SHP1의 SH2 domain이 결합하면 phosphatase 촉매 부위가 노출되어 JAK2의 activation loop 영역에 있는 인산화된 tyrosine 근처에 위치하게 된다. 이 tyrosine으로부터 phosphate를 제거하면 JAK kinase가 비활성화된다. S. Constantinescu et al., 1999, *Trends Endocrin. Met.* **10**:18 참조. (b) Long-term regulation (장기 조절): Erythropoietin으로 자극된 적혈구 전구세포에서 STAT5 단백질에 의해 발현이 유도되는 SOCS 단백질은 장기간에 걸쳐 signaling을 억제하거나 영구적으로 종료한다. EpoR 또는 JAK2의 특정 phosphotyrosine 잔기에 SOCS가 결합하면 다른 신호전달 단백질들의 결합을 차단한다(왼쪽). SOCS box는 또한 JAK2와 수용체가 ubiquitin-proteasome pathway에 의해 분해되게 만든다(오른쪽). 유사한 메커니즘이 다른 사이토카인 수용체의 signaling을 조절한다. B. T. Kile and W. S. Alexander, 2001, *Cell. Mol. Life Sci.* **58**:1627 참조.

은 휴지 상태에 있을 때, SHP1은 세포질에서 자유로우며 SHP1의 SH2 domain들 중 하나는 phosphatase domain에 있는 촉매 부위에 물리적으로 결합하여 masking한다(가려버린다). 그러나 자극된 상태에서는, SHP1의 촉매 부위를 차단하고 있던 SH2 domain이 활성화된 수용체에 있는 특정 phosphotyrosine 잔기에 우선적으로 결합하고 촉매 부위의 차단을 해제한다. 수반되는 SHP1의 구조 변화는 수용체와 연결된 JAK의 activation loop에 있는 phosphotyrosine 잔기에 SHP1 촉매 부위를 인접하게 한다. 이 phosphate를 제거함으로써, SHP1은 JAK을 비활성화시키기 때문에 수용체 또는 STAT을 포함한 다른 기질들을 더 이상 인산화시킬 수 없다.

SOCS 단백질

Negative feedback의 또 다른 예로 STAT 단백질에 의해 전사가 유도되는 유전자 중에는 사이토카인 수용체에 의한 signaling을 종료시키는 *s*uppressors *o*f *c*ytokine *s*ignaling (SOCS, 사이토카인 신호전달의 억제자)라고 하는 small 단백질 종류를 암호화하는 유전자가 있다. 모든 SOCS 단백질은 활성화된 수용체의 특정 phosphotyrosines에 결합하는 SH2 domain을 가지고 있다(그림 16-21b). 활성화된 수용체에 SOCS 결합하면 수용체 및 연결된 JAK kinase 둘 모두의 분해를 초래한다.

SOCS는 이 두 단백질들이 proteasome에 의해 분해되도록 작용한다. SOCS 단백질은 수용체와 JAK kinase를 polyubiquitination (ubiquitin의 중합체가 공유결합되어 있음)시키는 E3 ubiquitin ligase (그림 3-32 참조)의 구성 요소들을 recruitment하는 *SOCS box*라고 불리는 domain을 가지고 있다. *Polyubiquitin tail*은 proteasome에 의해 분해되도록 단백질에 표시를 하며(3장 참조), 따라서 새로운 수용체와 JAK2 단백질이 만들어질 때까지 JAK2가 매개하는 신호전달 경로를 차단한다. Proteasome inhibitor가 JAK2 signal transduction을 연장시킨다는 연구 결과는 이러한 메커니즘을 뒷받침한다. SOCS 단백질들 중 하나인 SOCS-1 또한 활성화된 JAK2 kinase의 activation loop에 있는 중요한 phosphotyrosine에 결합하여 JAK2의 촉매 활성을 억제한다.

배양되는 포유류 세포를 사용한 연구에서는 성장 호르몬에 대한 사이토카인 수용체가 또 다른 SOCS 단백질인 SOCS-2에 의해 억제된다는 것을 보여주었다. 놀랍게도, SOCS-2가 결핍된 마우스는 정상 마우스보다 훨씬 더 크게 자란다; 이 마우스는 뼈가 길고 대부분의 장기가 확대되어 있다. 따라서 SOCS 단백질은 erythropoietin, 성장 호르몬 및 기타 사이토카인에 대한 수용체로부터의 세포내 signaling을 negative regulation하는 필수적인 역할을 한다.

16.4절의 주요 개념

Cytokine (사이토카인), Cytokine Receptor (사이토카인 수용체) 및 JAK/STAT 신호전달 경로

- Cytokine (사이토카인)은 발생 과정에서 수많은 역할을 한다. Kidney cell (신장 세포)이 분비하는 사이토카인인 erythropoietin은 골수

에서 erythroid progenitor cell (적혈구 전구 세포)의 증식과 분화를 촉진하여 혈액에 있는 성숙한 적혈구의 수를 증가시킨다(그림 16-18a 참조).

• GH, prolactin, Epo 및 G-CSF와 같은 사이토카인들은 그들의 수용체와 마찬가지로 매우 유사한 3차원 구조를 가지고 있다. 이 사이토카인들 및 관련 사이토카인들은 세포 표면에 사이토카인과 수용체 homodimer의 복합체를 형성한다(그림 16-18b와 16-19a 참조).

• Interleukin 2로 예시되는 다른 사이토카인들은 둘 이상의 다른 수용체 subunit과 상호작용해서 사이토카인과 수용체 heteromultimer의 복합체를 형성한다(그림 16-19b 참조).

• 사이토카인 수용체의 세포질 domain은 JAK protein tyrosine kinase에 단단히 결합되어 있으며, JAK kinase는 사이토카인 결합 및 수용체 dimerization 또는 heteromerization 후에 활성화되고 수용체의 세포질 domain에 있는 tyrosine 잔기를 인산화시킨다(그림 16-19a 참조).

• JAK/STAT pathway는 모든 사이토카인 수용체와 일부 RTK로부터의 downstream signaling을 작동시킨다. 수용체에 있는 phosphotyrosine에 결합하는 STAT monomer는 수용체에 연결된 JAK에 의하여 인산화된 다음, 수용체로부터 분리되고 dimerization되며 핵으로 들어가서 전사를 활성화시킨다(그림 16-20 참조).

• 사이토카인 수용체로부터의 signaling은 phosphotyrosine phosphatase SHP1과 여러 가지 SOCS 단백질에 의해서 종결된다(그림 16-21 참조).

16.5 성장 인자의 TGF-β Family, Receptor Serine Kinase (수용체 세린 인산화효소) 및 이들이 활성화시키는 Smad Transcription Factor (Smad 전사 인자)

이번 절에서는 **transforming growth factor β (TGF-β)** 패밀리라고 불리는 진화적으로 보존된 신호전달 분자의 커다란 패밀리와 *TGF-β receptor family* (*TGF-β* **수용체 패밀리**)라고 불리는 세포 표면 수용체의 보존된 패밀리에 대해 논의한다. 이 두 패밀리의 멤버들은 Porifera (해면동물, sponges)와 Cnidaria (자포동물, coral과 hydra) 같은 phylum (문)의 무척추동물과 모든 척추동물에서 발견된다.

TGF-β 수용체의 kinase domain은 여러 가지 성장과 분화 경로를 조절하는 보존된 종류의 전사 인자(**Smad**)를 인산화시켜 활성화를 유발한다. 이전 절에서 논의된 STAT처럼, Smad는 자극되지 않은 세포에서는 세포질에 위치하지만, 인산화되면 전사를 조절하기 위해 핵으로 이동한다. TGF-β 패밀리의 서로 다른 멤버들은 TGF-β 수용체 패밀리의 서로 다른 멤버들을 활성화시키고, 이는 Smad 전사 인자 그룹의 서로 다른 멤버들을 활성화시키기 때문에 TGF-β pathway는 사이토카인 signaling과 마찬가지로 여러 유형의 세포에서 광범위하게 다양한 효과를 나타낸다. 또한, 수용체에 의해 활성화되는 다른 전사 인자들과 마찬가지로, 동일한 활성 Smad 단백질이 서로 다른 전사 인자와 짝을 이루어 서로 다른 유형의 세포에서 서로 다른 유전자 세트를 활성화시키는 것을 보게 될 것이다.

포유류의 TGF-β 패밀리는 33 멤버들을 포함하고 있으며, 발생 조절에 광범위한 역할을 하는 많은 수의 관련 세포외 신호전달 분자들을 포함한다. TGF-β 패밀리의 멤버들 중 가장 처음 발견된 TGF-β1은 여러 가지 초기 단계의 포유류 암 세포주에서 malignant phenotype (악성 표현형)을 유도하는 능력을 기반으로 발견되었다(따라서 "transforming growth factor"라는 이름이 붙음); 이 경우, TGF-β1은 25장에서 논의하는 것처럼 primary tumor (원발 종양)의 spreading (확산)과 invasion (침투), 즉 metastasis (전이)를 촉진한다. 아이러니하게도, 대부분의 정상(암이 아닌) 포유류 세포에서 세 가지 인간 TGF-β isoform, 즉 TGF-β1, 2 및 3 모두의 주요 기능은 세포 주기의 DNA synthesis (S) phase로 진행하는 데 필수적인 cyclin-dependent kinase (CDK)를 저해하는 $p15^{INK4B}$와 같은 단백질들의 합성을 유도함으로써 세포 증식을 막는 것이다(그림 1-22와 19-12 참조).

TGF-β는 우리 몸의 많은 세포들에 의해 분비되며, 이를 분비하는 세포 자신(autocrine signaling)과 주변의 세포들(paracrine signaling) 모두의 성장을 억제한다. TGF-β 수용체 또는 TGF-β 신호전달 경로의 몇 가지 단백질이 손실되면, 세포는 이러한 growth inhibition (성장 억제)로부터 벗어나게 되며, 이러한 현상은 인간 종양의 초기 발생에서 자주 발견된다. TGF-β 단백질은 또한 tissue organization (조직 구성)에 중요한 기능을 하는 cell-adhesion molecule (세포 부착 분자)들과 세포외 기질 분자들의 발현을 촉진시키기도 한다(20장 참조).

TGF-β 패밀리의 또 다른 멤버인 *bone morphogenetic proteins* (*BMP*)는 마우스에 implant (이식)되었을 때 뼈 형성을 유도하는 능력으로 처음 발견되었다. 이들 중 하나인 BMP2는 severe fracture (심각한 골절)의 경우 뼈를 강화하기 위해 임상적으로 사용된다. 이후에 발견된 수많은 BMP 단백질들 중 다양한 단백질들이 mesoderm (중배엽) 형성 및 초기 blood-forming cell (혈액 형성 세포)의 형성을 포함하는 발생의 핵심 단계들을 유도한다; 일부 BMP 단백질은 cultured embryonic stem cell (배양되는 배아줄기세포)와 cultured adult stem cell (배양되는 성체줄기세포)의 undifferentiated state (미분화 상태)를 유지하는 데 중요하다(22장 참조). 많은 BMP 단백질들이 뼈와 관련이 없는 경우도 있다; 예를 들어, BMP4/BMP7 heterodimer는 척추동물의 배아에서 dorsal-ventral (back-to-front)의 patterning (패턴화)에 중요하다. 유사하게, *Dpp*라고 하는 TGF-β의 *Drosophila* homolog는 초파리 배아의 dorsal-ventral (등-배) 패턴화에 관여한다. 인간 남성의 초기 배아에서 인간 TGF-β 패밀리의 또 다른 멤버인 Müllerian-inhibiting hormone (MIH)은 여성의 생식기관 발생을 억제하므로, 인간 남성 태아의 발생 동안 특정 시기의 sex differentiation (성분화)에 있어서 매우 중요하다.

TGF-β 단백질은 Extracellular Matrix (세포외 기질)에서 비활성 형태로 저장되어 있다

포유류에서, TGF-β 패밀리내 모든 멤버의 monomer 활성 형태는 2개의 monomer를 1개의 dimer로 연결하는 disulfide bond (이황화 결합)를 형성하는 보존된 cysteine 잔기를 포함하고 있으며(그림 16-22a), TGF-β 패밀리내 모든 멤버의 precursor protein (전구체 단백질)은 합성 직후 endoplasmic reticulum에서 dimerization된다. TGF-β 패밀리의 모든 멤버에 대한 유전자는 secretion signal peptide (분비 신호 펩타이드; 13장), ~250-잔기 prodomain (프로도메인) 그리고 C-terminal ~110-잔기 TGF-β domain으로 구성된 전구체 polypeptide를 암호화한다. 그 amino-terminal *prodomain* (아미노-말단 **프로도메인**)은 C-terminal TGF-β domain의 proper folding (적절한 접힘) 및 dimerization에 필요하다. 이러한 dimer 형태의 전구체 단백질이 Golgi 복합체를 통과함에 따라, protease는 프로도메인과 TGF-β domain 사이의 공유결합을 끊지만, 프로도메인과 성숙한 TGF-β 단백질은 비공유결합에 의해 부착된 상태로 남아 있다.

TGF-β가 세포에서 분비된 후, 프로도메인의 존재는 성숙한 TGF-β

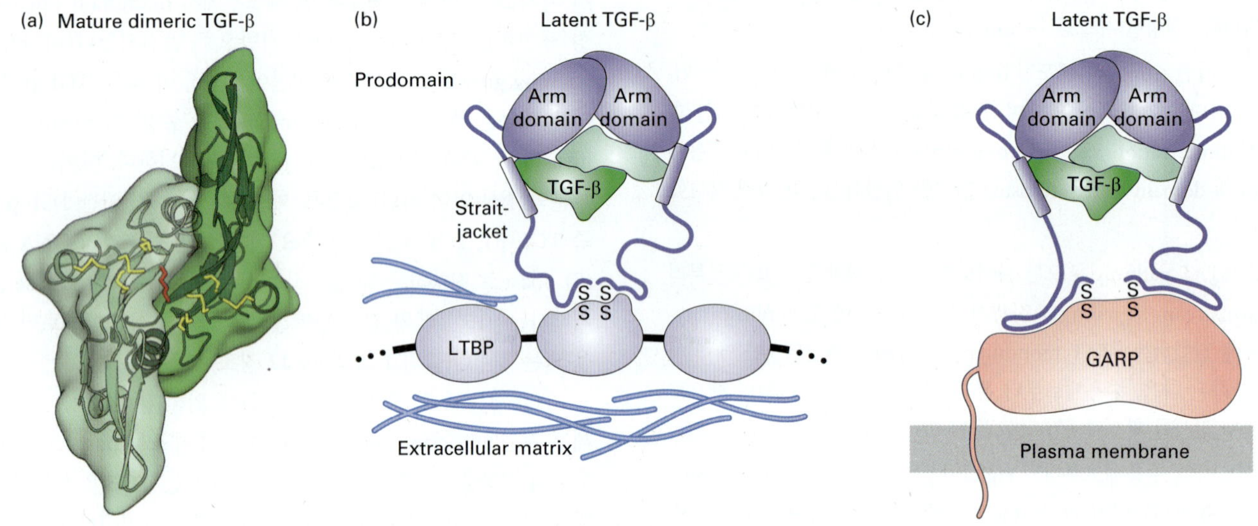

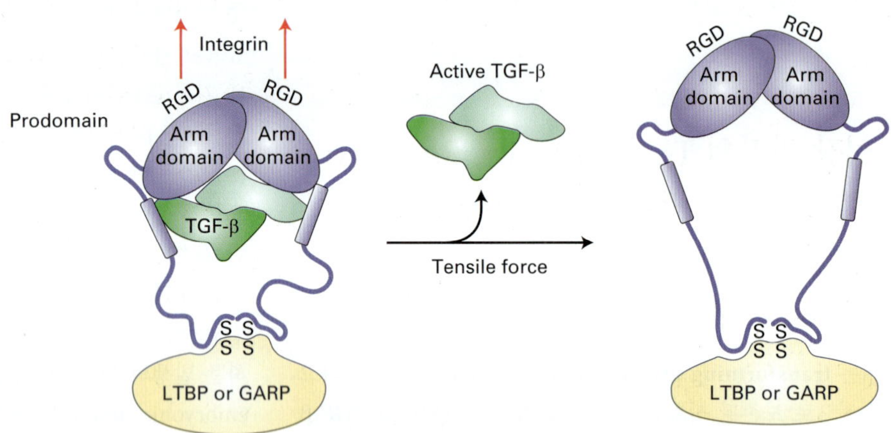

그림 16-22 TGF-β의 latency (잠재성) 및 활성화 모델. (a) Mature (성숙한) TGF-β homodimer의 리본 모델 구조. 각 monomer에 있는 3개의 intrachain (사슬 사이의) disulfide linkage (노란색)는 cystine-knot domain을 안정화시킨다; 또 다른 disulfide bond (빨간색)는 두 monomer를 연결한다. (b, c) TGF-β latency. TGF-β는 Golgi에서 mature growth factor (성숙된 성장 인자)로부터 proteolytic cleavage (단백질 분해성 절단)에 의해 절단되지만, 분비 후에도 비공유결합에 의해 부착된 채로 남아 있는 250개 잔기의 amino-terminal prodomain (프로도메인)을 갖고서 합성된다. Mature growth factor (성숙된 성장 인자)과 프로도메인은 모두 homodimer를 형성한다. TGF-β 성장 인자 주위에 단단히 감긴 채로 남아 있는 "arm" segment 및 "straitjacket" segment는 latent TGF-β가 세포 표면 수용체에 결합하는 것을 막는다. 프로도메인의 disulfide bond는 세포외 기질에 있는 LTBP 또는 다른 단백질에(b) 또는 secreting cell (분비 세포) 표면에 있는 GARP 단백질에(c) 공유결합으로 연결되어 TGF-β를 생성한 세포 근처에 latent TGF-β를 위치시킨다. (d) TGF-β 활성화. 아마도 근처 세포의 표면에 있는 특정 integrin은 프로도메인의 arm segment에 있는 RGD 모티프에 결합한다. 이러한 integrin은 또한 원형질막의 세포질 쪽에 있는 단단한 actin cytoskeleton (액틴 세포골격)에도 연결되어 있기 때문에(20장), 세포의 움직임은 RGD 모티프에 traction force (구동력)을 가하여 프로도메인의 straitjacket segment를 당기고 늘린다. 결과적으로, TGF-β dimer는 복합체로부터 방출되어 세포 표면 수용체에 결합하고 signaling을 개시할 수 있다. [Part (a) Data from S. Daopin et al., 1992, *Science* **257**:369, PDBID 2tgi. Parts (c, d) From A. Hinck et al., 2016, *Cold Spring Harb. Perspect. Biol.* **8**:a022103.]

단백질이 세포 표면 수용체에 결합하는 것을 막는다; 따라서 그러한 TGF-β 성장 인자를 *latent* (잠재되어 있음)라고 한다. 또한, 프로도메인은 latent TGF-β를 분비 세포의 표면으로, 세포 근처로 또는 세포외 기질로 위치시키는 연결을 형성한다. 특히, 프로도메인의 N-terminus 근처에 있는 cysteine 잔기의 곁사슬은 *latent TGF-β binding protein* (*LTBP*; 그림 16-22b)과 같은 세포외 기질에 존재하는 여러 유형의 단백질 중 하나에 또는 분비 세포의 표면에 존재하는 GARP (그림 16-22c)라고 불리는 단백질에 disulfide bond로 연결된다.

여러 메커니즘이 inhibitory prodomain (억제 프로도메인)으로부터 성숙한 TGF-β dimer를 방출시켜서 활성 TGF-β dimer가 근처에 있는 TGF-β 수용체에 빠르게 결합하고 자가분비 신호전달 또는 측분비 신호전달이 시작된다(그림 16-22d). 이러한 메커니즘에는 extracellular protease (세포외 단백질분해효소)에 의해 프로도메인이 절단되는 것과 프로도메인을 멀리 당기는 mechanical stress (기계적 응력)가 포함된다.

움직이는 세포 표면에 있는 단백질에 프로도메인이 결합함으로써 mechanical stress가 발생할 수 있다. 일부 TGF-β 패밀리 멤버(예, TGF-β1과 TGF-β3)의 프로도메인에는 3개의 아미노산 서열 모티프인 RGD (Arg-Gly-Asp)가 포함되어 있으며, 이 모티프는 근처 세포 표면에 있는 *integrin*이라고 하는 특정 membrane 단백질과 결합할 수 있게 해준다(20장에서 논의됨); integrin은 다양한 세포외 기질 단백질에 있는 RGD 모티프에 결합한다. 예를 들어, cell migration (세포 이동) 동안 LTBP를 포함하는 세포외 기질에 대한 integrin과 프로도메인/TGF-β dimer를 가지고 있는 세포의 movement (이동)로 인해 tensile force (인장력)이 생긴다. 그 인장력은 물리적으로 프로도메인을 비틀고 활성 TGF-β dimer를 자유롭게 만들어서 TGF-β signaling을 개시한다.

3개의 개별 TGF-β 수용체 단백질이 TGF-β와 결합할 수 있으며 신호전달을 활성화시킨다

TGF-β1에 대한 수용체를 찾아내기 위해 사용되는 접근 방식은 수용체를 찾아내기 위해 사용되는 전형적인 생화학적 접근 방식을 보여준다(15.2절 참조). 과학자들은 먼저 노출된 tyrosine 잔기에 radioisotope (방사성 동위원소) iodine-125 (^{125}I; 3장 참조)를 공유결합으로 연결시키는 조건을 사용하여 정제된 TGF-β1 단백질을 ^{125}I로 labeling하였다. 그런 다음, ^{125}I로 labeling된 TGF-β1 (^{125}I-TGF-β1)는 수용체를 발현하는 cultured fibroblast cell (배양되는 섬유아세포)과 4°C에서 incubation되었다. 4°C에서 ligand는 수용체와 결합하지만 endocytosis는 억제된다. Incubation이 끝나면 extracellular fluid (세포외액)에 있는 결합되지 않은 ^{125}I-TGF-β1은 washing에 의해 제거되고, ^{125}I-TGF-β1이 결합된 수용체를 가진 세포에는 수용체에 결합하는 ligand를 포함하여 물리적으로 가까운 단백질을 공유결합으로 cross-link시키는 chemical을 처리하였다. 그 후, 세포를 깨고 방사성 동위원소로 labeling된 단백질(그리고 cross-link된 단백질 복합체)은 정제되었다. 정제된 단백질의 분석 결과, ^{125}I-TGF-β1은 각각 *TGF-β receptor RI, RII, RIII* (*TGF-β* 수용체 *RI, RII, RIII*)로 불리는 55, 85, 280 kDa의 molecular weight (분자량)를 가진 3개의 다른 polypeptide에 주로 cross-link되어 있었다.

많은 추가 실험에서 RI과 RII는 각각 homodimer 단백질이라는 것이 밝혀졌다; 각각의 polypeptide chain은 단일 transmembrane segment와 세포질 domain의 일부인 serine/threonine kinase를 모두 가지고 있다. RI과 RII는 함께 기능적 heterotetrameric TGF-β 수용체로 작용하기에 충분하다. RIII는 모든 세포 유형이 아니라, 일부에서만 발현되는 세포 표면 transmembrane 단백질이다. RIII는 공유결합되어 있는 거대한 oligosaccharide chain을 가지고 있기 때문에 *proteoglycan*이라 불리는 glyco (sugar containing, 당을 포함하는) 단백질의 한 종류이다(그림 20-33 참조). TGF-β 수용체에서 RIII의 기능은 위에서 설명한 IL-2 수용체에서 α subunit의 기능과 비슷하다(그림 16-19b); RIII는 TGF-β 분자에 결합하고 세포 표면 근처에 TGF-β 분자를 집중시켜서 signaling 수용체 RII와 RI에 대한 후속 결합을 촉진한다(그림 16-23, 단계 **1a**). 대부분의 세포에는 RIII가 없기 때문에 TGF-β는 RII dimer에 직접 결합한다(그림 16-23, 단계 **1b**). 이 단계는 RII dimer와 RI dimer가 서로 결합하기 전에 발생한다(그림 16-23, 단계 **2**). 이 복합체는 RI이 결합하기 전까지 비활성 상태이다.

이미 논의한 대로, tyrosine kinase와 사이토카인 수용체에서 ligand의 결합은 세포내 신호전달 경로 활성화에 필요한 kinase 활성을 크게 증가시킨다. 반면에, TGF-β 수용체의 dimeric RII subunit은 *constitutive* kinase activity (구성적으로 상시 활성화된 kinase 활성)를 나타낸다; 즉, dimeric RII subunit의 kinase domain은 결합된 TGF-β가 없을 때에도 효소적으로 활성 상태이다. 이러한 활성 상태의 RII kinase 활성은 세포내 신호를 생성하기에는 충분하지 않다. 그러나 TGF-β가 RII

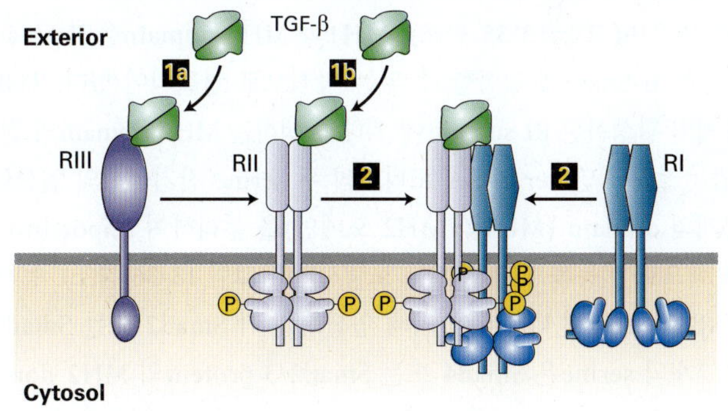

그림 16-23 TGF-β 수용체 kinase의 활성화. 단계 **1a**: type III TGF-β 수용체(RIII)를 발현하는 세포에서 TGF-β는 먼저 이 RIII 수용체에 결합하고, 이는 세포 표면 주위에 TGF-β 농도를 증가시켜서 2개의 type II TGF-β signaling 수용체(RII)로 이루어진 homodimer 복합체의 둘 중 하나에 TGF-β가 결합하는 것을 촉진시킨다. 단계 **1b**: 대부분의 세포에서 RIII는 발현되지 않으며, TGF-β는 constitutively active (구성적으로 상시 활성화 상태의) kinase인 RII의 한 분자에 직접 결합한다. 단계 **2**: Ligand가 결합된 RII는 type I TGF-β 수용체(RI)을 recruitment하여, TGF-β dimer 중 한 monomer가 하나의 RII 단백질 및 하나의 RI 단백질에 동시에 결합하게 된다. 그런 다음, 상시 활성화 상태의 RII protein kinase는 RI 수용체의 juxtamembrane (막에 인접한) segment에 있는 serine 및 threonine 잔기를 인산화시켜서 RI kinase 활성의 억제 상태를 해제한다. 이제 활성화된 type I 수용체 kinase는 Smad 전사 인자를 인산화시킨다.

에 결합하면, dimeric RI 수용체에 결합하는 TGF-β-RII 인터페이스에서 새로운 분자 표면이 생성되며(그림 16-23, 단계 **2**), 하나의 dimeric TGF-β 분자와 RI 수용체 homodimer 및 RII 수용체 homodimer를 포함하는 복합체가 생성된다—이것은 ligand에 의해 유도되는 수용체 hetero-oligomerization의 또 다른 예이다. RII가 TGF-β에 결합하지 않는 한 RI은 RII에 결합하지 않는다. 복합체의 RII subunit은 원형질막의 세포질 쪽 표면에 인접하여 부착된 RI subunit의 매우 잘 보존되어 있는 서열에 있는 serine과 threonine 잔기를 인산화시켜서 RI kinase를 활성화시킨다. 그런 다음, RI kinase는 downstream에 있는 세포내 신호전달 경로를 작동시킨다.

활성화된 RI TGF-β 수용체는 Smad 전사 인자를 인산화시킨다

TGF-β 수용체의 downstream에 있는 전사 인자를 *Smad*라고 한다. TGF-β 신호전달 경로에서 기능을 하는 Smad 단백질은 세 가지 유형이 있다: 즉, *R-Smad* (receptor-regulated Smad; Smad2와 Smad3)와 *co-Smad* (Smad4) 그리고 *I-Smad* (inhibitory Smad; Smad7)이다. Smad2와(또는) Smad3는 활성 RI 수용체에 의해 인산화되고, Smad4와 함께 핵으로 들어가 유전자 전사를 활성화시킨다; 반면에, 이 절의 끝에서 논의될 것처럼 I-Smad는 TGF-β 신호전달 경로를 차단한다.

그림 16-24a에 나와 있는 것처럼, 모든 R-Smad는 N-terminal MH1 domain, central proline-rich linker 및 C-terminal MH2 domain을 가지고 있다. MH1 domain은 DNA 결합 segment와 *nuclear-localization signal* (*NLS*)을 포함하고 있다. 그러나 R-Smad가 비활성화 비인산화 상태일 때는 NLS가 가려져 있어 Smad를 핵으로 들어가게 할 수 없으며(그림 13-35 참조), MH1과 MH2 domain은 R-Smad가 DNA나 co-Smad에 결합할 수 없는 방식으로 연결되어 있다. TGF-β 수용체의 활성화된 RI subunit에 의해 발생하는 MH2 domain의 끝 쪽에 있는 일반적인 Ser-X-Ser 모티프의 두 serine 잔기에서의 인산화는 이 2개의 domain (MH1과 MH2 도메인)을 분리하여 importin의 결합과 핵으로 이동을 위한 NLS를 노출시킨다(그림 13-36 참조). 동시에, TGF-β RI 수용체 kinase에 의해 인산화된 각 Smad2 또는 Smad3에 있는 2개의 serine은 Smad4 또는 Smad2/3 protein의 MH2 domain에 있는 phosphoserine 결합 부위에 결합하여 2개의 인산화된 Smad3 (또는 Smad2) 분자와 1개의 co-Smad (Smad4)를 포함하는 안정된 복합체를 형성한다. (Smad4는 인산화되지는 않지만 기능적 heterotrimer Smad 복합체를 형성하는 데는 필수적이다.) 그런 다음, 결합된 importin은 R-Smad/co-Smad 복합체를 핵으로 이동하도록 매개한다. 핵 안쪽에서 importin이 분리된 후, Smad3/Smad4 (또는 Smad2/Smad4) 복합체는 특정 표적 유전자, 예를 들어 그림 16-24a에 나와 있는 protease inhibitor gene인 PAI-1의 전사를 활성화시키기 위해 다른 전사 인자와 결합한다.

R-Smad가 핵에서 머무는 시간은 세포의 overstimulation (과도한 자극)을 막기 위해 제한된다. 핵 내에서, R-Smad는 linker domain의 인산화, MH1 domain의 acetylation (아세틸화), 그리고 nuclear phosphatase에 의한 C-terminal serine의 탈인산화에 의해 추가로 modification된다. 종합적으로, 이러한 다양한 modification들은 전사 활성의 감소를 유도하고, 궁극적으로 R-Smad/co-Smad 복합체의 분리 및 Smad가 exportin 단백질을 통해 핵으로부터 빠져나가는 것을 유도한다. 따라서 핵에 있는 활성 Smad의 농도는 세포 표면의 활성화된 TGF-β 수용체의 레벨을 반영하여 유전자 전사의 조절이 활성화 TGF-β의 레벨을 따를 수 있게 한다.

TGF-β 패밀리에 속하는 BMP 단백질은 TGF-β RI 및 RII 단백질과 유사하지만, 다른 종류의 R-Smad인 Smad1, Smad5 및 Smad8을 인산화시키는 다른 수용체에 결합하고 활성화시킨다. 이러한 인산화된 Smad 중 2개는 Smad4와 trimer 복합체를 형성하며, 이 Smad 복합체는 TGF-β 수용체에 의해 유도된 것과는 다른 전사 반응을 활성화한다.

R-Smad/co-Smad 복합체는 다양한 세포 유형에서 다양한 유전자의 발현을 활성화시킨다

거의 모든 포유류 세포는 적어도 하나의 TGF-β isoform을 분비하며, 대부분은 세포 표면에 TGF-β 수용체를 가지고 있다. 그러나 TGF-β에 의해 유도된 세포 반응은 R-Smad/co-Smad 복합체와 짝을 이루는 전사 인자에 따라 세포 유형마다 다르다. 예를 들어, 상피 세포와 섬유아세포에서 TGF-β는 세포외 기질 단백질(예, fibronectin과 collagen; 20장 참조)의 발현을 유도한다; TGF-β는 또한 serum protease를 억제하는 단백질도 발현시키는데, 그렇지 않으면 이러한 세포외 기질 단백질들이 분해될 것이다. Serum protease의 억제는 세포외 기질을 안정화시켜서 세포가 안정적인 조직을 형성할 수 있게 한다. 많은 세포에서 R–Smad/co-Smad 복합체는 G1 stage에서 세포 주기를 정지시켜 세포 증식을 막는 $p15^{INK4B}$와 같은 다른 단백질을 암호화하는 유전자의 발현을 촉진한다(19장 참조). 보다 일반적으로, R-Smad/co-Smad 복합체가 DNA에 결합하려면 다른 전사 인자가 DNA의 인접한 부위에 결합해야 한다; 이러한 전사 인자는 발생 동안 종종 세포의 정체성을 결정하는 master transcription factor (마스터 전사 인자)이다. 마찬가지로, 중요한 것은 R-Smad/co-Smad 복합체가 DNA regulatory region (DNA 조절 영역)에 결합하고 유전자를 활성화시키기 위해서는 DNA 결합 segment가 활성 “open” chromatin 구조를 가져야 한다(그림 16-2 참조).

TGF-β signaling의 결손은 다양한 암의 초기 발생에 중요한 역할을 한다. 다양한 인간 종양은 TGF-β 수용체 또는 Smad 단백질에 비활성화 돌연변이를 가지고 있으므로, TGF-β에 의한 성장 억제에 대해 내성이 있다(그림 25-18 참조). 예를 들어, 대부분의 인간 pancreatic cancer (췌장암)에서는 Smad4를 암호화하는 유전자가 결실되어 있으므로, TGF-β에 반응하여 $p15^{INK4B}$와 같은 세포 주기 억제 단백질을 유도할 수 없다. 사실, Smad4는 원래 *DPC* (*d*eleted in *p*ancreatic *c*ancer, 췌장암에서 결실됨)라고 불렸다. Retinoblastoma (망막모세포종), 대장암, 위암, 간암, 일부 T 세포 및 B 세포의 악성종양도 TGF-β

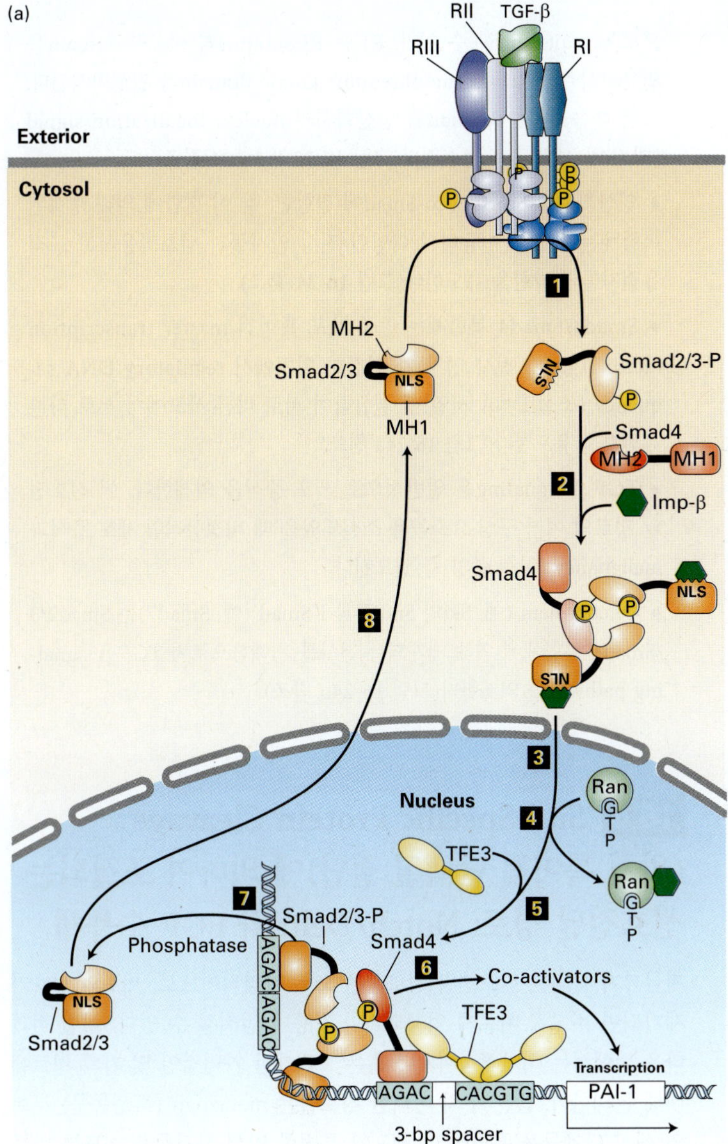

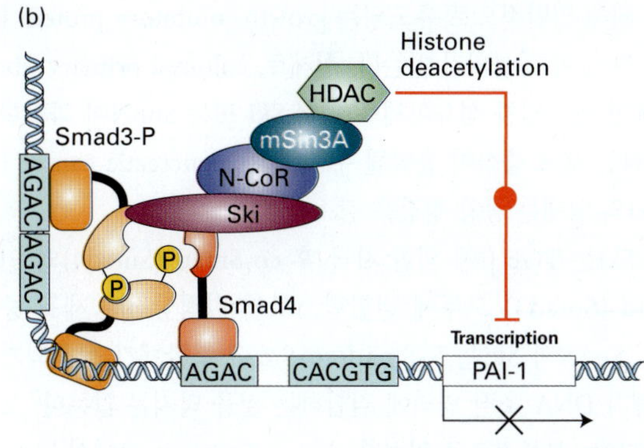

그림 16-24 TGF-β/Smad 신호전달 경로의 활성화 및 억제. (a) 활성화. 단계 **1**: 활성화된 type RI 수용체 kinase (그림 16-23 참조)는 Smad2 또는 Smad3 (여기서는 Smad2/3로 표시됨)를 인산화시켜 nuclear localization signal (NLS)를 노출시키는 구조 변화를 일으킨다. 단계 **2**: Smad2/3의 인산화된 두 분자는 인산화되지 않은 하나의 co-Smad (Smad4) 분자 및 importin에 결합하여 multiprotein cytosolic complex (다중단백질 세포질 복합체)를 형성한다. 단계 **3**과 **4**: 전체 복합체가 핵으로 이동한 후, Ran·GTP는 13장에서 논의된 바와 같이 importin의 분리를 유도한다. 단계 **5**: 그런 다음, 하나 이상의 핵 전사 인자(예, TFE3)가 Smad2/3/Smad4 복합체과 결합하여 표적 유전자의 regulatory sequence (조절 서열)에 협력적으로 결합하는 활성화 복합체를 형성한다. 단계 **6**: 그런 다음, 이 복합체는 transcriptional co-activator (전사 보조 활성 인자)를 recruitment하여 유전자의 전사를 유도한다(8장 참조). Smad2/3는 결국 핵내 phosphatase에 의해 탈인산화되고(단계 **7**), exportin (표시되지 않음)의 결합에 의해 nuclear pore (핵공)을 통해 세포질로 되돌아가며(단계 **8**), 세포질에서 또 다른 TGF-β 수용체 복합체에 의해 재활성화될 수 있다. Plasminogen activator inhibitor (PAI-1)를 암호화하는 유전자에 대한 활성화 복합체가 그림에 표시되어 있다; 유사한 transcription complex (전사 복합체)는 fibronectin과 같은 다른 세포외 기질 단백질들을 암호화하는 유전자의 발현을 활성화시킨다. (b) Smad 복합체에 의해 매개되는 전사의 Ski에 의한 억제. TGF-β의 결합 후 형성된 Smad2/3/Smad4 복합체에 의해 합성이 유도되는 Ski는 Smad4에 직접 결합하여 Smad의 기능을 억제한다. Smad4의 Ski-binding domain (Ski 결합 도메인)은 Smad3의 인산화된 C-terminus에 결합하는 데 필요한 Smad4 MH2 domain과 상당히 많이 겹치기 때문에, Ski의 결합은 전사 활성화에 필요한 Smad3와 Smad4 사이에서의 정상적인 상호작용을 방해한다. 또한 Ski는 mSin3A에 직접 결합하는 단백질인 N-CoR을 recruitment한다; mSin3A는 근처의 promoter와 enhancer에서 histone deacetylation (히스톤 탈아세틸화)을 촉진하여 유전자 발현을 억제시키는 효소인 histone deacetylase (HDAC)와 상호작용한다(8장 참조). 두 과정 모두의 결과로 인해서, TGF-β에 의해 유도되고 Smad 복합체에 의해 매개되는 전사 활성화가 중단된다. 관련 단백질인 SnoN은 TGF-β signaling을 억제하는 Ski와 유사하게 기능을 한다. [Part (a) Data from S. Daopin et al., 1992, *Science* **257**:369, PDB ID 2tgi; A. Moustakas and C.-H. Heldin, 2009, *Development* **136**:3699; and D. Clarke and X. Liu, 2008, *Trends Cell Biol.* **18**:430. Part (b) Data from J. Deheuninck and K. Luo, 2009, *Cell Res.* **19**:47.]

성장 억제에 반응하지 않는다. 이러한 responsiveness (반응성)의 loss (결실)은 RI 또는 RII의 결실과 관련이 있다; TGF-β에 대한 반응성은 그 “missing” 단백질의 재조합 발현에 의해 실험적으로 회복될 수 있다. Smad2의 loss-of-function mutation (기능소실 돌연변이) 또한 여러 유형의 인간 종양에서 흔히 발생한다. ■

Negative Feedback Loop는 TGF-β/Smad Signaling을 억제한다

앞서 다른 신호전달 경로들의 경우에서 논의된 바와 같이, 대부분의 성장 인자와 기타 신호전달 분자에 대한 반응은 시간이 지남에 따라 감소되는데, 이러한 현상을 *desensitization* (탈감작)이라고 부른다. 이러한 반응은 overreaction (과반응)을 방지하고 세포 반응을 fine-tuned control (미세하게 조절)할 수 있게 만들기 때문에 적응력이 있는 것이다. *SnoN*과 *Ski* (*Ski*는 “Sloan-Kettering Cancer Institute”의 약자)라고 하는 2개의 세포질 단백질은 거의 모든 신체 세포에서 TGF-β signaling에 의해 유도되고, TGF-β/Smad 신호전달 경로를 억제하는 역할을 한다. 이 단백질들은 melanoma (흑색종) 및 특정 breast cancer (유방암)를 포함하는 다양한 암에서 발현이 증가하기 때문에 원래 암을 유발하는 *oncoprotein* (종양단백질)으로 발견되었다; 결과적으로, TGF-β 신호전달 경로에 의해 일반적으로 유도되는 growth-inhibitory protein (성장 억제 단백질)들이 생성되지 않는다. 실제로, cultured primary fibroblast cell (배양되는 일차 섬유아세포)에서 Ski 또는 SnoN이 과발현될 경우 비정상적인 세포 증식이 유발될 수 있으며, pancreatic cancer (췌장암)에서 Ski의 억제는 종양 성장을 감소시킨다.

SnoN과 Ski는 TGF-β에 의한 자극 후 co-Smad (Smad4)와 인산화된 R-Smad (Smad3) 모두에 결합함으로써 비정상적인 세포 증식을 유발한다. SnoN과 Ski는 R-Smad/co-Smad 복합체가 형성되거나 Smad 복합체가 DNA 조절 영역에 결합하는 것을 막지는 않는다. 오히려, SnoN과 Ski는 부분적으로 인접한 chromatin segment에서 histone의 deacetylation (탈아세틸화)을 유도함으로써 DNA에 결합된 Smad 복합체가 전사를 활성화시키는 것을 차단한다. Smad가 전사를 활성화시키는 것이 차단되면, TGF-의 growth-inhibitory effect (성장 억제 효과)가 감소된다(그림 16-24b). TGF-β에 의해 유도된 SnoN과 Ski 단백질의 증가는 TGF-β의 지속적인 노출로 인한 signaling의 장기적인 영향을 약화시키는 것으로 생각된다; 이것은 TGF-β signaling에 의해 유도된 유전자(이 경우 *SnoN*)가 TGF-β에 의한 추가적인 signaling을 억제하는 negative feedback의 또 다른 예이다.

TGF-β 자극 후 유도되는 다른 단백질 중에는 I-Smad, 특히 Smad7이 있다. Smad7은 TGF-β 수용체의 활성화된 RI subunit에 결합하고 Smad2 또는 Smad3를 인산화시키는 능력을 차단한다. 사이토카인 신호전달 경로의 SOCS 단백질처럼(그림 16-21 참조), Smad7도 TGF-β의 분해를 유도하는 E3 ubiquitin ligase를 recruitment한다. 이러한 방식으로, Smad7은 Ski와 SnoN처럼 negative feedback loop에 참여한다: Smad7의 유도는 TGF-β를 자극하는 호르몬에 장기간 노출되어 생기는 세포내 signaling을 억제한다.

16.5절의 주요 개념

성장 인자의 TGF-β 패밀리, Receptor Serine Kinase (수용체 세린 인산화효소) 및 이들이 활성화시키는 Smad Transcription Factor (Smad 전사 인자)

- Transforming growth factor β (TGF-β) 패밀리에는 발생의 조절에 광범위한 역할을 하는 수많은 세포외 신호전달 분자들이 속해 있다.
- TGF-β dimer는 세포 표면 또는 세포외 기질에서 inhibitory prodomain (프로도메인)에 결합하여 비활성 형태로 저장되어 있다; 프로도메인이 protease에 의해 절단되거나 기계적으로 stretching (스트레칭)되면 활성 dimer가 방출되어 TGF-β signaling이 시작된다(그림 16-22 참조).
- TGF-β 수용체는 세 종류의 subunit (RI, RII, RIII)으로 구성된다. TGF-β 패밀리의 멤버가 constitutively active (구성적으로 상시 활성 상태의) kinase인 RII subunit에 결합하면 RI subunit을 RII subunit으로 recruitment할 수 있다. RII는 RI subunit의 세포질 domain을 인산화시켜서 RI의 serine/threonine kinase domain을 활성화시킨다. 그런 다음, RI은 R-Smad를 인산화시켜 nuclear-localization signal (핵 위치 신호)을 노출시킨다(그림 16-23과 16-24 참조).
- 인산화된 R-Smad가 co-Smad에 결합한 후, 이 결합에 의해 형성된 복합체는 핵으로 이동하여 다양한 전사 인자들과 상호작용하고 표적 유전자들의 발현을 유도한다(그림 16-24 참조).
- Smad3/Smad4 복합체는 종종 세포 특이적 master transcription factor (마스터 전사 인자)가 인접한 위치에서 regulatory DNA sequence (조절 DNA 서열)에 결합하여 서로 다른 세포에서 서로 다른 유전자를 유도한다(그림 16-24a 참조).
- TGF-β signaling은 일반적으로 세포 증식을 억제한다. 이 신호전달 경로의 여러 구성 요소들은 소실되었을 때 비정상적인 세포 증식과 malignancy (악성 종양)를 일으킨다.
- Oncoprotein (예, Ski와 SnoN)과 I-Smad (예, Smad7)는 Smad2/3/Smad4 복합체에 의해 매개되는 전사를 저해함으로써 TGF-β signaling pathway를 억제한다(그림 16-24b 참조).

16.6 Site-Specific Protein Cleavage (위치 특이적 단백질 절단)에 의하여 조절되는 신호전달 경로: Notch/Delta와 EGF 수용체

지금까지 살펴본 신호전달 경로들은 모두 가역적이므로, 세포외 신호가 제거되면 비교적 빠르게 억제되거나 작동이 멈춰질 수 있다. 이번 절과 다음 절에서는 비가역적이거나 혹은 느리게만 가역적인 몇 가지 경로에 대해 논의한다. 많은 수의 이러한 경로들은 metazoan (후생동물) 분화의 핵심 단계들을 유발하고, 세포가 특정한 발생 사건들을 겪도록 만들 수 있다. 이러한 경로에서 중요한 단백질—수용체, 전사 인자 또는 전사 인자를 조절하는 signaling cascade내 단백질—은 조절된 cleavage (절단) 과정을 겪는다.

Delta가 결합하면, Notch 수용체는 잘려서 Component Transcription Factor (구성성분 전사 인자)를 방출한다

우리는 단백질의 절단 과정이 여러 표적 유전자의 전사에 영향을 미치는 domain을 방출하는 경로를 살펴보는 것으로 시작한다. Notch/Delta pathway (그림 16-25a)에서, 신호전달 분자는 signaling cell (신호를 보내는 세포)의 표면에 결합된 integral membrane protein (내재성 막 단백질)인 Delta이다. Delta는 인접한 responding cell (반응하는 세포)에 있는 수용체인 Notch의 세포외 domain에 결합한다. Delta의 결합은 Notch의 두 가지 순차적인 proteolytic cleavage (단백질분해성 절단)를 유발하여 Notch의 세포내 domain을 방출시킨다. 그런 다음, 그 절단 생성물은 핵으로 이동해서 transcriptional activator (전사 활성 인자)

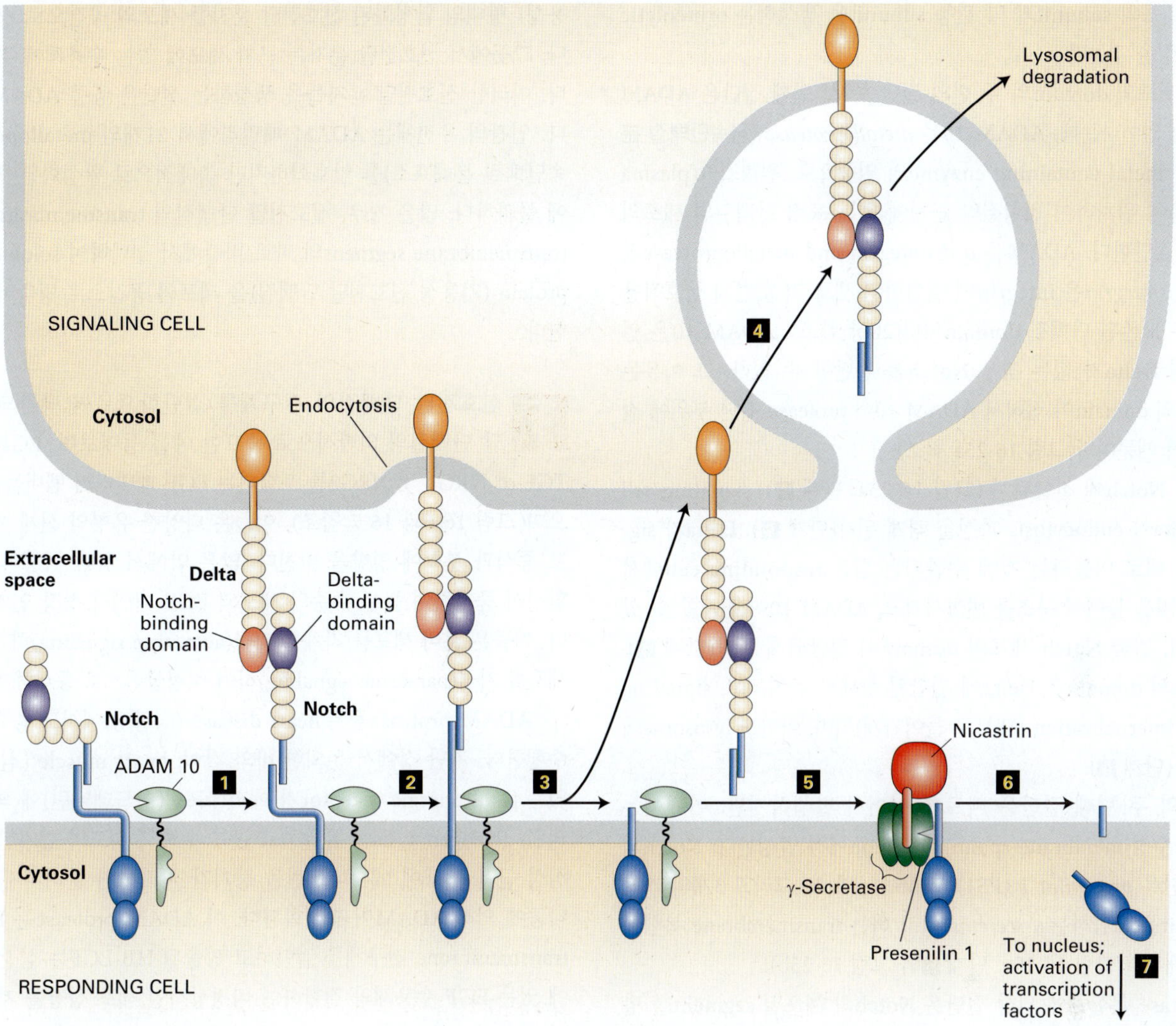

(b)

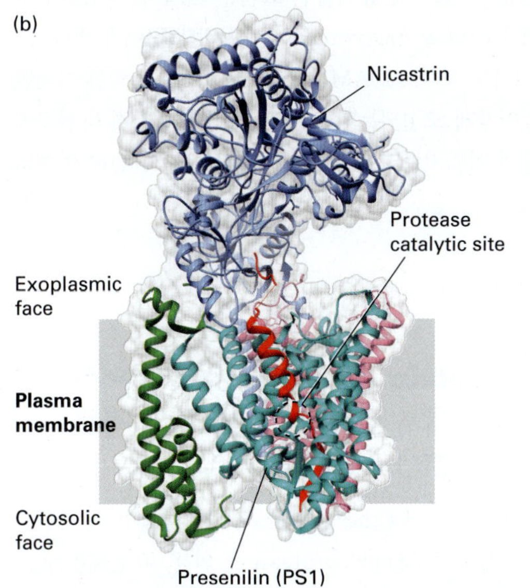

그림 16-25 Notch/Delta 신호전달 경로. (a) Delta가 없는 경우, responding cell (반응 세포)의 표면에 있는 Notch의 transmembrane subunit은 Notch의 세포외 subunit과 비공유적으로 연결된다; 세포외 domain은 접혀 있어 세포 표면의 matrix metalloprotease인 ADAM 10에 의해 절단될 수 없다. 인접한 signaling cell (신호 세포)에 있는 ligand인 Delta에 Notch가 결합하면(단계 **1**), signaling cell에 의한 Delta의 endocytosis로 이어지며(단계 **2**), 이를 통해 Notch 세포외 domain이 확장되어 ADAM 10이 절단할 수 있게 된다(단계 **3**). Notch 세포외 domain의 방출된 fragment는 Delta에 결합된 채로 남아 있어 signaling cell에 의해 endocytosis되고 lysosome에서 분해된다(단계 **4**). 다음으로 4개의 단백질로 구성되어 있는 γ-secretase 복합체는 ADAM 10에 의해 잘려서 생긴 Notch의 남은 부분에 결합하고(단계 **5**), 그런 다음 복합체내 protease인 presenilin 1은 membrane의 세포질 쪽 근처에 있는 Notch transmembrane alpha helix를 절단하여 Notch의 세포질 segment가 방출된다(단계 **6**). Notch의 세포질 segment는 핵으로 이동한 후, DNA에 직접 결합하지는 않고 여러 전사 인자와 상호작용하여 발생 과정 동안 세포 운명을 결정하는 여러 유전자의 발현에 영향을 미친다(단계 **7**). R. Kovall et al., 2017, *Dev. Cell* **41**:228; and S. Bray, 2016, *Nat. Rev. Mol. Cell Biol.* **17**:772 참조. (b) 극저온전자현미경(Cryoelectron microscopy)에 의해 결정된 4개 단백질로 구성된 γ-secretase 복합체의 고해상도 구조. Intermembrane cleavage site (막간 절단 부위)를 포함하는 결합된 Notch transmembrane peptide은 빨간색으로 표시되고 presenilin (PS1) subunit은 청록색으로 표시된다. PS1의 protease catalytic site (protease 촉매 부위)는 세포질 표면 근처에 위치한다. [Part (b) Data from G. Yang et al., 2019, *Nature* **565**:192.]

로 기능을 한다.

Notch와 Delta 모두 세포 표면에 존재하는 single membrane-spanning protein (단일 막 관통 단백질)이다. Notch는 다른 ligand도 가지고 있지만, Notch 활성화의 분자 메커니즘은 동일하다. Notch는 endoplasmic reticulum에서 monomer의 membrane 단백질로 합성된다. Golgi 복합체에서 Notch는 세포 표면에 비공유결합으로 서로 연결되어 있는 세포외 subunit과 막 관통 subunit을 생성하는 proteolytic cleavage 과정을 겪는다.

Notch 세포외 domain의 두 번의 절단 중 첫 번째 절단은 ADAM 10에 의해서 일어나는데, ADAM 10은 *metalloprotease* (금속단백질 분해효소)이자 metal-containing enzyme의 일종으로, 원형질막(plasma membrane)에 위치하여 원형질막 근처에 있는 표적 단백질의 세포외 segment를 절단한다. ADAM은 *a disintegrin and metalloprotease*의 약자이다; *disintegrin*은 integrin에 결합하고 세포-기질 간의 상호작용을 방해하는 보존된 단백질 domain이다(20장 참조). ADAM 10은 인접한 세포에 Delta가 없는 경우 Notch를 절단할 수 없다. 그 이유는 Notch 세포외 domain이 접혀서 ADAM 10이 protease 절단 부위에 접근할 수 없기 때문이다(그림 16-25a 참조).

Delta가 Notch에 결합된 후(그림 16-25a, 단계 **1**), signaling cell에 있는 Delta가 endocytosis 과정을 겪게 된다(단계 **2**). Delta가 signaling cell 내로 이동하는 것에 수반되는 힘은 responding cell에서 Notch 단백질을 늘여서 구조를 변화시키고, ADAM 10이 접근할 수 있도록 해주며, 결국 Notch 세포외 domain이 절단되게 된다(단계 **3**). Notch 세포외 domain은 Delta에 결합된 상태로 유지되고, signaling cell에 의해 internalization (내부로 들어가게)되며, 아마도 lysosome에서 분해된다(단계 **4**).

Notch의 두 번째 절단은 빠르게 이어서 발생하지만, 이번에는 Notch의 소수성 membrane-spanning region에서 발생한다; Notch의 두 번째 절단은 *presenilin 1* (PS1), protease 효소, 그리고 3개의 기타 필수 subunit을 포함하는 *γ-secretase*라고 하는 transmembrane 복합체에 의해 촉매된다(그림 16-25a, 단계 **5**와 그림 16-25b).

γ-secretase 복합체에 의한 절단은 Notch의 세포질 segment를 방출시키고, 이 segment는 즉시 핵으로 이동하게 된다(그림 16-25a, 단계 **6**). 이 Notch 세포내 domain은 DNA에 직접 결합하지 않는다. 오히려 single DNA-binding transcription factor (단일 DNA에 결합하는 전사 인자)인 CSL (척추동물의 경우 RBPJ)과 상호작용하여 세포 유형에 따라 다른 표적 유전자의 전사에 영향을 미친다. 그 효과는 다른 세포 표면 수용체의 downstream에서 활성화된 전사 인자의 효과와 마찬가지로, 염색질 후성유전적 표지의 위치와 세포 특이적 전사 인자의 존재에 따라 달라진다; 유전자 발현이 증가될 수도 있고 감소될 수도 있다.

Metalloprotease는 세포 표면에서 많은 Signaling Protein (신호전달 단백질)의 절단을 촉매한다

우리는 세포 표면에 있는 단백질의 절단이 전사 인자가 아닌 신호전달 분자를 방출하는 경로를 살펴보기로 한다. 많은 성장 인자들과 기타 신호전달 분자들은 signal domain이 extracellular space (세포외 공간)로 확장되는 transmembrane 단백질로 합성된다. 위에서 설명한 Delta와 같은 그러한 단백질들은 종종 생물학적으로 활성 상태이지만, 인접한 세포의 수용체에 결합해야만 신호를 보낼 수 있다. 다른 경우, 그러한 단백질들의 proteolytic cleavage (단백질 분해성 절단)는 soluble (가용성) 형태의 활성화된 신호전달 분자를 세포외 공간으로 방출할 수 있다; 그곳에서 신호전달 분자는 근처 세포에 있는 수용체에 결합할 수 있다. 이러한 신호전달 분자들을 생성하는 절단은 종종 ADAM이 수행한다. 인간의 유전체는 ADAM 패밀리에서 21개의 metalloprotease (금속단백질 분해효소)를 암호화하지만 촉매적으로 활성화된 형태는 12개에 불과하다; 많은 경우, 신호전달 단백질의 transmembrane 전구체를 transmembrane segment의 바로 바깥에서 절단하여 soluble signaling protein (가용성 신호전달 단백질)을 세포외 공간으로 방출하는 데 관여한다.

신호전달 단백질의 전구체를 절단함으로써 방출되는 신호전달 단백질의 의학적으로 중요한 예를 들어보면, EGF, HB-EGF, TGF-α, NRG1 및 NRG2를 포함하는 EGF 패밀리의 멤버들을 들 수 있으며(그림 16-6과 16-7 참조), 이들은 다양한 유형의 신체 세포에서 세포 증식과 분화에 영향을 미친다. 많은 암에서 하나 이상의 ADAM의 활성이 증가하여 높은 수준의 세포외 EGF 패밀리 성장 인자를 유도한다. 이들은 분비 세포를 자체를 자극(autocrine signaling)하거나 인접한 세포를 자극(paracrine signaling)하여 비정상적으로 증식하게 만든다.

ADAM protease들은 heart disease (심장병)에서도 중요한 역할을 수행한다. 지난 장에서 논의한 바와 같이, heart muscle (심장 근육)에 있는 β-adrenergic receptor가 에피네프린(아드레날린)에 의하여 자극되면, glycogenolysis를 유발하고 근육 수축의 속도가 증가한다. 그러나 심장 근육 세포에 에피네프린을 장기간 처리하면 알려지지 않은 메커니즘에 의해 ADAM이 활성화된다. 이 ADAM protease는 HB-EGF의 transmembrane 전구체를 절단하고 방출된 HB-EGF는 심장 근육 세포에 있는 EGF 수용체와 결합하여 비정상적인 세포 성장을 자극한다. 이렇게 심장 근육 세포가 과도하게 증식하면 크기는 커지지만 약화될 수 있다—이러한 상태를 *cardiac hypertrophy* (심장 비대증)이라 하며, 조기 사망의 원인이 되기도 한다. ADAM metalloprotease에 의한 이러한 단백질들의 절단이 어떻게 조절되는지와 세포 표면에서 기질의 절단에 대한 특이성이 어떻게 이뤄지는지에 대해서는 아직까지 완전히 이해되지 않고 있다. ■

16.6절의 주요 개념

Site-Specific Protein Cleavage (위치 특이적 단백질 절단)에 의해서 조절되는 신호전달 경로: Notch/Delta와 EGF Precursor

- 인접한 세포 표면에 있는 ligand인 Delta와 결합하면 수용체인 Notch 단백질은 처음에는 ADAM protease에 의해 두 번째는 γ-secretase에 의해 원형질막의 평면에서 두 번의 proteolytic cleavage (단백질 분해성 절단) 과정을 거친다(그림 16-25 참조). 방출된 Notch 세포질 segment는 핵으로 이동하여 발생 과정 동안 세포의 운명을 결정하는 데 중요한 표적 유전자들의 전사를 조절한다.

- EGF와 같은 많은 중요한 성장 인자들과 기타 신호전달 단백질들은 transmembrane 단백질로 합성된다; ADAM protease 패밀리의 멤버에 의해 원형질막 근처의 precursor (전구체)가 조절되어 절단되면 활성화된 분자가 extracellular space (세포외 공간)로 분비되어 멀리 떨어진 세포에 신호를 보낸다.
- EGF 패밀리 전구체의 잘못된 절단은 비정상적인 세포 증식을 유도하여 잠재적으로 암, cardiac hypertrophy (심장 비대증) 및 기타 질병으로 이어질 수 있다.

16.7 Signaling Component의 Proteasomal Degradation을 이용하는 신호전달 경로: Wnt, Hedgehog 및 NF-κB를 활성화시키는 많은 호르몬들

우리는 전사 인자 또는 전사 인자의 inhibitor (억제자)가 ubquitination 되고, proteasome에 의해 잘라지거나 완전히 분해되는 신호전달 경로에 대해 살펴보기로 한다. 다양한 발생 경로에서 핵심적인 역할을 하고 종종 세포가 새로운 정체성이나 운명을 가지는 데 필요한 유전자의 발현을 유도하는 두 가지 진화적으로 보존된 신호전달 단백질 패밀리인 **Wnt** 및 **Hedgehog (Hh)** 단백질에 의해 유도되는 신호전달 경로로 시작한다. 비록 Wnt 및 Hedgehog 신호전달 경로가 서로 다른 세트의 수용체들과 신호전달 단백질들을 사용하지만, 유사한 점이 많으므로 이 둘을 함께 묶어 논의한다:

- 자극되지 않은 상태에서, 두 경로의 핵심 전사 인자들은 처음에는 커다란 cytosolic multiprotein complex (세포질 다중 단백질 복합체)에 위치하고 있다; 복합체내 효소들이 전사 인자에 ubiquitin chain을 추가한다. Wnt pathway에서는 전사 인자가 proteasome에 의해 완전히 분해되는 반면, Hh pathway에서는 전사 인자가 proteasome에 의해 절단되어 전사에 대한 repressor (억제자)가 생성된다.
- 두 경로 모두의 활성화는 이러한 단백질 복합체의 disassembly (분해), 전사 인자 절단의 억제 또는 분해의 억제, full-length의 활성화 상태를 가진 전사 인자의 핵으로 이동을 포함한다.
- 두 경로 모두는 동물의 발생에서 세포 운명 결정을 조절한다.

다음으로, 면역계에 영향을 미치는 많은 중요한 호르몬들의 downstream에서 활성화되는 *NF-κB signal transduction pathway*에 대해 알아본다. 이 경우, 전사 인자 자체보다는 전사 인자의 inhibitor가 ubiquitination되어 분해된다. 휴지 상태에서 **NF-κB**라고 하는 전사 인자는 세포질에 위치하여 inhibitor에 결합된다. 서로 다른 호르몬 수용체에 의해 활성화되는 여러 신호전달 경로는 inhibitor를 ubiquitination 시켜 빠른 분해를 유도하는 효소로 수렴된다. Inhibitor로부터 자유로워진 NF-κB는 즉시 활발하게 핵으로 이동하여 다양한 유전자들의 전사를 활성화시킨다. NF-κB pathway가 한 종류의 표면 수용체에 의해 어떻게 활성화되는지를 배우면서, 우리는 또한 polyubiquitination의 매우 다른 기능도 보게 된다: 즉, 핵심 신호전달 복합체를 assembly (조립)하는 scaffold 형성에도 관여한다.

Wnt 신호전달은 세포질 단백질 복합체에 의한 전사 인자의 분해를 막는다

Wnt 신호전달 경로의 구성 요소들은 후생동물 진화 전반에 걸쳐 보전되어 왔으며, 주로 *Drosophila* (초파리)의 developmental mutant (발생 돌연변이)를 사용한 유전학적 분석을 통해 밝혀졌다. 척추동물에서 이러한 경로의 돌연변이는 여러 유형의 암을 유발하는 것으로 생각된다. 실제로, 처음 발견된 척추동물의 *Wnt* 유전자인 마우스의 *Wnt-1* 유전자는 마우스의 특정 mammary cancer (유선암)에서 과발현되어 있어 관심을 끌었다. 마우스의 retroviral DNA (레트로 바이러스 DNA)인 mammary tumor virus (MMTV) genome이 *Wnt-1* 유전자 근처에 삽입되었을 때, retrovirus LTR promoter (그림 7-13 참조)가 *Wnt-1* 유전자의 비정상적인 발현을 유도하였다.

인간의 유전체는 19개의 서로 다른 Wnt 단백질을 암호화하며, 많은 수의 Wnt들이 뼈 형성, 척추동물에서 musculoskeletal system (근골격계 시스템)의 segmented development (분절 발생), 그리고 피부와 털의 형성 및 유지 등 발생 과정에서 일어나는 중요한 일들에 필수적이다. 그러나 모든 Wnt 단백질은 동일한 세트의 세포 표면 수용체와 신호전달 단백질을 사용하는 것으로 생각된다.

Wnt 단백질은 세포에서 분비되는 신호전달 분자이며, 단백질 중간에 있는 serine에 monounsaturated fatty acid (단일 불포화 지방산)인 palmitoleic acid가 결합하는 modification이 일어난다. 다른 분비되는 신호전달 단백질과 마찬가지로, Wnt 단백질은 여러 세포외 단백질 및 세포 표면 단백질과 상호작용하여 downstream의 다양한 신호전달 경로를 활성화시킨다. Wnt 단백질의 주요 signaling 수용체는 seven transmembrane α helix (7개의 막을 관통하는 α 나선)를 포함하는 *Frizzled* (*Fz*)이다. 글루카곤 수용체와 마찬가지로(그림 15-15 참조), Fz는 첫 번째 membrane-spanning α helix와 연결되어 있으며, 주요 Wnt binding site (Wnt 결합 부위)를 포함하는 커다란 세포외 domain을 가지고 있다. 그러나 글루카곤 수용체와 달리, Fz는 G protein를 활성화시키지 않는 것으로 알려져 있다. Wnt 단백질에 부착된 palmitoleate (palmitoleic acid)는 Fz의 세포외 domain에 있는 특정 부위에 결합하고 Wnt-Fz 복합체를 안정화시킨다. 따라서 이 지질은 Wnt 단백질에 의한 수용체 결합에서 중심이며, ligand-수용체 상호작용을 매개하는 지질에 의한 post-translational modification의 몇 안 되는 알려진 예 중 하나이다.

적어도 3개의 서로 다른 신호전달 경로가 서로 다른 Wnt 단백질이 특정 Fz 단백질에 결합함으로써 활성화될 수 있다. 가장 널리 퍼져 있고, canonical (표준이 되는) Wnt 신호전달 경로는 두 번째 transmembrane 수용체인 LRP (*Drosophila*에서는 *Arrow*)를 가지고 있으며, LRP

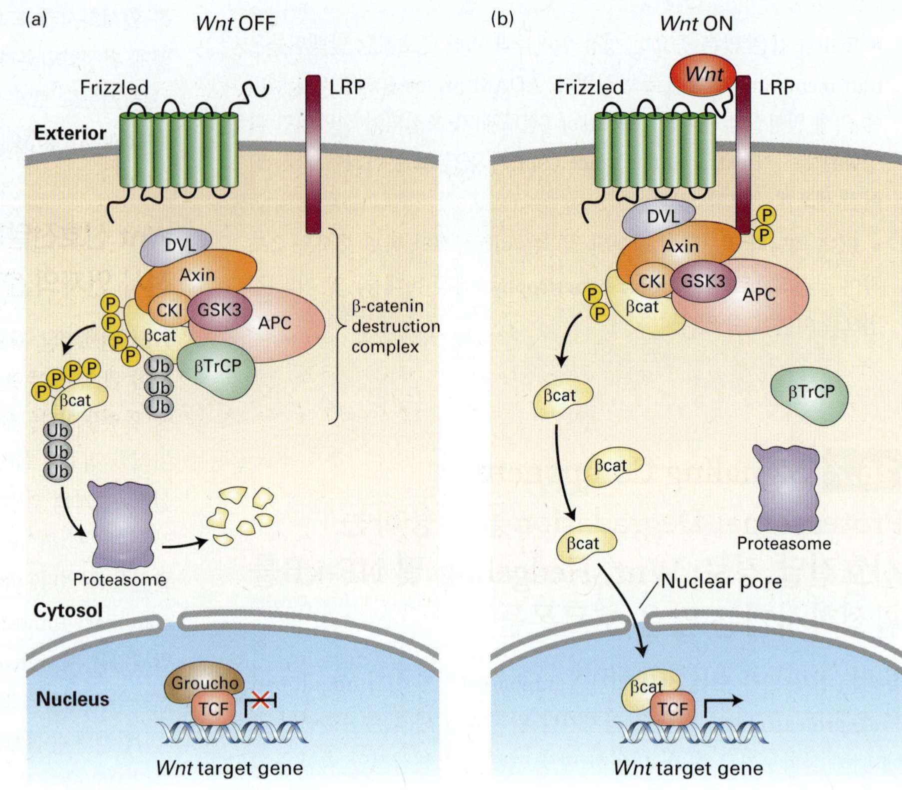

그림 16-26 Canonical (일반적인) Wnt 신호전달 경로. (a) Wnt가 없는 경우, 전사 인자인 TCF는 Wnt 표적 유전자의 promoter 또는 enhancer에 결합한다. TCF의 activator (활성 인자)인 β-catenin은 핵에 존재하지 않으며, TCF는 유전자 전사를 억제하는 Groucho (Gro)와 같은 transcriptional repressor protein (전사 억제 인자 단백질)과 결합하고 있다. 일반적인 Wnt pathway에서의 핵심 신호전달 분자는 세포질 단백질인 β-catenin이며, β-catenin의 stability (안정성)는 거대한 multiprotein β-catenin destruction 복합체에 의해 조절된다. 종양 억제 단백질 Axin은 이 복합체의 scaffold이며, β-catenin, 종양 억제 단백질 APC, Dishevelled (Dvl) 단백질, 그리고 두 가지 constitutively active (구성적으로 항상 활성화된) protein kinase들인 synthase kinase 3β (GSK3β) 및 casein kinase 1 (CK1)에 결합한다. CK1과 GSK3β는 β-catenin의 여러 serine 및 threonine 잔기들을 순차적으로 인산화시킨다. 그런 다음, E3 ubiquitin ligase인 βTrCP는 β-catenin의 2개의 인산화된 잔기에 결합하여 β-catenin의 ubiquitination 및 proteasome에 의한 분해를 유도한다. (b) Wnt 단백질은 세포 표면에 있는 2개의 수용체 단백질인 Frizzled (Fz)와 LRP의 복합체에 결합한다. Fz 단백질은 7개의 transmembrane segment와 Wnt에 결합하는 세포외 N-terminal domain을 가지고 있다. 이러한 수용체에 Wnt가 결합하면 여러 kinase에 의해 LRP의 세포질 domain에서 인산화가 유도된 다음, Axin은 인산화된 LRP에 결합하고 Dvl은 Fz에 결합한다. 이것은 Axin–APC–CK1–GSK3–β-catenin 복합체의 일부가 분해되도록 유도하여 CK1 및 GSK3β에 의한 β-catenin의 인산화를 막고 β-catenin의 ubiquitination을 억제함으로써, β-catenin이 세포질에 축적되도록 한다. β-catenin은 핵으로 이동한 후 TCF에 결합하여 Gro repressor를 대체하고, co-activator 단백질들을 recuitment하여 Wnt 표적 유전자들의 발현을 활성화시킨다. R. Nusse and H. Clevers, 2017, *Cell* **169**:985; 또한 Wnt home page, http://web.stanford.edu/group/nusselab/cgi-bin/wnt 참조.

는 Fz와 결합하여 Wnt가 두 가지 모두에 동시에 결합하도록 해 준다(그림 16-26). Wnt 단백질, Fz 또는 LRP를 암호화하는 유전자의 비활성화 돌연변이는 마우스 배아의 발생에 유사한 영향을 미치며, 이는 세 가지 단백질 모두 Wnt signaling에 필수적이라는 것을 나타낸다.

일반적인 Wnt 세포내 신호전달 경로에서 중심 역할을 하는 단백질은 척추동물에서는 β-*catenin*이라 불리고, *Drosophila*에서는 *Armadillo*라 불린다. 이 다재다능한 단백질은 Wnt 신호전달 경로에서 전사 인자로서 또한 원형질막에 있는 cell adhesion protein (세포 부착 단백질)을 actin cytoskeleton (액틴 세포골격)에 연결하는 linker 단백질로서 기능을 한다(그림 20-14 참조). Wnt signal이 없는 경우, membrane-세포골격 상호작용에 관여하지 않는 β-catenin 분자("free" β-catenin)는 scaffold 단백질인 Axin에 의해 함께 유지되고 있는 세포질 *destruction complex* (*destruction* 복합체)에 의해 분해가 유도된다. 이 복합체에는 tumor suppressor (종양 억제인자)인 adenomatous polyposis coli (APC) 단백질이 포함되어 있는데, 이 단백질이 손실되면 colorectal cancer (대장암)가 발생할 수 있기 때문에 이러한 이름이 붙었다. 형광현미경으로 관찰했을 때 destruction 복합체의 크기가 크므로, 이 복합체에는 각 구성요소의 많은 copy들이 포함되어 있음을 알 수 있다.

휴지 상태에서는 destruction 복합체내 2개의 constitutively active (구성적으로 상시 활성화된) kinase인 casein kinase 1 (CK1)과 GSK3가 β-catenin에 있는 여러 serine 및 threonine 잔기들을 순차적으로 인산화시킨다; 이러한 β-catenin의 인산화되는 잔기들 중 일부는 β*TrCP*라는 E3 ubiquitin-ligase 단백질의 결합 부위로 작용한다. 그런 다음, β-catenin은 βTrCP에 의해 ubiquitination되고, 26S proteasome에 의해 빠르게 분해된다(그림 16-26a; ubiquitination에 대한 더 자세한 내용은 그림 3-32 참조). β-catenin의 분해는 free β-catenin이 핵으로 들어가 Wnt 표적 유전자의 전사를 활성화시키는 것을 막는다.

Wnt signaling이 β-catenin의 분해를 막아 전사 인자로 작용할 수 있도록 해주는 완전한 메커니즘은 아직 완전히 밝혀진 게 아니다. 세포 표면에 Wnt/Fz/LRP 복합체가 형성되면, destruction 복합체의 구성 요소인 어댑터 단백질 Dishevelled (Dvl)가 Fz에 결합하고 Axin은 LRP에 결합한다. 이러한 결합은 destruction 복합체의 destabilization (불안정화) 및 비활성화를 초래하여 β-catenin의 인산화 또는 후속 polyubiquitination이 유도되지 않는다. 이에 따라 free β-catenin이 축적된다; β-catenin은 핵으로 이동하여 Wnt 표적 유전자들의 전사를 활성화시킨다(그림 16-26b).

Aberrant hyperactive (비정상적으로 과도하게 활성화된) Wnt signaling과 비정상적으로 높은 레벨의 free β-catenin은 다양한 암의 진행에 관련되어 있다; Wnt 신호전달 경로는 인간 대장암의 90% 이

상에서 과도하게 활성화되어 있다(25장 참조). 이러한 관찰은 β-catenin이 세포 성장을 촉진하는 많은 유전자들을 활성화시킬 수 있다는 최초의 단서들 중 하나이다. Destruction 복합체의 구성 요소인 종양 억제인자 APC 및 Axin을 암호화하는 유전자의 비활성화 돌연변이는 많은 유형의 인간 암에서 발견되며, destruction 복합체 kinase인 GSK3 또는 CK1에 대한 β-catenin 인산화 부위의 돌연변이도 마찬가지로 많은 유형의 인간 암에서 발견된다; 이러한 돌연변이들은 destruction 복합체의 형성을 감소시키거나 β-catenin의 인산화를 감소시킨다(그림 16-26a 참조). 따라서 그러한 돌연변이들은 정상적인 Wnt signal이 없는 경우에도 β-catenin의 분해를 감소시켜서 free β-catenin이 유전자 발현을 활성화시킬 수 있게 해 준다. ■

Wnt 표적 유전자 중에는 Wnt signaling도 조절하는 다양한 유전자들이 있는데, 이는 높은 수준의 feedback regulation이 있음을 나타낸다. β-catenin의 안정성 및 위치의 중요성은 Wnt signal이 세포내 β-catenin의 세 가지 pool 사이에서의 중요한 균형에 영향을 미친다는 것을 의미한다: 그 세 가지 pool은 membrane-세포골격 인터페이스, 세포질 내, 핵 내를 의미한다.

Wnt 단백질의 Concentration Gradient (농도 구배)는 발생 과정의 많은 단계에서 필수적이다

Wnt는 세포에서 분비되는 단백질이다; 그러나 부분적으로 이 단백질과 공유결합으로 연결된 소수성 지질 때문에, 이 단백질은 신호를 분비하는 세포로부터 단지 짧은 거리로 확산되어, 일반적으로 localized effect (국소 효과)만 가진다. Wnt가 분비 세포로부터 점점 더 멀리 확산될수록 그 농도는 감소한다. 서로 다른 Wnt 농도는 target 세포에서 다른 운명을 유도한다: 많은 양의 Wnt를 감지하는 세포는 특정 유전자를 활성화시키고 특정 구조를 형성한다; 더 적은 양의 Wnt를 감지하는 세포는 다른 유전자를 활성화시켜 다른 구조를 형성한다. Target 세포에서 농도에 따라 세포 운명을 다르게 유도하는 신호를 **morphogen (모르포겐)** 이라고 한다. 예를 들어, 척추동물 신경계의 발생에서 높은 레벨의 Wnt signaling은 전구 세포가 posterior neuron (후방 뉴런)이 되는 것을 유도하고, 낮은 레벨의 Wnt signaling은 전구 세포가 anterior neuron (전방 뉴런)이 되는 것을 유도한다.

Wnt의 농도 구배가 조직 패턴을 조절하는 두드러진 예를 성체 플라나리아인 *Schmidtea mediterranea*에서 볼 수 있다(그림 1-23e 참조); Wnt mRNA와 단백질은 posterior-to-anterior (후방에서 전방으로)의 농도 구배로 발현된다(그림 16-27a). 플라나리아의 머리가 잘리면, 14일 이내에 새로운 머리가 재생된다; 크기는 작지만 정상적인 플라나리아가 재생된다. 마찬가지로 꼬리를 제거하면 새로운 꼬리가 재생된다.

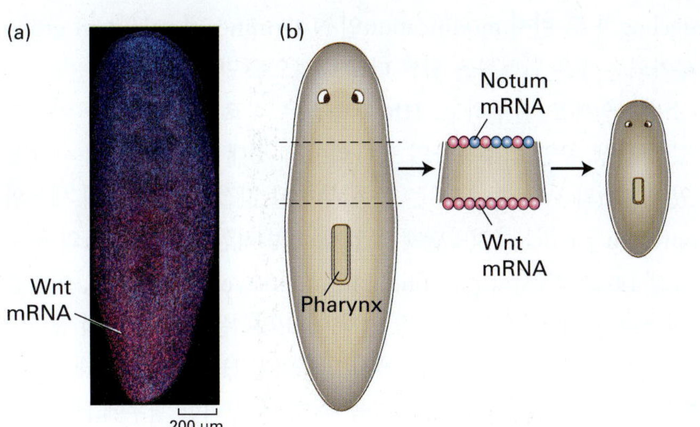

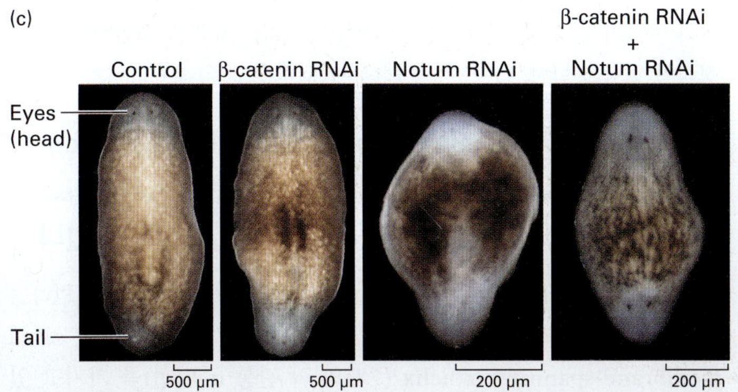

실험 그림 16-27 Wnt의 gradient (농도 구배)는 플라나리아에서 머리와 꼬리의 정상적인 regeneration (재생)에 필수적이다. (a) In situ hybridization 실험 결과에서 알 수 있듯이, *WntP-2* 유전자(분홍색 점)는 성체 플라나리아에서 posterior-to-anterior (후방에서 전방으로)의 농도 구배로 발현된다. J. Witchley et al., 2013, *Cell Rep.* **4**:633. (b) 그림에 표시된 대로, 플라나리아 *S. mediterranea*의 몸통 중앙에서 잘라낸 작은 조각이 배양되었다. 4일 후에 수행된 in situ mRNA hybridization 실험 결과는 Wnt mRNA (분홍색 점)가 anterior (전방)와 posterior (후방) 상처 부위 모두에서 발현되었지만, Wnt inhibitor인 Notum (파란색 점)은 전방 상처 부위에서만 발현되었음을 나타낸다. 따라서 Wnt 단백질의 posterior-to-anterior gradient (후방에서 전방으로의 농도 구배)가 형성된다. (c) 배양된 지 14일 후, 잘라낸 신체 조각은 작기는 하지만 정상적인 플라나리아로 재생되었으며, 머리는 전방 상처 부위에서 꼬리는 후방 상처 부위에서 재생된 것을 두 눈으로 쉽게 볼 수 있다. 잘라낸 신체 조각에 β-catenin에 특이적인 inhibitory RNA를 처리하면 머리가 2개인 플라나리아가 재생되는 반면, Notum에 특이적인 inhibitory RNA를 처리하면 꼬리가 2개인 플라나리아가 재생된다. 잘라낸 신체 조각에 하나는 β-catenin에 특이적이고 다른 하나는 Notum에 특이적인 두 가지 inhibitory RNA를 동시에 처리하면, β-catenin의 단독 손실로 인한 표현형과 유사한 표현형이 나타난다: 즉, 머리가 2개인 플라나리아가 재생된다. (d) 이러한 실험들은 Wnt를 세포에 처리하여 안정화된 β-catenin이 꼬리 형성을 촉진하는 유전자의 발현을 유도하는 모델을 만들게 한다; Notum에 의한 Wnt/β-catenin signaling의 억제는 머리를 형성하게 한다. [Part (a) photo: Jessica Witchley and Peter Reddien. Part (c, *left two photos*) Republished with permission from AAAS, from C. P. Petersen and P. W. Reddien, 2008, "Smed-β-catenin-1 Is Required for Anteroposterior Blastema Polarity in Planarian Regeneration," *Science* **319**(5861):327–330; photos courtesy of J. Witchley and Peter Reddien. Part (c, *right two photos*) Republished with permission from AAAS, from C. P. Petersen and P. W. Reddien, 2011, "Polarized *notum* Activation at Wounds Inhibits Wnt Function to Promote Planarian Head Regeneration," *Science* **332**(6031):852–855; permission conveyed through Copyright Clearance Center, Inc.; photos courtesy of J. Witchley and Peter Reddien.]

놀랍게도, 플라나리아의 중간에서 가져온 작은 신체 조각은 anterior (전방, head-facing) 상처에서는 정상적인 머리를 재생하고, posterior (후방) 상처에서는 꼬리를 재생한다(그림 16-27b). Wnt signaling은 상처에서 이러한 조각으로부터 머리가 만들어지는지 꼬리가 만들어지는지의 선택에 필요하다. *Wnt-1* 유전자는 플라나리아의 모든 상처에서 발현된다. 반면에, 분비되는 세포외 효소인 *Notum*을 암호화하는 유전자는 anterior-facing (전방) 상처에서만 발현된다. Notum은 palmitoleic acid를 절단함으로써 Wnt signaling을 억제하는데, palmitoleic acid는 위에서 살펴본 바와 같이 Wnt에 공유결합되어 있는 지방산이며, Wnt signaling에 필수적이다.

RNA interference (RNAi)는 *β-catenin* 유전자를 억제하거나, *notum* 유전자를 억제하거나, 아니면 두 유전자 모두를 억제하여 Wnt signaling을 제거하는 데 사용될 수 있다. 그림 16-27c에서 볼 수 있듯이, 모든 Wnt signaling이 없는 경우, 2개의 머리를 가진 플라나리아가 재생된다. 반면에, Notum이 없는 경우, 2개의 꼬리를 가진 플라나리아가 재생된다; 이 경우, Wnt는 전방과 후방 상처에 모두 활성화된 형태로 존재하여 2개의 꼬리가 형성되는 것이다. Wnt signaling과 Notum이 모두 없는 경우, phenotype (표현형)은 Wnt가 단독으로 없는 경우의 표현형과 유사하다: 이 경우, 머리가 2개인 플라나리아가 재생된다. 이 경우에는 Wnt signaling이 전방 상처와 후방 상처 모두에 존재하지 않아 양쪽 상처에서 모두 머리를 재생할 수 있으며, Wnt가 없는 경우는 Notum의 부재와는 관련이 없다. 이러한 실험들은 Wnt/β-catenin signaling이 꼬리 재생을 촉진하고, 머리 재생을 억제한다는 것을 보여준다; Wnt signaling이 없으면 상처 부위에서 머리 형성을 유도한다(그림 16-27d).

22장에서, 우리는 성숙한 플라나리아가 모든 체세포 유형으로 분화할 수 있는 *neoblast* (신성 세포)라고 하는 pluripotent stem cell (만능 줄기세포)을 가지고 있다는 것을 살펴볼 것이다. Wnt 단백질의 농도 구배는 neoblast가 플라나리아의 머리 또는 꼬리를 구성하는 조직의 적절한 세포 유형으로 분화하도록 지시하는 데 중요한 역할을 한다. 그 증거를 찾기 위해 RNA interference (RNAi)가 uninjured animal (다치지 않은 동물)에서 β-*catenin*을 특이적으로 억제하기 위해 사용되었다. 이 다치지 않은 플라나리아에서도 이러한 방법으로 Wnt signaling을 억제하면 머리가 몸 주위에서 나타난다. 이것은 줄기세포가 매개하는 조직 replacement (재생) 패턴 및 조직 repair (복구) 패턴의 결합으로 인한 결과이다(이 장의 도입부 그림 참조).

Hedgehog Signaling은 표적 유전자 발현의 억제를 완화한다

Hedgehog (Hh) 신호전달 경로는 신호를 받고 전달하기 위해 2개의 membrane 단백질을 필요로 하는데, 이 중 하나는 seven membrane-spanning segment (7개의 막 관통 세그먼트)를 가지고 있다는 점에서 Wnt pathway와 비슷하다. Hh pathway에도 또한 전사 인자를 포함하는 세포내 복합체의 disassembly (분해)가 존재한다. Hh signaling은 Wnt signaling과 달리 2개의 membrane 수용체가 membrane과 intracellular vesicle (세포 소낭) 사이를 이동하며, 포유류 세포에서의 Hh 신호전달 경로는 대부분 척추동물 세포의 세포 표면으로부터 돌출된 단일 primary cilium (일차 섬모)로 제한된다.

Wnt 단백질과 마찬가지로, Hh 단백질은 공유결합으로 연결된 지질을 포함하고 있으며, 종종 morphogen으로 작용하여 주변 세포의 운명에 영향을 미치는 신호를 보낸다. Hh signaling은 동물의 수많은 organ (장기) 시스템의 발생에 필수적인 역할을 한다. 예를 들어, Hh signaling은 spinal cord (척수)와 뇌를 만드는 embryonic neural tube (배아 신경관)의 ventral (belly, 배쪽)에서 dorsal (back, 등쪽) 축을 따라 만들어진 뉴런의 정체성을 지정한다. Hh signaling은 또한 lung morphogenesis (폐 형태 형성)와 hair follicle formation (모낭 형성)을 조절한다. 3개의 포유류 Hh 단백질 중 하나인 Sonic Hedgehog (Shh)는 limb (팔다리)의 정상적인 패턴을 만드는 데 필수적이다; 발생 중인 팔다리의 anterior region (앞부분 영역)에서 Shh가 비정상적으로 발현되면, posterior domain (뒷부분 도메인)에서의 정상적인 발현에 더하여 polydactyly (extra digit, 다지증)가 유도된다.

Hh Precursor Protein의 Processing (처리 과정)

Hedgehog 단백질은 endoplasmic reticulum에 있는 동안 단백질이 스스로를 반으로 절단할 수 있게 하는 autoproteolytic activity (자가 단백질 분해 활성)를 가지는 전구체 단백질로부터 형성된다. 이 전구체 단백질의 절단은 N-terminal fragment와 C-terminal fragment를 생성하는데, N-terminal fragment는 분비되어 다른 세포에 신호를 보내고, C-terminal fragment는 분해된다. 그림 16-28에서 볼 수 있듯이, 전구체의 절단 과정에는 N-terminal fragment의 새로운 carboxyl terminus에 lipid cholesterol (지질 콜레스테롤)이 공유결합에 의해 추가된다. Hedgehog의 두 번째 modification인 N-terminus에 palmitoyl group이 추가되는 것은 단백질을 훨씬 더 소수성으로 만든다.

소수성임에도 불구하고, Hh 단백질은 비교적 먼 거리를 이동할 수 있다-발생 중인 척추동물의 팔다리에서 최대 300 μm까지 이동할 수 있다. Hh와 Wnt 둘 모두는 종종 부착된 지질 그룹을 통해 세포외 lipoprotein particle (지방단백질 입자, 일반적인 lipoprotein의 구조는 그림 14-27 참조)의 phospholipid monolayer에 고정되며, 이러한 lipoprotein particle (지방단백질 입자)에 고정되는 동안 세포외 공간에서 확산될 수 있다. 그러나 세포에서 만들어진 Hh 단백질의 대부분은 원형질막에 결합된 상태로 남아 있을 수 있다; 그러한 경우에 Hh는 주로 cell-cell contact (세포-세포 접촉)에 의해 신호를 보낸다. Wnt 단백질과 마찬가지로, 공간적인 제약은 Hh 단백질의 효과를 제한하는 데 결정적인 역할을 한다.

Hh 수용체인 Patched (Smo)와 Smoothened (Ptc), 그리고 그 Downstream 신호전달 경로는 *Drosophila* (초파리) 발생의 유전학적 연구에 의해 처음 확인되었다

두 가지 membrane 단백질인 Smoothened (Smo)와 Patched (Ptc)는 Hedgehog signal을 받아서 핵으로 전달하는 데 필요하다. Smo는 seven membrane-spanning α helix (7개의 막 관통 α-나선)를 가지고 있

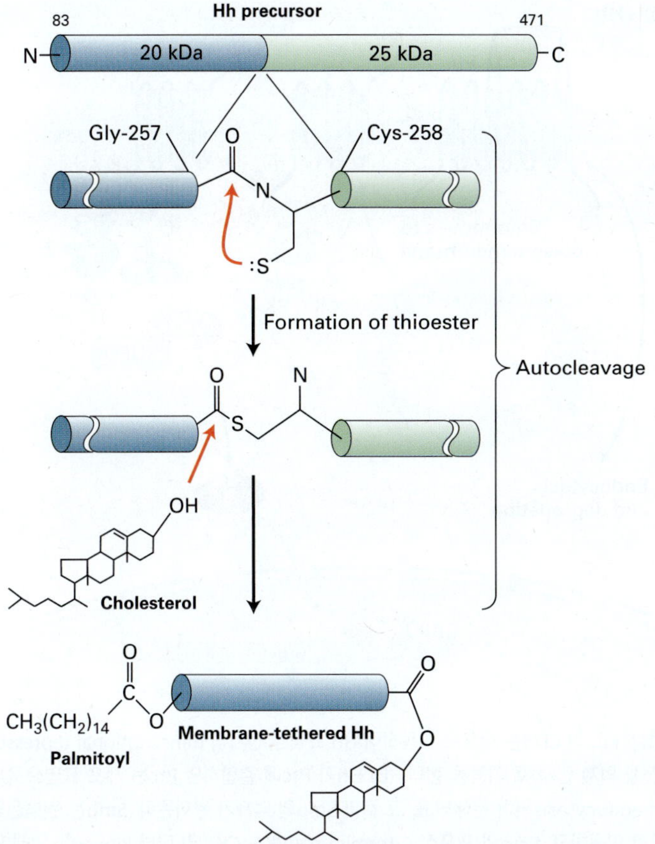

그림 16-28 Hedgehog (Hh) precursor 단백질의 processing. 세포는 45-kDa 크기의 Hh precursor (Hh 전구체)를 합성하는데, 이는 endoplasmic reticulum에서 cysteine 258 (Cys-258)의 thiol side chain이 인접한 잔기인 glycine 257 (Gly-257)의 carbonyl carbon에 대해 nucleophilic attack (친핵성 공격)을 하여 고에너지 thioester intermediate를 형성한다. C-terminal domain의 효소 활성은 콜레스테롤의 hydroxyl 그룹과 glycine 257 사이에 ester bond의 형성을 촉매하여 전구체를 2개의 fragment로 절단한다. N-terminal signaling fragment (파란색)는 콜레스테롤 그룹을 유지하고, N-terminus에 palmitoyl group를 추가하여 modification된다. 일단 Hh가 분비되면 2개의 소수성 anchor가 processing을 거친 Hh 단백질을 원형질막에 고정시킬 수 있다. P. Thérond, 2012, *Curr. Opin. Cell Biol.* **24**:173 참조.

고, GPCR superfamily 단백질의 멤버이며, sequence (서열)에 있어서 Wnt 수용체인 Fz의 유사하다. Ptc는 12개의 transmembrane α helix를 가지고 있고, membrane 수송 단백질의 ABC superfamily에 속해 있는 cholesterol-transporting member (콜레스테롤을 수송하는 멤버)인 Niemann-Pick C1 (NPC1) 단백질과 구조적으로 가장 유사하다(표 11-3 참조). Ptc는 Hh가 결합하는 수용체이지만, Smo는 핵에 신호를 보내는 membrane 단백질이다. 그 경로는 두 가지 일련의 단계들로 생각될 수 있다: Hh가 Ptc에 결합하면 Smo를 원형질막으로 가져오는 일련의 단계가 시작되고, 거기에서 Smo가 세포질 복합체로부터 전사 인자를 자유롭게 하는 또 다른 일련의 단계가 시작된다.

그림 16-29는 경로가 가장 자세하게 알려진 초파리의 Hedgehog pathway의 현재 모델을 보여주고 있다. 이 모델을 뒷받침하는 초기 증거는 *hedgehog* (*Hh*) 또는 *smoothened* (*Smo*)의 유전자에 loss-of-function (기능 소실) 돌연변이를 가진 파리 배아 연구로부터 나왔다. 두 유형의 돌연변이 배아는 발생의 표현형이 매우 비슷하다; *hedgehog*라는 이름은 Hh 돌연변이 배아에서 유래했는데, 이는 body segment (신체 세그먼트)의 패턴화 결함으로 인해 고슴도치의 spine (가시)과 유사하게 무질서한 배열의 털로 덮여 있다. 게다가, *Hh*와 *Smo* 두 유전자는 배아 발생 동안 동일한 표적 유전자(예, *patched* 및 *wingless*)의 전사를 활성화시키는 데 필요하다. 반면에, *patched* (*Ptc*) 유전자의 loss-of-function 돌연변이는 상당히 다른 표현형을 나타내는데, 이는 배아에 Hedgehog 단백질이 넘쳐나는 효과와 비슷하다. 이러한 연구 결과는 Hh가 없을 때 Hh와 Smo를 필요로 하면서 유전자 활성화에 필요한 신호전달 경로를 Ptc가 저해함으로써 표적 유전자를 억제한다는 것을 나타낸다. *patched*의 기능이 결여된 돌연변이에서 Hh 표적 유전자의 전사에 Smo가 필요하다는 추가적인 관찰은 Hh pathway에서 Smo가 Ptc의 downstream에 위치한다는 것을 나타낸다. Hh가 Ptc에 직접 결합한다는 것을 보여주는 생화학적 실험과 함께, 이러한 유전학적 증거는 Hh가 없을 때 Ptc가 Smo에 의해 매개되는 Hh 표적 유전자의 전사 활성화를 억제한다는 것을 나타낸다. Ptc에 Hh가 결합하면, 이러한 억제가 완화되고 표적 유전자의 전사가 유도된다.

Immunostaining (면역염색법)과 subcellular fractionation (세포분획법)을 사용한 후속 연구에서는 Hh가 없을 때 Ptc는 원형질막에 풍부하지만 Smo는 internal vesicle (내부 소낭)의 membrane에서 발견된다는 것을 보여준다(그림 16-29a). Ptc가 정확히 어떻게 Smo 기능을 억제하는지는 잘 알려져 있지 않다.

Hh가 없는 경우, Fu와 Cos2를 포함한 여러 다른 단백질들을 포함하는 microtubule-bound complex (미세소관에 결합되어 있는 복합체)는 초파리에서는 *Cubitis interruptus* (*Ci*)라 불리는 zinc-finger transcription factor (아연 집게 전사 인자)를 세포질에 위치시키고 있다. 그 단백질 복합체는 Wnt pathway에서 β-catenin을 인산화시키는 동일한 2개의 kinase를 포함하여 적어도 4개의 kinase를 가지고 있다. 이러한 kinase들에 의한 복합체내 Ci의 인산화는 E3 ubiquitin ligase 복합체의 구성 요소가 결합하는 것을 유발하고, 이는 차례로 Ci의 ubiquitination 및 Ci가 proteasome에 대한 target이 되는 것을 유도한다. 거기에서 Ci는 특정 proteolytic cleavage (단백질 분해성 절단)를 겪지만, 아미노산으로 완전히 분해되지는 않는다; 그 결과 생성된 *Ci75*라고 하는 Ci fragment는 핵으로 이동하여 Hh 표적 유전자들의 발현을 *repression* (억제)한다.

Hh가 수용체 Ptc에 결합한 후, Hh-Ptc 복합체는 많은 수의 다른 수용체-ligand 복합체와 마찬가지로 세포 표면에서 내부 소낭으로 endocytosis되어 결국 분해된다; Hh가 Ptc에 결합하면 또한 Ptc가 Smo를 저해하는 능력을 억제한다(그림 16-29b). 이제 활성 상태인 Smo는 내부 소낭으로부터 원형질막으로 이동하여 full-length를 가진 전사 인자 Ci를 핵으로 보내는 신호전달 경로를 시작한다. Smo의 C-terminal cytosol-facing domain (세포질 쪽 C-말단 도메인)은 여러 kinase의 조절된 활성을 통해 인산화된다. 그런 다음, Cos2는 Smo의 인산화

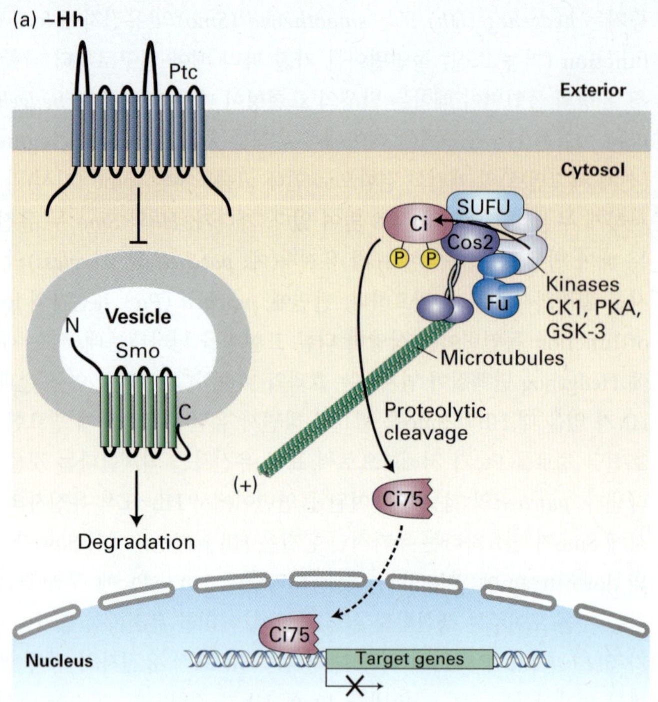

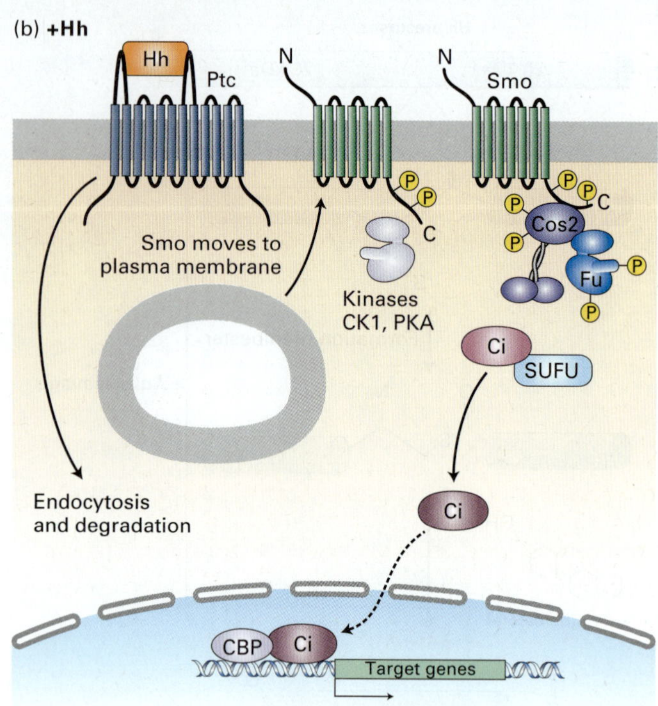

그림 16-29 ***Drosophila*** **(초파리)에서 Hedgehog signaling.** (a) Hedgehog (Hh)가 없는 경우, Hh 수용체 단백질인 Patched (Ptc)는 internal vesicle (내부 소낭)의 membrane에 주로 존재하는 Smoothened (Smo)를 억제한다. Smo는 ubiquitination되어 proteasome에서 분해된다. Kinase인 Fused (Fu)와 protein kinase A (PKA), glycogen synthase kinase 3β (GSK3β) 및 casein kinase 1 (CK1)을 포함하는 기타 kinase들과 zinc-finger transcription factor (아연 집게 전사 인자)인 Cubitis interruptus (Ci)와 Ci에 결합하여 억제하는 단백질인 SUFU (Suppressor of Fu) 등으로 구성된 세포질 복합체는 kinesin-related motor protein (kinesin 관련 운동 단백질)인 Costal-2 (Cos2)에 의해 미세소관에 결합된다. 이 복합체에서 Ci는 PKA, GSK3β 및 CK1에 의해 촉매되는 일련의 단계에 의해 인산화된다. 그런 다음, 인산화된 Ci는 ubiquitin-proteasome pathway에 의해 proteolytic cleavage (단백질 분해성 절단 과정)를 겪어 N-terminal fragment인 Ci75를 생성하고, 이 Ci75는 핵으로 이동하여 Hh 표적 유전자의 transcriptional repressor (전사 억제 인자)로 기능을 한다. (b) Hh가 Ptc에 결합하면 Ptc는 세포 표면으로부터 endocytosis되어 분해되고, 그 결과 Smo의 억제가 완화된다. Smo는 원형질막으로 이동하고, Smo의 세포질 C-terminus는 PKA, CK1 및 다른 kinase에 의해 인산화된다. 그런 다음, Smo의 C-terminal segment는 Cos2에 결합하고, Smo는 분해로부터 안정화된다. Fu와 Cos2 모두 광범위하게 인산화되며, 가장 중요한 것은 Fu-Cos2-Ci 복합체가 분리된다는 것이다. 이는 full-length Ci의 안정화를 유도하여, full-length Ci는 핵으로 이동하고, 표적 유전자의 promoter로부터 repressor Ci75를 대체하며, CREB-binding activator protein (CBP)를 recruitment하고, 표적 유전자의 발현을 유도한다. Ptc와 Smo가 Hh에 반응하여 기능을 하는 정확한 membrane compartment는 아직 알려져 있지 않다. S. Goetz and K. Anderson, 2010, *Nat. Rev. Genet.* **11**:331; and R. Heck et al., 2016, *Development* **143**:367 참조.

된 C-terminal tail에 결합하여 Cos2 스스로도 인산화된다. 이것은 Fu, Cos2 및 Ci를 포함하는 세포질 복합체의 분해와 미세소관로부터의 분리로 이어져서 Ci의 인산화 및 proteolytic cleavage 모두의 감소를 유발한다. 결과적으로, full-length의 Ci는 분리된 복합체로부터 방출되고, 핵으로 이동하며, transcriptional co-activator (전사 보조 활성 인자)인 CREB-binding protein (CBP)에 결합하여 Hh 표적 유전자들을 억제하는 대신 활성화시킨다.

Hh Signaling의 Feedback 조절

다른 신호전달 경로와 마찬가지로, 억제되지 않은 Hh signaling은 cancerous overgrowth (암적인 과성장)와 잘못된 세포 유형의 형성을 유도할 수 있기 때문에 Hh pathway의 feedback control (피드백 조절)이 중요하다. 초파리에서는 Hh signal에 의해 유도된 유전자 중 하나가 *patched*이다. 이후 Ptc의 발현이 증가되면, 세포 내부의 활성화된 Smo 단백질의 양을 줄이고 세포 표면에 Hh 단백질을 위치시킴으로써 Hh signal을 크게 감소시킨다. 따라서 시스템에 대한 buffering (완충작용)이 이루어지는 것이다: 발생 과정 동안 너무 많은 Hh signal이 만들어지면, 결과적으로 Ptc가 증가하여 이를 compensation (보상)한다; Hh signal이 너무 적게 만들어지면 Ptc의 생성되는 양은 감소한다.

척추동물의 Hedgehog Signaling에는 Primary Cilia (일차 섬모)가 필요하다

척추동물의 Hedgehog signaling pathway는 초파리의 경로와 많은 보존된 특징들을 공유하지만, 몇 가지 두드러진 차이점도 있다. 첫째, 포유류 유전체는 3개의 *Hh* 유전자와 2개의 *Ptc* 유전자가 있으며, 이들은 다양한 조직에서 다르게 발현된다. 둘째, 포유류는 세 가지 Gli 전사 인자를 발현하며, 이들은 초파리의 단일 Ci 전사 인자가 하는 역할을 합쳐서 수행한다. 초파리의 Hh pathway에 있는 모든 다른 구성 요소들도 포유류에서 보존된다.

포유류 Hh pathway의 가장 흥미로운 점은 primary cilia (일차 섬모)가 관여한다는 것이다. Cilia는 세포 표면에서 돌출된 원형질막으로 둘러싸인 길고 얇은 구조이다. Tracheal cell (기도 세포)에 의해 형성된 airway (기도) 표면을 따라 물질을 이동시키고, 정자의 운동에 동력을 공급하는 것과 같은 특별한 세포 유형에서의 cilia (섬모) 및 flagella (편모)의 역할은 잘 알려져 있다(그림 1-15와 18장 참조). 대부분의 척추동물 세포에는 세포 표면에서 돌출된 가늘면서 nonmotile (비운동성) 구조인 primary cilia (일차 섬모)라 불리는 단일 섬모가 있지만, 조사된 거의 모든 무척추동물 세포에서는 primary cilia가 눈에 띄게 존재하지는 않는다.

18장에서 살펴보겠지만, cilia는 중심에 있는 미세소관 다발을 따라 단백질과 particle (입자)을 수송함으로써 길어지고 유지된다; 여러 intraflagellar transport (IFT) motor protein (편모내 운반 운동 단백질)들이 단백질과 입자를 섬모의 기저부에서 끝으로, 그리고 그 반대 방향으로 미세소관 다발을 따라 이동시킨다. Hh signaling에서 primary cilia가 어떤 역할을 하는지에 대한 첫 번째 증거는 Hh signaling이 변형된 돌연변이 배아를 사용한 실험과 비슷한 방법으로 초기 발생이 변형된 마우스의 돌연변이에 대한 screening (스크리닝)으로부터 나왔다; 이 돌연변이 표현형 중에는 발생을 위해 고농도의 특정 Hh 단백질을 필요로 하는 neural tube (신경관)내 특정 유형의 세포가 없어진 것도 있었다. 이러한 돌연변이의 대부분은 IFT 단백질을 암호화하는 유전자에 문제가 있었으며, 이는 Hh signaling에서 섬모(또는 편모)가 중요한 역할을 한다는 것을 나타낸다.

추가적인 연구에 따르면, Hh signaling이 없을 때 Ptc는 primary cilia의 membrane에 위치하고 Smo는 cilia의 기저부 근처에 있는 내부 소낭에 위치한다. 초파리에서와 같이, Hh가 없을 때 세포질 복합체의 kinase는 Gli를 인산화시켜서 proteasome에 의한 Gli의 절단을 유도하고 Gli fragment (Gli^R이라고 함)의 핵으로의 이동을 유도하는데, 이 Gli fragment는 Gli-responsive gene (Gli 반응 유전자)의 조절 영역에 결합하여 발현을 *repression* (억제)한다.

Hh가 Ptc에 결합한 결과로, Smo는 primary cilia의 membrane으로 이동한다. 그런 다음, Gli는 cilia의 tip (끝 부분)에 축적되는데, 이 과정에는 미세소관을 따라 cilia의 tip으로 물질을 이동시키는 kinesin 운동 단백질(18장)이 필요하다. Cilia의 끝 부분에서 Gli는 아직까지는 자세히 알려지지 않은 메커니즘에 의해서 Smo에 부착된 단백질에 의해 활성화되지만, 그 메커니즘에는 세포질 복합체의 구성 요소이면서 Gli의 inhibitor인 Sufu로부터 Gli가 분리되는 것이 포함되어 있다. 또 다른 motor protein (운동 단백질), 즉 이 경우에는 retrograde (역행) motor dynein (18장)이 full-length Gli와 활성화된 Gli (Gli^A라고 함)를 cilia의 기저부로 이동시키기 위해 필요하다. 초파리에서와 같이, 이 활성화된 전사 인자는 핵으로 이동하여 여러 표적 유전자의 발현을 억제하기보다는 활성화시킨다. Hh signaling 및 Gli 활성화에 대한 자세한 메커니즘은 아직 명확하지 않다.

Ptc는 Smo를 활성화시키거나 또는 억제할 수 있는 cholesterol (콜레스테롤) 또는 구조적으로 관련된 sterol (스테롤)을 운반할 것으로 예상된다. 척추동물 Smo 단백질은 N-terminal 세포외 segment에 있는 부위와 membrane-spanning domain (막 관통 도메인)내 부위를 통해 콜레스테롤과 여러 종류의 oxysterol (옥시스테롤) 분자들과 결합할 수 있다. 콜레스테롤은 척추동물의 Smo를 활성화시키기에 충분하기 때문에, 척추동물에서 아마도 Ptc에 의해 세포질로 운반되는 콜레스테롤 또는 관련된 스테롤은 Smo의 activator (활성 인자)일 가능성이 높다. 반면에, 초파리에서는 콜레스테롤이 Smo를 활성화시키기에 충분하지 않으며, 초파리 Smo에 대한 activator의 정체는 전혀 알려져 있지 않다. 그러므로, 파리와 인간 모두에서 Smo 활성화의 메커니즘에 대해 알아야 할 것이 많이 남아 있다!

Hh signaling의 비정상적인 활성화는 medulloblastomas (수모세포종, cerebellum tumor)와 rhabdomyosarcomas (횡문근육종, muscle tumor)을 포함한 여러 유형의 인간 종양의 원인이 된다. Primary cilia는 이러한 비정상적인 Hh signaling에 필수적이며, primary cilia의 기능을 억제하는 약물이 이러한 암의 동물 모델에서 시험되고 있다. 예를 들어, postnatal (출산 후의) 마우스 뇌에서 돌연변이 활성화된 형태의 Smo는 medulloblastomas를 유발하지만, 동시에 필수 cilia 단백질을 암호화하는 유전자가 비활성화되면 이러한 종양이 형성되지 않는다. ■

Inhibitor 단백질이 분해되면 NF-κB 전사 인자가 활성화된다

지금까지 살펴본 바와 같이, Wnt 및 Hh 신호전달 경로의 자극되지 않은 상태에서는 핵심 전사 인자가 ubiquitination되어 proteolytic cleavage 과정을 겪거나 완전히 분해된다; Wnt 및 Hh 신호전달 경로의 활성화는 ubiquitination을 차단하고 활성 상태의 전사 인자를 방출한다. NF-κB pathway는 반대 방식으로 작동한다: 휴지 상태에서, NF-κB 전사 인자는 inhibitor에 결합된 채로 세포질에 위치하게 된다; NF-κB 신호전달 경로가 활성화되면 inhibitor가 ubiquitination되고 분해되어 활성화된 전사 인자의 방출을 유발한다. 이 메커니즘을 통해 세포는 유전자 전사를 빠르게 활성화시켜 다양한 스트레스 신호에 반응할 수 있게 된다. NF-κB pathway의 단계들은 포유류 세포와 초파리 모두에 대한 연구에서 밝혀졌다.

NF-κB signaling pathway는 이 경로의 핵심 전사 인자인 NF-κB ("*n*uclear-*f*actor *k*appa-light-chain enhancer of activated *B* cells"의 약자)에서 명명되었다. 이 전사 인자는 세균 및 바이러스 감염, inflammation (염증), 그리고 ionizing radiation (전리 방사선)과 같은 기타 여러 스트레스 상황에 반응하여 다양한 포유류 면역계 세포에서 빠르게 활성화된다. 예를 들어, 면역계의 특정 세포에서 NF-κB pathway는 박테리아나 곰팡이 세포벽의 구성 요소 또는 박테리아 DNA의 segment가 세포 표면 또는 endosomal membrane에 있는 특정 *Toll-like receptor* (톨유사수용체)에 결합할 때 활성화된다(그림 24-37 참조). 여러 유형의 세포에서 이 경로는 주변 면역 세포가 감염에 대해 반응하여 분비하는 *tumor necrosis factor alpha* (*TNFα*) 및 *Interleukin 1* (*IL-1*)과 같은 inflammatory cytokine (염증성 사이토카인)에 의해 활성화된다. 이 모든 경우에서, ligand가 수용체에 결합하면 NF-κB 전사 인자를 활성화시키는 신호전달 경로를 유도한다.

NF-κB는 원래 B 세포에서 항체(immunoglobulin)의 light chain을 암호화하는 유전자의 전사를 활성화시키는 능력에 근거하여 발견되었다. NF-κB는 현재 포유류에서 면역계의 master transcriptional regulator (마스터 전사 조절자)로 여겨지고 있다. 초파리는 항체를 만들지는 않지만, 초파리의 NF-κB homolog는 세균과 바이러스 감염에 반응하여 많은 양의 antimicrobial peptide (항균 펩타이드)의 합성을 유도한다. 이러한 homolog의 존재는 NF-κB 조절 시스템이 5억 년 이상의 세월 동안 진화적으로 보존되어 왔음을 나타낸다.

포유류 세포에서의 생화학적 연구와 초파리에서, 유전학적 연구를 통해 NF-κB pathway의 작용 메커니즘이 상당히 많이 밝혀졌다. NF-κB 전사 인자는 p65와 p50으로 구성된 heterodimer이다. 이 두 subunit은 그들의 N-termini에서 dimerization과 DNA 결합에 필요한 homology 영역을 공유한다. 스트레스를 받고 있지 않거나 감염 신호에 반응하지 않고 있는 세포에서 NF-κB는 inhibitor인 *I-κBα*에 직접 결합하고, 이 결합에 의해 비활성 상태로 세포질에 위치하고 있다. I-κBα 단일 분자는 p50–p65 subunit의 쌍으로 이루어져 있는 N-terminal domain에 결합하여 nuclear-localization signal (핵 위치 신호)을 가리고 있다(그림 16-30).

*I-κB kinase*라 불리는 세 가지 단백질로 이루어진 복합체는 NF-κB의 바로 upstream에서 작동하며, 세포질에 격리되어 있던 NF-κB를 방출시키는 역할을 한다. *IKKβ*로 약칭되는 I-κB kinase내 β subunit의 kinase 활성화는 위에서 언급한 NF-κB를 활성화시키는 모든 세포외 신호들이 convergence (집합)되는 point (지점)가 된다. Infectious agent (감염원) 또는 inflammatory cytokine (염증성 사이토카인)에 의한 세포의 자극 후 몇 분 이내에 I-κB kinase의 β subunit은 인산화에 의해 활성화되어 I-κBα의 N-terminal에 있는 2개의 serine 잔기를 인산화시킨다(그림 16-30, 단계 **1**과 **2**). 그런 다음, E3 ubiquitin ligase가 이 phosphoserine에 결합하고 I-κBα를 ubiquitination시킨다. 이 E3 ubiquitin ligase는 한 ubiquitin의 carboxyl terminus를 다른 ubiquitin의 lysine 48 (K48)에 연결하여 poly-K48-linked ubiquitin chain을 형성함으로써 부착된 I-κBα 단백질을 proteasome에 대한 target으로 만들어 즉시 분해되도록 유도한다(단계 **3**과 **4**; 3장 참조). 이들 2개의 serine이 alanine으로 치환되어 인산화가 될 수 없는 돌연변이 형태의 I-κBα를 발현하는 세포에서는 NF-κB가 항상 비활성화 상태로 존재하는데, 이는 I-κBα의 인산화가 NF-κB pathway의 활성화에 필수적임을

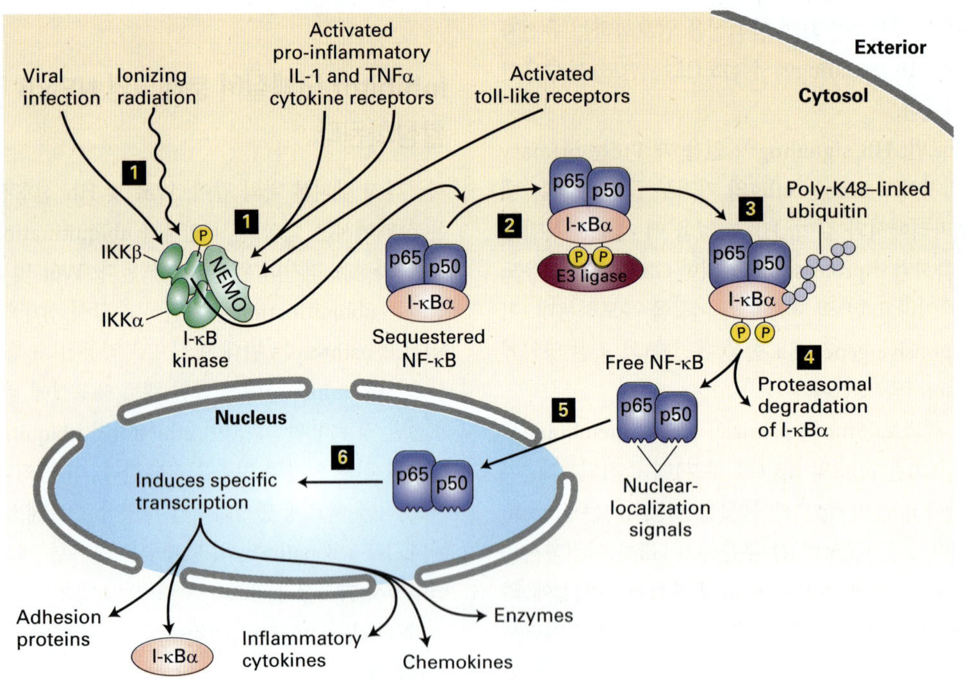

그림 16-30 NF-κB signaling pathway의 활성화. Resting cell (휴지 상태 세포)에서 p50과 p65 subunit으로 구성된 heterodimer 형태의 전사 인자인 NF-κB는 inhibitor 단백질인 I-κBα에 결합하여 세포질에 위치하고 있다. 단계 **1**: 화살표에 표시된 바와 같이, 3개의 subunit으로 구성된 I-κB kinase는 여러 Toll-like receptor (그림 24-37)의 활성화를 포함한 다양한 agent에 의해 자극되거나 침입하는 바이러스, 박테리아 또는 곰팡이의 구성 요소에 의해 자극되는 신호전달 경로의 downstream에서 활성화된다. 단계 **2**: I-κB kinase의 β subunit은 inhibitor인 I-κBα를 인산화시켜 I-κBα에 E3 ubiquitin ligase에 대한 결합 부위를 생성한다. 단계 **3**과 **4**: 이어서 I-κBα의 lysine 48–linked polyubiquitination은 proteasome에 의한 분해의 target이 된다. 단계 **5**: I-κBα의 제거는 NF-κB의 두 subunit 모두의 nuclear-localization signal (핵 위치 신호)을 노출시키므로, NF-κB는 핵으로 이동하게 된다. 단계 **6**: NF-κB는 핵에서 signaling을 종료시키는 작용을 하는 I-κBα를 포함하여 수많은 표적 유전자들의 전사를 활성화시키고, 세포에 따라 다양한 inflammatory cytokine (염증성 사이토카인) 및 다른 단백질들을 암호화하는 유전자를 활성화시킨다. R. Khush et al., 2001, *Trends Immunol.* **22**:260; and J. L. Luo et al., 2005, *J. Clin. Invest.* **115**:2625 참조.

의미한다.

I-κBα의 분해는 2개의 NF-κB subunit의 nuclear-localization signal (핵 위치 신호)을 노출시켜서 이 두 subunit이 핵으로 이동하게 되고, 다양한 표적 유전자의 전사를 활성화시킨다(그림 16-30, 단계 **5**와 **6**). NF-κB에 의해 전사가 즉시 유도되는 유전자들 중 하나가 I-κBα를 암호화하기 때문에 NF-κB signaling은 결국 negative feedback regulation에 의해 종료된다. I-κBα 단백질의 레벨이 증가함에 따라 I-κBα 단백질은 핵 속에 있는 활성화 형태의 NF-κB와 결합하여 세포질로 다시 위치시킨다.

많은 면역계 세포에서, NF-κB는 사이토카인과 chemokine (케모카인)을 암호화하는 유전자를 포함하여 150개 이상의 유전자의 전사를 자극한다; 케모카인은 다른 면역계 세포와 섬유아세포를 감염 부위로 유인한다. NF-κB는 또한 neutrophil (호중구, 백혈구의 일종)을 혈액으로부터 하부 조직으로 이동시키는 데 관여하는 수용체 단백질의 발현을 촉진한다(그림 20-42 참조). 특정 면역 세포에서는 NF-κB가 세균 세포에 독성이 있는 nitric oxide (일산화질소)를 생성하는 효소의 inducible isoform인 iNOS의 발현을 자극할 뿐만 아니라 세포 사멸을 막아 주는 여러 anti-apoptotic protein (항세포사멸 단백질)의 발현도 자극한다. 따라서 이 단일 전사 인자는 병원균과 스트레스에 반응하여 직접적으로 또는 감염되거나 상처입은 다른 조직과 세포로부터 분비되는 신호전달 분자에 반응하여 간접적으로 신체의 방어 체계를 조절하고 활성화시킨다.

Scaffold로서 기능을 하는 Polyubiquitin Chain을 가진 거대한 Signalsome은 다양한 세포 표면 수용체를 NF-κB Pathway의 Downstream Protein들과 연결시킨다

우리가 방금 보았듯이, I-κB kinase의 β subunit의 활성화는 Toll-like receptor 및 IL-1 수용체를 포함한 여러 수용체를 통해 전달되는 세포외 신호들이 집합되는 지점이다. Toll-like receptor와 IL-1 수용체의 세포질 domain에는 효소 활성이 없기 때문에, 이러한 수용체의 활성화가 I-κB kinase β subunit의 인산화 및 활성화를 어떻게 유도하는지는 수년 동안 미스터리였다. 최근 연구에 따르면, *signalsome*이라고 하는 거대한 다중 단백질 복합체가 이들 수용체의 활성화에 의해 형성되고, 이 signalsome에 통합된 여러 kinase들이 I-κB kinase를 인산화 및 활성화시키는 것으로 나타났다.

Oligomerization은 IL-1 signalsome의 예와 같이 signal transduction cascade의 여러 단계에서 발생한다(그림 16-31). MyD88 *adapter protein* (MyD88 어댑터 단백질)은 ligand에 의해 활성화된 IL-1 수용체의 세포질 domain에 결합하여 MyD88 단백질과 kinase IRAK2 (*I*nterleukin 1 *r*eceptor-*a*ssociated *k*inase 2) 및 kinase IRAK4 사이의 상호작용에 의해 형성된 long helical filament (기다란 나선형 필라멘트)의 형성을 유발한다. TRAF6 단백질은 homotrimer를 형성한 후 이 필라멘트 끝에 있는 단백질인 IRAK2 세 분자와 결합하고, 인접한 TRAF6 trimer들의 끝이 함께 결합해서, 수천 개의 TRAF6 단백질 및 다른

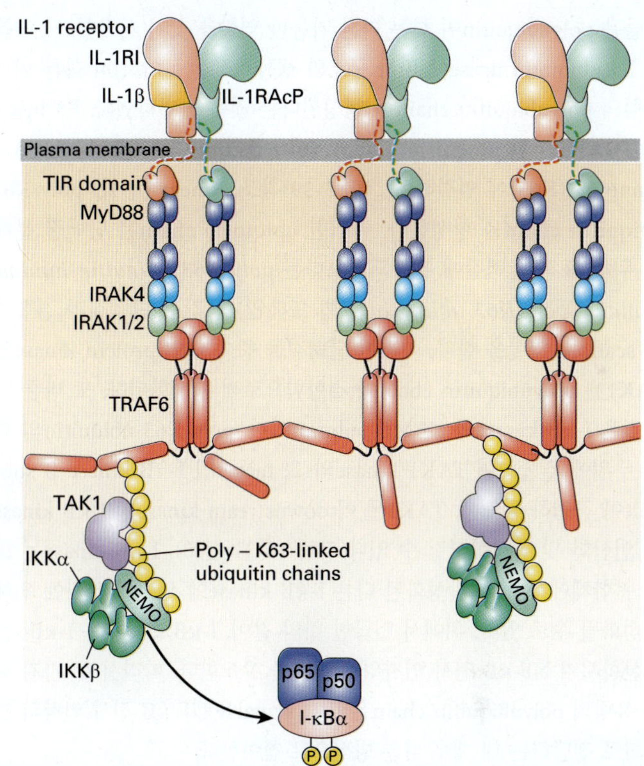

그림 16-31 거대한 interleukin 1 (Il-1) signalsome 및 NF-κB 활성화. Toll-like receptor의 세포질 domain과 마찬가지로(그림 24-37), interleukin-1β (IL-1β) 수용체의 두 subunit의 세포질 domain은 globular (구형의) TIR domain을 포함하고 있다; Interleukin 1 수용체에 IL-1β가 결합하면 수용체의 dimerization이 유발된다. 그런 다음, MyD88 (보라색) 단백질은 TIR과의 상호작용을 통해 수용체에 결합하고, 이는 kinase인 IRAK4 (파란색)와 IRAK1 또는 IRAK2 (녹색)의 많은 copy들과의 연속적인 결합을 차례로 촉진하여 이 kinase들을 인산화 및 활성화시킨다. 활성화된 IRAK1 또는 IRAK2는 E3 ubiquitin ligase인 TRAF6를 signalsome에 결합시키고, TRAF6-TRAF6 상호작용에 의해 형성된 확장된 2차원 lattice (격자)의 형성을 촉진한다. TRAF6는 또한 TRAF6 자체에 공유결합으로 연결된 긴 lysine-63-linked polyubiquitin chain의 합성을 촉매한다. Protein kinase TAK1과 단백질 NEMO를 포함한 여러 단백질들이 이 K-63 linked polyubiquitin chain에 결합한다. NEMO (그림 16-30에 표시된 I-κB kinase의 구성 요소)는 IKK kinase α 및 β를 복합체로 recruitment하여 3개의 subunit으로 구성된 I-κB kinase 복합체를 형성한다. IKK α 및 β kinase는 supramolecular complex (초거대분자 복합체)에서 TAK1 또는 다른 활성화된 kinase에 의한 인산화에 의해 활성화된다. 그림 16-30에서 표시된 바와 같이, I-κB kinase의 β subunit은 inhibitor인 I-κBα를 인산화시켜서 I-κBα의 proteasome에 의한 분해 및 NF-κB signaling pathway의 활성화를 유도한다. TRAF6 단백질의 free end (자유 말단)가 다른 TRAF6 분자에 결합하여 원형질막 바로 안쪽에서 signalsome 영역을 확장하기 때문에, 실제 signalsome의 작은 일부분만이 이 그림에 표시되어 있다. [Data from R. Ferrao et al., 2012, *Sci. Signal.* **5**:re3; B. Skaug et al., 2009, *Annu. Rev. Biochem.* **78**:769; and J. Napetschnig and H. Wu, 2013, *Annu. Rev. Biophys.* **42**:443.]

signalsome 단백질들을 포함하는 큰 2차원 lattice (격자)를 형성한다.

TRAF6는 polyubiquitin chain을 합성하는 E3 ubiquitin ligase이다. TRAF6가 발견되었을 당시 모든 polyubiquitination은 proteasome에 의한 분해 신호로 생각되었기 때문에 과학자들은 빠르게 분해되는 ubiquitination된 표적 단백질들을 찾고자 하였다. 이를 찾지 못한 과학

자들은 polyubiquitin이 하는 다른 가능한 역할을 찾기 시작했고, 곧 특정 E3 ubiquitin ligase에 따라 구조와 생물학적 기능이 전혀 다른 여러 유형의 polyubiquitin chain이 형성된다는 것을 발견하였다. E3 ligase인 TRAF6는 한 ubiquitin의 carboxyl terminus를 다른 ubiquitin의 lysine 63 (K63)에 연결하여(그림 3-39 참조), linear (선형) poly-K63 ubiquitin chain을 형성한다. 이러한 ubiquitin chain은 단백질 분해를 위해 표적 단백질에 부착되기보다는 *poly-K63 ubiquitin-binding domain* (*poly-K63 ubiquitin* 결합 도메인)을 갖는 단백질과 결합하는 scaffold 역할을 한다. 이러한 단백질들 중 하나인 protein kinase인 TAK1은 polyubiquitin chain에 결합함으로써 활성화된다; 또 다른 단백질은 I-κB kinase의 NEMO subunit이다. poly-K63 ubiquitin의 인접 부위에 결합하면 TAK1 kinase와 그 target인 I-κB kinase β subunit이 근접하게 돼서, TAK1은 이 downstream kinase인 I-κB kinase를 인산화 및 활성화시킬 수 있다(그림 16-31 참조). I-κB kinase는 또한 복합체에서 이미 활성화된 다른 I-κB kinase에 의한 인산화에 의해 활성화될 수도 있다. 위에서 언급한 바와 같이, I-κB kinase는 I-κBα를 인산화시켜 NF-κB 전사 인자의 활성화를 유도한다. 따라서 두 가지 다른 유형의 polyubiquitin chain은 IL-1 signal을 NF-κB 전사 인자의 활성화로 전달하는 데 매우 다른 방식으로 참여한다.

이런 거대한 signalsome 복합체의 장점은 무엇인가? signalsome 복합체는 왜 Toll-like receptor와 IL-1 및 TNFα를 포함한 다양한 inflammatory hormone (염증성 호르몬)에 대한 수용체의 downstream에 있는 신호전달 경로의 일부로 진화했는가? 한 가지 가설은 다양한 호르몬 수용체가 signalsome을 형성하기 위해 협력해야 하는데, 이것이 threshold all-or-none response (역치 실무율 반응)를 유도한다는 것이다: 낮은 농도의 세포외 신호는 안정적이며 기능적인 signalsome의 형성을 유발하지 않는 반면, 약간 더 높은 농도의 세포외 신호는 최대 반응을 유발한다. 이것은 심각한 위험이 없을 때 면역계가 잠재적으로 해로운 면역 반응을 일으키는 것을 막는다. TNFα 수용체에 의한 signalsome의 형성은 TNFα 농도에 따라 20–50분이 걸릴 수 있으며, 이러한 delay (지연)는 초기 자극이 지속되지 않으면 signalsome의 형성을 취소하게 만든다. 이러한 fail-safe mechanism (안전 장치 메커니즘)은 지속적이고 높은 농도의 자극에 의해 신호를 받는 충분한 위험이 있을 때만 반응을 허용하도록 진화했을 수 있다.

16.7절의 주요 개념

Signaling Component의 Proteasomal Degradation을 이용하는 신호전달 경로: Wnt, Hedgehog 및 NF-κB를 활성화시키는 많은 호르몬들

- 많은 신호전달 경로들은 표적 단백질의 ubiquitination 및 proteolysis (단백질 분해)를 포함하므로 비가역적이거나 느리게만 가역적이다. 이러한 표적 단백질들은 전사 인자이거나 전사 인자의 inhibitor가 될 수 있다.

- Wnt signaling은 뇌 발생, 팔다리 패턴화, 그리고 organogenesis (장기 형성)와 같은 수많은 중요한 발생 과정 이벤트를 조절한다. Wnt와 마찬가지로, Hedgehog (Hh)도 발생 동안 morphogen으로 기능을 한다. 두 경로 모두에서의 돌연변이가 활성화되면 암이 발생할 수 있다.

- Hh와 Wnt는 둘 다 signaling range (신호전달 범위)를 줄이는 lipid anchor를 갖고 있는 분비 단백질이다. Wnt에 공유결합되어 있는 지방산은 Frizzled (Fz) 수용체에 결합하는 데 필수적이다.

- Wnt signal은 2개의 세포 표면 단백질인 수용체 Fz와 co-receptor LRP, 그리고 β-catenin을 포함하는 intracellular complex (세포내 복합체)를 통해 작용한다(그림 16-26 참조). Wnt가 결합하면, β-catenin의 stability (안정성)을 증가시키고 핵으로의 이동을 유도하여 직간접적으로 TCF 전사 인자의 활성화를 촉진한다.

- Wnt 단백질의 농도 구배는 planaria (플라나리아)에서 머리와 꼬리 재생을 포함한 발생 과정의 많은 단계에 필수적이다(그림 16-27 참조).

- Hh signal은 또한 2개의 세포 표면 단백질인 Smoothened (Smo)와 Patched (Ptc), 그리고 Cubitis interruptus (Ci) 전사 인자를 포함하는 세포내 복합체를 통해 작용한다(그림 16-29 참조). 활성화된 형태의 Ci는 Hh가 존재할 때 생성된다; repressing (억제하는) Ci fragment는 Hh가 없을 때 생성된다. Hh가 Ptc에 결합함에 따라 Ptc와 Smo는 모두 세포내 위치를 변경한다.

- 척추동물에서, Hh signaling은 primary cilia (일차 섬모)와 ntraflagellar transport protein (편모내 수송 단백질)을 필요로 한다. Hh가 없을 때 Ptc는 cilia의 membrane에 위치하며, Hh가 존재할 때 Smo가 internal membrane (내부 막)으로부터 cilia의 membrane으로 이동한다.

- NF-κB 전사 인자는 면역계 세포가 감염과 염증에 반응하게 하는 많은 유전자들을 조절한다.

- 자극되지 않은 세포에서, NF-κB는 inhibitor 단백질인 I-κBα에 결합하여 세포질에 위치하고 있다. 많은 종류의 extracellular signal (세포외 신호)에 반응하여 I-κBα는 인산화되고 ubiquitination되어 proteasome에 의해 분해된다. I-κBα가 분해되면 활성 형태의 NF-κB가 방출되어 핵으로 이동하게 된다(그림 16-30 참조).

- Interleukin 1 수용체와 Toll-like receptor에 의한 신호전달에는 *signalsome*이라고 하는 거대한 다중 단백질 복합체의 형성이 포함된다. 이 signalsome에 있는 TRAF6 단백질에 의해 형성된 polyubiquitin chain은 TAK1 kinase를 TAK1 kinase의 기질인 I-κB kinase의 β subunit 근처로 위치시키는 scaffold를 형성하여 I-κB kinase를 활성화시키며, 활성화된 I-κB kinase는 inhibitor인 I-κBα를 인산화시킨다. 결과적으로, I-κBα가 분해되면 신호가 수용체로부터 NF-κB pathway의 downstream 구성 요소로 전달된다(그림 16-31 참조).

개념 복습

1. GRB2는 내재적인 효소 activity (활성)는 없지만, MAP kinase를 활성화시키는 epidermal growth factor (EGF, 표피 성장 인자) signaling pathway의 필수 구성 요소이다. GRB2의 기능은 무엇인가? SH2와 SH3 domain은 GRB2의 기능에서 어떤 역할을 수행하는가? 많은 수의 기타 다른 signaling protein (신호전달 단백질)들 역시 SH2 domain을 가지고 있다. 기타 다른 분자들과 상호작용하는 SH2 domain의 specificity를 결정하는 것은 무엇인가?

2. 활성화된 신호전달 경로가 표적 유전자 발현에 적절한 변화를 유도하고 난 후에 그 경로는 비활성화되어야 한다. 그렇지 않으면 신호전달 경로에 의한 signaling이 지속되어 다양한 암이 발생되는 것과 같이 질병으로 이어질 수 있다. 많은 신호전달 경로에는 내재된 negative feedback 시스템이 존재하여 해당 경로의 downstream 이벤트가 upstream 이벤트를 억제한다. (a) erythropoietin에 의한 신호와 (b) TGF-β에 의한 신호를 down-regulation (하향 조절)하는 negative feedback에 대해 서술하시오.

3. Ras 단백질의 한 돌연변이는 Ras가 constitutively active (구성적으로 상시 활성화되는) 형태(Ras^D)가 되도록 만든다. Constitutive activation이란 무엇인가? Constitutively active Ras가 어떻게 암을 유도하는가? 어떤 형태의 돌연변이가 다음의 단백질들을 constitutively active하게 만드는가: (a) Smad3, (b) MAP kinase, (c) NF-κB?

4. 효소인 Ste11은 budding yeast (출아 효모)인 *Saccharomyces cerevisiae*에서 몇 가지 MAP kinase signaling pathway에 참여한다. 출아 효모의 mating factor (교배 인자) signaling pathway에서 Ste11의 기질은 무엇인가? Ste11은 또한 high osmolarity (높은 삼투압)에 의해서 유도되는 MAP kinase pathway에도 참여한다는 점을 고려하면, 효모 세포가 교배 인자에 의해 자극될 때는 high-osmotic-strength media (높은 삼투압 강도의 배지)에서 생존에 필요한 osmolyte (삼투물질)의 유도를 막아야 한다. 이러한 경우에 무엇이 osmolyte의 유도를 막는가?

5. Protein kinase B의 full activation (완전한 활성화)을 위해 필요한 이벤트들에 대해 서술하시오.

6. PI-3 kinase signaling pathway에서 PTEN phosphatase의 기능을 서술하시오. PTEN의 loss-of-function (기능 소실) 돌연변이가 왜 암을 유도하는가? Constitutively active (구성적으로 상시 활성화된) PTEN이 세포 성장과 생존에 미치는 영향을 예측하시오.

7. 사이토카인 수용체와 receptor tyrosine kinase의 활성화에서 공통적인 세 가지 특징을 설명하시오. 이러한 수용체들의 효소 활성과 관련하여 한 가지 차이점을 설명하시오.

8. Erythropoietin (Epo)은 혈액내 낮은 산소 레벨에 반응하여 몸에서 자연적으로 생성되는 호르몬이다. 세포 표면 수용체에 Epo가 결합하는 것에 대한 반응으로 일어나는 세포내 이벤트들은 잘 알려져 있다. (a) JAK2가 STAT5을 활성화시킨 후와 (b) GRB2가 Epo 수용체에 결합된 후에 각각 어떤 분자가 세포질에서 핵으로 이동하는가? Epo가 대부분의 스포츠에서 금지될 때까지 일부 지구력 운동선수들은 왜 경기력을 향상시키기 위해 Epo를 사용했는가("blood doping")?

9. JAK의 dominant-negative (우성 음성) 돌연변이의 발현이 어떻게 erythropoietin (Epo)-사이토카인 신호전달 경로를 차단하는지 설명하시오.

10. TGF-β가 수용체에 결합하면 다양한 세포 유형에서 다양한 반응을 이끌어낸다. 예를 들어, TGF-β는 epithelial cell (상피 세포)에서는 plasminogen activator inhibitor 1을 유도하고, B 세포에서는 특정 immunoglobulin (면역글로불린)을 유도한다. 두 가지 세포 유형 모두에서 Smad3가 활성화된다. 신호전달 경로가 보존되어 있는 점을 고려할 때, 다양한 세포 유형에서 TGF-β에 대한 다양한 반응은 어떻게 설명되는가?

11. TGF-β가 세포 표면 수용체에 결합함으로써 생성된 신호는 표적 유전자 발현의 변화가 일어나는 핵으로 어떻게 전달되는가? 핵 내의 어떤 활성이 활성화 상태의 Smad로 하여금 세포 표면에 있는 활성화된 TGF-β의 레벨을 반영하게 하는가?

12. Delta의 어떤 기능이 인접한 세포에만 신호를 보낼 수 있도록 하는가?

13. γ-secretase에 의해 촉매되는 생화학적 반응은 무엇인가?

14. Extracellular signaling protein (세포외 신호전달 단백질)인 Hedgehog는 cell membrane에 고정될 수 있다. Hedgehog에 어떠한 modification이 생김으로써 Hedgehog가 cell membrane에 결합될 수 있게 되는가? 이러한 특성은 왜 유용한가?

15. 초파리에서 *Hedgehog*와 *Smoothened*의 loss-of-function (기능 소실) 돌연변이는 각각 동일한 phenotype (표현형)을 보이지만, *patched*의 loss-of-function 돌연변이는 반대의 phenotype을 나타낸다. 왜 그런가?

16. NF-κB를 활성화시키는 신호전달 경로가 사이토카인 또는 RTK signaling pathway에 비해 상대적으로 irreversible (비가역적)하다고 생각되는 이유는 무엇인가? 그럼에도 불구하고, NF-κB signaling은 결국 down-regulation (하향 조절)되어야만 한다. NF-κB signaling pathway는 어떻게 차단되는가?

17. NF-κB signaling pathway에서 polyubiquitination의 두 가지 역할에 대하여 서술하시오.

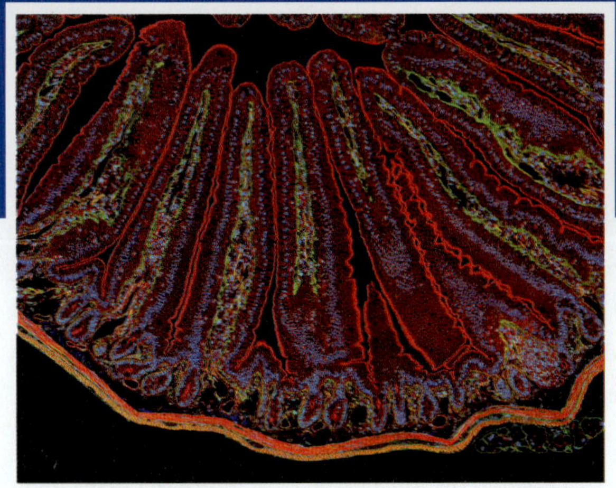

Actin (액틴; 빨간색), 세포외 기질 단백질 laminin (라미닌; 녹색), DNA (파란색)으로 염색된 쥐의 내장 조직 단편. 각각의 파란색 점은 DNA의 존재, 즉 세포를 나타낸다. Epithelial cell (상피세포)의 apical end (정단 부위)에 있는 microvilli (미세융모)에 있는 actin은 luman (내강)을 향한 표면 쪽으로 존재하는 것을 볼 수 있다(사진 *위쪽*). Actin은 장을 둘러싸고 있는 평활근에서도 두드러지게 존재함을 볼 수 있다(*아래쪽*). [Courtesy Thomas Deerinck and Mark Ellisman]

CHAPTER 17

세포의 구성과 운동 I: 미세섬유 (Cell Organization and Movement I: Microfilaments)

OUTLINE

우리가 현미경으로 자연에 존재하는 여러 종류의 세포를 볼 때면, 세포들의 형태와 운동의 다양성에 놀라게 된다. 척추동물의 정자와 같은 세포나 ciliates (섬모충)의 일종인 *Tetrahymena* (테트라히메나) 또는 flagellates (편모충)의 일종인 *Chlamydomonas* (클라미도모나스) 같은 세포들이 섬모와 편모에 의해 추진되어 빠르게 헤엄치는 것을 볼 수 있고, 다른 세포들[예, 아메바와 인간 macrophage (대식세포)]은 외부 부속물에 의해 추진되는 것이 아니라 세포 자체의 조정된 움직임에 의해 더 부드럽게 움직이는 것을 볼 수도 있다. 만약 우리가 현미경으로 tissue (조직)를 검사한다면, 어떤 세포들은 서로 연결되어 포장도로와 같은 얇은 판을 형성하고 있는 것을 볼 수도 있고, 또 다른 세포들은—예를 들어, neuron (신경세포)—다른 세포들과 선택적으로 접촉하는 최대 3피트 길이의 돌기를 가지고 있다는 것도 알 수 있다. 우리가 세포의 내부 구조를 관찰하면, 세포소기관들이 세포 내에서 특징적인 위치를 가지고 있다는 것을 알 수 있다. 예를 들어, Golgi complex (골지 복합체)는 일반적으로 세포 중심에서 발견되는 핵 근처에 있다. 이러한 세포의 모양, 세포의 체제, 또 세포 운동성의 다양성은 어떻게 이루어지는가? 세포들이 각기 독특한 모양과 잘 설명된 내부 체제를 갖는 것이 왜 중요한가? 이러한 질문에 답하기 위해서, epithelial cell과 macrophage라는 매우 다른 2개의 세포를 생각해 보자.

내장의 안쪽을 싸고 있는 epithelial cell은 *epithelium* (상피)을 형성한다. 이 *epithelium*에는 한 층의 epithelial cell들이 포장도로의 벽돌처럼 치밀하게 배열되어 있다(그림 17-1a, b). Epithelium은 원형질막의 apical domain (꼭대기 도메인)을 통해서 내장의 luman (내강)으로부터 영양분을 받아들이고, 받아들인 양분을 원형질막의 basolateral domain (기저측 부위)을 통해 혈액으로 내보낸다. 이렇게 양분을 한 방향으로 운반하기 위해 상피세포의 원형질막의 apical domain과 basolateral domain에는 서로 다른 수송 단백질들이 존재한다.

상피세포와 상피세포는 세포 접합(20장에서 논의)에 의해 함께 봉합되어 있으며, 이런 접합에 의해 막의 apical domain과 basolateral domain이 물리적으로 분리되어 있다. 이 분리는 세포가 적절한 수송 단백질을 적합한 장소, 즉 apical membrane (정점막) 또는 basolateral membrane (기저막)에 배치할 수 있게 한다. 이와 함께, apical domain

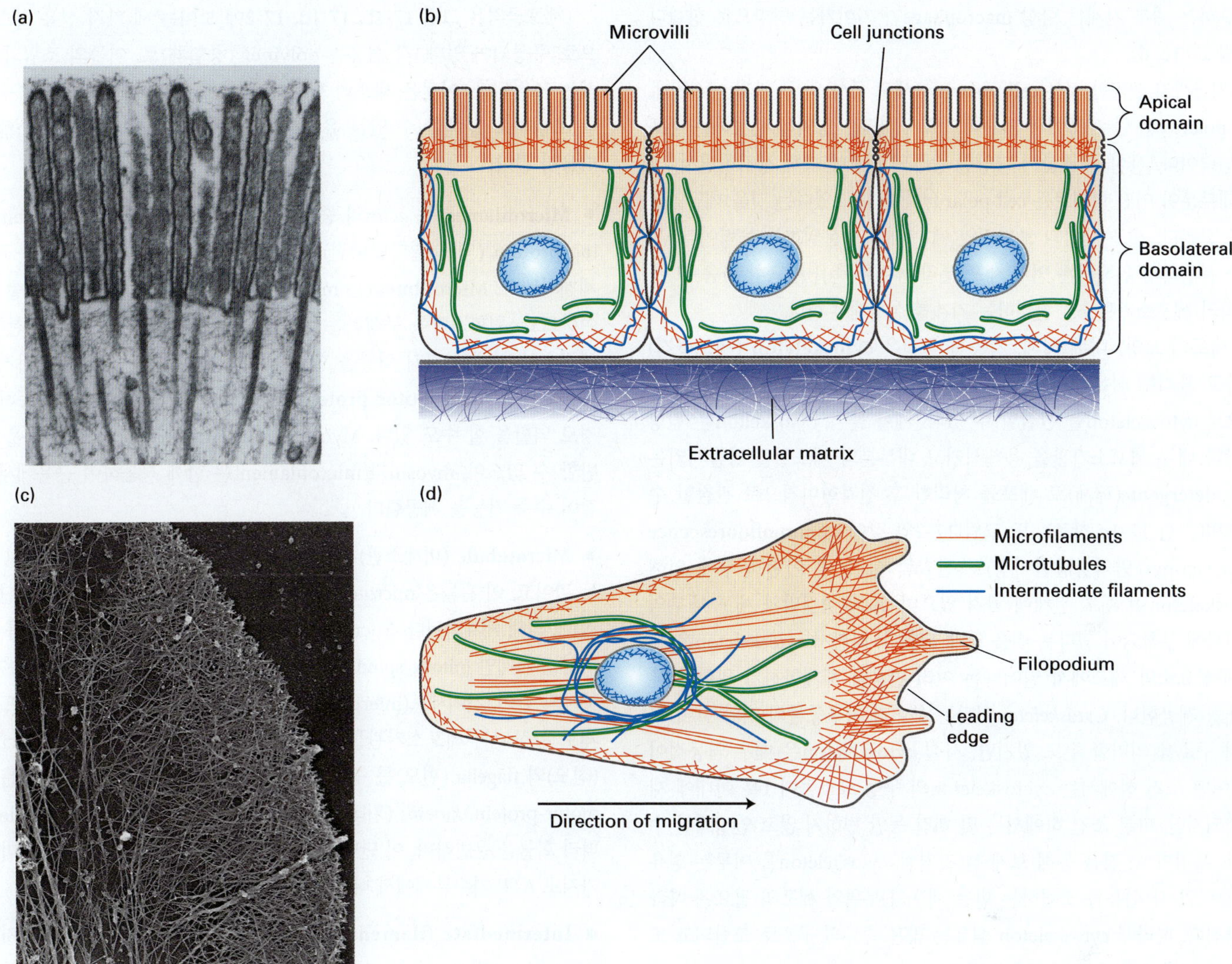

그림 17-1 상피세포와 이동하는 세포의 세포골격 개요. (a) Small intestine (소장) 상피세포의 투과전자현미경 사진. Microvilli를 지지하는 microfilament의 중심 다발을 보여준다. (b) Epithelial cell은 확연히 구분되는 apical domain과 basolateral domain을 가진 매우 극성화한 세포이다. 장내 상피세포는 영양분을 정점 영역을 통해 세포 안으로 운반하고 기저 영역을 가로질러 세포 밖으로 운반한다. (c) 이동하는 세포의 leading edge (선도연)의 일부분을 보여주는 투과전자현미경 사진. 세포막과 대부분의 세포질에 존재하는 물질들은 세제 처리에 의해 용해되었음. 세제 처리 후 남은 세포골격은 백금으로 음영 처리한 후, 전자현미경을 통해 시각화되었다. 이 전자현미경 사진에서 보이는 actin filament의 네트워크에 주목하라. (d) Fibroblast (섬유아세포)나 macrophage 같은 이동하는 세포는 앞 쪽에 leading edge가 있고 형태학적으로 다른 영역들이 존재한다. Microfilament는 빨간색, Microtubule (미세소관)은 녹색, Intermediate filament (중간섬유)는 짙은 파란색으로 표시되었다. 핵의 위치(연한 파란색 타원형)도 보인다. [Part (a) M. S. Mooseker and L. G. Tilney, 1975, *J. Cell Biol.* **67**(3):725–743; https://doi.org/10.1083/jcb.67.3.725. Part (c) T. M. Svitkina and G. G. Borisy, 1999, *J. Cell Biol.* **145**(5):1009–1026; https://doi.org/10.1083/jcb.145.5.1009.]

은 microvilli (미세융모)라고 불리는 수많은 손가락 모양의 돌출부를 가진 독특한 형태를 가지고 있다. 이런 구조(microvilli의 존재)는 양분 흡수에 이용 가능한 원형질막의 면적을 극적으로 증가시키는 역할을 한다. 이렇게 우리는 장 상피의 다른 영역들의 각기 독특한 기능을 수행하는 것이 각 영역의 형태학적 특징들 때문이라는 것을 알 수 있으며, 이러한 특징들(예, 부위에 따른 막의 차이, microvilli, 세포 접합)을 달성하기 위해 상피세포는 세포 형태를 부여하고, 세포 대 세포 간 유착을 촉진하며, 적합한 단백질을 적합한 막 부위로 전달하는 데 도움을 주는 내부 구조를 가져야 한다.

이제 macrophage를 생각해 보자. Macrophage는 백혈구의 한 종류로 감염원을 찾아내고, 이 감염원을 둘러싸 세포 내로 받아들여 파괴한다. 이 과정을 *phagocytosis* (식세포작용)라 한다. 예를 들어, 박테리아는 화학물질을 분비하는데, 이 물질은 macrophage를 유인하고, 따라서 이 세포들을 감염 장소—즉 박테리아가 존재하는 장소—로 안내하는 역할을 한다. Macrophage가 뒤틀리기도 하고 돌기도 하며, 이 물질의 화학적 농도 차이를 따라가 궁극적으로는 박테리아에 다가가서 잡아먹을 때까지, macrophage는 자신의 세포 운동 기계를 끊임없이 재편해야 한다. 곧 보게 되겠지만, macrophage가 접착면을 가로질러 기어갈 수 있도록 하는 내부 기계는 항상 macrophage가 기어가는 방향으로 향한다 (그림 17-1c, d).

지금까지 설명한 것은 **cell polarity (세포 극성)**의 두 가지 예시인데, cell polarity는 한 세포에서 기능적으로 구별되는 영역을 생성하는 세포의 능력이다. 사실, 여러분이 다양한 종류의 세포에 대해 생각하면서, 그들 대부분이 어떤 형태로든 cell polarity를 가지고 있다는 것을 깨달았을지도 모른다. 세포 극성의 보편적인 예는 세포가 분열하는 능력이다. 세포가 분열하기 위해서는 먼저 세포 분열을 위한 축을 선택한 다음 그 축을 따라 세포소기관들을 분리하는 기계를 설치해야 한다.

세포의 모양, 내부 체제, 기능적 극성은 **cytoskeleton (세포골격)**이라고 불리는 섬유상 단백질의 네트워크 때문이다. 우리는 다양한 방법으로 cytoskeleton을 관찰할 수 있다. 예를 들어, cytoskelton은 원형질막과 내부 세포소기관을 용해시키고 대부분의 세포질을 방출시키는 약한 detergent (세제)로 세포를 처리한 후 전자현미경으로 관찰할 수 있으며(그림 17-1c 참조), 또 그림 17-2와 같이 immunofluorescence microscopy (면역형광현미경)로 관찰할 수 있다. 이런 연구에 의해 cytoskeleton이 세포 전체에 퍼져 있으며, 또 원형질막과 세포 내부의 소기관에 부착되어 있다는 것을 알게 되었다. 따라서 cytoskeleton은 세포 구성요소와 세포에서 일어나는 여러 반응을 체계화하기 위한 기본 뼈대를 제공한다. *Cytoskeleton*이라는 용어가 척추동물의 뼈와 같이 고정된 구조를 의미할 수도 있지만, 사실 cytoskeleton은 매우 역동적이다. 어떤 조건 하에서는 cyctoskeleton의 구성 요소들이 1분 이내에 재편성되지만, 다른 조건 하에서는 몇 시간 동안 변하지 않고 안정적일 수 있다. 우리가 이 장을 통해 보게 될 것처럼, cytoskeleton을 이루는 섬유의 길이와 각 섬유를 조립하는 힘은 세포의 부위와 세포의 필요에 따라 달라진다. 따라서 cytoskeleton 섬유는 많은 종류의 구조로 조립되고 또 세포의 다른 부위에서 다르게 조절된다.

세포골격은 그림 17-1b, 17-1d, 17-2에 보이는 세 가지 섬유 시스템으로 구성되어 있다. 각 섬유는 polymer (중합체)로, 이들의 조립과 분해는 조절된다. 이것은 세포의 필요에 따라 다른 유형의 세포골격 구조를 조립하고 분해할 수 있는 유연성을 제공한다. 3개의 섬유 시스템은 다음과 같다:

- **Microfilament**는 *actin*의 중합체로, microfilament들은 actin-binding protein (액틴-결합단백질)에 의해 기능을 가진 다발과 망 구조로 체계화된다. Microfilment는 microvilli와 같은 표면 구조에 형태를 부여하므로, 원형질막을 구성하는 데 특히 중요하다. Microfilament는 자체적으로 기계적 지지 역할을 할 수 있고, ATP 분해에 의한 에너지로 구동되는 **myosin motor protein (마이오신 운동 단백질)**이 이동하는 경로 역할을 할 수도 있다. Myosin은 microfilament를 따라 화물을 운반할 수 있으며, myosin과 microfilament는 함께 작동하여 근육에서와 같이 수축 기능을 제공한다.

- **Microtubule (미세소관)**은 *tubulin* (튜불린)의 중합으로 이루어진 가는 관이고, 이 관들은 microtubule-associate protein (미세소관 결합 단백질)에 의해 체계화된다. Microtubule은 세포 분열 시 복제된 염색체를 분리하는 기계인 mitotic spindle (mitotic 방추사)들을 구성한다. 그림 17-2에서와 같이, 간기세포(interphase cell)에서 microtubule은 종종 세포 전체로 확장되어 세포소기관들을 체계화하는 뼈대 역할을 하고, 또 cilia (섬모)와 flagella (편모)를 구조적으로 지지하는 역할을 한다. 두 그룹의 motor-protein, *kinesin* (키네신)과 *dynein* (다이네인)은 microbubule을 따라 화물을 운반하며, 이 단백질들에 의한 물질의 이동은 myosin과 마찬가지로 ATP 가수분해에서 나온 에너지를 써서 일어난다.

- **Intermediate filament (IF, 중간섬유)** 역시 중합체이다. 하지만 IF는 microfilament나 microtubule과 다르게, 조직 특이적으로 발현

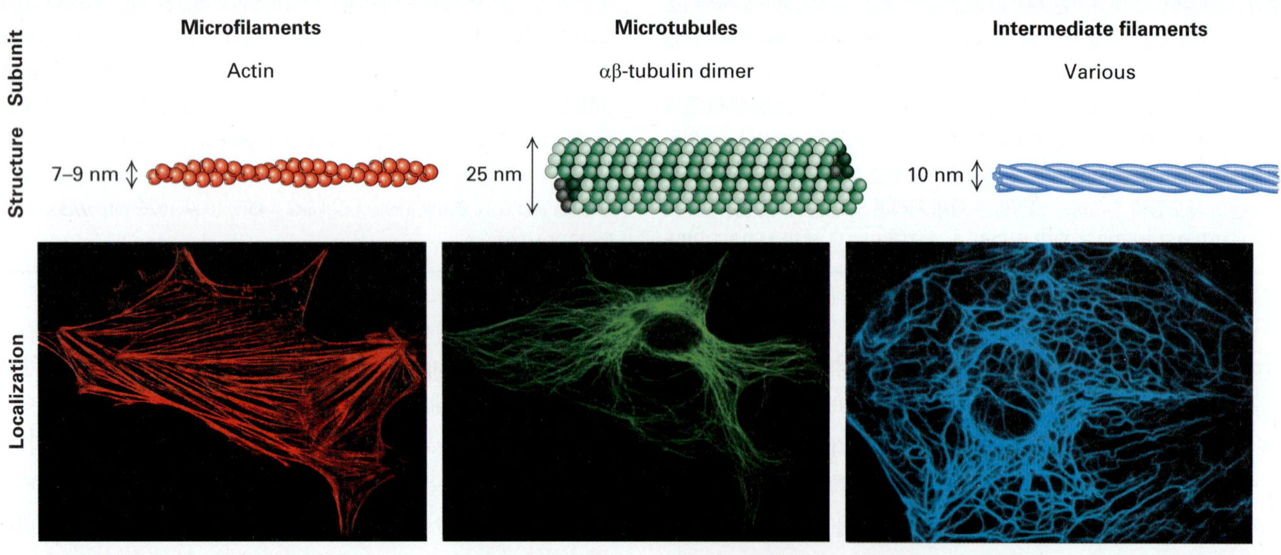

그림 17-2 Cytoskelton의 구성 요소. 각각의 섬유는 특정한 소단위의 조립으로 만들어지며, 그 조립 과정은 세포들이 필요에 따라 다른 섬유를 조립/분해할 수 있게 가역적이다. 아래쪽 패널들은 배양 세포에서 세 필라멘트 시스템의 위치를 actin, tubulin (튜불린) 그리고 intermediate filament 단백질의 면역형광현미경 방법으로 관찰하여 보여준다. Microtubule 이미지는 간기세포에서 microtubule의 분포를 보여준다. 세포 분열에서, microtubule은 18장에서 논의한 것처럼 염색체 분리를 위한 기계를 구성한다. [Courtesy Damien Garbett and Anthony Bretscher].

(tissue-specific expression)되는 소단위 단백질의 중합으로 이루어진다. IF는 핵막을 구조적으로 지지하는 기능을 하고, tissue (조직)에 있는 세포들을 구조적으로 통합하는 역할을 하며, 피부, 머리카락, 손톱에서 구조적 기능과 함께 격리하는 역할을 수행한다. Intermediate filament는 운동 단백질이 이동하는 트랙으로 사용되지 않는다.

그림 17-1에서 볼 수 있듯이, 세포는 cytoskeleton을 여러 다른 방식으로 체계화 할 수 있다. 세포가 cytoskeleton을 어떻게 체계화하는가는 세포의 신호—세포를 감싸고 있는 수용성 인자로 부터의 신호, 인접한 세포에서 오는 신호 또는 세포외 기질로부터 오는 신호—를 감지하고 해석하는 능력에 달려 있다(그림 17-3). 이러한 신호는 신호전달 경로를 활성화하는 세포 표면 수용체에 의해 감지되며, 이런 신호전달 경로들은 궁극적으로 cytoskeleton 구조를 조절하는 요인에 집중된다.

정상적인 세포 기능과 세포의 운동성에 cytoskeleton이 중요하다는 것은 cytoskeleton의 구성 요소의 결함(또는 cytoskeleton의 조절 결함)이 질병을 일으킬 때 명백히 나타난다. 예를 들어, 500명 중 1명 정도는 cytoskeleton에 결함이 있고, 이 결함은 심장의 수축 장치에 영향을 주며, 그 결과 다양한 cardiomyopathy (심근증, 심장근육의 질환)를 일으킨다. 적혈구의 원형질막을 지지하는 적혈구 세포골격계의 많은 결함들이 질병을 일으키는 것이 알려져 있으며, 전이성 암세포는 세포골격의 잘못된 조절로 인해 기원 조직으로부터 떨어져 나와 새로운 위치로 이동한다.

이 장과 다음 장에서, 우리는 cytoskeleton의 구조, 기능 그리고 조절에 대해 논의할 것이다. 우리는 세포가 세포의 형태와 극성을 형성하기 위해, 세포내 소기관의 구성과 이동을 위해, 또 세포의 수영과 세포가 기어가는 운동 과정의 구조적 틀이 되기 위해서 자신의 cytoskeleton을 어떻게 배열하는가에 대해 알아볼 것이다. 또한, 세포가 어떻게 3개의 다른 필라멘트 시스템을 조립하고, 신호전달 경로가 어떻게 이러한 구조를 조절하는지에 대하여 논의할 것이다. 세포 주기 동안 cytoskeleton의 조절은 19장에서 논의된다. 20장에서는 세포골격이 tissue의 기능적 체계화에 어떻게 참여하는가에 대하여 고찰할 것이다. 이 장(17장)은 microfilament와 actin 기반 구조에 초점을 맞추고 있다. 처음에는 3개의 cytoskeleton을 따로 나누어 다루지만, 다음 장에서는 세포가 정상적으로 기능을 하는 과정에 microfilament가 microtubule과 intermediate filament와 협력하는 것을 보게 될 것이다.

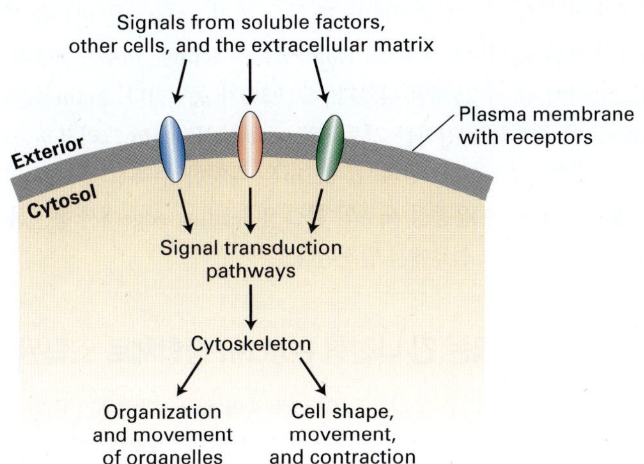

그림 17-3 세포 신호전달에 의한 세포골격 기능 조절. 세포는 세포외 기질, 다른 세포 또는 수용성 인자로부터 오는 외부 신호를 감지하기 위해 세포 표면 수용체를 사용한다. 이 신호들은 원형질막(세포막)을 통과하여 전달되고 특정한 세포질 신호전달 경로를 활성화한다. 신호는—보통 하나 이상의 수용체로부터 온 신호들이 통합되어 작용한다—cytoskeleton의 체계화로 이어져서, 세포의 형태와 세포소기관 분포와 움직임을 결정한다. 외부 신호가 없어도, 세포는 자신의 내부 구조를 체계화 하지만, 이 경우, 극성을 띤 방식으로 체계화되지는 않는다.

17.1 Microfilament 및 Actin 구조물

Microfilament는 세포 내에서 다양한 구조로 조립될 수 있다(그림 17-4a). 이러한 각각의 구조는 세포의 특정한 기능에 매우 중요하다. 예를 들어, microfilament는 손가락 모양인 **microvilli**의 중심을 구성하는 촘촘한 섬유다발을 형성할 수도 있고, 또 원형질막 바로 아래쪽 부위—이 지역은 세포 피질이라고 부른다—에 있는 규칙적이지 않은 망 구조를 형성하기도 한다. *Cell cortex* (세포피질)에 존재하는 microfilament의 망 구조는 막 단백질들을 지지하고 체계화하는 역할을 한다. 상피세포에서 microfilament는 세포 주위에 수축성 띠인 *adherens belt* (애드헤렌스 벨트, 부착띠)를 형성하여 상피조직을 강하게 한다. 이동하는 세포에서, microfilament로 이루어진 망 구조가 세포 앞쪽 끝 부위(**leading edge**)—또는 **lamellipodium (접착용 세포족, 박판족)**이라 하기도 함—에서 발견되는데, 여기서 **filopodia (사상위족)**라 부르는 microfilament 다발이 돌출되어 나오는 경우도 있다. 많은 세포들은 **stress fiber (버팀 섬유)**라고 불리는 수축성 microfilament들을 가지고 있는데, stress fiber들은 세포가 이동하는 중에 외부 기층에 접착한다(20장에서 다룸). Macrophage와 같은 특성화된 세포는 phagocytosis를 통해 병원체를 집어삼키고, 이를 세포 내로 이동하기 위해 수축성 microfilament를 사용한다. 매우 역동적으로 짧은 시간에 actin 섬유—microfilament—가 조립되는 것은 *endocytic vesicle* (세포낭)을 원형질막 막으로부터 멀어지게 이동하는 힘을 제공한다. 동물의 세포 분열의 후반 단계에서, 모든 세포소기관이 복제되고 분리된 후, *contractile ring* (수축환)이 형성되고, *cytokinesis* (세포질분열) 과정에서 contractile ring이 수축되어 2개의 딸세포가 만들어진다. 따라서 세포는 actin filament (microfilament)를 여러 방법으로 이용한다: 구조적인 역할에 이를 이용하기도 하고, 수축하는 메커니즘으로도 이용하며, actin의 중합과 분해를 이용해 일을 수행하기도 하고, 세포 내에서 작은 vesicles (소포)을 이동하기 위해서도 microfilament를 이용한다. 이동하는 fibroblast (섬유아세포)에서 볼 수 있듯이, 다양한 구조의 microfilament들이 단일 세포 내에 함께 존재하는 경우가 많다(그림 17-4b)

Microfilament의 기본 구성 요소는 **actin**이다. Actin은 기능적으로 서로 다른 양 말단을 가진 극성 섬유로 가역적으로 조립할 수 있는 놀라운 능력을 가진 단백질이다. 이러한 필라멘트는 actin-결합 단백질에 의해 이전 단락에서 설명한 다양한 구조로 만들어진다. *Microfilament*라

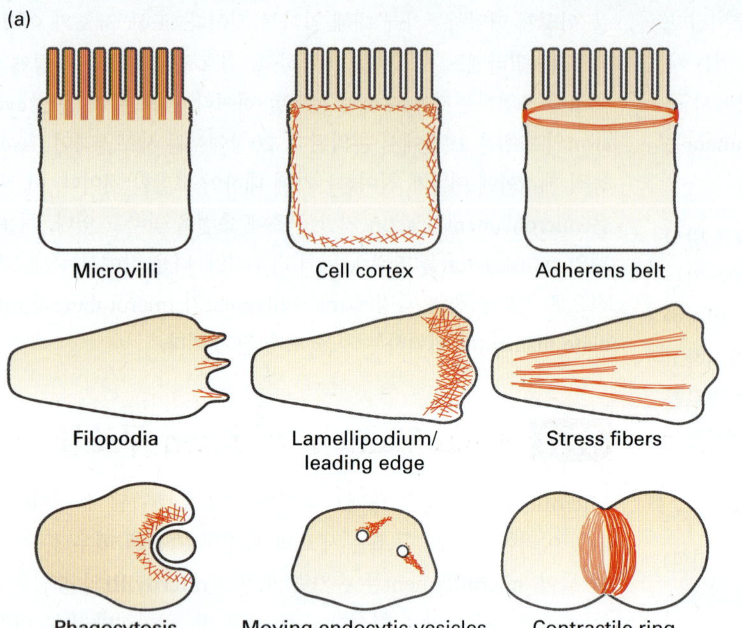

그림 17-4 Microfilament를 기반으로 한 구조의 예. (a) 각 패널에서 microfilament는 붉은색으로 묘사되어 있다. (b) 페이지 상단으로 이동하는 세포를 형광 phalloidin (팔로이딘)으로 염색한 사진. 팔로이딘은 F-actin에 특이적으로 결합하는 약물임. 많은 종류의 다른 microfilament 구조체계가 하나의 세포에 존재하고 있는 것에 주목하자. [Part (b) By permission from J. Victor Small.]

는 이름은 전자현미경 학자들이 세포의 얇은 단편에서 발견한 매우 얇은 필라멘트에서 유래했으며, 중합된 형태의 actin과 이것에 결합된 단백질들로 이루어져 있다. 이 절에서는 actin 단백질 자체와 actin 단백질이 조립되어 만들어지는 actin 섬유에 대해 살펴본다.

Actin은 오래 전부터 존재하였고, 세포 내에 다량 존재하며, 매우 잘 보존되어 있다

Actin은 진핵세포에 풍부하게 존재하는 세포내 단백질이다. 예를 들어, 근육 세포에서 actin은 전체 세포 단백질 중량의 10%를 차지하고, 근육 세포가 아닌 세포에서도 actin은 세포 단백질의 1–5%를 차지한다. 비근육세포에서 actin의 세포질 농도는 0.1~0.4 mM이다. 그러나 microvilli와 같은 구조에서 actin은 5 mM 까지 높게 존재할 수 있다. 세포에 얼마나 많은 actin이 존재하는지 알기 위해, 일반적인 간세포를 생각해 보자. 이런 간세포에는 2×10^4 인슐린 수용체 분자가 존재하지만, actin 분자는 약 5×10^8 (5억 개)이 존재한다. Cytoskeletal protein은 세포 내부의 많은 부분에 걸쳐 존재하는 구조를 형성하기 때문에 세포 내에서 가장 풍부한 단백질 중 하나이다.

Actin은 하나의 유전자 군에 의해 암호화되어 있으며, actin은 같은 종 내에서 뿐 아니라 다른 종 사이에서도 가장 잘 보존된 단백질 중의 하나이다. 아메바와 동물에서 추출한 actin의 단백질 아미노산 염기서열은 이 두 생명체 사이의 약 10억 년의 진화 간격에도 불구하고 약 80%에서 동일하다. 현대의 진핵생물에서 발견되는 여러 actin 유전자는 박테리아 유전자 *MreB*와 관련이 있으며, *MreB*는 박테리아의 세포벽 합성에 중요한 필라멘트를 형성하는 단백질을 암호화하고 있다. 효모나 아메바와 같은 일부 단세포 진핵생물은 1개 또는 2개의 actin 유전자를 가지고 있는 반면, 다세포 생물은 종종 여러 개의 actin 유전자를 가지고 있다. 예를 들어, 인간은 6개의 actin 유전자를 가지고 있는 반면, *Arabidopsis* (아라비돕시스)는 8개에서 10개, 옥수수는 21개의 actin 유전자를 가지고 있다. 각각의 발현되는 actin 유전자는 다른 isoform (동형)단백질을 암호화한다. 척추동물에서는 네 가지 actin isoform이 특정 유형의 근육 세포에 존재하며, 다른 두 가지 isoform은 비근육 세포에서 발견된다. 이 6가지 actin isoform들은 actin을 이루는 375개 아미노산 잔기 중 약 25개만 다르다. 즉, 93%가 동일하다. Actin들은 각 isoform에 존재하는 전하를 기준으로 α-actin, β-actin 그리고 γ-actin의 3그룹으로 분류되어 왔다. α-actin은 다양한 수축성 구조와 관련이 있고, β-actin은 운동성 세포의 피질 및 leading edge에서 풍부하며, γ-actin은 스트레스 섬유에서 발견된다.

G-Actin 단량체는 긴 나선형 F-Actin 중합체로 조립된다

Actin은 *G-actin*이라고 불리는 구형 단량체와 actin 단량체가 선형으로 결합된 *F-actin*이라고 불리는 필라멘트 중합체로 존재한다. 각 actin 분자는 ATP 또는 ADP와 결합하고 있는 Mg^{2+} 이온을 가지고 있다. 사실 actin은 ATP를 ADP와 P_i로 가수분해하는 ATP 분해효소이다. ATP 또는 ADP와 결합한 형태의 actin 사이의 상호전환의 중요성은 아래에서 논의된다.

X-선 결정학적 분석은 G-actin 단량체가 깊은 틈에 의해 2개의 둥근 돌출부(lobes, 엽)로 분리되어 있는 것을 보여준다(그림 17-5a). 이 틈새의 바닥 부위에 *ATPase fold* (*ATP* 분해효소 접힘)가 있는데, 이곳

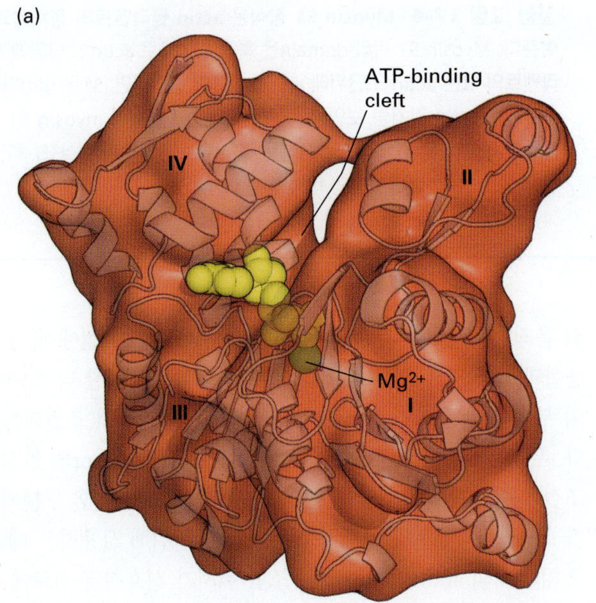

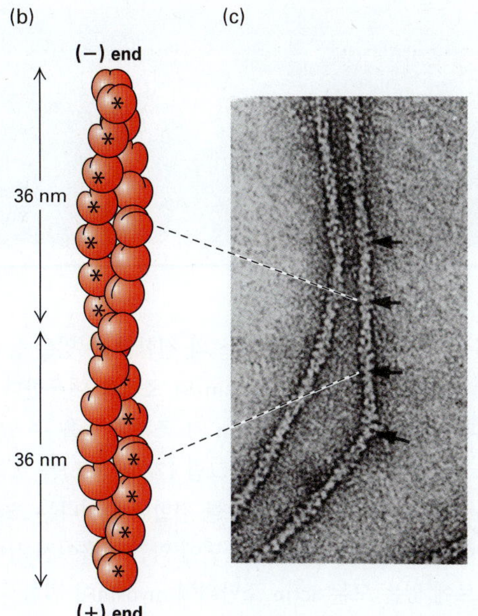

그림 17-5 단량체 G-actin 및 F-actin 필라멘트의 구조. (a) Actin 단량체(monomer)의 구조(측정치 5.5×5.5×3.5 nm). Actin 단량체는 중앙 틈새에 의해 2개의 거의 동일한 크기의 엽과 4개의 하위 domain (I–IV으로 표시)으로 분할되는 구조를 하고 있다. ATP (노란색)는 틈새의 바닥에 결합하고 양쪽 엽과 접촉한다. N-말단과 C-말단은 하위 domain I에 있다. (b) Actin 필라멘트는 두 가닥으로 구성되어 있는 것으로 나타나며, 각 가닥은 actin 단량체가 연결되어 이루어진다. F-Actin에는 반복적인 구조가 관찰되며, 하나의 반복 단위의 길이는 72 nm이고, 이 단위 안에 28개의 소단위(각 가닥에 14개, 한 가닥에 *로 표시)가 존재한다. F-actin을 이루고 있는 모든 actin 단량체의 ATP-binding cleft (ATP 결합 틈새)는 actin 필라멘트의 같은 끝을 향하고 있다. 노출된 결합 틈새가 있는 필라멘트의 끝은 (–) 말단이고, 반대쪽은 (+) 말단이다. (c) 매질염색 후 전자현미경을 이용하여 관찰된 actin 섬유는 구슬 모양의 소단위로 이루어진 길고 유연한 가닥이 서로 비틀려 꼬여 있는 것으로 보인다. 이런 비틀림 때문에 필라멘트는 가는 부위(7-nm 직경)와 두꺼운 부위(9-nm 직경)가 교대로 나타난다(화살표). (전자현미경으로 세포에서 관찰된 microfilament는 F-actin 필라멘트에 다른 단백질들이 결합한 상태이다.) [Part (a) Data from C. E. Schutt et al., 1993, *Nature* **365**:810, PDB ID 2btf, courtesy of M. Rozycki. Part (c) Roger Craig, University of Massachusetts Medical School.]

이 ATP와 Mg^{2+}가 결합하는 부위이다. ATPase fold는 GTPase (GTP 분해효소) 분자 스위치의 GTP 결합주름과 구조적 유사성을 갖는다(그림 15-7 참조). G-actin의 틈새 바닥은 2개의 둥근 돌출부가 서로 상대적으로 구부러질 수 있도록 하는 경첩 역할을 한다. ATP 또는 ADP가 G-actin에 결합할 때, 이 뉴클레오타이드는 actin 분자의 입체 구조에 영향을 미친다(사실, 결합된 뉴클레오타이드가 없으면, G-actin은 매우 빠르게 변성한다).

G-actin은 가역 반응으로 F-actin으로 중합할 수 있다. *In vitro*에서 형성되는 F-actin 섬유는 세포에서 볼 수 있는 microfilament와 구별할 수 없으며, 이는 F-actin이 microfilament의 주 구성 요소임을 나타낸다.

Actin 필라멘트에 대한 X-선 회절 연구 결과와 그림 17-5a에 나온 actin 단량체 구조로부터 과학자들은 actin 필라멘트의 소단위들이 나선형 구조로 배열되어 있다는 것을 알아냈다(그림 17-5b). 이 배열에서 필라멘트는 2개의 나선 가닥이 서로 감긴 것으로 간주될 수 있다. 이런 구조에서 한 가닥에 있는 actin 소단위는 자신이 속해 있는 가닥에서 2개의 actin 분자와 접촉하고 있고(위에 하나, 아래쪽에 하나), 동시에 다른 가닥에 있는 2개의 actin 분자와도 접촉하고 있다. 한 가닥에 있는 actin 분자는 다른 가닥의 뒤쪽으로 휘감겨, 72 nm 또는 14개의 actin 소단위를 주기로 반복된다. F-actin은 두 가닥으로 이루어져 있으므로, actin 필라멘트 구조는 36 nm마다 반복되는 것으로 나타난다.

Uranyl acetate를 이용한 negative staining (매질염색) 후 전자현미경으로 F-actin을 관찰하면, F-actin은 지름이 7~9 nm 사이인 꼬인 끈으로 나타난다(그림 17-5c).

F-Actin은 구조적 극성과 기능적 극성을 가진다

Actin 필라멘트를 구성하는 actin 소단위는 같은 방향으로 연결되어 있다. 이처럼 actin 소단위들이 한 방향으로 배열된 결과, actin 필라멘트는 전체적으로 극성을 나타낸다. 즉, 필라멘트의 한쪽 끝이 다른 쪽과 다르다. 우리가 곧 보게 될 것처럼, actin 필라멘트를 이루는 actin 소단위의 방향성의 결과, 필라멘트의 한쪽 끝은 선호적으로 actin 소단위의 첨가가 일어나며, 이 끝을 (+) 말단이라 한다. 반면, 다른 쪽 끝에서는 소단위의 제거가 쉽게 일어나며, 이를 (–) 말단이라 한다. (+) 말단에 있는 actin 소단위의 ATP-binding cleft는 인접한 소단위와 접촉하는 반면, (–) 말단 actin 소단위의 ATP-binding cleft는 주변 용액에 노출되어 있다(그림 17-5b 참조).

Actin 소단위의 틈새, 즉 필라멘트의 극성은 X-선 결정학에 의해 제공되는 원자 분해능 없이는 감지할 수 없다. 그러나 actin 필라멘트의 극성은 특별한 실험 방법(decoration experiments, 장식 실험)과 전자현미경 관찰로 증명될 수 있는데, 이는 운동 단백질 myosin (17.5절에

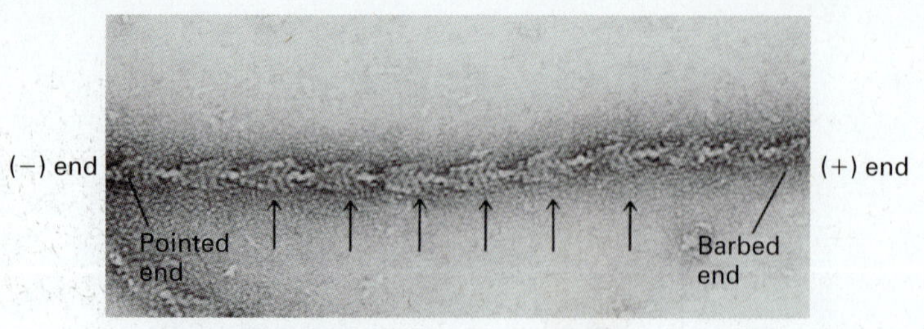

실험 그림 17-6 Myosin S1 장식은 actin 필라멘트의 정체성과 극성을 보여준다. Myosin S1 머리 domain은 특정 방향으로 actin 소단위에 결합한다. 필라멘트의 모든 actin 소단위에 myosin S1이 결합하면, S1은 필라멘트를 나선형으로 감고 있는 것처럼 보인다. 이렇게 F-actin 전체에 myosin S1이 결합하면, F-actin이 연속된 화살촉으로 장식된 것처럼 보이게 된다(화살표). 화살 장식이 가진 극성은 뾰족한 (-) 말단과 미늘 같은 (+) 말단을 규정한다. [Roger Craig, University of Massachusetts Medical School.]

서 논의)이 특이적으로 actin 필라멘트와 결합할 수 있는 능력을 이용한다. 이러한 유형의 실험에서는 myosin S1 조각을 이용한다. Myosin을 단백질 분해효소로 처리하면, myosin S1 조각을 얻을 수 있고, 이 부위는 actin과 결합하는 머리 domain (그림 17-22 참조)을 포함하고 있다. 과량의 myosin S1과 actin 필라멘트를 결합이 일어나는 조건에서 섞어주면, myosin은 actin 필라멘트의 측면에 약간 기울어진 상태로 결합한다. 필라멘트에 있는 모든 actin 소단위에 myosin이 결합하면, 그 필라멘트는 화살촉으로 장식된 것처럼 보이며, 이때 모든 화살촉은 필라멘트의 (-)끝을 가리킨다. 따라서 (-) 끝은 종종 actin 필라멘트의 *pointed end* (뾰족한 끝)이라고 불린다. (+) 끝은 *barbed-end* (미늘 끝)라고 알려져 있다. Myosin이 microtubule이나 intermediate filament가 아닌 actin 필라멘트에만 결합하기 때문에, 화살촉 장식은 세포의 전자현미경 사진에 존재하는 여러 종류의 cytoskeletal fiber 중에서 actin 필라멘트를 확실히 확인할 수 있는 기준 중 하나이다.

17.1절의 주요 개념

Microfilament 및 Actin 구조물

- Microfilament는 다양한 구조로 조립될 수 있으며, 그중 다수는 원형질막과 관련되어 있다(그림 17-4a 참조).
- Microfilament의 기본 구성 요소인 actin은 진핵세포에 풍부한 단백질로 종들 사이에서 매우 많이 보존되어 있다.
- Actin은 가역적으로 actin 소단위로 만들어진 2개의 나선 가닥으로 구성된 필라멘트로 조립될 수 있다.
- 필라멘트의 actin 소단위는 모두 같은 방향으로 배열되어 있으며, 이때 뉴클레오타이드(ATP/ADP) 결합 부위가 (-) 끝에 노출되도록 되어 있다(그림 17-5 참조).

17.2 Actin Filament의 역동성

Actin cytoskeleton은 actin 필라멘트의 조립과 분해 그리고 기능적 구조와의 연관성이 정교하게 조절되는 동적 구조이다. 어떤 cytoskeleton 구조에서는 microfilament가 몇 시간 동안 안정적이지만, 다른 구조에서는 microfilament가 몇 초 안에 성장하거나 길이가 짧아진다. Actin 필라멘트 체계의 이러한 변화는 세포 모양의 큰 변화나 세포내 구조물의 움직임을 일으키는 힘을 발생시킬 수 있다. 이 절에서, 우리는 먼저 중합과 탈중합에 대한 actin의 내재적 능력을 고려한 다음, 이러한 과정이 부속 단백질(accessory protein)에 의해 어떻게 조절되는지 살펴본다. 우리는 actin-binding protein들이 actin filament의 안정성과 분해 조절에 어떻게 중요한 역할을 하는지 볼 것이다. 이후 부분에서는 세포가 actin 필라멘트를 조립하고 체계화하기 위해 사용하는 메커니즘, 세포 내에서의 actin filament의 조립 위치가 신호전달 경로에 의해 어떻게 조절되는지 그리고 actin filament와 myosin이 운동 과정들을 어떻게 구동할 수 있는지에 대해 살펴본다. 이 장에서 논의된 actin-binding protein의 요약은 표 17-1에 제시되어 있다.

In vitro Actin 중합은 3단계로 진행된다

F-actin 필라멘트를 형성하기 위한 G-actin 단량체의 *in vitro* 중합은 viscometry (점도측정법), 침전, fluorescence spectroscopy (형광 분광법) 또는 fluorescence microscopy (형광현미경)로 측정할 수 있다(4장 참조). 중합된 actin 필라멘트들이 길어져 서로 엉키게 되면, 용액의 점도가 증가하게 되며, 이는 점도계에서 측정하는 실험 용액의 유

표 17-1 • 본 장에서 논의된 actin-결합 단백질의 요약

Name	Primary Function
Profilin	G-actin nucleotide exchange
Cofilin	F-actin disassembly
Thymosin-β_4	G-actin monomer sequestering
CapZ (+ end) and Tropomodulin (– end)	F-actin end-binding
Gelsolin	F-actin severing
Formins, Arp2/3	Actin nucleating
Fimbrin, α-actinin, Filamin, Spectrin	F-actin cross-linking
Ankyrin, Band 4.1, ERM proteins, Dystrophin	F-actin-membrane linking
Myosins	F-actin-based molecular motors
Nebulin	F-actin length regulation
Tropomyosin	F-actin stabilizing

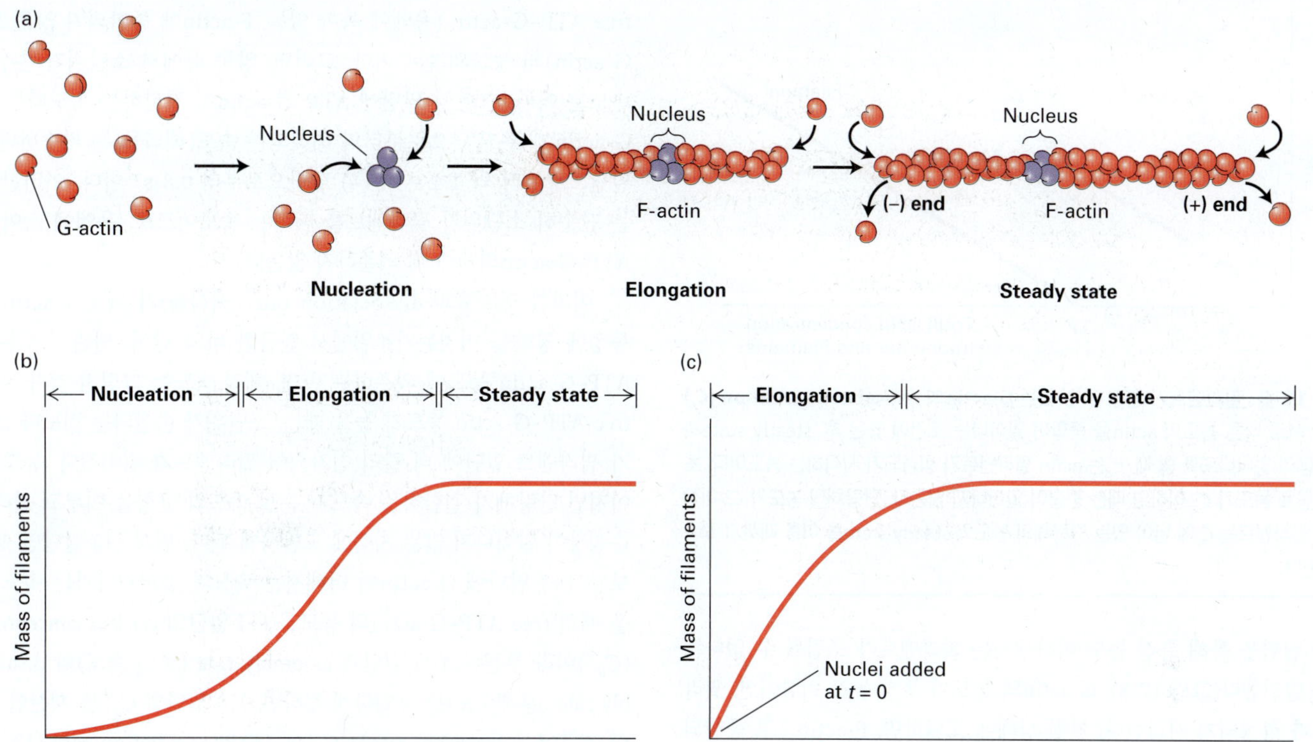

그림 17-7 ***in vitro* G-actin 중합의 3단계.** (a) 초기 핵 형성 단계에서 ATP–G-actin 단량체(빨간색)는 천천히 안정적인 actin 복합체(보라색)를 형성한다. 두 번째 단계에서 이 핵들의 양쪽에 단량체들이 결합하면서 그 필라멘트는 길이가 빠르게 늘어난다. 세 번째 단계에서 actin 필라멘트의 말단은 단량체 G-actin과 평형을 이룬다. (b) *in vitro* 중합 반응의 시간 과정은 핵 형성과 연관된 초기 지체기, 신장기 그리고 steady state를 보여준다. (c) 핵으로 작용할 수 있는 짧고 안정한 F-actin 조각을 반응의 시작 시기에 추가하면, 지체기 없이 F-actin의 형성(elongation)이 바로 시작된다.

속 감소로 나타난다. 침전물 분석의 기본 원리는 실험 용액을 ultracentrifugation (초원심분리) (30분 동안 100,000g)하면, F-actin은 침전되지만 G-actin은 침전되지 않는 점을 이용한다. 세 번째 분석 방법은 형광 염료로 표시된 G-actin (G-actin에 형광염료를 공유결합으로 연결)을 사용한다. G-actin이 F-actin으로 중합하게 되면 G-actin에 결합한 형광염료의 형광 스펙트럼이 변한다. 마지막으로, 형광으로 표시된 필라멘트의 길이 성장은 형광현미경으로 실시간으로 촬영할 수 있다. 이 네 가지 분석 방법은 actin 중합에 대한 동역학적(kinetic) 연구와 함께 actin-binding protein들을 actin 역학(중합/분해)에 관여하는 것들과 actin 필라멘트들을 서로 cross-link (교차결합)시키는 단백질로 구분하는 데 유용하다.

Actin 조립의 메커니즘은 광범위하게 연구되어 왔다. ATP를 포함하고 cation (양이온)의 농도가 낮은 완충용액을 사용하면, G-actin을 필라멘트로 중합되지 않는 상태로 고농도로 순화하는 것이 가능하다. 이런 G-actin 용액에 양이온(예, 100 mM K^+ 및 2 mM Mg^{2+})을 첨가하면 G-actin의 중합을 유도하게 되며, 이 중합 과정의 속도는 반응이 시작될 때 용액의 G-actin농도에 의해 결정된다. 이 과정은 가역적이다: F-actin은 용액의 ionic strength (이온 강도)가 낮아지면 G-actin으로 탈중합된다. 순수한 G-actin의 *in vitro* 중합은 3개의 순차적 단계로 진행된다(그림 17-7a).

1. *Nucleation phase* (핵 형성기)는 특징적인 lag period (지체기)로 표지되며, 이 기간에 G-actin 소단위가 2개 또는 3개씩 결합하여 소중합체(oligomer)를 형성한다. 3개의 G-actin이 결합한 소중합체가 되면, 이 소중합체는 다음 단계를 위해 씨앗 또는 핵으로 기능할 수 있다.
2. *Elongation phase* (신장기) 동안 짧은 소중합체의 길이는 actin 단량체들이 양끝에 첨가되면서 빠르게 증가한다. F-actin 필라멘트가 길어짐에 따라, G-actin 단량체의 농도는 F-actin의 말단과 G-actin 단량체 사이에 평형이 도달될 때까지 감소하며, 안정 상태에 도달하게 된다.
3. *Steady state* (안정 상태) *phase*에서 G-actin 단량체들은 F-actin의 양 말단에서 교환이 일어나지만, F-actin 필라멘트들의 전체 길이에는 변화가 없다.

그림 17-7b와 c의 반응 곡선은 중합 각 단계 동안의 F-actin의 질량을 보여준다. G-actin 용액에 매우 짧은 필라멘트로 구성된 소수의 F-actin 핵을 추가하면 지체기를 제거할 수 있다. 이런 실험은 지체기가 핵 형성이 일어나는 기간임을 보여준다(그림 17-7c).

핵 형성이 일어나기 위해서는 얼마나 많은 G-actin이 필요한가? 과학자들은 중합이 일어날 수 있는 조건에서 다양한 농도의 G-actin을 이

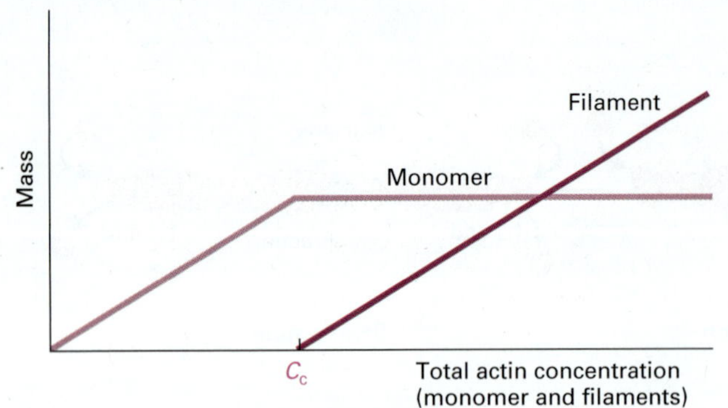

그림 17-8 필라멘트가 형성될 수 있는 G-actin의 critical concentration (C_c) 측정. 서로 다른 농도의 actin을 중합이 일어나는 조건에 놓은 후, steady state까지 반응이 일어나도록 할 때, C_c는 actin 필라멘트가 형성되기 시작하는 농도이다. 초기 단량체 농도가 C_c 이하일 때는 중합이 일어나지 않는다. 단량체의 농도가 C_c 이상이면, 필라멘트는 C_c에 남아 있는 단량체의 농도와 steady state를 이룰 때까지 계속 조립된다.

용한 실험을 통해 특정 농도 이하에서는 필라멘트가 조립될 수 없다는 것을 발견했다(그림 17-8). G-actin의 농도가 특정 농도 이상이면, 필라멘트가 형성되기 시작한다; 안정 상태에 도달하면, F-actin으로 중합되는 G-actin의 양은 F-actin의 양 말단에서 해리되는 G-actin의 양과 균형을 이루게 되고, 그 결과 필라멘트와 G-actin의 혼합 상태를 이루게 된다. 필라멘트가 형성되는 actin 단량체의 최소 농도는 **critical concentration (C_c, 임계 농도)**로 알려져 있으며, C_c 이하에서는 필라멘트가 형성되지 않고, C_c 이상에서는 필라멘트가 형성된다. 안정 상태에서 단량체 actin의 농도는 C_c로 유지된다(그림 17-8).

Actin 필라멘트는 (+) 말단에서 (–) 말단 보다 더 빠르게 자란다

Myosin S1 장식 실험을 사용해서, 우리는 F-actin에서 actin 소단위들이 균일한 방향으로 존재하기 때문에 F-actin이 고유한 구조적 극성을 가지고 있음을 알았다(그림 17-5 및 17-6 참조). 위에서 설명한 것처럼, G-actin은 ATP 또는 ADP와 결합할 수 있다. ATP–G-actin이 필라멘트로 결합할 때, ATP는 ADP-P_i–actin으로 빠르게 가수분해되지만, P_i는 더 천천히 방출되어, 대부분 ADP-P_i–actin과 ADP-actin으로 구성된 필라멘트를 생성한다. 이에 더해 이런 현상은 두 말단을 다르게 만든다. 즉, (+) 말단은 ATP-actin 또는 ADP-P_i–actin 으로 구성되어 있는 반면, (–) 말단은 ADP–G-actin으로 구성되어 있다. ATP–G-actin 단량체들이 기존의 myosin으로 장식된 필라멘트에 첨가되면, 두 말단은 매우 다른 속도로 성장한다(그림 17-9). 사실, ATP–G-actin의 첨가되는 속도는 (–) 말단보다 (+) 말단에서 거의 10배 빠르다. 반응속도를 측정한 실험 결과, ATP-G-actin이 더해지는 속도는 (+) 말단에서 약 12 μM^{-1} s^{-1}이고, (–) 말단에서는 약 1.3 μM^{-1} s^{-1}이다(그림 17-10a). 즉, 1 μM의 ATP-G-actin이 미리 형성된 필라멘트에 첨가되면 초당 평균 12개의 소단위가 (+) 말단에 첨가되는 반면, (–) 말단에는 초당 1.3개만 첨가된다. G-actin이 첨가되는 속도(association rate, 연관율)는 free ATP–G-actin (용액에 녹아 있는, F-actin에 중합되지 않은 ATP–G-actin)의 농도의 함수이다. 그러면, 양쪽 끝에서 소단위가 손실되는 속도는 어떠한가? 양 말단에 ATP–G-actin이 결합하는 속도와는 달리, G-actin이 두 말단으로부터의 해리되는 속도(해리율)는 비슷하다: (+) 말단으로부터 약 1.4 s^{-1} , (–) 말단으로부터 0.8 s^{-1}이다. 이러한 해리는 단순히 소단위가 필라멘트를 떠나는 속도이므로, 용액에 녹아 있는 ATP–G-actin의 농도에 의존하지 않는다.

이러한 연관율과 dissociation rate (해리율)가 어떻게 actin의 역동성에 영향을 미치는가? 위에서 언급한 바와 같이, 연관 속도는 free ATP–G-actin 농도에 의존하는 반면, 해리 속도는 그렇지 않다. 따라서 free ATP–G-actin 농도가 높을 때는, 소단위가 손실되는 것보다 소단위가 필라멘트 말단에 더 빨리 첨가되어 필라멘트가 길어진다. 농도가 낮아지면 단량체가 결합하는 속도가 손실 속도와 균형을 이루고 필라멘트 순성장이 일어나지 않는 지점에 도달하게 된다. 먼저 (+) 말단만 생각해 보자. (+) 말단에 G-actin이 더해지는 속도와 떨어져나가는 속도가 같을 때의 free ATP–G-actin의 농도를 (+) 말단의 *critical concentration* (C_c^+)이라 부른다. (+) 말단의 assembly rate (조립 속도)와 disassembly rate (분해속도)를 동일하게 정하면, (+) 말단의 C_c^+를 계산할 수 있다. C_c^+에서 assembly rate는 C_c^+에 (+)의 association rate (12 μM^{-1} s^{-1})를 곱한 값($C_c^+ \times 12$ s^{-1})인 반면, 분해 속도는 free ATP–G-actin의 농도에 영향을 받지 않는다. 즉, 1.4 s^{-1} 이다. 이 두 속도를 서로 동일하게 설정하면 (+) 말단의 Cc^+ 는 1.4 s^{-1}/12 μM^{-1} s^{-1}, 즉 0.12 μM로 계산된다. Free ATP–G-actin의 농도가 C_c^+ (0.12 μM) 이상이면, actin 소단위가 (+) 말단에 첨가되고 F-actin의 순증식이 일어나는 반면, free ATP–G-actin의 농도가 C_c^+ 보다 낮으면 소단위의 순손실이 발생하고 F-actin이 감소하게 된다.

이제 (–) 말단에 대해 생각해 보자. (–) 말단에 free ATP–G-actin이 중합되는 속도(1.3 μM^{-1} s^{-1})는 (+) 말단에 비해 훨씬 낮지만, 해리 속도는 0.8 s^{-1}로 거의 같기 때문에, (–) 말단의 critical concentration (C_c^-)은 Cc^+보다 높을 것으로 예상한다. 실제로, 방금 (+) 말단의 경우와 같이, 우리는 C_c^-를 약 0.8 s^-/1.3 μM^{-1} s^{-1} 또는 0.6 μM으로 계산할

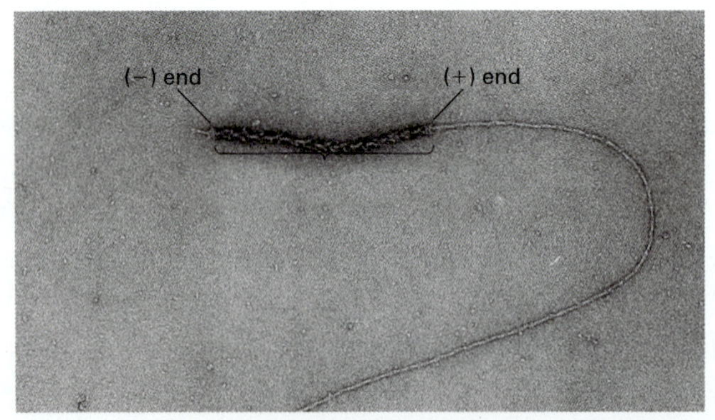

실험 그림 17-9 Myosin으로 장식된 actin filament의 양 끝은 다른 속도로 자란다. 짧은 actin 필라멘트를 myosin S1 머리로 장식하여, 필라멘트의 방향이 나타나게 한 후, 이를 actin 중합의 핵으로 사용하면, G-actin 단량체는 필라멘트의 (–) 말단보다 (+) 말단에 훨씬 더 효율적으로 첨가된다. [Courtesy Thomas Pollard.]

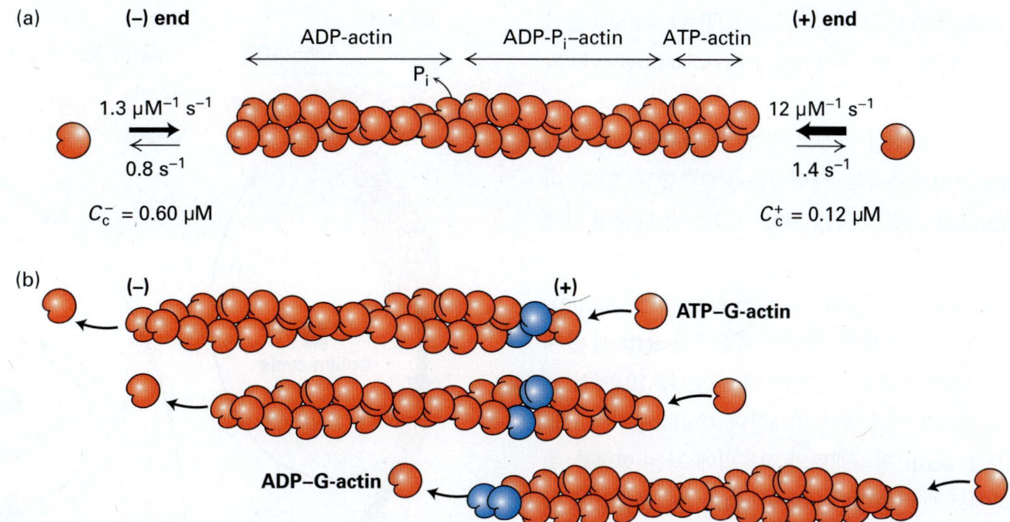

그림 17-10 Actin treadmilling. ATP-actin 소단위는 actin 필라멘트의 (–) 말단보다 (+) 말단에서 더 빨리 첨가된다. 이런 결과로, (+) 말단의 critical concentration은 낮아지고 steady state에서 treadmilling이 발생한다. (a) ATP-actin 첨가 속도는 (–) 말단에서보다 (+) 말단에서 훨씬 빠르다. 반면, 양 말단에서 actin 소단위가 해리되는 속도는 비슷하다. 이 차이로 인해 (+) 말단의 critical concentration이 낮아진다. Steady state에서, ATP-actin은 (+) 말단에 우선적으로 첨가되어 필라멘트의 (+) 말단 근처에 ATP-actin을 짧은 부분이 형성되고, (–) 말단을 향한 방향으로, ADP-P_i–actin과 ADP-actinactin을 포함하는 영역이 형성된다. (b) Steady state에서 ATP–G-actin 소단위는 (+) 말단에 우선적으로 결합하고, 반면에 ADP–G-actin은 (–) 말단에서 해리되므로, 이런 현상은 필라멘트에 있는 actin 소단위들의 treadmilling을 일어나게 한다. 참고로, 2개의 actin 소단위는 시간이 지남에 따라 필라멘트 내에서 플러스 말단에서 마이너스 말단으로 이동하는 것처럼 보이기 위해 파란색으로 표시하였다.

수 있다. 따라서 free ATP–G-actin의 농도가 0.6 μM 미만인 경우(예, 0.3 μM)에는 (–) 말단에서 소단위들이 떨어져 나온다. 하지만 이 농도는 (+) 말단의 C_c^+보다 높기 때문에 (+) 말단에서는 actin filament가 계속 자라나게 된다. 두 말단의 critical concentration이 다르고, 또 steady state의 free ATP–G-actin의 농도는 C_c^+와 C_c^- 사이에 있으므로, steady state에서 (+) 말단은 성장하고 (–) 말단에서는 소단위가 떨어져 나오게 된다. 이런 현상 때문에 그림 17-10b에서 파란색으로 표시된 actin 소단위는 마치 actin 필라멘트를 통해 이동하는 것처럼 보이며, 이 현상은 **treadmilling (트레드밀링)**으로 알려져 있다.

Actin 필라멘트의 treadmilling은 ATP의 가수분해에 의해 작동된다. ATP–G-actin이 필라멘트의 (+) 끝에 결합하면, ATP는 ADP와 P_i로 가수분해된다. P_i가 필라멘트의 actin소단위로부터 서서히 방출되기 때문에 필라멘트는 다음과 같은 3 영역으로 구성되게 된다; (+) 말단의 짧은 지역은 ATP와 결합한 상태의 actin 소단위들로 구성되어 있고, 필라멘트의 중앙부는 ADP-P_i–actin 소단위로 이루어져 있으며, P_i가 방출된 후, (–) 말단은 ADP-actin 소단위로 이루어져 있다(그림 17-10a). 필라멘트를 구성하는 actin 소단위로부터 P_i가 방출되는 동안 actin의 입체 구조에 변화가 일어나며, 이 입체 구조의 변화가 필라멘트 양 말단이 서로 다른 association rate와 dissociation rate를 갖게 되는 원인이다. *in vitro*에서 시행한 treadmilling 실험 결과는 충분한 양의 ATP–G-actin이 공급되는 조건에서 얻은 것이며, 다음 내용에서 볼 수 있듯이, 체내에서도 충분한 양의 ATP-actin이 존재한다. 따라서 actin은 ATP의 가수분해에서 얻은 에너지를 treadmilling이 일어나게 이용할 수 있고, 앞으로 볼 것처럼 treadmilling하는 필라멘트는 생체 내에서 일을 수행할 수 있다.

Actin 필라멘트 Treadmilling은 Profilin (프로필린)과 Cofilin (코필린)에 의해 가속된다

세포 내에서 일어나는 actin treadmilling은 *in vitro*에서 생리적 조건하에 순수한 actin을 이용한 실험에서 관찰되는 것 보다 몇 배 이상 빠른 속도로 일어날 수 있다. 세포 내에서 treadmilling이 왜 더 빠르게 일어나며, 세포는 어떻게 (–) 말단에서 떨어져 나온 ADP-actin을 (+) 말단에 추가될 수 있는 ATP-actin으로 재충전하는가? 이 질문의 답에는 2개의 actin-binding proteins들이 포함된다.

첫 번째 단백질은 **profilin**이다. Profilin은 G-actin의 nucleotide 결합 틈새의 반대쪽 부분에서 G-actin에 결합하는 작은 단백질이다(그림 17-11 profilin cycle, 프로필린 회로, 참조). Profilin이 ADP–G-actin에 결합하면, profilin은 actin의 nucleotide 결합 틈새를 열어, 결합되어 있던 ADP가 방출되는 것을 크게 촉진한다. 세포 내에서 [ATP](ATP의 농도)가 [ADP](ADP의 농도)보다 훨씬 크기 때문에, ATP는 쉽게 ADP를 방출한 G-actin과 결합하여, profilin–ATP-G-actin 복합체를 형성하게 된다. Profilin이 G-actin에 결합하면서, G-actin이 actin 필라멘트의 (–) 말단에 결합하기 위해 필요한 부분을 차단하기 때문에 profilin–ATP-G-actin 복합체는 (–) 말단에 결합할 수 없다. 하지만, profilin–ATP-actin 복합체는 (+) 말단에는 효율적으로 결합할 수 있다. Profilin–ATP-G-actin이 필라멘트에 결합되면, profilin은 G-actin으로부터 해리된다. Profilin의 활성은 treadmilling 속도를 증가시키지 않지만, 방출된 ADP-actin을 ATP-actin으로 바꿔 지속적으로 ATP-G-actin이 공급되게 한다. Profilin의 기능으로, 세포 내의 모든 free-G-actin은 ATP와 결합되어 있다.

Profilin은 또 다른 중요한 특성을 가지고 있다: 이 단백질은 actin에 결합하는 동시에 proline 잔기가 풍부한 단백질들과 결합할 수 있다. 이 특성이 어떻게 actin filament 조립 속도를 높일 수 있는지 나중에 알게 될 것이다.

세포내 actin treadmilling을 촉진하는 두 번째 actin-binding protein은 **cofilin**이다. Cofilin은 분자량이 작은 단백질로 F-actin에 존재하는 ADP-actin 소단위에 특이적으로 결합하는데, 그림 17-10a에서 보면, ADP-actin은 F-actin의 (-) 말단 쪽에 존재한다. Cofilin은 두 actin 단량체를 연결하면서 또 F-actin 필라멘트의 비틀림에 작은 변화를 주면서 결합한다. 이 필라멘트의 비틀림의 변화는 cofilin이 결합되어 있는 부위와 결합하지 않은 부위 사이에 있는 필라멘트를 불안정하게 하여 필라멘트를 짧은 조각으로 분해한다. 이러한 방식으로 필라멘트를 끊음으로써, cofilin은 더 많은 (-) 말단들을 생성하고, 따라서 필라멘트의 순분해를 크게 촉진한다(그림 17-11의 cofilin cycle, 코필린 회로 참조). 방출된 ADP-actin 소단위들은 위에 설명된 대로 profilin에 의해 ATP-actin으로 충전되고 (+) 말단에 더해진다.

Actin 필라멘트가 형성되는 조건에서 순화된 profilin과 cofilin을 순화된 G-actin과 섞어 주면, *in vitro* treadmilling 속도는 이들 두 actin-결합 단백질이 없을 때의 treadmilling 속도에 비해 10배 이상 증가한다. 이렇게 증가한 *in vitro*의 treadmilling의 속도는 세포 내에서 관찰된 것과 비슷하다.

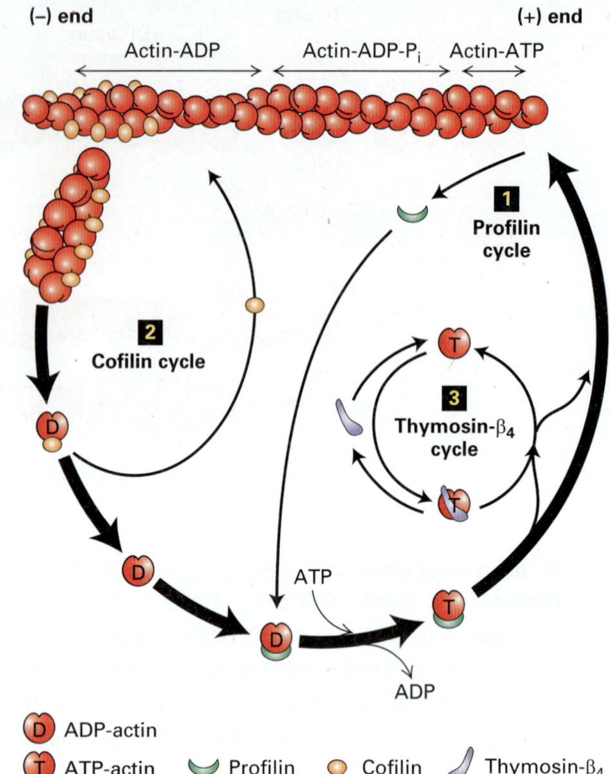

그림 17-11 Actin-binding protein에 의한 필라멘트 turnover (재편성) 조절. Actin-binding proteins는 actin 필라멘트의 조립 및 분해 속도뿐만 아니라 중합에 필요한 G-actin의 가용성도 조절한다. Profilin cycle에서는(단계 1), profilin은 ADP-G-actin과 결합하고 ADP와 ATP의 교환을 촉매한다. Profilin-ATP-G-actin 복합체는 필라멘트의 (+) 말단에 actin을 전달하고, 해리된 profilin은 재사용된다. Cofilin cycle (단계 2)에서 cofilin은 주로 ADP-actin을 함유한 필라멘트 영역에 결합하여 필라멘트가 여러 조각으로 분해되도록 유도한다. 그 결과, 많은 수의 (-) 말단이 만들어지며 따라서 필라멘트의 탈중합(depolymerization)을 촉진한다. Thymosin-β4 cycle (단계 3)에서는 thymosin-β_4가 profilin cycle에서 만들어진 ATP-G-actin과 결합하여, 필라멘트에 결합할 수 없는 ATP-G-actin-thymosin-β_4 복합체를 만든다. 즉, ATP-G-actin을 중합반응으로부터 격리시킨다. 세포 내에 actin 필라멘트가 지속적으로 중합되어, free G-actin의 농도가 낮아지면, free G-actin이 profilin과 결합하여 추가로 중합에 사용할 수 있는 free G-actin을 공급하기 위해 G-actin-thymosin-β_4가 분리된다.

Thymosyn-β_4는 중합을 위한 actin의 저장고를 제공한다

세포 내에 아주 많은 양의 G-actin이 존재—때로는 세포내 전체 actin의 절반 정도를 차지할 정도—한다는 것은 오랜 동안 알려져 왔다. 세포내 actin의 농도는 100–400 μM 까지 이를 수 있기 때문에, 이는 세포 내에 50–200 μM의 중합되지 않은 actin이 존재할 수 있음을 의미한다. *In vitro*에서 측정한 critical concentration은 약 0.2 μM임에도 불구하고, 이 많은 actin이 어떻게 중합되지 않은 상태로 존재할 수 있는가? 이에 대한 답은, 최소한 부분적으로는, G-actin을 격리시키는 단백질들 때문이다. G-actin을 격리시키는 단백질들 중 하나가 **thymosin-β_4**이다. Thymosin-β_4가 ATP-G-actin에 결합하면, 이 복합체(Thymosin-β_4-ATP-G-actin)는 actin 필라멘트의 어느 쪽 끝에도 결합하지 못한다. 일례로, 인간의 platelet (혈소판)을 생각해 보자. 이 원반 모양의 세포 조각들은 매우 많이 존재하며, 혈액 응고 중에 활성화되면 폭발적인 F-actin 조립을 수행한다. Platelet에는 actin이 풍부하며—platelet의 actin의 총 농도는 약 550 μM으로 추정된다—그중 220 μM은 중합되지 않은 형태이다. Platelet들은 또한 약 500 μM의 thymosin-β4를 함유하고 있으며, thymosin-β_4들이 유리 actin (free actin)의 대부분을 격리시킨다. 그러나 다른 단백질 상호작용에서와 마찬가지로, free actin과 free thymosin-β_4는 actin-thymosin-β_4 복합체와 동적 평형 상태에 있다. 일부 free actin이 actin 필라멘트에 결합되면, 더 많은 actin-thymosin-β_4 복합체가 분리되어 중합에 이용 가능한 actin 소단위의 공급이 일정하게 유지된다(그림 17-11의 thymosin-β_4 주기 참조). 따라서 thymosin-β_4는 중합되지 않은 actin의 완충제로 작용하여 필요할 때 ATP-actin 소단위를 사용할 수 있게 한다.

Capping 단백질은 Actin 필라멘트 말단에서 조립 및 분해를 차단한다

세포는 actin 필라멘트의 말단에 결합하는 단백질—capping proteins—을 이용하여 treadmilling과 필라멘트의 역동성을 더욱 조절한

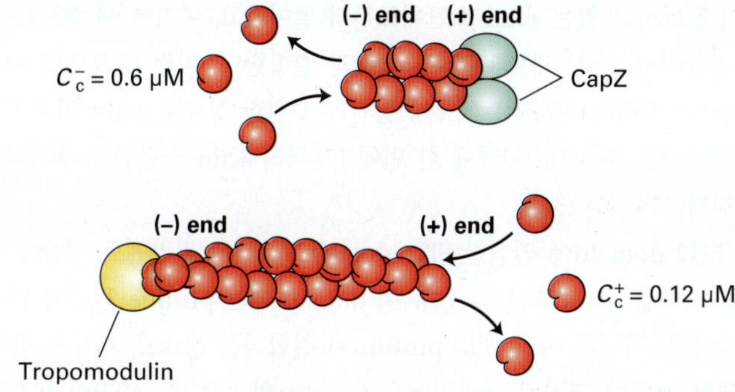

그림 17-12 필라멘트 캡 형성 단백질. Capping (캡핑) 단백질은 필라멘트 끝에서 조립과 분해를 막는다. CapZ는 필라멘트가 일반적으로 자라는 (+) 말단을 막는다. 따라서, CapZ의 기능은 actin의 역동성을 (–) 말단으로 제한시키는 것이다. Tropomodulin은 필라멘트의 분해가 통상 일어나는 (–) 말단을 막는 것이다. 따라서, trpomodulin의 주기능은 필라멘트를 안정화하는 것이다.

다. 이런 조절이 없으면, actin 필라멘트는 조절되지 않는 방식으로 계속해서 자라고 분해될 것이다. 예상할 수 있듯이, 두 종류의 단백질들이 발견되었는데, 한 종류는 (+) 말단에 결합하고, 다른 한 종류는 (–) 말단에 결합한다(그림 17-12).

CapZ로 알려진 단백질은 2개의 매우 가까운 동류의 소단위로 구성되어 있으며, actin 필라멘트의 (+) 말단에 매우 높은 친화력을 갖고 결합하여(약 0.1 nM), 이 말단에 소단위가 추가되거나, 이 말단에서 소단위가 떨어져 나가는 것을 막는다. 세포내 CapZ의 농도는 일반적으로 새로 형성된 (+) 말단들을 빠르게 막기에 충분하다. 그렇다면, 필라멘트는 어떻게 (+) 끝에서 자랄 수 있을까? 적어도 두 가지 메커니즘이 CapZ의 활성을 조절한다. 첫째, CapZ의 캡 활성은 원형질막에서 발견되는 조절 인지질 phosphatidylinositol 4,5-bisphosphate [PI(4,5)P_2] (포스파티딜이노시톨 4,5-이중인산[PI(4,5)P_2])(16장 참조)에 의해 억제된다. 둘째, 최근의 연구는 특정 조절 단백질들이 (+) 말단에 결합할 수 있어서, 이 말단에 CapZ가 결합하는 것을 막아, 이 말단들에서 actin 필라멘트가 계속 자라게 할 수 있다는 것을 보여주었다. 따라서 세포는 시간과 장소에 따라 actin 필라멘트의 조립이 필요한 경우를 제외하고는 (+) 말단에서 actin 필라멘트가 계속 조립되는 것을 막는 정교한 메커니즘을 진화시켰다.

Tropmodulin (트로포모듈린)은 actin 필라멘트의 (–) 말단에 결합함으로써 필라멘트 조립 및 분해를 억제하는 조절 단백질 중 하나이다. 이 단백질은 주로 적혈구의 피질에 있는 짧은 actin 필라멘트와 근육에 있는 actin 필라멘트와 같이 actin 필라멘트를 장시간 동안 안정화 시켜야 하는 세포에서 발견된다. 이 두 세포 모두에서 tropomodulin은 actin 필라멘트를 안정화시키기 위해 actin-binding protein인 tropomyosin (트로포미오신)과 함께 작용한다. 이러한 단백질 상호작용에 대해서는 이 장의 뒷부분에서 자세히 살펴보기로 한다.

CapZ 외에도, 다른 종류의 단백질들이 actin 필라멘트의 (+) 말단을 막을 수 있다. 이 단백질들은 또 actin 필라멘트를 절단할 수도 있다. 이런 단백질 중의 하나인 *gelsolin* (젤솔린)은 Ca^{2+} 이온의 농도에 의해 조절된다. Ca^{2+}와 결합하면, gelsolin의 입체 구조가 변한다. 이 입체 구조의 변화는 gelsolin이 actin 필라멘트의 측면에 결합하고, 그 자신을 필라멘트의 actin 소단위 사이에 삽입하여, 필라멘트를 절단할 수 있게 한다. 필라멘트를 절단한 후, gelsolin은 그 필라멘트의 (+) 말단에 결합한 상태로 남아, 그 말단에 새로운 G-actin이 결합하지 못하게 한다(cap 형성). 이와 함께 gelsolin에 의한 필라멘트의 절단은 분해할 수 있는 새로운 (–) 말단도 생성한다. 나중에 논의될 것이지만, actin cross-linking protein (actin 교차 결합 단백질)은 F-actin의 용액을 gel로 바꾸기 위해 개별 actin 필라멘트 사이를 연결시킬 수 있다. 만약 gelsolin이 그러한 gel에 첨가되고 Ca^{2+}의 농도가 올라가면, gelsolin은 actin 필라멘트를 절단하고 gel을 다시 액체로 바꿀 것이다. Gel을 sol로 바꾸는 이 능력은 이 단백질이 *gelsolin*이라 이름 붙여진 이유이다.

17.2절의 주요 개념

Actin Filament의 역동성

- Actin 필라멘트 형성의 rate-limiting step (율속 단계)은 짧은 actin 소중합체(핵)를 형성하는 단계이며, 이렇게 형성된 소중합체는 필라멘트로 길이가 늘어날 수 있다.
- Critical concentration (C_c)은 그 보다 낮은 농도에서는 actin 필라멘트가 형성되지 않는 G-actin의 농도이다.
- G-actin의 농도가 C_c 이상일 때, 필라멘트 끝은 자랄 것이고, C_c보다 낮을 때 필라멘트는 줄어들 것이다(그림 17-8 참조).
- ATP–G-actin은 (–) 말단보다 (+) 말단에 훨씬 빠르게 첨가되므로, (–) 말단보다 (+) 말단의 critical concentration이 낮아진다.
- Steady state에서 actin 소단위는 필라멘트를 통해 쳇바퀴 돌기 (treadmill)를 한다. Treadmilling은 ATP-actin (+) 말단에서 첨가되고, ATP는 ADP와 P_i로 가수분해되며, P_i는 천천히 소실되고, ADP-actin은 (–) 말단에서 분리된다는 것을 의미한다.
- Actin 필라멘트의 길이와 turnover 속도는 특별한 기능을 가진 actin-결합 단백질에 의해 조절된다(그림 17-11 참조). Profilin은 G-actin에 결합한 ADP를 ATP로 교환하고, cofilin은 ADP-F-actin 영역에 결합하여 필라멘트를 절단하며, 필라멘트 (–) 말단으로부터 ADP-actin이 분해되는 속도를 높이기 위해 새로운 (–) 말단을 생성한다. Thymosin-β_4는 G-actin과 결합하여 필요할 때를 대비한 G-actin을 비축한다. 캡핑 단백질은 필라멘트 끝에 결합하여 조립과 분해를 막는다.

17.3 Actin Filament 조립의 메커니즘

Actin 필라멘트가 얼마나 빠르게 형성되는가를 결정하는 단계(rate-limiting step)는 초기 actin 핵(actin nucleus)의 형성으로, 형성된 actin nucleus로부터 필라멘트가 자라기 시작한다(그림 17-7a 참조). 세포에서, 이 단계는 actin 필라멘트가 어디에서 조립되고 어떤 종류의 actin 구조가 생성되는지를 결정하는 제어점(control point)으로 사용된다(그림 17-1, 17-4 참조). 2 그룹의 중요한 *actin-nucleating protein* (*actin* 핵 형성 단백질) — **formin (포민)** 군에 속하는 단백질들과 **Arp2/3 복합체** — 들이 신호전달 경로의 제어 하에 actin 필라멘트 조립을 위한 핵(actin nucleus)을 형성하며, 이 핵들로부터 다른 actin 구조가 만들어진다. Formin들은 긴 actin 필라멘트의 조립을 유도하는 반면, Arp2/3 복합체는 분지된 필라멘트 네트워크 형성을 유도한다. 이 단에서는 formin과 Arp2/3 복합체 각각에 대하여 논의하고, 이어 actin polymerization이 어떻게 세포에서 motile process (운동 과정)를 가동하는가를 알아보며, 이어서 다른 특수 actin 핵 형성 인자(actin-nucleating factors)들에 대하여 논의한다.

Formin은 가지가 없는 필라멘트를 조립한다

Formin은 거의 모든 진핵세포에서 발견되는 한 family에 속하는 다양한 단백질들로 척추동물에는 7가지 다른 종류들이 존재한다. 비록 다양하지만, formin 계열에 속하는 모든 단백질들은 공통적으로 FH1 및 FH2 domain (formin homology domain 1과 2, 포민 상사 domain 1, 2)이라고 불리는 2개의 인접한 domain을 가지고 있다. 2개의 formin 단백질에서 각각 하나씩 공여된 2개의 FH2 domain은 결합하여 도넛 모양의 복합체를 형성한다(그림 17-13a). 이 복합체는 2개의 actin 소단위와 결합하고, 이 두 actin 소단위를 새로 조합되는 필라멘트의 (+) 말단이 FH2 domain 쪽을 향하도록 유지하여, 이 2개의 actin 소단위가 actin 필라멘트 조립에 필요한 핵으로 기능할 수 있게 한다. 즉, 이런 구조에서 actin 필라멘트는 FH2 domain 복합체가 붙어 있는 상태에서 (+) 말단에서 자랄 수 있다. 이것이 어떻게 가능할까? 앞에서 보았듯이, actin 필라멘트는 2개의 소단위 가닥이 얽힌 것으로 생각될 수 있다. FH2 dimer는 2개의 말단 actin 소단위에 결합할 수 있다. FH2 dimer는 아마도 2개의 말단 actin 소단위 사이에서 춤추듯 움직인다고 생각된다. 즉, 2개의 FH2 domain 중 하나가(편의상 A라고 하자) 결합하고 있던 actin 소단위에서 떨어져나가 새로운 소단위가 그 actin에 결합할 수 있는 공간을 만들고, 새로운 actin이 그 곳에 결합하면, A는 다시 그 새로 첨가된 actin에 결합한다. 이번에는 다른 FH2 domain (B)가 자신이 결합하고 있는 actin 소단위로부터 떨어지고, 여기에 새로운 actin이 결합하면, 다시 새로 추가된 actin과 결합한다. 이런 방식으로 FH2 dimer는 자라는 필라멘트의 (+) 말단에 결합한 상태로 actin 필라멘트를 구성하는 두 actin 가닥에 한 번에 1개씩의 actin 소단위가 추가되도록 한다(그림 17-13a).

FH2 domain에 인접한 FH1 domain도 actin 필라멘트 성장에 중요한 기여를 한다(그림 17-14). 이 domain에는 proline 잔기가 많이 존재하며, 이들은 여러 개의 profilin이 결합하는 장소로 기능을 한다. 앞에서 논의한 것처럼, profilin은 G-actin의 ADP를 ATP와 교환하여 proline-ATP-G-actin을 생성한다. FH1 domain은 proline-ATP-G-actin이 결합하는 장소로, 이런 결합은 profilin-ATP-G-actin의 local concentration (국소 농도)을 증가시킨다. 이러한 profilin-actin 복합체의 actin은 FH2 domain으로 공급되어 필라멘트의 (+) 말단에 추가되고, profilin은 방출된다(그림 17-14).

Formin은 actin 소단위가 (+) 말단에 빠르게 추가되는 것을 허용하기 때문에 (+) 말단에 formin이 붙어 있는 긴 필라멘트가 생성된다(그림 17-13b). 따라서 formin은 actin 조립의 핵으로 작용할 뿐 아니라, actin 필라멘트의 (+) 말단에 결합된 채로 남아 있으며, profilin과 함께 신속한 필라멘트 조립을 돕는다. 또한 actin 필라멘트가 지속적으로 신장할 수 있도록, formin은 필라멘트의 신장을 중지시키는 CapZ와 같은 (+) 말단 캡 단백질의 결합을 막는 방식으로 (+) 말단에 결합한다.

세포에 유용하기 위해서는 formin의 활성이 반드시 조절되어야 한다. 많은 formin 단백질들은 단백질의 전반부와 C-말단 꼬리(C-terminal tail) 사이의 상호작용의 결과로 접혀 비활성화된 형태로 존재한다. 이러한 formin은 막에 결합된 Rho-GTP에 의해 활성화된다(17.7절에서 논의). Rho-GTP는 Ras와 동류인 소형 GTPase이다. Rho가 비활성 Rho-GDP 형태에서 활성 막 결합 Rho-GTP 상태로 전환되면, Rho-GTP는 비활성 상태의 formin과 결합하고, formin을 활성화할 수 있다(그림 17-14 참조).

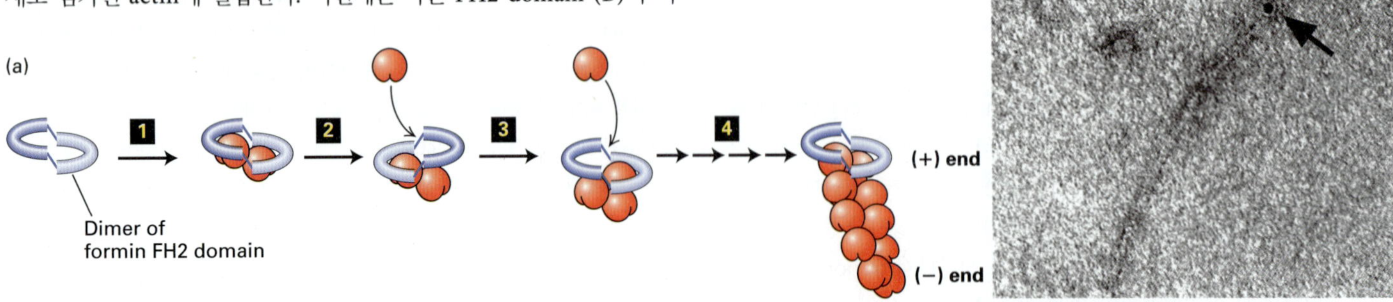

그림 17-13 Formin FH2 domain에 의한 actin 핵 형성. (a) Formin은 FH2 domain을 갖고 있으며, FH2 domain은 dimer (이량체)를 형성할 수 있고, 필라멘트 조립을 시작할 수 있다. FH2 이량체는 2개의 actin 소단위와 결합하고(단계 **1**), 앞뒤로 움직여(단계 **2**-**4**), FH2 domain과 길어지는 필라멘트의 (+) 말단 사이에 추가적으로 소단위가 삽입될 수 있게 한다. FH2 domain은 (+) 말단을 캡핑 단백질에 의한 capping으로부터 보호한다. (b) Formin의 FH2 domain을 colloidal gold (금 나노입자 현탁액, 검은색 점은 금 입자가 결합한 위치)로 표지하고, actin 필라멘트 조립 실험을 시행한 후, 생성된 필라멘트를 uranyl acetate (아세테이트 우라닐)로 염색한 후 전자현미경으로 관찰하였다. Formin은 가지가 없는 긴 필라멘트를 조립한다. [Part (b) Republished with permission from AAAS, from D. Pruyne et al., 2002, "Role of Formins in Actin Assembly: Nucleation and Barbed-End Association," *Science* **297**(5581):612–615; permission conveyed through Copyright Clearance Center, Inc.]

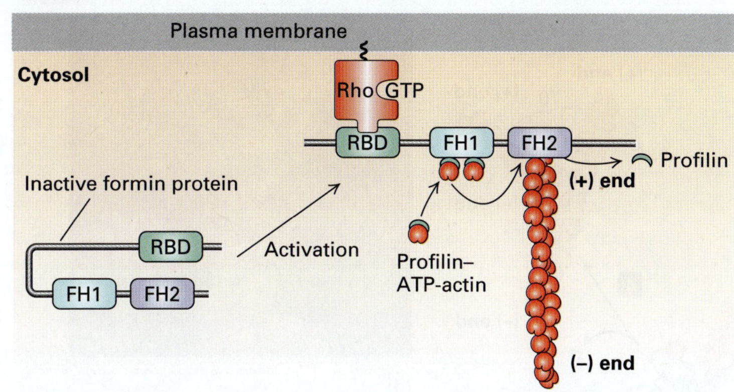

그림 17-14 분자 내 상호작용에 의한 Formin 활성 조절. 척추동물에서 발견되는 formin 종류 중 일부는 분자 내 상호작용에 의해 조절된다. 비활성 상태에서 formin은 FH2 domain의 활성을 억제하기 위해 스스로 접한다. 비활성 formin은 자신의 Rho 결합 domain (Rho-binding domain, RBD)이 막에 붙어있는 활성 Rho-GTP에 결합할 때 활성화되고, 그 결과 formin의 FH2 domain이 노출되어 새로운 actin 필라멘트의 조립을 시작할 수 있다. 모든 formin은 FH2 domain과 인접하여 FH1 domain을 가지고 있다; proline이 풍부한 FH1 domain은 profilin–ATP–G-actin을 보충하기 위한 장소이며, 보충된 profilin–ATP–G-actin은 성장하고 있는 (+) 말단으로 공급될 수 있다. 설명을 단순화하기 위해 하나의 formin 만을 보이고 있지만, 그림 17-13에서 볼 수 있듯이 FH2 domain은 dimer로 actin assembly를 시작하는 기능을 수행한다. Rho 계열에 속하는 소형 GTPase의 조절은 그림 17-40과 17-42에 자세히 설명되어 있다.

Formin은 근육 세포, stress fiber, filopodia (사상 위족, 실형 위족) 그리고 세포질 분열 기간 형성되는 contractile ring 같은 긴 actin 필라멘트의 조립을 수행한다(그림 17-4 참조). 동물의 다른 formin 종류들은 actin 조립을 시작하는 능력이 다르며, 일부 formin은 actin 필라멘트를 다발로 묶을 수도 있다.

Arp2/3 Complex는 가지가 있는 필라멘트 조립의 핵을 형성한다

Arp2/3 복합체는 7개의 소단위로 구성된 단백질 기계로, 소단위 중 2개는 *a*ctin-*r*elated *p*rotein (actin 연관 단백질, Arp)이며(그림 17-15a), 식물, 효모, 동물 세포를 포함한 모든 진핵생물에서 발견된다. 이런 Arp2/3 복합체는 그 자체로는 필라멘트 형성의 핵으로의 역할을 거의할 수 없다. 분기된 actin 필라멘트의 조립을 시작하기 위해, Arp2/3는 **nucleation promoting factor (NPF, 핵 형성 촉진 인자)**에 의해 활성화되어야 한다. 주요 NPF군에 속하는 단백질들은 *WCA* (*W*H2, *c*onnector 그리고 이 부위에 포함된 산성의 아미노산 잔기를 의미하는 *a*cidic)라고 불리는 영역이 존재하는 것이 특징이다. 많은 실험들이, 만약 WCA domain을 미리 형성된 actin 필라멘트와 함께 actin 조립 실험에 추가하면, Arp2/3이 더 많은 actin을 조립하는 강력한 nucleator (핵 형성 인자)가 됨을 보여주었다.

Arp2/3 복합체와 NPF가 어떻게 actin 필라멘트의 조립을 시작할 수 있는가? 2개의 NPF는 그들의 WH2 domain에서 각각 한분자의 actin 소단위와 결합하고, 자신들의 WCA domain에 있는 connector와 acidic domain을 이용한 Arp2/3 복합체와의 상호작용을 통해 Arp2/3 복합체를 활성화한다. 비활성 상태의 Arp2/3 복합체에서, actin과 관련된 두 polypeptide — Arp2와 Arp3 — 는 필라멘트 조립을 시작하기에는 부적합한 배열을 하고 있다(그림 17-15b, 단계 **2**). NPF에 의해 활성화되면, Arp2의 위치가 변하며, 이런 Arp2의 위치 변화는 Arp2/3 복합체가 기존의 actin 필라멘트의 측면에 결합할 수 있게 한다. NPF의 WH2 domain에 결합되어 있던 actin 소단위는 Arp2/3 복합체에 결합하여 새로운 필라멘트가 자랄 수 있는 (+) 말단이 만들어진다(그림 17-15b, 단계 **3**). NPF는 방출되고, 새로운 (+) 말단은 이곳에 결합할 수 있는 ATP–G-actin이 있는 한, 또는 CapZ와 같은 (+) 말단 캡핑 단백질의 결합에 의해 이 말단의 신장이 제한될 때까지 계속 자란다. 기존 필라멘트와 새로 조립된 필라멘트 사이의 각도는 70°이다(그림 17-15b, c). 이 각도는 운동하는 세포(motile cell)의 가장 앞부분(leading edge)에 존재하는 분지형(branched) actin 필라멘트에서 관찰되는 각도와 동일하며, 분지형 actin 필라멘트는 활성화된 Arp2/3 complex의 작용에 의해서 형성된다고 믿어진다(그림 17-15d). Arp2/3은 다음 절에서 논의되고 있듯이, intracellular motility (세포내 운동성)에 동력을 제공하는 actin polymerization을 추진하는 데 이용될 수 있다.

Arp2/3 복합체에 의한 새로운 actin 필라멘트의 조립은 세밀하게 조절되며, NPF들이 그러한 조절 과정에 관여한다. NPF 중 하나는 **WASp**이다. 이 명칭은 Wiskott-Aldrich 증후군(습진, 낮은 혈소판 수, 면역 결핍을 특징으로 하는 X-연관 질환) 환자에 이 단백질의 결함이 존재하기 때문에 명명되었다. WASp는 접힌 비활성 형태로 존재하여, 이 상태에서는 WCA domain은 actin 필라멘트 형성에 사용될 수 없다(그림 17-16). WASp가 원형질막에서만 활성화되도록 하기 위해서, WASp의 활성화는 두 가지 신호를 요구한다. 하나의 신호는 WASp와 조절 인지질 PI(4,5)P_2 사이의 결합이며, PI(4,5)P_2는 원형질막에 특징적으로 많이 존재한다(16장). WASPp 자신의 basic (염기성) domain을 통해 PI(4,5)P_2와 결합한다. 두 번째 신호는 작은 GTP-결합 단백질 Cdc42의 활성화형(GTP-Cdc42)가 WASp의 RBD 영역에 결합하는 것이다. GTP-Cdc42 자체는 특정 신호 경로에 반응하여 활성화된다(17.7절에서 설명). *Coincidence detection* (병발 검출 혹은 동시 감지. 동시에 발생하는 신호를 감지)이라고 불리는 이러한 유형의 두 신호 입력은 원하는 단백질이 적절한 장소(원형질막)에서 적절한 신호 경로에 의해서만 활성화되게 한다. 일단 2개의 입력 신호에 결합되면, WASp의 입체 구조가 열려, WCA domain에 다른 단백질들이 접근할 수 있게 된다.

두 번째 NPF는 *WAVE*라고 불리는 큰 단백질 복합체이며, WAVE도 Arp2/3 복합체를 활성화할 수 있는 WCA domain을 가지고 있다. WAVE 또한 coincidence detection에 의해 — WAVE가 산성 인지질과 GTP-Rac1 (다른 작은 GTP-결합 단백질인 Rac1의 활성형)에 결합 — 활성화된다. 17.7절에서 논의하는 바와 같이, Arp2/3 복합체가 Cdc42 신호에 의해 WASp를 통해 활성화 되거나 Rac1 신호에 의해

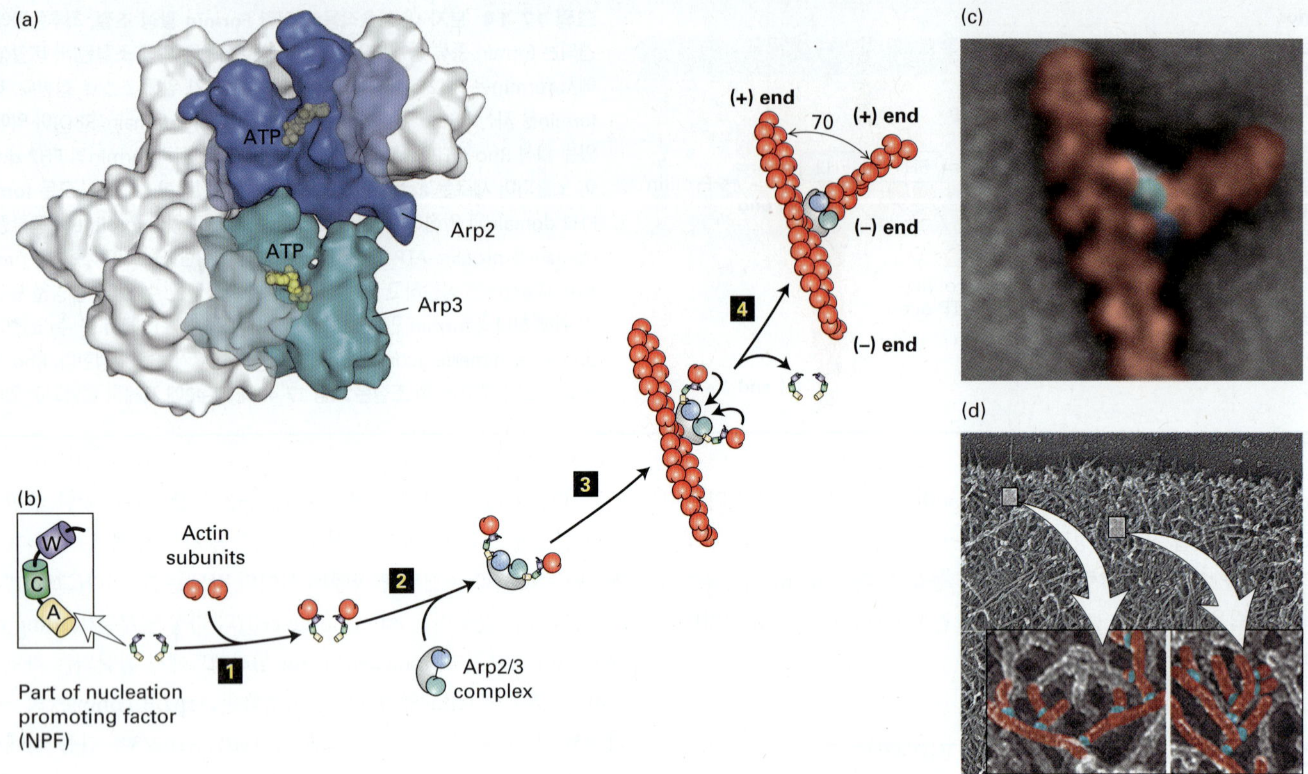

그림 17-15 Arp2/3 복합체에 의한 actin 핵 형성. (a) Arp2/3복합체의 X-선 결정학적 구조. 5개의 소단위는 회색으로, Arp2와 Arp3 소단위는 각각 녹색과 파란색으로 표지. (b) actin 조립을 효율적으로 시작하기 위해 Arp2/3는 반드시 NPF의 활성화 부위(이 그림에서 W (WH2), C (conncetor) A (acidic) domain과 함께 보임)와 상호작용하여야 한다. 단계 1은 actin 소단위가 각 NPF의 W domain에 결합하는 것을 수반하고, 단계 2에서는 2개의 NPF-actin 복합체가 Arp2/3 복합체에 결합한다. 이러한 상호작용은 Arp2/3 복합체의 입체 구조를 변화시킨다. Arp2/3 복합체가 actin 필라멘트의 측면에 결합된 후, W domain에 결합되어 전달된 actin 소단위는 Arp2/3에 결합하고(단계 3), 이용 가능한 (+) 말단으로 작용하여(단계 4) 새로운 actin 필라멘트의 조립이 시작된다. Arp2/3에 의한 분지는 오래된 필라멘트와 새로운 필라멘트 사이에 특징적인 70° 각도를 만든다. (c) Actin 분지점에 있는 Arp2/3의 전자현미경 사진(여러 전자현미경 사진을 취합하여 얻은 평균 이미지). (d) 운동성 세포의 leading edge에 있는 actin 필라멘트의 이미지이며, 개별 분지된 필라멘트를 확대하고 색상을 입힌 사진. [Part (a) Data from B. J. Nolen and T. D. Pollard, 2007, *Mol. Cell* **26**:449–457, PDB ID 2p9l. Part (c) C. Egile et al., 2005, "Mechanism of Filament Nucleation and Branch Stability Revealed by the Structure of the Arp2/3 Complex at Actin Branch Junctions." *PLoS Biol.* **3**(11):e383; https://doi.org/10.1371/journal.pbio.0030383. Part (d) T. M. Svitkina and G. G. Borisy, 1999, *J. Cell Biol.* **145**:1009–1026; https://doi.org/10.1083/jcb.145.5.1009.]

WAVE를 통해 활성화되는 경우, 각기 다른 microfilament 기반 구조의 형성을 유도한다.

Formin과 Arp2/3 복합체는 곰팡이, 식물 그리고 동물에서 발견되지만, 추가적인 actin 핵 형성 인자(actin nucleator)들이 동물 세포에서 발견되었다. 이 중 *Spire* (스파이어)라고 불리는 것은 4개의 같은 방향으로 존재하는 WH2 domain을 가지고 있어서 4개의 actin monomer와 결합할 수 있다. Spire는—아직 자세한 메커니즘은 밝혀지지 않았으나—결합한 actin들이 필라멘트로 조립될 수 있도록 actin과 결합한다. Actin 필라멘트가 세포에서 매우 많은 기능을 한다는 것을 고려하면,

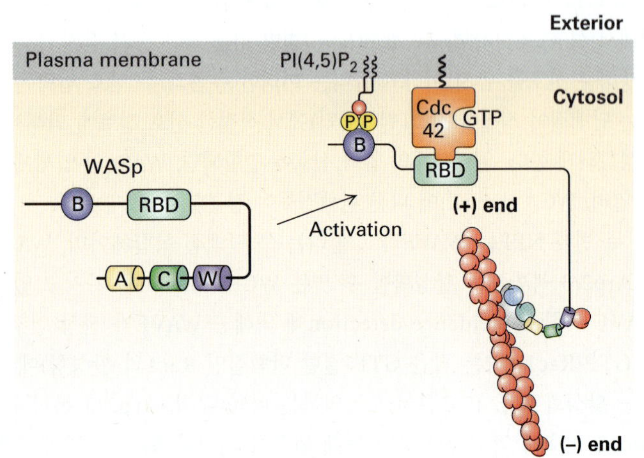

그림 17-16 WASp 및 $PI(4,5)P_2$에 의한 Arp2/3 복합체 조절. NPF인 WASp는 WCA domain을 가리는 분자 내 상호작용으로 인해 비활성화되어 있다. 비활성인 WASp는 coincidence detection 메커니즘에 의해 활성화된다: 조절 인지질 $PI(4,5)P_2$는 basic domain (B)과 막 결합상태인 Cdc42-GTP (Rho 계열 small GTPase 중 하나)는 Rho 결합 domain (RBD)에 동시에 결합해야 한다. 이러한 방식으로 활성화되면 WASp의 분자 내 상호작용이 해제되어, W domain은 actin과 결합하고, 산성 A domain은 Arp2/3 복합체를 활성화시킬 수 있다. 그림을 단순화하기 위해 하나의 NFP-Arp2/3 상호작용만 표시하였음. Rho 계열 소형 GTPase의 조절은 그림 17-40과 17-42에 자세히 설명되어 있다.

추가적인 NPF 단백질과 actin 핵 형성 인자가 최근에 기술된 것은 놀라운 일이 아니다.

Actin 중합은 세포내 이동에 힘을 제공할 수 있다

Actin 중합이 일을 하기 위해 어떻게 이용될 수 있을까? 우리가 앞서 본 것과 같이, actin 중합에는 ATP–G-actin의 ADP–G-actin으로 가수분해되는 것을 포함하며, 이는 필라멘트가 (+) 말단에서 우선적으로 성장하고 (–) 말단에서 분해되도록 한다. 만약 다수의 actin 필라멘트들이 세포골격의 네트워크 안에서 고착되어 있고, 당신이 자라는 (+) 말단에 붙어 그 말단에 올라 탈 수 있으면, 당신은 세포를 가로질러 다른 곳으로 이동될 것이다. 이는 세포내 기생하는 세균인 *Listeria monocytogenes*가 세포 내를 돌아다니기 위해 하는 것과 동일하다. *Listeria* 운동성에 대한 연구는 사실 Arp2/3 복합체가 어떻게 actin 필라멘트 조립에서 핵을 형성하는 역할을 하는가를 밝히는 데 중요한 역할을 하였다. 곧 알게 되겠지만, *Listeria*는 자신의 목적을 위해 정상적인 세포 운동 과정을 가로채 왔다.

*Listeria*는 대부분의 성인에게 가벼운 위장 증상을 일으키는 식품매개 세균성 병원체이지만 노약자나 면역력이 저하된 사람에게는 치명적일 수 있다. 이 세균은 동물 세포로 들어가서 세포질에서 분열한다. 이 균들의 빠른 세포내 이동을 일으키는 힘은 제한된 지역에서 일어나는 대량의 actin 중합에 의해 발생하며, 이런 actin의 국소중합은 혜성 꼬리처럼 보인다(그림 17-17a). 이동하는 *Listeria*가 세포의 원형질막에 부딪치면 계속해서 actin 중합의 힘을 이용하여 인접한 세포로 밀고 들어간다. 혜성 꼬리가 세포의 고정된 cytoskeletal matrix (세포골격계 기질)에 파묻혀 있기 때문에 *Listeria*는 중합되는 actin보다 앞쪽으

(a)

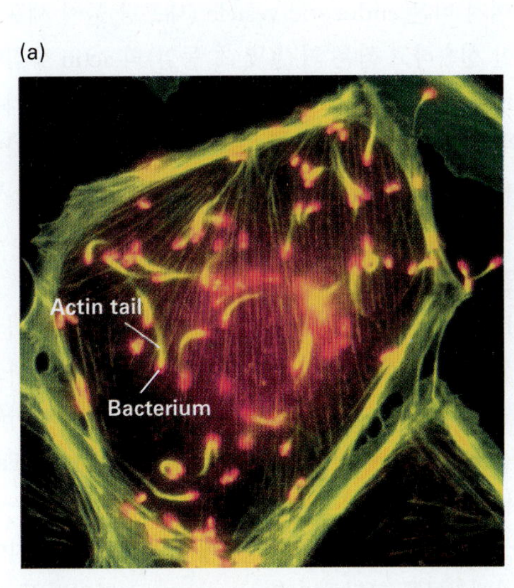

(b)

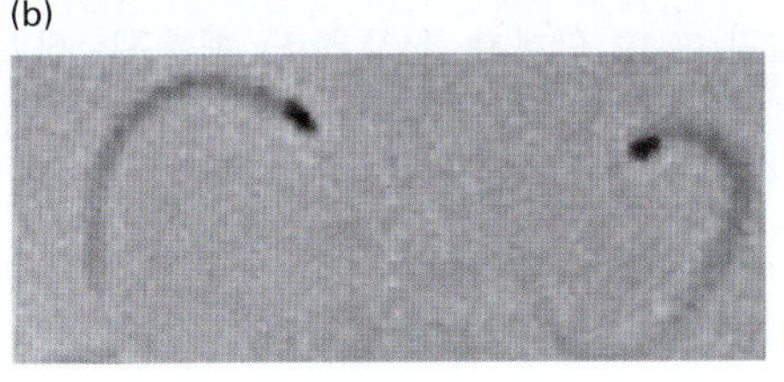

(c)

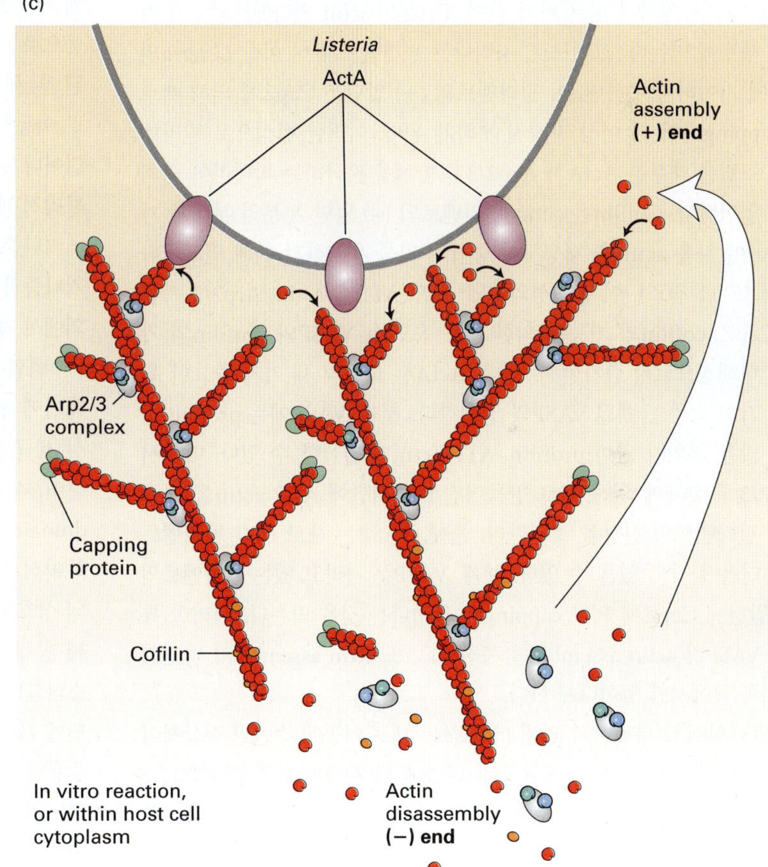

실험 그림 17-17 *Listeria*는 세포내 이동을 위해 actin 중합의 힘을 사용한다. (a) 박테리아 표면 단백질에 대한 항체(빨간색)와 F-actin의 분포를 보기 위한 형광 phalloidin (녹색)으로 염색한 배양세포의 형광현미경 사진. 각각의 *Listeria* 박테리아 뒤에는 F-actin으로 만들어진 혜성 꼬리(comet tail)와 같은 구조가 보인다. 이 꼬리는 고정된 세포골격 기질에 박히게 되어 actin의 중합이 일어나면 *Listeria*를 앞으로 밀게 된다. 세포막에 도달한 *Listeria*는 세포막을 밀어 인접한 세포로 돌출되는 filopodium (사상족, 사상위족)과 비슷한 구조를 만든다. (b) *Listeria* 운동성은 박테리아와 4가지 단백질(ATP–G-actin, Arp2/3 복합체, CapZ, cofilin)만을 사용하여 체외에서 재구성할 수 있다. 이 위상차 현미경 사진은 박테리아(검은색)와 그 뒤에 주변보다 진하게 보이는 actin 꼬리를 보여준다. (c) *Listeria*가 단지 4개의 단백질을 사용하여 어떻게 움직이는지 보여주는 모델. 세균 표면의 ActA 단백질은 Arp2/3 복합체를 활성화하여, Arp2/3 복합체가 기존의 필라멘트로부터 새로운 필라멘트를 조립하는 핵을 만들게 한다. 필라멘트는 CapZ에 의해 capping이 될 때까지 (+) 말단에서 자란다. Actin은 필라멘트의 (–) 말단에서 탈중합을 촉진하는 cofilin의 작용을 통해 재활용된다. 이러한 방식으로 actin 필라멘트의 중합은 박테리아의 뒤쪽에 국한되어 일어나서 Listeria를 앞으로 밀어낸다. [Part (a) Courtesy Julie Theriot and Timothy Michison. Part (b) Reprinted with permission from Nature Publishing Group, from T. P. Loisel et al., 1999, "Reconstitution of Actin-Based Motility of *Listeria* and *Shigella* Using Pure Proteins," *Nature* **401**:613–616; permission conveyed through Copyright Clearance Center, Inc.]

로 밀려난다. 또 세포질 인자들은 꼬리를 분해하여 actin 소단위가 추가적인 중합에 재활용될 수 있도록 한다. 이러한 actin 중합을 이용한 세포내 이동을 하기 위해 *Listeria*는 숙주 세포의 actin 조립을 박테리아의 한쪽 끝에서 일어나게 지시해야 하고, 동시에 그곳에서 일어나는 actin 중합이 효과적으로 박테리아를 앞쪽으로 밀어내도록 제한하여야 한다. *Liateria*가 어떻게 이런 일을 하는가? *Liateria*는 표면에 ActA라고 불리는 단백질을 가지고 있는데, ActA는 actin 결합 부위와 Arp2/3 복합체를 효율적으로 활성화시키는 산성 영역을 가지고 있어 NPF처럼 기능을 한다. 연구자들이 *Liateria* 운동성에 대한 최소 요구 사항이 무엇인지 확인하기 위해 정제된 단백질들을 사용하여 *in vitro*에서 *Liateria* 운동성을 재구성하는 실험을 수행한 결과, 놀랍게도 단지 4개의 단백질 — ATP-G-actin, Arp2/3 복합체, CapZ, cofilin — 만이 첨가되어도 박테리아가 이동하는 것이 알려졌다(그림 17-17b, c 참조). Actin과 Arp2/3의 역할에 대해서는 이미 논의하였다. 그러나 CapZ와 cofilin은 왜 필요한가? 앞서 살펴본 바와 같이, CapZ는 actin 필라멘트의 (+) 말단을 빠르게 막는다. 그러므로, 자라나는 필라멘트가 더 이상 *Listeria*의 이동에 기여하지 못하면, 이 필라멘트의 (+) 말단은 CapZ에 의해 빠르게 capping되어 더 이상 자라지 못하게 된다. 이러한 방식으로 필라멘트의 조립은 대부분 ActA가 Arp2/3 복합체를 자극하는 박테리아 근처에서 일어난다. Cofilin은 actin 필라멘트의 (–) 말단 부분의 분해를 가속화하여 자유 actin을 재생시켜 중합 주기를 유지하기 위해 필요하다(그림 17-11 참조). 이 운동성의 최소 속도(ATP-G-actin, Arp2/3 복합체, CapZ, cofilin의 기능에 의한 운동 속도)는 VASP와 profilin의 기능이 더해짐으로써 증가할 수 있다. ActA는 다음의 세 가지 중요한 특성을 가진 숙주 단백질 VASP와 결합한다. 첫째, VASP에는 proline 잔기가 많은 부위가 있어 profilin–ATP-actin과 결합할 수 있다. 따라서 Arp2/3 복합체에 의해 새로 만들어진 (+) 말단에 ATP-actin을 공급하여 필라멘트의 신장을 촉진한다. 둘째, VASP는 새로 생긴 필라멘트의 말단을 붙잡고 있을 수 있다. 셋째, VASP는 자라고 있는 필라멘트의 (+) 말단에 CapZ에 의한 capping이 일어나는 것을 막는다. 이러한 특성은 VASP가 actin assembly를 촉진하고, 또 actin assembly가 박테리아 뒤쪽 끝에서만 일어나게 한다.

세포 내에서 움직이기 위해 *Listeria*는 세포 이동에 수반된 정상적이고 조절된 세포내 공정을 편취한다. 나중에 더 자세히 논하겠지만(17.7절), 이동하는 세포는 앞부분에 *leading edge* (선도연, 리딩 엣지)라고 불리는 세포질의 얇은 판을 가지고 있다(그림 17-1c, 17-4, 17-15d 참조). 이 얇은 세포질 판은 actin 필라멘트의 조밀한 네트워크로 이루어져 있으며, 이 필라멘트들은 세포막을 앞으로 밀기 위해 세포 앞쪽에서 지속적으로 자라난다. Leading edge의 세포막에 있는 factors (인자)들은 이렇게 앞에서 필라멘트들이 자랄 수 있게 Arp2/3 복합체를 활성화시킨다. 따라서 actin assembly에 의해 생긴 힘은 막을 앞으로 밀어 세포 운동에 기여하게 한다. 이는 leading edge의 기계이며, *Listeria*는 leading-edge의 장치 — actin assembly에 의해 생긴 힘으로 막을 앞으로 밀어 냄 — 를 모방하여 숙주 세포 내부에서 그리고 숙주 세포 사이를 이동한다.

Endocytosis (세포내 섭취, 세포내 이입, 내세포증, 내포작용)에서 Microfilament의 기능

14장에서 살펴본 것처럼, endocytosis는 세포가 외부 매질로부터 입자, 분자 또는 액체를 세포 내로 흡수하기 위해 이 물질들을 원형질막으로 감싼 후, 세포 내로 받아들이는 과정이다. 분자나 액체의 흡수를 *Receptor-mediated* (수용체 매개) 또는 *fluid-phase* (유체상) *endocytosis*라고 하며, 큰 입자의 흡수를 *phagocytosis* (식세포작용, 식균작용, 식세포증)라고 한다. Microfilament는 이 두 가지 과정에 모두 참여한다.

Fluid-phase endocytosis는 다단계 과정으로, clathrin-coated pit (클라트린으로 덮힌 홈)에서 흡수할 단백질의 수집, clathrin coat에 의한 막의 변형 및 함입, dynamin (디나민) GTPase에 의한 함입된 막의 절취, 세포 내부로의 endosome (엔도솜)의 이동을 포함하며(그림 14-20과 14-29 참조), actin assembly에 의해 생기는 힘은 이 전 과정에 기여한다. Endocytosis assembly 인자들은 endocytosis가 일어나는 곳으로 NPF를 모집하여, 이곳에서 Arp2/3 복합체를 활성화하고, 함입된 후 세포막에서 떨어져 나온 endocytic vesicle (내포낭)들이 세포질로 이동하는 데 필요한 신속하고 짧은 기간(몇 초 동안)의 actin 중합이 일어나게 한다(그림 17-18a). 세포질로 endocytic vesicle을 이동시키는 물리적 메커니즘이 완전히 규명되지는 않았지만, 이 과정의 actin 기반 메커니즘은 *Listeria* 운동성과 leading edge를 형성하는 데 사용되는 메커니즘과 유사하다. 이러한 actin 기반의 endocytic vesicle의 이동은 체외에서 재구성될 수 있다(그림 17-18b).

백혈구에 의한 phagocytosis는 박테리아와 같은 병원체의 인식과 제거에 필수적인 과정이다. 면역체계는 세균을 외부 물질로 인지하고서 세균의 표면 특징을 인식하는 항체를 만든다. 3장에서 논의한 바와 같이, 각각의 항체는 *Fab domain*이라 불리는 영역을 갖고 있는데, Fab domain은 항원 — 이 경우에는 박테리아 세포 표면의 구성 요소 — 에 특이적으로 결합한다. 항체가 Fab domain과 박테리아 표면 항원 사이의 상호작용을 통해 박테리아를 코팅하면 *Fc domain*으로 알려진 두 번째 항체 domain이 노출된다. 이 과정를 *opsonization* (옵소닌 작용, 옵소닌화)이라고 한다(그림 17-19, 단계 **1**; 24장 참조). 백혈구는 세포 표면에 *Fc receptor* (*Fc* 수용체)라고 불리는 수용체를 가지고 있는데, 이 수용체는 박테리아에 결합한 항체의 Fc 부분과 결합한다(단계 **2**). 백혈구와 옵소닌화(opsonized)된 박테리아 사이의 초기 결합은 백혈구가 박테리아를 집어삼키도록 신호를 보내(단계 **3**과 **4**) 백혈구가 세균과 결합한 부분에서 microfilament의 조립을 유도한다. 조립된 microfilament는 myosin 운동 단백질과 함께 세균을 세포 내로 끌어당기는 데 필요한 힘을 제공하며, 궁극적으로 병원체를 원형질막으로 완전히 감싸게 한다(단계 **4**). 일단 세포 내로 들어오면, 이 새롭게 형성된 phagosome (파고좀, 식포)는 lysosome (리소좀)과 융합하고, 병원체는 리소좀 효소에 의해 죽임을 당하고 분해된다.

Actin assembly는 분비 경로뿐만 아니라 endocytic pathway의 다른 단계에도 관여한다고 생각되어 왔다. 예를 들어, *WASH*라고 불리는 NPF는 endosome의 형태 조절과 이동에 기여하는 endosome에서 일

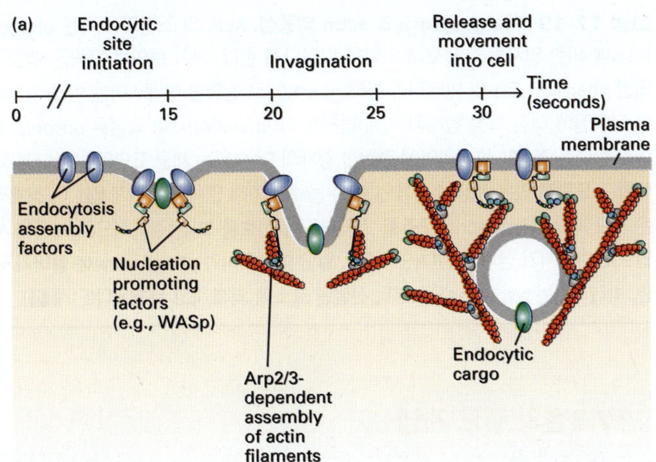

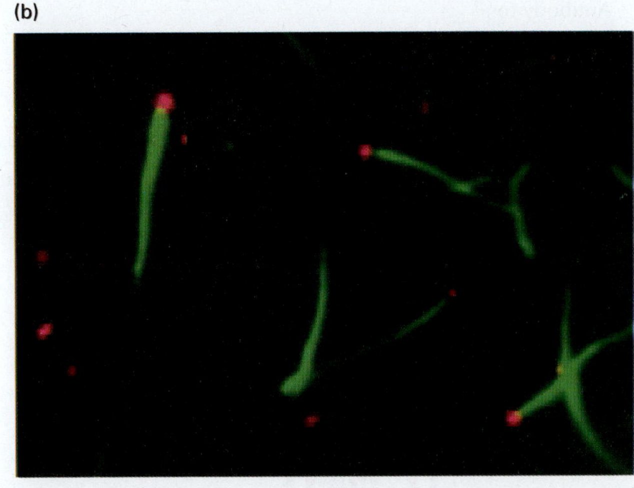

그림 17-18 Endocytosis 중 Arp2/3에 의한 actin 조립. (a) Clathrin-mediate endocytosis (클라트린 매개 세포내 이입)는 빠르고 질서정연한 과정이다. 이는 특정 단계의 시간적 순서가 기술된 효모에서 가장 잘 연구되었다. 세포내 영상 촬영에 의해 endocytosis assembly factor들이 Arp2/3 복합체를 활성화하는 NPF를 모집하는 것을 알게 되었으며, Arp2/3에 의한 폭발적인 actin assembly는 endocytic vesicle을 원형질막에서 떨어져 세포 안으로 이동하게 한다. 명확한 설명을 위해, clathrin, adaptin (아답틴) AP2 및 dynamin과 같은 endocytosis와 관련된 다른 요인들은 그림에 표시되지 않았다(그림 14-20 참조). (b) Endosome의 운동은 *in vitro*에서 재구성될 수 있다. 형광으로 표시된 transferrin (트랜스페린, 빨간색)을 흡수한 세포로부터 분리된 endosome을 형광으로 표시된 actin (녹색)을 함유한 세포 추출물에 첨가하였다. Endosome은 WASp과 결합하고, WASp은 Arp2/3 복합체를 활성화하여, endosome을 세포질을 통과하며 앞으로 밀어내는 actin tail assembly가 일어난다. [Part (b) J. Taunton et al., 2000, *J. Cell Biol.* **148**(3):519–530; https://doi.org/10.1083/jcb.148.3.519.]

어나는 Arp2/3 의존적인 actin 필라멘트의 형성에 관여한다고 생각된다. *WHAMM*이라고 불리는 또 다른 NPF는 Golgi complex (골지체)에 위치하여 endoplasmic reticulum (소포체)에서 Golgi로 세포막 운반에 참여하는 actin filament의 Arp2/3 의존적인 assembly (조립)를 지시하는 것으로 믿어지고 있다. 새로운 관점은 actin 조립이 분비 경로와 세포내 이입 경로의 다른 구획 사이의 운반을 용이하게 한다는 것이다.

Actin 단량체의 Pool (풀)을 교란시키는 Toxin (독소)은 Actin 역학을 연구하는 데 유용하다

일부 곰팡이와 sponge (해면동물)는 actin의 중합 주기를 target으로 하는 독소를 생산하며, 이들 독소는 actin 역학을 연구하는 데 유용하다. 이러한 독소들은 두 가지 유형으로 구분할 수 있다. 첫 번째 부류는 2개의 독소 cytochalasin D (시토칼라신 D)와 latrunculin (라트룬쿨린)으로 대표된다. 이 두 독소는 구조적 연관성이 없으며, 서로 다른 메커니즘에 의해 필라멘트의 depolymerization (탈중합)을 촉진한다. 균류 alkaloid (알칼로이드)인 cytochalasin D는 F-actin의 (+) 말단에 결합해서, 이곳에 추가적인 actin 단량체의 첨가를 차단하여 필라멘트를 탈중합시킨다. 해면체에 의해 분비되는 독소인 latrunculin은 G-actin과 결합하고 격리시켜서, G-actin이 필라멘트 끝에 추가하는 것을 막는다. 따라서 이 두 독소에 노출되면 단량체 풀이 증가한다. Cytochalasin D 또는 latrunculin이 살아있는 세포에 첨가되면, actin 세포골격이 분해되고 세포의 이동과 cytokinesis 같은 세포 움직임이 억제된다. 이러한 관측은 actin 필라멘트가 세포의 운동성에 영향을 미친다는 것을 보여주는 최초의 연구 중 하나였다. Latrunculin은 actin 단량체와 결합하고 새로운 actin 조립을 막기 때문에 특히 유용하다. 따라서 latrunculin이 세포에 첨가되었을 때, actin 기반 구조(actin based structure)가 사라지는 속도는 그 구조들의 정상 turnover rate를 반영한다. 이 방법은 actin 구조들의 안정성이 많이 다르다는 것을 밝혀냈다. 예를 들어, latrunculin에 대한 실험은 운동성 세포의 leading edge가 30–180초마다 turnover되고, stress fiber (버팀 섬유, 응력 섬유)가 5–10분마다 turnover된다는 것을 보여준다.

다른 종류의 독소들은 단량체-중합체 평형을 중합체(필라멘트)의 방향으로 이동하게 한다. 이러한 종류의 독소의 예로는 또 다른 해면 독소인 jasplakinolide (야스플라키놀라이드)와 죽음의 천사라 불리는 독버섯 *Amanita phalloids* (아마니타 팔로이드)로부터 분리된 phalloidin (팔로이딘)이 있다. Jasplakinolide는 actin dimer와 결합하고 안정화시켜 핵 형성을 촉진하여, critical concentration을 낮춘다. Phalloidin은 F-actin의 소단위 사이의 경계에서 결합하여 인접한 소단위를 함께 고정시키고, actin 필라멘트가 탈중합되는 것을 방지한다. Actin이 critical concentration 이하로 희석되더라도 phalloidin 결합에 의해 안정화된 필라멘트는 탈중합되지 않는다. 많은 actin에 기반한 세포내 과정들이 actin 필라멘트의 turnover에 의존하기 때문에 phalloidin의 세포 유입은 이러한 시스템을 마비시키고, 세포는 죽는다. Phalloidin은 F-actin에만 결합하기 때문에 형광물질로 표지된 phalloidin은 일반적으로 광학현미경 관찰을 위해 actin 필라멘트를 염색하는 데 사용된다(그림 17-4 참조).

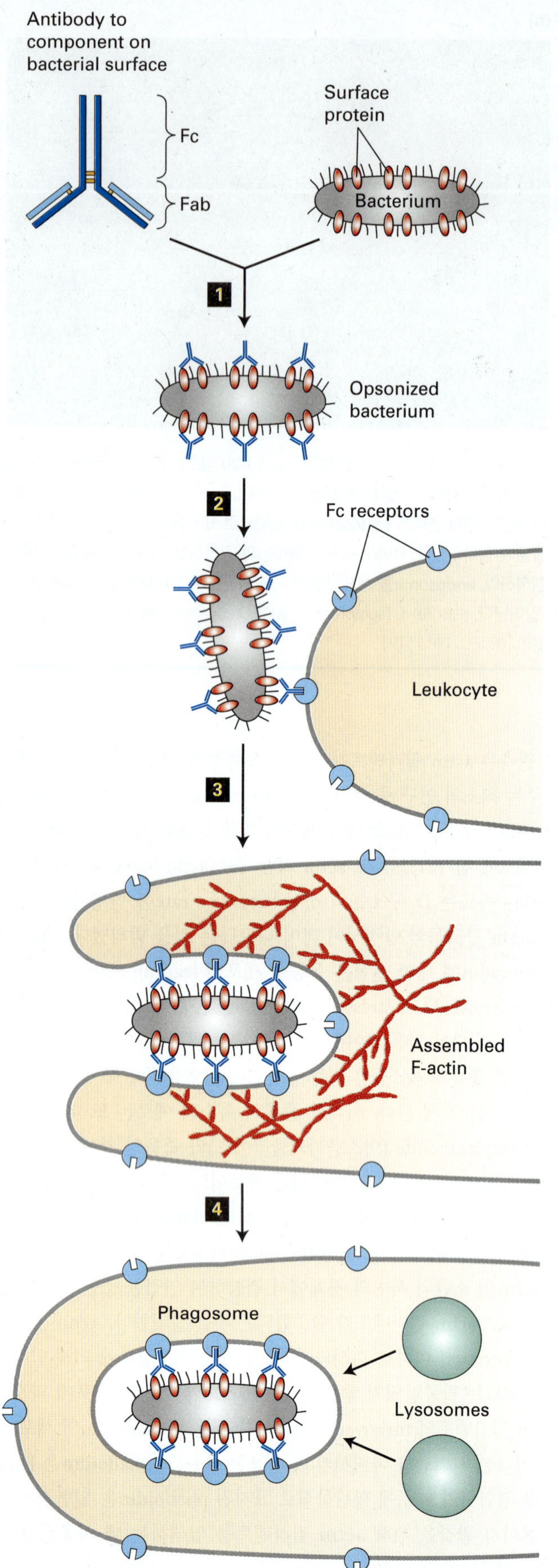

그림 17-19 Phagocytosis와 actin 역동성. Actin의 조립과 수축은 phagocytosis에 의한 입자들의 세포내 이입을 일어나게 한다. 여기 보이는 그림은 백혈구에 의한 phagocytosis 및 박테리아 분해이다. 체내로 침입한 박테리아는 박테리아의 표면 단백질에 대한 특정 항체에 의해 덮히게 되며(coating), 이 과정을 *opsonization*이라 한다(단계 **1**). 박테리아에 결합한 항체의 Fc 부위는 세균 표면에 나타나게 되며, 백혈구 표면에 있는 특정 수용체인 Fc 수용체에 의해 인식된다(단계 **2**). 이 상호작용은 세포에게 수축성 actin 구조를 조립하도록 신호를 보내, 결과적으로 세균을 세포 안으로 이동시켜 삼키게 된다(단계 **3**). 일단 박테리아가 phagosome에 들어가게 되면, 박테리아는 lysosome으로부터 전달된 효소에 의해 죽고 분해된다(단계 **4**).

17.3절의 주요 개념

Actin Filament 조립의 메커니즘

- Actin 조립은 두 가지 단백질에 의해 핵이 형성되어 시작되는데, formin은 분지되지 않은 필라멘트의 조립을 일으키고(그림 17-13 참조), Arp2/3 복합체는 분지된 actin 네트워크의 조립을 시작한다(그림 17-15 참조). Formin과 Arp2/3의 활동은 신호전달 경로에 의해 조절된다.
- 기능적으로 다른 actin 기반 구조들이 formin과 Arp2/3 복합체에 의해 조립된다. Formin은 stress fiber와 contractile ring의 조립을 유도하는 반면, Arp2/3는 운동성 세포의 leading edge에서 발견되는 분지된 actin 필라멘트의 결합을 유도한다.
- Actin 중합에서 발생하는 힘은 병원성 박테리아의 Arp2/3 의존적인 세포내 이동(그림 17-17 참조)과 endocytic vesicle의 세포 내부로의 이동(그림 17-18 및 17-19 참조)에서 볼 수 있듯이, 일을 하기 위해 활용될 수 있다(그림 17-18과 17-19 참조).
- 몇 종의 독소는 actin 중합의 역학에 영향을 미친다. Latrunculin과 같은 것은 actin 단량체에 결합하여, 이들을 격리시키고, phalloidin과 같은 독소는 필라멘트 actin을 안정화시킨다. 형광으로 표시된 phalloidin은 현미경으로 F-actin을 관찰하기 위해 F-actin을 염색하는 데 유용하다.

17.4 Actin 기반 세포 구조의 체제

우리는 actin 필라멘트가 다양한 배열로 조립되고, 많은 actin 관련 단백질들이 actin assembly를 시작하며, actin 필라멘트의 turnover를 조절하는 것을 보았다. 척추동물 세포에 있는 수십 개의 단백질은 이러한 필라멘트를 다양한 구조로 조직하고, 세포는 이 구조들을 다양한 기능을 위해 사용한다. 이 절에서는 actin cross-linking protein (actin 교차연결 단백질)의 전형적인 유형과 actin과 막 단백질 사이의 연결을 만드는 데 관여하는 adapter (어댑터) 단백질을 포함하여 이러한 단백질 중 몇 가지를 논의한다. 알려진 것이 거의 없는 한 가지 흥미로운 문제는 세포들이 어떻게 같은 세포의 세포질 내에서 서로 다른 actin 기반 구조를 조립하는가 하는 것이다. 이런 다른 구조 형성의 일부는 우리가 이 장의 마지막에 다룰 주제인 actin assembly의 지역적 조절에 기인한다.

Cross-linking (교차 연결) 단백질은 Actin 필라멘트를 Bundle (다발)이나 Network (그물구조)로 조직화한다

*In vitro*에서 actin 필라멘트를 조립하면, 그 필라멘트들은 서로 무질서하게 엉킨 네트워크를 구성한다. 그러나 세포에서 actin 필라멘트는 microvilli의 매우 질서정연한 필라멘트 다발이나 운동세포의 leading edge의 네트워크 같은 조직화된 구조로 발견된다(그림 17-4a 참조). 이러한 구조들은 이전에 논의된 필라멘트 조립 메커니즘과 **actin cross-linking protein (actin 교차 결합 단백질)**의 존재에 의해 만들어진다.

Actin 필라멘트를 조직화하기 위해서는 actin cross-liking protein은 반드시 2개의 F-actin-결합 부위를 가져야 한다(그림 17-20a). Actin 교차 결합 단백질은 하나의 polypeptide에 2개의 F-actin 결합 부위를 가질 수 있다. 이런 예로 *fimbrin* (핌브린)이 있다. 이 단백질은 그림 17-20b의 stereocilium (스테레오실륨, 거대 미세융모, 부동섬모)에서 보는 것처럼, 동일한 극성을 가진 필라멘트 다발을 만든다. *Filamin* (필라민)은 fimbrin처럼 단일 polypeptide 안에 2개의 actin 결합 부위가 있지만, 짧고 단단한 fimbrin과 달리 결합 부위 사이에 미세 스프링과 같은 기능을 하는 유연한 부위가 있다. 이런 filamin의 구조는 filamin이 운동 세포의 leading edge에서 발견되는 것과 같은 네트워크 내의 필라멘트들을 안정화하는 교차연결을 형성할 수 있게 한다.

다른 actin 교차 결합 단백질은 polypeptide 사슬당 하나의 actin 결합 부위를 가지고 있지만, 기능성 단백질은 dimer이다. 이러한 dimeric cross-linking 단백질은 양쪽 끝에 actin 결합 부위가 있는 단단한 막대형 단백질들로 예로 *α-actinin*이 있다. α-actinin은 fimbrin처럼 평행한 actin 필라멘트 다발을 형성하지만, 필라멘트 사이의 간격이

(a)

Location:

Fimbrin

Microvilli, filopodia, focal adhesions

α-actinin

Stress fibers, filopodia, muscle Z line

Spectrin

β α

α β

Cell cortex

Filamin

Leading edge, stress fibers, filopodia

(b)

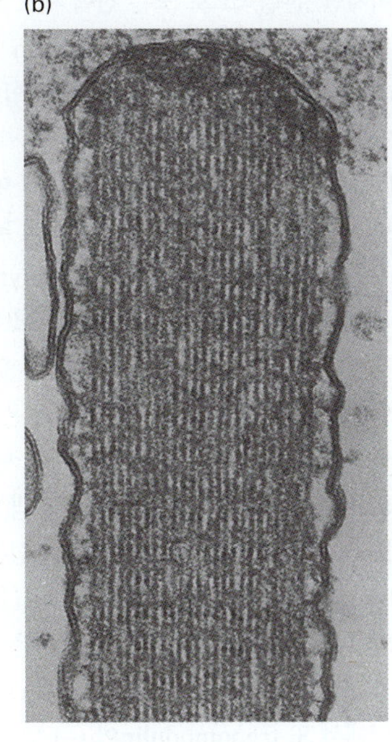

(c)

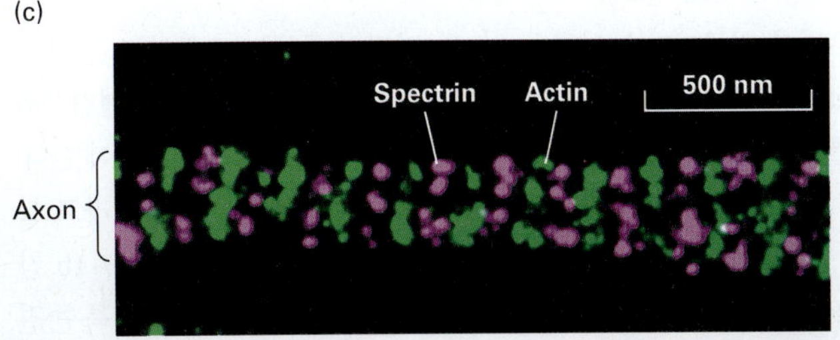

그림 17-20 Actin 교차 결합 단백질. Actin 교차 결합 단백질은 F-actin 필라멘트를 다양한 구조로 만든다. (a) F-actin 교차 결합 단백질의 네 가지 예는 모두 F-actin과 결합하는 2개의 domain (푸른색)을 가지고 있다. 일부는 Ca^{2+} 결합 부위(자주색)가 있어 Ca^{2+}의 농도가 높으면 활성이 억제된다. (b) Inner ear (내이)의 sensory hair cell (감각 모세포)에 있는 sterocilium의 투과전자현미경 사진(stereocilium은 실제로는 거대 microvillus로, 미세소관으로 이루어진 cilium과는 전혀 다른 구조임). Stereocilium에는 fimbrin에 의해 교차 연결된 actin 필라멘트 다발이 존재한다. Fimbrin은 분자량이 작은 cross-linking 단백질로 actin 필라멘트를 서로 가까이 규칙적으로 연결한다. (c) Axon의 원형질막을 지지하는 골조와 유사한 네트워크를 형성하는 actin (녹색)과 spectrin (자홍색)의 반복 구조의 초해상도 사진. [Part (b) L. G. Tilney et al., 1983, *J. Cell Biol.* **96**(3):822–834; https://doi.org/10.1083/jcb.96.3.822. Part (c) Courtesy of Xiaowei Zhuang and Ke Xu.

fimbrin에 의해 결합된 필라멘트 간의 간격보다 크다. 또 다른 단백질인 *spectrin* (스펙트린)은 actin 결합 부위를 가진 2개의 polypeptide 사슬과 교차 결합 단백질의 길이를 확장하는 2개의 사슬을 가진 tetramer (사량체)이다. Spectrin은 fimbrin이나 α-actinin보다 훨씬 더 멀리 떨어진 필라멘트를 연결한다. Spectrin은 원형질막 아래에 있는 microfilament 네트워크를 형성하는 것을 돕는다(그림 17-20c와 다음 절에서 논의될 것임). Arp2/3 복합체(앞 절에서 actin 필라멘트 조립을 시작하는 핵을 만드는 능력 측면에서 논의)는 또한 중요한 교차 결합 단백질로, 한 필라멘트의 (–) 말단을 다른 필라멘트의 측면에 부착한다(그림 17-15 참조).

Adapter (어댑터) 단백질은 Actin 필라멘트를 막에 연결한다

Actin 기반 구조는 *adapter* (어댑터) 단백질에 의해 특정 구성요소에 부착되어야 세포에 유용한 기능을 제공할 수 있다. 이 절에서는 adapter 단백질이 어떻게 microfilament를 막에 부착하여 기계적 지지를 제공하거나, 막에 수축성 장치를 부착하는지 설명한다. 몇몇 특정한 예들을 논의할 것이지만, 본질적으로 모든 진핵 세포들은 **세포 피질**이라고 알려진 구조의 일부로서 원형질막과 관련된 actin 기반 필라멘트를 가지고 있다. Actin 필라멘트가 관여하는 다양한 역할에서 actin 필라멘트의 측면 또는 말단이 막과 상호작용할 수 있다.

막에 부착된 actin 필라멘트의 첫 번째 예는 인간의 erythrocyte (적혈구)이다. 적혈구는 기본적으로 고농도의 hemoglobin (헤모글로빈)을 둘러싸고 있는 원형질막으로 구성된다. Erythrocyte는 폐에서 조직으로 산소를 운반하고 조직에서 폐로 이산화탄소를 다시 가져온다. 적혈구는 심장의 격렬한 혈액 흐름에서 살아남을 수 있어야 하며, 폐를 지나 심장으로 돌아가기 전에 동맥을 따라 흘러 좁은 모세혈관을 비집고 통과하며 살아남아야 한다. 이 힘든 여정을 수천 번 거치며 살아남기 위해, 적혈구는 actin 기반의 네트워크를 원형질막 막 아래에 가지고 있다. 이 actin 기반의 네트워크는 적혈구가 이런 힘든 과정을 수행하는 데 필요한 tensile strength (인장력)과 flexibility (유연성)을 제공한다. 이 네트워크는 약 14개의 소단위로 이루어진 짧은 actin 필라멘트로 구성되어 있으며, 이 짧은 필라멘트는 tropomyosin (17.6절에서 자세히 설명)에 의해 측면에서 또 tropomodulin이 (–) 말단에 결합[(–) 말단 capping]하여 안정화된다. 이러한 짧은 필라멘트들은 약 4~6개의 유연한 spectrin 분자를 결합하는 중심축 역할을 하며, 세포 피질에 강도와 유연성을 제공하는 그물망 같은 구조를 생성한다(그림 17-21a). Spectrin은 두 가지 방법으로 막 단백질에 부착된다. 하나는 단백질 *ankyrin* (안키린)을 통해 일어나는데, ankyrin은 spectrin 분자의 중간 부위 정도에 결합하고, 또 transmembrane bicarbonate transporter (막 통과 중탄산염 운반체, *band 3*라고도 불림)에 결합한다. 다른 adapter는 *band 4.1*로 이 단백질은 F-actin, spectrin의 actin 결합 domain, 또 다른 막 통과 단백질인 *glycophorin* (글리코포린) C와 결합한다(그림 17-21b). 적혈구에서 발견되는 것과 유사한 spectrin 기반 네트워크는 많은 유형의 세포에서 발생한다. 예를 들어, ankyrin-spectrin 결합은 상피세포 기저막의 actin 세포골격에 N^+/K^+ ATPase를 연결하고, 질서정연하게 반복되는 actin/spectrin 네트워크는 neuron axon (축삭)의 원형질막을 지지한다(그림 17-20c).

적혈구의 세포골격 단백질에 유전적 결함이 생기면 세포가 쉽게 파열되어 *hereditary spherocytic anemias* (**유전성 구형세포성 빈혈증**. 세포가 둥글기 때문에 구형세포증, 적혈구가 부족하기 때문에 빈혈증)로 알려진 질병이 발생하여 수명이 단축될 수 있다. 인간 환자에게는 스펙트린, Band 4.1 그리고 ankyrin의 돌연변이가 이러한 질병을 일으킬 수 있다. ■

Microfilament는 또한 microvilli와 membrane ruffle (막 주름)과 같은 세포 표면 구조를 지지한다. 우리가 하나의 microvillus (미세융모)를 본다면, microvillus에 있는 actin 필라멘트의 끝부분은 microvillus의 끝에 붙어 있고, 필라멘트의 길이를 따라 측면의 막과도 붙어 있음을 분명히 알 수 있다. Decoration experiment를 통해 microvillus의 actin filament들은 (+) 말단이 microvillus의 끝에 있음을 알 수 있었다. 게다가 형광으로 표지된 actin을 세포에 첨가하면, 이 형광 actin들은 microvillus의 끝에서 결합한다. 이는 microvilli의 필라멘트의 끝이 microvilli의 말단에 있다는 것과 actin 필라멘트 조립이 그곳에서 일어난다는 것을 보여준다(그림 17-21c). Actin 필라멘트가 microvillus 끝에 어떻게 부착되어 있는지, 그곳에서 어떻게 조립이 이루어지는지는 아직 알려지지 않았다. Actin 필라멘트의 (+) 말단이 원형질막 쪽으로 향하는 배치는, microvilli뿐 아니라, 운동성 세포의 leading edge 등, 거의 보편적으로 발견된다. Actin 필라멘트의 측면을 원형질막에 부착시키는 것은 적어도 부분적으로는 *ERM* (*ezrin-radixin-moesin*, 에즈린-라디신-모에신) **계열**의 단백질에 의해 일어난다. 이 계열에 속하는 단백질들은 기능이 조절되며, 접힌 비활성 형태로 존재한다. 이들은 특정한 kinase에 의해 인산화되어 활성을 갖게 되며, 이 인산화 반응은 원형질막에 존재하는 조절 인지질 $[PI(4,5)P_2]$ (phosphatidylinositol 4,5-bisphosphate)를 요구한다. 인산화된 ERM 단백질의 F-actin 결합 및 막 단백질 결합 부위는 막과 actin 필라멘트 사이의 측면 결합을 제공하기 위해 노출된다(그림 17-21d). 조절 기능을 하는 지질과 국소적으로 존재하는 kinase가 모두 필요한 이러한 유형의 coincident detection 메커니즘은 ERM 단백질이 적절한 위치에서만 활성화되도록 한다. ERM 단백질은 actin 필라멘트를 직접 막 단백질의 세포질 영역에 연결하거나 또는 scaffolding protein (비계 단백질)을 통해 간접적으로 연결할 수 있다(그림 17-21d 참조).

우리가 지금까지 논의한 actin-막 연결의 종류는 조직의 다른 세포나 extracellular matrix (세포외 기질)에 직접적으로 부착된 원형질막의 경우를 포함하지는 않았지만, 이런 막들도 역시 actin과 연결되어 있다. 상피세포 간의 접촉은 *adherens junction* (애드헤렌스 접합)이라고 불리는 원형질막의 고도로 특수화된 영역에 의해 매개된다(그림 17-1b 참조). *Focal adhesion* (초점 접착, 초점 부착)이라고 불리는 다른 특수 결

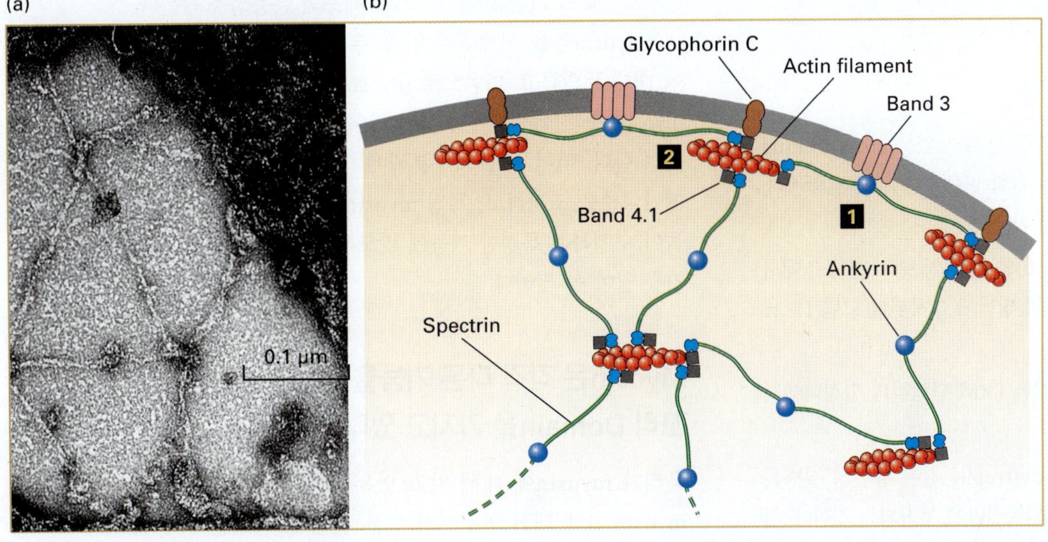

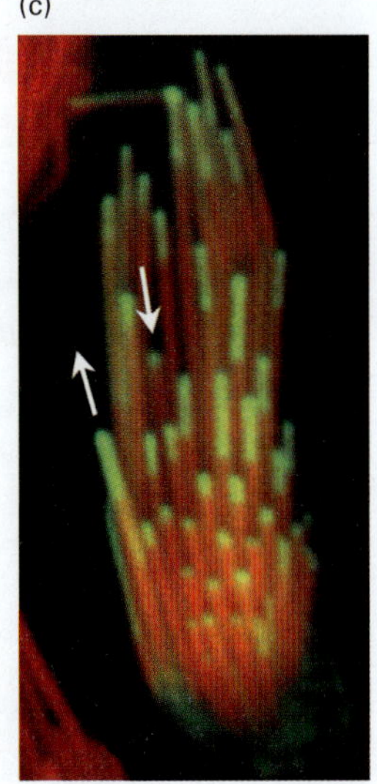

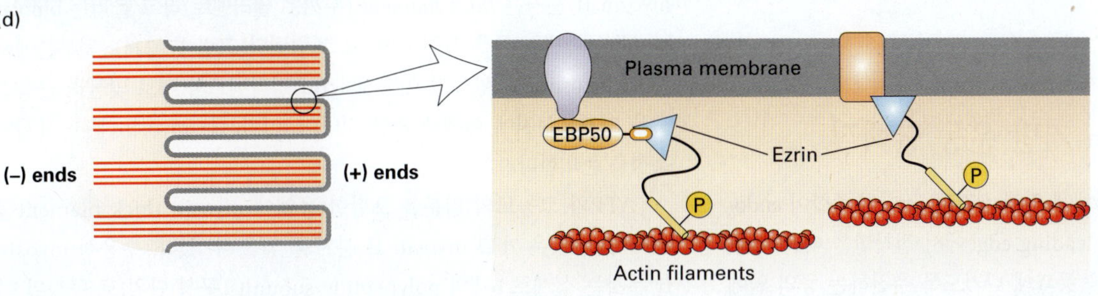

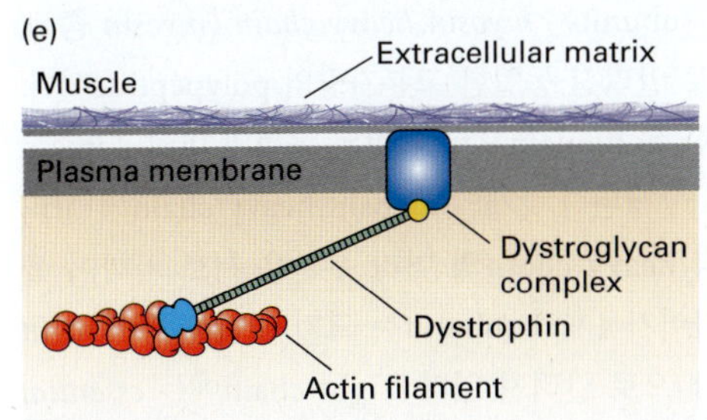

그림 17-21 Microfilament의 막 측면 부착. (a) 인간 적혈구 원형질막의 전자현미경 사진. 원형질막을 지지하는 피질 세포골격의 spoke-and-hub (바퀴살과 축) 조직을 보여 준다. 긴 바퀴살은 주로 spectrin으로 구성되어 있으며, 축 또는 막 부착 부위에서 교차하는 것을 볼 수 있다. 살점(spectrin)을 따라 있는 어두운 점은 ankyrin 분자로, 이것은 spectrin을 integral membrane protein (내재성 막 단백질)과 연결시킨다. (b) 적혈구 세포골격의 도해. 두 가지 주요 막 부착 유형을 보여준다: 단계 **1**는 ankyrin을 통해 band 3에 부착, 단계 **2**는 band 4.1을 통해 glycophorin C에 부착. (c) Actin은 stereocilia (거대 microvilli)의 끝에 통합된다. Stereocilia를 가진 세포에 짧은 시간 동안 GFP로 표지된 actin을 발현한 후, 그 세포의 모든 F-actin을 착색시키기 위해 rhodamine-phalloidin (로다민 팔로이딘)으로 대조염색하였다. 새로운 actin이 stereocilia의 끝에 통합된다는 것을 보여준다. (d) Ezrin-radixin-moesin (ERM) 계열 단백질의 하나인 ezrin은 microvilli와 같은 표면 구조의 원형질막에 actin 필라멘트의 측면을-직접적이거나 간접적으로-연결한다. Ezrin은 비활성의 접힌 세포질 형태로 존재한다. 열린 형태로의 활성화는 인산화에 의해 일어나며, 플라스마 막 지질 $PI(4,5)P_2$와 특정 ezrin kinase의 존재가 필요하다. 인산화(P)에 의해 활성화된 에즈린은 막 통과 단백질의 세포질 영역(*오른쪽*)에 직접 연결되거나 EBP50과 같은 scaffold protein (비계 단백질)을 통해 간접적으로 연결된다(*왼쪽*). (e) Dystrophin은 actin결합 부위가 있는 N 말단과 dystroglycan (세포외 기질과 결합하는 막 단백질)과 결합하는 C-말단을 가진다. 자세한 내용은 그림 20-41을 참조. [Part (a) From T. J. Byers and D. Branton, 1985, Proc. Nat'l. Acad Sci. USA 82:6153; courtesy Daniel Branton. Part (c) A. K. Rzadzinska et al., 2004, *J. Cell Biol.* **164**(6):887–897; https://doi.org/10.1083/jcb.200310055.]

합 영역은 세포외 기질에 대한 세포의 부착을 매개한다. 그리고 이런 특화된 부착은 세포골격으로 연결된다. 이에 대해서는 우리가 세포 이동(17.7절)과 조직의 맥락에서 세포에 대해 논의할 때(20장 참조) 더 자세히 설명될 것이다.

Muscular dystrophy (근육위축증, 근이영양증)는 골격근의 점진적인 약화가 특징인 유전 질환이다. 이러한 유전 질환 중 하나인 Duchenne muscular dystrophy (듀헨 근이영양증)은 X 염색체에 유전자가 있는 단백질 dystrophin (디스트로핀의 기능 이상에 의해 일어나므로, 이 질환은 여성보다 남성에게 훨씬 더 흔하다. *Dystrophin*은 모듈식 단백질로 근육 세포의 피질 actin 네트워크를 세포외 기질에 연결하는 막 단백질 복합체와 연결하는 기능을 한다. 따라서 dystrophin은 N-말단 actin 결합 domain을 가지고, 그 뒤로 일련의 spectrin과 유사한 부위가 반복적으로 존재하며, 끝 부위에 막 통과 dystroglycan complex (디스트로글리칸 복합체)를 세포외 기질 단백질 laminin에 결합하는 domain이 있다(그림 17-21d, e와 자세한 내용은 그림 20-41을 참조). Dystrophin이 없으면 근육세포의 원형질막은 반복적인 근육 수축에 의해 약해지고 결국 파열되어 근섬유가 죽는다. ■

17.4절의 주요 개념

Actin 기반 세포 구조의 체제

- Actin 필라멘트는 2개의 F-actin 결합 부위가 있는 cross-linking 단백질에 의해 조직화된다. Actin 교차 결합 단백질은 길거나 짧거나, 단단하거나 유연할 수 있다(그림 17-20 참조).
- Actin 필라멘트는 적혈구와 microvilli와 같은 세포 표면 구조에서 볼 수 있듯이, 어댑터 단백질에 의해 원형질막에 부착된다(그림 17-21 참조).
- 원형질막에 대한 부착은 인산화에 의한 ERM 단백질의 활성화에서 볼 수 있듯이 조절될 수 있다.
- Spherocytic anemias나 muscular dystrophy 같은 유전성 질병은 Microfilament 기반 피질 세포골격이 원형질막에 부착되는 결함에 의한 것으로 조사되었다.

17.5 Myosin: Actin 기반 운동 단백질

17.3절에서, 우리는 Arp2/3 복합체에 의해 시작된 actin의 중합이 endocytosis 동안 소포 이동, 세포의 leading edge에서 접착면을 따른 이동, *Listeria*를 숙주 세포의 세포질을 통과해 나가도록 추진하는 등의 일에 어떻게 이용될 수 있는지에 대하여 설명하였다. 이런 actin 중합에 기초한 운동성 외에도, 세포는 actin 필라멘트를 따라 움직이면서 일을 수행할 수 있는 **myosin**이라 불리는 한 계통에 속하는 많은 수의 운동 단백질들을 가지고 있다.

최초로 발견된 myosin—*myosin II*—은 골격근에서 분리되었으며, 생물학자들은 오랫동안 이것이 자연에서 발견되는 유일한 종류의 myosin이라고 생각했었다. 하지만, 생물학자들은 그 후 다른 종류의 myosin들을 발견했고, 얼마나 많은 기능이 다른 myosin 종류가 존재할 수 있는지 묻기 시작했다. 오늘날 우리는 골격근의 myosin II 뿐만 아니라 actin을 따라 움직이는 여러 종류의 myosin들이 있다는 것을 알고 있다. 실제로, 이 모든 microfilament-based motor (미세섬유 기반 운동단백질)와 다음 장에서 설명된 상응하는 microtubule-based motor (미세소관 기반 운동단백질)의 발견과 분석으로, 이전의 상대적으로 정적이라 생각했던 세포에 대한 관점은 세포질이 믿을 수 없을 정도로—마치 운동 단백질들이 물질들을 바쁘게 여기저기로 운반하는 고속도로 시스템 같이—역동적이라는 인식으로 대체되었다.

Myosin은 ATP 가수분해에 의해 방출된 에너지를 기계적 일(actin 필라멘트를 따른 이동)로 전환하는 놀라운 능력을 가지고 있다. 모든 myosin들은 공통적으로 ATP 가수분해의 화학 에너지를 기계적 작업으로 전환하지만, 다른 종류의 myosin들은 매우 다른 세포 기능을 수행한다. 예를 들어, 많은 myosin II 분자들이 함께 actin 필라멘트를 당겨 근육 수축을 일으키는 반면, myosin V는 화물로 채워진 소포에 결합하여 actin 필라멘트를 따라 그것들을 운반한다. 다른 종류의 myosin은 세포 주위로 세포소기관을 움직이거나 세포의 운동성을 돕는다.

Myosin들을 이해하기 위해, 우리는 먼저 myosin의 일반적인 구조에 대해 논의하고, 다음으로 myosin 종류의 다양성을 알아 본 후, 이들 myosin 중 진핵생물에서 흔히 볼 수 있 몇 종류에 대해 더 자세히 설명하려 한다. 이어 ATP 가수분해에 의해 방출된 에너지를 일로 변환하는 메커니즘을 조사하고, 특정 myosin의 경우, 이들 myosin의 속성을 그들이 수행하는 특정한 기능에 맞도록 이 메커니즘이 어떻게 수정되었는가를 알아 볼 것이다.

Myosin은 각각 다른 기능을 가진 머리, 목, 꼬리 Domain을 가지고 있다

우리가 myosin에 대해 알고 있는 것의 대부분은 골격근에서 분리된 myosin II에 대한 연구에서 얻은 것이다. 골격근에서 수백 개의 개별 myosin II 분자는 *thick filament* (두꺼운 필라멘트)라고 불리는 bipolar bundle (두개의 극을 가진 다발)로 조립된다(그림 17-22a). 뒷부분에서는 이 myosin 필라멘트가 어떻게 actin 필라멘트와 서로 맞물려 근육수축을 가져오는지에 대해 논의할 것이다. 여기서는 myosin 분자 자체의 특성을 논의한다.

ATP와 고농도의 염분을 포함한 용액에 myosin thick filament를 용해하면, 많은 개별 myosin II 분자를 얻을 수 있다. 수용성 myosin II 분자는 실제로 6개의 polypeptide subunit (구성 단위)로 구성된 단백질 복합체이다. 2개의 subunit는 *myosin heavy chain* (*myosin* 중쇄, *myosin* 무거운 사슬)으로 알려진 동일한 고분자량의 polypeptide이다. 각 heavy chain은 유연한 목 domain으로 연결된 구형의 머리 domain과 긴 꼬리 domain으로 구성된다. 2개의 myosin heavy chain의 꼬리는 서로 얽혀 있어서, 각 heavy chain의 머리 부분은 서로 가까이 붙어 있다. Myosin II의 나머지 4개의 subunit는 크기가 더 작으며, *light chain* (가벼운 사슬, 경쇄)으로 알려져 있다. Light chain에는 *essential light chain* (필수 가벼운 사슬)과 *regulatory light chain* (조절 가벼운 사슬)의 두 가지 유형이 있다. 각 heavy chain의 목 부위에는 하나의 essential light chain과 하나의 regulatory light chain이 결합하여 있다(그림 17-22b, 위쪽). Myosin heavy chain과 두 종류의 light chain은 3개의 다른 유전자에 의해 암호화된다.

수용성 myosin II 분자는 ATPase 활성을 가지고 있으며, 이는 ATP의 가수분해를 통해 움직임에 동력을 부여하는 능력을 반영한다. 그러면, myosin 복합체의 어느 부분이 이러한 활성을 담당할까? 단백질에서 기능적 domain을 식별하는 표준 방법은 단백질을 특정 protease (단백질 분해효소)로 여러 조각으로 나눈 다음 어떤 조각이 활성을 가지는지 알아보는 것이다. 수용성 myosin II를 단백질 분해효소인 chymotrypsin (키모트립신)으로 가볍게 처리하면 2개의 조각을 얻을 수 있다. 하나는 *heavy meromyosin* (헤비메로신, *HMM*; *mero*는 ...의 일부라는 뜻)이고, 다른 하나는 *light meromyosin* (라이트메로신, *LMM*)이다(그림 17-22b, 가운데). Heavy meromyosin은 단백질 분해효소 papain (파페인)에 의해 subfragment 1 (작은 조각 1, S1)와 subfragment 2

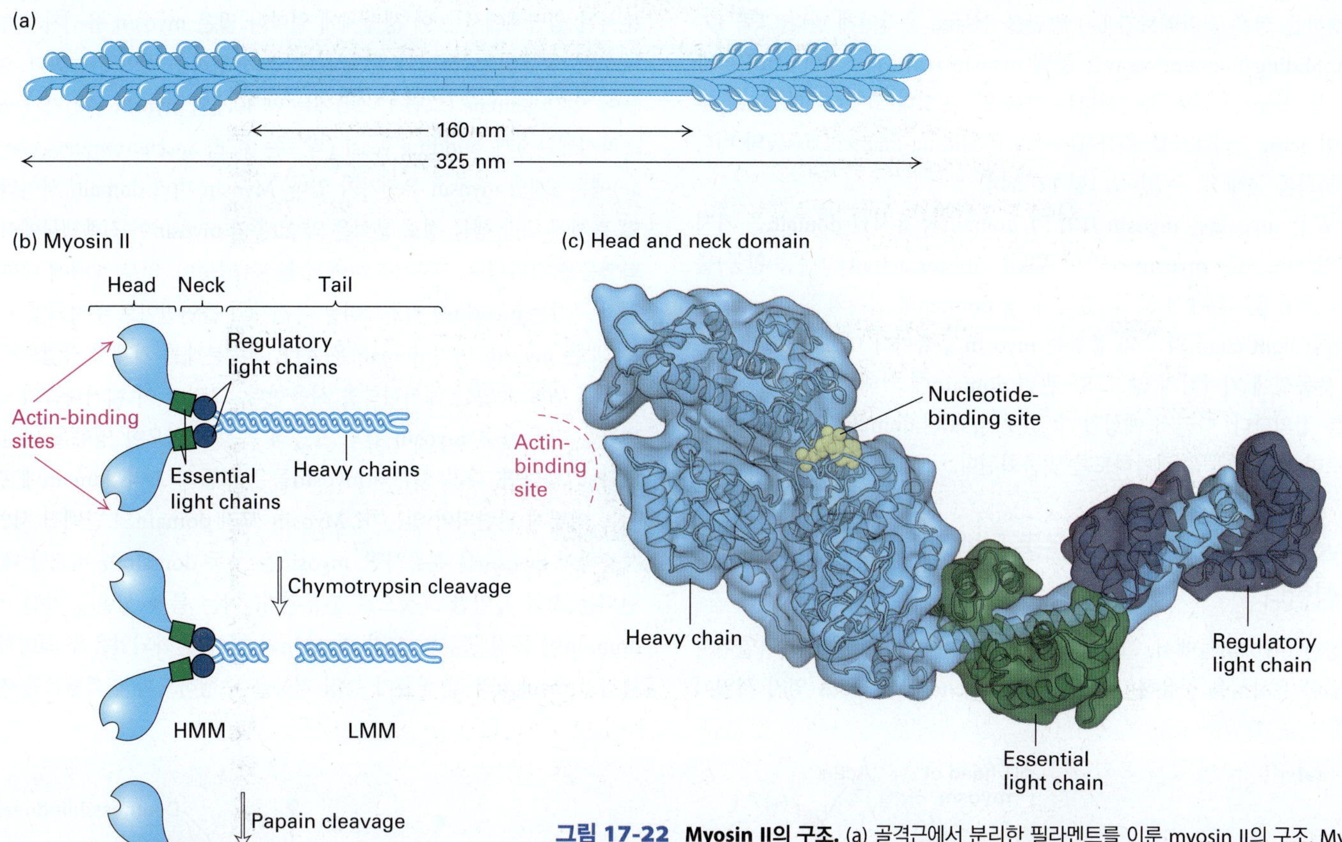

그림 17-22 Myosin II의 구조. (a) 골격근에서 분리한 필라멘트를 이룬 myosin II의 구조. Myosin II는 bipolar filament로 조립되며, 꼬리는 필라멘트의 축을 형성하고 머리들은 끝부분에 노출되어 있다. ATP를 포함한 높은 염분 농도의 용액으로 myosin 필라멘트를 처리하면, 필라멘트는 개별적인 myosin II 분자로 분해된다. (b) 한 분자의 myosin II는 2개의 동일한 heavy chain (흐린 파란색)과 4개의 light chain (녹색과 진한 파란색)으로 구성되어 있다. 2개의 무거운 사슬의 꼬리들은 dimer를 만들기 위해 coiled-coil (또꼬인나선)을 형성한다; 각 heavy chain의 목 부분에는 2개의 light chain이 연결되어 있다. 단백질 분해효소를 이용하여 myosin II를 제한적으로 절단하면 꼬리 조각 — LMM과 S2 — 과 S1 모터 domain을 얻을 수 있다. (c) S1 머리 domain의 3차원 모델은 S1 부위가 휘어진 길쭉한 모양을 하고 있으며, 하나의 틈새에 의해 양분되어 있다는 것을 보여준다. Nucleotide-binding pocket은 이 틈새의 한쪽에 있고, actin 결합 부위는 틈새 다른 쪽 머리 끝 근처에 있다. α-나선 구조를 한 목의 축을 2개의 light chain이 감고 있다. 이 light chain들은 목을 뻣뻣하게 하여 목이 머리의 lever arm 역할을 할 수 있게 한다. 이 그림은 ADP와 결합한 상태의 구조이다. [Part (c) Data from S. Gourinath et al., 2003, *Structure* **11**:1621–1627, PDB ID 1qvi.]

(S2)로 더 나누어질 수 있다(그림 17-22b, 아래쪽). 다양한 조각들(S1, S2, LMM)의 특성을 분석하여 myosin의 ATPase 활성은 F-actin-결합 부위와 마찬가지로 S1 조각에 존재한다는 것을 알게 되었다. 또한, S1 조각의 ATPase 활성은 actin 필라멘트의 존재에 의해 크게 증가된다는 것이 밝혀졌고, 따라서 S1은 *actin-activated ATPase activity* (*actin*에 의해 활성화되는 *ATPase* 활성)를 가진다라고 말하는데, 이 actin-activated ATPase activity는 모든 myosin의 특징이다. Myosin II의 S1 조각은 결합된 2개의 light chain (essential LC과 regulatory LC)을 가진 머리와 목 domain으로 구성되는 반면, S2와 LMM 영역은 꼬리 domain을 구성한다.

머리와 목 domain의 X-선 결정학적 분석은 subunit의 형태, light chain의 위치, ATP 결합 및 actin 결합 부위의 위치를 밝혀냈다(그림 17-22c). Myosin 머리의 밑 부분에는 α-helix 구조로 된 목 부분이 있으며, 이 부위에는 2개의 light chain이 C-자형 clamp (죔쇠)와 같이 heavy chain을 감싸고 있다. 이 자세에서, light chain들이 목 부위를 뻣뻣하게 만든다. Actin 결합 부위는 머리 domain의 끝에 있는 노출된 부위이다. ATP 결합 부위 역시 머리 domain — actin 결합 부위의 반대쪽 틈새 — 에 있다.

Myosin II 분자가 motor활성을 갖기 위해서는 전체 myosin II 분자 중 어느 만큼이 있어야 하는가? 이 질문에 답하기 위해서는 간단한 *in vitro* motility analysis (체외 운동성 분석)가 필요하다. 이러한 분석 중 하나인 *sliding-filament assay* (슬라이딩-필라멘트 분석)에서 myosin 분자는 커버슬립(coverslip)에 결합되어 있고, 여기에 안정화되고 형광으로 표지된 actin 필라멘트와 ATP를 첨가한다. Myosin 분자는 묶여 있기 때문에 미끄러질 수 없으며, 따라서 actin 필라멘트와 myosin 헤드의 상호작용에 의해 생성되는 힘은 actin 필라멘트를 myosin에 대해 상대적으로 움직이게 한다. Coverslip에 붙어 있는 myosin 전체 분자(또는 일부 조각)는 필라멘트를 (+) 말단 쪽으로 끌어당겨서, myosin이 생성하는 힘은 필라멘트가 (–) 말단을 선두로 움직이게 한다(그림 17-23). Sliding-filament assay를 통해 myosin II의 S1 조각이 actin 필라멘트를 이동시키기에 충분하다는 것을 알 수 있다(그림 17-23a). Myosin이 actin 필라멘트를 움직이는 속도는 Sliding-filament assay의 비디오 녹화를 통해 알 수 있다(그림 17-23b)

모든 myosin은 myosin II의 S1 domain과 유사한 domain을 가지고 있으며, 모든 myosin에서 이 부위는 motor activity (운동 활동)를 담당한다. 뒷부분에서 볼 수 있듯이, 목 domain의 길이와 목 domain에 결합한 light chain의 수와 종류는 myosin 종류마다 다르다. 꼬리 부분은 운동성에 기여하지 않고, S1 관련 domain에 의해 무엇이 이동되는가를 정의한다. 따라서 예상할 수 있듯이, 꼬리 domain은 myosin마다 다르며 특정 화물을 결합하도록 맞춤화된다.

Myosin들은 기계화학적 운동 단백질의 큰 Family를 구성한다

다양한 myosin들에서, 그들의 S1 domain은 일차 아미노산 서열에서 상당한 유사성을 공유하기 때문에, 전체 genome의 DNA 염기 서열이 분석된 생명체에서는 이 생명체에 얼마나 많은 myosin 유전자와 얼마나 많은 종류의 myosin이 존재하는가를 결정하는 것이 가능하다. 예를 들어, 인간 genome (그림 17-24)에는 약 40개의 myosin 유전자가 있고, 초파리에는 9개, budding yeast (싹트는 효모, *Saccharomyces cerevisiae*)에는 5개의 myosin 유전자가 있다. Myosin 머리 domain 사이의 서열 관계에 대한 생물 정보 분석은 약 20종의 myosin이 진핵생물에서 진화했음을 나타낸다. 그림 17-24에서 볼 수 있듯이, 일부 질병에 대한 유전적 근거는 myosin을 암호화하는 유전자의 돌연변이로 추적되었다.

모든 myosin 머리 domain은 ATP 가수분해를 기계적 작업으로 전환하기 위해 동일한 메커니즘을 사용한다. 그러나 이 메커니즘의 작은 변화는 다른 종류 myosin 간의 기능적 속성에 심오한 영향을 미칠 수 있다. 그렇다면, 다른 종류의 myosin들은 그들의 꼬리 domain에 관해서는 어떻게 관련되어 있는가? Myosin 꼬리 domain의 단백질 서열을 사용하여 myosin을 분류하면, myosin은 운동 domain을 비교할 때 발견되는 것과 동일한 그룹으로 분류된다. 이는 특정 성질을 가진 머리 domain이 특정 종류의 꼬리 domain과 함께 진화되었음을 의미하며, 나아가 myosin의 각 종류가 특정 기능을 수행하도록 진화했음을 시사

실험 그림 17-23 Sliding-filament 분석은 myosin의 힘에 의한 움직임을 감지하는 데 사용된다. (a) Myosin S1 조각들을 유리 coverslip 표면에 흡착되도록 한 후, 결합되지 않은 myosin들은 제거한다. Coverslip은 부착된 myosin이 slide glass를 향하도록 slide glass 위에 놓아, coverslip과 slide glass 사이에 용액이 흐를 수 있는 공간이 형성되게 한다. Rhodamine (붉은색 형광 색소)이 부착된 phalloidin으로 염색돼서 눈에 보이고 또 안정화된 actin 필라멘트의 용액을 커버슬립과 slide glass 사이의 공간으로 흘려 넣는다. ATP의 존재하에서, myosin 머리는 actin filament의 (+) 말단 쪽으로 끌어당긴다. 이 메커니즘은 이 장의 후반부에 설명할 것이다(그림 17-26 참조). Myosin 꼬리가 움직일 수 없기 때문에, (+) 말단을 향한 머리의 움직임은 필라멘트를 자신의 (–) 말단을 앞으로 한 채 미끄러지도록 한다. (b) 개별 필라멘트의 움직임은 형광현미경으로 관찰할 수 있다. 이 사진들은 비디오 현미경으로 30초 간격으로 기록된 3개의 actin 필라멘트(1, 2, 3)의 위치를 보여준다. 필라멘트 이동 속도를 그러한 기록으로부터 결정할 수 있다. [Part (b) Courtesy James Spudich.]

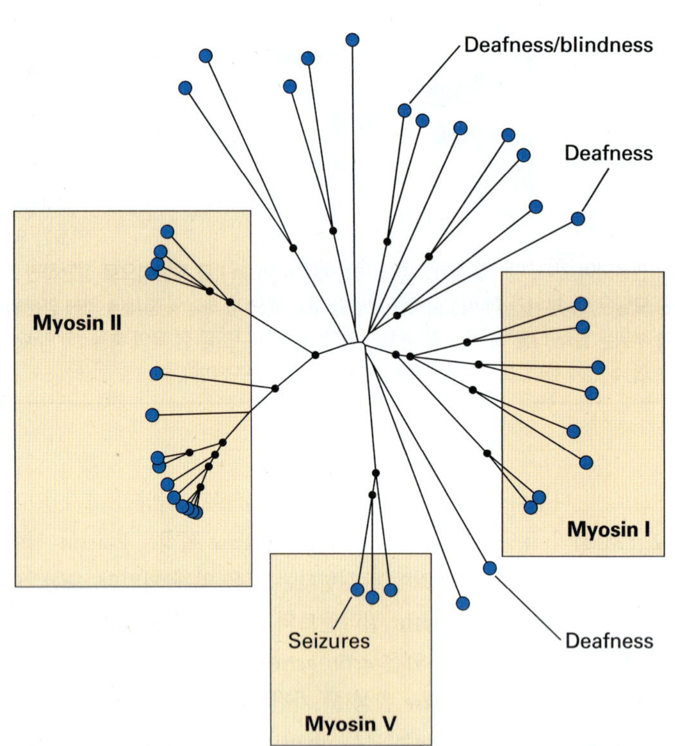

그림 17-24 인간의 Myosin 슈퍼 패밀리. 인간 genome에 의해 암호화된 약 40개의 myosin의 S1 domain의 연관성에 대한 컴퓨터 분석 결과. 각각의 myosin은 파란색 점으로 표시. 검은색 선의 길이는 계통발생학적 거리 관계를 나타냄: 짧은 선으로 연결된 myosin들은 밀접한 관련이 있는 반면, 긴 선으로 분리된 myosin들은 유연관계가 더 멀다. 이러한 myosin 중에서, myosin I, II, V의 세 종류는 진핵생물들에 널리 대표적으로 존재하며, 다른 종류들은 더 전문화된 기능을 가지고 있다. 특정 myosin의 손실이 질병을 일으키는 예를 표시하였다. [Data from R. E. Cheney, 2001, *Mol. Biol. Cell* **12**:780.]

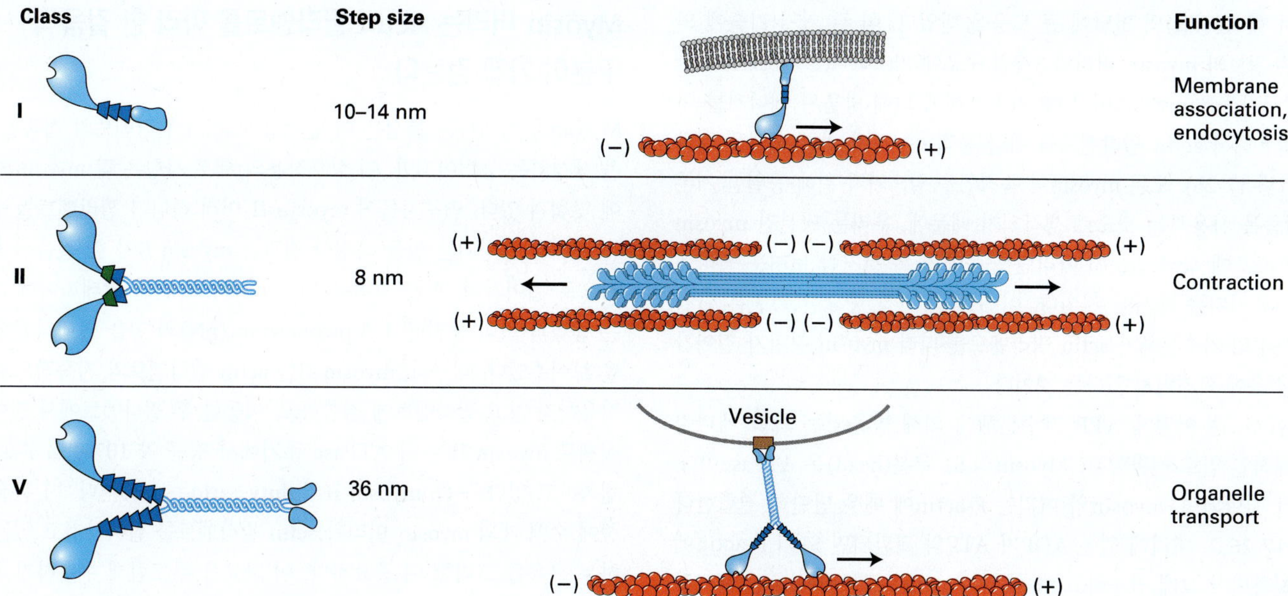

그림 17-25 3종의 보편적으로 존재하는 myosin. Myosin I 분자는 머리 domain과 목 domain으로 구성되어 있으며, 다양한 수의 light chain이 목 domain에 결합되어 있다. Myosin I 계열에 속하는 myosin들은 하나의 머리 domain을 가진 유일한 myosin이다. 이러한 myosin들 중 일부는 지질과의 상호작용을 통해 막과 직접 결합하는 것으로 믿어진다. Myosin II 분자는 2개의 머리 domain과 각 목 domain에 2개의 light chain이 결합되어 있으며, 양극 필라멘트로 조립할 수 있는 유일한 종류이다. Myosin V 분자는 2개의 머리 domain과 목 domain당 6개의 light chain을 가지고 있다. 그들은 그들이 운반하는 세포소기관에 있는 특정 수용체(갈색 상자)에 결합한다. 이 세 종류에 속하는 모든 myosin은 actin 필라멘트의 (+) 말단으로 이동한다.

한다.

Myosin I, myosin II 그리고 *myosin V* family (패밀리)는 myosin 중에 동물과 균류에서 같이 발견되고, 또 특히 연구가 많이 진행된 3 그룹(family)의 myosin이다(그림 17-25). 사람의 경우 8개의 유전자가 myosin I family의 heavy chain들을 암호화하고, 14개의 유전자가 myosin II famil의 heavy chain들을 그리고 3개의 유전자가 myosin V family의 heavy chain들을 암호화한다(그림 17-24 참조).

Myosin I family에는 많은 수의 myosin들이 있으며, 이들은 목 부위에 결합하는 light chain의 수가 다양하다. 이와 함께, myosin I은 하나의 heavy chain을 가진 유일한 종류의 myosin들이며, 따라서 하나의 머리로 기능을 한다. Myosin I 분자의 기능 중 일부만이 결정되었는데, 여기에는 actin 필라멘트를 막에 연결하고 endocytosis를 돕는 것이 포함된다. 이 myosin 분자들은 각각 하나의 머리만 가지고 있기 때문에, 그들 중 몇 개는 움직임을 일으키기 위해 함께 일해야 하고, 적어도 하나는 작업 주기 동안 항상 actin 필라멘트에 부착되어야 한다.

Myosin II에 속하는 모든 myosin들은 상대적으로 짧은 목 domain을 가지고 있으며, heavy chain마다 2개의 light chain을 가지고 있다. Myosin II 종류는 myosin 중 유일하게 bipolar filament (양극 필라멘트)로 조립된다. 꼬리 domain은 합쳐져서 두꺼운 다발을 형성하며, 이 다발 양 끝에 머리 domain들이 뭉쳐있다. 이 구조는 myosin II가 수축에 관여하는 데 중요하다; 실제로, myosin II는 수축 기능에 관여하는 유일한 myosin이다. 많은 수의 myosin들이 myosin II class (종류)에 속하는 것은 비근육 세포뿐만 아니라 다른 근육(예, 골격, 심장 및 다양한 유형의 평활근)에서 볼 수 있는 약간 다른 수축 특성을 가진 myosin II 필라멘트의 필요성을 반영한다.

Myosin V로 분류되는 myosin들은 2개의 heavy chain을 가지고 있으며, 각 heavy chain에는 6개의 light chain이 결합하고 있는 긴 목 부분이 있다. 꼬리 부분은 두 heavy chain (결합된 light chain들과 함께)이 dimer를 형성하게 하고, 꼬리의 끝 부분은 운반될 특정 세포소기관에 결합하는 domain을 형성한다.

지금까지 실험된 모든 경우에서, myosin은 actin 필라멘트의 (+) 말단으로 이동하지만, *myosin VI*은 예외이다. 이 특이한 myosin은 머리 domain에 삽입된 아미노산 서열을 가지고 있으며, 이는 myosin과 화물이 actin 필라멘트의 (-) 말단으로 이동하게 한다. Myosin VI는 actin 필라멘트를 따라 endocytic vesicle을 원형질막에서 멀리 이동시키는 것으로 믿어진다. 막과 연결된 actin 필라멘트는 그들의 (+) 말단이 막을 향하고 있다. 따라서, (-) 말단으로 향하는 모터는 세포막에서 세포 중앙으로 소포들을 운반할 수 있을 것이다.

Myosin Head의 구조적 변화가 ATP 가수분해를 움직임과 짝짓는다

근육 수축에 대한 연구는 myosin의 머리가 actin filament를 따라 미끄러진다는(또는 걸어간다는) 것에 대한 최초의 증거를 제공하였다. 근육 수축 메커니즘을 규명하는 것은 *in vitro* motility assay (실험관 운동성 분석법)와 single-molecule force measurement (단일분자력 측정법, 단일 분자 힘 측정법)의 발달에 큰 도움을 받았다. 이 두 가지 기술에 의해 얻은 정보와 myosin 머리의 3차원 구조에 기초하여(그림 17-22c 참조), 연구자들은 myosin이 ATP 가수분해에 의해 방출된 에너지를 어떻게 활용해서 actin 필라멘트를 따라 움직이는지에 대한 모델을 개발했다(그림 17-26). 모든 myosin이 움직임을 일으키기 위해 동일한 기본 메커니즘을 사용하는 것으로 생각되기 때문에, 우리는 당분간 myosin 꼬리가 소포에 묶여 있는지 아니면 근육에 있는 것처럼 두꺼운 필라멘트의 일부인지를 무시할 것이다. 이 모델의 가장 중요한 측면은 단일 ATP 분자의 가수분해가 actin 필라멘트를 따라 myosin 분자가 걸어가는 매 걸음에 짝지어져 있다는 것이다.

Myosin은 어떻게 ATP 가수분해에 의해 방출되는 화학 에너지를 기계적인 일로 전환할까? Myosin의 S1 부분(head)은 ATPase이다. ADP가 결합되면, myosin의 머리는 F-actin에 매우 단단히 결합한다(그림 17-26a). 머리에 있는 ADP가 ATP와 교환되면 S1의 F-actin에 대한 친화력이 크게 감소하고 S1 부위는 actin으로부터 방출된다(그림 17-26a, 단계 **1**). 다음으로 myosin 머리는 ATP를 가수분해하고, 가수분해 산물인 ADP와 P_i는 myosin 머리와 결합한 상태로 있다(단계 **2**). ATP의 가수분해에서 나온 에너지는 머리의 입체 구조에 변화를 일으키고, 그 결과 목 domain에 대해 머리 domain이 회전하게 되어 "cocked" position으로 알려진 위치를 취하게 된다(그림 17-26b, 위쪽). 다음으로 머리는 F-actin에 단단히 결합하고(단계 **3**), P_i의 방출과 머리를 원래 위치로 돌아가도록 유도하며, actin filament를 목 부위에 상대적으로 움직인다(그림 17-26a, 단계 **4**와 그림 17-26b, 아래쪽). 이러한 방식으로 F-actin에의 결합은 머리의 움직임과 P_i의 방출을 유도하여 두 과정을 결합시킨다. 이 단계를 **power stroke (파워 스트로크)**라 한다. Myosin 머리는 ADP가 방출되고 새로운 ATP가 결합하여, 머리 부위를 필라멘트로부터 놓아 줄때까지 필라멘트에 결합한 채로 있다(단계 **5**). 이 주기가 반복된다.

머리 부위의 뉴클레오타이드 결합 주머니에서 일어난 ATP의 가수분해는 어떻게 기계적인 힘으로 전환되는가? ATP의 가수분해는 머리 domain에서 입체 구조의 작은 변화를 유도한다. 이 작은 움직임은 머리의 밑 부분에 있는 converter (변환기) 영역에 의해 증폭되는데, converter는 지레 받침대와 같은 역할을 하여 막대 모양의 목(*lever arm*, 레버 암이라고도 함)을 회전하게 한다. 이 회전은 목 domain에 의해 증폭되므로 actin 필라멘트는 몇 나노미터씩 움직인다(그림 17-26b).

이 모델에 따르면, 다음과 같은 예측을 할 수 있다: 즉, 한 분자의 ATP 가수분해 동안 myosin이 actin을 따라 움직이는 거리(myosin **step size**, myosin의 보폭)는 목 domain의 길이에 비례해야 한다. 이 예측을 시험하기 위해, 서로 다른 길이의 목 domain을 가진 돌연변이 myosin 분자들을 제조한 후, 이들이 actin 필라멘트를 타고 내려가는 속도를 측정하였다. 서로 다른 길이의 목 domain을 가진 myosin들이 같은 빈도로 발을 내밀어 actin filament를 따라 걸어가기 때문에(one step/one ATP 가수분해), 이들의 움직이는 속도는 각 myosin들의 보폭을 반영한다. 예상한 바와 같이, 목의 길이와 움직이는 속도 사이에는 아주 밀접한 상관관계가 있었다(그림 17-27).

Myosin 머리는 Actin 필라멘트를 따라 한 걸음씩 구분이 가게 걷는다

Myosin을 정의하는 특성은 이 단백질이 actin 필라멘트와 접촉할 때 힘을 생성하는 능력이지만, 이 상호작용의 세부 사항은 각 myosin의 기능에 맞춰져 있다. 연구자들이 myosin II 머리 하나가 필라멘트를 움직이는 거리와 생성되는 힘을 측정한 결과는 myosin II가 한 걸음씩 불연속적으로 걸어가며, 평균 보폭은 약 8 nm이고, 단일 박테리아에 가해지는 중력과 거의 동일한 3–5 piconewton (pN)의 힘을 발생시킨다는 것을 보여주었다. 더구나, myosin II는 actin 필라멘트와 지속적으로 상호작용하지 않고 필라멘트에 결합하고, 이동한 후 필라멘트에서 떨어진다. 실제로 myosin II는 각 ATPase 주기에서 평균 약 10%만을 F-actin과 접촉하고 있다—즉, myosin II의 **duty ratio**는 10%이다. 이 관찰은 나중에 수백 개의 myosin 머리가 actin 필라멘트를 잡아당기고 있는 수축하는 근육을 고려할 때 중요하다. 이 근육을 부드럽게 수축하기 위해서 수축 기간 중 언제라도 10%의 머리는 actin filament와 맞물려 있다.

이제 myosin V가 어떻게 움직이는지에 대해 알아보자. Myosin V는 myosin II보다 목 부위가 훨씬 더 길다는 것을 유념하자(그림 17-25 참조). 한 세트의 실험에서, 과학자들은 myosin V 분자의 2개의 목 domain 중 하나에 형광 표지를 부착하고(이 실험 방법은 4.2절을 참조), 형광 표지가 붙은 myosin V 분자를 F-actin 및 ATP와 혼합한 후, 형광 현미경을 사용하여 myosin V의 움직임을 관찰하였다(그림 17-28a). 표지된 머리는 actin으로부터 떨어지지 않고, 72-nm의 보폭으로 많은 걸음을 걸었으며, 따라서 myosin V는 점진적(*processively*)으로 움직인다라고 한다(그림 17-28b). 필라멘트에서 actin 소단위는 매 36 nm마다 myosin 결합 부위가 제시되도록 존재하므로(그림 17-5b와 17-28a 참조), 각 머리는 필라멘트를 따라 결합 부위를 하나 걸러 결합한다. Myosin V는 머리가 2개이므로, 각 머리는 72-nm씩 번갈아 걷는다. 마치 누군가가 강에 놓인 징검다리를 건널 때 각각의 발을 다른 돌 위에 올려놓는 것처럼 말이다. 형광 표지를 목 대신 꼬리에 붙이자 myosin V는 전체적으로 한번에 36 nm씩 움직였다. 따라서 각 머리의 보폭은 72 nm이지만, myosin V 꼬리에 부착된 화물은 머리가 화물 뒤에서 앞으로 이동할 때 36 nm씩 이동한다(그림 17-28a).

아마도, myosin V는 myosin 결합 부위 사이의 거리에 맞는 보폭을 갖기 위해 긴 목 domain을 진화시켰을 것이다. 또한 myosin V의 ATPase 주기는 70% 이상의 높은 duty ratio를 갖는다(이 값을 myosin II의 10% duty ratio와 비교해 보라). Myosin V는 ADP 방출 속도가 매우 느리기 때문에 높은 duty ratio를 가지고 있다; 따라서 myosin V의 머리는 ATPase 주기 동안 훨씬 큰 비율로 actin filament와 결합한 채 남아 있다. Myosin V는 2개의 머리를 갖고 있으므로, 50% 이상의 duty ratio는 myosin V가 actin 필라멘트를 따라 이동할 때 적어도 하나의 머리가 actin과 항상 접촉하고 있는 것을 보장한다. 이는 myosin V와 그것의 화물이 actin filament로부터 떨어지지 않게 한다. 이런 myosin V의 속성들은 actin 필라멘트를 따라 화물을 운반하도록 설계된 모터에 대해 기대할 수 있는 바로 그런 속성들이다.

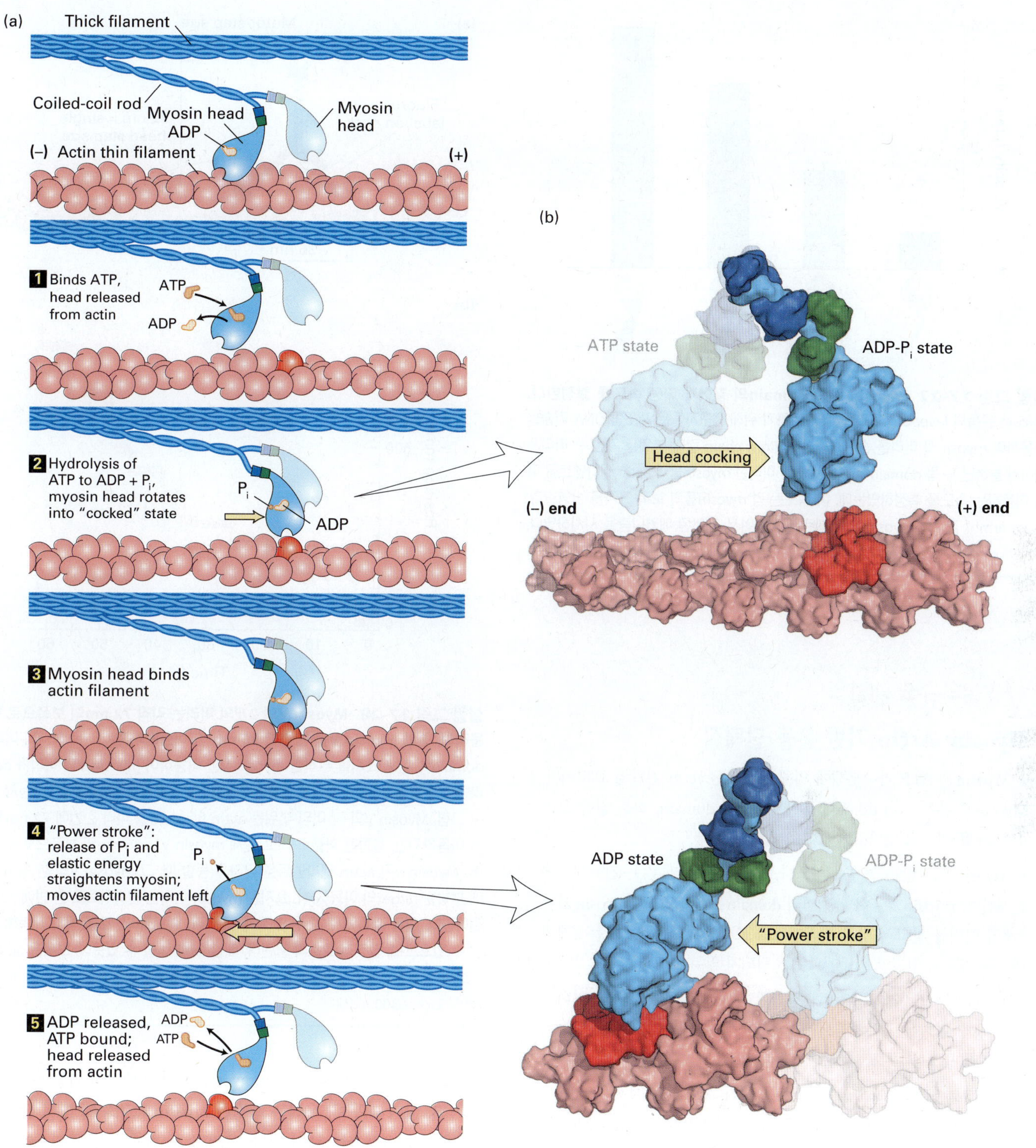

그림 17-26 ATP에 의해 가동되는 Actin 필라멘트를 따라가는 myosin 운동. (a) ADP가 myosin 머리에 결합되면, 그 머리는 actin 필라멘트에 단단히 부착된다. 단계 **1**: 결합하고 있던 ADP를 ATP와 교환하면서 myosin 머리는 actin 필라멘트로부터 방출된다. 단계 **2**: 머리는 ATP를 ADP와 P_i로 가수분해하고, 이는 목에 대한 머리 회전을 유도한다. 이 "cocked " 상태는 ATP 가수분해에 의해 방출된 에너지를 늘어난 스프링과 같은 탄성 에너지로 저장한다. 단계 **3**: "cocked" 상태의 myosin은 actin과 결합할 때까지 안정적이다. 단계 **4**: Myosin 머리가 actin을 만나면, myosin의 머리는 Pi의 방출과 actin 필라멘트를 움직이기 위한 탄성 에너지의 방출을 연결한다. 이러한 움직임은 myosin 목 domain의 끝에 대한 actin 필라멘트의 이동을 포함하기 때문에 *power stroke*로 알려져 있다. ADP가 결합되어 있을 때, 머리는 경직이라고 알려진 상태에서 actin 필라멘트에 단단히 결합하고 있고, 이 단단한 결합이 죽음의 명백한 징후인 rigor mortis (사후경직)의 이유이다. 단계 **5**: ADP가 신선한 ATP로 대체되면 머리는 필라멘트로부터 방출된다. R. D. Vale and R. A. Miligan, 2002, *Science* **288**:88 참조. (b) Myosin 머리의 구조 변화에 대한 분자 모델. "cocking" 상태일 때의 머리(*상부 패널*)와 power stroke (*하부 패널*) 후의 머리. Myosin의 light chain은 진한 파란색과 녹색으로 나타나며, myosin의 나머지 머리와 목은 밝은 파란색, actin은 빨간색이다. S. Fischer et al., 2005, *Proc. Nat'l Acad. Sci. USA* **102**:6873–6876 참조. [Part (b) Data from Ken Holmes.]

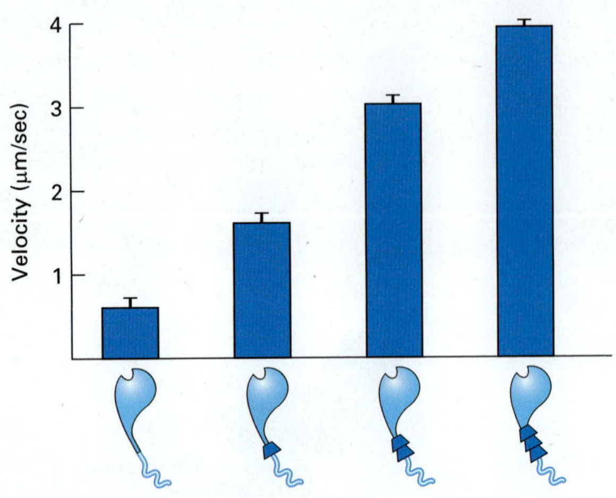

실험 그림 17-27 Myosin II 목 domain의 길이가 이동 속도를 결정한다. Myosin 운동의 lever-arm 모델을 테스트하기 위해 연구자들은 재조합 DNA 기술을 사용하여 myosin의 머리를 증가하는 수의 light chain 결합 부위를 가진 — 따라서 길이가 늘어난 — 목 domain에 결합시켰다. 이러한 myosin들이 actin 필라멘트를 따라 이동하는 속도를 측정하였는데, 이 속도는 각 myosin들의 보폭 크기를 반영한다. Lever arm이 길수록 myosin이 더 빠르게 움직여서, 제안된 메커니즘을 지지하였다. [Data from K. A. Ruppel and J. A. Spudich, 1996, *Ann. Rev. Cell Dev. Biol.* 12:543–573.]

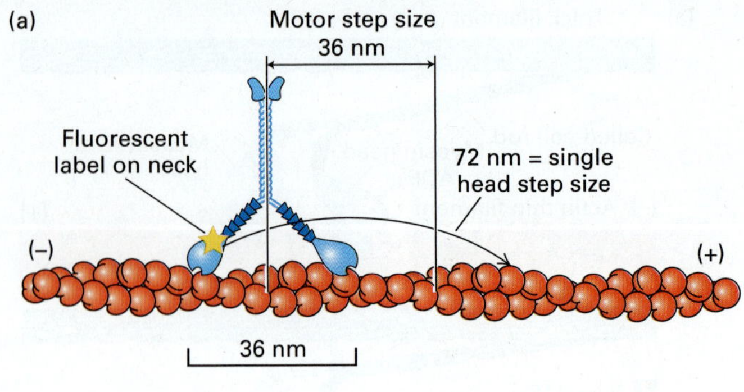

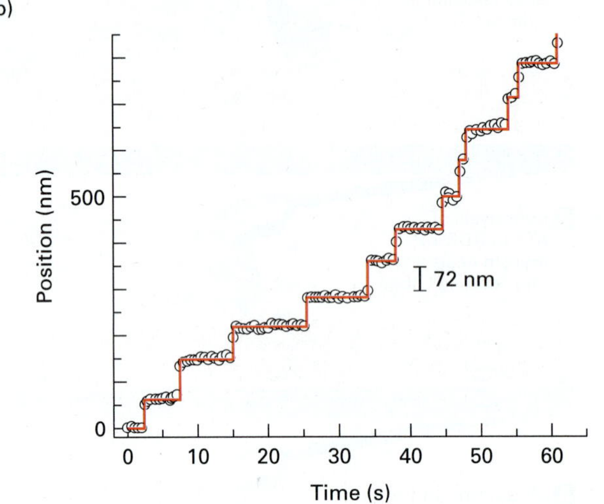

실험 그림 17-28 Myosin V의 2개의 머리는 각각 72 nm의 보폭으로 번갈아 움직여, 전체 Myosin V를 한번에 36 nm 씩 이동하게 한다. (a) 하나의 머리의 목 domain에 형광 표지를 부착한 myosin V를 이용하여 myosin V의 머리가 actin 필라멘트를 따라 36 nm 간격으로 배치된 결합 부위와 어떻게 상호작용하는지 설명하는 그림. Myosin V의 각 머리 부위는 actin filament를 따라 한번에 72 nm씩 번갈아 이동하지만, 결합된 화물 그리고 전체 myosin V는 36 nm의 보폭으로 움직인다. (b) Myosin V가 actin 필라멘트를 따라 이동할 때, 그 myosin V의 한 목 domain에 부착된 target의 이동 자취. 표지된 myosin 머리는 연속적으로 한 번에 72 nm씩 걸어간다. 이동 자취에서 볼 수 있듯이, myosin V는 필라멘트를 따라 계속해서 걸어갈 수 있으므로, 점진적 효소라 불린다. 패널 (a)에서 볼 수 있듯이, 보폭은 actin 필라멘트의 나선 구조상의 머리 결합 부위의 위치와 일치한다. [Data from A. Yildiz et al., 2003, *Science* **300**:2061.]

17.5절의 주요 개념

Myosin: Actin 기반 운동 단백질

- Myosin은 ATP 가수분해에 의해 가동되는 actin 기반의 모터이다. Myosin은 운동 머리 domain, 지렛대-팔 목 domain, 화물 결합 꼬리 domain을 가지고 있다(그림 17-22 참조).
- Myosin에는 많은 종류가 있으나, 그중 세 종류가 많은 진핵생물에 존재한다: myosin I은 하나의 머리 domain을 갖고 있고, myosin II는 2개의 머리를 갖고서 쌍극 필라멘트로 조립되며, myosin V는 2개의 머리를 가지고 있지만 필라멘트로 조립되지 않는다(그림 17-25 참조).
- Myosin은 머리가 F-actin에 결합할 때 목 domain을 통해 머리의 작은 형태 변화를 증폭시킴으로써 ATP 가수분해를 기계적 작업으로 전환시킨다(그림 17-26 참조).
- Myosin 머리들은 actin 필라멘트를 따라 서로 다른 보폭을 취한다. Myosin II는 작고(8 nm) 점진적으로 진행하지 않으며, Myosin V는 보폭이 크고(전체 단백질 36 nm, 각 머리는 72 nm) 점진적으로 진행한다.

17.6 Myosin이 동력을 공급하는 운동

앞 절에서, myosin의 머리와 목 domain이 화학 에너지를 기계적 힘으로 변환하는 모터로 기능하는 방법에 대해 논의했다. 이 절에서는 전체 myosin 운동단백질이 어떻게 일을 하고 조절되는지 논의한다. Metazoan (후생동물)에서 발견되는 많은 myosin 계열 단백질의 기능이 아직 알려져 있지 않기 때문에, 우리는 특정한 myosin의 기능에 대해 잘 알고 있는 세 가지 예를 살펴보려 한다. 우리의 첫 번째 예는 골격근이다. 근육에서, 낮은 duty ratio를 가진 많은 myosin II 머리들이 근육 수축을 일으키기 위해 함께 작동하는 bipolar filament로 묶여 있다. 수축을 일으키는 장치는 또한 평활근의 수축, stress fiber 그리고 cytokinesis (세포질 분열) 동안 contractile ring (수축환)에서도 기능한다. 우리가 살펴볼 두 번째 예는 nonskeletal muscle (비골격근)에서 수축이 어떻게 작용하는지에 대한 것이고, 세 번째 예에서는 높은 duty ratio를 가져 화물을 비교적 먼 거리에 걸쳐 운송할 수 있는 myosin V 클래스에 대해 살펴본다.

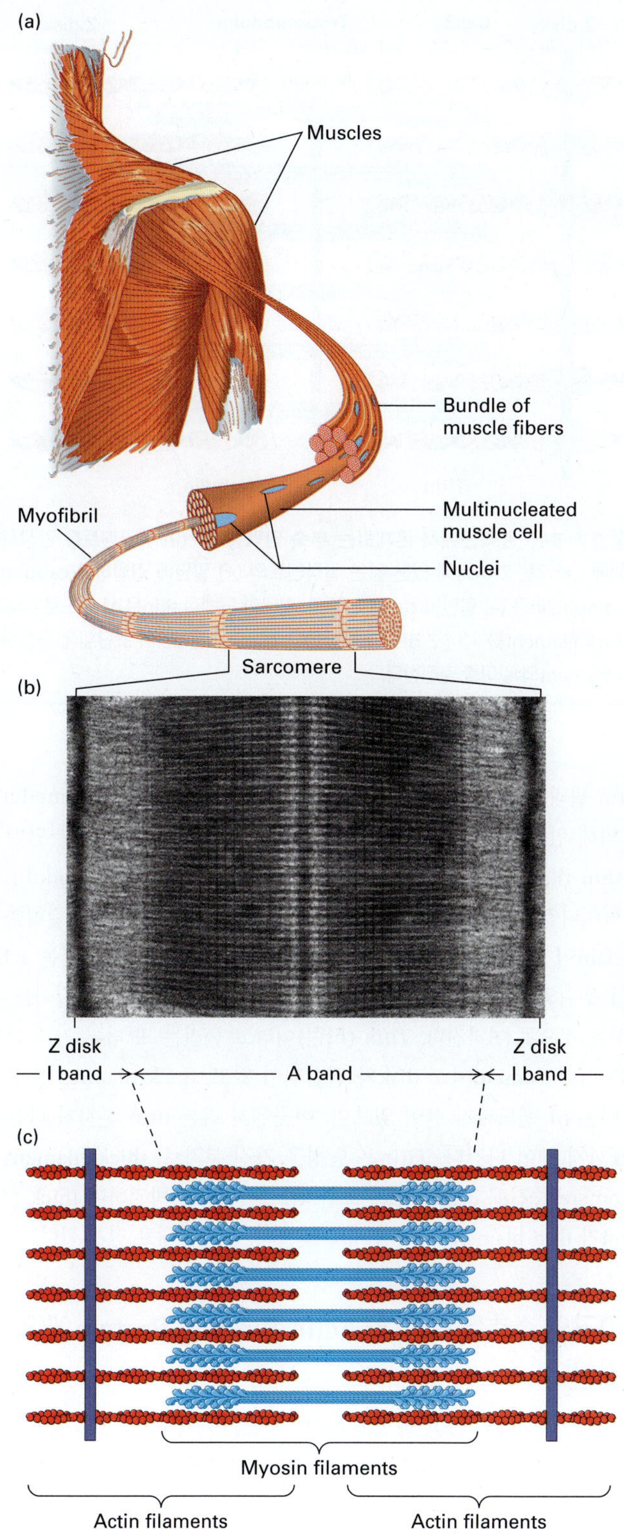

그림 17-29 골격근 sacomere의 구조. (a) 골격근은 multinucleated cell (다핵 세포)의 다발로 이루어진 근육 섬유로 구성된다. 각 근육 세포는 sarcomere (근절)로 불리는 수축성 구조가 수천 번 반복되어 만들어진 근원섬유의 다발을 포함하고 있다. (b) 하나의 *sarcomere*를 보이는 종단된(longitudinal section) 생쥐 골격근의 전자현미경 사진. Z disk의 양쪽에는 흐리게 염색된 I band가 있다. I band는 전체가 actin thin filament로 구성되어 있다. 이 actin thin filament는 Z disk의 양쪽에서 뻗어 나와 A band에 있는 진하게 염색된 myosin thick filament와 서로 깍지 끼듯 막 물린다. (c) Sarcomere에서 myosin filament와 actin filament의 배치 모식도. [Part (b) Pradeep K Luther.]

골격근의 Myosin Thick filament와 Actin Thin filament는 수축 중에 서로 미끄러져 지나간다

근육 세포는 한 가지 매우 전문화된기능—즉, 근육의 수축—을 수행하기 위해 진화했다. 근육 수축은 빠르고 반복적으로 일어나야 하며, 먼 거리에서 큰 짐을 옮길 수 있는 충분한 힘으로 일어나야 한다. 전형적인 골격근 세포는 원통형의 대형(길이 1–40 mm, 너비 10–50 μm) 세포로 많은 핵(최대 100개의 핵을 포함)을 갖고 있다(그림 17-29a). 각 근육 세포 안에는 **sarcomere (근절)**이라 불리는 특화된 구조의 반복 배열로 이루어진 많은 **myofibril (근원섬유)**들이 있다(그림 17-29b). 쉬고 있는 근육에서 길이가 약 2 μm인 sarcomere는 수축하는 동안 길이의 약 70%가 줄어든다. 전자현미경과 생화학적 분석은 각각의 sarcomere가 myosin II로 구성된 **thick filament**와 actin과 이에 결합되어 있는 단백질들을 포함하는 **thin filament**의 두 가지 주요 유형의 필라멘트를 포함하고 있음을 보여주었다(그림 17-29).

Thick filament는 많은 myosin II의 bipolar filament로 구성되어 있으며, 필라멘트의 양쪽에 있는 머리들은 서로 반대 방향으로 존재한다(그림 17-22a 참조). Thin actin filament들은 (+) 말단이 진하게 염색되는, *Z disk* (*Z* 원반)로 알려진 구조에 박혀 있는 상태로 조립되어 있다. 따라서 하나의 sacomere에 있는 두 세트(조)의 actin filament는 서로 반대 방향이다(그림 17-30). 근육이 어떻게 수축하는지 이해하기

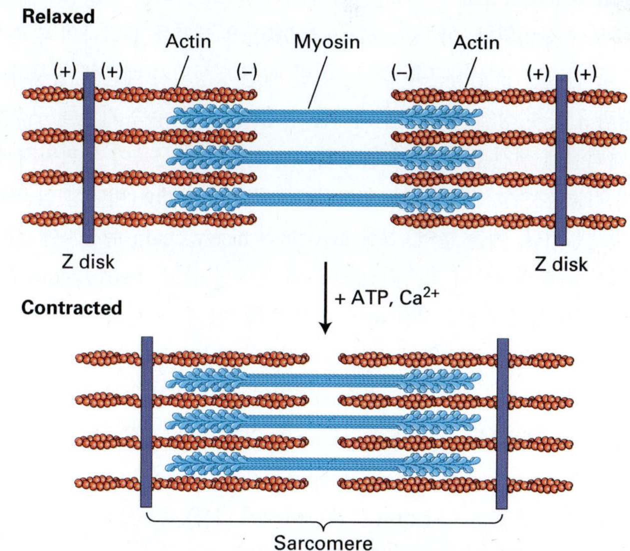

그림 17-30 골격근 수축의 sliding-filament 모델. 이완 상태의 thick-myosin filament와 thin-actin filament의 배열을 위 모식도에서 보여준다. ATP와 Ca^{2+}가 존재할 때, thick filament로부터 뻗어 나온 myosin의 머리는 thin filament의 (+) 말단을 향해 걸어간다. Thin filament가 Z disk (보라색)에 고정되어 있기 때문에, myosin의 움직임은 actin filament를 sarcomere의 중앙으로 당겨서, sarcomere의 길이를 아래쪽 모식도에 보이는 것처럼 수축된 상태로 단축시킨다.

위해서는 그림 17-26에 설명한 것과 같이 1개의 myosin 머리(하나의 thick filament에 있는 수백 개의 머리 중 하나)와 하나의 thin (actin) filament 사이의 상호작용을 생각해 보자. *Cross-bridge cycle* (교차 브리지 사이클)이라고도 불리는 이러한 주기적인 상호작용 동안 ATP의 가수분해는 actin thin filament의 (+) 말단에 해당하는 Z disk로 향하는 myosin 머리의 움직임과 짝지어져 있다. Thick filament가 bipolar (양극성)이기 때문에 thick filament의 양쪽 끝에 있는 myosin 머리의 작용은 thin filament를 thick filament의 중앙으로, 즉 sarcomere의 중앙으로 끌어당긴다(그림 17-30 참조). 이 움직임은 thick filament의 끝이 Z disk에 닿을 때까지 sarcomere를 수축시킨다. 손상되지 않은 근육의 수축은 하나의 thick filament에 있는 수백 개의 myosin 머리의 활동이 하나의 sarcomere에 있는 수백 개의 thick filamant와 thin filament 그리고 하나의 근섬유에 있는 수천 개의 sarcomere에 의해 증폭된 결과이다. 우리는 이제 myosin II가 왜 비점진적(nonprocessive)이고 낮은 duty ratio를 가질 필요가 있는지 알 수 있다: 각각의 머리는 actin filament에서 짧은 거리를 당기고 나서, 다른 헤드가 계속 당길 수 있도록 필라멘트를 놓아 준다. 그렇게 많은 머리가 함께 작업하여 sacomere의 부드러운 수축이 일어날 수 있게 한다. 근육 수축의 Sliding-filament (활주-필라멘트) 모델에 대한 첫 번째 실험 근거는 Classic experiment 17-1에서 강조된다.

인간의 심장은 1년에 약 3백만 번, 즉 일생에 약 2억 회 가량을 중단 없이 수축하는 놀라운 수축 기관이다. 심장의 근육 세포는 단일 핵 세포와 이중 핵 세포가 섞여 있는 점을 제외하고는 골격근과 매우 유사한 수축 장치를 가지고 있다. 각 세포에서, 말단 sacomere들은 intercalrated disk (사이원반, 개재원반)라고 불리는 원형질막에 있는 구조에 삽입된다. 이 *intercalrated disk*들은 세포들을 하나의 수축성 사슬로 연결한다. 심장근육세포는 어릴 때만 생성되기 때문에 심장마비 발생과 같은 손상에 대응하여 대체될 수 없다. 심장 수축 기계를 구성하는 단백질에 생긴 많은 다른 돌연변이는 심장벽의 근육이 두꺼워져 심장의 기능을 손상시키는 *hypertrophic cardiomyopathy* (비대성 심근병)를 발생시킨다. 예를 들어, 심장 myosin의 heavy chain 유전자에 일어난 많은 돌연변이들이 기록되었으며, 이 돌연변이들은 hetrozygous (이형 접합의) 사람에게도 심장 myosin의 수축 기능을 손상시킨다. 이러한 사람에서, 심장은 근육을 발달시켜 커짐으로써(hypertrophy, 대형), 손상을 보완하려 하는데, 이는 종종 치명적인 심장 부정맥(불규칙적인 박동)을 초래한다. Myosin heavy chain의 결함 외에도 심근병을 일으키는 결함은 myosin light chain, tropomyosin, troponin 등 수축 기계 장치의 다른 구성 요소와 titin (티틴, 아래에 다룸) 등 구조적 구성 요소의 돌연변이(아래 설명)에 의해서도 나타난다. ■

골격근은 Stabilizing (안정화) 단백질과 Scaffolding protein (비계 단백질)에 의해 조직화된다

Sarcomere의 구조는 다수의 부속 단백질에 의해 유지된다(그림 17-31).

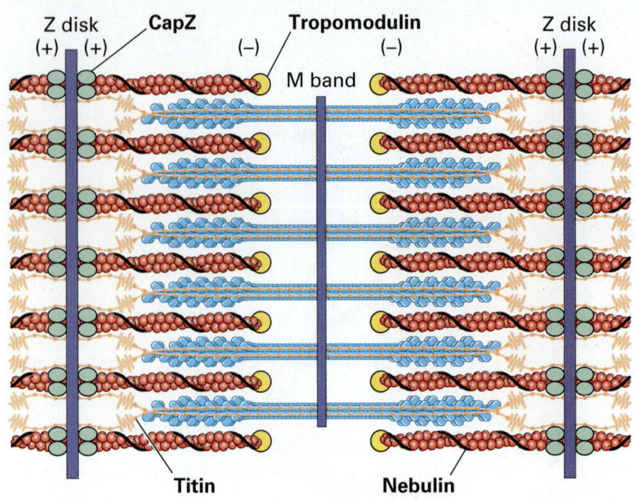

그림 17-31 골격근에서 존재하는 부속 단백질. Actin 필라멘트를 안정시키기 위해 CapZ는 Z disk에 있는 얇은 필라멘트의 (+) 말단에 결합하고(capping), tropomodulin은 (–) 말단에 cap을 만든다. 거대한 단백질 titin은 M 밴드로부터 나와 thick filament를 지나 Z disk에 부착한다. Nebulin은 actin 소단위에 결합하여 thin filament의 길이를 결정한다.

Actin 필라멘트는 (+) 말단은 CapZ에 의해, (–) 말단은 tropomodulin에 의해 안정화된다. *Nebulin* (네불린)이라고 알려진 거대한 단백질은 thin filament 따라 Z disk에서 자신이 결합하는 tropomodulin까지 뻗어나간다. Nebulin에는 thin filament의 actin 소단위에 결합하는 domain이 반복적으로 존재하며, nebulin에 반복적으로 존재하는 actin 결합 부위의 수—즉, nebulin의 길이—가 thin filament의 길이를 결정하는 것으로 여겨진다. *Titin* (티틴)이라고 불리는 또 다른 거대 단백질은 머리 domain이 Z disk와 결합되어 있고, thick filament의 중간에 있는 M 밴드까지 뻗어 있으며, 이곳에서 다른 titin 분자가 다음 Z disk까지 뻗어 나간다. Titin은 탄성을 가진 분자로, thick filament를 sacomere 중간에 고정시키고, 또한 과도한 신장을 방지하여 thick filament가 thin filament 사이에 서로 맞물려 있는 상태로 있게 한다.

골격근의 수축은 Ca^{2+}와 Actin-Binding Protein에 의해 조절된다

세포에서 일어나는 많은 과정과 마찬가지로, 골격근의 수축은 세포기질의 Ca^{2+} 농도 증가에 의해 시작된다. 11장에서 설명한 바와 같이, 세포기질의 Ca^{2+} 농도는 일반적으로 0.1 μM 이하로 유지된다. 골격근 세포에서 세포 기질의 Ca^{2+} 농도는 주로 특별한 Ca^{2+} ATPase의 기능에 의해 낮게 유지되는데, 이 효소는 myofibril (근원섬유)을 포함하고 있는 세포질로부터 Ca^{2+} 이온을 지속적으로 근세포의 특화된 소포체인 **sarcoplasmic reticulum (SR, 근소포체)** 속으로 이동시킨다(그림 17-32). 이 활동은 SR에 Ca^{2+}의 저장소를 설립한다.

Neuromuscular junction (신경근 접합부)에 신경 자극(또는 활동전위; 23장 참조)의 도착은 근육 세포 원형질막(*sarcolemma*)에 활동전위

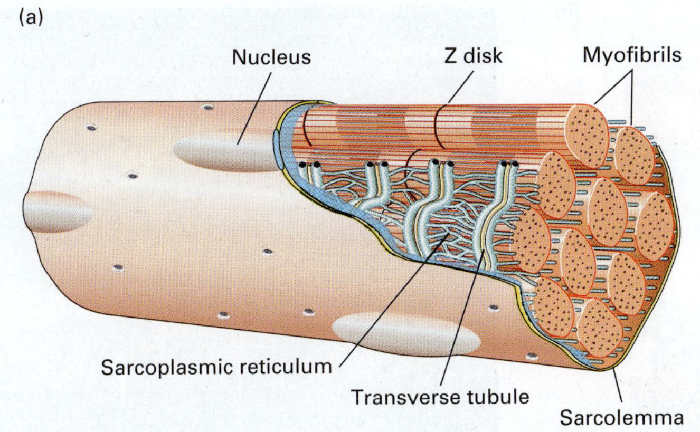

그림 17-32 Sarcoplasma reticulum (근소포체)은 myofibril (근원섬유)에서 free Ca^{2+}의 농도를 조절한다. (a) 신경 자극이 근육 세포를 자극할 때 활동전위가 근육세포의 원형질막(sarcolemma)과 연결되어 있는 transverse tubule (노란색)로 전달되어 인접한 근소포체(SR, 파란색)에서 Ca^{2+}가 myofibril 내로 방출되게 한다. (b) 골격근 얇은 단면의 전자현미경 사진. 근섬유에 대한 근소포체의 밀접한 관계를 보여준다. [Part (b) Courtesy of Keith R. Porter and Clara Franzini-Armstrong.]

를 유발한다. 활동전위는 함입된 원형질막—*transverse tubule* (가로세관)—을 따라 이동하며, transverse tubule은 세포 안쪽으로 들어가 각각의 myofibril 주위에 흩어져 존재한다. 활동전위가 transverse tubule에 도착하면, SR 막에 있는 voltage gated (전압 개폐) Ca^{2+} 채널의 개방을 자극하며, 이에 따른 SR에서 Ca^{2+}의 방출은 myofibril 내 세포질의 Ca^{2+} 농도를 상승시킨다. 이 증가한 Ca^{2+} 농도는 actin thin filament에 결합되어 있어서, 일반적으로 myosin 결합을 차단하는 두 가지 보조 단백질인 tropomyosin과 troponin의 변화를 일으킨다. Actin thin filament에서 이러한 단백질의 위치의 변화는 myosin-actin 상호작용을 허용하고 그에 따라 수축을 허용한다. 이러한 유형의 규제는 매우 빠르며, *thin-filament regulation*로 알려져 있다.

Tropomyosin (TM, 트로포미오신)은 약 40 nm 길이의 로프 모양의 분자로 actin 필라멘트에서 7개의 actin 소단위에 결합한다. TM 분자는 머리가 꼬리에 붙는 방식으로 결합하여 actin 필라멘트의 양 측면을 따라 연속적인 사슬을 형성한다(그림 17-33a, b). 각 TM 분자는 TN-T, TN-I, TN-C의 세 가지 소단위의 복합체인 *troponin* (TN)과 결합하고 있다. TN-C는 troponin의 칼슘 결합 소단위이며, TN-I 및 TN-T 소단위를 통해 actin 필라멘트의 표면에서 TM의 위치를 조절한다.

Ca^{2+}와 TN의 제어하에, TM은 thin filament 상의 두 위치 중 하나를 차지할 수 있다. Ca^{2+}가 없으면 TM은 myosin과 F-actin의 상호작용을 차단하고, 근육은 이완된다. TN-C에 Ca^{2+} 이온이 결합하면 TM을 필라멘트의 새로운 위치로 이동하게 하여 actin의 myosin 결합 부위를 노출시킨다(그림 17-33b). 따라서 Ca^{2+} 농도가 1 μM을 초과하면 TM-TN 복합체에 의해 가해지는 억제가 풀리고 수축이 일어난다. 골격근에서 이완 상태와 수축 상태 사이의 Ca^{2+} 의존성 순환은 그림 17-33c에 요약되어 있다.

심장근은 골격근과 마찬가지로 thin-filament 조절을 받으며, 심장 특유(heart-specific)의 tropomyosin과 troponin을 사용한다. 심근경색(myocardial infarction)이 일어나는 동안 심장 세포는 충분한 산소를 공급 받지 못하며, 이로 인해 사망할 수 있다. 죽은 세포의 원형질막은 파열되어 세포 성분을 혈류로 방출한다. 의사는 심장 특유 troponin 수치를 측정하는 혈액 검사를 사용하여 심장마비의 심각성을 판단한다. ■

Actin과 Myosin II는 비근육세포에서 수축성 다발을 형성한다

우리가 보았듯이, 골격근에서는 actin thin filament와 myosin thick filament가 고도로 조직화된 수축성 구조로 조립되어 있다. 비근육 세포는 actin과 myosin II 필라멘트로 구성된 여러 종류의 **contractile bundle (수축성 다발)**을 포함하고 있는데, 이것들은 골격근 섬유와 유사하지만 훨씬 덜 조직적이다. 또한 이러한 수축성 다발은 troponin 조절 시스템이 결여되어 있고, 대신 아래에서 논의하는 바와 같이 myosin 인산화로 조절된다. 몇 가지 예를 살펴보자.

상피세포에서, contractile bundle은 adherence junction (접착연접)의 위치에서 cell의 내부 표면을 둘러싸고 있는 *circumferential belt* (둘레벨트, 원주대)라고도 알려진 adherens belt (접착벨트, 부착띠)로 가장 흔히 발견된다(그림 17-4a 참조). 이 다발들은 상피 조직의 온전함을 유지하는 데 중요하다(20장에서 논의). 두 번째 유형의 수축성 다발은 stress fiber로, 인공(유리 또는 플라스틱) 표면 또는 세포외 기질에서 배양된 세포의 하부 표면을 따라 볼 수 있으며, 세포 부착에 중요하다(그림 17-4a, b 참조). Stress fiber의 끝부분은 integrin을 포함하는 focal adhesion (초점 접착)—세포를 밑에 있는 기층에 부착하는 특수 구조—에서 끝난다(그림 17-39b, c와 20장 참조). Circumferential belt와 stress fiber는 smooth muscle (평활근)의 contractile apparatus (수축 장치)에서 발견되는 몇 가지 단백질을 포함하고 있으며, 근육의 sarcomere와 유사한 조직 상의 특징을 보인다. 세 번째 유형의 수축성 다발은 contractile ring (수축환)이다. Contractile ring은 분열하는 동물세포의 적도에서 조립되는 일시적인 구조이며, 두 방추사 꼭짓점(spindle

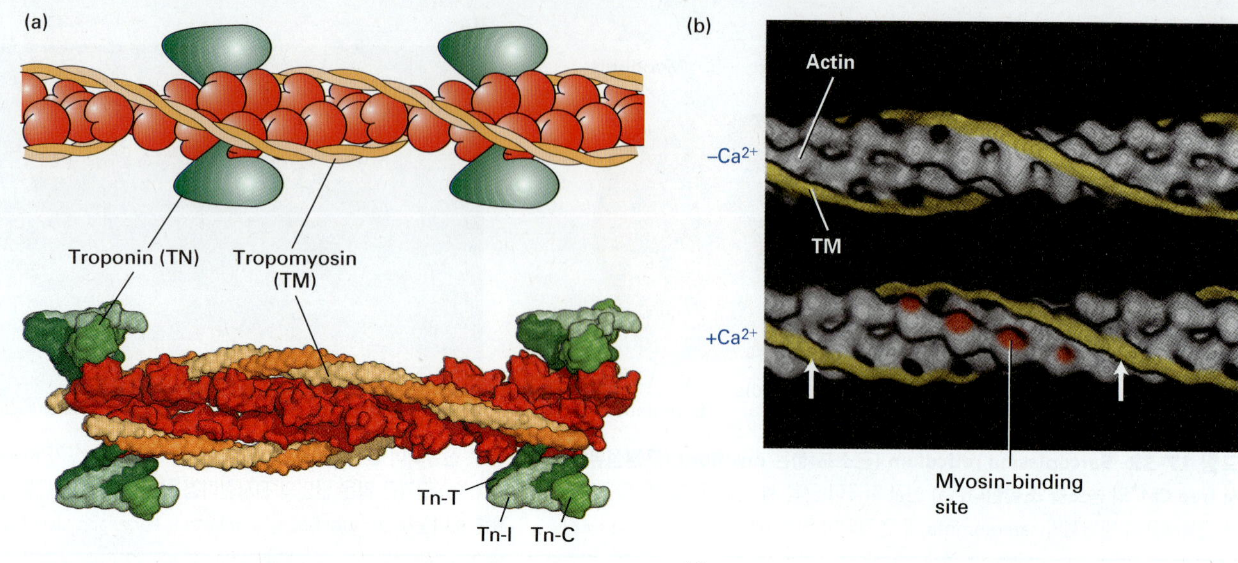

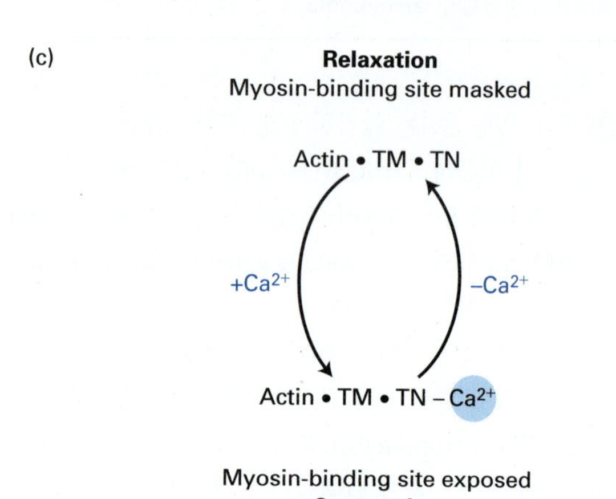

그림 17-33 Ca^{2+} 의존적인 골격근 수축의 Thin-filament regulation. (a) Thin-filament에 대한 tropomyosin-troponin 조절 복합체의 모델 및 상응하는 구조. Troponin은 긴 α-헬리컬 구조인 tropomyosin에 결합하는 단백질 복합체이다. (b) 3차원적으로 재구성한 근육 thin-filament에 결합한 tropomyosin 나선(노란색)의 전자현미경 사진. 이완 상태(*위쪽*)의 tropomyosin은 sarcoplasm의 Ca^{2+} 농도가 증가하면 수축을 유도하는 상태(*아래쪽*)의 새로운 위치(화살표)로 이동한다. 이 움직임은 actin의 myosin 결합 부위(빨간색)를 노출시킨다. (troponin은 이 사진에서 볼 수 없지만, 이 단백질은 수축과 이완 상태 모두 tropomyosin과 결합하고 있다). (c) Troponin에 대한 Ca^{2+} 결합에 의한 골격근 수축 조절에 대한 요약. [Part (a) Data from S. Wu et al., 2012, *PLOS One* **7**:39422, PDB ID 2w4u. Part (b) P. Vibert, R. Craig, and W. Lehman, 1993, *J. Cell Biol.* **123**(2):313–321; https://doi.org/10.1083/jcb.123.2.313.]

pole) 사이의 중간 지점에서 세포를 둘러싸고 있다(그림 17-34). 고리가 수축하면서 원형질막을 안으로 잡아당기면 세포질이 나뉘게 되고, 결국 두 부분으로 쪼개져서—*cytokinesis* (세포질 분열), 2개의 딸세포를 생성한다. GFP-myosin-II를 발현하는 분열하는 세포에서, myosin II는 contractile ring (그림 17-34b)에 집중되어 있다. Myosin II의 heavy chain 유전자가 삭제되었을 때, 세포가 cytokinesis를 수행하지 못한다는 것은 동물세포가 cleavage furrow (난할구)를 형성하는 데 myosin II의 역할이 필요하다는 증거이다. 대신, 이런 세포(myosin II의 heavy

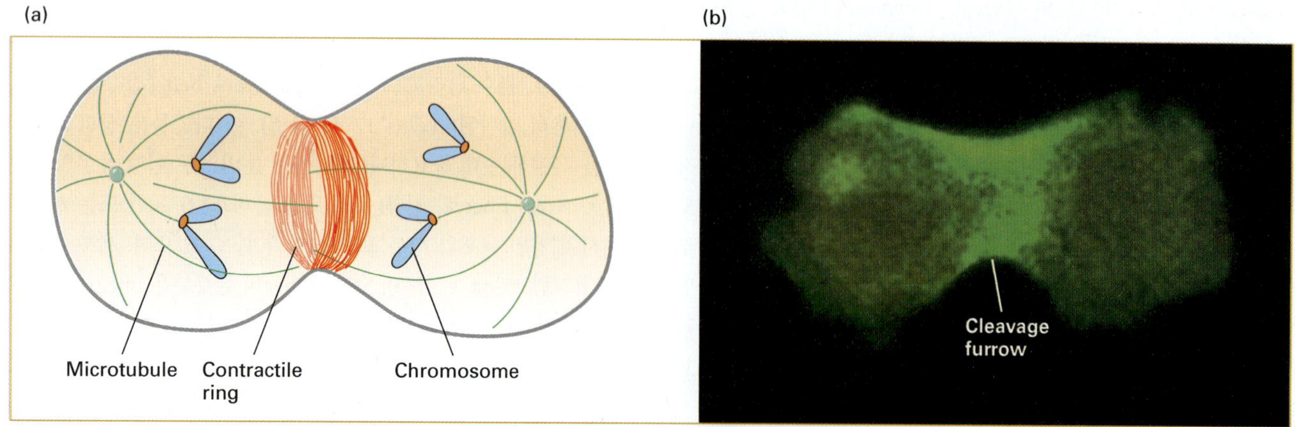

실험 그림 17-34 Cytokinesis 동안 myosin II의 세포내 분포. (a) Cytokinesis (세포질 분열) 중인 세포의 모식도로 mitotic spindle (microtubule, 녹색, 염색체 파란색)와 actin filament (빨간색)로 된 contractile ring을 보여줌. (b) GFP-myosin을 발현하는 *Dictyostellium* 아메바의 형광현미경 사진은 cleavage furrow (난할구) 피질에 myosin II가 집중되어 있음을 보여준다. [Part (b) Republished with permission from Elsevier, from J. C. Effler et al., 2006, *Curr. Biol.* **16**(9):1962–1967, Fig. 1A (149); permission conveyed through Copyright Clearance Center, Inc.; photo courtesy Douglas Robinson.]

chain 유전자가 삭제된 세포)들은 핵분열이 아닌 cytokinesis가 억제되기 때문에 다핵으로 된 syncytium (합포체, 다핵체)를 형성한다.

Myosin 의존적 메커니즘은 평활근과 비근육 세포에서 수축을 조절한다

골격근과 마찬가지로, 평활근은 수축성 세포로 구성된다. 평활근은 속이 빈 장기의 벽과 통로의 벽에서 발견된다. 예를 들어, 평활근은 혈압을 조절하기 위해 혈관을 둘러싸고, 소화관을 통해 음식을 이동시키기 위해 내장을 둘러싸며, 폐의 기도 통로를 제한한다. 평활근의 수축성 기구와 이의 조절은 비근육 세포의 수축과 유사한 방식으로 조절되기 때문에 이러한 과정을 연구하는 데 귀중한 모델이다. 우리가 방금 보았듯이, 골격근에서 myosin II의 활성은 직접적으로 조절되지 않고, myosin II의 F-actin에 대한 접근성이 actin thin filament에 결합하고 있는 tropomyosin-troponin 복합체 의해 조절된다. Tropomyosin-troponin 복합체는 Ca^{2+}의 유무에 따라 수축 유도 상태와 이완 상태 사이를 전환한다. 반대로, 평활근 수축은 myosin II의 ON/OFF (온/오프) 상태 사이의 순환에 의해 조절된다. Myosin II 순환과 이에 의한 평활근과 비근육 세포의 수축은 많은 세포외 신호전달 분자(extracellular signaling molecules)에 반응하여 조절된다.

척추동물 평활근의 수축은 주로 myosin II 목 domain (그림 17-22b 참조)에 결합한 *myosin regulatory light chain* (미오신 조절 라이트 체인, *LC*)의 인산화 및 탈인산화에 의해 조절된다. 조절 LC가 인산화되지 않았을 때, 평활근 myosin II는 ATPase 회로가 비활성인 자가 억제 상태로 접힌다. 조절 LC가 **myosin light chain kinase (myosin 라이트 체인 카이네이즈, MLC 카이네이즈)**에 의해 인산화되면, myosin II는 펼쳐져서 열리고 필라멘트로 조립되어 수축을 유도할 수 있다(그림 17-35). MLC kinase의 활성은 세포질의 free Ca^{2+} 농도에 의해 조절된다. MLC kinase 활성의 Ca^{2+} 의존적 조절은 Ca^{2+} 결합 단백질 calmodulin (칼모듈린)에 의해 매개된다(그림 3-34 참조). 세포외 신호가 세포내 free Ca^{2+} 농도의 상승을 일으키면, Ca^{2+}는 calmodulin에 결합하여, calmodulin의 입체 구조의 변화를 일으킨다. Ca^{2+}/calmodulin 복합체는 MLC kinase에 결합하여 활성화시키고, 활성화된 MLC kinase는 myosin regulatroy light chain을 인산화한다. 세포질 Ca^{2+} 농도가 휴식 수준으로 돌아오면, MLC kinase는 비활성 상태가 되고, myosin light chain phosphatase (탈인산화 효소)는 myosin light chain에서 인산염을 제거하여 시스템을 이완 상태로 되돌린다. 이러한 조절 방식은 단백질 kinase의 작용과 sarcomere에서 보다 더 먼 거리에서 일어나는 Ca^{2+}의 확산에 의존하므로, 골격근보다 평활근에서 수축이 더 느리다. 이 규제는 myosin을 포함하기 때문에 *thick-filament regulation*으로 알려져 있다.

신경 자극만으로 수축하는 골격근과 달리, 평활근 세포와 비근육 세포는 여러 종류의 외부 신호에 의해 조절된다. 예를 들어, norepinephrine, angiotensin, endothelin, histamine 및 다른 신호 분자는 다양한 신호전달 경로를 유발하여 평활근의 수축을 조절하거나 유도하거나 비

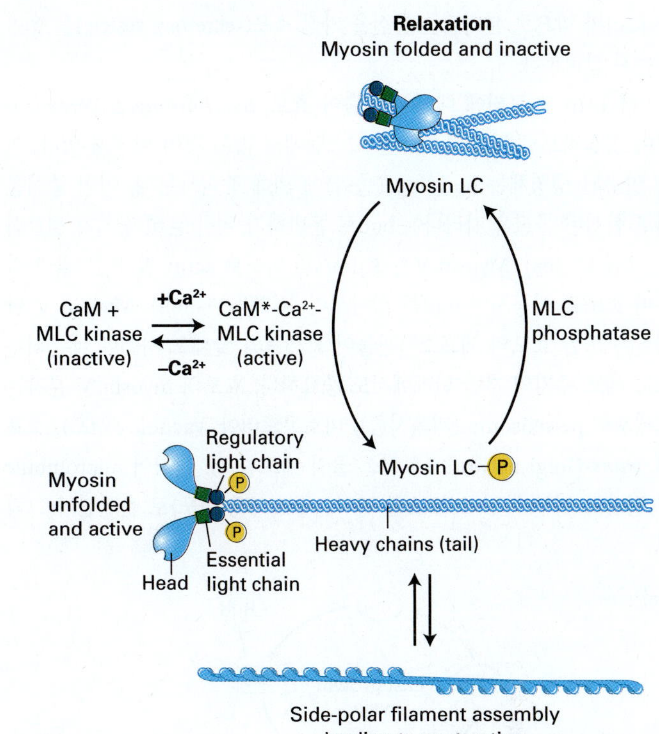

그림 17-35 Myosin light chain의 인산화는 평활근 수축을 조절한다. 척추동물의 평활근에서 myosin regulatory light chain (LC)의 인산화는 수축을 활성화한다. 10^{-6} M 미만의 Ca^{2+} 농도에서 regulatory light chain은 인산화되지 않으며, myosin은 접힌 형태로 있다. Ca^{2+} 수준이 상승하면, Ca^{2+}는 calmodulin (CaM)과 결합하며, calmodulin은 입체 구조가 변한다(CaM*). CaM*-Ca^{2+} 복합체는 myosin light chain kinase에 결합하여 이를 활성화 시키고, 활성화된 myosin light chain kinase는 myosin LC를 인산화한다. 이 인산화는 접혀 있던 myosin II가 열리도록 하고, 열린 myosin II는 수축에 참여하는 측극(side-polar) 필라멘트로 조립한다. 이렇게 조립된 측극 필라멘트의 구성은 골격근에서 볼 수 있는 양극 필라멘트의 구성과 확연히 다른 점에 유의하라. Ca^{2+} 농도가 떨어지면, myosin LC는 myosin light chain phosphatase에 의해 탈인산화되어 근육 이완을 유발한다.

근육 세포의 모양과 부착의 변화를 이끌어낸다. 이러한 신호전달 경로들 중 일부는 세포질 Ca^{2+} 농도의 증가로 이어지는데, 이는 MLC kinase를 활성화함으로써 myosin 활성을 자극할 수 있다(그림 17-35 참조). 17.7절에서 볼 것처럼, 다른 신호 경로들은 *Rho kinase*를 활성화한다. Rho kinase도 regulatory light chain을 인산화 하여 myosin 활동을 활성화하지만, Rho kinase에 의한 인산화는 Ca^{2+} 독립적인 방식으로 일어난다.

Myosin V는 Actin 필라멘트를 따라 소포를 운반한다

Myosin V군에 속하는 단백질들은 actin filament를 따라 화물을 운반하며 알려진 것 중 가장 점진적인(processive) myosin 운동 단백질이다. 다음 장에서는 myosin V가 소기관 운반을 위해 microtubule을 따라 이동하는 운동단백질과 함께 작동하는 방법에 대해 논의하고, 이절에서는 먼저 myosin V들이 어떻게 세포 내로 들어오는 소포(endocytic vesicle)와 밖으로 분비되는 물질을 가진 소포(secretory vesicle)를 운반하는지 살펴본다.

Myosin V 모터에 대해서는 출아 효모, *Saccharomyces cerevisiae* 같이 실험적으로 접근이 가능한 시스템에서 많은 것이 알려져 있다. 이 잘 연구된 생명체는 budding (출아)에 의해 증식하는데, 이런 증식은 새로 합성된 물질을 자라나는 bud로 운반하기 위한 분비 장치가 필요하다(그림 17-36a). Myosin V는 3 μm/s의 속도로 actin 필라멘트를 따라 분비 소포를 이동시켜 bud를 성장시킨다(그림 17-36b). Myosin V 단백질은 또한 효모의 세포소기관들이 모세포와 딸세포 사이에 배분되는 효모 세포 주기의 후반 단계에서도 중요하다. 효모의 myosin V 분자는 모세포의 peroxisome (퍼옥시좀), 미토콘드리아, vacuole (액포), 소포체, *trans*-Golgi network (트랜스-골지 네트워크), 심지어 microtubule의 말단과 일부 특정 mRNA를 자라는 bud (딸 세포)로 운반한다(그림 17-36c). 이 세포소기관들은 각각 myosin V의 꼬리가 결합하는 독특한 수용체를 가지고 있다. Myosin V 모터는 물질 배달에 여러 번 사용되기 때문에, 이 모터들은 자신이 운반할 화물(소기관)을 픽업하고, 운반하며, 적소에 배달할 수 있는 방법을 가지고 있어야 한다. 최근의 연구는 myosin V가 두 가지 상태로 존재할 수 있다는 것을 보여주었다: 비활성인 접힌 상태에서는 꼬리 domain이 머리 domain에 결합하여 머리 domain의 활성을 저해하고 있고, 활성 상태에서는 화물에 대한 결합

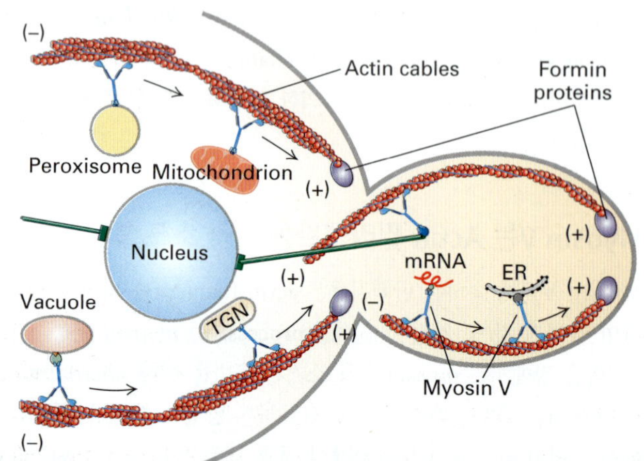

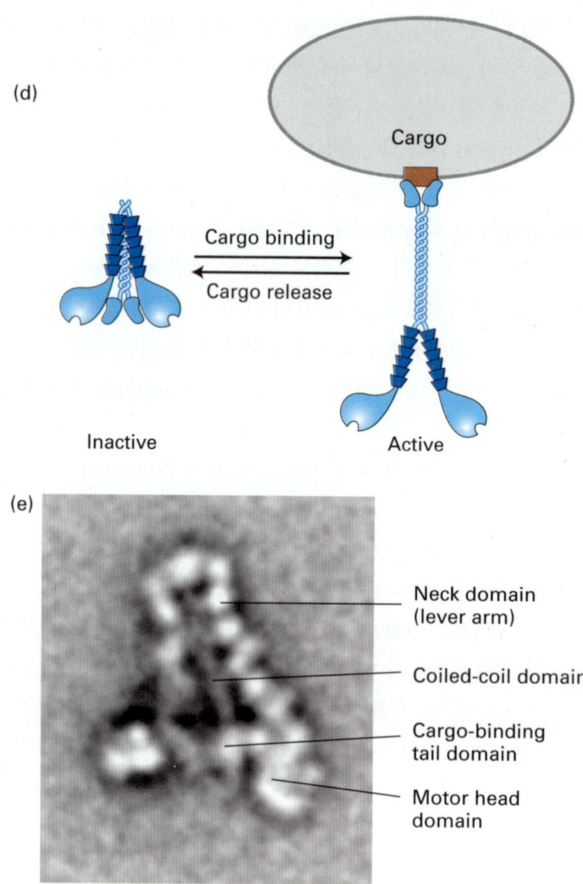

그림 17-36 Myosin V에 의한 화물 이동. (a) 효모 *Saccharomyces cervisiae* (빵, 맥주, 와인을 만드는 데 사용)는 출아에 의해 성장한다. (b) Secretory vesicle은 formin에 의해 핵화된 actin 케이블을 따라 myosin V에 의해 bud로 수송되며, bud는 모세포의 크기만큼 부풀어 오르도록 자란다. (c) 세포 분열이 일어나기 전에, vacuole (효모의 리소좀에 해당), 퍼옥시좀, 미토콘드리아, 소포체(ER), *trans*-골지 네트워크(TGN) 등을 포함하는 모든 세포소기관들과 일부 선별된 mRNA들은 모세포와 bud 사이에서 분리되어야 한다. Myosin V는 세포질 microtubule (녹색)의 말단에도 결합하여 mitosis를 준비하기 위해 핵의 방향을 정한다. D. Pruyne et al., 2004, *Ann. Rev. Cell Dev. Biol.* **20**:559 참조. (d) Myosin V는 화물의 결합에 의해 조절된다. 비활성인 접힘 상태에서 myosin V의 꼬리는 모터의 머리 domain에 결합하여 이를 비활성화한다. 화물이 결속되면 머리-꼬리 상호작용이 완화돼 화물을 운송하는 모터가 작동한다. (e) 비활성 myosin V의 전자현미경 사진. Myosin V 분자는 음성 염색되어 있다. 투과전자현미경 사진으로서 여러 개별 영상의 합성 평균이다. [Part (e) Reprinted by permission from Macmillan Publishers Ltd, from K. Thirumurugan et al., 2006, "The Cargo-Binding Domain Regulates Structure and Activity of Myosin 5," *Nature* **442**:212–215; permission conveyed through Copyright Clearance Center, Inc.]

이 꼬리를 펼쳐서 머리를 꼬리로부터 풀어줌으로써 myosin 모터가 작동할 수 있다(그림 17-36d, e). Myosin V가 운반한 화물을 어떻게 방출하는지는 다음의 예 외에는 잘 알려져 있지 않다. 이 경우에는, myosin과 결합하는 소기관의 수용체가 이 소기관이 목적지에 배달되면 분해된다. Budding yeast는 많은 세포소기관들을 운반하기 위해 미오신 V와 극성을 가진 actin 필라멘트를 사용하는 반면, 동물 세포들은 많은 동일한 세포소기관들을 동물 세포 내에서 더 먼 거리에 걸쳐 운반하기 위해 microtubule과 그들의 모터를 사용한다. 우리는 다음 장에서 이러한 운송 메커니즘에 대해 논의한다.

아마도 myosin V에 의한 움직임의 가장 극적인 예는 *Nitella* (니텔라)와 *Chara* (카라)와 같은 거대한 녹조류에서 볼 수 있을 것이다. 이 조류는 여름 동안 연못에서 발견되며, 간단한 현미경으로 그들의 움직임을 쉽게 관찰할 수 있다. 길이가 2 cm에 달하는 커다란 세포에서 그들의 세포질은 분당 4.5 mm에 가까운 속도로 세포 내부 둘레를 따라 끝없이 순환한다(그림 17-37). 이러한 cytoplasmic streaming (세포질 유동)은 세포 대사물을 분배하는 주요 메커니즘이며, 식물세포나 아메바와 같은 다른 큰 세포에서도 볼 수 있다. *Nitella* 같은 녹조 세포는 세포 길이를 따라 정렬된 actin 필라멘트 다발들을 갖고 있으며, 이 다발들은 세포막에 인접한 움직이지 않는 엽록체 바로 위에 놓여 있다. 대부분의 cytosol (세포질액)은 actin 필라멘트에 인접한 ER의 일부에 부착된 myosin V (식물에서는 *myosin XI*로 알려져 있음)에 의해 추진되어 움직인다. *Nitella*의 세포질액의 유속은 다른 myosin에 의해 생성되는 운동보다 약 15배 빠르다. ■

17.6절의 주요 개념

Myosin이 동력을 공급하는 운동

- 골격근에서, 수축성 근원섬유는 *sarcomere*라고 불리는 수천 개의 반복 단위로 구성되어 있다. 각각의 sarcomere는 두 가지의 서로 맞물린 필라멘트 — thick myosin filament와 thin actin filament — 로 구성되어 있다(그림 17-29 참조).
- 골격근 수축은 sacomere의 길이를 줄이고, 따라서 myofibril의 길이를 짧게 만들기 위해 myosin thick filament가 ATP 의존적으로 actin

(a)

(b) Moving cytoplasm

Vacuole

Nitella cell

Cell wall

Nonmoving cytoplasm

Myosin V

Moving cytoplasm

ER

(+) (−)

Nonmoving cortical cytoplasm

Plasma membrane

Actin filaments

Cell wall

Chloroplast

(c)

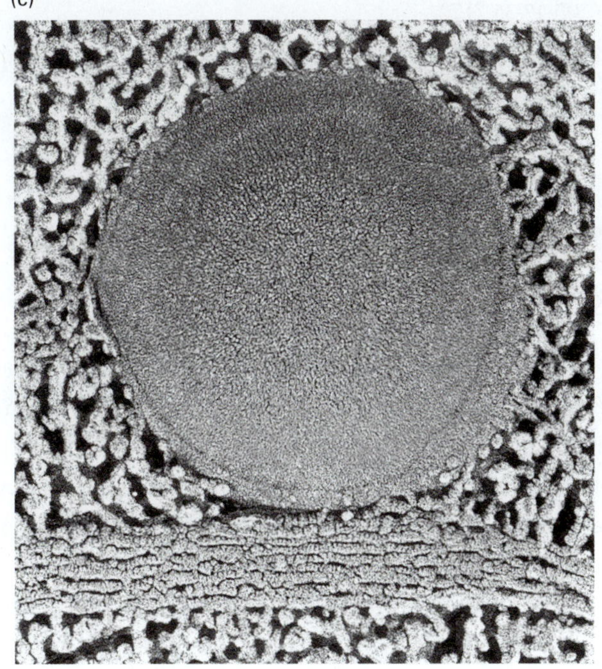

그림 17-37 원통형 거대 조류에서 cytoplasmic streaming. (a) 여름에 연못에서 흔히 볼 수 있는 민물 조류인 *Nitella*의 세포. 아래에 설명된 세포질 운동은 간단한 현미경으로 쉽게 관찰할 수 있다. 그러니 *Nitella* (또는 관련 조류)를 찾아서 이 놀라운 현상을 보라! (b) *Nitella* 세포의 중심은 움직이는 세포질 층(파란색 화살표)으로 둘러싸인 물로 채워진 하나의 큰 액포(vacuole)로 채워져 있다. 엽록체로 채워진 피질 세포질의 움직이지 않는 층은 원형질막 바로 아래에 있다(확대된 그림. 아래쪽). 이 층의 안쪽에는 정지해 있는 actin 필라멘트 다발(빨간색)이 있으며, 모두 같은 극성을 가지고 있다. 운동단백질(파란색, 식물 myosin V)은 actin 필라멘트를 따라 소포체의 일부를 운반한다. ER 네트워크의 움직임은 ER 네트워크에 얽힌 세포소기관을 포함한 점성 세포질 전체의 움직임을 일으킨다. [Part (c) Courtesy Bechara Kachar.]

thin filament를 따라 미끄러져 들어가 일어난다(그림 17-30 참조).

- 골격근에서 actin thin filament의 끝은 (+) 말단의 CapZ와 (−) 말단의 tropomodulin에 의해 안정화된다. 2개의 거대 단백질—actin thin filament와 결합하는 nebulin과 myosin thick filament과 연관된 titin—도 골격근의 구성에 기여한다.

- 골격근 수축은 thin filament regulation의 조절을 받는다. Free Ca^{2+}의 수준이 낮은 상태에서 tropomyosin은 myosin과 F-actin의 상호작용을 차단하고, 근육은 이완된다. Free Ca^{2+}의 농도가 높아지면, troponin 복합체는 Ca^{2+}와 결합하고 actin의 myosin 결합 부위를 노출시키기 위해 tropomyosin을 이동시켜 수축이 일어날 수 있게 한다(그림 17-33 참조).

- 평활근과 비근육 세포는 actin filament와 myosin filament로 된 수축성 다발을 가지고 있다. 이 수축성 다발의 구조는 골격근의 것과 비슷하지만 규칙적인 정도가 덜하다.

- 수축성 다발은 thick filament regulation에 의한 조절을 받는다. Myosin light chain은 myosin light chain kinase에 의해 인산화되어, myosin을 활성화하고 수축을 유도한다. MLC kinase는 세포내 free Ca^{2+} 농도가 상승할 때 Ca^{2+}-calmodulin에 결합함으로써 활성화된다(그림 17-35 참조).

- 비활성 미오신 V는 자신이 actin filament를 따라 점진적으로 운반하는 화물의 결합에 의해 활성화된다.

17.7 Cell Migration (세포 이동): 메커니즘, 신호 및 Chemotaxis (주화성)

지금까지, 우리는 세포가 actin, myosin 그리고 다른 actin-associated 단백질을 사용하여 움직임을 만들기 위해 사용하는 메커니즘들 중 일부에 대해 고찰하였다. 이러한 메커니즘들 중 일부는 세포가 이동하기 위해 사용하는 힘을 발생시킨다. **Cell migration (세포 이동)**은 endocytic cycle (세포내 섭취 순환)으로 통합되는 세포의 여러 부분에서 생성된 actin 기반 움직임들이 협동하여 나타나는 결과이다.

세포 이동에 대한 연구는 생물학과 의학의 많은 분야에서 중요하다. 예를 들어, 동물 발생의 필수적인 특징은 미리 정해진 경로를 따라 일어나는 특정한 세포의 이동이다. 성체 동물의 상피세포는 상처를 치료하기 위해 이동하며, 백혈구는 감염 부위로 이동한다. 이들에 비해 장내 융모를 따른 장상피세포의 지속적이고 느린 이동과 혈관의 안쪽에 존재하는 내피세포의 지속적인 느린 이동은 덜 명확하다. 암세포가 정상 조직에서 이탈한 뒤 부적절하게 이동하면 metastasis (전이)가 발생한다.

세포 이동은 세포의 leading edge에 크고 넓은 막의 돌출이 형성되면서 시작된다. 비디오 현미경은 이 운동의 주요 특징이 그 막에서 일어나는 actin polymerization이라는 것을 밝혀냈다. 척추동물 세포에서 *lamellipodium* (접착용 세포족, 박판족)이라고 불리는 leading edge의 돌출된 영역에 있는 actin filament는 빠르게 다발과 네트워크로 교차 연결된다. 어떤 경우에는, *filopodia* (사상위족)이라 불리는 가늘고 손가락과 같은 막 돌기도 앞쪽 leading edge에서 뻗어 나온다. 이러한 구조들은 세포가 이동하는 기반 표면(예, 세포외 기질)과 안정한 접촉을 형성한다. 이 절에서는 세포들이 표면을 가로질러 이동하기 위해 다양한 microfilament 기반 과정과 endocytosis를 어떻게 조율하는지 자세히 살펴본다. 우리는 또한 신호전달 경로가 현재 연구의 주요 초점인 세포 골격의 작용을 조정하고 통합하는 데 미치는 역할을 살펴본다.

세포 이동은 힘의 발생을 세포 접착 및 막의 재활용과 조화시킨다

움직이는 fibroblast를 관찰하면, 이 세포는 표면에서 이동하면서 막 돌출부의 초기 확장, 기층에 부착, 세포질액의 앞으로의 흐름, 세포 뒤쪽의 수축과 같은 특징적인 일련의 일들을 수행한다(그림 17-38). 이 사건들은 fibroblast와 같이 느리게 움직이는 세포에서는 질서정연한 패턴으로 일어나지만, macrophage와 같이 빠르게 움직이는 세포에서는 4단계

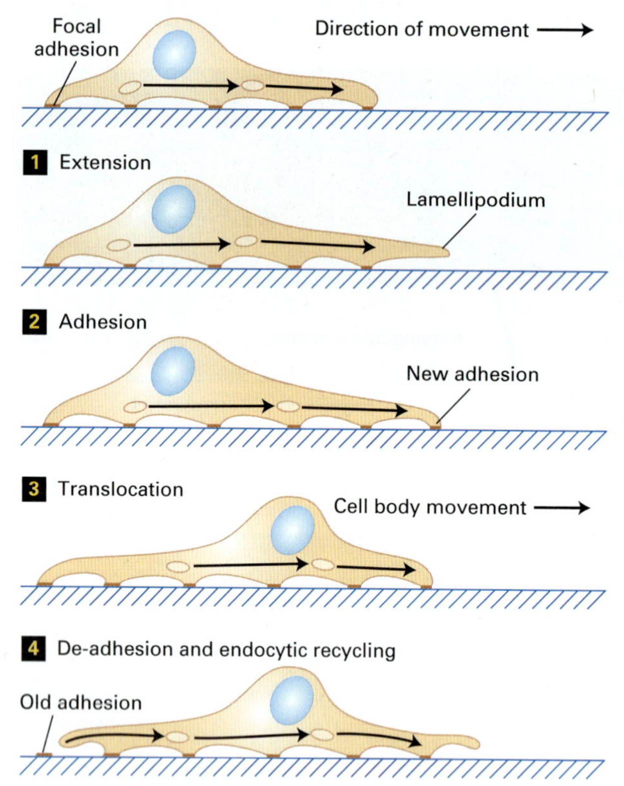

그림 17-38 세포 이동 단계. 이동은 세포의 leading edge로부터 하나 또는 그 이상의 lamellapodium (복수, lamellapodia)의 확장으로 시작된다(단계 **1**); 일부 lamellapodium은 focal adhesion에 의해 기층에 부착된다(단계 **2**). 그리고 나서 세포 몸체 세포질의 대부분은 세포 뒤쪽의 수축으로 인해 앞으로 흐른다(단계 **3**). 꼬리가 분리되고 세포 몸통으로 수축해 들어갈 때까지 세포의 끝부분은 기질에 붙어 있다. 이 cytoskeleton에 기반한 주기 동안, endocytic cycle은 세포 뒤쪽에 있는 막과 integrin을 세포 안으로 들여오고 새로운 focal adhesion을 만드는 데 재사용하기 위해 세포 앞쪽(화살표)으로 운반한다(단계 **4**).

모두가 동시에 하나의 조화된 방식으로 일어난다. 이 절에서는 먼저 기층에 대한 부착(및 기층으로부터의 분리)과 leading edge에서 조립되는 actin cytoskeleton의 역할에 대해 고찰하고(그림 17-39a, b), 그런 다음 세포 이동에서 endocytic cycle의 역할에 대해 논의한다.

1단계: 세포막 확장 세포의 leading edge에 있는 actin 필라멘트의 네트워크는 actin polymerization에 의해 *Listeria*가 앞으로 밀려 추진되는 것과 매우 유사한 방식으로 세포막을 앞으로 밀어내는 세포 엔진의 한 종류이다(그림 17-39d; *Listeria*의 이동은 그림 17-17c 참조). Leading edge의 막에서 actin은 활성화된 Arp2/3 복합체에 의해 핵화되며(그림 17-15 참조), 필라멘트는 원형질막(세포막)에 인접한 (+) 말단에 actin 소단위들이 결합되어 길어진다. Actin network는 기층에 대해 고정되어 있기 때문에 actin 필라멘트가 길어지면서 앞쪽의 세포막이 밀려 나가게 된다. *Listeria*의 혜성 꼬리에서처럼, actin의 순환과 이에 따른 treadmilling은 profilin과 cofilin의 작용에 의해 중재된다(그림 17-39d).

2단계: 세포-기층의 부착 막이 확장되고 actin network가 조립되었을 때, 원형질막은 기층에 단단히 부착하게 된다. Time-lapse microscopy (연속촬영 현미경 영상술)는 leading edge의 actin 다발들이 *focal adhesion* (초점 부착, 초점 접착)이라 알려진 구조에 단단히 고정된다는 것을 보여준다(그림 17-39c). Actin 다발과 세포외 기질(extracellular matrix)을 연결하는 focal adhesion 내의 막 단백질은 *integrin* (인테그린)이라고 불린다. Integrin은 fibronectin (피브로넥틴)과 collagen (콜라겐)과 같은 세포외 기질의 특정 구성요소에 결합하는 외부 domain과 actin 세포골격에 결합하는 세포질 domain을 가지고 있다(그림 17-39c

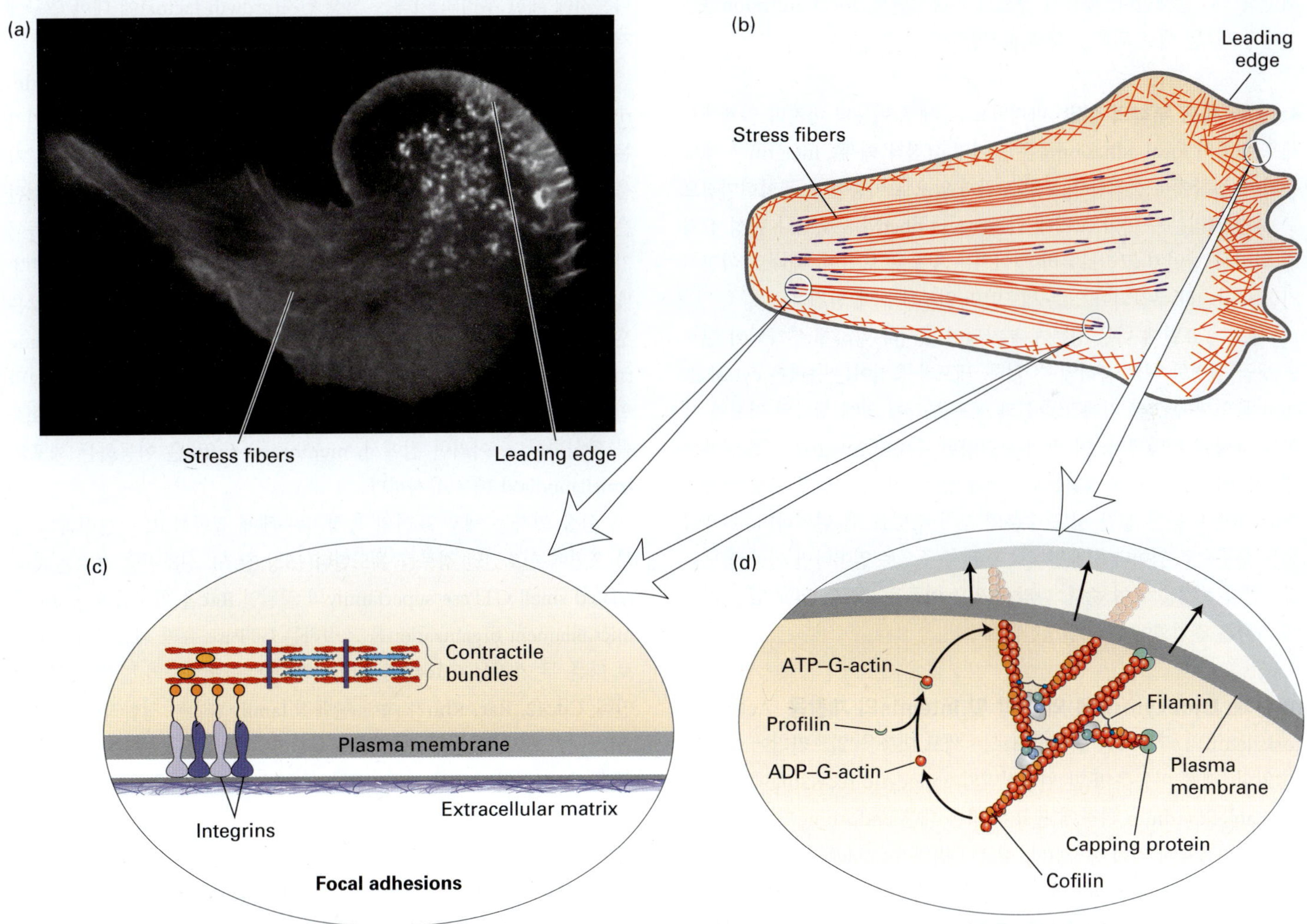

그림 17-39 세포 이동에 관여하는 actin 기반 구조. (a) GFP-actin을 발현하는 fibroblast에서 actin의 분포. (b) 세포 이동에 관여하는 microfilament의 종류 일람표. Leading edge에 있는 actin 필라멘트의 네트워크는 세포를 앞으로 전진시킨다. 세포피질의 수축성 섬유는 세포 몸체를 앞쪽으로 압착시키고, focal adhesion에서 끝나는 stress fiber도 후방의 focal adhesion이 풀리면서 세포 몸체의 대부분을 끌어당긴다. (c) Focal adhesion의 구조는 stress fiber의 말단을 integrin을 통해 바닥에 있는 세포외 기질에 부착하는 것을 포함한다. Focal adhesion은 또 세포 이동에 중요한 많은 신호 분자를 갖고 있다. (d) Leading edge에 있는 역동적인 actin network는 Arp2/3 복합체에 의해 핵이 형성되어 만들어지며, *Listeria* 꼬리에서 actin 필라멘트의 조립과 분해를 조절하는 인자들과 동일한 인자들을 사용한다(그림 17-17 참조). [Part (a) By permission from J. Victor Small.]

와 20장 참조). 세포와 기층의 결합은 두 가지 목적에 사용 된다: 이 결합은 lamellipodium이 수축하는 것을 방지하고, 세포가 앞으로 나아갈 수 있도록 허용한다. 세포 이동 중 focal adhesion과 이 구조의 조절의 중요성을 고려할 때, focal adhesion에 신호전달 경로에 관여하는 분자들이 매우 풍부하게 존재한다는 것은 놀라운 일이 아니다. Focal adhesion은 세포와 세포외 기질 사이에서 일어나는 상호작용에 대해 20장에서 자세히 논의한다.

3단계: 세포-본체 이동 Leading edge에서 전방 접착이 이루어진 후, 세포 본체의 대부분 내용물이 전방으로 이동된다(그림 17-38, 단계 **3** 참조). Cytoskeleton 안에 묻혀 있는 핵과 다른 세포소기관들은 세포의 뒤쪽 피질이 myosin II 의존적인 메커니즘에 의해 수축되면서 앞쪽으로—마치 치약 튜브의 뒤쪽을 꽉 쥐어 치약이 앞으로 나오게 하는 것처럼—이동한다. 이 모델과 일관되게, myosin II는 세포의 뒷부분 피질에 제한적으로 존재한다. 세포가 앞으로 이동하면서, focal adhesion들은 실제적으로는 세포 뒤쪽을 향해 움직인다.

4a단계: 세포 부착의 절단 마지막으로, 세포 이동의 마지막 단계에서 세포 뒤쪽의 focal adhesion들은 끊어지고(접착 해제), integrin은 재활용되며, 접착에서 풀려난 세포의 꼬리가 앞으로 이동한다. 광학현미경으로 보면 꼬리는—아마 꼬리에 있는 stress fiber의 수축이나 탄성 장력에 의해서—연결 고리로부터 끊어지는 것으로 보이며, 때때로 여전히 기질에 단단히 부착되어 있는 세포막의 일부를 뒤에 남긴다.

세포는 표면에 너무 강하게 부착되어 있거나 약하게 부착되어 있으면 방금 설명한 대로 움직일 수 없다. 세포가 움직이는 능력은 cytoskeleton에 의해 생성된 기계적인 힘과 세포 부착에 의해 생성된 저항력 사이의 균형에 해당한다. 이 관계는 다양한 수준의 integrin을 발현하는 세포의 이동 속도를 측정함으로써 입증될 수 있다. 이러한 측정 실험은 가장 빠른 이동은 중간 정도 수준의 부착이 있을 때 일어나며, 부착이 높은 수준으로 일어나거나 반대로 낮은 수준으로 일어나면 이동 속도는 감소한다는 것을 보여 준다. 따라서 세포 이동은 세포가 밑에 있는 기층에 가하는 견인력에 의해 발생한다.

4b단계: Endocytosis에 의한 막 및 Integrin의 재활용 Actin cytoskeleton의 역동적인 변화만으로는 세포 이동을 일으키기에 충분하지 않다. 세포 이동은 또한 원형질막의 endocytic recycling에 의존한다. Lamellipodium 확장에 필요한 막은 내부 endosome이 세포 표면으로 재활용됨에 의해 제공된다. 세포 후면의 focal adhesion에 있는 물질들은 그 focal adhesion들이 분해될 때 세포 내부로 들어오게 되며, endocytic cycle (세포내 섭취의 순환)에 의해 세포 앞쪽으로 운반되어 leading edge에 새로운 기층과 부착하는 구조를 만든다(그림 17-38, 단계 **4** 참조). 이동하는 세포에서 접착 분자의 순환은 탱크가 앞으로 나아가기 위해 접지면을 사용하는 방식과 유사하다. 세포 내부에서의 세포를 통과하는 막의 이동은 전체적으로 세포 표면에 있는 막을 후방으로 유동하게 만든다. 실제로, 이러한 유형의 막 흐름은 백혈구가 아마도 세포 표면에 노처럼 작용하는 표면 구조가 세포 표면을 가로질러 뒤로 이동하기 때문에 부착할 기층이 없는 액체 내에서도 이동할 수 있다는 (즉, "수영"해서 이동) 것이 알려진 것처럼 세포 운동 역학에 기여할 수 있을 것이다.

작은 GTP-결합 단백질 Cdc42, Rac 및 Rho가 Actin의 체제를 조절한다

움직이는 세포의 두드러진 특징은 극성이다: 즉, 움직이는 세포는 앞쪽과 뒤쪽을 가지고 있다. 게다가, 세포가 방향을 전환할 때 새로운 leading edge가 새로운 이동 방향으로 형성된다. 특정한 방향으로의 움직임을 유지하기 위해, 세포는 세포 앞쪽에 있는 사건들과 뒤쪽에 있는 사건들을 조정하는 신호들을 필요로 하는데, 실제로 세포에게 앞이 어디에 있는지를 알려주는 신호들을 필요로 한다. 이러한 조율이 어떻게 일어나는지에 대한 우리의 이해는 성장 인자(growth factor)에 대한 연구에서 비롯되었다.

Epidermal growth factor (EGF, 표피 성장 인자)와 platelet-derived growth factor (PDGF, 혈소판 유래 성장 인자)와 같은 성장 인자는 특정한 세포 표면 수용체에(16장 참조) 결합해서, 결과적으로 세포가 움직이거나 분열하도록 자극한다. 예를 들어, 상처에서 활성화된 혈소판은 PDGF를 분비하여 섬유아세포와 상피세포를 끌어들여 상처로 들어가 상처를 수선하게 한다. 이 과정의 일부를 체외에서 관찰할 수 있다. 배양 접시에 세포를 배양한 후, 일정기간 생장 인자를 공급하지 않은 후에 성장 인자를 다시 새로 공급하면, 1~2분 안에 세포는 membrane ruffle (막 주름)을 형성하여 반응한다. 성장 인자는 actin assembly와 연계된 endosome으로부터 막의 재활용을 조절하는 세포 구성 요소를 활성화한다. 이러한 점에서, membrane ruffle은 이동하는 세포의 lamellapodia와 매우 유사하다.

성장 인자는 세포 표면의 특정 수용체에 결합하고, 원형질막의 내부 표면에 신호전달 경로를 유도한다(15장 참조). 신호전달 경로는 Ras-related small GTPase superfamily의 일원인 **Rac**을 활성화한다. Rac은 microfilament organization을 조절하는 GTPase 슈퍼 패밀리의 일원으로 다른 두 가지는 **Cdc42**와 **Rho**이다. (이 단백질들의 발견의 역사로 인해, Cdc42, Rac, Rho가 속한 단백질 family (과)는 집합적으로 "Rho 단백질"로 명명되었다.) 이러한 단백질이 어떻게 작용하는지 이해하기 위해, 우리는 먼저 작은 GTP-결합단백질들이 어떻게 기능을 하는가를 뒤돌아 보아야 한다(15장 참조).

Ras 슈퍼패밀리의 모든 작은 GTPase와 마찬가지로, Cdc42, Rac, Rho는 분자 스위치로 작용한다: GDP와 결합하면 비활성 상태이고 GTP와 결합하면 활성 상태이다(그림 17-40). GDP에 결합된 상태에서, 이 GTPase들은 *guanine nucleotide dissociation inhibitor* (*GDI*, 구아닌 뉴클레오타이드 해리 억제제)로 알려진 단백질에 결합된 비활성 형태로 세포질에 자유롭게 존재한다. 성장 인자는 *guanine nucleotide exchange factor* (*GEF*, 구아닌 뉴클레오티드 교환 인자)라고 불리는 막에 결합되어 있는 특정한 조절 단백질을 활성화시키기 위해 자신의 수

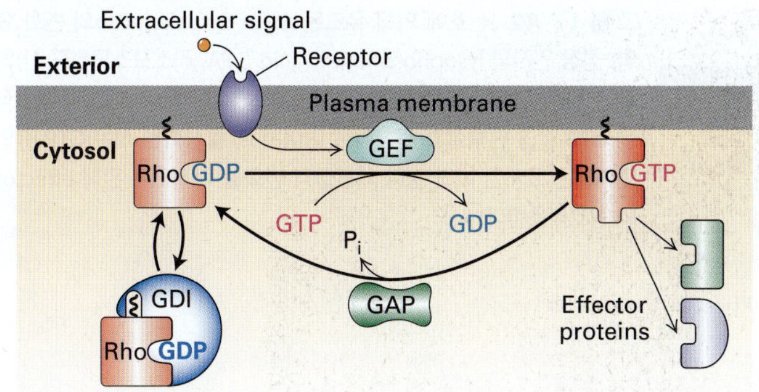

그림 17-40 Rho family에 속하는 소형 GTPase의 조절. Rho 계열의 작은 GTPase들은 보조 단백질에 의해 조절되는 분자 스위치이다. Rho 단백질은 GDP가 결합된 상태(Rho-GDP)로 *GDI (guanine nucleotide dissociation inhibitor)*로 알려진 단백질과 복합체를 형성하고 있으며, GDI는 이 복합체를 비활성 상태로 cytosol에 존재하게 한다. 막 결합 신호전달 경로는 Rho 단백질을 그 막으로 가져오고, GEF (guanine nucleotide exchange factor)의 작용을 통해 GDP와 GTP를 교환하여 Rho를 활성화한다. 막에 결합한 활성 Rho-GTP는 actin 세포골격의 변화를 일으키는 effector 단백질과 결합할 수 있다. Rho 단백질은 GAP (GTPase activating protein)이 결합하여 영향을 미칠 때까지 Rho-GTP 상태로 활성을 유지한다. GAP는 Rho가 GDI와 상호할 수 있게 하고, 또 세포질로 돌아갈 수 있게 한다. S. Etienne-Manneville and A. Hall, 2002, *Nature* **420**:629 참조.

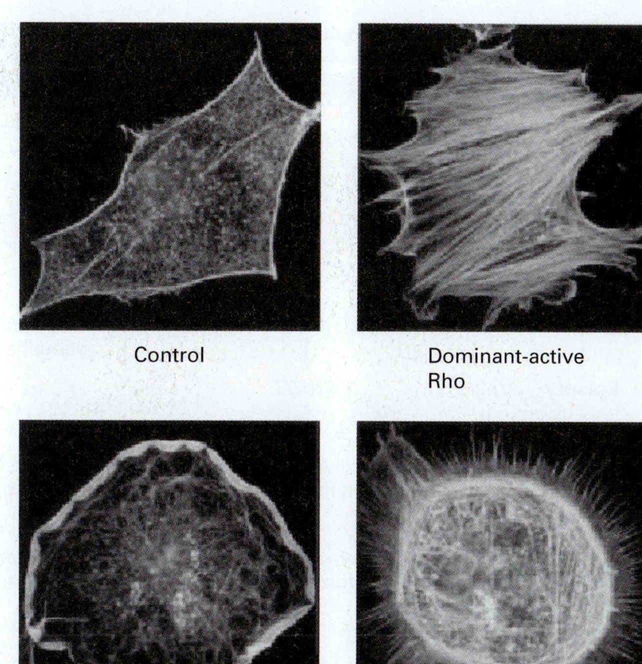

실험 그림 17-41 Dominant-active Rac, Rho 및 Cdc42는 actin을 포함하는 각각 다른 구조의 형성을 유도한다. 지속적으로 활성화된 Rac, Rho, Cdc42의 효과를 살펴보기 위해 성장 인자 없는 조건에서 자라는 fibroblast에 플라스미드(특정 돌연변이 유전자를 가진)를 미세 주입하여 세 가지 단백질의 dominant-active form을 발현시켰다. 이후 그 세포들을 actin filament에 특이적으로 결합하는 형광 phalloidin으로 처리하였다. Dominant-active Rac는 세포 주변부에 membrane ruffle 형성을 유도하고, dominant-active Rho는 풍부한 수축성 stress fiber 형성을 유도하며, dominant-active Cdc42는 filopodia 형성을 유도한다. [Republished with permission from AAAS, from A. Hall, 1998, "Rho GTPases and the Actin Cytoskeleton," *Science* **279**(5350):509–514; permission conveyed through Copyright Clearance Center, Inc.]

용체에 결합하고 활성화한다. 활성화된 GEF는 GDI로부터 Rho 단백질을 방출하고 GDP와 GTP의 교환을 촉진함으로써 막에서 Rho 단백질을 활성화시킨다. GTP와 결합한 활성화된 Rho 단백질(Rho-GTP)은 원형질막과 결합하며, 생물학적 반응을 전달하기 위해 막에서 *effector protein* (효과자 단백질, 효과기 단백질)과 결합한다. Rho GTPase는 결합하고 있는 GTP가 GDP로 가수분해될 때까지 활성 상태를 유지하며, 이는 특정 GTPase-activating proteins (GAP, GTPase 활성화 단백질)에 의해 자극되는 과정이다.

세포 이동에서 Rho 단백질의 기능을 알아내기 위해, 활성 Rho-GTP 상태 또는 비활성 Rho-GDP 상태로 고정된 돌연변이 단백질을 발현하도록 세포를 변형했다. 일반적으로 활성 상태에서 고정된 작은 GTPase를 *dominant-active* (우성-활성) 단백질이라고 한다. 이 항상 활성을 가진 GTPase는 effector protein (그림 17-40)과 항상 결합하며, 연구자들은 그 생물학적 결과를 평가할 수 있다. 다른 방법으로, GEF 단백질에 결합하고 그 GEF 단백질을 억제하는 단백질과 같은 *dominant-negative* (우성-음성) 단백질을 세포에 도입하여 발현시킬 수 있다. Dominant-negative 단백질의 도입은 신호전달 경로를 방해하여 연구자들이 어떤 과정이 차단되는지 평가할 수 있게 한다.

이러한 실험이 fibroblast에서 수행되었을 때, 즉 Cdc42, Rac 및 Rho의 dominant-active 돌연변이를 세포에 도입한 경우, 성장 인자가 없어도 그 세포의 actin cytoskeleton에 극적인 영향을 미치기 때문에, Cdc42, Rac 및 Rho는 microfilament의 체제 조절에 연관되어 있음을 알게 되었다. Dominant-active Cdc42의 도입 결과로서 filopodia가 형성되었고, dominant-active Rac의 도입은 membrane ruffle의 출현을 초래했으며, dominant-active Rho는 stress fiber가 형성되어 수축하는 것으로 나타났다(그림 17-41). Dominant-active Rac와 성장 인자 자극은 둘 다 membrane ruffle의 형성을 자극한다. 이런 경우, 연구자들은 어떻게 dominant-active Rac과 성장 인자 자극이 동일한 신호전달 경로를 사용하는지 알 수 있는가? 만약 성장 인자 자극이 Rac 활성화로 이어지는 경우, dominant-negative Rac 단백질을 세포에 도입하면 성장 인자의 membrane ruffle 유발 능력을 차단할 것이다. 실험 결과는 이런 예측과 정확히 일치하였다. 이런 실험과 많은 다른 생화학적 방법을 이용해서, 과학자들은 Cdc42, Rac, Rho를 포함하는 신호 경로를 확인했다(그림 17-42).

이 단백질들이 조절하는 경로들 중 일부는 우리에게 익숙한 단백질들을 포함하고 있다. Cdc42의 활성화는 NPF인 WASp의 활성화를 통해 Arp2/3에 의한 actin 조립을 자극하여 filopodia의 형성을 초래한다(그림 17-16 참조). Rac의 활성화는 또한 WAVE 복합체에 의해 매개되

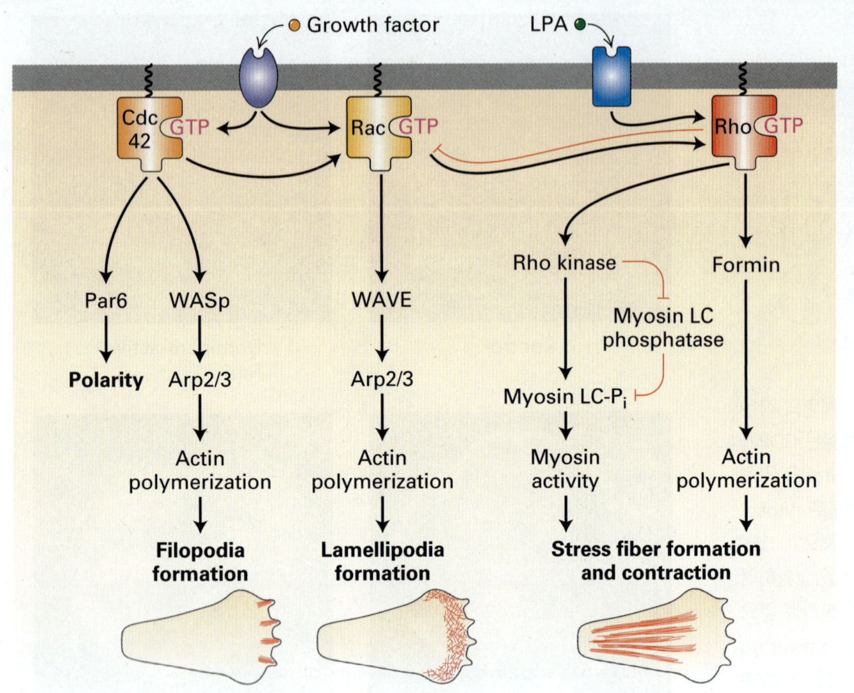

그림 17-42 신호에 의해 유도된 actin cytoskeleton의 변화 요약. 성장 인자와 lysophosphatidic acid (LPA, 리소포스파티드 산)와 같은 특정 신호는 세포 표면 수용체에 의해 감지된다. 신호감지는 작은 GTP-결합 단백질의 활성화로 이어지고, 활성화된 작은 GTP-결합 단백질은 표시된 바와 같이 세포골격 변화를 가져오기 위해 effector와 상호작용한다.

는 Arp2/3 활성을 유도하여 leading edge에 분지된 actin 필라멘트의 조립으로 이어진다. Rho의 활성화는 적어도 두 가지 효과가 있다. 첫째, 가지가 없는 actin 필라멘트 조립을 위해 formin을 활성화할 수 있다. 둘째, Rho kinase의 활성화를 통해 Rho는 myosin light chain을 인산화할 수 있고, 이를 통해 비근육 myosin II를 활성화한다. Rho kinase는 또 myosin light chain phosphatase를 인산화하여 이 효소의 활성을 저해함으로써 myosin light chain의 탈인산화를 저해한다. Rho kinase의 두 작용은 모두 더 높은 수준의 myosin light chain의 인산화로 이어지고, 따라서 더 높은 myosin의 활성 및 수축을 초래한다. Cdc42, Rac 및 Rho는 그림 17-42와 같이 활성화 및 억제 경로로도 연결되어 있다.

세포 이동은 Cdc42, Rac, Rho의 조화된 조절을 수반한다

이러한 작은 GTP-결합 단백질 각각이 세포 이동에 어떻게 기여하는가? 이 질문에 답하기 위해 연구자들은 wound-cell monolayer assay (부상 세포 단층 분석) (그림 17-43a)를 개발했다. 세포를 성장 인자가 포함된 배지가 들어 있는 페트리 접시에서 세포들이 서로 접하게 되어 빈틈

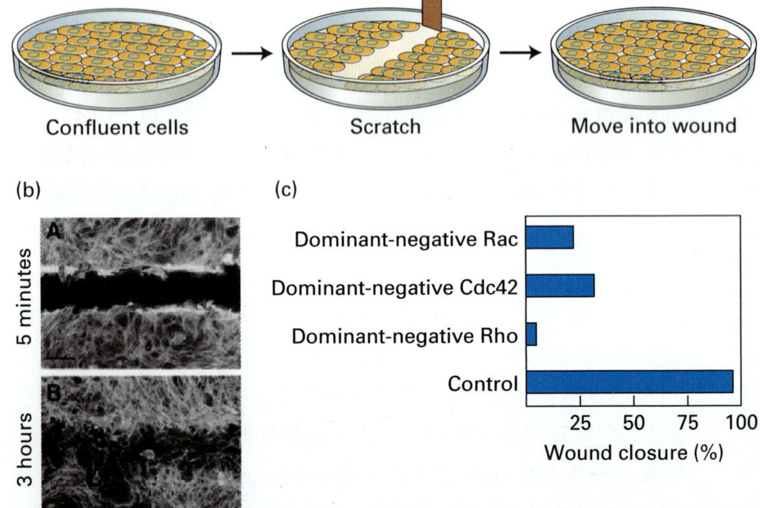

실험 그림 17-43 Wounded-cell monolayer assay (부상 세포 단층 분석)는 방향성을 가진 세포의 이동의 신호전달 경로를 분석하는 데 사용될 수 있다. (a) 한 층의 서로 유착된 세포에서 약 세포 3개 정도의 폭으로 세포가 없는 경계부를 만들기 위해서 바늘로 긁어 세포들을 제거한다. 남아 있는 세포들은 빈 공간과 새롭게 노출된 세포외 기질을 감지하고, 몇 시간 동안에 그 영역을 채운다. (b) 세포를 긁어낸 5분 후와 3시간 후 상처 입은 단일 세포층에서 actin의 분포; 3시간 후, 세포들은 상처받은 부분으로 이동하였다. (c) Dominant-negative Cdc42, Rac 그리고 Rho를 상처의 가장자리 세포에 도입한 효과; Dominant-negative Cdc42, Rac 그리고 Rho의 도입은 상처의 닫힘에 영향을 미친다. [Part (b, c) C. D. Nobes and A. Hall, 1999, *J. Cell Biol.* **144**(6):1235–1244; https://doi.org/10.1083/jcb.144.6.1235.]

없는 하나의 세포층을 이룰 때까지 키운다. 이렇게 되면, 세포들은 세포 분열을 중지한다. 이 페트리 접시 위의 세포층을 바늘로 긁어 한 줄의 세포를 제거해서 상처를 만들면, 이 상처의 가장자리에 있는 세포는 다른 세포와 결합하지 않는 부위(free edge)를 갖게 된다. 이들 가장자리의 세포는 이웃한 세포의 손실을 감지하고, 접시 표면에 노출된 세포외 기질의 구성요소에 반응하여, 빈 상처 부위를 채우기 위해 움직인다(그림 17-43b). 이렇게 하기 위해, 세포들은 먼저 그 빈 지역으로 자신들의 방향을 정하고, lamellipodium을 확장하고 그 방향으로 이동한다. 이러한 방식으로 체외에서 방향성을 가진 세포 이동의 유도에 대해 연구할 수 있다.

Wounded-cell monolayer assay를 이용하여, 연구원들은 dominant-negative Rac이 세포가 이동하고 상처를 채우는 능력에 어떻게 영향을 미치는지 보기 위해 상처 가장자리에 있는 세포에 dominant-negative Rac을 도입했다. Lamellipodium을 형성하기 위한 Arp2/3 복합체의 활성화에 Rac이 필요하기 때문에, dominant-negative Rac을 포함하는 세포가 lamellipodium을 형성하지 못하고 이동하지 않기에 상처가 닫히지 않는 것은 놀라운 일이 아니다(그림 17-43c). 매우 흥미로운 결과는 dominant-negative Cdc42가 상처 가장자리에 있는 세포들에 도입될 때 얻어진다. 이 세포들은 lamellipodium은 형성할 수 있으나 올바른 방향으로 향하지 못한다—실제로는 이 세포들은 불특정한 방향으로 이동하려 한다. 이러한 관찰은 Cdc42가 세포의 전체 극성을 조절하는 데 매우 중요하다는 것을 시사한다. 효모(Cdc42가 처음 기술된 세포), wounded-cell monolayer, 상피세포, neuron 등을 이용한 연구는 Cdc42가 다양한 시스템에서 극성의 우두머리 조절자임을 밝히고 있다. 동물에서 이 조절의 일부는 Cdc42가 자신의 effector인 Par6에 결합하는 것을 포함하는데, Par6는 nematode (선충, Par6가 최초로 발견된 생명체), neuron, 상피세포에서 극성 결정에 관여하는 단백질(polarity protein)이다. 우리는 이러한 극성 결정 경로를 22장에서 더 자세히 탐구할 것이다.

이와 같은 연구는 세포 이동이 조절되는 방법에 대한 일반적인 모델을 제안한다(그림 17-44). 주변 환경으로부터 온 신호는 세포의 이동 방향을 정하는 Cdc42로 전달된다. 이동할 방향이 정해진 세포는 앞쪽에 높은 Rac 활성을 가지고 있어 leading edge의 형성을 유도한다; Rho 활성은 세포 뒤쪽이 높아서 contractile structure (수축성 구조)의 조립을 유도하고, myosin-II 기반 수축 장치를 활성화한다. 세포의 각 영역마다 활성을 가진 Cdc42, Rac 또는 Rho의 수준이 다르다는 점은 매우 중요하다. 따라서 이러한 조절자의 양은 세포 내에서 국소적으로 조절된다. 이러한 공간적 조절의 일부는 일부 작은 G 단백질들이 상반되게 작용할 수 있기 때문에 발생한다. 예를 들어, 활성을 가진 Rho는 Rac의 불활성화를 유발하는 경로를 자극할 수 있다. 이 경로는 세포의 후면에 leading-edge 구조가 형성되지 않도록 하는 데 도움이 될 수 있다.

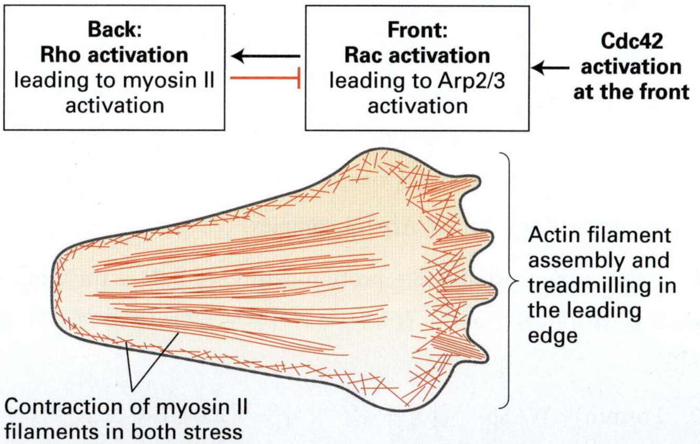

Back:
Rho activation
leading to myosin II
activation

Front:
Rac activation
leading to Arp2/3
activation

Cdc42
activation
at the front

Actin filament
assembly and
treadmilling in
the leading
edge

Contraction of myosin II
filaments in both stress
fibers and cell cortex

그림 17-44 세포 이동에 대한 Cdc42, Rac 및 Rho의 기여. 이동하는 세포의 전체 극성은 세포 전면에서 활성화되는 Cdc42에 의해 조절된다. Cdc42 활성화는 세포 전면에서 Rac의 활성화를 일으키고, 이에 따라 leading edge가 만들어지며, 세포 뒤쪽에서는 Rho의 활성화를 일으켜서, myosin II 활성화와 수축을 초래한다. 활성화된 Rho는 Rac 활성화를 억제하여 두 활성 G-단백질의 비대칭을 보장한다.

이동하는 세포는 Chemotactic (주화성의) 분자에 의해 조정된다

특정 조건 하에서, 세포외 화학 물질이 세포의 이동을 특정한 방향으로 나아가게 한다. 어떤 경우에는 위에서 설명한 wounded-cell monolayer assay에서와 같이 이동하는 세포 밑의 기층에 있는 불용성 분자에 의해 움직임의 방향이 정해진다. 다른 경우, 세포는 수용성 분자를 감지하고 그 분자의 농도 구배를 따라 그 분자의 근원 쪽—즉, 그 분자의 농도가 높은 쪽—으로 이동한다. 이 과정은 **chemotaxis (주화성)**이라고 알려져 있다. 예를 들어, 백혈구는 많은 박테리아 세포에 의해 방출되는 tripeptide에 의해 감염지역으로 유도된다(그림 17-45). 다른 예로 골격근의 발달 동안, *scatter factor* (산란 인자)라고 불리는 분비된 단백질 신호는 limb bud (사지싹, 팔다리싹)에 있는 적절한 위치로 myoblast (근원세포)의 이동을 이끈다. 가장 잘 연구된 chemotaxis의 예 중 하나는 *Dictyostellium* 아메바의 starvation response (기아 반응) 중에 나타나는 이동이다. 이 토양 아메바들이 스트레스를 받으면, 그들은 cAMP를 분비하기 시작하는데, cAMP는 이 생명체의 세포외 주화성을 일으키는 원인이다. 다른 *Dictyostellium* 세포는 cAMP 농도 구배를 따라 그 근원을 향해 이동한다(그림 17-45 참조). 따라서 아메바들은 서로 이동해 뭉쳐서 이동성 다세포 생명체(migrating slug, 많은 아메바들이 모여 형성된 작은 민달팽이처럼 생긴 것. 마치 하나의 다세포 생명체처럼 이동할 수 있다)를 이룬 다음, 그 안에 굶주림에 강한 포자가 형성되는 fruiting body (자실체)로 분화한다.

당류, 펩타이드, 세포 대사물, 세포벽 또는 막 지질과 같이 chemotactic molecule들은 매우 다양하지만, 이 분자들은 모두 세포 표면 수용체에 결합하고, 세포내 신호전달 경로의 활성화와 다양한 actin-binding protein의 활성화 또는 비활성화를 통해 cytoskeleton을 리모델링하는 것과 같은 공통적이고 잘 알려진 메카니즘을 통해 작용한다. 아

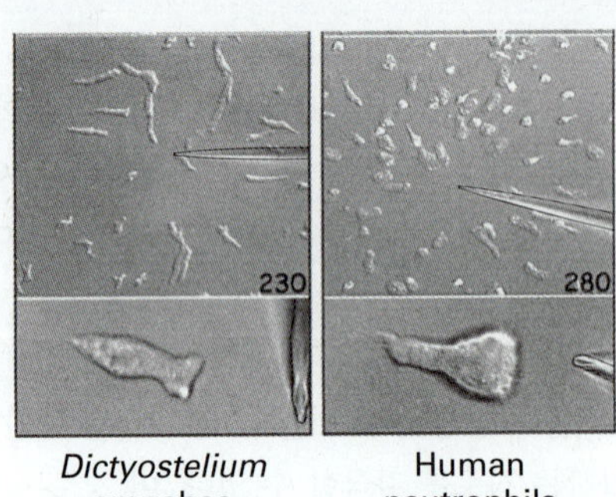

실험 그림 17-45 Chemotactic 분자들은 actin cytoskeleton에 신호를 보내 이동하는 세포들을 특정 방향으로 나아가게 한다. *Dictyostellium* 세포는 cAMP가 들어있는 pipette (피펫)으로 이동하며(왼쪽), 인간 neutrophil (호중구, 백혈구의 일종)은 박테리아에 의해 생성된 chemotactic 펩타이드인 fMLP (formyl Met-Leu-Pe)가 있는 피펫으로 이동한다(오른쪽). 아래 두 패널에는 각각 하나의 *Dictyostellium* 아메바와 neutrophil이 있는데, 이들은 약 8억 년의 진화 과정에 의해 나뉘어졌음에도 불구하고 매우 비슷하게 보인다. [Republished with permission from Elsevier, from C. A. Parent, 2004, "Making All The Right Moves: Chemotaxis in Neutrophils and Dictyostelium," *Curr. Opin. Cell Biol.* **16**(1):4–13; permission conveyed through Copyright Clearance Center, Inc.]

주 놀라운 것은 세포의 앞쪽과 뒤쪽 사이에 chemotcatic 분자의 농도가 2%만 차이가 나도 정해진 방향으로의 세포 이동을 유도하기에 충분하다는 것이다(Classic Experiment 17-2 참조). 마찬가지로 놀라운 것은 chemotaxis에 사용되는 내부 신호전달 경로가 거의 10억 년의 진화에도 불구하고 *Dictyostellium* 아메바와 인간 백혈구 사이에서 보존되어 있다는 것이다(그림 17-45).

17.7절의 주요 개념

Cell Migration (세포 이동): 메커니즘, 신호 및 Chemotaxis (주화성)

- 세포 이동은 세포 전면에서 actin이 풍부한 leading edge를 확장하고, focal adhesion이 형성되며, 형성된 focal adhesion들은 세포가 이동함에 따라 상대적으로는 세포의 후방으로 이동되며, 세포를 앞쪽으로 밀어내기 위한 세포 뒷 부분의 수축과 함께 focal adhesion이 분해되는 과정을 포함한다(그림 17-38 참조).
- 세포 이동은 또한 세포 후면에서 막과 접착 분자를 가져와서 전면에 삽입하는 지정한 방향의 endocytic cycle을 포함한다.
- Actin 필라멘트의 조립과 기능은 Rho 계열의 작은 GTP-결합 단백질을 통한 신호전달 경로에 의해 제어된다. Cdc42는 전반적인 극성과 filopodia의 형성을 조절하고, Rac는 Arp2/3 복합체를 통한 actin 네트워크의 형성을 조절하며, Rho는 myosin II의 활성을 조절하여 수축을 조절할 뿐 아니라 formin에 의한 actin 필라멘트 형성을 조절한다 (그림 17-42 참조).
- 세포외 화학 신호로 향하는 세포의 지정된 방향으로의 이동인 chemotaxis는 actin 세포골격의 조절과 세포 이동 방향에 기여하는 신호 전달 경로를 포함한다.

개념 복습

1. 세포골격 필라멘트의 세 가지 시스템이 대부분의 진핵세포에 존재한다. 구성, 기능, 구조 측면에서 그것들을 비교해보시오.

2. Actin 필라멘트는 극성이 정해져 있다. 필라멘트 극성이란 무엇인가? 소단위 수준에서 극성이 어떻게 생성되는가? 필라멘트 극성을 어떻게 감지할 수 있는가?

3. 세포에서 actin 필라멘트는 다발이나 네트워크를 형성한다. 어떻게 세포들이 그러한 구조를 형성하고, actin 필라멘트가 다발을 형성할 것인지 아니면 네트워크를 형성할 것인지를 구체적으로 결정하는 것은 무엇인가?

4. 세포내 actin 조립에 대한 우리의 이해의 대부분은 체외에서 정제한 actin을 사용한 실험으로부터 도출되었다. 체외에서 actin 조립을 연구하기 위해 어떤 기술이 사용될 수 있나? 각각의 기술들이 어떻게 작동하는지 설명해보시오. 이 기술들 중 어떤 것이 actin 필라멘트의 전체 질량이 다수의 짧은 actin 필라멘트로 구성되어 있는지 아니면 더 소수의 긴 필라멘트로 구성되어 있는지 말해 줄 수 있을까?

5. 세포 내에서 주요 형태의 actin은 ATP–G-actin과 ADP–F-actin이다. 뉴클레오티드 상태의 상호 변환이 actin 소단위의 조립 및 분해와 어떻게 연계되는지 설명하시오. 돌연변이가 actin의 ATP 결합 능력을 방해한다면, actin 필라멘트 조립/분해는 어떻게 될까? 만약 돌연변이가 ATP를 가수분해하는 actin의 능력을 막는다면 어떤 결과가 초래될까?

6. 기어가는 세포의 leading edge에 있는 actin 필라멘트는 treadmilling을 겪는 것으로 여겨진다. Treadmilling이란 무엇이며, 무엇이 이러한 assembly behavior를 설명할 수 있는가?

7. 정제된 actin은 *in vitro*에서 가역적으로 조립될 수 있지만, 다양한 actin-결합 단백질은 세포에서 actin 필라멘트의 조립을 조절한다. 다음 단백질에 대한 기능 차단 항체가 각각 독립적으로 세포에 미세 주입될 경우, 세포의 actin 세포골격에 미치는 영향을 예측해 보시오: profilin, thymosin-β4, CapZ 그리고 Arp2/3 complex.

8. CapZ, tropomodulin 또는 profilin-actin이 있을 때 actin이 myosin으로 장식된 짧은 actin 필라멘트에 어떻게 중합되는지 예측해 보시오.

9. Formin과 WASp가 활성화되는 방식을 비교/대조해 보고, 각각이 actin 필라멘트 형성을 어떻게 자극하는지 설명하시오.

10. 최소 20가지 종류의 myosin이 있다. 모든 유형의 myosin이 공유하는 속성은 무엇이며, 또 어떤 점이 다른가? 왜 myosin II만이 수축력을 만들어 낼 수 있는가?

11. actin 필라멘트를 따라 걷는 myosin의 능력은 적절한 장치가 장착된 현미경의 도움으로 관찰될 수 있다. 이러한 분석이 일반적으로 어떻게 수행되는지 설명하시오. 이러한 분석에서 ATP가 필요한 이유는? 그러한 분석이 myosin이 움직이는 방향이나 myosin에 의해 생성되는 힘을 결정하는 데 어떻게 사용될 수 있을까?

12. 수축성 다발은 비근육세포에서 발생하며, 이러한 구조는 근육세포의 sarcomere보다 덜 조직적이다. 비근육 세포에서 수축성 다발이 필요한 이유는? 수축성 다발에는 어떤 종류의 myosin이 있는가?

13. Myosin은 어떻게 ATP 가수분해에 의해 방출되는 화학 에너지를 기계적 작업으로 전환하는가?

14. Myosin II의 duty ratio는 10퍼센트이고, 한 걸음의 크기는 8 nm이다. 이와는 대조적으로, myosin V는 훨씬 높은 duty ratio (약 70%)를 가지며, actin 필라멘트를 걸어 내려갈 때 36 nm씩 이동한다. Myosin II와 myosin V의 어떤 차이점이 이런 다른 특성을 설명할 수 있는가? myosin II와 myosin V의 다른 구조와 특성이 세포에서 그들의 다른 기능을 어떻게 반영할까?

15. 골격근과 평활근의 수축은 세포질 Ca^{2+}의 증가에 의해 유발된다. 각 유형의 근육이 Ca^{2+} 농도의 상승을 수축으로 전환시키는 메커니즘을 비교하시오.

16. Protein kinase A (PKA, 단백질 인산화 효소 A)에 의한 myosin light chain kinase (MLC kinase)의 인산화는 Ca^{2+}/calmodulin에 의한 MLC kinase 활성화를 억제한다. Albuterol (알부테롤)과 같은 약물은 β-아드레날린 수용체에 결합하는데, 이는 세포에서 cAMP의 증가와 PKA의 활성화를 야기한다. 알부테롤이 천식 발작에 관여하는 기도 통로를 둘러싼 평활근 세포의 심각한 수축을 치료하는 데 유용한 이유를 설명하시오.

17. 여러 종류의 세포들은 표면을 가로지르는 그들의 이동에 동력을 공급하기 위해 actin 세포골격을 사용한다. Actin 필라멘트의 다른 조립체들이 어떻게 이동에 관여하는가?

18. 특정한 방향으로 움직이기 위해, 이동하는 세포는 세포의 어떤 부분이 앞부분으로 작용하고, 어떤 부분이 뒷부분으로 작용할 것인지를 설정하기 위해 세포외 신호를 사용해야 한다. 이동하는 세포들의 이동 방향을 결정하기 위해 신호 경로에 관여하는 것으로 보이는 작은 GTPase 단백질들이 어떻게 사용되는가를 설명하시오.

19. 세포의 운동성은 탱크의 접지면의 움직임과 같은 것으로 설명된다. Leading edge에서 actin 필라멘트는 빠르게 다발과 네트워크를 형성하여 돌출부를 만들고 세포를 앞으로 이동시킨다. 뒤쪽에는 세포 부착이 끊어져서 세포의 꼬리 끝이 앞으로 운반된다. 움직이는 세포에 견인력을 제공하는 것은 무엇인가? 세포 몸체의 전위는 어떻게 일어나는가? 세포가 이동함에 따라 세포 부착은 어떻게 해제되는가?

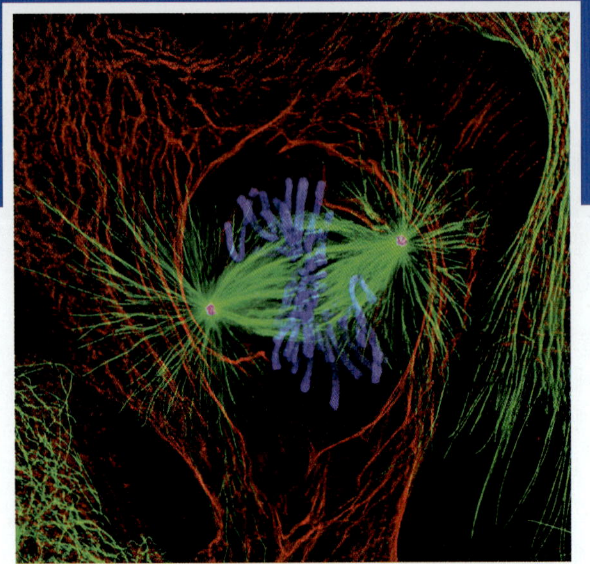

Mitosis (유사분열, 체세포분열) 중인 Newt (영원)의 폐 세포가 centrosome (중심체; 자홍색), microtubule (녹색), 염색체(파란색), keratin intermediate filament (케라틴 중간 섬유; 빨간색)를 관찰하기 위해 염색되었다. [Reprinted by permission of Nature Publishing Group, from A. Khodjakov, "Olympus/Nature competition: A 1, 2, 3 in Light Microscopy," *Nature*, 2000, **408**:423–424; permission conveyed through Copyright Clearance Center, Inc.; photo courtesy Alexey Khodjakov.]

CHAPTER 18

세포의 구성과 운동 II: 미세소관 및 중간 섬유 (Cell Organization and Movement II: Microtubules and Intermediate Filaments)

OUTLINE

우리가 이전 장에서 배웠듯이, 세 종류의 필라멘트—microfilament, microtubule, 그리고 intermediate filament—가 동물 세포의 세포 골격을 이루고 있다. 왜 세 가지 다른 유형의 필라멘트가 진화했을까? 그들의 물리적 특성은 각기 다른 기능에 적합한 것으로 보인다. 17장에서, 우리는 actin microfilament가 어떻게 종종 네트워크나 다발로 교차 연결되어 기계적으로 강하지만 유연하고 역동적인 구조를 형성하고 많은 다른 종류의 myosin 모터의 트랙으로 역할을 하는지를 설명하였다. 마찬가지로, **microtubule**은 뻣뻣한 관으로 세포에서 하나의 microtubule이 최대 20 μm까지 길게 뻗어서 존재할 수도 있고, cilia나 flagella 같은 특수한 세포 표면 구조에서 볼 수 있는 것과 같이 여러 개의 microtubule이 다발로 묶여 있는 구조로 존재할 수도 있다. Microtubule이 관 구조를 하고 있으므로, microtubule은 굽어지거나 뒤틀림 없이 당기고 미는 힘을 생성할 수 있는데, 이는 flagella 및 mitotic spindle (세포분열 방추사)에서 나타나는 것처럼 단일 microtubule이 한 세포 내에서 먼 거리로 뻗어 나가고, 다발이 서로 미끄러져 지나갈 수 있게 하는 특성이다. Microtubule의 세포 내에서 먼 거리로 뻗어 나갈 수 있는 능력과 microtubule이 가진 본질적인 polarity (극성)—이 극성은 microtubule을 따라 소단위들이 동일한 방향으로 존재하기 때문에 생김—는 microtubule에 의존하는 모터에 의해 이용되며, 이 모터들은 세포소기관의 장거리 수송을 위한 트랙으로 microtubule를 사용한다. Microtubule은 매우 역동적—그 말단에서 빠르게 조립 및 분해가 일어나는—일 수 있으며, 따라서 필요에 따라 microtubule의 체계를 변경할 수 있는 유연성을 세포에 제공할 수 있다.

Microfilament나 microtubule과 달리, **intermediate filament**는

큰 인장 강도를 가지고 있고, 훨씬 더 큰 압력과 변형을 견딜 수 있도록 진화했다. 강한 분자 밧줄과 유사한 특성을 가지고 있어 세포와 조직에 구조적 완전성을 부여하고 세포 구성에 기여하는 데 이상적이다. Intermediate filament는 microfilament와 microtubule처럼 고유의 극성을 가지고 있지 않기 때문에 intermediate filament를 트랙으로 사용하는 운동 단백질이 없다는 것은 놀라운 일이 아니다. 비록 우리는 이 장에서 microtubule과 intermediate filament에 대해 함께 논의하지만—그리고 세포질에서의 그들이 존재하는 위치는 외면적으로 매우 비슷해 보일 수 있지만—그들의 역동성과 기능이 매우 다르다는 것을 알게 될 것이다. 이 3개의 filament system 사이의 유사성과 차이점에 대한 요약은 그림 18-1에 나와 있다.

이 장에서는 5가지 주요 주제를 다룬다. 첫째, 우리는 microtubule과 microtubule을 따라 기능하는 운동 단백질(motor proteins)의 구조와 역동성에 대해 논한다. 둘째, microtubule과 운동 단백질이 cilia와 flagella의 운동에 어떻게 기여하는지 조사한다. 셋째, 우리는 복제된 염색체를 정확하게 분리하기 위해 진화한 분자 기계인 mitotic spindle에서 microtubule의 역할에 대해 논의한다. 넷째, 우리는 세포와 조직에 강도와 체제를 부여할 뿐 아니라, 핵막에 구조를 제공하는 다양한 종류의 intermediate filament의 역할을 탐구한다. 비록 우리가 microtubule, microfilament, intermediate filament를 개별적으로 고찰하지만, 세 필라멘트 시스템은 서로 독립적으로 작용하지 않으며, 우리는 장의 마지막 부분에서 이러한 상호 의존성의 몇 가지 예를 검토할 것이다.

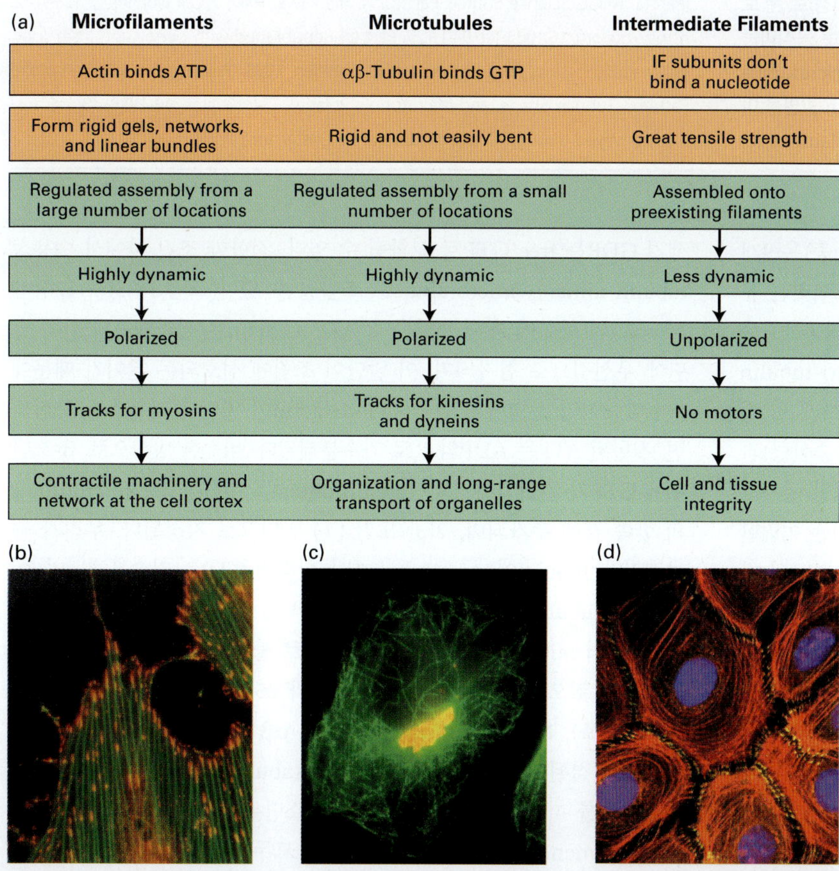

그림 18-1 동물 세포에 있는 3개의 필라멘트 시스템의 물리적 특성과 기능에 대한 개요. (a) 생물물리학적 특성(주황색)과 생물학적 특성(녹색)이 각 필라멘트 유형에 대해 설명되어 있다. 현미경 사진(b–d)은 특정 세포에서 각 필라멘트 유형의 예를 보여주지만, microtubule은 다른 구조도 구성하고 intermediate filament는 또한 핵의 안쪽 면의 윤곽을 나타내고 있음을 주목하라. (b) 배양된 세포에서 actin은 초록색으로, 기층에 대한 actin의 부착은 주황색으로 염색되어 있다. (c) Microtubule (녹색)과 Golgi complex (노란색)의 세포내 위치. Golgi 복합체가 세포의 중심에 있음에 주의하라. Golgi 복합체는 microtubule을 따라 운송되어 그곳에 모이게 되었다. (d) 상피세포에서 intermediate filament의 한 종류인 cytokeratin (빨간색)과 desmosome (노란색)의 분포. 개별 세포의 cytokeratin은 desmosome을 통해 서로 부착된다. [Part (b) Courtesy of Keith Burridge. Part (c) Courtesy of William J. Brown, Cornell University. Part (d) Courtesy of Elaine Fuchs.]

18.1 Microtubule의 구조 및 구성

전자현미경을 이용한 연구 초기에, 세포생물학자들은 그들이 *microtubule*이라고 불렀던 세포질에 있는 가늘고 긴 관에 주목했다. 형태학적으로 유사한 microtubule이 mitotic spindle (체세포분열 방추사)의 섬유를 이루고 있고, axon (축삭)의 구성요소일 뿐 아니라, cilia와 flagella에서 구조적 요소로 존재하는 것이 관찰되었다(그림 18-2a, b). 다양한 시료에서 얻은 단일 microtubule의 횡단면을 주의 깊게 검사한 결과, 모두 13개의 세로 반복 단위(그림 18-2c)—지금은 이 반복 단위를 *protofilament* (프로토필라멘트)라 부른다—로 구성되어 있으며, 이는 다양한 microtubule이 공통 구조를 공유한다는 것을 시사한다. 뇌에서 정제된 microtubule은 주단백질인 **tubulin (튜불린)**과 associated proteins (연관 단백질들)로 구성된 것으로 밝혀졌다. 정제된 tubulin만으로도 알맞은 조건에서 microtubule을 만들 수 있는 것은 tubulin이 microtubule의 구조적 구성 요소임을 입증한다. Associated proteins는 microtubule의 조립, 역동성 및 기능을 매개하는 데 도움을 준다. 이 절에서는 18.2절과 18.3절의 역동성 및 조절에 대한 자세한 논의로 전환하기 전에 microtubule의 일반적인 구조와 구성을 고찰한다.

Microtubule의 벽은 αβ-Tubulin Dimer로 만들어진 극성을 띤 구조물이다

순수한 수용성 형태로 분리된 tubulin은 각각 분자량이 약 55,000 Da인 α-와 β-*tubulin*이라고 불리는 2개의 밀접한 유연관계가 있는 소단위로 구성된다. 이 αβ-tubulin dimer (이량체)가 microtubule의 구성 요소이다.

Genome 분석에 따르면, α-tubulin과 β-tubulin을 암호화하는 유전자는 모든 진핵생물에 존재하며, 다세포 생명체에서 유전자의 수가 상당히 증가하였다. 예를 들어, 출아 효모는 α-tubulin을 암호화하는 2개의 유전자와 β-tubulin을 암호화하는 1개의 유전자를 가지고

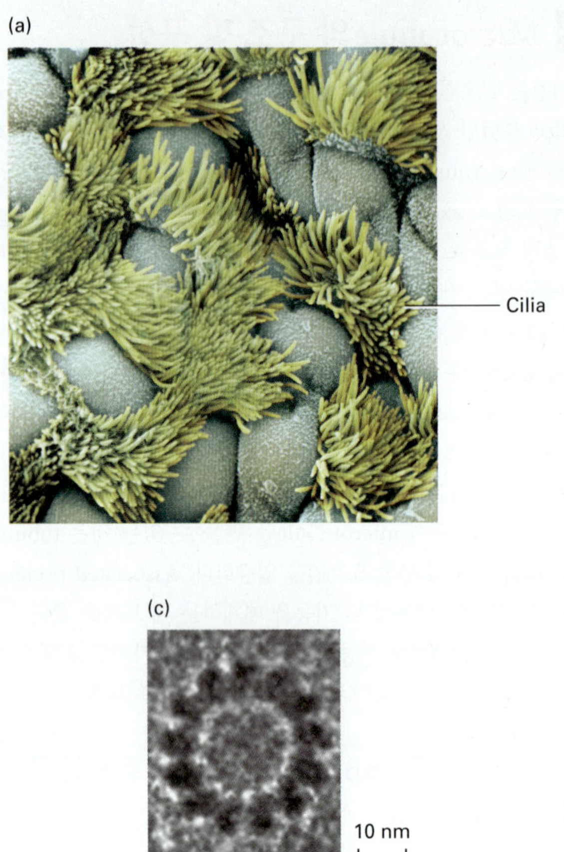

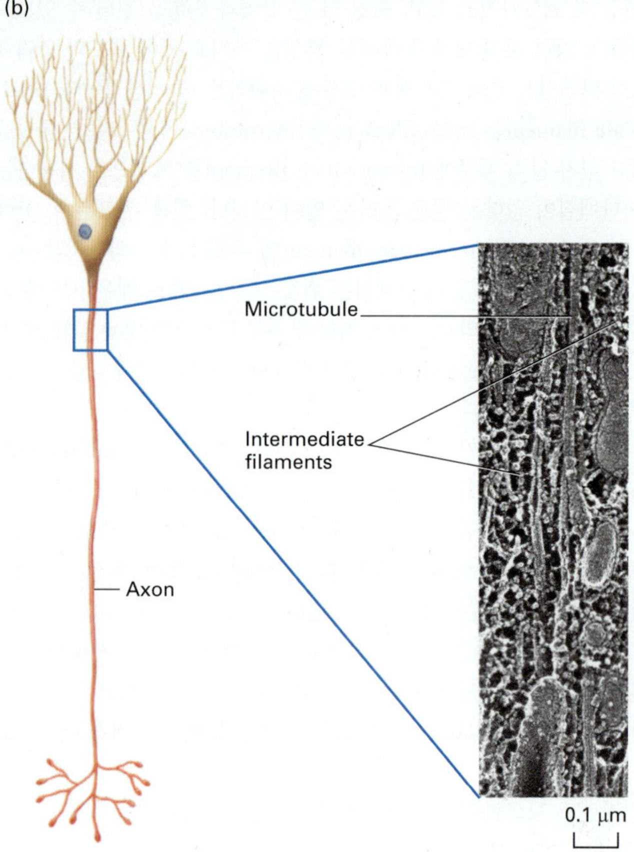

그림 18-2 Microtubule은 많은 다양한 위치에서 발견되며, 모두 유사한 구조를 가지고 있다. (a) Scanning electron microscope (주사 전자현미경)로 본 토끼 난관의 내면에 있는 cilited epithelium (섬모 상피)의 표면. 물결치듯 움직이는 cilia는 난자를 난관의 아래쪽으로 밀어낸다. 각각의 cilium (단수)에는 microtubule로 이루어진 중심부가 있다. (b) 개구리 axon의 quick-frozen/deep-etch 방법을 이용한 투과전자현미경 사진에서 보이는 microtubule과 intermediate filament. (c) 단일 microtubule의 13개의 반복 단위(protofilament)를 보여주는 고배율 사진. [Part (a) NIBSC/Science Source. Part (b) N. Hirokawa, 1982, *J. Cell Biol.* **94**(1): 129–142; https://doi.org/10.1083/jcb.94.1.129. Part (c) Republished with permission from John Wiley and Sons, Inc., from H. Sosa and D. Chrétien, 1998, "Relationship Between Moiré Patterns, Tubulin Shape, and Microtubule Polarity," *Cytoskeleton* **40**(1):38–43; permission conveyed through Copyright Clearance Center, Inc.]

있는 반면, 토양 선충인 *Caenorhabditis elegans* (예쁜꼬마선충)은 9개의 α-tubulin을 암호화하는 유전자와 6개의 β-tubulin을 암호화하는 유전자를 가지고 있다. α-tubulin과 β-tubulin 외에, 모든 진핵생물들은 microtubule의 조립에 관여하는 세 번째 tubulin, γ(gamma)-tubulin을 지정하는 유전자를 가지고 있다. γ-tubulin은 우리가 곧 보게 될 것처럼, microtubule의 assembly에 필요하다. Centrioles (중심립)과 basal body (기저체)라고 불리는 세포 구조를 가진 생명체에만 존재하는 tubulin의 추가적인 isoform (동형)들도 발견되었는데, 이는 이러한 tubulin isoform들이 이러한 구조에 중요하다는 것을 시사한다. 이 장에서 알게 되겠지만, centriole과 basal body는 microtubule assembly를 시작하고 체계화하는 특화된 구조이다.

Tubulin dimer의 α-와 β-소단위는 각각 한 분자의 GTP와 결합할 수 있다(그림 18-3a). α-tubulin 소단위에 결합한 GTP는 가수분해되지 않으며, α-tubulin과 β-tubulin 사이의 접촉에 의해 갇혀 있다. 대조적으로, β-tubulin 소단위의 GTP-결합 부위는 dimer의 표면에 있다. 따라서 β-tubulin에 결합된 GTP는 가수분해 될 수 있으며, 그 결과 생긴 GDP는 free GTP로 교환될 수 있다. 적합한 조건 하에서 수용성 tubulin dimer는 microtubule로 조립될 수 있다(그림 18-3b). 17장에서 actin의 중합에 대해 보았듯이, ATP–G-actin은 필라멘트의 한쪽 말단에 우선적으로 첨가되며, 이 말단이 조립에 선호되는 끝이기 때문에 (+) 말단이라고 명명되었다. ATP–G-actin이 일단 필라멘트로 통합되면, 결합된 ATP는 ADP와 P_i로 가수분해된다. 비슷한 방식으로, β-소단위에 GTP가 결합되어 있는 tubulin dimer는 우선적으로 microtubule의 한쪽 끝에 추가되며, 이곳 또한 (+) 말단으로 지정된다. 우리가 곧 보겠지만, tubulin이 microtubule에 통합되면 GTP는 가수분해되며, 이는 microtubule의 (+) 말단의 행동에 극적인 영향을 미친다.

하나의 microtubule은 13개의 좌우로 붙어 있는 protofilament로 구성되어 있으며, 이들이 외부 지름이 약 25 nm인 관을 만든다(그림 18-3b 참조). 13개 protofilament 각각은 αβ-tubulin dimer가 세로 방향으로 연결된 1개의 줄이다. 따라서 α-tubulin과 β-tubulin이 protofilament를 따라 교대로 배치되며, 각 소단위는 8 nm마다 반복된다. Protofilament의 αβ-tubulin dimer는 모두 동일한 방향으로 배열되

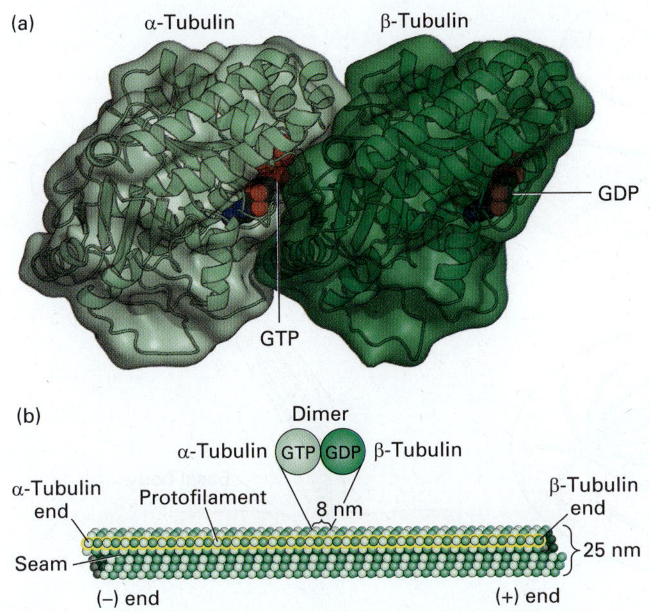

그림 18-3 Tubulin dimer의 구조 및 microtubule에서 이들의 배열 구조. (a) Tubulin dimer의 리본 모식도. α-tubulin 단량체에 결합된 GTP는 교환할 수 없는 반면, β-tubulin 단량체에 결합된 GDP는 free GTP와 교환할 수 있다. (b) 하나의 microtubule에서 tubulin 소단위의 배열 구조. 각 dimer는 끝과 끝이 연결되어 protofilament를 이루고, protofilament는 옆으로 촘촘히 붙어 microtubule의 벽을 형성한다. Protofilament들은 조금 어긋나게 배열되어 있어, 하나의 protofilament의 α-tubulin은 인접한 protofilament의 α-tubulin과 접촉한다. 단 seam (솔기)에서는 α-tubulin이 β-tubulin과 접촉한다. Microtubule은 β-tubulin 단량체가 노출되는 말단에 tubulin dimer가 우선적으로 추가되는 구조적 극성을 나타낸다. Microtubule의 이 끝은 (+) 말단이라고 알려져 있다. [Part (a) Data from E. Nogales et al., 1998, *Nature* **391**:199, PDB 1D 1tub.]

어 있으므로, 각각의 protofilament는 한쪽 끝에는 α-tubulin, 다른 쪽 끝에는 β-tubulin을 가지고 있다. 따라서, protofilament는 본질적인 **polarity (극성)**를 갖고 있다. 하나의 microtubule에서 좌우로 연관된 모든 protifilament는 동일한 극성을 가지므로 microtubule은 전체적인 극성도 가진다. 노출된 β-tubulin을 가진 끝은 (+) 말단이고, 노출된 α-tubulin을 가진 끝은 (–) 말단이다. Microtubule에서는 인접한 protofilament의 αβ-hetero dimer (이형 이량체)가 서로 약간 비틀려 있기 때문에 microtubule의 벽에 α- 및 β-tubulin 단량체의 기울어진 열을 형성한다. 예를 들어, 당신이 한 protofilament에 있는 β-tubulin에서 시작해 옆으로 연결된 β-tubulin들을 따라 microtubule을 한 바퀴 완전히 돌면, 당신은 그 시작한 protofilament에서 정확히 3개의 소단위 만큼 위로 이동하게 되면서, α-tubulin을 만나게 될 것이다(그림 18-3b에서 + 말단의 β-tubulin을 따라가 보시오). 따라서 모든 microtubule은 하나의 세로 방향 *seam* (솔기)을 가지고 있다. 이 seam에서는 하나의 protofilament의 α-tubulin과 인접한 protofilament의 β-tubulin이 만난다.

세포에 있는 대부분의 microtubule은 13개의 protofilament로 만들어진 단순한 관—a *singlet* (단일) microtubule—으로 구성되어 있다. 드물긴 하지만, 단일 microtubule에 protofilament가 더 많이 또는 더 적게 함유되어 있는 경우도 있다. 예를 들어, 선충의 neuron에 있는 특정 microtubule은 11 또는 15개의 protofilament를 포함하고 있다. 이 단순한 단일 구조 외에도 *doublet* (이중), 또는 *triplet* (삼중) microtubule는 cilia와 flagella (doublet microtubule), centrriole과 basal body (triplet microtubule)와 같은 전문화된 구조에서 발견되며, 이는 이 장의 뒷부분에서 살펴볼 것이다. 각각의 doublet microtubule 또는 triplet microtubule은 하나의 13개의 protofilament로 구성된 완전한 microtubule (*A tubule*)과 각각 10개의 protofilament로 구성된 1 또는 2개의 추가적인 tubules (B와 C)을 포함하고 있다(그림 18-4).

Microtubule은 다양한 형태를 만들기 위해 MTOC에서 조립된다

Tubulin이 microtubule의 주요 구조적 성분으로 확인된 후, tubulin에 대한 항체를 생성하고 면역형광현미경에 사용하여 세포에서 microtubule의 분포를 알 수 있었다(그림 18-5a, b). 이 연구방법을 전자현미경과 함께 이용하여, microtubule들이 세포내 특정 부위에서 조립된다는 것을 밝혀냈다.

Microtubule의 자발적 nucleation (핵 형성)은 에너지적 측면에서

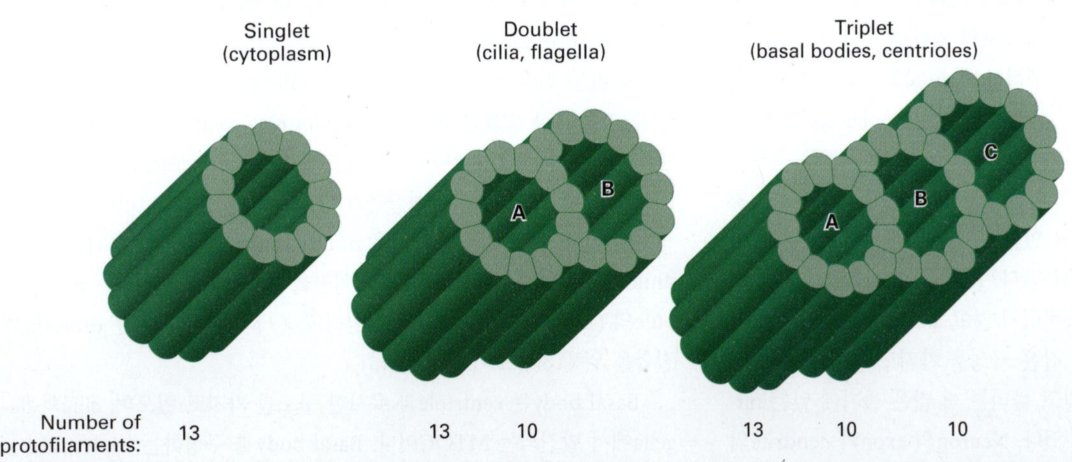

그림 18-4 Singlet, doublet 및 triplet microtubule. 횡단면에서, 전형적인 microtubule인 singlet microtubule은 13개의 protofilament로 만들어진 간단한 튜브이다. Doublet microtubule에서는 추가로 10개의 protofilament가 singlet microtubule (A)의 벽에 융합되어 두 번째 tubule (B)를 형성한다. 또 다른 10개의 protofilament가 doublet microtubule의 (B) tubule에 결합하여 (C) tubule과 triplet 구조가 만들어진다.

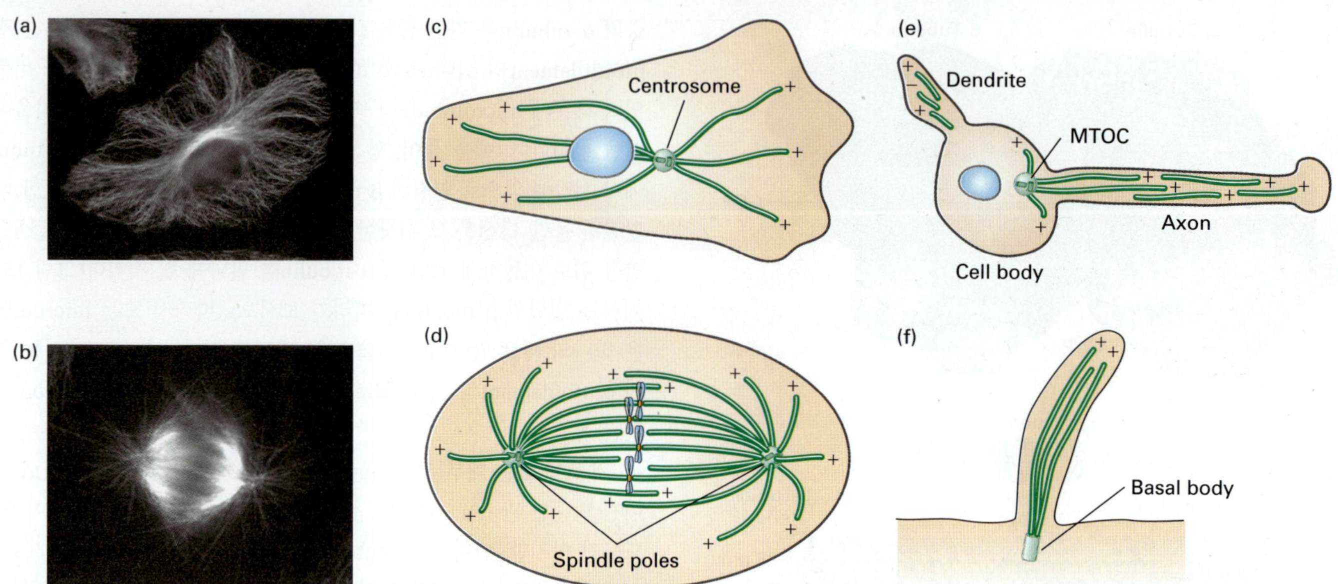

그림 18-5 Microtubule은 MTOC에서 조립되기 시작한다. (a–b) Tubulin에 대한 항체를 이용한 면역형광현미경으로 관찰된 배양 세포내 microtubule의 분포. Interphase cell (a) 및 mitotic cell (b). (c–f) 다양한 세포 및 구조에서 microtubule의 분포 모식도. 모든 microtubule은 별개의 MTOC로부터 조립된다. (c) Interphase 세포의 MTOC는 centrosome이라고 불린다(핵은 파란색의 타원으로 나타냄). (d) Mitotic 세포에서 2개의 MTOC는 *spindle pole*이라고 불린다(염색체들은 파란색으로 표지). (e) Neuron에서 axon과 dendrite의 microtubule은 세포 몸체의 MTOC로부터 조립되고 그곳에서 떨어져 나온다. (f) Cilia 또는 flagella의 중심축을 구성하는 microtubule은 basal body라고 알려진 MTOC에서 조립된다. Microtubule의 극성은 (+) 및 (–) 로 표시하였다. [Part (a) Courtesy Anthony Bretscher. Part (b) Courtesy of Torsten Wittmann.]

매우 불리한 반응으로, *in vivo* microtubule 조립에서 중요한 역할을 하지 않는다. 오히려, 모든 microtubule의 조립은 **microtubule organizing center (microtubule 형성 중심)**, 즉 **MTOC**로 알려진 구조로부터 시작된다.

Centrosome (중심체)은 동물 세포의 주 MTOC이다. Interphase (간기) 동안, centrosome은 일반적으로 핵 근처에 위치하며, (+) 말단이 세포 주변 쪽으로 방사상으로 뻗어 나가는 일군의 microtubule을 생성한다(그림 18-5c). 대부분의 경우, centrosome에서 뻗어 나가는 microtubule들의 (–) 말단은 그 centrosome에 고정되어 있다. 이 방사형 배열은 microtubule-based motor protein들이 secretory pathways (분비 경로)나 endocytic pathways (내세포 경로)에서와 같이 막으로 싸인 세포내 구획을 구성하고 운반하는 통로의 역할을 한다. Mitosis 동안 세포는 자신의 microtubule을 재구성하여 *spindle pole* (방추극)이라고도 알려진 2개의 centrosome에서 뻗어 나오는 bipolar spindle (양극 방추사)을 형성한다. Bipolar spindle은 복제된 염색체 쌍을 정확하게 분리할 수 있다(그림 18-5d). 또 다른 예로서, neuron은 *axon* (축삭)이라고 불리는 긴 돌기를 가지고 있는데, axon 내에서 소기관들이 microtubule을 따라 양방향으로 이동한다. Axon의 microtubule은, 길이가 1 m에 달할 수도 있으나, 연속적이지 않고, MTOC에서 방출된 상태이지만, 그럼에도 불구하고 모두 같은 극성을 가지고 있다. *Dendrite* (덴드라이트, 수상돌기, 가지돌기)라고 불리는 더 짧은 돌기에 있는 microtubule은 혼합된 극성을 가지고 있다. Neuron의 axon과 dendrite의 microtubule의 방향성 차이의 기능적 중요성은 명확하지 않다. Cilia와 flagella (그림 18-5f)에서 microtubule은 **basal body**라 불리는 MTOC에서 조립된다. 나중에 언급하겠지만, 식물들은 centrosome과 basal body를 가지고 있지 않다; 그들은 microtubule의 조립을 시작하기 위해 다른 메커니즘을 사용한다.

전자현미경을 이용한 연구는 동물 세포의 centrosome이 한 쌍의 직각으로 배열된 원통형 **centriole (중심립)**과 그 주변을 싸고 있는 **pericentriolar material (중심립 주변 물질)**이라고 불리는 비정형 물질로 구성되어 있음을 보여 준다(그림 18-6a). Centriole은 길이가 약 0.5 μm이고, 직경은 0.2 μm이며, 9개의 triplet microtubule로 구성된 고도로 조직적이고 안정적인 구조이다(그림 18-6b, c). Centriole 자체는 세포질 microtubule 합성의 핵을 형성하지 않으며, pericentriolar meterial에 있는 인자들이 세포질 microtubule 합성에 핵으로 작용한다. 이 인자들 중 가장 중요한 요소는 *γ-tubulin ring complex* (*γ-TuRC*, γ-**튜브린 고리 복합체**)(그림 18-6b 및 그림 18-7)로, pericentriolar material에 위치하고 몇 개의 다른 단백질들과 연계된 많은 수의 γ-tubulin으로 구성되어 있다. γ -TuRC는 새로운 microtubule 형성을 위해 αβ-tubulin dimer를 결합하는 나선형 주형의 역할을 한다. 새로 형성되는 microtubule의 (–) 말단은 γ-TuRC에 결합하고, (+) 말단은 새로운 dimer들의 결합을 위해 자유로이 존재한다.

Basal body는 centriole과 유사한 구조를 가지고 있으며, cilia와 flagella에서 발견되는 MTOC이다. Basal body를 구성하는 triplet micro-

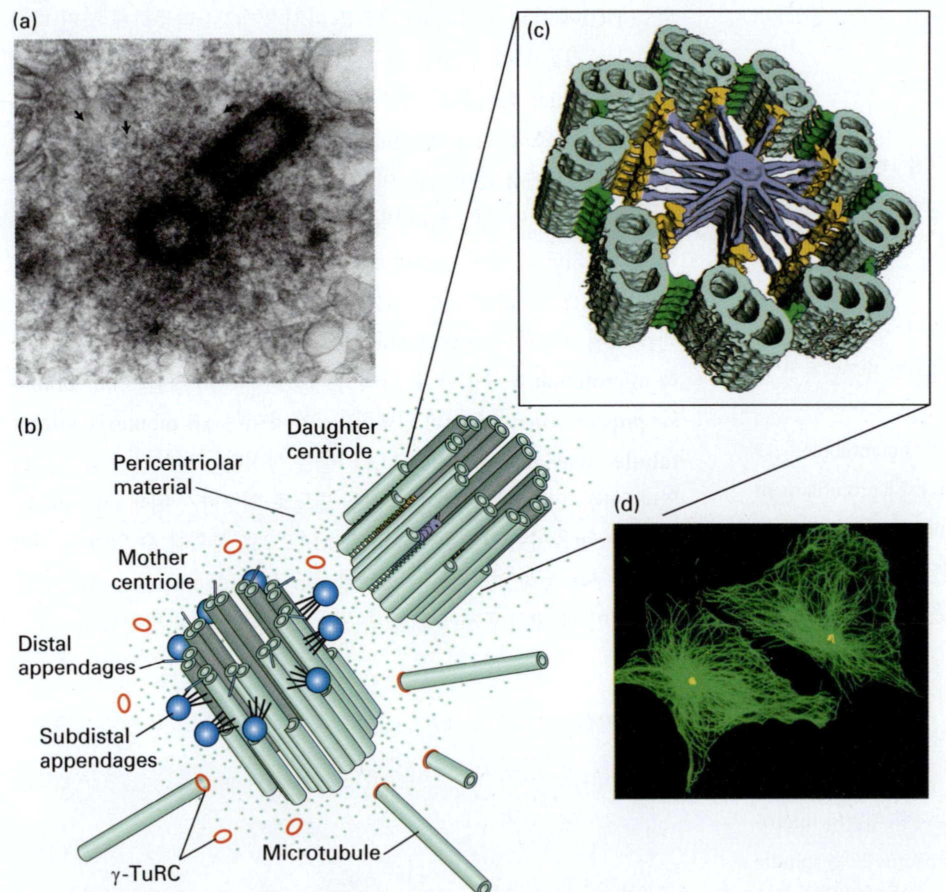

그림 18-6 Centrosome의 구조. (a) 동물 세포 centrosome의 얇은 단면. 서로에 대해 직각으로 존재하는 2개의 centriole과 이를 싸고 있는 pericentriolar material (화살표)이 보인다. (b) Centrosome의 모식도. 각각 9개의 연결된 triplet microtubule로 구성된 2개의 centriole (mother and daughter centriole)이 microtubule의 조립이 시작되는 γ-TuRC를 포함하는 pericentriolar material에 묻혀 있다. Mother centriole은 말단 부속기관(파란색 구)을 가지고 있기 때문에 daughter centriole과는 구별된다. (c) 조류(algae)인 *Chlamydomonas*의 daughter centriole 전체의 단층 촬영 이미지. Sas6라고 불리는 단백질은 9배 대칭의 수레바퀴 구조로 자가 조립될 수 있다(자주색 구조). 이 구조는 daughter centriole의 주형 역할을 하고, 나중에 centriole이 성숙함에 따라 제거된다. (d) 배양된 동물 세포에서 microtubule의 배열(녹색)과 centrosomal protein의 항체를 이용하여 MTOC의 위치(노란색)를 보여주는 면역형광현미경 사진. [Part (a) Reprinted by permission from Nature Publishing Group, from G. Sluder, 2005, "Two-Way Traffic: Centrosomes and the Cell Cycle," *Nat. Rev. Mol. Cell Biol.* **6**:743–748; permission conveyed through Copyright Clearance Center, Inc. Part (c) Data from P. Guichard et al., 2013, *Curr. Biol.* **23**:1620, EMD-2329 and EMD-2330. Part (d) Courtesy of Ryoko Kuriyame.]

tubule 중, tubule A와 B는 cilia와 flagella의 핵심 구조를 구성하는 microtubule 조립을 위한 주형을 제공한다. 나중에 cilia와 flagella에 자세히 논의할 때, 기저체의 구조에 대해서 더 논의한다.

최근의 연구는 동물 세포에서 microtubule의 조립을 시작하기 위한 추가적인 메커니즘을 발견했는데, 이 메커니즘에도 γ-TuRC는 필요하다. 8개의 polypeptide로 구성된 *augmin complex* (아구민 복합체)라고 불리는 이 단백질 복합체는 기존 microtubule의 측면에 결합하고, γ-TuRC를 모집하여 새로운 microtubule의 조립을 시작할 수 있다(그림 18-7c). 뒷부분에서 논의하는 바와 같이, augmin 복합체는 mitotic spindle에서 microtubule 조립에 기여한다.

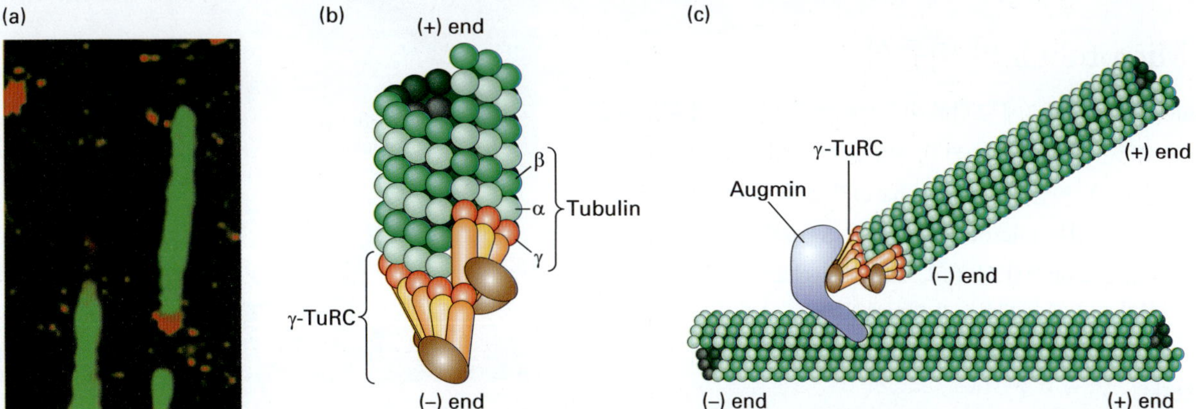

그림 18-7 Microtubule assembly를 시작하는 핵인 γ-TuRC (γ-Tubulin Ring Complex). (a) *in vitro*에서 조립된 microtubule들이 녹색으로, γ-TuRC의 한 구성요소가 빨간색으로 표지되어 microtubule 한쪽 끝에 γ-TuRC가 특이적으로 위치함을 보여준다. 면역형광현미경 사진. (b) γ-TuRC가 어떻게 (–) 말단에 해당하는 주형을 형성하여 microtubule assembly를 시작하는가를 설명하는 모델. (c) Agumin이 분지된 microtubule의 조립을 시작하기 위해서 γ-TuRC와 기존 microtubule의 옆면에 어떻게 같이 결합하는가에 대한 모식도. [Part (a) Reprinted with permission from Nature Publishing Group, from T. J. Keating and G. G. Borisy, 2000, "Immunostructural Evidence for the Template Mechanism of Microtubule Nucleation," *Nat. Cell Biol.* **2**:352–357; permission conveyed through Copyright Clearance Center, Inc.]

18.1절의 주요 개념

Microtubule의 구조 및 구성

- Tubulin은 microtubule의 주 구조 요소이다(그림 18-3 참조). Microtubule-associated protien (MAP, microtubule 관련 단백질)은 tubulin과 결합하며, microtubule의 조립, 역동성 및 기능을 매개하는 데 도움을 준다.
- Free tubulin은 α-tubulin은 가수분해 불가능한 GTP를 포함하고, β-tubulin은 가수분해와 교환이 가능한 GTP와 결합한 dimer로서 존재한다.
- αβ-tubulin dimer는 microtubule로 조립된다. 각 microtubule은 13개의 옆으로 연결된 protofilament로 만들어져 있다. 각 protofilament의 (–) 말단에는 α-tubulin이, (+) 말단에는 β-tubulin이 존재한다.
- Cilia, flagella, centriole, 그리고 basal body에는 doublet 및 triplet microtubule이 존재하며, 추가된 microtubule은 10개의 protofilament로 되어 있다(그림 18-4 참조).
- 모든 microtubule은 MTOCs에서 조립되기 시작하며, 많은 microtubule의 (–) 말단이 MTOC에 고착되어 있다. 따라서 MTOC로부터 떨어져 있는 끝은 항상 (+) 말단이다.
- Centrosome은 interphase의 동물 세포에서 방사형 배열의 microtubule 조립을 시작하는 MTOC이다. 2개의 centrosome 또는 spindle poles은 동물 세포에서 mitotic spindle의 microtubule을 합성이 시작되는 MTOC이다. Basal body는 cilia와 flagella의 microtubule을 조립하는 MTOC이다(그림 18-5 참조).
- Centrosome은 2개의 centriole과 이를 싸고 있는 pericentriolar material로 구성된다(그림 18-6과 18-7 참조). pericentriolar material은 microtubule의 합성에 핵으로 기능을 하는 γ-TuRC를 포함하고 있다.

18.2 Microtubule의 역동성

Microtubule은 끝에서 빠르게 조립하거나 분해할 수 있는 동적 구조물이다. 이들의 수명은 매우 차이가 커서, 분열을 하고 있는 세포(mitotic cell)의 경우 평균 1분 미만, 간기(interphase)의 동물 세포에서 보이는 방사상 배열을 하고 있는 microtubule의 경우 5–10분 정도이다. Microtubule의 수명은 axon에서 더 길고, cilia와 flagellar에서 훨씬 더 길다. 이러한 차이가 어떻게 발생하는지 알아보기 위해 microtubule의 동적 특성과 이러한 특성이 microtubule의 세포내 구성에 어떻게 기여하는지 살펴보자.

Individual Microtubule은 Dynamic Instability (동적 불안정성)를 보인다

초기 실험 결과에서, 동물 세포의 대부분 microtubule은 세포를 낮은 온도(4°C)에 두면 분해되고, 세포를 다시 37°C로 따뜻하게 하면 다시 조립하는 것을 보여 주었다. 연구자들은 microtubule의 이러한 본질적인 특성이 microtubule의 성분을 순화하는 데 이용될 수 있다는 것을 깨달았다. 뇌 조직은 microtubule이 풍부하기 때문에 돼지 뇌의 수용성 추출물을 4°C에서 준비하고, 이 정제된 추출물을 37°C까지 가열하여, microtubule의 조립을 유도하였다. 조립된 microtubule은 원심분리하여 침전시키고, 침전된 microtubule은 상등액과 분리하여 채취하였다. 분리된 microtubule은 4°C에서 완충액을 첨가하여 분해하였다. 이 용액을 다시 가열하여 microtubule의 조립을 유도하고, 원심분리를 이용해 microtubule을 수집한 후 다시 냉각시켜서, 연구자들은 *microtubular protein* (*microtubule*의 단백질) — 이 용어는 αβ-tubulin과 **microtubule-associated protein (MAP)**들을 통칭하는 단어임 — 을 회수하였다. 이후, 연구자들은 각 단백질을 별도로 연구하기 위해 microtubular protein을 순수한 αβ-tubulin과 MAP으로 분획할 수 있었다. 이어지는 연구를 통해 연구자들은 αβ-tubulin dimer를 microtubule로 중합하는 것이 MAP의 존재에 의해 촉매될 수 있다는 것을 발견했다.

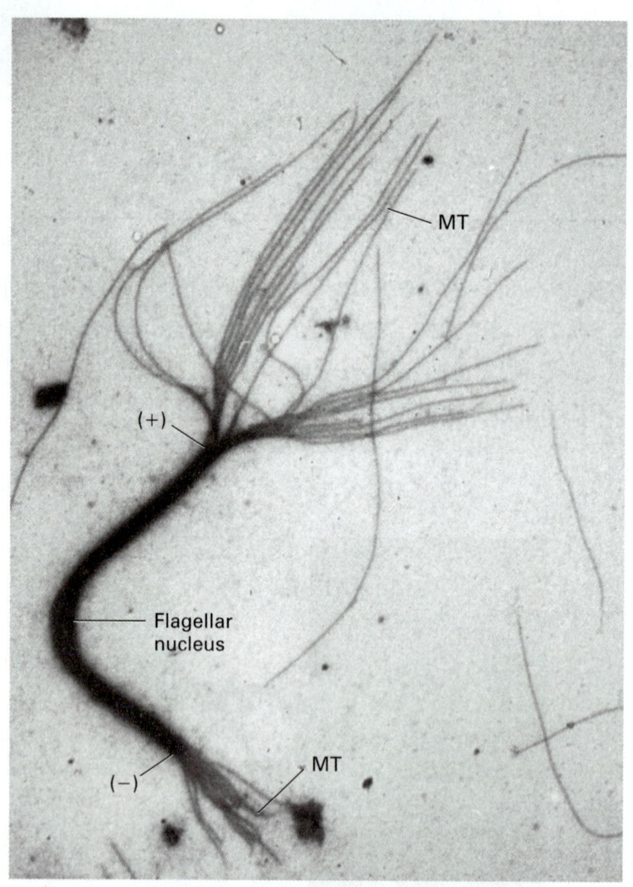

실험 그림 18-8 Microtubule은 (+) 말단에서 선택적으로 자란다. Flagellum에서 얻은 microtubule 다발의 조각을 αβ-tubulin의 *in vitro* 첨가를 위한 핵으로 사용하였다. 핵으로 사용된 flagellum의 조각은 이 전자현미경 사진에서 두꺼운 다발로 보이고, 이 다발 양끝에서 새로 형성된 microtubule들이 뻗어 나온다. 한쪽 끝 — (+) 말단 — 에 있는 microtubule의 길이가 훨씬 긴 것은, 이 말단에 tubulin dimer가 우선적으로 추가되었음을 나타낸다. [Courtesy of Gary G. Borisy.]

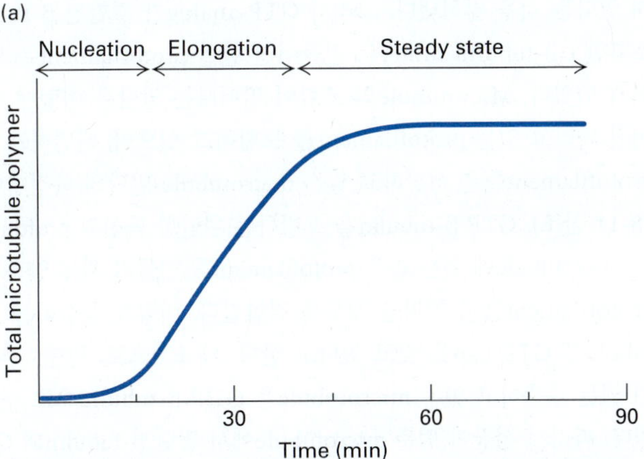

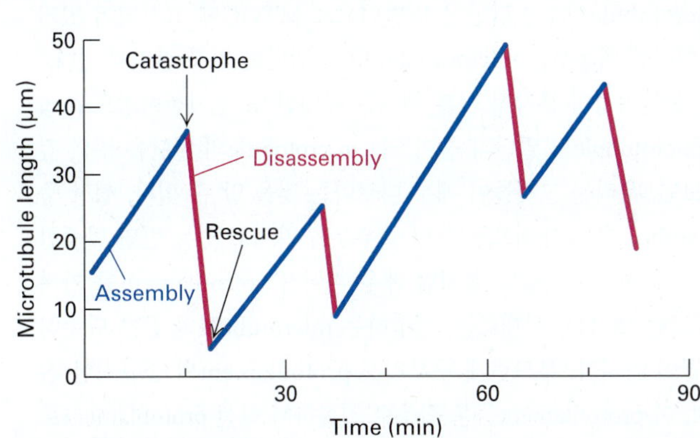

그림 18-9 다량의 tubulin을 이용한 microtubule의 조립 특성과 개별 microtubule의 역동성의 비교. (a) C_c 이상의 순수한 tubulin의 중합을 유도하기 위해 4°C에서 37°C까지 가열하면, 전형적인 핵 형성, 신장 및 안정 상태 단계가 보인다. (b) 그러나 조립되는 microtubule 집단에서 개별 microtubule들을 광학현미경을 이용하여 관찰하고, 그들의 길이를 시간에 따라 기록하면, 개별 microtubule들이 *dynamic instability* (*동적 불안정성*)로 알려진 과정에서 성장하고 축소되는 것이 관찰될 수 있다. 조립과 분해는 각각 균일한 속도로 진행되지만, 선의 경사면에서 볼 수 있듯이 조립과 분해의 속도에는 큰 차이가 있다. Microtubule의 단축(7 μm/분)은 성장 속도(1 μm/분)보다 훨씬 빠르다. 수축 단계로의 갑작스런 전환(catastrophe)과 신장 단계로 갑작스럽게 전환(rescue)되는 것을 주목하시오. [Data from P. M. Bayley, K. K. Sharma, and S. R. Martin, 1994, in J. S. Hyams and C. W. Lloyd, eds., *Microtubules*, p. 118. New York: Wiley-Liss.]

용액 속 microtubular protein이 대량 중합되는 특성에 대한 연구는 두 가지 중요한 것을 밝혀냈다. 첫째, αβ-tubulin 농도는 actin polymerization (그림 17-8 참조)에서 본 것과 같이 *critical concentration* (C_c, 임계 농도) 이상이어야 한다. 둘째, C_c보다 높은 αβ-tubulin 농도에서는 tubulin dimer가 microtubule의 한쪽 말단에 더 빨리 첨가된다(그림 18-8). F-actin 조립과 마찬가지로, 조립이 더 빨리 일어나는 말단—이 말단은 β-tubulin이 노출된 말단임—을 (+) 말단이라 부른다. (−) 말단에는 α-tubulin이 노출되어 있다(그림 18-3b 참조).

Tubulin 용액의 온도를 4°C에서 37°C로 높여 microtubule의 대량 조립에 대한 특성을 연구할 때, nucleation (핵 형성), elongation (신장) 및 steady state (안정 상태)를 반영하는 전형적인 곡선이 관찰된다(그림 18-9a). 이런 연구에서, 연구자는 만들어진 모든 microtubule들이 비슷하게 행동할 것이라고 추측할 수도 있었지만, 연구자들이 형성된 microtubule의 집단에서 개별 microtubule의 행동을 조사했을 때, 그들은 그렇지 않다는 것을 발견했다. 개별 microtubule의 움직임은 간단한 실험에서 조사되었다: microtubule을 체외에서 조립한 다음, 이들을 현미경으로 분석할 수 있는 개별 길이를 가진 더 짧은 조각으로 절단한다. 이러한 조건 하에서, free tubulin의 농도에 따라 모든 짧은 microtubule들이 자라거나 짧아질 것으로 예상할 수 있다. 그러나 연구원들은 일부 microtubule은 길이가 증가하는 반면, 다른 것들은 매우 빠르게 짧아진다는 것을 발견했다—이는 2개의 다른 집단의 microtubule이 존재한다는 것을 의미한다. 추가적인 연구는 개별 microtubule이 성장할 수 있고, 그러다가 갑자기 *catastrophe* (대이변)—microtubule이 빠르게 depolymerization (탈중합)되는 수축기로의 갑작스런 전환—을 경험할 수 있다는 것을 보여주었다. 더구나, 때로는 탈중합되고 있던 microtubule의 말단이 *rescue* (구조 과정)를 거쳐 다시 성장하기 시작할 수 있었다(그림 18-9b). 이러한 현상은 체외에서 처음 관찰되었지만, 살아있는 세포에 microinjected (현미주입, 미세주입)된 형광으로 표지된 tubulin을 분석한 결과 살아있는 세포의 microtubule도 성장과 수축 기간을 거치는 것으로 나타났다(그림 18-10). 이런 성장 상태와 수축 상태 사이가 교대로 나타나는 현상은 *dynamic instability* (동적 불안정성)로 알려져 있다. 따라서 microtubule의 한 말단의 동적 수명은 성장 속도, catastrophe의 빈도, 탈중합의 속도 및 구조 빈도(frequency of rescues)에 의해 결정된다. 우리가 보게 될 것처럼, microtubule의

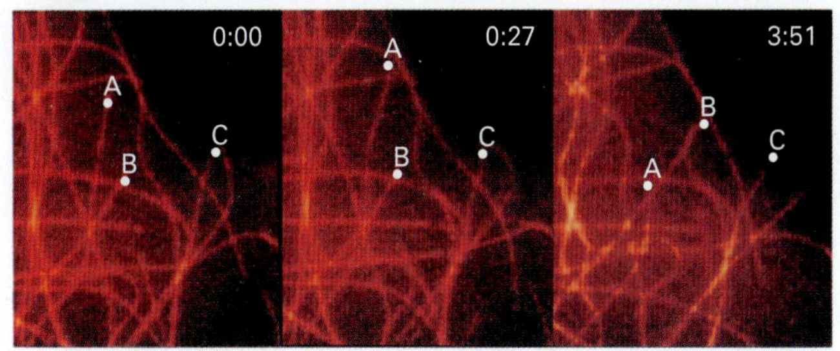

실험 그림 18-10 형광현미경을 이용한 연구는 체내 개별 microtubule의 성장과 축소를 보여준다. 형광으로 표지된 tubulin은 배양된 인간 fibroblast에 미세 주입되었다. 세포를 기존의 microtubule들을 tubulin dimer로 탈중합시키기 위해 냉각한 다음 37°C에서 배양하여 재중합이 가능하도록 했으며, 이 과정에서 형광 tubulin이 세포의 모든 microtubule에 섞여 들어갔다. 0초, 27초 후, 3분 51초 후(왼쪽에서 오른쪽 패널)에 세포 주변의 한 영역을 형광현미경으로 관찰하였다. 이 기간 동안 여러 개의 microtubule이 길어졌거나 짧아진 것을 볼 수 있다. A, B, C라는 표지가 붙은 점은 3개의 microtubule의 끝의 위치를 나타낸다. [Reprinted with permission from Nature Publishing Group, from P. J. Sammak and G. G. Borisy, 1988, "Direct Observation of Microtubule Dynamics in Living Cells," *Nature*, **332**:724–726; permission conveyed through Copyright Clearance Center, Inc.]

dynamics (역동성)의 네 가지 특징은 *in vivo*에서 조절된다. 동물 세포에서 microtubule의 (-) 말단은 일반적으로 MTOC에 고정되어 있기 때문에, 이러한 역동성은 microtubule의 (+) 말단과 가장 관련이 있다.

동적 불안정성의 분자적 기본 원리는 무엇인가? 전자현미경으로 성장하는 microtubule의 말단과 줄어드는 microtubule의 말단을 주의 깊게 살펴보면, 우리는 그것들이 매우 다르다는 것을 알 수 있다. 성장 중인 microtubule은 상대적으로 무딘 끝부분을 가지고 있는 반면 탈중합되고 있는 끝부분은 숫양의 뿔처럼 매우 휘어진 protofilament를 가지고 있다(그림 18-11). 실제로는, 성장하는 microtubule의 끝은 단순히 뭉툭한 끝이 아니라, 부드럽게 구부러진 protofilament의 불규칙한 집합체이며, 이 protofilament들은 좌우로 결합하여 직선 protofilament로 이루어진 원통형의 microtubule을 만든다.

단순한 구조적 차이가 microtubule의 (+) 말단의 2개의 다른 모습을 설명한다. GDP analog (유사체)를 이용하여 연구자들은, 인위적으로 GDP-β-tubulin을 포함한 αβ-tubulin dimer를 반복적으로 결합시켜 *single* protofilament들—다른 protofilament와 측면 상호작용을 하지 않는—을 합성하였고, 이 protofilament들이 숫양의 뿔처럼 구부러져 있다는 것을 밝혀냈다. 그러나 GTP-analog가 결합된 β-tubulin을 포함한 αβ-tubulin dimer로 만들어진 단일 protofilament는 약간 휘어져 있었다. Microtubule의 조합이 일어나는 말단은 이렇게 약간 휘어진 자라고 있는 protofilament를 포함하고 있으며, 완만하게 휘어진 protofilament들은 성장하고 있는 microtubule 말단의 특징이다(그림 18-11 참조). GTP-β-tubulin을 포함하는 완만한 곡선의 protofilament는 microtubule에 있는 곧은 protofilament를 만들기 위해 양측에 있는 protofilament들과 지퍼를 채우듯 결합한다. 이렇게 성장하는 microtubule은 GTP cap을 갖고 있다고 한다. 대조적으로, 말단이 매우 말려 있는 수축하고 있는 microtubule은 GDP-β-tubulin으로 구성되어 있다. 따라서 성장이 멈춘 microtubule에서 말단 β-tubulin의 GTP 분자가 가수분해되면 이전에 뭉툭한 말단이던 microtubule이 말려들어 catastrophe가 따를 것이다. 이러한 관계는 그림 18-11에 요약되어 있다.

이러한 결과는 하나의 부가적이고 흥미로운 의미를 가지고 있지만, 그것을 이해하기 위해서는 성장하는 microtubule에 대해 더 자세히 고찰해야 한다. GTP-β-tubulin가 있는 dimer를 성장 중인 microtubule의 protofilament의 (+) 말단에 추가하면 각 protofilament에 GTP 캡이 생성된다. 이렇게 길어진 protofilament들은 측면 상호작용에 의해 결합되어 곧게 되고 microrubule의 벽을 형성한다. 휘어진 protofilament에서 직선 protofilament로의 전환은 tubulin dimer의 부자연스러운 입체 구조를 유도한다. 한 dimer의 β-tubulin과 다

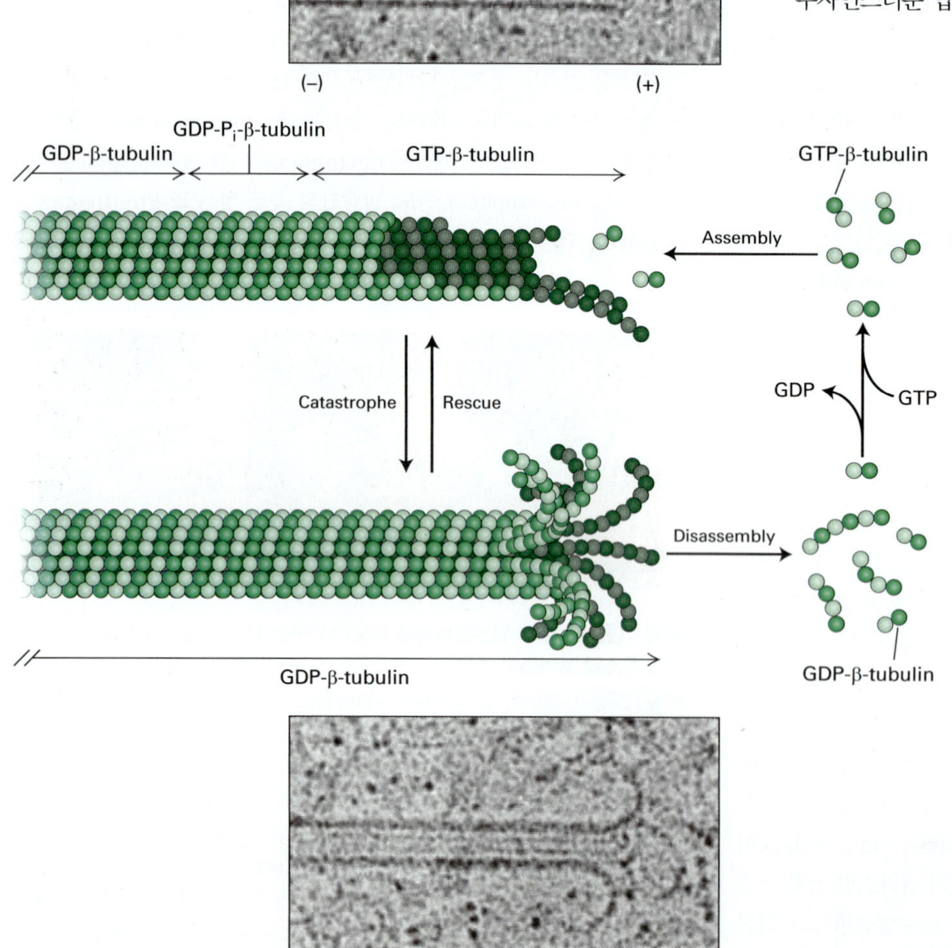

그림 18-11 Dynamic instability는 GTP-β-tubulin 캡의 유무에 달려 있다. 성장하는 microtubule (*위쪽*)과 수축되는 microtubule (*아래쪽*)의 냉동 시료를 전자현미경으로 촬영한 이미지. 자라나는 microtubule의 말단은 더 뭉툭한 반면, 축소되는 microtubule의 끝은 숫양의 뿔처럼 휘어져 있는 것에 주목하라. 모식도가 보여주듯이, 각각의 protofilament 끝에 여러 개의 GTP-β-tubulin dimer가 있는 microtubule은 강하게 선택적으로 자란다. 그러나 끝에 GDP-β-tubulin이 있는 microtubule은 매우 구부러진 protofilament를 형성하고 빠르게 분해될 것이다. "Rescue와 catastrophe"이라고 불리는 성장 단계와 축소 단계 사이의 전환이 일어날 수 있고, 그 전환 속도는 결합된 단백질에 의해 조절된다. [E. M. Mandelkow, E. Mandelkow, and R. A. Milligan, 1991, *J. Cell Biol.* **114**(5): 977–991; https://doi.org/10.1083/jcb.114.5.977.]

음 dimer의 α-tubulin 사이의 상호작용은 β-tubulin의 GTP가 GDP-P_i로 가수분해되는 것을 촉진하고, 무기인산(P_i)는 천천히 방출된다. 이러한 방식으로 성장 중인 microtubule은 GTP 캡을 가지고 있으며, 이어서 β-tubulin이 GDP-P_i를 가지는 지역이 그 뒤를 잇고, 더 오래 전에 합성된 GDP-β-tubulin 만을 포함하는 지역이 그 뒤를 따른다(그림 18-11 참조).

위에서 언급했듯이, GDP-β-tubulin을 포함하는 독립적으로 존재하는 protofilament는 그 길이를 따라 휘어져 있는데, 이 protofilament가 microtubule에 존재할 때, 그것이 왜 microtubule로부터 떨어져 나와 벗겨지지 않는가? GTP-β-tubulin 캡에 있는 protofilament-prtofilament 간의 상호작용은 microtubule의 끝부분이 벗겨지지 않을 정도로 강력하기 때문에 GTP-β-tubulin 캡 뒤의 protofilament들은 벗겨지지 않게 구속되어 있다(그림 18-11 참조). 캡 뒤의 소단위에서 GTP 가수분해에 의해 방출되는 에너지는 GTP-β-tubulin 캡이 손실되면 방출되기를 기다리는 구조적 비틀림으로 microtubule의 벽에 저장된다. 이는 GTP-β-tubulin 캡이 손실될 때, 만약 분해되는 그 microtubule 끝에 어떤 물체, 예를 들면 염색체가 부착되면, 저장된 에너지가 일을 할 수 있음을 의미한다. 우리가 보게 될 것처럼, 이 저장된 에너지(GTP 가수분해에서 생긴 mictobubule에 저장된 에너지)는 mitosis의 anaphase (후기) 단계 동안 염색체의 움직임을 일어나게 한다.

분해되고 있던 microtubule이 어떻게 갑자기 구조되어 다시 자랄 수 있을까? 이 당혹스러운 문제에 대한 한 가지 가능한 답이 제시되었다. 연구자들은 GTP-β-tubulin은 인식하지만 GDP-β-tubulin은 인식하지 못하는 항체를 사용해서, GTP-β-tubulin들이 microtubule을 따라 군데군데 섬처럼 존재하고 있다는 것을 발견했다. 분해되고 있는 microtubule에서, 분해가 진행되다가 이러한 GTP-β-tubulin 섬들 중 하나를 만나면, microtubule의 분해가 멈추고 구조가 일어날 수 있다고 생각된다.

Localized Assembly (국지적인 조립)와 *Search*와 *Capture* (탐색 및 포획)가 Microtubule의 조직화를 돕는다

이제까지 microtubule의 조직 및 (+) 말단의 역동성과 관련된 두 가지 주요 개념을 제시하였다. 즉, microtubule은 MTOC에서 조립되기 시작하며, 개별 microtubule은 동적 불안정성을 겪을 수 있다. 이 두 과정은 함께, 세포에서 microtubule의 분포에 기여한다.

배지에서 자라는 interphase 세포에서, microtubule은 끊임없이 centrosome로부터 자라기 시작하여 무작위로 세포질 공간을 **탐색하면서**(*searching*) 전체 세포로 퍼져 나간다. 성장률 및 수축률과 함께 catastrophe과 rescue의 빈도가 각 microtubule의 길이를 결정한다. 만약 microtubule이 높은 catastrophe 빈도와 낮은 rescue 빈도에 지배를 받으면, 이 microtubule은 centrosome으로 쪼그라들었다가 사라지는 반면, catastrophe의 빈도가 낮고 쉽게 rescue되면, 그 microtubule은 계속 자란다. 만약 탐색하는 microtubule이 세포의 어떤 구조나 소기관에서 적절한 target을 만나면(*capture*), 그 microtubule의 말단은 그 구조에 부착될 수 있다. Microtubule에 의한 세포소기관이나 세포 구조물의 포획은 (+) 말단을 안정시키고 catastrophe로부터 보호할 수 있는 반면, 부착되지 않은 microtubule은 더 높은 분해 빈도를 갖게 된다. 따라서 microtubule의 (+) 말단의 역동성은 microtubule의 life cycle (수명 주기)와 기능의 매우 중요한 결정 요소이다. **탐색 및 포획**(*search and capture*)은 세포내 microtubule의 전체적인 구성을 결정하는 메커니즘의 일부이다. 게다가, microtubule을 합성을 시작하는 속도(핵 형성의 속도), 또는 국소적인 microtubule의 역동성 및 포획 위치를 변화시켜, 세포는 전체적인 microtubule의 분포를 빠르게 변화시킬 수 있다. 우리는 이것이 세포가 mitosis로 들어가면서 일어나는 것임을 나중에 보게 될 것이다.

Tubulin 중합에 영향을 미치는 약물은 실험적으로나 질병 치료에 유용하다

Tubulin의 보존된 성질과 mitosis와 같은 절대적으로 중요한 과정에서의 필수적인 역할은 tubulin을 이 단백질의 중합 또는 탈중합에 영향을 미치는 자연적으로 존재하는 약품(생약) 및 합성 의약품의 주요 target으로 만든다. 이 약들 중 첫 번째는 colchicine (콜히친, meadow saffron의 추출물에 존재)으로, tubulin dimer와 결합하여 microtubule로 중합할 수 없도록 한다. 대부분의 microtubule이 dimer와 중합체 사이의 dynamic state (동적 상태)에 있기 때문에, colchicine을 추가하면 세포질에 있는 모든 free dimer를 격리시켜, microtubule의 자연적 순환(turnover)으로 인해 microtubule이 소실되는 결과를 가져온다. 배양 세포를 짧은 시간 동안 colchicine으로 처리하면 모든 세포질 microtubule이 탈중합되고, 더 안정적인 tubulin을 함유하는 centrosome을 남기게 된다(그림 18-12a). Microtubule을 다시 자라게 하기 위해 colchicine을 세척해 내면, microtubule들이 centrosome으로부터 성장하는 것을 볼 수 있으며, 이는 centrosome이 새로운 microtubule의 조립의 핵 형성을 하는 능력이 있음을 보여준다(그림 18-12b).

Colchicine은 급성 통풍의 관절 통증을 완화하기 위해 수백 년 동안 사용되어 왔다. 이 병을 완화하기 위해 colchicine으로 치료받은 유명한 환자는 영국의 헨리 8세였다. 낮은 수준의 colchicine은 백혈구의 microtubule 역동성을 감소시켜 백혈구들이 염증 부위로 효과적으로 이동할 수 없게 하고, 그 결과 통풍으로 인한 염증을 완화시킨다.

Colchicine 외에도, 많은 다른 약물들이 tubulin dimer에 결합하고, 이들이 중합체를 형성하는 것을 억제한다. 이러한 약물에는 junifer (향나무)에서 추출한 podophyllotoxin (포도필로톡신)과 합성 약품인 nocodazole (노코다졸)이 포함된다.

태평양 주목나무에서 추출한 식물 알칼로이드인 taxol (택솔)은 microtubule에 결합하여 microtubule을 안정화시킨다. Taxol은 mitosis를 억제함으로써 세포가 분열하는 것을 막기 때문에, 암세포가 이 약물에 특히 민감한 반응을 보이는 유방암과 난소암과 같은 일부 암을 치료하는 데 사용되어 왔다. ■

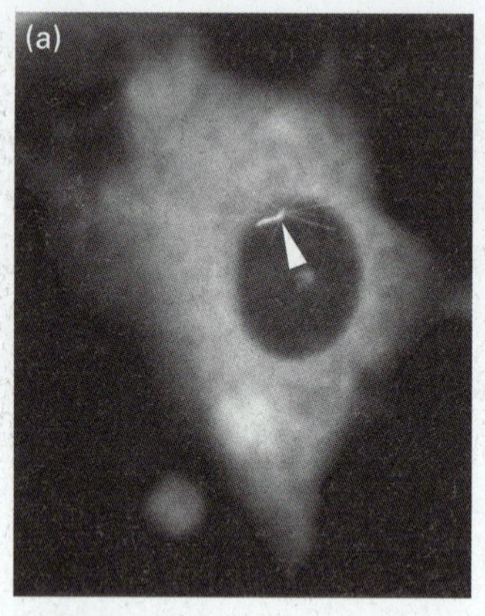

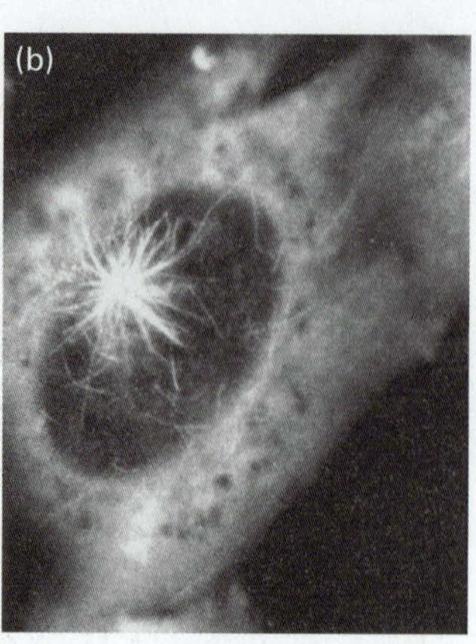

실험 그림 18-12 Microtubule은 MTOC로부터 자란다. 체내에서 일어나는 microtubule의 조립을 조사하기 위해, 하나의 배양된 fibroblast를 거의 모든 세포질 microtubule이 분해될 때까지 colchicine으로 처리하였다. 이후, 세포를 tubulin에 대한 항체로 염색하고, 면역형광현미경으로 관찰하였다(a). 별도의 실험에서 microtubule들이 재조립될 수 있도록 colchicine을 세척해 내었다. Panel (b)는 재조립의 첫 단계를 나타내며, 핵(어두운 영역) 위의 중심 지역에 있는 MTOC에서 자라는 microtubule들을 보여준다. Panel (a)에 보이는 centrosome에 결합되어 있는 primary cilium (1차 섬모, 기본 섬모. 화살표 머리로 표지. 18.5절에서 논의)을 주목하라. Primary cilium은 이러한 조건에서 colchicine 처리에 의해 탈중합되지 않았다. 또 세포질에서 나타나는 형광은 중합되지 않은 αβ-튜불린 dimer로부터 발생한다. [E. M. Mandelkow, E. Mandelkow, and R. A. Milligan, 1991, *J. Cell Biol.* **114**(5):977–991; https://doi.org/10.1083/jcb.114.5.977.]

18.2절의 주요 개념

Microtubule의 역동성

- 개별 microtubule의 (+) 말단은 동적인 불안정성을 겪을 수 있으며, 성장 또는 급격한 수축을 번갈아 보여준다(그림 18-10 참조).
- Microtubule의 대부분 β-tubulin은 GDP와 결합하고 있다. 자라는 microtubule에서 (+) 말단은 GTP-β-tubulin을 포함하는 많은 dimer로 된 캡을 가지고 있으며, 이로 인해 약간 밖으로 벌어진 불규칙한 protofilament 말단을 갖게 된다. 수축하는 microtubule은 캡을 잃어 GDP-β-tubulin을 포함한 protofilament의 끝부분이 바깥쪽으로 벗겨지고 분해된다(그림 18-11 참조).
- 성장하는 microtubule은 GTP 가수분해를 통해 도출된 에너지를 microtubule 격자에 저장하기 때문에 분해 시 일을 할 수 있는 잠재력을 가지고 있다.
- Centrosome으로부터 조립되고 역동적인 불안정성을 보이는 microtubule은 세포질의 적절한 target을 가진 구조나 세포소기관을 탐색하여 포획할 수 있으며, 이는 microtubule (+) 말단의 안정화를 초래한다. 이러한 방식으로, 탐색 및 포획과 결합된 microtubule의 조립은 세포에서 전체적인 microtubule의 분포에 기여할 수 있다.

18.3 Microtubule의 구조와 역동성 조절

Microtubule의 구조와 역동성의 조절은 세포가 적합한 기능을 수행하기 위해 중요하다. 이 장의 뒷부분에서 보게 될 것처럼, microtubule은 동물 세포의 세포소기관들의 주요 조직자(organizer)이며, microtubule의 안정성과 역동성은 특정 시간에 세포가 수행하는 특정한 기능에 맞게 조정된다. 예를 들어, 세포가 mitosis로 들어가면서 microtubule의 역동성은 mitotic spindle들을 형성할 수 있도록 극적으로 증가한다.

Microtubule의 벽은 αβ-tubulin dimer로 만들어지며, 고도로 정제된 αβ-tubulin은 *in vitro*에서 microtubule로 조립된다. *in vitro* microtubule 조립은 특정 microtubule-associated protein (MAP, microtubule-결합 단백질)의 존재에 의해 크게 증진될 수 있다. MAP은 여러 가지 방법으로 microtubule 역동성을 조절한다. 대체적으로, 일부 MAP은 microtubule를 안정화하고, 다른 MAP은 이들을 불안정하게 하며, 세 번째 그룹의 MAP은 microtubule의 성장 특성을 변화시킨다. 이절에서는 표 18-1에 요약된 다양한 MAP들에 대해 논의한다.

Microtubule은 Side-Binding Protein (측면 결합 단백질)에 의해 안정화된다

여러 종류의 단백질들이 microtubule을 안정화시키며, 그중 다수는 cell-type-specific expression (세포의 종류에 특화된 발현)을 보여준다. 가장 잘 연구된 MAP들 중에는 Tau 계열의 단백질들이 있는데, 이 계열의 단백질에는 *Tau*, *MAP2*, 그리고 *MAP4*라고 불리는 단백질들이 포함된다. Tau와 MAP2는 neuron에 존재하고, MAP4는 다른 종류의 세포들에 발현되며, 일반적으로 neuron에는 존재하지 않는다. 이러한 단백질들은 2개의 핵심 domain을 가진 모듈식 구조를 하고 있다. 첫 번째 domain은 양전하를 가진 18개의 아미노산 서열이 3~4회 반복되어 있으며, 이 domain은 음전하를 띤 microtubule 표면에 결합한다. 두 번째 domain (projection domain)은 microtubule에서 직각으로 바깥쪽으로 뻗어 나온다(그림 18-13b). Tau 단백질은 microtubule을 안정화시키고, microtubule 사이의 간격을 정하는 역할도 한다. MAP2는 neuron의 dendrite에서만 발견되며, dendrite에서 microtubule 사이에 섬유질의 교차결합을 형성하고, microtubule과 intermediate filament를 연결

표 18-1 • 이 절에서 논한 Microtubule-Associated Proteins (MAPs)의 요약

Name	Function
MAP2, MAP4, Tau	Stabilizing
EB1	+TIP enhances catastrophes
XMAP215	+TIP promotes (+) end growth
CLASP	+TIP suppresses (+) end catastrophes
Kinesin-13	Promotes end disassembly
Op18/Statmin	Promotes (+) end disassembly
Katanin	AAA ATPase severing

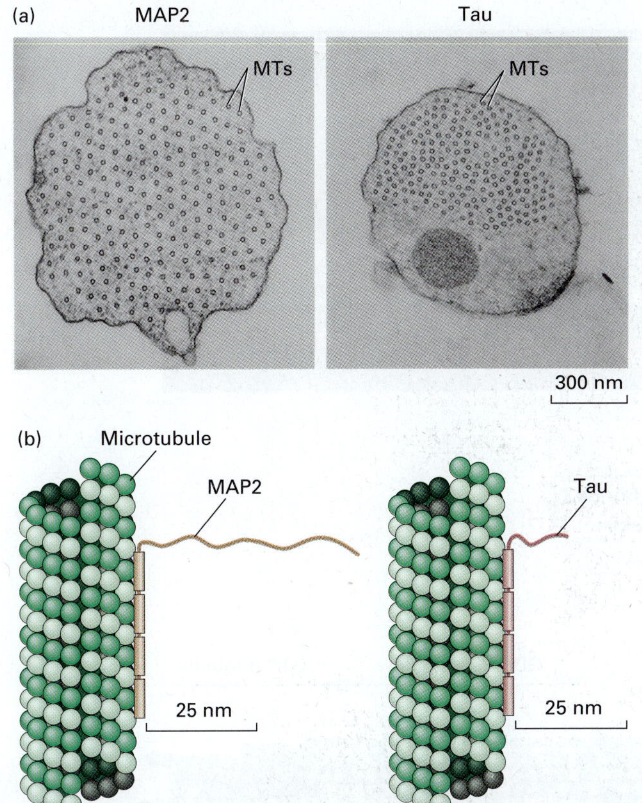

실험 그림 18-13 Microtubule 사이의 간격은 MAP의 Projection domain의 길이에 따라 달라진다. (a) 곤충 세포에 팔(projection domain)이 긴 MAP2를 발현하거나 팔이 짧은 Tau를 발현시키면, 곤충 세포는 axon과 비슷한 긴 돌기를 만든다. 이 전자현미경 사진들은 MAP2 (왼쪽)와 Tau (오른쪽)의 발현에 의해 유도된 axon과 유사한 (axon-like) 돌기의 횡단면을 보여 준다. MAP2를 발현하는 세포에서 microtubule (MT) 사이의 간격은 Tau를 발현하는 세포에서보다 더 크다는 점에 유의하라. 두 세포는 대략 같은 수의 microtubule를 포함하고 있지만, MAP2의 효과는 axon-like 돌기의 직경을 확장하는 것이다. (b) Microtubule과 MAP 사이의 결합 모식도. MAP2와 Tau서 projection의 길이 차이를 주목하시오. [Part (a) Reprinted by permission from Nature Publishing Group, from J. Chen et al., 1992, "Projection Domains of MAP2 and Tau Determine Spacings Between Microtubules in Dendrites and Axons," *Nature*, **360**(6405):674–676; permission conveyed throght Copyright Clearance Center, Inc.]

한다. 대부분의 다른 MAP보다 훨씬 작은 Tau는 axon과 dendrite에 모두 존재한다. 이러한 특이적인 발현의 이유는 여전히 수수께끼이다.

Stabilizing MAP (안정화 MAP)이 microtubule의 외벽에 벽을 덮듯이 결합하면, MAP은 microtubule의 성장 속도를 높이거나 catastrophe의 빈도를 줄일 수 있다. 많은 경우, MAP의 활성은 projection domain의 가역적 인산화에 의해 조절된다. 인산화된 MAP은 microtubule에 결합할 수 없으며, 따라서 인산화는 microtubule의 분해를 촉진한다. 예를 들어, microtubule-affinity regulating kinase (MARK/Par-1, microtubule 친화도 조절 kinase)는 Tau 단백질의 핵심 조절자이다. MAP4를 포함한 일부 MAP은 세포 주기 동안 단백질의 활성을 조절하는 데 중요한 역할을 하는 cyclin-dependent kinase (CDK, 사이클린- 의존성 키네이스)에 의해서도 인산화된다(19장 참조).

+TIPs는 Microtubule (+) 말단의 특성 및 기능을 조절한다

Side-binding MAP 외에도 microtubule의 (+) 말단 근처에 결합하는 MAP이 확인되었는데, 많은 경우 이 단백질들은 성장 중인 (+) 말단에만 결합한다(그림 18-14a, b). 이 종류의 MAPs는 *+TIPs* (plus-end tracking protein)로 알려져 있으며, 이것들 중 가장 잘 연구된 것은 *EB1* (end binding-1, 말단 결합-1)이라고 불리는 +TIP과 이와 관련된 EB3, 그리고 자라는 microtubule의 (+) 말단 사이의 결합이다. 고해상도현미경으로 관찰한 결과, EB1은 microtubule의 끝 부분—GTP-β-tubulin 캡 바로 아래 GDP-P_i-β-tubulin을 포함하는 부분—에 결합하는 것이 밝혀졌다(그림 18-11 참조). EB1의 결합은 tubulin 소단위들에서 비틀림을 유도하는데, 이는 캡에서 GTP 가수분해를 증가시키기 위해 장거리 기계적 신호를 보내는 것으로 생각된다. 따라서, 적어도 일부 *in vitro* 연구 결과에서, EB1은 catastrophe의 빈도를 증가시키는 microtubule의 불안정화 단백질이다(그림 18-14c). 일부 +TIP은 EB1에 결합하여 (+) 말단에 결합하거나 또는 (+) 말단과 결합하기 위해 EB1을 요구하며, 일반적으로 EB1에 "히치하이킹"하는 +TIP이라고 한다(그림 18-14d).

EB1과 독립적으로 결합하는 다른 +TIP들은 조립을 증진하거나 catastrophe를 억제함으로써 microtubule의 성장을 촉진할 수 있다. 예를 들어, *XMAP215*라고 불리는 단백질은 5개의 소위 TOG domain을 가지고 있다. 이들 domain은 자라는 microtubule 말단의 완만하게 휘어진 protofilament뿐 아니라 free αβ-튜불린 dimer와도 결합할 수 있는 능력을 가지고 있다. 따라서 XMAP215는 microtubule의 자라는 말단에 결합하고 더 많은 αβ-tubulin dimer를 그곳으로 가져와서, 그 말단 부위에 국소적인 αβ-tubulin 농도를 효과적으로 증가시켜서 microtubule의 조립을 증진한다(그림 18-15a). *CLASP*라고 불리는 또 다른 종류의 단백질들은 유사한 TOG domain들 가지고 있지만, microtubule의 조립을 증진시키지는 않는다. 이 단백질들은 대신 완만하게 구부러진 성장 말단의 protofilament에 결합하여 catastrophe를 억제한다(그림 18-15b). +TIPs의 또 다른 기능은 세포 피질이나 F-actin과 같은 다른 세포 구조에 microtubule의 (+) 말단을 연결하는 것이다. 또한, mitosis에 논의하는 과정에서 알게 되겠지만, +TIP는 microtubule의 (+) 말단을 염색체에 연결하는 기능도 수행한다. Mitosis의 중요한 특징은 searching microtubule의 끝에 있는 +TIP이 적절한 대상을 만났을 때, 이 microtubule은 포획되고(captured) 안정화된다는 것이다. 또 다른 +TIP은 microtubule의 (+) 말단을 막에 연결시킨다. 예를 들면, microtubule이 소포체의 막횡단 단백질인 *STIM*에 연결되면 microtubule 의존적인 관형 소포체(tubular endoplasmic reticulum)의 확장을 촉진한다.

다른 말단-결합 단백질은 Microtubule의 분해를 촉진한다

Microtubule 불안정화를 일으키는 다양한 메커니즘이 알려져 있으며,

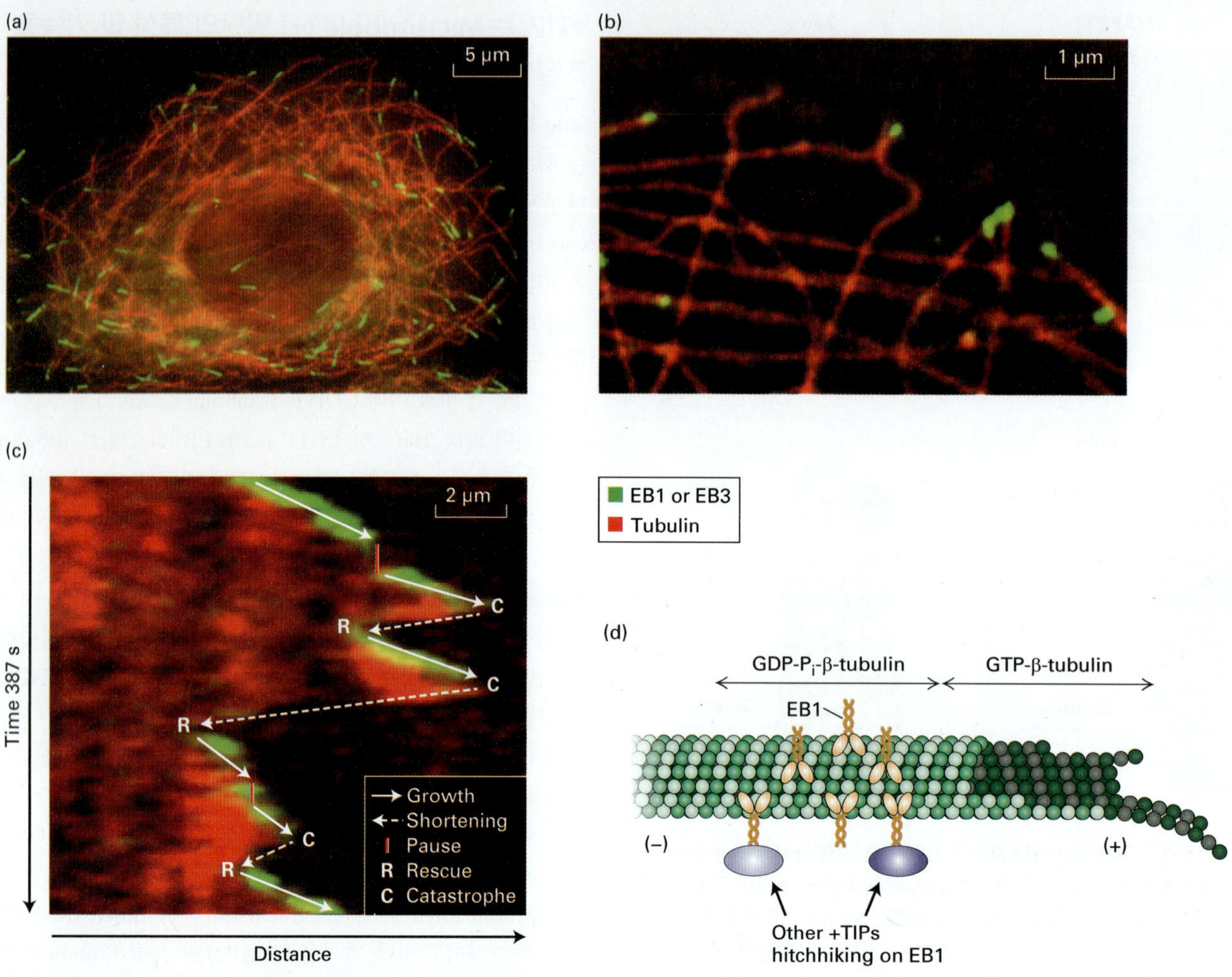

실험 그림 18-14 +TIP 단백질 EB1은 microtubule의 (+) 말단 근처에 결합한다. (a) Tubulin (빨간색) 및 +TIP 단백질 EB1(녹색)에 대한 항체로 염색된 배양 세포. EB1은 microtubule의 (+) 말단에 많이 존재한다. (b) EB3-GFP (녹색) 및 mCherry-α-tubulin (빨간색)을 발현하는 살아있는 세포의 가장자리. EB1과 밀접하게 연관된 EB3는 일부 microtubule의 말단에서 매우 가까운 곳에서 발견된다. (c) EB3-GFP는 이 kymograph (키모그래프)에서 볼 수 있듯이 성장하는 microtubule과 선택적으로 결합한다. 이 그림에서는 세포에서 single microtubule (빨간색)의 역동성과 EB3 (녹색)의 분포를 조사하였다. 그림 (b)에서와 같은 살아있는 세포의 같은 지역을 영상으로 촬영하고, 그 지역의 장면을 시간적인 순서로 위에서 아래로 정렬하는 것이다. 상단에는 EB3로 덮인 microtubule로 영상의 시작을 볼 수 있다. 그림을 위에서 아래로 내려가면서 보면, microtubule이 시간이 지남에 따라 자라고 줄어드는 역동성을 추적할 수 있다. Microtubule이 길어지고 있을 때는, EB3에 의한 캡이 있는 상태이다. Microtubule의 성장이 멈추거나 microtubule의 길이가 줄어들면 EB3는 더 이상 끝부분과 결합되어 있지 않지만, 성장이 재개되면 다시 결합한다. Microtubule 역학의 모식적 요약은 키모그래프 위에 겹쳐 있다. (d) EB1이 성장하는 microtubule에 결합하고 ,다른 단백질들이 EB1에 "히치하이킹"하는 가능한 메커니즘. [Parts (a–c) Courtesy of Dr. A. Akhmanova, Cell Biology, Utrecht University, The Netherlands, and Dr. M. Steinmetz, Biomolecular Research, Paul Scherrer Institut, Villigen PSI, Switzerland.]

이들 중 하나는 kinesin (키네신)-13 단백질군을 포함하는 것이다. 18.4절에서 볼 것처럼, 대부분의 kinesin은 운동 단백질이지만, kinesin-13은 별개의 종류로 이들은 protofilament의 끝에 결합하고, 이 protofilament를 GDP-β-tubulin 형태로 구부린다. 그런 다음, kinesin-13은 말단 tubulin dimer의 제거를 촉진하여 catastrophe의 빈도를 크게 증가시킨다(그림 18-15c). 이들은 순차적으로 말단 tubulin dimer를 제거하기 위해 ATP를 가수분해해야 한다는 점에서 촉매처럼 작용한다.

*Op18/stathmin*으로 알려진 또 다른 단백질도 catastrophe의 속도를 증가시킨다. 이 단백질은 원래 특정 암에서 과도하게 발현되는 단백질로 동정되었으므로, 이름의 일부에 암이 포함되었다(Oncoprotein 18). Op18/stathmin은 GDP-β-tubulin과 유사한 형태로 구부러진 2개의 tubulin dimer와 결합하는 작은 단백질이다(그림 18-15d). Op18/stathmin은 아마 말단 tubulin dimer에서 GTP의 가수분해를 촉진하고, 이들의 microtubule 말단에서의 해리를 도와 catastrophe의 속도를 증가시키는 기능을 할 것이다. Microtubule의 말단 조절자로 예상할 수 있듯이, 이 단백질은 다양한 단백질 인산화효소에 의한 인산화에 의해 negative regulation (음성 조절)을 받는다. 실제로 Op18/stathmin은 운동세포의 leading edge에서 인산화에 의해 비활성화되며, 이는 세포 앞쪽으로 microtubule이 우선적으로 성장하는 데 기여한다는 것이 밝혀졌다.

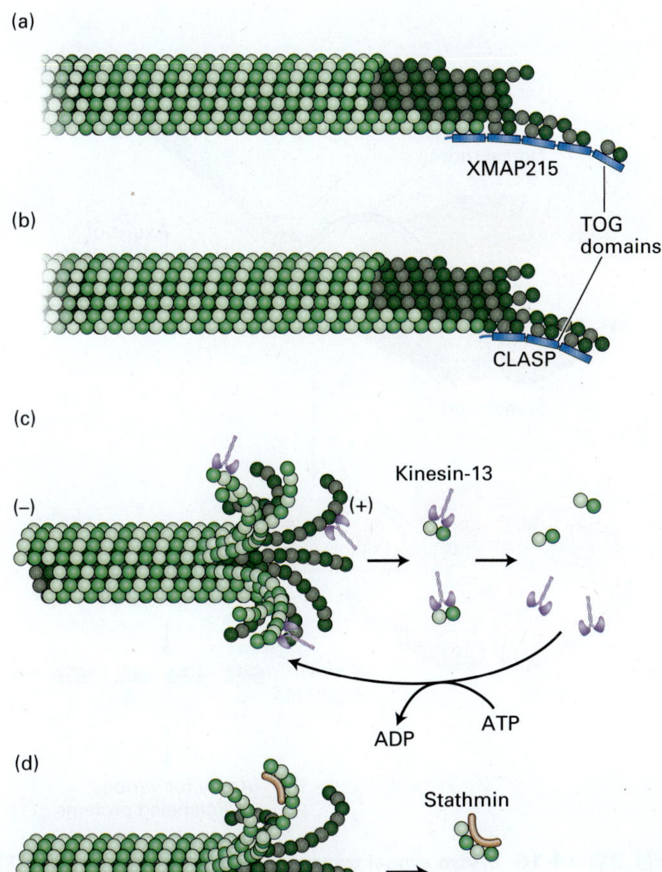

그림 18-15 Microtubule의 말단을 조절하는 단백질. (a) 단백질 XMAP15는 5개의 TOG domain을 가지고 있다. 그중 일부는 성장하는 microtubule 끝의 완만하게 구부러진 protofilament와 결합하는 반면, 다른 것들은 microtubule의 성장을 증진하기 위해 αβ-tubulin dimer와 결합한다. (b) CLASP도 microtubule의 끝을 안정시켜 catastrophe를 억제하는 TOG domain을 가지고 있다. (c) Microtubule 말단에 많이 존재하는 kinesin-13 계열의 한 단백질은 그 말단의 분해를 향상시킬 수 있다. [(+) 말단의 탈중합이 그림에 보이지만, kinesin-13은 (–) 말단의 탈중합도 할 수 있다.] 이러한 단백질은 ATPase이며, ATP는 αβ-tubulin dimer로부터 kinesin-13을 분리함으로써 kinesin-13의 활성을 강화한다. (d) Op18/stathmin은 휘어진 protofilament에 선택적으로 결합하고, 이 filament가 microtubule의 말단에서 분리되는 것을 증가시킨다.

Microtubule을 절단하는 단백질(Severing Protein)도 Microtubule의 역동성을 조절한다

동물들과 식물들은 또한 microtubule-severing (microtubule 절단) 단백질들도 가지고 있으며, 모든 microtubule-severing 단백질은 단백질 복합체를 분해하기 위해 ATP 가수분해의 힘을 사용하는 효소인 AAA ATPase의 구성원이다. 가장 먼저 분리된 것은 일본의 사무라이 검의 이름을 따서 *katanin* (카타닌)이라고 불렸다. 6개의 katanin 분자는 하나의 고리를 형성하는데, 이 고리는 말 그대로 microtubule을 이루는 소단위들을 microtubule 밖으로 끌어내서, 그 microtubule을 불안정화하고 절단한다. 이로 인해 microtubule의 탈중합이 더 빨라지거나, 또는 대부분의 경우 새로운 성장 말단을 생성하기 위해 microtubule의 절단된 부위에 GTP-tubulin이 더해져서 수리된다. Microtubule-severing 단백질이 동물 세포에서 중요한 기능을 하는 것은 분명하지만, 그 기능이 무엇인지 정확하게 밝히기는 어려웠다. 그러나 식물 세포에서 cortex microtubule의 microtubule 절단은 정확하게 기록되어 왔다.

18.3절의 주요 개념

Microtubule의 구조와 역동성 조절

- Microtubule은 측면 결합 microtubule 관련 단백질(MAP)에 의해 안정화될 수 있다(그림 18-13 참조).
- +*TIP*이라고 불리는 일부 MAP들은 선택적으로 microtubule의 성장 (+) 말단에 결합하고, microtubule의 동적 특성을 변경하거나 세포의 구성 요소를 searching (탐색하는) microtubule의 (+) 말단(그림 18-14 참조)에 부착할 수 있다.
- XMAP15와 같은 단백질은 microtubule (+) 말단의 성장을 증진시키고, CLASP와 같은 단백질들은 catastrophe에 대해 말단을 안정시킨다(그림 18-15a, b 참조).
- Microtubule의 말단은 kinesin-13 단백질군과 Op18/stathmin과 같은 일부 단백질에 의해서 catastrophe의 빈조를 증가시켜 불안정해질 수 있다(그림 18-15c, d 참조).
- Katanin과 같은 MAP은 microtubule을 절단하는 AAA ATPase이다.

18.4 Kinesins (키네신)과 Dyneins (다이네인): Microtubule 기반 운동 단백질

세포의 세포소기관들은 세포질에서 명확한 경로를 따라 수 μm의 거리를 운반되어 세포내 특정한 위치로 전달된다. 확산만으로는 그러한 운송 과정의 속도, 방향성 및 목적지를 설명할 수 없다. 물고기 비늘의 색소 세포와 neuron을 이용한 초기 실험의 발견은 microtubule이 다양한 종류의 화물들의 세포내 수송에서 통로로 기능한다는 것을 보여주었다.

이미 논의된 바와 같이, microtubule의 중합 및 탈중합은 GTP 가수분해에 의해 제공되는 에너지를 사용하여 일을 할 수 있다. 게다가, 운동 단백질은 ATP 가수분해에서 나온 에너지를 이용해서 microtubule을 따라 움직인다. 운동 단백질의 두 계열인 **kinesins (키네신)**과 **dynein (다이네인)**은 microtubule을 따른 운반을 중개하는 것으로 알려져 있다. 이 절에서는 먼저 이러한 모터—**운동 단백질**—들의 존재에 대한 초기 증거를 논의한 후, 모터의 작동 방식과 interphase 세포에서 모터가 수행하는 역할에 대해 논의한다. 이후 절에서는 cilia와 flagella 및 mitosis에서의 운동 단백질의 기능에 대해 논의한다.

Axon에 있는 소기관들은 Microtubule을 따라 양방향으로 운반된다

Neuron은 다른 세포와의 접합부(synapse)에서 신경전달 물질의 exocytosis (세포외 배출)로 일어나는 물질의 손실을 보충하기 위해, 새로운 물질—단백질과 막—을 axon 말단에 지속적으로 공급하여야 한다(23장 참조). 단백질과 막은 주로 세포체(cell body)에서 합성되기 때문에, 이 물질들은 axon의 길이만큼 운반되어야 하는데, 어떤 neuron에서는 axon의 길이가 1미터가량 길 수 있다. 이 물질의 이동은 모두 axon 말단 쪽으로 (+) 끝을 향하고 있는 microtubule에서 이루어진다(그림 18-5e 참조).

방사성 아미노산(radioactive amino acid)을 척수 근처의 dorsal-root ganglia (등뿌리 신경절, 후근 신경절)에 미세 주입하여 척추 신경 세포의 단백질로 합성되게 하고, 그 방사능을 그 세포들의 axon을 따라 추적한 고전적인 실험의 결과에서는 **axonal transport (축삭 수송)**가 세포체에서 axon을 따라 일어난다는 것을 보여주었고, 또 다른 실험들은 수송이 세포체를 향해 역방향으로도 일어날 수 있다는 것도 보여주었다. *Anterograde* transport (전방 수송)는 세포체에서 axon 말단으로 진행되며, axon의 성장과 synaptic vesicle (시냅스 소포)의 전달과 관련이 있다. *Retrograde* transport (후방 수송)는 axon 말단에서 axon을 따라 세포체로 재활용되는 막을 이동시킨다.

이러한 실험을 통해 다른 물질들이 서로 다른 속도로 움직인다는 사실도 밝혀졌다(그림 18-16). 가장 빠르게 움직이는 물질은 막으로 싸인 vesicles (소포)로 구성되어 있고, 속도는 약 3 μm/s, 즉 250 mm/day이며, 등에 있는 세포체에서 axon을 따라 엄지발가락 끝까지 이동하는 데 약 4일이 걸린다. 가장 느리게 움직이는 물질은 tubulin 소단위와 neurofilament (신경 필라멘트, neuron에서 발견되는 intermediate) 등으로 구성되어 있으며, 이 물질들은 하루에 밀리미터의 몇 분의 1만 움직인다. 미토콘드리아와 같은 소기관들은 중간 속도로 축삭을 따라 이동한다.

신경생물학자들은 오징어 거대 축삭을 microtubule을 따라 일어나는 소기관의 움직임을 연구하기 위해 오랫동안 널리 사용해 왔다. 오징어가 물을 뿜어 몸을 추진시키는 시스템을 조절하는 데 관여하는, giant axon (거대 축삭)이라는 적절한 이름을 가진 이 axon은 지름이 1 mm까지 커질 수 있는데, 이는 일반적인 포유류의 axon 지름보다 약 100배 더 크다. 게다가, 치약 튜브처럼 axon을 짜면, 이 axon의 세포질(*axoplasm*, 축삭원형질이라고도 함)을 막 밖으로 밀어낼 수 있고, 이 세포질은 비디오 현미경으로 관찰할 수 있다. 이 무세포(cell-free) 시스템에서 microtubule을 따라 일어나는 소포들의 이동은 ATP를 필요로 하며, 온전한 세포에서의 axonal transport와 유사한 속도로 이동하며, anterograde와 retrograde 방향으로 진행될 수 있다(그림 18-17). 전체적으로 이러한 실험들은 microtubule을 따라 전방 및 후방으로 화물을 이동할 수 있는 ATP-의존적 모터가 있어야 한다는 것을 보여주었다. 게다가, 오징어 거대 축삭 세포질의 전자현미경 사진은 개별적인 microtubule에 부착된 소기관들을 보여주었다.

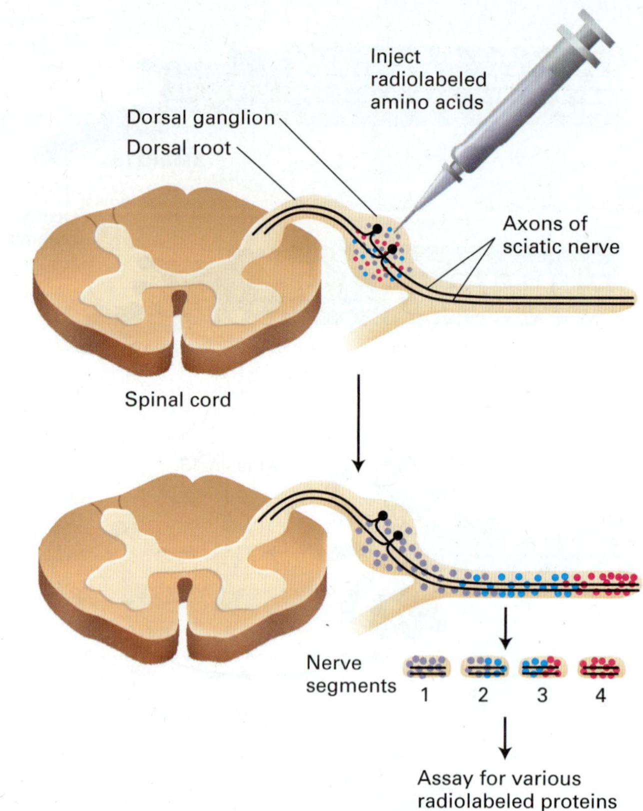

실험 그림 18-16 *In vivo* axonal transport의 속도는 방사성 동위원소 표지 및 gel electrophoresis (젤 전기영동)에 의해 측정될 수 있다. Sciatic nerve (좌골 신경)에 있는 neuron의 세포체(cell body)는 dorsal root ganglia [spinal cord (척수) 근처]에 위치한다. 실험동물에서, 이들 dorsal root ganglia에 주입된 방사성 아미노산은 새로 합성된 단백질로 통합되어 axon을 따라 시냅스로 운반된다. 동물들을 주사 후 시간 간격을 두고서 희생한 후, 이 동물들로부터 얻은 좌골 신경은 방사능으로 분류된 단백질이 얼마나 멀리 운반되었는지 관찰하기 위해서 작은 조각으로 절단된다: 방사능으로 표지된 단백질들은 전기영동과 autoradiography (방사선자동사진법, 자기방사법) 후에 확인될 수 있다. 빨간색, 파란색, 보라색 점들은 axon을 따라 다른 속도로 운반되는 단백질들의 그룹을 나타내며, 빨간색은 가장 빠르게, 그리고 보라색은 가장 느리게 운반된다.

다른 실험들에서는, neurofilament에 녹색 형광 단백질(GFP)을 붙여 배양된 세포에 주입하였는데, 이 실험들의 결과는 neurofilament가 axon 아래로 이동하면서 자주 멈춘다는 것을 시사한다. Neurofilament가 최고로 빠르게 움직일 때 속도는 빠르게 움직이는 소포의 이동 속도와 비슷하지만, neurofilament의 이동에서 나타나는 수많은 정지 현상은 평균 이동 속도를 낮춘다. 이러한 연구 결과는 fast axonal transport와 slow axonal transport 사이에 근본적인 차이가 없음을 시사한다.

Kinesin-1은 소포들이 Axon을 따라 Microtubule의 (+) 말단으로 이동하는 Anterograde Transport의 동력을 제공한다

세포소기관 수송을 담당하는 단백질은 axonal extracts (축삭 추출물)

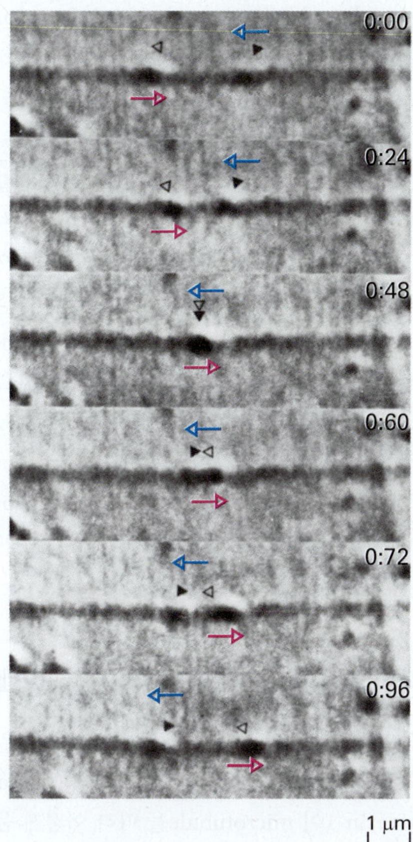

실험 그림 18-17 DIC 현미경으로 *in vitro*에서 일어나는 microtubule에 근거한 소포 운반을 볼 수 있다. Squid giant axon을 유리 coverslip 위에 놓고서, roller를 이용하여 squid giant axon의 세포질을 coverslip에 짜낸다. ATP를 함유한 완충액을 coverslip에 첨가한 후, DIC (Differential Interference Contrast, 차등간섭위상차) 현미경으로 관찰하고 영상을 비디오테이프에 녹화했다. 보이는 순차적 이미지에서, open triangle (△)과 solid triangle (▲)으로 표시된 2개의 소기관은 같은 필라멘트를 따라 반대 방향으로 이동하여(색이 있는 화살표로 표시), 서로를 지나치고, 원래의 방향으로 계속 이동한다. 경과 시간(초)은 각 비디오 프레임의 오른쪽 상단 모서리에 나타난다. [Republished with permission from Elsevier, from B. J. Schnapp et al., 1985. "Single Microtubules from Squid Axoplasm Support Bidirectional Movement of Organelles," *Cell*, **40**(2):455–462; permission conveyed through the Copyright Clearance Center, Inc.]

로부터 가장 먼저 정제되었다. 연구자들은 세 가지 구성 요소—오징어 axon에서 정제된 세포소기관들, 소기관들이 없는 axonal extract, 그리고 taxol 처리로 안정화된 microtubule—를 혼합했을 때, 세포소기관들이 ATP-의존적인 방식으로 microtubule에서 이동하는 것을 발견했다. 그러나 그들이 axonal extract를 넣지 않으면, 세포소기관들은 microtubule에 결합하지 않고, microtubule을 따라 이동하지도 않았다. 따라서 연구원들은 axonal extract에 소기관들을 microtubule에 부착하고, 또 microtubule을 따라 소기관들을 운반하는 단백질, 즉 운동 단백질이 존재한다고 결론지었다.

운동 단백질을 정화하려는 연구자들의 전략은 microtubule에서 움직이는 소기관들에 대한 추가적인 관찰에 기초하여 세워졌다. ATP가 ADP로 가수분해되면 소기관들이 microtubule에서 떨어진다는 것이 알려져 있었고, 또, ATP 대신 가수분해가 불가능한 ATP의 유사체 AMP-PNP가 첨가되면, 세포소기관들은 microtubule과 계속 결합되어 있지만, 이동하지는 않았다. 이러한 관찰은 운동 단백질이 AMPPNP의 존재하에서 소기관들을 microtubule에 매우 밀접하게 연결하였지만, AMP-PNP가 가수분해되는 ATP로 대체되었을 때, 소기관들은 microtubule에서 분리되었음을 시사한다. 연구자들은 AMPPNP가 존재하는 상태에서 microtubule에 결합하고 ATP를 첨가할 때 방출되는 단백질을 찾고자 노력하여, 그런 운동 단백질을 정화할 수 있었고, 그 단백질을 *kinesin*이라 불렀다.

현재 많은 kinesin들이 정화되었다. 오징어 거대 축삭으로부터 분리된 kinesin-1은 2개의 heavy chain의 dimer이며, 각 heavy chain에는 하나의 light chain이 결합되어 있어(heterotetrameric protein), 전체 분자량은 약 38만 Da이다. Kinesin-1 분자는 한 쌍의 구형인 N-말단 머리 *domain*이 있고, 이 머리 domain은 짧고 유연한 **연결 도메인**(*linker domain*)에 의해 긴 **중심 줄기**(*central stalk*)에 연결되며, 한 쌍의 작은 구형 꼬리 *domain*—이곳에 light chain이 결합—으로 끝난다(그림 18-18). Kinesin-1의 각 domain은 특정한 기능을 수행한다. 머리 domain은 microtubule과 ATP와 결합하는 부위가 있고, kinesin-1의 운동 활동을 담당한다. 연결 부위는 전방 이동에 중요하고, 중앙의 줄기 부위(stalk domain)는 두 heavy chain 간의 코일-코일 상호작용을 통해서 이량체화(dimerization)에 관여한다(그림 3-7a 참조). 꼬리 domain은 화물을 담고 있는 막 소포의 수용체와 결합한다.

Kinesin-1—의존적인 소포의 움직임은 myosin—의존적인 움직임을 연구하는 데 사용되는 것과 유사한 체외 운동성 측정(*in vitro* motility

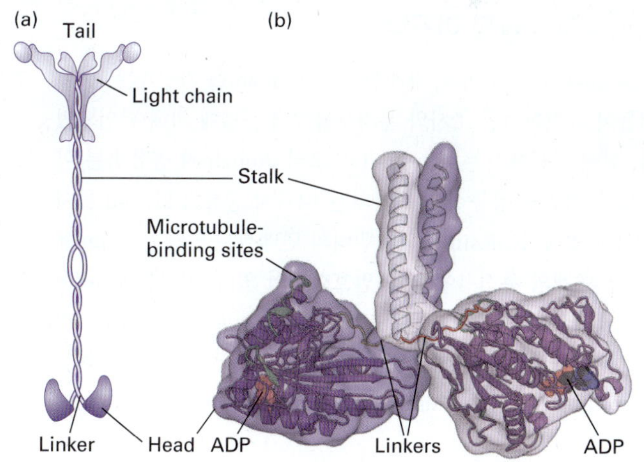

그림 18-18 Kinesin-1의 구조. (a) 2개의 서로 휘감긴 heavy chain을 보여주는 kinesin-1의 모식도. 각 heavy chain은 머리 부위에 모터 domain을 가지고 있다. 각 머리는 유연한 linker domain에 의해 coiled-coil stalk (줄기)에 부착되어 있다. 2개의 light chain이 heavy chain의 꼬리와 결합한다. R. D. Vale, 2003, *Cell* **112**:467 참조. (b) Linker와 stalk의 시작 부위를 포함한 Kinesin-1 머리 부위의 X-선 구조. 머리에 있는 microtubule-결합 부위와 및 뉴클레오타이드 결합 부위(ADP를 포함하고 있음)는 표시되어 있음. M. Thormahlen et al., 1998, *J. Struct. Biol.* **122**:30 참조. [Data from F. Kozielski et al., 1997, *Cell* **91**:985–994, PDB ID 3kin.]

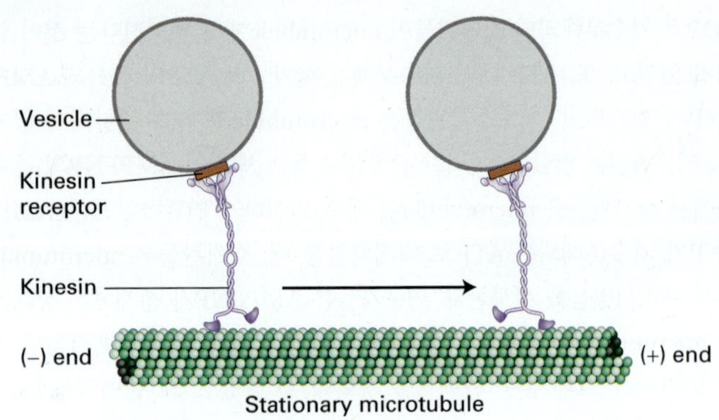

그림 18-19 Kinesin-1에 촉매되는 소포 운송 모델. 소포 표면의 수용체에 부착된 kinesin-1 분자는 정지된 미세소관의 (-) 말단에서부터 (+) 말단까지 소포를 운반한다. ATP는 이동을 위해 필요하다. R. D. Vale et al., 1985, *Cell* **40**:559; and T. Schroer et al., 1988, *J. Cell Biol.* **107**:1785 참조.

assay)을 통해 추적할 수 있다(그림 17-23 참조). 한 유형의 검사에서 kinesin-1으로 코팅된 소포나 작은 구슬을 안정화된 microtubule과 함께 유리 슬라이드에 놓은 후 현미경으로 관찰하여, ATP의 존재하에서, 구슬들이 microtubule을 따라 한 방향으로 움직이는 것을 보았다. 연구자들은 kinesin-1으로 코팅된 구슬이 항상 microtubule의 (-) 말단에서 (+) 말단으로 이동한다는 것을 발견했다(그림 18-19). 따라서 kinesin-1은 (+) 말단을 향하는 microtubule 운동 단백질이며, 다른 실험을 통해 얻은 추가적인 증거들은 kinesin-1이 axon을 따른 세포소기관의 anterograde 수송을 매개한다는 것을 보여주고 있다.

다양한 기능을 하는 Kinesin들은 하나의 Superfamily를 이룬다

Kinesin-1의 발견 이후, 유사한 운동 domain을 가진 많은 단백질들이 유전학적인 조사와 분자생물학 접근법에 의해 확인되었다. 현재 동물에서는 kinesin-1의 모터 domain과 공유하는 아미노산 서열의 상동성으로 정의된 14가지 종류의 kinesin들이 알려져 있다. Kinesin 슈퍼패밀리의 단백질은 인간 genome에서 약 45개의 유전자에 의해 암호화되어 있다. 이러한 kinesin superfamily에 속하는 모든 단백질의 기능이 아직 다 밝혀진 것은 아니지만, 일부는 세포소기관과 mRNA 및 염색체의 수송, microtubule의 활주(sliding), microtubule depolymerization에 관여한다.

다른 종류의 myosin에서 본 것처럼, kinesin family에 속하는 단백질에도 보존된 모터 domain은 다양한 class-specific (종류-특이적인) 비운동 domain에 융합되어 있다(그림 18-20). Kinesin-1은 2개의 동일한 heavy chain과 2개의 light chain을 가지고 있는 반면, Kinesin-2 family에 속하는 kinesin들(이들도 소기관 운송에 관여함)은 2개의 다른 heavy chain 모터 domain과 3번째 polypeptide로 구성되어 있다. 이 3번째 chain은 두 heavy chain의 꼬리와 결합하고 또 운송하는 화물을 결합한다. Kinesin-5 family의 구성원들은 4개의 heavy chain을 가지고 있는데, bipolar (양극성) 모터를 형성하여 antiparallel (역평행) microtubule을 교차 연결하고, 각 microtubule의 (+) 말단쪽으로 걸어감으로써 그 두 microtubule을 서로 밀어낸다. Kinesin-14 운동 단백질은 microtubule의 (-) 말단으로 이동하는 것으로 알려진 유일한 종류이다. Kinesin-13 계열의 구성원들은 2개의 polypeptide로 구성되어 있고, 각 polypeptide 중간에 보존된 kinesin domain이 있다. Kinesin-13 단백질은 운동 활성이 없으며, 대신 microtubule 말단의 탈중합을 향상시킬 수 있는 특수한 ATP 가수분해 단백질이다(그림 18-15 참조).

Kinesin-1은 Processive (점진적인) 운동 단백질이다

Myosin의 특징(그림 17-28과 17-29 참조)을 연구하기 위해 사용된 것과 유사한 광학 트랩(Optical trap) 및 형광 라벨링(fluorescence-labeling) 기술은 kinesin-1이 microtubule을 따라 어떻게 움직이고, ATP 가수분해가 기계적 일로 어떻게 전환되는지를 연구하기 위해 사용되어 왔다. 이러한 실험들은 kinesin-1이 매우 processive (점진적인) 모

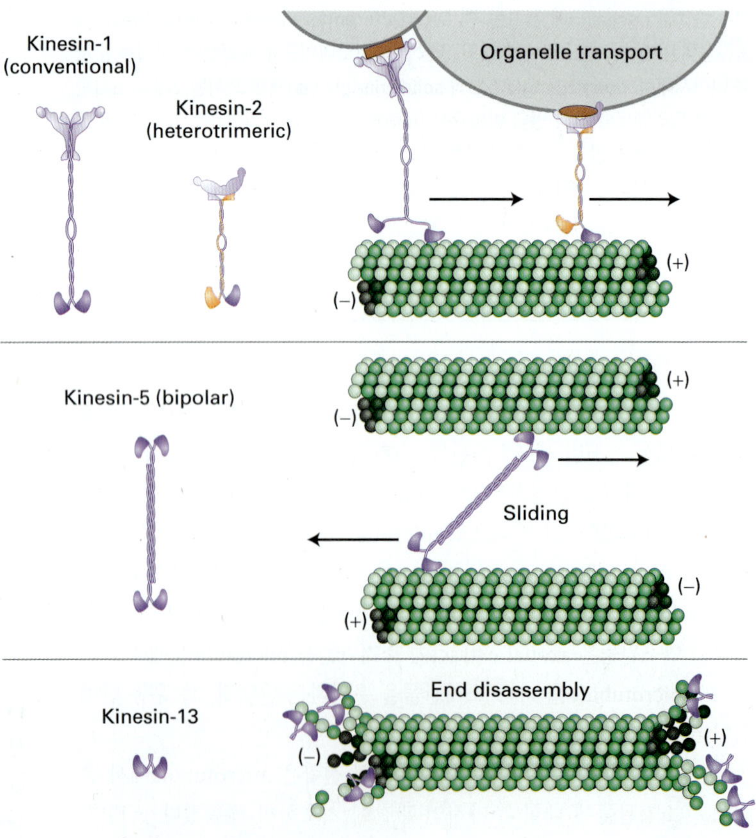

그림 18-20 Kinesin superfamily의 몇몇 구성원들의 구조 및 기능. 일부 kinesin들의 구조와 작동 방식의 예. 다양한 kinesin들이 여러 다른 이름으로 명명되었다. 이 책에서는 C. J. Lawrence 등에 의해 기술된 통일된 명명법을 사용한다. C. J. Lawrence et al., 2004, *J. Cell Biol.* **167**:19–22. R. D. Vale, 2003, *Cell* **112**:467 참조.

터—이 말은 kinesin-1이 microtubule에서 분리되지 않고 수백 단계를 연속적으로 밟아 이동 한다는 뜻—라는 것을 보여주고 있다. 이 과정에서 2개의 머리 domain을 가진 kinesin-1은 microtubule에서 동일한 protofilament를 따라 움직이며, 2개의 머리 중 하나는 항상 microtubule에 부착되도록 조정된 방식으로 일을 한다.

Kinesin-1 머리는 ATP와 결합하고 있거나 또는 뉴클레오타이드와 결합하지 않은 상태일 때 microtubule에 매우 단단히 결합하지만, ADP가 뉴클레오타이드 결합 부위를 차지하고 있을 때는 결합이 약하다. 이런 특성이 kinesin-1이 점진적 방식으로 화물을 이동할 수 있는 능력을 설명해 준다. Kinesin-1 이동의 ATP cycle (주기)은 모터가 한 걸음 움직인 직후에 시작하면 가장 쉽게 이해할 수 있다(그림 18-21a). 이 시점에서 kinesin-1의 leading head (앞쪽 머리, 앞서가는 머리)는 결합한 뉴클레오타이드가 없는 상태로, protofilament의 tubulin dimer에 강하게 결합되어 있고, ADP가 결합되어 있는 trailing head (뒤쪽 머리, 따라오는 머리)는 protofilament와 약하게 연관되어 있다(그림 18-21a, 상태 **1**). 그런 다음, ATP는 leading head에 결합하고(그림 18-21a, 상태 **2**), 이러한 결합은 입체 구조의 변화를 유도하여 leading head의 목 연결기(neck linker)가 더 이상 자유로운 상태로 뒤를 향해 있지 않고, 이제 앞으로 돌아 나와 머리에 고정된다. 이 흔들리는 동작은 linker 영역을 앞으로 회전시켜 발레 무용수를 던지는 것과 같이 trailing head를 leading head가 되는 위치로 이동시킨다(그림 18-21a, 상태 **3**). 새로운 leading head는 전에 결합한 위치에서 16 nm 전방에 다음 결합 부위를 찾는다(그림 18-21a, 상태 **4** 및 그림 18-21b). 화물을 8 nm 이동시킨 이 단계가 power stroke (파워 스트로크)이다. Leading head와 microtubule의 상호작용은 두 머리 사이에서 조정된 이벤트를 유발한다. 첫째, leading head와 microtubule의 상호작용은 leading head가 ADP를 방출하도록 유도하여 뉴클레오타이드가 없는 상태를 생성하고, 따라서 leading head는 microtubule에 단단히 결합한다. 둘째, trailing head가

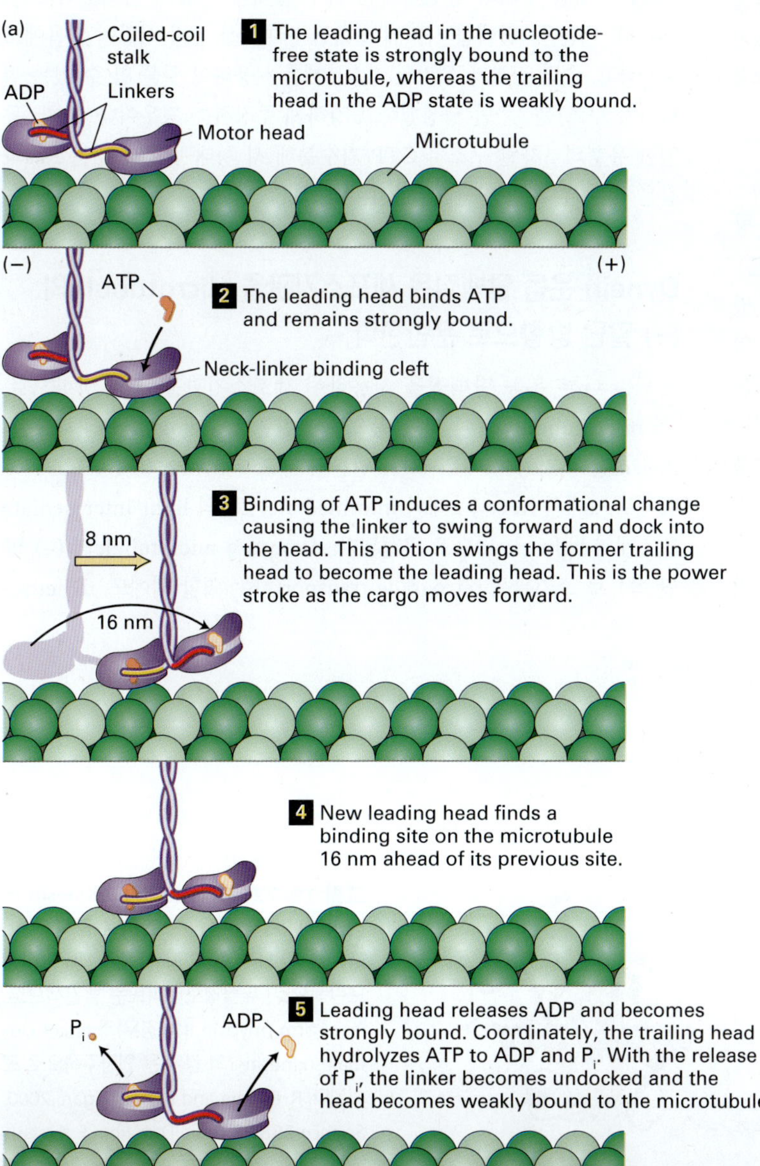

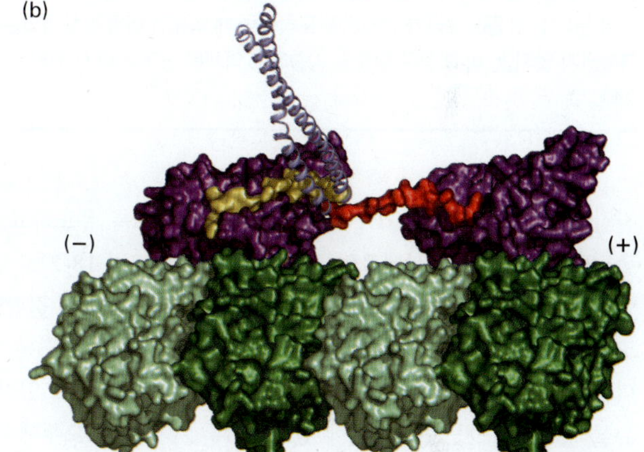

그림 18-21 Kinesin-1은 ATP를 사용하여 microtubule을 따라 걸어간다. (a) 이 모식도에서는 2개의 kinesin 헤드를 구별하기 위해 각각 다른 색상의 linker domain (노란색 및 빨간색)에 연결되어 있는 것으로 그렸음. 이 주기는 kinesin이 막 한 걸음 걸은 후, 앞에 있는(leading) 머리는 뉴클레오타이드가 없이 microtubule에 단단히 결합되어 있고, 뒤에 있는(trailing) 머리는 ADP가 결합되어 있으므로, microtubule에 약하게 결합되어 있는 상태에서 시작하는 것을 보여 준다(상태 **1**). Leading 머리는 ATP와 결합하며(상태 **2**), 이는 노란색 linker 영역이 앞으로 돌아 나와 연결된 머리에 고정되는 형태 변화를 유도하여 trailing 머리를 앞으로 밀어낸다(상태 **3**). 이제 새로운 leading 머리는 microtubule의 16 nm 앞에 새로운 결합 부위를 찾아 약하게 결합한다(상태 **4**). Leading 머리는 ADP를 방출하고 microtubule에 단단히 결합하며, 이에 맞춰 trailing 머리는 ATP를 ADP와 P_i로 가수분해하고 P_i를 방출한다. 이는 trailing 머리의 microtubule에 대한 결합이 약한 상태로 변환되고 도킹되어 있던 linker도 놓아 준다(상태 **5**). 이제 주기는 다시 한 걸음 걷기 위해 반복된다. R. D. Vale and R. A. Milligan, 2000, *Science* **288**:88 참조. (b) Microtubule의 protofilament에 결합되어 있는 2개의 kinesin 머리(보라색)의 구조 모델. 왼쪽의 trailing 머리는 ATP와 결합하였고, 다른 머리를 leading 위치로 밀어 넣었다. trailing 머리의 linker (노란색)는 그 머리에 도킹되어 있는 반면, 선행 머리의 linker 영역(빨간색)은 어떻게 여전히 자유로운 상태인가에 주의하시오. [Part (b) Data from E. P. Sablin and R. J. Fletterick, 2004, *J. Biol. Chem.* **279**:15707 and custom PDB files based on 3kin, 1mkj, and 1jff.]

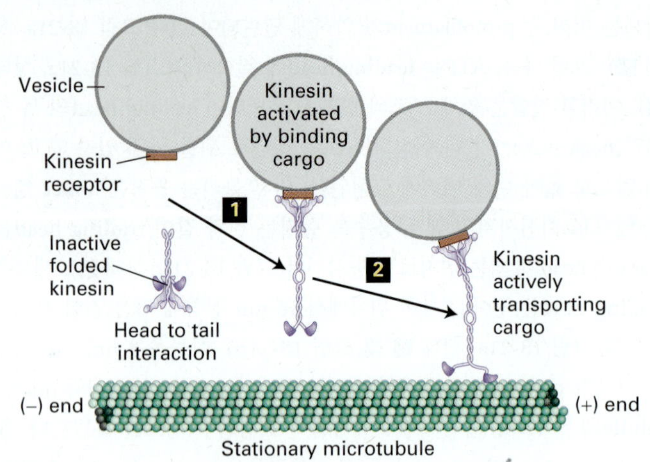

그림 18-22 Kinesin-1은 머리-꼬리 상호작용에 의해 조절된다. 억제된 형태에서 kinesin-1의 머리는 뒤로 접히고 꼬리와 상호작용한다. 이러한 상호작용은 kinesin-1의 ATPase 활성을 억제한다. 모터가 적절한 수용체 — 이 그림에서는 소포에 있는 — 와 만나면 펼쳐지고(단계 **1**), microtubule의 (+) 말단으로 화물을 운반할 수 있게 된다(단계 **2**). 모터가 목적지에 도착했을 때 화물과 어떻게 분리되는지는 아직 명확하지 않지만, 이 과정은 화물을 방출하고 억제된 상태로 다시 접히는 것을 포함한다.

결합하고 있는 ATP를 ADP와 P_i로 가수분해하도록 유도하고, P_i가 방출되면서 약한 결합 상태로의 전환을 유도한다(그림 18-21a, 단계 **5**). 이제 ATP는 전체 주기를 반복하기 위해 leading head에 결합할 수 있고, kinesin-1이 microtubule을 따라 한 걸음 더 이동하도록 할 수 있다. 이 주기 동안, 2개의 머리 중 하나는 ATP와 결합하고 있거나 또는 뉴클레오타이드가 없는 상태에 있고, 이 두 가지 경우 모두에서 머리는 microtubule에 단단히 결합하게 된다. 따라서 kinesin은 microtubule을 따라 걸으면서 매우 드물게 분리되는데, 이는 kinesin이 microtubule과 분리되지 않고 수천 걸음을 걸을 수 있는 능력을 설명한다.

세포소기관 운반자로서 kinesin-1은 정확한 화물과 결합하고 운반해야 한다. 이는 kinesin-1의 꼬리 영역에 결합하는 적합한 세포소기관의 수용체 단백질을 통해 일어난다. Kinesin-1은 ATP 가수분해효소이기 때문에 kinesin-1의 활성이 요구되지 않을 때와 운반 후 세포소기관을 방출한 후에는 에너지를 보존하기 위해 kinesin-1이 비활성화되는 것이 중요하다. 이를 위해 kinesin-1은 비활성 상태로 접힐 수가 있다. 이 상태에서는 머리 domain의 ATPase 활성 및 microtubule과의 결합을 억제하기 위해 꼬리 domain이 머리 domain과 상호작용을 하고 있다(그림 18-22). 꼬리가 운반할 소기관에 있는 수용체 단백질과 결합하면 모터가 펼쳐지고 활성화된다(단계 **1**). 화물-활성화된 모터 복합체(cargo-activated motor complex)가 microtubule을 만나면 소기관(단계 **2**)을 운반한다. 소기관을 목적지에 전달하면, kinesin-1은 화물로 부터 방출되고, 머리-꼬리 억제 상태로 다시 접혀 비활성화된다.

Kinesin 머리 domain의 X-선 결정학적 구조가 결정되었을 때, kinesin의 catalytic core (촉매 핵심 부위)의 전체적인 구조가 myosin의 촉매 핵심 부위와 동일하다는 아주 놀라운 사실이 밝혀졌다(그림 18-23)! 이는 두 단백질 사이에 보존된 아미노산 염기 서열이 없음에도 불구하고, 수렴 진화가 ATP의 가수분해를 사용하여 일을 할 수 있는 접힘(3차 구조)을 두 번 생성했다고 강하게 주장하는 경우이다. 또한, 동일한 유형의 3차원 구조가 GTP 가수분해 시 형태 변화를 겪는 Ras와 같은 작은 GTP-결합 단백질에서 나타난다.

Dynein 운동 단백질은 세포소기관을 Microtubule의 (−) 말단 방향으로 운반한다

세포는 다른 운동 단백질을 사용하여 세포소기관을 역행 방향으로, 즉, microtubule의 (−) 말단 쪽으로 운반한다. *Cytoplasmic* (세포질) *dynein*은 분자량이 매우 크다; 인간의 세포질 dynein은 1.4-MDa 복합체로, 2개의 heavy, 2개의 intermediate, 2개의 light intermediate 및 6개의 light chain으로 구성된다. Axon에서 microtubule의 (−) 말단 쪽으로 소기관을 retrograde transport하는 역할 외에도, dynein은

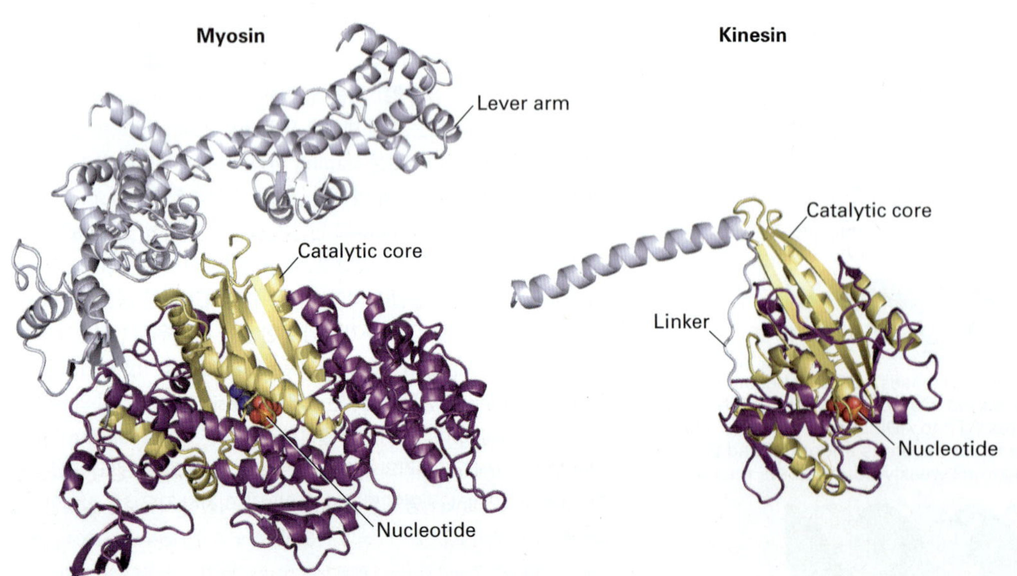

그림 18-23 Myosin 머리와 Kinesin 머리의 ATP-결합 중심 구조의 수렴적 진화. Myosin과 kinesin의 공통적인 촉매 중심은 노란색으로, 뉴클레오타이드는 빨간색으로, lever arm (myosin II의 경우)과 linker domain (kinesin-1의 경우)은 연자주색으로 표시된다. R. D. Vale and R. A. Milligan, 2000, *Science* **288**:88 참조. [Data from F. Kozielski et al., 1997, *Cell* **91**:985–994, custom PDB file (left) and PDB ID 3kin (right).]

이 장 후반부에서 고찰하는 많은 다른 기능을 가지고 있다. Myosin 및 kinesin에 비해 dynein 연관 단백질군은 그리 다양하지 않다. 예를 들어, 오직 하나의 유전자가 인간 dynein의 heavy chain을 암호화한다.

Kinesin-1처럼, cytoplasmic dynein은 2개의 머리가 있는 분자로서, 2개의 heavy chain을 중심으로 구성되어 있으며, 하나의 dynein heavy chain은 수많은 별개의 domain으로 구성된다(그림 18-24a). 첫 번째 domain은 *stem* (줄기)이다. Stem은 dynein의 다른 구성 단위(subunit)들이 결합하는 부위이고, 또 곧 논의되는 또 다른 단백질 복합체인 dynactin (다이넥틴)을 통해 화물과 결합하는 부위이다. Heavy chain의 다음 부분은 ATP-dependent motor activity (ATP-의존적 운동 활동) 동안 중요한 역할을 하는 *linker* (링커, 연결자, 연계기)이다. Heavy chain의 많은 부분이 *AAA ATPase* (*triple A ATPase*) domain을 포함하는 머리를 구성한다. 이 머리 부위는 6개의 반복되는 구조가 꽃과 같은 모양으로 조립된 구조를 갖고 있으며(그림 18-24b), 그 안에 ATPase 활성이 존재한다. 네 번째와 다섯 번째 AAA 반복 구조 사이에 삽입된 것은 *stalk* (자루)으로, stalk은 머리 부위에서 튀어나와 있으며, microtubule-결합 부위를 포함하고 있다.

Dynein heavy chain 구조의 X-선 이미지와 함께 전자현미경을 이용한 연구는 dynein이 어떻게 일을 할 것인가를 엿볼 수 있게 해준다. 첫 번째 AAA 반복 부위는 아마도 ATP의 가수분해를 기계적 작업으로 전환하는 데 관여하는 유일한 것일 것이다. 결합한 뉴클레오타이드가 없으면, dynein은 microtubule에 결합한다. Linker는 직선으로 펴져 있고, AAA domain을 가로 질러 있으며 첫 번째 및 다섯 번째 AAA 반복 부위와 결합하고 있음을 주목하자. ATP가 결합하면, dynein은 microtubule로부터 분리되고 linker가 구부러진다. Linker는 이제 두 번째와 세 번째 AAA 반복 부위 사이를 지나간다("pre-stroke"; 그림 18-25a와 b, 왼쪽 패널). Microtubule과의 상호작용, ATP 가수분해 및 P_i의 방출은 linker를 곧게 펴지게 한다. 이 직선으로 곧게 펴는 반응(straightening)이 화물을 microtubule의 (–) 말단 쪽으로 이동시키는 power stroke이다(그림 18-25a 및 b, 오른쪽 패널). ADP는 방출되고, dynein의 머리 부위는 microtubule에 결합된 상태로 유지되고 있다. 이 머리

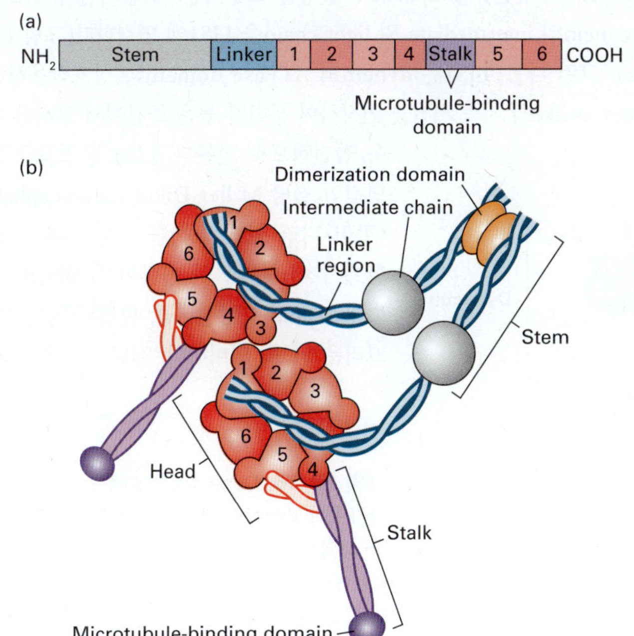

그림 18-24 세포질 dynein의 domain 구조. (a) 4,000개 이상의 아미노산 잔기로 구성된 세포질 dynein의 heavy chain은 여러 개의 확연히 다른 domain들을 가지고 있다. Stem 및 linker domain 다음에는 AAA domain이 6개(복숭아색, 1–6번)있으며, stalk (자루) 및 microtubulle 결합 domain은 4번과 5번 AAA domain 사이에 있다. (b) 각 heavy chain의 6개의 AAA 부위는 꽃의 꽃잎과 같은 구조를 하고 있다고 여겨진다. 이 구조에서 끝에 microtubule-결합 부위가 있는 coiled-coil stalk (자루) domain이 나온다. 다수의 추가 소단위들은 stem 영역과 결합하며, dynactin을 통해 dynein과 화물을 연결할 수 있다(그림 18-26 참조). R. D. Vale, 2003, *Cell* **112**:467 참조.

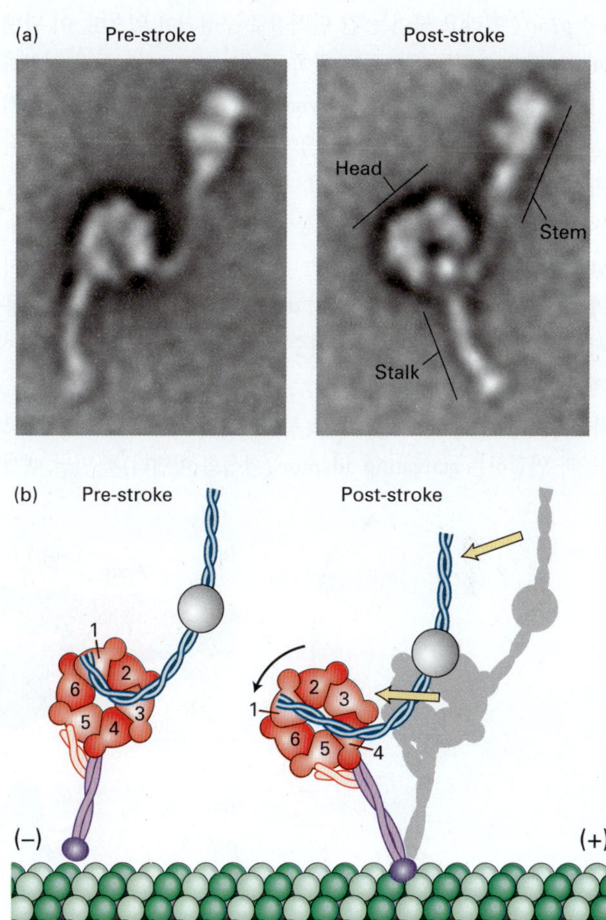

그림 18-25 Dynein의 power stroke. (a) Power stroke가 일어나기 전(pre-stroke) 상태와 일어난 후(post-stroke) 상태에서 정제된 single-headed dynein의 여러 이미지를 전자현미경으로 기록한 후 평균화하였다. 왼쪽의 이미지는 pre-stroke 상태의 dynein을 보여주고, 오른쪽의 이미지는 post-stroke 상태를 보여준다. (b) 현미경 영상을 비교하고, 이를 구조 데이터와 결합하여 힘 생성 메커니즘이 linker의 위치 변화를 수반하며, 이것이 microtubule에 결합하는 stalk의 움직임을 유발한다는 것을 보여준다. 명확히 하기 위해서, 2개의 dynein 머리 중 하나만 나타내었음. G. Bhabha et al., 2014, *Cell* **159**:857. [Part (a) Reprinted by permission from Nature Publishing Group, from S. A. Burgess et al., 2003, "Dynein Structure and Power Stroke," *Nature* **421**(6924):715–718; permission conveyed through Copyright Clearance Center, Inc.]

에 ATP가 결합하면, 머리는 microtubule로부터 방출되는데, 이런 주기가 다음 걸음을 걷기 위해 반복된다.

Kinesin-1과는 달리, 세포질 dynein은 혼자서는 화물 수송을 할 수 없고, dynein과 관련된 수송은 *dynactin* (디넥틴)이라고 불리는 큰 단백질 복합체를 필요로 한다(그림 18-26). Dynactin은 기능적으로 2개의 domain을 구성하는 11가지 종류의 소단위로 이루어져 있다. 하나의 domain은 하나의 actin 소단위를 중심으로 8개의 actin-related protein Arp1이 짧은 필라멘트로 조립되어 만들어진다. 이 필라멘트의 (+) 말단에 해당하는 끝은 actin 필라멘트의 (+) 말단에 결합하는 것과 동일한 캡 단백질인 CapZ이 캡을 형성하고 있다(그림 17-12 참조). 많은 다른 소단위들이 이 필라멘트의 (–) 말단에 결합하고 있다. 이 Arp1을 포함하는 domain은 화물과의 결합을 담당한다. Dynactin의 두 번째 domain은 *p150^{Glued}*라고 불리는 긴 단백질로 구성되어 있으며, 이 단백질은 dynein 결합 부위를 포함하고 한쪽 끝에는 microtubule과 결합하는 부위가 있다. 지금까지 설명한 두 dynactin domain을 함께 결합시키는 단백질은 *dynamitin* (다이나마이틴)이라고 불리며, 이는 이 단백질이 과도하게 발현되면(over expressed), 두 domain을 분리시켜서 기능하지 못하는 복합체로 만들기 때문에 붙여진 이름이다. 이 특징—dynein과 dynactin의 상호작용에 의존하는 과정은 dynamitin을 과발현시킨 세포에서는 붕괴됨—은 연구자들이 dynein과 dynactin의 상호작용에 의존하는 과정을 확인할 수 있게 해주었기 때문에 실험적으로 매우 유용하게 이용되어 왔다.

최근의 연구는 dynein-dynactin 복합체가 모터를 활성화하고, 모터를 화물과 연결하는 activating adaptor (활성화 어댑터)를 만날 때까지 비활성 형태로 존재한다는 것을 보여주었다. Activating adaptor는 여러 종류가 있으며, 각 adaptor는 특정 화물과 기능을 한다. 모든 activating adaptor는 dimeric protein으로, 하나의 화물 결합 부위, 그리고 dynactin과 상호작용하는 하나의 긴 coiled-coil (또 꼬인 나선) domain을 가지고 있다(그림 18-26b). 어떤 경우에는 dynein이 비활성 형태로 특정 위치에로 이송되어야 하며, 그곳에서 비로소 활성화된다. 예를 들어, dynactin p150^{Glued} 구성 단위는 +TIP 단백질 EB1과 결합해서 dynein이 microtubule의 성장하는 (+) 말단과 결합할 수 있도록 하는 것으로 밝혀졌다. Dynein이 (–) 말단 방향 모터라면 왜 microtubule의 (+) 말단과 결합하는가? 최근의 연구는 dynein이 dynactin-EB1 상호작용을 통해 microtubule의 (+) 말단과 결합될 때, dynein은 비활성 형태로 유지된다는 것을 시사하고 있다. 성장하는 microtubule이 세포 피질에 도달하면 비활성 상태인 dynein과 dynactin은 그곳에 존재하는 activator를 만나게 된다. Activator에 의해 dynein은 활성화되어 피질과 결합하고, 자신을 그곳으로 운반해 준 microtubule 잡아당긴다! 이 메커니즘은 효모에서 mitotic spindle의 방향을 잡는 것을 돕는 것으로 나타났으며, 아마도 다른 상황에도 비슷하게 적용될 것이다.

Dynactin 외에도 다른 단백질들이 dynein과 함께 기능한다. LIS1 및 NudE를 포함하는 한 그룹의 단백질은 brain development (뇌 발달) 중 dynein의 활성을 조절하는 데 관여한다. NudE는 dynein의 intermediate 및 light chain을 LIS1에 연결한다(그림 18-27a). 그런 다음, LIS1은 dynein의 ATPase domain과 상호작용하여 power stroke의 지속 시간을 연장하여 부하가 높은 조건에서 모터를 더욱 점진적으로 만든다. LIS1의 결합은 치명적인 질병 Miller-Dieker Lissencephaly (밀러-디커 활택뇌증)를 유발한다(이 질환에서 이 단백질의 이름이 유래하였음); *lissencephaly* (평평뇌증, 활택뇌증)는 "매끄러운 뇌"를 의미하며, 질환을 가진 환자

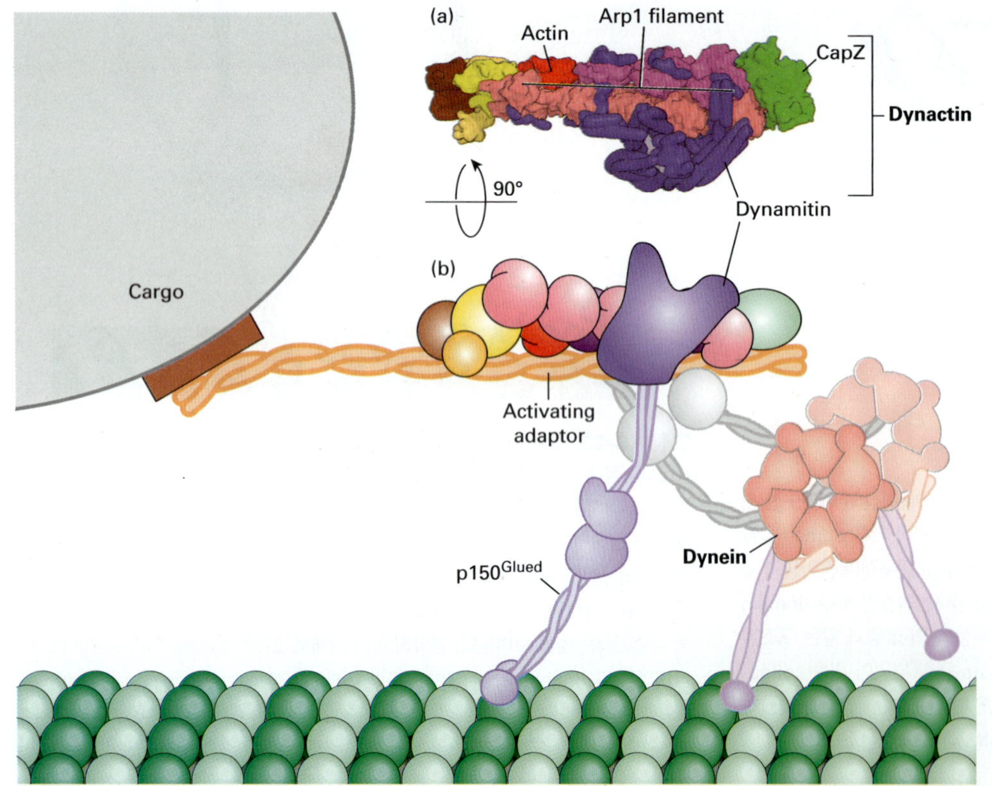

그림 18-26 Dynactin 복합체는 화물을 운송하기 위해 dynein과 함께 기능한다. (a) Dynactin 복합체의 한 domain은 8개의 Arp1과 1개의 actin으로 구성된 짧은 필라멘트 주위에 구축되며, 이 필라멘트의 (+) 말단은 CapZ에 의해 capping 되어 있다. 또 다른 domain은 단백질 p150^{Glued}로 구성되어 있으며, 이 단백질은 한쪽 말단에 microtubule-결합 부위가 있고, 또 dynactin 복합체에 세포질 dynein을 부착하는 데 관여한다. Dynamitin은 dynactin 복합체의 두 부분을 함께 붙잡고 있다. (b) Dynactin과 dynein이 어떻게 상호작용하고, 또 activating adaptor와 microtubule과는 어떻게 상호작용 하는지에 대한 모식도. L. Urnavicius et al., 2015, *Science* **347**:1441 참조.

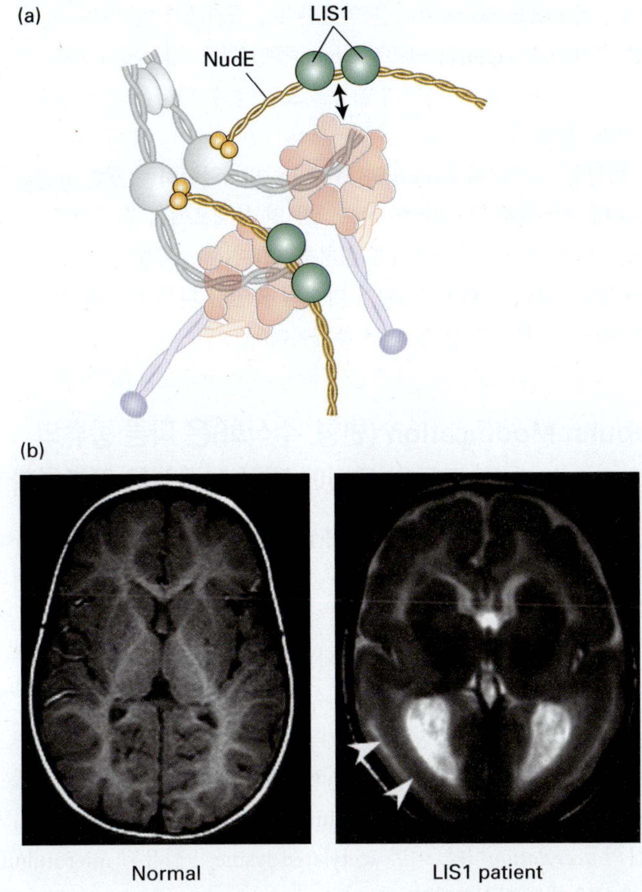

실험 그림 18-27 Dynein을 조절하는 LIS1 단백질은 뇌 발달에 요구된다. (a) NudE가 dynein과 결합하여 LIS1이 dynein의 heavy chain ATPase domain과 상호작용할 수 있도록 하는 방법에 대한 모델. R. J. McKenny et al., 2010, *Cell* **141**:304–314 참조. (b) 정상 뇌(왼쪽)와 LIS1의 기능이 결여되어 생긴 Miller-Diker Lissencephaly (오른쪽) 환자의 자기 공명 이미지(MRI). 화살표로 표시된 위치에서 환자의 뇌가 접혀 있지 않은 것에 주목하시오. [Part (b) Reprinted with permission from Oxford University Press, from K. Mitsuhiro and W. B. Dobyns, 2003, "Lissencephaly and the Molecular Basis of Neuronal Migration," *Hum. Mol. Genet.* **12**:R89–R96; permission conveyed through Copyright Clearance Center, Inc.]

의 뇌는 피질에 주름과 홈이 없기 때문이다(그림 18-27b). LIS1의 돌연변이는 early development (초기 발달)에서 neuron의 세포분열과 이동, 둘 모두에 결함을 초래하여 부드러운 뇌 표현형과 정신 발달에 결함을 초래할 뿐만 아니라 다른 많은 이상을 초래한다. ■

Kinesins와 Dyneins은 세포 전체에 걸친 소기관들의 수송에 협력한다

Dynein과 kinesin은 세포에 있는 세포소기관들의 microtubule dependent organization (미세소관 의존적 구성)에 중요한 역할을 한다. Microtubule의 방향성은 MTOC에 의해 고정되어 있으므로, 그래서 수송의 방향—세포 중심을 향한 이동 또는 세포 중심으로부터 나오는 이동—은 작용하는 운동 단백질에 달려 있다. 예를 들어, Golgi 복합체는 microtubule의 (–) 말단이 있는 centrosome 근처에 모여 있으며, dynein-dynactin에 의해 그곳으로 운반된다. 소포체에서 secretory cargo (세포 외로 분비될 화물)가 나오면 dynein-dyactin에 의해 Golgi로 운반된다. 소포체(endoplasmic reticulum)는 세포질 전체에 퍼져 있고, 세포 주변부를 향해 존재하는 microtubule의 (+) 말단으로 이동하는 kinesin-1에 의해 운반된다. Endocytic pathway (세포내 섭취 경로, 내세포 경로)의 일부 소기관들—예, late endosome (후기 엔도솜) 및 리소좀—은 dynein-dynactin 복합체와 결합되어 있다. Kinesin은 미토콘드리아뿐만 아니라 발생(development) 중에 세포의 특정 부위에 위치해야 하는 단백질을 암호화하는 mRNA와 같은 막으로 싸이지 않은 화물도 운반한다.

우리는 kinesin-1이 세포소기관들을 axon을 따라 전방으로 수송하는 것(anterograde transport)을 알았다. 그러면, axon 끝에 도달한 kinesin-1은 어떻게 될까? Kinesin-1은 세포질 dynein에 의해 운반되는 소기관에 붙어서 retrograde direction (역행 방향)으로 되돌

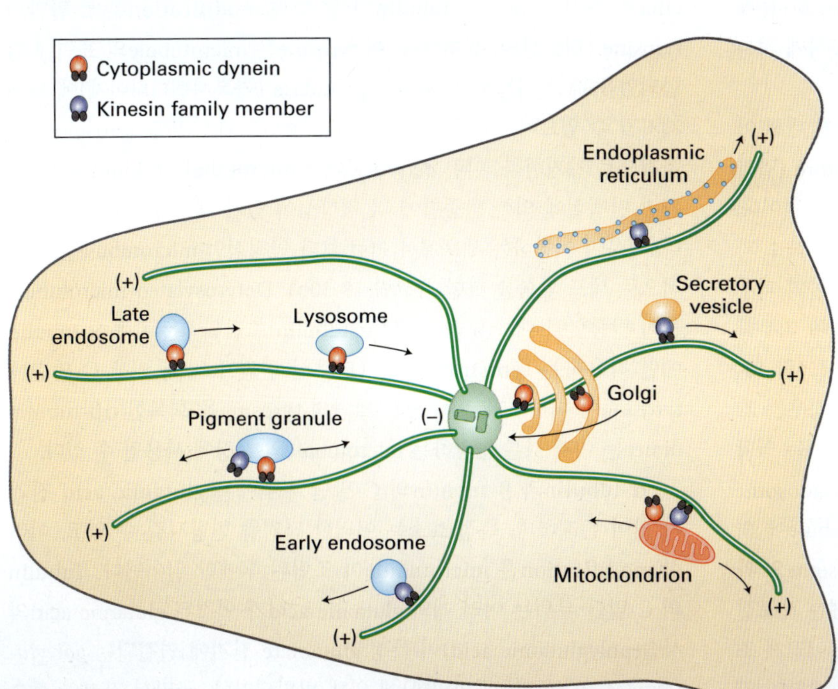

그림 18-28 Microtubule 모터에 의한 세포소기관 운송. 세포질 dynein (빨간색)은 microtubule의 (–) 말단을 향해 세포소기관들의 retrograde transport를 매개하고, kinesin (보라색)은 (+) 말단을 향해—anterograde transport—세포소기관 이동을 매개한다. 대부분의 세포소기관에는 하나 혹은 그 이상의 microtubule-based 모터가 연결되어 있다. 세포소기관과 모터의 연관성은 세포 유형에 따라 다르므로, 이러한 연관성 중 일부는 모든 세포에 존재하지 않을 수 있는 반면, 여기에 표시되지 않은 다른 것들 또한 존재할 수 있다는 점에 유의해야 한다.

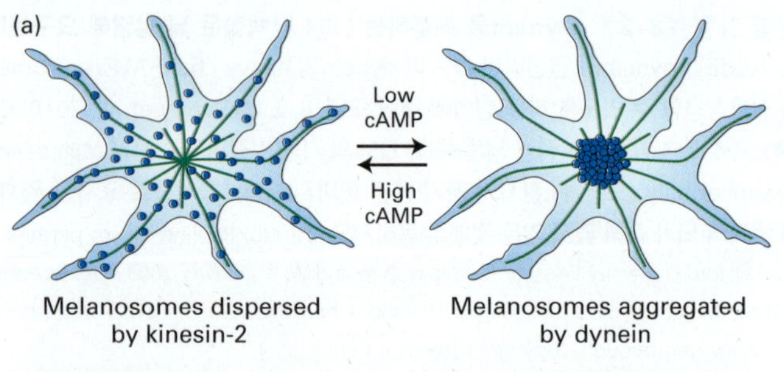

(b)

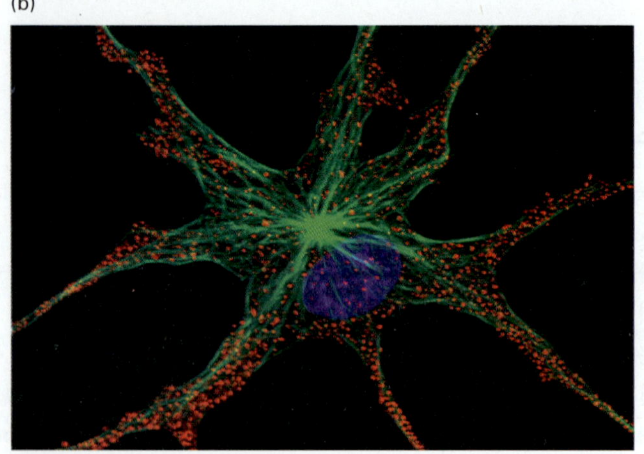

그림 18-29 개구리 melanophore에서 색소 과립의 이동. (a) cAMP 수준에 따른 microtubule에 근거한 melanosome 재구성 모식도. Melanosome은 세포질 dynein에 의해 모이고, kinesin-2에 의해 분산된다. (b) 면역형광현미경으로 관찰된 분산 상태의 melanosome (빨간색). Microtubule은 녹색으로, 핵의 DNA는 파란색으로 표지되었다. [Part (b) Courtesy of Steve Rogers.]

아온다. 따라서 kinesin-1과 dynein은 동일한 세포소기관에 결합할 수 있으며, 이러한 메커니즘이 아직 완전히 이해되지는 않았지만, 하나(예, kinesin-1)가 활성화하는 동안 다른 것(dynein)은 활동을 못하게 하는 메커니즘이 존재해야 한다.

우리가 microtubule을 기반으로 한 소기관의 수송 조절에 대해 아는 많은 것들은 물고기(예, angelfish)나 개구리의 melanophore (멜라닌 색소포, 흑색소포, 흑색소 세포)를 이용한 연구로부터 얻은 것이다. Melanophore는 검은 melanin (멜라닌)으로 가득 찬 수백 개의 색소 과립 — *melanosome* (멜라닌소체) — 을 포함하고 있는 척추동물의 피부에 있는 세포이다. Melanpophore는 melanosome을 분산하여 피부를 어둡게 하거나, 세포 중심부에 모아 피부를 창백하게 만든다(그림 18-29). 어류에서는 신경전달 물질에 의해 매개되고, 개구리의 경우는 호르몬에 의해 조절되는 이러한 피부색 변화는 물고기를 위장시키는 역할을 하고, 개구리의 경우 사회적 상호작용을 증진시킨다. Melanosome의 이동은 세포내 cAMP의 변화에 의해 매개되며, microtubule에 의존한다. 어떤 모터가 관여하는지 조사하는 연구들은 melanosome의 확산은 kinesin-2를 필요로 하는 반면, melanosome의 응집에는 세포질 dynein-dynactin이 필요하다는 것을 밝혔다. 이러한 활동이 어떻게 조정될 수 있는지에 대한 첫 번째 힌트는 과도한 dynamitin의 발현이 양쪽 방향의 melanosome 수송을 억제한다는 발견에서 비롯되었다. 이 놀라운 결과는 dynactin이 세포질 dynein뿐만 아니라 kinesin-2에도 결합할 수 있고, 아마도 두 모터의 활동을 조정할 수 있다는 것이 밝혀졌을 때 설명되었다.

동일한 소기관에 dynein과 kinesin-2가 결합하는 것은 melanosome에 국한되지 않으며, 이들 모터가 일부 세포에서 후기 엔도솜, 리소좀, 미토콘드리아를 적절하게 위치시키기 위해 협력할 것이라고 제안되어 왔다. 따라서 세포소기관이 다수의 확연히 다른 모터와 결합하는 것은 예외가 아니라 새로운 연구 주제이다.

Tubulin Modification (변형, 수식화)은 다른 종류의 Microtubule과 그들의 모터에 대한 접근성을 구분한다

다양한 종류의 microtubule의 안정성과 기능은 tubulin에 대한 post-translational modification (번역 후 변형)에 의해 영향을 받는다. 여러 유형의 변형이 알려져 있지만, 여기서는 lysine acetylation (라이신 아세틸화), detyrosylation (디티로실화), polyglutamylation (폴리글루타밀화) 및 polyglycylation (폴리글리실화)(그림 18-30a)와 같이 가장 잘 이해된 것으로 논의를 제한한다.

이러한 변형 중 두 가지는 α-tubulin에서만 발견된다. 첫 번째는 microtubule의 내부에 있는 α-tubulin의 특정 lysine 잔기의 ε-아미노 그룹의 *acetylation*이다. 이런 acetylated lysine이 함유된 microtubule은 파손에 대해 안정화되며, centriole, basal bodies, primary cilia (1차 섬모. 18.5절에서 논의)와 같은 microtubule 구조에서 발견된다. 실제로 tubulin acetylation을 할 수 없는 세포는 결함이 있는 primary cilia를 가지고 있는 반면에 acetylation을 제거할 수 없는, 즉 tubulin에 결합된 acetyl기를 제거하지 못하는, 세포는 비정상적으로 안정적인 primary cilia를 가지고 있다. α-tubulin의 두 번째 modification은 C-말단의 tyrosine (티로신)이 관여한다. 이 tyrosine은 microtubule의 표면에 결합되었을 때만 기능하는 carboxypeptidase (카복시펩티다아제)에 의해 제거될 수 있으며, 이 효소는 α-tubulin 소단위의 C-말단 tyrosine을 순차적으로 제거한다. 이런 *detyrosylated* microtubule은 kinesin-13 및 관련 단백질에 의한 탈중합에 더 저항성이 있기 때문에 보다 안정적이다. 더욱이 이동하는 세포에서 이런 보다 안정적인 microtubule은 일반적으로 세포 앞쪽을 향한다(그림 18-30b). Detyrosylated microtubule들이 탈중합될 때, αβ-dimer의 α-tubulin 소단위에는 수용성 tubulin에만 작용하는 tyrosine ligase (티로신 연결효소)에 의해 C-말단에 tyrosine이 더해지며, 이렇게 C-말단의 tyrosine을 회복한 αβ-tubulin dimer는 이제 다른 성장하는 microtubule의 신장에 사용될 수 있다.

α-tubulin과 β-tubulin의 C-말단 부위에는 glutamic acid 잔기가 많이 존재하며, 특정 효소는 이러한 잔기를 변형시킬 수 있고, 이러한 modification은 microtubule이 조립된 후에만 일어난다. Tubulin의 C-말단 부위는 여러 개의 glutamic acid가 연결된 glutamic acid의 사슬(polyglutamic acid)이 특정 glutamate 잔기에 연결되는 *polyglutamylation* (폴리글루타밀화)에 의해 변형되거나, 글리신 잔기의 사슬

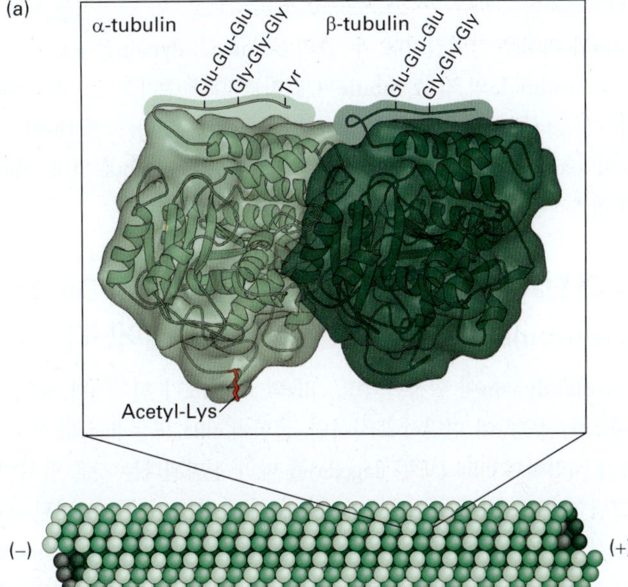

(b)

실험 그림 18-30 Tubulin의 post-translational modification은 microtubule의 안정성과 기능에 영향을 미친다. (a) α- 및 β-tubulin의 구조. Microtubule 내면의 lysine acetylation과 외부 표면의 polyglutamylation, polyglycylation, detyrosylation의 위치를 보여준다. Polyglutamylation과 polyglycylation은 상호 배타적일 가능성이 높기 때문에 일반적으로 동시에 발생하지 않는다. J. W. Hamond, D. Cai, and K. J. Verhey, 2008, *Curr. Opin. Cell Biol.* **20**:71–76 참조. (b) Detyrosylated microtubule들은 선택적으로 움직이는 세포의 leading edge를 향한다. 오른쪽으로 이동하는 세포의 전체 microtubule은 빨간색으로 detyrosylated microtubule은 녹색으로 각각 염색되었다. 염색 결과를 병합한 이미지는 세포 앞쪽을 향해 많이 존재하는 detyrosylated microtubule을 빨간색과 녹색의 조합인 노란색으로 보여준다. [Part (a) data from E. Nogales, S. G. Wolf, and K. H. Downing, 1998, *Nature* **391**:199–203, PDB ID 1tub. Part (b) Courtesy of Greg Gundersen.]

(polyglycine)이 다른 glutamate 잔기에 첨가되는 *polyglycylation* (폴리글리실화)에 의해 변형될 수 있다. 이 두 가지 변형은 상호 배타적일 가능성이 높기 때문에 polyglycylation에 의해 변형된 tubulin 소단위는 polyglutamylation으로부터 보호되며, 그 반대의 경우도 마찬가지이다. Detyrosylation과 마찬가지로, polyglycylation과 polyglutamylation는 microtubule의 안정성을 향상시킬 수 있다.

이러한 post-translational modifications of tubulin (번역 후 튜불린의 변형)은 microtubule의 안정성에 영향을 줄 뿐만 아니라, 분자 모터들의 microtubule과 상호작용하는 능력에도 영향을 미칠 수 있다. Kinesin-1은 우선적으로 detyrosylated 및 acetylated microtubule과 결합하므로, 이런 변형은 neuron에서 axonal transport를 위해 kinesin-1을 모집할 때 중요할 수 있다. 그림 18-5e에서 볼 수 있듯이, neuron은 dendrite와 axon에 서로 다른 microtubule 구조를 가지고 있다. Axon의 microtubule은 acetylation 및 detyrosylation에 의해 안정화되며, 이런 변형은 axonal transport를 위해 kinesin-1과 우선적으로 결합할 수 있게 한다. Polyglutamylation은 cilia와 flagella의 운동에 중요한 역할을 하는데, 이에 대해서는 다음 절에서 논의한다.

Tubulin의 post-translational modification이 microtubule의 기능 및 microtubule-based motor에 미치는 영향을 설명하는 연구는 모두 비교적 최근의 일이다. 미래의 연구들은 다른 종류의 microtubule을 구별하고, 다른 종류의 microtubule들에 다른 기능을 부여하는 세포들이 사용하는 소위 code (암호)들을 밝혀낼 수 있을 것이다.

18.4절의 주요 개념

Kinesin과 Dynein: Microtubule 기반 운동 단백질

- Kinesin-1은 microtubule의 (+) 말단으로 이동하는 ATP-의존성 운동 단백질로 막에 결합된 세포소기관을 운반한다(그림 18-19 참조).
- Kinesin-1은 각 N-말단에 모터 domain을 가진 2개의 heavy chain 그리고 화물과 결합하는 2개의 light chain으로 구성된다(그림 18-18 참조).
- Kinesin superfamily는 interphase 세포와 분열하는 세포에서 기능을 하는 모터 단백질들과 소기관의 운반과 역평행한 microtubule을 서로 밀어내는 역할을 하는 모터 단백질들을 포함한다. 이 superfamily는 운동성이 없는 한 종류(kinesin-13)도 포함하는데, kinesin-13은 microtubule의 말단을 불안정하게 한다(그림 18-20 참조).
- Kinesin-1은 2개의 머리 사이에서 ATP 가수분해를 조정하여 하나의 머리가 항상 microtubule에 단단히 결합되기 때문에 매우 점진적인 모터이다(그림 18-21 참조).
- Kinesin-1은 비활성인 접힌 형태 또는 화물과 결합한 확장 형태로 존재할 수 있다(그림 18-22 참조).
- Cytoplasmic dynein은 microtubule의 (–) 말단으로 이동하는

ATP-의존성 모터로, 화물을 운반하기 위해 dynactin 복합체 및 activating adaptor와 결합한다(그림 18-24, 18-26 참조).

- Kinesin과 dynein은 세포내 소기관들의 위치를 체계화하기 위해 다른 많은 세포소기관들과 결합한다(그림 18-28 참조).
- Tubulin의 post-translational modification은 microtubule의 안정성에 영향을 미칠 수 있으며, microtubule이 모터와 상호작용하는 능력을 조절할 수 있다.

18.5 Cilia (섬모)와 Flagella (편모): Microtubule에 기반한 표면 구조물

Cilia와 **flagella**는 microtubule을 기본으로 하는 막으로 싸인 구조물로 많은 원생동물과 대부분의 동물 세포의 표면에 돌출되어 있으며, 이 구조물을 싸고 있는 막은 원형질막의 연장이다. 다수의 motile cilia (운동성 섬모)는 기관지(그림 4-35 참조)의 상피세포와 같은 특정한 상피세포의 표면에서 발견되며, 조직화된 물결치는 것 같은 방식으로 흔들려서 액체를 움직인다. Cilia보다 길지만 구조가 비슷한 동물 세포 flagella는 정자와 같은 세포를 액체 속에서 추진시킬 수 있다. Cilia와 flagella는 microtubule을 기반으로 하는 많은 다른 모터들을 가지고 있다: axonemal (축사) dynein은 flagella와 cilia의 흔들림(beating)을 일으키고, kinesin-2와 세포질 dynein은 flagellum과 cilium의 조립 및 분해를 책임진다.

진핵세포의 Cilia와 Flagella는 Dynein 모터로 연결된 긴 Doublet Microtubule을 포함하고 있다

Cilia와 flagella는 길이가 수 μm에서 2 mm (일부 곤충 정자의 편모) 이상까지 다양하다. 그들은 **axoneme (축사)**이라고 불리는 중심 microtubule 다발을 가지고 있는데, axoneme은 중심에 한 쌍의 singlet microtubule을 둘러싸고 있는 9개의 doublet microtubule의 배열로 구성되어 있다(9 + 2 구조. 그림 18-31a, c). 9개의 외부 doublet microtubule 각각은 13개의 protofilament가 있는 A tubule (세관)과 10개의 protofilament가 있는 B tubule로 구성되어 있다(그림 18-4 참조). cilia와 편모에 있는 모든 microtubule은 극성이 같다: (+) 끝은 cilia와 flagella의 끝에 위치한다. 세포 안에 있는 부착점에서 axoneme은 9개의 triplet microtubule을 포함하는 복잡한 구조인 *basal body* (기저체)와 연결된다(그림 18-31a, b).

Axoneme은 세 세트의 단백질 교차 연계에 의해 함께 유지된다(그림 18-31c). 2개의 중앙 singlet microtubule은 마치 사다리의 가로대들처럼 주기적인 다리로 서로 연결된다. 단백질 *nexin* (넥신)으로 구성된 두 번째 linker 세트는 인접한 외부 doublet microtubule들을 서로 연결한다. *Radial spoke* (방사형 스포크)는 외부 doublet microtubule의 각 A tubule에서 중앙의 microtubule pair를 향해 뻗어 나와 있다.

Cilia 및 flagella에 존재하는 주 운동 단백질은 여러 개의 소단위로 구성된 분자량이 매우 큰 *axonemal dynein*으로, 이 단백질은 세포질 dynein과 가까운 단백질이다. 두 줄의 axonemal dynein은 outer doublet microtubule의 각 A tubule의 길이를 따라 주기적으로 부착되어 있다: 이 모터들은 *inner-arm*과 *outer-arm*으로 불린다(그림 18-31c 참조). 이 axonemal dynein들과 인접한 doublet microtubule의 B tubule과의 상호작용으로 cilia와 flagella의 굽힘이 일어난다.

Cilia와 Flagella의 Beating (흔들림)은 Outer Doublet Microtubule의 조절된 미끄러짐에 의해 일어난다

Axonemal dynein이 활성화되면, cilia와 flagella가 휘어진다. 살아 있는 세포를 촬영하여 면밀히 조사하면, 굽힘이 cilia 또는 flagella의 기저부에서 시작하여 cilia (또는 flagella)를 따라 전파된다는 것을 알 수 있다(그림 18-32). 이것이 어떻게 일어나는지에 대한 단서는 분리된 axoneme에 대한 연구로부터 나왔다. 이러한 고전적인 실험에서 axoneme은 먼저 nexin linker만을 절단하는 protease로 부드럽게 처리되었다. 이렇게 처리된 axoneme에 ATP가 첨가되었을 때, 한 doublet microtubule의 A tubule에 부착된 dynein이 인접한 doublet microtubule의 B tubule을 따라 걸어 내려가면서 doublet microtubule들이 서로 미끄러졌다(그림 18-33b, c). Nexin linker가 있는 axoneme에서는 doublet microtubule들이 서로 연결되어(nexin linker에 의해) 있기 때문에, dynein의 작용은 flagella를 휘게 만든다(그림 18-33a).

우리는 아직 어떻게 일부 특정한 세트의 dynein들이 활성화되고, 활성화의 파동이 axoneme을 따라 전파되는지 완전히 이해하지 못하지만, tubulin의 post-translational modification이 아마도 어떤 역할을 할 것이다. 18.4절에서 논의한 tubulin의 post-translational modification이 microtubule과 운동 단백질 사이의 상호작용에 영향을 미칠 수 있다는 것을 다시 생각해 보자. Outer axoneme doublet microtubule의 B tubule은 종종 polyglutamylation되며, 이러한 변형은 inner-arm dynein과 B tubule의 상호작용에 강한 영향을 미친다. Inner-arm dynein들이 주로 ciliary beat (cilia의 흔들림, 박동)의 파형에 영향을 미치기 때문에, polyglutamylation을 할 수 없는 돌연변이는 정상적인 ciliary beat의 파형이 손상되어 있다.

Intraflagellar Transport (편모 내 운송)는 Cilia와 Flagella의 위아래로 물질을 운반한다

Axonemal dynein은 cilia와 flagella를 구부리는 데 관여하지만, 이러한 구조(cilia와 flagella)에서 또 다른 유형의 운동성이 관찰되었다. 2개의 flagella를 가진(biflagellated) 녹색 조류 *Chlamydomonas reinhardtii* (클라미도모나스 라인하르트티)의 flagella를 주의 깊게 조사한 결과, 편모의 끝을 향해 약 2.5 μm/s로 이동하는 세포질 입자(anterograde movement)들과 반대로 끝단에서 기저부로 약 4 μm/s로 이동하는 (retrograde movement) 다른 입자가 있음이 밝혀졌다. *Intraflagellar transport* (*IFT*, 편모 내 운송)로 알려진 이러한 움직임은 cilia와 flagella 모두에서 일어난다. 광학현미경과 전자현미경을 통해 입자들이 outer

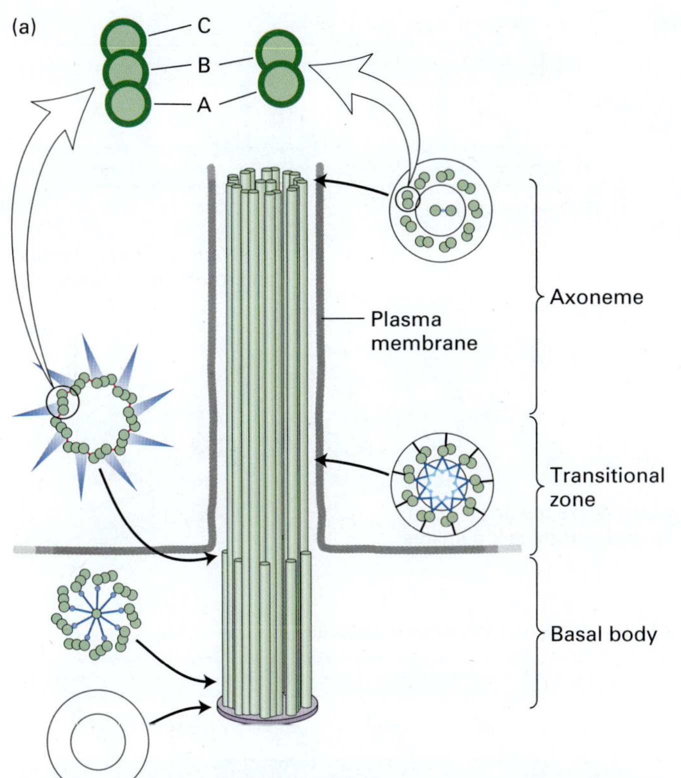

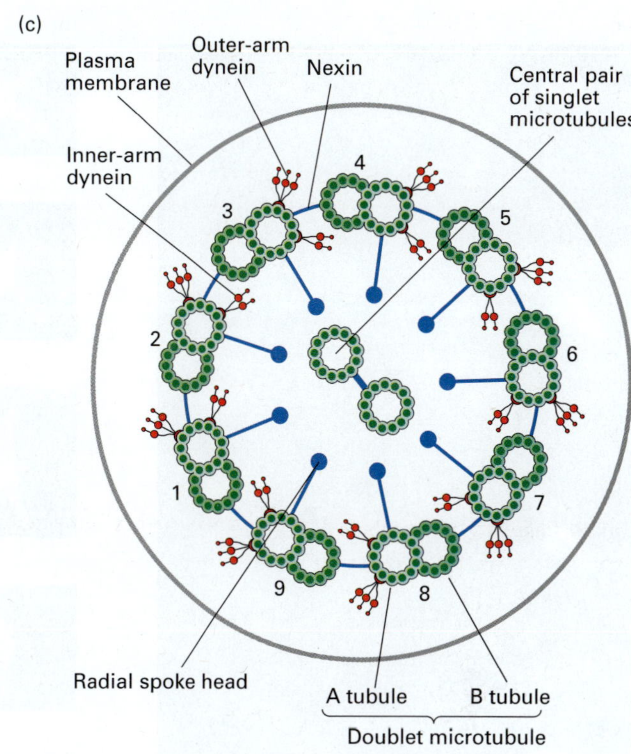

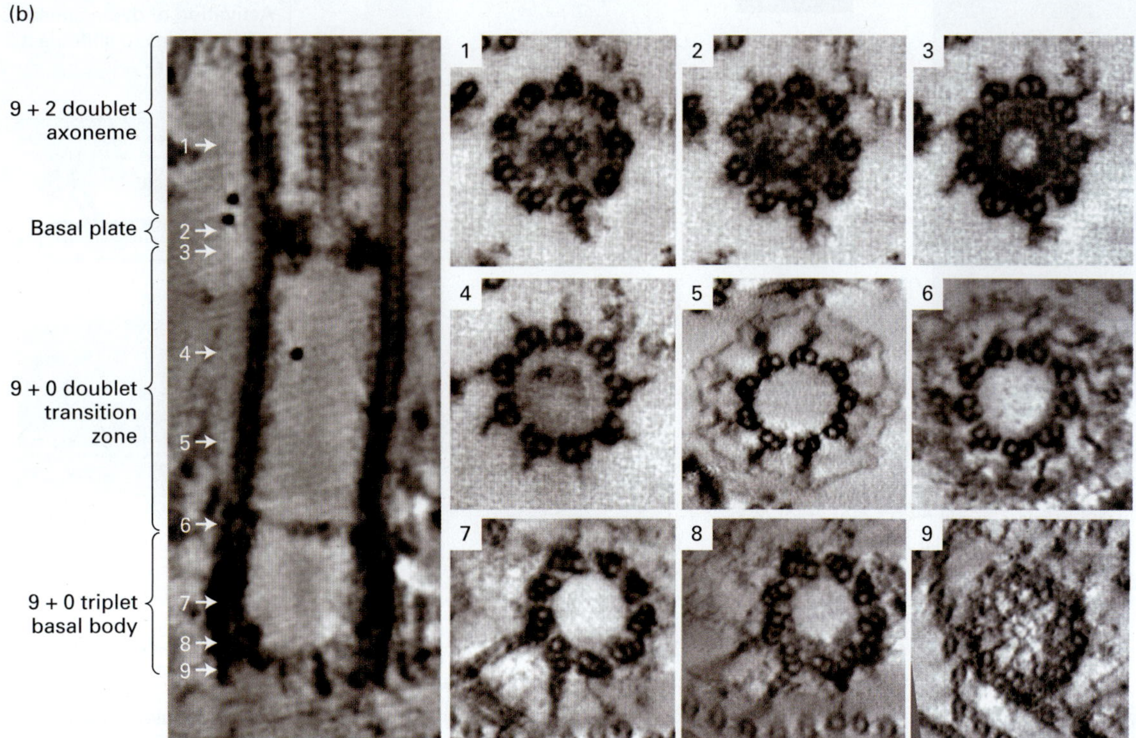

그림 18-31 Cilia와 편모의 구조적 조직. (a) Cilia와 flagella는 9개의 연결된 triplet mictubules를 축으로 만들어진 구조인 basal body로부터 조립된다. Basal body의 A 및 B tubule과 연속된 것이 axoneme의 A와 B tubule이다. Axoneme은 cilia와 flagella의 막으로 싸인 핵심이다. Basal body와 axoneme사이에는 transition zone (이행대)이 있다. (b) Basal body, transition zone, 그리고 axoneme의 복잡한 구조. cilia의 전자현미경 사진: 왼쪽 사진은 cilia의 일부의 종단면을 보여주고, 오른쪽 사진들은 왼쪽 사진의 숫자로 표시된 부분의 횡단면을 보여 준다. (c) 구조물들을 정확히 보여주기 위한 cilia 횡단면의 모식도. S. K. Dutcher, 2001, *Curr. Opin. Cell Biol.* **13**:49–54 참조. [Part (b) S. Vaughan, K. Gull, 2015, "Basal Body Structure and Cell Cycle-Dependent Biogenesis in *Trypanosoma brucei*," *Cilia* **5**:5, https://doi.org/10.1186/s13630-016-0023-7.]

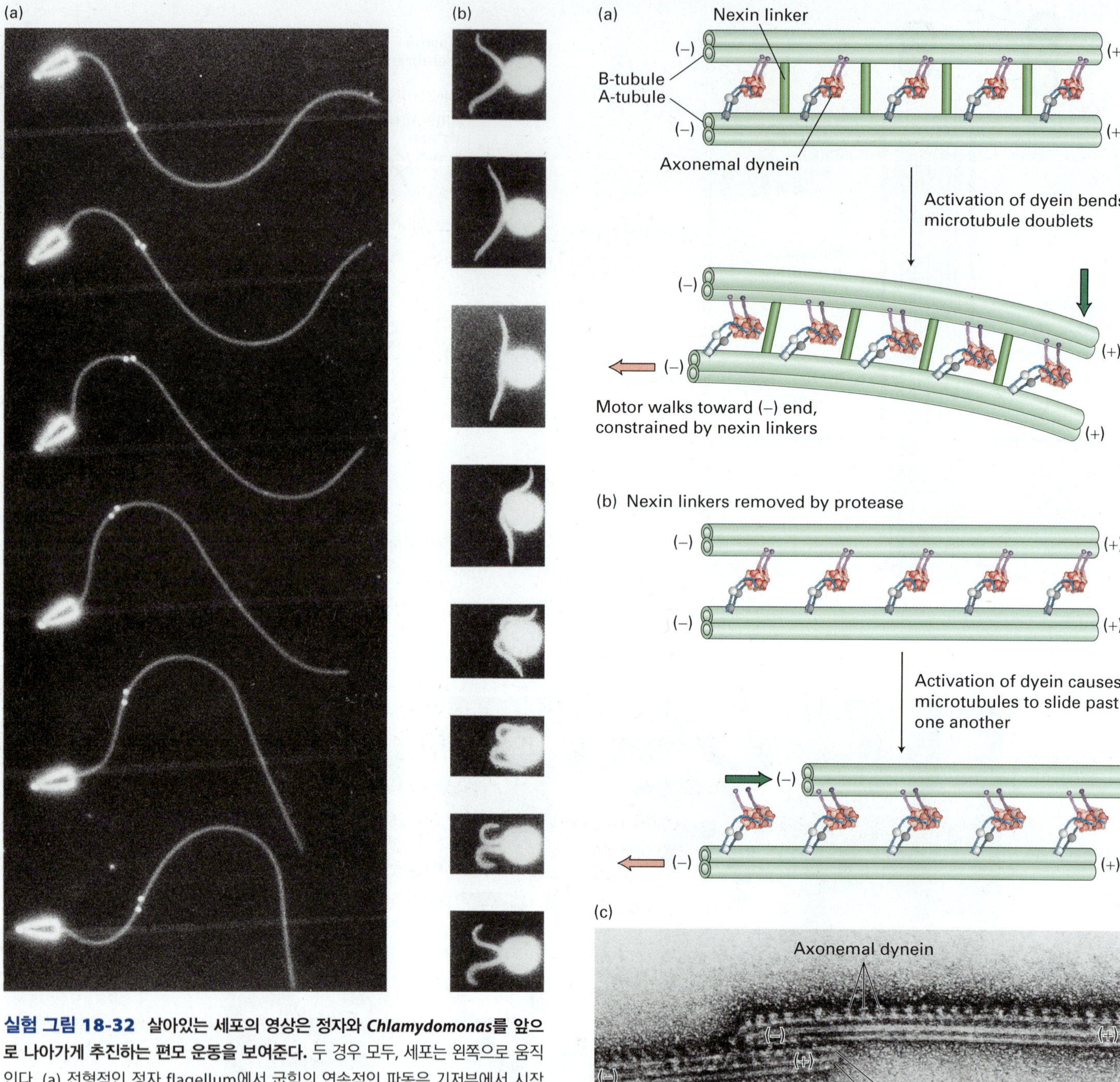

실험 그림 18-32 살아있는 세포의 영상은 정자와 *Chlamydomonas*를 앞으로 나아가게 추진하는 편모 운동을 보여준다. 두 경우 모두, 세포는 왼쪽으로 움직인다. (a) 전형적인 정자 flagellum에서 굽힘의 연속적인 파동은 기저부에서 시작하여 끝 쪽으로 전파된다; 이 파동들은 주변 액체를 밀어내고 세포를 앞으로 나아가게 한다. 이 일련의 사진에서, 첫 번째 프레임에서 보이는 편모 기저부의 굽힘(*위쪽*)은 편모를 따라 끝 쪽으로 이동하여, 마지막 프레임에서는 편모 길이의 절반쯤 이동한 것으로 보인다. 편모에 부착된 금구슬 한 쌍이 그들의 부착된 지역을 통과하면서 미끄러져 벌어지는 것을 볼 수 있다. (b) *Chlamydomonas*에 있는 편모 2개의 흔들림(beating)은 *effective stroke* (*유효 스트로크*, 상단 3개 프레임)와 *recovery stroke* (*회복 스트로크*, 잔여 프레임)라고 불리는 두 단계로 일어난다. Effective stroke는 물속에서 *Chlamydomonas*를 끌어당긴다. Recovery stroke 동안, 다른 굽힘의 파동이 flagella 밑 부분에서 바깥쪽으로 이동하여 flagella가 다른 effective stroke을 시작할 수 있는 위치에 도달할 때까지 편모를 세포 표면을 따라 밀어낸다. 흔들림(beating)은 일반적으로 1초에 5–10회 정도 일어난다. [Part (a) C. J. Brokaw, 1991, *J. Cell Biol.* **114**(6):1201–1215; https://doi.org/10.1083/jcb.114.6.1201. Part (b) Courtesy of Stuart Goldstein.]

그림 18-33 Cilia와 flagella의 굽힘은 axonemal dynein에 의해 매개된다. (a) Outer doublet의 A tubule에 부착된 axonemal dynein은 (–) 말단으로 이동하기 위해 인접한 doublet의 B tubule을 당긴다. 인접한 tubule은 nexin에 의해 묶여 있기 때문에, dynein에 의해 생성된 힘은 cilia 또는 flagella를 구부린다. (b) (a) 모델에 대한 실험적 증거. Nexin linker가 프로테아제에 의해 분해되고 dynein의 활성을 유도하기 위해 ATP가 첨가되면, microtubule은 서로 미끄러진다. (c) Protease 처리 후, ATP를 첨가한 axoneme의 2개 doublet microtubule의 전자현미경 사진. 교차-결합 단백질이 없으면, doublet microtubule들이 과도하게 미끄러진다. Dynein-arm은 A tubule으로부터 돌출되고 왼쪽 doublet microtubule의 B tubule과 상호작용하는 것을 볼 수 있다. [Part (c) Courtesy of Peter Satir.]

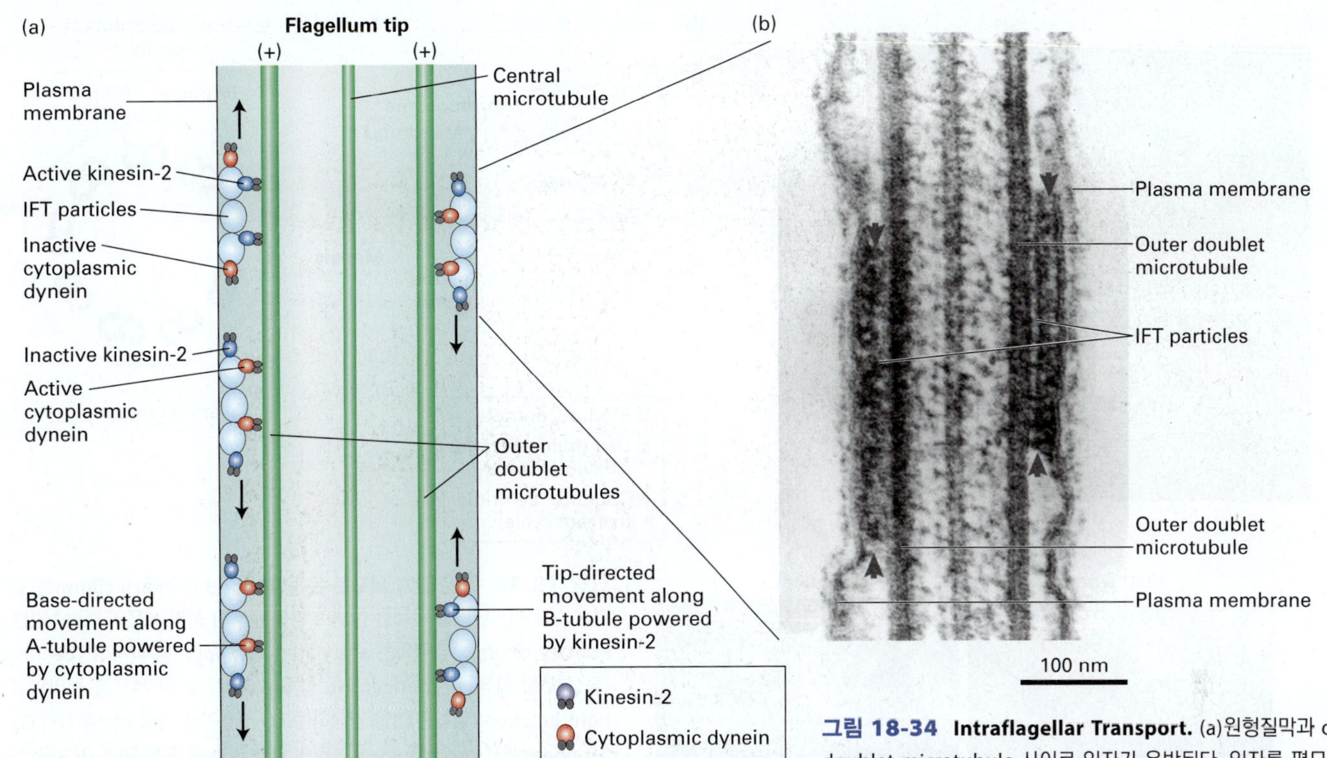

그림 18-34 Intraflagellar Transport. (a)원형질막과 outer doublet microtubule 사이로 입자가 운반된다. 입자를 편모 끝으로 수송하는 것은 kinesin-2에 의존하는 반면, 끝에서 기저부로의 수송은 세포질 dynein에 의해 매개된다. (b) 이 전자현미경 사진은 *Chlamydomonas* flagellum의 한 절편에 있는 IFT 입자를 보여준다 .[Part (b) Reprinted by permission from Nature Publishing Group, from J. L. Rosenbaum and G. B. Witman, 2002, "Intraflagellar Transport," *Nat. Rev. Mol. Cell Biol.* **3**:813–825; permission conveyed through Copyright Clearance Center, Inc.]

doublet microtubule과 원형질막에 평행하게 이어지는 경로를 따라 움직인다는 것이 밝혀졌다(그림 18-34). *Chlamydomonas* 돌연변이를 분석한 결과, anterograde movement는 kinesin-2에 의해 구동되고 retrograde movement은 세포질 dynein에 의해 구동된다는 것이 입증되었다. 놀랍게도, anterograde-moving 입자는 간섭 없이 retrograde-moving 입자를 지나칠 수 있는데, 이는 kinesin-2에 의해 구동되는 anterograde-moving 입자는 B tubule을 따라 움직이고, dynein에 의해 구동되는 retrograde-moving 입자는 A tubule을 따라 움직이기 때문이다.

*Chlamydomonas*의 flagella에서 운송되는 IFT 입자—즉, anterograde-moving 입자와 retrograde-moving 입자—들은 분리되고, 그들의 구성 성분이 규명되었다. 그들은 *IFT 복합체 A*와 *IFT 복합체 B*라고 불리는 2개의 다른 단백질 복합체로 구성되어 있다. 이러한 복합체에 영향을 미치는 돌연변이를 가진 세포의 표현형을 분석하여, 복합체 B는 anterograde IFT에 필요한 반면에, 복합체 A는 retrograde IFT에 중요하다는 것이 발견되었다. 이렇게 기능이 분리되었음에도 불구하고, 두 복합체는 양방향으로 운송된다. IFT 입자의 모든 구성 요소는 선충류, 초파리, 생쥐, 인간과 같이 cilia를 가지고 있는 생물들에 homolog (동족체)가 존재하지만, cilia가 없는 효모와 식물의 genome에는 이러한 입자들이 없다. 이런 결과들은 이 입자들은 IFT에 특이적이라는 것을 암시한다.

IFT의 기능은 무엇인가? Flagella에 있는 모든 microtubule들의 성장하는 (+) 말단은 flagella의 끝에 존재하기 때문에, 새로운 tubulin 소단위와 flagella의 구조 단백질들은 이곳에 첨가되어야 한다. 게다가, 균일한 길이의 flagella를 가진 세포에서도 microtubule은 flagella 끝에서 지속적으로 조립과 분해가 일어나 새로 만들어진다. Kinesin-2에 결함이 있는 세포에서 flagella는 수축하는데, 이는 IFT가 flagella의 성장을 위해 새로운 물질을 끝으로 운반한다는 것을 시사한다. IFT가 지속적으로 일어나기 위해서는 다음의 질문에 대한 답이 필요하다. 즉, kinesin-2 분자가 flagella 끝에 도달하면 어떻게 되고, dynein 모터가 입자를 역행적(retrogradely)으로 운반하기 위해 flagella의 끝에 어떻게 존재하는가? IFT는 axonal transport의 상황과 매우 유사하여, dynein은 kinesin-2에 의해 구동되는 anterograde transport 이동 입자의 화물이 되어 flagella의 끝으로 운반되고, kinesin-2는 dynein에 의해 입자들이 flagella의 기저부로 다시 돌아올 때 화물이 된다.

Primary Cilia는 Interphase Cells의 감각 기관이다

많은 척추동물 세포는 **primary cilium (1차 cilium)**로 알려진 1개의 비운동성 cilium을 가지고 있다. Primary cilium은 대부분의 microtubule을 분해하는 colchicine과 같은 약물에 저항성이 있는 안정적인 구조이다. Colchicine 처리 후, 유일하게 남아 있는 microtubule은 centriole과 primary cilium에서 발견된다(그림 18-12 참조). 또한 primary cilium의 tubulin은 acetylation이 되기 때문에 acetylated α-tubulin을

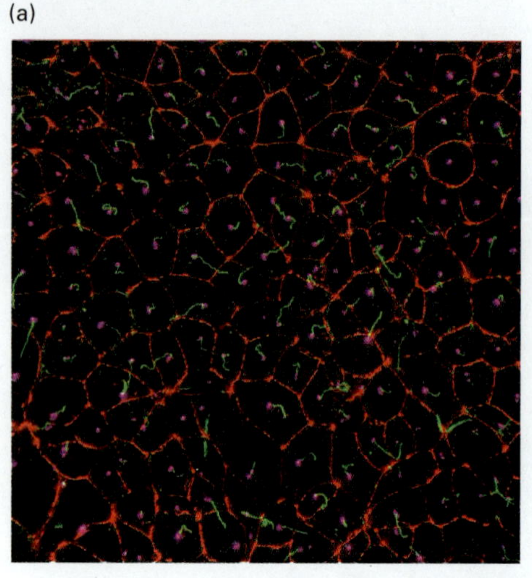

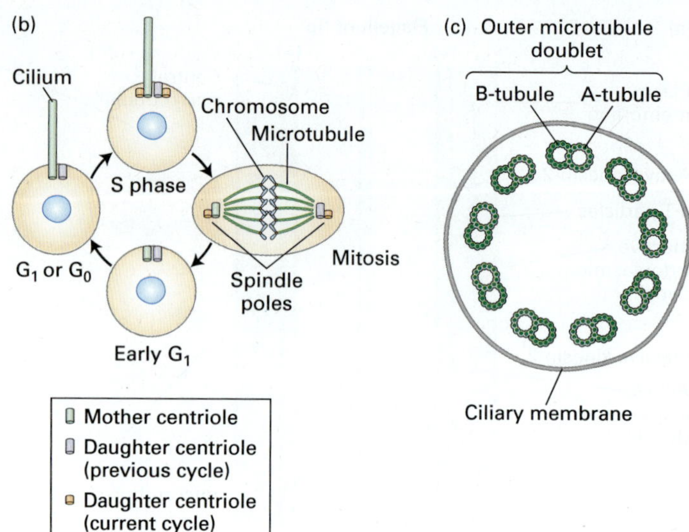

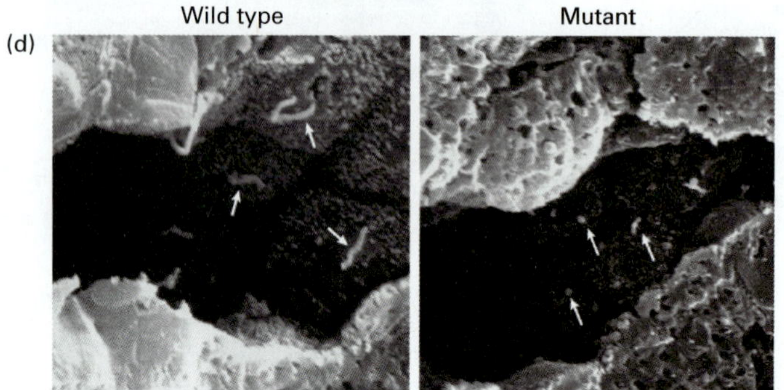

그림 18-35 많은 간기 세포는 운동성이 없는 primary cilium을 갖고 있다. (a) 다양한 단백질에 대한 항체로 염색된 생쥐 상피 세포의 형광현미경 사진. Primary cilium을 염색하는 acetylated α-tubulin 항체(녹색), centrosome (중심체)를 염색하는 pericentrin 항체(자홍색) 및 각 세포를 둘러싸고 있는 tight junction (밀착연접)을 염색하는 ZO-1(빨간색). (b) 세포주기의 G1 또는 G0 phase에서 centrosome은 2개의 centriole을 포함한다. 이 2개의 centriole 중 하나가 primary cilium의 basal body로 기능을 한다. S phase에서, centrosome은 mitosis를 준비하기 위해 복제된다. 세포가 mitosis로 접어들면서 primary cilium은 분해되고 복제된 centrosome이 spindle pole (방추극)을 형성한다. (c) 운동성 cilia과 flagella에서 전형적으로 나타나는 한 쌍의 중앙 microtubule 및 dynein-arm이 primary cilia에 존재하지 않음을 보여주는 모식도. (d) 생쥐 신장의 collecting tubule (집합 tubule) 상피세포의 scanning electron micrograph (주사전자현미경 사진). *왼쪽*, 정상 쥐. 오른쪽, 하나의 IFT 입자 구성요소에 결함이 있는 돌연변이 쥐. 화살표는 primary cilium들을 가리킨다. 돌연변이 쥐의 primary cilium은 짧고 뭉뚝하다. [Part (a) Republished with permission from John Wiley & Sons, from B. D. Engel et al., 2011, "A Cell-Based Screen for Inhibitors of Flagella-Driven Motility in *Chlamydomonas* Reveals a Novel Modulator of Ciliary Length and Retrograde Actin Flow," *Cytoskeleton* **68**(3):188–203; permission conveyed through Copyright Clearance Center, Inc. Part (d) G. J. Pazour et al., 2000, *J. Cell Biol.* **151**(3):709–718; https://doi.org/10.1083/jcb.151.3.709.]

특이적으로 인식하는 항체를 사용하여 각 interphase cell에서 primary cilium을 쉽게 식별할 수 있다(그림 18-35a).

완전히 분화된(terminally differentiated) 세포와 mitosis기에 있지 않은 증식하는 세포는 primary cilium을 가지고 있다. 후자의 경우, primary cilium의 존재는 centriole의 복제 주기와 연결되어 있으며(8.6절에서 논의), 2개의 centriole 중 오래된 것(mother centriole)이 primary cilium의 조립을 위해 필요한 basal body로 기능을 한다(그림 18-35b). 따라서 2개의 centriole과 pericentriolar material로(그림 18-6 참조) 구성된 centrosome (중심체)은 두 가지 역할—primary cilium의 basal body이자 세포질 microtubule을 합성하고 조직화하는 MTOC—을 한다.

Primary cilium은 다른 cilia와 편모에서 발견되는 한 쌍의 중심 microtubule 및 dynein arm이 없는 비운동성의 cilia지만(그림 18-35c), IFT 운송 시스템은 유지하고 있다. 지난 몇 년 간의 연구는 primary cilium이 감각 기관으로 세포외 신호를 감지함으로써 세포의 안테나 역할을 한다는 것을 보여주었다. 예를 들어, 우리의 후각은 odorant (냄새 물질, 후각자극제)가 코의 olfactory sensory neuron (후각 감각 신경)의 primary cilium에 위치한 수용체에 결합하기 때문이다(23장 참조). 또 다른 예로, 눈의 rod cell (간상세포)과 cone cells (원추세포)는 photoreception (광수용)에 관련된 단백질을 수용하기 위해 끝 부분이 크게 확장된 primary cilium을 가지고 있다. 망막 단백질 opsin (옵신)은 kinesin-2에 의해 IFT 시스템의 일부로 수송되며, 분당 약 2,000개의 분자가 primary cilium을 지나간다. 이 수송 과정의 결함은 망막 퇴행을 유발한다. 척추동물에서 primary cilium은 16장에서 설명한 바와 같이 Hedgehog signaling pathway가 작동하는 부위이다.

Primary cilium은 적절한 단백질만 cilia 내로 들어갈 수 있도록 기저부에 diffusion barrier (확산장벽)를 가지고 있다: 구형의 분자량 10 kDa인 단백질은 쉽게 통과할 수 있지만, 40 kDa 이상인 단백질은 배제된다. 놀랍게도, 이 확산장벽을 통한 수송은 nuclear pores (핵공)을 통해 핵으로 수송하는 것과 유사하며, 실제로 이 두 가지 형태의 수송은 몇 가지 공통적인 구성요소를 가지고 있다. 13.6절에서 본 바와 같이, 핵공을 통해 물질을 핵 안으로 들여오기 위해서는 Ran GTPase의 기울기가 형성되어 있어야 하고, 또한 화물 단백질이 importin (임포틴)에 결합하여야 한다. 최소한 일부 단백질들(예, kinesin-2)의 경우, 이들을 확산장벽을 가로질러 primary cilium으로 운반하려면 Ran GTPase의 기울기와 importin이 필요하다.

Primary cilia의 결함은 많은 질병의 원인이다

Primary cilium의 존재와 기능은 수년 간 무시되었다. 그러나 이러한 상황은 지난 10년 동안 극적으로 변화해 왔다. 왜냐하면, 우리는 IFT의 결함이 생쥐에서 primary clium을 잃게 된다는 것을 알게 되었고(그림 18-35d), 많은 질환의 원인이 primary cilium과 IFT의 결함으로 알려졌다. 첫 번째 단서 중 하나는 *Chlamydomonas* IFT 단백질의 포유류 homolog인 단백질이 손실되면, primary cilium의 결함을 초래하고, autosomal dominant polycystic kidney disease (ADPKD, 상염색체 우성 다낭성 신장병)을 유발한다는 발견에서 나왔다. 신장 집합관(collecting tubule)의 상피세포에 있는 primary cilium은 구부러진 정도만큼 유체 흐름 속도를 측정하는 기계화학적 센서 역할을 한다는 가설이 있다.

또 다른 예로, Bardet-Biedl 증후군 환자들은 망막변성, polydactyly (다지증), 비만의 증상을 보인다. 이 증후군은 14개의 유전자 중 어느 것이라도 돌연변이가 일어나면 발생할 수 있으며, primary cilium의 기능에 결함이 있는 것으로 밝혀졌다. 이들 유전자의 다수는 BBsome의 소단위들을 암호화하고 있다. BBsome은 8개의 소단위로 이루어진 복합체로 COPI, COPII, clathrin (14장에 기술)과 공통적인 구조 요소들과 코트를 형성하고 막 단백질을 cilia로 운반한다. 많은 BBsome 성분들의 결함은 primary cilium의 구조 자체에는 영향을 미치지 않지만, 정상적으로는 IFT와 BBsome의 상호작용을 통해 primary cilium으로 전달되어야 할 특정한 막 수용체의 결손을 초래한다. 예를 들어, Bardet-Biedl 증후군 환자에게서 나타나는 다지증은 발생 중 patterning에 필요한 primary cilium에 위치한 Hedgehog signaling (16장 참조)의 결손 때문이다. ■

18.5절의 주요 개념

Cilia (cilia)와 Flagella (편모): Microtubule에 기반한 표면 구조물

- Cilia와 flagella는 중앙의 특징적인 한 쌍의 singlet microtubule과 바깥쪽에 9개의 outer doublet microtubule을 가진 microtubule-based의 세포 표면 구조이다(그림 18-31 참조).
- 모든 cilia와 flagella는 centriole과 밀접한 관련이 있는 9개의 외부 triplet microtubule 구조를 가진 basal body에서 자란다.
- 한 doublet microtubule의 A tubule에 부착된 axonemal dynein은 cilia와 flagella를 구부리기 위해 다른 doublet microtubule의 B tubule과 상호작용한다.
- Cilia와 flagella에는 물질이 kinesin-2에 의해 끝까지 운반되고, 세포질 dynein에 의해 끝에서 밑 부분(basal body 쪽으로)으로 다시 운반되는 IFT 메커니즘이 있다. IFT는 cilia와 flagella의 기능과 길이를 조절한다.
- 많은 세포들은 표면에 하나의 비운동성 primary cilium을 가지고 있다. Primary cilium은 운동성 cilia의 중앙에 있는 한 쌍의 singlet microtubule과 dynein-arm이 없다. Primary cilium은 세포외 신호 수용체를 자신의 세포막에 가지고 있는 감각 기관으로 기능한다. Primary cilium의 감각 기능 때문에 많은 질병이 primary culium에 있는 수용체의 분포나 primary culium의 구조에 결함이 있어서 발생한다.

18.6 Mitosis

생명체의 존재와 영속성을 가능하게 하는 모든 과정 중에서, 아마도 가장 중요한 것은 세포들이 자신의 염색체를 정확하게 복제하고 각각의 세포 분열에서 그들의 복제된 염색체를 충실히 분리하는 능력일 것이다. 19장에서 논의될 고도로 조절된 과정인 **세포 주기** 동안 세포는 *S* 기 (*DNA* **합성기**)로 알려진 기간 동안 염색체를 정확하게 한 번 복제한다. 복제 후, 각각의 복제된 염색체의 두 복사본은 *cohesin* (**코헤신**)이라 불리는 단백질에 의해 하나로 붙어 있다. 이어서 세포는 G_2 기(Gap 2)를 거쳐 복제된 염색체를 딸세포로 나누는 과정인 mitosis로 들어간다.

Mitosis (체세포분열)는 정확해야 한다. 염색체의 손실이나 획득은 세포에 치명적일 수도 있고, 세포에 심각한 합병증을 일으킬 수도 있다. 효모세포는 세포 분열 10만 회당 16개의 염색체 중 1개의 염색체를 잘못 분리하는 것으로 추정되며, 이는 mitosis를 생물학의 가장 정확한 과정 중 하나로 만들었다. 이 수준의 정확성을 달성하기 위해 mitosis는 오류가 없는 질서정연한 일련의 단계로 진행되도록 고도로 조절된다. 또한 오류 감지 메커니즘이 각 단계를 교정한다. 오류가 감지되면 진행되던 과정이 일시 중지되므로 오류가 수정될 수 있다. Mitosis의 충실도를 보장하는 타이밍과 메커니즘은 19장에서 자세히 논의하는 세포주기 회로에 의해 조절된다. 이 절에서 우리의 논의는 세포주기의 회로 중 microtubule과 mitosis의 기계적인 부분으로 제한한다.

요약하자면, 세포는 염색체를 분리하기 위해 기계(spindle, 방추체)의 조립을 먼저 체계화하고, 복제된 염색체를 방추사에 부착하여 분리하는 동안 각 염색체의 복사본이 하나씩 각 딸세포를 향해 움직이며, 마지막으로 세포는 둘로 나뉘어 각각의 딸세포가 한 세트의 완전한 염색체를 상속하는 것이다.

Centrosome (중심체)는 Mitosis를 준비하기 위해 세포주기 초기에 복제한다

Mitosis 동안 염색체를 분리하기 위한 준비로써, 세포는 S phase의 염색체 복제와 조화된 방식으로 자신의 MTOC—자신의 centrosome—

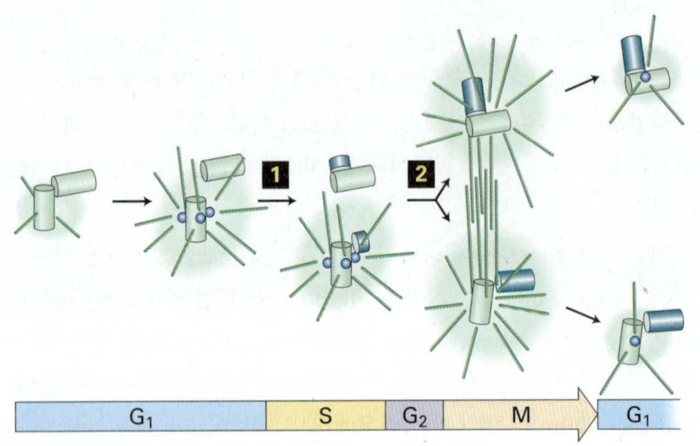

그림 18-36 Centrosome 복제와 세포 주기의 관계. G/1 S phase CDKs와 Plk4 (단계 1)에 의해 시작되는 centrosome 복제는 한 쌍의 centriole이 분리되고, 각 분리된 centriole에서 daughter centrioles (파란색)가 형성되기 시작하는 결과를 낳는다. G2 단계에 이르면, daughter centriole의 성장은 완료되지만, 두 쌍의 centrioles는 단일 centrosomal complex (중심체 복합체) 내에 남아 있다. Mitosis 초기에, M기 CDK의 활성화에 의해(단계 2), centrosome은 갈라지고, 각 갈라진 centrosome은 microtubule의 형성을 시작하며, 2개의 centriole 쌍(갈라진 centrosome에 한 쌍씩 존재)은 핵의 양쪽 반대편으로 이동한다. Pericentriolar material (중심체 주위의 녹색 영역)과 centrosome의 microtubule 합성을 시작하는 능력(microtubule nucleation activity)은 mitosis 중에 크게 증가한다. Mitosis에서 각 MTOC는 spindle pole이라고 불린다.

를 복제한다(그림 18-36). 19장에서 논의하는 바와 같이, 세포 주기는 주로 cell-cycle specific cyclin (세포주기 특이 사이클린)과 cyclin-dependent kinase (CDK, 사이클린-의존성 kinase)의 결합에 의해 추진된다. G_1/S phase CDK와 Plk4라는 두 가지 kinase가 centrosome 복제를 촉진한다. 복제된 centrosome은 세포가 mitosis로 들어가면서 *centrosome disjunction* (중심체 분리)로 알려진 과정에서 분리되고, 분리된 centrosome은 그 후 핵의 양 반대편으로 각각 이동하여 mitotic spindle (체세포분열 방추체)을 형성할 두 극(pole)이 된다. 동물 세포의 centrosome의 수는 적합한 방추체의 조립을 보장하기 위해 세심하게 조절된다. 사실, 많은 종양 세포는 2개 이상의 centrosome을 가지고 있는데, 이는 염색체의 잘못된 분리를 일으키고, 그 결과 염색체의 **aneuploidy (이수성)**가 일어나서 유전적 불안정에 기여한다. Aneuploidy가 암을 유발하는 이유는 25장에서 논한다.

식물 세포의 mitosis와 동물 암컷의 meiosis (감수분열) 등 centrosome 없이 spindle (방추체)들이 형성되는 경우가 많이 존재한다. 이런 관찰은 centrosome으로부터 microtubule이 만들어지는 것이 spindle이 형성될 수 있는 유일한 방법이 아니라는 것을 암시한다. 개구리 알의 mitotic extract (centrosome을 포함하지 않는 추출물)을 이용한 연구는 DNA로 덮인 구슬을 추가하면, 비교적 정상적인 mitotic spindle을 조립하기에 충분하다는 것을 보여준다(그림 18-37). 이 시스템에서, 구슬은 microtubule의 조립을 유도하고 추출물에 있는 인자들이 spindle을 만들기 위해 협력한다. 이러한 반응에 필요한 인자 중의 하나는 세포질 dynein으로, 이 운동 단백질이 2개의 microtubule에 결합하고, 그들의 (-) 말단으로 이동함으로써, 이들을 서로 끌어당길 것이라고 생각되고 있다.

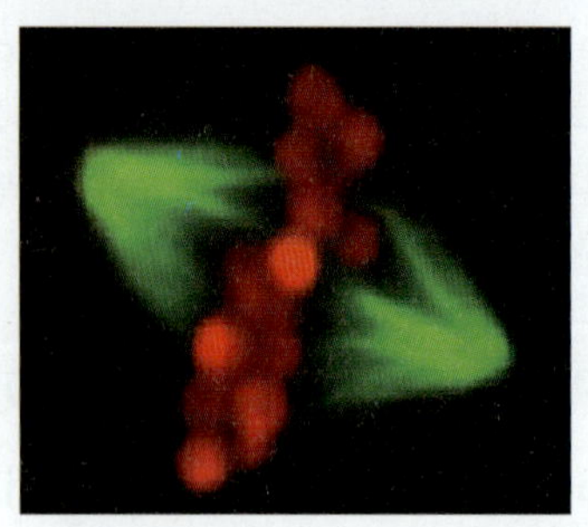

실험 그림 18-37 Mitotic spindle은 centrosome 없이도 형성될 수 있다. Centrosome이 없는 추출물은 mitosis에 정지되어 있는 개구리 oocyte (난모세포)로부터 분리될 수 있다. 형광으로 표지된 tubulin (녹색)이 DNA (빨간색)로 덮인 구슬과 함께 추출물에 첨가되면, mitotic spindle이 무작위로 합성된 microtubule로부터 구슬 주위에 자발적으로 형성된다. K. Kinoshita et al., 2002, *Trends Cell Biol.* **12**:267–273; and C. Antonio et al., 2000, *Cell* **102**:425 참조. [Republished with permission from Nature Publishing Group, from R. Heald et al., 1996, "Self-Organization of Microtubules into Bipolar Spindles Around Artificial Chromosomes in *Xenopus* Egg Extracts," *Nature* **382**(6590):420–425; permission conveyed through Copyright Clearance Center, Inc.]

Mitosis는 5단계로 나뉠 수 있다

Mitosis는 세포 주기 회로에 의해 구동되는 여러 단계를 통해 신중하게 조정되는 과정으로, 각 단계는 선행 단계가 완료되어야 진행될 수 있다(그림 18-38). 우리는 먼저 각 단계에서 발생하는 사건을 검토한 다음, 이러한 사건을 발생시키는 몇 가지 메커니즘에 대해 논의한다.

Prophase (전기)는 mitosis의 첫 단계이다. Prophase에 앞서 spindle을 조립하고 세포를 염색체 분리와 세포 분열을 위한 준비를 갖추도록 하는 데 필요한 많은 조정되고 극적인 사건들이 먼저 일어난다. 이러한 과정 중 일부는 염색체 분리에 직접적으로 관련되어 있는 반면, 다른 과정들은 mitosis를 촉진하거나 2개의 딸세포를 형성하기 위해 세포를 준비시킨다. 우리는 이 두 가지 범주의 과정을 차례로 논의한다.

Mitosis를 위한 microtubule을 준비하기 위해, 복제된 centrosome이 더 많은 pericentriolar materials 물질을 얻고, 또 더 많은 microtubule을 생성함에 따라, interphase의 microtubule의 배열이 바뀌게 된다. 이 두 MTOC (복제된 2개의 centrosome)에서 뻗어 나오는 microtubule의 집합체가 이제 빛나는 별들과 닮았기 때문에, 이들은 종종 mitotic **aster (성상체)**라고 불린다. 성장 중인 microtubule의 역동성은 +TIP의 (+) 말단에서의 활성 변화로 인해 증가한다. 양극성 kinesin-5 (bipolar kinesin-5; 그림 18-20 참조)는 상호 교차하는 microtubule의 (+) 말단을 향해 걷는다. 이 kinesin의 활동은 2개의 aster가 핵의 반대쪽에 각각 놓일 때까지 교차하는 microtubule들을 미끄러뜨려 서로 멀어지게 한다. 분리된 centrosome들은 염색체를 분리하는 microrubule 기반 구조인 **mitotic spindle (체세포분열 방추사)**의 양 극이 될 것이다. 각 복제된 염색체 쌍—이 단계에서는 **sister chromatid (자매 염색분체)**라고 불림—을 하나로 묶고 있던 cohesin들은

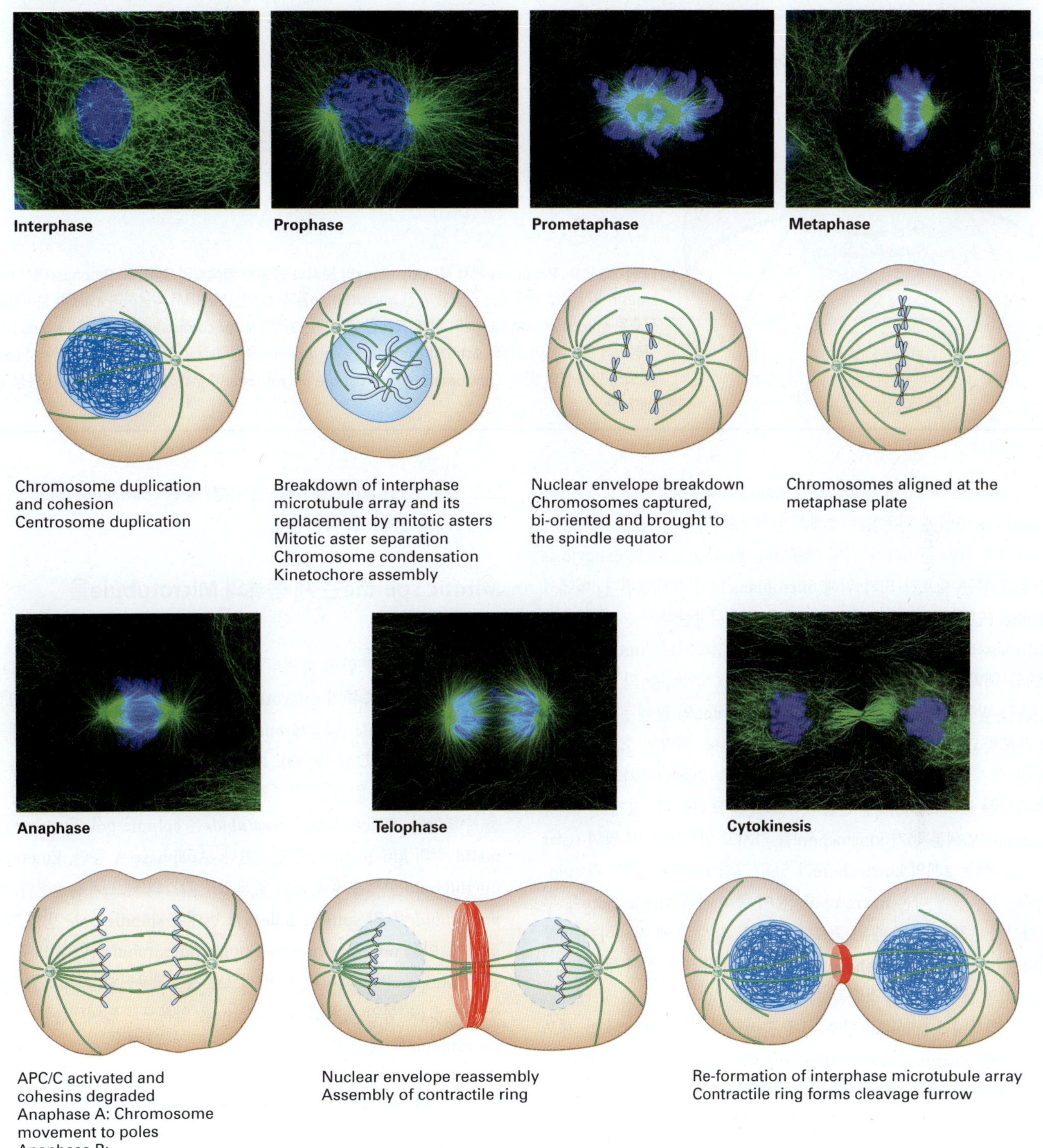

그림 18-38 동물 세포에서 mitosis의 단계와 cytokinesis. 위쪽 패널은 배양 세포의 mitosis 단계를 보여준다(DNA는 파란색, tubulin은 녹색). 아래 모식도는 서로 다른 단계와 각 단계에서 발생하는 이벤트를 보여준다. [Torsten Wittmann, University of California, San Francisco.]

centromeric region (동원체, centromere, 지역)을 제외하고는 분해된다. 따라서 2개의 sister chromatid는 centromeric region에서 분해되지 않은 cohesin 의해 연결된 상태로 남아 있게 된다(그림 18-39b). 또한 prophase 동안 microtubule의 부착 부위가 될 **kinetochore (방추사 부착점)**라고 불리는 특수한 구조가 각 sister chromatid의 centromeric region에 만들어진다.

앞서 언급한 바와 같이, 염색체 분리와 직접적인 관련이 없는 많은 세포 내의 공정들이 세포 분열을 준비하기 위해 극적으로 변한다. 내

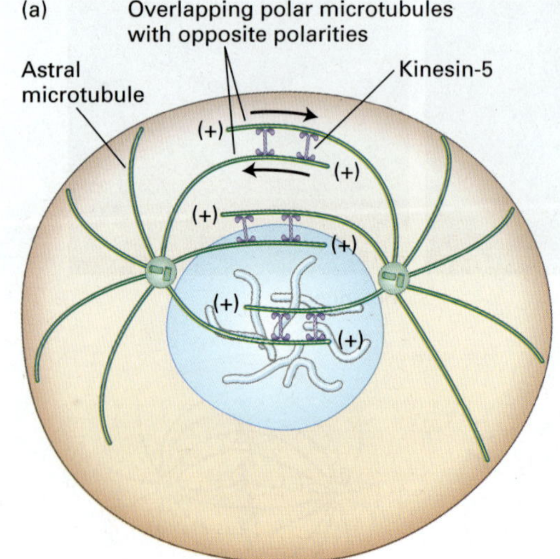

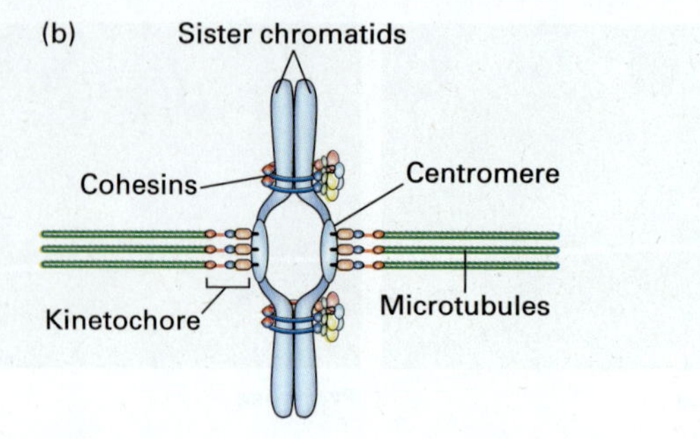

그림 18-39 Prophase에서 Mitotic aster의 분리와 응축된 염색체의 일부. (a) Prophase에서 bipolar kinesin-5가 서로 반대되는 극성을 가진 microtubule들의 겹치는 부분에서 작용하여 aster가 분리된다. (b) 응축된 mitotic chromosome의 일부. 복제된 염색체는 2개의 sister chromatid (각각은 하나의 ds DNA)로 구성되어 있으며, 이 2개의 sister chromatid는 *centromere* (*동원체*)라고 불리는 수축된 영역에서 cohesin에 의해 함께 붙어 있다. Centromere는 kinetochore microtubule이 부착하는 kinetochore가 형성되는 곳이다.

부 막의 조직(internal membrane organization)(일반적으로 간기의 microtubule 배열에 의존함)은 2개의 딸세포로 세포소기관들이 동등하게 분리되기 위한 준비하기 위해 해체된다. Endocytosis 및 exocytosis는 멈추고 둥근 세포가 되기 위해 microfilament가 재배열된다. 핵에서 nucleolus (인)는 분해되고 염색체는 응축되기 시작한다.

Mitosis의 다음 단계인 **prometaphase (전중기)**는 nuclear pore (핵공)와 핵막의 아래에 있는 nuclear lamina (핵막하층)의 분해에 의해 신호를 받는다. Nuclear pore와 nuclear lamina의 분해는 핵막의 붕괴를 유도하고 또 핵막이 소포체로 융합되게 한다. 핵막의 소실은 spindle pole에서 조립된 microtubule들이 염색체 쌍을 탐색하고, 염색체에 존재하는 kinetochore에 결합하여 그들을 포획할 수 있게 한다. 각 chromatid (염색분체)가 kinetochore를 가지고 있으므로 한 쌍의 sister chromatid에는 2개의 kinetochore가 있고(그림 18-39b 참조), 각 spindle pole에서 뻗어 나온 microtubule은 이 중 하나의 kinetochore에 부착된다. 이 부착 과정은 매우 중요한 단계로, 잠시 후에 자세히 논의할 것이다. 다음 단계인 **metaphase (중기)**는 모든 염색체 쌍이 두 spindle pole 사이의 등거리 점에 정렬될 때 달성된다.

모든 염색체가 spindle (방추사)에 올바르게 부착되어 있음을 세포가 감지하면, anaphase-promoting complex (anaphase 촉진 복합체) 또는 cyclosome (APC/C)의 활성화에 의해 다음 단계인 **anaphase (후기)**가 유도된다(19장에서 논의). 활성화된 APC/C는 궁극적으로 한 쌍의 sister chromatid를 붙잡고 있던 cohesin들의 파괴로 이어져서, 각 chromatid는 자신의 kinetochore에 부착된 microtubule에 의해 각각의 극으로 끌려 갈 수 있게 된다. Anaphase에서 각 chromatid들의 spindle pole로 이동하는 것은 *anaphase A*로 알려져 있다. 이와는 별개의 확연히 다른 움직임도 일어나는데, 2개의 spindle pole은 서로 더 멀리 떨어지게 되면서 spindle을 더 길어지게 한다. 이 과정은 *anphase B*라고 한다. 염색체가 다 분리되면, 세포는 **telophase (말기)**로 들어가는데, 이 과정에서 핵막과 nuclear lamina가 다시 형성되고, 염색체의 응축이 풀리며(decondensation, 탈응축), spindle이 흩어져서 없어진다. 마지막으로 세포는 **cytokinesis (세포질 분열)** 동안 contractile ring의 수축에 의해 2개의 딸세포로 나눠진다.

Mitotic spindle은 세 종류의 Microtubule을 포함하고 있다

Mitosis 과정에 포함된 메커니즘을 논의하기 전에, spindle pole에서 나오는 세 가지 종류의 microtubule에 대해 고찰하는 것이 중요하다. *Astral microtubule* (성상체 *microtubule*)은 spindle pole에서 세포 피질까지 확장된다(그림 18-40). Astral microtubule은 세포 피질과 상호작용하여 spindle을 세포 분열의 축 방향으로 위치시키는 중요한 기능을 수행한다. *Kinetochore microtubule*은 spindle pole을 sister chromatid 쌍의 kinetochore에 연결한다. Anaphase A 동안, kinetochore microtubule은 새롭게 분리된 염색체를 각각의 극으로 운반한다. *Polar microtubule*은 각 spindle pole에서 반대쪽 spindle pole 방향으로 확장되며, 이들 opposite-oriented polar microtubule (반대 방향 극 소관)은 antiparallel (역평행)한 방식으로 상호작용한다. 우리가 언급했듯이, prophase 동안 복제된 centrosome을 양쪽으로 밀어내는 것은 polar microtubule을 따라 걷는 kinesin-5이다.

Mitosis에서 Microtubule의 역동성은 극적으로 증가한다

비록 우리가 mitosis의 여러 단계의 정적 이미지를 묘사해 왔지만, mitosis 내내 microtubule은 매우 역동적이다. 우리가 보았듯이, 세포가 mitosis로 진입함에 따라 그 세포의 centrosome의 microtubule 조립 능력이 현저하게 증가한다(그림 18-36 참조). 또한 microtubule들이 훨씬 더 역동적이 되어, 염색체를 포획하고 spindle 조립에 기여할 수 있게 한다. Mitosis 기간 microtubule의 역동성 증가는 어떻게 알았는가? 원칙적으로는 microtubule에 형광표지를 부착해 각 microtubule의 행동을 관찰할 수는 있겠지만, 실질적으로는 mitotic spindle에

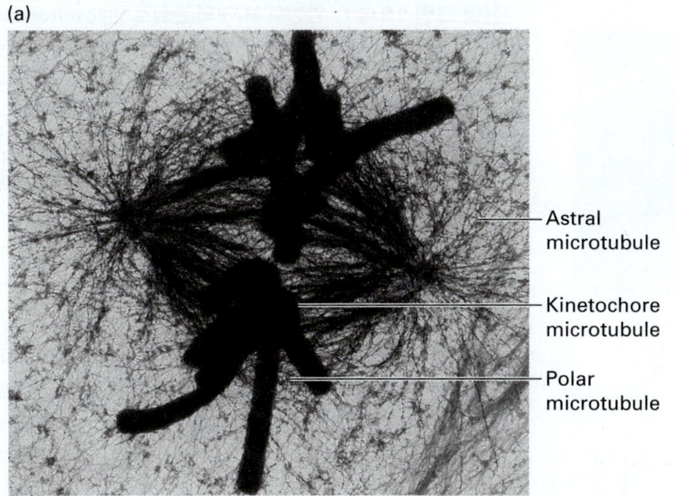

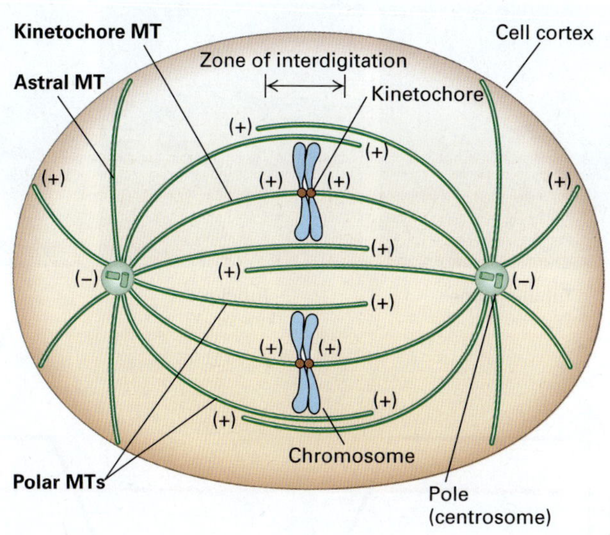

그림 18-40 Mitotic spindle은 세 가지 종류의 microtubule을 가지고 있다. (a) 이 고전압 전자현미경 사진에서, metaphase의 세포를 투과성이 커지도록 처리한 후, microtubule은 가시성을 높이기 위해 biotin이 결합된 tubulin 항체로 염색되었다. 큰 원통형 물체들이 염색체이다. (b) (a)의 metaphase 세포의 개략적인 모식도. 세 세트의 microtubule (MT)이 mitotic apparatus를 구성한다. 모든 microtubule들의 (−) 말단은 pole에 있다. Astral microtubule은 피질 쪽으로 뻗어 나오고, 피질과 연결되어 있다. Kinetochore microtubule는 염색체와 연결되어 있다. Polar microtubule은 세포 중심을 향해 뻗어 나오고, 끝 부분인 (+) 말단이 겹쳐져 있다. Spindle pole은 결합되어 있는 microtubule과 함께 *mitotic aster* (*mitotic* 성상체)로도 알려져 있다. [Part (a) Courtesy of J. Richard McIntosh.]

microtubule이 너무 많아 개별 microtubule을 관찰할 수는 없다. Mitotic spindle을 구성하는 microtubule의 동적 불안정성(dynamic instability)에 대한 평균값을 얻기 위해, 연구자들은 mitosis 중인 세포에 형광으로 표지된 tubulin을 도입했고, 이 tubulin은 세포의 microtubule에 무작위로 통합되어 들어갔다. 그런 다음, 연구자들은 mitotic spindle의 작은 영역에서 형광 표지를 표백하고서, *fluorescence recovery after photobleaching* (*FRAP*, **광표백 후 형광 회복**)이라고 알려진 기술을 사용하여 형광이 돌아오는 속도를 측정했다(그림 4-22 참조). 형광 회복은 수용성 형광 tubulin이 새로운 microtubule로 조립되어 일어나기 때문에, 형광 회복 속도는 microtubule이 재편되는 평균 속도를 나타낸다. Mitotic spindle을 이루는 microtubule의 반감기는 약 15초인 반면, interphase 세포의 microtubule은 약 5분이다. 주의해야 할 점은 이 수치는 대량 측정값이며, 따라서 앞에서 곧 논의하겠지만 개별 microtubule은 보다 안정적이거나 더 역동적일 수 있다.

무엇이 세포가 mitosis로 들어갈 때 microtubule을 더 역동적으로 만드는가? 18.2절에서 논의한 바와 같이, 동적 불안정성은 성장률, 수축률, catastrophe 및 rescue의 상대적 기여도를 측정하는 것이다(그림 18-9 참조). *In vivo* microtubule 역동성 분석실험은 mitosis에서 개별 microtubule의 증가된 불안정성은 성장률(즉, 신장) 또는 수축률(즉, 단축)은 거의 변화 없이 주로 catastrophe의 증가와 rescue의 감소에 의해 생성된다는 것을 보여준다. 개구리 oocyte (난모세포) 추출물을 이용한 연구는 간기와 mitotic 추출물 모두에서 catastrophe를 증가시키는 주 요인은 kinesin-13 단백질에 의한 탈중합이라고 제시했다. Kinesin-13 단백질에 의한 탈중합 효과는 정제된 centrosome으로부터 순수한 tubulin이 microtubule로 조립되는 체외(*in vitro*) 분석에서 볼 수 있다(그림 18-41a). Kinesin-13을 실험에 추가하면 훨씬 적은 수의 microtubule이 형성된다. 다만, kinesin-13과 함께 (+) 말단에서 조립을 촉진하는 단백질 XMAP215를 첨가할 경우 catastrophe의 빈도가 극적으로 감소하여 많은 microtubule들이 형성된다. 다른 연구에서, kinesin-13의 활성은 세포 주기 동안 크게 변하지 않는 반면, XMAP215의 활성은 mitosis 동안 인산화에 의해 억제된다는 것이 알려졌다(그림 18-41b). 이는 세포가 mitosis로 접어들면서 microtubule이 훨씬 더 불안정해지는(더 역동적인) 결과를 초래한다(그림 18-41c). 이러한 역동성의 증가는 다음 절에서 설명하는 바와 같이 microtubule에 의한 염색체 포획 확률을 높이기 위해 필요하다.

염색체는 Prometaphase 동안 포획되고 방향이 정해진다

염색체와 microtubule 사이의 결합을 매개하는 구조인 kinetochore는 각 sister chromatid의 **centromere (동원체)**라고 불리는 영역에서 prophase 단계 동안 만들어진다. Centromere는 응축된 염색체의 압축된 지역으로 centromeric DNA (동원체 DNA)에 의해 경계가 정해진다. Centromeric DNA는 크기가 매우 다양할 수 있다; 출아 효모의 centromeric DNA는 약 125 bp인 반면, 인간의 경우 약 1 Mb이다(7장 참조). Kinetochore는 centromeric DNA와 microtubule 사이의 연결을 촉진하는 많은 단백질 복합체를 포함한다. 동물 세포에서, kinetochore는 centromeric DNA 층과 내부 및 외부 kinetochore 층으로 구

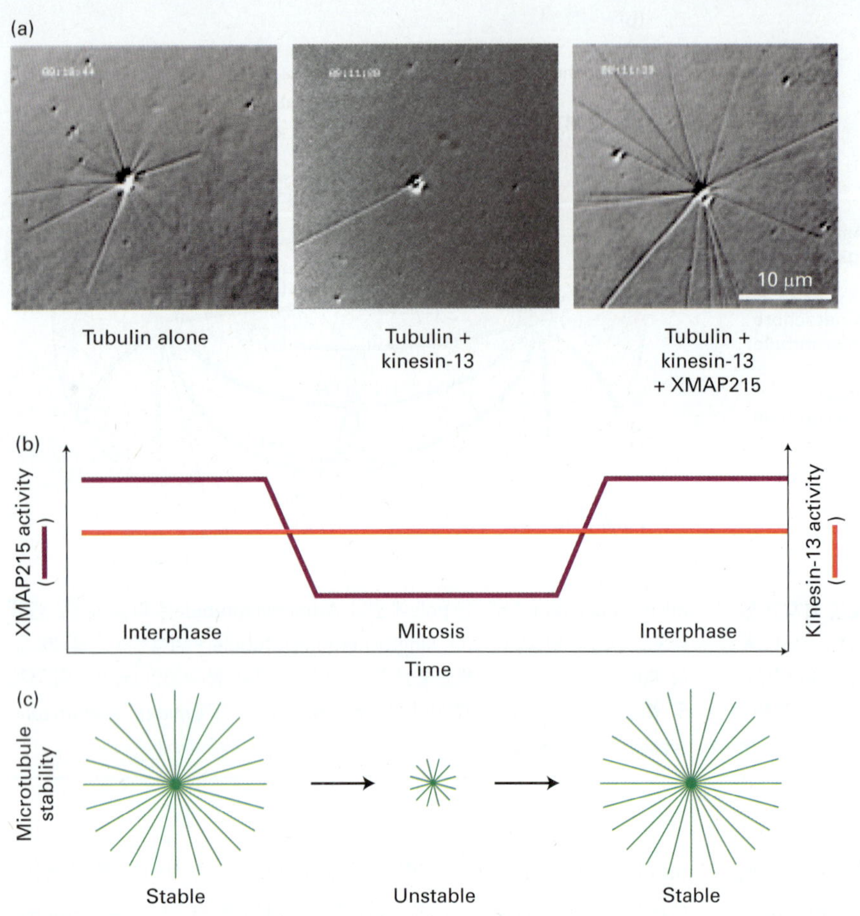

실험 그림 18-41 안정화 MAP의 손실로 인해 mitosis에서 microtubule dynamics가 증가한다. (a) 이 세 panel은 다양한 조건에서 microtubule을 조립하는 centrosome의 능력을 보여준다: 순수한 tubulin (*왼쪽*), tubulin과 불안정화 단백질 kinesin-13(*가운데*), tubulin, kinesin-13 및 안정화 단백질, XMAP215(*Xenopus* MAP 215 kDa)(*오른쪽*). 추가 분석에 따르면, XMAP215의 주효과는 kinesin-13에 의해 유도된 catastrophe를 억제하는 것이다. (b) Mitosis에서 microtubule의 역동성의 증가는 인산화에 의한 XMAP215의 불활성화에 기인한다. (c) Interphase와 mitosis에서 microtubule의 안정성을 비교하는 모식도. Microtubule의 *안정성* 감소에 더하여, mitosis에서 microtubule의 합성을 시작하는 MTOC의 능력은 극적으로 증가한다는 것에 주목하시오. [Part (a) Republished with permission from AAAS, from K. Kinoshita et al., 2001, "Reconstitution of Physiological Microtubule Dynamics Using Purified Components," *Science* **294**(5545):1340–1343; permission conveyed through Copyright Clearance Center, Inc. Part (b) Data from K. Kinoshita, B. Habermann, and A. A. Hyman, 2002, *Trends Cell Biol.* **12**(6):267–273.]

성되어 있으며, kinetochore microtubule의 (+) 말단은 외부 층에서 끝난다(그림 18-42). 효모의 kinetochore는 하나의 microtubule에 의해 spindle pole에 부착되고, 사람의 kinetochore에는 약 30개의 microtubule이 부착되며, 식물 염색체는 수백 개가 부착된다.

Kinetochore가 prometaphase 동안 microtubule에 어떻게 부착되는가? Spindle pole에서 자라나온 microtubule들은 매우 역동적이며, 이 microtubule이 측면 또는 말단에서 kinetochore와 접촉할 때, 이 접촉은 chromosome attachment (염색체 부착)로 이어질 수 있다 (그림 18-43a, 단계 **1a** 및 **1b**). Kinetochore에 부착한 microtubule은 catastrophe의 빈도가 감소하여 선택적으로 안정화되며, 이는 부착이 지속될 가능성을 높인다.

다른 연구들은 작은 GTPase인 Ran과 관련된 메커니즘을 발견했는데, 이 메커니즘은 microtubule들이 kinetochore와 만날 가능성을 증가시킨다. 핵으로 수입될 단백질은 *importin* (임포틴)이라고 불리는 nuclear import receptor (핵 수입 수용체)와 결합한다는 것을 상기하자 (그림 13-36 참조). 핵으로 들어갈 단백질-importin 복합체는 cytosol에서 핵공을 통해 핵질(nucleoplasm)으로 이동한다. 핵 안은 Ran·GTP의 수준이 높은데, 그 이유는 Ran·GTP의 활성화 인자인 Ran-GEF (Ran guanine nucleotide exchange factor)가 chromatin (염색질)과 결합하여 핵 안에 위치하기 때문이다. 핵에서 Ran·GTP는 importin에 결합하

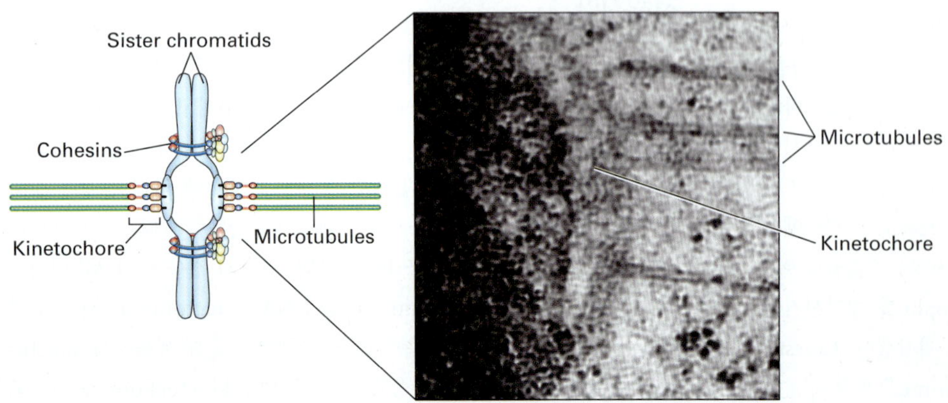

그림 18-42 포유류 Kinetochore의 구조. 포유류 kinetochore의 모식도와 전자현미경 사진. 화살표는 kinetochore에 삽입되는 microtubule의 끝을 나타낸다. [Republished with permission from Springer, from B. F. McEwen et al., 1998, "A New Look at Kinetochore Structure in Vertebrate Somatic Cells Using High-Pressure Freezing and Freeze Substitution," *Chromosoma* **107**(6–7): 366–375; permission conveyed through Copyright Clearance Center, Inc.]

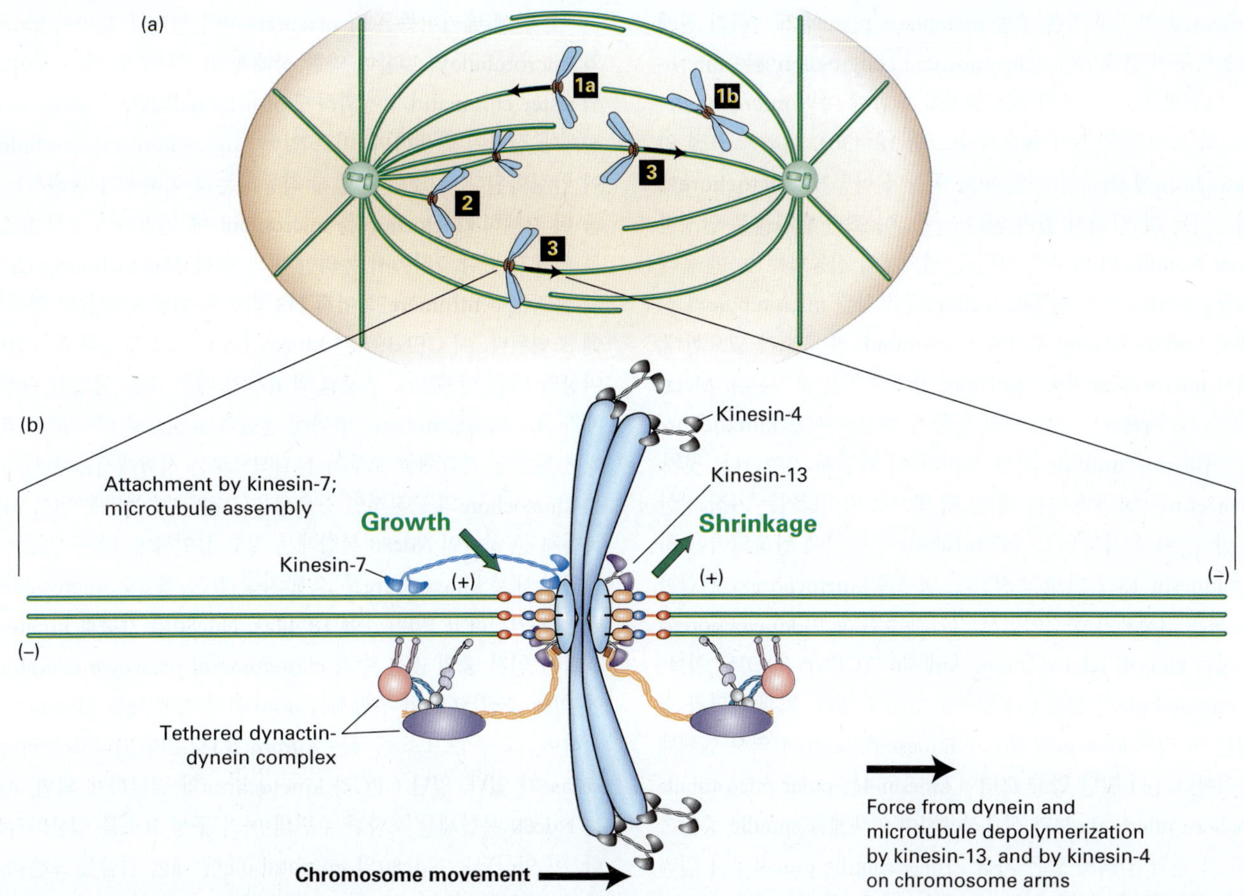

그림 18-43 Prometaphase에서 염색체 포획 및 이동. (a) Prometaphase의 첫 번째 단계에서 염색체는 microtubule의 끝(**1a**) 또는 옆면(**1b**)에 부착된다. 염색체는 염색체의 kinetochore중 하나와 결합하고, microtubule의 (–) 말단으로 이동하는 dynein/dynactin에 의해 spindle pole 쪽으로 끌려간다(**2**). 궁극적으로는 반대편 pole에서 온 microtubule이 그때까지 microtubule이 결합하지 않은 kinetochore에 결합하게 된다. 이렇게 양 방향에서 오는 microtubule과 결합한 염색체를 bi-oriented chromosome이라 한다(**3**). 그런 다음, bi-oriented 염색체는 *chromosome congression* (*염색체 이동*)이라고 알려진 과정을 통해 spindle pole 사이의 중심점으로 이동한다. 설명하기 쉽게, 여기에는 단일 kinetochore microtubule만 나타냄. (b) 염색체 이동 과정에는 한 세트의 kinetochore microtubule은 염색체의 한쪽에서 짧아지고, 반대편 쪽의 다른 세트는 길어지는 염색체의 양방향 진동이 일어난다. 또한 kinetochore는 이 그림에 표시되지 않은 많은 단백질 복합체를 포함하고 있다.

며, importin의 입체 구조를 변화시켜 importin이 자신이 운반한 단백질을 방출하게 한다. 그런 다음, importin-Ran-GTP 복합체는 핵공을 통해 핵을 떠나 cytosol로 되돌아간다.

Mitosis에서 Ran-GEF는 chromatin과 계속 결합하기 때문에 핵막이 분해된 후에도 염색체 주위에 Ran·GTP가 상대적으로 높은 농도로 존재한다. 이 Ran·GTP는 importin으로부터 *TPX*라는 단백질을 방출하게 하고, TPX는 augmin 복합체와 γ-TuRC를 결합하고 기존의 microtubule의 측면에 결합하여, 이 microtubule에 얕은 각도로 새로운 microtubule의 조립을 시작한다(그림 18-7c 참조). 이런 과정은 염색체 주변에 microtubule의 밀도를 높인다.

일단 kinetochore가 microtubule의 측면에 또는 말단에 부착하면, dynein-dynactin은 복제된 염색체를 microtubule을 따라 spindle pole 방향으로 이동시키기 위해 kinetochore와 결합한다. 이런 움직임은 결국 microtubule의 끝이 하나의 kinetochore에 부착하도록 한다. (그림 18-43a, 단계 **2**). 이 움직임은 반대쪽의 비어 있는 kinetochore가 먼 쪽의 spindle pole을 가리키도록 sister chromatid가 방향을 잡는 데 도움을 준다. 결국에는 먼 쪽의 spindle pole에서 나온 microtubule이 비어있던 kinetochore를 찾아 결합할 것이다: 이 시점에서 sister chromatid 쌍은 *bi-oriented* (양방향 지향)된 상태가 된다(그림 18-43, 단계 **3**). 2개의 kinetochore가 반대편 spindle pole에 붙어있기 때문에(각 pole에서 나온 microtubule이 결합하고 있기 때문에), 복제된 염색체는 두 세트의 kinetochore microtubule에 의해 반대 방향으로 당겨지는 장력을 받는 상태에 놓이게 된다.

Motor와 Microtubule의 역동성에 의해 복제된 염색체가 정렬된다

Prometaphase 동안 염색체들은 chromosome *congression* (염색체 이동, 염색체 회합)이라고 알려진 과정에 의해 두 spindle pole 사이의 중간 지점—*metaphase plate* (중기판)이라 함—에 놓이게 된다. 이 과정에서 bi-oriented 염색체 쌍은 종종 metaphase plate에 도달하기 전에 앞뒤로 진동하듯이 움직인다. Chromosome congression에는 microtubule의 조립 및 분해를 조절하는 인자들과 함께 여러 microtubule-based 모터의 조정된 활동이 필요하다(그림 18-43b). 이러한 조절 인자는 kinetochore에 위치하고 있지만, 이들이 어떻게 kinetochore에서 유지되는지는 잘 알려져 있지 않다—즉, 이 조절 인자들은 안정한 kinetochore complex의 일부가 아니다. 염색체의 진동하는 듯 한 움직임(oscillating behavior)은 한 kinetochore에 부착된 microtubule의 신장과 반대편 kinetochore에 부착된 microtubule의 축소가 필요한데, 이 과정에서 microtubule과 kinetochore 간의 부착은 유지된다. Metazoan (후생동물, 다세포로 이루어진 동물을 총칭)에서는 kinetochore에 결합한 여러 microtubule 기반 모터가 이 과정에 기여한다. 첫째, dynein-dynactin은 염색체 쌍을 더 먼 극 쪽으로 끌어당기는 가장 강한 힘을 제공한다. 이 움직임은 그 microtubule이 동시에 단축되어야 하는데, 이는 kinesin-13에 의해 촉진된다. 반대쪽 kinetochore와 결합한 microtubule은 염색체가 움직이면서 길어져야 한다. 이 kinetochore에 고착되어 있는 kinesin-related motor, kinesin-7(*CENP-E*라고도 함)은 길어지는 microtubule의 성장 (+) 말단을 붙잡고 있다. 염색체 팔과 결합하고 있는 또 다른 kinesin인 chromokinesin/kinesin-4 역시 염색체 이동에 기여한다. (+) 말단 방향 모터인 kinesin-4는 polar microtubule 및 kinetochore microtubule과 상호작용하여 염색체를 spindle 중앙으로 당기고, 그 결과 염색체 팔은 가장 가까운 spindle pole로부터 멀리 향하게 된다. 염색체가 metaphase plate로 모이게 되면, dynein-dynactin은 kinetochore에서 방출되어 kinetochore microtubule을 따라 극으로 이동한다. 이러한 다른 활동들과 서로 반대되는 힘들은 모든 염색체를 metaphase plate에 정렬시키기 위해 함께 작용하며, 모든 염색체들이 metaphase plate에 모이면, 그 세포는 다음 단계인 anaphase로 진행한다.

Chromosomal Passenger Complex가 Microtubule이 Kinetochore에 부착하는 것을 조절한다

건강한 딸세포를 갖기 위해서는 mitosis 시 염색체 분리가 매우 정확해야 하기 때문에 anaphase가 시작되기 전에 모든 염색체가 bi-oriented인 상태가 되는 것은 매우 중요하다. 무작위적으로 일어나는 kinetochore와 microtubule의 부착 과정에서 실수가 일어날 수도 있다. 예를 들어, 한 쌍의 sister chromstid의 두 kinetochore에 동일한 spindle pole에서 나온 microtubule이 부착할 수 있다. 이렇게 부착된 상태로 anaphase에 들어가면, 한 세포는 염색체 하나를 잃어버리고 다른 세포는 염색체를 하나 더 가지게 되는데, 이는 치명적이거나 매우 해로울 수 있다. 세포는 anaphase가 시작되기 전에 모든 염색체가 올바르게 bi-oriented되도록 보장하는 두 가지 메커니즘을 가지고 있다. 첫 번째 메커니즘은 각각의 개별 염색체가 적절하게 bi-oriented되는 것을 책임지고, 두 번째 메커니즘은 모든 염색체가 적절하게 bi-oriented되었는가를 확실하게 한다.

첫 번째 메커니즘은 bi-orientation이 일어날 때까지 kinetochore와 microtubule의 결합이 약한 상태를 유지하도록 하는 것이다. 한 쌍의 sister chromatid가 정확하게 bi-oriented되면, 그 sister chromatid 전체에 장력이 발생하며, 이로 인해 kinetochore-microtubule의 결합이 안정화된다. 이것이 어떻게 작동하는지 이해하기 위해서는, 우리는 좀 더 자세히 kinetochore를 microtubule에 연결하는 구성 요소를 살펴볼 필요가 있다. 7장에서 논의한 바와 같이, kinetochore는 *CENP-A*라고 불리는 centromere 특이적 H3 히스톤 변종이 결합된 염색체 DNA에 조립된다. 이 CENP-A는 kinetochore 조립 장소를 표시한다. 40개 이상의 다른 단백질로 구성된 약 6개의 매우 다른 안정한 단백질 복합체가 효모의 centromeric 영역에 결합하는 것으로 나타났다. 효모의 이러한 단백질 복합체들 모두가 본질적으로는 사람에게도 존재하는데, 이는 kinetochore의 근본적인 중요성을 고려할 때 놀라운 일이 아니다. 그 복합체 중 하나인 Ndc80 복합체는 길고 유연하며, 많은 수의 Ndc80 복합체가 내부 kinetochore를 소매 자락 같은 배열로 microtubule의 (+) 말단과 연결하고 있다(그림 18-44a). Ndc80의 기능과 kinetochore에 결합된 인자 중의 많은 수가 *chromosomal passenger complex* (*CPC*)에 의해 조절된다. 이 복합체는 mitosis 초기에 내부 kinetochore와 결합하며, 그 구성 요소 중에는 *Aurora B* (오로라 *B*)라고 불리는 단백질 kinase가 있다. 일단 CPC가 kinetochore와 결합하게 되면, Aurora B는 Ndc80 복합체를 포함한 주변의 여러 구성 요소를 인산화시킬 수 있다. 이 인산화는 Ndc80의 microtubule에 대한 결합을 느슨하게 한다. 그러나 이들 요소의 인산화 상태는 외부 kinetochore에 결합한 탈인산화효소(phosphatase) PP1에 의해 탈인산화될 수 있기 때문에 안정적이지 않다. 따라서 한 쌍의 sister chromatids에 있는 kinetochore들이 장력을 받지 않을 때, Ndc80은 Aurora B에 의해 지속적으로 인산화되고 PP1에 의해 탈인산화된다. 그 결과, kinetochore와 microtubule 사이의 상호작용이 약화된다. 그러나 정확하게 bi-orientation이 일어나면, microtubule이 양쪽 kinetochore를 반대 방향으로 당겨 염색체 전체에 장력을 발생시킨다. 이는 유연한 Ndc80 복합체를 확장시켜 내부(inner)와 외부(outer) kinetochore 사이의 간격을 넓힌다(그림 18-44b, c). 이러한 움직임의 결과로서 Ndc80은 Aurora B에 의해 인산화될 수 없으며, Ndc80의 탈인산화 상태는 Ndc80이 microtubule에 더 단단히 부착되도록 한다. 이러한 방식으로 bi-oriented 염색체에 대한 microtubule의 부착이 선택적으로 안정화된다.

CPC는 각 염색체의 bi-orientation에 중요하지만, anaphase가 시작되기 전에 모든 염색체가 bi-orientation 상태임을 보장하지는 않는다. 정확한 염색체 분리를 보장하는 두 번째 메커니즘은 *spindle assembly checkpoint pathway* (방추사 부착 확인점 경로)로, 이는 모든 kinetochore에 장력이 존재할 때까지 세포 주기가 anaphase로 진행하는 것을 멈추게 하는 신호 경로이다. 단 하나라도 부착되지 않은 kinetochore가 있거나 또는 부적절하게 부착된 kinetochore가 있으면, spindle assembly checkpoint pathway가 활성화되어 오류가 수정될 때까지 세포주기를 일시 정지시킬 수 있다. Microtubule과 부착되지 않은 kinetochore는 19장에서 자세히 설명하는 것처럼 불안정한 mitotic checkpoint

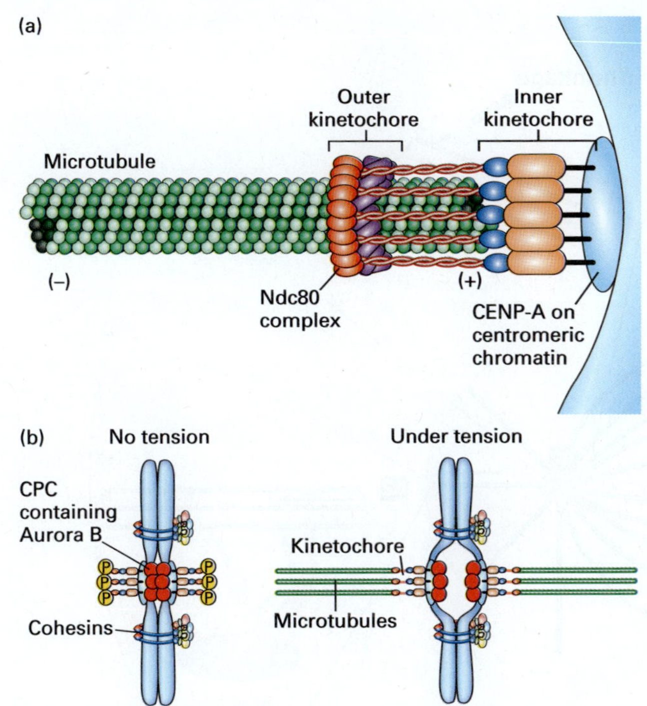

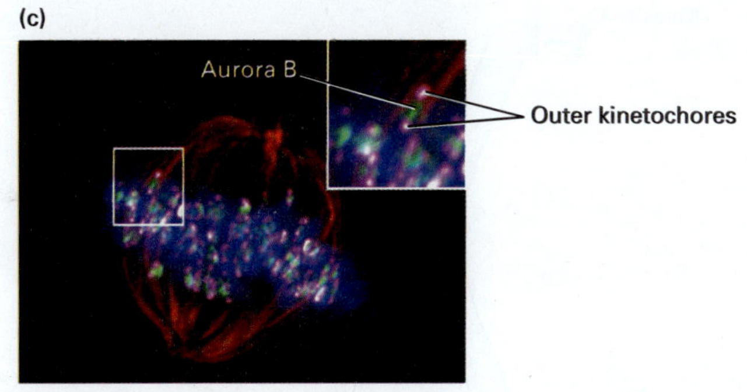

그림 18-44 CPC는 Microtubule-kinetochore 부착을 조절한다. Ndc80 복합체는 kinetochore와 microtubule (+) 말단 사이에 정밀하고 조절되는 부착을 형성한다. (a) Inner kinetochore와 outer kinetochore에 묻혀 있는 microtubule의 (+) 말단을 연결하는 Ndc80 복합체의 옷소매와 유사한 배열을 보여준다. S. Santaguida and A. Musacchio, 2009, *EMBO J.* **28**:2511–2531 참조. (b) Inner kinetochore와 결합하고 있고, Aurora B kinase를 포함하는 chromosomal passenger complex (CPC)와 탈인산화효소 PP1이 결합하는 outer kinetochore 사이의 관계에 대한 다이어그램. 두 kinetochore가 다 장력을 받을 때는, outer kinetochore는 CPC로부터 멀어지고, 그 결과 Aurora B는 Ndc80 복합체의 microtubule-결합 부위를 포함하는 outer kinetochore의 구성 요소들을 인산화할 수 없다. (c) Metaphase 세포. tubulin (빨간색), DNA (파란색), Aurora B kinase (녹색), outer kinetochore (자홍색). Outer kinetochore가 Aurora B (설명 사진)로부터 어떻게 당겨지는지 보시오. [Part (c) Reprinted by permission from Nature Publishing Group, from S. Ruchaud, M. Carmena, and W. C. Earnshaw, 2007, "Chromosomal Passengers: Conducting Cell Division," *Nat. Rev. Mol. Cell Biol.* 2007, **8**:798–812; permission conveyed through Copyright Clearance Center, Inc.]

complex (MCC)가 조립되게 한다. MCC는 APC/C의 억제제로서 anaphase로의 진입을 지연시킨다. 모든 kinetochore가 적절히 부착되면, MCC가 분해되고 APC/C가 활성화되며 세포는 anaphase로 진행한다.

Anaphase A가 Microtubule 단축을 통해 염색체를 극으로 이동시킨다

Anaphase A의 시작은 광학현미경에서 관찰할 수 있는 가장 극적인 움직임 중 하나이다. Spindle assembly checkpoint를 통과하면 APC/C 활성화는 sister chromatid를 하나로 잡고 있던 나머지 cohesin의 분해를 유도하고, 쌍을 이루고 있던 sister chromatid들은 급작스럽게 서로 분리되고 각각의 극으로 끌려간다. 이런 갑작스런 움직임은 kinetochore microtubule들이 장력을 받고 있는 상태이어서, chromatid 사이의 cohesin이 제거되자마자 분리된 chromatid들이 자유롭게 움직일 수 있기 때문이다.

분리된 metaphase 염색체를 이용한 실험은 anaphase A의 염색체 이동이 microtubule의 단축(shortening)에 의해 일어날 수 있음을 보여 주었다. 이때, microtubule의 단축은 microtubule의 말단의 GTP-tubulin (GTP-cap)이 제거된 후, microtubule에 저장되었던 구조적인 긴장 상태가 풀려나면서 일어난다. 이런 메커니즘은 체외에서 잘 입증될 수 있다. Metaphase 염색체를 정제된 microtubule에 첨가되면, 이 염색체들은 선택적으로 microtubule의 (+) 말단에 결합한다. Free tubulin dimer의 농도를 줄이기 위해서 염색체와 microtubule의 혼합물을 희석하면 염색체 결합 (+) 말단에서 microtubule의 탈중합이 일어나 염색체가 (–) 말단으로 이동한다. 또한 이 실험은 *Drosophila*에서는 microtubule을 분해하는 kinesin-13 family에 속하는 두 단백질(두 종의 *Drosophila* kinesin-13)도(그림 18-15 참조) anaphase A의 염색체 움직임에 기여한다는 것을 보여주었다. 이 Drosophlia kinesin-13 중 하나는 kinetochore에 위치하여 분해(그림 18-45, **A1**)를 촉진하고, 다른 하나는 spindle pole에 위치하여 spindle pole에서의 탈중합을 촉진한다(그림 18-45, **A2**). 따라서 적어도 이 연구가 진행된 *Drosophila*에서는 anaphase A가 부분적으로는 kinetochore와 spindle pole에 위치한 kinesin-13 단백질에 의해 (+) 말단과 (–) 말단 모두에서 kinetochore microtubule의 단축이 일어나고, 이런 microtubule의 단축은 염색체를 pole로 끌어당긴다. 또한 microtubule 절단 단백질인 katanin이 spindle pole의 γ-TuRC 복합체로부터 microtubule을 절단할 것이라는 가설도 제안되었다(그림 18-7 참조). Katanin에 의한 microtubule의 절단은 탈중합이 일어날 수 있는 새로운 (–) 말단을 만들어 microtubule의 단축에 기여할 수 있다.

Anaphase B는 Kinesin들과 Dynein의 협동으로 극을 분리한다

Anaphase B는 spindle pole을 더 멀리 이동시켜서 spindle이 길어지도록 한다. 이러한 움직임의 주요 역할을 하는 것은 bipolar kinesin-5 (양극성 키네신-5) 단백질(그림 18-45, **B1**)로, prophase에서 aster의 분리를 수행하는 바로 그 kinesin이다. Kinesin-5는 겹쳐 있는 polar microtubule과 결합하고, 자신의 (+) 말단 모터 활성으로 극을 밀어서 멀어지게

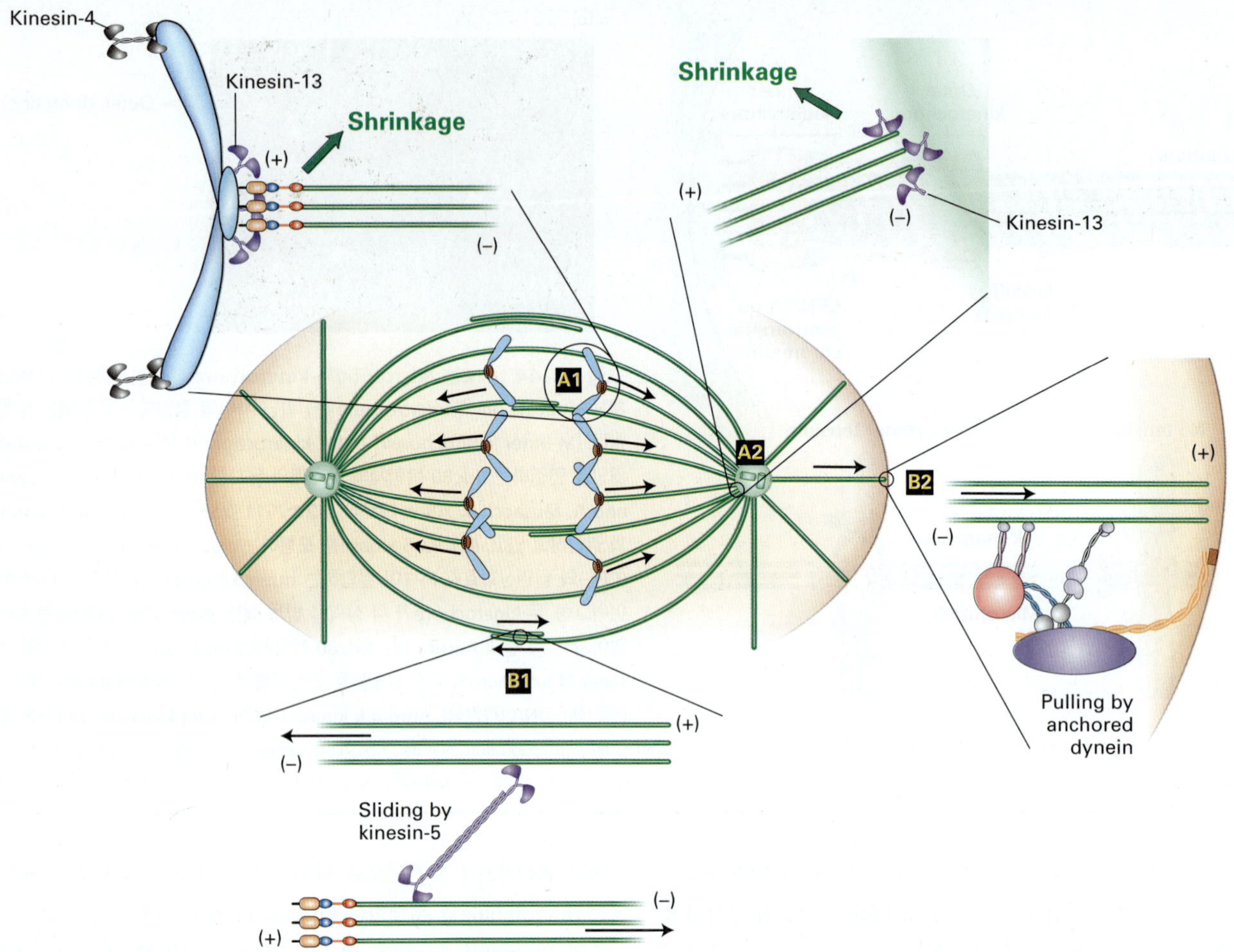

그림 18-45 Anaphase에서의 염색체 이동 및 spindle pole의 분리. Anaphase A에서 염색체의 이동은 kinesin-13 단백질에 의해 microtubule이 kinetochore (A1)와 spindle pole (A2)에서 단축되어 일어난다. 염색체 팔은 결합하고 있는 chromokinesin/kinesin-4로 인해 여전히 spindle pole로부터 먼 쪽을 향하고 있다. 따라서 탈중합력(탈중합에 의한 염색체를 pole로 당기는 힘)은 팔을 spindle 중심으로 당기는 힘(kinesin-4)을 극복할 수 있어야 한다. Anaphase B 역시 두 가지 요소로 구성된다: kinesin-5 (+) 말단 방향 모터(B1)에 의해 구동되는 역평행한 microtubule의 미끄러짐과 세포 피질에 위치한 dynein/dynactin (B2)이 astral microtubule을 당기는 것이다. 화살표는 각각의 힘이 만들어내는 이동 방향을 나타낸다.

한다. 이러한 일이 일어나는 동안, polar microtubule은 spindle pole 사이의 늘어난 거리를 수용하기 위해 더 길어져야 한다. 또 다른 모터—세포 피질에 고정되어 있는 세포질 dynein/dynactin—은 astral microtubule을 끌어당겨서 spindle pole의 분리를 돕는다(그림 18-45, B2).

Spindle은 Dynein/Dynactin 의존적인 경로에 의해 세포 중앙에 놓이게 되고 방향이 정해진다

우리가 잠시 동안 논의했듯이, spindle의 중심은 세포 분열이 일어날 판의 위치를 정한다. 따라서 prometaphase와 metaphase 동안 2개의 딸세포가 같은 크기를 갖도록 하기 위해서 spindle을 세포 중앙에 배치하는 것은 매우 중요하다. Spindle의 이러한 방향과 배치는 두 가지 다른 메커니즘을 사용하여 dynein/dynactin에 의해 매개된다(그림 18-46). Dynein은 cortical anchor에 의해 세포 피질에 모이게 돼서 spindle을 움직이기 위해 astral microtubule을 당길 수 있게 된다. Cortical anchor의 배치 조절, 그리고 그 배치에 의해 결정되는 활성 dynein/dynactin의 배치가 spindle의 방향을 정한다. 첫째, 염색체는 염색체 근처에 cortical anchor의 결합을 억제하는 신호를 보낸다. 이 억제 신호는 앞에서 설명한 Ran·GTP의 농도 구배이다. Ran·GTP 억제 신호의 결과는 dynein/dynactin의 피질과의 결합이 spindle pole 주변 영역으로 한정된다는 것이다(그림 18-46, 신호 1). 둘째, 각 spindle pole에 존재하는 *polo-like* kinase는 dynein/dynactin의 cortical anchor를 포함하여 주변의 기질을 인산화시킬 수 있다. 인산화된 cortical anchor는 피질에 dynein/dynactin을 모집할 수 없게 되고(그림 18-46, 신호 2), 따라서 spindle pole이 피질에 가까워질수록 dynein/dynactin은 분리되고, spindle은 더 먼 쪽의 dynein/dynactin에 의해 당겨지는 중앙으로 다시 이동한다. 이 줄다리기는 궁극적으로 spindle을 세포의 중심 위치로 이동시킨다. Astral microtubule를 당기는 dynein/dynactin의 기능은 anaphase B 동안 spindle의 신장에 기여하는 메커니즘과 동일하다(그림 18-45 참조).

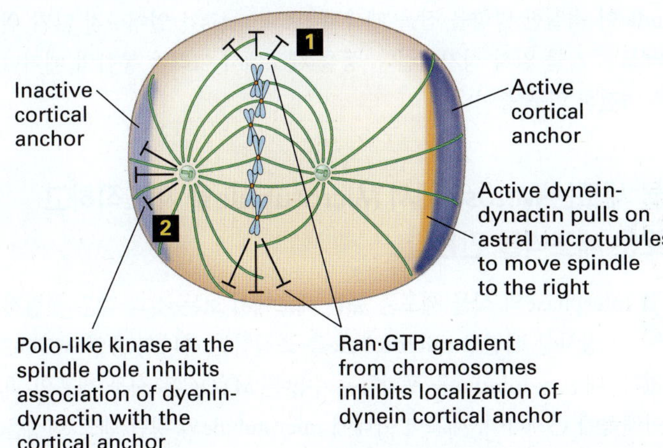

그림 18-46 Dynein-dynactin은 Spindle을 중심에 위치하게 하고 방향을 정한다. (a) Prometaphase 및 metaphase 동안, spindle은 dynein의 active cortical anchor (활성 피질 앵커)의 위치를 조절하는 두 가지 신호에 의해 세포 방향이 정해지고, 세포의 중심에 배치된다. 첫째, 염색체는 Ran · GTP 기울기(신호 **1**)를 생성하며, 이는 cortex anchor와 국소 세포 피질의 결합을 억제한다. 둘째, spindle pole에 있는 polo-like kinase는 그 근처에 있는 기질을 이산화하여 dynein/dynactin과 cortical anchor의 결합을 억제한다(신호 **2**). T. Kiyomitsu and I. M. Cheeseman, 2012, *Nat. Cell Biol.* **14**:311–317 참조.

Cytokinesis (세포질 분열)는 복제된 세포를 둘로 나눈다

동물 세포의 anaphase 후기와 telophase 동안, 세포는 원형질막에 부착된, microfilament를 기반으로 만들어진 contractile ring (수축환)을 조립한다. *Contractile ring*은 결국 세포를 죄어 2개로 나누게 되며, 이 과정을 *cytokinesis*라고 한다(그림 18-38 참조). Contractile ring은 혼합된 극성의 얇은 actin 필라멘트 띠로서, myosin II의 bipolar filament가 산재되어 있다. 신호를 수신하면, 고리가 수축하여 먼저 *cleavage furrow* (난할구)를 만들고 세포를 2개로 나눈다.

Contractile ring이 기능하기 위해서는 두 가지 필수적인 특성을 갖춰야 한다. 먼저, contractile ring은 세포의 적절한 위치에 만들어져야 한다. Contractile ring이 두 spindle pole에서 같은 거리에 만들어지도록, 그 위치는 spindle이 제공하는 신호에 의해 결정된다고 알려져 있다. 그 신호는, 최소한 부분적으로는, prometaphase 동안 microtubule의 kinetochore 부착을 조절하는 chromosomal passenger complex (CPC)에 의해 제공된다(그림 18-44b 참조). Anaphase까지, CPC는 분리되지 않은 chromatid의 inner kinetochore에 결합되어 있다. Anaphase가 시작되면, CPC는 kinetochore를 떠나 spindle의 중심에 있는 겹쳐진 polar microtubule과 결합한다(그림 18-47a). 이곳

(a)

Anaphase　　Telophase

(b)

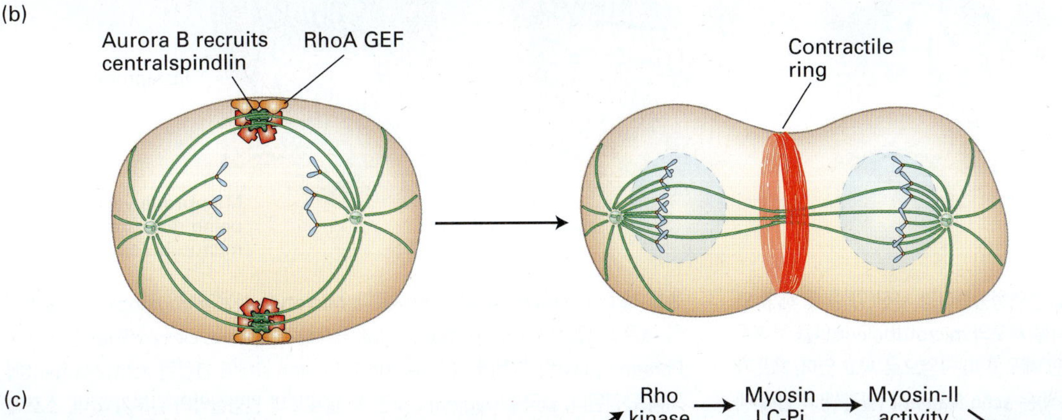

(c)

Aurora B ⟶ Centralspindlin ⟶ RhoA GEF ⟶ Rho·GTP ⟶ Rho kinase ⟶ Myosin LC-Pi ⟶ Myosin-II activity ⟶ Contractile ring

Rho·GTP ⟶ Formin ⟶ Actin assembly ⟶ Contractile ring

실험 그림 18-47 CPC는 contractile ring 조립을 지시하기 위해 anaphase 및 telophase 동안 spindle midzone에 남아 있다. (a) 후기 anaphase (왼쪽) 및 telophase (오른쪽) 세포의 현미경 사진, microtubule (빨간색), DNA (파란색), Aurora B kinase (녹색), kinetochore (자홍색)를 보여준다. CPC의 일부인 aurora B가 polar microtubule이 겹치는 부위와 contractile ring이 형성될 부위에 어떻게 집중되는지에 주목하시오. Scale bar 5 μm. (b) Anaphase에서 CPC는 microtubule이 겹쳐지는 영역에 다시 위치하여 centralspindlin 복합체를 모은다. 이 복합체는 자신을 microtubule의 (+) 말단 근처에 집중하도록 돕는 kinesin 모터를 포함하고 있다. Centralspindlin 복합체는 인접한 원형질막에서 RhoA 뉴클레오타이드 교환 인자(RhoA GEF)를 모집하고 활성화하며, 이는 RhoA를 GTP-결합 형태로 활성화한다. (c) RhoA · GTP의 형성을 초래하는 상호작용을 보여주는 경로. RhoA · GTP는 formin을 활성화시켜서 actin filament의 조립을 유도하고, 또한 myosin II를 활성화시킨다(17장에서 설명함). Actin과 myosin은 함께 세포를 2개로 나누는 수축 고리를 형성한다. [Part (a) Reprinted with permission from Nature Publishing Group, from S. Ruchaud, M. Carmena, and W. C. Earnshaw, 2007, "Chromosomal Passengers: Conducting Cell Division," *Nat. Rev. Mol. Cell Biol.* **8**:798–812; permission conveyed through Copyright Clearance Center, Inc.]

에서 CPC는 또 다른 단백질 복합체 — *centralspindlin* — 를 모집한다. Centralspindlin은 (+) 말단으로 움직이는 kinesin을 포함하고 있고, 이 kinesin의 활성으로 인해 spindle 중앙에 집중된다(그림 18-47b). Anaphase B가 계속됨에 따라, centralspindlin은 RhoA의 guanine nucleotide exchange factor를 원형질막 인접한 영역에 모은다. 17장의 내용 중, Rho가 small GTPase의 하나이며, 비활성인 Rho-GDP를 활성인 Rho-GTP로 만드는 단백질이 guanine nucleotide exchange factor임을 기억하자(그림 17-40 참조). 일단 활성화되면, RhoA·GTP는 actin의 핵 형성과 actin filament를 조립하기 위해 formin을 활성화하고, 또 contractile ring의 다른 구성원인 myosin II도 활성화한다(그림 18-47b, c). 이런 방식으로 spindle의 위치는 직접 contractile ring의 형성 부위를 규정하며, 따라서 cytokinesis가 일어나는 위치도 규정한다.

Contractile ring의 두 번째 중요한 특성은 수축 시기이다. 만약 모든 염색체가 각각의 극으로 이동하기 전에 수축한다면, 치명적인 유전적 결과가 뒤따를 것이다. 19장에서 논의한 바와 같이, *spindle position checkpoint*라고 불리는 신호 경로가 출아 효모에서 발견되었으며, 이는 spindle이 적절한 방향을 잡을 때까지 cytokinesis가 일어나지 않기 위해 세포 주기를 일시 정지시킨다. 동물 세포에서 이러한 통합의 메커니즘은 여전히 연구 중이다.

식물 세포는 Mitosis에서 Microtubule을 재조직하고 새로운 세포벽을 만든다

Interphase의 식물 세포는 동물 세포에서 보는 것과 같은 전형적인 방사상 배열로 microtubule을 조직하는 하나의 중앙 MTOC가 없다. 대신, γ-tubulin을 포함하는 수많은 MTOC는 식물 세포의 피질 아래쪽에 존재하여, 세포벽 아래에 microtubule의 횡단 밴드 형성을 위한 핵 형성을 한다(그림 18-48, **왼쪽**). 극성이 뒤섞인 이러한 microtubule은 microtubule-절단 단백질인 katanin의 작용에 의해 피질 MTOC에서 방출된다. Katanin의 기능이 소실되면, 아주 긴 microtubule을 가진 기형의 세포가 된다. 그 이유는 식물 고유의 MAP에 의해 교차 연결된 이러한 피질 microtubule이 단단한 세포벽의 주요 성분인

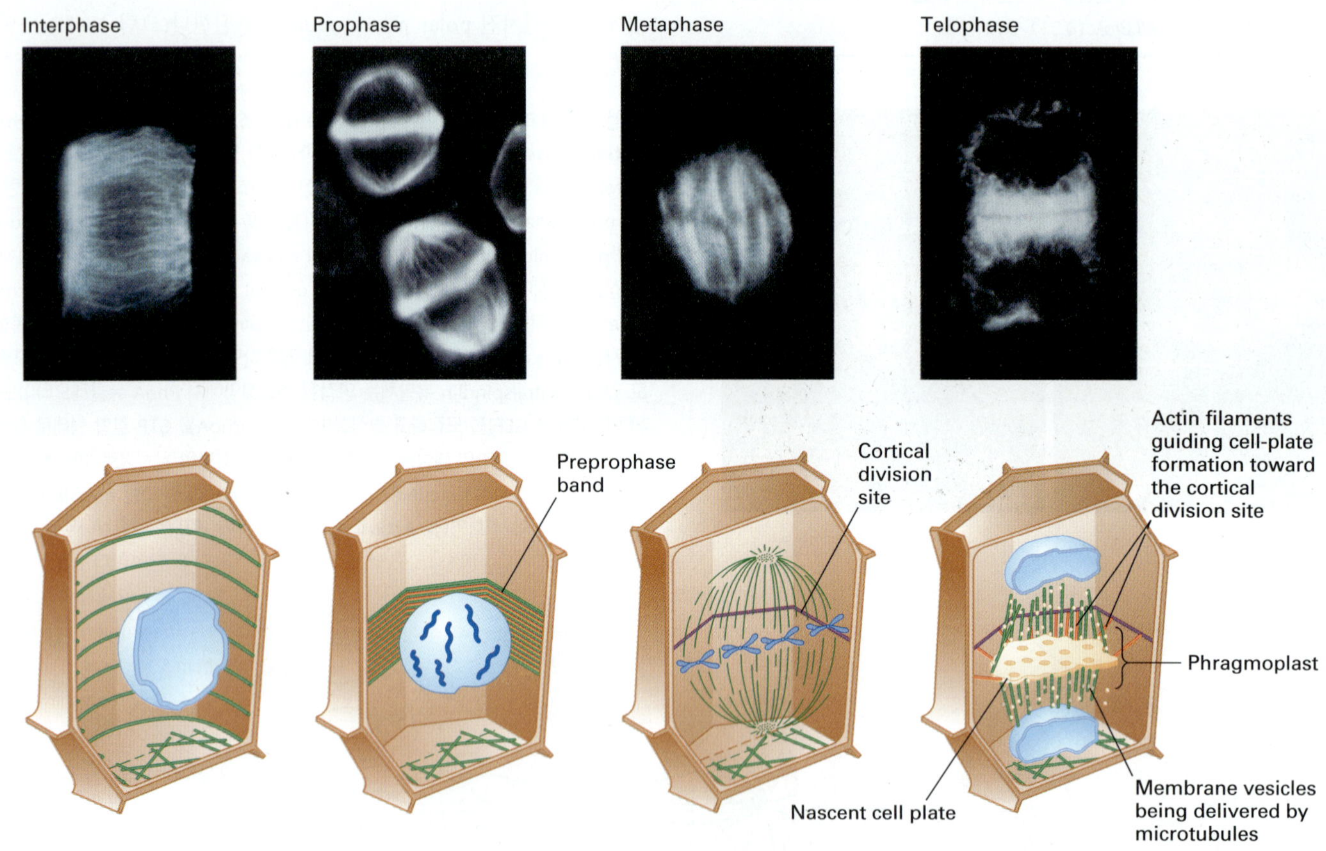

그림 18-48 개화식물 세포의 mitosis. 면역형광현미경 사진(*위쪽*) 및 해당 모식도(*아래쪽*)는 Interphase와 mitosis기 식물 세포의 microtubule 배열을 보여준다. 피층의 microtubule은 interphase 동안 세포를 띠 모양으로 싸고 있다. 세포가 prophase에 접어들면서, microtubule (녹색)은 actin filament (빨간색)와 함께 세포 피질 아래에 미래의 피질 분열 부위를 나타내는 preprophase band로 조립된다. 세포가 prometaphase와 metaphase로 들어가면 동물 세포에서 볼 수 있는 것과 유사한 spindle이 형성된다. 그러나 세포벽으로 인해 식물 세포의 cytokinesis는 동물 세포의 cytokinesis와 매우 다르다. Microtubule은 *phragmoplast*라 불리는 막 네트워크를 조립하는 데 필요한 막을 공급하기 위해 vesicles (소포)를 전달한다. Phragmoplast의 체계(조직)는 cortical division site에 연결된 actin filament에 의해 규정된다. 결국 phragmoplast는 두 딸세포의 원형질막의 일부가 되며, 소포에서 분비되는 효소들은 두 딸세포 사이에 세포벽을 만든다. G. Jürgens, 2005, *Annu. Rev. Plant Biol.* **56**:281–299 참조. [Micrographs courtesy of Susan Wick.]

세포외 cellulose microfibril를 세포벽에 축적하는 데 도움이 되기 때문이다(그림 20-43 참조).

식물 세포의 mitosis에서 일어나는 일들은 동물 세포에서의 mitosis와 유사하지만, spindle과 cytokenesis의 형성은 식물의 독특한 특징을 가지고 있다(그림 18-48). 식물 세포는 피질 microtubule과 actin filament를 *preprophase band* (전기 전 띠)로 묶고, prophase에서 이 band를 centrosome의 도움 없이 spindle로 재구성한다. Preprophase band가 형성되는 위치는 후에 피질 분열이 일어날 위치를 결정한다. Metaphase에 mitotic apparatus는 식물 세포와 동물 세포에서 거의 동일하게 나타난다. 식물에는 세포벽이 있기 때문에 세포가 2개로 나뉘는 것은 동물 세포와는 상당히 다르며, 딸세포 사이에 새로운 벽을 조립해야 한다. Telophase에 나타나는 Golgi-derived vesicles (Golgi 유래 소포)는 **초기 세포판**(*nascent cell plate*)을 형성하기 위해 microtubule을 따라 운반된다. 세포판은 팽창하고, 동물 세포의 contractile ring을 대체하는 막 구조인 **phragmoplast (격벽형성체)**를 형성하기 위해 actin filament에 의해 분열 부위로 유도된다. Phragmoplast를 형성하는 소포들의 막은 딸세포의 원형질막이 된다. Cellulose와 pectin의 다당류 전구체와 같은 소포의 내용물은 초기 세포판을 형성하고, 이는 딸세포 사이의 새로운 세포벽으로 발전한다. ■

18.6절의 주요 개념

Mitosis

- Mitosis — 복제된 염색체의 정확한 분리 — 는 역동적인 microtubule과 microtubule에 연계된 모터로 구성된 분자 기계를 포함한다.
- Mitotic spindle은 세 가지 종류의 microtubule을 가지고 있는데, 모두 spindle pole에서 뻗어 나온다: 염색체에 부착되는 kinetochore microtubule; 각 spindle pole에서 뻗어 나와 spindle 가운데서 겹쳐지는 polar microtubule; 그리고 세포 피질까지 연장되는 astral microtubule (그림 18-40 참조).
- Mitosis의 첫 번째 단계 — prophase — 에서, 핵 내의 염색체가 응축되고, spindle pole들은 핵의 양쪽으로 움직인다(그림 18-38 참조).
- Prometaphase에서 핵막이 분해되고, spindle pole에서 퍼져 나온 microtubule은 sister chromatides의 kinetochore에 결합하여, 이들을 포획한다. 각각의 chromatid에 하나씩, 2개의 kinetochores는 각각 반대쪽 spindle pole에서 나온 microtubule과 연결되며(bi-oriented), 이것이 염색체들이 spindle 중앙에 모일 수 있게 한다.
- Inner kinetochore에 결합하고 있는 CPC는 kinase인 Aurora A를 구성성분으로 갖고 있으며, 이 kinase가 중요한 kinetochore 단백질들을 인산화하기 때문에 kinetochore에 대한 microtubule의 부착을 약하게 유지한다. 염색체가 bi-oriented되면, 장력이 생성되고, Aurora B의 기질인 단백질들이 이 효소로부터 멀어진다(그림 18-44 참조). Aurora B에 의한 kinetochore 단백질의 인산화가 일어나지 않으면, 염색체-kinetochore 결합이 안정된다.
- Metaphase에서 염색체는 metaphase plate에 정렬된다. Spindle assembly checkpoint pathway는 부착되지 않은 kinetochore를 모니터링하고 모든 염색체가 부착될 때까지 anaphase로의 진행을 지연시킨다.
- Anaphase에서 복제된 염색체는 kinetochore와 spindle pole 양쪽에서 kinetochore microtubule이 단축됨에 따라 spindle pole 쪽으로 이동한다(anaphase A). 또 spindle pole은 bipolar kinesin-5가 polar microtubule의 (+) 말단으로 이동함에 따라 밀려서 더 멀리 이동한다(anaphase B). Spindle의 분리는 또한 피질에 위치한 dynein이 astral microtubule을 당기는 것에 의해서도 촉진된다(그림 18-45 참조).
- Spindle은 두 가지 신호에 의해 세포 중앙에 위치하고 방향이 정해진다. 이 두 신호는 염색체로부터의 Ran·GTP 기울기와 spindle pole로부터의 polo-like kinase의 기울기로, 이 신호들은 dynein/dynactin의 cortical anchor의 존재(또는 활성)를 부정적으로 조절한다. Active dynein은 astral microtubule을 당겨서 spindle을 세포의 중앙에 위치하게 한다.
- Contractile ring의 위치는 anaphase 동안 spindle의 중앙으로 위치하는 CPC 복합체에 의해 지정된다. CPC는 actin filament의 조립을 유도하고, myosin II를 활성화하기 위해 인접한 원형질막에서 active Rho·GTP를 생성하는 인자를 모집한다. Contractile ring은 cytokinesis 동안 세포를 둘로 나누기 위해 수축한다(그림 18-47 참조).
- 식물에서, 세포 분열은 막을 microtubule을 이용해 전달하여 phragmoplast를 조립하는 것이 필요하고, phragmoplast는 두 딸 세포의 원형질막이 된다(그림 18-48 참조).

18.7 Intermediate Filament (중간섬유)

동물의 세 번째 주 세포골격계는 intermediate filament (IF)이다. 이 이름은 intermediate filament의 직경 — 약 10 nm — 을 반영하는데, 이 직경은 7–8 nm의 microfilament와 25 nm의 골격근의 thick myosin filament 직경 사이의 중간이다. IF는 세포질 전체로 확장될 뿐만 아니라 interphase 동물 세포의 핵 내막의 안쪽을 싸고 있다(그림 18-49). IF는 microfilament 및 microtubule과 구별되는 몇 가지 독특한 특성을 가지고 있다.

1. IFs는 생화학적으로 훨씬 더 다양하고 — 즉, 여러 종류의 다르지만 진화적으로 연관된 IF 소단위가 존재한다 — 종종 조직에 의존하는 방식으로 발현된다.

2. 그들은 주로 죽은 세포의 중간 필라멘트로 구성된 머리카락과 손톱에서 알 수 있듯이 매우 강한 인장 강도를 가지고 있다.

3. 그들은 microfilament나 microtubule과 같은 고유의 극성을 가지고 있지 않으며, 그들의 구성 소단위는 뉴클레오타이드와 결합하지 않는다.

4. 고유 극성이 없기 때문에, 이를 트랙으로 사용하는 모터가 없는 것

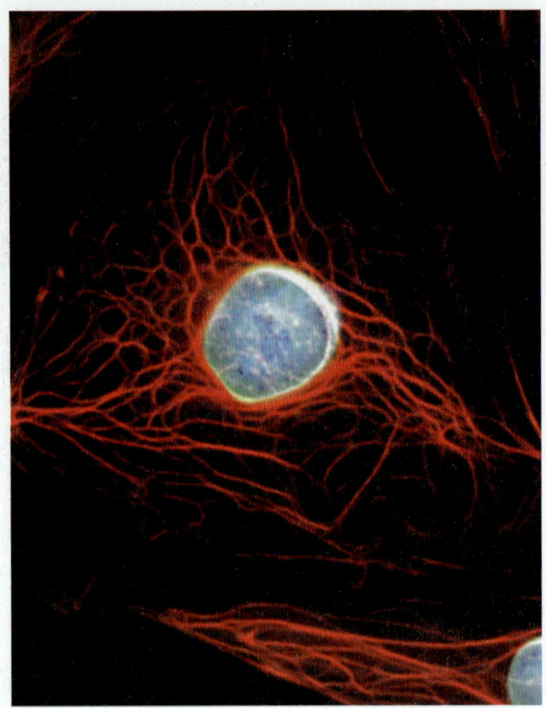

실험 그림 18-49 상피세포에서 두 가지 유형의 IF의 분포. Keratin (빨간색)과 lamin (파란색)에 대한 항체로 이중 염색된 상피세포의 면역형광현미경 사진. Keratin 필라멘트는 핵에서 원형질막까지 확장되는 반면, lamin 필라멘트의 meshwork는 핵막 아래에 있는 것으로 보인다. [Courtesy of Robert D. Goldman.]

은 놀라운 일이 아니다.

5. 소단위 교환율이 훨씬 느리기 때문에 microfilament나 microtubule보다 훨씬 안정적이다. 실제로 IF를 정제하는 표준적인 방법은 세포들을 세제를 이용한 거친 추출 조건으로 처리하여, 모든 막, microfilament, microtubule들은 용해되고, 거의 모든 것이 IF인 잔여물을 남기는 것이다.

6. IF는 모든 진핵생물에서 발견되지는 않는다. 균류와 식물은 IFs가 없고, 곤충은 2개의 유전자로 대표되는 단 하나의 종류만을 가지고 있다.

이러한 특성들은 IF를 metazoan의 독특하고 중요한 구조로 만든다. IF 단백질을 암호화하는 유전자의 돌연변이가 수백 가지 임상적 장애—이 중의 일부는 이 절에서 다룰 것이다—와 관련되어 있다는 사실은 IFs의 중요성을 입증하고 있다. 세포와 조직의 구조에 IFs가 어떤 역할을 하는가를 이해하기 위해, 먼저 IF 단백질의 구조를 검토하고 그것들이 어떻게 필라멘트로 조립되는지 살펴본다. 둘째, IF의 역동성에 대해 논의하고, 셋째, 서로 다른 종류의 IF와 이들이 수행하는 기능을 기술한다.

IF는 소단위의 Dimer로부터 조립된다

인간 genome에서 IF는 적어도 5종류로 구분되는 70개의 다른 유전자에 의해 암호화된다. IF 단백질을 규정하는 특징은 약 310개의 아미노산으로 이루어진 보존된 α-나선 rod domain (막대 도메인)의 존재로, 이 아미노산들은 coiled-coil motif를 이루는 염기서열의 특징을 가지고 있다(그림 3-7a 참조).

중간 필라멘트의 1차 구성 단위는 rod domain 간의 coiled-coil 결합으로 만들어진 dimer이다(그림 18-50a). 그런 다음 두 dimer가 상쇄하는 방식으로 결합되어 tetramer (사량체)를 만들고, 이때 2개의 dimer는 서로 반대 방향으로 존재한다(그림 18-50b). Tetramer는 끝과 끝이 맞물려 긴 *protofilament*를 형성한다. 4개의 protofilament가 결합하여 하나의 *protofibril*이 되고, 4개의 protofibril이 측면으로 결합하여 10 nm 필라멘트를 생성한다. 따라서 하나의 IFs는 그 안에 16개의 protofilament를 가지고 있다(그림 18-50c). 각 dimer의 rod domain 양옆에는 각 IF 종류의 특징인 크기가 다른 비나선의 N-말단 domain과 C-말단 domain이 있다(그림 18-50d). Tetramer는 대칭 구조이기 때문에 IFs는 극성이 없다. 지금까지 설명한 것은 IF의 조립 메커니즘보다는 구조를 기반으로 한 것으로, IFs가 *in vivo*에서 어떻게 조립되는지는 명확하지 않다. Microfilament나 microtubule과 달리, IFs의 조립을 시작하거나(nucleation), 소단위를 격리(sequestering)하거나, 말단에 cap를 형성하거나, 절단하는 단백질은 알려져 있지 않다.

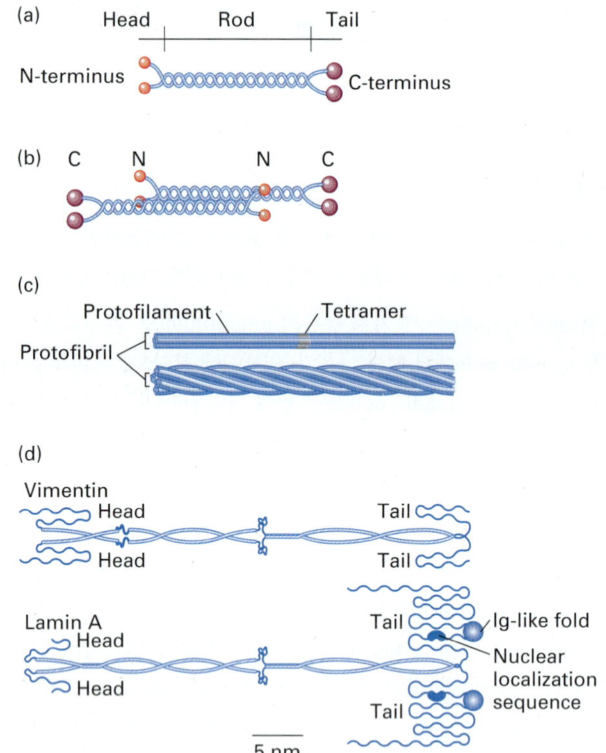

그림 18-50 IFs의 구조 및 조립. IF 단백질 dimer, tetramer 및 성숙한 IFs의 그림. (a) IF 단백질은 고도로 보존된 coiled-coil 코어 domain을 통해 평행한 dimer를 형성한다. 구형인 머리와 고리는 IF class 사이에서 길이와 염기서열이 매우 다양하다. (b) Tetramer는 2개의 동일한 dimer가 역평행으로 조금 엇갈리게 나란히 결합하여 형성된다. (c) Tetramer는 끝과 끝의 결합과 측면 결합으로 protofibril을 이룬다. 4개의 protofibril로 구성된 성숙한 필라멘트에서, 구형 domain들은 IFs의 표면에 구슬이 모인 것과 같은 군집을 형성한다. (d) Vimentin과 lamin A의 dimer 구조의 비교. Lamin은 핵으로 위치하기 위한 nuclear localization sequence를 가지고 있다는 것에 주목하시오. H. Hermann et al., 2007, *Nat. Rev. Mol. Cell Biol.* **8**:562 참조.

IFs는 동적(Dynamic)이다

IFs는 microtubule 및 microfilament보다 훨씬 안정적이지만, IF 단백질 소단위는 만들어진 IF 세포골격과 dynamic equilibrium (동적 평형) 상태에 있는 것으로 나타났다. Biotin-labeled-keratin (바이오틴으로 표지된 케라틴)을 fibroblast에 주입한 실험에서, 주입한 biotin-labeled-keratin은 2시간 이내에 세포 내에 이미 존재하는 keratin cytoskeleton 속으로 합병되어 들어갔다(그림 18-51). 이 실험과 또 다른 실험들의 결과는 세포내 수용액 상태의 IF 소단위가 기존의 IF에 스스로를 추가할 수 있고, 또 소단위가 온전한 필라멘트에서 분리되어 나올 수 있다는 것을 보여준다.

세포질 IF 단백질은 조직 특이적인 방식으로 발현된다

IF 단백질의 염기서열 분석 결과, IF는 세포질에 존재하는 네 가지를 포함하여 상동성에 따라 5가지 종류로 분류된다. 이러한 IF 종류는 IF 단백질이 발현되는 세포 유형의 발생적 기원과 강한 일치성을 보여준다(표 18-2). Nuclear lamin (핵 라민)은 세포질 IFs와 확연히 구별되는 기능을 수행하므로, 다섯 번째 클래스인 nuclear lamin은 별도로 논의한다.

IF 단백질 class I과 II를 구성하는 **keratin**은 상피에서 발견되고, class III IF 단백질은 일반적으로 중배엽(mesoderm)에서 기원한 세포들에서 발견되며, class IV 단백질은 neuron에서 발견되는 **신경 필라멘트**를 구성한다. Class V를 구성하는 **lamin**은 모든 동물 조직 세포의 핵의 내면을 따라 존재한다. 여기서는 세포질에서 발견되는 네 가지 homology class (호몰로지 클래스) (class I~IV)를 간략히 요약하고 특정 조직에서의 역할에 대해 논의한다.

Keratins (케라틴) Keratin은 상피세포를 강하게 만든다. IF 단백질 homology class 중 처음 두 가지는 소위 *acidic* (산성) 및 *basic* (염기성) *keratin*이다. Keratin을 암호화하는 유전자는 인간 genome에는 약 50개가 있으며, 산성 부류와 염기성 부류가 거의 비슷한 수로 존재한다. Dimer는 하나의 basic keratin 사슬과 하나의 acidic keratin 사슬로 구성되고, 그런 다음 이러한 dimer는 이전 절에서 설명한 대로 필라멘트로 조립된다.

Keratin은 단연코 IF 단백질군 중 가장 다양하다. Basic keratin과 acidic keratin 쌍은 세포 분화 과정뿐만 아니라 다양한 유형의 상피조직 사이에서도 서로 다른 발현 패턴을 보인다. Hard keratin (단단한 케라틴)은 머리카락과 손톱의 성분이다. 이들 keratin은 산화되어 이황화 브리지(disulfide bridge)를 형성하는 cysteine (시스테인) 잔기가 풍부하여 머리카락과 손(발)톱을 강화시킨다. 이 속성은 헤어 스타일리스트에 의해 이용된다. 머리카락 모양이 마음에 들지 않으면 머리카락 keratin의 이황화 결합을 환원시키고, 머리카락의 모양을 바꾼 다음 산화에 의해 이황화 결합을 다시 형성하는데, 그 결과가 이른바 '영구적' 헤어컬링이나 머리카락을 펴는 일(straightening)이다.

부드러운 keratin 또는 *cytokeratin* (사이토케라틴)은 상피세포에서 발견된다. 피부를 구성하는 표피 세포층은 이러한 keratin의 기능에 대한 좋은 예를 제공한다(그림 18-52). 세포 중 가장 밑에 있는, *basal layer* (기저층)의 세포들은 basal lamina (기저판)과 접촉해 끊임없이 증식하면서 *keratinocyte* (케라틴세포, 각질세포)라는 세포를 만들어낸다. Keratinocyte는 기저층을 떠난 후 분화하고 다량의 cytokeratin을 발현한다. Cytokeratin은 세포 사이에 있는 특수한 부착 부위에 결합하여 마모를 견딜 수 있는 몇 층의 세포층을 만든다. Keratinocyte는 결국 죽게

(a) 20 minutes after injection

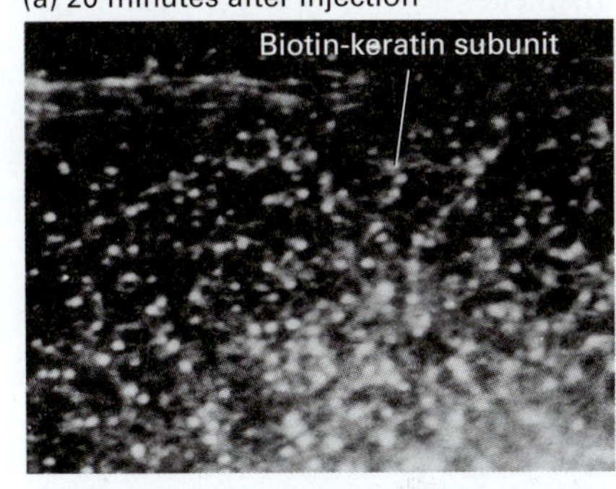

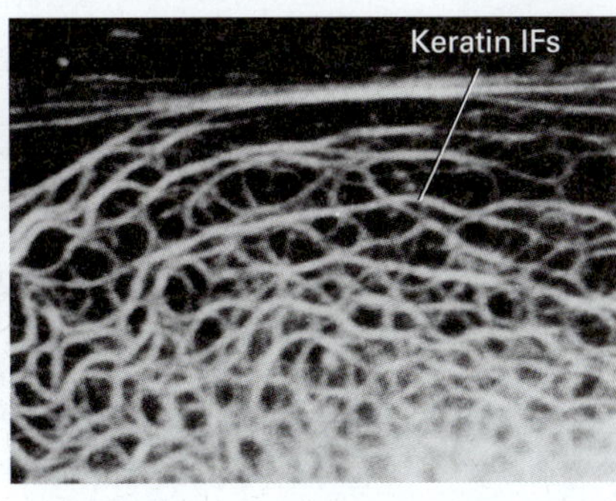

(b) 4 hours after injection

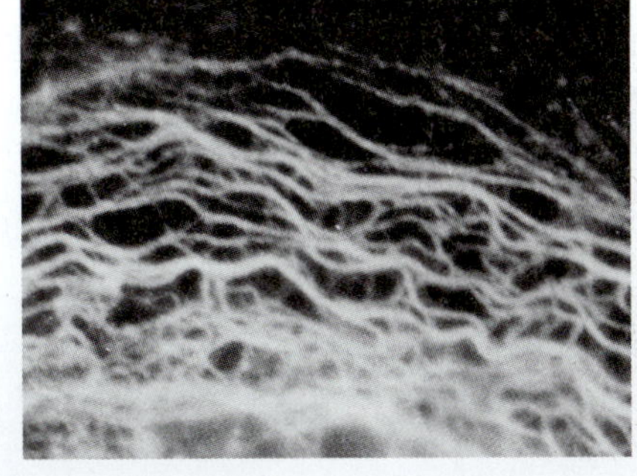

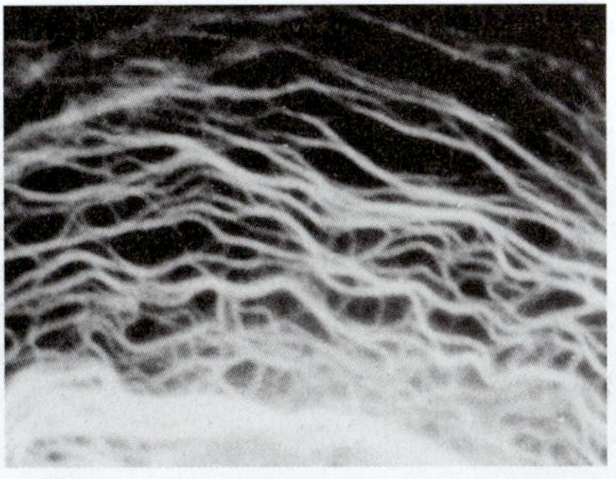

실험 그림 18-51 Keratin IF는 수용성 keratin이 필라멘트에 통합되기 때문에 역동적이다. Class I형 keratin 단량체를 정제한 후, 화학적으로 biotin으로 표지하고, 살아있는 상피세포에 미세 주입하였다. 세포는 keratin 주입 후, 서로 다른 시간이 지난 후 고정되었고, biotin에 대한 항체와 keratin에 대한 항체로 염색되었다. (a) 주입 후 20분에, 주입된 biotin으로 표지된 keratin은 세포질 전체에 흩어져 있는 작은 점들에 집중되어 있고(왼쪽), 세포 내의 keratin cytoskeleton에 통합되지 않았다(오른쪽). (b) 4시간 후, biotin으로 표지된 keratin(왼쪽)과 keratin 필라멘트(오른쪽)는 동일한 패턴을 나타내며, 이는 미세 주입된 keratin이 기존 세포골격에 통합되었음을 나타낸다. [© 1991 R. K. Miller, K. Vistrom, and R. D. Goldman, 1991, *J. Cell Biol.* **113**(4):843–855; https://doi.org/10.1083/jcb.113.4.843.]

표 18-2 • 포유동물의 주 IF

Class	Protein	Distribution	Proposed Function
I	Acidic keratins	Epithelial cells	Tissue strength and integrity
II	Basic keratins	Epithelial cells	Tissue strength and integrity
III	Desmin, GFAP, vimentin	Muscle, glial cells, mesenchymal cells	Sarcomere organization, integrity
IV	Neurofilaments (NFL, NFM, and NFH)	Neurons	Axon organization
V	Lamins	Nucleus	Nuclear structure and organization

Desmosomes
Epithelial cell
Dense bodies
Smooth muscle
Z disk
Z disk
Skeletal muscle
Axon
Nucleus

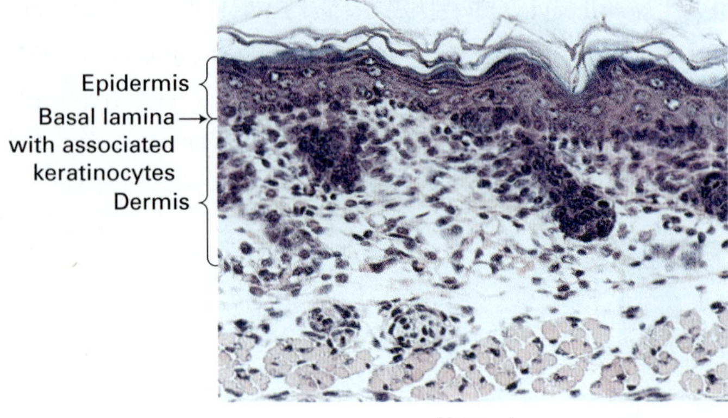

Normal

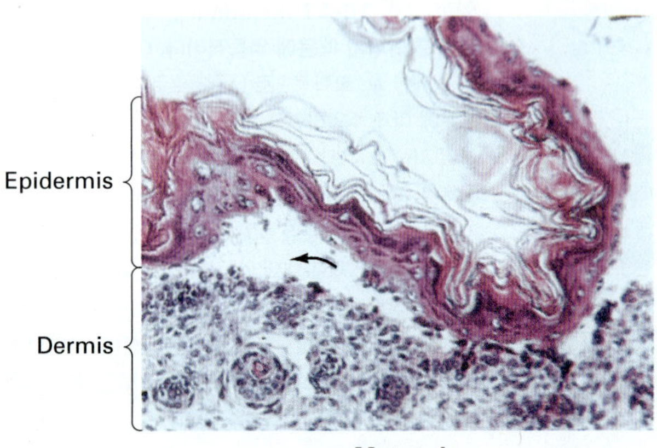

Mutated

되고, cytokeratin 네트워크는 있지만 아무런 세포소기관은 없는 죽은 세포를 남기게 된다. 이 죽은 세포층은 물의 증발을 막는 필수적인 장벽을 제공하는데, 이것이 없으면 우리는 생존할 수 없다. 피부 세포의 수명은 태어나면서부터 동물의 skin flake (각질)로 소실될 때까지 약 한 정도이다.

모든 상피에서, keratin filament는 인접한 세포들을 서로 연결하는 desmosome (데스모솜, 접착반)과 세포외 기질에 세포를 연결하는 hemidesmosome (헤미데스모솜, 반접착반)과 결합하므로 세포와 조직을 강화한다. 이러한 구조는 20장에서 더 자세히 설명된다.

Keratin filament가 단순히 구조적인 지지를 제공하는 것 외에도 세포소기관에 어떤 체제를 제공하고 신호전달 경로에 참여한다는 증거가 증가하고 있다. 예를 들어, 조직이 손상되면 이에 대한 반응으로 빠른 세포 성장이 유도된다. 상피세포에서 세포 성장 신호는 세포 성장 신호 분자와 특정 keratin 사이의 상호작용을 요구하는 것으로 밝혀졌다.

실험 그림 18-52 돌연변이 Keratin 유전자를 가진 형질전환 생쥐는 인간 질병 epidermolysis bullosa simplex에서 나타나는 것과 유사한 수포를 보인다. 정상 생쥐와 돌연변이 K14 keratin 유전자를 가진 형질전환 생쥐의 피부의 조직학적 단면을 보여준다. 정상적인 생쥐의 피부는 단단한 외부 표피층으로 구성되어 있으며, 이 외부 표피층은 부드러운 내부 피부층을 덮고 또 내부 피부층과 접촉하고 있다. 형질전환 생쥐에서 표피 기저부 세포의 약화로 인해 두 층이 분리된다(화살표). [Republished with permission from Elsevier, from P. A. Coulombe et al., 1991, "Point Mutations in Human Keratin 14 Genes of Epidermolysis Bullosa Simplex Patients," *Cell* **66**(6):1301–1311; permission conveyed through Copyright Clearance Center, Inc.]

Desmin (데스민) Class III IF 단백질에는 mesenchymal cell (간충직 세포, 간엽세포)에서 발견되는 *vimentin* (비멘틴), glial cell (신경아교 세포)에서 발견되는 *GFAP* (*glial fibrillary acidic protein*), 근육 세포에서 발견되는 **desmin (데스민)**이 포함된다. Desmin은 근육 세포에 힘과 조직력을 제공한다(see cartoons in 표 18-2).

Smooth muscle에서 desmin filament는 세포질의 *dense body* (조밀체)를 원형질막에 연결시켜 세포가 과도하게 늘어나지 않게 한다. Skeletal muscle에서는 desmin filament의 띠로 구성된 격자가 sacomere를 에워싸고 있다. Desmin filament는 Z disk를 둘러싸고 원형질막과 교차 연결된다. 세로로 뻗은 desmin filament는 같은 myofibril 내의 이웃 Z disk와 교차하며, 또 인접한 myofibril 사이에서, 한 myofibril의 Z disk를 싸는 desmin filament와 인접한 myofibril의 Z disk를 싸는 desmin filament 사이의 연결은 myofibril을 근육 안의 근섬유 다발로 묶는 역할을 한다. Desmin filament의 격자는 또한 myosin thick filament와의 상호작용을 통해 sarcomere에 부착된다. Desmin filament는 sarcomere 외부에 있기 때문에 수축하는 힘을 발생시키는 데는 활발히 관여하지 않는다. 그것보다는 desmin filament는 근육을 본래 상태로 유지하는 데 필수적인 구조적 역할을 한다. 예를 들어, desmin이 없는 유전자 변환 마우스에서는 이러한 지지 구조가 중단되고 Z disk가 잘못 정렬된다. 이들 생쥐에서 미토콘드리아의 위치와 형태 또한 비정상적이어서, 이러한 intermediate filament가 세포소기관의 체제에도 기여할 수 있음을 시사한다.

Neurofilament (신경 필라멘트) Type IV IFs는 3개의 관련 소단위 — NF (neurofilament)-L (light), NF-M (medium), NF-H (heavy) — 로 구성되며, neuron의 axon에서 발견되는 neurofilament를 구성한다(그림 18-2 참조). 3개의 소단위는 주로 C-말단 domain의 크기가 다르며, filament를 이루기 위해서는 반드시 heterodimer (이형 dimer)를 형성하여야 한다. 유전자 변환 쥐에 대한 실험은 neurofilament가 axon의 정확한 직경을 확립하기 위해 필요하다는 것을 밝혀냈고, axon의 직경은 신경 자극이 axon을 따라 전파되는 속도를 결정한다.

마모에 견디기 위해서는 피부의 구조적 보존이 필수적이다. 인간과 쥐에서, K4와 K14 keratin isoform은 heterodimer를 형성하여 protofilament로 조립된다. N-말단 domain 또는 C-말단 domain에서 결실(deletion)을 가진 K14 돌연변이는 *in vitro*에서 heterodimer를 형성할 수 있지만 protofilament로 조립되지는 않는다. 세포에서 이러한 돌연변이 keratin 단백질의 발현은 IF 네트워크가 작은 집합체로 분해되도록 한다. 표피의 기저 줄기세포(basal stem cells)에서 돌연변이 K14 단백질을 발현하는 유전자 변형 생쥐는 전체적인 피부 이상(abnormality)을 나타냈다. 주요 증상은 표피의 수포 발생인데, 이는 인간의 피부병 *epidermolysis bullosa simplex* (**수포성 표피박리 단순증**)와 유사하다. 물집이 잡힌 부위에 대한 조직학적 검사 결과에서 죽은 기저세포의 발생률이 높은 것으로 나타났다. 이 세포들의 죽음은 팔다리가 움직이는 동안 피부를 문지르는 것에 의한 기계적 외상에 의해 야기된 것으로 보인다. 정상적인 keratin filament 다발이 없으면 돌연변이 기저 세포는 연약해지고 쉽게 손상되어 표피층이 박리되고 물집이 생긴다(그림 18-52 참조). 근육 조직을 지지하는 desmin filament의 역할처럼, keratin filament의 일반적인 역할은 세포 사이의 연결을 기계적으로 강화함으로써 상피 조직의 구조적 완전무결함을 유지하는 것으로 보인다. ■

Lamin은 핵의 구조와 강성을 제공하기 위해 Inner Nuclear Envelope (핵 내막)의 안쪽에 존재한다

가장 널리 퍼져 있는 IF 단백질은 class V 단백질인 lamin (라민)이다. Lamin은 모든 IF 단백질의 조상으로 lamin 유전자의 중복(gene duplication)과 돌연변이에 의해 세포질 IF 단백질들이 생겨났다. 이들은 핵막과 핵의 염색질 사이에 있는 *nuclear lamina* (**핵막하층**)라고 불리는 2차원 망사 구조의 주요 구성성분이다(그림 18-53). 인간에서는, 3개의 유전자가 lamin을 암호화한다: 한 유전자는 alternative splicing에 의해 lamin A와 C를 암호화하고, 2개의 다른 유전자는 lamin B1과 B2를 암호화한다. B형 lamin은 최초의 lamin으로 보이며 기본적으로 모든 세포에서 발현되는 반면, lamin A와 C는 발달 단계에 따라 발현이 조절된다. B lamin은 post-translational prenylation이 일어나며(10.2절 참조), 이는 핵 내막(inner nuclear envelope)과 결합하는 데 도움이 된다. Lamin은 dimer를 형성하는 데 필요한 IF 단백질들의 특징인 coiled-coil 영역을 포함하고, 또 보존된 면역글로불린 유사 접힘과 함께 lamin을 핵으로 위치하도록 하는 nuclear localization sequence (핵 위치 결정 서열)를 가지고 있다(그림 18-50d 참조).

기계적 stress (응력, 압력)를 받는 세포는 핵을 온전히 유지하기 위해 nuclear lamin meshwork (핵 라민 그물 구조)를 가지고 있다. 식물과 곰팡이 세포처럼 강한 세포벽을 가진 세포들은 그러한 meshwork를 가지고 있지 않으므로, lamin meshwork는 핵막의 내부 표면에 강도와 버티는 힘을 제공한다고 생각된다. 사실, 세포들은 그들이 속한 조직의 강성과 일치하도록 lamin A의 level을 조절한다. 예를 들어, 가는 모세혈관을 통해 움직이고 좁은 세포(혹은 조직) 사이의 공간을 통해 이동해야 하는 nutrophil (호중구)는 매우 낮은 수준의 lamin A로 인해 여러 개의 엽으로 된 핵(lobulated nucleus)을 갖고 있다. 만약 neutrophil이 변형에 저항성이 있는 크고 단단한 핵을 가지고 있다면, 그들은 세포외 기질에서 발견되는 작은 공간을 비집고 들어가는 데 어려움을 겪을 수 있다.

핵에 단단함(강성)을 제공하기 위해, lamin meshwork는 한쪽은 염색질과 결합하고, 다른 쪽은 cytoskeleton에 부착되어 있다. Lamin-B 수용체 및 emerin과 같은 핵 내막에 박혀 있는 일부 단백질은 염색질에 결합한 단백질과 라민, 둘 다에 결합할 수 있다(그림 18-53a 참조). 흥미롭게도, genome에서 전사가 일어나지 않는 영역은 lamin과 우선적으로 결합하는데, 최근의 증거에서는 lamin이 genome organization과 DNA repair에 역할을 한다는 것을 시사한다. 핵 내막과 외막을 통한 lamin meshwork의 cytoskeleton에의 부착은 소위 SUN 및 KASH domain을 가진 단백질들이 관여한다. SUN domain 단백질은 소포체에

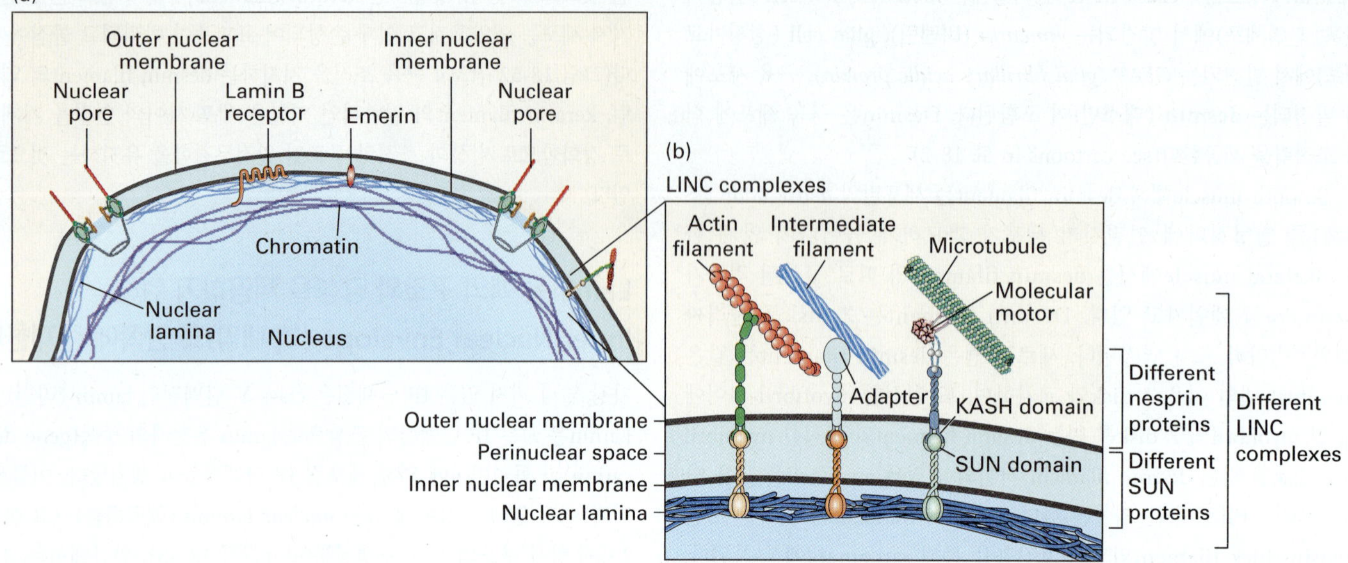

그림 18-53 Nuclear lamina는 염색질에 부착하고 LINC 복합체를 통해 cytoskeleton에 부착된다. (a) 핵의 일부를 그린 모식도. Lamin을 포함하는 nuclear lamina가 염색질과 결합하고, 또 핵의 두 막을 통해 cytoskeleton과 결합하고 있음을 보여준다. 막에 결합한 lamin B 수용체 및 emerin과 같은 단백질은 lamin IF를 핵 내막에 묶어 놓는다. Lamin은 또한 lamin B의 prenylation에 의해 핵 내막에 묶여 있다(이 그림에는 보이지 않음). *LINC 복합체*라고 불리는 다양한 결합은 2개의 핵막을 통과해서 lamin을 cytoskeleton에 부착한다. (b) LINC (*l*inker of *n*ucleoskeleton and *c*ytoskeleton, 핵골격과 세포골격의 연결고리) 복합체는 SUN domain을 가진 단백질과 KASH domain을 가진 단백질로 구성된다. SUN domain을 가진 단백질은 lamin과 상호작용하여 핵 내막을 가로질러 확장되고, KASH domain을 포함하는 단백질은 perinuclear space에서 SUN domain을 가진 단백질과 상호작용을 하고, cytoskeleton의 구성 요소와 상호작용하기 위해 핵 외막을 통과한다. C. S. Janota et al., 2017, *Cell* **169**:970 참조.

서 그들의 SUN domain이 소포체의 내강 쪽에 위치하는 상태로 transmembrane protein (막 관통 단백질)로 합성되며, 이 단백질의 cytoplasmic domain에 있는 sorting signal (분류신호)은 소포체와 연결되어 있는 핵 외막에 이들이 위치하게 한다. 그런 다음, 이 단백질은 막 단백질로서 핵공을 통해 운반되고, 핵 내막에 도달하면 nuclear lamina와 결합한다(그림 18-53b). Nesprin은 KASH domain을 가진 핵 외막의 막 관통 단백질로, 이 단백질의 KASH domain은 perinuclear space에서 다른 단백질의 SUN domain과 결합한다. Nesprin은 직접 또는 어댑터를 통해 IFs, actin filament, microtubule과 결합하며, 따라서 핵을 cytoskeleton과 연결한다(그림 18-53b 참조). 이 부착들은 핵을 운반하거나(예, 척추동물의 긴 신경상피에서의 핵 운반), 세포 내의 정확한 위치로 핵을 이동시키는 데 사용된다.

Lamin은 Mitosis 동안 인산화에 의해 가역적으로 해체된다

Mitosis 동안 세포가 prophase에서 prometaphase로 진행하면서 핵막이 분해되기 위해서는 nuclear lamina가 해체되어야 한다. 19장에서 논의한 것처럼, *mitotic CDKs*라고 불리는 단백질 kinase들은 세포를 mitosis로 진행하게 하며, 이러한 CDKs의 기질 중 하나는 lamin이다. Lamin A, B, C의 인산화는 Lamin filament로 이루어진 격자를 라민 dimer로 분해한다. 이때, C 말단 prenylation 때문에 lamin B dimer는 핵막과 결합한 상태로 있다. 우리가 mitosis를 다룰 때 보았듯이, nuclear lamin filament의 탈중합은 nuclear lamina meshwork의 붕괴를 초래하고 핵막의 해체에 기여한다. Telophase 동안 특정 phosphatase에 의한 탈인산화는 lamin 재조립을 촉진하며, 이는 딸 염색체 주변에 핵막이 재형성되는 데 결정적으로 중요하다. 따라서 kinase와 phosphatase의 상반된 작용은 lamin intermediated filament의 조립 상태를 조절하기 위한 신속한 메커니즘을 제공한다. 다른 IFs들도 세포 주기의 다른 단계에서 비슷한 분해와 재조립을 겪는다.

인간의 lamin A 유전자에는 600개 이상의 질병을 초래하는 돌연변이가 존재하는데, 이를 총칭하여 *laminopathies* (라민병증)이라고 한다. 이러한 질병에는 cardiomyopathies (심근병증), muscular dystrophy (근육위축증), lipodystrophy (지방이상증), 노화와 관련된 progeria (조로증)이 포함된다. 이 돌연변이들 중 일부는 Emery-Dreifuss muscular dystrophy (EDMD, 에머리-드리푸스 근위축증)를 일으키는데, 이는 약한 핵들(lamin A의 돌연변이로 인한 nuclear lamina의 구조 변화 등에 따라)이 근육 조직에서 받는 스트레스와 긴장을 견디지 못하기 때문에, 이 세포들이 가장 먼저 증상을 보인다고 생각한다. 다른 형태의 EDMD는 nesprin과 SUN 단백질뿐만 아니라 핵 내막의 lamin 결합 막 단백질인 emerin의 돌연변이에 의해서도 일어난다. 그러나 lamin A의 다른 돌연변이는 Hutchison-Gilford progeria (허치슨-길포드 프로게리아)와 같은 조로증을 일으킨다. 같은 인간 유전자의 서로 다

른 돌연변이가 이처럼 다양한 질병을 일으킬 수 있는지는 여전히 수수께끼다. ■

18.7절의 주요 개념

Intermediate filament (중간섬유)

- IF는 cytoskeleton 중 유일한 비극성 섬유이며 운동 단백질과 관련이 없다. IF는 coiled-coil dimer로부터 만들어지며, dimer들은 역평행 방식으로 tetramer를 형성하고, tetramer들이 결합하여 protofilament를 이루며, 16개의 protofilament가 IF를 구성한다(그림 18-50 참조).
- IF 단백질에는 다섯 가지 주요 종류(class)가 있으며, nuclear lamin (class V)은 가장 오래된 것이고, 모든 동물 세포에 존재한다. 나머지 4개 클래스는 조직 특이적인 발현을 보여준다(표 18-2 참조).
- Keratin (IF class I 및 II)은 동물의 털과 손톱뿐만 아니라 상피세포의 desmosome과 결합하여 세포와 조직에 힘을 제공하는 cytokeratin 필라멘트에서 발견된다.
- Class III 필라멘트는 vimentin, GFAP, desmin을 포함하며, desmin은 근육 Z disk에 구조와 질서를 제공하고 smooth muscle의 과도한 확장을 막는다.
- 신경섬유는 Class IV에 속하고, axon의 구조에 중요하다.
- Lamin은 nuclear lamina의 주요 구성 요소이다. 이들은 SUN 및 KASH domain을 가진 단백질이 필요한 cytoskeleton과의 연결을 통해 핵의 견고함 뿐만 아니라 유전체 구성에 기여한다(그림 18-53 참조).
- 많은 질병들이 중간 필라멘트의 결함과 관계가 있다. 특히 laminopathy는 다양한 질환을 포함하고, keratin 유전자의 돌연변이는 피부에 심각한 결함을 일으킬 수 있다(그림 18-52 참조).

18.8 Cytoskeletal Element 간의 조정 및 협력

지금까지, 세 가지 종류의 cytoskeletal filament—microfilament, microtubule, intermediate filament—가 마치 서로 독립적으로 기능하는 것처럼 논의해 왔으나, 실제로는 그렇지 않다. 예를 들어, 우리는 microtubule로 이루어진 mitotic spindle이 microfilament 기반 구조인 contractile ring이 만들어지는 위치를 결정한다는 것을 보았다. 우리는 cytoskeletal element 간의 물리적인 연결과 조절적인 연결, 그리고 세포 구성체제의 다른 측면으로 이들이 통합되는 몇 가지 다른 예를 든 후 이 장을 마무리한다.

IF에 결합하는 단백질들은 세포의 구조에 기여한다

IF와 함께 순화되는 *intermediate filament-associated protein* (*IFAP*, 중간 필라멘트 연관 단백질)이라고 총칭되는 단백질 그룹이 있다. 이러한 IFAP들 중에는 **plakin** 계열의 단백질들이 있는데, plakin 계열 단백질들은 IFs를 다른 구조에 부착하는 데 관여한다. 일부 plakin은 keratin filament를 desmosome (데스모솜, 접착반)과 hemidesmosome (반접착반)에 연결시킨다. Desmosome은 상피세포 간의 접합으로 조직(tissue)의 안정성을 제공하고, hemidesmosome은 IF가 extracellular matrix와 연결되는 원형질막에 존재한다(이 주제는 20장에서 자세히 다룰 것이다). IF를 따라 결합하고 있는 다른 plakin들은 microfilament와 microtubule을 위한 결합 부위를 가지고 있다. 이러한 단백질들 중 하나인 *plectin*이 microtubule과 IF 사이의 연결을 제공하는 것을 면역전자현미경으로 볼 수 있다(그림 18-54).

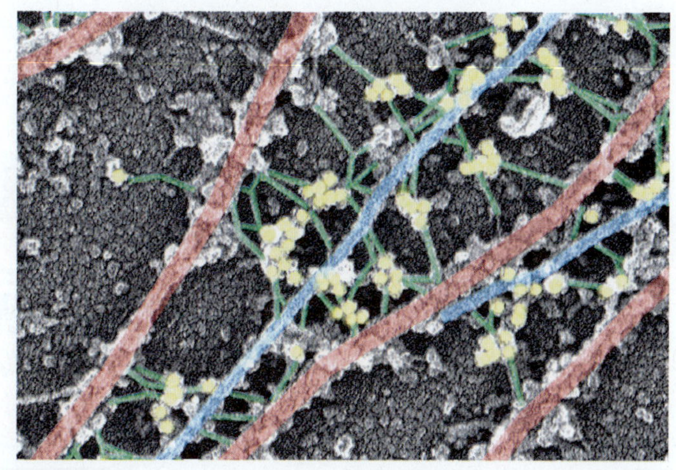

실험 그림 18-54 금으로 표지된 항체는 IFs와 microtubule 사이의 plectin 교차 연결을 확인한다. 섬유아세포의 면역전자현미경 사진에서 microtubule은 빨간색으로, IFs는 파란색으로, 그리고 그들 사이의 짧은 연결 섬유는 녹색으로 강조되어 있다. Plectin (노란색)에 대한 금으로 표지된 항체로 염색하면 이러한 연결 섬유에 plectin이 포함되어 있음을 알 수 있다. [© 1996 T. M. Svitkina, A. B. Verkhovsky, and G. G. Borisy, 1996, *J. Cell Biol.* **135**(4):991–1007; https://doi.org/10.1083/jcb.135.4.991.]

Microfilament와 Microtubule은 Melanosome을 운반하기 위해 협력한다

밝은 색의 털을 가진 돌연변이 쥐에 대한 연구는 microtubule과 microfilament가 melanosome을 운반하기 위해 협력하는 경로를 밝혀냈다. 포유류 털의 색소는 앞서 논의한 물고기와 개구리의 melanophore와 매우 유사한 세포인 *melanocyte*에서 생성된다(그림 18-29 참조). Melanocyte (멜라닌 세포)는 hair shaft (털 줄기) 밑 부분에 있는 hair follicle (모낭)에서 발견되며, *melanosome* (멜라노좀)이라고 불리는 색소로 채워진 과립들을 포함하고 있다. Melanosome은 melanocyte의 가지처럼 확장된 부분(dendritic extension)으로 운반되어 exocytosis에 의해 주변 상피세포로 배출된다. 개구리 melanophore에서와 같이 melanosome의 세포 주변으로의 이동은 kinesin들에 의해 일어난다. 세포의 주

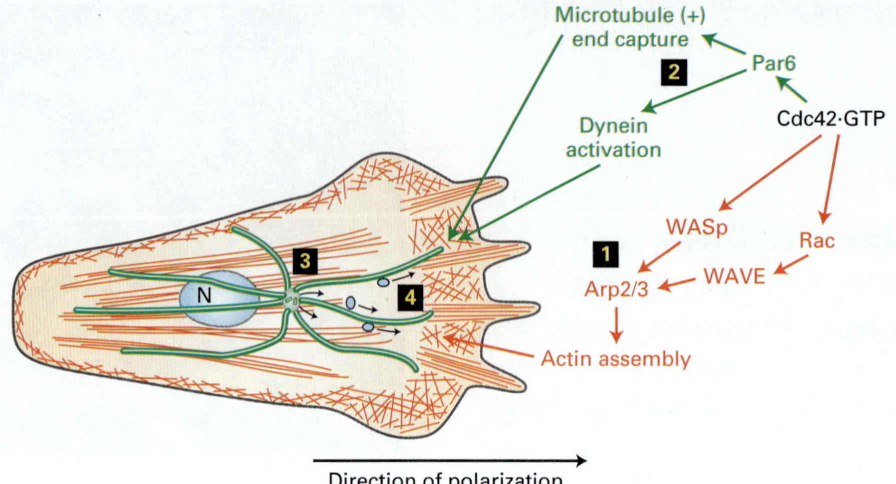

그림 18-55 이동하는 세포가 극성을 갖도록 하기 위한 Cdc42의 microfilament와 microtubule에 대한 독립적인 조절. 세포 전면의 활성 Cdc42g-GTP는 Rac 및 WASP 활성화로 이어져서 microfilament 기반의 leading edge가 조립된다(단계 1). (그림 17-44 참조) 독립적으로 Cdc42-GTP는 또한 microtubule (+) 말단을 포착하고 dynein인의 활성화(단계 2)를 유도한다. Dynein은 microtubule을 잡아당겨 centrosome을 세포 앞쪽으로 향하게 한다(단계 3). 이러한 방향 전환은 세포 앞쪽으로 microtubule을 따라 분비 소포에 의해 운반되는 부착 분자의 전달을 위한 분비 경로를 재구성한다(단계 4). S. Etienne-Manneville et al., 2005, *J. Cell Biol.* **170**:895–901 참조.

변부에 도착하면, melanosome은 myosin V로 넘겨져서, exocytosis를 위해 전달된다. 만약 myosin V system에 결함이 있다면, melanosome은 포획되지 않고 melanocyte 세포 내에 머무른다. 따라서 microtubule은 melanosome의 장거리 수송을 담당하는 반면, microfilament 기반의 myosin V는 세포 피질에서 melanosome의 포획과 전달을 담당한다. Microtubule에 의한 장거리 운송과 microfilament에 의한 단거리 운송은 사상 곰팡이(filamentous fungi)에서의 운송을 비롯하여 axon을 따른 물질의 운송에 이르기까지 많은 다른 시스템에서 발견된다.

Cdc42가 세포 이동 중 Microtubule과 Microfilament를 조화시킨다

17장에서, 우리는 이동 세포의 극성이 작은 GTPase Cdc42에 의해 어떻게 조절되는가에 대해 논의했는데, 이 조절의 결과 세포 전면에서 actin에 기반한 leading edge를 형성하고 후면에서 수축이 일어난다(그림 17-44와 그림 18-55, 단계 1 참조). 또한, 세포 전면에서의 Cdc42 활성화는 microtubule cytoskeleton의 polarization (분극화)을 초래하는 것으로 밝혀졌다. 이 현상은 원래 wound-healing assay (그림 17-43 참조)에서 연구되었는데, 긁힌 상처의 가장자리에 있는 세포가 분극이 유도되고 빈 공간을 채우기 위해 움직일 때 Golgi 골지 복합체가 세포 전면을 향해 핵의 앞쪽으로 이동한다는 것을 알 수 있었다. 세포 전면에 Golgi 복합체가 위치한다는 것은 centrosome이 핵 앞에 놓이도록 움직인다는 것을 나타낸다(Golgi 위치는 MTOC의 위치에 의존한다는 것을 기억하라; 그림 18-1c와 18-28 참조). 최근의 연구들은 어떻게 이런 일이 일어나는지 제안해 오고 있다. 세포 전면의 활성 Cdc42는 극성 인자 Par6와 결합하여 dynein/dynactin 복합체를 세포 전면으로 모집한다(그림 18-55, 단계 2). 피질에 위치하게 된 dynein/dynactin 복합체는 microtubule과 상호작용하여 centrosome의 방향을 잡고, 이에 따라 microtubule의 방사형 배열 전체의 방향을 잡기 위해 microtubule을 당긴다(그림 18-55, 단계 3). Microtubule의 이러한 방향 전환은 세포 이동을 위해 세포외 기질에 부착하기 위해 세포 전면에 분비 산물—특히 세포외 기질을 결합하기 위한 integrins—을 전달하기 위한 분비 경로의 재구성을 초래한다(그림 18-55, 단계 4).

Neural Growth Cone (신경 성장 원뿔)의 발달은 Microfilament와 Microtubule에 의해 조정된다

신경계는 neuron에 의한 신호의 통합과 전달에 의존한다. Neuron은 신호를 수신하는 *dendrite* (수상돌기, 가지돌기)라고 불리는 특수한 구조를 가지고 있으며, 하나의 axon을 가지고 있다. Axon은 하나의 표적 세포 또는 여러 개의 target 세포에 시냅스를 형성하면서 끝난다(그림 18-2 참조). Neuron이 올바른 연결을 만드는 것은 매우 중요하다; 그렇다면 어떻게 자라나는 axon이 정확한 목적지로 안내될까? Axon이 자랄 때, axon의 terminal growth cone (말단 성장 원추)은 extracellular material와 다른 세포로부터 axon을 올바른 경로로 안내하는 신호를 감지한다. 따라서, growth cone이 어떻게 axon의 성장을 지시하는 신호를 받고 해석하는가 하는 것은 신경계의 기능에서 매우 중요하다. Growth cone에는 actin이 매우 풍부하며, 일반적으로 하나의 넓은 lamellipodium (접착용 세포족, 박판족)과 다수의 filopodia (사상위족)를 가지고 있다. Microtubule 또한 성장 원추의 성장 방향을 지시하는 데 필수적이다. Axon은 동일한 극성의 microtubule을 가지고 있으며, 이 microtubule을 따라 axon의 성장을 위한 물질들이 axonal transport

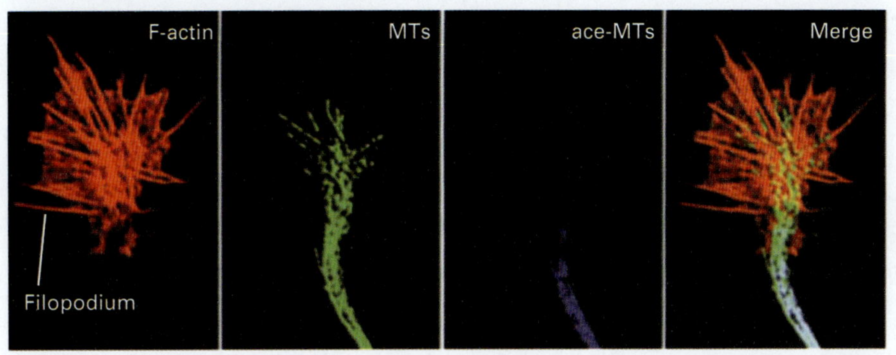

실험 그림 18-56 작은 growth cone에서 actin (빨간색), microtubule (녹색), acetylated microtubule (파란색)의 분포. 안정적인 acetylated microtubule이 axon의 축에만 존재하고, 어떻게 역동적인 growth cone으로 침투하지 않는가에 주목하시오. [Republished with permission from Elsevier, from E. W. Dent and F. B. Gertler, 2003, "Cytoskeletal Dynamics and Transport in Growth Cone Motility and Axon Guidance," *Neuron* **40**(2):209–227; permission conveyed through Copyright Clearance Center, Inc.]

에 의해 움직인다는 것을 기억하자(그림 18-5e 참조). 이 microtubule은 growth cone 속으로 확장되며, growth cone의 발달에 필요한 actin과 함께 growth cone의 발달 방향을 인도하는 데 관여한다. 비록 관련된 메커니즘이 완전히 설명되지는 않았지만, 국소적인 성장 신호가 국소적인 actin dynamics를 변화시키고, 그 결과 microtubule이 신호를 보내는 영역에까지 확장된다는 것이 밝혀졌다. 또한 axon의 축에 있는 microtubule은 microtubule을 안정화하는 post-translational modification—예, acetylation—이 일어난 반면, growth cone에 있는 보다 역동적인 microtubule은 종종 그렇지 않다는 것이 밝혀졌다(그림 18-56).

18.8절의 주요 개념

Cytoskeletal Elements 간의 조정 및 협력

- IFs는 *desmosome*과 *hemidesmosome*이라고 불리는 원형질막의 특정 접착 부위와 microfilament와 microtubule에 모두 연결되어 있다(그림 18-54 참조).
- 동물 세포에서, microtubule은 일반적으로 장거리의 세포소기관 전달을 위해 사용되는 반면, microfilament는 국소적인 전달을 담당한다.
- 신호 분자 Cdc42는 세포 이동 중에 microfilament와 microtubule을 조절한다.
- Neuron의 growth cone의 발달은 microfilament와 microtubule의 상호작용을 필요로 한다.

개념 복습

1. Microtubule은 polar filament이다; 즉, 한쪽 끝이 다른 쪽과 다르다. 이 polarity의 근거는 무엇이고, polarity는 세포 내의 microtubule 조직과 어떻게 관련되어 있으며, polarity는 microtubule에 의존하는 모터에 의해 구동되는 세포내 움직임과 어떻게 관련이 있는가?

2. *In vitro* 및 *in vivo* microtubule은 모두 동적 불안정성을 겪으며, 이러한 유형의 조립은 microtubule에 내재된 것으로 생각된다. 동적 불안정성을 설명하는 현재 모델은 무엇인가?

3. 세포에서, microtubule 조립은 tubulin의 농도 및 온도뿐만 아니라 다른 단백질에 의존한다. 어떤 유형의 단백질들이 체내 microtubule 조립에 영향을 미치고, 각의 유형이 조립에 어떻게 영향을 미치는가?

4. 세포 내의 microtubule은 특정한 배열로 정열된 것으로 보인다. 어떤 세포 구조가 세포 내의 microtubule의 배열을 결정하는가? 이 구조들 중 몇 개가 일반적인 세포에서 발견되는가? 그러한 구조가 어떻게 microtubule 조립을 시작하게 하는지 설명하시오.

5. Mitosis를 억제하는 많은 약들은 tubulin이나 microtubule 또는 둘 다에 특이적으로 결합한다. 그런 약들은 어떤 질병을 치료하는 데 사용되나? 기능적으로 말하면, 이 약물들은 microtubule 조립에 미치는 영향에 따라 두 그룹으로 나눌 수 있다. 그러한 약물이 microtubule 구조를 바꾸는 두 가지 메커니즘은 무엇인가?

6. Kinesin-1은 kinesin 슈퍼패밀리의 첫 번째 구성원이었고, 따라서 아마도 가장 특징이 잘 알려진 kinesin 슈퍼패밀리의 구성원일 것이다. Kinesin-1을 순화하기 위해 kinesin의 어떤 기본 성질이 사용되었나?

7. 일부 세포 구성 요소는 microtubule 위에서 양방향으로 이동하는 것으로 보인다. microtubule의 방향이 MTOC에 의해 고정되어 있는 상황에서 이것이 어떻게 가능한지 설명하시오.

8. Kinesin 운동 단백질의 이동은 motor domain과 linker domain 모두가 필요하다. Kinesin 운동, 이동 방향 또는 둘 다에서 각 영역의 역할을 설명하시오. 하나의 비활성 머리를 가진 Kinesin-1이 microtubule을 따라 소포를 효율적으로 움직일 수 있을까?

9. Dynactin 복합체의 어떤 특징이 세포질 dynein이 microtubule의 (−) 말단으로 화물을 운반할 수 있게 하는가? +TIP EB1과 dynactin의 상호작용 억제가 spindle orientation에 어떤 영향을 미칠 수 있는가?

10. 세포 수영은 microtubule을 포함한 부속기관에 의존한다. 이 부속기관들의 기본 구조는 무엇이며, 이 구조들이 수영하는 데 필요한 힘을 어떻게 만들어 낼까?

11. Dynein 불활성화가 kinesin-2 의존적 IFT에 어떤 영향을 미치는가?

12. Mitotic spindle은 종종 microtubule 기반 세포 기계로 설명된다. Mitotic spindle을 구성하는 microtubule은 세 가지 다른 유형으로 분류될 수 있다. Spindle microtubule의 세 가지 유형은 무엇이며, 각각의 기능은 무엇인가?

13. Mitotic spindle의 기능은 microtubule 모터에 크게 의존한다. 다음의 각 운동 단백질만을 특이적으로 억제하는 약품을 처리하였을 때, spindle formation, function, 또는 둘 다에 미치는 영향을 예측해 보시오: kinesin-5, kinesin-13, kinesin-4.

14. Anaphase A 동안 kinetochore와 chromatids의 극방향 이동은 kinetochore가 짧아지는 microtubule을 붙잡고 있어야 한다. kinetochore가 짧아지는 microtubule을 어떻게 붙잡고 있을까?

15. Anaphase B는 spindle pole 간의 분리를 수반한다. 이 분리를 일으키기 위해 어떤 힘들이 제안되었는가? 어떤 근본적인 분자 메커니즘이 이러한 힘을 제공한다고 생각되는가?

16. 세포질 분열 과정인 cytokinesis는 분리된 sister chromatid가 반대쪽 spindle pole에 가까이 도달한 직후에 발생한다. Cytokinesis가 일어나는 평면은 어떻게 결정되는가? Cytokinesis에서 microtubule과 actin filament의 역할은 무엇인가?

17. 특정 유형의 인간 종양을 치료하는 최선의 전략은 그 종양을 발생시키기 위해 암세포로 전환된 세포의 종류를 확인하는 데 달려 있다. 먼 곳에 군락을 이룬 일부 종양의 경우(metastasized, 전이된), 이 종양세포의 parental cell의 유형을 식별하는 것이 어려울 수 있다. 발현되는 IF 단백질의 유형은 세포에 특이적이기 때문에, 한 종류의 IF 단백질과 반응하는 단일클론 항체를 사용하는 것이 이러한 식별에 도움이 될 수 있다. 만약 (a) 근육세포의 육종, (b) 상피세포암, (c) 성상세포종을 식별하기 위해 단클론 항체(monoclonal antibody)를 생성한다면, 각각 어떤 IF 단백질에 대한 항체를 제작하겠는가?

18. 트랙으로 IF를 사용하는 알려진 모터가 없는 이유를 설명하시오.

19. Growth cone은 발생하는 neuron의 이동성이 높은 영역이다. 무엇이 growth cone이 neuron의 본체(cell body) 안으로 다시 이동하거나 붕괴하는 것을 막는가? Lamellipodium이 경우에는 이런 현상이 가끔 일어난다.

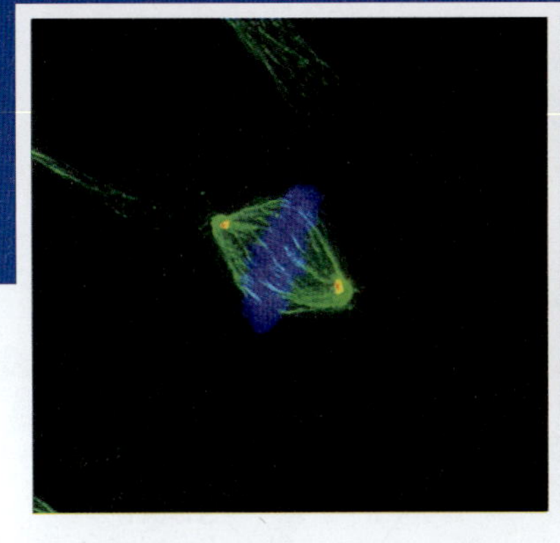
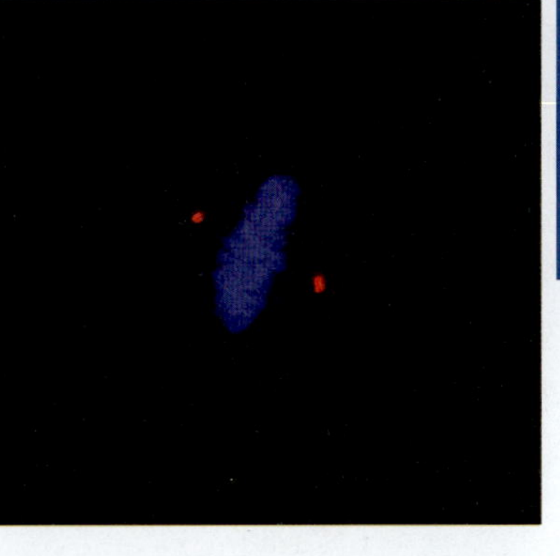

왼쪽의 현미경 사진은 metaphase (중기)의 인간 상피 세포를 보여준다. DNA 복제 후, 세포는 복제된 염색체를 분리하기 위해 mitosis (유사분열)를 겪는다. 세포는 염색체(파란색)를 mitotic spindle apparatus (유사분열 방추 장치; 녹색)의 중앙에 염색체(파란색)를 정렬한다. 이 과정은 anaphase (후기) 동안 염색체가 spindle의 반대 극으로 당겨지기 전이 일어나야 한다. 그 후 세포의 세포질은 분할되어 2개의 동일한 딸세포가 생성된다. 오른쪽의 현미경 사진은 동일한 세포를 촬영한 것으로 centrosome (중심체) 또는 spindle pole (방추극; 빨간색)의 위치를 보여주기 위해 spindle apparatus (방추장치) 이미지는 나타내지 않았다. [Jesse Patterson.]

CHAPTER 19

진핵세포의 세포주기 (The Eukaryotic Cell Cycle)

OUTLINE

생명체의 기본 원리와 정의에는 언제나 복제라는 개념이 들어있다. 일찍이 Matthias Schleiden과 Theodor Schwann 그리고 Rudolf Virchow는 살아있는 물질은 모두 세포로 이루어져 있고, 세포들은 기존 세포의 분열을 통해서만 만들어진다고 했다. 이는 모세포의 크기 성장과 2개의 딸세포로의 분열이라는 과정을 반복하며 증식한다는 것을 제시하는 선구자적인 개념이다. 딸세포는 이 과정을 반복하여 더 많은 세포를 생산한다. 이는 곧 세포들이 스스로 복제하는 데 필요한 일련의 단계를 포함하는 *cell cycle* (세포주기)라는 개념으로 이어진다: 각각은 세포 크기 성장과 내용물 함량의 증가; 세포소기관의 복제; DNA 복제; 염색체 분리; 그리고 최종 두 딸세포 사이의 세포질 소기관 내용물 및 세포막 등의 배분 등이다. 세포주기의 이러한 단계는 독특히 구별되며, 한 단계에서 다음 단계로의 전환은 갑작스럽지만 아주 정확하다. 세포가 다음 단계로 전환되기 전에 먼저 단계에서 발생하는 오류를 감지하고 수정해야 한다. 감시 메커니즘(surveillance mechanism)은 세포주기 각 단계에서 필요한 모든 과정이 완료될 때까지 다음 단계로 넘어가는 것을 방지한다. 수정란 하나가 수억 개 이상의 세포로 구성된 동물로 충분히 발달할 수 있게 되는 것은 이러한 정확히 조절되는 반복적인 세포주기 과정이 작동하기 때문이다.

세포 분열의 알맞은 조절은 모든 유기체에 지극히 필수적이다. 첫째, 세포 분열은 그의 성장과 균형을 맞추어 일어나야 세포 크기가 유지될 수 있다. 만약 부모 세포가 적절한 크기에 도달하기 전에 분열이 일어나고 이러한 일이 몇 번 더 지속된다면, 딸세포들은 너무 작아져서 생존할 수 없게 된다. 한편, 세포들이 분열되기 전에 너무 크게 자란다면, 세포의 기능성이 떨어지고 세포의 수가 느리게 증가하여 발생 과정에서 조직, 장기 및 개체 발달이 제대로 이루어질 수 없게 된다. 둘째로, 다세포 유기체가 발달할 때, 매개체에서 발달 프로그램이 충실히 재현될 수 있도록 세포 각각의 복제는 주변 세포의 복제와 연계하여 정확하게 통제되고 타이밍을 맞춰야 한다. 이는 다양한 종류의 세포로 구성된 복잡한 장기(예, 뇌, 심장, 내장, 신장)가 제대로 발달할 수 있게 한다. 마지막으로, 세포 복제와 세포 분화 사이에 균형을 맞출 수 있다. 높은 복제 잠재력을 가진 세포들은 일반적으로 분화가 덜 된 세포이다. 반면, 특정한 계통으로 고도로 분화된 세포들은 대개 매우 제한된 복제 잠재력을 가지고 있다. 아직 분화되지 않았지만 지속적으로 복제하여 나중에 하나 이상의 특정 세포 유형으로 분화할 수 있는 능력을 가진 세포를 **줄기세포**라 한다. 예를 들어, 동물 발생 과정에서, 난자가 수정된 직후 세포 분열이 빠르게 일어나는 기간이 있으며, 이때 거의 무한한 복제 잠재력을 가진 그렇지만 아직 어떤 종류의 분화도 겪지 않은 적은 수의 세포들이 만들어진다(22장 참조). 그렇지만, 이들의 자손은 나중에 신체의 모든 종류의 세포로 분화할 것이다.

이 장에서는 세포주기에 대한 개요를 먼저 제시한 다음, 현재의 세포주기에 대한 이해에 기여한 다양한 실험 시스템을 설명할 것이다. 우리는 세포주기 진행을 조절하는 분자 메커니즘, 특히 마스터 컨트롤러로서의 cyclin-dependent kinase (CDK, 사이클린 의존성 카이네이즈)의 역할과 다른 여러 protein kinase (단백질 카이네이즈), phosphatase (포스파테이즈), phospho-binding module (포스포 결합 모듈) 및 이들의 활성과 기능을 조절하는 ubiquitin ligase (유비퀴틴 리이게이즈)의 역할에 대해 논의할 것이다. 다음으로 우리는 각 단계에서 발생하는 이벤트가 post-translational modification (단백질 번역 후 변형), CDK 활성 및 downstream target (다운스트림 표적)의 조절에 의해 어떻게 통제되는지 강조하면서 각 세포주기 단계를 더 자세히 조사할 것이다. 우리는 세포주기의 순서를 설정한 후 다음 단계로 전환하기 전에, 각 세포주기 단계가 적절하고 정확하게 완료되었는지 확인하는 checkpoint pathway (체크포인트 경로)에 대해 논의할 것이다. 이 장은 haploid germ cell (반수체 생식 세포: 난자와 정자)를 생성하는 특수한 유형의 세포 분열인 meiosis (감수분열)와 이를 mitosis와 구별하는 분자 메커니즘에 대한 논의로 끝맺는다. 이 장 전체에서, 우리는 세포주기 진행을 지배하는 일반 원칙을 강조하고, 각 세포주기 단계를 제어하는 인자의 예를 다룰 때 종 전체에 적용되는 명명법(a species-spanning nomenclature)을 사용할 것이다.

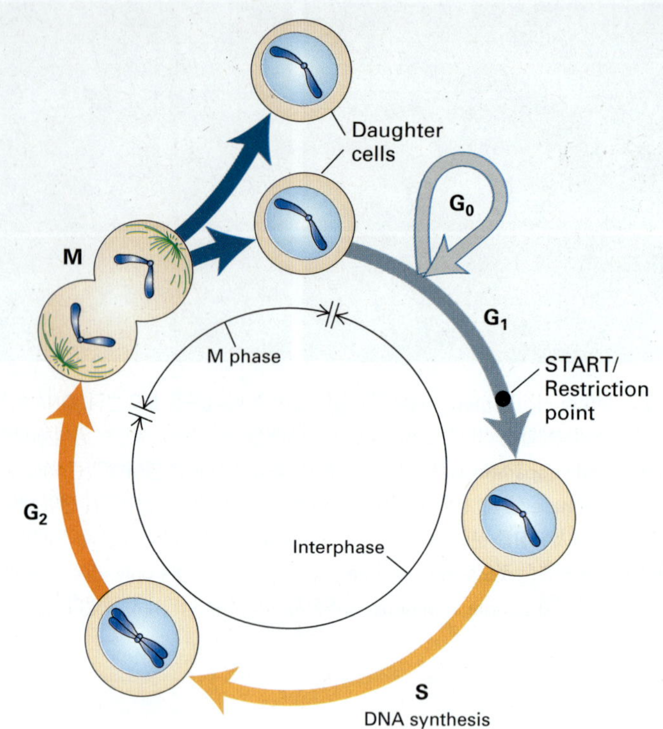

그림 19-1 진핵세포 세포주기. 세포주기의 여러 단계에서 단일 염색체의 운명이 묘사되었다. Mitosis (M) 후 딸세포는 diploid 유기체에서 2*n* 염색체를 가지고 있고, haploid 유기체에서 1*n* 염색체를 가지고 있다. Proliferating (증식하는) 세포에서 G_1은 mitosis 후 세포의 "탄생"과 S기의 시작을 나타내는 DNA 합성 개시 사이의 기간이다. G_1 후반에서 세포가 S기로 투입되는 시점을 *START* 또는 *restriction point*라고 한다. S기가 끝나면, 세포는 G_1 세포보다 2배 많은 염색체 수(diploid 유기체의 경우 4*n*, haploid 유기체의 경우 2*n*)를 포함하는 G_2로 들어간다. G_2의 끝은 mitisis의 시작으로 표시했으며, 그 기간 동안 세포 분열로 이어지는 수많은 사건이 일어난다. G_1, S, G_2기는 총체적으로 *간기(interphase)*라고 하며, mitosis와 다음 mitosis 사이의 기간이다. 척추동물에서 대부분의 nonproliferating (비증식) 세포는 G_1 세포주기를 떠나 G_0 상태로 들어간다. 염색체는 mitosis 동안에만 응축되지만, 여기서는 각 단계의 염색체 수를 강조하기 위해 세포주기 전반에 걸쳐 응축된 형태로 표시했다. Nuclear envelope (핵막 혹은 핵외피)은 모든 세포에서 interphase 염색체를 둘러싸지만, metazoan (후생동물) 세포에서는 mitosis 동안 해체되지만 효모에서는 해체되지 않는다.

19.1 세포주기 개요

진핵생물의 세포주기는 세포가 분열할 때마다 특정한 순서로 일어나는 일련의 과정이다. 지속적으로 복제되는 세포에서, 각각의 과정은 세포들이 어떤 종류의 분자 시계를 따르는 것처럼 일정표에 따라 일어난다. 이 시계 아이디어는 결국 세포 분열 주기의 master regulator로서 cyclin-CDK 복합체를 발견하게 한 동기의 일부였다.

세포주기는 4개의 주요 단계로 나뉜다(그림 19-1). 순환(복제) 포유류의 체세포는 크기가 커지고, G_1 (첫 번째 간격)기에서 DNA 합성에 필요한 RNA와 단백질을 합성한다. 세포가 적절한 크기에 도달하고 필요한 단백질을 합성하면, 효모에서는 *START*로 알려진 G_1에서의 특정 지점과 포유류에서는 *restriction point* (제한지점)를 통과함으로써 세포주기로 들어간다. 일단 이 지점이 통과되면, 세포들은 세포 분열에 전념하게 된다. 성공적인 세포 분열을 위한 첫 단계는 세포가 염색체를 복제하는 기간인 *S* (*synthesis*)기로 들어가는 것이다. 세포는 두 번째 gap 단계인 G_2 단계를 거쳐 *M* (*mitotic*) 단계라고도 불리는 복잡한 mitosis 과정을 시작한다.

Budding yeast의 세포주기 연구를 기반으로, Lee Hartwell은 세포가 다음 단계에 들어가기 전에 세포주기의 각 단계가 적절하게 완료되도록 하기 위해서 특정 감시 메커니즘을 사용한다고 제안했다. 이러한 surveillance 프로그램은 서로 다른 세포주기 단계 사이의 경계에 *checkpoints* (체크포인트)를 설정한다. 예를 들어, 세포는 S기에 들어가서 DNA 합성을 시작하기 전에 G_1-S checkpoint를 통과해야 하고, mitosis에 들어가기 전에 G_2-M checkpoint를 통과해야 한다. G_1에서 S, G_2, M으로의 세포주기 단계의 진행은 모든 진핵생물에서 동일하지만, 한 번의 회전을 완료하는 데 걸리는 시간은 유기체마다 상당히 다르다. 빠르게 복제하는 인간 세포는 약 24시간 안에 전체 세포주기를 완료하는 데 G_1은 9시간, S는 10시간, G_2는 4.5시간, mitosis는 30분 걸린다. 대조적으로, 빠르게 성장하는 효모 세포의 전체 주기는 90분 밖에 걸리지 않는다. 초파리 *Drosophila melanogaster*의 초기 배아 발달 동안 일어나는 세포 분열은 단 8분만에 완료된다!

G_1은 S기로의 진입을 조절한다

S기의 목적이 염색체 DNA를 복제하는 것이고, M기의 목적이 염색체를 딸세포로 분리하는 것이라면, G_1과 G_2는 무엇을 위한 것인가? G_1기 동안 세포는 자신의 상태를 평가하여 내용물을 두 배(doubling)로 불리고 세포 분열에 전념하는 것이 적절한지를 결정한다. 이 평가에는 세포의 크기, 영양 상태, 기질 부착, 이웃 세포의 밀도, 세포외 성장 인자와 세포 분열을 자극하는 여러 화학 물질의 존재에 대한 평가가 포함된다. 세포가 주기를 거쳐 분열하도록 촉진하는 성장 인자와 화학물질들을 일반적으로 *mitogen* (마이토젠)이라고 한다. 특정 몇몇 신호 경로들이 세포의 상태와 주변 환경을 모니터링하며, 이러한 경로의 출력물은 복제와 분열 여부를 결정하기 위해 통합된다. 21장에서 논의된 TOR 및 Hippo 신호전달 경로는 세포의 영양 상태, 크기, 부착 상태 및 주변 세포의 밀도를 모니터링한다. 16장에서 논의된 성장 인자 신호전달 경로, phosphoinositol-3 kinase 경로 그리고 mitogen-activated protein kinase (MAPK) 경로는 모두 mitogen들이 세포 바로 근처에 있는지 여부를 보고한다.

일단 세포들이 DNA를 복제에 전념하기로 결정했으면, 그 결정은 되돌릴 수 없다. 즉, 세포가 S기에 진입하면 성장 인자나 영양소가 세포외 환경에서 제거되든 상관없이 모든 염색체를 복제하는 과정을 완료한다. S기로의 진입 결정은 G_1기 후반인 START 또는 restriction point에서 일어난다. 포유류 세포의 경우, 이 시점은 S기 개시 2–3시간 전이다. 포유동물 세포가 제한점을 통과한 후에 성장 인자를 없애도(또는 효모 세포가 START를 통과한 후에 영양분을 제거하거나, 효모를 G_1 상태에 정지시키는 페로몬을 가해도) 세포는 여전히 다음 주기인 S기로 진행될 수 있었다. 이러한 관찰은 과학자들에게 G_1기 동안 어떤 미지의 불안정한 인자가 축적되고, 그러한 "R-factor"가 충분히 축적되면 세포는 DNA 복제를 시작하도록 운명지어져 있다고 가정할 수 있게 하였다. S기가 거의 완료되면 그 인자는 파괴될 것이고, 다음 세포주기의 G_1기 동안 재합성되어야 할 것이라고 가정하였다. 이러한 R-factor의 주기적인 축적과 분해는 세포가 S기 동안 DNA를 합성하는 이유와 어떻게 세포가 S기로의 진입을 조절하는지를 설명할 수 있다. 즉, 영양소, mitogen, 세포 크기, 밀도 및 기질 부착을 토대로 해서, G_1기 동안 R 인자의 수준을 조절함으로써 S기 진입 타이밍을 조절할 수 있다는 것이다. 포유류 세포에서, 우리는 이 순환 R 인자가 *cyclin D*로 알려진 단백질이고(분명 다른 단백질인 cyclin E와 feedback-loop 조절로 작동), 효모에서는 이 인자가 Cln3으로 밝혀졌으며, 이 역시 Cln1, Cln2 및 전사 억제자인 *Whi5*가 포함된 feedback-loop로 작동한다. *Cyclin* 또는 그 축약형 *Cln*은 세포가 복제되는 과정에서 불안정한 조절 인자가 양적인 면에서 주기적으로 변한다는 개념을 우리에게 심어 준다. 우리가 앞으로 살펴보겠지만, 모든 cyclin 단백질은 세포주기의 여러 부분 조절에서 중요한 역할을 한다. Cyclin 단백질은 분자 수준에서 하나 이상의 protein kinase—이 장 개요에서 언급한 cyclin-dependent kinases (CDKs)—에 결합하여 기능을 수행한다. 즉, Cyclin은 kinase의 활성을 증가시키고, kinase의 기질 특이성을 변화시키며, kinase를 세포의 특정 위치에 자리 잡게 한다.

일단 S기에 이르면, 복잡한 복제 기계가 염색체 DNA의 특정 부위, 복제 기점에서 조립되고, 각 염색체의 정확한 복제가 뒤따른다. 동물 세포의 주요 미세소관 구성 중심인 centrosome (중심체; 18장 참조)도 S기 동안 복제된다. DNA 복제가 완료되면, 세포는 두 번째 gap 단계인 G_2에 들어간다.

G_2기 간에 세포는 Mitosis와 Cell Division을 준비한다

세포는 G_2기 동안 모든 DNA가 올바르게 복제되었고, 2개의 세포를 생성하기에 내용물이 충분한지, DNA 복제 중에 발생한 오류가 수정되었는지, 그리고 DNA 가닥에 있는 갈라진 틈이 복구되었는지 확인한다. 또한 염색체 응축의 첫 징후가 나타나고, 세포가 mitosis에 들어갈 준비를 위한 초기 단계의 cytoskleton (세포골격)과 microtuble (미세소관)의 reorganization (재구성)이 있게 된다.

세포는 G_2 동안 mitosis를 위해 모든 것이 준비되었음을 어떻게 알 수 있을까? G_1에서 S기로의 전환과 마찬가지로 또 다른 불안정한 cyclin 단백질이 G_2 동안 축적되며, 이들이 충분한 양에 달했을 때 세포를 G_2에서 mitosis로 유도할 수 있다. 한 고전적인 실험에서, Tim Hunt는 수정된 성게알에 방사성 methionine을 첨가한 후에 방사성 표지된 단백질의 점진적인 축적을 관찰했는데, 이 단백질은 mitosis에 들어서면 급격히 파괴되었다. 이 관찰은 다른 다양한 유기체—budding yeast, 개구리알, 성게알, 불가사리와 조개의 배아 등을 사용한 실험에서도 비슷한 결과가 재현되었다. 이어서 과학자들은 관련 유전자를 클로닝하였고 해당 단백질의 특성을 파악하였으며, 우리는 현재 이를 cyclin B로 알고 있다. Cyclin B는 *CDK1*이라고 하는 또 다른 cyclin-dependent kinase에 결합하여 active protein kinase 복합체를 형성하고, 이 복합체가 G_2 세포를 M기로 진입하게 한다. G_2-M checkpoint의 감시 메커니즘은 세포가 방사선 조사, DNA-damaging agents (DNA-손상 물질) 또는 microtubule polymerization (미세소관 중합)을 방해하는 약물 등의 처리에 의해 스트레스 상태에 있거나 손상을 입게 되면 G_2기에서 M기로 진행되지 않게 한다.

흥미로운 것은, budding yeast (fission yeast는 아님)를 포함한 어떤 유기체는 구별 가능한 G_2 단계가 전혀 없다는 것이다. 개구리 *Xenopus laevis*, 초파리 *Drosophila melanogaster* 등 세포주기 연구에 사용된 모델 유기체에서는 난자가 처음 분열하기 시작할 때, 본격적인 배아 발달이 시작되기 전에, 몇 번의 아주 빠른 초기 세포주기가 있으며 이때 G_1기와 G_2기 둘 다 생략된 것으로 보인다. 이 경우, 세포는 성장 없이 분열되기 때문에 점차적으로 크기가 작아진다. 그럼에도 불구하고, 나중에 이들의 후기 세포주기에서 그리고 성체 세포의 세포주기에서 G_1

과 G_2 모두가 필요하다. 일반적으로, G_1 기간 동안에는 크기 성장이 있게 되며, S기와 M기 사이의 G_2 단계에서는 지질과 단백질 합성, 미토콘드리아 분열을 포함한 세포량의 추가적인 축적이 있다. G_1 후기, S기 및 G_2에서는 Golgi complex (골지복합체)의 양이 두 배로 늘어난다.

M-기 동안 Mitosis와 Cytokinesis (세포질 분열)가 일어난다

S와 G_2가 완성되면, 각 염색체의 DNA는 DNA 복제 과정을 통해 복제되어 2개의 동일한 DNA 분자가 생성되며, 각각은 histone (히스톤) 및 기타 chromosome-associated protein (염색체-부착 단백질)로 코팅된다(그림 8-35 참조). 각각의 동일한 염색체를 **chromatid (염색분체)**라고 한다(그림 19-2). 두 자매 chromatid는 처음에 *cohesin* (코헤신)이라는 단백질 복합체에 의해 길이 전체에 걸쳐 단단히 고정되어 있다. mitotic chromosome의 chromatid 부착점은 중심체라고 불리는 각 chromosome에 옹이가 만들어진 것처럼, 밀도가 가장 높은 지역이다. 여기에는 특정 반복 DNA 염기서열을 많이 가지고 있다. **Centrosome** 양쪽에 있는 chromatid 부분을 팔이라고 한다. Mitosis 동안, 두 자매 chromatid 사이의 cohesin 결합이 용해되고, 자매 chromatid는 미세소관으로 만들어진 단백질성 spindle (방추)를 따라 서로 분리된다: Chromatid는 궁극적으로 두 딸세포 각각에 분포된다.

Chromosome의 두 복사본을 분리하는 과정은 다소 정교하며, 18장에서 설명한 것처럼 분열하는 세포를 현미경 관찰로 인식할 수 있는 일련의 6단계로 일어난다. 이러한 단계는 그림 19-3에 요약되어 있다. 각 단계에서 발생하는 주요 사건을 열거하면: Prophase (전기) 동안 nucleus의 chromatin 섬유가 광학현미경으로 볼 수 있는 chromosome으로 응축된다. 복제된 두 chromosome의 팔 전체를 S기에서부터 붙여 놓고 있던 cohesin 단백질이 분해되어 두 sister chromatid는 centromere (동원체) 근처에 형성된 cohesin bridge를 통해서만 연결된 상태로 남는다. Nucleus에서 ribosome 합성이 일어나는 부위인 nucleoli (핵소체)가 사라진다. Mitrotuble의 interphase array (간기 배열)이 파괴되고, 두 centrosome [*mitotic aster* (극체) 또는 *spindle pole* (방추극)이라고도 함]은 mitotic spindle이 그들 사이에 형성되기 시작하면서 서로 멀어진다. 각 chromosome을 spindle microtubules (방추 미세소관)에 고정시키는 *kinetochore* (키네토코어)라고 불리는 단백질 복합체가 각 chromosome의 centrosome에서 조립된다.

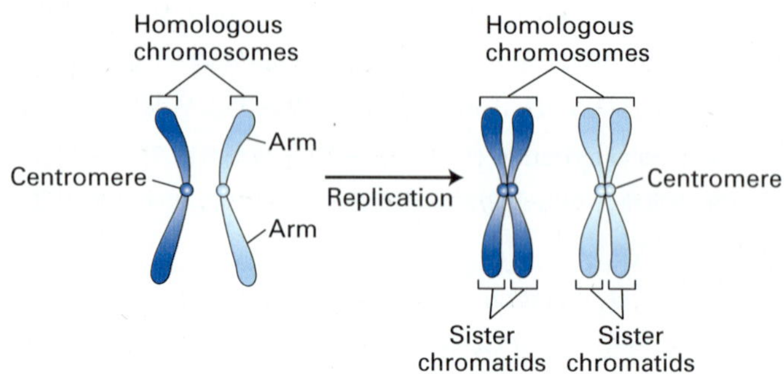

그림 19-2 S기 동안 염색체 복제. Diploid (이배체) 세포는 *염색체 homolog* (상동체)라고 하는 각 염색체 2개를 포함한다. S기의 마지막에 각 homologous chromosome (상동염색체)는 2개의 복사본을 가지며, 각각의 복사본을 *sister chromatid* (자매 염색분체)라고 한다. Centromere (중심영역)와 chromosome arm (염색체 팔)이 표시되었다. 간단히 하기 위해 두 자매 염색분체를 함께 잡아주는 cohesin 단백질은 표시되지 않았다.

다음으로, 고등 진핵생물에서 prometaphase (전중기) 동안, endoplasmic reticulum와 같은 연결선 상에 놓였던 핵막의 바깥막은 vesicle (소낭)으로 분해되어 endoplasmic reticulum에 합쳐진다. Golgi apparatus도 vescle로 분해된다. 각 centrosome에서 나오는 mictotuble은 nuclear 영역으로 들어가 kinetochore에 연결되어, kinetochore microtubule이 된다. 그리고 chromosome은 더욱 응축되어 sister chromatid 쌍이 두툼한 X-자 모양의 mitotic chromosome을 이룬다(그림 1-17 참조). Non-kinetochore microtubule은 세포를 가로질러 반대편 다른 centrosome에서 나오는 non-kinetochore microtuble과 중첩되며, 그 사이에 cell membrane을 향하고 mitotic chromosome에서 멀어지는 제2의 microtubules 세트가 뚜렷하게 나타난다. Microtubule이 kinetochore에 부착됨으로써 포획된 chromosome은 왔다갔다 움직이면서 mitotic spindle의 중심을 향해 순이동한다.

Centrosome이 세포의 반대쪽 끝으로 이동하고, chromosome이 spindle의 중앙으로 모이면, 세포는 metaphase (중기)에 들어선다. 이 시점에서 각 chromosome의 중심에 있는 centromere는 *metaphase plate* (중기판)이라고 하는 spindle pole 사이의 중간에 위치한 가상 평면에 정렬된다. 각 chromosome에 있는 sister chromatid의 kinetochore는 이제 반대 극에서 오는 microtubule에 부착되어야 한다. 이 올바른 일련의 연결이 확인되면, 세포는 anaphase (후기)에 들어선다. Anaphase A 동안, kinetochores에서 sister chromatid 각각을 함께 묶고 있던 cohesin 점착제가 용해된다. 각각은 서로 분리되고 kinetochore microtubule이 약 1 μm/min의 속도로 짧아짐에 따라 spindle의 반대 극으로 이동한다. Anaphase B 동안, non-kinetochore microtubule은 길어지고 spindle pole이 더욱 분리됨에 따라 세포가 길쭉이 늘어난다. 염색체가 세포의 반대쪽 끝으로 완전히 분리되면 세포는 telophase (말기) 단계에 들어간다. 염색체가 응축되고, nuclear envelope이 재형성되며, nucleoli가 다시 나타나고, 남아 있는 spindle microtubules이 마저 분해된다. 동물 세포에서는 이전 단계에 있었던 spindle 중간 영역(midzone)의 plasma membrane 바로 아래에 actin/myosin-based (액틴/미오신 기반)의 contractile ring (수축 고리)이 형성된다. 세포 분열의 다음 단계는 cytokinesis (세포질 분열)로서 세포질이 두 딸세포로 나뉜다. 역사적으로, cytokinesis는 mitosis와 별개의 과정으로 간주되었지만, 이 책에서 우리는 cytokinesis를 mitosis의 말기 단계에 포함시키는 현행 관례를 따른다. Cytokinesis는 anaphase의 끝 무렵이나 telophase (말기)에 시작된다. 동물 세포에서는 contractile ring이 좁아지고 두 딸세포가 분리되는 영역에 있는 microtubules이 절단되어 cleavage furrow (분열 고랑)이 만들어진다. 이 ring은 plasma membrane이 쪼개질 때까지 천천히 안쪽에서 좁혀져 2개의 세포를 남

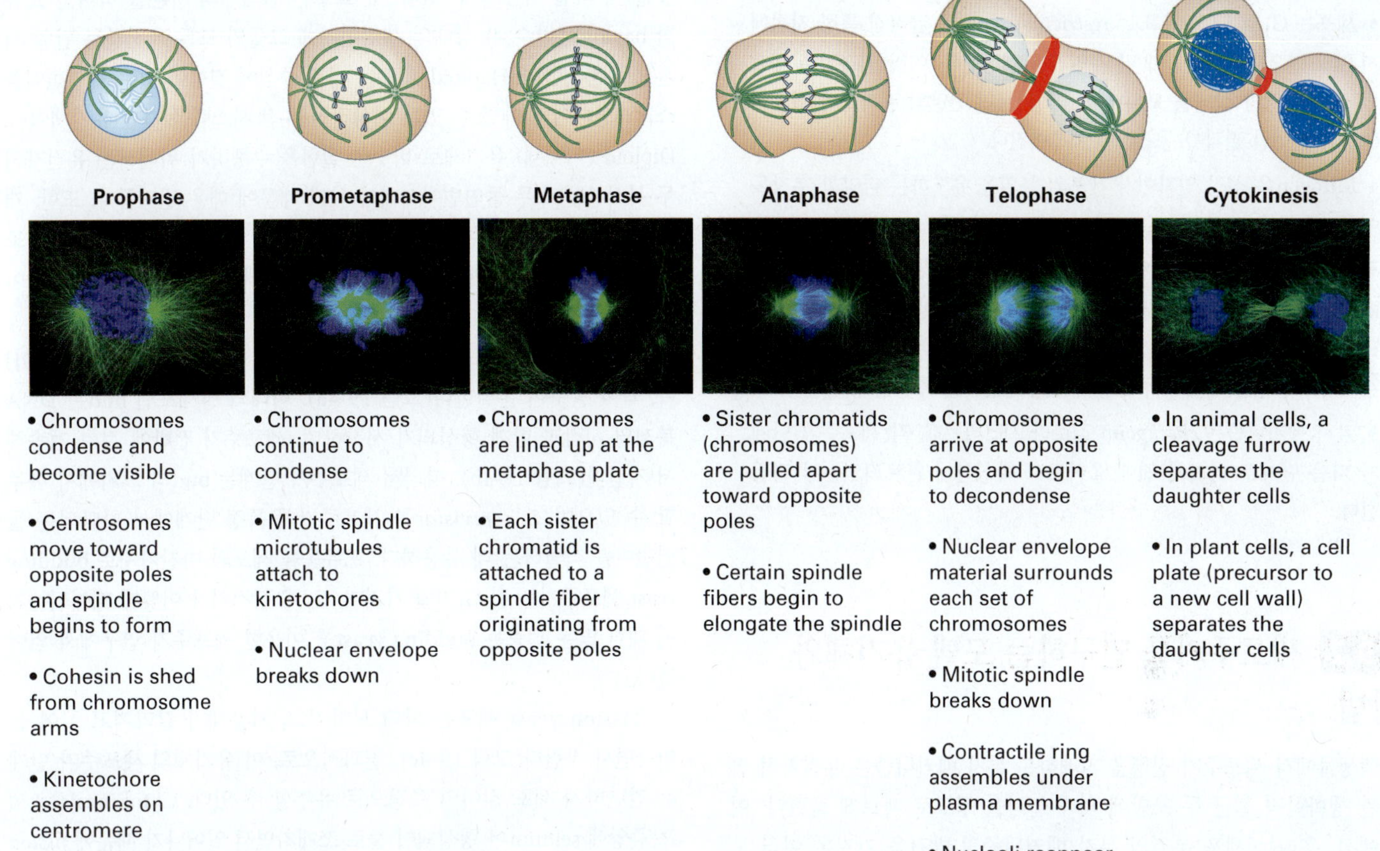

그림 19-3 Mitosis 단계. 상단 패널은 mitosis의 각 단계에서 발생하는 주요 사건에 대한 도식적 표현이다. Mitosis는 S 및 G_2기에서 이어지는 세포주기의 비교적 짧은 기간이다. 하단 패널은 DNA가 파란색으로 염색되고 microtubule (미세소관)이 녹색으로 염색된 분열하는 세포의 현미경 사진이다. 다음은 각 단계에서 발생하는 주요 이벤트 목록이다. [Micrographs courtesy of Torsten Wittmann, University of California, San Francisco.]

긴다. 효모에서는 이 과정이 다소 다르다. 효모는 actomyosin ring (액토미오신 고리)이 수축하는 동시에 *septum* (격막)이라고 하는 새로운 carbohydrate에 기반을 둔 cell wall도 합성해야 하기 때문이다. 동물이든 효모든, mitosis의 최종 결과는 같다. 2개의 딸세포 각각은 모세포에 있던 organelle, membrane 및 기타 구조를 공유하면서 자신의 nucleus와 cytoplasm을 가지게 된다.

Mitosis의 모든 단계는 mitotic protein kinase의 작용으로 진행된다. 앞으로 살펴보겠지만, cyclin B/CDK1은 mitosis로의 진입을 제어하고, 이후 cyclin B가 빠르게 파괴되는 anaphase가 시작될 때까지 일어나는 수많은 molecular event를 조정하는 데 아주 중요한 역할을 한다. Polo-like kinase, Aurora A 및 B kinase, Nek family of kinase를 비롯한 다양한 다른 protein kinase들도 mitosis 과정에서 매우 중요한 역할을 한다. 다시 한 번, 감시 메커니즘은 mitosis의 각 단계가 다음 단계로 이동하기 전에 적절히 제대로 완료되었는지 확인한다. 이 메커니즘은 mataphase에서 anaphase로의 전환에서 특히 중요한데, 여기에서 spindle assembly (방추조립) checkpoint는 각 chromosome이 metaphase plate에 적절하게 위치하는지 여부와 각 sister chromatid의 kinetochore가 반대쪽 spindle pole에서 나오는 microtubule에 적절하게 부착되어 있는지 여부를 모니터링한다.

Mitosis가 완료되면, 딸세포는 세포주기를 계속 돌리거나 주기를 종료하고 분화의 경로를 밟을 수 있다. 다세포 생물에서 대부분의 분화 세포는 세포주기를 벗어나서, 수일, 수주, 또는 일부 경우(예, 신경세포와 수정체의 세포) 분열하지 않은 채 유기체가 생명을 다할 때까지 생존한다. 이러한 *postmitotic* cell (*mitosis* 후 세포)은 일반적으로 G_1의 세포주기를 종료한 후 G_0이라고 불리는 단계로 진입한다(그림 19-1 참조). 일부 G_0 세포는 세포주기로 복귀하여 복제를 재개할 수 있다. 재진입 과정의 조절은 세포 증식을 제어하는 좋은 방법이다.

19.1절의 주요 개념

세포주기 개요

- 진핵세포의 세포주기는 4단계로 나누어진다: G_1 (mitosis와 nuclear DNA replication의 시작 사이의 기간), S (nuclear DNA replication 기간), G_2 (nuclear DNA replication와 mitosis 사이의 기간), M (mitosis와 cytokinesis).

- 세포는 G_1의 *START* 또는 *restriction point*로 알려진 특정 지점에서 세포 분열을 할 것인가 말 것인가를 결정한다. 이러한 결정은 세포의 크기와 영양 상태를 모니터하는 여러 신호전달의 결과물과 세포외 환경을 분석한 결과를 통합하여 이루어진다.
- Mitogen은 성장 인자이자 세포의 분열을 유도하는 다양한 분자들이다.
- *Cyclin*이라 불리는 불안정한 인자는 cyclin-dependent protein kinase에 결합함으로써 세포주기의 여러 단계를 관통하여 진행을 도모한다. 결과로 형성된 cyclin-CDK 복합체는 세포주기 특정 단계에만 존재하고 활성을 나타내어 특정 주기의 반응만을 촉진한다.
- 감시 메커니즘은 *checkpoint* 경로라고도 하는데, 각 세포주기 단계가 다음 단계로 나가기 전에 올바르고 확실하게 완료되었는지 점검한다.

19.2 세포주기를 연구하는 모델 유기체와 방법

진핵생물에서 세포주기 진행을 지배하는 분자 메커니즘은 유전학적 접근과 생화학적 접근 두 조합에 의해 놀라울 정도로 빠르게 풀렸다. 이 절에서, 우리는 세포 분열의 분자 메커니즘의 발견을 가져온 여러 모델 시스템에 대해 논의할 것이다. 세포주기를 연구하는 데 사용되는 중요한 세 가지 모델 유기체는 단세포 효모인 *Saccharomyces cerevisiae* (budding yeast)와 *Schizosaccharomyces pombe* (fission yeast)이고, 개구리 *Xenopus laevis*의 난모세포와 초기 배아이다. 이어서 포유동물의 조직 배양 세포를 사용하여 포유동물의 세포주기 조절 과정을 연구할 수 있었다.

여러 다른 실험 시스템을 이용한 세포주기 연구 역시 세포주기의 일반적인 조절에 대한 두 가지 주목할 만한 발견으로 이어졌다. 첫째, DNA 복제의 시작과 mitosis로의 진입과 같은 복잡한 분자 과정은 소수의 마스터 세포주기 조절 단백질에 의해 조절되고 조정된다. 둘째, 이러한 master regulator와 이들을 제어하는 단백질은 진화적으로 고도로 보존되었기 때문에, 곰팡이, 성게, 곤충, 개구리 등 여러 다른 종에서 이루어진 연구 결과가 인간 세포를 포함한 모든 진핵세포에 직접 적용될 수 있다.

Budding 및 Fission 효모는 세포주기를 유전적으로 분석할 수 있게 했다

Budding 및 fission yeast는 유전자 조작이 용이하기 때문에 세포주기 연구에 매우 유용한 시스템이다. 이들은 모두 곰팡이 계열이지만, 3억 5천만 년 전에 서로 갈라진 아주 먼 친척이다. 사실, 이들 두 효모 사이의 진화적 거리는 각 효모와 포유동물 사이의 진화적 거리와 비슷하다. 결과적으로, 두 유형의 효모에 대한 연구 결과는 metazoan animals (후생동물)에 직접 적용될 수 있다. 두 효모는 염색체의 사본을 하나만 보유한 haploid (반수체) 상태의 생명이기에 그들의 모든 유전자는 단일 사본으로 존재한다. Haploid 효모는 세포 증식에 결함이 있는 돌연변이를 스크리닝하여 찾아낼 수 있는 이상적인 유전 시스템을 가진 유기체이다. Diploid (이배체) 유기체로 비슷한 실험을 수행하기 위해서는 유전자의 두 복사본을 모두 돌연변이시켜야 하기 때문에 매우 번거롭다. 또한, 개별 효모 유전자의 발현을 비교적 쉽게 할 수 있으며, 효모의 배양과 조작이 용이하여 모든 세포가 같은 주기 단계에 있는 상태로 동기화하여 연구할 수 있다.

S. cerevisiae 세포는 모양이 알 모양으로 동그랗고 budding (출아) 즉, 싹이 돋듯이 분열한다(그림 19-4a). 미래의 딸세포인 bud는 DNA 복제의 시작과 함께 형성되기 시작하며, 세포주기 전반에 걸쳐 계속해서 자란다(그림 19-4b). 따라서 세포주기 단계는 bud의 크기에서 유추할 수 있으며, *S. cerevisiae*를 세포주기의 특정 단계에서 차단되는 돌연변이를 식별하는 데 유용하다. 포유동물 세포와 마찬가지로 budding yeast 세포주기는 긴 G_1기를 가지며, G_1–S 상전이가 어떻게 제어되는지에 대한 많은 정보는 budding yeast를 이용한 세포주기 연구에서 얻어졌다.

Fission yeast 세포는 막대 모양이고, 가운데가 갈라지고 끝이 늘어나면서 자란다(그림 19-4c). 결과적으로, 이 유기체의 세포주기 단계는 간단하게 세포 길이의 측정으로 유추할 수 있다. Cytokinesis는 세포 중앙에 septum이 형성되어 둘로 쪼개지면서 일어나기 때문에 *fission yeast*라 불린다(그림 19-4d). Budding yeast나 포유류 동물 세포와는 달리, fission yeast는 세포주기의 G_1과 S기가 매우 짧은 대신 대부분을 G_2에서 보낸다. fission yeast와 metazoan cell에서의 G_2와 mitosis로의 진입을 통제하는 분자 메커니즘은 매우 유사하다. Paul Nurse와 그의 동료들은 fission yeast를 이용하여 G_2/M phase transition에 관련된 많은 molecular event를 밝혀냈다.

세포주기가 특정 단계에서 차단되거나 그 주기의 조절이 변한 효모 돌연변이체를 이용하여 연구하면 많은 유용한 정보를 얻을 수 있다. 세포주기 진행은 생존에 필수적이기 때문에, 과학자들은 **temperature-sensitive (온도에 민감한)** 돌연변이체를 찾아냈다. 이 돌연변이체는 유전자가 한 온도에서 기능을 하지만, 다른 온도에서는 종종 더 높은 non-permissive 온도에서 비활성화(예, 비허용 온도에서 단백질 folding 오류에 의함, 그림 6-6 참조)되는 단백질을 encode한다. 이러한 돌연변이는 세포주기 진행이 특정 단계에서 정지되었을 때 정상적으로 분열하는 세포와는 현미경을 통해 쉽게 구별되는데, 이러한 세포를 *cdc* (*c*ell *d*ivision *c*ycle) mutant라고 한다. 이러한 temperature-sensitive yeast 균주에서 변이된 유전자를 밝혀냄으로써 세포 분열 거의 모든 측면에서 중요한 기능을 하는 유전자들의 목록을 작성할 수 있었다.

Frog Oocyte 및 초기 Embryo는 Cell cycle Machinery의 생화학적 특성을 밝히는 데 유용했다

효모는 대규모 유전자 스크리닝에는 이상적이지만, 세포가 작고 두꺼운

(a)

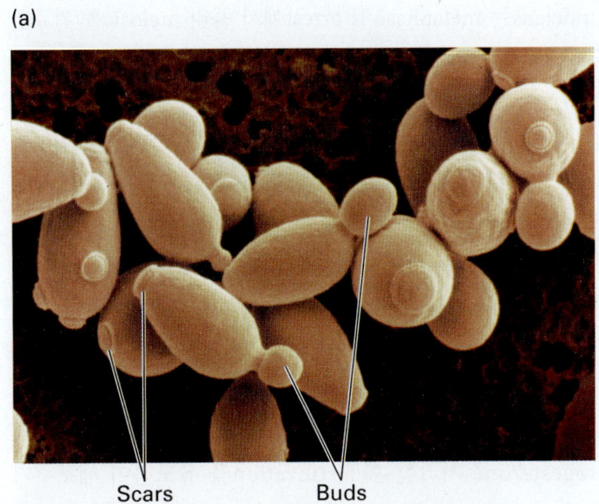

(b)

Parent cell
Cytokinesis
Daughter cell
Growth
START
Chromosome segregation; nuclear division
M
G_1
(G_2)
S
Spindle pole body duplication
Bud emergence
Spindle formation; nuclear migration
DNA replication

(c)

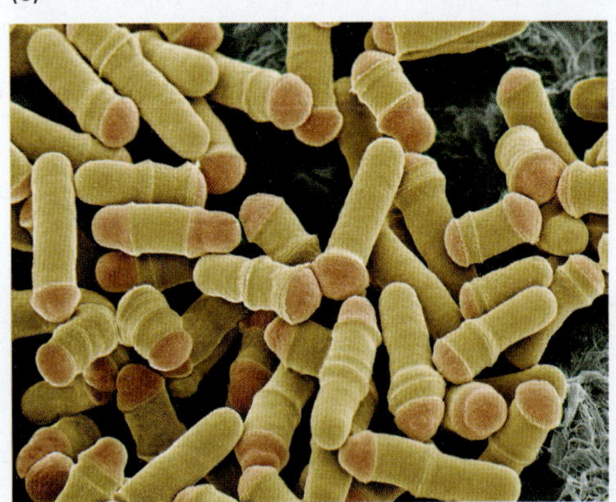

(d)

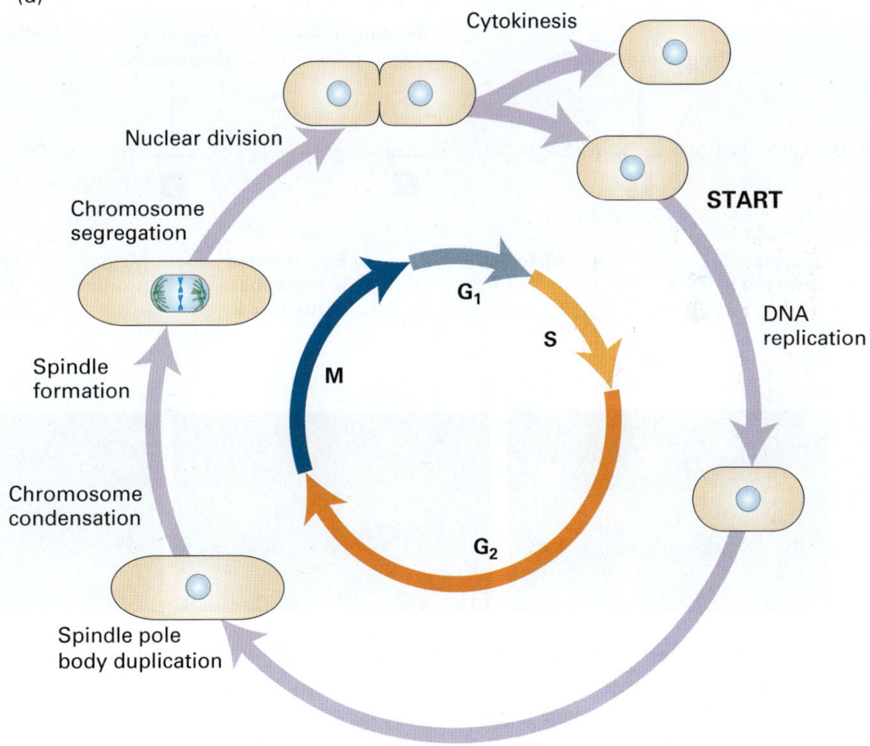

그림 19-4 Budding yeast *S. cerevisiae* 및 fission yeast *S. pombe*의 세포주기. (a) 세포주기의 다양한 단계에서 *S. cerevisiae* 세포의 scanning electron micrograph (주사 전자현미경 사진). G_1기의 끝에 나오는 bud가 클수록 세포가 주기에서 더 멀리 있다. Bud scar는 이전 딸세포가 bud를 트고 나온 부위에 분명하게 보인다. (b) *S. cerevisiae* 세포주기의 주요 사건. 딸세포는 START에 들어가기 전에 특정 크기로 성장해야 한다. G_2는 budding yeast에서 잘 정의되지 않으므로 점선 화살표로 표시했다. 고등 진핵생물과 달리 핵막은 *S. cerevisiae* 및 기타 효모에서 mitosis 중에 분해되지 않으며 "closed mitosis (폐쇄 유사분열)"을 겪는다. 문제를 더욱 복잡하게 만드는 것은 작은 *S. cerevisiae* 염색체가 광학현미경으로 볼 수 있을 만큼 충분히 응축되지 않는다는 것이다. (c) 세포주기의 다양한 단계에서 *S. pombe* 세포의 scanning electron micrograph. 긴 세포는 mitosis에 막 들어가고 있고, 짧은 세포는 cytokinesis (세포질분열)를 막 통과했다. (d) *S. pombe* 세포주기의 주요 사건. 이 효모는 세포주기 중 비교적 짧은 G_1과 S기를 가지며, 아주 뚜렷한 G_2 단계를 갖는다. 이 G_2 단계는 metazoan 세포의 G_2와 유사하다. *S. cerevisiae*에서와 같이 핵막은 mitosis 중에 분해되지 않는다. [Part (a) SCIMAT/Science Source. Part (c) Steve Gschmeissner/Science Source.]

세포벽을 가지고 있어 상세한 생화학적 분석에는 적합하지 않다. 세포주기에 관련된 생화학적 연구를 위해서는 많은 양의 세포 추출물을 마련해야 하는데, amphibian (양서류) 및 marine invertebrate (해양 무척추동물)의 알과 초기 배아가 아주 적합하다는 것이 드러났다. 이 유기체들은 일반적으로 큰 알을 가지고 있으며, 수정 후 세포주기가 여러 번이나 동기화되어 진행된다. 암컷에서 많은 수의 난자를 얻은 후에 정자를 뿌려주어 난자들을 동시에 수정함으로써(또는 수정을 모방하는 처리를 해줌으로써), 연구자들은 세포주기의 특정 지점에 있는 세포로부터 단백질 및 효소 활성 분석을 위한 추출물을 다량 얻을 수 있다.

X. laevis oocyte (난모세포)와 egg (난자)가 세포주기 진행을 분석하는 데 어떻게 사용될 수 있는지 알아보기 위해서, 먼저 oocyte 성숙 과정을 살펴보겠다. Oocyte 성숙이 *in vitro*에서 일어나게 할 수 있다. Oocyte는 meiosis를 겪는다(meiosis의 개요는 그림 19-37 참조). Oocyte가 개구리 ovary (난소)에서 발달하면서 DNA를 복제한 후에 8개월 동안 G_2에 정지된 상태(arrested)로 머물게 된다. 이 기간 동안 oocyte는 크기가 직경 1mm까지 커져서 early embryo (초기 배아)의 연속적인 세포 분열에 필요한 모든 물질을 비축한다. 수컷의 자극을 받으면, 암컷의 ovarian 세포는 steroid hormone (스테로이드 호르몬)인 progestrone (프로게스테론)을 분비해서 G_2-arrested oocyte가 성숙하여 meiosis에 들어가도록 유도한다. 19.8절에서 볼 수 있듯이, meiosis는 *meiosis I*과 *meiosis II*로 알려진 두 번의 연속적인 염색체 분리 단계로 구성된다. Progestrone은 oocyte가 meiosis I을 겪도록 유발하고, 두 번째 mitotic metaphase로 들게 하여 arrested 상태에서 수정을 기다린다(그림 19-5a). 이 단계에 이르면 oocyte를 *egg*라 한다. 정자에 의해 수정되면, egg nucleus는 metaphase II arrest에서 풀려 meiosis를 완료한다. 결과적으로, haploid egg nucleus은 haploid sperm nucleus와 융합하여 diploid *zygote* nucleus를 생성한다. DNA 복제가 뒤따르고, embryogenesis (배발생)의 첫 번째 mitotic division이 시작된다(그림 19-5b). 그 결과 생성된 배아 세포는 빠르고 synchronous (동시적인) 세포주기를 11번 돌려 *blastula* (배반포 혹은 포배)라고 하는 속이 빈 구체를 형성한다. 이후 세포 분열은 느려지고, blastular에 위치한 세포들이 다른 시간에 분열하는, non-synchronous (비동시적)인 세포 분열이 이어진다.

Mitosis에 관여하는 인자를 연구하기 위해 *X. laevis*를 사용하는 이점은 많은 수의 oocytes와 eggs를 얻을 수 있고, 실험실에서 수확된 oocyte에 progesterone 처리한 후 fertilization을 유도하여 세포주기를 모든 세포가 synchronous하게 진행되게 할 수 있다는 것이다. 게다가, 수확된 egg를 원심분리하고 분쇄하여 추출물을 얻어내고, 이 추출물에 sperm nuclei를 첨가하여 mitosis를 유도할 수 있다. 이는 같은 세포주기의 특정 단계에 있는 세포로부터 추출물을 다량 제조하여 생화학적 실험 수행을 가능하게 한다. 이 시스템을 통하여 mitosis를 유발하는 cyclin-CDK 복합체와 그의 활성이 진동(oscillatory) 특성이 있음을 처

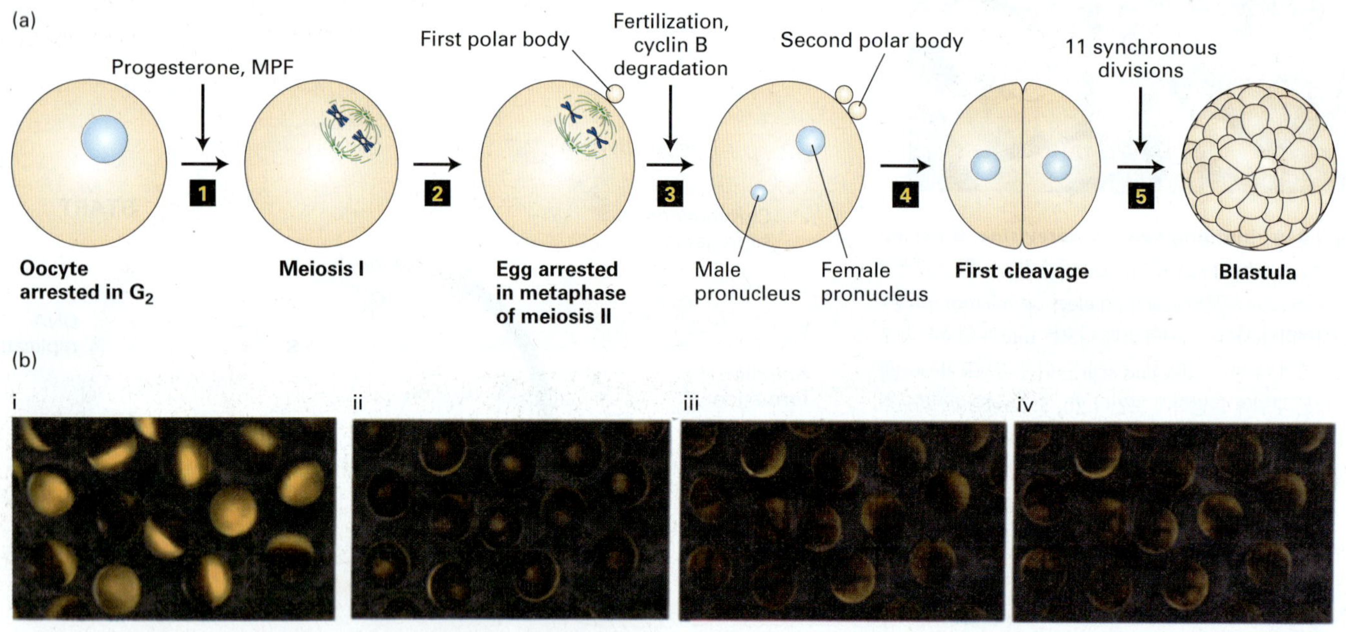

그림 19-5 Progesterone *Xenopus* oocytes의 성숙을 촉진한다. (a) 단계 **1**: G_2-arrested *Xenopus* oocyte에 progesterone 처리는 oocyte (난모세포)를 meiosis I으로 진입시킨다. 난모세포에 MPF를 주입해도 동일한 활성이 나타난다. Meiotic spindle microtubule (감수분열 방추 미세소관, 녹색)에 연결된 두 쌍의 synapsed homologous chromosome (파란색)은 meiosis I의 metaphase에 있는 세포를 나타내는 것을 도식적으로 나타냈다. 단계 **2**: homologous chromosome (상동 염색체)의 분리와 highly asymmetric cell division (매우 비대칭적인 세포 분열)은 염색체의 절반을 the *first polar body* (*1차 극체*)라 불리는 작은 세포로 배출한다. Oocyte는 즉시 meiosis II를 시작하고, metaphase II에서 arrest되어 egg로 된다. Spindle microtubule (방추 미세소관)에 연결된 2개의 염색체는 meiosis II의 metaphase에서 arrested egg cell (난세포)를 나타내기 위해서 개략적으로 도시했다. 단계 **3**: 정자에 의한 수정은 난자를 metaphase arrest 상태에서 빠져나오게 하고, meiosis II의 anaphase를 진행하며, 두 번째 고도로 비대칭적인 세포 분열을 겪게 한다. 이때 각 염색체의 염색분체 하나는 두 번째 극체로 내보내진다. 이렇게 생성된 반수체 female pronucleus은 반수체 male pronucleus와 융합하여 이배체 zygote (접합체)를 생성한다. 단계 **4**: 접합체는 DNA 복제와 첫 번째 mitosis를 겪는다. 단계 **5**: 첫 번째 mitosis 후에 11번의 synchronous division이 더 일어나서 blastula (포배)를 형성한다. (b) 세포주기를 통해 전이되는 *Xenopus* egg의 현미경 사진. (i) G_2-arrested oocyte (난모세포). (ii) Progestrone 또는 MPF 처리 후 oocyte는 G_2에서 meiosis로 전이한다. (iii) 수정 이후 cyclin B 파괴를 유발하는 intracellular Ca^{2+} 증가가 있게 되어 meiosis와 첫 번째 세포 분열이 완료된다. (iv) 11번의 rapid synchronous 세포 분열 주기 중 첫 번째 주기를 보이고 있다. [Part (b) Sam Capon/Dr. Caroline Beck's Lab at the University of Otago.]

음으로 알게 되었다. 이러한 활성은 추출물이 G_2-arrested oocyte에 주입되었을 때 meiosis와 oocyte maturatipon으로 들어가게 했기 때문에 *maturation-promoting factor* (성숙 촉진 인자, *MPF*)라고 불렸으나, 나중에 모든 진핵세포에서 mitosis를 유도하는 것으로 밝혀짐으로써 *mitosis-promoting factor* (유사분열 촉진 인자)로 불리고 있다.

포유동물의 세포주기 조절에 대해서는 세포 조직 배양을 통한 연구에 의해 밝혀졌다

인간 세포의 세포주기 조절은 non-mammalian (비포유류) 시스템보다 더 복잡하다. 그 복잡성 수준을 이해하고 암의 원인인 세포주기 변화를 이해하려면, 모델 유기체뿐만 아니라 인간 세포에서도 세포주기를 연구하는 것이 중요하다. 인간 세포주기의 특성을 연구하기 위해 연구자들은 **조직 배양** 또는 **세포 배양**이라고 하는 방법, 즉 플라스틱 배양접시에서 자란 정상 세포나 종양 세포를 사용한다(4장 참조). 그러나 인간의 세포주기를 연구하는 데 사용되는 세포주들은 배양 중에 발생한 혹은 인간 종양 자체에서 유래한 유전적 변경으로 인해 세포주기 특성이 변경되었다. 또한, *in vitro* 배양 조건은 유기체에서의 배양 조건과 같지 않으며 세포를 다르게 행동하도록 변화시킬 수 있다. 포유동물 내에서의 세포 분열의 어떤 측면은 실험실 세포 배양 조건에서 같을 수 없다. 예를 들면, 세포주기 조절에 관련된 조직의 구성이나 발달 신호 등이다. 그럼에도 불구하고, 세포 배양 시스템은 세포 분열을 관장하는 포유동물 세포의 본질적인 메커니즘에 대한 중요한 통찰력을 제공한다. 또한 연구자들은 특정 조직의 세포 구성에 보다 근접한 배양 시스템을 구축하기 위해 노력하고 있다. 예를 들어, 여러 세포 유형을 함께 섞어 배양하면 tissue-like architecture (실제 조직과 유사한 구조물)를 형성할 수 있다. 한편, 배아 혹은 성체 줄기세포, 그리고 환자 유래 종양 세포는 생체 조직에서 정제한 extracellulat matric (세포외 기질)이 깔린 배양접시에서 혈청이 없어도 배양할 수 있으며, 이들은 실제 장기와 더 유사한 *organoid* (오르가노이드)라고 불리는 self-organizing structure (자가조직 구조물)을 형성한다(그림 22-17 참조). 화학적으로 구성성분이 보다 잘 정의된 polymer lattices (고분자 격자)가 현재 개발 중이며, 이를 이용하여 과학자들은 실제 생체 내 조직과 비슷하게 3차원적으로 세포를 배양하고 있다.

Primary human cell (1차 인간 세포) 및 기타 포유동물 세포는 *in vitro*에서 배양될 때 유한한 수명을 가진다. 예를 들어, 정상적인 인간 세포는 25–50번 분열하지만, 그 이후에는 증식이 느려지고 결국 멈춘다. 이 과정을 *replicative senescence* (복제 노화)라고 한다. 일부 세포는 이 과정을 벗어나 immortalized (불멸화)될 수 있다. 연구자들은 이를 cell line (세포주)으로 설정하여 사용한다. 이러한 cell line은 증식과 관련하여 특정 유전자에 변화를 가지고 있을 수 있지만, 인간 세포의 세포주기 진행을 연구하는 데 아주 유용하게 쓰인다. 이러한 cell line은 무한정으로 세포를 공급하며, 다음에서 볼 수 있듯이 synchronous 방식으로 모든 세포가 같은 세포주기를 진행하도록 조작할 수 있으므로, 세포주기 매 단계에서 단백질 수준에서 효소 활성을 분석할 수 있다.

연구자들은 세포주기를 연구하기 위해 다양한 수단을 사용한다

세포주기 특성을 실험적으로 분석을 위해서는 개별 세포의 세포주기 단계를 결정할 수 있어야 한다. 광학현미경은 세포주기가 어느 상태까지 진행되었는지를 짐작할 수 있다. 예를 들어, 연구자는 배양된 포유동물 세포가 interphase (G_1, S기 및 G_2) 또는 mitosis에 있는지 여부를 결정할 수 있다. 포유류 조직 배양 세포는 interphase 동안 평평하게 배양접시 표면에 부착되어 있지만, mitosis를 겪으면서 둥글게 모여 구형 구조를 형성한다(그림 19-6). 세포 구조를 Fluorescence microscopy (형광현미경)로 세포 구조를 살피거나 특정 세포주기 marker (마커) — 특정 세포주기 단계에만 존재하는 단백질 — 을 분석하여 세포주기 단계를 보다 정확하게 결정할 수 있다.

현미경 외에도 세포주기를 연구하는 과학자는 flow cytometry (유세포 분석기)를 사용하여 세포 집단의 DNA 함량을 측정한다(그림 19-7; 그림 4-1 참조). 세포를 DNA-binding fluorescent dye (DNA-결합 형광 염료)로 처리하고, 그 결과 세포의 DNA에 결합된 염료의 양을 flow cytometry를 사용하여 정량적으로 분석할 수 있다. 세포는 DNA 함량에 따라서, G_1, S기 및 G_2기 또는 mitosis 상태에 있는지 백분율로 평가될 수 있다. G_1의 세포는 G_2 또는 mitosis 단계 세포보다 DNA 양

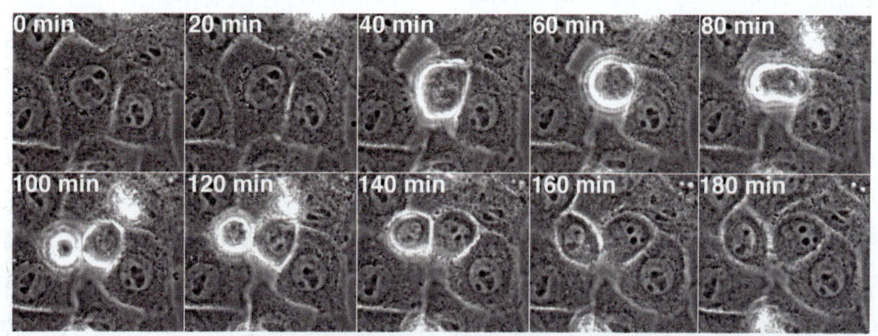

그림 19-6 Mitosis를 진행 중인 사람 세포. Mitosis 중에 있는 HeLa Kyoto 세포를 Phase contrast microscopy (위상차현미경)로 관찰한 사진으로 이미지는 20분마다 촬영되었다. 세포는 interphase 동안 평평한 모양을 가진다. Mitosis 동안에는 세포는 둥글게 되면서 분열하며 밝게 빛난다. 이후, 세포들은 다시 평평해진다. [Courtesy of Sejal Vyas and Paul Chang, MIT.]

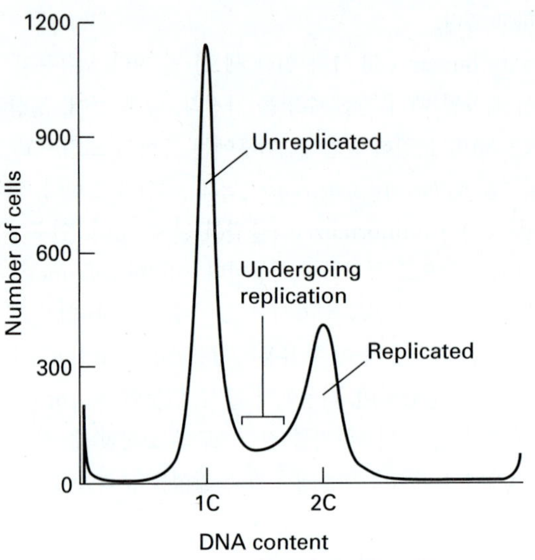

실험 그림 19-7 Flow cytometry에 의한 DNA 분석. 반수체 효모 세포를 배지에서 배양한 후, DNA에 끼어드는 fluorescent dye (형광염료)인 propidium iodide로 염색했다. *x*-축은 DNA 함량, *y*-축은 세포 수를 나타낸다. DNA 함량 분석은 두 세포 집단을 보여준다: unreplicated (복제되지 않은) DNA를 가진 세포(1C)와 replicated (복제된) DNA를 가진 세포(2C). 두 봉우리 사이의 세포는 DNA 복제 과정에 있는 세포를 나타낸다.

이 반이며, DNA 합성이 진행되는 S기 세포는 중간 사이 값을 가진다.

각 세포주기 이벤트를 특정하기 위해서는 세포주기를 통해 동시에 진행하는 세포 집단을 조사하는 것이 필수적이다. 연구자들은 특정 세포주기 단계에서 세포를 가역적으로 정지시킴으로써 그러한 세포 집단을 생성할 수 있다. 이 cell cycle arrest (세포주기 정지)는 일반적으로 영양소 또는 성장 인자를 제한함으로써 이룰 수 있으며, 이때 세포는 G_1에서 정지된다. 예를 들어, budding yeast에서 mating pheromone (짝짓기 페로몬)으로 처리된 세포는 G_1에서 정지된다. 페로몬이 세포에서 제거되면(일반적으로 깨끗이 세척하여) 세포는 G_1을 빠져나와 동시적으로 다음 세포주기로 들어간다. 포유류 세포에서는 배양 배지에서 serum (혈청)을 제거하여 성장 인자를 제거하면(serum starvation) 세포가 G_0 상태로 정지된다. Serum을 다시 첨가하면 세포가 세포주기에 다시 들어갈 수 있다.

세포를 정지시키는 또 다른 방법은 화학 물질로 특정 세포주기 단계를 차단하는 것이다. Hydroxyurea는 DNA 복제를 억제하여 S기에서 세포를 정지시킨다. 약물을 제거하면, 세포는 일제히 DNA 합성을 재개한다. Nocodazole은 mitotic spindle을 파괴하여 세포주기를 mitosis에 정지시킨다. 약물이 씻겨 나가면, 세포는 synchronous manner로 mitosis를 통과하여 세포주기 진행을 재개한다. Budding 및 fission yeast에서 temperature-sensitive cdc 돌연변이체가 nonpermissive temperature에서 배양될 때 특정 핵심 세포주기 단백질에 결함이 있기 때문에 특정 세포주기 단계에서 정지한다. 세포를 permissive temperature로 되돌리면 synchronous manner로 세포 분열 주기를 계속할 수 있다.

19.2절의 주요 개념

세포주기를 연구하는 모델 유기체와 방법

- Budding과 fission yeast를 이용하여 돌연변이를 유도하고 찾아내는 강력한 유전학적 방법이 세포주기 진행과 관련된 중요한 유전적인 인자를 찾아낼 수 있게 하였다.
- 동시적으로 수정된 개구리 알에서 얻은 oocyte와 early embryo는 세포주기 사건에 따른 생화학적 연구를 위한 추출물을 공급하여, cyclin-CDK 복합체의 정체와 그의 oscillatory nature (진동적인 성질)을 파악할 수 있게 했다.
- 인간 조직 배양 세포는 포유동물의 세포주기와 관련된 특성 연구에 쓰인다.
- 특정 세포주기의 세포를 가역적으로 정지시킴으로써 동기화된 세포 집단을 형성할 수 있으며, 이를 통해 과학자들은 세포주기 동안 진행되는 단백질들의 활동과 세포내 과정을 점검할 수 있다.

19.3 세포주기의 진행과 조절: Feedback Loops와 Post-Translational Modification

세포주기 진행은 대부분 cyclin-dependent kinase (CDK)의 작용에 의해 이루어진다. 이러한 protein kinase들은 세포주기의 master controller로서 다양한 substrate를 인산화하는데, substrate가 적절하게 인산화되었을 때 세포주기 단계별 고유한 이벤트가 일어난다. 세포주기 특정 단계에서 다른 여러 kinase도 중요한 역할을 하지만, CDK가 차지하는 비중은 다른 어떤 kinase도 필적할 수 없다.

우리는 많은 실험적 관찰을 통해 세포주기는 비가역적으로, G_1에서 S기 그리고 G_2에서 M기 등과 같이 한 방향으로만 진행된다는 것을 알고 있다(그림 19-1 참조). G_2에서 S기로 역행하는 것이 관찰된 적이 없으며, S기 세포가 DNA 복제 중에 빠져나와 G_1기 세포로 되돌아가는 것을 본 사람도 없다. 일단 세포가 세포주기 각 단계를 시작하면, master controller인 CDK의 활성이 매우 정확하게 적절한 시간과 장소에서 본질적으로 되돌릴 수 없는 방식으로 결정된다는 것을 의미한다. 이러한 commitment가 어떻게 달성되는지에 대한 세부 사항은 세포주기 단계에 따라 다르지만, CDK 조절을 위한 일반적인 분자 메커니즘은 세포주기 단계에 관계없이 동일하다는 사실을 다음 절에서 배우게 될 것이다. 여기에는 CDK에 결합하여 활성을 조절하는 보조 단백질인 cyclin이 작동하는데, 그의 활성은 protein phosphorylation, ubiquitination으로 조절된다(3.4절 참조). CDK의 제어는 그림 19-8에서 동심원으로 표시된 바와 같이 여러 layer (수준)에서 일어나는 것으로 생각된다. 중심에는 CDK 자체와 그의 활성화 보조 단백질인 cyclin이 있다. 두 번째 layer에는 cyclin-CDK 복합체의 직접적인 조절자가 있다. 여기에는 (i) CDK를 활성화하거나 억제하는 protein kinase와 phosphatase,

(ii) CDK에 직접 결합하여 CDK 활성을 차단하는 CDK 억제 단백질, (iii) cyclin 합성 속도를 증가시키는 전사 인자 있다. 전사 인자는 세포주기 특정 지점에 맞추어 활성을 갖춘 cyclin-CDK 복합체를 만들어낸다. 그리고 (iv) protein kinase와 ubiquitin ligase가 있다. 이들은 세포가 세포주기 특정 단계를 완료하면 사이클린의 파괴를 촉진하기 위해 함께 작동한다. 제일 바깥 layer에는 cyclin-CDK 복합체의 간접 조절자가 있는데, 이들은 복합체 직접 조절자의 기능을 조절한다(그림 19-8). 세 번째 간접 조절 layer도 두 번째 layer와 마찬가지로 protein kinases과 ubiquitin ligase로 구성되며, phosphoserine/threonine-binding domain (포스포세린/트레오닌 결합 도메인)과 proline isomerase (프롤린 이성화효소)이 함께 작용해서, Cyclin-CDK 활성의 직접 조절자의 양, 활성 및 subcellular location (세포내 위치)를 제어한다. 여러 층의 제어 네트워크를 통해 세포는 세포가 처한 상태에 대한 방대한 양의 정보를 평가할 수 있다. 그런 다음, 세포는 단계별로 all-or-none (전무 아니면 전부식) 결정 방식으로 DNA 복제의 시작이나 mitosis의 시작을 조절한다. 이러한 정보 통합은 다양한 신호전달 경로 활성화 결과로 인한 점진적인 선형적인 변화가 반영된 것임을 유의하라. 여러 층의 조절 네트워크에 의해 제공되는 직간접 제어의 조합은 protein phosphorylation, de-phosphorylation (탈유비퀴틴화), molecular recognition, 그리고 ubiquitin-mediated protein destruction 등의 일련의 작은 생화학 반응이 한 세트로 일어나서 feed-forward (양성되먹임) 혹은 feedback (음성되먹임) 고리를 형성한다. 이러한 regulatory loop는 세포주기가 진행될 것인가 말 것인가를 미세하게 제어한다. 게다가, 간접조절 가장 바깥쪽 층은 19.7절에서 살펴본 것처럼 세포주기 체크포인트 제어를 위한 분자 기반을 제공한다.

다음 절에서는 진핵세포 세포주기의 최신 모델을 다룰 것이다. 이를 그림 19-9에 요약했다. 세포주기 연구에 있어서 주요 발견은 cyclin-dependent kinase가 세포주기 진행을 전반적으로 주도한다는 것이다. 이 kinase의 세 가지 중요 특성을 이 장 전체에 걸쳐 염두에 두자.

- Cyclin-dependent kinases (CDKs)는 regulatory cyclin subunit에 결합할 때만 활성화된다.
- 다른 유형의 cyclin-CDK 복합체는 다른 이벤트를 개시한다. **G$_1$ cyclin-CDK** 및 **G$_1$/S phase cyclin-CDK**는 세포주기로 시작을 촉진하고, **S phase cyclin-CDK**는 S기로의 진입을 촉진하며, **mitotic cyclin-CDK**는 mitosis를 일으킨다(그림 19-9).
- 여러 생화학 메커니즘은 CDK가 세포주기 특정 단계에서만 활성화되게 보장한다. 이 분자 메커니즘은 feedback loop로 구성되어 있어 CDK 활성화 과정과 억제 과정을 증폭할 수 있기 때문이다.

이 절에서는 CDK의 특성에 대해 논의하고, CDK 활성화와 조절에 대한 구조적인 기초를 조사한다. 그런 다음 cyclin이 CDK를 활성화하는 방법을 설명하고, 서로 다른 cyclin을 그의 작용에 맞는 세포주기 단계에만 작용하도록 제한하는 일반적인 조절 메커니즘을 조사한다. 우리는 이 과정에서 단백질 분해가 필수적인 역할을 한다는 것을 알게 될 것이다. 여기서 CDK 자체와 cyclin-CDK 복합체에 직접 결합하는 억제 단백질에 대한 post-translational modification이 관여한다.

Cyclin-Dependent Kinase는 Regulatory Cyclin Subunit를 필요로 하는 작은 Kinase이다

Cyclin-dependent kinase는, 자신의 kinase domain 보다 약간 큰, 작은(30–40 kDa) 크기의 serine/threonine kinase family에 속하는 단백질이다. 단량체 CDK는 그 자체로 활성화되지 않으며, 세포주기 내내

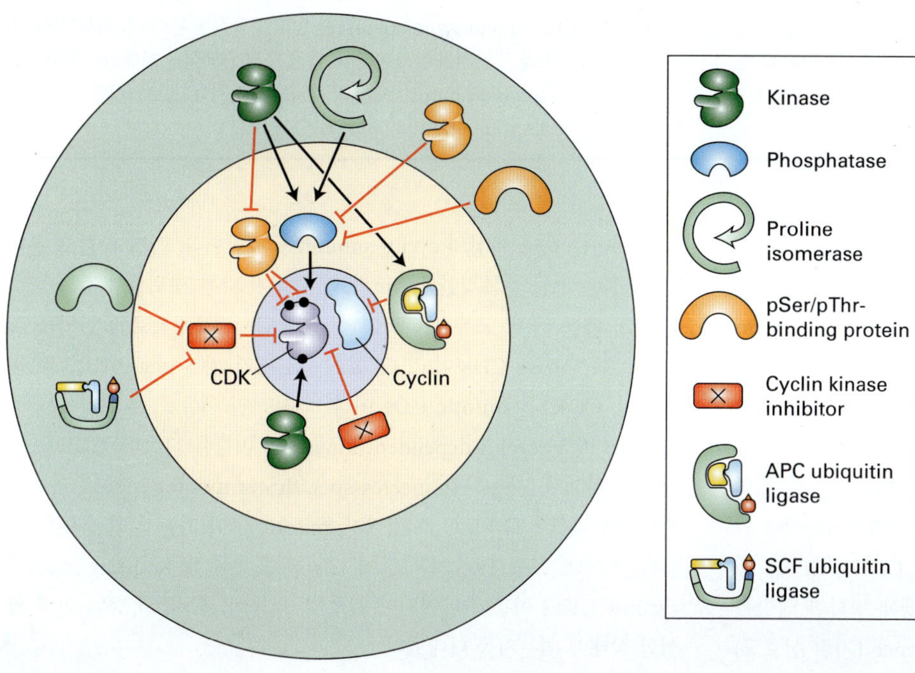

그림 19-8 다중 층의 네트워크가 cyclin-dependent kinase 활성을 조절한다. 동심원 중앙에는 CDK와 CDK를 활성화하는 cyclin을 나타냈고, 이들은 둘러싼 직접 조절자를 바깥 원에, 다음 바깥 원에는 간접 조절자를 나타냈다. 각각의 도형은 kinases, phosphatases, proline isomerases, phosphoserine/threonine-binding proteins과 domains, cyclin kinase inhibitors 그리고 ubiquitin ligases를 나타낸다. 일반적으로, 검은색 선은 표적 단백질의 활성화를 나타내고, 빨간색 선은 억제를 나타낸다. Cyclin-CDK에 의한 조절자들의 인산화에 관련된 feedback loop는 그림의 단순명확성을 위해 나타내지 않았다. 분자들 사이에는 상당한 cross talk이 있으며, 분자의 종류와 상호작용은 여기에 표시된 것보다 훨씬 더 복잡하다는 점을 유의하시오.

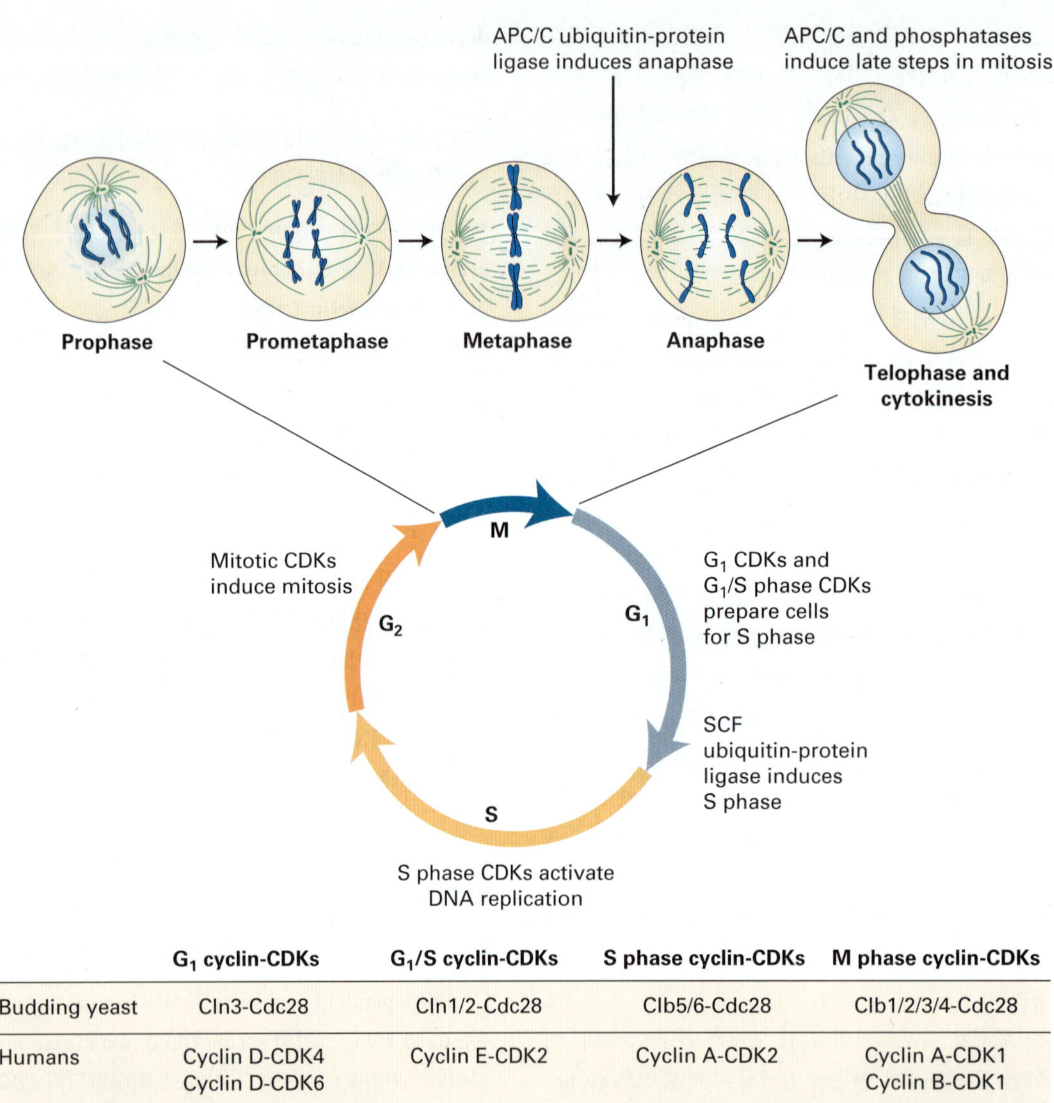

	G_1 cyclin-CDKs	G_1/S cyclin-CDKs	S phase cyclin-CDKs	M phase cyclin-CDKs
Budding yeast	Cln3-Cdc28	Cln1/2-Cdc28	Clb5/6-Cdc28	Clb1/2/3/4-Cdc28
Humans	Cyclin D-CDK4 Cyclin D-CDK6	Cyclin E-CDK2	Cyclin A-CDK2	Cyclin A-CDK1 Cyclin B-CDK1

그림 19-9 CDK가 세포주기 진행을 조절하는 방식의 개요. 세포는 세포주기의 다양한 이벤트를 시작하는 다양한 유형의 CDK를 가지고 있다. 중요한 부분은 각 CDK는 그것이 유발하는 특정 세포주기 phase에서만 활성화된다는 점이다. G_1/S phase CDK는 G_1–S phase 전환에서 활성화되어 세포주기 진입을 trigger한다. S phase CDK는 S기 동안 활성화되어 DNA 복제를 유발한다. Mitotic CDK는 mitosis 동안 활성화되어 mitosis를 유발한다. Anaphase-promoting complex or cyclosome (APC/C) ubiquitin-protein ligase는 단백질 표적을 유비퀴틴화시킴으로써 두 가지 주요 세포주기 전환을 유도한다. 이들은 표적 단백질을 분해되도록 표지한다. APC/C는 anaphase와 mitosis 모두의 시작을 유도한다. 효모와 인간의 다양한 CDK 및 관련 cyclin subunit의 이름이 나열되었다.

세포내 단백질 양은 비교적 일정하게 유지된다. 그러나 CDK의 활성과 그에 의해 인산화되는 기질의 양은 각 세포주기 단계에서 극적으로 변화한다. 이러한 변화는 activating subunit (활성화 소단위체)인 cyclin이 CDK에 결합하기 때문에 일어나는데, 이 결합은 CDK가 활성을 가진 protein kinase가 되기 위한 필요 과정이다.

Budding 및 fission yeast에서, 단일 CDK는 cell cycling을 통한 주기 진행을 조절한다. 그의 활성과 인산화되는 기질의 특이성은 몇 개의 cell-cycle-stage-specific cyclin subunits 중 어느 것이 결합되는지에 의해 결정된다. 한편, 포유류의 세포는 CDK1, CDK2, CDK4, CDK6 등 4개의 CDK를 가지고 있으며, 이들이 세포주기 진행에 명확한 역할을 한다. 각각의 CDK는 그의 활성과 substrate preference (기질 선호도)를 조절하는 하나 이상의 cyclin subunit에 결합한다. 각기 다른 포유류의 CDK는 그들의 특정한 cyclin과 함께 각기 다른 세포주기 전환을 촉진한다. 예를 들어, 포유류 CDK4와 CDK6는 세포주기로의 진입을 촉진하는 G_1 phase CDK이고, CDK2는 G_1/S기 및 S phase CDK로 기능하며, CDK1은 mitotic CDK이다. 역사적인 이유로, 효모와 척추동물에서 다양한 cyclin-dependent kinases의 이름은 다르다. CDK를 특정짓기 위해서, 가능하면 species-specific terminology (종별 특이적인 용어) 대신에 G_1기, G_1/S기, S기, mitotic CDK라는 일반 용어를 사용할 것이다. 그림 19-9의 하단에 다양한 포유류 및 budding yeast의 cyclin-CDK의 이름이 나열되어 있으며, 그들이 세포주기 중에 언제 활성화 상태에 있는지를 나타냈다.

Cyclin은 CDK 활성을 결정한다

Cyclin은 세포주기 동안 농도가 변하기 때문에 그런 이름이 붙었다. 그들은 다음 세 가지 특징으로 정의되는 protein family를 형성한다.

- Cyclin은 CDK에 결합하고 CDK를 활성화한다. 주어진 CDK의 활성 및 그의 substrate specificity (기질 특이성)은 주로 특정 결합 cyclin에 의해 정의된다.
- Cyclin은 그가 작용하는 세포주기 단계 중에만 존재하며, 다른 세포주기 단계에는 존재하지 않는다.
- Cyclin은 특정 세포주기 단계를 촉발하는 것 외에도 다음 세포주기 단계를 준비하기 위한 일련의 반응을 촉진한다. 그렇기 때문에 세포주기는 항상 forward (전방향)으로 진행된다(그림 19-10a).

CDK에 사용되는 nomenclature (명명법)와 유사하게, cyclin은 세포주기 단계 어디에 존재하며 활동하느냐에 따라 네 가지 부류로 나뉜다: G_1 cyclins, G_1/S phase cyclins, S phase cyclins와 mitotic cyclins (그림 19-9, 아래쪽 참조). 어떤 cyclin은 하나 이상의 CDK에 결합하고 활성화시킬 수 있는 반면, 어떤 사이클린은 하나의 CDK에만 결합할 수 있다. 예를 들어, 포유류의 세포에서 cyclin A는 CDK2가 S기일 때, 그리고 CDK1이 mitosis 초기일 때 그들과 활성화 복합체를 형성할 수 있다. 대조적으로, 주요 mitotic cyclin인 cyclin B는 CDK1과 복합체를 형성할 수 있다.

G_1 cyclin은 세포 바깥에서 일어나는 일을 세포주기에 연결시키는 linchpin (핵심)이다. 이들의 활성은 성장 인자나 cell proliferation inhibitory signal의 존재를 감지하는 신호전달 경로에 의해 조절된다. Metazoan에서 G_1 cyclin은 *cyclin D*로 알려져 있으며, CDK4와 CDK6에 결합한다. 여느 다른 cyclin과 달리, G_1 cyclin의 수준은 단계별로 강한 변동을 보이지 않는다. 대신 macromolecule biosynthesis 및 extracellular signal에 반응하여 G_1기에 점차 증가하며, S 및 G_2기에서 감소하고 M기 후반에는 다시 상승한다(그림 19-10b).

G_1/S cyclin은 G_1 말기에 축적되고, 세포가 S기로 진입할 때 최고 수준에 도달하며, S기에서 감소한다(그림 19-10b). 이들은 metazoan에서는 *cyclin E*로 알려져 있으며 CDK2와 결합한다. cyclin D–CDK4/6과 함께 cyclin E–CDK2 복합체의 주요 기능은 G_1–S phase transition을 유발하는 것이다. 이 transition은 효모에서는 START로 포유류 세포에서는 restriction point로 19.1절에서 정의했다. 이때 세포는 세포 분열에 irreversibly committed (비가역적으로 전념)하여 더 이상 G_1 상태로 돌아갈 수 없는 상태가 된다. 분자적 측면에서, 이는 세포가 DNA 복제를 시작했음을 의미하며, 또 그들의 centrosome의 복제를 시작한다는 것을 의미한다. 이는 곧 mitosis 동안 사용될 mitotic spindle 형성의 첫 단계이기도 하다.

S phase cyclin은 G_1 cyclin과 동시에 합성되지만, 그의 양은 S기 내내 높게 유지되며 mitisis 초기까지 감소하지 않는다. 두 가지 유형의 S phase cyclin은 metazoan에서 S기를 유도한다: Cyclin E는 cell cycling을 촉진할 수 있기에 G_1/S cyclin이기도 하다. 두 cyclin 모두 CDK2에 결합하며, DNA 합성을 직접적으로 담당한다. 19.4절에서 설명하는 것처럼, 이 protein kinase는 DNA helicase를 활성화시키는 단백질을 인산화하며 DNA 중합효소를 DNA에 적재한다.

Mitotic cyclin은 mitosis로의 진입과 진행을 촉진하기 위해 CDK1에 결합한다. Metazoan mitotic cyclin은 cyclin A와 cyclin B이다 (CDK2에 결합할 때 cyclin A도 S기를 유발할 수 있다). Mitotic cyclin-CDK 복합체는 S기와 G_2기 동안 합성되지만, 곧 알게 되겠지만,

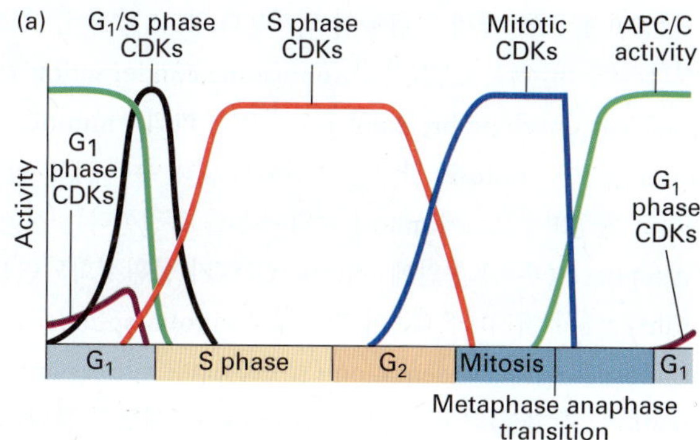

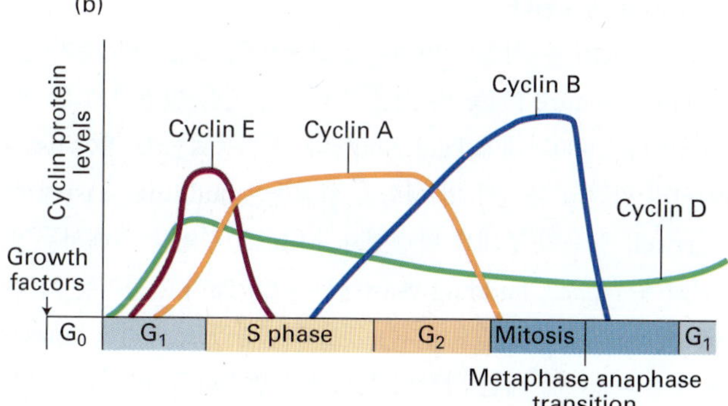

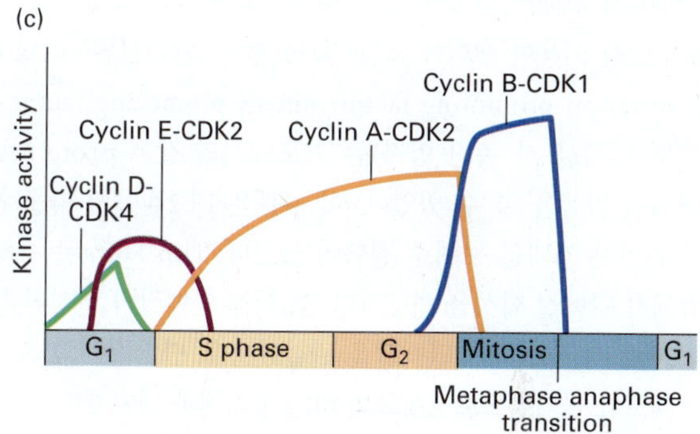

그림 19-10 세포주기 동안 CDK 활성은 여러 다른 cyclin에 결합함으로써 조절된다. (a) 그림 19-9에서 나타낸 바와 같이, 여러 다른 CDK의 활성은 세포가 각 세포주기 단계를 통과함에 따라 달라진다. (b) 세포주기-단계-특이적 CDK 복합체를 형성하는 다양한 cyclin subunit의 단백질 수준은 세포주기-단계-특이적 방식으로 상승하고 하강한다. (c) 다른 cyclin-CDK 복합체에 의해 형성되는 다양한 사이클린-CDK 복합체의 activity는 매우 유사한 방식으로 달라진다. 그러나 이들의 활성은 cyclin의 축적과 정확히 일치하지 않는다. 패널(b)의 cyclin 양과 패널(c)의 kinase의 활성 사이에 차이가 있다. 이는 cyclin-CDK 활성 조절은 cyclin binding 외에 phosphorylation (인산화)와 de-phosphorylation (탈인산화) 같은 추가적인 다른 수준에서의 조절이 있어야 함을 나타낸다.

DNA 합성이 완료될 때까지 활동이 억제된다. 19.5절에서, 우리는 일단 활성화되면, mitotic CDK가 chromosome condensation (염색체 응축), nuclear envelope breakdown (핵 외피 파괴), mitotic spindle formation 등 여러 mitosis 과정을 촉진하기 위해 수백 개의 단백질을 인산화하고 활성화함으로써 mitosis로의 진입을 촉진한다는 것을 볼 것이다. Anaphase (후기) 동안에 mitotic CDK가 불활성화되면서 세포들은 mitosis에서 빠져나온다, 이 과정에서 mitotic spindle이 해체되고, chromosome이 decondensation (탈응축)되며, nuclear envelope이 re-formation (재형성)되어, 결국은 cytokinesis (세포질 분열) 과정을 밟아 mitosis가 종료된다.

Mitotic cyclin은 최초로 발견된 cyclin으로, 모든 세포주기 진행이 oscillatory nature (진동 특성)을 가진다는 것을 발견하게 한 바로 그 cyclin이다. 1980년대에 Paul Nours와 그의 동료들에 의한 fission yeast에서의 일련의 유전학 및 생화학 실험들은 budding yeast에서의 Lee Hartwell 연구의 토대를 마련했다. Mitosis 진입을 위해서는 fission yeast에서 *Cdc2*, budding yeast에서는 *Cdc28*라고 불리는 특정한 protein kinase의 활성이 필요하다는 것을 확립하였고, 이러한 kinase가 어떻게 조절되느냐에 대한 약간의 특성들을 발견하였다. 이와는 별개로 1970년대와 1980년대 sea star 배아와 개구리, surf clam 그리고 sea urchin의 알을 이용한 생화학 실험 결과로부터 과학자들은 이들 배아나 알의 maturation-promoting factor/mitosis-promoting factor (MPF, 성숙 촉진 인자/유사 촉진 인자)는 효모에서와 같은 protein kinase와 관련되어 있음을 알 수 있었다. 이 부분은 19.2절에서 다룰 것이다. 1982년 놀라운 결과를 보여준 실험이 있었다. Tim Hunt는 수정된 성게의 알에서 단백질 합성을 연구하던 중, 특정 단백질의 합성이 무척 빠르고 또 빠르게 파괴되는 단백질을 관찰했는데, 단백질이 파괴되는 타이밍은 세포가 물리적으로 2개로 분리되기 직전과 일치했다. 이는 단백질의 합성이 mitosis 진입과 관련이 있고, 파괴는 mitosis 완료와 관련이 있음을 시사했다(그림 19-11). 유사한 단백질 합성과 파괴의 순환 패턴이 조개의 알에서 2개의 단백질에서도 관찰되었다. 이러한 발견은 단백질들이 아마도 G_2에서 mitosis로의 전환을 조절하는 미지의 불안정한 인자일 수 있음을 암시했다. 이 부분에 대해서는 19.1절에서 이미 언급하였다. 이들의 cDNA 클로닝을 통해서, 과학자들은 sea urchin에서는 cyclin B, sulf clam에서는 cyclin A라는 단백질의 정체를 확인할 수 있었다. 이러한 cyclin 단백질은 budding yeast, fission yeast, 척추동물 난자와 배아를 mitosis로 이끄는 핵심적인 protein kinase는 아니었지만, 알에서의 cyclin과 함께 immunoprecipitate (면역침전; 3.5절 참조)되는 단백질은 강력한 protein kinase 활성을 가지고 있었다. 또한 RNase 처리된 개구리알 추출물에 성게 알의 cyclin cDNA를 추가하면 개구리알 추출물이 여러 번의 세포주기를 밟을 수 있었다. 이는 cyclin 단백질이 세포 분열을 담당하는 protein kinase에 결합하여 활성화할 수 있음을 보여주는 것이다.

궁극적으로, 개구리알에서의 MPF 구성성분은 MPF를 생화학적으로 정제하고 SDS-PAGE를 통하여 단백질을 분석하여 알 수 있었다. 이 분석에서 yeast Cdc2 kinase와 크기가 유사한 32 kDa의 단백질 하나와 cyclin B에 해당하는 45 kDa의 단백질 하나에 해당하는 총 2개 밴드가 나타났으며, 이는 개구리 알의 MPF가 실제로는 cyclin B와 mitotic CDK1 kinase의 복합체임을 설명해 준다. 동시에, fission yeast에 대한 유전적 실험에서 yeast CDK인 Cdc2의 핵심 조절자는 또 다른 cell division cycle 유전자인 Cdc13임을 발견했다. Cdc13 클로닝 및 그의 염기서열을 분석한 결과, fission yeast에서 개구리알의 cyclin B homolog (상동)임이 밝혀졌다. Cdc13의 수준은 성게 세포주기 동안 cyclin B가 그랬던 것처럼 효모 세포주기 동안 변화하는 것으로 나타났다. 또한 CDK1 kinase 활성에 cyclin B가 필요했던 것처럼, Cdc13은 Cdc2 protein kinase 활성에 필요했고, fission yeast가 G_2에서 M기로 진행되기 위해서는 mitotic cyclin과 cyclin-dependent kinase (각기 Cdc13와 Cdc2)로 구성된 복합체가 필요했다. 이러한 유전학적 및 생화학적 실험의 결과로부터, 과학자들은 궁극적으로 모든 진핵생명에서 mitosis로의 진입을 통제하는 보편적인 메커니즘을 도출할 수 있었다: 불안정한 cyclin 분자와 cyclin subunit의 존재에 전적으로 의존하는 작은 크기의 cyclin-dependent kinase, 그 둘 사이의 복합체 형성. 후속 연구는 G_1/S

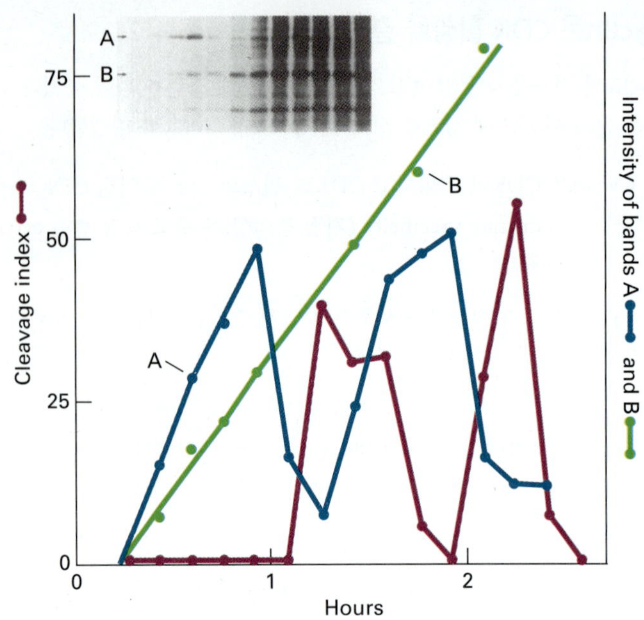

실험 그림 19-11 cyclin이 어떻게 발견되었는가? Cyclin의 발견은, autoradiogram 사진에서 A로 표시된, 새로이 번역된 단백질이 양적으로 정점에 이르렀다가 성게 세포가 분열하기 전에 매번 급격히 감소한다는 관찰에 기반을 두고 있다. 이 실험에서 난자는 수정되었고 방사성 메티오닌과 함께 배양되었다. 그런 다음, SDS-PAGE와 autoradiogram 사진을 사용하여 샘플을 10분 간격으로 분석했다. 난자의 분활도 현미경으로 검사했다. SDS-PAGE gel에서 A와 B로 표시된 단백질의 수준을 비교해 보시오. B로 표시된 단백질은 점진적으로 축적되는 반면, A로 표시된 단백질은 세포가 분열하기 직전까지 상승하다가 하락한다. 단백질 band의 intensity와 cleavage fraction은 정량화하여 시간의 함수로 그래프로 나타냈다. 단백질 A는 mitotic cyclin이다. [Reprinted with permission from Elsevier, from Evans et al., 1983, "Cyclin: A Protein Specified by Maternal mRNA in Sea Urchin Eggs That Is Destroyed at Each Cleavage Division," *Cell* **33**:389–396; permission conveyed through Copyright Clearance Center, Inc.]

phase cyclin이 유사한 특성을 가지고 있음을 보여주었다. 이들의 발현은 resting (휴식기) 세포가 G_1에서 S기로 들어가고, 이어서 S기에서 진행을 촉진하기 충분했다.

Cyclin binding은 정확히 어떻게 CDK를 비활성 상태에서 활성 상태로 변환하는가? CDK와 cyclin-CDK 복합체의 3차원 구조가 해답을 제공하는데, x-ray crystallography (X-선 결정학) 연구를 통해 cyclin B/CDK1와 cyclin A/CDK2 복합체의 구조를 풀면서 확실하게 알 수 있었다(그림 19-12). 3장에서 논의한 바와 같이, cyclin-dependent kinase는 모든 protein kinase처럼 ATP와 기질이 결합하는 활성 부위 틈을 갖는 bilobed structure이다. 그러나 cyclin 결합이 없는 경우, CDK의 여러 catalytic residue들은 ATP와의 결합 혹은 ATP의 인산기가 기질 단백질로 이동할 수 있는 적절한 위치에 있지 않다. 또한 monomeric (단량체) CDK의 activation loop는 활성 부위 cleft에 기질이 접근하는 것을 차단한다. Cyclin은 각각 5개의 α helices를 포함하는 2개의 domain으로 구성된다. 전체적인 구조는 *cyclin fold*라고 불리며, 첫 번째 domain은 CDK 결합 및 활성화에 필요한 *cyclin box* region이다. CDK1과 CDK2의 경우, cyclin box에의 결합은 CDK의 α helix을 이동시켜 CDK의 ATP-binding pocket에 있는 아미노산을 촉매 작용이 잘 일어나도록 재구성한다. 또한 나중에 이야기하겠지만, cyclin binding은 activatiob loop를 구조화하고 재배치한다. CDK 활성을 자극하는 것 외에도, cyclin subunit는 kinase의 기질 단백질과 직접 상호작용할 수 있기 때문에 cyclin-CDK 복합체의 기질 특이성에 기여할 수 있다.

CDK는 Activating (활성화성) 인산화와 Inhibitory (억제성) 인산화에 의해 조절된다

아래에서 자세히 논의하겠지만, cyclin-binding 외에도 다양한 다른 메커니즘이 CDK가 세포주기의 올바른 단계에서만 활성화되도록 보장한다. 표 19-1은 이러한 CDK의 추가 핵심 조절자들을 보여준다.

CDK가 완전히 활성화되기 위해 필요한 것이 cyclin-binding 뿐이라면, 각 CDK의 활성은 cyclin partner의 축적과 완벽하게 나란히 나타날 것이다. 그러나 대부분의 cyclin-CDK 쌍에서 관찰되는 것은 그렇지 않다. 그림 19-13a는 cyclin B의 축적과 MPF (*Xenopus* oocyte의 cyclin B-CDK1 복합체)의 활성을 보여준다. Cyclin B의 양이 천천히 점진적으로 증가함에도 불구하고 mitosis 진입 시에 MPF 활성은 갑작스럽게 증가한다. 이는 cyclin binding 외에도 추가적인 형태의 조절 메커니즘이 존재해야 함을 나타낸다. CDK의 활성을 조절함에 있어서, CDK subunit를 활성화하는 또 억제하는 인산화와 CDK에 결합하여 CDK 활성을 차단하는 *CKI* (*c*yclin *k*inase *i*nhibitor, 사이클린 카이네즈 억제제)라고 불리는 억제 단백질의 작용이 필요하다. 이러한 세 가지의 조절작용(cyclin binding, phosphorylation, 그리고 CKI) 모두가 함께 작용하기 때문에 CDK는 적절한 시간 및 특정 세포주기 단계에서만 활성화된다.

특정 cyclin에 결합된 비인산화된 CDK는 *in vitro*에서 protein kinasae 활성을 보이긴 하지만 미미하다. Cyclin binding에 의해 부분

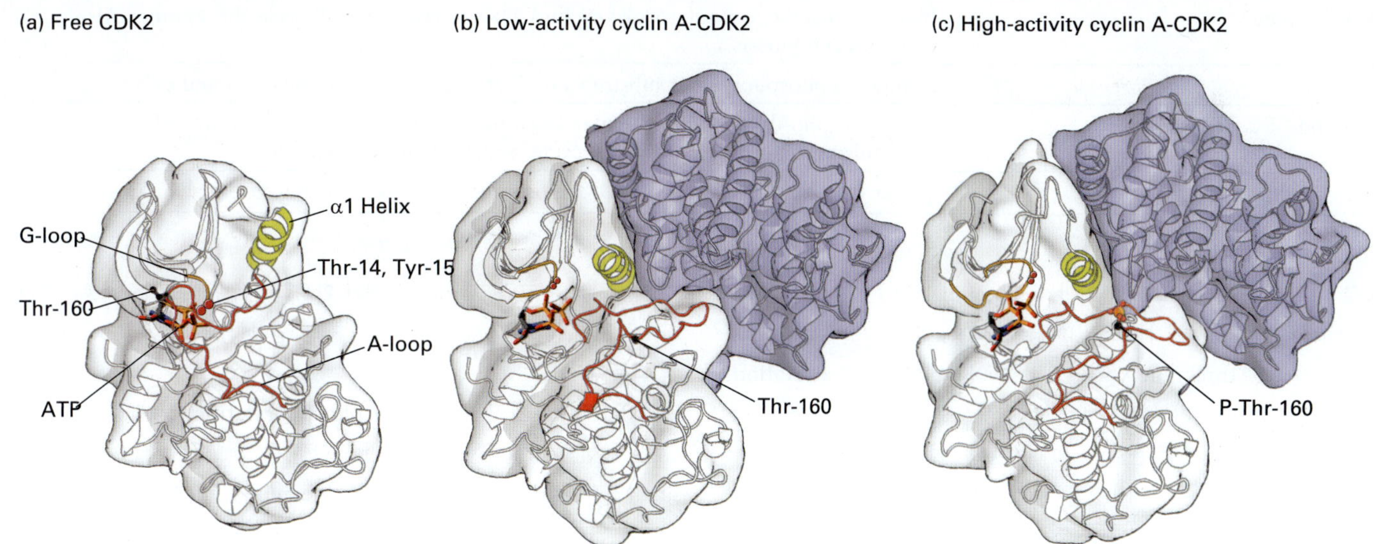

그림 19-12 Human CDK2 구조. (a) Free, cyclin subunit인 cyclin A에 결합되지 않은 비활성 자유상태의 CDK2. Free CDK2에서 A loop는 단백질 기질이 stick model로 표시된 bound ATP의 γ phosphate로 접근하는 것을 차단한다. A loop의 형태와 노란색으로 강조 표시된 영역(α1 나선)은 CDK가 cyclin A에 결합될 때 변경된다. (b) 인산화되지 않은 저활성 cyclin A-CDK2 복합체. Cyclin A (파란색) 결합은 CDK2 구조를 변화시키는데, A- loop를 CDK2 active site에서 멀리 벌어지게 하여 기질 단백질이 결합할 수 있게 한다. Cyclin A와 광범위하게 상호작용하는 CDK2의 α1 helix는 몇 angstrom을 catalytic cleft으로 이동시켜서 phosphotransfer reaction에 필요한 주요 catalytic side chain를 재배치한다. 검은 공은 트레오닌(Thr-160)의 위치를 표시한다. Thr-160의 CAK에 의한 인산화는 CDK를 활성화시킨다. 빨간색 공은 인산화된 Thr-14 및 Tyr-15의 위치를 표시하는데, 이들은 CDK 활성을 억제한다. (c) 인산화된 고활성 cyclin A-CDK2 복합체. Activating 트레오닌(검은색 공, Thr-160)의 인산화에 의해 유도된 구조적 변화는 substrate binding surface (기질 결합 표면)의 모양을 변경하여 단백질 기질에 대한 친화력을 크게 증가시킨다. Thr-14 및 Tyr-15에서 phosphate 그룹을 제거하면 ATP 결합과 촉매 활성이 향상된다. P. D. Jeffrey et al., 1995, *Nature* **376**:313–320 참조. [Data from A. A. Russo, P. D. Jeffrey, and N. P. Pavletich, 1996, *Nat. Struct. Biol.* **3**:696, PDB ID 1jst.]

표 19-1 • Cyclin-CDK 활성의 조절

Type of Regulator	Function
Kinases and Phosphatases	
CAK kinase	Activates CDKs in all organisms
Wee1 kinase	Inhibits CDKs in all organisms
Cdc25 phosphatase	Activates CDKs in fission yeast
Cdc14 phosphatase	Activates Cdh1 to degrade mitotic cyclins in budding yeast
Cdc25A phosphatase	Activates vertebrate S phase CDKs
Cdc25B and C phosphatases	Activate vertebrate mitotic CDKs
Inhibitory Proteins	
Sic1	Binds and inhibits S phase CDKs in budding yeast
CKIs $p27^{KIP1}$, $p57^{KIP2}$, and $p21^{CIP}$	Bind and inhibit CDKs in animal cells
INK4	Binds and inhibits G_1 CDKs in animal cells
Rb	Binds E2Fs, preventing transcription of multiple cell cycle genes in animal cells
Ubiquitin-Protein Ligases	
SCF	Degradation of phosphorylated Sic1 or $p27^{KIP1}$ to activate S phase CDKs
APC/C^{Cdc20}	Degradation of securin, initiating anaphase. Induces degradation of B-type cyclins
APC/C^{Cdh1}	Degradation of B-type cyclins in G_1 and geminin in metazoans to allow loading of replicative helicases on DNA replication origins
Phosphoserine/Threonine-Binding Proteins and Modular Domains	
WD40 domains, leucine-rich repeats	Recognize phosphorylated substrates and target them for degradation by SCF ligases
Cks subunits	Target cyclin-CDKs for processive substrate phosphorylation
14-3-3 proteins	Bind and inactivate regulators of cyclin-CDKs to establish cell cycle checkpoints. Also regulates cytokinesis.
Pin1	Isomerizes phosphorylated substrates of CDKs to control mitotic entry and exit
FHA and BRCT domains	Form phospho-dependent molecular assemblies necessary for cell cycle surveillance mechanisms in all stages of the cell cycle, and regulates cytokinesis.
Polo-box domains	Target Polo kinases to sites of CDK phosphorylation to drive mitotic entry and progression

적으로 어느 정도는 구조화되었지만, activation loop는 여전히 catalytic cleft을 크게 차단하기 때문입니다(그림 19-12b 참조). Activation loop에서 중요한 threonine 잔기인 Thr-160가 인산화되면 activation loop를 CDK의 여러 기본 잔기에 묶어 바깥으로 빼놓기 때문에 기질이 CDK의 활성 부위에 접근할 수 있게 한다. 이렇게 인산화된 cyclin-CDK 복합체의 활성은 그렇지 않은 비인산화 복합체(그림 19-12c 참조) 활성보다 수백 배 이상이나 증가된다. 이 threonine phosphorylation은 **CDK-activating kinase (CAK)**에 의해 매개된다. 흥미롭게도, CAK의 활성은 세포주기 내내 일정하며, CDK를 활성화시키는 activating phosphorylation은 cyclin-CDK 복합체가 형성되기 전이나 직후에 일어나기 때문에 CDK의 CAK에 의한 인산화는 CDK actibation 과정에서 rate-limiting step (속도 제한 단계)가 아니라는 것이 분명하다. 그렇다면 threonine-phosphorylated cyclin B–bound (트레오닌이 인산화되었고 사이클린 B가 결합된) kinase가 이미 존재한다면, 세포가 G_2에서 M기로 이동할 때 cyclin B/CDK1 (MPF)의 활성은 왜 그렇게 빨리 상승하는가(그림 19-13)? 이러한 활성화 양상을 보이는 이유는 CDK가 inhibitory phosphorylation (억제성 인산화)에 의해서도 조절을 받기 때문이다.

CDK의 두 가지 inhibitory phosphorylation (억제성 인산화)는 CDK 활성을 조절하는 데 중요한 역할을 한다. 고도로 잘 보존된 tyrosine (인간 CDKs의 Y15)과 인접한 threonine (인간 CDK의 T14)은 인산화에 의한 조절 대상이다(그림 19-12b 및 19-13b 참조). 중요한 부분은 이러한 두 잔기는 CDK의 G-loop (consensus 서열, GXGXXGXV)에 위치하는데, 이는 ATP의 인산기 위에 펼쳐져 있다(그림 19-13 및 3-38 참조). CDK의 경우, G-루프 서열은 $GEGT_{14}Y_{15}GV$이다. 이 G-루프에서 T14와 Y15가 인산화되면 catalytic pocket에 상당한 음전하를 부가하기 때문에 ATP 결합이나 알맞은 위치 선정을 정전기적으로 방해한다. 이러한 부위의 인산화 변화는 mitotic CDK의 조절에 필수적이며, G_1/S 및 S phase CDK의 조절에도 관련이 있다. 19.5절에서 볼 수 있듯이, *Wee1*이라고 불리는 고도로 보존된 kinase는 이러한 inhibitory

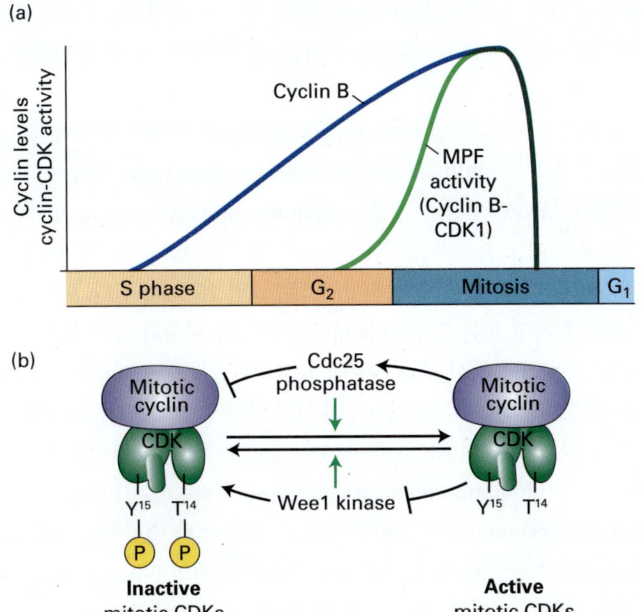

그림 19-13 S기와 G_2기 동안 CDK subunit는 mitotic CDK 활성을 제한한다. (a) Mitotic cyclin B는 S기 및 G_2 동안 합성되어 CDK1에 결합하지만, 복합체는 mitosis 진입 시점까지 활성화되지 않는다. (b) Cyclin-CDK 복합체는 CDK1 subunit의 트레오닌 14와 티로신 15가 CDK1 active form의 축적을 억제하는 protein kinase Wee1에 의해 인산화되기 때문에 활성화되지 않는다. DNA 복제가 완료되면, protein phosphatase Cdc25가 활성화되고, CDK1을 탈인산화하여 활성을 촉진한다. 19.5절에서 논의한 바 있는, 그림에서 검은색 곡선 화살표로 표시된 positive feedback loop는 Cdc25의 활성화를 제어하고 동물 세포에서 Wee1을 억제한다.

phosphorylation를 초래하고, *Cdc25*라고 불리는 고도로 보존된 phosphatase는 그들의 dephosphorylation (탈인산화)을 매개한다(그림19-13b).

CDK Inhibitor는 부가적으로 Cyclin-CDK 활성을 조절한다

CDK 자체의 cyclin binding과 reversible phosphorylation에 더하여 cyclin-CDK 활성을 또 다른 수준에서 제어할 수 있다. *CDK inhibitor* 또는 *CKI*로 알려진 단백질군은 CDK와 cyclin-CDK 복합체에 직접 결합하여 활성을 억제한다. 여러 종류의 CKI가 G_1, G_1–S 경계 또는 S, G_2 단계에서 작용함으로써, G_1, S phase, M phase CDK의 조기 활성화를 방지한다.

G_1에서 작용하는 중요한 CKI 부류는 *INK4* (*in*hibitors of *k*inase *4*) 계열의 구성원이다. 이 단백질군은 CDK4와 CDK6 단량체와 결합하여 cyclin D와의 상호작용을 차단함으로써 G_1 CDK들을 비활성화 상태로 만든다. 19.4절에서 볼 수 있듯이, 이러한 G_1 CDK들은 G_1–S phase transition 조절과 extracellular signal들의 통합에 특히 중요한 역할을 한다.

Metazoan cell에서 발견되는 두 번째 부류의 CKI는 Cip/Kip 계열의 단백질군이다. 여기에는 3개의 구성원($p21^{CIP1}$, $p27^{KIP1}$, $p57^{KIP2}$)이 있다. Cip/Kip family는 cyclin-bound CDK에 결합하고, cyclin D-, E-, A-, B-containing CDK 복합체의 활동을 차단한다. DNA 복제 또는 mitosis를 시작하기 위해 Cip/Kip CKI는 각각의 cyclin/CDK target으로부터 격리되거나 분해되어야 한다. 세 가지 단백질 각각은 독특한 생리학적 역할을 하는 것으로 보인다. $p21^{Cip1}$ 단백질은 *cdkn1a* 유전자에 의해 암호화되어 있으며, DNA 손상에 반응하여 metazoan cell를 G_1 및 G_2 arrest 상태에 놓이게 하는 데 중요하다. 그의 유전자 *cdkn1a*의 전사는 tumor suppressor protein p53에 의해 제어된다. $p27^{Kip1}$ 단백질은 cdkn1b 유전자에 의해 암호화되어 있으며, 영양소나 성장 인자가 부족할 때 세포가 G_1에서 S기로 진행되는 것을 차단한다. 이는 장기와 신체의 크기를 제한하는 데 중요하다. $p27^{Kip1}$ 유전자가 knock-out된 쥐는 신체 크기가 증가되어 있으며, multiple organ hyperplasia (다발성 장기 과형성, 예, 장기 내 세포 수의 과도한 증가)을 보인다. *cdkn1c* 유전자에 의해 암호화된 $p57^{Kip2}$ 단백질은 배아 발달 동안 세포주기를 조절하는 데 중요한 역할을 한다. *cdkn1c*가 결핍된 쥐 배아들은 organ hyperplasia와 impaired tissue differentiation (조직 분화 장애)을 나타내며, 출생 후 곧 사망에 이르게 된다. Cyclin A-CDK2에 결합된 $p27^{Kip1}$의 결정 구조에 근거하여 살펴보면, Cip/Kip 단백질은 cyclin-CDK의 기질과 상호작용하는 cyclin 부위를 차단하고, 또한 active site cleft를 틀어막아 ATP binding을 막음으로써 catalytic activity을 차단하는 것으로 추정된다(그림 19-12 참조). 이 단백질들은 세포주기 제어 이외의 다른 기능을 가지고 있다. 이들은 유전자 전사, 세포 운명 결정, 세포 이동 및 세포 사멸에 대해 영향을 미친다. 아무튼 Cip/Kip 계열 구성원은 적절한 세포와 조직의 homeostasis (항상성)에 중요한 역할을 한다.

Cyclin 양은 전사 활성화와 유비퀴틴-매개 단백질 분해에 의해 조절된다

Cyclin의 발현과 분해는 cycline이 필요한 바로 그 세포주기 단계에 존재하도록 아주 조심스럽게 조절된다. 이 절에서는 사이클린 수준이 규제되는 방법에 대해 논의한다.

Cyclin 유전자 전사의 제어는 cyclin의 적절한 temporal (시간적) 발현을 보장하는 메커니즘이다. 동물 체세포와 효모에서 전사 인자의 활성화 파동은 cyclin의 활성화 파동을 만들어내는 데 도움을 준다. 일반적인 원리는 CDK 인산화-의존성 전사 인자의 초기 활성화 파동은 후속 CDK 인산화-의존성 전사 인자 활성화 파동을 이끄는 데 필수적인 인자를 만들어낸다. 19.4절에서 볼 것처럼, G_1/S phase cyclin의 전사는 세포주기 바로 이 전환 시점에서 활성화되는 E2F transcription factor complex에 의해 촉진된다.

Cyclin을 적절한 세포주기 단계에서 제한하는 매우 중요한 메커니즘은 ubiquitin-mediated, proteasome-dependent protein degradation (유비퀴틴-매개 프로테이좀-의존성 단백질 분해)이다. 단백질 분해는 돌이킬 수 없는 과정이기 때문에, 새로운 단백질 합성을 통해서만 보충될 수 있다는 점에서, 이러한 조절 메커니즘은 세포주기 엔진이 앞으로 구동되고 세포가 세포주기 진행을 뒤로 할 수 없게 만드는 데 이상적인 방법이다.

3장에서 살펴본 내용을 상기하면, ubiquitin-protein ligase, 혹은 *E3-ligase*라고도 불리는 효소가 E2 ubiquitin conjugating enzyme으로부터 ubiquitin을 E3-ligase의 substrate 단백질에 있는 하나 이상의 lysine 잔기로 전달한다. 이는 기질 단백질에 긴 polyubiquitin chain을 부착해서 proteasome에 의해 분해될 수 있도록 표시하는 반응이다(그림 3-32 참조). Cyclin은 두 종류의 E3-ligase의 작용에 의해 분해되는데, 하나는 **SCF** (구성 단백질인 *S*kp1, *C*ullin 및 *F*-box 단백질의 첫 글자의 이름을 따서 명명됨)이고, 다른 하나는 **APC/C (anaphase-promoting complex 또는 cyclosome**의 약칭)이다. 세포주기 조절에 매우 중요한 이 두 가지 E3 ligase의 조절 메커니즘은 단백질 인산화가 작동하지만, 디테일은 현저하게 다르다. SCF 복합체의 경우, 분해 target을 기질로 삼아 인산화시킨다. APC/C의 경우, APC/C 자체가 인산화되어 그의 활성을 조절한다.

SCF는 G_1 및 G_1/S phase cyclin을 target 기질로 삼아 분해되게 함으로써 G_1/S transition을 제어한다. SCF는 G_2/M transition도 제어하는데, $p21^{Cip1}$ 및 $p27^{Kip1}$ CDK inhibitory protein과 함께 CDK inhibitory kinase인 Wee1를 target으로 삼아 분해되게 한다. 한편, APC/C는 mitosis가 시작할 때 활성화되고 다음 세포주기의 G_1기 동안 활성화 상태를 유지한다. APC/C는 S기 및 mitotic cyclin 모두를 대상으로 한다. Mitosis 동안, APC/C의 활성화는 anaphase inhibitory protein을 분해함으로써 metaphase-anaphase transition 과정에서 chromosome segregation (염색체 분리)의 시작을 제어하고(19.6절에서 논의), 또 mitotic exit를 촉진한다. G_1기 동안의 APC/C 활동은 mitosis 및 S phase CDK를 억제하므로, 다음 S기에서 새로운 복제 라운드가 수행될 수 있도록 replication origin (복제 기원)을 재설정할 수 있게 한다(19.4절 참조).

SCF와 APC/C는 ubiquitin protein ligase 중에서 RING finger family에 속하는 multisubunit ubiquitin-protein ligase이다. 이와 같이 SCF와 APC/C가 동일 계열의 ubiquitin-protein ligase family에 속한다는 사실에도 불구하고, 그들의 구조 및 기질 target을 제어하는 방법은 상당히 다르다. 두 복합체의 구조는 그림 19-14와 같다. 이들 분자 조립체는 U자형 또는 C자형 clamp (클램프)와 비슷하다. 인간 SCF 복합체에는 세 가지 핵심 구조 성분과 1개의 기질을 targeting하는 F-box protei이 있다. 그림 19-14a와 b에 표시된 바와 같이, Cul1 subunit는 중앙에 자리잡고 있으며 RBX1과 Skp1을 묶어 두는 scaffold 역할을 한다. RBX1은 E2 ubiquitin-conjugating enzyme에 결합하는 RING finger–containing protein이다. Skp1은 F-box protein과 결합하는 bridging protein (가교 단백질)이다. 서로 교환 가능한 다수의 F-box protein들은 Skp1에 결합하고, 각각은 여러 다른 세트의 기질 단백질을 SCF로 불러들여서 바로 그 자리에서 분해 대상이 되는 target을 유비퀴틴화시킨다.

APC/C (anaphase promoting complex or cyclosome)는 matazoan에서는 14개의 core subunit와 효모에서는 13개의 과 효모의 13개의 core subunit로 구성되어 있다. 여기에 *Cdc20*와 *Cdh1*이라는 두 가지 서로 관련된 substrate-targeting factor 중 하나가 더 포함된다(그림 19-14c 및 d). APC/C의 활성은 이 두 substrate-targeting subunit 중 하나가 core complex에 결합하느냐에 전적으로 의존한다. Metaphase에서 anaphase로의 transition에서, Cdc20에 결합한 APC/C는 cyclin A와 B를 분해 target으로 삼아 유비퀴틴화시키는 반면, anaphase 동

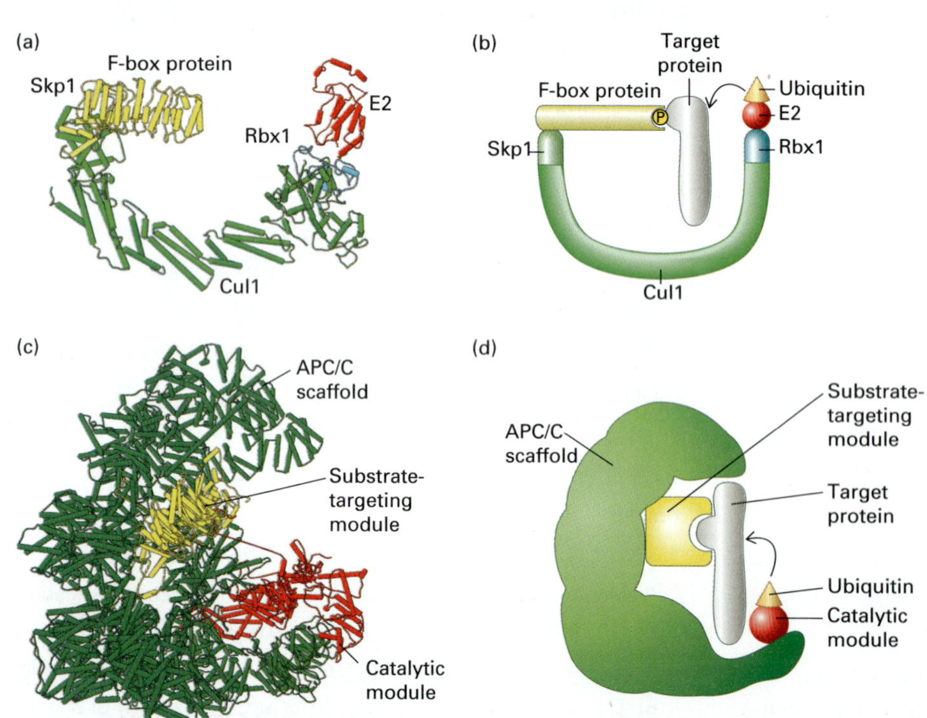

그림 19-14 E3 ubiquitin ligase는 세포주기 진행을 조절한다. (a) SCF ligase는 복합 단백질로서, 중심을 잡아주는 Cullin scaffold (Cul1)와 함께 한쪽 끝에 RING finger를 가진 Rbx1 단백질과 E2 ubiquitin-conjugating enzyme (유비퀴틴 접합 효소)이 있고, 다른 쪽 끝에는 F-box substrate targeting protein (기질 표적화 단백질)에 결합된 Skp1 protein을 가지고 있다. 그림 예에서 F-box protein은 Skp2이며, 일련의 leucine-rich repeat을 사용하여 표적 단백질이 인산화될 때만 그 target에 결합한다. (b) 이 일반적인 구조는 모든 SCF ligase에서 보존되지만, 다른phosphoserine/threonine-binding F-box protein은 다른 기질 특이성을 결정한다. (c) APC/C E3 ligase는 13개 또는 14개의 subunit로 조립된 복합체로서, SCF complex처럼 scaffolding (녹색), substrate-binding (노란색) 및 catalytic (빨간색) 기능을 발휘하게끔 구성되어 있다. (d) APC/C는 Cdc20 또는 Cdh1라는 substrate-targeting coactivator (기질 표적 보조 활성화제) 중 하나에 결합할 때까지 비활성화 상태로 있다가, 결합이 이루어지면 catalytic component들이 활성화되고, Cdc20 또는 Cdh1가 끌어온 표적 단백질(Cdc20- 또는 Cdh1-bound target protein)을 유비퀴틴(주황색 삼각형)과 잘 접합되도록 위치를 잡아준다.

안 Cdc20-bound APC/C는 염색체 분리를 억제하는 단백질을 유비퀴틴화시킨다. 후기 anaphase, telophase, 그리고 G_1기 동안에는 Cdh1이 APC/C에 결합하여 분해 대상을 유비퀴틴화시킨다. SCF 복합체와 마찬가지로, APC/C core는 3개의 module (그림 19-14c)로 구성되어 있다. Scaffold module은 전체 복합체의 구조적 중심부를 이루며, 여기에 E2 enzyme으로부터 활성화된 ubiquitin을 받아들이는 catalytic module과 APC/C가 유비퀴틴화시킬 표적 단백질을 결정하는 substrate recognition module이 추가로 있다.

인산화가 없는 경우, APC/C core subunits 중 하나에 있는 loop는 substrate-targeting subunit Cdc20가 APC/C에 결합하지 못하게 한다. Mitotic CDK에 의해 loop가 인산화되면, protein kinase를 활성화하는 방법과 유사한 방식으로 loop의 위치를 이동시킨다(3.4절). 이를 통해 Cdc20은 결합할 수 있으며, 그럼으로써 활성 APC/C^{Cdc20} 복합체가 형성되어 cyclin A와 B가 분해 대상으로 삼아 mitotic CDK 활성을 차단한다. Mitotic CDK는 또한 Cdh1 substrate-targeting subunit을 인산화하여 metaphase 및 초기 anaphase 동안 Cdc20 substrate-targeting subunit와 APC/C에의 결합 경쟁을 방지한다. APC/C^{Cdc20}가 mitotic cyclin 분해 target을 삼은 후에, APC/C와 Cdh1은 protein phosphatase에 의해 탈인산화된다. 탈인산화 반응은 vertebrate cell에서는 PP2A가 효모에서는 Cdc14에 의해 매개된다. 이로써 APC/C에 Cdc20 결합이 방지되고, 그대신 Cdh1이 결합하여 후기 anaphase와 다음 주기의 G_1기 동안 활성화 상태를 유지할 수 있는 APC/C^{Cdh1} E3 ligase complex를 구성한다.

APC/C의 substrate-targeting subunits는 APC/C가 유비퀴틴화시키는 표적 단백질에 있는 특정 sequence motif를 인식한다. 한 motif를 destruction box 또는 D-box라 하며, consensus sequence인 RXXLX-[D/E]ΦΦΦXN[N/S]를 가지고 있다. 여기서 X는 모든 아미노산을 의미하고, Φ는 소수성 아미노산을 의미하며, 대괄호는 두 아미노산 중 하나가 서열에서 해당 위치에 있음을 나타낸다. Mitotic cyclin에서 destruction box를 실험적으로 돌연변이시키거나 없애버리면 그들의 ubiquitination이 일어나지 않게 되고 세포는 mitisis에서 빠져나오지 못하게 된다. 이는 mitotic exit에는 mitotic cyclin의 분해가 필요로 한다는 것을 보여준다.

Phosphoserine/Threonine-Binding Domain들이 CDK 활성화와 세포주기 진행을 관리 조정하는 Feedback Loop을 구성한다

Cyclin-CDK 조절을 이해하기 위해 다루어야 할 또 다른 분자적 구성요소는 phosphoserine/threonine-binding domain이다. 우리는 protein kinase에 의한 인산화는 cyclin 양을 조절하는데, cyclin의 분해하는데, 그리고 CDK 활성을 조절하는 데 엄청 중요한 역할을 한다는 것을 알았다. 이러한 조절에 있어서, 부분적으로는 인산화가 직접적으로 그 단백질 자체의 모양 변화, 즉 allosteric change를 유발하기 때문일 수 있다. 한편, 단백질 인산화가 세포주기를 조절하는 또 다른 중요한 방법은 짧은 phosphoserine- 또는 phosphothreonine을 가진 sequence motif를 만드는 것이다. 이들은 여러 phospho-binding (인산기에 결합하는) 단백질이나 단백질 domain에 의해 인식되는데, 그러한 phosphoserine/threonine-binding domain의 종류와 기능을 표 19-1에 정리하였다.

이러한 phosphoserine/threonine-binding 단백질 및 모듈은 세포주기 조절 거의 모든 측면을 조절한다. 가장 일반적인 의미에서, phosphoserine/threonine-binding domain이 CDK 기질이나 CDK 활성 제어 단백질에 결합하게 되면 그 결합된 단백질은 특정 subcellular location으로 보내지거나, 3차원 구조나 활성이 변경되거나, 또 다른 인산화나 유비퀴틴화에 의한 파괴를 위한 특이적인 변형의 대상이 된다. 이것의 한 예는 앞서 언급한 SCF ligase의 substrate-targeting subunit을 구성하는 F-box 단백질에서 발견된다. 많은 F-box 단백질은 모듈식 phosphoserine/threonine-binding domain을 가지고 있어 특정 phosphoserine/threonine-containing sequence을 가지고 있는 기질에만 결합한다. 따라서 기질 단백질은 이전에 protein kinase에 의해 인산화된 경우에만 ubiquitination 및 degradation의 대상이 된다. 다음 절에서 볼 수 있듯이, CDK inhibitor의 CDK-매개 인산화는 SCF-매개 분해를 목표로 하여 더 많은 CDK 활성화를 초래한 다음 추가적인 CKI 분해로 이어지고, 결국은 CDK 활성을 한층 증폭시키는 feed-forward loop를 형성한다. 다른 phosphoserine/threonine-binding molecule에는 세포주기를 조절하는 14-3-3 단백질, CDK 인산화를 촉진하는 Cks 단백질, 인산화된 세포주기 조절자의 활성을 변화시키는 Pin1 proline isomerase, mitosis에서 Polo kinase 1을 기질로 targeting하는 Polo-box domain 그리고 DNA 손상을 감시하고 cytokinesis를 통제하는 FHA 및 BRCT domain 등이 있다. 이러한 phospho-binding molecule는 세포주기의 진행을 제어하는 positive 및 negative feedback loop를 형성하는데 필요하며(19.6절), catastrophic event (재앙적인 사건)에 대응하여 세포주기 진행을 중지시키는 감시 메커니즘 구성에 필요하다(19.7절). Protein kinase에 의해 생성된 짧은 인산화된 아미노산 서열을 인식할 수 있는 시스템이 세포주기 조절 메커니즘으로 채택되었다는 사실은 이러한 단백질 domain의 중요성을 말해준다. 사실 수많은 단백질들은 이들 phospho-specific binding domain을 가지고 있는데, phospho-binding function이 수렴 진화해서 여러 단백질에 장착되었음을 말해준다.

Mass Spectrometry (질량분석기)와 유전자 조작된 CDK를 이용한 연구에서 새로운 CDK의 기질과 기능을 알아낼 수 있었다

다른 CDK는 각각 특이적인 단백질들을 인산화함으로써 세포주기 각 과정을 개시한다. CDK가 수많은 기질을 인산화해서 주어진 세포주기 단계의 모든 측면을 직접적으로 개시한다는 것은 이제 명백하다.

최근 몇 년 동안, CDK의 모든 기질을 식별하기 위한 체계적인 노력이 있었다. 특정 kinase의 기질을 식별하는 데 있어 어려운 점은 한 kinase의 인산화 이벤트를 다른 kinasae에 의해 수행되는 이벤트와 구별하는 것이다. Cyclin-CDK의 알려진 기질에 대한 위치가 알려진 인

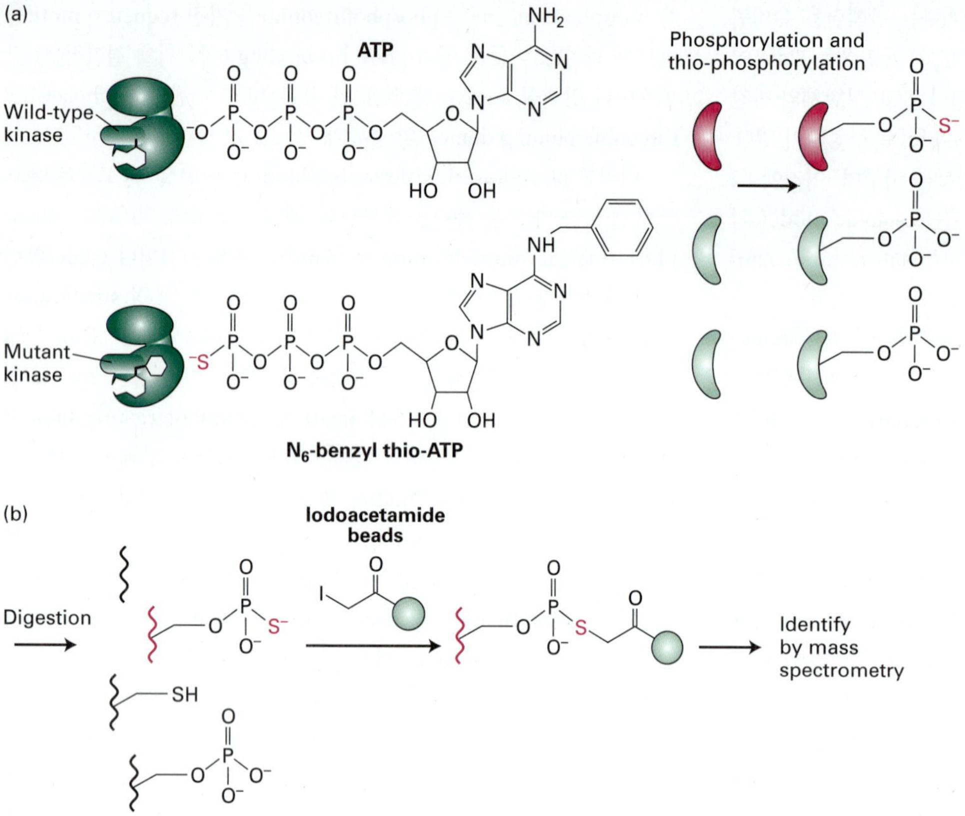

그림 19-15 유전자 조작 CDK mutant를 이용한 CDK substrate의 동정. (a) CDK의 ATP 결합 포켓은 γ phosphate의 산소 원자 대신 황 원자로 치환된 좀 커진 N_6-benzyl ATP analog를 수용하도록 조작되었다. ATP 유사체로 표지된 mutant kinase는 그의 기질에 없었던 황 원자를 제공할 것이다. (b) 세포 단백질을 protease를 처리하여 분해 한 후, sulfur-containing peptide (황 함유 펩티드)를 황과 결합하는 iodoacetamide bead를 사용하여 정제하였고, 정제된 peptide를 mass spectrometry (질량 분석기)를 사용하여 분석하였다.

산화 부위(mapped phosphorylation site)를 조사하거나 합성 인산화 부위를 사용한 연구에서 밝혀진 것은 cyclin-CDK 복합체가 consensus sequence [S/T]PX[R/K]K 내에서 발견되는 serine이나 threonine residue를 우선적으로 인산화한다는 것이다. 앞서 설명한 consensus sequence에서 [S/T] (P0 position으로 정함)는 CDK 인산화 부위이고, P3 위치에 arginine이나 lysine이 있으며, P4 위치에 lysine이 있다. 둘 다일 수도 있다.

어떤 단백질이 CDK의 target인지를 알아내는 획기적인 발전은 다른 kinase에 의해 결합되지 않은 ATP analog (유사체)를 사용하는 CDK mutant를 제조하기 시작해서이다. ATP analog는 adenine의 N6에 부착된 bulky benzyl group를 가지고 있으며, 이는 adenine이 wild-type protein kinases의 ATP-binding pocket에 들어갈 수 없을 정도로 크기 때문이다. 그러나 mutant CDK의 ATP-binding pocket은 N_6-benzyl ATP analog를 수용한다. 결과적으로, mutant CDK만이 기질로 ATP anolog를 사용하여 그의 γ phosphate를 단백질 곁사슬로 전달할 수 있다. thiol-labeled γ phosphate를 가진 N_6-benzyl ATP analog를 변경된 ATP-binding pocket을 가진 재조합 mitotic CDK가 들어 있는 세포 추출물과 배양했을 때, 다수의 단백질이 표지된다. 과학자들은 이들을 정제하여 mass spectrometry (질량 분석법)로 그 정체를 밝혔다(그림 19-15). 이러한 실험 과정을 통하여 효모에서 지금까지 알려진 대부분의 CDK substrate와 150개 이상의 효모 단백질을 찾아냈다.

지금까지 우리는 세포가 세포주기 주위로의 순환에 필요한 모든 핵심 구성요소를 살펴봤다: CDK, CDK가 기질에 생성하는 phosphoserine/threonine motif, transcription factor, 여러 protein kinase, phosphatases, CKI, E3 ligase와 그가 인시과는 sequence motifs, phospho-binding 단백질과 domain 등. 다음 절에서는 이러한 구성 요소들이 어떻게 함께 작동하여 세포가 세포주기의 한 단계에서 다음 단계로 전환될 수 있게 하는지 살펴볼 것이다. 우리는 또한 세포주기의 각 단계 동안 발생하는 중요한 사건들에 대해 이야기할 것이다.

19.3절의 주요 개념

세포주기 진행과 조절: Feedback Loops 및 Post-Translational Modification

- Cyclin-dependent kinase는 cyclin subunit에 의해 활성화되며, 그들의 활성은 여러 수준에서 조절된다.
- 여러 cyclin subunit들이 여러 세포주기 단계에서 CDK를 활성화한다. Cyclin은 그들이 촉진하는 세포주기 단계에만 존재한다.
- CDK의 activating 및 inhibitory phosphorylation은 CDK activity 조절에 기여한다.
- CDK inhibitor (CKIs)는 CDK activity를 cyclin-CDK complex에 직접 결합하여 조절한다.
- 단백질 분해는 cyclin을 적절한 세포주기 단계에 제한하는 주요 메커니즘이다. 분해는 ubiquitin-proteasome system과 ubiquitin-pro-

tein ligase인 APC/C와 SCF에 의해 매개된다.

- Phosphoserine/threonine-binding protein과 modular domain은 양성 feed-forward와 음성 feed-back loop를 형성하는 데 사용된다. 이러한 loop들은 CDK 조절자와 기질에 결합함으로써 CDK 활성을 빠르게 활성화시키거나 불활성화시킨다.
- CDK는 많은 다른 표적 단백질들을 인산화시키면서 세포주기 매 단계에 필요한 모든 일을 시작한다. 이와 관련된 체계적인 연구는 ATP 변형체에만 결합할 수 있도록 만들어진 재조합 kinase를 이용하여 진행되었으며, 그러한 노력의 결과로서 수많은 substrate 분자들을 발견할 수 있었다.

19.4 G_1에서 S기로의 전이와 DNA 복제

앞 선 절에서, 우리는 여러 종류의 cyclin-CDK complex를 조절하는 다양한 메커니즘을 살펴봤다. 이번 절과 이어지는 다음 두 절에서, 우리는 각 세포주기 단계를 조심스럽게 살펴보고 , 이들이 어떻게 유도되고 조절되는지를 이야기할 것이다. 우리는 세포가 DNA replication과 mitosis를 어떻게 개시하는지 또 chromosome이 어떻게 분리되지는지를 조사할 것이다. 우리들은 cyclin-CDK complex와 중요한 cell cycle regulator들이 각 세포주기 단계에서 어떠한 영향을 주는지에 초점을 맞출 것이며, 그들의 활성을 어떻게 조정되는지를 살필 것이다. 이번 절은 세포가 어떻게 세포 분열을 할지 말지를 또 G_1에서 S기로의 transition을 결정하는지를 조사하고, DNA replication이 어떻게 시작되는지 역시 살필 것이다. 효모를 이용한 연구부터 알아보자.

Budding Yeast에서 G_1/S 전이는 Cyclin-CDK 복합체에 의해 조절된다

세포주기 진입 과정은 효모에서 특히 잘 알려졌는데, 이는 세포주기 전이의 기초가 되는 분자 메커니즘이 처음으로 밝혀진 바로 그 유기체이다.

19.1절에서 다룬 내용을 상기해보자. S기로 진입하는 결정은 G_1 후반에 이루어지는데, 세포가—효모에서는 *START*라고 불리는—G_1 후반기의 restriction point를 통과하기 위해서는 labile R-factor의 축적이 필요하다. 과학자들은 G_1에서 arrest되는 budding yeast를 이용한 멋진 유전적 실험을 통해서, bud를 형성하지 못하거나 DNA 복제를 시작하지 못하는 여러 temperature-sensitive mutant를 찾아낼 수 있었다. 이들 중에는 yeast CDK를 암호화하는 유전자에 돌연변이를 가진 그룹이 있었다. (앞서 언급했듯이, budding yeast에는 모든 세포주기 전환을 유발하는 CDK가 하나만 있으며, *CDC28*로 알려져 있다.) 이 관찰은 CDK 활성이 S기로 진입하는 데 필수적임을 입증하였다. 두 번째 돌연변이 세트는 불안정한 R-factor에 대한 유전자를 포함했으며, 이는 *CLN3*으로 알려진 yeast G_1 cyclin으로 밝혀졌다. 우리는 CDK cascade (CDK 연속 반응)가 효모에서 G_1기에서 S기로의 진행을 유발한다는 것을 알고 있다(그림 19-16a). G_1 cyclin-CDK 복합체(효모의 Cln3-CDK)는 bud 형성, centrosome 복제 및 DNA 복제를 시작하는 G_1/S phase cyclin-CDK 복합체 형성을 자극한다. Yeast G_1 cyclin 유전자 *CLN3*에 대한 mRNA는 세포주기 전반에 걸쳐 거의 일정한 양으로 생성되지만, 그의 translation은 영양분 수준에 따라 조절되며, 곧 보게 되겠지만, 이는 세포주기 진입을 영양 정보에 연결하는 linchpin (핵심 결개)이다. mRNA로부터 충분한 Cln3이 합성되면 Cln3-CDK 복합체가 전사 억제 인자 Whi5를 인산화하고 비활성화한다. Whi5가 인산화되면서 핵 밖으로 나가게 되어 전사 인자 복합체 SBF가 G_1/S phase cyclin 유전자 *CLN1*과 *CLN2* 그리고 DNA 복제에 중요한 다른 유전자의 전사를 유도할 수 있게 된다. 일단 생성되면, Cln1/2-CDK는 Whi5 인산화에 기여한다. 이 positive feedback loop는 G_1/S phase cyclin-CDK의 빠른 축적을 보장한다. Whi5의 50%가 핵을 빠져나가는 세포주기의 지점은 세포가 비가역적으로 분열에 전념하는 지점을 나타내며, START 의분자적 정의이다. 그런 다음,, Cln1/2-CDK는 bud 형성, S기로 진입 및 mitotic spindle를 구성하는 centrosome (효모에서 *spindle pole body*로 불림) 복제를 유발한다.

Metazoan에서 G_1-S 전이는 E2F 전사 인자와 그의 regulator Rb를 통한 Cyclin-CDK의 조절에 의한다

우리가 효모에서 설명한 일련의 event는 포유동물 (실제로 모든 metazoan) 세포에서도 비슷하게 일어난다. MAPK (mitogen-activated protein kinase) 경로를 통한 성장 인자 신호전달은 cyclin D 계열의 구성원인 G_1 cyclin의 transcription 증가를 유발한다. Ink4 CKI family member의 수준이 낮은 한 cyclin D는 G_1 CDK인 CDK4와 CDK6에 결합하여 active G_1 cyclin-CDK 복합체를 형성한다. 이어서, 이러한 G_1 CDK는 **E2F transcription factor (E2F)**로 통칭되는 관련 전사 인자의 family member를 활성화한다. G_1 동안, E2F는 retinoblastoma (망막모세포종) 단백질과의 tight 결합을 통해 비활성 상태로 유지된다(Rb; 그림 19-16b). G_1 CDK가 활성화되면 Rb가 인산화되어 E2F에서 해리된다. 방출된 E2F는 DNA 합성에 관여하는 단백질을 암호화하는 여러 유전자를 활성화한다. 따라서 E2F는 G_1 후기에서 *S. cerevisiae* 전사 인자 복합체 SBF의 기능과 유사한 기능을 한다[그림 19-16의 (a) 및 (b) 비교]. 또한 E2F는 G_1/S기의 cyclin인 cyclin E와 S기의 cyclin인 cyclin A를 코딩하는 유전자의 전사를 자극한다. Cyclin E는 G_1/S CDK인 CDK2와 복합체를 형성하여 positive feed loop로 Rb를 추가로 인산화한다 Loop는 Cln1/2-CDK 복합체가 효모에서 Whi5를 추가로 인산화하여 S기 진입을 강화하는 것과 매우 유사하다(그림 19-16).

위에서 언급했듯이, E2F 기능 조절의 핵심은 Rb 단백질이다. E2F가 Rb에 결합되면 transcription을 inactive하게 할 뿐만 아니라 transcription을 repress (억제하는) 기능도 한다. 이는 Rb가 특정 histone lysine의 deacetylation (탈아세틸화) 및 methylation (메틸화)을 촉진하는 chromatinmodifying enzyme를 모집하여 염색질이 응축되고 전사

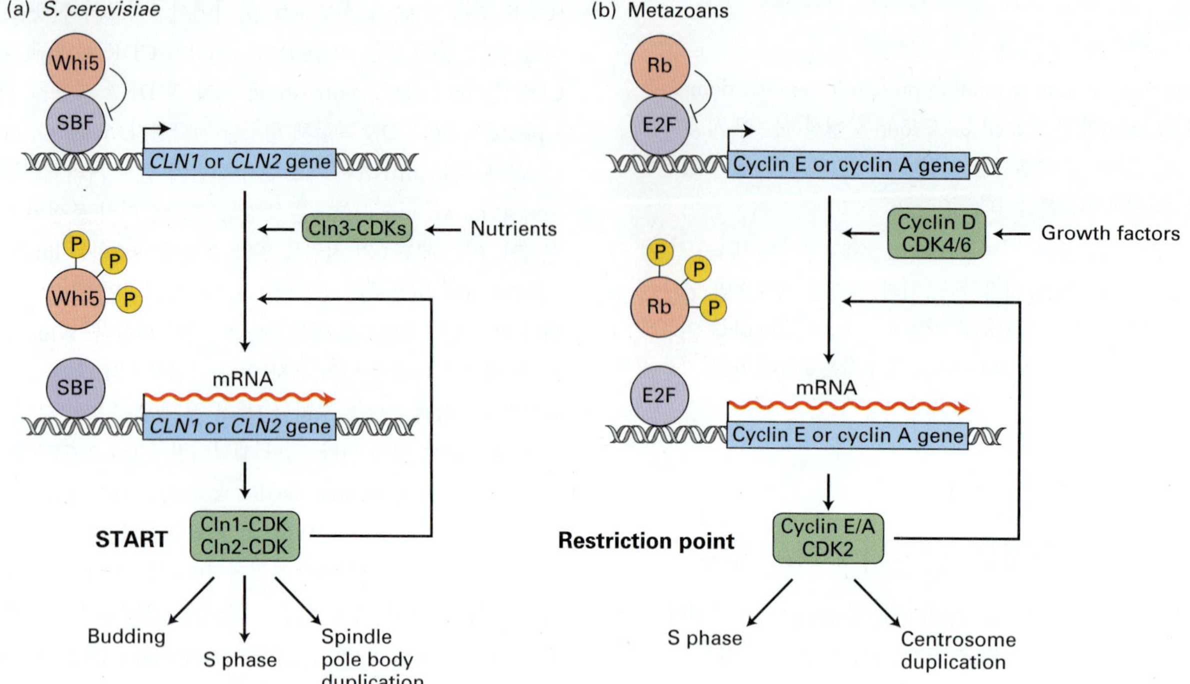

그림 19-16 G_1–S phase transition의 조절. (a) Budding yeast에서 G_1 cyclin–CDK인 Cln3-CDK의 활성은 G_1 동안 증가하고 영양소 가용성에 의해 제어된다. 일단 충분히 활성화되면, kinase는 transcriptional repressor (전사 억제 인자) Whi5를 인산화시켜 핵으로부터의 방출을 촉진한다. 이렇게 되면, 전사 인자 복합체 SBF는 억제 상태에서 풀려나 G_1/S phase cyclin 유전자 *CLN1*과 *CLN2* 그리고 DNA 복제에 필요한 여러 유전자의 전사를 유도할 수 있게 된다. G_1/S phase CDK는 Whi5를 추가로 인산화하여 *CLN1* 및 *CLN2* 전사를 더욱 촉진한다. 충분히 많은 양의 G_1/S phase CDK가 생성되면 START를 넘게 되고, 세포는 비가역적으로 세포주기 S기에 진입한다. 그리고 세포는 DNA 복제, bud 형성 및 spindle 복제를 시작한다. (b) 척추동물에서 G_1 CDK 활성은 G_1 동안 증가하고 성장 인자의 존재에 의해 자극된다. 성장 인자의 신호전달이 지속되면 생성된 cyclin D–CDK4/6 복합체가 Rb를 인산화하기 시작하여 E2F 일부를 자유롭게 한다. 이 자유롭게된 active E2F는 cyclin E, CDK2 및 E2F 자체를 암호화하는 유전자의 전사를 유도한다. Cyclin E–CDK2 복합체는 Rb를 추가로 인산화시켜서 E2F와 cyclin E–CDK2의 발현과 활성을 빠르게 증가시키는 positive feedback loop를 형성한다. G_1/S phase CDK가 충분히 높으면 세포는 restriction point (제한점)를 통과하여, 돌이킬 수 없는 DNA 복제와 centrosome (중심체) 복제를 시작한다.

적으로 불활성인 형태를 취하게 하기 때문이다(8.5절 참조). *RB*는 초기에 retina (망막)의 소아암인 retinoblastoma에서 돌연변이된 유전자로 확인되었다. 후속 연구에서는 많은 암에서 Rb가 비활성화되는 것으로 나타났는데, *RB*의 두 대립유전자에서의 돌연변이 또는 Rb 인산화의 비정상적인 조절에 기인한다(25장 참조).

Mammalian cell에서 G_1 CDK에 의한 Rb 단백질 조절은 효모에서 Cln3-CDK에 의한 Whi5 조절과 유사하다. G_1 CDK에 의해 Rb의 여러 부위에서 인산화가 일어나면, E2F와 결합하지 못하고 핵 밖으로 나가게 된다. 이를 통해 E2F는 S기로 진입하는 데 필요한 유전자의 전사를 활성화할 수 있다. G_1/S cyclin과 CDK를 코딩하는 유전자의 발현이 일부 Rb 분자의 인산화에 의해 유도되면, 생성된 G_1/S phase CDK 복합체가 후기 G_1에서 Rb를 추가로 인산화한다. 이는 restriction point를 통과하는 주요 생화학적 사건 중 하나이다(그림 19-16b). E2F는 G_1/S cyclin-CDK와 마찬가지로, 자신의 발현을 자극하기 때문에 positive feedback loop를 통한 E2F 및 G_1/S cyclin-CDK의 cross-regulation (교차 조절)은 후기 G_1에서 두 활성의 급속한 상승을 야기한다.

CDK는 S, G_2 및 초기 M 단계 전반에 걸쳐서 인산화된 상태로 Rb 단백질을 유지한다. 세포가 anaphase를 완료하고서 초기 G_1 또는 G_0에 들어간 후, 모든 cyclin-CDK 활성 하락은 Rb의 de-phosphorylatio로 이어진다. 결과적으로, 인산화되지 않은 Rb는 다음 주기의 초기 G_1 동안 그리고 G_0-arrested 세포에서 E2F 활성을 억제할 수 있다. 따라서 세포가 새로운 세포주기에 진입하기로 결정하고, G_1 CDK가 E2F에서 Rb의 억제 족쇄(grip)을 깨뜨릴 때까지 G_1/S phase CDK 활성은 낮게 유지된다.

세포주기 진입을 관장하는 세포 밖 신호

세포가 세포주기에 진입할지 여부는 extracellular 신호뿐만 아니라 intracellular 신호에 영향을 받는다. 예를 들어, 효모와 같은 단세포 유기체는 **critical cell size (임계 세포 크기)**로 알려진 크기에 도달했을 때만 세포주기에 들어간다. 이 critical cell size는 환경에서 사용할 수 있는 영양분에 의해 제어된다. 우리는 여기서 G_1 cyclin 합성이 단백질 합성 속도에 반응한다는 사실에만 논의를 제한하자. 이는 곧 환경의 영양분에 의해 조절되는 경로에 의해 제어된다. 거대분자 생합성 기계와 세포주기 기계 사이의 이러한 연결은 budding yeast에서 잘 알려져 있다. 이 유기체에서 G_1 cyclin transcript *CLN3*에는 짧은 upstream open reading frame이 있는데, 이 부위는 영양소가 제한될 때 번역 개시를 억제한다. 영양소가 풍부할 때 이러한 억제는 풀린다. 영양소가 충분하면 영양소와 성장 인자 신호를 감지하는 TOR 신호전달 경로가 활성화되어 번역 활동을 자극한다(그림 21-3b 참조). Cln3은 불안정한 단백질이기 때문에 그 농도는 mRNA의 번역 속도에 따라 변동한다. 결과적으로, Cln3 단백질의 농도에 따라 달라지는 Cln3-CDK 복합체의 양과 활성화 정도는 영양소 수준에 의해 조절되는 것이다.

다세포 유기체에서 세포는 영양소로 둘러싸여 있으므로, 대체로 영양소는 세포의 증식 속도를 제한하지 않는다. 오히려, 세포 증식은 세포 주변의 **성장 촉진인자(mitogen)**이나 성장 억제 인자(*anti-mitogen*)의 존재에 의해 제어된다. 16장에서 논의된 바와 같이, G_0 arrested mammalian cell에 mitogen을 추가하면 receptor tyrosine kinase–linked 신호전달 경로를 유도한다. 이어지는 신호전달 cascade는 궁극적으로 전사와 세포주기 제어에 영향을 미친다. 그들은 다양한 방법으로 그와 같이 한다.

Mitogen은 여러 유전자의 전사를 활성화한다. 이들 유전자의 대부분은 전사된 mRNA가 얼마나 빨리 나타나는지에 따라서 두 부류—*early response* gene 혹은 *delayed response* gene—중 하나로 분류된다. 초기 반응 유전자(early response gene)의 전사는 세포질 또는 핵에 미리 존재하는 전사 인자를 활성화하는 신호전달 cascade에 따르는데, 이는 성장 인자를 처리한 후 몇 분 이내에 유도된다(16장 참조). Early response gene 대부분은 delayed response gene (지연 반응 유전자)의 전사를 자극하는 c-Fos 및 c-Jun과 같은 전사 인자를 인코딩한다. Early response 전사 인자 Myc는 G_1 cyclin과 CDK 유전자의 전사를 유도한다. 전사에 의해 조절되는 것 외에도, G_1 CDK는 CKI에 의해 조절된다. CKI $p15^{INK4b}$는 강력한 CDK 억제제이다. 일부 조직에서, mitogen은 전사를 억제하여 이 CKI의 생산을 억제한다.

많은 조직에서, 세포 증식은 세포주기로의 진입을 막는 anti-mitogen에 의해 조절된다. 비슷하게, 분화하는 동안 세포는 분열을 멈추고 G_0에 들어간다. 일부 분화된 세포(예, 섬유아세포 및 림프구)는 세포주기에 다시 들어가 복제하도록 자극될 수 있다. 그러나 많은 postmitotic differentiated cells (mitosis 후 분화된 세포)는 세포주기에 다시 들어가지 않는다. Anti-mitogen 및 differentiation pathway는 G_1 CDK의 축적을 막는다. 그들은 G_1 cyclin의 생산을 방해하고 CKIs의 생산을 유도한다. Transforming growth factor β (TGF-β)는 중요한 anti-mitogen이다. 이 호르몬은 p15INK4b의 발현을 유도하여 G_1 arrest를 일으키는 신호 폭포 반응을 유도한다. 25장에서 볼 수 있듯이 G_1 CDK를 조절하는 신호전달 경로는 종종 많은 인간 암에서 변이된다.

S phase CDK Inhibitor의 분해는 DNA 복제를 야기한다

S기로의 진입은 DNA replication origin 영역이 풀리는 것으로 정의된다. G_1/S phase CDK는 mitosis 및 G_1이 종료되는 동안 S phase cyclin을 분해하는 machinery를 차단함으로써 이 과정에서 필수적인 역할을 한다. 또한, 이들은 S phase CDK를 억제하는 CKI의 분해를 유도하여 낮은 S phase CDK 활성에서 높은 S phase CDK 활성으로의 빠른 전환을 시작한다.

G_1/S phase cyclin-CDK 복합체의 중요한 기질 중 하나는 Cdh1이다. 후기 anaphase 동안, Cdh1은 APC/C가 S기 및 mitotic cyclin을 포함한 기질 단백질을 유비퀴틴화하도록 지시하여 proteasome에 의한 단백질 분해가 일어나게 표시한다(그림 19-14d 참조). 이것은 세포가 mitosis를 종료할 때 낮은 cyclin-CDK의 활성을 가진 G_1 상태에 도달하여 다음 세포 분열 라운드에 착수하기 전에 내부 및 외부 환경을 평가할 수 있게 한다. APC/C^{Cdh1} 복합체는 G_1 전체에 걸쳐서 active 상태를 유지하여 S기 및 mitotic cyclin의 조기 축적을 막는다. 다음 라운드의 세포 분열을 위한 조건이 유리한 경우, G_1/S cyclin-CDK에 의해 유도되는 신호 경로는 Cdh1의 인산화를 초래하여 APC/C 복합체에서 해리되도록 한다. 그럼으로써, G_1 후반부 동안 S기 및 mitotic cyclin의 추가 유비퀴틴화를 억제하여 이들의 점진적 축적을 허용한다(그림 19-17). 이러한 cyclin 분해 차단은 G_1 후기 S phase cyclin 유전자의 전사 유도와 함께 S phase cyclin이 축적되도록 한다. 결국 G_1/S cyclin-CDK 수준이 상승하게 된다. 세포주기의 후반부에 S기 및 mitotic CDK가 Cdh1을 인산화된 상태로 유지해서 비활성 상태로 유지한다. Mitotic CDK가 감소하고, *Cdc14*로 알려진 효모에서의 protein phosphatase가 활성화되면, inhibitory phosphate이 Cdh1에서 제거되어 재활성화되고, 다시 분해를 위해 M 및 S phase cyclin을 포함한 mitotic pretein을 target으로 유비퀴틴화한다. Mammalian cell에서 유사한 메커니즘이 S

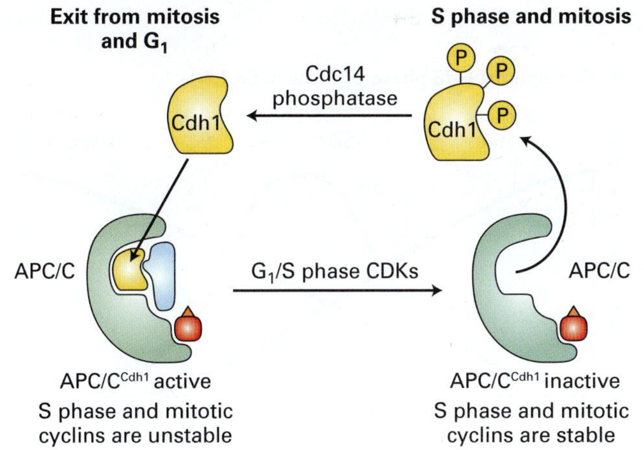

그림 19-17 Budding yeast에서 S기와 mitotic cyclin 수준의 조절. Anaphase 후기에는 anaphase-promoting complex (APC/C)가 S기 및 mitotic cyclin을 유비퀴티닐화한다. 이 ubiquitin-protein ligase의 활성은 *Cdh1*이라고 하는 specificity factor (특이성 인자)에 의해 mitotic cyclin을 target으로 삼는다. Cdh1 활성은 인산화에 의해 조절된다. mitosis 및 G_1이 종료되는 동안 Cdh1은 탈인산화되고 APC/C^{Cdh1}은 활성화된다. S기 및 mitosis 동안 Cdh1은 인산화되고 APC/C에서 떨어져 나온 결과에 의해 APC/C는 비활성화된다. G_1/S phase CDK는 APC/C^{Cdh1}의 기질이 아니지만 G_1–S phase transition 과정에서 Cdh1을 인산화한다. *Cdc14*라고 하는 특정 yeast phosphatase는 anaphase 후기에 Cdh1 포함 다른 specificity factor에서 regulatory phosphate를 제거한다.

기 및 mitotic cyclin을 안정화시키는 역할을 하지만, Cdh1의 de-phosphorylation에 관여하는 phosphatase들은 아직 확인되지 않았다.

*S. cerevisiae*에서는 G_1 후기에 S phase cyclin-CDK가 축적되면서 mitosis 후기와 G_1 초기에 발현되는 *Sic1*이라는 CKI에 결합하여 즉시 불활성화된다(그림 19-18a). Sic1은 S기 및 M phase CDK 복합체를 특이적으로 억제하지만, G_1 CDK 및 G_1/S phase CDK 복합체에는 영향을 미치지 않으므로 S기 억제제로 기능한다. Sic1 억제제가 SCF ubiquitin-protein ligase에 의해 ubiquitinylation된 후 급격히 분해되면 DNA 복제가 시작된다(그림 19-14a 참조).

Sic1의 분해는 G_1/S phase CDK에 의한 인산화에 의해 유도된다(그림 19-18a). Sic1은 SCF에 충분히 잘 결합되기 전에 유비퀴틴화되도록 적어도 6개 이상의 부위에서 인산화가 일어나야 한다. 그런데, 각각은 G_1/S phase CDK에 의해 잘 인산화되지 않는 상대적으로 열악한 기질이다. 대조적으로, 만약 Sic1 한 부위에서 인산화가 일어난 후에 곧바로 비활성화된다면, G_1/S phase CDK 활성 수준이 상승하기 시작하자마자 Sic1 분자가 인산화되고 분해되기 시작하여 Sic1 수준이 점진적으로 감소한다(그림 19-18b). 이렇게 되면, 결국에는 S기 진입이 잘 제어될 수 없다. Sic1 6개 부위에서 인산화가 일어나야 하므로, 낮은 수준의 G_1/S phase CDK 활성에서는 Sic1은 부분적으로만 인산화되기 때문에 파괴되지 않는다. G_1/S phase CDK 수준이 높을 때만 Sic1은 분해 대상으로 삼기에 충분히 인산화된다. 따라서 인산화 부위가 여러 개 있기 때문에 Sic1은 ultrasensitive, switch-like response (초민감선 스위치와 같은 반응)으로 분해된다. 그럼으로써, S phase CDK가 급격히 활성화된다(그림 19-18c). Sic1 분해는 G_1/S phase CDK 활성이 최고점에 도달하고 거의 모든 다른 G_1/S phase CDK 기질이 인산화되었을 때만 일어난다.

세포주기에서 이러한 critical point를 통과를 제어하는 시스템으로서 단백질 분해가 채택된 이유는 이들이 가지고 있는 이점 때문이다. 즉, 단백질 분해는 **비가역적 과정**이므로 세포주기가 한 방향으로 진행하도록 보장한다.

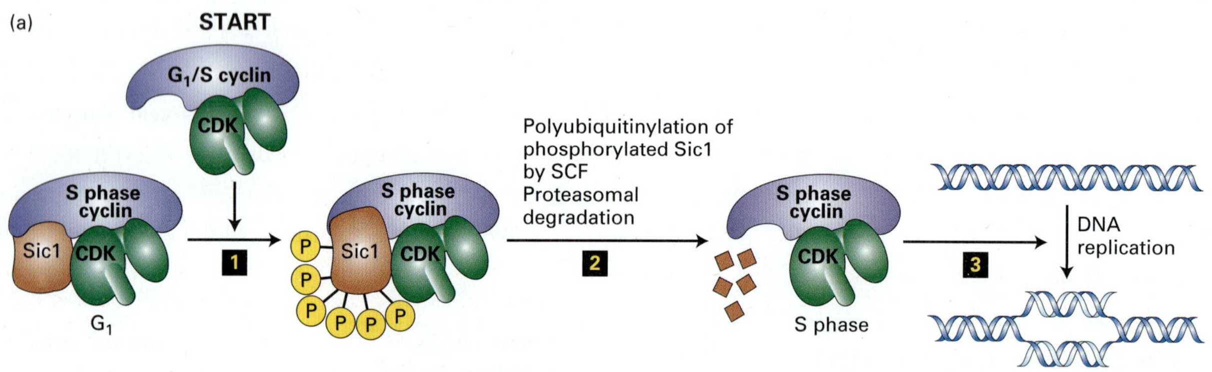

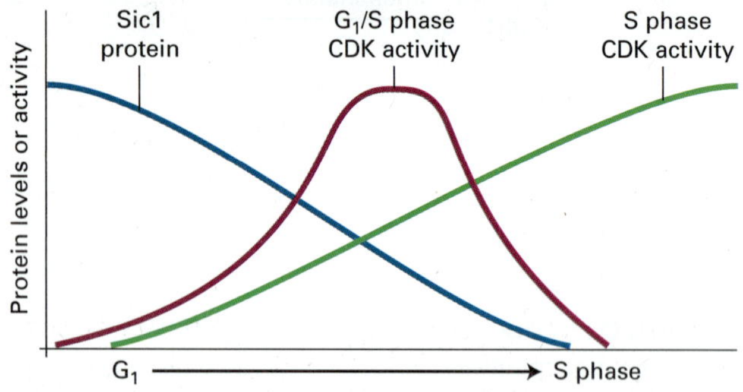

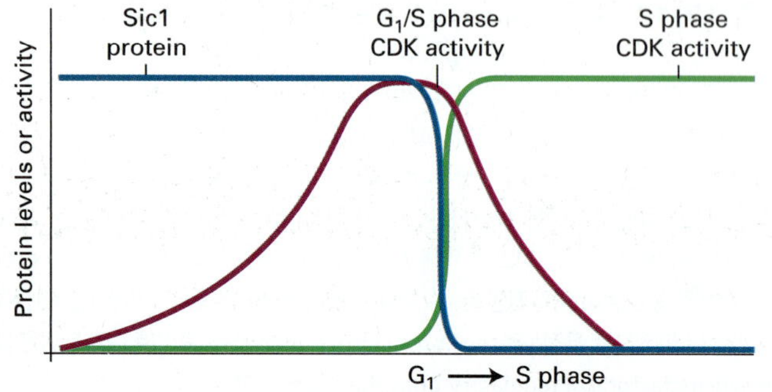

그림 19-18 *S. cerevisiae*에서 S phase inhibitor Sic1의 인산화-조절 가수분해를 통한 급작스런 S기 진입 조절. (a) S phase cyclin-CDK 복합체는 G_1에 축적되기 시작하지만 Sic1에 의해 억제된다. 이 억제는 세포가 모든 G_1 이벤트를 완료할 때까지 DNA 복제의 시작을 방지한다. G_1/S phase CDK는 G_1 후반부에 조립되어 Sic1 여러 부위를 인산화하여(단계 **1**), SCF ubiquitin-protein ligase에 의한 phospho-dependent binding과 ubiquitinylation, 이어진 proteasomal degradation을 위해 표지한다(단계 **2**). 그런 다음 active S phase CDK는 MCM helicase activator를 인산화하여 DNA replication origin (도시되지 않음)으로 모집함으로써 DNA 합성의 개시를 촉발한다(단계 **3**). (b) G_1/S phase CDK에 단 하나있는 최적 인산화 부위는 SCF ubiquitin-protein ligase의 phospho-binding F-box에 의해 강하게 인식되고 인산화된다. 그렇게 되면 sluggish (굼뜬) G_1-S phase transition가 일어난다. G_1/S phase CDK가 G_1 동안 축적됨에 따라 Sic1은 점진적으로 분해될 것이며, 결과적으로 S phase CDK는 천천히 상승하고 S phase 개시는 이제 소진되는 이벤트가 될 것이다. (c) Sic1의 6개 suboptimal 인산화 부위는 세포주기 진입에 switch-like (스위치와 비슷한) 기능을 매개한다. Sic1의 모든 suboptimal site가 완전히 인산화된 경우에만 SCF의 phospho-binding F box를 통하여 단백질이 인식된다. 이는 G_1/S phase CDK가 높은 수준에 도달한 경우에만 일어날 수 있다. 이렇게 함으로써 G_1/S phase CDK가 그들에 할당된 모든 G_1 작업을 완료했을 때만 Sic1가 빠르게 분해되도록 하는 것이다. P. Nash et al., 2001, *Nature* **414**:514–521; and D. O. Morgan, 2006 참조.

Metazoan cell에서 S기로의 진입은 budding yeast에서와 비슷하게 switch-like mechanism에 의해 조절된다. Sic1과 마찬가지로, CKI p27은 G_1 동안 S phase CDK에 결합하기 premature (조기) 활성화를 방지한다. 그러나 Sic1과 다르게, CKI는 S phase CDK와 G_1/S phase CDK를 모두 억제한다. 효모의 Sic1과 마찬가지로, p27은 ubiquitin-dependent protein degradation (유비퀴틴 의존성 단백질 분해)에 의해 cyclin-CDK 복합체에서 제거되며, Sic1에서 작동하는 것과 유사한 경로가 G_1–S phase transition에서 p27을 분해 target으로 삼아 유비퀴틴화시킨다. G_1/S phase CDK와 S phase CDK가 G_1기 후반과 S기 초기에 높은 수준에 도달하면 p27을 인산화하여 SCF^{SKP2}에 의한 유비퀴틴화 target으로 만든다. p27의 분해는 G_1/S기 및 S phase CDK의 활성화를 유발하고, 이들 kinase는 DNA 복제의 시작에 중요한 단백질을 인산화하여 S기 시작을 촉진한다.

각 복제기점(origin)에서의 복제는 세포주기 동안 단 한 번만 시작된다

5장에서 논의한 바와 같이, 진핵생물 염색체는 수많은 replication origin에서 복제가 시작된다. Replication origin은 복제 기계 장치가 조립되는, 두 가닥 복제가 일어나는, 염색체의 특정 부위이다, 모든 염색체 DNA의 복제는 S기 동안 수많은 origin에서 시작된다. 각 진핵생물의 origin은 S기에서 한 번만 발화하여 복제를 시작하고, S기는 각 염색체의 길이를 따라 여러 origin에서 복제가 일어나 전체 염색체가 완전한 복제될 때까지 계속된다. 단일 origin에서 복제된 DNA를 *replicon*이라고 한다. Replicon을 만들고 이들을 융합하는 과정은 각 DNA 가닥이 오직 한 번만 복사되도록 해서 세포가 복제할 때마다 올바른 유전자 복제 수를 유지하게 한다.

S phase CDK는 DNA 복제를 조절하는 필수적인 역할을 한다. 곧 더 자세히 살펴보겠지만, 이러한 kinase는 G_1–S phase transition에서만 DNA 복제가 시작되도록 하고 이미 시작된 origin에서 재개시를 방지한다. 우리는 먼저 DNA 복제의 시작이 어떻게 제어되는지, 그리고 그 과정에서 S phase CDK의 역할에 대해 논의한 후, 이러한 kinase가 재개시를 방지하기 위해 사용하는 메커니즘을 살펴볼 것이다.

Budding yeast를 유전적으로 조작하는 실험을 통해서, 과학자들은 DNA 복제에 결함이 있는 돌연변이를 찾아냈고, 이들을 이용하여 효모가 DNA 복제를 시작하고 구현하는 메커니즘에 대한 포괄적인 지식을 얻을 수 있었다. 효모와 포유류 세포 사이에 많은 세부 사항이 다르지만 기본 과정은 본질적으로 동일하기 때문에 우리는 budding yeast에서 DNA 복제가 수행되는 방법에 대한 논의에 중점을 둘 것이다. 사실 genome replication의 5가지 기본 단계는 모든 진핵생물 종에서 본질적으로 동일하다는 것을 기억하는 것이 중요다(그림 19-19). 그 단계는 다음과 같다. (1) replication origin 부위 인식; (2) replication initiation factor를 조립과 이어진 replicative helicase의 로딩, 그에 따른 prereplication complexes (사전 복제 복합체, pre-RCs)의 구성; (3) 중요한 helicase cofactor의 recruitment; (4) 2개의 DNA 가닥을 풀기 위한 helicase의 활성화; 그리고 (5) 각 가닥을 복제하는 replicative DNA polymerase machinery (소위, "replisome")의 recruitment.

S기에 들어서기까지는 DNA 복제가 일어나지 않지만, 처음 2단계는 실제로 G_1기와 S phase CDK의 활성이 낮은 G_1기에서 발생한다. 그림 19-19와 같이, 단계 **1**에서 *ORC* (*origin-recognition complex*)로 알려진 6개의 단백질 복합체가 모든 DNA replication origin에 결합한다. Budding yeast에서 ORC는 모든 replication origin에서 발견되는 11 bp conserved core sequence에 결합한다. 다세포 유기체에서 DNA replication origin에는 인식 가능한 consus sequence이 없기 때문에 상황은 좀 더 복잡하다. 다세포 유기체에서는 추가적인 chromatin-associated factors가 ORC를 DNA replication origin으로 가게 하는 것으로 생각된다. 일단 DNA에 결합하게 되면, ORC는 DNA 복제 시작에 필요한 추가적인 인자가 조립되는 landing pad (착륙 패드) 역할을 하는 것으로 보인다. 단계 **2**에서 두 replication initiation factor인 Cdc6과 Cdt1이 각 origin의 ORC에 결합하고, 이어서 *MCM helicase* (*m*ini *c*hromosome *m*aintenance)로 알려진 6개 단백질 복합체가 얹어져서 pre-RC를 형성한다. MCM 복합체는 2개의 6량체 쌍이 반대 방향으로 로드되어 두 가닥 DNA가 원점에서 양방향으로 꼬임을 풀면서 나아갈 수 있게 한다. G_1기에서는 origin DNA에 로드된 helicase는 S기에 들어갈 때까지 비활성 상태를 유지한다. 이러한 helicase 활성 제한에는 두 가지 서로 반대되는 인산화 상태를 조절하는 CDK가 관여한다. MCM helicase는 낮은 CDK 활성 상태에서 DNA에 로딩될 수 있다. 이때는 세포가 mitosis에서 빠져나오는 과정에 있거나 G_1 초기로서, CDK는 비활성 상태에 있다. 다시 말해, MCM helicase는 인산화되지 않은 경우에만 DNA에 로딩되어 pre-RC를 형성한다. 이러한 DNA 로딩과는 대조적으로, MCM helicase의 활성화와 꼬임에서 풀린 origin DNA에 DNA polymeraser의 recruitment는 MCM helicase 단백질이 인산화되어 있을 때만 일어난다. 이 과정은 S기에서만 일어나며, 해당 단백질들은 S phase CDK와 또 다른 제2의 protein kinase인 *DDK* (*D*bf4-*d*ependent *k*inase)에 의해 인산화된다.

활성을 위해서, cyclin 결합이 필요한 CDK와 마찬가지로 단량체 DDK kinase subunit (*Cdc7*이라고도 함)는 단량체 형태에서 비활성이다. DDK가 Dbf4 subunit에 결합할 때만 kinase catalytic activity를 획득한다. G_1 동안, Dbf4 단백질은 APC/C에 의한 지속적인 분해 대상이다. S기 동안, 즉 APC/C가 CDK에 의한 인산화로 비활성화된 상태에서만 Dbf4가 축적되어 DDK를 활성화한다. (S phase CDK는 G_1/S phase CDK 발현양이 최고점에 도달할 때만 활성화되어 S phase CDK 억제자인 CKI가 파괴될 수 있음을 기억하라.) 이 모든 인산화와 유비퀴틴화에 의해 매개되는 제어 과정을 종합하면, S기 동안 CDK와 DDK 활성의 증가는 G_1 동안만 일어나는 origin에서의 pre-RC 형성(즉, MCM helicase의 loading)과 S기에 일어나는 DNA replication origin에서의 발화를 엄격하게 시간적으로 차이를 둘 수 있게 한다. pre-RC의 형성은 때때로 *replication licensing*이라고 하는데, 이는 MCM-loaded origin이 곧 이을 S기에서 발화되도록 라이센스 받았음을 의미한다. G_1 동안(그림 19-19, 단계 **1** 및 **2**) origin에 라이선스를 부여하고 S기 동

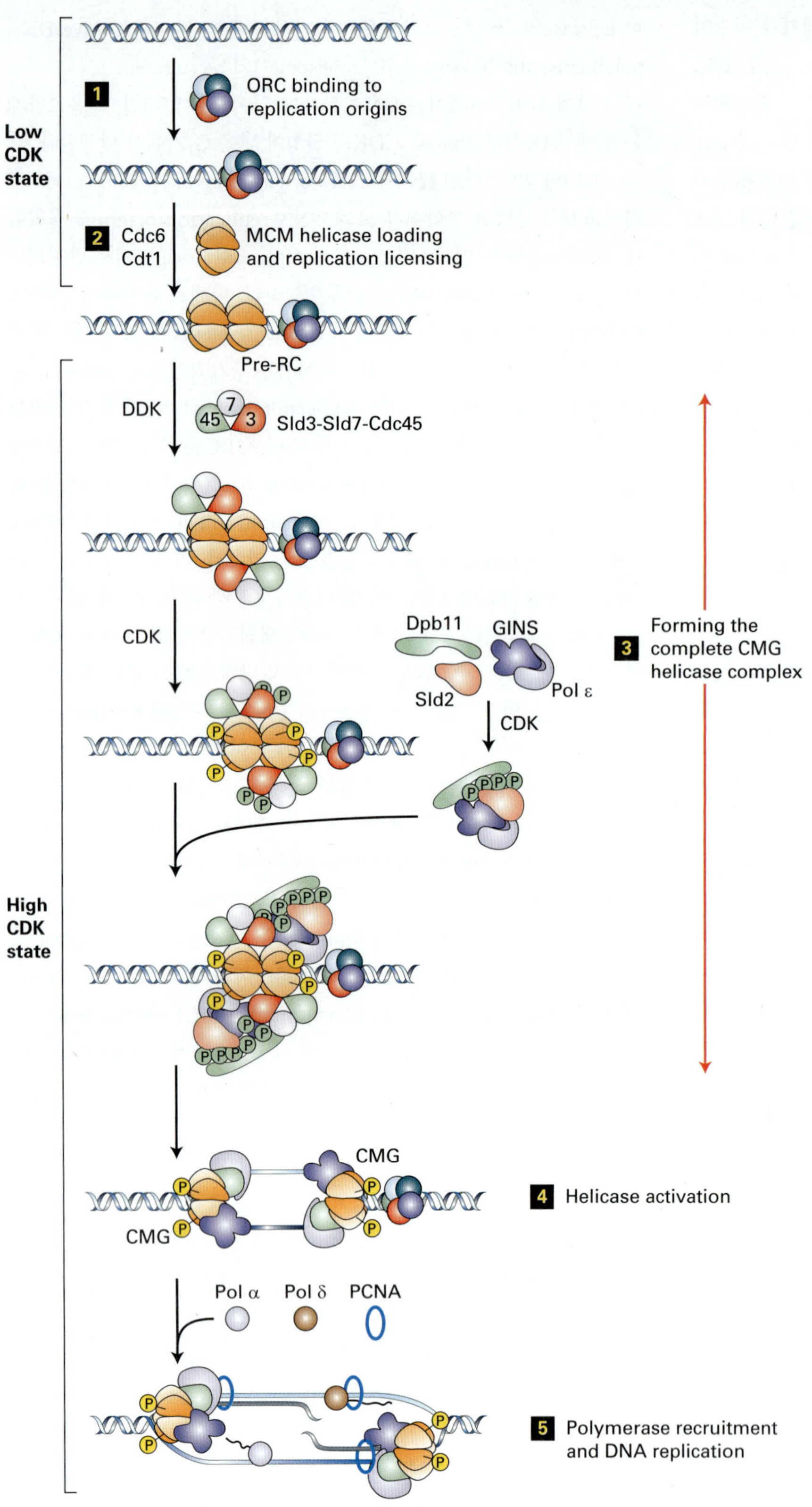

그림 19-19 DNA replication 시작을 관장하는 분자 메커니즘. 단계 **1**: 세포가 mitosis에서 빠져나와 G_1 초기에 있는 동안, CDK 활성이 낮을 때, ORC는 replication origin을 인식하고 거기에 결합한다. 단계 **2**에서 MCM loading factor Cdc6와 Cdt1은 inactive replicative helicase인 MCM 복합체를 replication origin의 DNA에 로드하여 pre-RC 복합체를 형성한다. 단계 **3**: S phase CDK와 DDK의 활성화는 S phase가 시작했음을 나타낸다. 이들은 MCM helicase인 Sld2와 Sld3을 인산화하여(황색 인산화 이벤트로 묘사), 복제 개시 부위에 MCM helicase activator (Cdc45 및 GINS 복합체)의 로딩을 촉진한다. 단계 **4**: Activator가 로딩되면, MCM helivase는 DNA를 푼다. 또한, S phase CDK는 Cdc6와 Cdt1를 인산화함으로써 MCM helicase의 재장전을 방지한다. Cdc6와 Cdt1가 인산화되면 replication origin에서 떨어지고, 핵 바깥으로 나와 ubiquitin ligase에 의해 표지되어 분해되는 운명을 맞는다. S phase CDK는 또한 MCM helicase (주황색 인산화 이벤트로 표시됨)를 인산화한다. 복제가 완료될 때 인산화된 helicase는 DNA에서 떨어져 나와 핵 바깥으로 내보내진다. 단계 **5**: 추가적인 DNA 중합효소 Pol α (primase) 그리고 Pol δ는 processivity factor (진행성 인자) PCNA와 함께 각 origin으로 모집되어 leading 및 lagging strand 모두에서 DNA 복제가 시작된다(그림 5-30 참조). [Data from Y. Li and H. Araki, 2013, *Genes Cells* **18**:266–277.]

안(그림 19-19, 단계 **3**–**5**) origin firing이 일어남으로써, 세포는 origin 각각에서 한 번만 방아쇠가 당겨져서 DNA replication이 각 origin에서 한 번만 일어나게 한다. 이는 부적절한 genomic re-replication (유전체 재복제)을 방지하는 안전장치이다.

그렇다면, S phase CDK와 DDK는 DNA 복제를 시작하고 또 재복제를 방지하기 위해 mechanistic level (기계적인 수준)에서 어떻게 협력할까? 이 과정은 다소 복잡하고 그의 정확한 순서는 효모와 metazoan 간에 다소 다르지만, 모든 세포에서의 동일한 기본 개념은 MCM helicase (단계 4)를 활성화하는 helicase cofactor들을 모집하는데(단계 3), 그 타이밍은 replicative polymerase machinery (replisome)가 DNA origin에의 loading (단계 5)과 맞추어진다는 것이다. 이러한 조정은 단일가닥 DNA의 대량 축적을 초래하는 DNA의 excessive unwinding을 방지한다. 활성화는 inactive MCM helicase에 2개의 다른 protein 복합체가 결합되는 과정이 필요하다. 하나는 Cdc45이고 다른 하나는 GINS이며, 그 결과로서 active Cdc45-MCM-GINS (CMG) helicase 복합체가 형성된다. CMG 복합체의 형성에는 G_1 후기에서 활성화되는 DDK와 S phase CDK에 의한 인산화 이벤트가 필요하다. 효모에서는 다음과 같이 일어난다. DDK는 MCM helicase의 여러 subunit의 N-말단을 인산화하여 구조를 변경하고, 두 가지 중요한 MCM helicase cofactor 중 하나인 *Cdc45*를 유인한다. Cdc45는 MCM helicase 활성에 필요한데, 2개의 다른 단백질 Sld3 및 Sld7의 복합체의 한 부분으로 MCM helicase에 결합한다(그림 19-19, 단계 3). Sld3은 Pol ε (leading strand를 합성하는 replicative polymerase)을 포함하는 또 다른 단백질 복합체를 recruit하여 완전히 활성화된 CMG helicase를 형성한다. Origin들이 풀리고(그림 19-19, 단계 4), 이어서 Pol α (primase), Pol δ (lagging strand를 합성하는 replicative polymerase), PCNA (DNA sliding clamp로 DNA에 붙어 있는 polymerase를 잡아주면서 지속적으로 DNA를 합성할 수 있게 함, 즉 polymerase의 processivity를 증가시키는 클램프임) 등이 결합하게 되면 replication이 확실하게 일어날 수 있게 되는 것이다(그림 19-19, 단계 5).

S phase CDK는 DNA 복제를 시작하는 데 필수적일 뿐만 아니라 S기 동안 각 origin이 한 번만 firing하도록 보장하는 역할도 한다. S기 동안 origin의 refiring (재발화)은 MCM helicase-loading 기계와 MCM helicase 복합체 여러 구성 요소의 인산화에 의해 방지된다. 이러한 인산화 이벤트를 DNA 복제 시작에 필요한 것과 구별하기 위해 그림 19-19에 주황색으로 표시되어 있다. MCM helicase의 활성화에 수반되는 Cdc6 및 Cdt1은 DNA 복제 origin site에서 분리된다. 일단 분리되면, 그들은 인산화되었기에 Cdt1은 세포핵에서 내보내지고, Cdc6는 효모에서 SCF ubiquitin-protein ligase에 의해 분해된다. MCM helicase의 인산화는 DNA 복제 완료 시 DNA로부터 분리된 후 핵으로부터 이러한 단백질을 내보내게 한다. 따라서 mitosis에서 빠져나가는 동안 APC/C^{Cdh1}에 의해 CDK 활성이 낮아진 후에야 MCM helicase가 DNA에 다시 로드될 수 있다. 결과적으로, helicase 로딩은 mitosis의 후기 단계와 G_1 초기 단계로 제한된다(그림 19-19, 단계 1 및 2 참조).

Metazoan에서 DNA 복제의 개시를 지배하는 일반적인 메커니즘은 *S. cerevisiae*와 유사하지만, 척추동물에서 약간의 차이가 발견된다. Helicase는 CDK 활성이 낮을 때 G_1기에서 로드된다. G_1/S phase CDK 및 S phase CDK에 의한 MCM helicase activator들의 인산화는 helicase를 활성화하고 polymerase loading을 촉진한다. 효모에서와 같이 MCM helicase loading factor Cdc6 및 Cdt1의 인산화는 세포가 mitosis를 통과할 때까지 MCM helicase의 reloading (재장전)을 방지하여 각 세포주기 동안 각 oringin으로부터의 복제가 한 번만 발생하도록 보장한다. 또한 척추동물에는 소량의 단백질인 geminin이 함유되어 있으며, 이는 세포가 완전한 세포주기를 마칠 때까지 origin에서의 re-initiation (재개)을 억제하는 데 기여한다. Geminin은 G_1 후반에 발현되며, Cdt1에 결합하여 억제(그림 19-19, 단계 2 참조)함으로써 S기 동안 DNA 복제가 시작된 후 origin에서 방출된 MCM helicase의 reloading (재장전)을 방지한다. Geminin은 APC/C^{Cdh1}에 의해 인식되는 N 말단에 distruction box를 포함하고 있어 anaphasae 후기에서 유비퀴티닐화되고 프로테아좀에 의해 분해된다. 이 분해는 CDK 활성 감소에 따라 이미 탈인산화된 MCM helicase loading factor들을 자유롭게 만든다. 이 loading factor들은 다음 G_1기 동안 replication origin에서 ORC에 결합하고, 이어서 MCM helicase의 loading을 돕는다. S기 동안, ubiquitin-mediated Cdt1의 분해와 geminin에 의한 남겨진 잔류 Cdt1의 불활성화, 이 두 메커니즘이 우발적인 chromosome re-replication이 다시 일어나지 않도록 하는 중복 조절의 한 방편이다.

복제가 진행되는 동안 복제된 DNA 가닥은 연결되어 있다

S기 동안 생성된 sister chromatid는 mitosis의 metaphase-to-anaphase transition 과정에서 분리될 때까지 함께 붙어 있어야 한다. 염색체가 복제되어 생성된 sister chromatid 들은 단백질에 의해 붙어 있게 된다 (protein link). Sister chromatid 사이를 연결되게 하는 protein ring complex를 **cohesin (코헤신)**이라 하며, Smc1, Smc3, Scc1, Scc3의 네 가지 subunit로 구성되어 있다(그림 19-20a). Smc1 및 Smc3은 N- 및 C- 말단의 globular domain이 긴 α helix로 연결되어 있으며, structural maintenance of chromosomes (SMC, 염색체 구조 유지) protein family의 구성원이다. Helix는 globular hinge domain (구형 경첩 도메인)에 의해 중간에서 나누어질 수 있으며, 그렇게 되면 α helic의 두 반쪽이 다시 접혀서 coiled-coil structure를 형성한다. Globular head domain은 ATP에 결합하고 가수분해한다. 이 ATPase domain은 Scc1 및 Scc3라는 고리 구조를 형성 단백질과 함께 상호작용한다. 이러한 cohesin ring은 복제된 DNA의 한 copy 또는 두 copy 모두를 감싼다. cohesin이 실험적으로 비활성화되면 두 sister chromatid는 제대로 붙어 있지 않게 된다.

Cohesin에 의해 매개되는 sister chromatid 사이의 응집이 두 단계에 걸쳐 이루어지면 DNA 복제와 밀접하게 연결되어 있다. G_1 동안 일어나는 첫 번째 단계에서 cohesin은 cohesin loading 인자 Scc2와 Scc4의 도움을 받아 염색체와 결합한다(그림 19-20b, 단계 1). G_1에서, chromosome-cohesin interaction은 매우 역동적이다. Scc2-Scc4–mediated binding 외에도 cohesin은 Pds5와 Wapl 단백질로 구성된 cohesin-associated complex에 의해 지속적으로 unload된다(염색분체에서 떨어져 나온다). Cohesin의 이러한 지속적인 loading과 unloading은 interphase chromatin structure (간기 염색질 구조)와 gene expression을 조절하는 데 중요한 것처럼 보인다(그림 19-20c).

Cohesin는 DNA 복제 동안 응집 성질을 얻게 된다. 두 번째 단계에서, replication fork가 DNA를 복제함에 따라 2개의 복제된 DNA 가닥이 cohesin ring 내에 갇히게 된다(그림 19-20b, 단계 2). DNA에

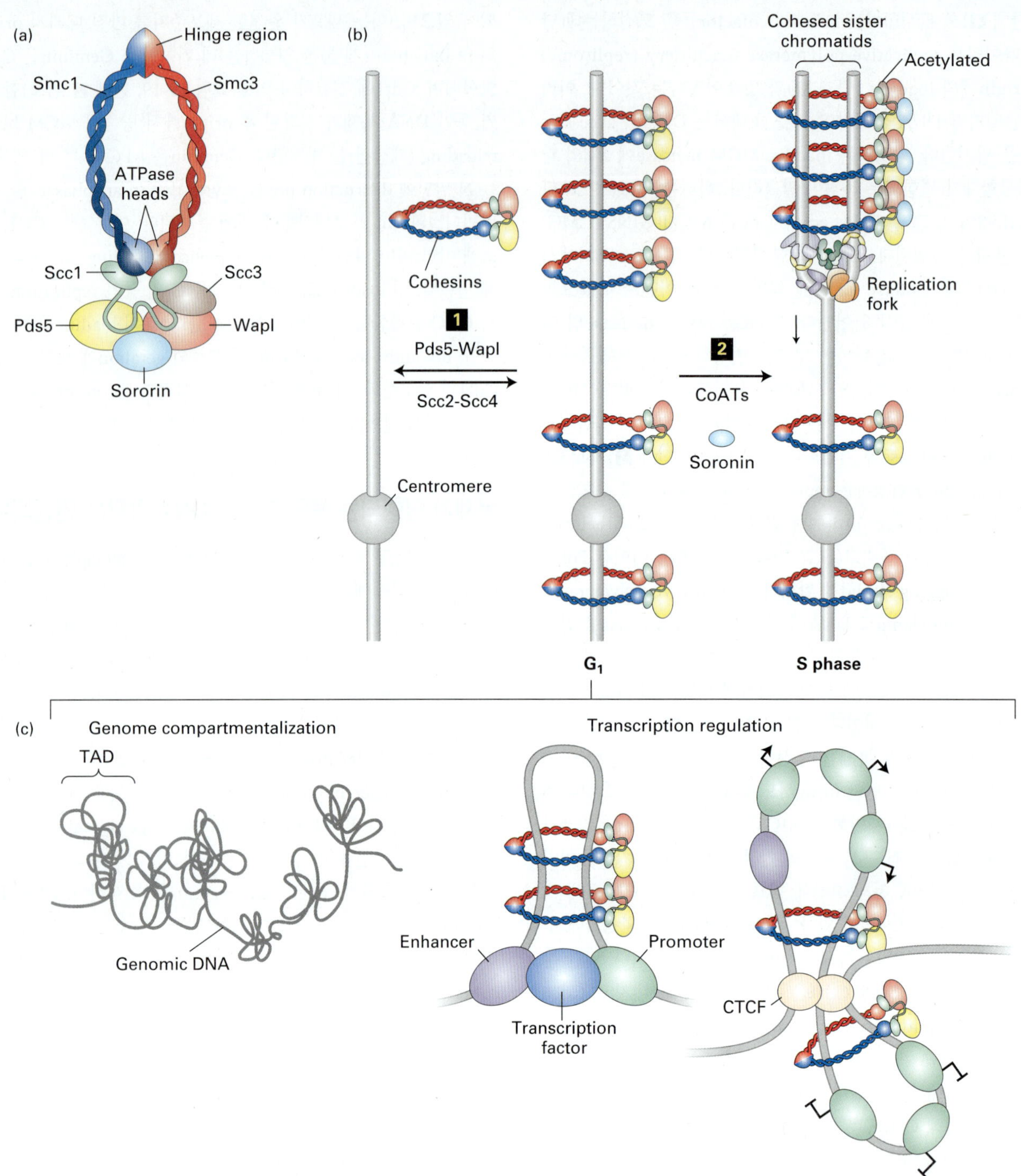

그림 19-20 Cohesin에 의한 sister chromatid의 연결 모델. Cohesin 복합체는 두 자매 DNA 분자를 감싸서 sister chromatid를 연결하는 고리를 만든다. (a) 효모 cohesin 복합체의 도식적 구조. 일부 단백질의 이름은 다르지만 척추동물의 cohesion structure는 본질적으로 동일하다. (b) Cohesin이 DNA에 로드되어 응집 특성을 획득하는 메커니즘. 단계 **1**: cohesin-loading complex Scc2-Scc4에 의해 G_1 동안 cohesin이 염색체에 로드되지만, cohesin은 응집력(접착제) 특성을 갖지 않는다. 이 상태에서 cohesin은 동적이며 cohesin과 결합하는 Pds5-Wapl 복합체의 도움으로 DNA를 따라 미끄러지거나 DNA에서 분리될 수 있다. 단계 **2**: DNA 복제와 동시에 replication folk 바로 뒤에 있는 cohesin은 응집력을 가진 분자로 전환되어 sister chromatid를 서로 붙일 수 있다. 이 과정은 cohesin acetyltransferases (CoAT)에 의한 Smc3의 아세틸화가 요구된다. SMC3에서 갈색 원으로 표시된 아세틸화는 척추동물에서 cohesin에 sororin의 결합을 유도함으로써 cohesin을 염색체에서 안정화하는 데 도움을 준다. Budding yeast에서 두 자매 염색분체는 그림과 같이 단일 응집 고리 내에 있다. (c) G_1 동안 cohesin의 응집력과 관계없는 기능에는 genome DNA를 핵 내 개별 구획으로 분할시키는 것이다. 이는 *topologically associated domains* (*TAD*)에 의해 수행된다. 또 다른 기능은 chromosomal DNA looping을 통하여 인핸서를 프로모터와 전사 시작 부위에 가깝게 하여 유전자 발현을 제어하는 것이다. CCCTC-binding factor (CTCF)와 연합해서, cohesin-looping은 화살표로 표시된 클러스터의 일부 유전자를 활성화하고 T symbol로 표시된 다른 유전자를 억제할 수 있다. [Part (c) Information from A. Losada, 2014, *Nat. Rev. Cancer* **14**:389–393.]

결합된 G_1 cohesin을 cohesive complexe (응집 복합체)로 전환하려면 cohesin acetyl transferase (CoAT, 코헤신 아세틸 트랜스퍼라제)에 의한 Smc3 subunit의 acetylation (아세틸화)가 필요하다. 이 acetylation은 Pds5-Wapl에 의한 ohesin unloading을 방지하여 염색체를 둘러싼 코헤신을 안정화시킨다. 척추동물에서, cohesin stabilization을 위해서는 cohesin-associated factor sororin이 필요하다(그림 19-20a 및 b, 단계 **2**). 19.6절에서 볼 수 있듯이 cohesin은 복제된 sister chromatid를 mitotic spindle에 정확하게 부착하고 mitosis 동안에 그들의 분리에 필수적이다.

Cohesin은 또한 interphase 세포 핵 내에서 염색체의 topological localization (위상적 위치)를 조절하고 유전자의 발현 조절을 돕는다(그림 19-20c). 어떤 경우에는 cohesin이 유전자 발현을 촉진하는 반면 다른 경우에는 억제한다. 그러나 유전자 발현 조절을 달성하기 위해 cohesin이 사용하는 메커니즘은 두 경우 모두 동일하다. Cohesin은 chromatin loop 형성을 촉진하여 enhancer 또는 repressor element를 promoter와 transcriptional start site에 가깝게 만든다. Cohesin의 유전자 발현 조절 기능의 결함은 *cohesinopathies*라고 통칭하는 일련의 질병의 원인이다. 이러한 질병에서 cohesin subunit 혹은 cohesin-loading factor의 돌연변이는 개체 발달에 중요한 유전자의 발현을 방해하여 limb (사지), craniofacial (두개안면)의 기형과 지적 장애를 유발한다. 그러나 이러한 질병에서 cohesin 자체의 chromatid cohesion function (자매 염색분체 응집 기능)은 손상되지 않는다. 대조적으로, 19.8절에서 볼 수 있듯이 meiosis 동안 cohesion function의 결핍은 유산과 지적 장애를 일으킨다. ■

19.4절의 주요 개념

G_1에서 S기로의 전이와 DNA 복제

- 세포주기 진입을 촉진하는 분자적 사건은 종 전체에 걸쳐 보존되어 있다. G_1 CDK는transcriptional repressor를 인산화하고 억제한다. 이는 G_1/S phase cyclin 유전자 및 S기에 중요한 여러 유전자의 전사를 허용한다(그림 19-16 참조).
- Extracellular signal 예를 들면, 효모의 경우 영양 상태나 척추동물의 경우 mitogen 및 anti-mitogen의 존재 여부 등은 세포주기로의 진입을 조절한다.
- *Mitogen*이라고 불리는 다양한 polypeptide 성장 인자는 early response gene의 발현을 유도하여 cultured mammalian cell의 증식을 자극한다. 이들 유전자 중 다수는 G_1/S phase cyclin과 E2F 전사 인자들을 코딩하는 유전자의 발현을 자극하는 전사 인자 유전자이다.
- G_1/S phase CDK는 Cdh1을 인산화하고 억제한다. Cdh1은 anaphase-promoting complex (APC/C)가 S기 및 M phase cyclin을 유비퀴티닐화하도록 지시하는 인자이다. Cdh1dl 억제되면, S phase cyclin이 G_1 후반에 축적될 수 있다(그림 19-17 참조).
- 효모에서 S phase CDK는 처음에는 Sic1에 의해 억제된다. 일련의 인산화 부위는 Sic1을 표지하는데, SCF ubiquitin-protein ligase에 있는 phosphoserine/threonine-binding domain에 결합되도록 하기 위함이다. 인산화된 Sic1은 ubiquitinylation되고 proteosomal degradation된다. 이렇게 되면, 활성화된 S phase CDK가 족쇄에서 풀려나 S기가 계단식 방법으로 갑작스럽게 시작된다(step-like onset)(그림 19-18 참조). Cip/Kip CKI 단백질에도 phospho-dependent degradation이 일어나며, 그럼으로써 S기 진입이 step-like onset 방식으로 제어될 수 있게 기능한다.
- DNA 복제는 *replication origin* (복제 기점)으로 알려진 helicase loading site에서 시작된다.
- MCM helicase의 loading과 활성화는 세포주기 상태에서 상호 배타적으로 일어난다. MCM helicase loading은 CDK 활성이 낮은 경우에만 일어날 수 있다(초기 G_1 동안). MCM helicase의 활성화는 CDK 활성이 높을 때 일어난다(S기 동안).
- S phase CDK와 DDK는 MCM helicator activator들이 origin 부위로 끌어 모아 DNA 복제 시작을 촉발한다(그림 19-19 참조).
- DNA 복제 시작은 세포주기 동안 각 origin에서 한 번만 일어난다. 이는 S phase CDK가 helicase를 활성화시키고, 동시에 helicase가 추가적으로 DNA에 로딩되는 것을 방지하기 때문이다.
- Cohesin은 복제된 DNA 분자(그림 19-20 참조) 사이의 연결을 이루게 하는데, 이는 다음 세포주기에서의 정확한 염색체 분리에 필수적이다. 이 연결 메커니즘은 DNA 복제와 coupling되어 있다.

19.5 G_2/M 전이와 비가역적인 Mitosis 작동 엔진

S기가 완료되고 전체 genome이 복제되면, 복제된 DNA 염색체 쌍—sister chromatids—은 미래의 딸세포로 분리된다. 이 과정은 이러한 분리를 용이하게 하는 장치—mitotic spindle—의 형성뿐만 아니라, 본질적으로 세포의 완전한 리모델링을 필요로 한다. 염색체가 응축되어 mitotic spindle에 부착되고 핵막이 분해되며 거의 모든 세포소기관이 재건되거나 변형된다. 이러한 이벤트는 mitotic CDK 및 소수의 기타 주요 mitotic kinase, 특히 Aurora kinase 및 Polo-like kinase (폴로-유사 키나제)에 의해 유발된다. 이 절에서는 먼저 DNA 복제가 완료된 후 Aurora kinase A 및 Polo-like kinase (Plk1)과 함께 CDK 자체를 포함하는 일련의 positive feedback loop를 통해 mitotic CDK가 G_2 동안 급격하게 활성화되는 방법에 대해 설명한다. 그런 다음, 우리는 metazoan에 초점을 맞춰서 anaphase 동안 이러한 kinase들이 어떻게 sister chromatid의 분리와 같은 사건이 일어나게 세포의 극적인 변화를 초래하는지에 대해 알아본다.

Positive Feedback Loop에 의한 Mitotic CDK의 가파른 활성화가 Mitosis를 촉발한다

Mitotic cyclin-CDK는 mitosis를 시작한다. Catalytic CDK1 subunit (mitotic CDK)의 수준은 세포주기 전반에 걸쳐 일정하지만, mitotic cyclin은 S기 동안 점진적으로 축적된다. 대부분의 진핵생물에는 여러 mitotic cyclin이 있으며 역사적 이유로 cyclin A 및 cyclin B 계열로 세분된다. 이들이 조립됨에 따라 mitotic cyclin-CDK 복합체는 CDK1 subunit의 inhibitory phosphorylation를 통해 비활성 상태로 유지된다. 19.3절에서 다룬 내용, 즉 포유류 CDK는 고도로 보존된 2개의 티로신 및 트레오닌 잔기가 조절된 인산화의 대상임을 상기하자. CDK1에서 트레오닌 14 (T14)와 티로신 15 (Y15)의 인산화는 mitotic cyclin-CDK 복합체를 비활성화 상태로 유지하게 한다(그림 19-12 참조). T14와 Y15의 인산화 상태는 **Wee1**으로 알려진 dual-specificity protein kinase와 dual-specificity phosphatase의 쌍인 **Cdc25B**와 **Cdc25C**에 의해 조절된다. Dual-specificity protein kinase와 phosphatases는 세린, 트레오닌 및 티로신을 인산화 및 탈인산화할 수 있다. Mitotic CDK1의 조절은 G_2/M phase transition에서 CDK1 kinase 활성의 갑작스러운 활성화의 기초가 되며, mitotic cyclin이 S기 및 G_2기 동안 점진적으로 축적되지만 세포가 mitosis에 들어갈 때까지 mitotic CDK가 활성화되지 않는다는 관찰을 설명할 수 있다.

G_2 세포가 mitosis로 진입하는 것을 제어하는 Wee1과 Cdc25의 중요한 역할은 fission yeast *Schizosaccharomyces pombe*에 대한 연구에서 처음 나타났다. 19.2절에서, fission yeast가 G_2 동안 세포 크기와 세포 분열을 조정한다는 것을 이야기한 바 있다(그림 19-4 참조). 이는 G_1 동안에 세포 크기와 세포 분열이 조정되는, 그럼으로써 대부분의 세포주기를 G_1에서 보내는, budding yeast와 척추동물 세포와는 사뭇 다르다. 따라서 fission yeast의 세포 길이는 G_2의 지속 시간을 직접 반영한다는 것을 의미한다. *S. pombe*에서 dual-specificity protein kinase Wee1은 CDK의 inhibitory tyrosine 15를 인산화한다(그림 19-13 참조). (threonine 14는 *S. pombe* CDK1에서 인산화되지 않는다.) $wee1^+$ 유전자에 결함이 있는 효모 세포는 mitotic CDK를 조기에 활성화하여 mitosis로 조기 진입하기 때문에 wee1 돌연변이 세포는 정상 세포보다 작다. 사실, 스코틀랜드어로 "wee"는 small을 뜻하는 단어로서, 돌연변이 결과로 세포를 작아지게 하는 유전자가 wee로 명명된 것이다. CDK1의 Tyr-15 인산화에서 Wee1의 중요성은 CDK1의 티로신-15를 페닐알라닌(티로신과 구조적으로 유사하지만 인산화될 수 없음)으로 대체한 돌연변이 fission yeast 세포를 통해서 알 수 있다. 이 돌연변이 세포는 Wee1 돌연변이 세포와 동일하게 mitotic CDK의 활성화가 조기에 일어나며, 그 결과 mitosis로 너무 일찍 들어간다. 이와 대조적으로, *cdc25* 유전자의 돌연변이를 지닌 fission yeast 세포는 G_2에서 정지하여 매우 긴 세포를 만들어낸다. Wee1 활성에 길항하는 phosphatase Cdc 25가 mitosis entry에 필수적임을 나타낸다.

척추동물은 *S. pombe*와 동일한 Wee1 protein kinase를 가지고 있지만 Cdc25 phosphatase 여러 개를 가지고 있다. Cdc25 가족 구성원인 Cdc25B와 Cdc25C는 G_2 동안 CDK1의 inhibitory phosphorylation를 제거한다. Cdc25B는 CDK1 활성화를 시작하는 *starter* phosphatase 역할을 하는 것으로 생각되는 반면, Cdc25C는 대다수의 cyclin-CDK1 복합체를 활성화하는 *workhorse* phosphatase이다.

G_2/M 전환에서 mitotic CDK의 급격한 활성화는 Cdc25의 활성화와 함께 Wee1의 급속한 비활성화의 결과이다. 이 빠른 전환의 핵심에는 2개의 positive feedback loop가 있는데, 이 loop들은 여러 CDK들, Polo-like kinase 1 (Plk1) 그리고 phosphoserine/threonine-binding domain 단백질로 구축되어 있다. 여기서 mitotic CDK와 Plk1은 동시에 Cdc25를 활성화하고 Wee1을 비활성화한다(그림 19-21). 이 과정은 starter phosphatase인 Cdc25B로 시작되는데, 이 효소는 centrosome에 초기 소규모 집단으로 존재하는 cyclin B-CDK1를 활성화한다(그림 19-21, 단계 **1**). 이 활성화는 centrosome maturation을 촉진하는 것으로 생각된다. 이와 같이 생성된 초기 active cyclin B-CDK1 pool은 세포질에서 workhorse phosphatase인 Cdc25C를 인산화하고, phospho-binding domains를 통해 Cdc25C를 인식하는 Pin1과 Plk1을 끌어온다. 이들은 Cdc25C를 추가로 변경하고 인산화하여 phosphatase 활성을 북돋는다(그림 19-21, 단계 **2**). 결과로 생성된 이 Cdc25C pool은 세포질에 더 큰 pool로 존재하는 cyclin B-CDK1를 활성화하고 이어서 보다 많은 cytosolic Cdc 25C를 활성화한다. 이러한 positive feedback loop 1의 작동과 동시에 mitotic CDK와 Plk1은 Wee1을 인산화시켜서 phospho-binding SCF protein-ubiquitin ligase의 target으로 만들고 최종 파괴되도록 한다. 이것이 바로 positive feedback loop 2이다(그림 19-21, 단계 **3**). 이 2개의 positive feedback—하나는 CDK1 activator (Cdc25C)를 활성화하고 다른 하나는 CDK1 inhibitor (Wee1)를 불활성화시키는—loop가 함께 작동하여 G_2에서 mitosis로 돌이킬 수 없는 돌발성 전환을 일으킨다.

일단 mitotic CDK의 급격한 활성화가 시작되면, 이 protein kinase는 염색체 분리를 위한 모든 준비를 갖추도록 많은 일을 벌인다. Centrosome에서 mitotic CDK의 초기 활성화에 이은 cytosplasm에서의 활성화는 이러한 kinase의 subcellular localization을 변화시킨다. 그들은 핵으로 들어가서 염색체 응축과 핵막 파괴를 일으킨다(그림 19-21, 단계 **4**). 이어서 우리는 mitotic CDK가 어떻게 일사불란하게 mitosis를 수행하는지에 대해 설명한다.

S phase CDK가 DDK와 함께 작동하여 DNA 복제 개시 동안 MCM helicase의 활성화를 촉진하는 것처럼(19.4절 참조), mitotic CDK는 mitotic event를 가져오기 위해 다른 protein kinase와 유사한 방식으로 협력한다. Plk1은 mitotic spindle의 형성과 chromosome segregation에 중요하다. **Aurora kinase** family member인 Aurora A 및 Aurora B는 mitotic spindle 형성에 중요한 역할을 하고, 염색체가 mitotic spindle에 올바르게 부착되어 mitosis 중에 그들이 정확하게 분리되게 한다. 이들의 기여에 대해서는 다양한 mitotic event에서 곧 논의할 것이다.

Mitotic CDK는 Nuclear Envelope의 분해를 촉진한다

Interphase (간기) 동안 염색체는 nuclear envelope으로 둘러싸여 있고,

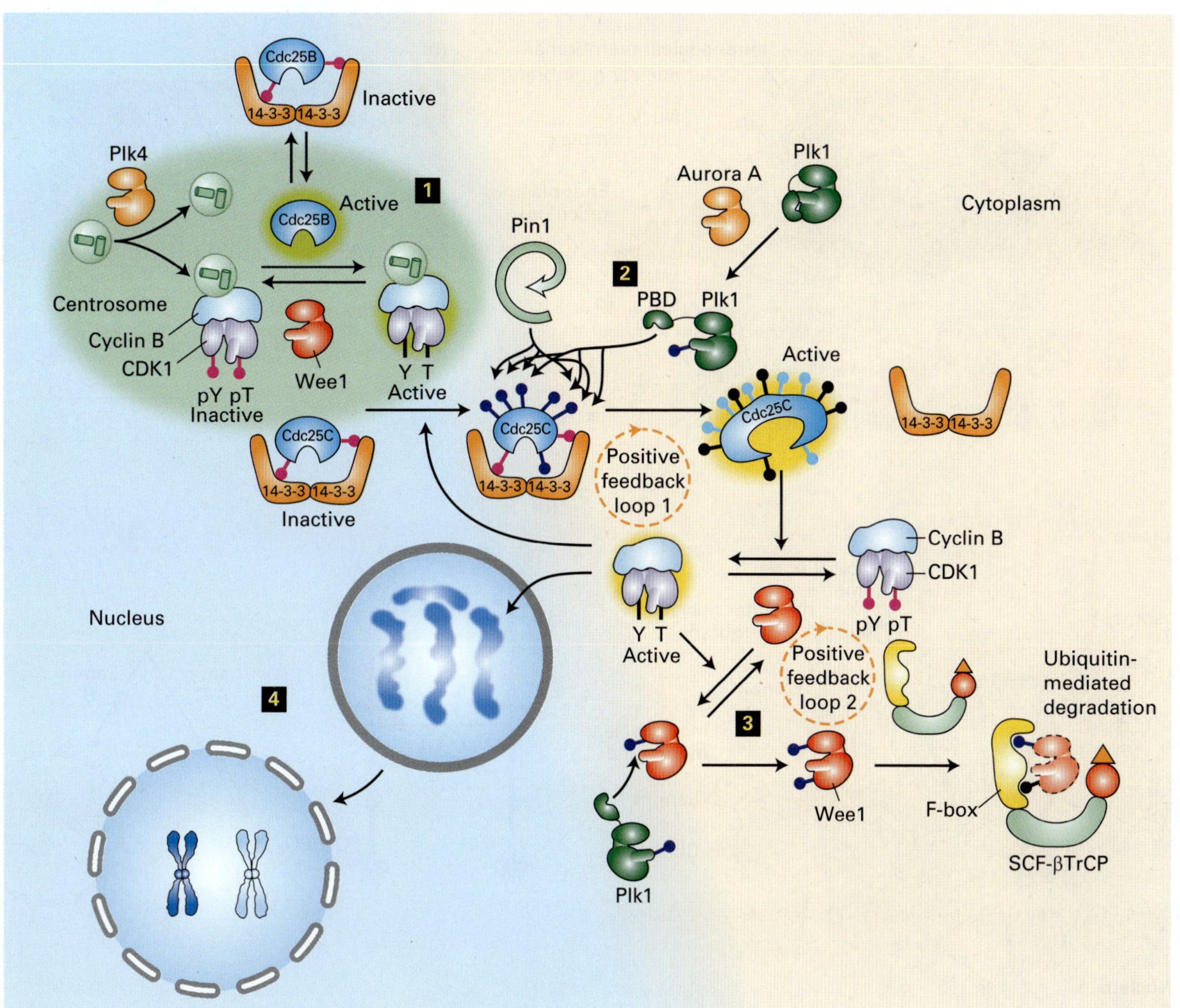

그림 19-21 CDK, Plk1 그리고 phospho-binding domain 단백질들이 관여하는 Positive feedback loop는 급격한 mitotic CDK 활성화와 함께 G_2에서 M기로의 전환을 이끈다. Mititic cyclin은 S기 후반부 및 G_2 동안 합성되어 CDK1에 결합하지만, CDK1 subunit의 트레오닌 14 및 티로신 15가 protein kinase Wee1 (빨간색 kinase로 표시)에 의해 인산화되기 때문에 cyclin-CDK 복합체는 활성화되지 않는다. 한편, 활성화 protein phosphatase인 Cdc25는 인산화되어 phosphoserine/threonine-binding protein 14-3-3에 의해 결합된 후 억제된다. Mitotic cyclin-CDK 활성화 및 mitosis 진입의 전체 과정은 2개의 positive feedback loop와 중심체에서, 세포질에서 그리고 핵에서의 이벤트 간의 조정을 포함한다. 단계 **1**: Centrosome에서 cyclin B-CDK1의 초기 풀은 Cdc25B에 의해 활성화되어 트레오닌 14 및 15의 억제 인산화를 제거한다. 활성 사이클린 B-CDK1 초기 풀은 세포질에서 14-3-3 결합된 Cdc25C에 있는 여러 세린-프롤린 또는 트레오닌-프롤린 서열)을 인산화한다(파란색 원으로 표시). 단계 **2**: 그 결과, Cyclin B-CDK에 의해 생성된 phosphoserine/phosphothreonine-proline motif는 그 Cdc25를 proline isomerase Pin1 내에 있는 특이적인 phospho-binding domain에 인식되도록 한다. 그러고 나서 protein kinase Plk1이 Cdc25에 결합하고 추가로 활성화한다. Pin1은 Cdc25C의 구조를 변경하는 반면, Plk1은 추가적으로 activating phosphorylation (활성화 인산화)을 촉매한다(검은색 원으로 표시). 이 반응은 14-3-3에서 Cdc25C를 방출하여 더 큰 세포질의 cyclin B-CDK1 풀을 탈인산화함으로써 훨씬 더 강력하게 활성화될 수 있도록 한다. 생성된 cyclin B-CDK1은 더 많은 14-3-3-결합 Cdc25C의 추가 방출과 활성화를 유도하여 positive feedback loop 1을 형성한다. 단계 **3**: 동시에 세포질에서, active cyclin B-CDK1은 inhibitory kinase Wee1의 serine-proline motif를 인산화하여 Plk1의 phospho-binding domain에 의해 인식되도록 targeting한다. 그런 다음, Plk1은 Wee1을 인산화하는데, 그 인산화 부위는 바로 SCF-βTrCP ubiquitin protein ligase의 phospho-binding domain에 의해 인식되는 motif로 최종 유비퀴틴화 및 프로테아좀에 의해 파괴되도록 한 것이다. 이와 같이 Wee1에 의한 억제가 풀림으로써, cyclin B-CDK1 활성화가 더욱 강화되는 positive feedback loop 2가 완성된다. 단계 **4**: Active cytoplasmic cyclin B-CDK1은 핵으로 전위되어 nuclear lamin을 인산화시켜 핵막 파괴를 유도한다. Plk1와 함께 Aurora kinase는 염색체 응축과 mitotic spindle의 형성을 유도한다.

mitotic spindle의 핵을 형성하는 centrosome은 세포질에 위치한다. 핵 염색체가 centrosome에 의해 nucleated (조그마한 모임에서부터 시작하여 만들어지는 cytoplasmic microtubule (세포질 미세소관)과 상호작용하려면 nuclear envelope가 분해되어야 한다.

Nuclear envelope은 많은 핵공 복합체를 포함하는 endoplasmic reticulum의 doublemembrane extension (이중막 확장)이다(그림 19-22a, 그림 1-12, 1-15, 13-33 및 18-52 참조). Inner nuclear membrane의 lipid bilayer는 nuclear lamina와 붙어 있다. Nuclear lamina는 lamin filament의 격자로 짜여진 촘촘한 망 구조인데, 핵막 안쪽 면을 둘러싸고 있어 nuclear structure (핵 구조)와 chromosome positioning

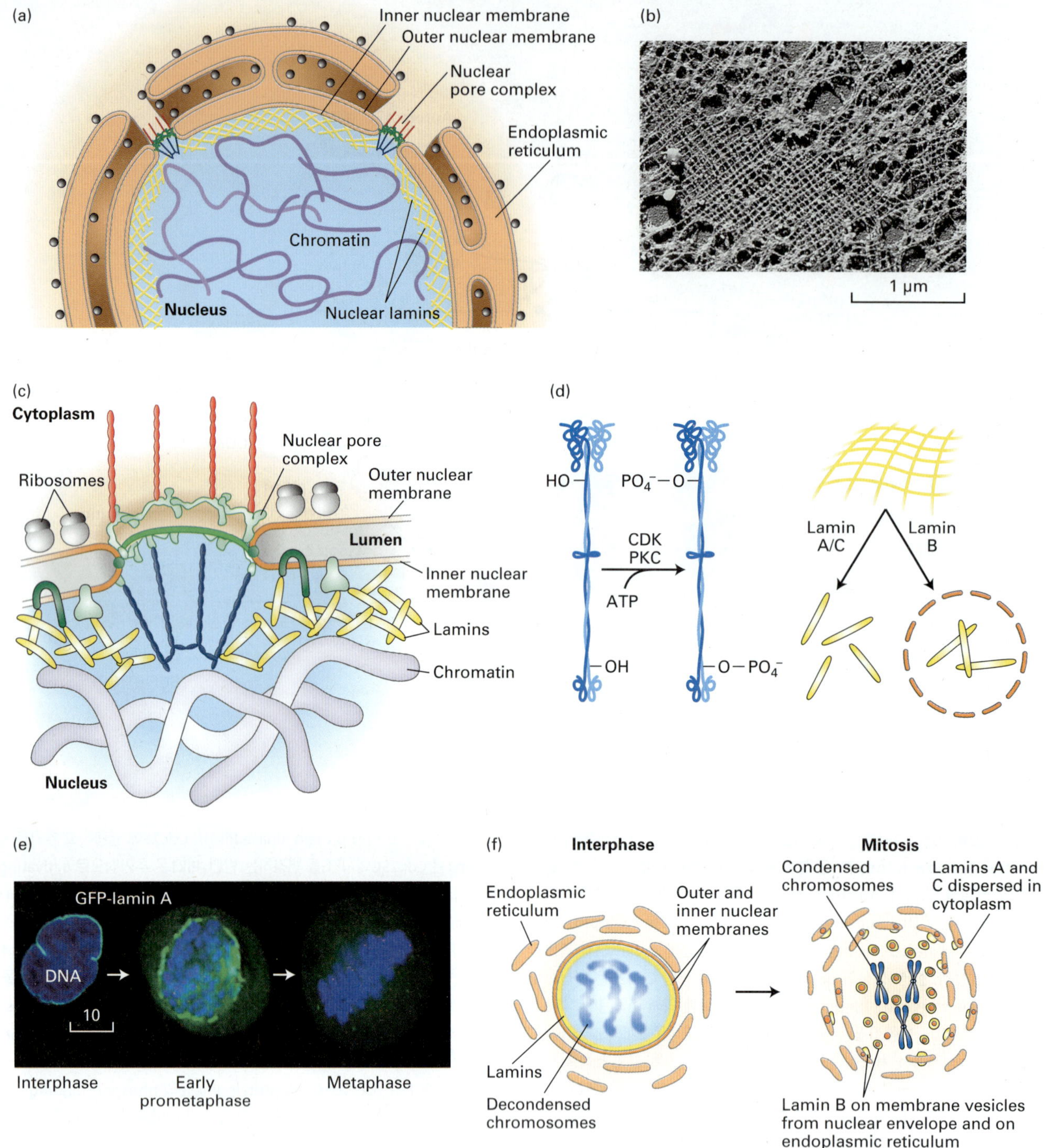

그림 19-22 Mitosis 동안 nuclear envelope의 해체. (a) Nuclear lamin은 안쪽 핵막과 그 밑에 있는 chromatin 사이에 그물망을 형성한다(그림 18-53 참조). (b) Xenopus oocyte의 nuclear lamin의 전자현미경 사진. (c) Nuclear lamin 그물망은 염색질을 nuclear pore complexe (핵공 복합체) 및 핵막의 특정 단백질에 묶는데 도움이 된다. (d) Cyclin B-CDK1와 protein kinase C에 의한 lamin의 head domain 부근의 인산화는 라민의 분해와 핵막의 소포로의 용해 또는 흡수를 초래한다. Lamin A와 C의 인산화는 lamin을 녹여 세포질에 분산시키는 반면, lamin B의 인산화는 lamin을 membrane-bound subunit로 풀어헤친다. (e) GFP와 융합된 lamin A를 발현하는 인간 세포의 DNA는 DAPI로 염색되었기에 파란색의 chromatin이 보인다. 그 주변을 둘러싸고 있는, GFP-lamin A가 섞여 있는, nuclear lamin은 초록형광색으로 보여진다. Nuclear lamin은 prometaphase에 용해되기 시작하여 metaphase에 이르면 모든 lamin A 섬유가 세포질에 용해된다. (f) Nuclear lamin의 분해, 핵막의 분산 등 mitosis 동안 일어나는 nuclear envelope 붕괴 과정의 개요. [Part (b) Republished with permission from *Nature*, from Electron micrograph of the nuclear lamina from a *Xenopus* oocyte U. Aebi et al., 323, 1986; permission conveyed through Copyright Clearance Center, Inc. Parts (c) and (d) Data from T. D. Pollard et al., 2016, *Cell Biology*, 3d ed., Elsevier, Fig. 44.6. Part (e) Republished with permission from Elsevier, from T. D. Pollard et al., 2016, *Cell Biology*, 3d ed.; permission conveyed through Copyright Clearance Center, Inc.]

(핵 내 염색체 위치)을 유지하는 데 기여한다(그림 19-22c, 그림 1-15 참조). 척추동물 세포에 존재하는 3개의 nuclear lamin (A, B, C)은 세포막 지지에 중요한 cytoskeletal protein (세포골격 단백질) 부류인 intermediate filament (중간 필라멘트)에 속한다. 일단 mitotic CDK가 G_2의 끝에서 활성화되면, 3개의 nuclear lamin 모두에서 특정 serine 잔기를 인산화한다. 이 인산화는 protein kinase C에 의한 lamin B의 인산화와 함께 lamin intermediate filament의 depolymerization (해체)을 유발한다(그림 19-22d). Nuclear lamin의 depolymerization은 nuclear lamina의 분해로 이어지고, 결국에는 핵외피(핵막)가 분해된다(그림 19-22e).

Mitotic CDK는 다른 nuclear envelope 구성 요소에도 영향을 미친다. CDK는 특정 **nucleoporin**을 인산화하여 prophase 동안 nuclear pore complex (핵공 복합체)가 해리되도록 한다. Inner nuclear membrane을 관통하는 integral membrane protein의 인산화는 chromatin에 대한 친화력을 감소시키고, nuclear envelope의 분해에 기여하는 것으로 생각된다. Inner nuclear membrane protein과 nuclear lamina 및 chromatin 사이의 결합이 약해지면, inner nuclear membrane 시트가 움추러들어 outer nuclear membrane과 연속되어 있는 endoplasmic reticulum으로 편입된다(그림 19-22f).

Centrosome은 S기 동안 복제되고 Mitosis 동안 나뉜다

Mitotic CDK의 주요 기능은 다른 protein kinase와 ubiquitin-protein ligase와 함께 *mitotic* 기구로도 알려진 **mitotic spindle**의 형성을 유도하는 것이다. Mitotic spindle의 기능은 염색체를 분리하여 sister chromatid가 서로 분리되고 세포의 반대 극으로 이동하도록 하는 것이다(그림 18-39 참조). 다음에서, 우리는 mitotic spindle이 어떻게 형성되는지, 염색체가 어떻게 그것에 부착되는지, 세포가 결함이 있는 부착물을 어떻게 수정하는지에 대해 설명한다.

18장에서 보았듯이, mitotic spindle는 염색체의 central centromeric region에서 형성되는 **kinetochore**로 알려진 특수 단백질 구조를 통해 염색체에 부착되는 microtubule로 구성된다. 대부분의 유기체에서, mitotic spindle는 spindle의 반대쪽 끝(극)에 있는 두 **centrosome** [효모에서는 **spindle pole bodies (방추극체)**라고 함] 사이에 만들어진다(그림 19-23; 그림 18-39 참조). Centrosome에는 특수한 유형의 tubulin인 γ tubulin이 포함되어 있으며, 이는 특이적 고리형 복합체(γ TuRC)를 형성하는데, 이 복합체는 다양한 관련 단백질과 함께 microtuble 핵을 생성하고 bipolar spindle을 형성하는 능력을 가지고 있다. [고등 식물과 metazoan oocyte는 예외적으로 이러한 centrosome-based spindle assembly 메커니즘을 볼 수 없고, 이들 세포에서 미세소관이 자가조립되면서 spindle을 형성하는데, 이는 미세소관의 (-) 말단들이 교차로 연결되기 때문이다.] 어느 경우든 mitotic spindle의 말단은 항상 *spindle pole*이라고 하며, 동물 세포에서 이들은 일반적으로 centrosome에서 나타난다.

G_1 동안, 세포는 세포의 major microtubule nucleating center (주요 미세소관 핵 형성 중심)으로 기능하는 single centrosome를 가진다. 이 single centrosome이 mitotic spindle를 생성하기 위해서는 2개의 centrosome으로 복제하고, *centrosome maturation*이라는 과정을 통해 추가로 단백질이 더해져야 하며 또 변형되어야 한다. 그런 다음, 두 centrosome은 세포의 반대쪽으로 이동하고 mitotic spindle의 핵을 생성해야 한다. Mitosis가 완료되면, centrosome은 G_1에서 보여줬던 구조를 다시 형성해야 한다. 이러한 일련의 사건을 *centrosome cycle* (중심체 주기; 그림 19-23c)라고도 하며, 전체 세포주기와 긴밀하게 조정된다.

Mitotic spindle 형성은 실제로 centrosome replication과 함께 G_1–S phase transition 과정에서 시작된다. 복제가 어떻게 일어나는지 완전히 이해되지는 않았지만, 이 과정의 핵심은 서로 직각으로 배열된 **centriole (중심소자)** 쌍의 복제이다. 중심소자는 proteinaceous pericentriolar material (PCM, 단백질성 중심체 주변 물질)로 둘러싸인 짧은 미세소관으로 구성된 구조이다. 18장에서 논의한 바와 같이, G_1 세포는 유연성을 지닌 단백질 linker로 연결된 한 쌍의 centriole를 가지고 있다(그림 19-23a 및 b). 세포가 S기에 진입함에 따라 두 centriole 각각에서 새로운 daughter procentriole이 자라나면서 복제가 시작된다(그림 19-23c). 이 과정은 G_1/S cyclin-CDKs에 의해 시작되며, 주로 Polo-like kinase family, Plk4에 의해 조절된다. 이 효소는 여러 centriole-associated protein (중심소체 관련 단백질)을 인산화하고, 새로운 procentrioles 형성을 돕는 γ-tubulin 복합체를 끌어 모은다(그림 19-23c, 단계 **1**). Procentriole는 S기 동안 확대되고, G_2에 이르면 각 centrole의 정확한 사본이 만들어진다. 2개의 centriole-procentriole 쌍은 서로 근접하게 유지된다. G_2/M transition에서 먼저 있던 centriole 쌍을 연결하는 단백질 linker가 용해된다(그림 19-23c, 단계 **2**). **Centrosome disjunction (중심체 분리)**라고 하는 이 과정은 2개의 분리된 centrosome을 생성한다. 각 centrosome은 확장되고, pericentriolar material (중심체 주위 물질)이 보충된다. Centrosome은 더 많은 γ TuRC를 모집하고, 그럼으로써 mitotic spindle 형성에 필요한 microtuble이 다수 모인 핵을 구성할 수 있게 한다(그림 19-23c, 단계 **3**). 일단 세포가 prophase에 들어가면 mature centrosome은 서로 분리되고 세포 핵의 반대쪽으로 이동하여 mitotic spindle을 생성한다. 이는 nuclear envelope에 매우 근접하여 kinesin motor protein (18장 참조)의 작용을 통해 이루어지는데, 각 centrisome에서 나오는 overlapping microtubule을 밀어낸다. Microtubule formation, mitotic spindle assembly, 그리고 microtubule motor 등의 세부사항은 18장에서 논의되었다. 다음에서는 염색체가 mitotic spindle에 부착되는 방식과 이 과정의 오류가 수정되는 방식에 대해 간략하게 살펴본다.

Mitotic CDK, Polo-like Kinase 및 Aurora Kinase는 응축된 염색체의 Kinetochore에 Mitotic Spindle의 조립을 매개한다

염색체가 mitosis 동안 정확하게 분리되기 위해서는 각 sister chro-

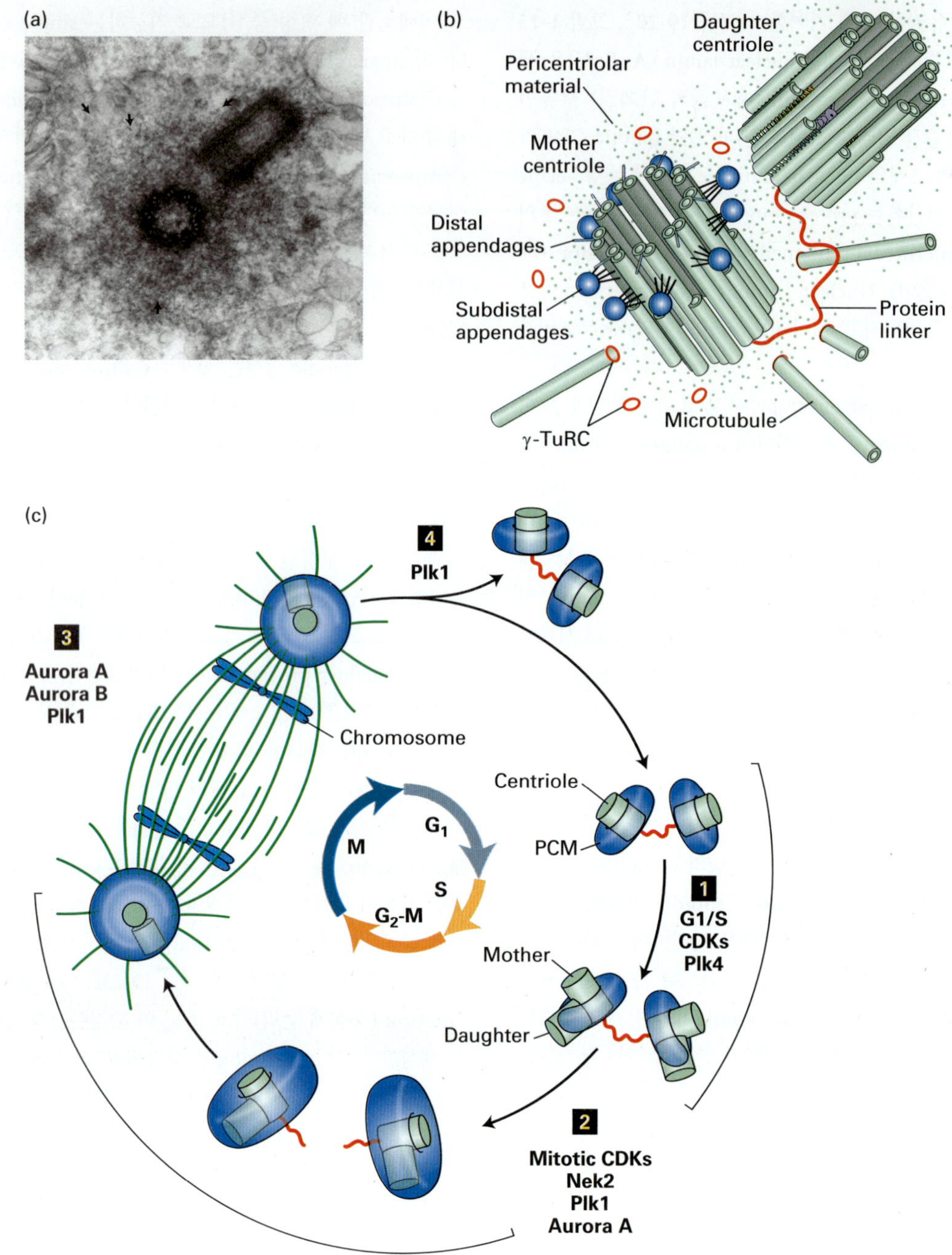

그림 19-23 Centrosome cycle은 세포주기와 연결되어있으며, mitosis 과정에서 염색체가 올바르게 나뉘어 분산되도록 bipolar spindle을 형성한다. Centrosome cycle은 세포주기와 조정되어 mitosis에서 염색체를 올바르게 분리하게 하는 bipolar spindle (양극성 방추)를 형성한다. (a) Interphase centrosome 단면을 보여주는 전자현미경 사진. Pericentriolar material (PCM, 중심주변 물질)로 둘러싸여 있는 서로 직각으로 놓인 두 centriole을 볼 수 있다. (b) Centrosome 모식도. 9개의 바깥 microtubule triplet은 γ-TuRC nucleating structure를 포함하는pericentriolar material에 둘러싸여 있다. 먼저 세포 분열에 있었던 original mother centriole은 다리 달린 부속품(appendage, 머리는 파란색 구로 표시)을 가지고 있다. 두 centriole은 flexible protein linker로 연결되어 있다. (c) Centrosome cycle 단계. 단계 **1**: G_1/S CDK와 Plk4는 각 centrole (녹색)를 길어질 daughter procentriole의 생성을 유도하고, 이것은 S phase 동안 길어진다. 단계 **2**: Kinasae Nek2는 2개의 original centrole을 연결하는 단백질 linker를 절단하며, 반면 CDK1, Plk1 및 Aurora A는 다량의 PCM 축적을 유도한다(파란색). 단계 **3**: PCM과 함께 각 centriole-procentriole 쌍은 분리되어 서로 벌어지면서 세포 핵의 반대쪽에 2개의 개별 mature centrosome을 형성한다. 이들 사이에 형성되는 mitosis 방추사는 염색체를 분리한다. 단계 **4**: Mitosis가 끝나면 Plk1은 *separase* 라고 하는 단백질 가수분해 효소와 함께 centriolar disengagement (중심자 분리)를 촉진하여 이전의 centriole-procentriole 쌍을 mitosis 동안 유지하던 직교 배열을 흩어놓는다. 이 Plk1-mediated separation은 centrosome에게 procentriolar formation과 centrosome duplication이 세포주기 과정에서 한 번만 일어나게 하는 특별 권한을 부여하는 셈이다. 이는 replication origin에서 CDK 활동이 세포주기 중 단 한 번만 실행할 수 있는 라이선스를 부여하는 방식과 개념적으로 유사하다 (그림 19-19 참조). [Part (a) Reprinted with permission from Nature Publishing Group, from G. Sluder, 2005, "Two-Way Traffic: Centrosomes and the Cell Cycle," *Nat. Rev. Mol. Cell Biol.* **6**:743–748; permission conveyed through Copyright Clearance Center, Inc. Part (c) Data from P. T. Conduit, A. Wainman, and J. W. Raff, 2015, *Nat. Rev. Mol. Cell Biol.* **16**:611–624.]

matid pair의 하나의 kinetochore가 반대쪽 spindle pole에서 나오는 microtubule에 부착되는 방식으로 mitotic spindle에 부착되어야 한다. 이러한 일이 일어나면, 자매 염색분체는 bi-oriented (양방향성)이라고 한다(그림 19-24a). 각 자매 염색분체의 운동핵이 반대 cewntreosome에서 오는 미세소관에 부착되는 이러한 유형의 부착을 **amphitelic attachment (양쪽성 부착)**이라고 한다. 어떻게 이러한 일이 일어나는가? 중심체가 prophase 동안 서로 떨어져 이동하고, prometaphase 동안 nuclear envelop이 분해되면(그림 19-3 참조), search-and-capture mechanism (검색 및 캡처 메커니즘)에서 미세소관은 자매 염색분체 쌍의 kinetochore와 상호작용하기 시작한다. 처음에 염색체는 운동 단백질에 의해 추진되는 미세소관의 길이를 따라 미끄러진다. 염색체 하나가 미세소관의 (+) 말단에 도달하면, kinetochore는 끝과 끝이 이어지는 형식으로 미세소관에 부착된다. 염색체가 mitotic spindle에 연결된 the final configuration (그림 19-24b 및 c; 또한 그림 18-42 참조). 자매 염색분체의 kinetochore는 반대쪽 spindle pole (방추극)에서 나오는 미세소관을 결합함으로써, 염색체가 kinetochore의 운동 단백질에서 나오는 poleward pulling forces (극쪽으로 당기는 힘)에 의해 분리되게 한다.

극쪽으로 당기는 힘에 의해 염색체가 분리되기 전에 세포의 모든 염색체는 bi-oriented amphitelic attachment (양방향 양쪽성 부착)로 mitosis 방추에 적절하게 부착되어야 한다(그림 19-25a). 세포는 이러한 일이 일어났다는 것을 어떻게 알 수 있는가? 염색체 부착에 대한 현미경 분석은 초기에는 많은 염색체가 잘못된 방식으로 미세소관에 부착된다는 것을 보여주었다. Kinetochore는 양쪽 극에서 동시에 나오는 미세소관에 부착될 수 있는데, 이를 **merotelic attachment (메로텔릭 부착)**이라고 한다(그림 19-25b). 대안적으로, 자매 염색분체 쌍의 두 kinetochore는 동일한 극에서 나오는 미세소관에 부착될 수 있거나(syntelic attachment 합성 부착; 그림 19-25c), 또는 오직 하나의 kinetochore만이 미세소관에 부착될 수 있다(**monotelic attachment, 단일 부착**; 그림 19-25d). 이러한 부착물 중 어느 것도 자매 염색분체가 반대쪽 방추극으로 분리되지 않기 때문에 정확한 염색체 분리를 초래하지 않을 것이다. 따라서 이러한 결함이 있는 kinetochore-microtubule attachment을 감지하고 수정하는 메커니즘이 그곳에 있어야 한다.

세포가 잘못된 염색체 부착을 감지하는 데 사용하는 sensing mechanism (감지 메커니즘)은 tension (장력)을 기반으로 한다. 자매 염색분체가 미세소관에 올바르게 부착되면 이들의 kinetochore은 긴장을 받게 된다(그림 19-25a). Kinetochore에 부착된 미세소관은 이들을 잡아당기는 반면, 자매 염색분체를 함께 유지하는 cohesin 분자는 이러한 힘을 견디기 위해서 kinetochore에 장력을 생성한다. Merotelic, syntelic 또

(a)

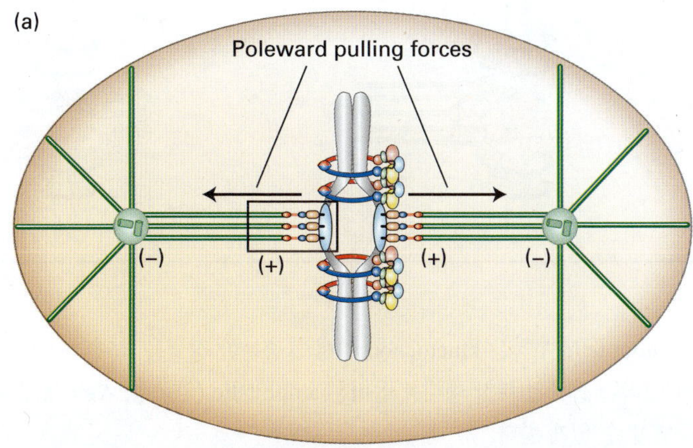

(b)

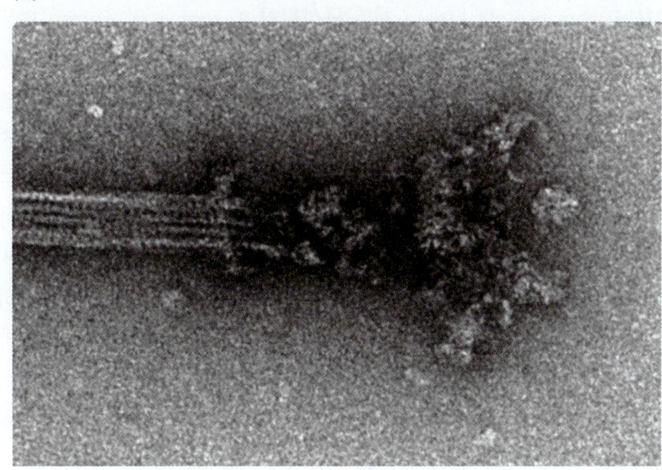

(c)

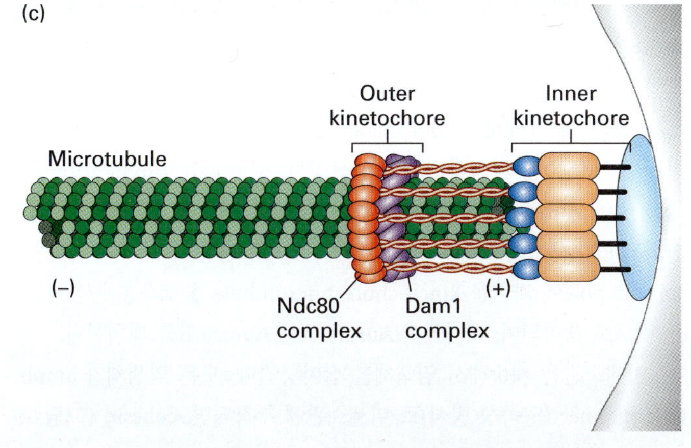

그림 19-24 Mitotic spindle에 염색체 연결. (a) 염색체는 mitotic spindle에 부착되어 spindle center에 축적된다. 이들은 kinetochore를 통해 미세소관의 끝에 붙게 되는데(*end-on attachment*라고 함), 추가 미세소관에 의해 안정화된다. 최종 염색체 부착, 즉 염색체가 mitosis 방추에서 안정적으로 양방향으로 연결된 상태를 보여준다. "(−)"는 미세소관의 마이너스 끝을 나타내고, "(+)"는 플러스 끝을 나타낸다. Kinetochore의 box 영역은 b와 c 부분에서 설명한다. (b) 정제된 효모 kinetochore의 말단에 결합된 미세소관의 전자현미경 사진. (c) (b)에 나타낸 주요 기능과 (a)에 box로 표시된 영역을 보여주는 개략도. 미세소관을 감싸고 있는 ring structure는 Dam1 complex (metazoan에서는 *Ska 복합체*라고 함)와 Ndc80 복합체 일부가 outer kinetochore의 구성요소이다. 복합체의 끝에 있는 globular structure는 inner kinetochore와 inner 및 outer kinetochore를 연결하는 단백질 복합체로 구성된다. [Part (b) Reprinted with permission from Nature Publishing Group, from S. Gonen et al., 2012, *Nat. Struct. Mol. Biol.* **19**:925–929, Fig. 2d; permission conveyed through Copyright Clearance Center, Inc. Part (c) Information from S. Gonen et al., 2012, *Nat. Struc. Mol. Biol.* **19**:925–929, Fig. 1a.]

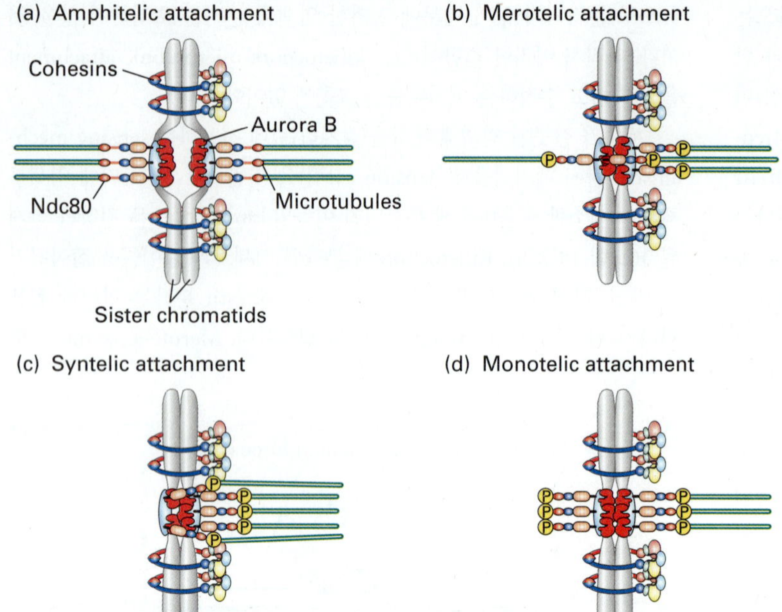

그림 19-25 안정적이고 불안정한 염색체 부착. Sister kinetochore가 반대 spindle pole에서 나오는 미세소관에 부착되면 안정적이다. 이를 *amphitelic attachment* (*양쪽성 부착*)이라고 한다(a). 미세소관(녹색)은 키네토코어를 당기는데, cohesin은 이 당기는 힘에 저항한다. 결과적인 긴장으로 인해 외부 키네토코어 구성요소인 Ndc80(주황색)이 protein kinase Aurora B (빨간색)에서 멀어지게 된다. 염색체가 spindle midzone 근처에 있을 때 Aurora B는 내부 키네토코어 쪽에 위치한다. 결과적으로, Aurora B는 더 이상 Ndc80을 인산화할 수 없으며 키네토코어-미세소관 부착은 안정성을 확보한다. 2개의 sister chromatid kinetochores 중 하나가 2개의 반대 spindle pole에서 나오는 미세소관에 동시에 그렇지만 일부만 부착되거나[merotelic attachment, (b)], 두 sister kinetochore가 동일한 spindle pole에서 나오는 미세소관에 부착되는 경우[syntelic attachment, (c)], 또는 두 sister kinetochore 중 하나만 미세소관에 부착되면[monotelic attachment, (d)], Ndc80은 Aurora B에서 떼어지지 않는다. 결과적으로, Aurora B는 Ndc80 ('P'로 표시된 노란색 원)을 인산화하고, Ndc80은 더 이상 미세소관에 안정적인 부착을 형성할 수 없다.

는 monotelic 부착은 kinetochore에서 불충분한 장력을 초래하여 세포가 이러한 잘못된 부착 형태를 올바른 amphitelic (양쪽성) 부착 형태와 구별할 수 있게 한다.

세포는 kinetochore가 긴장 상태에 있는지 여부를 어떻게 측정하는가? Aurora protein kinase 계열 구성원인 *Aurora A* 및 *Aurora B* 및 관련 조절 인자는 긴장 상태에 있지 않은 kinetochore를 감지하고서 이러한 미세소관 부착을 절단하여 나중 제대로 부착될 수 있게 하는 두 번째 기회를 제공한다. 이 감지 메커니즘의 분자적 기초는 아주 잘 알려져 있다. Outer kinetochore 구성 요소, 특히 Ndc80 복합체는 Ska 복합체(또는 효모의 Dam1 복합체)에 의해 안정화되는 방식으로 미세소관에 결합한다(그림 19-24c 참조). Aurora kinase는 Ndc80의 N 말단 꼬리를 인산화한다. 인산화되면, Ndc80은 미세소관과 안정적인 상호작용하는 능력을 잃는다. Aurora B는 inner kinetochore에 국한되어 있는데, 대부분 염색체의 spindle 부착 오류를 수정하는 주된 kinase로 생각된다. Kinetochore에 장력이 가해지지 않을 때 Ndc80은 Aurira B에 근접하고, protein kinase는 단백질을 인산화하여 kinetochore-microtubule 부착을 불안정하게 할 수 있다(그림 19-25b–d). Microtubule이 kinetochore에 올바르게 부착되면 microtubule 힘이 Aurora B에서 Ndc80을 잡아당긴다. 그렇게 되면, kinase가 더 이상 Ndc80을 인산화할 수 없다(그림 19-25a). Protein phosphatase 1(PP1)은 outer kinetichore에 국한되어 Ndc80을 지속적으로 탈인산화한다. 따라서 kinetichore가 장력을 받아 Aurora B에서 멀어지면, Ndc80이 PP1에 의해 빠르게 탈인산화되고 미세소관–키네토코어 부착이 안정화된다. 유사한 메커니즘이 spindle pole에 가까운 kinetochore-microtubule 상호작용에서 작동하는 것으로 생각되며, 여기에서 Aurora A는 Aurora B를 대체한다.

미세소관은 계속해서 염색체를 잡아당긴다. 모든 염색체가 amphitelic manner (양쪽성 방식)로 미세소관에 부착되면, cohesin (그림 19-25a)만이 염색체를 spindle의 중앙에 고정시켜서 염색체가 극으로 분리되는 것을 방지한다. 19.6절에서 볼 수 있듯이, cohesin severing (절단)은 anaphase에서의 염색체 분리를 시작하고 mitosis exit를 유도한다. 다시 말하지만, S기 진입, mitotic 진입, 염색체 복제 및 중심체 주기에서와 같이, 단백질 kinase 및 phosphatase에 의한 단백질 인산화 및 탈인산화는 염색체 분리로 이어지는 모든 이벤트를 제어한다.

염색체의 응축은 염색체의 분리를 촉진한다

염색체 분리는 염색체를 분리하는 장치를 구축해야 할 뿐만 아니라 DNA가 travel-friendly structure로 압축되어야 한다. Interphase 세포에 존재하는 길게 얽힌 DNA-단백질 복합체를 분리하려는 모든 시도는 DNA 파손과 유전자의 손실로 이어질 것이다. 이러한 사태를 피하기 위해 세포는 prophase 동안 염색체를 압축한다. 압축된 염색체 구조는 광학현미경과 전자현미경을 통해 관찰된다(그림 19-26a 및 그림 19-2 참조).

염색체 응축은 척추동물에서 최대 10,000배까지 염색체 길이의 극적인 감소를 초래한다. 염색체 compaction (압축) 동안 감겨 있는 자매 염색분체도 더욱 얽히게 된다. **자매 염색분체 분해능(sister chromatid resolution)**이라고 하는 이 과정은 한 쌍의 자매 염색분체 분자에서 염색분체 하나를 절단하고 다른 하나를 통과시켜서, 절단된 분자를 닫는 topoisomerase II에 의해 부분적으로 매개된다. 이 과정의 한 부분으로, prophase 동안 염색체 팔을 따라 자매 염색분체를 함께 묶는 대부분의 cohesin protein은 Plk1과 Aurora B의 작용을 통해 떨어져 나간다.

염색체 응축 과정의 중심에는 **condensin**으로 알려진 또 다른 고리 모양의 단백질 복합체가 있다. 대부분의 진핵생물에는 *condensin I* 및 *II*라고 하는 2개의 밀접하게 관련된 컨덴신 복합체가 있다. 이러한 단백

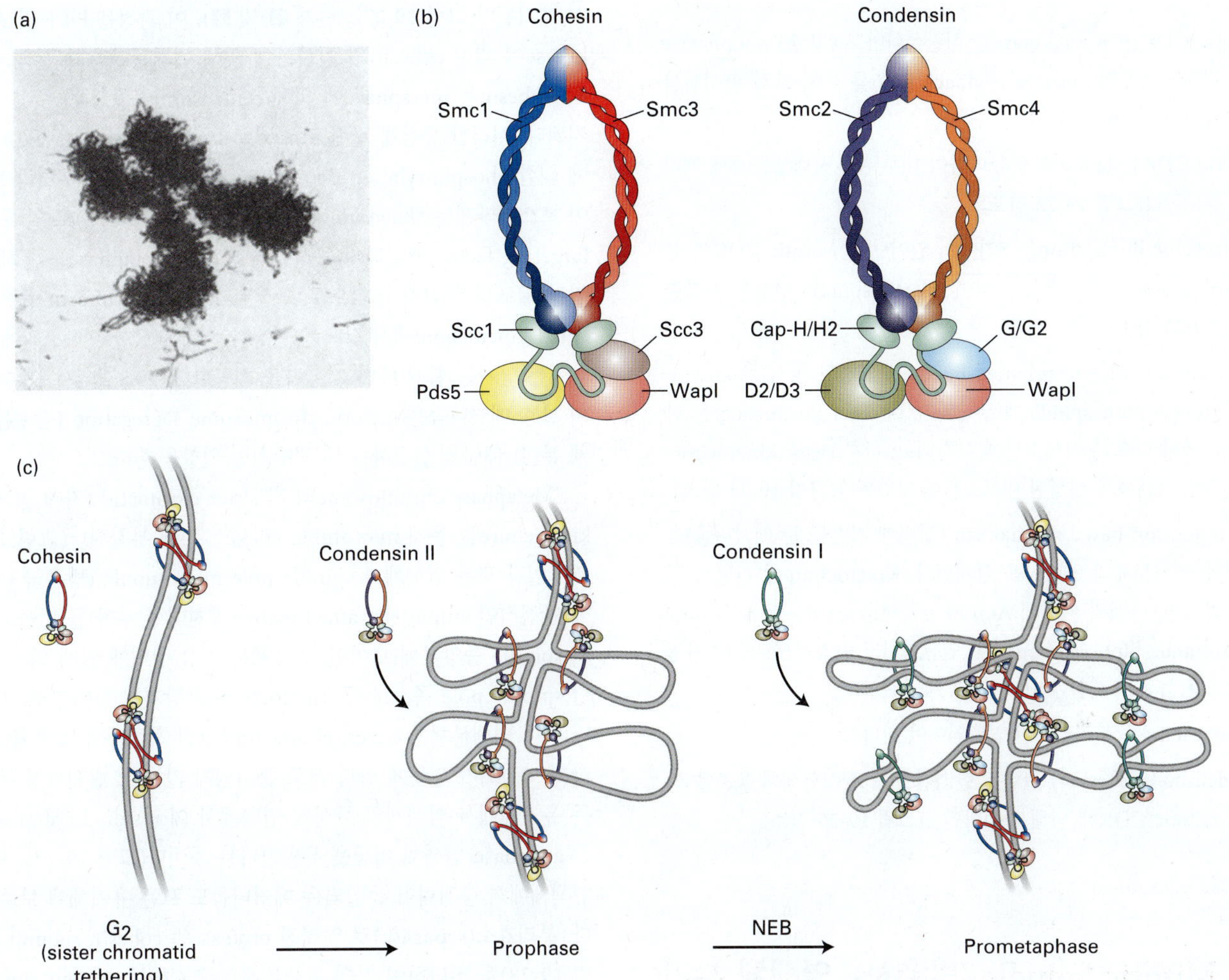

그림 19-26 Condensin complex는 mitotic spindle 상에서 효율적인 분리를 위해 염색체를 packaging (차곡차곡 포개기) 한다. (a) Metaphase 염색체의 전자현미경 사진. Metaphase에 이르면 염색체가 완전히 응축되고 2개의 개별 자매 염색분체가 확실히 보인다. (b) Condensin complex는 앞에서 논의한 cohesin complex와 유사한 구조를 갖는다. (c) 세포주기 조절 chromosome compaction (염색체의 압축) 모델. 이 과정에서 chromosome looping이 진행성(progressive)으로 일어난다. 핵막이 파괴되기 전에 condensin II가 DNA에 결합하여 밀면서 큰 loop를 만들어낸다. Prometaphase에서 핵막이 파괴된 후, condensin I은 condensin II에 의해 형성된 루프 내에 중첩된 추가 루프를 형성한다. [Part (a) Republished with permission from Nature Publishing Group, from E. J. DuPRAW and P. M. M. Rae, 1966, "Polytene Chromosome Structure in Relation to the 'Folded Fibre' Concept". *Nature* **212**:598–600; permission conveyed through Copyright Clearance Center, Inc.]

질 복합체는 자매 염색분체를 함께 연결하는 cohesin과 밀접한 관련이 있다(그림 19-26b). Condensin은 개구리 알 추출물에서 염색체 응축을 촉진하는 능력을 기반으로 처음 확인되었다. Cohesin과 마찬가지로, condensin은 ATPase domain을 통해 non-SMC subunit과 결합하는 2개의 큰 oiled-coil SMC protein subunit으로 구성되어 있다. Condensin function이 결여된 세포에서는 염색체가 응축되지 않고 자매 염색분체 얽힘이 풀리지 않는다.

최근 연구에 따르면, 염색체 압축은 연속적인 loop의 생성을 통해 일어나는데, 이들 loop들은 그의 기저부를 따라 연결되면서 기다란 섬유(fiber)를 형성한다(그림 19-26c). 이 섬유는 압축되어 염색체를 더욱 압축한다. Condensins는 그림 19-26c에 설명된 바와 같이, intrachromosomal linkages (염색체 내 연결)를 통해 loop를 만들어 염색체를 package할 가능성이 있다. 염색체에 condensin의 부착은 mitotic CDK 및 Aurora B에 의해 촉진되는데, 이들은 histone H2A를 인산화하여 condensin이 염색질에 결합하도록 한다(그림 7-26b 참조).

19.5절의 주요 개념

G_2/M 전이와 비가역적인 Mitosis 작동 엔진

- Mitotic CDK는 모든 진핵생물에서 mitosis로의 진입을 유도한다.
- Mitotic CDK는 DNA 복제가 완료될 때까지 CDK subunit의 inhibitory phosphorylation에 의해 비활성 상태로 유지된다(그림 19-21 참조).

• Mitotic CDK는 Wee1 kinase를 비활성화하고 Cdc25 phophatase를 활성화하는 2개의 positive feedback loop를 통해 자체 활성화를 촉진한다(그림 19-21 참조).

• Mitotic CDK는 lamin을 인산화하여 대부분의 진핵생물에서 핵막 파괴를 유도한다(그림 19-22 참조).

• Centrosome duplication는 S기에서 일어난다. Mitotic CDK는 복제된 centrosome의 분리를 유도하여 mitotic spindle 형성을 시작한다(그림 19-23 참조).

• Sister chromatid는 bi-oriented manner (양방향 방식)로 kinetochore를 통해 mitotic spindle에 부착되며, 한 sister kinetochore는 한쪽 방추극에서 나오는 미세소관에 부착되고, 다른 sister kinetochore는 다른 방추극핵에서 생성된 미세소관에 부착된다(그림 19-24 참조).

• 세포는 tension-based mechanism (장력에 기반을 둔 메커니즘)을 통해 자매 염색분체의 양방향을 감지한다. Kinetochore에 긴장이 가해지지 않으면, 단백질 키나제 Aurora A와 Aurora B는 kinetochore의 microtubule-binding subunit를 인산화시켜 안정적으로 지속가능한 상호작용 능력을 제한한다(그림 19-24 참조).

• Chromosome은 분리되려면 압축되어야 한다.

• Condensin은 cohesin과 관련된 단백질 복합체로 염색체 응축을 촉진하고, mitotic CDK에 의해 활성화된다(그림 19-26 참조).

19.6 Mitotic Spindle (방추사), 염색체 분리 및 Mitosis 탈출

모든 염색체가 응축되고 mitotic spindle에 올바르게 부착되면 염색체 분리가 시작된다. 이 절에서는 *separase* (분리효소)로 알려진 protease에 의한 cohesin 절단이 어떻게 anaphase 염색체 이동을 유발하는지, 그리고 어떻게 이 절단이 phosphorylation과 protein ubiquitination에 의해 조절되는지 논의할 것이다. 그런 다음, metaphase-anaphase transition에서 cohesin 절단을 시작하는 동일한 장치가 어떻게 mitotic CDK 불활성화를 시작하는지 살펴본다. 다음으로, 우리는 mitosis가 끝날 때 활성화된 phosphatase가 mitosis CDK 비활성화에 참여하여 mitotic structure의 분해와 세포를 G_1 상태로 재설정하는 방법을 설명할 것이다. 우리는 2개의 딸세포를 생성하는 과정인 cytokinesis (세포질 분열)에 대해 논의하고서 이 절을 마무리할 것이다.

Separase에 의한 Cohesin의 절단이 염색체의 분리를 촉발한다

이전 절에서 언급했듯이, chromosome arm을 따라 일어나는 염색체 응축과 cohesin의 해리는 염색체의 추가적인 압축으로 이어진다. 염색체 팔을 따라 있는 대부분의 코헤신은 prophase 단계 동안 염색체에서 제거된다(그림 19-27a, 단계 **1** 및 **2**). 이 과정은 Plk1 및 Aurora B kinase에 의한 cohesin의 인산화에 의해 매개된다. 대부분의 유기체에서, cohesin는 metaphase에 의해 centrosome (중심체) 주위에서만 유지된다. 이러한 중심체 관련 코헤신은 protein phosphatase 2A (PP2A)에 의한 phosphorylation-dependent removal로부터 특별히 보호된다. 이 포스파타제는 *Shugoshin* 단백질 계열(그림 19-27b)로 알려진 PP2A targeting factor 패밀리의 구성원에 의해서 metaphase를 통해 G_2에서 인간 세포의 중심체 영역으로 모집된다. 보호된 cohesin 풀은 bi-oriented kinetochore에서 장력을 설정하는 데 필요한 미세소관에 의해 가해지는 당기는 힘에 대한 저항력을 제공한다. 19.8절에서 볼 수 있듯이, 이 보호 메커니즘은 meiotic chromosome segregation (감수분열 염색체 분리) 패턴을 설정하는 데 필수적인 역할을 한다.

Metaphase chromosome의 각 sister chromatid (자매 염색분체)는 kinetichore를 통해 microtuble (미세소관)에 부착된다(그림 19-24 참조). 일단 모든 염색체가 spindle pole microtubule (방추극 미세소관)에 안정적인 amphitelic attachment (양친매성 부착)를 만들고 중기에서 spindle 중앙부에 모이면, 염색체는 긴장 상태에 있게 되며, 반대 방향 spindle pole 쪽으로 두 kinetochore를 당기는 힘이 가해진다. 그러나 자매 염색분체는 cohesion attachment의 잔존물에 의해 중심체에서 함께 고정되기 때문에 아직 서로 분리되지 않는다. 현재까지 분석된 모든 유기체에서 염색체의 중심체 영역에서 이 residual cohesin의 손실은 anaphase 염색체 이동을 유발한다는 것이다(그림 19-27a, 단계 **3**). 염색체에서 응집력이 손실되는 메커니즘도 모든 유기체에 보존되어 있다. **분리효소(separase)**로 알려진 protease는 cohesin subunit Scc1(그림 19-28)을 절단하여 자매 염색분체를 연결하는 protein ring을 끊는다. 일단 이 연결이 끊어지면, kinetochore에 가해진 poleward force이 분열된 자매 염색분체를 반대쪽 spindle pole쪽으로 이동시키면서 anaphase가 시작된다.

Cohesin cleavage은 budding yeast에서 발견되었다. Cohesin의 절단을 담당하는 단백질의 정체에 대한 통찰력은 anaphase 동안 염색체를 분리하지 못하는 효모 돌연변이체의 분석에서 나왔다. Esp1을 인코딩하는 유전자의 돌연변이 형태(지금 우리가 separase라고 부르는 것)는 cleavage fragment를 생성하지 못했다. 후속 분석은 separase가 프로테아제이고, 그 분리효소에 의한 cohesin의 절단이 염색체 분리에 필수적임을 밝혀냈다. Scc1 절단의 비가역적 특성을 감안할 때 separase의 활성을 엄격하게 제어하는 것이 절대적으로 중요하다. 다음으로, 우리는 그의 조절에 대해 논의한다.

APC/C는 Securin을 유니퀴틴화시킴으로써 Separase (분리효소)를 활성화한다

Anaphase 이전에 단백질 securin은 separase (분리효소)에 결합하여 분리효소를 억제한다(그림 19-28 참조). 모든 키네토코어가 올바른 양방향 방식으로 mitotic 미세소관에 부착되면, specificity factor (특이성 인자) Cdc20 (APC/C^{Cdc20}으로 알려짐)(그림 19-14 참조)에 의해 지시

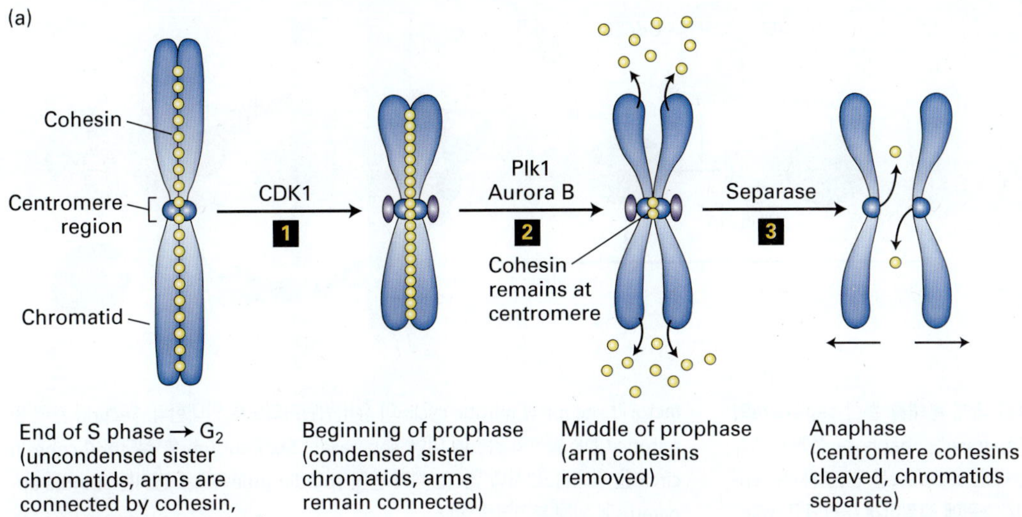

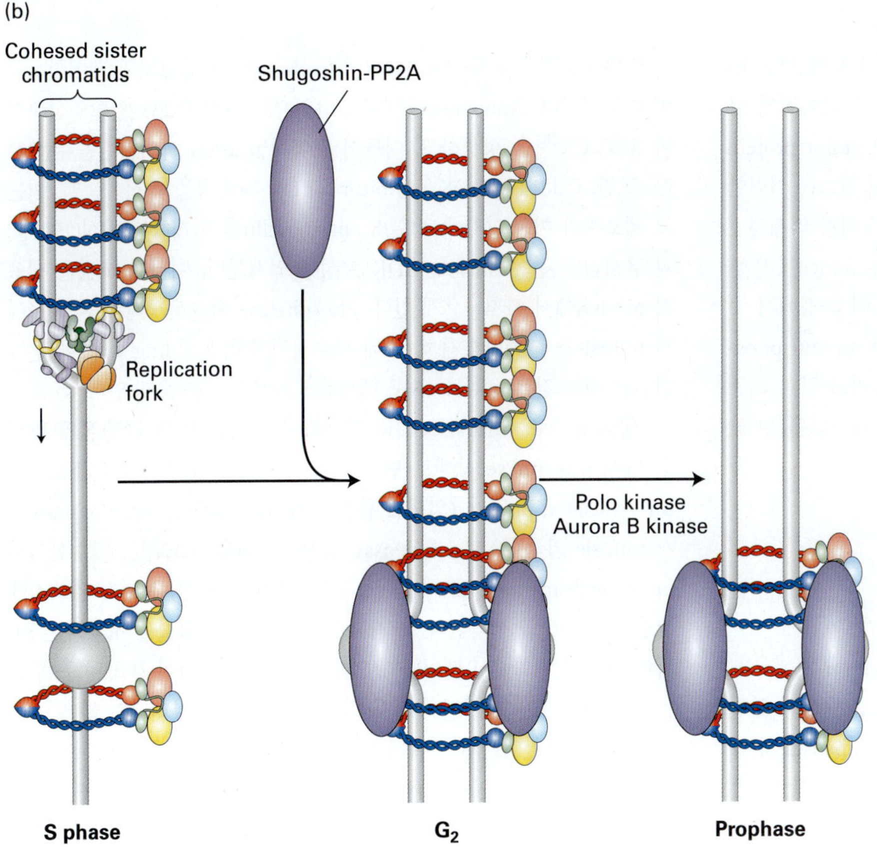

그림 19-27 Centromere에서 separase에 의한 cohesin의 절단은 anaphase를 개시한다. (a) 다단계 과정이 자매 염색분체를 연결하는 cohesin을 제거한다. 단계 **1**: 자매 염색분체가 G_2 동안 cohesin에 의해 팔 전체가 붙게 되면, Shugoshin 단백질은 protein phosphatase 2A (PP2A)를 centromeric 영역으로 모집하기 시작한다. 이 모집 과정은 CDK1이 염색체 응축을 촉발할 때부터 prophase에 들어설 때까지 계속된다. 단계 **2**: Prophase 후기와 metaphase 초기에 염색체 팔에 있는 코헤신은 Polo kinase 및 Aurora B kinase에 의해 인산화와 더불어 특정 단백질 복합체의 작용에 의해 팔에서부터 떨어진다. 그러나 centromeric region에 있는 cohesin은 떨어지지 않고 붙어 있다. 왜냐하면, 거기에 위치한 PP2A는 Plk1 kinase에 의한 인산화 phosphate를 제거하기 때문이다. 마지막 단계 **3**에서, separase는 잔류 centromeric cohesin을 절단하여 anaphase의 시작을 유도함으로써, 반대 spindle pole을 향해 빠르게 이동하는 자매 염색분체를 풀어버린다. (b) Centromeric chromatin에서 Shugoshin-PP2A의 모집 과정을 나타냈다.

되는 APC/C ubiquitin-protein ligase가 유비퀴틴화 securin을 유비퀴티닐화한다. Polyubiquitinylated securin은 프로테아좀에 의해 빠르게 분해되어 분리효소를 방출한다.

APC/C^{Cdc20}은 mitotic CDK 인산화에 의해 인산화 및 활성화된다. 그러나 19.7절에서 인산화된 APC/C^{Cdc20}이 모든 염색체가 mitotic apparatus에 적절한 부착을 이룰 때까지(즉, 양방향), Cdc20은 모든 kinetochore가 미세소관에 부착되고 모든 자매 염색분체의 kinetochore에 적절한 장력이 가해질 때까지 억제된다. 척추동물 세포에서 분리효소 자체는 또한 prophase와 metaphase 동안 CDK 인산화에 의해 negatively (부정적으로) 조절된다. APC/C^{Cdc20} 매개 단백질이 분해될 때 분리효소가 활성화되고 염색체 분리를 촉발한다. 이는 mitotic CDK 활성이 metaphase-anaphase transition에서 감소하기 시작하기 때문이다.

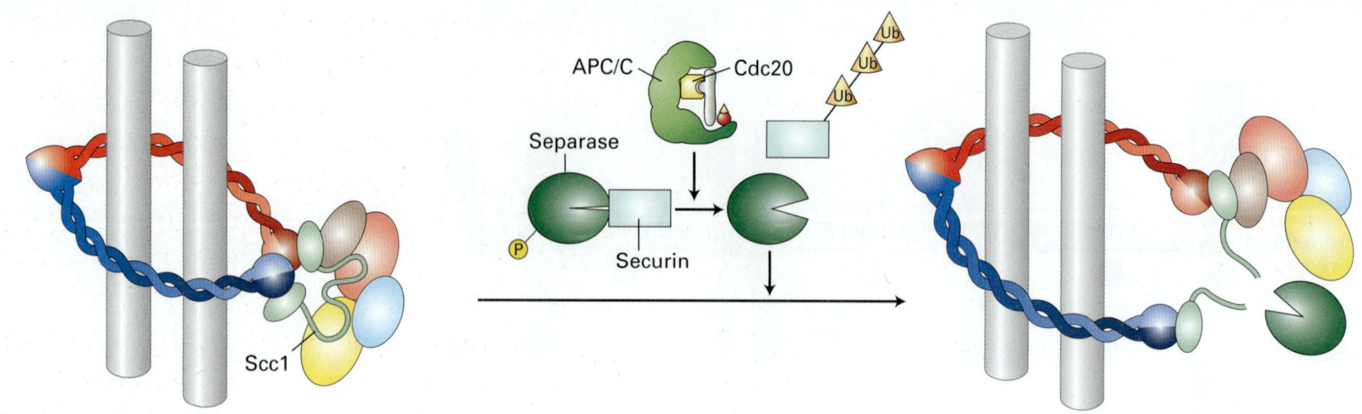

그림 19-28 한 억제제의 인산화 및 유비퀴틴-매개 분해를 통한 separase의 조절은 cohesin 절단의 타이밍을 설정한다. Separase는 anaphase 전에 단백질 securin의 결합에 의해 억제된다. Mitotic CDK는 또한 separase를 인산화시켜 separase를 억제한다. 모든 kinetochore가 방추 미세소관에 적절하게 부착되고, spindle apparatus가 적절하게 조립되어 배향되면, APC/C와 관련된 Cdc20 specificity factor가 securin과 mitotic cyclin이 유비퀴틴화되도록 안내한다. Securin 분해 및 mitotic CDK 활성의 감소에 이어, separase는 Scc1 subunit를 절단하여 cohesin circle을 파괴하고, 자매 염색분체가 반대 spindle pole쪽으로 당기는 spindle apparatus에 의해 분리되게 한다.

일단 cohesin이 절단되면, anaphase 염색체 이동이 뒤따른다. 18장에서 논의된 바와 같이, 염색체 분리는 방추극이 서로 멀어짐에 따라 microtubule depolymerization (미세소관 해중합)과 motor protein (운동 단백질)에 의해 매개된다. Mitotic CDK activity의 감소는 이러한 anaphase 염색체 운동에 중요하다. Mitotic CDK 비활성화가 억제되면 anaphase가 일어나지만 비정상적이다. Microtubule dynamics에 영향을 미치는 다수의 미세소관 관련 단백질의 탈인산화는 이 과정에서 중요한 것으로 보인다. Budding 효모에서, 이 탈인산화는 protein phosphatase Cdc14에 의해 유발되며, 이는 우리가 보게 될 바와 같이 최종 세포주기 단계에서 필수적인 역할을 하여 mitosis에서 빠져나올 수 있게 된다.

Mitotic CDK 불활성화와 Protein De-phosphorylation은 Mitosis 탈출을 촉발한다

Mitotic spindle disassembly, chromosome decondensation 및 nuclear envelope re-formation (핵막 재형성)과 같은 mitosis 탈출과 관련된 사건 그리고 anaphase spindle elongation은 CDK substrate의 탈인산화를 필요로 한다. 다시 말해, 세포가 G_1 상태로 돌아가려면 모든 mitotic events (유사분열 사건)을 촉발한 인산화 사건을 취소해야 한다는 것이다.

Mitotic CDK 기질의 탈인산화에는 두 단계가 있다. 첫째, mitosis CDK 자체를 비활성화해야 한다. 대부분의 유기체에서 mitosis CDK 비활성화는 mitotic cyclin 분해로 유발되는데 APC/C^{Cdc20}에 의한다. 그러나 budding yeast에서는 mitotic cyclin의 약 50%만이 APC/C^{Cdc20}에 의해 분해된다. *Mitotic exit network* (**유사분열 출구 네트워크**)라고 하는 추가적인 경로는 효모에서 mitosis 사이클린을 차단하는 데 특히 중요한 역할을 한다. 이는 mitosis 출구 네트워크라 불리는 GTPase 경로를 통해 **Cdc14 phosphatase**의 활성화를 제어함으로써 이루어진다. Anaphase에서 Cdc14의 활성화는 Cdh1을 탈인산화하여 APC/C^{Cdh1}을 형성하고, 이들이 나머지 mitosis 사이클린을 분해한다. 또한, Cdc14는 CDK inhibitor Sic1의 재축적을 촉진하는데, 이는 그 세포주기 이전 단계에서 G_1/S phase cyclin을 억제하는 방식(19.4절)과 유사하게 잔여 mitotic CDK 활성을 억제한다. 이러한 과정은 세포를 mitosis에서 빠져나오게 한다. Phosphatase 활성은 척추동물 세포에서 mitosis를 빠져나오게 하는 데 필수적이지만, budding yeast에서 발견되는 것과 같은 mitosis 출구 네트워크는 없는 것으로 보인다.

궁극적으로, mitosis CDK 인산화의 역전은 많은 단백질의 활성을 다시 interphase 상태로 변경한다. Condensins 및 기타 chromatin-associated protein (염색질 관련 단백질)의 탈인산화는 telophase에서 mitosis 염색체의 decondensation (탈축합)을 유도한다. 탈인산화된 inner nuclear membrane protein (내부 핵막 단백질)은 다시 염색질에 결합하는 것으로 생각된다. 결과적으로, 이러한 단백질을 포함하는 ER 막이 다수의 지역에서 뻗어나가(ER projection) 응축이 풀리는 중에 있는 염색체의 표면과 결합하여 융합한다. 이후 아직 알려지지 않은 메커니즘에 의해 각 염색체 주위에 연속적인 이중막이 형성되는 것으로 생각된다(그림 19-29). Nuclear pore subcomplex (핵기공 복합체)의 탈인산화는 그 subcomplex가 ER projection이 융합한 후에 내부 및 외부 막을 횡단하는 완전한 NPC로 재조립될 수 있게 한다. Ran·GTP는 대부분의 nuclear import와 export를 주도하는 데 필요하며(13장 참조), ER projection의 융합을 자극하여 daughter nuclear envelope을 형성하고 NPC를 조립한다(그림 19-29). Ran·GTP 농도는 Ran-guanine nucleotide-exchange factor (Ran-GEF)가 염색질에 결합되어 있기 때문에 decondensing 염색체 부근에서 가장 높다. 결과적으로, 막 융합이 decondensing 염색체의 표면에서 자극된다. NPC가 삽입된 핵막 시트는 서로 융합하여 모든 염색체 주위에 하나의 핵막을 형성한다.

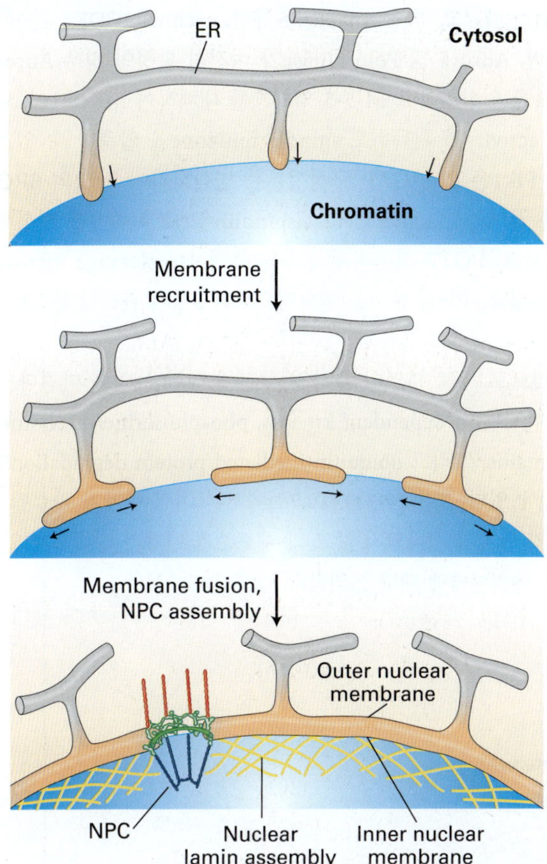

그림 19-29 Telophase 동안 핵막의 재조립 모델. 소포체(ER)의 연장선에 있는 막은 각각의 decondensing chromosome (풀어지고 있는 염색체)과 결합한 다음 서로 융합하여 염색체 주위에 이중막을 형성한다. 탈인산화된 nuclear pore subcomplexe는 핵공으로 재조립되어 *karyomere*라고 하는 개별 미니 핵을 형성한다. 감싸인 염색체는 더욱 압축이 풀리고, 양쪽의 spindle pole에 있는 모든 karyomere의 핵막과 계속 융합되어 전체 염색체 세트를 포함하는 단일 핵을 형성한다. NPC: nuclear pore complex (핵공 복합체). B. Burke and J. Ellenberg, 2002, *Nat. Mol. Cell Biol.* **3**:487–497 참조.

Cytokinesis를 통해 2개의 딸세포가 만들어진다

염색체 분리가 완료되면, 세포질과 세포소기관이 미래의 두 딸세포 사이에 분포된다. 이 과정을 **cytokinesis (세포질분열)**이라고 한다. 고등식물을 제외하고, 세포 분열은 actin (액틴)과 액틴 모터 myosin (미오신)으로 구성된 contractile ring (수축 고리)에 의해 일어난다(그림 17-34 참조). 세포질 분열 동안 고리는 근육 수축과 유사한 방식으로 수축하여 막을 안쪽으로 당기고, 결국 두 딸세포 사이의 연결이 끊어진다(그림 19-30).

Cytokinesis는 공간적으로 그리고 및 시간적으로 다른 세포주기 이벤트와 조정되어야 한다. 세포 분열로 모세포의 세포질 함량과 유전적 함량의 정확한 절반을 가진 2개의 딸세포가 생성되려면, division plane (분열 평면)이 공간적으로 적절하게 위치해야 한다. Cytokinesis는 또한 mitosis의 완료와 함께 시간적으로 조정되어야 한다. 다음에서, 우리는 cytokinesis 조절의 이러한 두 가지 측면을 모두 다룰 것이다.

동물 세포에서, contractile ring은 anaphase 동안 형성되며 각 딸세포가 유전 물질의 절반을 받을 수 있도록 anaphase spindle의 중앙에 정확히 위치해야 한다. Contractile ring assembly에는 작은 GTPase RhoA가 필요하다(17.7절 참조). Acxtive RhoA는 수축 고리가 형성되는 부위의 spindle 중앙 부분 반대편 세포의 cortical surface에 향성된다(그림 19-30a). Active GTP-bound RhoA는 모두 formin-mediated F-actin assembly를 자극하고 myosin II의 작용을 촉진한다(그림 17-42 참조). 효모에서 작은 GTPase는 mitotic exit network (유사분열 출구 네트워크)를 형성하는 데 중요한 역할을 한다는 것을 상기하자. 동물 세포에서는 작은 GTPasae가 그와 같은 역할을 하지 않고 대신에 mitotic protein kinase에 의해 엄격히 조절되는 cytokinesis에 관여한다(그림 19-30b).

RhoA 자체는 *Ect2*라고 하는 진화적으로 보존된 guanine nucleo-

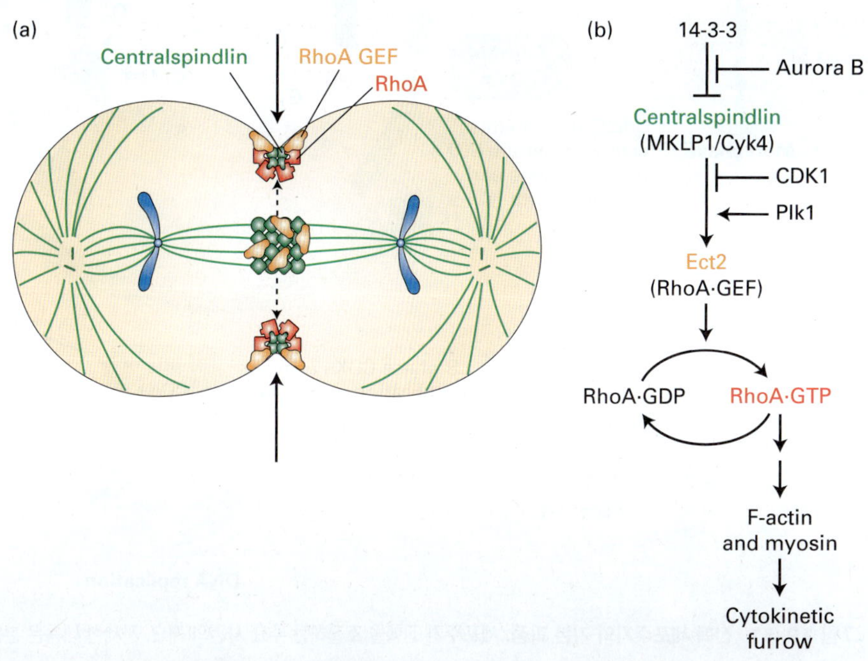

그림 19-30 RhoA의 제어는 cytokinesis를 조절한다. (a) Centralspindlin 복합체(녹색)는 anaphase 동안 중앙 방추에서 RhoGEF Ect2 (주황색)를 끌어들여 활성화한다. 이들은 중앙 방추 반대편의 cell cortex에 있는 RhoA (빨간색)로 가서 그것을 활성화시킴으로써 분열 고랑을 만들고, 세포를 반으로 나누는 액토미오신 기반 contractile ring를 생성한다. (b) RhoA 활성화의 분자 경로 및 인산화에 의한 cleavage furrow 형성 제어. [Information from A. Basant and M. Glotzer, 2018. *Curr. Biol.* **28**:R570-R580.]

tide-exchange factor (GEF)에 의해 활성화되며, 이 자체는 Centralspindlin이라는 다중 단백질 복합체에 의해 엄격하게 조절된다. *Centralspindlin*은 kinesin-6 모터 단백질 MKLP1의 2개와 Rho GTPase-activating protein (GAP)의 이량체로 구성된 heterotetramer (이종 사량체)이다. 이름에서 짐작할 수 있듯이, 대부분의 Centralspindlin은 anaphase spindle의 중간 영역에 국한되어 있다(그림 19-30a). 여기서 MKLP1 구성성분은 spindle microtubule을 묶고 central spindle를 구성하는 올리고머를 형성함으로써 cytokinesis가 끝날 즈음 세포 절단(cell abscission)을 대비한다. 그러나 다양하게 다른 양의 Centralspindlin이 RhoA activator인 Ect2와 RhoA와 함께 중앙 방추에 인접한 cell cortex에 있다(그림 19-30a). MKLP1은 phosphoserine/threonine-binding protein 14-3-3에 의해 억제된다(그림 19-30b 참조). 이는 spindle midzone 미세소관이 anaphase가 끝날 때까지 압축되지 않도록 한다. 유사하게, RhoA activator Ect2는 mitosis의 이전 단계 동안 자동 억제되지만, 활성화에 중요한 2개의 phospho-binding BRCT domain을 가지고 있다. Anaphase 동안, cyclin B–CDK1 활성이 소멸되었지만, Aurora 및 Polo kinase가 여전히 활성인 경우 Aurora B는 MKLP1을 인산화하고 14-3-3 억제제를 대체하여 MKLP1이 catalytic motor activity를 획득하고 spindle midzone을 압축할 수 있게 한다. 동시에 Plk1은 Rho-GAP 구성성분를 인산화하여 Ect2의 BRCT domain을 끌어와서 active Centralspindlin-Ect2 복합체를 형성한다. 이것은 RhoA의 GTP-의존적 활성화를 촉매하여 cleavage furrow (분열고랑) 형성과 세포질 분열을 일으킴으로써 2개의 완전히 분리된 세포를 형성한다.

이것으로 세포 분열의 분자적 사건에 대한 논의를 마친다. 우리가 보았듯이, cyclin-dependent kinases, phosphoserine/threonine-binding domains, 그리고 ubiquitin-mediated protein degradation이 조절의 중심에 있다(그림 19-31). 19.7절에서는 이전 단계가 완료될 때까지 세포주기 단계가 시작되지 않고 각 세포주기 단계가 정확하게 일어나게끔 하는 메커니즘에 대해 논의한다.

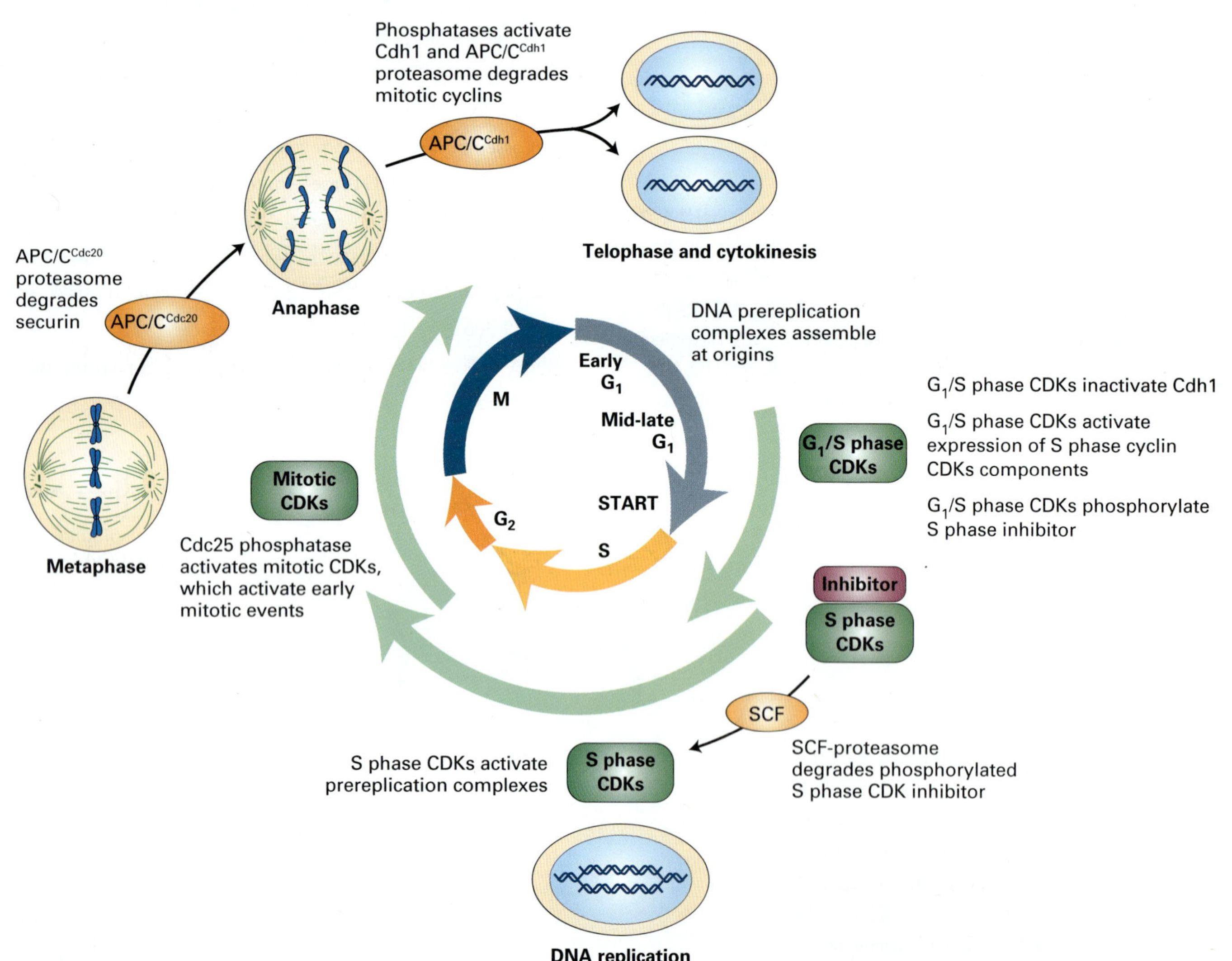

그림 19-31 진핵 세포주기의 기본 과정. 세포주기 진행을 조절하는 주요 사건의 개요. 자세한 내용은 본문을 참조하시오.

19.6절의 주요 개념

Mitotic Spindle (방추사), 염색체 분리 및 Mitosis 탈출

- Separase에 의한 cohesin의 절단은 anaphase 동안 염색체 분리를 유도한다.
- Anaphase가 시작될 때, APC/C는 Cdc20에 의해 securin을 유비퀴틴화하도록 지시되며, 이는 후속적으로 proteasome에 의해 분해된다. Plk1에 의한 인산화와 함께 securin의 분해는 separase를 활성화한다 (그림 19-28 참조).
- Mitosis에서의 탈출은 mitotic cyclin degradatio에 의해 야기되는 mitotic CDK 불활성화에 의해 유발된다.
- Mitosis에서 빠져나오기 위해서는 Cdc14와 같은 protein phosphatases의 활성이 필요한데, 이는 mitotic spindle disassembly, chromosome decondensation 그리고 nuclear envelope reassembly에 필요한 다양한 단백질에서 mitotic phosphate (유사분열 인산염)를 제거한다.
- Cytokinesis는 세포 분열을 완료하고 핵 분열 부위와 잘 조정되어야 한다. 동물 세포에서 이러한 조정은 작은 GTPase RhoA를 포함하며, Plk1, Aurora B 및 phospho-binding domains에 의해 조절된다 (그림 19-30 참조).

19.7 세포주기 조절 감시 메커니즘

Checkpoint pathway로 알려진 감시 메커니즘은 이전 이벤트가 완료될 때까지 다음 세포주기 이벤트가 시작되지 않게 한다. 체크포인트 경로는 특정 세포 이벤트를 모니터링하는 **센서**, 반응을 시작하는 **signaling cascade**, 결함이 수정될 때까지 세포주기 진행을 멈추고 필요시 복구 경로를 활성화하는 **effector**로 구성된다. 만약 결함이 복구될 수 없으면, checkpoint pathway가 세포자살을 유도한다.

체크포인트 경로에 의해 모니터링되는 세포주기 이벤트에는 성장, DNA 복제, DNA 손상, mitosis 방추의 kinetichore에의 부착 및 세포 내에서 방추의 위치잡기가 포함된다. Checkpoint 경로는 세포 분열이 상당히 높은 충실도를 보이며 일어나게 하여 각 딸세포가 정확하게 복제된 염색체를 그리고 정확한 개수를 가질 수 있게 한다. 체크포인트 경로는 protein phosphorylation을 통해 기능하며, 단백질들을 cyclin-CDK의 활성을 제어하는 phosphoserine/threonine-binding domain에 결합하도록 targeting한다. 이 제어에는 다양한 메커니즘이 있다. cyclin의 합성을 차단하거나 분해를 증가시키는 방법 포함, CDK의 inhibitoty site를 인산화, CDK activator를 CDK에서 격리, cyclin CDK 복합체를 비활성화하는 CDK inhibitor (CKI) 안정화, APC/C ubiquitin protein ligase의 비활성화 등이 있다.

DNA가 손상되었을 때 DNA Damage Response System은 세포주기 진행을 멈추고 DNA Repair Machinery를 끌어 온다

유전체의 완전하고 정확한 복제는 세포 분열에 필수적이다. DNA가 불완전하게 복제되거나 손상되었을 때 세포가 mitosis에 들어가면 유전적 변화가 발생한다. 많은 경우 이러한 변화는 세포 사멸로 이어지지만, 25장에서 볼 수 있듯이 세포의 성장과 분열에 대한 통제력 상실을 가져와 암을 초래할 수도 있다. 인간 암에서 DNA 손상과 복구의 감지와 관련된 많은 단백질들이 돌연변이된 것으로 발견된다는 사실은 이러한 위험이 예삿일이 아님을 말해준다.

DNA를 복제하는 효소는 정확하지만, DNA synthesis 동안 완전한 정확성을 보장하기에는 충분하지 않다. 또한 X-선 및 자외선과 같은 환경적 손상은 DNA 손상을 유발할 수 있으며, 이러한 손상은 세포가 mitosis에 들어가기 전에 복구되어야 한다. 세포는 *DNA* **손상에 반응하는 시스템**을 보유하고 있는데, 이 시스템은 다양한 유형의 DNA 손상을 감지하고 손상이 복구될 때까지 복구 경로를 활성화하거나 세포주기 진행을 중단한다. Cell cycle arrest (세포주기 정지)는 DNA 손상이 세포주기 진입 전에 혹은 DNA 복제 중에 발생했는지에 따라 G_1, S기 또는 G_2에서 발생할 수 있다. 다세포 유기체에서 DNA 손상이 심할 때 세포는 복구를 수행하지 않고, 대신 22장에서 자세히 설명하는 메커니즘인 세포자살("프로그램된 세포 사멸")을 시작하거나 노화되어 영구적으로 분열을 멈춘 크고 평평한 세포로 된다.

DNA 손상은 다양한 형태로 존재하며, 정도의 심각도가 다 다르다. *Double strand break* (이중가닥 파손)으로 알려진 DNA 나선의 파손은 아마도 가장 심각한 형태의 손상이다. 왜냐하면, 그러한 lesion (병변)이 존재하는 상태에서 mitosis가 계속되면, 거의 확실하게 DNA loss를 초래할 것이기 때문이다. Kinetochore가 조립되는 염색체의 centromere에 붙어 있지 않은 절단된 DNA 조각은 2개의 딸세포로 나누어지지 않기 때문이다. 좀 경미한 결함에는 single-strand breaks (단일가닥 파손), nucleotide의 구조적 변화 및 DNA mismatch가 포함된다. 세포에는 이러한 모든 유형의 손상에 대한 센서가 있다는 점에 유의하는 것이 중요하다. 이 센서는 genome을 스캔하고, 손상이 감지됐을 때 lesion (병변) 부위에서 신호를 분석하여 여러 repair factor (수리 인자)들을 모아 수리 장치를 조립한다.

다양한 유형의 병변을 감지하는 시스템의 핵심에는 **ATM (ataxia telangiectasia mutated)** 및 **ATR (ataxia telangiectasia and Rad3-related protein)**이라고 하는 서로 비슷한 protein kinase가 있는데, 이들은 쌍을 이루어 병변을 센싱한다. ATM 및 ATR 외에도 **DNA-PK (DNA dependent protein kinase)**라고 하는 protein kinasae도 DNA 손상 신호전달 및 복구에 중요하다. 세 가지 protein kinase는 모두 DNA 손상 부위의 염색질에 형성되는 특정 단백질 복합체를 통해 DNA 손상 부위로 동원된다. 그런 다음, 그들은 DNA 병변 부위 근처에서 어댑터 단백질과 DNA repair protein들을 순차적으로 모으기 시작한다. 또한, *Chk1*, *Chk2* 및 *MK2*라고 하는 다른 downstream effec-

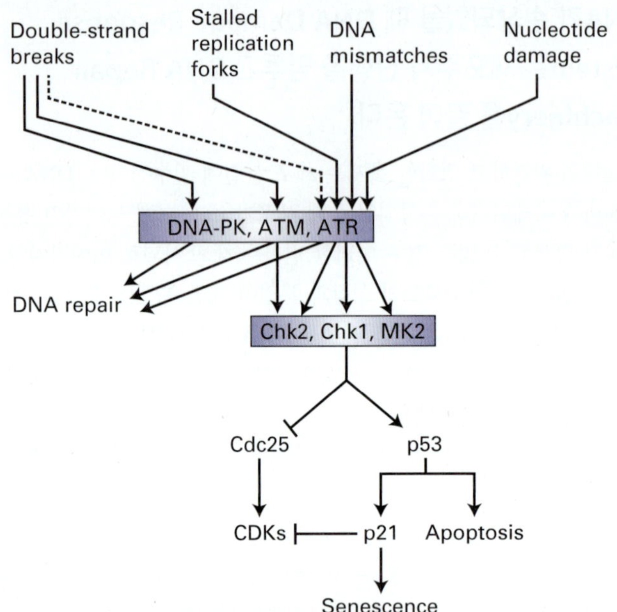

그림 19-32 DNA 손상에 대응하는 시스템의 개요. Protein kinase DNA-PK, ATM 및 ATR은 손상된 DNA 부위에서 활성화된다. ATR은 다양한 DNA 손상에 반응하는데, 대체로 DNA 손상 자체 또는 수리의 결과로 생기는 단일가닥 DNA에 주로 반응한다. ATM과 DNA-PK는 이중가닥 DNA break (파손)에 의해 특이적으로 활성화된다. 이중가닥 파손은 복구 과정에서 일부 단일가닥 DNA로 변환되기 때문에 간접적이기는 하지만(점선으로 표시됨) ATR도 활성화한다. 이 kinase는 DNA lesion (병변)에서 추가적으로 다른 단백질을 인산화하여 DNA 복구 기계를 모집하고 활성화한다. ATM과 ATR가 DNA 손상에 의해 활성화되면 관련된 protein kinase 3종 즉 Chk1, Chk2 및 MK2를 활성화한다. 이 kinase들은 Cdc25를 인산화하여 억제하고, 또한 CDK inhibitor CKI p21의 전사를 유도하는 전사 인자 p53을 안정화함으로써 세포주기 arrest (정지)를 유발한다. DNA 손상이 심하면, p21이 세포를 노화시키거나 혹은 p53이 세포자살을 유발할 수 있다.

tor protein kinase 세트를 활성화하여 세포주기 진행을 중지하는 cell cycle checkpoint를 설정하고 유지한다(그림 19-32).

ATR, ATM 및 DNA-PK는 서로 다른 유형의 DNA 손상을 인식한다. ATM과 DNA-PK는 주로 double-strand break에 반응한다. ATR은 stalled replication forks (멈칫대는 복제 분기), DNA mismatch (DNA 불일치), damaged nucleotides (손상된 뉴클레오티드) 및 single-strand break와 같은 다양한 유형의 DNA 손상을 인식한다. ATR이 이러한 다양한 유형의 손상을 인식할 수 있는 이유는 모든 손상에서 일정량의 단일가닥 *DNA*가 나오기 때문이다. 사실 단일가닥은 손상 자체의 일부로 또는 복구 효소가 복구하는 과정에서 만들어진다. ATR은 *ATRIP*라고 하는 ATR-interacting protein을 통해 단일가닥 DNA에 결합하고, 그 결과로 ATR protein kinase 활성이 증가된다. 그런 다음, ATR은 여러 adaptor protein들을 인산화하는데, 이들은 DNA 복구 단백질들을 모집하고 손상이 복구될 때까지 세포주기 진행을 멈추는 Chk1과 MK2 kinase의 활성화를 돕는다.

DNA-PK와 ATM은 모두 이중가닥 DNA 파손을 인식한다. *Ku70/80*이라고 하는 DNA-PK의 두 subunit은 free DNA end를 둘러싸는 ringlike structure (고리 모양의 구조)를 형성한다. 대조적으로, ATM은 *MRN* 복합체로 알려진 DNA ends complex (DNA 말단 복합체)에 직접 모집된다(그림 19-33, 단계 **1**). DNA-PK와 ATM의 broken end에의 결합은 이들을 함께 고정하는 효과가 있다. ATM은 Chk2와 MK2를 활성화하여 복구가 완료될 때까지 세포주기 진행을 중지한다. 게다가, DNA-PK, ATM 그리고 ATR은 손상 부위 근처의 염색질에서 *H2AX*라는 히스톤 변형체를 인산화한다(그림 19-33, 단계 **2**). 인산화된 H2AX는 DNA 복구를 제어하는 추가적인 단백질 복합체를 모집하기 위한 landing pad (착륙 패드)로 기능을 한다. 이는, 이전 절에서 다룬 바 있는, 세포주기 진행 및 제어의 여러 측면과 개념적으로 유사하다. 여기에는 추가적인 단백질 인산화, phospho-binding domains를 통해 추가적인 단백질 동원, ubiquitin protein ligase를 통

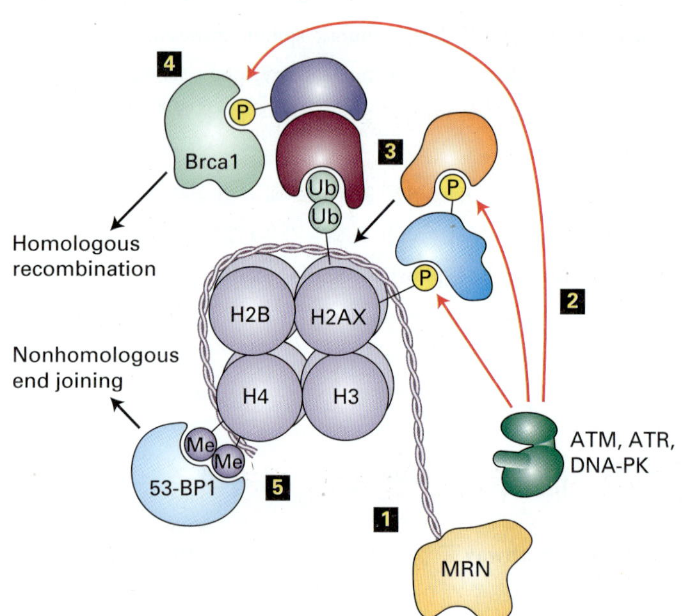

그림 19-33 DNA 이중가닥 파손 시 세포주기 체크포인트 활성화 및 복구 기계 모집. 활성화 및 모집 과정은 phosphoserine/threonine-binding domain 및 ubiquitin-binding 모듈을 통한 추가 단백질의 모집과 함께 일련의 단백질 인산화 및 유비퀴틴 변형에 의존한다. 단계 **1**: 끊어진 이중가닥의 끝은 ATM을 활성화하는 MRN 복합체에 의해 인식된다. MRN 복합체는 또한 nuclease 활성을 가지고 있어 파손된 말단을 수리 처리하는 데 도움을 준다. 대안으로, 자유 이중가닥 DNA 말단은 DNA-PK를 활성화하기 위해 Ku70/80(미도시)에 결합할 수 있다. 단계 **2**: ATM, ATR 또는 DNA-PK는 파손 부위에 가까운 nucleosome 내에서 변종 히스톤 H2AX를 인산화한다. 이것은 phospho-binding domain을 통해 phospho-H2AX를 인식하는 단백질을 추가로 모집하고, 그들 자신도 인산화된다. 단계 **3**: 모집된 phospho-binding protein 중 하나가 H2AX를 유비퀴틴화한다. 이는 H2AX를 ubiquitin-binding protein complex에 결합하게 한다. 단계 **4**: ubiquitin-binding protein complex의 인산화는 homologous recombination을 촉진하는 phospho-binding BRCT domain을 통해 BRCA1을 모집한다. 단계 **5**: 그렇지 않으면, 파손 근처에 있는 histone H4의 메틸화된 히스톤들은 methyl lysine-binding domain을 통해 53BP1을 모집한다. 이는 파손된 자리에서, DNA-PK의 촉매 활성(나타내지 않음)과 함께 DNA 말단의 절제를 억제해서 상동재조합을 차단하고 nonhomologous end joining (비상동 말단 연결)을 촉진한다.

한 H2AX 포함, 여러 손상 부위의 단백질 유비퀴틴화 표지, 그리고 메틸화와 같은 기타 단백질의 변형 등이 포함된다(그림 19-33, 단계 **3**). 최종 결과는 파손 시 어떤 특정 유형의 DNA 복구가 발생하는지 결정하는 2개의 단백질을 모집하는 것이다. 복구의 한 유형은 5장에 설명된 대로 *homologous recombination* (**상동 재조합**)이다. 여기에는 single-stranded overhang (단일가닥 돌출부)가 생성돼서, ATR과 그의 effector가 차례로 모집되고 활성화되어 DNA damage response이 더욱 향상된다. 이 과정에 의한 복구는 상동 염색체의 존재를 필요로 하므로 세포주기 중 S기 후반이나 G_2기에서만 일어난다. 이러한 유형의 수리에는 *BRCA1*이라는 단백질이 필요하다(그림 19-33, 단계 **4**). 대조적으로, DNA break에 *53BP1*이라는 단백질이 모이면(그림 19-33, 단계 **5**), homologous recombination이 억제되고 *nonhomologous end joining* (**비동종 말단 연결**)으로 알려진 대체 복구 경로가 촉진된다. 여기에서 DNA의 부러진 두 끝은 단순히 다시 접착되며, 때로는 끊어진 연결 부위에서 DNA 염기의 일부가 없어진다. 따라서 이러한 유형의 수리는 돌연변이를 일으킬 수 있다. 이러한 end joining process에는 DNA-PK의 catalytic activity이 필요하다. Homologous DNA sequence가 필요하지 않기 때문에 염색체 복제에서 nonhomologous end joining (비상동 말단 연결)은 G_1기 세포의 중요 복구 메커니즘이며, 염색체 복제로부터 homologous DNA를 사용할 수 있음에도 불구하고 S 및 G_2기 세포에서도 꽤 많이 사용되는 메커니즘이다. 이러한 세포주기 단계 외에, 우리는 특정 break에서 어떤 복구 경로가 사용될지를 결정하는 것이 무엇인지에 대해서는 모른다.

DNA 복구에 관여하는 분자로 BRCA1이 알려진 데에는 멘델식 유방암 발병 패턴을 보이는 breast cancer prone families (유방암 취약 가족들)의 유전학 연구가 비중 있게 기여했다. 이 특성과 관련된 genomic locus (게놈 유전자좌)는 Mary-Claire King과 그의 동료에 의해 염색체 17에 있는 단일 유전자로 위치가 정해졌고, BRCA1 (*BR*east *C*ancer *A*ssociated-*1*)로 이름지어졌다. 이 유전자는 이후 여러 학계와 산업계 연구팀에 의해 클로닝되어 유방암 환자에서 돌연변이된 것으로 나타났다. 많은 실험실의 후속 작업은 BRCA1 단백질이 homologous DNA repair pathway의 핵심 구성 요소임을 제시했다. 암 관련 BRCA1의 돌연변이는 DNA 복구 기능을 망가뜨린다. ■

ATR과 ATM의 downstream kinase인 Chk1, Chk2 및 MK2는 세포주기 진행을 멈추게 한다(그림 19-32 참조). 이러한 protein kinase는 CDK-activating 인산화 부위와 구별되는 부위를 인산화함으로써 Cdc25 계열 구성원의 작용을 억제한다. 이러한 damage-induced phosphorylation sites (손상 유도 인산화 부위)는 Cdc25 단백질을 다양한 phosphoserine/threonine-binding proteins에 결합되도록 표시한다(그림 19-34 참조). G_1 동안 DNA 손상이 발생하면, Cdc25A의 인

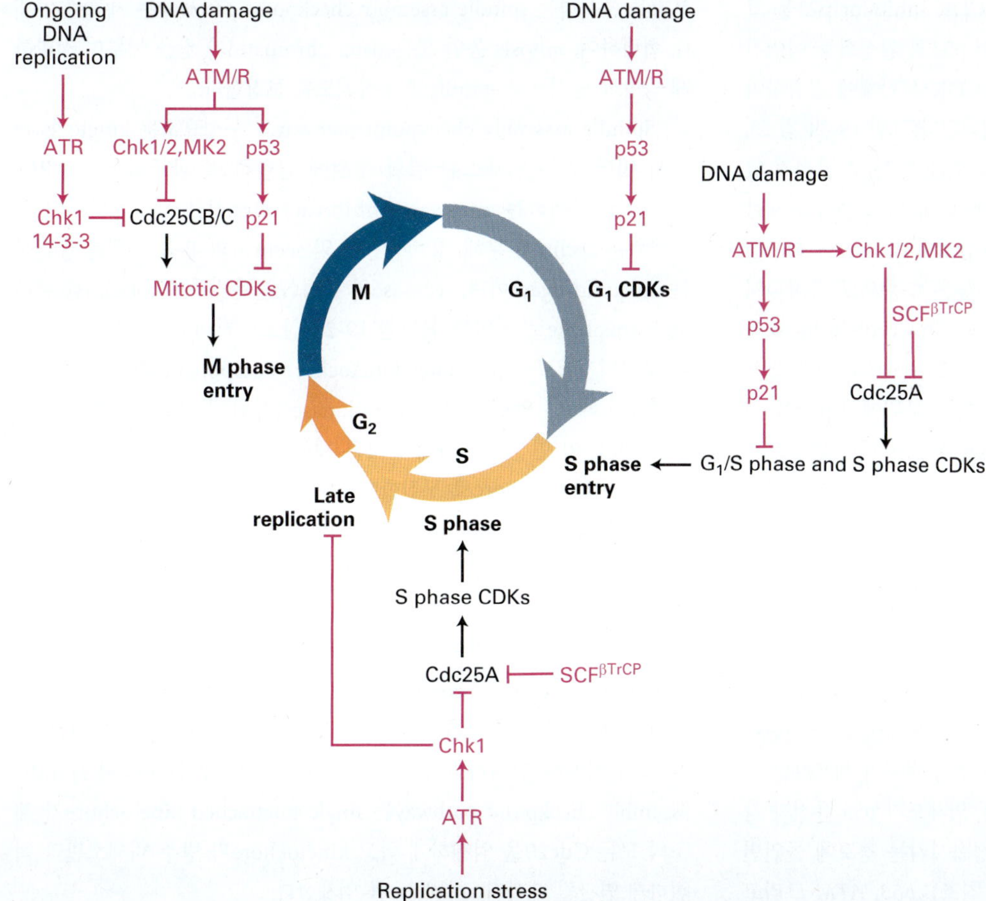

그림 19-34 세포주기에서 DNA 손상 체크포인트 제어 개요. DNA 손상에 대한 반응으로서, ATM 또는 ATR protein kinase는 Chk1/2와 MK2 protein kinase를 통해 Cdc25 계열 구성원을 억제한다. 또한 CKI p21의 생성을 유도하는 p53을 활성화한다. G_1 동안, p53-p21 경로는 G_1 CDK를 억제한다. S 및 G_2기 복제 스트레스(느린 DNA replication fork의 이동 또는 DNA replication fork의 붕괴)에서, DNA 이중가닥 파손은 ATM-Chk2 protein kinase cascade를 활성화한다. Chk1과 Chk2는 MK2와 함께 Cdc25B와 C를 인산화하여 비활성화시키고, mitotic CDK의 활성화와 mitosis로의 진입을 차단한다. G_1 및 S 동안 DNA 손상 체크포인트는 Cdc25A를 인산화하여 SCF$^{\beta TrCP}$-매개 분해 대상이 되게 한다. 그럼으로써, G_1/S phase CDK 및 S phase CDK를 억제하고, S기로의 진입 또는 통과를 차단한다. 빨간색 기호는 세포주기 진행을 억제하는 경로를 나타낸다.

산화는 F-box-containing ubiquitin-protein ligase (F-box를 보유한 유비퀴틴-단백질 리가아제)의 결합 유도하여 Cdc25A를 proteasomal degradation되도록 유비퀴틴으로 표지한다(그림 19-14 참조). Cdc25A의 loss는 G_1/S phase CDK 및 S phase CDK를 억제한다(그림 19-34 참조). 결과적으로, 이러한 kinase들은 DNA 복제를 개시할 수 없다. S기 또는 G_2에서 DNA 손상이 발생하면 Chk1/2와 MK2는 Cdc25B 및 Cdc25C를 인산화하고, 이들은 14-3-3 단백질에 결합하게 된다. 이는 Cdc25B 및 Cdc25C의 촉매 활성을 감소시키고 이들을 격리시킨다. 그럼으로써, 이들이 mitotic CDK에 결합하고 활성화하는 것을 방지하여 G_2에서 arrest를 초래한다(그림 19-34 및 19-21 참조).

DNA 손상이 없는 경우에도 활발한 DNA 복제는 mitosis로의 진입을 억제한다. ATR은 모든 replication fork가 DNA 복제를 완료하고 해체될 때까지 Chk1 및 MK2를 활성화하여 Cdc25B/C를 억제한다. 이 메커니즘은 mitosis의 개시를 염색체 복제의 완료에 의존하게 만든다. 마지막으로, 세포는 replication fork를 지연시키거나 느려지게 하는 DNA replication stress도 감지한다. 이러한 스트레스는 ATR-Chk1 checkpoint 경로의 활성화를 촉발하고 S phase CDK 활성의 하향 조절을 초래하며 late-replicating origin의 발화를 방지한다. 또한 ATR은 stalled (멈칫거리는) fork를 안정화시켜 복제 스트레스가 해결되면 DNA 복제를 재개할 수 있게 한다.

Chk1-, Chk2- 및 MK2-mediated Cdc25 phosphatase 억제는 DNA에 손상이나 또는 불완전 복제가 있을 때 세포주기 진행을 억제하는 유일한 수단이 아니다. DNA 손상은 또한 CDK inhibitor p21을 코딩하는 유전자의 발현을 유도하는 전사 인자인 p53의 활성화로 이어진다. p21은 모든 metazoan (후생동물) cyclin-CDK 복합체에 결합하여 억제한다. 결과적으로, 세포는 G_1과 G_2에서 정지된다(그림 19-34 참조).

전사 인자 **p53**는 tumor suppressor (종양 억제 인자)로 알려져 있다. 그의 정상적인 기능은 DNA 손상에 직면했을 때 세포 증식을 제한하는 것이기 때문이다. 이 단백질은 극도로 불안정하며, 일반적으로 정상적인 조건에서 전사를 자극할 만큼 충분히 높은 수준으로 축적되지 않는다. p53의 불안정성은 *Mdm2*라고 하는 ubiquitin-protein ligase에 의한 유비퀴틴화와 이에 따른 proteasomal degradation으로 인해 발생한다. p53의 빠른 분해는 Mdm2 결합을 방해하는 부위에서 p53을 인산화하는 ATM과 ATR에 의해 억제된다. DNA 손상에 대한 반응으로서, 이러한 p53 변형과 이외 다른 p53 변형은 p21과 같은 DNA 손상에 대처하는 데 도움이 되는 특정 유전자의 전사 활성 능력을 크게 증가시킨다.

DNA 손상이 광범위할 때와 같은 일부 상황에서, p53은 프로그램된 세포 사멸 과정인 세포자살을 유도하는 유전자의 발현을 활성화한다(그림 19-32 참조). Metazoan에서 세포자살을 유도하는 p53 반응(22장 참조)은 아마도 정상 세포를 암세포로 전환시킬 수 있는 다양한 돌연변이의 축적을 방지하기 위해 진화한 것 같다. 세포주기 정지와 세포자살 유도 모두에서 p53의 이중적인 역할은 거의 모든 암세포가 *p53* 유전자 자체에 또는 DNA 손상에 반응하여 p53을 안정화시키는 경로에 돌연변이가 있다는 관찰을 설명해 줄 수 있다(25장 참조). *p53*, *ATM* 그리고 *Chk2*에서의 돌연변이에 따른 결과는 다세포 유기체의 건강에 관한 한 cell cycle checkpoint pathway의 중요성을 단적으로 보여준다.

Spindle Assembly Checkpoint 경로는 모든 염색체에 Mitotic Spindle이 정확하게 연결될 때까지 염색체의 분리를 막는다

Spindle assembly checkpoint pathway (방추 어셈블리 체크포인트 경로)는 anaphase로 들어가기 전에 모든 염색체가 amphitelic attachment (양쪽성 부착)를 통해 mitotic microtubule (방추 미세소관)에 적절하게 부착되도록 하는 global surveillance mechanism (전역 감시 메커니즘)이다. kinetochore 1개만이라도 방추 미세소관에 부착되어 있지 않거나 긴장 상태에 놓여 있지 않은 상태에서 자매 염색분체를 분리하려는 시도는 거의 확실하게 염색체 손실로 이어질 것이기 때문에 anaphase가 억제된다. 19.5절에서 보았듯이, Spindle assembly checkpoint pathway는 방추 미세소관에 부착되지 않은 kinetochore를 모니터링한다. 불충분한 장력 하에서 microtubule-kinetochore 상호작용은 protein kinase Aurora B에 의해 불안정화되며, 이는 kinetochore의 microtubule-binding component인 Ndc80 복합체를 인산화한다. 이것은 spindle assembly checkpoint pathway에 의해 인식되는 안정적인 kinetochore-microtubule 상호작용의 손실로 이어진다. 이러한 방식으로 개별 염색체 수준에서 Aurora B의 kinase activity와 모든 염색체의 부착을 조사하는 spindle assembly checkpoint pathway는 세포주기 내내 협력하여, mitosis 동안 모든 sister chromatid가 쌍을 이루며 정확하게 양방향 방식으로 spindle에 부착되도록 보장한다.

Spindle assembly checkpoint pathway의 구성요소는 kinetochore에서 비어 있는 미세소관 결합 부위에 결합하고, 궁극적으로 APC/C^{Cdc20}을 억제하는 anaphase inhibitory signal을 생성한다. APC/C^{Cdc20}은 cyclin B 분해, 유비퀴틴화 및 securin의 후속 분해를 유발하는 ubiquitin ligase이며, separase의 활성화를 유발하여 cohesin을 분해하고 anaphase로 진입한다(그림 19-28 참조). 키네토코어가 미세소관에 부착되지 않은 경우, outer kinetochore component Knl1은 스핀들 어셈블리 체크포인트 경로 protein kinase Mps1에 의해 인산화된다(그림 19-35). 이 인산화는 차례로 다른 체크포인트 경로 구성요소를 부착되지 않은 kinetochore로 모집한다. APC/C^{Cdc20}의 활동 종료에 중요한 것은 연결되지 않은 kinetochore에 의한 Mad1-Mad2 복합체의 모집과 활성화이다. 중요하게도, 활성화된 Mad1-Mad2 복합체는 세포질의 비활성("열린") Mad2 분자를 APC/C^{Cdc20}에 결합시킨 후 이를 억제할 수 있는 활성("닫힌") 형태로 전환할 수 있다. APC/C^{Cdc20}에 결합된 Mad2는 mitotic checkpoint complex (MCC)를 형성하기 위해 복합체에 추가적인 체크포인트 인자를 모집한다. 그런 다음, MCC는 APC/CCdc20가 그의 기질을 인식하고 유비퀴틴화하는 것을 방지한다. 이 spindle assembly checkpoint pathway는 single unattached kinetochore가 세포의 모든 Cdc20을 억제하게 하고 kinetochore가 방추 미세소관과 적절하게 연관될 때까지 anaphase를 억제한다.

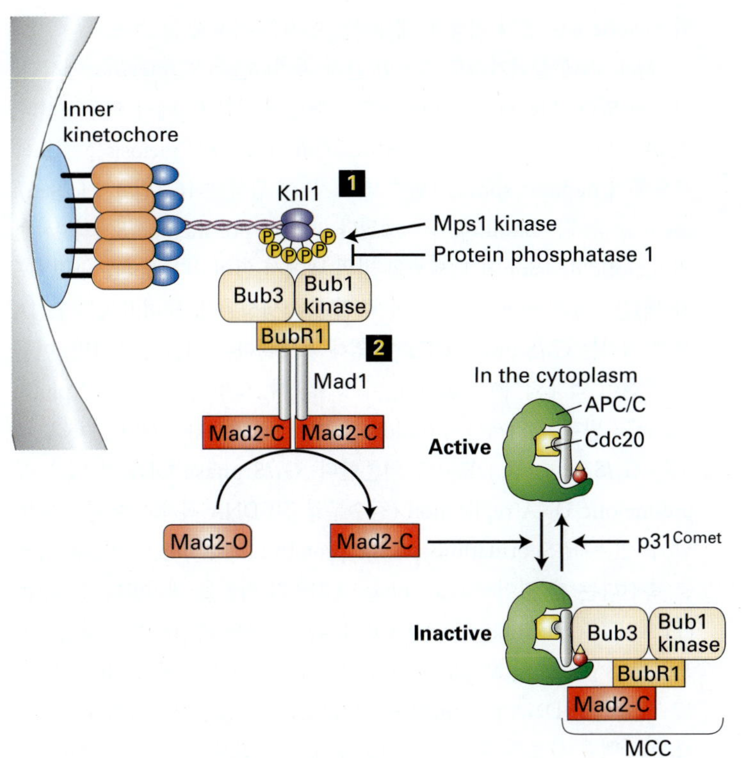

그림 19-35 Spindle assembly 체크포인트 경로. Spindle assembly checkpoint pathway는 모든 kinetochore가 spindle microtubule에 올바르게 부착될 때까지 활성화된다. 단계 **1**: kinetochore가 결합되지 않을 때, outer kinetochore 성분 Knl1은 체크포인트 kinase Mps1에 의해 인산화된다. 그런 다음, 인산화된 Knl1은 체크포인트 protein kinase Bub1-Bub3와 체크포인트 단백질 BubR1과 결합한다. 이어서 이 세 단백질은 Mad1-Mad2 복합체를 kinetochore로 모집한다. kinetochore에 결합된 Mad1-Mad2 복합체는 활성 closed form (Mad2-C; 단계 **2**)을 채택하고 세포질에서 비활성 open Mad2(Mad2-O)를 활성 closed form Mad2로 변환하여 APC/C^{Cdc20}에 결합하여 억제할 수 있다. APC/C^{Cdc20}의 완전한 억제를 위해서는 복합체에 체크포인트 인자 Bub1-Bub3 및 BubR1을 모아야 한다. 이들 단백질은 APC/C^{Cdc20}이 기질을 인식하고 유비퀴티닐화하는 것을 막는 mitotic checkpoint complex (MCC)를 형성한다. Spindle assembly checkpoint pathway는 모든 kinetochore가 tension-generating 방식으로 microtubule에 부착되면 작동하지 않는다. Protein phosphatase 1은 Knl1을 탈인산화하여 kinetochore에서 체크포인트 단백질 결합 부위를 제거한다. 또한, p31^{comet}은 MCC를 분해해서, APC/C^{Cdc20}이 mitotic cyclin을 분해하고 securin이 anaphase를 유발하도록 한다. [Data from E. A. Foley and T. M. Kapoor, 2013, *Nat. Rev. Mol. Cell Biol.* **14**:25–37; and A. Mussachio, 2015, *Curr. Biol.* **25**:R1002–R1018.]

모든 염색체가 올바른 amphitelic manner (양쪽성 방식)로 mitosis 방추에 부착되면, APC/C^{Cdc20}이 securin을 분해하고 anaphase를 시작할 수 있도록 spindle assembly checkpoint pathway를 침묵시켜야 한다. Spindle assembly checkpoint pathway의 침묵은 여러 메커니즘을 통해 일어난다. Protein phosphatase 1은 Knl1을 탈인산화하여 키네토코어에서 체크포인트 단백질 결합 부위를 제거한다. 또한, *p31^{comet}*으로 알려진 단백질이 MCC를 분해해서, APC/CCdc20을 활성화하고 anaphasae를 시작한다(그림 19-35).

Spindle assembly checkpoint pathway는 생쥐의 viability에 필수적이라는 사실은 모든 세포 분열 동안 이와 같은 quality-control pathway (품질 관리 경로)의 중요성을 강조한다. 복제된 염색체의 두 kinetochore가 반대 spindle pole에서 미세소관에 부착되기 전에 anaphase가 시작되면 염색체는 **nondisjunction (비분리)**라고 하는 과정에서 잘못 분리된다. 결과적으로, 세포가 전체 염색체를 잃거나 얻은 상태에 이를 수 있는데, 이를 **aneuploidy (이수성)**이라고 한다. 이수성은 건강과 fitness (적합도)에 중대한 영향을 미친다. 이는 유전자의 misregulation (잘못된 조절)로 이어지고 암 발병에 기여할 수 있다. 인간의 난자 또는 정자를 생성하는 meiosis 중에 비분리가 발생하면 trisomy (염색체 획득) 또는 monosomy (염색체 손실)가 결과로 나타날 수 있다. 19.8절에서 볼 수 있듯이, meiosis는 특히 비분리 경향이 있어 자연 유산이나 다운증후군을 유발할 수 있다. ■

19.7절의 주요 개념

세포주기 조절 감시 메커니즘

- *Checkpoint pathway*로 알려진 감시 메커니즘은 세포주기 이벤트 간의 의존성을 설정하고 이전 이벤트가 완료되기 전에 다음 세포주기 이벤트가 발생하지 않게 한다.
- Checkpoint pathways는 특정 세포 이벤트를 모니터링하는 센서, 신호전달 경로, 그리고 필요할 때 세포주기 진행을 중지하고 복구 경로를 활성화하는 effector로 구성된다. 이러한 경로는 protein kinases, phospho-binding domains, alc ubiquitin-protein ligases를 광범위하게 사용한다.
- 세포는 다양한 DNA 손상을 감지하고 이에 대응할 수 있으며, 세포의 반응은 세포가 어느 세포주기 단계에 있느냐에 따라 다르다(그림 19-34 참조).
- DNA 손상에 대한 반응으로 세 가지 관련 protein kinase인 DNA-PK, ATM 및 ATR이 손상 부위로 동원돼서, 세포주기 정지, 복구 및 일부 상황에서는 세포자살로 이어지는 신호전달 경로를 활성화한다. ATM과 ATR은 세 가지 effector checkpoint kinase Chk1, Chk2, MK2의 작용을 통해 세포주기 체크포인트를 설정한다(그림 19-32 참조).
- Anaphase의 premature initiation을 방지하는 spindle assembly

checkpoint pathway (방추 조립 체크포인트 경로)는 Mad2 및 기타 단백질을 활용하여 ubiquitinylation를 위해 securin과 mitotic cyclin을 target으로 하는 APC/C^{Cdc20}을 조절한다(그림 19-35 참조).

19.8 Meiosis (감수분열): 세포 분열의 특별한 형태

거의 모든 diploid (이배체) 진핵생물에서, **meiosis (감수분열)**는 haploid (반수체) germ cell (생식 세포, 난자 또는 정자)를 생성하는 nuclear division (핵 분열)의 한 형태이다. 1개인의 난자나 정자는 다른 개인의 생식 세포와 융합하여 새로운 개인으로 발달하는 이배체 zygote (접합체)를 생성할 수 있다. Meiosis는 개인의 두 부모로부터 받은 염색체 세트의 재배열을 초래하기 때문에 진핵생물 진화의 근본적인 측면이다. Meiosis 동안 부모 DNA 분자 사이의 chromosome reassortment (염색체 재분류) 및 homologous recombination (상동 재조합)은 각 반수체 생식 세포가 고유한 allele (대립유전자) 조합을 받을 것임을 보장하는데, 이 세트는 부모의 것과는 다르며 다른 반수체 생식 세포 것과도 다르다. Mitosis와 마찬가지로 meiosis는 G_1, S 및 G_2기가 선행된다.

Meiosis의 메커니즘은 mitosis의 메커니즘과 유사하다. 그러나 meiosis의 몇 가지 특징은 유전적으로 다양한 반수체 세포를 생성한다(그림 6-3 참조). Mitosis 세포주기에서 S기는 염색체 분리와 세포 분열로 이어진다. 대조적으로, meiosis 동안에는 한 라운드의 DNA 복제가 **두 번의 연속적인 염색체 분리 단계**로 이어진다. 이것은 반수체 딸세포의 형성으로 이어진다. 두 분열 동안 모계 염색체와 부계 염색체가 뒤섞여서 딸세포의 genetic makeup (유전적 구성)은 부모 세포의 것과 다르다. 이 절에서, 우리는 mitosis와 meiosis 사이의 유사성과 표준 mitosis 세포주기 기계를 변형시켜 반수체 딸세포의 형성을 유도하는 meiosis 특이적 메커니즘에 대해 논의한다.

Extracellular 및 Intracellular Cue가 생식세포 형성을 조절한다

Metazoan에서 meiosis로의 진입을 유발하는 신호를 알아내는 연구가 활발히 진행되고 있다. 우리는 extracellular signal들이 meiosis-specific cell cycle factors (감수분열-특이적인 세포주기 인자)들을 생성하는 transcriptional program (전사 프로그램)을 유도함으로써 meiosis가 일어난다는 것을 알고 있다. 이러한 세포주기 프로그램의 변형은 정자의 편모 발달이나 곰팡이의 stress-resistant cell wall (스트레스 저항성 세포벽 생성) 등에서 보이는 gametes의 특징적인 성질을 유도하는 프로그램과 함께 진행된다. 포유류에서 meiosis로의 진입을 유도하는 세포외 신호 중 하나는 retinoic acid (레티노산)이다. Retinoic acid 수용체인 retinoic acid의 결합은 다양한 developmental processes (배아 발달 과정) 활성화의 시작이다(그림 9-43 참조). 이 호르몬의 cellular target와 meiotic fate 결정 기능에 대해서는 아직 밝혀지지 않았다.

Meiosis에 들어가기로 결정한 분자 메커니즘은 *S. cerevisiae*에서 잘 알려져 있다. Meiosis에 들어가기로 하는 결정은 G_1에서 이루어진다. 질소 및 탄소원의 고갈은 이배체 세포가 mitosis 대신 meiosis를 겪도록 유도해서 haploid spores (반수체 포자)를 생성한다(그림 1-24 참조). Meiosis 중에는 budding이 억제된다. 따라서 pre-meiotic S기와 두 번의 meiotic division이 모세포의 범위 내에서 일어난다. Spore wall (포자 벽)은 4개의 meiosis 생성물 주위에서 생성된다. Budding과 DNA 복제 개시는 G_1/S phase CDK에 의해 유도된다는 것을 상기하라. 이들의 발현이 억제되어야 budding이 방지된다. 영양 결핍은 G_1/S phase cyclin의 발현을 억제하여 budding (발아)을 막는다. 그러나 DNA 복제는 G_1/S phase CDK에도 의존한다. G_1/S phase CDK가 없을 때 pre-meiotic DNA replication (감수분열 전) DNA 복제가 어떻게 일어날 수 있는가? Sporulation-specific protein kinase *Ime2*는 DNA 복제를 촉진하는 데 있어서 G_1/S phase CDK의 역할을 대신한다. Ime2는 (1) APC/C specificity factor Cdh1의 인산화를 촉진하여 비활성화함으로써, S phase 및 M phase cyclin이 축적될 수 있도록 한다(그림 19-17 참조). (2) DNA polymerase와 S phase cyclin을 포함하여 S기에 필요한 단백질 산물의 유전자 발현을 유도하는 전사 인자를 인산화(그림 19-18 참조)와 (3) S phase CDK inhibitor Sic1의 인산화를 촉진하여 active S phase CDK의 방출과 pre-meiotic DNA replication의 시작을 촉진한다.

Mitosis와 구별되는 Meiosis의 특성

Meiosis는 mitosis와 여러 면에서 다르다. 이러한 차이점은 그림 19-36에 요약되어 있다. 2개의 연속적인 세포 분열 주기를 *meiosis I* 및 *meiosis II*라고 한다(그림 19-37). Meiosis II는 자매 염색분체가 분리된다는 점에서 mitosis와 유사하다. 그러나 meiosis I은 매우 다르다. 이 분열 과정에서 상동염색체(어머니로부터 물려받은 염색체와 아버지로부터 물려받은 같은 염색체)가 분리된다. mitosis에 비해 이상한 이러한 염색체 분리를 위해서는 chromosome segregation machinery (염색체 분리 기계)에 세 가지 meiosis-specific modification이 필요하다. 아래에서 이러한 변경 사항에 대해 논의하고 필요한 이유를 설명할 것이다.

Mitosis 동안 염색체를 spindle에 정확하게 부착시키는 장력 기반 감지 메커니즘은 meiosis I 동안 염색체 분리를 담당한다. 따라서 이 장력 기반 메커니즘이 작동하려면 상동 염색체가 연결되어야 한다. 상동 염색체 간의 homologous recombination (상동 재조합)은 이러한 연결을 만들어낸다(그림 19-36 참조). 상동 재조합의 분자 메커니즘은 4장에서 자세히 다루었다. 여기에서 우리는 성공적인 meiosis에 대한 상동 재조합의 중요성으로 논의를 제한한다.

G_2 및 meiosis I의 prophase에서 각 염색체의 복제된 두 염색분체는 염색체의 팔 전체 걸쳐서 cohesin 복합체에 의해 서로 연결된다. 이는 mitosis 세포주기에서 DNA 복제 과정에서 일어나는 일과 동일하다. Meiosis 1 prophasae에서 상동염색체(즉, 모계와 부계 1번 염색체, 모

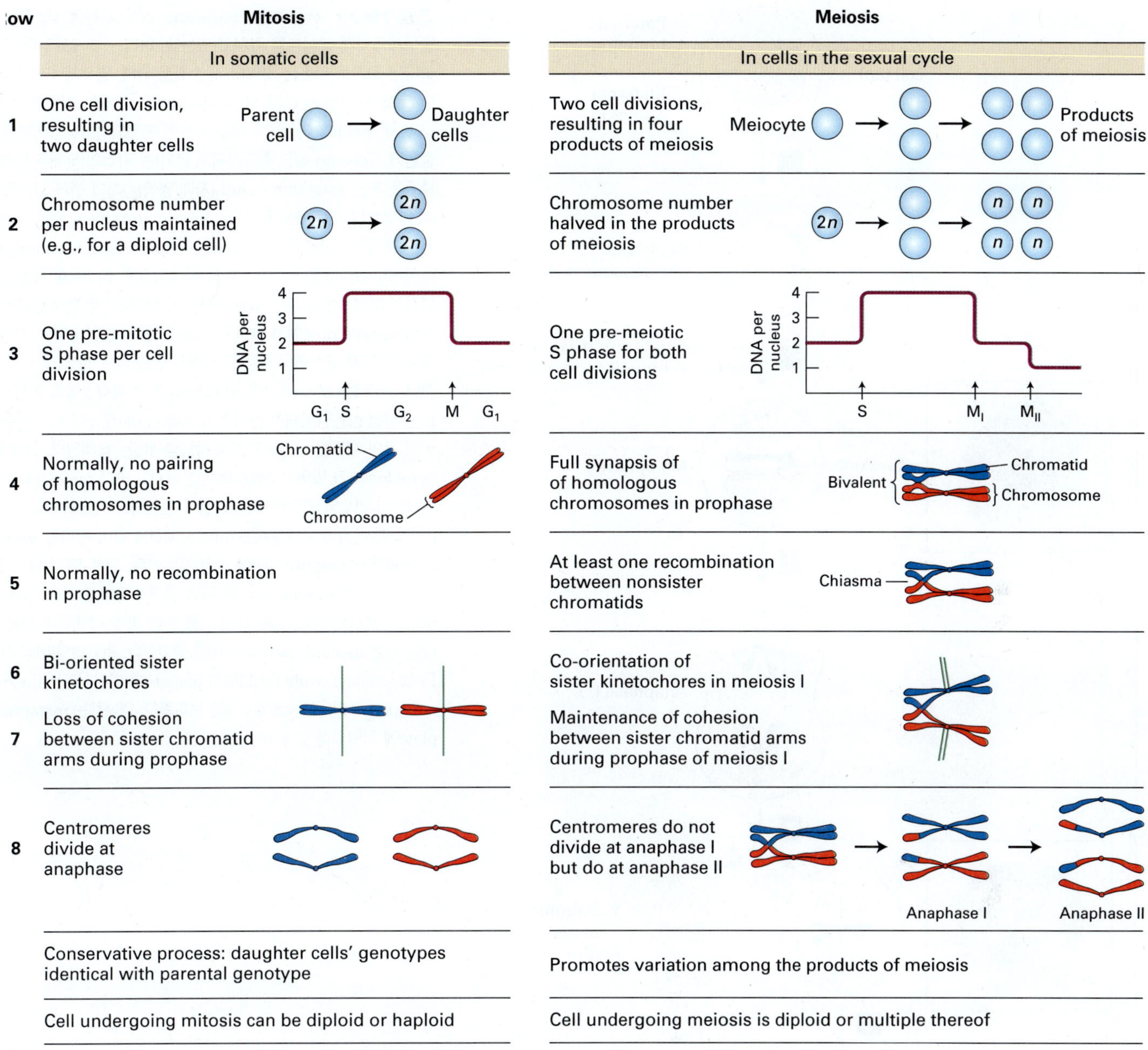

그림 19-36 Mitosis와 meiosis의 주요 특징 비교. 자세한 내용은 본문을 참조하시오.

계와 부계 2번 염색체 등)는 서로 짝을 이루어 homologous recombination (상동 재조합)을 겪는다. Meiosis의 독특한 특징인 상동 염색체가 서로 쌍을 이루는 것을 시냅스(*synapsis*)라고 하며, 처음에는 염색체의 특정 지점에서 형성되고 길이를 따라 펴지는 **synaptonemal complex (SC)**로 알려진 단백질 복합체에 의해 매개된다. 이러한 pairing은 상동 재조합을 지원하기 위해 서로 인접한 상동염색분체의 유전자들을 정확하게 정렬한다. 중요하게도, 모계와 부계 염색체 사이에 적어도 한 번의 재조합 이벤트가 일어난다는 사실이다. 재조합에 의해 생성된 염색분체 사이의 *crossing over* (교차)는 *recombination nodule*이라고 하는 커다란 multiprotein assemblies에서 일어나며, 첫 번째 meiotic prophase 및 metaphase에서 *chiasmata* (교합, 단수 *chiasma*)이라는 구조를 현미경으로 관찰할 수 있다. 상동염색체는 *Rec8*이라고 하는 meiotic-specific cohesin에 의해 chiasmata를 통해 연결되며, 이를 *bivalent*라고 한다(그림 19-36 참조). Prophase 후반부 동안, synaptonemal complex는 염색체가 응축됨에 따라 분해되는데, 상동염색체가 chiasmata 또는 거기에 인접한 cohesin 분자에 부착되어 있을 때까지 만이다. 그럼으로써, metaphase I spindle의 미세소관에 의해 가해지는 당기는 힘에 대한 저항할 수 있다(그림 19-37 참조). Meiotic metaphase에서 anaphase로의 전환에서 Rec8은 mitosis 동안 separase에 의해 mitotic cohesin Scc1이 절단되는 것과 마찬가지로 separase에 의해

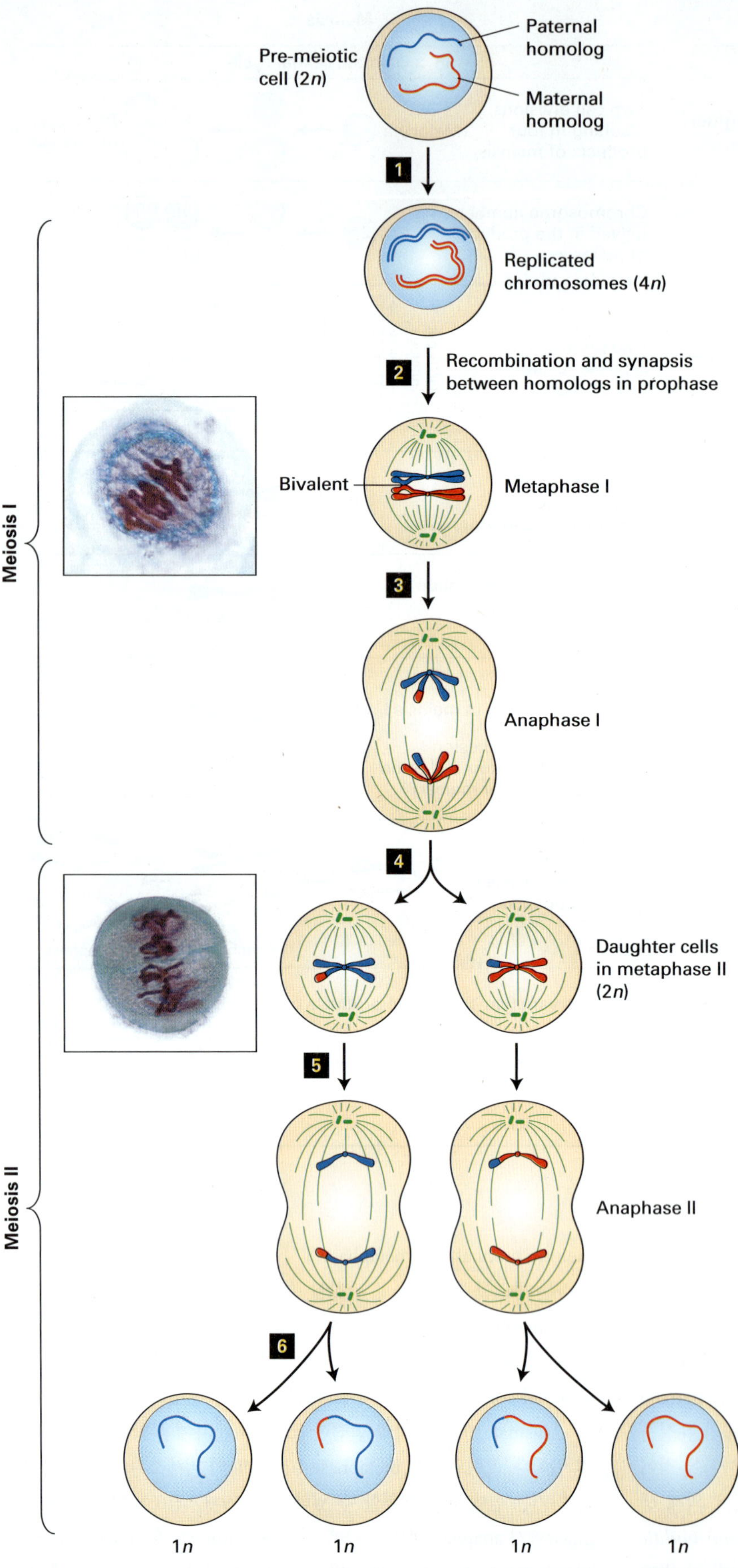

그림 19-37 Meiosis. Pre-meiotic cell (사전생식세포)는 각 염색체의 2개 복사본을 가지고 있는데, 하나는 부계로부터, 다른 하나는 모계로부터 온 것이다. 단순화를 위해, 염색체 1개의 부계 및 모계 homolog (상동체)를 나타냈다. 단계 **1**: 모든 염색체는 첫 번째 meiosis 이전의 S phase 동안 복제되어 4*n* 염색체를 형성한다. Cohesin 복합체(표시되지 않음)는 각각의 복제된 염색체를 구성하는 sister chromatid (자매 염색분체)의 전체 길이를 따라 연결한다. 단계 **2**: 첫 번째 meiosis prophase 동안 염색체가 응축됨에 따라 복제된 상동체들은 쌍을 이루고 homologous recombination을 거치며 적어도 하나의 교차 이벤트를 유발한다. 여기서 보여지는 metaphase I에서 한 염색체의 두 염색분체는 하나의 spindle pole에서 방출되는 미세소관과 결합하지만, 상동염색체 쌍의 각 구성원은 반대편 극에서 방출되는 미세소관과 결합한다. 단계 **3**: Meiosis I의 anaphase 동안 각각 2개의 염색분체로 구성된 상동염색체가 반대편 spindle pole로 당겨지고 상동염색체 간의 재조합이 완료되면서 상동염색체는 용해된다. 단계 **4**: Cytokinesis가 일어나 DNA 복제를 거치지 않고 meiosis II로 들어가는 2개의 딸세포(현재의 2*n*)를 생성한다. meiosis II의 metaphase에서 자매 염색분체는 mitosis에서와 같이 반대쪽 spindle pole로부터 spindle 미세소관과 결합한다. 단계 **5**와 단계 **6**: meiosis II의 anaphase 동안 자매 염색분체를 반대편 spindle pole로 분리한 다음, cytokinesis를 통해 각 염색체의 복사본 하나를 가진 haploid gamete (1*n*)를 생성한다. 왼쪽의 현미경 사진은 *Lilium* (lily) ovule (난소)에서 gamete를 발달시키는 meiosis metaphase I과 metaphase II를 보여준다. 염색체는 metaphase plate에 정렬되어 있다. [Photos: Ed Reschke/Getty Images.]

절단되어 상동염색체 쌍이 분리되게 한다.

Meiosis I 단계에서 일어나는 상동염색체 간의 재조합은 두 가지 기능적 결과를 가져온다. 첫째, 한 종의 각기 다른 개체에 대립유전자의 새로운 조합을 보장함으로써 개체 간의 유전적 다양성에 기여한다. 둘째, meiosis I metaphase 동안 상동염색체를 연결한다. 이제 적어도 하나의 교차를 통해 연결된 상동염색체는 meiosis I의 metaphase에서 spindle에 연결되어 정렬하기 때문에 meiosis I의 anaphase 동안 모계와 부계 염색체가 균등하게 분리될 수 있다.

Meiosis I에서의 특별한 염색체 분리에는 Recombination과 Meiosis-Specific Cohesin Subunit가 필요하다

우리가 보았듯이, meiosis I의 metaphase에서 하나의 (복제된) 염색체에 있는 두 자매 염색분체는 mitosis에서와 같이 반대 극이 아니라 동일한 방추 극에서 나오는 미세소관과 연결된다(그림 19-38). 상동염색체 사이의 두 가지 물리적 연결은 anaphase까지 방추의 당기는 힘에 저항한다. (1) 염색분체 사이의 교차로 인해 발생하는 chiasmata, (2) cross-over

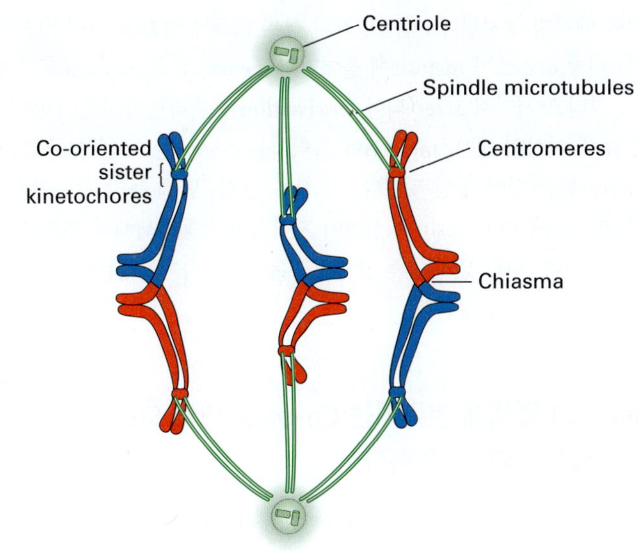

그림 19-38 Chiasmata와 그들과 떨어져 있는 cohesin은 meiosis I metaphase에서 상동염색체를 연결한다. Meiosis I 동안 염색체 사이의 연결은 grasshopper (메뚜기)와 같은 acrocentric centromere를 가진 유기체에서 가장 쉽게 관찰된다. 자매 염색분체의 centromere에 kinetochore는 같은 쪽 spindle pole에서 방출되는 spindle microtubule에 부착되고, 모계 염색체(빨간색)와 부계 염색체(파란색)의 kinetochore는 반대쪽 spindle pole의 spindle microtubule에 부착된다. 모계 염색체와 부계 염색체는 chiasmata에서 서로 연결되어, chiasmata는 두 염색분체 사이의 재조합과 metaphase I까지 지속되는 자매 염색분체 팔 사이의 응집력으로 형성된다. 자매 염색분체 팔 사이의 응집력은 없어지는데, meiotic cohesin 분자인 Rec8가 separase에 의해 분해될 때이다. 이 응집력 제거는 상동염색체가 anaphase에서 분리되기 위해 필요하다. L. V. Paliulis and R. B. Nicklas, 2000, *J. Cell Biol.* **150**:1223–1232; and S. B. C. Buonomo et al., 2000, *Cell* **103**:387–398 참조.

(a) Mitosis
Metaphase
Anaphase
Separase
Scc1
Shugoshin-PP2A
(b) Meiosis
Metaphase I
Anaphase I
Separase
Rec8
Shugoshin-PP2A
Metaphase II
Anaphase II
Separase
Rec8

그림 19-39 Mitosis와 meiosis 동안 cohesin의 기능. (a) Mitosis 동안 S phase에서 DNA 복제에 의해 생성된 자매 염색분체들은 처음에 염색분체 길이를 따라 cohesin complex에 의해 연결된다. Chromosome condensation이 일어나는 동안, cohesin complex (노란색)는 metaphase에서 centremere 영역에 제한된다. Shugoshin (보라색)은 PP2A를 centromere로 모집하여, 거기서 Polo kinase와 Aurora B와 다툼으로써 중원체 영역에서의 cohesin complex의 분리를 막는다. 슈고신이 centromere에서 분리되고 separase가 활성화되면 centromere에서 cohesin가 제거된다. 자매 염색분체는 이제 분리되어 anaphase가 시작된다. (b) Meiosis I의 prophase에서 모계 염색분체와 부계 염색분체는 homologous recombination에 의해 교차 연결이 형성된다. Metaphase I에 이르면, 복제된 각 염색체의 염색분체들은 전체 길이를 따라서 cohesin complex에 의해 교차 결합된다. Rec8, Scc1의 meiosis 특이적 homolog는 염색체 팔을 따라 절단되지만, centromere 주변은 절단되지 않기에 상동염색체 쌍이 딸세포로 분리될 수 있다. Centromeric Rec8은 PP2A regulator Shugoshin (보라색)에 의해 centromere 영역에 모집된 PP2A에 절단으로부터 보호받는다. Metaphase II에 이를 때 Shugoshin-PP2A 복합체는 염색체와 분리된다. Cohesin은 이제 meiosis II 동안 분해되어 자매 염색분체들이 분리될 수 있다. F. Uhlmann, 2001, *Curr. Opin. Cell Biol.* **13**:754–761 참조.

point에서 떨어져 있는 cohesin (그림 19-39b, 위쪽 참조). Meiosis 동안, 이러한 재조합의 linking function에 대한 증거는 재조합이 과정에 필수적인 단백질의 돌연변이에 의해 재조합이 차단될 때 염색체가 meiosis I 동안 무작위로 분리된다는 관찰에서 나온다. 즉, 돌연변이가 있게 되면 상동염색체는 반드시 반대 spindle pole로 분리되는 것은 아니다.

Maiotic anaphase I이 시작되면 염색체 팔 사이의 cohesin은 separase에 의해 절단된다. 이 절단은 상동염색체가 분리되기 위해 필요하다. 염색체 팔에서 cohesin이 손실되지 않으면, recombined sister chromatid (재결합된 자매 염색분체)는 anaphase I 동안 찢어질 것이다. Meiosis II 동안 자매 염색분체의 적절한 분리를 위해 meiosis I 동안 centromeric cohesion (중심 부위 응집력)의 유지가 필요하다.

많은 유기체에서 수행한 연구에 따르면, meiosis 동안 염색체에서 cohesin이 단계적으로 손실되기 위해서는 특수화된 cohesin subunit인 *Rec8*이 필요하다는 것이 밝혀졌다. Meiosis 동안에만 발현되는 Rec8은 mitosis 세포의 cohesin 복합체에서 cohesin ring을 닫는 cohesin subunit인 Scc1과 같다고 보면 된다(그림 19-20 참조). Immunolocalization experiment에 따르면, meiosis I의 early anaphase 동안 Rec8은 염색체 팔에서 손실되지만 centromere에는 유지된다. Meiosis II의 early anaphase 동안, centromeric Rec8은 separase에 의해 절단되므로 자매 염색분체는 mitosis에서처럼 분리될 수 있다(그림 19-39b, 아래쪽 참조). 결과적으로, Rec8-cohesin complex cleavage의 조절을 이해하는 것은 meiosis I에서 염색체 분리를 이해하는 데 핵심이다.

Meiosis I에서 cohesin 제거는 mitosis에서와 다르다. Rec8이 cohesin 복합체에서 Scc1을 대체할 때 복합체가 prophase에서 해리되지 않기 때문이다. Meiotic cohesin complex는 separase의 작용에 의해서만 염색질에서 제거될 수 있다. Rec8가 separase에 의해 절단되려면, Scc1과 달리 여러 protein kinase에 의한 인산화가 필요하다. Meiosis I 동안 Shugoshin에 의해 centromeric chromatin으로 향하는 centromere-specific PP2A isoform이 Rec8의 인산화를 막는다. 그런 다음, metaphasae II에서 PP2A targeting factor와 PP2A는 염색체에서 해리되면 비로소 separase가 Rec8을 절단할 수 있다.

Meiosis I은 mitosis보다 오류가 발생하기 쉽다. 인간의 모든 임신 중 10%가 aneuploid (이수성)인 것으로 추정된다. 이러한 이수성은 주로 meiosis I에서 chromosome nondisjunction (염색체 비분리)에 의해 발생한다. 상동염색체 사이에서 재조합이 일어나지 않을 때, 혹은 chiasmata이 염색체 말단에 너무 가까울 때, kinetochore–microtubule attachment에 장력이 가해지지 않거나 너무 약한 장력이 가해진다. 그렇게 되면, 그들은 불안정화되어 비분리로 이어진다. 결과적으로, 난자나 정자는 너무 적거나 너무 많은 염색체를 가지게 된다. 모든 monosomy (염색체 결핍)와 대부분의 trisomy (염색체 증가)는 embryonic lethality (배아 치사) 또는 출생 직후 사망을 초래한다. *Down syndrome*으로도 알려진 21번 trisomy만이 자손을 낳지만, developmental abnormalities (발달 이상)와 intellectual disabilities (지적 장애)를 일으킨다.

Meiosis I의 비분리는 산모의 나이에 따라 극적으로 증가한다. 30세 미만 여성에게서 태어난 아기 중 다운증후군이 있는 비율은 0.1% 미만인 반면, 45세에는 이 비율이 3.5%로 증가한다. 산모 연령에 따른 염색체 비분리의 증가는 21번 염색체에만 국한되지 않는다. 임상적으로 trisomy의 incidence (발생률)는 30세 미만 임신 여성의 경우 5% 미만이지만 42세 이상 여성의 경우 35%까지 높아진다(그림 19-40). 임신모의 연령과 비분리가 이렇게 극적으로 증가하는 이유는 척추동물의 female meiosis 생물학에서 찾을 수 있다. 모든 척추동물에서 pre-meiotic DNA replication과 recombination은 여성 배아에서 일어난다. 그런 다음, oocyte (난모세포)는 meiosis I의 G_2 단계에서 여성이 성적 성숙에 도달할 때까지 정지된다. 이는 인간의 경우 12세에서 16세 사이이다. 이때 첫 번째 oocyte가 meiosis에 들어가서 meiosis II metaphase로 진행된다. 그리고 거기서 arrest되어 fertilization을 기다린다(그림 19-5 참조). 40세 여성의 경우, meiosis에 들어가는 oocyte는 40년 동안 G_2에서 arrest된 상태에 있던 것이다. 이 매우 긴 G_2 단계 동안 상동염색체를 함께 묶어주는 cohesin의 성능이 저하되어 상동염색체의 분리가 일어날 수 있다. 이로 인해 상동염색체가 두 세포 사이로 잘못 분리돼서 aneuploid egg가 형성된다.

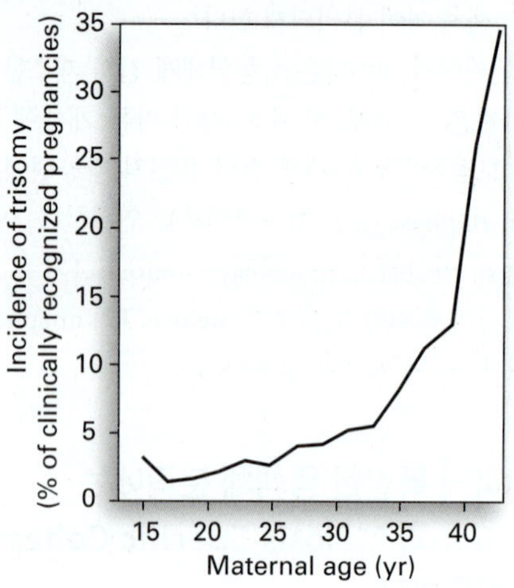

그림 19-40 Fetal aneuploidy는 산모의 나이에 따라 증가한다. 임상적으로 인정된 임신 중 확인된 trisomic embryos (삼염색체 배아)의 퍼센티지는 산모 연령의 함수로 나타난다. [Data from T. Hassold and P. Hunt, 2001, *Nat. Rev. Genet.* **2**:280–291.]

Meiosis I 염색체 분리에는 Co-orienting Sister Kinetochore가 중요하다

Mitosis와 meiosis II의 metaphase에서, sister kinetochore는 반대 spindle pole에서 나오는 방추 미세소관에 부착된다. 이 kinetochore는 *bi-oriented* (양방향)이다. 이것은 sister chromatid를 다른 딸세포로 분리하는 데 필수적이다. 대조적으로, meiosis I metaphase에서 sister kinetochore는 동일한 spindle pole에서 나오는 방추 미세소관에 부착된다. 이러한 sister kinetochore는 **co-oriented (공동 지향성)**이라고 한다(그림 19-38 참조). meiosis I과 II에서 적절한 미세소관에 sister kinetochore의 부착은 염색체의 정확한 meiosis에 중요하다.

Meiosis I에서 sister kinetochore의 co-orientation에 필요한 단백질은 *S. cerevisiae*에서 처음 확인되었다. 이 유기체에서 단일 미세소관은 각 kinetochore에 부착된다. 우리는 이제 **monopolin complex**로 알려진 단백질 복합체가 meiosis I 동안 sister kinetochore과 연합하여 하나의 미세소관이 부착되는 단일 single kinetochore unit로 융합한다

는 것을 알고 있다. 다른 모든 유기체에서 kinetochore는 여러 미세소관에 부착된다. 척추동물에서 Rec8을 함유한 cohesin은 sister kinetochore co-orientation에 필수적이다. 이러한 meiosis-specific cohesin은 kinetochore 구조에 경직상 부과하여 sister kinetochore의 움직임을 제한함으로써, 동일한 spindle pole에서 미세소관 부착을 선호한다.

Meiosis I 염색체들의 올바른 부착은 mitosis와 meiosis II 동안 모두 같이 tension-based mechanism에 의해 매개된다. Meiotic metaphase I 동안, kinetochore-associated microtubules은 긴장 하에 있다(자매 염색분체의 co-oriented kinetochore가 같은 spindle pole에서 오는 미세소관에 부착되더라도). 왜냐하면, 상동염색체 사이의 recombination에 의해 생성된 chiasmata와 그 chiasmata에서 떨어져 있는 cohesin이 극으로 당겨지는 힘에 저항하기 때문이다(그림 19-38 참조). Kinetochore-microtubule attachment는 장력이 없을 때 불안정하기 때문에(Aurora B 매개 인산화로 인해), 잘못된 방추에서 나오는 미세소관에 부착된 kinetochore는 그 미세소관을 풀어 방출해 버린다. 이렇게 되면, kinetochore는 다시 긴장력을 만들 수 있는 미세소관에 결합할 수 있다. mitosis에서와 같이 긴장이 있게 되면, kinetochore에 미세소관 부착이 안정화된다.

19.8절의 주요 개념

Meiosis (감수분열): 세포 분열의 특별한 형태

- Meiosis는 meiosis-specific gene product가 mitosis 세포 분열 프로그램을 조절하는 특수한 유형의 세포 분열이다(그림 19-36 참조).
- Meiosis는 한 번의 염색체 복제 주기에 이어 두 번의 세포 분열 주기가 이어짐으로써, 1개의 diploid pre-meiotic cell에서 4개의 haploid germ cell을 생산하는 과정이다. Meiosis I 동안 상동염색체가 분리되며, meiosis II 동안 자매 염색분체가 분리된다.
- Specialized environmental condition은 meiosis로 이어지는 발달 프로그램을 유도한다.
- Meiosis 1단계에서, 상동염색체는 서로 쌍을 이루고 recombination (재조합)을 겪는다. 적절한 염색체 분리를 위해 각 상동염색체 쌍의 염색분체 사이에서 최소한 한 번의 재조합 이벤트가 일어나야 한다(그림 19-37 참조).
- Chiasmata와 거기에서 떨어진 곳에 있는 cohesin은 meiosis I의 prophase와 metaphase 동안 상동염색체를 함께 유지하는 역할을 한다(그림 19-38 참조).
- Meiosis I의 anaphase가 시작되면, 염색체 팔의 cohesin이 인산화되어 separase에 의해 절단되지만 centromeric 영역의 cohesin은 인산화와 그로 인한 절단으로부터 보호된다. 이 보호는 meiosis-specific cohesin subunit와 centromere와 결합하는 protein phosphatase에 의해 매개된다. 결과적으로, 자매 염색분체는 meiosis I에서 분리되는 동안에도 연결된 상태를 유지한다(그림 19-39 참조).
- Meiosis II의 anaphase 동안 centromeric cohesin의 절단은 individual chromatid (개별 염색분체)가 생식 세포로 분리되게 한다(그림 19-39 참조).
- Meiotic cohesin은 meiosis I 동안 같은 극에서 나오는 미세소관에 sister kinetochore의 부착을 촉진한다.

개념 복습

1. 어떤 세포 메커니즘(들)이 세포주기를 통한 일방향성 비가역적 진행을 보장하는가? 이러한 메커니즘의 기초가 되는 분자 기계는 무엇인가?

2. 연구자들은 세포주기 진행을 연구하기 위해 어떤 유형의 실험 전략을 사용하는가? 이 주제에 대한 유전적 접근과 생화학적 접근은 어떻게 다른가?

3. Tim Hunt는 난자와 배아에서 cyclin 단백질을 발견하여 그의 특성을 밝힌 공로로 2001년 노벨 생리의학상을 받았다. 그가 cyclin을 발견하게 된 실험 단계를 설명하시오.

4. *S. pombe*와 *S. cerevisiae*의 어떤 생리학적 차이점이 그들을 세포주기 조절 및 제어와 관련된 분자 메커니즘을 연구하는 데 유용하면서 서로 상보적인 도구로 사용되게 했는가?

5. *Xenopus*에서 mitotic CDK의 기질 중 하나는 phosphatase Cdc25이다. Mitotic CDK에 의해 인산화되면 Cdc25가 활성화된다. Cdc25의 기질은 무엇인가? 이 정보는 세포가 mitosis에 들어갈 때 mitotic CDK 활성의 급격한 증가를 설명하는 데 어떻게 도움이 되는가?

6. CDK activity가 (a) cyclin, (b) CAK, (c) Wee1, (d) p21 단백질에 의해 어떻게 조절되는지 설명하시오.

7. CDK inhibitor의 역할을 설명하시오. Cyclin-CDK 복합체가 진핵 세포주기 진행 조절에 필요하다면, CDK inhibitor가 필요한 생리학적 rationale은 무엇인가?

8. 암세포는 일반적으로 세포주기 진입 제어에 문제를 가지고 있다. 일부 암세포에서 발견되는 다음 돌연변이가 이러한 통제를 어떻게 우회하는지 설명하시오: (a) cyclin D의 과발현, (b) Rb 기능의 상실, (c) p16 기능의 상실, (d) 과잉 활동 E2F.

9. Rb 단백질은 세포주기의 "마스터 브레이크"라고 불린다. Rb 단백질이 세포주기 브레이크로 어떻게 작용하는지 설명하시오. G_1 중반에서 후반에 브레이크를 해제하여 세포가 S기로 진행되도록 하는 방법은 무엇인가?

10. 세포주기 조절의 일반적인 특징은 한 단계에서의 사건이 다음 단계로의 진행을 보장한다는 것이다. *S. cerevisiae*에서, G_1 및 G_1/S phase CDK는 S기 진입을 촉진한다. S기의 활성화를 촉진하는 두 가지 방법을 말하시오.

11. S기가 적시에 완료되려면, 진핵생물의 경우 여러 origin에서 DNA

복제가 시작되어야 한다. *S. cerevisiae*에서 전체 genome이 세포주기 당 한 번만 복제되도록 하기 위해서, S phase CDK와 DDK는 어떤 역할을 하는가?

12. 2001년에 노벨 생리의학상은 3명의 세포주기 과학자에게 수여되었다. Paul Nurse는 특히 fission yeast인 *S. pombe*를 이용하여 $wee1^+$ 유전자를 발견하여 그의 특성을 알아내었다. $wee1^+$ 유전자의 특성은 세포주기 조절에 대해 우리에게 무엇을 알려주는가?

13. Phosphoserine/threonine-binding protein은 G_1에서 S기로의 진입과 G_2에서 M기로의 진입을 조절하는 데 어떤 역할을 하는가?

14. Sister kinetochore가 mitotic spindle에 적절하게 부착되어 있는지 여부를 세포가 어떻게 아는지 설명하시오.

15. APC/C가 anaphase에서 자매 염색분체의 분리를 촉진하는 일련의 사건을 설명하시오.

16. 세포 분열이 염색체 분리 후에만 일어나도록 cytokinesis가 어떻게 조절되는지 설명하시오.

17. 2001년 노벨 생리의학상을 수상한 Leland Hartwell은 budding yeast *S. cerevisiae*에서 세포주기 체크포인트 경로를 규명한 공로를 인정받았다. 세포주기 체크포인트 경로란 무엇인가? 세포주기 동안 체크포인트 경로는 언제 기능하는가? 세포주기 체크포인트 경로는 genome을 보존하는 데 어떻게 도움이 되는가?

18. p53을 포함한 tumor suppressor는 DNA 손상이 있는 세포의 세포주기 정지를 매개하는 데 어떤 역할을 하는가?

19. 유전성 ataxia telangiectasia이 있는 개인은 neurodegeneration, immunodeficiency (면역결핍) 및 암 발병률 증가로 고통받는다. Ataxia telangiectasia의 유전적 근거는 ATM (*ATM*; *a*taxia *t*elangiectasia *m*utated)을 암호화하는 유전자의 기능 상실 돌연변이이다. p53 외에 ATM에 의해 인산화되는 다른 기질은 무엇인가? 이 기질의 인산화가 어떻게 세포주기 정지를 강제하기 위한 CDK의 불활성화로 이어지는가?

20. 전반적으로, meiosis와 mitosis는 많은 동일한 단백질을 포함하는 유사한 과정이다. 그러나 일부 단백질은 이러한 각 세포 분열 이벤트에서 고유하게 기능한다. (a) Ime2, (b) Rec8, (c) monopolin의 meiosis 관련 기능을 설명하시오.

21. Down syndrome의 발병률이 산모의 나이에 따라 증가하는 이유를 설명하시오.

CHAPTER 20

세포가 모여서 형성된 조직 (Integrating Cells into Tissues)

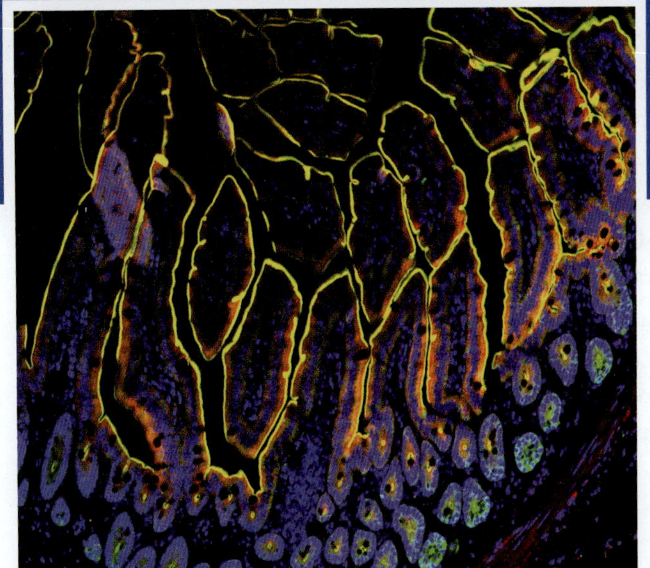

마우스 소장 villus (융모)의 항체 염색(그림 20-13에서 그림 20-15까지 참조). Villus는 세포 면에서 손가락 모양으로 돌출한 구조물이다. Cholesterol 대사와 관련되며, 주로 원형질막에 위치하는 단백질인 NPC1L1은 초록색으로 염색했다. Microvillus [미세 융모; 소화된 영양분을 흡수하는 흡수 세포의 apical (상부) 막에 있는 매우 작은 돌출 구조물]의 actin 다발에 결합하는 villin은 빨간색으로 염색했다. 핵(DNA)은 파란색으로 염색했다. 사진은 모든 색상을 병합하여 보여주고 있다(초록색과 빨간색이 공존하면 노란색으로 나타난다). 노란색 선은 소장의 내강(lumen; 검은색)에서 영양분이 흡수되는 세포의 apical surface를 보여준다. [Image courtesy of B. L. Song.]

OUTLINE

식물이나 동물과 같이 복잡한 다세포 생물의 발생에서, progenitor cell (원종 세포)은 특징적인 성분, 구조, 기능을 갖는 서로 다른 유형(*type*)의 세포로 분화한다. 분화된 세포들이 모여서 특정 기능을 수행하는 조직(*tissue*)를 이루게 된다. 수축을 할 수 있는 근육, 전기적 자극을 전달하는 신경 조직, 식물에서 물을 수송을 하는 xylem tissue (목질부 조직)를 예로 들 수 있다. 서로 다른 조직들은 다시 기관(*organ*)을 이루어 한 가지 이상의 특징적 기능을 한다. 예를 들어, 심장의 경우에 근육, 판막(valve), 혈관(blood vessel)이 혈액을 몸 전체로 공급하기 위하여 함께 작용한다. 따라서 여러 유형의 세포로 이루어진 조직들이 조화를 이루어 organism (생물체)의 이동, 대사, 생식 및 그 외의 여러 중요한 기능을 수행하게 된다. 식물과 동물의 복잡하고 다양한 모습은 각 부분의 합으로 예상되는 것보다 더욱 큰 가치를 나타내는 예이다.

척추동물은 혈액의 백혈구(leukocyte), 적혈구(erythrocyte), 망막(retina)의 photoreceptor (광수용체), 지방(fat)을 저장하는 adipocyte (지방 세포), connective tissue (결합 조직)의 fibroblast (섬유아 세포), 뇌(brain)에 있는 neuron (신경 세포)의 많은 subtype (아류) 등을 포함하여 수백 개 이상의 서로 다른 세포 유형을 가지고 있다. 대규모 국제적 노력인 Human Cell Atlas Project에서 단일 세포 RNA sequencing

및 기타 방법들을 사용하여 인간의 모든 세포 유형 및 아류에 대한 포괄적인 catalog를 만들고 있다.

Metazoan (후생동물)이라고 하는 다세포 동물은 일반적으로 분화(differentiation)된 세포들이 모여 특징적인 조직을 구성한다. 단, 상대적으로 단순한 구성을 보이는 예(sponge; 해면)도 있다. 상당히 단순해 보이는 동물들도 독특한 조직 구성을 보이기도 한다. 선형동물인 *Caenorhabditis elegans* (예쁜 꼬마 선충)의 성체는 단지 959개의 세포로 이루어져 있지만, 흔히 발견되는 12종의 세포 유형과 많은 독특한 아류들이 발견된다. 그들의 다양한 형태와 기능에도 불구하고, 모든 동물 세포는 *epithelial tissue* (상피 조직), *connective tissue* (결합 조직), *muscular tissue* (근육 조직), *neural tissue* (신경 조직), *blood* (혈액)의 5가지의 주요 조직의 구성원으로 분류할 수 있다. 서로 다른 조직과 기관을 형성하기 위해, 다양한 세포 유형이 경이로울 정도로 복합적이고 정확한 양식으로 배열되어 있다. 이러한 생리학적 다양성을 확보하기 위해서는 각 individual organism (개체)가 발달하는 데 필요한 정보, 물질, 에너지, 시간 등이 요구된다. 비록 다양한 조직과 기관을 형성, 운영하는 데 비용이 많이 필요하다고 하여도, 이들의 다양성은 다양하고 변하기 쉬운 환경에서 번영할 수 있는 능력을 제공하므로 진화적인 입장에서 개체에게 주요한 이점이 된다.

사람과 같이, 복잡한 조직과 기관을 갖는 동물(대부분의 metazoan)의 특징 중 하나는 조직과 기관의 외부 및 내부 표면과, 개체의 외부 전체까지도, epithelial cell (상피 세포)로 구성된 단단하게 싸여진 sheet인 **epithelia**로 둘러싸여 있다는 것이다. 따라서 epithelium의 형성과 epithelial tissue 및 다른 조직들이 모여 복잡한 집합체를 형성하는 과정은 metazoan의 발생의 특징이다. 단단하게 부착된 epithelial cell은 조절 가능한 선택적 permeability barrier (투과성 장벽)로 개체 내에서 화학적 및 기능적으로 명확히 구분된 구획, 예를 들면 위(stomach), 혈류(bloodstream) 등을 만드는 역할을 한다. 이러한 이유로, 뚜렷이 구분되는 대조적인 기능(예, 소화와 합성)이 하나의 개체 내에서 효율적으로 일어날 수 있다. 이렇게 구획을 나누는 작업을 통해 다양한 생물학적 기능을 더 정교하게 조절할 수 있게 된다. 개체의 복잡한 조직과 기관의 역할은 여러 측면에서 세포의 소기관(organelle)과 막(membrane)의 역할과 대비해 볼 만 하다.

특정 조직들이 모여 기관을 구성할 때 세포 표면에 있는 분자들의 상호작용이 중요한 역할을 한다(그림 20-1). 이러한 상호작용은 다양한 종류의 adhesive molecule (부착성 분자)들의 발현이 시간적, 공간적, 기능적으로 조절되지 않고는 불가능하다. Adhesion에 관여하는 세포 표면 분자를 **adhesion receptor (부착 수용체)**라고 한다. 조직 내 세포들은 **cell-adhesion molecule (CAM)** 또는 cell-cell adhesion receptor라고 불리는 특징적인 막 단백질을 통해서 서로 직접 부착(*cell-cell adhesion*)할 수 있다. 원형질막에 **cell-adhesion molecule (CAM)** 또는 **cell-cell adhesion receptor**들이 집단을 이루어 **cell junction (세포 연접)**이라고 부르는 특정 구조물을 형성하기도 한다. CAM 단백질은 종종 특정 cell junction에 모여 있다. *Drosophila melanogaster* (초파리)에 적어도 500종의 유전자(전체 유전자의 약 4%)가, 그리고 포유동물에는 1,000종 이상의 유전자가 cell adhesion에 관여하는 것으로 추정된다. 동물 조직에서 세포는 원형질막에 있는 **cell-matrix adhesion receptor**와 주변의 **extracellular matrix (ECM, 세포외 기질)**의 구성 요소가 결합하여 간접적으로 부착(*cell-matrix adhesion*)할 수 있다. ECM은 세포와 세포 사이의 공간으로 분비되는 단백질과 polysaccharide (다당류)로 구성된, 그물처럼 서로 얽힌 복합체이다. 또한 일부 계열의 adhesion receptor (예, integrin)는 cell-cell adhesion과 cell-matrix adhesion 모두에 관여하기도 한다.

Cell-cell adhesion 및 cell-matrix adhesion을 통한 상호작용은 세포들이 모여 조직을 형성할 때뿐 아니라 세포의 안과 밖 사이의 양 방향 정보 이동의 수단을 제공한다. 앞으로 살펴 보겠지만, 이런 두 가지 형태의 adhesion은 본질적으로 cytoskeleton (세포 골격)과 세포 신호전달 과정과 연관되어 있다. 결과적으로, 세포의 주변 환경은 세포의 형태와 기능에 영향을 미친다("outside-in" effect). 마찬가지로, 세포의 형태와 기능 또한 세포의 주변 환경에 영향을 미친다("inside-out" effect). 그러므로 *connectivity* (결합성)과 *communication* (소통)은 조직을 형성하고 있는 세포의 특성과 직접적으로 관련이 있다. 이러한 정보의 교류는 세포의 생존, 성장, 분화 및 이동과 같은 많은 생물학적 과정에 중요하다. 따라서 adhesive 상호작용과 이와 연관된 정보의 흐름이 방해를 받게 되면, 신경근육계와 골격계의 이상, 심장 및 혈관 결함, 혈액 응고 이상, 암 등을 비롯한 다양한 질환을 유발하거나 발병에 영향을 미칠 수 있다.

이 장에서는 세포의 표면이나 주변의 extracellular matrix에서 발견되는 adhesion molecule의 다양한 유형에 대해서 알아본다. 이러한 adhesion molecule들의 결합은 세포들이 모여 조직을 이룰 수 있게 하며, 조직의 발생(development), 기능, 병리에도 큰 영향을 미친다. 많은 adhesion molecule은 이와 연관된 단백질들을 포함하여 family 또는 superfamily를 구성한다. 각 유형의 adhesion molecule은 독창적인 역할을 하지만, 일반적인 원리를 설명하기 위해서, 우리는 구조나 기능에 기초한 adhesion protein family의 공통된 특성에 대해 다룰 것이다. 단단한 epithelium을 형성하는 조직은 진화적으로 초기에 생성된 것으로 알려져 있고, adhesion에 관여하는 분자들에 대한 성질들이 매우 잘 알려져 있으므로, 우선 소장의 내벽이나 피부를 형성하는 epithelial tissue에 대하여 설명을 할 것이다. Epithelial cell은 보통 nonmotile (비운동성), immobile (고정성) 또는 *sessile* (고착성)이라고 한다. 그러나 발생 과정, 상처 재생, 또는 일부 병리학적 과정(예, 암)에서 epithelial cell은 motile (운동성) 세포로 전환될 수 있다. 감염 부위에 백혈구(white blood cell)이 모여드는 것처럼, 정상적인 상태에서 발생되는 세포 이동에도 부착성 분자들이 관여하고 있으므로, 이 분자들의 발현 및 기능의 변화는 운동성 세포로 전환하는 데 중요한 역할을 한다. 따라서 epithelial tissue에 대한 논의를 한 후, non-epithelial, 발생 과정 및 운동성 조직에서 관찰되는 adhesion에 대한 논의를 하고자 한다.

진화 측면에서 식물과 동물의 lineage (계통)는 다세포 개체가 생성되기 전에 이미 갈라져 있었다(그림 1-1 참조). 따라서 조직과 기관을 구성하기 위한 multicellularity (다세포성)와 molecular mean (분자적

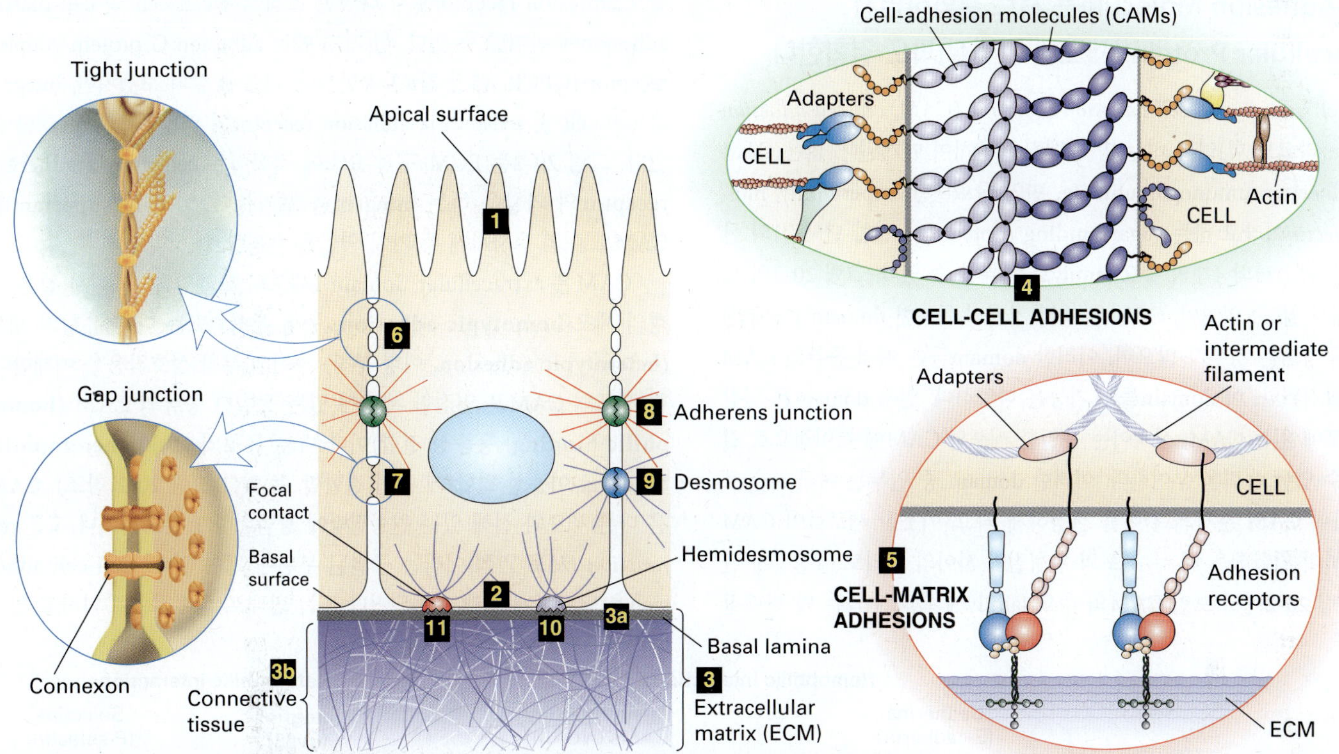

그림 20-1 주요 cell-cell 및 cell-matrix adhesive 상호작용의 개요. 소장의 내부 표면과 같은 전형적인 상피 조직의 절단면 모식도. 각 세포의 apical (위) 표면은 소장 내강 쪽으로 뻗어 있는 손가락 모양의 microvilli (미세융모)(**1**)가 촘촘히 쌓여 있고, basal (기저) 표면(**2**)은 extracellular matrix (ECM)에 얹혀 있다. Epithelial cell과 연관된 ECM (**3**)은 보통 서로 연결된 다양한 층(예, basal lamina (**3a**), 연결 섬유(표시하지 않음), 결합 조직(**3b**)으로 구성된다. 이 층에는 서로 얽혀 있는 큰 ECM 거대 분자들이 서로 결합하거나 세포(**3**)와 결합하고 있다. Cell-adhesion molecule (CAM; *cell-cell adhesion receptor*라고도 함)은 다른 세포의 CAM과 결합하여 cell-cell adhesion을 매개하고(**4**), adhesion receptor (부착 수용체)는 ECM의 다양한 성분과 결합하여 cell-matrix adhesion을 매개한다(**5**). 이 두 가지 유형의 세포 표면 adhesion 분자는 보통 integral membrane protein으로 이들의 세포질 부위는 종종 다양한 세포내 adapter 단백질과 결합한다. 이 adapter는 직간접적으로 CAM을 cytoskeleton (actin 또는 intermediate filament)과 세포내 신호전달 경로에 연결한다(그림 20-8 참조). 결과적으로, 신호 정보는 CAM과 거대 분자에 의해 세포 외부로부터 세포내 환경, 혹은 그 반대 방향으로 전달된다. 어떤 경우에는 CAM, adapter 그리고 결합 단백질의 복잡한 응집체가 형성된다. 특정 장소에 모인 CAM과 adhesion receptor의 응집체는 조직으로 함께 묶고, 세포와 그들의 환경 사이의 소통을 용이하게 하는 다양한 형태의 cell junction (세포 연접)을 형성한다. Microvilli 바로 아랫부분에 위치하는 tight junction (**6**)은 세포 사이의 세포외 공간을 통해 여러 물질이 확산되어 나가는 것을 막는다. Gap junction (**7**)은 작은 분자와 이온이 connexon channel을 통해 이동할 수 있게 하여, 인접한 세포들의 세포질이 서로 소통하게 한다. 남은 세 가지 유형의 junction인 adherens junction (**8** 및 **4**), desmosome (**9**), hemidesmosome (**10** 및 **5**) 및 focal adhesion (*focal contact*이라고도 함; **11**)은 세포의 cytoskeleton을 다른 세포 또는 ECM과 연결하는 데 관여한다. V. Vasioukhin and E. Fuchs, 2001, *Curr. Opin. Cell Biol.* **13**:76–84 참조.

수단)은 동물과 식물의 계통에서 독립적으로 발생하였다. 따라서 동물과 식물이 조직의 구성과 발생에서 많은 차이점을 보이는 것은 놀라운 일이 아니다. 이러한 이유로, 우선 동물 세포에서 조직의 구성을 논의하고 식물 조직은 분리하여 논의하기로 한다.

20.1 Cell-Cell 및 Cell–Extracellular Matrix Adhesion: 개관(overview)

우리 몸은 무수히 많은 방법으로 역동적으로 상호작용하는 서로 다른 세포 유형으로 이루어져 있다. 복잡한 개체에서 조직의 구조와 기능을 정확하게 결정하기 위해서, 부착성 분자를 통한 세포들의 상호작용이 시간과 공간뿐 아니라 물리적 특성(예, adhesion의 강도)이 정확하고 신중하게 조절되어야 한다. 따라서 cell-cell 및 cell-matrix adhesion molecule이 다양한 구조를 갖고 있으며, 세포와 조직에 따라 이들의 발현이 다르다는 것은 당연하다. 결과적으로, adhesion molecule은 조직을 형성하고 세포들 간의 또는 세포와 주변 환경과의 상호작용을 위해 매우 정확하고 독특하게 cell-cell 및 cell-matrix adhesion을 조절한다. 우선 세포와 extracellular matrix에 존재하는 adhesion molecule의 다양한 유형 중 일부, 개체에서 이 분자의 주요 기능 및 진화적 기원에 대하여 간단히 설명하고자 한다. 그 다음에 동물의 cell-cell, cell-matrix의 상호작용에 관여하는 다양한 분자들의 독특한 구조와 특징을 자세히 고찰할 것이다.

Cell-Adhesion Molecule은 서로 결합하면서 Intracellular Protein (세포내 단백질)과도 결합한다

Cell-cell adhesion은 *cell-adhesion molecule* (*CAM*, *cell-cell adhesion receptor*라고도 함)라고 하는 막 단백질을 통하여 매개된다. 많은 CAM은 cadherin, immunoglobulin (Ig, 면역 글로불린) superfamily, integrin, *lectin*이라고 하는 sugar-binding protein (당-결합 단백질)의 한 부류인 *selectin*의 4개의 주요 family로 분류할 수 있다. 그림 20-2의 모식도에서 알 수 있듯이, CAM은 여러 가지의 독특한 domain (도메인)으로 구성되는 경우가 많으며, 이러한 domain들은 여러 종류의 CAM에서 발견된다. 이 domain들의 기능은 다양하다. 일부 domain은 인접한 세포에 있는 CAM, 심지어는 동일한 세포의 CAM에 특이적으로 결합할 수 있는 능력을 부여한다. 이러한 domain 중 일부는 여러 copy로 존재하여 CAM 분자의 길이를 결정하게 되고, 이웃한 세포들이 CAM을 통하여 결합했을 때 두 세포의 원형질막 사이의 거리도 결정하게 된다. 그림 20-2에서 보인 CAM의 주요 family에 속하지 않는 막 단백질들도 adhesion receptor로서 다양한 조직에서 cell-cell 및 cell-matrix adhesion에 관여할 수 있다. 한 가지 예는 adhesion G protein-coupled receptor (GPCR, 15장 참조) 계열이다. 다음에 살펴 보겠지만, integrin은 cell-cell 및 cell-matrix adhesion receptor의 역할을 모두 수행할 수 있다. 그림 20-2는 ECM 구성 요소에 결합하는 cell-matrix adhesion receptor의 역할을 하는 integrin을 보여준다. 일부 Ig-superfamily CAM도 이와 유사하게 두 가지 역할을 수행할 수 있다.

CAM은 extracellular domain (세포외 도메인)을 통해서 같은 유형의 세포(**homotypic adhesion, 동형 부착**) 또는 다른 유형의 세포(**heterotypic adhesion, 이형 부착**) 사이의 부착 상호작용을 매개한다. 한 세포의 CAM은 인접한 세포에 있는 동일한 종류의 CAM (**homophilic binding, 동종성 결합**)이나 다른 유형의 CAM (**heterophilic binding, 이종성 결합**)에 직접 결합할 수 있다(그림 20-2 참조). CAM은 다른 세포와 접해 있는 원형질막에 광범위하게 분포하거나 혹은 *cell junction* (세포 연접)이라는 구별된 부위에 모여 있다. Cell-cell adhesion은 단단하게 오래 유지되거나 또는 반대로 상대적으로 약하고 일시

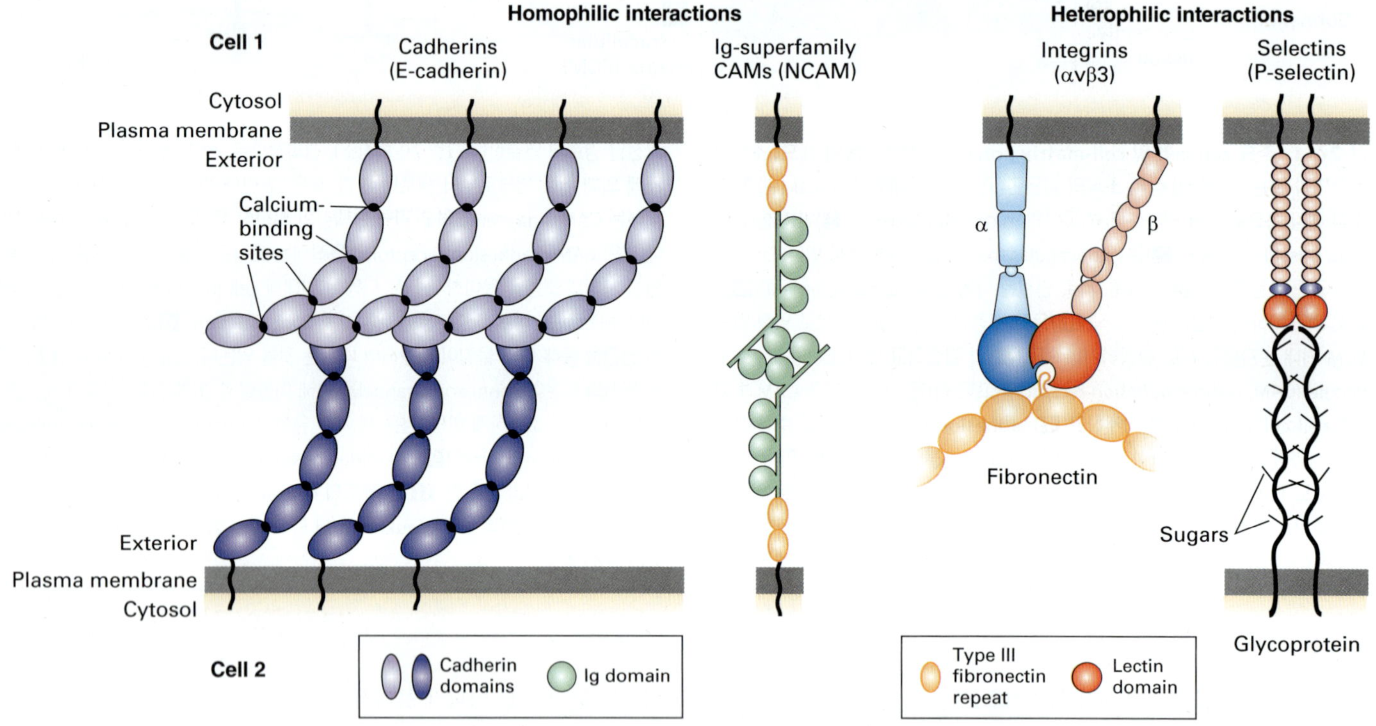

그림 20-2 Cell-adhesion molecule (CAM)과 adhesion receptor의 주요 family. Adhesion receptor는 homophilic 상호작용(동일한 유형의 다른 분자에 대한 결합; *왼쪽*) 또는 heterophilic 상호작용(다른 유형의 분자에 대한 결합; 오른쪽)에 의해 결합을 매개할 수 있다. 한 세포에 있는 E-cadherin (밝은 파란색, cell 1)은 일반적으로 인접한 세포에 있는 동일한 E-cadherin (진한 파란색, cell 2)과 homophilic cross-bridge (가교)를 형성하여 cell-cell adhesion을 매개한다. 또한, E-cadherin은 동일한 세포에 있는 인접한 E-cadherin 분자에도 결합할 수 있다(그림 20-3 및 20-14 참조). Adhesion receptor 중에서 immunoglobulin (Ig) superfamily에 속하는 구성원은 homophilic linkage (여기에서는 NCAM에서 보임)와 heterophilic linkage (여기에 보이지 않았지만, 다른 유형의 CAM에)를 형성할 수 있다. Heterodimeric integrin (예, αv와 β3 chain)은 여기에서 일부만 보여주고 있는 fibronectin과 같은 매우 큰 multi-adhesive matrix protein에 결합하는 cell-matrix adhesion receptor로 작용할 수 있다. Dimer로 표현된 selectin은 탄수화물 결합 lectin domain을 포함하고 있는데, 이는 인접한 세포의 당 단백질(여기에 보임) 또는 당 지질의 특정 당 구조를 인지한다(heterophilic 상호작용). CAM은 종종 원형질막의 평면에서 고차 oligomer를 형성한다는 것을 주목할 필요가 있다. 많은 부착성 분자들은 여러 개의 domain을 가지고 있는데, 어떤 것들은 한 종류 이상의 CAM에서 발견된다. 이 단백질들의 세포질 부위는 종종 cytoskeleton 또는 신호전달 체계와 연결하는 adapter 단백질과 결합한다. R. O. Hynes, 1999, *Trends Cell Biol* **15**(12):M33–M37; R. O. Hynes, 2002, *Cell* **110**:673–687; and J. Brasch et al., 2012, *Trends Cell Biol*. **22**:299–310 참조.

적일 수 있다. 예를 들어, spinal cord (척수)의 neuron 또는 간의 대사 세포(metabolic cell)는 각각 단단한 부착 상태임을 보인다. 대조적으로, 혈액 내의 면역계 세포는 혈관 벽을 따라 굴러가다가 쉽게 빠져 나가서 조직 내 감염과 싸울 수 있도록, 일시적이고 약한 부착 상태로 존재한다.

Adhesion receptor의 세포질 부위는 다기능 adapter 단백질들과 결합한다(그림 20-1 참조). 이러한 **adapter 단백질**은 직간접적으로 adhesion receptor와 cytoskeleton (세포 골격) 구성성분을 연결하는 역할을 한다(17, 18장 참조). 또한 adapter 단백질은 유전자 발현을 포함한 세포의 행동과 adhesion receptor를 포함하는 다양한 세포내 단백질의 활동을 변형시키기 위하여, 신호전달 경로에 작용하는 세포내 분자를 모집할 수 있다(15, 16장 참조). 많은 경우에서, adhesion receptor, 어댑터 단백질 그리고 기타 관련 단백질의 복잡한 집합체가 원형질막의 내부 표면에 조합된다. 이렇게 형성된 복합체는 세포와 주변 환경 간의 양 방향, 즉 "outside-in"과 "inside-out" 소통을 원활하게 한다.

많은 cell-cell adhesion의 형성은 *trans* 및 *cis* 상호작용이라고 하는 두 가지 유형의 분자 상호작용을 수반한다(그림 20-3). **Trans 상호작용**은 **intercellular (세포 간)** 또는 *adhesive* (부착성) 상호작용이라고도 하며, **cis 상호작용**은 동일한 세포 내의 **lateral (측면)** 상호작용이라고도 한다. Trans 상호작용에서 한 세포의 CAM은 인접한 세포의 CAM에 결합한다. Cis 상호작용에서 한 세포의 CAM의 monomer (단량체)는 동일한 세포의 원형질막에 있는 하나 이상의 CAM 분자들에 결합한다. 일부 adhesion 분자의 경우 인접 세포 간의 trans 상호작용은 안정적인 cis 상호작용이 형성될 가능성을 증가시키므로, 이러한 상호작용이 발생하는 순서를 결정할 수 있다(cis에 앞서서 trans의 형성은 그림 20-3에 묘사됨). Trans 및 cis 상호작용은 서로 강화할 수 있는 것으로 보인다. 또한, 세포내 분자와 CAM의 세포질 domain의 결합은, cluster 형성(예, cis 상호작용)을 촉진하거나 trans 상호작용의 친화도를 증가시키도록 구조를 변경함으로써, CAM의 intermolecular (분자 간) 상호작용에 지대한 영향을 미칠 수 있다. CAM에 의한 상호작용은 약하지만 매우 많은 상호작용이 작용하면 Velcro와 같이 단단한 adhesion을 생성할 수 있으며, 특히 cell junction과 같이 특정 영역에 CAM이 집중되어 있는 경우에는 더욱 그렇다.

세포 간의 부착성 상호작용이 세포 구조 및 기능에 대하여 미치는 영향은 조직 및 CAM의 종류에 따라 매우 다르다. 예를 들어, 일부 CAM은 효과적인 adhesion을 형성하기 위해 calcium ion이 필요하지만, 다른 CAM은 그렇지 않다. 두 세포 간 adhesion의 특성을 결정하는 여러 변수에는 다음과 같은 것들이 있다: 상호작용하는 분자의 결합 친화도(thermodynamic property; 열역학적 특성); 각 결합 분자의 association (조합)과 dissociation (해리)의 총체적인 "on"과 "off" 속도(kinetic property; 동역학적 특성); 부착성 분자의 공간적 분포나 밀집 정도(ensemble property; 합주적 특성), CAM이 adhesion을 할 수 있는 active/inactive 상태(biochemical property; 생화학적 특성), 예를 들어, 근육에서 수축/이완이나 순환계에서 세포와 주변 용매의 순조로운 또는 교란적 흐름 등의 다양한 외부의 힘(mechanical property; 기계적 특성) 등이다.

Extracellular Matrix는 Adhesion, 신호전달 및 그 밖의 기능들에 관여한다

ECM은 세포에 의해 분비되는 단백질과 다당류의 구성성분이 복잡하게 조합되어 있는 네트워크이다. ECM은 흔히 세포와 조직을 결속시켜 유지하는 데 관여한다. ECM의 구성, 물리적 특성 및 기능은 정교하게 조절되며, 조직의 유형, 위치, 생리학적 상태, 그리고 병리학적 결과를 보일 수 있는 변화를 포함한 구성 요소의 화학적 변형(modification)에 따라 달라질 수 있다. 이러한 변형에는 효소에 의한 phosphorylation

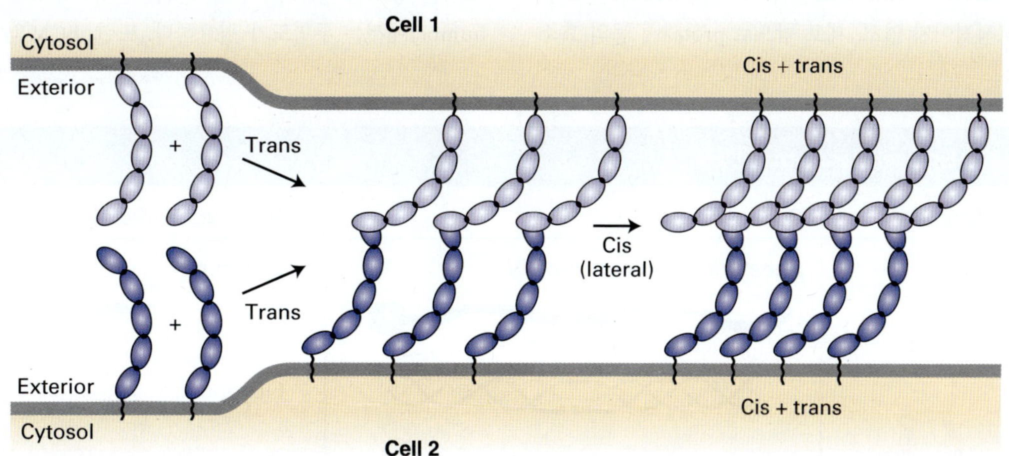

그림 20-3 Cell-cell adhesion의 형성에 대한 도식적 모델. 인접한 세포들의 CAM 간의 trans 상호작용은 원형질막을 가깝게 유지하고, cis (lateral; 측면) 상호작용으로 CAM을 집합체로 모이게 한다. 이러한 trans 및 cis 상호작용에 참여하는 분자의 부위는 CAM에 따라 다를 수 있다. Cis 상호작용에 의해 특정 공간에 밀집하게 된 다중 trans 상호작용은 세포 사이에 velcro와 같은 강력한 접착력을 생성한다. 여기에 표시된 모델은 *classical cadherin*이라고 하는 CAM을 기반으로 한다(이 장의 뒷부분에서 더 자세히 설명됨). M. S. Steinberg and M. McNutt, 1999, *Curr. Opin. Cell Biol.* **11**:554–560; and J. Brasch et al., 2012, *Trends Cell Biol.* **22**:299–310 참조.

(인산화), sulfation (황산화) 및 desulfation (탈황산화), cross-linking, protease 및 glycosidase에 의한 절단, oxidation (산화), 그리고 glucose의 비효소적 첨가(glycation, 당화)가 포함된다.

ECM은 흔히 원형질막의 cell-matrix adhesion receptor에 결합함으로써 세포에 의해 감지되며, 이로 인하여 세포가 환경에 적절하게 반응할 수 있게 하거나 세포의 상태에 따라 ECM의 구조 및 기능을 조절할 수 있게 한다. 다른 세포들이 adhesion receptor를 통해 ECM의 동일한 패치에 결합함으로써 세포들이 간접적으로 결합할 수도 있다. ECM 구성 요소에는 glycoprotein (당 단백질; 당이 공유결합되어 있는 단백질)의 특이적 형태인 proteoglycan; 흔히 fiber (섬유)를 형성하는 collagen (콜라겐) 및 기타 단백질; 수용성의 multi-adhesive matrix protein (다부착성 기질 단백질); 그리고 기타 성분을 포함한다 (표 20-1). 많은 ECM 단백질은 매우 큰 단백질을 형성하는 repeating structural domain (반복 구조 도메인; *repeat*이라고도 함)으로 구성된다는 공통적 특징을 갖는다. 한 분자 내에서, 이러한 repeat들은 그 단백질의 다른 repeat들과 매우 유사하거나(상동성), 다른 repeat들과 다르거나, 두 가지 다 포함할 수 있다. 독특한 결합 특성을 나타낼 수 있는 동일하지 않은 repeat들의 존재는 많은 부착성 단백질이 다중 ligand 및 다기능 특성을 갖는 데 기여한다. 예를 들어, fibronectin이나 laminin과 같은 multi-adhesive matrix protein은 길이가 길고 유연성을 가진 분자로서, 다양한 repeat들을 갖고 있어 여러 유형의 collagen이나 다른 matrix 단백질, polysaccharide (다당류), 세포외 신호 분자 및 cell-matrix adhesion receptor와 결합하는 역할을 한다. 따라서 이 단백질은 ECM을 형성하는 데 주도적인 역할을 한다. 또한, adhesion receptor와의 결합을 통해, cell-matrix adhesion을 조절함으로써 세포의 모양과 행동도 조절한다.

세포는 ECM의 구성 요소를 분비할 뿐만 아니라, 이 구성 요소들을 큰 fibril (섬유소)과 무정형 거대 분자를 포함하는 복잡한 구조물을 만드는 데 직접 참여함으로써 ECM의 조립에 기여한다. ECM이 조립된 후에도, ECM은 고정적이지 않고, 세포 밖으로 protease 등의 효소 및 기타 분자를 분비하여 ECM의 화학적, 물리적 및 생물학적 특성을 양적 또는 질적으로 변경함으로써 매우 역동적이다. 일반적으로, ECM *remodeling* (재구성)이라고 하는 변형에는 공유결합(ECM 분자들의 화학적 cross-linking 등)을 포함하는 화학적 변형, ECM을 구성하는 단백질의 부분적 또는 전체적인 분해, 새로 합성된 ECM 분자의 추가가 포함된다. 20.4절에서 저해물질로부터 TGF-β를 방출함으로써 활성화하는 ECM 구성 요소의 역할에 대하여 자세히 논의할 것이다(그림 16-22 참조).

세포 및 주변 matrix가 차지하고 있는 상대적인 부피는 동물 조직에 따라 현저히 다르다. 예를 들면, **connective tissue (결합 조직)**는 세포가 상대적으로 적고 대부분이 matrix로 구성되어 있는 반면(그림 20-4a), epithelium과 같은 조직은 비교적 작은 양의 matrix와 매우 밀집된 세포로 구성되어 있다(그림 20-4b). ECM을 구성하는 분자들의 밀도는 ECM의 종류에 따라 매우 다양하다.

H. V. Wilson이 바다의 sponge (해면동물)를 재료로 하여 수행한 adhesion에 대한 고전적인 연구의 결과로 볼 때, ECM의 주된 기능은 조직을 연결하여 유지하는 것이다. Wilson의 연구를 재구성한 그림 20-5a와 20-5b에서 볼 수 있듯이, 기계적으로 분리한 두 가지 species (종)의 sponge 세포들을 섞어 놓으면 한 species에서 유래한 세포는 같은 species의 세포들끼리 잘 붙지만 다른 species의 세포와는 붙지 않는다는 것을 보여 준다. 이러한 특이성을 보이는 이유는 adhesion receptor를 통하여 세포에 결합하는 ECM의 species 특이적 부착성 단백질 때문이다. 이 부착성 단백질을 정제하여 특정 색이 있는 bead에 코팅을 하여 섞어 주면, sponge 세포를 사용한 연구 결과와 유사하게, 부착성 단백질에 따른 adhesion 특이성을 보인다(그림 20-5c, d).

ECM은 cell adhesion을 촉진하는 것 외에도 다른 많은 역할을 한다(표 20-2). ECM 성분의 다양한 조합을 통해서 각 해부학적 목적에 적합하도록 ECM이 조성된다. 예를 들면, 힘줄에서는 강도, 치아와 뼈에서는 강도와 견고성, 연골에서는 완충, 안구의 유리체 액(vitreous humor)에서는 투명도가 필요하다. 또한, ECM의 구성은 세포가 어디

표 20-1 • Extracellular Matrix 단백질

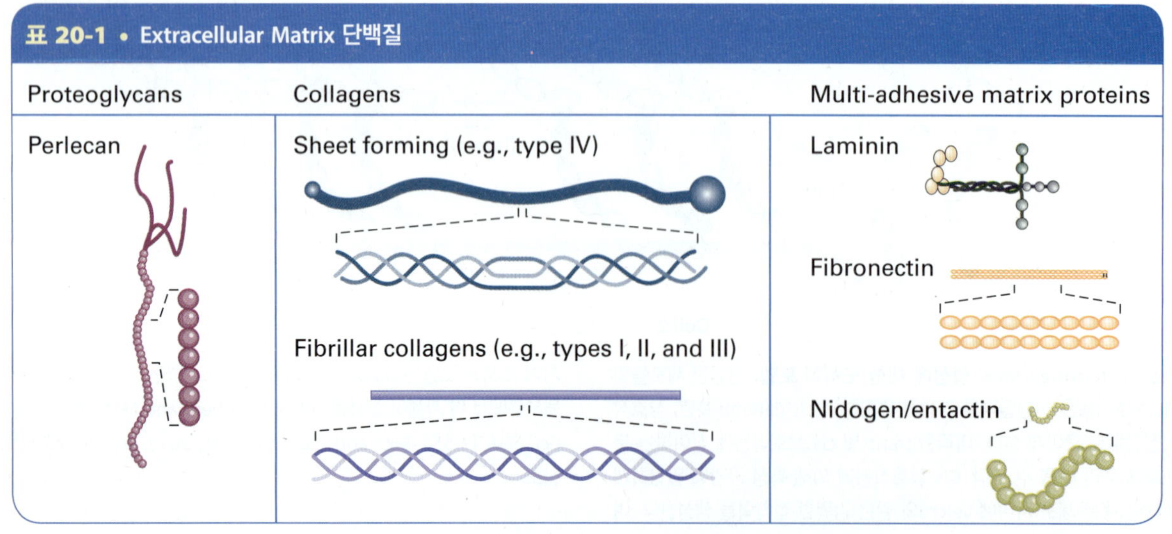

(a) Connective tissue

Fibroblasts

ECM

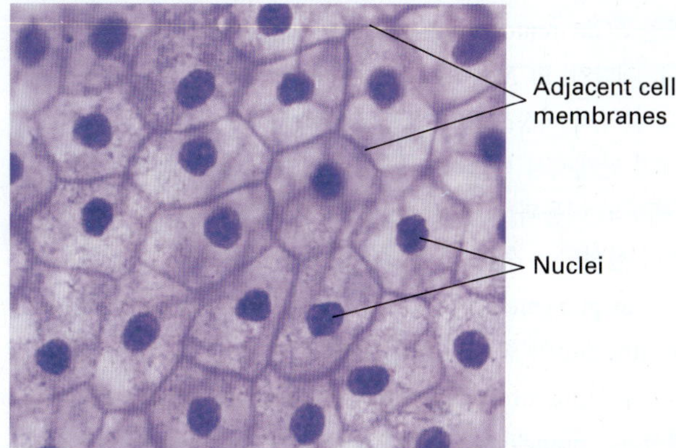

그림 20-4 다양한 조직에서 세포와 ECM의 상대적 밀도의 다양성. (a) 밀집된 결합 조직은 ECM fiber (분홍색)가 단단히 쌓여진 extracellular matrix (ECM)를 가지고 있으며, ECM을 생산하는 세포인 fibroblast (보라색)는 매우 작은 수가 열로 배치되어 있다. (b) 위에서 본 squamous epithelium (편평 상피)은 주변에 위치한 세포의 원형질막과 quilt (천 조각을 이어붙인 이불)처럼 밀접하게 배열되어 있는 epithelial cell과 세포들 사이의 매우 적은 양의 ECM을 보여 준다(그림 20-10b도 참조). [Part (a) Biophoto Associates/Science Source. Part (b) Ray Simons/Science Source.]

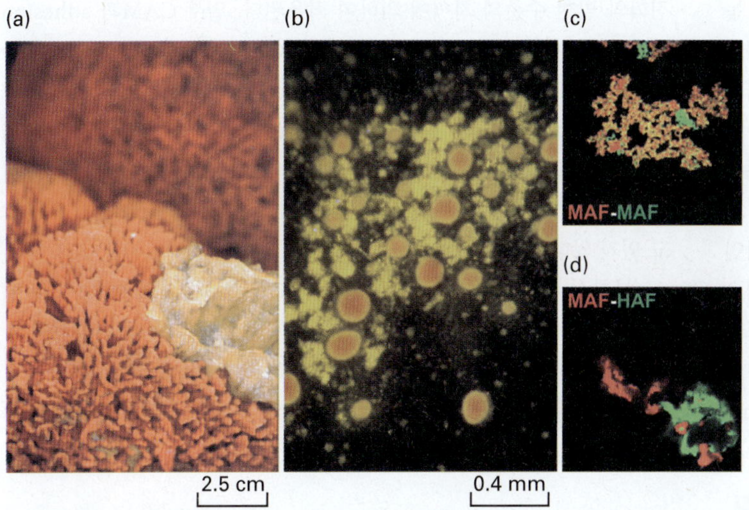

실험 그림 20-5 기계적으로 분리한 marine sponge (해양 해면)는 species-specific (종별) homotypic (동형) cell adhesion을 통해 다시 재조립된다. (a) 야생에서 자라고 있는 두 종의 sponge인 *Microciona prolifera* (주황색)와 *Halichondria panicea* (노란색). (b) 두 종의 sponge를 기계적으로 부셔서 섞은 다음에 약 30분 동안 부드럽게 저어 주어 세포들이 재부착할 수 있게 하였다. 세포들이 *Microciona prolifera* cell (주황색)과 *Halichondria panicea* cell (노란색)로 구성된 micro-clump를 형성함으로써 species-specific homotypic adhesion으로 응집체를 형성하였다는 것을 알 수 있다. (c) 및 (d) 빨간색 또는 녹색의 형광으로 표지된 bead를 각각 *Microciona prolifera* (MAF) 또는 *Halichondria panicea* (HAF)의 ECM에서 유래된 proteoglycan aggregation factor (AF)로 코팅하였다. (c) MAF에 두 색의 bead를 코팅한 후, 이들이 응집되었을 때(빨간색과 녹색이 합쳐져서) 노란색을 띠는 것을 보여 주고 있다. (d) MAF (빨간색)과 HAF (녹색)를 코팅한 bead들을 섞어 주었을 때, 골고루 섞여 노란색을 띠는 것이 아니라 homotypic adhesion에 의해서 각각의 색을 나타내는 별개의 덩어리들이 관찰된다. (배율 40×.) [Parts (a) and (b) republished with permission from Springer, from X. Fernandez-Busquets and M. M. Burger, 2003, "Circular Proteoglycans from Sponges: First Members of the Spongican Family," *Cell. Mol. Life Sci.* **60**(1):88–112; permission conveyed through Copyright Clearance Center, Inc. Parts (c) and (d) from J. Jarchow and M. M. Burger, 1998, "Species-Specific Association of the Cell-Aggregation Molecule Mediates Recognition in Marine Sponges," *Cell Adhes. Commun.* **6**(5):405–414; © Taylor and Francis, www.tandfonline.com.]

표 20-2 • Extracellular Matrix의 기능

1. Anchoring and surrounding cells to maintain solid-tissue three-dimensional architecture and define tissue boundaries
2. Determining the biomechanical properties (stiffness/elasticity, porosity, shape) of the extracellular environment
3. Controlling cellular polarity, survival, proliferation, differentiation, and fate (e.g., asymmetric division of stem cells; see Chapter 22), and thus embryonic and neonatal development and adult function and responses to the environment and to disease
4. Inhibiting or facilitating cell migration (e.g., serving as either a barrier to movement or, conversely, as a "track" along which cells—or portions of cells—can move)
5. Binding to and acting as a reservoir of growth factors; in some cases, the ECM (a) helps generate an extracellular concentration gradient of the growth factor, (b) serves as a co-receptor for the growth factor, or (c) aids in proper binding of the growth factor to its receptor (ECM component and growth factor jointly serve as a receptor's combined ligand)
6. Activating cell surface signaling receptors

에 위치해야 하는지 무엇을 해야 하는지 등의 위치 및 신호 정보를 제공한다. 세포는 ECM remodeling을 통하여 주변 환경과 상호작용을 조절할 수 있다. 게다가, ECM은 세포의 성장과 분화를 조절하는 많은 세포 밖의 신호 분자의 저장소이다. 또한 ECM은 특히 발생기간 동안 조직 형성의 초기 단계에서 세포가 이동할 수 있는 길을 제공하는 역할을 한다. 또한 세포의 이동과 rearrangement (재배열)에 의해 조직, 기관, 신체 일부분이 형성되는 후기 배 발달(embryonic development) 단계인 형태 형성(morphogenesis) 시기에도 cell-cell adhesion 뿐만 아니라 cell-matrix adhesion이 중요한 역할을 한다. 예를 들면, 혈관, 허파의 기낭(air sac), 유선(mammary gland)과 침샘(salivary gland) 및 다른 구조물을 형성하는 branching (가지) 형태 형성은 cell-matrix 상호작용을 필요로 한다(그림 20-6).

Cell-matrix 및 cell-cell 상호작용이 방해를 받게 되면, 조직 발달 과정에 치명적인 결과를 초래한다. 그림 20-7은 핵심 ECM 분자인 collagen II 또는 perlecan 중 하나의 유전자가 불활성화되었을 때 배아(embryo) 상태의 mouse에서 심각한 골격계 손상이 발생함을 보여준다. Adhesion 및 ECM 기능의 이상은 심혈관, 근골격계, 신장, 피부, 눈 및 뼈의 질환과 암세포가 본래의 있던 위치에서 떨어져 나와 몸 전체로 퍼져 나가는 metastatic cancer (전이 암) 등의 여러 병리 과정에서도 관찰된다.

많은 CAM들과 adhesion receptor들이 adhesion하는 성질 때문에 발견되고 분석되었으나, 15장과 16장에서 설명한 여러 신호전달 과정에도 중요한 역할을 한다. 그림 20-8은 adhesion receptor 중 하나인 integrin이 세포 내의 adapter 및 신호전달 분자와 물리적 및 기능적으로 결합해서 신호전달 경로를 변화시켜 세포 생존, 유전자 전사, 세포골격계의 구성, 세포 운동성 및 세포 증식 등에 영향을 미치는 것을 보여준다. 반대로, 세포내 신호전달 경로의 변화로 인해서, CAM과 adhesion receptor의 세포질 부위에 adapter가 결합하는데 변화를 유발하고, 이어서 이들 분자의 구조에 영향을 주게 된다. 이로 인하여, CAM 및 adhesion receptor가 다른 세포나 ECM과 결합하는 능력을 변화시키기도 한다. 따라서 outside-in 및 inside-out signaling은 서로 연결된 양상을 보인다.

다양한 특성을 갖는 Adhesion 분자의 진화로 다양한 동물 조직으로 진화할 수 있게 되었다

Cell-cell 및 cell-matrix adhesion은 동물 조직의 형성, 구성, 구조 및 기능에 중요한 역할을 한다. 몇몇 adhesion 분자는 진화 측면에서 초기에 생겼으므로, 다세포 생물체에서 가장 잘 보존된 단백질 중의 하나이다. 다세포 생물체 중 가장 원시적인 sponge (해면동물)는 사람에서 발현하는 단백질과 매우 유사한 구조를 지닌 특정 CAM과 multi-adhesive ECM 분자들을 발현한다. Metazoan (후생동물)의 진화는 세포 유형에 따라 새로운 특징과 기능을 갖는 다양한 adhesion 분자들의 진화와 발현 수준의 차이에 의하여 좌우된다. 일부 CAM과 adhesion receptor (예, cadherin, integrin 및 L1CAM과 같은 Ig-superfamily CAM) 및 ECM 구성성분(예, type IV collagen, laminin, nidogen/entactin 및 perlecan과 같은 proteoglycan)들은 진화 측면에서 보존되어 있지만, 그렇지 않은 것도 있다. 예를 들면, 초파리는 포유동물에서 중요한 역할을 하는 일부 collagen과 ECM 단백질인 fibronectin을 갖고 있지 않다.

부착성 분자는 **isoform (동위체)**라고 하는 매우 밀접하게 연관된 단백질들의 family를 형성할 수 있는 두 가지 현상 때문에 다양성이 확보된다. 첫째는, 하나의 조상 유전자로부터 gene duplication (복제) 및 다양한 진화 과정에 의해 단백질 family의 구성원을 암호화하는 다수

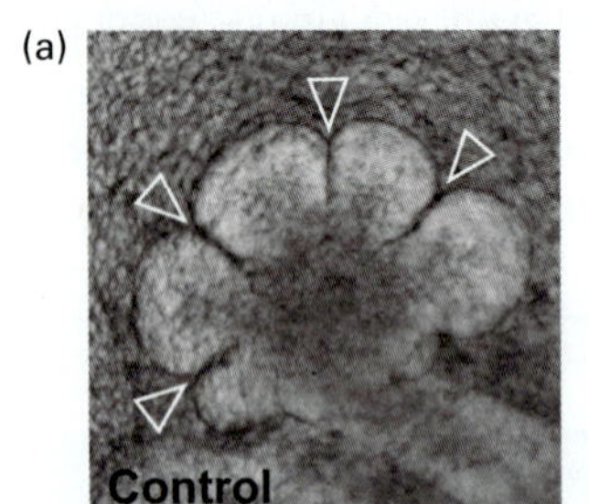

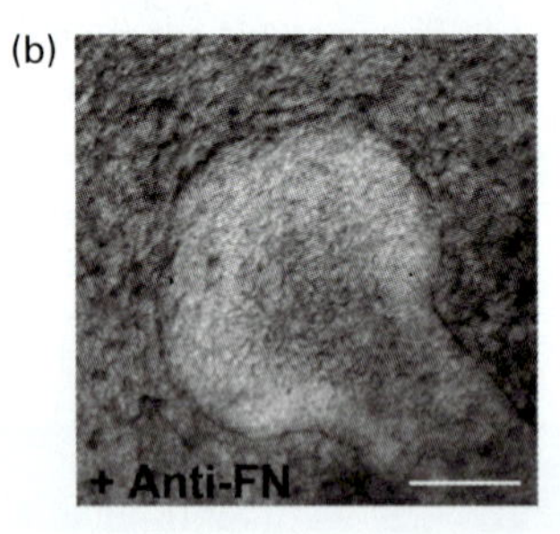

실험 그림 20-6 Mouse 조직의 발생 과정에서 fibronectin에 대한 항체를 처리하면 branching (가지) 형태 형성이 저해된다. Mouse 배아에서 미성숙 침샘을 분리하여 ECM 분자 중 하나인 fibronectin에 결합하여 그 기능을 손상하게 하는 항체를 처리하지 않거나(a), 처리하여(b) *in vitro*에서 10시간 동안 배양하면서 branching (가지) 형태 형성을 관찰하였다. 항 fibronectin 항체(Anti-FN)를 처리하였을 때 가지 형성(화살표 머리)이 관찰되지 않았다. Fibronectin의 adhesion receptor인 integrin을 저해하였을 때에도 역시 가지 형성이 관찰되지 않았다(결과를 보이지 않음). Scale bar, 100 μm. [Republished with permission of Nature, from T. Sakai, M. Larsen, and K. M. Yamada, 2003, "Fibronectin Requirement in Branching Morphogenesis," *Nature* **423**(6942):876–881; permission conveyed through Copyright Clearance Center, Inc.]

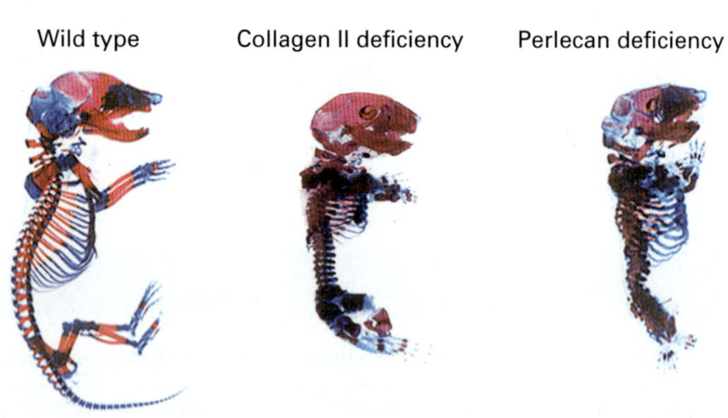

실험 그림 20-7 Mouse에서 일부 ECM 단백질의 유전자를 불활성화하면 골격 발생에 결함이 발생한다. 위 사진들은 정상(*왼쪽*), collagen II 결함(*가운데*), 또는 perlecan 결함(*오른쪽*) mouse의 배아에서 골격을 보여 주고 있다. 골격의 염색은 연골을 파란색으로 뼈를 빨간색으로 하였다. 중요한 ECM 성분이 결핍되면 많은 골격의 길이가 짧아지고 손상되어 키가 작은 증세(예, 왜소증)가 발생한다. [Republished with permission from John Wiley & Sons, Inc., from E. Gustafsson et al., 2003, "Role of Collagen Type II and Perlecan in Skeletal Development," *Ann. NY Acad. Sci.* **995**:140–150; permission conveyed through Copyright Clearance Center, Inc.]

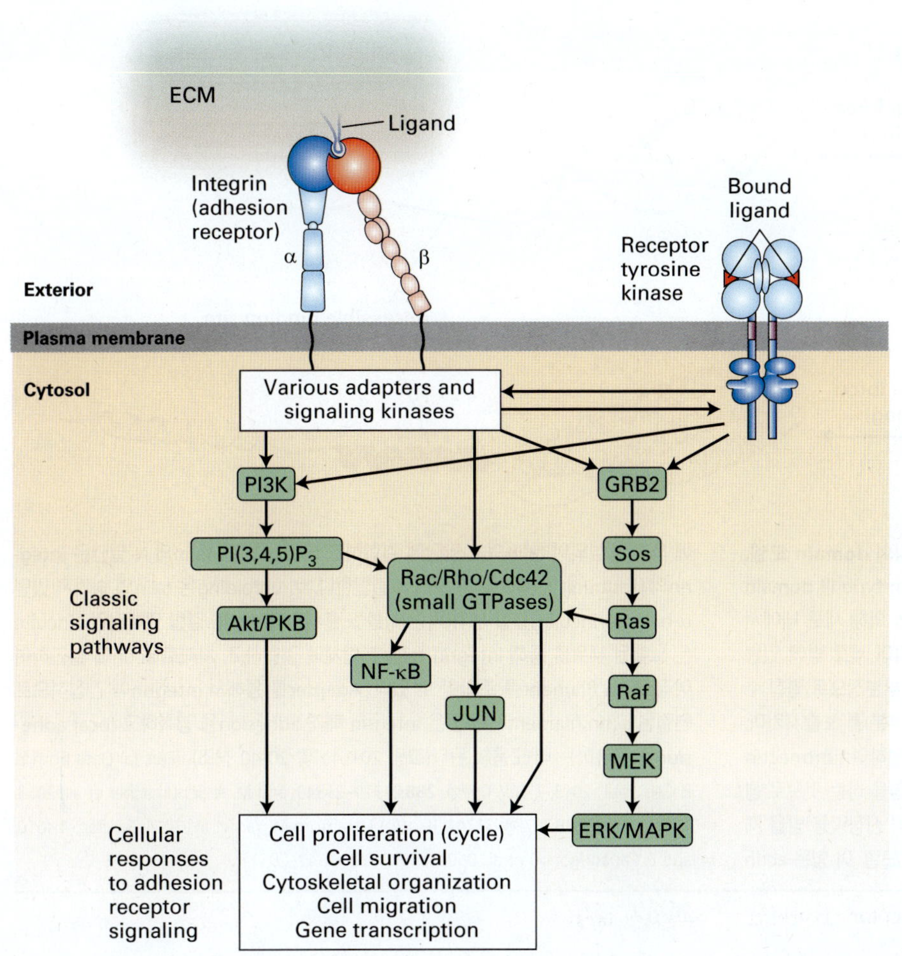

그림 20-8 다양한 세포 기능을 조절하는 integrin adhesion receptor 관련 신호전달 경로. Integrin이 해당 ligand와 결합하면 세포질 부위에 구조적 변화를 유발하고, 이어서 세포질 단백질들과 직간접적으로 상호작용을 하게 된다(**outside-in signaling**). 이러한 세포질 단백질로는 여러 신호전달 경로에 관여하는 adapter 단백질(예, talin, paxillin, vinculin)과 신호전달 kinase [src-family kinase, focal adhesion kinase (FAK), integrin-linked kinase (ILK)] 등이 있으며, 세포 성장, 세포 생존, 세포골격 구성, 세포 이동 및 유전자 잔사에 변화를 가져온다. 신호전달 경로의 여러 구성성분들 중에서 원형질막과 직접 연관된 몇몇 성분들은 녹색 상자 안에 나타내었다. 여기 보인 바와 같이, 이러한 경로에 관여하는 여러 성분들은 세포 표면에서 활성화된 다른 신호전달 경로(예, 오른쪽에 보인 receptor tyrosine kinase)에도 관여하며, 이 경로에 대하여는 15장과 16장에서 논의한다. 이와는 상반되게, 세포내 신호전달 경로는 adapter 단백질을 통해 integrin이 해당 extracellular ligand와 결합하는 능력을 바꿀 수 있다(**inside-out signaling**). W. Guo and F. G. Giancotti, 2004, *Nat. Rev. Mol. Cell Biol.* **5**:816–826; and R. O. Hynes, 2002, *Cell* **110**:673–687 참조.

의 유전자가 생성된다(7장의 인간 β-like globin gene cluster 참조). 두 번째는, 한 유전자가 하나의 RNA transcript (전사체)를 만들고 이것이 alternative splicing을 통하여 다양한 mRNA를 형성하여 서로 다른 isoform을 만든다(그림 7-3 및 9.2절 참조). 이 두 가지 현상이 cadherin과 같이 다양성을 지닌 단백질 family의 생성에 기여한다. 흔히 부착성 단백질의 특정 isoform은 세포 유형 및 조직에 따라 서로 다르게 발현된다.

Cell-Adhesion Molecule은 Mechanotransduction을 매개한다

Mechanotransduction (역학 전이)은 기계적 힘(또는 자극)과 생화학적 과정의 상호 변환이다. 이러한 상호 변환은 신호전달, 조절된 유전자 발현, 세포 증식, 세포 이동, 세포 간 상호작용, 세포와 ECM 간의 상호작용과 같은 다양한 생물학적 활동에 사용된다. 진화 과정에서 기계적 자극에 반응하여 모양과 활성을 변경할 수 있는 다양한 **mechanosensor (기계적 센서)**가 만들어졌다. 예를 들면, 세포 밖 shear stress (전단 응력; 혈관 내 혈액의 흐름에 의한 힘과 같이 세포 표면에 평행하게 작용하는 힘)에 직접적으로 반응하는 G protein-coupled receptor와 원형질막의 stretch (신장)에 의해 열리는 다양한 ion channel mechanosensor가 이에 해당한다. 여기에는 특정 transient receptor potential (TRP) channel과 Piezo non-selective cation channel (23장 참조)이 포함되며, 이는 neuron 및 일반 세포에서 발견되며, 접촉, 기도 신장 (airway stretch), 혈압, 전단력 및 삼투압을 비롯한 다양한 기계적 자극에 반응한다.

Cell-cell 및 cell-matrix 상호작용의 맥락에서, mechanotransduction은 일반적으로 원형질막을 가로질러 기계적 힘 또는 생화학적 정보를 전달하는 세포 표면 adhesion receptor와 기계적 자극에 반응하여 모양과 활성이 변화하는 하나 이상의 세포내 또는 세포외 mechanosensor를 포함한다. 예를 들어, ECM 단백질인 fibronectin 또는 integrin의 adapter 단백질인 **talin**과 같은 multi-domain mechanosensor 단백질에 가해지는 장력은 단단히 결합되어 있는 domain을 떼어 내거나 개별 domain을 분리(분해)할 수 있다. 결과적으로, 평상시에는 접근할 수 없었던(숨겨져 있던) 하나 이상의 결합 부위가 노출된다. 그림 20-9는 기계적인 힘에 의해 펼쳐지는 domain의 예로서, 숨겨져 있던 결합 부위가 노출되는 것을 보여준다. 새로 접근할 수 있게 된 결합 부위는 새로운 binding partner와 결합해서, 경우에 따라 인산화를 동반하여, 세포 또는 세포외 기능을 변경할 수 있다. 예를 들어, integrin에 의하여

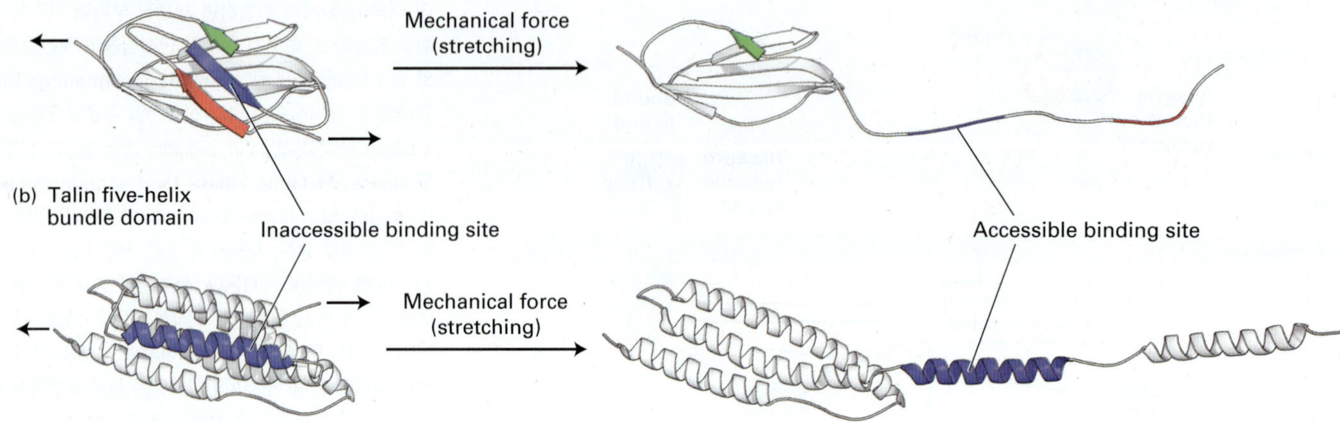

그림 20-9 기계적 힘에 반응하는 mechanosensor 단백질의 domain 모델. (a) ECM 분자인 fibronectin이 기계적 힘을 받을 때 fibronectin type III domain의 부분적 unfolding (전개)에 대한 가상 모델. Actin의 변형에 의해 세포 내에서 생성된 기계적 힘은 여러 integrin adhesion receptor를 통하여 세포 밖에 있는 dimeric fibronectin에 기계적 변형을 유발하여 fibronectin을 부분적으로 펼칠 수 있다. 이 unfolding은 fibronectin의 숨겨진 결합 부위(파란색 부분)를 노출시키며, 이 숨겨진 결합 부위는 다른 fibronectin 분자와 β sheet를 형성하여 fibronectin fibril을 형성할 수 있게 함으로써 ECM을 조립하는 데 중요한 역할을 하는 것으로 생각된다. (b) Integrin의 세포내 adapter 단백질인 talin이 기계적 신장력을 받을 때 domain (R1 5-helix bundle)의 부분적 unfolding에 대한 가상 모델. 이 힘은 actin에 의해 생성되어 talin의 C-말단에 결합하고 당기는 반면, talin의 N-말단은 integrin의 β subunit의 세포질 쪽 꼬리에 결합한다. 이 unfolding은 talin의 숨겨져 있던 α-helical vinculin 결합 부위(파란색)를 노출시킨다. Actin-결합 단백질인 vinculin은 노출된 부위를 통해 integrin-talin 복합체에 결합하고, 차례로 actin에 결합하여 여러 actin filament를 조립할 수 있다. Adapter를 통해서 integrin에 간접적으로 연결된 actin filament 구조물은 integrin 매개 adhesion을 강화하고 focal adhesion을 구축하는 데 도움이 된다(그림 20-14e 및 20-40 참조). [Part (a) Data from E. P. Gee et al., 2013, *J. Biol. Chem.* **288**:21329–21340; and M. A. Schumacher et al., 2013, *J. Biol. Chem.* **288**:33738–33744. Part (b) Data from M. Yao et al., 2014, *Sci. Rep.* **4**:4610; and E. Papagrigoriou et al., 2004, *EMBO J.* **23**:2942–2951.]

fibronectin이 늘어나게 되면 domain들이 분리되어 결과적으로 fibril을 형성하게 되며, 이 과정은 collagen 및 기타 분자를 ECM으로 조립하는 초기 단계에 해당한다. Mechanotransduction의 기계적 힘은 myosin에 의한 actin filament의 움직임(17장)과 같이 세포 내부에서 생성되거나, 혈류, 인접 세포의 움직임 또는 ECM의 수축 또는 확장과 같이 세포 외부에서 생성되는 힘일 수 있다. 이 장의 뒷부분에서 볼 수 있듯이, cell-cell 및 cell-matrix adhesion site들은 mechanotransduction에서 특히 중요한 역할을 수행한다.

20.1절의 주요 개념

Cell-Cell 및 Cell-Extracellular Matrix Adhesion: 개관(overview)

- Cell-cell 및 cell-extracellular matrix (ECM)의 상호작용은 세포들이 모여 조직을 형성하거나, 세포의 모양과 기능을 조절하거나, 세포와 조직의 발생학적 운명을 결정짓는 데 중요한 역할을 한다. Adhesion 분자의 구조나 발현에 이상이 나타나면 질환이 유발될 수 있다.
- Cell-adhesion molecule (CAM, *cell-cell adhesion receptor*라고도 함)은 직접적인 cell-cell adhesion (homotypic 또는 heterotypic)을 매개하고, 세포 표면 adhesion receptor는 cell이 ECM에 부착할 수 있게 한다(그림 20-1 참조). 이러한 상호작용은 세포들이 조직을 형성할 수 있게 하고, 세포와 주변 환경 사이의 정보 교환을 촉진한다.
- Cell adhesion receptor의 세포질 영역은 cytoskeletal fiber 및 세포내 신호전달 단백질과의 상호작용을 매개하는 adapter 단백질과 결합한다.
- CAM의 주요 family는 cadherin, lectin, Ig-superfamily CAM, integrin 등이 있다(그림 20-2 참조). Integrin이나 IgCAM superfamily의 구성원은 cell-matrix adhesion receptor로서도 기능할 수 있다.
- 단단한 cell-cell adhesion이 형성되려면 CAM의 cis (lateral) oligomerization과 함께, homophilic (동종) 또는 heterophilic (이종)의 CAM 사이의 trans (intercellular) 상호작용이 동반된다(그림 20-3 참조). Cis 및 trans 상호작용의 조합으로 Velcro와 같은 세포 간 adhesion이 형성된다.
- ECM은 조직의 구조와 기능에 기여하는 단백질과 polysaccharide로 구성된 역동적이고 복잡한 그물망의 형태를 띤다(표 20-2 참조). ECM 분자의 주요 부류는 proteoglycan, collagen 및 fibronectin과 laminin과 같은 multi-adhesive matrix protein을 포함한다.
- CAM 및 adhesion receptor는 세포질의 adapter 단백질과 함께 "outside-in"과 "inside-out" signaling에 중요한 역할을 하여, 세포와 주변 환경 간의 매우 중요한 소통을 촉진한다.

- 특별한 구조와 기능을 갖는 adhesion 분자의 진화로 인하여 세포가 다양한 기능을 가진 광범위한 부류의 조직을 만들 수 있게 되었다.
- Mechanotransduction은 기계적 자극(또는 힘)과 생화학적 과정의 상호 변환이며, adhesion receptor와 mechanosensor에 의하여 매개된다. Adhesion receptor 자체도 mechanosensor로 활용될 수 있다. Mechanotransduction은 세포가 주변 환경의 기계적 힘에 반응할 수 있게 하고, 또한 주변 환경에 기계적 힘을 가할 수도 있게 한다.

20.2 Cell-Cell 및 Cell-Extracellular Matrix Junction과 이들의 Adhesion 분자

Epithelial (상피) 및 nonepithelial (비상피) 조직에 있는 세포는 대부분 동일한 cell-cell 및 cell-matrix adhesion molecule를 사용한다. Epithelium은 비교적 단순한 구성을 가지고 있고, 진화와 발생 과정에서 근본적인 역할을 하기 때문에, 우선 epithelium에서 adhesion에 대한 자세한 논의를 하기로 한다. 이 절에서는 세포 표면의 특정 부위에 adhesion 분자가 cluster를 이루고 있는 *anchoring junction* (정박 연접), *tight junction* (폐쇄 연접) 및 *gap junction* (간극 연접)을 집중적으로 다룰 것이다. Anchoring junction과 tight junction은 cell-cell adhesion과 cell-matrix adhesion을 매개하는 데 중요한 역할을 하며, 세 가지 유형의 junction은 세포내 혹은 cell-matrix의 정보 전달에 관여한다.

Epithelial cell (상피세포)은 Apical, Lateral 및 Basal Surface를 갖는다

Epithelial tissue를 형성하는 세포는 원형질막을 영역별로 구별할 수 있기 때문에 **polarized (극성화)**되었다고 한다. 일반적으로, polarized epithelial cell은 **apical** (top; 윗면), **lateral** (side; 측면), **basal** (base or bottom; 아랫면) surface (표면)로 뚜렷이 구분된다(그림 20-10; 그림 20-1도 참조). Epithelial cell의 apical, lateral 및 basal surface는 독특한 특성을 나타낸다. Apical surface에 손가락 모양의 작은 돌기인 microvilli가 형성되면 표면적이 크게 증가한다(22장 참조). *Polarity regulator* (극성 조절자)라고 하는 진화적으로 보존된 분자들이 epithelial cell 및 다른 세포의 기능적 및 구조적 비대칭을 생성하는 데 필요하다(22장 참조). Adhesion molecule들은 이러한 구분되는 표면을 생성하고 유지하는 데 필수적인 역할을 수행한다.

다양한 신체 부위에 존재하는 epithelium은 특징적인 형태와 기능을 갖는다(그림 20-10 참조; 그림 1-4도 참조). Stratified (다층의) epithelium은 흔히 장벽이나 보호 표면(예, 피부)에서 발견된다. 반면에 simple (단층의) epithelium은 흔히 상피의 한쪽에서 다른 쪽으로 이온이나 작은 분자들을 선택적으로 이동할 수 있게 한다. 예를 들면, 위를 둘러싸고 있는 simple columnar (단순 원주) epithelium은 내강(lumen)으로 hydrochloric acid (염산)를 분비한다. 이와 유사하게, 소

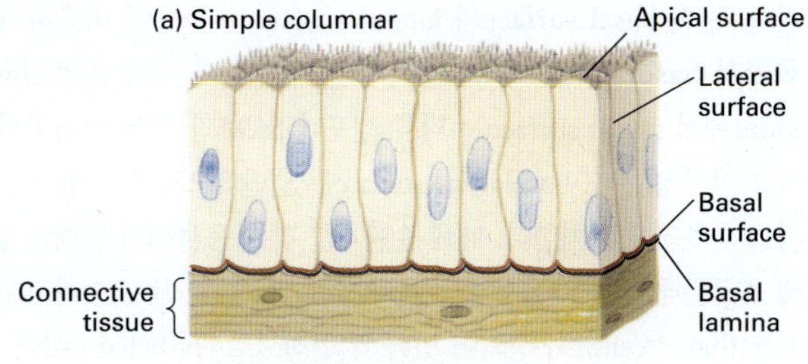

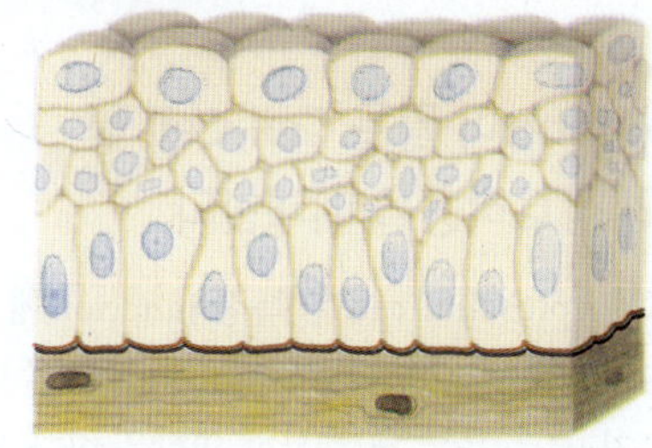

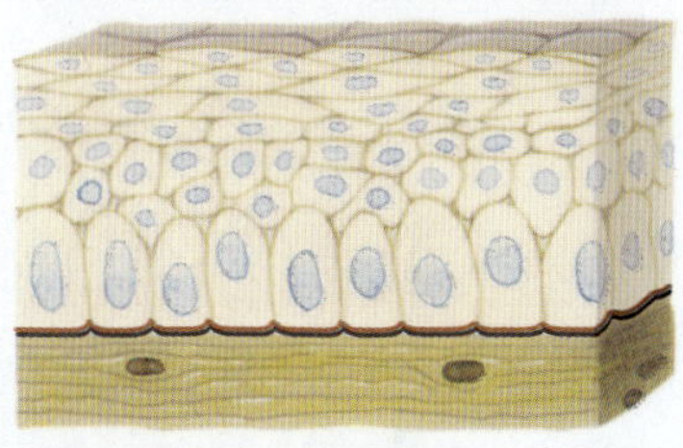

그림 20-10 Epithelium (상피)의 주요 유형. (a) Simple columnar (단순 원주) epithelial cell은 점액 분비 세포(위와 자궁 경부의 내벽)와 흡수 세포(소장의 내벽)를 포함하는 길쭉한 세포로 구성된다. Apical surface의 가는 돌출부는 microvilli (미세 융모)이다(그림 20-11 참조). (b) 얇은 세포로 구성된 simple squamous (단순 편평) epithelium은 혈관[endothelial cell (내피 세포)/endothelium]과 많은 체강을 싸고 있다. (c) 다양한 형태를 가지고 있는 세포가 여러 층으로 구성된 transitional (이행) epithelium은 팽창과 수축을 목적으로 한 특정 공동(cavity) (예, 방광)을 싸고 있다. (d) Stratified squamous (중층 편평) (nonkeratinized; 비각질화) epithelium은 입과 질 등의 표면에 존재한다. 이러한 조직의 내벽은 일반적으로 마찰에 저항력이 있고 공동 안팎으로 물질의 흡수 또는 분비에 관여하지 않는다. Collagen과 다른 ECM 성분으로 된 얇은 섬유성 네트워크인 basal lamina는 모든 epithelium을 지지하는 역할과 epithelium과 그 아래쪽에 있는 결합 조직을 연결하는 역할을 한다.

장의 simple epithelium은 소장 내강에서 세포를 관통하여 혈액으로 소화 산물을 이동시킨다(그림 11-30 참조).

Simple columnar epithelium에서 한 세포의 lateral surface는 옆의 세포의 lateral surface와 2-dimension (이차원) sheet 형태로 부착성 상호작용을 하게 된다. 반면, 세포의 basal surface는 아래쪽에 있는 **basal lamina (기저막)**라는 extracellular matrix와 부착성 상호작

용을 한다. 흔히 basal surface와 lateral surface는 구성이 비슷하여 이 둘을 합쳐서 **basolateral** surface (**측저**면)라 부른다. 대부분의 simple epithelium에서 apical surface는 다른 세포나 ECM과 직접 안정적인 접촉을 하고 있지 않는다. Basolateral surface는 일반적으로 혈관에 가장 가까운 세포의 측면에 위치한다. 폐쇄 순환계를 갖는 동물에서 혈액은 혈관을 통해 흐르는데, 혈관의 내벽은 *endothelial cell* (내피 세포)이라고 하는 편평한 epithelial cell로 구성되어 있다. 일반적으로 epithelial cell에서는 adhesion molecule들이 주변 세포들과 세포에 이웃한 ECM에 강하고 안정하게 붙어 있기 때문에, 고착성인 특징을 보인다. 이러한 강하고 안정한 adhesion을 유발하는 가장 중요한 메커니즘은 adhesion molecule들이 cluster를 이루어 *cell junction*이라고 부르는 구조물을 형성하기 때문이다.

세 종류의 Junction이 많은 Cell-Cell 및 Cell-Matrix의 상호작용을 매개한다

Sheet 형태의 모든 epithelial cell은 특정 junction에 의해 세포들 및 ECM이 연결되어 있다. 각 adhesion molecule이 수백 개 이상 모여서 결합하면 세포가 서로 붙는 데 충분한 역할을 한다. Cell junction에 cluster되어 있는 adhesion molecule들은 조직에 견고함과 강도를 제공하고, 세포의 안과 밖에 정보를 전달하며, 세포층을 가로질러 이온과 분자의 수송을 조절하고, 한 세포의 세포질로부터 인접해 있는 세포의 세포질로 이온이나 분자들이 이동할 수 있는 통로의 역할을 하는 등의 독특한 기능도 수행한다. 특히, epithelial sheet는 옆의 세포들과 junction을 형성하여 밀봉(tight seal)함으로써, sheet의 한쪽에서 다른 쪽으로 분자들이 이동하는 데 장벽의 역할도 한다.

동물 세포에서 중요한 세 가지 부류의 junction인 **anchoring junction, tight junction** 및 **gap junction**은 simple columnar epithelium에서 관찰된다(그림 20-11, 표 20-3). Anchoring junction과 tight junction은 조직의 형태를 유지하는 중요한 기능을 한다. 또한, tight junction은 epithelial sheet를 형성하는 세포들 사이에 있는 세포외 공간을 통한 용질의 흐름을 제한한다. Tight junction은 주로 epithelial cell에서 발견되며, anchoring junction은 epithelial cell나 non-epithelial cell 모두에서 관찰된다. epithelium에서 발견되는 anchoring junction과 tight junction은 다음과 같은 세 부분으로 구성된다: (1) 원형질막에 있으면서 lateral surface에서 세포와 세포를 연결하거나 basal surface에서 세포와 ECM을 연결하는 adhesive protein (CAM과 adhesion receptor); (2) CAM이나 adhesion receptor를 cytoskeletal

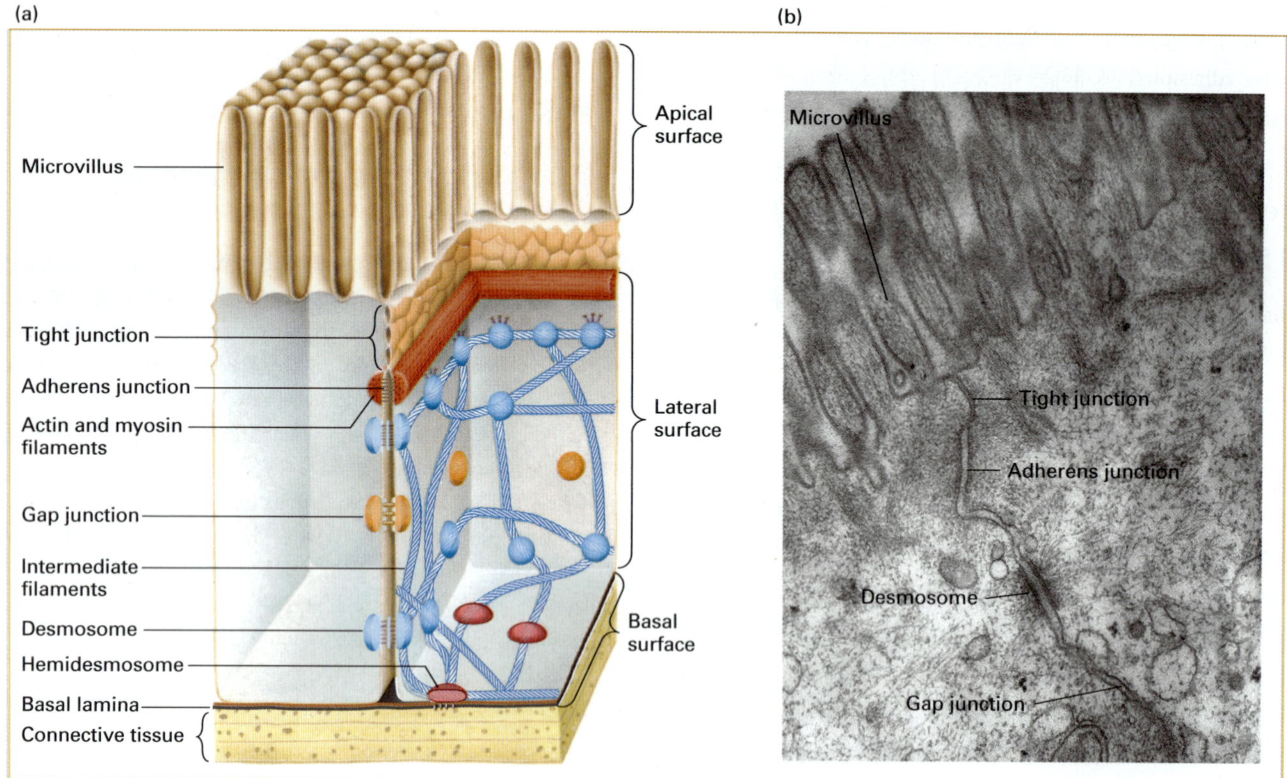

그림 20-11 소장에서 columnar epithelial cell들을 연결하는 cell junction의 주요 유형. (a) 장의 epithelial cell의 단면을 묘사한 모식도. 세포의 basal surface는 basal lamina 위에 위치하고, apical surface는 장 내강으로 뻗은 microvilli로 쌓여 있다. Microvilli 아래쪽에 위치하는 tight junction은 세포들 사이에 존재하는 세포외 공간을 통한, 즉 장 내강과 내부 체액(예, 혈액) 사이에서 물질들의 확산을 막는다. Gap junction을 통해 인접한 세포들의 세포질을 관통하여 작은 분자와 이온이 이동한다. 세 가지 유형의 junction (adherens junction, desmosome 및 hemidesmosome)은 cell-cell 및 cell-matrix adhesion과 신호전달에 중요한 기능을 수행한다. (b) 쥐의 장에 있는 epithelial cell의 얇은 단면에 대한 전자현미경 사진으로서, 다양한 junction의 상대적인 위치를 보여 준다. [Part (b) M. G. Farquhar and G. E. Palade, 1963, *J. Cell Biol.* **17**(2):375–412, Fig. 1; https://doi.org/10.1083/jcb.17.2.375.]

표 20-3 • Cell Junction

Junction	Adhesion Type	Principal CAMs or Adhesion Receptors	Cytoskeletal Attachment	Intracellular Adapters	Function
Anchoring junctions					
1. Adherens junctions	Cell-cell	Cadherins	Actin filaments	Catenins, vinculin	Shape, tension, signaling, force transmission
2. Desmosomes	Cell-cell	Desmosomal cadherins	Intermediate filaments	Plakoglobin, plakophilins, desmoplakins	Strength, durability, signaling
3. Hemidesmosomes	Cell-matrix	Integrin ($\alpha 6 \beta 4$)	Intermediate filaments	Plectin, dystonin/BPAG1	Shape, rigidity, signaling
4. Focal contacts, fibrillar, and 3-D adhesions	Cell-matrix	Integrins	Actin filaments	Talin, kindlin, paxillin, vinculin	Shape, signaling, force transmission, cell movement
Tight junctions	Cell-cell	Occludin, claudins, JAMs	Actin filaments	ZO-1,2,3, PAR3, cingulin	Controlling solute flow, cell polarity, signaling
Gap junctions	Cell-cell	Connexins, innexins, pannexins	Via adapters to other junctions	ZO-1,2,3	Communication, small-molecule transport between cells
Plasmodesmata (plants only)	Cell-cell	Undefined	Actin filaments	NET1A	Communication, molecule transport between cells

filament와 신호 분자에 연결하는 adapter 단백질; (3) 그리고 cytoskeletal filament 자체이다.

Gap junction은 인접한 세포들의 세포질을 관통하여 작은 소수성 분자들이 빠르게 확산할 수 있게 한다. Gap junction은 세포가 주변 환경과 소통하는 것을 돕는다는 면에서 anchoring junction 및 tight junction과 유사성이 있기는 하지만, 구조적인 측면은 물론이고 cell-cell 및 cell-matrix adhesion을 강화하는 역할을 하지 않는다는 점에서 anchoring junction 및 tight junction과는 매우 다르다. Gap junction은 epithelium 뿐만 아니라 non-epithelial tissue에서도 발견되고, 20.6절에서 논의할 식물의 cell-cell junction인 *plasmodesmata*는 동물의 gap junction과 유사성을 갖는다.

세포에는 네 가지 유형의 anchoring junction이 존재한다. 이 중 두 가지 유형은 cell-cell adhesion에 관여하고, 나머지 두 유형은 cell-matrix adhesion에 관여한다. **Adherens junction**은 인접한 epithelial cell 들의 측면 막을 연결하며, apical surface에 가까이 있는 tight junction의 바로 아래에 위치한다(그림 20-11 참조). Adherens junction과 복합체를 이루는 actin과 myosin filament로 구성된 circumferential belt (원주 벨트)는 세포의 내부를 지탱하여 세포의 형태를 유지하는 긴장선 (tension cable)의 기능을 한다. Epithelial cell과 smooth muscle (평활근)이나 심장 세포와 같은 일부 다른 유형의 세포는 **desmosome (접착반)**에 의해 서로 강하게 결합되어 있다. 이 desmosome은 *spot desmosome*이라 불리기도 하는 똑딱이 단추 같은 접점을 말한다. Epithelial cell의 basal surface에서 주로 발견되는 *hemidesmosome*과 **focal adhesion**이라고도 하는 **focal contact**은 카펫을 고정하는 못과 같이 epithelium을 ECM의 구성성분에 고정시킨다. Adherens junction, desmosome 및 focal adhesion은 많은 다른 유형의 세포들에서 관찰되지만, hemidesmosome은 epithelial cell에서만 관찰된다.

세포 표면과 평행으로 뻗어 있거나 세포를 가로질러 뻗어 있는 intermediate filament의 bundle (다발)이 desmosome과 hemidesmosome에 연결되어 세포의 모양과 강도를 부여한다. Actin filament가 focal contact과 adherens junction에 연결되는 것과 유사하다. 이 junction들과 cytoskeleton의 결합은 shear force (전단력)를 세포층의 한 영역에서 epithelium 전체로 전달함으로써, epithelial cell layer에 강도와 견고성을 제공한다. 특히, desmosome과 hemidesmosome은 피부 epithelium을 견고하게 유지하는 데 중요하다. 예를 들면, 피부의 hemidesmosome의 고정을 방해하는 돌연변이가 발생하면 피부에 물집이 생긴다. 이는 epithelium이 고정되어 있던 matrix에서 분리됨에 따라 basolateral surface에 세포외 액(extracellular fluid)이 축적되어 피부가 부풀어 오르기 때문이다.

Adherens Junction과 Desmosome에서 Cadherin은 Cell-Cell Adhesion을 매개한다

Adherens junction과 desmosome에서는 *N*-linked (13 및 14장 참조) 또는 *O*-linked (20.4절의 그림 20-31 참조) oligosaccharide를 포함하는 당 단백질인 **cadherin** family에 속하는 CAM이 발견된다. 척추동물에서, cadherin은 100개 이상의 protein superfamily로 구성되며, 여기서 설명하게 될 **classical cadherin**, **clustered protocadherin** 및

desmosomal cadherin을 포함하여 최소 6개의 subfamily로 나누어 볼 수 있다. Cadherin을 암호화하는 유전자도 많고, 하나의 유전자에서 alternative RNA splicing도 일어나서 여러 mRNA를 만들 수 있기 때문에 cadherin의 다양성이 확보된다. 척추동물에서 많은 다양한 cadherin의 유형이 존재하는 것은 놀라운 일이 아니다. 다양한 조직에 있는 다양한 유형의 세포는 adhesion과 소통하는 데 cadherin을 사용하며, 이에 대한 세부 필요 사항은 세포 및 조직 유형에 따라 다를 수 있다. Cadherin superfamily의 구성원은 일부 epithelial cell의 apical surface에 있는 microvilli의 조립 및 촘촘한 배열 등의 세포 모양을 제어할 수 있다(그림 20-10a 및 20-11a 참조). 특히, 뇌(brain)는 복잡한 회로를 구성하기 위하여 매우 다양하고 특이적인 cell-cell contact를 하기 때문에 protocadherin을 비롯한 다양한 cadherin을 가장 많이 발현하는 조직이다. 그러나 무척추동물은 20종 이하의 cadherin만으로 기능을 할 수 있다.

Classical Cadherin "Classical (전형적인)" cadherin에는 E-, N-, P-cadherin이 포함되는데, 이들은 처음 발견된 조직 유형(각각 epithelial, neural 및 placental)에 따라 명명되었다. E-와 N-cadherin은 가장 광범위하게 발현하고 있으며, 특히 초기 분화 동안에 높은 발현을 보인다. 소장이나 신장 세관의 내벽을 형성하는 polarized epithelial cell layer는 lateral surface를 따라 E-cadherin이 풍부히 존재한다. Epithelium의 lateral surface에는 인접한 세포의 막과 연결되므로 이 표면에 있는 adherens junction에 E-cadherin이 밀집하여 존재한다.

배양된 mouse의 fibroblast인 L 세포를 사용한 실험에서, E-cadherin이 homophilic 상호작용을 선호한다는 것이 밝혀졌다. L 세포는 원래 cadherin을 발현하지 않으며, L 세포끼리 또는 배양된 다른 유형의 세포에 잘 부착하지 않는다. E-cadherin 유전자를 L 세포에 도입하여 제작한 E-cadherin 발현 L 세포는 같은 유형의 E-cadherin 분자를 발현하는 세포에만 선택적으로 부착하는 것을 알 수 있었다(그림 20-12). 이러한 E-cadherin 발현 L 세포들은 서로 뭉치거나, 폐에서 분리한 epithelial cell과 뭉쳐서 epithelial-like aggregate (상피 유사 응집체)를 형성하였다. E-cadherin은 주로 homophilic 상호작용을 하지만, 일부 cadherin은 heterophilic 상호작용을 하기도 한다.

Cadherin은 세포외 Ca^{2+}의 존재에 따라 부착성이 달라지므로, 이 특징을 따라 *c*alcium *adher*ing을 줄여서 이름을 붙이게 되었다. 예를 들면, 세포를 Ca^{2+} 농도가 낮은 성장 배지에서 기르면, E-cadherin을 발현하는 L 세포의 adhesion이 저해된다(그림 20-12 참조). Cadherin과 같은 일부 adhesion molecule들의 경우에는 정상적으로 기능을 하려면 세포외 액에 최소한의 Ca^{2+}을 필요로 한다. 반면, IgCAM과 같은 다른 adhesion molecule의 경우에는 Ca^{2+}의 존재가 그 기능에 관여하지 않는다.

E-cadherin이 adhesion에 관여하는 역할은 *Madin-Darby canine kidney* (*MDCK*) 세포라는 상피 세포를 배양하여 수행한 실험에서도 증명된다(그림 4-3 참조). 이 세포에 green fluorescence protein을 붙인 E-cadherin을 발현시키면 세포들이 모여 sheet를 이루는 과정에서 E-cadherin이 세포들의 초기 부착 과정과 지퍼를 채우는 형태의 세포 부착 과정에 관여함을 알 수 있다(그림 20-13). 이 실험에서, E-cadherin에 결합하는 항체를 첨가하여 E-cadherin의 homophilic 상호작용을 저해시키면, MDCK 세포들이 Ca^{2+} 의존적으로 서로 부착하지 않고, 세포들 사이의 adherens junction도 형성되지 않는다.

각각의 classical cadherin은 1개의 trans-membrane domain (막횡단 부위)와 상대적으로 짧은 C-말단 cytosolic domain (세포질 영역) 그리고 5개의 extracellular (세포외) "cadherin" domain (*EC1–EC5*라고 함)을 포함한다(그림 20-2 참조). Extracellular domain은 Ca^{2+}과의 결합과 cadherin-mediated cell-cell adhesion에 필요하다. Classical cadherin-mediated adhesion은 앞서 설명했듯이, (동일 세포에서) cis lateral clustering과 (세포 간) trans adhesive 분자 상호작용 모두를 수반한다(그림 20-3 및 그림 20-14a–c). Cadherin repeat들(그림 20-2 및

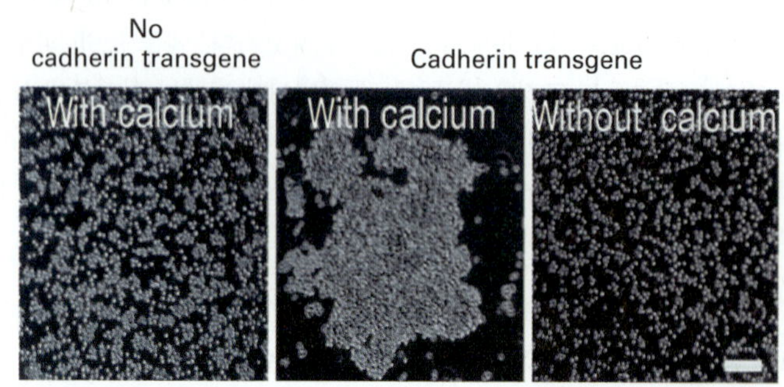

실험 그림 20-12 E-cadherin은 L 세포의 Ca^{2+} 의존적 adhesion에 관여한다. 세포외 액에 calcium이 포함된 일반적인 세포 배양 조건에서는 L 세포가 뭉치지 않아서 sheet 형태로 응집되지 않는다(*왼쪽*). 이 세포에 E-cadherin을 발현하는 유전자를 도입한 후, calcium이 있을 때에는 epithelium과 유사한 세포 응집체를 형성하지만(*가운데*), calcium이 없을 때는 뭉치지 않는다(*오른쪽*). Bar, 60 μm. [© C. L. Adams et al., 1998, *J. Cell Biol.* **142**(4):1105–1119, Fig. 1E; https://doi.org/10.1083/jcb.142.4.1105.]

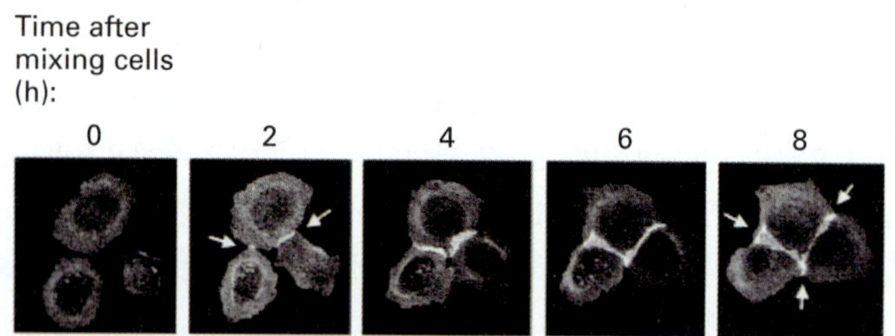

실험 그림 20-13 배양한 MDCK epithelial cell에서 E-cadherin은 세포 사이의 adhesion에 관여한다. 배양한 MDCK 세포에 녹색 형광 단백질(GFP)이 융합된 E-cadherin 유전자를 도입하였다. 이 세포를 calcium이 포함된 배지에서 배양하면서, 형광을 띤 E-cadherin의 분포를 시간 별로 관찰하였다. E-cadherin 응집체는 epithelial cell들이 초기에 adhesion할 때 뿐 아니라, adhesion이 지퍼 모양으로 확대 형성하는 데에도 관여하였고, junction이 형성될 때에도 관여하였다. (두 세포 간 junction은 두 세포가 연결되는 부분에서 선으로 나타나며, 세 세포 간 junction은 3개 세포의 교차 지점에서 나타난다.) [© C. L. Adams et al., 1998, *J. Cell Biol.* **142**(4):1105–1119, Fig. 2B; https://doi.org/10.1083/jcb.142.4.1105.]

20-14a 참조) 사이에 위치한 각 Ca^{2+} 결합 부위에 Ca^{2+} 이온이 결합하면 extracellular domain의 가늘고 구부러진 구조가 안정화된다. 앞으로 설명하게 될, cadherin 분자 사이의 cis 및 trans 결합을 안정화시키는 적절한 분자 상보성을 위해서 cadherin의 extracellular domain의 곡선 구조가 필요하다. Cadherin의 cis 및 trans 상호작용은 세포질의 adapter와 cytoskeletal molecule과의 상호작용과 함께 cadherin이 부착성 집합체(adhesive array)를 형성하면서 지퍼를 잠그는 형태를 보일 수 있다. 한 cadherin 분자의 EC1 domain과 인접한 세포에 있는 다른 cadherin 분자의 EC1 domain이 결합하여 trans 상호작용을 보인다(그림 20-14a, 그림 20-3도 참조). 분리한 cadherin extracellular domain을 사용하여 용액에서 측정한 EC1–EC1 homophilic 결합에 대한 dissociation constant (해리 상수, K_d)는 10^{-5}–10^{-4} mol/L 정도이어서 상대적으로 약한 낮은 친화도의 결합이지만, 인접한 세포에 있는 cadherin 분자의 집합체에 의한 다수의 낮은 친화도 결합들이 합쳐지면 매우 단단한 세포간 adhesion을 생성하게 된다.

Cadherin의 extracellular domain 구조의 결정은, 주요 결합 domain의 많은 돌연변이체의 구조 및 결합 특성에 대한 분석과 함께, classical cadherin-mediated cell adhesion의 기초가 되는 cis 및 trans 상호작용에 대한 명확한 그림을 제공했다. Cadherin cis 및 trans 상호작용의 주요 특징은, (1) EC1 및 EC2 domain이 적절한 상대적 위치를 갖게 하는 5개의 extracellular cadherin domain의 calcium 의존적 곡률(그림 20-2 및 20-14a 참조); (2) cis 상호작용의 경우, EC1 domain의 한쪽이 동일한 막에 있는 인접 분자의 EC2 domain에 있는 상보적인 표면(complementary surface)에 결합(그림 20-2 및 20-14a 및 b 참조); 그리고 (3) trans 상호작용의 경우, EC1 domain의 다른 표면이 인접 세포에 있는 cadherin 분자의 EC1 domain과 결합(그림 20-14c). Trans EC1–EC1 결합은 두 EC1 domain 각각의 N-말단에 있는 단백질의 작은 segment가 뻗어 나와서 결합 파트너의 대등한 부분을 대체하여 안정화된다[strand swap (가닥 교환), 그림 20-14c 참조].

*Clustered protocadherin*이라고 하는 또 다른 CAM 그룹은 진화를 통하여 공통적인 molecular building block (이 경우에는 cadherin domain)이 독특한 구조적 및 기능적 목적을 갖게 하는지에 대한 훌륭한 예를 제공한다. Clustered protocadherin은 포유동물 뇌에서 neuron의 복잡한 배선도를 설정하는 역할을 한다. 여러 protocadherin 유전자는 인간에서 52개의 서로 다른 protocadherin protein (isoform) (마우스에서는 58개)을 암호화하며, 이들은 다양한 조합으로 결합할 수 있다. 각 neuron에서 발현되는 10–15개의 서로 다른 isoform의 무작위 조합은 neuron이 다른 neuron과 자신을 구별하는 데 도움이 되는 barcode를 제공하여 neuron 배선도를 생성하는 것을 돕는다. 6개의 extracellular cadherin domain (EC1–EC6)을 갖는 protocadherin의 domain 구조는 5개의 domain을 갖는 classical cadherin의 domain 구조와 다르며, cis 및 trans 결합의 양상(그림 20-14d 참조)도 classical cadherin의 양상(그림 20-14a–c 참조)과 현저히 다르다. Clusterd protocadherin에서 cis 상호작용은 한 분자의 EC6 domain과 인접 분자의 EC5 및 EC6 domain의 결합에 의해 매개된다(그림 20-14d). 이러한 cis 상호작용은 homophilic 및 heterophilic 모두 가능하여, 동일한 또는 다른 isoform들이 서로 cis dimer (이량체)로 결합될 수 있다[(d) 부분에서 다른 색은 다른 isoform을 나타냄]. 대조적으로, trans 상호작용은 EC1-EC4 domain들이 반드시 homophilic으로 anti-parallel (역평형)하게 결합해야 이루어진다(그림 20-14d 참조). 따라서, trans 결합을 하려면 protocadherin isoform에서 이 EC domain 4개 모두의 서열이 인접한 세포에 있는 isoform의 상응하는 서열과 완전히 일치해야 한다. Neuron의 막 사이의 경계면을 형성하는 protocadherin isoform의 혼합 배열은 neuron 배선에 중요한 영향을 미친다.

CAM의 cytosolic domain은 부착성 분자의 결합 특성과 기능에 중대한 영향을 미친다. 예를 들어, classical cadherin의 C-말단 cytosolic domain은 adapter 단백질에 의해 actin cytoskeleton에 연결되어 있다(그림 20-14e). 이러한 연결은 강한 adhesion을 위해 필수적이다. 실제로, adherens junction에서 cadherin은 adapter 단백질과 함께 mechanotransduction에 참여한다. 세포 내에서 actin과 myosin에 의하여, 인접한 세포에서 전달되는 세포외 힘에 의하여, 또는 혈류로 인한 shear force (전단력)에 의해서 juction에 기계적 장력이 증가하게 되면 더욱 큰 cadherin cluster의 형성을 유도하고 더 강한 세포 간 adhesion을 유도한다. 중요한 mechanosensor는 adapter 단백질인 α-catenin이며, β-catenin을 통해 cadherin의 cytosolic domain에 결합하고 F-actin에는 직접 결합한다(그림 20-14e 참조). Cadherin/β-catenin/α-catenin/F-actin 복합체가 기계적 스트레스를 받으면 α-catenin의 C-말단 actin-binding domain이 구조적 변화를 거쳐 actin에 더 단단히 결합된다. 또한, 장력에 의하여 유발된 α-catenin의 adhesion modulation domain의 구조적 변화로 인해 actin-bindng adapter인 vinculin 등의 다른 단백질이 결합할 수 있는 숨어 있던 결합 부위를 노출하게 된다. 결과적으로, actin filament가 추가로 결합할 수 있게 되어(그림 20-14e 참조), adherens junction은 더욱 커지고 강화된다. 이 장의 뒷부분에서 integrin-mediated adhesion에서 유사한 역할을 하는 vinculin에 대하여 설명하게 될 것이다.

Classical cadherin과 α-catenin 또는 β-catenin의 상호작용이 붕괴되면 cadherin이 매개하는 cell-cell adhesion이 크게 감소된다. 이러한 상호작용의 붕괴는 때때로 α-catenin이 발현되지 않는 암 세포에서는 자연스럽게 발생하기도 한다. 또는 세포질에서 β-catenin을 고갈시켜서, 이 상호작용의 붕괴를 실험적으로 유도할 수도 있다. 또한, cadherin의 cytosolic domain은 p120-catenin과 같이 cadherin의 안정성에 영향을 줄 수 있는 다른 adapter 분자와도 상호작용을 한다. 흥미롭게도, β-catenin은 cadherin과 cytoskeleton과의 연결을 매개할 뿐 아니라, 핵으로 이동하여 Wnt 신호전달 경로에 관여하는 유전자 전사를 변화시키기도 한다(그림 16-26 참조).

Classical cadherin은 조직의 분화 동안에 중요한 역할을 한다. 각 cadherin은 조직 특이적인 분포를 한다. 분화를 거치는 동안, 세포 표면에 있는 cadherin의 성질이나 양이 변화해서 cell-cell adhesion과 세포 이동 등 여러 면에서 영향을 미친다. 예를 들면, 형태 형성의 조직 재구성 과정에 흔히 비운동성인 epithelial cell이 다른 조직의 전구체 역

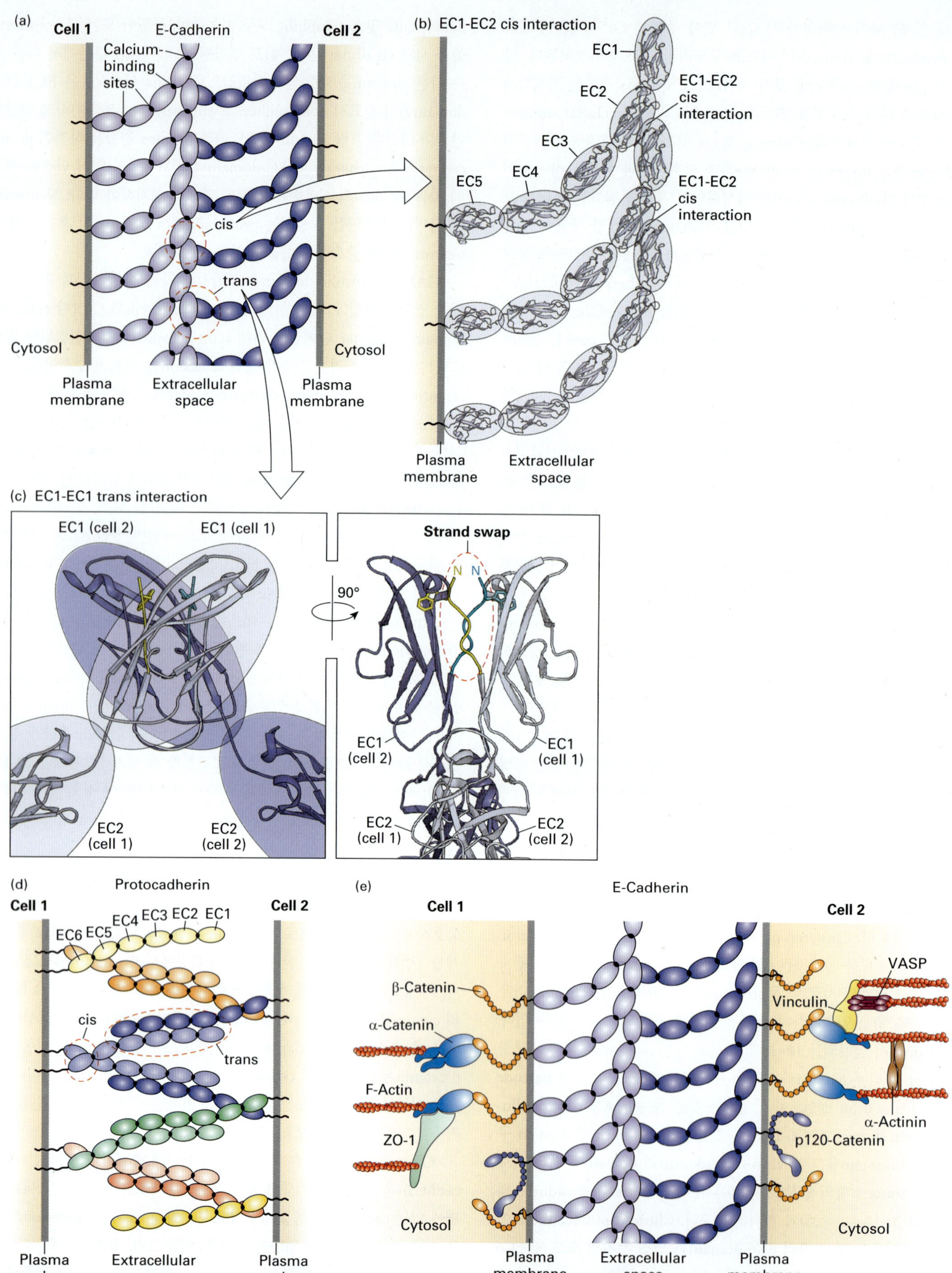
(a)
Cell 1
E-Cadherin
Cell 2
Calcium-binding sites
cis
trans
Cytosol
Cytosol
Plasma membrane
Extracellular space
Plasma membrane
(b) EC1-EC2 cis interaction
EC1
EC2
EC1-EC2 cis interaction
EC3
EC4
EC5
EC1-EC2 cis interaction
Plasma membrane
Extracellular space
(c) EC1-EC1 trans interaction
EC1 (cell 2)
EC1 (cell 1)
EC2 (cell 1)
EC2 (cell 2)
Strand swap
N
N
90°
EC1 (cell 2)
EC1 (cell 1)
EC2 (cell 1)
EC2 (cell 2)
(d)
Protocadherin
Cell 1
Cell 2
EC6
EC5
EC4
EC3
EC2
EC1
cis
trans
Plasma membrane
Extracellular space
Plasma membrane
(e)
E-Cadherin
Cell 1
Cell 2
β-Catenin
α-Catenin
F-Actin
ZO-1
Cytosol
VASP
Vinculin
α-Actinin
p120-Catenin
Cytosol
Plasma membrane
Extracellular space
Plasma membrane

그림 20-14 전형적인 adherens junction에서 classical cadherin 및 protocadherin의 trans (세포 간) 및 cis (동일한 세포에서) 상호작용. (a) 인접한 세포의 adherens junction에 있는 E-cadherin의 세포외 cadherin domain [EC1-EC5, (b)의 타원 참조]은 homophilic cis 및 trans 상호작용에 의해 응집된다(그림 20-3 참조). Cadherin의 세포외 domain은 Ca^{2+} 의존적이며, 길고 굽은 구조는 안정적인 cis 및 trans 상호작용에 필요하다(점선 원으로 표시). (b) EC1-EC2 cis 상호작용. Cis 상호작용에 의하여, 하나의 cadherin의 EC1 domain이 동일한 세포에 있는 인접한 cadherin의 EC2 domain에 결합한다. (b) 및 (c)에서 각 세포외 cadherin domain의 구조는 ribbon diagram으로 보였고, 타원으로 표시되었다. (c) EC1-EC1 trans 상호작용: 한 세포에 있는 cadherin의 EC1 domain과 이웃한 세포에 있는 다른 cadherin의 EC1 domain 간의 trans 결합을 90° 만큼 회전한 상태로 2장을 보였다. EC1 domain과 EC2 domain의 일부만 표시되었다. 두 EC1 domain 각각의 N-말단에 있는 polypeptide의 작은 segment [노란색(cell 1)과 파란색(cell 2)으로 표시됨]가 뻗어 나와서 결합 파트너의 대등한 부분과 대체하였다(가닥 교환, 오른쪽에 있는 타원형 점선). 가닥 교환은 각 segment에 있는 tryptophan 잔기의 side chain을 인접한 EC1 domain의 binding pocket에 위치하게 한다. 이는 trans 결합을 실질적으로 안정화시키는 상호작용이다. (d) Neuron과 neuron의 경계 부분에 cluster되어 있는 protocadherin은, classical cadherin (part a)에서와 다른 양상으로, 세포외 cadherin domain (타원형, EC1-EC6)들이 cis 및 trans 상호작용을 한다. 다른 protocadherin isoform은 다른 색상으로 표시되었다(cell 1의 것은 밝은 색상으로, cell 2의 것은 진한 색상으로 표시). Dimeric이며, homophilic (동일한 색상) 및 heterophilic (다른 색상) cis 상호작용은 한 분자의 EC6 domain과 파트너의 EC5-EC6 domain 사이에서 형성된다(cis 원형 점선). Dimeric이며, homophilic trans 상호작용은 한 분자의 EC1-EC4 domain과 인접한 세포의 동일한 isoform (동일 색상)의 EC1-EC4 domain 사이에 형성된다. (e) Classical E-cadherin의 세포질 부위는 junction을 세포골격의 actin filament (F-actin)에 연결하고 세포내 신호전달 경로에 참여하는 여러 adapter 단백질(예, β-catenin)에 직접 또는 간접적으로 결합한. Adherens junction에서 adapter의 다양성을 강조하기 위해 2개의 세포에 서로 다른 adapter 단백질들이 예시로 표시되어 있다. Vinculin 및 ZO-1과 같은 일부 adapter는 다른 CAM과 상호작용할 수 있다. V. Vasioukhin and E. Fuchs, 2001, *Curr. Opin. Cell Biol.* **13**:76–84; and J. Brasch, et al., 2012, *Trends Cell Biol.* **22**:299–310 참조. [Parts (a–c) Data from O. J. Harrison et al. , 2011, *Structure* **19**:244–256, PDB ID 3q2w. Part (d) Data from J. Brasch et al., 2019, *Nature* **569**:280–283, PDB ID 6e6b.]

할을 하는 *mesenchymal* cell (선구 세포)이라고 하는 운동성 세포로 전환되는 과정을 수반한다. 이러한 **epithelial-mesenchymal transition (EMT)**은 E-cadherin 발현의 감소와 관련이 있다(그림 20-15a, b). 또한, EMT는 epithelial cell이 악성 암 세포로 전환되는 것과 같은 병리 현상에도 연관된다. 예를 들어, 특정 ductal breast tumor (유관 유방 종양)나 hereditary (유전성) diffuse gastric cancer (확산형 위암)(그림 20-15c)에서 E-cadherin의 활성 손실이 관찰된다. 동물에서 cell-cell conctact (접촉)은 세포 증식을 억제한다는 것이 잘 알려져 있다. 조직 발달 과정 동안, 분열하는 epithelial cell이 잘 구성되어 단단하게 결합된 epithelium을 형성하면, 손상되거나 EMT 유도 신호를 받지 않는 한 추가적인 세포 분열이 필요하지 않다. Epithelium에서 epithelial cell의 증식을 억제하는 데 사용되는 메커니즘이 E-cadeherin 및 catenin에 의하여 매개되어 세포 증식을 제어하는 Hippo 경로라는 것이 알려졌다(21장 참조).

Adherens junction에서 cadherin에 의해 매개된 단단한 epithelial

(a) Adherent epithelial cells

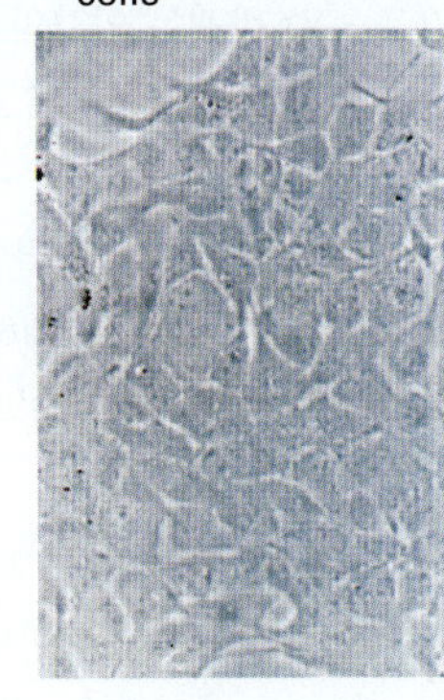

(b) Motile mesenchymal cells

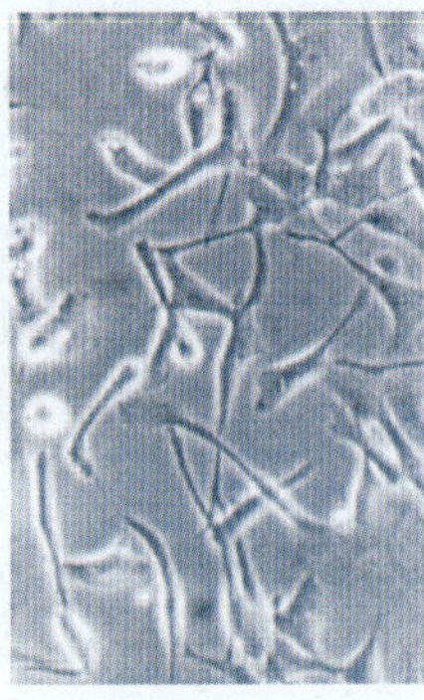

(c) Cancer cells, no cadherin

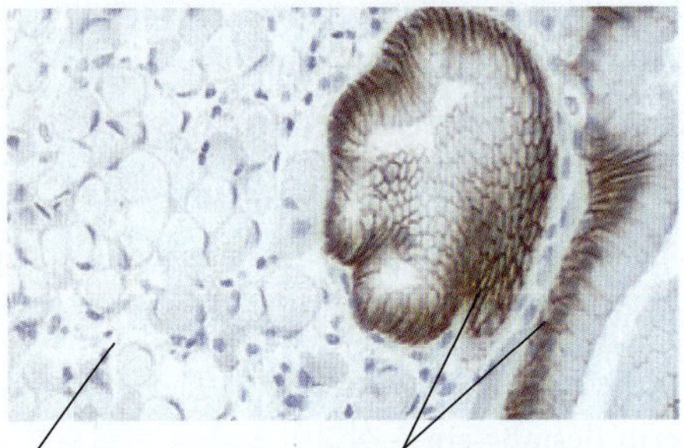

실험 그림 20-15 Epithelial-mesenchymal transition (상피-중간엽 이행)과 암 진행 동안에 E-cadherin의 활성이 손상된다. E-cadherin의 발현을 억제하는 *Snail*이라고 하는 단백질은 epithelial-mesenchymal transition을 유발하는 것으로 알려져 있다. (a) 배양한 정상적인 epithelial MDCK 세포. (b) MDCK 세포에 Snail 유전자를 발현해서 epithelial-mesenchymal transition을 유발하였다. (c) 유전성 미만성 위암 환자에서 분리한 조직 절편을 면역조직 화학 염색으로 관찰한 E-cadherin (진한 갈색)의 분포. E-cadherin은 정상적인 위의 위선(gastric gland) epithelial cell의 외부 경계면에서 관찰되었다. E-cadherin은 침습성 암 세포의 경계면에서는 발견되지 않았다. [Parts (a) and (b) republished with permission from Elsevier, from A. Martinez Arias, 2001, "Epithelial Mesenchymal Interactions in Cancer and Development," *Cell* **105**(4):425–431; permission conveyed through Copyright Clearance Center, Inc. Part (c) republished with permission from John Wiley & Sons, Inc., from F. Carneiro et al., 2004, "Model of the Early Development of Diffuse Gastric Cancer in E-Cadherin Mutation Carriers and Its Implications for Patient Screening," *J. Pathol.* **203**(2):681–687; permission conveyed through Copyright Clearance Center, Inc.]

cell-cell adhesion 덕분에 epithelium의 세포 간 junction의 두 번째 부류인 tight junction의 형성이 가능해진다.

Rhinovirus (RV) 감염은 감기의 가장 흔한 원인이며, 전염성이 강한 class C rhinovirus (RV-C) 감염은 천식 악화 등의 심각한 질병을 유발할 수 있다. RV-C가 세포에 들어가 복제하려면 세포 표면 수용체에 결합해야 한다. 인간 기도의 상피 세포에서 높게 발현되는 *CDHR3*이라는 cadherin 계열 구성원이 RV-C의 수용체이다. RV-C와 같은 병원체는 흔히 target (숙주) 조직에서 정상적인 기능을 하는 단백질을 활용할 수 있게 진화한다. 유전적 연구에 의하여, CDHR3의 EC5 domain에서 cysteine이 tyrosine으로(C → Y) 바뀌는 인간의 자연 발생 돌연변이는 천명(wheezing; 쌕쌕거림) 질환과 소아기 천식으로 인한 입원을 증가시키는 것으로 나타났다. 배양된 세포에서, 이 C → Y 돌연변이는 세포 표면에 CDHR3의 발현을 증가시키고, RV-C와 결합 및 복제를 증가시킨다. RV-C/cadherin (CDHR3) 상호작용을 방해하면 RV-C로 인한 호흡기 질환을 예방하거나 치료하는 데 활용할 수 있다. ■

Desmosomal cadherin Desmosome (그림 20-16)은 2개의 특화된 cadherin 단백질인 *desmoglein*과 *desmocollin*을 포함한다. 이들의 cytosolic domain은 classical cadherin의 cytosolic domain과는 성질이 다르다. Desmosomal cadherin의 cytosolic domain은 plakoglobin (β-catenin과 유사한 구조)과 plakophilin과 같은 adapter 단백질에 결합하며, *desmoplakin*이라고 하는 plakin family에 속하는 adapter 단백질과도 상호작용을 한다. 이 adapter들은 desmosome의 특징인 두꺼운 cytoplasmic plaque (반)를 형성한다. Desmoplakin은 plaque가 intermediate filament에 결합하는 것을 직접 매개한다.

Cadherin desmoglein은 살갗이 노출되는 희귀한 자가면역 질환의 일종인 *pemphigus vulgaris*라고 하는 피부 질환에서 처음 발견되었다. 이 자가면역 질환의 환자는 신체의 정상적인 단백질과 결합하는 자가 공격 또는 "auto" antibody (자가 항체)를 합성한다. 이 질환의 경우, auto-antibody가 epithelial cell들 간의 adhesion을 저해하여 피부와 점막에 물집 생성을 유발한다. 이 환자들에서 흔히 발견되는 auto-antibody가 desmoglein에 특이적으로 결합하는 것으로 알려졌다. 실제로, 정상 피부에 이러한 auto-antibody만 가하여도 물집이 생기고 cell adhesion의 붕괴가 관찰된다. ■

Integrin은 Epithelial Cell의 Hemidesmosome 등에서 Cell-Matrix Adhesion을 매개한다

Simple columnar epithelial sheet가 조직 또는 기관에 안정적으로 고정되어 있으려면, basal surface의 아래쪽에 있는 ECM (basal laminar)에 단단히 부착해야 한다. 이 부착에는 **integrin** (그림 20-2 참조)이라고 하는 adhesion receptor가 관여한다. Integrin은 *hemidesmosome* (그림 20-11a 참조)이라고 하는 anchoring junction에 연결되어 있기도 하고, 이것과 별도로 존재하기도 한다. Hemidesmosome은 keratin 중심의 intermediate filament에 세포질에 있는 adapter 단백질(예, plakin)을 경유하여 연결되며, 여러 종류의 integral membrane protein으로 구성된다. Epithelial hemidesmosome에 있는 주요 ECM adhesion receptor는 integrin α6β4이다.

Integrin은 매우 다양한 epithelial 및 nonepithelial cell에서 cell-cell 또는 cell-ECM adhesion receptor로 작용하면서, 많은 cell-matrix 및 cell-cell 상호작용을 매개한다(표 20-4). 척추동물에는 18가지 유형의 α subunit과 8가지 유형의 β subunit이 다양한 조합을 이루어 24종

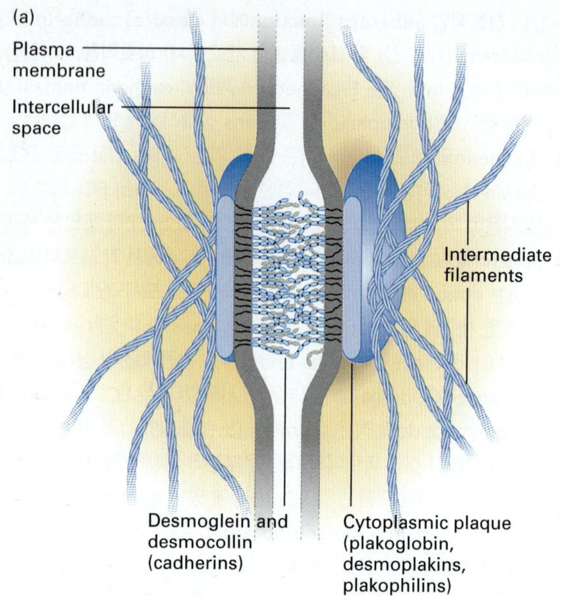

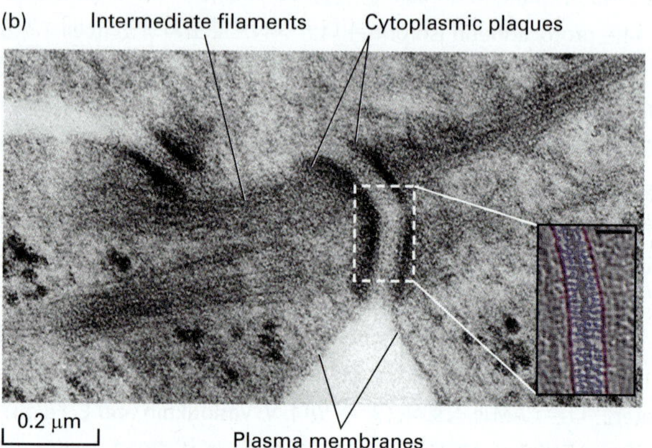

그림 20-16 Desmosome. (a) Epithelial cell에서 desmosome과 intermediate filament의 측면이 부착하는 모습을 보여 주는 모델. Desmosome의 주요 CAM은 desmosomal cadherin인 desmocoglein과 desmocollin이다. 이러한 cadherin의 세포질 부위에는 plakoglobin, desmoplakin 및 plakophilin과 같은 adapter 단백질이 결합한다. B. M. Gumbiner, 1993, *Neuron* **11**:551–564; L. A. Staehelin and B. E. Hull, 1978, *Sci. Am.* **238**:140; and D. R. Garrod, 1993, *Curr. Opin. Cell Biol.* **5**:30–40 참조. (b) 2개의 인간 keratinocyte (각질 세포)를 연결하는 desmosome의 전자현미경 단면 사진. 인접한 원형질막의 내벽에 붙어 있는 검게 염색된 2개의 세포질 plaque [반(斑)]로부터 intermediate filament 다발이 뻗어 나와 있다. *삽입 그림*: 인간 epidermal cell 2개를 연결하는 desmosome의 전자현미경 단층 사진(원형질막, 분홍색; desmosomal cadherin, 파란색; bar, 35 nm). [Part (b) republished with permission from Nature, from A. Al-Amoudi et al., 2007, "The Molecular Architecture of Cadherins in Native Epidermal Desmosomes," *Nature* **450**(7171):832–837; permission conveyed through Copyright Clearance Center, Inc.]

이상의 integrin heterodimer를 이룬다. 하나의 β chain은 여러 다른 유형의 α chain 중 하나와 상호작용을 하여, 다양한 ligand와 결합할 수 있는 별개의 integrin들을 형성할 수 있다. 이러한 *combinatorial diversity* (조합 다양성) 현상은 비교적 적은 수의 성분으로 많은 독특한 기능을 수행할 수 있게 한다. 대부분의 세포가 일반적인 ligand와 결합하는

표 20-4 • 척추동물의 대표적인 Integrin

Subunit Composition	Primary Cellular Distribution	Ligands
α1β1	Many types	Mainly collagens
α2β1	Many types	Mainly collagens; also laminins
α3β1	Many types	Laminins
α4β1	Hematopoietic cells	Fibronectin; VCAM-1
α5β1	Fibroblasts	Fibronectin
α6β1	Many types	Laminins
αLβ2	T lymphocytes	ICAM-1, ICAM-2
αMβ2	Monocytes	Serum proteins (e.g., C3b, fibrinogen, factor X); ICAM-1
αIIbβ3	Platelets	Serum proteins (e.g., fibrinogen, von Willebrand factor, vitronectin); fibronectin
α6β4	Epithelial cells	Laminin

NOTE: The integrins are grouped into subfamilies having a common β subunit. Ligands shown in red are CAMs; all others are ECM or serum proteins. Some subunits can have multiple spliced isoforms with different cytosolic domains.
SOURCE: Data from R. O. Hynes, 1992, *Cell* **69**(1):11.

몇몇 integrin들을 발현하지만, 특정 세포에서 주로 발현되는 integrin 들도 흔히 발견된다. 많은 integrin들이 하나 이상의 ligand에 결합할 수 있으며, 특정 ligand가 많은 integrin 중 하나에 결합할 수도 있다.

모든 integrin은 다음 두 subgroup에서 진화된 것으로 보인다. 첫 번째는 흔히 **RGD motif**라 부르는 Arg-Gly-Asp의 tripeptide sequence를 포함하는 단백질(예, fibronectin)에 결합하는 subgroup이며, 다른 하나는 laminin에 결합하는 subgroup이다. Integrin α subunit 중에는 ECM에 있는 여러 collagen과 결합할 수 있는 *I-domain*을 갖는 것이 있다. I-domain을 갖는 일부 integrin은 백혈구와 적혈구와 백혈구의 hematopoietic cell (전구 세포)에서만 발현된다. 이러한 세포에서 발현한 integrin의 I-domain은 다른 세포에서 발현한 Ig superfamily에 속하는 구성원(예, ICAM 및 VCAM) 등의 CAM을 인식하여 결합함으로써 cell-cell adhesion에 관여한다.

전형적으로 integrin은 ligand에 대하여 10^{-6}~10^{-7} mol/L 사이의 dissociation constant K_d (해리 상수) 값을 보이므로, 낮은 수준의 affinity (친화성)를 갖는다. 그러나 약한 상호작용을 하는 integrin 분자가 수백, 수천 개가 모이면, integrin을 발현하는 세포가 ligand를 발현하는 세포나 ligand를 포함하는 ECM에 단단하게 결합하게 된다.

Integrin 분자의 α와 β subunit 모두가 세포 밖에 있는 ligand 결합 부위를 형성하는 데 기여한다(그림 20-2 참조). 또한 integrin에 ligand가 결합할 때, 2가 양이온이 동시에 결합해야 한다. 세포 표면에 있는 다른 부착성 분자와 마찬가지로, integrin의 세포질 부분은 adapter 단백질과 결합한 후 차례로 cytoskeleton 및 신호 분자와 결합한다(그림 20-8 참조). 대부분의 integrin은 adapter를 경유하여 actin cytoskeleton에 연결된다. 상피 세포에서 basal surface에 있는 integrin이 ECM 분자인 laminin에 결합하여 basal lamina와 연결되는 경우도 이에 해당한다. 그러나 몇몇 integrin은 intermediate filament와 연결된다. Hemidesmosome (그림 20-1 참조)에 있는 α6β4 integrin 중 β4 chain의 cytosolic domain은 다른 β integrin에 비하여 훨씬 길며 특정 adapter 단백질과 결합하여, keratin 기반의 intermediate filament와 연결된다(표 20-4 참조). 다른 integrin (예, α3β1)은 상피세포의 basal lamina와 actin cytoskeleton을 연결하는 focal contact의 adhesion receptor로 작용하기도 한다(그림 20-1 참조).

Integrin들과 이들의 ECM ligand들의 다양성은 integrin들이 많은 중요한 생물학적 과정에 참여할 수 있게 한다. 염증 반응이나 형태 형성에서 세포들이 적절한 위치로 이동하는 것이 이러한 과정의 예에 해당한다. 여러 integrin subunit 중 하나가 돌연변이를 갖도록 제작한 knockout mouse는 발생, 혈관 형성, 백혈구 기능, 염증, 뼈 재구성, 혈액 응고 등의 심각한 이상 증세를 보이므로, 이러한 과정에서 integrin이 중요한 역할을 한다는 것을 알 수 있다. Integrin 종류에 관계없이, 이러한 과정들에는 integrin이 cytoskeleton이나 ECM 또는 다른 세포의 CAM과의 상호작용을 하는 것이 중요하다.

Integrin은 adhesion 기능 외에도, outside-in (밖에서 안으로) 및 inside-out (안에서 밖으로) signaling을 전달할 수 있다(그림 20-8 참조). Integrin이 세포외 ligand와 결합하면 integrin의 cytosolic domain에 결합하고 있는 adapter 단백질을 통해 cytoskeleton과 세포내 신호전달 경로에 영향을 미치므로 outside-in signaling이라고 한다. 이와 대조적으로, 세포내 신호전달 경로가 integrin 구조를 변화시켜 결과적으로 integrin이 세포 밖 ligand에 결합하는 능력과 cell-cell 및 cell-matrix 상호작용을 매개하는 능력을 변화시킬 수 있으므로 inside-out signaling이라고 한다. 이 장의 뒷부분에서 integrin 매개 신호전달의 자세한 예를 볼 수 있다. Integrin이 연관된 신호전달 경로는 세포의 생존, 증식, 세포예정사(programmed cell death)와 같은 다양한 과정에 영향을 미친다(21장 참조).

Tight Junction은 체강(Body Cavity)을 밀봉하며 막 성분의 확산을 제한한다

Polarized epithelial cell이 조직의 장벽 역할과 선택적 수송의 중재자 역할을 수행하려면, epithelial cell에서 apical membrane과 basolateral membrane을 둘러싸고 있는 세포외 액이 서로 분리되어 유지되어야 한다. Tight junction은 인접한 epithelial cell들의 apical surface 바로 아래에 위치한다(그림 20-17; 20-11도 참조). 이렇게 특성화된 junction은 장벽을 형성하여, 장 내강 등의 체강(body cavity)을 밀봉하고 중추 신경계의 뇌척수액(cerebral spinal fluid)과 혈액을 분리(예, blood-brain barrier)하는 역할을 한다.

Tight junction은 거대 분자의 확산을 저해하고, 작은 수용성 분자나 이온이 세포 사이의 공간을 통하여 상피세포 층을 가로질러 확산되는 것을 (저해 정도에 차이가 있지만) 저해한다. 또한 tight junction은 원형질막의 apical과 basolateral region에서, 특이 막 단백질과 당지질의 확산을 저지하여 각 region이 서로 다른 막 조성을 가질 수 있게 해서 상피 세포가 polarity를 유지할 수 있게 한다. 사실, apical region과 basolateral region에서 exoplasmic leaflet의 지질 구성 요소에는 뚜렷한 차이가 있다(10장 참조). Glycosylphosphatidylinositol (GPI) anchor에 의해 막에 박혀 있는 모든 단백질이 그러하듯이, 기본적으로 모든 세포 표면 당 지질(glycolipid)은 apical membrane의 exoplasmic face에 제한되어 있다(그림 10-19 참조). 이와 대조적으로, 상피 세포에서 apical region과 basolateral region의 cytosolic leaflet은 균일한 막 구성을 갖는다. Apical region과 basolateral region의 구분 없이 cytosolic leaflet에 있는 지질과 단백질은 막의 한 부분에서 다른 부분으로 측면 확산될 수 있다.

Tight junction은 polarized cell을 완전히 에워싸는 얇은 띠(band) 형태의 원형질막 단백질로 구성되어 있고, 인접한 세포의 유사한 얇은 띠와 접촉하고 있다. 세포에 있는 tight junction의 thin section (박편)을 전자현미경으로 관찰하면, 인접한 세포의 lateral surface가 간격을 두고 서로 접촉하는 것처럼 보이며, 심지어는 apical surface 바로 아래에서는 막이 서로 융합하고 있는 것처럼 보인다(그림 20-11b 참조). Freeze-fracture (냉동 파쇄) 방법으로 관찰하면, tight junction은 원형질막을 누벼서 골과 마루를 형성하고 있는 것처럼 보인다(그림 20-17a). 고배율로 보면 직경 3–4 nm인 단백질 입자들이 일렬로 모여, freeze-fracture 현미경 사진에서 보이는 tight junction의 마루를 형성하는 것이 보인다. 그림 20-17b의 모델에서는, 이러한 입자들이 한 쌍의 열(row)을 형성하여 tight junction을 구성하며, 각 열은 접촉하고 있는 두 세포에서 각각 제공된다. Epithelium에 protease인 trypsin을 처리하면 tight junction이 파괴되는 것으로 보아, 이 단백질들이 tight junction에서 중요한 구조적 요소라는 것을 알 수 있다.

Tight junction에서는 많은 integral membrane protein이 발견된다. 가장 잘 연구된 두 가지 단백질은 *occludin*과 *claudin*이다(Latin어로 *claudere*는 "닫다"라는 뜻임). 이 단백질들은 각각 4개의 막횡단 α helix를 갖고 있으며(그림 20-18), *tetraspanin*이라고 하는 세포 표면 단

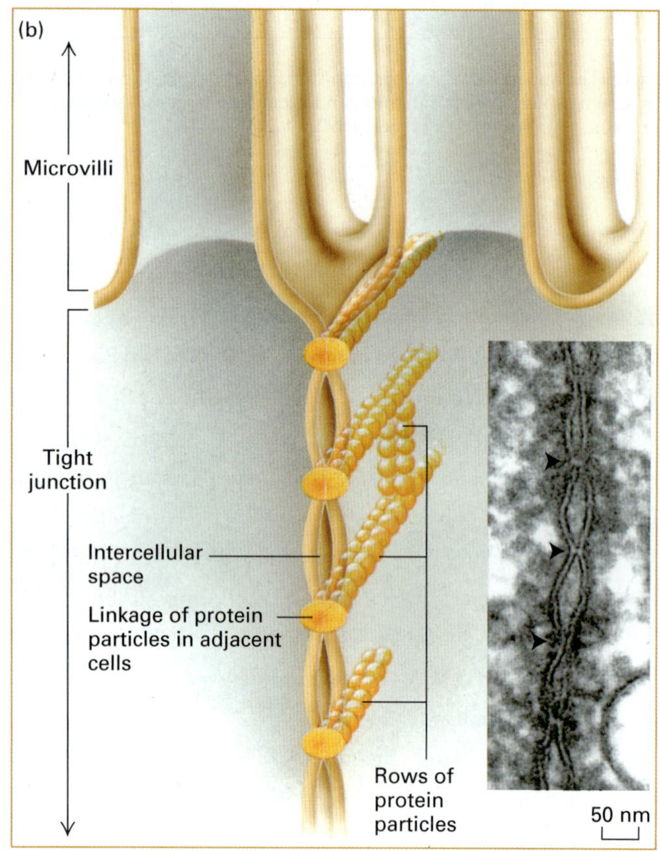

그림 20-17 Tight junction. (a) 2개의 장 epithelial cell에 존재하는 tight junction 부위의 freeze-fracture 표본. Fracture plane (절단면)은 2개의 인접한 세포 중 하나의 원형질막을 통과한다(그림 20-11 참조). Microvilli 아래에 있는 골과 마루 형태의 벌집 같이 보이는 network 모양이 tight junction 부위이다. (b) 이 모식도는 인접한 세포에 있는 단백질 분자들의 열이 tight junction을 형성하는 모습을 보여 준다. 삽입된 tight junction의 초박형(ultrathin) 단면의 현미경 사진에서, 단백질 분자의 열들이 상호작용을 하는 곳에서 인접한 세포가 가까이 접하고 있는 것을 볼 수 있다. L. A. Staehelin and B. E. Hull, 1978, *Sci. Am.* **238**:140 참조. [Part (a) courtesy of L. Andrew Staehelin. Part (b) republished with permission from Nature, from S. Tsukita, M. Furuse, and M. Itoh, 2001, "Multifunctional Strands in Tight Junctions," *Nat. Rev. Mol. Cell Biol.* **2**(4):285–293; permission conveyed through Copyright Clearance Center, Inc.]

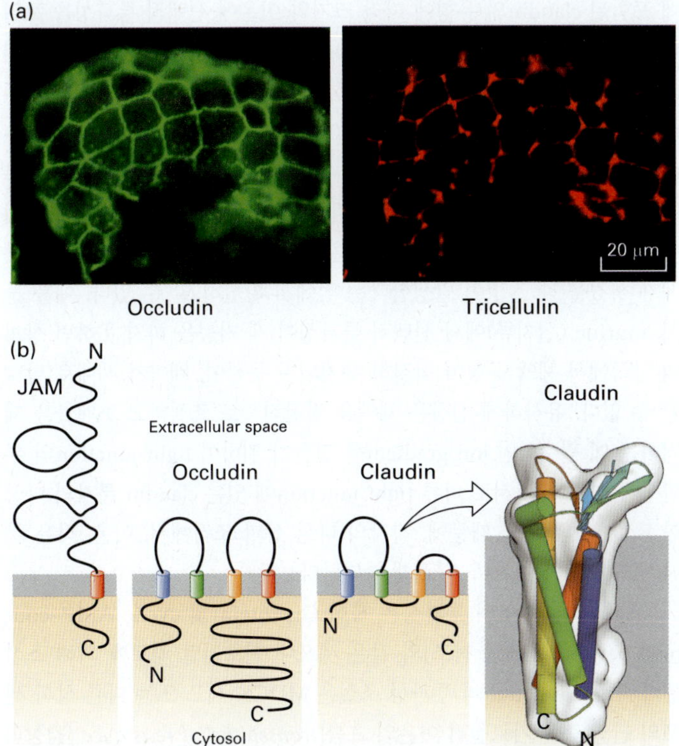

그림 20-18 Tight junction을 구성하는 단백질. (a) 마우스 장 상피에서 occludin (녹색)과 tricellulin (빨간색)의 immunofluorescence의 위치. Tricellulin은 주로 3 세포의 접합부에 집중되어 있다. (b) Junction adhesion molecule (JAM)에는 하나의 막횡단 domain과 2개의 immunoglobulin domain이 있는 세포외 영역이 있는 반면, occludin과 claudin은 4개의 막횡단 helix를 포함한다. Claudin-15의 막횡단 helix는 4-helix bundle을 형성하고, 세포외 loop는 5가닥 β sheet (모서리 방향에서 봄)와 α helix를 포함한다. 이러한 세포외 부위의 2차 구조는 cis 상호작용을 통하여 claudin의 행을 형성하고, 차례로 각 세포의 동일한 막에 있는 인접한 claudin 행과의 다른 cis 접촉을 통해서 상호작용한다. 인접한 세포의 claudin 열 사이에도 trans 상호작용이 있다(그림 20-20 참조). [Part (a) J. Ikenouchi et al., 2005, *J. Cell Biol.* **171**(6):939–945, Fig. 3A; https://doi.org/10.1083/jcb.200510043. Part (b) structure of claudin-15 data from H. Suzuki et al., 2014, *Science* **344**:304–307, PDB ID 4p79.]

백질 계열에 속한다. 포유동물의 claudin gene family는 조직 특이적 발현을 보이며, 아래에 설명되는 바와 같이 독특한 특성을 나타내는 27개의 상동(homologous) 단백질을 암호화하고 있다. *Junction adhesion molecule* (*JAM*) 계열의 단백질이 tight junction의 homophilic adhesion 및 다른 기능에도 기여한다는 것이 발견되었다. JAM과 또 다른 junctional protein인 *coxsackievirus and adenovirus receptor* (*CAR*)는 CAM의 Ig superfamily에 속하며 하나의 막횡단 α helix를 가지고 있다. 원형질막에서 한 세포의 occludin, claudin, JAM 단백질의 열(row)이 인접한 세포의 같은 단백질의 열과 세포외 부위에서 단단한 연결을 형성하여 매우 단단한 봉합을 만든다. Ca^{2+}-의존성 cadherin 매개 adhesion도 tight junction의 형성, 안정성 및 기능에 중요한 역할을 수행한다.

Tight junction으로 연결된 3개의 세포가 교차하는 지점(그림 20-13 및 그림 20-18a 참조)에서 2개의 추가 막횡단 단백질이 발견된다. 4개의 막횡단 helix를 갖는 *tricellulin*과 하나의 막횡단 helix와 하나의 세포외 immunoglobulin domain을 갖고 세포들이 교차하는 곳에서 tricellulin의 조립에 필요한 것으로 보이는 *angulin*이 이에 해당한다. Tight junction에서와 마찬가지로, adherens junction 중 일부에서도 3개의 세포가 모이는 정점에 장력에 민감한 단백질이 있을 것으로 예상된다.

Adherens junction과 desmosome의 경우와 마찬가지로, tight junction에서도 세포질에 있는 adapter 단백질을 통해 세포골격계에 연결되는 것이 구조적으로 중요하며, 신호전달도 매개할 수 있다. 예를 들어, claudin 중 하나인 claudin-6이 세포 간 tight junction에 관여할 때, claudin-6의 세포질 부위는 kinase 신호전달 경로를 활성화해서 핵 수용체(예, retinoic acid receptor γ 및 estrogen receptor α)를 활성화하여 세포 행동을 조절한다(8장 참조). Occludin의 긴 C-말단 세포질 부위는 커다란 multi-domain adapter 단백질의 PDZ domain과 결합한다. **PDZ domain**은 약 80에서 90개의 아미노산으로 이루어져 있으며, 세포질에 존재하는 다양한 단백질들에서 발견된다. PDZ domain은 다른 세포질 단백질이나 특정 원형질막 단백질의 C-말단과 결합하는 것을 매개한다. PDZ domain을 포함하는 세포질 단백질은 종종 PDZ domain을 하나 이상 갖는다. 인간 genome에는 수백 개의 단백질에 250개 이상의 PDZ domain이 발견된다. Multiple PDZ domain을 갖는 단백질은 여러 단백질들과 결합하여 기능적 복합체를 형성하는 scaffold (기본 골격)로 쓰일 수 있다. 여러 PDZ domain을 포함하는 adapter 단백질은 tight junction에 관여한다. 예를 들면, ZO-1, ZO-2 및 ZO-3 등의 *zonula occludens* (*ZO*) 단백질은 occludin과 claudin, 다른 adapter, 신호전달 단백질뿐만 아니라 actin fiber와도 상호작용을 한다. 이러한 상호작용은 tight junction의 견고함을 유지하는 데 필수적인 occludin과 claudin molecule 간의 연결을 안정화하는 것으로 보인다. Tight junction에서 phase-separated biomolecular condensate (상 분리된 생분자 응축물)을 형성할 수 있는 ZO 단백질은 adherens junction (그림 20-14 참조) 및 gap junction에서도 adapter로 사용된다.

많은 실험에서, tight junction이 투과성 장벽(permeability barrier)의 역할을 하는 것이 입증되었다. 간단한 실험의 예를 들면, lanthanum hydroxide [고분자량의 전자 밀도가 높은 교질(colloid)]를 실험동물의 췌장 혈관에 주입한다. 몇 분 후, 췌장 상피의 acinar cell (포상 세포)을 고정하고 microscope로 분석한다. 그림 20-19에 보이는 바와 같이, lanthanum hydroxide가 혈액에서 인접한 acinar cell의 lateral surface 들로 이루어진 공간까지는 확산되지만 tight junction을 넘어서 통과할 수 없었다.

Tight junction이 있기 때문에, 많은 영양분을 흡수할 때 epithelium의 세포 사이를 통과하지 않고, 막에 있는 특정 transport protein을 사용하여 epithelium을 가로질러 수송하는 **transcellular pathway**를 사용한다(그림 20-20a; 그림 11-30도 참조). 그러나 tight junction에 의해 제공되는 확산에 대한 장벽은 절대적이지는 않고, tight junction

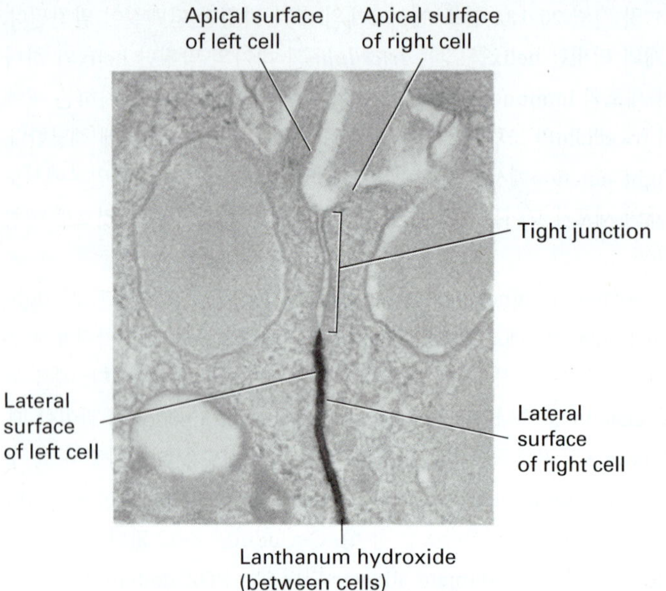

실험 그림 20-19 Tight junction은 epithelial cell 사이의 세포외 공간을 통한 큰 분자의 통과를 방지한다. 췌장 epithelium의 basolateral side에 투여한 큰 수용성 colloid인 lanthanum hydroxide (진한 염색)는 tight junction을 지나서 투과할 수 없다. [From D. S. Friend and N. B. Gilula, 1972, *J. Cell Biol.* **53**(3):758–776.]

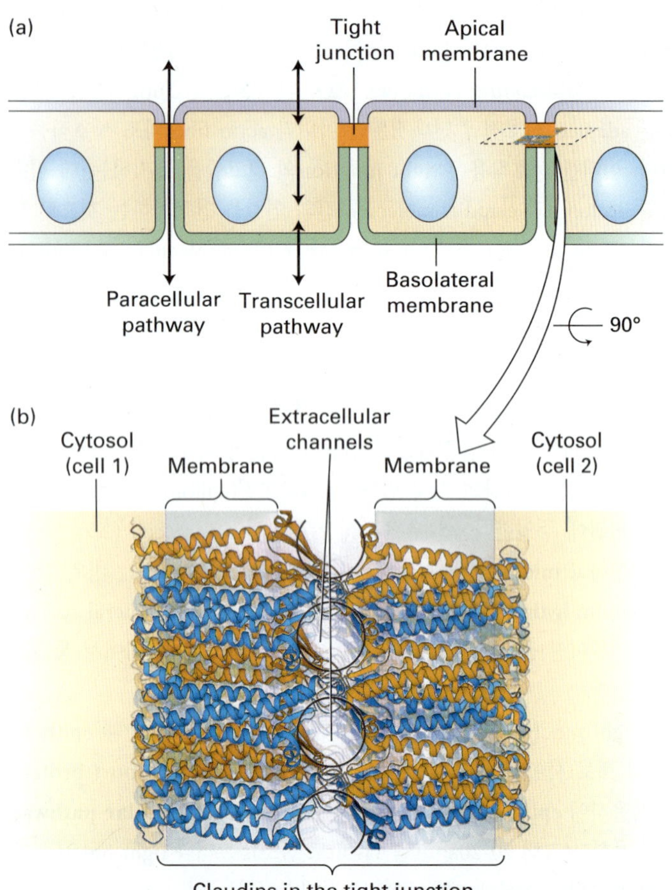

에 포함된 claudin의 유형에 따라 크기와 이온에 선택적 투과성을 보일 수 있다. 전부는 아니지만 일부 claudin의 경우, 촘촘히 위치한 세포외 domain의 세포 간 trans 결합에 의하여 paracellular (세포 주위) channel (pore; 기공)이 형성된다(그림 20-20b). 따라서 **paracellular pathway**를 통하여 특정 작은 분자와 이온은 상피의 한쪽에서 다른 쪽으로 이동할 수 있다(그림 20-20 참조). 이러한 선택적 투과성의 중요성은 이에 관여하는 분자가 진화적으로 보존되었다는 점과 선택적 투과성에 문제가 생겼을 때 질병이 발생한다는 점에서 확실히 알 수 있다. 예를 들어, murine (설치류)에서 선택적 투과성이 제 기능을 하지 못하면 상피의 양쪽에서 체액 균형이 적절히 유지되지 못하여, 배아가 제대로 발달할 수 없다. 유사하게 신장은 체액을 정상적으로 조절하고 노폐물을 제거하는 데 필수적인 ion gradient를 만들기 위하여 tight junction의 투과성에 의존한다. 서로 다른 tight junction에 있는 claudin 분자의 다양한 isoform의 특성 때문에, 각각의 다른 상피 조직에서, 이온, 작은 분자, 물의 투과성이 매우 다르게 나타난다.

Tight junction의 투과성은 특히 G protein 및 cyclic AMP–coupled pathway (15장 참조)와 같은 세포내 신호전달 경로에 의해 조절된다. Tight junction의 투과성 조절은 MDCK 세포 또는 다른 상피 세포의 단일 층을 가로질러 이온의 흐름[*transepithelial resistance* (경상피 저항)라고도 하는 전기적 저항]을 측정하거나 방사능 또는 형광 분자의 이동을 측정함으로써 주로 연구된다.

여러 인간 질병에서 paracellular transport의 중요성을 확인할 수 있다. Hereditary hypomagnesemia (유전성 저마그네슘 혈증)에서는 *claudin16* 유전자의 결함에 의해 신장에서 magnesium이 tight junction을 통과하는 정상적인 paracellular transport가 저해된다. 이 결함으로 magnesium의 혈중 농도를 비정상적으로 낮춰서 경련을 일으키게 된다. 또한, *claudin14* 유전자의 돌연변이는 내이(inner ear)

그림 20-20 Transepithelial transport의 transcellular 및 paracellular pathway. (a) Transcellular transport는 세포의 한쪽에서 분자가 흡수되고 세포의 반대쪽에서 방출되는, 세포막을 가로지르는 과정이다(11장 참조). Paracellular transport에서 분자는 tight junction의 channel을 통해 세포 외로 이동하며, 작은 분자와 이온에 대한 투과성은 junction 구성 요소(주로 claudin)의 조성과 epithelial cell의 생리학적 상태에 따라 다르다. 가장 오른쪽에는 두 cell을 연결하는 tight junction 부위의 단면의 평면을 점선으로 표시했다. (b) 부분은 이 평면(90° 회전)의 수직 view를 보여준다. (b) Tight junction에서 claudin-15의 예상 모델. 이 모델에는 다른 tight juction 단백질이 포함되어 있지 않다. (a) 부분에 표시된 횡단면의 이 수직도는 tight junction이 있는 막에 걸쳐 있는 claudin-15 분자의 막횡단 helix를 보여준다. 두 세포 각각에는 인접한 claudin의 행들(주황색 및 파란색)이 있어 인접한 세포의 claudin 행과 세포 간 접촉을 형성한다. 이 단면의 평면(회색 원으로 표시)에 수직으로 배향된 세포외 channel은 claudin-15의 세포외 domain에 의해 형성된다. 이 channel은 상피를 가로질러 작은 분자와 이온의 paracellular transport를 허용한다. Claudin-15 의존성 channel의 측면을 따라 aspartic acid 잔기가 있는데, 이 잔기의 side chain이 음으로 하전되어 양이온 특이성에 기여하는 것으로 보인다. [Part (a) Data from S. Tsukita et al., 2001, *Nat. Rev. Mol. Cell Biol.* **2**:285. Part (b) Information from P. Samanta et al., 2018, *J. Gen. Physiol.* **150**:949–968.]

의 달팽이관(cochlea)에 있는 hair-cell (유모 세포) 상피 주변의 수송을 변화시켜서 hereditary deafness (유전성 난청)를 야기한다.

여러 병원체는 tight junction과 관련된 분자를 이용하도록 진화되어 왔다. 일부 병원체는 감염 전에 세포에 부착할 때 junction 단백질을 co-receptor (공동 수용체)로 사용한다(예, hepatitis C virus는 간 세포에 들어가기 위해 2종의 다른 co-receptor와 함께 claudin1과 occuldin을 사용함). 다른 병원체는 tight junction 장벽을 무너뜨리고 paracelluar movement를 통해 상피를 가로질러 간다. 또 다른 병원체는 장벽 기능을 변형시키는 독소를 생성한다. 예를 들어, cholera를 일으키는 장내 세균인 *Vibrio cholerae*가 생성하는 독소는 tight junction의 구성이나 활성을 바꿈으로써 장 상피의 투과성 장벽 성향을 바꾼다. 또한 *Vibrio cholerae*는 protease를 분비하여 occludin의 세포외 부분을 분해함으로써 tight junction을 와해시킨다. 다른 세균의 독소는 장 상피 세포에 막 수송 단백질의 이온 펌프 활성에 영향을 줄 수 있다. 이런 독소에 의한 tight junction의 투과성(paracellulalr transport 증가) 및 이온 펌프 단백질(transcellular transport의 증가)의 변화는 체내의 이온이나 물을 위장관으로 대량으로 내보내게 되어 설사와 치명적인 탈수 증세를 일으킬 수 있다(11장 참조). ■

Tight junction이 조직의 견고성과 기능을 유지하는 데 중요한 것은 분명하다. 따라서 이러한 junction은 상피의 동적 변화에 반응해야 하고 반응할 수 있다. 상피의 동적 변화는 예를 들어 외부 힘(예, 소변이 차서 방광이 늘어나는 경우) 또는 내부 힘(actin-myosin에 의한 장력 변화)이 가해질 때 발생한다. Tight junction에 기계적 힘이 가해지면 junction의 adapter 단백질의 구성 및 paracellular permeability에 적절한 변화가 생긴다. Tight junction에서 ZO-1이 mechanosensor 역할을 할 것이라는 일부 연구 결과가 있지만, tight junction에서의 mechanotransduction에 대한 분자 메커니즘은 adherens junction에서 만큼 잘 알려져 있지 않다.

Connexin으로 구성된 Gap Junction은 작은 분자들이 인접한 세포의 세포질 사이를 직접 관통할 수 있게 한다

초기 전자현미경 사진을 보면, 조직에 세포 간 특정 간격(gap)을 두고 cell-cell contact를 하고 있다는 것을 알 수 있다(그림 20-21a). 이러한 현상은 붙어 있는 거의 모든 동물 세포에서 발견됨에 따라, 초기 형태학자들은 이 부분을 gap junction이라고 부르게 되었다. 그러나 gap junction에서 2-4 nm의 간격이 중요한 것이 아니라, 이 간격을 가로질러 인접한 세포의 세포질을 서로 연결하는 pore (구멍)를 구성하는 원통형 입자가 잘 집합되어 있다는 것이 핵심이다(그림 20-21b, c). 20.6절에서 볼 수 있듯이, 식물 세포는 인접한 세포의 세포질을 연결하는 pore를 형성하지만, *plasmodesmata*라고 불리는 이 channel은 gap junction과 구조가 상당히 다르다.

많은 동물 조직에서, 어디에서나 여러 개에서, 수천 개의 gap junction particle이 patch로 모여 있는 모습이 발견된다(예, 상피 세포의 lateral surface에서 관찰할 수 있음; 그림 20-11 참조). 원형질막을 정제하여 작은 조각으로 자르면, gap junction patch를 포함하고 있는 막 조각들을 얻을 수 있다. Gap junction이 있는 부분은 비교적 높은 단백질 함량을 가지므로, 이 조각들은 원형질막 조각보다 비중이 커서 equilibrium density-gradient centrifugation (평형 밀도-구배 원심분리)을 사용하면 분리할 수 있다(그림 4-37 참조). 이 막 조각을 관찰하면, gap junction은 물로 채워진 channel을 감싸고 있는 hexagonal particle (육각 입자)들이 밀집하여 배열되어 있다는 것을 알 수 있다(그림 20-21b 참조).

Gap junction의 pore 크기는 형광 염료가 공유결합되어 있는 다양한 크기의 이중막 불투과성 분자를 세포에 주입하고 형광현미경으로 그 염료가 이웃 세포에 이동했는지를 관찰하여 측정할 수 있다. 포유동물 세포 사이의 gap junction은 직경 1.2 nm의 분자가 통과할 수 있는 크기이다. 곤충에서는 직경 2 nm 크기의 분자도 이동할 수 있다. 일반적으로 말해서, 1200 Da 이하의 분자는 자유롭게 통행 가능하고, 2000 Da 이상의 분자는 통과하지 못한다. 1200 Da과 2000 Da 사이에 해당하는 분자는 그 통행이 일정치 않다. 그러므로, 이온, 세포 거대 분자의 많은 저분자 전구체, 중간 대사산물, 작은 세포내 신호 분자 등은 gap junction을 통해 한 세포에서 다른 세포로 이동할 수 있다.

신경 조직에서, 일부 neuron은 gap junction에 의해 연결되어 있어, 이온이 빠르게 통과할 수 있어 전기적 신호가 매우 빠르게 전달될 수 있다. 이러한 자극 전달을 *electrical synapse* (**전기적 시냅스**)라고 부르며, 이는 chemical synapse보다 거의 1,000배나 빠르다(23장 참조). Gap junction은 여러 비신경 조직에도 존재하는데, 여러 세포들이 전기 및 대사 활동을 공유하는 데 도움을 준다. 한 예로, 심장에서 gap junction은 desmosome으로 밀접하게 결합된 근육 세포에 신속하게 이온 신호를 전달하여 심장 박동할 때 심근 세포가 전기 자극 협동 수축을 하는 데 기여한다. 15장에서 논의한 것처럼, 어떤 세포 외부 호르몬 신호는 세포의 대사를 조절하는 *second messenger* (예, cyclic AMP, IP_3 및 Ca^{2+})라 불리는 작은 세포내 신호 분자의 생산과 분비를 유도한다. Second messenger는 gap junction을 통하여 이동할 수 있기 때문에, 한 세포가 호르몬 자극을 받으면 그 세포와 많은 이웃 세포들이 같은 반응을 일으킬 수 있다. 예를 들면, gap junction이 매개된 신호는 췌장에서 소화 효소의 분비와 장에서 정교하게 조절되는 근육 수축성 연동 운동(peristalsis)에 중요한 역할을 담당한다. Gap junction이 매개된 수송의 또 다른 실례로, 한 세포가 영양분 또는 중간 대사산물을 생산하여 이를 생산할 수 없는 이웃 세포로 전달하는 *metabolic coupling* 또는 *metabolic cooperation* 현상을 들 수 있다. Gap junction은 난모세포(oocyte)와 그 주위 granulosa cell (과립막 세포) 사이뿐 아니라, 이와 이웃한 granulosa cell 사이에서 대사산물과 신호 분자의 이동을 매개함으로써 난소에서 난모 세포의 발달에 중요한 역할을 담당한다.

Gap junction 구조의 최근 모델이 그림 20-21c–d에 묘사되어 있다. 척추동물의 gap junction은 26,000에서 60,000 Da의 분자량을 갖는 구조적으로 서로 유사한 막횡단 단백질 family인 **connexin**으로 구성되어 있다. 척추동물에서 12개의 connexin 분자가 모여 육각 입자

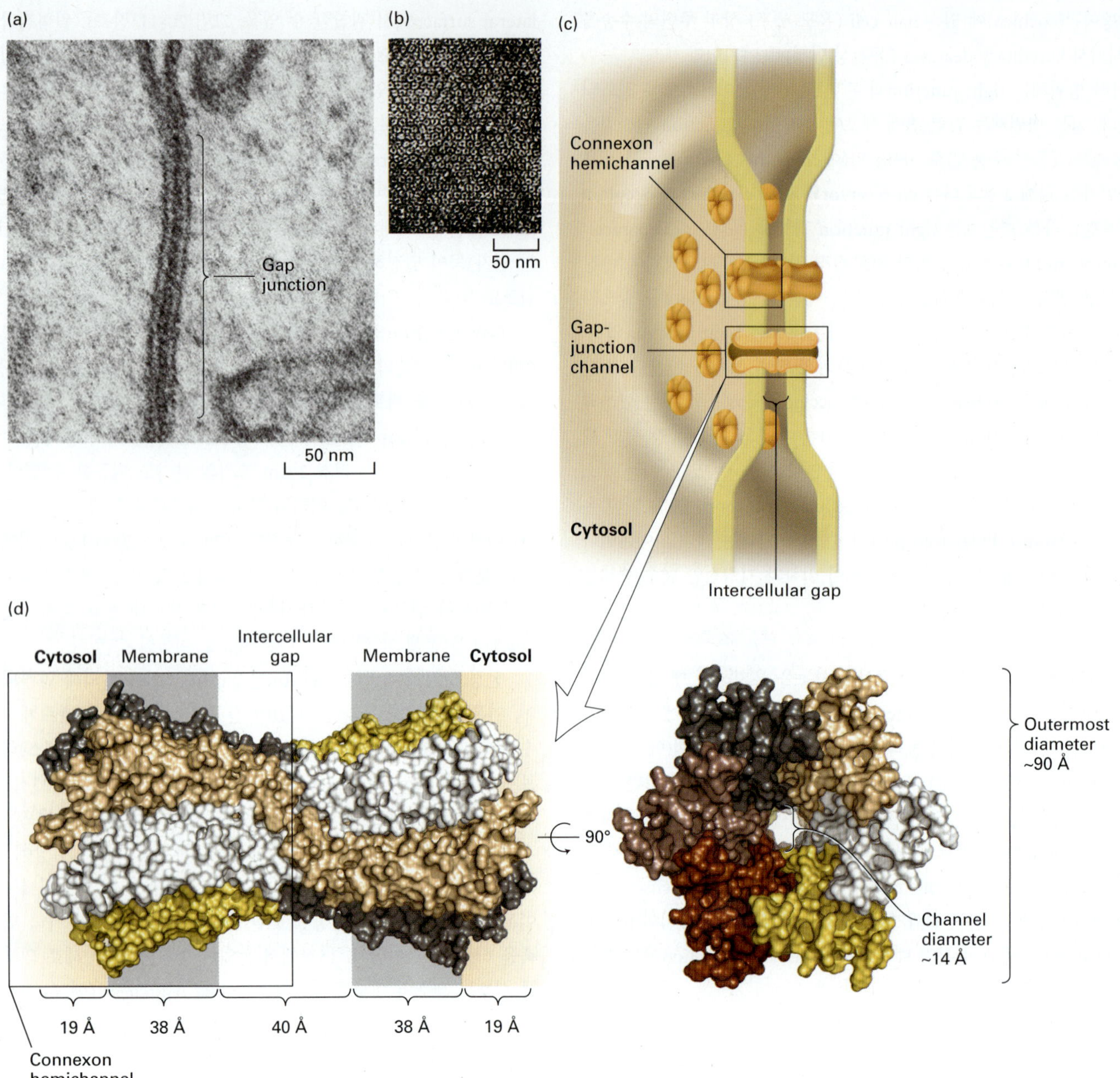

그림 20-21 Gap junction. (a) 생쥐의 간에서 2개의 세포를 연결하는 gap junction의 얇은 단면에서, 두 원형질막이 2–3 nm의 "gap"을 두고 붙어 있는 부분이 수백 nanometer에 이른다. (b) Gap junction이 많이 있는 원형질막을 세포질 쪽에서 보면, gap junction은 수많은 육각형의 입자들이 밀집해 있는 모습으로 보인다. 각 입자는 인접한 세포의 같은 형태의 입자와 결합하여 두 세포를 연결하는 channel을 형성한다. (c) 두 원형질막을 연결하는 gap junction을 도식화한 모델. 양쪽 막은 각각 6개의 아령 모양의 connexin 분자로 이루어진 원통 모양의 connexon hemichannel을 가지고 있다. 두 connexon hemichannel은 지름 1.4–2.0 nm의 gap-junction channel을 형성하여 두 세포의 세포질을 연결한다. (d) X-선 결정학(3.5Å 분해능)으로 결정한 재조합 인간 Cx26 gap junction connexon channel의 모델. *왼쪽*: (c)에서 보이는 2개의 hemichannel을 붙인 전체 구조를 측면에서 본 space filling model. Connexon hemichannel을 구성하는 6개의 connexin의 각각은 4개의 막횡단 helix를 가지며, 다른 색으로 표시하였다. 막횡단 helix와 연결되는 loop의 구조는 잘 밝혀지지 않아 보이지 않았음. 오른쪽: 세포질에서 막 이중층의 수직 방향으로 중앙 pore가 있는 connexon을 내려다 본 모습. Pore channel의 지름은 ~14 Å이며, 많은 극성 및 하전된 아미노산이 pore 벽을 이루고 있다. S. Nakagawa, S. Maeda, and Tsukihara, 2010, *Curr. Opin. Struct. Biol.* **20**(4):423–430 참조. [Part (a) courtesy of Daniel Goodenough. Part (b) D. L. Caspar et al., 1977, **74**:605–628, Fig. 2b; https://doi.org/10:1083/jcb.74.2.605. Part (c) Data from L. A. Staehelin and B. E. Hull, 1978, *Sci. Am.* **238**:140. Part (d) Data from S. Maeda et al., 2009, *Nature* **458**:597–602, PDB ID 2zw3.]

를 형성한다. 6개의 connexin 분자가 모여서 *connexon*이라고 하는 실린더 모양의 hemichannel을 형성하고, 인접한 세포의 막에 있는 또 다른 connexon hemichannel이 연결되어, 세포 사이를 연결하는 aqueous (수성) channel (지름 ~14Å)을 형성한다. 각 connexin 분자는 4개의 막횡단 α-helix를 갖고 있어서, 앞서 배운 occludin과 유사한 점이 있다(그림 20-18). 결과적으로는 각 hemichannel당 24개의 막횡단 α-helix

를 가지게 된다.

Connexin과는 완전히 다른 단백질 family인 *innexin*은 무척추동물에서 gap junction을 형성한다. 세 번째로 *pannexin*이라고 하는 innexin-like protein이 최근 척추동물과 무척추동물 모두에서 발견되었다. Pannexin은 막 전위(membrane potential) 또는 기계적 응력(mechanical stress)의 변화에 의해 개방이 조절될 수 있는 hexamer hemichannel (pannexon)을 형성한다. Pannexon이 열리면 세포내 공간과 세포외 공간 사이에서 ATP와 같은 작은 분자와 이온을 직접 교환할 수 있다. Pannexon들은 세포에서 세포외 공간으로 ATP를 방출하는데 중요한 역할을 하는 것으로 생각된다. 세포외 ATP (ADP 및 AMP)는 target 세포의 표면에 있는 purinergic receptor P1, P2X 또는 P2Y에 결합하여 활성화함으로써 세포 간 메신저 또는 전달자의 역할을 수행할 수 있다.

인간에는 21개의 서로 다른 connexin 유전자가 있는데, 세포 유형에 따라 서로 다른 connexin set을 발현한다. 다양한 connexin의 존재와 함께, connexin 유전자에 비활성화 돌연변이를 갖는 마우스를 제작하여, 다양한 세포에서 connexin의 중요성을 살펴볼 수 있었다. 어떤 세포는 하나의 connexin만 발현하므로 homotypic channel을 형성한다. 그러나 대부분의 세포는 적어도 두 가지 이상의 connexin을 발현하여, heteromeric connexon을 구성하게 되어 heterotypic gap-junction channel을 형성한다. Channel 조성이 달라지면 channel의 투과성도 달라진다. 예를 들어, 가장 흔히 발견되는 43-kDa connexin isoform인 Cx43으로 만들어진 channel은 Cx32 (32 kDa)로 구성된 channel보다 ADP나 ATP에 대해 100배 이상의 투과성을 보인다.

Gap junction의 투과성은 connexin의 post-translational modification (예, phosphorylation)에 따라 조절될 수 있고, 세포내 pH, Ca^{2+} 농도, 막 전위, 인접한 상호 연결된 세포들 간의 세포 간 전위 차이("voltage gating")와 같은 환경적인 변화에 민감하다. 특히, connexin의 N-말단은 gating mechanism에 중요한 것으로 보인다. 따라서 많은 ion channel (11장 참조)의 경우와 마찬가지로, 일부 gap junction에 있는 channel은 열리거나 닫힐 수 있다. Gap junction이 생리학적으로 조절되는 한 예는 포유류의 출산 과정에서 일어난다. 포유동물은 분만을 하는 동안 자궁에 있는 smooth muscle cell (평활근 세포)을 동시에 강하게 수축해야 한다. 이 일관성이 있는 활동을 촉진하기 위하여, 분만 직전 및 분만 중에 이 세포들의 주된 connexin인 Cx43의 양이 약 5–10배 증가하고, gap junction의 수와 크기가 증가하며, postpartum (산후)에는 이러한 변화가 다시 빠르게 복원된다.

Connexin의 조립, 세포내 이동, 그리고 기능적 gap junction의 형성에 N-cadherin과 이와 연결된 adapter 단백질(예, α 및 β-catenin, ZO-1, ZO-2)뿐 아니라 desmosome 단백질(plakoglobin, desmoplakin 및 plakophilin-2)도 관여한다. ZO-1과 ZO-2에 있는 PDZ domain은 Cx43의 C-말단과 결합하여, catenin과 N-cadherin과의 상호작용을 매개한다. 이러한 상호작용은 심장에서 잘 관찰된다. 심근 세포에 필수적인 전기적 활동과 움직임의 세포 간 공조를 위하여, 심근 세포들 간의 gap junction이 신속하고 통제된 electrical coupling을 수행하고, 또한 gap junction과 이웃한 adherens junction 및 desomosome과 상호작용을 통한 mechanical coupling도 기여를 한다. ZO-1은 adherens, tight 및 gap junction 모두에서 adapter로 사용된다는 점에 주목할 필요가 있으며(그림 20-14 참조), ZO-1뿐 아니라 다른 adapter들도 다양한 junction들의 형성과 기능에 관여할 것을 시사한다.

Connexin 유전자가 돌연변이 되면, 적어도 8종의 인간 질환이 유발된다. 이러한 질환에는 청각 장애(Cx26, Cx31), 백내장 또는 심장 기형(Cx43, Cx46, Cx50), 그리고 말초 신경의 점진적 퇴화가 특징인 X-linked Charcot-Marie-Tooth disease (Cx32)가 알려져 있다. ■

Tunneling Nanotube는 동물 세포 간의 Metabolic Coupling을 매개하고 Organelle을 전달할 수 있다

Tunneling nanotube는 세포 사이의 분자 이동을 위한 gap junction의 대안으로 사용될 수 있다. Tunneling nanotube는 동물 세포의 세포질을 연결하는 channel을 형성하는 원형질막의 tube형 돌출 구조물이며(그림 20-22), *plasmodesmata* (20.6절에 기술)라고 불리는 식물의 구조물과 유사한 방식으로 세포 간에 화학적 및 전기적 신호를 전달할 수 있다. Tunneling nanotube는 일반적으로 가지가 없는 직선형 tube이며 다양한 직경(50–300 nm)과 길이(10 μm 이상에서 100 μm 이하의 길이로 세포 직경보다 길게 뻗을 수 있음)를 가질 수 있다. 모든 tunneling nanotube에는 중심 채널에 관통하는 actin filament가 있으며, 일부 유형의 세포에서는 microtubule도 포함되어 있다. 놀랍게도, 세포 배양 조건(그림 20-22 참조) 및 생체 내에서 정상적인 mitochondria가 tunneling nanotube를 통과하여 세포 사이를 이동할 수 있으며, 이로써 mitochondria에 결함 또는 결핍이 있는 세포를 살려낼 수 있다. 따라서 gap junction에 의한 metabolic coupling의 개념이 tunneling nanotube를 통한 소분자 및 소기관의 이동도 포함하도록 확장될 수 있다. 병원체도 tunneling nanotube를 사용하여 세포 사이에 퍼질 수 있다.

20.2절의 주요 개념

Cell-Cell 및 Cell-Extracellular Matrix Junction과 그들의 Adhesion Molecule

- Epithelial cell은 apical, basal 및 lateral surface를 갖는다. 많은 epithelial cell의 apical surface에는 microvilli가 돌출되어 세포의 표면적을 대폭 증가시킨다.
- Cell junction의 3개의 주요 부류인 anchoring junction, tight junction 및 gap junction은 epithelial cell을 모아서 sheet를 형성하게 하고 세포 사이의 정보 교환을 매개한다(그림 20-1 및 20-11 참조). Anchoring junction은 다시 adherens junction, focal adhesion, desmosome 및 hemidesmosome으로 분류된다.
- Adherens junction과 desmosome은 cadherin을 포함하는 ancho-

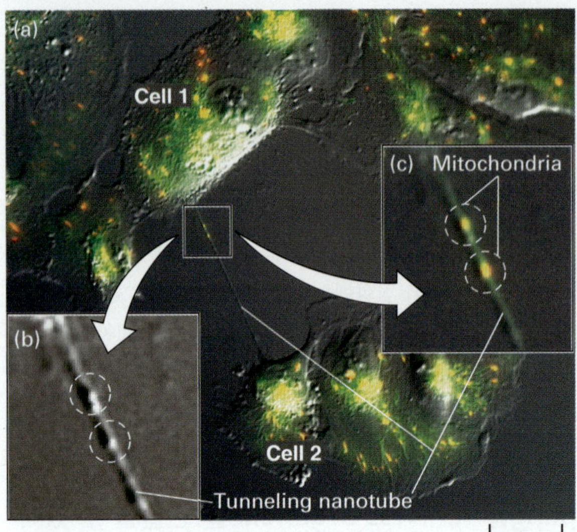

실험 그림 20-22 배양된 인간 세포에서 tunneling nanotube와 mitochondria의 현미경 관찰. (a) 배양된 인간 망막 색소 epithelial cell (ARPE-19 cell line)을 대상으로, mitochondria를 특이적 염색하는 형광 염료(JC-1)를 처리한 후 명시야(bright-field) 현미경(4 장 참조)으로 세포를 관찰하고, 형광현미경으로 mitochondria (세포내 녹색 형광)를 관찰했다. 전형적인 tunneling nanotube가 cell 1과 cell 2를 연결하고 있는 것을 볼 수 있다. 삽입 그림 (b)는 고배율의 명시야현미경 이미지로서, tunneling nanotube에 있는 2개의 돌출부를 점선 원으로 강조하였다. 삽입 그림 (c)는 (b)와 같은 부위의 고배율 결합 이미지로서, 해당 돌출부가 2개의 미토콘리이아일 가능성을 제시한다. [D. Wittig et al., 2012, "Multi-Level Communication of Human Retinal Pigment Epithelial Cells via Tunneling Nanotubes." *PLoS One* **7**(3):e33195; https://doi.org/10.1371/journal.pone.0033195.]

ring junction으로서, 인접한 세포의 막에 결합하여 조직 전체에 힘과 견고함을 제공한다.

- Cadherin은 상피 및 다른 조직의 세포들을 Ca^{2+} 의존적으로 결합시키는 cell-adhesion molecule (CAM)이다. CAM는 측면(cis) 및 부착성 세포간(trans) 상호작용을 매개하여 강한 cell-cell adhesion을 형성할 수 있게 한다.

- Cadherin과 다른 cell-cell 및 cell-matrix adhesion receptor의 세포질 부위와 결합하는 adapter 단백질은 원형질막과 세포골격계 및 신호전달 분자를 연결한다(그림 20-8 및 20-14 참조). 세포골격계와 adhesion receptor와 상호작용하는 결합 방식에 따라 cell-cell adhesion의 강도가 결정된다.

- Hemidesmosome은 integrin을 포함하는 anchoring junction으로 세포를 basal surface 쪽에 있는 extracellular matrix 조성물에 부착시킨다.

- Integrin은 αβ heterodimeric 세포 표면 단백질의 큰 family이며, 많은 조직에서 cell-cell adhesion과 cell-matrix adhesion, 그리고 inside-out 및 outside-in signaling에 관여한다.

- Tight junction은 원형질막에서 단백질과 일부 지질의 확산을 제한하여 epithelial cell의 polarization에 기여한다. 또한 tight junction은 epithelium 층의 한쪽 면에서 다른 쪽 면으로 물과 용질이 세포 밖에서 이동하는 것(paracellular transport)을 제한하고 조절한다(그림 20-20 참조). Tight junction에서 발견되는 주요한 integral membrane protein은 occludin과 claudin이다.

- Gap junction은 여러 개의 connexin 단백질이 모여, 인접한 두 세포의 세포질을 서로 연결하는 transmembrane channel을 형성한다(그림 20-21 참조). 작은 분자와 이온은 gap junction을 통과할 수 있어, 인접 세포와 metabolic 및 electrical coupling을 가능하게 한다.

- Tunneling nanotube는 인접한 동물 세포의 세포질을 연결하는 channel을 형성하는 원형질막의 tube형 돌출 구조물이다(그림 20-22 참조).

20.3 Extracellular Matrix I: Basal Lamina

동물에서, ECM은 다양한 기능을 가지고 있다(표 20-2 참조). ECM은 세포가 조직을 구성하는 것을 도우며, 세포 성장, 증식 및 유전자 발현을 조절하는 세포내 신호전달 경로를 활성화하여 세포의 기능에 관여한다. ECM은 세포와 조직의 구조나 기능에 직접적으로 영향을 미칠 수 있다. 또한 ECM은 활성이 없거나 수용체에 접근하지 못한 신호 분자(예, 성장 인자)의 저장소의 역할을 수행할 수 있으며, protease와 같은 가수분해 효소에 의해 ECM이 분해되거나 remodeling될 때 이러한 신호 분자들이 떨어져 나와 기능을 할 수 있다. 실제로, 가수분해된 ECM 거대 분자의 절편이 독립적인 생물학적 활성을 가질 수 있다. ECM 자체를 구성하는 단백질과 ECM의 구성과 구조를 공유결합에 의하여 변형(예, 화학적 cross-link, 인산화, 절단)하거나 결합하거나 조절하는 관련 단백질의 앙상블을 *matrisome*이라고 한다. Proteome (3장) 및 genome 분석으로 인간 및 마우스의 matrisome을 암호화하는 각각 약 1,030개 및 1,110개의 유전자가 있음을 예상할 수 있다. Matrisome 구성 요소의 기능이 손상되면 다양한 조직과 기관에 영향을 미치는 다양한 질병을 유발한다. ECM 구성 요소뿐 아니라 세포막 단백질의 세포외 domain에 있는 serine, threonine 또는 tyrosine 잔기의 인산화가 발견된다는 것을 주목할 만하다. 이러한 인산화는 secretory pathway (분비 경로)의 lumen에 존재하는 kinase와 세포외 공간으로 분비된 것이 분명한 kinase에 의하여 촉매된다.

ECM의 구성과 다양한 기능을 수행하려면, integrin을 포함한 막횡단 adhesion receptor가 필요하다. 이 receptor는 ECM 성분에 직접 결합하여 adapter 단백질을 통해 ECM이 세포 골격에 연결되도록 한다. Adhesion receptor들은 모든 조직의 ECM에 많이 있는 세 가지 유형의 ECM 분자에 결합한다(표 20-1 참조).

- **Proteoglycan**은 당 단백질 그룹에 속하고, 세포에 쿠션(cushion)을 제공하며, 다양한 종류의 세포외 및 세포 표면 분자와 결합한다.

• **Collagen** fiber는 구조적인 견고함, 기계적인 강도와 탄성을 제공한다.

• Laminin이나 fibronectin과 같은 가용성의 **multi-adhesive matrix protein**은 adhesion receptor나 다른 ECM 조성물과 결합하거나 cross-link한다.

Epithelial tissue의 전반적인 구성와 기능을 결정하는 데 매우 중요한 역할을 수행하는 ECM sheet인 basal lamina에 대하여, 주요 ECM 성분들의 구조와 기능에 대해 설명하고자 한다. 다음 절에서는 connective tissue (결합 조직)와 같은 nonepithelial tissue에서 흔히 발견되는 ECM 분자들에 대하여 논의할 것이다.

세포가 모여 조직을 이룰 때 Basal Lamina는 Epithelial Sheet의 지지대 역할을 한다

동물에서, epithelial tissue뿐 아니라 non-epithelial tissue에 있는 세포는 60–120 nm 정도의 ECM 성분의 sheet인 basal lamina 위에 있거나 이에 의하여 둘러싸여 있다(그림 20-23). Basal lamina는 조직에 따라 다양한 모양으로 관찰된다. Columnar epithelium (원주 상피)과 그 외의 다른 epithelium (예, 장 내벽, 피부)에서, basal lamina는 세포의 한 면 만이 닿는 지지대이다. 근육 및 지방 조직에서는 basal lamina가 각 세포들을 둘러싸고 있다. Basal lamina는 조직의 손상 후 재생뿐 아니라 배아 발생에도 중요한 역할을 한다. 예를 들어, basal lamina는 4개 세포와 8개 세포의 배아에서 세포들이 공과 같은 형태로 부착하는 있는 것을 돕는다(그림 22-2 및 22-3 참조). 신경계의 발생에서 neuron은 basal lamina 성분으로 구성된 ECM 통로를 따라 이동한다. 고등 동물에서는, 혈액과 뇌 사이에 있는 2개의 basal lamina 층(blood-brain barrier)이 분자의 확산을 제한하는 단단한 장벽으로 작용하고, 신장에서는 특수화된 basal lamina가 선택적 투과성을 갖는 혈액의 필터 역할을 한다. 근육에서는 수축과 이완 과정에서 basal lamina가 세포막이 손상되지 않도록 보호한다. 그러므로, basal lamina는 세포를 조직으로 구성하거나 독자적인 구획으로 나누는 역할뿐 아니라, 조직의 재생을 돕고, 투과성 장벽을 형성하며, 발생 과정에서 이동하는 세포를 안내하는 등의 중요한 역할을 한다. 따라서, 그 구성 요소가 진화 과정에서 고도로 보존되어 왔다는 것은 놀라운 일이 아니다.

Basal lamina의 ECM 성분은 대부분 그 위에 있는 세포에 의해 합성된다. Basal lamina에서 공통적으로 4개의 단백질이 발견되며, 이 단백질들은 각각 독특한 다수의 repeating domain을 갖는다(그림 20-24).

• *Type IV collagen*은 rod-like domain과 globular domain을 가진 trimeric molecule (삼량체의 분자)로서, two-dimensional network을 형성한다.

• *Laminin*은 multi-adhesive matrix protein의 일종으로, type IV collagen과 함께 섬유질의 two-dimensional network을 형성하고, integrin 및 다른 adhesion receptor에 결합한다.

• *Perlecan*은 7개의 서로 다른 구조적 domain이 여러 copy로 존재하는(총 48개 domain) 커다란 proteoglycan으로써, 많은 ECM 성분들 및 세포 표면 분자들과 결합한다.

• *Nidogen* (*entactin*이라고도 함)은 type IV collagen, perlecan 및 laminin과 cross-link하여, 다른 구성 요소들을 ECM에 포함될 수 있게 하고, basal lamina를 안정화시키는 rod-like 분자이다.

(a)

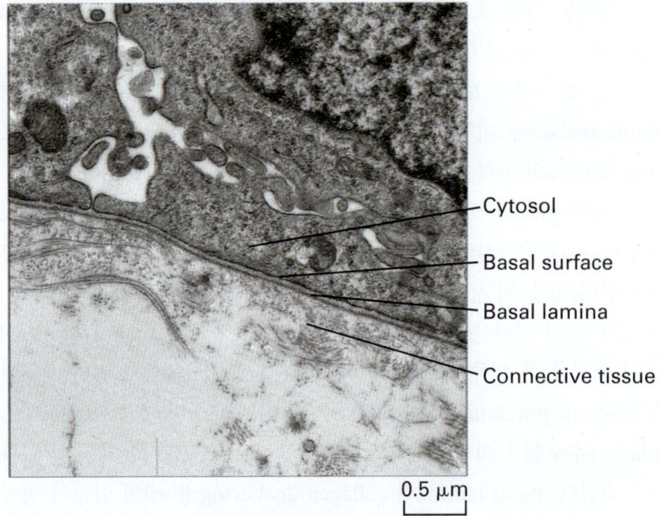

(b)

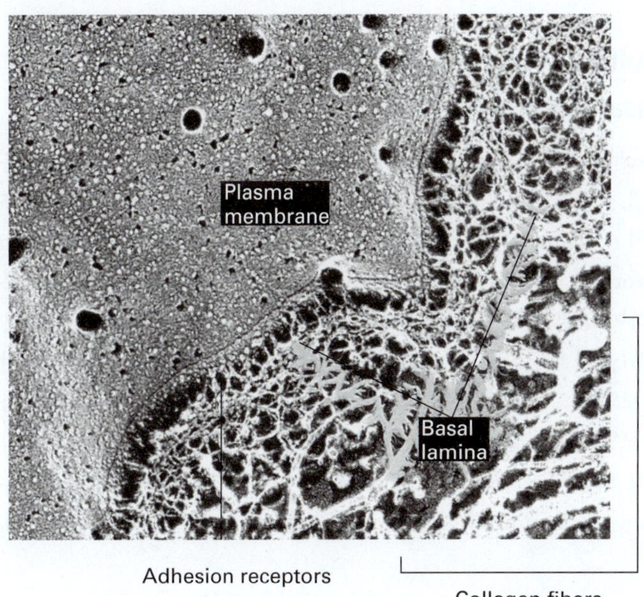

그림 20-23 Basal lamina는 epithelial cell 또는 다른 세포와 결합 조직의 사이에 존재한다. (a) 세포(*위쪽*)와 하부 결합 조직(*아래쪽*)의 얇은 절단면의 투과 전자현미경 사진. Basal lamina의 전자 밀집층은 세포의 basal surface의 굴곡을 따라 관찰된다. (b) 골격근을 급속 냉동 deep-etch (심부-에칭) 처리한 전자현미경 사진으로서, 원형질막, basal lamina, 그리고 주변의 결합 조직을 보여 준다. 이 시료에서, basal lamina는 세포의 원형질막과 결합 조직의 두꺼운 collagen fiber에 연결되어 있는 섬유성 단백질의 망상 구조로 보인다. [Part (a) courtesy of Paul Fitzgerald. Part (b) Don W. Fawcett/Science Source.]

조직의 특성 및 basal lamina의 기능적 필수 요건에 따라, *fibulin*이라 불리는 진화 초기부터 존재하는 당 단백질 계열 등의 다른 ECM molecule들도 basal lamina에 포함될 수 있다.

그림 20-1에서 보인 바와 같이, basal lamina에 있는 laminin이 hemidesmosome 내의 integrin 등의 adhesion receptor에 결합하므로, basal lamina의 한쪽 면은 세포에 연결되어 있다. Basal lamina의 다른 면은 proteoglycan-rich matrix로 둘러싸인 collagen fiber 층으로 구성된 결합 조직에 연결되어 있다. Stratified squamous epithelium (중층 편평 상피) (예, 피부; 그림 20-10d 참조)에서 dermis (진피)와 epidermis (표피)의 연결은 type VII collagen으로 구성된 anchoring fibril (정박 소섬유)에 의해 매개된다. Type VII collagen을 암호화하는 유전자의 loss-of-function (기능 상실) 돌연변이는 *dystrophic epidermolysis bullosa* (수포성 표피 박리증)이라고 하는 희귀하고 심각한 수포성 질환을 초래한다. Basal lamina와 collagen-anchoring fibril이 합쳐서 형성된 구조물을 *basement membrane* (기저막)이라 부른다.

Multiadhesive Matrix Protein인 Laminin은 Basal Lamina의 성분들의 Cross-link를 돕는다

Basal lamina에서, 주요 multiadhesive matrix protein인 **laminin**은 α, β, γ chain으로 구성된 heterotrimer protein이다. 척추동물에서 5종의 α chain, 3종의 β chain, 3종의 γ chain이 최소 16종의 laminin isoform을 구성하며, laminin을 구성하는 각 chain 성분의 번호를 포함하여 명명한다. 예를 들면, laminin-111은 α1β1γ1, laminin-511은 α5β1γ1에 해당한다. 각 laminin은 조직 및 발생 단계에 특이적인 발현을 보인다. 그림 20-25에 보인 바와 같이, 대부분의 laminin은 큰 십자가 모양의 단백질(총 분자량이 820,000 Da)이며, 가끔 Y 모양 혹은 막대기 모양을 하기도 한다. 각 subunit의 N-말단에 있는 globular domain들은 laminin의 다른 domain과 결합하여 그물망 구조를 이루며, 세포의 laminin receptor에 결합하여 basal lamina를 구성하는 데 중요한 역할을 한다. 20.4절에서 자세히 설명하겠지만, laminin α subunit의 C-말단에 있는 5개의 globular *LG domain*은 황산화(sulfated) 당지질, syndecan, dystroglycan (20.4절 참조)뿐 아니라, 특정 integrin (표 20-4 참조) 등의 세포 표면 laminin receptor에 Ca^{2+} 의존적으로 결합한다. 이 결합 중 일부는 receptor에 있는 음전하를 띤 탄수화물 성분을 통해 결합한다. LG domain은 다양한 종류의 단백질에서 발견되고, 탄수화물 뿐 아니라 steroid (스테로이드)나 단백질에 결합하는 것을 매개할 수 있다. 또한, basal lamina에서 integrin과 결합하는 중요 ligand가 laminin이다.

Sheet를 형성하는 Type IV Collagen은 Basal Lamina를 구성하는 주요 구성성분 중 하나이다

Laminin과 함께, type IV collagen은 모든 basal lamina의 주요 구성성분이며, 일부 integrin 등의 adhesion receptor에 결합할 수 있다. Type IV collagen은 다양한 조직에서 ECM의 형성에 관여하는 28종 이상의 사람 collagen 중의 하나이다(표 20-5). 이 밖에도, 인간 proteome (단백질체)에는 host defense collagen 등을 포함하여 20종 이상의 collagen-like protein이 존재한다. Collagen isoform들이 구조적인 특성과 조직 분포 면에서 서로 다름에도 불구하고, 모든 collagen은 *collagen α chain*이라 불리는 polypeptide가 3개가 모여 만들어지는 trimeric protein이며, 인간에서는 최소 43개의 유전자가 이들을 암호화한다. Collagen을 구성하는 3개의 α chain은 동일하거나(homotrimeric), 서로 다를 수 있다(heterotrimeric). Three-stranded collagen molecule의 전체 또는 부분들은 *collagenous* triple helix라 불리는 특별한 삼중 나선을 형성한다. Type IV collagen에 대하여 보게 되겠지만, triple helical segment가 하나보다 많을 때에는 nonhelical region들이 존재하여 서로 연결되어 있다. Helical segment 내에서 각 α chain은

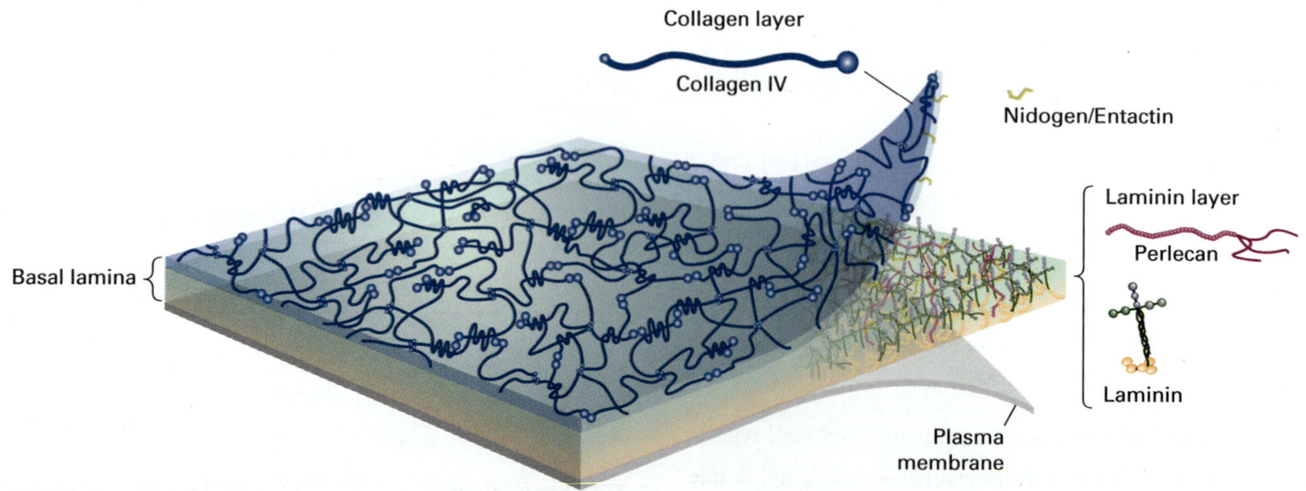

그림 20-24 Basal lamina의 주요 단백질 성분. Type IV collagen과 laminin은 각각 2차원 네트워크를 형성하며(그림 20-25 및 20-27 참조), 이들은 nidogen/entactin, perlecan 및 laminin 분자들에 의해 cross-link되고, laminin을 통해 인접한 원형질막과 상호작용한다.

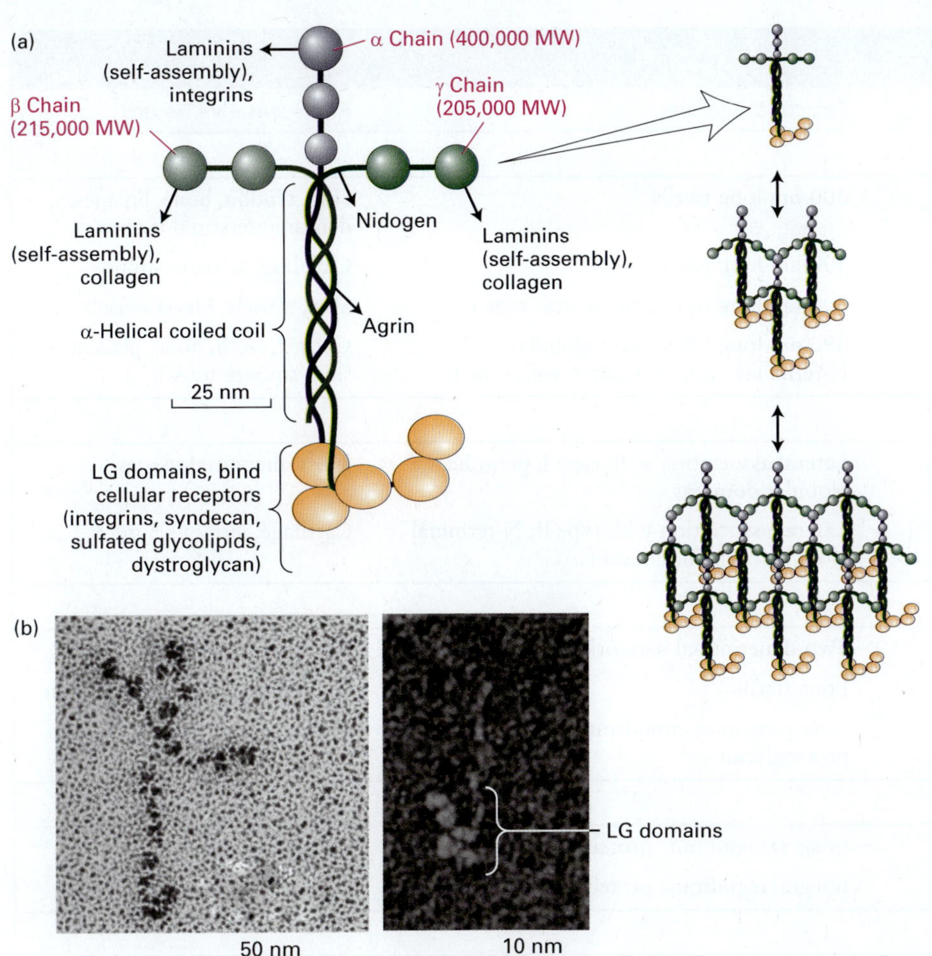

그림 20-25 Laminin은 모든 basal lamina에서 발견되는 heterotrimeric multi-adhesive matrix protein이다. (a) 전체적인 모양, globular domain의 위치, laminin의 3개 chain이 disulfide (S-S) bond들로 연결된 coiled-coil region을 보여 주는 모식도. Laminin의 각 영역들은 세포 표면 수용체 및 다양한 matrix 구성 요소들과 결합한다(화살표와 괄호로 표시). 오른쪽: laminin은 N-말단 globular domain의 결합을 통해 격자로 조립된다. G. R. Martin and R. Timpl, 1987, *Annu. Rev. Cell Biol.* **3**:57–85; M. Durbeej, 2010, *Cell Tissue Res.* **339**:259–268; and S. Meinen et al., 2007, *J. Cell Biol.* **176**:979–993 참조. (b) Laminin 분자의 전자현미경 사진으로서, 특징적인 십자가 모양(왼쪽)과 C-말단 근처의 탄수화물 결합 LG domain (오른쪽)을 보여 준다. [Part (b) courtesy of Jurgen Engel. *Left*: Republished with permission from Elsevier, from J. Engel et al., 1981, "Shapes, Domain Organizations and Flexibility of Laminin and Fibronectin, Two Multifunctional Proteins of the Extracellular Matrix," *J. Mol. Biol.* **150**(1):97–120; permission conveyed through Copyright Clearance Center, Inc. *Right*: Republished with permission from Elsevier, from R. Timpl et al., 2000, "Structure and Function of Laminin LG Modules," *Matrix Biol.* **19**(4):309–317; permission conveyed through the Copyright Clearance Center, Inc.]

left-handed helix (왼나사 나선)이며, 이러한 3개의 α chain이 서로 감싸서 right-handed triple helix (오른나사 삼중 나선)를 형성한다(그림 20-26).

Collagen은 세 가지 아미노산이 특이하게 많기 때문에 triple helix를 형성할 수 있다: glycine, proline, proline의 변형인 *hydroxyproline* (그림 2-15 참조). Triple helical segment는 Gly-X-Y의 repeat으로 구성되는데, X와 Y는 어떤 아미노산이 될 수도 있지만 주로 X 위치에 proline과 Y 위치에 hydroxyproline이 오며, 때로는 lysine과 hydroxylysine일 때도 있다. Glycine은 side chain (측쇄)이 hydrogen 원자이므로, 아주 작은 side chain이 세 가닥으로 구성된 helix의 비좁은 중심 부위에 적합하기 때문에 필수적이다(그림 20-26b 참조). Hydrogen bond가 3 chain을 지탱하는 데 도움을 준다. 견고한 peptidyl-proline 및 peptidyl-hydroxyproline linkage는 전형적인 single-stranded α helix 형성에는 참여할 수 없지만, collagen 특유의 triple helix를 안정화시키는 데에는 중요하다. Y 위치에 있는 hydroxyproline의 hydroxyl group은 three-stranded helix를 안정화하는 데 도움을 준다.

Collagen IV와 다른 유형의 collagen (다른 유형의 collagen은 다음 절에서 논의)에 대한 여러 독특한 세포 표면 수용체가 존재한다. 이러한 세포 표면 수용체에는 특정 integrin, discoidin domain receptor 1과 2 (tyrosine kinase receptor), 혈소판에 있는 glycoprotein VI, leukocyte-associated Ig-like receptor-1, mannose receptor family의 구성원, 그리고 CD44의 변형된 단백질이 있다. 이들은 ECM의 assembly를 돕고, ECM과 세포 활동을 통합하는 데 중요한 역할을 한다.

Collagen의 각 isoform은 주로 (1) collagen의 triple-helical segment의 수와 길이; (2) triple-helical segment의 양 끝 또는 중간에서 triple helix의 형성을 방해하는 segment 또는 다른 3차 구조를 갖는 segment의 존재; (3) α chain에 공유결합에 의한 변형[예, hydroxylation (수산화), glycosylation (당화), oxidation (산화), cross-linking] 면에서 특이성을 보인다. 예를 들면, type IV collagen은 IVα chain들로 구성된다. 척추동물에는 6가지의 유사한 IVα chain을 발현하는데, 이들이 모여 독특한 특성을 갖는 heterotrimeric type IV collagen을 형성한다. 그러나 모든 type IV collagen은 triple helix가 약 24번에 걸쳐 nonhelical segment에 의해서 중단되고, 각 chain의 C-말단에 큰 globular domain과 N-말단에 작은 globular domain을 가지는 400 nm 길이의 triple helix를 형성한다(그림 20-27). Nonhelical region은 triple helix가 쉽게 꺾일 수 있는 유연성을 갖게 한다. Type IV collagen은, 측면 상호작용과 N-말단과 C-말단의 globular domain들 간의 상호작용에 의하여, 불규칙한 격자 모양의 2차원 네트워크를 형성하여,

표 20-5 • 대표적 Collagen

Type	Molecule Composition	Structural Features	Representative Tissues
Fibrillar Collagens			
I	$[\alpha1(I)]_2[\alpha2(I)]$	300-nm-long fibrils	Skin, tendon, bone, ligaments, dentin, interstitial tissues
II	$[\alpha1(II)]_3$	300-nm-long fibrils	Cartilage, vitreous humor
III	$[\alpha1(III)]_3$	300-nm-long fibrils; often with type I	Skin, muscle, blood vessels
V	$[\alpha1(V)]_2[\alpha2(V)]$, $[\alpha1(V)]_3$	390-nm-long fibrils with globular N-terminal extension; often with type I	Cornea, teeth, bone, placenta, skin, smooth muscle
Fibril-Associated Collagens			
VI	$[\alpha1(VI)][\alpha2(VI)][\alpha3(VI)]$	Lateral association with type I; periodic globular domains	Most interstitial tissues
IX	$[\alpha1(IX)][\alpha2(IX)][\alpha3(IX)]$	Lateral association with type II; N-terminal globular domain; bound GAG	Cartilage, vitreous humor
Sheet-Forming and Anchoring Collagens			
IV	$[\alpha1(IV)]_2[\alpha2(IV)]$	Two-dimensional network	All basal laminae
VII	$[\alpha1(VII)]_3$	Long fibrils	Below basal lamina of the skin
XV	$[\alpha1(XV)]_3$	Core protein of chondroitin sulfate proteoglycan	Widespread; near basal lamina in muscle
Transmembrane Collagens			
XIII	$[\alpha1(XIII)]_3$	Integral membrane protein	Hemidesmosomes in skin
XVII	$[\alpha1(XVII)]_3$	Integral membrane protein	Hemidesmosomes in skin
Host Defense Collagens			
Collectins		Oligomers of triple helix; lectin domains	Blood, alveolar space
C1q		Oligomers of triple helix	Blood (complement)
Class A scavenger receptors		Homotrimeric membrane proteins	Macrophages

SOURCE: Data from K. Kühn, 1987, in R. Mayne and R. E. Burgeson, eds., *Structure and Function of Collagen Types*, Academic Press, p. 2; M. Van Der Rest and R. Garrone, 1991, *FASEB J.* 5:2814.

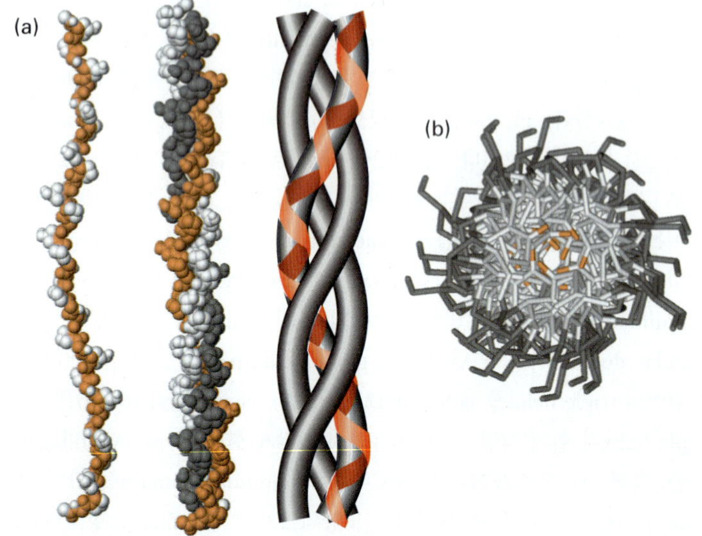

그림 20-26 Collagen triple helix. (a) *왼쪽:* Collagen α-chain에 특징적인 Gly-X-Y 3개 아미노산의 반복을 갖는 polypeptide 부분의 결정 구조의 측면모. *가운데;* 각 chain은 left-handed helix로 꼬여 있고, 3개의 chain은 서로 둘러싸며 right-handed triple helix를 형성한다. *오른쪽:* Triple helical 구조의 특성과 개별 collagen α chain의 left-handed twist를 보여준다(빨간색 선). (b) Triple helix 축을 위에서 내려다 본 모양. Glycine 잔기(주황색)의 proton side chain은 triple helix 중앙의 polypeptide chain 사이의 매우 좁은 공간을 향해 들어간다. Glycine 대신 다른 아미노산으로 치환되는 돌연변이의 경우, glycine의 proton 대신 다른 큰 그룹이 끼어들어 chain의 정상적인 구조를 깨뜨려서 triple helical structure를 불안정하게 한다. [Data from R. Z. Kramer et al., 2001, *J. Mol. Biol.* **311**:131, PDB ID 1bkv.]

laminin 격자와 함께 basal lamina를 형성할 수 있게 한다(그림 20-24와 20-27 참조). Type IV collagen 분자의 인접한 일부 C-말단 domain에서 hydroxylysine (또는 lysine)과 methionine 잔기 사이의 여러 개의 특이한 sulfilimine (—S═N—) 또는 thioether 결합은 공유결합에 의한 cross-link를 통하여 네트워크의 안정성에 기여한다.

신장에서, 이중(double) basal lamina인 *glomerular basement membrane* (사구체 기저막)은 모세 혈관을 형성하는 endothelium (내피)과 요실(urinary space)을 싸고 있는 epithelium 사이를 분리한다. 이 구조는 혈액의 ultrafiltration (초여과)과 초기 소변 형성에 관여하므로, 이 구조가 손상되면 신부전(renal failure)을 일으킬 수 있다. 예를 들어, IVα chain의 C-말단 globular domain을 변화시키는 돌연변이는 *Alport's syndrome*이라고 알려진 질환을 유발하며, 감각 신경성 청력 손실, 안구 이상, 진행성 신부전 증상이 나타난다. 비교적 희귀한 자가면역 질환인 *Goodpasture's syndrome*에서 자가 항체가 glomerular basement membrane과 폐의 type IV collagen의 α3 chain과 반응한다. 이 반응은 세포를 손상시키는 원인이 되는 면역 반응을 야기하여 진행형 신부전과 폐출혈을 일으킨다. ■

Proteoglycan의 일종인 Perlecan은 Basal Lamina의 성분과 세포 표면 수용체를 Cross-link한다

Basal lamina에 있는 주요 분비성 proteoglycan인 perlecan은 다당류가 공유결합에 의해 부착된 큰 multidomain core protein (~470 kDa)을 갖는다. Core protein은 5개의 독특한 domain으로 구성되어 있는데, 각 domain에는 laminin-like LG domain (3개 copy), EGF-like doman (12개 copy) 및 Ig domain (22개 copy) 중 일부가 다중 반복되어 있다. 전자현미경으로 globular repeat들을 관찰하면 약 200 nm 길이의 진주(pearl)를 엮어 놓은 모양을 보여서 *perlecan*이라고 부르게 되었다. Perlecan은 세 가지 유형의 polysaccharide chain이 공유결합으로 붙어 있는 당 단백질이다. 세 가지 유형의 polysaccharide chain은 *N*-linked (14장 참조), *O*-linked와 disaccharide repeat의 긴 polymer인 glycosaminoglycan (GAG) (*O*-linked sugar와 GAG에 대해서는 20.4절에서 설명)으로 나누어 볼 수 있다. GAG chain들이 공유결합으로 연결되어 있는 당 단백질을 *proteoglycan*이라고 한다. Perlecan의 단백질과 GAG 성분 모두가 basal lamina로 assemble할 때 뿐 아니라 basal lamina의 구조와 기능에 중요한 역할을 한다. Perlecan은 독특한 결합능을 갖는 다양한 domain과 polysaccharide chain들 덕분에, 다른 ECM 성분들(예, laminin, nidogen/entactin), 세포 표면 수용체 및 polypeptide growth factor (성장 인자) 등의 많은 분자들에 결합할 수 있다. Perlecan은 이러한 분자들과 결합함과 동시에 perlecan-mediated cross-linking (perlecan 매개 교차 결합)도 형성한다. Perlecan은 basal lamina 외에도 non-basal lamina의 ECM에서도 발견된다. Adhesion receptor 중 하나인 dystroglycan은 perlecan의 LG domain에 직접 결합할 수 있으며, laminin에 결합하여 간접적으로 perlecan에 결합할 수 있다. 인간에서 perlecan 유전자에 돌연변이가 발생하면 왜소 발육증이나 근육 수축을 조절하는 neuromuscular junction의 기능 장애로 근육의 이상을 유발할 수 있다.

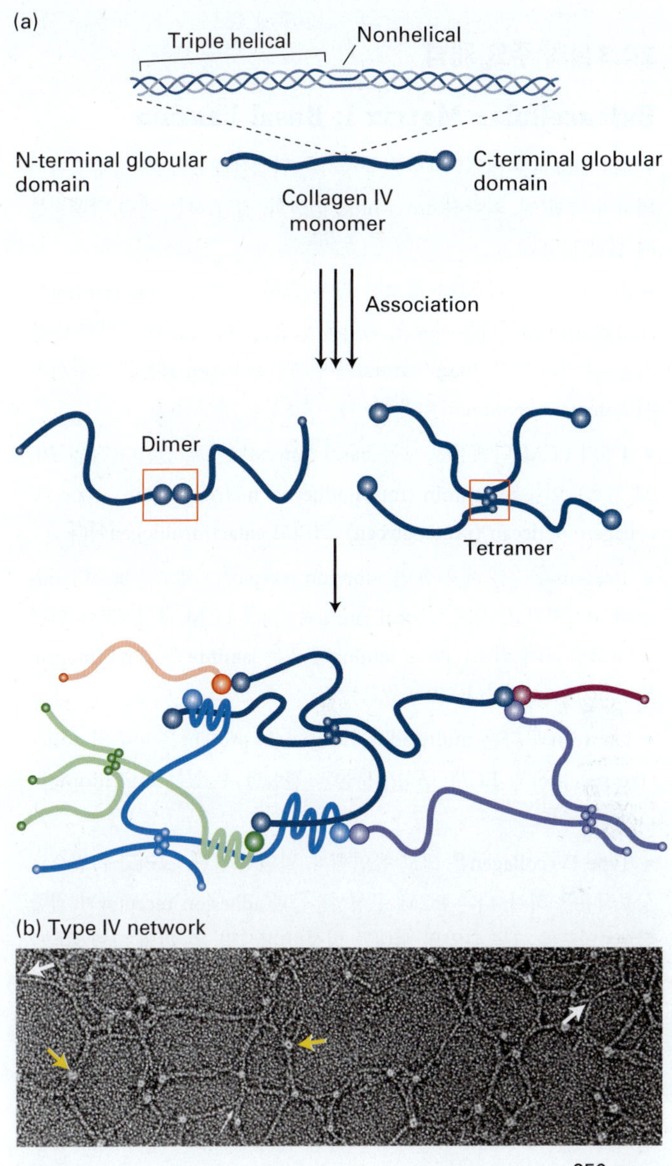

그림 20-27 Type IV collagen의 structure와 assembly. (a) Type IV collagen의 모식도. 400 nm 길이의 분자는 N-말단에 하나의 작은 non-collagenous globular domain과 C-말단에 하나의 큰 globular domain을 갖는다. Triple helix는 여러 개의 nonhelical segment (비나선형 부위)를 갖는데, 이로 인하여 분자 내에서 유연한 구부러짐이 가능해진다. Triple helix 사이의 측면 상호작용과 globular domain들 사이의 head-to-head나 tail-to-tail 상호작용은 dimer, tetramer, 고차 복합체를 형성하여, sheet 모양의 네트워크를 형성한다. A. Boutaud, 2000, *J. Biol. Chem.* **275**:30716 참조. (b) *In vitro*에서 형성된 type IV collagen 네트워크의 전자현미경 사진. 이러한 망상 구조는 분자의 유연성, triple-helical segment (흰색 화살표) 사이의 측면 결합, C-말단 globular domain (노란색 화살표) 사이의 상호작용 때문에 가능하다. [Part (b) P. D. Yurchenco and G. C. Ruben, 1987, *J. Cell Biol.* **105**(6):2559–2568, Fig. 1c; https://doi.org/10.1083/jcb.105.6.2559.]

20.3절의 주요 개념

Extracellular Matrix I: Basal Lamina

- Matrisome은 ECM 자체를 구성하는 단백질과 ECM을 공유결합에 의하여 변형(예, 화학적 cross-link, 인산화, 절단)하는 관련 단백질들의 집합체이다.
- ECM 분자들이 모여 형성한 얇은 그물 모양의 basal lamina는 epithelium 또는 다른 세포의 집합을 인접한 결합 조직으로부터 구분 지을 수 있게 한다. Basal lamina와 인접한 collagen 네트워크를 합쳐서 *basement membrane*이라 불리는 구조물을 형성한다.
- 4개의 ECM 단백질이 모든 basal lamina에서 발견된다(그림 20-24 참조). 이들은 laminin (multi-adhesive matrix protein), type IV collagen, perlecan (proteoglycan), 그리고 entactin/nidogen이다.
- Integrin과 같은 세포 표면 adhesion receptor는 세포를 basal lamina에 고정시키고, 차례로 basal lamina는 다른 ECM 구성성분에 연결된다(그림 20-1 참조). Basal lamina에 있는 laminin은 α6β4 integrin의 주요 ligand이다(표 20-4 참조).
- Laminin과 다른 multi-adhesive matrix protein은 다수의 adhesive receptor와 ECM 구성성분들과 결합할 수 있는 multidomain molecule이다.
- Type IV collagen은 크고 유연해서, 말단과 말단, 그리고 측면으로 상호작용을 하여, 다른 ECM 구성성분들과 adhesion receptor가 결합할 수 있도록 그물 모양의 뼈대를 형성한다(그림 20-24와 그림 20-27 참조).
- Type IV collagen은 collagen family 중 하나이다. Collagen은 triple-helical 구조를 형성하는 Gly-X-Y의 반복된 tripeptide sequence를 갖는 것이 특징이다(그림 20-26 참조). 서로 다른 collagen은 그들이 포함하고 있는 α-chain의 길이와 화학적 변형, 그리고 3개의 helix region을 중단시키거나 helix 양 끝에 있는 segment의 존재로 구별된다.
- Basal lamina에 주로 존재하는 커다란 분비성 proteoglycan인 perlecan은 다수의 ECM 구성성분 및 adhesion receptor들과 결합한다. Proteoglycan은 *glycosaminoglycan* (*GAG*)이라고 부르는 하나 이상의 polysaccharide chain이 공유결합으로 막에 붙어 있거나 분비되는 core protein에 연결된다.

20.4 Extracellular Matrix II: Connective Tissue (결합 조직)

힘줄(tendon)이나 연골(cartilage)과 같은 결합 조직(connective tissue)은 그 부피의 대부분이 세포로 채워져 있는 것이 아니라, 불용성 단백질 섬유로 채워진 extracellular matrix로 이루어져 있다는 점에서 다른 고형 조직과 다르다(그림 20-4 참조). 결합 조직에는 몇 가지 주요 구성성분들이 있으며, 그중 일부는 다른 조직에서도 발견된다.

- *Collagen*은 trimeric molecule (삼량체 분자)로써, 주로 다발을 이루어 fiber를 형성한다(*fibrillar collagen*).
- *Glycosaminoglycan* (*GAG*)은 반복된 특정 disaccharide (이당류)를 갖는 선형 다당류 사슬로써, 강하게 수화될 수 있고, 다양한 결합 및 물리적 특징을 제공한다(예, 압축에 대한 저항성).
- *Proteoglycan*은 하나 혹은 그 이상의 GAG chain이 공유결합되어 있는 당 단백질이다.
- *Multi-adhesive protein*은 몇 개의 특징적인 domain의 많은 "repeat"을 갖는 큰 multidomain protein으로써, 다양한 adhesive receptor와 ECM 구성성분에 결합하고 cross-link된다.
- *Elastin*은 elastic fiber (탄성 섬유)의 amorphous (무정형의) core를 형성하는 단백질이다.

Collagen은 결합 조직에 가장 많이 분포되어 있는 섬유성 단백질이다. 수축과 이완이 가능한 고무와 같은 elastin fiber는 변형 가능한 부분에 존재한다(예, 피부, 힘줄, 심장). Fibronectin은 multi-adhesive matrix protein의 일종으로, 일부 결합 조직의 ECM에서 독특한 fibril (소섬유)을 형성한다. 결합 조직에서 여러 유형의 세포가 발견되지만, 대체로 **fibroblast (섬유아세포)**라고 하는 세포에서 다양한 ECM 구성성분들이 만들어진다. 이 절에서는 결합 조직을 구성하는 다양한 ECM 구성성분들의 구조 및 기능뿐만 아니라, 어떻게 다양한 protease에 의하여 ECM이 분해되고 리모델링되는지 논하고자 한다.

결합 조직의 ECM에서 Fibrillar Collagen은 주요 섬유성 단백질이다

신체에서 약 80–90%의 collagen은 **fibrillar collagen** (예, type I, II 및 III)이며, 주로 결합 조직에 위치하고 있다(표 20-5 참조). Type I collagen은 쥐 꼬리와 같이 힘줄이 많은 조직에 많이 존재하기 때문에, 쉽게 분리될 수 있어 collagen 중에서 가장 먼저 특성이 알려졌다. Collagen의 기본적인 구조적 단위는 각각 1,050 아미노산을 갖는 2개의 α1(I) chain과 하나의 α2(I) chain으로 구성된, 길고(300 nm) 가는(지름 1.5 nm) triple helix로 되어 있다(그림 20-26 참조). Triple-stranded 분자들이 서로 단단히 붙고, 서로를 둘러싸서 *microfibril* (미세 소섬유)을 형성한다. Microfibril은 더 큰 다발로 뭉쳐서 collagen *fibril* (소섬유)을 형성하고, 더욱 큰 다발인 collagen *fiber* (섬유)를 형성하기도 한다(그림 20-28).

양적인 면에서 적게 존재하는 collagen으로는, fibrillar collagen들 사이 혹은 fibrillar collagen과 다른 ECM 성분을 연결하는 *fibril-associated collagen*; basal lamina에서 이차원 네트워크를 형성하거나(type IV) 피부의 basal lamina를 그 아래에 있는 connective tissue에 연결하는(type VII) *sheet-forming* 및 *anchoring collagen*; adhesion receptor로 작용하는 *transmembrane collagen*; 그리고 병원균을 인식하고 제거하는 *host defense collagen* 등이 존재한다. 흥미롭게도, 일부 collagen (예, types IX, XVIII과 XV)은 GAG chain을 포함하는 proteoglycan의

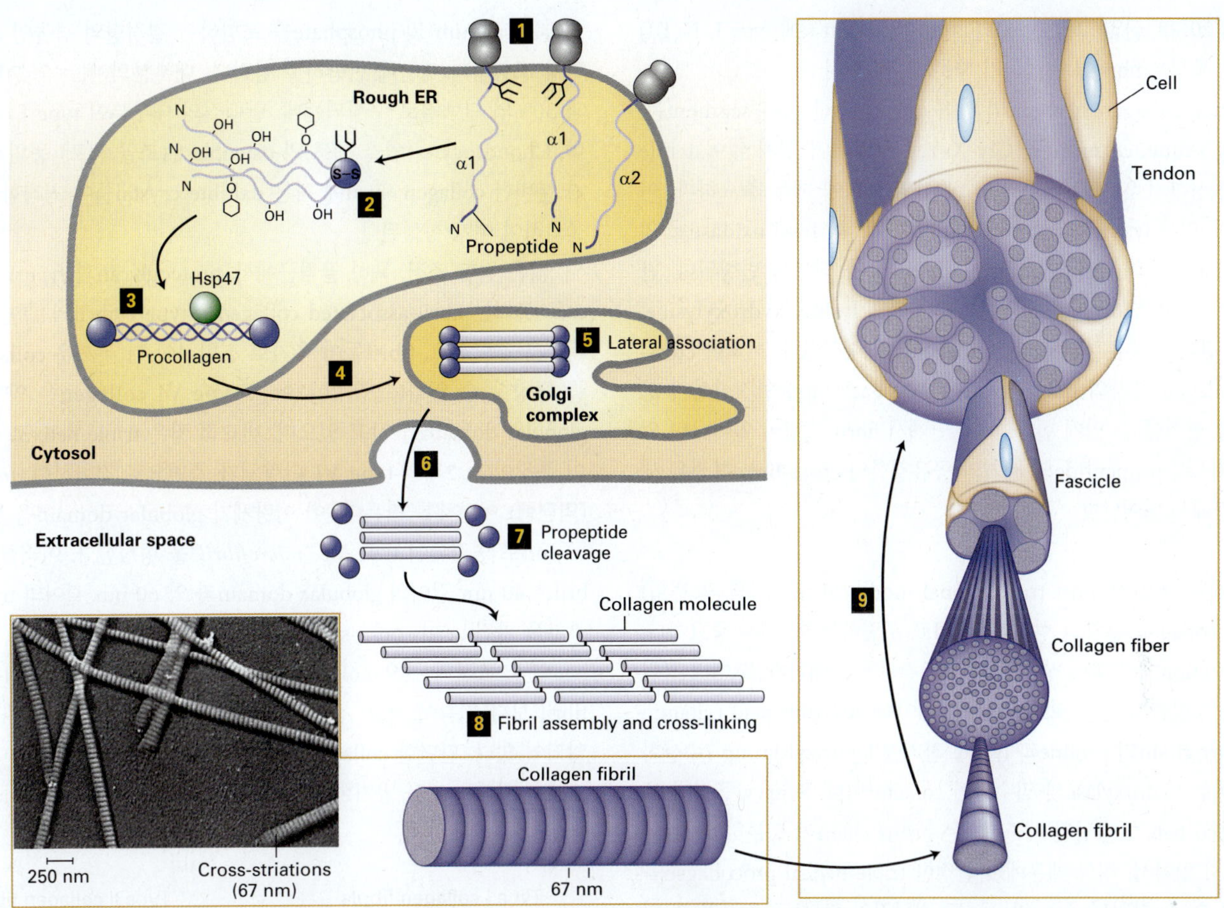

그림 20-28 Fibrillar collagen의 biosynthesis. 단계 **1**: procollagen α chain은 endoplasmic reticulum (rough ER) 막에 결합된 ribosome에서 합성되고, ER 내에서 C-말단 propeptide에 asparagine-linked oligosaccharide가 더해진다. 단계 **2**: propeptide가 trimer를 형성하기 위하여 결합하고, disulfide bond에 의해 공유결합으로 연결된다. Gly-X-Y triplet repeat의 일부 잔기가 공유결합으로 변형된다[일부 proline과 lysine은 hydroxylation되고, 일부 hydroxy-lysine에는 galactose나 galactose-glucose (육각형으로 표시)가 붙는다. Proline은 cis에서 trans form으로 isomerization된다]. 단계 **3**: 이러한 변형은 zipper와 유사한 형태로 triple helix를 형성하고 안정화한다. 또한 chaperone 단백질인 Hsp47에 결합하는 것을 촉진하여 helix를 안정화하거나 trimer의 미성숙 응집을 저해한다. 단계 **4**와 **5**: trimer를 형성한 procollagen은 Golgi complex로 이동하는데, 여기서 어느 정도의 측면 결합이 일어나서 작은 다발을 형성한다. 그러고 난 후 chain은 분비되고(단계 **6**), N-과 C-말단 propeptide가 제거된 후(단계 **7**), trimer가 fibril로 조립되며, 공유결합의 cross-linking가 생성된다(단계 **8**). Trimer들이 67-nm 간격으로 어슷하게 배열하여, 전자현미경으로 fibril들을 보았을 때 줄무늬가 보이게 된다. 단계 **9**: Fibril은 점점 더 큰 다발을 형성할 수 있으며, 그중 일부는 근육을 뼈에 부착시키는 힘줄을 형성한다. A. V. Persikov and B. Brodsky, 2002, *Proc. Nat'l. Acad. Sci. USA* **99**:1101–1103 참조. [Electron micrograph republished with permission from John Wiley & Sons, Inc., from J. Gross, 1953, "Evaluation of Structural and Chemical Changes in Connective Tissue," *Ann. NY Acad. Sci.* **56**(4):674–683; permission conveyed through Copyright Clearance Center, Inc.]

core protein으로도 작용한다(표 20-5 참조).

Fibrillar Collagen은 세포 밖으로 분비되어 Fibril로 조립된다

Fibrillar collagen은 주로 ECM에 있는 fibroblast에서 생성되는 분비 단백질이다. Collagen의 생합성과 분비 과정은, 13장과 14장에 자세히 기술한 바 있는, 분비 단백질의 일반적인 경로를 따른다. Collagen α chain은 endoplasmic reticulum (ER)에 붙어 있는 ribosome에서 *pro-α chain*이라 불리는 긴 전구체로 합성된다. Pro-α chain은 일련의 공유결합을 갖는 변형을 겪으며, ER에서 Golgi complex로 이동하고 세포에서 분비되기 전에 triple-helical *procollagen* 분자로 folding한다(그림 20-28 참조). ER의 특수한 막 단백질은 Golgi complex로의 이동을 위해서, 매우 큰 collagen 분자를 큰 transport vesicle에 포장할 수 있다.

세포에서 procollagen이 분비된 후, 세포 밖 peptidase가 N-말단 및 C-말단 propeptide를 제거한다. 특징적인 collagen repeating sequence motif인 Gly-X-Y가 길게 뻗어 있어서, collagen 분자의 거의 대부분에서 triple-stranded helix를 형성한다. 이러한 collagen 분자들이 측면으로 조립하여, 직경 50–200 nm의 fibril을 형성한다. Fibril에서, 인접한 collagen 분자는 그 길이의 약 4분의 1인 67 nm 정도씩 밀려서 어슷하게 놓여 있다. 이러한 어슷한 배열로 인하여 광학현미경 또는 전자현미경으로 관찰하면, collagen fibril은 특징적인 줄무늬를 갖는 것으로 보인다(그림 20-28, 삽입 그림 참조). Fibrous collagen (예, type I, II, III)의 독특한 특성은 fibril이 형성되기 때문에 나타난다.

Fibrillar collagen α chain의 양쪽 끝에 위치한 짧은 segment는, repeating sequence motif인 Gly-X-Y로 구성되어 있지 않아 triple helix를 형성하지 않지만, collagen fibril의 형성에 매우 중요하다. 이 segment에 있는 lysine과 hydroxylysine은 세포 밖 lysyl oxidase에 의해 side chain 끝의 amine group이 aldehyde가 되도록 변형된다. 반응성이 높은 aldehyde group은 인접한 분자의 lysine, hydroxylysine, histidine 잔기와 공유결합에 의한 cross-link를 형성한다. 이러한 cross-link는 collagen 분자의 side-by-side (병렬) packing을 안정화하며 강한 fibril을 형성할 수 있게 한다. 세포 안에서 fibril 조립이 일어나면 위험할 것이므로, propeptide의 제거와 공유결합의 cross-link 형성은 세포 밖 공간에서 일어난다.

Pro-α chain의 post-translational modification (번역 후 변형)은 collagen 분자의 형성과 fibril로 조립하는 데 매우 중요하다. 이 modification에 결함이 생기면 심각한 결과를 초래한다. 고대의 선원들이 자주 경험한 *scurvy* (괴혈병)가 한 예이다. Ascorbic acid (vitamin C)는 pro-α chain의 proline과 lysine 잔기에 hydroxyl group (수산화기)를 붙이는 hydroxylase의 필수적인 cofactor이다. Scurvy 증상과 유사하게, ascorbate가 결핍된 세포에서는 pro-α chain이 충분히 hydroxylation되지 않아서, 정상 체온에서 안정한 triple-helical procollagen을 형성할 수 없고, 형성된 procollagen도 정상적인 fibril로 조립될 수 없다. Collagen이 구조적 지지대 역할을 하지 못하면, 혈관, 힘줄, 피부도 약해진다. 신선한 과일은 정상적인 collagen 형성을 위해 필요한 vitamin C를 충분히 공급할 수 있다. 역사적으로, 영국 해군에서는 scurvy를 방지하기 위해 lime (라임)을 공급하였기에 그들을 "limeys"라고 부르곤 하였다. Lysyl hydroxylase 유전자의 돌연변이도 결합 조직의 결함을 유발할 수 있다 ■

Collagen Type I과 II는 Nonfibrillar Collagen과 결합하여 다양한 구조물을 형성한다

각 collagen이 조립한 fiber의 구조가 다르며, 또한 collagen fiber를 네트워크로 구성하는 방식이 다르다. 결합 조직에서 발견되는 collagen의 주요 유형 중에서, type I collagen은 긴 fiber를 형성하고, type II collagen은 mesh에 가까운 네트워크를 형성한다. 예를 들어, 힘줄에서 긴 type I collagen fibril은 근육을 뼈에 연결하므로 엄청난 힘을 버틸 수 있어야 한다. Type I collagen fiber는 큰 인장 강도를 가지고 있기 때문에, 힘줄이 끊어지지 않고서 당기는 힘을 버틸 수 있다. 실제로, type I collagen은 무게비로 계산하면 강철보다 강하다. 양적으로 적은 2종의 fibrillar collagen인 type V와 type XI은 type I collagen과 함께 fiber에 결합하여 fiber의 구조와 특성을 조절한다. 예를 들면, type V collagen이 포함되면 지름이 작은 fiber를 형성할 수 있다.

Type I collagen fibril은 뼈에서 강도를 높이는 역할을 한다. 뼈와 치아는 calcium 및 phosphate를 포함하는 결정형의 광물인 dahllite를 다량 포함하기 때문에 단단하고 강하다. 대부분의 뼈는 약 70%의 광물과 30%의 단백질로 구성되는데, 단백질의 대부분이 type I collagen이다. Chondrocyte (연골 세포)와 osteoblast (조골 세포) 등의 특정 세포가 분비한 collagen fibril에 작은 dahllite crystal들이 침착함으로써 광물화하여 뼈가 형성된다.

많은 결합 조직, 특히 골격근에서, proteoglycan과 *type VI collagen*으로 불리는 fibril-associated collagen은 type I fibril의 측면에 비공유적으로 결합하고, fibril들이 추가로 결합하여 더 두꺼운 collagen fiber를 형성할 수 있다(그림 20-29a). Type VI collagen은 양쪽 말단에 globular domain을 갖고 있으며, 비교적 짧은 triple helix로 구성된 것이 특징이다. 2개의 type VI 단량체가 측면으로 결합하여 *antiparallel* (역평행) 이량체를 만든다. 이 이량체가 globular domain을 통해 end-to-end로 연결되어 type VI "*microfibril*"을 형성한다. 이러한 microfibril은 40 nm 길이의 globular domain과 약 60 nm 길이의 triple helix 부분을 가진 beads-on-a-string 구조를 가진다.

연골 조직의 주요 collagen인 type II collagen의 fibril은 type I fibril 보다 지름이 작고, 점착성의 proteoglycan matrix에 무작위로 배열되어 있다. 단단한 collagen fibril은 matrix에 견고성을 주며, 모양이 크게 변형되는 것을 방지한다. Type II fibril은 또 다른 fibril-associated

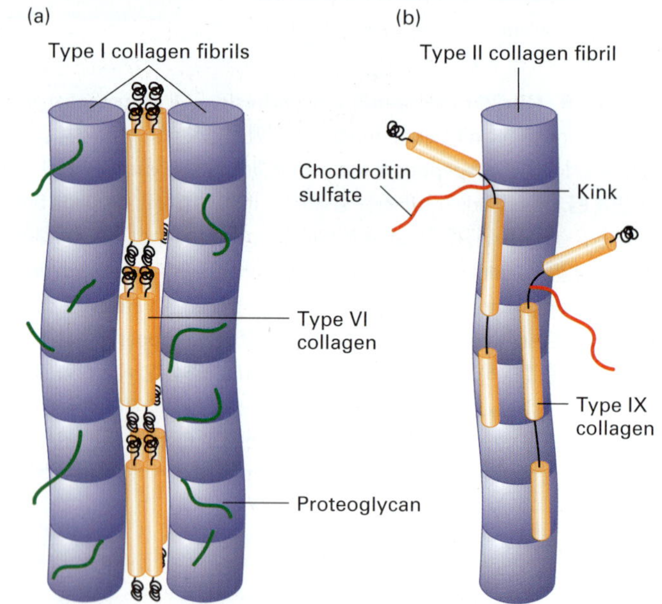

그림 20-29 Fibrous collagen과 nonfibrous fibril-associated collagen의 상호작용. (a) 힘줄(tendon)에서 type I fibril은 힘줄에 가해지는 stress의 방향에 맞게 위치한다. Proteoglycan과 type VI collagen은 fibril의 표면에 비공유결합으로 결합한다. Globular와 triple-helical segment를 포함하는 type VI collagen의 microfibril은 type I fibril에 결합하여, 함께 두꺼운 fiber를 형성한다. R. R. Bruns et al., 1986, *J. Cell Biol.* **103**:393 참조. (b) 연골(cartilage)에서 type IX collagen 분자는 type II fibril을 따라 일정한 간격으로 공유결합을 한다. 유연한 꺾임 부분에서 α2(IX) chain에 공유결합한 chondroitin sulfate chain은 물론이고, type IX collagen의 N-말단 globular region도 fibril로부터 바깥쪽으로 튀어나와 있다. L. M. Shaw and B. R. Olsen, 1991, *Trends Biochem. Sci.* **16**:191 참조.

collagen인 type IX collagen에 의해 matrix proteoglycan에 cross-link 한다. Type IX collagen과 유사한 collagen 유형들은 triple-helical segment가 휠 수 있는 kink (꺾인 부위)에 의하여 분리되어 2~3개로 나누어진 triple helix segment들과 N-말단 globular segment를 갖는다(그림 20-29b). Type IX collagen의 N-말단 globular segment는 helical segment가 붙어 있는 fibril로부터 뻗어 나와 있고, type IX chain 중 하나에 연결된 chondroitin sulfate GAG chain (chondroitin sulfate는 아래에 설명됨)도 뻗어 나와 있다. 이렇게 돌출되어 있는 nonhelical 구조는 type II fibril을 proteoglycan과 matrix의 다른 구성 요소에 정착시키는 것으로 생각된다. Type IX collagen은 다른 collagen type의 fibril에 붙어 공유결합성 cross-link를 형성하지만, 정작 type IX과 이와 연관된 collagen들은 triple helix structure가 중간 중간에 끊어져 있어 fibril로 조립되지는 못한다.

Type I collagen과 이와 결합하는 단백질에 영향을 미치는 돌연변이는 다양한 인간 질병을 유발한다. Type I collagen을 형성하는 collagen α1(I)과 α2(I) chain을 암호화하는 유전자에 특정 돌연변이가 생기면, *osteogenesis imperfecta*라는 brittle bone (잘 부러지는 뼈)을 갖는 질환을 일으킨다. Triple helix를 형성하기 위해서는 collagen α chain의 세 번째 위치에 glycine이 있어야 하는데(그림 20-26 참조), glycine이 다른 아미노산으로 돌연변이되면 helix를 형성하지 못하거나 불안정한 helix를 형성하게 된다. Collagen 분자의 3개의 α chain 중 1개의 α chain에 이상이 발생해도 전체 분자의 triple helix의 구조와 기능을 파괴할 수 있다. Autosome (상염색체)에 위치한 α1(I) 혹은 α2(I) 유전자의 한 allele (대립형질)에만 돌연변이가 발생해도 이러한 질환을 유발한다. 따라서 autosomal dominant inheritance (상염색체 우성 유전)를 보인다(6장 참조).

Type VI collagen 유전자의 돌연변이에 의해서, 근육 조직에 있는 collagen-fibril-associated microfibril이 생성되지 못하거나 기능이 손상되면, 근육 위축, 호흡 곤란, 근육 퇴화, 근육 관련 관절 이상 등의 dominant (우성) 또는 recessive (열성) congenital muscular dystrophy (선천성 근육 위축증)를 유발한다. Type VI collagen의 이상으로 인한 피부 이상도 보고된 바 있다. ■

Proteoglycan과 GAG Chain은 ECM에서 다양한 역할을 수행한다

Basal lamina에 존재하는 perlecan을 살펴볼 때 설명한 바와 같이, proteoglycan은 cell-ECM adhesion에 중요한 역할을 한다. Proteoglycan은 **glycosaminoglycan (GAG)**이라 불리는 polysaccharide chain이 분비 또는 세포 표면에 있는 core 단백질에 공유결합으로 연결되어 있는 당 단백질들이다. GAG는 긴 선형을 이루는 특정 repeating disaccharide의 polymer이다. 대개 하나의 당은 uronic acid (D-glucuronic acid 혹은 L-iduronic acid)이거나 D-galactose이다; 다른 하나의 당은 *N*-acetylglucosamine이거나 *N*-acetylgalactosamine이다(그림 20-30). 이 당의 하나 또는 모두에 적어도 하나의 aanionic (음이온) 그룹

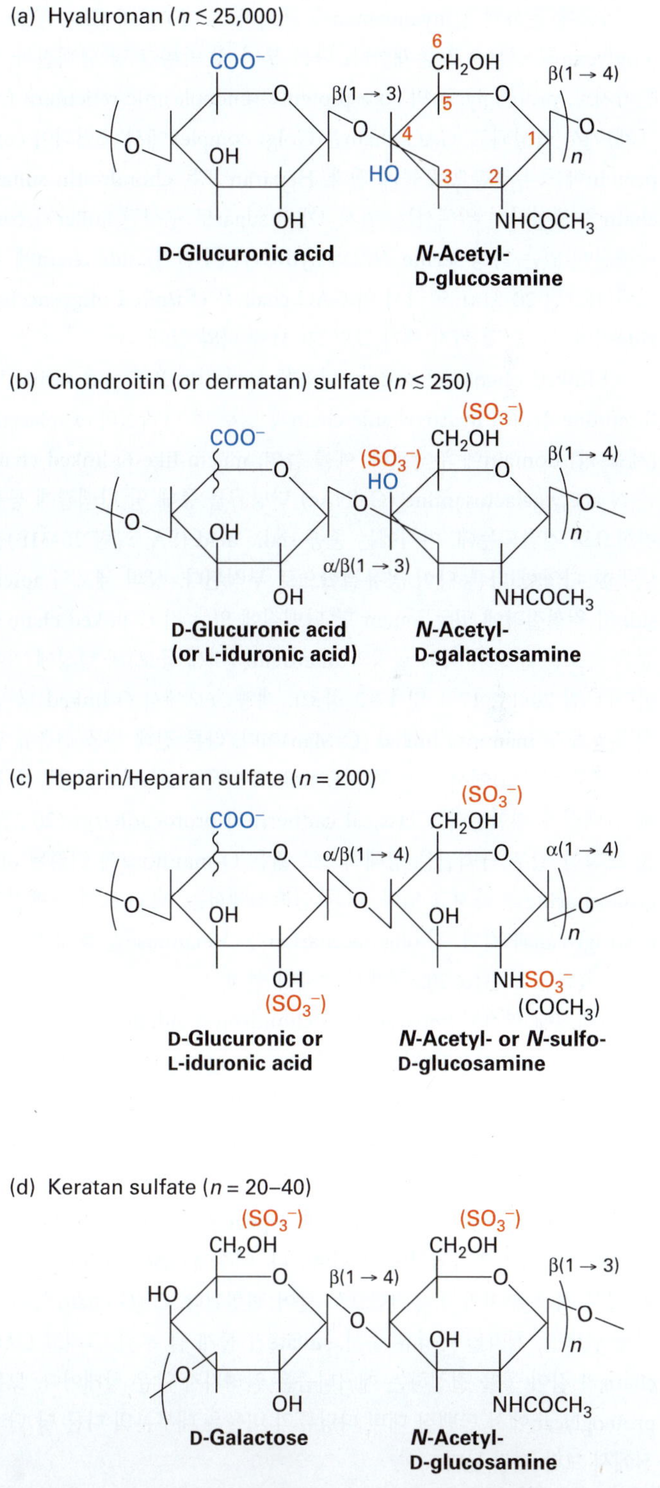

(a) Hyaluronan ($n \leq 25,000$)

6 CH_2OH COO^- O β(1 → 3) O β(1 → 4) 5 4 1 O OH HO 3 2 n OH $NHCOCH_3$

D-Glucuronic acid **N-Acetyl-D-glucosamine**

(b) Chondroitin (or dermatan) sulfate ($n \leq 250$)

(SO_3^-) COO^- CH_2OH O (SO_3^-) HO O β(1 → 4) O OH α/β(1 → 3) OH $NHCOCH_3$ n

D-Glucuronic acid (or L-iduronic acid) **N-Acetyl-D-galactosamine**

(c) Heparin/Heparan sulfate ($n = 200$)

(SO_3^-) COO^- CH_2OH O α/β(1 → 4) O α(1 → 4) O OH OH O n OH (SO_3^-) $NHSO_3^-$ $(COCH_3)$

D-Glucuronic or L-iduronic acid **N-Acetyl- or N-sulfo-D-glucosamine**

(d) Keratan sulfate ($n = 20–40$)

(SO_3^-) (SO_3^-) CH_2OH CH_2OH HO O β(1 → 4) O β(1 → 3) O O OH OH $NHCOCH_3$ n

D-Galactose **N-Acetyl-D-glucosamine**

그림 20-30 Glycosaminoglycan (GAG)의 반복 disaccharide (이당류). 네 가지 종류의 GAG은 monomer 단위를 특정 이당류가 반복되도록 중합하며, sulfate 그룹의 추가와 D-glucuronic acid의 5번 탄소에 대한 carboxyl 그룹의 inversion (epimerization)으로 L-iduronic acid을 생성하는 후속 변형에 의해 생성된다. 구불구불한 선은 ring의 위(D-glucuronic acid) 또는 아래(L-iduronic acid)에 위치하는 공유결합을 나타낸다. Heparin은 heparan sulfate의 hypersulfation (과황산화)에 의해 생성되고, hyaluronan은 sulfation되지 않는다.

(carboxylate 혹은 sulfate)가 포함되어 있다. 그러므로 각 GAG chain은 많은 음전하를 가진다. GAG는 repeating disaccharide 단위의 성격에 따라 다음과 같은 여러 가지 주요한 형태로 분류된다: heparan sulfate, chondroitin sulfate, dermatan sulfate, keratan sulfate 및 hyaluronan (그림 20-30 참조). *Heparin*은 heparan sulfate의 hypersulfation (과황화)된 형태로서, 대개 mast cell에 의해 생성되는데, allergy 반응에서 중요한 역할을 한다. 또한 heparin은 *antithrombin III*라 불리는 응고 저해제를 활성화시키므로 의학적으로 항응고제로 사용된다.

나중에 논하게 될 hyaluronan을 제외하고, 대부분의 GAG는 proteoglycan의 성분으로 존재한다. 다른 분비 및 막횡단 당 단백질과 마찬가지로, proteoglycan의 core protein은 endoplasmic reticulum (소포체)에서 합성되고, GAG chain은 Golgi complex에서 조립되어 core protein에 공유결합으로 붙게 된다. Heparan 또는 chondroitin sulfate chain을 생성하기 위해서는, 먼저 3개의 sugar로 구성된 linker가 core 단백질에 있는 특정 serine 잔기의 hydroxyl (수산기) side chain에 부착된다(그림 20-31a). 따라서 이 GAG chain은 ***O*-linked oligosaccharide**이며, 그 중 몇 가지 예가 그림 20-31에 나와 있다.

O-linked oligosaccharide는 다양한 분비 단백질의 특정 serine 및 threonine 잔기의 hydroxyl side chain과 일부 막 단백질의 exoplasmic (세포 밖) domain에 부착된다. 예를 들어, mucin-like *O*-linked chain은 *N*-acetylgalactosamine (GalNAc) 단당류를 통해 당 단백질에 공유결합으로 결합되는데, 여기에는 종종 sialic acid (SA; 그림 20-31b)를 비롯한 다양한 다른 당이 공유결합으로 부착된다. 상피 세포의 apical side의 원형질막에 있는 mucin 당 단백질에 있는 긴 *O*-linked chain의 높은 농도는 분명히 막의 굴곡과 microvilli (미세 융모)의 형성에 기여한다(그림 20-11, 17-1 및 17-2 참조). 제빵 효모에서 *O*-linked 당 단백질은 모두 mannose-linked (*O*-Man)이다. 다른 진핵 생물(선충류 및 식물에서는 아님)에서 특정 특수 *O*-linked 당은 mannose 단당류를 통해 단백질에 결합된다. Classical cadherin과 protocadherin (20.2절)을 포함한 일부 단백질은 상대적으로 짧은 O-mannose에 연결된 oligosaccharide를 가지고 있다. 다른 단백질에서는, 세포 표면 단백질인 dystroglycan과 같이, 긴 oligosaccharide가 O-mannose를 통해 부착되어 있다(그림 20-31c; 20.5절에서 자세히 설명).

단백질에 연결된 heparan 또는 chondroitin sulfate chain과는 달리, keratan sulfate의 첨가를 위한 linker는 asparagine 잔기에 부착된 oligosaccharide chain이므로, ***N*-linked oligosaccharide**에 해당한다. 많은 당 단백질은 *N*-linked oligosaccharide를 가지고 있으나(13장과 14장 참조), 이 가운데 GAG chain을 갖는 경우는 단지 일부이다. 모든 GAG chain은 특징적인 disaccharide repeat을 형성하기 위하여 각 당 단량체가 교대로 첨가되어 점차 길어진다. 이후에 GAG chain은 sulfate와 같은 작은 분자가 공유결합으로 붙어 변형된다. GAG chain으로 변형될 단백질, 첨가될 이당류 순서, sulfate가 붙게 될 부위, 그리고 GAG chain의 길이 등을 결정하는 메커니즘은 알려지지 않은 상태이다. 모든 proteoglycan에서 단백질 대비 다당류의 비율은 대부분의 다른 당 단백질에서 보다 훨씬 높다.

GAG Chain 변형의 기능 단백질의 아미노산 서열이 그 단백질의 기능을 결정하듯이, GAG chain의 당 잔기의 배열과 특정 당의 변형(예, sulfate의 첨가)은 이들 GAG chain의 기능을 결정하고, 따라서 GAG를 포함하고 있는 proteoglycan의 기능을 결정한다. 예를 들면, heparin sulfate proteoglycan의 GAG chain에 어떤 변형된 당을 포함하고 있느냐에 따라 특정 수용체에 성장 인자의 결합을 조절하거나 혈액 응고 연속 반응에서 단백질의 활성을 조절한다.

이전에는, proteoglycan이 화학적, 구조적으로 복잡하여 그 구조와

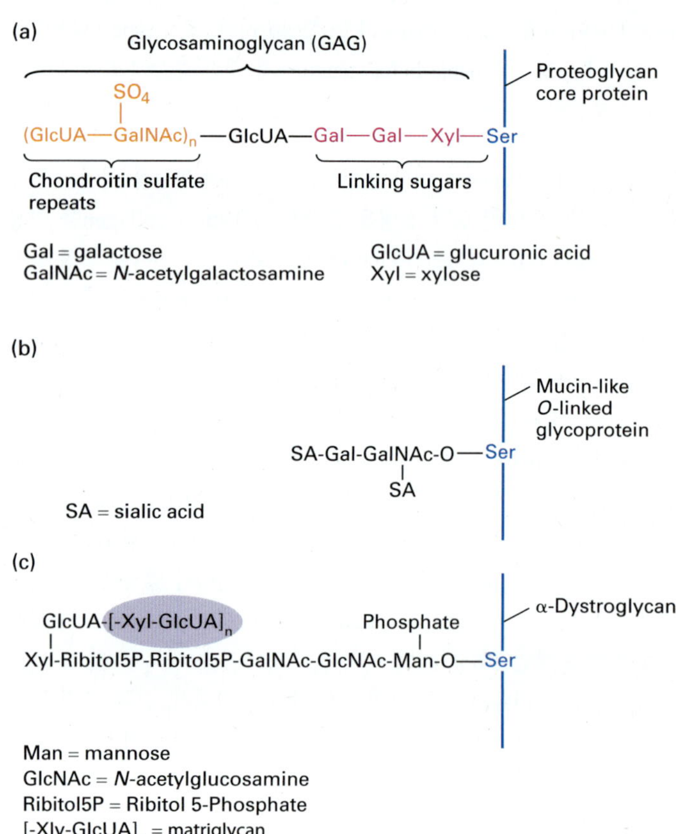

그림 20-31 Hydroxyl *O*-linked polysaccharide. (a) GAG (여기에서는 chondroitin sulfate)의 생합성은 아마도, Golgi complex에서 core 단백질의 serine 잔기에 xylose (Xyl) 잔기가 붙으면서 시작되어, 2개의 galactose (Gal) 잔기가 연속적으로 첨가된다. 이러한 linking sugar에 glucuronic acid (GlcUA)와 *N*-acetylgalactosamine (GalNAc) 잔기가 연속적으로 첨가되고, GalNAc monomer의 일부가 황산화되어서, chondroitin sulfate chain을 형성한다. Heparan sulfate chain도 3-sugar linker를 사용하여 core 단백질에 붙는다. Keratin sulfate GAG은 *O*-linked보다는 *N*-linked 연결을 통해 단백질에 공유결합으로 부착된다. (b) Mucin 유형의 *O*-linked chain은 *N*-acetylgalactosamine (GalNAc)을 거쳐서 당 단백질에 공유결합한다. (c) 세포 표면의 막 관통 단백질인 α-dystroglycan에서는 복잡한 polysaccharide가 O-mannose (O-Man)을 통해 hydroxyl side chain에 붙는다. *Matriglycan*이라고 하는 GlcUA-Xyl disaccharide ([-Xyl-GlcUA]$_n$)의 중합체는 *N*-acetylglucosamine (GlcNAc), ribitol 5-phosphate (Ribitol5P)를 포함하는 oligosaccharide를 통해 인산화된 *O*-linked mannose에 부착된다. Matriglycan은 laminin 및 perlecan과 같은 ECM 분자에 대한 결합 부위를 제공한다(20.5절에 자세히 설명됨).

다양한 기능을 분석하고 이해하는 것이 매우 어려웠다. 최근에는, 연구자들이 고전적인 방법과 새로운 최첨단 생화학적 기술, mass spectrometry (질량 분석법), 유전학 등을 도입하여 도처에 존재하는 ECM 분자의 세부 구조와 기능을 밝히기 시작하였다. 최근 연구 결과를 종합하면, 특정 GAG의 기능은 당의 특이적 서열보다는 공통적인 변형을 포함하는 당 잔기 서열의 세트에 의해 결정된다고 생각된다. 예를 들면, 중요한 혈액 응고 억제제인 antithrombin III (ATIII)의 활성은 heparin GAG에서 발견되는 pentasaccharide (다섯 당 잔기) 서열의 세트에 의해 조절된다는 것이다. Heparin에서 이 pentasaccharide의 특정 두 위치에 sulfation이 되면(그림 20-32), heparin은 ATIII를 활성화시켜 혈액 응고를 저해한다. 그러나 다른 위치에 pentasaccharide들이 다양한 조합으로 sulfation이 되어도 heparin의 혈액 응고 저해 활성이 변화하지 않는다. 하나의 독특한 당 서열보다는 유사한 활성 서열의 세트에 의하여 기능이 조절되는 이유는 아직 알려져 있지 않다.

Proteoglycan의 다양성 Proteoglycan은 모든 동물 조직의 ECM에 많이 존재하는 다양한 분자 그룹으로서, 세포 표면에도 발현되고 있다. 예를 들면, heparan sulfate proteoglycan의 대표적인 5종 가운데 3종 (perlecan, agrin, type XVIII collagen)은 ECM에 위치하고 있으며, 2종은 세포 표면 단백질이다. 세포 표면에 존재하는 2종은 막 관통 단백질(syndecan)과 GPI-고정 단백질(glypican)이다; 이 두 유형의 세포 표면 proteoglycan의 GAG chain은 세포 밖 공간으로 뻗어 있다. Proteoglycan core protein의 서열과 길이는 상당히 다양하며, 붙어 있는 GAG chain 수의 범위도 몇 개에서 100개 이상까지 다양하다. 게다가, 하나의 core 단백질에 흔히 서로 다른 두 유형의 GAG chain들이 연결되어 hybrid (잡종) proteoglycan을 형성하기도 한다. Basal lamina에서 발견되는 proteoglycan인 perlecan은 일반적으로 3~4개의 heparan sulfate GAG chain을 갖고 있어 heparan sulfate proteoglycan에 속하지만, 가끔 하나의 chondroitin sulfate chain이 발견되기도 한다. 이 외에도, 동일한 core 단백질에 결합한 GAG chain의 수, 조성, GAG 서열이 상당히 다르기 때문에 추가적인 proteoglycan의 다양성이 발생할 수 있다. *Drosophila* (초파리), *C. elegans* (선충) 및 mouse에서 proteoglycan 생산에 이상을 발생시키는 돌연변이를 분석함으로써, proteoglycan들이 다양한 신호전달 경로의 조절자로 작용하여 발생 과정에서 중요한 역할을 한다는 것을 알 수 있다(TGF-β 및 Wnt 경로의 예는 16장 참조).

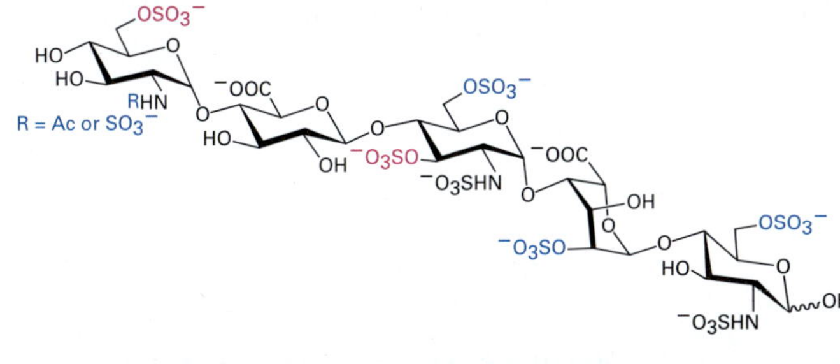

*Syndecan*은 epithelial cell과 non-epithelial cell에서 발현되는 세포 표면 proteoglycan이며, collagen이나 multiadhesive matrix protein (예, fibronectin)에 결합하여 세포를 ECM에 고정할 수 있다. 많은 integral membrane protein (막횡단 단백질)들과 같이, syndecan의 세포질 domain은 actin cytoskeleton과 상호작용을 하며, 세포내 조절 분자와도 상호작용을 하기도 한다. 또한, syndecan과 같은 세포 표면 proteoglycan은 많은 단백질 성장 인자들 및 다른 외부 신호 분자들과 결합하여 세포의 대사와 기능을 조절할 수 있게 돕는다. 예를 들면, 뇌의 hypothalamus (시상 하부)에 있는 syndecan은 굶주린 상태에서 발생하는 섭식 행동을 조절한다. 이때, 이들은 anti-satiety (항-포만) peptide가 세포 표면 수용체에 결합하는 것을 도와서 섭식 행동을 촉진하게 된다. 영양이 공급된 상태에서는, heparan sulfate chain을 갖는 syndecan의 extracellular domain이 proteolysis되어 세포 표면에서 떨어져 나가게 되어, anti-satiety peptide의 활성 및 섭식 행동을 억제하게 된다. 뇌의 hypothalamus 및 다른 조직에서 *syndecan-1* 유전자가 과발현되도록 조작된 mouse는, anti-satiety peptide에 의한 정상적인 영양 공급의 조절이 와해되며, 과식하여 비만이 발생된다.

그림 20-32 Antithrombin III (ATIII)의 활성을 조절하는 pentasaccharide (오당류) GAG 서열. *Heparin*이라고 하는 매우 긴 GAG에서 여기서 보여 주는 변형된 5-잔기 서열의 세트는 ATIII와 결합하여 ATIII를 활성화시킴으로써 혈액 응고를 억제한다. 빨간색으로 표시된 sulfate group은 이러한 heparin 기능에 필수적이다. 파란색으로 표시한 변형은 존재하지만 기능에 필수적이지는 않다. 변형된 GAG 서열의 다른 세트들은 다른 표적 단백질의 활성을 조절할 것으로 생각된다.

Hyaluronan은 압축에 저항하고, 세포 이동을 촉진하며, 연골이 Gel과 같은 성질을 갖게 한다

Hyaluronan은 *hyaluronic acid* (*HA*) 혹은 *hyaluronate*라고도 불리며, 세포막 결합 효소인 *HA synthase*에 의해 만들어지면서 세포 밖 공간으로 직접 분비되는 non-sulfated GAG이다(그림 20-30a 참조). (이 과정은 식물 세포가 ECM 성분인 cellulose를 생성하여 분비하는 메커니즘과 유사하다.) Hyaluronan은 배아 조직에서와 같이 이동과 증식이 활발한 세포를 둘러싸는 ECM의 주요 구성성분이다. Hyaluronan은, 여러 ECM, 특히 연골에서 발견되는 복잡한 proteoglycan 응집체의 뼈대를 형성한다. Hyaluronan의 물리적 특성 때문에, 관절과 같은 다양한 유형의 결합 조직에 윤활 능력뿐 아니라 견고성과 탄성을 갖게 한다.

Hyaluronan 분자는 수 개에서 약 25,000개에 이르기까지 다양한 이당류 반복 잔기를 갖고 있어 길이가 다양하다. 팔꿈치와 같은 관절에 있는 hyaluronan은 10,000번 반복되어 총분자량이 4×10^6 Da이나 되며, 길이는 10 μm (작은 세포의 지름)에 달한다. Hyaluronan 분자의 segment는 당 사이의 β-glycosidic linkage와 수많은 chain 내 hydrogen bond 때문에 rod-like conformation을 갖는다. 또한 일정한 간격으로 바깥쪽으로 튀어나온 carboxylate group 때문에 음전하 사이에서 반발력이 생겨 견고한 구조를 형성하는 데 부분적으로 기여한다. 그러나 전반적으로 hyaluronan은 fibrillar collagen처럼 길고 단단한 rod 형태가 아니라, 용액에서 여러 형태로 휘거나 구부려지는 random coil을 형성한다.

Hyaluronan의 표면에 있는 수많은 anion (음 이온) 잔기 때문에 전형적인 hyaluronan 분자는 많은 양의 물과 결합하여 마치 직경 500 nm인 큰 hydrated sphere (수화 구체)인 것처럼 행동한다. Hyaluronan의 농도가 증가함에 따라, 긴 hyaluronan chain은 뒤엉키기 시작하여 점착성의 gel을 형성한다. 낮은 농도에서 조차, hyaluronan은 수화된 gel을 형성한다. 두 세포 사이와 같은 제한된 좁은 공간에 놓였을 때, 긴 hyaluronan 분자는 바깥쪽으로 미는 경향이 있다. 이렇게 바깥쪽으로 미는 힘은 세포 밖 공간이 팽창하려는 *turgor pressure* (팽압)를 만든다. Hyaluronan 표면의 carboxylate (COO^-) 그룹에 양 이온이 결합하면 이온 농도가 높아지게 되므로, gel에 osmotic pressure (삼투압)를 증가시킨다. 결과적으로, 많은 물이 흡수되어 turgor pressure가 높아진다. Stretching force (신장력)에 저항할 수 있는 collagen fiber와는 대조적으로, hyaluronan에 의한 팽창력은 결합 조직이 compression force (압축력)에 저항할 수 있게 한다. 다른 highly charged (고 하전) GAG chain도 유사하게 수화된다.

CD44 등의 많은 adhesion receptor가 특정 3차 구조의 hyaluronan-binding domain을 갖고 있어, hyaluronan은 이동하는 세포의 표면에 결합한다. Hyaluronan은 느슨하고, 수화되어 있으며, 다공성인 특징 때문에, 세포에 결합한 hyaluronan "coat"는 세포를 서로 분리시켜서 공간적으로 세포가 자유롭게 움직이고 증식할 수 있게 하는 것으로 보인다. 세포 이동의 중단과 세포와 세포 부착의 시작은 종종 hyaluronan의 감소, hyaluronan 수용체의 감소, hyaluronan을 분해하는 세포 밖 효소인 hyaluronidase의 증가와 관련성이 있다. Hyaluronan의 이러한 기능은 분화를 촉진하는 세포 이동 시기와 포유동물에서 ovulation (배란) 후에 주변을 둘러싸고 있는 세포로부터 egg cell (난자 세포)을 방출하는 시기에 특히 중요하다.

Proteoglycan이 형성하는 복합체의 한 예로, 연골에 가장 많은 proteoglycan인 *aggrecan*이 hyaluronan과 매우 큰 응집체로 조립하는 것을 들 수 있다. 긴 hyaluronan 분자가 연골 proteoglycan aggregate의 뼈대이며, 여기에 강한 비공유결합으로 다수의 aggrecan 분자들이 결합한다(그림 20-33). 가장 큰 거대 분자 복합체 중의 하나로 알려진 aggrecan 응집체는 길이가 4 μm가 넘으며, 박테리아 세포보다 더 큰 부피를 갖는다. 이러한 응집체는, 연골이 체중을 지탱하는 관절에서 하중을 분배할 수 있도록, gel과 같은 성질을 갖고서 변형을 막는 작용을 한다.

Aggrecan의 core protein (약 250,000 MW)은 hyaluronan에 있는 특정 decasaccharide (십당류) 서열과 높은 affinity (친화성)로 결합하는 하나의 N-말단 globular domain을 가지고 있다. 이 특정 서열에는 hyaluronan chain에 있는 반복 이당류의 일부에 공유 변형을 통하여 생성된다. Aggrecan과 hyaluronan 사이의 결합은 aggrecan의 core 단백질과 hyaluronan 모두에 결합하는 link protein에 의해 촉진된다(그림 20-33b). Aggrecan과 link protein은 약 100개의 아미노산 길이의 공통적인 *link* domain을 갖는데, 이 domain은 연골 조직 및 비연골 조직의 ECM과 세포 표면에 있는 많은 hyaluronan 결합 단백질에서 발견된다. 이 단백질들은 이 domain을 암호화하는 단일 조상 유전자로부터 진화되었다는 것을 예상할 수 있다.

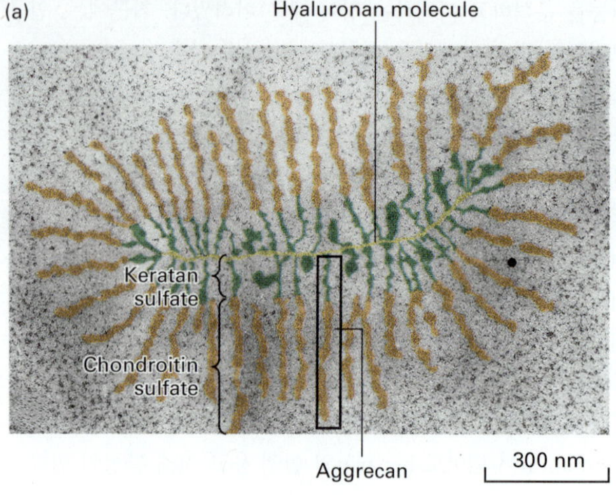

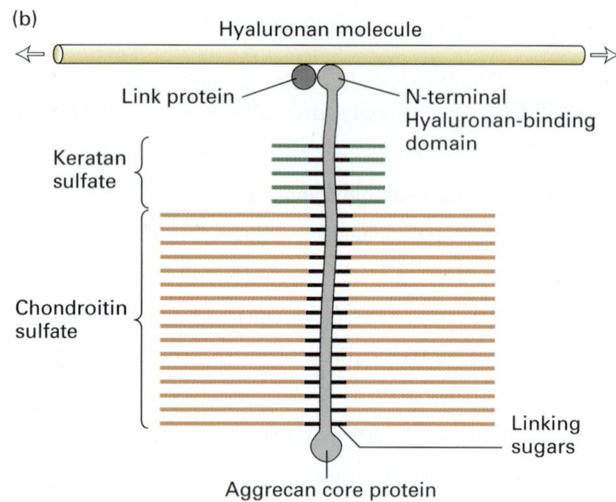

그림 20-33 연골의 proteoglycan aggregate (집합체)의 구조. (a) 소의 태아의 epiphyseal cartilage (골단 연골; 인공적으로 착색)에 있는 aggrecan 집합체의 전자현미경 사진. Aggrecan core 단백질은 약 40 nm 간격으로 hyaluronan 분자에 결합된다. (b) Hyaluronan에 결합한 aggrecan monomer의 모식도. Aggrecan에는 keratan sulfate와 chondroitin sulfate chain이 core 단백질에 붙어 있다. Core 단백질의 N-말단 domain은 hyaluronan 분자에 비공유결합한다. 이 결합은 hyaluronan 분자와 aggrecan core 단백질 모두에 결합하는 link 단백질에 의해 매개된다. 각 aggrecan core 단백질은 GAG chain이 첨가될 수 있는 Ser-Gly 서열을 127개 가지고 있다. Aggrecan monomer 분자의 평균 분자량은 2×10^6이다. 따라서 aggrecan monomer 100개 이상을 포함하는 전체 집합체의 분자량은 2×10^8 이상에 달하며, 대략 대장균 크기에 해당한다. [Part (a) republished with permission from Elsevier, from J. A. Buckwalter and L. Rosenberg, 1983, "Structural Changes During Development in Bovine Fetal Epiphyseal Cartilage," *Collagen Rel. Res.* **3**(6):489–504;permission conveyed through Copyright Clearance Center, Inc.]

Fibronectin은 세포와 ECM을 연결하여, 세포 모양, 분화 및 이동에 영향을 미친다

많은 유형의 세포들이 모든 척추동물에서 발견되는 multiadhesive matrix protein인 **fibronectin**을 합성한다. Fibronectin은 실험용 petri dish에 잘 붙는 정상적인 fibroblast의 표면 위에 존재하지만, 부착성이 약한 발암성(악성 종양의) 세포의 표면 위에는 존재하지 않는다. 이러한 실험 결과로부터 fibronectin이 부착성 분자로 작용한다는 것이 알려지기 시작했다. 단일 유전자에서 만들어진 RNA transcript (전사체)가 alternative splicing에 의해 20여 개 정도의 fibronectin isoform을 만든다(그림 5-28 참조). Fibronectin은 배아 발생에서 여러 세포 유형이 이동하고 분화하는 데 필수적이다. 또한 혈액 응고를 촉진하고, macrophage (대식세포)와 다른 면역 세포를 감염 부위로 모이게 하는 것을 도와 상처 치유에도 중요한 기능을 한다.

Fibronectin은, fibrillar collagen과 heparan sulfate proteoglycan과 같은 ECM 성분들과 integrin 등의 세포 표면 수용체에 결합해서, 세포가 ECM에 부착하는 것을 돕는다(그림 20-2 참조). Adhesion receptor와의 상호작용을 통해, fibronectin은 세포의 모양과 이동 및 cytoskeleton의 구성에도 영향을 미친다. 반대로, 세포는 수용체를 통해 fibronectin 및 다른 ECM 성분에 부착하므로, 이를 조절함으로써 필요에 맞게 ECM 환경을 만들어 나갈 수도 있다.

Fibronectin은 2개의 유사한 polypeptide가 C-말단에서 disulfide bond에 의해서 연결된 이량체이다; 각 chain은 대략 길이가 60–70 nm, 두께가 2–3 nm이다. 소량의 protease로 fibronectin을 부분 분해하여 절단된 절편들을 분석한 결과, 각 chain이 서로 다른 ligand 결합 특이성을 갖는 6개의 기능 영역으로 구성되어 있다는 것을 알 수 있었다(그림 20-34a). 각 영역은 다시 세 가지 유형으로 나누어 볼 수 있는 특정 서열의 multiple copy로 구성된다. 이 유형들은 아미노산 서열의 유사성을 바탕으로 fibronectin type I, II, III repeat로 분류되지만, 한 유형의 repeat들의 아미노산 서열이 항상 똑같은 것은 아니다. 이처럼 repeat들이 연결되어 있어, fibronectin 분자는 실에 꿰어진 구슬의 모양을 갖는다. 서로 다른 repeat들이 모여서 하나의 영역을 구성하기 때문에 fibronectin은 다양한 ligand와 결합할 수 있게 된다.

Fibronectin의 세포 결합 영역에 있는 type III repeat 중의 하나가 특정 integrin과 결합한다. 이 repeat의 각 부분과 일치하는 합성 펩타이드들을 제작하여 분석한 결과, 이 repeat에서 integrin에 의해 인지되는 데 필요한 최소한의 서열은 *RGD motif*라고 불리는 Arg-Gly-Asp의 tripeptide sequence라는 것이 밝혀졌다. RGD sequence를 포함하거나 포함하지 않는 heptapeptide (7 아미노산으로 구성된 펩타이드)를 이용하여 쥐 신장 세포가 배양 접시에 부착하는지 분석하였다. 그 결과, RGD sequence를 포함하는 heptapeptide는 정상적인 fibronectin과 같이 integrin-mediated adhesion을 증가시키는 반면, 이 서열이 결여된 heptapeptide variant는 그 효과가 없었다(그림 20-35).

Fibronectin과 integrin의 domain 구조를 바탕으로 integrin에 결합하는 fibronectin의 3차원 모델이 만들어졌다. Integrin에 결합하고 있는 fibronectin의 type III repeat와 그 옆의 type III domain의 고해상도 구조를 보면, RGD sequence는 fibronectin 분자에서 바깥쪽으로 튀어나온 loop의 끝에 위치하기 때문에 integrin에 쉽게 결합할 수 있다(그림 20-34b). RGD sequence가 여러 integrin에 결합하는 데 필수적이지만, integrin에 대한 affinity는 fibronectin 또는 fibronectin의 세포 결합 영역 전체에 비하여 약하다. 따라서 fibronectin 또는 다른 RGD 포함 단백질에서 RGD sequence 주변의 구조적 특징[예를 들면, synergy (상승 작용) region과 같이 이웃한 repeat의 부분들; 그림 20-34b 참조]이 특정 integrin과의 결합을 향상시킨다. 더욱이 간(liver)이나 fibroblast에서 생성되는 fibronectin의 가용성 이량체는 처음에는 RGD sequence가 쉽게 접근하지 못하도록 되어 있어 integrin에 잘

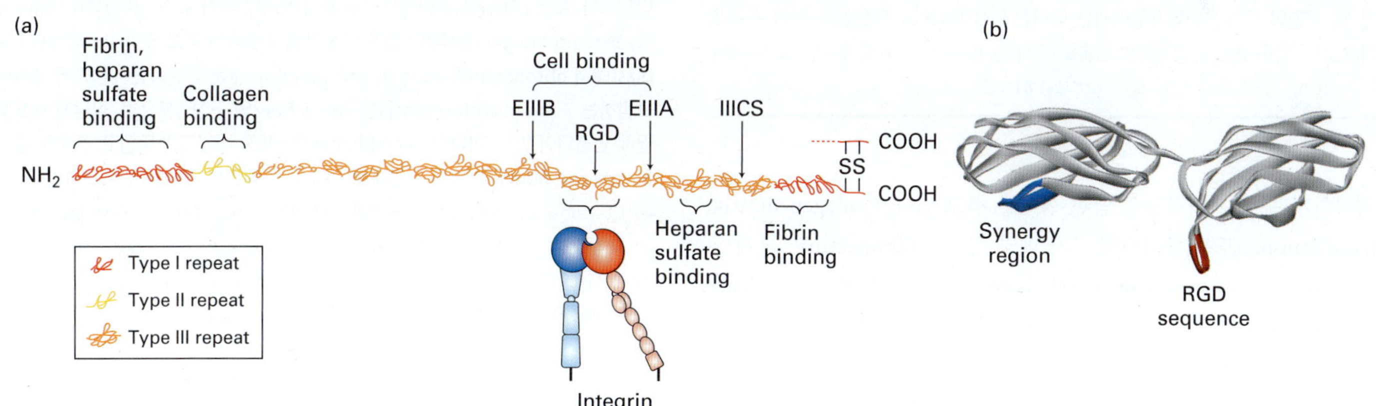

그림 20-34 Fibronectin의 구조 및 integrin과의 결합. (a) 2개의 type III repeat이 integrin의 세포외 부위에 결합한 모양을 한 fibronectin의 모델. 이량체의 fibronectin 분자 중에서, C-말단 가까이에서 disulfide bond로 결합되어 있는 2개의 유사한 chain 중 하나의 chain을 보여 주고 있다. 각 chain은 약 2,446개의 아미노산을 포함하고, 세 가지 유형의 반복적인 아미노산 서열(type I, II 또는 III repeat) 또는 domain으로 구성되어 있다. Type III repeat에 속하는 EIIIA와 EIIIB, 그리고 IIICS domain은 다양하게 splice되어, 화살표로 표시된 위치에 해당하는 구조를 형성한다. 순환하는 fibronectin은 EIIIA와 EIIIB 중 1개나 혹은 둘 다 결여되어 있다. Alternative splicing에 의해 IIICS 영역에 최소 5개의 서로 다른 서열이 존재할 것이다(그림 5-28 참조). 각 chain은 여러 개의 multi-repeat-containing region을 갖는다. 이들에는 heparan sulfate, fibrin (혈액 응고의 주 구성물), collagen, 세포 표면 integrin의 결합 부위를 포함한다. Integrin 결합 domain은 *cell-binding (세포 결합) domain*으로도 알려져 있다. Fibronectin의 domain의 구조는 이 분자의 절편을 사용하여 결정되었다. (b) Fibronectin의 고해상도 구조를 보면, compact한 type III domain의 RGD 서열 motif (빨간색)가 loop에서 바깥쪽으로 뻗어 나와 있고, synergy region (파란색)도 같은 쪽으로 위치한다. RGD 서열은 물론이고 synergy region도 integrin에 고친화도로 결합하는 데 기여한다. [Data from D. J. Leahy, I. Aukhil, and H. P. Erickson, 1996, *Cell* **84**:155, PDB ID 1fnf.]

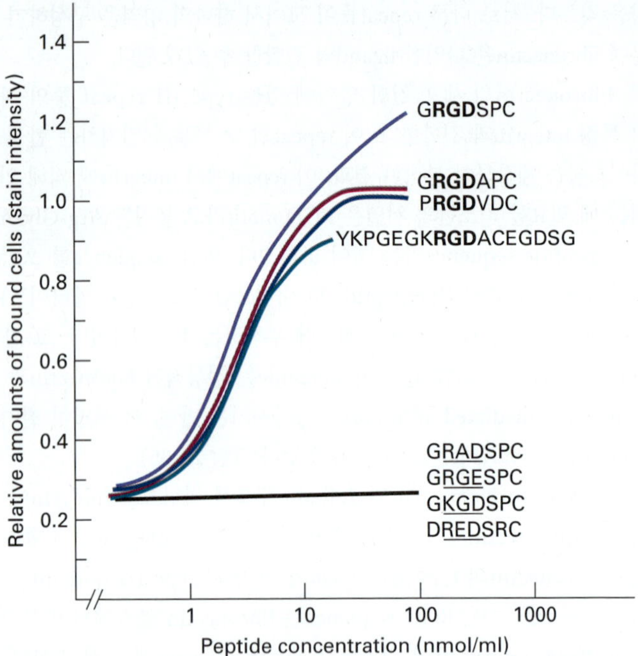

실험 그림 20-35 Fibronectin의 세포-결합 영역의 특정 tripeptide sequence (RGD)는 세포에 adhesion하는 데 필수적이다. Fibronectin의 세포 결합 영역은 integrin에 결합하는 hexapeptide 서열이 있는데, single-letter 아미노산 코드로 GRGDSP이다. 이 서열에 C-말단 cysteine (C)을 추가한 heptapeptide와 몇 이형체(variant)들을 화학적으로 합성하였다. 표면에 immunoglobulin G (IgG) 단백질을 단단히 부착해 놓은 polystyrene dish에 각각의 합성 펩타이드를 여러 농도로 첨가하여, IgG에 각 펩타이드를 crosslink시켰다. 배양한 정상 쥐 신장 세포를 배양 접시에 첨가한 후 30분 간 배양하여 adhesion이 일어나도록 하였다. 붙지 않은 세포를 씻어낸 후, 부착한 세포를 염색하여 부착한 세포의 상대적인 양을 분광 광도계로 측정하였다. 여기에서 보여 주는 그림을 보면, RGD 서열을 포함하고 있는 펩타이드의 농도가 증가함에 따라 cell adhesion이 background 이상으로 증가하지만, 이 서열이 결여된 이형체들에서는 이러한 현상이 나타나지 않음을 보여 주고 있다(RGD 서열이 변화된 경우에는 밑줄로 표시함). [Data from M. D. Pierschbacher and E. Ruoslahti, 1984, *Proc. Nat'l. Acad. Sci. USA* **81**:5985.]

결합하지 못하는 비기능성 닫힌 형태를 하고 있다. Collagen matrix, basal lamina, 또는 플라스틱 조직 배양 접시에 fibronectin이 붙게 되면, fibronectin이 conformational change를 일으켜서 RGD sequence가 integrin에 쉽게 결합할 수 있도록 accessibility (접근성)를 증가시킴으로써, 세포에 결합하는 fibronectin의 능력이 증가한다.

현미경 또는 다른 실험적 접근 방법(예, 생화학적 결합 실험)을 사용하여, integrin이 fibronectin 및 다른 ECM 성분들과 cytoskeleton을 연결하는 역할을 한다는 것을 알 수 있었다. 예를 들면, 형광현미경으로 세포 내에서 cytoskeletal actin filament의 끝 부분과 integrin이 colocalization한다는 것을 관찰할 수 있다(그림 20-36a). ECM에 있는 fibronectin과 세포 표면에 있는 integrin이 결합하면 그 원형질막의 면에서 일부 integrin 분자에 의한 actin cytoskeleton의 이동을 유도하게 된다. 단일 fibronectin 이량체에 연결된 서로 다른 integrin들의 상대적인 이동으로 인해서 생기는 mechanical tension (기계적 장력)은

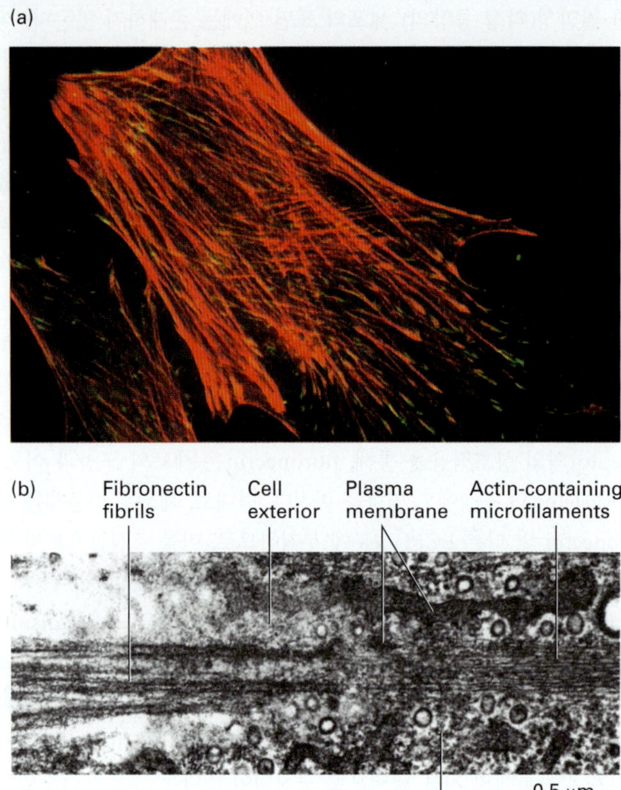

실험 그림 20-36 Integrin은 ECM의 fibronectin과 cytoskeleton의 연결을 매개한다. (a) $\alpha5\beta1$ integrin (녹색)과 actin을 포함하는 stress fiber (빨간색)가 같은 곳에 위치함을 보여 주는 fibroblast의 면역 형광현미경 사진. 세포에 두 가지 단일클론 항체를 처리하였다; integrin 특이 항체는 녹색 형광 염료에, actin 특이 항체는 붉은 형광 염료에 결합시켰다. Stress fiber는 세포가 substratum (표면)에 접촉하고 있는 지점으로부터 세포 안쪽으로 방사상으로 퍼진 actin microfilament의 긴 다발이다. Actin fiber들은 원형질막 근처의 끝 부분에서 actin (빨간색)과 fibronectin-binding integrin (녹색)이 겹쳐서 노란색의 형광을 띠고 있다. (b) 배양된 fibroblast에서 fibronectin과 actin fiber의 junction 부분의 전자현미경 사진. Actin을 포함하는 7 nm microfilament들은 stress fiber의 구성성분으로, 절단된 세포막의 끝에 연결되어 있다. 이러한 microfilament는 세포 바깥쪽의 두껍고, 진하게 염색된 fibronectin fibril들과 매우 가깝게 연속성 있게 배열해 있다는 것을 보여 준다. [Part (a) J. L. Duband et al., 1988, *J. Cell Biol.* **107**:1385–1396, cover; https://doi.org/10.1083/jcb.107.4.1385. Part (b) republished with permission from Elsevier, from I. I. Singer, 1979, "The Fibronexus: A Transmembrane Association of Fibronectin-Containing Fibers and Bundles of 5 nm Microfilaments in Hamster and Human Fibroblasts," *Cell* **16**(3):675–685; permission conveyed through Copyright Clearance Center, Inc.]

mechanosensor인 fibronectin (그림 20-9 참조)을 stretching하게 한다. 이러한 stretching은 fibronectin이 multimeric fibril로 self-association (자가 결합)하는 것을 촉진한다.

Fibronectin에서 self-association site를 펼쳐서 노출하는 데 필요한 힘은 fibronectin-integrin 결합을 파괴하는 힘보다 작다. 따라서 세포에서 유발된 기계적 힘은 fibril 형성을 유도하는 동안에도 fibronectin 분자는 integrin에 결합해 있을 수 있다. 실제로 integrin은 actin cytoskeleton에 의해 생성된 세포내 힘을 adapter 단백질을 통해 세포 밖 fibronectin (mechanotransduction을 통한 inside-out signaling)으로 전달한다. 초기에 형성된 fibronectin fibril은 공유결합에 의한 cross-linking에 의해 점차 안정적인 matrix 성분으로 성숙하게 된다. 전자현미경을 이용한 실험에서도, 세포 밖 fibronectin fibril이 세포 내의 actin fiber 다발과 연장선 형태로 배열되어 있는 것을 볼 수 있다(그림 20-36b). 이러한 관찰 및 추가적인 다른 연구를 통해서, 현재는 당연하게 받아들이고 있지만, adhesion receptor가 세포내 cytoskeleton과 세포 밖 ECM 성분들의 다리 역할을 한다는 것을 분자 수준에서 처음으로 증명할 수 있었다.

Elastic Fiber는 많은 조직에서 반복적으로 Stretching과 Recoiling을 할 수 있게 한다

Elastic fiber는 기계적 변형이 요구되는 다양한 조직의 ECM에서 발견된다. 숨 쉬는 동안 팽창과 수축을 하는 폐(그림 20-37a), 심장 박동에 의하여 맥박을 보이는 혈관, 늘어나거나 수축하는 피부 및 다른 여러 조직이 이에 해당한다. Elastic fiber는 이런 조직들이 고무와 같은 탄성 stretching (신)과 recoiling (축)을 가역적으로 할 수 있게 한다.

지름이 수백에서 수천 nm일 수 있는 elastin fiber의 주요 구성 요소는 **elastin** 단백질로 구성된 불용성 무정형(amorphous) core이다.

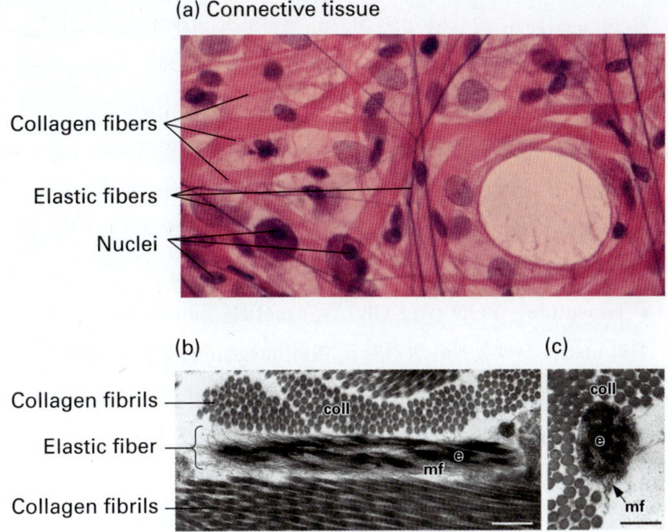

그림 20-37 결합 조직에서 elastic fiber와 collagen fiber. (a) 폐의 느슨한 결합 조직을 광학현미경으로 관찰한 모습. Elastic fiber는 보라색으로 염색된 가는 섬유이며, collagen fiber (collagen fibril의 다발)는 분홍색, 세포의 핵은 보라색으로 염색됨. (b) 마우스 피부에서 elastic fiber (e)와 collagen fibril (coll)의 종단면(b)과 횡단면(c)을 전자현미경으로 본 모습. Elastic fiber는 microfibril (mf)의 다발에 편입되어 있거나 둘러싸여 있는 단단한 elastic core (e)를 갖고 있다. Scale bar는 0.25 μm이다. [Part (a) Biophoto Associates/Science Source. Parts (b) and (c) republished with permission from Elsevier, from J. Choi et al., 2009, "Analysis of Dermal Elastic Fibers in the Absence of Fibulin-5 Reveals Potential Roles for Fibulin-5 in Elastic Fiber Assembly," *Matrix Biol.* **28**(4):211–220; permission conveyed through Copyright Clearance Center, Inc.]

Elastin은 collagen에서 볼 수 있는 것과 유사한 lysyl oxidase 매개 과정을 통해 공유결합으로 cross-link된 단량체성 *tropoelastin* 분자의 집합체로 구성된다. 반복적인 proline 및 glycine이 풍부한 hydrophobic sequence motif는 tropoelastin이 자가 결합하고, 스트레스를 받으면 늘어나며, stretching 후 효율적으로 recoiling할 수 있게 한다. Elastin core는 fibrillin 및 fibulin 단백질뿐 아니라 LTBP (*l*atent *T*GF-β *b*inding *p*rotein)와 같은 보조 단백질로 구성된 직경 10–12 nm의 microfibril (그림 20-37b)의 집합체로 둘러싸여 있다. Microfibril은 elastic fiber core 조립을 위한 scaffold (지지대)의 역할을 한다. Elastin이 없는 microfibril은 눈에서 발견되며, 초점을 맞출 수 있게 렌즈를 조정하기 위한 근육에 힘을 전달하고, 각막에 구조적 지지를 제공한다.

ECM의 다른 구성 요소와 유사하게, microfibril은 세포 신호전달에 관여한다. 단백질 분비 과정에서, LTBP는 비활성 형태의 transforming growth factor β (cytokine 중 하나인 TGF-β; 그림 16-22 참조)와 결합한 후 같이 분비되어 microfibril로 통합된다. 세포 표면 integrin이 LTBP/TGF-β 복합체에 결합하여 당기는 biomechanical (생체역학적) stress 또는 LTBP의 단백질 분해는 활성 TGF-β를 ECM에서 방출하고 후속 신호전달을 유발하는 직접적인 원인으로 생각된다(그림 16-22 참조). 다른 ECM 단백질에 결합된 LTBP/TGF-β 복합체도 유사한 방법으로 integrin 매개 활성화되어 활성 TGF-β를 제공함으로써 다양한 생물학적 과정을 조절한다.

골격계와 심혈관계 이상을 동반하는 다양한 질병은 흔히 elastic fiber를 구성하거나 조립에 관여하는 단백질을 암호화하는 유전자의 돌연변이 때문에 발생한다. 예를 들어, Marfan syndrome은 *fibrillin-1* 유전자의 돌연변이에 의하며, 뼈의 과도 성장, 느슨한 관절, 비정상적으로 긴 사지와 얼굴, 그리고 대동맥과 혈관벽의 약화로 인한 심혈관계 기능 결함을 포함한 다양한 증상이 발견된다. Abraham Lincoln 대통령이 비정상적으로 키가 크고, 몸매가 길쭉했던 이유가 Marfan syndrome이었기 때문이라고 추정하고 있다. ■

포유류에서, 대부분의 tropoelastin은 출생 직전과 직후에 한하여 합성된다. 따라서 신체 내 elastin의 대부분은 일생동안 유지되어야 하므로, 내구성이 우수해야 한다. Elastin이 매우 우수한 안정성을 갖고 있다는 것이 다양한 방법으로 측정되어 왔다. 동물에서는 radioactive (방사성) 아미노산을 사용한 pulse-chase 실험(3장 참조)으로 elastin의 수명을 측정할 수 있다. 사람에서는 다음 두 가지 방법을 사용하여 elastin의 안정성을 연구하여, 인간의 폐에 있는 elastin의 평균 수명이 무려 70년이라는 사실이 밝혀졌다. 첫 번째 방법은 자연 현상을 활용하는 것으로써, elastin의 합성 때 포함된 L-aspartic acid가 자연적으로 D-aspartic acid로 전환되는 정도를 측정하는 것이다. 단백질의 연령은, 시료를 채취한 조직의 연령에 대한 정보와 함께, L-aspartic acid가 점차 D 이성질체로 전환되어 가므로 L-aspartic acid의 비율을 결정하는 화학분석을 사용하여 추정할 수 있다. 두 번째는 실험실에서 사용되는 일반적인 pulse-chase 실험을 응용한 방법이다. 1950년대와 1960년대 핵무기 실험의 결과로 대기에 유출된 ^{14}C가 food chain (먹이사슬)에도 흡수되었다. 이렇게 흡수된 ^{14}C가 radioactive *pulse*로 사용될 수 있으므로, 대상 단백질의 안정성을 측정할 수 있다.

Metalloprotease는 Extracellular Matrix를 Remodeling (재구성)하고 Degradation (분해)한다

발생 과정에서 조직 형태 형성, 세포 증식 및 운동성 제어, 손상에 대한 반응, 생존 등의 많은 생리학적 과정에는 ECM 생산뿐 아니라 ECM의 remodeling (재구성)과 degradation (분해)도 필요하다. 다세포 생명체의 세포 밖 미세 환경에서 ECM은 핵심 요소이기 때문에, ECM의 remodeling 및 degradation은 세밀하게 조절되어야 한다. ECM의 degradation은 zinc 의존성 ECM metalloprotease에 의하여 매개된다. ECM 구성 요소가 매우 다양한 것을 고려할 때, 많은 유형의 metalloprotease들이 존재하며, 그들의 기질 특이성과 발현 부위가 다양하다는 사실은 놀랄 만한 것이 아니다. 많은 경우, metalloprotease의 이름에는 기질을 포함하여 *collagenase*, *gelatinase*, *elastase* 및 *aggrecanase*라고 명명하기도 한다. 이들 중 일부 유형은 세포외 액으로 분비되고, 다른 유형은 세포의 원형질막에 비공유결합으로 단단하게 결합하거나 막 관통 단백질로 존재하기도 한다. 많은 metalloprotease는 비활성 전구체로 합성된 후 특정 활성화 과정을 거쳐 기능을 한다.

ECM metalloprotease는 효소 구조에 따라 세 가지 주요 하위 그룹으로 나눌 수 있다. 이들은 **matrix metalloproteinase (MMP)** (인간에는 23종이 존재함), *a d*isintegrin *a*nd *m*etalloproteinase (ADAM), 그리고 *ADAM* with *t*hrombo*s*pondin motif (ADAMTS)이다. 이 protease들은 ECM 구성성분뿐만 아니라 cell adhesion receptor와 같은 non-ECM 성분들도 분해할 수 있다. 실제로, ADAM은 integral membrane protein에서 세포 밖 domain을 잘라 내는 기능을 주로 한다. 16장에서 이미 ADAM이 Notch와 EGF 수용체에 의한 신호전달에서 어떤 역할을 하는지 살펴본 바 있다. ECM protease의 활성을 조절하는 한 가지 방법은 protein inhibitor (단백질 저해제)를 생성하는 것이다. Protein inhibitor의 예로 *TIMP* (*t*issue *i*nhibitors of *m*etallo*p*roteinase)와 *RECK* (*re*version-inducing–*c*ysteine-rich protein with *k*azal motif)이 있다. Protein inhibitor 중 일부는 metalloprotease 기능을 저해하는 것과 독립적으로 세포 표면 수용체를 갖고 다른 기능을 수행하기도 한다. ECM-degrading protease는 다양한 질병과 관련이 있으며, 가장 대표적인 예는 metastatic (전이성) cancer이다(25장 참조).

20.4절의 주요 개념

Extracellular Matrix II: Connective Tissue (결합 조직)

- 힘줄과 연골과 같은 결합 조직에는, 세포들이 대부분인 다른 고형 조직과는 다르게, extracellular matrix (ECM)가 대부분을 차지하고 있다(그림 20-4 참조).
- Fibrillar collagen (예, type I, II 및 III)의 합성은 세포 안의 endoplasmic reticulum에서 새로 생성된 α chain에 화학적 변형이 가해지고, triple-helical procollagen을 조립하는 것으로 시작된다. Procollagen 분자는 세포 밖으로 분비된 후 양 끝의 prodomain들이 잘리고, 측면으로 결합하여 공유결합으로 cross-link된 *fibril*이라 불리는 다발이 되며, 이 다발이 모여 *fiber*라 불리는 더 큰 구조물을 형성한다(그림 20-28 참조).
- 다양한 collagen은 helical 및 nonhelical region이 fibril을 구성하거나, sheet를 형성하거나 또는 다른 collagen 유형과 cross-link하는 능력으로 구분된다(표 20-5 참조).
- Proteoglycan은 막을 관통하고 있거나 분비된 core protein에 sulfation 등으로 변형된 이당류의 선형 중합체인 glycosaminoglycan (GAG) chain이 하나 또는 그 이상으로 공유결합하고 있는 분자이다.
- Syndecan과 같은 세포 표면 proteoglycan은 cell-matrix 상호작용을 촉진하고, 특정한 외부 신호 분자를 세포 표면 수용체에 제공할 수 있도록 돕는다.
- Hyaluronan은 고도로 hydrate (수화)된 GAG이며, 이동하고 증식하는 세포의 ECM을 구성하는 주요 성분이다. Hyaluronan은 특정 세포 표면 adhesion receptor를 통하여 세포에 결합할 수 있다.
- 중앙에 있는 hyaluronan 분자에 비공유결합으로 proteoglycan 분자(예, aggrecan)의 core 단백질들이 결합하여 거대한 proteoglycan 응집체를 형성한다. 이러한 거대 proteoglycan 응집체는 matrix가 압축하는 힘에 저항하는 능력을 갖게 한다(그림 20-33 참조).
- Fibronectin은 세포의 이동 및 분화에 중요한 역할을 하는 multiadhesive matrix protein이다. Fibronectin은 integrin, ECM 성분들(collagen과 proteoglycan)에 결합하는 부위를 가지고 있어서 세포를 ECM에 부착할 수 있다(그림 20-34 참조).
- Tripeptide인 RGD (Arg-Gly-Asp) motif는 fibronectin을 비롯한 여러 matrix 단백질에서 발견되고, 여러 integrin에 의해서 인식된다.
- Elastic fiber는 microfibril 네트워크로 둘러싸인 cross-link된 무정형의 elastin core로 구성되며, 이 구조의 높은 탄력성 때문에 조직이 반복적으로 stretching과 recoiling할 수 있게 한다.
- ECM의 remodeling과 degradation은 분비되거나 세포막에 결합된 zinc metalloprotease에 의해 매개된다. 이들은 MMP, ADAM, ADAMTS의 하위 그룹으로 나눠지고, metalloproteinase의 활성은 protein inhibitor (TIMP와 RECK)에 의해 조절된다.

20.5 운동성 및 비운동성 세포의 Adhesive 상호작용 (부착성 상호작용)

분화 과정 동안 epithelium에서 형성된 부착성 상호작용은 매우 안정적이어서, epithelial cell의 수명 동안 또는 epithelium이 추가로 분화를 수행할 때까지 지속될 수 있다. Non-epithelial tissue에도 이와 같이 오랫동안 지속되는 비이동성 adhesion이 존재하지만, 일부 nonepithelial cell은 ECM 층 또는 다른 세포들의 주변을 움직이거나 통과할 수 있어야 한다. 게다가, 발생 과정 또는 상처 재생 과정이나 일부 병리학적 상태(예, cancer)에서는 epithelial cell이 운동성 세포로 전환된다(epithelial-to-mesenchymal transition; 상피간엽이행). 백혈구 세포가 감염이 있는 조직 부위를 향하여 기어가는 예처럼 세포 이동을 동반한 여러 생물학적 과정에서와 같이, transformation (암 세포로 형질전환)에서도 부착성 분자들의 발현 변화가 핵심적인 역할을 한다. 이 절에서, 오랫동안 유지되는 adhesion뿐 아니라 세포가 이동하는 데 적합한 일시적인 부착성 상호작용을 매개하는 nonepithelial cell의 다양한 세포 표면 구조에 대해, 기술한다. 세포를 이동하도록 추진하고 세포의 모양을 변화시키는 기계적인 힘을 발생시키는 데 사용되는 세부적인 세포내 메커니즘은 17장과 18장에서 설명한다.

Integrin은 세포와 3차원적 주변 환경 사이의 Adhesion을 매개하고 신호를 전달한다

앞에서 논의한 바와 같이, integrin은 epithelial cell을 basal lamina에 연결하고, adapter 단백질을 통해 cytoskeleton의 intermediate filament에 연결한다(그림 20-1 참조). Nonepithelial cell과 epithelial cell 모두에서 integrin은 ECM과 cytoskeleton 사이의 다리(bridge) 역할을 한다. Epithelial cell과 nonepithelial cell에서 integrin은 세포막에서 다른 분자들과 함께 작용하여 다양한 focal contact (focal adhesion)과 *focal complex*, *3D adhesion*, *fibrillar adhesion* 및 *podosome*이라 불리는 circular adhesion과 같은 focal contact과 유사한 adhesive structure (부착성 구조)를 형성한다. 이러한 구조는 다중 단백질 복합체로서, (1) ECM에 대한 cell adhesion (예를 들어, integrin이 fibronectin (그림 20-36 참조), collagen, 또는 laminin과 결합), (2) integrin과 actin cytoskeleton의 연결, (3) adhesion에 의존하는 outside-in 및 inside-out signaling (그림 20-8 참조), 그리고 (4) 세포와 주변 환경 사이의 mechanosensory coupling (기계지각적 결합)을 매개한다. 이러한 복합체는 integrin이나 integrin과 결합해 있는 분자를 인식하는 항체를 사용한 형광현미경으로 쉽게 관찰할 수 있다(그림 20-38).

Integrin을 포함하는 adhesive structure는 지속적인 유입, 유출 또는 공유 변형으로 인하여 역동성을 가지며, 각각 수십 개의 세포내 adapter 및 관련 단백질을 포함한다. 이러한 adhesive structure는, 각 구성 요소가 다른 구성 요소에 직접 결합할 가능성이 높아서, phase-separated (상 분리된) 생체 분자 응축물을 형성함으로써 조립될 수 있다(3장 참조). 현재까지 adhesive structure에 관여하는 수백 종의 단백질이 수백 가지의 별개의 단백질-단백질 상호작용을 통하여 이의 조절에 관여할 가능성이 있다. 예를 들어, integrin 및 관련 단백질의 인산화에 의해 생성된 결합 부위뿐 아니라 인접한 막의 phosphatidylinositol 유도체의 생성에 의한 결합 부위도 이러한 다중 단백질 복합체에 단백질을 추가로 더 결합시키거나 일부 단백질을 내보낼 수 있다. 이 복합체의 긴밀한 조절에는 내부 신호, receptor tyrosine kinase (그림 20-8 참조)에서와 같이 다른 신호전달 경로의 기여, 그리고 ECM의 조성과 견고성과 같은 외부 신호가 관여한다. 이것들이 합쳐져서, integrin 다중 단백질의 정확한 구성과 활성, 그리고 이 복합체가 세포의 구조와 활성에 영향(outside-in effect)을 주거나, 세포내 actin cytoskeleton이 복합체를 통해 ECM에 영향(inside-out effect)을 줄 수 있게 한다. Adhesive structure는 안정적일 수 있으며, 조직의 구성에 실질적으로 기여할 수 있다. 또한, adhesive structure는 일시적일 수도 있다. 예를 들어, 세포가 adhesive structure의 형성을 통하여 ECM에 붙어서 상대적으로 이동하는 힘을 갖게 한 다음 이를 분해하면 세포가 순이동을 할 수 있게 된다.

Integrin을 포함하는 adhesive structure가 많은 nonepithelial cell에서 발견되지만, 연구를 할 때는 흔히 평평한 유리나 *substrata*라는 플라스틱 표면에서 배양한 fibroblast를 사용하여 왔다. 이러한 조건은 *in vivo*에서 세포를 둘러싸고 있는 정상적인 3차원(three dimension) ECM 환경과는 매우 다르다. 세포나 조직으로부터 얻은 3차원 ECM

(a) Focal adhesion

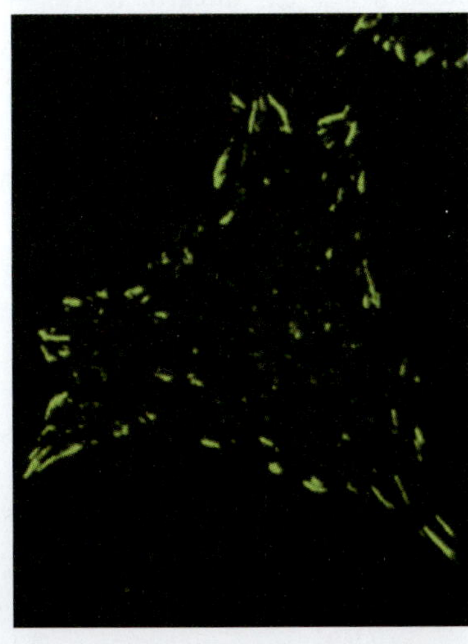

(b) 3-D adhesion

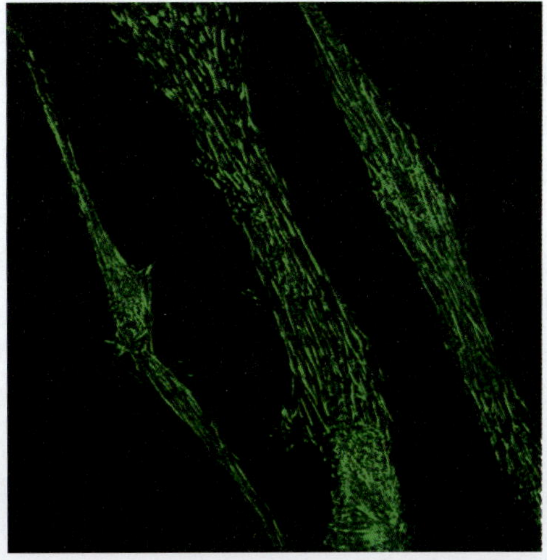

실험 그림 20-38 Integrin은 nonepithelial cell에서 다양한 형태의 adhesive 구조로 cluster (집합체)를 형성한다. 면역 형광 방법을 활용하여, 배양된 세포에서 integrin을 함유하는 adhesive structure (녹색)를 검출하였다. 인간 fibroblast의 surface에 있는, (a) focal adhesion과 (b) 3-D adhesion을 보여 준다. 세포는 (a) 배양 접시의 평평한 표면에 직접 또는 (b) ECM 성분의 3차원 matrix 위에서 배양되었다. 세포에 의해 형성되는 integrin에 기반한 adhesion들의 모양, 분포, 구성은 배양 조건에 따라 다양하다. [Part (a) republished with permission from Nature, from B. Geiger et al., 2001, "Transmembrane Crosstalk Between the Extracellular Matrix and the Cytoskeleton," *Nat. Rev. Mol. Cell Biol.* **2**(11):793–805; permission conveyed through Copyright Clearance Center, Inc. Part (b) Kenneth Yamada and Edna Cukierman.]

matrix에서 fibroblast를 배양하면, *3-D adhesion*이라고 하는 3차원 ECM substratum에 adhesion을 보이게 된다. 이러한 구조는 세포 배양 실험에서 일반적으로 사용되는 평평한 substratum 평면 위에서 세포가 성장할 때 볼 수 있는 fibrillar adhesion이나 focal adhesion과는 조성, 모양, 분포, 활성 등에서 차이가 난다(그림 20-38 참조). 3차원 ECM에서 배양된 fibroblast는 단단하고 평평한 표면에서 자란 세포에 비하여, 더 많은 adhesion과 이동성을 보이는 anchoring junction을 보유하며, 세포 증식 속도가 빠르며, 조직에 있는 fibroblast와 같은 방추형 형태를 보인다. 이러한 관찰 결과는 ECM의 topological (위상학적), compositional (조성 상의), 그리고, mechanical (기계적) 특성이 세포의 모양과 활성을 조절한다는 것을 보여 준다. 이러한 조직 특이적 matrix 특성의 차이가 아마도 세포의 조직 특이적 특성에 기여할 것이다.

세포의 3차원 환경의 중요성은 우유-생산 mammary (유방) epithelial cell 그리고 암과 유사하게 형질전환된(transformed) 세포의 형태 형성(morphogenesis), 기능 및 안정성에 대한 세포 배양 연구에서 알게 되었다. 예를 들면, integrin에 의해 매개되는 3차원 ECM 의존적 outside-in signaling은 epidermal growth factor (표피 성장인자)에 의한 tyrosine kinase receptor 신호전달계에 영향을 주고, 또한 반대로 영향을 받기도 한다. 또한, 3차원 ECM은 mammary epithelial cell이 *acini* 라고 칭하는 생체 내와 유사한 원형 상피 구조물을 형성할 수 있도록 한다. Acini는 실제로 우유의 주요 단백질 성분을 분비한다. 이러한 3차원 ECM 세포 배양 시스템을 사용하면, 잠재적인 화학치료제에 대하여 정상 세포 및 암 세포가 보이는 반응을 보다 현실에 가까운 환경에서 비교할 수 있다. 복잡한 조직은 물론이고, 간(liver)과 같은 장기를 연구하는 데 필요한 생체 유사 조건을 제공하기 위하여 자연적인 또는 인공적인 3차원 ECM이 개발되고 있다. 적절한 ECM이 존재하는 경우, 여러 장기로 분화될 수 있는 pluripotent (만능성) 또는 성체 줄기세포로부터 정상적인 개체에 있는 것과 유사한 *organoid*라고 하는 3차원의 장기 유사 조직이 생성될 수 있다(4장 및 22장 참조).

Integrin 매개 Adhesion과 신호전달이 세포의 기능 및 이동을 조절한다

세포는 integrin의 발현 수준, ligand 결합 활성, 또는 두 가지 모두를 조절함으로써, integrin 매개 cell-matrix 상호작용의 강도를 정교하게 조절한다. 이러한 조절은 세포 이동 및 이와 관련된 다른 기능들에서 cell-matrix 상호작용에 매우 중요한 역할을 한다.

Integrin binding ECM과 인접 세포에 integrin이 결합함으로써, progenitor cell (전구 세포)이 어떤 세포 유형으로 분화할지 결정할 수 있게 되므로 세포의 운명에 영향을 미치게 된다(22장 참조). Integrin은 ECM의 견고성과 같은 세포 주변 환경의 기계적 특성을 감지하고, 적절하게 반응하는 데 관여한다.

대부분의 integrin은 적어도 세 가지 형태로 존재할 수 있다. 첫 번째는, 비활성 상태[*bent closed* (구부러지고 닫힌) 형태, 그림 20-39a, 왼쪽]로 가깝게 연결된 αβ heterodimer의 세포외 domain이 구부러져서 propeller의 경계면에 위치한 ligand-binding site에 위치한다. Ligand-binding site는 propeller (α chain)와 βA (β chain) domain의 경계면에 위치하며, 원형질막에는 가까이 ECM에서는 멀리 떨어져 있다. Bent closed 형태에서는 ligand에 낮은 affinity (친화도)로 결합할 수 있고, 두 subunit의 막횡단 부위들과 세포질에 위치하는 C-말단 꼬리들이 가깝게 결합되어 있다. 두 번째는, 부분적으로 활성을 갖는 상태로, α 및 β chain의 transmembrane 및 cytosolic domain은 부분적으로 분리되고, extracellular domain은 부분적으로 펴져서 *extended closed* (펼쳐지고 닫힌) 형태가 된다(그림 20-39a, 가운데). Extended closed 형태에서는 ligand-binding site가 세포 표면에서 멀리 떨어져 있게 되며, 다양한 ECM 단백질을 포함한 ligand에 중간 afffinity를 갖는 것으로 보인다. 세 번째는, 완전히 활성화되어 *extended open* (펼쳐지고 열린) 형태로, 단백질의 장력으로 β chain의 extracellular domain이 완전히 펼쳐지고, bent closed 형태에 결합하는 것에 비하여 ligand에 4,000배 더 높은 affinity로 결합할 수 있다(그림 20-39a, 오른쪽). Integrin의 세포질 꼬리 구조의 변화는 세포내 adapter 단백질의 결합에 영향을 줄 수 있다. 예를 들어, integrin의 두 가지 세포질 adapter 단백질인 talin과 kindlin은 extended closed 형태와 extended open 형태가 되어 αβ chain의 꼬리가 분리될 때 β chain의 세포질 꼬리에 있는 짧은 sequence motif에 결합할 수 있다. 그러나 bent closed 형태에서는 이 부위가 차단되어 있어, adapter 단백질이 결합하지 못한다(그림 20-39a 참조).

Integrin 분자의 세 가지 형태(쉽게 상호 변환할 수 있음) 모두에서 평형 분포가 존재한다는 것은 세 가지 형태의 integrin을 이해하는 데 도움이 된다. Integrin이 세포 밖 ligand (예, ECM)나 세포내 partner (예, talin)에 결합되지 않은 경우, 결합되지 않은 integrin 분자의 대부분은 bent closed 형태의 비활성 구조로 있다. 세포 밖 ligand가 extended 형태에 결합함으로써 ligand가 없을 때에 비하여 extended 형태의 integrin이 더 많아지고(평형 분포의 이동), 따라서 talin 또는 kindlin과 같은 세포내 adapter 단백질이 β chain의 cytosolic domain의 접근 가능한 부위에 결합하게 된다. 유사하게, extended 형태에서 세포내 adapter가 결합하면 extended 형태에 있는 integrin 분자의 비율을 증가시키고(다시, 평형 분포의 이동), 중간 및 높은 affinity를 갖는 ligand 결합 부위에 세포 밖 ligand의 결합이 촉진된다. 따라서 막의 양쪽에서 integrin에 ligand가 결합하면 다른 쪽에서 결합이 증가할 수 있다.

Integrin α 및 β subunit이 bent 및 extended 형태를 채택할 수 있는 구조적 특징이 후생동물의 진화 과정에서 보존되어 있다는 점에서 integrin 기능이 중요하다는 것을 알 수 있다. 실제로, integrin의 세 가지 형태는 integrin이 outside-in과 inside-out signaling을 매개하는 기능을 잘 설명할 수 있다. 특정 ECM 분자나 다른 세포의 CAM이 integrin의 세포 밖 ligand 결합 부위에 결합하면, integrin은 extended closed 또는 extended open 형태가 많게 하고, 부분적이나마 세포질 tail이 분리된다. 세포질에 있는 adapter는 두 tail이 멀어지는 것을 감지

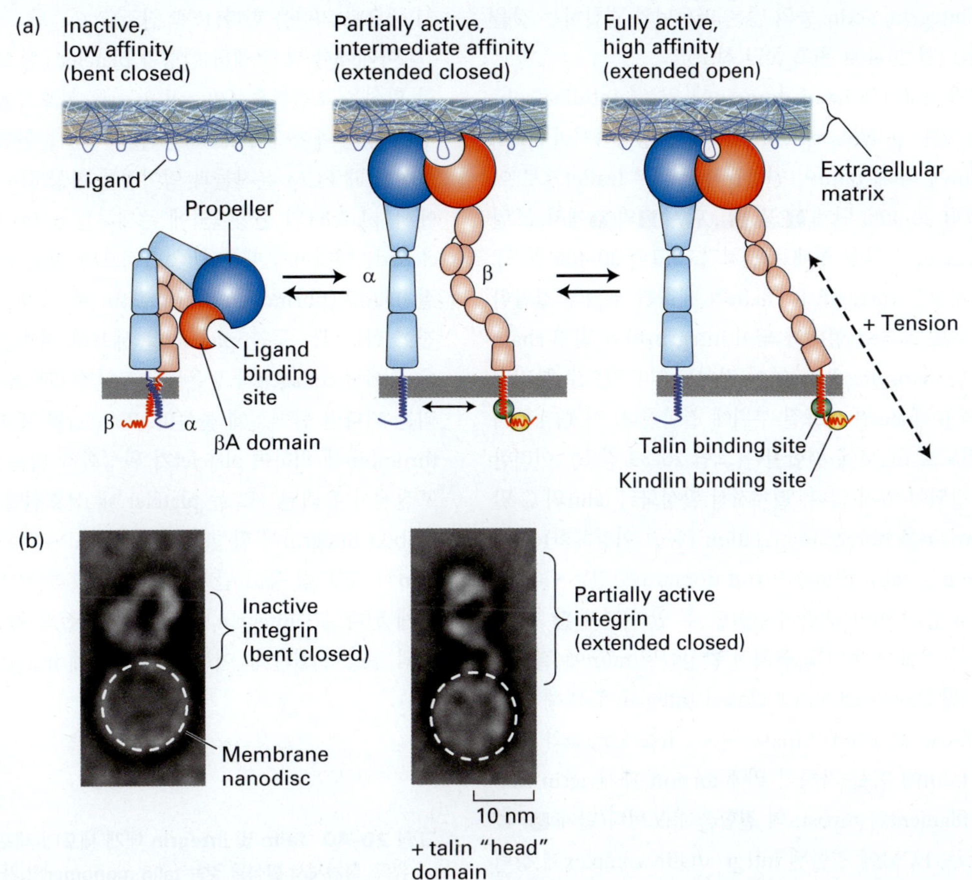

실험 그림 20-39 Integrin의 세 가지 형태. (a) 대부분의 integrin은 세 가지 상호 전환이 가능한 형태 중 하나일 수 있다: inactive (비활성) 형태는 세포외 ligand에 대한 낮은 친화도를 가짐(bent closed, *왼쪽*); patially active (부분 활성) 형태는 중간 친화도를 가짐(extended closed, *가운데*); fully active (완전 활성) 형태는 높은 친화도를 가짐(extended open, *오른쪽*). 세포외 ligand 또는 세포내 binding partner에 의하여 당겨졌을 때, integrin에 가해지는 장력으로 인하여 integrin은 extended open 형태로 전환된다. 세포외 ligand 결합 부위는 α chain의 propeller domain과 β chain의 βA domain의 경계면에 있다. β chain의 세포질 domain에는 세포내 adapter 단백질, 예를 들어 talin 및 kindlin (각각 녹색 및 노란색 타원형)에 대한 결합 부위가 있다. 이 부위는 bent closed 형태에서는 접근할 수 없지만[cryptic (숨겨져 있는)] α 및 β chain의 막횡단 및 세포질 domain들이 분리되면 extended 형태로 접근할 수 있다(양방향 화살표로 표시). (b) 하나의 inactive (bent closed) integrin αIIbβ3 분자(*왼쪽*)가 phospholipid nanodisc (lipid bilayer에 박혀 있는 integrin의 세포외 및 세포질 domain은 완충액에 노출되어 있음)에 박혀 있으며, integrin에 결합 및 활성화하는 adapter 단백질인 talin의 head domain이 특정 실험에 추가되었다(*오른쪽*). 여러 개의 nanodisc의 전자현미경 이미지를 수집하여 평균을 내었다. Phospholipid nanodisc는 흰색 점선 원으로 표시하였고, nanodisc의 위에 있는 integrin의 세포외 영역 부분은 꺽쇠로 표시하였다. Talin의 head domain이 β chain의 세포질 domain에 결합하면 integrin은 extended closed 형태로 변환된다. [Part (a) Information from J. Wang et al., 2019, Nat. Commun. 10:5481. Part (b) F. Ye et al., 2010, *J. Cell Biol.* **188**(1):157–173, Fig. 7; https://doi.org/10:1083/jcb.200908045.]

하여 tail에 결합한다. 이러한 adapter의 변화는 세포골격계를 변화시키고, 세포내 신호전달 경로를 활성화 또는 비활성화시킨다. 반대로, 세포의 대사 및 신호전달 상태의 변화는 세포질 내 adapter가 tail에 결합 또는 분리되게 하여 tail 간격이 멀어지거나 가까워지게 한다(그림 20-39a 참조). 결과적으로, integrin은 bent closed (inactive), extended closed (partially active), 또는 extended open (fully active) 형태가 되어 ECM 또는 다른 세포와의 상호작용을 변화시킨다. 실제로, "Nanodisc" 라는 지질 이중층에 정제한 integrin을 reconstitution (재구성)하여 수행한 *in vitro* EM 연구에서, adapter/mechanosensor 단백질인 talin의 head domain (아래에 자세히 설명됨; 그림 20-40 참조)이 integrin β chain의 세포질 tail에 결합함으로써, integrin을 bent closed 형태를 extended closed 형태로 펴 주어서 부분적으로 활성화할 수 있음을 알 수 있었다(그림 20-39b 참조).

우리는 그림 20-40에서 focal adhesion의 초기 형성에서 세포내-세포외 통신을 매개하는 integrin의 예를 볼 수 있다. 많은 세포내 단백질이 관련되어 있지만, 이 그림은 talin, actin 및 vinculin에 중점을 두고 있다. 그림 20-40a는 talin의 활성 형태의 모델이고, 그림 20-40b와 c는 integrin/talin 매개 inside-out 신호전달과 관련된 주요 단계 중 일부를 보여준다. 자극이 없을 때 세포질에 있는 대부분의 talin은 비활성의 자가 억제(auto-inhibition)된 조밀한 구조로 응축되어, domain 간 결합으로 인하여 talin이 integrin, actin 등의 많은 파트너와 결합하는 것을 입체적으로 차단한다(그림 20-40b 왼쪽 하단 참조).

세포내 신호전달은, talin의 head domain에 있는 globular subdomain이 결합할 수 있는 polyphosphoinositide를 생성하거나 small GTP-binding protein에 의해, talin이 원형질막의 내부 leaflet으로 이동할 수 있게 한다(그림 20-40b, 단계 **1** 및 **2**). 단계 **2**와 **3**에서, 조밀한 자가 억제 rod domain이 활성 형태로 펼쳐지고(그림 20-40a 참조), head domain의 한 부분은 integrin β chain의 세포질 부위에 결합한다. integrin이 extended closed 형태가 되어 integrin의 α 및 β chain의 transmembrane 및 cytosolic domain이 적어도 부분적으로 분리되면 talin은 integrin의 β chain의 세포질 부위에 결합한다. 이 형태에서 integrin은 중간 친화도로 ECM에 결합한다(그림 20-39 참조). 이러한 과정의 순서는 잘 정립되어 있지 않다. 펼쳐져서 활성화된 talin의 C-말단 dimerization domain은 homodimerization (동종 이량체화)을 매개하고, actin filament는 talin dimer의 rod domain에 있는 C-말단 dimerization domain 등의 여러 부위에 결합할 수 있다(단계 **4** 및 그림 20-40a 참조). 다른 결합 파트너도 펼쳐진 활성화된 talin에 결합할 수 있다. 부분적으로 활성화된 extended closed integrin에 의해 매개되는 추가 신호(예, focal adhesion kinase 및 src-like kinase와 같은 kinase의 활성화)는 talin에 힘을 가하기 위해 formin 매개 actin filament 형성 및 actin filament와 myosin의 결합을 유도한다(단계 **5**, 17장도 참조). 결과적으로, ECM에 결합된 integrin/talin complex에 장력이 발생하여 integrin을 완전히 활성화해서 extended open 형태로 전환한다(단계 **6**).

세포질(예, actin filament와 myosin) 또는 ECM에서 integrin/talin complex에 가해지는 추가적인 힘은 talin의 α-helical bundle을 분리하여(그림 20-40c, 단계 **7**), 숨겨진 vinculin 결합 부위(빨간색 나선)를 노출시킨다. 힘이 클수록 talin의 α-helical bundle이 더 많이 열리고, 더 많은 vinculin, actin 및 다른 단백질들이 integrin/talin complex에 결합하게 된다. Talin의 노출된 부위에 결합하는 vinculin은 actin filament와 같은 다른 단백질을 모집할 수 있다(단계 **8** 및 **9**). 펼쳐진 bundle은 힘이 감소하면 쉽게 다시 접힐 수 있다. 놀랍게도, ECM의 구조가 더 단단할수록 integrin/talin complex를 가로지르는 장력이 더 커지고 부착력이 더 크며 더 강해진다. 단계 **3**–**9** 동안, integrin이 clustering되기 시작하고 focal adhesion이 계속 성장하여 세포를 ECM에 단단히 부착하는 성숙한 focal adhesion을 형성할 수 있다. 이와 달리, 다중단백질 adhesion 복합체는, 억제 단백질을 동원 등에 의해서, integrin 및 다른 성분이 비활성화되어 해체될 수 있다.

최근 연구 결과에 의하면, 세포에서 integrin을 효율적으로 활성화하려면 integrin β chain의 세포질 쪽 tail에 있는 특정 부위에 결합하는 *kindlin*이라고 하는 다른 종류의 adapter 단백질의 참여가 필요한 것으로 보인다(그림 20-39a 참조). Kindlin은 integrin 및 intermediate filament가 매개된 TGF-β 활성화(elastin fiber와 microfibril-associated protein인 LTBP를 포함하는 inside-out 신호)와 lamellipodia에서 branched actin network의 형성 등의 integrin 매개 신호전달의 경로에서 중요한 역할을 한다(17장 참조).

아래에서 더 자세히 설명할 platelet (혈소판)의 기능은 integrin 결합 활성을 조절함으로써 cell-matrix 상호작용이 조절된다는 것을 보여주는 좋은 예이다. Platelet은 혈액에서 순환하다가 혈전(blood clot)이 형성될 때 ECM 분자들과 덩어리를 형성하는 세포 조각이다. 기저 상태에서, platelet의 원형질막에 존재하는 αIIbβ3 integrin은 비활성(bent closed) 형태이기 때문에, 일반적으로 혈전 형성에 참여하는 모든 단백질 ligand (fibrinogen, fibronectin 포함)에 강하게 결합할 수 없다. 혈전이 형성되는 동안, platelet은 세포내 신호를 유발하는 신호 수용체들을 통해서 collagen과 같은 ECM 단백질과 *von Willebrand factor*라 불리는 커다란 단백질에 붙는다. Platelet은 또한 ADP 또는 응고 효소인 thrombin에 의하여 platelet가 활성화가 되는 것으로 보인다. 이처럼 세포질에서 유래된 신호는 platelet 내 신호전달 경로의 변화를 유도하여, αIIbβ3 integrin이 활성화 형태를 갖도록 유도한다. 이 결과로, 이 integrin이 세포 밖 응고 단백질에 강하게 결합하게 되어 혈전 형성에 참여하게 된다. β3 integrin subunit에 유전적 결함이 있는 사람은 과다 출혈의 경향이 있는데, 이는 혈전 형성에 integrin이 관여한다는 것을 증

그림 20-40 Talin 및 integrin 매개 세포내-세포외 소통(communication). (a) *위쪽*: 펼쳐져서 활성을 갖는 talin monomer의 가상 모델이며, 단백질의 이차구조의 절편을 tube (α helix)와 ribbon (β sheet)으로 묘사하였다. N-말단 "head" domain (4개의 globular subdomain)은 구조를 갖지 않는(unstructured) domain과 13개의 α-helical bundle (bundle 당 4 또는 5개의 helix)로 구성된 rod domain에 연결된다. Rod domain의 13개의 α-helical bundle 중 9개는 vinculin 단백질과 결합할 수 있는 숨겨진 결합 부위인 helix를 1개 또는 2개씩 갖고 있다(빨간색, 총 11 helix). 일부 bundle은 숨겨진 actin-결합 부위를 갖는다. 이 helix들은 펼쳐져서 노출될 때만 vinculin과 결합할 수 있다(그림 20-9b 참조). C-말단 끝에는 dimerization domain인 1개의 α helix가 존재한다. *아래쪽*: 모식도. Head subdomain은 회색 타원; rod domain bundle은 다양한 색의 capsule; 그리고 dimerization domain은 좁은 직사각형으로 묘사하였다. (b) 세포내 신호전달은 세포질에 있는 비활성 talin을 원형질막으로 이동시키고 unfolding 및 활성화를 유도한다(단계 **1** 및 **2**). 활성화된 talin이 integrin β chain의 세포질 domain에 결합하면 integrin의 extended closed 구조가 안정화되어 ECM에 대한 결합이 촉진된다(단계 **3**). 펼쳐진 talin은 homodimerization (동종 이량체화)하고, talin의 C-말단 dimerization domain (표시됨) 및 그 외 여러 부위(표시되지 않음)를 통해 결합하는 actin filament를 포함하여 여러 단백질과 결합한다(단계 **4**). Actin filament는 힘을 사용하여(단계 **5**), ECM/integrin/talin 복합체 전체에 장력(tension)을 생성한다. 이 장력은 integrin을 완전히 활성화하고 extended open 형태로 전환한다(단계 **6**). (c) 위의 (b)에 있는 밝은 회색 점선 상자로 표시한 영역에서 생성되는 후속 단계를 설명한다. 추가로 가해진 힘에 의하여 하나 이상의 talin의 helical bundle이 펼쳐지고(단계 **7**), vinculin과 actin 등의 여러 단백질과 결합할 수 있는 숨겨진 결합 부위(빨간색 나선)를 노출시켜(단계 **8** 및 **9**), 결과적으로 focal adhesion이 생성된다. [Part (a) *left* information from B. T. Goult, J. Yan, and M. A. Schwartz, 2018, *J. Cell Biol.* **217**(11):3776–3784; and M. Yao et al., 2014, *Sci. Rep.* **4**:4610. Parts (b) and (c) information from J. Wang et al., 2019, *Nat. Commun.* **10**:5481; D. Dedden et al., 2019, *Cell* **179**(1):120–131; S. Chakraborty et al., 2019, *Biochemistry* **58**(47):4677–4695; Y. A. Kadry and D. A. Calderwood, 2020, *Biochim. Biophys. Acta, Biomembr.* **1862**(5):183206.]

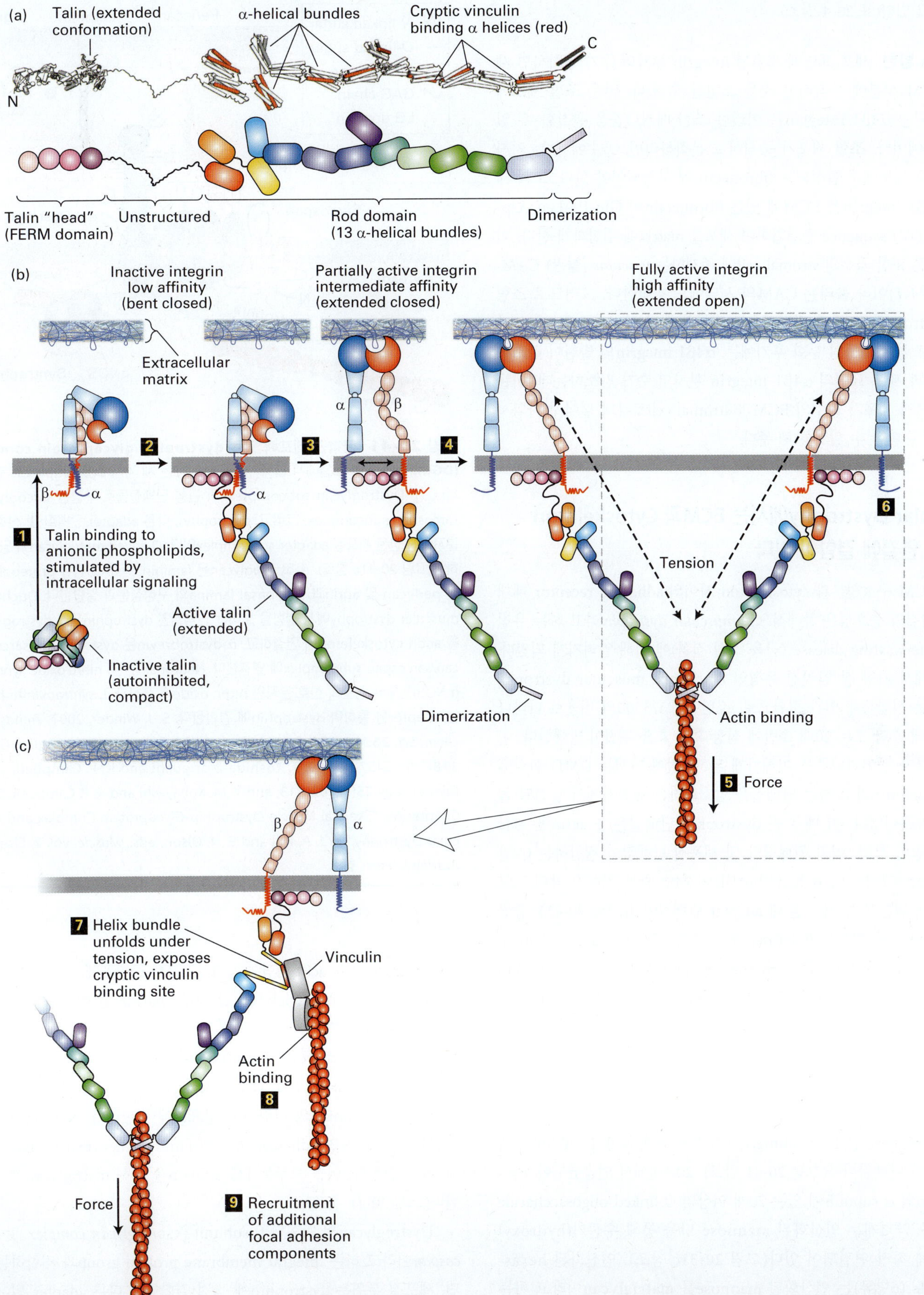
(a)
Talin (extended conformation)
α-helical bundles
Cryptic vinculin binding α helices (red)
N
C
Talin "head" (FERM domain)
Unstructured
Rod domain (13 α-helical bundles)
Dimerization
(b)
Inactive integrin low affinity (bent closed)
Partially active integrin intermediate affinity (extended closed)
Fully active integrin high affinity (extended open)
Extracellular matrix
α
β
1 Talin binding to anionic phospholipids, stimulated by intracellular signaling
2
3
4
Active talin (extended)
Inactive talin (autoinhibited, compact)
Tension
6
Dimerization
Actin binding
5 Force
(c)
7 Helix bundle unfolds under tension, exposes cryptic vinculin binding site
Vinculin
Actin binding
8
Force
9 Recruitment of additional focal adhesion components

명해 주고 있다(표 20-4 참조).

Integrin 발현 세포 표면에 노출된 integrin 분자의 수가 변화하면 세포가 ECM 성분에 부착하는 것을 조절할 수 있다. 많은 조혈 세포에서 발견되는 α4β1 integrin은 이러한 조절 메커니즘을 관찰할 수 있는 좋은 예이다. 조혈 세포가 증식하고 분화하려면, 골수에 있는 지지(stromal) 세포에서 합성되는 fibronectin에 부착되어야 한다. 조혈 세포의 α4β1 integrin은 ECM에 있는 fibronectin의 Glu-Ile-Leu-Asp-Val (EILDV) sequence에 결합하여 세포를 matrix에 결합하게 한다. 이 integrin은 또한 골수의 stromal cell에 존재하는 *vascular* (혈관) *CAM-1* (*VCAM-1*)이라 불리는 CAM의 서열에도 결합한다. 그러므로 조혈 세포는 stromal cell들과 직접적으로 결합할 뿐만 아니라 ECM에도 부착한다. 조혈 세포들의 분화 후기에는, α4β1 integrin의 발현이 감소하고 그 결과 세포 표면의 α4β1 integrin 분자의 수가 감소하는데, 이는 성숙한 혈액 세포가 골수의 ECM과 stromal cell로부터 떨어져 나와서 혈관에서 순환할 수 있도록 해 준다.

Muscular Dystrophy에서는 ECM과 Cytoskeleton 사이의 연결에 결함이 있다

ECM 구성성분과 cytoskeleton 사이의 adhesion receptor 매개 연결의 중요성은 총체적으로 *muscular dystrophy*라고 하는 유전성 muscle-wasting disease (근육 소실 질환)에 의해 알려지게 되었다. 이 질환에서 가장 잘 알려진 유형인 Duchenne muscular dystrophy (DMD)는 성염색체 연관 질환으로, 소년에서 1/3300의 비율로 나타나는데, 10대 후반 또는 20대 초반에 심장 혹은 호흡 부전이 발생한다. 이 질환의 분자적 메커니즘을 이해하게 된 첫 번째 단서는 DMD 환자에서 *dystrophin*이라고 하는 단백질을 암호화하는 유전자에서 발견된 돌연변이 때문이었다. 이 매우 큰 dystrophin 단백질은, F-actin에 결합하는 N-말단 부위, 여러 원형질막 및 세포질 단백질이 결합하는 C-말단 domain, 그리고 세 α-helix bundle이 24번 반복되는 긴 막대 모양의 중앙 부위를 갖는 세포질 내 adapter 단백질이다(그림 20-41). 중앙의 반복 서열 중 일부는 F-actin에 직접 결합하고, 또한 actin filament를 *dystroglycan*이라고 하는 adhesion receptor에 연결하는 dystrophin에 결합한다(그림 20-41 참조). Dystrophin이 장력을 받으면, α-helix 반복 서열 중 일부가 펼쳐지고 단백질이 실질적으로 늘어난다. 이 과정은 힘에 의하여 talin이 펼쳐지는 현상과 유사하다(그림 20-40 참조). 그러나 mechanotransduction에서 dystrophin의 역할은 아직 확립되지 않았다.

Dystroglycan은 heterodimeric (이종 이량체; α 및 β subunit) 세포 표면 당 단백질이다(그림 20-41 참조). 20.4절에서 언급했듯이, dystroglycan의 α subunit에 있는 20개 이상의 *O*-linked oligosaccharide chain 중 약 3개는 인산화된 mannose 당을 통해 수산기(hydroxyl group)에 직접 연결되어 있다(그림 20-31c 참조). 인산화된 hexasaccharide (6당류)는 인산화된 mannose를 **matriglycan**이라고 하는 xylose-glucuronic acid 이당류의 GAG 유사 중합체에 연결한다. Golgi complex에 위치한 matriglycan oligosaccharide 합성의 핵심 효소 중 하나는 *LARGE*이다.

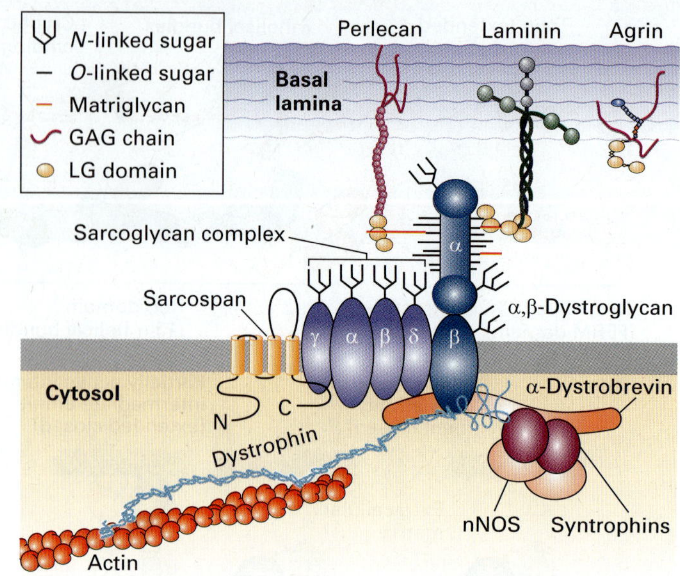

그림 20-41 골격근 세포에 있는 dystrophin glycoprotein complex (DGC). 이 도식적 모델에서 볼 수 있듯이, DGC는 세 가지 subcomplex로 구성된다: α, β-Dystroglycan subcomplex; 막 관통 단백질들로 구성된 sarcoglycan/sarcospan subcomplex; 그리고, dystrophin, 다른 adapter 단백질 및 신호전달 분자로 구성된 세포질 adapter subcomplex이다. *O*-linked matriglycan의 당을 통하여(그림 20-31c 참조), α-dystroglycan은 laminin 및 GAG 함유 proteoglycan인 perlecan 및 agrin과 같은 basal lamina의 구성성분과 결합한다. Duchenne muscular dystrophy에서 결함을 보이는 단백질인 dystrophin은 β-dystroglycan을 actin cytoskeleton에 연결하고, α-dystrobrevin은 dystrophin을 sarcoglycan/sarcospan subcomplex에 연결한다. Neuronal (신경) nitirc oxide synthase (nNOS)는 gas 성분의 신호 분자인 nitric oxide를 생산하고, *syntrophin*이라고 하는 adapter를 통하여 dystrophin에 결합한다. S. J. Winder, 2001, *Trends Biochem. Sci.* **26**:118–124; E. Michele and K. P. Campbell, 2003, *J. Biol. Chem.* **278**(18):15457–15460; T. Yoshida-Moriguchi and K. P. Campbell, 2015, *Glycobiology* **25**(7):702–713; and Y. M. Kobayashi and K. P. Campbell, 2012, Chapter 66, "Skeletal Muscle Dystrophin-Glycoprotein Complex and Muscular Dystrophy," in J. A. Hill and E. N. Olson, eds., *Muscle*, vol. 2, Elsevier/Academic Press 참조.

O-linked matriglycan은 multi-adhesive matrix protein인 laminin (그림 20-25 및 20-41 참조)과 proteoglycan인 perlecan 및 agrin을 포함하여, basal lamina의 다양한 구성요소에 결합한다. Neuron에 의해 발현되는 세포 표면 adhesion 분자의 family인 neurexin도 matriglycan에 결합한다. 이들 모두는 LG domain을 통해 matriglycan에 결합한다(그림 20-41 참조).

Dystroglycan의 막횡단 β subunit은 *sarcoglycan complex* 및 *sarcospan*이라고 하는 integral membrane protein group과 결합하는 반면, 세포질 부위는 dystrophin에 직접 결합하고 다른 adapter 및 신호

전달 단백질에 직간접적으로 결합한다(그림 20-41 참조). Sarcospan은 tetraspanin이며, tetraspanin 계열의 단백질은 tight junction에서 발견되는 claudin과 occludin이 존재한다(그림 20-18b 참조). 생성된 큰 이형(heteromeric) 집합체인 *dystrophin glycoprotein complex* (*DGC*)는 ECM을 actin cytoskeleton에 연결한다. Basal lamina의 laminin에 결합하여 세포 표면에 DGC cluster를 생성한다. DGC는 근육 및 기타 유형의 세포에서 신호전달 경로 활성화에 관여한다. 예를 들어, 신호전달 효소인 neuronal nitrix oxide synthase (nNOS)는 syntrophin을 통해 골격근의 DGC와 연결된다. 근육 수축 동안 세포내 Ca^{2+}가 증가하면 nNOS가 활성화되어 NO (산화질소)를 생성한다. 이 신호 분자는 주변 혈관을 둘러싼 평활근 세포로 확산된다. NO는 평활근 이완을 촉진하여, 활성 골격근에 영양분과 산소를 공급하는 혈액의 흐름을 국부적으로 증가시킨다. 심장 근육 수축도 유사한 NOS-syntrophin 상호작용에 의해 영향을 받을 수 있다.

Dystrophin, 다른 DGC 구성 요소, laminin, dystroglycan, 그리고 dystroglycan에 matriglycan의 추가를 촉매하는 여러 효소의 유전자에 돌연변이가 발생하면 근육 세포의 안쪽과 바깥쪽 사이의 DGC 매개 연결을 파괴하여 muscular dystrophy를 일으킨다. 게다가, dystroglycan의 돌연변이는 neuromuscular junction에 있는 근육 세포의 acetylcholine receptor들의 clustering을 급격히 저하시키며, 이 clustering은 basal lamina protein인 laminin과 agrin에 의해서도 영향을 받는다. DGC 결함에 의한 이러한 효과로 인해서, 근육 세포는 수축 및 이완함에 따라 기계적 안정성이 점차 약화되고, 결국 세포가 파괴되어 muscular dystrophy를 초래하게 된다.

Dystroglycan은 세포생물학에서 복잡한 네트워크의 연결을 관찰할 수 있는 흥미로운 예이며, 의학적인 면에서도 중요한 가치를 갖는다. Dystroglycan은 muscular dystrophy를 연구하다가 처음 발견되었지만, 나중에 nonmuscle cell에서도 발현된다는 것이 알려지게 되었고, laminin과의 결합을 통하여 적어도 일부 basement membrane의 형성과 안정성에 중요한 역할을 하는 것이 밝혀졌다. Matriglycan 반복 서열의 길이 등의 dystroglycan의 glycosylation (당 수식화) 정도는 조직마다 다르며, 이는 glycosylation의 변화가 기능을 조절함을 시사한다. 따라서, dystroglyan은 특정 신경 synapse의 적절한 기능을 포함하여 (23장 참조), 정상적인 발생 과정에 필수적이다. 또한, dystroglycan은 사람에서 치명적인 질환인 Lassa fever를 일으키는 바이러스 및 이와 연관된 바이러스들의 세포 표면 수용체로서 사용된다는 것이 추가 연구를 통하여 밝혀졌다. 이 바이러스들은 모두 matriglycan에 결합한다. 게다가, dystroglycan은 신경계의 특화된 세포인 Schwann cell에서 leprosy (나병)를 일으키는 병원성 세균인 *Mycobacterium leprae*가 결합하는 수용체로도 사용된다. ■

IgCAM은 Neuron 및 다른 조직들에서 Cell-Cell Adhesion을 매개한다

Immunoglobulin (Ig) superfamily에 속하는 CAM, 즉 *IgCAM*은 세포 밖 영역에 다수의 Ig domain을 갖는 막횡단 단백질이다(예, 그림 20-2의 NCAM 참조). Ig domain은 70–110개의 아미노산으로 구성된 단백질 부위로서, 항원에 결합하는 immunoglobulin인 항체(24장 참조)에서 처음 발견되었으나, 진화적 기원을 분석해 보면 CAM에 더 오래 전부터 존재했던 것으로 보인다. 인간, *Drosophila* 및 *C. elegans* genome에는 Ig domain을 포함하는 단백질을 암호화하는 유전자가 각각 765, 150, 64개 있다. Ig domain은 lymphocyte (림프구)에 의해 생산되는 T-cell receptor뿐 아니라 부착 상호작용에 참여하는 많은 단백질 등의 다양한 세포 표면 단백질에서 발견된다. IgCAM에는 neural CAM, leukocyte가 조직으로 이동하는 데 기능을 하는 intercellular CAM (ICAM), tight junction에 있는 junction adhesion molecule (JAM; 그림 20-18b 참조) 등이 알려져 있다.

각각의 명칭에서 알 수 있듯이, neural CAM들은 신경 조직에서 특히 중요하다. Neural CAM에 속하는 NCAM은 주로 homophilic (동종성) 상호작용을 매개한다. 형태 형성에서 처음으로 발현되는 NCAM은 근육, glial cell (신경교 세포), neuron의 분화에 중요한 역할을 한다. Cell adhesion에서 NCAM의 역할은 항-NCAM 항체를 처리하였을 때 adhesion이 저해되는 것을 통해서 직접적으로 설명되었다. 여러 종류의 NCAM isoform들은 하나의 유전자에서 유래되며, alternative mRNA splicing과 서로 다른 glycosylation에 의해 생성된다. 다른 neural CAM들(예, L1-CAM)은 다른 유전자에 의해 암호화된다. 인간에서 L1-CAM 유전자의 서로 다른 부위에 발생한 돌연변이들은 mental retardation (정신 지체), congenital hydrocephalus (선천성 뇌수종), spasticity (경련성 마비) 등의 다양한 neuropathology (신경 질환)를 야기한다.

NCAM은 5개의 Ig domain이 있는 세포 밖 부위, 2개의 fibronectin type III repeat, 하나의 막횡단 부위, cytoskeleton과 상호작용하는 세포질 부위로 구성된다(그림 20-2 참조). 대조적으로, L1-CAM의 세포 밖 부위는 6개의 Ig domain과 4개의 fibronectin type III domain을 가지고 있다. Cadherin과 같이, IgCAM 매개 adhesion에서도 cis (동일 세포 상) 상호작용과 trans (세포 간) 상호작용이 중요한 역할을 하는 것으로 보인다(그림 20-3 참조). 그러나 IgCAM에 의해 매개되는 adhesion은 Ca^{2+}-independent하다는 특징을 보인다.

백혈구가 조직으로 이동하는 과정에 정교한 순서로 여러 Adhesive 상호작용(부착성 상호작용)이 관여한다

성체 조직에서, 백혈구(leukocyte)가 세균과 바이러스에 의한 감염 방어에 참여하고, 외상 및 염증으로 인한 조직 손상에 대처하는 기능을 담당한다. 감염에 대항하고 손상된 조직을 치유하려면, 혈액 내에서 부착되어 있지 않고 순환하고 있는 백혈구가 재빠르게 감염, 염증, 손상이 일어난 조직으로 이동해야 한다. 백혈구가 혈액에서 혈관을 뚫고 조직으로 이동하는 *extravasation*에는 여러 항세균 단백질을 분비하는 neutrophil (호중성 백혈구), 외부에서 유입된 입자를 삼켜서 제거할 수 있는

macrophage (대식세포)의 전구체인 monocyte (단핵구), 면역계의 항원 인식 세포인 T lymphocyte 및 B lymphocyte와 같은 네 종류의 세포들이 관여한다고 알려져 있다(24장 참조).

Extravasation (혈관외 유출)을 하려면 혈액에 있는 백혈구와 혈관벽에 있는 endothelial cell (내피 세포) 사이의 연속적인 cell-cell contact의 형성과 분리가 필요하다. 이런 접촉에는 백혈구-혈관 세포 상호작용을 매개하는 CAM의 하나인 **selectin**이 관여한다. Endothelial cell은 혈액 쪽 표면에 *P-selectin* 및 *E-selectin*을 발현하고, 활성화된 platelet (혈소판)은 P-selectin을 발현하며, 백혈구는 *L-selectin*을 발현한다. 모든 selectin은 세포외 부위의 끝에 Ca^{2+}-dependent *lectin domain*을 포함하고 있는데, 이 domain은 glycoprotein 또는 glycolipid에 있는 특정 당을 인식한다(그림 20-2 참조). 예를 들어, P- 또는 E-selectin의 주요 ligand는 백혈구의 glycoprotein과 glycolipid에 많이 존재하는 긴 oligosaccharide의 일부인 *sialyl Lewis-x antigen*이라 불리는 oligosaccharide이다.

그림 20-42는 백혈구의 extravasation을 유도하는 cell-cell 상호작용의 순서를 묘사하고 있다. Infection 또는 감염 또는 염증 부위에서 방출된 다양한 염증 신호는 우선 endothelium을 활성화시킨다. 활성화된 endothelial cell의 혈관 쪽 표면에 P-selectin이 위치하여, 혈관을 지나가는 백혈구와 약한 adhesion을 하게 된다. 혈류의 힘과 P-selectin와 ligand의 결합이 빠르게 "on" 및 "off" 되므로, 결합한 백혈구는 endothelium의 표면을 따라 rolling (회전)하면서 느리게 이동한다. Endothelium의 활성화를 촉진하는 신호는 작은 분비 단백질(8–12 kDa)의 그룹인 chemokine으로, endothelial cell과 백혈구를 포함하는 다양한 세포에서 생산된다.

활성화된 endothelial cell과 백혈구 사이에 강한 adhesion이 형성되기 위해서는, 백혈구 표면에 있는 β2-함유 integrin이 chemokine이나 *platelet-activating factor* (*PAF*, **혈소판 활성화 인자**) 같은 활성화 신호에 의해 간접적으로 활성화되어야 한다. PAF는 단백질이 아니라 phospholipid (인지질)이라는 점에서 특이하다. PAF는 P-selectin이 노출되는 시기에 활성화된 endothelial cell 표면에 노출된다. PAF나 다른 활성인자들이 백혈구에 있는 이들의 수용체인 *G protein–coupled* receptor에 결합하면 백혈구 integrin이 높은 친화도 형태로 활성화된다(그림 20-39 참조). 백혈구의 활성화된 integrin은 endothelial cell 표면에 있는 IgCAM들과 결합한다. IgCAM에는 지속적으로 발현되는 ICAM-2가 있고, 활성화에 의해 합성이 유도되는 ICAM-1이 있다. 따라서 ICAM-1은 백혈구의 활성화 직후에 endothelial cell의 adhesion에 관여하기는 어렵고, chronic inflammation (만성 염증)과 같이 시간이 걸려도 되는 과정에 관여한다. 결과적으로, Ca^{2+}-비의존적 integrin-ICAM 상호작용에 의해 매개되는 단단한 adhesion은 백혈구의 rolling을 멈추고 endothelium 표면에 백혈구가 부착하게 한다. 이렇게 부착된 백혈구는 인접한 endothelial cell 사이를 통과하여 그 아래에 위치한 조직으로 이동한다. Extravasation 단계(*transmigration* 또는 *diapedesis*라고도 함; 그림 20-42의 단계 **5**)가 진행되려면, CAM VE-cadherin에 의해 주로 매개되는 endothelial cell들 사이의 안정한 부착 상호작용이 붕괴되어야 한다. CAM에 의해 매개되는 endo-

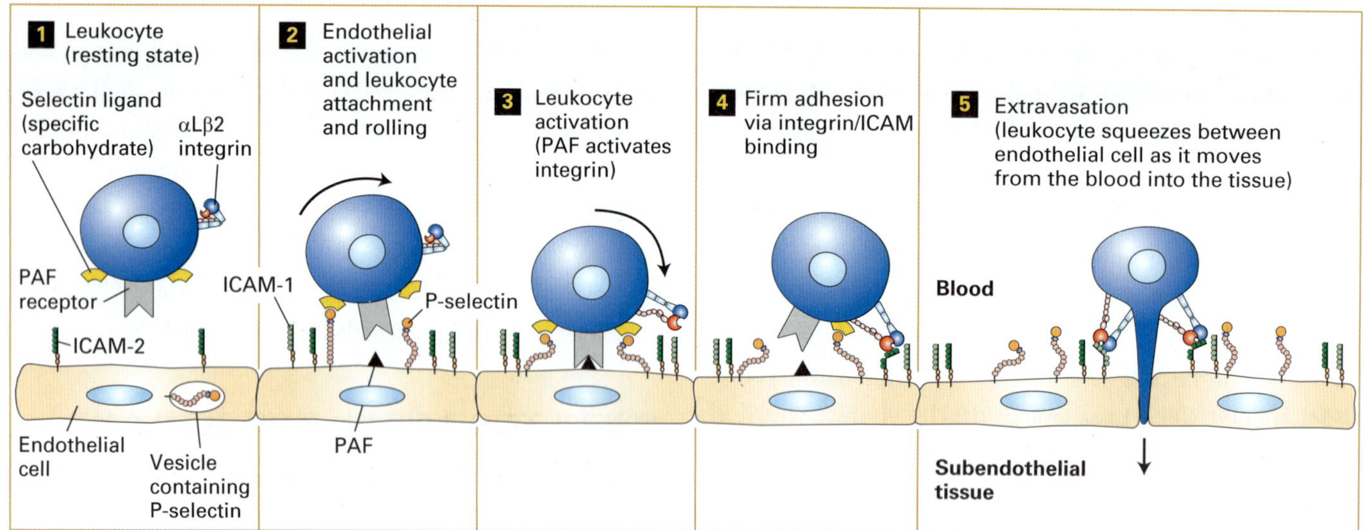

그림 20-42 Endothelium (내피세포)-백혈구 상호작용: 활성화, 결합, rolling 및 extravasation (혈관에서 유출). 단계 **1**: 염증이나 감염이 없는 상태에서, 백혈구와 혈관 내벽에 있는 endothelial cell은 휴지기 상태로 상호작용을 하지 않는다. 단계 **2**: 염증이나 감염, 또는 두 가지 모두 발생한 부위에서 나온 염증 신호는 휴지기 상태의 endothelial cell을 활성화시켜 세포내 vesicle에 잡혀 있던 selectin을 세포 표면으로 이동시킨다. 혈액에 노출된 selectin은 백혈구의 탄수화물 ligand와 상호작용을 함으로써 백혈구와 약하게 결합한다. 혈류로 인하여 약하게 결합한 백혈구는 혈관의 endothelial cell의 표면을 따라 구르게 된다(곡선 화살표). 활성화된 endothelial cell은 세포 표면에 위치하는 platelet-activating factor (PAF)와 ICAM-1의 합성을 유도한다. PAF, 그리고 chemokine 등의 분비되는 activator들은 백혈구의 모양을 변화시키고, T-lymphocyte (림프구)에서 발현되는 αLβ2와 같은 백혈구 integrin의 활성화를 유도한다(단계 **3**). 이어서, 백혈구에서 활성화된 integrin과 endothelial cell의 CAM들(예, ICAM-2와 ICAM-1)이 단단히 결합하여 견고한 adhesion이 형성되고(단계 **4**), 백혈구는 혈관에서 감염이 발생한 조직으로 후속 이동(extravasation)하게 된다(단계 **5**). R. O. Hynes and A. D. Lander, 1992, *Cell* **68**:303 참조.

thelial cell과 백혈구의 상호작용에 의해서, endothelial cell에서는 인산화, small GTPase의 활성화, 세포질 calcium 농도의 증가와 같은 형태로 outside-in 신호전달을 유발한다. 이러한 신호는 VE-cadherin 매개 endothelial cell의 adherens junction을 약화 또는 방해하고, actin-myosin 수축을 증가시켜 endothelial cell을 분리함으로써, 대부분의 원인이 되는 인접한 endothelial cell들 사이로 백혈구가 paracellular (세포 사이의) amoeboid (아메바성) 이동이 가능해진다.

따라서 백혈구가 감염 및 염증 부위의 endothelium에 선택적으로 부착하는 것은 그 endothelial cell의 표면에 있는 몇 가지 CAM들이 차례로 노출되고 활성화되기 때문이다. 서로 다른 백혈구는 서로 다른 integrin을 발현하지만, 모두 β2 subunit을 포함한다. 그럼에도 불구하고, 모든 백혈구는 그림 20-42에서 묘사한 것과 같은 공통적인 메커니즘에 의해 조직으로 이동한다.

백혈구의 adhesion에 관여하는 많은 CAM들은 여러 유형의 백혈구와 다양한 target 조직에서 공통적으로 사용되지만, 특정 유형의 백혈구가 특정 조직으로 이동하기도 한다. 어떻게 이러한 특이성을 나타낼 수 있을까? 백혈구-endothelial cell 상호작용의 세포 유형 특이성을 설명할 수 있는 3 단계 모델이 제안되었다. 첫째, endothelium 활성화는 초기에 약하고 일시적이며, 가역적인 결합(즉, selectin과 그들의 carbohydrate ligand의 상호작용)을 촉진시킨다. 부가적인 활성화 신호가 없으면, 백혈구는 다시 빨리 움직인다. 둘째, 감염 및 염증의 최접경 지역에 있는 세포는 일시적으로 부착되어 있는 특정 백혈구만을 활성화시킬 수 있는 화학적 신호(예, chemokine 또는 PAF)를 분비하거나 세포 표면에 발현한다. 셋째, 활성화-의존성 CAM (예, integrin)이 부가적으로 결합 파트너와 결합함으로써, 그 결합이 강하고 지속되게 한다. CAM, 결합 파트너 및 활성화 신호의 적절한 조합이 특정 부위에서 정확한 시점에 참여할 때에만 백혈구가 강하게 부착할 수 있다. 이와 같이, 조합의 다양성과 cross-talk을 통하여 소수의 CAM이 신체 전체에서 다양한 기능을 할 수 있게 되며, 이는 생물학적 효율성을 보여 주는 좋은 예이다.

Leukocyte-adhesion deficiency (백혈구-부착 결핍증)는 integrin β2 subunit의 유전적 결함으로 인하여 야기되는 질병이다. 이 질병을 가진 사람들은 백혈구가 효과적으로 extravasation (혈관외 유출)하지 못하여 조직 내의 감염에 제대로 대처하지 못하기 때문에, 세균에 반복적으로 감염되기 쉽다.

어떤 병원성 바이러스는 정상적인 염증 반응에 관여하는 세포 표면 단백질을 바이러스의 목적에 맞게 활용할 수 있는 진화된 메커니즘을 가지고 있다. 예를 들면, 감기를 일으키는 RNA 바이러스(rhinovirus)는 대부분 ICAM-1을 통하여 세포에 결합한 후 침투하고, AIDS를 유발하는 human immunodeficiency virus (HIV)는 세포 안으로 침입할 때 chemokine 수용체를 활용한다. Integrin은 다양한 종류의 바이러스가 결합하고 침투하는 데 관여하는 것으로 보인다. 이 바이러스들에는 reovirus (특히 유아에서 고열과 위장염을 일으킴), adenovirus (결막염 및 급성 호흡기 질환을 유발) 및 foot-and-mouth disease (구제역) 바이러스(소와 돼지에서 고열을 유발)를 포함한다. ■

20.5절의 주요 개념

운동성 및 비운동성 세포의 Adhesive 상호작용 (부착성 상호작용)

- 많은 세포에서 발견되는 integrin 포함 집합체(예, focal adhesion, 3-D adhesion, podosome)는 물리적 및 기능적으로 세포를 ECM에 연결하며, inside-out 및 outside-in 신호전달에 관여한다.
- 세포를 둘러싸고 있는 3차원 구조의 ECM은 integrin과 상호작용을 통하여 세포의 행태에 큰 영향을 미친다.
- Integrin은 ligand에 대한 친화도와 세포질 adapter 단백질과의 상호작용 측면에서 구별되는 세 가지 형태(bent closed, extended closed, extended open)가 존재한다(그림 20-39 참조). 이러한 형태 간 전환은 부분적으로 기계적 힘에 의하여 발생하며, 세포의 adhesion 및 이동을 제어하는 데 중요한 integrin 활성을 조절한다. Integrin과 상호작용하는 많은 세포질 adapter 중 하나인 talin은 mechanosensor로 기능할 수 있다. Talin은 세포골격계와 integrin의 상호작용을 매개하여 구조적 상태와 기능적 상태 사이의 전환을 중재할 수 있다.
- Adhesion 수용체인 dystroglycan은 dystrophin, 다른 adapter 단백질 및 신호 분자와 함께 큰 복합체를 형성한다(그림 20-41 참조). 이러한 복합체는 주변 ECM과 actin cytoskeleton이 연결되게 하여 근육에 기계적 안정성을 부여한다. 이 복합체에 속하는 다양한 구성성분에 돌연변이가 유발되면 여러 가지 다른 muscular dystrophy를 야기한다.
- CAM 중에서 immunoglobulin (Ig) family에 속하는 neural cell-adhesion molecule은 신경 및 다른 조직에서 Ca^{2+}-비의존성 cell-cell adhesion을 매개한다.
- 감염 또는 염증에 의해 유도된 국소 신호에 반응해서, 다양한 유형의 백혈구가 endothelial cell에 특이적으로 부착하려면 여러 유형의 CAM (예, selectin, integrin 및 ICAM)이 적절한 조합으로 순차적 상호작용해야 한다(그림 20-42 참조).

20.6 Plant Tissue (식물 조직)

이제 식물 세포들이 조직으로 조립하는 과정에 대하여 살펴보고자 한다. 일반적으로 식물의 전체적인 구조적 구성은 동물에서 보다 단순하다. 예를 들면, 식물에는 크게 네 가지 세포 유형이 있으며, 이들은 성숙한 식물에서 네 가지 부류의 조직을 형성한다. 환경과 상호작용을 하는 *dermal tissue* (진피 조직), 물과 당 및 이온과 같은 용해질을 운반하는 *vascular tissue* (관 조직), 대사가 일어나며 공간을 메우는 *ground tissue* (기저 조직), reproductive organ (생식 기관)을 형성하는 sporogenous tissue (포자 조직)가 이에 해당한다. 또한 식물 조직들이 모여서, 지지 기능과 수송 기능을 하는 *stem* (줄기), 고정될 수 있게 하고 양분의 흡수 및 저장을 담당하는 root (뿌리), 광합성을 하는 *leaf* (잎)

그리고 생식 구조를 싸고 있는 *flower* (꽃) 등 4개의 중요한 기관을 구성한다. 이처럼, 식물은 세포, 조직, 기관 수준에서 동물에 비하여 간단한 구조로 되어 있다.

동물과 달리, 식물은 노화되고 손상된 세포 또는 조직의 교환이나 수선을 하지 않는 대신, 새로운 기관을 만든다. 식물에서 특정 세포의 발생학적 운명은 lineage (혈통)보다는 개체 내의 위치에 더욱 의존하게 된다(22장 참조). 반면, 동물에서는 이 두 가지가 모두 중요하다. 따라서 식물과 동물 모두에서, 한 세포가 이웃한 세포와의 직접적인 소통이 중요하다. 이 장에서 가장 중요한 사항은, 동물과는 달리, 식물의 경우 원형질막에 존재하는 분자를 통해서 직접 접촉하는 세포가 거의 없다는 것이다. 대신 식물 세포는 전형적으로 단단한 세포 벽(cell wall)으로 둘러싸여 있고, 이 세포벽은 인접한 세포의 세포벽과 접하고 있다(그림 20-43a). 또한, 동물 세포와 달리, 식물 세포는 개체 내에서 다른 세포에 대한 상대적 위치가 변하는 경우는 드물다. 식물의 이러한 특성과 구성으로 인하여, 식물 세포가 조직을 구성하고 서로 소통하는 특징적인 분자 메커니즘이 결정된다.

식물의 ECM인 식물 세포벽은 다당류와 당 단백질의 Matrix에 있는 Cellulose Fibril로 된 Laminate (층)이다

식물 **세포벽**은 주로 다당류로 구성된 extracellular matrix로, 두께가 약 0.2 μm이며, 식물 세포의 원형질막의 바깥쪽을 둘러싸고 있다. 식물 세포벽은 동물 세포의 ECM과 전혀 다른 macromolecule로 구성되고, 구성도 다르지만, 동물 세포에서 생성되는 ECM과 일부 측면에서 동일한 기능을 한다. *Arabidopsis* 또는 "thale cress (애기장대)"라고 하는 꽃을 피우는 작은 식물(1장과 7장 참조)에서, 단백질과 다당류에 당 잔기를 전달하는 효소를 암호화하는 414개의 glycosyltransferase 유전자와 당 함유 중합체를 분해하는 효소를 암호화하는 316개 이상의 glycosyl hydrolase 유전자 등 약 1,000개의 유전자가 세포벽의 생합성과 기능에 관여한다. 동물의 ECM과 마찬가지로, 식물 세포벽은 세포들이 모여 조직을 구성할 수 있게 하고, 식물 세포가 성장 및 분열하는 신호를 전달하며, 식물 기관의 형태를 조절하는 역할을 담당한다. 또한, 식물 세포의 배아 발생 동안 분화 조절에 중요한 역할을 하는 활동적인 구조이고, 병원체 감염에 대하여 대항하는 장벽 역할을 한다. ECM이 동물 세포의 모양을 결정하는 것처럼, 식물 세포벽도 식물 세포의 모양을 결정한다. 가수분해 효소에 의해 식물 세포벽이 분해되면 원형질막으로 둘러싸인 구형 세포가 남게 된다.

식물 세포벽의 주요 기능이 세포의 turgor pressure (팽압) (14.5~435 pound/inch^2; 자동차 타이어 압력의 약 13배; 11장 참조)를 견디는 것이기 때문에, 세포벽은 측면의 힘을 견딜 수 있는 강도를 가져야 한다. 세포벽은 **cellulose** microfibril의 여러 layer (층)를 포함하고 있다. Cellulose microfibril은, (4 μm 이상의) 긴 선형이고, 광범위하게 수소 결합을 하고 있으며, β glycosidic linkage로 연결된 glucose 중

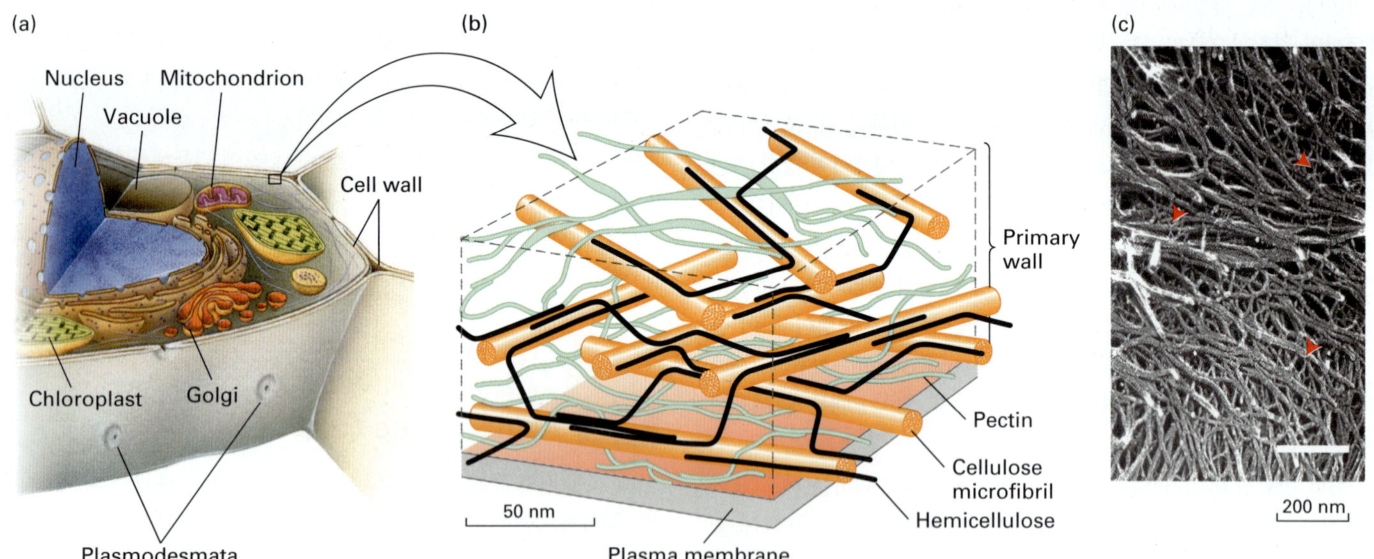

그림 20-43 식물 세포벽의 구조. (a) 전형적인 식물 세포의 구성에 대한 개관. 원형질막 내부에는 organelle들이 있으며, 원형질막 외부에는 *cell wall* (*세포벽*)이라고 하는 extracellular matrix가 둘러싸고 있다. (b) 양파 세포벽의 구조. Cellulose (고순도 포도당 중합체)와 hemicellulose (무정형 다당류)는 다당류인 pectin과 당 단백질의 matrix에 최소 3개의 층으로 배열되어 있다. Polymer들의 크기와 간격은 비율에 맞추어 그려진 것이다. 모식도를 간략하게 표현하기 위하여, 대부분의 hemicellulose의 cross-link 구조와 다른 matrix 구성성분(예, extensin과 같은 당 단백질, *lignin*이라고 하는 복합 유기 중합체)은 표시하지 않았다. (c) Fast-freeze (급속 동결) 및 deep-etch (심부 엣칭)한 완두콩의 세포벽을 전자현미경으로 관찰한 사진. 화학 처리에 의하여 일부 pectin 분자는 제거하였다. 많이 존재하는 두꺼운 섬유는 cellulose microfibril이고, 얇은 섬유는 hemicellulose cross-link (빨간색 화살촉)이다. [Part (b) courtesy of Maureen C. McCann. Part (c) republished with permission from Oxford University Press, from T. Fujino et al., 2000, "Characterization of Cross-Links Between Cellulose Microfibrils, and Their Occurrence During Elongation Growth in Pea Epicotyl," *Plant Cell Physiol.* 2000, **41**(4):486–494; permission conveyed through Copyright Clearance Center, Inc.]

합체가 18–36 chain이 모여 있는 다발이다. Cellulose microfibril은 D-galacturonic acid와 다른 단당류로 구성되어 음으로 하전된 중합체인 *pectin*과 5- 또는 6-carbon monosaccharide (5 탄당 혹은 6 탄당)의 짧고 가지가 많은 중합체인 *hemicellulose*로 구성된 matrix에 내장되어 있다. 세포벽의 기계적 강도는 microfibril이 hemicellulose chain에 의해 cross-linking되는 정도에 따라 결정된다(그림 20-43b, c). Microfibril 층은 측면에서 작용하는 힘으로부터 세포벽을 보호한다. Cellulose microfibril은 세포질에서 생성되는 UDP-glucose와 ADP-glucose를 사용하여 원형질막의 바깥쪽 면에서 합성된다. *Cellulose synthase*라는 중합효소는 cellulose를 형성할 때 세포내 microtubule의 경로를 따라 원형질막의 면으로 이동하여, 세포 안팎의 통신을 할 수 있게 하는 독특한 메커니즘을 제공하고, cellulose microfibril은 세포벽 및 세포 자체가 적절하게 배향되도록 한다.

Cellulose와는 달리, pectin과 hemicellulose는 Golgi complex에서 합성된 후 세포 표면으로 이동되어, 인접한 세포의 세포벽과 서로 결합하고 완충 역할을 하는 상호 연결 네트워크를 형성한다. 정제된 pectin은 Ca^{2+}과 borate ion (붕산 이온)이 존재할 때, 물과 결합하여 젤(gel)을 형성한다. 이러한 특성을 이용하여 pectin은 가공 식품에 많이 사용된다. 세포벽의 15% 정도가 hydroxyproline과 serine을 풍부하게 함유하고 있는 당 단백질인 *extensin*으로 이루어져 있다. 대부분의 hydroxyproline 잔기는 짧은 arabinose (5-탄소 단당류) chain에 연결되어 있고, serine 잔기는 galactose에 연결되어 있다. 탄수화물은 extensin 무게의 65% 정도를 차지하며, extensin의 단백질 골격은 길쭉한 막대형 나선을 형성하고, hydroxyl 혹은 *O*-linked carbohydrate가 바깥으로 향해 있다. 복잡하고 불용성의 phenol성 잔기 중합체인 *lignin*은 cellulose와 결합하여 있으며, 세포벽을 튼튼하게 하는 기능을 담당한다. 연골의 proteoglycan과 같이, lignin은 compression force (압축력)에 저항한다.

세포벽은 주로 pectin에 의해 투과성이 조절되는 선택적 filter이다. 물과 이온은 자유롭게 확산하여 세포벽을 가로질러 통과하는 반면, 20 kDa 이상의 단백질을 포함한 큰 분자는 확산되지 못한다. 많은 식물 호르몬이 세포벽을 통과하여 원형질막에 있는 수용체에 결합할 수 있으려면 작은 수용성 분자이어야 한다는 것을 세포벽의 이러한 특징으로 설명할 수 있다.

식물 세포가 성장하려면 세포벽이 느슨해져야 한다

식물 세포를 둘러싼 세포벽은 세포가 팽창하는 것을 억제하므로 세포가 자라기 위해서는 그 구조가 느슨해져야 한다. 식물 세포 성장의 양, 유형, 방향은 *auxin* (옥신)이라 불리는 분자량이 작은 hormone에 의해 조절된다. Auxin에 의해 세포벽이 약해지면 세포내 vacuole (액포)은 수분을 흡수하여 팽창하게 되고(그림 20-42a 참조), 그럼으로써 세포는 길어지게 된다. 예를 들면, red wood tree (아메리카 삼나무)의 모든 세포가 길어지지 않고 전형적인 간(liver) 세포의 크기로 존재할 경우, 이 나무는 정상 크기의 100분의 1 정도인 최대 1 meter 수준일 것임을 고려하면, 이 현상의 중요성을 쉽게 이해할 수 있다.

세포벽은 뿌리나 싹 끝의 *meristem* (분열 줄기)에서 가장 큰 변화를 겪는다. Meristem은 22장에 설명된 대로 세포가 분열하고 성장하는 곳이다. 어린 meristematic cell (분열줄기세포)은 얇고 유연한 *primary cell wall* (일차 세포벽)에 의해 연결되어 있어 세포벽이 느슨하고 쉽게 길어질 수 있다. 이들의 주요 성분은 cellulose, pectin, *xyloglucan*이라고 하는 다당류이다. 세포 신장이 멈춘 후, 추가로 macromolecule을 일차 세포벽으로 분비하거나 혹은 여러 층으로 된 *secondary cell wall* (이차 세포벽)을 형성하여 세포벽은 두꺼워진다. Cellulose, lignin, *xylan* 및 *glucomannan*이라고 하는 다당류는 이차 세포벽의 주요 성분이다. 뿌리로부터 흡수한 염분과 물을 줄기를 통해 잎으로 전달하는 통로인 xylem (목부)과 같이 성숙한 조직에서는 대부분의 세포들이 퇴화하여 세포벽만 남게 된다. 각종 조직에 있는 세포벽의 분자적 특성에 따라 목재나 면과 같은 식물 섬유의 독특한 성질이 결정된다.

Plasmodesmata는 인접한 세포의 세포질을 직접 연결한다

동물에서와 달리, 식물에서 세포를 분리하는 세포벽이 존재하기 때문에 cell-cell communication을 하기 어렵다. 식물 세포가 직접 통신하는 데 사용하는 한 가지 독특한 메커니즘은 1885년에 발견된 세포벽을 통과하는 커다란 튜브인 **plasmodesmata (원형질연락사)**라고 하는 특수화된 cell junction이다(그림 20-44). Gap junction과 마찬가지로, plasmodesmata는 장벽을 이루고 있는 막과 상관없이 한 세포의 세포질과 인접한 세포의 세포질을 직접 연결하는 channel로 기능한다. Plasmodesmata는, 전사인자 및 ribonuclear protein 복합체의 세포내 이동을 매개하는 능력에서 알 수 있듯이, 병원체로부터 보호하고 식물 세포 및 조직의 발달을 조절하는 데 중요한 역할을 하는 것으로 보인다.

Plasmodesmata와 gap junction은 한 세포의 세포질에서 다른 세포의 세포질로 분자가 직접 확산하는 channel을 형성한다는 점에서 기능적으로 서로 유사하지만, 그 구조는 두 가지 중요한 방식에서 매우 다르다. 첫째, 동물 세포의 gap junction에서, 서로 연결된 세포들은 각각 독립적인 막을 갖고, 세포질은 connexon hemichannel이라는 단백질로 둘러싸인 tube에 의해 연결된다(그림 20-21 참조). 식물의 plasmodesmata에서는 인접한 식물 세포의 원형질막이 합쳐져서 두 세포를 연결하는 *annulus* (환대)라고 하는 channel의 벽을 따라 연속적인 하나의 막을 형성한다(그림 20-44 참조). Annulus의 지름은 약 30–60 nm로 다양하다. 길이도 다양할 수 있으며, 1 μm 이상이다. Annulus를 둘러싸고 있는 특수한 원형질막의 지질 및 단백질의 구성은 세포를 둘러싸고 있는 일반적인 원형질막의 조성과 다르다. 둘째, plasmodesmata annulus의 중심에는 *desmotubule*이라고 하는 좁은 관이 통과하며, desmotubule은 연결되어 있는 세포의 endoplasmic reticulum (ER)이 확장되어 생성된다. Desmotubule과 plasmodesmata의 특수 원형질막 사이에는 2-10 nm 수준에서 가변적이며 조절될 수 있는 간격이 있다. 이 간격을 *cytoplasmic sleeve* (세포질 소매)라고 하며, 이를 통해 분자들이 한 세포의 세포질에서 다른 세포의 세포질로 확산된다. Cytoplasmic

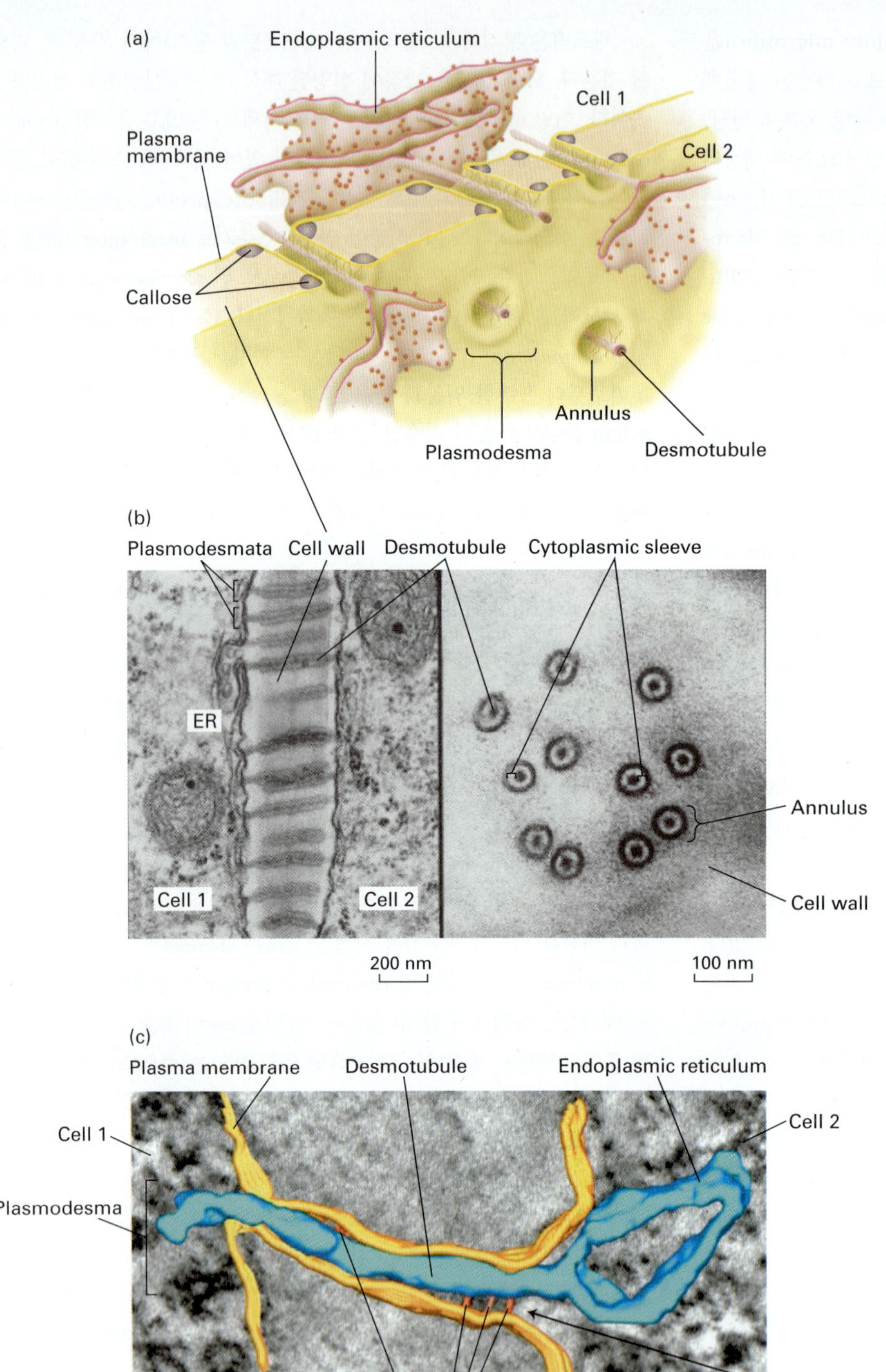

그림 20-44 Plasmodesma. (a) Plasmodesma의 모식도 모델이며, endoplasmic reticulum (ER)이 뻗어 나와 생성한 구조물인 desmotubule과 원형질막이 외벽을 이루고 있고 세포질로 채워진 channel이며 인접한 세포의 세포질을 서로 연결하는 annulus (환대)를 보여 주고 있다. Channel 입구에 인접한 세포벽의 세포외 공간에 *callose*라고 하는 포도당 중합체가 조절에 의하여 침착될 경우 plasmodesmata를 통한 세포간 수송을 차단할 가능성이 있다. (b) 사탕수수 잎의 얇은 단면의 전자현미경 사진(Bracket은 각각의 plasmodesmata를 나타낸다). *왼쪽:* 각 annulus를 따라서 ER과 desmotubule을 보여 주는 종단면. 오른쪽: plasmodesmata의 횡단면. 각각에서 annulus, desmotubule 및 cytoplasmic sleeve가 보인다. (c) *Arabidopsis*라는 식물의 세포를 배양하여 성장시키다가 냉동시켰다. 이를 차가운 상태에서 glutaraldehyde로 고정하고 osmium tetraoxide 및 uranyl acetate로 염색하였다. 시료를 기울여서 전자현미경으로 하나의 plasmodesmata에 대한 여러 사진을 확보하고, 3차원 단층 촬영 모델을 계산했다. 흑백 전자현미경 사진에 plasmodesmata 부분을 색으로 표시하였다: 원형질막은 노란색; ER 및 desmotubule membrane은 파란색; 그리고 이 막을 연결하는 spoke 같은 줄은 빨간색으로 나타냈다. 두 막 사이의 틈이 cytosolic sleeve이다. [Part (b) republished with permission from Springer, from K. Robinson-Beers and R. F. Evert, 1991, "Fine Structure of Plasmodesmata in Mature Leaves of Sugarcane," *Planta* **184**(3):307–318; permission conveyed through Copyright Clearance Center, Inc. Part (c) republished with permission from Springer Nature, from W. J. Nicolas et al., 2017, "Architecture and Permeability of Post-Cytokinesis Plasmodesmata Lacking Cytoplasmic Sleeves." *Nature Plants* **3**:17082; permission conveyed through Copyright Clearance Center, Inc.]

sleeve의 전체 길이에 걸쳐서 actin filament가 존재한다. Plasmodesmata에서 원형질막과 ER/desmotubule의 막이 가까이 위치하고 있는 현상은, 12장에서 설명한 바와 같이 mitochondria와 ER이 가까이 위치하는 것과 같이, 특수한 membrane contact site (MCS; 막 접촉 부위)의 예이다. *MCTP*라고 불리는 desmotubule의 막횡단 단백질의 세트는 cytoplasmic sleeve의 gap에 걸쳐 있고, 원형질막의 음이온성 인지질에 결합하여 이 두 막을 묶을 수 있다. 전자현미경으로 관찰하면, MCTP 단백질은 두 막을 묶는 spoke (바퀴의 살)모양을 하고 있는 것으로 보이며(그림 20-44c 참조), cytoplasmic sleeve의 크기와 특성을 결정하여 plasmodesmata를 통한 분자의 움직임을 제어한다. 동물 세포에서

tunneling nanotube는 세포 사이에서 분자가 흐를 수 있도록 하는 막으로 둘러싸인 channel이라는 점에서 plasmodesmata와 유사하다(20.2절 참조). 하지만 plasmodemata와 달리 ER이 tunneling nanotube를 통과한다는 증거는 없다.

단순한 plasmodesmata (그림 20-44에서와 같이, 단일 pore를 갖는)와 여러 channel로 갈라지는 복잡한 plasmodesmata가 발견된다. Plasmodesmata의 밀도는 식물 및 세포 유형에 따라 다르며, 가장 작은 meristemic cell 조차도 이웃 세포와 1,000개 이상의 channel을 가지고 있다. Proteomic 분석을 통하여, plasmodesmata에 많이 존재하고 구조와 기능을 결정하는 데 중요한 역할을 할 것으로 예상되는 115개 이상의 서로 다른 단백질을 발견하였다. 여기에는 MCTP, actin-결합 단백질(예, formin 및 adapter 단백질인 NET1A), 다양한 수용체 유사 단백질(예, kinase) 및 효소가 포함된다.

많은 유형의 분자가 plasmodesmata를 통해 세포에서 세포로 이동한다. 다양한 대사 및 신호전달 화합물(ion, 당, 아미노산) 등의 약 1,000 Da보다 작은 분자는 일반적으로 크기와 특성이 고도로 조절되는 cytoplasmic sleeve를 통해 자유롭게 확산될 수 있다. 상황에 따라, channel은 닫히기도 하고, 다른 상황에서는 일부 전사인자, 핵산/단백질 복합체, 대사 산물, 심지어 식물 바이러스를 포함하여 10,000 Da보다 큰 분자의 통과를 허용할 만큼 충분히 확장되기도 한다. 이들 중 일부는 수송을 용이하게 하기 위한 특별한 chaperone이 필요하다. 가용성 분자는 cytoplasmic sleeve를 통과하는 반면, 막 결합 분자 또는 ER lumen 내의 특정 단백질은 desmotubule을 통해 세포에서 세포로 이동할 수 있다. Channel 입구(그림 20-44a 참조)에 인접한 세포 밖 공간에서 *callose*라고 하는 포도당 중합체가 침착 및 분해되어 각각 channel의 폐쇄 및 개방을 조절할 것으로 예상된다. 특정 kinase는 plasmodesmata의 구성성분을 인산화하여 plasmodesmata의 활성(예, channel의 열림)을 조절할 수 있다. Plasmodesmata의 투과성은 세포질 Ca^{2+} 농도에 의해서도 조절된다. 세포질 Ca^{2+}의 증가는 plasmodesmata를 통한 분자의 이동을 가역적으로 억제한다.

식물에서 Adhesion 및 Mechanotransduction (기계적 힘의 변환)에 관여하는 분자는 동물에서와 다르다

이 절의 앞부분에서 언급했듯이, 세포에서 조직을 구성할 때 식물은 동물에서와 매우 큰 차이가 있다. 이러한 차이로 인하여, 식물 세포가 조직을 구성하거나 서로 communication (통신)을 할 때, cell-cell 및 cell-matrix 상호작용을 포함한 독특한 분자 메커니즘을 갖게 된다.

식물의 Adhesion 분자 *Arabidopsis* genome의 체계적인 분석과 다른 식물 종(species)의 생화학적 분석을 통해서도, 동물의 CAM, adhesion receptor 및 ECM 성분에 대한 식물 homolog (상동체)가 존재한다는 증거를 발견하지 못하였다. 식물은 cell-cell 및 cell-matix adhesion을 위해 다른 부착성 분자를 사용한다. 아직까지 식물의 cell-matrix adhesion은 동물의 cell-matrix adhesion에 비하여 잘 알려져 있지 않다.

식물 세포는 두꺼운 세포벽으로 둘러싸여 있기 때문에, 조직 구성은 주로 cell-matrix 상호작용에 의해 결정된다. 세포벽에 있는 대부분의 다당류(cellulose, hemicellulose, pectin, 당 단백질)는 서로 cross-link될 수 있다. Pectin의 부착 특성은 세포벽의 물리적 특성과 세포벽과 그 아래에 있는 세포의 원형질막 사이의 상호작용을 결정하는 데 특히 중요하다. Pectin 생합성의 핵심 효소인 glucuronyltransferase 1을 암호화하는 유전자의 손상은 meristem에 있는 세포들을 단단히 결합하는 데 관여하는 특정 pectin을 합성할 수 없게 된다. 결과적으로, 이 돌연변이는 정상적인 세포 adhesion 및 광합성 세포로 분화하는 것을 저해한다. 생체 내 연구 및 식물 돌연변이체 분석과 함께 *in vitro* 결합 분석을 통하여, 특정 유형의 adhesion에 중요한 ECM의 macromolecule을 발굴했다. 예를 들면, Easter lily (부활절 백합)의 암컷 생식 기관인 stigma (암술머리)나 style (암술대)에 정자(sperm) 세포를 포함하고 있는 꽃가루가 정상적으로 부착할 때, *stigma/stylar cystein-rich adhesion* (*SCA*)이라 불리는 cystein-rich 단백질과 SCA에 결합하는 특정 pectin이 필요하다.

많은 원형질막 단백질은 세포벽 다당류, 특히 pectin에 결합하여 cell-matrix adhesion을 매개할 수 있다. 이 단백질에는 WAK (Wall-Associated Kinase), GPI-anchored protein (GPI로 막에 고정된 단백질), Hydroxyproline-Rich Glycoprotein (HRGP) 및 Glycosyl Inositol Phosphoceramide (GIPC)와 같은 수용체 유사 단백질이 포함된다. 예를 들어, 5개의 WAK 및 WAK 유사 단백질은 *Arabidopsis* 세포의 원형질막에서 발현된다. 이러한 막횡단 단백질은 세포질 영역에 serine/threonine kinase domain을 가지고 있으며, 세포 밖 영역에는 동물 세포 표면 수용체에서 자주 발견되는 여러 개의 epidermal growth factor (EGF, 표피 성장 인자) repeat이 포함되어 있다. 일부 WAK에는 전장 pectin 및 pectin의 분해 단편을 인식하여 결합할 수 있는 세포 밖 pectin-binding domain이 존재한다. 이들의 결합은 세포가 정상적인 성장 동안, 그리고 세포벽의 손상(상처) 또는 병원체에 의한 감염이 있을 때 세포벽의 상태를 점검하고 반응하는 것을 도울 것으로 예상된다. 따라서, 식물 세포의 일부 WAK들은, 동물 세포의 adhesion receptor와 유사하게, ECM에 결합 및 감지하고 outside-in 신호전달을 매개한다.

식물에서 Mechanosensation (기계 감각) 동물 세포와 마찬가지로, 식물 세포는 내부(예, 팽압, 세포골격의 힘) 및 외부(예, 바람) 모두에서 다양한 기계적 힘(응력 및 변형)을 받으며, 이를 감지(mechanosensing; 기계 감지)하고 반응(예, 세포골격 구성의 변화, calcium 변화, 유전자 발현, 목재 형성, 세포벽 강도 변화, 성장의 정도 및 방향)한다. 세포벽에 있는 mechanosensor는 기계적 힘의 변화에 반응하여 구조가 변화해서, 세포벽의 특성 및 원형질막과의 상호작용을 변경하는 성분들이다. 세포 원형질막에 있는 잠재적 mechanosensor로는 세포벽에 결합하는 성분(예, pectin에 결합하는 WAK과 같은 수용체 유사 kinase) 및 mechanosensitive (기계 민감성) ion channel이 포함된다. 부착성 분자를 통한 세포 안팎의 소통이 기계적 힘에 대한 식물의 반응에 기여한다는 증거가 있다.

식물의 mechanosensation의 잘 알려진 예는 파리지옥(Venus flytrap; *Dionaea muscipula*)으로서, 1759년 North Carolina의 식민지 총독이었던 Arthur Dobbs에 의해 처음 기술되었다. Charles Darwin은 파리지옥에 대해 광범위하게 연구하여 1875년에 책을 저술했다. 그는 그 식물을 "세상에서 가장 경이로운 것 중 하나"라고 했고, 한때 "세상의 모든 종의 기원보다" 파리지옥에 더 몰두했다고 언급했다. 파리지옥은 곤충이 기저(base) 부분에 있는 지름이 약 200 μm, 길이가 2 mm인 sensory hair (감각 털) 중 하나를 건드리면 곤충이 잎에 있다는 것을 감지한다. Sensory hair는 다세포 기관으로, 곤충에 의해 구부러지면 그 기저에 있는 세포 집단에 전단 응력(shear stress)이 가해져서 mechanosensitive calcium channel이 열리게 된다. 잎 세포에 calcium의 유입은 action potential (활동 전위; 23장 참조)을 유발하여, 트랩을 닫고, 호르몬 유도 소화 효소를 분비하여 1주에서 2주에 걸쳐 곤충을 기본 영양소로 분해한다. ■

우리는 식물에서 세포벽 매개 adhesion이 관여하는 현상 중 하나인 토마토와 딸기와 같은 과일이 숙성되는 동안 연화(softening)된다는 사실에 익숙하다. 과일의 숙성은 색상, 향, 풍미, 영양 성분 및 질감(연화 및 수분 함량 포함) 등에 다양한 영향을 미친다. 씨가 있는 과일이 숙성되면, 동물이 과일과 함께 씨를 먹고 퍼뜨릴 수 있고, 먹지 않아도 과일의 구조가 분해(연화 및 부패)되어 제자리에서 씨를 방출할 수 있다. 그러나 과도한 연화는 성공적인 보관 및 운송을 방해하고 저장 수명을 단축시킬 수 있다. Pectate lyase (PL)를 포함한 세포벽 분해효소의 그룹의 발현과 pectin 분해에 의한 세포벽 remodeling은 연화 속도와 정도를 결정하는 데 중요한 역할을 한다. 딸기와 토마토에서 CRISPR gene editing이나 RNA interference (6장 참조)를 사용하여 pectate lyase의 발현을 억제하면, 딸기와 토마토의 연화를 상당히 지연시킬 수 있고 바람직하지 않은 숙성 결과(변화 색상, 맛 등)를 방지할 수 있다. 미래에, 세포벽 대사(metabolism)를 target으로 유전자를 변형하면 과일의 생산 및 유통 비용을 줄이는 동시에 품질을 향상시킬 수 있을 것이다. ■

20.6절의 주요 개념

Plant Tissue (식물 조직)

- 식물에서 세포들이 조직으로 구성되는 것은 각 식물 세포가 단단한 세포벽으로 둘러싸여 있기 때문에 동물 조직의 조립과는 근본적으로 다르다.
- 식물 세포벽은 hemicellulose, pectin, extensin 및 다소 적은 양의 다른 분자들로 구성된 matrix에 내장되어 있는 여러 층의 cellulose microfibril로 이루어져 있다.
- 큰 선형의 glucose 중합체인 cellulose는 수소 결합에 의하여 안정화된 microfibril을 자발적으로 구성한다.
- 세포벽은 식물 세포의 모양을 결정하고 세포의 신장(elongation)을 제한한다. Auxin에 의해 세포벽이 느슨해지면 세포 신장이 가능해진다.
- 인접한 식물 세포는 plasmodesmata를 통해 소통할 수 있다. Plasmodesmata는 이웃한 세포들의 세포질을 연결하는 복잡한 구조의 channel을 통해 분자들이 통과할 수 있는 junction이다(그림 20-44 참조).
- 식물은 동물에서 발견되는 일반적인 adhesion 분자의 상동체(homolog)를 갖고 있지 않다.
- 식물 세포의 adhesion에 관여하는 세포벽과 원형질막 분자들이 모두 확인되어 분석 중이지만, 식물에서 cell-matrix adhesion에 관여하는 분자는 동물에서만큼 잘 규명되지 않았다.
- 동물 세포에서와 마찬가지로, 식물의 mechanotransduction (기계적 힘의 변환)은 조직의 특성을 유지하고 분화 및 발달을 유도하는 데 중요한 역할을 한다.

개념 복습

1. Cadherin과 같은 adhesion molecule (부착 분자)의 다양성을 야기하는 두 가지 현상에 대해 설명하시오. Integrin에서 다양성을 유발하는 추가적인 현상으로 무엇이 있는가?

2. Cadherin은 세포 사이의 homophilic (동종성) 상호작용을 매개한다. Homophilic 상호작용이란 무엇인지 설명하고, E-cadherin이 homophilic 상호작용을 한다는 것을 보여줄 수 있는 실험을 제시하시오. Cadherin에 의한 homophilic 상호작용에 필요한 세포외 환경 요소는 무엇인가? 그리고 이것을 어떻게 증명할 수 있는가?

3. Adherens junction은 인접한 epithelial cell의 lateral membrane (측면 막)을 서로 연결하는 역할과 세포의 모양을 조절하는 기능을 한다. 이 기능과 연관된 세포내 구조와 단백질을 답하시오.

4. Tight junction의 정상적인 기능은 무엇인가? Tight junction이 제대로 기능을 하지 못하면 조직에는 어떤 일이 일어나는가?

5. 심장 근육 세포들 사이의 gap junction과 자궁 평활근 세포들 사이의 gap junction은 신속하게 소통을 할 수 있다. 이와 같은 신속한 소통 방식을 무엇이라고 하는가? 출산 시 자궁 평활근 세포 간의 gap junction을 사용한 소통을 상향 조절하는 메커니즘을 설명하시오.

6. Collagen은 무엇이고, 어떻게 합성되는가? Collagen이 조직의 완전성(integrity)에 중요하다는 것을 어떻게 알 수 있는가?

7. Integrin 구조의 변화가 outside-in 및 inside-out 신호전달을 매개할 수 있는 원리를 설명하시오.

8. 모든 조직의 ECM에 풍부하게 있는 세 가지 유형의 거대 분자를 답하고, 각각의 기능과 성질을 비교하시오.

9. 많은 proteoglycan은 신호전달 기능을 수행한다. 이러한 예 중 하나는 뇌의 시상하부 영역에 있는 syndecan이 섭식 행동(feeding behavior)을 조절하는 것이다. Syndecan이 이러한 조절을 하는 메커니즘을 설명하시오.

10. RGD 서열의 앞뒤에 아미노산을 추가하여 올리고펩타이드를 합성하였다. Fibronectin 층으로 코팅된 배양 접시에서 자라고 있는 fibroblast 배양에 이 펩타이드를 첨가하면 어떤 효과가 날 것인가? 왜 이러한 효과가 나타나는지 설명하시오.

11. 정상적인 생리학적 또는 병리학적 조건에서 관찰되는 조직 remodeling (재구성)에서 ECM을 분해 및 재건에 중요한 역할을 하는 단백질의 세 가지 하위 그룹을 답하고, 이들의 주요 기능과 세포들과의 상대적 위치에 대해서 설명하시오. 또한, 이 단백질들이 중요한 역할을 하는 병리학적 상태를 제시하고, 이유를 간단히 설명하시오.

12. 혈액 응고는 포유류의 생존에 절대적으로 필요한 기능이다. 어떻게 fibronectin의 다중 부착성의 성질이 혈액 응고에 필요한 혈소판(platelet)을 모집하는 데 관여하는지 설명하시오.

13. ECM과 cytoskeleton 사이에 있는 분자 연결의 변화가 어떻게 Duchenne muscular dystrophy를 유발하는지 설명하시오.

14. 감염에 대처하기 위하여, 백혈구는 혈액에서 감염된 조직 부위로 신속히 이동한다. 이 과정을 무엇이라고 하는가? 이 과정에 adhesion 분자들이 어떻게 관여하는지 설명하시오.

15. 식물 세포벽의 구조는 세포 성장을 수용하기 위해 느슨해져야 한다. 어떤 신호 분자가 이 과정을 제어하는가?

16. 식물 세포의 plasmodesmata를 동물 세포의 gap junction 및 tunneling nanotube와 비교하시오.

CHAPTER 21

세포 환경에 대한 반응 (Responding to the Cellular Environment)

Rapamycin (검정색)은 임상적으로 중요한 antifungal drug (항진균제)이자 mTORC kinase complex (복합체)의 inhibitor (저해자)인데, 이스터 섬에서 발견된 박테리아 *Streptomyces hygroscopicus*에서 분리되었다. 그 이름은 이스터 섬의 고유명인 Rapa Nui로부터 따오게 되었다. [Yulia Malega/Shutterstock.]

OUTLINE

21.1 혈당 조절

21.2 세포 성장 신호를 Nutrient와 Energy Level과 통합

21.3 콜레스테롤과 불포화 지방산의 수준 변화에 반응하기

21.4 낮은 산소 레벨에 대한 반응

21.5 상승한 온도에 대한 반응

21.6 낮과 밤을 감지함: Circadian Rhythm (일주기 리듬)

21.7 물리적 환경(Physical Environment)을 감지하고 반응하기

모든 세포들은 종종 유전자 발현 패턴을 변화시킴으로써 자신의 주변 환경 변화를 감지하고 이에 반응한다. 박테리아는 끊임없이 주변의 당과 아미노산의 레벨을 모니터하고, 이들이 있는 곳으로 헤엄쳐 가며, 이들을 가장 효율적으로 대사하는 데 필요한 유전자들의 발현을 유도하거나 억제함으로써 반응한다. 효모와 다른 단세포 eukaryotic organism (진핵생물 유기체)들 역시, 당, 아미노산, 그리고 다른 대사 물질들을 자신의 환경에서 감지하고, 그에 따라 해당 물질들에 대한 biosynthetic pathway (생합성 경로), membrane transporter (막 수송체), metabolism (대사) 등을 조절한다. 1장에서 우리는, 단세포 녹조류(green alga)인 *Chlamydomonas reinhardtii*가 어떻게 빛을 감지하고, 그 세기에 따라 광원에 가까이 가거나 멀리 떨어질 수 있는지 알아보았다.

이 장에서는 metazoan (후생동물), 특히 vertebrate (척추동물)의 세포들이 주변의 포도당, 아미노산, 콜레스테롤과 같은 lipid (지질), 산소 그리고 다른 화학 물질들, 또한, 낮과 밤, 다른 세포들과의 접촉 등을 감지하는 여러 가지 방법들에 대하여 살펴본다. 이러한 extracellular signal (세포 밖 신호)들은 몇 분 안에 이루어지는 short-term effect (단기적 효과)를 갖고 있으며, 3장과 15장에서 살펴본 바와 같이 존재하는 효소와 다른 단백질을 modification (변형)함으로써 유도될 수 있다. 우리가 고찰하는 모든 세포 밖 신호들은 또한 유전자 발현에 영향을 미치고, 그래서 세포 기능에 long-term change (장기적 변화)를 유도한다.

우리가 설명하는 경로들은 8, 15, 16장에서 기술된 신호전달 경로들과 공통점을 갖고 있다. 세포 밖 신호 분자에 대한 receptor (수용체)들과 같이, **sensor (센서)**들은 대개 특정 target 분자에 결합하고, conformational change (형태 변화)를 일으킨다; **mechanoreceptor (메카노수용체)**들은 물리적 환경 변화를 감지한다(예, 압력 또는 장력, 20장 참조). 이러한 센서들은 1개 이상의 스텝들을 갖는 **signal transduction**

pathway (신호전달 경로)들을 활성화한다. 궁극적으로 1개 이상의 **effector protein (효과 인자 단백질)**들이 활성되어 세포의 반응을 유도하게 되고, 이는 대사 경로, 또는 특정 유전자 발현을 유도하거나 억제하는 등의 단기적 변화를 일으킨다. **Signal amplification (신호 증폭)** 혹은 **feedback repression (피드백 억제)** (15장 참조)는 이 장에서 다룰 모든 신호전달 경로들의 특징인데, 세포 대사와 유전자 발현 양상들이 지나침 없이 적당하게 적응할 수 있게 한다. 이러한 경로들은 세포로 하여금 여러 가지 종류의 스트레스, 예를 들면 영양소 결핍 혹은 온도 증가 등에 반응할 수 있게 하고, **homeostasis (항상성)**라고 부르는 세포의 정상적인 화학적 물리적 상태를 재건하며, 심지어 세포의 생존까지 유지하는 과정을 가능하게 한다.

혈당의 availability (가용성)는 그 양이 충분한 경우(식후), 또는 부족한 경우(단식), 원칙적으로 insulin (인슐린)과 glucagon (글루카곤)의 두 가지 호르몬에 의하여 조절된다. 21.1절에서 살펴본 바와 같이, 혈당 농도가 너무 높이 올라가면, 인슐린을 합성하고 저장하는, pancreas (췌장)의 β islet cell (β섬 세포)이 인슐린을 혈류로 방출한다(1923년 노벨 생리의학상은 인슐린의 발견에 주어졌음). 인슐린은 지방과 근육 세포들에게 신호를 보내어 혈액으로부터 포도당을 흡수하도록 신호를 보낸다; 또한 간세포에게 신호를 보내어 포도당을 glycogen (글리코겐)으로 저장하게 함으로써 혈액의 포도당 농도를 낮춘다. 혈당이 지나치게 떨어지면, 췌장 섬에 있는 또 다른 세포인 α 세포들이 글루카곤을 secretory vesicle (분비 소낭)으로부터 방출하게 한다; 글루카곤은 간세포로 하여금 포도당을 혈액으로 내보내게 한다(15장 참조). 인슐린과 글루카곤은 함께 작동하면서 혈당 항상성을 유지하고, 사람에게서 정상 포도당 레벨인 5 mM로 회복하게 한다. 이 경로에 문제가 발생하면, diabetes (당뇨병)와 cardiovascular disease (심혈관계 질환)을 포함하는 주요 질병을 일으키고, 개인, 더 나아가 대중 건강에 암울한 결과를 가져오게 된다.

세포 수가 두 배씩 증가하는 cell proliferation (세포 증식)은 제16장에서 본 바와 같이 한 가지 이상의 성장 인자가 필요하다. 세포 분열은 또한 충분한 ATP, 아미노산, 그리고 다른 영양소등이 필요한데, 이들은 세포 분열을 준비하는 과정에서 세포 질량을 두 배로 하는 데 요구되는 protein (단백질), nucleic acid (핵산), 막, 그리고 다른 구성요소들을 생산하는 데 쓰인다. 21.2절에서는 흔히 **mTORC1**이라고 부르는 커다란 multiprotein complex (다단백질 복합체)의 한 구성 요소인 **mTOR protein kinase (단백질 인산화 효소)**에 대하여 살펴본다. mTORC1은 다수의 센서 단백질들을 갖고 있는데, 이들은 특정 영양소의 레벨, 에너지 가용성(ATP 레벨) 그리고 성장 인자 수용체의 downstream (하위 과정)을 활성화하는 세포내 신호전달 단백질의 활성도 등을 감지한다. 이 모든 신호들이 동시에 존재하여야만 mTOR kinase는 활성화되고, 결과적으로 세포 성장, 대사, 증식을 자극한다; 우리는 mTORC1 복합체의 여러 가지 센서들이 어떻게 서로 작동하여 mTOR kinase를 활성화하는지 알아본다.

세포 성장과 기능에 필수적인 여러 영양소들 중에는, 막 지질과 콜레스테롤과 unsaturated fatty acid (불포화 지방산)들과 같은 biosynthetic precursor (생합성 전구체)들도 있다(2장과 10장 참조). 세포들은 필수 지방들을 생합성하거나 세포외 환경으로부터 받아들여 장만한다. 이러한 지질들이 충분하지 않다면, 세포들은 자라고 분열하여 기능하는 것들을 제대로 할 수 없게 된다. 지나치게 많으면, 초과분은 정상 세포 기능을 방해한다. 21.3절에서, 우리는 세포가 어떻게 세포내 콜레스테롤 레벨과 불포화 지방산을 감지하고, 지방산과 콜레스테롤 생합성과 수입하는 속도들을 조절함으로써 cholesterol:phospholipid (콜레스테롤:인지질) 비율이 정상적인 막 기능에 적당한 수준에서 유지되도록 하는지 살펴본다. 콜레스테롤이 과잉으로 동맥에 축적되는 것은 심혈관 질환과 stroke (뇌졸중)의 주요 원인이다. 10장에서 우리는 어떻게 anti-atherosclerosis medication (항동맥경화제)인 *statin* (스타틴)이 콜레스테롤 생합성을 억제하고, low-density lipoprotein (종종 "나쁜 콜레스테롤"이라고 부름; 14장 참조)의 농도를 줄여서 atherosclerotic plaque (동맥경화 플라크)의 형성을 줄이는지 살펴보았다. 1985년 노벨 생리의학상은 콜레스테롤 대사 조절을 발견한 연구에 주어졌다.

2019년 노벨 생리의학상은 metazoan 세포들이 산소 가용성을 어떻게 감지하고 적응하는지를 발견한 3명의 내과 의사 과학자에게 주어졌다. 21.4절에서는 세포들이 혈류에서의 산소 레벨 저하를 어떻게 감지하는지, 그리고 Hif-1α 전사 인자가 많은 신체 반응들을 낮은 산소 레벨에 맞추어 조정하는지 살펴본다. 보통의 산소 레벨에서는 산소를 필요로 하는 효소가 Hif-1α를 공유결합으로 변형하고, 이는 Hif-1α의 polyubiquitination (폴리유비퀴틴화)을 유도하여 proteasome (프로테아솜)에서 파괴되게 한다. Hif-1α는 산소 레벨이 낮아지면 점점 더 안정화된다. 어떤 신장(kidney) 세포에서는, Hif-1α가 erythropoietin (에리스로포이에틴, 적혈구형성 인자) 유전자의 발현을 유도한다; erythropoietin은 그 결과, 산소를 폐로부터 신체 조직으로 전달하는 적혈구의 생산을 늘린다(16장 참조). 다른 세포들에서는, Hif-1이 낮은 산소 상태에서 생존을 도모하는 유전자의 발현을 유도한다. Hif-1α는 후생 동물 세포들에서만 발견된다; 우리는 또한 진화 과정 초기에 나타난 식물과 동물 모두에서 발현하는 다른 family (군)의 oxygen sensing transcription factor (산소 감지 전사 인자)들을 살펴볼 것이다.

모든 생물들, 단세포, 식물, invertebrate (무척추동물), 또는 cold-blooded vertebrate (냉혈 척추동물) 모두 생체 안과 밖 환경의 온도 변화를 겪는다. 심지어 척추동물들도 더운 여름날의 뜨거운 시간 혹은 열이 나는 동안, 상승된 온도의 영향을 느끼게 된다. 상승한 온도의 영향 중 하나는 많은 세포 단백질들의 부분적인 unfolding (펼쳐짐) 또는 완전한 denaturation (변성)인데, 만약 잘못되면 세포에 죽음을 초래할 수도 있다. 우리는 21.5절에서, 이제까지 연구된 모든 진핵생물들에서 보인 바와 같이, chaperone (샤페론)이 어떻게 unfolded protein domain (펼쳐진 단백질 도메인)에 결합하여 그 존재를 감지하는지(3장 참조), 이 과정이 어떻게 특정 전사 인자가 활성되어 많은 샤페론의 합성을 유도해서 세포로 하여금 높아진 온도가 정상으로 떨어질 때까지 살아남도록 하는 **heat-shock response (열충격 반응)**로 이끌어 지는지를 살펴볼 것이다. 유사한 샤페론들이 endoplasmic reticulum (소포체) 내부와 미토콘드리아 안에서 단백질 접힘(folding)을 촉진하는 데 중요 역할을 한다는 것은, 13장에서 고찰한다.

지구 상의 대부분 생물들은 거의 정확하게 24시간의 낮과 밤의 일주기를 겪게 된다. 그들의 세포는 **circadian clock** 혹은 **circadian oscillator (일주기 시계)** — 환한 낮과 어두운 밤으로부터 오는 하루 신호를 받아들여 생물 내부에 설정된 24시간에 맞추어 자신의 신호를 오르내리게 하여 제시간에 활성되도록 하는 한 무리의 단백질들을 갖고 있다. 21.6절에서 고찰하는 이 동기화(synchronized)된 세포 시계들은 생물체로 하여금 일주기로부터 파생되는 환경 변화를 추정해서 그에 따라 자신의 생물 상태와 행동을 조정할 수 있게 한다. 2017년 노벨 생리의학상은 초파리에서 일주기 리듬을 조절하는 분자적 메커니즘을 발견한 3명의 과학자들에게 수여되었다. 비슷한 일주기 시계는 식물, 곰팡이, 척추동물들의 세포에서도 발견되었고, 이들 생명체 모두는 자신의 기능의 여러 가지를 낮밤 주기에 맞춘다. 뇌에 존재하는 특정 신경세포들의 circadian rhythm (일주기 리듬)은 생명체의 행동적인 면, 즉 쥐와 사자는 밤에, 사람은 낮에 더 활동적이도록 조정한다.

발생(development) 중에는, 세포들이 증식하고 특정 크기의 organ (장기)을 생성하는 분화(differentiation)가 일어난다. 확실히, 초파리 *Drosophila melanogaster* (1장 참조)의 어떤 돌연변이들은 지나치게 큰 장기를 만들어낸다; 그중 하나는 *Hippo*라고 불리는데, 이 돌연변이를 갖는 larvae (유충)는 하마(hippopotamus)처럼 보이며, 엄청나게 크다. 성인의 간 일부를 절제하면, 나머지 간이 자라나 원래 크기로 돌아간다; 장기가 적당한 크기로 자라면 성장을 멈추게 하는 유전자 산물이 확실히 존재한다. 21.7절에서, 우리는 모든 metazoan에서 보존되어 있고, 여러 가지 환경 신호를 감지하여 통합해서 물리적 환경에 맞추어 세포 성장을 조절하는 protein kinase signaling cascade (단백질 인산화효소 신호 연쇄 반응)인 **Hippo pathway (히포 경로)**를 고찰한다. 이 경로는 세포가 매몰된 extracellular matrix (세포외 기질)로부터 오는 물리적 (physical) 그리고 기계적(mechanical) 신호 단서들을 포착하고, 세포들을 서로 연결하는 adherens junction (부착연접) (20장)에서 오는 신호를 받아들인다. Hippo 경로는 성장과 분화를 조절하는 데 관여하는 여러 유전자들의 발현을 조절한다. 이 경로의 구성 요소가 비정상적이면 발달 장애, cell transformation (세포 형질전환), 그리고 여러 종류 암의 metastasis (전이)에 기여할 수 있다.

21.1 혈당 조절

이 절에서는 어떻게 여러 호르몬과 신호전달 경로들이 서로 어떻게 상호작용하는지, 생리학적으로 가장 중요한 조절 시스템 중 하나인 포도당에 대한 신체의 요구를 조절하는 것을 살펴본다. 이 경로들에 결함이 생기면, 주요 질병들 특히, 성인에게 일어나는 blindness (실명), kidney failure (신부전), limb amputation (사지절단), 그리고 type 2 혹은 *adult-onset* diabetes (당뇨병)를 일으킬 수 있다. 아미노산과 다른 영양소 변화에 대한 세포 반응들은 유전자 발현에 변화를 가져 오는 것으로서 반영되는데, 이는 21.2절에서 다룬다.

인슐린과 글루카곤은 안정적인 혈당 수준을 유지하기 위하여 함께 일한다

이 절에서 우리들은 정상 혈당 농도가 대략 5 mM로 유지되는 척추동물에 주로 촛점을 맞추고자 한다. 뇌의 신경세포를 포함하는 대부분의 체세포는 포도당을 주에너지원으로 이용하고, *hypoglycemia* (저혈당증)라고 불리는 지속적으로 저하된 혈당을 갖고 있는 상태는 seizure (발작), 의식 불명, 그리고 죽음을 초래한다. 반면, 9–10 mM가 넘는 지속적으로 높은 혈당을 갖고 있는 상태는 당뇨병을 일으킨다. 정상적인 일상생활 중, 정상 혈당 유지는 두 가지 펩타이드 호르몬인 **인슐린**과 **글루카곤** 사이의 균형에 의존한다. 이들 호르몬은 **췌장 섬 세포**(그림 21-1a)라고 명명된 췌장의 섬과 같은 부위에 있는 구분되지만, 서로 근처에 있는 endocrine cell (내분비 세포)들 안에서 만들어지며, 분비 소낭에 보관되어 적절한 조절은 받으며 분비된다(그림 14-2 참조). 혈당을 낮추는 인슐린은 2개의 폴리펩타이드가 disulfide bond (이황화 결합)로 연결되어 있는데, 이는 췌장 섬의 β 세포에 의하여 합성된다(그림 14-24 참조). 글루카곤은 췌장 섬의 α 세포에 의하여 생산되고, 간에 있는 글리코겐을 분해하여 포도당으로 만든 후 혈류로 내보내는 것을 유도해서 혈당을 올린다(15장 참조). 혈당의 가용성은 그 양이 충분할 때(식후) 또는 모자랄 때(금식)에 맞추어 췌장 섬의 α와 β 세포들로부터 분비되는 인슐린과 글루카곤의 양에 따라 조절된다.

췌장 α 세포들로부터 글루카곤이 분비되는 것은 혈당이 높을 때 인슐린에 의하여 방해 받는다; 분비는 혈당이 증가되어야만 할 때 central nervous system (중추신경계)로부터 오는 신호에 의해서 상승된다. 일차적으로 간세포에서 발견되는 글루카곤 수용체는, epinephrine (에피네프린) 수용체와 같이, adenylyl cyclase (아데닐산 고리화효소)가 효과 인자로 작동하는 $G_{\alpha}s$ 단백질과 결합되어 있다. 글루카곤이 그 수용체에 붙으면, protein kinase A의 활성을 가져오는 cAMP의 상승을 유도하는데, 이는 글리코겐 합성을 억제하고 분해를 촉진하여 glucose 1-phosphate를 생산한다(그림 15-22 참조). 간세포은 glucose 1-phosphate를 포도당으로 전환하여 혈류로 방출시키고 정상 공복 혈당으로 올린다.

우리는 여기서 몇 가지 단기적, 그리고 장기적으로 혈당을 낮추는 인슐린 호르몬에 초점을 맞출 것이다:

- 분비 후 몇 초 만에, 인슐린은 일차적으로 세포막의 포도당 수송체의 수를 늘림으로써, 포도당이 혈류에서 근육과 지방 세포로 흡수되는 것을 증가시키도록 유도한다.
- 수초에서 수분 이내, 인슐린은 간에 작용하여 포도당으로부터 글리코겐 합성을 자극하고 해당과정을 통하여 포도당 흐름을 가속화한다; 이 두 가지 과정은 모두 혈류에서 당이 빠져나가 혈당을 낮추는 것을 도와주는 *sink* (싱크)를 제공한다.
- β 세포에서 빠져나온 인슐린은 췌장 섬 근처 α 세포에 작용하여 글루카곤 합성을 방해한다.
- 몇 시간에 걸친 더 긴 시간 프레임 안에서는, 인슐린이 간에 작용하

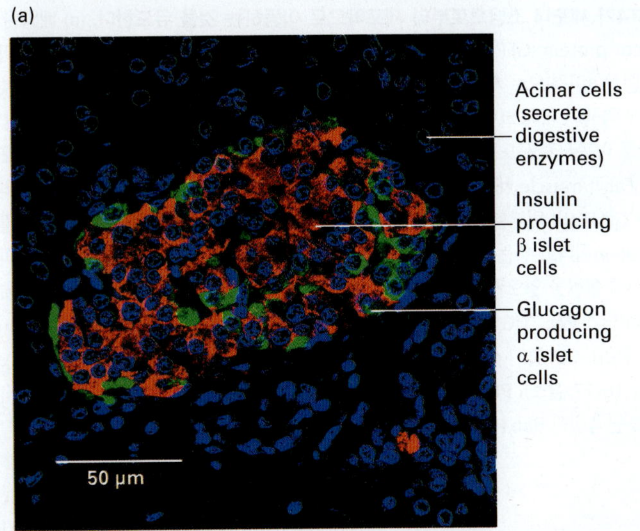

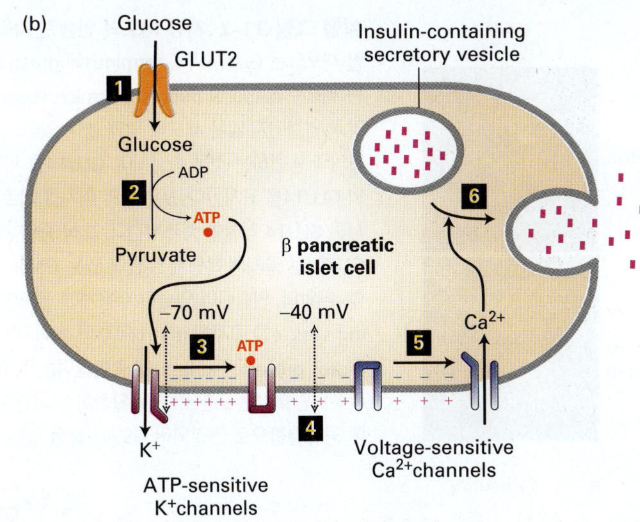

그림 21-1 혈당이 5 mM 이상 상승하는 것에 반응하는 pancreatic islet β cell의 인슐린 분비. (a) 사람 췌장 islet의 분비. Islet들은 췌장 무게의 2퍼센트를 차지한다. 사람 췌장은 100만 개의 islet을 갖고 있고, 각각은 약 1,000개의 β 세포를 갖고 있다. Islet 세포의 약 70퍼센트를 차지하는 β 세포는 인슐린에 대하여 조직화학적 염색을 하므로 붉게 보인다. Islet의 주변에 주로 있는 α 세포에서 합성되는 글루카곤은 초록색으로 염색되었다. DAPI로 파랗게 염색된 것은 핵이다. (b) Insulin 분비 조절. Pancreatic β cell로 포도당이 들어가는 것은 GLUT2 포도당 수송체에 의하여 이루어진다(단계 **1**). GLUT2의 포도당에 대한 K_m은 20 mM이기 때문에, 세포 밖 포도당이 5 mM 이상 오르면 포도당 entry 속도가 비례하여 증가한다(그림 11-5 참조). 포도당이 pyruvate로 전환(그림 12-3)하는 것은 그래서 가속되고, 세포질의 ATP 농도가 증가하는 결과를 가져온다(단계 **2**). β세포에서 ATP가 ATP-sensitive K^+ 채널에 붙는 것은 이들 channel을 닫아(단계 **3**), K^+ 이온이 세포로부터 빠져나가는 것을 줄인다. 그 결과 일어나는 세포막의 −70 mV에서 −40 mV로의 작은 depolarization (단계 **4**)은 voltage-senstive Ca^{2+} 채널이 열리는 것을 촉발한다(단계 **5**). Ca^{2+} 이온들의 세포 내로 들어와 세포질의 Ca^{2+} 농도를 증가시켜서 인슐린을 함유하고 있는 분비 소낭을 세포막과 fusion하는 것을 촉발하여 인슐린을 분비시킨다(단계 **6**). J. C. Henquin, 2000, *Diabetes* **49**:1751 참조. [Part (a) courtesy of Dr. Susan Bonner-Weir, Joslin Diabetes Center.]

여 **gluconeogenesis (포도당신생합성)**의 작은 대사산물들로부터 포도당을 합성-과정을 촉매하는 효소들의 합성을 방해한다.

다음 절들에서는, 인슐린 분비를 혈당 증가에 의하여 어떻게 자극되는지, 그리고 인슐린이 혈당을 낮추는 여러 가지 경로들을 살펴본다.

혈당의 상승은 β Islet Cell로부터의 인슐린 Secretion을 유발한다

식후, 혈당이 정상치인 5 mM 이상 상승할 때, 췌장의 β 세포는 인슐린을 혈류로 방출함으로써 포도당의 상승(그리고 동시에 혈류의 아미노산들의 상승)에 반응한다(그림 21-1b). 우리는 14장에서 이들 세포들이 인슐린을 물이 없는 거의 결정질(crystalline) 형태로 분비 소낭에 저장하고 있음을 살펴보았다. 거의 모든 조절되는 secretory pathway (분비경로)와 같이, 이 소낭들이 세포막과 융합하여 그 내용물이 분비되는 것은 세포질의 Ca^{2+}의 상승에 의하여 유발된다. 인슐린 분비는 GLUT2 포도당 수송체를 통해서 세포 밖 포도당의 증가에 의해 유발되는데(그림 11-5), 비례하여 세포 내로 들어오는 포도당의 속도, 이에 대응하는 glycolysis (해당) 속도가 증가한다. 결과적으로, 세포내 ATP:ADP 농도 비율은 증가하게 되고, 이는 β 세포에서만 존재하는 ion channel (이온 채널)인 ATP-gated K^+ 채널을 닫아 K^+ 이온이 세포 밖으로 나가는 것을 줄인다. 신경 세포의 axon (축삭돌기) 말단에서 일어나는 바와 같이 (23장 참조), 세포막이 ~−70 mV에서 ~−40 mV로 탈분극(depolarization)하는 결과를 낳게 되고, 이는 voltage-sensitive Ca^{2+} 채널 열기, 세포질의 Ca^{2+}의 증가와 인슐린 분비를 유도한다.

지방과 근육세포에서는, 인슐린이 GLUT4 포도당 수송체를 갖고 있는 세포내 소낭들을 세포막과의 융합을 유발하여 포도당 흡수 속도를 증가시킨다

췌장 β 세포로부터 일단 분비된 인슐린은 혈류에서 순환하고 간, 근육, 지방 세포 등, 여러 가지 종류의 세포에 존재하는 인슐린 수용체에 결합한다. 지방과 근육 세포에서는 receptor tyrosine kinase (수용체 타이로신 인산화 효소; 16장 참조)인 인슐린 수용체가 여러 가지 신호전달 경로들을 활성시키고 이들은 수분 내에, 혈류로부터 포도당을 흡수하는 속도를 ~10배 정도 증가시킨다. 세포 내로 들어온 포도당은 hexokinase에 의하여 빠르게 인산화(phosphorylated)되어 세포 밖으로 나올 수 없는 glucose 6-phosphate (그림 12-3)를 만든다; 그래서 포도당의 세포 내 흡수의 증가는 빠른 혈당 저하를 가져온다.

대부분의 체세포의 세포막과 같이, 지방과 근육 세포의 막은 세포로 하여금 기본적인 대사에 필요한 충분한 포도당을 받아들일 수 있게 하는 GLUT1 포도당 수송체를 갖고 있다. 지방과 근육 세포는 또한 많

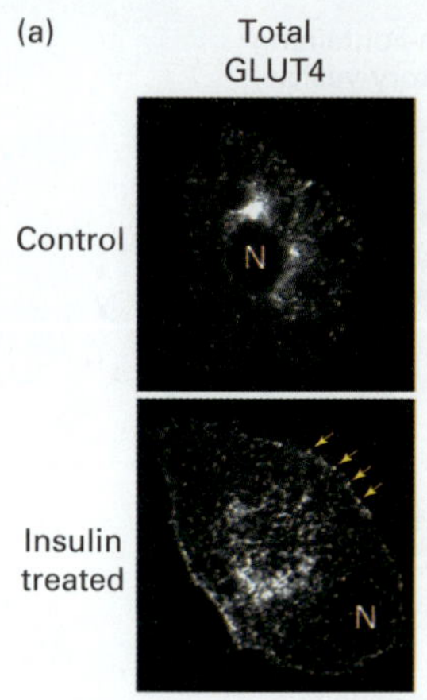

실험 그림 21-2 지방 세포의 인슐린 자극은 GLUT4가 세포내 소낭으로부터 세포막으로 이동하는 것을 유도한다. (a) 배양된 지방 세포들은 GLUT4의 C-terminus에 green fluorescent protein (GFP)가 연결된 chimeric protein을 발현하도록 설계되었다; 살아있는 세포는 confocal fluorescent microscope (공초점형광현미경)으로 시각화하였다. 인슐린이 없을 때, 실질적으로 모든 GLUT4는 세포막과 연결되지 않은 세포내 막에 놓여 있다; 세포 표면에 염색이 거의 보이지 않는다. 인슐린을 처리하면, GLUT4를 갖고 있는 막들이 세포막과 융합하는 것을 촉발하여, GLUT4를 세포 표면으로 이동시켜 포도당을 혈액으로부터 세포 안으로 전달하게 한다. 화살표는 세포막의 GLUT4를 표시한다; *N*은 핵의 위치를 가르킨다. (b) Fat과 muscle 세포에서는, 인슐린 신호전달이 여러 단계에서 작동하여 세포막에서의 GLUT4 레벨을 증가시킨다. 휴식 중인 세포에서는 GLUT4의 대부분이 특수한 GLUT4 storage vesicle (GSV)에 위치해 있다; 많은 GLUT4는 골지체 복합체 주변에 있는 *Golgi matrix protein*이라고 하는 단백질에 TUG 단백질에 의해 묶여 있어서 세포 표면으로 이동할 수 없다. 인슐린이 인슐린 수용체에 붙으면 protease의 활성을 일으키는데(단계 1), 이는 TUG 단백질을 절단하여 GLUT4-containing vesicle을 골지체 matrix로부터 떨어져 나오게 한다(단계 2). TUG의 N-terminal fragment는 GSV에 붙은 채 남아, microtubule motor protein인 kinesin에 결합하여(단계 6a; 18장 참조), GSV들이 microtubule을 따라 세포 표면으로 이동하게 한다(단계 6b; *아래쪽*). 인슐린은 또한 PKB를 활성화한다(단계 3; 그림 16-17 참조). PKB는 Rab GAP 단백질인 AS160을 인산화하고(단계 4), 지질에 공유결합으로 연결되어 GSV에 붙어 있는 GTP-결합 단백질인 Rab10에 의하여 일어나는 GTP hydrolysis를 가속화하는 능력을 방해한다. Rab10은 활성 GTP-결합 상태로 축적되고(단계 5), GLUT4 storage vesicle이 microtubule을 따라 움직이도록 지시하고, 세포 표면위의 표적 단백질과 상호작용하게 한다(단계 6a와 6b). 결국, 이들 GSV는 세포막과 융합한다(단계 7). 이 스텝은 또 다른 monomeric GTP-결합 단백질인 RalA이 활성 GTP-결합 상태에서 촉매한다. PKB는 이 막 fusion을 RalA GAP 단백질을 인산화하고 불활성화함으로써 자극하여(단계 8), RalA가 GTP에 결합하게 한다(단계 9). 세포막의 GLUT4가 증가한 결과는 세포가 자극받지 않은 세포의 약 10배 빠른 속도로 포도당을 세포외 용액으로부터 흡수하게 한다(단계 10). 인슐린을 제거한 후에는 세포막 GLUT4가 endocytosis에 의하여 세포 안으로 들어오게 되고(단계 11), 마침내 GSV로 옮겨지게 된다(단계 12). 이 그림에서는 생략된 많은 다른 단백질들이 이 신호전달과 vesicle budding, 그리고 fusion event에 참여한다; 이러한 단백질들은 또한 PKB를 필요로 하지 않는 인슐린 수용체의 하위에서 활성화된다. J. S. Bogan, 2012, *Annu. Rev. Biochem.* **81**:507; A. Klip, T. E. McGraw, and D. E. James, 2019, *J. Biol. Chem.* **294**:11369 참조. [Part (a) republished with permission from American Society for Biochemistry and Molecular Biology, from C. Yu et al., 2007, "The Glucose Transporter 4-Regulating Protein TUG Is Essential for Highly insulin-Responsive Glucose Uptake in 3T3-L1 Adipocytes," 2007, *J. Biol. Chem.* **282**:7710; permission conveyed through Copyright Clearance Center, Inc.]

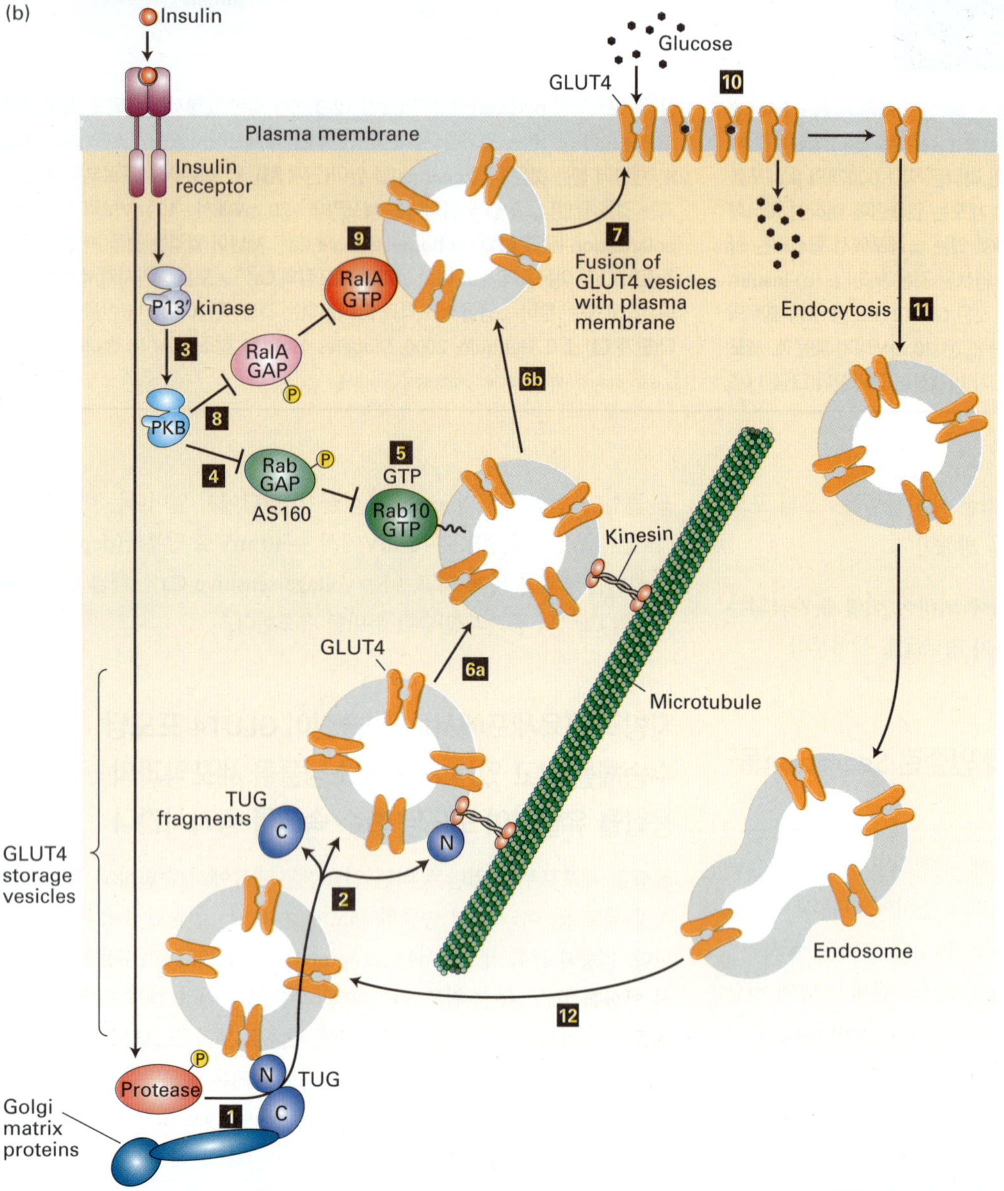

은 양의 포도당 수송체를 발현하는데, 이들은 오직 이들 세포에서만 만들어지는 인슐린-반응 포도당 수송체인 GLUT4이다. 휴지기 세포(자극되지 않은 세포)에서는 실질적으로 모든 GLUT4는 세포질 내의 작은 소낭에 위치한다(그림 21-2a). 약간의 GLUT4는 endosome (엔도솜)에 있기도 하는데, 대부분은 지방과 근육 세포에만 존재하는 작은 organelle (세포소기관)인 **GLUT4 storage vesicle (GSV**; 그림 21-2b)

에 존재한다. 이 소낭들은 엔도솜으로부터 유래되기는 했지만 구별되고, *TUG* (*T*ether containing *U*BX domain for *G*LUT4)라고 불리는 골지체를 둘러싸고 있는 coiled-coil protein (또꼬인나선 단백질)에 의하여 골지체에 매달려 있다. TUG의 N-말단 domain은 GLUT4와 다른 소낭 단백질들에 붙고, C-말단 domain은 골지체 단백질에 붙어서, GSV들이 인슐린-신호가 없을 때 세포막으로 이동하는 것을 방지한다.

인슐린이 그 수용체에 결합하면 TUG 가운데 특정 부위를 자르는 protease (단백질 분해효소)를 활성화시켜, N-말단 GLUT4-결합 부위를 골지체에 붙어 있는 C-말단으로부터 분리한다. (이 과정을 일으키는 신호 경로가 이제야 완전히 그 정체가 밝혀졌다.) TUG의 절단은 GLUT4를 저장하고 있던 소낭을 골지체로부터 풀려나게 한 후 자유로워진 N-말단 TUG 조각을 microtubule motor protein (미세소관 동력 단백질)인 kinesin (18장 참조)에 붙게 한다. 이는 GSV의 세포막을 향한 미세소관-기반 이동을 개시하게 한다.

GSV가 세포막으로 움직이는 것은 또한 두 가지 단일 GTP-결합 단백질들인 RalA와 Rab10에 의하여 조절된다. 몇 가지 단일 GTP-결합 단백질이 세포내 transport vesicle (수송 소낭)의 출아에 필수적이라는 것을 기억하자(예, Sar 단백질; 그림 14-7과 14-9 참조); 다른 것들에는 Rab이 있는데, 이들은 vesicle fusion (소낭 융합)에 필수적이다(그림 14-11 참조). 다른 단일 GTP-결합 단백질들과 같이, RalA와 Rab10 (그림 21-2b 참조)은 inactive GDP-bound (불활성 GDP-결합)와 active GTP-bound (활성 GTP-결합) 상태를 오간다. Rab10은 GSV에 공유결합된 지질에 의해 붙어서 GLUT4 소낭의 세포막으로 움직임을 조절한다; RalA은 세포막과의 소낭 융합을 조절한다.

다른 receptor tyrosine kinase와 같이, 인슐린 수용체는 PI-3 kinase/PKB 경로를 활성화한다(그림 16-17). 활성화된 PKB는 차례로 인산화 시키면서, 2개의 GAP 단백질인 AS160과 RGC의 GTP → GDP 가수분해 활성을 억제한다; 인산화는 또한 AS160이 14-3-3 단백질에 결합하게 하여, 자신의 target인 Rab 단백질로부터 떨어져 세포질에 머무르게 한다(그림 16-13). 기저 상태(자극 받지 않은 상태)에서는, 이들 GAP이 GTP 가수분해 속도를 증가시킴으로써, RalA와 Rab10 기능을 억제하고, 따라서 GLUT4 저장 소낭이 미세소관을 따라 세포막으로 가서 융합하지 못하도록 한다. PKB에 의하여 두 GAP을 인산화하는 것은 RalA와 Rab10이 활성 GTP-결합 상태로 축적되게 해서, GLUT4 저장 소낭이 미세소관을 따라 세포 표면으로 움직여 세포막과 융합하도록 수송하는 것을 포함하는 GLUT4 경로의 여러 단계들을 활성화하게 한다(그림 21-2b 참조). RalA와 Rab10에 의한 GSV targeting과 fusion을 조절하는 메커니즘은 현재 진행 중인 많은 연구들의 주제이다.

혈당이 떨어지면, 인슐린 분비와 혈액 내 인슐린의 양이 떨어지고, 인슐린 수용체는 더 이상 강하게 활성화되지 않는다. 지방과 근육 세포에서는, 세포막 GLUT4가 endocytosis (내포 작용, 세포내 도입)에 의하여 세포 안으로 들어온다. 인슐린 레벨이 낮을 때, GLUT4는 세포내 도입된 다른 것들로부터 갈려 나와서, 엔도솜에서 *trans*-Golgi network으로 움직이고, 거기서 본래 저장되는 곳인 GSV로 가서 세포 표면의 GLUT4 레벨을 낮추며, 이에 따라 포도당 세포내 흡수도 낮추게 된다.

간에서는 인슐린이 포도당 합성을 억제하고, 해당 작용을 가속하고, 포도당을 글리코겐으로 보관하는 것을 증진시킨다

15장에서는 간의 주요 세포인 hepatocyte가 포도당 대사에서 중요한 조절자라는 것을 살펴보았다; 이 세포들은 과잉으로 남은 포도당을 글리코겐으로 저장한다. 인슐린은 간에 여러 가지 방법으로 작동한다: gluconeogenesis (포도당신합성 과정: pyruvate, oxaloacetate, 그리고 acetyl CoA와 같은 metabolite들을 포도당으로 전환시키는 대사 경로)를 억제하고, 해당 작용을 가속하며, 포도당을 글리코겐으로 저장하는 것을 향상시킨다. 이 모든 작동들은 공통적 포인트를 갖고 있다— hepatocyte에서의 포도당의 생성과 방출을 줄이고, 이에 따라 혈액에서의 포도당 수치를 줄이는 것이다.

인슐린은 포도당으로부터 글리코겐 합성을 증진 수분 이내에, hepatocyte에 대한 인슐린 자극은 포도당이 글리코겐으로 전환하는 것을 상승시킨다; 인슐린 수용체의 하위 경로에서 활성화되는 PKB는 이 과정에서 결정적인 역할을 한다. 활성화된 PKB는 GSK3 (Wnt와 Hh 경로에서 작용하는 그 같은 효소; 16장 참조)을 인산화한다. 휴지기(non-인슐린-stimulated) 세포에서는, GSK3의 촉매성이 활성화되고, glycogen synthase를 인산화하여 그 활성을 억제함으로써 포도당으로부터 글리코겐을 합성하는 것을 막는다(그림 15-22 참조). 반면, 인슐린을 처리한 간에서는 GSK3가 PKB에 의해 인산화되면 그 활성이 억제되고, 따라서 glycogen synthase를 인산화하여 억제할 수 없다. 인슐린 자극에 의하여 PKB가 활성되는 것은 빠른 glycogen synthase의 활성화를 가져오고, 포도당을 순환계(circulation)로부터 제거하여 근육과 간에 글리코겐으로서 보관하는 것을 돕는다.

인슐린은 포도당 분해를 가속화한다 12장에서 살펴본 바와 같이, fructose 6-phophate와 ATP를 fructose 1,6-bisphosphate와 ADP로 만드는 반응을 촉매하는 phosphofructokinase-1 효소는 해당 작용의 주요 rate-limiting enzyme이다. 인슐린 stimulation은 phosphofructokinase-1 활성의 증강을 가져와서 포도당의 catabolism (이화작용)을 가속화한다. 그것은 부분적으로는 간의 phosphofructokinase-1을 알로스테릭하게(allosterically) 활성화하는 fructose 2,6-bisphosphate의 농도를 증강시킴으로써 이루어진다(그림 12-4 참조). 인슐린 수용체의 하위 경로에서 활성화된 신호전달 경로를 통하여, fructose 6-bisphosphate와 ATP로부터 fructose 2,6-bisphosphate를 만드는 효소인 phosphofructokinase-2의 활성이 증강되는 동안, fructose 2,6-bisphosphate를 다시 fructose 6-bisphosphate와 Pi로 가수분해하는 효소인 fructose bisphosphate phosphatase-2의 활성은 억제된다. 종결은 fructose 2,6-bisphosphate에 의한 phosphofructokinase-1 활성의 상승, 해당 경로를 통한 포도당 catabolism의 가속, 그리고 혈당 저하이다.

인슐린은 포도당신합성 과정에 필수인 주요 효소들의 합성을 억제한다 인슐린은 또한 hepatocyte에 작용하여 lactate, pyruvate, acetate

와 같은 비교적 작은 분자들로부터 시작하는 포도당 합성(gluconeogenesis)을 억제하고(12장 참조), 포도당으로부터 글리코겐이 합성되는 것을 증강시킨다. 인슐린 신호전달이 포도당신합성 과정의 주요 스텝들을 촉매하는 효소들을 암호화하는 유전자의 발현을 줄이기 때문에, 이 효과들 중 많은 것들이 gene transcription (유전자 전사) 수준에서 나타난다는 것은 분명하다. 이 모든 반응들의 순효과는 공복 혈당을 5 mM로 낮추면서 excess (잉여) 포도당을 나중에 사용하기 위하여 세포 안에 글리코겐으로서 보관하는 것이다.

예를 들어, 갑작스런 근육 활동에 기인하여 혈당이 5 mM 아래로 떨어진다면, 췌장 β 세포로부터 줄어든 인슐린 분비가 그 근처의 췌장 α 세포로부터 늘어난 글루카곤 분비라는 결과를 낳는다. 혈액으로의 글루카곤 분비는 글리코겐의 분해를 빠르게 촉발해서(그림 15-22) 혈당을 증가시켜 정상 수준으로 회복한다.

불행하게도, 이렇게 얽히고 설킨 강력한 조절 체계가 가끔 고장나서, 생명을 심각하게 위협하는 병증, 특히 주로 *diabetes mellitus* (당뇨병)를 일으킨다. 당뇨 상태에서는 혈당 조절이 망가져서 혈당 농도가 계속해서 증가되어 있고(hyperglycemia), 치료하지 않으면 위에서 언급한 여러 주요 합병증을 일으킨다. 제1형 당뇨병은 어린이와 청년들에게서 주로 나타나며, 췌장의 인슐린-생산 β 세포들을 파괴하는 autoimmune process (자가면역 과정)에 의하여 일어난다. 종종 *insulin-dependent diabetes* (**인슐린-의존 당뇨병**)라고 불리는 이 질병은 평생 동안 혈당을 수시로 살펴서, 알맞게 조절된 인슐린을 주사하는 것이 대체로 잘 듣는 치료가 된다.

선진국 대부분의 성인 당뇨병은 제2형 당뇨병이며, *non-insulin-dependent diabetes* (**비-인슐린-의존 당뇨병**)라고 한다; 이 상태는 근육, 지방, 간의 세포들의 인슐린에 대한 반응성이 저하되거나, 인체가 높아진 혈당을 보상하기 위하여 인슐린을 지나치게 많이 생산하게 됨에 따라서, 제기능을 하는 인슐린-생산 β 세포를 잃어버림으로부터 오는 결과이다. 이러한 형태의 질병을 유발하는 원인이 잘 알려져 있지 않은 가운데, 비만(obesity)은 제2형 당뇨병의 발병과 밀접한 관련이 있다. 비만은 또한 지방산을 triglyceride (트리글리세리드)로 보관하는 adipocyte (지방세포)의 오작동에도 기여한다. 그 결과로서 일어난 근육과 간의 지질 축적(특히, diacylglycerol 디아실글리세롤과 sphingolipid 스핑고지질)은 이 조직들의 인슐린 작용을 망가뜨린다. 에너지 대사를 조절하는 신호 경로를 알아내는 것은 당뇨병의 pathophysiology (병리 생리학)를 이해하는 데 통찰력을 제공하고, 바라건대 질병의 방어와 치료를 위한 새로운 방법들을 이끌어낼 것으로 기대된다. ■

21.1절의 주요 개념

혈당 조절

- 정상 혈당 농도의 유지는 서로 인접한 췌장 섬 세포에서 만들어지는 인슐린과 글루카곤, 두 호르몬들 사이의 균형에 의존한다.
- 정상 혈당 5 mM 보다 높으면 인슐린이 혈당을 낮추고, 그 반대인 경우 글루카곤이 혈당을 높인다.
- β islet 세포에 의한 인슐린 분비는 해당 작용의 증가, ATP 레벨 향상, K^+ 채널의 닫힘, Ca^{2+} 채널의 열림을 이끄는 포도당의 세포 흡수 증가에 의하여 촉발된다.
- 인슐린은 지방 세포와 근육 세포에 작용하여 포도당 흡수 속도를 증가시킨다. 인슐린 수용체의 활성은 GLUT4 포도당 수송체가 세포내 GSV로부터 세포막으로 융합 이동하는 것을 이끄는 몇 가지 신호전달 경로들을 촉발한다.
- 인슐린은 hepatocyte (간세포)에 작동하여 포도당 합성을 억제하고, 해당 작용을 가속화하며, 포도당을 글리코겐으로 저장하는 것을 향상시킨다.

21.2 세포 성장 신호를 Nutrient와 Energy Level과 통합하기

이 앞 절에서 우리는 단일 분자인 포도당 수치를 인식하고 유지하는 것이 어떤 면에서 척추동물 세포와 생물체의 대사에 필수적인지 알게 되었다. 그러나 어떤 과정에서는, 세포들이 여러 다양한 분자들을 동시에 인지하고, 이들 신호전달 입력을 종합하여 다수의 하위 경로들을 활성하게 만드는 신호전달 경로에 연결할 수 있어야만 한다. 중요한 예는 세포가 세포 분열 주기로 들어가도록 결정하는 것이다(19장 참조). 세포 분열이 시작하기 위해서는 근처 세포 표면, 혹은 주변에 있는 특이적 성장 인자에 의한 자극뿐만 아니라(16장 참조), 충분한 아미노산, 뉴클레오티드, 그리고 세포 환경에 있는 다른 작은 분자들이 필요하다. 더하여, 포도당, 지방산, 그리고 다른 에너지원들의 대사 속도는 분열을 준비하는 데 있어서 세포 질량이 두 배로 늘어나기 위해 필요한 모든 단백질, 핵산, 막, 그리고 다른 구성 요소들의 합성에 필요한 힘을 제공하는 ATP 수준을 유지하기에 충분해야 한다.

이 절에서는 TOR 경로와 그 주요 구성 요소이자 여러 세포질에 있는 센서 단백질들로부터 오는 입력들을 통합하여 세포 성장을 조절하는 커다란 multisubunit complex (다중서브유닛 복합체)인 mTORC1 protein kinase에 대하여 고찰한다. 또한, 이 kinase의 활성이, 세포질과 lysosome (리소좀) 안의 특정 아미노산 수준, ATP 수준, 그리고 성장 인자 수용체의 하위에서 활성화된, 주로 kinase인 몇몇의 세포 내부 신호전달 단백질들에 의하여 어떻게 조절될 수 있는지 살펴본다. 또한, active mTORC1 kinase의 여러 substrate (기질)들이 어떻게 반응하여 세포 성장과 증식에 필요한 많은 신호 경로를 활성화하고, 이들 macromolecule (고분자)을 작은 분자 구성원으로 재활용하는 autophagy (자가포식)를 억제하는지 살펴본다. 또한, mTORC1 신호전달 네트워크의 부적절한 활성이 질병을 일으키는 데 어떻게 기여하는지를 살펴보고, 이 kinase의 억제제가 진료에 사용됨을 살펴본다.

TOR 경로는 *Streptomyces* bacteria (개장 그림 참조)에 의해서 생

산되는 항생제인 rapamycin (라파마이신)의 작용 메커니즘에 관한 연구 과정에서 발견되었다. 라파마이신은 또한 초기에는, 어떻게 그 기능이 나타나는지 알지 못한 상태에서, 장기 이식 환자의 면역 반응을 억제하는 데 유용하다는 것이 입증되었다. 라파마이신에 의해 억제되는 단백질인 *target of rapamycin (TOR)*은 세포 성장의 라파마이신 억제 작용에 저항성을 보이는 효모 돌연변이(yeast mutant)들을 분리함으로써 알려지게 되었다. 효모 TOR는 영양 상태에 반응해서 몇 가지 세포 과정들을 조절하는 커다란(~2400 아미노산) protein kinase이다. 효모 TOR와 *metazoan TOR (mTOR)*는 모두 mTORC1과 mTORC2라고 하는 2개의 다중서브유닛 복합체 내 구성원으로 존재한다. 여기서 우리는 더 잘 알려져 있는 mTORC1 복합체(그림 21-3)에 집중할 것이다.

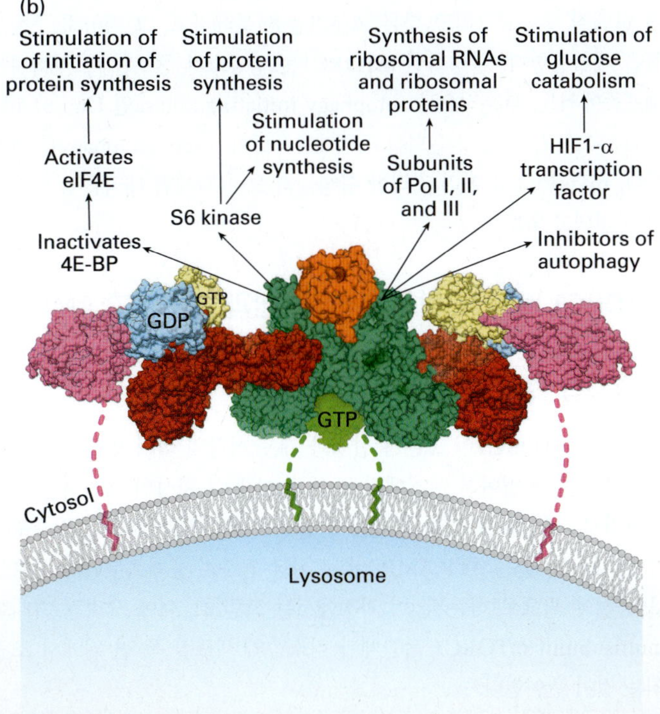

큰 mTORC1 복합체는 리소좀의 세포질 면 위에서 조립된다. 우리는 먼저 mTORC1에 의해 활성화되어 세포 성장과 분열을 자극하는 여러 가지 신호전달 경로들을 고찰한다.

Active mTORC1 복합체는 많은 Anabolic 신호전달 경로를 활성화한다

이 절에서는 active mTORC1에 의하여 직접 인산화돼서, 리보솜, RNA, 단백질 합성 등을 자극하고, 포도당 대사를 가속화하는 등의 세포 성장에 필수적인 과정을 매개하는 표적 단백질들 중 몇 가지를 기술한다(그림 21-3b). 다음 절에서는 mTORC1 활성이 어떻게 조절되는 지에 대하여 자세히 살펴본다(그림 21-3a).

Messenger RNA Translation과 단백질 합성의 속도를 증강한다

mTORC1은 messenger RNA translation (번역) 속도를 자극하는데, 전체적인 단백질 합성 속도는 다음 두 가지 주요 메커니즘을 통해서 자극된다. 리보좀과 단백질 합성에 필요한 다른 분자들의 생산을 자극하는 것, 그리고 mRNA 위에 있는 리보좀에 의한 polypeptide chain initiation (폴리펩티드 사슬 개시)의 속도를 자극하는 것이다.

진핵생물 mRNA 번역의 첫 번째 단계는 eIF4 initiation 복합체가 eIF4E cap-결합 서브유닛을 통하여 mRNA의 5′ cap에 결합함이라는 것을 상기하자(그림 5-36 참조). Active eIF4E의 농도와 폴리펩티드 사슬 개시의 속도는 eIF4E에 붙어 그의 mRNA 5′ cap과의 상호작용을 억제하는 *eIF4E*-결합 단백질(*4E-BP*)라고 하는 작은 family (군)을 이루는 상동 단백질(homologous protein)들에 의해서 하향 조절(down regulation)받는다. 4E-BP들은 active mTORC1에 의해 직접 인산화되는데, 인산화된 4E-BP는 eIF4E를 내보내고, mRNA 선상에서 transla-

그림 21-3 mTORC1 복합체. (a) 리소좀의 표면에 있는 active mTORC1 복합체의 모델. mTORC1 kinase는 kinase인 mTOR, Raptor (mTOR와 연결된 regulatory protein), 그리고 mTOR 활성을 조절하는 다른 많은 단백질들로 이루어져 있다. Rheb과 RagA라고 하는 2개의 작은 GTP-binding protein들이 동시에 활성 GTP-결합 상태로 전환하면서 mTORC1 kinase를 리소좀의 표면으로 이동시키면 kinase가 활성된다. RagA가 활성 GTP-결합 상태로 전환하는 것은 세포질에 충분한 아미노산과 영양소들이 있을 때 일어난다(그림 21-4). Rheb이 활성 GTP-결합 상태로의 전환은 ERK와 PKB와 같이 많은 성장 인자 수용체들의 하위에서 활성화된 신호전달 경로의 일부인 kinase들의 하위에서 일어난다(그림 21-5); Rheb이 활성 GTP-결합 상태로 전환하는 것은 높은 ATP 레벨을 필요로 한다. 따라서 mTORC1는 많은 세포 상태로부터 오는 많은 신호들을 총괄하여 세포 성장과 대사의 여러 면면들을 조절한다. Rheb과 RagA (그리고 연관된 RagC)에 결합하는 조절자 단백질 모두 지질이 붙어서 변형된 말단 잔기들을 갖고 있어 그 초복합체의 이들 구성원들을 리소좀막에 정박시킨다는 것에 주의하라. (b) mTORC1 복합체에 의하여 활성화된 여러 혐기 신호전달 경로. 세포 성장에 필수적인 과정들인 RNA와 단백질 합성을 자극하고 glycolysis를 가속화하는 mTORC1에 의해 직접 인산화되는 표적 단백질들의 일부를 보여준다. 자세한 것은 본문 참조. [Part (a) data from K. B. Rogala et al., 2019, *Science* **366**(6464):468–475; https://doi.org/10.1126/science.aay0166. Courtesy of Kacper Rogala and David Sabatini.]

tion initiation complex (번역 개시 복합체)의 조립을 자극하고, 따라서 단백질 번역 개시를 자극한다. mTORC1을 또한 S6K라고 하는 다른 protein kinase를 인산화하고 활성화하는데, 그 결과 S6K는 몇 가지 translation initiation factor (번역 개시 인자)들을 인산화하여 활성화시켜서, 단백질 합성 속도를 더욱 증가시키게 된다.

5′ untranslated region (비번역 지역; called *TOP* mRNAs for *t*ract of *o*ligo*p*yrimidine)에 한 줄로 늘어선 pyrimidine (피리미딘)을 갖고 있는 특정 mRNA들의 번역은 4E-BP의 인산화와 mTORC1의 또 다른 기질인 RNA 결합 단백질 LARP1에 대한 S6K 인산화에 의해 특히 강하게 자극된다. TOP mRNA들은 리보좀의 단백질, 번역 개시 인자와 translation elongation factor (번역 신장 인자)들을 암호화한다; 그래서 이들 단백질들의 생산이 증가되면 세포내 리보좀의 생성이 늘어나고, mRNA 번역 속도를 더욱 더 향상시킨다. S6K는 또한 그 이름에서 나타나듯이, small ribosomal subunit의 S6 subunit을 인산화하는데, 이 인산화의 단백질 합성에 대한 효과는 잘 알려져 있지 않다.

DNA Ribosomal RNA와 tRNA의 합성을 증강하기 리보좀은 평균적인 metazoan 세포 질량의 약 15퍼센트를 이루고 있다. Active mTORC1은 리보좀 단백질뿐만 아니라, 앞에서 언급한 바와 같이, ribosomal RNA들의 합성을 향상시킴으로써 리보좀 생산을 자극한다. 완전히 이해되지 않은 과정에서, mTORC1은 RNA polymerase I의 전사 인자인 TIF-1A를 활성시키는데, 이는 large rRNA precursor의 전사를 자극한다(그림 8-51 참조). mTOR는 RNA polymerase III 전사의 단백질 저해자인 MAF1을 인산화하는 protein kinase들을 인산화하여 활성화시킴으로써, RNA polymerase III의 전사를 활성화한다. 인산화는 MAF1을 핵에서 빠져나오게 만들어 RNA polymerase III 전사를 억누르는 것을 해제하고, 5S ribosomal RNA와 많은 tRNA들을 합성하게 한다. mTOR 활성이 떨어지면, 세포질에 있던 MAF1이 빠르게 탈인산화(dephosphorylation)되고 핵으로 들어가서 RNA polymerase III의 전사를 억제한다.

더욱이, mTOR는 ribosomal protein과 translation factor 유전자들의 전사를 자극하는 두 가지 RNA polymerase II activator들을 활성화한다. 마침내, mTOR는 rRNA precursor를 mature rRNA로 전환하는 것을 자극한다(9.5절 참조). 이들 몇 가지 mTOR 기질들의 인산화의 결과로서, 리보좀의 조립과 합성, translation factor들과 tRNA들의 합성이 매우 증가한다. 더하여, mTORC1은 RNA의 중요 구성 요소인 pyrimidine을 작은 분자로부터 합성하는 것을 자극하고, 다시 ribosomal RNA와 다른 RNA들의 생산을 향상시키는 것에 기여하게 된다. 또는 mTOR kinase 활성이 방해 받았을 때, 이들 기질들이 de-phosphorylated (탈인산화)되고 단백질 합성의 속도와 리보솜, translation factor, tRNA들의 생산을 매우 많이 줄임에 따라 세포 성장이 느려지거나 멈추게 된다.

요약하면, active mTORC1은 리보솜의 구성 요소, tRNA, translation factor 등의 발현을 증가시키는 전사 인자들을 활성화함으로써 단백질 합성의 전체 속도를 자극해서 세포 성장을 자극한다. mTORC1은 또한 mRNA 번역을 직접적으로 향상시키는 2개의 중요 단백질들을 활성화한다.

Glycolysis (해당작용)를 자극함 세포 성장은 미리 준비된 ATP 공급을 필요로 한다. 활성화된 mTORC1는 포도당 수송체인 GLUT1의 발현을 증가시켜 포도당의 세포내 흡수 속도를 끌어 올려서, 포도당을 pyruvate로 전환하면서 ATP를 생성하는 해당과정을 자극한다(11장 참조). 활성화된 mTORC1은 또한 전사 인자인 hypoxia-inducible factor 1α (HIF-1α) 레벨을 증가시키는 것을 통해서 해당 경로(12장 참조)의 많은 효소들의 생산을 증가시킨다. 21.4절에서 살펴보겠지만, HIF-1α 단백질은 정상 산소 농도에서는 빠르게 파쇄되고 산소가 없는 경우에는 안정화되는데, 이 조절 과정은 mTORC1 활성과는 독립적이다. 그러나 HIF-1α mRNA의 번역 속도가 mTORC1에 의하여 선택적으로 증가하기 때문에, mTORC1 활성화는 정상 산소 수준에서도 HIF-1α의 수준을 증가시키는 방향으로 이끈다. HIF-1α는 차례로 해당 경로의 효소들을 암호화하는 많은 유전자들의 전사 속도를 증가시킴으로써, 산소의 존재 하에서 ATP 수준을 향상시킨다.

Autophagy를 억제함 세포 단백질 합성의 전체적인 향상, ribosome, tRNA, translation factor들의 생산 등을 향상시키는 것 이외에도, mTORC1은 낮은 영양 레벨에 반응하는 여러 가지 과정들에도 관여하는데, 그중 특히 macroautophagy (또는 간단히 **autophagy 자가포식**)를 조절한다. 한 가지 이상의 필수 영양소를 섭취하지 못하는 동안, mTOR의 활성이 떨어지는 때에, 세포는 전체 세포소기관을 포함하는 세포 구성물들을 분쇄하여 필수적인 세포 과정들을 위한 에너지와 precursor (전구체)들을 공급한다(14장 참조). 이 과정 중에는, 커다란 double-membrane (이중막) 구조가 세포질의 한 부분을 둘러싸서 삼킨 후 autophagosome을 형성하는데, 이들은 리소좀과 융합하여 안에 갇힌 단백질, 지질, 그리고 다른 고분자들을 분쇄하고, 그 영양소 구성물들을 재활용한다. 활성화된 mTORC1는 영양소가 풍부할 때 자라나는 세포들에서는, 부분적으로 autophagy-initiating kinase인 Unc-51-like kinase-1 (*ULK1*)을 인산화하고 억제함으로써 macroautophagy를 억제한다. mTORC1의 이러 저러한 활성들의 보다 자세한 내막들이 이제서야 발견되고 있다.

mTORC1 Kinase 활성은 아미노산과 높은 ATP:AMP 비율, 그리고 성장 인자 수용체의 하위에 있는 신호전달 경로의 활성을 요구한다

활성화한 mTORC1이 고분자 합성과 세포 성장의 여러 면들을 어떻게 자극하는 지를 알아본 상태에서, 우리는 이제 그 활성의 메커니즘에 주목하기로 한다: mTORC1 kinase 활성화가 어떻게 높은 레벨의 세포질내 아미노산, 높은 ATP:AMP ratio, 성장 인자 수용체로부터의 신호들을 동시에 필요로 하는지. 이 과정에서는 그림 21-3a에 그려진 거대한 multisubunit mTORC1 복합체가 리소좀의 세포질 쪽 면 위에서 조립되는 것이 관여한다.

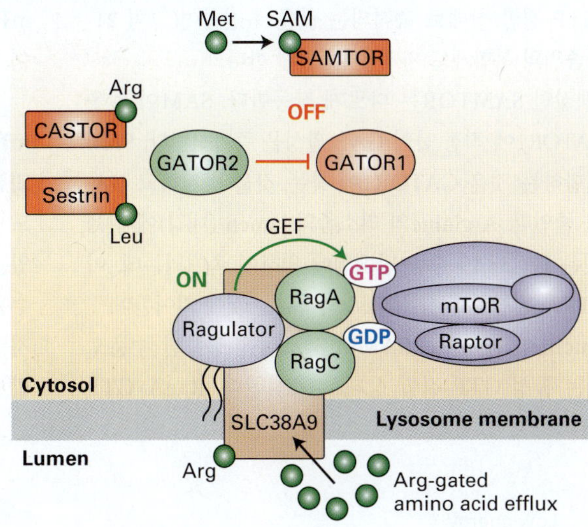

그림 21-4 세 가지 cytosolic 아미노산에 의한 mTORC1의 RagA 조절자의 활성화에 대한 모델. RagA와 RagC는 공유결합으로 길게 연결된 지질에 의해서 리소좀 막의 세포질 쪽 면에 정박된 조절자 단백질에 붙어 있다. 모든 small GTP-결합 단백질들과 같이, RagA는 GTP가 붙은 active 상태와 GDP가 붙은 inactive 상태를 순환한다. RagA는 core mTORC1 복합체를, 성장 인자 수용체의 하위에 있는 다른 신호들에 의하여 활성화되는 장소인 리소좀 표면으로 끌어오기 위해서는 GTP-bound 상태에 있어야 한다(이상하게도, RagC는 GDP 상태이어야만 한다). GATOR1은 active RagA·GTP를 inactive RagA·GDP로 전환시키는 GAP이고, 그 활성은 세 가지 아미노산인 leucine, arginine, 그리고 methionine의 대사물인 *S*-adenosylmethionine (SAM)에 의하여 조절된다. (a) 아미노산이 부족한 상태에서는 GATOR1이 활성화되고, RagA·GTP를 RagA·GDP로 전환하는 것을 촉진하여 mTORC1에 붙을 수 없는 RagA/C heterodimer를 생성한다. GATOR2는 GATOR1에 붙어 GAP 활성을 저해하는 단백질인데, 아무것도 붙지 않은 세포질 내 leucine 수용체인 Sestrin에 붙거나, arginine 수용체인 CASTOR에 결합하고 있는 경우에는 이러한 활성들을 하지 않게 된다. SAM의 세포질 내 수용체인 SAMTOR는 SAM에 붙지 않고 있을 때 GATOR1에 붙어 활성화하여, RagA·GTP를 RagA·GDP로 전환하는 것을 더욱 촉진한다. (b) 충분한 arginine, leucine, SAM이 있는 경우에는 GATOR1의 GAP activity가 불활성화되고, RagA는 활성 GTP-결합 상태로 축적된다. 이들 아미노산이 없는 상태에서는 leucine, arginine, methionine에서 유래된 SAM이 직접 그들의 센서인, Sestrin, CASTOR, SAMTOR에 각각 결합한다. 이것은 GATOR1 GAP activity를 방해하는 것을 촉발한다: Sestrin과 CASTOR가 GATOR2로부터 떨어져 나오는 것은 GATOR2가 GATOR1에 결합하여 알려지지 않은 메커니즘을 통해 그 기능을 저해하며, SMATOR는 GATOR1 GAP activity를 활성화하지 못한다. 수송 단백질인 SLC38A9를 통해서 arginine이 리소좀의 lumen으로부터 세포질로 나오는 것 또한, RagA가 GTP bound active 상태로 축적하는 데 기여한다. RagA·GTP은 리소좀 표면에 있는 mTOR kinase에 붙고, mTORC1 kinase activity의 활성은 성장 인자 수용체의 하위에 있는 부가적인 신호들을 필요로 한다(그림 21-5). A. J. Valvezan and B. D. Manning, 2019, *Nat. Metab.* **1**:321 참조.

Cytosolic Acid들에 의한 활성화 단백질 합성이 진행하기 위해서는 모든 20개 아미노산들이 높은 수준으로 유지되는 것이 필요하다. 하지만, 척추동물의 진화는 leucine, arginine, 그리고 methionine metabolite인 S-adenosylmethionine (SAM), 이들 3개의 아미노산의 레벨만을 선택하여 mTORC1 kinase의 활성을 조절하게 되었다(그림 21-4). 이들 아미노산의 세포질 내 수준이 두 가지의 small GTP-binding protein인 RagA와 RacC를 조절하는데, 이들은 항상 조절자인 Rag-binding protein에 붙은 지질에 의하여 리소좀의 표현에 항상 정박해 있다.

Small GTP-binding protein인 RagA는 mTORC1 활성의 주요 조절자이다; 그것은 mTORC1 kinase 활성이 세포질의 leucine, arginine, 그리고 SAM의 수준이 충분히 높을 때만 활성화되게 한다. (관련된 GTP-binding protein RagC는 mTORC 조절에 작은 역할을 하게 되는데, 이상하게도 그 활성 부위는 GTP가 아닌 GDP와 결합하고 있다.) 모든 small GTP-binding protein들과 마찬가지로, RagA는 활성 GTP-결합과 불활성 GDP-결합 상태를 오간다; RagA는 그 GTP-bound 상태에 있을 때, core mTOR kinase 복합체를 성장 인자 수용체의 하위에서 오는 신호에 의하여 활성화되는 장소인 리소좀 표면으로 가져오게 된다. RagA GEF인 리소좀 막 단백질 SLC38A9는 또한 arginine에 의하여 조절되는 몇 가지 아미노산에 대한 수송 단백질로서의 기능도 하는데, 계속적으로 RagA·GTP로부터 GDP를 분리하는 것을 촉발하고, GTP가 RagA에 결합하여 RagA·GTP를 형성하는 것을 유발한다. Rag 조절은 active RagA·GTP를 inactive RagA·GDP로 전환하는 GAP인 GATOR1에 주목한다.

GATOR1은 세 가지 중요한 아미노산인 leucine, arginine, SAM 중 하나가 세포질에서 고갈되면 활성화되고, RagA를 GDP 상태로 두어 mTOR가 리소좀으로 오는 것을 막는다(그림 21-4a). *GATOR2*라고 부르는 또 다른 단백질 복합체가 GATOR1에 결합하면 GATOR1 GAP 활성을 억제한다. 그러나 arginine과 leucine의 수준이 낮다면, GATOR2가 GATOR1에 결합하는 것을 막는데, 아마도 GATOR2가 arginine 센서인 *CASTOR* (*c*ellular *a*rginine *s*ensor for m*TOR*C1), 혹은 leucine 센서인 Sestrin2에 대신 붙게 되기 때문일 것이다. 충분한 수준으로 존재할 때, arginine과 leucine은 각각, CASTOR과 Sestrin2의 결정된 부위에 결합한다. 이 결합은 구조에 변화를 일으켜서 CASTOR와 Sestrin2가 억제하고 있던 GATOR2로부터 떨어져 나오게 하여

GATOR2가 GATOR1에 붙어서 GATOR1 GAP을 억제하게 한다; 이는 RagA가 활성 GTP-결합 상태로 축적되는 것을 촉진하여(그림 21-4b), mTOR를 리소좀위의 복합체로 가져올 수 있게 한다.

SAM-결합 단백질인 SAMTOR는 다르게 작동한다. SAM이 없을 때, SAMTOR는 GATOR1에 직접 붙어 GAP 활성을 증가시킨다; SAM이 SAMTOR에 결합하는 것은 GATOR1에 붙는 것을 방지하고 GATOR1 GAP 활성을 줄인다. Arginine의 리소좀의 lumen (내강)에서 세포질로 흘러가는 것은 SLC38A9 수송 단백질에 의하여 촉매되는데, 이는 또한 RagA이 GTP가 결합한 활성 상태로 축적되는 것에 기여한다.

그래서 오직 leucine, arginine, SAM이 세포질에 충분한 수준으로 있을 때, RagA는 활성 GTP-결합 상태로 축적한다. RagA·GTP는 차례로 불활성 mTOR를 세포질에서 리소좀 표면으로 가져오지만, mTORC1 kinase를 활성화하는 것은 우리가 다음 절에서 보는 바와 같이, 성장 인자 수용체의 하위에서 오는 추가적인 신호를 필요로 한다.

mTORC1 복합체는 높은 ATP:AMP ratio와 성장 인자 수용체 하위 과정에서 활성화된 ERK와 PKB Kinase에 의하여 활성화된다 아미노산, 뉴클레오티드, 그리고 다른 작은 분자들을 충분한 수준으로 갖고 있는 것은 세포가 분열하는 데 필요하지만 충분하지는 않다. 성장 인자 수용체가 활성화되는 것이 어떻게 mTORC1 활성화하는 것도 촉진하는지를 이해하는 열쇠는 또 다른 small GTP-binding protein인 Rheb (그림 21-5)가 갖고 있다. RagA와 같이, Rheb도 활성 GTP-결합과 불활성

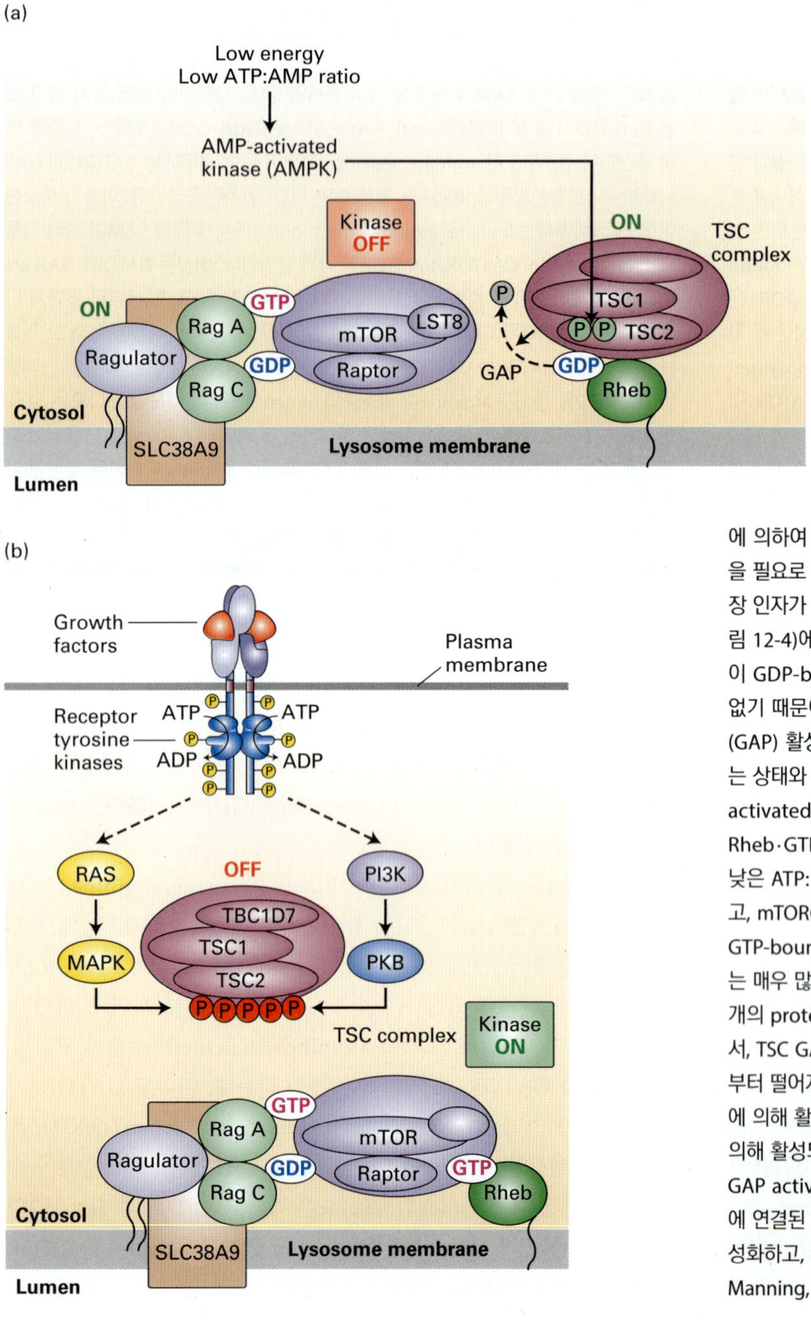

그림 21-5 높은 ATP:AMP ratio와 성장 인자 수용체의 하위에서 활성화된 kinase들에 의하여 활성화되는 mTORC1 복합체의 모델. mTOR 복합체가 리소좀 표면에 결합하기 위해서는 세포질에 세 가지 아미노산들의 레벨이 충분히 높아야 한다(그림 21-4 참조). mTORC1 kinase activity의 완전한 활성은 성장인자 수용체의 하위에서 활성화된 kinase와 높은 ATP:AMP ratio에 의하여 inactive Rheb·GDP 단백질이 active Rheb·GTP 상태로 전환되는 것을 필요로 한다. TSC GAP 복합체는 오늘날까지 알려진 Rheb의 조절자이다. (a) 성장 인자가 없거나 혹은 낮은 ATP 상태에서는 mTORC1 kinase가 리소좀 표면에(그림 12-4)에 정박되어 있지만, 촉매하지 않는 불활성화된 상태이다. 왜냐하면, Rheb이 GDP-bound 상태로 축적되어 있고 mTORC1 kinase activity를 활성화할 수 없기 때문이다. TSC는 Rheb에 대하여 매우 특정한 GTPase-activating protein (GAP) 활성을 갖고 있고, Rheb을 불활성 GDP-결합 상태로 전환한다. 포도당이 없는 상태와 같은 낮은 에너지 상태에서는 세포질 AMP 레벨이 증가하고, 이는 AMP-activated protein kinase AMPK를 활성화한다. AMPK는 TSC2를 TSC 복합체의 Rheb·GTP에 대한 GAP 활성을 추가로 더 활성화시킬 수 있는 자리를 인산화한다. 낮은 ATP:AMP ratio는 또한 Rheb으로 하여금 불활성 GDP-결합 상태에 하게 하고, mTORC1 복합체의 결합과 활성화를 방지한다. (b) 성장 인자의 첨가는 Rheb이 GTP-bound 상태에 축적되게 하고 mTORC1 kinase activity를 활성화한다. TSC2는 매우 많이 인산화되는 단백질이고, 여러 가지 성장 인자 수용체의 하위에 있는 몇 개의 protein kinase들은 TSC 복합체의 TSC2 subunit에 있는 자리들을 인산화해서, TSC GAP activity를 불활성화하고 TSC 복합체가 lysosomal-bound Rheb으로부터 떨어져 나오게 한다. 여기에 표현된 그러한 두 가지 kinase는 PI-3 kinase 경로에 의해 활성화되는 protein kinase B (PKB; 그림 16-17)와 Ras/MAP kinase 경로에 의해 활성화되는 MAP kinase (MAPK)이다(그림 16-13). 이들 인산화들에 의한 TSC GAP activity의 저해는 Rheb이 활성 GTP-결합 상태에 축적되어 이미 리소좀 표면에 연결된 mTORC1 복합체의 서브유닛에 결합해서 mTORC1 kinase activity를 활성화하고, 하위에 있는 여러 신호전달 경로를 촉발한다. A. J. Valvezan and B. D. Manning, 2019, *Nat. Metab.* **1**:321 참조.

GDP-결합 상태를 오간다. Rheb은 공유결합으로 연결된 지질에 의하여 리소좀의 표면에 정박되어 있고, GTP-결합 상태에서 RagA·GTP에 의하여 리소좀 표면으로 끌려 온 mTOR 복합체에 붙어 활성화한다.

RagA와 같이, 아직 알려지지 않은 GEF 단백질들이 계속해서 Rheb·GDP로부터 GDP를 떼어내서 Rheb·GTP를 형성하게 하고, mTORC1을 활성화한다. 조절은 활성 Rheb·GTP을 불활성 Rheb·GDP로 전환하는, TSC1과 TSC2로 이루어진 heterodimer (이형이합체)인 GAP에 달려 있다. 이들은 *t*uberous *s*clerosis *c*omplex라고 하는 병적인 상태에 관여하는 것으로 알려지면서 그 이름을 따오게 되었는데, 이는 아래에서 고찰한다. 이 TSC 복합체는 Rheb을 그 GDP-결합 구조로 전환하여 mTOR에 붙거나 mTORC1 kinase를 활성화하지 못하게 한다.

TSC2는 많은 protein kinase에 의해 인산화되어, 그 활성을 조절하고, 그래서 mTORC1가 리소좀 표면에서 활성 상태로 축적되게 만든다(그림 21-5a와 b). 16장에서 살펴본 바와 같이, 세포 표면의 growth factor receptor tyrosine kinase들로부터 오는 신호전달은 Ras MAPK 경로, 특히 MAP kinase (MAPK)의 활성을 이끌어낸다. Protein kinase B (PKB)는 또한 많은 receptor tyrosine kinase의 하위에 있는 PI-3 kinase 신호전달의 일부로서 활성화된다. MAPK와 PKB 모두, TSC1/TSC2의 GAP 활성을 억제하는 위치를 인산화하여, Rheb·GTP의 축적 증가와 mTORC1 kinase의 활성을 일으킨다(그림 21-5b). 세포 표면을 통한 이러한 형태의 조절은 세포 성장의 조절을 세포-세포 상호작용에 의해 조절되는 발생학적 과정들로 연결한다.

세포들은 증식을 위해 높은 ATP 농도를 필요로 한다. ATP 수준의 저하는 ADP와 AMP 수준의 상승을 가져온다; AMP의 축적은 AMP-activated protein kinase (AMPK)의 활성을 촉발한다. 활성된 AMPK는 TSC2의 특정 위치를 인산화해서 그 GAP 활성이 증가하고 세포가 에너지 고갈 상태에 있을 때 Rheb·GTP–mTORC1 신호전달을 꺼지게 한다(그림 21-5a). AMPK는 충분한 ATP가 있는 상태에서는 불활성 상태이지만, hypoxia와 다른 세포 스트레스들은 TSC1/TSC2 Rheb-GAP을 활성화한다.

요약하면, 성장 인자 수용체의 하위에 있는 MAPK, PKB 그리고 다른 kinase들이 활성화되는 것이 세포내 높은 ATP 수준과 함께할 때, Rheb이 활성 GTP 상태에서 축적되게 하고, 이미 리소좀 표면에 있는 mTORC1 kinase에 붙어 활성화시켜, 위에서 고찰한 하위에 놓인 많은 동화작용 과정을 촉발시킨다.

mTOR 경로의 구성원을 암호화하는 유전자들은 많은 암에서 돌연변이가 일어나 있고, 정상 성장 신호가 없는 상태에서도 세포 성장이 일어나게 한다. TSC1과 TSC2 (그림 21-5)는 *t*uberous *s*clerosis *c*omplex라고 하는 희귀 유전병에서 이들 중 하나에 돌연변이가 발생해 있는 것이 알려지면서 발견되었다. 이 유전병 환자들에게서는 여러 조직에서 양성 종양(benign tumor)들이 발견된다. 유전병은 TSC1이나 TSC2가 불활성화하여 TSC1/TSC2 이형이합체의 Rheb-GAP 활성을 없애버림으로써, 비정상적으로 높은 조절되지 않은 Rheb·ATP 수준과 이로 인하여 비정상적으로 높은 조절되지 않은 mTORC1 활성을 가져온다. TSC1/TSC2 Rheb-GAP 활성의 억제를 일으키는 세포 표면 수용체 신호전달 경로에서의 돌연변이들은 종양에서 흔히 발견되고, 성장과 증식을 위한 정상 신호가 없는 상태에서도 세포 성장과 복제에 기여한다(25장 참조).

종양에서의 높은 mTORC1 protein kinase 활성은 나쁜 임상 예후와 관련이 있다. 결과적으로, mTOR 억제제들은 현재, 다른 치료 요법과 함께 사용할 때 암 치료 효과가 있는지 임상 시험 중에 있다. Rapamycin과 다른 구조적으로 연관된 mTOR 억제제들은, 외부 항원(antigen)에 반응하는 T lymphocyte의 활성과 복제를 억제하기 때문에, 면역 반응의 효과적 억제자로 사용된다(24장 참조). 몇 가지 바이러스들은 감염 직후 mTOR를 활성하는 단백질을 암호화하는 유전자를 갖고 있다. 그 결과로 나타나는 번역(translation)의 자극은 세포 기생충인 바이러스들에게 선택적으로 유리하다. ■

21.2절의 주요 개념

세포 성장 신호를 Nutrient와 Energy Level과 통합

- mTORC1 kinase 복합체는 리소좀의 세포질 쪽 면에서 조립되며, kinase인 mTOR, small GTP-binding protein RagA와 Rheb, 그리고 mTOR kinase 활성을 조절하는 많은 다른 단백질들로 이루어져 있다(그림 21-3 참조).
- Active mTORC1 kinase는 mRNA translation, ribosomal RNA, 단백질, 그리고 tRNA의 합성을 포함하는 많은 anabolic 신호전달 경로들, 그리고 glycolysis를 활성화하고, autophagy를 억제한다(그림 21-3b 참조).
- mTORC1 kinase 활성은 세포질에 arginine, leucine, S-adenosylmethionine의 아미노산들이 존재하는 것을 필요로 한다. 이들 아미노산들이 없을 때, RagA를 위한 GAP인 GATOR1이 RagA가 GDP-결합 상태로 축적되게 한다; RagA·GDP 복합체는 mTOR kinase가 활성화되는 장소인 리소좀 표면으로 옮겨오지 못하게 한다.
- 이들 세 가지 아미노산이 각각의 세포질에 있는 센서 단백질들에 결합하면 GATOR GAP 활성을 억제하고, RagA가 mTOR kinase를 리소좀의 표면에 묶어 두는 상태인 활성 GTP-결합 상태로 축적되게 한다(그림 21-4 참조).
- mTOR kinase의 활성은 또한 높은 ATP:AMP ratio, 그리고 receptor tyrosine kinase의 하위에 있는 kinase들인 활성된 ERK와 PKB를 필요로 한다. 이들 신호 경로들은 *Rheb*이라고 부르는 또 다른 small GTP-binding protein을 위한 GAP인 TSC 복합체에 작용해서, Rheb이 활성 GTP-결합 상태로 축적하게 만든다.
- Rheb·GTP의 축적은 RagA·GTP에 의하여 리소좀 표면에 묶인 mTOR kinase의 활성을 촉발시킨다(그림 21-5 참조).

21.3 콜레스테롤과 불포화 지방산의 수준 변화에 반응하기

모든 세포들은 막 지질의 양과 구성 요소들을 조절할 필요가 있다. 10장에서 세포들은 막의 적당한 fluidity (유동성)를 유지해야 하고, 이는 세포막 내의 콜레스테롤과 다른 steroid (스테로이드)의 양과 membrane phospholipids (막인지질)의 불포화 지방산의 퍼센티지에 의하여 결정된다. 분명히, 세포는 적당량의 막을 만들기 위하여 충분한 인지질을 갖고 있지 않거나, 커다란 결정체를 형성해 세포 구조들을 손상시킬 정도의 너무 많은 콜레스테롤을 갖고 있다면 위기를 맞이할 것이다(10장 참조). 여기서는 세포가 어떻게 콜레스테롤과 지방산 homeostasis (항상성)를, 이들의 생합성의 주요 단계를 촉매하는 효소들의 합성과 세포 외부 액체로부터 외부 콜레스테롤의 수입을 조절함으로써 유지하는지 설명한다. 이 조절 과정에서의 중요한 면모는 endoplasmic reticulum (소포체)의 단백질이 이들 대사물질을 감지한다는 것이다.

지방산와 콜레스테롤 생합성, 그리고 콜레스테롤 세포내 수입은 유전자 전사 수준에서 조절된다

콜레스테롤 생합성 경로 안의 많은 효소들을 암호화하는 유전자의 전사(그림 10-26 참조)는 피드백 조절을 받게 된다. 세포내 콜레스테롤 레벨이 적당할 때, 콜레스테롤 생합성은 억제되어 독성이 있는 여분의 unesterified (비에스터화) 콜레스테롤은 축적되지 않는다. 세포내 콜레스테롤 레벨이 지나치게 낮은 수준으로 떨어지면서 많은 세포막의 견고함을 위협하게 되면, 생합성이 증가한다. 콜레스테롤 생합성 경로의 효소인 HMG-CoA reductase의 합성은 콜레스테롤 생합성의 속도 조절 효소로서 엄격하게 조절된다.

피드백 조절은 또한 세포 밖으로부터 들어오는 콜레스테롤의 수입을 조절한다. 14장에서 살펴본 바와 같이, lipoprotein (지방단백질)은 소수성(hydrophobic) 분자를 순환계(circulatory system)를 통하여 운반하는 지질로 가득 찬 입자이다. 사람에서 가장 풍부한 콜레스테롤(cholesteryl ester 형태) 운반자는 low-density lipoprotein (LDL; 그림 14-27 참조). LDL은 세포 표면의 LDL 수용체에 부착하여 엔도시토시스를 통해 LDL 입자를 세포 안으로 집어넣고, 리소좀에서 분해되어 세포내 콜레스테롤의 pool로 편입함으로써, 그 콜레스테롤을 세포로 전달한다(그림 14-29 참조). LDL 수용체의 전사는 세포내 콜레스테롤 항상성을 유지하기 위하여 전사 수준에서 조절되고, 비슷한 시스템들이 불포화 지방산 레벨을 조절하기 위하여 사용된다.

Sterol Regulatory Element (SRE) 불포화 지방산, 그리고 콜레스테롤과 같은 sterol (스테롤)의 수준은 세포 안에서 수많은 유전자들의 발현 수준을 조절한다. HMG-CoA와 LDL 수용체를 포함하는 대부분의 콜레스테롤에 민감하거나 불포화 지방산에 민감한 유전자들의 promoter (프로모터)들은 1개 이상의 10-base pair *sterol regulatory element* (*SRE*), 또는 SRE half-site를 갖고 있다. (이들 SRE는 16.2절에서 고찰한 많은 early response gene들을 조절하는 *serum response element*들과는 다르다.) **SRE-binding protein (SREBP)**라고 부르는 지질-조절 전사 인자에 의한 결합으로 표적 유전자들의 발현을 조절한다.

포유동물들은 SREBP의 3개 isoform (동형단백질)들을 발현한다: SREBP-1a와 SREBP-1c는 같은 유전자에서 선택적으로 스플라이스된 RNA (alternatively spliced RNA)들로부터 생성된 것들이고, SREBP-2는 다른 유전자에 의하여 암호화된다. 이들 전사 인자들은 함께, 콜레스테롤과 지방산, 그리고 지방산으로부터 만들어지는 트리글리세리드와 인지질의 유용성(availability)을 조절하는 단백질의 발현을 조절한다. 포유동물 세포에서는, SREBP-1a와 SREBP-1c가 콜레스테롤 대사보다는 지방산 대사에 영향을 미치고, SREBP-2의 경우는 그 반대로 작용한다.

세포들이 어떻게 자신들이 얼마나 많은 콜레스테롤과 불포화 지방산 갖고 있는지 감지하고, 이 신호들이 어떻게 핵내의 SREBP 수준을 조절하여 유전자 발현을 조절하는 데 사용되는가? SREBP-작용 경로는 endoplasmic reticulum (ER)의 막에서 시작하고 SREBP 외에 다른 몇 가지 단백질들도 포함하고 있다. 16장에서, *regulated intramembrane proteolysis* (조절되는 막 내 단백질 분해)가 어떻게 Notch와 EGF 신호 경로에서 그 역할을 하는지 알아보았다; 여기서는 *regulated intramembrane proteolysis*가 변화된 콜레스테롤과 지방산 수준에 대한 세포적 반응에서도 중요한 역할을 하는 것을 알아본다.

Endoplasmic Reticulum SCAP 단백질은 Cellular 콜레스테롤 수준을 감지한다

세포들이 적당한 수준의 콜레스테롤을 갖고 있을 때, SREBP는 ER 막에서 SCAP (SREBP cleavage-activating enzyme), insig-1 (또는, 그 가까운 homolog인 insig-2), 그리고 아마도 다른 단백질들과 함께 복합체를 이루고 있는 것으로 발견되었다(그림 21-6a). SREBP는 3개의 구별되는 부위들을 갖고 있다: N-말단 세포질 domain은 SREBP의 나머지 부분으로부터 잘려 나와 전사 인자의 기능을 하는 basic helix-loop-helix (bHLH) DNA-결합 모티프(그림 8-25d 참조)를 포함한다; 중앙에 위치한 membrane-anchoring domain (막-고정 도메인)은 2개의 transmembrane (막횡단) α helix를 갖고 있다; C-말단 세포질 쪽 조절 domain이 있다.

SCAP은 8개의 막횡단 α helix와 SREBP의 조절 domain이 결합하는 커다란 C-말단 세포질 domain을 갖고 있다. SCAP의 막횡단 α helix들 중 5개는 HMG-CoA reductase가 갖고 있는 것과 유사한 *sterol-sensing domain* (스테롤-감지 *domain*)을 형성한다(그림 21-6a 참조; 또한 10.3절 참조). 콜레스테롤이 SCAP 안의 스테롤-감지 domain에 붙을 때, SCAP은 insig-1(2)에 붙는 공간 구조를 갖춘다(그림 14-9 참조). SCAP-cholesterol 복합체는 insig-1(2)에 강하게 결합할 때, COPII vesicle coat complex의 Sec24 subunit (14장 참조)에 붙지 않는 구조가 된다. SCAP-SREBP 복합체가 ER에 남게 된 결과, SREBP의 N-말단 domain에 있는 전사 인자는 핵에 들어가서 유전자 발현을 조절할 수 없다. 이는 ER 막 안의 콜레스테롤 레벨이 ER 막 지질 전체 함유량의 5 퍼센트를 넘으면 일어나게 된다.

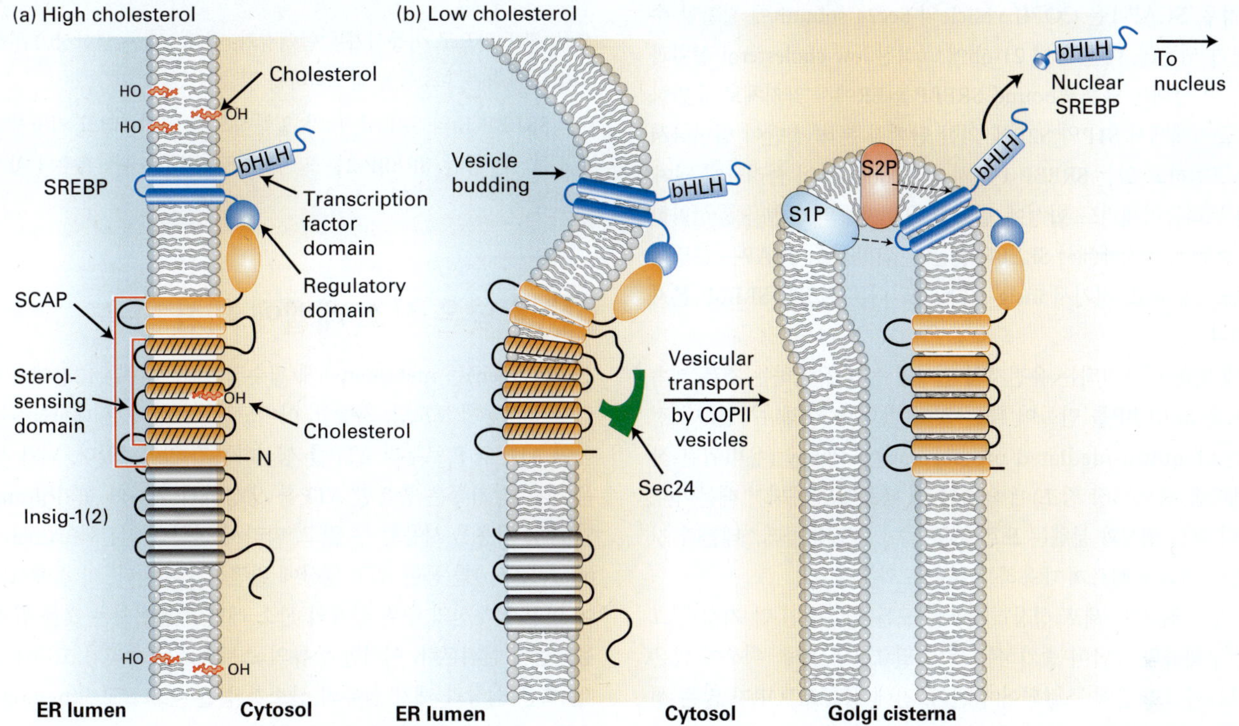

그림 21-6 SREBP 활성에 대한 콜레스테롤-sensitive control. 콜레스테롤의 cellular pool은 ER 막에 위치하고, 자신의 C-terminus를 막 단백질인 SREBP의 C-terminus에 안정적으로 결합하는 콜레스테롤-센서인 SCAP가 감시한다. SCAP의 막-관통 helice 2-6 (검정색 줄이 쳐진 주황색)은 sterol-sensing domain을 형성한다. (a) 콜레스테롤 레벨이 충분히 높을 때, 즉 ER 콜레스테롤이 전체 ER 막 지질 분자의 5퍼센트를 넘어갈 때, 콜레스테롤은 SCAP의 sterol-sensing domain에 결합하여, 형태 변화를 일으켜 SREBP/SCAP-cholesterol 복합체가 insig-1(2)에 붙으면서, 전체 SCAP-SREBP 복합체를 ER 막에 묶어둔다. (b) 낮은 콜레스테롤 레벨에서는, cholesterol이 SCAP sterol-sensing domain으로부터 분리되어 역으로 형태 변화를 일으켜서 SCAP을 insig-1(2)으로부터 떨어져 나오게 한 후 COPII 복합체의 subunit인 Sec24(녹색)에 붙게 한다(그림 14-9 참조). 그 결과, SCAP-SREBP 복합체는 골지체로 운반되는 COPII-coated vesicle로 들어가서 골지체로 가게 된다. 골지체에서는, SREBP가 site 1과 2 protease (S1P, S2P)에 의하여 차례로 잘려 나가고, SREBP의 N-terminal bHLH 전사 인자 domain이 세포질로 풀려나가 핵으로 들어가게 된다. 거기서 nuclear *SREBP* (*nSREBP*)라고 불리는 SREBP의 bHLH domain은 sterol regulatory element (SRE)를 프로모터에 갖고 있는 유전자들의 전사를 조절한다. SCAP 단백질은 골지체에서 ER로 돌아가 재생 순환한다(이 그림에서는 보이지 않음). M. S. Brown, A. Radhakrishnan, and J. L. Goldstein, 2018, *Annu. Rev. Biochem.* **87**:783–807; and R. A. DeBose-Boyd and J. Ye, 2018, *Trends Biochem. Sci.* **43**:358–368 참조.

골지체에서의 SREBP의 Regulated Intramembrane Proteolysis는 적당한 Phospholipid와 콜레스테롤 레벨을 유지하도록 하는 bHLH 전사 인자를 내보낸다

SCAP은 ER 막의 콜레스테롤 레벨이 ER 지질 전체의 5퍼센트, 즉 세포의 정상 콜레스테롤 수준을 반영하는 양 이하로 떨어지면, 자신과 결합한 콜레스테롤을 내보낸다. 결과적으로, Insig-1(2)는 더 이상 콜레스테롤과 결합하지 않은 SCAP에 붙어 있을 수 없고, SCAP-SREBP 복합체는 ER에서 골지체로 COPII vesicle을 타고 이동한다(그림 21-6b). SREBP는 그 다음 골지체 막에 있는 두 가지 단백질 분해효소에 의하여 두 자리가 순차적으로 잘려 나가게 된다. Site-1 protease (S1P)는 SREBP를 luminal loop에서 잘라 2개의 membrane-bound 반쪽으로 만든다. S1P에 의한 절단은 SREBP의 N-말단 반쪽을 Site-2 protease (S2P)에 대한 기질이 되도록 만들고, S2P는 *regulated intramembrane proteolysis*의 예라고 할 수 있는, 세포질과 막 경계를 절단함으로써 bHLH를 포함하고 있는 SREBP의 N-말단 domain을 세포질로 풀려나게 한다. *nSREBP* (*nuclear SREBP*)라고도 부르는 이 단백질은 빠르게 핵으로 들어가서 sterol regulatory element (SRE)를 프로모터에 포함하고 있는 유전자들의 전사를 활성시킨다.

SREBP-2는 일차적으로 LDL 수용체와 HMG-CoA reductase과 같이 콜레스테롤 합성과 흡수에 필요한 유전자들의 전사를 활성화한다. 세포내 콜레스테롤의 감소는 *Insig-1(2)/SCAP/SREBP pathway*를 활성화함으로써 콜레스테롤을 세포 안으로 들여보내고(LDL 수용체), 작은 전구체 분자로부터 콜레스테롤을 합성하는(HMG-CoA reductase) 단백질들을 암호화하는 유전자들의 발현을 촉발한다.

SREBP-1a와 SREBP-1c는 지방산과 트리글리세리드 합성에 필요한 유전자들의 전사를 선택적으로 활성화한다. Unsaturated (그러나 saturated는 아님) 지방산 수준 역시 SREBP-1의 절단을 조절하지만 약간 다른 메커니즘을 경유한다. 불포화 지방산이 모자란 세포 안에서는 Insig-1이 폴리유비퀴틴화를 위한 기질이 되어, *ERAD* (*ER-associated degradation*; 13.3절의 마지막 부분)라고 알려진 과정에 의해 ER 막에서 빠져나와 세포질로 가서 프로테아솜에 의하여 결국 분쇄된다. Insig-1

이 없는 경우, SCAP-1은 COPII vesicle의 Sec24 subunit에 결합할 수 있는 구조가 되는데, 이는 그림 21-6b에 그려진 low-cholesterol 상황과 유사하다. 이 상태는 SCAP-bound SREBP를 ER에서 골지체로 운반하게 되고, 골지체에서 S1P와 S2P에 의한 단백질 분해 절단이 일어나서 bHLH를 포함하고 있는 SREBP-1 전사 인자 domain이 풀려나게 되며, 지방산과 트리글리세리드 합성에 필요한 유전자들의 발현을 활성화한다. 모든 경우에, 골지체에서 SREBP 절단이 일어난 후, SCAP은 분명히 ER로 돌아가게 되고, 거기서 insig-1(2)와 또 다른 완전한 SREBP 분자와 결합한다.

SRE에 의하여 조절되는 유전자의 전사를 높게 유지하는 것은 계속해서 새로운 nSREBP를 만들어 내는 것이 필요하다. 왜냐하면, 이 전사 인자는 ubiquitin-mediated proteasomal pathway (유비퀴틴-작용 프로테아솜 경로; 3장 참조)에 의하여 꽤 빠르게 분해되기 때문이다. nSREBP의 빠른 생성과 분해는 또한, 세포들이 세포내 콜레스테롤과 지방산 수준의 변화에 빠르게 대응하는 것을 도와준다.

어떤 경우에는(예, 세포 성장), 세포는 모든 필수적인 막 지질과 그 지방산 전구체들의 공급이 증가하는 것이 필요한데, 이를 위하여 많은 대사 경로들이 조화롭게 조절되어야 한다. 간에서는, mTOR가 많은 성장 인자 수용체에 의하여 자극받아 활성화된 후(21.2절), *SREB-1c* 유전자의 전사를 바로 활성화한다. 이는 지방산 합성의 단계들을 차례로 촉매하는 단백질들을 암호화하는 하위 표적 유전자들의 전사가 늘어나는 결과를 가져온다.

21.3절의 주요 개념

콜레스테롤과 불포화 지방산의 수준 변화에 반응하기

- 척추동물 세포들은 막의 콜레스테롤 레벨을 일정하게 유지한다.
- 세포내 콜레스테롤 양은, ER 막에서 완전한 길이의 SREBP와 결합하여 안정적인 복합체를 이루는 SCAP 단백질에 의하여 추적 감시된다.
- High-콜레스테롤 레벨에서는, 콜레스테롤이 SREBP-SCAP 복합체와 결합하고, 이 복합체는 그 다음, ER 단백질인 Insig-1(2)와 결합해서 전체 SREBP-SCAP-cholesterol 복합체를 ER 막에 묶어 둠으로써, 골지체로 이동해서 활성을 보이는 nSREBP domain이 풀려나는 것을 방지한다.
- 낮은 콜레스테롤 레벨에서는 콜레스테롤이 SREBP-SCAP 복합체로부터 분리되면서 형태 변화를 촉발하여 SCAP이 Insig-1(2)로부터 분리되고, SREBP와 SCAP이 COPII coat에 결합하며, SREBP-SCAP 복합체가 골지체로 이동하는 것을 유도한다.
- 골지체에서는, SREBP가 두 가지 단백질 분해효소에 의하여 잘려 N-말단 전사 인자인 bHLH domain (nSREBP)을 만들어내고, 이것이 핵으로 이동하여 sterol regulatory element (SRE)를 프로모터에 갖고 있는 유전자의 발현을 활성화한다. 이들 유전자들 중에는 콜레스테롤을 세포 안으로 이동시키는 단백질과, 콜레스테롤 생합성의 주요 단계를 촉매하는 효소들을 암호화하는 것들이 있다.
- SREBP-1a와 SREBP-1c가 일차적으로 비에스터화 지방산 합성을 조절하는 동안, SREBP-2는 일차적으로 콜레스테롤 흡수와 합성을 조절한다.

21.4 낮은 산소 레벨에 대한 반응

산소(oxygen)는 metazoan에게 필수적인데, 우리는 12장에서 미토콘드리아가 어떻게 포도당, 지방산, 아미노산으로부터 온 대사물질들을 산화하여 ADP와 P_i로부터 ATP를 생성하는지 알아보았다. 뇌와 심장과 같은 많은 장기들은 충분한 ATP를 생성하기 위하여 혐기성(anaerobic)인 해당 작용을 사용할 수 없고, 따라서 산화적 인산화(oxidative phosphorylation)를 통한 ATP 생산에 완전히 의존한다. 이 절에서는 세포들이 어떻게 자신의 주위 환경의 산소 레벨이 떨어지는 것을 감지하여 반응하는지 살펴본다. 이러한 종류의 스트레스는 우리가 고지대로 올라갈 때, 혹은 심장과 폐가 혈류의 산소가 붙은 헤모글로빈(hemoglobin)의 수준을 충분히 올려주지 못하는 상황인 cardiopulmonary failure (심폐기능 부전)와 같은 질병 상태에 있을 때 일어난다. 우리는 metazoan에서 Hif-1α라고 하는 전사 인자가 어떻게 많은 세포 반응들을 낮은 산소 레벨과 조화를 이루도록 하는지 그리고 Hif-1α가 어떻게 산소 레벨이 떨어짐에 따라 점점 더 안정화하는지 살펴볼 것이다. Hif-1α는 산소-반응 유전자의 프로모터와 인핸서 안에 있는 *h*ypoxia-*r*esponsive *e*lement (HRE)에 결합함으로써, hypoxia-induced gene (낮은 산소 레벨에 의하여 발현이 유도되는 유전자)의 전사를 활성화한다. Hif-1α는 metazoan에서만 발견되지만, 최근에는 동물과 식물 모두에서 보존된 다른 족(family)의 산소-감지 전사 인자들이 발견되었다. Hif-1α과와 같이, 이들 단백질들은 보통 산소 레벨에서 분해되지만 다른 메커니즘에 의하여 진행된다.

낮은 산소 레벨에서 Erythropoietin Gene의 유도

Red blood cell (적혈구)은 폐로부터 모든 체세포들에게 산소를 전달한다. 혈액 부피의 약 40–50퍼센트를 적혈구로 유지하는 것은 정상 신체 기능을 위하여 중요하다. 16장(그림 16-18a)에서, cytokine (사이토카인)인 erythropoietin (Epo, 에리스로포이에틴, 적혈구 형성 인자)이 적혈구 형성을 자극하는 으뜸가는 호르몬이다. Epo는 산소 레벨이 떨어지면 간과 신장에 있는 특정 세포들에 의하여 합성된다.

1990년대 초반에, 간 세포들이 낮은 산소 상태에 있을 때, 에리스로포이에틴 유전자의 3′ enhancer (인핸서) 부위에 위치한 5′-CGTG-3′ 중심 서열을 포함하는 HRE에 새로운 단백질이 결합한다는 중요한 발견이 이루어졌다. 지금은 *h*ypoxia-*i*nducible *f*actor 1 alpha, 혹은 간단히 **Hif-1α**라고 부르는 이 단백질의 특징은 낮은 산소 환경에서 배양된 세포들에서만 존재한다는 것이다. Hif-1α는 *Hif-1*β라고 하는 산소에 의하여 조절되지 않는 두 번째 단백질과 함께 homodimer (동형이량체)

를 이루어 HRE에 결합한다(그림 21-7a).

핵을 갖고 있는 모든 포유동물 세포들은 산소를 감지하고 Hif-1α 발현을 조절한다

이 발견 직후, Hif-1α 유전자는 산소 레벨과 관계없이 모든 세포에서 전사되어 mRNA를 만들지만, Hif-1α 단백질은 산소 레벨이 낮을 때만 존재한다. 예를 들면, 배양된 HeLa 세포에서는 Hif-1α 단백질 레벨과 Hif-1α의 DNA에 결합하는 활성도는 세포내 산소 농도가 낮아지면 기하급수적으로 증가하는데, ~20퍼센트 산소 레벨과 비교하면, 0.5퍼센트 산소에서 최대값을 보이고, 1.5–2퍼센트 산소에서는 최대값의 절반 정도가 된다. 분명히, Hif-1α 발현은 *v*ascular *e*ndothelial *g*rowth *f*actor (VEGF)의 합성을 촉발한다는 사실이 곧 알려졌는데, VEGF는 동맥과 정맥을 연결하는 가느다란 혈관인 capillaries (모세혈관)의 형성을 자극하여 주변 조직들에 산소 공급을 증가시키는 분비 호르몬이다. HRE 서열 또한 해당과정의 효소를 암호화하는 많은 유전자들의 인핸서에서 발견되고, Hif-1α의 안정화는 이 유전자들의 발현을 촉발한다. 특히, 해당과정에서 조절을 받는 rate-limiting step (속도 제한 단계)을 촉매하는 단백질들을 암호화하는 유전자들[phosphofructokinase, pyruvate kinase, lactate dehydrogenase (12.1절 참조)]의 발현은 낮은 산소 레벨에서 Hif-1α에 의하여 강하게 유도되고, 산소-의존적으로 ATP 합성을 촉진한다.

평상적인(Ambient) 산소 레벨에서 Hif-1α 기능과 안정성은 막혀 있다

Hif-1α 단백질은 산소 레벨이 평상적인 수준이든 낮든 간에 거의 같은 속도로 합성되지만, 파쇄 속도는 평상적 수준의 산소 레벨 하에서만 매우 빠르다. 이것이 어떻게 일어나는지 이해하기 위한 열쇠는 산소 분자와 citric acid cycle (시트르산 회로) 중간자인 alpha ketoglutarate를 기질로 사용하고(그림 12-13 참조), hydroxyl 그룹을 proline residue (잔기)의 4-탄소 원자에 더하거나 aspargine 잔기의 3-탄소 원자에 더하는(다음 페이지의 맨 위에 보이는 반응식) 철(iron)—함유 효소인 여러 개의 proline과 asparagine hydroxylation (수산화) 효소들의 발견과 함께 찾아왔다.

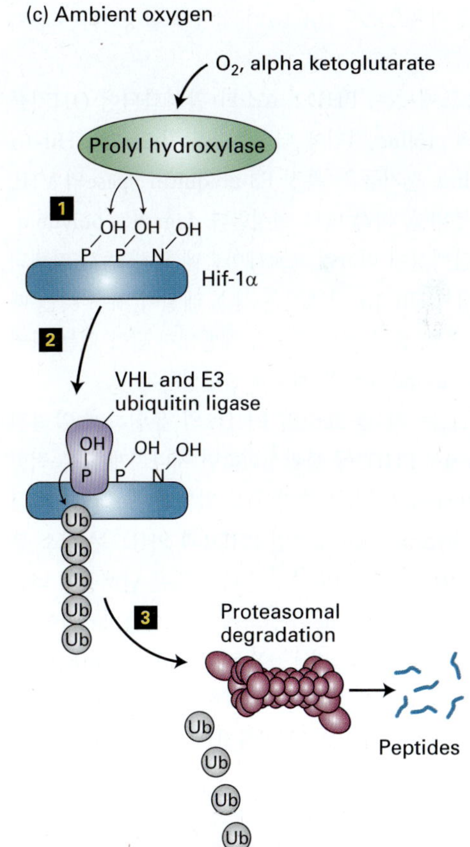

그림 21-7 평상시 산소 레벨에서 Hif-1α 전사 인자의 파쇄. (a) 낮은(0.5퍼센트) 농도의 산소. Hif-1α는 안정적이고 기능을 한다. Hif-1β와 heterodimer를 이루며, 많은 hypoxia-responsive gene의 프로모터나 인핸서의 HRE element에 붙어서 전사를 유도한다. (b) 중간(1–2퍼센트) 농도의 산소. Asparginyl hydroxylase FIH는 충분한 산소에 붙어 촉매 활성되고 OH 기를 Hif-1α 단백질의 aspargine 잔기로 전달한다. Hydroxylation은 Hif-1α가 transcriptional co-activator들인 CBP와 p300과 결합하는 것을 막고, 이에 따라 유전자 전사를 활성화한다. (c) 높은(4퍼센트 이상) 농도의 산소. (단계 **1**) Prolyl hydroxylase인 PHD2는 충분한 산소에 붙어 활성화되고 OH 그룹을 Hif-1α의 2개의 proline 잔기로 전달한다. (단계 **2**) 이들 hydroxyproline 잔기는 각각 E3 ubiquitin ligase의 VHL subunit에 대한 결합 자리의 한 부분을 형성한다. (단계 **3**) 그런 다음, E3 ligase는 polyubiquitin 사슬을 더하여 proteasome에 의한 Hif-1α 단백질의 즉각적인 파쇄를 촉발한다. 자세한 것은 본문 참조.

Proline + 2-Oxoglutarate + $O{=}O$ —PHD2→ 4-Hydroxyproline + Succinate + CO_2

분명히, proline *hyd*roxylase (PHD) 효소, 그리고 비슷한 aspargine hydroxylase는 위에 보인 바와 같이 세포내 충분한 산소가 있을 때에만 작동한다!

평상적인 산소 레벨에서는 Hif-1α 활성을 막는, 산소에 의존하는 hydroxylase 효소에 바탕을 둔 2개의 점검 지점이 있다. 산소 레벨이 0.5 퍼센트 이상 올라가면, asparginyl hydroxylase인 FIH가 먼저 활성화된다(그림 21-7b). FIH는 OH기를 Hif-1α 단백질의 C-terminal transactivation domain (C-말단 전사 촉진 도메인) 안에 있는 특정 aspargine 잔기로 넘겨준다; 이 수산화 반응은 HRE에 붙어 있는 Hif-1α 단백질이 transcriptional co-activator (전사 보조 활성 인자)인 CBP와 p300에(8장) 붙는 것을 막음으로써 Hif-1α가 전사를 활성화하는 능력을 막는다.

약간 높은 산소 농도에서는, PHD2 효소가 활성화되어 OH기를 Hif-1α 단백질의 2개의 proline 잔기에 더해준다(그림 21-7c). Hif-1α의 이들 hydroxyl proline 잔기들은, 특정 E3 ubiquitin ligase의 VHL 서브유닛이 결합하는 부위를, 각각 따로 형성한다. Ligase는 polyubiquitin 사슬을 Hif-1α 단백질에 더하여 프로테아솜에 의해 즉시 파쇄되는 것을 촉발한다. 그래서 Hif-1α 단백질은 산소 레벨이 매우 낮을 때에만 세포내 존재하게 되고, 중간 정도의 산소 레벨에서 남아 있는 나머지 Hif-1α 단백질은 aspargine 수산화 때문에 불활성화된다.

흥미롭게도, Hif-1α는 PHD 효소인 PHD2의 유일하게 알려진 target인데, 쥐(mouse)에서 PHD2를 불활성화하면 지나치게 많은 적혈구를 생산하는 polycythemia (적혈구 증가증)를 일으킨다. 그러나 사람의 2개의 다른 proline hydroxylase 효소인 PHD1과 PHD3는 산소 분자를 기질로 사용하여 OH기를 기능이 알려진 다른 많은 단백질에 더한다. 현재 진행되고 있는 연구는 proline 수산화에 의해 이들 target이 조절 받는 것을 밝히는 중이다. 파리와 벌레들은 단일 prolyl hydroxylase를 갖고 있다는 사실은 이 산소-의존적인 신호 경로가 hypoxic stress (저산소 스트레스)에 대한 방어를 위하여 진화적으로 보존되었음을 말해준다.

유비퀴틴 사슬을 Hif-1α에 더하는 E3 ubiquitin ligase는 산소 감지를 연구하는 과정이 아닌 신장 종양을 연구하는 과정에서 발견되었다. 초기 연구는 어떤 신장 종양들이 von Hippel-Lindau (VHL) 단백질이라고 하는 종양 억제자에 이 유전자를 불활성화하는 돌연변이들을 갖고 있는 것과 이들 종양들이 VEGF를 많이 생성하여 주변의 모세혈관들이 지나치게 많이 생성되었음을 보여주었다. VHL 단백질의 기능을 밝히기 위하여 노력하는 도중, 연구자들은 곧 이 단백질이 E3 ubiquitin ligase 효소의 일부분으로 알려진 다른 단백질들과 복합체를 이루고 있다는 것을 발견하였다. 이 복합체는 유비퀴틴 사슬을 한 2개의 proline 잔기가 hydroxyproline으로 변형된 Hif-1α에 더해 주는 ubiquitin ligase라는 것이 밝혀졌다. 확실히, VHL은 hydroxyproline을 갖고 있는 Hif-1α 단백질의 두 부분에 직접 결합하고, VHL이 부족한 종양 세포들은 해당과정의 많은 효소들을 포함하는, 모든 알려진 Hif-1α 표적 단백질들을 up-regulation (상승 조절)한다. 해당과정의 상승은 많은 암 세포들의 성장에 중요한 것으로 알려져 있다; 25장에서 설명하는 바와 같이, 많은 암세포들은 매우 높은 산소 레벨에서도 해당과정을 할 수 있다. 미토콘드리아의 산화적 인산화보다 mole당 포도당으로부터 ATP를 덜 생산하기는 하지만, 호기성 해당과정은 아미노산과 암세포의 빠른 성장을 위하여 필요한 다른 분자들을 위한 구성 요소와 같은, 해당과정으로부터 빠져 나가는 많은 중간물들을 생산한다. ■

식물과 동물에서 발견되는 보존된 Oxygen-Sensitive 전사 인자의 Family는 Arginine 잔기의 Post-Translational Addition에 의하여 조절된다

동물 세포와 같이, 식물 세포들도 산소가 고갈될 수 있다; 흔히 홍수가 나거나 침수가 되었을 때, seed (씨)나 meristem (분열 조직) 안의 세포들 또한 O_2 확산이 줄어드는 것을 겪을 수 있다(22장 참조). 최근 연구는 쌀, *Arabidopsis* (애기장대), 그리고 보리와 같은 식물들이 *group VII ethylene response factor* (*ERF*)라고 하는 한 무리의 산소-감지 전사 인자들의 레벨을 증가시킴으로써 고산소 상태에 반응한다는 사실을 밝혀냈다. 비슷한 산소-감지 인자들은 사람과 다른 동물 세포들에서 감지되었는데, 이는 이 신호 경로가 진핵생물 진화에서 매우 초기에 진화되었다는 것을 의미한다. Hif-1α와 같이, ERF 단백질들은 낮은 산소 레벨 하에서의 생존을 증강시키는 단백질들의 합성을 촉진하는데, 이들은 alcohol dehydrogenase와 pyruvate decarboxylase와 같은, 혐기성 대사를 수월하게 하는 해당과정의 주요 효소들을 포함한다(12장 참조).

ERF 단백질들은 모두, 평상적인 산소 레벨에서 효소가 촉매하는 일련의 특이한 반응을 적용받는 N-말단 cystein 잔기를 갖고 있는데, 그 반응의 결과는 ERF 단백질이 프로테아솜에 의하여 파쇄되는 목표물이 되게 만든다(그림 21-8). 첫 번째 단계, 산소-감지 단계는 O_2에 붙어 그 2개의 산소 원자들을 N-말단 cystein 잔기에 전달해서, cysteine

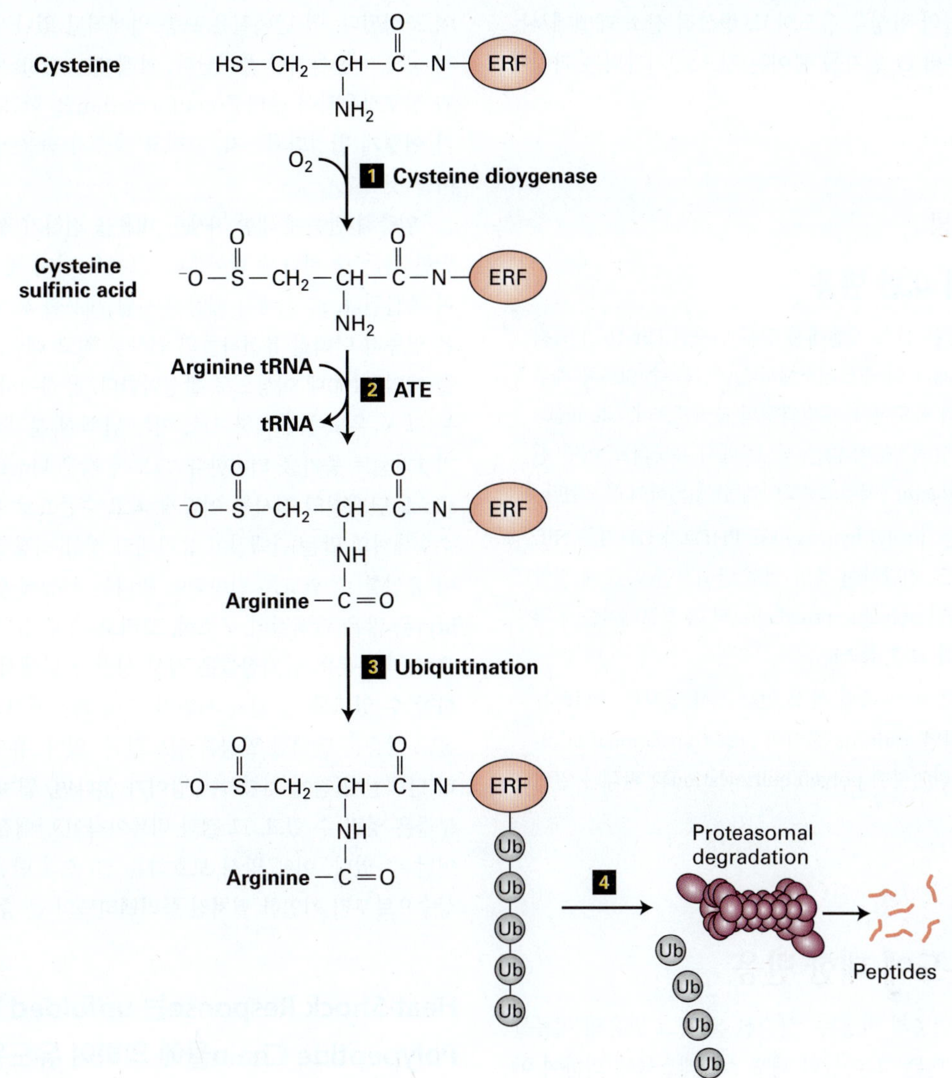

그림 21-8 평상시 산소 레벨에서 ERF 전사 인자의 파쇄. 이 경로는 식물과 동물에서 비슷한 형식으로 일어난다. 단계 **1**: 평상 산소에서는 cystein dioxygenase가 O_2로부터 2개의 산소 atom을 가져와 모든 ERF 단백질의 N-terminal에서 발견되는 cystein 잔기로 더해 주어 N-terminal cysteine sulfinic acid 잔기를 형성하는데, 이는 낮은 산소에서는 일어나지 않는다. 단계 **2**: N-terminal cysteine sulfinic acid는 arginine 잔기를 arginyl tRNA로부터 cysteine sulfinic acid의 amino 그룹으로 전달하는 arginyl-tRNA-protein transferase (ATE)를 위한 결합 부위가 된다. 단계 **3**: E3 ubiquitin ligase 효소는 N-terminal arginine 잔기를 갖고 있는 단백질을 기질로 삼아 ubiquitin 사슬을 ERF 단백질에 더해서 proteasome에 의하여 즉시 파쇄하는 것을 촉발한다(단계 **4**). [Data from D. J. Gibbs and M. J. Holdsworth, 2020, *Cell* **180**(1):22–24.]

sulfinic acid를 형성하는 *cystein dioxygenase*라고 하는 효소에 의하여 촉매된다. 이것은 PHD2 효소에 의하여 촉매되는 반응과는 다르지만, PHD2처럼 이 반응 역시 높은 산소 레벨에서만 일어난다는 사실에 주목해야 한다. N-말단 cystein sulfinic acid는 그 다음, *arginyl-tRNA-protein transferase* (*ATE*)라고 불리는 효소에 대한 결합 부위로서 그 역할을 한다. 이 효소는 arginyl tRNA로부터 arginine 잔기를 cysteine sulfinic acid로 전달하는 것을 촉매한다. (이것은 aminoacyl tRNA가 리보좀이 촉매하는 단백질 합성이 아닌, 특이한 반응이라는 것에 주목하자.) N-말단 arginine 잔기를 갖고 있는 단백질들은 불안정하고, 즉각 ubiquitination과 프로테아솜에서 파쇄를 당하게 된다. 사실, 이 산소-감지 경로가 발견되기 훨씬 전에, 연구자들은 이른바 N-end rule이라고 정의된, 단백질의 생체 내 반감기가 N-말단 잔기가 무엇인가에 의해 결정된다는 것을 알고 있었다. 일차적으로 N-말단 잔기가 불안정해지는 것은 유비퀴틴 target 기계들에 의하여 직접적으로 감지된다는 것이 밝혀졌고, N-말단 arginine을 갖고 있는 단백질들은 매우 불안정한 것으로 알려져 있다.

그래서 ERF와 HIF-1α, 적어도 이 두 가지 부류의 산소-감지 전사 인자들의 진화되어 왔다. 두 가지 모두 낮은 산소 레벨에서 세포와 생체의 생존을 돕는 단백질들의 합성을 유도하고, 평상적 산소 레벨에서는 효소가 촉매하여 O_2로부터 O 원자를 붙이는 것으로 시작되는 과정에 의해 파쇄된다.

21.4절의 주요 개념

낮은 산소 레벨에 대한 반응

- Metazoan에서는, 낮은 산소 레벨에서 전사 인자인 Hif-1α가 축적되어, 세포와 해당 유기체가 이 스트레스에서 살아남을 수 있도록 해주는 많은 유전자의 전사를 유도한다. 해당과정의 조절받으며, rate-limiting step들을 촉매하는 단백질들이 많은 체세포에서 유도되고, 어떤 신장 세포에서는 erythropoietin (에리스로포이에틴)에 의하여 유도된다.
- 높은 산소 레벨에서는, prolyl hydroxylase PHD2가 OH기를 Hif-1α의 2개 proline 잔기로 전달하여 종양-억제 단백질인 VHL에 결합하고, E3 복합체에 의하여 polyubiquitinylation되고, 프로테아솜에 의하여 파쇄되게 한다(그림 21-7 참조).
- 많은 식물과 동물들은 다른 족의 산소 민감 전사 인자를 발현하는데, 이들은 cystein 산화와 arginine 잔기의 post-translational addition (번역 후 첨가)에 관여하여 polyubiquitinylation과 파쇄가 일어나게 한다(그림 21-8).

21.5 상승한 온도에 대한 반응

Heat-shock response (열충격 반응)는 상승한 온도(그 반응의 이름을 만든)를 비롯하여, 하나 또는 그 이상의 세포 스트레스들에 의하여 야기된 unfolded (펼쳐진) 단백질의 축적에 대한 보편적인 세포 반응들의 한 부분이다. Oxidative stress (산화 스트레스, cystein과 methionine의 sulfur (황) 원자의 산화를 일으킴), 저산소증, heavy metal (중금속), 에탄올, 그리고 다른 독성 물질 등과 같이, 단백질 변성을 일으키는 다른 스트레스들 또한 열충격 반응을 유도한다. 비슷한 메커니즘은 고세균부터 배양된 사람 세포에 이르는 여러 다른 유기체에서 대략 50–200개 유전자들의 높은 발현을 유도하는데, 이 반응은 초기 진핵생물 진화 과정에서 진화되었다는 것을 의미한다. 이 유전자들에 의하여 암호화된 **heat-shock protein (HSP)**은 많은 세포 단백질을 펼침(unfolding)하여 일어나는 결과로부터 세포들을 보호하기 위한 몇 가지 과정을 이행한다.

이절에서는, 열충격 반응에서의 두 가지 주요 관여자들에 대하여 고찰할 것이다. 펼쳐진 단백질의 축적은 스트레스가 없는 상황에 있는 세포에서 중간 정도로 발현하는 HSP70 단백질들에 의하여 감지된다. 이들 분자 샤페론들이 올바른 단백질 접힘을 복구할 수 없다면, HSP70 유전자와 펼쳐진 단백질의 aggregation (뭉침)을 방지하는 기능을 하는 다른 열충격 유전자들의 발현을 유도하는 경로가 활성화된다. 이러한 유전자 발현 프로그램은 전사 인자인 HSF (*h*eat-*s*hock *f*actor)에 의하여 조정된다. 이 단백질은 보통 억제되고 있다가 세포내 펼쳐진 단백질의 농도가 높아지면 풀려난다. 아래에는, HSP가 어떻게 펼쳐진 단백질과 상호작용하여 올바른 conformation을 회복하는지, HSF 전사 인자가 어떻게 활성화되는지, 그리고 열충격 반응이 어떻게 유도되는지 알아볼 것이다.

열충격 반응에 대한 자세한 내용을 전하기 전에, 가장 놀랍고 주목할 만한 점들 중 하나를 적어본다: 그것은 단지 몇 도의 온도 증가에 의하여 촉발된다. 37°C에서 배양된 사람 세포를 42°C (315 K)로 옮기는 것은 열충격 단백질 유전자들의 전사를 최고 레벨, 즉 스트레스 받지 않았을 때의 >100배 이상으로 활성화한다. 용액에서 분자의 kinetic energy는 그 K 온도에 비례하므로, 이는 단백질 분자의 kinetic energy의 단지 1퍼센트 증가를 의미한다. 그토록 작은 kinetic energy 증가가 heat-shock 단백질의 전사를 어떻게 최고 수준으로 활성화할 수 있을까? 이 수수께끼의 답은 단백질이 유기체의 정상 성장 온도에서 conformation이 유연할 수 있도록 진화되어 왔다는 사실에 있다. 이 유연성(flexibility)은 많은 단백질의 구조적, 그리고 촉매적 기능에 필요하다. 결과적으로, 대부분의 단백질들은 정상 성장 온도에서 단지 최소한으로 안정화할 수 있도록 그 일차 서열이 진화 과정에서 최적화되어 왔다. 작은 온도 상승은 단백질 펼침을 일으킬 수 있다. 유도된 열충격 단백질로부터 단백질 펼침에 저항하는 방어가 없다면, 펼쳐진 폴리펩티드의 이 부분들은 엉킬 수 있고, 그 결과 비특이적인 단백질 응집과 세포자살이 일어날 수 있다. 이에 맞서 보호하는 열-충격 반응은 단지 몇 도의 온도 상승으로부터 기인한 펼쳐진 폴리펩티드의 큰 증가에 의하여 촉발된다.

Heat-Shock Response는 unfolded (펼쳐진) Polypeptide Chain들에 의하여 유도된다

대부분의 보존된 열충격 단백질들은 비특이적인 단백질 침전의 형성을 방지하고 그 자연적 구조로 다시 접는, 펼쳐진 단백질을 보조하는 분자 샤페론이다. 사람은 11개의 작은 HSP (<45 kDa)를 발현하는데, HSP27은 그 한 예이다. 이들은 펼쳐진 소수성 폴레펩티드들에 결합하여, 큰 다중 분자 침전들을 형성하는 것을 막는다. 온도 상승에 반응하여 가장 높이 유도되는 인간 유전자들은 *HSP70*라고 부르는 아주 가깝게 연관된 단백질 무리를 암호화한다. 이들은 모든 생물계(kingdom)를 통틀어 가장 잘 보존된 단백질 샤페론들이다. *DnaK*라고 부르는 박테리아의 것은 진핵생물 HSP70 단백질들과 약 60퍼센트의 sequence identity를 공유한다. HSP70들은 주로 세포질과 ER, 미토콘드리아, 그리고 엽록체와 같은 세포소기관들에서 발견된다. 보통의 생리적 상태에서는 HSP70이 새로 만들어진 단백질의 최초 접힘을 도와준다(그림 3-19a). 사람에서는, *HSPA8* (HSC70라고도 알려짐, “C”는 constitutive)이 이 기능을 담당하고, 모든 세포에서 항상 발현되는데, 열충격에 의하여 유도되지 않는다. 열충격에 의하여 유도되는 2개 주요 HSP70는 *HSPA1A* (*HSP70*-1로도 알려짐)와 *HSPA1B* (*HSP70-2*)에 의하여 암호화되어 있는데, 서열이 거의 같고, HSC70와는 ~90퍼센트 동일하다. 두 HSP70의 기능은 서로 유사한 것으로 생각된다; 아래의 고찰에서는 이들을 간단

히 HSP70라고 부를 것이다.

HSP70 (HSC70 포함)들은 ATPase domain과 단백질-결합 domain (그림 3-19a 참조), 2개 domain을 갖고 있다. ATP가 ATPase domain의 nucleotide-binding pocket에 붙었을 때, 단백질-결합 domain은 open conformation이 되어 extended conformation의 7개 주요 소수성 아미노산 잔기 서열에 결합한다. 이 정도로 긴 소수성 아미노산이 연결된 것은 제대로 접힌 단백질의 소수성 중심과 막횡단 α helix에서만 나타난다. 결과적으로, HSP70는 그러한 소수성 스트레치가 드러나 있는 펼쳐진 폴리펩티드, 또는 폴리펩티드의 펼쳐진 지역에 붙는다. 이 초기 결합은 낮은 감도를 보이며 가역적(reversible)이다.

열충격 유전자 전사의 조절에 대한 다음 고찰에서는, HSP70의 ATP-결합 형태에 대하여 일차적으로 생각해 볼 것이다. 3장에서 논의한 바와 같이, *HSP40* 보조 샤페론의 도움을 받아, HSP70는 *client protein* (고객 단백질)의 펼쳐진 지역에 약하게 붙어 ATP를 ADP로 가수분해하여, HSP70의 단백질-결합 domain의 형태 변화를 가져오게 되고, client protein의 결합 부위를 풀어주며, 떨어져 나왔을 때는 적당한 즉흥적인 refolding (재접힘)에 적합한 구조가 되도록 만든다. 이는 단백질-결합 domain을 오픈 구조로 움직이게 한다. 떨어져 나온 펼쳐진 client 폴리펩티드는 올바른 자연적인 구조로 접힐 또 다른 기회를 얻게 된다. 결합, ATP-의존 펼침, 그리고 떨어져 나온 폴리펩티드의 즉각적 재접힘의 연속적인 순환이 일어나고, 심지어는 커다란 뭉친 단백질들(aggregates)의 폴리펩티드가 제대로 재접힘하는 것을 이끌어내기도 한다.

Heat-Shock Response는 사람의 HSF1을 포함하며, *Heat-Shock Factor*라고 부르고 모든 진핵생물에 있는 연관된 전사 인자들에 의하여 일차적으로 조절된다

열충격에 반응하여 세포내 펼쳐진 단백질의 양이 늘어날 때, HSC70과 열충격에 의하여 유도된 HSP70은 폴리펩티드의 펼쳐진 지역과 단백질이 뭉친 침전과 연관된다(그림 21-9b). 리보솜과 여전히 연결된 초기(nascent) 폴리펩티드는 대체로 먼저 펼쳐지는데, 이는 불완전한 폴리펩티드가 완전한 단백질보다 더 적은 안정화하는 결합을 갖고 있기 때문이다(그림 21-9b 참조). 그 결과, 세포내 HSC70과 HSP70들 대부분은 펼쳐진 초기 폴리펩티드와 연결되어 있다. 이는 열충격 반응을 촉발하는 HSC70와 HSP70를 고갈시킨다는 의미다.

앞서 서술한 바와 같이, 열충격 반응은 샤페론과 다른 단백질들 레벨이 급격하게 증가하는 것과 관련이 있다. 이는 HSF1 전사 인자가 풀

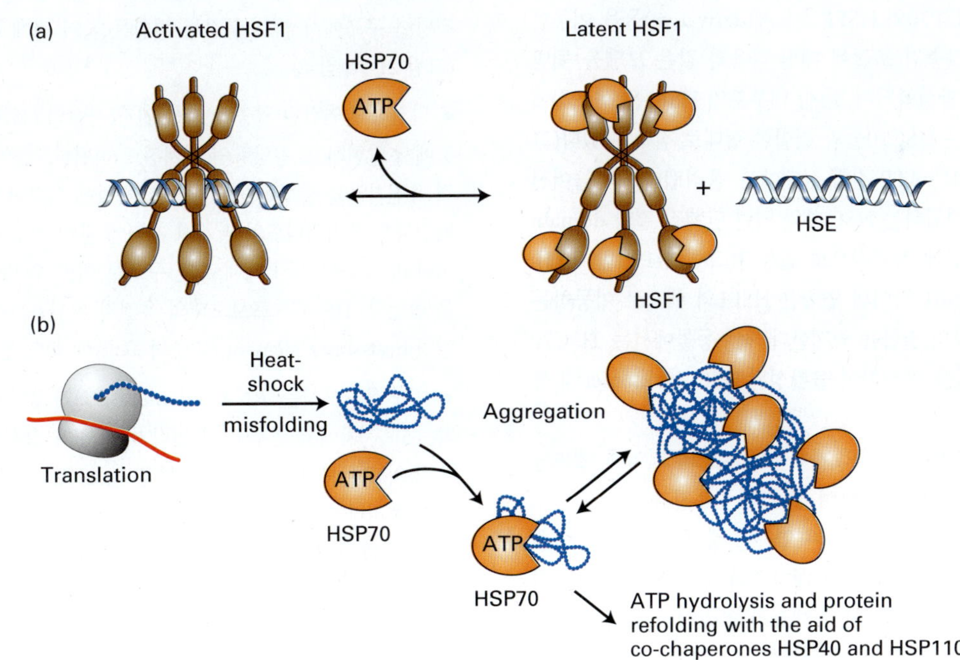

그림 21-9 Heat-shock response의 조절. HSF1은 ATP가 붙어 있는 자유로운 HSP70에 붙음으로써 불활성화된다. (a) HSP70에 의한 HSF1의 조절. 정상 생리적 조건에서의 온도, 단백질 변성이 일어나지 않은 상태에서는(오른쪽), 대부분의 HSF1은 cyto HSC70–ATP와 복합체를 이룬 잠복된 형태로 세포질에 있다. 세포내 펼쳐진 단백질의 양이 지나치게 증가하면, 대부분의 cellular HSC70는 denatured 단백질들과 결합한다. 이것은 HSF1을 풀어내어 trimer를 형성, 핵으로 들어가 프로모터와 가까운 곳에 있는 HSE을 갖고 있는 유전자들의 전사를 활성화한다(*왼쪽*). (b) Heat shock이 일어났을 때는, ribosome과 연결된 막 생성된 폴리펩티드들은 대개 먼저 denature된다. 왜냐하면, 올바른 접힘을 안성화 시켜주는 결합들을 full-length 단백질보다 적게 갖고 있기 때문이다. Hydrophobic 아미노산의 노출된 stretch들 부위와 denatured 단백질 aggregate들은 HSP70-ATP의 열린 단백질-결합 domain에 의하여 결합하게 되고, HSF1에서 떨어져 나온 HSP70-ATP의 양을 적정(titrating)한다. 떨어져 나온 HSF1은 importin에 의하여 결합한 trimer를 형성하고 HSE에 붙는 장소인 핵으로 옮겨져서, (a)에서 그려진 바와 같이 HSP 유전자들의 전사를 활성화한다. A. E. Masser et al., 2019, *eLife* **8**:e47791 참조.

려나면서 일어난다. 활성화된 상태의 HSF1은 trimer (삼량체)를 이루고, 각 monomer의 α helix는 3개의 nGAAn (n은 모든 nucleotide가 가능) 서열이 번갈아 가면서 inverted repeat (역반복서열)를 형성한 깊은 홈과 결합한다(예, nTTCnnGAAnnTTCn; 그림 21-9a). HSF-결합 자리들은 *heat-shock element* (*HSE*)라고 알려져 있다. 열충격에 의하여 활성화되는 모든 유전자들은 1개 혹은 그 이상의 HSE를 프로모터와 가까운 지역에 갖고 있다. HSF1의 C-말단에 있는 활성 domain은 8장에서 서술된 바와 같이, mediator complex (매개 복합체)와 다른 보조 활성자들과 결합함으로써 전사를 활성화한다. *Drosophila Hsp70*에 대한 연구는 metazoan의 많은 유전자들의 전사 시작 자리로부터 약 50 bp downstream에서 전사가 멈춘다는 것을 발견하였다(그림 8-16 참조). 보통 온도에서 배양된 *Drosophila* 세포들에서는, RNA polymerase II가 이 자리에서 멈춘 채 남아 있다. 열충격이 일어나면, HSF는 활성화되고, 열충격 유전자들의 프로모터 근처의 HSE에 결합하며, cyclin T-Cdk9의 활성화를 통하여 polymerase가 풀려나는 것을 자극한다.

열충격 이후 펼쳐진 단백질 농도가 증가함에 따라, HSF1과 결합할 수 있는 자유로운 HSC70와 HSP70의 농도는 가파르게 떨어진다. HSP70와 HSF1 사이의 결합은 가역적이기 때문에, HSF1은 HSC70와 HSP70로부터 풀려나 자유롭게 trimer를 이루고 importin과 결합한다. 그 다음 핵으로 이동하여 HSE에 붙어 프로모터 근처에 HSE를 갖고 있는 모든 유전자의 전사를 자극한다.

정제한 재조합 효모 HSP70와 HSF1 유도체(derivative)들을 이용한 최근 연구들은 HSF1의 열충격 조절에 대한 다음과 같은 모델을 뒷받침한다: 열충격에 의하여 활성화되기 전에, 대부분의 HSF1은 세포질에서 HSF1보다 훨씬 더 많은 HSC70들과 결합한 형태로 잠복해 있다(그림 21-9a, 오른쪽). HSC70는 ATP-결합 상태에서, 폴리펩티드의 늘어진 커다란 소수성 지역들과 결합하는 HSC70의 열린 단백질-결합 domain을 통해, HSF의 여러 부위에 가역적으로 붙는다(그림 3-19, 단계 **1**). 이 가역적인 HSC70과 HSF1 사이의 연합은 HSF1의 핵으로 이동하는 데 요구되는 importin들과의 결합을 억제한다. 척추동물에서는, HSC70 또한 많은 HSF1 trimer들을 분해하여 불활성된 HSF1 monomer에 붙는다.

중요한 것은, HSF1 유전자 자신의 가까운 프로모터 지역에 HSE들이 있어서, *HSF1* 또한 열충격에 의하여 활성되는 유전자라는 것이다. HSF1 mRNA와 단백질은 오래 지속되는 열충격 중에 축적되어, 열충격 유전자들의 발현을 증가시켜 이들이 대다수의 세포내 단백질이 되는 순간에 이르게 된다. 그 과정은 사람 세포를 열충격 반응을 극대화하기 위하여 42°C에서 몇 시간 동안 배양한 후, 다시 37°C로 옮겨 줬을 때 되돌려진다. 열충격 유전자들의 전사는 수 시간 만에 충격이 없던 수준으로 되돌아간다. 이는 HSP70과 열충격에 의하여 유도된 다른 단백질 샤페론이 촉매하여 펼쳐진 폴리펩티드들이 재접힘하고 자유로워진 HSP70들을 방출하여 활성화된 HSF1과 결합함으로써, 그 DNA-결합과 전사 활성, 그리고 모든 열충격 유전자들의 전사를 억제한다.

긴 열충격 바로 다음에는, HSF1, HSP70, 그리고 열충격에 의하여 유도된 다른 단백질 샤페론들이 높은 농도로 남아 있게 된다. 이것은 이전에 열충격을 받은 세포가, 37°C에서 계속해서 배양된 세포들보다 더 높은 온도, 그리고 에탄올과 같은 변성 물질의 더 높은 농도에서도 저항성을 갖게 만든다. 이 방법으로, 열충격 반응은 세포들을 급성 단백질 변성 상태에서 살아남게 하고, 반복적으로 변성하는 상황에 노출되는 환경에 적응하게 한다. 이는 또한, 에탄올과 같은 변성 물질로 먼저 처리한 세포들이, 37°C에서 배양하여 HSP 발현을 유도하지 않은 세포들보다, 온도 상승과 같은 다른 변성 물질에 왜 더 저항성을 보이는지도 설명한다.

21.5절의 주요 개념

상승한 온도에 대한 반응

- Heat-shock response (열충격 반응)는 온도 상승을 비롯한 다양한 조건에 의하여 생성되는 펼쳐진 폴리펩티드 사슬에 의하여 유도된다.

- 대부분의 단백질들은 정상 성장 온도에서 단지 최소한으로 안정화되어, 그 기능을 발휘할 수 있는 유연성을 갖도록 진화적으로 최적화되어 있다. 결과적으로, 단 몇 K의 온도 상승이 폴리펩티드 사슬의 상당 부분을 펼치게 할 수 있다. 리보솜과 연결된 초기 폴리펩티드는 특히 변성에 민감한데, 그 이유는 이들이 대부분 완전히 긴 단백질보다 적당한 구조에서 서로 붙잡는 결합들을 더 적게 갖고 있기 때문이다(그림 21-9b 참조).

- 밀접하게 연관된 열충격 전사 인자(사람의 HSF1)들은 모든 진핵생물에서 발현하고, 상당량의 펼쳐진 폴리펩티드들이 축적했을 때, 열충격 유전자들을 활성화한다. 이 유전자들에 의하여 암호화된 열충격 단백질들은 폴리펩티드의 펼쳐진 지역에 붙어 침전을 형성하는 것을 방지하고, 그들이 다시 제대로 된 구조를 이룰 수 있도록 재접힘하는 것을 돕는다. HSF1은 프로모터의 유전자 가까운 지역에 있는 DNA 서열인 heat-shock element (열충격 요소)에 붙어 전사 수준을 높인다.

- 보통 온도에서는, RNA polymerase II가 많은 열충격 유전자들의 약 +50 근처에서 멈추어 서 있다가, HSF가 활성화되어 유전자 가까운 쪽의 프로모터에 있는 HSE에 붙고, cyclin T-Cdk9가 활성되면 비로소 풀려나게 된다(그림 8-16 참조). 이것은 곧 단백질 변성에 대하여 매우 빠른 전사 반응을 일으킨다. 왜냐하면, RNA polymerase가 이미 전사를 시작하여, 개시 전 복합체 조립이 가능하도록 chromatin decondensation (크로마틴 탈응축) 과정을 거칠 필요가 없기 때문이다.

- 상승한 온도에서는 대부분의 HSP70들이 폴리펩티드의 펼쳐진 지역들에 붙기 때문에 HSF1로부터 분리되어 있다(그림 21-9b 참조). 이는 HSF1로 하여금 trimer를 형성하여 핵으로 들어가 열충격 유전자들의 가까운 쪽 프로모터 부위에 있는 HSE에 붙게 한다. HSF1은 그 다음, 멈춰져 있던 RNA polymerase II를 풀어내어 열충격 유전자들의 전사가 다시 시작하는 것을 빠른 속도로 자극한다.

21.6 낮과 밤을 감지함: Circadian Rhythm (일주기 리듬)

지구는 북극과 남극을 관통하는 축을 중심으로 태양을 외면하면 밤, 마주하면 낮이 되는 24시간 주기로 자전한다. 이에 적응하기 위하여, 모든 생명체는 낮과 밤에 의하여 조정되는 내재된 circadian rhythm (일주기 리듬)을 진화해냈다. 단어 *circadian*은 *circa diem*이라는 라틴어에서 유래하는데 "about a day (하루에 관하여)"라는 뜻이고, 이는 일주기 리듬이 약 24시간 마다 반복한다는 사실을 반영한다. 일주기 리듬 생물학을 연구하는 학문을 *chronobiology* (시간생물학)라고 하며, 이는 "time"의 의미를 갖는 그리스어 *chronos*에서 유래되었다.

아마도, 사람과 사람을 제외한 동물들이 보이는 가장 익숙한 행동의 일주기 리듬은 sleep-wake cycle (수면 각성 주기)일 것이다. 사람과 다른 일주 동물(diurnal animal)은 밤에는 잠을 자고 낮에는 깨어 있다. 일주기 리듬은 24시간 주기를 진동하는 세포내 분자시계(molecular clock)에 의하여 추진된다. 더욱이, 이 내부 시계는 "time giver"라는 의미의 독일어 *zeitgeber*라고 하는 외부 신호에 의하여 리셋된다. 사실, 일주기 리듬의 정의는 외부 신호에 의하여 끌려갈 수 있는 생체 본연의 자가 작동 시계를 포함하는 것이 필요하다. 사람에서의 수면 각성 주기는 이 기준들을 충족시킨다. 1938년, 두 명의 연구자들은 미국 켄터키주의 동굴에서 32일을 보내면서 수면 각성 주기를 관찰하는 실험을 했다. 그들은 빛이 전혀 없는 상태에서도 일주기 수면-각성 리듬을 계속해서 보였지만, 시간이 지날수록 그 리듬은 바깥 세상의 실제 밤과 낮이 시작하는 것에서 동떨어지기 시작하는 것을 발견했다. 동굴을 떠난 후, 그들의 수면 각성 주기는 바깥 밤낮의 신호에 다시 맞추어졌다. 이 초기 실험은 사람의 일주기 리듬이 내부에서 스스로 움직이지만, 바깥 신호에 의하여 끌려갈 수 있다는 것을 입증한다. Jet lag (시차)는 우리들 내부의 조정될 수 있는 생체 시계(biological clock)를 보여주는 흔하게 경험되는 또 다른 예이다: 서로 다른 시간대(time zone)를 여행할 때 사람들은 보통 자신의 본연(intrinsic)의 수면-각성 패턴을 계속해서 따라지만, 수일 내에 새로운 환경의 dark-light cycle (암명 주기)에 적응하게 된다.

모든 진핵생물과 원핵생물들은 일주기 리듬을 보인다. 사람과 다른 유기체들의 수면 각성 주기에 더하여, 일주기 리듬을 보이는 생물학적 과정의 예는 인슐린과 글루카곤과 같은 호르몬의 분비(21.1절에 기술됨), 설치류(rodents)의 feeding behavior (섭식 행동), 식물의 잎사귀 움직임, 파리의 운동성, 심지어 cyanobacteria의 nitrogen fixation (질소 고정)도 포함한다. 이러한 각각의 행동은 외부 환경에 의하여 끌려갈 수 있는 세포내 본연의 분자시계가 연관되어 있다. 가장 강력한 외부 신호, 즉 zeitgeber는 암명 주기이지만, 일주기 리듬에 영향을 줄 수 있는 다른 신호들은 약물 복용(medication), 온도, 사회성(social interaction), 운동, 먹고 마시기 그리고 날씨들을 포함한다. 일주기 리듬을 일으키는 데 필요한, 분자시계를 이루는 유전자와 분자들과 그 경로, 그리고 이들을 이끌 수 있는 신호들에 대하여 이해하기 위하여 놀라운 진전을 이루었다. 이 절에서, 우리는 먼저 분자시계를 탄생시키는 메커니즘에 대하여 살펴보고, 그 다음 외부 신호가 일주기 리듬을 이끄는 분자시계를 어떻게 조정하는지에 대한 질문에 주목할 것이다.

대부분의 유기체의 Circadian Clock은 Negative Feedback Loop을 이룬다

일주기 시계의 분자적 구성원을 살펴보는 것은 행동(behavior)의 유전적 기초를 가장 강력하게 보여주는 것들 중 하나이고, 이러한 진전에 대하여 2017년 노벨 생리의학상이 수여되었다. 일주기 리듬의 초기 발견은 모든 유기체와 같이 다양한 행동에서 일주기 리듬을 보이는 초파리 *Drosophila melanogaster*에서 이루어졌다. 1970년대 초반 이루어진 일련의 유전학적 스크리닝들에서 과학자들은 일주기 리듬에 이상을 보이는 돌연변이 초파리들을 찾았다. 이 과정에서 발견된 돌연변이는 *Drosophila*의 생리의 다른 면에는 영향을 끼치지 않으면서 일주기 리듬의 주기성만을 변화시키기 때문에, *period* 혹은 *per*라고 부르는 유전자의 발견으로 이어졌다. *per* 유전자의 발견은 결국, 완성되기까지 ~24시간이 걸리는 전체 진동 분자 피드백 고리를 밝혀내게 되는 학문 분야를 열게 되었다. 이 피드백 고리는 전사, 그리고 번역-후 조절 단계와 함께하고 있으며, 이들은 거의 모든 진핵생물 세포와 몇몇의 원핵생물 세포들에 존재하는 생체 시계를 형성한다.

그림 21-10에서 보여준 바와 같이, *Drosophila* 세포내 시계의 주요 구성원은 음성 피드백 고리를 이루고, 그 안에서 시계 유전자들은 그들 자신의 단백질 산물들에 의하여 조절된다. 이 고리의 구성원들은 *per*와 *timeless* (*tim*) 유전자에 의하여 암호화되는 2개의 전사 억제자인 PER와 TIMELESS (TIM), *clock* (*clk*)과 *cycle* (*cyc*) 유전자에 의하여 암호화되는 2개의 전사 활성자인 CLOCK (CLK)과 CYCLE (CYC), 그리고 몇 개의 kinase와 E3 ubiquitin ligase들을 포함하고 있다. *cry* 유전자에 의하여 암호화되는 cryptochrome (blue light를 흡수했을 때 형태 변화를 일으키는 flavin 그룹이 붙어 있는 단백질)인 CRY는 열쇠가 되는 역할을 한다. TIM과 PER 레벨은 매 24시간 순환하는데, 낮에는 축적되었다가 밤에서는 저하된다.

CLK와 CYC는 모두 basic helix-loop-helix 전사 인자들이고(8.4절 참조), heterodimer를 이루며, 낮 동안에는 *per*와 *tim* 유전자들의 프로모터 지역에 결합하여 발현시킨다. 그 전사가 유도되는 시기의 초기에는 단백질 분해가 일어나서 PER과 TIM 단백질 레벨이 낮다. PER의 경우에는 그 안정성이 DOUBLETIME (DBT) kinase에 의한 인산화에 의하여 조절되고, 인산화는 PER를 프로테아솜에 의해서 파쇄되도록 E3 ubiquitin ligase를 불러들인다.

PER과 TIM의 농도는 TIM이 PER에 붙어 안정화시켜 가면서 저녁에 피크를 이룬다. TIM-PER 복합체는 또 다른 세트의 kinase들에 의하여 인산화되어 핵으로 이동하게 된다. 핵에서는, TIM-PER 복합체가 CLK-CYC dimer와 결합하여 그 전사 능력을 억제하고 밤새 *per*와 *time*의 발현을 방해한다.

CRY는 flavin-containing photosensitive protein (flavin 함유 감광 단백질; 그림 2-33 참조)인데, 새벽빛에 노출되는 것은 CRY의 형태

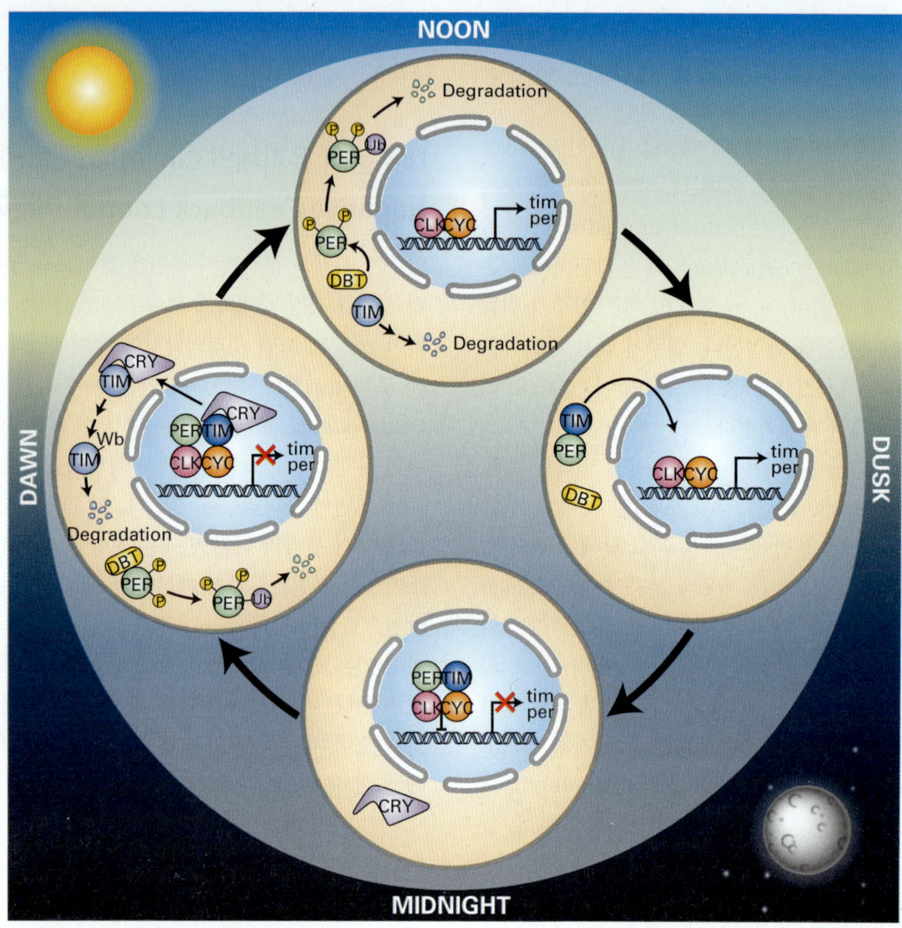

그림 21-10 진핵생물의 molecular circadian clock (분자 생체 시계). *Drosophila melanogaster* 세포의 circadian clock은 2개의 전사 repressor인 PER와 TIM, 전사 activator인 CLK과 CYC, 몇 개의 kinase들(DBT kinase 포함)과 E3 ligase, 그리고 light-sensitive 단백질 CRY로 이루어져 있다. 낮에는 CLK와 CYC가 dimerize하여 PER와 TIM의 전사를 자극하지만, TIM과 PER 단백질 모두 조절이 가능한 파쇄 과정을 겪는다. PER의 경우에는, 낮에 DBT kinase에 의하여 인산화되고, E3 ligase에 의하여 ubiquitylation되어 파쇄된다. PER과 TIM의 농도는 TIM이 PER에 붙어 DBT phosphrylation과 뒤따라오는 파쇄 과정으로부터 보호되는 저녁 무렵 정점을 이룬다. 밤에는, TIM-PER dimer가 핵으로 들어가 CLK와 CYC에 결합하여 *per*와 *tim* mRNA의 생산을 자극하는 능력을 밤새도록 막는다. 새벽에는, 빛이 CRY-photosensitive 단백질의 형태 변화를 촉발하여 TIM에 결합하여 PER로부터 떼어내고, 또한 CLK와 CYC로부터도 떨어져 나오게 한다. CRY가 TIM에 붙는 것은 그 ubiquitylation과 degradation을 촉발하고, TIM 결합이 없는 경우, PER 또한 DBT가 매개하는 phosphorylation, ubiquitylation, degradation을 거쳐 간다. 이것은 이제 CLK와 CYC로 하여금 *per*와 *tim* 프로모터에 붙어 전사를 유도하게 한다. 이 전체 순환이 완결되는 데는 거의 24시간이 소요된다.

변화를 일으켜서 TIM에 결합하게 된다. CRY와 결합하게 되면, TIM은 유비퀴틴화되고 프로테아솜에 의하여 파쇄되어, PER를 자유롭게 하고 다시 한 번 DBT에 의하여 인산화되고, 유비퀴틴화되고 분해된다. TIM과 PER의 파쇄는 CLK-CYC의 방해를 해제하고, 그에 따라 낮에는 PER과 TIM의 전사 활성을 재활성화한다.

이러한 피드백 메커니즘은 분자 일주기 시계를 이루면서 약 24시간에 걸쳐 일어난다. 가장 간단한 말로, 그 시계는 2개의 전사 억제자인 PER과 TIM을 관여시키는데, 그 안정성은 인산화, 유비퀴틴화, 그리고 파쇄에 의하여 조절된다. PER과 TIM은 CLK와 CYC 전사 활성자(*per*와 *tim* 유전자 발현을 증진시키는)에 붙어 불활성화시킴으로써 자기 자신의 유전자 발현을 억제한다.

박테리아의 Circadian Clock: Different Solution

모두는 아니지만, 대부분의 분자시계들은 그림 21-10에서 보여준 전사 피드백 고리와 같은 형태를 통해 oscillation (진동)한다. *Synechococcus elongatus*라고 하는 cyanobacteria에서는 시계가 *KaiA*, *KaiB*, *KaiC*로 이루어져 있고, 진동 피드백 고리에는 KaiC에 대한 일련의 번역 후 변형이 연관되어 있다(그림 21-11a). KaiC는 본연의 kinase와 phosphatase 활성을 갖고 있다. 분리된 단백질로서는 phosphatase가 가장 활동적이고, KaiC는 대부분 탈-인산화 상태로 존재한다. KaiA는 KaiC에 결합하여 phosphatase 활성을 방해하고 kinase 활성을 촉진하며, KaiC의 두 곳을 autophosphorylation (자가 인산화)한다. KaiC는 그 다음 자신의 인산화된 두 곳들 중 하나를 천천히 탈-인산화하고, 한 곳만 인산

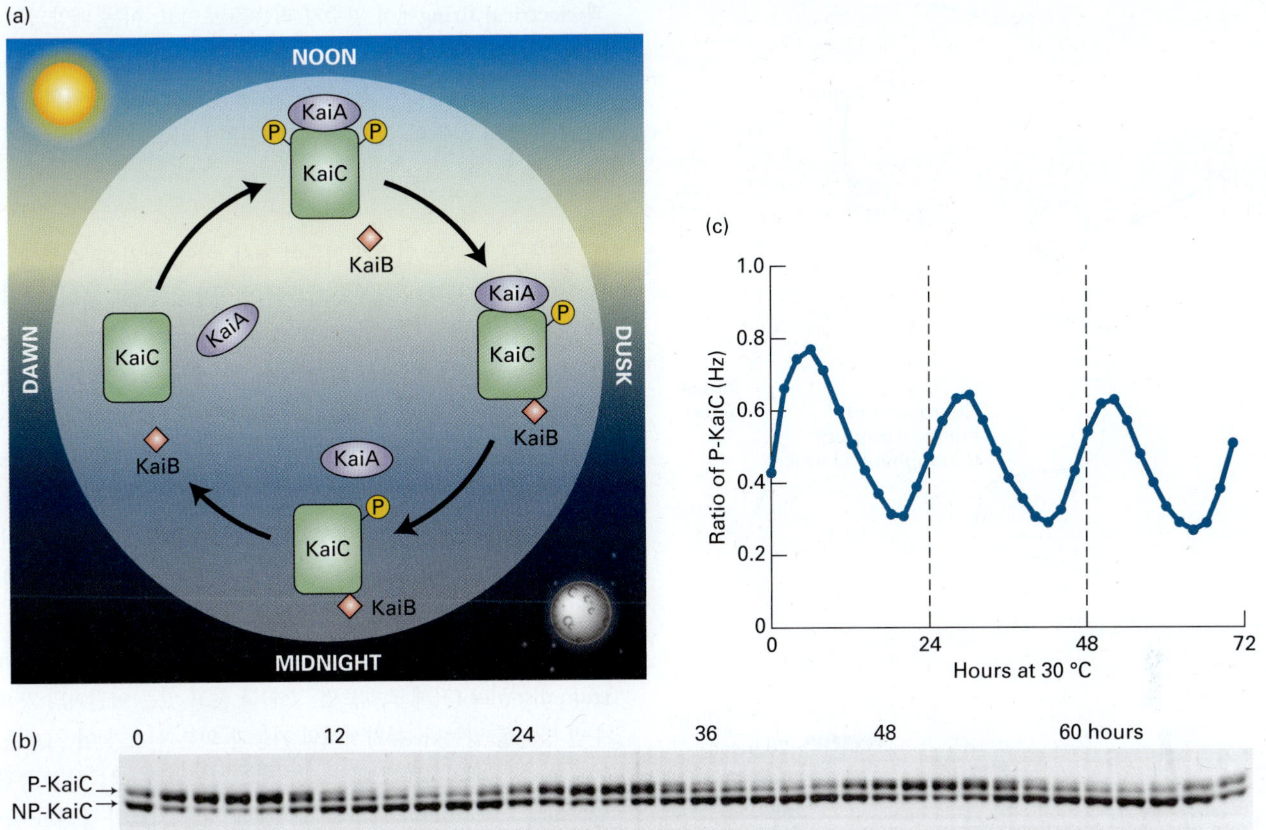

그림 21-11 Prokaryote의 molecular circadian clock (분자 생체 시계). (a) Cyanobacteria인 *Synechococcus elongatus*의 circadian clock은 3개의 단백질, KaiA, KaiB, KaiC로 이루어져 있다. KaiC는 내재적(intrinsic) kinase와 phosphatase 활성을 갖고 있다. 새벽에는, KaiC가 de-phosphorylated 상태로 존재한다. 그러나 KaiA에 붙은 다음에는, 그 kinase가 활성화되고 자기 자신의 두 자리에 autophosphorylation이 일어난다. KaiC의 잔기 중 하나가 천천히 de-phosphorylated되어 KaiB 단백질의 결합과 KaiA의 방출을 이끌어낸다. KaiB가 KaiC에 붙으면 그 kinase activity를 저해하고, KaiC의 완전한 de-phosphorylation이 일어나면서 KaiB가 떨어져 나온다. (b) 이 전체 cyanobacteria cycle은 *in vitro*에서 재현이 가능하며, KaiC의 phosphorylation 상태는 KaiC의 phosphorylation form (P-KaiC)이 그 nonphosphorylated form (NP-KaiC)로부터 분리되는 immunoblot에서 보는 바와 같이 24시간의 진동을 한다. (c) (b)에서의 P-KaiC와 NP-KaiC ratio를 계산한 것은 24시간 일주기 리듬을 보인다. [Parts (b) and (c) republished with permission from American Association for the Advancement of Science, from M. Nakajima et al., 2005, "Reconstitution of Circadian Oscillation of Cyanobacterial KaiC Phosphorylation In Vitro," *Science* **308**(5720):414–415; permission conveyed through Copyright Clearance Center, Inc.]

화된 KaiC는 이제 KaiB에 결합한다. KaiB는 KaiC의 kinase 활성을 방해하고, 시간이 지나면서 KaiC는 자신의 탈-인산화 상태로 돌아간다. 이 간단한 피드백 고리는 자신의 단백질-단백질 상호작용(KaiA와 KaiB에 대한)에 의존하여, 스스로 인산화와 탈-인산화를 오가는 단일 단백질(KaiC)로 이루어져 있다. 이는 사실상 KaiC의 인산화와 탈인산화의 24시간 주기를 창출하면서 실험관에서 완전히 재설립할 수 있다(그림 21-11b와 c)!

Suprachiasmatic Nucleus: 포유동물의 Master Clock

분자시계은 몸 전체의 세포 안에 포진되어 있는 반면, *hypothalamus*라고 부르는(그림 21-12a) 뇌의 한 지역에 있는 한 무리의 신경세포들인 **suprachiasmatic nucleus (SCN)**는 포유동물에서 일주기 리듬을 위한 central pacemaker (중앙 페이스메이커), 혹은 master clock (마스터 시계)으로서의 기능을 한다. 모든 시계들을 일치시키는 SCN의 중심자로서의 역할을 의미하듯이, SCN을 파괴하는 것은 모든 일주기 리듬을 없애고, SCN을 SCN이 파괴된 동물에 이식하는 것은 일주기 리듬을 회복시킨다. SCN의 신경세포들은 retina (망막)에 있는 photoreceptor (광수용기)를 함유한 ganglion 세포들로부터 오는 입력을 받아들인다. 이 정보는 이어 SCN 신경세포들에 의하여 하위 신경세포들과 샘(gland)들로 릴레이되어 호르몬을 분비시키고, 차례로 생체 리듬들을 조절한다. 예를 들면, 빛과 어둠이 pineal gland (송과체)로부터 나오는 melatonin (멜라토닌)의 분비를 조절한다. 잠을 이루도록 하는 호르몬으로 여겨지는 멜라토닌의 생산은 빛에 의하여 저해되고 어둠에 의하여 자극되는데, 이는 망막으로부터 SCN, 그리고 송과체로 이어지는 빛과 어둠의 정보

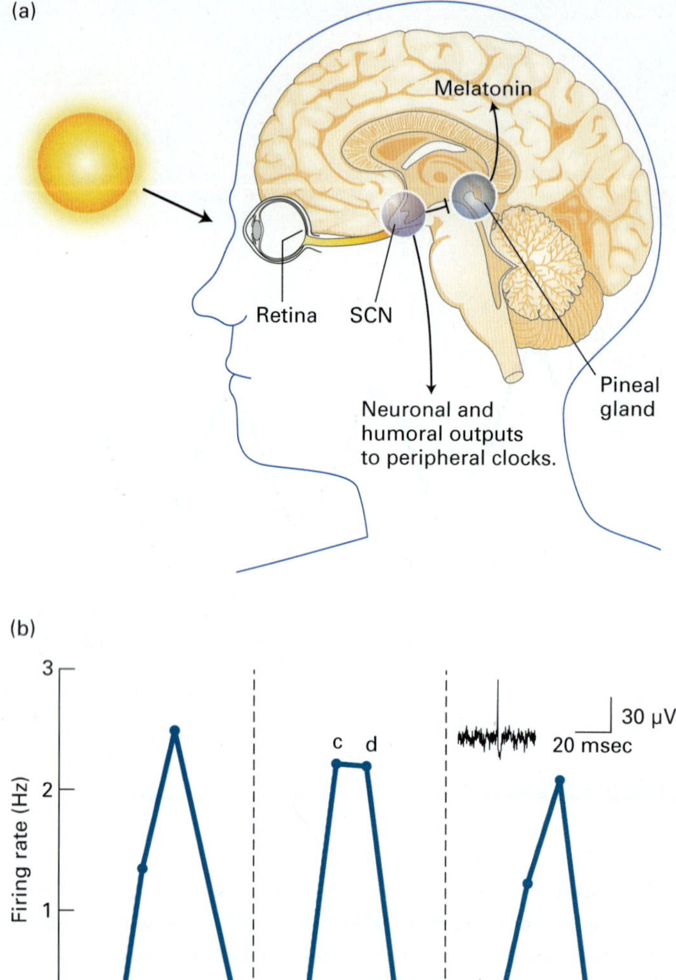

그림 21-12 Suprachiasmatic nucleus (SCN)는 포유동물의 master clock 이다. (a) 빛은 retina의 세포들에 의하여 감지되고, neuronal 경로(보라)를 따라 전달되어 뇌의 suprachiasmatic nucleus (SCN)에 도달한다. SCN은 그 다음 다른 neuronal center와 gland에 신호를 전하고, 이들은 몸 전체의 분자시계를 조절하는 신호를 유도한다. 이러한 신호들 중 하나는 pineal gland로 전해지는데, 여기서는 잠을 자도록 하는 호르몬인 melatonin이 분비된다. (b) SCN으로부터 분리된 개별 신경세포는 action-potential firing이 24시간 주기의 rhythm을 보이는데(action potential에 대한 고찰은 23장 참조), 이는 신경세포가 배양되는 동안 내내 유지된다. [Part (b) Data from D. K. Welsh et al., 1995, *Neuron* **14**:697–706.]

에 의하여 형성된다. 스트레스 호르몬인 cortisol (코르티솔)은 낮에 가장 높고, 혈압, 혈당, 그리고 염증(inflammation)과 같은 많은 생리 과정들을 조절한다.

빛과 어둠에 대한 정보를 연계하는 것 이외에도, SCN은 특별히 공고한 내부 분자시계를 갖고 있다. SCN은 뇌의 양 측에 약 10,000개의 신경세포들이 이루는 다양한 클러스터(cluster)들로 이루어져 있다. SCN 신경세포들을 분리하여 배양했을 때는, 세포질의 자유 칼슘 레벨과 electrical firing에서 일주기 리듬을 보이고, 이는 배양되는 동안 24시간 주기를 따른다(그림 21-12b). 이러한 cell-autonomous (세포 자율적) 일주기 리듬과 더불어, SCN 내 신경세포들 사이의 신호전달은 SCN 회로의 성격이 몸 전체에서 일주기 리듬이 일어나는 것에 중요하다.

최근 연구는 일주기 리듬이 전사, 번역, 번역-후 수준에서의 조절로부터 세포내 세포소기관들의 역동성, 세포 분화, 그리고 세포 자살에 이르기까지, 세포 생물학적 현상의 여러 면들에 영향을 미친다는 것을 밝혀냈다. 이러한 사실은 연구실에서 많은 과학자들로 하여금 자신들의 실험을 하루 중 어느 때 진행할 지를 고려하도록 만드는 계기가 되었다. 일주기 리듬은 또한 의료적으로 중요하다. Narcolepsy (기면증: 낮에 졸음이 오고, 원하지 않는 비자발적인 수면이 여러 차례 일어나는 증상)와 잠의 주기가 변성되는 수면 장애와 같은 일주기 리듬의 일차적 질병에 더하여, 많은 다른 질병들이 일주기 리듬에서의 변화를 동반한다. 예를 들면, Alzheimer disease (알츠하이머 병)를 갖고 있는 사람들의 거의 25퍼센트는 심각한 수면 장애를 갖고 있고, autism spectrum disorder (자폐 스펙트럼 장애)를 갖고 있는 어린이의 75퍼센트가 수면 방해를 받는다. 분자시계의 기능과 외부 신호가 이 시계들을 끌고 가도록 하는 메커니즘에 대한 분자적 그리고 세포 생물학적 통찰력들이 증진하는 것은 이러한 임상적 장애들에 대한 치료의 중대한 함의를 제공할 것이다. ■

21.6절의 주요 개념

낮과 밤을 감지함: Circadian Rhythm (일주기 리듬)

- 모든 유기체들은 세포내 분자시계들에 의하여 작동되고, 낮과 밤 같은 외부 신호들에 의하여 초기화될 수 있는 ~24시간 일주기 리듬을 보인다.
- Clock 유전자들이 자기 자신의 단백질 생산물에 의하여 조절되는 negative feedback loop (음성 피드백 고리)는 파리부터 사람에 이르기까지 보존되어 있다. 이 피드백 고리는 PERIOD와 TIMELESS 2개의 transcriptional repressor들, CLOCK과 CYCLE, 2개의 transcriptional activator들 그리고 몇 개의 kinase와 E3 ubiquitin ligase들로 구성된다. PERIOD와 TIMELESS 레벨은 낮에는 쌓이고 밤에는 저하되면서 매 24시간의 주기를 보인다.
- 박테리아는 KaiA, KaiB, 그리고 KaiC 세 단백질로 이루어진 다른 일주기 시계를 갖고 있고, 이들은 24시간 주기로 진동하는 전사 피드백 고리를 형성한다.
- 포유동물에서는, *hypothalamus*라고 불리는 뇌의 한 지역 내, suprachiasmatic nucleus (SCN)가 마스터 시계, 혹은 중앙 페이스메이커로서 작용한다. SCN을 제거하면 모든 정기적인 일주기 리듬이 사라진다.

21.7 물리적 환경(Physical Environment)을 감지하고 반응하기

우리는 16장과 17장에서 세포들이 어떻게 그들의 활성을, 주변 세포의 세포막에 결합하는 신호전달 단백질과, 신호전달 세포에 의하여 분비되는 수용성 분자에 붙는 수용체들을 통하여 서로 의사소통함으로써 조율하는지 살펴보았다. 이 장에 앞쪽에서, 우리는 세포들이 어떻게 자신의 대사와 유전자 발현 패턴을 온도와 빛의 변화뿐만 아니라, 자신의 주변 환경에 있는 여러 가지 작은 분자들의 변화들에 반응하는 센서들에 의하여 조절하는지 보았다. 세포들은 또한 그들의 microenvironment (미세 환경)를 자신들이 묻혀 있는 extracellular matrix (ECM, 세포외 기질)로부터 오는 물리적, 기계적 신호(mechanotransduction), 그리고 세포간 adherens junction (부착연접)을 가로지르는, 그리고 이들 연접들이 actin cytoskeleton (액틴 세포골격)에 간접적으로 연결되는 것으로부터 오는 장력을 통하여 인식한다(그림 20-1과 20-38 참조). 이 절에서, 우리는 모든 metazoan에서 보존된 protein kinase 신호 연쇄 반응인 Hippo 경로에 대하여 논의한다. 이 경로는 이러한 ECM의 physical 성질에 대한 신호를 종합하여, 그 반응으로서 세포 성장과 분화를 조절한다. 그 예로, 발생 중에는 세포들이 증식하고 분화하여 특정 크기의 장기들을 생성한다. 우리는 이 경로의 돌연변이가 어떻게 지나친 장기 성장을 야기시킬 수 있는지, Hippo 경로가 성장 조절과 분화에 연관된 여러 유전자들의 발현을 어떻게 조절하는지 살펴볼 것이다. 이 경로가 비정상적인 경우에는 많은 발생적 장애와 여러 가지 암들을 일으키는 데 기여한다.

*Drosophila*와 포유동물에서의 Hippo Kinase Cascade 경로

Hippo kinase 경로(그림 21-13a)가 모든 metazoan과 그 가까운 단세포 친척들에서 보존된다는 것은 그것이 다세포화 이전에 진화되어 나왔다는 것을 제시한다. Hippo 경로의 발견은 Drosophila 유전학자들이 지금은 *tumor suppressor* (**종양 억제자**; 25장 참조)라고 알려진 세포 복제를 조절하는 유전자들을 찾는 연구로부터 왔다. Mutagen (돌연변이원)으로 처리한 파리의 자손인 F_2 자손들을 조사한 결과(그림 6-4 참조), *Hippo*라고 부르는 유전자의 상동 열성 돌연변이(homozygous recessive mutation)가 앞서 언급한 바와 같이 작은 하마를 닮은 비정상적으로 살찐 유충을 만든다는 것을 밝혀내었고, 이 결과는 해당 유전자의 이름을 정하게 되었다. 추가적인 조사는 이 표현형이 비정상적으로 큰 지방체 초파리 유충에서 척추동물의 간에 해당하는 생리적 역할을 하는 장기의 성장에 기인한다는 것을 밝혀냈다. 비슷한 상동 열성 표현형을 보이는 또 다른 *Drosophila* 돌연변이를 분리하고 그 성격을 파악하는 것은 같은 Hippo 경로에 있는 다른 주요 구성원들을 암호화하는 유전자들을 식별해 내었는데, 그들 중 heterodimeric protein kinase들인 Hpo-Sav 그리고 Wts-Mats들은 전사 보조 활성 인자인 Yki의 핵 수송을 조절한다(그림 21-13a). 한 번 핵으로 이동하면, Yki는 *Sd*라는 유전자의 산물인 서열 특이적인 DNA-결합 단백질에 결합함으로써 전사를 활성화하는데, 이 Sd 단백질은 Yki이 없는 경우 전사에 영향을 끼치지 않는다. 이 절 후반부에서는, Yki의 human homolog인 *YAP*과 *TAZ*, 그리고 *Drosophila Sd*에 대응하는 사람 유전자인 DNA-결합 단백질들인 TEAD1~4에 의하여 유도되는 세포 증식과 분화에 관련된 많은 유전자들 중 몇 가지에 대하여 살펴본다.

Hippo 경로가 활성화될 때, 활성화된 Hpo-Sav kinase가 Wts-Mats protein kinase를 인산화하여 활성화하고, 이 Wts-Mats는 Yki 전사 보조 활성 인자를 인산화하여 활성화시킨다. 특정 serine 잔기들이 인산화된 Yki는 전사 보조 활성 인자로서 불활성화된 상태이다. 왜냐하면, phosphoserine들, 그리고 밀접하게 관련된 phophothreonine 잔기들에 붙는, 세포질에 붙들려 있는 *14-3-3* **단백질**이 Yki에 붙어 핵으로 이동하는 것을 막기 때문이다.

Hippo 경로는 *Drosophila*의 병렬상동 유전자(orthologous gene)가 두 사본으로 복제되어 있는 상태로 포유동물에서 잘 보존되어 있다(그림 21-13a 참조). 사람 유전자인 *MST1*과 *MST2*는 경로의 첫 번째 단백질의 촉매 서브유닛을 암호화하며, *Drosophila Hpo* 병렬상동 유전자와 가깝게 연관되어 있다. *LATS1*과 *LATS2*는 모두 *Drosophila Wts*에 대한 ortholog이고, 경로의 두 번째 protein kinase의 catalytic subunit을 암호화한다. Yap과 Taz는 아미노산 서열의 ~60퍼센트가 동일하고, 모두 *Drosophila* 전사 인자 유전자인 *Yki*의 ortholog이다. 7장에서 β-globin gene family 구성원들에 대하여 고찰한 바와 같이, 이들 복제되어 갈라져 나온 Hippo 경로 유전자들에 의하여 암호화되는 단백질들은 아마도 유사한, 그러나 어느 정도는 특화된 기능을 갖고 있을 것이다. Hippo 경로가 불활성되면 YAP/TAZ 전사 보조 활성 인자들이 그들의 nuclear localization signal (NLS)들에 의하여 핵 수송되는 것이 기본(default) 상태이다. 이는 TEAD 전사 인자가 인핸서에 이미 붙어 있는 유전자들의 전사 활성을 일으킨다. 핵으로 이동한 YAP과 TAZ 보조 활성 인자들에 의해 일어나는 유전자 활성을 위해서, TEAD가 미리 붙어 있어야 한다는 전제 조건은 어떤 유전자들이 서로 다른 세포 종류에서 Hippo 신호전달의 조절에 반응하는가를 결정한다.

Drosophila Yki 또는 사람 *YAP* 유전자들이 발달하는 배아의 세포에 과다 발현하는 실험은 *Drosophila*와 포유동물에서의 Hippo 경로 사이의 극적인 유사점을 보여주었다. 유충의 morphogenesis (형태 발생) 중 날개로 발달하는 *Drosophila* wing imaginal disc에서 *Yki*이 과발현하면, imaginal disk가 대단히 큰 반면에 그 전반적 형태는 별다른 영향을 받지 않는다(그림 21-13b). 유사하게, YAP을 발생하고 있는 쥐의 간에 과발현하는 것은 간의 크기가 증대되지만 전체 모양은 거의 정상에 가깝다(그림 21-13c). 추가적인 분석은 *Drosophila*와 생쥐에서 장기의 크기가 커지는 것은 세포 분열 수의 증가, 그리고 발생하는 장기에서의 세포자살의 감소 때문이라는 것을 보여주었다. 더 나아가, YAP과 TAZ는 oncogene으로 간주된다(25장 참조). 왜냐하면, 여러 암세포에서 그 발현이 매우 높아서, 세포 주기(19장 참조)를 자극하고, 세포자살(22장 참조)을 방해하는 것에 의하여 암 생성(oncogenesis)에 기여할 것으로 보이기 때문이다.

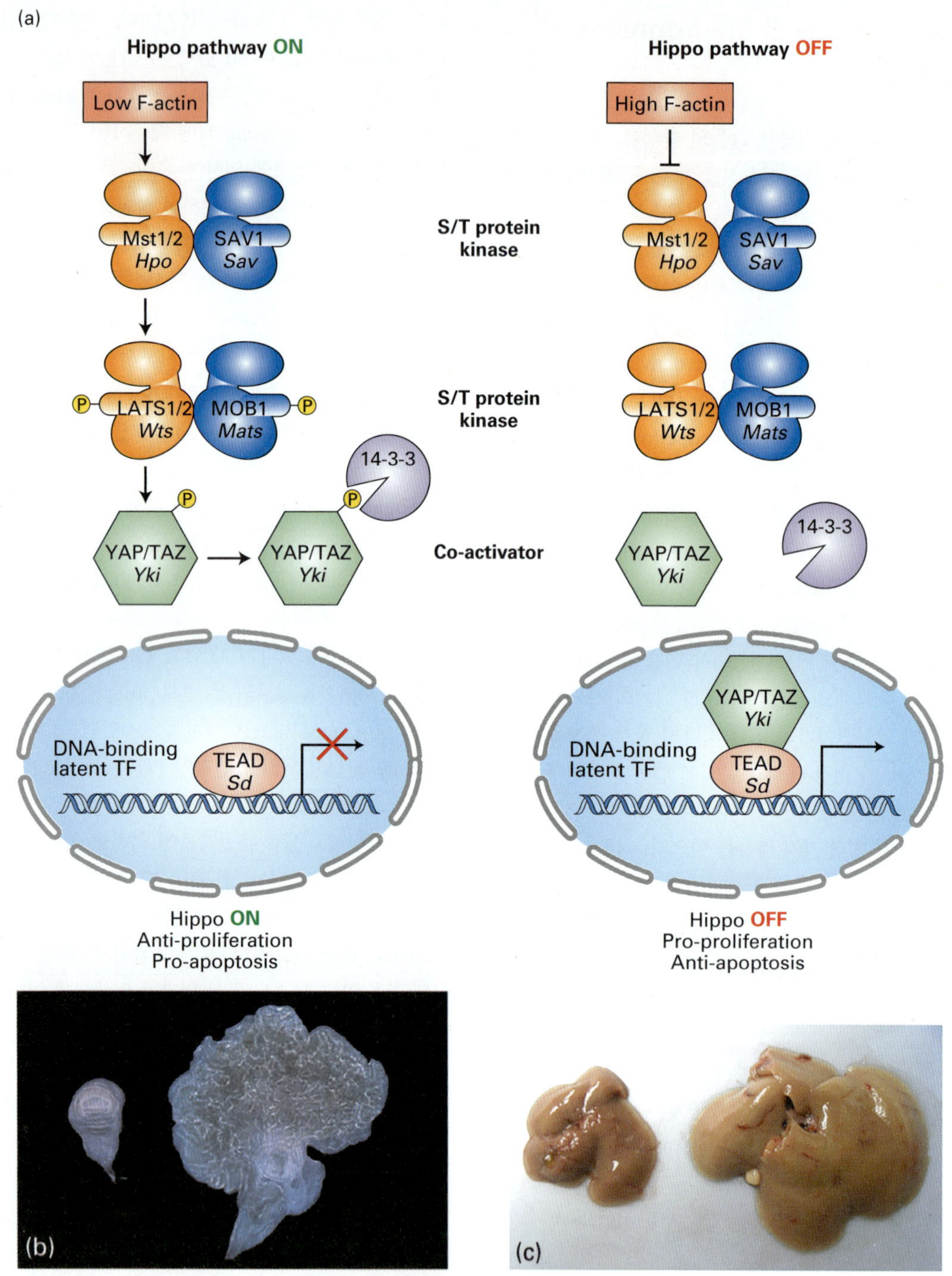

그림 21-13 Hippo 경로는 *Drosophila*와 포유동물에서 비슷한 구성원과 기능을 갖는다. (a) *Drosophila*와 사람에서의 Hippo 경로 안에서의 orthologous function을 갖는 단백질들은 각각, italic과 regular font로 표시되었다. 화살표는 하위에 있는 신호전달 구성원의 활성화를 의미한다; 자세한 것은 본문 참조. (b, c) Embryogenesis 중, *Drosophila* wing imaginal disk 에서 Yki가 과발현(overexpression) (b), 쥐의 간에서 YAP의 과발현(c)하는 것의 결과. 정상 조직은 왼쪽에 보였고, Yki 혹은 YAP을 과발현하는 조직은 오른쪽에 보여준다. [Parts (b) and (c) republished with permission from Elsevier, from D. Pan, 2010, "The Hippo Signaling Pathway in Development and Cancer," *Dev. Cell* **19**(4):491–505; permission conveyed through Copyright Clearance Center, Inc.]

Extracellular Matrix와의 세포 상호작용 그리고 Actin Filament 상의 장력에 의한 Hippo Kinase Cascade 조절

4장에서, 우리는 대부분의 동물 세포들은 단단한 표면에 붙어 있을 때만 배양될 수 있다는 것을 알았다. 많은 세포들은 플라스틱이나 유리 표면에 달라붙어 세포 표면의 integrin (인테그린)에 결합하여 세포가 배양 접시 위에 펼쳐지게 하는 fibronectin (피브로넥틴)과 collagen (콜라젠)과 같은 세포외 기질 단백질들을 분비한다. Hippo 경로, 그리고

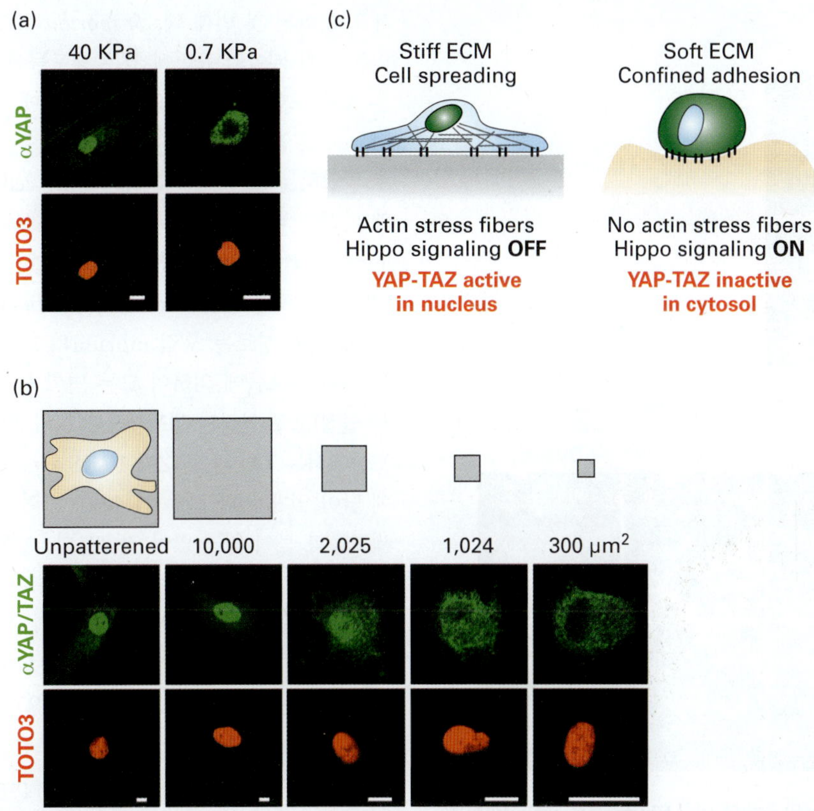

실험 그림 21-14 ECM의 physical property에 의하여 조절되는 Hippo 경로 activity. (a) Immunofluorescence에 의하여 감지된 단단한(40 KPa) 혹은 부드러운(0.7 KPa) substratum에 붙어 있는 중간엽 줄기세포에서의 YAP localization. TOTO3는 DNA를 염색하는 fluorescent stain이고 핵의 위치를 보여준다. (b) Fibronectin 정사각형의 면적이 YAP과 TAZ의 nuclear localization (모두 초록으로 immunostained)에 미치는 영향. (c) Actin stress fiber의 조립과 YAP/TAZ subcellular localization에 영향을 미치는 substrate stiffness와 세포가 펼쳐지는 면적에 대한 요약. [Parts (a) and (b) republished with permission from Springer Nature, from S. Dupont et al., 2011, "Role from YAP/TAZ in Mechanotransduction," *Nature* **474**:179–183; permission conveyed through Copyright Clearance Center, Inc.; images courtesy of Sirio Dupont.]

그 결과물인 YAP과 TAZ의 핵 수송이 ECM과의 세포 상호작용에 의해 조절된다는 증거는 야생형 인간 epithelial 그리고 mesenchymal stem cell (중간엽 줄기세포)들이 뻣뻣한(stiff) 혹은 부드러운(soft) 표면 위에서 배양될 때 관찰되었다(그림 21-14a). Substratum (하층, 배양하는 세포의 바로 밑)의 강성도(stiffness)은 그 모양을 변화시키는 데 필요하며 압력 단위인 kilopascal (KPa)로 측량된다. Immunofluorescence (면역형광법) 연구를 위한 한 겹의 세포들을 배양하기 위하여 늘 사용되는 커버 글라스에 해당하는 강한 stiffness (40 KPa)에서는, Hippo 경로가 켜지지 않고 YAP은 핵 안에 있다. 그러나 낮은 stiffness (0.7 KPa)에서는 Hippo 경로가 켜지고, YAP은 일차적으로 세포질에 위치한다(그림 21-14a 참조).

또 다른 실험에서는, 쥐의 초기 배아로부터 배양한 중간엽 줄기세포를 연속적인 작은 정사각형 모양으로 피브로넥틴을 말려 둔 표면 위에 뿌렸다(그림 21-14b). 각각의 세포들은 피브로넥틴이 있는 부위에만 펼쳐 자라난다. 연속적인 피브로넥틴을 차지하는 지역 근처까지 세포가 펼쳐지는 >2025 μm^2가 넘는 지역에서는 YAP이 핵 안에 있는데, 이는 Hippo 경로가 꺼져 있다는 것을 의미한다. 그러나, 단지 300 μm^2 정도밖에 안 되는 비교적 작은 피브로넥틴 정사각형 위에 뿌려진, 펼쳐 자라지 못하는 세포들에서는 YAP이 우선적으로 세포질에 있고(그림 21-14b 참조), Hippo 경로가 활성화되어 있어서 YAP과 TAZ가 인산화되어 세포질에 머무르게 된다. 이 실험은 Hippo 경로의 활성이 ECM과 cell adhesion (세포 부착) 부위의 물리적 성질에 반응한다는 것을 보여준다(그림 21-14c).

우리는 17장에서 액틴 필라멘트가 세포막에 붙어 있는 단백질들과의 결합하고 있는 것이 세포 부착의 여러 가지 면에서 중요하다는 것을 살펴보았다. 확실히, 단단한 하층에 펼쳐 자라는 세포들이 광범위한 actin stress fiber들을 갖고 있다는 것을 형광으로 표식된 fungal toxin (곰팡이 독)인 phalloidin으로 염색함으로써 눈으로 볼 수 있다(그림 21-15a). 이들은 YAP이 핵(nucleus)에 있는 것으로 보아 Hippo 경로가 꺼진 세포들이다(그림 21-14a 참조). 반면, actin stress fiber들은 부드러운 하층 위에 뿌려진 세포들에게서 보이지 않는다(그림 21-15a 참조); 이 세포들에서는 YAP이 세포질에 있고 Hippo 신호전달이 활성화되어 있다(그림 21-14a 참조). 이 연관성은 actin stress fiber가 어떤 방식으로 Hippo 경로를 저해하여 YAP이 세포질에 있는 14-3-3 단백질에

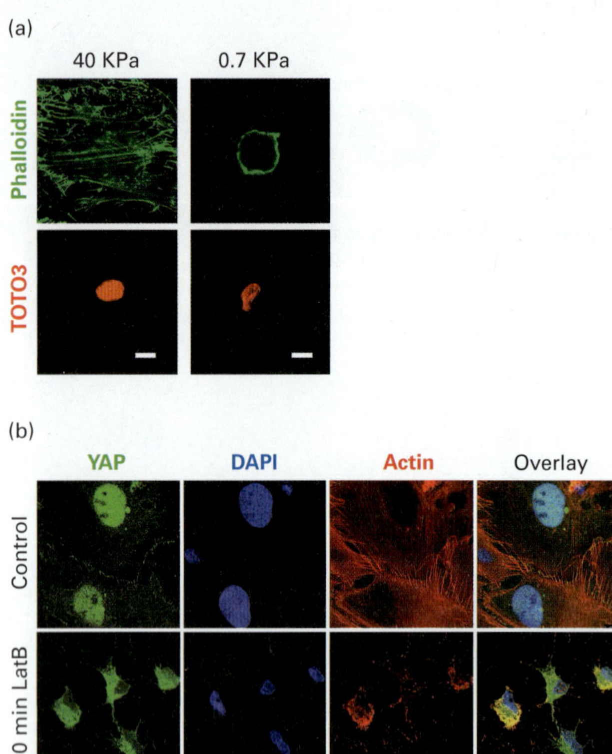

실험 그림 21-15 Actin filament의 장력에 의한 Hippo 경로 activity의 조절. (a) Actin filament에는 붙지만 actin monomer에는 붙지 않는 fungal toxin인 phalloidin에 형광 라벨(녹색)을 붙여 단단하거나(40 KPa) 부드러운(0.7 KPa)에 붙은 중간엽 줄기세포에서의 actin stress fiber를 시각화함. (b) Actin stress fiber는 YAP의 수송에 필요하다. E1AKD293 세포는 apical에서 basal adherens junction을 따라 설치된 actin fiber의 장력에 의하여 substratum에 펼쳐진다. 그 장력은 apical adherens junction으로부터 뻗어 나온 actin fiber를 basal adherens junction에서 뻗어 나온 actin fiber를 지나쳐서 움직이는 myosin 동력 단백질로부터 온 결과이다(17장 참조). 이것은 핵을 포함하여 전체 세포를 substratum 위에 펼쳐지게 하고, 위에서 내려 보았을 때 크게 보인다(control). Latrunculin B (LatB)를 media에 첨가한 후 30분이 지나면, actin cable은 actin monomer로 분해되고 핵들은 위에서 내려 보았을 때 둥근 모양을 갖추며 더 작아 보이게 된다. Actin fiber가 없으면, Hippo 경로는 켜지게 되고, YAP은 세포질에 머무른다. [Part (a) republished with permission from Springer Nature, from S. Dupont et al., 2011, "Role of YAP/TAZ in Mechanotransduction," *Nature* **474**:179–183; permission conveyed through Copyright Clearance Center, Inc.; images courtesy of Sirio Dupont. Part (b) republished with permission of the authors, from N. R. Zemke, D. Gou, and A. J. Berk, 2019, "Dedifferentiation by Adenovirus E1A Due to Inactivation of Hippo Pathway Effectors YAP and TAZ," *Genes Dev.* **33**(13–14):828–843.]

붙지 않고 핵으로 옮겨가게 된다. 액틴 필라멘트를 망가뜨리는 fungal toxin인 Latrunculin을 사용하는 추가 실험들은 actin fiber가 분명히 Hippo 신호전달과 YAP가 핵으로 이동하는 것을 저해하는 데 필요하다는 것을 보여준다(그림 21-15b).

Hippo 경로와 초기 Embryogenesis

Hippo 경로는 포유동물의 embryogenesis (배아 발생)에서 일어나는 세포 분화의 첫 번째 예, 즉 *morula*라고 부르는 16–32개 세포를 갖고 있는 초기 배아의 표면에 있는 세포들이 trophectoderm cell로 분화하는 것을 포함하여, 발생의 여러 단계에서 필수적이다(그림 22-2 참조). Morula의 안쪽 세포들은 분화되지 않은 채 남아 있고, 후에 배아 자신으로 발달하는 초기 blastocyst의 inner cell mass를 형성하기 위하여 분열해 나간다. 바깥 trophectoderm은 blastocyst (배반포)가 uterine epithelium (자궁 상피)에 착상하는 데 필요하다; 이는 후에 placenta (태반)의 배아 쪽을 포함하는 extraembryonic tissue를 형성한다(그림 22-3 참조).

Hippo 경로는 오직 morula의 inner cell에서 활성화된다; 이들은 다른 세포들에 의하여 모든 면이 둘러싸여 adherens junction (부착 연접)으로 연결된 세포들이다(그림 20-14e; 그림 21-16a와 b). 이 세포들에서는 YAP과 TAZ가 LATS kinase에 의하여 인산화되고 세포질에 남아 있게 된다(그림 21-16a). 반면, morula의 바깥 세포들은 다른 세포들과 붙어 있지 않아 자유롭다. 이쪽 세포막 아래에는 긴 F-actin filament가 있는데, 이것이 Hippo 경로가 불활성화되도록 하는 원인이라는 것을 곧 알게 될 것이다. 그 결과, YAP/TAZ는 TEAD와(그림 21-13a 참조) 함께 trophectoderm이 분화하는 프로그램을 개시하는 유전자들의 전사를 활성화하는 장소인 핵으로 이동하게 된다.

Morula에서는 Hippo 경로 신호전달이 *angiomotin* (*Amot*; 그림 21-16b)이라고 부르는 actin-binding protein에 의하여 조절된다. 안쪽 세포들에서는, Amot가 해당 세포의 모든 표면에 존재하는 부착 연접과 함께 연결되어 있다(그림 21-16c). Amot와 부착 연접 사이의 상호작용은 아래 고찰하는 바와 같이, 또 다른 junction-associated Hippo 경로 구성원인 neurofibromatosis 2 (Nf2)를 필요로 한다. 이 부착 연접과 연결된 단백질 복합체에서, Amot의 특정 serine 잔기가 Hippo 경로 protein kinase인 LATS1과 2에 의하여 인산화된다. 이들 착상 전 배아들에서는, Amot의 인산화가 LATS1/2에 의한 YAP/TAZ의 인산화를 자극하여 YAP/TAZ가 세포질에 머물게 한다.

Amot 단백질(쥐와 사람에게는 3개의 paralog가 존재함)은 F-actin에 붙어 중합하는 활성을 갖고 있고, LATS1/2에 의하여 인산화되는 Amot의 serine들은 그 actin-결합 domain 안에 있다. 이들 Amot의 자리에 인산화가 일어나면, F-actin에 붙는 것을 방해받게 되고 LATS1/2에 의한 인산화가 증대된다. 이렇게 증대된 Amot 인산화는 부착 연접에 있는 Hippo 신호전달을 자극하고(그림 21-16b 참조), morula의 inner cell 안에서 YAP/TAZ가 세포질에 묶여 있는 것을 유지한다(그림 21-16a 참조). 그러나 16–32 cell embryo의 inner cell에서는 Par-aPKC 시스템을 통한 cell polarization (22장 참조)이 주변 세포가 없어서 부착 연접이 형성되지 않는 곳인 세포의 apical surface에 있는 cortical actin filament의 thick band의 조립을 유도한다. 이 바깥 세포에서는 인산화되지 않은 Amot가 cortical actin filament에 결합함으로써 부착 연접으로부터 멀리 떨어져 묶여 있다. 결과적으로, Amot은 LATS에 의하여 인산화되지 못하고, Hippo 경로는 불활성화되고, YAP/TAZ는 핵으로 이동하게 된다(그림 21-16d). 이들 세포에서는 핵 안에 위치한 YAP/TAZ가 TEAD와 함께(그림 21-13a 참조) homeodomain 유전자인 *Cdx2* 그리고 trophectoderm cell의 발생 프로그램을 개시하는

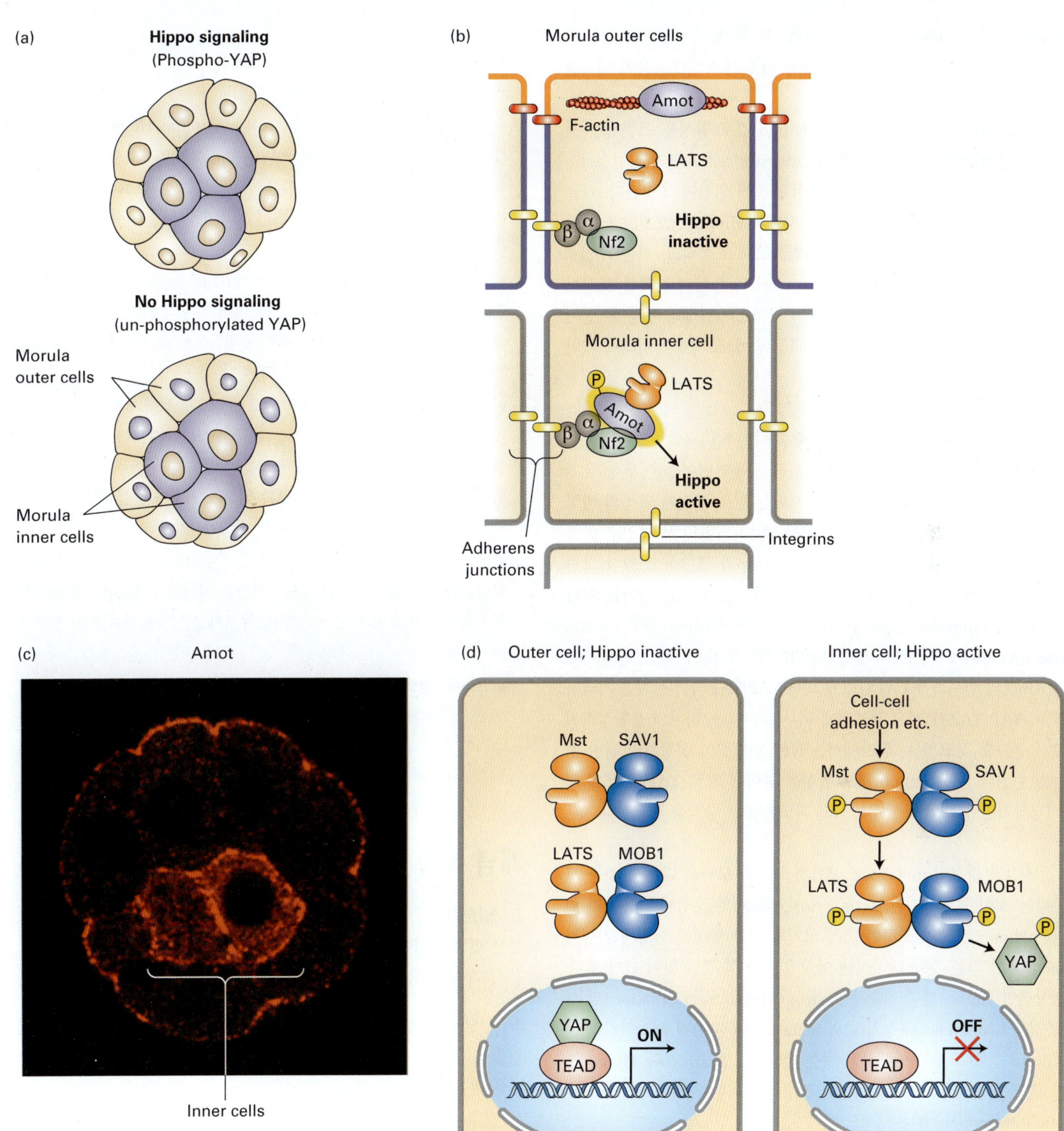

그림 21-16 Morula에서의 angiomotin의 subcellular localization에 의한 Hippo 경로의 조절. (a) Morula의 inner cell에 active Hippo 신호전달은 pho-pho-YAP (*upper* panel)과 total YAP (*lower* panel) 모두가 세포질에 위치해 있는 것으로 확인된다. Outer cell에서는 Hippo 경로가 꺼져 있고, YAP은 비인산화되어 있고 핵에 위치한다. (b) Angiomotin (Amot)이 inner cell의 모든 세포 표면에 있는 adherens junction과(*lower panel*) outer cell의 apical actin fiber (*upper panel*)에 붙어 있는 모식도. Inner cell에서는 Amot와 Nf2가 adherens junction에서 서로 결합하여 LATS1과 2에 의한 Amot의 인산화를 자극하고, Hippo 경로를 활성화한다. Outer cell에서는 Amot가 apical surface에 묶여 있어 Hippo 신호전달을 불활성화한다. (c) 2개의 inner cell의 모든 표면에 Amot가 위치하고 있고, outer cell의 apical surface에 묶여 있는 것을 보여주는 Morula에서의 Amot에 대한 면역형광 염색. (d) Morula의 inner cell과 outer cell에서의 Hippo 경로 activity와 YAP nuclear localization에 대한 요약. [Part (c) republished with permission from John Wiley & Sons, Inc., from H. Sasaki, 2017, "Roles and Regulations of Hippo Signaling During Preimplantation Mouse Development," *Dev., Growth Differ.* **59**:12–20; permission conveyed through Copyright Clearance Center, Inc.]

zinc-finger 전사 인자인 *Gata3*의 전사를 활성화한다. 이 과정에서, 세포막의 바깥쪽에 있는 E-cadherin을 통한 세포-세포 상호작용이 세포질에서 Hippo 신호전달을 조절한다.

그림 21-14와 21-15의 실험들은 Hippo 경로 활성을 조절하는 신호들이 강성(stiffness), 상호 결합하는 adhesive cell 표면의 넓이, actin cytoskeleton의 장력과 같은 ECM의 성질 등에 의하여 조절된다. 이들은 차례로 배아 발생과 발생의 후반 단계에서 Hippo 신호전달을 조절하는 세포 그리고 조직 환경을 변화시킴으로써 조절되고, 이는 Hippo 신호전달과 발달하는 배아의 progenitor cell의 증식과 분화를 조정하게 된다. 그러한 접착하는 기계적 힘은 궁극적으로 발생과 부상 후 일어나는 tissue regeneration (조직 재생) 과정 중에, 조직과 장기의 크기와 모양을 조절하게 된다.

사람의 Hippo 경로의 구성원 중 하나인 NF2 (그림 21-16b 참조)의 한 대립유전자를 불활성화하는 돌연변이들은 우성 유전병인 neurofibromatosis type II에서 보이는 말초 신경계 조직의 비정상적인 성장을 일으키는 원인이다. NF2는 부착 연접의 세포 안쪽에 있는 cadherin-associated protein인 α-catenin과 결합하고 있다(그림 20-14e). 위에서 언급한 바와 같이, Amot의 특정 serine 잔기는 이들 adherens junction-associated protein 복합체에서 Hippo 경로 protein kinase LATS1과 2에 의하여 인산화된다(그림 21-16b). 착상 전 배아에서는 Amot의 인산화가 LATS1/2에 의한 YAP/TAZ의 인산화를 자극하게 되어 YAP/TAZ가 계속 세포질에 머무르게 된다. 하나의 불활성화된 NF2 유전자를 갖고 있는 환자에서는 NF2 단백질이 정상치의 절반 정도만 발현된다. 이는 Hippo 경로 활성을 줄이게 되고, YAP/TAZ에 의한 비정상적인 강한 활성을 유발하고 과도한 세포 증식을 일으킨다. ■

전반적인 과정이 metazoan 장기의 크기와 모양을 다듬는 것을 도와준다는 것이 분명하지만, actin cytoskelelton의 장력에 반응하여 일어나는 Hippo 경로의 조절이 조직 크기와 모양 형성에 어떻게 기여하는 지에 대한 많은 것에 대하여는 아직 알아야 할 것이 많이 남아 있다. 비정상적인 Hippo 경로 기능은 발암(oncogenic tranformation)과 사람 종양의 invasiveness (침입성)와 metastasis (전이)에 기여하기 때문에 Hippo 경로 조절을 이해하는 것은 의학적으로 중요하다. Hippo 경로 조절에 대한 깊은 이해는 이러한 질병들에 대한 치료적 중재(therapeutic intervention)를 논리적으로 디자인할 수 있도록 해준다.

21.7절의 주요 개념

물리적 환경(Physical Environment)을 감지하고 반응하기

- Hippo protein kinase 경로는 metazoan의 배아 발생 중에 몇 가지 장기들의 크기와 모양을 조정한다.
- Hippo 경로는 또한 부상 후 재생을 할 수 있는 많은 metazoan의 손상된 조직과 장기의 재생에도 필요하다.
- 그 경로의 주요 구성원은 두 가지 heterodimeric protein kinase (*Drosophila*에서는 Hpo-Sav와 Wts-Mats)들이다. 그 경로의 활성은 adherens junction (부착 연접)으로부터 오는 신호, actin cytoskeleton에 작용하는 기계적 힘, 그리고 세포 환경의 물리적 성질의 여러 측면에 의하여 조절된다.
- 그 경로의 주요 target들은 transcriptional co-activator (전사 보조 활성 인자)인 YAP과 TAZ (포유동물에서)이다. YAP/TAZ의 인산화는 그들을 세포질에 머물러 있게 하고, 결과적으로 그들의 transcriptional co-activator function을 불활성화시킨다.
- 이 인산화가 없을 때는, YAP/TAZ가 핵으로 들어가서 여러 세포 특이적 인핸서에 이미 붙어 있지만 불활성 상태인 TEAD 전사 인자와 결합하여 이들 유전자의 전사 활성을 이끌어낸다. 이런 이유로, 중복되지 않는 유전자 세트들이 TEAD 인자가 어디에 결합되어 있는가에 따라, Hippo 경로에 의하여 서로 다른 종류의 세포에서 조절된다.
- 많은 종류의 세포에서, Hippo 경로가 활성화하면 세포자살을 촉진하고 세포 주기를 저해하여 조직 성장을 제한한다. Hippo 경로가 불활성화하면 세포 복제를 자극하고, 세포자살을 방해하여 조직 성장을 자극한다.
- Hippo 경로의 비정상적인 조절은 actin cytoskeleton의 비정상적인 조절을 일으키는데, 이는 몇 가지 암이 억제되지 않은 채자라나며 주변의 정상 조직을 침범하는 것과 암의 전이에 기여한다.

개념 복습

1. 인슐린과 글루카곤의 분비는 췌장에서 어떻게 조절되는가? 각 호르몬은 혈당 레벨에 어떤 영향을 미치는가?

2. GLUT4는 무엇인가, 그리고 어떻게 인슐린에 의하여 조절되는가?

3. 혈당 조절 경로의 어느 부분이 Type 1 diabetes (제1형 당뇨병)에서 영향을 받는가? Type 2 diabetes (제2형 당뇨병)에서는 어느 부분이 영향을 받는가?

4. mTORC1에 의하여 활성화된 anabolic 신호전달 경로를 열거하고 간략히 기술하시오. 이 경로들은 세포 성장에 어떻게 기여하는가?

5. mTOR를 활성화하는 신호들 중 하나는 세포질 아미노산의 레벨이다. 이 경로는 어떻게 그 기능을 하는가?

6. Rheb은 어느 단백질 종류에 속하는가? Rheb은 세포 어디에서 발견되는가? Rheb을 조절하는 메커니즘을 설명하고 세포가 active Rheb을 축적했을 때 그 하위의 결과를 기술하시오.

7. 충분한 양의 콜레스테롤이 endoplasmic reticulum (ER) 막에 존재한다면, SCAP과 SREBP 단백질들은 sterol regulatory element를 갖고

있는 유전자의 발현을 어떻게 방지하는가?

8. ER 막의 콜레스테롤 레벨이 전체 ER 지질의 5퍼센트 이하로 떨어졌을 때 세포 안에서 촉발되는 변화들을 기술하시오.

9. nSREBP는 무엇인가? 어떻게 생성되는가? 그 기능은 무엇인가?

10. Hif-1α에 의하여 포유동물에서 그 발현이 유도되는 두 가지 단백질들은 무엇인가? 이들 단백질이 낮은 산소 레벨에서 어떻게 생존에 기여하는가?

11. Aspargine hydroxylase, proline hydroxylase, E3 ubiquitin ligase는 보통의 산소 레벨에서 어떻게 Hif-1α를 억누르고 있는가?

12. 식물의 ERF 단백질은 평상시의 산소 레벨에서 어떻게 억눌리고 있는가?

13. 단백질들은 작은 온도 변화에 왜 그토록 예민한가?

14. Protein-folding 과정에서의 heat-shock protein (HSP)의 역할은?

15. 스트레스를 받지 않는 세포에서는 HSP와 heat-shock factor (HSF)가 어떻게 서로 상호작용하여 heat-shock response를 억누르고 있는가?

16. *Drosophila melanogaster* 안의 circadian clock (일주기 시계)에서의 주요 유전자와 단백질들은 무엇인가? Circadian clock에서 negative feedback loop (음성 피드백 고리)는 어떤 역할을 하는가?

17. Cyanobacteria에서의 circadian clock을 설명하시오.

18. Zeigeber란 무엇인가? Zeitgeber는 어떻게 유기체의 일주기 리듬에 영향을 미치는가? Zeigeber의 예들은 무엇인가?

19. 초파리와 포유동물에서 Hippo 경로는 어떤 역할을 하는가?

20. 이 절에서 설명된 실험에 기초하여, extracellular matrix (ECM, 세포외 기질)에 대한 입력이 Hippo 경로의 on 혹은 off 상태를 결정하는데 어떻게 해석되는지 설명하시오. 해당 경로의 구성원들의 세포내 위치가 어떻게 연루되어 있는가?

21. Hippo 경로는 morula의 inner 그리고 outer cell들의 분화에서 어떤 역할을 하는가?

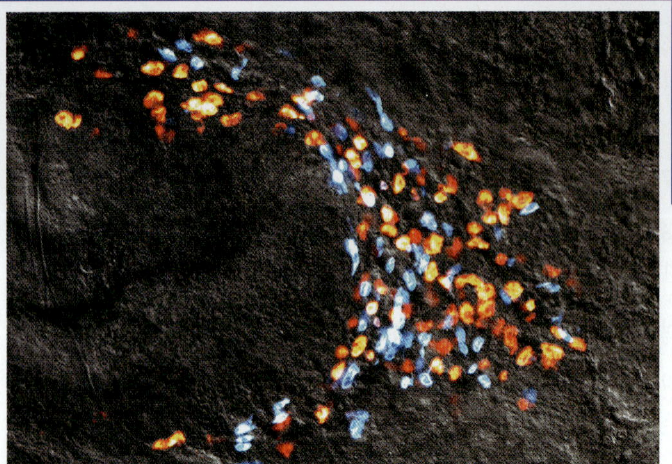

Neoblast (*신성세포*, 新成細胞)라고 불리는 pluripotent stem cell (만능 줄기세포)은 planarian flatworm (편형동물 플라나리아)에서 regeneration (재생)을 담당하는 세포이다. 사진에 표시된 것은 neoblast (노란색, 주황색과 빨간색) colony (군집)이며, 모두 절단된 꼬리의 재생이 시작된 지 14일 만에 하나의 neoblast에서 파생된 것이다. 분화가 진행 중인(differentiating) 세포도 파란색으로 표시하였다.
[Daniel E. Wagner and Peter W. Reddien, MIT, Whitehead Institute.]

CHAPTER 22

줄기세포, 비대칭 세포, 세포 사멸 조절 (Stem Cells, Cell Asymmetry, and Regulated Cell Death)

OUTLINE

Cell division에 관한 많은 설명에서 parental cell (모세포)은 모양과 기능의 측면에서 자신과 똑같은 2개의 딸세포를 만든다고 기술해 왔다. 달리 표현하면, 세포 분열은 symmetric하고, progeny들은 모세포와 유사한 특징을 갖는다(그림 22-1a). 많은 효모, 균류 그리고 다른 단세포 진핵생물들은 이러한 방식으로 분열한다. 성숙한 간세포(hepatocyte)도 또한 symmetric 하게 분열하여 2개의 daughter hepatocyte를 만든다.

그러나 모든 경우에 이러한 설명이 적용된다면, 복잡한 다세포 동물과 식물에 존재하는 수백 가지 분화된 세포와 조직은 생겨날 수 없을 것이다. 세포들 사이의 차이는 2개의 동일한 딸세포가 서로 다른 developmental signal 또는 environmental signal을 받으면서 생겨난다. 다른 방법으로는 2개의 딸세포가 모세포의 서로 다른 부분을 가지고 있어서 "birth" 자체부터 다를 수도 있다(그림 22-1b). 그러한 **asymmetric cell division (비대칭 세포 분열)**에 의해 탄생한 딸세포는 크기, 모양, 단백질 조성, 또는 유전자의 활성 상태나 앞으로 다른 활성을 가질 가능성의 측면들이 서로 다르다. 이러한 internal signal의 차이가 두 세포가 서로 다른 운명을 가지게 한다. 어떤 비대칭 세포 분열에서는 하나의 딸세포는 모세포와 유사하고, 다른 딸세포는 다른 cell type을 형성한다.

다세포 생명체의 발생과 cell replacement 동안 특정한 pattern의 mitotic 세포 분열에 의해 기능을 하는 조직(tissue)과 기관(organ)이 형성된다. Family tree (수형도)와 유사한 일련의 세포 분열을 cell lineage (세포 계통)라고 부른다. 발생 과정에서 세포의 developmental potential이 점차 제한되는 과정과 세포가 skin cell, neuron, 근육 세포 등과 같은 specialized cell type으로 *differentiation* (분화)되는 과정에서 cell lineage를 추적하면 세포의 탄생 순서를 알 수 있다(그림 22-1c).

새로 태어난 metazoan organism (후생동물 생명체)의 development는 어미로부터 한 세트의 염색체를 물려받은 *egg*와, 아비로부터 한 세트의 염색체를 물려받은 *sperm*에서 시작한다. 이러한 *gamete* (배우체) 또는 sex cell은 meiosis (감수 분열)를 통해서 생성되었기 때문에 haploid (반수체)이다(19장 참조). *Fertilization* (수정)이라는 과정을 통해 이들 세포는 합쳐져서 zygote (접합자)를 생성하며, 두 세트의

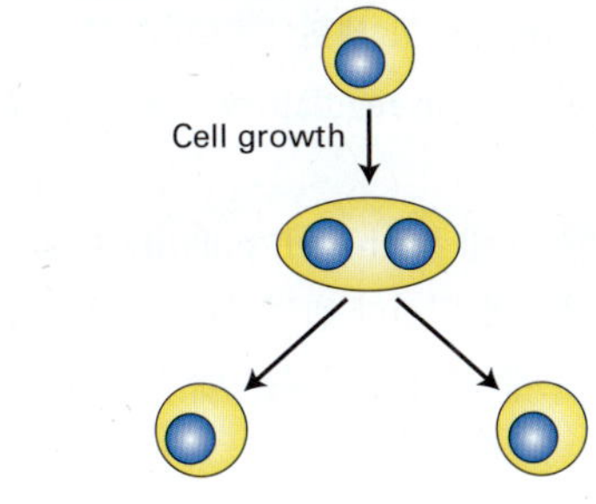

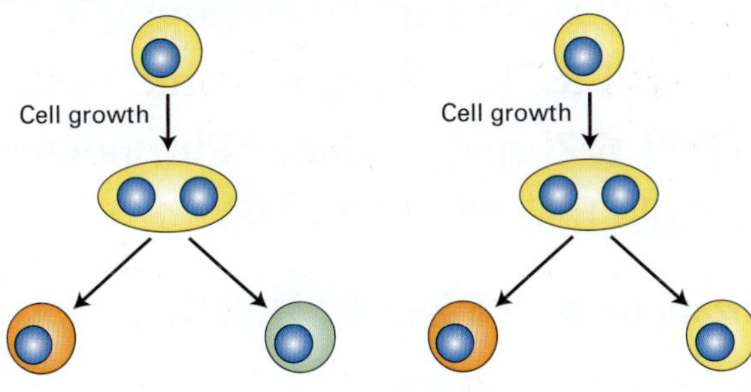

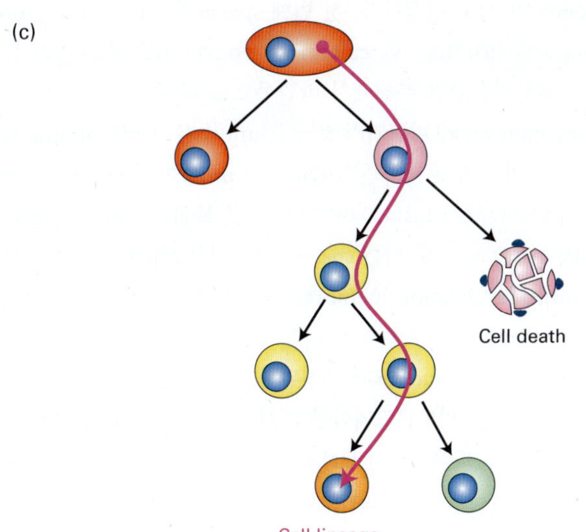

그림 22-1 세포의 birth, lineage, 세포 사멸의 개요. 세포가 계속 성장하는 과정에서, symmetric 또는 비대칭 세포 분열에 의하여 새로운 세포가 탄생하게 된다. (a) Symmetric division에 의해 생겨난 2개의 딸세포는 본질적으로 서로 같으며 또한 모세포와 동일하다. 그 후 각 딸세포가 다른 신호를 받는다면, 다른 운명을 가질 수 있다. (b) Asymmetric division에 의해 생긴 2개의 딸세포는 형성될 때부터 다른 특징을 가지므로 다른 운명을 갖는다. 어떤 경우에는(*왼쪽*) 두 딸세포가 서로 다르고 모세포와도 다르다. 다른 경우에는(오른쪽) 하나의 딸세포는 모세포와 본질적으로 동일하고, 다른 딸세포는 다른 운명을 갖는다. 비대칭 세포 분열은 모세포가 줄기세포이거나, 하나의 딸세포가 또한 줄기세포일 때 흔히 볼 수 있다. 이로 인해 줄기세포(yellow)의 수는 일정하게 유지되고, 다른 딸세포는 분열하고 성숙해서 하나 이상의 분화된 세포를 만드는 세포(orange)를 생성할 수 있게 한다. (c) Symmetric 또는 비대칭 세포 분열의 한 시리즈를 *cell lineage*라 하는데, 이로 인해 다세포 생명체에서 각각의 specialized cell type이 나타나게 된다. Cell lineage의 패턴은 엄격하게 유전적인 조절을 받는다.

염색체를 가지기 때문에 diploid (이배체)이다. Embryogenesis (배 발생) 동안 zygote는 수많은 대칭 또는 비대칭 세포 분열을 하여 궁극적으로 완전한 생명체를 만든다. 이 장의 후반부에 논의하겠지만, nematode *Caenorhabditis elegans* (예쁜꼬마선충)는 *mosaic development* strategy를 따른다. 이 전략에서는 모든 초기 세포 분열은 asymmetric하고, 각 딸세포는 각기 다른 세트의 분화된 세포를 형성한다(그림 22-26 참조).

그러나 이 장의 첫 번째 절에서는 *Caenorhabditis*와는 매우 다른 포유동물의 초기 발생 과정과 배아 줄기세포를 형성하는 과정을 중점적으로 논의할 것이다. 생쥐와 인간 배아는 eight-cell stage까지는 모든 세포가 모든 조직(embryonic과 extraembryonic tissue 모두)을 만들 수 있는 능력을 갖도록 진행된다. 즉, eight cell이 모두 **totipotent**하다. 그러나 16-cell stage에서는 일부의 세포는 특정 분화 과정으로 들어가게 된다.

Inner cell mass (ICM)라고 불리는 cell group은 배아의 모든 조직으로 발생하고, extraembryonic trophectoderm이라는 다른 세트의 세포는 placental tissue (태반 조직)를 형성한다(그림 22-2와 22-3 참조). Extraembryonic tissue를 만들지는 못하지만, 모든 배아 조직을 생성할 수 있는 inner cell mass를 구성하는 세포를 pluripotent하다고 한다. 22.1절에서 살펴보겠지만, inner cell mass를 구성하는 세포를 조성을 알고 있는 배양액에서 배양하면 **embryonic stem (ES) cell**이 된다. ES cell은 배양액에서 무한정 증식이 가능하며, pluripotent 한 특성이 유지되기 때문에 동물의 모든 조직을 만들 수 있다. 우리는 앞으로 pluripotency를 유지하기 위한 유전자 발현의 transcriptional network를 밝히기 위해서, 그리고 연구의 목적, 또는 더 이상 기능을 못하는 세포 또는 환자에게 문제가 생긴 세포를 대체할 목적으로 특정 분화된 세포를 만들기 위해서 ES cell을 이용하는 것을 살펴볼 것이다.

오랜 기간 동안, 동물 분화는 한 방향으로만 진행된다고 생각하여 왔으나, 최근의 연구 결과에 의하면 분화를 실험적으로 역방향으로 진행되게 할 수 있다. 특정 transcription factor들을 조합하여 발현시키면 몇 가지 유형의 분화된 세포를 다른 유형의 분화 세포로 바꿀 수 있다. 놀랍게도, ES cell에서 pluripotency를 조절하는 적은 수의 transcription factor를 도입하면 정해진 조건에서 시간이 지남에 따라 일부 체세포를 ES cell과 구별할 수 없을 만큼 유사한 특성을 가진 **induced pluripotent stem (iPS) cell**로 변환할 수 있다. 우리는 ES cell과 같이 iPS cell도 생물학적 연구와 의학에 매우 유용하다는 것을 설명할 것이다.

많은 유형의 **줄기세포**는 metazoan development와 성체의 생활에 중요하다. 줄기세포는 스스로 번식할 수 있으며, 특정한 종류의 specialized 세포를 만들 수 있는 unspecialized 세포이다(그림 22-1b 참조). 줄기세포라는 이름은 잎과 가지를 옆으로 내보내는 동시에 위로 자라서 더 많은 stem (줄기)을 형성하는 plant stem에서 유래하였다. 이 장의 두 번째 절에서, 우리는 생식 세포, intestinal 세포 그리고 blood에서 발견되는 다양한 종류의 세포들을 포함하여, 그들이 형성할 수 있는 특수한 세포 유형의 다양성이 다른 몇 가지 유형의 줄기세포에 대해 살펴볼 것이다. ES cell과는 다르게 성체의 줄기세포는 multipotent하다: 그들은 생명체에서 발견되는 여러 종류의 분화된 세포를 만들 수 있지만, 모든 세포를 만들 수 있는 것은 아니다.

어떤 줄기세포는 symmetric division을 통해 딸세포도 줄기세포를 만들어내기에 줄기세포의 수가 증가한다. 동물과 식물에서 많은 줄기세포는 asymmetric division에 의해 딸세포 중 하나만 줄기세포로 만들기 때문에 줄기세포의 수가 일정하거나 개체의 일생에서 초기 시기에만 숫자가 증가한다. 많은 cell type들은 전체적으로 생명체보다는 짧은 수명을 가지고 있기 때문에 지속적으로 새로운 세포로 대체되어야 한다. 예를 들면, mammal에서 intestine의 lining을 구성하는 세포나, phagocytic macrophage 세포는 단지 며칠 정도 살 수 있다. 따라서 줄기세포는 development 과정뿐 아니라 성체에서 더 이상 기능을 못하는 세포를 대체하는 데도 매우 중요하다. 그러나 특정 줄기세포의 수는 종종 개체가 나이가 들면서 감소하며, 기능을 못하는 세포나 조직을 대체할 수 있는 능력도 줄어든다.

Zygote는 embryonic development에 필요한 supportive placental cell뿐만 아니라 체내 모든 cell type을 생성하는 능력이 있다는 점에서 totipotent하지만, zygote가 스스로 *self-renew* (자신을 더 많이 만드는) 하지 않기 때문에 줄기세포로 간주되지 않는다.

동물에서 다양한 세포를 만들기 위해서는 비대칭 세포 분열이 필요하며, 이로 인해 서로 다른 운명을 가진 2개의 딸세포가 만들어진다는 것을 이미 언급하였다. 이를 위해서는 모세포가 세포 분열 이전에 asymmetric 또는 **polarize**되어서 모세포의 cell content가 2개의 딸세포에 서로 다르게 분배되어야 한다. 이러한 polarization은 development 과정뿐만 아니라 많은 유형의 분화된 세포의 기능에도 매우 중요하다. 예를 들면, intestine의 내벽을 구성하는 transporting 상피 세포의 경우에 free apical surface (정단 표면)는 lumen (속 공간)을 향하고 있어서 영양분을 흡수하는 반면, basolateral surface (기저면)는 extracellular matrix와 접촉하고 있어서 영양분을 blood로 운반한다(그림 11-30과 20-1 참조). 다른 예로는 chemotactic gradient를 따라서 이동하는 세포와(그림 18-54 참조), cell body의 한쪽 면에는 signal을 받는 많은 dendrite로 구성되고, 다른 한쪽 면에는 single exon이 뻗어 나와서 signal을 표적 세포에 전달하는 구조를 가지는 neuron을 들 수 있다(23장 참조). 따라서 세포가 polarize되는 메커니즘은 매우 중요하며, 세포 기능의 일반적인 현상이다. 이러한 메커니즘이 cell signaling pathway (15, 16장 참조), cytoskeletal reorganization (17, 18장 참조), membrane trafficking (14장 참조) 등을 통합하여 이용한다는 것은 놀라운 일이 아니다. 이 장의 세 번째 절에서는 세포가 어떻게 polarize되고, 비대칭 세포 분열이 줄기세포의 특성을 유지하며, 분화된 세포를 생성하는 데 어떻게 중요하게 작용하는지 살펴볼 것이다.

생명체의 사멸과 생명체에 있는 세포의 사멸 모두 생명에는 필수적인 부분이어서 사멸이 신중하게 조절되지 않으면 생명이 있을 수 없다. 이 장의 마지막 절에서, **programmed cell death (세포예정사)**라고 명명된 세포 사멸의 regulation에 대해 논의할 것이다. 우리는 진화적으로 보존된 세포예정사의 한 유형인 세포자살이 많은 조직의 형성과 유지에 절대적으로 중요하다는 것을 배울 것이다(그림 22-1c 참조). 우리는 또한 척추동물에서 virus-infected cell을 죽이기 위해 사용하는 두 번째 유형의 세포예정사인 necroptosis에 대해 배울 것이다. 세포는 또한 environmental stress에 의해 죽거나, 개체가 더 이상 필요로 하지 않으면 죽게 된다. Genetic program이 세포 분열과 분화를 조절하듯이, 견제와 균형을 갖춘 정밀한 genetic regulatory system이 세포 사멸을 조절한다.

세포 생물학에 있어서, cell birth, cell polarity 형성, 세포예정사와 같은 이런 과정들은 발생학과 밀접한 관련성을 지니며, 앞 장에서 살펴본 다양한 신호전달 경로에 의해 조절되는 매우 중요한 과정 중 하나이다.

22.1 Early Mammalian Development (포유동물의 초기 발생), Embryonic Stem Cell (배아 줄기세포), Induced Pluripotent Stem Cell (유도 만능 줄기세포)

Fertilization으로 인해 유전체가 통합된다

Mammalian sperm이 egg에 도달하여 안으로 뚫고 들어갈 수 있다는 것은 놀랄만한 일이다. 인간의 경우, 하나의 oocyte를 두고 1억 개 이상의 sperm이 서로 경쟁한다. 첫 번째 sperm의 membrane이 oocyte membrane과 fusion한 후, calcium은 oocyte 세포질로 흘러 들어오며, sperm이 결합했던 부위에서 바깥쪽으로 퍼져나간다. 다른 조절된 secretory pathway와 마찬가지로, calcium이 유입되면 plasma membrane 바로 아래에 존재하던 *cortical granule*이라 부르는 vesicle이 plasma membrane과 fusion되어 안에 있던 물질이 plasma membrane 바깥쪽으로 배출돼서, 또 다른 sperm이 더 이상 egg에 들어오지 못하도록 shielding fertilization membrane을 형성한다. 최종적으로, sperm 핵은 egg cytoplasm으로 들어간 다음, egg와 sperm의 핵이 서로 융합하여 diploid zygote nucleus가 생성된다.

Oocyte는 많은 미토콘드리아를 가지고 있다. Mammal이나 많은 다른 species에서 미토콘드리아 DNA의 inheritance는 완전히 모계에 의해 이루어진다. Sperm의 미토콘드리아는 oocyte 안으로 들어가지 않는다(12장 참조). 미토콘드리아 DNA가 모계를 통해서만 유전되는 현상은 아프리카에서 인류가 처음으로 기원한 이후에 인류의 역사에서 모계에 의한 유전을 추적하는 데 사용되어 왔다. Egg의 cytoplasm에는 development의 아주 초기에 필요한 유전자들의 transcript인 *maternal mRNA*도 포함되어 있다. Oocyte가 meiosis (감수 분열)를 진행하는 시기와 배아의 cleavage가 일어나는 발생 초기에는 transcription이 거의 또는 전혀 일어나지 않기 때문에, oocyte가 가지고 있는 maternal RNA는 이 기간 동안에 단백질을 합성하는 데 매우 중요하다.

포유동물 배아에서 Cleavage (분열)가 일어나면서 Differentiation (분화)이 시작된다

Zygote라고 하는 fertilized egg가 single cell에 머물러 있는 시간은 그리 길지 않다. Fertilization 이후에 곧바로 한 번에 약 하루 정도가 소요

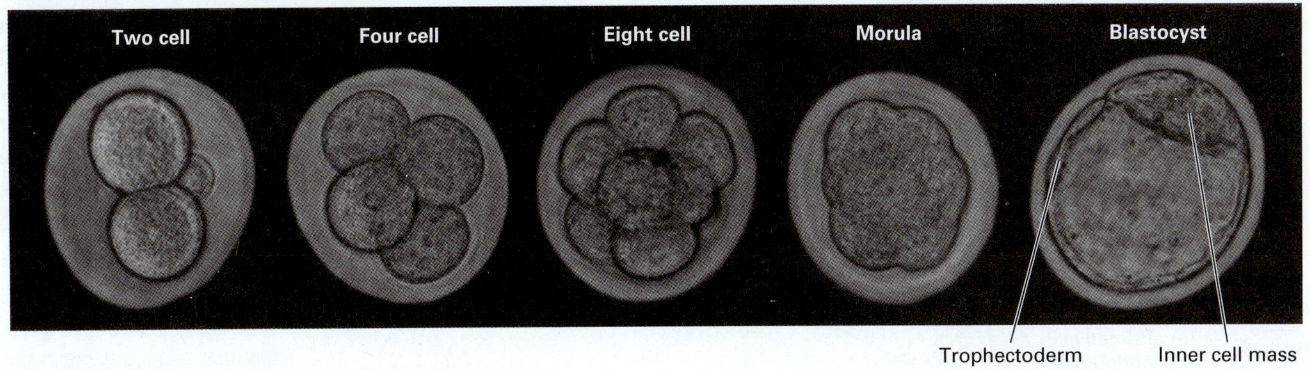

그림 22-2 생쥐 배아의 초기 cleavage division. Early division 동안 cell growth는 거의 일어나지 않기 때문에 세포는 점차 크기가 작아진다. 자세한 내용은 본문을 참고하시오. [Courtesy of Tom P. Fleming.]

되는 세포 분열이 연속해서 일어나며, 이를 *cleavage*라 한다(그림 22-2). Cleavage division은 배아가 자궁 내막에 착상되기 전에 시작된다. 초기에는 세포들이 거의 공 모양을 하고 있고, 서로 느슨하게 결합되어 있다. 실험에서 증명되었듯이, eight-cell stage의 각 세포들은 totipotent해서, pseudopregnant animal (호르몬을 처리하여 uterus가 배아에 적절하게 반응하도록 준비된 동물)의 자궁에 착상시킬 경우 완전한 동물을 만들 수 있는 능력을 가지고 있다. 인간과 다른 포유동물 배아에서 eight-cell stage의 각 세포는 totipotent하며, 비록 그 시기가 생쥐 배아와는 다르지만 이러한 totipotency는 이어지는 cleavage 과정에서 잃어버린다.

Eight-cell embryo는 compaction 과정을 거친다. 이 과정은 blastomere (난할구) 세포 상호 간의 affinity를 크게 증가시키고, cell polarization을 유도하는 기능을 하는 homotypic cell-adhesion protein인 E-cadherin (그림 20-14 참조)의 발현이 세포 표면에 유도되면서 진행된다. Fertilization 후 3일이 지나면, eight-cell embryo는 다시 분열하여 16-cell *morula* ["raspberry (나무딸기)"를 뜻하는 그리스어에서 기원; 그림 22-2 참조]를 형성한다. 이 세포 분열 동안 각 blastomere의 딸세포 중 하나는 16-cell embryo의 안쪽에 위치하는 반면, 다른 하나의 딸세포는 surface에 머무른다. 16-cell embryo의 outer cell은 나중에 blastocyst라고 불리는 64-cell stage의 **trophectoderm (TE)**이 되고(그림 22-2와 22-3 참조), 이후에 placenta와 같은 extraembryonic tissue를 형성한다. 16-cell embryo의 inner cell은 blastocyst (생쥐에서는 10–15개 세포)의 **inner cell mass (ICM)**가 되고 이후에 배아를 형성한다(그림 22-3). 이러한 세포 분열 동안 *blastocoel* (포배강)이라 불리는 internal cavity 안으로 fluid가 흐르기 시작한다.

Blastocyst에서 ICM은 blastocoel의 한쪽 면에 위치하는 반면, TE cell은 ICM과 blastocoel을 둘러싸는 속이 빈 공 모양을 형성한다. 이 시기에 TE cell은 epithelial sheet에 존재하는 반면, ICM cell은 mesenchyme (중간엽세포)이라고 표현할 수 있는 서로 느슨하게 결합되어 있는 cell mass이다. *Mesenchyme*은 느슨하게 서로 결합되어 구성하고 있는 세포를 의미하며, 일반적으로 mesoderm (중배엽)에서 유래된 세포에 적용하는 용어이다. 초기 배아에서 TE 또는 ICM 세포들의 운명은 세포의 위치에 따라 결정된다. 만약 labeled cell을 초기 배아의 바깥쪽에 위치시키면 extraembryonic tissue를 형성하는 반면, 배아의 안쪽에 위치한 세포는 embryonic 조직을 형성한다. ICM과 TE cell은 둘 다 줄기세포이다. 각 줄기세포들은 자신의 독특한 cell lineage를 가지며 활발히 분열하여 다양한 cell population을 형성한다. 발생 초기의 각 단계마다 유전자 발현을 보면, ICM과 TE cell, 그리고 거기에서 유래한 세포들에서 발현되는 유전자에 많은 변화가 있음을 알 수 있다. 이렇게 아주 초기의 배아에서도 유전자 발현 조절을 위해서, Wnt, Notch, TGF-β와 같은 signal을 사용한다(16장 참조).

Inner Cell Mass의 Pluripotent Cell에서 ES Cell이 만들어진다

초기 포유동물 배아의 inner cell mass (ICM)에서 embryonic stem (ES) cell을 분리하여 feeder-cell layer를 제공해 주면 여기에 붙어 자라는 ES cell을 무한정 배양할 수 있다(그림 22-4a). Feeder cell은 특정 essential growth factor (필수 성장 인자)를 ES cell에 제공해 준다. 이 장의 도입부에서 언급하였듯이, 배양한 ES cell은 pluripotent하기 때문에 *in vitro*에서나 또는 host 배아에 옮겨서도 세 가지 primary germ layer의 다양한 cell type으로 분화가 가능하다. 좀 더 구체적으로, 생쥐 ES cell은 초기 생쥐 배아의 blastocoel cavity로 주입할 수도 있고, pseudopregnant female의 자궁 내막에 이식할 수도 있다. Injection한 ES cell은 그 결과 생기는 chimeric mice (키메라 생쥐)의 전부는 아니지만, 대부분의 조직 형성에 참여한다. Injection한 ES cell은 종종 정상적으로 기능할 수 있는 sperm과 egg를 만들기 때문에, 그 결과로서 정상적인 생쥐가 태어날 수 있다.

최근 연구에서 host zygote에 mitosis를 억제하는 drug을 처리하면, zygote와 여기서 형성되는 blastocyst가 tetraploid (four copies of each chromosome)가 되므로 분화된 세포와 조직을 형성할 수 없다. 이러한 blastocyst에 정상적인 이배체 ES cell을 주입하였다. 이렇게 준비한 blastocyst aggregate를 이식하여 태어난 생쥐의 모든 세포는 donor ES cell에서 유래된 것이다. 이 결과는 하나의 생쥐 ES cell이 pluripotent

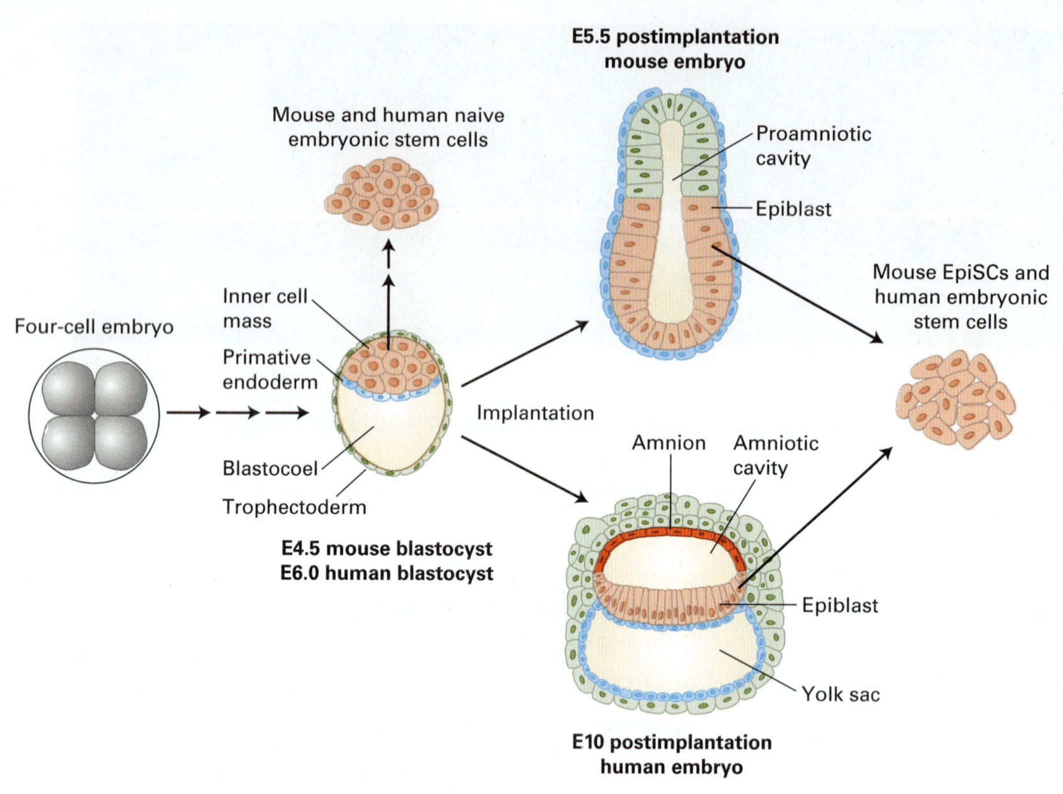

그림 22-3 생쥐와 인간의 implantation 전/후 배아, 그리고 여기서 파생될 수 있는 stem-cell line의 도식적 표현. 생쥐와 인간에서 four-cell embryo는 바깥쪽에 trophectoderm (TE)이, 안쪽에는 inner cell mass (ICM)로 구성된 blastocyst로 발달한다(그림 22-2 참조). ICM에서는 extraembryonic primitive endoderm (PE)을 형성할 세포를 만들고, 나머지 세포는 배아를 만들 epiblast로 분화가 일어난다. 자궁벽에 착상 후 생쥐와 인간 배아의 상세한 발달은 다르지만, 두 경우 모두 epiblast cell이 배아를 형성한다. 이 세포들과 초기의 ICM 세포들은 배양하였을 때 배아 줄기세포를 형성할 수 있다. Extraembryonic 세포는 uterine wall의 세포와 함께 placenta의 일부를 형성한다. Extraembryonic tissue는 청록색, epiblast에서 유도된 세포는 분홍색 음영으로 나타내었다. [Information from M. N. Shahbazi, E. D. Siggia, and M. Zernicka-Goetz, 2019, *Science* **364**:948.]

하다는 것을 보여 주는 확실한 증거이다. 인간 ES cell을 이용해서는 이러한 transplantation 실험을 할 수 없으므로, 인간 ES cell도 pluripotent한 지에 대한 공식적인 증거는 없다.

중요한 것은 인간과 생쥐 ES cell은 세포 배양에 의해 넓은 범위의 서로 다른 cell type으로 분화가 가능하다. ES cell을 suspension culture를 하면, ES cell은 다양한 조직으로 구성된 초기 배아와 유사한 multicellular aggregate를 형성하는데, 이를 *embryoid body* (배상체; 그림 22-4b)라고 한다. Embryoid body에 성장 인자들을 다양한 조합으로 처리하고, solid surface 위로 옮기면 gut epithelia (장 상피세포), cartilage (연골세포), 그리고 neural cell (신경세포) 등과 같은 다양한 분화된 세포를 형성한다(그림 22-4c). 다른 배양 조건에서는 blood cell과 pigmented epithelia를 포함하는 다양한 cell type의 precursor로 분화되도록 유도할 수 있다. 이러한 이유 때문에 pluripotent cell에서 특정 cell lineage로 분화를 결정하는 인자가 무엇인지 찾는 연구에서 ES cell은 매우 유용하게 사용되고 있다.

초기 배아에서 이러한 세포들의 어떤 특성 때문에 놀랄만한 유연성(plasticity)을 가지게 되는가? 다음 장에서 살펴보겠지만, DNA methylation, transcription factor, chromatin regulator 그리고 microRNA와 같은 다양한 인자가 모두 작용하여 어떤 유전자를 활성화시킬지 결정한다.

여러 가지 인자들이 ES Cell의 Pluripotency를 조절한다

Embryogenesis의 아주 초기 단계에 zygote가 세포 분열을 시작하면서 paternal과 maternal DNA는 demethylation된다(8장에서 논의한 DNA methylation 참조). 이 현상은 중요한 maintenance methyl transferase인 Dnmt1이 일시적으로 핵에 존재하지 않기 때문이고, 다른 이유로는 초기 development 동안 demethylase protein이 5-methyl cytosine 잔기로부터 활발하게 methylation mark를 제거하기 때문이다. 그 결과, methylation pattern이 처음 몇 번의 세포 분열 동안 reset되어서 처음에 존재하던 epigenetic marking (후생 유전적 표지)이 지워지고, 다양한 방향으로 development가 진행될 수 있는 potential을 가지는 조건이 만들어진다. Dnmt1이 제거된 mice는 DNA의 methylation이 매우 저하되어 있어서 초기 배아 시기에 죽는다. 이 배아에서 얻은 ES cell은 세포 배양 과정에서 세포 분열은 할 수 있지만, 정상적인 ES cell과는 다르게 *in vitro*에서 분화가 일어나지 않는다.

ES cell의 특성은 fertilization 직후에 생성되는 master transcription factor에 의해 결정된다. Transcription factor Oct4, Sox2, 그리고 Nanog는 초기 development 과정에서 중요한 기능을 하며, 세포 배양 중에 ES cell의 특징을 결정짓는 것뿐 아니라 배아에서 ICM cell의 특성 결정에도 필요하다. Oct4와 Nanog의 발현은 ICM cell 또는 배양한 ES cell과 같은 pluripotent cell에서만 일어난다. Sox2는 pluripotent cell에서 발현되지만, neuronal cell과 glial cell type들을 생산하는 multipotent neural 줄기세포에도 Sox2의 발현이 필요하다(이 내용은 다음 23장에서 논의할 것이다). 생쥐를 이용한 genetic study에서 이러한 인자들이 pluripotent cell의 developmental potential을 유지하기 위하여 독립적이긴 하지만 서로 연관된 경로에서 기능한다는 것을 알게 되었다. 예를 들면, Oct4 또는 Sox2가 없으면 ICM과 ES cell이 trophectoderm

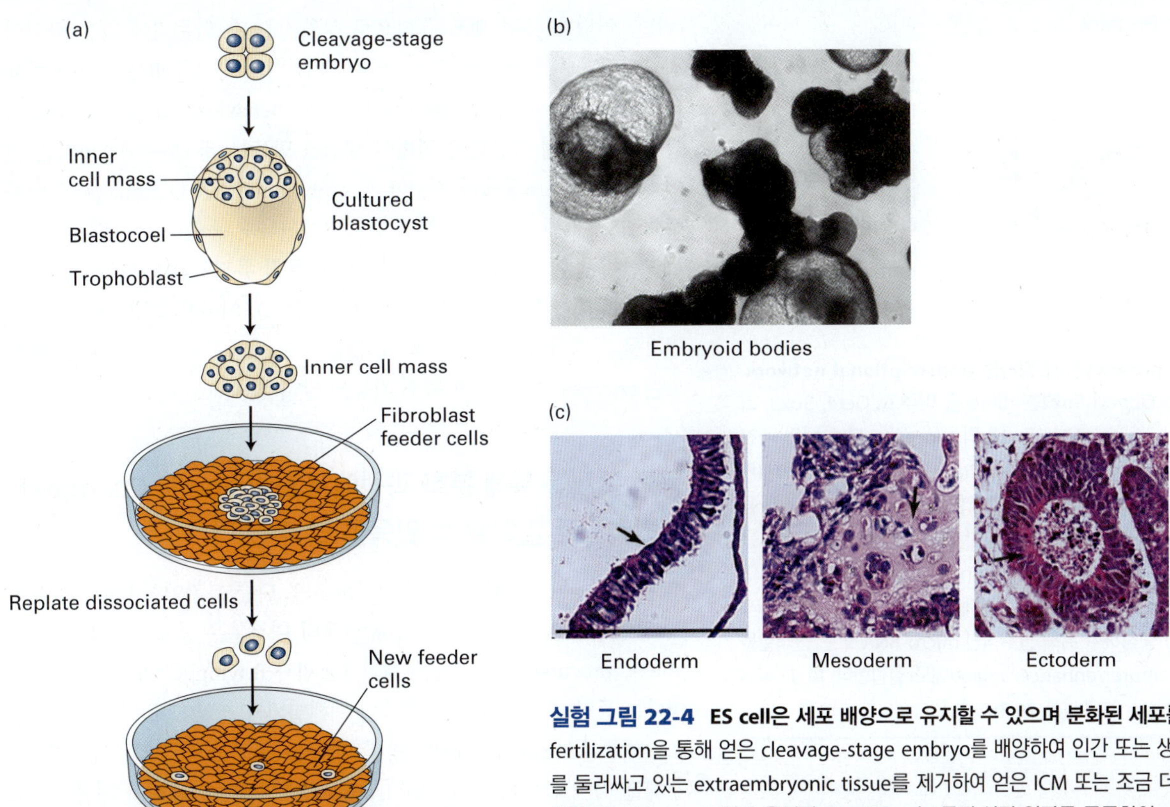

실험 그림 22-4 ES cell은 세포 배양으로 유지할 수 있으며 분화된 세포를 형성할 수 있다. (a) *In vitro* fertilization을 통해 얻은 cleavage-stage embryo를 배양하여 인간 또는 생쥐 blastocyst를 얻는다. 주위를 둘러싸고 있는 extraembryonic tissue를 제거하여 얻은 ICM 또는 조금 더 발생이 진행된 epiblast를 한 층의 fibroblast cell 위로 옮긴다. Fibroblast는 특정 성장 인자를 공급하여 embryonic cell의 영양 공급을 돕는다. ICM 또는 epiblast의 각 세포를 따로 분리하여 다시 fibroblast 위로 옮기면 ES cell colony가 형성되며, 이것은 여러 세대 동안 유지할 수 있고 냉동 보관도 가능하다. ES cell은 만일 특정한 cytokine을 공급해 준다면 fibroblast feeder layer 없이도 배양할 수 있다. 예를 들면, leukemia inhibitory factor (LIF)는 Stat3 transcription factor를 활성화시켜서 생쥐 ES cell의 성장을 돕는다; J. S. Odorico et al., 2001, *Stem Cells* **19**:193 참조. (b) 배아 줄기세포를 suspension culture를 하면 *embryoid body*라 부르는 multicellular aggregate를 형성한다. (c) Embryogenesis 동안 ICM에서 유래되어 생성된 세 가지 germ layer derivative를 포함하고 있는 embryoid body를 hematoxylin과 eosin으로 염색한 사진. 사진에서 화살표는 다음과 같은 tissue type을 나타낸다: (*왼쪽*) gut epithelium (endoderm), (*가운데*) cartilage (mesoderm), (*오른쪽*) neuroepithelial rosettes (ectoderm). Black bar = 100 μm. [Part (b) and (c) courtesy Dr. Lauren Surface and Dr. Laurie Boyer.]

으로 정상적인 분화가 일어나지 않는다. 따라서 이러한 transcription factor에 의해서 조절되는 유전자들로 볼 때 이 인자들이 development 동안 없어서는 안 될 중요한 기능을 한다는 것을 알 수 있다.

Chromatin immunoprecipitation 실험(8장 참조)을 통해 세 가지 transcription factor가 결합하는 유전자들을 찾아내었다. 각 단백질들은 1,000곳 이상의 chromosomal location에 결합한다. 표적 유전자들은 매우 다양한 종류의 단백질을 encoding하고 있으며, 그중에는 Oct4, Nanog, 그리고 Sox2 자신들도 포함되어 있기 때문에 다른 유전자들뿐 아니라 자신의 유전자 발현을 촉진하는 autoregulatory loop을 형성한다(그림 22-5). 이들 transcription factor들은 ES cell의 proliferation과 self-renewal에 중요한 단백질과 micro-RNA를 encoding하는 많은 유전자들의 transcription-control region에 결합한다.

여러 단백질 호르몬이 feeder cell에 의해 공급되거나 culture media에 추가되면 ES cell의 분화를 방지할 수 있다. 이러한 호르몬에는 Stat3을 활성화시키는 leukemia inhibitory factor (LIF), β-catenin transcription factor를 활성화시키는 Wnt, Smad1 transcription factor를 활성화시키는 bone morphogenetic protein 4 (BMP4) 등이 있다(16장 참조). ES cell에서 이러한 세 가지 transcription factor들은 Oct4, Nanog, Sox2 단백질들이 결합하는 여러 군데의 genomic site에 결합한다. 따라서 cell-surface receptor에 의해 활성화되는 신호전달 경로가 core pluripotency circuitry에 있는 유전자들의 regulation과 직접적으로 연관되어 있다. 이러한 연구 결과는 16장에서 cell-surface receptor에 의해 활성화된 transcription factor들이 특정 type의 세포에 특이적인 master transcription factor가 결합하는 genome site에 자주 결합한다는 사실을 뒷받침한다.

Gene transcription을 조절하는 chromatin regulator (8장 참조)도 ES cell에 중요하다. *Drosophila*에서 Polycomb group protein은 DNA-binding transcription factor에 의해 전 단계에서 확립된 유전자 repression state를 유지하기 위하여 complex를 형성한다. Fly Polycomb protein과 유사한 두 가지 mammalian protein PRC1과 PRC2

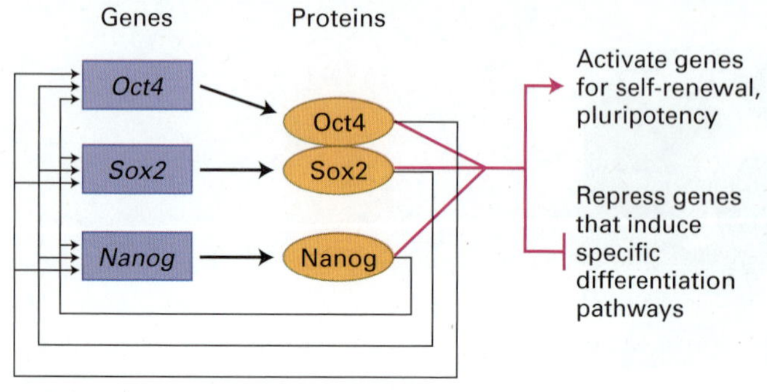

그림 22-5 ES cell의 pluripotency를 조절하는 transcriptional network. Master transcription factor Oct4와 Sox2는 dimer를 이루고, Oct4, Sox2, 그리고 Nanog 각각은 다른 두 transcription factor의 promoter뿐 아니라 자신의 promoter에도 결합하여(검정색 선) 각 유전자의 transcription을 활성화시키는 positive autoregulatory loop을 형성한다. 이러한 transcription factor들은 ES cell의 proliferation이나 self-renewal에 중요한 단백질 또는 micro-RNA를 encoding하는 많은 active gene의 promoter/enhancer region에 결합한다. 이러한 transcription factor들은 또한 미분화된 ES cell에서 발현이 억제된 유전자나, 많은 분화된 세포를(진홍색 선) 형성하기 위해 필수적인 micro-RNA 또는 단백질을 encoding하는 유전자들의 promoter/enhancer region에도 결합한다. M. Li and J. C. Izpisua Belmonte, 2018, *Nat. Cell Biol.* **20**:382 참조.

(그림 8-48 참조)는 ES cell에 매우 많은 양이 존재한다. PRC2의 한 component가 없는 초기 생쥐 배아는 발생 초기 단계에 결함이 생긴다. PRC2 complex protein들은 histone H3 lysine 27에 methyl 그룹을 붙이는 기능을 하므로 chromatin 구조를 변화시켜서 유전자를 repression한다. (여기서는 단백질의 아미노산에 methylation을 시키는 조절 방법으로서, DNA의 cytosine 잔기에 methylation시키는 것과는 다르다.) ES cell에서 특정 세포로 분화를 유도하는 데 필요한 단백질 또는 micro-RNA (miRNA)를 encoding하는 유전자들의 발현을 PRC1과 PRC2가 억제한다. 또한, Polycomb protein은 나중에 특정 developmental gene expression program을 적절하게 진행하기 위해서 이러한 유전자들의 epigenetic preactivation state를 유지한다. 따라서 PRC2 기능이 없는 ES cell은 정상적으로 분화가 일어나지 못한다.

Early development 동안 많은 다른 regulator 또한 유전자 발현의 조절과 pluripotency를 유지하는 데 중요한 역할을 한다. 예를 들면, miRNA *let-7*을 encoding하는 유전자가 ES cell에서 transcription되지만 precursor RNA transcript가 실제 기능을 하는 mature miRNA로 잘려지지는 않는다. ES cell은 발생 과정에서 조절되는 *Lin28*이라고 하는 RNA-binding protein을 발현하며, *Lin28*은 *let-7* precursor RNA에 결합하여 cleavage를 억제한다. ES cell에 mature *let-7* miRNA를 발현시키면 ES cell이 self-renewal하는 능력이 사라진다. 따라서 Lin28에 의한 *let-7* processing의 억제는 ES cell의 pluripotency에 매우 중요하다.

이 절의 마지막에 논의하겠지만, 배아 줄기세포를 손상된 조직을 복원하거나 대체시키는 치료 목적으로 사용할 수 있는 가능성 때문에 ES cell을 어떻게 특정 세포 유형으로 분화시킬 수 있는지에 많은 관심이 집중되었다. 질병을 치료할 수 있는 장점 이외에 ES cell은 다양한 종류의 disease, developmental mechanism, behavior, 그리고 physiology를 연구하는 데 유용한 돌연변이 생쥐를 만드는 데 매우 귀중하다는 것이 입증되었다. 6장에서 기술한 recombinant DNA technology를 이용하여 ES cell에서 특정 유전자를 제거하거나 기능을 변화시킬 수 있다. 돌연변이를 일으킨 ES cell을 이용하여 특정 유전자가 knockout되거나 변형된 생쥐를 만들 수 있다(그림 6-40 참조). 이러한 방법으로 특정 유전자를 제거하거나 기능을 변화시킨 후 그 효과를 분석하면 그 유전자 또는 encoded protein의 평소 기능을 알 수 있다.

동물 복제를 통해 분화 과정에서 Epigenetic Change가 역방향으로 일어날 수 있음을 알 수 있다

서로 다른 세포 유형의 유전체에서는 서로 다른 부분에서 transcription이 일어나지만, 모든 세포에서 유전체의 대부분은 동일하다. Hematopoietic precursor로부터 면역계의 T cell과 B lymphocyte의 발생이 일어나는 동안 유전체의 일부 조각이 재배열되거나 잃어버리지만(24장 참조), 대부분의 somatic cell (체세포)은 germ line과 동일한 완전한 유전체를 가지고 있다. Nuclear transfer (핵치환)를 통해서 성공적으로 animal cloning (동물 복제)이 가능한 것으로 봐서 적어도 몇 가지 체세포는 완전한 기능을 할 수 있는 유전체를 가지고 있다는 것을 알 수 있다. 종종 *somatic-cell nuclear transfer* (SCNT)라고 불리는 이 과정에서 핵을 제거한 egg에 성체 체세포의 핵을 도입하면, 이렇게 조작한 egg는 zygote와 마찬가지로 이배체의 염색체를 가지게 되고, 이를 foster mother (대리모)에 이식한다. 이때 egg 안에 남아 있던 몇 개의 미토콘드리아 DNA를 제외하면 배아 발생의 방향을 결정할 genetic information은 오직 공여자 체세포의 nuclear genome이 가지고 있다. 그러나 SCNT 방법에 의해 동물 복제가 성공하는 효율이 낮을 뿐 아니라, 성공하더라도 복제한 동물이 높은 비율로 obesity (비만)와 같은 질병을 앓는다는 점으로 볼 때 많은 성체 체세포가 실제로 완전한 functional genome을 가질지, 또는 pluripotent undifferentiated state로 완전한 reprogramming이 일어날지에 대해서는 많은 의문이 남아 있다. 유명한 복제 양 "Dolly"의 경우에도 몇 가지 건강상의 문제를 가지고 있었다. 만일 분화된 세포가 완전한 유전체를 가지고 있다 하더라도 분명히 그중 일부분에서만 transcription이 일어난다(8장 참조). 예를 들면, 세포는 완전한 유전체를 가지고 있지만 계속 유지되어 온 chromatin epigenetic state 때문에 특정 유전자를 적절하게 재활성화시킬 수 없다.

분화된 세포의 유전체가 배아 줄기세포와 같은 developmental potential을 가지도록 전환될 수 있다는 추가적인 증거는 일반적으로 더 이상 세포 분열을 하지 않는 postmitotic olfactory sensory neuron을 녹색 형광 단백질(green fluorescent protein, GFP)으로 표지한 후 핵 공여자로 사용한 실험에서 얻을 수 있었다(그림 22-6). 핵을 제거한 생쥐 oocyte에 분화된 olfactory cell에서 얻은 핵을 이식하면 그중 일부에서 GFP를 발현하는 blastocyst로 발생이 일어난다. Blastocyst에서 얻은

ES cell을 tetraploid blastocyst에 injection한다. 이렇게 얻은 manipulated embryo는 완전히 olfactory neuron 유전체에서부터 유래한 것이며, 녹색 형광을 내면서 건강한 생쥐를 만들 수 있다. 따라서 적어도 어떤 경우에는 분화된 세포의 유전체가 완전히 reprogramming되어 생쥐의 모든 조직을 형성할 수 있다.

Somatic Cell에서 iPS Cell (유도 만능 줄기세포)을 만들 수 있다

SCNT (somatic cell nuclear transfer)가 효율이 높지 않기 때문에 모든 종류의 포유동물 체세포가 완전한 유전체를 가지고 있는지 또는 dedifferentiation (탈분화)을 유도하여 ES cell과 유사하게 만들 수 있는지는 분명하지 않다. 이러한 연구를 통해 2012년 노벨상을 받은 Shinya Yamanaka는 retrovirus vector를 사용하여 세포 배양한 생쥐 fibroblast에 여러 가지 transcription factor를 단독으로 또는 조합하여 발현시켰다. 그는 놀랍게도 KLF4, Sox2, Oct4, 그리고 Myc을 encoding하는 retrovirus를 transformation하여 인간과 생쥐 세포를 reprogramming함으로써, 배아 줄기세포와 유사한 pluripotent 상태를 만들 수 있다는 것을 알게 되었다. 이러한 세포 상태를 *induced pluripotent stem-cell state*라 한다. 이 중에서 Sox2와 Oct4는 앞에서 논의하였던 ES cell의 master transcriptional regulator들 중 하나이다. Fibroblast뿐 아니라 keratinocyte (skin-forming cell)와 다른 유형의 분화된 세포도 iPS cell로 reprogramming시킬 수 있다. ES cell과 마찬가지로, 단 하나의 생쥐 iPS cell을 실험적으로 blastocyst에 도입하여 germ cell을 포함한 생쥐의 모든 조직을 형성할 수 있다는 사실로서 체세포가 embryonic pluripotent 상태로 reprogrammed될 수 있다는 것을 입증할 수 있다.

몇 가지 다른 transcription factor와 심지어 small organic molecule들도 Yamanaka reprogramming cocktail에서 Oct4 대신 사용할 수 있다. 후속 연구에서, 이러한 각 인자들은 endogenous Oct4 gene의 transcription을 활성화시킴으로써 pluripotency를 갖게 된다는 것을 알게 되었다. 따라서 이러한 transcription factor들을 강제로 발현시키면 시간이 지남에 따라 Oct4와 다른 pluripotency protein들을 encoding하는 유전자들을 포함해서 많은 세포내 유전자들의 발현을 활성화시

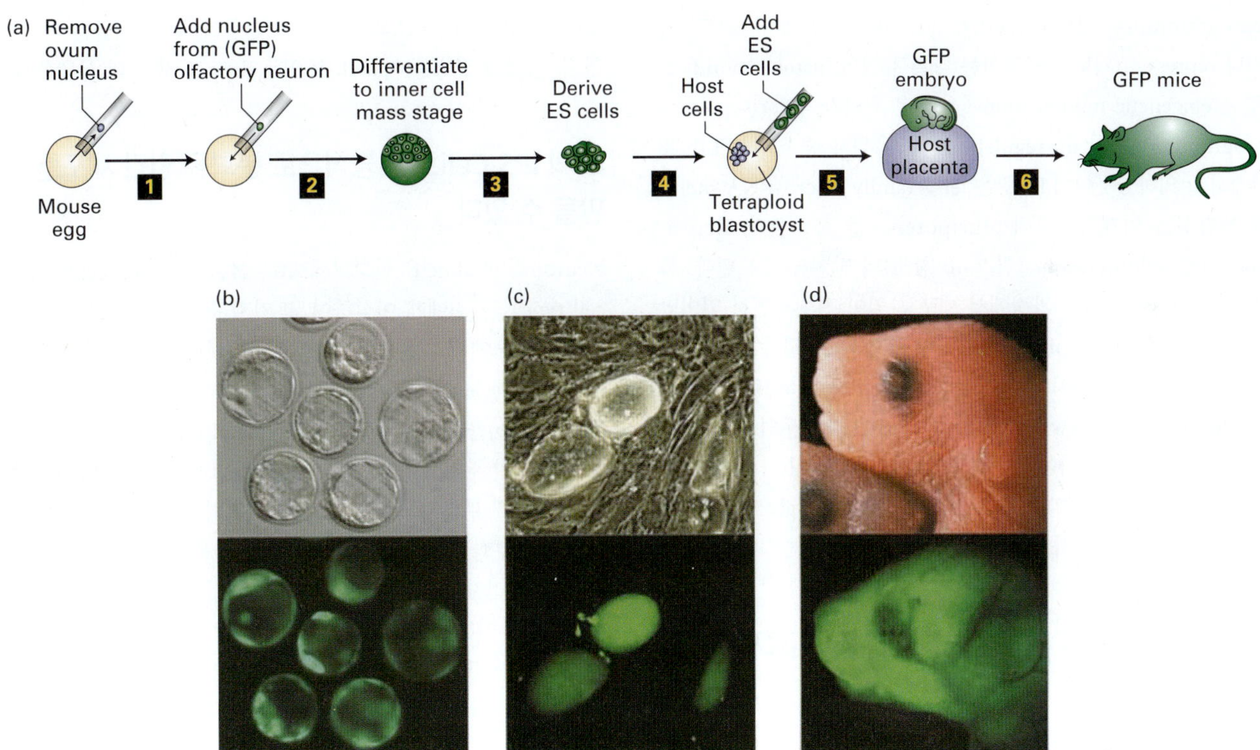

실험 그림 22-6 Olfactory neuron으로부터 somatic-cell nuclear transfer를 통해 생쥐를 복제할 수 있다. (a) Olfactory sensory neuron의 핵을 이용하여 cloned ES cell line을 만들고, 이를 이용하여 cloned mice를 만드는 과정. 단계 **1**: Olfactory neuron에서만 녹색 형광 단백질(GFP)을 발현하는 생쥐의 olfactory sensory neuron에서 핵을 분리하여 생쥐 egg의 핵과 치환한다. 단계 **2**: 그 결과 얻은 zygote를 세포 배양하여 blastocyst 단계까지 분화시킨다. 단계 **3**: 이렇게 형성된 ICM cell은 모두 olfactory sensory neuron에서 유래되었기 때문에 모든 세포가 GFP를 발현한다. 이 ICM cell을 이용하여 ES cell line을 만든다. 단계 **4**: 이러한 ES cell을 tetraploid blastocyst에 주입한다. 단계 **5**: Blastocyst를 pseudo-pregnant 생쥐의 자궁에 이식하면 host blastocyst에서 유래한 tetraploid cell은 배아는 형성하지 못하지만 placenta (violet)는 형성한다. 단계 **6**: 그러므로 배아의 모든 세포와 여기서 태어난 mice의 모든 세포는 GFP를 발현한다. (b–c) Nuclear transfer한 blastocyst (b)의 bright-field image (*위쪽*)와 fluorescence image (*아래쪽*). (c) ICM에서 분리한 ES cell. (d) 12일된 대조군 생쥐(*위*)와 olfactory sensory neuron에서 복제한 생쥐(*아래쪽*). 모든 세포가 GFP를 발현하는 것을 알 수 있다. [Parts (b–d) reprinted with permission from Nature Publishing Group, from K. Eggan et al., 2004, "Mice Cloned from Olfactory Sensory Neurons," *Nature* **428**(6978):44–49; permission conveyed through Copyright Clearance Center, Inc.]

켜서, 몇 주에 걸쳐서 체세포를 ES-like 상태로 reprogram할 수 있다고 생각하여 왔다. Endogenous gene을 활성화시키면 ES-like state로 reprogramming할 수 있는지를 실험적으로 확인하기 위해 기본적인 네 가지 Yamanaka transcription factor, 즉 KLF4, Sox2, Oct4, 그리고 Myc을 encoding하는 messenger RNA를 합성해서 배양한 keratinocyte (skin-forming) 세포에 반복하여 transfection 하였다. 이렇게 배양한 세포는 외부에서 도입한 messenger RNA의 흔적이 없는 정상적인 iPS를 형성하였으며, 이로써 정상적인 세포내 유전자의 발현을 유도하여 keratinocyte를 reprogramming함으로써 iPS가 형성된다는 것을 증명하였다.

Fibroblast에서, 대부분의 pluripotency 연관 유전자들의 chromatin은 repressive histone H3 lysine 9 trimethylation (H3K9Me_3)로 표지되어 있기 때문에 transcription factor들이 접근하기 어렵다. Oct4에 의해 활성화되는 유전자들 중에서 2개가 H3K9 demethylase를 encode하고 있다. H3K9 demethylase는 repressive chromatin 표지를 떼어내서 시간이 지남에 따라 pluripotency gene들을 활성화시킨다. 이와 일치하게도, reprogramming 동안 H3K9 demethylase의 발현은 증가하며, 발현을 knockdown시키면 효율적인 iPS cell이 형성되지 않는다. 실제로, reprogramming은 DNA methylation이나 수백 개 유전자가 활성화되거나 repression되도록 조절하는 다른 유형의 histone modification과 같은 epigenetic modification에서 많은 변화가 수반된다.

Reprogramming동안 up-regulation되는 유전자 중 하나는 LIN28이다. 위에서 논의하였듯이, LIN28은 *let-7* family micro-RNA member들의 생합성을 억제함으로써 pluripotency를 촉진한다. Reprogramming 동안 telomerase (그림 7-40 참조)의 발현도 유도된다. 특정 유형의 분화된 세포 형성 과정에서 세포 분열이 진행되면서 일어났던 telomere 길이의 shortening이 telomerase에 의해 정상 길이로 회복된다. Pluripotency를 가지게 하는 cellular reprogramming 과정에서 metabolic pathway의 rewiring도 일어난다. 즉, 대부분의 분화된 세포에서와 같이 미토콘드리아에서 ATP를 생산하는 highly respiratory metabolism에서, 정상 배아의 ICM cell에서처럼 highly glycolytic carbon flux로 metabolic shift가 일어난다.

환자 특이적 iPS Cell을 많은 질병의 잠재적 치료제로 개발할 수 있다

난치성 질병 환자의 체세포에서 iPS cell을 얻을 수 있기 때문에 몇 가지 질병의 원인을 분자 및 세포 수준에서 밝히는 데 매우 유용하다(그림 22-7 참조). 종종 *Lou Gehrig's disease*로 불리는 *amyotrophic lateral sclerosis* (*ALS*)를 예로 들어 보자. 이 질병은 spinal cord와 신체의 muscle을 연결하는 motor neuron이 점진적으로 약해지면서 기능을 잃고, 사지가 마비되고(limb paralysis), 결국에는 호흡 부전(respiratory failure)으로 사망에 이른다. 치료법은 없다.

환자의 약 10%가 우성 유전되지만(familial ALS, 가족성 근위축성 측색경화증), 나머지 90%는 명확한 genetic linkage를 발견할 수 없다(sporadic ALS, 돌발형 근위축성 측색경화증). 분자와 세포 수준에서, 이 질병의 근본적인 원인을 분석하는 것은 불가능했다. 왜냐하면, 분석이나 배양을 위해 살아있는 사람으로부터 neuron이나 주변의 glial cell (23장 참조)을 추출할 수는 없었기 때문이다. 여러 연구 결과에서, familial disease 또는 sporadic disease를 겪고 있는 나이 든 환자의 skin cell에서 iPS cell을 얻은 후 세포 배양 과정에서 성공적으로 motor neuron으로 분화를 시켰다. 이는 iPS cell이 self-renewal이 가능하므로 ALS 환자의 세포를 무한정으로 공급할 수 있다는 가능성을 보였다. 초기 연구 결과는 몇 가지 유형의 ALS 돌연변이를 가진 motor neuron이 hyperexcitable해서 정상 neuron보다 *action potential* (23장 참조)이라고 불리는 electric signal을 좀 더 많이 생성한다는 것을 보여주었다. 연구자들은 ALS iPS cell에서 유래된 motor neuron에서 보이는 이상(abnormality)을 되돌릴 수 있는 drug을 찾기 위하여, 이 분화된 neuron을 이용하여 관련 없는 질병의 치료제로 사용하고 있는 drug을 포함해서 수천 개의 small organic molecule을 screening하였다. 그중 몇몇은 효과를 확인하였으며, 일부는 ALS의 퇴행성 효과를 늦추거나 멈출 수 있는지 확인하기 위한 임상 시험이 진행 중이다. 이러한 실험들은 많에서 유형의 연구하기 어려운 인간 질병에 대한 세포 배양 모델을 만드는 데 iPS와 ES cell의 가치를 보여준다. 이 세포들은 아직까지 치료할 수 없었던 질병을 치료할 수 있는 drug을 찾는 데 사용할 수 있다. ■

ES와 iPS Cell로 기능적으로 분화된 인간 세포를 만들 수 있다

Neuron과 glial cell (신경교세포)은 물론 인간 iPS cell에서 얻은 다른 cell type들도 쥐에게 이식하여 몇 가지 유망한 결과를 얻었다. 특히 생쥐 줄기세포에서 얻은 cardiomyocyte (heart muscle cell)는 생쥐에서 심장 부정맥(heart arrhythmias)을 치료하였고, 특정 glial cell (oligodendrocyte)은 생쥐에서 실험적인 spinal injury로부터 회복을 돕는 가능성을 보여 주었으며, retinal epithelial 세포는 blindness의 생쥐 모델에서 실명을 부분적으로 교정할 수 있었다. 인간의 iPS cell에서 파생된 유사하게 분화된 세포를 사람에게 이식했을 때 제 기능을 할 수 있을지는 아직 알려지지 않았다.

최근에 이루어진 인간 iPS와 ES cell에서 정상적인 insulin-secreting β islet cell 생성은 type 1과 type 2 diabetes의 치료 가능성을 보여준다. Type 1 diabetes는 pancreatic β cell의 autoimmune destruction에 의해 생기는 반면, 더 흔한 type 2 diabetes는 liver와 muscle에서 insulin resistance (인슐린 저항성)에 의해 생기고(그림 21-1과 21-2 참조), 결국 β cell의 기능 소실과 세포 사멸을 가져온다. 죽은 사람으로부터 인간 islet을 이식 받은 사람은 5년 또는 그 이상 동안 insulin 치료를 받지 않아도 되지만, 이러한 치료법은 islet을 기증 받기 어렵고, 기증된 islet의 질이 떨어지는 문제 때문에 제한적이다. 줄기세포에서 무한정 인간 β cell을 공급받을 수 있다면, 수백만 명의 새로운 환자에게 이 치료법을 확장할 수 있다.

β cell을 성공적으로 만드는 한 가지 비결은 분화되지 않은 ICM

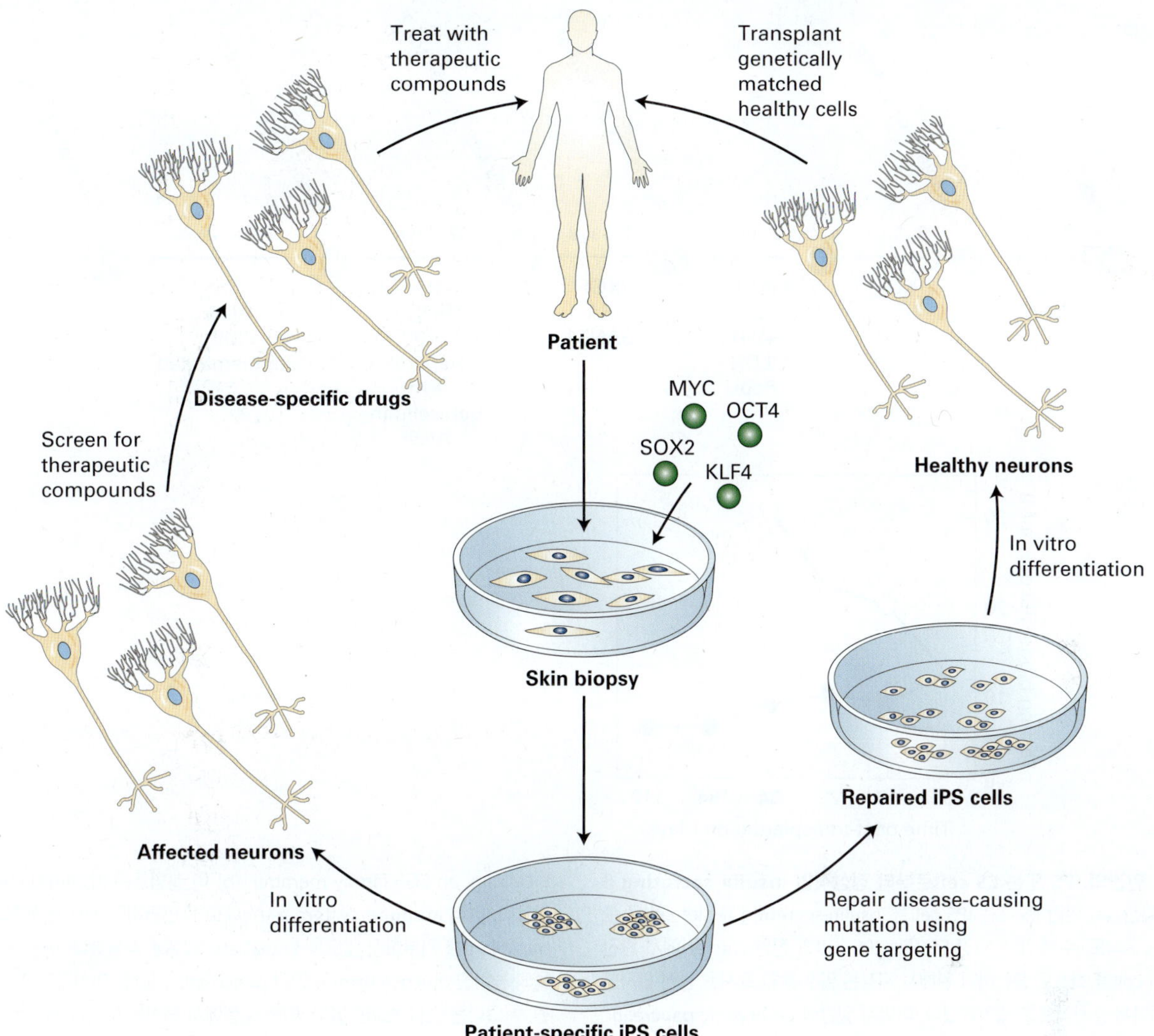

그림 22-7 iPS cell의 의학적 응용. 이 예에서, 환자는 특정 nerve cell (neuron)의 이상(abnormality)으로 인한 neurodegenerative disorder (신경퇴행성 장애)를 가지고 있다. 환자의 skin biopsy에서 얻은 세포에 4개의 Yamanaka transcription factor를 발현하여 얻은 patient-specific iPS cell은 두 가지 방법 중 하나로 사용할 수 있다. 질병을 유발하는 돌연변이가 알려진 경우에는(예, familial Parkinson's disease), DNA sequence를 repair하기 위해서 gene targeting 방법을 사용한다(오른쪽). 돌연변이 유전자를 교정한 환자 특이적 iPS 세포를 영향을 받은 neuronal subtype (예, midbrain dopaminergic neuron)으로 분화를 유도한 뒤 환자의 brain (nigrostriata axis)으로 이식한다. 또 다른 방법으로는, 환자 특이적 iPS 세포를 영향을 받는 neuronal subtype (왼쪽)으로 분화시키면 환자의 질병을 *in vitro*에서 modeling할 수 있고, 잠재적인 drug을 screen하여 새로운 therapeutic compound를 발견하는 데 도움을 줄 수 있다. [Information from D. A. Robinton and G. Q. Daley, 2012, *Nature* **481**:295.]

cell의 progeny가 성숙한 functional β cell을 만드는 데 필요한 여러 단계의 정상적인 embryonic development sequence를 가로지를 수 있도록 서로 다른 조합으로 성장 인자를 처리하여 iPS 또는 ES cell을 자극하는 것이다(그림 22-8a). 이렇게 얻어진 소위 *SC-β cell*은 정상 β islet과 거의 유사한 구조를 가지고 있어서, 대부분 crystalline insulin으로 채워진 secretory granule을 포함하고 있고, 세포 배양액에 glucose level이 높을 때 정상 수준의 insulin을 분비할 수 있다. 생쥐에 이식한 직후에, 이 세포들은 혈중 glucose 양에 따라서 혈액에 인간 insulin을 분비한다. 가장 중요한 점은 이러한 세포들을 면역억제 당뇨병 쥐(immunocompromised diabetic mice)에 이식하면 높았던 혈중 glucose 농도가 정상으로 낮아진다는 것이다(그림 22-8b). 이 결과는 세포 배양을 통해 무한정 얻을 수 있는 β islet cell을 diabetes 치료에 사용할 가능성을 나타낸다. β cell의 기능과 생존 및 증식을 향상시킬 수 있는 새로운 drug을 찾으면, 줄기세포에서 얻은 β cell을 균일하게 공급할 수 있다. 21장에서 자세히 설명한 바와 같이(그림 21-1), 정상적인 islet은 glucagon을 분비하는 α cell과 다른 cell type들도 포함하고 있다. 하나의 목표는 iPS cell로부터 α cell과 β cell 모두 포함하고 있는 islet과 유사한 세포 집합체를 만드는 것이다.

앞으로 여러 해 동안 인간 iPS cell로부터 많은 다른 종류의 분화된 세포가 개발되어 다양한 질병의 대체 부품으로 사용하게 될 것이 확

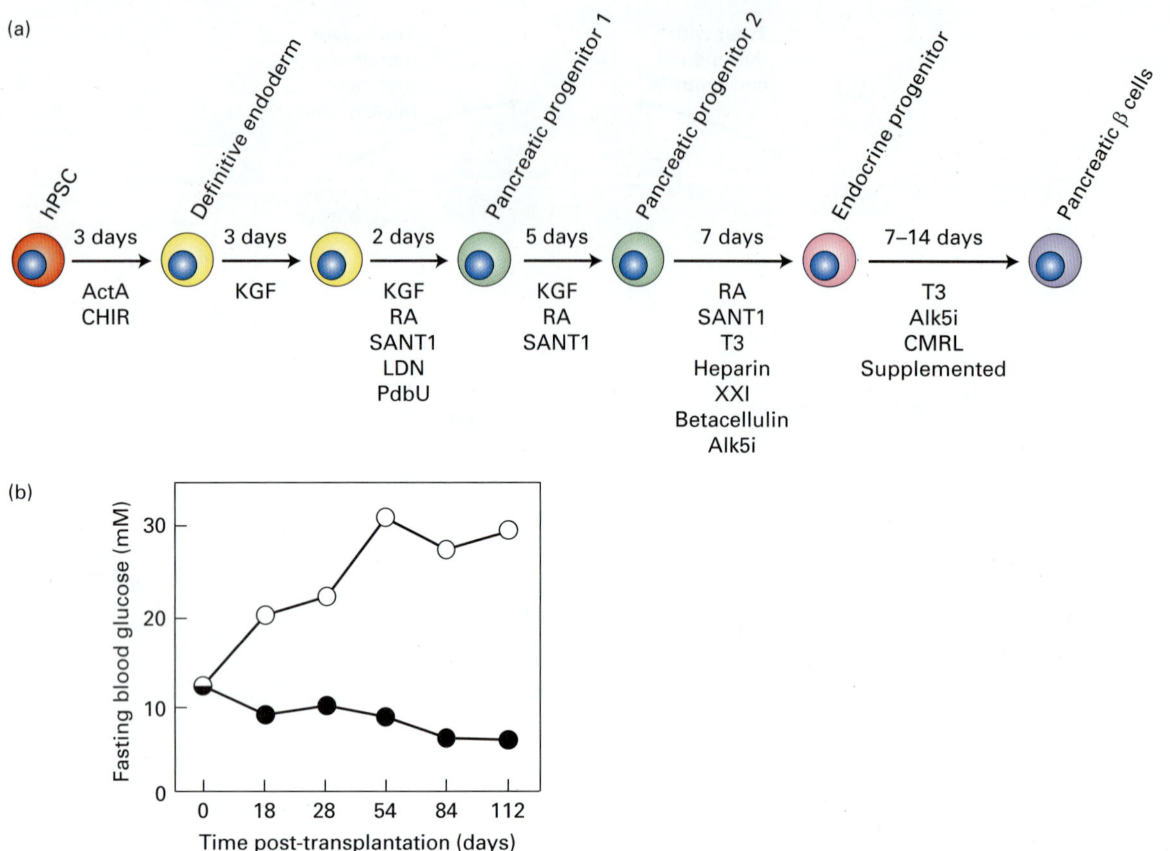

그림 22-8 인간의 iPS 또는 ES cell로부터 정상적인 insulin-secreting β islet cell의 생산. (a) 인간 ES 또는 iPS cell을 insulin-secreting β islet cell로 분화를 유도하는 도식도. 수백 개의 인간 ES 또는 iPS cell의 집단(cluster)에서 완전한 endoderm cell을 최초로 생산하기 위해서 지정된 일수 동안 표시된 성장 인자를 포함하는 배지에서 순차적으로 배양하였다. 이어서 일련의 embryonic pancreatic progenitor cell, 그다음 pancreatic endocrine progenitor, 그리고 마지막으로 줄기세포에서 유래한 insulin-producing β islet cell (*SC-β cell*이라고 부름)이 만들어진다. 약어는 사용되는 multiple signaling molecule을 나타낸다. Act A, activin A; CHIR, GSK3 inhibitor; KGF, keratinocyte growth factor; RA, retinoic acid; SANT1, Sonic Hedgehog pathway antagonist; LDN, a BMP type 1 receptor inhibitor; PdbU, a protein kinase C activator; Alk5i, Alk5 receptor inhibitor II; T3, triiodothyronine, a thyroid hormone; XXI, γ-secretase inhibitor; betacellulin, an EGF family member. (b) 이 실험들은 insulin gene에 돌연변이가 있으며, 여러 immune-system gene에도 돌연변이가 있어서 생쥐가 인간 조직의 transplant를 거부하지 않도록 한 diabetic 생쥐를 사용했다. 이전 연구에서는 이 쥐들의 높아진 glucose level이 인간 pancreatic islet을 이식함으로써 정상으로 회복될 수 있다는 것을 보여주었다. 이번 실험에서 생쥐는 SC-β cell (검정색 원) 또는 유사한 수의 대조군 pancreatic progenitor cell (흰색 원)을 이식 받았다. 실험을 시작했을 때, 이들 생쥐의 평균 blood glucose level은 약 11 mM으로 정상 5 mM을 훨씬 웃돌았다. 대조군 생쥐의 평균 blood glucose level은 약 30 mM까지 지속적으로 상승하여 심각한 당뇨병을 나타냈으며, 인간 SC-β cell을 이식한 생쥐의 경우 혈당이 거의 정상 수준인 5 mM까지 떨어졌다. [Part (b) Data from F. W. Pagliuca et al., 2014, *Cell* **159**:428.]

실하다. 실제로, 생쥐 ES cell에서 완전히 기능할 수 있는 생쥐 oocyte가 만들어졌고, 또한 embryonic fibroblast와 성체 tail tip fibroblast에서 파생된 iPS cell에서도 생쥐 oocyte가 만들어졌다(그림 22-9). 이 oocyte를 wild-type sperm과 *in vitro*에서 수정시키면 *in vitro*에서 생성된 oocyte는 two-cell embryo로 발달하였다. 놀랍게도, 이들 two-cell embryo들 중 몇 개는 pseudopregnant female에 착상시켜 살아있는 새끼들이 성공적으로 태어났다.

그러나 치료 목적으로 인간 ES cell 또는 iPS cell에서 파생되어 분화된 세포 또는 egg를 적절하게 사용할 수 있는 가능성을 평가하기 전에 많은 중요한 질문에 답해야 한다. 예를 들어, 미분화된 인간 또는 생쥐의 ES 또는 iPS cell을 실험용 생쥐에 이식할 때, 그들은 partially differentiated cell type의 덩어리를 포함하는 tumor인 teratoma (기형종)를 형성한다. 따라서 이식에 사용할 모든 ES 또는 iPS cell이 실제로 분화되어 pluripotency와 teratome을 유도할 능력을 잃어버렸는지, 또 다른 문제를 일으킬 가능성은 없는지 확인하여야 한다. 많은 연구진은 특정 유형의 여성 불임 치료를 위해 인간 ES 또는 iPS cell로부터 완전히 기능할 수 있는 oocyte를 만들기 위한 노력을 하고 있다. Oocyte를 만드는 ES cell의 유전체를 편집할 수 있다는 가능성과 함께 머지않은 미래에 *in vitro*에서 얻은 oocyte에서 아기를 얻을 수 있다는 전망이 나오면서, 사회 전반에서 이러한 복잡한 윤리 문제를 해결하는 것이 반드시 필요하다. 과학자와 비과학자 모두 우선적으로 이러한 논의를 진행해야 한다.

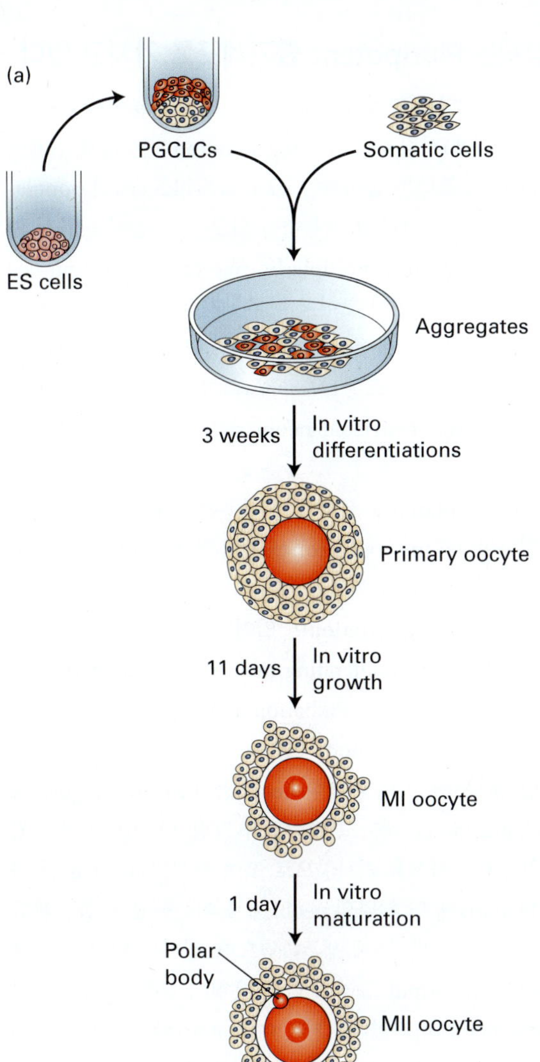

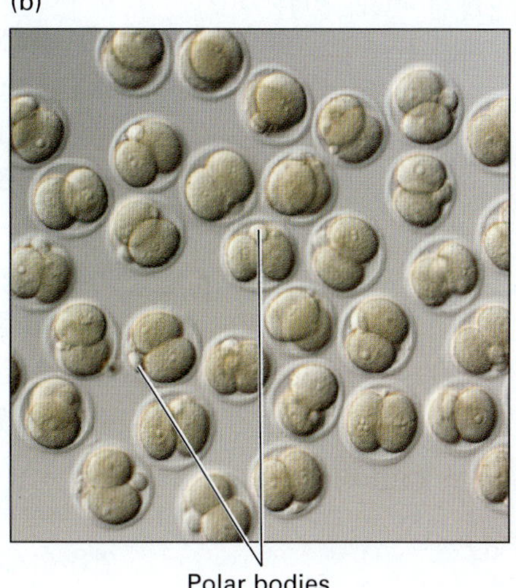

그림 22-9 Pluripotent 줄기세포에서 functional mouse oocyte 생성. (a) *In vitro*에서 oocyte 생성의 도식도. 세포 배양에서 암컷 생쥐 ES cell은 분화되어 primordial germ cell-like cell (PGCLC)을 형성한 다음, 12.5일된 생쥐 배아에서 분리한 female gonadal somatic cell과 함께 배양하여 primitive ovary-like aggregate를 형성하였다. 배양한 지 2–3주 후, primary oocyte가 형성되었고, developing oocyte의 주변으로는 stromal cell이 발달하였다. 많은 oocyte progenitor에서는 meiosis가 진행된다. 추가로 배양을 진행하면, metaphase II (MII) 상태의 성숙한 반수체 oocyte가 형성된다. (b) 분화의 마지막 MII 단계 이후, *in vitro*에서 만들어진 oocyte는 wild-type sperm과 in vitro fertilization 하였다. *In vitro*에서 만들어진 oocyte는 모두 fertilization을 거쳐 two-cell embryo로 발달하였다. 작은 반수체 세포인 polar body는 meiosis의 다른 산물이며 수정될 수 있는 능력이 없다는 것에 주목하시오. [Part (b) republished with permission from Springer Nature, from O. Hikabe et al., 2016, "Reconstitution In Vitro of the Entire Cycle of the Mouse Female Germ Line," *Nature* **539**:299–303; permission conveyed through Copyright Clearance Center, Inc.]

22.1절의 주요 개념

Early Mammalian Development (포유동물의 초기 발생), Embryonic Stem Cell (배아 줄기세포), Induced Pluripotent Stem Cell (유도 만능 줄기세포)

- 비대칭 세포 분열에 의해서, 하나의 모세포에서 2개의 다른 유형의 딸세포가 형성된다. 이와 반대로, symmetric division으로 형성되는 2개의 딸세포는 동일하다. 하지만 각각의 딸세포에 다른 외부 신호가 주어지면 다른 운명을 가지게 된다(그림 21-1 참조).

- 반수체 sperm과 반수체 egg의 핵이 합쳐져서 이배체 zygote를 만든다. 포유동물 배아의 초기 세포 분열로 동등하게 totipotent cell (그림 22-2 참조)이 만들어지지만, 이어지는 세포 분열에 의해서는 trophectoderm과 inner cell mass가 분리되는 첫 번째 분화가 일어난다 (그림 22-3 참조).

- Inner cell mass로부터 embryonic stem (ES) cell과 정상적인 배아가 만들어진다.

- 세포 배양한 배아 줄기세포(ES cell)는 pluripotent하기 때문에 extraembryonic tissue를 제외한 생명체의 모든 종류의 분화된 조직을 만들어낸다. ES cell은 유전적으로 조작한 생쥐를 만들거나, 치료제 개발에 매우 유용하다.

- ES cell의 pluripotency는 DNA methylation, chromatin regulator, 특정 micro-RNA, 그리고 transcription factor Oct4, Sox2, Nanog와 같이 여러 가지 인자들에 의해 조절된다.

- 세포 분화는 역방향으로도 진행될 수 있음이 동물 복제 과정에서 증명되었다.

- 체세포에 KLF4, Sox2, Oct4 그리고 Myc과 같은 key transcription factor들을 조합하여 발현시켜서 induced pluripotent stem (iPS) cell을 만들 수 있다.

- ALS의 예에서 알 수 있듯이, 인간 iPS cell에서 생산한 분화된 세포

는 질병의 근본적 원인을 이해하는 데 사용될 뿐 아니라 질병을 치료하는 데 사용할 drug을 screening하는 데 사용할 수 있다.

- 인간 iPS cell에서 세포 배양을 통해 생산한 β islet cell은 배양액의 glucose 증가에 반응하여 정상적으로 insulin을 분비하고, diabetic 생쥐에서 높은 glucose level을 낮추었다.
- 생쥐 ES 또는 iPS cell로부터 정상적으로 기능할 수 있는 생쥐 oocyte를 만들 수 있다.

22.2 다세포 생명체에서 Stem cell과 Niche (줄기세포와 미세 환경)

많은 유형의 분화된 세포는 체내에서 떨어져 나가거나 개체보다도 짧은 수명을 가지고 있다. 또한 질병과 외상으로 인해 분화된 세포의 손실이 일어난다. 대부분의 분화된 세포는 분열하지 않기 때문에, 근처의 somatic stem cell population으로부터 보충되어야 한다. 척추동물과 대부분의 무척추동물에서 줄기세포는 pluripotent ES cell과는 다르게 모두가 아닌 하나 또는 여러 종류의 세포들을 만들 수 있으므로 *unipotent*하거나 multipotent하다. 척추동물 성체는 blood, intestine, skin, ovary, testis, muscle과 같이 많은 조직에서 줄기세포를 가지고 있다. 심지어 거의 세포 분열이 일어나지 않는 brain의 일부에서도 neuronal 줄기세포가 존재한다(23장 참조). 줄무늬 근육(striated muscle)에서 손상된 근육을 치료할 때 줄기세포는 가장 중요하다. 왜냐하면, 다른 시기에는 상대적으로 세포 분열이 거의 일어나지 않기 때문이다. 간세포(hepatocyte)와 insulin을 생성하는 β islet cell과 같은 일부 다른 유형의 세포는 수술적으로 제거되었을 때 간의 regeneration으로 대표되는 것처럼 이미 분화된 세포의 분열을 통해 주로 증식한다.

Planarian 성체는 Pluripotent 줄기세포를 가지고 있다

1장과 16장에서 언급한 바와 같이, planaria의 신체 일부분에서 동물 전체를 regeneration (재생)시킬 수 있다. Regeneration에는 성체 전체에 존재하는 neoblast라고 불리는 증식하는 stem cell-like cell의 population이 필요하다고 알려져 있다. 그러나 핵심 의문은 이 능력을 가진 많은 동물들처럼, regeneration이 multiple lineage-restricted stem cell 또는 progenitor cell들의 활성이 모여서 이루어지는지 여부 또는 pluripotent 줄기세포가 관여하는지 여부였다. 최근 연구 결과에서, planaria 성체는 *clonogenic neoblast* 또는 *cNeoblast*라고 불리는 pluripotent 줄기세포뿐 아니라 lineage-restricted neoblast도 가지고 있는 것으로 밝혀졌다.

핵심적 연구에서는 planaria 성체에서 대부분 또는 모든 세포 분열을 억제하기 위하여 gamma radiation을 사용했다. Radiation을 쪼인 planaria는 노화되고 분화된 세포가 대체되지 못했기 때문에 대량의 조직 손실이 일어나고, regeneration이 일어나지 않았다. Radiation을 쪼인 후 남아 있는 소수의 proliferating neoblast는 *smedwi-1*이라는 marker gene으로 구별할 수 있다. Radiation을 쪼인 며칠 후 neoblast는 다양한 유형의 differentiated body cell을 가지고 있는 *smedwi-1*-positive colony를 형성하였으며, 이러한 neoblast의 *smedwi-1*-positive subpopulation은 pluripotent하다고 여겨졌다(그림 22-10). 이러한 가설을 증명하기 위하여 방사선을 치사량으로 쪼여 자신의 neoblast를 가지고 있지 않은 planaria에 단 하나의 neoblast를 이식하였다. 놀랍게도, 이식 받은 개체 중 일부는 7주 넘게 생존하였으며, 하나의 이식 받은 세포로부터 neuronal, intestinal 그리고 다른 유형의 분화된 세포가 몸 전체에 골고루 regeneration되었다. 결국, 이 planaria는 다시 feeding behavior (섭식 행동)를 되찾았고, 눈과 같은 복잡한 조직도 regeneration되었다. 이러한 연구에서 성체 planaria에 있는 neoblast의 적어도 일부는 실제로 pluripotent 하며, planaria의 놀라운 재생 능력을 세포

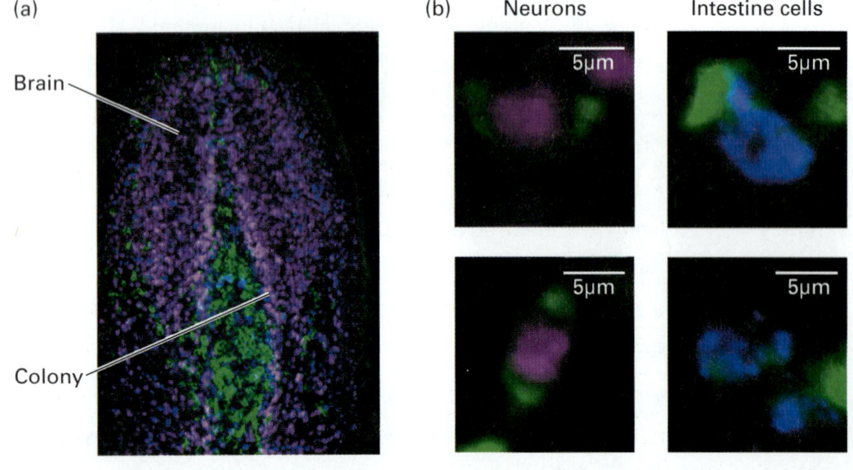

실험 그림 22-10 Planarian neoblast의 광범위한 differentiation potential. Planaria에 부분적으로 irradiation을 쪼이면 neoblast는 거의 살아남지 못한다. 하지만, 하나의 살아남은 neoblast가 자라서 head에서 neoblast colony를 이룬다. (a) neoblast를 SMEDWI-1 protein에 대한 항체를 이용해 녹색으로 labeling하였다. *smedwi-1* gene은 neoblast에서 특이적으로 transcription이 일어나며, neoblast progeny cell이 분열을 멈추고서 분화를 시작하면 transcription은 중단된다. Neoblast에서 생산된 SMEDWI-1 protein은 mature cell type으로 분화가 일어나는 동안 서서히 분해된다. 하지만 neoblast progeny에서 검출할 만큼의 충분한 양은 남아 있다. (b) 따라서 SMEDWI-1 항체와 differentiation marker에 대한 RNA probe를 이용한 fluorescent *in situ* hybridization을 통해 double-labeling을 하면, 하나의 neoblast에서 유래한 새로 생성된 분화된 세포를 검출할 수 있다. Neuron은 *chat* gene에 대한 RNA probe와 함께 magenta (자홍색)로, intestine 세포는 유전자 *gata4/5/6*에 대한 RNA probe로 파란색으로 표지된다. 위쪽이 anterior이다. D. E. Wagner, I. E. Wang, and P. W. Reddien, 2011, *Science* **332**:811 참조. [Courtesy of Dan Wagner and Peter Reddien, MIT, Whitehead Institute.]

수준에서 잘 설명해주고 있다. 많은 노력에도 불구하고, 어떠한 척추동물의 성체에서도 확실한 pluripotent 줄기세포를 찾지는 못하였다.

Multipotent Somatic Stem Cell은 Stem Cell과 Differentiating Cell을 만든다

Adult metazoan에서 가장 흔한 종류의 줄기세포인 multipotent somatic 줄기세포는 신체 조직을 구성하는 specialized cell들을 생성한다. 이러한 줄기세포를 다른 세포들과 구분하는 두 가지 중요한 특성은 많은 세포 분열 동안 스스로 번식할 수 있는 능력(self-renewal)과 제한된 능력을 가진 자손(progeny)을 생산할 수 있는 능력이다. Multipotent somatic 줄기세포는 다음과 같은 두 가지 다른 주요 특성을 가지고 있다(그림 22-11).

1. 줄기세포는 여러 가지 종류의 분화된 세포를 형성한다. 그런 의미에서, 오직 하나 또는 두 종류의 분화된 세포를 형성하는 **progenitor cell** (*precursor cell* 이라고도 한다)과는 구별된다. 줄기세포는 여러 종류의 다양한 cell type을 만들 수 있으나 모든 세포를 만드는 것은 아니므로 ES cell과 같이 pluripotent하지는 않다. 예를 들면, multipotent hematopoietic (blood) 줄기세포는 더 많은 blood 줄기세포 그리고 다른 여러 가지 종류의 blood cell과 immune cell을 만들지만, skin cell이나 간세포는 만들지 못한다.

2. 일반적으로 줄기세포는 분화가 되지 않은 상태이기 때문에, 줄기세포로부터 만들어지는 분화된 세포에 특징적인 mRNA 또는 단백질들을 발현하지 않는다. 일반적으로 특정 유형의 줄기세포는 배아 발생 동안 나타나며 급격히 숫자가 증가한다. 줄기세포에서 만들어지는 여러 종류의 분화된 세포가 배아나 juvenile (어린 성체)를 구성한다. 일단 성체가 되면 줄기세포의 수는 일정하게 유지되다가 종종 나이가 들면서 감소한다. 하나의 줄기세포가 평생 동안 살아 있는 것은 아니라 하더라도 그런 의미에서 줄기세포는 immortal하다고 얘기한다. 실제로, chronic tissue injury (만성 조직 손상), repeated chemotherapy (반복적인 화학요법), genomic integrity를 손상시키는 genetic defect (유전적 결함)에 의해 정상보다 더 자주 division이 일어나는 조건에서는 줄기세포는 일관되게 한정된 복제 능력을 보인다.

성체에 있는 많은 유형의 줄기세포는 드물게 분열한다. 그들은 특정한 종류의 분화된 세포가 필요할 때를 대비해서 비축되어 있다. 반면에 줄기세포에서 만들어진 non-stem-cell daughter는 매우 빠르게 분열한다. *Transit amplifying cell*이라 부르는(그림 22-11 참조) 이러한 세포는 한정된 숫자의 self-renewal division을 거치지만, 결국 이 과정에서 많은 progeny들이 lineage-restricted progenitor cell을 형성한다. 이 세포들은 차례로 분열하여 매우 특정한 유형의 terminally differentiated cell을 생성한다.

줄기세포는 몇 가지 세포 분열 패턴을 보인다. 어떤 유형의 줄기세포는 asymmetric하게 분열하여 하나는 자신과 동일한 줄기세포를 만들고, 다른 하나는 제한된 기간 동안만 세포 분열이 가능하거나 parental 줄기세포에 비해 제한된 progeny만을 만들 수 있는, 즉 좀 더 한정된 능력을 갖는 딸세포를 만들 수 있다(그림 22-12a). 이러한 유형의 stem-cell division은 아래에서 다시 논의하겠지만 *Drosophila*와 같은 무척추동물에서 흔히 찾아볼 수 있다.

척추동물에서 흔히 볼 수 있는 다른 유형의 stem-cell division에서는 줄기세포 또는 분화된 세포의 숫자가 동물의 필요에 따라 증가하거나 감소한다(그림 22-12b, c). 인접한 세포의 세포막 표면에 존재하거나 분비되어진 호르몬이 종종 이런 유형의 줄기세포 분열을 조절한다.

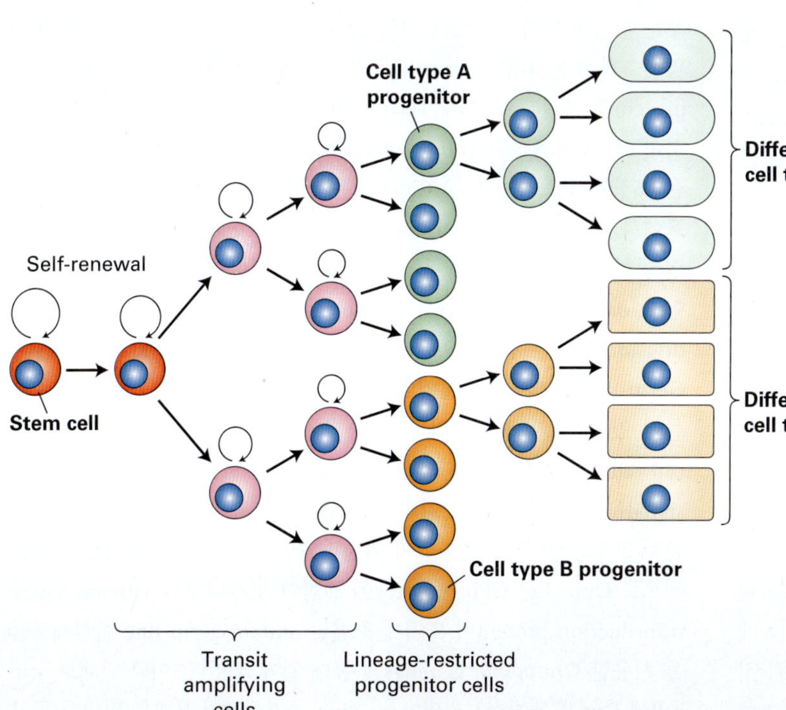

그림 22-11 줄기세포에서 lineage-restricted progenitor, 분화된 세포로의 경로. Multipotent somatic 줄기세포의 각 세포 분열 동안 평균적으로 적어도 하나의 딸세포가 모세포와 같은 줄기세포가 된다. 따라서 줄기세포는 self-renewal division을 하게 됨에 따라 특정 유형의 줄기세포 숫자는 생명체의 일생 동안 일정하게 유지될 수 있다. *Transit amplifying cell*이라고 하는 다른 딸세포는 빠르게 분열하고, 딸세포의 특성이 parent와 매우 유사한 한정된 횟수의 self-renewal division이 일어날 수 있다. 이러한 세포들은 궁극적으로 lineage-restricted progenitor cell을 생산하는데, 이 세포들은 self-renewal division은 할 수 없지만, 분열하여 특정 유형의 분화된 세포를 생성한다.

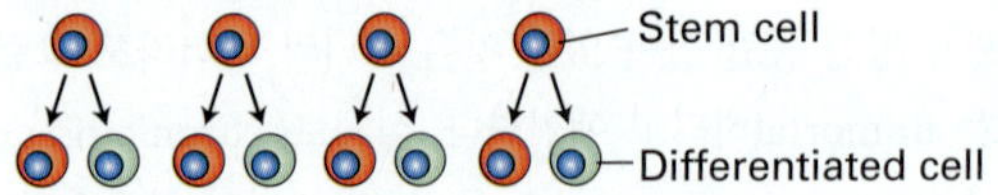

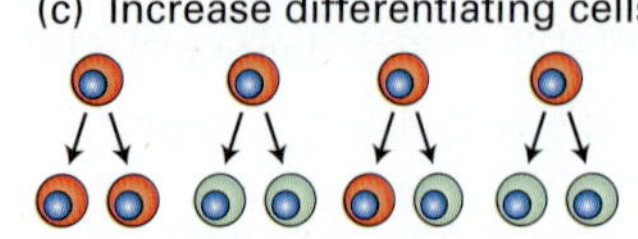

그림 22-12 줄기세포 분화의 유형. 다른 유형의 줄기세포 분열로 인해 줄기세포(빨간색)와 분화 중인 세포(녹색)가 서로 다른 비율로 만들어진다. (a) 줄기세포는 비대칭 세포 분열을 통해 하나의 줄기세포와 하나의 분화될 세포를 만들 수 있다. 이 유형은 population에서 줄기세포의 수를 일정하게 한다. (b) 일부 줄기세포는 숫자를 늘리기 위해 symmetric하게 division할 수 있는데, 이는 종종 정상적인 development 과정이나 injury에서 회복되는 과정에 중요하다. 동시에 동일한 population 내에서 다른 줄기세포는 (a)에서와 같이 asymmetric하게 division할 수 있다. (c) 일부 줄기세포는 (b)와 같이 분열될 수 있으며, 동시에 다른 줄기세포는 2개의 differentiating progeny를 생성한다. S. J. Morrison and J. Kimble, 2006, *Nature* **441**:1068–1074 참조.

예를 들면, 줄기세포는 symmetric하게 분열하여 서로 다른 운명을 갖게 될 두 딸세포를 만들 수 있다. 다른 세포들이 보내는 external signal에 따라 하나의 세포는 줄기세포로 남고, 다른 하나는 여러 차례의 세포 분열을 거쳐서 하나 이상의 differentiated progeny를 생산할 수 있는 transit amplifying 세포가 될 수 있다. 우리가 곧 자세히 보게 되겠지만, 이러한 일은 intestine에서 일어난다. 종종 하나의 딸세포는 모세포와 동일한 줄기세포로 남고, 다른 딸세포는 빠르게 분열하여 다양한 유형의 분화된 intestinal cell을 생성한다. 다른 줄기세포 분열 유형으로는 symmetric하면서, 2개의 줄기세포를 만들며 특정 유형의 줄기세포 수를 증가시킨다. 이런 유형의 줄기세포 분열은 발생 과정 동안 흔히 볼 수 있다. 따라서 줄기세포의 mitotic division으로 인해 줄기세포의 population을 늘리거나, 줄기세포 population은 유지하는 동시에 분화가 진행 중인 세포를 꾸준히 만들어낼 수 있다.

서로 다른 조직의 줄기세포는 자신을 유지하기 위한 Niche를 가지고 있다

줄기세포는 multipotency를 유지하거나, 그들의 세포 분열의 시기와 pattern을 조절하기 위한 적절한 microenvironment (미세 환경)를 필요로 한다. 특정 transcription factor와 regulatory 단백질들과 같은 *intrinsic* regulatory signal뿐만 아니라, 줄기세포는 자신을 줄기세포로 유지하기 위하여 주위에 있는 세포로부터 *extrinsic* hormonal 또는 다른 종류의 signal에 의존한다. 줄기세포의 운명이 유지되는 장소를 **줄기세포 niche**라고 하는데, 이 용어는 특정 생명체가 경쟁에서 유리하게 생존할 수 있도록 지원하는 장소를 일컫는 ecological niche (생태적 지위)에서 유래한 것이다.

줄기세포를 연구하거나 응용하기 위해서는 줄기세포를 찾고 특성을 파악하여야 한다. 줄기세포를 정확하게 구별해 내는 것은 어려운 일이다. 줄기세포는 숫자가 적고, 일반적으로 독특한 모양을 가지지도 않는다. 어떤 줄기세포는 새로운 세포가 필요하다는 signal에 의해 자극이 이루어지기 전까지는 빠르게 분열하지도 않는다. 예를 들면, 산소가 적절하게 공급되지 못하면 blood 줄기세포가 분열하도록 촉진되며, skin이나 muscle이 손상되면 skin이나 muscle 줄기세포를 활성화하여 손상된 부분을 재생하게 한다. 지속적으로 떨어져 나가는 intestine epithelium을 형성하는 줄기세포를 포함하는 어떤 줄기세포들은 느린 속도이기는 하지만 지속적으로 세포 분열이 일어난다. 이 절의 나머지 부분에서는 식물과 동물에서 잘 알려진 몇 가지 유형의 줄기세포에 대해 살펴볼 것이다. 앞으로 수년 이내에 의심의 여지 없이 다른 종류의 줄기세포에 대해서 자세히 알게 될 것이다.

많은 생명체에서 Germ-Line 줄기세포는 Sperm과 Oocyte를 만든다

Germ line은 sperm과 oocyte를 생산하는 cell lineage (계보)를 말한다. 이 세포들은 모든 조직을 만들지만, 자손에게 전달되지는 않는 체세포와 구별된다. Somatic-cell lineage와 마찬가지로 germ line도 줄기세포에서 시작된다. 하지만 germ-line 줄기세포는 단지 germ cell만을 만들기 때문에 unipotent하다. 줄기세포 niche에 대해서는 *Drosophila*와 *C. elegans*에서 germ-line 줄기세포를 연구하는 과정에서 특히 잘 알려졌다. Germ-line 줄기세포는 성체 초파리와 선충에 존재하며, 줄기세포의 위치도 잘 알려져 있다.

Fly에서는 oocyte precursor가 생성되어 분화가 시작되는 niche가 ovary에서 egg가 형성되는 부분인 *germarium* (난원 세포대)의 끝부분 주위에 위치하고 있다(그림 22-13a). 몇 개의 cap cell (덮개 세포) 옆에 2개 또는 3개의 germ-line 줄기세포가 있어서, Hedgehog (Hh) protein뿐 아니라 두 가지 TGF-β family protein, Dpp와 Gbb를 분비하여 niche를 형성한다(그림 22-13b). (이러한 secreted protein signal은 16장에서 소개하였다.) Cap cell은 인접하고 있는 germ-line 줄기세포에서 중요한 differentiation factor, *Bag of marbles* (*Bam*) protein의 발현을 억제하는 TGF-β-class signal을 분비함으로써 niche를 형성한다. *bam* gene을 억제함으로써 germ-line 줄기세포가 self-renewing division을 하는 반면에, *bam* gene을 활성화시키면 분화가 촉진된다. Germ-line 줄기세포가 분열할 때 딸세포 중 하나는 cap cell 주변에 머물러 있음으로써 모세포와 같은 줄기세포로 유지된다. 다른 딸세포는 cap cell에서 멀리 떨어져 있게 되어 cap cell에서 분비되는 Dpp와 Gbb signal을 받지 못한다. 그 결과, *bam* gene의 발현이 유도되어 딸세포는 분화 프로그램이 시작된다. 이 과정과 연관되어 있는 signal들은 부분적으로 Dpp 또는 Gbb receptor에 결함이 있거나 downstream signal transduction protein이 조기에 소실된 mutant germ-line 줄기세포들을 사용한 *Drosophila* genetics를 통해 알게 되었다. 이와 반대로, cap cell에 Dpp를 과발현시키면 germ-line 줄기세포의 분화를 막아서 종양

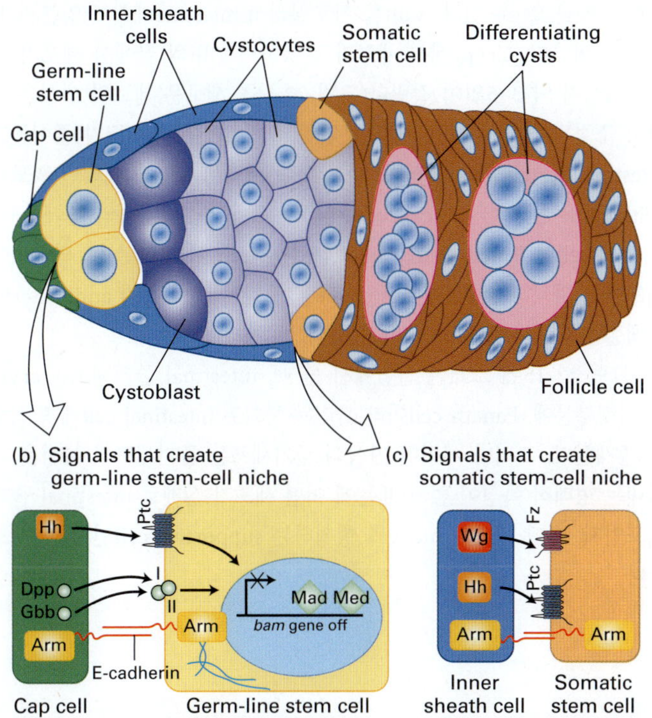

그림 22-13 ***Drosophila* germarium (난원 세포대).** (a) Female germ-line 줄기세포(노란색), niche 안에 있는 somatic 줄기세포(주황색), 그리고 여기에서 유래한 progeny cell을 보여 주는 germarium 단면 그림. Germ-line 줄기세포가 cytoblast (진한 보라색)를 만들면 4번 연속해서 mitotic division을 하여 서로 연결되어 있는 16개의 cystocyte cell (연한 보라색)을 형성한다. 16개 세포 중의 하나가 oocyte가 된다. Somatic 줄기세포는 나중에 eggshell을 만들 follicle cell (갈색)을 만든다. Cap cell (진한 녹색)은 germ-line 줄기세포를 위한 niche를 형성하고 유지한다. 반면에, inner sheath cell (파란색)은 somatic 줄기세포를 위한 niche를 형성한다. (b) Germ-line 줄기세포의 특성을 조절하는 신호전달 경로이다. Hedgehog (Hh)뿐만 아니라 TGF-β family protein (Dpp와 Gbb)과 같은 signaling molecule들이 cap cell에서 분비된다. 이러한 ligand가 germ-line 줄기세포의 표면에 있는 수용체(각각 Ptc와 TGF-β receptor I and II에 결합)에 결합하면 2개의 transcription factor Mad와 Med에 의해서 *bam* gene이 repression된다. *bam* gene이 repression되면 germ-line 줄기세포의 self-renewal division이 일어나지만, *bam* gene이 활성화되면 분화가 일어난다. Transmembrane cell-adhesion protein E-cadherin은 germ-line 줄기세포와 cap cell 사이에 homotypic adherens junction (20장)을 형성한다. Arm (Armadillo)는 fly β-catenin이며 E-cadherin의 cytoplasmic tail을 actin cytoskeleton에 연결한다. E-cadherin과 Arm은 줄기세포 niche에서 줄기세포를 유지하는 데 중요하다. (c) Somatic 줄기세포의 특성을 조절하는 신호전달 경로이다. Wnt signal Wingless (Wg)는 inner sheath cell에서 분비되어 somatic 줄기세포에 있는 Frizzled receptor (Fz)에 결합한다. 이와 유사하게 Hh도 생성되어 Ptc receptor에 결합한다. 이 두 가지 signal은 somatic 줄기세포의 self-renewal을 일으킨다. R. Lehmann, 2012, *Cell Stem Cell* **10**:729, https://doi.org/10.1016/j.stem.2012.05.016; and E. W. Kahney, J. C. Snedeker, and X. Chen, 2019, *Curr. Opin. Cell Biol.* **60**:27 참조.

과 같은 germ cell 덩어리를 형성한다.

줄기세포 표면의 transmembrane protein E-cadherin은 cap cell에 있는 유사한 E-cadherin과 상호 결합을 통해(20장 참조) adherens junction (밀착 접합)을 형성하기 때문에 줄기세포를 niche 안에 머물러 있게 한다. 이러한 adherens junction은 하나의 딸세포는 niche에 머물러 있고, 다른 딸세포는 niche에서 벗어나도록 germ-line 줄기세포의 mitotic spindle의 방향을 설정한다. 나중에 논의하겠지만, 이와 유사한 비대칭 줄기세포 분열이 *Drosophila* 발생의 다른 단계에서도 일어난다(그림 22-31b 참조). Fly β-catenin, 즉 *Armadillo* (*Arm*)은 E-cadherin의 cytoplasmic tail을 actin cytoskeleton과 연결시키기 때문에, E-cadherin과 마찬가지로 Arm도 줄기세포 niche를 유지하는 데 중요하다.

Germarium에 별도로 존재하는 somatic 줄기세포는 follicle cell을 만들어서 나중에 eggshell을 형성한다. Somatic 줄기세포도 inner sheath cell에서 분비하는 Wingless (Wg) protein (fly Wnt signal)과 Hh protein에 의해 niche가 형성된다(그림 22-13c). 따라서 두 가지 서로 다른 줄기세포 population이 egg의 서로 다른 부분을 형성하기 위해 긴밀하게 협력한다.

*Drosophila*와 *C. elegans*에서 germ-line 줄기세포를 동정하고 특성을 밝힘으로써 줄기세포 niche가 존재함을 명확히 증명할 수 있었고, self-renewing 줄기세포를 생성하고 유지하는 데 필요한 niche를 만드는 signal을 확인할 수 있었다. 따라서 줄기세포 niche는 단순히 장소를 말하는 것이 아니라, 한 세트의 세포들과 그 세포에서 생성되는 모든 signal을 통합하여 일컫는 것이다.

Intestinal 줄기세포에서 Intestinal Epithelium의 모든 세포를 지속적으로 생산한다

인간에서, small intestine (소장)의 epithelium lining은 30 square meter가 넘는 표면적을 가지고 있고, 다음과 같은 두 가지 주요 기능을 한다: 소화된 음식물에서 metabolite의 흡수와 toxin, 박테리아, 그리고 다른 environmental stress에 대한 보호 장벽 역할. Epithelium lining은 세포 하나의 두께이며(그림 20-11 참조), 여섯 가지 유형의 분화된 세포로 구성된다: absorptive enterocyte, M cell, Tuft cell, Goblet cell, Paneth cell, 그리고 Enteroendocrine cell.

가장 많은 숫자가 존재하는 epithelial cell인 absorptive enterocyte는 glucose와 아미노산처럼 생존에 필수적인 nutrient를 intestinal lumen에서 체내로 수송한다(그림 11-30 참조). Epithelium 바로 아래에 있는 모세혈관 network는 이러한 nutrient를 바로 liver로 수송하며, 결국 인체의 나머지 부분으로 보내진다. Intestinal epithelium은 adult mammal에서 가장 빠르게 self-renewing하는 조직이며, 5일 만에 새로운 세포로 대체된다. 인간에서 총무게가 약 1 gram에 달하는 3억 개의 intestinal 상피 세포가 매일 사라지고 새로운 세포로 대체된다.

Intestinal epithelium은 *crypt*라고 불리는 pit의 intestinal wall 깊숙이 존재하는 줄기세포 population에서 지속적으로 재생된다(그림 22-14). Radiolabeled thymidine을 이용한 pulse-chase 실험에서 intestinal 줄기세포는 transit amplifying precursor cell을 생성하고, 이 세포는 crypt의 측면을 따라 위로 이동하면서 빠르게 분열하고 분화를 거쳐

서 손가락 모양의 *villi*라 불리는 gut projection의 surface layer를 구성하는 것을 알 수 있다. Villi를 가로질러서 intestine에서 영양분의 흡수가 일어난다. Crypt에서 세포가 탄생하여 villi의 끝에서 세포가 소실되기까지 약 3–5일이 걸린다(그림 22-15). 새로운 세포의 생성은 정확히 조절된다. 왜냐하면, 세포 분열이 적게 일어나면 villi가 줄어들고 intestinal surface가 파괴되며, 너무 자주 세포 분열이 일어나면 과도한 epithelium이 생성되고, cancer로 발전할 수도 있다. 일종의 분화된 intestinal cell인 Paneth cell은 villi에 있는 세포보다 오래 살며, 박테리아 세포벽을 파괴하는 효소인 lysozyme을 포함하는 몇 가지 antibacterial 단백질을 생산하므로 intestine을 감염으로부터 보호한다.

그림 22-15에 소개한 실험에서 볼 때, intestinal 줄기세포는 crypt의 아랫부분에, Paneth cell이라 불리는 분화된 intestinal cell에 인접해서 존재한다. 그러나 이러한 가상의 줄기세포는 줄기세포의 특성을 나타내는 형태적 특징이 없기 때문에 어떤 세포가 실제로 intestinal 줄기세포인지, 어떤 세포가 niche를 형성하는 supportive cell인지 아직 모른다.

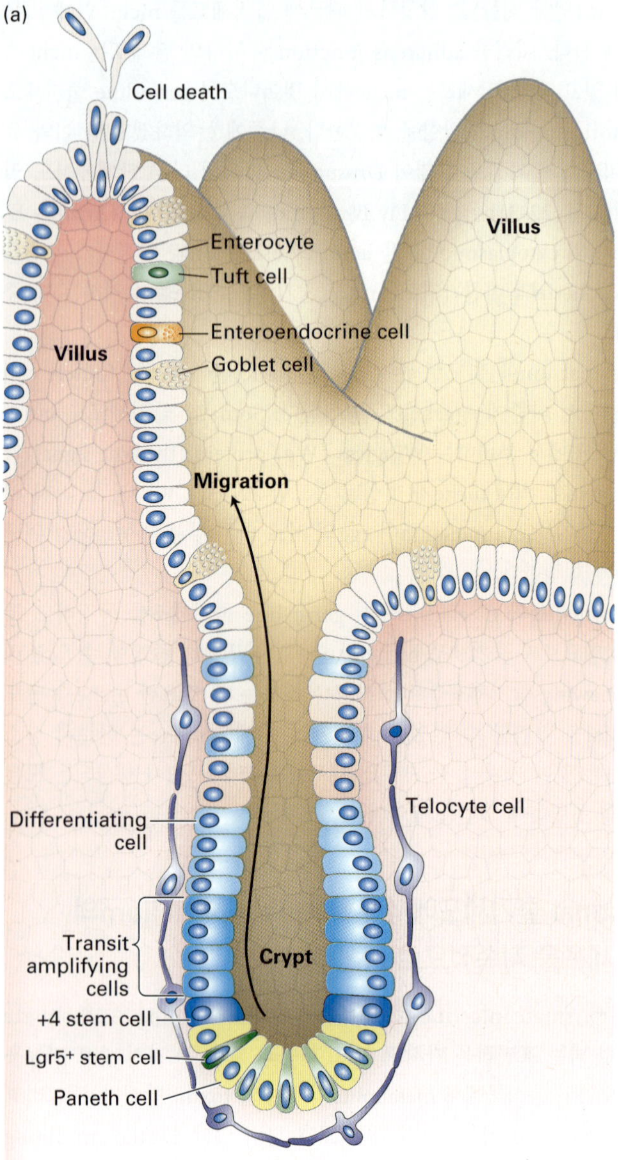

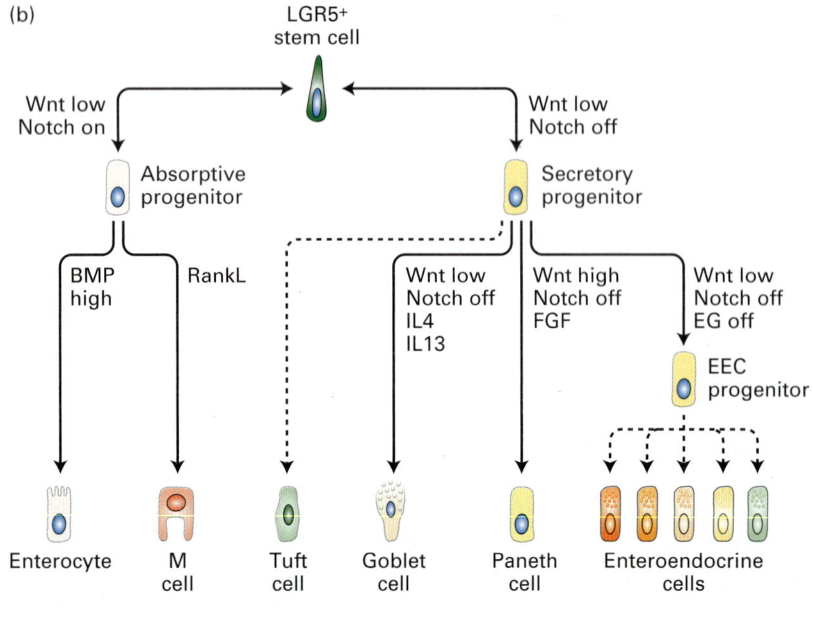

그림 22-14 Intestinal 줄기세포와 niche. (a) Lgr5-expressing ($Lgr5^+$) intestinal 줄기세포(진한 녹색), 그들의 mitotic progeny, transit amplifying cell (intermediate 파란색), terminal differentiating cell (연한 파란색), 그리고 villus 내의 여러 종류의 서로 다른 유형의 분화된 epithelial cell을 보여주는 intestinal crypt와 villus의 도식. Crypt의 하단부에는 Paneth cell (노란색)이 위치하여 antimicrobial defense protein을 분비한다. +4 cell (crypt base에서 4번째 위치, 진한 파란색)은 injury 이후에 $Lgr5^+$ stem-cell compartment를 복원할 수 있다. Telocyte는 intestine 전체에 걸쳐 epithelial cell의 밑에서 three-dimensional network을 형성하는 길게 뻗어 나와 있는 모양을 가진 얇은 세포로 stem-cell self-renewal에 필요한 Wnt와 R-spondin hormone의 주요 공급원이다. (b) Small intestine의 cell lineage와 각 lineage의 specification을 지원하는 extracellular signal. Epithelial 세포는 3–5일마다 새로 교체된다. 새로운 Paneth cell은 3–6주마다 transit amplifying cell에서 만들어진다. $Lgr5^+$ 줄기세포는 crypt 바닥에 있는 niche에서 밀려남에 따라 telocyte로부터 받는 Wnt signal이 감소하면서 분화가 시작된다. 인접한 세포에서 받는 Notch signaling (16장)에 따라 absorptive (Notch on) 또는 secretory (Notch off) fate가 결정된다. Absorptive 또는 secretory transit amplifying progenitor cell을 특정 유형의 분화된 세포로 운명을 결정하는 것은 다른 호르몬들에 의해 이루어진다. Tuft cell의 differentiation signal에 대해서는 아직 알려지지 않았다. 또한 서로 다른 enteroendocrine subtype들이 어떻게 만들어지는지도 아직 잘 알려져 있지 않다. M. Shoshkes-Carmel et al., 2018, *Nature* **557**:242–246; and B. Degirmenci et al., 2018, *Nature* **558**:449–453 참조. [Part (a) information from L. C. Samuelson, 2018, *Nature* **558**:380. Part (b) information from H. Gehart and H. Clevers, 2019, *Nat. Rev. Gastroenterol. Hepatol.* **16**:19–34.]

Wnt와 R-Spondin은 $Lgr5^+$ Intestinal 줄기세포의 기능에 중요하다

선행 genetic experiment에서 Wnt signal이 intestinal 줄기세포의 유지에 필수적이라는 것을 보여주었다. Wnt signal의 중요성을 보여주는 증거로는 intestinal cell에서 active β-catenin을 과발현시키면(일반적으로 Wnt 신호전달 경로에 의해 활성화됨; 그림 16-26 참조) intestinal epithelium이 과잉 증식하게 된다. 반대로, Wnt-activated TCF transcription factor를 억제하거나 돌연변이시켜서 β-catenin의 기능을 막으면, intestine에서 줄기세포가 사라지고 intestinal degeneration (장퇴행)이 일어나서 결국 죽음에 이른다. 따라서 Wnt signaling은 skin, blood 그리고 다른 organ에서와 마찬가지로, intestinal stem-cell niche에도 결정적인 역할을 한다. 앞으로 25장에서 보게 되겠지만, Wnt signaling pathway가 부적절하게 활성화되는 돌연변이가 colon cancer의 주요 원인이다.

Wnt signaling에 의해 intestine에서 발현이 유도되는 유전자들을 분석한 결과, crypt의 가장 아랫부분에 있는 몇 개의 세포에서만 발현되는, G protein-coupled receptor를 encoding하는 *Lgr5* gene에 주목하게 되었다. Lgr5는 *R-spondin*이라고 불리는 secreted hormone class에 결합하고, Wnt signaling을 강화하는 intracellular signaling pathway를 활성화시킨다. Cell lineage를 추적하는 실험에서, Lgr5-expressing cell로부터 유래된 세포들은 실제로 모든 분화된 intestinal epithelial cell을 형성하였다(그림 22-16). 이 실험에서는 estrogen receptor (ER)-Cre chimera라는 변형된 Cre recombinase (그림 6-40 참조)가 *Lgr5* promoter에 의해 발현되도록 조작한 mice를 사용하였다. 따라서 ER-Cre chimera recombinase는 crypt의 하단부에 있는 몇 개의 Lgr5-expressing stem cell에서만 발현된다. 이 연구에서 사용한 변형된 Cre recombinase는 평소에는 세포질에 inactive한 상태로 있다가 estrogen analog를 처리한 경우에만 핵 안으로 이동한다(그림 22-16a). 핵 안에서 Cre는 발현을 억제하고 있던 DNA segment를 잘라내어 β-galactosidase reporter 유전자의 발현을 활성화시킨다. 중요한 점은 이러한 세포에서 유래된 모든 세포는 β-galactosidase를 발현한다는 것이다. Estrogen analog를 처리하자마자 β-galactosidase를 발현하는 세포는 crypt에 있는 줄기세포이다. 며칠이 지난 후에 여기에서 유래한 epithelial cell들 또한 β-galactosidase를 발현(그림 22-16b)하는 것으로 봐서, Lgr5가 실제로 intestinal 줄기세포의 marker임을 알 수 있다.

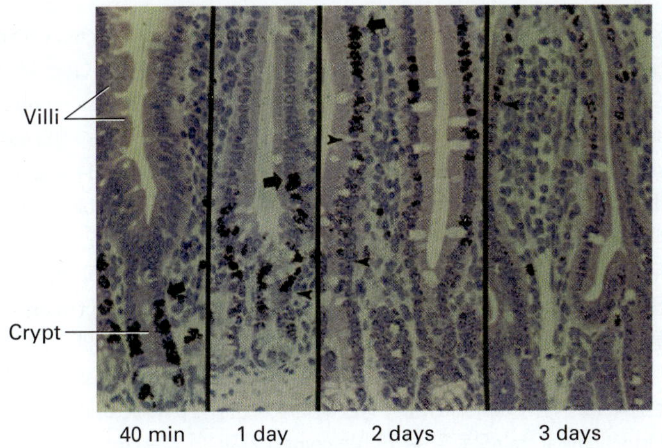

실험 그림 22-15 줄기세포로부터 intestinal epithelium이 재생되는 것을 pulse-chase 실험으로 증명할 수 있다. Intestinal epithelium을 tissue culture 하는 동안 radioactive하게 표지한 thymidine (pulse)을 추가하는 pulse-chase 실험 결과이다. 분열 중인 세포에서 labeled thymidine은 새로 합성된 DNA에 끼어 들어간다. Labeled thymidine을 씻어내고서 약간의 시간이 흐른 뒤에 unlabeled thymidine (chase)을 넣어준다. 따라서 chase 시기 이후에 DNA replication하는 세포는 labeling되지 않는다. 이 현미경 사진은 labeling 이후 40분이 경과하였을 때를 보여 주고 있는데, 모든 label이 crypt의 하단부에 있는 세포 근처에서만 관찰된다. 시간이 지나면서 labeled cell은 crypt에서 애초에 생겨났던 장소로부터 점진적으로 먼 곳에서 관찰된다. 꼭대기에 있는 세포는 떨어져 나간다. 이러한 과정에 의해서 gut epithelium은 일정하게 계속 새로운 세포로 대체된다. [Republished with permission from John Wiley & Sons, Inc., from P. Kaur and C. S. Potten, 1986, "Cell Migration Velocities in the Crypts of the Small Intestine After Cytotoxic Insult Are Not Dependent on Mitotic Activity," *Cell Tissue Kinet.* **6**:601–610; permission conveyed through Copyright Clearance Center, Inc.]

후속 연구에서, intestinal crypt에서 하나의 Lgr5-expressing stem cell을 분리하여, 일반적으로 intestinal epithelia의 기저부에 존재하며 지지하는 기능을 하는 matrix와 유사한 type IV collagen과 laminin을 포함하는 extracellular matrix (그림 20-24 참조) 위에서 세포 배양하였다. 그 결과, 이 세포들은 mature intestinal epithelium에서 관찰되는 네 가지 분화된 세포를 포함하는 villus와 유사한 구조를 형성하였다(그림 22-17). 어떤 종류의 줄기세포로부터 배양된 이러한 작은 three-dimensional version의 organ 축소판을 *organoid*라고 한다. Organoid는 인간의 뇌를 포함한 많은 장기의 형성을 연구하고 많은 질병의 치료법을 개발하기 위해 사용된다.

위의 내용을 종합하면, intestinal 줄기세포에서는 *Lgr5*가 발현되며, 이러한 세포들은 intestinal crypt의 기저부에서 완전히 분화된 Paneth cell 사이에 흩어져서 위치하고 있다(그림 22-14a 참조). Lgr5-expressing cell은 small intestine처럼 embryonic endoderm에서 만들어지는 stomach, colon, 그리고 pancreas에서도 발견되며, 이러한 조직에서도 줄기세포의 기능을 할 것으로 생각된다. 실제로 이러한 조직에서 Lgr5-expressing cell을 분리하여 Wnt, R-spondin, 그리고 다른 호르몬이 있는 조건에서 배양하면 이들 조직의 특성을 가지는 분화된 세포를 포함하는 organoid가 만들어진다.

Telocyte는 intestine 전체에 걸쳐서 epithelial cell을 둘러싸고 있으며, long protrusion을 가지고 있는 얇은 fibroblast-like cell이다(그림 22-14a 참조). 이 telocyte에서 Lgr5-expressing stem cell의 기능에 필요한 Wnt, R-spondin, 그리고 다른 호르몬들을 주로 생산한다. Paneth cell 또한 Wnt를 분비하고, Paneth cell이 Wnt를 생산하는 주요 intestinal cell이라고 생각하여 왔으나, Paneth cell을 포함한 모든 intestinal epithelial cell에서 Wnt expression을 knockout시키더라도 intestinal 줄기세포와 intestinal epithelial cell의 renewal에 아무런 영향이 없었다. 반면에, Wnt protein의 functional maturation에 필요한 porcupine gene을 telocyte에서 제거하면 intestinal crypt에서 급격하게 Wnt

(a)

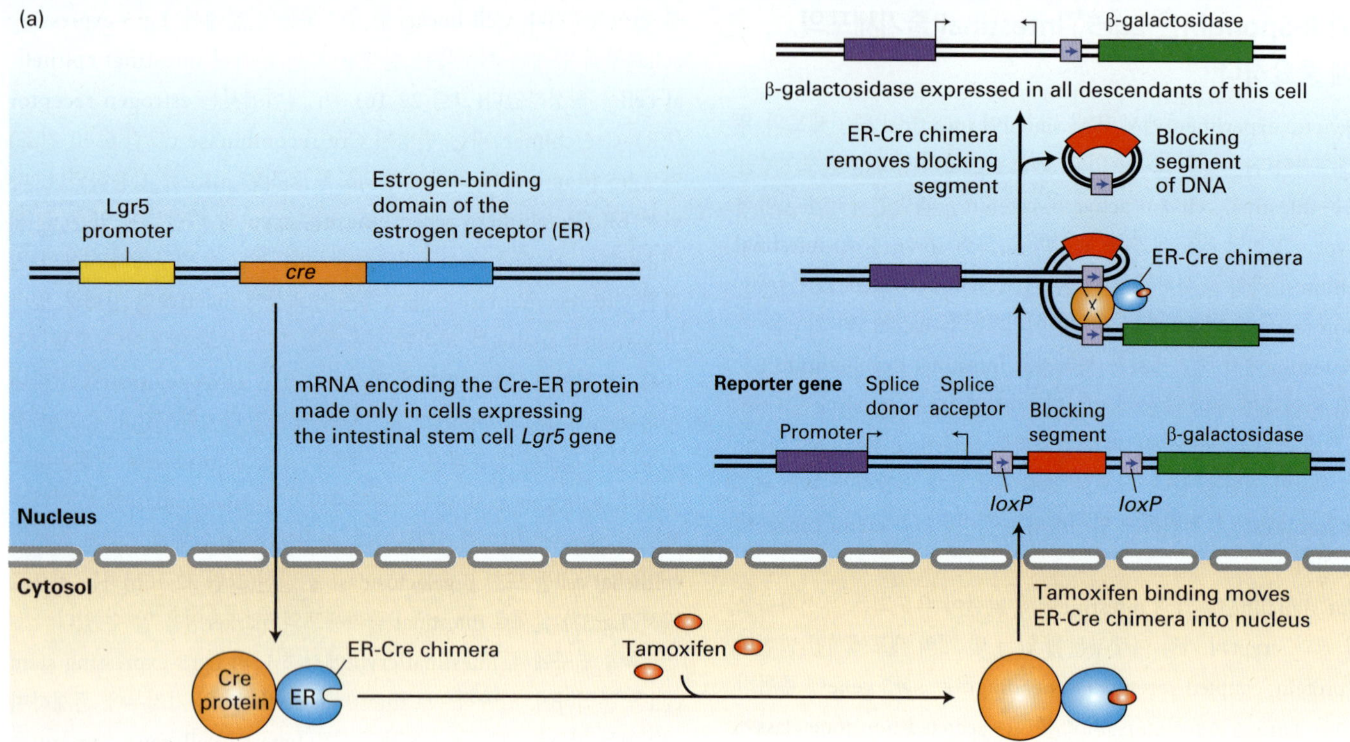

(b)

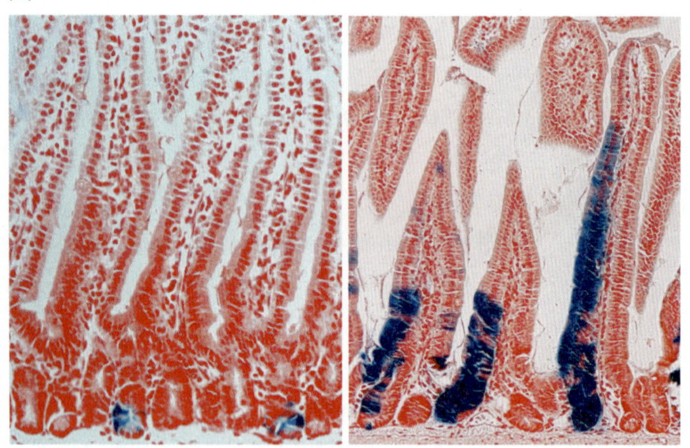

실험 그림 22-16 Lineage-tracing 연구를 통해서 crypt 기저부에 있는 Lgr5-expressing cell이 intestinal 줄기세포 임을 증명하였다. (a) Genetically altered ES cell을 이용하여 Cre recombinase (그림 6-40 참조)가 *Lgr5* promoter의 조절을 받도록 해서 Cre recombinase가 Lgr5를 발현하는 intestinal 줄기세포에서만 발현되도록 조작한 mouse strain을 만들었다. 이 Cre recombinase는 estrogen analog tamoxifen과 결합할 수 있는 estrogen receptor (ER)의 일부 domain을 가지고 있다. Estrogen receptor와 glucocorticoid receptor (그림 8-44 참조)와 같은 nuclear receptor처럼, ER-Cre chimera는 estrogen analog tamoxifen을 넣어주기 전까지는 세포질에 머물러 있다. Tamoxifen이 있으면, ER-Cre는 핵 안으로 들어가서 염색체에 있는 *loxP* site와 상호작용한다. 또 다른 mouse reporter strain은 박테리아 β-galactosidase gene을 가지고 있고, 유전자 앞에는 2개의 *loxP* site가 있다. 2개의 *loxP* site 사이에 있는 blocking DNA segment가 β-galactosidase의 발현을 억제하기 때문에, β-galactosidase는 active Cre recombinase에 의해서 2개의 *loxP* site 사이에 있는 DNA sequence가 제거된 세포에서만 발현된다. 두 마리의 생쥐를 mating하여 두 가지 marker transgene을 모두 가지고 있는 새끼를 찾아내었다. 이러한 생쥐에서, β-galactosidase는 estrogen analog tamoxifen을 넣어준 후에 *Lgr5* promoter에 의해 ER-Cre가 발현되는 세포에서만 만들어진다. 따라서 Lgr5-expressing cell과 거기서 유래된 세포들이 β-galactosidase를 발현한다. (b) 생쥐에 tamoxifen을 주입한 후 하루 지난 뒤에 β-galactosidase (blue histochemical stain으로 알 수 있다)는 crypt의 기저부에 있는 Lgr5-expressing intestinal 줄기세포에서만 발현된다(*왼쪽*). Tamoxifen 처리 5일 후에는 intestinal 줄기세포에서 유래한 epithelial cell (파란색으로 염색)이 villi 방향의 위쪽으로 이동하고 있는 것을 볼 수 있다. 몇몇 파란색 줄기세포는 crypt의 바닥에 여전히 남아 있다. [Part (b) reprinted with permission from Nature Publishing Group, from N. Barker et al., 2007, "Identification of Stem Cells in Small Intestine and Colon by Marker Gene," *Lgr5 Nature* **449**:1003–1007; permission conveyed through Copyright Clearance Center, Inc.]

signaling이 중단되고, 뒤이어 줄기세포와 transit amplifying 세포가 소실되며, epithelial cell의 renewal이 손상된다. 따라서 crypt 기저부를 둘러싸고 있는 telocyte가 intestinal 줄기세포에 Wnt와 R-spondin self-renewal signal을 제공하는 주된 세포임을 알 수 있다. 또한 telocyte에서는 Lgr5$^+$ 줄기세포의 기능에 필요한 epidermal growth factor family의 두 member인 EGF와 TGFα도 생산한다.

Lgr5-expressing cell 만이 유일한 intestinal 줄기세포는 아니다. 연구 결과에 의하면, crypt에 있는 소위 +4 cell은(그림 22-14a 참조) irradiation과 같은 intestinal injury 이후에 Lgr5-expressing stem cell을 생성할 수 있는 예비 줄기세포이다. Transit amplifying 세포가 제한

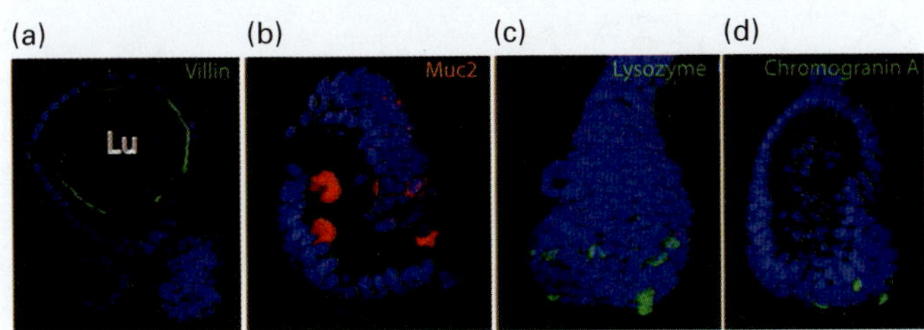

실험 그림 22-17 세포 배양에서 하나의 Lgr5-expressing intestinal stem cell이 niche가 없어도 crypt-villus organoid structure를 형성한다. Intestinal crypt에서 분리한 하나의 Lgr5-expressing cell을 type IV extracellular matrix 위에서 배양하였다(그림 20-24 참조). 2주일 후에, 이 세포들은 구조적으로 villi와 비슷한 epithelial sheet를 형성하였다. 이러한 organoid (organ과 구조적으로 유사한 것)를 특정 marker protein으로 염색한 결과, 다음 네 가지의 differentiated epithelial cell type이 모두 포함되어 있었다: (a) villin (녹색)은 organoid의 apical surface (luminal, Lu) 부근에 있는 absorptive enterocyte의 marker protein이다; (b) Muc2 (빨간색)는 goblet cell; (c) lysozyme (녹색)은 Paneth cell; (d) chromogranin A (녹색)는 enteroendocrine cell. 핵을 나타내기 위해 organoid를 DAPI (파란색)로 염색하였다. [Reprinted with permission from Nature Publishing Group, from T. Sato et al., 2009, "Single Lgr5 Stem Cells Build Crypt-Villus Structures In Vitro Without a Mesenchymal Niche," *Nature* **459**(7244):262–265; permission conveyed through Copyright Clearance Center, Inc.]

적인 self-renewal potential을 갖는다는 것을 상기해보자(그림 22-11 참조). Intestinal injury 기간 동안 많은 Lgr5-expressing stem cell이 소실되었을 때 일부 transit amplifying 세포가 Wnt signal의 영향을 받아 *dedifferentiate*되어 Lgr5-expressing stem cell로 되돌아가고 crypt 기저부에 있는 줄기세포 niche로 relocalization될 수 있다! 따라서 iPS cell의 형성 과정에서 실험적으로 확인하였듯이, 분화된 세포가 줄기세포로 전환되는 것은 intestine이 스트레스 또는 injury를 받는 기간 동안 체내에서 정상적으로 일어날 수 있다. 이처럼, intestine은 하나의 줄기세포에서 분화된 cell lineage로 전환(그림 22-14b 참조)하는 것에 의존하는 것이 아니라, 예비 줄기세포 population을 끌어다 쓸 수 있는 것으로 보인다. 미래의 연구에서는 의심할 여지 없이 intestinal epithelial cell을 생성하는 데 있어서 이 세포들의 역할을 명확히 이해하게 될 것이다.

모든 Blood Cell과 면역 세포들은 Hematopoietic 줄기세포에서 만들어진다

모든 적혈구와 백혈구 그리고 사실상 면역계를 형성하는 모든 세포는 지속적으로 보충될 필요가 있다. 인간 적혈구는 90–120일 동안 생존하다가 주로 spleen에 있는 macrophage에 의해 분해된다. Macrophage는 수개월 동안 생존하는 반면, neutrophil은 단지 수일 동안 생존한다. 이러한 모든 세포는 multipotent한 self-renewing *hematopoietic* 줄기세포(*HSC*)에서 시작해서 다양한 transit amplifying 세포가 분열하여 multipotent progenitor와 unipotent progenitor를 형성하는 과정을 거쳐서 생성된다(그림 22-18).

Transplatation (이식)을 통한 Hematopoietic 줄기세포의 특성 분석

HSC 또는 HSC에서 만들어지는 좀 더 제한적인 progenitor에 대한 특성 분석은 앞에서 논의했던 조직에서 niche라고 하는 특정 위치에 존재하는 배아 줄기세포나 intestinal 줄기세포보다도(그림 22-13과 22-14 참조) 더 어렵다. 모든 줄기세포와 같이, hematopoietic 줄기세포도 niche에서 발견된다. 하지만 배아에서 HSC는 태아 간세포에 퍼져 있으며, 성인에서 HSC와 niche는 bone marrow 안에 있는 다른 종류의 세포에 흩어져 있다. HSC는 bone marrow 또는 태아 간세포의 약 0.01%를 차지하기 때문에 HSC와 HSC niche를 만드는 세포를 구별해 내는 것도 어렵다.

처음에 hematopoietic 줄기세포와 여기에서 유래한 progenitor를 구분하고 정량적으로 분석하는 연구는 irradiation을 쪼여서 hematopoietic 줄기세포와 precursor cell을 제거한 생쥐에 bone marrow를 transplantation하는 방법이 사용되었다(그림 22-19). HSC에서만 발현되는 cell-surface protein이 없어서 이러한 세포에만 독점적인 surface marker를 사용하기 어렵기 때문에 HSC를 분리하는 것은 어렵다. 그러나 많은 연구에서, HSC는 *CD150*과 *Sca-1* (기능은 알려지지 않음)이라 불리는 cell-surface protein을 발현하는 반면, 특정 유형의 분화된 hematopoietic cell의 surface에서 발현하는 12개 정도의 *Lin* (*Lineage-restricted*) marker 단백질은 발현하지 않기 때문에 이 특성을 이용하여 HSC를 전향적으로 구별하고 부분적으로 분리할 수 있었다. 이어지는 연구에서는 HSC는 생존을 위해서 *stem cell factor* (*SCF*)라고 불리는 성장 인자를 필요로 한다는 점을 이용했다. SCF는 HSC의 인접한 signaling cell의 표면에 membrane-spanning protein의 extracellular domain의 형태로 발현되어서 HSC 표면에 있는 c-Kit tyrosine kinase receptor를 활성화시킨다. HSC는 또한 chemoattractant인 CXCL12를 필요로 한다. CXCL12는 HSC의 표면에 있는 G protein-coupled receptor에 결합하여 HSC가 niche에 머물러 있게 한다. CXCL12의 수용체인 CXCR4도 HSC에서 발견된다.

따라서 bone marrow 세포를 분화된 hematopoietic cell의 surface에서 발현하는 각각의 Lin protein에 대한 항체로 coating된 magnetic bead를 처리하여 bead에 결합된 lineage-positive differentiated cell을 magnet을 이용해 제거함으로써 HSC를 1차적으로 분리할 수 있다. 남아 있는 lineage-negative cell에 c-Kit, CD150, Sca-1에 대한 fluorescent 항체를 결합시켜서 이러한 marker protein을 모두 가지고 있는 소량의 세포를 fluorescence-activated cell sorter (FACS; 그림 4-1과 4-2 참조)를 이용하여 분리한 뒤 transplantation 실험에 사용한다.

놀랍게도, 이러한 transplantation 실험에서, 치사량의 방사선을 쪼여서 모든 HSC를 죽인 생쥐에 단 하나의 HSC를 transfer하여도 모든 blood system이 복구된다는 것을 알게 되었다. Transplantation 이후에 HSC는 bone marrow의 niche에 자리 잡은 다음, 세포 분열을 통해 서로 다른 blood-cell lineage의 progenitor뿐 아니라 더 많은 HSC를 만들어낸다.

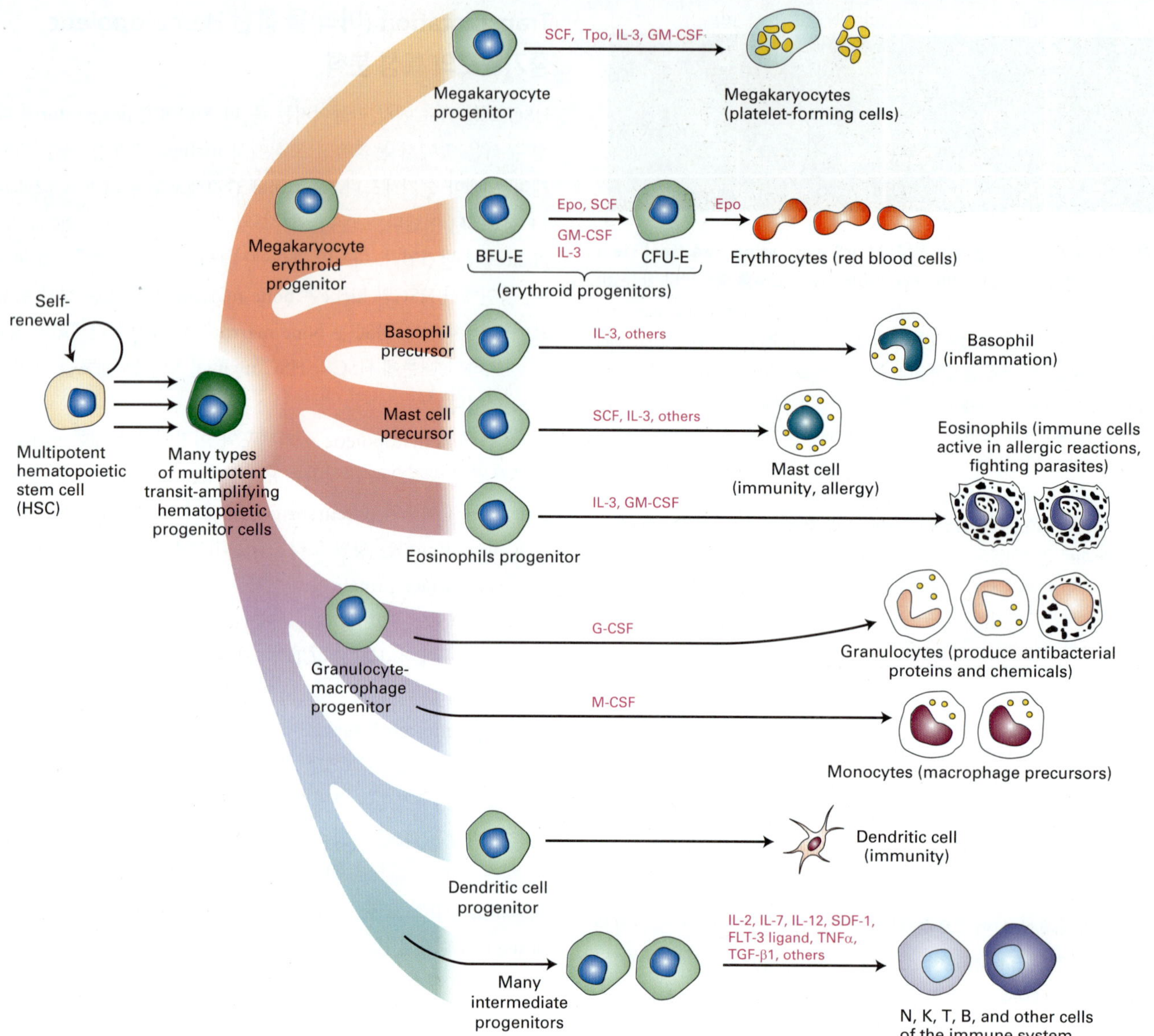

그림 22-18 Bone marrow의 hematopoietic 줄기세포로부터 blood cell의 생성. Mammalian development의 초기에, multipotent hematopoietic 줄기세포는 줄기세포의 숫자를 늘리기 위해 symmetric하게 분열한다. 성체에서는 asymmetric하게 분열하여 하나의 딸세포는 부모 줄기세포와 같이 multipotent하고, 다른 딸세포는 좀 더 restricted fate를 갖는다. 순수 분리한 progenitor population을 single-cell sequencing한 결과에서, 예상과는 다르게 적어도 18개의 서로 다른 transit-amplifying hematopoietic progenitor subtype이 존재하는 heterogeneity를 보였다. 이러한 multipotent transit amplifying 세포는 한정된 횟수의 self-renewal division을 할 수 있지만, cell type과 cytokine의 양에 따라 빠르게 분열하여 서로 다른 유형의 progenitor cell (연한 녹색)을 만든다. 이러한 progenitor 세포는 multipotent (예, bipotential granulocyte — monocyte and erythroid — megakaryocyte progenitors)하거나 unipotent해서 각각 한 가지 이상이나 단지 한 가지 분화된 blood cell을 생산한다. Progenitor 세포는 한 가지 또는 몇 가지 특이적 cytokine에 반응한다. Lymphoid cell 계통은 single cell transcriptomics와 같은 상세한 연구가 이루어지지 않았다. 향후 연구를 통해 면역계의 B cell, NK cell, T cell이 어떻게 분화되는지 더 밝혀져야 한다. 이러한 과정을 돕는 일부 cytokine들을 분홍색 글씨로 나타내었다. CSF = colony-stimulating factor; IL = interleukin; SCF = stem-cell factor; Epo = erythropoietin; Tpo = thrombopoietin. S. Watcham, I. Kucinski, and B. Gottgens, 2019, *Blood* **133**:1415 참조. [Image after a drawing by Dr. Bertie Gottgens.]

최초의 인간 bone marrow transplantation은 1959년에 이루어졌는데, leukemia 말기 환자가 가지고 있는 정상적인 HSC와 암세포를 제거하기 위하여 방사선을 조사(irradiation)하였다. 면역 반응을 피하기 위해서 일란성 쌍둥이인 언니의 bone marrow를 주입하였고, 약 3개월 만에 회복하였다. 이러한 선구자적 노력에 의해 1990년에 의학 분야에서 노벨상이 수여되었으며, 많은 질병을 완치할 수 있는 현재의 치료법으로 이어졌다. 이식한 bone marrow 안에 있는 줄기세포는 모든 종류의 blood cell과 면역 세포들을 만들 수 있기 때문에, 정상인

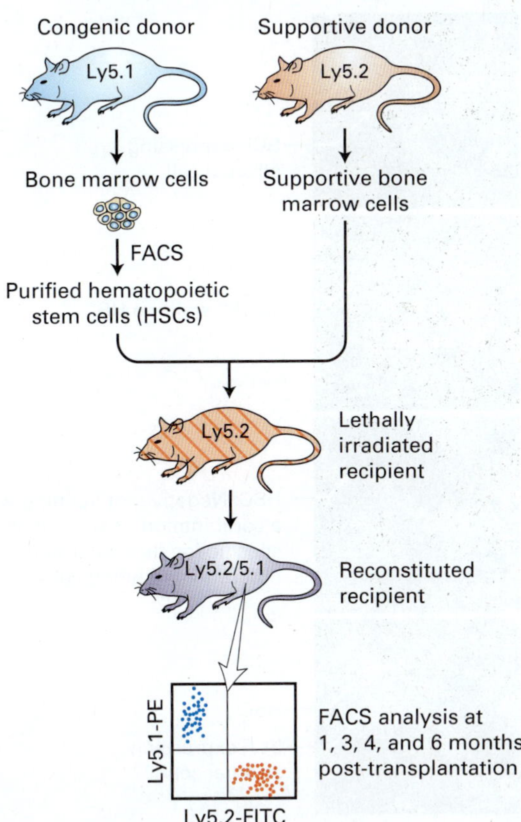

실험 그림 22-19 Bone marrow transplantation에 의한 생쥐 hematopoietic 줄기세포의 기능 분석. 모든 T와 B lymphocyte, granulocyte, 그리고 monocyte를 포함하는 모든 nucleated blood cell의 표면에 존재하는 *Ly5*라는 단백질을 coding하는 유전자를 제외하고는 유전적으로 동일한 두 종류의 mouse strain을 이 분석에 사용하였다. 이 유전자의 2 대립유전자가 encoding하는 Ly5.1과 Ly5.2 protein들은 monoclonal 항체를 이용하여 확인할 수 있다. Recipient Ly5.2 생쥐에 방사선을 쪼여서 모든 HSC를 제거하고, bone marrow에 있는 줄기세포 niche를 없애서 공여자 생쥐로부터 줄기세포를 받을 수 있게 하였다. 그리고 Ly5.1 생쥐에서 분리한 줄기세포를 주입하였다. 줄기세포가 분화된 blood cell을 만드는 데 수 주일 또는 몇 개월이 걸리기 때문에, recipient 생쥐는 genetically identical mouse로부터 bone marrow progenitor cell ("supportive" cell이라고 함)을 공급받아서 transplant 이후 초기 몇 주 동안 mature blood cell을 만들어내지 않으면 죽게 된다. Transplantation 이후 일정한 시간 간격으로 blood와 bone marrow를 채취하여 Ly5.1에 대한 blue-fluorescing monoclonal 항체와 Ly5.2에 대한 red-fluorescing monoclonal 항체와 반응시켰다. 공여자 줄기세포에서 유래한 mature blood cell을 FACS로 분석하였다. 이 그림에서는 빨간색이 아닌 파란색 형광을 나타내는 것으로 표시되어 있다. 이 세포들을 sorting하여 다른 유형의 mature blood cell에 대한 특정 marker protein에 대해 florescent 항체로 염색해 보면 줄기세포가 정말로 pluripotent하며, 모든 종류의 lymphoid cell과 myeloid cell을 생성하는 것을 알 수 있다. [Courtesy Dr. Chengcheng (Alec) Zhang.]

공여자에게서 얻은 bone marrow HSC를 transplantation하면 β-thalassemia (돌연변이로 인해 hemoglobin β-chain의 생산량이 감소해서 발생)를 포함한 여러 가지 hereditary anemia (유전성 빈혈), sickle-cell disease (hemoglobin β-chain의 point mutation으로 인해 발생), 다른 interleukin receptor에도 공통적으로 작용하는 IL-2 receptor gamma chain (그림 16-19b 참조)이 불활성화되어 면역 세포가 생성되지 않아 발생하는 X-linked Severe Combined Immune Deficiency (SCID) 환자들에게 매우 유용하다. Transplant는 또한 chemotheraphy와 irradiation에 의해 암세포뿐 아니라 bone marrow cell도 파괴된 많은 cancer patient를 치료하는 데도 사용된다.

β-thalassemia, SCID, sickle-cell disease와 같은 질병을 앓는 환자들은 gene therapy와 autologous bone marrow transplant (자가 골수 이식)를 조합하여 치료한다. 환자에서, HSC를 포함하는 cell population을 제거하고, mutant 유전자를 정상적인 유전자로 변환시킨 lentiviral vector (HIV에서 유래한 일종의 retrovirus; 그림 6-35 참조)를 이용해 환자의 HSC를 정상적으로 복구한 다음 환자에게 다시 수혈한다. ■

Hematopoietic 줄기세포와 많은 Hematopoietic Progenitor Cell들의 Niche

Mammalian HSC는 embryonic life 동안 liver에 존재하며, symmetric 하게 분열하여 2개의 딸세포를 만든다(그림 22-12b 참조). 이 과정 동안 시간이 지남에 따라 줄기세포의 숫자가 증가하여 많은 숫자의 progenitor cell을 생산함으로써 출생 이전에 필요한 모든 blood cell을 만든다. Hepatocyte progenitor는 fetal liver에서 HSC niche를 형성하는 주요 세포이다. Hepatocyte progenitor는 SCF를 발현하며, HSC 생존에 필요한 다른 단백질들도 생산한다. Hepatocyte progenitor를 HSC와 동시에 배양하면 HSC 숫자가 증가하고, 그들의 differentiated progeny도 만들어지는 것으로 봐서 hepatocyte progenitor가 HSC niche로 작용하는 것을 확인할 수 있다.

Adult mammal에서, HSC는 bone marrow에 존재하며, bone marrow stem-cell niche에서 G_0 상태로 세포 분열이 중단되어 있다. Blood cell이 더 필요하면, 특정 위치에서 만들어진 cytokine의 신호를 받은 일부 HSC는 분열하여 모세포와 같은 줄기세포와 빠르게 분열하는 transit amplifying cell을 만들어서 그림 22-18에서 나타낸 progenitor cell들을 만든다. 각 HSC가 symmetric division을 하는지, asymmetric division을 하는지는 알려져 있지 않다.

작은 blood vessel을 둘러싸고 있는 *sinusoid*라고 불리는 적은 숫자의 mesenchymal cell (중간엽 세포)은 bone marrow 안으로 들어온다. 이들 중 일부는 세포 표면에 cytokine leptin에 대한 수용체를 발현하기 때문에 *leptin receptor positive*라고 부른다. 이들 세포는 또한 많은 양의 SCF와 CXCL12를 만들기 때문에 bone marrow에서 주요 HSC niche cell로 생각된다(그림 22-20a). Immunofluorescence analysis에서 약 85%의 HSC가 이들 세포와 물리적으로 접촉하고 있다(그림 22-20b). Bone marrow에 있는 다른 세포들도 다른 종류의 호르몬을 분비하여 줄기세포 유지와 niche 기능에 영향을 주는 것 같다.

HSC와 마찬가지로, 많은 hematopoietic precursor들도 증식과 분화에 SCF를 필요로 하며, surface에 c-Kit과 SCF receptor를 발현한다. Megakaryocyte-erythrocyte progenitor와 granulocyte-macrophage progenitor뿐 아니라, HSC에서 유래된 많은 multipotent progenitor

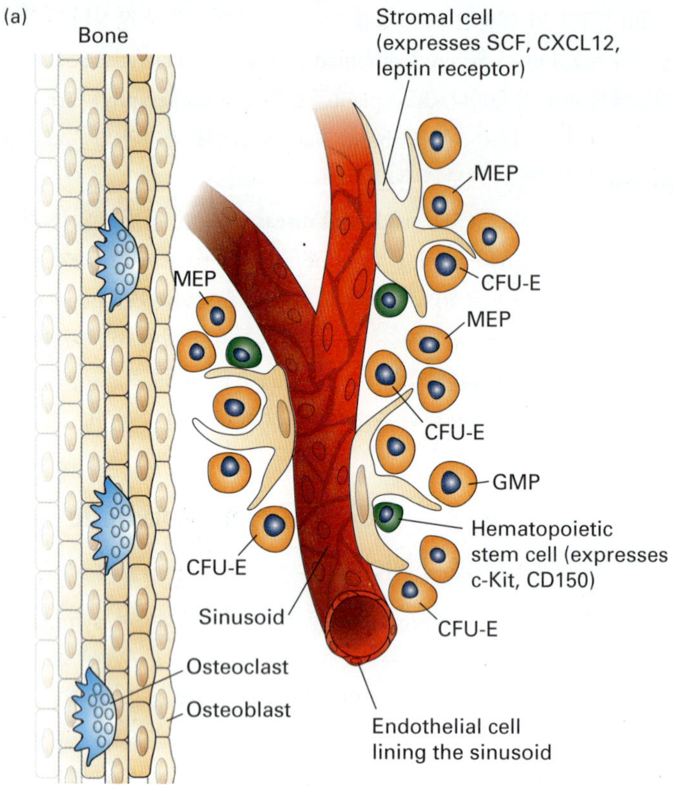

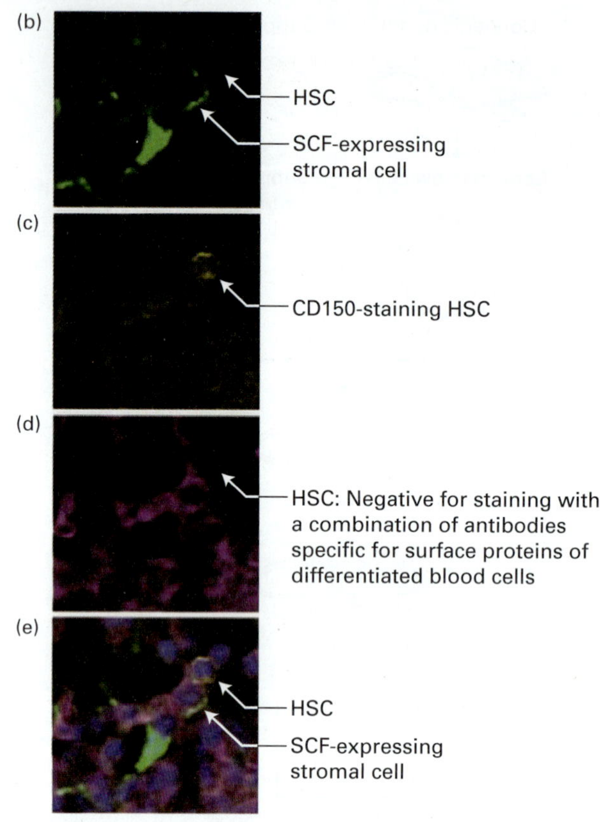

그림 22-20 Bone marrow에 있는 hematopoietic stem-cell niche. (a) Bone marrow에는 뼈를 만드는 osteoblast, 뼈를 분해하는 osteoclast를 비롯해 여러 종류의 hematopoietic 줄기세포, progenitor cell 등 수십 가지 다른 유형의 세포가 들어 있다. Bone marrow에는 *sinusoid*라고 하는 작은 blood vessel이 침투해 있다. HSC niche를 형성하는 주요 세포는 매우 적은 양으로 존재하는 mesenchymal stromal cell로서 blood vessel에 달라붙어 있고, leptin receptor (LepR+ cell)와 SCF를 포함한 cell-surface protein을 발현한다. SCF는 HSC와 많은 종류의 hematopoietic progenitor cell에 있는 c-Kit protein tyrosine kinase receptor에 결합하여 활성화시키는 호르몬이다. Stromal cell은 또한 HSC에 대한 chemoattractant인 CXCL12를 분비한다. LepR+ cell은 그림 22-18에 나타낸 수많은 hematopoietic progenitor cell에 대한 supportive niche cell의 역할을 한다. MEP = megakaryocyte erythroid progenitor; GMP = granulocyte macrophage progenitor; CFU-E = colony forming unit erythroid–erythrocyte progenitor. S. J. Morrison and D. T. Scadden, 2014, *Nature* **505**:327;and S. Comazzetto et al., 2019, *Cell Stem Cell* **24**:477 참조. (b–d) Bone marrow에 있는 HSC와 niche cell을 immunofluorescence를 통해 관찰하면 HSC가 SCF-expressing cell의 옆에 위치하는 것을 알 수 있다. SCF에 대한 항체는 구할 수 없었기 때문에 SCF 발현을 검출하기 위해서 GFP cDNA를 SCF gene locus에 위치시킨 후 SCF를 정상적으로 발현하는 세포에서만 GFP를 발현하는 생쥐를 만들었다. (b) Bone marrow section을 fluorescence microscope로 분석하여 SCF-expressing cell을 검출하였다. (c) HSC를 검출하기 위해서 HSC의 surface에서 발현하는 CD150 단백질에 대한 항체로 염색하였다. (d) 동일한 section을 HSC가 아닌 특정 유형의 분화된 blood cell의 surface에서 발현하는 단백질에 대해 특이적인 항체로 염색하였다. (e) 3개의 image를 병합하면 HSC (흰색 화살표)가 SCF-expressing stromal cell의 바로 옆에 있는 것을 알 수 있다. [Parts (b–e) reprinted with permission from Nature Publishing Group, from L. Ding et al., 2012, "Endothelial and Perivascular Cells Maintain Haematopoietic Stem Cells," *Nature* **481**(7382):457–462; permission conveyed through Copyright Clearance Center, Inc.]

를 포함한 세포들도 SCF를 발현하는 leptin receptor-positive cell과 인접한 곳에서 발견된다. 실제로, leptin receptor-positive cell에서 SCF gene을 제거하면 이러한 모든 progenitor cell들과 여기서 유래한 세포들이 bone marrow에서 사라진다. 따라서 HSC는 물론 많은 hematopoietic progenitor들도 생존과 기능을 위해서 특정 종류의 bone marrow niche cell을 필요로 한다.

Differentiated Hematopoietic Cell의 생산 조절

HSC는 성인에서 거의 분열하지 않지만, 분열을 하면 하나의 딸세포는 모세포와 같이 줄기세포로 남아 있고, 다른 딸세포는 빠르게 분열하여 결국 여러 multipotent progenitor 중 하나를 생산한다. 이들의 운명은 제한적(restricted)이고(그림 22-11 참조), 다른 lineage에 있는 transit amplifying cell처럼 한정된 횟수의 self-renewal division을 거친 다음 lineage-specific progenitor cell을 만들고, 각 progenitor cell은 다시 분열해서 많은 숫자의 특정 분화된 세포를 생산한다(그림 22-18 참조).

Cytokine이라 부르는 수많은 extracellular growth factor들이 HSC self-renewal division뿐만 아니라 다양한 blood cell lineage에서 precursor cell들의 증식과 분화를 조절한다(16장 참조). Blood cell lineage에서 각 branch로 나뉘는 것은 서로 다른 cytokine의 영향을 받

기 때문에 특정 cell type의 생산은 정교한 제어를 받는다. 예를 들어, 만일 bleeding injury 이후에 모든 blood-cell type이 필요하다면 여러 cytokine들이 만들어진다. 만일 단 한 가지 cell type이 필요하다면, 특정 signal이 이 과정을 조절한다. 예를 들면, 사람이 높은 고도 지역을 여행할 때 kidney에서 *erythropoietin*이 생산되어 CFU-E (erythroid progenitor) 세포의 증식과 분화를 촉진하지만, 다른 종류의 blood-cell precursor는 영향 받지 않는다. Erythropoietin receptor는 erythroid precursor에서만 발현되며, intracellular 신호전달 경로를 활성화시켜서 성숙한 적혈구를 만드는 데 필요한 약 400여 개의 유전자 발현을 유도한다(그림 16-18 참조). 이와 유사하게, G-CSF라는 또 다른 cytokine이 bipotential granulocyte-macrophage progenitor의 proliferation을 촉진하고 granulocyte로 분화가 일어나게 하는 반면, M-CSF는 동일한 progenitor에서 macrophage를 만들도록 유도한다(그림 22-18 참조).

특정 유형의 hematopoietic precursor를 생쥐에 이식하여 어떤 blood cell이 만들어지는지 관찰함으로써, 특정 유형의 precursor로부터 어떤 precursor 또는 어떤 terminally differentiated cell (예, erythrocyte, monocyte)이 만들어지는지 추정하였다. 또한 colony-forming assay를 통해서도 progenitor cell의 운명을 알 수 있다. 각 progenitor cell을 methyl cellulose와 같은 반고체(semisolid)의 matrix에 배양하면서 여러 종류의 cytokine을 함께 넣어준다. 생성되는 모든 딸세포는 같이 붙어 자라면서 colony를 형성한다. Colony 안에 있는 분화된 세포의 유형을 파악함으로써 progenitor의 정체(identity)를 알 수 있다.

이러한 실험 결과로 인해 hematopoietic 줄기세포와 progenitor cell들은 여러 상태로 존재하며, 이 세포들의 분화가 진행되는 동안 transcriptome이 한 상태에서 또 다른 상태로 변화가 일어난다는 것을 알게 되었다. 여러 각각의 세포들의 transcriptome을 분석할 수 있는 single-cell sequencing으로 인해서 hematopoiesis에 대한 이해에 변화가 생겼다. 어떤 HSC는 lymphoid (면역계) 분화에 필요한 transcription factor를 발현하고, 다른 HSC는 myeloid (red and white blood cell) 분화에 필요한 transcription factor를 발현하기 때문에, 특정 HSC는 lymphoid 또는 myeloid pathway로 분화되도록 프로그램되었다고 생각하여 왔다. 그러나 여러 연구 결과에서 볼 때 granulocyte/monocyte progenitor와 differentiated granulocyte 또는 monocyte와 같이 독립된 progenitor 상태보다는, 하나의 differentiating cell state에서 다른 cell state로 transcriptome이 점진적으로 변화하면서 연속적인(continuous) 분화가 일어난다(그림 22-18 참조).

Meristem은 식물 줄기세포의 Niche이다

다세포 동물에서와 같이, 식물에서도 모든 조직과 organ은 작은 줄기세포 population에 의해 일어난다. 동물 줄기세포처럼, 식물 줄기세포도 self-renewal을 할 수 있고 분화된 세포를 생산할 수 있는 세포로 정의된다. 또한 식물 줄기세포는 동물 줄기세포에서처럼, 줄기세포를 multipotent state로 유지하는 extracellular signal이 만들어지는 특수한 microenvironment인 줄기세포 niche 안에 존재한다. 식물과 동물의 마지막 공통 조상은 unicellular eukaryote이기 때문에, 구성의 원칙(organizing principle)은 같더라도 줄기세포와 줄기세포 niche의 진화는 식물과 동물에서 독립적으로 이루어지고, 서로 다른 경로를 통해 진행된 것으로 보인다. 이는 *convergent evolution* (수렴 진화)의 한 예로 볼 수 있다.

식물 줄기세포가 위치하는 niche는 **meristem**이라 부르며, bristlecone pine과 같이 오래 사는 종에서는 수천 년 동안 유지된다. 식물의 체축(body axis)은 *shoot apical meristem*과 *root apical meristem*이라는 2개의 primary meristem에 의해 결정되는데, 이는 embryogenesis 동안 확립된다. 동물 발생과는 반대로 식물 embryogenesis 동안에는 매우 소수의 조직과 organ이 만들어진다. 대신에 잎이나 꽃, 그리고 심지어 germ cell도 식물의 성장과 발달 과정 동안 지속적으로 만들어진다. 식물에서 땅 위에 있는 부분은 shoot apical meristem에서 만들어지고, 땅 밑에 있는 부분은 root apical meristem에서 만들어진다. 고전적인 clonal analysis 실험에서, 식물 세포의 운명은 lineage에 의해서가 아니라 세포의 position에 의해 결정된다는 것을 알게 되었다. 세포의 identity는 호르몬, mobile signaling peptide, 그리고 miRNA와 같은 intercellular signal에 의해 강화된다. ■

Metazoan animal에 있는 somatic 줄기세포와는 다르게, somatic 식물 줄기세포에서 특정 조직이나 lineage가 아니라 전체 organ이 만들어진다. 천천히 분열하는 pluripotent 줄기세포가 shoot apical meristem의 정점에 위치하고, 좀 더 빠르게 분열하는 multipotent transit amplifying 딸세포들이 주변부에 위치한다. Shoot 줄기세포에서 유래한 세포들이 meristem 주변부를 차지하고, 서로 모여서 잎과 줄기와 같은 새로운 organ을 만들기 위한 primordia (원시세포)를 형성한다. 특정한 cell type을 갖게 되면 세포 분열은 멈추고, 대부분 organ의 성장은 세포의 expansion과 elongation에 의해 일어난다(그림 22-21a). 새로운 shoot stem-cell niche는 leaf primordia의 axil (엽액)에 형성되며, 나중에 자라서 lateral branch (옆가지)를 만든다. Floral meristem에서 flower를 만들기 위해 sepal (꽃받침), stamen (수술), carpel (암술), petal (꽃잎)과 같은 네 가지 floral organ이 만들어진다. Shoot apical meristem과는 달리, floral meristem은 floral organ이 생성됨에 따라 점진적으로 소실된다.

Shoot Apical Stem-Cell Population은 Negative Feedback Loop에 의해 조절된다

Meristem이 작아지거나 커지거나 새로운 세포를 다시 공급하지 못하는 mutant를 mustard-family weed인 *Arabidopsis thaliana* (그림 1-23h 참조)에서 genetic screen을 통해 찾아내는 방법과, meristem-cell population을 분리하여 유전자 발현 profiling을 분석하는 방법으로 줄기세포의 특성을 나타내고, 유지하고 세포 분화를 유도하는 데 필요한 유전자들을 알게 되었다. Shoot apical meristem을 결정하는 인자 중의 하나는 *WUSCHEL* (*WUS*)라고 부르는 homeodomain

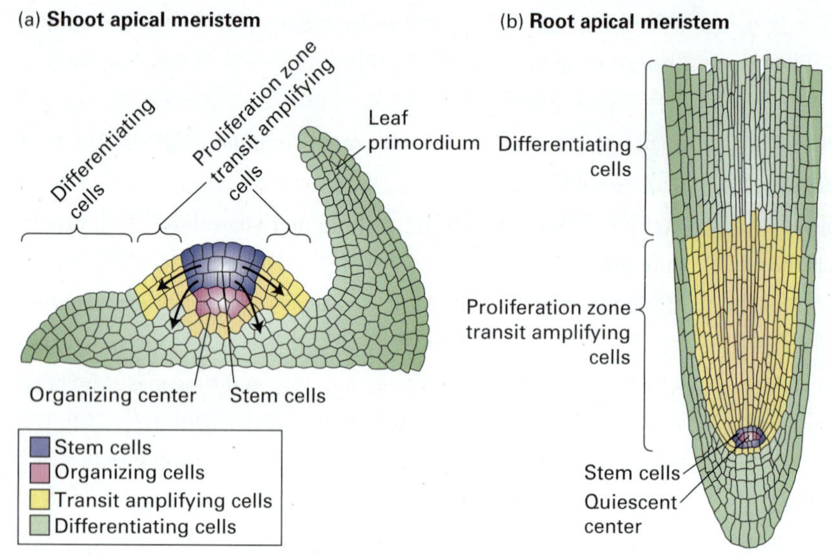

그림 22-21 ***Arabidopsis thaliana* shoot과 root meristem의 구조.** (a) Shoot apical meristem의 apex를 가로지르는 단면도. Organizing center cell은 위에 있는 줄기세포를 유지하는 signal을 보낸다. 줄기세포는 검은색 화살표 방향으로 세포 분열을 통해 딸세포를 만들어서 빠르게 분열하는 transit amplifying cell을 만들고, 결국에는 분화하여 leaf와 같은 전체 organ을 만든다. (b) Root meristem을 가로지르는 단면도. 줄기세포는 mitosis가 덜 활동적인 quiescent center를 둘러싸고 있고, quiescent center의 4개의 세포에서는 줄기세포가 분화하지 못하도록 signal을 보낸다. 각 줄기세포는 asymmetric하게 분열한다: 하나의 딸세포는 quiescent cell에 인접하여 머물러서 줄기세포(self-renewal)가 된다. 다른 딸세포는 transit amplifying 세포가 되어 세포 분열을 수없이 거친 다음, 세포 주기를 멈추고 elongation 되면서 differentiated state에 들어선다. [Information from R. Heidstra and S. Sabatini, 2014, *Nat. Rev. Mol. Cell Biol.* **15**:301.]

transcription factor이다(8장 참조). *WUS*는 stem-cell population을 유지하는 데 필요하지만, 줄기세포의 밑에 있는 supportive cell에서 발현된다. 이러한 세포들을 총칭하여 *organizing center*라고 부르며, metazoan의 줄기세포 niche와 유사한 것으로 생각되고 있다(그림 22-21a). *WUS* mRMA와 단백질은 organizing center에 있는 세포에서 합성되지만, WUS는 아마도 interconnecting plasmodesmata (원형질 연락사, 그림 20-43 참조)를 통해서 organizing-center cell에서 줄기세포로 이동한다. 한 연구에서 *WUS*-negative *Arabidopsis* plant에 WUS-GFP를 발현시키면 mutant phenotype을 복구할 수 있었다. 현미경으로 관찰 결과, WUS-GFP chimera는 줄기세포에 축적되는 것으로 보아 organizing-center로부터 줄기세포로 이동했다는 것을 알 수 있다.

일단 줄기세포로 이동하면, WUS는 유전체의 여러 부위에 결합하여 leaf development에 필요한 differentiation-promoting transcription factor들을 포함해서 differentiating cell에서 발현되는 수많은 유전자들의 발현을 억제한다. WUS는 또한 줄기세포에서 *CLAVATA3* (*CLV3*)의 발현을 직접적으로 활성화시킨다. *CLV3*가 encoding하는 small secreted peptide는 supportive cell에 있는 CLV1 receptor에 결합하여 intracellular signal을 활성화시켜서 WUS 발현을 억제한다. WUS를 overexpression시키면 분화된 세포는 감소하는 대신 meristem stem-cell population은 매우 확장된다. 따라서 transcription factor WUS와 signaling peptide CLV3 사이의 negative feedback loop이 줄기세포 population의 크기와 그 식물의 일생에 걸쳐 만들어지는 dividing 딸세포의 숫자를 유지한다(그림 22-22). ■

Shoot과 root apical meristem cell 모두가 정상적으로 기능하기 위해서는 인간 retinoblastoma (Rb) tumor suppressor protein (25장 참조)의 식물 homolog인 *RBR*을 포함한 여러 가지 다른 transcriptional regulatory protein들이 필요하다. 동물 세포에서처럼, RBR은 E2F에 결합하여 기능을 억제한다. 따라서 E2F에서 RBR이 떨어져 나오게 하거나 RBR을 유전적으로 제거하면, 세포 주기를 진행되게 하거나 세포 분열을 촉진시키는 많은 유전자의 transcription이 활성화된다(그림 19-16 참조). RBR level이 감소하면 줄기세포 숫자가 증가하고, RBR level

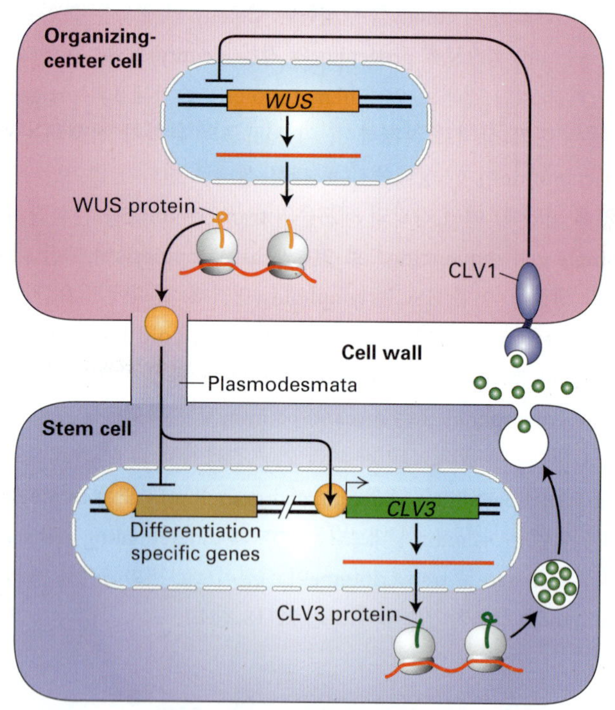

그림 22-22 ***Arabidopsis* shoot meristem-cell niche의 regulatory network.** Trnascription factor WUS (orange circle)는 organizing-center cell에서 합성되어 plasmodesmata를 통해 줄기세포로 이동한다. 줄기세포에서 WUS의 기능 중 하나는 CLV3 hormone (녹색 원)의 발현을 유도하는 것이다. 분비된 CLV3 protein은 organizing-center cell의 surface에 있는 CLV3 receptor protein kinase인 CLV1과 결합하고, 이로 인해 *WUS* transcription을 억제하는 signal이 활성화된다. E. Aichinger et al., 2012, *Annu. Rev. Plant Biol;* **63**:615 참조. [Data from R. Heidstra and S. Sabatini, 2014, *Nat. Rev. Mol. Cell Biol.* **15**:301.]

이 증가하면 줄기세포 분화가 일어난다. 이러한 결과들로 봐서 줄기세포 유지에 있어서 RBR이 중요한 역할을 하고 있음을 알 수 있다.

Root Meristem은 구조와 기능의 측면에서 Shoot Meristem과 비슷하다

Shoot meristem과는 다르게, root meristem은 lineage-restricted 줄기세포로 구성되어 있다. 이러한 세포들은 *quiescent center* 주변에 자리 잡고 있으며, 4개의 천천히 분열하는 세포들이 줄기세포 niche를 형성한다(그림 22-21b). 줄기세포 분열은 shoot에서와 다르게 asymmetric하게 일어나며, 만들어지는 딸세포는 quiescent center와 접촉하지 않은 채로 몇 번의 세포 분열을 거치면서 분화가 일어난다. WUS homolog인 WOX5는 quiescent center에서 발현되며, 다른 transcription factor들과 함께 줄기세포 유지에 필요하다. 식물 호르몬 auxin (indole-3-acetic acid)은 식물 성장과 분화에 관여하는 많은 process를 조정한다. 특히, auxin은 root meristem niche를 형성하는 데 필수적이다. 만일 quiescent center를 제거하면 auxin의 농도가 높은 곳에서 새로운 niche가 형성된다. 그러나 줄기세포에 미치는 auxin의 영향은 cell type에 따라 달라진다. 예를 들면, root cap을 만들어내는 줄기세포에서 auxin은 auxin-responsive transcription factor를 통해 *WOX5*를 억제함으로써 세포 분화를 촉진한다.

식물은 놀라운 재생 능력을 가지고 있다. 정원사는 어떤 잎이나 잘라진 줄기가 물 한잔과 창턱을 넘어 쪼이는 햇빛만으로도 뿌리를 형성하는 식물의 능력에 익숙할 것이다. 20세기 중반에 수행된 실험에서 carrot root에서 분리한 단일 세포를 nutrient와 호르몬이 적절하게 배합된 배양액에 놓아둠으로써 완전한 식물체를 만들 수 있다는 것을 증명하였다. 최근에 이루어진 실험에서는 regeneration 과정을 single cell의 transcriptome sequencing이나 lineage 추적과 같은 분자적 방법으로 분석하였다. 어떤 경우에 regeneration은 초기에 meristem을 확립하는 embryonic process와 유사한 프로그램을 따르는 것으로 보인다. 예를 들면, root tip을 잘라내면 quiescent가 제거되어 auxin gradient가 깨진다. 그러면 polar auxin transport에 의해 새로운 distal tip에 auxin의 농도가 최대가 된다. *WOX5*는 초기에 넓은 부위에서 발현되지만, 호르몬 gradient가 형성되고 meristem이 재건됨에 따라 점차 새로 형성되는 quiescent center에서만 제한적으로 발현된다. ■

22.2절의 주요 개념

다세포 생명체에서 Stem Cell과 Niche (줄기세포와 미세 환경)

- Planaria는 절단에 의해 제거된 신체 부위의 regeneration에 중요한 *cNeoblast*라고 불리는 pluripotent 줄기세포를 가지고 있다.
- 동물에 있는 대부분의 줄기세포는 unipotent한 germ-line 줄기세포를 제외하고는 multipotent하다.
- 줄기세포는 미분화 상태이다. 줄기세포는 symmetric 또는 비대칭 세포 분열을 통한 self-renewal이 가능하므로 생명체의 평생 동안 그 숫자는 일정하게 유지되거나 증가하기도 한다(그림 22-12 참조).
- 줄기세포는 undifferentiated stem cell population을 유지하는 signal을 공급하는 niche에서 생성된다. Niche는 줄기세포가 과도하게 증식하거나 분화가 일어나는 것을 억제해야 한다.
- 줄기세포는 niche에서 작동하는 조절에 의해서 분화가 억제된다. Wnt signaling pathway의 한 component인 β-catenin의 양이 많으면, 세포가 분화보다는 self-renewal division 방향으로 유도되기 때문에 germ line과 intestine에서 줄기세포가 유지된다.
- *Drosophila* germarium에서, 몇몇 세포들은 germ stem-cell niche를 형성하여 인접한 줄기세포에 직접적으로 signal을 보낸다. Niche에서 벗어난 딸세포는 증식과 분화를 거쳐 germ cell을 만든다(그림 22-13 참조).
- Intestinal epithelium 그리고 많은 다른 조직에 있는 줄기세포 population은 손상되거나 떨어져 나가거나, 혹은 노화된 조직 세포를 재생한다(그림 22-14 참조).
- Intestinal 줄기세포는 intestinal crypt의 기저부에, Paneth cell과 인접하여 존재하며, Lgr5 receptor를 발현하는 특징을 갖는다(그림 22-14 참조).
- Blood-cell lineage에서, 여러 종류의 precursor의 생성과 proliferation은 서로 다른 종류의 cytokine에 의해 조절된다(그림 22-18 참조). 이런 방법으로 신체가 필요한 blood-cell type의 일부 또는 모든 종류를 새로 만들 수 있다.
- Hematopoietic 줄기세포는 bone marrow transplant 실험으로 찾아내거나 정량적으로 분석할 수 있다(그림 22-19 참조). 그들의 niche cell은 marker surface protein을 조합해 사용하여 파악할 수 있다(그림 22-20 참조).
- 식물 줄기세포는 그 식물의 수명 동안 meristem에 존재한다. Meristem cell은 다양한 종류의 세포와 구조를 만들어낸다(그림 22-21 참조).
- WUS transcription factor가 관여하는 negative feedback loop가 shoot apical stem-cell population의 크기를 유지한다.

22.3 Cell Polarity (세포 방향성)와 Asymmetric Cell Division (비대칭 세포 분열)의 메커니즘

Development 동안 다양한 세포를 생성하고, population에서 줄기세포의 숫자를 유지하는 데 비대칭 세포 분열이 중요하다는 것을 앞에서 설명하였다. 서로 다른 운명을 가진 세포를 만들기 위해서 세포 분열 이전에 세포가 asymmetric한 능력을 가지게 하는 메커니즘은 무엇일까? Cell asymmetry는 *cell polarity*라는 용어로서 앞에서 살펴보았던 개념이다. 따라서 세포가 polarize된다는 것이 무엇인지 먼저 살펴보자.

Cell polarity는 몇 개의 장에서 다루었던 내용으로서, 세포가 내부 구조를 재배열하여 세포의 모양을 변화시키거나, plasma membrane의 특정 영역이 다른 종류의 단백질이나 lipid composition, morphology를 갖도록 하는 것이다. 예를 들면, polarized intestinal epithelial 세포가 어떻게 apical domain에는 microvilli가 많이 존재하고, basolateral domain에는 tight junction이 많이 존재하는지 살펴봤다(그림 17-1과 20-11 참조). Epithelial cell에서 수송 기능을 위해서는 apical membrane과 basolateral membrane에 다른 종류의 transporter 단백질을 필요로 한다(그림 11-30 참조). 이 절의 후반부에 논의하겠지만, 이러한 epithelial cell은 어떻게 polarize하라고 지시하는 extracellular signal에 대해 반응한다. 기본적으로 동물의 모든 세포가 polarize되기 때문에, 이러한 세포들은 cell polarity의 한 예에 불과하다. 우리는 앞으로 기초적인 메커니즘이 잘 알려진 몇 가지 예에 대해 논의할 것이다. Cell polarity에 대한 세 가지 주요 핵심 원리는 다음과 같다. 첫째, 외부 신호가 없더라도 polarize할 수 있는 능력을 가지고 있는 것으로 봐서 세포는 *intrinsic polarity program*을 가지고 있다. 여러 example에서 보게 되겠지만, 이 프로그램의 공통적인 master regulator는 small GTPase Cdc42이다. 둘째, 이러한 intrinsic polarity program은 external 또는 internal *cue*에 의해서 조절된다. 셋째, 각 세포의 polarity는 종종 intracellular *mutually antagonistic complex*에 의해 유지된다.

우리는 먼저 budding yeast의 intrinsic polarity program에 대해 논의할 것이다. 그 이유는 다른 동물에서도 메커니즘의 모든 component를 공유하고, 효모에서 밝혀진 원리들이 잘 보존되어 있기 때문이다. 그다음에 우리는 antagonistic 상호작용에 따라 cell polarity를 설정하기 위해 세포가 external cue에 반응하는 예를 살펴볼 것이다. 마지막으로, 우리는 daughter stem cell과 분화된 세포를 생성하는 비대칭 세포 분열의 한 예를 살펴볼 것이다.

Intrinsic Polarity Program은 Cdc42를 매개로 한 Positive Feedback Loop에 달려 있다

Budding yeast는 surface의 한 장소를 택해서 new bud를 모아 나가면서 자란다(그림 19-4 참조). 중요한 것은 확실히 한 부위만을 선택해야 한다는 것이다. 만약 2개의 bud가 동시에 자란다면, mitosis 동안 만들어진 duplicated chromosome이 모세포와 하나의 bud로 분리되기 때문에 남겨진 다른 하나의 bud는 염색체가 없어서 죽게 된다. 반수체 효모에서, 소위 budding의 특이성은 세포 표면에 남겨진 signal 또는 cue에 의해 유도되며, 이것은 다음 budding이 이전 budding site와 인접한 장소에서 일어나도록 유도한다. 놀랍게도, 이러한 cue의 nonessential component를 만드는 유전자를 제거하면 효모 세포는 정상적으로 자라지만 아무 곳에서나 single bud를 형성한다. 따라서 효모는 이전 단계의 budding cycle로부터 아무런 cue를 받지 못하더라도 intrinsic polarity program을 가지고 있어서 single site를 선택하여 bud growth가 일어난다. 이러한 프로그램에는 bud가 자라나올 위치에 Cdc42의 농축이 필요하다.

놀랍게도, 새로운 bud가 자랄 위치에 Cdc42 농축은 actin filament나 microtubule에 영향을 받지 않는다. 왜냐하면, 이 두 filament system이 없더라도 이 small GTPase는 single spot으로 존재하기 때문이다(그림 22-23a). Biologist들이 어떻게 이런 일이 일어날 수 있는지에 대해 생각하기 훨씬 전에, 뛰어난 수학자이자 computer pioneer인 Alan Turing은 어떤 메커니즘이 골고루 퍼져 있던 한 단백질이 single site로 집중될 수 있게 하는지를 숙고하였다. 1952년에, Turing은 만일 positive feedback 반응이 polarity factor의 농도가 무작위적으로 증가하도록 증폭시킨다면 그러한 shift가 가능하다고 제안하였고, 결과적으로 그가 옳았다!

Cdc42는 Rho family의 small GTP-binding protein이라는 것을 기억하자(그림 17-40 참조). Cdc42는 molecular switch와 같이 기능하며, inactive (Cdc42·GDP) 상태와 active한 membrane-bound (Cdc42·GTP) 상태로 존재한다. 특정한 guanine nucleotide exchange factor (Cdc42-GEF)와 결합하면 Cdc42는 GDP 대신 GTP와 결합한다. Active Cdc42·GTP는 많은 effector와 결합하여 downstream signaling event를 활성화시킨다. Inactive 상태에서 Cdc42·GDP는 guanine nucleotide dissociation inhibitor (GDI)와 결합하고 있는 cytoplasmic pool과 membrane-bound Cdc42·GDP pool 사이에서 평형상태(equilibrium)에 도달해 있다(그림 22-23b). membrane-bound Cdc42·GDP는 가끔 무작위적으로 GDP를 방출하고 GTP와 결합함으로써 active한 Cdc42·GTP 상태로 변환된다(그림 22-23b, 단계 **1**). Cdc42·GTP에 recruit되는 effector 중의 하나는 Cdc42-GEF를 포함하는 protein complex이다(그림 22-23b, 단계 **2**). 따라서 plasma membrane에 active Cdc42가 생기면 active Cdc42는 Cdc42-GEF를 recruit한다. Cdc42-GEF는 그 부위에서 더 많은 Cdc42를 활성화시켜서 더 많은 Cdc42-GEF를 recruit한다. 이러한 간단한 positive feedback loop이 부분적으로 매우 많은 양의 Cdc42·GTP가 모여 있는 부위를 만든다(단계 **3**과 **4**). Turing에 의해 선구적으로 시행된 computational modeling에서 이 system으로 인한 winners-takes-all scenario (승자독식 시나리오)를 통해 단 하나의 부위에서 polarization이 일어날 수 있다는 것을 보였다. 이 positive feedback loop은 효모에서 하나의 budding site가 만들어지는 것을 설명하는 core mechanism이다.

18장에서 논의하였듯이, Cdc42는 migrating cell의 polarization을 유도하는 master regulator이고(그림 18-54 참조), 다른 많은 cell polarity의 조절에도 관여한다. Polarization이 flexible할 필요가 있는 경우 negative feedback loop이 single site에서 polarization되는 것을 약화시켜서 적절한 signal을 받으면 세포 표면의 다른 부위에서 polarization이 일어나도록 한다는 점에 유의해야 한다. 예를 들면, Cdc42·GTP는 빠르게(fast-acting) 반응하는 GEF 외에도 positive feedback의 정도를 조절하는 느리게(slow-acting) 반응하는 negative regulator를

recruit 할 수 있다. 실제로, 효모 Cdc42는 recruit한 Cdc42-GEF를 인산화 시켜서 억제할 수 있는 kinase를 recruit함으로써 negative feedback loop을 형성한다. 따라서 Cdc42·GTP의 local concentration은 빠르게 증가하다가 좀 더 속도가 느린 negative regulator가 등장함에 따라 양이 감소하거나 사라진다. 앞으로 보게 되겠지만, 특정한 cue가 intrinsic polarity program을 유도하고, 결과적으로 세포의 physical polarization이 만들어진다.

세포 분열 이전에 Cell Polarization은 공통적인 Hierarchy Step을 따른다

Cell polarization은 세포 분열의 수반 여부와 관계없이 그림 22-24a에 나타낸 것처럼 일반적인 pattern을 보인다. 어느 방향으로 polarize 될지 또는 asymmetric하게 될지 알기 위해서, 세포는 spatial information을 제공해 주는 특정 신호를 받아야 한다(단계 **1**). 그러한 신호는 다른 세포나 extracellular matrix로부터 오는 soluble signal이다. 이러한 신호를 받기 위해서는, 세포는 표면에 적절한 수용체를 가지고 있거나, 신호를 인지할 수 있는 적절한 machinery를 가지고 있어야 한다(단계 **2**). 일단 신호를 인지하면, 세포는 들어오는 signal을 세포의 polarity program에 입력하여 cell polarity의 방향을 결정한다(단계 **3**). 일반적으로 다음 단계에서는 특히 microfilament와 microtubule과 같은 cytoskeletal element를 부분적으로 재배열하는 과정이 일어난다(단계 **4**). 일단 세포가 구조적으로 asymmetry를 가지게 되면 molecular motor가 polarity factor를 적절한 위치로 이동시킨다. Polarity factor는 system에 따라서 cytoplasmic protein이거나 적절한 위치에서

(a)

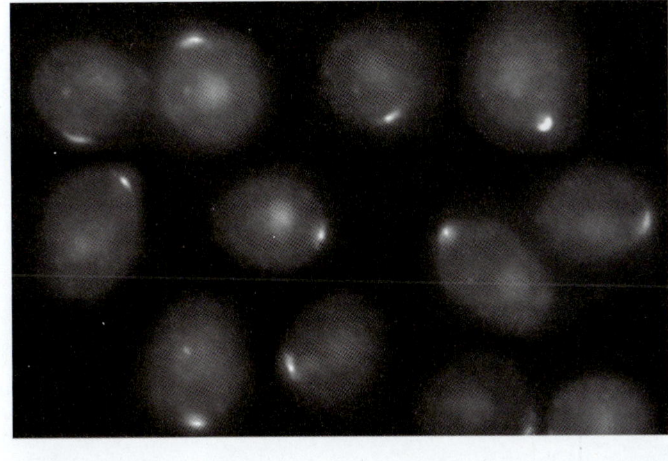

(b)

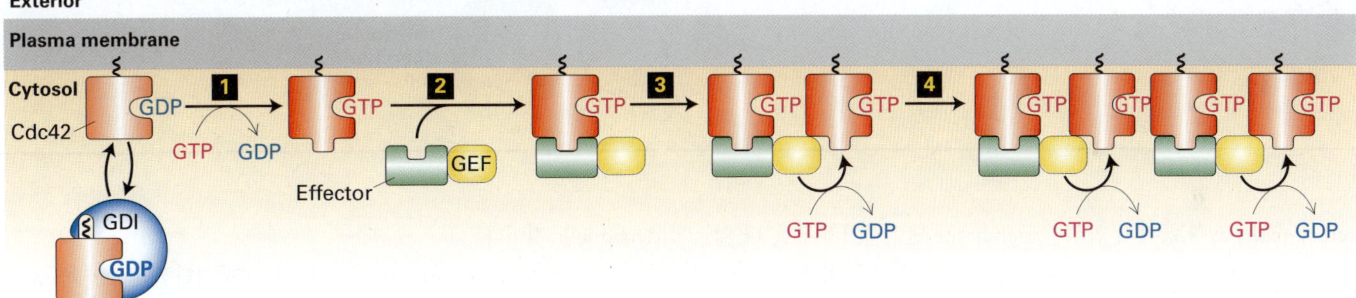

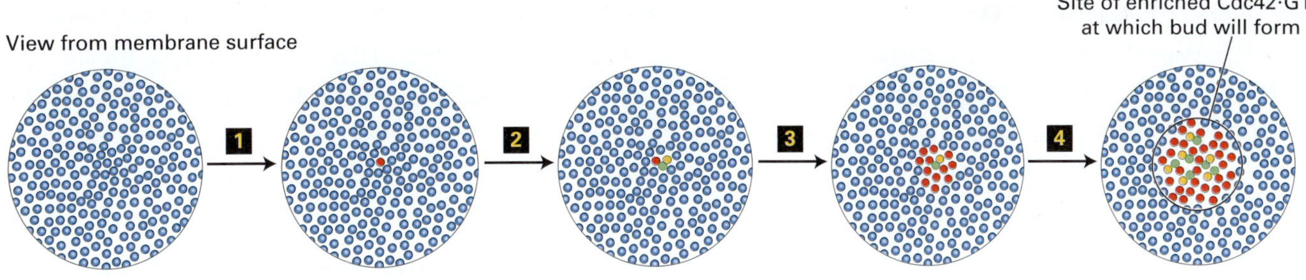

그림 22-23 Budding yeast의 intrinsic polarity program은 GTPase Cdc42의 활성화를 위한 positive feedback loop을 포함한다. (a) Polarity 신호가 없는 이배체 효모는 bud를 막 형성하려고 할 때, Cdc42가 polarize 되는 것을 immunofluorescence microscopy를 통해 확인할 수 있다. Cdc42 polarization이 cytoskeletal filament와는 무관하다는 것을 보이기 위해 세포에 actin filament와 microtubule의 disassembly를 유도하는 drug을 처리하였다. (b) Cdc42 활성화를 위한 positive feedback loop. Inactive Cdc42·GDP는 guanine nucelotide dissociation inhibitor (GDI)와 complex를 이루고 있는 cytosolic pool과 membrane-bound pool 사이에 평형상태에 도달해 있다. 단계 **1**: Membrane-associated Cdc42·GDP protein 중 하나가 우연히 active form인 Cdc42·GTP로 변한다. 단계 **2**: active Cdc42·GTP는 guanine nucleotide exchange factor (GEF)를 포함하는 complex를 recruit한다. 단계 **3**: Recruit된 GEF는 그 지역에서 좀 더 많은 Cdc42·GDP를 Cdc42·GTP로 전환시킨다. 단계 **4**: Active Cdc42·GTP은 더 많은 GEF를 recruit한다. 이렇게 만들어진 positive feedback loop으로 인해 그 지역에서 Cdc42·GTP의 축적이 일어난다(밝은 빨간색 점으로 보인다). J. G. Chiou, M. K. Balasubramanian, and D. J. Lew, 2017, *Annu. Rev. Cell Dev. Bi.* **33**:77 참조. [Part (a) reprinted with permission from Nature Publishing Group, from J. E. Irazoqui, A. S. Gladfelter, and D. J. Lew, 2003, "Scaffold-Mediated Symmetry Breaking by Cdc42p," *Nat. Cell Biol.* **5**(12):1062–1070; permission conveyed through Copyright Clearance Center, Inc.]

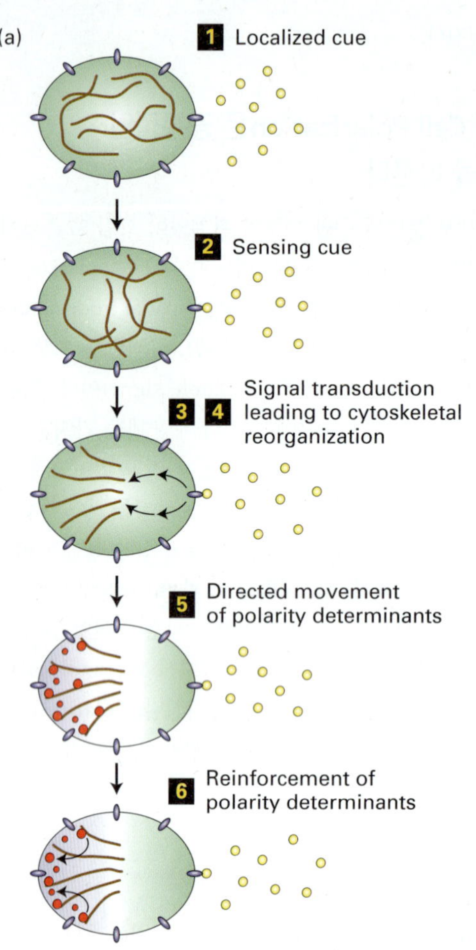

그림 22-24 Cell polarity와 비대칭 세포 분열의 일반적 특징. (a) Polarized cell을 만드는 각 단계의 체계. 자세한 내용은 본문 내용 참조. (b) 서로 다른 운명을 가진 세포를 만들기 위하여 mRNA, 단백질, 지질을 포함하는 specific determinant는 세포 내에서 asymmetric 하게 분포하여야 한다. 만일 세포 분열 동안 이러한 determinant가 서로 분리되도록 mitotic spindle이 배열된다면 2개의 딸세포는 서로 다른 운명을 갖게 된다. 그러나 만일 mitotic spindle이 적절히 배열되지 못하면 determinant가 적절히 분리되지 못하고, 그 결과 딸세포는 같은 운명을 갖게 된다 (여기서는 나타내지 않았음).

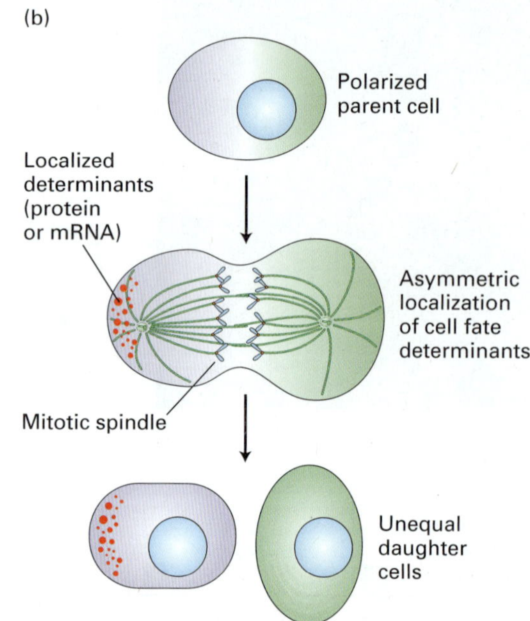

secretory pathway를 통해서 합성된 membrane 단백질이거나 둘 다 일 수도 있다(단계 **5**). Polarity determinant가 농도가 낮은 곳에서 polarized site로 움직임으로써 그곳에서 가장 높은 농도가 형성되며, 이로 인해 polarity가 강화되거나 유지된다(단계 **6**).

만일 세포가 polarize되고 세포 분열이 polarization 방향과 수직인 평면에서 진행되면 세포는 비대칭 세포 분열이 일어나게 된다. 이러한 방식으로 특정 단백질이나 mRNA와 같은 fate determinant가 두 세포 사이에서 서로 다르게 분리가 된다(그림 22-24b).

Cell polarization은 매우 역동적인 과정(dynamic process)이다. Macrophage가 박테리아를 잡아서 phagocytosis를 통해 파괴하기 위해 박테리아를 추적하는 것을 생각해보자. Macrophage는 박테리아를 지속적으로 인지해야 하고, 이 과정은 박테리아가 남긴 peptide gradient를 따라감으로써 가능하다(그림 17-45 참조). 이 signal이 macrophage가 방향성을 가지도록 또는 polarize되도록 해서 옳은 방향으로 움직이게 한다. 이러한 예에서 cell polarity의 중요하고 일반적인 측면을 알 수 있다. 많은 경우에서, 이 과정은 dynamic 해서 매우 빨리 방향을 바꾼다. 우리는 cell polarity의 dynamics를 macrophage의 관점에서 설명했지만, 매우 정적으로 보이는 epithelial cell 또는 다른 세포들의 polarity는 이러한 세포들이 다른 환경으로 이동했을 때에는 아마도 매우 dynamic할 것이다.

다음 장에서는 asymmetry를 보이는 가장 간단한 세포로서 mating 동안의 soluble cue에 반응하는 효모 세포를 살펴볼 것이다. 나머지 장에서는 동물 세포에서 잘 보존된 polarity protein을 이용하여 polarity 신호를 인지하고 세포 분열 이전에 cell asymmetry를 형성하는 과정을 살펴볼 것이다. 다음으로는 동일한 polarity protein이 epithelial 세포를 polarize시키는 데 어떻게 사용되는지, 마지막으로 줄기세포에서 비대칭 세포 분열에 대해 논의할 것이다.

Polarized Membrane Traffic으로 인해 효모는 Mating 동안 비대칭으로 자란다

가장 간단하면서도 잘 연구가 이루어진 cell asymmetry는 budding yeast가 mating하는 동안 일어난다. 앞에서 살펴보았듯이, 효모는 반수체(single copy of each chromosome) 상태 또는 이배체(two copies of each chromosome) 상태로 살 수 있다. 반수체 상태는 **a** 또는 α라고 불리는 두 가지 mating type ("sexes")으로 살 수 있다. 자연 상태에서, 효모는 이배체 상태를 더 선호하기 때문에 **a** 세포는 항상 α 세포와 mating하여 이배체 상태로 되돌아가려고 한다(그림 1-24b 참조). 각

mating type은 특정 mating pheromone을 분비하며(**a** 세포는 α factor를, α 세포는 **a** factor를 분비함), 또한 각 cell type은 상대 mating type pheromone을 인지할 수 있는 수용체를 세포 표면에 발현한다. 따라서 **a** 세포는 α factor에 대한 수용체를, α 세포는 **a** factor에 대한 수용체를 가진다(그림 16-15 참조). 반대 mating type 세포를 서로 가까이 두면, 각 cell type의 수용체는 다른 세포의 pheromone 신호를 인지하고, 어느 방향으로 mating을 할지 결정하기 위해서 공간적으로 가장 높은 농도를 찾아낸다. 세포가 반대 mating factor를 인지하면 두 가지 중요한 과정이 진행된다. 첫째, 세포 주기가 G_0에서 arrest되어서 mating이 일어났을 때 2개의 반수체 유전체의 세포 주기가 같은 상태에 있게 된다. 둘째, cell growth가 pheromone 방향으로 일어나서 *shmoo*라고 불리는 mating projection을 만든다. 만약 shmooing 세포가 반대 mating type cell에 닿게 되면 shmoo tip에서 fusion이 일어나서 반수체 핵이 서로 합쳐서 이배체 상태를 만든다.

반대 mating hormone에 반응해서 shmoo를 형성할 수 없는 돌연변이 효모 반수체를 찾음으로써 shmoo 형성에 필요한 asymmetric growth가 어떻게 일어나는지 알게 되었다(그림 22-25). 이러한 메커니즘에는 polarized cytoskeleton을 확립하는 신호전달 경로가 관여하며, 이어서 asymmetric growth를 위해서 적절한 장소로 membrane 이동이 일어난다. Mating-factor receptor (전형적인 G protein-coupled receptor이다, 그림 15-12와 16-15 참조)가 활성화되면, intrinsic polarity program이 활성화되어 pheromone의 근원지로부터 가장 가까운 cell cortex 부위에 small GTPase Cdc42가 축적되면서 활성화된다(그림 22-25, 단계 **1**). 이러한 active Cdc42·GTP는 formin protein의 local 활성화를 가져온다(단계 **2**). 17장에서 논의하였듯이, formin protein은 filament의 (+) end를 formin에 결합된 채로 유지함으로써 polarized actin filament가 응집하여 assembly가 일어나게 한다(그림 17-13 참조). 이러한 구조는 myosin V motor가 secretory vesicle을 filament의 (+) end 방향으로 수송하기 위한 track을 제공하며, 이로 인해 localized growth와 shmoo 형성이 가능하다(단계 **3**). 주목할 점은 이러한 메커니즘에서 Cdc42·GTP를 포함하는 polarity protein이 자라나는 shmoo 말단에 축적된 상태가 유지되어야 한다는 것이다. Shmoo가 자라는 동안 polarity가 유지되기 위해서는 방향성을 가진 endocytic cycle이 작용하고 있을 것으로 추측된다. 이러한 cycle에서 diffuse되거나 polarized site에서 멀어진 Cdc42는 endocytosis에 의해서 세포 안으로 들어오고, shmoo 말단으로 수송됨으로써 polarity를 더욱 강화한다(단계 **4**).

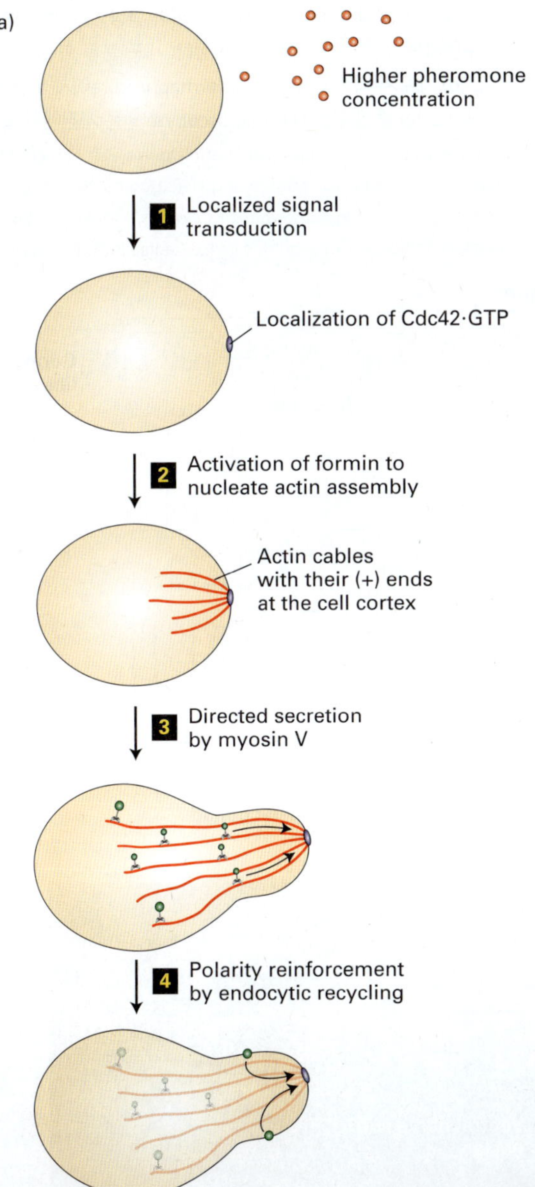

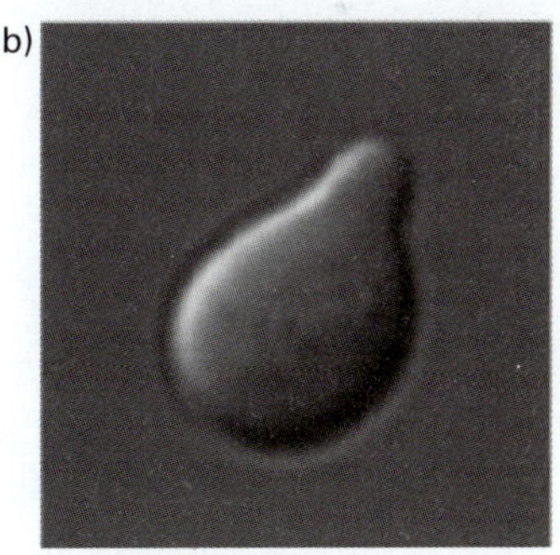

그림 22-25 효모에서 shmoo 형성 메커니즘. (a) 반수체 효모 세포는 반대 mating type의 mating factor의 농도가 가장 높은 방향으로 성장해야 하기 때문에, 세포 표면에 가지고 있는 수용체가 가장 높은 농도의 mating factor 방향으로 세포가 자라도록 신호를 보낸다. 이 신호는 Cdc42가 부분적으로 활성화되도록 해서 이 부위에 Cdc42·GTP가 높은 농도로 축적되게 한다(단계 **1**). Cdc42·GTP는 이 지역에서 formin이 응집되도록 활성화시키고, formin은 이 부위로부터 actin이 길게 연장되게 한다(단계 **2**). Formin은 actin filament의 (+) end에 결합하기 때문에 actin (+) end는 Cdc42·GTP와 가장 높은 농도의 mating factor 방향으로 배열된다. Myosin V motor는 actin filament를 따라서 secretory vesicle을 운반하여 shmoo가 자라게 한다(단계 **3**). Shmoo의 polarity는 확산되어 나오는 polarity factor를 actin filament를 따라서 signal site로 지속적으로 되돌려 보내는 endocytic cycle에 의해서 더욱 강화된다(단계 **4**). (b) Shmoo를 형성하는 효모 세포의 differential interference contrast (DIC) light-microscope (차등간섭대비 광학현미경) 이미지. [Part (b) courtesy of Abigail Miller and Anthony Bretscher.]

Nematode 배아에서 Par Protein이 Cell Asymmetry를 결정한다

선충류에 속하는 회충 *Caenorhabditis elegans* (꼬마선충)는 cell fate decision을 이해하는 데 좋은 model system이다(그림 1-23c 참조). *C. elegans*가 연구 재료로 선택된 이유는 몸체가 투명하고, life cycle이 빠르며, mutant를 만들어 분석하기 용이하고 one-cell embryo에서 성체를 형성하기까지 cell lineage가 변동이 없기 때문이다(그림 22-26a, c, d). Cell lineage 결정은 첫 번째 세포 분열에서 일어나는데, fertilized egg 또는 zygote를 지칭하는 P0 세포는 비대칭 세포 분열에 의해 AB와 P1 세포를 만들고, 이들은 각각 다른 lineage를 형성한다. 많은 연구가 이루어진 first asymmetric division에 초점을 맞추어 살펴보기로 한다.

첫 번째 세포 분열 이전에 zygote는 외형상으로 asymmetric해서 *P granule*이라 부르는 cytoplasmic complex가 세포의 posterior 끝에 축적되어 있다(그림 22-26b). 이어지는 세포 분열 동안 P granule은

(a)

P0
AB
Neurons
Hypodermis
Pharyngeal muscle
Body muscle
Other
P1
EMS
MS
Body muscle
Pharyngeal muscle
Neurons
Glands
Somatic gonad
Other
E
Gut
P2
P3
C
Hypodermis
Body muscle
Neurons
P4
Germ cells
D
Body muscle

(b)

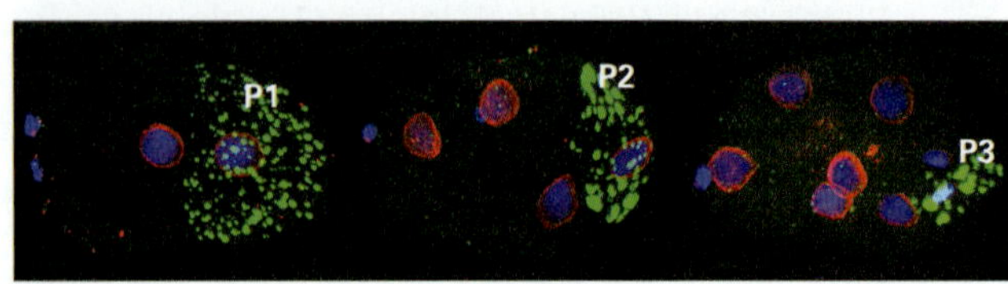

(c)

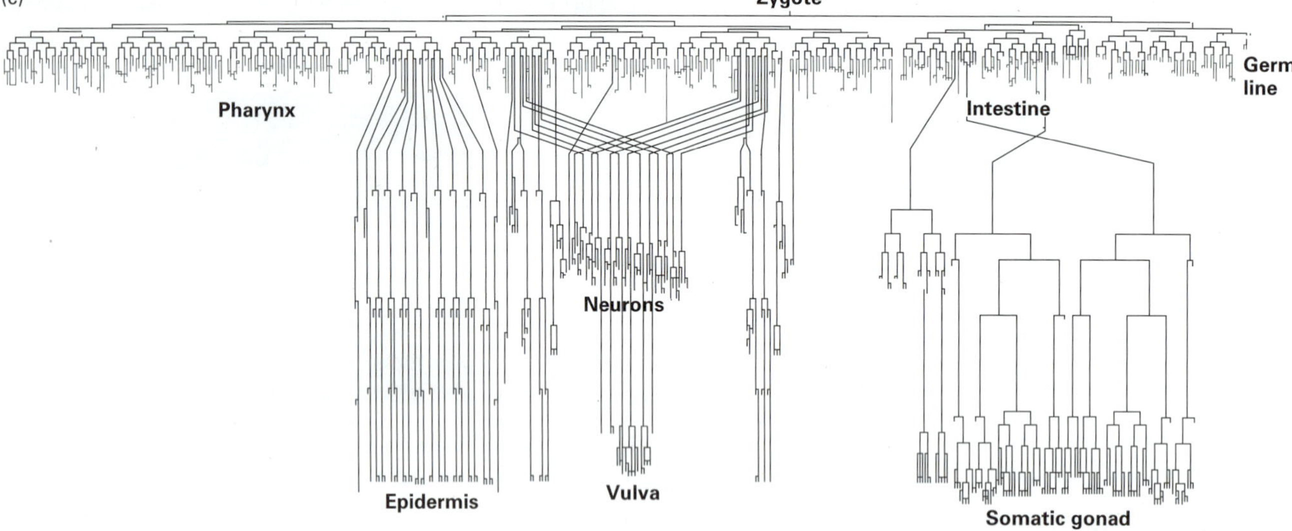

(d)

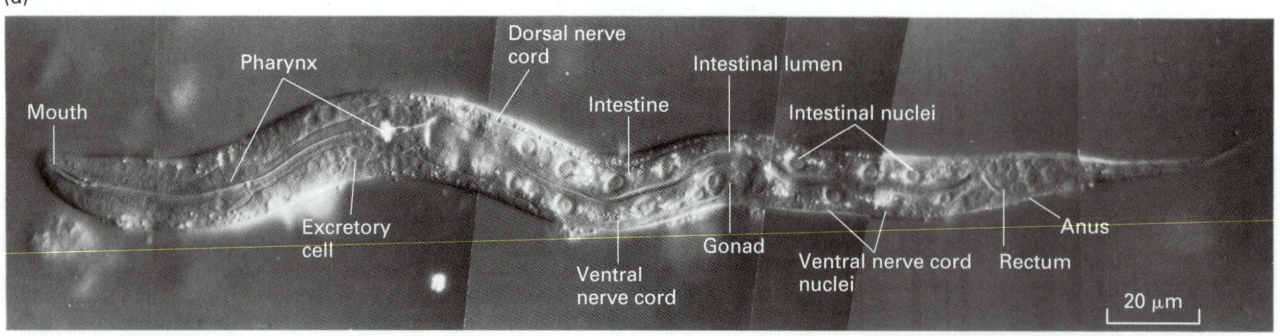

그림 22-26 Nematode worm *C. elegans*에서 cell lineage. (a) P0 (zygote)에서 시작하는 초기 division 패턴과 6개의 founder cell (노란색 highlight)이 형성되는 단계 모식도. P1과 AB로 나눠지는 첫 번째 division은 asymmetric division이다. EMS cell은 대부분의 endoderm과 mesoderm이 여기서 만들어지기 때문에 붙여진 이름이다. P4 lineage는 germ line cell이 된다. (b) Two-, four-, eight-cell embryo의 현미경 사진. DNA는 파란색, nuclear envelope은 빨간색, P granule은 녹색, 나중에 germ line이 될 P1, P2, 그리고 P3 세포를 표시하였다. (c) Worm의 body를 구성하는 전체적인 lineage, 몇몇 조직이 형성되는 것을 보여 주고 있다. Line이 나누어지는 것은 세포 분열을 의미한다. 세포 분열 시간은 수직 방향으로 표시하였다. (d) 새로 부화한 larva. 성체 hermaphrodite에서 발견되는 959개의 somatic-cell nuclei 중 일부는 DIC microscopy로 얻은 사진에서 확인할 수 있다. [Part (b) courtesy of Susan Strome and Dustin Updike. Part (d) republished with permission from Elsevier, from J. E. Sulston and H. R. Horvitz, 1977, "Post-Embryonic Cell Lineages of the Nematode, *Caenorhabditis elegans*," *Devel. Biol.* **56**(1):110–156; permission conveyed through Copyright Clearance Center, Inc.]

나중에 germ line이 될 세포에 항상 축적되어 있고, 이후에 germ-line development에 중요한 기능을 수행한다. P0 세포의 첫 번째 비대칭 세포 분열로 인해서, P granule을 가지고 있는 P1 세포와 좀 더 크기가 큰 AB 세포가 만들어진다. 이어서 two-cell stage에서 mitotic spindle이 서로 직각으로 배열함에 따라 세포 분열도 서로 직각 방향으로 일어난다(그림 22-27a). 첫 번째 비대칭 세포 분열이 어떻게 일어나는지 이해하기 위하여, 돌연변이가 일어나면 symmetric 세포 분열이 일어나는 6개의 서로 다른 유전자를 찾았다. 이러한 mutant에서 P granule이 정상적으로 분리되지 않으므로, 이 연구에서 찾아낸 유전자들을 *partition defective*의 의미에서 *par* gene이라 부른다. 이들 mutant에서 P granule은 zygote의 posterior 끝에 가지 않고, second division을 위한 mitotic spindle도 정상적으로 배열되지 못한다(그림 22-27a 참조). 중요한 점은 *par* gene의 product, 즉 Par protein이 특정 위치에 존재한다는 것이다. Wild-type zygote에서, Par protein은 cell anterior half의 cortex 또는 posterior half의 cortex에 존재한다. 예를 들면, Par3는 anterior에 위치하여 Par6와 aPKC (atypical protein kinase C)로 구성된 anterior complex의 다른 component를 recruit하는 반면, Par2와 Par1은 posterior에 존재한다(그림 22-27b). 이어지는 연구에서 이들 protein complex들 사이에는 상호 간에 *antagonistic* 상호작용이 존재한다는 것을 알게 되었다. 즉, 만약 Par3-Par6-aPKC complex가 한 지역에 존재하면 거기에는 Par2가 존재하지 않으며, 그 역도 성립한다. 이 결과는 *par2* mutant에서는 Par3-Par6-aPKC complex가 cortex 전체에 퍼져서 존재하며, *par3* 또는 *par6* mutant에서는 Par2가 cortex 전체에 퍼져서 존재한다는 사실에서 알게 되었다. 이러한 상호 배타적인 antagonism은 부분적으로는 protein kinase aPKC에 의해 매개된다. aPKC는 local Par1을 인산화시켜서 anterior cortex에 결합하는 것을 막는다. 마찬가지 방식으로, Par1 kinase는 모든 local Par3를 인산화시켜서 cortex에 결합하지 못하게 억제한다(그림 22-26c). 또한 anterior에 위치한 Par6는 zygote의 polarity를 유지하기 위하여 Cdc42·GTP를 recruit하고, GTPase activating protein Cdc42-GAP은 Cdc42를 불활성화시킨다. GTP는 posterior end로 recruit되어 active Cdc42·GTP가 anterior end에만 국한되게 한다.

수정되지 않은 egg는 symmetric하기 때문에 무엇이 이러한 symmetry를 깨고서 polarized zygote를 만드는가? Egg와 수정하는 sperm의 position이 posterior end를 결정한다는 것이 밝혀졌다. Sperm entry 이전에 모든 egg cortex는 active한 myosin II를 포함하는 actin meshwork에 의한 tension이 걸려 있다. 17장에서 논의하였듯이, myosin II는 bipolar filament를 형성하여 actin filament를 끌어당김으로써 tension을 유발하는데, 이는 muscle과 contractile ring에서도 볼 수 있는 현상이다. Myoson II 활성은 small GTPase Rho에 의한 신호전달 경로에 의해 조절된다(그림 17-42 참조). 수정이 되지 않은 egg에서, Rho는 activator로 기능하는 nucleotide exchange factor Rho-GEF가 세포 전체에 고르게 퍼져 존재하기 때문에 활성화한 Rho·GTP 상태로 존재한다. Rho·GTP가 Rho kinase를 활성화시키면, 이어서 Rho kinase가 myosin II의 myosin light chain을 인산화시켜서 활성화시킨다(그림 22-28a). Fertilization 직후에 sperm centrosome과 결합하고 있는 Aurora-A kinase 활성으로 인해 Rho-GEF 활성은 고갈된다. 따라서 sperm centrosome이 asymmetric하게 위치함에 따라서 posterior

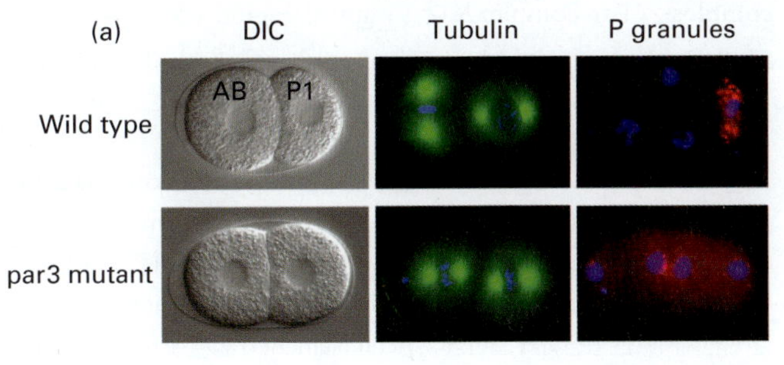

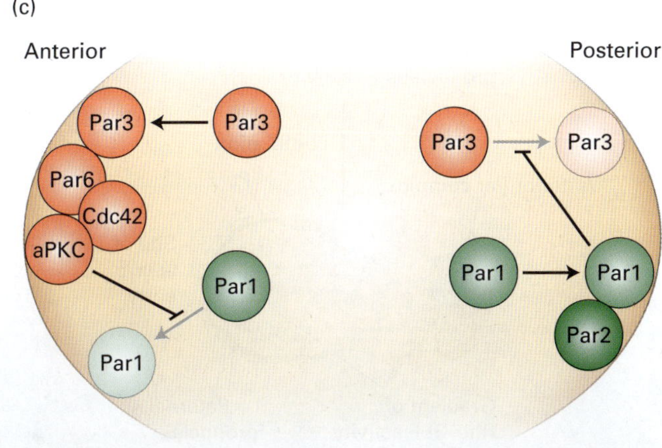

실험 그림 22-27 One-cell worm 배아에서 Par protein은 antagonistic 상호작용에 의해 asymmetric하게 위치한다. (a) Wild-type과 *par3* mutant 배아의 DIC 이미지. Wild-type 세포에서는 AB 세포가 P1 세포보다 크지만, *par3* mutant에서는 크기가 같다. *par3* mutant는 또한 spindle 방향(녹색으로 염색한 microtubule로 알 수 있다)과 P-granule (빨간색) segregation에 문제가 있다. DNA는 파란색으로 염색하였다. (b) One-cell embryo에서 anterior Par complex (Par3-Par6-aPKC)(빨간색)와 posterior determinant (녹색)가 서로 상보적으로 위치한다. (c) Anterior와 posterior Par complex 사이의 antagonistic interaction한다. Par3가 anterior에 위치하면, Par3는 complex의 다른 member인 Par6와 aPKC를 recruit한다. aPKC의 kinase 활성은 local Par1을 인산화시키면, Par1은 anterior cortex에 결합하지 못한다. Par1과 Par2는 posterior complex와 결합하고, Par1 kinase는 Par3를 인산화시켜서 posterior cortex와 결합하지 못하게 막는다. [Part (a) and(b) courtesy of Diane Morton and Kenneth Kemphues.]

region에서 지역적으로 Rho·GTP가 고갈되고 myosin II의 활성도 낮아진다. Posterior 지역의 contractile 활성이 낮아짐에 따라 actin-myosin network은 anterior를 향해서 수축한다(그림 22-28b). 그렇게 함으로써, Par3가 anterior region으로 이동하여 anterior complex (Par6와 aPKC)의 추가적인 component들을 recruit한다(그림 22-28c). Anterior complex가 posterior에서 없어지면, Par2는 posterior cortex에 위치하고 위에서 언급했던 antagonistic 상호작용에 의해 cell asymmetry가 확립된다.

Actin-myosin network contraction에 의해 유도된 초기 asymmetry에는 master regulator Cdc42는 필요하지 않음이 밝혀졌다. 그러나 active한 Cdc42·GTP는 Par6와 결합하여 anterior end에서 anterior complex의 유지에는 필요하다. 효모의 shmoo 형성 과정에서 논의하였듯이, polarity를 유지하기 위해서 endocytic reinforcement cycle도 연관되어 있음이 최근 연구 결과에서 밝혀졌다. 따라서 spatial cue에 반응하여 asymmetry가 확립되고 유지되는 각 단계들은 효모와 *C. elegans*에서 모두 잘 보존되어 있다.

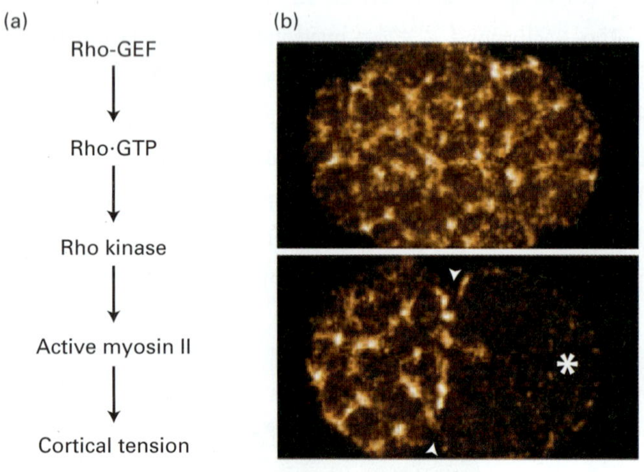

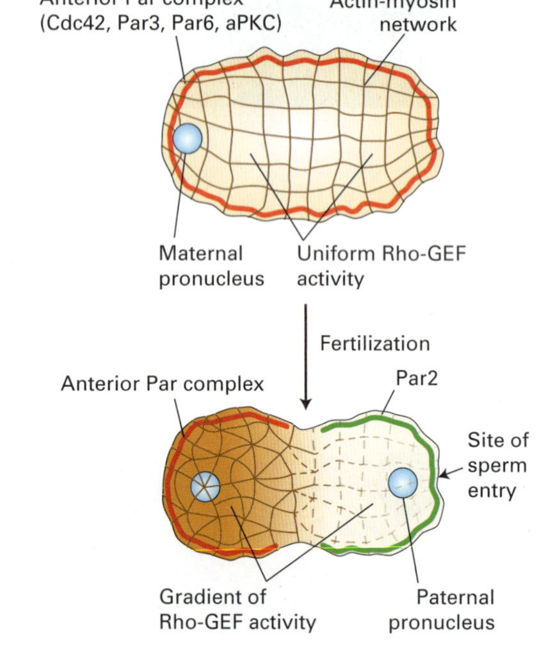

Par Protein과 또 다른 Polarity Complex들이 Epithelial-Cell Polarity에 관여한다

척추동물에서, polarized epithelial 세포는 인접한 세포와 extracellular matrix에서 신호를 받아서 polarization axis를 결정한다. 척추동물 epithelial cell의 polarization 과정은 *Drosophila*에서와 매우 유사하다. 우리가 알고 있는 사실의 대부분은 fly system에서 얻은 것이다. 왜냐하면, fly에서는 mutant를 분리하고 분석하기가 용이하기 때문이다.

Fly에서 genetic screen을 이용하여 epithelial-cell polarity 형성에 필요한 여러 가지 유전자들을 찾아내었다. Mutant phenotype과 각 유전자가 encoding하는 단백질을 분석하여 단백질을 3개의 주요 그룹으로 구분하였다: Cdc42, Par3, Par6, 그리고 aPKC complex (여기서는 *apical Par complex* 또는 간단히 *Par complex*라고 함), Crumbs complex, 그리고 Scribble complex. 이러한 complex들의 각 component가 없을 때 상호 간에 어떤 영향을 미치는지를 세밀하게 분석함으로써, 분자 수준에서 자세한 사항은 아직 모르지만, 이러한 complex들이 epithelial-cell polarization에 어떻게 기여하는지 알게 되었다(그림 22-29a).

Epithelial-cell polarization 과정에서 첫 번째 단계는 extracellular matrix 및 인접한 세포와의 상호작용이다. Transmembrane protein β1-integrin은 extracellular matrix에 있는 collagen과 결합하여 여기가 세포의 basal end라는 신호를 보낸다. 척추동물 세포에서 이 과정은 Ig superfamily에 속하는 cell-adhesion molecule nectin과 *JAM-A*라고 불리는 junctional protein에 의해 일어난다. 이러한 상호작용이 신호가 되어 adherens junction과 tight junction을 구성하고(그림 20-1 참조), 다음으로 apical end에 Par3를 recruit한다. Par3가 Par6와 aPKC와 같은 apical complex member들과 상호작용하면서, Crumbs complex는 Par complex보다 더 apical region (정점 부위)으로 모이고, Scribble complex는 basolateral surface에 축적된다. Nematode 배

그림 22-28 One-cell worm 배아에서 anterior Par complex의 segregation 메커니즘. (a) Fertilization 이전에 cell cortex는 small GTPase Rho의 guanine nucleotide exchange factor인 Rho-GEF 활성 때문에 장력이 걸려 있다. Rho·GTP가 Rho kinase를 활성화시켜서 myosin II의 regulatory light chain을 인산화시키면 활성화가 일어난다. Actin filament와 함께 active myosin II는 cell cortex에서의 장력을 유지한다. (b) Fertilization 전(*위쪽*)과 후(*아래쪽*)에 myosin II의 localization. 별표는 sperm이 들어온 위치를 표시한다. (c) Fertilization 이전에 Rho-GEF는 전체적으로 고르게 활동적이고, cortex는 active myosin II로 인해 장력이 걸려 있으며, anterior Par complex는 cortex 주위에 고르게 분포한다. Fertilization이 일어나면, Rho-GEF는 부분적으로 감소하고, 그 결과 부분적으로 myosin II의 불활성화가 일어난다. 이로 인해 장력에 불균형이 생기고, actin-myosin network가 앞으로 anterior가 될 방향으로 수축이 일어나면서 Par3를 anterior 방향으로 이동시킨다. Par3가 이동한 후에 Par6 및 aPKC와 결합한다. 일단 anterior complex가 위치를 옮기면, Par2와 같은 인자는 posterior cortex에 결합한다. [Part (b) republished with permission from Elsevier, from E. Munro, J. Nance, and J. R. Priess, 2004, "Cortical Flows Powered by Asymmetrical Contraction Transport PAR Proteins to Establish and Maintain Anterior-Posterior Polarity in the Early *C. elegans* Embryo," *Dev. Cell*, 2004, **7**(3):413–424; permission conveyed through Copyright Clearance Center, Inc. Part (c) Data from D. St. Johnston and J. Ahringer, 2010, *Cell* **141**:757.]

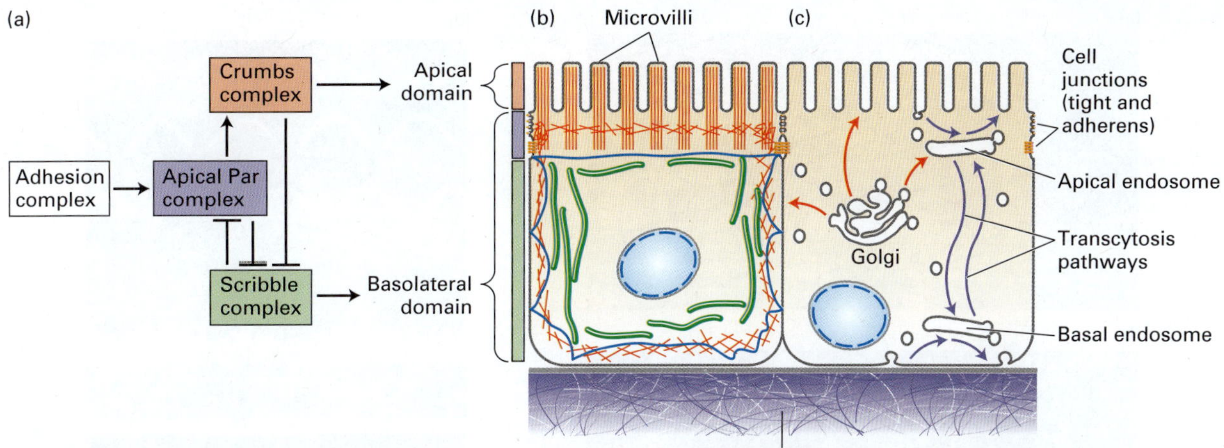

그림 22-29 Epithelial cell에서 polarity 확립. (a) Epithelial cell에서 polarity 결정은 apical Par complex에 의해서 유도된다. Cell-cell adhesion complex의 형성은 Par complex의 recruitment를 유도한다. 그 이후에 Par complex가 basolateral Scribble complex, 그리고 apical Crumbs complex와 복잡하면서도 antagonistic한 상호작용을 통해 epithelial-cell polarity가 형성되고 유지된다. 서로 다른 complex가 다른 membrane domain에 존재하는 것을 서로 다른 색의 막대로 나타내었다. Scribble complex는 lateral membrane에, apical Par complex는 cell junction 부위에, Crumbs complex는 Par complex의 바로 apical 부위에 존재한다. Epithelial polarity는 기능적으로 polarized cytoskeleton (b)과 membrane trafficking pathway (c)에 의해 유지된다. Biosynthetic pathway에서 apical domain과 basolateral domain으로 이동할 단백질과 지질은 Golgi complex에서 sorting되어 각 surface로 운반된다(빨간색 화살표). Endocytic pathway (파란색 화살표)는 transcytosis를 이용하여 각 surface 사이에 sorting을 하고, 각 surface에서 단백질과 지질의 양을 조절한다.

아에서와 같이, Par complex는 cell polarity의 master regulator이며, Par complex가 없으면 세포가 polarize되지 않는다. Scribble complex가 없으면 apical domain이 매우 확장되는 반면, Crumbs complex가 없으면 apical domain이 매우 줄어든다. 이러한 결과로 봤을 때 apical Crumbs complex와 basolateral Scribble complex가 서로 상반되는 기능을 하는 antagonistic relationship이 있음을 알 수 있다. 예를 들면, apical Par complex kinase aPKC는 인산화를 통해 basolateral Scribble complex를 억제하며, basolateral Scribble complex에 있는 Par1 kinase는 apical Crumbs complex를 억제한다(그림 22-29a 참조). 따라서 nematode 배아에서와 같이, asymmetry는 서로 상반되는 기능을 하는 complex들에 의해 이루어진다.

아직 부분적으로만 이해하고 있지만, 이러한 형태로 polarity protein이 배열됨으로 인해 apical membrane과 basolateral membrane에서 서로 다른 형태로 microfilament의 재배열이 일어난다. Epithelial cell에서, microtubule이 모두 centrosome과 결합하고 있는 것은 아니라는 점에서 microtubule의 분포도 특이점을 갖는다. Lateral microtubule의 (–) end는 apical domain을 향하고 있으며, 나머지 microtubule은 microvilli의 아랫부분에서와 세포의 기저부를 따라서 lateral microtubule과 직각으로 분포한다(그림 22-29b). 그러나 이러한 배열이 어떻게 정립되는지는 알려져 있지 않다. Membrane traffic 또한 polarize된다(그림 22-29c). Apical membrane과 basolateral membrane으로 이동할 새로 합성된 membrane protein은 *trans*-Golgi network (TGN)에서 구별되어 별도의 transport vesicle에 둘러싸여서 적절한 surface로 이동한다. 더구나, Apical surface와 basolateral surface에서 endocytic pathway를 통해서 membrane 단백질의 양을 조절하고, *transcytosis*라고 알려진 과정에서 복잡한 sorting endosome set을 이용해 missorted (잘못 분류된) protein을 운반한다.

Fly에서 epithelial-cell polarity에 중요한 component를 추가로 찾은 결과, endocytic trafficking에 관여하는 component를 발견하였다. 예를 들면, 이 mutant에서는 apical transmembrane protein Crumbs의 trafficking에 문제가 있어서 endocytosis가 정상적으로 일어나지 않고, membrane surface의 Crumbs의 양이 증가하며 apical domain은 확장된다. 따라서 epithelial-cell polarity는 공간적인 신호(spacial cue)를 받으며, polarized state를 확립하고 유지하기 위한 secretory pathway와 endocytic membrane traffic pathway의 기본 틀을 제공하는 cytoskeleton의 재배열 과정을 통해 일어난다.

Epithelium 내에서 Planar Cell Polarity Pathway에 의해 세포의 방향성이 결정된다

지금까지는 1차원적으로 asymmetry를 살펴보았지만, 많은 경우에서 세포는 위-아래뿐만 아니라 몸 축을 따라서 앞-뒤로 적어도 2차원적인 polarity를 보인다. 우리 주변에서 흔히 보는 동물들, 예를 들면 물고기의 비늘, 새의 깃털, 우리의 팔에 나 있는 털을 보면, 위-아래(apical/basal)뿐 아니라 앞-뒤(head-to-tail) 또는 가깝고-먼 부위(proximal/distal)로 구별되어 있는 구조를 만드는 세포들을 볼 수 있다. 이런 형태의 polarity를 **planar cell polarity (PCP)**라고 한다. Fly에서 잘 연구된 예는 fly wing에 있는 각 세포에서 뒤 방향으로 나 있는 털(hair)이다(그림 22-30a). 지금까지 보아 왔듯이, fly는 genetic dissection이 용이한 system이다. 이러한 분석에서 각 wing cell은 인접한 세포의 planar

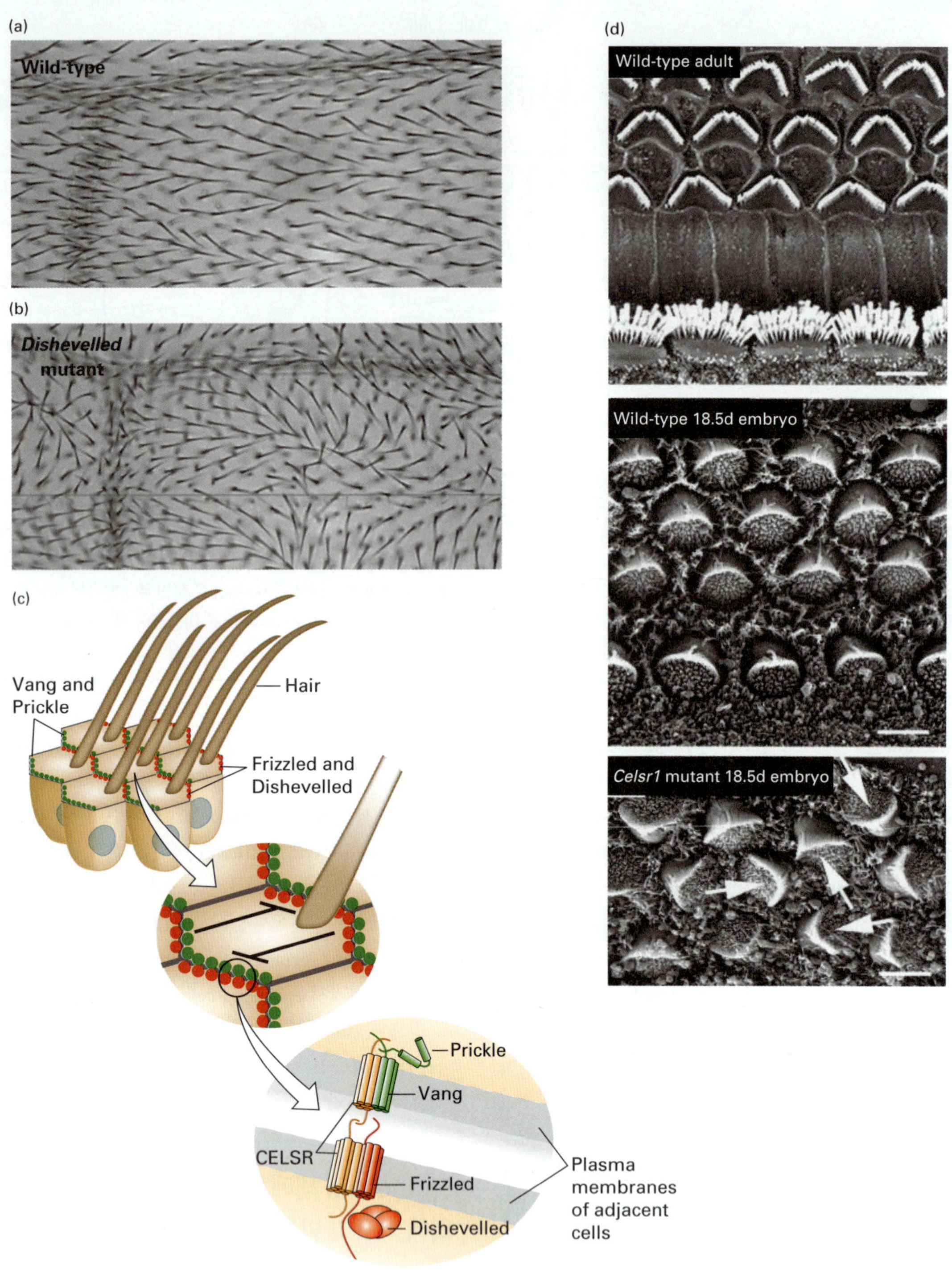

실험 그림 22-30 Planar-cell polarity가 cell의 방향성을 결정한다. (a) Wild-type fly의 wing에서 각 세포는 같은 방향성을 가지는 hair를 만든다. (b) *Dishevelled* mutant와 같이 PCP가 결여된 fly에서 epithelium을 이루는 세포는 잘 정돈되어 있지만 hair의 orientation은 흐트러져 있다. (c) Hair의 방향성은 Frizzled, Dishevelled, Vang 그리고 Prickle과 같은 PCP pathway component의 asymmetric localization에 의해 결정되며, 이 모든 것은 hair의 방향을 적절하게 결정하는 데 필요하다. Planar cell polarity는 두 가지 메커니즘에 의해 조직 전체로 확산된다. 첫째, 한 세포에서 Frizzled는 CELSR과 결합하고 있고, 인접한 세포에서 Vang과 결합하고 있는 CELSR과 결합한다. 둘째, 각 세포 내에서 Frizzled와 Vang은 이들 두 complex 사이의 antagonism 때문에 상호 배타적인 형태로 분포한다. (d) 척추동물 inner ear의 sensory hair cell은 surface에 stereocilia가 V-shape으로 배열되어 있다. 성체와 18.5-day embryo (위쪽과 가운데 이미지)에서 모든 세포는 정확히 같은 방향으로 배열되어 있다. PCP가 결여된 Celsr1 mutant 생쥐에서 18.5-day embryo의 세포들은 정상으로 보이지만, 그들의 상대적인 방향성은 흐트러져 있다(bottom panel에서 화살표). Scale bar = 2.5 μm. [Parts (a) and (b) reprinted with permission from John Wiley & Sons, Inc., from J. D. Axelrod and C. J. Tomlin, 2011, "Modeling the Control of Planar Cell Polarity," *Wiley Interdiscip. Rev.: Syst. Biol. Med.* **3**(5):588–605; permission conveyed through Copyright Clearance Center, Inc. Part (d) republished with permission from The Company from Biologists Ltd., from M. Fanto and H. McNeill, 2004, "Planar Polarity from Flies to Vertebrates," *J. Cell Sci.* **117**(Pt4):527–533; permission conveyed through Copyright Clearance Center, Inc.]

polarity에 반응하며, PCP에 영향을 주는 component도 알려졌다(그림 22-30b). Epithelium의 전체적인 planar polarity는 Wnt의 한 형태 또는 조직을 가로지르는 mechanical tension (기계적 장력)과 같은 특정 ligand의 gradient (농도 구배)에 의해 결정된다. 이러한 gradient는 epithelium에 있는 모든 세포를 한 종류의 단백질을 이용해 같은 방식으로 polarize시킨다. 예를 들면, 한쪽 면의 모든 세포는 *Frizzled*와 *Dishevelled* gene에서 encoding하는 단백질을 이용하고, 다른 쪽 면은 *Vang*과 *Prickle* gene에서 encoding하는 단백질을 이용하는 방식이다(그림 22-30c). Frizzled와 Vang은 둘 다 transmembrane protein이며, 세포의 서로 다른 면에 존재하지만 둘 다 *CELSR*이라는 membrane 단백질과 결합한다(그림 22-30c 참조). 이러한 PCP protein의 asymmetric 분포로 인해 털이 적절한 방향으로 성장한다. 우리는 Wnt pathway에서 Frizzled가 transmembrane 수용체이고, Dishevelled는 adaptor 단백질로 기능하는 것을 살펴보았으며(그림 16-26 참조), PCP에서 이들의 기능에는 Wnt와 다른 ligand가 관여한다. PCP pathway의 component들이 없으면, 일례로 *Dishevelled* mutant에서 epithelium은 온전히 존재하지만, 털은 일정한 방향성을 가지지 못한다(그림 22-30b 참조).

PCP component가 서로 상보적으로 배열(complementary arrangement)된다는 것은 membrane protein Vang이 한 세포의 한쪽 면에 있으면 인접한 세포의 Frizzled protein과 맞닿아서 위치한다는 것을 의미한다. 위에서 언급하였듯이, 각 단백질은 CELSR과 결합하고 있어서, CERSR이 한쪽에는 Frizzled와 다른 한쪽에는 Vang과 결합하는 adaptor 역할을 하는 것으로 생각된다. Nematode와 fly에서처럼, 이러한 protein complex들은 세포 내에서 상호 간에 antagonism을 보인다(그림 22-30c 참조). 따라서 한 세포에 있는 Frizzled가 인접한 세포의 Vang 옆에 있을 때, 그 인접한 세포의 반대편에는 Frizzed가 풍부하게 존재해서 다음 인접 세포의 Vang과 결합한다. 이러한 패턴은 조직 전체에 걸쳐 반복된다. 이러한 방식으로 세포들 사이에서 Frizzled와 Vang을 포함하는 complex들이 상호 보완적으로 배열하고, 세포 내에서는 이들 두 complex가 mutual antagonism을 가짐으로써, PCP는 조직 전체에 전파된다.

PCP의 명확한 또 다른 예는 척추동물에서 소리를 인지하게 해주는 inner ear의 sensory hair cell이다. 이 세포들 각각은 V-shaped pattern으로 일정하게 배열된 stereocilia (귀의 sensory cell에 있는 actin-based 구조로서 소리를 듣는 데 필요하다; 그림 17-20b 참조)를 가지고 있고, 각 세포는 인접한 세포와 같은 방향성을 갖는다. PCP gene *Celsr1*이 결여된 생쥐에서, inner ear의 어느 특정 hair cell에서 stereocilia는 변함없이 가지런히 배열되어 있다. 하지만 각 세포들의 상대적인 방향성은 파괴되어 있어서(그림 22-30d), 이로 인해서 소리를 들을 수 없게 된다.

Par Protein은 줄기세포의 Asymmetric Division에 관여한다

줄기세포는 종종 daughter stem cell과 분화된 세포를 생성한다고 설명

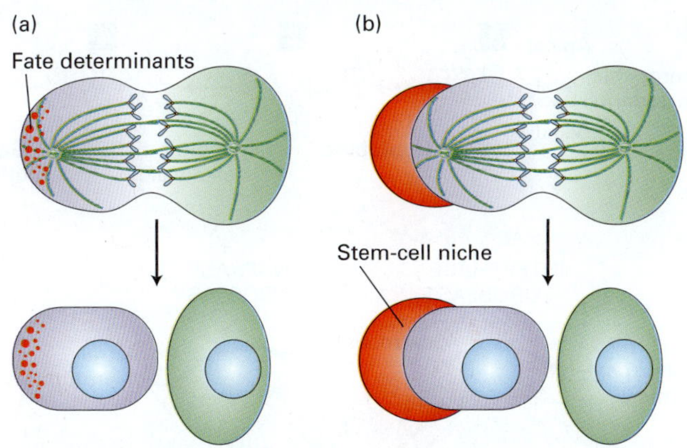

그림 22-31 줄기세포가 asymmetric하게 분열하도록 유도하는 두 가지 방법. (a) 외부 신호에 반응하여 세포가 polarize되고, 세포 분열 이전에 fate determinant가 분리되어 있다. 세포 분열이 일어나면 하나의 줄기세포와 다른 하나의 분화될 세포를 만든다. (b) 줄기세포 niche와 interacting하는 줄기세포의 mitotic spindle이 방향성을 가지고 있어서 niche와 결합하고 있는 줄기세포와 niche로부터 떨어져 있는 분화될 세포를 만든다. S. J. Morrison and J. Kimble, 2006, *Nature* **441**:1068 참조.

하였다(그림 22-12 참조). 이러한 비대칭 세포 분열을 유도하는 신호는 무엇일까? 두 가지 유형의 메커니즘이 지금까지 알려져 왔다(그림 22-31). 첫째 메커니즘은 cell fate determinant가 외부 신호에 반응해서 세포 분열 이전에 세포의 한쪽으로 이동한다. 이 과정에는 nematode 배아에서 최초의 비대칭 세포 분열을 유도하거나 epithelial-cell polarity에서 중요한 역할을 하는 Par protein이 관여한다. 두 번째 메커니즘에서는, 줄기세포가 일정한 방향으로 반복적으로 분열을 하는 경우 줄기세포는 줄기세포 niche에 남아 있게 되지만, 딸세포는 줄기세포 niche에서 멀어지게 되어 분화가 일어난다. 이 과정은 이미 살펴보았던 *Drosophila* ovary에서, cap cell이 germ-line 줄기세포를 위한 niche를 형성하는 것과 같은 상황이다(그림 22-13 참조).

줄기세포의 비대칭 세포 분열에 관해서 특히 잘 알려진 예는 fly central nervous system에서 neuron과 glial cell의 형성이다(그림 22-32). 이 경우에서, neuroblast 줄기세포는 apical surface와 basal surface를 가지고 있는 전형적인 epithelial layer인 neuroectoderm으로부터 만들어진다. Neuroblast cell이 커지고(단계 **1**), 배아의 안쪽으로 이동하지만 여전히 neurogenic ectoderm epithelium과 맞닿아 있다(단계 **2**). 다음 단계로 비대칭 세포 분열이 일어나서(단계 **3**), 새로운 neuroblast와 ganglion mother cell (GMC)을 형성한다(단계 **4**). GMC는 한 번만 더 분열하여 2개의 세포를 만드는데, 각각 nerve cell과 glial cell이 된다. Neuroblast는 neurogenic ectodermal niche와 접촉하고 있기 때문에 줄기세포의 특성을 유지하면서 반복적으로 분열하여 많은 ganglion mother 세포를 만듦으로써, 지속적으로 neuron과 glial cell이 만들어진다(단계 **5**). 이로써 central nervous system이 구성된다. 따라서 중요한 과정은 neuroblast가 asymmetric하게 분열하는 것이다(그림 22-32b). 이 과정에는 apical Par complex (Par3-Par6-aPKC)가 asymmetric하게 축적되고, Scribble과 상호 배타적으로

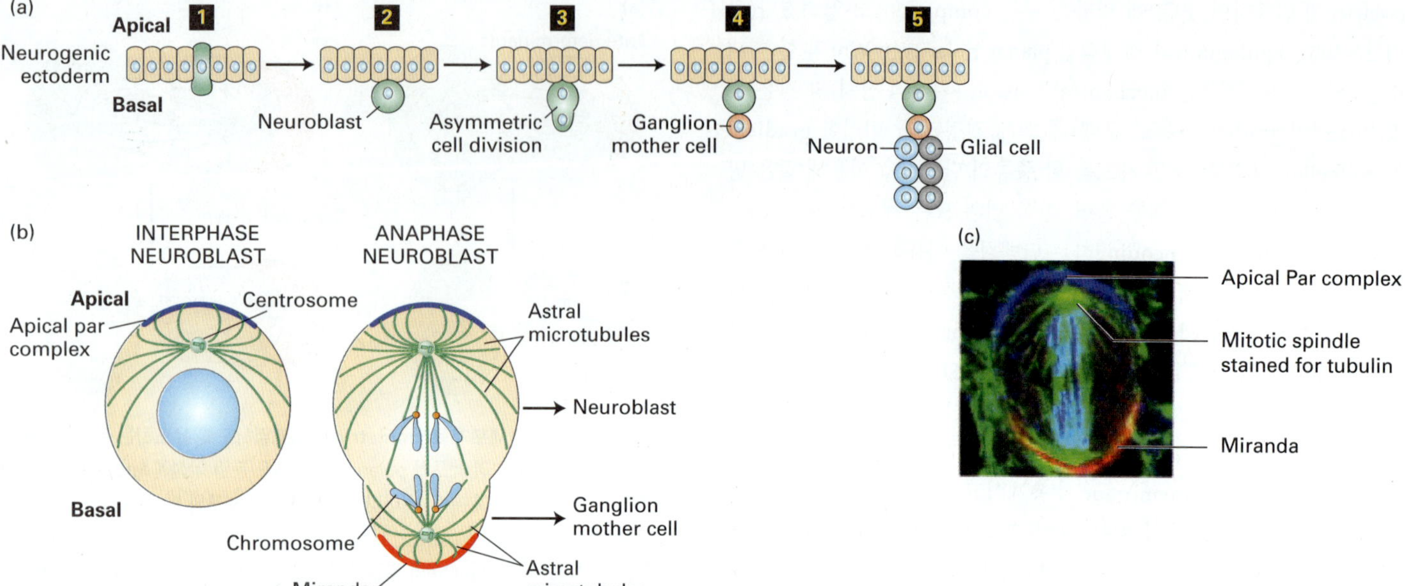

그림 22-32 Central nervous system에서 neuroblast는 asymmetric하게 분열하여 neuron과 glial cell을 만든다. (a) Neuroblast는 줄기세포이며, 세포를 커지게 유도하는 signal에 의해 neurogenic ectoderm으로부터 생겨난다(단계 1). 그 이후 neuroblast는 ectoderm에서 나와서 아래쪽으로 이동하지만 여전히 ectoderm과 접촉하고 있다(단계 2). 그 이후 neuroblast는 asymmetric하게 분열하여(단계 3) 하나의 neuroblast와 다른 하나의 ganglion mother cell (GMC)을 만든다(단계 4). GMC는 한 번 분열하여 2개의 neuron 또는 glial cell을 만든다(단계 5). 그러는 동안에 neuroblast는 여러 번 분열하여 더 많은 GMC를 만들어서 neural tissue를 구성한다. (b) Neuroblast가 asymmetric하게 분열하기 위해서는 mitotic spindle이 적절하게 방향성을 가지도록 배열되어야 한다. 이 과정은 apical Par complex와 distal Miranda complex에 의해 매개되며, 이로 인해 크기가 큰 neuroblast와 작은 크기의 GMC cell을 만든다. (c) Anaphase의 neuroblast에서 apical Par protein (파란색)과 basal Miranda protein (빨간색)이 분리되어 존재함을 알 수 있다. [Part (c) Sarah Siegrist and Chris Doe.]

epithelium과 가장 가까운 세포 쪽으로 위치하는 것이 필요하다. Par3는 spindle pole로부터 방출되는 astral microtubule과 상호작용하는 인자들을 recruit하여 spindle의 방향과 그에 따른 세포 분열의 방향을 정한다(그림 22-32b). 그다음으로 다른 polarity-determining factor가 *Miranda*라고 불리는 adaptor protein에 의해 세포의 basal side에 위치하게 되어 세포 분열에 의해 이러한 인자들이 분리된다(그림 22-32c). Miranda는 세포 증식과 분화를 조절하는 인자들과 결합하고 있어서 세포 분열 이후 neuroblast에는 포함되지 않고 GMC에 들어가게 된다.

이 장의 처음 3개의 절에서 다음의 내용을 다루었다. 모든 후생동물 생명체는 발생 과정 동안 정확한 숫자의 각 분화된 세포가 형성되고, 이러한 세포들이 서로 인접한 세포에 대해 적절하게 배치되며, polarization되도록 하기 위해 복잡한 단백질들을 유전적으로 진화시켜 왔다. 아마도 놀랍게도, 많은 종류의 세포들은 빠르게 죽기 위해 태어난다. Nematode 발생 과정 동안(그림 22-26a 참조) 생성된 세포들의 약 15%가 빠르게 죽도록 프로그램되어 있다. Pathogen에 대한 다양한 종류의 항체 형성은 면역계에서 B cell의 필수적인 기능이고(24장), foreign protein을 표적으로 하는 항체를 생산하지 못하는 B cell 또한 죽도록 프로그램되어 있다. 이 장의 마지막 절에서는 세포 사멸을 조절하는 진화적으로 잘 보존된 genetic 프로그램에 대해 논의하고, 이 프로그램이 많은 body tissue를 형성하고 유지하는 데 어떻게 절대적으로 중요한지 살펴볼 것이다(그림 22-1c 참조).

22.3절의 주요 개념

Cell Polarity (세포 방향성)와 Asymmetric Cell Division (비대칭 세포 분열)의 메커니즘

- Cell polarity는 단백질, 지질, 그리고 다른 macromolecule이 asymmetric하게 분포하여 이루어진다.
- 세포는 feedback loop을 이용하여 polarity를 만들 수 있는 intrinsic program을 가지고 있다.
- 많은 system에서 polarity program의 key regulator는 small GTP-binding protein Cdc42이다.
- 효모 세포가 bud를 만들 때, intrinsic polarity program은 feedback loop을 이용하여 Cdc42·GTP를 single site에 집중시킨다.
- 세포가 asymmetry를 갖기 위해서는 먼저 신호를 인지해야 하고, cytoskeleton을 polarized 형태로 재배열하여 반응하며, 형성된 polarity를 이용하여 인자들을 적절하게 분배한다.
- 반수체 효모의 mating은 mating pheromone의 농도가 가장 높은 방향으로 cytoskeleton을 polarize시킴으로써 mating projection (shmoo)을 만들고, 그곳에서 cellular component를 분비하여 cell expansion이 이루어진다.

- *C. elegans* 배아의 최초 division에서 anterior/posterior asymmetry는 actin-myosin network가 asymmetric하게 contraction하여 Par3-Par6-aPKC complex는 anterior cortex에, 이어서 Par2와 같은 posterior factor는 posterior cortex에 위치함으로써 이루어진다. Anterior와 posterior complex의 asymmetry는 상호 간의 antagonistic한 경로에 의해 유지된다.
- Apical/basal epithelial-cell polarity 또한 apical Par3-Par6-aPKC complex에 의해 이루어지는데, 그 기능은 apical Crumbs complex와 basal Scribble complex 사이에 antagonistic relationship을 갖게 한다.
- Planar-cell polarity (PCP)는 서로 다른 세트의 antagonistic한 관계를 이용하여 한 평면 전체에 걸쳐 epithelial cell들의 상대적인 orientation을 조절한다.
- 비대칭 세포 분열을 위해서는 세포가 먼저 polarize되어야 하고, 그다음 세포 분열에 의해 fate determinant가 asymmetric하게 분리된다.
- 줄기세포의 비대칭 세포 분열은 줄기세포가 niche와 접하고 있는 상태에서 새로운 줄기세포와 분화가 진행되는 세포를 만든다.
- Asymmetric stem-cell division은 Par complex가 asymmetric하게 분포되면서 일어난다. Par complex는 세포 분열 동안 줄기세포에 남아 있는 반면, fate determinant는 Par complex와 분리되어 분화가 일어날 세포에 포함된다.

그림 22-33 Web-footed (물갈퀴 모양의 발) chicken. 많은 척추동물 limb development 동안, embryonic digit (배아 발가락) 사이에 있는 soft tissue에서는 세포예정사가 일어난다. 이 과정을 통해 chicken foot은 4개의 서로 분리된 발가락을 갖게 된다(*왼쪽*). Chicken foot development 동안 bone morphogenetic protein (BMP)(hormone TGF-β superfamily의 member; 그림 16-22a 참조)이 interdigit cell에서 발현되어 세포자살을 유도한다. 이 실험에서 발생 중인 chicken foot에 dominant-negative type I BMP receptor를 발현시키면 BMP signaling을 억제하여 정상적으로 일어나는 세포예정사를 막는다. 이러한 조작으로 세포들이 죽지 않고 살아서 분화하여 물갈퀴 모양을 형성한다(*오른쪽*). 이와 유사한 물갈퀴 모양을 갖고 있는 오리의 발을 연구한 결과 오리 발의 interdigital cell에서는 BMP가 발현되지 않는 것을 알 수 있었다. 이 결과는 embryonic limb에서 BMP signaling이 세포 사멸을 유도한다는 것을 나타낸다. [Republished with permission from the AAAS, from H. Zou and L. Niswander, 1996, "Requirement for BMP Signaling in Interdigital Apoptosis and Scale Formation," *Science* **272**(5262):738–741; permission conveyed through Copyright Clearance Center, Inc.]

22.4 세포 사멸과 그 조절

후생동물 생명체에서 유해하거나 더 이상 필요 없는 세포를 제거하기 위해서 세포 사멸을 조절하는 것은 필수적인 과정이다. 이 절에서, 우리는 척추동물과 무척추동물에서 잘 보존되어 있는 공통 molecular pathway이면서, 세포예정사의 한 가지 주요 유형인 **apoptosis (세포자살)**에 초점을 맞출 것이다. Embryogenesis 동안, 세포 사멸 과정을 통해 닭발이나 우리의 손가락 사이의 물갈퀴 구조가 없어지고(그림 22-33), 태아 시기의 꼬리가 제거되고, brain에서 불필요한 nerve connection이 제거된다; 사실 brain development 동안 생성되는 nerve cell의 50%는 다른 nerve cell과 적절한 connection을 가지지 못하기 때문에 세포자살에 의해 사멸된다. 많은 종류의 muscle, epithelial 그리고 white blood cell이 지속적으로 닳아 없어지고 세포자살을 통해 제거돼서 새로운 세포로 대체되어야 한다. 우리는 또한 척추동물 세포가 infection이나 다른 스트레스에 대한 반응으로 사용하는 세포예정사의 여러 유형 중 하나인 necroptosis에 대해 논의할 것이다. Necroptosis는 immune response를 일으켜서 infection을 개선하거나 inflammation 및 광범위한 조직 손상을 일으킬 수 있다는 것을 알게 될 것이다.

Cell-cell 상호작용은 근본적으로 다른 두 종류의 방법으로 세포 사멸을 조절한다. 첫째, 다세포 생명체의 전체는 아니지만 대부분의 세포에서 생존을 위한 특정 protein hormone signal이 필요하다. **Trophic factor**라고 불리는 survival signal이 없으면 세포에서 *suicide program*이 활성화된다. 둘째, 면역계를 포함하는 일부의 development 과정과 adult life에서 특정한 호르몬 signal (종종 세포 표면에 존재함)이 다른 세포에 있는 suicide program을 활성화시켜서 표적 세포를 죽인다. 세포가 survival signal이 부족하여 스스로 죽든지 다른 세포에 의한 killing signal에 의해 죽든지 간에 이런 세포 사멸은 가장 자주 세포자살에 의해 일어난다. 죽은 세포는 주변 세포에 의해 섭취되고, 그 내용물은 small molecule로 분해되어 다른 세포를 만드는 데 사용된다. Plasma membrane은 터지지 않기 때문에 세포 내용물이 주변 medium으로 새어나가지 않는다. 만약 그러하지 않으면 inflammatory immune response를 일으킬 수 있다.

다른 유형의 세포 사멸인 **necrosis**는 세포가 손상을 입거나 heat, oxygen 고갈, pathogen에 의한 감염과 같은 과도한 스트레스를 받을 때 일어난다. Necrosis는 세포가 부풀어 오른 뒤 plasma membrane에 구멍이 생겨서 세포 내용물이 새어 나가 macrophage와 다른 phagocytic cell과 같은 white blood cell을 끌어당기는 과정을 거친다. 결국 이것은 heat, pain, swelling 같은 inflammatory response로 이어지며, 그 기능은 necrotic cell을 제거하고 조직을 복구하는 것이다. 놀랍게도, necrosis는 고등 척추동물에서만 발견되는 **necroptosis**라고 불리는 cellular suicide의 또 다른 메커니즘을 활성화시키는 결과일 수 있다. Necroptosis는 종종 tumor necrosis factor alpha (TNFα)와 같은 extracellular cytokine에 의해 유발된다. 이러한 cell-death pathway의 활성화는 종종 inflammation을 유발하고, nerve degeneration과 atherosclerosis와 같은 많은 인간 질병을 발생시킨다.

세포가 과도하게 많이 만들어지면, mechanical하게 조절되는 과정으로 인해 gut이나 skin과 같은 epithelial layer에서 돌출되어 밀려날 수 있다. 이 과정에서 세포는 epithelial layer에서 떨어져 나오며 trophic survival signal을 더 이상 받지 못한다. 떨어져 나온 세포는 *anoikis*라고 불리는 또 다른 경로로 죽는다. 이러한 과정으로 세포가 죽으면서 epithelial barrier 기능을 유지하고, 세포의 proliferation과 사멸의 비율은 일치하게 된다.

이 장에서는 passive cell death와 세포예정사의 차이점을 알아보고, 그다음으로 nematode worm *C. elegans*에서 genetic study를 통해 세포자살을 유도하는 진화적으로 잘 보존된 effector pathway를 어떻게 밝혔는지 살펴볼 것이다. 다음으로는 trophic factor에 의해 세포 사멸이 항상 억제되어 있는 척추동물에서 잘 알려진 neuronal development 과정을 예로 들어 세포예정사의 중요성을 살펴볼 것이다. Neuronal development 과정에서 세포예정사는 pro-inflammatory cytokine과 질병 조건에서 DNA 손상과 같은 스트레스에 의해 활성화된다. 우리는 척추동물에서 cell-death pathway를 시작하는 데 있어서 미토콘드리아의 주요 역할을 설명할 것이다. 그리고 apoptotic 세포가 어떻게 surface membrane에서 "eat me" 신호를 생성하는지 설명할 것이다. 마지막으로, necrosis와 necroptosis, 그리고 이러한 과정에 대한 우리의 이해가 어떻게 특정 인간 질병을 치료할 수 있는 기반을 마련했는지에 대해 논의할 것이다.

대부분의 세포예정사는 세포자살을 통해 일어난다

세포예정사에 의한 세포 사멸 과정은 **세포자살**(***apoptosis***)이라고 불리는 잘 규명된 일련의 외형적 변화로 특징지어진다. 세포자살은 그리스어로 나무로부터 나뭇잎이 떨어지는 것을 의미한다. 죽어가는 세포는 오그라들고 응축되어, 결국 fragmentation (분절)된다. 이때 떨어져 나온 small membrane-bound apoptotic body는 다른 세포로 흡수된다(그림 22-34). 죽어가는 세포에서 미토콘드리아는 분열(fission)을 겪으면서 membrane potential을 잃어버리고, 핵은 응축되며, DNA는 nuclease cleavage에 의해 fragmentation된다. 중요한 것은 세포자살로 인해 파괴된 세포 내부 구성성분이 세포 외부 환경으로 유출되지 않는다는 점이다. 만일 세포 내부 구성성분이 외부 환경에 유출되면 immune response를 유발하여 이웃한 세포에 해로운 영향을 끼칠 수도 있지만, 실제로는 이웃 세포에 의해 식세포화(phagocytosed)된다. 세포자살 과정에서 관찰되는 핵 condensation이나 주위 세포에 의한 흡수와 같이 매우 천편일률적인 변화로

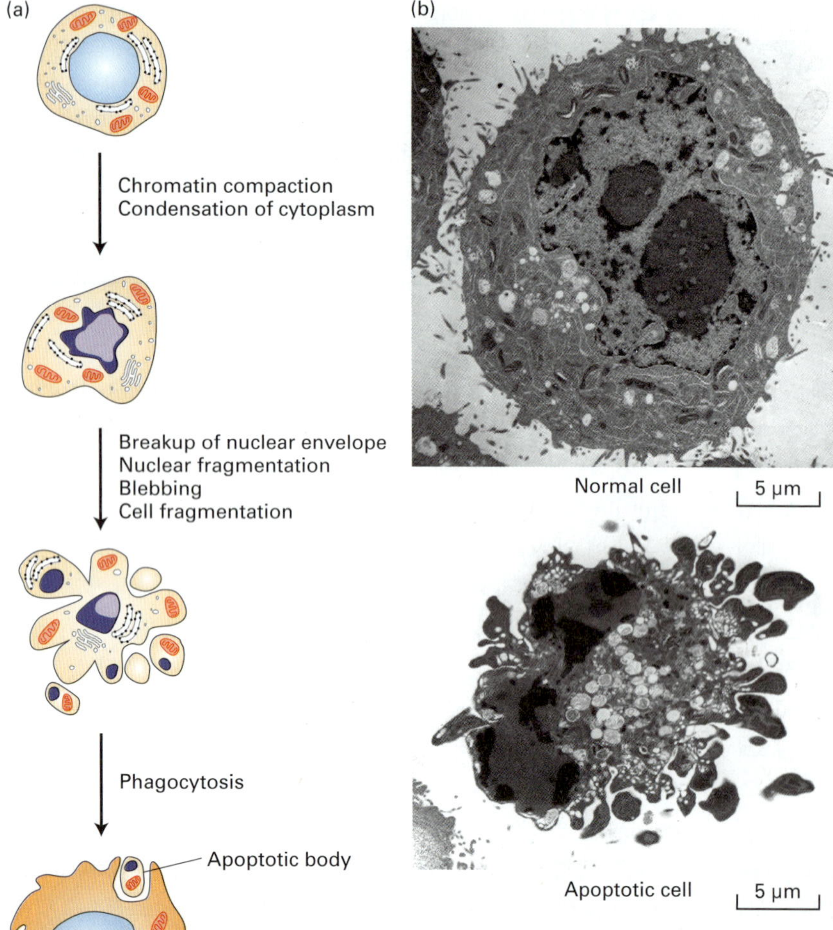

그림 22-34 세포자살에 의한 세포 사멸 과정에서 관찰되는 초미세구조(ultrastructure)의 특징. (a) 세포자살이 일어나는 세포에서 관찰되는 형태적 변화의 진행 과정을 보여 주는 도식적 그림. 세포자살의 초기에 nuclear periphery를 따라서 염색체의 응축이 일어난다. 대부분의 세포소기관은 온전하게 남아 있지만, cell body는 오그라든다. 이후에 핵과 세포질은 조각이 나서 membrane으로 둘러싸인 apoptotic body를 만들고, cellular content가 주변으로 빠져나가지 않은 채로, 결국 주위 세포에 의해 phagocytosis가 일어난다. (b) 정상 HeLa cell과 apoptotic cell의 현미경 사진. Apoptotic cell에서 핵이 조각나기 시작하면서 응축된 chromatin이 dense sphere (고밀도의 구형)를 이루는 것을 명확하게 볼 수 있다. [Part (b) T. J. Piva et al., 2012, "Increased Activity of Cell Surface Peptidases in HeLa Cells Undergoing UV-Induced Apoptosis Is Not Mediated by Caspase 3," *Int. J. Mol. Sci.* **13**(3):2650–2675; photo courtesy of Terrence Piva.]

부터 초기 연구자는 이런 종류의 세포 사멸이 매우 엄격한 유전자 발현 프로그램에 의해 조절될 것이라고 생각하였다. 이런 프로그램은 배아와 성체의 모든 시기에서 정상적인 cell number와 cell composition을 유지하기 위해 매우 중요하다.

세포 사멸을 조절하는 유전자는 서로 다른 기능을 하는 세 부류의 단백질을 생성한다.

- *Killer* 또는 *initiation* protein은 세포에서 세포자살 과정을 개시하는 데 필요하다.
- *Destruction* protein은 죽어가는 세포에서 DNA와 단백질을 자르는 것과 같은 기능을 한다.
- *Engulfment* protein은 죽어가는 세포가 다른 세포로 흡수되는 과정에서 필요하다.

언뜻 보기에 engulfment는 간단하게 세포 사멸 이후 정리 과정으로 보이지만, 일부의 실험적 증거는 최종적인 death process 중의 하나라는 것을 제시한다. 예를 들어, killer gene에 돌연변이가 생기는 경우 항상 세포자살 과정의 개시가 억제된다. 하지만 engulfment를 저해하는 돌연변이가 일어나면 죽기 전에 잠시 동안 세포가 살아있는 상태를 유지하게 된다. Engulfment는 죽어가는 세포나 cell fragment 주위에 있는 engulfing cell에 actin halo가 생기면서 일어난다. 이 과정은 actin polymerization을 조절하는 monomeric G protein, Rac이 활성화되면서 유도된다(그림 17-44 참조).

Necrosis 또는 necroptosis에 의해 죽는 세포에서는 세포자살과는 매우 다른 외형적인 변화가 관찰된다. 보통 이 과정을 겪는 세포는 부풀어 올라 파괴되며, 그 결과 세포 내부 구성성분이 주위로 배출돼서, 결국에는 이웃 세포에 손상을 주거나 종종 inflammation (염증)을 유발하기도 한다. Inflammation은 최초 유해 성분에 의해 손상된 necrotic cell과 조직을 제거하고 tissue repair를 시작하게 한다.

Evolutionarily Conserved 단백질들이 Apoptotic Pathway에 참여한다

*C. elegans*를 이용한 genetic study와 인간 암세포를 이용한 연구에서, 세포자살은 진화적으로 잘 보존된 경로에 의해 일어남을 알게 되었다. *C. elegans*에서, cell lineage는 엄격한 genetic control을 받으므로 모든 개체에서 동일하게 일어난다. 약 10번 정도 또는 그 이하의 세포 분열에 의해서 성체 worm이 생겨나며, 길이는 1 mm 정도이고 지름은 70 μm이다(그림 22-26c 참조). 성체 worm은 hermaphrodite (자웅동체, male과 female organ을 모두 가지고 있다)이거나 male이다. Hermaphrodite form은 959개의 somatic-cell nuclei (hermaphrodite form)를 가지는 반면, male은 1,031개의 핵을 갖는다. 과학자들은 DIC microscopy (미분간섭현미경)를 이용하여 살아 있는 worm의 development 과정을 관찰함으로써, fertilized egg에서 성체 worm이 되기까지 각 체세포의 lineage를 추적하였다(그림 22-26d 참조).

*C. elegans*가 adult hermaphrodite로 발달하는 동안에 생기는 947개의 nongonadal cell 중 131개는 세포예정사를 겪는다. 이러한 *C. elegans* 발달 과정에서 일어나는 세포예정사를 조절하는 데에 반드시 필요한 단백질을 coding하는 네 가지 유전자들이(*ced-3*, *ced-4*, *ced-9* 그리고 *egl-1*) 돌연변이 분석을 통하여 발견되었다. 예를 들면, *ced-3* gene 혹은 *ced-4* gene의 mutant에서는 세포예정사가 일어나지 않아서, 결과적으로 131개의 doomed (죽을 운명의) cell들이 살게 된다(그림 22-35). 이러한 mutant들의 결과로 봤을 때, 세포자살은 genetic program의 조절을 받음을 알 수 있으며, 이 공로로 H. Robert Horvitz는 2002년에 노벨상을 수상하였다. 꼬마선충의 CED-3, CED-4, CED-9 그리고 EGL-1 protein들에 해당하는 mammalian protein들이 그림 22-36에 나타나 있다. 꼬마선충의 단백질들을 논의할 때 이와 유사한 mammalian 단백질과의 관계를 명확히 보여 주기 위해 그 이름을 괄호 안에 적을 것이다.

처음으로 cloning된 mammalian apoptotic gene은 *bcl-2*로 면역

(a)

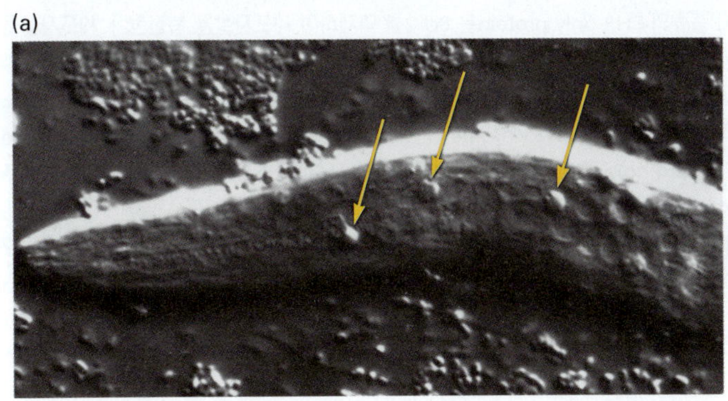

(b)

실험 그림 22-35 *C. elegans*의 *ced-3* mutant에서는 세포예정사가 일어나지 않는다. (a) *ced-1* gene에 돌연변이가 있는 새로 부화된 larva. 이 유전자가 돌연변이 되면 죽은 세포의 engulfment가 일어나지 않기 때문에 죽은 세포가 축적되는 것을 볼 수 있다(잘 굴절되어 쉽게 관찰할 수 있다; 화살표). (b) *ced-1*과 *ced-3* gene 모두에 돌연변이가 있는 새로 부화된 larva. 이 double mutant에서는 죽은 세포가 보이지 않는 것으로 봐서 세포 사멸이 일어나지 않았다는 것을 알 수 있다. 이는 CED-3 protein이 세포예정사에 필요하다는 것을 보여준다. [Republished with permission from Elsevier, from H. M. Ellis and H. R. Horvitz, 1986, "Genetic Control of Programmed Cell Death in the Nematode C. elegans," *Cell* **44**(6):817–829; permission conveyed through Copyright Clearance Center, Inc.]

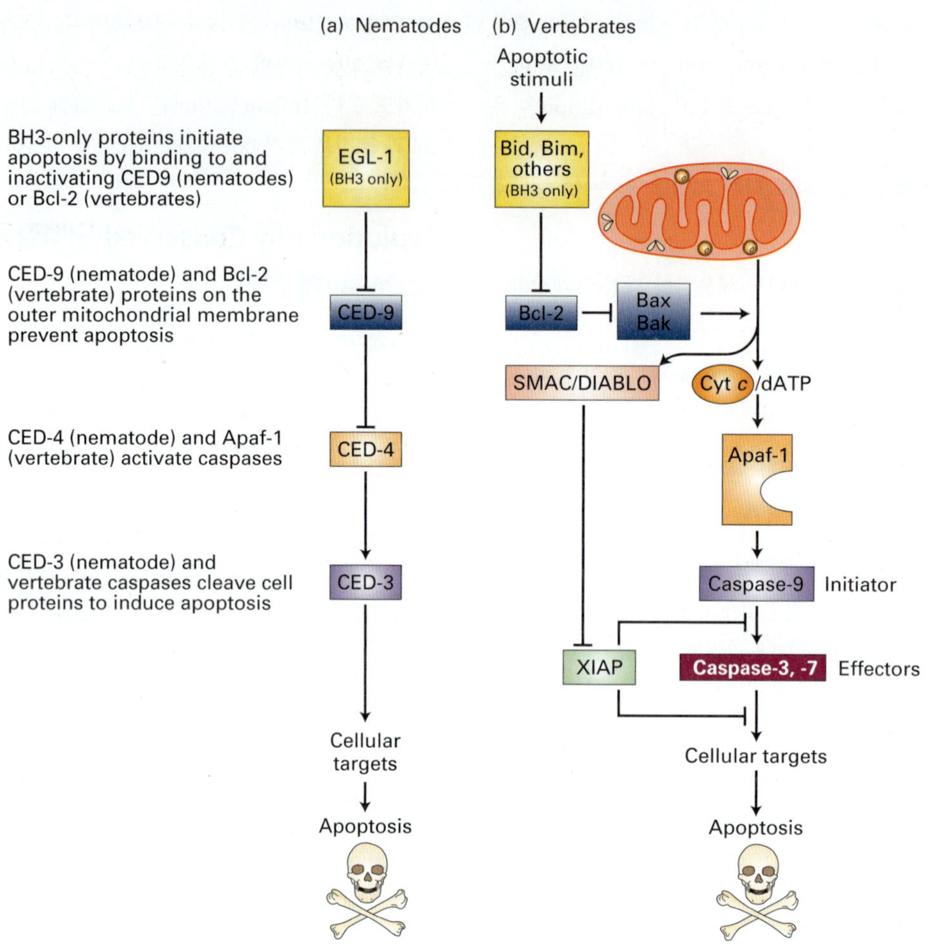

그림 22-36 진화적으로 잘 보존된 세포자살 경로. 그림에서 같은 색으로 표시한 비슷한 단백질들은 nematode와 mammal에서 유사한 기능을 한다. (a) Nematode에서는 *EGL-1*이라 불리는 BH3-only protein이 outer mitochondrial membrane에 있는 CED-9와 결합하면 CED-4/CED-9 complex로부터 CED-4가 떨어져 나온다. 자유롭게 된 CED-4는 CED-3와 결합하여 caspase CED-3의 autoproteolysis를 활성화시키면, CED-3은 세포내 단백질을 파괴하여 세포자살을 일으킨다. 이러한 상관관계를 EGL-1이 CED-9를 억제하고, CED-9는 CED-4를 억제하며, 활성화된 CED-4는 CED-3을 활성화시키는 형태의 genetic pathway로 나타내었다. (b) 척추동물에서는 nematode의 homolog와 nematode에는 존재하지 않는 또 다른 단백질들이 함께 세포자살을 조절한다. Bcl-2 protein은 cell survival을 촉진하는 측면에서 CED-9와 유사하다. Bcl-2의 세포자살 억제 기능은 CED-4와 마찬가지로 Apaf-1의 활성화를 억제함으로써, 그리고 그림 22-42와 22-44에 나타낸 다른 메커니즘에 의해서 이루어진다. 그림 22-41과 22-42에 자세히 설명한 바와 같이, 몇 가지 종류의 BH3-only protein은 Bcl-2를 억제하여 세포자살을 촉진한다. 세포자살을 일으키는 신호는 outer mitochondrial membrane에 손상을 일으켜서 세포 사멸을 유도하는 몇 가지 단백질들이 미토콘드리아에서 빠져나오게 한다. 특히 미토콘드리아에서 빠져나온 cytochrome *c*는 Apaf-1을 활성화시키고, Apaf-1은 nematode CED-3의 homolog인 caspase-9를 활성화시킨다. 이 initiator caspase는 차례로 effector caspase-3과 caspase-7을 활성화시켜서 결국 세포 사멸에 이르게 한다. Nematode에서는 homolog가 존재하지 않는 다른 mammalian protein (SMAC/DIABLO와 XIAP)들에 대해서는 본문을 참조하시오. [Information from S. J. Riedl and Y. Shi, 2004, *Nat. Rev. Mol. Cell Biol.* **5**:897.]

계에서 항체를 생산하는 B cell에서 생기는 tumor인 human follicular lymphoma에서 oncogene으로 분리되었다. *bcl-2* gene의 mutant form은 환자의 lymphoma cell에서 생성된다. 즉, Chromosomal rearrangement에 의해 *bcl-2* gene의 coding region이 immunoglobulin gene enhancer에 연결된 lymphoma cell이 만들어졌다. 이와 같은 재조합에 의해 Bcl-2 protein이 과량 발현되고, 그 결과 그렇지 않았으면 세포자살에 의해 죽었을 암세포가 계속 생존하게 된다. 인간 Bcl-2 protein은 worm CED-9 protein과 아미노산 서열의 유사성이 23% 정도임에도 불구하고, *bcl-2* transgene을 *ced-9* mutant worm에 삽입하면 광범위하게 발생하는 세포 사멸을 억제할 수 있다. 결국, 이 두 단백질은 apoptotic pathway를 저해하는 regulator로 작용한다(그림 22-36 참조). 더구나 이 두 단백질은 single transmembrane domain을 가지고 있어서 주로 outer mitochondrial membrane에 존재하며, 외부 자극에 반응하여 apoptotic pathway를 제어하는 센서 역할을 한다. 우리는 아래에서 세포자살을 유발하는 다른 종류의 regulator에 대해 논의할 것이다.

Worm apoptotic pathway에서 CED-3 (mammal에서 caspase-9)은 세포자살 동안 핵심 단백질들을 자르는 데 필요하다. CED-3는 모든 세포에서 inactive precursor (zymogen)의 형태로 발현된다. CED-4 (Apaf-1)는 protease-activating factor로서 CED-3 precursor 단백질의 자기 자신에 의한 autocleavage를 유도하여 세포 사멸을 개시하는 활성

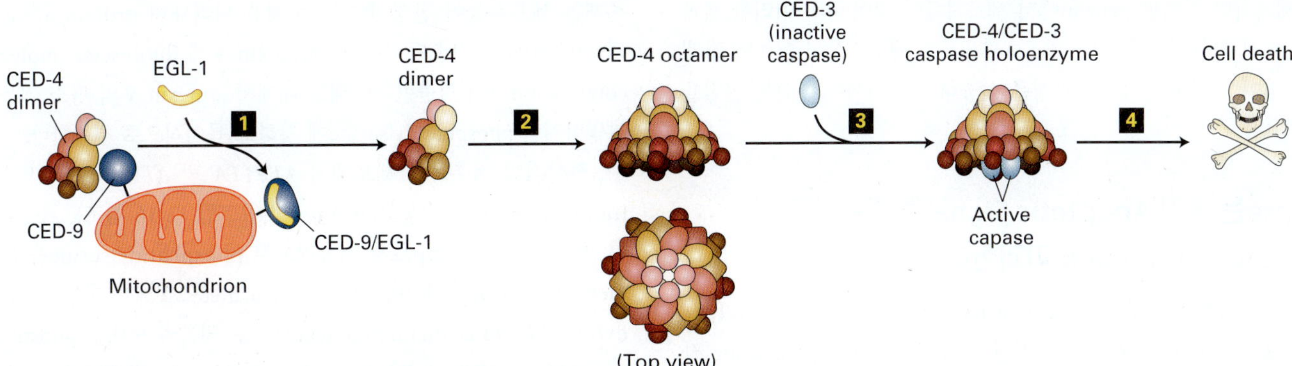

그림 22-37 ***C. elegans*에서 CED-3 protease의 활성화.** 세포 사멸을 일으키는 developmental signal에 반응해서 생산되는 BH3-only protein인 EGL-1은 미토콘드리아 표면에서 CED-9와 결합하고 있던 CED-4 dimer를 치환하여 CED-4가 떨어져 나오게 한다(단계 **1**). 자유로워진 4개의 CED-4 dimer는 서로 결합하여 octamer를 이룬 후(단계 **2**), 두 분자의 CED-3 zymogen (효소 활성을 가지지 않는 caspase protease의 precursor)과 결합한다. 2개의 CED-3가 함께 모이면, CED-3 zymogen의 self-cleavage를 유도하여 active CED-3 protease로 전환시킨다(단계 **3**). Effector caspase인 CED-3는 여러 세포내 단백질을 파괴하기 시작하고, 결국 세포 사멸에 이르게 한다(단계 **4**). N. Yan et al., 2005, *Nature* **437**:831; and S. Qi et al., 2010, *Cell* **141**:446 참조.

화된 CED-3 (caspase-9)를 만든다(그림 22-36과 22-37 참조). 세포 사멸은 *ced-3* 또는 *ced-4* single loss-of-function mutant나 *ced-9*/*ced-3* double mutant에서는 일어나지 않는다. 반면에 *ced-9* loss-of-function mutant에서는 배아 시기에 모든 세포가 세포자살로 인해 죽어서 성체로 발달하지 않는다. 이러한 유전학적 연구를 통해서, CED-3와 CED-4는 세포 사멸을 일으키는 데 필요한 killer protein이며, CED-9 (Bcl-2)는 세포자살을 억제한다는 것을 알 수 있다. 모든 세포가 *ced-9* loss-of-function mutant에서 죽는다는 연구 결과는 apoptotic pathway가 모든 세포에 존재하며 활성화될 수 있음을 보여준다. 더 나아가 *ced-9*/*ced-3* double mutant에서는 세포 사멸이 일어나지 않으므로, CED-9이 CED-3의 upstream (상위 단계)에서 작용하여 apoptotic pathway를 억제한다는 것을 알 수 있다.

Nematode에서 CED-9 (Bcl-2)가 CED-3 (caspase-9)을 조절하는 메커니즘이 알려져 있는데, 포유동물 세포에서는 메커니즘이 약간 다르다는 것을 나중에 논의할 것이다(그림 22-43 참조). 모든 nematode cell에서 CED-9 protein은 outer mitochondrial membrane에 위치해서 CED-4 (Apaf-1) protein dimer와 complex를 이룸으로써, CED-4가 CED-3 protease를 활성화시키는 것을 막는다(그림 22-37). 결과적으로 세포는 살아남는다. 이 메커니즘은 CED-9이 없으면 배아의 모든 세포가 죽지만, CED-3가 없으면 CED-9이 없더라도 아무런 영향을 미치지 않는다는 것을 보여주는 genetic data와 일치한다(*ced-3*/*ced-9* double mutant는 세포 사멸을 일으키지 않는다). Trimeric CED-4/CED-9의 three-dimensional structure를 보면, 2개 각각의 CED-4 molecule과 하나의 CED-9 molecule이 넓은 표면에 걸쳐서 서로 접촉하고 있다. 넓은 면에 걸쳐 서로 접촉하는 것은 이들의 결합이 매우 특이적으로 일어나게 한다. 하지만, 그런 방법으로 complex의 dissociation 또한 조절이 가능하다.

유전학적으로 동정된 네 번째 apoptosis regulator gene인 *egl-1*의 transcription은 *C. elegans*에서 죽도록 프로그램화된 세포에서만 일어난다. 새로 생성된 EGL-1 protein은 CED-9에 결합하여 conformation을 변화시킴으로써 CED-9으로부터 CED-4가 떨어져 나오게 한다(그림 22-37 참조). EGL-1과 CED-9은 모두 12개 아미노산으로 이루어진 *BH3 domain*을 갖는다. EGL-1은 CED-9의 나머지 대부분의 domain을 가지고 있지 않기 때문에 EGL-1을 BH3-only protein이라 부른다. 아미노산 서열과 기능적 측면에서 EGL-1과 가장 유사한 mammalian BH3-only protein은 Bim과 Bid로서, 이에 대해서는 나중에 다시 살펴보기로 한다. 일단 EGL-1이 CED-4/CED-9 complex의 dissociation을 유도하면, 떨어져 나온 4개의 CED-4 dimer가 결합하여 octamer를 만들고, 이어서 곧 논의할 메커니즘에 의해 CED-3 protease와 결합하여 활성화시킨다. 곧이어 세포 사멸이 일어난다(그림 22-37 참조).

여기서 설명한 각 단계가 세포자살을 유도하기에 충분하다는 증거는 purified protein을 이용하여 각 단계를 *in vitro*에서 재구성한 실험에서 얻게 되었다. CED-4/CED-9 complex를 순수 분리한 것처럼, CED-3, CED-4, 미토콘드리아 membrane anchor를 가지고 있지 않은 CED-9 segment, 그리고 EGL-1을 순수 분리하였다. 순수 분리한 CED-4 (Apaf-1)는 순수 분리한 CED-3 (caspase-9) protease에 결합하여 autoproteolytic cleavage를 촉진시킴으로써 활성화시켰다. 그러나 reaction mixture에 CED-9 (Bcl-2)을 추가하면 autocleavage를 억제하였다. CED-4/CED-9 complex를 CED-3와 혼합하면 autocleavage는 일어나지 않았다. 그러나 reaction mixture에 EGL-1을 넣으면 CED-4/CED-9 complex에서 CED-4가 떨어져 나와 CED-3 autocleavage는 다시 회복되었다.

세포자살에서 EGL-1 발현 조절의 중요성을 알기 위해서는 *C. elegans* male이 아닌 hermaphrodite에 있는 neuron들을 살펴봐야 한다. 이러한 hermaphrodite-specific neuron은 배아 시기 동안 male과 hermaphrodite에서 모두 만들어지지만, male에서는 세포예정사에 의해 죽는다. Hermaphrodite의 neuron에서 *egl-1* gene의 발현은 transcription factor TRA-1A에 의해 억제되고, hermaphrodite에서 TRA-

1A를 제거하면 이러한 neuron에서 세포자살이 일어난다. 이러한 결과들은 앞에서 언급했던 모든 metazoan 세포는 세포자살이 일어날 잠재적 가능성이 있기 때문에, 이 과정은 신중히 조절되어야 한다는 논점을 뒷받침한다!

Caspase는 초기 Apoptotic Signal을 증폭하고 주요 Cellular protein을 파괴한다.

세포자살을 매개하는 주요 효소인 caspase의 이름은 그것의 catalytic site에 *c*ysteine 잔기가 존재하고, 기질 단백질에 존재하는 *asp*artate 잔기의 C-terminal 부분을 선택적으로 자르는 것에서 붙여졌다. Caspase는 homodimer로 기능하며, 각 monomer의 한 domain이 다른 monomer의 active site를 안정화시킨다. Caspase는 그들이 선호하는 cleavage site를 가지고 있는 선택된 기질을 proteolytic cleavage 함으로써 세포자살을 매개한다. Caspase의 세포내 표적은 nuclear lamina와 cytoskeleton을 형성하는 단백질을 포함하고 있어서, 이들 단백질의 cleavage로 인해 세포 사멸이 일어난다. 척추동물에서 Bid와 같은 pro-apoptotic protein도 caspase의 표적이며, 이로 인해 미토콘드리아 손상이 촉진된다. *C. elegans*에서는 single caspase CED-3에 의해 세포자살이 일어나지만, 인간에는 14개의 서로 다른 caspase가 존재한다. 최초 death signal을 차례로 증폭시키는 단계적 caspase에 의해 포유동물 세포에서 세포자살이 일어난다. 모든 caspase는 처음에는 *procaspase*로 만들어지고, 활성화되기 위해서는 특정 protein complex와 결합하거나 proteolytic cleavage가 일어나야 한다.

포유동물 세포의 세포자살은 intrinsic 또는 extrinsic pathway에 의해 활성화된다. Intrinsic apoptosis pathway는 caspase-9와 같은 *initiator caspase*에 의해 매개되며, caspase-3 및 caspase-7과 같은 effector protease의 활성화를 유도한다. 이러한 방식으로, 활성화된 몇몇 initiator caspase의 proteolytic 활성은 빠르고 크게 증폭되어 세포 내 총 caspase 활성 수준이 크게 증가하고(그림 22-36 참조), 그 결과로 세포 사멸이 일어난다. Extrinsic apoptosis pathway는 나중에 다시 논의하겠지만, TNFα (그림 22-44 참조)나 FasL과 같은 death receptor family의 ligand가 해당 수용체에 결합함으로써 시작된다. 이는 initiator caspase인 caspase-8의 활성화로 이어지며, caspase-3 및 caspase-7과 같은 effector caspase를 활성화하여 세포 사멸을 일으킨다.

Phosphatidylserine은 Apoptotic Cell의 표면에 있는 "Eat Me" signal이다

10장의 1절에서 살펴보았듯이, phospholipid phosphatidylserine은 일반적으로 plasma membrane의 안쪽 cytosolic leaflet에서 발견된다. 세포자살 동안 exoplasmic leaflet에서 발견되는 phosphatidylserine의 양이 점차 증가하여 "eat me" signal로 작용한다. Phosphatidylserine은 인접한 phagocytic cell의 surface에 있는 몇 가지 유형의 phosphatidylserine 수용체에 결합하여 phagocytic cell에서 세포 또는 세포 조각을 잡아먹기 시작한다. 실험적으로, 세포 표면에 phosphatidylserine의 존재는 세포자살이 진행 중이라는 것을 나타내며 protein annexin V의 결합에 의해 검출될 수 있다(annexin V에 fluorescent molecule을 conjugation하여 검출한다). 세포 내에서 annexin V의 평소 기능은 불분명하지만 phosphatidylserine에 강하고 특이적으로 결합한다.

정상적인 척추동물 세포에서 *ATP11A* 및 *ATP11C*는 ABC class transmembrane 단백질의 member이며(그림 11-16 참조), 기능에 ATP를 필요로 하는 pump로서 지속적으로 phosphatidylserine을 plasma membrane의 outer leaflet에서 inner leaflet으로 운반한다. Phosphatidylserine을 outer membrane leaflet으로 되돌려 보내는 phospholipid scramblase XKR8과 TMEM16F는 정상 세포에서 활성을 가지지 않는다(그림 22-38). 세포자살 동안 caspase-3는 ATP11A 및 ATP11C를 잘라서 불활성화시킨다. 또한 caspase-3는 XKR8을 잘라서 기능을 활성화시킨다. Truncation된 XKR8은 2개의 다른 단백질과 결합하고 dimerize되어 active translocase로 전환됨으로써, phosphatidylserine을 포함한 모든 phospholipid를 plasma membrane의 한쪽 leaflet에서 반대편으로, 즉 양방향으로 수송한다. 최종 결과는 macrophage의 출현으로 plasma membrane의 outer surface에 있는 "eat me" signal phosphatidylserine이 macrophage 또는 다른 면역세포의 표면에 있는 수용체와 결합하면, apoptotic cell 또는 apoptotic body의 phagocytosis가 시작된다(그림 22-34 참조).

Neutrophin은 Neuron의 Survival을 증진시킨다

우리는 nematode *C. elegans*에서 모든 cell lineage가 엄격한 genetic control을 받고 있고 종의 모든 개체에서 동일하다는 것을 살펴보았다; adult hermaphrodite의 development 동안, 정확히 131개의 세포는 세포예정사를 겪는다. 척추동물 발생에서도 많은 세포들이 죽기 위해서 태어나지만, 대부분 척추동물 세포의 세포자살은 genetic control을 받도록 프로그램화되지 않았다. 오히려 mammal에서는 세포자살이 ultraviolet irradiation과 DNA 손상과 같은 environmental stress뿐 아니라 많은 secreted hormone과 cell-surface protein hormone에 의해 생기는 intracellular signal에 의해서도 조절된다. *C. elegans*의 core apoptosis machinery는 척추동물에서도 잘 보존되어 있지만, 많은 다른 intracellular protein 또한 세포자살을 조절한다(그림 22-36, 오른쪽 참조).

이에 대해 분자 수준에서 자세히 살펴보기 이전에, nervous system의 development를 간단히 살펴봄으로써 trophic factor가 세포자살에 중요하다는 것을 설명하고자 한다. Neuron이 다른 neuron이나 muscle과의, 때때로 매우 먼 거리에 걸친, connection을 위해 성장할 때, 마지막까지 살아남는 neuron보다 실제 더 많은 수의 neuron이 만들어진다. 한 예로서, 많은 sensory neuron과 motor neuron의 cell body (세포체)는 spinal cord나 인접한 ganglia에 위치하지만, neuron의 cell body에서 나온 긴 axon들은 종종 나중에 신경이 분포할 muscle과 같은 표적 세포를 향해서 바깥쪽 멀리까지 뻗어 나간다(그림 18-55 참조). 이러한 neuron이 의도한 표적 세포와 *synapse* (그림 23-2 참조)라고 하는

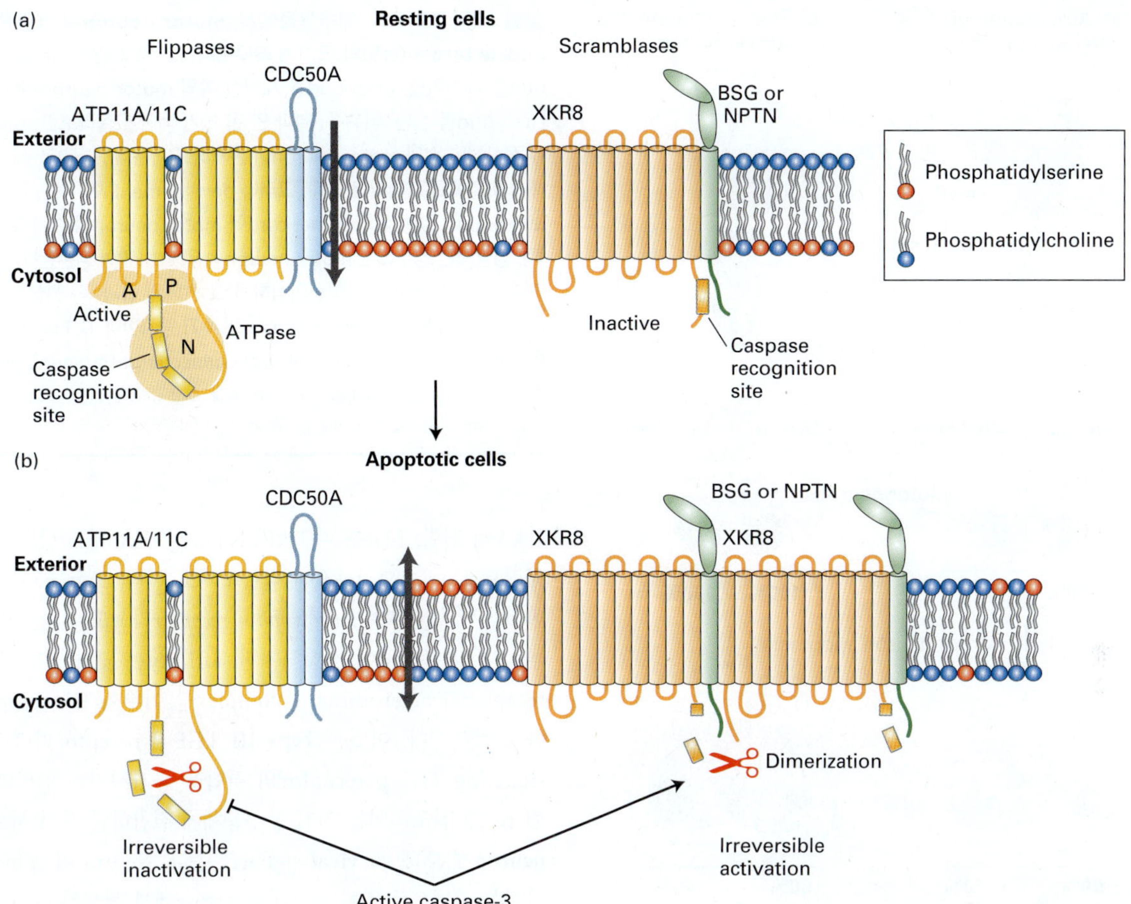

그림 22-38 세포자살 동안 phosphatidylserine의 outer plasma membrane leaflet으로 이동. (a) 정상 척추동물 세포에서, ATP를 필요로 하는 phospholipid flippase ATP11A와 ATP11C는 phosphatidylserine을 plasma membrane의 outer leaflet에서 inner leaflet으로 지속적으로 이동시킨다(unidirectional gray arrow). 이때 phosphatidylserine을 plasma membrane의 양쪽 leaflet에 평형 상태에 이르게 하는 phospholipid scramblase XKR8는 inactive 한 상태이다. (b) 세포자살이 진행되는 세포에서는 caspase-3가 ATP11A와 ATP11C를 잘라서 비가역적으로 불활성화시킨다. 더구나 caspase-3는 inactive phospholipid scramblase XKR8을 자른다. Truncated XKR8은 basigin (BSG) 또는 neuroplastin (NPTN)과 함께 dimer를 이뤄서 활성화되면서 phospholipid를 양 방향으로 이동시킨다. 그 결과, "macrophage, eat me" signal인 phosphatidylserine이 plasma membrane의 outer surface에 나타나게 된다. [Information from S. Cory, 2018, *Proc. Nat'l. Acad. Sci. USA* **115**:12092–12094.]

signaling connection을 만들면 살아남지만, 그렇지 못한 세포는 죽게 된다.

1900년대 초, peripheral cell에 분포하는 neuron의 수는 그 neuron이 연결될 조직의 크기, 즉 소위 말하는 *target field*의 크기에 좌우된다는 것이 밝혀졌다. 예를 들어, chick 배아 발달 과정 중에 limb bud를 제거하면 bud의 muscle에 연결되는 sensory neuron과 motor neuron의 수가 감소한다(그림 22-39). 반대로, limb bud에 추가적인 limb tissue를 이식하면 그와 관련된 spinal cord와 sensory ganglia 구역에 존재하는 neuron의 수가 증가한다. 실제로, target field의 크기가 커지면 그와 상응하게 target field에 발생하는 neuron의 수가 증가한다. 이것은 그들의 증식이나 분화의 변화보다는 neuron의 selective survival 때문이다. 많은 sensory neuron과 motor neuron이 그 neuron의 peripheral target field까지 성장한 후 죽는다는 사실이 neuron이 target tissue에서 분비하는 survival factor를 두고 서로 경쟁한다는 것을 의미한다.

이후 과학자들은 생쥐 sarcoma tumor (근종)를 chick에 이식하면 특정한 neuron type의 수가 증가한다는 것을 발견하였다. 이 발견은 tumor가 추정되는 trophic factor의 풍부한 공급원이라는 사실을 암시한다. *Nerve growth factor* (NGF)로 알려진 이 인자를 분리 정제하기 위해, 과학자들은 sensory ganglia (nerve)에서 neurite (신경돌기)의 생장을 측정하는 cell culture assay를 사용하였다. *Neurite*는 neuronal cytoplasm이 확장되어 생성된 구조로써 nervous system의 axon (축색돌기)과 dendrite (수지상돌기) 등을 형성한다(그림 23-1 참조). 이후 생쥐의 submaxillary gland (하악샘)에서 충분한 양의 NGF가 생성된다는 것을 알게 됨에 따라 Rita Levi-Montalcini는 NGF를 순수 분리하고 sequencing을 하였고, 이 공로로 그녀는 노벨상을 수상하였다. NGF는 118-residue polypeptide로 되어 있는데, NGF 2개가 homodimer를 형성한다. NGF는 구조적, 기능적으로 neurotrophin이라고 불리는 trophic factor family에 속한다. Brain-derived neurotrophic factor

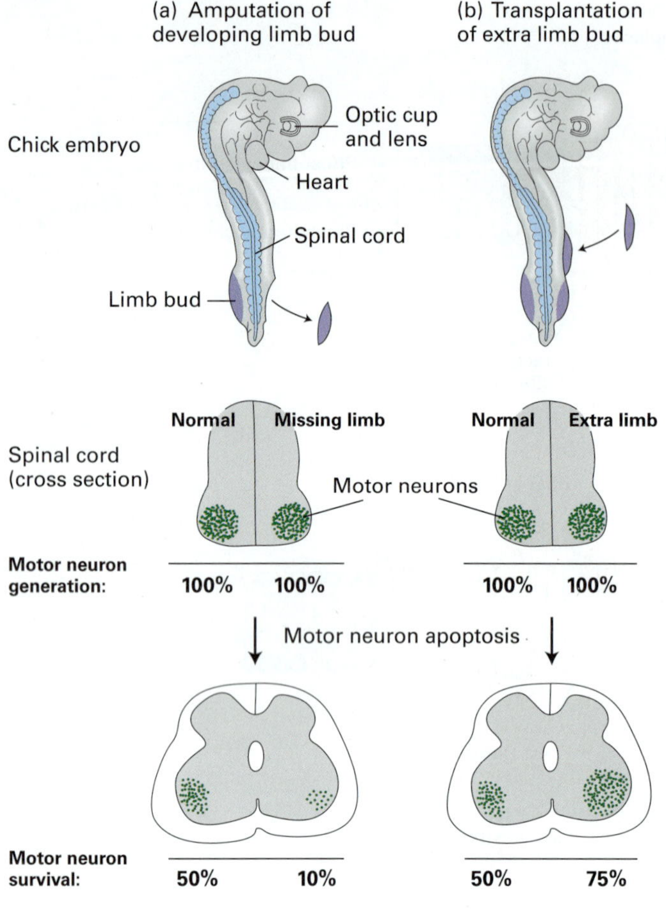

실험 그림 22-39 척추동물에서, motor neuron의 생존은 그것이 연결될 muscle target field의 크기에 좌우된다. (a) 약 2.5일된 chick 배아의 한쪽 limb bud를 제거하면, limb bud를 제거한 쪽의 motor neuron 수가 매우 감소한다. Limb bud를 절단 후(*위쪽*) 얼마 안 된 초기 배아를 잘라보면 spinal cord 양쪽 모두 정상적인 수의 motor neuron이 존재하고(*가운데*), limb muscle에 분포하기 위해서 바깥쪽으로 자라고 있다. 그러나 development 후기에는 limb이 존재하는 쪽보다 limb이 없는 쪽의 spinal cord에 motor neuron의 수가 줄어들어 있다(*아래쪽*). 정상적인 경우에는 motor neuron의 약 50%만이 생존한다. (b) 초기 chick 배아에 추가적인 limb bud를 이식하면 그 반대의 결과, 즉 정상적인 쪽보다 target tissue를 추가한 쪽에 motor neuron의 수가 증가한다. D. Purves, 1988, *Body and Brain: A Trophic Theory of Neural Connections*, Harvard University Press 참조. [Data from E. R. Kandel, J. H. Schwartz, and T. M. Jessell, 2000, *Principles of Neural Science*, 4th ed., McGraw-Hill, p. 1054, Fig. 53-11.]

(BDNF)와 neurotrophin-3 (NT-3)도 이 protein family에 속한다.

Neurotrophin은 *Trk* ("track"이라고 발음한다)라고 불리는 receptor tyrosine kinase의 family에 결합하여 이것을 활성화시킨다. (일반적인 receptor tyrosine kinase의 구조와 이를 통해 활성화되는 intracellular signaling pathway는 16장에서 설명하였다.) 각 neurotrophin은 매우 높은 친화력으로 하나의 Trk receptor에 결합한다: NGF는 TrkA에 결합; BDNF는 TrkB; NT-3는 TrkC에 결합. NT-3은 낮은 친화력으로 TrkA와 TrkB에 결합하기도 한다. 모든 neurotrophin은 또한 $p75^{NTR}$ (*NTR5 neurotrophin receptor*라고도 부른다)이라고 하는 다른 종류의 수용체에 결합하지만, affinity는 낮다. $p75^{NTR}$는 다른 Trk receptor와 heterodimeric complex를 이루어 Trk receptor signaling을 증가시킨다. 이것은 Type III TGF-β receptor가 TGF-β와 2개의 signaling TGF-β receptor의 결합을 증가시키는 방식과 유사하다(그림 16-23 참조). 이들 인자가 수용체에 결합하면 각기 서로 다른 종류의 neuron에 대해 survival signal을 준다. Neuron이 spinal cord로부터 바깥쪽 주변으로 자랄 때 target tissue에서 생성된 neurotrophin은 뻗어 나온 axon의 자라나는 끝부분에(그림 18-55 참조) 있는 Trk receptor에 결합해서 neuron의 생존을 촉진하여 성공적으로 목적지에 다다르게 한다.

발생 과정에서 neurotrophin의 기능을 알아보기 위해 과학자들은 각각의 neurotrophin과 그 수용체를 knockout시킨 생쥐를 만들었다. 이 생쥐에 대한 연구를 통해서, 각 neurotrophin 및 그것이 결합하는 수용체가 각기 서로 다른 종류의 sensory neuron의 생존에 필요하다는 것을 알게 되었다(그림 22-40). 예를 들어, TrkA를 발현하고 있는

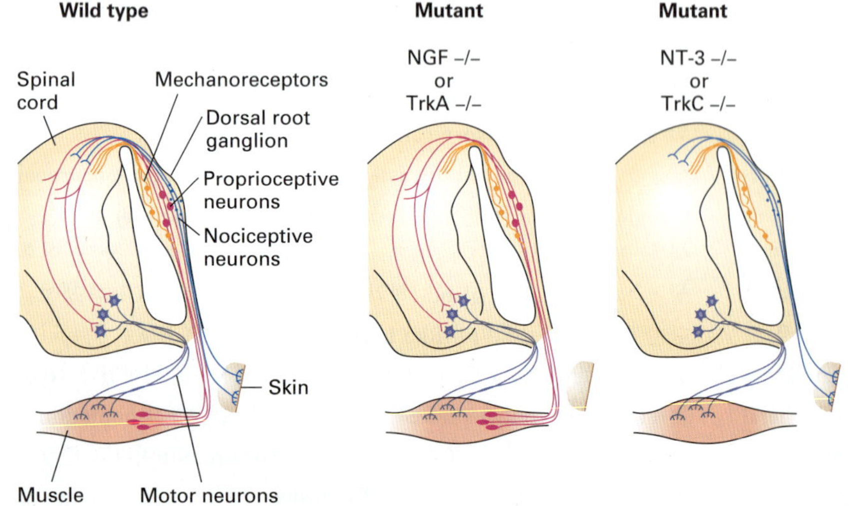

실험 그림 22-40 서로 다른 trophic factor나 그들의 수용체가 없는 knockout 생쥐에서는 서로 다른 종류의 sensory neuron들이 생성되지 않는다. Nerve growth factor (NGF)나 그것의 receptor TrkA가 없는 동물에서는 피부에 분포하는 small nociceptive (pain-sensing) neuron (연한 파란색)이 생성되지 않는다. 이 neuron들은 TrkA receptor를 발현하며, NGF를 생산하는 target tissue에 신경을 발달시킨다. Neurotrophin-3 (NT-3) 또는 그것의 receptor TrkC가 없는 동물에서는 muscle spindle에 분포하는 large propioceptive neuron (빨간색)이 생성되지 않는다. Muscle 조직은 NT-3을 생산하며, propioceptive neuron은 TrkC를 발현한다. Dorsal root ganglion에서 다른 종류의 sensory neuron인 mechanoreceptor (주황색; 그림 23-33 참조)는 이러한 mutant에서 전혀 영향 받지 않는다. [Data from W. D. Snider, 1994, *Cell* **77**:627.]

pain-sensing (nociceptive, 통증을 감지하는) neuron은 NGF나 TrkA를 발현하지 않는 knockout 생쥐의 dorsal root ganglion (후근 신경절)에서 선택적으로 생성되지 않았다. 반면에, TrkB와 TrkC을 발현하는 neuron은 TrkA 또는 NGF를 제거한 동일한 knockout 생쥐에서 아무런 영향을 받지 않았다. 대조적으로, limb의 위치를 감지하는 역할을 담당하는 TrkC를 발현하는 proprioceptive sensory neuron (자기수용성 감각 뉴런)의 경우 *TrkC*와 *NT-3*을 제거한 knockout 생쥐의 dorsal root ganglion에서 관찰되지 않는다.

척추동물 세포에서 미토콘드리아는 세포자살을 조절하는 데 중심적인 기능을 한다

앞에서 논의했듯이, *C. elegans* CED-9과 그것의 mammalian homolog Bcl-2는 세포자살을 조절하는 데 중심 역할을 한다. Nematode에서, CED-9은 CED-4와 결합하여 CED-4의 활성화를 억제한다. 척추동물에서, **Bcl-2 family** member는 세포자살을 억제하는 기능을 하는 Bcl-2 및 Bcl-x_L과 세포자살을 촉진하는 기능을 하는 Bax 및 Bak으로 확장되었다(그림 22-41). Bcl-2 family member는 outer mitochondrial membrane의 구성 요소로 존재하거나 또는 유도될 때 미토콘드리아로 translocation된다. Bcl-2 family member는 주로 outer mitochondrial membrane의 structural integrity와 low permeability를 유지(anti-apoptotic)하거나 파괴(pro-apoptotic)하는 기능을 하며, cytochrome *c* (그림 12-22 참조)와 같은 미토콘드리아 단백질이 미토콘드리아의 intermembrane space에서 세포질로 방출되는 것을 방지하거나 방출을 유도하여 apoptotic caspase를 활성화하는 기능을 한다.

우리가 Bcl-2 family member의 활성이 많은 environmental stimuli뿐만 아니라 trophic factor에 의해 어떻게 조절되는지 살펴보기 전에, 이 protein family의 몇몇 다른 중요한 member를 소개할 필요가 있다. Bcl-2 family의 모든 member들은 *B*cl-2 *h*omology domain이라고 불리는 최대 4개의 특징적인 영역에서 밀접한 유사성을 공유한다(BH1–4; 그림 22-41 참조). 이 단백질들 각각은 anti-apoptotic 또는 pro-apoptotic function을 가지고 있다. Bcl-2 family의 모든 member는 oligomeric 상호작용에 참여한다; 많은 단백질들이 outer mitochondrial membrane에 단백질을 고정할 수 있게 그들의 C-terminus에 hydrophobic sequence를 가지고 있다.

Pro-Apoptotic Protein Bax와 Bak는 미토콘드리아의 Outer Membrane에 구멍을 내거나 통로를 만든다

척추동물 세포에서, Bax 또는 Bak은 미토콘드리아 손상과 intrinsic apoptosis pathway 유도에 필요하다. 이러한 2개의 서로 유사한 pro-apoptotic protein은 3개의 BH1–4 domain을 가지고 있으며(그림 22-41 참조), family 내의 anti-apoptotic member와 매우 유사한 three-dimensional structure를 가지고 있다. 이러한 단백질들이 세포자살을 촉진하는 기능에 대한 증거로서, Bax와 Bak 둘 다 가지지 않는 대부분의 mice는 배아 시기에 죽는다. 살아남는 생쥐의 경우에는 손가락과 발

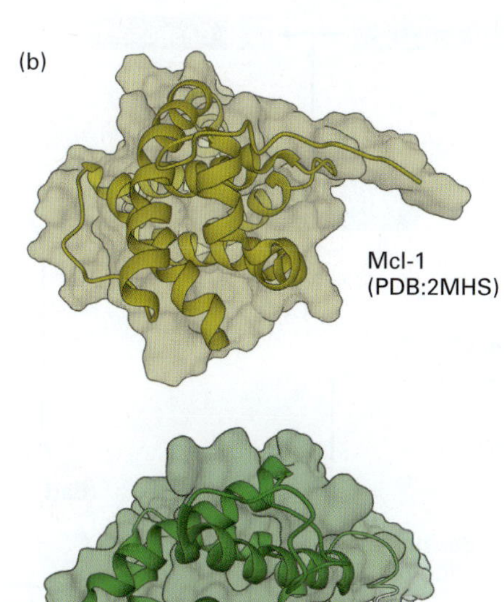

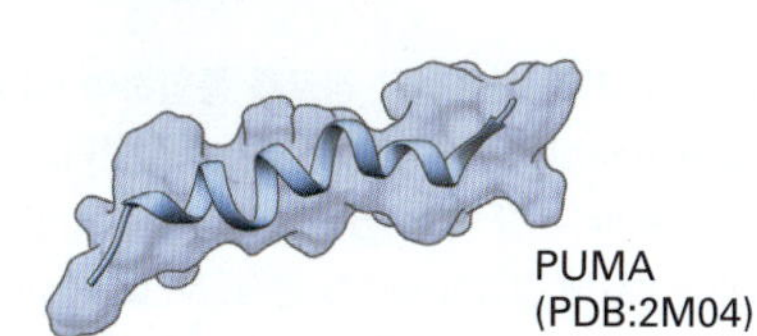

그림 22-41 Bcl-2 family protein member들의 구조. (a) Bcl-2 family는 Bcl-2 homology domain (BH1–4)을 가지는 단백질들로 구성되며, 3개의 class로 나뉜다. 모든 pro-apoptotic protein과 anti-apoptotic protein, 그리고 BH3-only protein들의 일부가 outer mitochondrial membrane에 protein을 고정시킬 수 있는 hydrophobic한 transmembrane (TM) domain을 가지고 있다. (b) 이러한 Bcl-2 homology domain을 가지는 3개의 class를 대표하는 member의 three-dimensional structure: myeloid cell leukemia (MCL)-1; BCL-2-associated X (BAX); and p53 up-regulated modulator of apoptosis (PUMA) BH3 domain. [Part (a) Data from Giam et al., 2009, Oncogene 27:S128. Part (b) Data from M. P. A. Luna-Vargas and J. E. Chipuk, 2016, *Trends Cell Biol.* **26**(12):906.]

가락 사이의 물갈퀴 모양이 사라지지 않은 채 유지되며, central nervous system과 hematopoietic system에서 여분의 세포가 축적되는 것과 같은 developmental defect를 보인다. 이러한 생쥐에서 분리한 세포

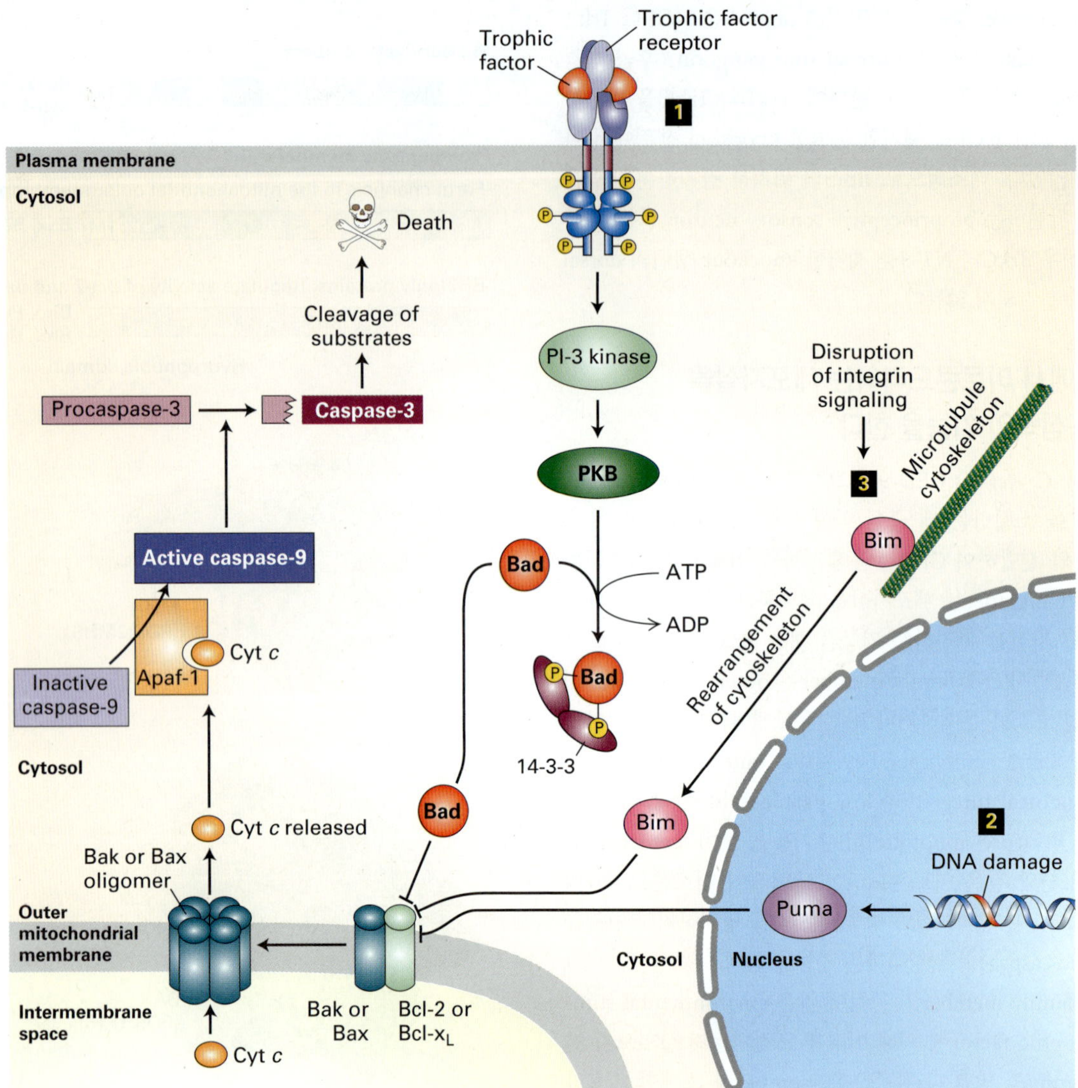

그림 22-42 척추동물에서 여러 가지 신호전달 경로를 통합하여 mitochondrial outer membrane permeability와 세포자살을 조절한다. 건강한 세포에서는 anti-apoptotic protein Bcl-2 또는 이 단백질의 homolog인 Bcl-x$_L$이 pro-apoptotic protein인 Bak와 Bax에 결합하여 이들 단백질이 oligomerize하여 미토콘드리아 막에 pore를 형성하는 것을 억제한다. Bad, Bim 그리고 Puma와 같은 BH3-only protein 중 어떤 단백질이라도 Bcl-2에 직접 결합하면 Bak과 Bax가 Bcl-2에서 떨어져 나와 outer mitochondrial membrane에 oligomeric pore 또는 hole을 만들도록 유도한다. 만들어진 hole을 통해 cytochrome *c*가 세포질로 나가서 어댑터 단백질 Apaf-1과 결합함으로써, caspase-9의 활성화가 일어나고 단계적인 세포자살이 시작되어 세포 사멸에 이른다. 몇 가지 다른 종류의 stimuli도 apoptotic pathway를 유발하거나 또는 억제할 수 있다. 단계 **1**: 특정 trophic factor (예, NGF)가 있으면, 이와 결합하는 receptor tyrosine kinase (예, TrkA)와 PI-3 kinase-PKB (protein kinase B) pathway (그림 16-17 참조)가 활성화된다. PKB는 Bad를 인산화시키고, 인산화된 Bad는 cytosolic 14-3-3 protein과 complex를 이룬다. 이와 같이, 세포질에 붙잡혀 있는 Bad는 Bcl-2와 결합할 수 없다. Trophic factor가 없으면 unphosphorylated Bad가 Bcl-2와 결합하고, 그 결과 떨어져 나온 Bax와 Bak은 oligomeric membrane pore 또는 hole을 형성하여 세포자살 경로가 활성화된다. 단계 **2**: DNA 손상 또는 ultraviolet irradiation은 BH3-only Puma protein의 발현을 유도한다. Puma는 Bcl-2와 결합하여 Bax와 Bak이 oligomeric pore를 형성하도록 유도한다. Puma는 또한 Bak 및 Bax와 결합해서, 이들이 oligomer를 형성하고 outer mitochondrial membrane의 투과성을 높이도록 직접 활성화한다. 단계 **3**: 세포를 substratum (기저부)에서 분리하면 integrin signaling이 파괴되면서 BH3-only Bim protein이 cytoskeleton에서 release된다. Bim 또한 Bcl-2와 결합하여 oligomeric pore 형성을 촉진시킨다. [Data from D. Ren et al., 2010, *Science* **330**:1390; P. E. Czabootar et al., 2014, *Nat. Rev. Mol. Cell Biol.* **15**:49; and M. P. A. Luna-Vargas and J. E. Chipuk, 2016, *Trends Cell Biol.* **26**(12):906.]

는 모든 apoptotic stimuli에 대해 저항성을 보인다. 이와 반대로, 배양한 세포에 Bax를 overproduction시키면 세포 사멸을 일으킨다.

Bak은 outer mitochondrial membrane에 존재하며, 보통 anti-apoptotic protein Bcl-2 또는 이와 유사한 protein Bcl-x$_L$과 강하게 결합하고 있다(그림 22-42). Bak이 과도한 양이 존재하거나, BH3-only protein이 Bcl-2에 결합하여 치환함에 따라 Bcl-2로부터 떨어져 나오면, Bak은 oligomer를 형성해서 mitochondrial outer membrane에 pore 또는 hole을 형성한다. 건강한 세포에서 Bax는 주로 세포질에 존재하

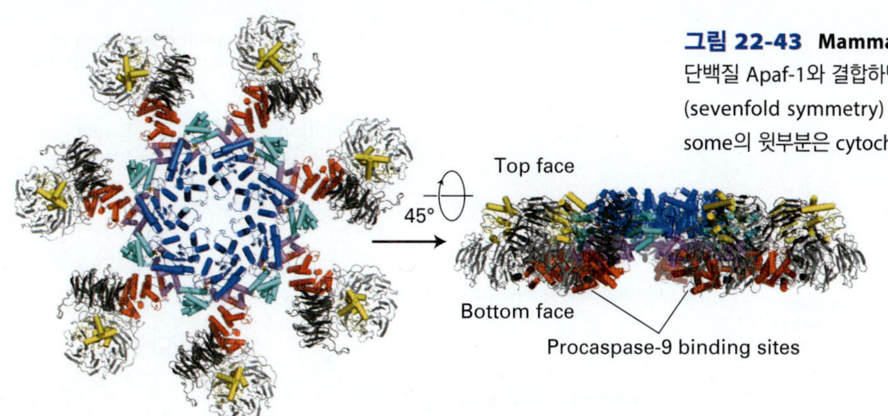

그림 22-43 Mammalian Apaf-1 apoptosome의 구조. Cytochrome *c*가 세포질 단백질 Apaf-1와 결합하면, Apaf-1과 cytochrome *c* 각각이 7개 분자씩 모여서 7중 대칭(sevenfold symmetry) 모양을 이루는 apoptosome이 형성된다. Disk 모양의 apoptosome의 윗부분은 cytochrome *c*가 노출되어 있다. Cytochrome *c*는 노란색으로 표시하였고, 7개 Apaf-1 protomer 각각에 있는 몇 개의 domain은 서로 다른 색상으로 표시하였다. 각 Apaf-1 monomer는 caspase recruitment domain을 가지고 있다. Heptameric apoptosome에서 이들 domain 중 2개는 2개의 procaspase-9 molecule과 결합해서, procaspase-9이 결합하여 dimer를 이루도록 촉진함으로써, 이 initiator caspase의 활성화를 유도한다. [© 2015 Zhou et al.; Published by Cold Spring Harbor Laboratory Press (Creative Commons License Attribution 4.0 International).]

며, 그중 일부가 미토콘드리아로 이동하여 미토콘드리아의 surface에 일시적으로 부착된다. 나중에 다시 논의하겠지만, 특정 pro-apoptotic protein과 결합하면, Bax는 Bak과 마찬가지로 oligomer를 이루며 outer mitochondrial membrane에 끼어들어가서 지름이 수백 nanometer에 이르는 구멍(pore)이나 통로(hole)를 형성한다. 건강한 세포에서는 intermembrane space에 존재하던 cytochrome *c*와 같은 미토콘드리아 단백질이 outer mitochondrial membrane에 있는 pore 또는 hole을 통해 세포질로 빠져나온다.

그림 22-43에 나타낸 바와 같이, 빠져나온 cytochrome *c*는 CED-4 (그림 22-36, 오른쪽과 그림 22-42 참조)의 mammalian homolog인 Apaf-1과 결합하여 활성화시킴으로써, 결과적으로 caspase-9을 활성화시킨다. Apaf-1과 cytochrome *c*의 결합으로 인해 1.4-MDa 크기의 disk 모양의 apoptosome이 형성되는데, 여기에는 각각 Apaf-1과 cytochrome *c* 각각이 7개 분자씩 모여 heptamer를 이룬다. 그중 2개의 Apaf-1 protein은 2개의 procaspase-9에 있는 domain과 결합해서 procaspase-9이 apoptosome의 인접한 부위에 결합하도록 촉진한다. 결합에 의해서 일어나는 conformation 변화가 이 initiator protease caspase-9을 활성화시키기 때문에 활성화를 위해 cleavage가 필요하지 않다. 그다음으로 caspase-9은 caspase-3 (그림 22-36과 22-42 참조)과 같은 effector caspase를 잘라서 활성화시키면, 이어서 세포내 단백질의 파괴와 세포 사멸이 일어난다. 이러한 경로에 대한 증거로는, 배양한 세포에서 Bcl-2를 overproduction하면 cytochrome *c*의 release가 일어나지 않고 세포자살도 억제된다. 이와 반대로 Bax를 overproduction하면 세포질로 cytochrome *c*의 release가 증가하고 세포자살이 촉진된다.

SMAC/DIABLO 단백질이 미토콘드리아에서 빠져나오면 Caspase 활성화가 일어난다

Nematode에서는 그렇지 않지만, 척추동물과 fly에서는 세포자살이 몇 가지 다른 단백질들에 의해서 조절된다(그림 22-36, 오른쪽 참조). 예를 들면, *i*nhibitor of *a*poptosis *p*rotein (IAP) family의 한 member인 XIAP는 다른 방법으로 initiator와 effector caspase 모두를 제한한다. XIAP는 N-terminus에 3개의 BIR domain을 가지고 있다. 그중 *BIR2*는 caspase-3과 caspase-7과 같은 2개의 effector caspase에 결합하여 기능을 억제하는 반면, BIR3는 initiator caspase-9에 결합하여 기능을 억제한다. (IAP family의 다른 member들은 TNFα에 의해서 유도된 세포자살을 억제한다; 그림 22-44 참조.) 그러나 IAP에 의해 caspase를 억제하는 것은 세포가 세포자살을 필요로 할 때는 문제가 될 수 있다. 미토콘드리아가 다시 거론되는데, 이는 IAP를 억제하는 *SMAC/DIABLO*라고 불리는 protein family가 미토콘드리아에서 유래하기 때문이다. Bax 또는 Bak이 oligomer를 이루면(그림 22-42 참조), 미토콘드리아 intermembrane space에서 cytochrome *c*는 물론 SMAC/DIABLO가 release된다. 이후 SMAC/DIABLO는 세포질에서 XIAP와 결합하여 XIAP가 caspase와 결합하는 것을 막는다. XIAP에 의한 세포 사멸 억제를 막음으로써, SMAC/DIABLO는 caspase 활성을 촉진시켜 세포 사멸을 유도한다.

Trophic Factor는 Pro-apoptotic BH3-Only Protein인 Bad를 불활성화시킨다

앞에서 NGF와 같은 neurotrophin이 세포 사멸로부터 neuron을 보호한다고 설명하였다. 이 과정은 *Bad*라고 불리는 pro-apoptotic BH3-only protein의 불활성화에 의해 이루어진다. Trophic factor가 없을 때에는 인산화되지 않은 Bad는 outer mitochondrial membrane에서 Bcl-2 또는 이와 매우 유사한 anti-apoptotic protein Bcl-x_L과 결합한다(그림 22-42). Bad와 결합하면, Bcl-2와 Bcl-x_L이 Bax와 Bak에 결합할 수 없어서 Bax와 Bak이 outer mitochondrial membrane 내에서 oligomer를 이루어 pore와 hole을 형성하고, cytochrome *c*가 release되어 세포 사멸이 일어난다.

NGF를 포함한 수많은 trophic factor는 PI-3 kinase signaling pathway를 유도하여 protein kinase B를 활성화시킨다(그림 16-17 참조). 활성화된 protein kinase B는 Bad를 인산화시킨다. 인산화된 Bad는 Bcl-2 또는 Bcl-x_L과 결합하지 못하고, 세포질에서 phosphoserine-binding protein 14-3-3과 complex를 이룬다(그림 16-13 참조). 이 경로에 대한 실험적 증거로서, constitutive active form의 PKB를 neurotrophin-deprived neuron에 처리하면 정상적으로 모두 세포자살로 죽

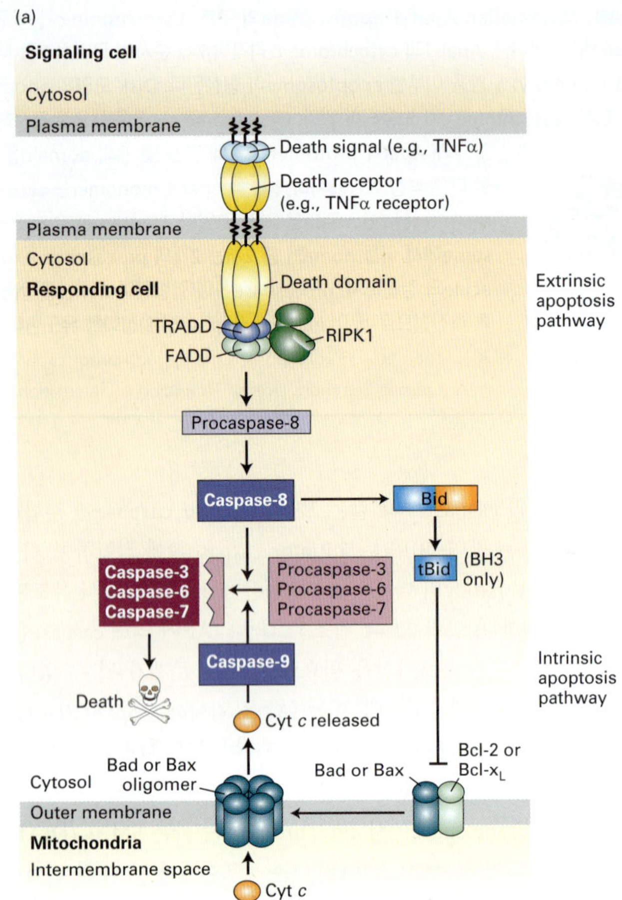

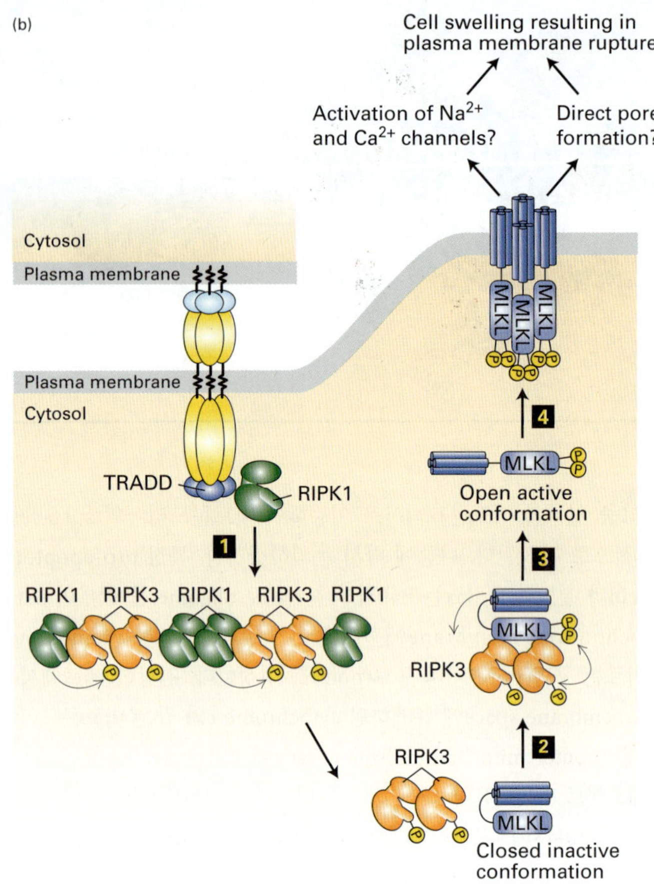

그림 22-44 Cell murder: extrinsic (외부 자극에 의한) 세포자살과 necroptosis pathway. (a) Extrinsic apoptosis pathway 또는 death receptor에 의해 조절되는 경로는 많은 종류의 세포에서 발견되며, Fas, TNFα 그리고 TNFα family protein의 다른 member들에 의해 활성화된다. 예를 들면, 한 세포의 surface에 있는 TNFα가 인접 세포의 TNFα death receptor에 결합할 경우 2개의 cytosolic death domain (DD)을 포함하는 protein, 즉 adaptor protein TRADD (TNF receptor-associated DD protein)와 receptor-interacting-protein 1 (RIPK1)이 TNFα receptor 1의 intracellular segment에 있는 DD domain에 결합하면 큰 intracellular signaling complex가 형성된다. 이 complex에 FADD (Fas-associated DD protein)가 결합하여 initiator caspase-8의 binding, dimerization 그리고 proteolytic 활성화가 일어난다. 이후로 active caspase-8은 effector caspase-3, caspase-6, caspase-7을 활성화시켜서 vital cellular protein을 자름으로써 세포 사멸을 유도한다. Caspase-8에 의해서 BH3-only protein Bid (BH3-interacting-domain death agonist)가 잘리면 tBid fragment가 만들어지고, tBid는 outer mitochondrial membrane에 있는 Bcl-2와 결합하여 Bad 또는 Bax가 release된다. Bad와 Bax는 oligomer를 이루어서 outer mitochondrial membrane에 pore를 형성하고, 이 pore를 통해서 세포질로 cytochrome *c*가 release되어 intrinsic apoptosis pathway가 활성화된다(그림 22-41 참조). 세포자살과 necroptosis에서 RIPK1은 중요한 kinase이자 adaptor이다. RIPK1은 N-terminal kinase domain과 RHIM domain으로 구성된다. 세포자살에 의해 세포가 죽는 것으로 결정되면, RIPK1은 FADD와 결합하여 위에서 언급한 바와 같이 initiator caspase-8의 binding, dimerization 그리고 proteolytic 활성화를 가져온다. (b) 세포자살이 활성화되지 못하면, 예를 들어 caspase-8 또는 FADD가 없으면, RIPK1 kinase 활성화에 의해 necroptosis가 유도된다. 단계 **1**: activated RIPK1은 자신의 RHIM domain을 이용하여 RIPK3 kinase와 multiprotein complex를 형성한다. RIPK3는 자신의 활성화 loop에 인산화가 일어나 활성화된다. 단계 **2**: active RIPK3는 MLKL protein의 kinase-like domain과 결합하여 인산화시킨다. 단계 **3**: 이로 인해 MLKL에 conformation 변화가 생긴다. 단계 **4**: 구조 변화로 인해 oligomer를 형성해서, plasma membrane에 끼어 들어간다. plasma membrane에서 ion channel을 직접적으로 형성하거나, plasma membrane protein과 상호작용을 통해 간접적으로 plasma membrane의 integrity를 불안정하게 함으로써 세포가 부풀어 올라 터지게 한다. P. Bouillet and L. A. O'Reilly, 2009, *Nat. Rev. Immunol.* **9**:514; A. Ashkenazi and G. Salvesen, 2014, *Annu. Rev. Cell Dev. Bi.* **30**:337; Y. Dondelinger et al., 2016, *Trends Cell Biol.* **26**:721, https://doi.org/10.1016/j.tcb.2016.06.004; and B. Shan et al., 2018, *Genes Dev.* **32**:327, https://doi.org/10.1101/gad.312561.118 참조.

을 운명의 세포를 다시 살릴 수 있다. 이러한 발견은 그림 22-42에 나타낸 trophic factor의 survival action mechanism을 잘 뒷받침해 준다. 다른 cell type에서는 다른 trophic factor가 cell-death machinery를 구성하는 또 다른 component의 post-translational modification을 유도하여 cell survival을 촉진하기도 한다.

척추동물에서 Apoptotis는 Enviromental Stress에 의해 활성화된 BH3-Only Pro-apoptotic Protein에 의해 유도된다

Nematode에는 EGL-1이라는 하나의 BH3-only protein이 있지만,

mammal에는 Bad를 포함하여 적어도 8개의 BH3-only protein이 cell type에 특이적으로 그리고 스트레스에 특이적으로 발현된다. 이들의 pro-apoptotic 활성은 transcriptional level과 post-transcriptional level에서 다양하게 조절된다. Puma 및 이와 유사한 protein Noxa (그림 22-42 참조)는 p53에 의해서 transcription level에서 induction된다 (그림 19-32와 19-34 참조). 이들은 주로 anti-apoptotic Bcl-2와 Bcl-x_L protein과 결합하고 불활성화시킴으로써 세포자살을 유도한다. 따라서 pro-apoptotic Bcl-2 family member인 Bax와 Bak이 polymerization을 통해 pore를 형성하는 것을 촉진한다. 이 과정은 DNA 손상이 복구되지 않았을 때 세포자살을 induction하는 checkpoint (DNA 손상 조절 메커니즘)의 일부분이다. 따라서 많은 cancer에서 보이는 p53 소실로 인해 세포는 심각한 DNA 손상을 가진 채 살아간다(그림 25-23 참조). 또 다른 BH3-only protein Bim은 보통 dynein light chain에 결합하여 microtubule cytoskeleton에 붙잡혀 있다(18장 참조). 세포가 substratum (기저부)에서 떨어져 나오면 integrin signaling이 억제되면서 cytoskeleton이 재배열되고, Bim이 release된다. Puma와 같이 Bim이 직접 Bcl-2에 결합하면 Bak과 Bax는 Bcl-2로부터 떨어져 나와서 outer mitochondrial membrane에서 oligomeric Bak/Bax pore를 형성하게 한다(그림 22-42 참조). 따라서 포유동물 세포의 세포자살은 Bcl-2와 Bcl-x_L과 같은 anti-apoptotic protein과 여러 개의 pro-apoptotic BH3-only protein 활성의 조심스러운 균형에 의해서 조절된다.

세포자살과 Necroptosis는 Tumor Necrosis Factor, Fas Ligand 그리고 연관된 Death Protein에 의해 촉발된다

세포 사멸은 survival factor가 없는 경우 자연적으로 야기될 수도 있지만, 세포자살은 또한 extrinsic apoptosis pathway를 활성화시키는 death signal에 의해 촉진될 수도 있다. Death ligand에 의해 활성화되는 extrinsic pathway는 *necroptosis*라고 불리는 또 다른 세포예정사를 활성화시킬 수 있다. 감염된 세포를 죽이는 것은 pathogen이 생명체 전체로 퍼지는 것을 막는 효과적인 수단이다. 이를 위해서 macrophage와 다른 면역 세포는 infection이 일어난 부위로 recruit되고, 그곳에서 활성화되어, 세포 표면에 붙어 있거나 절단되어 secreted hormone으로 기능할 수 있는 tumor necrosis factor alpha (TNFα)와 같은 cytokine을 생성한다. 그러면 TNFα는 감염되었을 수도 있는 인접한 세포의 사멸을 유도한다. 그러나 TNFα가 과도하게 생산되면, 특정 chronic inflammatory disease (24장 참조)에서 보는 바와 같이 조직이 파괴된다. 또 다른 중요한 death-inducing signal인 Fas ligand는 활성화된 natural killer cell이나 cytotoxic T lymphocyte에서 생산되는 cell-surface protein이다. 표적 세포의 Fas protein에 결합하면, virus-infected cell, 일부 암세포, 외부에서 이식한 세포 등의 사멸을 유발한다. Cell type이나 infection의 종류에 따라 세포자살 또는 necroptosis에 의한 세포 사멸이 일어난다(이 절의 후반부에 다시 논의).

그림 22-44에 나타낸 바와 같이, TNFα와 Fas ligand (*CD95 ligand*로 불리기도 한다)는 trimeric protein으로 세포 표면에 존재하며, 인접한 세포의 *death receptor*에 결합한다. Death receptor는 해당 ligand와 결합하는 extracellular domain, 하나의 transmembrane domain, 그리고 *death domain* (*DD*)이라 불리는 intracellular protein-protein interaction domain으로 구성되어 있으며, death domain을 가지고 있어서 *death receptor*라고 부른다. 이 수용체들이 trimeric ligand와 결합하면 수용체 분자가 서로 근접하게 위치하여, interleukin 1 signalosome 형성(그림 16-31 참조)과 유사하게 downstream signaling molecule을 recruit하는 intracellular complex가 형성됨으로써 활성화된다. 우리는 수많은 인간의 질병을 조정하는 데 관여하는 highly pro-inflammatory cytokine TNFα를 예를 들어 설명할 것이다.

TNFα가 DD-containing death receptor인 TNF receptor 1 (TNFR1)에 결합하면, 또 다른 2개의 DD-containing signaling molecule인 *T*NF *r*eceptor-*a*ssociated *d*eath *d*omain protein (TRADD)와 *r*eceptor-*i*nteracting *p*rotein *k*inase 1 (RIPK1) (그림 22-44a)의 recruitment를 시작으로 해서 intracellular signaling complex를 형성한다. 그림에 나타내지는 않았지만, 그다음으로 TRADD와 RIPK1는 E3 ubiquitin ligase, deubiquitinating enzyme, 그리고 kinase를 포함하는 large signaling complex를 recruit한다. 이러한 단백질들이 종합적으로 작용해서, 수분 이내에 세포가 survival을 위해 NF-κB를 활성화할지 아니면 세포자살 또는 necroptosis를 통해 죽을지 결정한다.

RIPK1 kinase의 활성화는 세포자살 또는 necroptosis를 통해 세포 사멸을 시작할지 결정하는 중요한 단계이다. 활성화된 RIPK1이 FADD와 결합하면, FADD는 adaptor로 작용해서 initiator caspase인 caspase-8 (그림 22-44a)을 recruit하여 활성화시킨다. FADD는 또한 RIPK1과 독립적인 세포자살 활성화에서 TRADD와 결합하여 직접적으로 활성화된다. 다른 initiator caspase인 caspase-9과 같이, caspase-8은 active death receptor trimer에 recruit된 FADD protein에 두 분자의 caspase-8이 결합하면 dimerization이 일어나면서 활성화된다. 일단 활성화되면, caspase-8은 여러 effector caspase들을 잘라서 활성화시키고, effector caspase들은 많은 세포내 단백질들을 파괴함으로써 apoptotic cell death가 완성된다.

Caspase-8은 또한 BH-3 only protein *B*H3-*i*nteracting-domain *d*eath agonist (Bid)를 자른다. 잘려진 tBid fragment (full-length Bid는 결합 못함)는 outer mitochondrial membrane에 있는 Bcl-2와 결합하여 Bak과 Bax가 떨어져 나와서 Bak/Bax pore 및 hole이 형성되고, cytochrome *c*가 세포질로 release되어 intrinsic apoptosis pathway가 활성화된다(그림 22-42 참조).

유전적으로, 프로그램화된 유형의 necrosis를 말하는 necroptosis는 특정 바이러스에 대해서 잘 알려진 defense mechanism이다. 많은 바이러스는 replication cycle의 일부로서, 그림 22-44a에 묘사된 TNFα cell murder pathway의 핵심 성분인 caspase-8의 inhibitor를 생성한다. 따라서 세포자살을 예방하고, 바이러스의 지속적인 replication과 neighboring cell로의 감염 확산이 가능하다. Functional caspase-8이 없는 세포에서, TNFα는 또 다른 경로인 necroptosis를 유도한다. 이 경로에서 activated RIPK1는 RIPK1 family member인 RIPK3와 결합하여 RIPK3를 활성화시킴으로써 necroptosis를 일으킨다. 이 과정에서 activated RIPK3는 또 다른 중요한 단백질인 *MLKL*을 인산화시킨다. Phosphorylated MLKL은 conformation이 변해서 oligomer를 형성한 다음, plasma membrane에 끼어 들어가서 hole을 만들면 Ca^{2+} entry가 일어난다. Ca^{2+} influx에 의해 세포와 세포소기관이 부풀어 터지면서 세포 내용물이 extracellular space로 release된다. 빠져나간 intracellular protein 중 일부는 면역 세포를 활성화시켜서 tissue inflammation과 손상을 유발한다. Necroptosis로 인한 inflammation은 rheumatoid arthritis (류마티스 관절염)와 inflammatory bowel disease (염증성 장질환)를 포함하는 인간의 주요 inflammatory disease와 amyotrophic lateral sclerosis (근위축성 측색경화증), Alzheimer's disease (알츠하이머병), progressive atherosclerotic lesions (진행성 죽상경화병변)과 같은 neurodegenerative diseases (퇴행성 뇌질환)와 연관되어 있다.

16장에서 논의한 바와 같이, TNFα의 protein inhibitor는 많은 inflammatory disease에 대해 가장 널리 사용되는 치료제 중 하나이다. RIPK1 kinase inhibitor는 necrosis와 inflammation을 특징으로 하는 인간의 질병을 치료하기 위한 또 다른 유망한 접근법이다. TNFα는 여러 신호전달 경로를 활성화시킨다는 것을 기억하자. 첫째는 transcription factor NF-κB 활성화(그림 16-30 참조), 둘째는 세포자살, 셋째는 necroptosis이다(그림 22-44 참조). 이 cytokine은 많은 inflammatory disease에 관여하기 때문에, 이러한 각 경로의 조절과 경로 상호 간의 상호작용을 이해하기 위해서는 앞으로 많은 연구가 필요하다.

22.4절의 주요 개념

세포 사멸과 그 조절

- 모든 척추동물 세포는 생존하기 위해서 trophic factor들을 필요로 한다. 이런 인자들이 없을 때 세포는 스스로 죽게 된다.
- *C. elegans*의 유전학적인 연구를 통해서 세 가지 주요 component로 구성되어진 진화적으로 잘 보존된 apoptotic pathway가 규명되었다. 세 가지 주요 component는 membrane-bound regulatory protein, cytosolic regulatory protein, 그리고 척추동물에서 *caspase*라고 불리는 apoptotic protease이다(그림 22-36 참조).
- Apoptotic protease는 일단 활성화되면 특정한 세포내 기질을 자르게 되고, 결국 세포를 죽음에 이르게 한다. Regulatory protein과 caspase에 결합하는 단백질(예, CED-4, Apaf-1)이 caspase의 활성화에 필요하다(그림 22-36, 22-37과 22-43 참조).
- Development 동안 motor와 sensory neuron의 생존은 target tissue에서 release되는 neurotrophin에 의해 매개된다. Neurotrophin은 neuronal growth cone에 있는 Trk receptor tyrosine kinase에 결합하여(그림 22-40 참조), PI-3 kinase pathway를 통해서 anti-apoptotic response를 활성화시킨다(그림 22-42 참조).
- Bcl-2 family에는 pro-apoptotic protein과 anti-apoptotic protein이 모두 포함된다. 이들 대부분은 transmembrane protein이고, 이들은 protein-protein 상호작용에 관여한다.
- Mammal에서 세포자살은 outer mitochondrial membrane에 있는 Bax 또는 Bak protein의 oligomerization에 의해 시작되어, cytochrome *c*와 SMAC/DIABLO protein이 세포질로 방출되고, 이들 단백질이 caspase를 활성화하여 세포 사멸이 일어난다.
- Bcl-2 protein은 Bax와 Bak의 oligomerization을 제한하여 세포 사멸을 억제한다.
- Pro-apoptotic BH3-only protein (예, Puma, Bad)은 environmental stress에 의해 활성화되어 Bax와 Bak의 oligomerization을 촉진함으로써, cytochrome *c*가 세포질로 release되게 하고, Apaf-1과 결합하여 caspase를 활성화시킨다.
- Trophic factor가 없을 때 pro-apoptotic protein과 anti-apoptotic protein이 직접 결합하여 세포 사멸을 일으킨다. Extracellular trophic factor가 결합하면, 이들의 상호작용에 변화가 일어나서 세포가 생존한다(그림 22-42 참조).
- Tumor necrosis factor나 Fas ligand와 같은 extracellular death signal이 자신의 수용체에 결합하면, 수용체에 결합하고 있던 FADD가 oligomerize되고, 순차적으로 caspase가 활성화되어 세포자살에 의해 세포가 죽게 된다(그림 22-44a 참조).
- Caspase-8의 inhibitor가 있으면, tumor necrosis factor는 necroptosis를 일으킨다(그림 22-44b). 그 결과 세포 외부로 release된 intracellular protein은 inflammation과 조직 손상을 가져온다.

개념 복습

1. 줄기세포의 두 가지 특징은 무엇인가? Totipotent 줄기세포, pluripotent 줄기세포, 그리고 precursor (progenitor) cell 사이의 차이점은 무엇인가?

2. 식물에서 줄기세포는 어디에 위치하는가? 동물 성체에서는 줄기세포가 어디에 존재하는가? 동물과 식물에서, 줄기세포의 개념의 차이는 무엇인가?

3. 1997년에 Dolly라는 양(sheep)은 *somatic-cell nuclear transfer* (또는 *nuclear-transfer cloning*) 기술에 의해 복제되었다. 포유동물 성체 세포로부터 얻은 핵을 핵이 제거된 egg에 transfer하였다. 배양을 통해 egg가 여러 번 분열하도록 한 후, 배아를 대리모에 transfer하여 Dolly가 태어났다. Dolly는 mating을 하여 새끼를 낳아서 생식이 가능하다는 것을 보인 후 2003년에 죽었다. Dolly의 탄생으로부터 우리는 완전히 분화된 성체 세포로부터 얻은 nuclear material의 잠재성에 대해 무엇을 알 수 있는가? 또한 완전히 분화된 성체 세포의 잠재성에 대해 어

떤 것을 알 수 있는가?

4. 다음 보기에 있는 세포들은 totipotent, pluripotent, 또는 multipotent cell 중에서 어느 것을 가지고 있는가? (a) inner cell mass, (b) morula, (c) eight-cell embryo, (d) trophectoderm.

5. 참 또는 거짓을 고르시오: 분화된 체세포는 reprogram되어 다른 cell type이 될 수 있다. 당신의 답을 뒷받침할 수 있는 증거를 이번 장에서 논의한 내용 중에서 제시하시오.

6. Intestinal 줄기세포가 어떻게 처음으로 알려졌는지, 그리고 multipotent 줄기세포라는 사실을 어떻게 실험적으로 입증하였는지 설명하시오.

7. Hematopoietic 줄기세포가 multipotent 하면서도 self-renewal이 가능하다는 사실을 어떻게 실험적으로 입증하였는지 설명하시오.

8. Nematode인 *C. elegans*는 cell birth, cell asymmetry, 그리고 세포 사멸의 연구에 귀중한 모델이 된다. *C. elegans*의 어떤 특성이 이런 연구에 적합하게 만드는가? *C. elegans*를 이용한 실험으로부터 얻은 많은 정보가 mammalian development에 적용될 수 있는 이유는 무엇인가?

9. 비대칭 세포 분열은 cellular factor를 asymmetric하게 분배하고 유지하기 위해서 종종 cytoskeletal element를 이용한다. *Saccharomyces cerevisiae*에서 어떤 인자가 myosin motor에 의해서 bud에 localization되는가? *Drosophila* neuroblast에서 어떤 인자가 microtubule에 의해서 apical region에 localization되는가?

10. *C. elegans* 배아에서 anterior/posterior polarity를 형성하는 데 있어서 *par* gene의 기능을 논의하시오.

11. Knockout 생쥐를 대상으로 nerve와 muscle development에 대한 연구를 이용하여 세포자살이 neuronal cell에서 default (기본적으로 일어나는) 경로임을 어떻게 뒷받침할 수 있는가?

12. 세포자살에 의한 세포 사멸과 necrosis에 의한 세포 사멸을 비교 및 대조하여 설명하시오.

13. 세포 사멸을 조절하는 세 가지 class의 단백질을 적고, 그 기능을 나열하시오.

14. 세포 사멸에 연관되는 과정을 기반으로 해서, 다음과 같은 조건이 세포가 세포자살을 일으키는 데 어떤 영향을 미칠지 예측하시오.

a. Functional CED-9; nonfunctional CED-3

b. Active Bax and cytochrome *c*; nonfunctional caspase-9

c. Inactive PI-3 kinase; active Bad

15. TNF와 Fas ligand는 세포 사멸을 유도하기 위해 세포 표면 수용체에 결합한다. 이 경우, 세포 사멸 signal이 외부에서 발생하여 세포 안으로 전달됨에도 불구하고, 이런 분자들에 의하여 유도되는 세포 사멸이 왜 necrosis가 아닌 세포자살에 의한 세포 사멸이라고 생각하는가?

16. 다음 돌연변이가 세포가 세포자살를 일으키는 데 어떤 영향을 미칠지 예측하시오.

a. Protein kinase B (PKB)에 의한 인산화가 일어나지 못하는 Bad 돌연변이

b. Bcl-2 과발현

c. Heterodimer를 이루지 못하는 Bax 돌연변이

암세포의 공통적인 특징은 apoptotic pathway가 기능을 상실했다는 것이다. 위에서 나열한 돌연변이 중에서 어느 것이 일부 암세포에서 발견될 것으로 예상하는가?

17. IAP (inhibitor of apoptosis protein)는 세포자살을 막기 위해서 어떻게 caspase와 상호작용하는가? 미토콘드리아 단백질은 세포자살 억제를 예방하기 위하여 IAP와 어떻게 상호작용하는가?

일부 신경세포에서 Green fluorescent protein (GFP)을 발현하는 성체 생쥐 뇌를 CLARITY로 처리한 Coronal slice (관상절편). CLARITY 기법은 조직을 광학적으로 투명하게 하여 조직을 깊고 완전하게 이미징할 수 있게 한다. 각 절편은 GFP 항체로 염색한 뒤 조직 깊이에 따른 개별 신경세포들을 뚜렷하게 보기 위해 별도의 색상 코드로 표기하였다. 이러한 방법을 통해 온전한 뇌를 유례 없는 고해상도로 이미징하여 뇌 wiring (연결망)이 어떻게 구성되는지 이해할 수 있게 되었다. [From Luis de la Torre-Ubieta, Geschwind Laboratory, UCLA]

CHAPTER 23

신경계 세포 (Cells of the Nervous System)

OUTLINE

인간의 nervous system (신경계)은 뇌와 척수를 포함하는 central nervous system (중추신경계) 및 peripheral nervous system (말초신경계)으로 나뉘는데, 신체의 모든 기능을 조절하며 놀라울 정도로 복잡하다. 약 1.3 kg 정도되는 성인의 뇌—정보를 저장하고 계산하고 통합하여 전달하는 핵심 중추—는 약 10^{11}개의 nerve cell (뇌세포)이 존재하며, 이를 *neuron* (신경 세포)이라고 부른다. 이러한 neuron은 약 10^{14}개의 synapse (시냅스)로 연결되어 있으며, synapse는 2개 혹은 그 이상의 neuron이 서로 대화를 나누는 접점 구조를 의미한다. 개별 neuron은 다른 neuron들과 10,000개에 달하는 synapse를 형성한다.

Neuron은 서로 연결돼서, circuits (신경회로)이라 불리는 단위로 조직화되어 다양한 기능을 매개한다. 일부 circuit은 개체 내·외부 환경에 관한 특성을 감지하고, 이러한 정보를 뇌로 전달하여 정보를 처리한 후 저장한다. 다른 circuit들은 근육의 수축과 이완, hormone (호르몬)의 분비 등을 조절한다. 또한 cognition (인지), emotion (감정)뿐 아니라 선천적 행동 및 학습 행동도 조절한다. Nervous system에는 neuron뿐 아니라 glial cell (교세포)도 중요한 부분을 차지한다. Glial cell은 역사적으로 neuron을 지지하는 세포로 주로 인식되어 왔으나, 최근에는 뇌 기능을 능동적으로 조절하는 핵심 주체로서 인식이 빠르게 전환되고 있다.

Nervous system 세포들은 두 가지 측면에서 매우 놀랍다. 첫째, neuron은 신체 내 세포들 중에서 가장 구획화되고 분극화된 모양을 띠고 있다; 이러한 고유한 형태적 특징은 세포 골격 다이나믹스 및 생체 막 수송에서부터 signal transduction (신호전달)과 신경 활성 의존적 유전자 조절에 이르는 정교한 세포내 과정을 매개한다. 둘째, 개별 neuron 및 glia 세포가 결합하여 절묘하게 복잡하면서도 정확한 네트워크 혹은 circuit을 형성한다. Neural circuit은 처음부터 완전히 hardwire (각인)되어 있지 않다; 대신, neuron들 간의 연결 패턴은 *synaptic plasticity* (시냅스 가소성; 경험으로 인해 neuron들 간의 시냅스 연결의 강도 및 숫자가 변형되는 과정)로 잘 알려져 있는 과정을 통해 experience (경험)에 따라 변화한다. 현대 뇌신경생물학의 주요 목표는 neural circuit의 형성 및 plasticity를 관장하는 논리 규칙을 이해하는 것이다. Nerve cell의 구조 및 기능에 관해서는 비교적 잘 알려져 있으나, neural circuit이 형성되고 experience에 따라 변화하며, 신경 정보를 처리하고 계산하는 메커니즘은 아직까지도 미스터리로 남아 있다. 이러한 이슈들은 21세기 들어서도 가장 흥미로운 생물학 분야를 대변하고 있다. 지난 2013년, 미국에서 Obama 대통령이 Brain Research through Advancing Innovative Neurotechnologies (BRAIN) 이니셔티브라는 대형 국가 뇌과학사업을 발족시켰는데, 이 사업의 주요 목표는 뇌의 다양한 세포들을 목록화하고 특성을 규명하여 이러한 세포들이 뇌기능을 매개하는 핵심 주체인 circuit을 형성하는 원칙을 이해하는 것이다.

척추동물의 nervous system은 해부학적으로 뇌와 spinal cord (척수) 내 존재하는 nerve (신경) 및 glia를 포함하는 central nervous system과 뇌와 spinal cord 바깥에 존재하는 nerve 및 glia를 포함하는 peripheral nervous systems로 구성되어 있다. 이들 system은 긴밀하게 서로 연결되어 있으며, peripheral nerve는 뇌와 신체 사이의 대화 창구로 작동한다. Central nervous system은 spinal cord, brain stem (뇌간), cerebellum (소뇌), 그리고 cerebrum (대뇌)의 네 가지 주요 영역으로 구분된다(그림 23-1a). 각 영역은 고유한 뇌 기능을 매개한다. Spinal cord는 신체로부터 뇌로 감각 및 운동 정보를 전달하고, brain stem은 호흡 및 혈압과 같은 기초 기능을 조절하며, cerebellum은 운동 기능을 조절하고, cerebrum은 운동 및 감각 정보, 언어, 학습과 기억 및 다른 higher function (고위 기능)을 처리한다. 이러한 주요 영역은 별도로 더 세분화된 영역으로 구분된다; 예를 들면, cerebrum은 별도의 frontal lobe (이마엽), temporal lobe (측두엽), parietal lobe (마루엽)과 occipital lobe (뒤통수엽)으로 나뉘며, 각각은 서로 부분적으로 중첩되기는 하나 특이적 기능을 매개한다(그림 23-1b). 비록 이러한 다양한

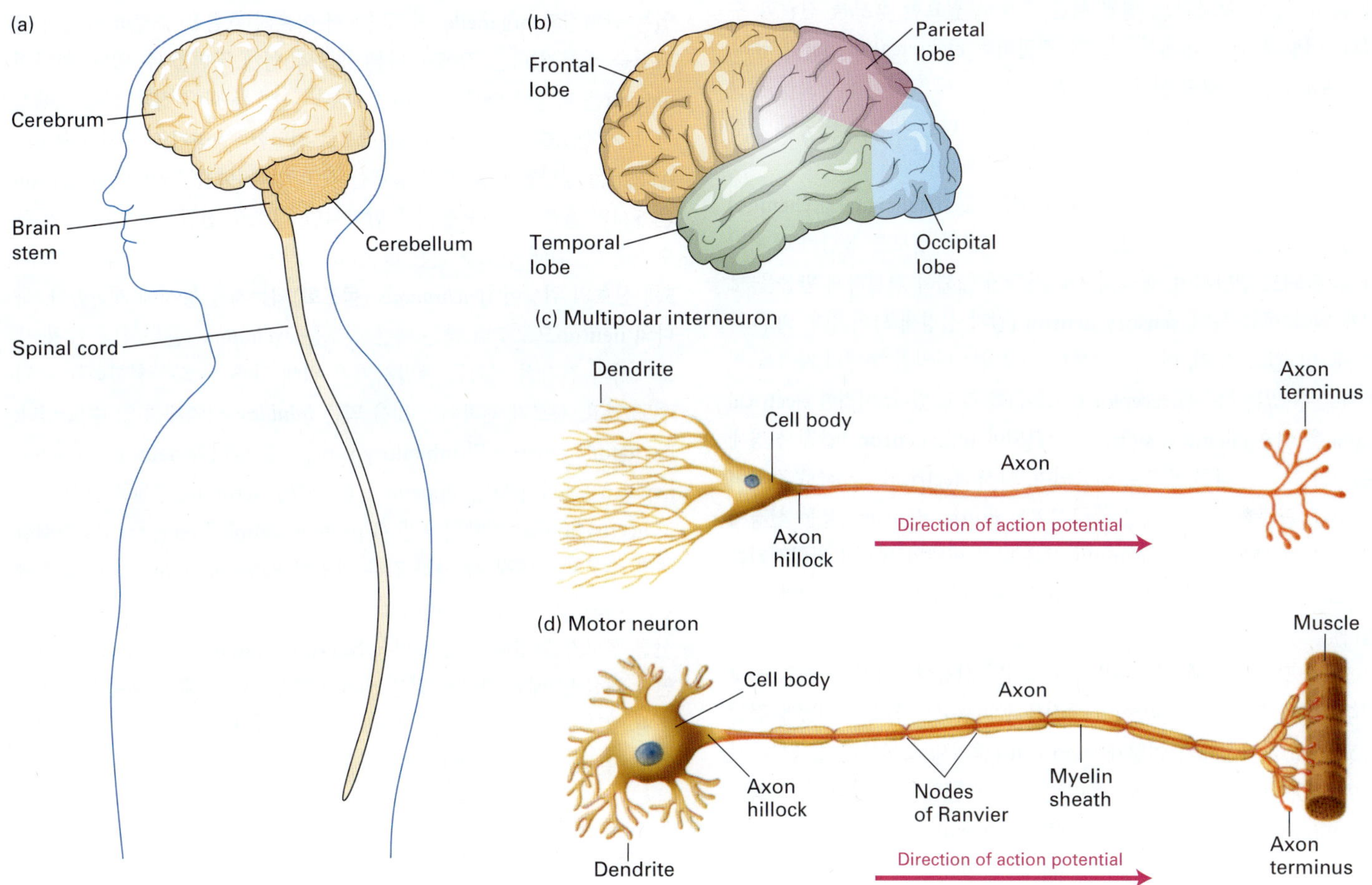

그림 23-1 포유류 central nervous system의 주요 영역 및 포유류 신경세포의 전형적인 두 가지 neuron 형태. (a) 포유류 central nervous system은 4개의 주요 영역으로 구성된다: spinal cord (몸에서 뇌로 sensory 및 motor information을 전달함); brain stem (호흡과 심장 박동 속도 등 많은 기본 기능을 조절함); cerebellum (움직임을 조절함); 그리고 cerebrum (language, learning, memory 그리고 emotion 등의 higher function을 조절함). (b) 포유류 cerebrum은 4개의 lobe로 구성되며, 각각은 특이적이면서 부분적으로 중첩된 기능을 매개한다. Lobe는 문제 해결, language 그리고 impulse-control (충동 제어)과 같은 executive function (집행 기능)을 수행하는 frontal lobe, auditory processing, memory, 그리고 emotion에 관여하는 temporal lobe, touch, taste, temperature, 그리고 움직임을 sensation하는 parietal lobe, 마지막으로 주로 vision에 관여하는 occitpital lobe로 세분화된다. (c) Multipolar interneuron은 복잡하게 가지를 뻗은 dendrite를 갖는데, 이것은 수백 개의 다른 neuron과 synapse를 만들어서 신호를 받는다. Dendrite로부터 전해 온 신호의 총합이 axon hillock에서 좀 더 커다란 action potential을 발생시키고, 작은 voltage 변화가 주변으로 transmission된다. (d) Muscle cell을 innervation하는 motor neuron은 cell body로부터 effector cell까지 뻗은 긴 axon을 갖고 있다. 포유류의 motor neuron에서는 보통 axon termini과 node of Ranvier를 제외한 axon 전체를 절연체인 myelin sheath가 감싸고 있다. Myelin sheath는 central nervous system에서는 *oligodendrocyte*, peripheral nervous system에서는 Schwann cell로 불리는 glial cell로 이루어져 있다(그림 23-18 참조).

영역 내의 neuron 및 glia의 특성에 차이가 있지만, 각 뇌 영역의 고유한 특성은 이를 구성하는 세포 모양의 차이보다는 circuit 연결 패턴의 차이에 주로 기인한다.

실제로, metazoan (후생동물)에서 발견되는 neuron의 다양한 형태와 모양에도 불구하고, 모든 nerve cell은 공통적인 특징을 갖는다. nerve cell은 기본적으로 정보를 전달하는 기능을 수행하는데, 이는 다음의 두 가지 방법을 통해서 이루어진다. 첫째, *electrical signal* (화학 신호)은 neuron 내에서 정보를 처리하는 역할을 담당한다(그림 23-1c, d). 이러한 electrical signal은 neuron을 따라서 전달되며, 이를 *action potential* (활동 전위)이라고 부른다. 정보 전달은 바로 이러한 action potential의 frequency (빈도)에 의해서 암호화된다. Electrical transmission (전기 신호전달)의 속도는 매우 빠르므로, neuron은 hormone을 분비하는 세포보다도 훨씬 빠른 속도로 필요한 정보를 전달할 수 있다. 이렇게 세포 내에서 신호를 전달하는 electrical signal과 달리, *chemical signal* (화학 신호)의 경우는 세포와 세포 사이에 정보를 전달하는데, 이러한 과정은 신호전달을 매개하는 다른 세포와 비슷한 과정을 거친다(15, 16장 참조).

따라서 우리 인간의 nervous system은 electrical signal과 chemical signal을 통해서 외부 자극을 인식하고, 전달된 정보를 통합하고 처리한 후에 뇌로 전달하여, 궁극적으로 자극에 대해서 적절하게 반응을 보이게 된다. 예를 들어, **sensory neuron (감각 신경세포)**의 경우 외부 환경(예, 빛, 감촉, 소리, 향수)으로부터 전달되는 다양한 형태의 자극을 전환시킬 수 있는 특수한 receptor (수용체)를 갖고 있다. 이러한 electrical signal은 이후 chemical signal로 전환되어 **interneuron (간재 신경세포)**이라고 하는 다른 세포로 전달되며, 다시 electrical signal로 전환되게 된다. 궁극적으로, 근육을 자극시키는 **motor neuron (운동 신경세포)**으로 전달되거나 혹은 gland와 같은 다른 형태의 세포를 자극시키는 세포로 전달된다(이러한 간단한 neural circuit 예시는 그림 23-4에 나와 있다).

이번 장에서는 세포와 분자 수준에서의 신경생물학에 초점을 둘 것이다. 먼저, neuron의 일반적인 특징을 살펴보고서 신호를 어떻게 전달하고 neuron과 glia가 어떻게 stem cell (줄기세포)로부터 발생하는지 알아볼 것이다. 그 다음으로, 우리는 이온 흐름과 채널 단백질, 그리고 membrane property를 살펴보고 electrical pulse (전기 신호)가 neuron을 따라서 어떻게 빠르게 이동하는지 살펴볼 것이다. 그 후, neuron 사이의 신호전달을 살펴보고, 세포를 따라 이동하는 electrical signal이 세포 간 chemical pulse (화학 신호)로 전환되어 다시 electrical signal로 돌아오는지 살펴볼 것이다. 그리고 touch (촉감)와 taste (맛), 그리고 olfaction (후각)을 담당하는 몇몇 sensory tissue에 존재하는 neuron을 살펴보고, 외부 환경의 다양한 감각자극을 어떻게 빠른 속도로 정확하게 인지하는지 알아볼 것이다. 마지막으로, memory를 저장하는 circuit, neuron, 그리고 세포 생물학적 메커니즘들을 살펴볼 것이다.

Nerve cell에 관해서 현재 우리가 알고 있는 방대한 지식은 nervous system의 특정 기능을 변화시키는 mutation (돌연변이)을 가진 인간, mouse (생쥐), nematode (선충), fly (초파리)와 같은 다양한 모델 동물의 연구로부터 획득된 것이다. 분자생물학의 급속한 발달과 voltage-gated ion channel (전위 활동성 이온 채널)과 receptor (수용체)와 같은 주요 신경계 단백질들의 구조 분석 등을 통해서, 우리는 머지않아 본능, 학습, 기억, 감정과 같은 복잡한 뇌 기능을 매개하는 세포 메커니즘을 이해하는 데 한 발 더 가까이 다가갈 것이다. 우리는 이번 장을 통해서 이러한 모델 동물들과 다양한 기법들을 접하게 될 것이다.

23.1 Neuron과 Glia: Nervous System의 기본 요소

이 절에서는 neuron의 구조와 기능이 어떻게 연계되는지 알아볼 것이다. **Neuron**은 길고 비대칭적인 특유의 모양으로, 국소적으로 집중되어 있는 단백질과 organelle, 세포막에서 이온의 흐름을 조절하는 여러 단백질을 갖고 있다는 점에서 다른 세포와 쉽게 구별할 수 있다. 하나의 neuron은 다양한 다른 neuron으로부터 신호를 받아 전기 신호를 생성하고 이 신호를 다시 여러 neuron으로 전달할 수 있기 때문에, nervous system은 상당한 신호 분석 능력을 갖고 있다. 예를 들어, 어떤 neuron은 5개의 흥분 자극을 동시에 받아야만 신호를 전달하는 경우도 있을 수 있는데, 이때 신호를 받는 neuron은 받은 신호의 전체 양과 함께 이 5개 신호의 위상이 *synchronous* (동조화)되는지를 동시에 계산한다. 하나의 neuron으로부터 받는 빠른 신호는 *excitatory* (흥분성) — 수용 세포에서의 전기적 변화를 촉발시키기 위해 다른 신호와 결합하는 — 일 수도 있고, 신호가 전파되는 것을 막는 *inhibitory* (억제성)일 수도 있다. Excitatory synapse 및 inhibitory synapse뿐 아니라 neuron은 norepinephrin (에피네프린), dopamine (도파민), serotonin (세로토닌) 그리고 acetlycholine [아세틸콜린; G protein-coupled receptor (G 단백질 연결 수용체); 15장 참조]과 같은 다양한 *neuromodulatory* (신경조절성) 신호를 받게 된다. 따라서 각 neuron의 특성과 연결 패턴에 의해서 신경 정보가 통합되고 정제된다. Nervous system의 산물은 neuron간 연결 배선 및 배선 강도와 같은 circuit 특성들에 의해 결정된다. 우리는 먼저 세포가 어떻게 신호를 보내고 받는지 알아본 다음, 분자 수준에서 일어나는 상세한 과정에 대해 알아볼 것이다.

정보는 Dendrite에서 Axon으로 전달된다

Neuron은 둥근 모양의 *neuroblast* 전구체로부터 생성된다. 새롭게 생성된 neuron은 먼 거리를 이동하는데, 긴 모양의 세포로 자라기 전에는 단순히 둥근 모양을 띠고 있다. 완전히 분화된 neuron은 여러 가지 모양을 갖게 되지만, 일반적으로 공통된 구조를 갖고 있다(그림 23-1c, d). *Cell body*에는 핵이 존재하고, 세포 한쪽 끝에는 분기하는 과정 중인 **dendrite [가지 돌기**; 그리스어로 "tree-like (나무와 같은)"이라는 뜻]가 있는데, 이곳에서 synapse를 통해 다른 neuron으로부터 신호를 받게 된다. Dendrite 이외에도 cell body에서 형성된 synapse를 통해서도 신호를 받을 수 있다. Dendrite가 매우 복잡하고 긴 neuron도 있는데, 이런 neuron은 central nervous system (즉, 뇌와 spinal cord)에 매우 많이 존재한다. 이러한 구조적 특징을 통해서 neuron은 다양한 synapse를 형성하며, 수만 개 이상의 다른 neuron으로부터 신호를 받을 수 있게 된다. 이와 같이 하나의 neuron에 존재하는 다양한 dendrite는 여러 세포로부터 다양한 신호를 받아 통합한다.

Neuron이 처음 분화할 때, dendrite의 반대쪽 끝부분은 매우 길게 뻗어나가 **axon (축삭)**이라 불리는 긴 팔 모양을 형성하며, 이는 신호전달에 필수적이다. Axon은 cytoskeleton (세포 뼈대)의 다양한 변화를 수반하는 *axon guidance* (축삭 지도)라 불리는 복잡한 과정을 통해서 그 성장이 조절되며, 이는 18.8절에서 논의하였다. Axon의 직경은 μm (human brain)에서부터 mm (오징어)까지 다양하며, 길이도 몇 m까지 될 수 있다(예를 들면, 기린의 목). Axon은 종종 **myelin sheath (미엘린 수초)**라고 부르는 전기적 insulator (절연체)로 둘러싸여 있는데(그림 23-1d 참조), central nervous system에서는 oligodendrocyte (희소돌기아교세포), peripheral nervous system에서는 Schwann cell (슈반 세포)과 같은 특정 glial cell (교세포)에 의해서 만들어진다. Insulator는 전기적 신호의 전달 속도를 증가시키고, short circuit (단락)되는 것을 막는다. Neuron에서 dendrite 반대쪽 끝으로 위치하는 axon의 짧은 가지 끝을 *axon termini* (축삭 종말)라고 하는데, 이곳에서 다른 neuron, muscle cell (근육 세포), 혹은 hormone을 분비하는 세포 등으로 신호가 전달된다. 한쪽 끝에는 dendrite가 있고, 반대쪽 끝에는 axon termini가 있는 이러한 neuron의 비대칭적인 구조로 인해 정보는 dendrite에서 axon으로 전달된다.

정보는 Ion Flow Pulse, 즉 Axon을 따라 이동하는 Action Potential 형태로 전달된다

Nerve cell은 muscle cell이나 pancreas cell (이자 세포)처럼, *excitable cell* (흥분성 세포)의 한 종류이다. Excitable cell은 세포 내부에 음의 전압을 띠거나 세포막을 가로질러 형성된 electric potential gradient (전기 전위차), 즉 **membrane potential (막전위)**을 띠고 있다(11장 참조). 다른 세포들과 달리, neuron은 고유의 전기적 특성을 이용하여 신호를 전달한다. 이러한 electrical signal은 국소적인 전압 차이로 표현되는데, 짧은 시간 내에 세포 안이 밖에 비해 음전압에서 양전압으로 바뀌게 된다. 이런 현상을 **depolarization (탈분극)**이라고 한다. 그리고 depolarization의 변화가 급격하게 커지는 현상을 **action potential (활동전위)**이라고 한다. Neuron의 안쪽이 음전압에서 0 mV로 된 다음, 다시 양전압으로 polarization 상태로 변화하는 일련의 과정은 그림 23-2에 나와 있다. Action potential의 최고점에서 membrane potential은 +50 mV (세포 안이 양의 전압)까지 올라가서 총 120 mV에 달하는 membrane potential이 변화한다. 23.2절에서 더 자세히 살펴보겠지만, 활동 전위는 axon을 따라 axon terminus로 초당 100 m의 속도로 빠르게 움직인다. 예를 들어, 사람의 경우 axon은 1 m보다 더 길지만 action potential이 전달되는 데에 몇 millisecond (백만 분의 1초)도 채 안 걸린다. 그림 23-2에 나와 있는 것처럼, neuron의 경우 4 millisecond 정도의 짧은 회복기가 지나면 반복적으로 action potential을 만들게 된다. Action potential이 neuron의 한 부분을 지나고 나면, 채널과 펌프에 의해서 resting potential이 **repolarization (재분극)**되어 세포 안이 다시 음 전압을 띠게 된다. 이러한 회복 과정은 action potential이 axon을 따라서 axon termini까지 진행되어서 neuron이 다시 신호를 전달할 수 있게 해준다.

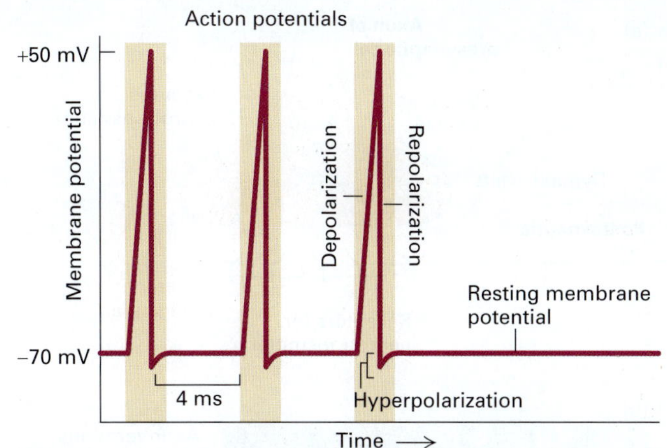

실험 그림 23-2 Axonal membrane potential을 시간 변화에 따라 기록하면 action potential의 amplitude와 frequency를 측정할 수 있다. Action potential은 갑작스럽고 일시적인 membrane potential의 depolarization이며, 약 –70 mV의 resting potential로 다시 repolarization 과정이 뒤따르게 된다. Axonal membrane potential은 작은 전극을 axon 내에 꽂아서 측정한다(그림 11-19 참조). 4 msec마다 하나의 action potential이 발생한다.

Action potential은 “all or none (전부 아니면 없음)”의 형태를 띤다. 일단 threshold (역치)만 넘으면 완전한 action potential이 발생한다. 따라서 신호 정보의 전달은 주로 action potential의 강도가 아닌 timing과 frequency에 의해서 일어나는 것이다. 자극이 강할수록 action potential의 frequency는 더 높게 촉발된다.

이전에 언급했듯이, neuron만이 우리 신체에 존재하는 유일한 excitable cell은 아니다. 근육의 수축은 흥분성 muscle cell과 직접 시냅스를 형성하고 있는 excitable motor neuron (흥분성 운동 신경세포)에 의해 유발되고(그림 23-1d 참조), pancreas의 β islet cell (이자 세포)로부터 insulin (인슐린)이 분비되는 것은 neuron에 의해 유발된다. 두 경우 모두, 세포막 내 채널이 열려서 이온 이동에 변화가 생기고 non-neuronal cell (비신경세포)의 전기적 특성이 변화하여 활성화되는 것이다.

Synapse를 통하여 Neuron 사이의 정보가 전달된다

그렇다면 정보가 neuron 사이에서 어떻게 전달될 수 있을까? 한 neuron의 axon termini는 다른 neuron의 dendrite와 서로 가깝게 마주보는데, 이러한 junction (접합지)을 *chemical synapse* (화학적 시냅스) 혹은 간단히 **synapse (시냅스)**라고 한다(그림 23-3). *Presynaptic cell* (전시냅스 세포)의 axon termini에서는 **synaptic vesicle (시냅스 소포체)**

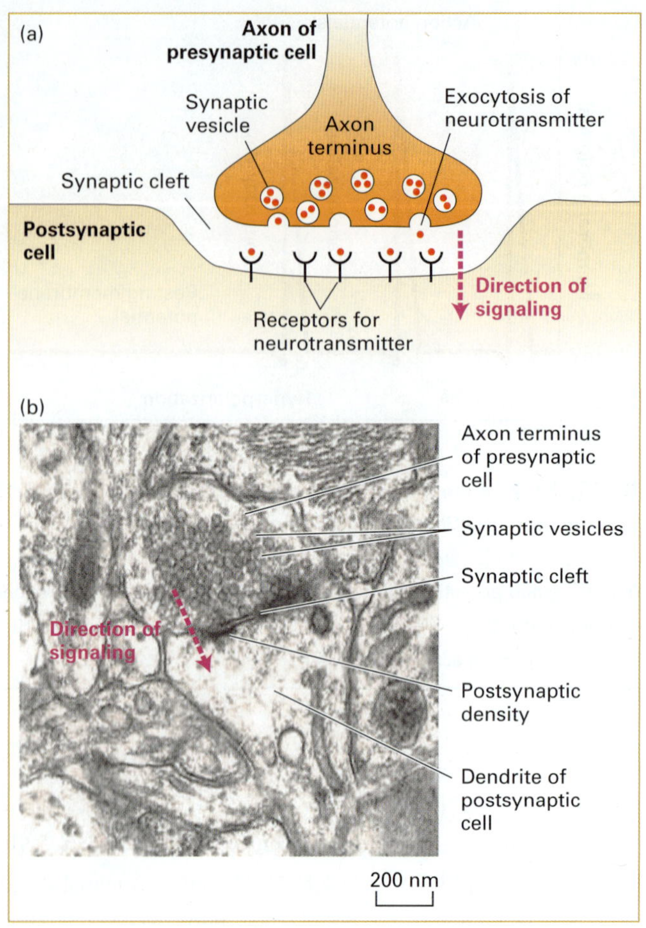

그림 23-3 Chemical Synapse. (a) 좁은 부위인 synaptic cleft에서는 presynaptic 및 postsynaptic cell의 세포막 사이를 구분한다. Presynaptic cell에 action potential이 도달하면, synapse에서 작은 수의 synaptic vesicle의 exocytosis를 일으켜서 neurotransmitter를 release한다(빨간색 원). 분비된 neurotransmitter는 synaptic cleft를 따라서 diffusion된 후에 postsynaptic cell의 세포막에 존재하는 특정 receptor에 결합하게 된다. 이러한 신호는 postsynaptic membrane을 depolarization시켜(세포 내부 potential의 음전하를 감소) 세포 내에서 action potential을 유도하거나, 혹은 postsynaptic membrane을 hyperpolarization시켜(세포 내부 potential의 음전하를 증가) action potential 유도를 억제한다. (b) 전자현미경 사진은 dendrite가 synaptic vesicle로 가득한 axon과 synapse를 이루고 있는 모습을 보여 준다. Synapse에서 presynaptic cell의 세포막은 vesicle exocytosis를 위해 특수화되어 있다; Neurotransmitter를 포함하는 synaptic vesicle은 이 부위에 몰려 있다. Postsynaptic cell (이 경우에는 neuron) 반대편 membrane에는 neurotransmitter에 결합하는 receptor, adhesion molecule, scaffolding molecule, 신호전달 분자 그리고 cytoskeletal element가 존재한다. [Part (b) republished with permission from Oxford University Press, from S. Okabe, 2013, "Fluorescence Imaging of Synapse Formation and Remodeling" *Microscopy* **62**(1): 51–62; permission conveyed through Copyright Clearance Center, Inc.]

로 불리는 수많은 작은 vesicle이 존재하는데, vesicle에는 **neurotransmitter (신경 전달 물질)**가 포함되어 있다. Action potential이 neuron의 presynaptic terminus에 도달하면, 칼슘 유입이 일어나서 일부 synaptic vesicle의 exocytosis (세포외 배출)가 일어나 neurotransmitter가 분비된다.

Neurotransmitter는 약 0.5 msec 내에 synapse를 통해 diffusion (확산)되어 주변 neuron의 dendrite에 있는 receptor (수용체)에 결합한다. 그 결과 *postsynaptic cell* (후시냅스 세포)의 dendrite membrane에 존재하는 특정 ion channel을 열거나 닫아 membrane potential을 변화시킨다. 만약 국소적인 depolarization이 충분히 크면, axon에서 action potential이 발생한다. 신호전달은 한쪽 방향으로만 진행된다. 즉, presynaptic cell의 axon termini에서 postsynaptic cell의 dendrite로 전달된다.

일부 synapse에서는, neurotransmitter가 hyperpolarization (과분극)을 일으킴으로써, postsynaptic cell에서 action potential이 잘 일어나지 않게 된다. Central nervous system (중추신경계)에서는 하나의 axon이 여러 개의 neuron과 synapse를 형성하여 모든 neuron에 동시다발적으로 반응을 유도하기도 하며, 반대로 여러 개의 neuron이 하나의 postsynaptic cell에 같은 위상으로 함께 작용하여 action potential을 유발하기도 한다. Depolarization을 일으키는 신호와 hyperpolarization을 일으키는 신호를 통합하여 action potential이 일어날 수 있는 가능성을 결정한다. 따라서 neuron은 axon을 따라서 흐르는 매우 빠른 전기적 신호전달과 세포 사이에 일어나는 빠른 화학적 신호전달을 이용하여 정보를 전달한다. 이는 *electrochemical signaling* (전기화학적 신호)으로 알려져 있다.

Nervous System은 다양한 Neuron으로 구성된 Signaling Circuit (신호 회로)을 구성하여 이를 활용한다

복잡한 multicellular animal (다세포 동물)에서는 여러 종류의 neuron이 signaling circuit을 구성한다. Spinal cord에서는 central nervous system과 peripheral nervous system 사이에 정보를 전달하는 signaling circuit이 세 가지 형태의 nerve cell로 구성되어 있다: afferent neuron (구심성 신경세포), interneuron 그리고 efferent neuron (원심성 신경세포). **Afferent neuron**은 *sensory neuron* (감각 신경세포)으로 알려져 있는데, receptor로부터 전달되는 nerve impulse (신경 자극)를 전달하거나 central nervous system (즉, brain이나 spinal cord)과 연결된 organ을 감지한다. 이러한 neuron은 빛의 반짝임이나 muscle의 움직임 등을 보고한다. 간단한 접촉이나 고통에 관련된 자극은 해당 정보가 afferent nerve pathway를 통해 전달될 경우에 한해서 sensation (감각)을 만든다. **Efferent neuron**은 *effector neuron* (효과기 신경세포)으로도 알려져 있는데, central nervous system으로부터 멀어지도록 nerve impulse를 전달한다. 예를 들어, motor neuron은 muscle에 신호를 전달하여 근육을 수축시킨다(그림 23-1d 참조); 다른 effector neuron인 endocrine cell (내분비 세포)로 하여금 hormone의 분비를 촉진하게 한다. **Interneuron**은 가장 큰 그룹의 neuron으로서 afferent neuron으로부터 efferent neuron으로 혹은 다른 interneuron으로 신호를 전달한다. Interneuron은 수많은 neuron을 연결하여 신호가 통합되거나 분산되게 하며, 때때로 신호가 더 멀리 전달되게 한다. *Reflex arc*

(반사활)라 불리는 간단한 종류의 circuit을 살펴보면, interneuron은 여러 sensory neuron과 motor neuron을 연결하여, 하나의 sensory neuron이 여러 개의 motor neuron에 영향을 끼치게 하고, 하나의 motor neuron이 여러 개의 sensory neuron에 의해 영향을 받게 한다; 이러한 방식을 통해 interneuron은 reflex를 통합하고 향진시킨다. 예를 들어, 그림 23-4에 소개된 사람의 knee-jerk reflex (무릎 반사)의 경우, 복잡한 reflex가 수반되어 한 근육은 수축하고 다른 근육은 수축하지 못한다. Reflex는 또한 뇌에 정보를 전달한다. 이러한 circuit은 개체로 하여금 하나의 목적을 달성하기 위해 다 함께 일련의 근육을 총체적으로 움직여서 sensory input으로 하여금 반응하게끔 한다.

하지만 이러한 간단한 signaling circuit으로는 reasoning (추론), computation (계산), memory development (기억 발달)와 같은 higher-order brain function (고등 뇌기능)을 설명할 수는 없다. 이러한 circuit 내에는 target neuron의 action potential 발화를 촉진하는 excitatory neuron, target neuron의 action potential firing (발화)을 억제하는 inhibitory neuron; 그리고 target neuron의 action potential firing을 위한 threshold (역치)를 조절하는 neuromodulatory neuron으로 구성되어 있다. 뇌에 존재하는 전형적인 neuron은 수천 개에 이르는 다른 neuron으로부터 신호를 받아서 다시 수많은 다른 neuron에 직접 chemical signal을 전달한다. Nervous system은 내부 circuit의 특성—neuron 사이의 상호연결 정도와 그러한 연결의 강도—에 좌우된다. 그러나 neural circuit은 복잡하고 다양하기는 하지만 기본 작동 방식은 상대적으로 매우 단순하다. 하나의 presynaptic neuron이 많은 postsynaptic neuron들과 연결되는 방식의 divergence (발산); 하나의 postsynaptic neuron이 다수의 presynaptic neuron들에게서 신호를 전달받는 convergence (수렴); 그리고 postsynaptic neuron이 신호를 준 presynaptic neuron에 다시 feedback (되먹임)을 전달하는 방식이 바로 그것이다(그림 23-5). Feedback circuit은 *closed loop* (폐쇄 루프)를 형성해서 system 내 output (출력)이 input (입력)으로 다시 사용되는 양상으로 작동한다. Positive feedback circuit (양되먹임)에서는 output이 지속되거나 초기 input의 활성이 증가한다. 반면 negative feedback circuit (음되먹임)에서는 output이 초기 input 활성을 억제한다.

Glial Cell은 Myelin Sheath를 형성하고 Neuron을 지지한다

Neuron은 인간 뇌에서 필수적인 유일한 세포는 아니다. **Glial cell** (*neuroglia* 혹은 간단히 *glia*)은 뇌에서 많은 역할을 하고 있지만 그 자체로 electrical impulse를 만들지 못한다. 많은 교과서들에는 glia가 neuron보다 약 10배 많이 존재한다고 기재되어 있지만, 최근 연구결과에 의하면 비록 동물 종간, 뇌 영역마다 차이가 있지만 인간 뇌에서 glia와 neuron간 비율이 거의 1:1이라고 한다. 위에서 기술했듯이, 네 가지 주요 glial cell 중에서 두 가지 세포는 neuronal axon을 둘러싸며, insulation 역할을 하는 myelin sheath를 만든다(그림 23-1d 참조): **oligodendrocyte**는 central nervous system (CNS)에서 sheath를 만들며, **Schwann cell**은 peripheral nervous system에서 sheath를 만든다. (두 glial cell 모두 23.2절에서 보다 자세히 논의될 것이다). Astrocyte (성상세포)는 성장 인자(growth factor)나 다른 신호를 neuron에 제공하

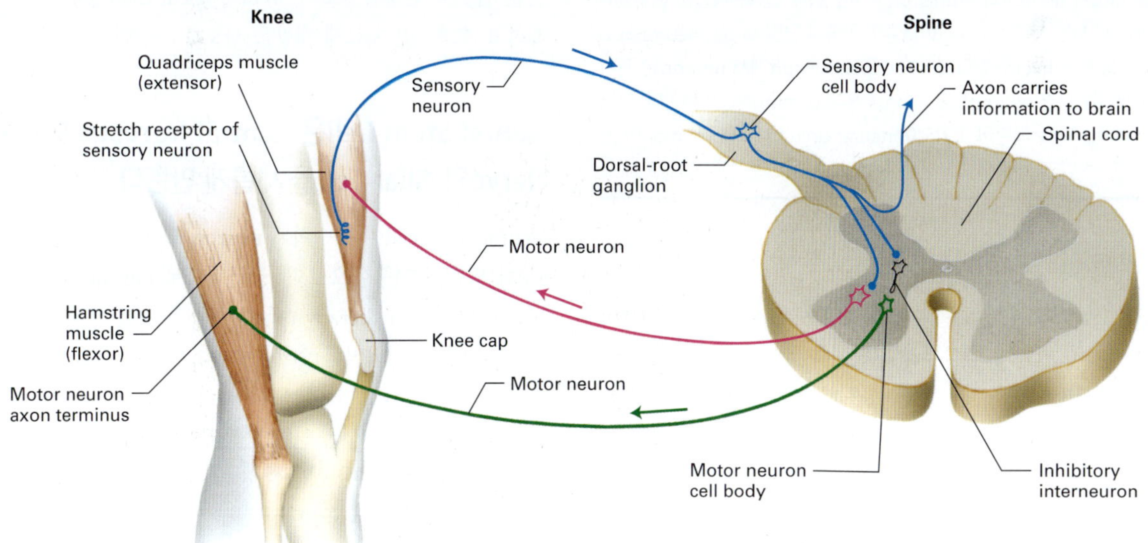

그림 23-4 무릎 관절 반사. 망치로 무릎을 살짝 치면 quadriceps muscle (허벅지 앞쪽 근육)이 늘어나고, stretch receptor sensory neuron에서의 electrical activity를 유발한다. Action potential은 위쪽 파란 화살표의 방향을 따라 이동하여 brain으로 신호를 보내 우리가 어떤 일이 일어났는지 알 수 있게 하며, 동시에 spinal cord에 존재하는 dosal root ganglion의 2개의 세포에 신호를 전달한다. 첫 번째 세포는 quadriceps (빨간색)로 다시 돌아가는 motor neuron이고, muscle contraction을 유도하여 무릎을 친 사람을 차게 한다. 두 번째 연결은 inhibitory interneuron (검정색)을 활성 또는 "흥분"시킨다. Interneuron은 flexor motor neuron (녹색)을 억제하는 제동 효과를 갖는데, 이 motor neuron은 다른 상황에서는 quadriceps와 반대 작용을 하는 hamstring muscle (허벅지 뒤쪽의 근육)을 활성화한다. 이런 방식으로 hamstring muscle의 relaxation은 quadriceps의 contraction과 상호 연결된다. 이것은 의식 있는 결정에 의한 움직임이 아니므로 reflex이다.

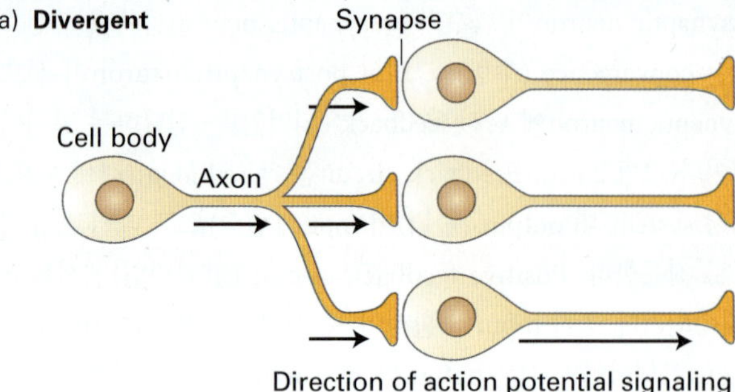

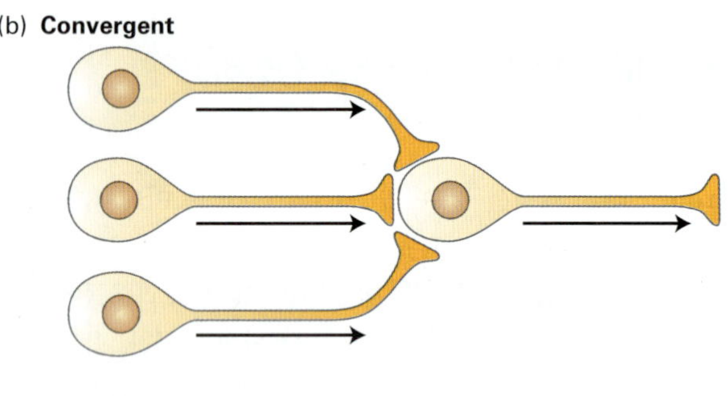

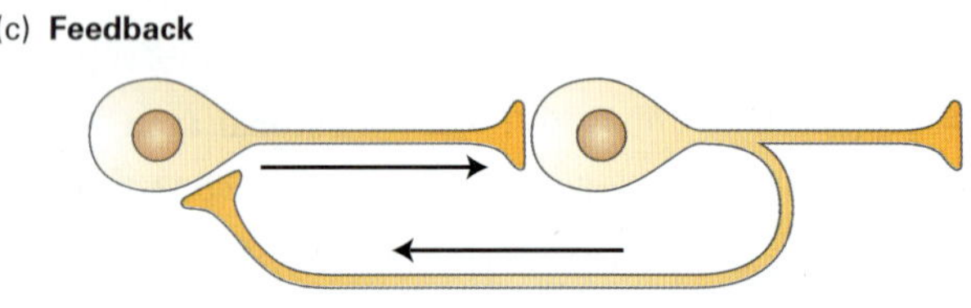

그림 23-5 Neural circuit의 공통적인 패턴. Neuron은 서로 연결되어 functional circuit을 형성한다. 많은 neural circuit에서 발견되는 세 가지 공통적인 connectivity 패턴은 다음과 같다. (a) Divergent neural circuit에서는 단일 neuron이 다수의 서로 다른 target neuron과 axonal branch를 통해 접촉한다. (b) Convergent neural circuit에서는 서로 다른 neuron들이 공통의 단일 target neuron으로 axonal branch를 통해 converge한다. (c) Feedback circuit에서 neuron은 자기 자신으로 다시 연결되는 다른 neuron으로 axon을 통해 communication한다. 이러한 다양한 interconnectivity 패턴이 조합되어 neural circuit 내 information이 전달된다.

고 다른 neuron으로부터 신호를 받는다. 마지막으로, *microglia* (미세아교세포)는 중추신경계 면역계의 일부를 구성한다. Microglia는 neuron 그리고 다른 glial cell과는 lineage (계통)가 다르지만 뇌 발달 단계에서 중요한 역할을 한다. 우리는 astrocyte의 기능에 대해 아래에서 논의할 것이다; oligodendrocyte와 Schwann cell은 23.2절에서, 그리고 microglia는 23.3절에서 각각 좀 더 논의할 것이다.

Astrocyte는 별 모양을 띠고 있어 명명되었는데(그림 23-6), 뇌 질량의 1/3 이상, 뇌에 존재하는 전체 세포의 약 20~40퍼센트를 차지하고 있다. 최근 연구에 따르면, astrocyte도 분자 구성, 생리학적, 기능적 특성이 매우 다양하다. 따라서 많은 현대 신경과학자들은 astrocyte가 뇌기능을 어떻게 조절하는지 연구하고 있다. Astrocyte는 많은 수의 synapse와 dendrite를 둘러싸고 있다; Ca^{2+}, K^+, Na^+ 그리고 Cl^- 채널은 astrocyte의 plasma membrane (세포막)에 존재하여 세포 밖 공간에 존재하는 free ion (자유 이온) 농도에 영향을 미치며, 따라서 neuron과 astrocyte 자신의 membrane potential에 영향을 미친다. Astrocyte는 풍부한 extracellular matrix protein (세포외 기질 단백질)을 만들어내서 그중 일부는 이동 중인 neuron의 guidance cue로 사용되고, 일련의 성장 인자를 만들어서 다양한 정보를 neuron으로 전달한다. 23.3절에서 더 자세히 소개하겠지만, astrocyte는 또한 neuron간에 적절한 synapse 형성을 촉진하는 데 필요한 물질들을 분비한다. Astrocyte는 서로 gap junction (연접 간극)에 의해서 연결되어 있어서 (gap junction 구조에 관해서는 그림 20-21 참조) 하나의 astrocyte의 이온의 구성성분에 변화가 생기며, 인접한 astrocyte뿐만 아니라 수백 micron 떨어져 있는 astrocyte에 변화를 야기한다. 이러한 방식으로 astrocyte는 neuron과 마찬가지로 nervous system 내에 *astrocyte syncytia* (성상교세포 융합체)라 불리는 네트워크를 구성한다.

몇몇 astrocyte는 또한 어떤 종류의 물질이 혈액을 통해서 뇌로 전달되고, 반대로 뇌로부터 혈액으로 전달되는지를 결정하는 blood-brain barrier (혈액뇌 장벽)가 제대로 만들어지도록 조절한다(그림 23-6c). 뇌의 blood vessel (혈관)은 oxygen (산소)을 공급하고, 이산화탄소를 제거하며, glucose (포도당)와 아미노산(amino acid)을 전달하는데, 이는 모든 세포에 존재하는 capillary (모세혈관)를 통해 일어난다. Blood-brain barrier는 endothelial cell (내피 세포)간 형성하는 tight junction (밀착 연접; 20장)에 의해 만들어진다. Astrocyte 각각의 endfeet projection들은 뇌 endothelial cell 및 *pericyte*라 불리는 contractile cell (수축 세포)들로 구성된 basal lamina (기저판)와 긴밀하게 상호작용한다(그림 20-23, 20-24 참조). 많은 과학자들은 blood-brain barrier에 관한 연구를 진행함으로써, neurological disorder (신경계 질환)를 이해하고 효과적인 치료제 개발을 시도하고자 한다.

Neural Stem Cell은 Central Nervous System에서 Nerve와 Glial Cell을 새롭게 만든다

Neural stem cell이 성숙화된 neuron 및 glia로 어떻게 differentiation (분화)되는지 연구함으로써, 궁극적으로 nervous system이 형성되고 cell replacement therapy (세포 대체 치료)를 통한 neurodegenerative disease (퇴행성 뇌질환)의 방지책 혹은 치료책을 마련하는 데에 지대한 관심이 증가하고 있다. Embryonic brain development (배아 뇌 발생) 과정에 관한 많은 연구를 통해서, 우리는 neural stem cell 혹은 glial stem cell에 관한 상당한 지식을 축적하였다. 척추동물 신경계 발생의 초기에는 embryo의 바깥쪽에 있으면서 머리로부터 꼬리까지 이르는 cell layer (세포 층)인 ectoderm tube (외배엽관)가 말려서 올라간다(그림 23-7a). 이 *neural tube* (신경관)가 뇌 및 spinal cord를 형성하게 된다. 초기에, neural tube는 단일 cell layer이며, *neuroepithelial cell* (신경상피세포)라 명명된 이 세포들이 궁극적으로 전체 central nervous system을 구성하는 embryonic neural stem cell (NSC)로 작동한다. Neural tube의 내부는 forebrain (전뇌) 내에서 확대되어 액체로 가득한 구획인 *ventricle* (뇌실)을 형성하고, *ventricular zone* (*VZ*)으로 불

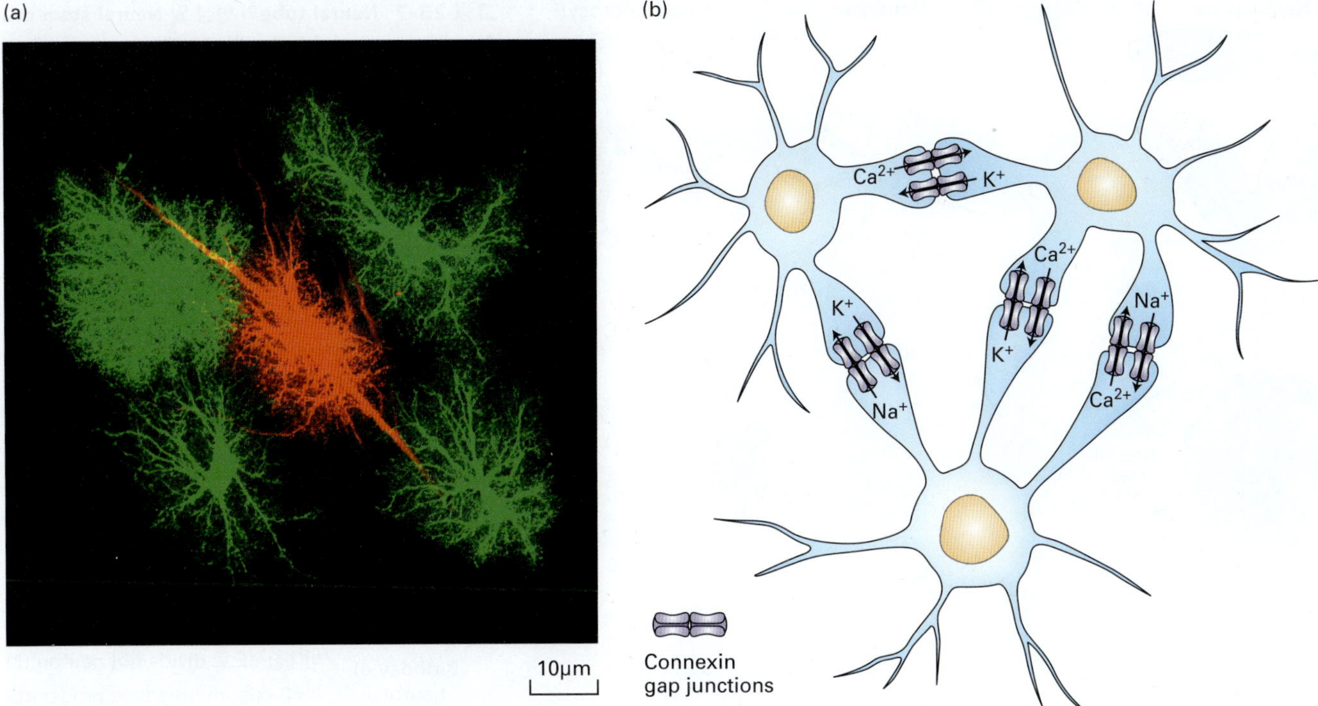

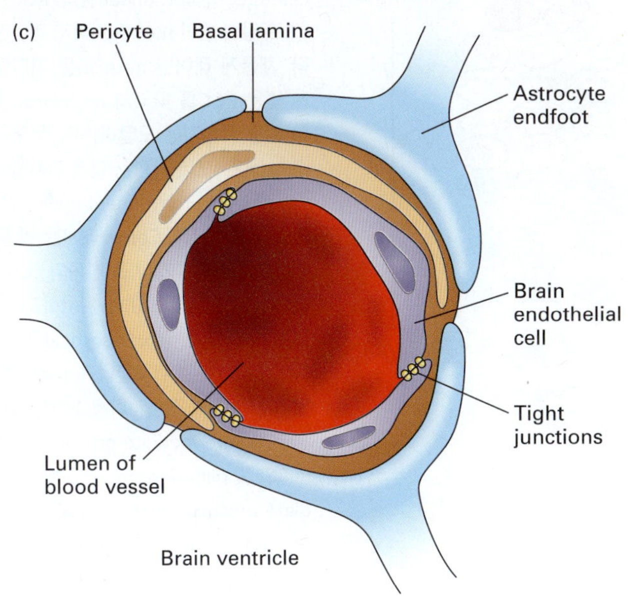

그림 23-6 Astrocyte: morphology, gap-junction-mediated networks of astrocytes, 그리고 blood-brain barrier에서의 endothelial cell과의 상호작용. (a) Astrocyte는 별 모양으로 생겼기에 명명되었다. 이 사진에서는 astrocyte를 glial fibrillary acidic protein (GFAP)이라는 astrocyte의 주요 branch를 나타내는 intermediate filament 단백질을 인식하는 항체를 이용하여 자홍색으로 보여주고 있다. 가운데 위치한 astrocyte는 또한 soluble green fluorescent dye를 미세 주입한 것으로서 주로 흰색으로 보이는 branch (자홍색과 녹색의 중첩으로 인해)뿐 아니라 *branchlet*이라고 하는 다수의 미세 branch를 포함하고 있다. (b) Astrocyte는 gap junction을 통해 다른 astrocyte와 연결된다(그림 20-21 참조). 이를 통해 Ca^{2+}, K^+ 그리고, Na^+ 이온이 빠르게 한 astrocyte로부터 다른 astrocyte로 흐르게 되어 astrocyte network 또는 syncytia를 형성한다. 여기에 보여주진 않았지만, astrocyte는 또한 neuron 및 oligodendrocyte와도 gap junction을 형성한다. (c) Astrocyte는 blood-brain barrier에 기여한다. 뇌의 capillary는 대부분의 분자를 통과시키지 않는 tight junction에 의해서 서로 연결된 endothelial cell로 구성되어 있다. 세포간 운송은 막혀 있어서 오직 세포막을 따라서 diffusion할 수 있는 작은 분자, 또는 세포 사이를 특별히 통과할 수 있는 substance만이 barrier를 통과할 수 있다. Blood vessel을 감싸는 일부 astrocyte는 endothelial cell과 접촉하며, 분비단백질 신호를 보내서 endothelial cell로 하여금 선택적인 barrier를 형성한다. Endothelial cell (보라색)은 *pericyte* (노란색)로 불리는 contractile cell이 포함된 basal lamina 층에 의해서 덮여 있으며(갈색), astrocytic process (파란색)와 접하고 있다. N.J. Abbott, L Rönnbäck, and E. Hansson, 2006, *Nat. Rev. Neurosci.* **7**:41–53. [Part [a] UC San Diego, Eric Bushong, Maryann Martone, Mark Ellisman (2002) CCDB; 1053, rattus norvegicus, protoplasmic astrocyte. CIL. Datase. https://doi:org/10.7295/W9CCDB1053.]

리는 neural tube 내 특정 세포 층은 대부분의 cell division (세포 분열)이 일어나는 곳이다.

생쥐 모델에서의 labeling 및 tracing 실험을 통해 세포가 어떻게 태어나서 이동하는지를 결정하는 작동원리에 관해 알려졌다. Ventricle을 구성하는 neural stem cell 및 progenitor cell을 통칭하여 embryonic neuroepithelial cell (NEC)로 부른다. 이들 세포는 대칭적으로 분열하여 동일한 daughter stem cell (딸 줄기세포)을 만들어 내어(그림 23-7b), progenitor 세포군의 숫자를 늘리게 된다. Neuron이 만들어지기 시작하는 시점에서, NEC는 radial glial cell (RGC, 방사 신경 교세포)로 전환되는데, 이 세포는 embryonic neurogenesis (태아 신경 발생) 시기 동안 주요 precursor cell로 작동한다. 일련의 대칭/비대칭적인 cell division을 통해서, radial glial cell은 neuron과 intermediate precursor cell을 만든다(그림 23-7b 참조). 이후 뇌 발달 기간 동안, RGC는 astrocyte 및 oligodendrocyte와 같은 glia를 만든다(그림 23-7c).

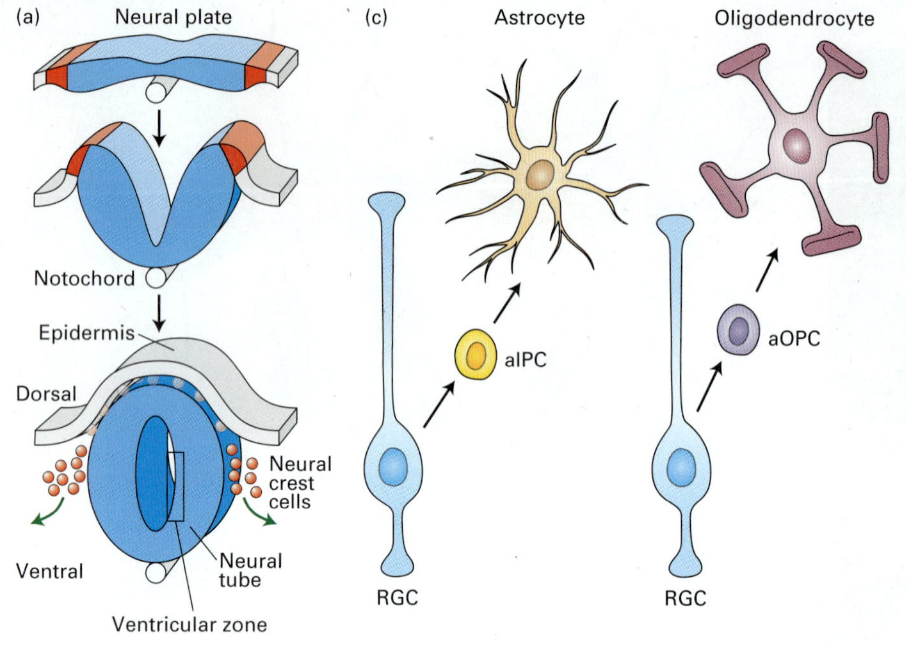

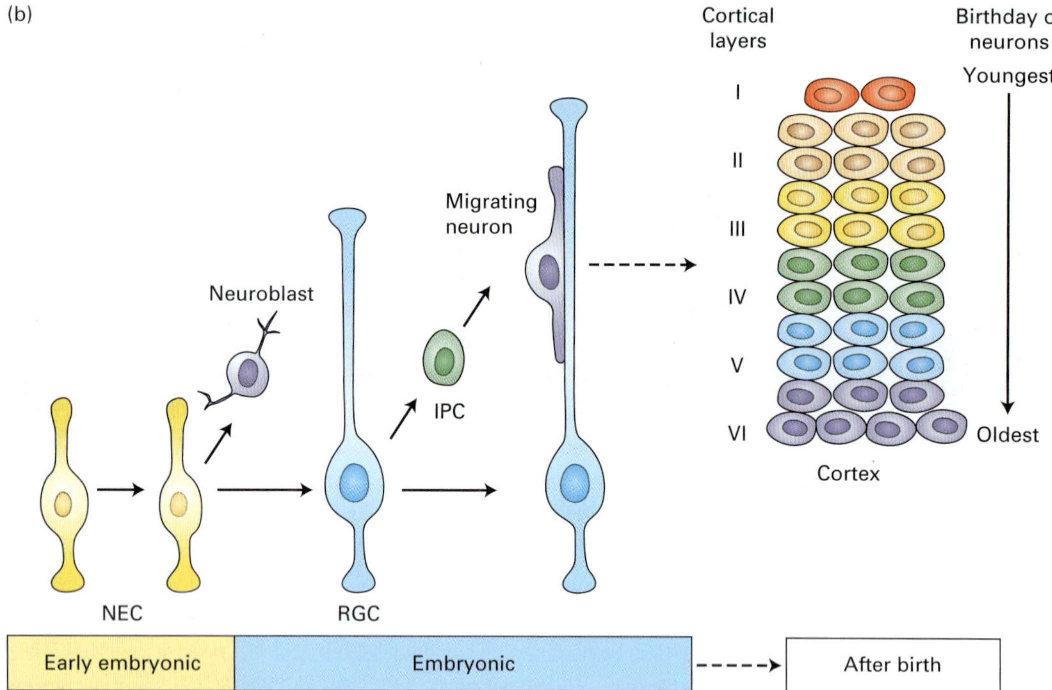

그림 23-7 Neural tube의 형성 및 Neural stem cell의 division. (a) 척추동물 발달 초기에는 ectoderm의 일부가 말려져 올라가서 나머지 세포들과 분리된다. 그렇게 되면 epidermis (회색)와 neural tube (파란색)가 만들어진다. 이들 사이에 neural crest cell이 만들어지고, 이후 이동하여 skin pigmentation (피부 침소), nerve formation, craniofacial skeleton, heart valves, peripheral neurons, 그리고 다른 구조들의 형성에 기여한다. Mesoderm rod인 notochord는 neural tube에서 세포 운명에 영향을 주는 신호를 제공한다. Neural tube 안쪽은 *ventricle*이라 불리는 fluid-filled vesicle이 된다. Ventricle [ventricular zone (VZ)에 위치하므로 그렇게 기술된] 근처에 위치한 neural stem cell은 neuron으로 divide되어 바깥쪽 방향으로 radial migration을 거쳐 nervous system layer를 이룬다. (b) 발달 과정 초기에는, neuroepithelium에서는 neuroepithelial cell (NEC, 노란색)이 더 많은 NEC로 divide한다. 일부 세포들은 *neuroblast* (보라색)로 불리는 초기 neuron을 생산하는 것으로 생각된다. 발달이 진행되면서, NEC는 radial glial cell (RGC)로 전환된다. RGC는 대칭 혹은 비대칭적으로 divide하여 neuron (보라색) 혹은 intermediate progenitor cell (IPC, 녹색)로 divide한다. RGC는 VZ로 길게 뻗어 meninge까지 이어진다. 새롭게 태어난 neuron은 기다랗게 뻗은 RGC를 따라서 migration하여 최종 목적지에 도달하는데, 오래된 neuron은 VZ에 가장 가깝게 위치하고 막 태어난 neuron은 meninge에 가장 가깝게 위치한다. Cortex에서는 막 태어난 neuron은 가장 표면 쪽의 cortical layer (I 그리고 II)에 위치하고, 오래된 neuron은 깊숙한 cortical layer (V 그리고 VI)에 위치한다. (c) 태아 발달이 거의 끝나가는 시기에, RGC는 astrocyte intermediate precursor cell (aIPC) 및 oligodendrocyte intermediate precursor cell (oIPC)로 전환되고, 이어 각각 astrocyte와 oligodendrocyte를 만들게 된다. A. Kriegstein and A. Alvarez-Buylla, 2009, *Annu. Rev. Neurosci.* **32**:149–184 참조.

과학자들은 오랜 기간 성체 시기 뇌에서는 새로운 nerve cell이 만들어지지 않는다고 생각하였다. 대부분의 포유동물 뇌세포는 성체 시기에 분열을 멈추나, lateral ventricle (측뇌실)내 *adult subventricular zone* (*SVG*; 성체 뇌실 하 구역)과 **hippocampus** (**해마**; memory 형성에 관여하는 tempora lobe 구역)내 *subgranular zone* (*SGZ*; 과립 하 구역)의 일부 세포는 stem cell로 작동하여 새로운 neuron을 만들어낸다(그림 23-8a). 다른 stem cell과 유사하게, 이러한 neural stem cell은 neuron, astrocyte 및 oligodendrocyte와 같은 neural lineage (신경 계통)로 self-renewal (자가복제)하고, differentiation (분화)하게 된다(그림 23-8b). Neural stem cell들을 발굴하고 연구하기 위해 SVZ로부터 분리한 세포들을 FGF2 혹은 EGF와 같은 성장 인자들과 함께 배양한다. 일부 세포들은 살아남아서 undifferentiation된 상태로 proliferation (증식)한다; 즉, 이들 세포는 self-renewal한다. 다른 성장 인자들을 투여하면, 이러한 미분화된 세포는 neuron, astrocyte 혹은 oligodendrocyte

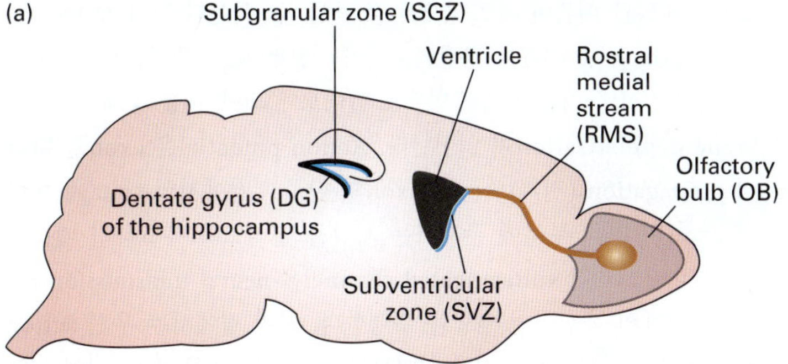

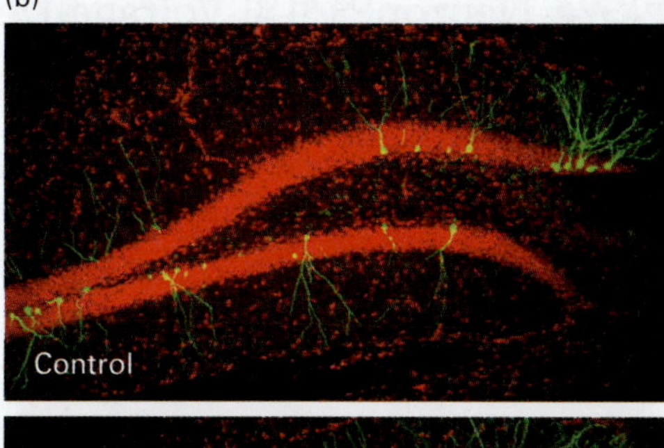

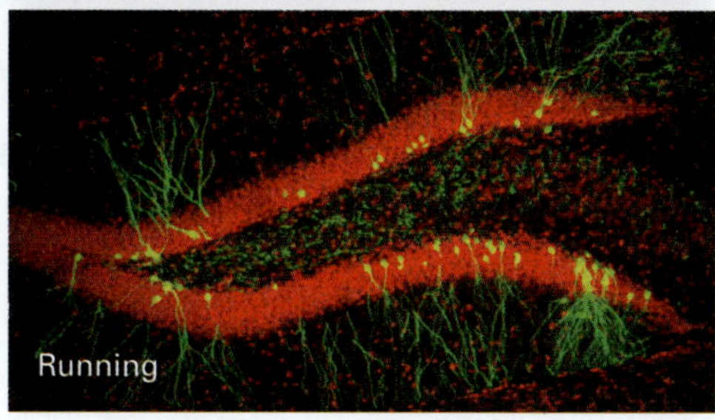

그림 23-8 성체 뇌에서의 neurogenesis. (a) 새로운 neuron은 성체 뇌의 두 군데 영역에서 태어나는데, hippocampus dentate gyrus (DG)내 subgranular zone (SGZ)와 subventricular zone (SVZ)가 그것이다. 생쥐 SVZ 내 neural stem cell로부터 유래한 neuron들은 rostral medial stream (RMS)을 통해 olfactory bulb (OB)로 이동한다. (b) SGZ에서 새로 태어난 neuron들을 GFP를 발현하는 retrovirus로 labeling (표지화)하였다. 사진은 control 생쥐와 한 주 동안 cage에서 running wheel에서 운동을 시킨 생쥐의 DG 절편을 보여주고 있다. 새롭게 태어난 neuron은 녹색으로 labeling되어 있는데, dendritic branching을 잘 뻗어간 모습을 봤을 때 잘 살아남아 hippocampus로 incorporation된 것으로 보인다. Hippocampus 내 다른 세포들은 빨간색 nuclear marker로 labeling하였다. DG (옆으로 V-shape을 띤)내 붉게 labeling된 것은 granule cell (과립세포)의 cell body를 가리킨다. 다른 붉은색 cell body는 glial cell과 interneuron을 나타낸다. 이 이미지가 보여주듯이, DG 내에서 새로 태어난 granule cell의 비율은 매우 낮으나 운동을 통해 상당히 올라간다. [Part (b) Chunmei Zhao and Fred H. Gage.]

로 differentiation하게 된다. 성체 뇌에서 self-renewal되고 multipotent (다능성) 세포가 존재한다는 사실이 성공적으로 확립되어 neural stem-cell 군이 존재한다는 확실한 증거가 되었다. 다만 성체 뇌에서 이러한 새로운 neuron의 기능은 아직까지 잘 알려져 있지 않지만, enriched environment (부유 환경)와 exercise (운동)에 의해서 rodent (설치류) 동물의 neuron이 증가한다는 최근 연구결과가 있다(그림 23-8b, 아래 panel). 이러한 연구들에 의해서, 궁극적으로 인간의 neural repair (신경 회복)를 위한 치료책 방안 마련에 활용될 수 있을 것이다.

23.1절의 주요 개념

Neuron과 Glia: Nervous System의 기본 요소

- Neuron은 dendrite, nucleus를 포함하는 cell body, 긴 axon, axon termini로 구성된 비대칭 세포이다.
- Neuron은 세포막을 가로지르는 이온 흐름의 파동을 통해 한쪽 끝에서 다른 쪽 끝으로 정보를 전달한다. dendrite는 세포 한쪽 끝에서 다른 neuron으로부터 화학 신호를 받아 이온의 흐름을 촉발한다. 전기 신호는 세포 다른 쪽 끝인 axon termini로 빠르게 이동한다(그림 23-1 참조).
- 자극을 받지 않은 resting potential은 −70 mV이다; 자극을 받으면 채널들을 활성화시켜 depolarization되며 +50 mV로 potential이 바뀐다(그림 23-2 참조).
- *Action potential*로 불리는 전압 변화는 axon을 따라 초당 100 m의 속도로 빠르게 이동하며 채널을 활성화시킨다.
- Neuron은 synapse라고 부르는 좁은 틈새로 연결된다. Action potential은 틈새를 건너갈 수 없기 때문에, presynaptic cell의 axon termini에서 전기적 신호는 postsynaptic cell을 자극할 수 있는 화학적 신호로 변환되어야 한다.
- Action potential에 의해 자극을 받으면, 세포 밖으로 exocytosis되는 과정을 통해 axon termini에서 *neurotransmitter*가 분비된다. Neurotransmitter는 synapse를 건넌 뒤 확산되어 synapse 반대쪽의 dendrite에 존재하는 receptor에 결합한다(그림 23-3 참조).
- Neuron은 circuit를 형성하며, 대개 afferent (sensory) neuron, interneuron, efferent (motor) neuron으로 구성된다(그림 23-5 참조).
- Glia는 nervous system에 풍부하며 많은 기능을 수행한다. Oligodendrocyte와 Schwann cell은 많은 neuron을 감싸서 myelin insulation을 형성한다. Astrocyte는 또 다른 glial cell로서 synapse나 blood vessel 주위를 감싸서 blood-brain barrier의 생성을 촉진한다(그림 23-6 참조). Astrocyte는 또한 synapse의 생성을 촉진하는 단백질을 분비하여 neural circuit의 형성 및 기능을 조절한다.
- Ventricular zone 내 embryonic neural stem cell은 central nervous system의 모든 세포를 만든다. 이러한 stem cell 및 progenitor cell은 일련의 대칭/비대칭적 세포분열을 통해 더 많은 progenitor cell, glia 및 neuron을 만든다(그림 23-7 참조).
- 성체 뇌에서, 새로운 neuron들은 subventricular zone (SVZ) 및 hippocampus dentate gyrus (해마 치아 이랑)의 subgranular zone (SGZ)에서 만들어진다(그림 23-8 참조).

23.2 Neuron에서의 Voltage-Dependent Ion Channel과 Action Potential의 Propagation

Nervous system에서 신경 정보가 처리되는 과정은 membrane channel 단백질에 의한 neuron 내 신호전달에 의해 결정된다. 11장에서 resting state의 nerve cell을 포함한 모든 세포의 세포막을 따라서 대략 ~70 mV (세포 안쪽이 음의 값을 띠고 있음)의 electric potential이 존재한다는 사실을 살펴봤다. 이러한 resting membrane potential은 세포막에 존재하는 열려 있는 K^+ 채널을 통해서 K^+ 이온이 이동하여 형성되고, K^+ 이온의 concentration gradient (농도 경사) [세포 안 농도 > 세포 밖 농도]에 의해서 시작된다. 세포 밖에 비해 상대적으로 K^+ 이온이 세포 내부에 높은 농도로, 그리고 Na^+ 이온이 낮은 농도로 존재하는 이유는 세포막에 존재하는 Na^+/K^+ 펌프(그림 11-12 참조) 때문이다. 이는 ATP 가수분해에 의해서 생기는 에너지를 이용하여 Na^+ 이온을 세포 밖으로, K^+ 이온을 세포 안으로 이동시킨다. 세포 안으로 Na^+ 이온이 들어오는 것은 열역학적으로 유리한데, 이는 Na^+ 이온의 concentration gradient (세포 밖 농도 < 세포 안 농도)와 세포 안의 음의 membrane potential에 기인한다(그림 11-24 참조). 하지만, 세포막에 존재하는 대부분의 Na^+ 채널은 neuron을 포함한 resting cell에서 닫혀 있으므로 Na^+ 이온이 세포 안으로 잘 들어가지 않는다(그림 23-9a).

Action potential이 진행되는 동안, 일부 Na^+ 채널은 열리게 되고, 따라서 Na^+ 이온이 세포 안으로 들어오게 되며, 이를 통해서 membrane depolarization이 일어난다. Action potential은 axon을 따라서 propagation (전파)되는데, axon의 한쪽 부분에서의 voltage 변화가 axon의 다른 부분에 존재하는 채널을 열리도록 유도하기 때문이다. 따라서 그러한 **voltage-gated channel**은 neural transmission (신경 전달)에서 핵심적인 역할을 수행한다. 이번 절에서는 우선 action potential의 핵심적인 특징을 알아보고, voltage-gated channel이 어떻게 neuron에서 action potential을 propagation하는지 살펴볼 것이다. 마지막으로, glial cell이 만드는 myelin sheath가 어떻게 nerve cell에서 electrical transmission의 속도와 효율성을 증가시키는지 알아볼 것이다.

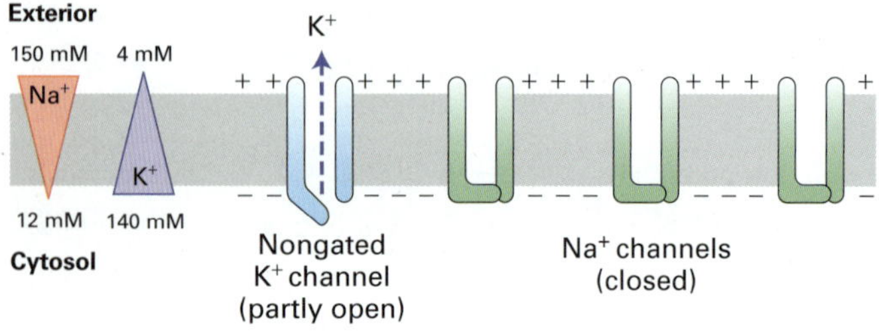

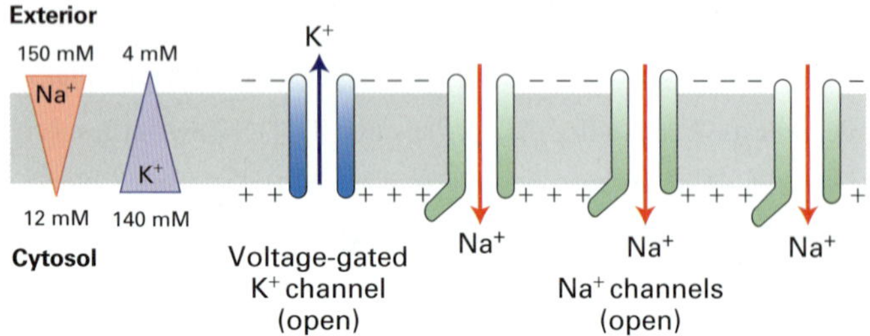

그림 23-9 세포막의 depolarization은 gated Na^+ 채널이 열려서 일어난다. (a) Resting neuron에서는 non-gated K^+ 채널(파란색)이 부분적으로 열려 있지만, 훨씬 더 많은 gated Na^+ 채널(녹색)은 닫혀 있다. Membrane 바깥으로 K^+ 이온이 이동함으로써 안쪽이 음전하를 띠는 membrane potential이 형성되는데, 이는 대부분 세포의 특징이다. (b) Gated Na^+ 채널이 열리면 Na^+ 이온이 membrane 안쪽으로 충분히 들어오게 되어 membrane potential이 역전된다. Depolarization된 상태에서 voltage-gated K^+ 채널이 열리고 이후 membrane이 repolarization된다. 이온 흐름이 세포 내외의 전반적인 Na^+ 및 K^+ 이온 농도에 크게 영향을 미치지 않을 정도로 작다는 점에 주목하자.

Action Potential의 크기는 E_{Na}와 비슷하며 Na^+ 채널이 열리고 Na^+ 이온이 이동하여 일어난다

Na^+ 채널이 열리면 세포막에서 depolarization이 일어난다. 세포막 내 Na^+ 채널이 충분히 열리면 membrane potential이 어떻게 변화하는지 그림 23-9b에 잘 예시되어 있다. 양전하를 띠는 Na^+ 이온이 세포 안으로 들어오면, 열린 resting state의 K^+ 채널을 통해서 세포 밖으로 나가게 되는 K^+ 이온의 이동보다 더 많아진다. 그 결과 cation이 안으로 더 많이 들어오게 되고, 세포 안에 cation이 초과하게 되어 세포 밖에는 음전하가 초과하는 현상이 생긴다(이는 Na^+ 이온이 세포 안으로 들어가게 된 이후 세포 밖에 "남아 있는" Cl^- 이온 때문이다). 다시 말하면, 세포막이 과도하게 depolarization되어 안쪽이 바깥쪽에 비해 양전하를 띠는 것이다.

11장에서 이미 살펴본 특정 이온의 equilibrium potential (평형 전압)은 ion concentration gradient와 membrane potential의 서로 반대로 작용하는 두 가지 힘이 균형을 이루고 있어서 membrane의 한쪽에서 다른 쪽으로 이온이 이동하지 않는 상태에서의 membrane potential을 의미하고 있음을 상기하자. Action potential에서 depolarization이 최고조에 달할 때, membrane potential의 크기는 Nernst equation에 의해서 결정되는 Na^+ equilibrium potential인 E_{Na}에 매우 가깝다(방정식 11-2).

Voltage-Gated Na^+ 이온 채널과 K^+ 이온 채널은 순차적으로 열리고 닫혀 Action Potential이 생성된다

Membrane potential이 변했다가 다시 안정 상태로 돌아가는 주기는 1–2 msec로, 이러한 변화는 초당 수백 번 일어날 수 있다(그림 23-2 참조). Membrane potential이 빠르게 변하는 것은 neuron이 action potential firing frequency를 조절하여 자극의 강도를 encoding하는 데 매우 중요하다. 낮은 강도의 자극이 오면 action potential firing frequency가 낮은 반면, 강도가 셀 경우 action potential firing frequency가 높아진다. Axon 세포막 내 *voltaged-gated* Na^+ 채널 및 *voltage-gated* K^+ 채널들이 열리고 닫혀 membrane potential은 주기적으로 변한다. 오징어 거대 axon에 여러 개의 microelectrode (미세전극)를 꽂아 실험함으로써, action potential의 발생에 있어서 이 ion channel들의 역할이 밝혀졌는데, 오징어 거대 axon뿐 아니라 다른 모든 neuron에서도 동일한 메커니즘에 의해 작동한다.

Voltage-dependent Na^+ 채널 앞에서 얘기했듯이, resting neuron에서 voltage-gated Na^+ 채널은 닫혀 있다. Membrane에 depolarization이 생기면(neurotransmitter가 postsynaptic cell을 자극할 때처럼), 채널 단백질에 형태적 변화가 생기고 통로의 cytoplasm 면에 있는 gate가 열리게 되어 Na^+ 이온들이 세포 내로 들어온다. 초기의 membrane depolarization이 크면 클수록 더 많은 voltage-dependent Na^+ 이온 채널이 열리고 더 많은 양의 Na^+ 이온이 들어온다.

Na^+ 이온이 열린 채널을 통해 들어오면, 세포 안쪽 면의 양전하와 세포 바깥쪽 면의 음전하는 처음의 depolarization 위치로부터 주위로 퍼지게 된다. 이런 방식으로 양전하와 음전하가 전파되면, 주변 세포 membrane이 depolarization되고, 추가적으로 voltage-gated Na^+ 채널이 열려 Na^+ 유입이 증가한다. Na^+ 이온이 세포 안으로 더 많이 들어올수록 세포막 안쪽은 더욱 더 depolarization되고, voltage-dependent Na^+ 이온 채널이 더 많이 열리며, membrane이 더 depolarization되면 Na^+ 이온이 폭발적으로 유입된다. 그 부분에서, Na^+ 이온에 대한 투과성은 일시적으로 K^+ 이온보다 훨씬 커지게 되며, membrane potential은 Na^+ 이온에만 투과성이 있다고 가정하였을 때의 평형 전위 E_{Na}와 거의 같게 된다. 이와 같이, membrane potential이 E_{Na}에 근접하게 되면 Na^+ 이온의 세포 안으로의 이동이 멈추게 되는데, Na^+의 concentration gradient (세포 밖 > 세포 안)가 이제 양전하를 띠는 세포 안의 membrane potential에 의해 상쇄되기 때문이다. Action potential의 최고값은 E_{Na}와 거의 같게 된다.

그림 23-10은 voltage-gated Na^+ 채널의 주요 구조적 특징과 열리고 닫힐 때의 주요 구조 변화를 간단히 보여 주고 있다. Resting state에 cytoplasm 쪽의 단백질 부위—*gate*—는 중심 구멍을 막아 이온들의 이동을 막는다. 채널은 4개의 양전하를 포함한 *voltage-sensing α-helix*를 갖게 된다; resting state에는 이러한 helix는 세포막의 안쪽 음전하에 이끌리게 된다. Membrane의 작은 depolarization이 일어나면 voltage를 감지하는 α-helix가 세포 바깥쪽에 형성된 음전하에 이끌려서 움직이게 되고, gate에 구조적 변화를 일으켜서 채널이 열리고 Na^+ 이온이 더 이동한다. 약 1 msec 후에는 열린 채널 안으로 cytoplasm 면의 *channel-inactivating segment* (*channel* 비활성화 부분)가 움직여서 더

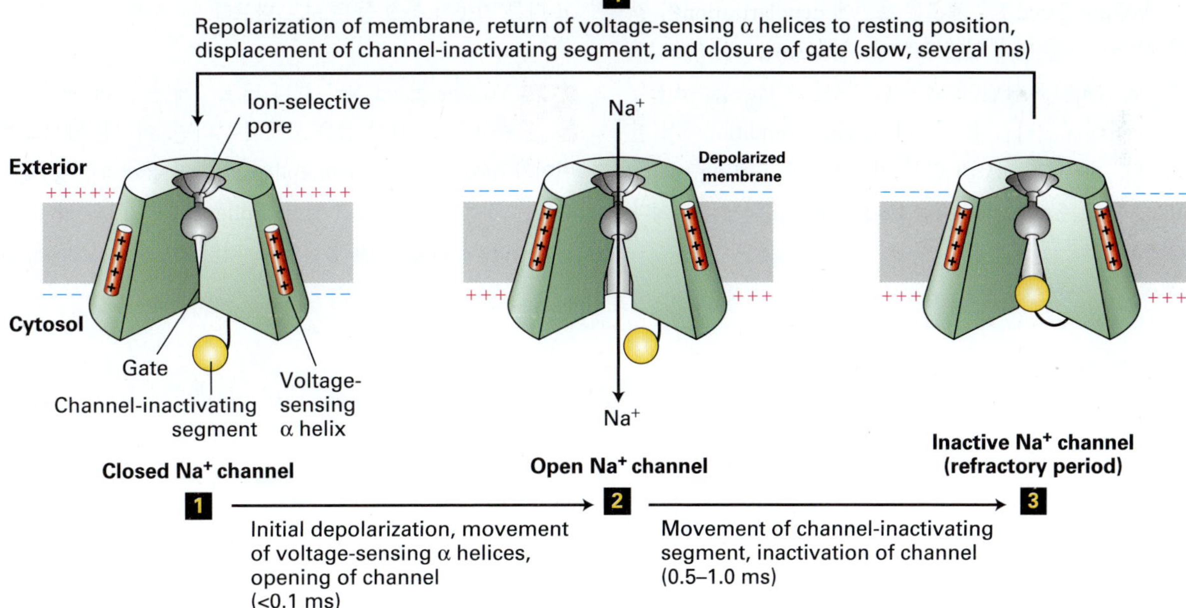

그림 23-10 Voltage-gated Na^+ 채널의 작동 모델. 그림 11-20에 나온 K^+ 채널처럼, 4개의 transmembrane domain은 어떤 이온이 central pore를 통해서 이동하는지에 기여한다. Na^+ 이온의 움직임을 조절하는 주요 요소를 위의 4개 중 3개의 domain을 나타낸 단면 그림에서 볼 수 있다. 닫힌 resting state에서는 voltage-sensing α-helix가 세 번째 residue마다 양전하를 띠는 곁사슬을 갖고 있으며, membrane 안쪽의 음전하에 끌리게 된다. 이로 인해 출입 부분의 모양이 채널이 닫히도록 유지되어 Na^+ 이온이 들어오는 것을 막는다(단계 **1**). 미세한 depolarization이 생기면, voltage-sensing α-helix 구조가 membrane 바깥 표면을 향하여 이동하고, 이것은 출입 부분에 구조 변화를 일으켜서 채널을 연다(단계 **2**). 수 msec 내로 channel-inactivating segment 부분이 열린 채널에 끼어들어 이온이 더 이상 들어오지 못하도록 막는다(단계 **3**). 일단 membrane이 repolarization되면 voltage-sensing α-helix가 원래 위치로 되돌아가서 channel-inactivating segment 부분은 channel pore에서 빠져나오고 출입구는 닫힌다; 단백질은 닫힌 상태로 복구되고, resting potential인 상태가 되며 depolarization에 의해 다시 열릴 수 있게 된다(단계 **4**). W. A. Catterall, 2001, *Nature* **409**:988; S. B. Long et al., 2007, *Nature* **450**:376 참조.

이상의 Na$^+$ 이온이 들어오지 못한다. Membrane이 계속 depolarization되어 있는 한, channel-inactivating segment는 채널을 막는다; 이 **refractory period (불응기)** 동안, 채널은 비활성화되고 다시 열리지 않는다. 세포 안이 음전하를 띠게 되는 resting potential이 재확립되고, 몇 msec 이후에는 channel-inactivating segment가 pore로부터 멀어지며, voltage-sensing α-helix가 membrane의 세포 안쪽 표면에 있는 원래 위치로 돌아온다. 따라서 채널은 닫힌 상태로 돌아가고 다시 한 번 depolarization되면 열리게 된다. "닫힌" 채널과 "비활성된" 채널의 가장 중요한 차이는 그림 23-10에 나타나 있다.

Voltage-dependent K$^+$ 이온 채널 Refractory period 동안에 membrane이 repolarization되는 것은 주로 voltage-gated K$^+$ 채널이 열리기 때문이다. 이후 세포 안으로부터 밖으로 K$^+$ 이온의 유출이 증가하여 세포막의 세포 안쪽 표면으로부터 과잉 양전하가 사라지고(즉, 더욱 음전하를 띠게 되고), 따라서 세포 안이 음전하를 띠게 되는 resting potential이 회복된다. 일시적으로는 membrane이 **hyperpolarization (과분극)**된다; hyperpolarization의 정점에서 potential은 E_K에 가까워지는데, 이는 resting potential보다 더 음의 값을 갖는다(그림 23-2 참조).

Action potential에 depolarization이 크게 일어나면, voltage-gated K$^+$ 채널이 열린다. Voltage-gated Na$^+$ 채널과는 달리, 대부분의 voltage-gated K$^+$ 채널은 membrane depolarization이 지속되는 한 계속 열린 상태로 남아 있고, membrane potential이 음의 값을 띠게 경우에만 닫힌다. Voltage-gated K$^+$ 채널은 초기에 depolarization이 일어나고 약간의 시간이 흐른 뒤에 열리므로 때로는 *delayed rectifier K$^+$ channel* (지연된 *K$^+$* 채널)로 불린다. 결국에는 모든 voltage-gated K$^+$/Na$^+$ 채널은 닫힌 상태로 돌아간다. 이러한 baseline condition에서 열려 있는 채널은 약 –60~–70 mV의 값을 띠는 원래의 resting membrane potential을 만드는 nongated 혹은 background K$^+$ 채널 뿐이다(그림 23-9a 참조).

그림 23-11에 표시된 patch-clamp (패치 클램프) 데이터는 voltage-gated K$^+$ 채널의 핵심 특성을 보여준다(patch clamping의 자세한 기술에 관해서는 그림 11-22를 참조). 이 실험에서는 neuron 세포막의 작은 부분을 서로 다른 voltage로 고정시키고, 열린 K$^+$ 채널을 통해서 이동하는 K$^+$ 이온에 의해서 발생하는 electric charge의 흐름을 측정하였다. –10 mV로 약간 depolarization시키면 membrane channel이 간헐적으로 열린 뒤 몇 msec 동안만 열려 있고, 게다가 trace의 위쪽 방향의 blips의 숫자와 두께로 미루어 볼 때 열린 채널을 통한 electric current (전기 전류) 측정 결과(blips의 높이로), ion flux의 크기도 다소 작은 것으로 나타났다. +20 mV까지 membrane을 depolarization시키면 채널이 2배 더 자주 열리게 되고 더 많은 K$^+$ 이온이 이동하게 되는데(blips의 높이가 더 커짐), 이것은 +20 mV일 때가 –10 mV일 때보다 K$^+$ 이온을 이동시키는 힘이 더 크기 때문이다. Membrane을 +50 mV까지 depolarization시키면 더 많은 K$^+$ 이온 채널이 열려서 K$^+$ 이온의 이동도 더 많아지게 된다. 따라서 action potential의 정점 동안에 K$^+$ 채널이 열려서 K$^+$ 이온이 밖으로 이동하고 membrane potential이 repolarization되며, 이 동안에 voltage-gated Na$^+$ 채널은 불활성화 상태로 닫혀 있게 된다.

현재까지 사람과 다른 vertebrate (척추동물)에서 100여 가지 이상의 voltage-gated K$^+$ 채널이 밝혀졌다. 이후에 살펴보겠지만, 이러한 채널은 모두 비슷한 구조를 갖고 있지만, 이들의 voltage-dependency (전압 의존성), conductivity (전도성), channel kinetics (채널 역학), 그리고 다른 기능적 특징 등은 서로 다르다.

Voltage-gated Na$^+$ 채널 및 K$^+$ 채널이 action potential firing에 매우 중요한 점을 고려해 본다면, 이러한 채널의 다양한 돌연변이가 monogenic human epilepsy (단일 유전 뇌전증) 환자에게서 발견되는 것은 그리 놀랍지 않다. Epilepsy는 인구의 약 1%에서 발견되는 seizure disorder (발작 질환)로 뇌의 과도한 synchronized neuronal

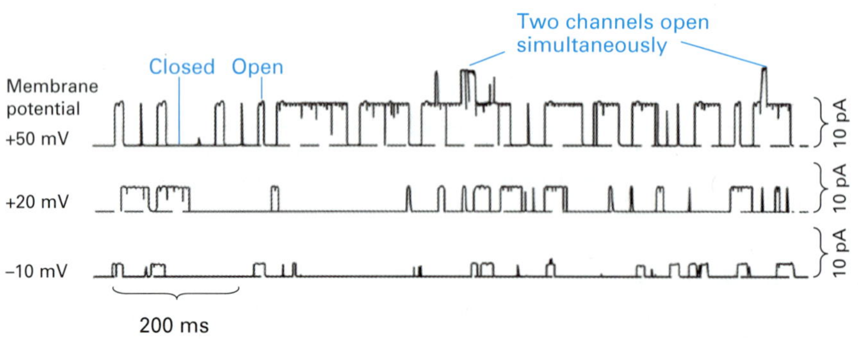

실험 그림 23-11 채널이 열릴 확률과 각각의 voltage-gated K$^+$ 채널에 흐르는 current flux는 membrane depolarization의 정도에 따라 증가한다. 이러한 patch-clamping 기록은 +50, +20, –10 mV의 세 가지 서로 다른 potential로 고정시킨 신경세포막 patch에서 얻은 것이다. Current에서 위 방향으로 편향된 것은 K$^+$ 채널이 열린 것으로서 K$^+$ 이온이 membrane을 가로질러 세포 바깥쪽으로 이동한 것인데, –10에서 +50 mV로 membrane depolarization이 증가할수록(예, 고정된 전압) 채널이 열릴 확률이 증가하며, 열려 있는 시간과 채널을 통해 흐르는 electric current의 양(이온 숫자)도 같이 증가한다. pA = picoamperes. [Data from B. Pallota et al., 1981, *Nature* **293**:471, as modified by B. Hille, 1992, *Ion Channels of Excitable Membranes*, 2nd ed., Sinauer, p.122.]

activity로 인해 발생한다. 비록 비정상적 뇌 발달, 뇌 손상 및 약물/알코올 남용 등의 다양한 원인에 의해 발생할 수 있지만, 일부 epilepsy는 ion channel을 encoding하는 유전자들의 돌연변이에 의해 생긴다. 이러한 질환을 *channelophathy* (채널 질환)이라 부른다. 인간 유전학 연구를 통해서, Nav1.1 voltage-gated Na^+ 채널에 특정 missense 돌연변이가 발생하면 febrile seizure (열성 경련)를 동반하는 generalized epilepsy (전신 발작)가 생기는 것이 밝혀졌다. 반면, 같은 채널에 loss-of-function 돌연변이가 발생하면 *severe myoclonic epilepsy of infancy* 로도 알려져 있는 Dravet's syndrome을 유발한다. Kv7.2와 Kv7.3 voltage-gated K^+ 채널에 돌연변이가 생기면 *benign familial neonatal convulsion* (양성 가족성 신생아 경련)이라 불리는 epilepsy가 발생한다. 다른 형태의 epilepsy에서도 voltage-gated Na^+ 채널 및 K^+ 채널의 돌연변이들이 발견되었으며, neuronal hyperirritability가 다양한 방식으로 유발된다. 예를 들면, Na^+ 채널 불활성이 변형되거나 K^+ 채널-dependent repolarization이 저해되면 action potential의 지속적으로 발생하는 반면, neuron 내 inhibitory input과 excitatory input간의 비율이 감소하면 action potential을 유발하는 threshold가 낮아진다. ■

Action Potential은 정보의 손실 없이 한 방향으로만 Propagation된다

Action potential은 cell body (세포체) 근처의 axon 세포막에 국소적인 변화가 일어나면서 시작된다. Action potential의 정점에서 membrane depolarization이 주위로 퍼져 나가 그 부분의 voltage-gated Na^+ 채널 몇 개가 열리게 되고, depolarization 정도가 증가하여 더 많은 Na^+ 이온 채널이 열리고 action potential이 형성된다. 이 depolarization에 의해 곧 voltage-gated K^+ 채널이 열리게 되어 다시 resting potential이 회복된다. 따라서 action potential은 초기에 발생한 곳으로부터 손실 없이 파동의 형태로 퍼진다.

앞에서 언급했듯이, refractory period 동안 voltage-gated Na^+ 채널은 수 msec 동안 불활성화되어 있다. 그러한 refractory channel은 이온을 이동시킬 수 없고, 심지어 membrane이 depolarization되어도 열리지 않는다. 그림 23-12에 나와 있듯이, refractory period 동안 Na^+ 채널이 다시 열리지 않기 때문에 action potential은 axon initial segment (축삭돌기 초기 부위)로부터 axon termini로 오직 한 방향으로만 퍼진다. Action potential이 이미 일어난 부위에서는 Na^+ 채널이 여전히 불활성화되어 있어서 작은 depolarization에 의해서는 다시 열리지 않는다. 이와는 대조적으로, action potential이 일어나지 않는 부위의 Na^+ 채널은 열릴 준비가 되어 있다. Na^+ 채널의 refractory period에는 neuron이 초당 전달되는 action potential의 숫자도 제한된다. 정보 전달은 action potential frequency에 의해 이루어지므로, 이는 매우 중요한 의미를 지닌다.

Membrane이 depolarization되면 매우 작은 숫자의 Na^+ 이온이 neuron 내로 유입되므로 세포내 Na^+ 농도에 큰 영향을 주진 않는다. Action potential의 한 주기 동안 depolarization, hyperpolarization, 그리고 repolarization되면서 Na^+ 이온과 K^+ 이온이 이동하여 membrane potential이 크게 변화한다. 하지만 이러한 이온이 membrane을 통해서 교환되는 것은 세포 안과 밖에서의 전체적인 Na^+ 이온과 K^+ 이온의 숫자와 비교해 보면 매우 미미하다.

모든 Voltage-Gated Ion Channel은 비슷한 구조를 갖고 있다

지금까지 voltage-gated ion channel이 열리고 닫히는 것과 action potential이 어떻게 연관되어 있는지 살펴보았으며, 이제 이 단백질들의 분자 세부로 접근해보자. 일단 이 채널 단백질들의 기본 구조를 알아본 후, 다음 세 가지 질문에 초점을 맞추고자 한다.

- 이러한 단백질들이 membrane potential의 변화를 어떻게 감지하는가?
- membrane potential 변화가 어떻게 ion channel을 여는 동작으로 transduction (변환)되는가?
- 채널이 열린 다음 어떻게 다시 불활성화되는가?

Shaker 돌연변이가 있는 fruit fly (*Drosophila melanogaster*)의 분석을 통해서 처음으로 voltage-gated ion channel을 제대로 이해할 수 있게 되었다. 이러한 fly는 마취 상태에서 격렬하게 떨게 되는데, 이는 운동 조절이 상실되고 일부 motor neuron에 결핍이 생겨나서 action potential이 비정상적으로 길어지기 때문이다. Gene cloning (유전자 클로닝)에 의해서, 그 손상된 단백질이 voltage-gated K^+ 채널이라는 것이 확인되었다. *Shaker* 돌연변이가 생기면, depolarization 후에 채널이 정상적으로 바로 열리지 못한다. 정상적인 *Shaker* gene이 K^+ 이온 채널을 encoding하고 있는지 알아보기 위해서 복제된 wild-type *Shaker* cDNA를 template (주형)로 이용하여 cell-free system에서 shaker mRNA를 생산하였다. 이 mRNA를 frog oocyte (개구리 난모세포)에서 발현시켜 채널 단백질을 새롭게 합성한 뒤에 patch-clamp 방법으로 측정한 결과, 이 단백질과 neuron의 세포막에 있는 voltage-gated K^+ 채널이 기능적으로 유사한 특성이 있음을 알게 되었고, 결과적으로 *Shaker* gene이 K^+ 채널 단백질을 encoding하고 있음을 증명할 수 있었다.

Shaker K^+ 채널과 다른 대부분의 voltage-gated K^+ 채널은 4개의 동일한 subunit (구성 요소)가 central pore (중심 구멍)를 둘러싸는 tetramer (사량체)이다. 각각의 subunit은 membrane을 가로지르는 6개의 α helix (*S1–S6*)와 P segment로 이루어져 있다(그림 23-13a). S5와 S6 helix와 P segment는 전에 언급했던 voltage-independent background K^+ 채널과 구조와 기능이 유사하다(그림 11-20 참조); S5와 S6은 K^+ 이온이 지나가는 통로 벽에 존재하여 selectivity filter (선택필터)를 이루고 있다. S1부터 S4 helix는 voltage sensor (전압감지기)의 역할을 한다(S4에 달려 있는 양전하가 primary sensor로 작용함). Cytoplasm 쪽으로 뻗어 나와 있는 S1 helix의 N termini에 존재하는

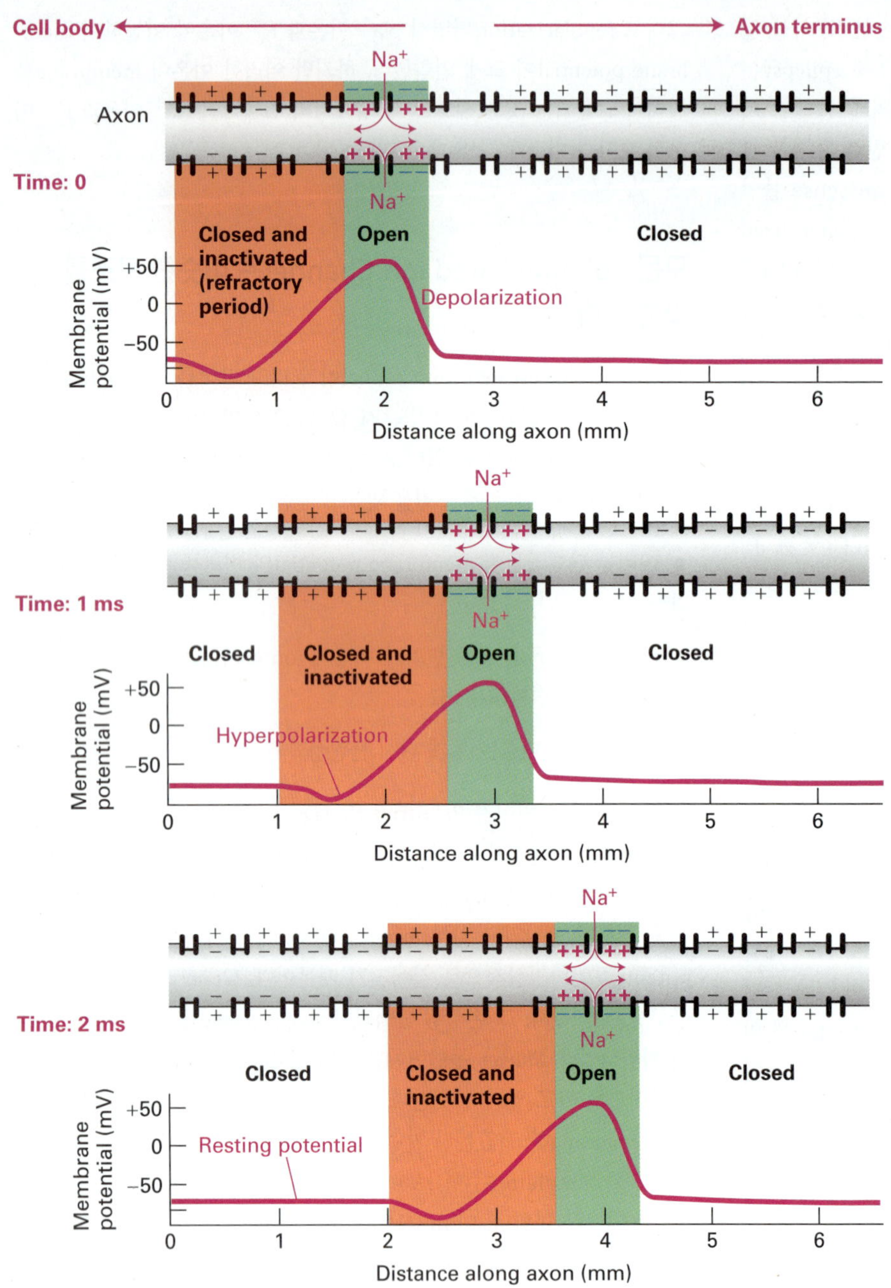

그림 23-12 Voltage-gated Na$^+$ 채널의 일시적 불활성으로 인해 action potential이 한 방향으로만 conduction된다. "시간 0"에서 action potential (분홍색 선)은 axon의 2 mm 위치에 존재한다; 이 부위의 Na$^+$ 채널은 열리며(녹색 바탕), Na$^+$ 이온은 안쪽으로 흘러 들어온다. 과도한 Na$^+$ 이온이 세포막 안쪽을 따라 양방향으로 확산되며 depolarization 상태로 바뀌어 퍼지게 된다(구부러진 분홍색 화살표). 하지만 1 mm 위치의 Na$^+$ 채널은 여전히 불활성화되어 있기 때문에(빨간색 바탕), 그 전에 미세하게 퍼져 있던 depolarization에 반응하여 다시 열리지 않게 된다; 반대로 3 mm 아래쪽 위치의 Na$^+$ 채널은 열리기 시작한다. Membrane의 각 부분은 action potential이 지나간 후 몇 msec 동안 refractory (비활성화)된다. 따라서 시간 0에서의 2 mm 위치에 발생하는 depolarization은 action potential을 오직 아래 방향으로만 촉발시킨다; 1 msec에는 action potential이 3 mm 위치를 지나며, 2 msec에는 action potential이 4 mm 위치를 지나게 된다.

"ball"은 channel-inactivating segment이다.

Voltage-gated Na$^+$ 채널은 4개의 유사한 domain인 I–IV로 이루어져 있는 monomer (단량체)이다(그림 23-13b). 각각의 domain은 voltage-gated K$^+$ 채널의 subunit와 유사하지만, channel-inactivating segment가 4개인 K$^+$ 채널과는 달리, channel-inactivating segment가 1개이다. 이런 사소한 구조적 차이와 다양한 이온 투과성 차이만 제외하면, 모든 voltage-gated ion channel은 비슷한 방식으로 기능을 하고, 모두들 6개의 α helix로 이루어진 monomer로부터 기인했을 것으로 생각된다. 다음 절에서는 voltage-gated K$^+$ 채널들의 구조에 초점을 두고 훨씬 더 잘 알려진 Na$^+$ 채널 구조를 살펴본다.

Voltage-Sensing S4 α Helix는 Membrane Depolarization에 반응하여 움직인다

지난 20여 년 동안, 박테리아의 K$^+$ 채널과 shaker K$^+$ 채널 등의 crystal structure (결정 구조) 덕분에 채널 단백질의 생화학적 특성을 더욱 잘 이해하게 되었다. 최근에는 cryoelectron microscopy (초저온전자현미경; 11장 참조)의 눈부신 발전에 의해서, voltage-gated Na$^+$ 및 K$^+$ 채널들과 같은 integral membrane 단백질들의 구조가 추가적으로 결정되었다.

채널들의 구조가 밝혀지면서, voltage-sensing domain (전압감지

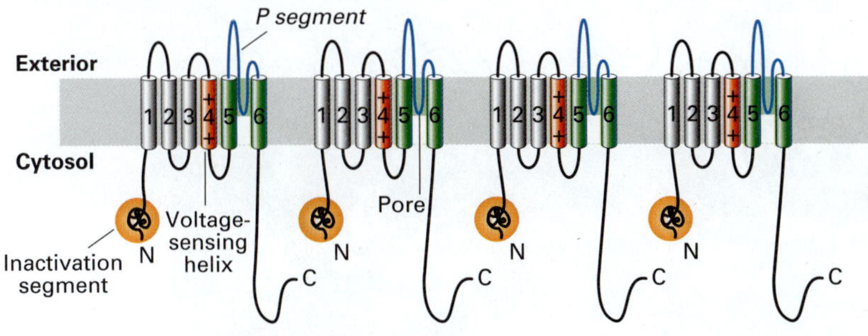

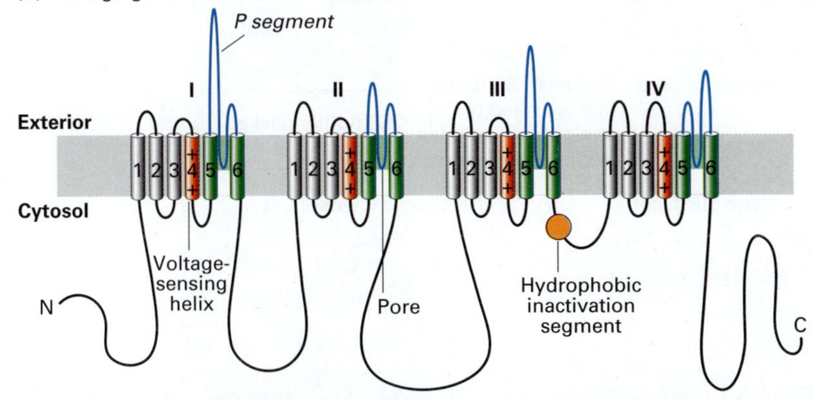

그림 23-13 Voltage-gated K^+ 채널과 Na^+ 채널의 2차 구조 도식도. (a) Voltage-gated K^+ 채널은 각각 600–700개의 아미노산으로 이루어진 4개의 동일한 subunit와 S1–S6의 6개 membrane-spanning α helix로 이루어져 있다. 각 subunit의 N terminus는 cytosol에 존재하고 끝이 *N*으로 표시되어 있으며, 열린 채널을 불활성화시키는 데 필수적인 globular domain을 형성한다(주황색 구). S5와 S6 helix (녹색), 그리고 P segment (파란색)는 voltage-independent background K^+ 채널과 유사하지만, 각 subunit는 4개의 추가적인 transmembrane α helix를 갖고 있다. 이 중 하나인 S4 (빨간색)는 주된 voltage-sensing α-helix이며, S1–S3 helix와 안정적인 complex를 형성한다. C. Miller and H. Hughes, 1992, *Curr. Biol.*, **2**:573; and H. P. Larsson et al., 1996, *Neuron* **16**:387 참조. (b) Voltage-gated Na^+ 채널은 1,800–2,000개의 아미노산으로 구성된 monomer이며, 이것은 voltage-gated K^+ 채널의 구성과 비슷한 4개의 transmembrane 부분(I–IV)으로 이루어져 있다. Domain III와 IV 사이에는 하나의 hydrophobic channel-inactivating segment 부위가 있다(주황색 구). Voltage-gated Ca^+ 채널도 전체적으로 비슷한 구조를 갖는다. 여기에 나타나 있지 않지만, 대부분의 voltage-gated ion channel은 또한 regulatory (β) subunit를 가지고 있다. W. A. Catterall, 2001, *Nature* **409**:988 참조.

영역)의 배열이 알려지게 되었고, 채널이 열리는 데 각각의 단백질 부분이 어떻게 움직이는지도 알게 되었다. 앞에서 언급했듯이, K^+-채널 tetramer는 S5와 S6 helix가 pore 벽을 이루고 있다(그림 23-14). 중심 구조 밖으로는 S1–S4로 구성된 4개의 팔(혹은 “paddle”)로 둘러싼 membrane 쪽으로 돌출되어 있고, 또한 S5–S6 helix와도 상호작용을 하고 있다; 이 부위는 voltage-sensor로서 pore와는 떨어져 있다. 세밀한 전기 측정 결과, voltage-gated Na^+ 채널 혹은 K^+ 채널이 열릴 때, 단백질이 결합된 양전하 12–14개가 세포막 안쪽으로부터 바깥쪽으로 움직임을 알 수 있었다. 단백질에서 움직이는 부위는 S1–S4 helix로 구성되어 있다; S4는 양전하의 대부분을 가지고 있고, voltage-sensor로서 주된 역할을 하며, 매 3–4번마다 lysine이나 arginine과 같은 양전하를 갖고 있다(그림 23-14d). S4에 있는 arginine 잔기는 채널이 열릴 때마다 1.5 nm 만큼 움직인다. 참고로 membrane의 두께는 약 5 nm이고, α helix 자체의 직경은 1.2 nm이다; 이러한 급격한 구조 변화로 인해 channel pore가 열린다.

Resting state에는 S1–S4 complex (“paddle”) 내에 존재하는 양전하가 membrane의 세포 내부에 존재하는 음전하에 이끌리게 된다. Depolarization이 일어나면 양전하가 membrane의 세포 밖에 존재하는 음전하에 이끌려서, S1–S4 paddle이 membrane을 따라서 세포 안쪽에서 바깥쪽 표면으로 부분적으로 움직이게 한다. 이러한 움직임은 voltage-gated Na^+ 채널의 경우 그림 23-10에 예시되어 있으며, 채널이 열릴 때 발생하는 단백질의 구조적 변화를 유발한다.

Voltage-sensitive channel들의 구조의 가장 특이한 점은 arginine과 같이 전하를 띤 부분이 lipid (지질)와 접촉하고 있다는 점이다. Voltage sensor의 위치는 non-voltage-sensitive channel이 voltage-sensing domain이 추가되었을 때 voltage-sensitive channel로 전환되는 이전의 실험 결과를 설명하는 데 도움이 된다. 만약에 voltage sensor가 핵심 구조의 안쪽 깊숙한 곳에 파묻혀 있었다면, 이러한 실험 결과는 나오지 않았을 것이다.

Mutant shaker K^+ 채널 연구를 통해서 voltage sensing에 있어서 S4 helix의 중요성이 잘 알려져 있다. Shaker K^+ 채널의 S4 helix 내 arginine과 lysine 일부를 neutral (중성) 혹은 acidic (산성) residue (잔기)로 대체했을 때, depolarization이 일어났을 때 보다 더 작은 양의 양전하가 membrane을 통과했다. 이를 통해 S4에 있는 arginine과 lysine이 정말로 membrane을 관통하여 채널 기능에 필요한지 알 수 있었다. 포유류(mammal)의 voltage-gated K^+ 채널의 열린 구조 및 또 다른 K^+ 채널 family member의 닫힌 구조와 대조 비교한 결과, voltage sensor가 membrane을 통과하여 움직임으로써 채널이 닫힌다는 모델이 제시되었다(그림 23-14a, b 참조). 이 모델에 따르면, S1–S4 helix로 이루어진 voltage sensor는 voltage에 의해 움직이고 linker helix에 torque (회전력)를 실어 줘서 S4 helix와 S5 helix를 연결시킨다:

- 채널이 열린 상태에서 S4–S5를 연결하는 linker helix는 S6 helix를 cytosolic surface 근처(그림 23-14a의 파란색)에 kink를 형성하고, pore의 안쪽이 열리도록 유도한다. Pore의 직경은 1.2 nm이므로, hydrated K^+ 이온을 받아들이기에 충분하다(그림 23-14c 참조).

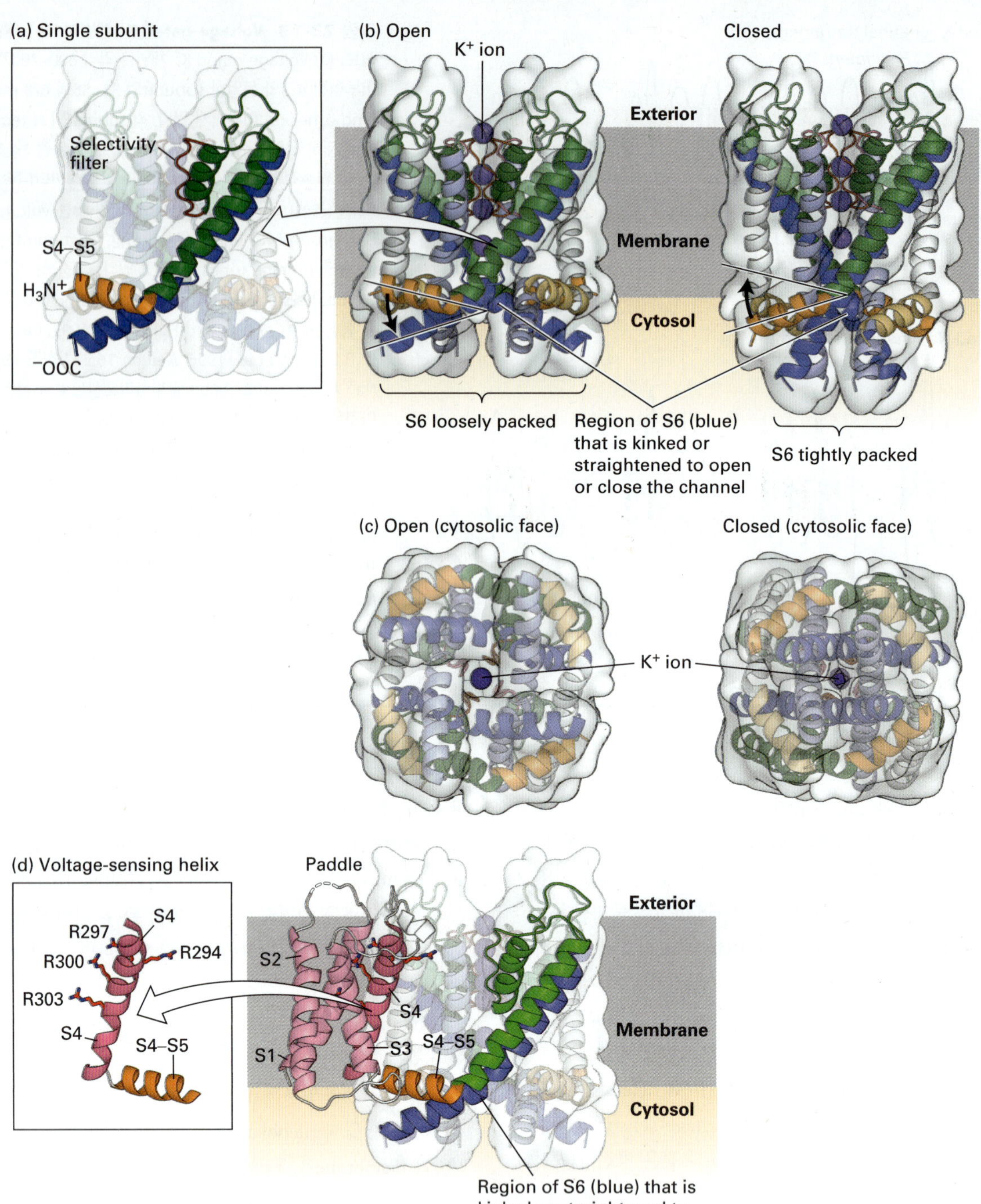

그림 23-14 Voltage-sensitive K^+ 채널 구조. 옆에서 봤을 때 K^+ 채널이 단일 subunit (a) 및 tetramer (b)의 열린 상태와 닫힌 상태를 보여 주는 모델 그림들. 4개의 초록색 (S5)과 파란색(S6)의 α helix는 membrane을 가로지르며, 안쪽에 있는 것은 아래쪽, 바깥쪽이 위쪽이다. 바닥 쪽에 helix가 단단히 뭉쳐 K^+ 이온이 지나가지 못하도록 채널이 닫힌 모양임을 주목하자. [(a)와 (b) 사이 화살표로 나타낸 S5 helix 구조 간의 간격을 비교해 볼 것.] S4–S5 linker (주황색)는 cytoplasm에 위치하며 S4 helix (그림에 없음)와 S5 helix를 연결시킨다. 명확히 표시하기 위해, S1 helix에서 S4까지는 모델에서 생략되었다; 보통 S4–S5 linker의 끝에 붙어 있으며 분자로부터 돌출되어 있다. (c) 세포 안쪽에서 봤을 때 채널의 열린 상태 및 닫힌 상태를 보여주는 ribbon diagram. 채널이 열린 상태일 때만 potassium ion (짙은 보라색)이 pore를 통과할 수 있다. (d) Helix S1–S4로 구성된 voltage-sensing "paddle"은 S4에 4개의 voltage-sensing arginine (R)을 갖고 있다. 이러한 paddle은 depolarization에 반응하여 membrane의 안쪽에서 바깥쪽으로 이동한다. 각각이 S4–S5 linker와 붙어 있기 때문에, 각각의 linker와 그에 부착된 S5 helix가 움직여서 S6를 움직이게 되어 pore를 연다. (b)에도 나타났듯이 S4와 S5 사이의 linker는 열린 채널의 세포 바깥 표면을 향해 있고, S1-S4 paddle이 바깥쪽으로 움직이기 때문에 위로 당겨진다; 반면 S4–S5 linker는 닫힌 채널 (b)에서 S1-S4 paddle이 세포 내부 표면 근처에서 아래쪽으로 향한다. [Data from X. Chen et al., 2010, *Proc. Nat'l Acad. Sci. USA* **107**:11352, PDB ID 3lutl and Y. Zhou et al., 2001, *Nature*, **414**:43–48, PDB ID based on 1k4c.]

• 세포막이 repolarization으로 되고 voltage sensor가 세포막 안쪽으로 이동하면, S4–S5 linker helix (그림 23-14b에서 주황색)가 세포 안쪽 아래로 비틀어져 구부러진다. 결과적으로, S6 helix가 펴지게 되고, 채널의 아래쪽을 닫히게 한다. 따라서 gate는 S5와 S6 helix의 cytoplasm 쪽 끝부분으로 구성될 것이라 추측된다.

비록 voltage-gated K^+ 및 Na^+ 채널들은 voltage sensor와 pore 구조가 유사하지만, ion selectivity filter (이온 선택 투과)의 구조와 이들이 이온을 conduction하는 방식은 현저히 다르다(11장에서도 이 내용은 논의가 되었다). 비록 Na^+ 이온 직경(0.102 nm)이 K^+ 이온 직경(0.138 nm)보다 작지만, Na^+ 채널의 selectivity filter는 K^+ 채널보다 훨씬 크다. K^+ 채널 pore는 carbonyl oxygen atom들로 구성된 잘 보존화된 아미노산들로 구성되어 있다(그림 11-21 참조). K^+ 이온이 pore 안으로 들어오면 이러한 oxygen atom들이 waters of hydration (수분화된 물 분자)을 대체한다; Na^+ 이온은 크기가 너무 작아서 K^+ 채널 pore의 backbone carbonyl과 상호작용하지 못한다. 이와는 대조적으로, Na^+ 이온은 water-hydrated (수화)된 이온 형태로 Na^+ 채널 pore를 통과한다. Na^+ 채널 pore는 음전하 아미노산으로 구성되어 있다. 따라서 water-hydrated된 단일 이온이 양전하된 Na^+ 이온이 결합한 물 분자들의 inner shell을 통해서 음전하로 구성된 pore residue가 상호작용하여 통과될 수 있을 만큼 충분히 크다. Hydrated K^+ 이온은 이 pore를 통과할 수 없을 정도로 크다.

Topical anesthetic (국소 마취)인 lidocaine은 voltage-gated Na^+ 채널을 통한 Na^+ 이온 유입을 막으로, 보통 치과 시술 혹은 경미한 수술(예, 봉합절단) 시에 통증을 경감하기 위해 사용된다. Lidocaine은 channel pore 내 아미노산 잔기에 결합하고 Na^+ 이온 유입을 저해하여 action potential이 만들어지지 않게 한다. Lidocaine은 채널이 열렸을 때만 결합한다. 하지만 결합한 뒤에는 채널이 occlude (폐색)된 상태로 열린 상태로 고정된다. ■

열린 Pore로 Channel-Inactivating Segment가 움직여 Ion Flow를 막는다

대부분의 voltage-gated channel의 가장 중요한 특징은 불활성화이다; 즉, 채널은 열린 후에 자연적으로 불활성화되어, membrane이 다시 depolarization되기 전까지는 열리지 않는다. Resting state에서 voltage-gated K^+ 채널을 구성하는 4개의 subunit의 N termini에 존재하는 globular ball은 세포 안에서 자유로이 배치된다(그림 23-13 참조). 채널이 열리고 몇 msec가 지나면, 하나의 ball이 2개의 subunit 사이를 지나서 pore 가운데의 cavity 내의 hydrophobic pocket (소수성 주머니)에 결합하여 K^+ 이온의 흐름을 막는다(그림 23-10 참조). 몇 msec 후에, ball은 다시 pore에서 빠져나오고 단백질은 닫힌 상태로 돌아간다. K^+ 이온 채널의 ball-and-chain domain (공과 사슬 영역)은 Na^+ 채널의 channel-inactivating segment와 기능적으로 비슷한 부위이다. 그림 23-15에 나와 있는 실험 결과를 보면, K^+ 채널의 불활성화는 ball domain이 주관하고 채널이 열린 다음에 일어나지만, ball domain이 ion channel 단백질과 covalent bond (공유결합)를 이룰 필요는 없다.

Voltage-gated Na^+ 채널에서의 channel-inactivating segment에는 hydrophobic amino acid인 isoleucine, phenylalanine, methionine, threonine 등이 포함되어 있다(그림 23-13b 참조). K^+ 채널의 기다란 ball-and-chain domain처럼, 이 부분은 Na^+ 이온이 통과하는 pore 안으로 접혀 들어가 membrane이 repolarization이 될 때까지 이온의 흐름을 차단한다.

Myelination (미엘린화)은 Impulse Conduction의 속도를 증가시킨다

이미 살펴보았듯이, action potential은 axonal membrane 내 Na^+ 및 K^+ 채널을 통해 해당 이온이 이동하여 발생한다. Action potential은 속도의 손실 없이 최고 1 m/s의 속도로 axon을 따라 아래쪽으로 전달된다. 그러나 이 정도의 빠른 속도만으로 동물의 복잡한 움직임을 완전히 설명하기에는 불충분하다. 한 예로 성인의 다리 근육을 지배하는 motor neuron의 cell body는 spinal cord에 위치하고 있으며, axon의 길이는 약 1 m이다. 걷고 달리는 등의 운동을 하기 위해서는 조화로운 근육의 수축이 필요한데, 척수에서 motor neuron의 axon을 따라 내려가 다리 근육으로 action potential이 전달되는 데 1초나 걸린다면 이런 운동은 불필요하다. 이것을 해결할 수 있는 방법은 세포를 잘 감싸서

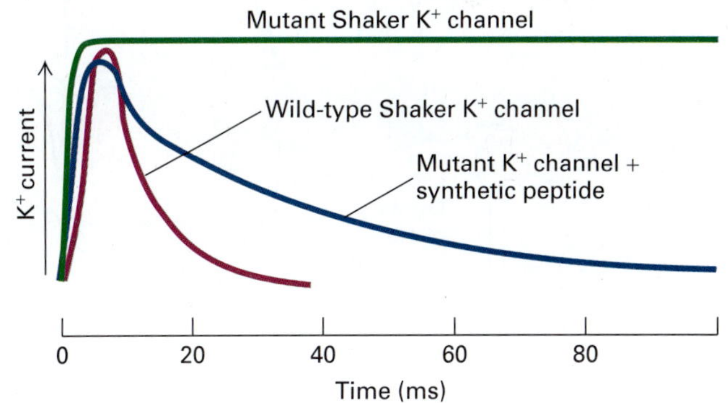

실험 그림 23-15 N-terminal globular domain이 결핍된 mutant K^+ 채널을 이용한 실험 결과는 ball-and-chain 불활성 모델을 지지한다. Wild-type Shaker K^+ 채널과 N-terminal ball을 이루는 아미노산이 결핍된 mutant form을 *Xenopus oocyte*에 발현시켰다. 채널 활성을 patch-clamp technique를 이용하여 측정하였다. Patch가 0에서 +30 mV로 depolarization되었을 때, wild-type channel은 5 msec 동안 열린 후 닫혔다(빨간색 곡선). Mutant channel은 정상적으로 열렸으나 다시 닫히지 못했다(녹색 곡선). 화학적으로 합성한 ball peptide를 patch의 cytosolic face 쪽에 넣어 주면, mutant channel은 정상적으로 열린 후에 닫혔다(파란색 곡선). 이 결과는 채널이 열린 후에 첨가된 peptide가 채널을 불활성화시켰다는 점과, ball은 작동하기 위해 단백질에 tethering될 필요는 없다는 것을 입증한다. [Data from W. N. Zagotta, T. Hoshi, and R.W. Aldrich, 1990, *Science* **250**:568.]

action potential의 이동 속도를 증가시키는 것이다. 이러한 insulation은 *myelin sheath* 때문이다(그림 23-1d 참조). Axon 주위에 myelin sheath가 존재하면 impulse conduction의 속도는 초당 10–100 m까지 상승한다. 그 결과 보통 사람의 motor neuron에서, 1 m 길이의 axon을 통해 action potential이 전달되어 근육이 수축되는 데 불과 0.01초도 채 안 걸리는 것이다.

Myelination되지 않은 axon의 경우, action potential conduction 속도는 대략 axon 직경에 비례하는데, 이는 두꺼운 axon은 확산될 수 있는 이온의 숫자가 훨씬 많기 때문이다. 사람의 뇌는 상대적으로 크기가 작고, myelin으로 덮인 neuron으로 채워져 있다. 만약 사람 뇌의 neuron이 myelination되지 않았다면, myelinated neuron과 비슷한 conduction 속도를 달성하기 위해서는 axon의 직경이 약 10,000배 이상 커졌어야 했을 것이다. 따라서 vertebrate 뇌는 myelin이 없었으면 결코 진화하지 못했을 것이다.

척추동물의 뇌와 spinal cord는 gray matter (회백질) 및 white matter (백질)로 나뉘며(그림 23-16), gray matter의 경우 neuronal cell body, glial cell body 및 myelination되지 않은 axon들로 구성된다. 반면 white matter는 lipid가 풍부한 myelin으로 둘러싸인 axon tract로 구성되는데, 이로 인해 흰색을 띈다. 조직 밀도의 차이는 computerized tomography (CT; 전단화 단층촬영) 및 magnetic resonance imaging (MRI; 자기공명영상; 그림 23-16b)과 같은 뇌영상을 통해 구분할 수 있다. 이러한 방법을 통해 myelin과 neuron에 다르게 영향을 미치는 다양한 뇌질환 메커니즘을 연구할 수 있다.

Myelinated Axon의 Action Potential은 Node에서 Node로 "도약"한다

Axon을 둘러싸고 있는 myelin sheath는 여러 glia cell로부터 만들어진다. 각 glial cell로터 만들어지는 myelin 부위와 다음 myelin 부위 사이에는 **Node of Ranvier (랑비에 결절**; 혹은 간단히 "node"; 그림 23-1d 참조)로 불리는 1 μm 정도의 myelin이 없는 axon 부위가 존재한다. 외부에 직접적으로 노출되는 axonal membrane 부분은 node 부분이 유일하며, myelin으로 덮여 있는 axon 부위에서는 어떤 이온의 이동도 일어나지 않는다. 게다가, axon 내 ionic gradient를 유지하는 모든 voltage-gated Na^+ 채널과 Na^+/K^+ 펌프도 node 부위에 밀집되어 있다. 반면 K^+ 채널는 node 근처에 밀집해 있다.

이러한 위치상의 특성으로 인해, action potential을 생성하는 Na^+ 이온 유입은 myelin이 없는 node 부위에서만 일어난다(그림 23-17). Node에서 발생하는 세포내 과도 양전하들은 membrane depolarization시 다음 node로 진행할 동안에 손실되는 경우가 극히 적은데, 이온이 myelin으로 싸인 axon의 membrane을 통과할 수 없기 때문이다. 이러한 특징으로 한 node에서의 depolarization이 다음 node로 빠르게 전달될 수 있는 것이다. 즉, action potential이 node에서 node로 효율적으로 건너뛰게 되며, 이를 **saltatory conduction (도약 전도)**이라 부

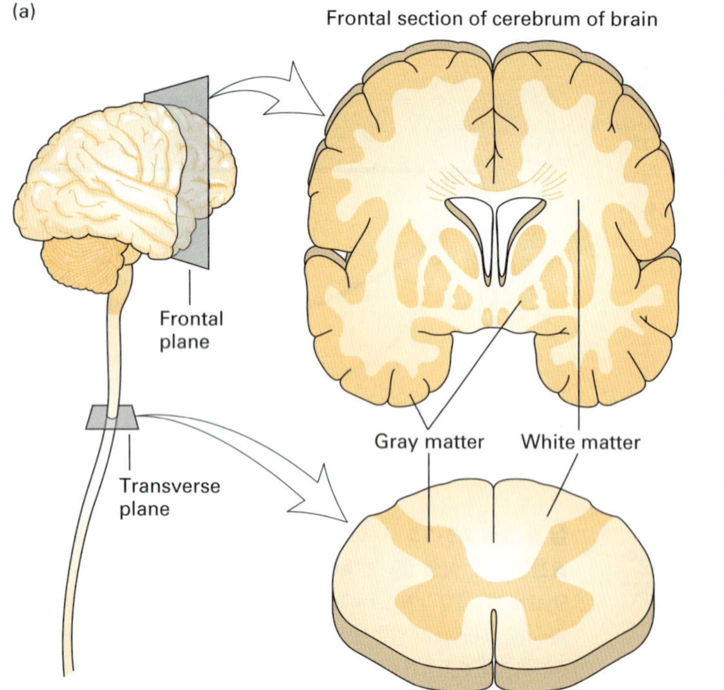

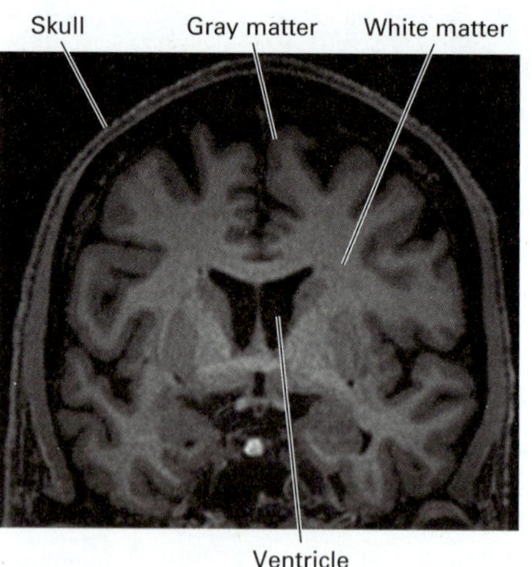

그림 23-16 Central nervous system의 gray matter 및 white matter. Vertebrate 뇌와 spinal cord는 neuronal cell body, glial cell body 및 unmyelinated process로 구성된 "gray matter"와 myelin-ensheathed axon tract로 구성된 "white matter"로 구분된다. 밀도와 lipid 구성의 차이로 인해 조직 histology 수준에서 뚜렷한 차이가 생긴다. 이는 (a)의 spinal cord와 cerebrum에 나타나 있다. Cerebrum (b)의 조직 밀도의 차이는 또한 magnetic resonance imaging (MRI)과 같은 imaging technique로 명확하게 보인다. [Part (b) Roger P. Woods and the Ahmanson-Lovelace Brain Mapping Center at UCLA.]

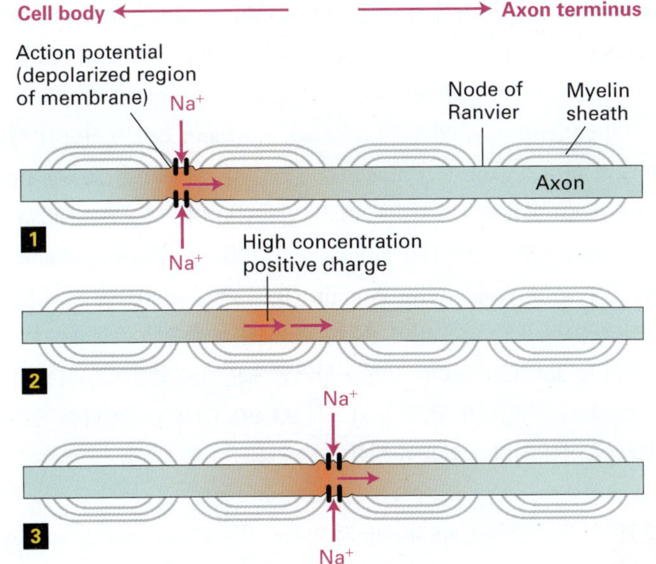

그림 23-17 Myelinated axon에서 action potential conduction. Myelin layer가 axon membrane을 따라서 이온이 투과하지 못하게 하고, voltage-gated Na^+ 채널이 node of Ranvier의 axonal membrane에서만 발견되기 때문에 action potential로 이어지는 Na^+ 이온의 유입은 오직 node에서만 일어난다. 하나의 node에서 action potential이 생성되면(단계 **1**), cytosol의 cation이 과다해져서 밖으로 새어 나가려 한다. 하지만 sheath에 막혀 밖으로 새어 나갈 수 없으므로 재빨리 axon을 따라 흐르게 되고, 새어 나가기 위하여 다음 node에 충분한 depolarization을 일으켜서(단계 **2**), node에서 action potential을 유도한다(단계 **3**). 이런 메커니즘을 통해서 action potential은 axon을 따라 node에서 node로 도약한다.

른다. 이러한 현상은 척추동물의 axon이 훨씬 더 빠르게 신호를 전달하고 두께가 보다 얇은지를 잘 설명해준다.

두 가지 Glia Type이 Myelin Sheath를 만든다

Myelin sheath는 nervous system에서 2개의 glial cell 유형에 의해서 만들어진다: oligodendrocytes는 central nervous system (CNS)에서, Schwann cell은 peripheral nervous system (PNS)에서 sheath를 만든다(그림 23-18). 모든 axon이 다 myelin으로 싸여 있는 것은 아닌데, 그 이유는 아직까지 알려지지 않았다.

Oligodendrocyte Oligodendrocyte는 central nervous system의 axon 주위로 나선형의 myelin을 만든다(그림 23-18a). 각각의 oligodendrocyte는 여러 개의 neuron에 myelin sheath를 공급한다. 주요 단백질 구성성분은 myelin basic protein (MBP; 미엘린 염기성 단백질)과 proteolipid protein (PLP, 단백지질 단백질)이다. MBP는 central nervous system과 peripheral nervous system 모두에서 발견되는 peripheral membrane 단백질이며, 7개의 서로 다른 단백질을 encoding하는 RNA splicing variant가 존재한다. 이 단백질은 성장하는 ribosome (리보솜)에 의해서 합성되는데, 이는 peripheral cell 부위로 mRNA가 특이적으로 이동하는 한 예이다(10장). MBP mRNA는 microtubule (마이크로튜블)에 의해서 합성된 뒤에 distal oligodendritic process로 이동하여 국소적 myelin sheath의 형성에 기여한다.

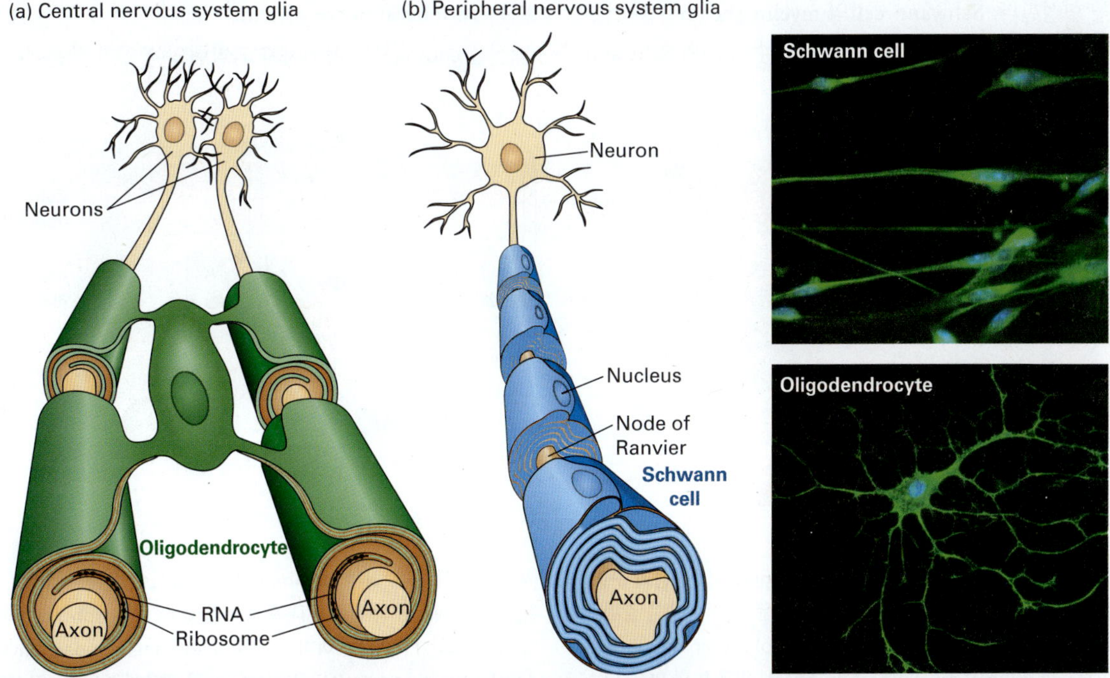

그림 23-18 Myelin sheath를 만드는 두 종류의 glial cell. (a) Central nervous system에서 하나의 oligodendrocyte는 여러 axon segment를 myelination 시킬 수 있다. (b) 각각의 Schwann cell은 단일 peripheral nervous system의 axon한 구획을 insulate시킨다. B. Stevens, 2003, *Curr. Biol.* **13**:469, and D. L. Sherman and P. Brophy, 2005, *Nat. Rev. Neurosci.* **6**:683–690 참조. [Photomicrographs of Schwann cells and oligodendrocytes, right panel: Varsha Shukla and Douglas Fields from NIH.]

Oligodendrocyte에서 만들어지는 단백질에 결함이 생기면 neurological disease가 흔히 발생하는데, 그중 multiple sclerosis (MS, 다발성 경화증)가 한 예이다. MS는 대개 하나 이상의 팔과 다리에 spasm (경련)과 weakness (약화)를 가져오고, bladder dysfunction (방광 이상), local sensory loss (국부적 감각 손실), 그리고 visual disturbance (시력 이상) 등의 증상을 보인다. 이러한 질환, 원형적 *demyelinating disease*는 뇌와 spinal cord 부위의 myelin에 손실이 생겨서 발생하는 것이다. MS 환자의 경우, demyelinated neuron에 의해서 action potential의 conduction 속도가 느려지고, Na^+ 채널이 sheath로부터 확산되어 node의 밀집도가 낮아진다. 이 질환의 정확한 원인은 아직까지 완전히 밝혀지지 않았으나, 아마도 MBP와 반응하는 auto-antibody (정상적인 몸의 단백질에 결합하는 항체, 자가면역항체)가 만들어지거나 혹은 myelin 단백질을 파괴하는 protease (프로테아제)가 분비되어 발생하는 것으로 생각된다. *shiverer*라는 mouse mutant는 *MBP* gene의 상당 부위가 삭제되어 있어, tremor (떨림), convulsion (경련)을 보이고, 결국 조기 사망한다. 유사하게, 사람(Pelizaeus-Merzbacher disease)과 생쥐(*jimpy*) 돌연변이도 CNS myelin의 주요 구성 단백질인 PLP에 돌연변이가 생기며, oligodendrocyte가 손실되고 myelination이 적절히 이루어지지 않았기 때문에 발생하는 것이다. MS를 치료하는 상당수의 새로운 약물들은 대부분 immune system (면역계)을 targeting하고 있으며, 최근 FDA (미국 식품의약국)의 승인을 받았다. 이외에 현재 다른 MS 약물들도 임상 시험대에 올라온 상황이다. ■

Schwann cell Schwann cell은 PNS 내 neuron들의 axon 주위에 myelin sheath를 형성한다. Schwann cell의 myelin sheath는 나선형의 모양을 갖고 있는 것이 특징이다(그림 23-18b). 수백 개의 Schwann cell이 긴 axon을 따라서 덮고 있으며, 각각의 myelin은 약 1–1.5 μm의 axon 내 *internode* (노드간)를 insulation하고 있다. Schwann cell을 제거시키는 돌연변이를 생쥐에 도입하면 대부분의 neuron이 죽는다.

Oligodendrocyte와는 대조적으로, Schwann cell은 하나의 세포가 오직 하나의 axon에만 myelin을 공급한다. Myelin은 70%의 lipid (cholesterol 함유량이 높음)와 30%의 단백질로 이루어져 있다. PNS 내 주요 myelin 구성 단백질은 *protein 0* (P_0)이라는 integral membrane 단백질로 immunoglobulin domain (Ig, 면역글로불린)을 갖고 있다. MBP 단백질 또한 많은 양이 존재한다. 세포 바깥쪽에 존재하는 P_0 단백질의 Ig domain은 axon 주변을 둘러싼 표면에 결합하여 나선형 모양의 myelin을 탄탄하게 덮고 있다(그림 23-19). CNS에서는 다른 종류의 단백질들이 유사한 역할을 수행한다.

인간의 경우, CNS myelin과 마찬가지로 PNS myelin도 autoimmune disease (자가면역질환)이며, P_0에 대한 antibody가 만들어지는 것이 주요 원인이다. *Acute inflammatory demyelinating polyneuropathy* (급성 염증성 탈수초화 다발신경병증)라 불리는 Guillain-Barre syndrome (GBS)이 바로 이러한 질환이다. GBS는 인구 100,000명당 1명의 빈도로 발생하며, rapid-onset paralysis (급속 마비)를 일으키는 가장 큰 원인이다. 대개 acute infectious illness를 동반하고 PNS 내 immune attack (면역 공격)을 일으키지만 아직까지 정확한 원인은 알려지지 않았다. 가장 흔한 유전성 neurological disorder인 *Charcot-Marie-Tooth disease type 1A* (샤콧-무리-투스 질환 제1A 유형)는 peripheral motor nerve와 sensory nerve의 기능에 손상을 가져오는데, 이는 peripheral nerve myelin의 또 다른 주요 구성 요소인 PMP22 단백질을 coding하는 유전자가 과발현되어 있기 때문이다. ■

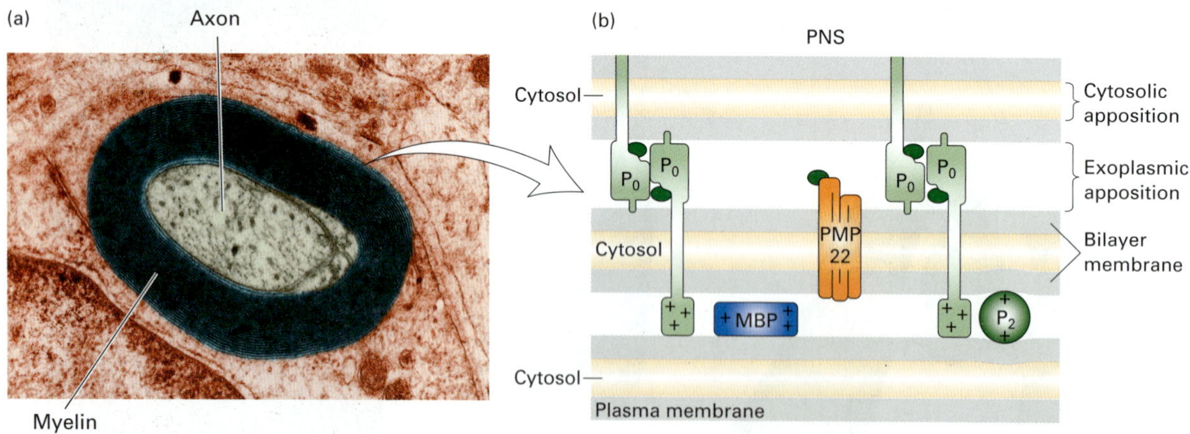

그림 23-19 Peripheral nervous system (PNS)에서 myelin의 형성과 구조. (a) 고배율로 살펴본 특수화된 나선형의 myelin membrane은 axon 주위를 감싸는 phospholipid의 이중막 몇 층, 혹은 lamellae로 나타난다. (b) Myelin membrane의 세 층을 확대한 그림. Peripheral myelin protein 중 가장 많은 P_0와 PMP22는 오직 Schwann cell에서 만들어진다. Immunoglobulin fold를 가진 P_0 protein cell 외 영역은 반대쪽 membrane의 표면에 발현된 유사한 단백질과 결합하여, 가까운 세포 외 membrane 표면이 지퍼처럼 맞물리게 된다. 이러한 결합은 세포 바깥 영역 끝에 위치한 tryptophan residue가 반대쪽 membrane의 lipid와 결합함으로써 안정되게 된다. 이때 membrane의 cytoplasm 면이 가까이 위치하는 이유는 각 P_0의 cytoplasm 쪽 끝이 반대쪽 membrane의 phospholipid와 결합하는 것 때문일 수도 있다. PMP22는 아마도 또한 membrane compaction에 기여할지 모른다. Myelin basic protein (MBP)은 cytosol을 압축하면 마주보고 있는 membrane 사이에 위치한다. L. Shapiro et al., 1996, *Neuron* **17**:435; and E.J. Arroyo and S.S. Scherer, 2000, *Histochem. Cell Biol.* **113**:1 참조. [Part (a) Biophoto Associates/Science Source.]

Glia와 neuron은 상호작용하여 myelin sheath의 위치와 간격, node of Ranvier에서의 nerve transmission machinery (신경전달 메커니즘) 등을 조절한다. 예를 들어, action potential 생성시 membrane voltage를 상승시키는 데 중요한 voltage-gated Na^+ 채널과 Na^+/K^+ 펌프 단백질은 다양한 cytoskeleton protein (세포골격 단백질)과의 상호작용을 통해 node of Ranvier에 밀집되어 있다. 이러한 cytosketal protein들의 활성은 glia 및 neuron에 존재하는 cell-adhesion molecule (세포 접착 분자)들과 상호작용에 의해 조절된다. myelin이 없는 node 근처를 *paranode*라고 부르며, 곧 바로 기술할 다양한 cell-adhesion 분자들 간의 상호작용에 의해 형성되는 axonal membrane과 myelin간에 존재하는 specialized junction으로 구성된다. 이러한 junction은 axonal membrane을 따라 ion channel의 움직임을 제한한다; 이들은 voltage-gated K^+ 채널이 밀집된 *juxtaparanode*라 불리는 부위와 node를 분리한다. 이러한 K^+ 채널은 action potential 이후 membrane voltage를 원래대로 회복시키며, Na^+ 및 K^+ 채널을 물리적으로 분리하여 action potential이 효율적으로 propagation되도록 한다.

Light-Activated Ion Channel (광활성화 이온 채널)과 Optogenetics (광학유전학)

Chlamydomonas (클라미 도모나스; 그림 1-23b)와 같은 unicellular flagellate (단세포 편모) 동물은 빛에 접하면 *phototaxis* (주광성)를 통해 빛의 방향으로 혹은 *photophobia* (광선 혐기)를 통해 빛과 멀어지는 방향으로 빠르게 반응한다. 이러한 빠른 *photomotility* (광학적 움직임) 반응은 *eyespot* (눈점)이라 부르는 빛에 반응하는 특별 소기관에 존재하는 light-activated cation channel (광활성화 이온 채널)에 의해 매개된다. 녹색 조류 중 하나인 *Chlamydomonas reinhardtii*에서 유래한 최초의 light-activated ion channel은 *channelrhodopin* (채널 로돕신)이라 불리며, all-*trans*-retinal (전-*trans*-레티날)인 photo-isomerizable chromophore와 공유결합으로 이어진 seven-transmembrane protein (7-막횡단 단백질)이다(그림 23-20a, b). 15장에서 설명한 눈에서 photon (광자)을 탐지하는 데 사용되는 같은 chromophore (발색단)이다 (그림 15-34 참조). all-*trans*-retinal이 photon을 흡수하면 13-*cis*-retinal로 변환되고, 이는 채널 단백질의 구조를 변화시켜서 약 0.6 nm 직경의 pore를 열어 빠르게 cation들이 유입되게 한다. Channelrhodopin은 H^+, Na^+, K^+ 및 Ca^{2+} 이온을 conduction시키는 nonselective cation channel이다. 이후 다른 많은 light-activated cation channel도 발견되었고, 유전 조작기법에 의해 특정 wavelength (파장)에서만 선택적으로 활성 혹은 불활성되거나 각각의 cation 혹은 빛의 강도에 따라 선택적으로 작동하는 channelrhodopin 단백질들이 개발되었다. 이로 인해 **Optogenetics (광유전학)**라는 새로운 연구 분야가 탄생하였다. Optogenetics는 전기적으로 흥분할 수 있는 세포에 channelrhodopsin을 발현시켜서 빛을 이용하여 빠르고 선택적으로 membrane potential을 조작할 수 있는 기법을 통칭한다(그림 23-20c).

기존에는 단순히 neural activity와 동물 행동 간의 상관관계를 규명했었으나, Optogenetics 연구기법을 통해 직접 neuronal circuit 활성이 동물 행동에 미치는 효과를 분석할 수 있게 해줌으로써 neuronal circuit 연구에 획기적 도약을 이루어냈다. 가장 흔히 사용되는 실험 기법은 channelrhodopin이 뇌의 특정 세포에서만 특이적으로 작동하는 promoter 제어(6장에서 설명됨)하에 발현되게 하는 transgenic mice (형질전환 생쥐)를 제작하는 것이다. 다음에는 skull (두개골)에 조그만 창을 만들어 뇌 표면 근처에 channelrhodopin을 발현하는 세포에 laser를 illumination (조명)하거나 혹은 fiber-optic cable을 이용하여 깊은 뇌 영역에 있는 channelrhodopin을 발현하는 세포에 직접 빛을 주입한다. 빛은 neuron에서 action potential을 유발하여 해당 circuit을 활성화시킨다. 마지막으로, 생쥐 행동을 분석하여 circuit과 특정 behavior를 연관시킬 수 있다.

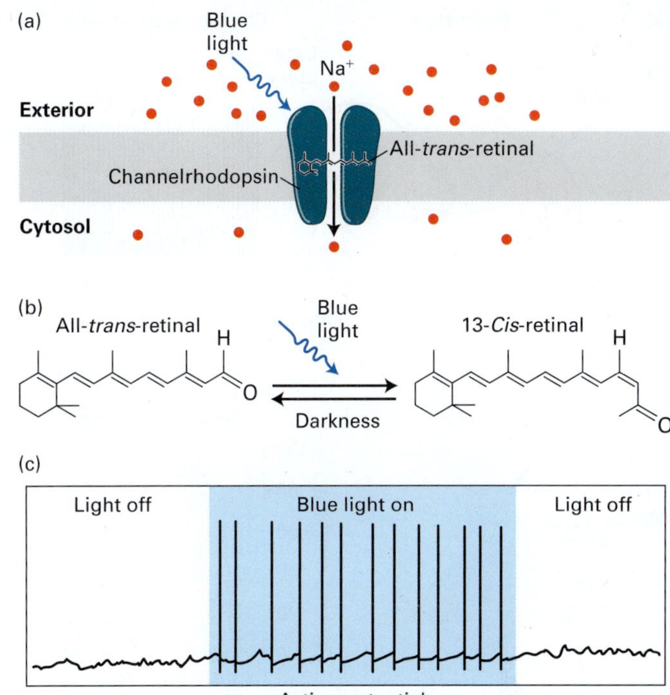

그림 23-20 Channelrhopsin과 optogenetics: 빛으로 neuron을 활성화. (a) Light-activating ion channel. Channelrhodopsin은 light-activated ion channel로서 7개의 transmembrane domain을 갖고 있고, all-*trans*-retinal인 photo-isomerizable chromophore로 공유결합 형태로 연결되어 있다. (b) All-*trans*-retinal은 blue light (~470 nm)를 흡수하여 13-*cis*-retinal 형태로 변하여, 채널의 구조적 변화가 일어나 cation이 흐르는 pore가 열린다. (a)에서 보이는 것처럼 channelrhopdosin이 열리면 extracellular solution이 세포 안쪽으로 Na^+ 유입이 빠르게 일어나 excitable cell이 depolarization된다. 빛을 없애면 retinal은 all-*trans* 형태로 돌아와서 채널은 닫힌다. 이는 (c)에서 볼 수 있으며, channelrhodopsin을 발현하는 neuron을 blue light를 조망하면 빛이 켜져 있는 한 action potential을 촉발한다. J. Wong, O. J. Abilez, and E. Kuhl, 2012, *J. Mech. Phys. Solids* **60**:1158–1178 참조.

이러한 Optogenetics 실험을 통해서 thirst (갈증)를 매개하는 뇌에서의 neuron을 발견하였다. 이를 위해 channelrhodopin을 생쥐에서 *subfornical organ* (*SFO*)라 불리는 hypothalamus (시상하부)의 한

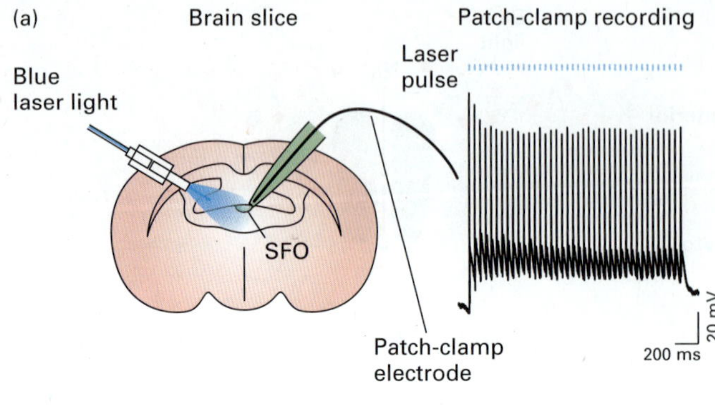

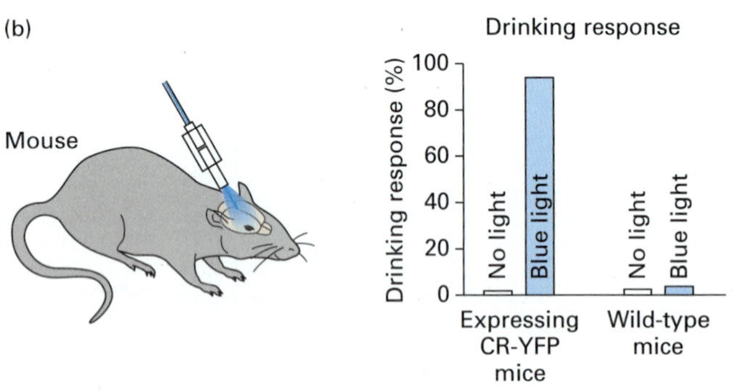

그림 23-21 Thirst를 매개하는 neural circuit을 규명하기 위한 optogenetics의 활용. (a) Fluorescent protein (YFP)으로 tag된 channelrhodopsin을 excitatory neuron 특이적인 promoter를 이용하여 시상하부의 subfornical organ (SFO) 내 excitatory neuron에서 발현시켰다. Channelrhodopsin-YFP을 발현하는 neuron은 acute hypothalamic slice에 blue light를 조망하면 excitable하게 된다. (b) 살아있는 생쥐의 SFO에 있는 excitatory neuron이 blue light에 의해 활성화되면, 생쥐는 비록 잘 hydrate되어 있다 하더라도 물을 적극적으로 찾게 되어 많은 물을 마신다. [Data from Y. Oka, M. Ye, and C. S. Zuker, 2015, *Nature* **520**:349–352.]

영역에 발현시켰다(그림 23-21). 한 종류의 생쥐 라인에서는 channelrhodopin을 excitatory neuron에서만 특이적으로 발현시킨 반면, 다른 생쥐 라인에서는 inhibitory neuron에서만 특이적으로 발현시켰다. Fiber-optic cable을 통해 SFO 영역에 빛을 주입하여 excitatory neuron이 빛에 의해 depolarization하게 되면, 생쥐는 thirst 행동(물을 찾고 적극적으로 마시는)을 하게 되었다. 이와 달리, inhibitory neuron이 활성화되면 thirst 행동이 억제되었다. 이러한 실험들을 통해 hypothalamus의 SFO 영역에 있는 excitatory neuron은 thirst를 촉진하고, inhibitory neuron은 이를 억제함이 증명되었다. 유사한 방법을 통해 locomotion (움직임), feeding (섭식), overeating (과식), anxiety (불안 행동), aggression (폭력성), 그리고 다른 social behavior (사회성 행동) 등과 같은 많은 다른 행동을 조절하는 circuit이 발견되었다. 또한 Optogenetics 기법과 calcium imaging (칼슘 이미징; 4장 및 23.3절 참조)과 같은 다른 실험 기법을 연계하여 뇌의 특정 circuit의 해부학적 구조를 규명할 수 있게 되었다. 이는 빛으로 특정 neuron을 활성화시키고, 하위 neuron에서 activity를 시각화할 수 있는(예, calcium dynamics를 분석) 이미징 기법을 활용하는 것이다.

23.2절의 주요 개념

Neuron에서의 Voltage-dependent Ion Channel과 Action Potential의 Propagation

- Action potential은 갑작스런 depolarization에 이어 빠르게 repolarization이 나타나는 것이다.
- Neuron과 muscle cell의 세포막에서 voltage-gated Na^+, K^+ 채널이 순차적으로 빠르게 열리고 닫힘으로써 action potential이 발생한다(그림 23-9 참조).
- Axon의 한 지점에서 생성된 action potential에 의해 유입된 과량의 cation은 주변으로 수동적으로 propagation돼서 근처 voltage-gated Na^+ 채널이 열리도록 하고, action potential이 axon을 따라 propagation되도록 한다.
- Action potential이 그 정점에 도달하면, voltage-gated K^+ 채널이 열려서 K^+ 이온의 유출이 일어나고 membrane이 repolarization되며, 이어서 hyperpolarization 상태에 이른다. 이 채널이 다시 닫히면, membrane은 resting potential로 회복된다(그림 23-2, 23-9 그리고 23-10 참조).
- Voltage-gated Na^+ 채널의 absolute refractory period (절대적 불응기)와 K^+ 유출로 인한 짧은 hyperpolarization으로 인해 action potential은 한 방향으로만, 즉 axon termini 쪽으로만 전달된다(그림 23-12 참조).
- Voltage-gated Na^+ 채널은 tetrameric voltage-gated K^+ 채널의 각각의 subunit와 구조적, 기능적으로 비슷한 4개의 domain을 갖고 있는 monomer이다. Voltage-gated cation channel에 존재하는 각각의 domain이나 subunit는 6개의 transmembrane α-helix와 nonhelical P segment를 포함하고 있으며, 이는 ion-selectivity pore를 형성한다(그림 23-13 참조).
- Voltaged-gated channel이 열리는 것은 양전하를 띠고 있는 S1–S4 paddle이 충분한 크기의 depolarization에 반응하여 membrane의 바깥쪽으로 움직이기 때문에 발생한다(그림 23-14 참조).
- Voltage-gated cation channel이 닫히고 불활성화되는 것은 cytosolic "ball" 부위가 열려 있는 pore로 이동하기 때문에 발생한다(그림 23-10 참조).
- Voltage-gated K^+ 채널과 voltage-gated Na^+ 채널은 voltage sensor와 inactivation gate는 서로 유사하지만, selectivity filter 구조가 서로 다르기 때문에 채널을 통해 conduction되는 이온 유형의 특이성을 결정한다.
- Myelination은 impulse의 conduction 속도를 수백 배까지 증가시키며, 척추동물 뇌의 neuron이 탄탄하게 배치될 수 있게 한다.
- Central nervous system (CNS)은 neuronal cell body 및 glial cell body로 구성된 gray matter와 myelin으로 둘러싸인 axon으로 구성된 white matter로 나뉜다(그림 23-16 참조).

• Myelination된 neuron에서 voltage-gated Na^+ 채널은 node of Ranvier에 집중되어 있다. 한쪽 node에서의 depolarization은 거의 손실 없이 다음 node로 빠르게 퍼진다(그림 23-17 참조).

• Myelin sheath는 neuron 주위를 나선형 모양으로 둘러싸는 glia cell에 의해 만들어진다. Oligodendrocyte는 CNS에서, 그리고 Schwann cell은 PNS에서 myelin을 만든다(그림 23-18 참조).

• Optogenetics 분야는 neural circuit 연구에 혁명을 불러일으켰다. *Channelrhodopsin*이라 불리는 light-activated cation channel을 neuron에 발현시키고 빛을 이용하여 특정 neuronal population을 특이적으로 활성화시키거나 억제시킨다(그림 23-20 참조). 이러한 방식으로, 신경과학자들은 특정 neural circuit과 특정 행동을 직접 연계시킬 수 있다.

23.3 Synapse에서의 Communication

앞에서 논의했듯이, electrical pulse는 neuron을 따라 전달된다. 하지만, neuron과 다른 excitable cell 사이에서는 주로 chemical signal에 의해서 신호전달이 일어난다. Synapse는 presynaptic neuron으로서, 이러한 chemical signal 혹은 neurotransmitter를 release (유리)되어 postsynaptic target 세포에 작용하는 특정 junction 부위를 지칭한다(그림 23-3 참조). Target 세포는 보통 다른 neuron이거나 muscle, 혹은 gland cell (샘 세포)이 된다. Chemical synapse에서의 communication은 대개 한 방향으로 진행된다: pre-에서 postsynaptic cell 방향으로.

Presynaptic cell의 axon terminus에 action potential이 도달하면, voltage-sensitive Ca^{2+} 세포막 채널이 열리게 되고 Ca^{2+} 이온이 세포 내로 유입되어 axon terminus 내의 cytosolic Ca^{2+} 농도가 국소적으로 상승한다. Ca^{2+} 농도가 상승하면 neurotransmitter를 포함하고 있는 synaptic vesicle (40–50 nm)이 세포막에 fusion (융합)되며, neurotransmitter가 presynapse와 postsynapse 사이를 구분하는 작은 공간인 synaptic cleft (시냅스 간극)에 release된다. Postsynapse 세포막은 presynaptic membrane으로부터 대략 20 nm 거리 내에 위치하여 neurotransmitter가 확산되는 거리를 가깝게 한다.

Glutamate (글루타메이트; 흥분성) 혹은 gamma-amino butyruc acid (GABA; 가바, 억제성)와 같은 작고 수용성 물질인 neurotransmitter들은 postsynaptic cell의 receptor에 결합하여 세포막을 가로질러 potential에 국소적 변화를 유발한다. 만약 membrane potential이 약간 증가하면(음의 값이 작아지면, 즉 depolarization되면), action potential이 postsynaptic cell에서 일어난다. 그러한 synapse를 **excitatory synapse (흥분성 시냅스)**라고 부르며, 일반적으로 postsynaptic 세포막에 존재하는 Na^+ 채널이 열리게 된다. 이와는 대조적으로, **inhibitory synapse (억제성 시냅스)**에서는 neurotransmitter가 postsynaptic cell에 존재하는 receptor에 결합하여 세포막에 hyperpolarization을 일으킨다. 다시 말해 세포 내에서 보다 높은 음의 값을 띠는 membrane potential이 형성된다. 전형적으로, hyperpolarization은 postsynaptic 세포막 내에 Cl^- 혹은 K^+ 채널이 열리게 하며, 이로 인해 action potential의 생성이 잘 일어나지 않게 된다.

Neurotransmitter receptor는 크게 두 가지로 구분한다: neurotransmitter가 결합하면 바로 열리는 *ionotropic receptor* (이온 수용체)로도 알려져 있는 ligand-gated ion channel (리간드 이온 채널)과 G protein–coupled receptor (GPCR)가 그것이다. Neurotransmitter가 GPCR에 결합하면 수초에서 수분에 이르는 시간 동안 별도의 ion-channel protein이 열리거나 닫힌다. 이러한 "느린" neurotransmitter receptor는 15장에서 서로 다른 형태의 ligand에 결합하여 ion channel 이외에 cytosolic protein의 activity를 조절하는 GPCR과 함께 이미 살펴보았다. Central nervous system에서는 *glutamate*와 GABA가 주로 ionotropic receptor들에 결합하여 excitation과 inhibition을 각각 매개한다. 반면, serotonin과 dopamine과 같은 neuromodulator들은 metabotropic receptor들에 결합한다. Peripheral nervous system에서는 acetylcholine과 norepinephrine (또한 *noradrenalin*으로 불림)이 주로 neurotransmitter로 작동하지만 이들 물질은 central nervous system에서도 발현한다.

Neurotransmitter의 신호 지속성은 presynaptic cell에서 release되는 transmitter의 양에 달려 있는데, 이는 이미 저장된 transmitter의 양뿐만 아니라 synapse에 도달하는 action potential frequency에 달려 있다. 신호 지속성은 또한 결합하지 못한 neurotransmitter가 synaptic cleft에서 어떻게 빠르게 분해되어 presynaptic cell로 다시 운송되는지에 달려 있다. Presynaptic cell의 세포막과 glial cell은 neurotransmitter를 다시 원래 세포로 pumping해 주는 transporter가 있어서, 세포 밖 transmitter의 농도가 낮게 유지된다.

이번 절에서는 우선 synapse가 어떻게 형성되고, 14장에 소개되었듯이 vesicular trafficking의 기본적 틀에서 어떻게 neurotransmitter secretion을 조절하는지 살펴볼 것이다. 다음에는 synaptic signal의 지속성을 제한하는 메커니즘과 neurotransmitter가 어떻게 postsynaptic cell로 전달되어 통합되는지 살펴볼 것이다.

Synapse는 Presynaptic 그리고 Postsynaptic Structure가 Assembly (조립)되어 형성된다

Axon은 development가 진행되는 동안 cell body로부터 뻗어나가고, 다른 세포로부터 신호를 받아 이끌려져서 axon termini가 올바른 위치에 도달하게 한다(18.8절 참조). Axon이 성장함에 따라, 다른 neuron의 dendrite와 같은 잠재적 target 세포와 접촉하게 되고, 종종 그러한 부위에 synapse를 형성한다. CNS에서는 presynaptic release 부위가 axon을 따라서 형성되는데, 이를 *en passant* ("지나가는") *synapse*라고 한다; 대조적으로, motor neuron은 axon termini에서만 muscle cell과 synapse를 형성한다.

Glial cell은 synapse 형성에 필수적인 역할을 수행한다. 고립시켜

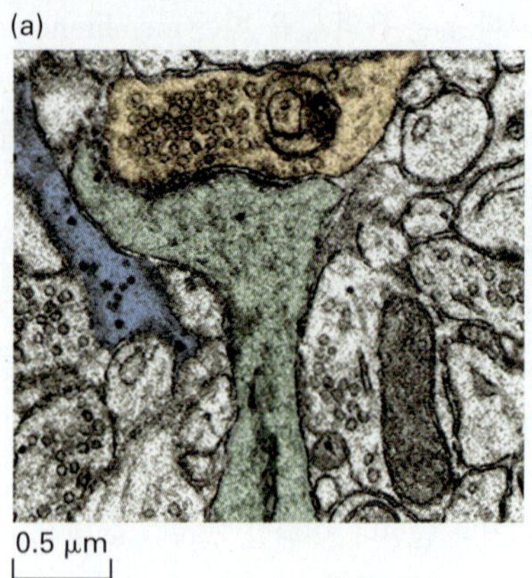

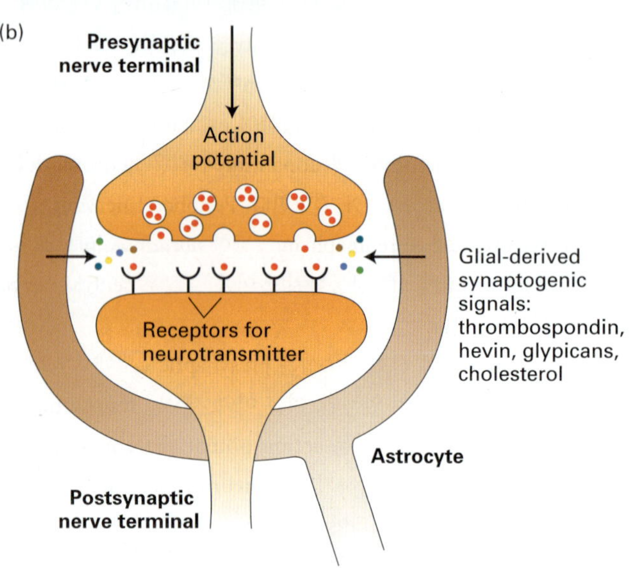

그림 23-22 Astrocyte와 tripartite synapse. (a) Rodent hippocampus의 synapse에 관한 electron micgraph에서 볼 수 있듯이 많은 synapse는 astroglial process에 의해 덮이게 된다. Postsynaptic compartment (dendrite와 dendritic spine)는 녹색으로, presynaptic terminal은 주황색으로, astroglial process는 파란색으로 표기되었다. (b) Astrocyte는 synapse를 감쌀 뿐 아니라 synapse 형성을 촉진하는 다양한 인자들을 분비한다. 이러한 인자들에는 thrombospondin, hevin, glypican, 그리고 cholesterol 등을 포함한다. Neuron을 세포 배양시켜 키울 때 적절한 neuronal synapse 형성 및 발달을 위해 astrocyte가 필요함을 알 수 있다. [Part (a) republished with permission from Elsevier, from J. Bourne and K. M. Harris, 2007, "Do Thin Spines Learn to Be Mushroom Spines That Remember?" *Curr. Opin. Neurobiol.* **17**(3):381–386; permission conveyed through Copyright Clearance Center, Inc.]

배양시킨 neuron은 synapse를 매우 효율적으로 형성하지는 않는다. 하지만 glia를 첨가하면, synapse가 만들어지는 속도가 상당히 증가한다. Astrocyte나 Schwann cell은 단백질 신호를 neuron에 전달하여 synapse 형성을 촉진하고, 형성된 synapse가 잘 유지되도록 돕는다. 그러한 신호 중 하나는 thrombospondin (TSP, 트롬보스폰딘)이며 extracellular matrix의 한 성분이다; 2개의 *thrombospondin* 유전자가 결핍된 생쥐 뇌에는 정상 숫자의 약 70% 수준으로 synapse가 존재한다. neuron과 둘러싸고 있는 glia 사이의 상호 communication은 매우 빈번하고 복잡하므로, 이러한 신호와 정보 전달에 관한 연구가 현재 활발히 진행되고 있다. 새로운 이미징 기법들을 이용하여 astrocyte는 수많은 작은 branch 구조물을 이용하여 neuron들 사이로 끼어 들어가 synapse를 감싸게 된다(그림 23-6a 참조). Glia에서 유래된 인자로 인해 astrocyte가 synapse 형성을 촉진하기 때문에, 많은 신경과학자들은 이제 synapse가 presynaptic 및 postsynaptic partner들 뿐만 아니라 astrocyte까지 같이 참여하는 tripartite structure (삼각 시냅스) 형태로 인식되어야 한다고 제안한다(그림 23-22 참조).

Synapse에서 presynaptic cell은 수백에서 수천 개에 달하는 synaptic vesicle을 갖고 있으며, 그중 일부는 membrane에 docking (결합)되어 있고, 다른 일부는 대기 상태로 존재한다. Synaptic cleft로 neurotransmitter가 release되는 것은 *active zone* (활성 영역)에서 일어나는데, 이는 synaptic vesicle의 특징을 변형시켜 docking될 수 있도록 돕고 세포막에 융합시킬 수 있는 기능을 수행하는 단백질이 다수 포함된 세포막 내의 특수 부위이다. Electron microscopy (전자현미경)로 살펴봤을 때, active zone은 전자 밀도가 높은 물질과 cytoskeletal filament로 구성되어 있다(그림 23-23). 전자 밀도가 높은 부위가 postsynaptic cell에서도 관찰되는데, 이를 *postsynaptic density* (*PSD*)라 부른다. Cell-adhesion 분자는 presynaptic cell과 postsynaptic cell을 서로 연

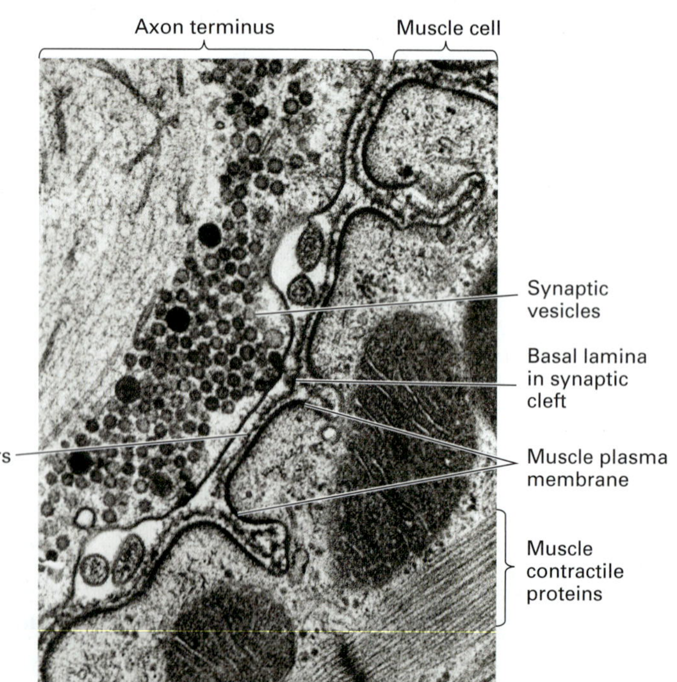

그림 23-23 Neurotransmitter release가 일어나는 axon terminus 근처에 synaptic vesicle이 위치한다. 이 neuromuscular junction의 수직 단면에서 basal lamina는 neuron과 여러 겹으로 된 muscle membrane 사이를 분리시키는 synaptic cleft에 놓여 있다. Acetylcholine receptor는 postsynaptic muscle membrane의 윗부분과 membrane의 fold 옆면에 집중되어 있다. [Don W. Faecett/T. Reese/Science Source.]

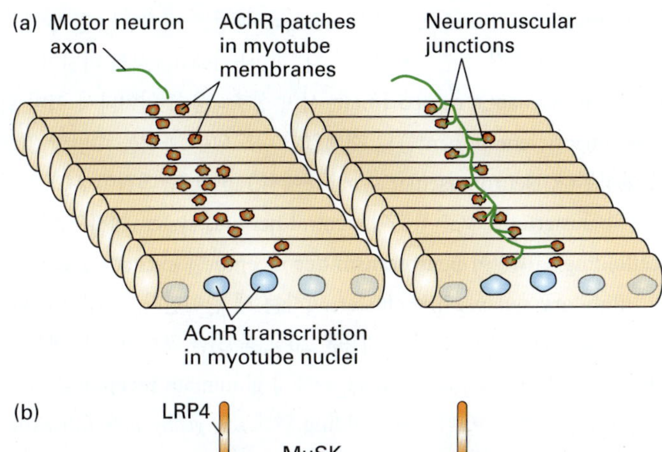

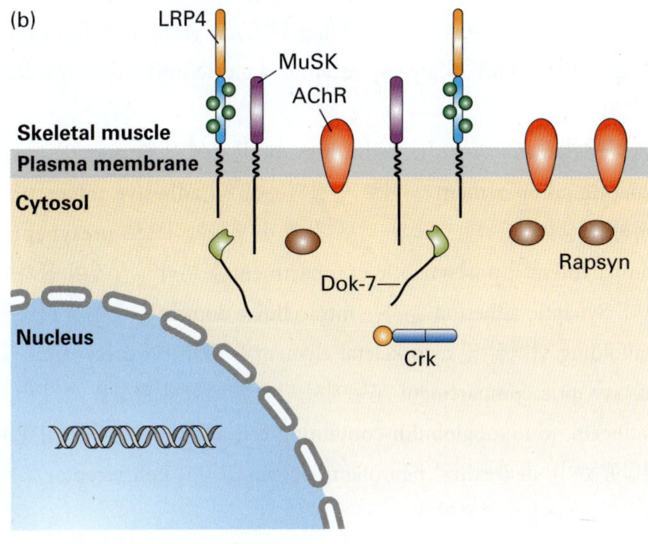

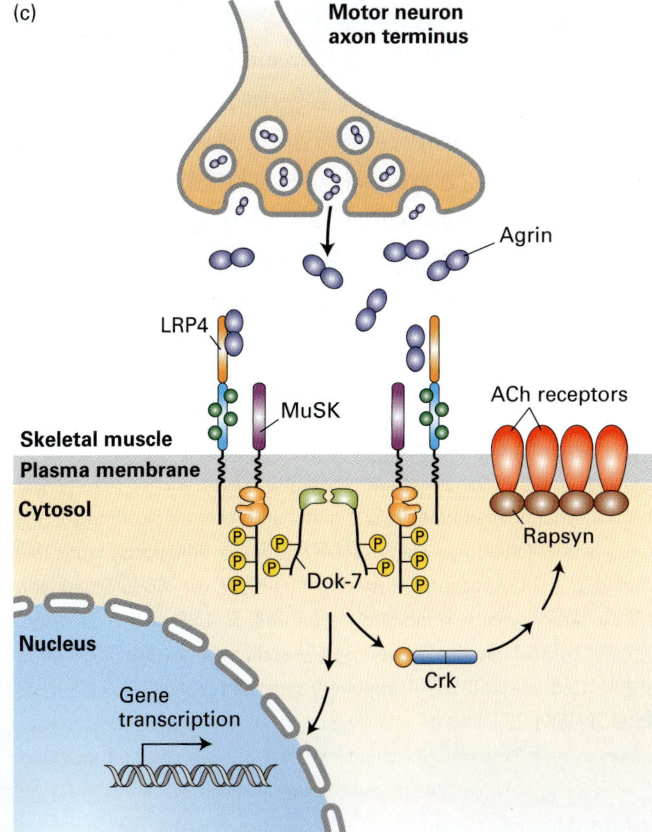

그림 23-24 Neuromuscular junction의 형성. (a) Motor neuron과 myotube 사이의 상호작용에 의해 neuromuscular junction (NMJ)이 만들어진다. Myoblast가 융합되어 multinucleate myotube이 만들어진 후에, nuclei는 acetylcholine receptor (AChR) mRNA를 합성한다. 각각의 muscle fiber 가운데 근처의 nuclei는 다른 nuclei보다 많은 AChR mRNA를 합성한다. AChR는 MuSK receptor kinase와 함께 innervation이 일어나기 훨씬 이전에 벌써 장차 synapse가 만들어지는 세포 가운데 근처 membrane patch 부위에 축적된다; 이러한 세포를 "prepattern"되어 있다고 한다. Motor neuron axon termini는 이러한 AChR cluster를 향해서 자라게 되며, glycoprotein인 Agrin을 분비한다. Agrin은 그 다음에 AChR (진한 빨간색)의 clustering과 axon termini (녹색) 주변에 MuSK를 유도하여 neuromuscular junction을 만든다. (b와 c) Agrin receptor의 downstream signaling은 다음의 7가지 단백질에 의해 매개된다: Agrin, LRP4, MuSK, Dok-7, Crk, rapsyn, 그리고 acetylcholine (ACh) receptor. (b) Motor neuron innervation이 없다면, LRP4, MuSK, 그리고 ACh receptor는 plasmid mambrane 내에서 diffuse되고 Dok-7, Crk, 그리고 rapsyn은 muscle cells의 cytosol에서 diffuse된다. (c) Motor neuron innervation이 일어나면 motor axon은 Agrin을 분비해서 LRP4에 결합하여 postsynaptic differentiation을 안정화시켜서 MuSK kinase activity를 활성화시킨다. MuSK juxtamembrane region에 위치한 tyrosine 잔기가 phosphorylation되면, muscle cell에서 선택적으로 발현하는 adaptor protein인 Dok-7을 recruitment하여 tyrosine phosphorylation을 촉진한다. Dok-7은 dimer를 형성하여 MuSK kinase activity를 촉진하고 또 다른 adaptor protein인 Crk를 recruitment한다. Crk는 presynaptic axon terminal의 맞은편에 AChR clustering을 위해 필수적인 rapsyn 관련 신호전달 경로에 꼭 필요하다. 최근 연구에 따르면, rapsyn은 E3 ligase (그림 3-32 참조)인데 ACh receptor에 ubiquitin-like modification (수식화)을 유도한다. Synapse 특이적 transcription과 관련된 경로는 잘 알려져 있지 않지만 아마도 kinase에 의한 transcription factor 활성화를 수반할 것으로 예상되는데, 이 인자는 cholinergic NMJ synapse의 형성에 필요한 다양한 유전자 발현을 촉진한다.

결하여 active zone과 PSD가 서로 잘 배열되게 한다. Action potential에 반응하여 synaptic vesicle이 release되면, presynaptic neuron은 active zone 안과 바깥쪽에서 **endocytosis**를 통해 다시 synaptic vesicle membrane 단백질을 추출한다.

Synapse assembly (시냅스 조립)는 **neuromuscular junction (NMJ, 신경근접합)**에서 가장 폭넓게 연구되어 왔다(그림 23-23); 아래에서 우리는 이 시스템을 좀 더 자세히 살펴볼 것이다. NMJ synapse에서는 **acetylcholine**이 motor neuron에서 만들어지는 neurotransmitter으로 작동하고, acetylcholine receptor (AChR)가 postsynaptic muscle cell에서 만들어진다. Muscle cell precursor인 myoblast (근원세포)를 배양시키면 자발적으로 융합되어 multinucleate myotube (다핵성 근관세포)가 만들어져서 정상적인 muscle cell과 모양이 매우 비슷해진다. Myotube가 형성되면서 AChR가 세포 가운데 부위에서 만들어져 myotube 세포막에 삽입되고, 확산된 membrane patch를 형성한다 (그림 23-24a).

Neuromuscular synapse가 만들어지는 것은 motor neuron과 muscle fiber 사이의 signaling interaction을 통해 여러 단계를 거쳐서 일어난다. 핵심 인자는 myotube 세포막에 위치하고 있는 receptor tyrosine kinase (수용체 타이로신 키나제)인 **MuSK**이다. 아직 잘 알려져 있지 않지만, MuSK는 AChR receptor를 clustering (결집)시켜서

성장하는 motor neuron axon 말단을 끌어당긴다. 예를 들어, MuSK를 knockdown (낙다운)시키면 이러한 과정이 저해되는 반면, MuSK를 배양 muscle cell에서 과발현시킬 경우, motor neuron의 성장이 muscle 전체로 과도하게 진행되어 잉여 synapse가 만들어진다.

또 다른 핵심 인자로는 발생 단계의 motor neuron에서 합성되어 axon 미세소관을 따라 vesicle 형태로 운송되어 myotube에 분비되는 glycoprotein (당단백질)인 **Agrin**이다. Agrin은 LRP4라는 single-pass membrane 단백질에 결합한다; Agrin은 LRP4와 MuSK 사이의 상호작용을 촉진하고 MuSK의 kinase activity를 증가시킨다(그림 23-24b). 이를 통해 다양한 downstream 신호전달 경로가 활성화되어 AChR와 cytoskeletal protein인 rapsyn 간의 밀집도가 증가한다; 이러한 상호작용은 actin과 같은 다른 cytoskeletal protein과의 결합과 함께 neuromuscular junction에서 nerve termini의 맞은편에 AChR이 위치하도록 돕는다. 성숙한 synapse에서 acetylcholine receptor의 밀도는 세포막보다 1,000배 이상 높다.

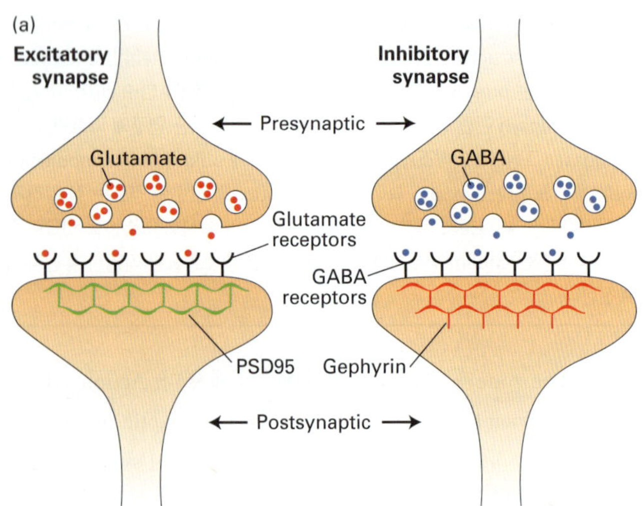

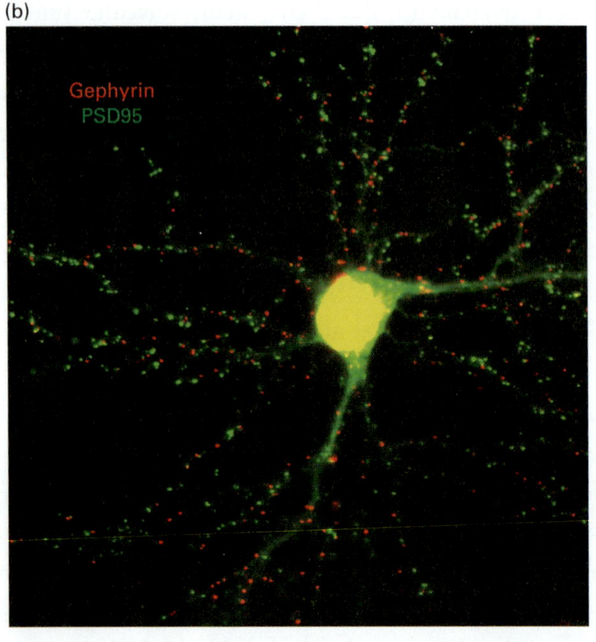

Central nervous system에서 synapse 형성을 매개하는 분자 메커니즘은 아직까지 잘 정립되지 않았으나, 아마도 NMJ에서와 마찬가지로 pre- 및 postsynaptic compartment 사이 상호작용이 일어나서 이미 합성된 synaptic component들의 재배열이 유도되는 과정을 수반할 것으로 예상된다. Neuromuscular synapse에서 rapsyn 단백질이 AChR 단백질의 clustering을 촉진하듯이, central nervous system에서도 일련의 scaffolding 단백질이 neurotransmitter receptor를 excitatory synapse 및 inhibitory synapse에서 clustering하는 데 관여한다. PDZ domain (PDZ domain의 정의에 관한 내용은 20장 참조)을 포함하는 단백질 중 하나인 *PSD95*는 excitatory synapse에서 glutamate receptor를 clustering시키는 반면, 또 다른 scaffolding 단백질인 *gephyrin*은 inhibitory synapse에서 GABA 및 glycine receptor의 clustering에 관여한다(그림 23-25).

다양한 trans-synaptic cell-adhesion 분자에 의해 pre- 및 postsynaptic compartment가 서로 연결되는데, 이 adhesive interaction (접착성 상호작용)의 강도가 너무 강해서 생화학적으로 presynaptic compartment와 postsynaptic compartment를 분리하는 것이 불가능하다. Synaptic adhesion 분자는 intracellular domain을 통해서 다양한 scaffolding 단백질 및 cytoskeletal element와 결합하여 presynaptic 및 postsynaptic compartment 모두에서 단백질 복합체 형성을 촉진한다. Cadherin, immunoglobulin-containing cell-adhesion 분자(20장에서 설명했듯이), neurexin과 neuroligin, ephrin 그리고 Eph receptor가 대표적인 adhesion 분자이다.

Nervous system에서의 정확한 wiring은 synapse의 형성뿐 아니라 **synapse의 소멸**도 수반한다. 동물이 태어날 때는 우선 과도한 synapse가 만들어진다. 하지만 neural circuit이 성숙화되면서 synaptic pruning (시냅스 가지치기)에 의해 많은 synapse가 사라진다. Synaptic pruning은 neural activity에 따라 조절되며, 이 과정을 통해 약한 synapse는 소멸되지만 강한 synapse는 유지된다. 예를 들어, 동물이 막 태어났을 때에는 각 muscle cell이 다수의 motor neuron에 의해 innervation되지만 시간이 지나면서 많은 motor neuron과의 접촉이 사라져서, 결국 각 muscle cell은 단일 motor neuron에 의해서만 innervation된다. 이러한 synapse 소멸 과정은 muscle cell의 activity에 의존적으로

그림 23-25 PSD95와 gephyrin은 각각 excitatory synapse와 inhibitory postsynaptic compartment에 위치한 scaffolding 단백질이다. (a) PDZ domain을 포함한 PSD95는 excitatory synapse의 postsynaptic density에 발현하여 postsynaptic membrane에 있는 glutamate receptor clustering에 관여한다. Gephyrin은 inhibitory synapse에서 유사한 역할을 하며, postsynaptic membrane에 있는 GABA receptor clustering에 관여한다. (b) PSD95와 gephyrin은 각각 excitatory synapse와 inhibitory synapse를 표식하는 데 사용된다. 해당 그림은 생쥐 cortical neuron culture에 형성된 excitatory synapse (PSD95가 포함된)는 녹색으로 표시되어 있으며, inhibitory synapse (gephyrin이 포함된)는 빨간색으로 표시되어 있다. [Part (b) republished with premission from Elsevier, from G. G. Gross et al., 2013, "Recombinant Probes for Visualizing Endogeneous Synaptic Proteins in Living Neurons", *Neuron* **78**(6):971–985; permission conveyed through Copyright Clearance Center, Inc.]

일어난다: 만약 muscle cell activity를 약물을 이용해서 억제하면 이러한 polyneuronal innervation (다신경분포) 패턴이 사라지지 않게 된다.

Synapse 소멸에 관한 세포생물학적 메커니즘에 관한 연구는 현재 활발히 진행되고 있다. 어떤 synapse가 소멸되는지 결정되는 메커니즘과 소멸 과정 자체에 관한 연구도 마찬가지로 활발히 진행되고 있다. 최근 연구에 의하면, synaptic pruning 동안 일어나는 phagocytosis (포식작용)에 의해 synapse 소멸이 일어난다고 하며, 이때 astrocyte와 microglia가 중요한 역할을 한다. 또한, 인간 유전학 연구를 통해 microglia에서 발현하는 다양한 immune gene (면역 유전자)가 발견되었으며, 여기에는 complement system (보체)의 여러 인자가 포함되어 있다(24장 참조). 이러한 인자는 schizophrenia (조현증)의 주요 risk allele (위험 형질)이기도 한데, synapse 소멸이 비정상적으로 일어나면 이러한 psychiatric disease (뇌정신 질환) 발병에 관여할 것이라는 가설이 대두되기도 하였다.

Neurotransmitter는 H^+-linked Antiport 단백질에 의해 Synaptic Vesicle 안으로 이동한다

다양한 small molecule은 많은 경우에서 neurotransmitter로 작동한다. Acetylcholine을 제외하고는 가장 흔한 neurotransmitter는 아미노산이나 amino acid derivative (유도체)이다(그림 23-26). ATP와 같은 nucleotide와 여기서 phosphate group이 빠진 nucleoside도 neurotransmitter로 작용한다. 이전에는 각각의 neuron이 일반적으로 한 가지 neurotransmitter만 생산하는 것으로 알려져 있었으나, 최근 연구에서는 일부 neuron에서 두 가지 서로 다른 neurotransmitter를 release하는 것으로 밝혀졌다. Neurotransmitter 유형도 다양하고 nervous system에서도 서로 다르게 작동하지만, release 이후 결과는 electrical signal을 전달 혹은 억제하는 두 가지 중 하나이다.

모든 neurotransmitter는 cytosol에서 합성되어 axon termini 내의 synaptic vesicle 안으로 이동하여 저장된다. 이러한 vesicle은 직경이 40–50 nm 정도이고, 그 내부는 낮은 pH를 유지하는데, 이는 vesicle membrane 내의 V-class proton pump (V-class 양성자 펌프) 때문이다. Plant vacuole (공포) 내에 대사산물이 축적되는 것처럼(그림 11-29 참조), 이러한 proton concentration gradient (vesicle lumen > cytosol)로 인해 vesicle membrane 내의 ligand-specific H^+-linked neurotransmitter antiporter (리간드-특이 H 연관 신경전달 물질 역수송체)가 작동하여 neurotransmitter가 안쪽으로 이동한다(그림 23-26 참조).

예를 들어, acetylcholine은 choline acetyltransferase (아세틸기 전이효소)에 의해서 precursor molecule인 acetyl coenzyme A (acetyl CoA)와 choline으로부터 cytosol 내에서 합성된다:

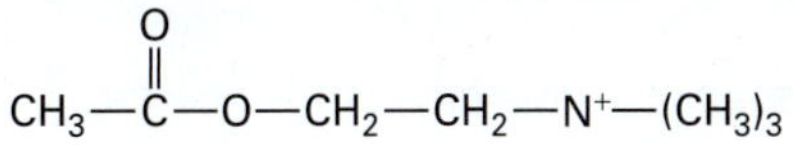

$CH_3-C(=O)-O-CH_2-CH_2-N^+-(CH_3)_3$

Acetylcholine

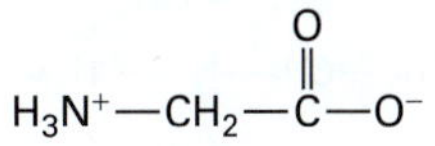

$H_3N^+-CH_2-C(=O)-O^-$

Glycine

$H_3N^+-CH(COO^-)-CH_2-CH_2-C(=O)-O^-$

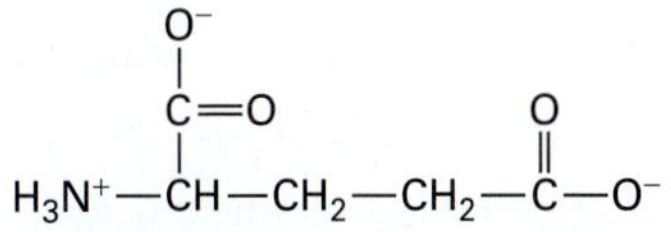

Glutamate

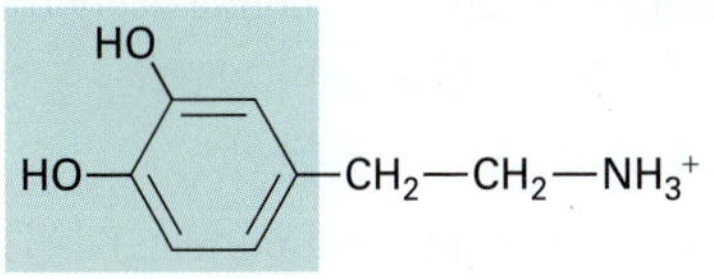

Dopamine
(derived from tyrosine)

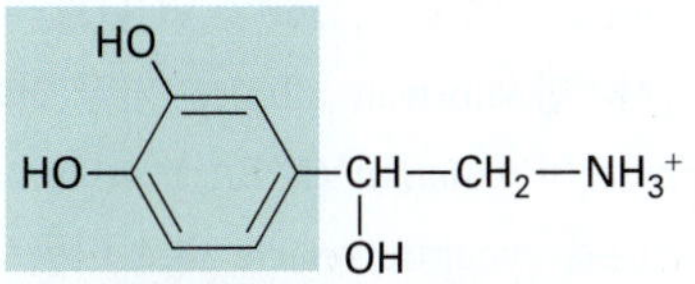

Norepinephrine
(derived from tyrosine)

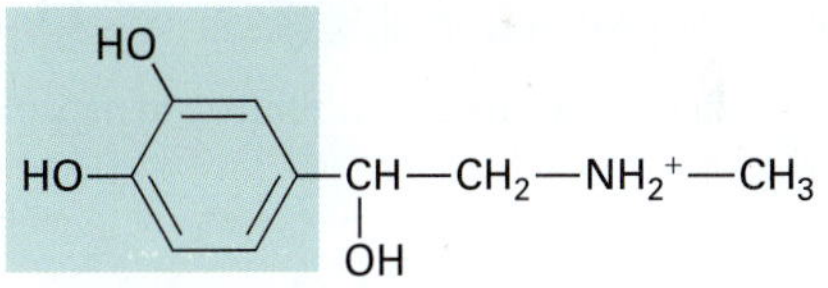

Epinephrine
(derived from tyrosine)

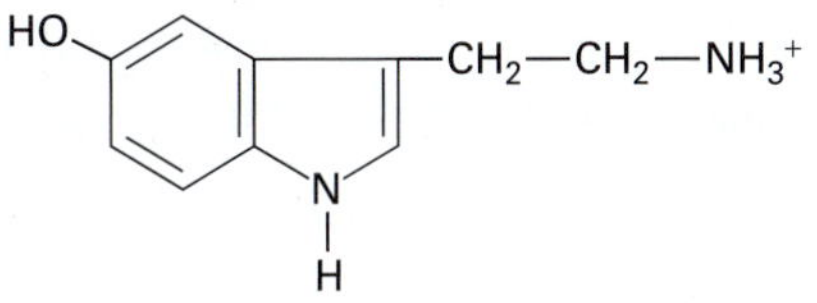

Serotonin, or **5-hydroxytryptamine**
(derived from tryptophan)

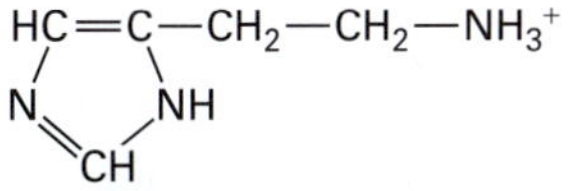

Histamine
(derived from histidine)

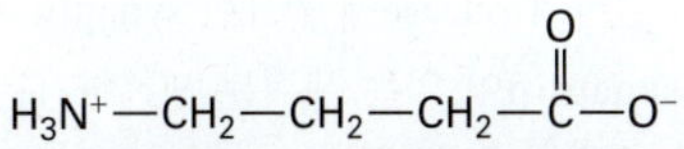

$H_3N^+-CH_2-CH_2-CH_2-C(=O)-O^-$

γ-Aminobutyric acid, or **GABA**
(derived from glutamate)

그림 23-26 Neurotransmitter로 작용하는 몇몇 작은 분자의 구조. Acetylcholine을 제외하고 나머지 물질은 모두 아미노산(glycine, glutamate)이나 표시된 아미노산으로부터 기인하였다. Catechol moiety (하늘색 음영 부분)를 포함하고 있으며, tyrosine으로부터 합성된 세 transmitter는 *catecholamine*이라고 일컫는다.

$$\underset{\textbf{Acetyl CoA}}{CH_3-\overset{O}{\overset{\|}{C}}-S-CoA} + \underset{\textbf{Choline}}{HO-CH_2-CH_2-\overset{CH_3}{\overset{|}{\underset{CH_3}{\underset{|}{N^+}}}}-CH_3} \xrightarrow{\text{Choline acetyltransferase}}$$

$$\underset{\textbf{Acetylcholine}}{CH_3-\overset{O}{\overset{\|}{C}}-O-CH_2-CH_2-\overset{CH_3}{\overset{|}{\underset{CH_3}{\underset{|}{N^+}}}}-CH_3} + CoA-SH$$

Synapse vesicle은 가파른 concentration gradient를 형성해서 vesicle membrane에서 발현하는 H^+/acetylcholine antiporter를 이용하여 acetylcholine을 cytoplasm에서 vesicle 안으로 응집시킨다. 다른 antiporter과 마찬가지로, electrochemical gradient를 따라서 vesicle 내에서 proton을 배출하면 neurotransmitter uptake가 일어나게 된다. 이 antiporter는 encoding하는 유전자의 choline acetyltransferase의 첫 번째 intron에 포함되어 있어, evolution이 진행되는 동안 이 두 단백질의 조화로운 발현을 위해 보존된 것으로 보인다.

서로 다른 H^+/neurotransmitter antiporter 단백질은 다른 종류의 neurotransmitter를 synaptic vesicle로 이동시키는 데 관여한다. 예를 들면, glutamate는 *vesicular glutamate transporter* (*VGLUT*)로 불리는 단백질 군에 의해 vesicle 내부로 이동한다. VGLUT 단백질은 glutamate 특이적으로 작동하지만 substrate affinity (기질 친화도)는 오히려 낮다. 또 다른 transporter인 *vesicular GABA transporter* (*VGAT*) 단백질은 GABA와 glycine을 synaptic vesicle 내로 이동시킨다. Acetylcholine transporter와 마찬가지로, VGLUT과 VGAT 단백질은 antiporter로 작동하여 glutamate와 GABA 혹은 glycine을 synaptic vesicle 안으로 이동시키면서 proton을 반대 방향으로 이동시킨다. VGLUT과 VGAT은 각각 excitatory synapse와 inhibitory synapse의 유용한 마커로 사용되고 있다.

Neurotransmitter를 포함한 세 가지 Synaptic Vesicle Pool이 Presynaptic Terminal에 존재한다

Axon terminus에는 굉장히 잘 조직된 cytoskeletal fiber (골격 섬유)가 있어서 synaptic vesicle을 정확히 배치시킨다. Synaptic vesicle 군은 세 가지 상태로 존재하는 것으로 알려져 있다: 세포막 근처 active zone에 docking된 작은 readily releasable pool; 세포막에 docking되지 않았으나 인접해 있고, 약간의 자극을 주면 release되는 보다 큰 recycling pool; 그리고 terminal 내 synaptic vesicle의 대부분을 차지하는 reserve pool이 그것이다. Reserve pool은 active zone으로부터 가장 멀리 위치하여 특별히 강한 자극이 올 경우에만 반응하여 release된다. *Synapsin*과 같은 phosphoprotein 군은 synaptic vesicle을 actin cytoskeleton에 tethering (연결)시킨다. 자극이 오면, synapsin을 phosphorylation (인산화)시키는 kinase 단백질을 활성화시켜서 synaptic vesicle tethering을 조절하여 release에 필요한 synaptic vesicle 숫자를 변형시킨다. 실제로, synapsin이 없는 생쥐는 생존하기는 하나 seizure (발작)를 잘 일으킨다; 세포막에 융합하는 synaptic vesicle의 숫자가 현격히 감소되어 있다.

Ca^{2+}이 유입되면 Neurotransmitter Release가 일어난다

Synaptic vesicle로부터 neurotransmitter가 exocytosis되는 것은 secreted protein (분비단백질) 혹은 plasma-membrane 단백질의 intracellular transport (세포내 이동)와 비슷하게 vesicle targeting과 융합을 수반한다(14장 참조). 하지만, synapse 기능에 매우 중요한 두 가지 특징으로 인해 secretory pathway (분비 경로)와 구분된다: (1) Axon terminus에 action potential이 도달해야 secretion이 일어난다. (2) Synaptic vesicle은 axon termini에서 세포막과 융합된 이후 국소적으로 계속 재활용된다. 그림 23-27을 보면, synaptic vesicle이 neurotransmitter로 채워지고, neurotransmitter를 release하고, synaptic vesicle이 재활용되는 전체 경로를 알 수 있다.

세포막의 depolarization 그 자체만으로는 synaptic vesicle이 세포막과 융합되지 않는다. vesicle 융합이 일어나기 위해서는 action potential이 chemical signal — 즉 cytosolic Ca^{2+} 농도의 국소적 증가 — 로 변환되어야 한다. Electrical signal은 synaptic vesicle 근처의 세포막 부위에 위치하고 있는 *voltage-gated* Ca^{2+} 채널에 의해 transduction 된다. Action potential이 도달하여 membrane depolarization이 일어나면, 이러한 채널이 열려서 세포 밖에서 docked vesicle 근처에 있는 axon termini로 Ca^{2+} 이온이 유입된다. 중요하게도, 이러한 cytosolic Ca^{2+} 이온의 농도 변화는 국소적이며 일시적인데, 잉여 Ca^{2+}은 세포막의 Ca^{2+} 펌프에 의해서 세포 밖으로 재빨리 분출되기 때문이다.

단일 action potential이 도달하여 Ca^{2+}의 농도가 상승할 때마다 docked vesicle의 약 10% 정도가 release된다. 그런 후에 synaptic vesicle membrane에 특이적으로 존재하는 membrane 단백질은 endocytosis에 의해서 다시 안으로 들어오는데, 보통 다른 세포에서 세포막을 회복할 때 사용되는 같은 종류의 clathrin-coated vesicle을 활용한다. Endocytosis된 vesicle은 clathrin coat가 벗겨지면 신속하게 neurotransmitter로 다시 채워진다. 보통 많은 neuron의 경우 초당 50번 firing하는 것을 보면, vesicle membrane 단백질의 재활용은 상당히 빠른 속도로 이루어짐을 알 수 있다(그림 23-27 참조). Exocytosis와 endocytosis의 메커니즘은 상당히 잘 알려져 있으며, 14장에 이미 자세하게 설명되어 있다.

형광 Ca^{2+} indicator들이 개발되면서 culture 및 intact neural circuit에서 neuron의 synaptic activity를 시각적으로 분석할 수 있게 되었다. 4장에서 설명했듯이, 이러한 indicator는 Ca^{2+} 이온이 결합하면 fluorescence emission (형광 방출)이 변화되는 fluorescent molecule 이며, chemical indicator와 genetically encoded indicator로 구분된다. Ca^{2+} indicator를 circuit 내 neuron으로 전달 혹은 발현시키면 time-lapse microscopy로 수백 개의 neuron 및 glia에서 실시간으로 Ca^{2+} transient를 분석할 수 있다. 예를 들면, genetically encoded Ca^{2+} indicator인 GCaMP6를 생쥐의 visual cortex (시각 중추)에 발현시키고서 시각 자극을 가한 뒤 *in vivo* two-photo microscopy (이광자 현미경)를 이용하여 특정 시각 정보에 반응하는 neuron 군을 발굴할 수 있다(그림 23-28).

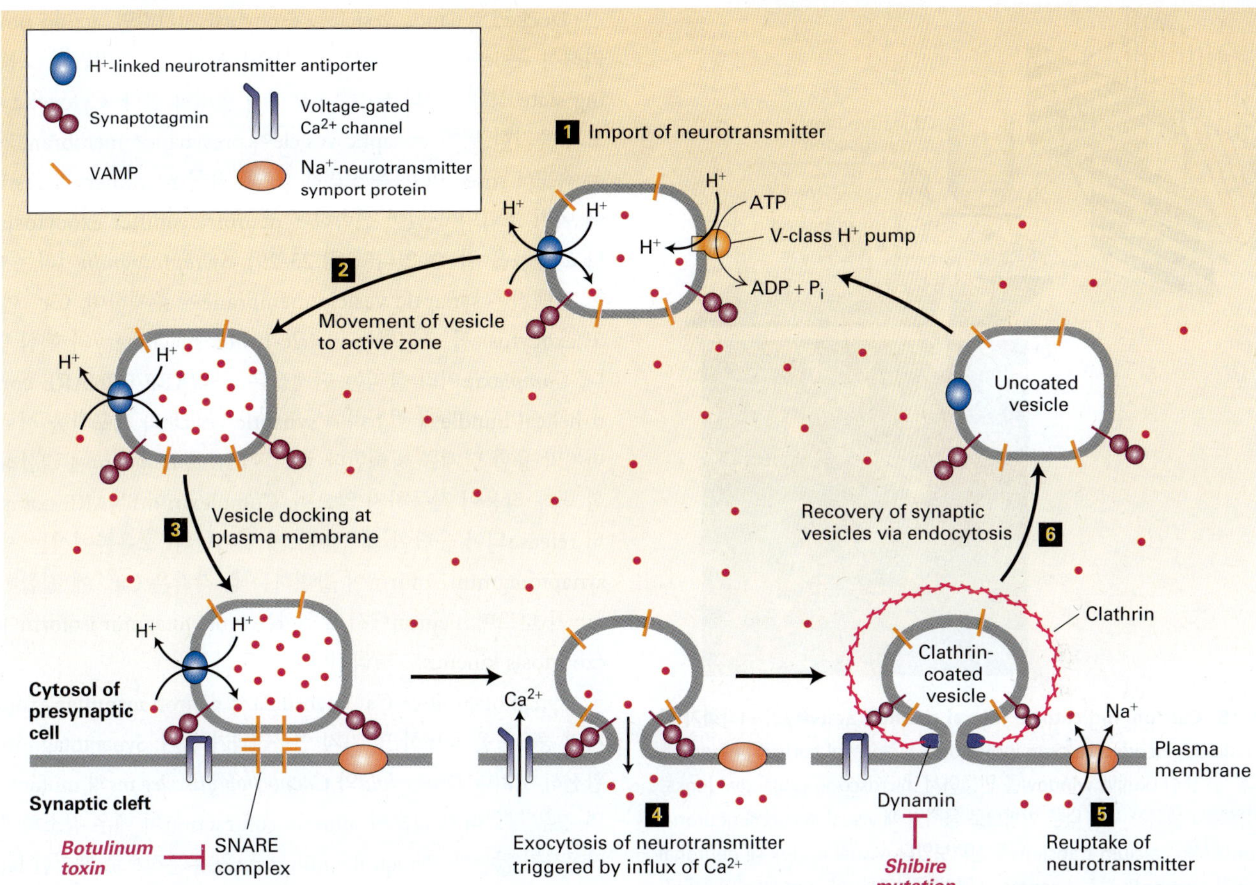

그림 23-27 Axon termini에서의 neurotransmitter와 synaptic vesicle의 cycle (주기). 대부분의 synaptic vesicle는 그림에 나와 있듯이 세포 내에서 endocytic recycling으로 만들어진다. 전체를 순환하면 대개 약 60초가 걸린다. 단계 **1**: 코팅되지 않은 vesicle은 V-type proton pump (주황색)와 특정 neurotransmitter에 특이적인 단일 H^+-neurotransmitter antiporter (파란색)를 발현시켜서 neurotransmitter (빨간색 점)를 cytosol로부터 이동시킨다. 단계 **2**: Neurotransmitter로 가득한 synaptic vesicle은 active zone으로 이동한다. 단계 **3**: Vesicle은 presynaptic 세포막의 일정한 부위에 docking한다. VAMP라 불리는 vesicle v-SNARE는 세포막 t-SNARE에 결합하여 SNARE complex를 형성한다. Synaptotagmin은 membrane 융합과 neurotransmitter release를 막는다. Botulinum toxin은 vesicle의 v-SNARE인 VAMP protein을 분해함으로써 exocytosis를 막는다. 단계 **4**: Nerve impulse (action potential)에 반응하여 세포막 내의 voltage-gated Ca^{2+} 채널이 열리고 세포 밖에서 Ca^{2+}이 들어오게 된다. 이 Ca^{2+}이 synaptotagmin의 구조 변화를 일으켜서 세포막에 docking한 vesicle을 융합시키고 neurotransmitter가 synaptic cleft로 release되도록 한다(그림 23-29에서 자세히 설명한 기전들을 경유). 단계 **5**: Na^+ symporter protein이 synaptic cleft에서 neurotransmitter를 회수하여 action potential의 지속 기간을 제한하고 세포의 neurotransmitter를 부분적으로 충전한다. 단계 **6**: Vesicle은 endocytosis로 인해 회복되고, 코팅되지 않는 vesicle을 만들어 내어 다시 채워지고 순환을 시작할 수 있게 된다. V-SNARE와 neurotransmitter transporter protein을 포함한 clathrin/AP vesicle이 dynamin에 의해 매개되는 과정에 의해 안쪽으로 떨어져 나가고 코팅된 protein을 잃는다. *Drosophila*의 *shibire*와 같은 dynamin 돌연변이는 synaptic vesicle이 다시 형성되는 것을 막아서 paralysis시킨다. 대부분의 neurotransmitter와는 달리, acetylcholine은 재활용되지 않는다. K. Takei et al., 1996, *J. Cell Biol.* **133**:1237; V. Murthy and C. Stevens, 1998, *Nature* **392**:497; and R. Jahn et al., 2003, *Cell* **112**:519 참조.

Ca^{2+}-결합 단백질이 세포막과 Synapse Vesicle의 융합을 조절한다

Axon termini에서 synapse vesicle과 세포막이 융합하는 것은 다른 regulated secretory vesicle의 membrane 융합과 마찬가지로, **SNARE** 및 **SM 단백질**(Sec1/Munc18-like protein)에 의해서 이루어진다. Synapse vesicle에 존재하는 주요 v-SNARE (VAMP)는 syntaxin과 SNAP-25, axon termini의 세포막에 존재하는 주요 t-SNARE와 강하게 결합하여 4-helix SNARE complex를 형성한다. SNARE complex가 만들어지면, synaptic vesicle membrane이 presynaptic 세포막과 근접하지만 SM 단백질과 sytaxin 간의 상호작용하는 추가 단계를 거쳐야 융합 pore가 형성된다. 융합 이후에는 axon termini의 VAMP 단백질이 t-SNARE로부터 dissociation (분리)된다(그림 14-11에 secretory vesicle의 융합에 대해 설명되어 있음).

Botulinum toxin (botulinum 독소)의 활성 메커니즘을 통해 neurotransmitter exocytosis에 VAMP가 중요한 역할을 하고 있음을 알 수 있다. 이 toxin은 bacterial protein으로서, paralysis (마비)와 심하면 사망에 이르는 *botulism*이라는 food poisoning (식중독)을 일으킨다. 이 toxin은 2개의 polypeptide로 이루어져 있는데, 이 중 하

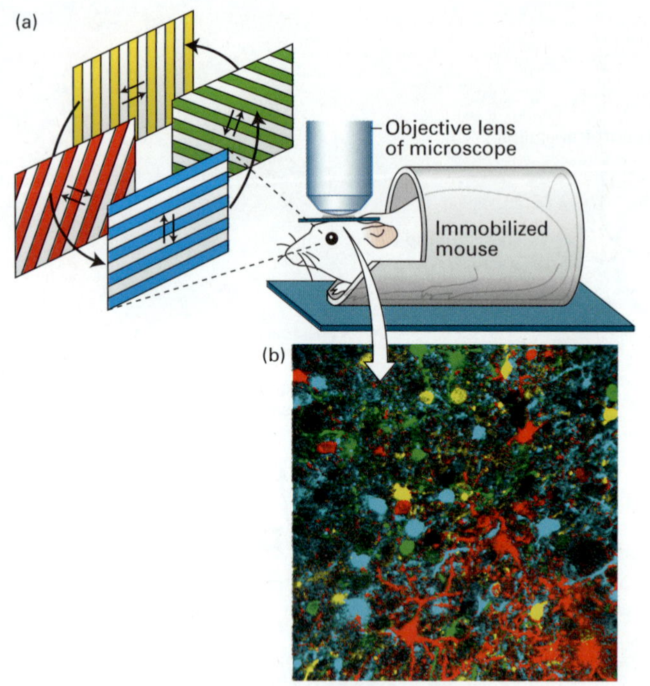

그림 23-28 Calcium indicator로 neural circuit의 activity의 시각화가 가능함. Genetically encoded calcium indicator를 생쥐 visual cortex의 neuron에 발현시켰다. (a) 생쥐 skull에 window를 만들어서 microscope (objective lens로 표기)를 이용해서 생쥐가 서로 다른 방향으로 움직일 때 visual cortex의 neuronal population에서의 calcium transient를 살펴보았다. Visual cortex 내 neuronal population은 grating의 특정 orientation에 반응하면서 calcium level이 올라가는데, 이는 calcium indicator의 fluorescence가 증가로 나타난다. (b) Orientation에 따라 calcium이 증가하게 되는데, 이를 각 neuron 별로 color-coding을 했다 (사진 아래 표기됨). 노란색으로 보이는 neuron은 grating이 수평 방향으로 움직일 때 반응하며, 하늘색으로 보이는 neuron은 grating이 수직 방향으로 움직일 때 반응한다. 반면 녹색과 빨강색으로 보이는 neuron은 grating이 대각선 방향으로 움직일 때 반응한다. 이러한 종류의 실험들을 통해 개별 neuron이 visual stimuli의 특정 orientation에 의해 조율된다는 점을 알아냈다. [Part (b) republished with permission from Nature, from T.-W. Chen et al,, 2013, "Ultrasensititive Fluorescent Poteins for Imaging Neuronal Activity," *Nature* **499**(7458):295–300; permission conveyed through Copyright Clearance Center, Inc.]

나는 acetylcholine을 release하는 motor neuron에 결합하여 또 다른 polypeptide인 protease가 axon termini의 cytoplasm으로 들어오도록 촉진한다. 이 protease가 분해하는 유일한 단백질이 VAMP이다(그림 23-27, 단계 **3**). Botulinum protease가 axon termini로 들어온 후에 세포막에 docking되지 않은 synapse vesicle는 membrane과 융합될 수 없는데, 이는 VAMP가 cleavage (절단)되어 더 이상 SNARE complex를 형성할 수 없기 때문이다. 이로 인해 neuromuscular synapse에서 acetylcholine release가 일어나지 않고 paralysis가 일어난다. 그러나 이미 membrane에 docking된 vesicle은 toxin에 대해 상당한 저항력을 보이므로, SNARE complex는 presynapse 세포막에 vesicle 융합이 일어날 때, 이미 부분적으로 조립이 일어나 있어 protease에 대해 저항성을 갖게 된다. ■

Docked synaptic vesicle을 exocytosis시키려면, action potential에 의해서 vesicle 근처 세포내 Ca^{2+} 농도를 0.1 μM 미만의 보통의 resting state 상태로부터 1–100 μM까지 올려야 한다. Cytosolic Ca^{2+} 농도가 증가한 뒤에, synaptic vesicle이 presynaptic membrane과 융합되는 속도(1 msec 미만)를 고려해 볼 때, 융합 machinery가 resting state에 이미 조립되어 있어 신속하게 neurotransmitter exocytosis가 일어나고 있음을 알 수 있다(그림 23-29). *Synaptotagmin*이라는 Ca^{2+} 결합 단백질은 synaptic vesicle membrane에 존재하며, Ca^{2+}에 반응하고 exocytosis를 촉진하는 vesicle-fusion machinery의 핵심 단백질이다. *Complexin*이라 불리는 단백질은 v-SNARE/t-SNARE complex의 α-helical bundle에 결합하여 synaptic vesicle과 세포막을 서로 엮어서 마지막 융합 단계를 방해한다. Ca^{2+}이 *synaptotagmin*에 결합하면 이러한 방해 작용이 작동하지 않으며, Complexin이 SNARE complex로부터 release되어 융합이 매우 빠르게 일어난다. 포유류에서는 서로 다른 synaptotagmin isoform이 발현하는데, 각각은 Ca^{2+}에 결합하는 affinity가 다르며, neuron에서 발현하는 synaptotagmin isoform에 따라서 exocytosis kinetics도 달라진다.

Synaptotagmin은 Ca^{2+} sensor로서 neurotransmitter exocytosis에서의 중요함을 증명한 몇 가지 연구결과가 있다. Synaptotagmin gene을 완전히 제거한 *Drosophila*와 *Caenorhabditis elegans*의 mutant embryo의 경우 부화하지 않으며, muscle contraction이 매우 감소하여 제대로 작동하지 않는다. Synaptotagmin gene을 부분적으로 제거한 larvae (유충)의 경우 살아남긴 하지만, 이 larvae의 neuron에서는 Ca^{2+}에 반응하여 vesicle exocytosis가 제대로 일어나지 않는다. 게다가, 생쥐에서는 synaptotagmin에 돌연변이가 생겨서 Ca^{2+}과의 affinity가 감소하여 빠른 exocytosis를 유발하는 데 필요한 cytosolic Ca^{2+} 양이 증가한다.

Synaptic vesicle exocytosis의 중요한 특징은 speed (속도)이다. Synaptic vesicle 융합은 action potential이 도달한 뒤에 수 백 microsecond 내로 일어나는데, voltage-gated Ca^{2+} 채널을 통해 Ca^{2+} infux의 시간 범위와는 다르다. 이러한 빠른 speed가 가능한 이유는 release machinery와 voltage-gated Ca^{2+} 채널 간의 물리적 proximity (근접성) 때문이다. *RIM* (*R*ab3-*i*nteracting *m*olecule protein)과 *RIM-BP* (for *RIM* *b*inding *p*rotein)로 불리는 두 단백질에 의해서 이러한 proximity가 담보된다. 이들 단백질는 Rab3 단백질이 포함된 synaptic vesicle과 voltage-gated Ca^{2+} 채널과 복합체를 형성한다. RIM이 결핍된 생쥐와 RIM-BP가 결핍된 fly에서는 active zone에 voltage-gated Ca^{2+} 채널이 존재하지 않고, neurotransmitter release가 급격히 감소하여 desyncrhonization (비동조화)된다.

Dynamin 결핍 돌연변이 파리는 Synapse Vesicle을 재활용하지 않는다

Synapse vesicle은 원래 axon termini의 세포막으로부터 endocytic budding에 의해서 주로 만들어진다(그림 23-27 참조). Endocytosis는 clathrin-coated pit과 관련이 있고, synapse vesicle에만 존재하는 몇몇

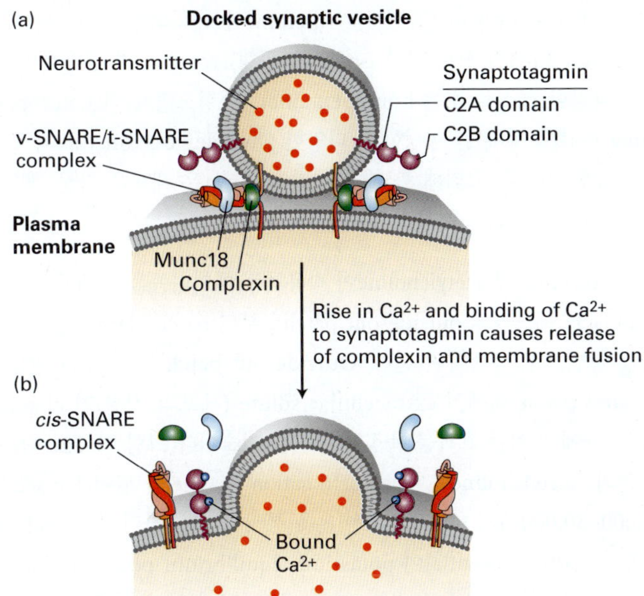

그림 23-29 Synaptotagmin과 SNARE에 의해 매개되는 synaptic vesicle이 세포막으로 융합. 오직 몇몇 synaptic vesicle만이 presynapse 세포막으로 docking한다; 세포막에 융합될 준비를 하고 있다. (a) Synaptic vesicle과 세포막 사이의 강한 상호작용은 부분적으로 vesicle v-SNARE (예, VAMP)와 세포막 t-SNARE protein (예, SNAP-25와 syntaxin; 그림 14-11 참조) 사이의 complex에서 기인한 4개의 α-helix에 의해서 이루어진다. 두 membrane의 융합은 complexin이 v-SNARE/t-SNARE complex에 결합하면서 방해된다. Synaptotagmin은 synaptic vesicle membrane으로 anchoring시키는 단일 transmembrane α-helix인 짧은 intraluminal sequence와 linker 그리고 2개의 Ca^{2+}-결합 domain *C2A*와 *C2B*로 구성되어 있다. Ca^{2+}이 결합하지 않은 synaptotagmin은 아마도 v-SNARE/t-SNARE complex와 결합하여 membrane 융합을 방해할 것이다. (b) 국소적으로 Ca^{2+} 농도가 상승하면 Ca^{2+} 이온이 synaptotagmin과 결합하여 3차 구조를 변형시킨다. 아직 정확한 작동 메커니즘이 다 밝혀진 것은 아니지만, complexin 융합 inhibitor의 release를 유발하여 synaptotagmin이 v-SNARE/t-SNARE complex에 결합(혹은 변형된 결합)되어 즉각적으로 membrane 융합이 일어나서 neurotransmitter가 세포 밖 공간으로 release되는 것으로 생각된다. T. C. Südhof and J. E. Rothman, 2009, *Science* **323**:474l T. C. Sudhof, 2013, *Neuron* **80**:675–690 참조.

membrane 단백질(예, neurotransmitter transporter)은 endocytosed vesicle로 들어가고 항시적인 세포막 단백질(예, voltage-sensitive Ca^{2+} 채널)은 남게 된다. 이러한 방법으로 synaptic vesicle membrane 단백질은 재활용되고 neurotransmitter로 다시 채워진다(그림 23-27, 단계 **6** 참조).

다른 clathrin/AP-coated vesicle이 만들어지는 것과 같이, endocytosed synaptic vesicle을 분리해내는 데는 GTP-binding protein인 *dynamin*을 필요로 한다(그림 14-20 참조). 실제로, dynamin을 encoding하는 *shibire* (*shi^ts*)라 명명된 *Drosophila* mutant 연구를 통해서 dynamin이 endocytosis에 어떤 역할을 하는지 알 수 있었다. 20°C의 온도에서는 mutant fly는 정상이지만, 30°C의 온도에서는 paralysis가 일어나는데(*shibire*, 일본어로 "마비된"을 의미), 이는 neuron과 다른 세포에서 clathrin-coated pit의 분리 과정이 방해받기 때문이다. Electron microscopy로 관찰해 보면, 30°C에서 *shi^ts* neuron에는 긴 목구조를 가진 clathrin-coated pit가 많이 보이지만, 정작 clathrin-coated vesicle은 거의 사라진다. 새로운 synaptic vesicle이 분리되는 능력이 상실되었으므로, *shi^ts* mutant neuron은 결국 30°C의 온도에서 synaptic vesicle이 부족하게 되어 synaptic signaling이 정지되어 paralysis로 이어진다.

Synapse Signaling은 Neurotransmitter가 분해되거나 Reuptake되면 종료된다

Neurotransmitter가 presynaptic cell에서 release된 이후에, 신호전달은 neurotransmitter가 synapse cleft로부터 자연스럽게 diffusion되어 끝날 수도 있으나 굉장히 느리게 일어난다. 대신에, 다음에 설명할 두 가지 빠른 메커니즘 중 하나에 의해 대부분 neurotransmitter의 작용이 종료된다: neurotransmitter는 neurotransmitter transporter에 의해서 synapse에서 제거되거나 synaptic cleft에 존재하는 enzyme에 의해 파괴되어 postsynaptic cell이 지속적으로 자극되는 것이 방지된다.

Acetylcholine에 의한 signaling은 synapse cleft에만 존재하는 *acetylcholinesterase* (아세틸콜린 분해효소)에 의해 acetate와 choline으로 hydrolysis (가수분해)되면서 끝난다. 이 반응에서 release되는 choline은 Na^+/choline symporter (Na^+/choline 공동 수송 물질)에 의해 presynaptic axon termini로 재운송되어 더 많은 acetylcholine을 합성하는 데 사용된다. 이 transport 단백질의 작용 방법은 concentration gradient에 역행하여 glucose를 세포 안으로 운반하는 Na^+-linked symporter (Na^+ 연관 공동 수송 물질)의 방식과 비슷하다(그림 11-26 참조).

Acetylcholine을 제외하고, 그림 23-26에 나와 있는 다른 모든 neurotransmitter는 원래 release되었던 axon termini로 다시 운송되어 재활용된다(그림 23-27, 단계 **5**). GABA (가바), norepinephrine (노르에피네프린), dopamine (도파민), 그리고 serotonin (세로토닌)의 transport 단백질이 가장 먼저 발견되어 연구되었다. 이 네 가지 transporter 모두 Na^+-linked symporter이다. 이들 아미노산 서열은 60–70%가 같고, 각각 12개의 transmembrane α helix를 가지고 있다. 다른 Na^+ symporter처럼, neurotransmitter를 이동시키는 원동력은 electrochemical gradient (전기 화학 경사)에 따라 세포 안으로 들어오는 Na^+이다. Electroneutrality (전기적 중성)를 유지하기 위해 Cl^-가 종종 Na^+과 함께 ion channel을 통해 이동한다.

Neurotransmitter transporter는 여러 약물 오용뿐 아니라 정신의학 분야에서 흔히 사용되는 치료제의 target이기도 하다. Cocaine (코카인)은 norepinephrin, serotonin, 그리고 dopamine의 transporter에 결합하여 그 작용을 억제한다. 특히, cocaine이 dopamine transporter에 결합하면, dopamine reuptake가 방해받아 dopamine이 정상보다 높은 농도로 synaptic cleft에 남게 되어 postsynaptic neuron이 과도하게 오래 자극을 받는다. Cocaine을 습관적으로 사용하여 오랜 시간 동안 노출되면, dopamine receptor에 의한 dopamine signaling의 조절 메커니즘이 변형된다. 만성적으로 cocaine을 사용하여 dopaminergic signaling이 감소하면 depressive mood disorder (우울성 기분 장애)가 생기고, brain reward circuitry (뇌 보상회로)에 영향을 주어 addiction (중독)을 야기하는 것으로 보인다. 유사하게, anti-depressant drug (항우울제)인 fluoxetine (Prozac, 프로작)이나 imipramine과 같은 약물은 serotonin reuptake를 방해하고, tricyclic anti-depressant인 desipramine은 norepinephrine reuptake를 방해한다. [Fluoxetine과 유사하게 작용하는 paroxetine (Paxil)과 sertraline (Zoloft)와 같은 약물들은 종종 *s*elective *s*erotonin *r*euptake *i*nhibitor (SSRI, 선택적 세로토닌 재흡수 억제제)로 불린다]. 또한 이러한 약물은 neurotransmitter가 정상보다 높은 농도로 synaptic cleft에 남아 있게 되어 postsynaptic neuron이 자극되는 시간을 연장한다. ■

최근 single-molecule cryoelectron microscopy (단일 분자 초저온현미경)에 의해서 hallucinogen (환각제) ibogaine과 같은 약물과 함께 혹은 단독으로 처리한 상태에서 dopamine transporter, serotonin transporter를 포함한 다양한 neurotransmitter transporter의 구조를 풀 수 있게 되었다. 이러한 연구결과는 neurotransmitter transporter가 bacterial two-Na^+/one-leucine symporter의 구조와 구조적, 기능적 특성의 유사성을 공유한다(그림 11-25 및 11-26 참조). 과거 neurotransmitter transporter를 anti-depressant (항우울제)와 같은 약물 target으로 삼은 연구결과가 대개 bacterial two-Na^+/one-leucine symporter 구조에 기인했기 때문에 이러한 사실은 더욱 중요하다. Neurotransmitter transporter의 구조를 결정하는 작업은 이러한 모델을 입증할 뿐 아니라 정교한 표적치료제 개발을 위해서 필수적이다.

Acetylcholine-Gated Cation Channel이 열리면 Muscle Contraction이 일어난다

이제 이 절에서 우리는 motor neuron과 muscle cell의 communication을 예로 들어, neurotransmitter가 postsynaptic receptor에 결합했을 때 membrane potential에 어떤 변화가 일어나는지 알아볼 것이다. Neuromuscular junction에서는 acetylcholine이 neurotransmitter이다. Frog motor neuron의 단일 axon termini에는 수백만 혹은 그 이상의 synapse vesicle이 있는데, 각각 1,000–10,000 분자의 acetylcholine을 포함되어 있다. 이 vesicle은 종종 active zone 부분에 줄지어 모여 있다(그림 23-23과 그림 23-24 참조). 이런 neuron은 수백 개의 지점에서 하나의 skeletal muscle cell과 synapse를 형성한다.

Muscle cell에서 발현되는 *nicotinic acetylcholine receptor*는 *ligand-gated channel*로서 K^+와 Na^+을 모두 받아들인다. 이 receptor는 뇌 neuron에서도 만들어져 learning과 memory에 중요한 역할을 한다; acetylcholine receptor의 손실은 schizophrenia (정신분열증), epilepsy (간질), drug addiction, 그리고 Alzheimer's disease (알츠하이머)에서 흔히 발견된다. *Myasthenia gravis* (중증 근무력증)는 acetylcholine receptor에 대한 autoimmunune reactivity (자가 면역 반응)가 주요 원인이다. 이렇게 이름이 붙여진 이유는 nicotine이 결합하기 때문이다; tobacco smoker (흡연자)가 nicotine에 중독되는 것과 연관되어 있다. 최소 14개의 서로 다른 isoform (동형) receptor가 존재하며, 각각은 다양한 성질을 갖는 homopentamer (동형오형체)와 heteropentamer (이형오형체)를 형성한다. 다양한 physiological function과 질환들에 대한 역할을 고려해 볼 때 이러한 isoform은 새로운 약물 개발에 있어 중요한 target으로 고려될 수 있다. ■

이 receptor에 acetylcholine이 작용하는 메커니즘을 이해하기 위해서 muscle 세포막의 outside-out patch로부터 patch-clamping recording 방법으로 측정하면 된다. Outside-out patch-clamping 방법은 isolated patch 내에서 extracellular solute (세포밖 기질)가 channel receptor에 미치는 효과를 측정하기 위한 기술이다(그림 11-22c 참조). 그 결과, acetylcholine은 receptor의 cation channel을 열어 1 msec 당 15,000–30,000개의 Na^+과 K^+ 이온을 통과시킨다. 하지만, muscle 세포막의 resting potential이 potassium equilibrium potential인 E_K에 가깝기 때문에 acetylcholine receptor channel이 열려도 K^+ 이온이 많이 유출되지 않는다; 오히려 Na^+ 이온이 electrochemical gradient에 의해서 muscle cell 안으로 흘러 들어온다.

Acetylcholine의 작용에 의해 K^+와 Na^+ 이온의 permeability (투과도)가 동시에 증가하면, –85에서 –90 mV이던 muscle cell의 resting

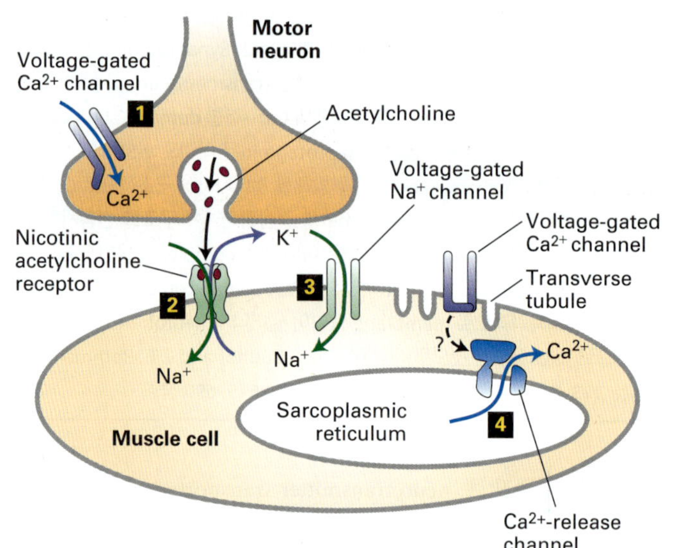

그림 23-30 Neuromuscular junction에서 gated ion channel의 순차적 활성화. Presynaptic motor neuron의 terminus에 action potential이 도착하면 neuron 내에 voltage-gated Ca^{2+} 채널이 열리고(단계 1), 순차적으로 acetylcholine이 release되어 muscle 세포막 내에 ligand-gated acetylcholine receptor가 열리게 된다(단계 2). 열린 채널을 통해 Na^+의 유입과 K^+의 유출이 일어난다. Na^+의 유입은 membrane의 국소적인 depolarization을 만들고, voltage-gated Na^+ 채널을 열어 action potential을 만든다(단계 3). Depolarization이 퍼져서 transverse tubule에 이르면, voltage-gated Ca^{2+} 채널이 감지한다. 이 채널은 닫혀 있는 상태로 유지되지만, 알려져 있지 않은 메커니즘(?로 표시)으로 sarcoplasmic reticulum (muscle의 membrane에 붙어 있는 network)의 membrane에 있는 Ca^{2+} 채널에 영향을 주어 저장된 Ca^{2+}이 cytosol로 배출된다(단계 4). Cytosolic Ca^{2+} 농도의 증가는 17장에서 논의했던 메커니즘을 통해 muscle contraction을 유발한다.

potential이 –15 mV로 depolarization된다. 그림 23-30에서 보듯이, 이 국소적인 muscle cell 세포막의 depolarization으로 인해 voltage-gated Na^+ 채널이 열리게 되고, 일전에 neuron에서 언급했던 것과 마찬가지로 muscle cell 표면에서도 action potential이 생성되어 conduction된다. Membrane depolarization이 세포막 내 특수한 invagination (함입) 구조인 transverse tubule (그림 17-32b 참조)에 도달하면, 보기에는 채널이 열릴 이유가 없어도 세포막의 Ca^{2+} 채널에 영향을 준다. 이것은 근처에 있는 sarcoplasmic reticulum (근소포체) membrane에 있는 Ca^{2+}-release channel을 열게 하여 sarcoplasmic reticulum에 저장되어 있던 Ca^{2+} 이온이 cytoplasm로 흘러 들어와서 결국 muscle contraction을 유발할 정도로 cytoplasm 내 Ca^{2+} 이온 농도를 올린다.

Cholinergic motor neuron (콜린성 운동 뉴런)과 synapse를 형성하는 muscle membrane의 membrane potential을 주의 깊게 살펴보면, motor neuron의 자극 없이도 자발적, intermittent (간헐적), 그리고 무작위로 ~2 msec 동안 약 0.5–1.0 mV의 depolarization이 관찰되었다. 이러한 현상은 하나의 synaptic vesicle에서 acetylcholine이 자발적으로 release되어 일어난다. Acetylcholine을 포함하는 단일 synaptic vesicle이 release되면 postsynaptic membrane에 존재하는 약 3,000개의 채널이 열리는데, 이는 action potential을 유도하기 위해 필요한 depolarization에 이르기에는 많이 부족하다. 확실히 muscle contraction이 일어나도록 motor neuron을 자극하기 위해서는 수많은 synapse vesicle로부터 acetylcholine이 거의 동시에 방출되어야 한다.

Nicotinic Acetylcholine Receptor의 5개 Subunit 모두가 Ion Channel의 기능에 중요하다

Excitatory nicotinic acetylcholine receptor는 흔히 많은 nerve-muscle synapse에서 발견되는 데 가장 처음 클로닝되어 정제되고 분자 수준에서 연구가 진행된 ligand-gated ion channel이다. 이로 인해 다른 neurotransmitter-gated ion channel 연구를 위한 paradigm (패러다임)으로 많이 활용된다. Skeletal muscle의 acetylcholine receptor는 $\alpha_2\beta\gamma\delta$의 pentameric protein이다. 이러한 네 가지 서로 다른 subunit 형태는 sequence homology (서열 유사성)가 서로 높다; 임의 subunit 2개를 비교해 보면 평균적으로 35–40%가 일치하는데, 이는 모두 공통 ancestral gene (조상 유전자)으로부터 유래함을 알 수 있다. 완전한 receptor는 five-fold symmetry (5면 대칭)를 이루며, 실제 cation channel의 경우 5개 subunit 각각이 homologous segment로 이루어져서 점점 가늘어지는 형태의 central pore를 갖고 있다(그림 23-31). 그림 23-31a에서 볼 수 있듯이, acetylcholine molecule 두 분자가 $\alpha\delta$와 $\alpha\gamma$ subunit의 interface (경계면)에 각각 결합하면서 채널이 열린다. 일단 acetylcholine이 receptor에 결합하면, 채널은 몇 μsec 동안 열린다. 서로 다른 작은 cation의 receptor permeability를 측정해 보면, 열린 상태의 채널에서 가

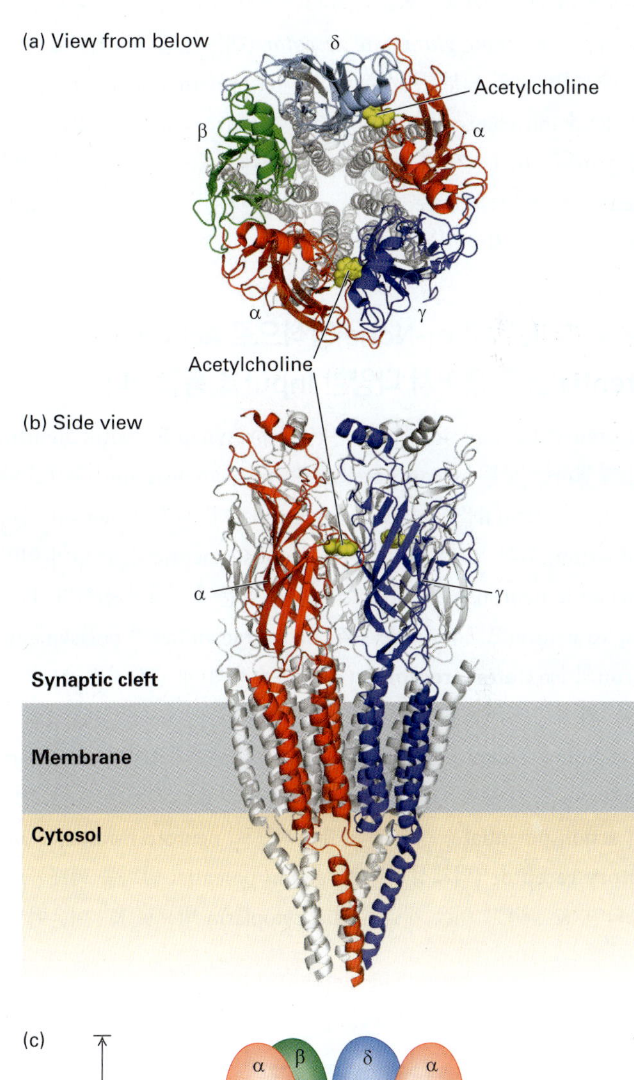

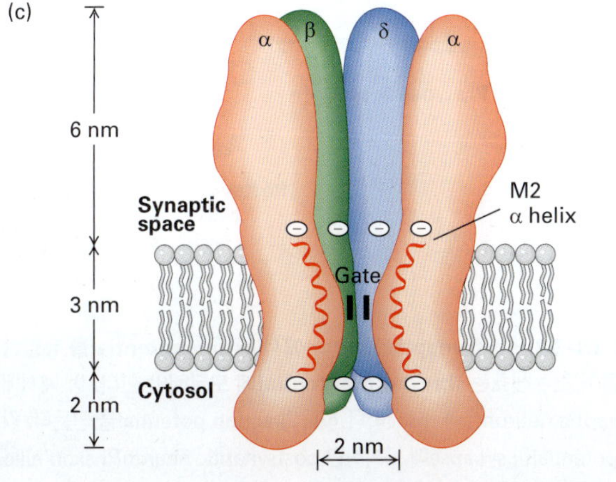

그림 23-31 Nicotinic acetylcholine receptor의 3차원 구조. Torpedo nicotinic acetylcholine receptor의 synaptic cleft에서 바라본 (a) 혹은 membrane plane에 평행한 곳에서 바라본 (b) 3차 구조. 명확성을 위해, 앞쪽 2개 subunit인 α와 γ만 (b)에 색깔로 강조함(α: 빨간색; β: 녹색; γ: 파란색; δ: 연한 파란색). 2개의 acetylcholine이 결합하는 부위는 membrane 표면에서 약 3 nm 떨어져 위치하며 노란색으로 강조되어 있다; α-γ 경계면에 있는 오직 하나만 panel b에서 보여 주고 있다. (c) membrane에서의 pentameric receptor의 모식도. 각각의 subunit는 4개의 membrane-spanning α-helix인 M1–M4를 갖고 있다; M2 α-helix (빨간색)는 가운데 pore를 마주보고 있다. Aspartate와 glutamate의 side chain은 음전하를 띠는 2개의 ring 구조를 M2 helix의 양쪽 끝에 갖고 있다. Acetylcholine이 결합하면 열리는 gate는 pore 내에 있다 [Data from N. Umwin, 2005, *J. Mol. Biol.* **346**:967–989, PDB ID 2bg9.]

장 좁은 부위는 직경이 약 0.65–0.80 nm이며, 이는 electron microscopy로 측정한 결과와 일치했다. 이 크기는 K^+와 Na^+ 이온과 그들을 둘러싼 물 분자까지 모두 함께 통과할 수 있을 정도로 충분하다.

우리는 neuromuscular junction을 neurotransmitter와 receptor가 어떻게 작동하는지 연구하는 훌륭한 모델 예시로 설명하였다. Acetylcholine과 마찬가지로 척추동물 뇌 neuron 사이의 신호전달에 가장 중요한 neurotransmitter인 glutamate는 2개의 주요 receptor 형태에 작동한다. 하나는 ligand-gated channel로서 glumate가 결합하고 AChR와 유사하게 작동하여 K^+, Na^+, 그리고 때때로 Ca^{2+}을 세포 내부로 흐르게 하는 *ionotropic glutamate receptor* (이온성 글루타메이트 수용체)이다. 이번 장의 뒷부분에서는 이러한 G protein–coupled receptor (GPCR)와 ion channel이 어떻게 다양한 sensory nerve cell을 활성화하는 **odorant** (후각원; odor receptor들을 활성화시키는 물질)와 **tastant** (미각원; taste receptor들을 활성화시키는 물질)에 대한 수용체로서 기능을 하는지 알아볼 것이다.

Nerve Cell은 All-or-None 방식으로 Action Potential을 만들어서 다양한 Input을 통합한다

Neuromuscular junction에서는 사실상 presynaptic motor neuron에서 발생하는 모든 action potential이 postsynaptic muscle cell에서 action potential을 만들고 propagation된다. 하지만 neuron 사이의 junction, 특히 뇌의 junction에서는 postsynaptic neuron이 여러 presynaptic neuron으로부터 신호를 받기 때문에 더욱 복잡하다. Presynaptic neuron으로부터 release된 neurotransmitter가 postsynaptic neuron의 **excitatory receptor (흥분성 수용체)**에 결합하면, Na^+ 혹은 Na^+와 K^+ 모두를 통과시키는 채널이 열린다. 앞에서 언급된 것처럼, acetylcholine receptor와 glutamate receptor는 대표적인 excitatory receptor이고, 이 채널은 postsynapse 세포막의 depolarization을 유발하여 action potential을 생성한다. 대조적으로, neurotransmitter가 **inhibitory receptor (억제성 수용체**; action potential 발화를 억제함)에 결합되면, K^+나 Cl^- 이온 채널이 열려 cytoplasm 밖으로 K^+ 이온이 더 나가거나 Cl^- 이온이 안으로 들어온다. 어떤 경우든 이온 흐름이 세포막을 hyperpolarization시켜서 postsynaptic cell에서 action potential이 생성되는 것을 방해한다.

하나의 neuron은 여러 개의 excitatory, inhibitor synapse로부터 오는 신호에 의해서 동시에 영향을 받을 수 있다. Neuron은 지속적으로 이러한 신호를 통합하여 action potential을 생성할지 여부를 결정한다. 이러한 과정에서 synapse에서 만들어지는 여러 작은 depolarization과 hyperpolarization이 dendrite에 있는 세포막로부터 cell body로 그리고 axon hillock으로 차례로 전달되면서 axon hillock에서 궁극적으로 통합된다. Axon hillock의 membrane이 특정 voltage에서 depolarization될 때 이를 *threshold potential* (역치전위)라 부른다(그림 23-32). 따라서 action potential은 all-or-none 방식으로 만들어진다: threshold를 넘는 depolarization은 항상 action potential을 만들고, threshold를 넘지 못하면 action potential을 만들지 않는다.

Neuron이 axon hillock에서 action potential을 만들지 여부는 neuron이 받아들이는 모든 input의 timing, amplitude, 그리고 localization에 좌우된다; 이러한 signal computation (신호 계산)은 각각의 neuron에서 서로 다르다. 어떤 점에서 각각의 neuron은 작은 analog-to-digital computer (아날로그를 디지털로 전환하는 컴퓨터)와 같아서 모든 receptor activation과 membrane (analog, 아날로그)에 미치는 electrical disturbance (전기 교란)를 평균화하여 action potential (digital, 디지털)을 firing할지 여부를 결정하고, axon을 따라 conduction한다. Action potential은 모든 neuron에서 항상 동일한 magnitude (강도)를 갖는다. 이미 봤듯이, action potential이 특정 neuron에서 만들어지는 frequency는 다른 세포로 신호를 전달하는 능력을 예측하는 가장 중요한 parameter (척도)가 된다.

Gap Junction은 Neuron 사이의 직접적인 Communication을 매개한다

Neurotransmitter를 활용하는 *chemical synapse*는 신속하게 한쪽 방

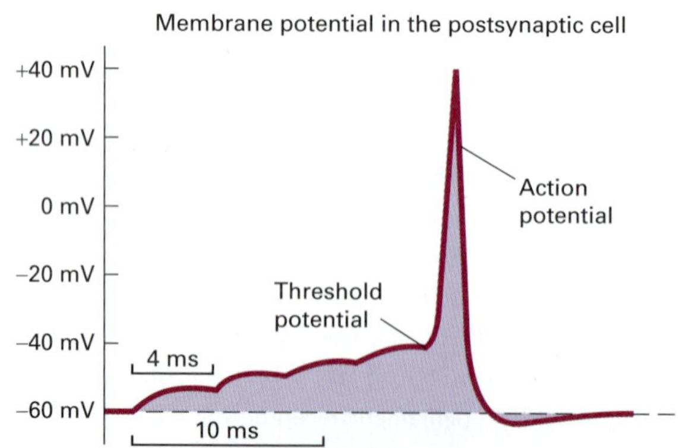

실험 그림 23-32 Postsynaptic neuron에서 action potential을 유발하기 위해서는 들어오는 신호는 threshold potential에 도달해야 한다. 이 예시에서는 postsynaptic neuron은 4 msec마다 하나의 action potential을 만든다. 각각의 action potential이 synapse에 도착하면 postsynaptic neuron의 axon hillock에서 membrane potential에 작은 변화(이 경우에는 ~5 mV)를 일으킨다. 여러 자극이 이 postsynaptic cell의 membrane에 threshold potential만큼 depolarization이 되게 하면(여기선 대략 40 mV) 하나의 action potential이 유도된다.

향으로 communication을 하게끔 한다. 하지만 때때로 세포 간의 chemical synapse를 거치지 않고 신호가 전기적으로 전달될 때가 있다. *Electrical synapse* (전기적 시냅스)는 2개의 세포를 같이 연결시키는 gap-junction (틈새 이음) channel을 통해서 형성된다(20장 참조). Gap-junction 연결의 효과는 연결된 세포들의 활동을 완벽하게 조율하는 데 있다. Electrical synapse는 대개 *bidirectional* (양방향)하게 작동한다. 어떤 neuron도 다른 쪽 neuron을 excitation시킬 수 있다. 예를 들어, electrical synapse는 흔히 neocortex (신피질)와 thalamus (시상)에서 발견된다. Electrical synapse의 핵심적 특징은 빠른 speed이다. 신호가 chemical synapse를 통해서 전달되는 시간이 약 0.5–5 msec 정도라면, electrical synapse는 세포 간 cytoplasm이 연속적으로 연결되어 지나가는 시간은 거의 순식간이다. 게다가, presynaptic cell (신호를 보내는 세포)은 postsynaptic cell에서 action potential을 유발하기 위해 threshold에 도달할 필요가 없다. 대신에 electrical current는 다음 세포로 계속해서 흐르고, current 크기에 따라서 depolarization을 일으킬 수 있다.

Gap junction은 또한 glial cell 간 혹은 neuron과 glial 사이에서도 형성된다. 뇌 astrocyte는 gap junction을 통해 서로 연결되는데, 이를 통해 1 μm/sec의 speed로 빠르게 Ca^{2+} wave (칼슘 파장)를 만들어 낼 수 있는 네트워크를 형성한다. Gap junction은 또한 단일 Schwann cell의 myelin 층 사이의 연결 고리를 통해 Schwann cell 내에서도 형성된다. 과학자들은 이를 통해 다양한 metabolite (대사산물)와 이온이 원활하게 이동한다고 생각한다.

Electrical synapse는 2개의 hemichannel (반쪽 채널)로 이루어진 수천 개의 gap junction channel을 이루고 있다. Neuron 내의 gap junction channel은 보통의 gap junction과 비슷한 구조를 갖고 있다(그림 20-21 참조). 각각의 hemichannel은 6개의 connexin 단백질로 조립되어 있다. 포유류에는 약 20종의 connexin gene이 존재하므로, 채널의 구조와 기능이 다양하다. 1.6–2.0 nm 채널은 그 자체로 약 1,000 Da (달턴) 크기의 분자도 diffusion될 수 있어 대부분의 이온이 통과하는 데에 큰 어려움이 없다.

23.3절의 주요 개념

Synapse에서의 Communication

- Synapse는 presynaptic cell과 postsynaptic cell 사이의 junction이며, 그 사이에 작은 gap이 있다(그림 23-3 참조).
- Synapse 형성은 presynaptic axonal compartment와 postsynaptic dendritic compartment 사이의 상호작용에 의해 매개된다. Cell-adhesion 분자는 세포 간 나란히 배열되도록 한다. Neuromuscular junction에서는 motor neuron이 postsynaptic muscle 세포막 synapse 근처에 acetylcholine receptor가 축적되게 한다(그림 23-23 참조).
- Presynaptic cell에서는, low-molecular-weight neurotransmitter (예, 분자량이 작은 neurotransmitter인 acetylcholine, dopamine, epinephrine)가 H^+-linked antiporter에 의해서 synaptic vesicle 안으로 들어간다. V-class proton pump는 vesicle 내의 pH를 낮게 유지시켜서 neurotransmitter가 concentration gradient에 반하여 이동하게 한다.
- Neurotransmitter는 presynaptic cell 내 axon termini에서 수천–수백 개에 달하는 synaptic vesicle 내에 저장된다. Action potential이 도달하면, voltage-sensitive Ca^{2+} 채널이 열리고, calcium이 synaptic vesicle로 하여금 세포막과 융합시켜 neurotransmitter molecule을 synapse로 release하게 한다(그림 23-27, 단계 **4** 참조).
- Neurotransmitter는 synapse를 가로질러 diffusion하여 neuron이나 muscle과 같은 postsynaptic cell에 있는 receptor에 결합한다. 이러한 종류의 chemical synapse는 unidirectional하다(그림 23-3 참조).
- Synapse vesicle는 exocytosis의 standard machinery를 이용하여 세포막과 융합하는데, SNAREs, syntaxin, SNAP 단백질을 포함한다. Synaptotagmin 단백질은 action potential에 반응하여 Ca^{2+} 농도가 올라가는 것을 감지하는 calcium sensor로서 융합을 유도한다(그림 23-29 참조). RIM, RIM-BP 단백질은 voltage-gated Ca^{2+} 채널을 release machinery과 tethering하여 action potential과 neurotransmitter release가 빠르게 coupling되도록 한다.
- Presynaptic cell로부터 neurotransmitter가 release되면, vesicle은 endocytosis에 의해 다시 만들어져서 재활용된다(그림 23-27, 단계 **6** 참조).
- Motor neuron과 striated muscle cell의 synapse에 존재하는 4개의 gated ion channel은 조화롭게 작동하여 axon terminus로부터 acetylcholine이 release되고, muscle membrane이 depolarization되어 action potential을 만들어서 이후 muscle contraction이 일어나게 한다(그림 23-30 참조).
- Neurotransmitter receptor는 두 가지 종류로 나뉜다: 열린 상태에서 이온이 통과하게 하는 ligand-gated ion channel과, 별도의 ion channel과 연결된 G protein–coupled receptor (GPCR)이다.
- Postsynaptic neuron은 axon hillock의 세포막이 작은 depolarization과 hyperpolarization이 더해져서 threshold potential을 넘게 되면 action potential을 발생시킨다(그림 23-32 참조).
- Electrical synapse는 neuron끼리 혹은 glia끼리 직접 연결된 gap-junction이다. Electrical synapse는 neurotransmitter를 사용하는 chemical synapse와는 다르게 signal transmission에 있어 매우 빠르고, 대개 bidirectional하다.

23.4 주변 환경을 감지: Touch (접촉), Pain (통증), Taste (맛) 그리고 Smell (냄새)

우리 몸은 빛, 소리, 냄새, 맛, 자극, 열, 그리고 추위와 같은 외부 환경으로부터 다양한 신호를 계속해서 받고, 우리 뇌는 이들 신호를 perception (인식)한다. 최근 들어서 우리의 sense (감각)가 어떻게 바깥 세계를 기록하고, brain이 정보를 어떻게 처리하는지에 대한 상당한 지식이 축적되었다. 예를 들어, 15장에서 우리는 인간 retina (망막)의 주요 photoreceptor (광수용체) 중 하나인 *rod* (간상세포)의 기능을 알아보았다. 그리고 이들이 visual stimulation (시각자극)에 대해서 receptor로서의 역할을 어떻게 하는지 알아보았다. Rod는 달빛처럼 약한 빛 wavelength에 의해 자극받는다. 하지만, 다른 photoreceptor인 *cone* (원추세포)은 밝은 light가 있는 환경에서 color vision (색깔 시야)을 매개한다. 이러한 photoreceptor는 각 종 layer에 위치한 interneuron과 synapse를 형성한다. 이런 신호는 nerve impulse를 우리 주위의 세상 image로 변환시키는 *visual cortex* (시각 피질) 뇌 영역에서 처리되고 해석된다.

이번 절에서는 우리의 다른 sense에 관여하는 특수 nerve cell과 관련 분자 메커니즘에 대해서 논의하고자 한다: touch, pain, taste 그리고 smell이 그것이다. 우리는 ion channel과 G protein–coupled receptor가 이러한 감각의 인식 과정에 어떻게 관여하는지 살펴 볼 것이다. Vision과 마찬가지로, 다양한 interneuron이 뇌의 sensory cell과 연결되어, 신호를 전달하고 주변 환경을 perception한다. Optogenetics와 같은 신규 기술 발전으로 이러한 circuit을 mapping할 수 있다. Smell의 경우, 각각의 sensory neuron이 단일 odorant receptor (후각 수용체)를 발현한다. 우리는 같은 receptor를 발현하는 다양한 sensory neuron이 같은 brain center를 어떻게 활성화하는지 알아볼 것이다. Odorant가 결합하고 그것이 뇌에 의해 preception되는지에 대해서는 비교적 잘 알려져 있다.

Mechanoreceptor는 Gated Cation Channel이다

우리 피부, 특히 우리의 손가락 피부는 sensory information을 통합하도록 특수화되어 있다. 우리 몸 전체는 사실 다양한 조직에 수많은 **mechanosensor (기계적 수용체)**가 존재한다. 이러한 sensor는 비록 우리가 input을 간혹 인식하지 못하지만, touch, proprioception (고유수용감각), pain (통증), 그리고 temperature (온도)를 감지하도록 한다. 포유류는 서로 다른 receptor cell을 활용하여 touch, temperature, 그리고 pain 등을 감지한다. 이러한 mechanosensory receptor는 *dorsal root ganglion cell* (배근 신경절)로 불리는 bipolar sensory neuron (양극성 감각 신경세포) terminal에서 발현한다. Dorsal root ganglion cell의 cell body는 spinal cord 근처의 dorsal root ganglion에 위치하며(그림 23-4 참조), neuron은 mechanosensory receptor를 발현하는 peripheral branch을 통해 skin으로 axon을 bifurcation (분기)하고, central branch를 통해 spinal cord 혹은 brain stem으로 projection (투사)하여 sensory signal을 전달한다.

많은 mechanosensory receptor는 Na^+ 혹은 Na^+/Ca^{2+} 채널로서 특정 자극에 반응하여 gate되거나 열린다; receptor가 활성화되면 Na^+ 혹은 Na^+/Ca^{2+} 모두 세포 내로 유입되어 membrane depolarization이 일어나게 된다. 세포막을 당길 때 활성화되는 stretch 및 touch receptor가 이러한 receptor에 해당된다; 이들은 vertebrate muscle과 epithelial cell (상피세포)에서 yeast (효모), plant (식물), 심지어 박테리아까지 다양한 세포에서 발견되었다.

Touch receptor를 encoding하는 유전자 탐색은 부드러운 신체 접촉에 반응하지 않는 *C. elegans*의 mutant strain을 동정하면서 본격적으로 시작되었다. 이들 돌연변이들은 다음의 네 가지 유전자에서 isolation 되었는데, *MEC-2*, *MEC-4*, *MEC-6* 그리고 *MEC-10*이 그것이다. 이 중 MEC-4와 MEC-10은 touch-receptor cell에서 발현하는 Na^+ 채널의 두 subunit을 encoding하는 반면, MEC-2와 MEC-6은 두 accessory protein (부속 단백질)을 encoding한다. 이러한 유전자에 돌연변이가 있는 worm을 대상으로 한 연구 결과에서, 이 채널은 부드러운 신체 접촉의 transduction에 필요함을 알 수 있었다; 또한 biophysics (생물리학) 연구를 통해서, 이 채널은 mechanical stimulation에 반응하여 직접 열리는 것으로 밝혀졌다(그림 23-33). Touch-sensitive complex에는 touch sensitivity에 꼭 필요한 cytosol 내에 새로운 15-protofilament 미세소관 subunit와 extracellular matrix의 특정 단백질들 같은 몇몇 다른 단백질이 포함되어 있다. 유사한 종류의 채널은 bactria 및 lower eukaryote (하위 진핵생물)에서도 발견된다; 이러한 채널은 membrane stretching에 반응하여 열리고 세포 부피 및 osmoregulation (삼투 조절)에 관여한다.

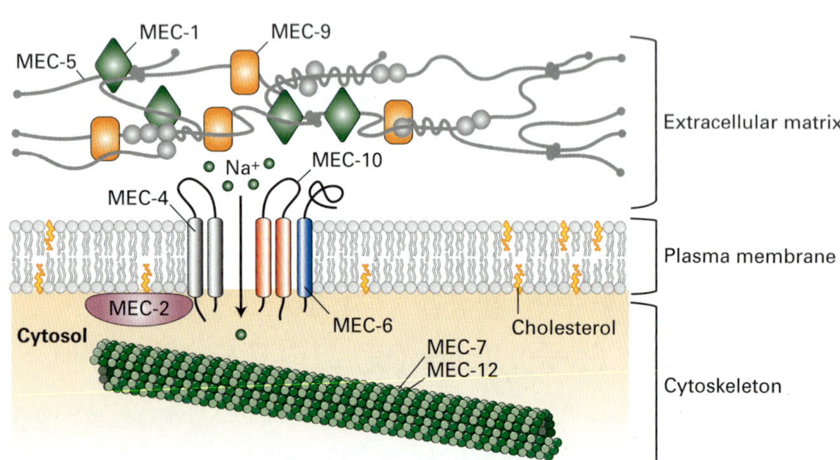

그림 23-33 *C. elegans*에서 MEC-4 touch-receptor complex는 Na^+ 채널과 extracellular matrix 단백질들로 구성된다. MEC-4와 MEC-10 protein은 Na^+ 채널의 pore를 만드는 subunit이다; MEC-2와 MEC-6은 channel activity를 가능하게 하는 accessory subunit들이다. Mechanotransduction은 또한 MEC-5, collagen isoform, 그리고 MEC-1과 MEC-9로 이루어진 특수화된 extracellular matrix를 필요로 한다. MEC-1과 MEC-9는 둘 다 다양한 EGF repeat를 갖고 있으며, MEC-7과 MEC-12는 tubulin monomer로서 새로운 15-protofilament 미세소관을 형성하는데, 이는 touch sensitivity에 필요하다. E. A. Lumpkin, K. L. Marshall, and A. M. Nelson, 2010, *J. Cell Biol.* **191**:237 참조.

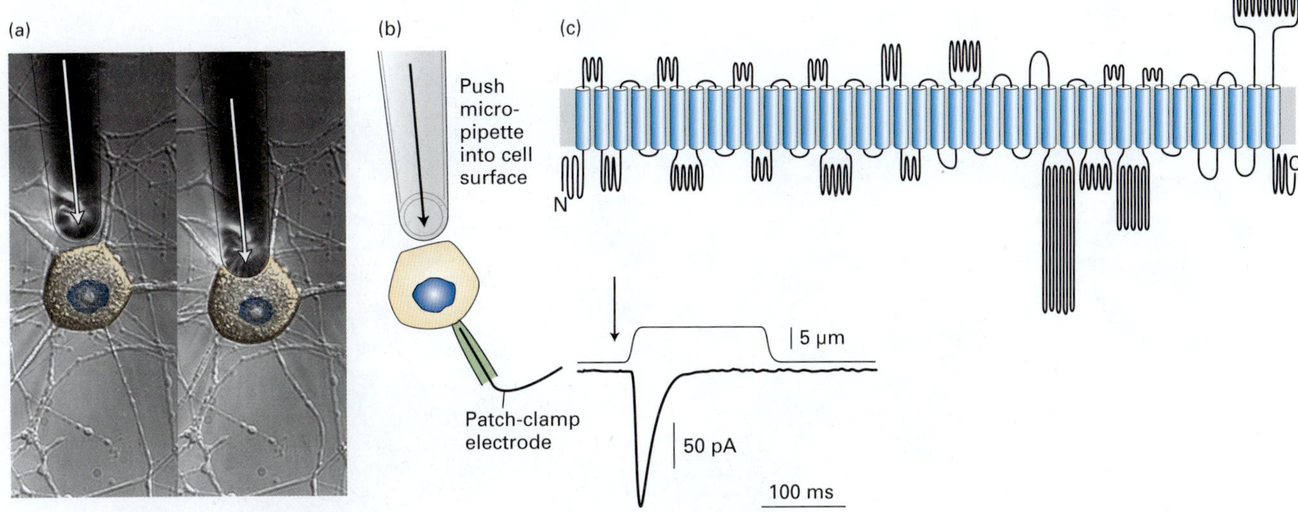

그림 23-34 Piezo channel은 mechanotransducer이다. (a) mechanical formation을 transduction하는 채널을 찾기 위해서 transmembrane protein을 encoding하는 cDNA를 heterologous cell에 발현시키고, glass pipette를 이용해서 mechanical perturbation에 대한 반응을 patch-clamp recording 혹은 calcium imaging (여기에 표시되지 않음)을 통해서 결정하였다. (b) Piezo1 혹은 Piezo2 cDNA를 cultured cell에 발현시키고, glass pipette로 찔러서 강한 inward current를 유도하였다. (c) Piezo1과 Piezo2는 homotrimeric cation channel을 형성한다. 각 subunit는 2000 아미노산 잔기와 38개의 transmembrane domain을 갖는 매우 큰 단백질이다. 조립된 채널은 따라서 114 membrane spanning domain을 갖게 되어 120만 dalton을 넘는 질량을 갖는다(이는 ribosome의 작은 subnint에 달할 정도이다!) [Part (a) courtesy of Ardem Patapoutian.]

2010년에 새로운 채널이 발견되었는데, *Piezo1*과 *Piezo2* [그리스 단어인 "pressure (압력)"을 의미함]가 그것이다. 이들 단백질은 포유류 세포에서 mechanical stimuli를 cation conductance로 직접 전환시킨다. 두 단백질은 3개의 동일한 subunit로 구성된 cation-selective channel을 형성하며, 각 subunit은 38개의 membrane-spanning domain을 포함하여, 궁극적으로 114개의 transmembrane segment를 만들어낸다! 이 세포에 Piezo1 혹은 Piezo2를 발현시키면 mechanosensitive-cation current (기계-민감 양이온 전류)를 유발한다. Cell culture에서 채널을 발현시키고서 작은 glass pipette로 세포를 뚫은 뒤 calcium imaging을 하면 이를 측정할 수 있다(그림 23-34). 생쥐 dorsal root ganglion sensory neuron에서 Piezo2 발현이 감소하면 mechanosensitivity가 감소하며, *Drosophila*에 존재하는 단일 Piezo homolog를 삭제하면 유해한 mechanical stimuli에 반응하는 행동이 현저히 감소한다.

Pain Receptor도 Gated Cation Channel이다

달팽이에서부터 인간에 이르기까지 다양한 동물은 유해한 자극을 감지한다[*nociception* (통감각)이라 부르는 과정이다]; pain receptor (통증 수용체)는 **nociceptor (통각 수용체)**라고도 하는데, mechanical한 변화, heat (열), 그리고 특정 유해한 화학물질에 반응한다. Pain은 우리를 다치게 하는 조직 손상과 같은 것에 대해 경각심을 갖게 하고, 조직 회복을 촉진하는 행동을 유발시킨다. 조직 손상에 반응해서 통증이 계속하여 발생하는 것은 흔한 일이며, 많은 사람이 chronic pain (만성 통증)으로 인해 고통 받고 있다. 따라서 pain을 치료하기 위해 새로운 형태의 약물을 개발해야 하는 것과 마찬가지로, acute (급성) 그리고 chronic pain을 제대로 이해하는 일은 주요 연구 목표이다.

가장 먼저 발굴된 포유류의 pain receptor는 TRPV1인데, peripheral nervous system의 많은 sensory pain neuron에 존재하는 Na^+/Ca^{2+} 채널로서 다양한 종류의 외재성, 내재성 물리화학적 자극에 의해서 활성화된다. 가장 잘 알려진 TPRV1 활성인자는 43°C 보다 높은 heat, 산성 pH, 그리고 chili pepper (고추)를 맵게 만드는 물질인 capsaicin (캡사이신)이 이에 해당한다. TPRV1 receptor를 활성화하면 고통스럽고 타는 듯 한 느낌을 갖는다. 많은 TPRV1 antagonist가 제약회사들에 의해서 pain medication (통증 약물) 목적으로 개발되어 왔다. 하지만, 이러한 약물의 유용성을 제한하는 주요 부작용 중 하나는 신체 온도가 상승한다는 점이다; TPRV1의 "정상적"인 기능이 신체 온도를 감지하여 조절하는 것이고, 이러한 약물이 이러한 기능을 방해한다는 사실이다. ■

과학자들은 single-particle cryoelectron microscopy (cryoEM, 3장 및 11장 참조)를 활용하여 closed configuration 형태 및 2개의 open configuration 형태로 쥐 TRPV1 channel의 고해상도(0.34 nm) 모델을 확보하였다. 그림 23-35에 나와 있듯이, TRPV1 channel 구조는 subunit당 6개 transmembrane helix (S1–S6)로 구성되었고, 4개의 symmetrical subunit로 구성된 voltage-gated ion channel 구조와 유사하다(그림 23-13 참조). 하지만, TRPV1에는 보통 voltage-gated ion channel의 voltage sensor로 작동하는 S1–S4의 charged amino acid가 aromatic residue (방향족 잔기)로 대체되어 있다. 이를 통해 depolarization 시 voltage sensory로 작동해서 보다는 TRPV S1–S4 helix

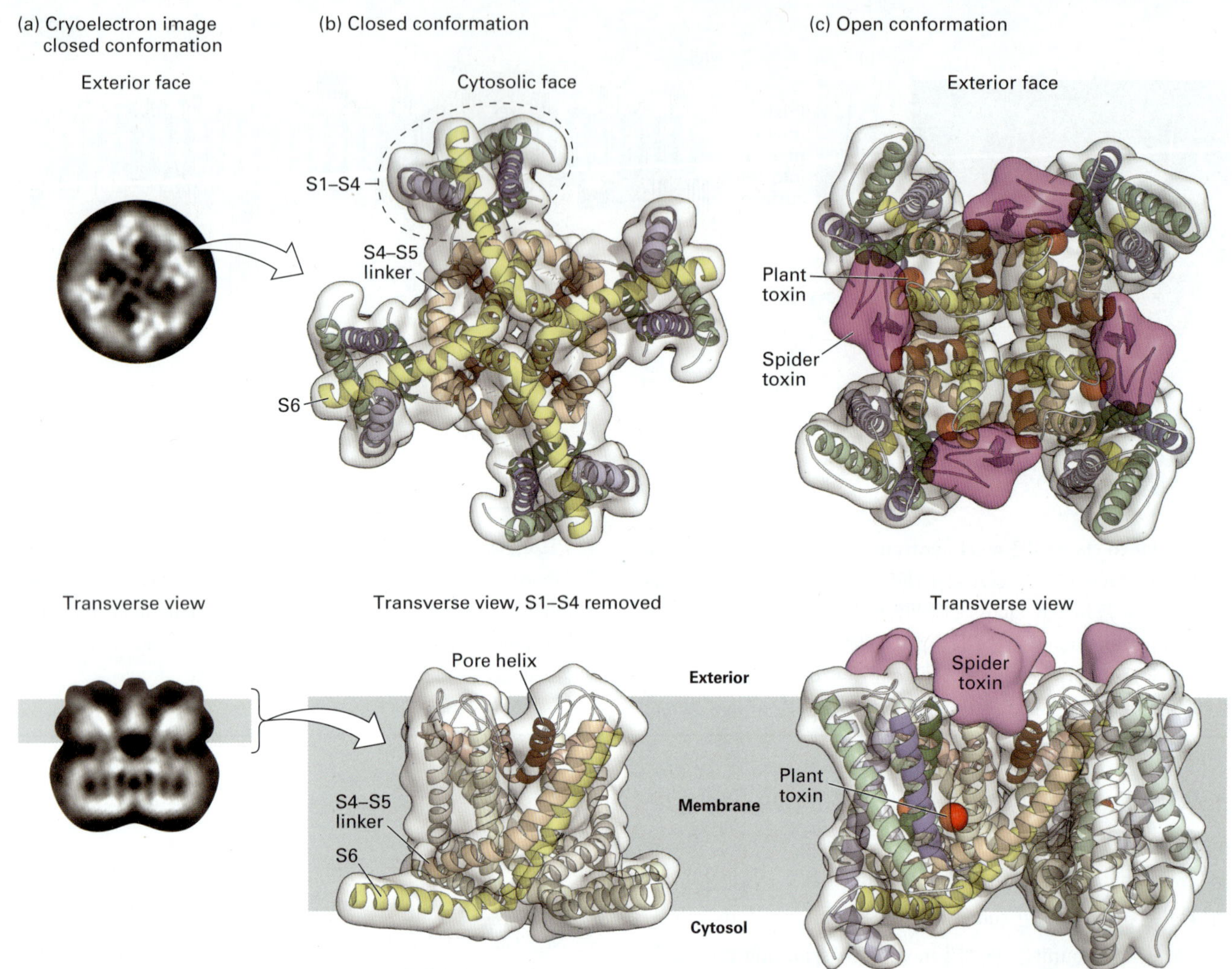

그림 23-35 Single-particle cryoelectron microscopy를 이용해 고해상도로 TRPV1 channel 구조를 결정하여 이 채널이 어떻게 다양한 chemical stimuli에 의해 활성화되는지 알 수 있다. 쥐 TRPV1 channel의 고해상도 구조는 0.34 nm 해상도로 single-particle cryoelectron microscopy로 얻을 수 있었다. (a) 얇은 두께의 vitreous ice (유리화된 얼음)에 담긴 tetrameric TRPV1 channel의 2차 구조 사진. 아래 panel은 옆면을 보여주고 있다. (b, *위쪽*) S1–S4 transmembrane domain에 초점을 맞춘 채널의 아래쪽에서 살펴 본 ribbon diagram과 S5와 S6으로 이어진 pore domain과 pore (P) loop를 같이 보여주고 있다. S1–S4 domain은 voltage-gated K^+ 및 Na^+ 채널과 구조적으로 유사하지만(그림 23-14 참조), 움직이지 않는다는 점에서 다르다. (b, *아래쪽*) closed conformation 상의 채널을 옆쪽에서 살펴 본 ribbon diagram으로 S5-P-S6으로 만들어진 pore domain에 초점을 맞추고 있다. (c) 채널에 spider toxin (자홍색)과 plant toxin (빨간색)과 같은 agonist를 넣어주면 open conformation으로 안정화된다. Cryoelectron density map을 통해 spider toxin (자홍색)이 channel의 바깥쪽 domain에 결합하여 채널의 2 subunit을 2개의 globular cysteine-knot domain을 통해 연결시킨다. 이와 달리, plant toxin (빨간색)은 pore 내 깊은 부위에 결합한다. Capsaicin은 plant toxin과 같은 부위에 결합한다(여기에서는 표시되지 않음). Agonist를 2개의 별도 부위에 결합시켜서 TRPV1 channel이 dual gating을 한다는 점을 알게 되었으며, 이는 채널 기능의 조절 작동에 관한 중요한 단서를 제공하였다. [Part (a) republished with permission from Nature, from M. Liao et al., 2013, "Structure of the TRPV1 Ion Channel Determined by Electron Cryo-Microscopy," *Nature* **504**:107–112; permission conveyed through Copyright Clearance Center, Inc. Part (b) data from M. Liao et al., 2013, *Nature* **504**:107–112, PDB ID 3j5p. Part (c) data from E. Cao et al., 2013, *Nature* **504**:113–118, PDB ID 3j5q.]

는 ligand 결합 시 pore 내 움직임의 anchor로 작동하여 channel core를 안정화시킨다. Pore 부위에서 2개의 constriction 혹은 gate가 발견되었다. 채널 바깥쪽 표면의 pore helix에 spider toxin이 결합하면, 채널이 열린 형태로 고정되게 한다. Capsaicin (캡사이신)과 plant toxin은 pore의 세포 안쪽 부위를 향해 membrane 내 깊은 부위에 결합하여 pore 직경이 증가한다. 이러한 결과는 TRPV channel이 dual gating을 통해서 다양한 ligand에 반응할 수 있음을 시사한다.

각 Taste Bud (맛 봉오리) 세포에 의해 5개의 Primary Taste가 감지된다

우리는 saliva (타액)에 떠다니는 hydrophilic (친수성)하며 nonvolatile (불휘발성)한 많은 화학물질을 맛본다. 다른 모든 sense와 마찬가지로, taste (미각)는 동물의 생존력을 높이는 방향으로 진화되어 왔다. 많은 유해물질은 bitter (쓰거나) 혹은 acidic (쉰) 맛이 나고, 영양분이 많은 음식은 sweet (예, 설탕, 달거나), salty (짜거나), umami (우마미; 글루탐산 소다나 다른 아미노산의 짧잘한 고기 맛이 나거나)한 맛을 내는 물질로 분해된다. 모든 동물(인간을 포함하여)은 정확히 입 안에 들어오는 것에 대해서 확신하지 못한다; 동물은 taste를 감지하여 빠른 결정을 내린다—먹거나 혹은 제거한다. Taste는 nervous system에서 olfaction에 비해 덜 복잡한데, 이는 소수의 물질만을 감지하기 때문이다. 인상적인 면은 taste의 sensitivity (민감도)이다; bitter 분자의 경우 10^{-12} M 정도의 낮은 농도만 있어도 감지할 수 있다.

모든 taste는 혀의 모든 부위에서 감지되며, 각 특정 세포는 특정 taste에 우선적으로 반응한다. 혀의 모든 부위에는 salty, sweet, sour, umami, 그리고 bitter taste에 대한 receptor가 있다. Receptor는 두 가지로 구분된다: salty taste와 sour taste에 대한 채널과 sweetness, umami 그리고 bitterness에 대한 seven-transmembrane-domain protein (G protein-coupled receptor, 7개의 막 domain을 포함하는 단백질)이 그것이다. 지방산을 감지하는 특정 membrane receptor가 taste bud cell (미래 세포)에 존재하고, fatty taste (지방성 맛)는 아마도 6번째의 기본 맛으로 인식될 수 있다.

Taste bud는 혀 내에 *papillae* (유두)라 불리는 bump (융기)에 위치하며, 각각의 bud는 약 50–100개의 taste cell을 갖고 있다(그림 23-36a, b). 이러한 bud는 epithelial cell로서 neuron의 일부 특징을 갖고 있다. Taste cell의 끝 쪽에 있는 microvilli (미세융모)는 **taste receptor**를 갖고 있고, oral cavity (구강)에서 외부 환경과 직접적으로 접촉하고 있어 잠재적으로 해가 되는 물질의 존재유무뿐 아니라 음식이 결핍된 물질 사이에서 폭넓게 작동한다. 혀와 입의 다른 부위에 있는 세포는 많은 손상을 받고, taste bud cell은 아래에 있는 epithelium에서 계속적인 cell division (세포 분열)에 의해서 대체된다.

Taste signal이 전달되면, cell depolarization이 일어나서 action potential이 일어난다; 이는 다시 voltage-dependent Ca^{2+} 채널을 통해서 Ca^{2+} uptake를 유발하고 neurotransmitter를 release한다(그림 23-36 c–e). Taste cell의 axon은 성장하지 않는다; 대신 짧은 거리 내에 있는 인근 neuron으로 신호를 전달한다. 이 neuron들은 *insula* (인슐라)라 불리는 특정 cortex 영역으로 수많은 connection을 통해 taste information을 전달한다. Sweet taste receptor의 활성화 방식과는 반대로 insula가 salty taste receptor를 어떻게 인식하는지 결정하기 위해서, 과학자들은 특정 tastant를 접한 생쥐의 insula 영역을 two-photon imaging (4장 참조)을 통해 살펴보았다. Calcium indicator를 통해 활성화된 neuron을 감지하고 calcium 수준에 따라 fluorescence가 증가하므로 많은 수의 neuron 활성화 여부를 분석할 수 있었다. 이러한 실험을 통해 네 가지 taste—sweet, bitter, umami 그리고 salty—가 insula 내에서 별도의 중첩되지 않은 영역에 representation (표상)되며, taste representation을 매개하는 gustotopic map (미각 감각 지도)이 뇌에 존재함을 알 수 있었다.

Bitter Taste Bitter tastant는 다양하고 *T2R*로 알려진 약 25–30여 종류의 다양한 G protein-coupled receptor (GPCR)에 의해서 감지된다. 그림 23-36c에 나와 있듯이, 이러한 GPCR은 오직 taste cell에서만 발현하는 *gusducin*이라 불리는 특정 Gα isoform을 활성화한다. 하지만, 특정 phospholipase Cβ에 결합해서 활성화시켜 IP_3를 만들어내는 것은 heterotrimeric G protein의 Gβγ subunit이다. IP_3는 endoplasmic reticulum으로부터 Ca^{2+}을 release한다(그림 15-28 참조). Ca^{2+}은 Ca^{2+}-gated Na^+ 채널인 TRPM5 (TRP ion channel 군에 속한)에 결합해서 채널을 열어 Na^+ 유입 및 membrane depolarization이 일어나게 한다. 상승한 Ca^{2+} 농도와 membrane depolarization으로 인해 membrane channel인 *Panx1*의 큰 pore가 열리고, ATP와 아마도 다른 신호전달 분자가 세포 밖 공간으로 release된다. ATP는 궁극적으로 taste information을 뇌로 전달하는 nerve cell을 자극한다.

다른 bitter taste molecule의 경우 구조가 매우 다른데, 이는 다양한 T2R family 단백질이 필요함을 잘 설명해 준다. 일부 T2R receptor의 경우에서 오직 2–4개의 bitter tasting compound에 결합하는 반면, 다른 receptor들은 다양한 bitter compound와 결합한다. 인간유전학 연구를 통해서 밝혀진 bitterness를 감지하는 중요한 gene은 chromosome (염색체) 5번에 위치한 T2R 군 중 하나인 *TAS2R38* 유전자이다. T2R 단백질인 T2R5에 5개의 아미노산을 변화시킨 생쥐는 cycloheximide (protein synthesis inhibitor, 단백질 합성 억제제)의 bitter taste를 감지하지 못한다. 많은 T2R은 종종 같은 taste cell에서 발현하며, taste cell의 약 15%는 T2R을 발현한다.

T2R 단백질의 기능을 알아보기 위해서 gene regulation swap 실험을 수행하였다. 보통 sweet tastant를 감지하는 데 필요한 세포에 Bitter-taste receptor인 T2R 단백질을 인위적으로 발현하도록 하는 생쥐를 제작하였다. 이 생쥐는 bitter taste에 대해서 강한 반응을 보였는데, 이는 비록 bitter tastant를 감지하였음에도 세포가 계속해서 "가서 먹어라"는 신호를 보냈기 때문이다. 이 실험을 통해 taste cell의 특이성은 세포 그 자체가 결정하며, 그들이 보내는 신호는 다른 종류의 세포와의 neural connection에 따라 다르게 해석된다. T2R을 발현하는 sweep taste receptor는 bitter signal을 받는 insula 영역으로 wiring되어 sweet taste로 representation됨을 암시한다.

Sweet and Umami Tastes Sweet 및 umami tastant는 T2R과 유사하며, phosphoinositide signaling pathway를 통해 신호를 transduction하는 *T1R*이라 불리는 GPCR 군에 의해서 감지된다. 세 가지 포유류 T1R 단백질은 아미노산이 조금씩 다르다. T1R은 taste가 결합할 수 있는 매우 큰 extracellular domain을 갖고 있다. Taste를 감지하는 glutamate receptor의 경우, extracellular domain은 glutamate 주변에서 Venus flytrap (15장 참조)과 유사한 방식으로 닫힌다. Monomer로 작용하는 대부분의 GPCR과는 다르게, T1R은 homodimer와 heterodimer를 형성하여 신호로 작용할 수 있는 분자 repertoire를 넓힌다. 하지만, 서로 다른 분자들에 대한 반응 양상에 관한 연구는 여전히 진행 중이다. T1R2 혹은 T1R3가 결핍된 생쥐는 설탕을 감지하지 못한다; 실제 receptor는 2개의 heterodimer일 것으로 생각된다. T1R3은 sweet taste와 umami에 대해 모두 작동하는 receptor인 것으로 보이는데, T1R2와

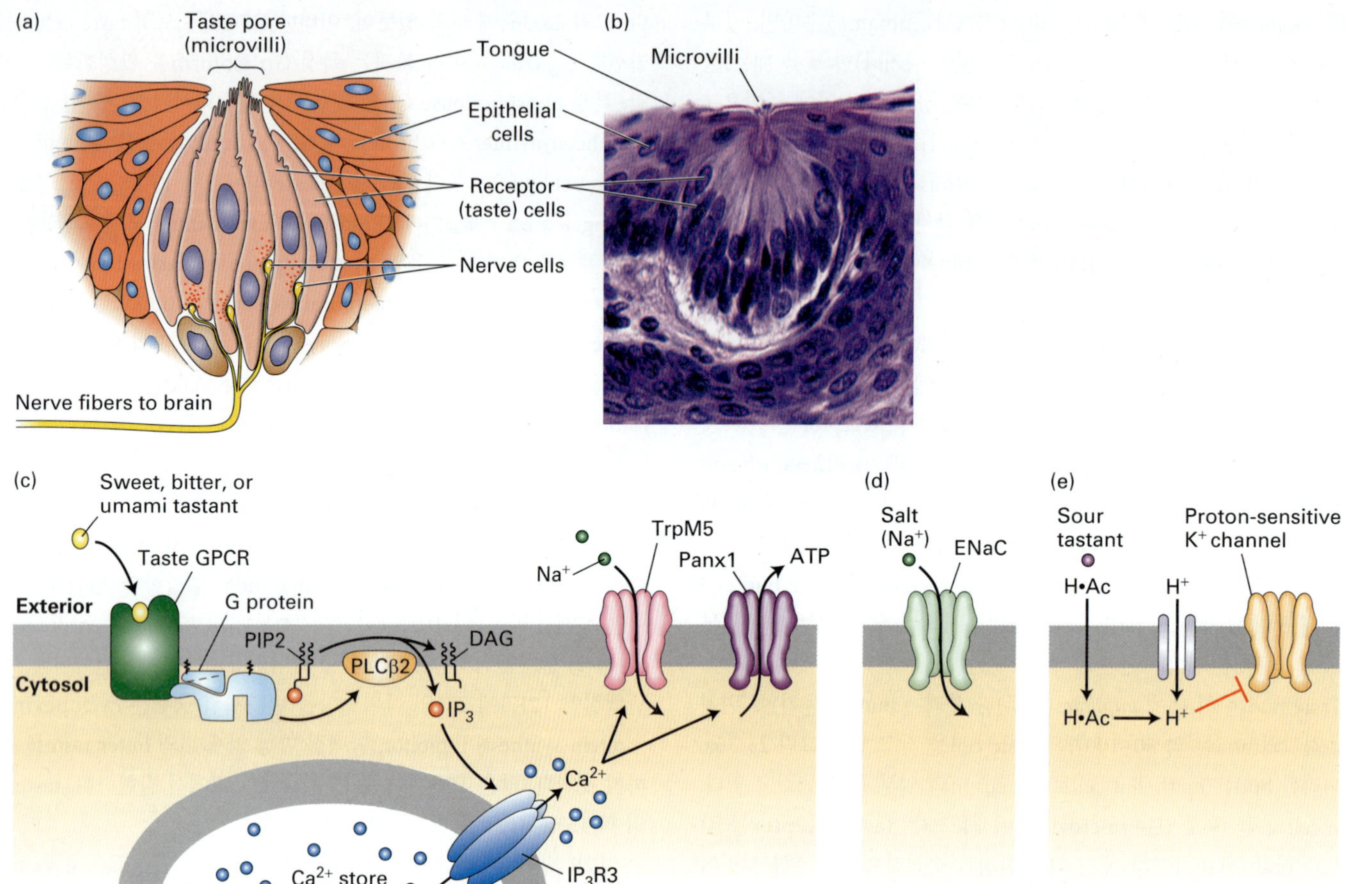

그림 23-36 Chemical signal에 의해 taste sense가 일어난다. Panel (a)와 (b)는 포유류 taste bud와 그 receptor를 보여 주고 있다. (a) 포유류 taste bud에 있는 taste cell (분홍색)은 nerve cell (노란색)과 접촉하고 있다. (b) 포유류 taste bud 사진은 receptor cell을 보여준다. Microvilli는 taste bud 위쪽에서는 잘 보이지 않는다. (c) Sweet, bitter, 그리고 umami ligand는 type II receptor cell에서 발현하는 특정 taste GPCR에 결합하여 cytosolic Ca^{2+} 농도를 상승시키는 phosphoinositide pathway를 활성화한다. 이어 Ca^{2+}은 Ca^{2+}-gated Na^+ 채널인 TrpM5에 결합 후 열어 Na^+ 유입과 membrane depolarization을 촉진한다. 상승한 Ca^{2+}와 membrane depolarization으로 인해 *Panx1* membrane channel의 커다란 pore를 열게 하여 ATP release가 일어나 아마도 다른 신호전달 분자가 세포 밖 공간으로 나가게 한다. ATP와 다른 분자들은 nerve cell을 촉진하여 궁극적으로 정보를 뇌에 전달한다. (d) Salt는 세포막을 직접 depolarization시키는 ENaC channel을 포함한 membrane ion channel을 통해서 Na^+ 이온이 직접 투과함으로써 탐지된다. (e) Acetic acid와 같은 organic acid는 protonated form (H·Ac)으로 세포막을 통해 diffusion되어 anion과 proton으로 분리되어 cytosol을 산성화시킨다. HCl와 같은 strong acid는 sour-sensing cell의 apical membrane에 있는 proton channel에 의해서 활성화되어 유입된다. Intracellular H^+는 proton-sensitive K^+ 채널(아직 밝혀지지 않음)에 의해 방해받아서 membrane depolarization을 유도한다. Voltage-gated Ca^{2+} 채널은 열리게 되고, cytosolic Ca^{2+} 농도를 상승시켜서 그림에 표기하지 않은 synaptic vesicle의 exocytosis를 유발한다. N. Chaudhari and S. D. Roper, 2010, *J. Cell Biol.* **190**:285; and S. Frings, 2010, *Proc. Nat'l Acad. Sci. USA* **107**:21955 참조. [Part (b) Ed Reschke/Stone/Getty Images.]

합쳐질 때는 sweet를 감지하고, T1R1과 합쳐질 때는 umami를 감지하기 때문이다. 따라서 taste cell은 T1R1 혹은 T1R2를 발현하지만 둘 다 동시에 발현하지는 않는다.

흥미롭게도, sweet-taste receptor는 또한 몇몇 gut (장)의 endocrine cell 표면에서 발견된다; 이러한 세포는 또한 gusducin과 다른 몇몇 taste transduction 단백질을 발현한다. Gut 내에 glucose가 존재하면, 이러한 세포는 *g*lucagon-*l*ike *p*eptide-1 (GLP-1)라는 hormone을 분비하여 식욕을 조절하고, insulin secretion과 gut motility를 늘린다. 그러므로 gut의 몇몇 세포는 혀에 존재하는 taste cell과 동일한 메커니즘을 통해서 glucose를 "맛본다".

Salty Taste Salt taste는 10 mM에서 500 mM에 이르는 다양한 범위의 Na^+ 농도에 의해 유발된다. Salt (소금)는 Na^+ 채널 군인 *ENaC channel*에 의해 감지된다(그림 23-36d). 실제로, 생쥐 taste bud에서 주요 ENaC subunit을 knockout시키면 salty-taste를 감지하지 못한다. 채널을 통해 Na^+ 유입이 일어나면, taste cell이 depolarization되고 neurotransmitter release를 유발한다. Salt sensor로서 ENaC channel의 역할은 진화적으로 보존되어 있다; ENaC 단백질은 또한 곤충에서 발현시키면 salt를 감지한다. *Drosophila*에서는 taste sensor는 다리를 포함한 다양한 부위에 위치하므로, fly가 맛이 있는 무언가에 앉으면 proboscis (주둥이)를 뻗어 더 탐색한다.

Sour Taste Sourness를 perception하는 것은 H^+ 이온을 감지하기 때문이다. sour taste receptor 중 하나가 최근에 발견되었는데, 이는 otopetrin-1이다. 원래는 vestibular system (전정계)에서 중요한 단백질 군 중 하나였다. Sour-sensing cell의 apical membrane에서 발현하는 otopetrin-1 channel은 acid를 인식하여, intracellular H^+ 농도가 증가한다. Proton은 proton-sensitive K^+ 채널을 막아서 membrane depolarization을 일으킨다(그림 23-36c). Salt 및 sour taste를 감지하면 voltage-gated Ca^{2+} 채널을 열어서 cytosolic Ca^{2+}을 올려 neurotransmitter가 가득찬 synaptic vesicle의 exocytosis를 유발한다.

엄청나게 많은 G Protein−Coupled Receptor가 Odor를 감지한다

공기 중에 있는 휘발성의 화학물질을 감지하는 것은 빛, 소리, 촉감, 맛을 감지하는 것과는 다르다. 단지 4개의 rhodopsin 분자로 빛을 감지하며 서로 다른 파장으로 정렬된다. 소리는 hair를 통한 기계적 효과로 감지되고 다른 파장으로 정렬된다. Touch와 pain은 작은 숫자의 서로 다른 gated ion channel을 수반한다. 맛을 느끼는 것은 물에 녹아 있는 적은 수의 분자를 통해 이루어진다. 이 모든 감각과는 대조적으로, olfactory system은 공기를 통해 움직이는 수백 개의 volatile 분자(휘발성 물질)를 구분해야 한다. 수많은 chemical을 구분할 수 있다면 음식을 찾거나 pheromone (페로몬)을 감지하여 짝을 찾는데 도움이 되고, predator (포식동물)와 독소, 화재 등을 피하는 데 도움이 된다. **Olfactory receptor (후각 수용체)**는 sensitivity가 매우 높다. 예를 들어, 수컷 moth (나방)는 암컷이 보낸 단 하나의 신호 분자조차 공기 중에서 감지한다. 다양한 신호에 대처하기 위해, olfactory system에는 많은 olfactory receptor 군이 존재한다. 인간은 약 7백 개의 olfactory receptor gene을 갖고 있고, 이 중 절반만이 기능을 한다(나머지 반은 unproductive pseudogene이다). 인간 전체 gene의 숫자가 20,000인 것을 감안하면 이는 굉장히 많은 수이다. 생쥐는 1,200개의 gene 중 약 800개가 기능을 하는데, 이것은 생쥐 전체 genome (유전체)의 3%가 olfactory receptor gene이라는 의미이다. *Drosophila*는 약 60개의 olfactory receptor gene을 갖고 있다. Odor 분자는 *odorant*라고 부른다. 이들은 다양한 화학적 구조를 갖고 있으며, olfactory receptor는 특히 상대적으로 작은 분자와 결합하여 구분할 필요가 있는 것처럼, antibody와 hormone receptor가 직면하고 있는 문제와 비슷한 상황에 직면한다. 이번 절에서, 우리는 뇌의 olfactory receptor gene이 우리의 chemical world를 처음 인식하여 odor (냄새 자극)를 어떻게 감지하는지 알아볼 것이다.

Olfactory receptor는 Seven-transmembrane-domain 단백질이다(그림 23-37). 포유류에서, olfactory receptor는 nasal epithelium (코 상피) 세포에 의해서 만들어진다. 이러한 세포는 *olfactory receptor neuron* (*ONRs*, 후각 수용체 신경세포)이라 부르는데, chemical signal을 action potential로 변환시킨다. 각각의 ORN은 epithelium의 luminal surface에 하나의 dendrite를 뻗어서 immotile cilia (부동성 섬모)를 이용하여 공기 중에서 흡입되는 odorant에 결합한다(그림 23-38a). 이러한 olfactory sensory cilia (후각 감각섬모)는 odorant receptor에 밀집되어서 초기 transduction 과정을 매개한다. *Drosophila*의 ORN

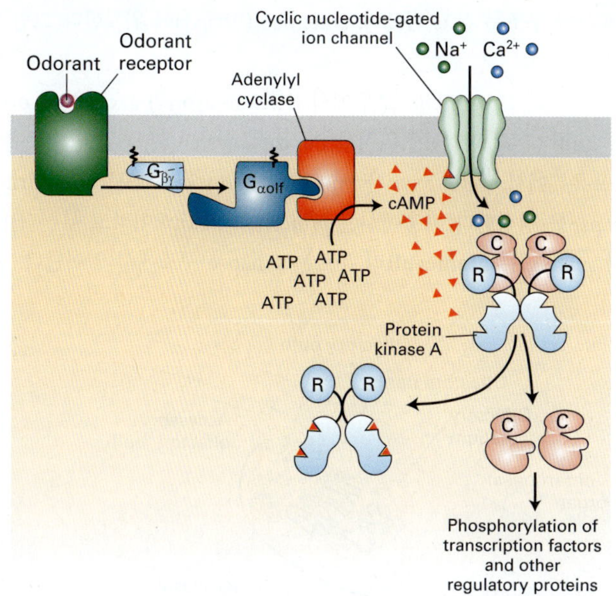

그림 23-37 Olfactory GPCR로부터의 signal transduction. Odorant가 cognate odorant receptor (OR)에 결합하면 trimeric G protein인 $G_{\alpha olf} \cdot G_{\beta\gamma}$를 활성화시켜 $G_{\alpha olf} \cdot GTP$를 release한다. 활성화된 $G_{\alpha olf} \cdot GTP$는 이어서 type III adenylyl cyclase (AC3)를 활성화시켜 ATP로부터 cyclic AMP (cAMP)를 만든다. cAMP molecule은 cyclic nucleotide-gated (CNG) ion channel에 결합한 다음 열어서 Na^+와 Ca^{2+}을 세포 내로 유입시킨다. cAMP는 또한 protein kinase A (PKA)를 활성화시켜 transcription factor와 다른 intracellular protein을 phosphorylation시킨다.

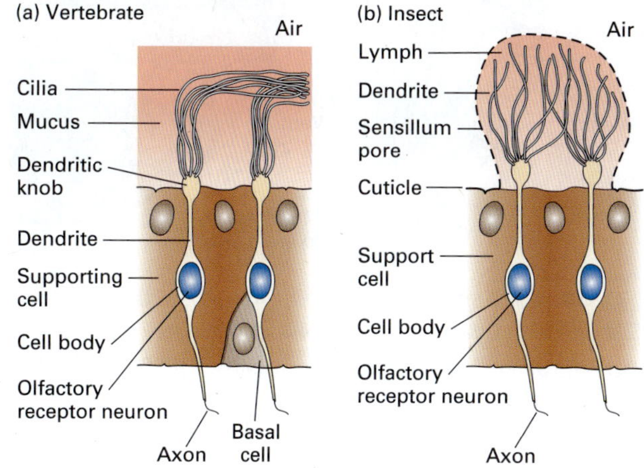

그림 23-38 Olfactory receptor neuron의 구조는 진화적으로 보존되어 있다. (a) Vertebrate olfactory receptor neuron은 하나의 dendrite를 갖고 있어 dendritic knob에서 끝난다; 각각의 dendritic knob은 대략 15개의 cilia가 nasal mucus로 뻗어 있다. (b) 곤충 olfactory receptor neuron은 모양이 비슷하다: bipolar neuron은 단일 basal axon을 갖고 있어 antennal lobe에 위치한 olfactory glomerulus에 projection한다. 단일 dendritic process가 apical side에 위치하며 sensory cilia로부터 뻗어나간다. [Data from U. B. Kaupp, 2010, *Nat. Rev. Neurosci.* **11**:188–200.]

은 유사한 구조를 갖고 있으며, antennae (안테나)에 위치한다(그림 23-38b).

포유류와 *Drosophila* 모두에서 ORN neuron의 axon은 뇌 olfactory bulb (후각 망울)에 위치한 nervous system의 상위 단계로 뻗는다. 포유류에서, ORN axon은 *mitral neuron* (승모 세포)의 dendrite와 synapse를 형성한다(곤충에서는 *projection neuron*이라고 부른다); 이러한 synapse는 **glomeruli**라 부르는 synapse 구조에서 일어난다. Mitral neuron은 뇌의 상위 olfactory center로 연결된다(그림 23-39).

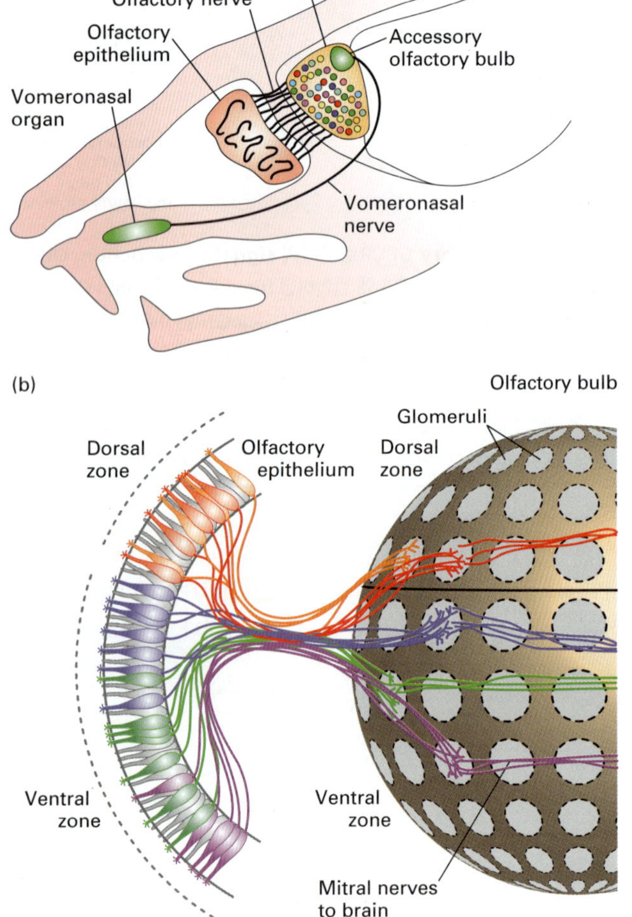

그림 23-39 생쥐에서의 olfaction 해부학. (a) 다 성장한 생쥐 머리를 sagittal 단면으로 자른 모습. Olfactory epithelium에 있는 olfactory receptor neuron (ORN) axon은 bundle을 이루어서 olfactory nerve를 형성하여 olfactory bulb를 innervation한다. 주요 olfactory epithelium에 존재하는 각각의 ORN은 오직 하나의 odorant receptor gene을 발현한다. Vomeronasal organ과 accessory olfactory bulb는 pheromone을 감지하는 데 관여한다. (b) 모든 olfactory receptor neuron은 단일 receptor를 발현하며 axon을 같은 glomerulus로 보낸다. 이 그림에서 각 색깔은 각각 발현하는 receptor에 대한 neural connection을 나타낸다. Glomeruli에서 ORN은 mitral neuron과 synapse를 이룬다; 각각의 mitral neuron은 단일 glomerulus와 각각의 ORN에 dendrite가 위치하여 특정 odorant에 대한 정보를 뇌의 higher region으로 보낸다. 각각의 glomerulus는 따라서 단일 odorant receptor를 발현하는 sensory neuron로부터 innervation 받아서 olfactory sensory map의 해부학적 기반을 제공한다. T. komiyama and L. Luo, 2006, *Curr. Opin. Neurobiol.* **16**:67–73; and S. DeMaria and J. Nagai, 2010, *J. Cell Biol.* **191**:443 참조.

인간은 특정 odor를 감지하는 능력이 매우 다양하다. 예를 들면, 어떤 사람은 testosterone (테스토스테론)에서 유래되어 땀에서 주로 발견되는 compound인 steroid androstenone (안드로스테논)을 감지하지 못한다. 어떤 사람은 이 odor를 유쾌하고 사향 냄새가 난다고 하는 반면, 어떤 사람은 같은 odor를 더러운 양말 냄새로 비교하기도 한다. 이러한 차이는 모두 단일 androstenone GPCR을 encoding하는 gene에 생기는 missense 돌연변이에 기인한다. Wild-type allele의 2 copy를 갖고 있는 사람은 androstenone을 불쾌하게 인식하고, 하나 혹은 없는 사람의 경우에는 androstenone을 더 불쾌하거나 감지하지 못한다.

방대한 olfactory receptor의 숫자에도 불구하고, 모든 receptor는 같은 trimeric G protein의 활성화를 통해서 동일한 intracellular signal을 만든다: $G_{\alpha olf} \cdot G_{\beta\gamma}$ (그림 23-37 참조). $G_{\alpha olf}$는 주로 olfactory neuron에서 발현한다. $G_{\alpha}s$와 마찬가지로, ligand가 결합한 뒤에 활성화된 $G_{\alpha olf} \cdot GTP$가 만들어져서 adenylyl cyclase를 활성화하여 cyclic AMP (cAMP; 그림 15-20 참조)를 만든다. cAMP에 의해 2개의 downstream signaling pathway가 활성화된다. cAMP는 cyclic nucleotide-gated (CNG) Na^+/Ca^{2+} 채널의 cytosolic face의 한 부위에 결합하여 채널을 열고, Na^+와 Ca^{2+}의 유입을 유도하여 세포막을 국소적으로 depolarization시킨다. 이러한 odorant에 의해 유도된 olfactory dendrite에서의 depolarization은 neuronal membrane을 따라 propagation되어 axon hillock 내의 voltage-gated Na^+ 채널을 열어서 action potential을 만든다. cAMP는 protein kinase A (PKA)를 활성화하는데, 다양한 transcription factor와 intracellular protein을 phosphorylation (인산화)시키고 조절한다.

각각의 Olfactory Receptor Neuron은 한 종류의 Olfactory Receptor를 발현한다

포유류와 곤충 모두에서 각각의 ORN이 오직 단일 odorant receptor를 만든다는 점은 olfactory system의 specificity를 이해하기 위한 핵심이다. 해당 세포로부터 뇌로 전달되는 어떤 electrical signal도 매우 간단하다: "odorant는 나의 receptor에 결합한다." Receptor는 모든 odorant에 대해서 항상 완전히 monospecific (단일특이적)하지는 않다. 일부 receptor의 경우에는 하나 이상의 분자에도 결합한다. 하지만, 감지되는 분자 구조는 대개 비슷하다. 반대로, 몇몇 odorant의 경우 여러 receptor에 동시에 결합한다.

생쥐에는 약 500만 개의 ORN이 있다. 따라서 평균적으로 800개 혹은 그 이상의 olfactory receptor gene이 약 6,000개의 세포에서 활성화된다. 그리고 약 2,000개의 glomeruli (후사구)가 존재하고(각각의 odorant receptor gene당 약 2개), 평균적으로 몇 천 개의 ORN으로부터의 axon이 각각의 glomerulus로 converge된다(그림 23-39 참조). 거기에서 glomerulus 하나당 약 25개의 mitral axon이 또는 전체 50,000개의 mitral neuron이 고위 brain center로 연결된다. 따라서 초기에 odorant에 관한 정보는 어떤 odorant가 감지되었는지에 대한 별도의 보고만 있을 뿐 자세한 정보처리 과정 없이 바로 뇌의 고위 영역으로 전달된다.

One neuron–one neuron receptor (하나의 신경세포–하나의 수용체) 법칙은 *Drosophila*에서도 적용된다. 오직 21개의 ORN으로 구성된 larvae의 단순한 olfactory system은 대략 10–20개의 olfactory receptor gene을 사용한다. 각각의 ORN에서 고유한 receptor가 발현하고 하나의 glomerulus로 projection하는 듯 보인다. ORN은 매력적인 냄새와 불쾌한 냄새를 구분하기 위해서 axon termini에서 excitatory 혹은 inhibitory signal 등을 보낸다. 포유류에서와 비슷하게, ORN으로부터 나온 fly axon은 larval brain의 antennal lob에 위치한 glomeruli에서 끝난다. *Drosophila* 연구는 어떤 odorant가 어떤 receptor에 결합하는지 알아보는 것으로부터 시작되었다(그림 23-40a). 몇몇 odorant는 단일 receptor에 의해서 감지되며, 어떤 것은 여러 receptor에 의해서 이루어지므로, 단순히 서로 다른 olfactory receptor 숫자가 아닌 이들의 복합적인 조합으로 odorant를 구별한다. 전체 neuron의 숫자가 작아서 어떤 odorant가 모든 glomerulus에 의해서 어떻게 감지되는지 보여 주는 지도를 작성할 수 있게 되었다(그림 23-40b). 한 가지 놀라운 점은 서로 가까이에 위치한 glomerulus가 비슷한 화학 구조를 가진 odorant에 반응한다는 것이다: 예를 들어, linear aliphatic compound (직쇄형 지방족 화합물) 혹은 aromatic compound (방향족 화합물)가 그것이다. 이러한 배열은 뇌의 olfactory 영역이 세분화되는 과정에서 새로운 receptor가 진화되었음을 의미한다.

각각의 세포가 오직 하나의 receptor type을 만드는 이런 단순한 system은 몇 가지 극복하기 어려운 문제점이 있다: (1) 각각의 receptor는 organism (개체)의 필요성에 적합한 특이성을 갖고서 odorant 분자를 구분해야 한다. 너무 자주 자극받는 receptor는 유용하지 않을지도 모른다. (2) 각각의 세포는 오직 하나뿐인 단일 receptor를 발현하고 해당 유전자 산물을 만들어야 한다. 다른 receptor gene은 발현되지 않아야 한다. 동시에, nasal epithelium 내의 모든 세포는 충분히 서로 다른 receptor를 만들어서 동물이 적절하게 sensory versatility를 발휘할 수 있도록 총체적으로 협력해야 한다. 만약 대부분이 전혀 발현하지 않는다면 수백 개의 receptor gene을 갖고 있는 점은 결코 유용하지 않다. 하지만, 각각의 세포에서 오직 하나의 gene을 발현시키고 동시에

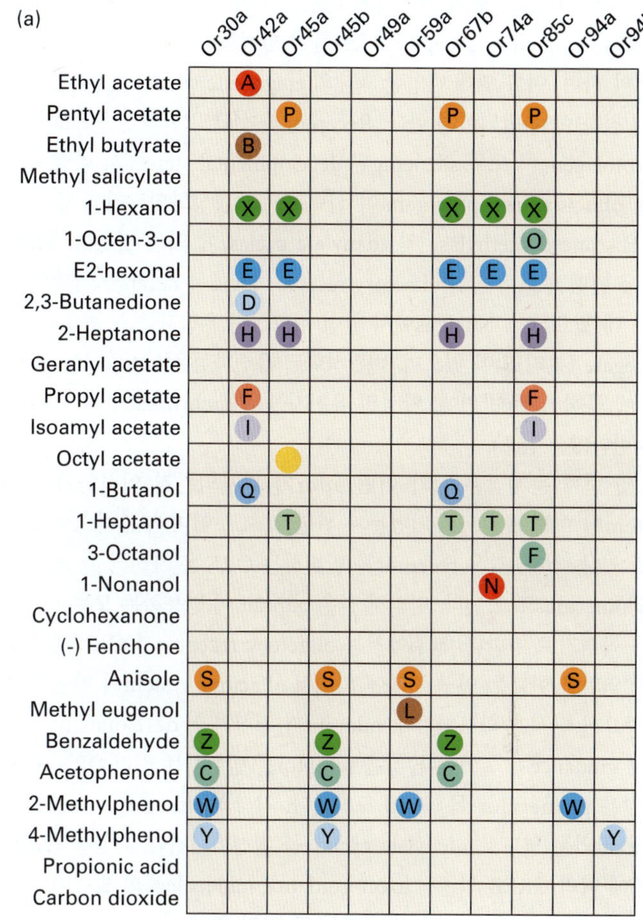

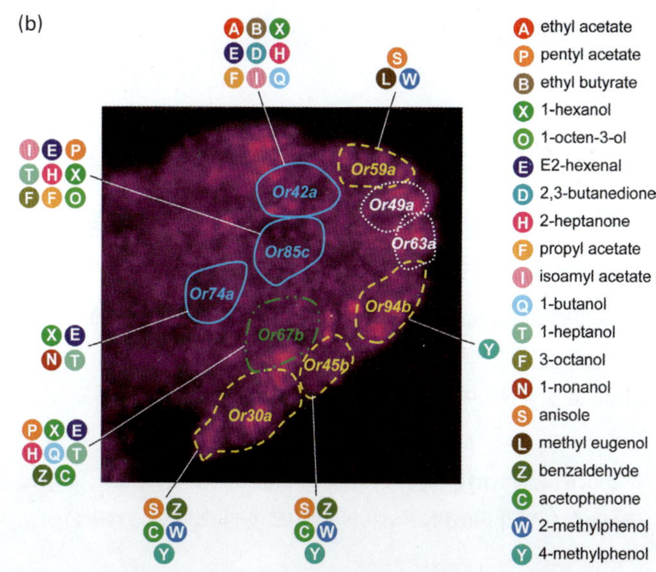

실험 그림 23-40 각각의 olfactory receptor type은 실험적으로 다양한 odorant와 연관될 수 있고 *Drosophila* 유충 olfactory system의 특정 glomeruli로 투사된다. (a) 서로 다른 olfactory receptor protein 목록은 위쪽으로 가로질러 표기되어 있고, 시험에 사용된 27개의 odorant는 왼쪽 아래에 표기되었다. 색칠된 점들은 강한 odor response를 나타낸다. 어떤 odorant는 여러 receptor를 자극하고(예, pentyl acetate), 다른 것은(예, ethyl butyrate) 오직 하나의 receptor에만 반응한다는 것을 주목하자. Or42a나 Or67b와 같은 많은 receptor가 지방성 물질에 반응하고, Or30a나 Or59a는 방향성 물질에 반응한다는 것도 주목할 만하다. (b) *Drosophila* 유충 뇌의 glomeruli에 있는 olfactory 정보에 관한 spatial map. 이 지도는 각각 관련된 선택적 ORN에 reporter gene을 발현시켜 만든 것이다. 사진은 10가지 종류(Or42a 등)의 receptor protein을 만드는 ORN과 연결된 glomeruli를 나타낸 것이다. 또한 각각의 receptor에 강하게 반응하는 odorant도 표시되어 있다. 한 가지 예외 사항(Or30a와 Or45b)을 제외하고는 각 glomerulus는 고유한 감각적 수용력을 갖고 있음에 유의하자. 화학적으로 유사한 odorant들을 인식하는 glomeruli는 서로 가까이 위치한다. 예를 들어, 파란색 굵은 선으로 표기된 3개의 glomeruli는 linear aliphatic compound를 감지한다; 노란색 사선으로 표기된 4개의 glomeruli는 aromatic compound를 감지한다. [Part (b) republished with permission from Elsevier, from S. A. Kreher, J. Y. Kwon, and J. R. Carlson, 2005, "The Molecular Basis of Odor Coding in the *Drosophila* Larva," *Neuron* **46**(3):445–456; permission conveyed through Copyright Clearance Center, Inc.]

세포 집단 전체에 모든 receptor gene을 두루 발현시키는 것은 조절이 쉽지 않을 것이다. (3) Olfactory system의 neuronal wiring은 다양한 odorant를 가능한 구분할 수 있어야 하며, 뇌가 어떤 odorant가 존재하는지를 식별할 수 있어야 한다. 그렇지 않으면, 동물은 가능한 빨리 도망가야 함에도 불구하고, 마음을 편하게 놓게 될 수도 있다.

첫 번째 문제점에 대한 해결 방안은 olfactory receptor 단백질의 variability (다양성)이다. 두 번째 문제점인 세포당 단일 olfactory receptor gene을 발현한다는 것에 관한 해결 방안은 각 ORN에서 수천에 달하는 olfactory receptor allele들이 활성화되지 않은 상태로 남아 있어야 하며, 이를 위해 다양한 형태의 epigenetic silencing (후성 유전학적 침묵)이 수반되어야 한다. Receptor가 선택되는 과정은 olfactory receptor gene이 모두 silencing된 developmental state에서 어떤 특정 단일 olfactory receptor gene이 선택적으로 활성화되는지에 달려 있다. Histone demethylase 및 adenylate cyclase에 의해 활성이 유도되며, 두 단백질 모두 단일 olfactory receptor locus를 derepress (탈억제)하는 데 필요하다. Nucleus에서 활성/비활성된 유전자들은 공간적으로 segregate (분리)되어 있으며, 비활성화된 유전자들은 heterochromatic foci에 묻혀 있는 반면에, 활성된 유전자들은 euchromatic domain에 위치한다(8장 참조).

세 번째 문제점은 뇌가 어떤 odor가 감지되는지 인식하기 위해 system이 어떻게 wiring되었는지 관한 것으로 이미 부분적으로 답을 알고 있다. 첫째, 같은 receptor를 발현하는 ORN은 자신의 axon을 같은 glomerulus로 보낸다. 따라서 같은 odorant에 반응하는 모든 세포는 같은 목적지로 향한다. 생쥐에서는 olfactory receptor가 ORN에서 중요한 역할을 한다는 연구 결과에 의해서 olfactory system의 패턴에 관한 중요한 단서가 확보되었다: odorant가 결합하고, development 동안 axon guidance가 일어난다. 같은 receptor를 발현하는 여러 ORN axon은 같은 glomerulus 목적지에 도착한다. 각각의 olfactory receptor는 odorant와는 별도로 adenylate cyclase를 활성화시킨다. 다양한 cAMP 수준에 따라 CREB 의존적 axon-guidance molecule들의 발현이 조절되는데, 이 graded activity (등급화된 활성)가 결국 특정 glomerulus로 도달하는 것을 결정짓는다.

23.4절의 주요 개념

주변 환경을 감지: Touch (접촉), Pain (통증), Taste (맛) 그리고 Smell (냄새)

- Mechanoreceptor와 pain receptor는 gated Na^+ 혹은 Na^+/Ca^{2+} 채널이다. 이들 단백질들은 sensory neuron 끝 부분의 specialized terminal에 발현하며, spinal cord와 brain stem에 관련 정보를 전달한다.
- Touch sensitivity는 여러 cytoskeletal protein과 extracellular matrix protein뿐 아니라 gated Na^+ 채널을 필요로 한다(그림 23-33 참조).
- Piezo1과 Piezo2는 mechanical stimulus를 cation conductance로 직접 변환시키는 커다란 채널이다(그림 23-34 참조).
- TRPV channel은 heat 및 capsaicin과 같은 다양한 stimuli에 의해 활성화되는 nociceptor이다. TRPV channel의 분자 구조는 voltage-gated ion channel 구조와 유사하며, 최근에는 single particle cryoEM에 의해 그 구조가 풀렸다(그림 23-35 참조).
- 5개의 주요 taste는 각각의 taste bud에 존재하는 세포에 의해서 감지된다. Salty taste와 sour taste는 특정 ion channel 단백질에 의해서 감지되며, G protein-coupled receptor는 sweetness, umami 그리고 bitterness를 감지한다.
- 모든 경우에서, tastant는 membrane depolarization을 일으켜서 ATP와 같은 작은 분자를 분비하여 주변 neuron을 자극한다.
- Taste는 *insula*라는 특정 cortex 영역에서 topographic map으로 representation된다. 특정 taste 타입(예, sweet 혹은 salty)에 의해 taste receptor가 활성화되면 insula의 중첩되지 않은 영역별로 활성화된다.
- Odorant receptor는 보통 seven-transmembrane G protein-coupled receptor로서 매우 큰 유전자 세트에 의해서 encoding된다. 하나의 olfactory receptor neuron은 오직 하나의 olfactory receptor gene이 발현하며, 해당 세포로부터 뇌로 나오는 신호는 감지된 화학물질의 본질을 분명하게 전달한다.
- 같은 receptor gene을 발현하는 olfactory receptor neuron (ORN)은 axon을 같은 glomerulus로 보내고, glomerulus에서 뇌로 뻗은 projection nerve (포유류의 경우 mitral neuron)는 특정 odorant 정보를 전달한다(그림 23-38, 그림 23-39 그리고 23-40 참조).

23.5 Memory의 형성과 저장

뇌의 가장 주목할 만한 특징은 memory를 형성하고 저장하는 capacity (수용력)이다. 수십 년 간의 연구를 통해서 memory가 neuron 사이에 형성되는 연결의 strength와 숫자의 변화 패턴으로 저장되는 것이 밝혀졌다. Nervous system의 전체 구조는 보통 유전적으로 hardwire되어 있긴 하지만, neural circuit은 다양한 자극에 반응하여 상당한 sculpting과 rewiring을 거친다. 이러한 experience에 의존적인 synaptic connectivity 변화를 **synaptic plasticity (시냅스 가소성)**라 한다. Experience에 따라 뇌 wiring이 변화함으로써, synaptic plasticity는 우리 identity (자아)를 결정하기 위해 nature (본성)와 nurture (양육)가 integrate (통합)되는 생물학적 수단을 제공하게 된다.

Memory는 Neuron 사이의 Synapse 숫자 혹은 Strength가 변화하여 형성된다

Synaptic plasticity라는 개념은 오랜 역사를 지니고 있는데, 19세기 말

(a)

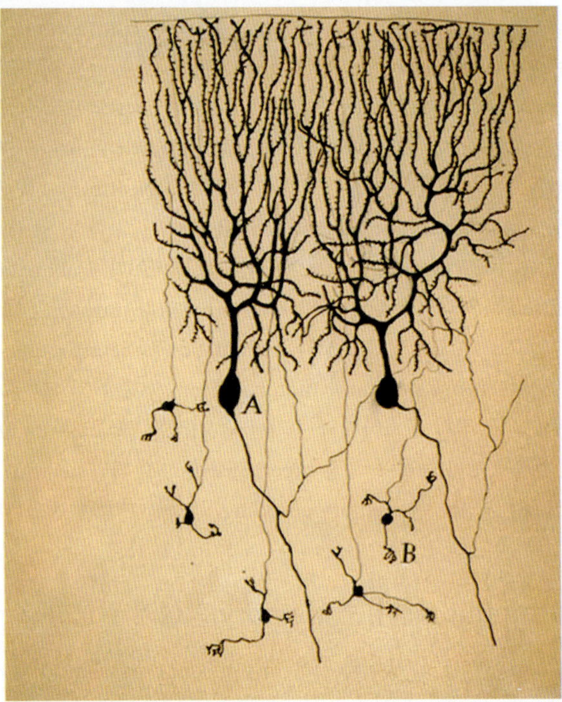

(b)

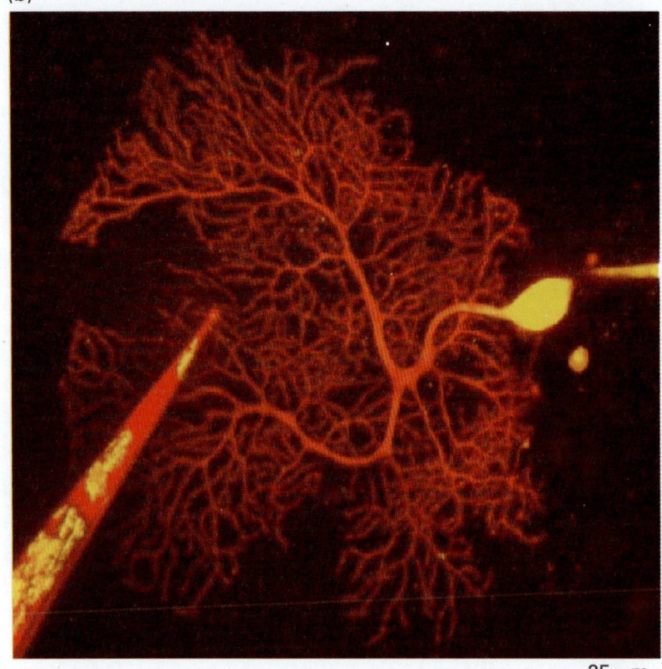

그림 23-41 Dendritic spine의 visualization (가시화). (a) Santiago Ramón y Cajal은 1899년 비둘기 cerebellum의 개별 neuron을 Golgi staining method를 통해 visualization하였다. 이 방법을 통해 Ramón y Cajal은 뇌의 개별 neuron을 visualization하였다; 조직 내 neuron은 빽빽하게 밀집되어 있는데, Golgi stain을 통해서는 드문드문 neuron을 보여준다. Excitatory synapse의 postsynaptic compartment는 dendrite로부터 *spine*이라 불리는 spiny protuberance로 구성되어 있다. Ramón y Cajal은 neuron 내 이러한 spine을 발견하였다(여기선 cerebellum의 Purkinje neuron을 보여준다). 현재에는 조직 내 single neuron visualization을 위해 fluorescent protein을 발현시키거나 microelectrode를 통해 직접 fluorescent protein을 전달할 수 있다. (b) Fluorescent dye를 microelectrode (오른쪽)를 통해 생쥐 cerebellum의 단일 Purkinje neuron의 cell body로 전달하여 two-photon microscopy로 visualization할 수 있다. Cell body는 노란색으로 dendrite는 주황색-빨간색으로 보인다. 고해상도로 살펴보면, time-lapse microscopy로 spine dynamics를 살펴볼 수 있으며, experience에 따른 synaptic connectivity의 변화를 직접 살펴볼 수 있다. 이 이미지에서 빨간색 fluorescent dye (electrode 내 노란색 침전 형태로 보임)로 채워진 약간 더 큰 electrode (왼쪽)는 전기 자극을 가하는 데 사용될 수 있다. [Part (a) Science Source. Part (b) courtesy of Pratap Meera and Thomas Otis.]

에 Santiago Ramón y Cajal의 neuroanatomical study (신경해부학 연구)로부터 시작되었다. 그는 *Golgi stain* (골지 염색법) 방법을 이용하여 인간과 다른 동물들의 뇌에 존재하는 개별 neuron을 시각화하였다(그림 23-41a). Golgi stain은 이탈리아 과학자인 Camillo Golgi가 개발하였는데, Ramón y Cajal이 1906년도에 nervous system의 구조에 관한 업적을 인정받아 노벨 생리의학상을 수상하였다. Golgi는 뇌는 "reticular network" ("그물망 네트워크")로 구성되어 nerve cell이 서로 전부 연결된 커다란 syncytium이라고 믿었으나, Ramón y Cajal은 뇌는 개별 neuron으로 구성되어 있고, 각각은 또 다른 neuron과 특정 접촉 지점—오늘 날에는 synapse로 알려진—에서 연결되어 있다고 생각하였다. 이러한 protuberance (융기)는 excitatory synapse의 postsynaptic compartment이며, Golgi stain뿐 아니라 fluorescent protein을 발현시킨 더 현대화된 방법을 이용해서 확인되었다(그림 23-41b). Ramón y Cajal은 histological (해부학) 데이터에 기반을 두고서 neuronal arbor 구조 및 neuron 사이에 형성하는 synapse 구조 및 숫자를 변화시켜 memory가 brain에 저장되었다는 가설을 제시하였다. 시적인 언어로 Ramón y Cajal은 다음과 같이 추론하였다: "cerebral cortex (대뇌피질)는 수많은 나무들로 가득한 정원 같은 것이다. Pyramidal cell은 나무와 같으며, 각 나무 branch (가지) 숫자는 intelligent cultivation (지적 배양)에 의해서 증가한다.... 그리고 훨씬 더 다양한 꽃과 과일을 꽃피운다."

수십 년의 연구를 통해서, 비록 memory는 이제 dendrite 및 axon ("branch")에의 변화보다는 주로 synapse ("꽃"과 "과일")에의 변화로 인해 저장되는 것으로 생각되며, Ramón y Cajal의 예견이 대부분 맞았음이 증명되었다. Sea slug (바다 달팽이)인 *Aplysia californica* (군소)의 gill-withdrawal reflex (아가미 수축 반사)에 관한 연구는 memory 보관의 구조적 기반에 관한 고전적인 한 예이다(그림 23-42). *Aplysia californica*는 nervous system이 상대적으로 간단하고, neuron이 매우 크고 식별이 쉬우므로(다시 말하면, 동물 별로 같은 neuron이 식별될 수 있기 때문에) memory의 세포생물학을 연구하는 유용한 model organism (모델 개체)으로 사용되어 왔다. 이러한 특징을 이용하여 노벨상 수상자인 Eric Kandel 박사와 동료들은 동물에서 특정 행동을 매개

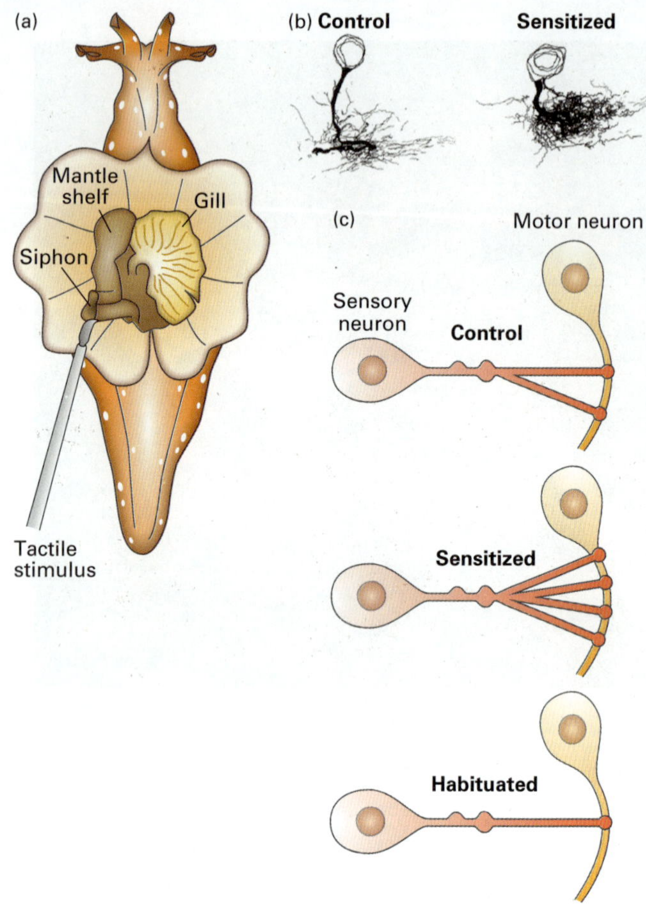

그림 23-42 Long-term memory는 synaptic connectivity의 변화로 저장된다. (a) 바다 달팽이인 *Aplysia californica*는 synaptic plasticity와 memory의 세포 생물학을 연구하기 위한 model system이다. Siphon (물이 흐르는 튜브 모양의 구조물)을 tactile stimulation시키면 gill-withdrawal reflex를 자극한다. Habituation은 siphon을 반복적으로 만지면 해당 자극에 대해 익숙하게 되어 gill withdrawal의 amplitude가 감소하게 되는 것이다. Sensitization은 동물이 꼬리 충격과 같은 noxious stimuli을 받아 reflex가 sensitization되어 gill-withdrawal의 amplitude가 증가하는 것이다. (b) Control 동물과 gill-withdrawal reflex의 sensitization을 장기간 경험한 동물의 siphon sensory neuron의 3차원 reconstruction 모식 이미지. Sensitization 이후 sensory neuron branch이 확장된 것을 주목하자. Neuronal process가 커지면 sensory neuron과 motor neuron 사이 새로운 synaptic connection이 생긴다. (c) Gill-withdrawal reflex plasticity가 일어나는 동안 생길 수 있는 connectivity 변화 모식도. 반면, habituation이 생기면 sensory neuron과 motor neuron 사이의 connection 숫자가 감소하게 된다. [Part (b) from C. H. Bailey and M. Chen, 1988, "Long-Term Memory in Aplysia Modulates the Total Number of Varicosities of Single Identified Sensory Neurons", *Proc. Nat'l Acad. Sci. USA* **85**:2373–2377.]

하는 neural circuitry를 규명하고, 이어 circuit 내 neuron 간 synaptic connection이 memory가 형성되는 동안 어떻게 변화했는지 규명하였다. 그들은 간단한 reflexive behavior에 초점을 맞췄는데, 이는 siphon (출수공) gill-withdrawal reflex 중 하나로서, 동물의 siphon (물이 드나드는 튜브 모양의 해부학적 구조)을 만지면 respiratory organ (호흡 기관)인 gill을 방어적으로 수축하게 된다. Siphon을 만지면 sensory neuron firing을 촉발하고, motor neuron의 action potential을 유도해서 결국에는 gill muscle과의 synapse를 형성하여 contraction시킨다. Reflex는 experience에 의해 강화 혹은 약화된다. Siphon을 반복적으로 만지면 *habituation* (조건화)라 부르는 gill-withdrawal reflex의 amplitude가 감소된다. 이와는 대조적으로, 꼬리에 electric shock (전기 충격)을 전달하는 것과 같은 유해 자극이 가해지면 *sensitization* (민감화)라 부르는 gill-withdrawal reflex의 amplitude가 증가한다. Sensitization은 일종의 fear learning (공포 학습)의 한 형태이다. Habituation과 sensitization은 자극의 strength 및 지속시간에 따라 transient (일시적)일 수도 있고 오래 지속되기도 한다. Habituation 및 sensitization이 오래 지속되면 sensory neuron과 motor neuron 사이에 형성되는 connection 숫자가 각각 감소하거나 증가한다. 이러한 방식으로 Ramón y Cajal이 예측했듯이 동물이 특정 experience를 하게 되면 nervous system wiring이 변화하여 memory encoding 및 동물 행동이 변화한다.

Hippocampus (해마)는 Memory 형성에 필요하다

Aplysia, *Drosophila* 및 생쥐와 같은 다른 model organism에서의 연구에 의해서, experience에 의한 synaptic plasticity를 조절하는 분자 메커니즘이 밝혀지기 시작했다. 인간을 대상으로 한 임상 연구와 동물 모델을 이용한 실험을 통해서 hippocampus (해마)가 long-term memory 형성에 필요함이 밝혀졌다. Hippocampus에 lesion (병변)이 생긴 인간과 동물은 short-term memory를 형성할 수 있고, 오래전에 형성된 memory를 유지할 수 있지만, 더 이상 새로운 long-term memory를 만들지 못한다. Hippocampus는 long-term memory 형성에 필요할 뿐 아니라 synaptic connectivity의 electrophysiological study (전기생리학 연구)에 적합한 해부학적 특성을 갖고 있다. 그림 23-43에 나와 있듯이, hippocampus는 3개의 sequential pathway (연결 경로; perforant, mossy fiber, 그리고 Schaffer collateral pathway)로 구성되고, 각각은 개별 cell-body layer와 axonal projection 및 dendritic projection을 갖추고 있다. 각 pathway에서의 presynaptic neuron axon에 high-frequency stimulation을 가한다면 postsynaptic neuron으로 이어진 connection의 강도가 장시간 증가하게 되는데, 이를 *long-term potentiation* (*LTP*, 장기 강화)이라 부른다. 반면 low-frequency stimulation을 가하면 장시간 connection 강도가 감소하는데, 이를 *long-term depression* (*LTD*, 장기 억압)이라 부른다.

LTP, LTD, 그리고 memory 사이의 correlation (상관관계)을 보여주는 많은 연구결과가 있었지만, 최근에는 Optogenetics 연구를 통해 synaptic plasticity와 memory 형성 간 인과관계를 보여주는 결과가 도출되고 있다. 연구자들은 이를 위해 생쥐 hippocampal neuron에서 channelrhodopsin을 발현시킨 뒤 LTP를 유도하기 위해서 빛으로 neuron을 자극하였다. 생쥐가 특정 환경에서 놀람을 경험하면 fear에 대한 memory를 형성하게 되나, 실제로 이러한 경험 자극을 주지 않는 상황에서도 빛으로 LTP를 인위적으로 유도하면 가짜 memory를 생쥐에 심을 수 있다.

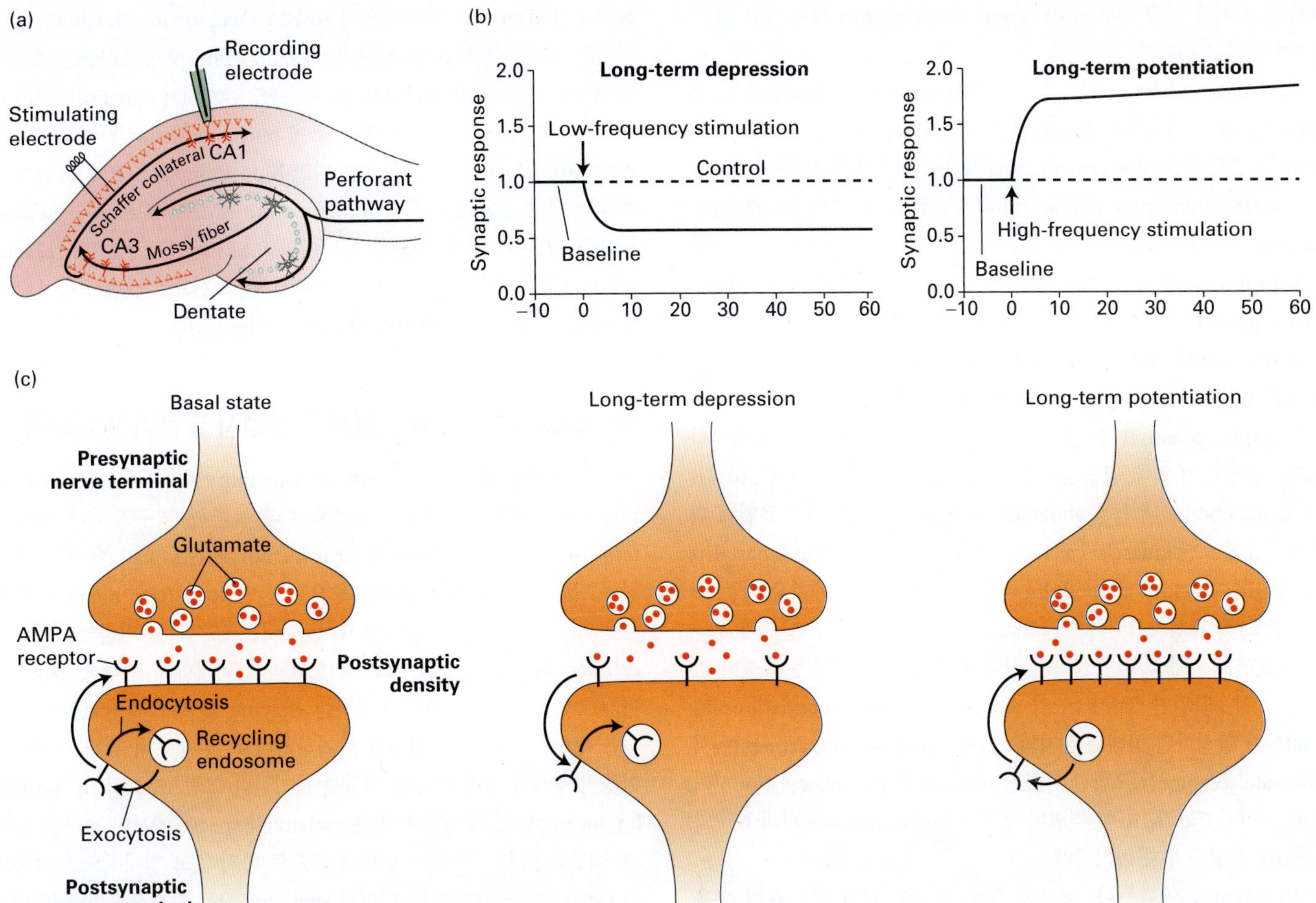

그림 23-43 생쥐 hippocampus에서의 synaptic plasticity: long-term potentiation (LTP)과 long-term depression (LTP)과 AMPA glutamate receptor의 trafficking 조절과 관련된 역할. (a) 생쥐 hippocampus를 생쥐 뇌로부터 분리하여 transverse slice로 자르면 entorhinal cortex (여기에서는 표시되지 않음)로부터 dentate gyrus (DG), DG로부터 CA3, 그리고 CA3로부터 CA1으로 연결된 3개의 sequential synaptic pathway가 잘 보존된다. Electrode로 axonal afferent를 자극하여 postsynaptic follower cell에서 반응을 기록할 수 있다. 여기선 Schaffer collateral (CA3–CA1) pathway를 보여준다. (b) Low-frequency 혹은 high-frequency로 axonal fiber에 일련의 자극을 주면 synaptic strength에 지속적으로 감소 혹은 증가하게 되며, 이는 test stimulus에 대한 postsynaptic response로 측정된다. 여기서 y 축은 synaptic connection 강도를 보여주며, x 축은 시간을 표시하고 있다. 점선은 connection의 baseline strength를 보여주는데, low-frequency stimulation에 의해 감소하고 high-frequency stimulation에 의해 증가한다. 이러한 plasticity 형태는 *long-term depression* (*LTD*)과 *long-term potentiation* (*LTP*)로 각각 알려져 있다. (c) Basal state에서는 AMPA receptor (검정색)는 recycling endosome을 통해 postsynapse 세포막으로 지속적으로 이동한다. Receptor는 exocytosis를 통해 postsynaptic density 옆쪽으로 우선 운송된 뒤 세포막으로 이동하며, recycling endosome으로 다시 clathrin-mediated endocytosis를 통해 internalize된다. Postsynaptic density에서는 AMPA receptor는 transmembrane AMPA receptor regulatory protein (TARP, 여기선 표기 안 됨)과의 상호작용을 통해 안정화된다. Glutamatergic synapse에서 LTD가 유도되면, postsynaptic density로부터 AMPA receptor의 diffusion이 증가하여 recycling endosome으로의 internalization이 증가한다. 이로 인해 postsynaptic membrane에서 AMPA receptor 숫자가 감소하고, presynaptic neuron으로부터 분비되는 glutamate release에 대해 postsynaptic response가 감소하게 된다. Glutamatergic synapse에서 LTP가 유도되면, AMPA receptor의 exocytosis가 증가하여 postsynaptic density로의 diffusion이 증가하여, presynaptic neuron으로부터 분비되는 glutamate release에 대해 postsynaptic response가 증가하게 된다. AMPA receptor의 trafficking을 조절하는 메커니즘은 activity에 따라 synaptic strength가 변화하여 synaptic plasticity와 memory를 매개하는 중요한 수단이다. V. M. Ho, J.-A, Lee, and K. C. Martin, 2011, *Science* **334**:623–628; and J. D. Shepherd and R. L. Huganir, 2007, *Annu. Rev. Cell Dev. Bi.* **23**:613–643 참조.

다양한 분자 메커니즘이 Synaptic Plasticity에 기여한다

experience가 synaptic strength를 어떻게 변화시키는지 이해하기 위해서는 chemical synapse의 구조와 23.3절에서 기술한 synaptic transmission 과정을 생각해보면 도움이 된다. 오래 지속되는 Plasticity 변화는 neurotransmitter release의 presynaptic change, trans-synaptic adhesion, 그리고 neurotransmitter에 대한 postsynaptic response가 다 같이 수반된다. 우리는 간단히 pre- 그리고 trans-synaptic mechanism

에 대해 살펴본 뒤에 이후 postsynaptic mechanism에 대해 약간 더 자세하게 탐색할 것이다.

Hippocampal neuron을 자극하는 experience는 intracellular calcium 농도를 증가시키며, kinase를 활성화시켜 presynaptic compartment 내 별도의 pool로 synaptic vesicle을 정교하게 조직화하는 synapsin 단백질을 phosphorylation시킨다. 이러한 synapsin phosphorylation은 release되는 synaptic vesicle 숫자를 증가시켜 주어진 자극에 반응하여 release되는 neurotransmitter 양을 늘린다. 또한 experience는 voltage-gated Ca^{2+} 채널을 release machinery로 tethering시키는 분자인 RIM을 phosphorylation시키는 kinase를 활성화한다. 이 phosphorylation은 hippocampal synapse에서의 LTP에 필요하다.

Synaptic plasticity는 또한 postsynaptic compartment에서의 kinase 활성화에 의해 결정된다. Voltage-gated Ca^{2+} 채널와 postsynaptic membrane 내 특정 glutamate receptor를 통한 Ca^{2+} 유입에 의해 특별히 중요한 kinase인 calcium-calmodulin-dependent kinase IIα (CaMKIIα; calcium-calmodulin signaling에 관한 자세한 논의는 15장을 참조)를 활성화시킨다. 이 kinase는 일단 활성화되면 별도의 자극이 더 없어도 계속해서 활성화된 상태로 남아있을 수 있는 특성이 있다. 일단 활성화되면 CaMKIIα가 스스로 자기를 phosphorylation시켜 약 30분간 활성화된 상태로 유지되고, postsynaptic compartment에서 glutamate receptor를 포함한 다양한 substrate를 phosphorylation시키기 때문이다. CaMKIIα이 결핍된 생쥐는 hippocampus에서의 LTP와 memory 형성 모두가 망가진다.

15장에서 논의했듯이, 세포에 외부 자극이 전달되면 표면 수용체 숫자에 의해서 sensitivity (민감도)가 결정된다. Synaptic plasticity를 매개하는 가장 잘 알려진 mechanism 중 하나는 activity 변화에 따라 postsynaptic membrane에서 발현하는 glutamate receptor의 숫자가 변화하는 것이다. 이 과정은 특히 hippocampal LTP 및 LTD에서 가장 잘 알려져 있다(그림 23-43c). 주요 glutamate receptor 중 하나인 *AMPA receptor*는 recycling endosome을 통해 지속적으로 plasma membrane으로 운송이 이루어지는데, 이는 양방향으로 일어난다. AMPA receptor는 시냅스 바깥쪽에서 exocytosis에 의해 전달되고, 이후 postsynaptic density로 측면 이동한다. Postsynaptic density는 synaptic cleft를 마주보고 있어 presynaptic terminal로부터 분출되는 neurotransmitter들에 반응하는 단백질들이 밀집되어 있는 특수 구조이다. AMPA receptor는 이후 다시 시냅스 바깥쪽으로 측면 이동하여 clathrin 및 dynamin에 의해 매개되는 endocytosis 과정을 통해 세포 표면에서 제거된다.

비록 AMPA receptor trafficking (운송)은 평상시에도 일어난다. 하지만 activity 변화가 일어나면 actin 및 myosin dynamics 변화가 수반되고, 시냅스 scaffolding 단백질들과 AMPA receptor의 accessory subunit와의 상호작용에 변화하여 AMPA receptor trafficking이 조절된다. 이러한 accessory subunit 중 하나인 *Stargazin*은 AMPA receptor와 postsynaptic density 단백질인 PSD95와의 상호작용을 매개한다. 이 상호작용은 synapse에서 AMPA receptor localization에 꼭 필요한데, PSD95와의 상호작용이 AMPA receptor localization을 안정화시키기 때문이다. Activity는 Stargazin의 phosphorylation을 유발하여 AMPA receptor mobility (유동성)를 감소시켜 synapse에서의 이들 단백질 양을 증가시킨다. Stargazin phosphorylation을 막거나 혹은 de-phosphorylation (탈인산화)되면 hippocampal LTP와 LTD가 각각 저해된다. Stargazin은 *transmembrane AMPA receptor regulatory protein* (*TARP*) 단백질 군 중 하나이다. TARP는 모든 AMPA receptor subunit에 결합하고, 뇌 전체에서 각각 다른 패턴으로 발현하며, AMPA receptor를 neuron의 표면과 synapse로 이동시킨다.

Long-term Memory 형성은 유전자 발현이 필요하다

상기 기술했던 메커니즘은 short-term memory를 매개하는 short-term plasticity (단기 가소성)를 조절하는 데 특별히 더 중요하다. Short-term plasticity 형성 및 short-term memory에는 synapse에 이미 존재하는 단백질의 modification이 중요한 반면, long-term memory의 형성은 새로운 유전자 발현이 중요하다. 이는 15장에서 기술했던 extracellular stimulation의 서로 다른 효과의 맥락에서 생각해 볼 수 있다: 이러한 자극은 기존에 존재하는 enzyme 및 세포내 단백질들의 활성을 변형시키는 단기 변화를 야기하거나 혹은 세포내 유전자들의 발현을 변형시켜 장기적 기능 변화를 야기한다(그림 15-3 참조). Rodent hippocampus를 포함하여 많은 system 및 species에서의 연구를 통해서, LTP와 LTD는 유전자 발현을 필요로 하지 않고 일시적으로 지속되는 plasticity와 mRNA 및 단백질 synthesis 모두를 필요로 하는 L-LTP 및 L-LTD와 같이 오래 지속되는 plasticity로 구분된다.

Neuron의 morphological polarity (형태적 극성) 및 compartmentalization (구획화)은 자극에 의해 유전자 발현이 변화하는 데 심각한 난관을 제기한다. 먼저, transcription을 개시하기 위해서는 신호가 synapse에서 nucleus로 전달되어야 하며, 많은 경우 synapse는 cell body로부터 매우 멀리 떨어져 있다. Neuron은 electrical signaling에 의해 compartment 사이에 신호를 빠르게 전달한다. 하지만, 많은 연구결과를 통해 또한 kinase, phosphatase 그리고 transcriptional regulator를 포함한 신호전달 분자는 stimulated synapse로부터 nucleus로 활발히 이동하여 transcription을 조절한다. 대부분의 경우, 미세소관을 따라 dynein motor 단백질에 의해서 이러한 장거리 retrograde transport (역수송)를 통해 이동한다(18장에서 기술됨). Synaptic stimulation과 유전자 발현을 연계하기 위해 이러한 장거리 transport 동안 신호전달이 어떻게 잘 유지되는지에 관해서는 현재 활발한 연구가 진행되고 있다.

Synaptic plasticity 동안 자극에 의해 유도되는 유전자 발현의 메커니즘을 이해하기 위한 두 번째 난관은 각 neuron이 단일 nucleus를 갖고 있음에도 불구하고 수천 개에 달하는 synapse를 형성할 수 있다는 사실에 기인한다. 오래 지속되는 synaptic plasticity는 종종 synapse 특이적인데, 이는 단일 neuron이 형성하는 일부 synapse에서만 synaptic strength 변화를 야기한다는 것이다. Long-term plasticity는 transcription을 필요로 하기 때문에, synapse specificity (시냅스 특이성) 문제는 유전자 발현이 이처럼 극도로 compartmentalized cell에서 공간적으로 어떻게 조절되는지에 관한 의문을 낳는다. 중요한 메커니즘 중 하나는 9장에서 기술했듯이, mRNA localization과 synaptic stimulation에 대해 mRNA가 local translation (국소 번역)되는 과정을 수반한다. 실제로, hippocampal synapse의 L-LTP는 dendrite 및 synapse에 위치한 mRNA translation이 필요하다. Electron microscopy 연구를 통해 ribosome (리보솜)을 활발히 translation시키는 polyribosome이 hippocampal neuron의 spine base (스파인 기저)에서 발견됐는데, L-LTP가 유도된 이후 polyribosome을 조절하는 spine 숫자가 급격히 증가되었다. 이러한 연구를 통해서 synaptic plasticity 동안 neuron 내 post-transcriptional gene regulation (전사 후 유전자 조절)의 중요성과 mRNA localization과 translation 조절 과정의 중요성이 부각되었다: 어떤 mRNA가 synapse에 위치하는가? 어떻게 위치하는가? Synaptic activity에 의해 translation이 어떻게 조절되는가? Local translation되는 단백질은 기능은 무엇인가? 왜 일부 mRNA는 neuronal cell body에서 translation된 이후 synapse로 운송되고, 다른 mRNA는 synapse에서 직접 translation되는가?

Nervous system의 원활한 기능을 위한 post-transcriptional gene regulation의 중요성을 나타내는 한 예시로서, RNA-binding protein인 fragile X mental retardation protein (FMRP)에 돌연변이가 생기면 mental retardation (정신박약)의 한 형태인 fragile X syndrome (FXS, 취약 X 증후군)이 유발된다. FMRP 단백질을 encoding하는 *frm1* gene에 생기는 돌연변이는 autism (자폐)을 유발하는 가장 흔한 단일 유전자 수반 질환이다. FXS를 야기하는 가장 흔한 돌연변이는 6장의 Huntington's disease (헌팅턴 병)에서 기술한 바와 같이, *frm1* gene에 CGG repeats (반복)의 expansion된 형태이며, 이후 gene methylation (유전자 메틸화)과 silencing이 일어난다. FMRP는 표적 mRNA에 결합하여 translation을 저해하는 translational repressor (번역 억제인자)이다. FMRP 단백질 중 일부는 dendritic spine의 아래쪽에 위치하여, synaptic stimulation이 translation을 촉발하기 전까지 dormant state (휴지기 상태)로 mRNA가 유지된다. FMRP가 결핍되도록 유전자 조작을 한 생쥐는 관련 인간 질환을 연구하는 데 매우 중요한 모델이다. 이 생쥐는 learning 능력이 저해되는데, 이는 FXS 환자들에서 발견되는 intellectual disability (지적 장애)와 유사하다. 생쥐와 인간 모두 synaptic spine이 mature spine (성숙 스파인)의 전형적 모습이 아닌 immature spine (미성숙 스파인)과 같이 기다란 형태로 바뀐다. 생쥐 연구를 통해서, synapse에서 mRNA translation이 과도하게 일어나고 protein synthesis에 의해 일어나는 hippocampal LTD도 비정상적으로 변형됨이 밝혀졌다. 이러한 결과를 통해서, localized mRNA의 synaptic translation 과정이 neural circuit의 형성 및 experience-dependent plasticity에 필요함을 알 수 있었으며, 이러한 과정이 변형될 경우 neurodevelopmental disorder (뇌발달 질환) 및 cognitive disorder (인지 질환)의 주요 원인이 된다. ■

23.5절의 주요 개념

Memory의 형성과 저장

- Experience는 뇌 neuron 사이의 connection 숫자와 strength를 변화시키는데, 이를 *synaptic plasticity*라 한다. Synaptic plasticity는 memory의 형성과 저장에 관한 생물학적 기반이다.
- Habituation과 sensitization에 관한 연구를 통해서, learning은 synaptic connectivity의 변화가 매개함을 알 수 있었다. Marine mollusk (해양 연체동물)인 *Aplysia californica*의 gill-withdrawal reflex를 살펴본 결과, habituation은 sensory neuron과 motor neuron 사이의 connectivity가 감소한 반면, sensitization은 sensory-motor connectivity가 증가한다(그림 23-42 참조).
- Hippocampus는 오래 지속되는 memory의 형성에 필요한 뇌 영역이다(그림 23-43 참조). Hippocampal synapse는 *long-term potentiation* (*LTP*)과 *long-term depression* (*LTD*)로 불리는 neuron activity에 의존적으로 일어나는 synaptic strength가 강화되고 약화되는 현상이 일어난다.
- Synaptic strength 변화는 presynaptic, trans-synaptic 혹은 postsynaptic mechanism에 의해 일어난다.
- Activity는 postsynaptic compartment 내 CaMKIIα 단백질이 항상 활성화되도록 하여 postsynaptic density 내에서 glutamate receptor와 같은 다양한 substrate 인산화를 유발하여 synaptic strength를 변화시킨다.
- Activity는 postsynaptic membrane 내 AMPA glutamate receptor trafficking을 조절한다. LTP는 postsynaptic density에서 AMPA receptor의 삽입을 증가시키는 반면, LTD는 postsynaptic density에서 AMPA receptor 양을 감소시킨다(그림 23-43c 참조).
- Short-term synaptic plasticity는 synapse에 기존에 존재하는 단백질들의 modification을 수반한다. 하지만, long-term synaptic plasticity는 새로운 mRNA와 단백질 synthesis를 필요로 한다.
- Synapse 특이적 plasticity는 synapse에 국소적으로 발현하는 mRNA의 local translation을 수반한다.
- Fragile X syndrome은 RNA-binding protein인 FMRP를 encoding하는 gene에 null 돌연변이가 생겨 발생한다. FMRP는 synapse에서 local translation을 조절한다. FMRP가 삭제된 생쥐는 비정상적인 synapse를 가지고 있으며, hippocampal LTD에서 학습 장애와 결손을 보인다.

개념 복습

1. 뇌와 nervous system의 다른 부위에서 glial cell의 역할은 무엇인가?
2. Neuron의 resting potential은 세포 밖과 비교하여 내부에서 약 −70

mV이다. 동물 세포에서 어떻게 resting potential이 유지되는가?

3. Action potential의 3 phase (단계)를 말하시오. 각 단계에서의 분자적 기초와 어떤 이온이 관여하는지 기술하시오. "voltage-gated channel"라는 용어가 왜 action potential을 일으키는 데 관여하는 Na^+ 채널에 적용될 수 있는가?

4. Potassium ion channel의 crystal structure가 voltage-sensing domain이 단백질의 다른 부위와 상호작용하여 ion channel을 열거나 닫게 하는가를 어떻게 설명할 수 있는지 기술하시오. 이러한 구조-기능 간의 관계가 어떻게 다른 voltage-gated ion channel에 적용가능한가?

5. Action potential은 왜 axon을 따라 내려감에 따라서 그 magnitude가 감소하지 않는지 설명하시오.

6. Action potential이 일어나는 동안, membrane potential이 왜 계속하여 증가하지 않고 오히려 plateau를 이룬 후에 다시 감소하는지 설명하시오.

7. Action potential이 "all or none"로 불리는 점이 무엇을 의미하는가?

8. Nerve signal이 cell body로 "반대 방향으로" 향하는 것을 방지하는 메커니즘은 무엇인가?

9. Refractory period 동안, 만약 세포가 자극을 받게 되면 또 다른 action potential을 왜 개시하지 못하는가?

10. Myelination은 axon을 따라서 action potential의 속도를 증가시킨다. Myelination은 무엇인가? Myelination은 voltage-gated Na^+ 채널과 Na^+/K^+ 펌프를 axon을 따라 node of Ranvier 부위에서 결집시킨다. Node of Ranvier 사이의 공간을 10배 정도 늘리면 action potential의 propagation이 어떻게 될지 예측해 보시오.

11. Cocaine과 같은 addictive drug의 작용 메커니즘을 기술하시오.

12. Acetylcholine은 synapse에서 release되는 흔한 neurotransmitter이다. Nerve-muscle synapse에서 acetylcholine esterase 활성이 감소된다면 근육의 활성에 어떻게 영향을 미칠지 예측하시오.

13. Muscle-contraction process의 ion dynamics (이온 동력)에 대해서 기술하시오.

14. 자극받은 세포에서 action potential이 도달한 후에, synaptic vesicle은 presynaptic membrane에 재빨리 융합한다. 이러한 과정은 불과 1 ms도 안 되어 빠르게 일어난다. 이처럼 빠른 속도로 이러한 과정이 일어나기 위해서는 어떤 메커니즘이 필요한가?

15. 뇌에 존재하는 neuron은 다양한 excitatory 그리고 inhibitory signal을 받는다. 그러한 신호가 수용되는 neuron extension의 이름은 무엇인가? Neuron이 다양한 신호를 통합하여 action potential을 만드는지 여부를 어떻게 결정하는가?

16. 만약 inhibitory synapse를 따라서 action potential이 전달될 경우 postsynaptic cell로 propagation되지 못하게 하는 메커니즘은 무엇인가?

17. Synaptic vesicle recycling에 있어서 dynamin의 역할은 무엇인가? 어떤 실험적 증거가 이를 지지하는가?

18. Electrical synapse와 chemical synapse를 비교하고 그 차이를 기술하시오.

19. Salty taste와 sour taste에 해당하는 receptor 분자; sweetness, bitterness 그리고 umami에 해당하는 taste-receptor; 그리고 odor-receptor molecule에 해당하는 receptor 분자의 구조와 기능을 비교해서 설명하시오.

20. Memory 형성에 관여하는 메커니즘을 기술하시오.

CHAPTER 24

면역학 (Immunology)

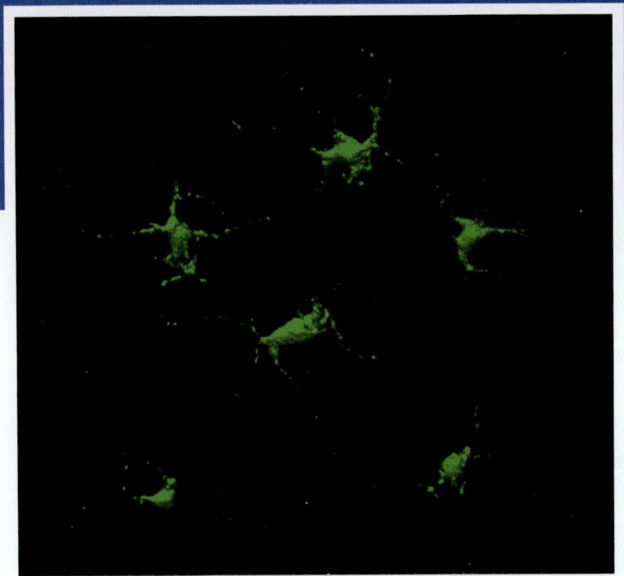

피부에 있는 dendritic cell (수지상 세포)은 세포 표면에 class II MHC 분자를 가지고 있다. 이들의 표면 발현은 초록 형광이 나타나도록 조작한 class II MHC-GFP 융합 단백질을 발현하는 세포를 염색함으로써 쉽게 볼 수 있다. [Courtesy of M. Boes and H. L. Ploegh.]

OUTLINE

후생동물(metazoan animal)과 그 안에 있는 세포는 바이러스, 박테리아, 곰팡이와 같은 수많은 pathogen (병원체)에 둘러싸여 있으며, 이에 대항하기 위해 여러 방어 수단을 진화시켜 왔다. 이를 통칭하여 *immune system* (면역계)라고 한다. 면역은 병원체 노출이 가져오는 유해한 영향에 대한 보호 상태이다. *Drosophila* (초파리)와 같은 곤충조차도 두 가지 방어 유형의 면역계를 가지고 있다. (1) 물리적 장벽과 화학적 방어, (2) 특정 병원체를 인식하고 파괴할 수 있는 innate (선천성) 면역계를 구성하는 세포(그림 24-1). 물리적 및 화학적 방어는 지속적으로 작동한다. 선천성 면역 반응은 빠르게 활성화되며(몇 분에서 몇 시간 내에), 신체에 항상 존재하는 세포와 분자가 담당한다. 이들은 많은 외래 유기체에 공통적인 분자를 인식하기 때문에 다른 병원체를 구별하는 능력이 다소 제한된다.

이러한 방어 메커니즘 외에도 척추동물은 특정 병원체의 일부인 분자는 물론 우리 몸에 일반적으로 존재하지 않는 많은 유형의 분자를 인식하고 반응할 수 있는 정교한 면역계인 *adaptive immune system* (적응 면역계)을 진화시켰다. 적응 면역계는 *antibody* (항체)라고 하는 분비된 단백질들을 생성하며, 이들 각각은 특정 외래 target 분자에 결합한다(그림 3-22 참조). 적응 면역계는 또한 병원성 침입자를 공격하고 파괴하는 많은 유형의 세포를 생성한다. 적응 면역 반응은 완전히 발달하는 데 며칠이 걸리며 매우 특이적이다. 즉, 단백질을 비롯한 여러 고분자 구조의 아주 작은 분자적 차이를 구별할 만큼 아주 비슷해 보이는 병원체들을 구별해 낼 수 있다. 적응 면역계는 시간이 지남에 따라 병원체 위협을 관리하고 조정하기 때문에 숙주가 노출되는 병원체의 유형과 양에 따라 다르게 대응한다.

모든 병원체는 면역계를 무장 해제하거나 자신에게 유리하도록 조작하는 방법을 찾아왔으며, 그러한 숙주-병원체 상호작용은 현재도 진행 중인 진화 작업이다. 사실상 모든 병원체는 숙주에 비해 generation time (한 세대)이 상대적으로 짧기 때문에 숙주의 면역계에 대한 countermeasure (대응책)를 마련할 수 있다. 이는 놀랍도록 정교한 적응 면역계의 진화에도 불구하고, 병원성 바이러스, 박테리아 및 기생충들이 계속해서 인류를 위협하는 이유를 설명한다. Influenza virus (독감 바이러스)의 새로운 변종으로 인한 계절성 독감의 유행은 한 예일 뿐

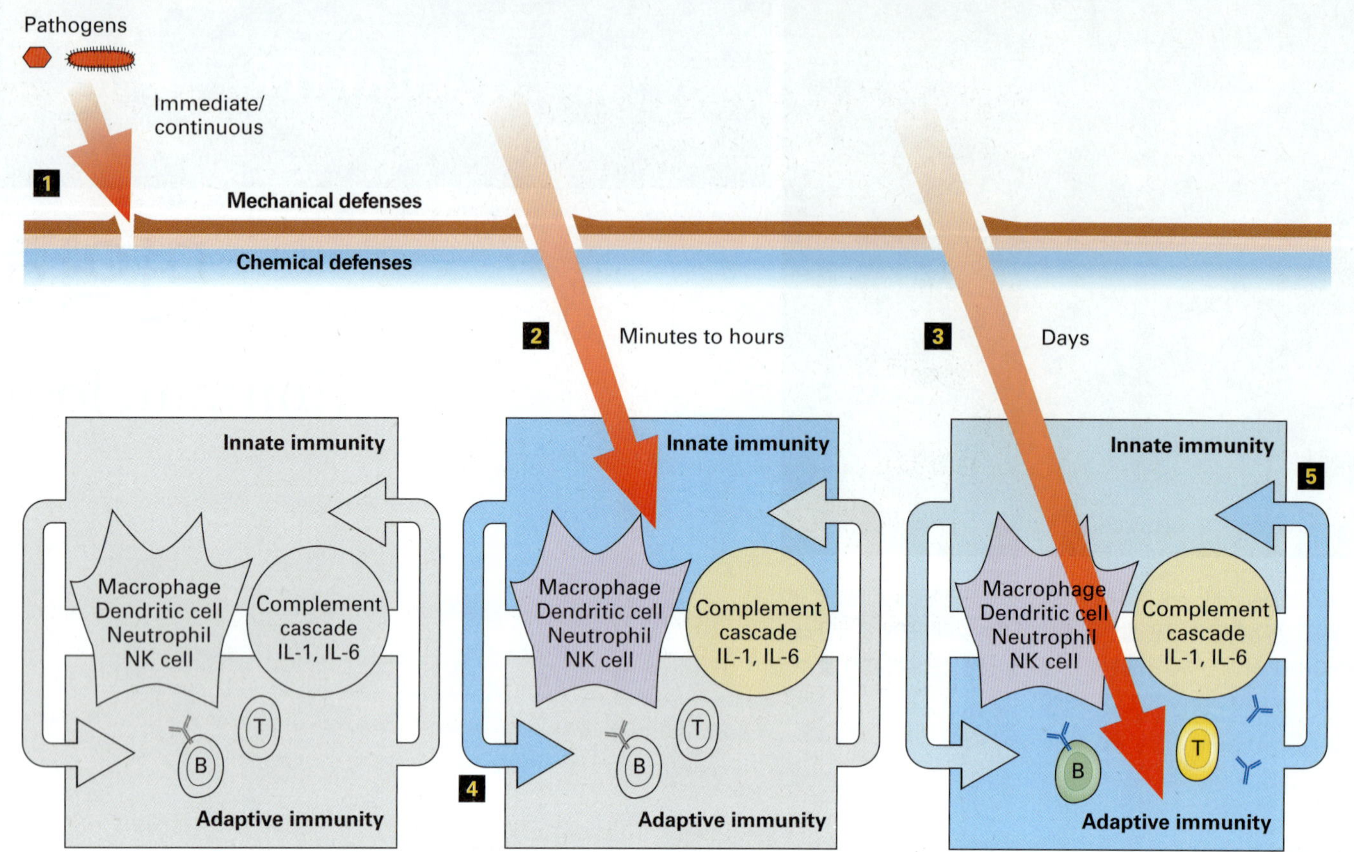

그림 24-1 척추동물 면역 방어는 세 층으로 구성되어 있다. *왼쪽*: 기계적 방어는 상피와 피부로 구성된다. 화학적 방어에는 위장의 낮은 pH 환경과 눈물의 항균 효소가 포함된다. 이러한 장벽은 침입자로부터 지속적인 보호를 제공한다. 병원체는 숙주를 감염시키기 위해 이러한 방어 체계를 물리적으로 허물어야 한다(단계 **1**). *가운데*: 기계적 및 화학적 방어를 넘어선 병원체(단계 **2**)는 선천성 면역계(파란색)의 세포와 분자에 의해 처리된다. 여기에는 침입자를 삼켜 lysosome에서 파괴시키는 phagocytic cell (식세포: neutrophils, dendritic cells, macrophages 등), natural killer (NK) cell (자연 살해 세포), complement protein (보체 단백질) 그리고 여러 interleukin들(IL-1, IL-6)이 포함된다. Innate defence는 감염 후 몇 분에서 몇 시간 이내에 활성화된다. *오른쪽*: 척추동물에서 선천성 면역계로 제거되지 않는 병원체는 선천성 면역계(적응성 면역계; 단계 **3**), 특별히 B lymphocyte와 그들의 antibody product들(Y자 모양 아이콘), 여러 유형의 T 세포들, 그리고 병원체를 파괴할 수 있는 많은 단백질들에 의해 제거된다. 적응 면역이 완전히 활성화되려면 며칠이 걸린다. Innate response의 product들은 뒤이은 adaptive res[onse를 강화할 수 있다(단계 **4**). 마찬가지로, 항체를 포함한 adaptive response의 product들은 innate response를 향상시킬 수 있다(단계 **5**). 여러 세포 유형과 분비된 산물은 선천성 면역계와 적응 면역계 모두에서 사용되며 이 두 층으로 구성된 숙주 방어계를 연결하는 역할을 한다.

이다.

이러한 정교한 방어에는 대가가 따른다. 빠르게 진화하는 병원체의 다양한 집단 구성원을 처리할 수 있는 면역계는 때때로 숙주 자신의 조직을 병원체로 착각하여 자신의 세포와 조직에 공격을 가할 수 있다. 이러한 현상을 *autoimmunity* (자가면역)이라고 한다. 그렇다 할지라도 우리는 면역계의 작동 방식을 알고 있으므로 다양한 전염병으로부터 우리를 보호하는 vaccine (백신)을 만들어낸다. 백신은 비용면에서 매우 효율적(cost effective)으로, 천연두(smallpox) 발병과 같은 많은 전염병 재앙을 막는 데 기여했다.

이 장에서는 주로 척추동물의 면역계를 다룬다. 특히 면역계를 다른 신체 조직과 구별하는 분자, 세포 유형 및 반응 경로에 중점을 둔다. 척추동물의 면역계는 네 가지 특징을 가지고 있다. Specificity (특이성), diversity (다양성), memory (기억) 그리고 tolerance (관용)이다. 특이성은 밀접하게 관련된 물질을 구별하는 면역계의 능력이다. **다양성**은 놀라울 정도로 많은 수($>10^6$)의 다양한 분자를 특이적으로 인식하는 시스템의 능력이다. **기억**은 이전에 외부 물질에 노출된 경험을 회상하여 다음에 해당 물질에 직면했을 때 그 물질로부터 보다 빠르고 효과적으로 자신을 방어하는 숙주의 능력이다. **내성**은 숙주 자신의 세포와 조직에 대한 면역계 공격을 피하는 능력이다. 즉, 자신의 조직("self")과 병원체("nonself")를 포함한 foreign materials (외래 물질)을 구별하는 능력이다.

면역 반응을 일으킬 수 있는 모든 물질을 **antigen (항원)**이라고 한다. 우리가 곧 살펴보겠지만, 면역계가 특이성과 다양성을 가질 수 있는 이유는 수많은 외래 물질을 인식하는 항체 단백질과 cell-surface receptor (세포-표면 수용체) 단백질을 생성할 수 있기 때문이다. 이들은 pathogenic molecule (병원성 분자)와 같은 target 항원에 강하게 결합할 수 있지만, target과는 구조적으로 유사한 다른 분자들에는 결합하지 않는다.

기억과 내성은 복잡한 메커니즘에 의존한다. 즉, 세포 시스템은 특정 항원에 결합하는 매우 다양한 세포-표면 수용체 세트를 만들어내며, 이러한 수용체를 전시하는 세포는 self component (자기 성분)에 크게 반응하지 않도록 "훈련"된다(self-tolerant, 자기 관용).

실용적인 관점에서, 면역계의 파워는 therapeutically (치료적)으로 이용될 수 있다는 점이다. 오늘날 monoclonal antibodies (단클론 항체) 시장은 수십억 달러 규모인데, 이들은 inflammatory conditions (염증성 질환), autoimmune diseases (자가면역 질환) 및 암의 치료에 사용된다. 적응 면역계를 구성하는 분자, 특히 항체는 3장과 4장에서 보았듯이 세포 생물학자에게 없어서는 안 될 실험 도구이다. 항체를 사용하면 그들이 인식하는 분자를 정확히 집어내 분리하고 가시화할 수 있다. 이러한 항체의 능력은 세포와 세포 소기관의 구성성분을 세밀하게 파악하고, 그들의 세포나 조직 내에서의 위치를 분석하는 데 아주 요긴하다. 예를 들어, *immunofluorescence* (**면역형광**) 기술은 세포생물학자들이 세포의 형태와 행동 양상을 연구하기 위해 쓰이며, *Western blotting* (**면역블롯팅**)은 세포내 신호전달 연구에 널리 사용된다.

외래 물질이 인식되고 제거되는 방식에는 면역계 고유의 분자생물학적 그리고 세포생물학적 원리가 작동한다. 우리는 포유류 면역계의 조직에 대한 간략한 스케치로 이 장을 시작하고, 선천성 및 적응성 면역 반응에서 필수적인 세포들을 소개할 것이다. 또한 염증 반응에 대해서도 이야기할 것이다. 염증은 상처 또는 감염에 대한 국부적인 반응으로 다양한 면역계 세포가 활성화되며 상처 부위로 모집된다. 이어지는 두 절에서는 특정 항원의 분자적 특징에 특이적으로 결합하는 **항체**분자(또는 **immunoglobulin**, **면역글로불린**)의 구조와 기능에 대해 살펴본다. 그리고 항체 구조에서의 variability (가변성)가 특정 항원의 인식에 어떻게 기여하는지 논의할 것이다. 적응 면역계에 의해 인식될 수 있는 항원의 엄청난 다양성은 항원-특이적인 수용체를 제조하는 B 및 T lymphocyte (림프구)에는 흩어져 있는 DNA 조각들을 재배열(rearrangement)하는 독특한 분자 메커니즘이 있다는 사실을 발견할 수 있게 했다. Lymphocyte는 일반적으로 whiteblood cell (백혈구)라고 하며, 이 중 **B 세포** 및 **T 세포**는 항원을 인식한다. 따라서 gene rearrangement (유전자 재배열)는 림프구 표면의 antigen-binding receptor 수용체가 각각 항원에 특이적으로 결합할 수 있게 유전자를 세팅하는 과정이다. 그렇게 함으로써, 면역계는 다양한 병원체에 적응하여 면역 방어 반응을 수행한다. 또한 유전자 재배열은 림프구 발달 과정에서 세포의 운명을 결정한다.

항원-특이적 수용체를 생성하는 유전자 재배열 메커니즘은 B 세포와 T 세포에서 매우 유사하지만, 이러한 수용체가 항원에 결합(항원을 인식)하는 방식은 다르다. 원형질막에 고정된 항체 분자인 B 세포 수용체는 intact (자연상태의) 항원과 직접 상호작용할 수 있지만 T 세포의 수용체는 그렇지 않다. 대신, 24.4절에서 설명될 것인데, T 세포 수용체는 target 세포의 내부에서 가공 처리된 항원의 특정 형태를 인식한다. 이들은 대체로 작은 펩타이드로 특별한 cell-surface glycoprotein (세포-표면 당단백질)에 의해 target 세포의 표면에 displayed ("presented", 전시)된다. 이들 당단백질은 유전체의 큰 영역을 차지하는 **major histocompatibility complex (MHC, 주요 조직적합성 복합체)**라 불리는 유전자들에 의해 암호화된다. 이러한 *MHC* 산물, 즉 MHC-encoded glycoprotein은 항원에 대해 T 및 B 세포의 반응을 일으키는 숙주의 방어 능력을 결정하는 데 도움을 준다.

이와 같은 면역계의 기본적인 특성의 이해는 우리에게 여러 가지 매우 실용적인 질문에 답할 수 있게 한다. 예를 들면, 감염을 막을 수 있는 효과적인 항체를 만드는 방법은 무엇인가? 실험실에서 연구하기 위한 특정 단백질에 대한 항체를 어떻게 만들어 낼 수 있을까? 그리고 antigen processing (항원 처리)와 antigen presentation (항원 제시)에 대한 지식은 감염성 질병으로부터 우리를 보호하는 백신을 설계할 수 있게 하며, 그에 필요한 연구 도구를 생산할 수 있게 한다. 또한 MHC-encoded glycoprotein은 한 개인이 자기 단백질 항원에 반응하지 않게 하는 내성(tolerance) 발달에 중요한 역할을 한다. 우리는 효과적인 면역 반응에 필요한 서로 다른 면역계 세포들 사이의 협력과 한 병원체에 대한 면역 반응의 통합된 관점을 제공하고서 이 장을 마무리할 것이다.

24.1 Host Defense의 개요

면역계는 병원성 미생물 포함 다양한 미생물과 함께 진화했다. 이 절에서는 전형적인 병원균이 숙주의 어디서 발견되는지 또 어디서 복제되는지를 알아보면서 숙주 방어에 대한 전체적인 개요를 잡을 것이다. 그런 다음 선천 및 후천 면역의 기본 개념을 소개할 것이다. 여기에는 관련 면역계 주요 세포와 주요 분자에 대한 소개가 포함된다.

병원체는 여러 경로를 통해 몸으로 들어가 여러 다른 부위에서 복제한다

인간의 피부는 약 1.86 제곱미터의 표면적을 가지고 있다. 기도, 위장관 및 비뇨생식기관을 따라 늘어선 상피 표면은 약 370 제곱미터로 엄청 더 넓다. 모든 표면은 바이러스, 세균, 곰팡이에 매일 노출된다. 세균 중 일부 소위 *commensal bacteria* (**공생 세균**)은 일반적으로는 질병을 일으키지 않으며, 실제로 유익할 수 있어 우리에게 주요 영양소를 제공하거나 건강한 피부를 유지하는 데 도움이 된다. 또한 microbiota (미생물 집합)는 면역 세포의 수용체에 결합하거나 작은 활성 분자의 분비를 촉진함으로써, 선천 면역과 적응 면역의 상대적인 구성과 반응 능력을 조정하는 데 도움을 준다. 성인은 대체로 1.36 kg 정도의 미생물을 보유하고 있으며, 우리 대부분은 이러한 미생물에 대해 inflammatory (염증성) 면역 반응을 일으키지 않는다. 이 공생 미생물은 신체 표면에 있을 때는 pathogenic (병원성)이 없다. 그러나 표면을 구성하는 epithelia (상피)의 정상적인 장벽 기능이 손상되어 표면 미생물이 안으로 들어가면 병원성을 나타낼 수 있다. Food-borne pathogens (식품 매개 병원체)와 sexually transmitted agents (성병)는 노출된 epithelia를 target으로 삼는다. Flu (독감)에 감염된 사람이 재채기를 하면 수백만 개의 바이러스 입자가 에어로졸 형태로 방출되어 새로운 숙주로 들어갈 수 있다. 경미한 찰과상에 의한 피부 파열이나 기저 조직을 보호하는 epithelial barriers (상피 장벽)의 파열은 병원체가 쉽게 내부로 침투할 수 있는 경로를 제공하여 (세균에게는) 풍부한 영양소를 접할 수 있는 기회와 (바이러스에게는) 복제에 필요한 세포를 만날 기회를 제공한다.

숙주세포의 세포질 또는 핵에서 바이러스 단백질 합성과 바이러스 유전체 복제가 일어나 바이러스의 수가 증식된다. 이후 초기 감염 세포에서 증식된 바이러스는 free virion (자유 바이러스 입자) 상태로 방출 혹은 인접 세포로의 direct transfer (직접 전달)를 통해 다른 세포로 퍼질 수 있다. 많은 세균은 신체 내부의 extracellular spaces (세포 바깥 공간)에서 복제할 수 있지만, 일부 세균은 숙주 세포 안으로 침범하여 그 세포 내부에서 생존하고 번식하도록 특화되어 있다. 이러한 intracellular bacteria에는 tuberculosis (결핵)의 causative agent (원인균)인 *Mycobacterium tuberculosis*가 있다. 이들은 endocytosis (세포내 이입) 또는 phagocytosis (식세포 작용)에 의해 세포 안으로 들어가 막으로 쌓인 vesicle (소포)에 상주하거나(그림 17-19 참조), 그 소포에서 빠져나와 세포질에 상주한다. 따라서 효과적인 숙주 방어 시스템은 세포 바깥의 바이러스와 세균은 물론 그 병원균을 세포 안에 보유하고 있는 숙주 세포도 제거할 수 있어야 한다.

Parasitic eukaryotes (기생성 진핵생물)도 질병을 일으킬 수 있다. Sleeping sickness (수면병, trypanosome)이나 malaria (말라리아, Plasmodium species; 그림 1-25 참조)를 유발하는 protozoan (원생동물)을 포함하여 많은 기생충은 매우 복잡한 생활 주기를 가지고 있으며, 또한 숙주의 면역계에 의한 파괴를 피하는 여러 복잡한 대응책을 진화시켜 왔다.

선천성 및 적응성 면역계 세포는 몸 전체를 순환하고 조직과 Lymph Node (림프절)에 거주한다

Circulatory system (순환계; 그림 24-2)는 몸 전체에 혈액을 이동시킨다. 혈액은 세포(적혈구 및 백혈구, 혈소판)와 액체(단백질, 이온, 여러 작은 분자들이 녹아 있는 혈장)로 구성된다. 혈액에는 헤모글로빈-함유 산소 운반체인 적혈구(erythrocyte, red blood cell)가 압도적 다수를 차지하며, **백혈구**(*leukocyte*, white blood cells)와 blood clotting (혈액 응고)에 관여하는 platelets (혈소판)이 있다. Leukocyte에는 lymphocyte (B 세포와 T 세포), monocytes [단핵구, *macrophage* (대식세포)라 불리는 scavenger cells (청소 세포)의 precursor (전구체)], dendritic cell (수지상 세포), neutrophil (호중구), 그리고 natural killer cell (NK, 자연 살해 세포) 등이 있는데, 이들은 뚜렷이 구별되는 면역 기능을 가지고 있다. 늙어 죽을 때까지 순환계를 떠나지 않는 적혈구와 다르게, 백혈구는 순환계를 떠나 target 조직으로 들어가 외래 침입자로부터 신체를 보호한다. 순환계는 백혈구의 생성 장소인 bone marrow (골수), thymus (흉선), 그리고 fetal liver (태아의 간)으로부터 그들이 활성화될 수 있는 장소인 lymph node (림프절)와 spleen (비장)으로 이동시킨 후 최종 감염 부위로 가게 한다. 일단 목적지에 도착한 백혈구는 임무를 수행하는 과정에서 순환계를 떠났다가 되돌아 올 수도 있다.

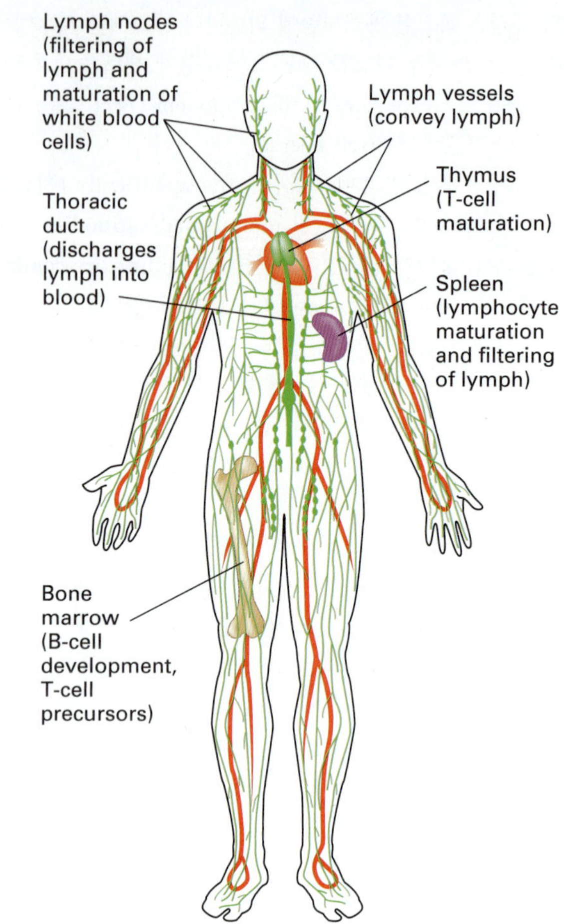

그림 24-2 순환계와 림프계. 펌프질하는 심장에 의해 가해지는 positive arterial pressure (동맥압)는 순환계(빨간색)에서 조직의 interstitial spaces (간질 공간)로 액체를 이동시켜 신체의 모든 세포가 영양분에 접근하고 노폐물을 처리할 수 있게 한다. 간질액은 순환하는 모든 혈액 부피의 약 3배인데, lymph (림프액)의 형태로 *lymph node* (림프절)이라는 특수한 해부학적 구조를 들른 후 순환계로 돌아간다. Lymphocyte (림프구)가 생성되는 1차 림프 기관에는 골수(B 세포, T 세포 전구체)와 흉선(T 세포)이 있다. 면역 반응의 시작은 2차 림프 기관(림프절, 비장)에서 이루어진다.

혈관, 장기, 세포가 상호 연결된 면역계는 1차 및 2차 lymphoid organ (림프 기관)으로 나눌 수 있다(그림 24-2 참조). *1차* **림프 기관은 림프구** (B 및 T 세포를 포함하는 여러 백혈구)가 생성되고 기능적인 특성을 획득하는 장소이다. 이러한 기관에는 precursor로부터 T 세포가 만들어지는 thymus과 B 세포가 생성되는 bone marrow가 있다. 제대로 기능을 갖춘(functionally competent) 림프구를 필요로 하는 적응 면역 반응은 림프절과 비장을 포함하는 *2차* 림프 기관에서 시작된다. 림프 기관 내의 모든 세포는 궁극적으로 hematopoietic stem cell (조혈 줄기세포, 그림 22-18 참조)에서 유래하며, 처음에는 태아의 간에서 이후에는 골수에서 만들어진다. 젊은 남성에서 총림프구 수는 500×10^9 정도로 추정된다. 이들의 15%는 spleen에서, 40%는 tonsil (편도선), lymph node 등의 2차 림프 기관, 10%는 thymus, 10%는 bone marrow에서 발견된다. 나머지는 혈류를 순환하거나 여러 조직에 산재한다.

정상적으로 박동하는 심장에 의해 가해지는" 압력은 혈관을 통한 혈액 수송을 촉진할 뿐만 아니라 혈관벽을 가로질러 기저 조직으로 cell-free 액체를 스며들게 한다. 이 액체에는 영양소와 단백질이 있으며, 그 중 일부가 방어 기능을 한다. 이들 체액의 총부피는 혈액 부피의 3배 정도이다. 항상성을 유지하려면 순환계를 떠나는 액체가 궁극적으로 되돌아와야 하는데, lymphatic vessel (림프관)을 통해 림프액 형태로 돌아온다. 림프관의 가장 말단은 열려 있기 때문에 조직 세포를 적시고 있는 interstitial fluid (간질액)를 빨아들일 수 있다. 림프관은 더 큰 수집관으로 합쳐짐으로써 **림프절**과 절 사이로 림프가 전달된다(그림 24-3). 림프절은 하나의 캡슐로 구성되어 있고, 여러 영역이 있는데, 각 영역은 그곳에 자리한 세포 유형에 따라 구분된다. 림프절에 자리잡은 B 세포와 T 세포는 림프절로 들어오는 혈관에서 공급된다. 림프절로 들어오는 림프는 soluble 항원과 그 항원을 만났던 세포를 운반한다. 이 세포는 "sampled (수집된)" 항원을 접해 본 특별한 세포이다. 림프절에서는 적응 면역 반응에 필요한 세포와 분자들이 상호작용하고, 새로이 획득한 항원 정보를 교환하고 난 후, 해당 병원균을 체내에서 제거하기 위한 절차를 밟는다(그림 24-3 참조).

림프절은 몸 구석 구석에서 항원을 수집하여 면역 반응을 불러일으키기에 적합한 형태로 항원을 처리하여 면역 세포에게 전시하는, 즉 정보를 필터하는 장소로 생각할 수 있다. 휴면 림프구의 활성화를 이끄는데 필요한 모든 단계는 림프 기관에서 일어난다. 기능적으로 활성화되도록 적절한 지시를 받은 세포는 궁극적으로 림프를 혈류로 되돌리는 efferent lymphatic vessel (원심성 림프관)을 통해 림프절을 떠난다. 이들 활성화된 세포는 혈류를 통해 재순환하면서 방어력을 점검한다. 이들이 주변 조직에서 나오는 chemotactic cue (혈화학주성 신호)를 접하면 순환계를 빠져나와 조직으로 이동하여 병원성 침입자를 찾고, 거기서 직접 바이러스에 감염된 세포를 파괴하거나 혹은 침략자를 인식하는 항체를 생성하여 파괴용 꼬리표를 붙인다.

순환계에서 림프구와 기타 백혈구의 나옴과 감염 부위로의 모임, 항원 정보의 처리, 그리고 순환계로 복귀 등 모든 과정은 정교하게 조절

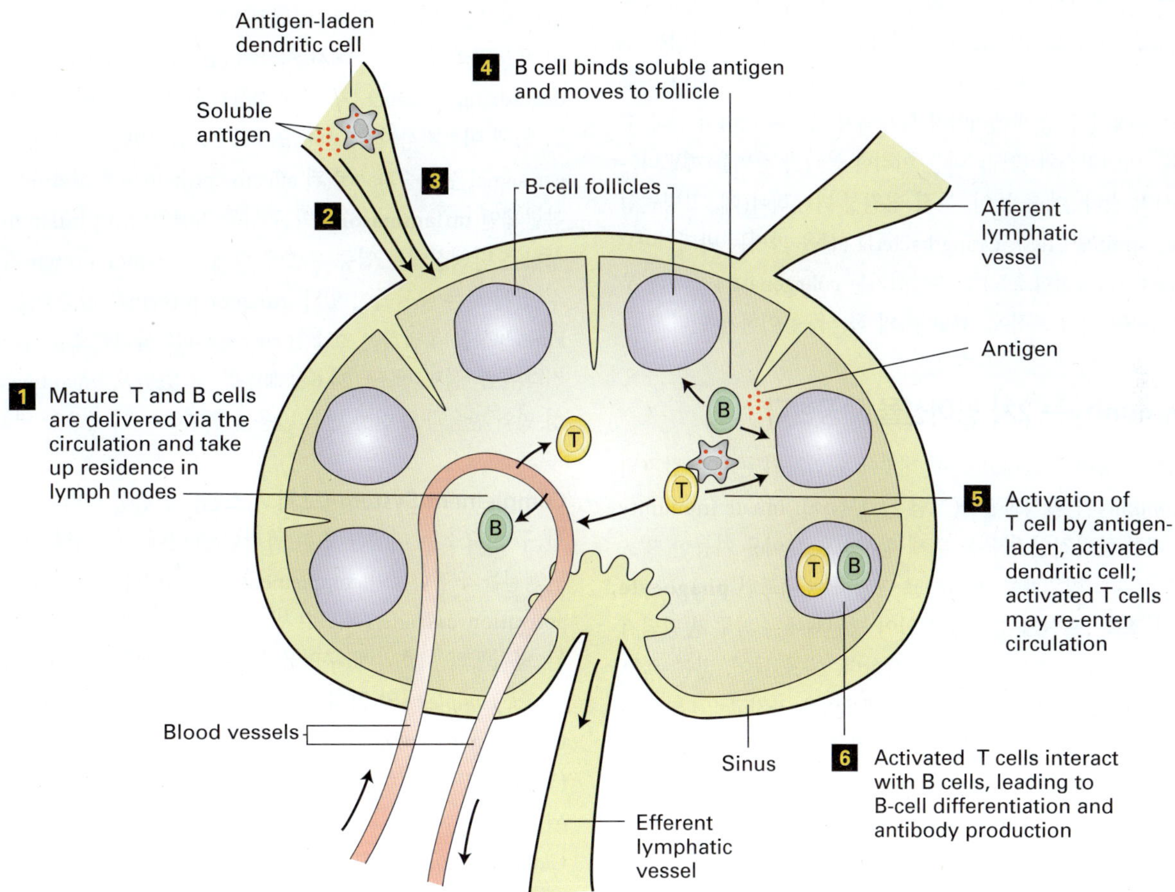

그림 24-3 림프절에서 적응 면역 반응의 시작. 적응 면역 반응은 림프절에 위치한 B 및 T 세포(림프구)에 의한 항원 인식으로 시작된다. T 및 B 림프구는 순환계를 떠나 림프절에 거주한다(단계 **1**). 림프는 항원을 가용성 또 항원이 얹혀진 수지상 세포 두 가지 형태로 항원을 운반한다. 둘 다 afferent lymphatic vessels (구심성 림프관)을 통해 림프절로 전달된다(단계 **2** 및 단계 **3**). 많은 돌출부 가지가 있는 수지상 세포는 "antigen-presenting cells (항원 제시 세포)" 유형의 특수화된 세포의 한 종류이다. 그들은 항원을 펩타이드 또는 다른 작은 단편으로 분해하고 그들의 표면에 MHC 단백질을 사용하여 항원을 전시하며, 그 항원 조각을 T 세포에 "제시"한다. 가용성 항원은 B 세포에 의해 인식되고(단계 **4**), 항원 조각을 함유한 수지상 세포가 T 세포에 항원을 제시한다(단계 **5**). T 세포와 B 세포 사이의 생산적인 상호작용(단계 **6**)은 B 세포를 follicle로 이동시키고, plasma cell (형질 세포)로 분화되게 하여 다량의 면역글로불린(항체)을 분비하게 만든다. Efferent lymphatic vessels (원심성 림프관)은 림프를 림프절에서 순환계로 되돌린다.

되는 특이적인 cell-adhesion event (세포 부착 과정), chemotactic cue (화학 주성 신호), 그리고 혈관 내피 장벽의 crossing (횡단)을 포함하는 과정이다. 이 장의 뒷부분에서 이에 대해 다룰 것이다.

면역계를 구성하는 주요 유형의 세포를 소개했으므로, 이제 외부 병원균에 대한 면역의 두 방어선인 물리적/화학적 장벽을 통한 방어와 선천성 면역계에 대해 알아본다.

기계적 및 화학적 경계가 병원체에 대한 1차 방어선이다

이미 언급했듯이, 기계적 및 화학적 방어는 병원체에 대한 숙주 방어의 첫 번째 라인을 형성한다(그림 24-1 참조). 지속성을 가진 기계적 방어에는 피부, 상피, 그리고 arthropod (절지동물)에서의 exoskeleton (외골격)이 포함되며, 이러한 장벽은 기계적 손상이나 특정 효소 공격을 통해서만 뚫린다. 화학적 방어에는 gastric secretion (위액)의 낮은 pH와 눈물과 장 분비물에서 발견되는 *lysozyme* (리소자임)이 있으며, 이 효소는 미생물을 직접 공격한다.

기계적 방어의 본질적인 특성은 화상 피해자의 경우를 보면 분명해진다. 피부[epidermis (표피)와 dermis (진피); 그림 1-4]가 손상되면 그 하부 조직의 풍부한 영양소가 노출되고 공기 중에 있는 박테리아나 피부에서 발견되는 무해한 공생 박테리아가 억제되지 않고 증식하여 결국 숙주를 압도한다. 바이러스와 박테리아는 이러한 물리적 장벽을 깨뜨리는 전략을 발전시켜 왔다. 예를 들어, 특정 병원성 박테리아(예, 고병원성 *Streptococcus*) strain인 "flesh-eating bacteria (살을 파먹는 박테리아)"는 connective tissue (결합조직)를 손상시키는 collagenase (콜라겐 분해효소)를 분비하여 기저 조직에 박테리아의 접근을 용이하게 한다.

Innate Immunity는 2차 방어선을 제공한다

기계적 및 화학적 방어가 뚫리고 신체 내부에 침입자의 존재가 감지되면 innate immunity가 활성화된다(그림 24-1 참조). Innate immunity는 병원체에 대한 즉각적인 반응을 위해 항시적으로 이용 가능한 세포와 분자로 구성된다. 병원체를 섭취하고 파괴하는 세포인 **phagocyte** (그림 17-19 참조)는 표면에 수용체가 있어 병원체에는 자주 발견되지만, 정상 신체 세포에는 없는 분자와 결합한다. 예를 들어, 많은 효모와 곰팡이는 mannose polymer를 함유한 세포벽을 가지고 있다. 이러한 고분자는 정상적인 신체 단백질에서는 발견되지 않으며, 대식세포는 표면의 mannose receptor를 이용하여 많은 곰팡이 병원체를 잡아먹는다. 대식세포는 조직과 상피 전체에 널리 퍼져 있으며 감염 부위로 모일 수 있다. 곤충과 같이 적응 면역계가 없는 동물은 감염과 싸우기 위해 innate defense에 전적으로 의존한다. 마찬가지로, 식물도 적응 면역이 결여되어 있어 innate defense에만 의존한다. 적응 면역계의 림프구를 닮은 선천성 면역계 세포는 innate lymphoid cells (ILC)로 분류되며, 이 장의 뒷부분에서 논의될 것이다.

Phagocytes (식세포)와 Antigen-Presenting Cells (항원 제시 세포)

선천성 면역계에는 대식세포, 호중구 및 수지상 세포가 있다. 이러한 모든 세포는 식세포이며, 세포 표면에 **Toll-like receptor** (**TLR**; 분자 구조는 그림 24-37 참조)와 *scavenger receptor*와 같은 다른 유형의 병원체-인식 수용체가 장착되어 있다. Mannose receptor와 마찬가지로, 이들 수용체는 박테리아 세포벽 구성 요소, 메틸화되지 않은 CpG 및 이중나선 RNA 등의 핵산 등 병원체 특이적인 표지자의 패턴을 인식한다. 즉, 이들은 박테리아 또는 바이러스의 존재를 감지하는 핵심 센서이다. 이들 병원체 특이적인 표지자가 TLR에 결합할 때, 세포는 antimicrobial peptides (항균 펩타이드)를 포함하는 effector molecule들을 만들어 낸다. TLR을 통하여 병원체를 감지한 수지상 세포와 대식세포는 외래 물질을 처리하여 항원 특이적 T 세포에 전시하는 **antigen-presenting cell (APC)**로도 기능하기 때문에 선천성 면역계와 적응 면역계를 연결한다. TLR의 구조와 기능, 수지상 세포 활성화에서의 역할은 24.6절에 자세히 설명되어 있다.

Inflammasome과 Non-TLR 핵산 센서

포유류 세포는 모든 종류의 비자기 구성 요소를 인식하여 danger signal (위험 신호)로 받아들이는 단백질군을 가지고 있다. 이러한 단백질들이 인식하는 분자는 박테리아 세포벽의 구성 요소에서 시작해 uric acid crystal (요산 결정), heme degradation product (헴 분해 산물), 심지어 asbesto (석면)과 silica (실리카)에 이르기까지 다양하다(그림 24-4). 일단 인식되면, 이러한 danger signal은 염증과 관련된 effector protein을 활성화하는 다중 단백질 복합체인 **inflammasome**의 구성을 자극한다. 이 inflammasome을 구성하는 단백질에는 염증 유발에 관계된 adaptor protein과 상호작용할 수 있게 하는 모듈들이 있다. Adaptor protein은 염증을 유발하는 cytokine 생성을 촉발하는 효소인 caspase-1을 물리적으로 끌어와 활성화시킨다(추후 설명 참조). 24.6절에서 볼 수 있듯이, inflammasome은 선천성 면역 반응과 후천성 면역 반응을 연결하는 데 중요한 역할을 한다.

Complement System (보체 시스템)

선천성 면역계의 또 다른 중요한 구성 요소는 미생물 또는 곰팡이 표면에 직접 결합할 수 있는 혈청 단백질들의 집합체인 complement system이다. 보체의 결합은 protease activation cascade (폭포수 반응)을 일어나게 하는데, 이 반응의 결과는 병원체의 보호막에 구멍을 뚫는 다중 단백질 복합체인 *membrane attack complex* (막 공격 복합체) 형성으로 절정에 이른다(그림 24-5). Complement activation cascade는 개념적으로 blood-clotting cascade (혈액 응고 폭포수 반응)와 유사하며, 각 활성화 단계에서 반응이 증폭된다. 최소한 3개의 경로가 complement system을 활성화할 수 있다. *Classical pathway* (고전적 경로)는 적응 면역 반응 과정에서 만들어지는 항체가 필요하며, 그 항체는 target 미생물의 표면에 있는 항원에 결합되어 있어야 보체를 활성화할 수 있다. 이러한 항체가 어떻게 만들어지는지는 24.3절에 설명되어 있다. 이 complement pathway는 적응 면역계와 협력하여 작동하는 선천성 면역계 구성 요소의 한 예이다.

고전적인 경로에 추가하여, mannose가 풍부한 세포벽을 가진 병원체는 *mannose-binding lectin pathway*를 통해 complement cascade를 활성화한다. (이것은 앞서 언급한 대식세포 mannose receptor와 다르

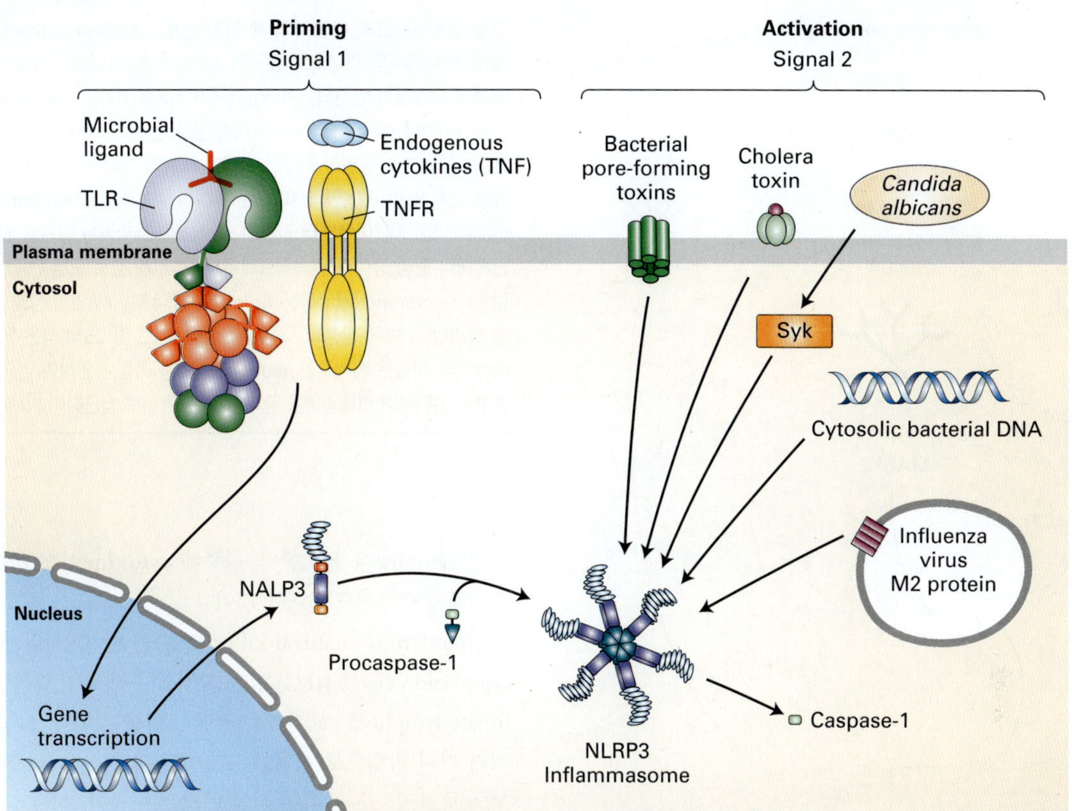

그림 24-4 NLRP3 inflammasome. NLRP3 inflammasome은 caspase-1을 활성화하는데, 두 종류의 신호를 받은 후에만 그렇게 한다. 신호 1은 미생물 항원이 TLR (Toll-like Receptor) 계열 단백질에 결합하거나 TNF와 같은 endogenous cytokine이 TNF 수용체(TNFR) 계열 단백질에 결합을 통해서 제공된다. 신호 1은 NLRP3 (*NALP3*이라고도 함) 및 pro-IL-1β의 상향 조절을 유발한다. 신호 2는 NLRP3 inflammasome을 활성화하는데, bacterial pore-forming 독소, influenza virus M2 protein, kinase Syk을 활성화하는 fungal particles (*Candida albicans*에서 볼 수 있음), 또는 cholera toxin에 의해 제공된다. Cytosolic bacterial DNA도 NLRP3 inflammasome을 활성화할 수 있지만, 이 메커니즘의 분자적 세부 사항은 아직 잘 이해되지 않고 있다.

다는 점에 유의한다.) Mannose-binding lectin은 병원체 표면에 있는 독특한 mannose 당 그룹에 결합하여 2개의 mannose-binding lectin-associated protease인 MASP-1 및 MASP-2를 활성화한다. Protease activation은 그림 24-5와 같이 complement cascade의 하부 구성 요소의 활성화로 이어진다. 마지막으로, 많은 미생물 표면은, 비록 완전하게 이해되지는 않았지만, alternative pathway를 통한 보체의 활성화를 초래하는 물리적 및 화학적 특성을 가지고 있다. *Alternative pathway*에는 factor B, D 및 P를 포함 혈장에서 발견되는 모든 단백질의 활성화가 포함된다.

세 가지 경로는 보체 단백질 C3의 활성화에 수렴된다. 이 단백질은 내부 cysteine과 glutamate 잔기 사이에 형성된 strained (비틀어진) thioester linkage를 가진 전구체로 합성되며, proteolytic conversion을 통하여 반응성을 가지게 된다. 반응성 C3는 근처에 있는 antigen-antibody complex에만 침착된다. Mannose-binding lectin으로 적절하게 장식되었거나 alternative pathway를 통해 약간의 C3가 얹힌 미생물 표면 또한 C3 침착의 target이다. 이러한 proximity restriction (근처에만 제한적인) C3 deposit은 무차별적인 보체의 작용을 막는다. 다시 말해, target 항원을 가지고 있지 않는 세포에 대한 부적절한 공격을 피할 수 있게 한다.

어떤 활성화 경로를 따랐는지에 관계없이, 활성화된 C3는 complement cascade의 말단 구성 요소인 보체 단백질 C5에서 C9를 모아 근처의 생물학적 막에 순차적으로 끼어들게 한다. 최종적으로, membrane attack complex가 형성되어 막에 구멍이 생긴다. 전해질과 작은 용질이 빠져 나와 target 세포은 터져 죽는다. 보체가 활성화될 때마다 막 공격 복합체가 형성되고, 그 복합체가 침착된 세포는 죽는다. Complement cascade 활성화는 숙주 방어의 중요한 메커니즘으로 직접적으로 미생물을 죽이는 효과[microbe-killing (microbicidal) effect]를 가진다.

세 가지 보체 활성화 경로는 C3a와 C5a 절단 조각을 생성하며, 이들 모두는 G protein-coupled receptor에 결합하여 염증과 관련된 neutrophil과 기타 세포를 끌어들인다. 또한, 이러한 C3의 조각이 공유결합을 통해 막에 붙게 되면, **대식세포(macrophage)**와 같은 식세포가 그 표지를 인식하여 훨씬 빠르게 섭취하여 죽인다.

따라서 complement cascade는 숙주 방어에서 여러 역할을 수행한다: 병원체(박테리아, 바이러스)를 감싼 막을 파괴할 수 있다; target 병원체를 일부 절단된 보체 조각으로 장식하여 식세포에 의해 더 쉽게 섭취되게 한다. 그럼으로써 병원체를 죽일 수 있고, 또 적응 면역 반응

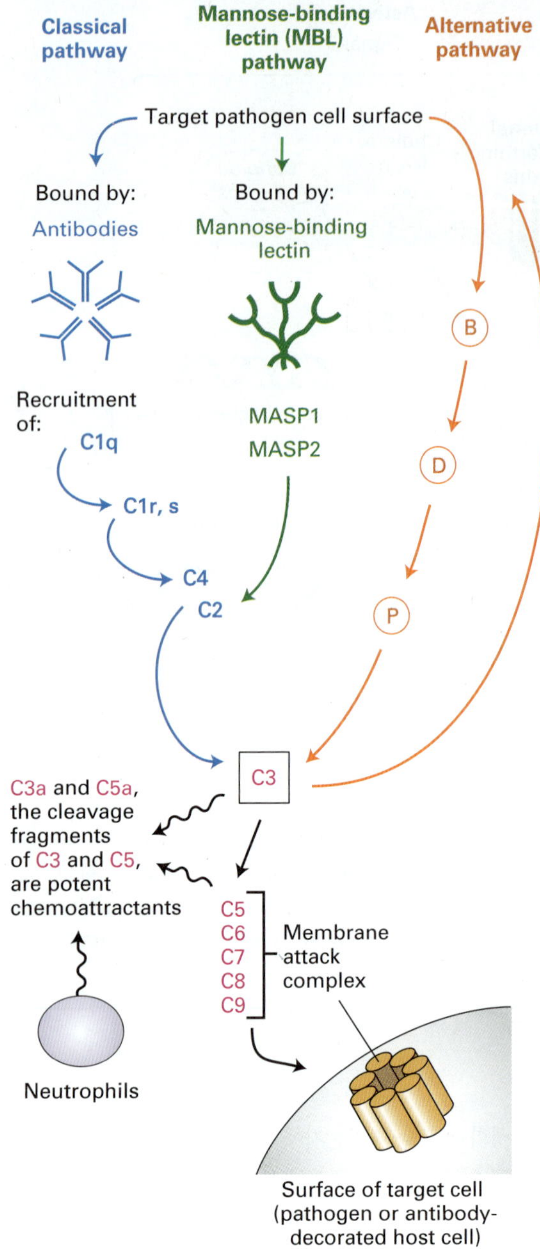

그림 24-5 보체 활성화의 세 가지 경로. Classical pathway (고전적 경로)는 항체-항원 복합체의 형성으로 열린다. Mannose-binding lectin pathway는 많은 병원체의 표면에서 발견되는 mannose가 mannose-binding lectin에 결합하면서 시작된다. Alternative pathway (대체 경로)는 주요 complement component인 혈청 단백질 C3의 특별한 형태가 미생물 표면에 침착되면서 시작되는데, 그 upstream에는 인자 B, D, P가 있다. 이 모든 활성화 경로의 downstream 구성 요소에는 protease가 있으며, 이로부터 일련의 protease cascade 반응을 일어난다. 그 과정에서 단계마다 활성 증폭이 연속적으로 일어난다. 세 경로 모두 C3에 수렴하여 C5를 절단한 후 membrane attack complex (막 공격 복합체)의 형성을 유발하여 target 세포를 파괴한다. 보체 활성화 과정에서 생성된 C3 및 C5의 작은 단편은 chemoattractant이다. 이들은 식세포인 neutrophil (호중구)를 유인하여 염증 반응을 개시한다. 호중구는 섭취하여 박테리아를 죽이며, 또 근거리로 접근하여 박테리아를 죽일 수 있다.

을 일으키는 세포에 그 내용물을 제시할 수 있다. 마지막으로, complement activation은 선천성 면역세포(neutrophils, macrophages, dendritic cell)와 적응성 면역세포(lymphocyte)를 감염 부위로 유인하는 신호를 생성한다. 이러한 신호를 *chemotactic signal*이라 한다.

자연 살해 세포 선천성 면역계는 세균과 eukaryotic parasitic invader 외에 바이러스의 공격을 방어할 수 있다. 바이러스에 감염된 세포의 존재가 감지되면 선천성 면역계의 또 다른 유형의 세포가 활성화되어 바이러스에 감염된 target 세포를 찾아 죽인다. 예를 들어, 면역계 세포가 아닌 세포가 감염되면 이들은 세포 사이의 신호 물질인 *type I interferon*들을 합성하여 분비함으로써 면역계에 감염이 있음을 경고한다. Interferon은 다양한 방식으로 면역 반응 조절에 도움을 주는 작은 단백질인 cytokine을 분비한다. 나중에 **cytokine**이 소개될 것이고, 그들의 수용체에 대해서도 알아볼 것이다.

Interferon은 **natural killer (NK)**를 활성화한다. NK 세포는 *i*nnate *l*ymphoid *c*ells-1 (ILC1), 선천 림프구 세포-1 그룹에 속한다. 이러한 innate lymphoid cell은 24.5절에서 다룰 것이다. 활성화된 NK 세포는 여러 가지 방법으로 신체를 보호한다. 첫째, 바이러스에 감염된 숙주세포를 죽일 수 있어("자연 살인자"라는 이름이 붙음) 감염된 세포가 감염을 퍼뜨릴 추가 바이러스 입자 생성을 방지할 수 있다. 둘째, NK 세포는 항바이러스 방어 메커니즘의 여러 측면을 조절하는 type II interferon γ를 분비한다(그림 24-6). 셋째, NK 세포는 항체로 장식된 target 세포를 죽일 수 있다. NK 세포는 여러 부류의 표면 수용체를 통해 target을 인식한다. 세포 사멸을 촉진하는 stimulatory (자극성) 신호를 처리하는 수용체와 세포 사멸을 막는 inhibitory (억제성) 신호를 처리하는 수용체가 있다.

Inflammation은 상해에 대한 복잡한 반응으로 선천성과 후천성 면역이 모두가 관여하며 병원체 파괴를 돕는다

혈관이 분포된 조직이 손상되면 다음과 같은 상투적인 반응 곧 **염증**이 일어난다. 손상은 근육이 찢어지거나, 단순히 종이에 베이거나, 병원균에 감염되는 등 물리적 또는 화학적 과정의 결과일 수 있다. **염증 반응**은 **붉게**(*redness*) **부어오르고**(*swelling*), **열이 나며**(*heat*), **통증**(*pain*)과 같은 네 가지 전형적인 징후가 나타난다. 이러한 징후는 혈관의 누출 증가(vasodilation, 혈관 확장), 손상 부위로 면역계 세포의 유인, 그리고 열과 통증을 담당하는 soluble inflammatory mediators (가용성 염증 매개체)의 생성으로 인해 나타난다. 염증은 여러 형태의 세포 활성화와 가용성 물질의 생산을 통해 innate immune response를 유도하고, 동시에 adaptive immune response의 시작에 도움이 되는 국소 환경을 창조함으로써 손상으로부터 숙주를 즉각적으로 보호한다. 그러나 염증은 적절히 조절되지 않으면 도리어 조직 손상의 주요 원인이 될 수 있다.

그림 24-7은 세균성 병원체에 대한 염증 반응과 이어진 적응 면역 반응 개시에 핵심적인 역할을 하는 조절자를 나타냈다. Tissue-resident

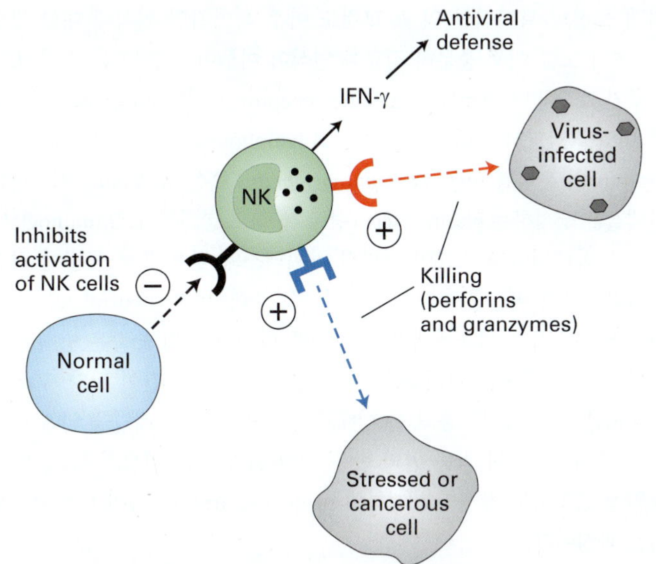

그림 24-6 자연 살해 세포. 자연 살해(NK) 세포 또는 ILC1은 항바이러스 방어에 관여하는 cytokine interferon γ(IFN-γ)의 중요한 공급원이며, perforin을 통해 바이러스에 감염된 세포와 암세포를 직접 죽일 수 있다. 이러한 pore-forming protein은 *granzyme*이라고 하는 serine protease를 target 세포의 세포질에 접근할 수 있게 한다. Granzymes는 또한 caspase를 활성화시킴으로써 세포자살을 유도할 수 있다(22장 참조). 한 계열의 NK 세포 수용체는 NK 세포를 자극하여 감염되었거나 스트레스를 받은 세포를 식별하고 죽인다. 또 다른 계열의 수용체는 정상 세포를 식별하고 NK 세포 활성화를 억제한다.

dendritic cell (조직에 상주하는 **수지상 세포**)은 TLR을 통해 병원체의 존재를 감지하고서 cytokine과 chemokine 같은 작은 가용성 단백질을 방출한다. **Chemokine**은 면역계 세포에 대한 chemoattractant (화학 유인 물질)이다. 생성된 cytokine과 chemokine에 반응하여 **neutrophil**은 순환계를 떠나 상처나 감염 부위로 이동한다(그림 20-40 참조). 순환하는 모든 백혈구의 거의 절반을 구성하는 neutrophil은 식세포(그림 17-19 참조)로 병원성 박테리아와 곰팡이를 직접 섭취하고 파괴한다. Neutrophil은 TLR을 통해 다양한 병원체 유래 거대 분자와 상호작용할 수 있다. 다음에서 자세히 설명하는 바와 같이, 이러한 수용체의 자극은 neutrophil을 활성화하여 더 많은 cytokine과 chemokine의 생산을 유도한다. 특히 chemokine은 감염과 싸우기 위해 더 많은 leukocyte—neutrophil, macrophage, 궁극적으로 lymphocyte (T 및 B 세포)—를 유인한다. 또한 활성화된 neutrophil은 세균을 파괴하는 효소(예, lysozyme과 proteases)와 microbicidal activity (살균 활성)가 있는 작은 펩타이드(집합적으로 defensin이라 함)를 방출할 수 있다. 활성화된 neutrophil은 또한 superoxide anion radical를 포함한 여러 reactive oxygen species (활성 산소; 12.4절 참조)를 생성하는 효소를 활성화하여 근거리에서 미생물을 죽일 수 있다. Neutrophil은 또한 *NETosis*라고 불리는 반응에 들어갈 수 있다. 즉, neutrophil은 자살을 감행하여 핵 DNA를 세포 외 공간으로 방출하는데, 이드링 섬유 그물망처럼 작용하여 미생물과 혈소판을 포획하는 것이다(그림 24-8). 이 NETosis 반응은 neutrophil 활성화가 일어나는 부위에 침입자를 옴짝 못하게 가두는데 도움이 된다. 염증 반응에 기여하는 또 다른 세포 유형은 tissue-res-

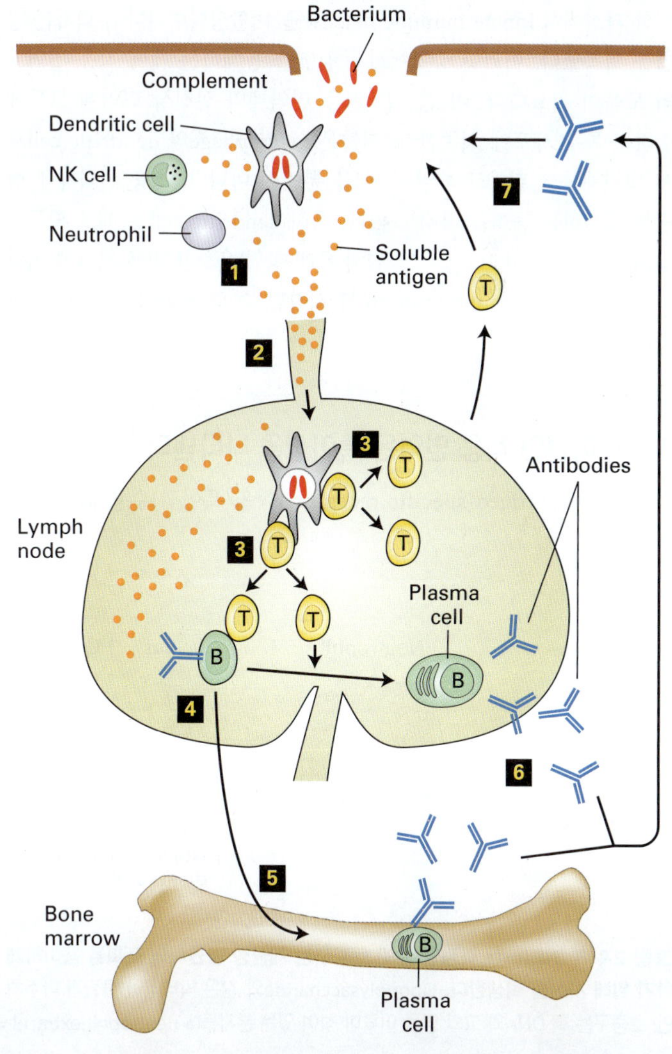

그림 24-7 박테리아 병원체에 대한 선천성 면역 반응과 후천성 면역 반응의 상호작용. 숙주의 기계적 및 화학적 방어를 뚫은 박테리아는 즉각적인 보호를 제공하는 선천성 면역계 세포(innate immune-system cells)에 그리고 complement cascade의 구성 요소에 노출된다(단계 1). 조직 손상에 의해 유도된 다양한 염증 단백질은 국소 염증 반응에 기여한다. 박테리아가 국부적으로 파괴되면 박테리아 항원이 방출되고, 이 항원은 조직으로부터 afferent (구심성) 림프관을 통해 림프절로 전달된다(단계 2). 수지상 세포는 감염 부위에서 항원을 획득하고 운동성을 확보해 림프절로 이동하여 T 세포를 활성화한다(단계 3). 림프절에서 항원 자극 T 세포는 증식하고 B 세포를 돕는 능력을 포함하여 여러 effector function을 획득한다(단계 4). 그중 일부는 골수로 이동하여 항체 분비 형질 세포로의 분화를 완료한다(단계 5). 면역 반응의 후기 단계에서는 활성화된 T 세포가 항원에 노출된 B 세포에 추가적인 지원을 제공하여 항원 특이적 항체를 빠른 속도로 분비하는 형질 세포를 분화하게 한다(단계 6). 박테리아에 대한 초기 노출의 결과로서 생성된 항체는 보체와 상승 효과로 작용하여 감염원을 제거한다(단계 7). 이들은 감염이 지속되거나 동일한 병원체에 재노출되는 경우 신속하게 숙주를 보호한다.

ident *mast cell* (조직 상주 비만 세포)이다. 이 세포가 다양한 물리적 또는 화학적 자극에 의해 활성화되면, histamine이 방출되고 곧바로 G protein–coupled histamine receptor에 결합한다. 결합의 결과로서 감염 부위의 혈관 투과성이 증가되고 혈장 단백질(예, 보체)이 조직으로의 접근이 촉진되어 침입 병원체에 해를 가할 수 있다.

감염이나 손상에 대한 매우 중요한 초기 반응은 위에서 논의한 complement cascade 단백질을 포함하여 다양한 plasma proteases의 활성화이다. 우리가 보았듯이, 이러한 protease의 활성화 동안 생성된 cleavage fragment (절단 조각)은 neutrophil을 조직 손상 부위로 유인한다(그림 24-5 참조). 그들은 염증을 유발하는 interleukin 1 및 interleukin 6 (IL-1 및 IL-6)과 같은 cytokine 생산을 추가로 유도한다. Neutrophil recruitment는 또한 인지질과 지방산에서 유래하는 lipid-signaling molecules (지질 신호 분자; 예, prostaglandin과 leukotriene)에 의해 혈관 투과성이 증가되기 때문에 일어난다. 모든 사건은 손상 후 몇 분 이내에 빠르게 일어난다. 이러한 즉각적인 반응을 적절히 해결하지 못하면 조직 손상과 함께 만성 염증이 발생할 수 있다. 이 과정에서 적응 면역계의 세포가 중요한 역할을 한다.

조직 손상 부위에 병원체의 부담이 높으면 감염을 처리하는 innate defense mechanism의 능력을 초과할 수 있다. 더욱이 일부 병원체는 진화 과정에서 innate immune defense를 비활성화하거나 우회하는 방법을 획득했다. 이러한 상황에서는 감염을 통제하는 데에 적응 면역계의 도움이 필요하다. 이 반응은 적응 면역계와 선천성 면역계 모두에 속하는 특수 세포에 의존한다. 이들은 macrophage와 dendritic cell로서 병원체를 섭취하고 죽일 수 있을 뿐만이 아니라, 적응 면역계에 항원을 제시하는 능력을 가지고 있다. 특히 dendritic cell은 새로 획득한 pathogen-derived antigen (병원체 유래 항원)을 2차 림프 기관에 전달하여 adaptive immune response를 시작할 수 있게 한다(그림 24-7 참조).

3차 방어선인 적응 면역은 특이성을 나타낸다

적응 면역은 antigen-specific receptor (항원 특이적 수용체)를 통한 외래 물질의 특이적인 인식, 그것도 아주 특이적인 인식에 대한 것으로, 초기 노출 이후 충분히 정교한 인식이 이루어지기까지는 수일 또는 수주가 소요된다. Antigen-specific receptor를 지닌 lymphocyte는 적응 면역을 담당하는 핵심 세포이다. B lymphocyte는 세포 표면 antigen receptor의 분비형 버전, 즉 *immunoglobulins* 혹은 *antibodies*라고 하는 단백질을 생성하는 plasma cells (형질 세포)로 분화한다. Immunoglobulin은 박테리아 독소뿐만 아니라 바이러스와 같은 유해 물질에 직접 결합함으로써 비활성 상태로 만든다. 즉, 중화시킨다(neutralize). 이는 바이러스가 숙주 세포에 부착하는 것을 방지하는 것과 같은 방식이다. 중화 항체의 생성은 거의 모든 백신 접종 전략의 근간이 된다. Vaccination은 능동 예방접종의 한 형태로, 의도적으로 한 개인을 외래 항원에 노출시킴으로써 적응 면역 반응(뒤에 설명됨)을 일으키고, 그 외래 항원에 결합하는 항체를 생성하여 protective immunity가 이루어지게 하는 과정이다.

같은 맥락에서, snake venom (뱀독)에 대한 항체를 뱀에 물린 사람에게 비교적 빨리 투여하면 희생자는 뱀독으로부터 보호될 수 있다. 항체는 venom에 있는 toxic proteins (독성 단백질)에 결합하여 숙주의 target에 결합하는 것을 막는다. 즉 중화시킨다. *Passive immunization* (수동 면역)이라고 하는 이 절차는 독소와 같은 유해 물질을 즉시 중화하여 생명을 구할 수 있다. Passive immunization은 또한 viral hepatitis (바이러스성 간염)와 같은 질병이 풍토병인 지역으로 여행하는 사람들을 보호하기 위해 예방적으로 사용된다. Immune individual (면역된 개인)의 혈청을 투여하면 감염에 대한 일시적인 보호를 제공할 수 있다. 따라서 항체는 즉각적인 보호 효과를 가질 수 있는 것이다. 오늘날의 의학 발전은 면역계가 심하게 손상된 사람들(예들 들면, 화학 요법이나 방사선 치료를 받는 암 환자, 약리학적으로 면역계 기능을 억제시킨 이식 환자, AIDS 환자, 선천적으로 면역계 결핍이 있는 개인 등)을 생존할 수 있게 한다. 따라서 passive immunization은 즉각적이고 실질적인 응용 측면에서 아주 중요하다. 생쥐나 토끼와 같은 동물을 외래 물질에 고의적으로 노출시키면, 즉 *immunization*하면, 해당 물질(*antigen*)을 특이적으로 인식하는 *antisera* (항혈청)이 생성된다. 이 항혈청은 세포생물학자에게 표준 연구 도구로 사용된다.

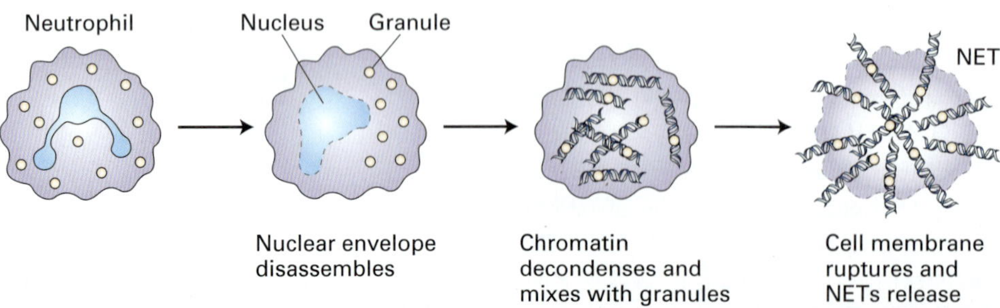

그림 24-8 NETosis 과정을 통해 호중구는 세균성 병원체의 포획을 용이하게 하기 위해 자신을 희생한다. Lipopolysaccharide와 같은 박테리아 물질과 마주치면, 호중구는 핵 DNA와 그와 망을 이루며 섞여 있는 분자들(a neutrophil extracellular trap or "NET")의 방출을 초래하는 특별한 형태의 세포 죽음을 맞이 한다. NET은 항균 성분을 포함하기 때문에 식균 작용에 의존하지 않고 세포 바깥에서 박테리아를 죽임으로써 병원체의 추가 확산을 물리적으로 제한한다.

24.1절의 주요 개념

Host defense의 개요

- 기계적 및 화학적인 장벽은 대부분의 병원체로부터 우리를 보호한다. 이 보호는 즉각적이고 연속적이지만 특이성은 거의 없다. Innate immunity와 adaptive immunity는 이러한 기계적 또는 화학적 경계를 넘어서는 병원체에 대한 방어를 제공한다(그림 24-1 참조).
- Circulatory systems (순환계)와 lymphatic systems (림프계)는 innate와 adaptive immunity에 관여하는 분자 및 세포들을 신체 전체에 분포시킨다(그림 24-2 참조).
- Innate immunity는 complement system (보체계; 그림 24-5 참조)와 여러 유형의 leukocyte (백혈구)에 의해 매개된다. 이들에는 natural killer cell (자연 살해 세포)와 neutrophil (호중구), macrophage (대식세포) 및 dendriric cell (수지상 세포)과 같은 phagocyte (식세포) 등이 있다. Innate immunity의 세포와 분자는 빠르게(수분에서 몇 시간) 필요 장소로 배치된다. 병원체의 존재를 진단하는 분자 패턴은 Toll- like 수용체 및 기타 수용체에 의해 인식될 수 있지만, 인식의 특이성은 그다지 크지 않다. 이러한 수용체는 관련 분자의 광범위한 세트를 인식하기 때문이다.
- Adaptive immunity는 T 및 B lymphocyte에 의해 매개된다. 이러한 세포는 완전한 활성화와 필요 장소로의 배치에 며칠이 걸리지만, 아주 비슷한 항원이라고 구별할 수 있을 만큼 특이적이다. 이러한 항원 인식 특이성은 adaptive immunity의 가장 중요한 특징이다.
- Innate 및 adaptive immunity는 mutually synergistic fashion (상호적으로 상승 효과를 보이는 방식)으로 작동한다. 조직 손상이나 감염에 대한 초기 반응인 inflammation은 innate immunity와 adaptive immunity의 요소들이 협동하여 일으키는 일련의 과정이다(그림 24-7 참조).

24.2 Immunoglobulin: 구조와 기능

B 세포가 만들어내는 immunoglobulin (*antibody*라고도 함)은 adaptive immunity를 부여하는 분자로서 가장 잘 알려져 있다. 인간 개개인은 무한한 수의 여러 다른 항체를 만들 수 있는 능력을 가지고 있지만, 일반적으로 항원이 주어졌을 때(항원에 노출되었을 때, immunized) 그 항원에 특이적으로 결합하는 항체가 만들어진다; 따라서 항체의 생산은 적응적이다(adaptive immune response). 이 절에서는 immunoglobulin의 구조적 구성, 그들의 다양성과 항원에 결합하는 방법에 대해 설명한다. 다양한 항체를 생성하는 메커니즘은 24.3절에 설명되어 있다.

Immunoglobulin은 무거운 사슬과 가벼운 사슬로 구성된 Conserved Structure를 가지고 있다

Immunoglobulin은 아주 흔한 혈청 단백질로 그들의 구조와 기능적 특성에 따라 여러 아형으로 분류된다. Immunoglobulin은 면역 동물로부터 수집된 혈청을 생화학적으로 정제하는 과정에서 항체 활성을 나타내는 혈청 단백질(antiserum)의 한 부류였기에 그와 같이 명명되었다. 이들은 미생물을 살해하는 능력과 아울러 미생물 혹은 그와 상응하는 항원에 직접적으로 결합하는 능력에 기초하여 정제되었다. 가장 일반적인 종류의 면역글로불린은 2개의 동일한 *heavy (H) chain*과 거기에 공유결합으로 부착된 2개의 동일한 *light (L) chain*으로 구성되어 있다(그림 24-9; 이들 각 class에 대해서는 다음 절에서 다룰 것이다). 따라서 전형적인 immunoglobulin (때로는 *Ig*로 약칭)은 H_2L_2로 기술되는 twofold symmetric structure (2중 대칭 구조)를 가지고 있다. 하나의 H_2L_2 항체 분자는 보통 2개의 항원 분자에 결합할 수 있다(bivalent binding; 아래 참조). 이러한 기본적인 H_2L_2 구조에서의 예외는 camelids (낙타류, camels, llamas, vicuñas)와 상어의 immunoglobulin에서 보여진다. 이 동물들은 light chain이 없는 heavy chain dimeric immunoglobulin (H_2)을 만든다.

항체가 비슷한 분자들을 어떻게 구별할 수 있는지, 즉 한 항체가 특정 항원에는 결합할 수 있지만 구조적으로 매우 유사한 다른 항원에는 결합할 수 없는지에 대한 질문에 답하기 위해 생화학적 접근법이 사용되었다. 과학자들은 proteolytic enzyme을 사용하여 immunoglobulin을 조각내었고, 그중 항원과 직접 결합하는 단백질 영역은 다소 큰 단백질 절편(~150 kDa)임을 알아내었다(그림 24-9). Protease papain은 단일 항원 분자에 결합할 수 있는 *a*ntigen-*b*inding *f*ragment란 의미의 *F(ab)*을 생성한다(monovalent fragment). 반면, protease pepsin은 bivalent fragment를 생성하는데, 이를 $F(ab')_2$로 나타낸다. 여기서 F는 fragment, ab는 antibody, 2는 *bivalent binding* (2개의 결합 부위)을 의미한다. 이 효소들은 온전한 면역글로불린 분자를 monovalent 또는 bivalent 실험용 시약으로 전환하는 데 사용되었다. F(ab)는 2개의 항원에 결합할 수 없지만, $F(ab')_2$는 그렇게 할 수 있다. 즉, 세포 표면에 표시된 항원에 반응시킬 때 종종 cross-linking시키는 특성을 가진다. 연구자들은 이 특성을 이용하여 표면 수용체를 교차 연결하여 활성화한다. EGF 수용체와 같은 많은 수용체는 ligand engagement를 통해 이량체화되어야(*ligand-induced dimerization*) downstream signaling cascade의 완전한 활성화가 일어난다(16장 참조). 면역계 세포의 많은 수용체는 비슷한 방식으로 작동한다. 한편, Papain으로 항원에 결합 부분이 없어진 조각은 결정화가 용이하기 때문에 Fc라고 불린다(F = fragment; c = crystallizable).

여러 Immunoglobulin Isotype (각각 다른 기능을 가진)이 존재한다

Immunoglobulin은 생화학적 특성에 따라 여러 다른 **동형(isotype)**으로 나눌 수 있다. 2개 light chain isotype이 있는데, κ와 λ이다. 포유류의 주요 heavy chain isotype으로는 μ, δ, γ, α, ε 등이 있다. 이러한 heavy chain은 κ 혹은 λ light chain과 연합할 수 있다. 척추동물 종에 따라 α형과 γ형은 더 세분화되며, 어류는 포유동물에서는 발견되지 않

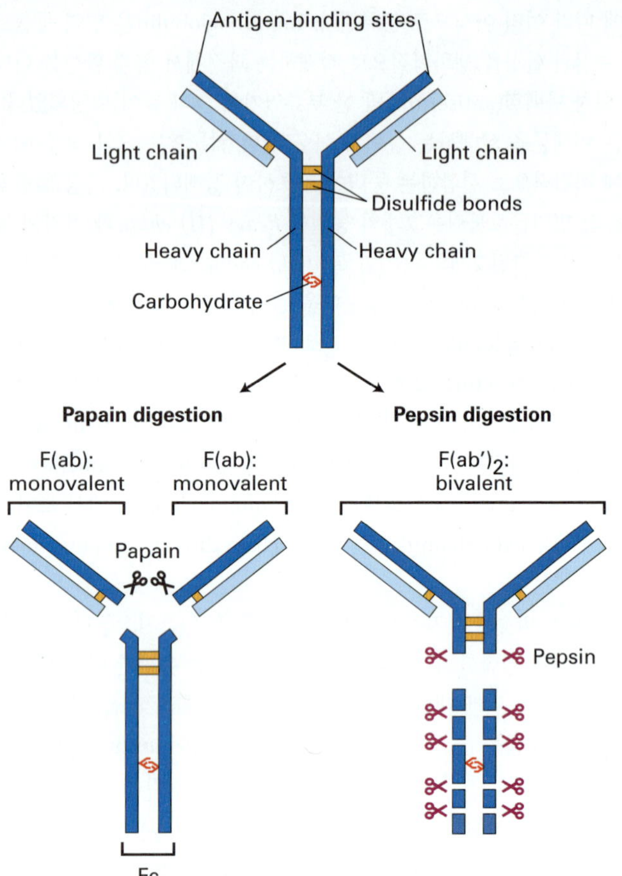

그림 24-9 면역글로불린 분자의 기본 구조. 항체는 immunoglobulin으로도 알려진 혈청 단백질이다. 그들은 2개의 동일한 heavy chain과 2개의 동일한 light chain으로 구성된 이중 대칭 구조(twofold symmetric structure)이다. Protease로 항체를 조각내면, 항원-결합 능력을 유지하는 단편이 생성된다. Protease papain은 monovalent F(ab) 단편을, protease pepsin은 bivalent $F(ab')_2$ 단편을 생성한다. Fc 단편은 항원에 결합할 수 없지만 온전한 분자에서 이 부분은 다른 기능적 특성을 가지고 있다. 요즘 F(ab) 단편은 일반적으로 proteolytic digestion을 통해 만들기보다는 재조합 DNA 기술을 통해 제조된다.

는 isotype을 가지고 있다. μ heavy chain을 가진 항체는 IgM을 생성하며, α heavy chain은 IgA, γ chain은 IgG, δ chain은 IgD, ε chain은 IgE를 생성한다. 주요 Ig isotype들의 일반적인 구조는 그림 24-10에 나타나 있다. Heavy chain Fc 부분의 고유한 구조적 특징을 통해서, 각각의 Ig isotype은 고유한 기능을 수행한다.

IgM 분자는 H_2L_2 chain의 pentamer로 분비되며, 부가적인 J chain이 heavy chain 끝부분에 disulfide bond로 연결되어 pentameric IgM 분자가 안정화된다. IgM은 10개의 동일한 antigen-binding site (각 H_2L_2 당 2개)를 가지고 있으며, 이는 여러 같은 항원을 전시하는 표면과 high-avidity interactions을 가능하게 한다. *Avidity*는 개별 결합 부위의 상호작용 강도(affinity)와 해당 결합 부위의 수(*number*)의 곱으로 정의된다. 많은 low-affinity 상호작용이 합쳐지면 high-avidity 상호작용을 할 수 있다[Velcro (찍찍이)에서 볼 수 있듯이]. Pentameric IgM

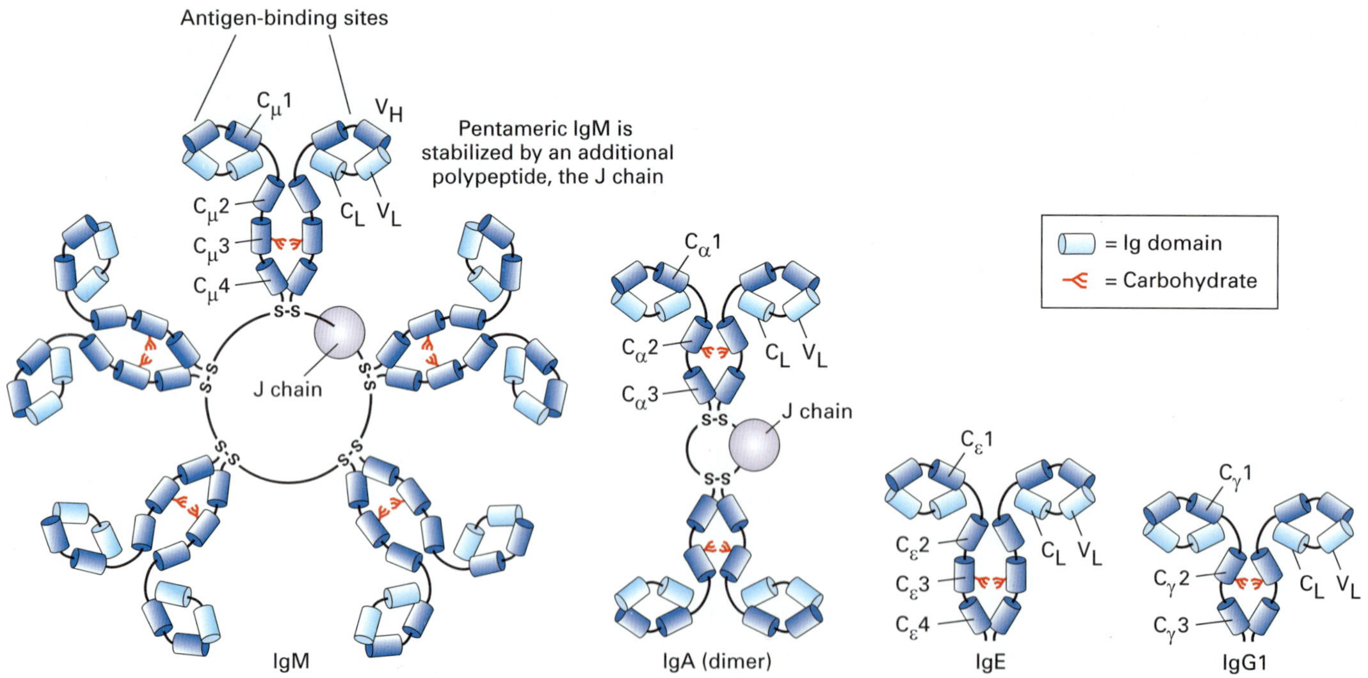

그림 24-10 면역글로불린 isotype. *Isotype*이라고 하는 면역글로불린의 여러 부류는 생화학적으로 그리고 면역학적 방법으로 구별될 수 있다. 생쥐와 인간에는 2개의 light chain isotype (κ와 λ)과 5개의 heavy chain isotype (μ, δ, γ, ε, α)가 있다. 각 isotype은 heavy chain의 정체에 따라 면역글로불린의 class가 정해졌다. IgG, IgE 및 IgD (그림에는 나타내지 않음)는 일반적으로 비슷한 전체 구조를 갖는 monomer이다. IgM과 IgA는 보조 subunit인 J chain과 covalent disulfide linkage로 묶여 있으며, 각기 pentamer와 dimer 상태로 혈청에서 발견된다. 입체적으로 묘사된 면역글로불린 그림에서 각 barrel (동글뱅이)는 개별 Ig domain들이 모듈식으로 연결되어 있다는 것을 보여준다. 다른 isotype은 다른 기능을 가지고 있다. 약어의 정의는 그림 24-13을 참조한다.

분자는 그들이 인식하는 항원을 지닌 표면에 붙게 되면, 전체적인 모양이 변해서 complement cascade 활성화를 유도하는 conformation (형태)을 취한다. 그러한 형태 변화가 일어나면, 막에 손상을 줄 수 있는 complement protein들이 효과적으로 IgM 분자 주변으로 침착되기 시작한다.

IgA 분자 역시 J 사슬과 상호작용하여 H_2L_2 분자의 dimer를 형성한다. Dimeric IgA는 상피세포의 basolateral plasma membrane (기저막)에 있는 IgA 수용체와 결합할 수 있으며, 그 결합은 receptor-mediated endocytosis을 유발한다. 이어서, IgA 수용체가 세포질에서 절단되고, dimeric IgA는 수용체 일부분이 붙어 있는 상태로 상피 세포의 정단면 쪽(apical side)으로 가서 바깥으로 방출된다. **Transcytosis**라고 불리는 이 과정은 상피의 basolateral side에서 apical side로 immunoglobulin을 전달하는 효과적인 수단이다(그림 24-11a). 눈물을 포함하여 여러 분비물들, 특히 위장관의 분비물에는 IgA가 풍부하다. 매일 혈액에서 수 그램의 immunoglobulin이 위장관(GI tract)의 내강(lumen)으로 분비된다. 놀랍지 않은가! 이들이 주변에 흔히 존재하는 병원체로부터 우리를 보호한다.

IgG isotype은 바이러스 입자를 중화시키는 중요한 기능을 한다. 이 isotype은 바이러스 혹은 박테리아의 파편 등과 같은 particulate antigen (입자 항원)을 IgG 분자의 Fc 부분에 대한 수용체(Fcγ receptor)를 가지고 있는 세포에 잘 먹힐 수 있도록 도와준다.

신생(newborn) 포유류의 면역계는 미성숙하지만, 보호 항체는 모유를 통해 어미에게서 갓난아기로 옮겨진다. 모계 IgG를 포획하는 신생아의 수용체, 즉 neonatal Fc receptor (FcRn)는 설치류에서 intestinal epithelial cells (장상피 세포)에 존재한다. 신생아의 intestinal lumen에서 FcRn에 의해 포획된 모체 IgG는 transcytosis 과정으로 소장의 상피를 가로질러, 신생아의 순환계로 들어간다. 그럼으로써 설치류 새끼에 대한 passive immuneprotection이 이루어지는 것이다(그림 24-11b). 사람의 경우, FcRn은 태반에서 maternal circulation (산모 혈액)과 접촉하는 세포에서 발견된다. 태반을 가로지르는 maternal circulation에 있는 IgG 항체는 transcytosis를 통하여 태아에게 모체의 항체를 전달한다. 이러한 모체 항체는 신생아의 면역계가 스스로 항체를 생성할 만큼 충분히 성숙해질 때까지 신생아를 보호할 것이다. 성인의 경우 FcRn은 내피세포에서 발현되며, 순환계에서 IgG의 turn-over와 endothelial barrier를 넘어 하부 조직으로 IgG의 전달을 조절한다.

24.3절에서 볼 수 있듯이, IgM과 IgD isotype은 새로 만들어진 B 세포에서 membrane-bound receptor (막 결합 수용체)로 발현된다. 여기서 μ chain은 B 세포의 발달과 활성화에 중요한 역할을 한다.

Naive B 세포 각각은 독특한 Immunoglobulin을 생산한다

Clonal selection theory (클론 선택 이론)는 항원을 접해 본 적이 없는

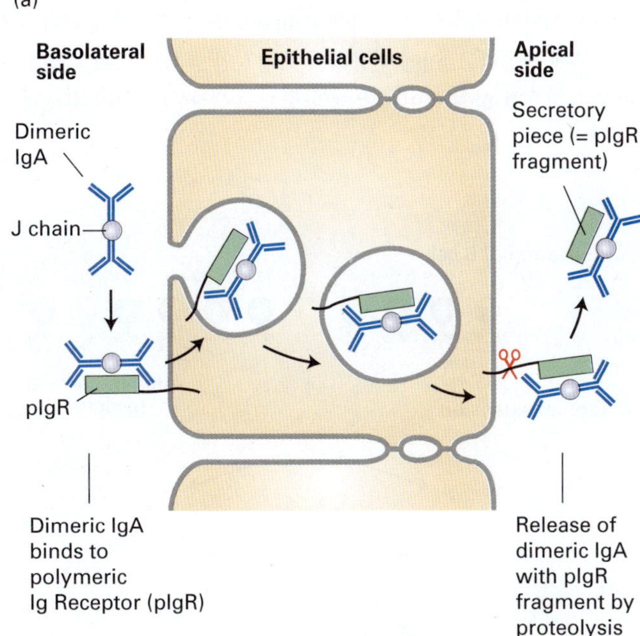

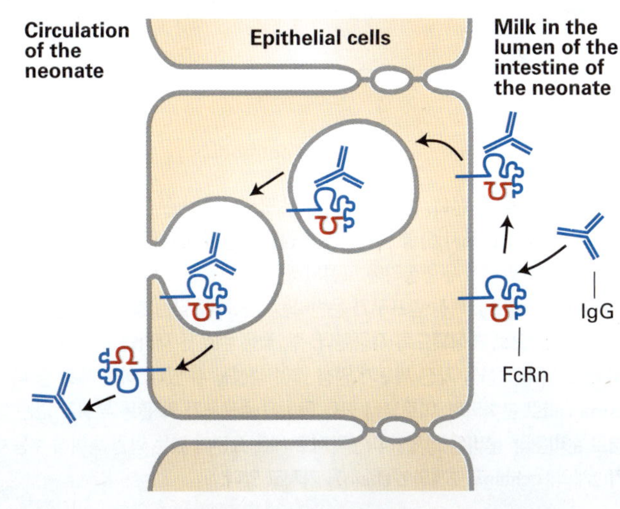

그림 24-11 IgA 및 IgG의 transcytosis. (a) 눈물과 다양한 점막의 분비물에서 발견되는 IgA는 상피를 통해 운반되어야 한다. IgA는 상피 세포의 basolateral surface에 있는 polymeric IgA 수용체에 결합하여 세포 내로 이입된다. 결과로 생성된 복합체가 epithelial monolayer를 가로질러 수송되는 과정에서 수용체의 일부가 절단되고, 그 일부인 소위 secretory piece (분비 조각)에 여전히 결합되어 있는 IgA가 epithelial apical side에서 방출된다. (b) 젖먹이 설치류는 어미의 젖에서 Ig를 얻는다. 신생아는 intestinal epithelial apical surface에 neonatal Fc receptor (FcRn)를 가지고 있으며, 그들의 구조는 class I MHC 분자의 구조와 유사하다(그림 24-24 참조). 이 수용체가 IgG의 Fc 부분에 결합한 후, transcytosis를 통해 어미로부터 획득된 IgG를 epithelium의 basolateral side로 이동시킨다. 인간 태반의 syncytial trophoblast (융합체 영양막)은 FcRn을 발현하고 있으며, 이를 통해 IgG는 모체 혈액에서 태아로 전달된다(transplacental transport).

각각의 *naive* B lymphocyte가 세포막에 독특한 antigen-binding receptor를 발현한다고 규정하고 있다. 수용체는 C 말단 부분에 hydrophobic sequence (소수성 서열)가 더 붙어 있는 항체로, 이 연장 서열 덕분에 항체 단백질이 세포막에 고정될 수 있다(그림 24-19 참조). 이 부분은 나중에 논의할 것이다. 림프구가 그에 특이적인 항원을 만나면 clonal expansion (클론 팽창)이 일어난다. 이는 plasma cell의 수를 증폭시켜 특정 항체를 다량으로 생산하고 분비하게 한다(그림 24-12). (참고: clonal expansion은 한 세포의 빠른 세포 분열 때문에 형성되는 세포 집단, 즉 하나의 precursor cell에서 기원한 클론의 형성을 말한다.) Antigen-specific antibody는 항원에 결합하고 나중에 항원을 몸 밖으로 제거하는 역할을 한다. 전형적인 면역 반응을 유도하는 항원은 대체로 복잡한 구성을 가지고 있다: 가장 단순한 바이러스도 여러 개의 독특한 단백질을 포함하고 있으며, 각 단백질은 서로 독립적으로 인식될 수 있는 몇 가지 뚜렷한 부위로 구성되어 있어 이들의 특징이 면역계에 의해 달리 인식된다. 따라서 많은 개별 lymphocyte는 주어진 항원의 각기 다른 부분에 반응하고, 이에 반응하여 독립적인 클론으로 확장되며, 이들 각각은 고유한 항원-특이 수용체와 항체를 생산한다. 따라서 각기 고유한 결합 특성(affinity)을 갖는다. 각 lymphocyte는 고유한 수용체를 가지고 있고 각각이 항원에 반응하여 클론으로 팽창하기 때문에, 다시 말해 다수의 독립적인 B cell precursor들이 각자 클론으로 증폭하기 때문에, lymphocyte는 본질적으로 *polyclonal* 특성을 가진다.

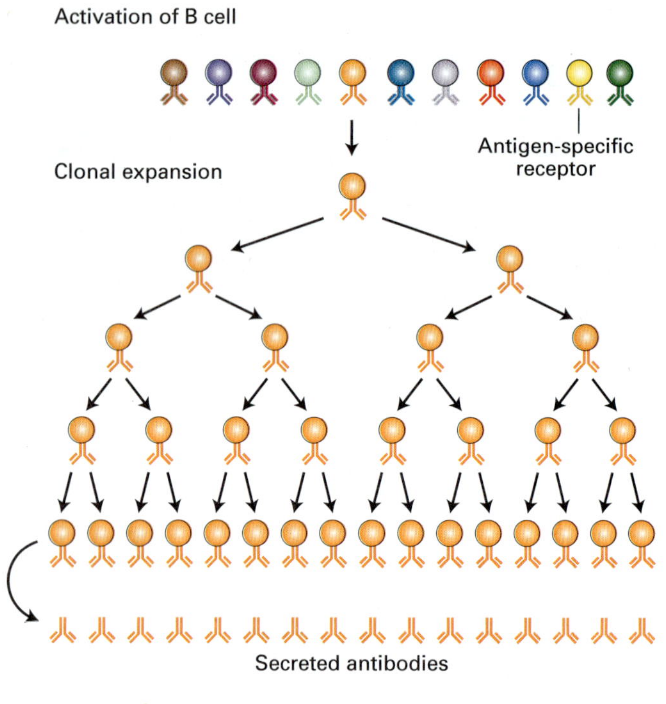

그림 24-12 클론 선택. 클론 선택 이론은 표면에 각 세포에 고유한 항원 특이적 수용체(다른 색으로 표시됨)를 발현하는 B 림프구의 큰 세트의 존재를 가정한다. 수용체는 그의 C-말단에 원형질막에 고정되게 하는 확장된 소수성 서열을 가지고 있다(그림 24-19 참조). 특정 림프구가 운반하는 수용체에 맞는 항원이 결합하면 해당 림프구가 클론으로 확장되도록 자극한다. 즉, 적은 수로 존재하던 항원 특이적 세포에서 바로 그 특이성을 가진 세포가 엄청 많이 생성될 수 있다. 이들 세포 중 다수는 plasma cell로 분화되며, 이로부터 항원 특이적 수용체가 막 관통 부위가 없는 항체 형태로 분비된다. 분비된 항체와 마찬가지로 세포 표면에 있는 항원 특이적 수용체는 각각 2개의 H chain과 2개의 L chain을 가지고 있다.

개별 B-lymphocyte의 악성 클론 확장의 결과인 B-cell tumor은 항체 다양성의 생성 과정을 처음으로 분자적으로 분석할 수 있는 수단을 제공하였다. 주요 관찰은 lymphocyte에서 파생된 종양이 단일형의 (monoclonal) immunoglobulin을 대량으로 생산할 수 있다는 것이었다. 이러한 immunoglobulin의 light chain 중 일부는 종양을 가진 환자의 소변으로 분비된다. 발견자의 이름에서 유래하여 *Bence-Jones protein*이라고 불리는 light chain은 쉽게 정제되어 immunoglobulin 단백질의 화학적 분석을 가능하게 하였다.

이러한 연구에서 두 가지 핵심 관찰이 나왔다. 첫째, 동일한 생화학적 특성을 가진 light chain을 생성하는 독립적으로 구별되는 B 세포 종양은 없었다. 둘째, 한 light chain을 다른 light chain과 구별하는 아미노산은 무작위로 분포된 것이 아니라 라이트 체인의 *variable region* (가변 영역), 즉 V_L로 지칭되는 domain에서 집중되어 있었다. 이 domain은 light chain의 N 말단 ~110개 아미노산으로 구성되었다. 나머지 부분은 서로 다른 light chain에서 다 같았기 때문에 (κ 또는 λ이든 간에 동일한 isotype에서 파생된 경우) *constant region* (불변 영역) 또는 C_L로 불린다. 이후 환자 개개인에 고유한 immunoglobulin들이 다른 환자의 혈청에서 정제되었다. 이러한 실험 재료로부터 heavy chain의 염기서열은 특정 heavy chain을 다른 heavy chain과 구별하는 아미노산 residue (잔기) 역시 *heavy chain*의 *variable region*, 즉 V_H라고 하는 domain에 집중되어 있다는 것을 보여주었다.

다른 여러 light chain에서 얻은 variable region의 아미노산 서열을 정렬하여 비교했을 때 변이 정도는 무작위적이지 않고 일정 패턴을 보여주었다. 즉, 기본 프레임이 있고 그 사이에 끼어 있는 3개의 *hypervariable regions* (초가변 영역; HV1, HV2, HV3)이 있었다(그림 24-13a). (서로 다른 immunoglobulin heavy-chain 서열들을 정렬해 보아도 초가변 영역이 나타났다.) 제대로 형성된 immunoglobulin의 3차원 구조를 보면, 이러한 초가변 영역들은 항원과 접촉할 수 있게끔 서로 근접해 있다(그림 24-13, 24-14). 따라서 초가변 영역을 포함하는 Ig 분자의 부분은 antigen-binding site (항원-결합 부위)를 구성한다. 이러한 이유로 초가변 영역은 *complementarity-determining regions* (*CDR*, 상보성 결정 영역)이라고도 한다.

엄청나게 다양한 항체 레퍼토리 모두를 코딩하는 유전자를 우리의 한정된 유전체에 다 담을 수 없다. 즉, 현재 우리가 알고 있는 약 20,000개의 독립적인 유전자를 encode하는 유전체에서 100만 개 이상의 다른 항체 분자를 생성하는 데 필요한 모든 정보를 암호화해야 한다고 가정하면 가능하지 않다. 뭔가 독특한 유전적 메커니즘이 있어야 한다. 전형적인 항체의 heavy chain과 light chain의 크기를 고려할 때(각 heavy chain–light chain combination을 encoding하는 유전자의 크기는 isotype에 따라 대략 2.5–3.5 kb의 DNA를 필요로 한다), 엄청 다양한 병원균과 여러 항원에 대한 적절한 방어를 위해 필요한 충분한 수의 항체

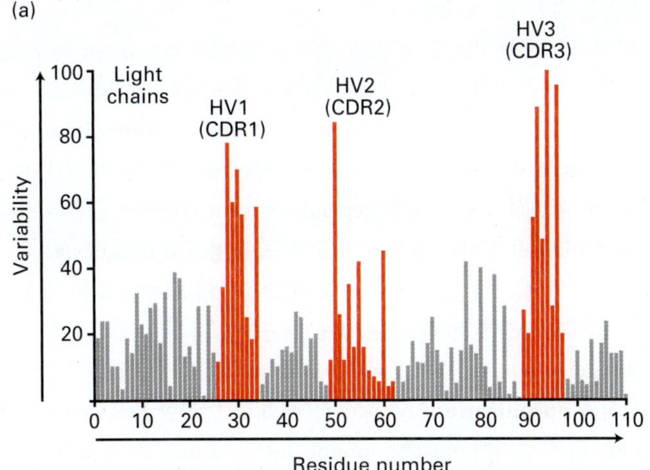

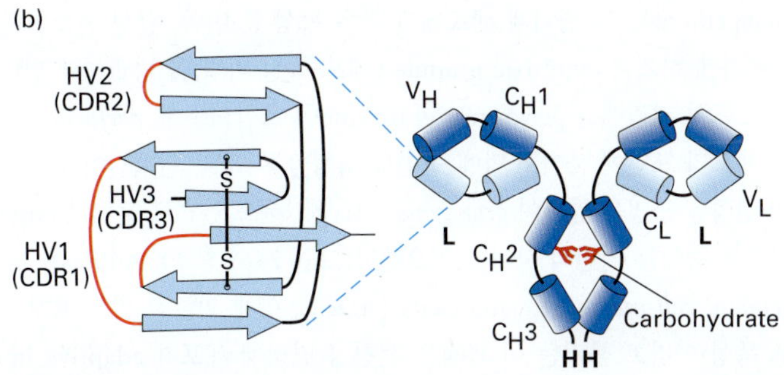

그림 24-13 Hypervariable regions과 immunoglobulin fold. (a) 아미노산 가변성은 Ig light chain의 잔기 위치에 따라 다르다. 여기에서 가변 영역 서열에서 각 위치에 따라 변이 아미노산의 백분율을 표시하였다. 다른 아미노산 측쇄가 많이 있는 위치에는 높은 가변성 지수가 할당되었다. 비교된 서열들 사이에서 불변인 것들은 0의 값이 할당되었다. 이 분석을 통하여 가변성이 한참 높은 3개 영역이 나타났다: hypervariable (HV, 초가변) 영역 1, 2 및 3; 이 영역은 *complementarity-determining regions* (*CDR, 상보성 결정 영역*)이라고도 하는데, 그 이유는 이 세 영역으로 만들어지는 면역글로불린의 surface topology가 여기에 결합하는 항원의 surface와 상보적이기 때문이다. (b) 입체감을 집어 넣은 $F(ab')_2$ fragment (오른쪽)와 hypervariable region의 위치는 빨간색(*왼쪽*)으로 표시된 전형적인 Ig light chain variable region (V_L)의 리본 다이어그램. 초가변 영역은 β strand들이 연결되어 있는 loop에서 발견되며 항원과 접촉한다. β strand (화살표로 표시됨)는 2개의 β sheet로 구성되며, 모든 항체에서 domain 별로 비슷한 모양을 주는 기본 지지대(frame)이다(framework region). 각 variable 및 constant domain은 *면역글로불린 접힘*(*immunoglobulin fold*)이라고 하는 이러한 특징적인 3차원 구조를 가지고 있다. L = light chain; H = heavy chain; V_H = heavy-chain variable region; V_L = light chain variable region; C_H1, C_H2H, C_H3 = heavy-chain constant region; C_L = light constant region.

분자를 encode한다면 우리 유전체의 DNA 암호화 능력을 빠르게 소진시킬 것이다. 우리는 실제로 엄청나게 다양한 항체를 아주 적절히 만들어내는 기가 막히게 멋들어진 메커니즘이 작동한다는 것을 곧 알게 될 것이다.

Immunoglobulin Domain은 Disulfide Bond에 의해 안정화된 2개의 β Sheet로 구성된 Fold를 가진다

Immunoglobulin의 variable domain과 constant domain 모두 β sheet로만 구성된 빽빽한 3차원 구조인 immunoglobulin (Ig) domain으로 접혀 있다. 전형적인 Ig domain은 이황화 결합에 의해 샌드위치처럼 서로 연결된 2개의 β sheet (하나는 세 가닥, 다른 하나는 네 가닥; 그림 24-13b 참조)를 포함한다. 안쪽을 향한 residue들은 대부분 소수성이며,

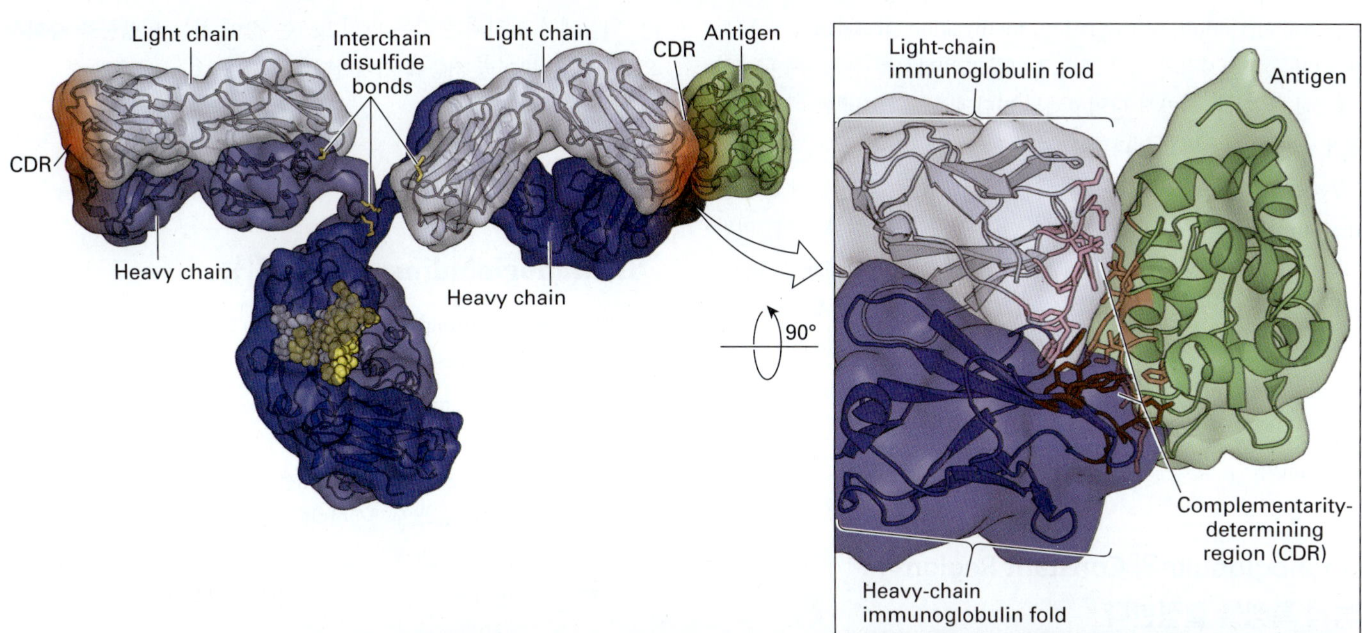

그림 24-14 면역글로불린 구조. 이 모델은 X-선 결정학에 의해 결정된 hen egg-white lysozyme (단백질 항원)과 결합한 면역글로불린 분자의 3차원 구조를 보여준다. [E. A. Padlan et al., 1989, *Proc. Nat'l Acad. Sci USA* **86**:5938, PDB ID 1igt, 3hfm.]

샌드위치 구조 안정화에 도움을 준다. 수용성 환경에 노출된 residue들은 극성을 띠거나 charged side chain을 가지고 있다. Disulfide bond를 구성하는 cysteine residue들 사이의 간격과 소수의 아주 잘 보존된 residue들이 **immunoglobulin fold**라 불리는 진화적으로 아주 오래된 특정적인 structural motif를 구성한다. 기본적인 immunoglobulin fold는 수많은 진핵생물 단백질에서 발견된다. 여기에는 항원 특이 인식에 직접적으로 관여하지 않는 분자도 있다. 또한 Ig superfamily에 속하는 cell-adhesion molecule (Ig CAM)이 포함된다(20장 참조).

항체와 접촉하는 항원의 영역을 **epitope (에피토프)**라고 하며; 항원과 접촉하는 immunoglobulin의 영역을 **paratope**라 한다. 단백질 항원은 보통 여러 개의 epitope를 가지며, 이들은 종종 단백질의 loop나 표면에 노출되어있기 때문에 다른 항체 분자와도 결합할 수 있다. B 세포의 한 클론 집단에서 유래한 항체 각각은 해당 항원의 잘 정의된 단일 epitope를 인식한다.

한 항원의 epitope와 결합한 상태로 있는 항체의 구조를 결정하기 위해서는 homogeneous (균질의) immunoglobulin과 순수 정제된 antigen이 있어야 한다(3장 참조). 지금까지 살펴본 것처럼, homogeneous immunoglobulin은 B 세포 종양에서 얻을 수 있는데, 이 경우 항체가 특이적으로 인식하는 antigen에 대해서는 알려져 있지 않다. 입체 구조 분석에 적합한 homogeneous immunoglobulin 제제를 준비하기 위한 돌파구는 특수한 selection medium (선택 배지)을 이용하여 hybridoma로부터 항체를 얻는 기술의 개발이었다. **Monoclonal antibody (단일 클론 항체)**라고 불리는 잘 정의된 특이성을 가지는 항체를 생산하는 immortalized (불멸화된) 세포주는 세포 생물학자에게 필수적인 연구 도구였다. Monoclonal antibody는 거대 분자의 특이적인 검출뿐만 아니라, 약물, 약물 대사물질, cAMP와 같은 신호전달 분자의 검출과 정량에도 널리 사용된다. Monoclonal antibody는 단백질의 변형 (예, phosphorylation, nitrosylation, methylation, acetylation 등), 복합 탄수화물, (당)지질과 핵산 그리고 그들의 변형체를 정확하게 구별하여 탐지할 수 있다. 따라서 단일항체는 진단과 치료 목적뿐만 아니라 실험실에서 널리 사용되고 있다.

우리는 이제 특정 항원과 복합체를 이루고 있는 많은 수의 monoclonal antibody의 구조에 대해 자세한 부분까지 잘 알고 있다. 어떤 분자와 거대 분자와의 상호작용에 있어서 protein molecular complementary rule (단백질 분자 상보성 규칙)이 항체-항원 상호작용을 가장 잘 설명하는 규칙이다(hard-and-fast rule) (3장 참조). CDR은 antigen-antibody interface 설정에 있어 제일 중요하다. Ig heavy chain의 V_H 영역에 있는 CDR3은 특히 두드러진 역할을 하며, 마찬가지로 Ig light chain의 V_L 영역에 있는 CDR3도 그러하다.

Immunoglobulin의 Constant Region이 기능적 특성을 결정한다

우리가 보았듯이, 항체는 그들의 variable region을 통해 항원을 인식한다. Constant region은 병원균을 중화하기 위해 어떤 effector molecule를 끌어올 것인가를 결정한다.

바이러스 또는 미생물 표면에 부착된 항체는 immunoglobulin의 Fc portion에 특이적인 수용체를 발현하는 세포에 의해 직접적으로 인식될 수 있다. 이러한 **Fc 수용체(FcRs)**는 개별 immunoglobulin의 class나 subclass에 특이적이며, 이들 사이에는 구조적으로 또 기능적으로 상당한 이질성이 있다. FcR-dependent event (Fc 수용체)를 이용하여 dendritic cell과 macrophage와 같은 특수 용도의 phagocyte (식세포)는 항체로 장식된 입자 또는 세포에 결합하여 섭취하고 파괴할 수 있다. 항체가 결합된 항원 혹은 보체 성분이 공유결합된 항원을 우리는 "antigenic target (항원 표적)이 decoration되었다"라고 하며, 이러한 장식을 **opsonization**이라고도 한다. 또한 이러한 FcR-dependent event는 일부 면역계 세포(예, monocytes와 natural killer cell)가 항체가 부착된 바이러스나 세포에 직접 결합할 수 있게 한다. 이러한 FcR engagement는 그 면역계 세포에게 작은 독성 분자(예, 활성 산소종)를 분비하게 하거나 cytotoxic granule (세포 독성 과립)을 방출하게 한다. 세포 독성 과립에는 perforin과 granzyme이 포함되는데, *perforin*은 표적 세포의 표면에 붙어서 막에 구멍을 형성할 수 있는 단백질이다. 새롭게 형성된 구멍을 통하여 *granzyme*이 target 세포 안으로 들어가 target 세포를 죽이는 일련의 사건을 일으킨다(그림 24-6 참조). *Antibody-dependent cell-mediated cytotoxicity* (*ADCC*, 항체-의존적 세포-매개 세포 독성)이라고 불리는 이 과정은 선천성 면역계 세포가 adaptive immune response의 산물과 어떻게 상호작용하면서 서로 돕는 지를 잘 보여준다.

일부 immunoglobulin isotype의 항원-항체 복합체는 보체 활성화의 classical pathway를 개시할 수 있다(그림 24-5 참조). IgM과 IgG3는 complement activation에 특히 뛰어나지만, 모든 IgG 분류는 원칙적으로 보체를 활성화시킬 수 있는 반면, IgA와 IgE는 그렇게 할 수 없다. 위장에서 발견되는 많은 양의 IgA는 장에 사는 미생물을 중화시킴으로써 장의 방어벽 기능에 기여한다.

24.2절의 주요 개념

Immunoglobulins: 구조와 기능

- 대부분의 immunoglobulins (항체)은 2개의 동일한 heavy (H) chain과 2개의 동일한 light (L) chain으로 구성되어 있다. 각 chain은 variable (V) region과 constant (C) region으로 구성되어 있다. Proteolytic fragmentation (단백질 분해 파편화)는 항원-결합 능력을 유지하는 variable-region domain을 포함하는 monovalent F(ab) 및 bivalent $F(ab')_2$ 조각을 생성한다(그림 24-9 참조). Fc fragment는 constant-region domain을 포함하고 complement component을 활성화하거나 백혈구에 발현되는 Fc 영역에 특이적인 수용체에 결합하는 능력을 결정한다.
- Immunoglobulin은 heavy chain의 constant region에 따라 여러

class로 분류된다(그림 24-10 참조). 포유류에는 크게 5가지 class가 있다. IgM, IgD, IgG, IgA, IgE의 heavy chain은 μ, δ, γ, α, ε으로 불린다. Light chain에는 κ와 λ 2개의 class가 있다. 이들 각각은 고유의 constant region을 가진다.

- IgM과 IgA는 higher ordered structure를 형성할 수 있다. IgM은 pentamer를 형성하고(five identical H_2L_2 copies), IgA는 dimer를 형성한다(two identical H_2L_2 copies).
- 각각의 개별 B lymphocyte는 독특한 서열의 immunoglobulin을 발현하며, 따라서 특정 하나의 항원에 특이적이다. 항원을 인식하면 특정 B lymphocyte만이 활성화되고 클론(clonal)으로 확장된다(그림 24-12 참조).
- 항체의 항원 특이성은 *hypervariable* 또는 *complementarity-determining region*이라고 불리는 서열의 변동성이 아주 높은 영역을 포함하는 variable region에 의해 결정된다(그림 24-13a 참조). 특히 hypervariable region은 variable region의 끝에 위치하며, 특정 항체가 그에 특이적인 항원과 독특한 접촉을 한다.
- Immunoglobulin 분자를 구성하는 반복 immunoglobulin domain은 특징적인 3차원 구조를 가지고 있으며, 이를 immunoglobulin fold라 한다. 이 fold는 disulfide bond에 의해 샌드위치처럼 함께 붙어 있는 2개의 β sheet로 구성된다(그림 24-13b 참조).
- Heavy chain의 constant region은 항체를 보체에 결합하게 하거나 상피를 가로질러 운반되도록, 그리고 immunoglobulin Fc 부분에 특이적인 수용체와 상호작용하게 하는 능력 등 독특한 effector function을 부여한다.

24.3 항체 다양성의 생성과 B-세포 발달

병원체는 복제 시간이 짧고, 유전적 구성이 매우 다양하며, 돌연변이에 의해 빠르게 변하여 엄청난 antigenic variation (항원 변이)을 생성한다. 따라서 숙주는 이에 대하여 비슷한 수준의 대응이 있어야만 적절한 방어가 가능하다. 성공적인 숙주 방어에 필요한 다양성은 항체가 제공한다. 항체의 반응에는 시기뿐만이 아니라 병원체의 항원 구성의 변화에 따른 적절한 adjustment (조정)가 이루어져야 한다. 이러한 요구 혹은 필요성이 적응 면역계의 organization (구성)과 regulation (조절)에 반영되어야 한다. 실제로, 이러한 요구 사항을 충족하기 위한 고유한 메커니즘이 진화했다. 이 메커니즘은 잠재적으로 생성될 수 있는 항체의 세트(*repertoire*라고 함)의 다양성을 거의 무한적으로 늘릴 수 있게 하며, 또 감염 중에 있는 바이러스나 박테리아에 대항하는 항체의 binding affinity (결합 친화도)를 빠르게 증가시킬 수 있게 한다. B 세포에 의한 최적의 항체 생산은 T 세포의 도움을 필요로 하기 때문에 lymphocyte diversity (림프구 다양성)의 기초가 되는 분자 메커니즘은 B 세포와 T 세포에서 근본적으로 유사하다.

항체 생산을 담당하는 B 세포는 immunoglobulin heavy chain 및 light chain 합성에 필요한 유전 정보를 별도로 분리된 DNA 조각으로 가지고 있다. 즉, B 세포는 Ig gene segment들이 짜깁기하여(stitched) 기능적으로 하나인 transcriptional unit (전사 단위)를 구성하고, 그로부터 하나의 transcript (전사체)를 만들어내는 독특한 메커니즘을 가지고 있다. Recombination mechanism (재조합 메커니즘)은 유전자 조각들이 연결되는 경계면에서의 염기서열 다변성(variability)을 극적으로 증가시킨다. 다양한 항체를 생성하는 이 메커니즘은 germ cell (생식세포)에서만 일어나는 meiotic recombination (감수분열 재조합)이나 exon (엑손)의 alternative splicing (대체 스플라이싱)과는 근본적으로 다르다(7장 참조). Ig 유전자의 recombination mechanism은 somatic cell에서 일어나지만 germ cell에서는 일어나지 않기 때문에 *somatic gene rearrangement* 혹은 *somatic recombination*이라 한다. B 및 T lymphocyte의 antigen-specific receptor에만 고유한 이 특이한 재조합 메커니즘을 통해 DNA에서 coding 공간을 최소한으로 사용하면서 엄청나게 다양한 수용체 세트를 만들 수 있다. Somatic recombination의 발견에 대해서는 Classic experiment 24.1에 설명되어 있다.

재조합 메커니즘 자체로 암호화된 수용체 유전자에서의 수많은 sequence diversity (서열 다양성)이 생성되는 것 외에도 개별적으로 분리된 genetic element를 at will (마음먹은 대로) 결합하는 combinatorial diversity (조합 다양성)는 사실상 무한한 항원의 수에 대한 적응 면역 반응을 가능하게 한다. 항원에는 숙주에 의해 유전적으로 암호화되는 분자를 포함하여 자연에서 발견되지 않는 화학 구조도 포함된다. 따라서 이 엄청난 다양성을 생성하기 위해서도 그리고 중요하게도 self component에 대한 원치 않는 반응이 일어나지 않게 하는, 즉 tolerance (면역 관용)을 위해서도 이러한 다양성 메커니즘이 필요하다. 두 메커니즘인 sequence diversity와 combinatorial diversity 모두 완벽하지 않다. 적응 면역계는 모든 foreign substance에 대한 수용체를 생성할 수 없다. 더욱이, 이와 같은 B 세포와 T 세포 수용체를 생성하는 방법을 가지게 됨으로써 우리가 피치 못하게 치러야 할 대가가 있는데, 바로 **autoimmunity**에 관련된 self-reactive 수용체가 만들어질 수 있다는 것이다.

Functional Light-Chain Gene는 V 및 J Gene Segment의 조립을 통해 만들어진다

온전한 immunoglobulin을 암호화하는 유전자는 발현할 준비가 된 상태로 genome에 존재하지 않는다. 대신에 흩어진 유전자 조각들이 B 세포 발달 과정에서 함께 모이도록 조립되어야 한다. Immunoglobulin gene들이 자리한 genome 영역의 구성은 그림 24-15에 나와 있다. B 세포에서, 이 영역의 DNA는 재배열되어 조립되어야만 각 B 세포와 그 후손은 온전히 기능하는 immunoglobulin-encoding gene을 가지게 된다. B 세포 발달 과정에서 heavy chain 유전자 재배열이 light chain 유전자 재배열보다 먼저 일어나지만 구성이 덜 복잡한 light gene에 대해 먼저 알아본다.

Immunoglobulin light-chain 유전자는 V gene segment들이 모

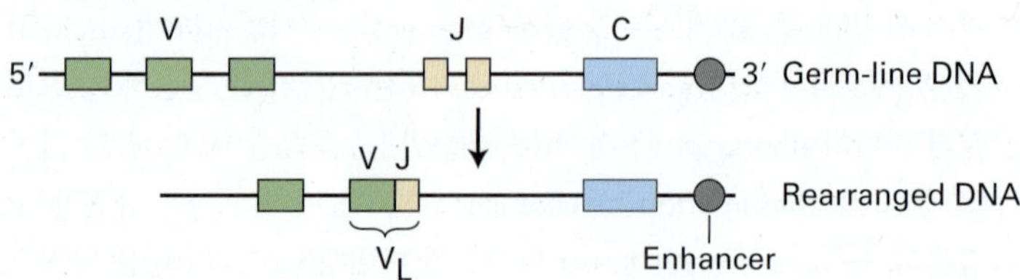

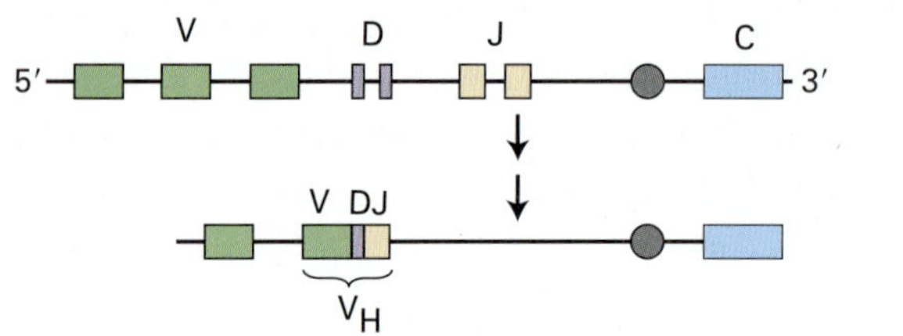

그림 24-15 면역글로불린 DNA의 체세포 유전자 재배열 개요. B 세포를 생성하는 줄기세포는 면역글로불린 heavy chain 및 light chain 부분을 암호화하는 multiple gene segment를 가지고 있다. B 세포가 발달하는 동안 이러한 유전자 절편의 체세포 재조합은 기능적인 light chain 유전자(a)와 heavy chain 유전자(b)를 생성한다. 각 V gene segment는 자체 promoter를 가지고 있다. 재배열은 encode를 immunoglobulin locus 내로 혹은 그에 가깝게 가져와 전사를 활성화한다. light chain 가변 영역(V_L)은 2개의 연결된 유전자 절편에 의해 암호화되고, heavy chain 가변 영역(V_H)은 3개의 연결된 절편에 의해 암호화된다. 면역글로불린을 암호화하는 염색체 영역에는 그림에서 나타낸 것보다 훨씬 많은 V, D 및 J segment가 있다. 또한, κ light chain 유전자좌에는 표시된 대로 단일 constant (C) segment가 있지만 heavy chain 유전자좌에는 나중에 자세히 설명하는 것처럼 서로 다른 면역글로불린 isotype을 encode하는 여러 별개의 C segment (표시되지 않았음)가 있다.

인 cluster로 구성되며, 그 뒤에 단일 C segment가 뒤따른다. 각각의 V gene segment는 고유한 프로모터 서열과 함께 light-chain variable region 대부분을 암호화하지만, V gene segment에는 light chain variable region 내의 작은 부분에 해당하는 nucleotide sequence는 누락되어 있다. 이 누락된 부분은 재배열되지 않은, 즉 germline κ light-chain locus의 V segment와 단일 C segment 사이에 위치한 여러 J segment 중 하나에서 공급된다(그림 24-15a). (이 J segment는 pentameric IgM 분자의 polypeptide subunit이며, IgA에도 붙어 있는 J chain과 혼동해서는 안 된다; 그림 24-10 참조). B 세포 발달 과정에서, 특정 V gene segment를 사용하기로 결정한 B cell precursor는 여러 J segment 중 특정 하나를 선택하여 (무작위적인 선택임) 바로 그 옆에 위치를 잡는다(무작위적인 juxtaposition임). 그럼으로써, 전체 light-chain variable region을 암호화하는 exon인 V_L이 만들어진다(그림 24-15a). 이 DNA 재배열은 온전하고 기능적인 light-chain gene을 생성할 뿐만 아니라, 재배열을 이룬 유전자의 promoter 서열을 light-chain constant-region exon 근처에 위치한 enhancer element가 제어할 수 있는 거리 내에 들어오게 한다. 그럼으로써, 완전한 재배치를 이룬(fully rearranged) light-chain gene만이 전사되어 단백질로 번역된다.

Recombination Signal Sequences (재조합 신호 서열) light chain 및 heavy chain 영역의 상세한 DNA 서열 분석은 각 V 유전자 절편의 3′ 말단에 보존된 서열 요소를 밝혀냈다. *RSS* (재조합 신호 서열)라고 하는 이 보존된 요소는 23-bp spacer로 분리된 heptamer와 nonamer 서열로 구성된다. 각 J segment의 5′ 끝에도 12-bp spacer를 포함하는 유사하게 보존된 RSS가 있다(그림 24-16). 12- 및 23-bp spacer는 잘 보존된 heptamer와 nonamer 서열을 분리하는데, 각각 DNA helix의 한 번 turn과 두 번 turn에 해당한다.

Somatic recombination은 림프구에서만 발현되는 RAG1 및 RAG2 recombinase (재조합 효소)에 의해 촉매된다. 따라서 체세포 재배열은 신체의 다른 세포에서는 일어나지 않는다. 합쳐질 두 gene segment의 juxtaposition (병치) 상태는 RAG1/RAG2 복합체에 의해 안정화된다(그림 24-17). RAG1/RAG2 복합체의 구조는 RSS를 병치하여 면역글로불린 유전자 절편 사이에 적절한 공유결합이 형성되게 하고, 동시에 사이에 있는 DNA가 떨어져 나가게 함으로써 covalently closed, circular DNA molecule을 형성한다.

RAG 단백질 합성에서의 유전적 결함은 somatic gene rearrangement 가능성을 없애 준다. 다음 절에서 설명하는 바와 같이, 재배열 과정은 B 세포 발달에 필수적이다. 결과적으로, RAG 결핍은 B 세포의 완전한 부재로 이어진다. RAG 유전자 기능에 결함이 있는 사람들은 severe immunodeficiency (심각한 면역결핍)로 고통 받는다. RAG 유전자가 제거된 마우스는 immunoglobulin (그리고 T cell receptor) 유전자 재배열이 일어나지 않아 발달 과정에서 B 및 T 림프구 생성이 차단된다. ■

Junctional Imprecision (접합부 부정확) V 및 J 유전자 절편의 무작위적인 선택 외에도 체세포 재조합에서 생성된 중간체를 다루는 과정에서 immunoglobulin sequence의 variability를 크게 늘리는 추가적인 수단이 등장한다. 이러한 additional variability는 V 및 J segment가 결합되기 전에 절단 말단 중 하나에 nucleotide의 무작위 삽입 또는 결실에 의해 생성된다. 즉, 합쳐질 segment 접합부에서 생성되기 때문에 *junctional imprecision*이라고 한다. V와 J segment가 재결합할 때마다 VJ product의 sequence와 reading frame을 예측할 수 없다. 3개의 recombination reaction 중 1개만이 light chain synthesis를 위한 제대로 된 reading frame이다.

따라서 light-chain diversity은 V와 J 유전자 절편의 조합에서 나올 뿐만 아니라 junctional imprecision (접합부의 부정확성)에서도 발생한다. Light chain의 3차원 구조를 조사한 결과에서 접합부 부정확의 결과로 매우 다양한 joint (연결 부위)가 형성되며, 이 부분은 항원-결합 부위에서 loop로 돌출되어 hypervariable region 3 (HV3)를 이룬다. 그

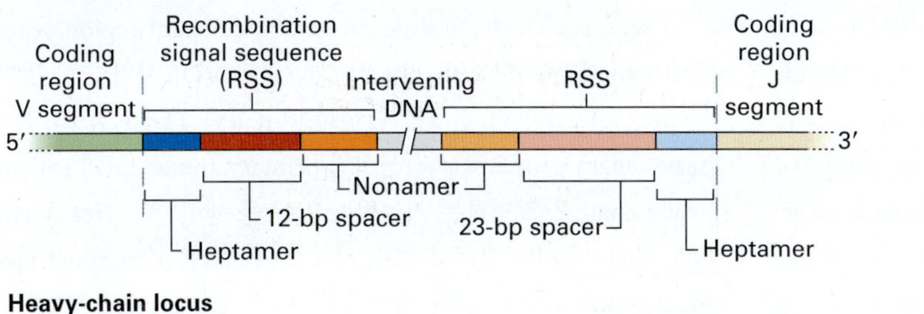

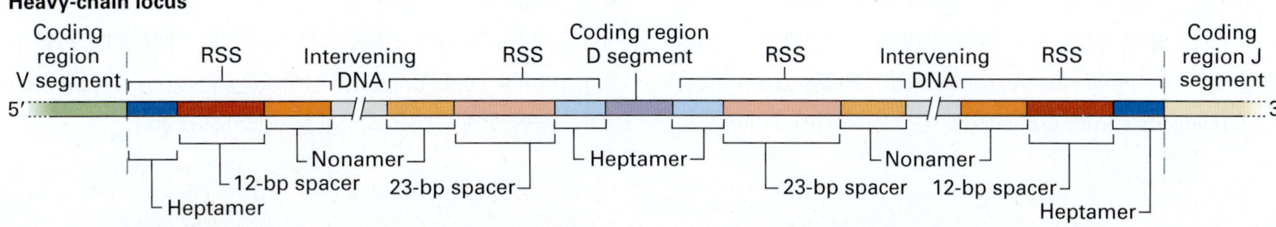

그림 24-16 면역글로불린 유전자좌에서 V(D)J 재조합에 관여하는 DNA element. 면역글로불린 light chain (*위쪽*) 및 heavy chain 유전자좌(*아래쪽*)의 개략도. 3′ 말단에서 각 면역글로불린 V 영역 코딩 서열은 variable sequence의 12-bp spacer를 가운데로 두고, conserved heptamer (7 bp)와 conserved nonamer (9 bp) sequence로 구성된 recombination signal에 인접하고 있다. Heptamer, nonamer 및 spacer의 조합을 *recombination signal sequence (RSS)*라고 한다. 재조합은 2개의 유전자 segment 중 하나가 두 번째 segment와 나란히 있게 되는데, 여기서 첫 번째 segment의 RSS는 두 번째 segment의 RSS와 상보적이고 역평행으로 마주한다. 두 번째 RSS의 경우, spacer는 23 bp 길이로 variable sequence 자체이다. light chain 유전자좌의 경우, V와 J segment 옆에 있는 RSS는 사이에 놓인 intervening DNA에 의해 분리된다. 재결합은 spacer 길이가 다른 RSS를 가진 gene element 사이에서만 일어날 수 있다("12-23" 규칙). heavy chain 유전자좌는 재배열할 수 있는 3개의 sequence element를 포함한다. heavy chain의 V 영역은 3′ 말단에 RSS가 있고, D segment는 5′ 및 3′ 말단에 RSS가 있으며, J segment는 5′ 말단에 RSS가 있다. 따라서 면역글로불린 heavy chain 유전자좌 구성을 보면 D에서 J로, V에서 DJ로 재배열이 가능하지만, V에서 J로의 직접적인 재배열은 12-23 규칙을 위반하므로 가능하지 않다.

리고 HV3는 항원과 접촉하는 영역에 해당된다(그림 24-13b 참조).

Heavy-Chain Locus의 재배열에는 V, D 및 J Gene Segments가 관여한다

Heavy chain 유전자좌의 구성은 κ light chain 유전자좌의 구성보다 더 복잡하다. heavy chain 유전자좌에는 V segment (각각 자체 promoter가 있음)와 여러 개의 J segment가 대규모로 직렬 배열을 이룰 뿐만 아니라 여러 개의 D (diversity) segment도 있다(그림 24-15b 참조). V, D 및 J segment의 somatic recombination은 heavy-chain variable region (V_H)을 encode하는 서열을 생성한다.

Heavy chain DNA의 각 V segment의 3′ 말단에는 light chain DNA의 RSS와 유사하게 spacer DNA에 의해 분리된 heptamer 및 nonamer 서열이 있다. 이러한 RSS는 또한 각 D segment의 5′ 끝과 3′ 끝에서 complementary하면서도 antiparallel한 configuration에서도 발견된다(그림 24-16). J segment에도 그러한 RSS가 5′ 말단에 유사하게 장착되어 있다. 이 RSS의 spacer 길이는 D segment가 J segment에, 그리고 V segment가 이미 재배열된 DJ segment에 결합될 수 있는 길이이다. 그러나 12-23-bp spacer rule에 따라 직접적인 V-to-J 또는 D-to-D 결합은 허용되지 않는다. Heavy-chain rearrangement은 위에서 설명한 light-chain rearrangement와 동일한 메커니즘으로 진행된다.

B 세포 발달 과정에서 heavy-chain locus는 항상 D-J 재배열부터

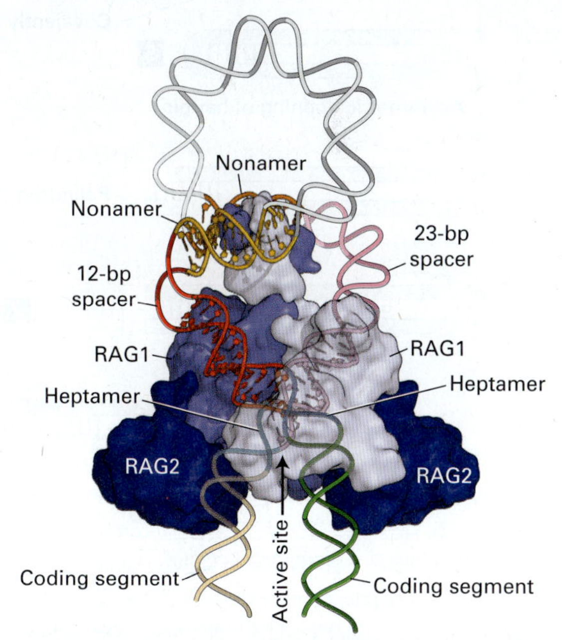

그림 24-17 RAG1/RAG2 구조. RAG1 및 RAG2 단백질(밝은 자주색 및 진한 자주색)은 면역글로불린 유전자 재배열 과정에서 gene segment를 결합하는 활성을 가진 효소이다. RAG1/RAG2는 the recombination signal sequence와 복합체를 형성하는데, 이 과정에서 12- 및 23-bp spacer sequence의 위치가 제대로 잡혀 RSS의 코딩 서열과 7-mer 사이의 경계에서 절단이 일어나게 한다. [Data from M.-S. Kim et al., 2015, *Nature* **518**:507–511, PDB ID 4wwx; and F. F. Yin et al., 2009, *Nat. Struct. Mol. Biol.* **16**:499–508, PDB ID 3gna.]

시작한다. D-J 재배열에 이어 V-D-J 재배열이 뒤따른다. D-J 및 V-D-J 재배열 과정에서 *terminal deoxynucleotidyl transferase (TdT)*라고 하는 효소가 주형(template) 없이 DNA의 free 3′ OH 말단에 nucleotide를 추가할 수 있다(template-independent fashion). *N-region* 또는 *N-nucleotide*라고 하는 최대 12개 정도의 nucleotide가 추가되어 D-J 및 V-D-J 재배열이 발생할 때마다 접합부에 추가적인 sequence diversity를 만들어낸다(그림 24-18, 단계 **7**). Light-chain gene를 형성하는 재배열과 마찬가지로, 세 종류 rearrangement 중 하나만이 reading frame이 맞아 기능적 단백질을 암호화하는 서열을 산출한다. 이를 생산적인 재배열이라 한다(*productive* rearrangement). Heavy-chain locus는 2개의 homologous chromosome (상동 염색체) 각각에 존재하지만, 다음에서 볼 수 있듯이 생산적 재배열은 하나만 허용된다.

J segment cluster의 downstream 및 constant-region segment의 upstream에 위치한 enhancer는 재배열된 VDJ 서열의 5′ 말단에 있는 promoter로부터 전사를 활성화한다(그림 24-15 참조). 재배열된 heavy-chain gene으로부터 생성된 primary transcript의 splicing은 μ heavy chain을 코딩하는 기능적 mRNA를 생성한다. Heavy chain 및 light chain 유전자 모두의 경우, 체세포 재조합은 V segment upstream에 있는 promoter를 전사 개시에 요구되는 enhancer의 작동하는 범위 내로 위치 이동시킨다. 그럼으로써, 재배열된 VJ 및 VDJ 서열만 전사되고, germ-line configuration에 남아 있는 V segment의 promoter는 제대로 기능을 하지 못하므로 전사를 도모하지 못한다.

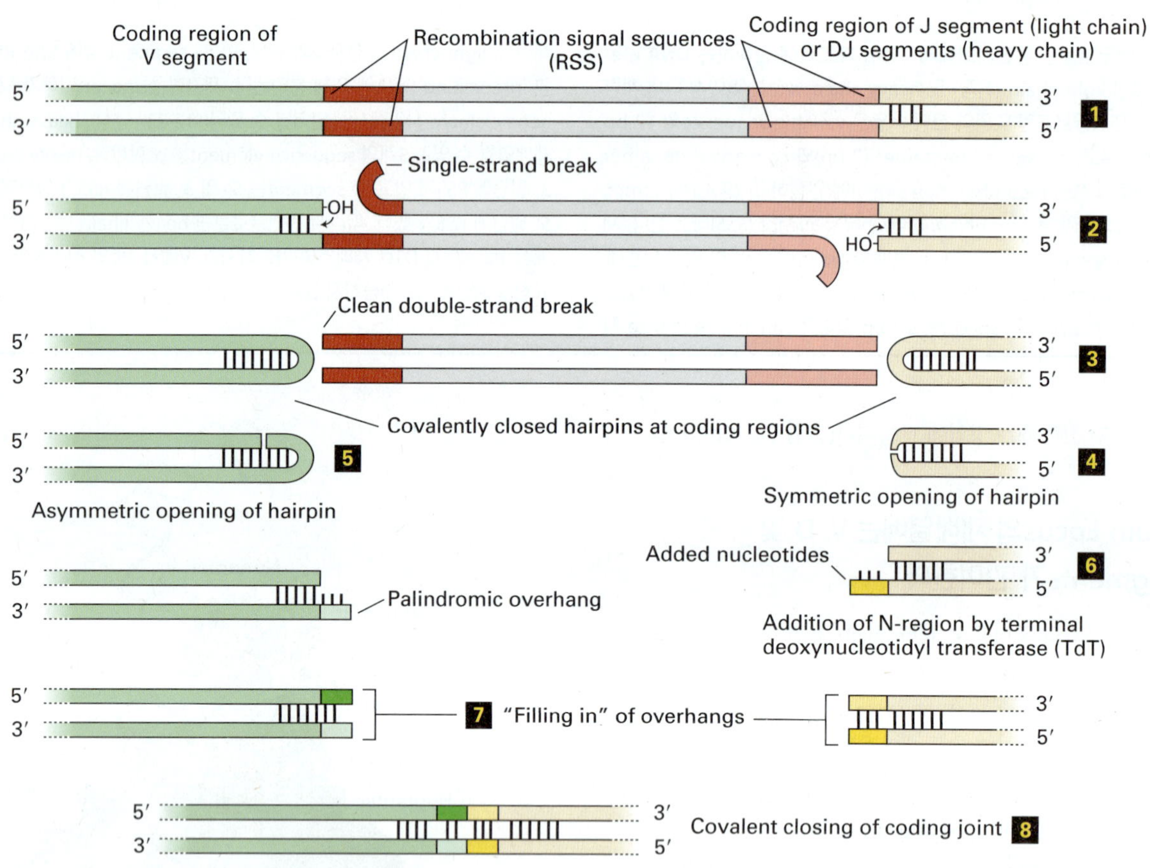

그림 24-18 V(D)J 재조합의 순차적 단계. 단계 **1**: 재조합될 면역글로불린 gene segment의 구조. 각 면역글로불린 유전자 절편은 recombination signal sequence을 가지고 있다. 이들은 V 영역의 경우 3′ 말단에, J segment (light chain)는 5′ 말단에, 재배열된 DJ segment (heavy chain)의 경우 5′ 말단에 있다. 단계 **2**: RAG1/RAG2 재조합효소는 단일가닥 절단을 만들어 free 3′ OH hydroxyl group을 생성한다. 단계 **3**: 3′ OH 그룹이 아래쪽 가닥을 공격하여 covalently closed hairpin 구조를 만든다. 양쪽 끝에 RSS가 있는 intervening DNA는 RSS 경계에서 정확하게 절단되어 covalently closed "excision circle (잘려 나간 원)"을 생성한다(그림에는 circularization step이 표시되지 않았음). 재배열에 참여하는 gene segment는 RAG1/RAG2 recombinase 및 관련 단백질에 의해 매우 근접한 상태로 유지된다. 단계 **4**: coding sequence 끝에서 covalently closed hairpin은 대칭적으로(왼쪽 그림) 또는 비대칭적으로(오른쪽 그림) 열릴 수 있다(단계 **5**). Hairpin이 비대칭으로 열리면(*왼쪽*), 짝을 이루지 않은 nucleotide가 nuclease에 의해 제거되어 "flush" 말단(표시되지 않음)을 생성하거나 누락된 nucleotide를 "filling in"하여 flush end를 가진 short palindromic sequence를 생성한다(단계 **7**); 이는 접합 부위에 nucleotide를 더해줌으로써 최종 재배열 산물에 추가적인 가변성을 만들어낸다. 이러한 nucleotide는 palindromic nature 때문에 *P nucleotide*라고 한다. Hairpin이 대칭적으로 열리더라도(단계 **4**, *오른쪽*), terminal deoxynucleotidyl transferase (TdT) 효소가 주형이 없더라도(template-independent manner) free 3′ OH에 임의의 nucleotide를 추가할 수 있다. (단계 **6**) 그렇기 때문에 joint에서 서열 다양성이 증가한다. TdT 활성의 target은 면역글로불린 heavy chain 유전자좌의 V, D 및 J element에 국한된다. Coding sequence의 끝이 flush 상태로 되면(단계 **7**), coding end는 nonhomologous end joining 과정으로 연결된다.

Somatic Hypermutation (체세포 과돌연변이)은 친화도가 향상된 항체의 생성과 선택을 가능하게 한다

Somatic recombination과 junctional imprecision 이외에도 항원에 의해 활성화된 B 세포는 **체세포 과돌연변이**(*somatic hypermutation*)라고 하는 추가적인 다양성 생성 과정을 거칠 수 있다. B 세포는 항원에 노출되고, 그들 대부분이 T 세포가 제공하는 적절한 신호를 받게 되면, activation-induced deaminase (AID)의 발현 스위치가 켜진다. 이 효소는 cytosine residue를 탈아미노화하여 uracil로 전환한다. 이 효소에 문제가 있는 B 세포는 DNA를 복제할 때 상보적 가닥에 guanine을 넣는 대신에 adenine을 넣어 G에서 A로의 전환(G-to-A transition)이 일어나게 한다(그림 5-14 참조). 또 다르게, uracil은 DNA glycosylase에 의해 잘려 나가 DNA 가닥에 염기가 빈 부위(abase site)를 만든다. 이러한 빈 염기 부위는 복사될 때 상보적 DNA 가닥에 A, G 또는 C가 들어간다. 즉, C:G 염기쌍은 T:A, A:T 또는 G:C 염기쌍으로 대체될 수 있다. 즉, 체세포 수준에서 돌연변이가 과하게 발생할 수 있다(somatic hypermutation). B 세포 분열이 연속적으로 진행되는 과정에서 돌연변이는 축적되어 재조합된 VJ 및 VDJ segment에 수많은 돌연변이가 만들어진다. Nucleotide excision repair에 의해 생성된 틈에 작용하는 DNA polymerase에 의한 흔한 채우기 오류(error-prone filling) 또한 체세포 과돌연변이에 기여한다.

체세포 과돌연변이 과정은 림프구가 *germinal center*로 알려진 특수한 미세 환경 구조에 있을 때 일어난다. 면역 시 2차 림프 기관의 follicle 내에서 생기는 이러한 구조에는 빠르게 증식하고 돌연변이가 잘 일어나는(hypermutating) 수천 개의 B 세포가 밀집하여 점집단(foci)을 구성한다. B 세포 외에도 germinal center에는 항원의 저장소 역할을 하는 세포인 follicular dendritic cell (여포성 수상세포)이 있어 B 세포에게 항원 신호를 주며, 또한 소수의 특별한 보조 T 세포도 있다. 이 T 세포는 follicle에 있는 B 세포에게 선택적인 생존 신호를 제공한다. AID에 의해 유도된 많은 B 세포에서의 체세포 돌연변이는 항원에 대한 항체의 친화도를 감소시킨다는 점에서 해롭지만, 일부는 항원에 대해서는 그 친화도를 오히려 향상시킬 수 있다. 다윈의 자연선택에 의한 진화에서와 같이, 돌연변이로 친화력이 증가한 surface immunoglobulin을 가진 B 세포는 follicular dendritic cell에 붙어 있는 항원에 훨씬 선택적으로 잘 오래 결합할 수 있고, 또 germinal center에 있는 제한된 수의 보조 T 세포로부터의 생존 신호를 받는 데 있어 경쟁 우위를 점할 수 있다(24.6절에 자세히 설명되어 있음). 이러한 신호는 target 항원에 대해 더 높은 친화도를 갖는 항체를 표면에 발현하는 B 세포의 증식과 이에 따른 클론 증폭이 이루어진다. 이는 추가적인 증식과 추가적인 돌연변이 그리고 antibody-secreting plasma cell이나 memory B cell로의 분화를 촉진한다. 최종 결과는 항원에 대해 더 높은 친화도를 가진 항체를 만들어내는 B 세포 집단적 증폭으로 나타난다.

따라서 면역 반응 과정이나 반복 예방접종에서 adaptive immune response은 체세포 과돌연변이와 그 돌연변이의 선택의 결과로 **친화도가 성숙하게 된다**(*Affinity maturatuin*; 항원 노출 후 시간의 함수로서 항원에 대한 항체의 평균 친화도 증가). 이 과정을 거친 후에 만들어진 항체는 nanomolar (혹은 그보다 훨씬 높은) 수준의 높은 항원 친화력을 가진다. 아직 완전히 이해되지는 않았지만, 재배열된 immunoglobulin gene locus의 chromatin structure와 관련이 있을 가능성이 있다고 본다. AID는 주로 재배열된 VJ 및 VDJ segment에 집중하여 일을 벌이는데, 그 DNA target이 위치한 chromatin의 구조가 풀리고, 그곳에 transcription을 매개하는 인자들이 활발히 모이게 될 것이다. Somatic hypermutation 전체 과정은 엄격하게 항원 의존적이며, B 세포와 특정 T 세포 사이의 상호작용이 절대적으로 필요하다.

B-세포 발달은 Pre-B-Cell Receptor로부터의 정보 입력을 요구한다

Immunoglobulin을 만드는 B 세포는 heavy-chain과 light-chain gene을 조립하는 데 필요한 gene segment를 재배열해야 한다. 이러한 재배열은 B 세포가 발달하는 동안 heavy-chain rearrangement로 시작하여 조심스럽게 일정 순서로 일어난다. 더욱이 앞서 언급한 바와 같이, 재배열된 heavy chain은 C-말단 근처에 원형질막에 걸치는 조각(membrane-spanning segment)이 있다(그림 24-19; 그림 24-20도 참조). Membrane-bound 수용체는 light-chain 유전자의 재배열이 일어나게 함으로써, 이후 B 세포 발달(및 항체 합성)을 추진하는 데 필요한 cell-fate decision (세포 운명 결정)을 내린다. In-frame (번역 프레임이 맞는) VDJ 조합을 생성하는 productive rearrangement만이 완전한 μ heavy chain을 생성할 수 있다. 그러한 μ chain의 생산은 B 세포가 성공적으로 재배열을 완료했으며, 나머지 유전자 사본에서 heavy-chain gene arrangement가 더 이상 필요하지 않다는 신호로 작용한다. 각 lymphocyte precursor는 germ-line (unrearranged) configuration에서 2개의 immunoglobulin gene locus를 갖는 상동 염색체로 시작한다는 점을 상기하자. 각 림프구에는 1개의 antigen-specific receptor가 있어야 한다고 규정한 clonal selection theory에 따르면, 연속적인 재배열은 각각 다른 특이성을 가진 2개의 다른 heavy chain을 가진 B 세포를 생성할 위험을 수반한다. 이는 바람직하지 않은 결과이다.

따라서 heavy-chain locus에서 V, D 및 J segment의 성공적인 재배열은 완전한 μ chain의 합성을 허용한다. 이 발달 단계의 B 세포는 functional light-chain gene 조립이 아직 완료되지 않아 항원 인식에 관여할 수 없기 때문에 *pre-B* **세포**라고 한다. 다른 막 관통 단백질(13장 참조)과 마찬가지로 μ chain은 소포체에서 합성된다. 이 막 관통 μ chain은 B 세포 발달이 질서 정연하게 진행되는 데 필수적인 membrane-bound signaling receptor의 일부가 된다.

Pre-B 세포에서, 새로 만들어진 μ chain은 소위 2개의 surrogate (대리) light chain인 λ5 및 VpreB와 복합체를 형성한다(그림 24-19 참조). μ chain 자체는 매우 짧은(3개의 아미노산) 세포질을 향한 C-말단 꼬리를 가지고 있으므로, 신호전달 목적으로 cytoplasmic component를 모집할 수 없다. 대신, pre-B 세포는 *Igα* 및 *Igβ*라고 하는 2개의 보

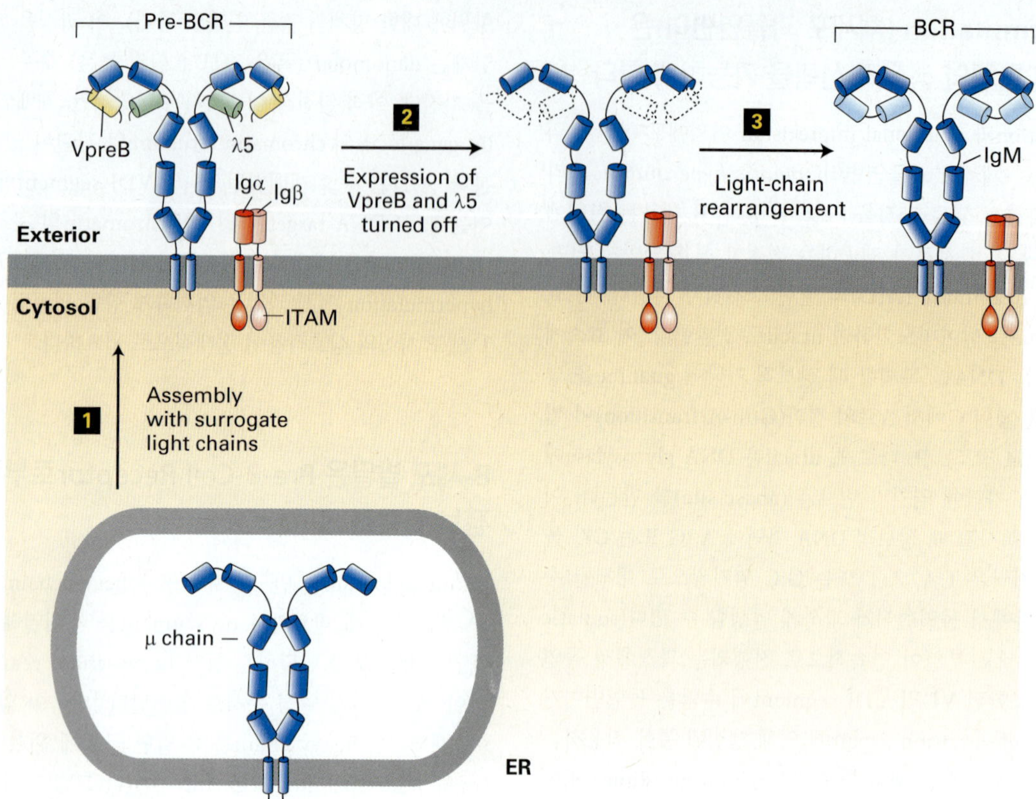

그림 24-19 Pre-B 세포 수용체의 구조와 B 세포 발달에서의 역할. V, D 및 J heavy chain 유전자 조각의 성공적인 재배열은 pre-B 세포의 소포체(ER)에서 membrane-bound μ heavy chain의 합성을 유도한다. 이 단계에서 light chain 유전자 재배열은 일어나지 않는다. 새로 만들어진 μ chain은 λ5와 VpreB, 그리고 Igα/Igβ로 구성된 surrogate (대리) light chain과 조립되어 pre-B 세포 수용체인 pre-BCR을 생성한다(단계 **1**). 이 수용체는 그것을 가지고 있는 B 세포의 증식을 유도한다. 또한 다른 염색체에서 heavy chain gene rearrangement을 억제하여 allelic exclusion를 매개한다. 증식 과정에서 λ5와 VpreB의 합성이 차단되어(단계 **2**), 사용 가능한 surrogate light chain "dilution (희석)"되고 pre-BCR의 발현이 감소한다. 결과적으로, light chain loci의 재배열을 진행할 수 있게 된다(단계 **3**). 이 재배열이 생산적이라면 B 세포는 light chain을 합성하고 membrane-bound IgM과 Igα 및 Igβ로 구성된 B cell receptor (BCR)의 완전한 조립을 이룰 수 있다. B 세포는 이제 항원 특이적 자극에 반응할 수 있게 된다.

조 막횡단 단백질을 발현하며, 각각은 세포질 꼬리에 *i*mmunoreceptor *t*yrosine-based *a*ctivation *m*otif 또는 ITAM을 가지고 있다. μ chain, λ5, VpreB, Igα 및 Igβ를 포함한 전체 복합체가 *pre-B* 세포 수용체 (*pre–BCR*)이다. 아직 알려지지 않은 신호에 의해 수용체로 Src-family tyrosine kinase가 모여들어 활성화되고, 이들이 ITAM의 tyrosine residue를 인산화한다. 이어서 인산화된 ITAM에 신호전달에 필수적인 여러 다른 분자들이 모집된다(아래 참조). Functional light chain은 아직 이 수용체의 일부가 아니므로 항원 인식이 불가능하다. 항원-결합 부위는 heavy chain과 light chain 모두가 있어야 형성되기 때문이다(그림 24-14 참조) (H-chain 항체를 만드는 낙타류는 예외).

Pre-B 세포 수용체는 몇 가지 중요한 기능을 한다. 첫째, 다른 (allelic) heavy-chain locus의 재배열이 진행될 수 없도록 RAG recombinase의 발현을 차단한다. *Allelic exclusion* (대립유전자 배제)라고 하는 이 현상은 heavy-chain locus의 사용 가능한 두 사본 중 하나만 재배열되어 완전한 μ chain으로 발현되게 한다. 둘째, pre-B 세포 수용체는 Igα 및 Igβ와의 결합으로 인해 functional signal-transduction unit (기능적인 신호전달 단위)로 된다. Pre-BCR에서 나오는 신호는 pre-B 세포의 증식을 시작하여 나중에 생산적인 D-J 및 V-D-J recombination을 겪게 될 B 세포의 수를 증폭한다.

이 증폭 과정에서, surrogate light chain인 VpreB와 λ5의 발현이 감소한다. 연속적인 세포 분열과 함께 VpreB 및 λ5의 점진적 희석은 endoplasmic reticulum (소포체)에서 불충분한 pre-BCR 형성을 초래한다. 결과적으로, heavy chain은 분해되고(13장과 14장 참조) preBCR에 의한 신호전달 양이 감소한다. 이러한 신호전달의 감소는 이제 κ 또는 λ light-chain locus를 target으로 하는 RAG recombinase의 발현을 다시 시작할 수 있게 한다. 생산적인 light-chain V-J rearrangement는 또한 allelic locus의 rearrangement를 차단한다(allelic exclusion). V-J light-chain rearrangement가 성공적으로 완료되면, B 세포는 μ heavy chain과 κ 또는 λ light chain을 모두 만들어 항원을 인식할 수 있는 기능적 B-cell receptor (BCR)로 조립할 수 있다(그림 24-19 참조).

B 세포가 세포 표면에 완전한 BCR을 발현하면 항원을 인식할 수 있으며, B 세포 활성화와 분화 등 모든 후속 단계에는 BCR과 그에 특이

적인 항원의 결합이 필요하다. BCR은 항원과 성공적으로 만났을 때 B 세포 증식을 유도하는 역할을 할 뿐만 아니라 receptor-mediated endocytosis를 위한 장치로 작용한다. 이는 B 세포가 획득한 항원을 처리하고, 항원을 T lymphocyte의 도움을 요청하는 신호로 전환할 수 있게 하는 필수 과정이다; B 세포의 이러한 항원 제시 기능은 다음 절에서 다룰 것이다.

Adaptive Response 동안 B 세포는 Membrane-Bound Ig에서 Secreted Ig를 만들도록 전환한다

이전에 설명한 바와 같이, 막 결합 IgM인 B 세포 수용체는 B 세포에 특정 항원을 인식하는 능력을 준다. 이는 B 세포의 클론 선택 및 증식을 유발하여 특정 항원에 특이적인 B 세포의 수를 증가시킨다(그림 24-12 참조). 그러나 항원의 중화 또는 박테리아의 사멸과 같은 면역글로불린의 주요 기능은 B 세포에서 방출된 항체를 요구하며, 그래야만 항체가 extracellular environment에 축적될 수 있고 또 생성된 장소에서 멀리 떨어져서 작용할 수 있다.

Membrane-bound 아니면 secreted immunoglobulin을 합성할지 여부는 heavy-chain primary transcript를 처리하는 동안 B 세포에 의해 결정된다. 그림 24-20에서 볼 수 있듯이, μ locus에는 2개의 exon (TM1 및 TM2)이 있는데, 이들은 원형질막을 관통하고 또 IgM을 막에 고정하는 C-말단 domain을 encoding한다. 첫 번째 polyadenylation site가 이 exon의 upstream에서 발견되며, 두 번째 polyadenylation site는 downstream에 존재한다. Downstream poly (A) site가 선택되면, 이후 과정은 membrane-bound μ 형태를 encoding하는 mRNA를 생성한다. (위에서 설명한 대로, 이 선택은 membrane-bound IgM을 포함하는 B 세포 수용체의 형성에 필요하다.) Upstream poly (A) site가 선택되면, 이후 과정은 secreted version의 μ chain을 산출한다. 다른 Ig constant-region gene segment (γ, α, ε)에 대해서도 유사한 배열이 발견되었으며, 각각은 막 결합 또는 분비된 heavy chain을 지정할 수 있다. Polyadenylation site의 대안적 사용(alternative splicing에 의한 것이 아님)에 의해 막 고정형 면역글로불린 heavy chain와 분비형 면역글로불린 heavy chain 사이를 전환하는 능력은 지금까지는 이 유전자 산물의 계열에서만 발견된다.

독점적인 막 결합 면역글로불린 합성에서 분비된 면역글로불린 합성으로 전환하는 능력은 분화 과정에서 B 세포에 의해 획득된다. *Plasma cell* (형질 세포)이라고 하는 terminally differentiated B 세포는 거의 독점적으로 분비된 항체만 합성한다(그림 24-7 참조). 각 형질 세포는 초당 수천 개의 항체 분자를 합성하여 분비한다. 적응 면역 반응의 효력은 병원체를 제거하고 동일한 병원체의 후속 감염을 막을 수 있느냐에 달려 있으며, 이는 분비된 항체의 생산 증가가 뒷받침되어야 한다. 항체의 protective value (방어 반응에서의 가치)는 순환계에 존재하는 농도에 비례한다. 실제로, 순환 항체 수준은 특정 병원체에 대한 백신 접종이 성공적인지 여부를 결정하는 핵심 변수로 종종 사용된다. 다량의 면역글로불린을 분비하는 형질 세포의 능력은 소포체(ER)의 대규모 확장에 의존하며, 이는 형질 세포의 전형적인 특징(hallmark)이다. Unfolded-protein response (13장 참조)은 B 세포에서 발견되었으며, 이는 세포에게 주어진 과중한 업무 부담에 대응하는 필수적인 생리 메커니즘이다. 이 과정을 통해 B 세포는 ER을 확장하고 highly active 분비 세포로 거듭난다. Unfolded-protein response를 방해하면 B 세포가 형질 세포로 변하는 능력이 사라진다.

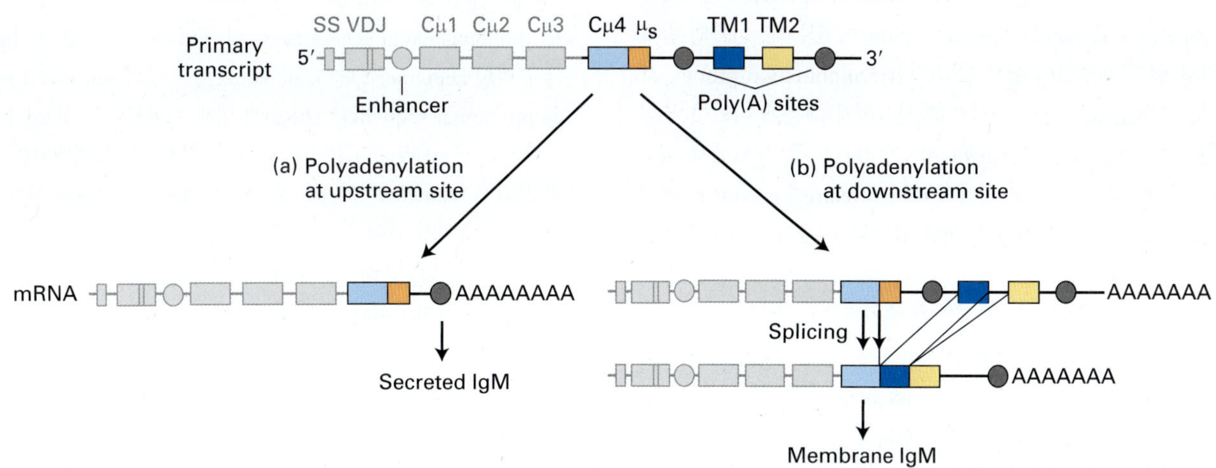

그림 24-20 분비형과 막결합형 IgM의 합성. μ heavy chain의 1차 전사체의 구성은 상단 그림에서 볼 수 있다. Cμ4는 네 번째 μ constant region domain을 encode하는 exon이다. μs는 secreted IgM에 고유한 코딩 서열이다. TM1 및 TM2는 μ 사슬의 막 관통 domain을 지정하는 exon이다. 분비형 또는 막결합형 IgM이 만들어지는지는 1차 전사체를 처리하는 과정에서 선택되는 poly (A) 부위에 따라 다르다. (a) Upstream poly (A) 부위가 사용되는 경우에 만들어진 mRNA는 전체 C4 μ exon을 포함하고, 분비된 형태의 μ 사슬을 만든다. (b) Downstream poly (A) 부위가 사용되는 경우, C4 μ exon의 splice donor 부위는 transmembrane exon으로 splicing되게 하여 μ 사슬의 막결합 형태를 encode하는 mRNA를 생성한다. 비슷한 메커니즘이 다른 Ig isotype의 분비형과 막-결합형을 생성한다. SS = signal sequence.

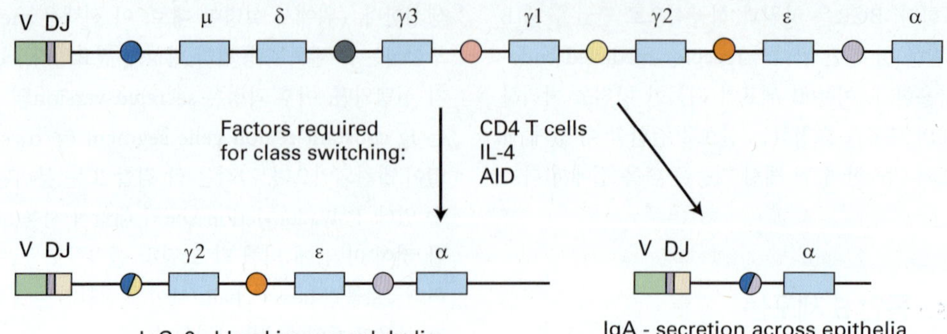

그림 24-21 면역글로불린 heavy chain 유전자좌에서 class switch recombination. Class-switch recombination은 각각의 heavy chain 불변 영역 유전자의 upstream에 있는 반복적인 서열(색이 있는 원)인 switch site를 통해서 일어난다. 재조합에는 특정 helper T cell에 의해 생성되는 cytokine (예, IL-4)와 activation-induced deaminase (AID)가 필요하다. 재조합은 μ exon의 switch site 윗부분과 스위칭이 일어나는 불변 영역 사이의 DNA segment를 제거한다. Class switch는 원래 반응을 일으켰던 IgM-bearing B 세포의 항원 특이성과 동일한 항원 특이성을 갖지만 다른 heavy chain 불변 영역을 가지기 때문에 다른 effector function을 나타내는 항체 분자를 생성한다.

B 세포는 그들이 만드는 immunoglobulin Isotype을 전환할 수 있다

Immunoglobulin heavy-chain locus에서, μ 사슬의 constant region을 encode하는 exon은 재배열된 VDJ exon의 downstream에 있다(그림 24-21, 위쪽). 그 뒤에는 δ 사슬의 constant region을 지정하는 exon이 온다. 새로 재배열된 면역글로불린 heavy chain 유전자좌의 전사는 μ 및 δ constant region을 모두 포함하는 단일 primary transcript를 생성한다. 이 큰 전사체의 splicing은 μ 사슬 또는 δ 사슬이 생성되는지 여부를 결정한다. μ 및 δ exon의 downstream은 다른 모든 heavy chain isotype의 constant segment를 encode하는 exon이다. 서로 다른 isotype 중 하나를 encode하는 각 exon cluster의 upstream (δ locus 제외)에는 repetitive sequence (switch region)이 있는데, 이들의 반복적인 특성으로 인해 재조합이 쉽게 일어난다(recombination-prone). 각 B 세포는 반드시 surface IgM 발현으로 시작하기 때문에 이러한 부위에서 재조합이 일어나면 *class switching*이 일어난다. 즉, IgM에서 constant-region 유전자들이 나열된 지역의 downstream에 encode된 여러 isotype 중 하나로 클래스 전환이 일어난다(그림 24-21). 그 사이 중간에 있는 DNA는 삭제된다.

분화 과정에서, B 세포는 Ig 클래스를 순차적으로 전환할 수 있다. 중요하게도, light chain은 이 과정에 영향을 받지 않으며 재배열된 VDJ segment도 영향을 받지 않는다. 따라서 class switch 재조합은 constant region은 다르지만 variable region이 변경되지 않은 항체를 생성하기 때문에 항원 특이성은 동일하다. 각 immunoglobulin isotype은 고유한 constant region을 특징적으로 가진다. 앞서 논의한 바와 같이, 이러한 constant region은 다양한 isotype의 기능적 특성을 결정한다. Class switch recombination은 AID의 활성에 의존하며 항원과 helper T 세포의 존재에 따라 달라진다. Somatic hypermutation과 class-switch recombination이 동시에 일어나며, 이들의 합쳐진 효과는 생산된 항체의 affinity와 그들의 effector function에 대한 adaptive immune response의 fine-tuning (미세 조정)을 가능하게 한다.

24.3절의 주요 개념

항체 다양성 생성 및 B-세포 발달

- 기능적인 항체-인코딩 유전자는 heavy chain 및 light chain 유전자좌에서 여러 DNA segment의 somatic rearrangement에 의해 생성된다. 이러한 재배열에는 immunoglobulin light chain에 대한 V 그리고 J segment와 immunoglobulin heavy chain에 대한 V, D 및 J segment가 포함된다(그림 24-15 참조).
- immunoglobulin gene segment의 재배열은 12- 또는 23-bp spacer로 분리된 heptamer 그리고 nonamer로 구성된 conserved recombination signal sequences (RSS)에 의해 제어된다(그림 24-16 참조). 길이가 다른 spacer가 있는 segment만 성공적으로 재배열될 수 있다. 결합할 두 segment는 12-bp 및 23-bp spacer를 가져야 하며, 길이가 동일하지 않아야 한다.
- 재배열 과정을 수행하는 molecular machinery에는 림프구에서만 만들어진 단백질(RAG1 및 RAG2 recombinase)이 포함된다.
- 항체 다양성은 재조합되는 Ig gene segment들의 무작위적인 선택과 재배열된 Ig gene에서 생성된 heavy chain 및 light chain이 각기 다른 많은 light chain 및 heavy chain과 결합하는 능력에 의해 생성된다.
- Junctional imprecision (접합부의 부정확성)은 체세포 유전자 재배열에 의해 결합된 유전자 분절의 연결점(joint)에서 추가적인 항체 다양성을 생성한다.
- 항체 다양성은 B 세포가 somatic hypermutation (체세포 과돌연변이)의 결과로 항원을 만난 후에 이루어지며, 이는 친화도 성숙(*affinity*

maturation)이라고 하는 과정에서 가장 친화도가 높은 항체를 생성하는 B 세포의 선택 및 증식으로 이어질 수 있다.

- B 세포 발달 동안 heavy chain 유전자가 먼저 재배열되어 Pre-B 세포 수용체가 발현된다. 이어진 light chain 유전자 재배열은 IgM membrane-bound B-cell receptor의 조립을 초래한다(그림 24-19 참조).
- Heavy chain 유전자좌와 light chain 유전자좌의 allelic copy (대립유전자 사본) 중 하나만 재배열되어(allelic exclusion) B 세포가 단일 항원 특이성을 갖는 Ig를 발현하게 한다.
- Ig primary transcript에서 다른 poly (A) 부위에서의 polyadenylation은 항체의 막 결합 형태 또는 분비 형태가 생성되는지 여부를 결정한다(그림 24-20 참조).
- 면역 반응 동안, B 세포는 생성된 항체 클래스를 조정하여 만들어진 immunoglobulin의 effector function을 class switch를 통해 조정하는 동시에 항원에 대한 항체의 특이성을 유지한다(그림 24-21 참조).

24.4 MHC와 항원 제시

항체는 다른 분자의 개입 없이 target 항원에 결합할 수 있다. 그들의 상호작용에는 항원과 항체의 존재만으로 충분하다. 분화 과정에서, B 세포는 아래에서 자세히 설명할 과정에 의해 T 세포에서 보내는 신호의 지원을 받는다. 문자 그대로 *T* **세포 도움**이라고 하는 이 과정은 항원 특이적이며, 그러한 도움을 주는 T 세포를 *helper T cell*이라 한다. 항체는 박테리아와 바이러스 병원체를 제거하는 데 기여하지만, 새로운 바이러스 입자 생산의 근원이 될 수 있는 감염된 숙주 세포를 파괴할 필요도 있다. 이 작업은 *cytotoxic T cell* (**세포 독성** *T* **세포**)에 의해 수행된다.

Helper T cell과 cytotoxic T cell은 표면에 있는 항원 특이적인 T cell receptor를 사용한다. 24.5절에서 볼 수 있듯이, 이 수용체는 B 세포에서 Ig 유전자에 적용되는 유사한 메커니즘, 즉 gene rearrangement 등에 의해 생성되는 유전자에 의해 암호화된다. 그러나 T 세포는 B 세포에서 사용하는 것과 매우 다른 방식으로 항원을 인식한다. T 세포의 antigen-specific receptor는 단백질 항원의 작은 조각을 인식하는데, 이러한 펩타이드 조각이 **항원 제시 세포**의 external surface에 존재하는 당단백질 복합체에 비공유적으로 결합된 경우에만 인식할 수 있다. 중요하게도, 개인의 각 T 세포는 표면에 고유한 T 세포 수용체의 수많은 사본을 발현하고, 각기 다른 T 세포 수용체는 항원 제시 세포의 당단백질 복합체에 결합된 다른 펩타이드의 세트에 결합한다.

항원 조각을 전시하는 membrane glycoprotein complex는 *major histocompatibility complex* (*MHC*, **주조직적합성 복합체**)라고 하는 genomic DNA 영역에 encode되어 있다. 우리가 자세히 살펴보겠지만, 다양한 항원 제시 세포는 정상적인 활동 과정에서 병원체 유래 단백질(및 자신의 단백질)을 소화한 다음, 단백질 조각(보통 작은 펩타이드)을 MHC 단백질과 복합체를 만들어 세포 표면에 전시한다. T 세포는 이러한 복합체를 면밀히 조사할 수 있으며, MHC 분자에 결합된 병원체 유래 펩타이드를 감지하면 T 세포는 적절한 조치를 취하는데, 여기에는 MHC-펩타이드 복합체를 가진 세포를 죽이는 것이 포함될 수 있다. 이 절에서는 MHC와 MHC가 encode하는 단백질에 대해 설명하고, MHC 분자가 antigen presentation에 그리고 T 세포에 의한 antigen recognition에 어떻게 관여하는지 알아본다.

MHC는 같은 종의 혈연이 아닌 두 개인 사이의 조직 이식을 수락하거나 거부하는 능력을 결정한다

MHC는 그 이름에서 알 수 있듯이, 조직 이식편(graft)의 수용 또는 거부를 제어하는 유전적 genetic locus로 발견되었다. 조직 배양 기술이 종양 유래 세포주를 증식시킬 수 있는 단계까지 개발되지 않았을 때, 연구자들은 생체 내에서 종양 조직을 연속적으로 전달(즉, 한 생쥐에서 다른 생쥐로 종양 이식)하면서 종양 조직을 유지하였다. Inbred (근친교배) 생쥐에서 자발적으로 발생한 종양이 그 종양을 일으킨 생쥐를 통해서는 성공적으로 전파될 수 있지만, 유전적으로 구별되는 생쥐 라인에서는 그럴 수 없다는 것이 관찰되었다. 유전자 분석을 통해서 종양 조직을 받는 생쥐의 단일 major genetic locus가 관련되어 있음을 보여주었다. 비슷하게, 건강한 피부의 이식은 동일한 계통의 생쥐 내에서 가능했지만, 이식 수용자가 유전적으로 다른 배경을 가진 경우에는 불가능했다. 이식 거부와 관련된 유전적 분석을 통하여 단일 major genetic locus (종양 거부에 관련이 있는 동일한 locus임)가 수용 또는 거부, 즉 면역 반응을 제어한다는 것을 알 수 있었다. 이 locus에는 여러 유전자가 존재하였고 이를 반영하여 그 영역을 확장하여 MHC로 지정하였다. 우리가 지금 알고 있는 바와 같이, 적응 면역계를 소유한 모든 척추동물은 생쥐에서 정의된 major histocompatibility complex (주요 조직적합성 복합체)에 해당하는 genetic region을 가지고 있다.

생쥐에서, 이식 거부 반응을 일으키는 유전자 영역을 *H–2 complex*라고 한다(그림 24-22a). 인간에서 MHC를 암호화하는 유전 영역은 면역 반응을 유발하는 수혈을 여러 차례 받은 환자를 연구하는 과정에서 밝혀졌다. 인간 MHC 영역을 *HLA complex*라고 한다(그림 24-22b). 전형적인 포유동물의 MHC는 수십 개의 유전자를 포함하고 있으며, 그중 많은 부분이 면역학적으로 관련이 있는 단백질을 암호화하고 있다(그림에 다 표시되지 않았음). 모든 척추동물 MHC는 매우 상동성을 가진 단백질 세트(highly homologous set of proteins)를 암호화하지만, 그들의 유전적 구성과 유전자의 함량 등 세부사항은 닭, 생쥐 및 인간에서 볼 수 있는 것처럼 종 간에 상당한 차이를 보여준다. 우리가 나중에 살펴보겠지만, 몇몇 MHC 단백질은 antigenic peptide를 제시하여 면역계 세포에게 항원이 인식되도록 한다. 척추동물의 대부분 세포는 MHC 단백질을 발현하므로, 항원, 특히 병원성 박테리아 및 바이러스에서 유래한 항원을 적응 면역계에 제시할 능력을 가지고 있다.

흥미롭게도, 인간 태아는 어머니의 조직 이식편으로 간주될 수 있다. 태아는 유전 물질의 절반만 어머니와 공유하고 나머지 절반은 아버지가 제공한다. Paternal alleles (부계 대립유전자)에 의해 암호화된 항원은 모체에서 면역 반응을 이끌어내므로 maternal counterparts (모계

(a) Mouse MHC (H-2 complex)

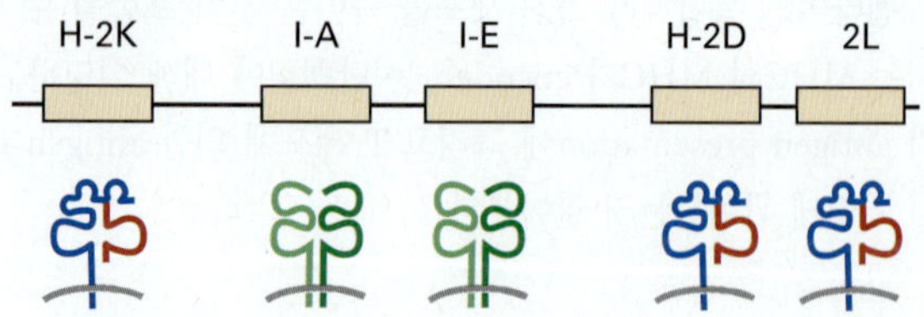

(b) Human MHC (HLA complex)

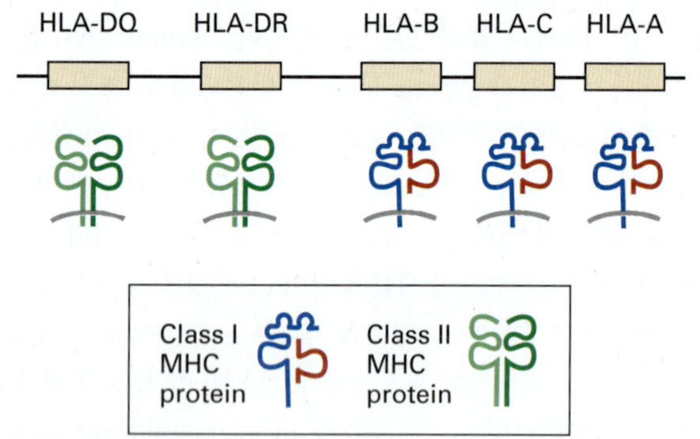

그림 24-22 쥐와 인간의 major histocompatibility complex (주요 조직적합성 복합체)의 구성. MHC의 주요 유전자좌는 encode된 단백질의 개략도와 함께 그 아래에 표시했다. Class I MHC 단백질은 단일 membrane-spanning sequence를 갖는 MHC-encoded glycoprotein에 MHC에 *β2-microglobulin*이라고 하는 small subunit와 비공유 결합으로 붙어 있는 상태로 존재한다. Class II MHC 단백질은 2개의 동일하지 않은 single-pass transmembrane glycoprotein으로 구성되며, 둘 다 MHC에 의해 encode되어 있다.

대응 대립유전자)와 충분히 다를 수 있다. 이러한 면역 반응은 임신 과정에서 모체 순환계로 떨어져 나가는 태아 세포가 모체 면역계를 자극하여 부계 항원에 대한 항체 반응을 일으킬 수 있기에 일어날 수 있다. 우리는 이제 이러한 항체가 인간 MHC에 의해 암호화된 단백질을 인식한다는 것을 알고 있다. 태아 자체는 placenta (태반)이라는 전문화된 조직에 의해서 거부 반응을 피할 수 있다. 태반은 태아 조직에 대한 어머니의 면역 반응 개시를 막는다.

Cytotoxic T Cell의 Killing Activity는 항원 특이적이며 MHC 제한적이다

분명히 MHC 분자는 graft (이식편)의 상호 교환을 방지하기 위해 진화하지 않았다. MHC 분자는 세포 용해능을 가진 *cytotoxic T Cell* (*cytolytic T lymphocyte, CTL*)에 의해 바이러스에 감염된 세포를 인식하는 데 필수적인 역할을 한다. 바이러스에 감염된 세포에서 MHC 분자는 바이러스 단백질에서 파생된 펩타이드에 결합하고, 이 단편을 세포 표면에 전시한다. 이러한 antigenic fragment가 어떻게 생성되고 전시되는지는 다음에 설명될 것이다. 특정 peptide-MHC complex를 인식할 수 있는 수용체를 가진 CTL은 감염된 target 세포에 치명타를 입힐 분자를 방출하여 target 세포막을 파괴한다. 이러한 target 세포의 파괴는 세포가 물리적으로 터질 때 세포질 내용물의 방출로 쉽게 측정할 수 있다. 따라서 감염된 숙주 세포의 CTL에 의한 사멸은 아래와 같은 세 가지 활성이 요구된다. (1) 병원체로부터 유래된 antigenic peptide의 MHC와 함께 숙주 세포 표면에 전시, (2) antigen-MHC–specific T-cell receptor를 발현하는 CTL에 의한 MHC-antigen complex의 인식, (3) T 세포 수용체의 MHC-antigen complex 결합을 통한 CTL killing machinery의 활성화.

특정 바이러스 감염에서 회복된 생쥐는 동일한 바이러스에 감염된 target 세포를 인식하고 죽일 수 있는 CTL을 가지고 있다. 인플루엔자 바이러스 감염을 성공적으로 극복한 생쥐에서 얻은 CTL은 인플루엔자에 감염된 target 세포에 대해서는 세포 독성 활성을 나타내지만, 감염되지 않은 대조군에 대해서는 그렇게 하지 못한다(그림 24-23a 및 24-23b, 실험 **2**). 또한 인플루엔자 특이적 CTL은 vesicular stomatitis virus와 같은 다른 바이러스에 감염된 target 세포를 죽이지 않는다(그림 24-23b 실험 **3**). CTL은 아주 가깝게 관련된 인플루엔자 바이러스 변종을 구별할 수 있으며, 그것도 아주 정확하게 구분할 수 있다. 바이러스 항원에 1개의 아미노산에 차이가 있게 되면 CTL에 의한 인식 및 사멸을 방지할 수 있다. 이러한 실험은 CTL이 진정으로 항원 특이적이며, 바이러스의 정체에 관계없이 모든 바이러스에 감염된 세포가 공유하는 일부 속성을 단순히 인식하지 않는다는 것을 보여준다.

그림 24-23a의 예에서, 인플루엔자로 면역된 생쥐(influenza-immune mouse)에서 얻은 CTL이 동일한 생쥐 strain (strain a)에서 파생된 인플루엔자 감염 표적 세포(influenza-infected target cell)에서 killing assay가 실시된다고 가정했다. 그러나 완전히 관련이 없는 생쥐 strain에서 나온 target 세포(strain b; 그림 24-23b 실험 **4**의 파란색 표적 세포)를 인플루엔자로 감염시키고 CTL target으로 사용되는 경우, 생쥐 strain a에서 얻은 CTL은 strain b로부터 만들어진 influenza-infected target cell을 죽일 수 없다(그림 24-23b, **1**과 **4** 비교). 따라서 항원(인플루엔자 유래 단백질)이 존재하는 것만으로는 충분하지 않다. CTL에 의한 항원 인식은 생쥐 strain에 따른 특정 요소에 의해 제한된다. Genetic mapping은 이러한 제한 요소가 MHC의 유전자에 의해 암호화되는 것으로 드러났다. 따라서 인플루엔자에 면역이 된 생쥐 strain에서 얻은 CTL이 다른 생쥐 계통의 인플루엔자에 감염된 target 세포를 죽일 수 있으려면, 두 생쥐 strain의 MHC locus에서 특정 관련 MHC 분자가 일치해야 한다. 따라서 이 현상을 *MHC restriction*이라고 하며, 관련된 MHC 분자를 *restriction element* (제한 요소)라고 한다.

기능적인 특성이 다른 T 세포는 구별되는 두 가지 MHC 분자에 의해 자기 길을 간다

MHC는 일반적으로 *class I* 및 *class II MHC* 분자라고 하는 면역 인식에 필수적인 두 가지 유형의 당단백질을 encode한다. 생쥐와 인간 MHC의 유전자 지도는 두 종 사이에 배열이 다르지만, 여러 개의 class I MHC 유전자와 여러 개의 class II MHC 유전자가 있음을 보여준

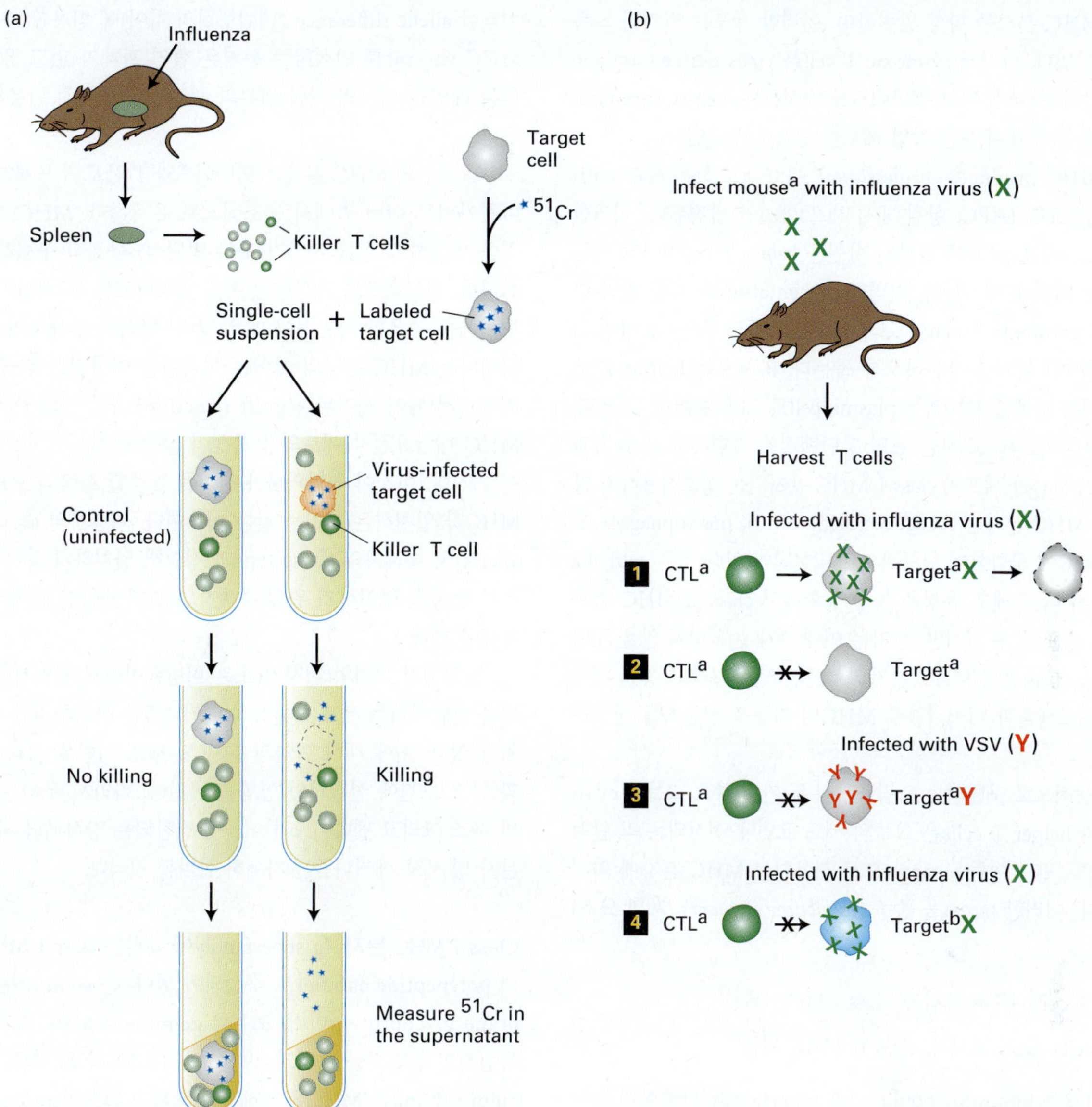

실험 그림 24-23 Chromium(^{51}Cr) 방출 분석을 통해 이질적인 세포 집단에서 cytotoxic T cell의 세포 독성과 특이성을 직접 입증할 수 있다. (a) 특정 바이러스(예, 인플루엔자 바이러스)에 노출된 후 감염에서 회복된 생쥐로부터 cytotoxic T cell을 함유하는 spleen cell suspension (현탁액)을 준비한다. 동일한 생쥐 strain에서 target 세포를 채취해 인플루엔자 바이러스에 감염시키고, 대조군으로 일부는 감염시키지 않은 상태로 유지한다. 감염 후, 그 target 세포를 ^{51}Cr을 함유한 배양액에서 키워 세포 단백질을 비특이적으로 표지한다. 방사성 ^{51}Cr로 표지된 target 세포와 cytotoxic T cell과 함께 배양할 때, 인플루엔자로 감염된 target 세포는 죽기 때문에 ^{51}Cr로 표지된 단백질을 방출한다. 반면, 감염되지 않은 target 세포는 죽지 않고 방사성 내용물을 유지한다. 따라서 cytotoxic T cell에 의한 세포의 용해(lysis)는 상층액(supernatant)으로 방출된 방사능을 측정함으로써 쉽게 검출되고 정량화될 수 있다. (b) 인플루엔자 바이러스(X)에 감염된 생쥐에서 채취한 cytotoxic T cell (CTL)를 다양한 target 세포에 대해 시험함으로써 CTL-mediated killing의 특이성을 결정할 수 있다. 인플루엔자 바이러스에 감염된 target 세포(**1**)를 용해할 수 있는 CTL은 uninfected cell (**2**) 또는 vesicular stomatitis virus (Y)에 감염된 세포를 죽일 수 없다(**3**). 이 CTL이 완전히 다른 MHC type (strain b, 파란색 target 세포)을 가진 생쥐를 인플루엔자 바이러스로 감염시킨 후에 얻은 target을 가지고 같은 실험을 하였을 때 killing이 관찰되지 않았다(**4**). 따라서 cytotoxic T cell의 활성은 바이러스 특이적이며 MHC에 의해 제한된다.

다(그림 24-22 참조). Class I 및 class II MHC 분자 외에도 MHC는 antigen-processing (예, 단백질 분해) 및 presentation machinery의 주요 구성 요소를 encode한다. 마지막으로, 전형적인 척추동물 MHC는 complement cascade에 관련된 구성 요소 역시 encode한다.

Class I 및 class II MHC 단백질은 모두 T 세포에 항원을 제시하는 데 관여하지만 확실히 구별되는 두 가지 기능을 수행한다. Class I MHC product는 cytotoxic T cell에게 항원을 제시하여 감염된 세포를 파괴하게 한다. Cytotoxic T cell은 특징적으로 CD8을 발현하는데, 이 표면 당단백질을 가짐으로써, T 세포는 class I MHC product와 상호작용하는 능력을 가지게 된다. 전부는 아니지만, 대부분의 핵을 가진 세포는 class I MHC 분자를 항상 발현하며, 이러한 세포는 바이러스 복제를 지원할 수 있다. 따라서 cytotoxic T cell은 virus-derived antigen peptide에 결합하는 (다시 말해 펩타이드를 전시하는) cell-surface class I MHC 분자를 통해 체내 모든 감염 세포를 인식하고 죽인다.

Class II MHC product는 *professional* APC라고 하는 특수 antigen-presenting cells (APC, 항원 제시 세포)에서만 발견된다. 이러한 APC는 class II MHC 분자에 결합된 항원을 *helper T cell*이라고 하는 T lymphocyte 계열에 제시한다. 이러한 presentation은 적응 면역 반응의 시작으로 cytotoxic T cell이 그의 target을 죽일 수 있게 하며, B cell이 항원 특이적 항체를 생산하도록 돕는다. B 세포는 helper T 세포의 도움 없이는 항체를 분비하는 plasma cell로 최종 분화할 수 없다. Helper T 세포는 *CD4*라고 하는 표면 당단백질을 발현하고 class II와 상호작용하지만, target 세포의 class I MHC 분자와는 상호작용하지 않는다. Class II MHC 분자는 B cell, dendritic cell 및 macrophage를 포함하는 전문 APC에 국한하여 항시적으로 발현되어 있다(일부 epithelia와 같은 몇 가지 다른 세포 유형은 특정 상황에서 class II MHC 분자를 발현하도록 유도될 수 있지만, 우리는 이에 대해 논의하지 않을 것이다.) 다시 말해, class II에 MHC 분자의 발현, 조립, 그리고 항원 제시 등에 관련된 세포생물학 메커니즘은 MHC의 기능적 전문화를 상당히 잘 설명한다.

따라서 기능적으로 구별되는 T 림프구의 두 가지 주요 그룹인 cytotoxic T cells과 helper T cells은 그들의 세포 표면에 전시되는 막 단백질의 독특한 프로필과 이들을 target으로 사용하는 MHC 분자에 의해 구별될 수 있다. 이러한 target을 종종 *restriction elements* (제한 요소)라고 한다.

- Cytotoxic T cells: CD8 표지자; class I MHC 제한
- Helper T cells: CD4 표지자; class II MHC 제한

CD4와 CD8은 immunoglobulin (Ig) superfamily 단백질에 속하고, 이 superfamily에는 B 세포 수용체, T 세포 수용체, polymeric IgA 수용체를 비롯한 면역계의 다른 많은 단백질이 있으며, 이들 모두는 하나 이상의 Ig domain을 가지고 있다. CD8의 발현과 restriction element로서 class I MHC 분자의 사용 사이의 엄격한 관계성, 또는 CD4의 발현과 class II MHC 분자라는 제한 요소 사용 사이의 관계성에 대한 분자적 기반을 설명하기 위해서는 MHC 분자의 구조와 작동 방식이 분명히 밝혀져야 한다.

MHC 분자는 매우 Polymorphic (다형성)이며, Antigenic Peptide에 결합하고 T 세포 수용체와 상호작용한다

MHC 유전자좌의 다형성은 이식 거부의 기초이다 Class I 및 class II MHC 분자는 모두 고도로 다형성이다. 즉, 유사한 단백질을 암호화하지만 아미노산 서열이 약간 다른 수천 개의 allelic variants (대립유전자 변이체)가 동일한 종의 개체 사이에 존재한다. 척추동물 면역계는 이러한 allelic difference (대립형질의 차이)에 반응할 수 있으며, allelic MHC variant를 인식하는 능력은 혈연 관계가 없고 유전적으로 구별되는 개인들 사이의 이식 거부와 관련된 면역학적 반응의 근본 원인이 된다.

두 부류의 MHC 분자는 펩타이드와 T 세포 수용체와의 상호작용과 마찬가지로 여러 면에서 구조적으로 유사하다. MHC 분자는 자기 조직을 인식하고 이를 비자기(고로 병원성) 물질과 구별하는 데 특히 중요하다. 일반적으로 가까운 친척을 제외하고는 두 개인이 동일한 MHC 변이체를 공유할 가능성이 매우 낮다. 이식편 수혜자와 기증자 사이에 나타나는 MHC 분자의 차이는 이식편을 이물질로 취급하여 면역계에 의해 인식되어 제거된다(graft rejection). 기증자와 이식 받는 사람의 MHC 대립유전자 세트의 유사성이 클수록 이식이 받아들여질 가능성이 커진다. 이것이 외과의사가 장기를 기증할 사람의 MHC가 수여자의 MHC가 일치하는 개인을 찾는 이유이다. 기증자의 tissue type (MHC alleles)이 수혜자의 tissue type과 정확히 일치하지 않는 경우에는 장기 거부 반응을 방지하기 위해 수혜자의 면역 반응을 억제하는 약물을 사용해야 한다.

면역계가 자기와 비자기(또는 비병원성에서 병원성)를 구별하는 능력을 발달시키는 세포-생물학적 메커니즘은 복잡하지만 이해해야 할 가치가 있다. 이에 대한 면역의 분자 및 세포 기반을 이해하는 것은 의학과 공중 보건에 실질적인 영향을 미친다. 따라서 우리는 MHC 단백질의 구조 그리고 펩타이드가 이들에 결합되는 방식부터 시작하여 이러한 분자 및 세포 메커니즘을 자세히 살펴볼 것이다.

Class I MHC 분자 Ig superfamily에 속하는 class I MHC 분자는 2개의 polypeptide subunit로 구성되어 있다. 큰 subunit는 type I membrane glycoprotein이며, 포유류 genome의 MHC 영역에 여러 개의 독립적인 유전자를 가지고 있다(그림 13-10 참조). 작은 β2-microglobulin subunit는 MHC에 의해 암호화되지 않으며 구조상 1개의 Ig domain에 해당한다. 인간의 class I MHC 분자의 큰 subunit는 HLA-A, HLA-B 및 HLA-C 유전자좌에 의해 암호화된다(그림 24-22 참조). 생쥐에서 class I MHC 분자의 큰 subunit은 H-2K, H-2D 및 H-2L 유전자좌에 의해 암호화된다.

Class I MHC 분자의 3차원 구조는 2개의 Ig-like domain을 보여준다(그림 24-24a). 이 domain은 2개의 α helix와 이를 받쳐 주는 8-stranded β sheet로 구성되어 있다. β sheet와 helix는 같이 합쳐져서 양쪽 끝이 닫힌 cleft (틈)을 만드는데, 그 틈 사이에 펩타이드가 결합한다. Class I MHC 분자에 펩타이드 결합 방식을 살펴보면, 펩타이드는 약 8–10개 아미노산 정도로 그 말단의 charged 아미노 그룹과 carboxyl 그룹이 틈에 꼭 들어맞는 크기이다. 또한, 펩타이드는 몇 안 되는 아미노산 side chain에 의해 peptide-binding cleft에 고정되며(anchored), 이들 각각은 MHC 분자에 있는 pocket에 수용된다. 즉, 특정 anchor 아미노산의 side chain은 pocket에 깔끔하게 들어맞는다(그림 24-25a). 평균적으로 2개의 specificity pockets이 있으며, 이 pocket이 올바르게 채워져야 안정적인 펩타이드 결합을 이룰 수 있다. 따라서 pocket에

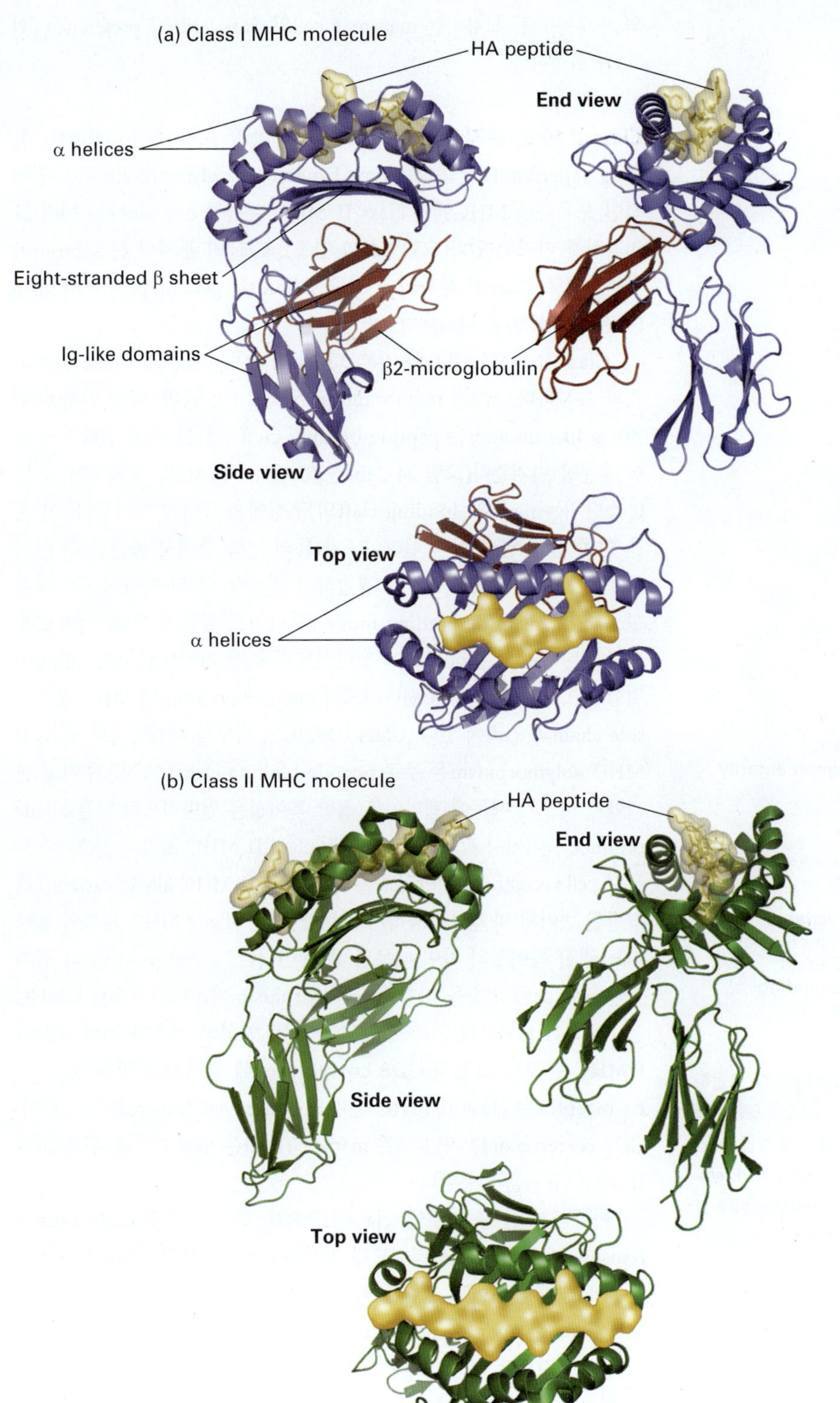

그림 24-24 Class I 및 class II MHC 분자의 3차원 구조. (a) X-선 crystallography에 의해 결정된 antigenic (HA) peptide가 결합된 class I MHC 분자의 구조이다. 펩타이드에 결합하는 class I MHC 분자의 영역은 8개의 β strand로 구성된 하나의 β sheet 밑바닥에 2개의 α helix가 위에 놓여 있는 구조이다. Peptide-binding cleft는 MHC에 encode된 큰 subunit로 전체가 만들어지며, 큰 subunit는 작은 subunit (β2-microglobulin)과 비공유적으로 붙어 있다. (b) Class II MHC 분자는 class I 분자와 구조적으로 유사하지만 몇 가지 중요한 차이점이 있다. Class II MHC 분자의 α 및 β subunit는 모두 MHC로 암호화되어 있으며 peptide-binding cleft 형성에 기여한다. Class II MHC 분자의 peptide-binding cleft는 class I 분자보다 광범위한 펩타이드 크기를 수용한다. Class I 및 class II MHC 단백질은 모두 세포막에 걸쳐 있으며, 각각 transmembrane segment와 cytoplasmic tail을 가지고 있다(그림 24-21, 24-26 및 24-29 참조). 이들은 crystallographic analysis에 포함되지 않으며 그림에 표시되지 않았다. [Part (a) data from D. N. Garboczi, 1996, *Nature* **384**:134, PDB ID 1ao7. Part (b) data from J. Hennecke, A. Carfi, and D. C. Wiley, 2000, *EMBO J.* **19**:5611, PDB ID 1 fyt.]

들어맞는 side chain을 가진 펩타이드만이 제한적으로 MHC에 결합한다. 이러한 방식으로, 주어진 하나의 MHC 분자는 다양하지만, pocket 조건에 따라 한정된 sequence를 가진 많은 수의 펩타이드를 수용할 수 있다.

하나의 allelic MHC 분자를 다른 것과 구별하는 polymorphic residue (다형성 잔기)는 주로 peptide-binding cleft와 그 주변에 위치한다. 따라서 이러한 잔기는 peptide-binding cleft의 구조를 결정하고, 곧 펩타이드 결합의 특이성을 결정한다. 또한, 이러한 다형성 잔기는 T 세포 수용체와 접촉하는 MHC 분자의 표면에 영향을 미친다. 따라서 하나의 특정 class I MHC allele과 상호작용할 수 있는 T 세포 수용체는 일반

(a)

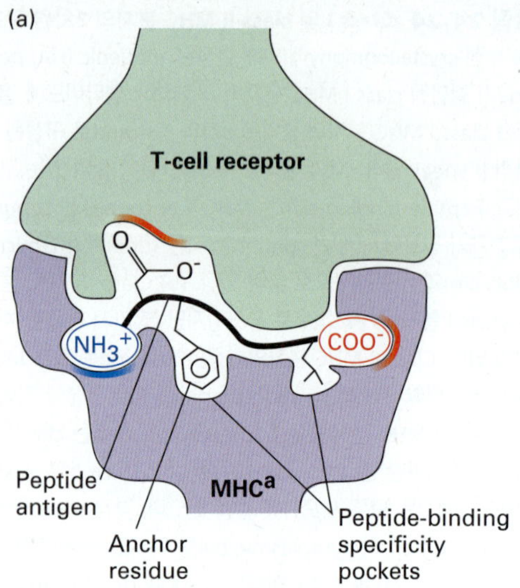

(b)

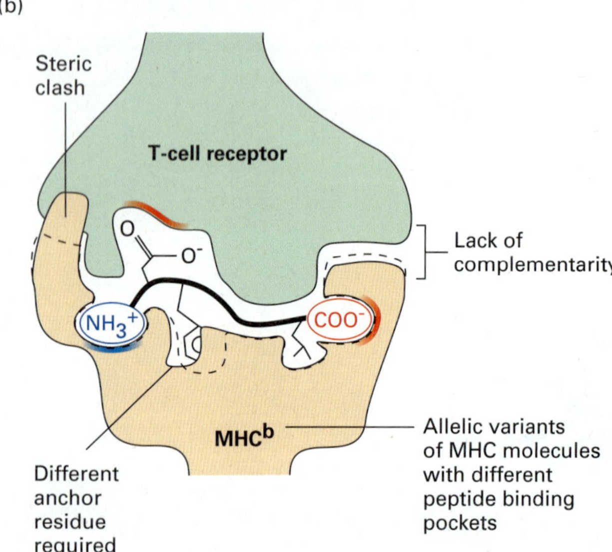

그림 24-25 Class I MHC에 펩타이드 결합과 제한. (a) Class I 분자에 결합하는 펩타이드는 길이가 평균 8–10 residue이고, 말단에는 conserved 2개 또는 3개의 residue (anchor residue)가 있어 적절히 peptide-binding cleft에 놓일 수 있다. 한 대립유전자를 다른 대립유전자와 구별하는 class I 분자의 amino acid residue (polymorphic residue)들은 peptide-binding cleft 안쪽 밑바닥과 주변에 있다. MHC의 polymorphic residue는 펩타이드 결합의 특이성과 T 세포 수용체와의 상호작용 모두에 영향을 미친다. T 세포 수용체에 의한 antigenic peptide–MHC 복합체의 성공적인 인식은 수용체, 펩타이드 그리고 MHC 분자가 잘 맞아야 한다. (b) Anchor residue와 MHC 분자 사이의 steric clash (입체적 충돌)과 상보성 부재, 그리고 T 세포 수용체와 MHC 분자 사이의 유사한 충돌은 이들 사이의 적절한 결합을 방해한다. 한 개인의 각 T 세포는 한 가지 유형의 T 세포 수용체를 발현하며, 그 하나로 제한되어 특정 peptide–MHC 복합체에 결합한다.

적으로 관련이 없는 MHC 분자와 상호작용하지 않는다. MHC 표면 구조가 다르기 때문이다(그림 24-25b). 이것이 바로 MHC restriction의 분자적 기초이다. Cytotoxic T cell의 CD8 분자는 공동 수용체로 기능하여 class I MHC 분자의 conserved region에 결합한다. 따라서 CD8의 존재는 이를 보유하는 mature T cell의 class I MHC preference (선호)를 설정한다.

Class II MHC 분자 class II MHC 분자의 두 subunit (α 및 β)는 둘 다 Ig superfamily에 속하는 type I membrane glycoprotein이다. 전형적인 포유동물 MHC에는 class II MHC 분자를 encode하는 여러 유전자좌를 가지고 있다(그림 24-22 참조). Class I 분자의 큰 subunit와 마찬가지로, class II 분자의 α 및 β subunit는 genetic polymorphism (유전적 다형성)을 나타낸다.

Class II MHC 분자의 기본 3차원 디자인은 class I MHC 분자의 것과 유사하다. 2개의 membrane-proximal (막 근위, 막에 가까운 위치) Ig-like domain은 peptide-binding cleft (틈)를 가진 펩타이드 결합 부분을 받쳐준다(그림 24-24b 참조). Class II MHC 분자에서, α 및 β 소단위는 peptide-binding cleft의 구성에 동등하게 기여한다. 이 틈은 양쪽 끝이 열려 있어 펩타이드가 틈의 양쪽 끝에서 돌출될 수 있기 때문에 class I MHC 분자에 결합하는 것보다 더 긴 펩타이드가 결합할 수 있다. Peptide binding mode (펩타이드 결합 방식)를 살펴보면, MHC 분자에 있는 pocket에 펩타이드의 특정 아미노산 side chain이 결합하고, 아울러 결합된 펩타이드의 main chain atom과 MHC 분자의 side chain과 접촉이 있다. Class I MHC의 경우와 마찬가지로, class II MHC polymorphism은 주로 peptide-binding cleft 내부 및 주변의 잔기에서 나오기 때문에 펩타이드 결합 특이성은 일반적으로 다른 allelic product 사이에서 각기 다르다. 특정 class II MHC 분자와 상호작용하는 T cell receptor는 일반적으로 다른 class II MHC allelic variant (대립형질 변이체)와 상호작용하지 않는다. 이는 allelic MHC 분자의 펩타이드 결합 특이성의 차이 때문일 뿐만 아니라, T cell receptor와 접촉하는 residue에 영향을 미치는 polymorphism 때문이다. Class I MHC는 class II MHC에 의해 제한되는 항원 인식의 기초가 된다. Class I MHC 분자와 그들의 CD8 co-receptor에 대해서 보았듯이, CD4 co-receptor는 class II MHC 분자의 conserved feature를 인식한다. CD4 co-receptor를 지닌 모든 mature T cell은 항원 인식을 위해 class II MHC 분자를 사용한다.

아래에서 볼 수 있듯이, class II MHC 분자는 주로 endosome과 lysosome에서 생성된 펩타이드를 전시하도록 진화했다. Class II MHC 분자에 대한 펩타이드 결합은 이러한 소기관에서 이루어지고, class II MHC 분자는 endoplasmic reticulum (소포체)에서 합성된 후 해당 위치로 특이적으로 targeting된다. 이 targeting은 *invariant chain*이라고 하는 chaperone (샤페론)을 통해 수행된다(그림 13-10 참조). Ii라고 하는 invariant chain은 type II membrane glycoprotein으로 class II MHC 초기 생합성에 중요한 역할을 한다. 즉, 소포체에서 새로이 만들어진 3개의 class II MHC αβ heterodimer 각각에 Ii가 부착하고, 이들이 모여 trimeric structure를 형성한다. 따라서 최종 MHC 조립 제품은 9개의 polypeptide로 구성된다: $(\alpha\beta\ Ii)_3$. Ii와 αβ heterodimer 사이의 상호작용은 class II MHC에 있는 peptide-binding cleft를 차지하는 Ii의 stretch인 *CLIP segment*를 통해서이다. $(\alpha\beta\ Ii)_3$ 복합체가 조

립되면, 복합체는 secretory pathway로 들어가고 *trans*-Golgi network에서 endosome과 lysosome으로 간다(그림 14-2 참조). 이동 신호는 Ii cytoplasmic tail에 담겨 있다.

Antigen Presentation에서 Protein Fragment는 MHC Product와 복합되어 세포 표면에 게시된다

이물질이 면역계에 들어가는 과정은 면역 반응의 최종 결과를 결정하는 핵심 단계이다. 항체 생성과 helper 및 cytotoxic T cell 생성을 포함하는 성공적인 적응 면역 반응을 위해서는 professional APC의 참여가 절대적으로 필요하다. 이 세포는 항원을 획득하고 처리한 다음, T 세포가 인식할 수 있는 형태로 전시한다. 항원을 T 세포 인식에 적합한 형태로 변환시키는 경로를 **antigen processing과 presentation (항원 처리 및 제시)**라고 한다.

Class I MHC 경로는 주로 세포 자체에 의해 합성된 단백질 단편(감염된 세포 내부에서 발견되는 병원체에 의해 encode된 단백질 포함)의 전시에 초점을 맞춘 반면, class II MHC 경로는 APC 외부에서 획득한 물질의 전시에 중점을 둔다. 모든 nucleated (유핵) 세포는 class I MHC product를 발현하거나 그렇게 하도록 유도될 수 있음을 상기하자. 이는 유핵 세포가 핵산과 단백질을 합성할 수 있고, 원칙적으로 바이러스 병원체의 복제를 유지할 수 있다는 사실을 고려할 때 의미가 있다. 면역계가 세포내 침입자의 존재를 경고하는 능력은 class I MHC에 제한된 항원 제시와 불가분의 관계가 있다. APC 자체에 의해 합성된 물질의 전시와 세포 외부에서 획득한 항원의 처리에 이은 전시 사이의 구별이 절대적인 것은 아니다. 항원의 처리와 전시를 위한 class I 및 class II 경로는 병원체의 존재를 조사하는 데 필요한 과정으로 세포 내부와 외부 모든 구획에서 병원체의 성분을 샘플링한다.

Class I 및 class II 경로에서 항원 처리 및 전시 과정은 6개의 개별 단계로 나눌 수 있으며 두 경로를 비교하는 데 유용하다. (1) 항원 획득, (2) 항원 파괴를 위한 tagging, (3) 단백질 분해, (4) MHC 분자에 펩타이드 전달, (5) MHC 분자에 펩타이드 결합, 그리고 (6) 펩타이드로 loading된 MHC 분자의 세포 표면 전시. 지금부터 각 경로의 분자 세부 사항에 대해 알아본다.

Class I MHC 경로는 Cytosolic Antigen을 전시한다

그림 24-26에 바이러스에 감염된 세포를 예로 하여 class I MHC 경로의 6단계를 요약하였다.

1. 항원 획득: 바이러스 감염의 경우 항원 획득은 일반적으로 감염 상태를 나타낸다. 바이러스는 숙주의 단백질 합성 장치에 의존하여 새로운 바이러스 단백질을 합성한다. 단백질 합성은 DNA 복제와 달리 오류가 발생하기 쉬운 과정으로, 새로 시작된 polypeptide chain 일부가 조기에 합성이 종료되거나 다른 오류(예, 아미노산의 misincorporation, frameshifts, 부적절하거나 지연된 folding)가 발생한다. 단백질 합성에서의 이러한 실수는 숙주 세포 자체 단백질과 바이러스 유전체에 의해 지정된 단백질에 동등하게 영향을 미친다. 이러한 오류를 포함하는 단백질은 세포질에 들러붙어 있거나, 상호작용 파트너 단백질을 못 쓰게 하거나, 심지어 단백질을 dominant negative version으로 작용하게 하기 때문에 신속하게 제거되어야 한다. 적절하게 접힌(folded) 단백질도 손상을 입어서 완전히 또는 부분적으로 잘못 접힌 상태로 되면 제거해야 할 필요가 있다. 이러한 단백질들은 class I MHC 분자에 의해 제시되는 펩타이드의 중요한 공급원이다. *Cross–presentation* (교차 제시; 나중 설명할 것임)이라고 하는 특별한 과정을 제외하고, class I MHC 경로는 class I MHC 보유 세포 자체에 의해 합성된 단백질에서 파생된 펩타이드를 MHC와 복합체를 형성하게 한다.

2. 항원 파괴를 위한 targeting: polyubiquitinylation은 대부분의 경우 단백질을 파괴하기 위한 표지이다(3.4절 참조). Polyubiquitinylation는 엄격하게 규제되는 covalent modification이다.

3. 단백질 분해: 폴리유비퀴틴화된 단백질은 proteasome에서 가수분해되어 파괴된다. 프로테아좀은 단백질 기질과 결합하고, 이를 중간체의 방출 없이 최종 3–20개 아미노산 크기의 펩타이드로 분해하는 일종의 protease이다(그림 3-32 참조). 염증 반응이 진행되는 동안 프로테아좀에 있는 3개 촉매 활성 β subunit (β1, β2, β5)가 interferon γ에 반응하여 3개의 immune-specific (면역 특이적) subunit인 β1i, β2i 및 β5i로 대체된다. 이 대체 소단위는 genome MHC 영역에 암호화되어 있다. 이러한 교체의 최종 결과는 *immunoproteasome* (**면역프로테아좀**)의 생성으로, 이를 통한 펩타이드 출력품은 class I MHC 분자에 결합하는 펩타이드의 길이에 맞는 길이로 나온다. 면역프로테아좀은 출력 펩타이드의 평균 길이와 절단이 일어나는 부위를 조정하기 때문이다. Class I MHC 분자에 제시되는 펩타이드 생성과 관련하여 프로테아좀이 중심적인 역할을 한다는 사실을 감안할 때, 여러 proteasome inhibitor는 class I MHC 경로를 통한 antigen processing을 방해한다.

4. Class I MHC 분자로의 펩타이드 전달: 단백질 합성, 폴리유비퀴틴화 및 프로테아좀 단백질 분해는 모두 세포질에서 일어나는 반면, class I MHC 분자로의 펩타이드 결합은 소포체(ER)의 lumen (내강)에서 일어난다. 따라서 펩타이드는 class I 분자의 펩타이드 결합 부위에 접근하기 위해 ER 막을 통과해야 한다. ABC superfamily에 속하는 ATP-powered pump인 heterodimeric TAP complex가 이 과정을 매개하여 새로이 만들어지는 class I MHC 분자에 peptide loading을 가능하게 한다(그림 11-15 참조). TAP 복합체는 ER의 세포질 면에 있는 펩타이드에 결합하고, ATP 결합과 가수분해 과정을 밟으면서 펩타이드를 ER lumen으로 전위시킨다. TAP 복합체의 특이성은 모든 세포질 펩타이드, 주로 5–10개 아미노산의 길이에 있는 펩타이드의 일부만을 수송할 수 있다는 것이다. 생쥐 TAP 복합체는 C-말단 leucine, valine, isoleucine 또는 methionine residue가 있는 펩타이드에 대한 뚜렷한 선호를 보여주는데, 이는 class I MHC 분자의 binding preference와 일치한다. TAP 복합체를 구성하는 TAP1 및 TAP2 subunit를 코딩하는 유전자는 MHC 영역에 위치한다. 세포질과 ER의 lumen에 있는 peptidase는 프로테아좀 단백질 분해 생성물을 추가로 변형할 수 있다.

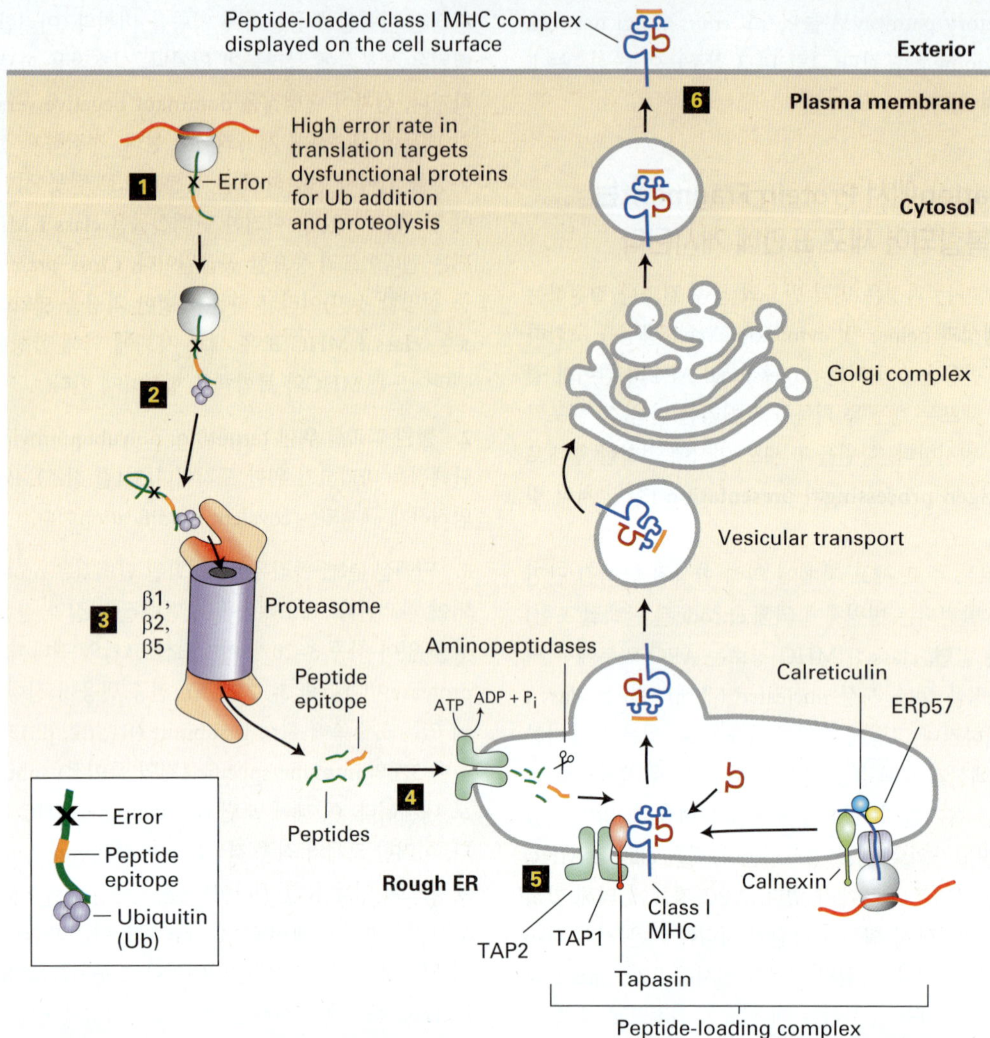

그림 24-26 Class I MHC 경로에 따른 항원 처리 및 제시. 단계 **1**: 항원 획득은 오류가 있는 단백질(예, 조기 종료, 잘못된 삽입) 혹은 병원체 유래 단백질의 생산과 같은 의미를 가진다. 단계 **2**: 기능 장애(dysfunctional) 단백질은 유비퀴틴화에 의해 분해 대상이 된다. 단계 **3**: 단백질 분해는 프로테아좀(proteasome)에 의해 수행된다. Interferon γ에 노출된 세포에서 프로테아좀의 catalytically-active β subunit는 interferon-induced immune-specific β subunit로 대체된다. 단계 **4**: 펩타이드는 dimeric TAP peptide transporter를 통해 소포체(ER) 내부로 전달된다. 단계 **5**: 각 펩타이드는 peptide-loading complex 내에서 새로 만들어진 class I MHC 분자에 loading된다. 단계 **6**: 완전히 조립된 class I MHC–peptide 복합체는 분비 경로를 통해 세포 표면으로 운반된다. 자세한 내용은 본문을 참조하시오.

5. Class I MHC 분자에 펩타이드의 결합: ER 내에서 새로 합성된 class I MHC 분자는 *peptide–loading complex*라고 하는 multiprotein complex의 일부이다(그림 24-27). 이 복합체는 2개의 샤페론(calnexin 및 calreticulin)과 산화환원효소 ERp57을 포함한다. 또 다른 샤페론(tapasin)은 TAP 복합체 및 펩타이드를 수용하려는 class I MHC 분자 모두와 상호작용한다. TAP와 class I MHC 분자의 물리적 근접성은 tapasin에 의해 유지된다. Class I MHC 분자에 펩타이드 loading이 일어나면, 구조적 변화가 일어나 peptide-loading complex로부터 loading된 class I MHC 분자를 떼어 놓는다. 이러한 관련 단백질들의 arrangement은 펩타이드가 효과적으로 얽혀진 class I MHC 분자만이 ER에서 빠져나오게 하며, 이후 세포 표면으로 수송되어 확실하게 전시되게끔 한다. 이 경로의 전반적인 효율성은 주어진 단백질 약 4,000개 분자가 파괴되어 1개의 MHC-펩타이드 복합체를 생성하는 정도이다. 여기서 MHC 분자는 특정 polypeptide로부터 나온 1개의 펩타이드를 운반한다.

6. 세포 표면에 class I MHC–peptide 복합체 전시: 펩타이드로 loading이 완료되면, class I MHC–peptide 복합체가 peptide-loading complex에서 유리되어 constitutive secretory pathway로 들어간다(그림 14-2 참조). Golgi에서 세포 표면으로의 이동은 빠르게 진행되어, class I MHC–펩타이드 복합체의 생합성 경로를 완성한다.

Class I 경로를 통해 일어나는 전체 이벤트는 모든 유핵 세포에서 constitutively 일어나며, 이들 모두는 class I MHC 분자와 기타 여러

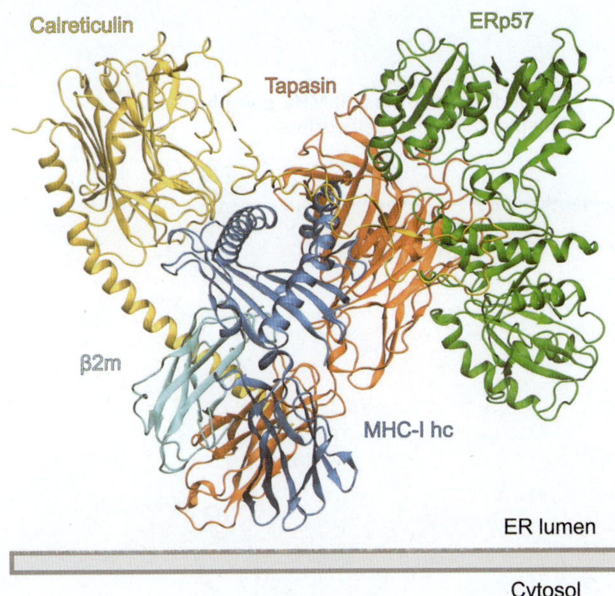

그림 24-27 Class I MHC 펩타이드 loading 복합체(peptide-loading complex). 펩타이드 loading 복합체는 펩타이드를 수용하려는 class I MHC 분자뿐만 아니라 TAP 관련 단백질 tapasin, 샤페론 calreticulin, 그리고 산화환원효소 ERp57을 포함한다. Tapasin은 그의 peptide-receptive state에서 class I MHC 분자를 유지하고, 항원 제시와 관련된 transporter (TAP, *t*ransporter *a*ssociated with antigen *p*resentation; 그림에서 안 보임)와의 물리적 연결을 가능하게 한다. 펩타이드가 결합하면 class I MHC 분자가 펩타이드 loading 복합체에서 방출되고 분비 경로로 들어가 목적지인 세포 표면에 도달한다. [Thanos Papakyriakou.]

필요 단백질을 자동적으로 항시 발현하거나, 어떤 경우에는 유도 발현할 수 있다. 우리가 살펴본 바와 같이, interferon γ와 같은 cytokine에 대한 노출은 immune-specific proteasomal subunit의 생성을 유도하여 class I MHC 분자가 제시하는 적절한 펩타이드를 효율적으로 만들어내는, 기능적으로 향상된 능력을 보유한 immunoproteasome (면역 프로테아좀)을 생성할 수 있다. 바이러스 감염이 없는 경우에도 일어나는 정상적인 단백질 합성과 분해를 통하여 class I MHC 분자에 load되는 펩타이드 스트림이 지속적으로 만들어진다. 따라서 건강한 정상 세포는 표면에 자기 단백질에서 파생된 펩타이드를 전시한다. 전형적인 유핵 세포의 표면에는 수천 개의 별개의 MHC-펩타이드 조합이 표시될 수 있다. 감염되지 않은 정상 세포의 표면에 MHC-자기 펩타이드 복합체가 전시되며, 이는 면역계에서 필수적인 역할을 한다. 바이러스에서 유래된 펩타이드가 펩타이드-MHC 복합체 상태로 세포 표면에 전시되기까지 면역계는 자신이 바이러스 감염되었는지 눈치채지 못한다.

위에서 언급했듯이, 적절히 기능하는 면역계는 자기(비병원성) 항원과 비자기(외부, 잠재적 병원성) 항원을 구별할 수 있어야 한다. *Thymus* (흉선)이라고 하는 작은 기관(인간의 심장 위 흉골 근처에 위치)은 면역계가 자기와 비자기를 식별하는 능력을 제어하는 데에 중요한 역할을 한다. *Thymocyte* (흉선 세포)라고 하는 흉선에서 발달하는 T 세포는 thymic epithelial cell (흉선 상피 세포)에서 생성된 MHC-peptide 복합체 세트에 대한 antigen-specific receptor를 보정한다. 흉선에서 self MHC 분자에 의한 self peptide 전시는 발달 중인 각각의 T 세포가 peptide-MHC 조합 중에서 어느 것이 self-derived peptide (자기에서 유래된 펩타이드)를 가진 조합인지 학습할 수 있게 한다. 즉, self peptide를 가진 조합을 무시함으로써 자기 파괴적인 자가면역 반응을 피할 수 있다. 따라서 T 세포 발달은 self peptide가 loading된 self-MHC 분자에 의해 주도된다. 이 self peptide-MHC 조합은 T 세포의 유용한 레퍼토리가 형성될 수 있는 기본 template로 쓰인다. 간단히 말해서, self MHC–self peptide 복합체와 너무 강하게 반응하는 수용체를 지닌 T 세포는 흉선을 떠나면 잠재적으로 위험하므로 제거되어야 한다. 이 선택 과정은 나중에 논의될 것이다.

그럼에도 불구하고, cytotoxic T cell의 발달에 중요한 antigen presentation의 일반적인 방식에 예외가 있는데, 바로 *cross–presentation* (교차 제시)이다. 이 용어는 dendritic cell의 phagocytosis에 의해 apoptotic cell remnant (세포 사멸 잔존물), 혹은 항체에 결합된 항원 복합체, 혹은 기타 다른 형태의 항원을 획득하는 것을 의미한다. 아직 완전히 이해되지 않은 경로에 의해, 이러한 물질들은 phagosome 또는 endosome 구획에서 세포질로 탈출한 다음, 위에서 설명한 단계에 따라 처리되어 class I MHC 단백질에 load되어질 펩타이드 조각으로 된다. Endosomal 또는 lysosomal 단백질 분해는 마찬가지로 endocytic compartment 자체에서 또는 표준 class I 처리 및 제시 경로에 들어갈 수 있는 세포질로 전달된 후 class I MHC 단백질로 이동하는 펩타이드를 생성할 수 있다. 수지상 세포는 교차 제시에서 가장 효율적이므로 APC 이외의 세포에서 유래한 펩타이드와 결합할 class I MHC 분자에 loading이 가능하다.

Class II MHC 경로는 Endocytic Pathway로 전달된 항원을 전시한다

Class I MHC 및 class II MHC 분자는 구조적 유사성을 나타내지만, 이 둘이 펩타이드를 획득하는 방식과 항원 인식에서 기능은 크게 다르다. Class I MHC 분자의 주요 기능은 CD8 함유 cytotoxic T cell을 표적(보통 감염된) 세포로 안내하는 반면, class II MHC 분자는 CD4 함유 helper T cell을 이들과 상호작용하는 세포, 주로 professional APC로 안내하는 역할을 한다. Activated helper T cell은 B cell이 항체를 생산하도록 도울 뿐만이 아니라 복잡한 cytokine 세트를 통해서 방어 기능을 수행한다. Cytokine은 식세포를 활성화하여 병원체를 없애거나 염증 반응 설정에 도움을 준다.

이전에 언급한 바와 같이, class II MHC 분자는 주로 professional APC에서 발현된다: 식세포인 dendritic cell과 macrophage, 그리고 식세포 활성이 없는 B 세포 등이 전문적인 항원 제시 세포이다. 따라서 항원을 처리하고 제시하는 class II MHC 경로는 일반적으로 이들 세포에서만 일어난다. 이 경로의 단계는 그림 24-28에 설명되어 있다.

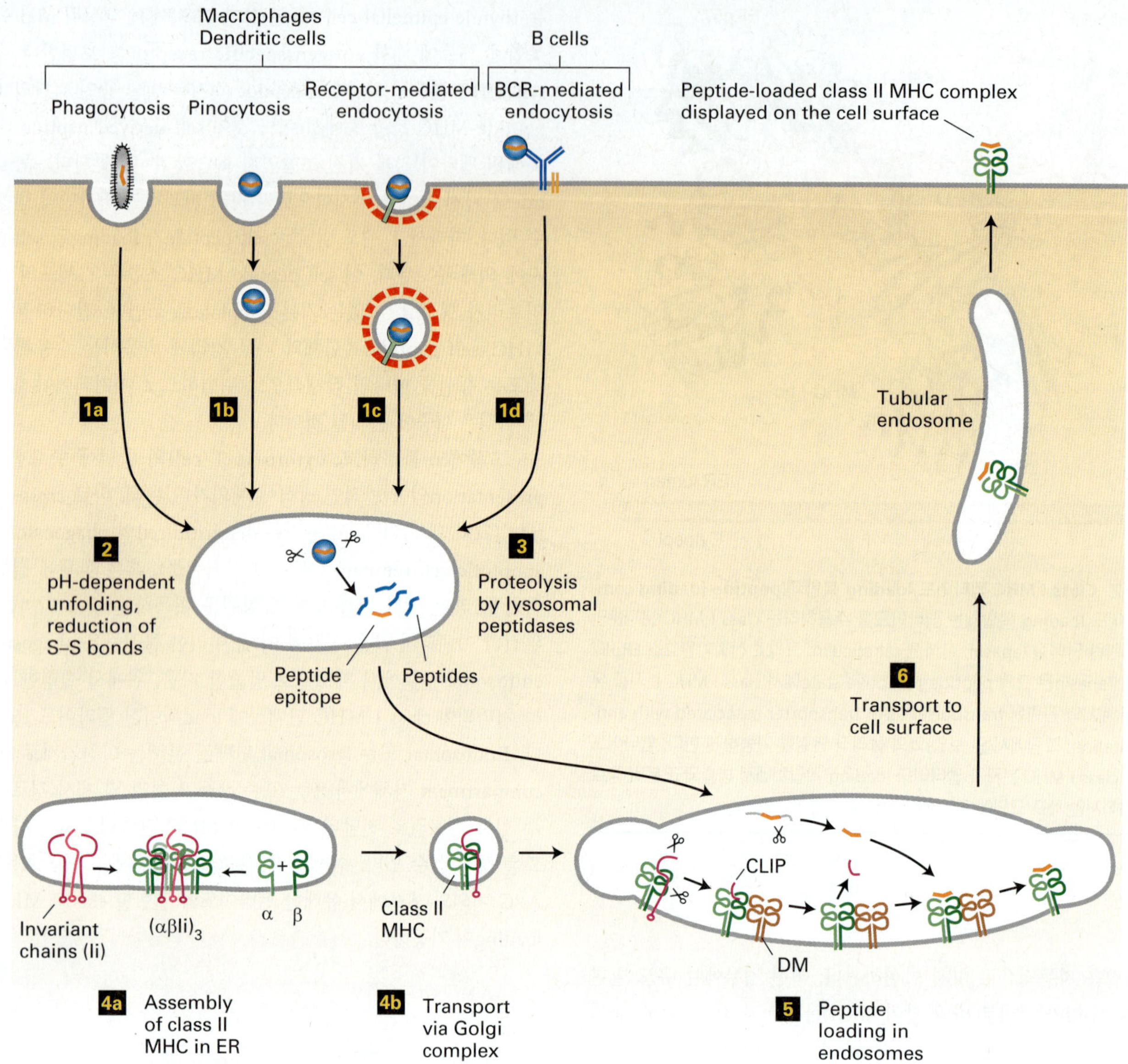

그림 24-28 Class II MHC 경로에 따른 항원 처리 및 제시. 단계 **1**: 입자형 항원은 식세포 작용에 의해 획득되고, 비입자형 항원은 음세포 작용(pinocytosis) 또는 endocytosis에 의해 획득된다. 단계 **2**: Endosome과 lysosome의 산성 환경 또는 환원 환경에 항원이 노출되면 구조가 풀려 단백질 분해가 잘 되는 상태로 된다. 단계 **3**: 항원은 endosome 및 lysosome 구획에서 다양한 protease에 의해 분해된다. 단계 **4**: Class II MHC 분자는 그들의 subunit로부터 ER에서 조립되고, invariant (Ii) chain과 결합하여 그에 내재된 신호를 통해 엔도솜 및 리소솜 구획으로 전달된다. 이 전달은 late endosome, lysosome, 그리고 초기 endosome을 차례로 향한다. 그럼으로써 class II MHC 분자를 endosytosis 경로 전체를 따라 들어오면서 만들어지는 항원의 단백질 분해 산물에 노출되게 한다. Ii polypeptide는 이러한 구획에서 분해되고, 남겨진 Ii remnant는 나중에 전시될 펩타이드와 교환되며 제거된다. 단계 **5**: 펩타이드 loading은 class II MHC-like 샤페론 단백질인 DM의 도움을 받아 진행된다. 단계 **6**: 펩타이드가 loading된 class II MHC 분자가 세포 표면으로 수송된다. 자세한 내용은 본문을 참조하시오.

1. 항원 획득: Class II MHC 경로에서 항원은 pinocytosis (음세포 작용), phagocytosis (식세포 작용) 또는 receptor-mediated endocytosis (수용체 매개 세포내 섭식)에 의해 획득된다. 다소 비특이적인 음세포 작용은 extracellular fluid와 그 안에 용해된 분자들을 membrane invagination (막 함입)과 이어진 vesicle fusion (소포 융합)으로 세포 내로 들이는 과정이다. 식세포 작용은 박테리아, 바이러스 및 죽은 세포의 잔해와 같은 미립자 물질을 안으로 들인다. 이를 위해 actin-based cytoskeleton (액틴 기반 세포 골격)의 광범위한 리모델링이 있게 된다. Phagocytosis는 특정 receptor-ligand interaction에 의해 시작될 수 있지만 항상 필요한 것은 아니다. Latex particle 및 유리구슬과 같은 미립자도 대식세포에 의해 매우 효율적으로 섭취될 수 있다. 항체와 보체 성분에 의해 장식(opsonized)된 병원체는 대식세포와 수지상 세포의 맛있는 먹이감이다. 대식세포는 complement 성분에 대한 수용체 혹은 immunoglobulin의 Fc 부분에 대한 수용체를 통해서 이들을 인식하

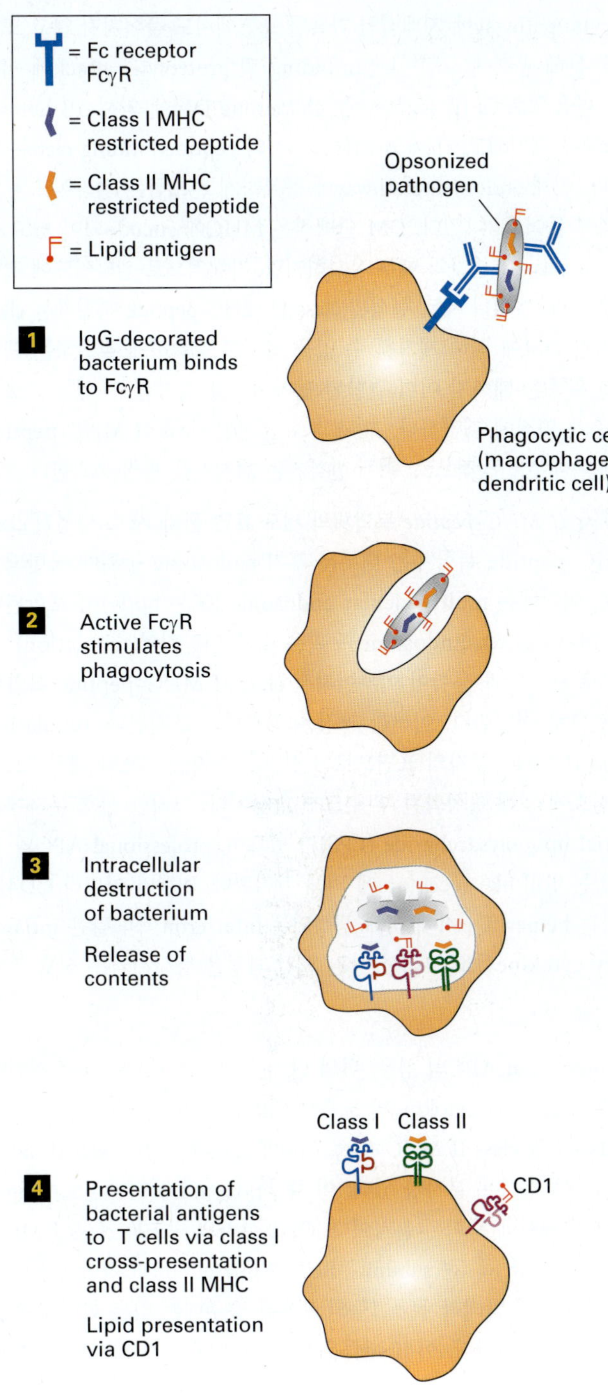

그림 24-29 식세포에 의한 옵손화(opsonized) 항원의 제시. 대식세포나 수지상 세포와 같은 전문적인 식세포는 그들 표면에 발현되는 FcγR과 같은 Fc 수용체를 통해 항체로 장식된 병원체를 섭취할 수 있다(opsonization). 그렇게 먹힌 입자(예, 면역 복합체, 박테리아, 바이러스)는 소화 후 만들어진 병원체의 단편(주황색) 가운데 어떤 펩타이드는 class II MHC 분자(녹색)에 load된다. 표면에 전시된 class II MHC–peptide 복합체는 이러한 MHC-펩타이드 조합에 특이적인 수용체를 가진 T 세포를 활성화한다. Lipid antigen (지질 항원)은 지질을 수용하도록 특수화된 class I MHC–like molecules인 CD1 (분홍색)으로 전달된다. 특정 병원체 유래 펩타이드(보라색)는 cross-presentation (교차 제시)를 통해 class I MHC product (파란색)로 전달될 수 있다. 교차 제시의 기초가 되는 분자 메커니즘은 아직 명확하지 않다.

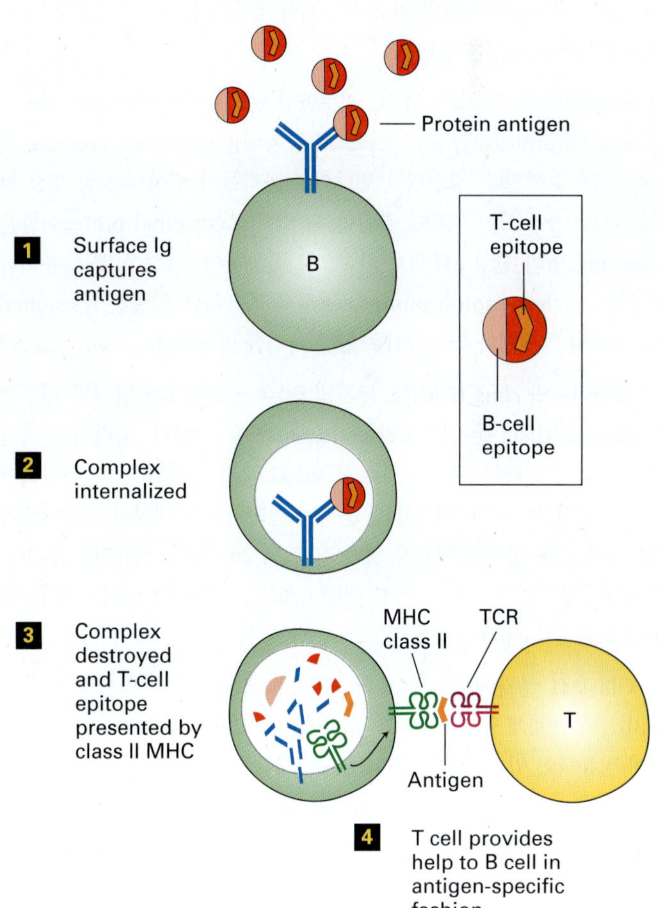

그림 24-30 B 세포에 의한 항원 제시. B 세포는 항원을 결합하는데, 그 농도가 낮더라도 B 세포 수용체 또는 표면 Ig를 통해 결합한다. 생성된 면역 복합체는 안으로 들어와 endosome 및 lysosome 구획으로 전달되어 분해된다. 단백질 항원의 단편을 포함하여 면역 복합체에서 유리된 펩타이드는 세포 표면에 class II MHC–peptide 복합체 형태로 전시된다. 전시된 복합체에 특이적인 helper T cell은 B 세포에 도움을 제공해서 그 B 세포가 증식하여 결국 항체를 분비하는 형질 세포로 분화할 수 있다. 이 도움은 MHC에 제한을 받으며 항원 특이적이다.

고 잡아먹는다(그림 24-29). 또한 대식세포와 수지상 세포는 가용성 항원과 미립자 항원의 분자 패턴을 인식하는 여러 유형의 덜 선택적인 수용체(예, C-type lectin, Toll-like receptor, scavenger receptor)를 발현한다. 수용체에 결합된 항원은 receptor-mediated endocytosis에 의해 세포 안으로 들어간다. 식세포가 아닌 B 세포는 항원 특이적 B 세포 수용체에 결합한 항원을 receptor-mediated endocytosis를 통해 획득할 수 있다(그림 24-30). 마지막으로 cytosolic antigen (세포질 항원)은 autophagy (자가포식)을 통해 class II MHC 경로에 들어갈 수 있다(그림 14-34 참조).

2. 항원 파괴를 위한 targeting: 단백질 분해는 intact 단백질 항원을 class II MHC 분자에 결합하기에 적합한 크기의 펩타이드로 전환시킨다. 단백질 항원은 endocytic pathway를 밟는 과정에서 pH가 떨어져 점진적인 구조 해체(progressive unfolding)가 일어나 가수분해의 target이 된다. 세포 외 환경의 pH는 약 pH 7.2인 반면, 초기 endosome에서는 pH 6.5와 5.5 사이이다. 후기 endosome과 lysosome에서 pH는 pH 4.5로 떨어진다. Endosome과 lysosome 막에 있는 ATP-powered V-class proton pump가 이러한 산성화를 담당한다(그림 11-9 참조). 중성 pH에서 안정한 단백질은 수소 결합의 파열과 salt bridge의 불안정화를 통해 extreme pH에 노출될 때 풀어지는 경향이 있다. 또한, endosomal 또는 lysosomal compartment (구획)의 환경은 lysosome이 millimolar range에서 reducing equivalent (환원 당량) 농도를 얻을 정도로 환원 환경이다. 더욱 많은 extracellular protein을 안정화시키는 disulfide bond는 interferon γ 노출로 유도되는 thioreductase에 의해 끊어진다. 낮은 pH와 환원 환경은 단백질 항원의 분해가 잘 일어나도록 하는 분위기를 조성한다.

3. 단백질 분해: Class II MHC 경로에서 단백질의 분해는 cysteine 또는 aspartyl protease인 *cathepsin*으로 통칭되는 lysosomal protease 세트에 의해 수행된다. 광범위한 펩타이드 조각들이 생성되는데, 그중 일부는 class II MHC 분자에 결합할 수 있다. Lysosomal protease들은 lysosome 내의 산성 pH에서 최적으로 작동한다. 산성 상태를 유지하게 하는 V-class proton pump의 활성을 억제하는 약물은 lysosomal protease의 억제제와 마찬가지로 항원 처리를 방해한다.

4. 펩타이드와 *class II MHC* 분자의 만남: 소포체에서 합성된 대부분의 class II MHC 분자는 후기 endosome으로 향한다. 따라서 단백질 분해로 생성된 펩타이드는 class II MHC 분자 자체와 동일한 세포내 공간에 존재한다. Class I MHC 분자에 결합하도록 예정된 펩타이드의 경우처럼 막을 통과할 필요가 없다(그림 24-26 참조). 펩타이드가 class II MHC 분자와 만나도록 하기 위해 $(\alpha\beta Ii)_3$ 복합체는 분비 경로를 통해 소포체에서 endosome 구획으로 운반된다.

5. Class II 분자에 펩타이드의 결합: Endosome 구획으로 전달된 $(\alpha\beta Ii)_3$ 복합체에 있는 peptide-binding cleft는 invariant chain (Ii)에 의해 점유되어 있기 때문에 펩타이드에 결합할 수 없다. 같은 이유로 새로 조립된 $(\alpha\beta Ii)_3$ 복합체는 TAP를 통해 ER로 전달되는 class I MHC에 결합될 펩타이드에 대해 경쟁하지 않는다. 그들의 peptide-binding site는 이미 Ii에 의해 점유되어 있다. ER은 class I 및 class II MHC 분자가 모두 조립되는 곳임을 상기하자. 초기 class II MHC 복합체에 Ii가 존재하면, class II MHC 분자는 ER에 있는 펩타이드에 결합하지 않는다. Internalized antigen에 작용하여 이들을 펩타이드로 분해하는 엔도솜 및 리소솜에 존재하는 protease는 $(\alpha\beta Ii)_3$ 복합체에도 똑같이 작용하여 Ii 분자를 제거하는데, 그의 한 부분인 *CLIP segment*는 남긴다. CLIP은 class II MHC peptide-binding cleft에 단단히 붙어 있기 때문에 단백질 분해 공격에 저항한다. Class II MHC 분자 자체는 또한 endocytic pathway에 지배적인 가혹한 조건에서도 풀어지지 않고 또한 단백질 분해 공격에도 견딘다(unfolding 및 proteolytic attack에 저항한다). 다음으로 CLIP segment는 chaperone DM에 의해 $\alpha\beta$ heterodimer에서 제거되고, class II MHC 분자의 peptide-binding cleft는 비게 된다. 이제 endocytic pathway에 풍부하게 존재하는 펩타이드는 그 빈자리에 들어설 수 있다. DM 단백질은 MHC에 encode되어 있고 구조적으로 class II 분자와 매우 유사하지만, 자체적으로 펩타이드에 결합하지 않는다. 그러나 새로 형성된 class II MHC-peptide 복합체는 class II 분자가 DM에 의해 제거될 수 없을 정도로 강력하게 결합하는 펩타이드를 획득할 때까지 이미 결합된 펩타이드를 제거할 수 있는 DM에 의한 추가 편집에 취약하다. 그 결과로 생성된 class II MHC-peptide 복합체는 매우 안정적으로, 해체 반감기는 24시간을 훨씬 초과한다.

6. *Class II MHC–peptide* 복합체의 세포 표면 전시: 새로 생성된 class II MHC–peptide 복합체는 대부분 후기 endosome 구획에 국한되어 있으며, 여기에는 multivesicular endosome (또는 body)이 포함된다(그림 14-32 참조). Endosome 구획은 길게 연장되어(tubulation) 궁극적으로 세포막과 융합이 이루어져서 class II MHC–peptide 복합체를 표면으로 전달한다. 이러한 과정은 엄격하게 조절된다: tubulation과 class II MHC 분자의 표면으로의 전달은 수지상 세포와 대식세포가 감염 신호에 의해 활성화된 후에 크게 향상된다. 그러한 신호 분자에는 bacterial lipopolysaccharide (LPS)가 있으며, professional APC의 표면에 있는 Toll-like receptors에 의해 감지된다. 이뿐만 아니라 CD4를 발현하는 helper T cell에 의해 생성되는 interferon γ와 같은 inflammatory cytokine들도 그러한 항원 전시 과정을 향상시키는 신호 분자이다.

Professional APC의 경우, 위의 단계는 항상 일어나는 과정이지만 microbial agent와 cytokine의 노출에 의해 조절될 수 있다. 여기에 설명된 class I 및 class II MHC 경로 이외에 class I MHC–related molecule 범주에 속하는 분자가 있다. 이 중 하나는 CD1 단백질로서 lipid antigen의 제시에 특화된 분자이다. CD1 분자의 구조는 class I MHC 분자와 유사하다. 즉, 큰 subunit는BETA2-microbulin과 복합체를 이룬다. 많은 종류의 박테리아는 그들의 포유류 숙주에는 없는 화학 구조를 가진 lipid를 생산한다. 이 lipid들은 CD1 분자에 의해 제시될 때 항원으로 작용할 수 있다(그림 24-29 참조). 제시는 CD1 분자의 lipid-binding pocket을 통해 이루어지는데, 개념적으로 대부분의 MHC 분자에 의한 과정과 유사하다. 큰 CD1 subunit의 cytoplasmic tail을 통한 신호는 CD1 분자를 endosome 또는 lysosome 구획으로 가게 끔 인도하며, 거기서 antigenic lipid의 loading이 일어난다. CD1-lipid 복합체는 비교적 희귀한 T cell class인 NKT cell과 GAMMADELTA T cell에 한정되어 기능을 한다. *NKT cell*은 cytokine 생산에 중요한 역할을 하며, 그 cytokine들이 적응 면역 반응의 시작과 전체적인 조율에 도움을 준다. Class I MHC 단백질과 구조적으로 비슷한 또 다른 단백질인 MR1은 몇몇 작은 대사산물과 결합하여 그들을 T lympocyte의 특별한 subset인 *MAIT cell*에 제시한다.

24.4절의 주요 개념

MHC와 항원 제시

- 이식편의 수용 또는 거부를 담당하는 유전 영역으로 발견된 MHC는 면역 반응과 관련된 다양한 단백질을 암호화한다. 이러한 단백질 중 class I 및 class II MHC 분자는 매우 polymorphic (다형성)이며, 많은 allelic variation을 가진다(그림 24-22 참조).

- Class I 및 class II MHC 단백질의 기능은 펩타이드 항원에 결합하여 그들을 세포 표면에 전시함으로써, 항원–MHC 단백질 복합체가 T 세포의 항원 특이적인 T 세포 수용체와 상호작용할 수 있도록 하는 것이다. Antigen presenting cell 표면의 항원–MHC 단백질 복합체가 T 세포의 상보적인 T 세포 수용체에 결합하면, T 세포가 활성화되어 사이토카인을 생성하거나 바이러스에 감염된 세포를 죽이는 능력 같은 효과기 기능을 보유하게 된다. Class I MHC 분자는 대부분의 nucleated (유핵) 세포에서 발견되는 반면에, class II MHC 분자의 발현은 주로 수지상 세포, 대식세포 및 B 세포와 같은 professional APC에 국한된다.

- Class I 및 class II MHC 분자의 조직 및 구조는 유사하며, 다양한 펩타이드 결합에 특화된 peptide-binding cleft을 가지고 있다(그림 24-24 참조).

- MHC 분자의 다른 allelic variant는 다른 세트의 펩타이드에 결합한다. 한 대립유전자를 다른 대립유전자와 구별하는 차이점에는 peptide-binding cleft의 구조를 정의하는 residue가 있기 때문이다(그림 24-25 참조). 또한 allelic variation은 상응하는 T 세포 수용체와 직접 접촉하는 MHC 분자의 residue를 포함한다. 따라서 MHC 분자의 다른 allelic variant는 동일한 펩타이드에 결합하더라도 일반적으로 동일한 T 세포 수용체와 반응하지 않는다. 이 현상을 *MHC restriction*이라고 한다.

- Class I 및 class II MHC 분자에 펩타이드 결합은 서로 다른 세포 내 구획에서 일어난다. Class I 분자는 주로 cytosolic material에 결합하는 반면, class II 분자는 phagocytosis, pinocytosis, 또는 receptor-mediated endocytosis에 의해 내부로 들어온 extracellular material에 결합한다.

- 단백질 항원이 획득되어 펩타이드로 가공되고, MHC-펩타이드 복합체로 전환되어 세포 표면으로 전시되는 과정을 *antigen processing* (항원 처리) 및 *antigen presentation* (항원 제시)라 한다. 이 과정은 관련 MHC 분자를 발현하는 세포에서 지속적으로 작동하지만, 면역 반응 과정에서 조절될 수 있다.

- 항원 처리 및 제시는 6가지 개별 단계로 나눌 수 있다. (1) 항원 획득; (2) 파괴를 위한 항원의 targeting; (3) 단백질 분해; (4) MHC 분자와 펩타이드의 만남; (5) MHC 분자에 펩타이드의 결합; 및 (6) 세포 표면에 펩타이드 loading된 MHC 분자의 전시(그림 24-25 및 24-27 참조).

24.5 T 세포, T 세포 수용체 및 T 세포 발달

T lymphocyte는 수용체와 MHC 분자의 특이적 상호작용을 통해 항원을 인식한다. 이 작업을 담당하는, 개별 T 세포에 의해 만들어진, 항원 특이적인 T cell receptor는 immunoglobulin의 F(ab) 부분과 구조적으로 관련되어 있다. 항원 특이적 T 세포 수용체의 엄청난 레퍼토리를 생성하기 위해서, T 세포는 immunoglobulin 유전자를 재배열하기 위해 B 세포가 사용하는 메커니즘과 본질적으로 동일한 방법을 사용한다. T 세포도 somatic recombination (체세포 재조합) 메커니즘으로 TCR subunit를 코딩하는 유전자를 재배열한다. B 세포와 같이, T 세포의 발달은 이러한 체세포 유전자 재배열의 성공적인 완료에 엄격하게 의존하여 기능성 T 세포 수용체를 생성한다. RAG 활성을 유전적으로 없애 버리면, 모든 T 세포와 모든 항체 생산 B 세포가 만들어지지 않는다. 앞서 언급한 바와 같이, 각 T 세포는 단일 유형의 T 세포 수용체를 발현한다. 이 절에서는 항원 특이적 인식을 매개하는 수용체 subunit를 설명하고, 이들이 신호전달에 필수적인 membrane glycoprotein들과 어떻게 짝을 이루는지, 그리고 결과로 생기는 복합체가 MHC-펩타이드 조합을 어떻게 인식하는지를 알아볼 것이다.

이전 절에서 지적한 바와 같이, 한 개인의 T 세포는 그 개인이 가지고 있는 polymorphic MHC 분자에 결합한 펩타이드 항원만을 인식한다. T 세포 발달 과정에서 T 세포는 이러한 자기 MHC 분자의 정체를 파악해야 하고, 어떤 MHC-펩타이드 조합을 무시해야 하는지에 대한 지침을 받아야 한다. 그럼으로써 새로 생성된 T 세포가 자신의 조직에 치명적인 손상을 입힐 가능성, 즉 자가면역을 피할 수 있다.

T-세포 수용체의 구조는 immunoglobulin의 F(ab) 부분과 유사하다

B 세포가 항원을 인식하고 clonal expansion을 유도하는 intracellular signal을 생성하기 위해 세포 표면의 B cell receptor를 사용하는 것처럼, T 세포도 면역 반응에 참여하기 위해 **T-cell receptor (TCR)**를 통한 신호 개시에 의존한다. 이러한 항원 특이적 수용체를 통해 활성화된 T 세포는 증식하여 항원을 표지한 target 세포를 죽이거나(cytotoxic T cell의 경우), B 세포가 antibody-producing plasma cell로 분화하는 데 도움이 되는 cytokine들을 분비하는 능력을 획득한다(helper T cell의 경우). TCR은 MHC 분자에 결합된 antigenic peptide를 인식한다.

TCR은 2개의 core glycoprotein subunit로 구성되며(그림 24-31), 각각은 체세포 재배열된 유전자에 의해 암호화된다. 수용체는 일반적으로 α 및 β 소단위로 구성되지만, 특정 TCR은 대안적으로 γ 및 δ 소단위로 구성된다. 이 소단위의 구조는 immunoglobulin의 F(ab) 부분의 구조와 비슷하다. N-말단 끝에 variable region이 있고, 그 뒤에 constant region과 transmembrane segment가 있다. TCR 소단위의 cytoplasmic tail은 짧아 세포질의 신호전달 분자들과 직접 상호작용하

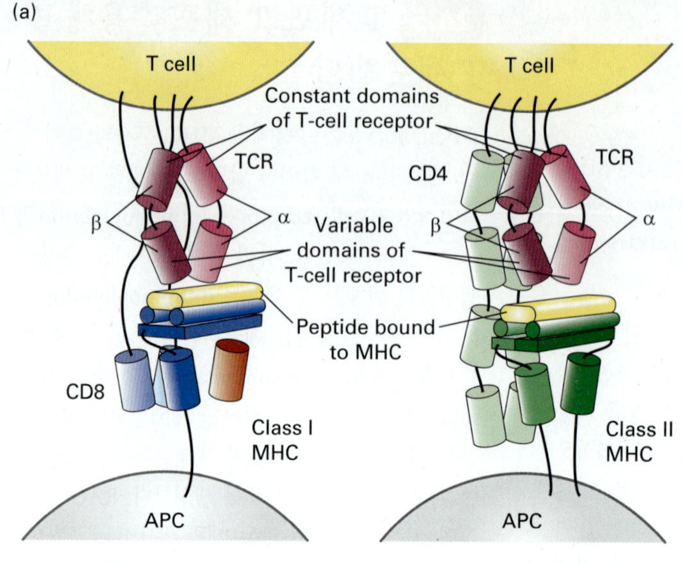

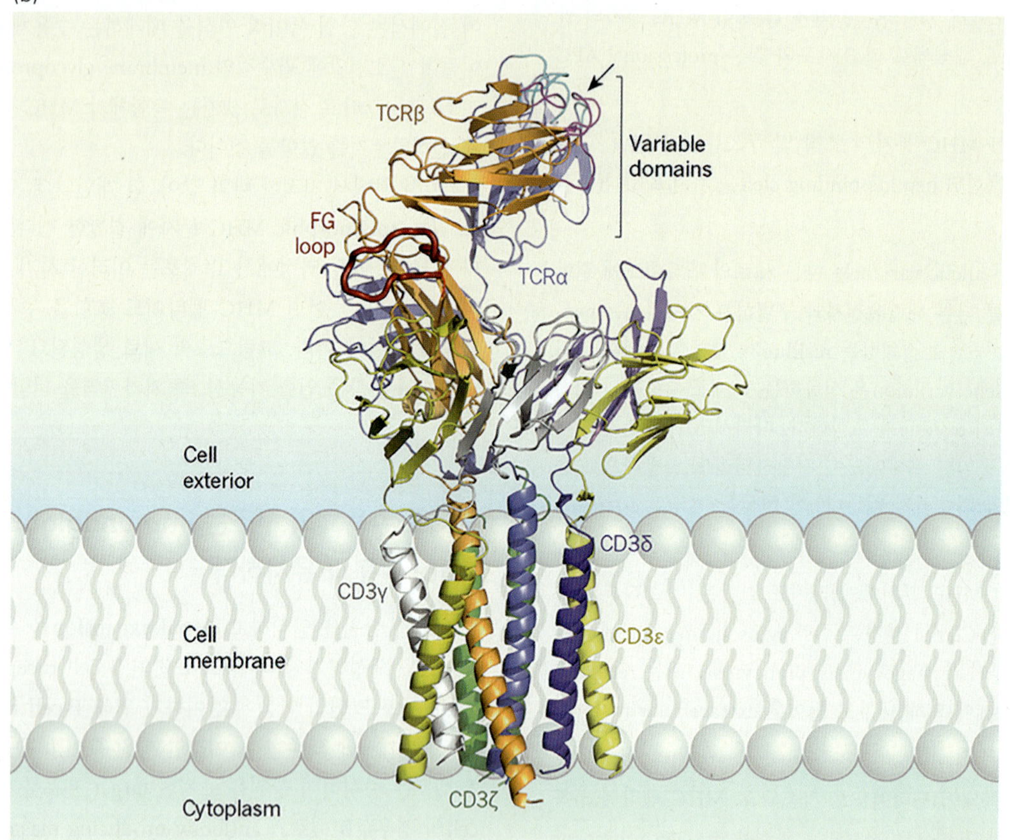

그림 24-31 T 세포 수용체와 그 공동 수용체의 구조. (a) 항원 특이적 T 세포 수용체(TCR)는 V-J 및 V-D-J 재조합에 의해 각각 생성되는 α 및 β 소단위체의 두 사슬로 구성된다(그림 24-32 참조). α 및 β 소단위는 신호전달을 매개하기 위해 CD3 복합체(표시되지 않음, 패널 b 및 그림 24-33 참조)와 연결되어야 한다. TCRαβ-CD3 complex는 세포 표면에서만 발현되어야 완전체로 구성된다. TCR은 항원 제시 세포에서 각각 class I MHC 또는 class II MHC 분자의 구조적으로 잘 보존된 영역과 상호작용하는 공동 수용체인 CD8 (연한 파란색) 또는 CD4 (연한 녹색)와 추가적인 연합을 이룬다. (b) Cyroelectron microscopy (극저온전자현미경)에 의해 결정된 TCR-CD3 복합체의 extraxellular portion의 구조. CD3 복합체의 subunit는 다른 색상으로 구분된다. T 세포 수용체 α(TCRα) 및 β(TCRβ) subunit의 extracellular portio과 CD3γ, δ 및 ε의 extracellular portion은 모두 immunoglobulin domain 의 basic fold를 보유하고 있다. CD3 complex subunit의 cytoplasmic portion은 극저온전자현미경으로 분석되지 않았으므로 그림에는 없다. CD3γ, δ 및 ε subunit와 다르게, CD3ζ 사슬은 최소한의 extracellular domain을 가지고 있다. CD3 복합체의 intracellular portion은 TCR-CD3 복합체를 통한 신호전달에 필수적인 immunoreceptor tyrosine-based activation motifs (ITAMs)가 있다. [Part (b) republished with permission from Nature Publishing Group, from E. L. Reinherz, 2019, "The Structure of a T-Cell Mechanosensor," *Nature* **573**(7775):502–504; permission conveyed through Copyright Clearance Center, Inc.]

지 않는다. 대신, TCR은 γ, δ, ε 및 ζ chain으로 구성된 막 당단백질 세트인 CD3 복합체와 결합한다. 이 복합체의 구조는 극저온전자현미경으로 확인되었다(그림 24-31b). CD3 subunit들의 extracellular domain은 immunoglobulin domain과 유사하고, 각각의 cytoplasmic domain에는 ITAM (immunoreceptor tyrosine-based activation motif)이 있으며, 이 motif는 tyrosine residue의 인산화 시 adaptor protein을 모집한다. ζ chain은 disulfide-bonded homodimer로 CD3-TCR 복합체에 통합되며, 각 ζ 사슬에는 3개의 ITAM이 있다(그림 24-33 참조).

TCR 유전자는 immunoglogulin 유전자와 유사한 방식으로 재배열된다

체세포 재조합에 의해 생성된 거의 모든 항원 특이적 수용체는 VDJ 재조합의 산물(예, Ig heavy chain; TCR β chain)과 VJ 재조합의 산물(예, Ig light chain, TCR α chain)을 가지고 있다. TCR에 대한 VDJ 및 VJ 재조합 메커니즘은 immunoglobulin gene에 대해 설명한 것과 본질적으로 동일하다. 그리고 nonhomologous end-joining machinery

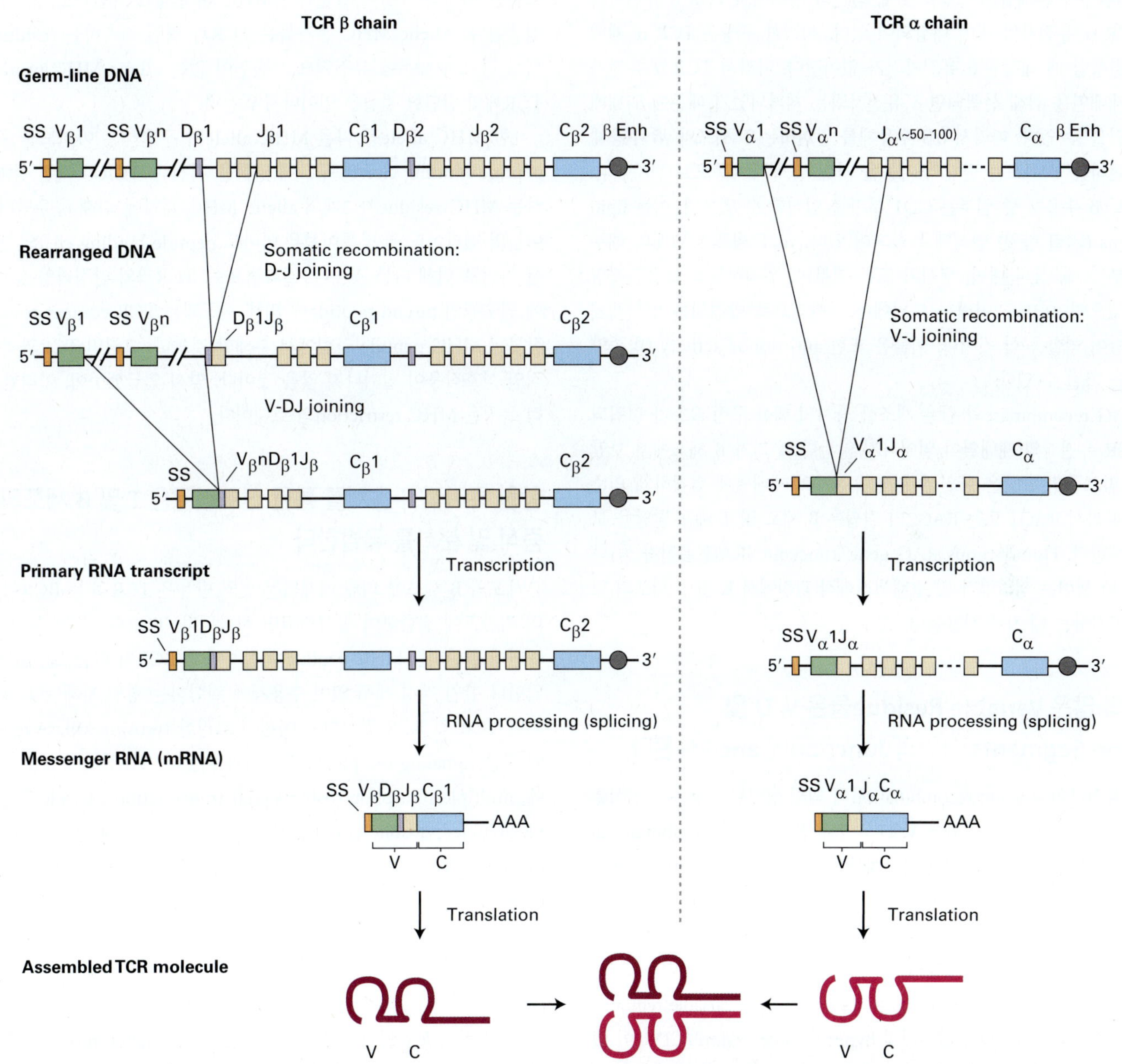

그림 24-32 TCR 유전자좌의 조직과 재조합. TCR 유전자좌의 구성은 원칙적으로 면역글로불린 유전자좌의 구성과 유사하다(그림 24-15 참조). *왼쪽*: TCR β-chain locus는 V segment cluster, D segment cluster 및 여러 J segment를 포함하며 그 downstream에는 2개의 constant region이 있다. 재결합 신호의 배열은 D-J joining이 허용될 뿐만 아니라 D-D joining에 이어서 V segment로의 joining이 허용된다. Recombination signal sequence의 배열이 V-J joining이 가능할 수 있음을 보여줄지라도 TCR β 유전자좌에서 직접적인 V-J joining은 관찰되지 않는다. *오른쪽*: TCR α-chain locus는 V segment cluster와 많은 수의 J segment로 구성되어 있다. SS = exon encoding signal sequence; Enh = enhancer.

를 구성하는 모든 component protein들도 똑같이 쓰인다: 여기에는 RAG1, RAG2, Ku70, Ku80, DNA-dependent protein kinase의 catalytic subunit, XRCC4, DNA ligase IV 및 Artemis 등이 있다. Recombination signal sequences (RSS)도 역시 필요하다(그림 24-32).

TCR loci의 조직과 재배열에 관련하여 여러 주목할만한 특징이 있다. 첫째, RSS의 구성은 Ig의 경우와 달리 D-to-D 재배열이 허용되도록 구성되어 있다. 둘째, terminal deoxynucleotidyl transferase (TdT)는 TCR 유전자가 재배열될 때 활성화된다. 그렇기 때문에 *N nucleotide* 라고 하는 추가 nucleotide가 모든 재배열된 TCR 유전자의 V-D 및 D-J 접합부에 존재할 수 있다. 셋째, 인간과 생쥐에서 TCR δ 유전자좌는 TCR α 유전자좌 내에 내장되어 있다. 이러한 구성은 TCR α 재배열이 발생할 때 내장된 δ 유전자좌가 없어진다. 따라서 TCR α 유전자좌가 재배열을 위해 선택되면 δ 유전자좌는 제거되었기 때문에 δ 재배열이 있을 수 없다. 따라서 αβ 수용체를 발현하는 T 세포와 γδ 수용체를 발현하는 T 세포는 별개의 기능을 가진 별개의 계통으로 간주된다. T-세포 γδ 수용체 중 일부는 CD1 분자를 인식할 수 있으며, 이는 lipid antigens (지질 항원) 인식에 특화되어 있다. γδ T 세포는 별개의 해부학적 부위(예, 상피 내벽, 생식기 또는 피부)에 위치하도록 프로그래밍되어 있으며, 아마도 이러한 부위에서 일반적으로 발견되는 병원체에 대한 방어 역할을 할 것이다. 이들은 또한 anti-tumor activity (항종양 활성)을 가질 수 있다.

RAG recombinase와 같은 재조합 장치의 핵심 구성 요소가 결핍되면 TCR 유전자의 재배열이 일어나지 않는다. 우리가 B 세포에서 보았듯이, 림프구의 발달은 항원 수용체 유전자의 재배열에 엄격하게 의존한다. 따라서 RAG1 또는 RAG2의 결핍은 B 세포 및 T 세포 발달을 모두 방해한다. Homozygous RAG gene knockout (RAG 유전자 둘 다를 없앤) 생쥐는 생리학적 및 병태생리학적 과정에서 B 및 T 세포의 역할을 평가하는 데 자주 사용된다.

TCR의 많은 Variable Residue들은 V, D 및 J Gene Segments 사이의 Junction에 encode된다

TCR 유전자의 somatic recombination에 의해 생성된 수용체 다양성은 10^{10}개를 초과한다. 여러 다른 V, D 및 J 유전자 절편의 combinatorial use (조합적인 사용)은 이러한 다양성에 큰 기여를 한다. Immunoglobulin 유전자 재배열에서 이미 논의된 junctional imprecision과 N-nucleotide addition 메커니즘이 마찬가지로 작동한다. 최종 결과는 적어도 immunoglobulin의 variability와 비슷한 정도의 V 영역의 variability가 생긴다(그림 24-13 참조). 실제로, TCR의 각 variable region에는 BCR에 있는 것과 동일한 3개의 hypervariable region (CDR)이 있다. 그러나 immunoglobulin 유전자와 달리, TCR 유전자는 somatic hypermutation (체세포 과돌연변이)을 겪지 않는다. 따라서 TCR은 면역 반응 과정에서 항체의 affinity maturation (친화성 성숙)과 같은 과정을 밟지 않으며, 수용체의 soluble 그리고 membrane-bound version을 생성하기 위한 class-switch recombination 또는 alternative polyadenylation site의 사용 옵션도 없다.

Class I MHC-peptide 또는 class II MHC-peptide 복합체에 결합된 TCR의 crystal structure (결정 구조)가 밝혀졌다. 이러한 구조는 TCR이 MHC-peptide 복합체와 도킹하는 방식에 다양성을 보여주지만, 가장 광범위한 접촉은 somatically diverse CDR3 region과 복합체의 중심부를 차지하는 peptide-containing portion에 의존한다. Germ line-encoded CDR1 및 CDR2는 MHC 분자의 α 나선과 접촉한다. 3차 구조가 알려진 많은 TCR은 MHC-peptide 복합체의 peptide-binding portion을 가로질러 대각선으로 도킹한다. 그 결과, TCR은 펩타이드뿐만 아니라 그것이 결합하는 MHC 분자의 α 나선과도 광범위하게 접촉한다. Allelic MHC 분자들은 TCR과 직접 접촉하는 residue들이 서로 다르기 때문에 유전적으로 관련이 없는 allelic MHC product의 TCR에의 단단한 결합은 일어나지 않는다.

한 MHC allele를 다른 MHC allele과 구별하는 아미노산 차이도 peptide-binding cleft의 구조에 영향을 미친다. TCR과 직접 상호작용하는 MHC residue가 2개의 allelic MHC 분자에 의해 공유되더라도, 이들의 펩타이드 결합 특이성은 아마도 peptide-binding cleft의 아미노산 차이로 인해 다를 것이다. 결과적으로, TCR과의 안정적인 상호작용에 필수적인 bound peptide에 의해 제공되는 TCR contact residue는 잘못된 MHC-peptide 조합에서 부재할 것이다. 그러면 TCR과의 생산적인 상호작용이 일어나지 않을 것이다. 앞서 언급했듯이, 이러한 분자적 특징은 MHC restriction의 토대이다.

항원 특이적 수용체를 통한 신호전달은 T 및 B 세포의 증식 및 분화를 유발한다

T 세포와 B 세포에 의해 매개되는 면역 반응은 TCR 또는 BCR이 각각의 리간드에 결합하여 활성화되면 시작된다. TCR의 리간드는 APC의 표면에 발현되는 MHC-peptide 복합체이다. BCR의 리간드는 MHC 개입이나 항원 제시 세포 없이 수용체에 결합하는 항원 자체이다. 항원에 의한 TCR 및 BCR 활성화는 이전에 고려한 tyrosine kinase receptor와 같은 signaling receptor의 활성화와 비슷하다(16장 참조). 모든 경우에, multiple phosphotyrosine signal transduction cascade가 관여한다. Soluble cytosolic enzyme 뿐만이 아니라 여러 integral membrane protein은 TCR 및 BCR 신호전달에 참여한다. 어떤 경우에는 이러한 membrane-associated protein을 수용체의 auxiliary (보조) subunit로 생각할 수 있다. 이러한 보조 단백질이 신호전달에 참여하는 방법의 예는 그림 24-33에 나와 있다. 항원 특이적 수용체의 cytosolic portion (세포질 부분)은 원형질막의 cytosolic leaflet (세포질에 닫는 층) 너머로 그리 많이 돌출되지 않기에 downstream signaling molecule을 모집할 수 없다. 대신, 항원 특이적 수용체는 ITAM을 포함하는 보조 소단위체와 함께 붙어 있다. 리간드에 의한 항원 특이적 수용체의 자극은 일련의 receptor-proximal event를 개시한다: 여기에는 kinase activation, ITAM 서열에서 1개 또는 2개의 tyrosine residue의 phosphorylation, 그리고 phosphotyrosine에의 SH2 domain을 통한 어댑터 단백질의 결

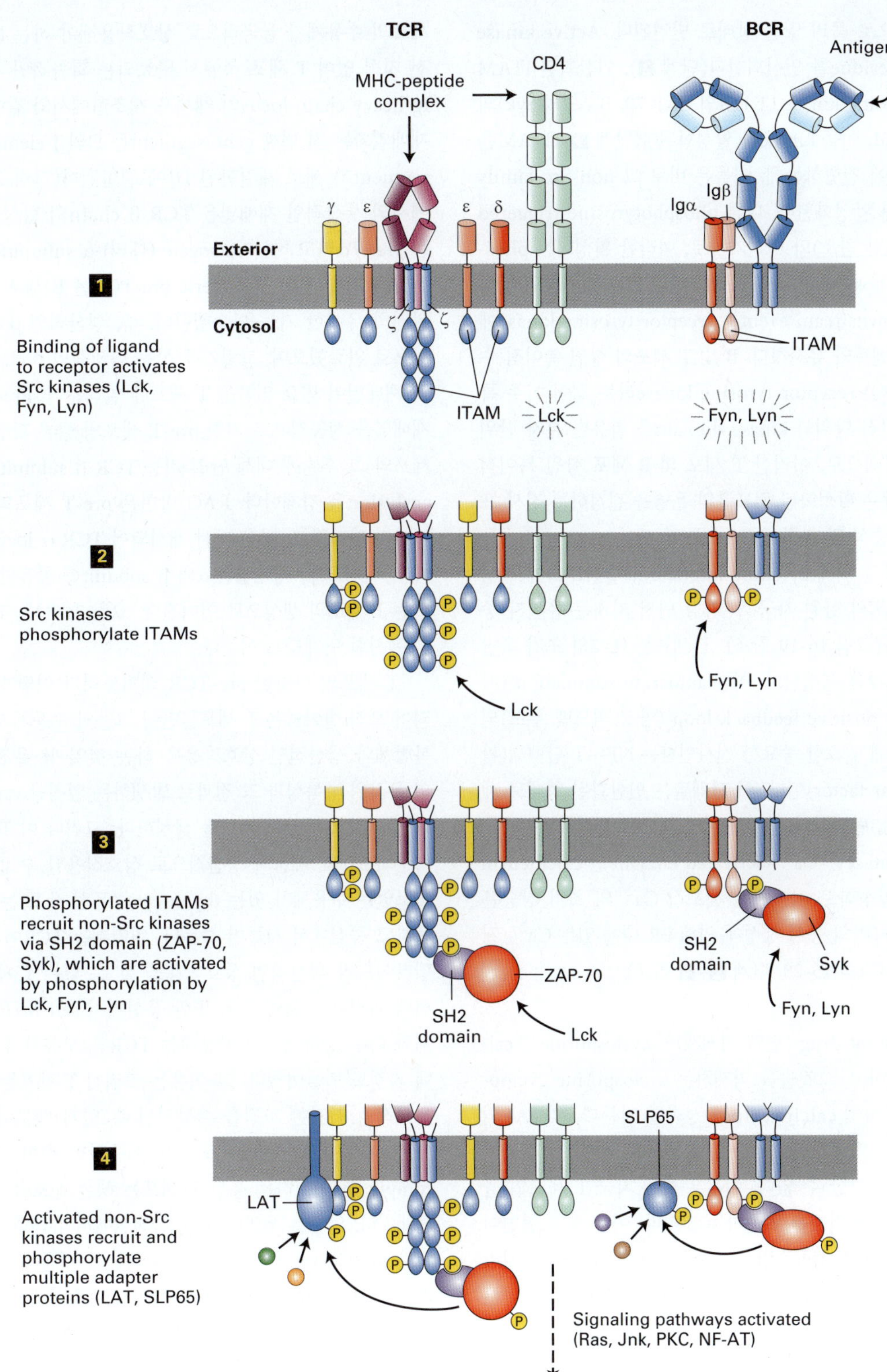

그림 24-33 T 세포 수용체(TCR)와 B 세포 수용체(BCR)로부터의 신호전달. T 세포(왼쪽)와 B 세포(오른쪽)의 항원 특이적 수용체가 사용하는 신호전달 경로는 개념적으로 유사하다. 이 그림에는 초기 단계를 나타냈다. Downstream 신호전달 이벤트는 항원 자극 림프구의 증식 및 분화를 초래하는 유전자 발현의 변화를 초래한다. 자세한 설명은 본문을 참조하시오.

합 등이 포함된다. 어댑터 단백질은 이후 여러 다른 downstream signaling molecule을 모집하는 scaffold 역할을 한다.

주요 downstream 신호전달 경로가 그림 24-33에 요약되어 있다. 항원 특이적 수용체에 리간드 결합은 Src-family cytosolic tyrosine kinase를 활성화한다(예, helper T cell의 Lck, B cell의 Lyn 및 Fyn, 그림 24-33, 단계 **1**). 이러한 kinase들은 항원 특이적 수용체에 매

우 근접하거나 물리적으로 물려 있는 상태로 발견된다. Active kinase는 ITAM의 tyrosine residue를 인산화한다(단계 **2**). 인산화된 ITAM은 non-Src-family tyrosine kinase (T cell의 ZAP-70, B cell의 Syk)의 SH2 domain과 결합하고, 이들 kinase가 활성화된다(단계 **3**). ITAM은 또 다른 어댑터 단백질에 결합하는데, 이들은 바로 그 non-Src-family tyrosine kinase에 의해 활성화된다. 다른 phosphotyrosine-triggered signaling pathway (16장 참조)와 마찬가지로, 이러한 활성화는 phosphoinositide-specific phospholipase Cγ 포함 여러 PI-3 kinase의 활성화를 유도한다. 후속 downstream event는 receptor tyrosine kinase에 대해 16장에 설명된 이벤트와 유사하다. B 및 T 세포의 항원 특이적 수용체는 modular (모듈식) receptor tyrosine kinase라는 점이 아주 특별하다. 즉, 리간드를 인식 단위와 kinase domain을 함유한 분자 단위가 따로 존재한다. 궁극적으로, 이러한 T 세포 및 B 세포 항원 특이적 수용체를 통한 신호전달은 활성화된 림프구의 운명을 결정하는 전사 프로그램을 여는 것이다: 증식 및 분화.

T 세포는 클론 확장을 위해 cytokine interleukin 2 (IL-2)에 결정적으로 의존한다. T 세포의 항원 자극 후 가장 먼저 켜지는 유전자 중 하나는 IL-2 유전자이다(그림 16-19 참조). T 세포는 IL-2의 초기 폭발에 반응하고 더 많은 IL-2를 생성한다. 이는 autocrine stimulation (자기분비 자극)의 예이며, positive feedback loop (양성 피드백 루프)의 예이다. IL-2 합성 유도에 필요한 중요한 전사인자는 NF-AT 단백질(활성화된 *T* 세포의 nuclear factor)이다. 이 단백질은 인산화된 형태로 세포질에 격리되어 있으며, 탈인산화되지 않는 한 핵으로 들어갈 수 없다. 이를 책임지는 phosphatase는 Ca^{2+}-activated enzyme인 calcineurin이다. Calcineurin의 활성화로 이어지는 세포질 Ca^{2+}의 초기 상승은 $PI(4,5)P_2$의 가수분해와 IP_3의 동시 생성에 의해 ER 내에 있는 Ca^{2+} 저장소가 열리기 때문이다(그림 15-28, 단계 **2**–**4** 참조).

Immunosuppressant drug (면역 억제제)인 cyclosporine은 calcineurin에 결합하고, 그것들을 억제하는 cyclosporine-cyclophilin 복합체 형성을 통하여 calcineurin 활성화를 막는다. NF-AT의 de-phosphorylation이 억제되면, NF-AT가 핵으로 들어갈 수 없어 *IL-2* 유전자의 전사를 유도할 수 없다. 이것은 항원 자극 T 세포의 클론 확장을 방해하므로 면역 억제를 초래하는 것이다. 이는 분명 혈연이 아닌 기증자와 수용자 사이의 성공적인 장기이식을 보장하는 약물 처리법이다. *Allogeneic* tissue transplantation이라고 하는 유전적으로 다른 개인 사이의 조직 이식은 그것들이 발현하는 MHC product가 다르다. 이러한 이식의 성공 여부는 이식하는 장기에 따라 다르지만, cyclosporine과 같은 강력한 면역 억제제의 존재는 임상에서 이식의 성공 가능성을 엄청나게 높였다. ■

MHC 분자를 인식할 수 있는 T 세포는 양성 및 음성 선택 과정을 통해 발달한다

기능적인 T 세포 수용체를 만들기 위한 gene segment의 재배열은 T 세포의 수용체가 궁극적으로 상호작용해야 하는 MHC 분자에 대한 사전 지식 없이 T 세포 측에서 완료되는 확률적인 사건이다. B 세포에서 Ig heavy chain locus의 체세포 재조합에서와 같이, TCR β chain에서 재배열되는 첫 번째 gene segment는 D와 J element이다. 그런 다음 V segment가 새로 재결합된 DJ에 결합된다(그림 24-32 참조). 이 단계에서의 생산적인 재배열은 TCR β chain의 합성을 가능하게 하며, 이는 *pre-Tα*라고 하는 surrogate (대리) α subunit와의 연합을 통해 pre-TCR로 통합된다. 이 dimeric pre-TCR은 B 세포 발달에서 pre-BCR과 완전히 유사한 기능을 수행한다. 즉, 생산적인 β chain 재배열을 성공적으로 완료했으며, 그렇기에 상동 염색체의 β chain gene에서 더 이상의 재배열이 필요 없음을 T 세포에 알려준다. Pre-TCR은 TCR β 사슬 재배열을 성공적으로 거친 pre-T 세포의 클론 확장을 허용하고, 해당 T 세포와 그 후손에 대해 단일 기능 TCR β subunit가 생성되도록 allelic exclusion을 강제한다. RAG 발현은 pre-T 세포의 확장 단계가 완료될 때까지 가라앉고, 이후 다시 개시되어 TCR α locus의 재배열이 일어난다. 궁극적으로, 재배열된 α와 β subunit를 함유한 완성형 TCR을 발현하는 T 세포의 생성으로 이어진다. 그림 24-34는 T 세포와 B 세포 발달의 유사한 단계를 보여준다.

T 세포의 다양한 pre-TCR 레퍼토리가 어떻게 나중에 추가로 정리되어 오직 살아남은 T 세포들만이 그들의 수용체가 self-MHC–peptide 복합체와 생산적인 상호작용을 하는 것일까? 유전자 재배열 과정에서의 무작위적 특성과 그 결과로 발생하는 엄청난 variability는 TCR의 방대한 그리고 다양한 세트를 생성한다. 그러나 이 TCR 세트의 대다수는 숙주의 MHC 제품과 생산적으로 상호작용할 수 없으므로 쓸모가 없다. 쓸모없는 수용체가 있는 thymocyte (흉선 세포)는 periphery로 나가지 못하고 중심에서 시들어 죽는다. 면역계는 TCR이 self MHC에 결합한 펩타이드와 생산적인 상호작용을 할 수 없는 T 세포를 제거하기 위한 선택 과정을 만들어냈다. 또한 흉선에서 self MHC–self-peptide 복합체와 아주 강하게 상호작용하는 TCR을 보유한 T 세포를 제거하는 선택 과정도 만들어냈다. 그 이유는 그러한 T 세포는 자기 반응성을 가져 정상적인 건강한 조직을 손상시킬 수 있기 때문이다(autoimmunity). TCR 이 두 극단 사이에 속하는 어중간한 친화력으로 peptide-MHC complex를 인식하는 흉선 T 세포는 생존 신호를 수신하고 긍정적으로 선택된다. 일부는 우연히 외래 단백질에서 유래한 펩타이드와 복합체를 이룬 MHC 단백질에 강하게 결합하는 능력을 가질 수 있다. 항원의 처리와 제시는 constitutive process이므로 흉선에서 모든 self MHC 분자는 필연적으로 자가 단백질에서 유래된 self peptide로 채워진다는 것을 상기하자. Class I 및 class II MHC 분자와 복합체를 이룬 self peptide 조합은 새로 생성된 T 세포 수용체 세트에 의해서 이것은 내 것이고, 요것은 무시해도 괜찮은 것 등을 결정하게 하는 교육용 훈련 재료이다.

흉선에는 선택이 진행 중인 T 세포에게 peptide-MHC 정보를 주는 여러 다른 세포들이 있다. 이들이 제시하는 peptide-MHC 복합체는 상당한 heterogeneity (이질성)를 나타낸다. 따라서 T 세포 수용체가 이러한 이질적인 신호를 해석하는 데에 있어서 특정 peptide-MHC 복합체와의 상호작용의 강도와 지속 시간뿐만 아니라, 마주치는 다양

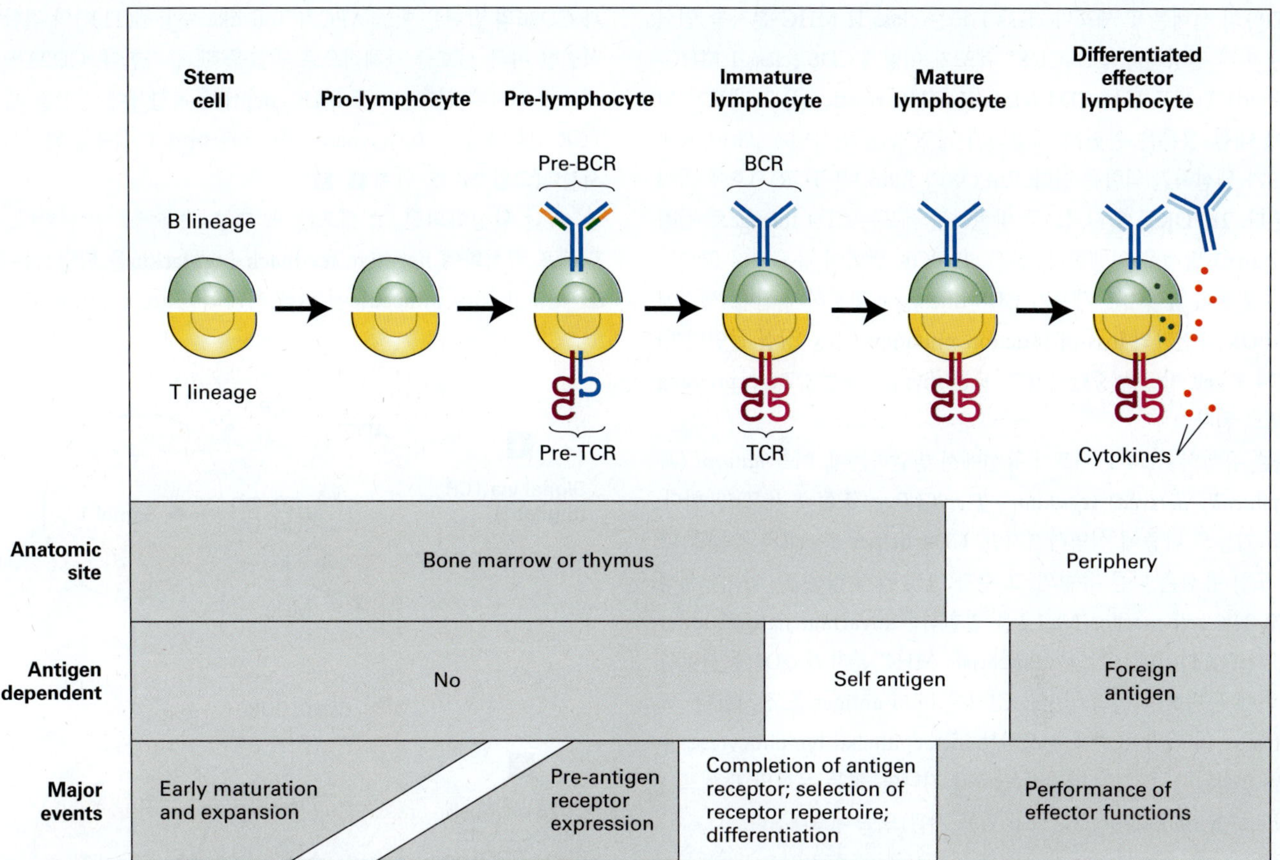

그림 24-34 T 세포와 B 세포 발달 비교. 각 세포의 운명은 새로 재배열된 μ chain (pre-BCR) 또는 새로 재배열된 β chain (pre-TCR)을 포함하는 수용체에 의해 결정된다. Pre-BCR과 pre-TCR은 유사한 기능을 한다: 재배열과 대립유전자 배제를 성공적으로 이룬 세포의 클론을 확장하기 위한 신호전달을 매개한다. 이 림프구 발달 단계에는 항원 인식이 필요하지 않다. Pre-BCR과 pre-TCR에는 각각의 수용체에 고유하지만 성숙한 림프구에서 발견되는 항원 특이적인 수용체에는 없는 subunit가 있다: Pre-BCR 용 VpreB 및 λ5 (주황색과 녹색); pre-TCR 용 pre-Tα (파란색). 클론 확장 단계가 완료되면 항원 특이적 수용체의 나머지 subunit를 코딩하는 유전자의 발현이 시작된다. BCR의 경우 Ig light chain (하늘색); TCR의 경우 TCR α chain (밝은 빨간색). 림프구 발달과 분화는 뚜렷이 구별되는 해부학적 부위에서 일어나며, 완전히 조립된 항원 특이적 수용체(BCR, TCR)만이 항원을 인식한다. 성숙한 림프구는 활성화를 위해 항원 인식에 엄격하게 의존한다.

한 MHC-self-peptide 조합의 결합 에너지 합을 계산할 가능성이 매우 높다. 이 통합적인 해석은 self-nonself selection의 결과를 결정하는 데 도움이 된다. 이와 같은 *T* 세포 선택을 설명하는 가설을 *avidity model*이라고 한다.

새로 만들어진 T 세포는 자기 항원이 MHC-펩타이드 복합체의 형태로 흉선에 적절하게 전시되는 경우에만 세포자살에 의해 죽는다. 면역계는 흉선에서 생성된 T 세포가 그 장소에서 정상적으로 발현되지 않는 (곧, 흉선 이외의 장소에서 발현되는) 자기 항원을 무시하도록 어떻게 교육받는가? 조직 특이적 방식으로 또는 흉선이 발달한 후에 발현되는 단백질, 예를 들면 췌장 β cell에 있는 인슐린이나 신경계에 수초(myelin sheath)의 성분 등이 이 범주에 들어간다. *AIRE* (*a*uto*i*mmune *re*gulator, 자가면역 조절자)라는 인자는 흉선에 있는 특정 상피 세포 subset에서 이러한 조직 특이적 항원의 발현을 가능하게 한다. AIRE가 어떻게 그렇게 할 수 있는가에 대해서는 잘 알려져 있지 않지만, AIRE가 흉선과 2차 림프 기관의 특정 부위에서 여러 조직의 특이적인 유전자의 전사를 직접 조절하는 것으로 보인다. AIRE의 결손은 흉선에서 이러한 조직 특이적 항원을 발현하지 못하게 한다. AIRE를 발현하지 않는 개인의 경우, 발달하는 T 세포는 흉선에서 잠재적인 self-reactive T 세포의 제거와 관련된 지시를 받지 못한다. 결과적으로, 이러한 사람들은 어리둥절할 정도로 다양한 자가면역 반응을 보여 광범위한 조직 손상과 질병으로 인해 고생한다.

T 세포는 흉선에서 CD4 혹은 CD8 Lineage을 밟을지를 정한다

TCR 유전자 재배열은 co-receptor (공동 수용체)의 획득과 궤를 같이한다. T 세포 발달에서 중간 과정에 있는 주요 세포(intermediate)는 TCR 공동 수용체인 CD4와 CD8, 그리고 기능적인 TCR-CD3 복합체 모두를 발현하는 thymocyte (흉선 세포)이다. *Double-positive* ($CD4CD8^+$) 세포라고 하는 이 세포는 흉선에서 developmental intermediate로만 발견된다. T 세포가 성숙함에 따라 CD4 또는 CD8이 소실되어 single-positive 세포로 된다. 발현할 공동 수용체(CD4 또는 CD8)의 선택은 T 세포가 class I 또는 class II MHC 분자를 인식할지에 따라 결정된다. CD4CD8$^+$ 세포가 어떻게 CD8 (class I MHC-restricted) T 세포 또는 CD4 (class II MHC-restricted) T 세포가 되는지에 대한 질문은 완전히 해결되지 않았지만, 전사인자 ThPOK와 Runx3가 핵심적인 역할을 한다. ThPOK와 Runx3은 TCR 신호에 의해 조절된다. ThPOK를 일시적으로 발현하는 세포는 CD4 lineage로 결정하고 Runx3 발현을 억제한다. 반면, ThPOK 발현이 유도되지 않으면 Runx3 발현이 높아져서 세포가 CD8 lineage에 합류하게 된다. 생쥐에서 *ThPOK* 유전자의 loss-of-function mutation (기능 상실 돌연변이)은 CD4 T cell 발달을 중단시키고, 모든 thymocyte는 CD8-expressing T 세포로 된다.

다른 유형의 CD4 T 세포가 흉선에서 발달하는데, 이를 *natural* (혹은 *thymically derived*) *regulatory T cell* (*Treg*, 조절 *T* 세포)라 한다. 이들의 기능은 나중에 설명하겠지만, CD4 helper T cell의 기능과 다르다. 또한 흉선은 다른 유형의 그 수가 그리 많지 않은 T 세포를 생성하는데, NK cell marker NK1.1을 발현하는 invariant natural killer T cells (iNKT)이다. 이들은 nonclassic MHC 분자인 CD1에 결합하는 능력에 근거하여 선택되었다. CD1은 lipid antigen을 전시한다. 또한 intestine의 점막 표면에 분포하는 intraepithelial lymphocyte도 흉선에서 생성된다. 성숙의 마지막 단계가 지나면, 모든 유형의 T 세포는 peripheral lymphoid organ (말초 림프 기관)으로 내보내진다.

T 세포는 완전한 활성화를 위해 두 가지 유형의 신호가 필요하다

모든 T 세포는 활성화를 위해 TCR을 통한 신호를 필요로 하지만 그 신호로는 충분하지 않다. T 세포는 항원 제시세포 표면에 존재하는 co-stimulatory signal를 필요로 한다. 이러한 co-stimulatory signal를 인식하기 위해 T 세포는 표면에 몇 가지 추가 수용체를 가지고 있으며, 그중 CD28 분자가 가장 잘 알려져 있다. 이러한 조절 신호는 cancer immunotherapy (암 면역 요법)의 근거가 된다. 즉, CTLA4, PD-1 및 PD-L1과 같은 특정 신호전달 단백질을 target으로 하는 monoclonal antibody를 이용하는 치료법이 그것이다. 이러한 치료법은 24.6절에서 논의될 것이다.

T 세포의 CD28 단백질은 T 세포가 상호작용하는 professional APC의 두 표면 당단백질인 CD80 및 CD86과 상호작용한다. CD80과 CD86의 발현은 이들 APC가 Toll-like 수용체(TLR)의 결합에 의해 적절한 자극 신호를 자체적으로 받았을 때 증가한다. CD28을 통해 T 세포에 전달된 신호는 self MHC-peptide 복합체에 결합할 때 나오는 TCR 신호와 상승 효과(synergize)로 작용하여 T 세포를 완전히 활성화시킨다(그림 24-35, 단계 1-3).

일단 활성화되면, T 세포는 또 다른 수용체를 발현한다. 이들은 T 세포 활성화에 negative feedback regulation을 담당하는데, 같은 co-stimulatory molecule에 의해 자극되면 attenuating (감쇠) 또는

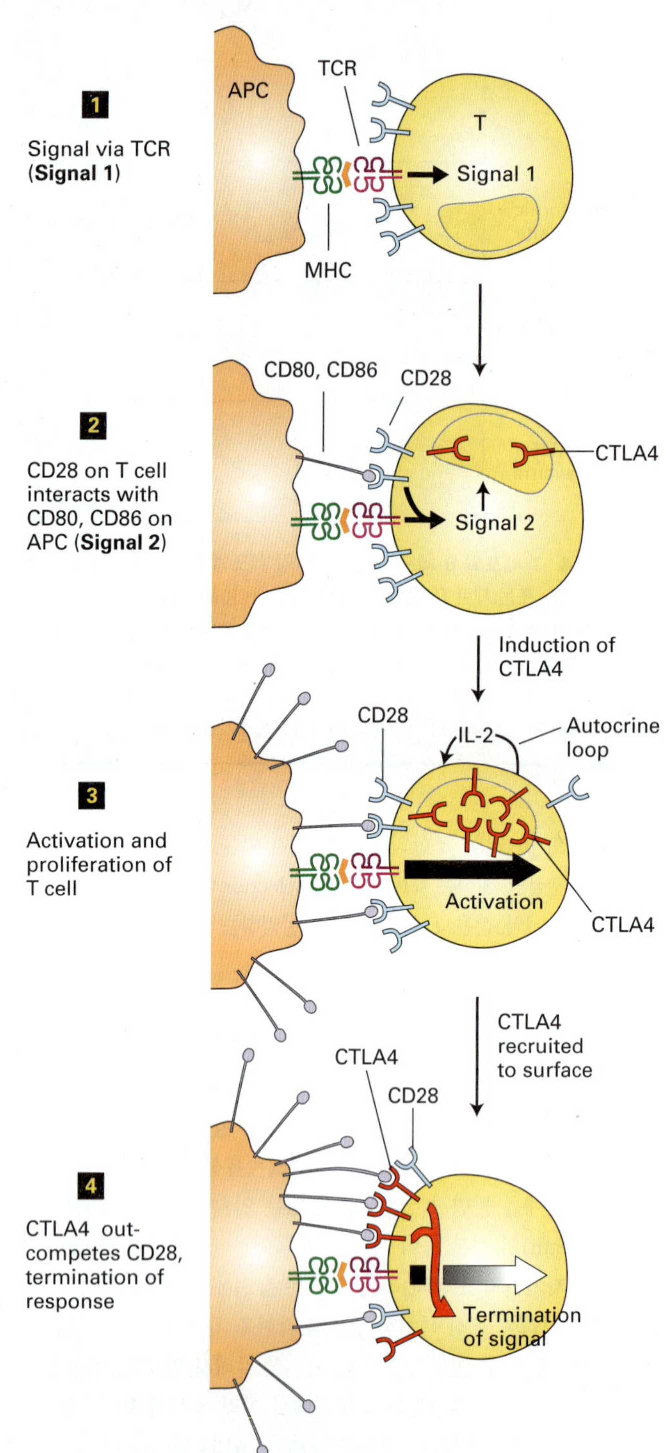

그림 24-35 T 세포 활성화 및 종료에 관련된 신호. 완전한 T-세포 활성화를 설명하는 two-signal model: 신호 1은 T-세포 수용체에 의한 MHC-peptide 복합체의 인식이고(단계 1), 신호 2는 항원 제시 세포의 표면에 있는 공동 자극분자(CD80, CD86)의 CD28에 의한 인식이다. (단계 2). T 세포는 완전 활성화에 이어서 그의 표면에 CTLA4의 발현을 증가시킨다(단계 3). CTLA4는 CD80와 CD86에 결합하여 T 세포 반응을 억제한다(단계 4). CD80 및 CD86에 대한 CTLA4의 친화도가 CD28의 대한 친화도보다 크기 때문에 T 세포 활성화는 결국 종료된다. 공동 자극이 제공되지 않은 상태에서 신호 1 공급은 T 세포를 무반응 상태로 만든다(anergic).

inhibitory (억제) 신호를 내보냄으로써 그렇게 한다. T 세포에서의 발현이 활성화되었을 때만 유도되는 CTLA4 단백질이 한 예이다. CTLA4는 CD80 및 CD86의 결합에 대해 CD28과 경쟁한다. CD80과 CD86 단백질에 대한 CTLA4의 친화도가 CD28보다 높기 때문에 CTLA4를 통해 제공되는 억제 신호는 궁극적으로 CD28을 통해 나오는 자극 신호를 압도할 것이다. 따라서 co-stimulatory molecule는 자극적일 수 있고 또 억제적일 수 있다. (좀 혼란스럽지만 나중에 이러한 사실을 알게 되어 이름 조정이 없었음.) 하여간 co-stimulatory 분자는 T 세포 반응의 활성화 상태와 지속 기간을 제어하는 중요한 수단을 제공한다.

Cytotoxic T cell은 CD8 공동 수용체를 가지고 있으며 사멸에 특화되어 있다

우리가 살펴본 바와 같이, cytotoxic T cell (CTL)은 일반적으로 표면에 *CD8*이라고 하는 TCR co-receptor glycoprotein을 발현한다. 이 $CD8^+$ T cell은 class I MHC-peptide 조합을 가진 target 세포를 아주 높은 감도로 죽인다. 활성화된 CTL이 target 세포를 죽이는 데에는 단 하나의 MHC-peptide 복합체만으로 가능하다.

CTL에 의한 세포 사멸에는 상승 효과로 작용하는 두 종류의 단백질 perforin과 granzyme이 관여한다(그림 24-36). Perforin은 membrane attack complex (막 공격 복합체)를 형성하는 complement cascade의 말단 성분과 동일하다(그림 24-5 참조). 공격 복합체와 마찬가지로, perforin은 막에 부착되어 최대 20 nm의 구멍을 내어 electrolytes (전해질)과 기타 작은 solute (용질)을 세포에서 누출시켜서 세포 사멸에 기여한다. Granzyme은 아마도 perforin에 의해 생성된 구멍을 통해 target 세포 안으로 들어가는 것으로 추정된다. Granzyme은 serine protease로 caspase를 활성화하여 세포를 사멸 프로그램을 따르게 한다(세포자살; 22장 참조). Perforin과 granzyme은 cytotoxic T cell 내부에서 cytotoxic granule (세포 독성 과립) 상태로 저장되어 있다. T cell receptor가 class I MHC-antigen complex에 결합하면, TCR의 신호전달은 cytotoxic granule과 그 내용물을 cytotoxic T cell과 target 세포 사이에 형성된 extracellular space [시냅스 틈(*synaptic cleft*)이라고도 함]으로 방출한다. Granzyme과 perforin이 synapse로 방출될 때 T 세포 자신이 사멸되는 것을 피하는 방법은 알려져 있지 않다. Natural killer (자연 살해 세포) 역시 세포 독성 활성을 나타내며, perforin과 granzyme에 의존하여 target을 죽인다(그림 24-6 참조).

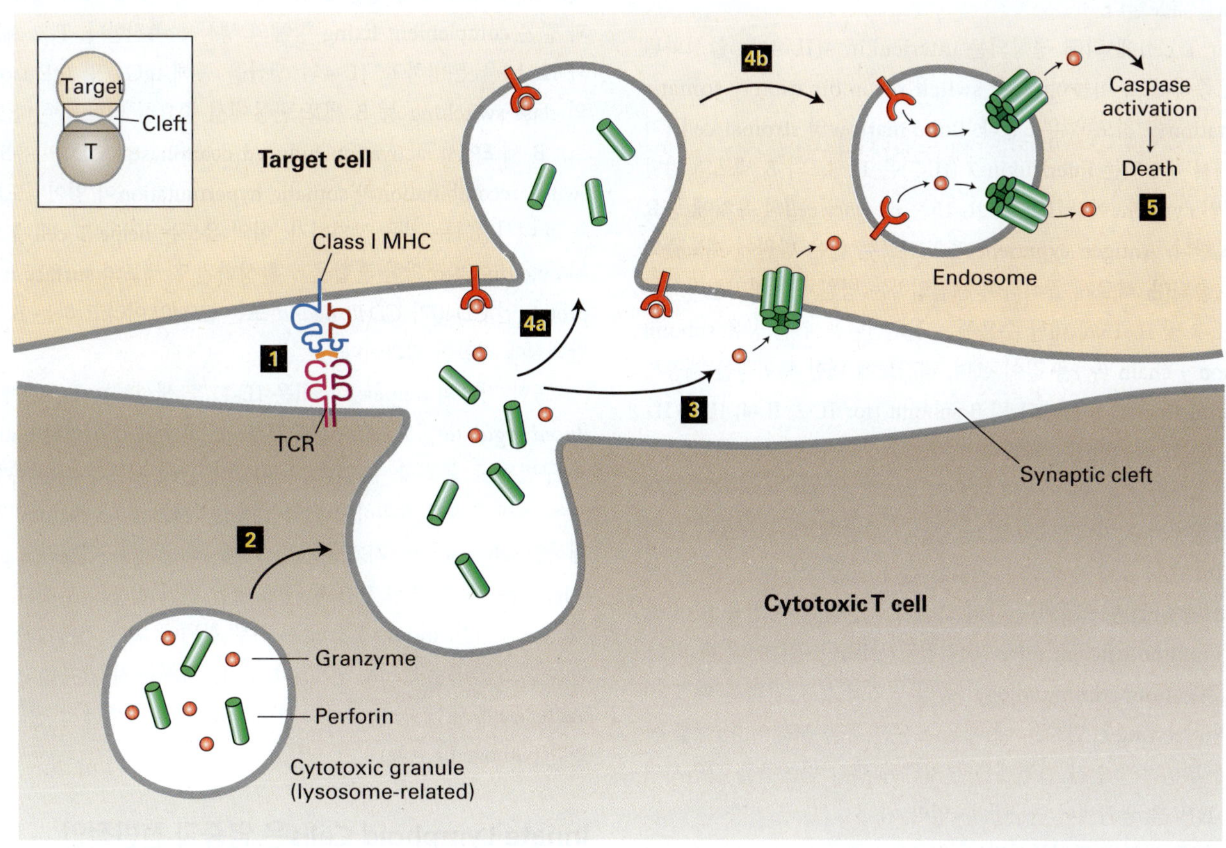

그림 24-36 세포 독성 T 세포에 의한 perforin 및 granzyme 매개 세포 사멸. Target 세포를 인식하면(단계 **1**), 세포 독성 T 세포는 target 세포와 항원 특이적인 접촉을 한다. 긴밀한 접촉은 synaptic cleft를 만들고, 그 틈으로 perforin 및 granzyme을 포함한 세포 독성 과립의 내용물이 방출된다(단계 **2**). Perforin은 막에 기공을 형성하고, granzyme은 그 perforin 기공을 통해 세포 안으로 들어가는 serine protease이다(단계 **3**). Perforin은 target 세포의 표면뿐만 아니라 perforin molecule이 세포 표면에서 internalized된 후에 표적 세포의 endosome 구획 표면에서도 작용하는 것으로 여겨진다(단계 **4**). 세포질에 들어간 granzyme은 caspase를 활성화하여 세포예정사를 유도한다(단계 **5**).

T cell은 다른 면역계 세포에게 신호를 공급하는 여러 Cytokine을 분비한다

T 세포는 다른 면역계 세포에 신호를 제공하는 일련의 cytokine을 분비한다. 많은 림프구와 림프 조직의 여러 다른 세포도 cytokine을 생성한다. 이 작은 분비 단백질은 림프구 표면의 특정 cytokine receptor에 결합하여 림프구 활성을 조절하고 여러 transcriptional program을 연다. 그럼으로써 림프구는 증식하거나 세포 독성을 나타내는 cytotoxic T cell, 도우미 helper T cell, 그리고 항체 분비 활성을 가지 B cell 등의 effector cell로 분화한다. 주로 leukocyte (백혈구)에 의해 생성되거나 백혈구에 작용하는 cytokine을 **interleukin**이라고 한다. 35개 이상의 interleukin이 밝혀졌고, 그들의 분자적 특성이 규명되었다. Interleukin receptor들은 서로 구조적인 유사성을 공유하며, erythropoietin receptor와도 비슷하다. 구조가 가장 밀접하게 관련된 interleukin들은 그들이 인식 수용체를 같이 쓸 수도 있다. Interleukin-2 receptor (그림 16-19b)에 대한 특성이 특히 잘 연구되었다. T cell growth factor인 interleukin 2 (IL-2)는 T 세포가 자극될 때 생성되는 최초의 cytokine이다. IL-2는 autocrine (자가분비, self-acting), paracrine (측분비, acting on neighboring cells) growth factor로 작용하여 활성화된 T 세포의 clonal expansion을 유도한다.

Helper T cell에 의해 생성되는 interleukin 4(IL-4)는 활성화된 B 세포가 증식하고, 이들이 class switch recombination과 somatic hypermutation을 겪도록 유도한다. Bone marrow의 stromal cell (기질 세포)에서 생성되는 interleukin 7 (IL-7)은 T 세포와 B 세포의 발달에 필수적인 cytokine이다. IL-7과 IL-15는 *memory cell*의 유지에 중요한 역할을 한다. Antigen-experienced T 세포는 같은 항원에 재노출되었을 때 호출되며, 빠르게 증식하여 재침입하는 병원체를 처리한다. IL-2, IL-4, IL-7 및 IL-15에 대한 수용체는 신호전달을 위한 공통 subunit인 common γ chain (γ_c)을 같이 쓰며, 리간드에 대한 특이성을 제공하는 α subunit (for IL-2, IL-15) 및 β subunit (for IL-2, IL-4, IL-7, IL-15)를 쓴다(그림 16-19b). γ_c의 유전적 결함은 림프구 발달의 거의 완전한 실패를 초래하는데, 이는 면역 반응의 효과기 단계뿐만 아니라 림프구 발달 과정에서도 이러한 cytokine (및 그 수용체)의 중요성을 보여준다. 여기서 특히 IL-7이 중요한 역할을 한다. γ_c를 코딩하는 유전자를 knock-out (녹아웃)함으로써 인간의 조직과 종양을 거부 반응 없이 받아들이는 immunodeficient mice (면역결핍 생쥐)를 만들어낼 수 있다. 이러한 생쥐는 tumor immunology (종양 면역학)를 연구하는 데 그리고 특정 연구 setting을 만드는 데 매우 유용한 동물 모델이다. 예를 들면, 생쥐에 부분적인 인간 면역계를 설치하여 생쥐 림프구를 감염시키지 못하는 HIV를 생쥐에서 연구할 수 있다.

JAK/STAT 경로를 활성화시키는 cytokine receptor에 의한 신호전달 메커니즘은 16장에 설명되어 있다(그림 16-19a에서 검토). Interleukin과 STAT 경로에 관련된 많은 유전자 중에는 suppressors of cytokine signaling (SOCS, 사이토카인 신호전달 억제인자)을 코딩하는 유전자가 있다. Cytokine에 의해 자체적으로 유도되는 이 단백질은 활성화된 형태의 JAK에 결합하여 이를 proteasomal degradation 과정을 밟도록 targeting한다(그림 16-21b 참조).

Helper T cell은 Cytokine 생성과 Surface Markers의 발현에 따라 고유한 Subset으로 나뉜다

CD4-expressing T 세포는 B 세포에 도움을 제공하고, 이들의 증식 및 plasma cell로의 분화를 안내하는 helper T cell이다. 이 기능은 IL-4와 같은 cytokine의 생산과 분비뿐만 아니라 도우미 T 세포와 B 세포 사이의 직접적인 접촉을 필요로 한다.

Helper T cell의 두 번째 부류는 염증 환경의 구축에 기여하는 cytokine을 분비하는 기능을 가지고 있다. 이러한 inflammatory T cell (염증성 T 세포)는 여러 subtype으로 나눌 수 있다. 즉, 그들이 생산하는 다양한 cytokine spectrum과 면역 반응을 조절하는 역할에 따라 분류된다. 활성화된 모든 T 세포는 IL-2를 생성할 수 있지만, 여러 다른 cytokine은 특정 helper T cell subset에서만 생성된다.

TH1 세포로 분류되는 helper T cell은 interferon γ와 tumor necrosis factor (TNF)를 분비하여 macrophage를 활성화하고 염증 반응을 자극할 수 있다. *Inflammatory T cell*이라고도 하는 T_H1 세포는 그럼에도 불구하고 항체 생산에 중요한 역할을 하며, 특히 IgG1 및 IgG3과 같은 complement-fixing 항체의 생산을 촉진한다. T_H2 세포는 IL-4와 IL-10을 분비하고. IL-4의 생산을 통해 IgG1 및 IgE isotype으로의 class switching 등 B 세포 반응에서 중요한 역할을 한다(24.3절 참조). B 세포에서, activation-induced deaminase (AID)의 유도는 class-switch recombination과 somatic hypermutation이 일어나도록 B 세포를 준비시킨다는 것을 상기하자. 이의 유도는 helpe T cell에 의해 생성된 cytokine의 정확한 혼합물과 활성화된 T 세포의 surface membrane protein인 CD40가 *CD40 ligand* 또는 *CD40L*이라고 하는 B 세포 표면 단백질에 결합한 결과이다.

또한 기존의 helper T cell은 IL-17을 생성하는 T_H17 세포 및 *induced regulatory T cells* (유도된 Treg, 흉선에서 생성된 natural Treg와 구별됨)로 분화할 수 있다. 두 유형의 Treg 세포는 다른 유형의 T 세포에 억제 효과를 발휘하여 면역 반응을 약화시킨다. Natural Treg는 잠재적인 self-reactive (자기반응성) T 세포의 활성을 억제하고 peripheral tolerance (말초 내성,자가 항원에 대한 면역 반응의 부재)을 유지하는데 중요하지만, induced Treg는 외부 항원에 대한 지나치게 강한 면역 반응을 조절하는 것으로 믿어진다. T_H17 세포는 세균(특히 extracellular bacteria)에 대한 방어에 중요하며, 자가면역 질환에서 병원성 역할을 한다(pathogenic role).

Innate Lymphoid Cells은 염증과 전반적인 면역 반응을 조절한다

병원체에 대한 면역 반응은 항체나 T 세포가 더 이상 인식하지 못하는 병원성 변이체(pathogenic variant)의 출현을 허용하는 selective pressure (선택적 압력)을 가한다. 독감을 유발하는 influenza virus 또는 human immunodeficiency virus (인간 면역결핍 바이러스)처럼 비교적 작은 genome을 가진 많은 바이러스는 error-prone polymerase (오류가 발생하기 쉬운 중합효소)에 의해 복제되어 아미노산 치환을 갖는 돌연변이체를 생성한다. 이들 중 일부는 proper epitope가 더 이상 발현되지 않기 면역 인식을 벗어난다. Herpesviruse와 같은 큰 genome을 가진 바이러스는 면역 회피을 위해 다른 수단을 사용한다. 예를 들어, class I MHC product를 적게 만들어 바이러스 감염 세포가 CD8 T cell에 의한 사멸에 내성을 갖게 한다. 유사한 상황이 많은 암세포에 적용된다. 종종 암세포에는 class I MHC product의 발현양이 현저하게 감소되어 있다. Natural killer (NK) cell은 class I MHC product의 부재를 인식할 수 있다. 이는 NK 세포가 class I MHC 제품을 인식하고서 그 NK 세포의 기능을 차단하는 수용체를 발현하기 때문이다. 바이러스에 감염된 세포 또는 종양 세포의 표면에 class I MHC 단백질이 없으면, 이러한 수용체에 의해 매개되는 NK cell 억제가 풀리기 때문에 NK 세포는 target을 죽일 수 있다. 이 때문에 NK 세포가 CD8 T 세포와 연합하면 바이러스에 감염된 세포와 종양 세포에 대해 방어 수준을 단독으로 작용할 때보다 더 높일 수 있다.

NK 세포는 수십 년 전에 발견되었지만, 현재는 *innate lymphoid cell* (선천성 림프 세포) 또는 ILC 그룹의 구성원으로 취급된다. 이러한 세포는 cytokine 생산 능력과 같은 많은 기능적 특성에서 기존 림프구와 유사하지만, 적응 면역계의 B 및 T 세포의 특징적인 수용체를 만들어내는 gene rearrangement를 사용하지 않는다. ILC는 염증을 조절하는 데 중요하며, 보다 일반적으로는 면역 반응을 조절하는 역할을 한다. 이들은 자신이 선호하는 위치인 점막 부위에 자리 잡고 있으며, 활성화 신호가 있으면 곧바로 cytokine들을 분비할 태세를 갖춘다. 이는 다양한 감염을 통제하는 역할을 암시한다. Group 1 ILC lineage은 type 1 cytokine들, 특히 interferon-γ와 TNF를 생성하는 ILC를 포함하는데 NK 세포가 여기에 속한다. ILC2는 interleukin-5 (IL-5)와 IL-13을 발현하며, 기존의 T_H2 CD4 T cell과는 다르다. ILC2는 T_H2 CD4 T cell과 함께 helminth (parasitic worm) 감염으로부터 보호한다. ILC3는 처음에 NK cell-activating receptor NKp46을 발현하지만, NK cell (ILC1)와 상당히 구별되는 intestinal lymphoid cell로 정의되었다. ILC3는 IL-17A와 IL-22를 발현한다. Lymphoid tissue-inducer (LTi) cell는 ILC3와 밀접한 관련이 있는 것으로 보이는 ILC subset이지만, 정확한 관계는 논란의 여지가 있다. 정리하면, LTi 세포와 ILC3는 group 3 ILC로 분류된다.

백혈구는 Chemokine이 제공하는 Chemotactic Cues (화학주성 신호)에 반응하여 움직인다

Interleukin은 lymphocyte (림프구)가 특수 효과기 기능을 획득할 수 있도록 하는 전사 프로그램을 유도하여 림프구에게 무엇을 해야 하는지 알려준다. 반면에 chemokine은 leukocyte (백혈구)에게 어디로 가야 하는지 알려준다. 많은 세포가 chemokine의 형태로 chemotactic cue를 방출한다. 조직 손상이 발생하면, resident fibroblast (상주하는 섬유아세포)가 chemokine IL-8을 생성하여 neutrophil (호중구)를 상처 부위로 유인한다. Lymph node (림프절) 내 lymphocyte traffic (림프구 이동)의 조절은 dendritic cell이 T 세포를 유인하고 T 세포와 B 세포가 만나는 데 필수적이다. 이러한 trafficking (교통정리) 과정은 모두 chemokine에 의해 제어된다.

약 40개의 chemokine과 12개 이상의 chemokine 수용체가 있다. 하나의 chemokine은 하나 이상의 수용체에 결합할 수 있으며, 하나의 수용체는 여러 다른 chemokine에 결합할 수 있다. 이러한 유연성은 매우 복잡한 chemotactic cue들의 combinatorial code를 생성할 가능성을 만든다. 이 코드는 골수에서 백혈구 네비게이션을 돕는데, 이들이 생성된 장소에서 혈류로 빠지고 또 혈류를 따라 목적지로 이동할 수 있도록 안내한다.

일부 chemokine은 림프구가 순환계에서 빠져 나와 림프 기관에 머물도록 지시한다. 이러한 이동은 림프 기관에서 림프구가 유형별로 밀집하여 분포할 위치를 잡는 데 기여한다. Chemokine에 지배되는 위치 설정은 정상적인 림프구 발달의 한 부분이며, 이를 조절하는 chemokine을 *homeostatic chemokine*이라고 한다. 한편, 염증 및 조직 손상 부위에 백혈구를 모집하는 목적을 수행하는 chemokine을 *inflammatory chemokine*이라고 한다.

Chemokine 수용체는 cell adhesion과 cell migration의 필수적인 부분으로 G protein-coupled receptor 계열에 속한다. 혈관을 통해 이동하는 백혈구는 고속으로 이동하기 때문에 높은 유체역학적 shear force (전단력)에 노출된다. 백혈구가 endothelium (혈관 내피)를 가로질러 림프절에 머무르거나 조직의 감염 부위를 찾으려면 먼저 속도를 늦춰야 한다. 이 과정은 혈관 내피세포에 있는 *selectin* (대체로 carbohydrate 임)이라고 하는 당단백질 표면 수용체와 백혈구 표면에 있는 리간드와의 상호작용을 필요로 한다. Chemokine이 extracellular matrix에 흡착되어 있고, 백혈구가 이러한 chemokine에 대한 수용체를 보유하고 있다면, 그 chemokine receptor는 활성화되고, 결과적으로 백혈구에 발현된 integrin의 구조를 변화시킨다. 이 변화는 리간드에 대한 integrin의 친화력을 증가시켜 백혈구를 혈관벽에 단단히 정지시킨다. 백혈구는 이제 *extravasation* (혈관 외 유출)로 알려진 과정을 통해 혈관을 빠져 나갈 수 있다(그림 20-40 참조).

24.5절의 주요 개념

T 세포, T 세포 수용체 및 T 세포 발달

- 항원 특이적 T 세포 수용체는 α 및 β 소단위 또는 γ 및 δ 소단위로 구성된 이량체 단백질이다. T 세포는 glycoprotein co-receptors CD4 및 CD8의 발현으로 정의되는 적어도 두 가지 주요 부류에서 발생한다(그림 24-31 참조).
- Class I MHC 분자를 항원 인식을 위한 분자 이정표(면역학적 용어로 restriction element)로 사용하는 세포는 CD8을 보유한다. Class

II MHC 분자를 사용하는 것들은 CD4를 가지고 있다. 이러한 두 종류의 T 세포는 기능적으로 구별된다. CD8 T 세포는 세포 독성 T 세포이고, CD4 T 세포는 B 세포에 도움을 제공하며 cytokine의 중요한 공급원이다.

- TCR subunit을 암호화하는 유전자는 V 및 J segment (α chain)와 V, D 및 J segment (β chain)의 by somatic recombination (체세포 재조합)에 의해 생성된다. 그들의 재배열은 B 세포에서 Ig 유전자의 재배열과 동일한 규칙을 따른다(그림 24-32 참조). TCR 유전자의 재배열은 림프구가 흉선에 존재하고 T 림프구가 될 예정인 세포에서만 일어난다.
- 완전한 T 세포 수용체에는 항원 및 MHC 인식을 담당하는 α 및 β subunit뿐만 아니라 신호전달에 필요한 *CD3* **복합체**라고 하는 부속 subunit도 포함된다. CD3 복합체의 각 subunit는 cytoplasmic tail에 하나 또는 3개의 ITAM domain을 가지고 있다. 인산화되면, 이 ITAM은 신호전달에 관여하는 adaptor protein들을 모집한다(그림 24-33 참조).
- T-cell 발달 과정에서, TCR β locus가 먼저 재배열된다. 해당 유전자좌가 기능적 β subunit를 encode하는 경우 pre-Tα chain과 함께 pre-TCR에 통합된다(그림 24-34 참조). pre-BCR과 마찬가지로, pre-TCR은 allelic exclusion (대립유전자 배제), 즉 두 대립유전자 중 하나만 암호화하는 기능적으로 재배열된 T 세포 수용체의 발현과 TCRβ 재배열을 성공적으로 거친 세포의 증식을 매개한다.
- Self-MHC 분자를 인식하지 못하는 발달 중인 T 세포는 생존 신호의 부족으로 사망한다. Self-peptide–self-MHC 복합체와 너무 강하게 상호작용하는 T 세포는 발달 중에 접촉이 일어나면 죽게끔 지시받는다(negative selection). Self peptide-self MHC 복합체에 대해 중간 친화도를 갖는 것들은 성숙되고(positive selection) 흉선에서 periphery로 내보내진다.
- Innate lymphoid cell (ILC)는 림프구 특성을 공유하는데, 특히 림프구에서 방출하는 사이토카인 유형에서 그러하다. T 림프구와 달리 항원 특이적 수용체에 의존하지 않는다.
- T 세포는 chemokine 형태의 chemotactic signal (화학주성 신호)을 통해 어디로 가야 하는지(세포 이동) 지시를 받는다. Chemokine에 대한 수용체는 chemokine의 결합 측면에서 약간의 난잡함을 나타내는 G protein–coupled receptor이다. Chemokine–chemokine receptor 결합의 복잡성으로 인해 림프 기관 내에서 그리고 말초에서 백혈구 이동이 정확하게 조절될 수 있다.

24.6 적응 반응에서 면역계 세포의 협력

효과적인 적응 면역 반응은 B 세포, T 세포 및 항원 제시 세포(APC)의 존재를 필요로 한다. B 세포가 class-switch recombination 및 somatic hypermutation (고친화도 항체 생산의 전제 조건)를 실행하려면 활성화된 T 세포의 도움이 필요하다. 이 T 세포는 다시 dendritic cell (수지상 세포)과 같은 professional APC에 의해서만 활성화될 수 있다. 수지상 세포는 Toll-like receptor 및 기타 pattern-recognition receptor를 통해 병원체의 존재를 감지하는데, 이들 수용체는 polysaccharide와 carbohydrate determinant를 인식할 수 있는 세포 표면 mannose-binding protein과 여러 관련 lectin들이다. 따라서 선천성 및 적응성 면역계를 구성하는 요소들 사이의 상호작용이 adaptive immunity의 매우 중요한 측면이다. 선천성 및 적응성 면역의 다층 구조는 선천성 면역계를 통해 급하게 병원체를 제압하고, 적응 면역계를 준비시킴으로써(prime) 여전히 남아 있는 병원체에 대해 특이적인 반응을 통하여 완전한 제압을 보장한다. 이 절에서는 이러한 다양한 요소가 어떻게 활성화되고 관련 세포들이 어떻게 상호작용하는지에 대해 알아본다.

Toll-Like Receptor는 다양한 Pathogen-Derived Macromolecular Patterns (병원체-유래 거대 분자 패턴)을 인식한다

선천성 면역계의 중요한 부분은 미생물 침입자의 존재를 즉시 감지하고 이에 대응하는 능력이다. 이 반응은 침입자를 직접 제거하는 것을 포함하지만, 더욱 중요한 부분은 professional APC의 활성화를 통해서 적절한 적응 면역 반응을 위해 포유동물 숙주를 준비시킨다는 것이다. 이러한 APC는 병원체와의 접촉이 일어날 가능성이 높은 상피(airways, gastrointestinal tract, genital tract) 전체에 위치한다. 피부에서 *Langerhans cell*이라고 하는 수지상 세포 네트워크가 있음으로써, 피부 장벽을 깨고 들어 온 병원체가 이러한 professional APC와의 접촉을 피할 수 없게 만든다. 수지상 세포 및 기타 전문 APC는 TLR (Toll-like receptor) family에 속하는 구성원을 통해 박테리아와 바이러스의 존재를 감지한다. 이들 단백질은 구조적 및 기능적으로 서로 비슷하기 때문에 *Drosophila* protein Toll의 이름을 따서 명명되었다. *Drosophila* Toll은 초파리의 dorsal/ventral patterning (등/배쪽 패턴화)에서 중요한 역할 때문에 발견되었지만, 관련 수용체는 현재 곤충과 척추동물에서 innate immune response을 유발하는 것으로 알려졌다.

TLR 구조 Toll 자체와 모든 TLR은 리간드 인식에 관여하는 *leucine–rich repeat*으로 구성된 sickle-shaped (낫 모양)의 extracellular domain을 가지고 있다. TLR의 cytoplasmic portion은 신호전달을 가능하게 하는 adaptor protein을 끌어오는 domain을 가지고 있다. TLR이 관여하는 신호 경로에는 cytokine IL-1 receptor가 사용하는 것과 동일한 구성 요소가 많이 있으며, 신호전달의 결과도 아주 유사하다(그림 24-37; 그림 16-31 참조).

Drosophila Toll 단백질은 그의 리간드 Spaetzle과 상호작용한다. Spaetzle 자체는 *Drosophila*를 잡아먹는 곰팡이의 세포벽 성분 중 단백질 분해의 결과로 만들어진 분자이다. 초파리에서 Toll의 활성화는 궁극적으로 항균성 펩타이드를 암호화하는 유전자의 전사를 조절하는 signaling cascade를 촉발한다. 세포 표면에서 활성화된 수용체는 일련

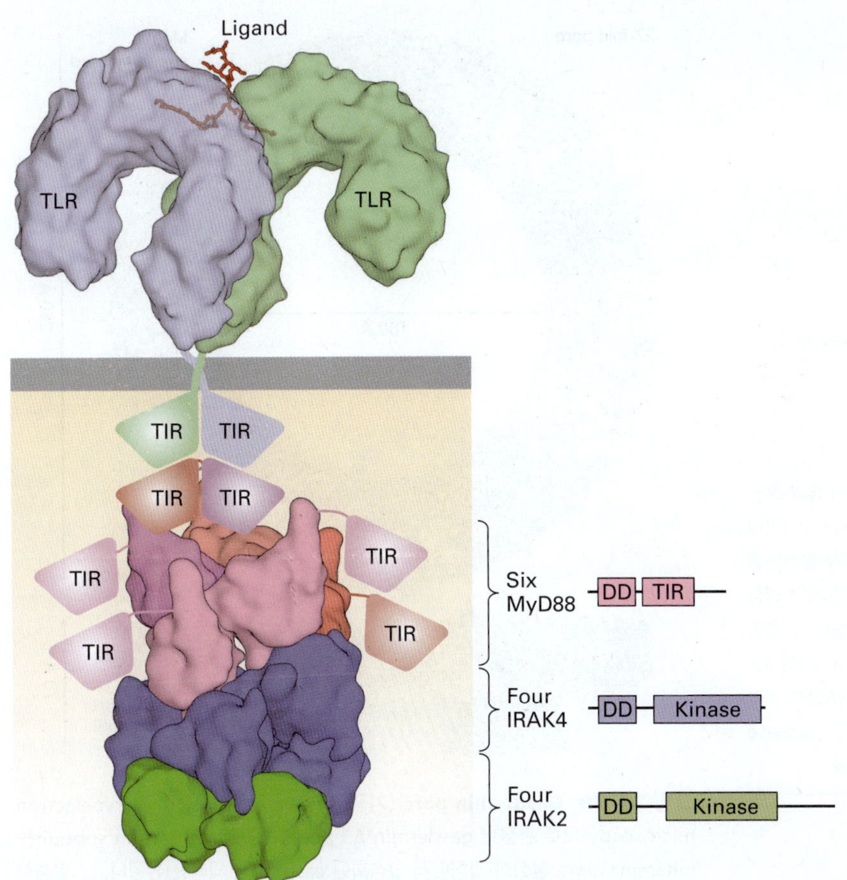

그림 24-37 Toll-like 수용체의 활성화. TLR의 extracellular portion은 다양한 화학적 성질을 가진 리간드(nucleic acids, lipopolysaccharides)를 인식한다. *TIR* (Toll/IL-1β receptor homology) domain이라고 하는 TLR의 cytoplasmic portion은 adaptor protein MyD88과 결합하는데, 복합체 당 6개가 붙는다. 여기에 IRAK 패밀리의 두 구성원인 두 가지 유형의 kinase가 를 모집된다. 이러한 복잡한 상호작용은 그림에서 같이 TIR domain과 death domain (DD)에 의해 유지된다. 세포질 안쪽에서 조립된 이러한 복합체를 *myddosome*이라고 한다. 그림 16-31에서와 같이 IRAK2에 결합하는 단백질 중에는 E3 ubiquitin ligase인 TRAF6가 있다. 광범위로 일어나는 TRAF6-TRAF6 상호작용으로 인해 TLR 복합체의 수백 사본이 함께 교차 연결되어 원형질막에서 거대한 signalosome을 형성한다. [Republished with permission from Annual Reviews, from J. Y. Kang and J.-O. Lee, 2011, "Structural Biology of the Toll-Like Receptor Family," *Annu. Rev. Biochem.* **80**(1):917–941; permission conveyed through Copyright Clearance Center, Inc.]

의 adaptor protein을 통해 transcriptional apparatus와 신호를 주고받는데, 이 adaptor들은 Toll과 TLR 그리고 TLR에 의해 활성화되는 전사 인자 사이를 중계하는 여러 수용체 downstream kinase들을 활성화한다. 핵심 단계는 Cactus protein의 ubiquitin-dependent proteasomal degradation이다. Cactus의 제거는 단백질 Dif가 핵에 들어가 전사를 시작하게 한다. 이 경로는 operation 및 structural composition이 포유류의 NF-κB 경로와 매우 유사하다(그림 16-30 참조).

TLR의 다양성 포유동물에는 약 12개의 TLR이 있는데, 이들은 다양한 microbial product에 의해 활성화될 수 있고 또 다양한 cell type에서 발현된다. TLR 기능은 수지상 세포와 대식세포의 활성화에 중요하다. 호중구 역시 TLR을 발현한다. TLR에 의해 인식되는 미생물 생성물에는 lipopolysaccharide, flagellin (세균 편모의 subunit) 및 bacterial lipopeptide 같은 박테리아의 cell envelope에서 발견되는 거대 분자가 포함된다. 이러한 거대 분자 중 일부가 TLR에 직접 결합을 할 것이라는 생각은 관련 복합체의 결정학적 분석에서 입증되었다. Distinct class의 미생물 분자는 distinct class의 TLR에 의해 감지된다. 예를 들어, TLR4는 lipopolysaccharide에 결합한다. TLR1과 TLR2 그리고 TLR2와 TLR6의 heterodimer는 lipopeptide에 결합하고; TLR5는 flagellin에 결합한다. 이러한 TLR에 의한 모든 bacterial envelope 성분의 인식은 세포 표면에서 일어난다.

두 번째 TLR 세트(TLR3, TLR7 및 TLR9)는 병원체 유래 핵산의 존재를 감지한다. 그들은 세포 표면이 아니라 이들 수용체가 있는 endosome 구획 내에서 핵산을 인지한다. 포유류 DNA는 많은 CpG dinucleotide에 메틸화되는 반면, 미생물 DNA는 일반적으로 이러한 변형이 없다. TLR9는 메틸화되지 않은 CpG-containing microbial DNA에 의해 활성화된다. 비슷하게, RNA virus의 replication intermediate (복제 중간체)인 double-stranded RNA 분자는 바이러스 감염 세포에 존재하며 TLR3의 활성화를 유도한다. 마지막으로, TLR7은 특정 sihglestranded RNA의 존재에 반응한다. 따라서 전체 포유동물의 TLR 세트는 다양한 거대 분자의 인식을 가능하게 함으로써, 박테리아, 바이러스 또는 곰팡이 병원체 및 말라리아 같은 기생충의 존재를 진단한다.

Inflammasome 바이러스 RNA를 인식하고 TLR과는 구조적으로 구별되는 RNA와 DNA를 감지하는 다양한 세포내 수용체가 있다. 병원체 및 숙주 DNA 모두에서 DNA를 인식할 수 있는 cytoplasmic receptor (세포질 수용체)의 목록은 계속해서 증가하고 있다. 이들 수용체 중 몇몇은 Inflammasome의 조립에 참여하며(그림 24-38), 주요 기능은 enzyme precursor인 procaspase-1을 active caspase-1으로 전환하는 것이다. Caspase-1은 pro-IL-1β를 강력한 염증 반응을 유발하는 cytokine

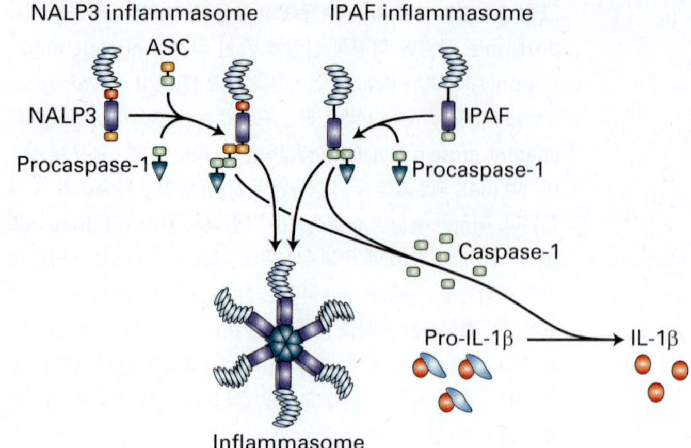

그림 24-38 Inflammasome. inflammasome은 세포질에서 병원체 유래 핵산의 존재를 감지하는 일종의 복합체 덩어리이다. 요산 결정(uric acid crystals)이나 석면(asbestos)과 같은 입자성 물질을 포함한 다른 여러 위험 신호에 의해 활성화될 수도 있다. 서로 다른 조성을 가진 inflammasome을 생성하기 위해 복합체의 형성에 참여할 수 있는 단백질이 24개 정도 있으며, 그중 2개를 그림에 표시했다. 완전히 조립된 inflammasome은 caspase-1을 활성화하는데, 이 효소는 pro-IL-1β를 active cleaved cytokine IL-1β로 전환한다. *NLRP*라고도 하는 NALP3 = NACHT, LRR 및 PYD domain의 존재를 특징으로 하는 단백질 family; ASCa = CARD (caspase recruitment domain)를 가진 poptosis-associated Speck-like protein.

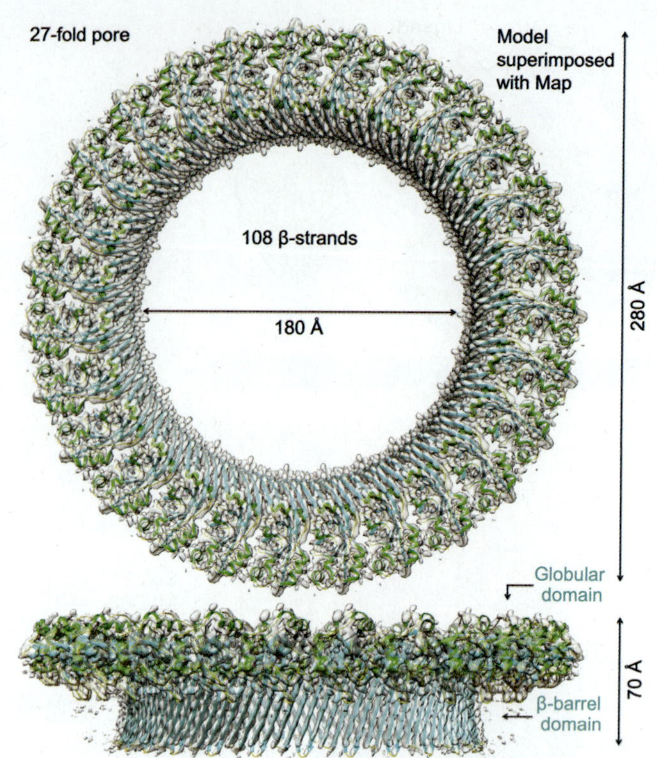

그림 24-39 Gasdermin pore (기공) 구조. 극저온전자현미경(cryoelectron microscopy)으로 관찰한 gasdermin A3 pore의 구조. Gasdermin subunit는 inflammasome 활성화 과정에서 활성화된 caspase에 의해 전환된다. 그 활성화된 subunit는 하나의 multimeric structure로 자가 조립되며, gasdermin A3 복합체의 27개 subunit를 위에서 그리고 옆에서 본 그림을 여기서 보여준다. β barrel domain은 지질 이중층의 fatty acyl chain과 상호작용하고 그 막 두께에 맞는 크기이다. 결과로 생성된 기공은 세포 내용물 유출을 허용하여 세포 죽음에 기여한다. 조립된 gasdermin 복합체에 의해 형성된 아주 큰 기공은 분비형 단백질에 전형적으로 나타나는 signal sequence (신호 서열)가 없는 단백질을, 예를 들면 IL-1 같이 세포 내에서 활성화된 cytokine을 세포 바깥으로 방출되는 통로로 이용된다. [Republished with permission from Springer Nature, from J. Ruan et al., 2018, "Cryo-EM Structure of the Gasdermin A3 Membrane Pore," *Nature*, **557**(7703):62–67; permission conveyed through Copyright Clearance Center, Inc]

인 active IL-1β로 전환시키는 protease이다. Mature IL-1β는 분비와 관련된 signal sequence가 없으며, unconventional secretory route (비전통적인 분비 경로)를 통해 생산자 세포에서 방출된다. 이 경로에는 gasdermin protein으로 구성된 pore 형성이 관여한다(그림 24-39). Gasdermin은 caspase에 의해 inactive precursor에서 active form으로 전환되어야 단백질이 통과할 만한 크기의 기공을 생성할 수 있다. 결과로 형성된 pore는 IL-1β의 방출에 기여할 뿐만이 아니라, *pyroptosis* (염증에 의한 "불 같은 죽음")라고 불리는 특별한 형태의 세포 사멸에도 기여한다. Inflammasome의 핵심 구성 요소는 leucine-rich repeat를 가진 단백질, neuronal inhibitors of apoptosis (NALP) 계열의 단백질 및 NOD 단백질이다. NOD는 *n*ucleotide *o*ligomerization *d*omain의 존재 때문에 명명되었다. 세포 사멸에 관여하는 Apaf-1 분자와 관련된 단백질인 Ipaf-1 (22장 참조)은 adaptor protein인 ASC를 동원하여 procaspase-1과의 복합체 형성을 매개한다. 이 multisubunit complex의 조립은 procaspase-1을 active caspase-1으로, pro-IL-1β에서 IL-1β로의 전환을 허용한다. Silica, uric acid crystal, 그리고 asbestos particle (석면 입자)를 포함하여 언뜻 보기에는 관련이 없어 보이는 많은 물질이 inflammasome의 조립과 활성화를 유도할 수 있다. 따라서 inflammasome signaling cascade의 억제 또는 IL-1β에 대한 수용체 차단은 다양한 염증성 질환에 대한 치료 가능성을 제시한다.

TLR Signaling Cascade 그림 24-37에서 볼 수 있듯이, 포유류 TLR의 결합은 adaptor protein MyD88의 모집으로 이어지며, 이는 차례로 IRAK (*i*nterleukin 1 *r*eceptor-*a*ssociated *k*inase) 단백질의 결합 및 활성화로 나타난다. IRAK이 TRAF6 (TNF-receptor-associated factor 6)을 인산화한 후, 여러 downstream kinase가 작용을 거쳐서 전사인자인 active NF-κB는 세포질에서 핵으로 이동한다. 그곳에서 NF-κB는 다양한 target 유전자를 활성화한다(그림 16-30 참조). 이러한 유전자에는 염증에 기여하는 cytokine IL-1β 및 IL-6을 코딩하는 유전자 그리고 TNF와 IL-12 유전자가 포함된다. 항바이러스 효과가 있는 작은 단백질인 type I interferon의 발현도 TLR 신호에 반응하여 활성화된다.

TLR 신호에 대한 세포 반응은 매우 다양하다. Professional APC의 경우, 이러한 반응에는 cytokine 생성과 T 세포의 완전한 활성화에 중요한 표면 단백질인 co-stimulatory molecule의 상향 조절이 포함된다. TLR 신호전달은 수지상 세포가 병원체를 만난 곳에서 빠져나가 림프절로 이동하게 해서, 그곳에서 naive 림프구와 상호작용할 수 있게 한다. (아직 항원과 만나지 않은 상태의 T 세포를 "naive" T 세포라고 한다.) 활성화된 모든 TLR이 동일한 반응으로 응답하는 것은 아니다. 수지상 세포에서 각각의 활성화된 TLR은 특정 세트의 cytokine의 생성을 조절한다. 각각의 결합된 TLR에 대해, TLR 결합에 의해 유도된 co-stimulatory molecule과 cytokine profile 조합은 고유한 활성화된 수지상 세포 표현형을 만들어낸다. 수지상 세포가 마주치는 미생물 항원의 정체는 활성화될 TLR의 패턴을 결정한다. 이 패턴은 이어서 활성화된 수지상 세포의 분화 경로를 결정한다. 그럼으로써 cytokine의 생성, 표면 분자의 전시, 그리고 수지상 세포가 반응하는 chemotactic cue에 영향을 준다. 수지상 세포의 활성화 모드와 그에 대한 반응으로 생성하는 cytokine은 T 세포 분화에 독특한 국소 미세 환경을 만든다. 이 미세 환경 내에 있는 T 세포는 TLR의 참여를 처음 유도한 감염원과 싸우는 데 필요한 기능적 특성을 획득한다.

Toll-Like Receptors의 결합은 Antigen-Presenting Cells의 활성화로 이어진다

Professional APC는 지속적으로 endocytosis를 하고 있으며, 병원균이 없는 경우에도 자신의 단백질에서 파생된 펩타이드가 얹혀진 class I 및 class II MHC 분자를 표면에 전시한다. 병원체의 존재 하에서 이들 세포의 TLR은 활성화되어 APC가 운동성을 갖게 된다. 세포는 자신을 둘러싼 extracellular matrix에서 떨어져 나와 chemokine이 제공하는 directional cue에 따라서 lymph node로 이동하기 시작한다. 예를 들면, 활성화된 dendritic cell은 항원 획득 속도를 감소시키고, peptide loading 구획인 endosome과 lysosome에 있는 protease들의 활성을 상향 조절하며, 세포 표면으로의 class II MHC–peptide 복합체의 전달을 증가시킨다. 최종적으로, 활성화된 professional APC는 co-stimulatory molecule CD80 및 CD86의 발현을 상향 조절하여(그림 24-35 참조), T 세포를 보다 효과적으로 활성화할 수 있는 능력을 확보한다. 결국 professional APC와 병원체의 초기 접촉은 APC를 lymph node로 이동하게 하는데, 이때 APC는 naive T 세포를 활성화하는 능력을 충분히 갖춘 상태이다. 즉, 항원은 peptide-MHC 복합체의 형태로 전시되고, co-stimulatory 분자가 풍부하게 있으며, cytokine들이 분비되고 있다. 이들 모두는 활성화될 T 세포에 적절한 분화 프로그램을 설정하고, 또 그러한 T 세포의 분화를 보조한다.

항원을 함유한 수지상 세포가 그 항원-특이적 T 세포와 결합하면 T 세포는 증식하고 분화한다. 이 priming reaction에서 만들어진 cytokine은 CD4-expressing T cell이 염증성 또는 고전적인 helper T cell phenotype으로 극성화할지 여부를 결정한다. 그 결합이 class I MHC 분자를 통해 일어나면, CD8-expressing T cell이 그의 precursor cytotoxic T cell에서 fully active cytotoxic T cell로 발달할 수 있다. Activated T cell은 운동성이 있어 B 세포를 찾아 림프절을 통해 이동하거나 순환계로 들어가 신체의 다른 곳에서 여러 effector function을 실행한다.

High-Affinity Antibody 생산에는 B 세포와 T 세포 간의 협력이 필요하다

항원에의 밀착과 병원체의 효과적인 중화에 필요한 high-affinity (고친화성) 항체를 생성하려면, B 세포는 T 세포의 도움이 필요하다. B 세포 활성화를 위해서는 B 세포 수용체(BCR)에 결합하는 항원 공급원과 항원-특이적인 활성화된 T 세포 모두 필요하다(그림 24-40).

Soluble antigen은 afferent lymphatic vessel (구심성 림프관)을 통해 운반되어 말초에서 lymph node (림프절)에 도달한다(그림 24-7 참조). 박테리아 성장은 항원으로 작용할 수 있는 미생물 생성물의 방출을 동반한다. 감염이 국소조직 파괴를 동반하는 경우, complement cascade의 활성화는 박테리아를 죽임과 동시에 박테리아 단백질의 방출을 초래하며, 이들이 림프관을 통해 배수 림프절로 전달된다. Complement system 단백질에 의해 covalently-modified antigen은 BCR의 co-receptor로 작용하는 complement receptor에도 결합하기 때문에 B 세포를 활성화하는 능력에 있어서 변형되지 않은 항원보다 훨씬 우수하다.

BCR을 통해 항원을 획득하는 B 세포는 endocytosis에 의해서 항체-항원 복합체를 내재화하고, class II MHC 경로를 통해서 T 세포에 제시하기 위해 항원을 펩타이드로 분해한다(그림 24-28 참조). 따라서 항원과 성공적으로 결합한 B 세포는 항원을 세포 표면에 발현되는 class II MHC-peptide 복합체 형태로 전환하여 T 세포의 도움을 요청한다(그림 24-40, 단계 **2**). 중요하게도, B 세포 수용체(membraneanchored immunoglobulin)에 의해 인식되는 항원 분자의 아미노산 서열은 class II MHC 분자에 붙어 B 세포 표면에 전시되는 펩타이드와 상당히 다를 수 있다. 항원에 있는 B 세포 epitope와 class II MHC가 제시하는 펩타이드(T 세포 epirope)는 물리적으로 동일한 항원에서 나온 것이다. 이들이 공유결합으로 연결되었거나 비공유 상호작용으로 같이 물려 있으면, T 세포의 도움을 받을 수 있어 성공적인 B 세포 분화와 함께 항체 생산이 개시될 수 있다.

이와 같은 물리적인 연결을 통한 인식이라는 개념—B 세포의 BCR에 의한 항원의 결합과 동일한 항원에서 잘려 나온 펩타이드의 class II MHC 분자를 통한 T 세포에 전시—은 high-affinity antibody response을 성공적으로 유도하는 데 사용할 수 있는 분자의 최소 크기가 왜 있는지를 설명해준다. 그 설명은 다음과 같다. 면역원성 분자는 몇 가지 기준을 충족해야 한다. 즉, B 세포 수용체에 결합하는 epitope를 포함해야 하고, endocytosis과 proteolysis를 거쳐야 하며, 분해된 단백질 조각이 available (쓸 수 있는) allelic class II MHC 분자에 결합해야만 T 세포 도움을 요청할 수 있는 것이다.

종종 연구자들은 큰 단백질에서 짧은 펩타이드 단편을 인식할 수 있는 항체(polyclonal이든 monoclonal이든)를 생성하기 원한다. 이러한 항체는 immunofluorescence (면역형광) 또는 immunoprecipitation (면역침전) 방법으로 target 분자를 검출할 수 있는 등 다양한 실험에 사용될 수 있다. 이러한 항체를 *anti–peptide antibody*라고 한다. 펩타이드 단독으로 immunogen (면역원)으로 사용되는 경우[항체를 생

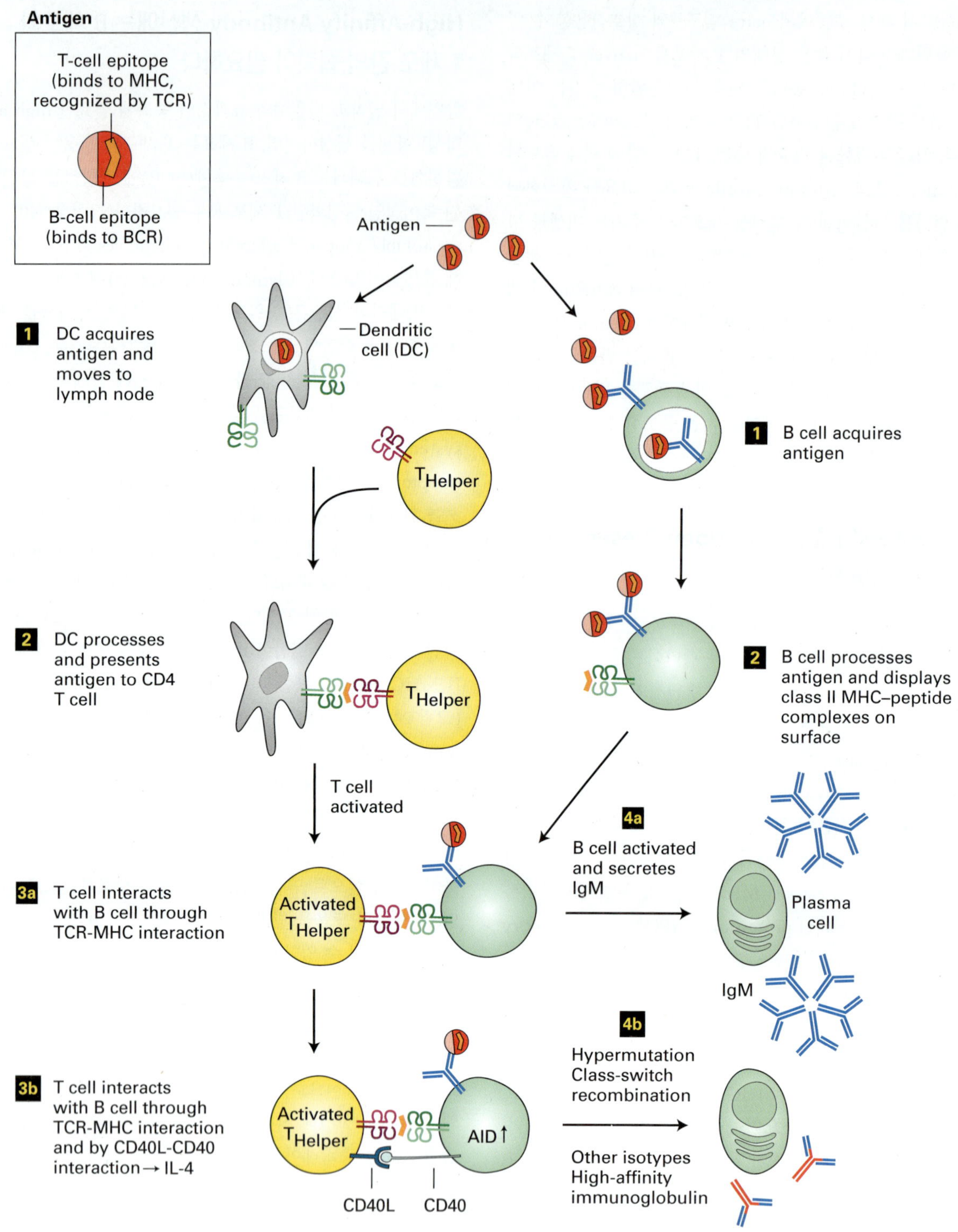

그림 24-40 항체 생산을 시작하려면 T 세포와 B 세포 간의 협력이 필요하다. *왼쪽*: Antigen-loaded antigen-presenting (항원이 로드된 항원 제시) dendritic cell (DC)을 통한 T 세포의 활성화. *오른쪽*: 항체를 분비하는 형질 세포로 증식하고 분화하기 위한 B 세포의 항원 획득과 후속 활성화. 단계 **1**: 전문 항원 제시 세포(수지상 세포, B 세포)가 항원을 획득한다. 단계 **2**: Professional APC는 항원을 내재화 분해하고 결과로 생성된 항원 유래 펩타이드를 MHC 단백질에 결합하여 제시한다. T-세포 활성화는 수지상 세포가 antigenic peptide-MHC 복합체에 결합하는 수용체를 가진 T 세포에 항원을 제시할 때 일어난다. 단계 **3a**: 활성화된 T 세포는 항원에 대해 BCR (표면 결합 면역글로불린)을 발현하고 (다른 APC와 마찬가지로) B 세포 표면에 표시된 peptide-MHC 복합체를 통해 항원을 T 세포에 제시하는 B 세포와 결합한다. 단계 **3b**: 지속적으로 활성화되는 T 세포는 CD40 ligand (CD40L)의 발현을 시작한다. 이는 B 세포가 완전히 활성화되고 class-switch recombination과 somatic hypermutation을 시작하는 enzymatic machinery (AID 포함) 작동 키가 열린다. 단계 **4a**: CD4 helper T cell로부터 적절한 지시를 받은 B 세포는 IgM을 분비하는 형질 세포가 된다. 단계 **4b**: 활성화된 CD4 helper T cell로부터 CD40-CD40L 상호작용의 형태로 신호를 수신하고 적절한 cytokine 자극을 받은 B 세포는 다른 immunoglobulin isotype으로의 전환과 함께 체세포 과돌연변이가 일어나 특정 형질 세포로 분화할 수 있다.

성하기 위해 동물(예, 토끼, 염소 또는 생쥐)에 주사], 그 펩타이드에 단단히 결합하는 BCR를 가진 B 세포가 있더라도 실제로 그 세포에서 항체가 제대로 만들어지지 못할 것이다. 이유는 그 B 세포는 동일한 펩타이드가 얹혀진 class II MHC의 복합체를 생성할 수 없으며, 따라서 세포 증식과 친화성 성숙을 유도하기 위한 helper T cell을 끌어올 수 없기 때문이다. 이러한 이유로, 항체를 유도하는 데 사용되는 합성 펩타이드는 면역원성을 개선하기 위해 carrier (담체) 단백질에 conjugation (접합)시켜야 한다. Carrier protein은 class II MHC 단백질에 얹혀지는 펩타이드 source로 쓰인다. TCR을 통한 class II MHC-peptide 복합체의 인식을 통해서만 T 세포는 B 세포가 강력하고 친화도가 높은 항체 생산으로 이어지는 완전한 분화 과정을 밟게끔 도움을 줄 수 있다.

이 개념을 B 세포에 동일하게 적용하여 단백질이나 펩타이드의 특정 modification을 인식할 수 있는 항체를 만들어낼 수 있다. 예를 들면, 인산화된 형태의 kinase를 인식하는 항체는 일반적으로 바로 그 문제의 인산화된 펩타이드를 합성하여 carrier 단백질에 접합시키고, 이를 실험동물에 주사하면 만들 수 있는 것이다. 이때 어느 정도 특이성을 보이는 BCR을 가진 B 세포는 해당 펩타이드의 인산화된 부위를 인식하고, 인산화된 펩타이드가 연결된 운반체를 세포 안으로 들이며, endosome 구획에서 운반체 단백질이 단백질 분해에 의해 잘려 여러 펩타이드 조각을 생성한다. 이들 펩타이드 중 B 세포에 있는 class II MHC 분자에 결합할 수 있는 펩타이드는 적어도 하나는 있을 수 있다. 이들이 B 세포 표면에 적절하게 전시되면, 이 class II MHC-peptide 복합체는 T 세포 도움을 요청할 수 있다. 즉, 운반체에서 유래한 펩타이드가 얹혀진 class II MHC 분자를 인식할 수 있는 수용체가 장착된 helper T cell이 가까이 접근해서 도움을 준다. ■

Helper T cell은 B 세포가 전시하는 class II MHC-peptide 복합체를 통해 항원을 경험해 본 B 세포를 TCR을 통해 식별한다(그림 24-40, 단계 3a). B 세포는 또한 co-stimulatory molecule과 활성화된 T 세포에 의해 생성된 cytokine (예, IL-4)에 대한 수용체를 전시한다. 이 B 세포는 T 세포와 상호작용한 후 증식한다. 그들 중 일부는 형질 세포로 분화하고 또 다른 일부는 메모리 B 세포로 된다. B 세포가 생산하는 항체의 첫 번째 물결은 항상 IgM이다(그림 24-40, 단계 4a). 다른 isotype으로의 class switch 및 somatic hypermutation는 항원의 지속적인 존재 혹은 반복적인 노출을 필요로 한다. Cytokine 외에도, B 세포는 이러한 과정을 시작하기 위해 세포-세포 접촉을 필요로 한다. 이러한 접촉에는 B 세포의 CD40 단백질과 T 세포의 CD40L이 관여한다(그림 24-40, 단계 3b). 이 단백질들은 TNF-TNF receptor family 구성원이다. HIV를 사용한 연구에 의하면, 광범위로 적용할 수 있는 중화 항체를 생산하기 위해서는 somatic hypermutation이 상당한 수준으로 진행되어야 한다는 것을 보여주었다. Somatic hypermutation의 조절에 대한 더 많은 연구가 필요하며, 이에 대한 정보는 prophylactic strategy (예방적 전략) 차원에서 바람직한 항체를 유도하는 항원의 특성을 이해하는 데 유용하게 사용할 수 있을 것이다.

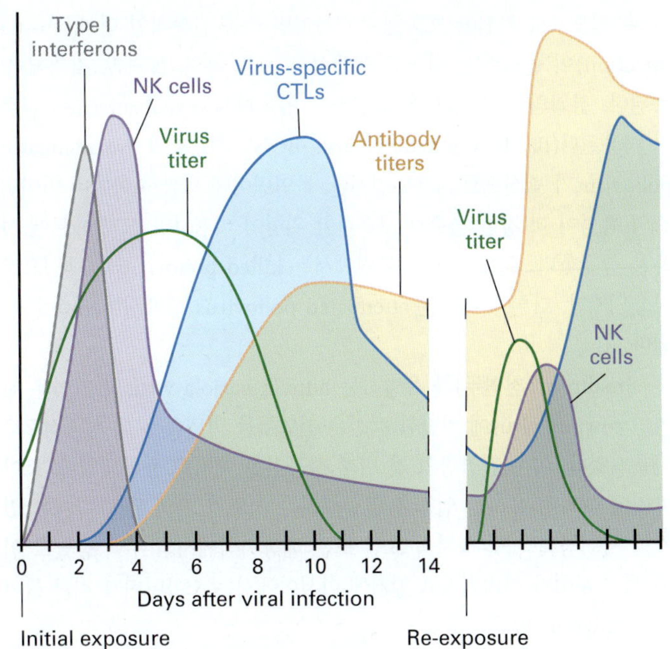

그림 24-41 바이러스 감염의 시간 경과. 감염 입자의 수가 증가할 때 나타나는 초기 antiviral response에는 자연 살해(NK) 세포의 활성화와 type I interferon의 생성이 포함된다. 이러한 반응은 innate immune response의 일부이다. 항체 생성과 세포 독성 T 세포(CTL)의 활성화가 뒤따르며, 결국 감염을 제거한다. 동일한 바이러스에 다시 노출되면 항체가 더 빨리 그리고 더 많이 생성되며, 세포 독성 T 세포가 더 빠르게 활성화된다. 성공적인 백신은 어떤 면에서 병원체에 대한 초기 노출 후와 유사한 면역 반응을 유도하지만 심각한 질병 증상을 유발하지 않는다. 예방 접종을 받은 사람이 이후에 동일한 병원체에 노출되면, adaptive immune response는 만반의 준비를 갖춰서(primed) 방어 반응이 빠르고 더 강력하게 일어나도록 한다.

백신은 다양한 병원체에 대한 보호 면역을 이끌어낸다

백신은 면역학적 원리를 일상에서 적용한 가장 뚜렷하게 드러난 예이다. 백신은 무해하도록 설계된, 그렇지만 유해한 병원체의 공격으로부터 수주를 보호하는 면역 반응을 유발하도록 설계된 물질이다(그림 24-41). 그런 만큼 백신이 왜 그처럼 성공적인지를 항상 잘 알 수 있는 것은 아니지만, 많은 경우 성공적인 백신 접종의 지표는 병원체(바이러스)를 중화할 수 있는 혹은 microbicidal effect (박테리아)를 나타내는 항체를 생산할 수 있느냐에 의해 결정된다.

몇 가지 전략이 성공적인 백신으로 이어질 수 있다. 병원체는 종종 조직 배양을 통해서 또는 동물에서 동물로 serial passage (연속적으로 전달)를 통해 병원성을 *attenuation* (약화)시킬 수 있다. 병원성 약화의 분자적 기초는 잘 이해되지 않았지만, 백신은 병원성이 강한 병원체의 살아있는 약독화 변이체로 만든다. 약독화된 버전의 병원체는 경미한 형태의 질병을 유발하거나 전혀 증상을 일으키지 않지만, 적응 면역계의 모든 구성 요소를 동원함으로써 약독화 생백신은 숙주를 보호할 만한 수준의 항체를 이끌어낼 수 있다. 면역 기억을 담당하는 림프구는 한정된 수명을 가질 수 있기 때문에 항체의 양은 나이가 들면서 줄어들 수 있으므로 완전한 보호를 유지하려면 종종 반복적인 면역(booster injection)이 필요하다. 약독화 생백신은 독감, 홍역, 볼거리, 결핵에 사용된다. 결핵의 경우, 질병을 유발하는 약독화된 mycobacterium 균주가 사용된다(Bacille Calmette-Guerin, BCG). 최근까지 live attenuated poliovirus가 백신으로 사용되었지만, 돌연변이에 의한 소아마비 바이러스의 독성이 더 강한 균주가 재출현할 위험이 이점보다 크기 때문에 사용을 중단했다. 현재 미국과 유럽에서는 killed poliovirus가 백신으로 사용되지만, 다른 곳에서는 attenuated poliovirus 생백신이 계속 사용된다.

Smallpox (천연두)를 유발하는 human variola virus의 가까운 친척인 cowpox virus에 기반한 백신은 천연두를 박멸하는 데 성공적으로 사용되었다. 이는 전염병의 첫 번째 성공적인 제거로 등록되었다. 소아마비에 대하여 유사한 업적을 달성하려는 시도가 거의 완성 단계에 있지만 사회경제적 및 정치적 요인 또는 해당지역에서의 무력 충돌로 인해 백신 투여가 어려워지고 있기에 아시아에서는 소아마비가 최근 들어 다시 발생하고 있다.

백신이 autism (자폐증)을 유발할 수 있다는 거짓 주장으로 인해서, 일부 사람들은 rubella (풍진)과 mump (볼거리)와 같은 심각한 질병에 대한 childhood vaccination (아동기 예방 접종)의 이점에 대해 회의적이었다. 부모가 자녀에게 예방 접종을 하지 않으면, 예방 접종을 받는 사람의 수가 줄어든다. 결과적으로, 집단 어려워지고 인류 집단 전체를 아동기 예방 접종으로 쉽게 통제 가능했을 질병의 재발에 노출시킨다. Childhood vaccination이 자폐증 또는 그와 비슷한 장애의 onset (발병) 또는 severity (중증도)와 어떤 식으로든 관련되어 있다는 증거는 없다.

다른 주요 유형의 백신은 *subunit vaccine*이다. 약독화되거나 사멸된 병원체 대신에, 병원체의 구성 요소 중 하나 또는 여러 개만 사용하여 면역을 유도하는 것이다. 어떠한 경우에, 이 접근 방식은 백신 접종에 병원성을 가진 살아 있는 항원을 사용하는 것보다 지속적인 보호를 제공하기에 보다 유리하다. Subunit vaccine을 통하여 B형 간염 바이러스 감염 예방에 성공했다. 일반적으로 사용되는 독감 백신은 주로 envelope protein인 neuraminidase와 hemagglutinin으로 구성된다(그림 3-10 참조). 이 백신은 중화 항체를 유도한다. Cervical cancer (자궁경부암)을 일으키는 바이러스인 human papillomavirus HPV 16에 대한 백신의 경우, 바이러스 DNA가 없는 capsid structural protein으로 구성된 virus-like particle을 사용한다. 이 입자는 감염성이 없지만 많은 면에서 온전한 viron을 모방한다. 현재 인간에게 사용하도록 허가된 HPV 백신은 특정 유형의 암을 예방하는 백신의 첫 번째 성공 사례로, 자궁경부암에 노출될 위험이 있는 인구 집단에서 발병률을 80%까지 감소시킬 것으로 예상된다.

공중 보건의 관점에서, 백신은 그 생산 단가가 저렴하고 또 널리 배포될 수 있다면 전염병을 예방하거나 심지어 근절할 수 있는 강력한 도구이다. 최근에는 어떤 적절한 치료법이 없는 질병(Ebola virus, 2020년 대유행을 불러온 SARS-CoV-2 virus와 같은 corona viruse) 또는 사회경제적 제약으로 인해 약물의 유통에 문제가 있는 질병(말라리아, HIV) 등에 대한 백신 생산에 주력하고 있다. 면역계가 어떻게 작동하는지를 더 완벽하게 이해하면 기존 백신의 디자인을 개선하고, 이러한 면역 방어 원리를 지금까지는 적절한 백신이 없는 질병으로 확장하여 성공적인 백신을 개발할 수 있다. 남아 있는 어려운 문제는 병원체가 다량의 유전적 변이를 할 수 있다는 점이다. 특히 error-prone (오류가 발생하기 쉬운) HIV의 역전사효소는 바이러스가 복제하는 매 주기마다 돌연변이를 도입하기 때문에 수많은 변이 바이러스를 생성한다. 그러한 돌연변이를 지닌 변이체는 면역계의 탐지를 피할 수 있다. 따라서 HIV뿐만 아니라 인플루엔자 바이러스에 대한 효과적인 백신은 돌연변이를 허용하지 않고 적응 면역계에서 잘 감지될 수 있는 structural element에 초점을 맞춰 설계해야 할 것이다. ■

면역계는 암을 방어한다

면역계는 병원체 감염의 즉각적인 consequence (결과)를 방어할 뿐만 아니라 암을 예방하는 데도 도움이 될 수 있다. 우리가 보았듯이, 적응 면역계는 음성 선택에 의해 많은 self-reactive (자기 반응성) B 및 T 세포를 제거한다. 이 과정을 벗어나는 자기 반응성 림프구는 적절한 co-stimulatory signals (공동 자극 신호)가 제공되지 않기 때문에 일반적으로 silenced (잠자는) 상태에 있다. RAG somatic recombination machinery의 genetic lesion (유전적 병변) 또는 HIV 감염으로 인한 immunodeficiency (면역결핍)과 같은 심각한 면역 억제를 초래하는 상태는 transforming viruse로 인한 암뿐만 아니라, carcinogen (발암물질)에 의해 유발된 암에도 암 발생 위험을 증가시킨다. 이러한 관찰은 precancerous cells (전암 세포)를 억제하는 면역 반응의 중요성을 알려준다.

B 및 T 세포는 항원 특이적 수용체뿐만 아니라 두 번째 공동 자극 신호(예, T 세포의 CD28과 APC의 CD80 또는 CD86 결합, 그림 24-35 참조)에 의한 활성화가 필요하다는 점을 기억하자. 이 공동 자극 신호의 withholding (보류)은 T 세포 선택 과정에서 제거되지 않은 모든 자기 반응성 림프구를 침묵시키거나 무반응 상태로 만든다(anergize). 종양 세포는 암을 유발하는 progenitor (전구 세포)와 매우 유사하고(25장 참조), 암을 유발하는 데 필요한 돌연변이("driver mutation")가 거의 없기 때문에 면역 인식이 어떻게 (전)종양 세포를 더 큰 종양으로 성장할 기회를 가지기 전에 제거하는지에 대해 분명한 답은 아직 없다.

체세포 돌연변이는 종양 세포에 대한 면역 인식을 가능하게 한다

이제 막 발달 중인 종양 세포에서의 체세포 돌연변이 — 비록 유리한 또 암 유발에 직접적으로 기여하지 않는 — 는 T 세포의 항원 특이적 수용체에 의해 인식될 수 있는 소위 neo-antigen (신항원)을 만들어 낼 수 있다. 폐를 담배 연기에 노출시키는 과도한 흡연자들이 경험하는 화학 mutagen (돌연변이 유발제)는 유전자에 돌연변이를 일으켜서 종양 형성을 유발할 뿐만 아니라, 여러 다른 유전자에도 돌연변이(passenger mutation)를 일으켜서 발달하는 면역계에 결코 노출되지 않았던 다양한 altered gene product (변형 유전자 산물)을 만든다. 이러한 mutageninduced neo-antigen에 대한 면역 내성이 없다면, 이들 neo-antigen은 숙주의 면역계가 인식하는 target이 될 수 있다.

종종 transformed phenotype에 관계된 유전자 발현이 줄어들면, 발달 과정의 아주 이른 시기에서 특징적으로 나타났던 differentiation antigen (분화 항원)이 어른이 된 시점에 다시 발현된다. 이러한 분화 항원이 면역계가 아직 완전히 성숙하지 않은 발달 단계에서 발현되었다면, 그에 대한 면역 내성이 확립되지 않았을 수 있다. 따라서 이러한 항원은 나중에 면역 인식의 target이 될 수 있다. 마지막으로, 어떤 gene product의 발현 수준이 암세포에서 적절하게 조절되지 않고 증가되어 있어 면역 인식에 필요한 임계치를 초과할 수 있다. 이들이 비록 일반적으로는 숙주에 의해 만들어지는 단백질이라는 사실에도 불구하고 적은 양이라도 발현되면 면역 반응을 일으킨다.

요약하면, 암은 무엇보다도 돌연변이에 의해 발생하는 질병으로 간주될 수 있고, 그 영향은 epigenetic event (25장 참조)에 의해 변형되므로, 암세포는 면역계에 인식될 가능성이 있다. 게다가, 바이러스나 박테리아에 대한 면역 반응이 더 이상 면역계에 의해 인식되지 않는 변이체의 성장을 초래할 수 있는 것과 거의 같은 방식으로, 면역계에 의해 가해지는 선택적 압력은 종양 항원의 발현을 상실한 변이체의 생성으로 이어질 수 있다. 예를 들어, 많은 colon cancer는 완전한 발현 손실은 아닐지라도 class I MHC product의 양이 감소되어 있어 cytotoxic T cell이 공격할 수 없게 되어 버렸다.

CTLA4, PD-1 및 PD-L1에 대한 항체는 암 면역 치료 요법에 많이 쓰인다 종양의 미세 환경에는 섬유아세포, 대식세포를 포함한 골수 유래 세포인 stromal cell이 있다. 림프구는 호중구와 마찬가지로 종양을 침범하는 것으로 알려져 있다. 종양 세포와 이러한 세포들이 있는 미세 환경과의 상호작용은 anti-tumor immune response를 방해하는 *immunosuppressive condition* (면역 억제 상황)을 만들어 낼 수 있다. 즉, 종양 세포 자체는 면역계에 항원으로 인식될 만큼 충분히 항원적이라 할지라도, 이들은 면역 공격을 피하기 위한 환경을 조성할 수 있다. 면역 억제 환경을 조성하는 데 중요한 역할을 하는 분자는 CTLA4와 같은 immunological checkpoint (면역학적 체크포인트)라고 불이는 분자로, 이들은 T 세포가 완전히 활성화되고 성숙해짐에 따라 발현양이 증가된다. 일반적으로, CTLA4는 면역 반응을 종결시키는 역할을 하지만, 종양 특이적 T 세포 표면에서의 발현은 anti-tumor activity (항종양 활성)을 손상시킨다. 또한 thymus와 peripheral lymphoid compartment에서 다른 T 세포의 활동을 억제할 수 있는 Treg 세포를 생성한다. Treg 세포가 많이 있게 되면, 다른 T 세포가 종양을 공격하는 것을 막을 수 있다. 동일한 논리로서, 이러한 Treg 세포는 잠재적인 자기 반응성 T 세포를 억제할 수 있어 자가면역 질환의 발병을 예방하거나 중증도를 감소시키는 수단으로 쓰일 수 있다.

면역 반응의 두 가지 주요 억제제는 T 세포의 PD-1과 T 세포의 표적 세포에 있는 PD-L1이다. 종양의 neo-antigen (신생 항원)을 인식하는 T 세포 표면에 있는 PD-1과 종양 세포 표면에 있는 PD-L1과의 결합은 종양 세포를 죽이는 능력을 비롯한 여러 T 세포의 기능을 억제한다. 암 치료의 놀라운 돌파구는 특정 종양 세포에 종종 존재하는 PD-L1뿐만 아니라, T 세포에 존재하는 CTLA4와 PD-1 같은 억제성 단백질을 target으로 하는 치료용 항체의 사용에서 마련되었다. 어떤 다른 형태의 치료로도 refractory (말을 듣지 않았던) metastatic melanoma 환자의 약 30%가 CTLA4, PD-1 또는 PD-L1에 대한 항체 치료에 반응하여 완전한 remission (병변 소실)와 완치에 이르렀다. 다른 형태의 폐암 및 신장암을 치료하기 위해서 비슷한 접근이 진행 중이다. Anti-CTLA4로 치료하면 Treg 세포의 활성을 억제할 수 있을 뿐만이 아니라 종양 항원을 인식할 수 있을 cytotoxic T cell의 레퍼토리가 넓어진다. Anti-PD-1 또는 anti-PD-L1으로 치료하면 종양에 대한 T 세포의 인식이 향상된다. 담배 연기에 가장 많이 노출되는 흡연자는 암에 대한 mutational load (돌연변이 부하)가 높기 때문에 이러한 형태의 항체 치료에 의해 가장 큰 혜택을 얻을 수 있다. ■

24.6절의 주요 개념

적응 반응에서 면역계 세포의 협력

- 수지상 세포와 같은 antigen-presenting cell은 Toll-like 수용체 및 기타 pattern-recognition 수용체로부터 전달되는 신호로 활성화된다. 이 수용체는 박테리아와 바이러스가 만드는 거대 분자에 broadly specific (광범위하게 특이적)이다. 이들의 결합은 inflammatory cytokine 들의 합성을 포함하는 NF-κB 신호전달 경로를 활성화한다(그림 24-37 참조).
- 수지상 세포는 활성화되면 머물던 자리를 떠나 림프절로 이동하여 T 세포와 만날 준비를 한다. 또한 수지상 세포의 활성화는 MHC-peptide 복합체의 전시량을 늘리고 T 세포 반응 유도에 필요한 co-stimulatory molecule (공동 자극 분자)의 발현을 증가시킨다.
- B 세포는 plasma cell (형질 세포)로의 완전한 분화 프로그램을 실행하기 위해 T 세포의 도움을 필요로 한다. Antigen-specific help는 B 세포 표면의 class II MHC–peptide 복합체를 인식하는 활성화된 T 세포에 의해 B 세포로 제공된다. B 세포는 BCR-mediated endocytosis를 통해 항원을 내재화하고, class II MHC 경로를 밟아 항원을 처리하며, 관련 펩타이드를 T 세포에게 제시한다(그림 24-40 참조).
- B 세포는 활성화된 T 세포에 의해 생성되는 cytokine 외에도 somatic hypermutation 및 class-switch recombination 시작하기 위해 세포-세포 접촉을 필요로 한다. 이 접촉은 B 세포의 CD40과 T 세포의 CD40L과의 상호작용에 의한다.
- 백신은 T 세포와 B 세포 간의 협력이라는 중요한 면역학적 개념을 이용한다. 가장 일반적인 형태의 백신은 병을 앓게 하지 않는 하지만 보호 면역 반응을 일으킬 수 있는 attenuated (약독화된) 생바이러스 또는 생박테리아 형태 vaccine과 subunit vaccine이다.
- 적응 면역계는 때때로 정상 세포와 암세포를 구별할 수 있다. Normal cell과 transformed cell 사이의 비교적 사소한 차이가 암세포에

대한 면역계 감지를 혼란스럽게 만든다.

- 면역학적 체크포인트는 항원 특이적 T 세포의 활동을 약화시키는데, 정상적인 상황에서는 면역 반응을 차단하거나 제어하는 수단으로 이용된다.

개념 복습

1. 다음 병원체가 어떻게 숙주의 면역계를 무장 해제하거나 자신에게 유리하도록 조작할 수 있는지 설명하시오.
   a. 세포 바깥에서 복제하고 세포 독성 생성물(독소)을 분비하는 Gram-positive 세균인 병원성 *Staphylococcus aureus*
   b. HIV와 같은 enveloped virus (5.7절 참조)

2. 백혈구가 기능을 수행함에 있어 온몸으로 움직이는 궤적을 추적하시오.

3. 미생물의 공격으로부터 내부 조직을 보호하는 주요 기계적 방어와 화학적 방어를 비교하시오.

4. Complement activation의 classical pathway와 alternative pathway를 비교하시오.

5. Opsonization란 무엇인가? 이 과정에서 항체의 역할은 무엇인가?

6. B 세포에서 재배열된 V 유전자만 전사되도록 하는 메커니즘은 무엇인가?

7. Productive heavy-chain rearrangement가 일어난 후 어떤 과정이 pre-B 세포에서 immunoglobulin heavy-chain gene segment의 추가 재배열을 방지하는가?

8. B 세포는 IgM antibody 생성으로부터 다른 Ig isotype 생성으로 class switch을 어떻게 하며 왜 하는가?

9. 항체의 affinity maturation의 기초가 되는 생화학적 메커니즘은 무엇인가?

10. Class I 및 class II MHC 분자의 구조를 비교하시오. 어떤 종류의 세포가 각 class의 MHC 분자를 발현하는가? 이들 세포의 기능은 무엇인가?

11. Class I MHC 경로를 통한 항원 처리 및 제시의 6단계를 설명하시오.

12. Class II MHC 경로를 통한 항원 처리 및 제시의 6단계를 설명하시오.

13. Self-reactive T 세포가 흉선을 떠나는 것을 막는 것은 무엇인가?

14. T-cell–mediated autoimmune disease이 class II MHC 유전자의 특정 대립유전자와 왜 연관되는지 설명하시오.

15. Antigen-presenting cell과 helper T cell이 B 세포 활성화에 어떻게 관여하는가?

16. 병원체가 침입할 때부터 제거될 때까지 선천성 및 후천성 면역 반응의 사건을 간략히 설명하시오.

17. Passive immunization (수동 예방접종)을 정의하고 예를 들어 보시오.

18. 환자를 감염시키지 않고서 HIV 감염으로부터 보호하는 백신을 어떻게 설계하겠는가?

19. 독감 백신은 live attenuated influenza virus 또는 influenza subunit (the envelope protein인 neuraminidase와 hemagglutinin)로 제조된다. 해마다 맞는 독감 예방주사가 당신을 어떻게 보호하는가?

20. 어떤 단백질에 대한 monoclonal 또는 polyclonal antibody를 개발하기 위한 실험 프로토콜을 설계하시오(4.1절 참조).

21. 제대로 기능하는 plasma cell이 없는 사람을 생각해 보자. 이 상태는 사람의 적응 면역계에 어떤 영향을 미치는가? 선천성 면역계에는?

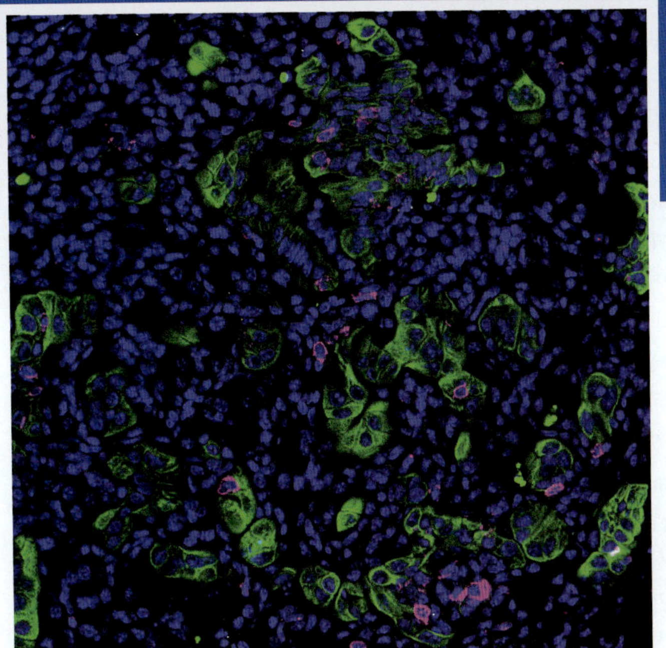

면역계의 세포들은 tumor microenvironment (종양 미세환경) 내에서 암세포들과 상호작용을 한다. 사진의 lung adenocarcinoma를 보면 핵(파란색)과 암세포(녹색), 그리고 CD8$^+$ T cell (자홍색)을 구분할 수 있다. T cell들이 암세포와 붙어 있는 모습이 중요하다. [Image provided by Elen Torres and Stefani Spranger, MIT.]

CHAPTER 25

암 (Cancer)

OUTLINE

간단히 설명한다면, Cancer (암)는 신체의 정상적인 somatic cell (체세포)이 일련의 mutation (돌연변이)을 획득함으로써, tissue development (조직발달)의 질서정연한 패턴에서 벗어나게 될 때 발생하는 질병이다. 정상적인 developmental control (발달 조절)이 제대로 되지 않아 성장을 제어하지 못하는 상황의 원인은 매우 다양하므로, cancer는 실제로 그 암세포의 기원에 따라 각기 다른 질병이 된다. Endoderm [내배엽; gut epithelium (내장 상피)] 또는 ectoderm [외배엽; 피부, neural epithelia (신경상피)]에서 유래된 tumor (종양)는 **carcinoma**로 분류되며, 근육, 골격, 연골, 및 connective tissue precursor (결합조직 전구체)와 같은 mesoderm (중배엽) tissue로부터 파생된 경우는 sarcoma (육종)이라고 한다. 많은 종양들이 고형 덩어리를 형성하지만, **leukemia (백혈병)**나 **lymphoma (림프종)**와 같은 혈액과 bone marrow (골수)의 종양들은 혈액에서 순환하며 개별적으로 자랄 수 있다. Cancer의 분류는 cell의 기원에 따라, 심지어는 특정 cell type의 기능장애를 일으키는 돌연변이의 타입에 따라 더 세분화된다. 종양 세포의 histological examination (조직학적 검사)에 기초한 암의 종류는 약 200가지가 있다. 이러한 cancer cell type들도 분자 수준에서 새로운 다른 점들이 발견됨에 따라서 cancer의 종류는 더욱 세분화되고 있다.

모든 cancer는 매우 다양한 종류가 존재함에도 불구하고, 거의 공통적으로 하나의 정상 somatic cell에 하나의 돌연변이가 생기고, 그 이후 여러 개의 oncogenic mutation (종양유발 돌연변이)이 축적되어 cancer cell clone으로 발전하게 되는 현상, 즉 oncogenesis (종양 발생) 또는 tumorigenesis (종양 발생)이라고 하는 과정에 의해 발생하는 것으로 생각된다. 우리 몸에서 분열하고 있는 약 10^{12}개의 세포들 중 단 하나의 세포가 돌연변이를 일으킬 수 있다는 사실은 충분히 상상할 수 있지만, 하나의 cell clone이 cancer의 모든 phenotypic property (표현형 특성)를 대변할 수 있을 정도의 매우 특이적인 돌연변이들을 획득하는 것은 상상하기 어렵다. 이 수수께끼에 대한 답은 종양 발생은 세포가 더 증식하려는 자연선택의 암울한 결과라는 것이다. 즉, 다른 세포들보다 더 빠르게, 또는 정상적으로 발생해야 할 세포 사멸을 겪지 않게 되어, 더 많은 유전적인 변화를 겪게 된다는 뜻이다. 대부분의 종양은 천천히 수년의 기간 동안 selection (선택)에 의해서 추가적인 oncogenic 돌연변이를 획득하여 발생하는 것이다.

그림 25-1은 cell clone 하나가 어떻게 연속적인 oncogenic mutation을 획득하면서 하나의 돌연변이를 시작으로 full tumor까지 발달하는지에 대한 개요를 보여준다. 보통, 종양이 발견되고 그 genome을 분석할 수 있을 때까지, 매우 많은 돌연변이들이 축적되므로 하나의 세포가 암으로 변하게 하는 최초의 돌연변이를 정확하게 확인하는 것은 불가능하다. 그럼에도 불구하고, 대표적으로 두 가지 종류의 돌연변이가 oncogenesis를 초래할 수 있는 것으로 알려져 있다. 첫 번째는 cell growth (세포 성장)를 조절하는 수많은 signal transduction pathway (신호전달 경로) 중 하나에 영향을 미친다. 이러한 돌연변이들은 growth-promoting pathway (성장 촉진 경로)를 부적합하게 촉진하거나 growth-inhibiting pathway (성장 억제 경로)를 비활성화할 수 있다. 어느 쪽이든지 mutant cell은 신호전달 경로가 정상적으로 조절되는 주변 세포들보다 더 빨리 자랄 것이고, 이에 따라서 추가적인 oncogenic mutation을 획득할 기회가 더 많아지는 것이다. 돌연변이가 발생하는 두 번째 방법은, 세포로 하여금 **돌연변이**나 DNA replication (복제)의 오류에 의해 야기된 DNA 손상을 복구하는 능력을 잃게 하는 것이다. 이러한 돌연변이는 DNA 복구에 관여하는 효소 자체에 생길 수 있으며, 또한 cell cycle checkpoint에서 DNA 복구를 위해 발생하는 cell cycle arrest를 막는 역할도 한다(20장 참조). 5장에서 설명한 바와 같이, DNA 복제와 세포 분열은 DNA의 손상이 염기 서열의 돌연변이로 전환되기 위해 필요하다. 따라서 활발하게 분열하는 조직에 있는 세포들이 oncogenic mutation을 획득하고 종양을 형성하기 가장 쉬운 이유는 세포 분열과 돌연변이 발생 사이의 이러한 근본적인 관계 때문이다.

초기 돌연변이의 clonal descendant (클론 후손)들은 세포 증식을 촉진하거나 DNA 복구를 억제하는 유형의 추가적인 oncogenic mutation을 획득하기 쉽다. 이러한 추가 돌연변이는 더 많은 oncogenic mutation 획득에 대한 가능성을 증가시킨다. 돌연변이가 발생하면서 더 빠르게 성장하는 세포가 선택되고, 더 빠르게 성장함으로써 더 많은 돌연변이가 발생하는 사이클이 반복되어, 그 증식이 더 이상 통제되지 않게 되고, genome에 더 많은 결함을 보이는 cellular descendant (세포 후손)들을 생산하게 된다. 종양은 대개 크기가 1 cm^3에 도달한 후에야 발견되는데, 그때쯤이면 세포는 오류가 발생하기 쉬운 복제 주기를 많이 겪었고, 손상된 DNA가 잘못 복구되어 replication과 chromosome rearrangement (염색체 재배열)의 오류로 인해 많은 single-base change (단일 염기 변화)를 가져왔을 것이다. Cancer cell genome의 염기서열에서는 보통 매우 많은 돌연변이가 발견된다. 하지만 돌연변이가 생겼지만 oncogenic progression을 일으키지 않는 돌연변이와 일으키는 돌연변이를 구별하는 것은 매우 어렵다.

또 다른 oncogenic mutation은 암세포가 신체에서 비정상적인 세포를 제거하는 두 가지 주요 시스템을 회피할 수 있게 한다. 포유류의 세포는 보통 genome의 integrity를 감시할 수 있는데, 만약 그들이 genome 구조에 심각하고 돌이킬 수 없는 문제가 발생한다면, 암이 되기 전에 그들을 제거하는 세포 사멸 프로그램에 들어가게 된다(22장 참조). Precancerous (암이 되기 전의) cell이 살아남아서 암이 된다는 것은 세포예정사 과정의 핵심 요소를 이미 하나 이상 잃었다는 뜻이다. 종양에서 종종 발견되는 또 다른 종류의 oncogenic mutation으로서 암세포가 면역계의 T cell에 의한 감시를 피할 수 있는 현상이 있다. 암세포에서 genome의 돌연변이가 계속 축적됨에 따라, 세포의 단백질은 점점 더 많은 amino acid substitution (아미노산 대체), truncation (잘라내

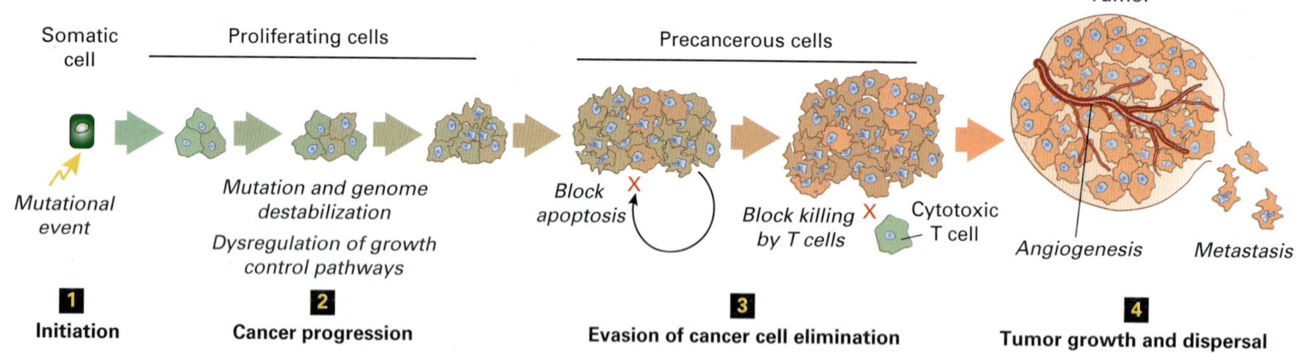

그림 25-1 암의 진화적 진행에 대한 일반적인 개요. Normal somatic cell로부터 완전한 종양으로 암이 진행되는 과정은 4단계로 볼 수 있다. 단계 **1**: Initiation. Tumor virus에 의한 감염처럼 단 한가지의 유전적 사건에 의해 암이 발생하는 드문 경우를 제외하고는, 보통 initiation event를 정확히 파악할 수는 없지만 somatic mutation이 생기는 것으로 생각된다. 단계 **2**: Cancer progression. Precancerous cell은 성장 조절 경로를 잘못 조절하는 돌연변이를 획득하여 부적절한 세포 증식을 일으킨다. 게다가, 그들은 주로 DNA damage checkpoint의 손실에 의해 genome instability를 일으키고 더 많은 돌연변이를 획득하게 된다. 대부분의 암은 natural selection (자연 선택) 과정에 의해 진행되며, 여러 경로에서 순차적으로 많은 돌연변이가 생긴다. 단계 **3**: 암세포 제거의 회피(evasion). Precancerous cell은 일반적으로 세포자살이나 immune surveillance 과정에 의해 우리 몸에서 제거된다. 이 단계를 넘어서기 위해, 종양 세포는 이러한 시스템을 회피할 수 있는 추가적인 somatic mutation을 얻어야 한다. 단계 **4**: 종양 성장과 확산. 종양의 지속적인 성장을 위해서는 혈액 공급이 필요하며, 종양 세포는 angiogenesis를 촉진하기 위해 더 많은 변화를 겪어야 한다. 종양 세포가 metastasis에 의해 몸 전체에 퍼지기 위해서는, solid tumor cell이 원래의 부위에서 이동해 몸 안의 새로운 위치에 달라 붙는 능력을 얻어야 한다.

기), domain rearrangement 등을 일으킴으로써 면역계에 이질적인 것으로 보이게 한다. 암세포의 특정 돌연변이들은 이들로 하여금 면역계에 발견되어 파괴되는 것을 피할 수 있게 해준다.

빠르게 분열하는 세포들의 mass (덩어리)는 영양분과 산소의 diffusion이 제한되므로 그 내부에 있는 세포들의 성장이 한계에 도달하게 된다. 종양이 몇 밀리미터 이상 자라기 위해서는 종양 세포에 혈액을 공급해야 한다. 따라서 solid tumor (고형 종양)에서 발견되는 네 번째 유형의 oncogenic mutation은 종양 세포이 특정 성장 인자를 분비해서 혈관 형성을 위한 신호를 보낼 수 있게 한다. Transformed (변형된) 암세포 외에도, 암세포는 암세포에서 나오는 신호에 반응하여 differentiated (분화된) 구조를 형성하는 수많은 정상 세포들을 끌어들이기도 한다. 종양은 여러 종류의 세포와 구조를 가지고 있기 때문에, 그것들은 cell clone이라기보다는 오히려 발달된 organ (장기)에 더 가깝다. 마지막으로, 아직 다른 oncogenic mutation 때문에, 종양 세포는 종종 primary tumor (1차 종양)에서 분리되어 순환계에 들어갈 수 있는 능력을 얻기도 한다. 즉, 혈액 또는 lymphatic system (림프계)으로 들어가서 새로운 부위에 달라 붙어 다른 조직에서 secondary tumor (2차 종양)를 형성한다. 종양이 이런 방식으로 몸 전체에 퍼지는 능력을 **전이 (metastasis)**라고 하며, 이는 가장 치명적인 형태의 cancer의 특징이다.

암의 기원, 진행, 성장, 그리고 확산에 대한 이 기본적인 윤곽은 암이 왜 치료하기 어려운 질병인지 보여준다. 암세포는 정상 somatic cell (체세포)이 변해서 생기는 것이므로, 정상 세포를 어느 정도 죽이지 않고서 암세포만 선택적으로 죽이는 것은 일반적으로 불가능하다. 대부분의 암 치료법은 DNA가 효율적으로 회복되지 못하고 빠르게 분열하는 세포를 죽이는 것을 목표로 한다. 예를 들어, DNA에서 cross-link (교차 연결)를 일으키는 alkylating agent (알킬화제)는 가장 일반적으로 사용되는 항암 화학 요법 화합물 중 하나로, DNA 복제를 활발히 진행 중이지만 cross-link되어 있으면서 파괴된 DNA를 복구하는 능력을 상실한 세포를 우선적으로 죽인다. 가장 효과적인 항암 성분도 hair follicle (모낭), bone marrow (골수), 면역계(immune system)의 분열하는 세포와 같은 정상 세포들에 부수적인 손상을 매우 많이 입혀, 탈모, anemia (빈혈) 그리고 감염에 대한 감수성을 일으킨다.

암 치료의 또 다른 방법의 예로는, 과도하게 발현된 종양 유전자의 생성을 억제함으로써 종양 유발 돌연변이의 영향을 되돌리는 것이다. 이러한 유형의 targeted therapy (표적 치료법)는 단일 종양 유발 사건 때문에 발생하는 희귀한 형태의 암을 치료하는 데 효과적이다. 앞으로 우리가 알아보게 되겠지만, 대부분의 암은 세포 성장, DNA 복구, 그리고 세포 사멸을 위해 서로 다른 경로에서 여러 oncogenic mutation을 획득하였으며, 이러한 수많은 경로의 잘못된 지표들을 동시에 되돌릴 수 있는 마법의 열쇠는 아직 존재하지 않는다.

현재, 우리는 암이 세포 수준에서 어떻게 발달하는지에 대한 우리의 이해를 통해 질병의 조기 진단과 예방에 가장 큰 가능성을 제공한다. 알려진 모든 oncogenic mutation과 그들의 생리적 결과는 precancerous cell (암이 되기 전의 세포)의 존재를 조기에 발견할 수 있는 분자 마커로 생각될 수 있다. 초기 진행 단계에서는 precancerous cell이 표적 약물을 처리하거나 특정 경로 또는 강화된 immune surveillance (면역 감시 체계)를 제거함으로써 가장 쉽게 교정될 수 있다. 우리는 대부분의 암이 장기간에 걸쳐 단계적으로 발생한다는 것을 알고 있으므로 종양 발생의 첫 단계를 발견하는 것이 치료할 수 있는 중요한 기회를 제공할 것이다.

이 장에서, 우리는 genome, cell metabolism (세포 대사), 성장과 증식의 조절, 그리고 형태학이 암세포에서 어떻게 바뀔 수 있는지 소개할 것이다. 또한 암세포와 그 주변 환경의 상호작용이 종양의 증식과 전이에 의한 암의 확산을 어떻게 가능하게 하는지 알아볼 것이다. 그리고 암의 genetic and genomic basis (유전학적, 유전체학적 기반), 즉 유전된 돌연변이 또는 발암물질에 의해 야기된 somatic mutation에 의해 암이 어떻게 발생하는지, genome 유지 기능의 파괴가 어떻게 종양 발생에 기여하는지에 대해 살펴보려 한다. 그 다음, 과도한 세포 증식을 초래할 수 있는 성장 조절 유전자의 변화에 대하여 살펴볼 것이다. 또 암세포가 세포예정사와 immune surveillance로부터 회피할 수 있도록 돌연변이를 어떻게 획득하는가에 대한 논의로 이 장을 끝맺으려 한다. 마지막으로, 우리는 암세포를 인식하고 파괴하기 위한 면역계의 활성화에 기반을 두고서 암을 치료할 수 있는, ***cancer immunotherapy* (암면역치료)**로 알려진 유망한 새로운 방법을 알아보는 것으로 이 장을 마무리한다.

25.1 암세포는 정상 세포와 어떻게 다른가

암의 유전적 기초를 자세히 조사하기 전에, 그들을 정상 세포와 구별하는 종양 세포의 일반적인 특성을 고려해보자. 정상 세포에서 암 세포로의 변화는 일반적으로 여러 단계를 포함하는데, 각각의 단계에서 세포는 종양으로 성장할 가능성을 더 높이는 특성을 추가적으로 더 갖게 된다. 종양 발생의 기저에 있는 유전적인 변화는 세포의 몇 가지 기본적인 특성들을 변화시켜, 그러한 세포들이 정상적인 성장 통제를 피할 수 있게 하고, 그들의 조직 미세 환경을 조절하며, 궁극적으로 완전한 암 표현형을 부여한다(그림 25-1 참조). 암세포는 증식을 유도하는 외부 신호를 필요로 하지 않으면서 증식하는 성질을 획득한다. 그들은 세포 분열을 제한하는 신호를 감지하지 못하고, 그들이 죽어야 할 때 살아남는다. 그들은 종종 주변 세포나 세포외 기질에 대한 애착을 변화시키고, 그들의 기원 조직으로부터 멀어지기 위해 분리된다. Solid tumor (고형 종양)는 특징적으로 초기 혈액 공급에서 벗어나 저산소 환경에 노출되기 때문에 크게 자라기 위해서는, 혈액 흐름의 추가적인 공급 필요로 한다. 이를 충족시키기 위해 종양은 혈관의 성장을 촉진시키기도 한다. 암이 진행됨에 따라, 주변 조직은 더욱 선택적으로 변질되어 조직의 성장과 침입이 수월해지고, 종종 신체의 먼 곳까지도 퍼지게 된다.

이 절에서는 암세포의 특성에 대하여 알아본다. 우리는 먼저 거의 모든 세포 기능에 영향을 미치며, 암세포를 무한정 분열할 수 있게 돕는 암세포의 유전적 구성의 변화에 대해 논의하려 한다. 그리고 종양 세포의 유전적 변화와 주변 환경과의 상호작용이 종양 세포가 한때 속했던 조직의 제약으로부터 벗어나 주변 조직을 침범하여 몸 안의 먼 곳에 정착하게 되는지를 알아본다.

대부분의 암세포는 유전적으로 크게 변화한다

20세기 초, David von Hansemann과 Theodor Boveri는 우리가 암세포의 거의 보편적인 특징이라고 알고 있는 "암세포의 전체 유전자 구성은 정상 세포와 극적으로 다르다"라는 것을 처음으로 발표했다. 광학현미경으로 볼 수 있도록 염색된 암세포의 염색체들은 종종 고도로 변형된 karyotype (핵형)과 큰 염색체의 amplification (증폭) 및 deletion (결실), translocation (전위), 그리고 염색체의 비정상적인 수(일반적으로 너무 많음. 이를 *aneuploidy*라고 한다)를 보여준다. 일반적인 암세포는 genome의 4분의 1이나 되는 염색체 또는 염색체 팔의 전체 gain and loss (득실)를 보인다(그림 25-2). 효율적인 next generation DNA-sequencing (차세대 DNA 염기서열 분석법)의 등장으로 수천 개의 다른 종양으로부터 완전한 cancer genome sequence를 얻을 수 있게 되었다. 전체 염색체의 이상 외에도 염기서열 분석에서는 단일 염기 돌연변이와 종종 암세포 genome의 약 10%에 영향을 미치는 소규모 local amplification 및 deletion이 나타난다(그림 25-3). 암의 염기서열 분석 방법을 통하여 밝혀진 가장 놀라운 결과는 여러 암종들이 각각 매우 다른 척도의 돌연변이 비율을 가지고 있다는 것이다. 돌연변이는 소아암에서 드물고, 유전자당 염기 변화가 수백 번 일어나는 만큼 낮은 치환율을 보이지만, 특정 폐암이나 melanoma (흑색종)와 같은 암에서는 genome 당 염기 변화가 50만 번까지 일어날 수 있다. 25.2절에서 볼 수 있듯이, 주어진 종양의 유전체 돌연변이의 빈도와 유형은 종종 DNA 복구 경로에 돌연변이의 존재로 추적될 수 있다. 이러한 유전적 변화는 체내 외부 장소에서의 생존과 확산뿐만 아니라 사실상 세포의 homeostasis (항상성), proliferation (증식), tissue (조직) organization 및 migration (이동) 등 모든 측면에 영향을 미친다.

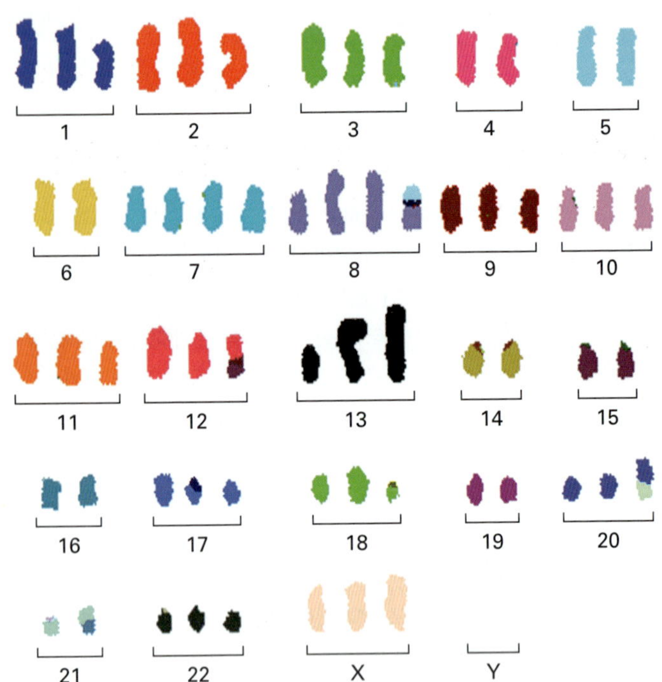

그림 25-2 암은 종종 매우 비정상적인 karyotype (핵형)을 가지고 있다. SW403 colorectal adenocarcinoma cell line으로부터 얻은 chromosome의 사진. Chromosome은 24개의 chromosome 각각에 specific하며, 색깔이 다른 probe로 label하여 배열하였다. 암세포의 두 가지 특징은 분명하다. 첫째, 정상 karyotype은 각 chromosome마다 정확히 2개의 copy를 가지고 있는데, 암세포에서는 어떤 chromosome의 경우에 한두 개가 추가되어 있다. 둘째로, 많은 경우 몇몇 chromosome들이 translocation으로 인해서 다른 chromosome의 조각들과 fusion되어 있다. [From W. M. Abdel-Rahman et al., 2001, "Spectral Karyotyping Suggests Additional Subsets of Colorectal Cancers Characterized by Pattern of Chromosome Rearrangement." *Proc. Nat'l Acad. Sci. USA* **98**(5):2538–2543, Fig. 3c. Copyright (2001) National Academy of Sciences, U.S.A.]

통제되지 않는 Proliferation은 암의 보편적인 특성이다

정상적인 조직에서 세포의 증식은 고도로 통제되는 과정이다. 성장 촉진 인자는 조직을 보충하는 데 필요한 경우에만 표적 세포가 증식하도록 하기 위해 매우 통제된 방식으로 방출된다. 암세포의 보편적인 특징은 암세포가 oncogenic mutation을 획득함으로써, 이러한 엄격한 통제에서 벗어나 지속적이고 무한정 증식할 수 있다는 것이다. 여기서는 가장 일반적인 *oncogenic mutation* 중 세 가지를 예시로 간략히 소개하고, 25.3절과 25.4절에서 다양한 돌연변이가 암세포 증식을 가능하게 하는 방법에 대하여 보다 포괄적으로 살펴볼 것이다.

16장에서 설명한 **Ras 단백질**은 수용체 receptor tyrosine kinase를 통해 성장 자극 신호를 수신하는 많은 신호 경로에서 GTPase 스위치를 작동시킨다. Ras는 MAP kinase 신호전달 경로를 활성화하여 세포 증식의 많은 전사 인자를 조절한다. 첫 번째 oncogenic mutation은 MAP kinase 경로의 구성적 활성화를 유발하는 *Ras* 유전자의 point mutation 이다. 이 경로는 일반적으로 세포 환경에 성장 인자가 존재할 때만 활성화된다. 따라서 oncogenic Ras mutation을 가지고 있는 precancerous cell은 마치 지속적으로 성장 신호를 받는 것처럼 증식한다.

대부분 인간의 종양은 **p53**이나 p53의 활동을 조절하는 단백질에 oncogenic mutation을 가지고 있다. 일반적으로, p53은 genome의 integrity를 유지하는 데 중요한 역할을 한다. 19장에서 설명한 바와 같이, DNA 손상이 세포에서 처음 감지될 때, p53은 M phase 전에 cell cycle 정지를 유발하여 cell cycle이 계속되기 전에 복구 효소가 손상을 교정할 수 있는 충분한 시간을 제공한다. 만약 DNA 손상이 복구될 수 없다면, p53은 결국 손상된 genome을 가진 세포들이 몸에서 제거될 수 있도록 세포자살(apoptosis)을 활성화시킬 것이다. p53 활동이 부족한 precancerous cell은 DNA가 심하게 손상되더라도 분열이 계속된다. 이처럼, 제한되지 않은 세포 분열은 genome을 불안정하게 하고 추가적인 oncogenic mutation을 획득하게 한다.

통제되지 않는 세포 증식을 야기하는 oncogenic mutation의 세 번째 예는 종양에서 흔히 발견되는 현상으로, telomerase의 발현이 크게 증폭된 경우이다. Telomerase는 linear chromosome (선형 염색체)의 끝에 있는 telomere (텔로미어)라고 하는 부분에 짧은 tandem (병렬의)

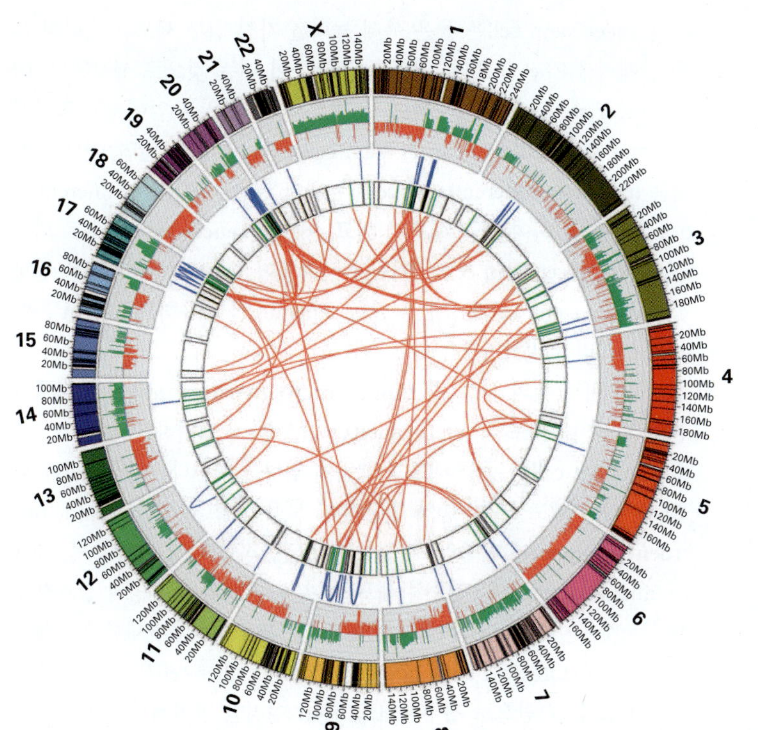

그림 25-3 Cancer genome sequencing에 의하여 수천 개의 sequence alteration을 발견한다. MCF-7 adenocarcinoma breast cancer cell line의 complete genome sequence를 Circos plot으로 표시하였다. 23개의 chromosome은 바깥쪽 고리 주위에 배열되어 있다. 다음 고리에서 DNA copy number는 정상적인 2n개(diploid)의 copy number 횟수보다 증가(녹색)하거나 감소(빨간색)한 것을 나타내었는데, MCF-7 genome 대부분이 비정상적인 copy number를 가지고 있음을 볼 수 있다. Intrachromosomal 및 interchromosomal rearrangement는 각각 파란색과 빨간색 곡선으로 표시되었다. 총 157개의 chromosomal break point가 발견되었다. [Oliver A. Hampton et al., 2009, *Genome Res.* **19**:167–177; Copyright © 2009 by Cold Spring Harbor Laboratory Press.]

DNA sequence를 DNA rearrangement처럼 추가하는 효소이다. 7장에서 논의한 바와 같이, telomere는 염색체가 복제될 때마다 짧아진다. 대부분의 인간 체세포는 소량의 telomerase만을 생산하고, 통제되지 않는 증식은 결국 telomere의 광범위한 단축을 초래할 수 있으며, 이것은 세포에서 cell cycle arrest 및 사멸을 유발하는 double-strand break로 인식된다. 종양 세포는 replicative immortality (복제적 불멸화)의 상태를 만들기 위해 telomerase의 발현을 상향 조절함으로써 이 운명을 극복한다.

암세포에서는 세포내 Housekeeping 기능이 근본적으로 변해 있다

암세포는 현미경 검사를 통해 정상 세포와 구별되는 경우가 많다. 그들은 보통 정상 세포보다 덜 분화된다. 암세포는 종종 암이 아니지만, 빠르게 성장하는 세포들의 특성[높은 핵/세포질의 비율, 두드러진 nucleoli (인), 증가한 mitotic cell (유사분열 하는 세포)의 수, 그리고 상대적으로 매우 적은 specialized structure 구조]을 보인다.

종양 세포는 겉모습뿐만 아니라 전체 단백질 구성에서도 정상 세포와 다르다. 전체 염색체나 염색체 일부분이 없어지거나 더 많아지는 현상은 암세포의 특징이며 세포의 단백질 구성과 세포 기능에 지대한 영향을 미친다. Multiprotein particle (다단백질 입자)의 구성에 불균형이 생기면 많은 단백질들이 단지 부분적으로만 folding되어 있을 수 있다. 이렇게 되면, 세포는 이러한 단백질의 불균형을 상쇄하기 위한 목적으로 세포의 온도가 상승하였을 때 생기는 현상(21장 참조)과 유사한 스트레스 반응을 유도한다. 결과적으로, 암세포는 극적으로 변형된 염색체 조성의 직접적인 결과로서 그들의 생존을 위해 protein-folding chaperone과 proteasome을 포함한 degradation mechanism (분해 메커니즘)에 크게 의존하게 된다.

암세포의 또 다른 특징은 resting cell (휴식 세포)이 산소가 부족할 때만 사용하는 에너지 생성 경로에 대한 의존이다. 대부분의 정상 분화된 세포는 에너지 요구를 만족시키기 위해 상대적으로 효율적인 미토콘드리아 산화적 인산화에 의존한다. 세포는 pyruvate의 산화에 의해 포도당을 이산화탄소로 대사시킨다. 미토콘드리아에서 TCA (tricarboxylic acid) 사이클을 거친다(12장 참조). 혐기성 조건 하에서만 정상 휴지 세포는 혐기성 해당과정을 거쳐 많은 양의 젖산을 생성한다. 그러나 대부분의 암세포는 산소 수치가 높든 낮든 상관없이 에너지 생산을 위해 해당과정에 의존한다(그림 25-4). 유산소 해당과정이라 불리는 산소의 존재에서도 에너지를 생산하기 위한 해당과정의 사용이 생화학자 Otto Warburg에 의해 암세포에서 처음 발견되었고, 이에 따라 **Warburg 효과**라고 불린다. 호기성 해당과정은 포도당 분자당 2개의 ATP 분자를 생성하고, 산화적 인산화보다 훨씬 덜 효율적이며, 포도당 분자당 최대 36개의 ATP 분자를 생성한다. 그러나 증식하는 세포들은 TCA cycle을 에너지 생산에 사용하지 않고, TCA cycle의 분자들을 사용하여 nucleotide, 아미노산, lipid를 합성한다. 즉, glucose metabolism (포도당 대사)을 재조정하여 metabolic intermediate (대사 중간체)의 흐름을 ATP 합성으로부터 벗어나 세포 구성 요소의 생산으로 전환시킴으로써, 빠른 세포 성장에 더 유리한 조건을 맞추게 된다.

암세포는 대사 경로를 다시 조정할 뿐만 아니라, 일부 대사산물과 대사 부산물의 수치를 증가시킨다. 소위 *onco-metabolite*로 불리는 이러한 대사물질들은 혈관 형성에 관여하는 유전자를 포함하여 여러 유전자의 발현 패턴을 직간접적으로 변화시킨다.

암세포는 세포들 사이의 상호작용을 변화시켜 Heterogeneous Organ (이질적인 장기)을 형성한다

많은 종류의 인간 세포들은 잘 정돈되어 평면으로 자란다. 세포는 cell cycle의 G_0 phase에서 세포가 완전히 다른 세포들에 둘러싸여 있을 때 arrest를 유발하는 *contact inhibition* (접촉 억제) 현상 때문에 계속해서 분열하지 못하고, 그 평면 밖으로 자라나지 못한다. 그러나 precancerous cell이 contact inhibition (접촉 억제력)을 잃고, 결합력이 떨어지면, 일반 세포보다 둥글고, 현미경으로 인식할 수 있는 3차원의 세포 군집(a *focus*)으로 분열이 계속된다. E-cadherin, cell polarity factor (세포 극성 인자), actin cytoskeleton regulator (액틴 세포골격 조절기), 그리고 Hippo pathway (21장 참조)와 같은 adhesion molecule (부착 분자)들은 cell-cell contact가 형성될 때 cell cycle을 정지시키는 역할을 한다. 하지만, 암에서 이러한 현상이 어떻게 발생되며, 그 경로가 교란되는지는 아직 해결되어야 할 사항이다.

모든 종양은 하나의 시작 세포에서 비롯되었다 하더라도 결국 균일한 세포군으로 계속 유지되지는 않는다. 예를 들어, 어떤 종류의 종양에서는 cancer stem cell (암 줄기세포)이라고 하는 특정 종양 세포만이 새로운 종양을 파종할 수 있다. 종양 안에서, 어떤 세포들은 분열을 멈추는 반면, 어떤 세포들은 암으로의 성장을 계속한다. 물론 후자가 가장 위험하며, 항암 치료로 파괴해야 하는 가장 중요한 세포일 것이다. Cancer stem cell은 높은 복제 능력을 가진 일부 세포와 제한된 복제 잠재력을 가진 또 다른 세포들을 만들어 내는 것으로 생각된다. 이들 cancer stem cell들의 기원은 분명하지 않다. 일부 암에서는 정상적인 tissue stem cell들이 cancer stem cell로 될 수 있다. 반면, 어떤 암에서는 terminaly-differentiated cell (분화가 끝난 세포)이 dedifferentiation (역분화) 하여 전구 세포가 되고, 이것이 cancer stem cell로 되기도 한다. Cancer stem cell의 기원에 관계없이, cancer stem cell은 정상적인 tissue stem cell과 유전자 발현 signature를 공유하므로 stem cell-like cell이라고 말하기도 한다.

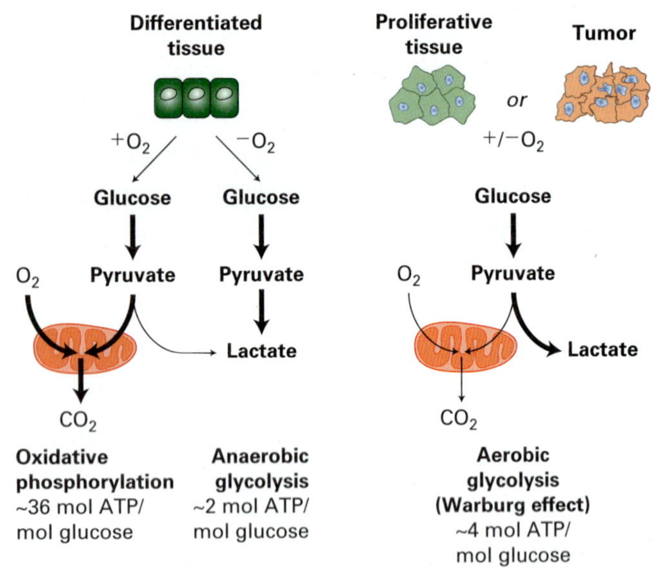

그림 25-4 Aerobic glycolysis (호기성 해당과정)에 의한 암세포의 에너지 생산. 산소가 존재하는 경우, nonproliferating [differentiated (분화된)] cell들은 glycolysis를 통해 glucose를 pyruvic acid로 대사한다. Pyruvic acid는 미토콘드리아로 운반되어 TCA cycle로 공급된다. Oxidative phosphorylation이 진행되는 동안 최종 electron acceptor로서 산소가 필요하다. 따라서 산소가 제한되면 세포는 pyruvic acid를 lactic acid로 대사하여 glycolysis가 NADH를 다시 NAD^+로 바꾸면서 계속 진행되게 한다. 암세포와 proliferating cell은 산소의 유무에 관계없이 대부분의 glucose를 lactic acid로 전환시킨다. 산소가 존재하는 상태에서 lactic acid를 생성하는 것을 *aerobic* glycolysis (호기성 해당과정)라고 한다. [Data from M. G. Vander Heiden, L. C. Cantley, and C. B. Thompson, 2009, *Science* **324**:1029.]

종양 바로 옆의 환경, 즉 **tumor microenvironment (종양 미세환경)**는 종양 내 세포의 heterogeneity (이질성)에 기여하고, 일반적으로 cancer stem cell과 종양 세포의 행동에 영향을 미친다. 어떤 인접한 세포들은 다른 세포들보다 종양 성장에 더 도움이 될 수 있다. Tumor microenvironment에서 종양 세포에 가장 일반적인 환경적 영향 중 하나는 inflammatory cell (염증성 세포)이며, 이 세포들이 종양과 상호작용한다는 것은 이제 널리 받아들여지고 있다. 25.4절에서 자세히 설명했듯이, $CD8^+$ cytotoxic T lymphocyte와 natural killer cell은 종양을 둘러싸면서 종종 그 안으로 침투하기도 한다. 이러한 면역계의 유전자들이 결핍된 마우스는 정상 마우스보다 발암물질에 의한 종양에 더 잘 걸린다. 이 연구결과로부터 면역계가 암세포를 제거한다는 현상을 알 수 있다. 암세포가 이러한 immune surveillance를 벗어나는 방법에 대한 최신 정보는 25.4절에서 다룬다.

면역계의 세포들이 암을 생성할 수 있는 특성도 가질 수 있다는 증거가 점점 더 많아지고 있다. 암은 부상이나 만성 감염 부위에서 자주 발생한다고 오랫동안 알려져 왔다. 암의 최대 20%가 chronic infection (만성 감염)과 관련이 있는 것으로 추정된다. 예를 들어, *Helicobacter pylori*에 의한 위장의 지속적 감염은 gastric cancer (위암)와 관련이 있다. 장에 영향을 미치는 inflammatory autoimmune disease (염증성 자가면역 질환)인 Crohn's disease (크론병)은 colon cancer (대장암)과 관련이 있다. Hepatitis (간염) B 혹은 C virus에 감염되면, hepatocellular carcinoma (간암)의 위험이 증가한다. Immune-system cell들은 상처를 입거나 감염된 부위로 이동해서 성장 인자를 만들어 종양 세포의 증식을 촉진하며, 또한 혈관의 성장을 유도하는 요인들을 만들어낸다. 우리가 다음에 논의하겠지만, 이러한 현상은 종양이 성장하여 먼 곳으로 퍼져 나가기 위한 필수적인 과정이다.

종양 성장은 새로운 혈관을 형성해야 한다

종양은 큰 크기로 자라기 위해 새로운 혈관을 생성해야 한다. 혈액 공급이 없을 때, 종양은 약 10^6개의 세포 덩어리로 자랄 수 있으며, 그 크기는 대략 직경 2 mm이다. 이 시점에서, 종양 덩어리 바깥의 세포들은 분열을 계속하지만, 내부의 세포들은 영양분의 불충분한 공급으로 죽음으로써 균형을 맞추게 된다. 이렇게 성장이 제한되고 있는 종양은 hormone을 분비하지 않는 한 거의 문제를 일으키지 않는다. 하지만, 대부분의 종양은 종양을 침범하여 영양을 공급하는 새로운 혈관 형성을 유도하는데, 이러한 현상을 **angiogenesis (혈관신생)**라고 하며, 이 복잡한 과정에는 몇 가지 개별 단계가 필요하다. 즉, 근처의 모세혈관을 둘러싸고 있는 basement membrane (기저막)이 분해되어야 하고, 모세혈관을 싸고 있는 endothelial cell (내피세포)이 종양으로 이동하며, 이들 endothelial cell의 분열, 그리고 새로 만들어진 모세혈관 주위에 새로운 basement membrane의 형성이 이루어져야 한다.

많은 종양은 angiogenesis를 자극하는 성장 인자를 생산한다. Basic fibroblast growth factor (β-FGF, 기본 섬유아세포 성장 인자), transforming growth factor (TGF-α, 변형 성장 인자), 그리고 여러 종양에서 분비되는 vascular endothelial growth factor (VEGF, 혈관 내피 성장 인자) 모두 angiogenesis의 특성을 가지고 있다. 새로운 혈관은 종양의 크기를 늘릴 수 있게 해주므로, 추가적인 유해한 돌연변이가 발생할 확률을 높인다. 또한 인접한 혈관이 존재하므로 metastasis (전이)의 과정을 용이하게 한다.

Tyrosine kinase인 VEGF receptor들은 endothelial cell의 생존, 성장, 이동, 그리고 vessel wall (혈관벽)로의 permeability (투과성)와 같은 혈관 성장의 여러 측면을 조절한다. VEGF의 발현은 oncogene과 hypoxia (저산소증)에 의해 유도될 수 있다. 21장에서 자세히 설명한 바와 같이, hypoxia 신호는 hypoxia inducible factor 1α (HIF-1α)에 의해 매개된다. 이 단백질은 산소의 농도가 낮은 상태에서 활성화되며, glycolysis의 여러 효소들을 포함하여 약 30개의 다른 유전자와 결합하면서 transcription (전사)을 유도하는 전사 인자이다. Glycolysis가 증가하면 암세포의 성장이 촉진될 수 있다. HIF-1α는 정상 O_2 수준에서 활성화되어 있지만, O_2가 없어지면 비활성인 prolyl hydroxylase로 이루어진 oxygen sensor에 의해 제어된다. O_2 농도가 낮아지면 transcription factor인 HIF-1α는 hydroxylation되고, ubiquitinylation되어 분해된다. 보통의 산소 농도에서 HIF-1α을 분해하는 ubiquitin ligase의 subunit gene에 돌연변이가 생기면 kidney (신장) 종양이 발생한다. Angiogenesis를 억제하는 화합물은 잠재적인 치료제로서 많은 관심을 불러 일으켰지만, 임상에서의 성공은 지금까지 제한적이었다.

Invasion (침투)과 Metastasis (전이)는 Tumorigenesis의 말기 단계이다

종양은 특히 노년층에서 자주 발생하지만, 대부분 작고 국소적이기 때문에 숙주에게 위험을 거의 주지 않는다. 우리는 이러한 종양을 benign (양성)이라고 하며, 그 예로 benign skin tumor인 wart (사마귀)가 있다. Benign tumor를 구성하는 세포는 일반 세포와 매우 유사하고 기능도 할 수 있다. 조직을 서로 붙들어 주는 cell-adhesion molecule (세포-유착 분자)들은 benign tumor cell들을 마치 정상 세포처럼 원래의 조직에 머물 수 있게 한다. Fibrous capsule (섬유질 캡슐)은 보통 benign tumor의 정도를 나타냄으로써 외과의가 쉽게 표적으로 삼을 수 있게 한다. Benign tumor는 너무 많이 자라서 그 크기 때문에 주변의 조직이나 몸 전체에 손상을 줄 때에만 심각한 의학적인 문제가 된다. 즉, hormone (호르몬)과 같은 생물학적 활성 물질을 과도하게 분비하는 경우이다. 예를 들어, 머리, 손, 발의 과성장인 acromegaly (말단비대증)는 benign pituitary tumor (양성 뇌하수체 종양)가 growth hormone (성장 호르몬)을 과잉생산할 때 발생할 수 있다.

Benign tumor cell과 달리, **malignant** tumor cell (**악성** 종양 세포)은 주변 조직을 침범하여 세포가 계속 증식하는 동안 추가적인 종양을 퍼트리고 계속 자라날 수 있다(그림 25-5). 이러한 능력은 malignant tumor를 benign tumor와 구별하는 주요 특징이다. Ovary (난소)나 breast (유방)와 같은 일부 malignant tumor는 적어도 한동안 국소적으로 주변과 격리되어 남아 있다. 그러나 이러한 종양이 진행되면 세포는 주변 조직을 침범하여 전이를 형성한다(그림 25-6a).

정상적인 세포는 epithelial cell (상피세포) 층의 기초가 되며, 혈관의 endothelial cell을 둘러싸고 있는 *basement membrane*이나 cell-cell adhesion과 같은 물리적 장벽에 의해 장기 또는 조직 내의 일정 위치에

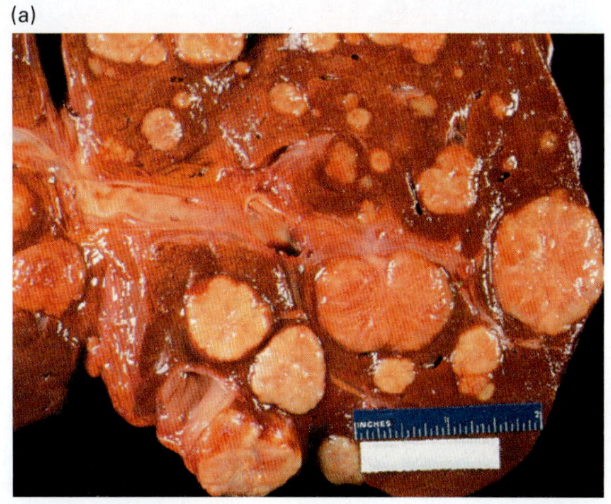

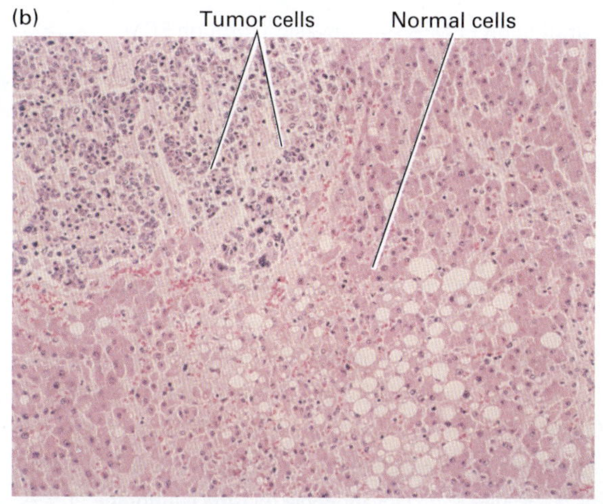

그림 25-5 종양이 정상적인 liver tissue를 침범하고 있는 해부학적 및 현미경 사진. (a) Metastatic lung tumor가 자라고 있는 human liver의 gross morphology. 간 표면의 흰색 돌출부는 종양 덩어리이다. (b) (a)에서 보이는 종양의 한 부분을 광학현미경으로 보면, 작고 어두운 얼룩이 있는 종양 세포들이 더 크고 밝은 얼룩이 있는 정상 liver cell의 영역을 침범하는 것을 보여준다. [Jonathan Braun.]

존재한다(20장과 그림 1-26 참조). 그러나 암세포는 *invadopodium*이라고 하는 cell protrusion (세포 돌출부)을 이용해서 basement membrane을 관통하는 능력을 습득하여, 신체의 먼 곳으로 이동한다(그림 25-6b). **Epithelial-to-mesenchymal transition (EMT)**으로 알려진 발달 과정은 일부 암에서 metastasis 과정 동안 중요한 역할을 하는 것으로 생각된다. 정상적인 발달 과정에서, epithelial cell이 mesenchymal cell (중간엽 세포)로 전환되는 것은 일부 장기와 조직을 형성하는 단계로 잘 알려져 있다. EMT에서는 유전자 발현 패턴이 뚜렷하게 변화하며, cell-cell adhesion의 손실, cell polarity (세포 극성)의 손실, migration (이동성) 및 invasion (침입성)의 특성을 갖게 되어 cell morphology (세포 형태학)의 근본적인 변화를 초래한다. Metastasis 동안 EMT의 조절 경로는 종양의 invasive front (침습하는 맨 앞부분)에서 활성화되어 이동할 수 있는 세포가 생성되는 것으로 생각된다.

Basement membrane이 분해되면서 일부 종양 세포는 혈류로 들어가지만, primary tumor (1차 종양)로부터 탈출한 세포 1만 개 중 1개도 안 되는 세포들이 다른 조직을 군집화하여 secondary metastatic tumor (2차 전이성 종양)를 형성한다. 현재 preventive medicine (예방 의학) 분야에서는 이 혈류를 순환하는 희귀한 종양 세포를 식별하는 방법을 개발하고 있다. 이러한 *circulating tumor cell* (순환하는 종양 세포)을 포착하는 능력은 암을 조기에 발견하는 강력하고 비침습적인 도구를 제공할 뿐만 아니라, 암의 특성에 대한 통찰력을 제공하고 치료 정보를 제공할 수 있다.

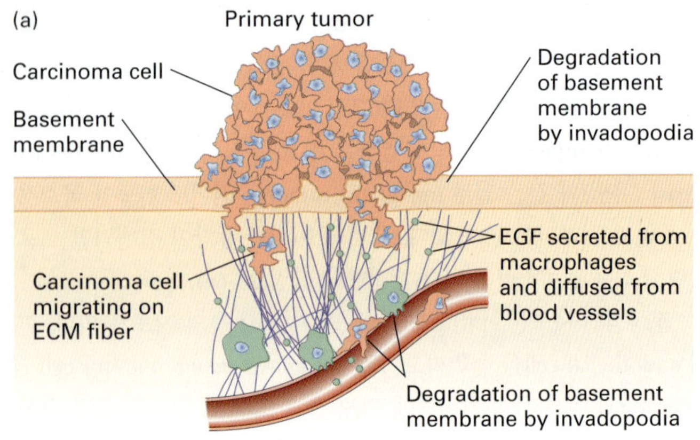

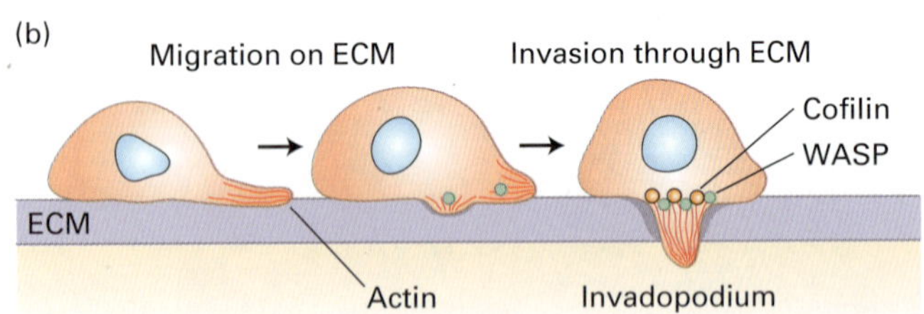

그림 25-6 Metastasis. (a) Breast carcinoma cell을 예로 보여준 metastasis의 첫 단계. 암세포는 main tumor를 떠나 extracellular matrix (ECM) fiber를 사용하여 혈관에 도달한 후 basement membrane을 공격한다. 암세포는 macrophage가 분비하는 epidermal growth factor (EGF)와 같은 신호에 의해 유인될 수 있다. 이들은 혈관에서 혈관벽을 형성하는 endothelial cell layer (내피세포 층)를 관통하여 혈류로 들어간다. (b) Carcinoma cell들은 matrix metalloprotease 및 기타 protease들을 생산하여 경로를 여는 구조인 invadopodia (plasma membrane 한 부분이 돌출된 구조, actin이 많이 포함되어 있음)를 길게 뻗어서 ECM과 혈관벽을 침투한다. [Data from H. Yamaguchi, J. Wyckoff, and J. Condeelis, 2005, *Curr. Opin. Cell Biol.* **17**:559.]

Metastasis가 일어나려면, 종양 세포는 혈류로 들어가는 현상뿐 아니라 새로운 위치의 혈관벽에 붙어서 그것을 뚫은 다음 그 아래의 조직까지 이동해야 한다. 이 과정을 *extravasation*이라고 한다(20장 참조). 먼 곳에 metastasis의 씨가 뿌려지기 위해서는 종양 세포가 전파될 뿐만 아니라 이질적인 조직 환경에도 적응해야 한다. 적어도 초기에는 metastatic tumor cell들이 새로운 환경에 잘 적응하지 못할 수도 있지만, 다른 환경에서 생존하고 번성하기 위해 진화한다고 생각된다. 이러한 적응을 촉진하는 분자 경로에 대해서는 거의 알려져 있지 않지만, 일부 특정 환경에 암세포들이 더 잘 모일 수 있다는 증거들이 나오고 있다.

Metastasis는 암과 관련된 가장 흔한 질병 원인인 만큼 어떤 종양이 전이될지, 전이가 어떻게 일어나는지 파악하는 데 많은 노력이 이루어지고 있다. 전통적으로 종양과 정상 세포의 특성은 현미경을 사용하여 평가되어 왔으며, 많은 종양의 prognosis (예후)는 histology (조직학)를 통하여 일정 범위 내에서 파악할 수 있지만, 그러한 세포의 모양만으로는 정보가 제한적이다. Tumorigenesis를 이해하고 prognosis와 therapy (치료)에 대한 의미 있고 정확한 결정에 도달하기 위해서는 세포의 특성을 더 상세히 분별하는 것이 바람직하다. 종양의 RNA, 단백질, 지질, 대사물의 생성 패턴을 평가하는 방법이 개선되면서 종양 특성에 대한 보다 상세한 검사가 가능해지고 있다. Primary tumor는 RNA와 단백질에 의해 전이 종양과 구별되는 경우가 많다. Gene expression의 전체적인 패턴 분석(6장에서 설명) 방법이 환자의 결과를 예측하고 많은 유형의 암에 대한 최선의 치료 과정을 결정하기 위해 현재 통상적으로 사용되고 있으며, 곧 최적의 치료 방법을 결정하는 기준이 될 것이다.

25.1절의 주요 개념

암세포는 정상 세포와 어떻게 다른가

- 대부분의 암 세포 genome은 수천 개의 돌연변이들, point mutation, deletion, amplification, chromosomal rearrangement, whole chromosome again/loss 등의 genetic alteration을 획득한다.
- 암세포의 유전적 구성의 변화에는 다양한 세포 기능에 영향을 미치는 oncogenic mutation이 포함된다.
- 성장 조절 경로, cell cycle regulation, 그리고 telomere 유지와 같은 과정에서 oncogenic mutation이 발생하면 암세포는 무한증식 능력을 획득하게 된다.
- 암세포는 종종 glucose metabolism이 anaerobic glycolysis로 전환되는 것과 같은 대사의 변화를 보인다.
- 암세포는 contact inhibition 기능을 상실하여 정상 세포층의 경계

밖에서 mass (덩어리)로 성장할 수 있다.

- 종양은 최대 성장 이점을 얻기 위해 환경과 상호작용하는 서로 다른 세포 유형으로 구성된 복잡한 organ (장기)이라고 할 수 있다.
- 종양은 커다란 mass로 성장하기 위해 새로운 혈관이 형성되는 과정, 즉 angiogenesis를 필요로 한다.
- 암세포는 때때로 주변 조직을 침범하여 조직의 경계를 구분하는 basal membrane을 뚫고 몸으로 퍼져 2차 성장 영역을 확립한다. 이를 *metastasis*라고 한다.
- Metastatic tumor cell은 *epithelial-to-mesenchymal transition*라고 불리는 과정에서 이동할 수 있는 특성을 획득한다.

25.2 암의 유전학적 및 유전체학적 기초

암은 두 가지 다른 방법에 의해 유전적 질병으로 간주될 수 있다. 암 형성 메커니즘을 고려할 때, 종양은 주변의 세포가 증식할 수 없을 경우 증식할 수 있는 능력을 주는 돌연변이를 축적한 somatic cell (체세포)에서 발생한다는 것을 알고 있다. 이런 의미에서, somatic mutation이 암의 원인이다. 우리가 종양 자체를 고려할 때, 우리는 그들이 전형적으로 수천 개의 point mutation과 genomic rearrangement를 획득했다는 것을 알 수 있다; 이러한 의미에서, 돌연변이는 암의 결과이다. 이러한 대조적인 관계는 암의 진행을 돌연변이와 선택이 반복적으로 발생하는 cycle이 암세포의 복제 성장에 작용하는 현상을 볼 때, *Darwinian evolution* (다윈의 진화론)의 한 형태로 설명이 가능하다. 이러한 관점에서, 암 형성 과정 초기에 precancerous cell의 genome은 높은 변이성을 지니게 되고, 세포와 그 후손들은 random mutation (무작위 변이)을 얻기 시작한다. 비록 이러한 돌연변이 대부분은 gene에서 생기는 것이 아니며, 그 세포에 phenotypic effect (표현형적인 효과)가 거의 혹은 전혀 없지만, 극히 일부는 기능적인 결과를 가져올 것이다. Precancerous cell들이 더 빠르게 성장하거나 혹은 제거되는 것을 피하고, 몸으로 퍼지는 것을 가능하게 하는 돌연변이들이 선택되어, 결국 종양을 형성하는 lineage (계보)가 될 것이다. Oncogenic mutation은 암 진행의 인과적 원인이 되기 때문에 선택된 것이다. 대부분의 현대 암생물학 연구는 oncogenic mutation들을 식별하고 그들의 근본적인 메커니즘을 이해하는 것을 목표로 한다.

이번 절에서는 암에서 somatic mutation을 일으키는 주된 원인에 대하여 먼저 알아보기로 한다. **Carcinogen (발암물질)**으로 알려진 환경 DNA-damaging agent (DNA-손상 물질)와 DNA damage를 매우 정교하게 복구되지 못하게 하는 genetic 또는 somatic mutation들이 여기에 속한다. 그런 다음, oncogenic driver mutation과 같은 cancer genome에서 발견되는 돌연변이들의 스펙트럼을 알아본다. 그 후, virus-borne oncogene (바이러스로부터 온 암유전자), genome에서 발견되는 gain-of-function 및 loss-of-function mutation들과 같은 주요 유형의 oncogenic mutation들을 알아본다. 마지막으로, chromatin structure (염색질 구조) 또는 microRNA expression을 통하여 gene expression을 변하게 하는 oncogenic mutation을 살펴보기로 한다.

Carcinogen은 DNA에 손상을 입혀서 암을 일으킨다

Somatic-cell mutation을 일으키는 chemical carcinogen (화학 발암물질)의 능력은 직접 DNA에 손상을 주거나 이를 복구하는 메커니즘에 필요한 DNA에 생기는 오류에서 비롯된다. Carcinogen이 돌연변이를 통해 작용한다는 가장 강력한 증거는, 배양된 세포에서 특정 compound (화합물)가 DNA 돌연변이를 일으키는 능력과 동물 모델에서 세포를 변형시키고 암을 유도하는 능력 사이에 강한 상관관계가 있다는 관찰에서 비롯되었다.

Chemical carcinogen으로 밝혀진 물질들은 매우 다양한 화학 구조를 가지고 있지만, 크게 두 가지 일반적인 범주로 분류될 수 있다. *Direct-acting carcinogen* (직접-작용 발암물질)은 DNA에서 nucleotide base (뉴클레오타이드 염기)와 반응하여 base pairing (염기쌍)이 정상적으로 이루어지지 않게 할 수 있는, 매우 반응성이 높은 화합물이다. 변형된 nucleotide가 복구되지 않으면 복제 중에 잘못된 nucleotide가 끼어 들어갈 수 있다. 이 종류의 carcinogen에는 ethylmethane sulfonate (EMS), dimethyl sulfate (DMS), nitrogen mustard가 포함된다.

반대로, *indirect-acting carcinogen* (간접-작용 발암물질)은 비교적 처음에는 기능을 하지 않고 있다가 세포 내에서 *cytochrome P-450 enzyme*에 의해 더 반응을 잘 하는 형태로 변형되는 화합물이다. P-450 enzyme은 일반적으로 nonpolar foreign chemical (비극성 외래 화학물질)에 OH기와 같은 electrophilic center를 첨가하여 용해될 수 있게 만들어 체외로 배출될 수 있도록 하는 기능을 한다. 어떤 화합물들은 cytochrome P-450에 의해 변형돼서, DNA가 mutagen (돌연변이원)과 carcinogen으로 매우 잘 전환된다.

어떤 Carcinogen들은 특정 암과 관련이 있다

암을 신체의 질병으로 처음 인식한 이후, 적어도 일부 암은 environmental poison (환경 독극물)의 작용에서 비롯된다는 것이 명백해졌다. 18세기 초에 굴뚝 청소부들이 soot (그을음, 검댕)에 노출되면 scrotal cancer (음낭암)이 많이 발생한다는 것, 그리고 tobacco (담배)를 흡입하면 nasal cancer (비강암)에 잘 생긴다는 사실을 알게 되었다. Environmental chemical들이 암과 관련이 있다는 것은 동물 실험을 통해서도 알 수 있었다. Carcinogen에 대한 고전적인 실험 방법으로서 마우스의 등에 시험 물질을 반복적으로 발라주고서 동물의 국소 또는 전신의 종양의 발생을 찾는 것이었다. 이러한 실험을 통해서, 1933년 coal tar (콜타르)에서 순수한 chemical carcinogen인 benzo(*a*)pyrene (벤조피렌)을 정제할 수 있었다.

Chemical carcinogen이 사람에서 여러 암의 위험 인자로 여겨지고 있지만, 특정 암과의 직접적인 연관성이 확립된 경우는 몇 가지에 불과하며, 가장 중요한 것은 lung cancer (폐암) 및 흡연과 관련된 다른 암 [larynx (후두), pharynx (인두), stomach (위), liver (간), pancreas (췌장), bladder (방광), cervix (자궁경부) 등이다. Epidemiological study (역학 연구)에 의해 먼저 흡연이 폐암의 주요 원인임을 발견하였다. Coal tar뿐만 아니라 담배 연기에서도 발견되는 *benzo(a)pyrene*은 폐에서 cytochrome P-450에 의한 대사 활성화를 통해(그림 25-7), 주로 cytosine (C)을 adenine (A) base로 전환하는 transversion mutation (전이 돌연변이)을 일으킨다. Cultured bronchial epithelial cell (배양된 기관지 상피세포)에 투여하면 활성화된 benzo(*a*)pyrene은 많은 위치에서 transversion mutation을 유발한다. 따라서 *benzo(a)pyrene*은 흡연자의 암세포 DNA에 특정한 지문을 남긴다. 담배 연기에는 60여 종의 다양한 carcinogen이 함유돼 있는 것으로 알려져 있는데, 폐암에서 돌연변이의 전체적인 profile을 보면 서로 중첩된 복합적인 패턴을 볼 수 있다.

Chemical mutagen뿐만 아니라 DNA를 손상시킬 수 있는 충분한 에너지의 electromagnetic radiation (전자기 복사) 또한 발암성이 있다. X-ray와 gamma ray는 원자에서 전자를 벗겨내어 이온을 생성하기에 충분한 에너지를 가지고 있기 때문에 ionizing radiation (이온화 방사선)으로 알려져 있다. X-ray는 1927년 Hermann J. Muller의 고전적인 실험을 통해 *drosophila* (초파리)에서 돌연변이를 일으키는 것이 밝혀졌다. Ionizing radiation과 암의 연관성은 시계 공장에서 일하며 luminous dial (야광 다이얼)을 칠할 때 쓰는 페인트의 브러시를 핥아 radium (라듐)에 접촉한 "radium girl"의 입에서 높은 암 발병률이 발견됨에 따라 알게 되었다. 원자폭탄 생존자들의 대규모 연구에서 인과관계가 입증되었는데, 폭탄 폭발로 인한 방사선 피폭에 비례해서, 암, 특히 leukemia (백혈병)의 발병률이 증가했던 것이다. DNA damage repair 과정에서는 종종 오류가 발생하기 쉽기 때문에, ionizing radiation은 매우 광범위한 돌연변이를 일으킨다.

UV light (자외선)은 DNA 가닥을 끊을 수 있는 에너지를 가지고 있지 않지만, 바로 옆의 pyrimidine residue (잔기)와 반응하여 화학적으로 변형된 DNA를 생성하며, 이것은 nucleotide excision repair 경로에 의해 복구된다(그림 5-18 참조). 햇빛에 노출되어 발생하는 암인 melanoma (흑색종)의 특징은 UV light에 의한 것으로 잘 알려져 있는 돌연변이인 cytosine (C)에서 thymine (T) base로의 변환이다.

DNA Repair의 고장을 일으켜서 암을 유발할 수 있는 Familial Syndrome (유전되는 증후군)

외부 carcinogen이나 mutagen에 노출되지 않더라도 정상적인 생물학적 과정에서도 많은 양의 DNA damage가 일어난다. 이러한 손상은 DNA를 변화시킬 수 있는 depurination reaction, alkylation reaction, oxygen radical과 같은 reactive species (반응성 종)의 생성에 의해 발생한다. 모든 세포에서, 매일 20,000개 이상의 DNA alteration (변화)이 oxygen species (활성산소)와 depurination에 의하여 일어나는 것으로 추정된다. 이러한 손상의 대부분은 5장에서 설명한 정밀도가 높은 (high-fidelity) DNA repair system에 의해 정상적으로 수선된다. 앞으로 알아보겠지만, 대부분의 암에서 발견되는 많은 돌연변이들은 이러한 repair system 중 하나 이상의 결함에 인한 결과이다.

DNA 수선이 실패하는 잘 알려진 한 가지 방법은 DNA 수선 경로 중 하나의 결함이 가족으로부터 유전되는 것이다. 표 25-1은 DNA 복구

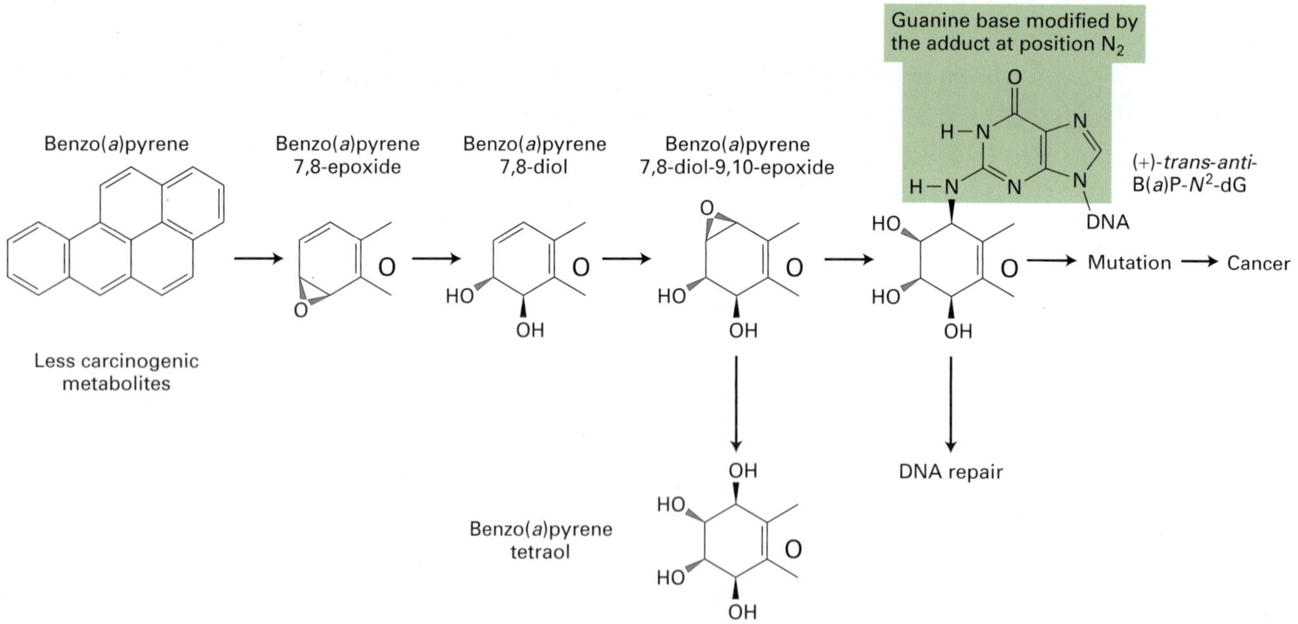

그림 25-7 Benzo(*a*)pyrene은 enzymatic process를 거쳐 보다 강력한 mutagen과 carcinogen이 된다. Liver enzyme, 특히 P-450 enzyme은 일련의 반응에 의해서 benzo(*a*)pyrene을 변형시켜 7,8-diol-9,10-epoxide를 생성하는데, 이것은 DNA의 guanine (G) base의 N_2 원자와 반응하는 아주 강력한 mutagen이다. 생성된 adduct인 (+)-trans-anti-B(*a*)P-*N*^{2}-dG는 polymerase가 modified G base에 대하여 C 대신 A를 삽입하게 한다. 그 후 DNA가 replication되면, T가 A에 대하여 삽입됨으로써 돌연변이가 발생하는 것이다. 가로 방향의 화살표는 오른쪽으로 갈수록 더 큰 효능을 보이는 변화를 나타내며, 세로 방향 화살표는 갈수록 감소된 독성 방향의 변화를 나타낸다. 큰 "O" 기호는 왼쪽에 그려져 있는 완전한 benzo(*a*)pyrene 분자에서 multi-ring structure의 나머지 부분을 나타낸다.

경로에 결함이 생겨 그 결과로 암 발생이 증가한, 잘 알려진 가족 증후군들 몇 가지를 보여준다. 예를 들어, xeroderma pigmentosum (XP, 색소건조증)을 물려받은 사람들은 피부암 발생 경향이 1,000배 증가한다. 알려진 8개의 XP 유전자 중 7개는 nucleotide excision-repair machinery의 구성 요소로 확인되었으며, 자외선으로 인한 DNA 손상의 복구는 주로 nucleotide excision-repair가 필요하기 때문에 skin cancer와의 연관성이 명확하다. Hereditary nonpolyposis colorectal cancer (HNPCC, 유전성 비용종증 대장암, *Lynch syndrome*이라고도 함)는 colon cancer의 발생을 크게 증가시킨다. HNPCC 유전자들은 mismatch-repair system의 구성 요소들을 만들어낸다. Mismatch-repair가 잘 안되면 colon cancer는 benign polyp (양성 용종)에서 완전한 종양으로 훨씬 더 빠르게 진행된다. 아마도 사전 암세포가 증가된 속도로 oncogenic mutation을 획득하였기 때문일 것이다. Mismatch-repair에 문제가 생기면, 이론적으로 신체의 모든 세포에서 oncogenic mutation의 확률이 높아져야 한다. Colon cancer에 대한 HNPCC의 특이성은 잘 알려져 있지 않다.

Double-strand break (이중가닥 절단)은 특히 심각한 병변인데, 이는 DNA의 이중가닥을 잘못 결합할 경우 hybrid gene (복합 유전자)를 생성하거나, 다른 promoter 또는 enhancer의 통제 하에 growth regulatory gene을 가져오는 것과 같은, 전체 chromosomal rearrangement와 translocation (전위)을 초래할 수 있기 때문이다. 이러한 손상의 수리는 종종 homologous chromosome (상동 염색체)를 template로 사용하는 방법에 의존한다(그림 5-21 참조). 면역계의 B cell과 T cell은 immunoglobulin 또는 T cell receptor 유전자의 rearrangement (재배열) 과정에서 발생하는 double-strand break 때문에 DNA rearrangement의 영향을 받기 쉬우며, 따라서 leukemia와 lymphoma (림프종)에서 이러한 현상이 자주 발견된다. 인간의 breast cancer와 ovarian cancer에 관련된 유전자인 *BRCA1*과 *BRCA2*는 DNA break repair system의 중요한 구성 단백질들을 생성한다. 5장에서 보았듯이, 손상된 DNA 끝은 일반적으로 높은 정확도를 가진 과정인 homologous chromosome과의 재결합을 통해 복구될 수 있으며, 손상된 chromosome을 wild-type chromosome으로 되돌린다. 그러나 homologous recombination이 실패하면, 돌연변이 유발성이 높은 non-homologous end joining (NHEJ, 비상동 말단 결합)의 방법으로 고장난 말단을 고칠 수 있다. BRCA 기능이 없는 세포는 homologous recombination을 통해 손상된 DNA 가닥을 복구할 수 없으며, 절단 부위에 insertion, deletion 또는 chromosome rearrangement이 발생할 수 있는 NHEJ에 의한 복구 외에는 대안이 없다.

DNA Damage Response Pathway에서 발생하는 Somatic Mutation은 Oncogenic한다

DNA repair에 유전적 결함을 가진 암은 전체의 일부분이지만, 암세포 대부분은 체세포에 비해 높은 genomic instability (게놈 불안정성)와 돌연변이의 발생률을 가지는 경향이 있으며, 이는 암의 진행 과정에서 발생하는 somatic mutation이 효율적인 DNA repair를 방해할 때 일어난다. 이처럼 repair의 결함을 유발하는 somatic mutation은 대부분 repair pathway 자체에는 직접적인 영향을 미치지 않고 세포가 DNA

표 25-1 • DNA 복구 결함과 관련된 일부 인간 유전 질환 및 암

Disease	DNA-Repair System Affected	Sensitivity	Cancer Susceptibility	Symptoms
Hereditary nonpolyposis colorectal cancer	DNA mismatch repair	UV irradiation, chemical mutagens	Colon, ovary	Early development of tumors
Xeroderma pigmentosum	Nucleotide excision repair	UV irradiation, point mutations	Skin carcinomas, melanomas	Skin and eye photosensitivity, keratoses
Bloom's syndrome	Repair of double-strand breaks by homologous recombination	Mild alkylating agents	Carcinomas, leukemias , lymphomas	Photosensitivity, facial telangiectases, chromosome alterations
Fanconi anemia	Repair of double-strand breaks by homologous recombination	DNA cross-linking agents, reactive oxidant chemicals	Acute myeloid leukemia, squamous-cell carcinomas	Developmental abnormalities including infertility and deformities of the skeleton, anemia
Hereditary breast cancer, BRCA1 and BRCA2 deficiency	Repair of double-strand breaks by homologous recombination		Breast and ovarian cancer	Breast and ovarian cancer

SOURCE: Modified from A. Kornberg and T. Baker, 1992, *DNA Replication*, 2d ed., W. H. Freeman and Company, p. 788; J. H. J. Hoeijmakers, 2001, *Nature* **411**:366; and L. H. Thompson and D. Schild, 2002, *Mutat. Res.* **509**:49.

damage에 반응하는 방식을 변화시킨다.

우리는 19장에서, 분열 중인 eukaryotic cell (진핵세포)에서 DNA damage가 일어나면 mitosis (유사분열)에 들어가기 전 cell cycle이 정지하여 repair system을 통해 손상을 복구할 시간을 확보한다고 배웠다. 간략히 요약하면, 먼저 serine kinase인 ATM 또는 ATR이 DNA damage 부위에 모여 활성화된다(그림 19-34). 활성화된 이들 kinase는 단백질 p53의 N 말단에 있는 serine residue를 phosphorylation (인산화)시킴으로써 DNA 손상이 존재한다는 신호를 전달한다. 해당 phosphorylation은 단백질이 ubiquitin-mediated degradation (유비퀴틴-매개 분해)를 회피할 수 있게 하므로 p53은 확연히 안정화되고, p21 유전자의 transcription을 증가시킨다. p21은 이제 mammalian CDK2, CDK1, CDK4/6 complex에 결합하여 이들을 억제하며(그림 19-34), 결과적으로 손상된 DNA를 가진 세포의 cell cycle checkpoint를 활성화하여 mitosis의 chromosome segregation (염색체 분리)에 들어가기에 앞서 cell cycle을 멈추고 DNA repair가 완료될 시간을 확보한다. DNA repair가 완료되면, p53은 분해되고 mitosis를 완료하기 위해 cell cycle은 재개된다. 만약 어떤 이유로 DNA damage가 복구되지 않는다면, 세포는 영구적으로 분열을 멈추고 senescence (노화)를 일으키게 될 것이다.

DNA-repair enzyme들이 효과적으로 작동할 수 있게 하는 위와 같은 pathway (경로)는 DNA repair 과정 중에서 가장 somatic mutation에 취약한 부분인 것으로 보인다. 전부는 아니지만, 인간에서 발견되는 종양의 대부분은 p53 자체 혹은 p53의 활성을 조절하는 단백질들의 유전자에 돌연변이를 가지고 있다. 만약 p53 및 G_1, S phase checkpoint의 제어가 정상적으로 동작하지 않으면, DNA는 고장난 채로 replication을 거쳐 돌연변이와 DNA rearrangement를 일으키게 된다. 이들 변이는 daughter cell (딸세포)에 전달되어 metastatic cell (전이 세포)로 transformation (변형)을 일으킨다. 예컨대, p53의 기능 상실은 gene amplification (유전자 증폭)의 빈도를 100배 이상 증가시키는 동시에, G_2기에 정지하는 시간을 제한하여 DNA가 손상된 세포가 성급하게 mitosis로 들어갈 수 있게 한다. 하지만, p53의 활성은 cell cycle arrest의 유도에만 국한되어 있지 않다. 25.4절에서, p53에 의한 세포자살의 유도를 살펴볼 것이다.

암세포의 대부분에 존재하는 DNA repair system의 결함은 의도적으로 DNA를 손상키는 chemical (화학물질)에 대해서 약점으로도 작용하게 된다. 전통적인 항암 화학요법을 예로 들면, DNA cross-link를 유발하는 cis-platinum은 repair의 효율을 저해하며, DNA topoisomerase를 억제하는 doxorubicin과 etoposide는 S기 동안 많은 수의 DNA 파괴를 유발하여 mitosis로의 진입을 막고 암의 사멸을 일으킨다. 암에서 관찰되는 DNA repair의 결함과 빠른 증식 속도는 위에서 언급된 화학요법들이 왜 분열하지 않는 정상 세포보다 암세포를 먼저 죽이는지 설명해준다. 다만 예외적으로, 골수와 면역계에 존재하는 빠르게 분열하는 정상 세포들 역시 화학요법에 다소 손상을 입게 되며, 이것은 화학요법 중인 암 환자들이 빈혈을 일으키고 감염에 취약해지게 한다. ■

Cancer Genome Sequencing으로 Somatic Mutation의 엄청난 다양성을 밝혀낸다

Next-generation DNA-sequencing technology (차세대 DNA 염기서열 분석기술)의 등장으로 수천 개의 cancer genome에 대한 신속한 염기서열 분석과 방대한 somatic mutation 배열의 정보 수집이 가능해졌다. 그림 25-8에 있는 cancer genome sequence의 대규모 컬렉션은 종양에서 발견되는 서로 다른 somatic mutation의 조합과 숫자가 굉장히 복잡하고 다양하다는 것을 보여준다. 정상 체세포는 대개 세포 분열당 평균 약 1개의 돌연변이를 획득한다. 암세포는 최종적으로 $>10^5$개 이상의 돌연변이가 축적되는 것을 고려했을 때, 암이 진행되는 동안 mutation rate (돌연변이율)은 정상보다 최소 1,000배 이상 높다는 것을 알 수 있다. 이렇게 발생하는 암의 somatic mutation은 매우 다양하지만, 그래도 몇 가지 유용한 규칙이 관찰된다.

1. Somatic mutation은 세 가지 유형으로 일반화할 수 있다: 1. *s*ingle *n*ucleotide *v*ariant (SNV, 단일 뉴클레오티드 돌연변이 혹은 point mutation), 2. *in*sertion 또는 *del*etion (indel), 3. *s*tructural *v*ariant (SV, 구조 돌연변이). 이때 SV에는 chromosome rearrangement, duplication, copy number variation 등이 포함된다.

2. 일반적으로 종양은 약 5,000개의 SNV, 500개의 indel, 50개의 SV를 가지고 있다. 하지만 같은 종류의 암이라도 종양마다 위의 숫자는 크게 차이가 날 수 있다.

3. 돌연변이의 수와 종류가 많은 암은 mutagens (돌연변이 유발 물질)에 노출된 조직에서 발생한다. 햇빛에 의해서 melanoma가, 그리고 과다한 흡연으로 인해 lung tumor가 유발된다.

4. 돌연변이의 종류는 돌연변이 발생 증가의 근본적인 메커니즘을 반영하기도 한다. 예를 들어, BRCA1 돌연변이를 가진 여성의 breast tumor는 sporadic (산발성의/유전적이지 않은) breast tumor보다 indel과 SV의 비율이 더 높은 경향이 있다. 이는 BRCA1 결함에 의한 error-prone (오류 발생이 쉬운) DNA repair가 DNA break를 유도해 indel과 SV로 만들 수 있다는 예상과 일치한다.

Oncogene은 Tumor Virus와의 연관성에 의해 발견되었다

지금까지 우리는 암세포가 많은 수의 random (무작위) somatic mutation을 획득하는 과정들을 알아보았고, 이제는 이렇게 생긴 돌연변이 중 암의 진행에 관여하는 일부 돌연변이를 자세히 살펴보도록 하겠다. Genome 전체를 분석할 수 있는 능력이 현대에 갖춰지면서, 우리는 종양들이 일반적으로 약 5개의 *driver mutation* (드라이버 돌연변이)을 가지고 있다는 것을 확인하였다. 이들 driver mutation은 통제되지 않은 세포의 증식, 세포예정사 회피, genome instability (유전체 불안정)과 같은 암세포의 hallmark (특징)에 관여하는 것으로 알려져 있다. 하지만, 수만 개의 somatic mutation 사이에서 단 몇 개의 driver mutation을 발견하는 것은 최근에서야 가능해진 일이다. Oncogenesis (종양 유

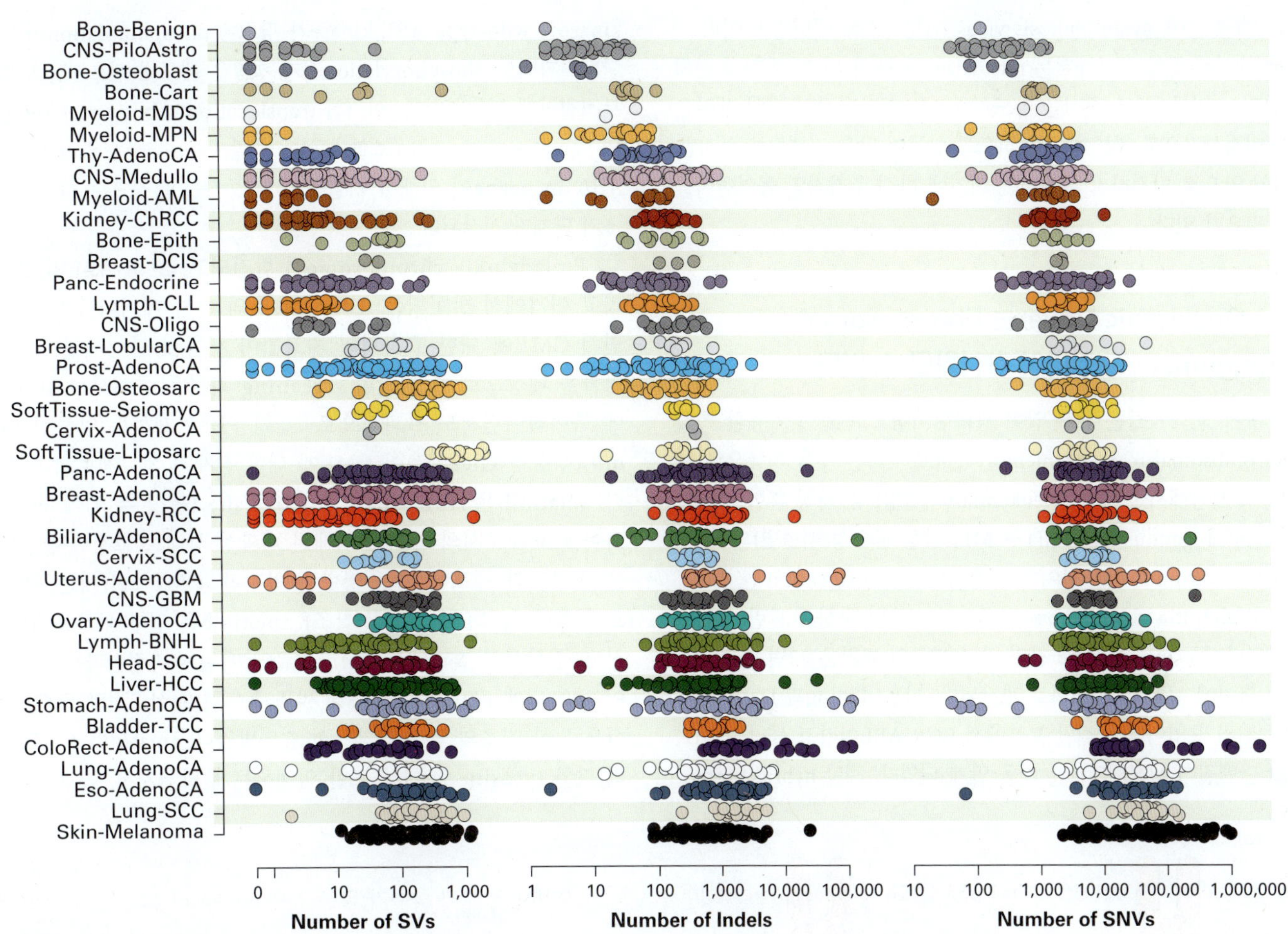

그림 25-8 Cancer genome을 sequencing함으로써 매우 많은 수의 다양한 somatic mutation을 발견할 수 있다. 간략히 표시한 2,658개의 cancer genome sequence를 상응하는 somatic cell과 비교한 결과. 염기서열은 38개의 종양 유형으로 분류하였고, 작은 동그라미들은 single nucleotide variant (SNV), 짧은 insertion 또는 deletion (indel), structural variant (SV)로 분류되는 단일 종양의 돌연변이의 수를 나타낸다. [P. J. Campbell et al., 2020, "Pan-Cancer Analysis of Whole Genomes," *Nature* **578**:82–93, https://doi.org/10.1038/s41586-020-1969-6, (Creative Commons Attribution 4.0 International License).]

발)의 원인으로 최초로 확인된 genetic driver들은 비정상적인 유전적 사건에 의해서 활성화되는 강력한 단일 유전자들의 집합이었고, 이와 같이 oncogenic **transformation (종양 유발 변형)**을 일으키는 유전자를 **oncogene**이라 부르게 되었다.

1911년에 시작된 Peyton Rous의 선구적인 연구를 통해 적절한 숙주 동물에게 주사되었을 때 암을 유발할 수 있는 바이러스의 존재가 확인되었다. 수년 후, 분자생물학자들은 그가 발견한 Rous sarcoma virus (RSV, 라우스 육종 바이러스)가 RNA genome에서 DNA를 만들 수 있는 **retrovirus**이며, 이렇게 만들어진 DNA가 숙주 세포의 genome에 끼어 들어갈 수 있다는 것을 증명하였다(그림 5-44 참조). RSV와 같은 oncogenic transforming virus (종양 유발 변형 바이러스)는 retrovirus에 공통으로 존재하는 유전자에 더해 oncogene을 가지고 있다. RSV의 돌연변이들을 이용한 후속 연구를 통해 RSV에 있는 바이러스 유전자 중 v-*src* 유전자가 암 유도를 일으킨다는 것이 확인되었다.

1970년대 후반, 과학자들은 닭을 포함하여 몇 가지 다른 종에서 얻은 정상 세포에도 RSV v-*src* 유전자와 밀접하게 관련된 유전자가 존재한다는 것을 발견하고서 매우 놀랐다. 이런 정상 세포 유전자들은 **proto-oncogene**이라고 불리며, 바이러스 유전자와 구별하기 위해 일반적으로 "cellular"를 뜻하는 접두사 *c*가 붙는다(예를 들어, c-*SRC*). 이 유전자의 생성물인 c-Src는 cytosolic (세포질의) protein tyrosine kinase이며, 다양한 신호전달 경로에 참여한다. RSV와 같은 oncogenic transforming virus는 숙주세포의 정상 proto-oncogene을 그들의 genome에 incorporation (혼입)시킴으로써 발생하는 것으로 생각된다. 이렇게 혼입된 유전자들은 추가로 얻은 돌연변이를 통해서 constitutively active (항상 활성화된) kinase를 암호화하는 dominantly acting oncogene (우성적으로 작용하는 oncogene)으로 전환되며, 정상적인 c-*SRC* proto-oncogene의 존재와는 상관없이 숙주 세포를 변형시킬 수 있다. 이를 통해서 바이러스들이 숙주의 유전자로 그 숙주를 위협한다는 놀라운 사실이 처음 밝혀졌다.

retrovirus가 암을 유발하는 다른 경우로는, retrovirus가 직접 oncogene을 운반하는 게 아니라, 숙주 세포의 proto-oncogene 근처에 integration (통합)되어 해당 proto-oncogene의 발현을 활성화하면서 이루어진다. 예를 들어, avian leukosis virus (ALV, 조류 백혈병 바이러스)에 의해 생성된 종양 세포에서는 retrovirus DNA가 *MYC* 유전자 근처에 삽입되어 있다. 세포 증식을 유도하는 MYC 단백질의 과잉 생산은 세포가 비정상적으로 빠른 증식을 하도록 만들어 암을 진행하게 하지만, 본격적인 암으로 발전하기 위해서는 여기에 더해 추가적인 돌연변이를 축적할 필요가 있다.

Single Oncogenic Driver는 Chromosomal Rearrangement에 의하여 활성화될 수 있다

1960년대에, 과학자들은 일부 암이 광학현미경으로 확인 가능한 특징적인 chromosomal rearrangement를 가지고 있다는 것을 처음으로 알게 되었다. 사람에서 나타나는 leukemia (백혈병) 중 가장 흔한 형태인 chronic myelogenous leukemia (CML, 만성 골수성 백혈병)의 경우, 22번과 9번 chromosome 사이에서 일어나는 translocation (전위)에 의한 **Philadelphia chromosome** (그림 25-9a)의 형성과 관련이 있음이 밝혀졌다. 두 chromosome 간의 말단 부분의 교환은 22번 chromosome의 크기에 눈에 띄는 변화로 관찰된다. 이후 cloning과 DNA 분석을 통해 전위가 일어나는 절단 부분에서 BCR-ABL이라고 불리는 새로운 융합 단백질이 생성되었다는 것을 알게 되었다. 해당 hybrid protein kinase는 wild-type ABL kinase가 평소에 phosphorylation하지 않는 단백질까지도 phosphorylation시켜 수많은 세포내 신호전달 단백질을 부적절하게 활성화한다. 이러한 translocation이 bone marrow (골수)의 hematopoietic cell (조혈세포)에서 발생하는 경우, chimeric *BCR-ABL* oncogene에 의해서 백혈구 수의 증가를 특징으로 하는 CML의 초기 단계가 시작된다.

Philadelphia chromosome이 발견되고, BCR-ABL의 구조, 그리고 여기에서 발현되는 ABLprotein의 분자 메커니즘까지 알려지면서 CML에 대한 효과적인 치료법이 새롭게 탄생하였다. 수많은 약물을 대상으로 한 험난한 screening 과정을 통해서 ABL kinase에 특이적이면서도 효과적으로 그 기능을 억제하는 약물인 *imatinib* (상품명 Gleevec)이 CML에 대한 잠재적 치료제로서 발견되었다. Imatinib은 ABL kinase의 active site (활성 부위)에 직접 결합하여 kinase로서의 활성이 억제된 비활성 상태로 고정한다. 이 반응은 정상적인 세포에는 큰 영향이 없지만, CML cell에는 치명적으로 작용한다(그림 25-9b, c 참조). Imatinib은 일부 부작용에도 불구하고, 임상시험 결과에서 CML 치료에 매우 효과적이라는 게 확인되어 2001년에 FDA로부터 종양 세포 특이적인 신호전달 단백질을 대상으로 한 최초의 암 치료제로서 승인받았다. Imatinib은 ABL 이외의 다른 tyrosine kinase 또한 억제하는게 밝혀져서, gastrointesti-

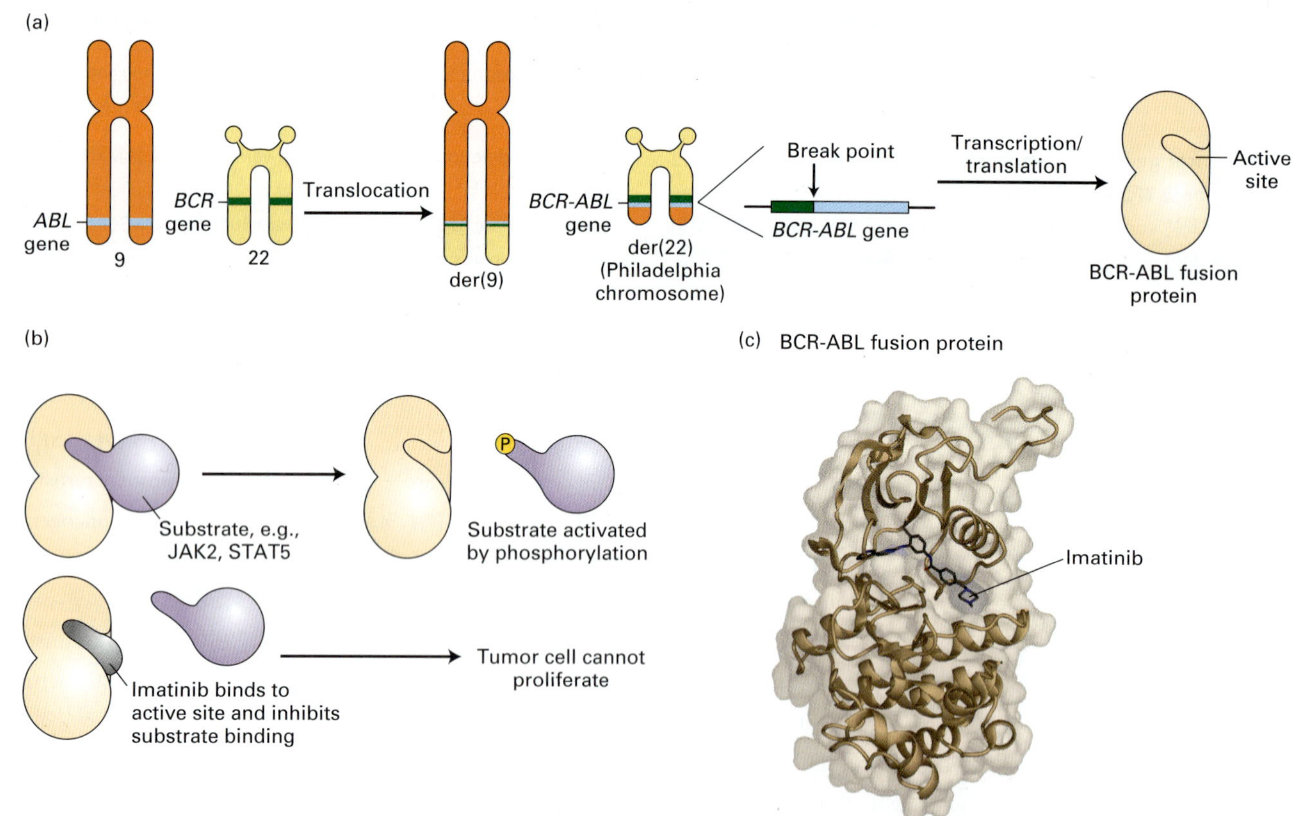

그림 25-9 BCR-ABL protein kinase. (a) 9번과 22번 chromosome의 translocation에 의해 형성되는 Philadelphia chromosome과 이때 만들어지는 oncogenic fusion protein. (b) BCR-ABL fusion protein은 다수의 신호전달 단백질을 phosphorylation시키는 constitutively active (항상 활성이 있는) kinase이다. Imatinib은 BCR-ABL의 active site 근처에 결합하여 kinase activity를 상실한 비활성 형태로 안정화시킨다. (c) BCR-ABL active site에 결합하고 있는 imatinib. [Data from B. Nagar et al., 2002, *Cancer Res.* **62**:4236, PDB ID 1iep.]

nal tumor와 같이 다른 kinase가 관여하는 암들 또한 성공적으로 치료하고 있다. 인간의 genome에는 기능이 알려진 protein tyrosine kinase가 90가지 존재하며, 이 중 몇몇은 imatinib과 같은 억제 약물이 발견되어 암의 치료에 유용하게 사용되고 있다.

Imatinib의 개발은 targeted therapy로 알려진 암 치료 접근법의 가장 큰 성공 사례 중 하나이다. 일반적으로, *targeted therapy*의 목적은 특정 유형의 암에 대한 oncogenic driver를 찾고, oncogenic mutation에 의한 효과를 되돌리는 약을 설계하는 것이다. CML의 oncogenic driver인 BCR-ABL에 대한 표적 치료는 이 접근법의 강점뿐만 아니라 한계점도 잘 보여주고 있다. 단일 oncogenic driver에 의해 형성되는 CML은 해당 driver의 억제제만으로 치료가 가능했던 특이한 경우에 속하기 때문이다. 우리가 앞으로 살펴보겠지만, 암의 대부분은 다수의 driver mutation으로 인해 발생하므로, 이들 중 어느 하나의 효과를 뒤집는 것만으로는 그 질병을 완전히 치료할 수 없다. 또한, 우리가 앞서 살펴본 바와 같이, 암의 대부분은 높은 mutation rate (돌연변이율)를 가지고 있어 특정 enzyme inhibitor (효소 억제제)에 대한 내성을 가지게 하는 돌연변이를 빠르게 획득할 수 있다. 실제로, CML 종양 또한 결국에는 imatinib이 BCR-ABL에 결합하는 것을 억제하는 돌연변이를 획득하게 된다. 과학자들은 다시 변종 BCR-ABL kinase에 특이적으로 결합하여 억제하는 분자를 찾아내어 CML의 second-line therapy (2차 치료)를 진행하고 있다. 암이 가지는 유전적 복잡성에 의해 발생하는 '다양한 경로의 영향'과 '돌연변이를 통한 내성의 형성'은 여전히 표적 치료제의 개발에 있어 가장 어려운 문제가 되고 있다.

암의 유전적 성향을 연구함으로써 일부 Oncogenic Driver를 찾아 낼 수 있었다

암의 진행을 촉진하는 데 있어 중요하게 작용하는 유전자를 발견하는 또 다른 방법으로는 cancer syndrome (암 증후군)의 genetic predisposition (유전학적 소인, 유전학적 취약성)의 분석을 통해 이루어진다. 대부분의 cancer syndrome은 개인이 한쪽 부모로부터 loss of function (기능하지 않는) 변이를 물려받은 뒤, 나중에 다른 한쪽 대립유전자에 somatic mutation이 발생하면서 진행된다. 가장 전형적인 cancer syndrome은 *RB* 유전자의 기능 상실로 인해 발생하는 retinoblastoma (망막아세포종)이 있다. 19장에서 논의한 바와 같이, *RB*에 의해 암호화된 단백질은 cell cycle로의 진입을 억제한다.

Hereditary (유전성) retinoblastoma를 앓는 아이들은 대개 한쪽 부모로부터 *RB* 유전자에 결함이 있는 copy 하나를 물려받는다. 이는 종종 13번 chromosome 중 하나에서 작은 deletion의 형태로 관찰되며, 이 아이들은 대개 일생 동안 retinal tumor (망막 종양)가 양쪽 눈 모두에서 여러 번 발생한다. 이처럼, 종양이 형성되기 위해서는 제대로 기능하는 **RB 단백질**이 더는 생성되지 않아야 하며, 따라서 정상적인 다른 한쪽 13번 chromosome에서 RB 유전자가 소실되거나 불활성화될 필요가 있다(그림 25-10a). 반면에 sporadic (산발성의/유전적이지 않은) retinoblastoma는 두 대립유전자 모두 정상적인 RB 유전자를 물려받은 사람이 어느 한

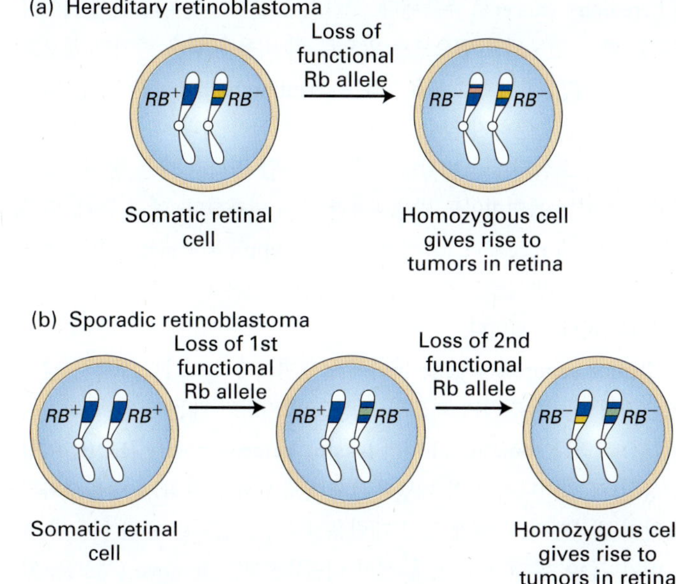

그림 25-10 Retinoblastoma에서 spontaneous somatic mutation의 역할. 이 질병은 2개의 mutant *RB*⁻ allele을 가진 세포로부터 발생하는 retinal tumor이다. (a) Hereditary (familial) retinoblastoma에서 아이는 한쪽 부모로부터 정상적인 *RB*⁺ allele을, 다른 부모로부터 mutant *RB*⁻ allele을 물려받는다. 남은 한쪽 정상 대립유전자마저 heterozygous somatic retinal cell에서 소실되면 *RB* 유전자의 기능을 완전히 상실한 세포가 형성된다. (b) Sporadic retinoblastoma에서는 아이가 2개의 정상 *RB*⁺ allele를 물려받는다. 모든 *RB* 기능이 없는 세포가 생기려면, 2개의 *RB* loss event가 하나의 retinal cell에서 각각 발생해야 한다.

세포에서 두 대립유전자에 각각 loss of function somatic mutation을 겪었을 때 나타난다(그림 25-10b). Somatic cell (체세포)에서 1개의 *RB* 유전자를 손실할 확률에 비교하면 둘 모두를 손실할 확률이 훨씬 낮으므로, 2개의 정상 *RB* 유전자를 물려받은 환자의 sporadic retinoblastoma는 매우 드물고 보통 한쪽 눈에서만 나타난다.

Retinal tumor를 악성화되기 전에 제거하면, hereditary retinoblastoma로 진단받은 아이들 대부분은 성인이 될 때까지 생존하여 자식을 가질 수 있다. 하지만 일생 동안 다른 암이 발생할 확률은 여전히 높으며, 이들의 germ cell 중 절반은 mutant allele을 가지고 있으므로 자식 중 절반에게도 이러한 형질을 물려주게 된다. 이렇게 mutant allele을 물려받은 아이는 다른 한쪽 부모로부터 정상적인 *RB* allele을 물려받았다고 해도 dominant (우성적으로) retinal tumor를 발현하는 경향이 있다. 하나의 mutant allele만으로도 cancer를 유발하기에 충분하다는 것이다.

앞으로 논의하겠지만, retinal tumor 뿐만 아니라 사람의 다양한 종양은 mutant *RB* allele나 *RB* pathway의 구성 요소에 영향을 미치는 돌연변이를 가지고 있으며, 이러한 종양 대부분은 somatic mutation의 결과로 발생한다. 미국에서 hereditary retinoblastoma 환자가 연간 약 100명 정도 있지만, 체세포의 *RB* mutation 획득과 관련된 암환자는 매년 약 10만 명 정도로 추산된다.

다양한 추정치가 존재하지만, 인간의 경우 전체 암 환자의 약 10%

가 hereditary cancer로 추측된다. 사람의 유전자가 얼마나 암에 기여하는지는 계속 연구되고 있으므로 앞으로 위 비율은 더욱 증가할 것으로 보인다. 하지만, 한편으로는 유전되는 germline mutation만으로는 암을 발생시키기에 충분하지 않다는 것도 기억해둬야 한다. 유전된 정상 대립유전자이 소실되거나 비활성화되는 것뿐만 아니라 다른 유전자들에 영향을 미치는 돌연변이도 발생해야만 암은 발현한다. 예를 들어, 다른 이들과 비교해 recessive (열성의) tumor suppressor gene (종양 억제 유전자)의 돌연변이를 가진 사람이 방사선과 같은 환경적인 돌연변이에 훨씬 취약하다는 것이다.

Tumor suppressor gene 하나에 돌연변이가 일어나도 보통은 남아 있는 정상 대립유전자가 과도한 성장을 방지하기 때문에 암이 되지는 않는다. 그러나 somatic cell에서 **loss of heterozygosity (LOH, 이형성 상실)**가 일어나서 정상 대립유전자가 충분히 손실 또는 불활성화되면 암이 발생한다. 이렇게 정상 대립유전자가 손실되는 원인에는 세 가지 메커니즘이 존재한다. 첫째, 정상 대립유전자는 de novo (새로운, 없었던) inactivating mutation 혹은 deletion에 의하여 비활성화될 수 있다. 둘째, chromosome segregation (염색체 분리)가 잘못되면 정상적인 대립유전자를 가지고 있는 염색체가 손실될 수 있다. 하지만 이 두 메커니즘은 흔하게 발생하지 않는다. LOH의 가장 대표적인 메커니즘은 정상 대립유전자를 가진 chromatid (크로마티드)와 mutant allele를 가진 homologous chromatid (상동 크로마티드) 사이의 mitotic recombination (유사분열 재조합)에 의해서 발생한다. 재조합 후 chromosome segregation이 일어나면 mutant tumor-suppressor allele를 homozygous하게 갖춘 daughter cell이 생성되게 된다.

많은 유전자에서 Oncogenic Driver Mutation들이 밝혀졌다

Tumor virus에 의해 전달된 최초의 oncogene이 발견된 후, 40년 동안 oncogenic driver mutation을 가지고 있는 유전자가 수십 개 이상 확인되었다. 이 유전자들은 전형적으로 특정 종양 샘플이나 변형된 세포주의 특정 유전자를 표지(genetic marker)를 하여 연구함으로써 확인되었다. 가장 큰 진보는 전체 유전자 변화의 수가 적은 pediatric cancer (소아암)와 희귀한 성인암을 연구함으로써 이루어졌다. 대부분의 oncogenic driver는 다음 6가지 접근 방식 중 하나에 의해 처음 발견되었다(이 중 5개의 예는 이미 설명하였다).

1. Tumor-causing virus와 관련된 oncogene의 확인.
2. Retrovirus를 삽입하여 암을 유발하도록 활성화된 유전자의 확인
3. 암과 관련된 chromosome rearrangement의 breakpoint에 있는 유전자의 발견.
4. 가족의 암 발병 성향을 유발하는 유전자의 지도 제작.
5. 활성화되거나 up-regulation (상향 조절)될 때 세포 변형을 일으킬 수 있는 유전자의 발견.
6. 암세포에서 특별히 up-regulation된 유전자의 발견.

Oncogenic Driver Mutation은 Cancer Genome을 비교함으로써 확인되었다

주어진 종양의 모든 oncogenic driver mutation들은 종양의 genomic sequence를 이에 상응하는 정상 조직의 somatic cell sequence와 비교하여 쉽게 찾을 수 있어야 한다. 이 접근법의 어려운 점은 대부분 종양의 경우, 수만 개의 somatic mutation 중 몇 개만이 oncogenic driver mutation이라는 것이다. 그러나 많은 수의 cancer genome sequence들을 비교하면, 매우 많은 가능한 somatic mutation들을 발견할 수 있고, 그중에서 driver mutation을 식별할 수 있는 패턴이 나타난다. 가장 분명한 패턴은 같은 유형의 종양에서 나타나는 동일한 유전자의 돌연변이를 찾는 것이다. 이 방법은 같은 종의 암세포가 유사한 형태, metabolism (대사), 조절 및 유전자 발현에 대한 네트워크를 가지고 있으므로, 유사한 oncogenic driver mutation들일 가능성이 높다는 개념을 기반으로 한다. 염기서열 정보를 보다 정교하게 분석하면 종양 전체에서 동일한 유형의 공통적인 돌연변이들을 식별할 수 있을 것이다. 예를 들어, *RB*의 돌연변이는 loss of function을 야기하는 deletion인 경향이 있는 반면, *Ras*의 돌연변이는 일반적으로 gain of function을 보이는 point mutation이 많다.

이러한 방법을 이용하여 여러 가지 암종으로부터 2,500개의 tumor sequence를 분석한 결과, 그림 25-11과 같은 공통적인 oncogenic driver들의 그룹을 얻을 수 있었다. 이들 종양에서 발견된 oncogenic driver mutation의 수는 평균 5개이며, 가장 흔한 돌연변이는 전체 종양의 77%에서 발견된 p53 (*TP53*)이다. 비록 처음 실험에서 발견한 oncogenic driver의 수와 그 다양성이 당황스러울 수 있었지만, 이 유전자들은 거의 모두 이전에 이미 암 진행과 관련이 있고, 그들의 기본적인 세포 기능이 알려져 있는 것이었다. 또한, 많은 oncogenic driver 유전자는 표 25-2와 같이 상대적으로 적은 수의 조절 경로 및 세포 과정에서 기능을 한다. 25.3절에서는 cell growth control에 참여하는 oncogenic driver의 기능을 더 자세히 살펴보고, 25.4절에서는 세포예정사를 방지하고 immune surveillance를 회피할 수 있게 하는 oncogenic driver를 살펴볼 것이다.

Oncogenic Driver는 Gain-of-function 혹은 Loss-of-Function Mutation일 수 있다

가장 간단히 말해서, 유전자 기능은 두 가지 방법 중 하나로 돌연변이에 의해 바뀔 수 있다. 유전자는 부분적으로 또는 완전히 불활성화됨으로써 loss of function을 야기할 수 있으며, 돌연변이에 의해 활성이 증가되거나 새로운 활성을 획득함으로써 gain of function이 일어날 수 있다. Cancer genome sequence를 분석하면, 특정 oncogenic mutation이 loss of function을 일으키는지 또는 gain of function을 일으키는지의 여부를 추론할 수 있고, 그로부터 그 돌연변이가 어떤 메커니즘으로 암 진행을 촉진시키는지에 대한 중요한 정보를 얻을 수 있다.

일반적인 loss-of-function mutation:

1. 유전자 전부 또는 일부의 *deletion*.

2. Stop codon 혹은 frameshift를 일으키는 coding sequence의 *point mutation.*

일반적인 gain-of-function mutation:

1. 단백질의 과잉 생산을 초래하는 유전자의 *duplication* 또는 *amplification.*

2. Hyperactive (과활성) 또는 constitutive (계속적으로) 활성화된 단백질을 생성하는 *point mutation.*

3. 단백질의 발현을 증가시키는 *promoter mutation.*

4. 단백질의 증가 또는 부적절한 발현을 초래하는 enhancer 또는 promoter의 통제 하에 유전자를 두는 DNA rearrangement.

Loss-of-function mutation으로 인해 종양이 발생하게 하는 유전자는 보통 **tumor suppressor gene (종양억제 유전자)**이라고 한다. *RB*는 가장 기본적인 tumor suppressor이며, 우리는 이미 두 *RB* 유전자 copy의 loss-of-function mutation으로 인해 retinoblastoma가 발생한다는 것을 알아보았다. 또한 *RB*의 oncogenic mutation 대부분이 deletion이므로, *RB*가 그림 25-11의 cancer genome sequence에서 tumor suppressor gene이었다고 추론할 수 있었다. 마찬가지로, *TP53* 유전자에서 발견되는 oncogenic mutation의 약 절반이 deletion이기 때문에 p53도 tumor suppressor임이 분명하다.

Gain-of-function mutation으로 인해 종양이 발생하는 유전자를 보통 oncogene이라고 한다. 예를 들어, *RAS* 유전자에 single base change

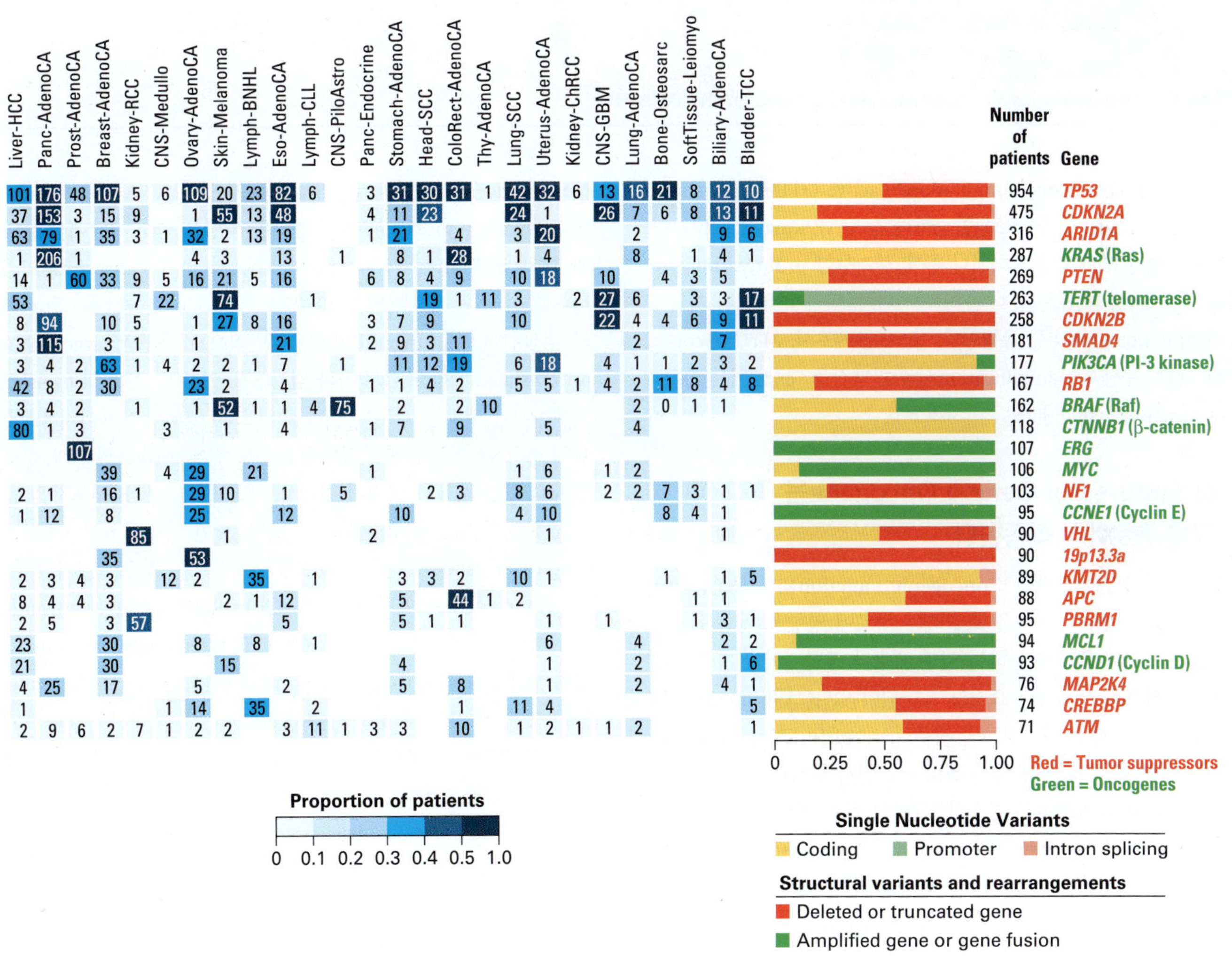

그림 25-11 Cancer genome을 sequencing 하여 밝혀낸 oncogenic driver mutation들. 26개의 다른 종양 유형에서 나온 2583개의 cancer genome sequence를 정리, 요약하여 공통적인 driver mutation을 찾게 되었다. 표에서 column (열)은 다른 유형의 암을 나타내며, row (행)은 가장 많이 발견된 driver mutation들을 빈도 순서로 나타내었다. 표의 숫자는 주어진 driver mutation이 발견된 특정 유형의 종양 수를 나타낸다. 색상 막대는 주어진 유형의 driver mutation의 비율을 표시한 것이다. 가장 공통적인 유형의 돌연변이는 coding sequence에 있는 single nucleotide variant들(노란색)이며, 이들은 TP53의 경우처럼 loss-of-mutation 또는 *KRAS*의 경우처럼 gain-of-mutation이 될 수 있다. 가장 자주 공통적으로 발견되는 loss-of-mutation은 삭제되거나(deleted) 잘린(truncated) 유전자(빨간색)와 이보다는 적게 발생하는 intron splicing mutation (연한 빨간색)과 같은 structural mutation들이다. 공통적으로 발견되는 gain-of-function mutation은 gene amplification 또는 gene fusion (녹색), 그리고 더 적은 빈도로 promoter mutation (연두색)과 같은 structural mutation이다. Tumor suppressor gene (빨간색 라벨)들은 주로 loss-of-function oncogenic driver mutation을 주로 가지고 있는 반면, oncogene (녹색 라벨)들은 gain-of-function oncogenic driver mutation을 가지고 있다. [Data from ICGC/TCGA Pan-Cancer Analysis of Whole Genomes Consortium, 2020, *Nature* **258**:82.]

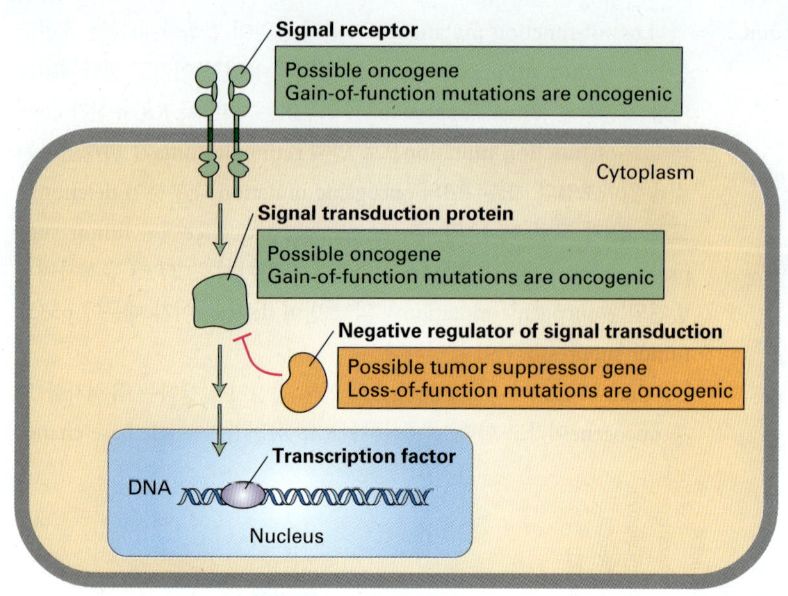

그림 25-12 동일한 경로에서 gain-of-function 또는 loss-of-function mutation이 어떻게 암 진행을 유도할 수 있는지를 보여주는 전형적인 세포 성장 경로. Extracellular mitogenic signal에 반응하여 gene transcription과 cell cycle의 진행 개시에 의해 세포 증식을 활성화하는 전형적인 경로를 나타내었다. Receptor protein이나 intracellular signaling protein처럼, 이러한 경로에서 positive하게 작용하는 단백질은 gain-of-function mutation을 획득하여 oncogene이 될 수 있다. 반면, negative regulator들은 loss-of-function mutation에 의해 경로를 활성화할 수 있다. 이 경우 negative regulator에 해당하는 유전자는 tumor suppressor gene일 것이다.

가 일어나서 생기는 oncogenic mutation은 active GTP-bound state가 되어, Ras protein을 영구적으로 활성화하고, MAP kinase pathway를 부적절하게 활성화하여, 과도하거나 통제 불가능한 proliferation-promoting signal (증식 촉진 신호)을 일으킨다. 종양에서 확인된 거의 모든 *RAS* mutation은 이러한 유형이다. 또 다른 예로서, *MYC* oncogene은 특히 *MYC* 유전자를 amplification시켜 단백질을 대량 생산함으로써 gain of function을 나타낸다.

Tumor Suppressor Gene과 Oncogene은 종종 같은 경로에서 작동한다

그림 25-11에 나타난 일반적인 oncogenic mutation의 대부분은 성장 조절 또는 cell cycle의 진행을 조절하는 경로에 영향을 미친다. 이러한 경로에는 긍정적으로 작용하는 일부 요소가 포함되어 있지만, 일반적으로 부정적으로 작용하는 요소도 포함되어 있다(그림 25-12). 세포 성장과 암 진행을 촉진하는 경로의 경우, gain-of-function oncogenic mutation은 긍정적으로 작용하는 경로 요소에서 발생할 수 있는 반면, loss-of-function mutation은 부정적으로 작용하는 경로 요소에서 발생할 수 있다. 따라서 oncogene과 tumor suppressor gene 모두 동일한 경로에서 기능하다는 것을 발견할 수 있다. 그러나 대부분의 종양은 보통 주어진 경로를 활성화하는 하나의 oncogenic mutation만을 가지고 있다. 예를 들어, 많은 종양에서 *Ras* 또는 *Raf*에 oncogenic mutation을 가지고 있지만(그림 25-11 참조), 이들 단백질이 동일한 signal transduction pathway (신호전달 경로)에서 작동하기 때문에 두 유전자 모두에 돌연변이가 있는 경우는 매우 적다(그림 16-13, 표 25-2 참조).

MicroRNA는 Tumorigenesis를 촉진시킬 수도 있고 억제할 수도 있다

지난 20년 동안, 새로운 종류의 oncogenic factor들이 등장하였다. Noncoding RNA (단백질을 암호화하지 않는 RNA), 특히 microRNA (miRNA)는 tumorigenesis에 중요한 역할을 한다. 9장에서 논의된 바와 같이, miRNA는 그 precursor RNA가 먼저 transcription되고, 여러 단계를 거쳐 잘라지면서 20–22 nucleotide 길이의 mature miRNA가 생산된다. Mature miRNA는 일반적으로 자신의 target RNA의 3′ untranslated region (UTR)과 염기쌍을 이루며, RNA의 translation을 억제하거나 때로는 RNA의 분해를 일으킨다(9장). 현재까지 1,500개 이상의 miRNA가 사람에서 확인되었으며, 전체 mRNA의 30% 정도를 조절하고 있는 것으로 알려져 있어서, 세포 증식, 분화, 세포자살 등과 같은 근본적인 기능에 영향을 주고 있다. 또한 다수의 miRNA가 tumor suppressor gene 또는 oncogene의 기능을 하는 것으로 나타났다.

Tumorigenesis에서 처음 알려진 miRNA의 역할은 chromosome 13q14.3의 분석에서 밝혀졌다. Chronic lymphocytic leukemia (CLL, 만성 림프구성 백혈병), prostate cancer (전립선암), pituitary adenoma (뇌하수체 선종) 등의 경우 대부분 genome의 이 부분이 deletion된 것이 발견되었다. 질병을 유발하는 deletion의 특성은 deletion된 영역에서 인코딩되는 2개의 다른 miRNA가 만들어지지 않음 보여주었다. 이 miRNA가 homozygous deletion된 마우스는 CLL을 일으켰으므로, 이러한 miRNA가 tumor suppressor임을 증명한 것이다. 2개의 miRNA는 특정 세포 증식 단백질의 translation을 억제하는 것으로 보이며, 이 두 miRNA가 없을 때 B cell의 증식이 증가되었다. 마찬가지로, *let-7* miRNA family는 lung, colon, breast 그리고 ovarian cancer와 관련되어 있다. Let-7 miRNA는 Ras mRNA의 translation을 억제한다. 따라서 miRNA가 없는 경우, Ras는 지속적으로 과하게 생성되어(constitutively overproduce) 암을 일으킨다. Let-7 miRNA는 oncogenic transcription factor인 MYC도 표적으로 하고 있으며, 이에 대해서는 다음 절에서 자세히 논의할 것이다. 암과 관련된 miRNA의 연구에 의해서 생각할 수 있는 일반적인 주제는 각각의 miRNA가 여러 표적을 가지고 있기 때문에 tumorigenesis에 기여할 수 있는 충분한 기회가 있다는 것이다.

표 25-2 • 암 진행을 유발하는 일반적인 유형의 돌연변이

Cellular Process	Protein (Human Gene)	Type of Mutation (Gain of Function or Loss of Function)
Activation of a mitogenic growth pathway (e.g., the MAP kinase pathway)	Ras (*KRAS*) Raf (*BRAF*) Nf1 (*NF1*)	Activating coding (GoF) Activating coding and promoter (GoF) Mostly deletion (LoF)
Inactivation of a growth inhibitory pathway (e.g., TGFβ pathway)	Smad4 (*SMAD4*)	Mostly deletion (LoF)
Activation of cell cycle initiation	p16 (*CDKN2A*) Rb (*RB*) Cyclin D (*CCND1*)	Mostly deletion (LoF) Mostly deletion (LoF) Gene amplification (GoF)
Sustaining chromosome replication by elongation of telomeres	Telomerase (*TERT*)	Promoter (GoF)
Loss of DNA damage checkpoint	p53 (*TP53*) ATM (*ATM*)	Deletion and coding (LoF) Deletion and coding (LoF)
Avoidance of apoptosis	p53 (*TP53*) Bcl2 (*MCL1*) PI-3 kinase (*PIK3CA*) PTEN (*PTEN*)	Deletion and coding (LoF) Gene amplification (GoF) Activating coding (GoF) Mostly deletion (LoF)
Change in chromatin state by SWI/SNF	ARID1 (*ARID1A*)	Mostly deletion (LoF)
Activation of nuclear transcription factors	MYC (*MYC*) β-catenin (*CTNNB1*)	Gene amplification (GoF) Activating coding (GoF)

또 어떤 miRNA들은 암에서 과다하게 발현되는 것으로 밝혀졌다. 특히, miR-21은 glioblastoma (교모세포종)와 breast, lung, pancreas, colon tumor 등 대부분의 solid tumor (고형 종양)에서 과도하게 발현된다. 이 miRNA는 일반적으로 PI-3 kinase 신호전달 경로를 억제하는 PTEN phosphatase 유전자를 포함한 여러 tumor suppressor gene들을 표적으로 한다(16장). miRNA가 tumorigenesis에 기여하는 방법에 대해 더 많은 것을 알아볼 필요가 있지만, 많은 다른 유전자를 조절하는 능력을 통해 질병 진행에 한 가지 이상의 방식으로 영향을 미칠 수 있다는 것은 분명하다.

Epigenetic Change (후생유전학적 변화)에 의해 Tumorigenesis가 일어날 수 있다

우리는 돌연변이가 tumor suppressor gene의 loss of function이나 oncogene의 gain of function에 의하여 oncogenic해 질 수 있다는 것을 살펴보았다. 9장에서 보았듯이, 유전자 발현은 chromatin (염색질)의 상태에 따라 감소하거나 증가할 수 있다. *Histone-modifying enzyme* (히스톤 변형 효소) 또는 *chromatin-remodeling complex* (염색질 변형 복합체)의 활성 변화뿐만 아니라, DNA methylation (메틸화)의 변화를 통해 chromatin의 상태에 대하여 광범위하게 영향을 미치는 유전자들이 현재 tumorigenesis를 일으키는 주요 원인으로 인식되고 있다.

DNA methylation은 주로 유전자의 promoter에서 발견되는 CpG island의 cytosine에서 발생한다. 이들 cytosine의 methylation은 promoter를 억제한다. Colorectal cancer 대부분은 DNA hypermethylation (과메틸화)에 의해 특징지어진다. DNA hypomethylation 또한 암의 특징이다. 암과 관련된 많은 유전자의 promoter들은 hypomethylation되어 있고, 따라서 그것의 통제 하에 있는 유전자의 발현은 증가한다. 예를 들어, acute myeloid leukemia (급성 골수성 백혈병)의 25%는 CpG dinucleotide의 methylation을 촉매하는 효소의 inactivating mutation에 의해서 DNA의 hypomethylation이 되어 있는 것이 특징이다.

Chromatin modifier와 regulator들을 암호화하는 유전자들도 tumorigenesis의 driver로 알려지게 되었다. 많은 종양들에서 systemic (총체적인) genome sequencing을 한 결과, epigenetic regulator (후성유전 조절자)를 암호화하는 약 40개의 유전자에서 매우 반복적인 변이가 확인되었다. Histone을 변형시키는 효소의 유전자 혹은 histone post-translational modification과 연관된 단백질의 유전자에서 돌연변이가 자주 발견된 것이다. Histone methyltransferase (히스톤 메틸 전달효소), histone demethylase, histone acetyl transferase (히스톤 아세틸 전달효소)의 유전자들은 다양한 종양에서 돌연변이가 발견되었다. 흥미롭게도, 종양은 일반적으로 chromatin-modifying enzyme 유전자의 single mutated allele을 보유하고 있는데, 이는 이러한 돌연변이가 haplo-insufficient하다(반으로는 충분하지 않다)는 것을 나타낸다. 아마도, 두 가지 대립유전자 모두를 잃으면 세포는 죽게 되지만, 기능을 제대로 하는 대립유전자가 단 하나라도 있으면 histone modification의 정도를 변화시켜서 충분한 표적 유전자들이 발현되어 tumorigenesis를 촉진하게 되는 것이다.

암과 관련된 chromatin-remodeling factor들의 중심에는 SWI/SNF (스와이스닙) complex가 있다. 이러한 크고 다양한 multiprotein complex들은 그 중심에 ATP-dependent helicase를 가지고 있으며, 종종 histone modification 및 chromatin remodeling을 제어한다(8장 참조). 예를 들어, nucleosome의 위치나 구조에 변화를 일으켜서 transcription을 제어하는 DNA binding protein에 유전자가 접근하거나 접근하지 못하게 할 수 있다. SWI/SNF-mediated chromatin change에 의해 표적 유전자가 정상적으로 활성화되거나 억제되는 경우, SWI 또는 SNF 유전자에 돌연변이가 생기면 그 표적 유전자의 발현에 변화를 일으킬 것이다. Transgenic mouse를 이용한 한 연구에 따르면, SWI/SNF는 일반적으로 *E2F* 유전자의 발현을 억제하여 cell cycle을 통한 진행을 억제하는 역할을 한다. 따라서 SWI/SNF의 기능이 소실되면 과성장 및 암을 유발할 수 있다.

사람과 마우스를 이용한 여러 연구를 보면, *SNF5* 유전자가 암과 관련이 있다는 것을 확실히 알 수 있다. SNF5 단백질은 SWI/SNF 복합체의 핵심 구성원이다. 사람의 경우, *SNF5*의 inactivating somatic mutation이 생기면 kidney에서 가장 많이 발견되는 rhabdoid tumor (횡문근 종양)와 brain tumor 등 여러 가지 종양이 발생하는 경향이 있다 [inherited (familial) disposition]. 이후의 연구들로부터 신장암의 40%, 난소암의 50%, 그리고 높은 비율의 간암과 방광암에서 SWI/SNF complex의 subunit이기도 한 다양한 BAF protein들의 유전자가 돌연변이되어 있다는 것을 발견하였다. 요약하면, epigenetic misregulation이 tumorigenesis의 주요 원인으로 부상한 것이다. Epigenetic regulation이 많은 factor들의 발현과 조절 경로를 동시에 변화시킬 수 있다는 점을 고려하면, 이 개념은 그렇게 놀라운 사실도 아닐 것이다.

25.2절의 주요 개념

암의 유전학적 및 유전체학적 기초

- Oncogenic mutation은 DNA 복제 오류 또는 DNA alkylation, 자외선, ionizing radiation과 같은 environmental mutagen의 영향을 통해 발생할 수 있다.
- 암을 유발할 수 있는 mutagen은 carcinogen으로 알려져 있다. Benzo(*a*)pyrene과 같은 일부 발암물질은 먼저 cytochrome P-450 enzyme에 의해 활성화되어야 한다.
- 암세포에서 mutagenesis의 주된 driver는 정상적인 DNA repair 과정의 손실이다. *BRCA1* 유전자의 돌연변이와 같은 DNA repair 과정의 유전적 결함은 특정 암에 대한 susceptibility (민감도) 증가와 관련이 있다.
- 암세포에서 mutagenesis를 증가시키는 가장 일반적인 somatic mutation은 DNA damage checkpoint의 손실을 야기한다. 이러한 돌연변이의 대부분은 tumor suppressor gene *p53*에 존재한다.
- Cancer genome sequencing에 의하여 수천 개의 돌연변이를 발견할 수 있었다. 이 중에는 single nucleotide variant (SNV), insertion 또는 deletion (indel), 그리고 chromosome rearrangement, duplication, copy-number variation을 포함하는 structural variant (SV)가 있다.
- Tumor virus와의 연관성을 통해 암을 유발하는 최초의 oncogene이 확인되었다.
- Cellular oncogenic driver mutation은 chromosome rearrangement의 break point에 의해서, 또 familial cancer syndrome의 gene mapping 그리고 tissue-culture cell의 transformation assay를 통해 확인되었다.
- 최초로 확인된 tumor suppressor gene인 *RB*는 retinoblastoma 및 기타 많은 종양에서 돌연변이되어 있다. *RB*의 single mutant allele이 유전되면 암 발생 확률이 크게 증가한다. 왜냐하면, somatic cell들은 정상 대립유전자에 돌연변이나 deletion이 일어나거나 chromosome missegregation 또는 mitotic recombination이 발생하는 현상, 즉 loss of heterozygosity (LOH)에 의해서 *RB*의 기능을 쉽게 잃기 때문이다.
- 동일한 종양 유형의 많은 수의 genome sequence들을 비교함으로써 cancer genome에 존재하는 많은 돌연변이들 중에서 oncogenic mutation들을 찾아낼 수 있다.
- 많은 oncogenic driver gene들은 성장을 촉진하는 경로를 활성화하거나 성장 억제 및 apoptotic pathway를 억제하여 세포 증식을 유발한다.
- Gain-of-function mutation의 결과로서, oncogenic driver가 되는 유전자를 *oncogene*이라고 한다.
- Loss-of-function의 결과로서 oncogenic driver가 되는 유전자를 *tumor suppressor gene*이라고 한다.
- miRNA (micro-RNA)는 다수의 oncoprotein 또는 tumor suppressor protein들의 발현에 영향을 미침으로써 tumorigenesis를 촉진하거나 억제할 수 있다.
- Histone modifying enzyme 또는 chromatin remodeler와 같은 epigenetic regulator들에 영향을 미치는 돌연변이는 다양한 종양과 관련이 있다.

25.3 Tumorigenesis는 Cell Growth와 Developmental Pathway가 비정상적으로 조절됨으로써 시작된다

조절되지 않는 세포의 증식은 암의 주요 특징이다. 우리는 이미 알려진 많은 종양 유발 요인들이 성장을 촉진하는 신호와 억제하는 신호의 균형에 의해서 정상 조직의 성장을 유지하는 신호전달에 관여된다는 것을 확인하였다. 이 절에서는 oncogenic mutation이 효과를 발휘하는 메커니즘을 강조하면서 이러한 경로를 더 자세히 알아보겠다.

Receptor (수용체)에 돌연변이가 생기면 외부의 성장 인자가 없을 때에도 증식을 일으킬 수 있다

Growth-promoting signal (성장-촉진 신호)들을 전달하는 cell-surface receptor (세포-표면 수용체)를 만들어내는 oncogene들은 여러 종류

의 암과 관련이 있다. *Receptor tyrosine kinase (RTK)*로 알려진 이 receptor들은 cytosolic domain에 protein tyrosine kinase 활성을 가지고 있는데, 이 활성은 활성화될 때까지 조용히 있다(quiescent). 16장에서 자세히 설명한 것처럼, RTK의 external domain에 ligand가 결합하면 dimerization (이량체화)이 일어나 kinase activity가 활성화되어, 궁극적으로 증식을 촉진하는 intracellular signaling pathway를 개시한다.

어떤 경우에는 point mutation이 wild-type RTK를 dimerization 시켜서 ligand가 없는 경우에도 항상 활성화되는(constitutively active) RTK로 바꾼다. 예를 들어, 단 1개의 point mutation은 정상적인 사람의 EGF receptor 2 (HER2)를 NEU oncoprotein [neuroblastoma (신경아세포종)에서 처음 알려짐에 따라 "NEU"라는 이름이 붙여짐]으로 전환시킨다(그림 25-13, **왼쪽**). 마찬가지로, *multiple endocrine neoplasia type 2* (**다발성 내분비 신생물 2형**)이라고 불리는 사람의 종양은 extracellular domain의 point mutation에 인해 발생하는 constitutively active dimeric glia-derived neurotrophic factor (GDNF) receptor를 발현한다. GDNF receptor와 HER2 receptor는 둘 다 protein tyrosine kinase이기 때문에 16장에서 상세히 설명한 신호전달 경로에 의해 constitutively active form들이 downstream target protein들을 과도하게 활성화시켜서, 궁극적으로 cell cycle의 진행, 세포 생존 및 증식을 촉진한다. 다른 경우, extracellular ligand-binding domain의 많은 부분을 deletion시키면 constitutively active oncogenic receptor가 생성되기도 한다. 예를 들어, 정상적인 EGF receptor의 extracellular domain (그림 25-13, **오른쪽**)을 deletion시키면 dimeric ErbB oncoprotein (변형된 유전자의 viral version이 *erythroblastosis virus*로부터 처음 발견되어 이름이 붙여짐)으로 전환된다. 정상 RTK의 과잉 생산을 일으키는 돌연변이 또한 oncogenic할 수 있다. 예를 들어, 많은 유방암은 유전자의 amplification으로 인해 정상적인 HER2 receptor를 과잉 생산한다. 그 결과, EGF와 같은 성장 호르몬이 정상 세포가 증식하지 못할 정도의 매우 낮은 농도로 존재할 때에도 세포들은 증식하도록 자극받는다(16장 참조).

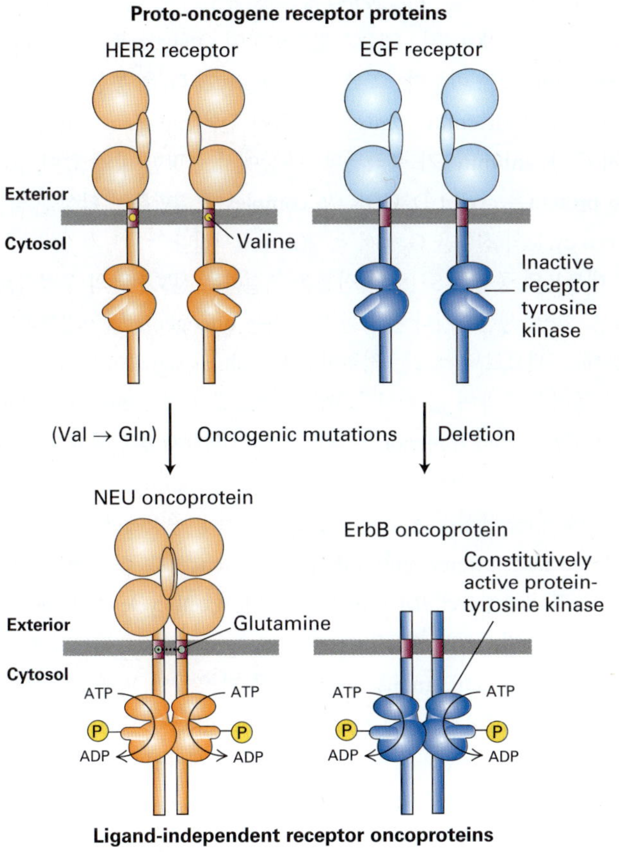

그림 25-13 Cell-surface receptor를 암호화하는 proto-oncogene에 oncogenic mutation이 발생할 때의 영향. *왼쪽*: HER2 receptor의 transmembrane region에서 단일 아미노산(valine을 glutamine으로)을 변경하는 돌연변이가 생기면 정상적인 EGF-related ligand가 없는 경우에도 receptor의 dimerization을 유발하여, receptor를 constitutively active protein tyrosine kinase인 oncoprotein NEU로 변환시킨다. 오른쪽: EGF receptor에서, 어떠한 이유로든 extracellular ligand-binding domain이 없어진 경우에도 oncoprotein ErB의 kinase activity를 항상 활성화(constitutively active)시킨다.

많은 Oncogenic Mutation들은 Signal-Transducing Protein들을 항상 활성화시킨다

많은 수의 oncogene들은 proto-oncogene으로부터 파생되는데, proto-oncogene이 만드는 단백질들은 신호전달 경로의 구성 요소나 조절자들이며, 이 중 가장 중요한 것은 Ras pathway이다. 16장에서 살펴본 것처럼, Ras는 활성화된 receptor로부터 protein kinase cascade로 신호를 전달하기 위하여 매우 중요한 요소이다. 이 경로의 첫 단계에서 활성화된 RTK의 신호는 2개의 adaptor protein을 통해 Ras로 전달되어 active GTP-bound form으로 변환된다(그림 16-10 참조). 두 번째 단계에서 활성화된 Ras는 2개의 intermediate protein kinase들을 통하여 신호를 MAP kinase로 전달한다. 활성화된 MAP kinase는 많은 전사인자를 phosphorylation 시켜 성장 및 증식에 중요한 많은 단백질들의 합성을 유도한다(그림 16-13, 16-14 참조). 사실상, 이 RTK/Ras/MAP kinase signaling cascade의 모든 구성 요소는 oncogene 또는 tumor suppressor gene인 것으로 확인되었다(그림 25-14).

가장 잘 연구된 oncogene들 중에는 RAS^D gene들이 있는데, 이는 최초로 알려진 non-viral oncogene들이다. Ras의 많은 변화 중 하나라도 변화가 일어나면, Ras는 조절이 제대로 되지 않으며 dominant (지배적인) activity를 나타내게 된다. 특히 Ras의 단백질 서열에서 12번째 glycine이 다른 아미노산으로 대체되는 point mutation이 일어나면, 정상 Ras 단백질은 constitutive active oncoprotein으로 전환된다(16장 참조). 이 point mutation은 단백질의 GTPase activity를 감소시켜 Ras를 active GTP-bound form으로 유지시킨다. Active Ras mutation들은 RTK pathway의 첫 번째 단계를 건너뛸 수 있게 한다. 즉, receptor에 ligand가 결합하여 upstream이 활성화될 필요가 없게 하는 것이다. Constitutively active Ras oncoprotein은 사람에서 bladder, colon, mammary (유선), skin 및 lung의 carcinoma와 neuroblastoma, leukemia 등 여러 종류의 종양의 원인이 된다.

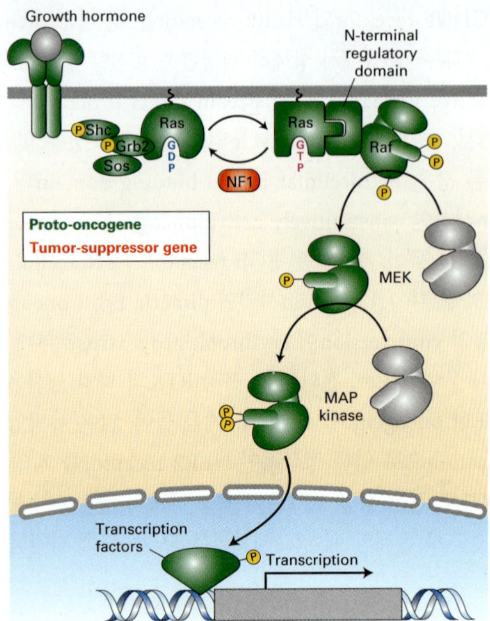

그림 25-14 RTK/Ras/MAP kinase pathway component들은 암에서 자주 돌연변이된다. RTK/Ras/MAP kinase pathway를 활성화하는 oncogenic mutation은 많은 사람의 암에서 확인되었다. 녹색으로 강조된 대부분의 구성 component들은 신호 경로를 활성화하고, 이 구성 요소들의 oncogenic mutation은 gain-of-function을 일으킨다. 반대로, 빨간색으로 강조 표시된 NF1은 보통 이 신호전달을 비활성화하고, 이 유전자의 oncogenic mutation은 유전자 copy 둘 다의 loss-of-function을 야기한다.

Constitutive Ras activation은 GTPase-activating protein (GAP)의 loss-of-function mutation에 의해서도 발생할 수 있다. GAP의 정상적인 기능은 GTP의 hydrolysis (가수분해)를 촉진하여 active GTP-bound Ras를 inactive GDP-bound Ras로 변환하는 것이다(그림 3-35 참조). *NF1* 유전자의 산물인 Ras-GAP protein에 loss-of-function mutation이 일어나면 downstream signal-transduction protein이 지속적으로 활성화된다. Oncogene인 *RAS*와 동일한 경로에 작용하는 tumor suppressor gene *NF1* 사이의 관계는 그림 25-12에 표시된 regulatory circuit의 좋은 예이다. *NF1*은 familial cancer syndrome인 neurofibromatosis (신경섬유종)의 근본적인 원인으로 처음 발견되었다. 단 하나의 NF1 mutant allele을 물려받은 사람은 LOH를 통해 두 대립유전자의 손실이 발생하고, 그로 인해서 sheath cell (신경 피복세포)의 benign tumor인 neurofibromatosis가 발생한다.

RTK/Ras/MAP kinase pathway의 다른 변형된 구성 요소를 암호화하는 oncogene들도 확인되었다(그림 25-14 참조). 예를 들어, constitutively active 형태의 Raf는 melanoma의 약 50%에서 확인되었다. Constitutively active Ras의 경우처럼, 이러한 mutant Raf들도 더 이상 세포 표면에서 오는 조절 신호를 필요로 하지 않고, 스스로 세포 성장과 증식을 위해 지속적으로 신호를 보낸다.

성장 조절 경로는 궁극적으로 Cell Cycle의 시작을 조절한다

RTK/Ras/MAP kinase pathway와 같은 성장 자극 경로는 궁극적으로 두 가지 결과(1. 세포 성장을 위해 필요한 유전자의 전사, 그리고 2. 세포 분열의 새로운 부분을 시작하는 cell cycle의 활성화)를 초래한다. Cell cycle에서, 세포가 G_1의 특정 지점(*restriction point*)을 지나가게 되면, 비가역적으로 S기로 들어가 DNA를 복제(replication)하는 데 전념하게 된다. 여러 cyclin D와 cyclin-dependent kinase (CDK), 그리고 Rb protein은 모두 restriction point를 통과하는 통로를 조절하는 조절 시스템의 요소들이다. Cell cycle의 시작을 조절하는 이러한 단백질들 중 다수는 oncogenic mutation의 표적이다.

사람의 암 중 약 80%에서 cell cycle의 진입을 조절하는 경로가 비정상적으로 조절되는 것으로 추정된다. 이 경로의 중심에는 cyclin D–CDK4/6 complex와 transcriptional repressor (전사 억제제) Rb가 있다(그림 19-16 참조). Cyclin D 유전자의 발현은 많은 extracellular growth factor들 혹은 *mitogen*들에 의해 유도된다. 이들 cyclin은 자신의 파트너인 CDK4 또는 CDK6와 결합하여 catalytically active cyclin-CDK complex를 이루며, 그 kinase activity가 G_1을 통한 진행을 촉진하게 된다. Restriction point를 통과하기 전에 mitogen이 없어지면 두 가지 CDK inhibitor가 축적된다. 19장에서 설명한 바와 같이, p15와 p16 protein은 cyclin D–CDK4/6 complex에 결합해서 활성을 억제하여 cell cycle의 진행을 G_1에서 정지(arrest)시킨다.

대부분의 종양은 S기로의 진입을 조절하는 신호전달의 구성성분 중 하나를 과잉 생산하거나 제거를 일으키는 oncogenic 돌연변이를 갖고 있는데, 그럼으로써 세포는 적절한 extracellular signal이 없을 때에도 S기로 들어갈 수밖에 없게 된다. 예를 들어, 세 가지 cyclin D 중 하나인 *cyclin D1*의 overexpression은 많은 사람의 암에서 발견된다. Cyclin D의 과잉 생산을 초래하는 첫 번째 메커니즘은 translocation이다. Antibody (항체)를 생성하는 B lymphocyte의 특정 종양에서, *cyclin D1* 유전자는 transcription이 antibody-gene enhancer가 조절하도록 translocation되어 extracellular signal과 관계없이 cell cycle 동안 cyclin D1의 생성을 증가시킨다. Cyclin D1이 oncoprotein으로 기능할 수 있다는 사실은 transgenic mouse를 대상으로 한 연구에 의해 밝혀졌다. 처음에, duct cell (도관 세포)은 hyperproliferation을 보였고, 결국 이러한 transgenic mouse에서 breast tumor가 발생하였다. Cyclin D의 과잉 생산을 초래할 수 있는 두 번째 메커니즘은 gene amplification이다. *Cyclin D1* gene의 증폭과 그에 따른 cyclin D1 protein의 과잉 생산은 사람의 유방암에서 흔히 발견할 수 있다: 여분의 cyclin D1은 cell cycle을 통해 세포들을 더욱 분열하도록 돕게 된다.

우리는 이미 *RB* allele 2개 모두에서 돌연변이가 일어나서 비활성화되면 비교적 희귀한 암 유형인 childhood (소아의) retinoblastoma가 발생한다는 것을 알아보았다. 그러나 *RB* gene의 loss-of-function mutation은 나이가 많이 든 후에 발생하는 암에서도 발견된다(그림 25-11 참조). Retinal tissue (망막 조직)와는 달리, 이러한 조직들은 아마도

RB의 기능과 중복되는 다른 단백질(예, p107 및 p130, 구조적으로 *RB*와 관련이 있음)을 생성하므로, *RB*는 이러한 조직에서 암을 예방하는 데에는 그리 중요하지 않다. 그러나 retina (망막)에서 cell cycle으로의 진입 조절은 Rb protein에만 전적으로 의존하는 것으로 보이며, 이것이 *RB* heterozygous patient가 이러한 조직에서 종양이 먼저 발생하는 이유이다. *Rb* 기능은 inactivating mutation에 의해 없어질 수 있을 뿐만 아니라, RB protein은 human papilloma virus (HPV)가 만들어 내는 inhibitory protein인 *E7*과 결합함으로써 그 기능을 잃을 수 있다. 현재 이 결합은 cervical cancer와 oropharyngeal (구강인후암)에서만 발생하는 것으로 알려져 있다.

Cyclin-CDK inhibitor로 작용하는 단백질도 oncogenic mutation의 표적이다. 특히 cyclin D–CDK4/6 kinase의 활성을 억제하지 못하게 하는 p16 (*CDKN2A*)의 loss-of-function mutation은 여러 암 중에서 가장 흔한 종양 유발 요인 중 하나이다(그림 25-11 및 표 25-2 참조). p16의 손실은 cyclin D의 과잉 생산과 비슷한 상황이 되므로, p16은 일반적으로 tumor suppressor로 작용하게 된다. 어떤 암에서는 *p16* tumor suppressor gene이 소실되어 있지만, 다른 암에서는 *p16* sequence가 정상이다. 이처럼, p16이 정상인 암들 중 일부(예, 폐암)에서 *p16* 유전자 혹은 이것과 기능적으로 관련된 다른 유전자의 promoter 부위에 hypermethylation에 의해 비활성화되어 transcription을 억제한다. *p16*의 methylation이 어떻게 일어나는지는 아직 알려져 있지 않지만, 이것이 cell cycle control protein의 생성을 막는다는 것은 확실하다.

p16을 만드는 chromosome locus에는 최소 3개의 tumor suppressor gene이 존재한다는 점에서 매우 이례적인데, 이는 human genome에서 oncogenic change에 가장 취약한 부위가 된다. 여기에는 p16 암호화 유전자인 *CDKN2A* 뿐만 아니라, 바로 upstream에 또 다른 cyclin D–CDK4/6 inhibitor인 p15를 암호화하는 *CDKN2B* locus가 있다(그림 25-15). 이 locus는 또한 tumor suppressor p53의 key activator를 암호화한다. 이 protein p14ARF (마우스의 경우는 p19ARF)는 첫 번째 *CDKN2A* exon의 upstream에 의해 만들어지며, exon 2 및 exon 3을 *CDKN2A*와 공유한다. 25.4절에서 볼 수 있듯이, 이 단백질은 p53의 stability (안정성)를 조절한다. 따라서 이 위치의 돌연변이는 세포의 두 가지 주요 tumor suppressor pathway인 Rb와 p53 경로에 동시에 영향을 미칠 수 있다.

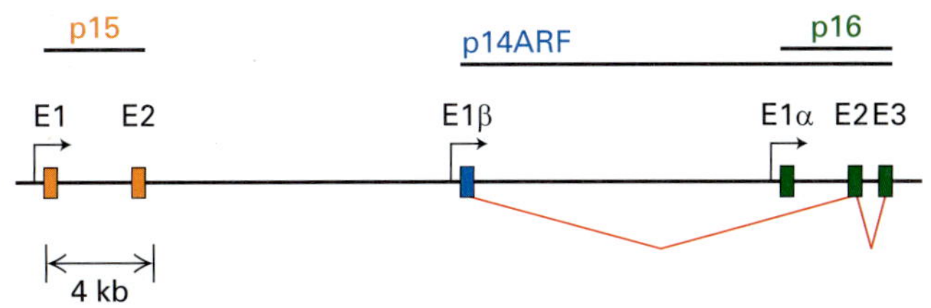

그림 25-15 p15-ARF-p16 locus는 3개의 tumor suppressor gene을 encoding한다. Exon은 *E*로 표시하였다. 2개의 *p15* exon (주황색)은 *ARF* locus의 upstream에 위치하고 있다. *ARF* (파란색)는 자신의 고유한 E1 exon에 의해 encoding되지만, E2 및 E3 exon은 *p16* (녹색)과 공유한다. *ARF*는 p53 activator를 encoding한다. [Data from C. J. Sherr, 2006, *Nat. Rev. Cancer* **6**:663–673.]

Nuclear Transcription Factor가 부적절하게 생성되면 Transformation을 일으킬 수 있다

Oncogene을 생성하거나 tumor suppressor gene을 비활성화시키는 돌연변이는 결국 유전자 발현에 광범위한 변화를 일으킨다. 이러한 변화는 정상 세포와 종양 세포에서 생성된 서로 다른 mRNA의 양을 비교함으로써 측정할 수 있다. 유전자 발현에 가장 직접적인 영향은 transcription factor에 의해 작용하기 때문에, 많은 oncogene들이 transcription factor들을 암호화한다는 것은 놀라운 일이 아니다. Tumorigenesis에서 명확한 역할을 하는 두 가지 transcription factor는 FOS protein과 MYC protein으로, cell cycle의 G_1 phase와 G_1-S transition을 통한 진행을 촉진하는 유전자의 transcription을 자극한다. 아래에서 이러한 단백질의 deregulation에 대해 설명한다.

JUN과 FOS는 처음에 transforming retrovirus에서 발견되었으며, 나중에 일부 사람의 종양에서 과도하게 발현되는 것으로 밝혀졌다. Proto-oncogene인 *JUN* 및 *FOS*가 만드는 단백질인 JUN, FOS는 서로 붙어서 AP1이라고 하는 heterodimeric transcription factor를 형성하고, AP1은 많은 유전자의 promoter 및 enhancer에 존재하는 특정 sequence에 결합한다(그림 8-26a 및 16장 참조). 이러한 단백질은 growth-promoting gene의 transcription은 활성화하고, growth-repressing gene의 transcription은 억제함으로써 oncoprotein으로서의 기능을 한다.

많은 nuclear proto-oncogene protein들은 정상적인 세포가 성장하도록 자극을 받을 때 생성되므로, 이들이 성장 조절에 직접적인 역할을 할 것으로 예상할 수 있다. 예를 들어, quiescent mouse 3T3 cell에 대한 platelet-derived growth factor (PDGF, 혈소판-유도 성장 인자)를 처리하면, *MYC* 및 *FOS* proto-oncogene의 생성물인 MYC과 FOS의 생성을 약 50배 증가시킨다. 처음에는 FOS가 일시적으로 상승하다가 나중에 MYC이 더 오래 지속적으로 상승한다(그림 25-16). 두 단백질의

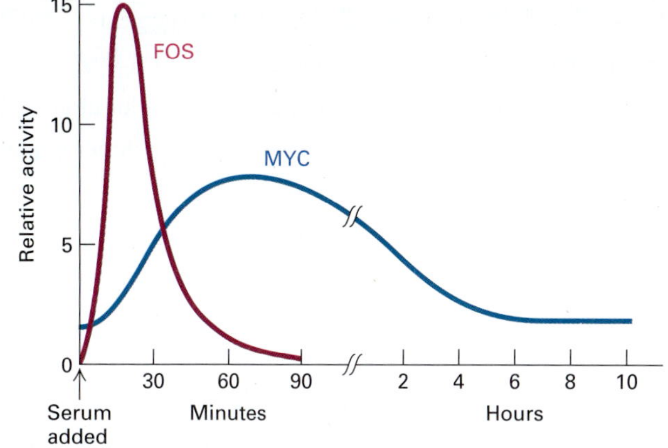

그림 25-16 Quiescent 3T3 cell에 serum (혈청)을 넣어주면 두 가지 proto-oncogene product인 FOS와 MYC의 활성도가 현저하게 증가한다. Serum은 quiescent cell의 성장을 자극하는 platelet-derived growth factor (PDGF)와 같은 factor들을 포함하고 있다. 성장 인자의 초기 효과 중 하나는 transcription factor인 *FOS*와 *MYC*의 발현을 유도하는 것이다. [Data from M. E. Greenberg and E. B. Ziff, 1984, *Nature* **311**:433.]

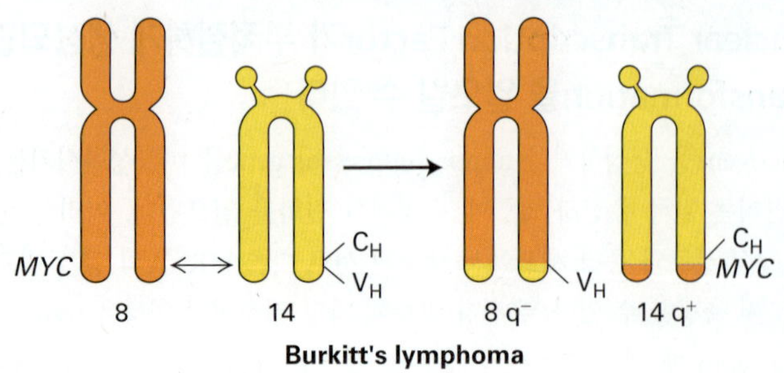

그림 25-17 Burkitt's lymphoma에서 발견되는 chromosomal translocation. 8번 염색체와 14번 염색체 사이의 translocation의 결과로, *MYC* 유전자는 antibody heavy chain (C_H)의 유전자와 인접하게 되어 lymphocyte에서 MYC transcription factor의 과잉 생산을 초래하여 lymphoma로 성장한다.

수치는 두세 시간 이내에 감소하는데, 이는 정상 세포에서 암을 피하는데 도움이 될 수 있는 조절 효과이다.

*FOS*와 *MYC*의 종양 유발 형태는 gain-of-function mutation에 기인한다. 정상 세포에서, 이러한 유전자와 이들이 암호화하는 단백질의 mRNA는 본질적으로(intrinsically) 불안정하며 유전자가 전사된 후 빠르게 분해된다. *FOS*를 정상 유전자에서 oncogene로 바꾸는 유전적 변화 중 하나는 *FOS* mRNA와 단백질을 빨리 분해되게 하는 특정 sequence의 deletion이다. *MYC* proto-oncogene이 oncogene으로 전환되는 현상은 다른 메커니즘에 의해서도 발생할 수 있다. **Burkitt's lymphoma**라고 알려진 사람의 종양의 세포에서, *MYC* gene은 antibody를 생성하는 백혈구에서 정상적으로 활동하는 heavy-chain antibody gene 근처로 translocation된다(그림 25-17). *MYC* translocation은 antibody-producing cell이 성숙하는 동안 일어나는 정상적인 DNA rearrangement에서 발생하는, 흔하지 않은 이상 현상(rare aberration)이다. 이와 같이 translocation된 *MYC* 유전자는 antibody-gene enhancer에 의해 조절되므로, 지속적으로 높게 발현되어 세포를 암으로 만든다. 어떤 사람의 종양에서는 *MYC* gene을 포함한 DNA segment가 국소적으로 amplification되어 정상 MYC protein이 부적절하게 대량으로 생산된다. 이러한 oncogenic activation mechanism은 translocation에 의한 BCR-ABL oncogene이 만들어지는 현상(Philadelphia chromosome)과 유사하다.

MYC gene은 basic helix-loop-helix protein을 coding하는데, 이 단백질은 다양한 조합으로 다른 단백질과 dimerization하여, DNA에 결합함으로써, 표적 유전자의 transcription을 조절할 수 있다. MYC의 파트너 protein에는 MAD, MAX, 그리고 MNT가 있다. MAX는 MYC과 MAD 및 MNT와 heterodimerization할 수 있다. MYC-MAX dimer는 cyclin들과 같은 증식을 조절하는 유전자들을 조절한다. MAD protein은 MYC protein을 억제하므로, MAD protein을 직접 사용하거나 MAD protein을 자극하는 약물을 사용함으로써 종양 형성을 일으키는 과도한 MYC 활성을 억제할 수 있지 않을까 하는 생각을 할 수 있다. MYC protein complex는 histone acetyltransferase (보통 transcription을 자극하는 8장 참조)를 함유한 chromatin-modifying complex를 MYC target gene들에게 데리고 옴(recruit)으로써 transcription에 영향을 미친다. MAD와 MNT는 transcription을 막는 histone deacetylase를 가져오기 위해 SIN3 co-repressor protein과 함께 작용한다. 이 모든 단백질은 세포 증식을 제어하기 위해 protein-protein association, DNA binding의 변화, transcriptional regulation 등을 사용하는 regulatory network를 형성한다. MYC protein이 과잉 생산되면 세포는 성장과 분열 쪽으로 기울게 된다.

Development를 조절하는 신호전달 경로의 Aberration (이상)은 많은 암과 관련이 있다

정상적인 발달 과정에서 Hedgehog (Hh, 헤지호그), Wnt (윈트), TGF-β와 같은 secreted (분비되는) 신호는 세포의 발달 과정에서 특정한 운명으로 유도하는 데 사용되며, 이 과정에 cell cycling이 빠르게 일어나는 경우가 있다. 따라서 이러한 신호는 성장이 적시적소에 잘 국한되도록 정확하게 조절되어야 한다. 이러한 강력한 발달 신호의 효과를 억제하기 위해 사용할 수 있는 메커니즘 중에는 inducible intracellular antagonist, receptor blocker, competing signal들이 있다. 이러한 억제 메커니즘의 작동을 방해하는 돌연변이들은 oncogenic할 가능성이 높아 부적절한 성장이나 암적인 성장을 일으킬 수 있다.

분화를 제어하기 위해 발달 과정에서 반복적으로 사용되는 Hedgehog signaling pathway는 암 발생과 관련된 신호 경로의 좋은 예이다. Skin과 cerebellum (소뇌)에서 사람의 Hh protein들 중 하나인 Sonic Hedgehog은 *Patched1* (*PTC1*)이라고 하는 membrane protein에 결합하고, 이를 비활성화함으로써 세포 분열을 자극한다(그림 16-29 참조). *PTC1*의 loss-of-function mutation는 Hh signal이 없을 때에도 세포 증식이 일어나게 한다. *PTC1*의 defective copy를 물려받은 사람들은 피부암과 뇌암이 발생하는 경향이 있다. 즉, RB와 NF1 cancer syndrome에서 살펴봤던 LOH mechanism을 통해서 남은 *PTC1* allele이 마저 소실되면 피부암 혹은 뇌암이 발생할 수 있다. 이러한 암의 sporadic case에서도 *PTC1* 유전자 두 copy 모두에서 spontaneous (자발적인) mutation이 관찰되었다. Hh signaling pathway에 관여하는 다른 유전자들의 돌연변이도 암과 관련이 있다. 이러한 돌연변이는 Hh target gene들을 부적절하게 활성화시키는 oncogene을 생성하기도 하고, 어떤 돌연변이는 PTC1과 같은 negative regulator에 영향을 미치는 recessive mutation이다.

16장과 20장에 설명된 많은 신호 경로는 성인 조직에서 embryonic development (배아 발달)와 세포 증식을 조절하는 역할을 한다. 최근 수년 동안 이러한 신호 경로의 구성 요소에 영향을 미치는 돌연변이들이 암과 관련이 있다는 증거가 나오고 있다. 실제로, 발달 경로의 한 유전자가 인간 암의 유형과 관련이 되면, 벌레, 파리, 생쥐와 같은 모델 동물로부터 얻은 모든 정보를 수집하여 다른 암의 경우에도 관련이 있는지 추가적이고 집중적인 조사를 하게 된다. 예를 들어, colon cancer의 초기에 변이된 유전자인 *APC*는 지금은 Wnt signaling pathway의 일부로 알려져 있다(16장 참조). 그 발견은 결국 β-catenin의 돌연변이가

colon cancer에서 중요하다는 발견으로 이어졌다.

Tumor-suppressor developmental gene의 돌연변이는 정상적일 때에는 성장을 억제하는 하는 조직에서 종양 형성을 촉진한다. 예를 들어, transforming growth factor β (TGF-β)는 그 이름에도 불구하고 주로 대부분의 epithelial cell과 immune cell들을 포함한 많은 세포 유형의 증식을 억제하는 역할을 한다. TGF-β가 receptor에 결합하면 cytosolic Smad transcription factor가 활성화된다(그림 16-24 참조). Smad는 핵으로 이동한 후, G_1에서 세포가 멈추게 하며, cyclin-dependent kinase 4 (CDK4)의 inhibitor인 p15의 발현을 촉진할 수 있다. TGF-β signaling은 또한 extracellular matrix protein들과 plasminogen activator inhibitor 1 (PAI-1) gene의 발현을 촉진하여 matrix (기질)의 plasmin-catalyzed degradation (플라스민 촉매 분해)을 감소시킨다. 위에서 언급한 것과 같이, TGF-β receptor 또는 Smad에서 loss-of-function mutation은 세포 증식을 촉진하고, 아마도 종양 세포의 invasion (침습)과 metastasis (전이)에 기여할 것이다(그림 25-18). 이러한 돌연변이들은 사실 다양한 사람의 pancreatic cancer에서 발견된다. 예를 들어, *smad4* 유전자의 deletion은 사람의 췌장암에서 자주 발생한다; retinoblastoma와 colon cancer cell은 정상적 기능을 하는 TGF-β receptor가 부족하여 TGF-β 성장 억제에 반응하지 않는다. 원래 Smad4는 *DPC* (*deleted in pancreatic carcinoma*)로 불렸었다.

암에 대한 Multi-Hit Model (다중 히트 모델)의 실험적 재구성

Cancer genome의 sequencing에서 보았듯이, 대부분의 종양들은 수천 개의 돌연변이들을 이미 획득했을 가능성이 있다. 이 수많은 돌연변이 중 5개는 oncogenesis를 유발하는 driver로 작용한다. 돌연변이가 일어나는 유전자 중 많은 것들은 이전에 우리가 논의하였던 세포 성장과 분열 조절에 관여하는 유전자이다. 그림 25-19의 데이터가 보여주듯이, 많은 유형의 암 발병률은 나이가 들수록 급격히 증가하는데, 이는 암이 발생하는 데 필요한 multiple mutation이 생기기까지 수십 년이 걸릴 수 있음을 나타낸다. 암 진행의 느린 속도를 보여주는 이 모델은 종양을 유도하는 데 필요한 사건의 순서에 대한 근본적인 의문을 제기한다. 종양이 어떻게 형성되는지 알기 위해서는 암 발생에 있어 "여러 driver mutation들은 어떤 순서로 발생하는가?", "다양한 driver mutation들이 서로 시너지 효과를 발휘하는가?" 등의 질문에 대한 해답이 필요하다. 또한 이러한 종양 형성에 대한 해답이 암의 조기진단과 예방에 있어서 필수적일 것이다.

우리는 Transgenic mouse를 이용해서 multi-hit progression을 실험적으로 재구성한 결과를 통해 다양한 oncogene들의 조합이 암을 유발하는 데 서로 협력할 수 있다는 것을 알 수 있다. 예를 들면, mammary-cell-specific (유방-세포 특이적인) promoter/enhancer에 의해 발현이 조절되는 mutant RAS^{V12} dominant oncogene 또는 *MYC* proto-oncogene 중 하나를 발현하는 마우스가 생산되었다. 해당 promoter는 endogenous (내인성) hormone과 tissue-specific (조직특이적인)

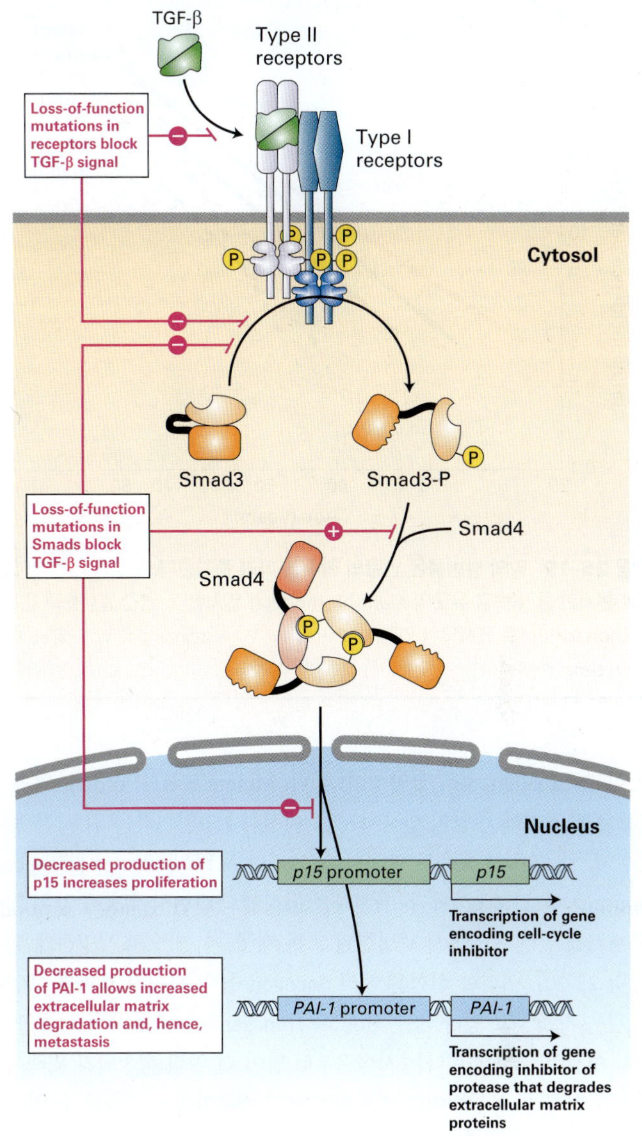

그림 25-18 TGF-β signaling 소실의 영향. Anti-growth factor인 TGF-β가 receptor에 결합하면, Smad transcription factor가 활성화된다. Receptor mutation 또는 Smad mutation으로 인해 효과적인 TGF-β 신호가 없어진 경우, 세포는 증식하며 주변의 extracellular matrix로 더욱더 침입하게 된다. X. Hua et al., 1998, *Genes Dev.* **12**:3084 참조.

regulator에 의해 induction되어, *MYC* 혹은 RAS^{V12} 단백질을 유방 조직에서 과발현한다.

이전에 언급했던 것처럼, MYC 단백질은 G_1에서 S기로 전환하는 데 필요한 수많은 유전자의 발현을 조절하는 transcription factor이다. 이러한 *MYC* 단백질의 transcription이 증가되어 있는 transgenic mouse는 이전에 언급했던 proto-oncogene을 oncogene으로 변환하는 *MYC*의 transcription을 증가시키는 oncogenic mutation과 비슷한 표현형을 보인다. MYC 단백질 자체만 과발현되었을 경우에는 적은 수의 개체에서만, 그것도 100일이 지나서야 종양을 유발한다. 즉, MYC protein을 과다하게 생산하는 mammary cell (유방세포)은 극히 일부만

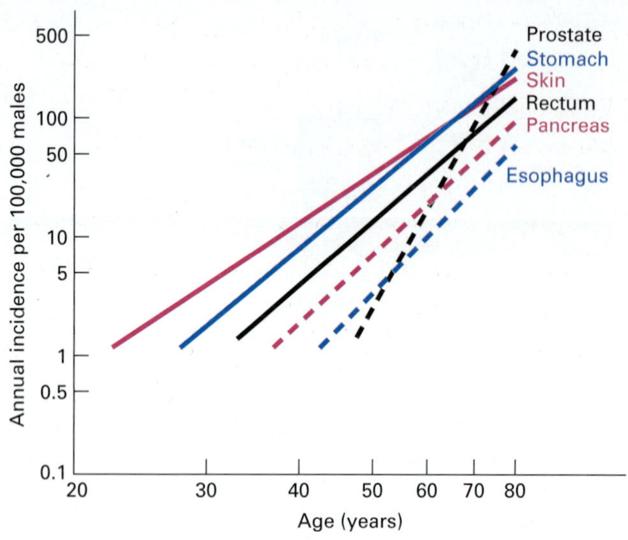

그림 25-19 암의 발병률은 연령의 함수에 따라 증가한다. 연령에 따른 암 발병률의 현저한 증가는 암 유도의 multi-hit model과 일치한다. 연간 발생률과 연령이 로그(logarithm)로 표시되어 있다. [Data from B. Vogelstein and K. W. Kinzler, 1993, *Trends Genet.* **9**:138–141.]

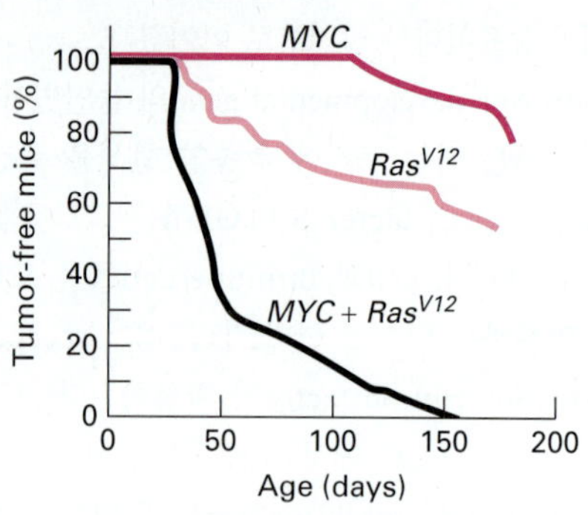

그림 25-20 하나 또는 2개의 oncogenic transgene을 가지고 있는 암컷 마우스에서 종양 발생의 경과(kinetics, 동역학)를 보면, 암이 발생하기까지 여러 돌연변이들이 서로 협력하고 있다는 것을 알 수 있다. 각각의 transgene은 mouse mammary tumor virus (MMTV)에서 얻어진 breast-specific promoter에 의해 발현된다. 임신 관련 호르몬의 자극은 MMTV promoter를 활성화시켜 breast tissue에서 transgene의 과발현을 일으킨다. 이 그래프는 *MYC* 만을, 혹은 *Ras*^{V12} transgene만 가지고 있는 마우스와 *MYC*과 *Ras*^{V12} transgene을 모두 가지고 있는 마우스의 시간에 따른 oncogenesis를 보여주고 있다. 그 결과, 암이 유도되기 위해서는 multiple mutation의 협력이 매우 효과적임을 명확하게 보여준다. E. Sinn et al., 1987, *Cell* **49**:465 참조.

이 실제로 malignant하게(악성이) 된다. Mutant Ras^{V12} protein의 형성만으로도 조기에 종양이 발생하지만, 여전히 150일이라는 긴 시간 동안 천천히, 약 50%의 효율로 발생한다. 그러나 *MYC*과 *Ras*^{V12} transgenic mouse를 서로 교배하여 두 유전자를 동시에 과발현시키면, 종양은 훨씬 더 빠르게 발생하고 동시 과발현된 모든 개체들이 암으로 사망하게 된다(그림 25-20). 이러한 실험은 여러 oncogene들의 시너지 효과를 보인다는 것을 강조하고 있다. 또한 double-transgenic mouse에서도 종양 형성이 여전히 오래 걸린다는 사실로부터 암이 더 일찍 형성되기 위해서는 이보다 더 많은 돌연변이를 획득해야 하기 때문이라고 추측할 수 있다.

Colon Cancer에서 연속적인 Oncogenic Mutation을 추적할 수 있다

종양의 진행을 재구성하는 직접적인 방법은 천천히 진행되는 종양에서 순차적으로 샘플을 채취하는 것이다. 외과 의사들은 사람의 암을 상당히 순수한 형태로 얻을 수 있지만, 그 종양은 암의 진행 단계 중 단 한 곳에서만 얻을 수 있으므로 그 암의 진행 단계를 확실히 파악하기는 쉽지 않다. 여러 암 중에서도 colon cancer는 특이하고 특징적인 형태학적 단계를 통해 진화한다. Polyp (용종), benign adenoma (양성 선종), carcinoma (암종) 등 중간 단계는 colonoscopy (대장내시경) 검사 중에 외과 의사가 찾아낼 수 있으므로, 각 단계에서 발생하는 돌연변이를 확인할 수 있다. 수많은 연구 결과로부터 colon cancer가 잘 정의된 순서에 따라 일반적으로 발생하는 일련의 돌연변이에 의해 발생한다는 것을 알게 되었고, 이는 **multi-hit 모델**을 강력하게 지지하는 근거가 되었다(그림 25-21).

Colon cancer의 진행에 대한 통찰력은 먼저 유전적으로 발생하는 경향이 있는 familial adenomatous polyposis (FAP, 가족선종폴립증)에 대한 연구로부터 나왔다. 해당 syndrome에서 대다수가 Wnt signaling pathway에 돌연변이를 가지고 있다는 것은 잘 알려져 있으며, wnt signaling에 문제가 생겨 조절되지 않을 때에는 inherited polyposis syndrome 환자뿐 아니라 sporadic (noninherited) colon cancer 환자에서도 colon wall (대장벽)의 내부에 polyp (precancerous growth)이 형성된다고 생각되고 있다. APC (*a*denomatous *p*olyposis *c*oli) protein은 *MYC* 유전자의 발현을 활성화하여 cell cycle 진입을 촉진하는 Wnt signaling (그림 16-26 참조)의 negative regulator이다. 정상적으로 기능하는 APC protein이 없으면 MYC은 비정상적으로 생성되고, homozygous *APC* mutation이 있는 세포는 정상보다 높은 속도로 증식하여 polyp을 형성한다. APC 유전자의 loss-of-function mutation은 colon cancer의 초기에 가장 많이 발견되는 돌연변이이다. Polyp을 구성하고 있는 대부분의 세포는 *APC* 유전자가 똑같은 돌연변이를 1개 또는 2개 가지고 있으며, 이는 원래의 돌연변이가 발생한 세포가 복제된 것임을 나타낸다. 따라서 *APC*는 tumor suppressor gene이며, wild-type *APC* allele을 가진 세포는 정상적으로 기능하기에 충분한 APC protein을 발현하기 때문에, polyp이 형성되려면 *APC* allele 두 개 모두 inactivating mutation을 가지고 있어야 한다.

Polyp의 세포 중 하나에 다른 돌연변이가 발생하면, 이번에는 *ras* gene의 돌연변이가 활성화되면서 그 progeny (자손)들은 훨씬 더 통제되지 않는 방식으로 분열하여 더 큰 adenoma를 형성한다. *p53* 유전자가 불활성화되면 점진적으로 정상적인 조절이 일어나지 않아 결국에는 malignant carcinoma가 생긴다(그림 25-21 참조). p53 단백질은 DNA 손상 및 기타 스트레스에 반응하여 cell cycle의 진행을 중단시키는 tumor suppressor이며 세포자살을 유도할 수 있다(25.4절 참조). 여기

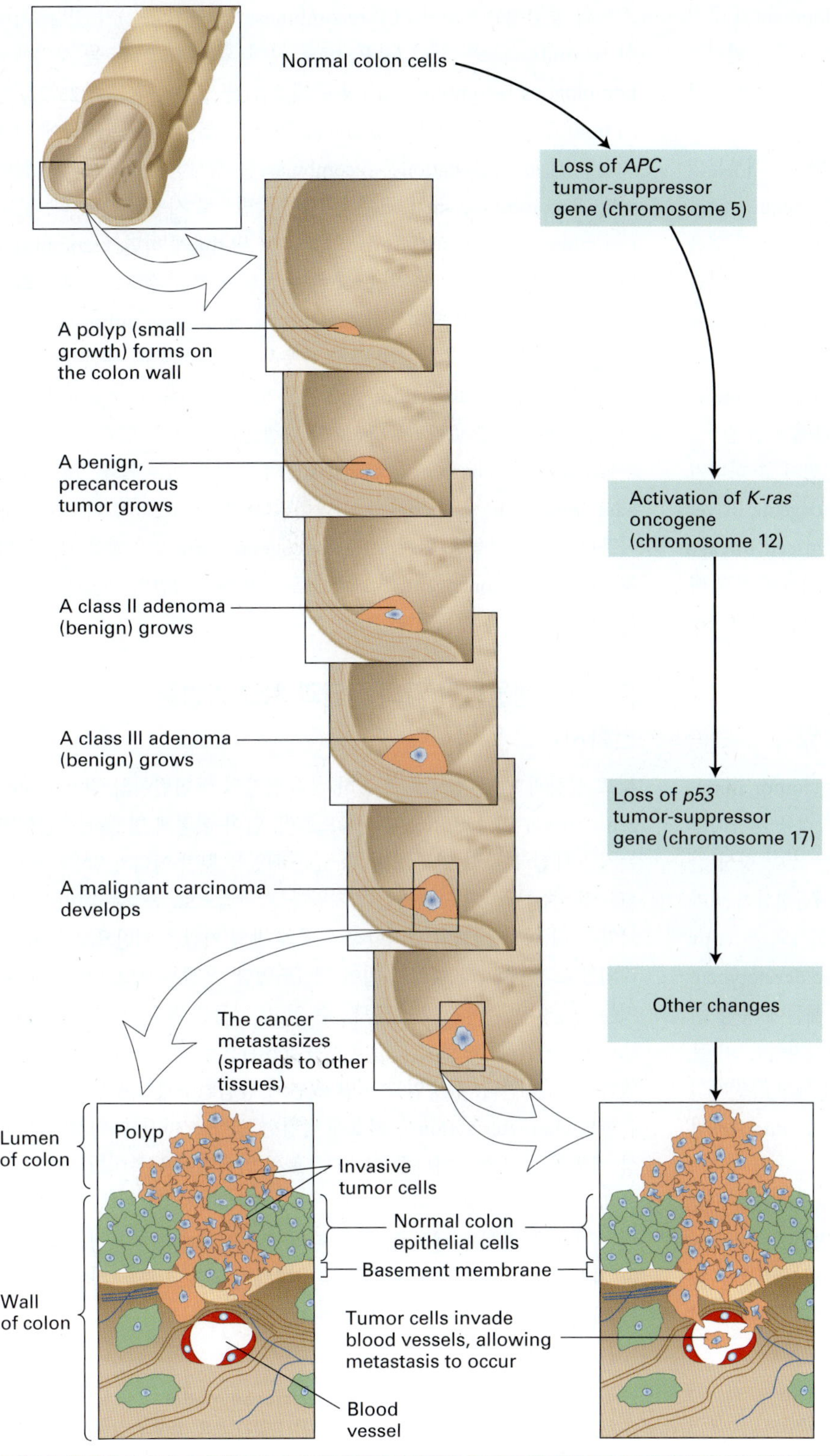

그림 25-21 사람의 colorectal cancer의 발병과 metastasis, 그리고 그 유전적 기반. 단일 epithelial cell에서 *APC* tumor suppressor gene의 돌연변이가 발생하게 되면, 주변의 정상 epithelial cell과는 달리 과도한 세포 분열이 유도되어 *polyp*이라고 하는 localized benign tumor cell mass (국소 양성 종양 세포덩어리)를 형성한다. 그 후에 발생하는 돌연변이는 항상 활성화 형태로 존재하는(constitutively active) Ras protein의 발현과 tumor suppressor gene인 p53의 손실로 이어진다. 이러한 돌연변이는 아직 확인되지 않은 추가적인 유전적 변화와 함께 malignant cell을 생성한다. 세포는 계속해서 분열하며, 분열한 세포들은 조직을 둘러싸고 있는 basement membrane을 침범하지만 모세혈관의 basement membrane (*왼쪽 아래*)을 관통하지는 않는다. 어떤 종양 세포는 혈관으로 들어가서 몸의 다른 부위로 퍼지기도 한다(*오른쪽 아래*). 추가적인 돌연변이가 생기면 종양 세포가 혈관에서 빠져 나와 먼 곳에서 증식할 수 있게 된다. B. Vogelstein and K. W. Kinzler, 1993, *Trends Genet.* **9**:138–141 참조.

에 나열된 3개의 "hit"는 확실히 중요한 요소들이지만, 추가적인 유전적 사건이 일어나 있을 가능성이 있다. 그러나 모든 colon cancer가 추가적인 돌연변이가 생기거나 그림 25-21의 순서대로 이루어지는 것은 아니다. 그러므로 여러 돌연변이의 조합에 의하여 동일한 phenotype (표현형)이 초래될 수 있다.

몇몇 colon carcinoma는 지금까지 언급된 세 가지 유전자에 모두 돌연변이를 가지고 있다. 즉, *APC*와 *p53*의 loss-of-function mutation, 그리고 *K-RAS* oncogene (*RAS* family 유전자의 하나)의 activating mutation (gain-of-function)을 가지고 있다. 이러한 현상으로부터 한 세포에 multiple mutation이 있어야만 암이 형성될 수 있다는 사실을

알 수 있다. 이러한 돌연변이 중 어떤 것은 tumor development의 초기 단계에서 성장 이점을 제공하는 것으로 보이는 반면, 다른 돌연변이는 malignant phenotype에 필요한 invasion과 metastasis와 같은 후기 단계를 촉진한다.

암 발생의 후기 단계에서만 생검(biopsy)하거나 제거하는 대부분의 종양에 대하여 암 진행의 일부 사건을 재구성할 수 있는 sequencing-basedmethod들이 최근 개발되었다. 이 아이디어는 종양으로부터 얻은 여러 개의 개별 세포로부터 정보를 얻어서 종양 전체의 계통 지도를 만드는 것이다. 이 분석이 어떻게 진행되는지 알기 위해, 2개의 oncogenic driver mutation의 결과로 종양이 발생한 간단한 경우를 예로 들어보자. 종양을 생검(biopsy)할 때, 모든 세포는 첫 번째로 발생한 driver mutation을 가가지고 있을 것이며, 일부 종양 세포만이 두 번째 돌연변이를 가질 가능성이 있다. 이 방법을 사용하면 종양에서 돌연변이 중 하나가 부족한 몇 개의 세포를 찾을 수 있으므로, 한두 개의 oncogenic driver mutation들의 출현 순서를 결정할 수 있다. 종양 내에서 cell lineage (세포 계통)를 재구성하는 이 방법은 단 1개의 종양 세포에서 유전체 서열 정보를 얻을 수 있는 next generation sequencing이 발전함으로써 이제는 실현이 가능하다.

암의 발달은 동물 모델을 이용하여 연구할 수 있다

Genetically-engineered mouse (유전자-변형 마우스)는 tumor initiation과 progression의 단계를 밝히는 데에 매우 큰 통찰력을 제공하였다. 그러나 암을 연구하기 위해 마우스 모델을 사용하는 것이 항상 간단한 것은 아니다. 많은 tumor suppressor gene들의 경우, 정상적인 마우스의 발달 과정에서 필수적인 기능을 하므로, 이 유전자의 두 copy가 모두 없는 마우스는 생존할 수 없다. Early embryonic development (초기 발생) 과정에서 이러한 유전자의 본질적인 기능 때문에 종양 진행에서의 그 유전자들의 역할을 연구하기가 어렵다. 과학자들은 이 문제를 극복하기 위해 특정 조직 또는 특정 발달 단계에서 특정 유전자의 targeted activation 또는 불활성화가 가능한 conditional *knock-in* 및 *knockout* 전략을 채택하기 시작했다.

Conditional mouse model에서, 특정 oncogene 또는 tumor suppressor gene의 대립유전자는 조직 또는 시간에 특화된 방식으로 exogenous chemical (외인성 화학물질)이나 바이러스에 의해 활성화 혹은 불활성화되기 전까지는 wild type (야생형, 정상)이다. 이러한 조건부 시스템의 중심에는 Cre와 FLP recombinase (재조합효소)가 있다. 이러한 recombinase는 각각 *loxP* site들 사이 혹은 *FRT* site들 사이에서 homologous recombination (상동 재조합)을 일으킨다(그림 25-22; 그림 6-40도 참조). 이러한 recombinase가 조직 특이적 promoter에 의해 조절될 때, recombination은 recombinase를 생성하는 조직에서만 일어난다. Recombinase method는 두 가지 방법으로 사용할 수 있다. 첫째, recombinase target site를 exon의 좌우에 위치하게 하면, recombinase가 발현함에 따라 그 사이의 exon은 손실되어 그 유전자는 비활성화된다(그림 25-22a). 이 방법은 tissue-specific manner로 tumor suppressor gene을 비활성화하는 데 특히 유용하다. 두 번째로, 유전자를 기능하지 못하게 하는 stop codon을 가지고 있는 exon을 oncogene에 추가적으로 집어넣음으로써 oncogene의 발현을 조절할 수 있다. 그러나 추가된 exon이 recombinase target site의 사이에 있는 경우, recombinase induction 시 oncogene이 발현된다(그림 25-22b). 이 시스템을 사용하여 연구자들은 쥐에서 Ras oncogenic form의 역할을 연구하였고, conditional oncogenic *ras* allele을 사용하여 사람의 폐암을 모방하는 마우스 모델을 만들었다.

분자세포생물학이 암의 진단과 치료 방법을 변화시키고 있다

세포 성장과 발달 경로를 조절하는 유전자의 돌연변이와 같은 oncogenic driver mutation을 발견함으로써, 암이 어떻게 발생하고 진행되는지에 대한 분자적 이해를 할 수 있게 되었을 뿐만 아니라 암을 진단하고 치료하는 방식에도 혁명을 가져왔다. 역사적으로, 종양은 현미경으로 보았을 때 종양 세포의 조직학적 특징과 발생 기관을 기반으로 하여 정리되었고, 이에 따라 치료 방법이 개발되었다. 우리는 이제 비슷하게 보이는 종양이 매우 다르게 행동할 수 있고, 그들의 유전자 변형(genetic change)을 검사함으로써 특정 종양을 subset으로 세분화하여 연구할 수 있다는 것을 안다. 유방암과 뇌암 진단에 광범위하게 사용되는 이러한 유형의 characterization은 치료에 상당한 영향을 미친다. 암세포와 정상 세포의 차이 하나하나를 이해함으로써 암세포만을 죽이거나 최소한 통제되지 않은 성장을 멈추게 하는 특정 약물이나 치료법을 식별할 수 있는 새로운 기회가 생기고 있다. 따라서 종양의 분자세포생물학에 대한 지식은 연구자들이 암세포를 더 정확하게 목표로 하는 항암 치료법을 개발하기 위해 이용할 수 있는 중요한 정보이다.

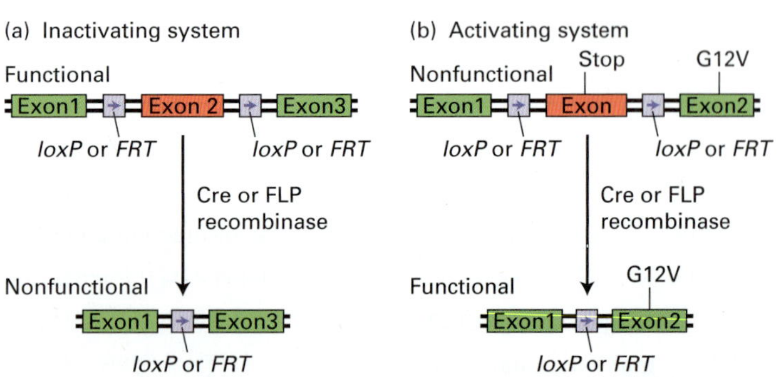

그림 25-22 Conditional cancer mouse model. 표적 유전자의 기능을 비활성화하기 위하여(a) 중요한 유전자(빨간색)의 좌우에 그림과 같이 2개의 *loxP* 또는 *FRT* site를 배치한다. Cre 또는 FLP recombinase가 발현되면 두 *loxP* site의 사이, 혹은 *FRT* site의 사이에서 homologous recombination이 일어난다. 이러한 recombination이 일어나면 exon은 잘라져서 없어지고, 유전자가 작동하지 않게 된다. 반대로 기능을 활성화시키는 시스템(b)에서는, stop codon이 있는 추가적인 exon을 활성화시키고자 하는 유전자(빨간색)에 집어넣어 유전자가 작동하지 않게 한다. 이 stop codon이 있는 exon은 *loxP* 또는 *FRT* site의 사이에 위치한다. Cre 또는 FLP recombinase가 발현되면 stop codon을 가진 exon이 recombination되어 없어짐으로써 표적 유전자가 발현된다.

유방암은 분자세포생물학 기술이 암의 치료(curative)와 완화(palliative)에 어떻게 영향을 미쳤는지를 보여주는 좋은 예이다. 유방암은 여성 암 사망 원인 중 두 번째로 많다. 유방암은 통상적으로 mammogram (x-ray, 유방조영술) 검사에 의하여 진단되는 경우가 많다. 일반적으로 이러한 진단을 더 확인하기 위해 바늘로 아주 작은 biopsy를 하고, antibody를 통해 estrogen receptor 혹은 progesterone receptor가 존재하는지 검사한다. 이러한 steroid receptor들은 종양의 성장을 자극할 수 있으며 유방암 세포에서 높은 수준으로 발현되기도 한다. 어느 receptor가 높은 수준으로 존재하는지 확인되면, 이를 치료에 이용한다. Estrogen receptor를 억제하는 *tamoxifen*이라는 약물은 종양 세포로부터 성장을 자극하는 호르몬을 제거하는 데 사용될 수 있다(그림 8-26 참조). 또한 16장에서 살펴본 것처럼, 사람의 EGF receptor인 HER2를 암호화하는 proto-oncogene *HER2/NEU*가 amplification되었는지 확인하기 위하여 biopsy를 수행한다. HER2-specific monoclonal antibody (단일클론 항체)는 HER2를 과도하게 생산하는 유방암에 대한 새로운 치료법으로서 놀라울 만큼 효과가 좋은 것이 확인되었다. 혈액에 주입된 HER2 antibody는 HER2를 인식해서 세포 안으로 들어가게 하여(internalize), 적당한 양의 HER2만 생성하는 정상 유방 세포(및 기타)에는 뚜렷한 영향 없이 암세포를 선택적으로 죽인다. 최근에는 강력한 cytotoxic drug (세포독성 약물)을 HER2 monoclonal antibody와 공유결합시켜(covalent conjugate) HER2-overproducing tumor cell을 표적으로 할 수 있게 됨으로써, 이 monoclonal antibody의 살상 효과를 높였다. 이러한 진보된 antibody conjugate (항체 결합체)는 이전의 전통적인 치료법이 크게 효과가 없는 종양에 대한 차선책의 치료법으로 사용되고 있다.

유방암은 여전히 처음에는 제거수술, 방사선 치료, 화학 요법을 병행하여 치료한다. 첫 번째 단계는 종양을 외과적으로 resection (절제, 제거)한 후 전이의 증거가 있는지 lymph node (림프절)를 검사하는 것이다. 후속 치료에는 일반적으로 여러 가지 다른 종류의 약제를 8주간 사용하는 화학 요법과 6주간의 방사선 요법이 포함된다. 이러한 가혹한 치료법은 분열하는 암세포를 죽이기 위해 고안되었지만, 다른 정상 세포에도 영향을 주어 혈액세포 생성 억제, 탈모, nausea (메스꺼움), 그리고 neuropathy (신경병증)등 다양한 부작용을 야기한다. 이러한 효과는 면역계의 강도를 떨어뜨림으로써, 감염의 위험이 있고 산소 공급이 원활하지 않아 허약함을 일으킬 수 있다. 이러한 효과를 상쇄하기 위해, 환자들은 neutrophil (호중구; 세균이나 곰팡이의 감염과 싸우는 백혈구의 일종)의 형성을 촉진하는 cytokine인 G-CSF를 투여 받거나, 적혈구 형성을 촉진하기 위해 erythropoietin (Epo)을 투여 받는다. 이러한 공격적인 치료에도 불구하고, 전체 환자의 약 3분의 1이 향후 10년 사이에 암에 굴복하게 된다. 이 위험은 tamoxifen과 같은 호르몬 차단 치료를 통해 15% 정도를, HER2/NEU oncoprotein에 대한 antibody를 이용한 치료를 통해 10% 정도를 줄일 수 있다. 종합하면, 발전된 molecular method들에 의해 유방암으로 인한 morbidity (사망률)을 25%까지 줄일 수 있게 되었다. ■

25.3절의 주요 개념

세포의 성장이나 발달 과정의 Dysregulation은 Tumorigenesis를 일으킨다

- Growth-factor receptor (성장 인자 수용체)를 dimerization시키는 돌연변이는 정상적인 ligand가 없는 상태에서도 계속적인 receptor activation을 일으킨다. 성장 인자가 과잉생산되어도 동일한 영향을 미칠 수 있으며, 이는 비정상적인 세포 증식을 초래할 수 있다.
- 대부분의 종양 세포는 하나 이상의 intracellular signal-transducing protein을 항상 활성화된 형태로 생산하여 정상적인 성장 인자가 없을 때에도 성장을 촉진하는 신호전달을 유발한다.
- 대부분 암의 proliferation의 특징은 정상적으로 조절되지 못하여 cell cycle의 restriction point을 무시하고 통과하게 하는 것이다. 이는 cyclin D1의 gain-of-function mutation 또는 p16이나 RB의 loss-of-function mutation에 의해 발생할 수 있다.
- FOS, JUN 및 MYC와 같은 nuclear transcription factor들이 비정상적으로 생산되면 transformation을 유도할 수 있다. Burkitt's lymphoma cell에서 *MYC*은 antibody gene에 가깝게 translocation되어 MYC의 과잉생산을 초래한다.
- Negative growth regulator인 TGF-β에 의한 신호가 꺼지면 cell proliferation과 malignancy를 일으킨다.
- 일반적인 종양은 세포 성장과 발달 경로의 유전자에 수년 동안 획득된 약 5개의 oncogenic mutation을 가지고 있다. 암이 어떻게 진행되는지를 이해하는 데 있어 주요 미해결 문제는 이러한 돌연변이 사건의 순차적 순서를 reconstruction하는 것에 달려 있다.
- Colon cancer는 특정 oncogenic mutation인지 알 수 있는 뚜렷하고 식별 가능한 형태학적 단계를 통해 발병한다.
- 종양 내 여러 개별 세포의 genome sequencing을 통해 특정 oncogenic mutation을 가진 세포들의 lineage를 reconstruction할 수 있다.

25.4 세포예정사와 Immune Surveillance 과정의 회피

지금까지 우리는 암 진행의 초기 단계가 두 가지 유형의 oncogenic mutation을 포함한다는 것을 보았다. 즉, 하나는 25.2절에서 논의된 바와 같이 DNA repair를 손상시키는 것, 두 번째는 25.3절에서 언급한 성장 촉진 경로를 활성화하고 성장 억제 경로를 비활성화하는 것이다. Oncogenesis를 촉진하는 이러한 돌연변이 이외에도, precancerous stage에 도달한 많은 세포들은 또한 adventitious (모험적인, 가능성 있는) mutation, chromosome rearrangement 및 chromosomal DNA에 결함이 생기는 등 상당한 부담을 가지고 있다. DNA에 심각한 chromosomal abnormality 혹은 회복할 수 없는 손상을 가지고 있는 세포는 apoptotic pathway로 들어가서 세포예정사의 표적이 될 것이다. Protein-coding gene에 많은 point mutation을 가지고 있는 세포는 mutant protein을 발현하게 되며, 이 단백질들은 면역계의 세포에 의해 인식되어 파괴될 수 있다. 비록 소수의 precancerous cell들이 변할 때에 정확하게 어떤 일이 일어나는지는 잘 모르지만, 그들 중 대다수는 이 두 메커니즘 중 하나 또는 둘 모두에 의해 효율적으로 제거될 가능성이 높다. 이러한 이유로, 우리가 결국 관찰하게 되는 종양 세포는 세포자살과 immune surveillance를 피할 수 있는 acquired (후천적인) mutation을 가지고 있기 때문에 살아남을 수 있게 되는 것이다.

Apoptotic pathway를 차단하는 대부분의 암세포와 그에 대한 면역 반응을 억제하는 다른 돌연변이가 생기는 현상은 암 진행이 돌연변이와 selection (선택)의 진화 과정에서 어떻게 이루어지는지를 보여주는 강력한 예이다. 이번 절에서는 돌연변이를 많이 가진 종양 세포가 생존할 수 있도록 하는 oncogenic mutation의 종류를 알아본다. 이 절의 끝 부분에서는, 암세포를 표적으로 하는 면역계를 재활성화하는 것에 기반을 둔 유망한 새로운 치료법들 중 일부를 강조하여 설명하겠다.

Oncogenic Driver Mutation은 암세포가 세포자살을 피할 수 있게 해준다

22장에서 보았듯이, 세포예정사, 즉 세포자살은 발달에 중요한 역할을 한다. 예를 들어, 포유류의 limb (사지) 형성 과정에서 세포자살은 노처럼 생긴 limb bud으로부터 digit (손가락, 발가락)을 조각하는 역할을 한다. 또한, 세포자살은 기관의 발달에 필요하지 않은 세포가 비정상적으로 많아지지 않도록 제거하고, mitosis에서 오류가 있거나 DNA damage에 의해 손상된 세포를 제거함으로써 성숙한 조직을 유지하는 편집 기능을 한다(22장 참조). 일부 세포의 경우, 세포자살은 기본적으로 당연히 일어나는 현상으로 보이며, 세포 생존을 보장하기 위해 PI 3-kinase/AKT 경로로부터의 신호가 필요하다(그림 22-42 참조).

중요한 oncogenic mutation들은 세포자살을 차단하여 종양 세포가 부적절하게 계속 증식할 수 있도록 한다. 예를 들어, chronic lymphocytic leukemia (CLL)는 세포가 생존하지 않아야 할 때 살아남기 때문에 발생한다. 세포는 천천히 많아지고, 대부분 활발하게 분열하지 않지만 죽지는 않는다. CLL cell은 세포자살의 중요한 차단제인 *BCL2* 유전자를 활성화하는 chromosomal translocation을 가지고 있다(그림 22-42 참조). BCL2 단백질이 부적절하게 과잉생산되면, 정상적인 세포자살이 억제되고 종양 세포는 생존 가능하게 된다. 그러므로 CLL tumor는 cell death의 실패에 기인한다. 일반적으로 negatively regulating apoptosis에 관여하는 또 다른 수십 개의 proto-oncogene의 oncogene으로 바뀌는 것으로 밝혀졌다. 암세포의 성장을 멈추기 위해 죽음이 필요한 경우에도 이러한 단백질들이 과잉생산되면 세포자살은 억제된다.

p53은 DNA Damage에 반응하여 DNA Damage Checkpoint 혹은 세포자살을 활성화시킨다

우리는 이미 p53 protein이 tumorigenesis의 중심이라는 것을 살펴보았고, 전부는 아니더라도 대부분의 종양은 p53 자체나 p53의 활성을 조절하는 단백질에 돌연변이를 가지고 있다고 생각된다. 25.2절에서는 p53이 DNA damage에 대한 반응으로 cell cycle에 arrest를 야기하는 주요 기능을 가지고 있음을 알아보았다. Oncogenic p53 mutation을 가진 세포는 DNA repair에 충분한 시간을 주기 위한 arrest가 일어나지 않으므로 p53 mutant cell들은 genome이 불안정하며 그로 인해 somatic mutation을 축적하게 된다. 또한 p53 mutant cell들은 apoptosis pathway로 들어가 광범위한 DNA damage에 반응하지 않으며, 따라서 정상적인 세포라면 제거되었을 지속적인 손상을 입은 후에도 계속 증식할 수 있다.

p53의 oncogenic form은 loss of function에 기인하지만, 그럼에도 불구하고 세포내 2개의 *p53* allele 중 1개의 특정 missense mutation이 p53의 거의 모든 DNA 활동을 억제할 수 있다. 이러한 현상은 p53의 active form이 4개의 동일한 subunit으로 된 tetramer (사량체)이며, 이러한 tetramer에 하나의 defective subunit만 포함되더라도 그 tetramer는 transcription을 활성화하는 능력이 감소된다. p53에 하나의 missense mutation을 가진 precancerous cell은 아마도 더 증식을 잘한다는 이점 때문에 선택될 것이다. 그러나 loss of function은 불완전하며, 더 빠르게 종양 세포가 증식하기 위해서는 종종 남아 있는 functional allele을 잃게 된다. p53 gene의 첫 번째와 두 번째 돌연변이에 대한 positive selection이라는 이 특이한 성질은 종양 세포가 p53에서 oncogenic driver mutation를 그렇게 자주 일으키는 이유를 설명할 수 있다.

우리는 p53이 어떤 상황에서는 cell cycle arrest를 유발하고 다른 상황에서는 세포자살을 유발하는 이유를 아직 이해하지 못하지만, DNA damage에 대응하여 p53이 안정화됨에 따라 두 반응 모두 발생할 수 있다는 것을 알게 되었다. 다른 cell cycle protein들과는 달리, p53은 매우 불안정하고 빠르게 분해되기 때문에 정상 세포에서 매우 낮은 수준으로 존재한다. p53의 활성은 일반적으로 *MDM2*라는 단백질에 의해 낮게 유지되며, MDM2가 p53에 결합되면 p53의 transcription activation 기능을 억제하는 동시에, E3 ubiquitin ligase 활성을 가지기 때문에 p53의 ubiquitinylation을 촉매하여 이를 분해한다. DNA damage 후 ATM 또는 ATR은 손상 부위에 모이게 되고 serine kinase 활성이 활성화된다. ATM 또는 DNA-PK에 의해 단백질의 N terminal에 있는 serine residue에 대한 p53의 phosphorylation은 p53으로부터 결합된 MDM2를 떼어내어 안정화시킨다(그림 25-23). 안정화된 p53은 CDK2, CDK1, CDK4/6 복합체에 결합하고 이를 억제하는 유전자 p21의 transcription을 활성화한다(그림 19-34 참조).

안정화된 p53은 또한 Bcl2에 결합하고 억제하는 Bax 및 PUMA와 같은 단백질의 발현을 유도하여 세포자살을 유도할 수 있다(그림 22-42 참조). 세포가 광범위한 DNA 손상을 입게 되면, p53에 의해 pro-apoptotic protein들이 발현되어 세포들은 빠르게 제거된다. 세포자살은 DNA에 대한 극단적인 반응처럼 보일 수 있지만, 이는 다수의 돌연변이를 축적할 가능성이 있는 세포의 증식을 막는다. p53 기능이 상실되면 세포자살을 유도할 수 없고, 암이 발병하고 진행되는 데 필요한 추가 돌

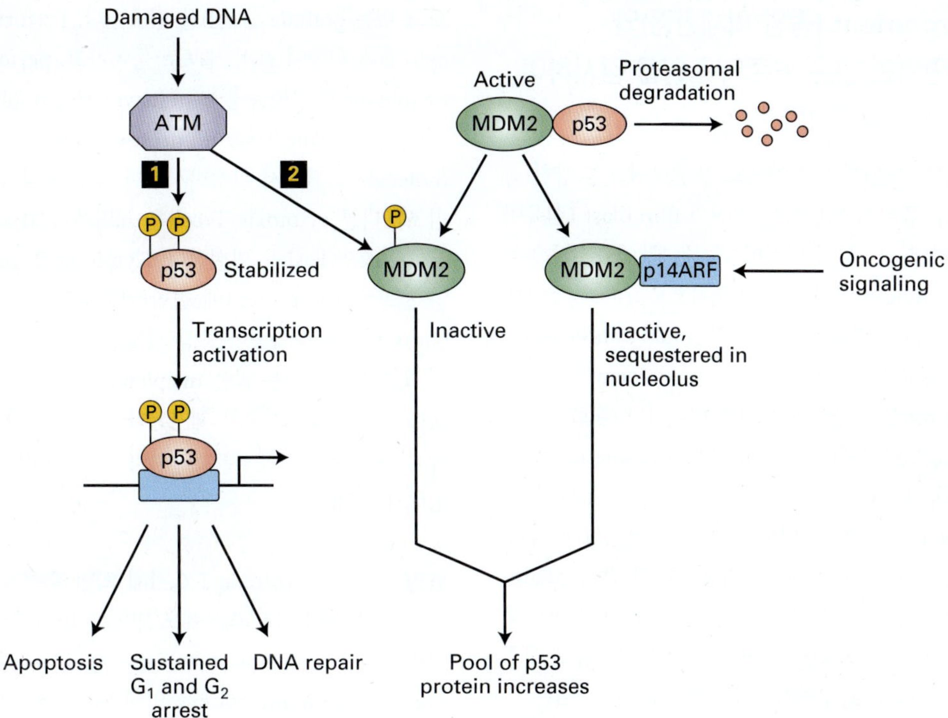

그림 25-23 DNA damage에 반응하는 G_1에서의 arrest. ATM, ATR, DNA-PK의 kinase activity는 다양한 스트레스(예, 자외선 조사, 열)로 인한 DNA damage에 반응하여 활성화된다. 활성화된 ATM과 ATR은 두 가지 주요 경로를 triggering하여 G_1에서 arrest되게 한다. 단계 **1**: p53을 phosphorylation시킴으로써 이를 안정화시키고, 이로써 G_1 arrest를 유발하거나, 세포자살을 촉진하거나, DNA repair에 참여하는 단백질 유전자의 활성화를 일으킨다. 단계 **2**: 두 번째 경로는 p53의 pool (양)을 조절하는 또 다른 방법이다. Active form의 MDM2 protein은 p53과 복합체를 형성하여 transcription factor로서의 활성을 억제하고, p53 ubiquitylation 및 이에 따른 proteasomal degradation을 일으킬 수 있다. ATM과 DNA-PK는 MDM2를 phosphorylation시켜, 이를 비활성화하고, 이로써 p53의 안정화를 증가시킨다. 또한 cytoplasm의 MDM2 level은 ATR과 p14ARF (마우스의 경우 p19ARF)에 의해 제어되는데, p14ARF가 nucleolus에 격리되어 p53에 접근할 수 없게 되는 것이다. p14ARF 유전자는 mitogenic signaling에 의해 induction되는데, 이러한 현상은 growth factor signaling pathway에 oncogenic mutation을 가지고 있는 세포들에서 자주 발견된다. 사람의 *MDM2* 유전자는 sarcoma (육종)에서 자주 증폭되어 있으며, 이는 p53의 과도한 불활성화를 야기하는 것으로 추정된다. 마찬가지로, p14ARF도 일부 암에서 돌연변이되어 있는 것으로 발견되었다.

연변이가 축적될 가능성이 높아진다.

세포자살은 많은 내재적 신호와 외부적 신호에 반응하여 촉발될 수 있다. 예를 들어, 우리는 다음 절에서 cytotoxic T cell이 표적 세포에서 세포자살을 유도함으로써 표적을 죽일 수 있다는 것을 알아볼 것이다.

면역계는 암 형성에 대항하는 두 번째 방어시스템이다

우리는 종양 세포가 point mutation, indel, chromosomal structural variant들을 포함한 수천 개의 돌연변이를 가지고 있다는 것을 알아보았다(그림 25-8 참조). 5,000개의 돌연변이를 가진 전형적인 종양의 경우, 평균적으로 이들 중 약 50개는 단백질의 coding sequence에 있으므로 어떤 식으로든 변형된 단백질 생성물을 생성할 수 있다. Melanoma (UV light)과 lung carcinoma (담배 연기)와 같은 돌연변이에 노출되어 발생하는 종양의 경우, 돌연변이의 수가 이보다 수백 배 더 많을 수 있다. 이러한 변형된 단백질을 *neo-antigen*이라고 하며, 이 단백질은 specific하게 파괴될 바이러스나 박테리아와 같은 pathogen (병원체)에 감염되었을 때 이로부터 foreign protein을 갖게 되는 세포와 거의 같은 방식으로, 종양 세포로 하여금 면역계에 의해 인식되어 제거되도록 하는 것으로 생각된다.

Neo-antigen을 가진 대부분의 precancerous cell은 immune surveillance에 의해 효율적으로 제거되는 것으로 생각된다. 이에 대한 증거는 carcinogen에 의해서 암에 걸릴 확률이 wild-typemouse보다 immunodeficient mo usemu tant에서 훨씬 높다는 연구 결과로부터 나왔다. 이것은 종양이 immune surveillance에서 어떻게 벗어났는지에 대한 중요한 질문을 제기한다. 다음 절에서는 종양 내 local environment (국소 환경)이 면역계를 어떻게 억제하는지, 그리고 종양 세포 표면에 많이 발현하고 있는 분자들을 인식하는 monoclonal antibody가 특정 면역계 세포의 방향을 바꿔 종양 세포를 죽이는 방법에 대해 논의한다. 마지막으로, 면역계의 T cell을 유전적으로 조작해서, 이들 T cell로 하여금 표면에 monoclonal antibody를 발현시켜 많은 종류의 종양 세포를 인식하여 죽일 수 있게 하는 새로운 방법에 대하여 알아보자.

Tumor Microenvironment (종양 미세환경)와 Immunoediting (면역편집)은 기존의 종양을 감지하여 죽이는 면역계의 능력을 제한한다

Solid tumor (고형 종양)는 발달하면서 암세포 자체 외에도 다양한 종류의 세포를 데리고 온다. 종양이 발달하는 기관의 fibroblast (섬유아세포)와 다양한 종류의 면역 세포들이 여기에 속하는데, 이들은 종양을 단순히 고립된 암세포의 clone이 아닌 일종의 조직으로 transform (변형)시킨다. Malignant tumor cell을 둘러싸고 있는 non-cancer cell들은 tumor *microenvironment*를 구성한다. 암세포는 microenvironment의 fibroblast와 immune cell들의 행동에 영향을 미치며, 반대로 tumor microenvironment의 세포는 암세포의 진화, 특히 immune recognition (면역 인식)에 영향을 미친다.

종양 발생 초기 단계에는 비정상적인 종양 세포가 생김에 따라서, neutrophil , macrophage , dendritic cell (수지상세포)과 같은 inflammatory immune cell (염증성 면역 세포)들이 종양세포에 반응하여 증식과 angiogenesis를 억제하는 cytokine molecule들을 방출하고 신호를 보내 다양한 종류의 T cell을 활성화시킨다. 종양 세포를 죽이는 데 관여하는 특히 중요한 타입의 T cell을 *cytotoxic T cell*이라고 하는데, 이들은 그 표면에 CD8 protein을 가지고 있는 것이 그 특징이다(24장 참조). Cytotoxic T cell이 종양 세포를 죽이는 메커니즘과 왜 이런 일이 자주 일어나지 않는지 이해하기 위해서는 일반적으로 T cell, 특히 cytotoxic T cell이 foreign molecule을 인식하는 몇 가지 중요한 점을 검토하는 것이 필요하다.

Cytotoxic T Cell은 종양 세포를 표적한다 24장에서 자세히 설명한 것처럼, T cell은 intact (온전한) protein이 아닌 약 10개 정도의 아미노산 길이의 펩타이드 조각을 인식한다. 세포는 세포에서 만들어지든 병원균에 의해 들여오든 모든 세포 단백질의 대표적인 샘플을 이 크기의 펩타이드로 지속적으로 분해하고, 펩타이드들은 *MHC molecule*이라고 하는 여러 개의 two-chain glycoprotein (2사슬 당단백질) 복합체 중 하나에 결합한다. 이러한 MHC-peptide 복합체는 세포 표면으로 이송되어 T cell에 의해 감지될 수 있다. Mutant protein으로부터 생긴 펩타이드는 종양 세포의 표면에 발현되면서 class I MHC molecule와 결합한다(그림 24-26 참조). 대부분의 종양 세포는 체내의 모든 nucleated (핵이 있는) cell과 마찬가지로, 표면에 MHC class I molecule을 발현하기 때문에 cytotoxic T cell이 이러한 neo-antigen을 발현하는 종양 세포를 직접적으로 인식할 수 있다. 그러나 T cell은 극소량의 neo-antigen만을 외래 물질로 감지하는 것으로 보인다. 따라서 melanoma와 같은 mutational burden이 큰 종양만이 immune surveillance에 의한 파괴될 수 있는 적합한 대상이 된다.

MHC class I molecule에 foreign tumor antigen을 가진 종양 세포가 cytotoxic T cell에 의해 인식되어 결합하면, 이 cytotoxic T cell은 활성화되어 두 가지 다른 메커니즘으로 종양 세포를 죽일 수 있다. 일부 활성화된 cytotoxic T cell은 perforin과 granzyme-B protein들을 함유하고 있는 granule (과립)을 방출한다. Perforin과 granzyme은 endocytosis에 의하여 표적 세포로 들어가고, perforin은 endocytic vesicle membrane에 구멍을 뚫어 granzyme이 cytoplasm으로 들어갈 수 있게 한다. Granzyme은 serine protease이고, 표적 세포 내에서 apoptotic molecule를 잘라서 활성화시키며, 세포예정사를 일으킨다(그림 24-36 참조). 다른 cytotoxic T cell은 표면에 TNF와 관련된 natural ligand molecule인 FasL을 발현한다. Cytotoxic T cell의 FasL receptor가 종양 세포의 Fas protein에 결합하면 종양 세포의 apoptotic signaling pathway가 활성화되어 종양 세포도 죽음에 이른다. Solid tumor의 발생 초기 단계에서는 많은 incipient (초기) tumor cell들이 이러한 과정들에 의하여 효과적으로 제거된다. 그 결과, 발생하고 있는 종양과 면역계가 균형을 이루어, 종양이 자라지는 않지만 완전히 제거되지도 않는 상태가 된다.

종양 세포는 Cytotoxic T Cell에 의한 죽음을 회피한다 종양 세포는 그 크기가 많이 커진 경우에도 면역에 의해 죽임을 당하는 것과 균형을 맞추며(steady state balance) 계속 분열한다. 이러한 종양 세포가 추가적인 oncogenic mutation을 얻게 되면, 결국 면역계를 벗어나 다시 증식하게 된다. 이러한 immune evasion (면역 회피)은 다양한 메커니즘을 통해 발생할 수 있다. 어떤 경우에는 종양 세포가 tumor microenvironment로 모이게 되는(recruited) 면역 세포의 종류를 변화시킬 수도 있다. 즉, pro-inflammatory macrophage와 neutrophil이 anti-inflammatory (항염증성) wound-healing neutrophil (상처 치유성 호중구)과 macrophage로 대체되고, 대체된 세포들은 다른 종류의 cytokine들을 분비함으로써, T cell이 종양쪽으로 recruit되지 못하게 한다. 다른 경우에는 종양이 class I MHC protein의 발현을 down-regulation하여 cytotoxic T cell의 눈에 띄지 않게 한다. 때때로 종양 세포는 granzyme, perforin, FasL의 살상 효과를 무디게 하는 *BCL2*와 같은 anti-apoptotic protein의 발현을 up-regulation한다.

종양 세포가 생존하기 위해 사용하는 두 가지 다른 메커니즘은 T cell이 종양 세포를 죽이기 위해 사용하는 signal transduction mechanism을 종양 세포가 직접적으로 공격하는 것이다. Cytotoxic T cell이 foreign antigen을 가진 세포를 죽이기 위해서는 class I MHC molecule에 present되는 tumor antigen의 펩타이드 조각을 인식하는 것 외에 두 번째 co-stimulatory activation signal이 필요하다(자세한 내용은 그림 24-35 참조). 죽기 전에 이루어지는 이 두 번째 검사는 cytotoxic T cell이 실수로 정상적인 세포를 죽이거나 정상적인 조직에 autoimmune injury (자가면역 손상)를 일으키는 것을 방지하기 위해 존재한다. 가장 잘 알려진 co-stimulatory signal 중 하나는 antigen-presenting cell (항원 제시 세포)의 표면에 있는 2개의 cell surface protein (CD80과 CD86) 중 하나에 결합하는 CD28에서 시작되는 signal이다(그림 25-24, 단계 **3**). T cell은 MHC에 결합된 foreign tumor antigen을 만나서 CD28을 통해 신호를 받아야지만 활성화되어 cytokine이 생성되고 T-cell-mediated killing이 이루어진다. 활성화 후 하루 내에 T cell은 또 다른 cell-surface protein인 CTLA-4를 upregulation하는데,

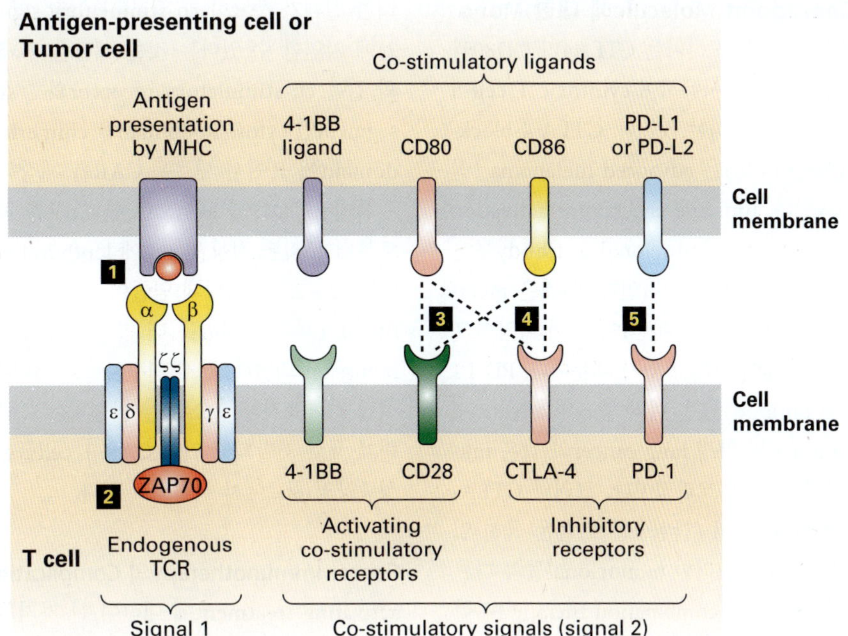

그림 25-24 T-cell signaling의 개요. T cell의 활성화는 하나의 α chain과 하나의 β chain으로 구성되어 있는 T cell receptor (TCR)에 의해 시작되며, 이 chain들은 개개인의 T cell마다 그 sequence가 약간씩 다르다. 각 $\alpha\beta$ TCR은 antigen-presenting cell의 MHC protein surface에 결합하고 있는 표적 펩타이드 하나 혹은 그룹에 결합한다(단계 **1**). TCR은 또한 γ (gamma), δ (delta), ε (epsilon) 및 ζ (zeta) chain도 가지고 있다. TCR이 MHC-peptide complex에 결합하면, ζ chain의 cytoplasmic domain에 부착된 ZAP70 protein tyrosine kinase의 활성화(단계 **2**)가 촉발된다. Cytotoxic T cell에서, 이 현상은 antigen presenting cell을 죽이는 능력을 활성화시키기 위하여 필수적인 신호전달 경로를 trigger시킨다(signal 1). 또한 T cell의 활성화는 antigen-presenting cell의 여러 단백질(주로 CD80 또는 CD86) 중 하나를 T cell surface에 있는 CD28 protein에 결합시킴으로써 촉발되는 두 번째 신호를 필요로 하며(단계 **3**), 이렇게 첫 번째 신호와 함께 두 번째 신호전달 경로의 활성화되면 T cell 활성화가 일어난다. T cell 활성화가 일어나는 동안 induction되는 단백질들 중에는 CTLA-4가 있는데, 이 단백질이 antigen-presenting cell의 CD80 또는 CD86에 결합하면(단계 **4**), 또 다른 신호전달 경로가 활성화되어 T cell를 불활성화시킨다. Antigen presenting cell이 PD-L1 또는 PD-L2 protein을 발현하면 T cell의 PD-1 protein (단계 **5**)에 결합해서 T cell의 세포자살을 유도하는 신호전달 경로를 촉발하여 antigen presenting cell을 죽이지 못하게 된다.

이 단백질은 CD80 및 CD86에 결합하기 위해 CD28과 경쟁하여 T cell response를 억제하는 negative signal을 보낸다(그림 25-24, 단계 **4**). 이 현상은 immune activation (면역 활성화)의 정도를 억제함으로써 inflammatory tissue damage (염증 조직 손상)를 제한할 수 있는 매우 중요한 과 정이다. 즉, Anti-tumor cytotoxic T cell은 CTLA-4의 up-regulation 때문에 종양 세포를 죽이지 못하게 되는 것이다.

T-cell function의 negative regulator로 작용하는 두 번째 T cell surface receptor protein은 PD-1 (*p*rogrammed *d*eath-1)이다. PD-1은 CTLA-4와 유사한 구조를 가지며, 활성화되면 활성화된 T cell의 세포자살을 유도하여 T cell 기능을 negative regulation한다. PD-1의 두 ligand인 PD-L1 및 PD-L2는 CD80 및 CD86과 동일한 단백질 군에 속하며, antigen-presenting cell의 표면에 존재한다(그림 25-24, 단계 **5**). 많은 종양 세포는 PD-L1을 과도하게 압박해서 antigen-presenting cell로 위장하여 cytotoxic T cell로부터의 죽음을 모면한다.

CTLA-4 pathway와 PD-1/PD-L1 signaling system은 모두 autoimmune disease (자가면역 질환)의 발생을 방지하기 위해 면역계를 일반적으로 억제하기 때문에 **immune checkpoint pathway (면역 체크포인트 경로)**라고 한다. 두 경로 모두 종양에 대한 면역력을 억제하기 위해 종양 세포에 의해 공존된다. 종양 세포가 면역계에 의해 초기에 제거되고, 안정된 상태에 도달한 다음, 다양한 molecular mechanism에 의해서 면역 조절에서 탈출하는 이 모든 과정을 **immunoediting (면역 편집)**이라고 한다.

면역계의 활성화는 암 치료의 새로운 길을 열었다

앞서 언급하였듯이, 면역계는 주로 cytotoxic T cell의 활성화에 기반을 둬서, 득히 풍부한 neoantigen을 발현하는 precancerous cell을 인식하여 제거하는 능력을 가지고 있다. Immune surveillance를 벗어나 지속적으로 자라나서 종양을 형성하는 암세포는 cytotoxic T cell에 의한 사멸을 억제할 수 있다는 사실도 알아보았다. 암 치료를 위한 한 가지 방법은 성숙한 종양을 인식하고 제거하기 위해 면역계를 재활성화하거나 재설계하는 것이다. 여기서 면역을 통한 암 치료를 위한 가장 유망한 두 가지 접근법에 대해 설명한다.

암 치료를 위한 Immune Checkpoint Molecule에 대한 Monoclonal Antibody 가장 성공적인 방법 중 하나는 CTLA4가 CD80과 CD86에 결합하는 것을 막는 antibody를 사용하여 cytotoxic T cell이 CTLA-4로부터 억제 신호를 받지 못하게 하는 것이다. CTLA-4-blocking antibody인 ipilimumab (이필리무맙)은 advanced melanoma (진행성 흑색종)의 치료제로 승인되었다. Immune checkpoint activation을 차단하는 이 약 및 이 약제와 유사한 monoclonal antibody들은 melanoma와 같은 암을 치료하는 데 매우 효과적인데, 이것은 melanoma와 같은 암은 mutational burden (변이 부담)이 커서 다양한 T cell에 의해 인지되는 neoantigen을 많이 가지고 있기 때문이다. PD-L1 또는 PD-1에 대한 monoclonal antibody들은 여러 종류의 advanced cancer (진행성 암), 특히 melanoma 및 특정 lung cancer와 같은 mutant protein들을 많이 가진 종양 치료에 효과적이다. 그러나 CTLA-4, PD-1 또는 PD-L1에 대한 monoclonal (단일클론제)들은 극히 일부의 암 환자에게만 효과적이다. 따라서 이러한 monoclonal들과 다른 antibody 혹은 약물을 함께 사용하는 소위 combination therapy (복합치료법)를 통해 cancer immunotherapy의 효과를 높이고 있으며, 일부 terminal cancer patient (말기 암 환자)들도 생존하도록 할 수도 있다.

Tumor Antigen을 인식하기 위한 T Cell Engineering Cytotoxic T cell이 immune checkpoint의 억제에 의해 재활성화되면, mutational burden이 큰 일부 종양을 인지하고 사멸시킬 수 있는 능력이 있다는 것을 알아보았다. 그러나 대부분의 종양은 충분한 수의 neoantigen을 발현하지 않으므로, CTLA-4 또는 PD-1과 같은 checkpoint inhibitor에 대한 monoclonal antibody에 반응하지 않는다. 그 대안으로써, surface marker protein을 함유한 종양 세포를 직접 공격하여 죽일 수 있는 T cell을 유전공학적으로 실험실에서 제작한 후, 이 T cell을 환자에게 주입하는 방법이 있다. 이러한 T cell은 *c*himeric *a*ntigen *r*eceptor라고 하는 특별하게 만들어진 T cell receptor를 포함하고 있으며, 이렇게 변형된 T cell을 **CAR T cell**라고 한다. CAR T cell이 어떻게 작동하는지 이해하기 위해서는 T-cell receptor와 anti-tumor activity를 연결하는 신호전달 경로를 먼저 살펴볼 필요가 있다.

T cell receptor가 갖고 있는 α 및 β subunit의 cytosolic domain은 신호전달 경로를 직접 활성화하지 않는다. Extracellular TCR domain이 MHC-peptide complex에 결합하게 되면, 인접한 2개의 ζ chain cytosolic domain에 결합하고 있는 ZAP70 protein tyrosine kinase가 활성화된다(그림 25-24, 왼쪽 아래). CAR의 아이디어는 MHC-peptide complex가 아니고 tumor-specific antigen에 반응하여 ZAP70의 활성화를 유도하도록 T cell receptor를 설계하는 것이었다. CAR의 첫 번째 세대는 ζ subunit의 cytosolic domain과 transmembrane segment를 종양 세포의 표면에 많이 발현하고 있는 단백질(예, B-cell tumor의 경우 CD19)에 결합하는 monoclonal antibody의 antigen-binding V_H 및 V_L domain에 결합시킨 것이었다. 이러한 chimeric antigen을 발현하는 T cell은 표면에 CD19 protein을 발현하는 종양 세포를 만나면, ZAP70이 활성화되지만(그림 25-25a) 종양 세포를 죽이지는 못한다. 이러한 실패가 중요한 co-stimulatory signal의 부재(그림 25-24, signal 2)에 기인할 수 있다는 것을 깨달은 후, 연구자들은 CD28이나 4-1BB와 같은 co-stimulatory receptor와 ζ subunit의 signal-transducing segment인 cytosolic domain을 chimeric antigen receptor의 cytosolic domain에 붙여서 새로운 CAR를 제작하였다(그림 25-24 참조). 임상시험에서 CD19를 표적으로 한 CAR를 여러 유형의 B-cell tumor 환자로부터 분리된 정상 T cell에 lentiviral vector를 사용하여 발현시켰다(그림 25-25b). 이렇게 만들어진 CAR T cell들을 환자들에게 retransfusion (재수혈)시켰을 때 많은 경우에서 암이 완전히 완화(complete remission)되었다. 현재 연구자들은 여러 종류의 종양 표면에 풍부한 단백질들을 표적하는 CAR를 발현하는 CAR T cell을 개발하고 있다. 이렇게 새로 개발되고 있는 CAR T cell들은 현재 치료법이 없는 많은 악성종양의 치료에서 시험되고 있다.

Cancer Immunotherapy의 Complication (합병증) 이러한 immune-activating treatment에 대하여 한 가지 주의할 점은, immune checkpoint molecule들과 CAR T cell에 대한 monoclonal antibody는 종양에 대항할 뿐만 아니라 종종 암이 아닌 인접한 정상 조직에 대해서도 면역계가 완전한 힘을 발휘한다는 것이다. 결과적으로, 이러한 치료법의 주요 부작용은 환자에게 잠재적으로 파괴적인 조직 손상을 남기는 *cytokine storm* (사이토카인 폭풍)이다. Cancer immunotherapy를 완벽하게 성공시키려면 정상 조직에 해를 끼치지 않는 다른 치료법과 종양을 인식하는 T cell의 활성화 사이의 균형을 찾는 것이 필요할 것이다.

25.4절의 주요 개념

세포예정사와 Immune Surveillance 과정의 회피

- Precancerous cell은 종종 DNA damage를 지속적으로 받으며, 일반적으로 세포예정사 혹은 세포자살에 의해 제거된다.
- 세포자살을 억제하는 oncogenic driver mutation은 지속적인 DNA damage가 생기는 경우에도 종양 세포가 계속 자랄 수 있게 한다.
- 가장 흔한 oncogenic driver mutation은 cell cycle arrest 또는 세포자살에 중요한 유전자의 발현을 활성화하는 transcription factor p53에 생기는 돌연변이이다. p53에서 loss of function mutation이 일어나면, 암세포는 genome에 손상이 계속되어 돌연변이가 축적된다.
- Tumor microenvironment의 면역 세포는 종양 세포의 제거, 종양 세포와 면역계 사이의 equilibrium (평형), 면역 조절로부터 종양 세포가 늦게 탈출하는 3단계 과정을 통해 mutant protein을 감지한다.
- Cytotoxic T cell은 종양 세포의 표면에 있는 MHC 단백질에 의해 나타나는 mutant protein fragment를 인식한다. 그러나 T cell의 killing activity는 CTLA4 및 PD-1과 같은 T cell surface에 있는 inhi-

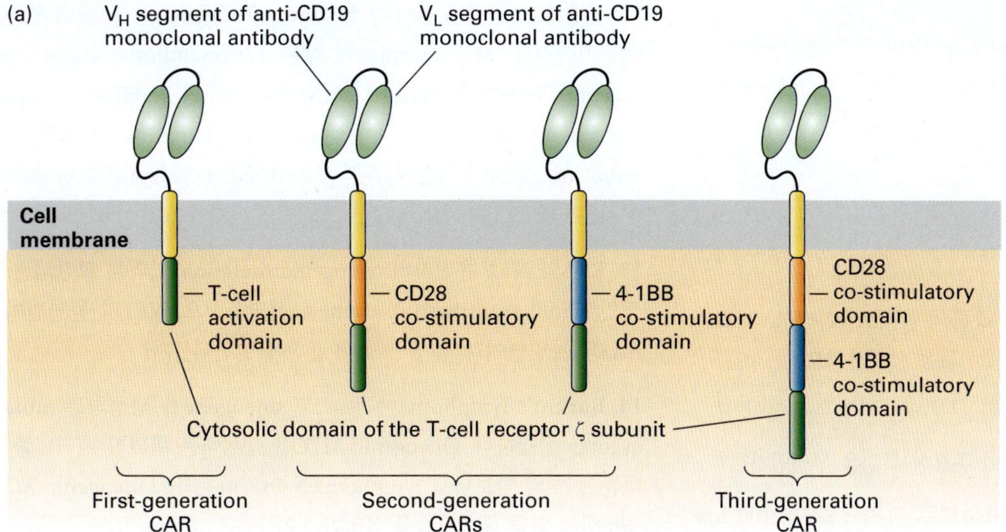

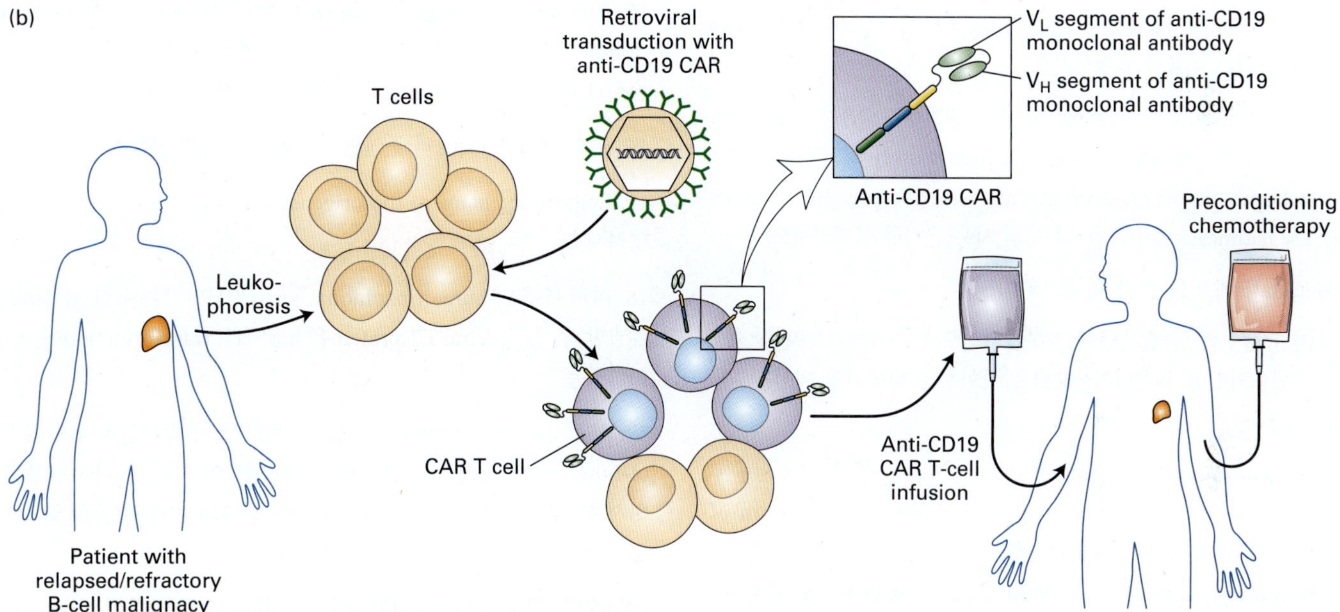

그림 25-25 3세대의 CAR T cell. (a) T cell에서 발현되고 있는 chimeric antibody (CAR). B-cell malignancy를 치료하기 위한 1세대 CAR T cell의 표면에는 V_L 및 V_H transmembrane domain과 T cell receptor ζ subunit의 cytosolic domain을 갖고 있는 chimeric protein이 발현되었다. Peptide-MHC complex에 TCR이 결합하면, 보통 ζ chain의 cytosolic domain에 결합하고 있는 ZAP70 protein tyrosine kinase를 활성화한다는 것은 이미 설명하였다. 여기에 추가적으로, 2세대 CAR는 CD28이나 4-1BB와 같은 co-stimulatory receptor의 cytosolic domain을 추가하였다(그림 25-24 참조). 그 뒤에 나온 후속 CAR들은 이러한 co-stimulatory domain과 다른 단백질들의 signaling domain을 모두 통합한 것이다. 이러한 co-stimulatory domain들은 multiple signaling pathway를 활성화하여 T-cell의 종양 세포 사멸 기능이 빠르고 광범위하게 일어나게 한다. (b) CAR T cell의 생성. Chimeric antibody receptor를 encoding하는 cDNA는 lentiviral vector에 클로닝된다(lentiviral vector는 human HIV retrovirus에서 유리된 것을 제외하고는 그림 6-35에 묘사된 retrovirus vector와 유사하다). B-cell malignancy 환자에 leukapheresis (백혈구성분채집술)를 시행해서, T cell을 추출하고 배양하여 lentivirus vector를 감염시킨다. Viral DNA가 genome으로 integration되고, chimeric antibody를 발현되도록 culture 후 그 T cell을 환자에게 다시 수혈(transfuse)한다. CAR T cell의 생산은 일반적으로 17–21일이 걸린다.

bitory receptor의 활성화로 인해 부분적으로 감소된다.

- CTLA4와 PD-1, PD-1의 ligand인 PD-L1에 대한 monoclonal antibody는 이러한 inhibitory receptor의 활성화를 막고, T cell이 종양 세포를 사멸시키는 능력을 향상시킨다. 이 monoclonal은 많은 돌연변이가 축적된 melanoma와 같은 암을 치료하는 데 사용된다.
- CAR T cell은 정상 T cell에 lentiviral vector를 이용하여 chimeric protein인 CAR를 발현하도록 만든 세포이며, CAR는 종양 세포 표면의 단백질을 표적하는 monoclonal antibody의 V_H 및 V_L domain,

transmembrane segment, 그리고 TCRζ subunit 및 여러 co-stimulatory receptor로부터의 cytosolic domain을 가지고 있다. CAR T cell은 많은 종류의 종양을 사멸시키고 암을 치료하는 데 효과적이다.

개념 복습

1. 그 근원이 다름에도 불구하고, 많은 종류의 암세포들은 정상 세포와 구별되는 몇 가지 공통점을 가지고 있다. 이들을 설명하시오.

2. Malignant tumor와 benign tumor를 구분하는 특징은 무엇인가?

3. Otto Warburg가 발견한 종양 세포의 중요한 특징은 무엇인가?

4. 조직의 세포는 산소와 영양소가 필요하므로, 혈관으로부터 100 μm 이내에 있어야 한다. 이 정보를 바탕으로, 많은 malignant tumor들이 종종 *βFGF*, *TGF-α* 및 *VEGF* 유전자 중 하나에서 gain-of-function mutation을 갖는 이유를 설명하시오.

5. 암 사망자의 90%는 primary tumor (원발성 종양)가 아닌 metastatic tumor (전이성 종양)가 원인이다. *Metastasis*를 정의하시오. Matrix metalloprotease와 plasminogen activator receptor의 inhibitor인 암 치료제 batimastat (바티마스타트)의 사용 근거를 설명하시오.

6. Metastasis에서 EMT가 왜 중요한가?

7. 나이가 들수록 암 발생률이 기하급수적으로 증가한다는 관찰 결과를 설명하는 가설은 무엇인가? 가설을 확인하는 데이터의 예시를 제시하시오.

8. Oncogene과 tumor suppressor gene의 차이는 무엇인가? 암을 촉진하기 위해, proto-oncogene과 tumor suppressor gene은 gain-of-function 혹은 loss-of-function 중 어떤 돌연변이를 겪게 되는가? 다음 유전자를 proto-oncogene 또는 tumor suppressor gene으로 분류하시오: *p53*, *ras*, *BCL-2*, *JUN*, *MDM2* 및 *p16*.

9. Genome maintenance factor의 돌연변이가 tumorigenesis를 어떻게 촉진하는지 설명하시오. mismatch repair gene의 불활성화가 왜 colon cancer를 유발하는가?

10. Hereditary retinoblastoma는 일반적으로 아이들의 양쪽 눈에 영향을 미치며, spontaneous retinoblastoma는 성인이 된 후에 한쪽 눈에서만 발생한다. 이 두 가지 형태의 retinoblastoma의 epidemiological distinction (역학적인 구분)에 대한 유전적 근거를 설명하시오. 여기에서 tumor suppressor gene의 loss-of-function mutation은 recessive로 작용하지만, hereditary retinoblastoma는 autosomal dominant로서 유전된다는 paradox를 설명하시오.

11. Loss of heterozygosity (LOH)의 개념을 설명하시오. 왜 대부분의 암세포는 하나 이상의 유전자의 LOH를 나타내는가? Spindle assembly checkpoint가 고장나면, LOH가 왜 일어나는가?

12. 많은 악성종양은 하나 이상의 growth-factor receptor의 활성화로 특징지어진다. EGF receptor와 같은 transmembrane growth-factor receptor와 관련된 catalytic activity는 무엇인가? HER2 receptor의 transmembrane region 내에서 valine을 glutamine으로 변환시키는 point mutation이 어떻게 관련 growth-factor receptor의 활성화로 이어지는지를 설명하시오.

13. RAS와 NF1 유전자의 oncogenic mutation에 의해 교란되는 일반적인 signal transduction event를 설명하시오. *NF1*의 돌연변이보다 *RAS*의 돌연변이가 왜 암에서 더 흔하게 발견되는가?

14. Burkitt's lymphoma에서 *MYC* oncogene을 생성하는 mutation event를 설명하라. Oncogenic *MYC*을 생성하는 특별한 메커니즘이 왜 다른 종류의 암보다도 lymphoma를 야기하는가? Oncogenic *MYC*을 생성하는 다른 메커니즘을 설명하시오.

15. Pancreatic cancer는 종종 Smad4 단백질에 loss-of-function mutation을 가진다. 이 돌연변이는 췌장 종양에서 보이는 성장 억제 기능의 손실과 metastatic phenotype (전이성 표현형)을 어떻게 촉진하는가?

16. p16-arf-p15 locus의 돌연변이는 왜 그렇게 위험한가?

17. Epigenetic change가 tumorigenesis에 어떻게 기여할 수 있는지 설명하시오.

18. 여러 종류의 human papilloma virus (HPV)는 cervical cancer를 유발할 수 있다. Viral E7 protein은 host cell transformation에 어떻게 기여하는가?

19. p53 loss-of-function은 대부분의 종양에서 발생한다. p53의 loss-of-function이 malignant phenotype의 원인이 되는 두 가지 방법을 말하시오. 발암 물질인 benzo(*a*)pyrene이 p53의 기능 손실을 일으킬 수 있는 방법을 설명하시오.

20. p53의 활성 형태는 4개의 동일한 subunit으로 이루어진 tetramer이다. 그러나 하나의 subunit에 돌연변이가 일어나면 전체 tetramer가 비활성화될 수 있다. 이러한 dominant negative 상호작용이 암의 진행되는 과정에서 p53 mutation들이 선택되는 확률을 어떻게 증가시키는지 설명하시오.

21. 왜 종양 세포의 돌연변이 중 약 1%만이 cellular protein들에 영향을 미쳐서 neoantigen을 유발할 수 있게 되는가?

22. CAR T cell은 T cell receptor의 cytosolic ζ subunit이 monoclonal antibody의 antigen binding domain에 연결된 chimeric protein을 도입함으로써 암세포를 죽이도록 유전적으로 조작된 세포이다. Chimeric protein의 antibody part와 T cell receptor part가 어떻게 암세포를 표적하여 사멸시키는지 그 메커니즘을 설명하시오.

찾아보기

기타

A

B

C

D

E

F

G

H

I

K

L

M

N

O

P

Q~R

S

T

U

V

W

X~Z

ㄱ

ㄴ

ㄷ

ㄹ

ㅁ

ㅂ

ㅅ

ㅇ

ㅈ

ㅊ

ㅋ

ㅌ

ㅍ

ㅎ